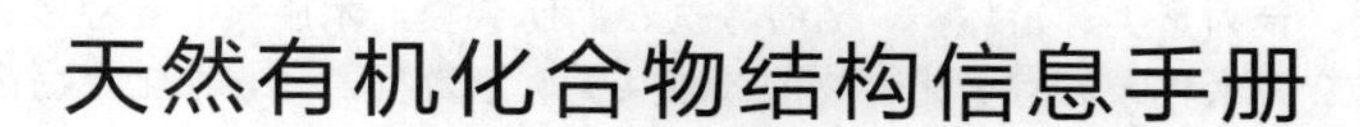

天然有机化合物核磁共振碳谱集

下册

杨峻山　主编

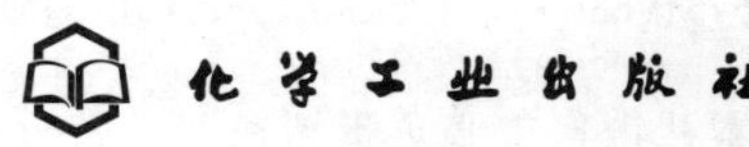

·北京·

本书是《天然有机化合物结构信息手册》的一个分册，全面收集了生物碱类、萜类、皂、苷类、黄酮类、醌类、苯丙素类、甾体类、芳香族类、脂肪族类，木脂素、香豆素、氨基酸和糖类、海洋天然产物、抗生素等2万余种天然有机化合物的核磁共振碳谱数据，每一种化合物都给出了相应的名称、分子式、结构式、测试溶剂和碳的化学位移数据以及参考文献。书后还附有化合物中英文名称索引以及分子式索引等，详实的数据资料，对确定天然有机化合物的结构有很大帮助。

本书是天然产物研究与开发、有机合成、药物研发、核磁分析等领域的科研与技术人员实用的案头工具书。

图书在版编目（CIP）数据

天然有机化合物核磁共振碳谱集（上、下册）/ 杨峻山主编.
北京：化学工业出版社，2011.12
（天然有机化合物结构信息手册）
ISBN 978-7-122-12695-5

Ⅰ. 天… Ⅱ. 杨… Ⅲ. 天然有机化合物-碳13核磁共振谱法
Ⅳ. ①O629②O657.2

中国版本图书馆CIP数据核字（2011）第218057号

责任编辑：任惠敏 李晓红 傅聪智　　文字编辑：李锦侠 王 琪 徐雪华 陈 雨
责任校对：顾淑云 宋 夏　　装帧设计：刘丽华

出版发行：化学工业出版社（北京市东城区青年湖南街13号 邮政编码100011）
印 装：北京白帆印务有限公司
787mm×1092mm 1/16 印张204½ 字数4359千字 2011年12月北京第1版第1次印刷

购书咨询：010-64518888（传真：010-64519686） 售后服务：010-64518899
网 址：http://www.cip.com.cn
凡购买本书，如有缺损质量问题，本社销售中心负责调换。

定 价：488.00元（上、下册）

测试溶剂缩写符号与官能团缩略语说明

测试溶剂缩写符号说明：

符　号	名　称	符　号	名　称
A	重氢丙酮	DMF-d_7	重氢二甲基甲酰胺
B	重氢苯	M	重氢甲醇
C	重氢氯仿	P	重氢吡啶
D	重氢二甲基亚砜	W	重水

官能团缩略语表：

缩略语	名　称	结　构	缩略语	名　称	结　构
Ac	Acetyl 乙酰基		Bn	Benzyl 苄基	
All	Allosyl 阿洛糖基		Boc	*t*-Butoxycarbonyl 叔丁氧羰基	
Allom	6-deoxy-3-O-methyl-D-allopyranosyl 6-去氧-3-氧甲基-阿洛吡喃糖基		Boi	Boivinopyranosyl 波伊文吡喃糖基	
AMAE	2-[(2′-aminopropyl)-methylamino]-ethanol 2-[(2′-氨丙基)-甲氨基]-乙醇		*n*-Bu	*n*-Butyl 正丁基	
AMHOD	2-amino-4-methyl-6-hydroxy-8-oxo-decanoic acid 2-氨基-4-甲基-6-羟基-8-氧-癸酸		But	Butyryl 丁酰基	
Ang	Angelyl 当归酰基		^{i}But	Isobutyryl 异丁酰基	
Api Api*f*	Apiosyl 芹菜糖基 呋喃芹菜糖基		Bz	Benzoyl 苯甲酰基	
Ara	Arabinosyl 阿拉伯糖基		Caff	Caffeoyl 咖啡酰基	
Ara(*f*)	阿拉伯呋喃糖		Can	Canarosyl	

续表

缩略语	名　称	结　构	缩略语	名　称	结　构
Cinn	Cinnamoyl 肉桂酰基	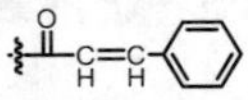	Fru	Fructosyl 果糖基	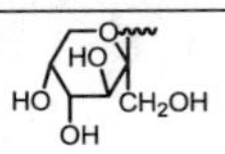
CM	Carboxymethyl 羧甲基	$-CH_2-COOH$	Fuc	Fucosyl 呋糖基	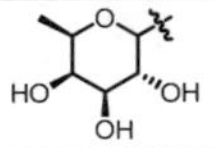
CMM	Carboxymethylmethyl ester 羧甲基甲酯	$-CH_2-COOCH_3$	^{i}Feru	Isoferuloyl 异阿魏酰基	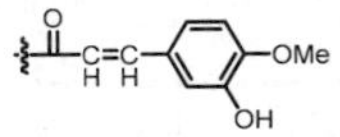
Coum	Coumaroyl 香豆酰基	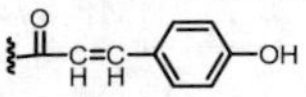	Gal	Galactosyl 半乳糖	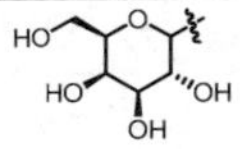
Cym	Cymarosyl 磁麻糖基	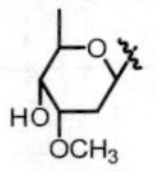	Gall	Galloyl 没食子酰基	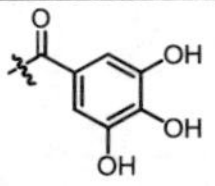
DAP	Diaminopimelic acid 二氨基庚二酸	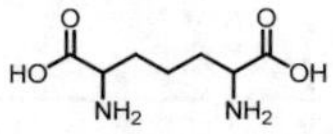	Gen	Gentiobiosyl 龙胆二糖基	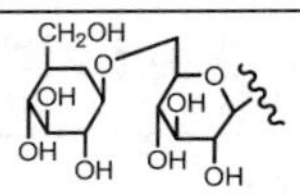
dF	2-Deoxyfucose 2-脱氧岩藻糖	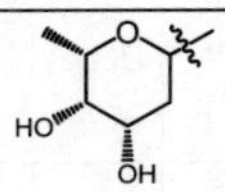	Glu	Glucosyl 葡萄糖基	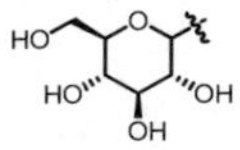
Dig	Digitoxopyranosyl 毛地黄毒糖基	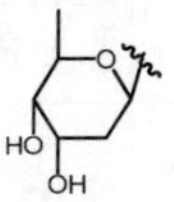	GluNAc	2-Acetylaminoglucose 2-乙酰氨基葡萄糖	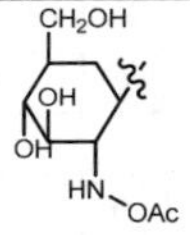
Dgn	Diginopyranosyl 脱氧毛地黄糖基	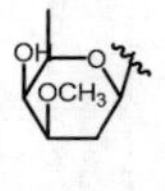	GluUA	Glucuronic acid 葡萄糖醛酸	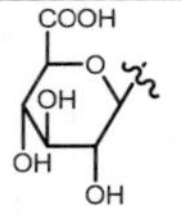
Dgt	Digitalopyranosyl 毛地黄糖基	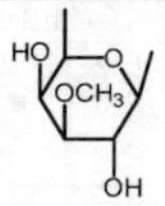	GluA	Glucuronic acid 葡萄糖醛酸	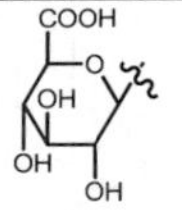
DMA	1,1-Dimethylallyl 1,1-二甲基烯丙基	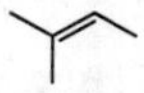	3HBA	3-Hydroxybutanoic acid 3-羟基丁酸	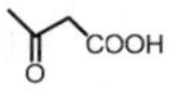
DME	1,1-Dimethylethyl 1,1-二甲基乙基	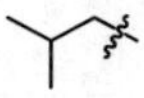	HMEB	4-Hydroxy-2-methylenebutanoate 4-羟基-2-亚甲基丁酸酯	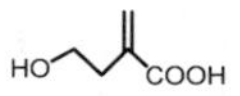
1,1-DMPE	1,1-Dimethyl-2-propenyl 1,1-二甲基-2-丙烯基	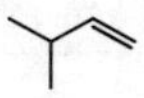	Ido	Idopyranosyl 艾杜吡喃糖基	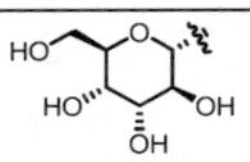
1,2-DMPE	1,2-Dimethyl-2-propenyl 1,2-二甲基-2-丙烯基	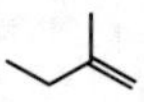	Mar	Margaroyl 十七酰基	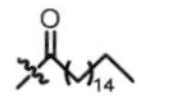
Et	Ethyl 乙基	CH_2CH_3	MBE	3-Methyl-2-butenyl 3-甲基-2-丁烯基	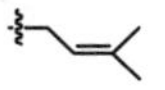
Feru	Feruloyl 阿魏酰基	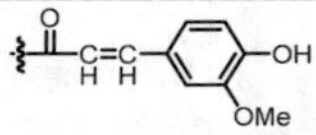	MeBut	2-Methylbutanoyl 2-甲基丁酰基	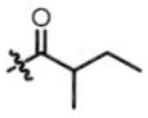

续表

缩略语	名称	结构	缩略语	名称	结构
MHB	3-Methxy-4-hydroxybutyryl 3-甲基-4-羟基丁酰基	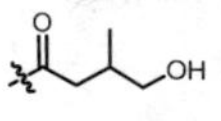	Sar	Sarmentopyranosyl 沙门酰基	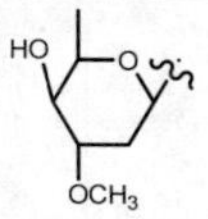
MOA	2-Methyloctanic acid 2-甲基辛酸	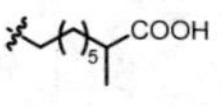	Sen	Senecioyl 异戊烯酰基	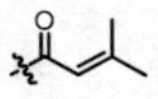
Nic	Nicotioyl 烟酰基	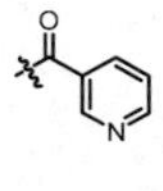	Sin	Sinapoyl 芥子酰基	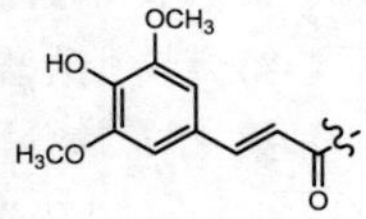
Ole	Oleandropyranosyl 齐墩果糖	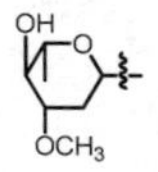	Sop	Sombubiosyl 槐糖基	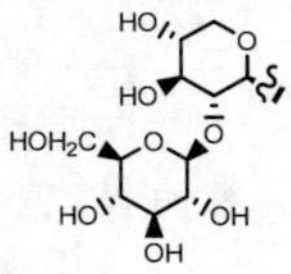
Oli	Olivopyranosyl	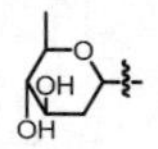	Stea	Stearoyl 十八酰基	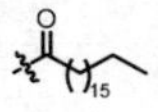
Palm	Palmityl 十六酰基	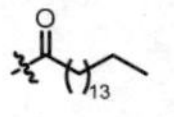	Tetradeca	Tetradeconoyl 十四酰基	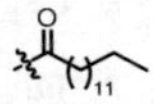
Ph	Phenyl 苯基	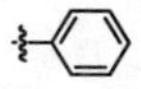	The	Thevetosyl 黄花夹竹桃糖基	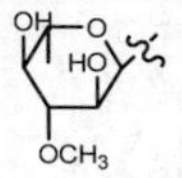
phb	*p*-Hydroxybenzoyl 对羟基苯甲酰基	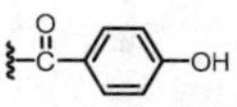	Thp	Tetrahydropyran 四氢吡喃基	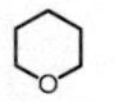
Pip	Piperidyl 哌啶基	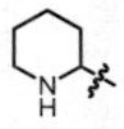	Thz	Thiazole 噻唑	
Pro	Propanoyl 丙酰基		Tig	Tiglate 巴豆酸酯	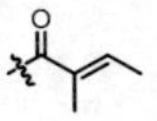
Qui	Quinolinyl 喹啉基	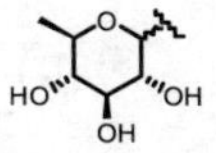	^{i}val	Isovaleric acid 异戊酰基	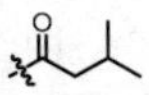
Rha	Rhamnosyl 鼠李糖基	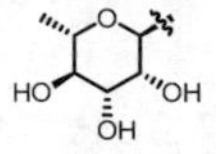	Van	Vanilloyl 香草酰基	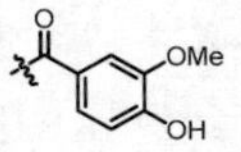
Rob	Robinobiosyl 洋槐二糖基	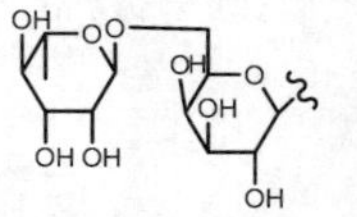	Xyl	Xyosyl 木糖基	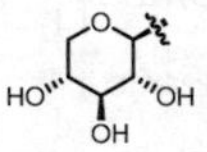
Sam	Sambubiosyl	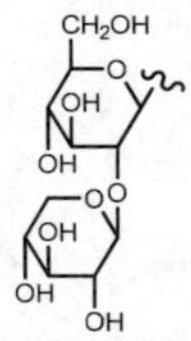			

目　录

第一章　绪言……1
第一节　碳谱的原理……1
第二节　碳谱的发展史……1
第三节　碳谱的参数……2
一、化学位移……2
二、偶合常数……4
三、弛豫……4
第四节　碳谱的种类……5
一、全去偶碳谱……5
二、偏共振质子去偶谱……5
三、INEPT（低灵敏核极化转移增强法）谱……6
四、DEPT 谱……6
五、APT 谱……7
第五节　碳谱测定时使用的溶剂……7
第六节　有机化合物的各种官能团碳的化学位移……11

第二章　生物碱类化合物……14
第一节　有机胺类生物碱……14
一、麻黄碱类化合物……14
二、秋水仙碱类化合物……14
三、天然酰胺类化合物……17
四、其他有机胺类生物碱……20
第二节　吡咯类生物碱……25
第三节　吡咯里西啶类生物碱……44
第四节　托品类生物碱……52
第五节　吡啶和氢化吡啶类生物碱……66
第六节　喹啉类生物碱……78
一、简单喹啉类生物碱……85
二、喹啉-2-酮类生物碱……86
三、喹啉-4-酮类生物碱……87
四、氢化喹啉类生物碱……91
五、多取代喹啉类生物碱……93
六、金鸡纳类生物碱……102
第七节　异喹啉类生物碱……105
一、简单异喹啉类生物碱……105
二、苄基异喹啉类生物碱……108
三、原阿朴菲类生物碱……111
四、阿朴菲类生物碱……114
五、原小檗碱类生物碱……120
六、酰胺型异喹啉类生物碱……126
七、普托品类生物碱……128
八、苯酞异喹啉类生物碱……130
九、螺环苄基异喹啉类生物碱……134
十、吐根碱异喹啉类生物碱……136
十一、苯基异喹啉类生物碱……139
十二、吗啡烷类生物碱……143
十三、双苄基异喹啉类生物碱……146
十四、苯并菲啶类生物碱……152
十五、其他类生物碱……157
第八节　喹诺里西啶类生物碱……164
一、简单喹诺里西啶化合物……168
二、三环喹诺里西啶化合物……171
三、苦参碱类化合物……173
四、金雀儿碱类化合物……173
五、呋喃喹诺里西啶、石松碱类化合物……176
第九节　吲哚类生物碱……177
一、简单吲哚类生物碱……177
二、卡巴唑类化合物……186
三、咔巴林类化合物……187
四、吡啶咔巴唑类化合物……188
五、育亨宾类化合物……189
六、吐根吲哚类化合物……194
七、沃洛亭类化合物……197
八、波里芬类化合物……198
九、阿马林类化合物……200
十、长春花碱类化合物……201
十一、白坚木碱类化合物……204

十二、长春胺类化合物……213
十三、柯楠碱类化合物……215
十四、长春蔓啶碱类化合物……219
十五、氧化吲哚类化合物……222
十六、其他单吲哚类化合物……231
十七、双吲哚类化合物……236
十八、麦角碱类化合物……242
十九、其他双吲哚类化合物……245
二十、色胺吲哚类化合物……248
二十一、半萜吲哚类化合物……252
二十二、二聚吲哚类化合物……253
第十节　吲哚里西啶类化合物……263
第十一节　吖啶酮类生物碱……279
第十二节　萜类生物碱……289
一、单萜类生物碱……289
二、倍半萜类生物碱……290
三、二萜类生物碱……292
四、三萜类生物碱……326
第十三节　甾类生物碱……339
一、一般甾体类生物碱……339
二、环孕甾烷类生物碱……356
三、异甾体类生物碱……362
第十四节　核苷类生物碱……374
一、腺嘌呤类生物碱……374
二、简单嘌呤衍生物类生物碱……376
三、吡咯并嘧啶类生物碱……377
四、多取代嘌呤类衍生物类生物碱……379
第十五节　环肽类和其他类型生物碱……381
一、环肽类生物碱……381
二、其他类型生物碱……392

第三章　单萜、倍半萜和二萜类化合物……401
第一节　开环类单萜化合物……401
第二节　单环类单萜化合物……406
第三节　双环类单萜化合物……429
第四节　环烯醚萜化合物……440
第五节　无环倍半萜类化合物（直链）……536
第六节　单环倍半萜类化合物……559
第七节　双环倍半萜类化合物……617
第八节　三环倍半萜类化合物……692
第九节　无环二萜类化合物……715
第十节　单环二萜类化合物……718
第十一节　双环二萜类化合物……732
第十二节　三环二萜类化合物……840
第十三节　四环二萜类化合物……913
第十四节　五环二萜类化合物……962
第十五节　二聚二萜类化合物……963

第四章　二倍半萜、三萜和多萜类化合物……968
第一节　二倍半萜类化合物……968
第二节　无环三萜类化合物……973
第三节　单环三萜类化合物……975
第四节　双环三萜类化合物……977
第五节　三环三萜类化合物……981
第六节　四环三萜-羊毛脂烷型化合物……985
第七节　四环三萜-达玛烷型化合物……1078
第八节　四环三萜-四去甲型化合物……1141
第九节　苦木素类三萜化合物……1175
第十节　五环三萜-齐墩果烷型化合物……1196
第十一节　五环三萜-木栓烷型化合物……1271
第十二节　五环三萜-乌苏烷型化合物……1279
第十三节　五环三萜-羽扇豆烷型化合物·1298
第十四节　五环三萜-霍烷型化合物……1339
第十五节　其他三萜类化合物……1347
第十六节　多萜类化合物……1367

第五章　木脂素类化合物……1400
第一节　丁烷衍生物类木脂素……1400
第二节　四氢呋喃类木脂素……1428
第三节　二苯基四氢呋喃并四氢呋喃类木脂素……1451
第四节　苯基四氢萘类木脂素……1464
第五节　苯基四氢萘并丁内酯类木脂素··1489
第六节　苯并呋喃类木脂素……1500
第七节　联苯类木脂素……1506
第八节　氢化苯并呋喃类木脂素……1518
第九节　并二氧六环类木脂素……1524
第十节　环辛烷类木脂素……1528
第十一节　其他类木脂素……1530

第六章　香豆素类化合物 ……1544
第一节　简单香豆素 ……1544
第二节　呋喃香豆素 ……1560
第三节　吡喃香豆素类化合物 ……1597
第四节　多聚香豆素类化合物 ……1614

第七章　色原酮类化合物 ……1630
第一节　黄酮类化合物 ……1630
第二节　二氢黄酮类化合物 ……1657
一、二氢黄酮 ……1660
二、二氢黄酮单糖苷 ……1662
三、二氢黄酮双糖苷 ……1663
四、异戊烯基二氢黄酮 ……1664
五、其他取代二氢黄酮 ……1665
第三节　黄酮醇类化合物 ……1674
一、黄酮醇类化合物 ……1685
二、单糖基黄酮醇类化合物 ……1691
三、双糖基黄酮醇类化合物 ……1699
四、三糖基黄酮醇类化合物 ……1705
五、四糖基黄酮醇类化合物 ……1708
六、异戊烯基及其衍生物取代黄酮醇类化合物 ……1709
七、异戊烯基或苯丙素基取代糖苷黄酮醇类化合物 ……1710
八、多取代黄酮醇类化合物 ……1712
第四节　二氢黄酮醇类化合物 ……1723
一、二氢黄酮醇苷元类化合物 ……1726
二、二氢黄酮醇苷类化合物 ……1729
三、异戊烯基取代二氢黄酮醇类化合物 ……1730
四、水飞蓟二氢黄酮醇类化合物 ……1731
五、其他取代基二氢黄酮醇类化合物 ……1732
第五节　异黄酮类化合物 ……1738
一、异黄酮苷元 ……1740
二、异黄酮单糖苷 ……1741
三、异黄酮多糖苷 ……1742
四、其他类型异黄酮 ……1744
第六节　二氢异黄酮类化合物 ……1746
一、二氢异黄酮苷元 ……1747
二、异戊烯基取代二氢异黄酮苷元 ……1748
第七节　查耳酮类化合物 ……1751
一、查耳酮苷元 ……1755
二、取代基查耳酮 ……1762
第八节　二氢查耳酮类化合物 ……1771
第九节　黄烷类化合物 ……1775
一、黄烷 ……1779
二、茶黄素及其衍生物 ……1786
三、二聚黄烷类 ……1789
第十节　异黄烷类化合物 ……1795
第十一节　花青素类化合物 ……1800
第十二节　xanthone 类化合物 ……1807
第十三节　橙酮类化合物 ……1839
第十四节　高异黄酮（烷）类化合物 ……1846
第十五节　紫檀烷类化合物 ……1855
第十六节　鱼藤酮类化合物 ……1865
第十七节　双黄酮类化合物 ……1870
第十八节　醌类化合物 ……1884
一、苯醌类化合物 ……1884
二、萘醌类化合物 ……1890
三、蒽醌类化合物 ……1900
四、菲醌类化合物 ……1910
五、萜醌及其他类化合物 ……1916

第八章　甾烷类化合物 ……1927
第一节　雄甾烷类化合物 ……1927
第二节　心甾内酯类化合物 ……1933
第三节　胆甾烷类化合物 ……1942
第四节　孕甾烷类化合物 ……1979
第五节　雌甾烷类化合物 ……2058
第六节　胆酸类化合物 ……2060
第七节　螺甾烷类化合物 ……2063
第八节　麦角甾烷类化合物 ……2113
第九节　植物甾烷类化合物 ……2141

第九章　脂肪族化合物 ……2148
第一节　脂肪酸类化合物 ……2148
第二节　脂肪醇类化合物 ……2160
第三节　脂肪烃类化合物 ……2170
第四节　脑苷脂类化合物 ……2182

第十章　芳香族化合物……2212
第一节　简单的酚及酚酸(酯)……2212
第二节　缩酚酸及其酯……2220
第三节　缩酚酮酸及其酯……2233
第四节　二苯乙基类化合物……2244
一、单倍体……2244
二、二聚体……2259
三、二苯乙基类三聚体……2271
四、多聚体……2277
第五节　苯丙素类化合物……2285

第十一章　糖、多元醇和氨基酸类化合物……2327
第一节　单糖类化合物……2327
第二节　双糖类化合物……2336
第三节　三糖类化合物……2346
第四节　四糖类化合物……2352
第五节　五糖类化合物……2355
第六节　多糖类化合物……2356
第七节　多元醇类化合物……2358
第八节　氨基酸及多肽类化合物……2359

第十二章　海洋天然产物……2364
第一节　萜类化合物……2364
第二节　生物碱类化合物……2485
第三节　酚醌类化合物……2557
第四节　甾醇类化合物……2589
第五节　肽类化合物……2623
第六节　大环内酯类化合物……2651
第七节　脂肪酸类化合物……2670

第十三章　抗生素……2675
第一节　糖及糖苷类抗生素……2675
第二节　大环内酯类抗生素……2692
第三节　醌类抗生素……2765
第四节　氨基酸及多肽类抗生素……2822
第五节　氮杂环类抗生素……2865
第六节　氧杂环抗生素……2915
第七节　萜类抗生素……2960
第八节　苯类抗生素……2980
第九节　烷烃类抗生素……3002

化合物名称索引……3019
英文名称索引……3019
中文名称索引……3170

化合物分子式索引……3203

第七章　色原酮类化合物

第一节　黄酮类化合物

表 7-1-1　黄酮及其苷的名称、分子式和测试溶剂

编号	中文名称	英文名称	分子式	测试溶剂	参考文献
7-1-1	白杨素	chrysin	$C_{15}H_{10}O_4$	D	[1]
7-1-2	柚木杨素	tectochrysin; 5-hydroxy-7-methoxyflavone	$C_{16}H_{12}O_4$	C	[2]
7-1-3	5,6,2',6'-四甲氧基黄酮	zapotin; 5,6,2',6'-tetramethoxyflavone	$C_{19}H_{18}O_6$	C	[3]
7-1-4	黄芩苷元	baicalein	$C_{15}H_{10}O_5$	D	[4]
7-1-5	黄芩苷	baicalin	$C_{21}H_{18}O_{11}$	D	[5]
7-1-6	千层纸素 A	oroxylin A; 5,7-dihydroxy-6-methoxyflavone	$C_{16}H_{12}O_5$	D	[6]
7-1-7	5,6,7-三甲氧基黄酮	5,6,7-trimethoxyflavone	$C_{18}H_{16}O_5$	C	[7]
7-1-8	汉黄芩素	wogonin	$C_{16}H_{12}O_5$	D	[6,8,9]
7-1-9	汉黄芩素苷	wogonoside	$C_{22}H_{20}O_{11}$	D	[4]
7-1-10		desmosflavone	$C_{18}H_{16}O_4$	C	[10]
7-1-11	汉黄芩素-5-*O*-*β*-D-葡萄糖醛酸苷甲酯	wogonin-5-*O*-*β*-D-glucuronide methyl ester	$C_{23}H_{22}O_{11}$	D	[11]
7-1-12	汉黄芩素-7-*O*-*β*-D-葡萄糖醛酸苷甲酯	wogonin-7-*O*-*β*-D-glucuronide methyl ester	$C_{23}H_{22}O_{11}$	D	[6]
7-1-13	5-羟基-6,7-二甲氧基黄酮	5-hydroxy-6,7-dimethoxyflavone; 6,7-dimethoxybaicalein; baicalein 6,7-dimethyl ether; mosloflavone	$C_{17}H_{14}O_5$	C	[7]
7-1-14	5-羟基-6,7,8-三甲氧基黄酮	alnetin; 5-hydroxy-6,7,8-trimethoxyflavone	$C_{18}H_{16}O_6$	C	[12]
7-1-15	芹菜素	apigenin	$C_{15}H_{10}O_5$	D	[13]
7-1-16	刺槐素	acacetin	$C_{16}H_{12}O_5$	D	[13]
7-1-17	芹菜素-4',7-二甲醚	apigenin-4',7-dimethyl ether	$C_{17}H_{14}O_5$	D	[14]
7-1-18	芹菜素-7-*O*-*β*-D-葡萄糖苷	apigenin-7-*O*-*β*-D-glucopyranoside; apigetrin	$C_{21}H_{20}O_{10}$	D	[15]
7-1-19	芹菜苷	apiin	$C_{26}H_{28}O_{14}$	D	[16]
7-1-20	5,7,5'-三羟基-3',4'-二甲氧基黄酮	apometzgerin; 5,7,5'-trihydroxy-3',4'-dimethoxyflavone	$C_{17}H_{14}O_7$	D	[17]
7-1-21	3',4',6,7-四羟基-5-甲氧基黄酮	carajuflavone; 3',4',6,7-tetrahydroxy-5-methoxyflavone	$C_{16}H_{12}O_7$	A	[18]
7-1-22	金圣草素	chrysoeriol	$C_{16}H_{12}O_6$	D	[19]
7-1-23	金圣草素-6-*C*-*β*-波伊文糖苷	chrysoeriol-6-*C*-*β*-L-boivinopyranoside	$C_{22}H_{22}O_9$	M	[20]

续表

编号	中文名称	英文名称	分子式	测试溶剂	参考文献
7-1-24	金圣草素-6-*C*-*β*-波伊文糖基-7-*O*-*β*-吡喃葡萄糖苷	chrysoeriol 6-*C*-*β*-boivinopyranosyl-7-*O*-*β*-D-glucopyranoside	$C_{28}H_{32}O_{14}$	M	[20]
7-1-25	中国蓟醇	cirsilineol	$C_{18}H_{16}O_7$	D	[21]
7-1-26	去甲中国蓟醇	cirsiliol; 3',4',5-trihydroxy-6,7-dimethoxyflavone	$C_{17}H_{14}O_7$	D	[22]
7-1-27	蓟黄素	cirsimaritin; 4',5-dihydroxy-6,7-dimethoxyflavone	$C_{17}H_{14}O_6$	D	[23]
7-1-28	海州常山苷 A	clerodendroside A	$C_{22}H_{20}O_{12}$	D	[24]
7-1-29	5,8-二羟基-4',7-二甲氧基黄酮	5,8-dihydroxy-4',7-dimethoxyflavone	$C_{17}H_{14}O_6$	C	[25]
7-1-30	2',6-二羟基-5,6', 7,8-四甲氧基黄酮	2',6-dihydroxy-5,6',7,8-tetramethoxyflavone	$C_{19}H_{18}O_8$	D	[26]
7-1-31	5',8-二羟基-3', 4', 7-三甲氧基黄酮	5',8-dihydroxy-3',4',7-trimethoxyflavone	$C_{18}H_{16}O_7$	C+M	[27]
7-1-32	4',5-二甲氧基黄酮-7-*O*-葡萄糖基木糖苷	4',5-dimethoxyflavone-7-*O*-glucoxyloside	$C_{28}H_{32}O_{14}$	D	[28]
7-1-33	香叶木素	diosmetin	$C_{16}H_{12}O_6$	D	[29]
7-1-34	香叶木苷	diosmin	$C_{28}H_{32}O_{15}$	D	[30]
7-1-35		dulcinoside	$C_{27}H_{30}O_{14}$	D	[31]
7-1-36	半齿泽兰素	eupatorin	$C_{18}H_{16}O_7$	D	[32]
7-1-37	异泽兰黄素	eupatilin	$C_{18}H_{16}O_7$	D	[33]
7-1-38	栀子素 B	gardenin B; 5-hydroxy-4',6,7,8-tetramethoxy-flavone	$C_{19}H_{18}O_7$	C	[34]
7-1-39	芫花素	genkwanin; 4',5-dihydroxy-7-methoxyflavone	$C_{16}H_{12}O_5$	D	[35]
7-1-40	芫花素-5-*O*-*β*-D-木糖-(1→6)-*β*-D-葡萄糖苷	genkwanin-5-*O*-*β*-D-primeveroside	$C_{27}H_{30}O_{14}$	D	[36]
7-1-41	粗毛豚草素	hispidulin; 5,7,4'-trihydroxy-6-methoxyflavone	$C_{16}H_{12}O_6$	D	[17]
7-1-42	粗毛豚草素-7-新橙皮苷	hispidulin-7-neohesperidoside; 4',5,7-trihydroxy-6-methoxylflavone-7-neohesperidoside	$C_{16}H_{12}O_7$	D	[37]
7-1-43	高车前苷	homoplantaginin; hispidulin-7-*O*-*β*-D-glucopyranoside	$C_{22}H_{22}O_{11}$	D	[38]
7-1-44	6-羟基木犀草素	6-hydroxyluteolin	$C_{15}H_{10}O_7$	M	[39]
7-1-45	6-羟基木犀草素-7-*O*-*β*-D-葡萄糖苷	6-hydroxyluteolin-7-*O*-*β*-D-glucopyranoside	$C_{21}H_{20}O_{12}$	D	[40]
7-1-46		6-hydroxyluteolin-7-*O*-laminaribioside	$C_{27}H_{30}O_{17}$	D	[41]
7-1-47	4'-羟基-5-甲氧基黄酮-7-*O*-葡萄糖基木糖苷	4'-hydroxy-5-methoxyflavone-7-*O*-glucoxyloside	$C_{27}H_{30}O_{14}$	D	[28]
7-1-48	5-羟基-2',4',5',7-四甲氧基黄酮	5-hydroxy-2',4',5',7-tetramethoxyflavone	$C_{19}H_{18}O_7$	C	[42]
7-1-49	5'-羟基-3',4',7,8-四甲氧基黄酮	5'-hydroxy-3',4',7,8-tetramethoxyflavone	$C_{19}H_{18}O_7$	C+M	[27]
7-1-50	4'-羟基汉黄芩素	4'-hydroxywogonin	$C_{16}H_{12}O_6$	D	[43~45]
7-1-51		hypolaetin-8-*O*-*β*-D-glucoside; 3',4',5,7,8-pentahydroxyflavone-8-*O*-*β*-D-glucoside	$C_{21}H_{20}O_{12}$	D	[46]

续表

编号	中文名称	英文名称	分子式	测试溶剂	参考文献
7-1-52	异荭草素	isoorientin; homoorientin; swertiajaponin	$C_{22}H_{22}O_{11}$	D	[47]
7-1-53	异高山黄芩素-5-*O*-*β*-D-吡喃葡萄糖苷	isoscutellarein-5-*O*-*β*-D-glucopyranoside	$C_{15}H_{10}O_{6}$	D	[48]
7-1-54	异牡荆素	isovitexin	$C_{21}H_{20}O_{10}$	D	[49]
7-1-55		kurilensin A; luteolin-6-*C*-*α*-arabinofuranosyl-(1→2)-*α*-L-rhamnopyranoside	$C_{26}H_{28}O_{14}$	M	[50]
7-1-56		kurilensin B; luteolin-6-*C*-*α*-arabinofuranosyl-(1→2)-*β*-D-xylopyranoside	$C_{25}H_{26}O_{14}$	M	[50]
7-1-57	鼬瓣花素	ladanein; 5,6-dihydroxy-4',7-dimethoxyflavone	$C_{17}H_{14}O_{6}$	D	[51]
7-1-58		lethedioside A	$C_{29}H_{34}O_{15}$	P	[52]
7-1-59		lethedioside B	$C_{30}H_{36}O_{16}$	M	[52]
7-1-60		lethedocin	$C_{18}H_{16}O_{7}$	M	[52]
7-1-61		lethedoside A	$C_{24}H_{26}O_{11}$	M+D	[52]
7-1-62		lethedoside B	$C_{25}H_{28}O_{12}$	M+D	[52]
7-1-63		lethedoside C	$C_{24}H_{26}O_{12}$	M	[52]
7-1-64	蒙花苷	linarin; acacetin-7-rutinoside; buddleoglucoside	$C_{28}H_{32}O_{14}$	D	[53]
7-1-65	木犀草素	luteolin	$C_{15}H_{10}O_{6}$	D	[54]
7-1-66	木犀草素-3',7-二甲醚	luteolin-3',7-dimethyl ether	$C_{17}H_{14}O_{6}$	C	[55]
7-1-67	木犀草素-7-*O*-*β*-D-葡萄糖醛酸-(1→2)-*β*-D-葡萄糖苷	luteolin-7-*O*-*β*-D-glucopyranosiduronic acid-(1→2)-*β*-D-glucopyranoside	$C_{27}H_{28}O_{17}$	P	[56]
7-1-68	木犀草素-7-*O*-*β*-D-葡萄糖苷	luteolin-7-*O*-*β*-D-glucoside	$C_{21}H_{20}O_{11}$	D	[57]
7-1-69	木犀草素-7-*O*-槐糖苷	luteolin-7-*O*-sophoroside	$C_{27}H_{30}O_{16}$	D	[58]
7-1-70	石吊兰素	lysionotin; nevadensin	$C_{18}H_{16}O_{7}$	D	[59]
7-1-71	7-*O*-甲基木犀草素	7-*O*-methylluteolin	$C_{16}H_{12}O_{6}$	D	[14]
7-1-72	3',4'-亚甲二氧基-5,7-二甲氧基黄酮	3',4'-methylenedioxy-5,7-dimethoxyflavone	$C_{18}H_{14}O_{6}$	P	[60]
7-1-73	川陈皮素	nobiletin	$C_{21}H_{22}O_{8}$	C	[61]
7-1-74	荭草素	orientin	$C_{22}H_{22}O_{11}$	D	[47]
7-1-75	柳穿鱼苷	pectolinarin	$C_{29}H_{34}O_{15}$	P	[62]
7-1-76	3',4',5',7,8-五甲氧基黄酮	3',4',5',7,8-pentamethoxyflavone	$C_{20}H_{20}O_{7}$	C	[27]
7-1-77	2',5,5',6,6'-五甲氧基-3',4'-亚甲二氧基黄酮	2',5,5',6,6'-pentamethoxy-3',4'-methylene-dioxyflavone	$C_{21}H_{20}O_{9}$	C	[63]
7-1-78	三裂鼠尾草素	salvigenin; 5-hydroxy-6,7,4'-trimethoxyflavone	$C_{18}H_{16}O_{6}$	C	[64]
7-1-79		scutillarein-7-*O*-*β*-D-glucopyranoside	$C_{21}H_{20}O_{11}$	M	[39]
7-1-80	灯盏花乙素	scutellarin	$C_{21}H_{18}O_{12}$	D	[65]
7-1-81	石杉黄素	selagin; 5,7,4',5'-tetrahydroxy-3'-methoxyflavone	$C_{16}H_{12}O_{7}$	D	[17]
7-1-82	毒马草黄酮	sideritoflavone; 3',4',5-trihydroxy-6,7,8-trimethoxyflavone	$C_{18}H_{16}O_{8}$	D	[66]
7-1-83	黄芩新素-Ⅰ	skullcapflavone-Ⅰ; 2',5-dihydroxy-7,8-dimethoxyflavone; panicoin	$C_{17}H_{14}O_{6}$	D	[6]

续表

编号	中文名称	英文名称	分子式	测试溶剂	参考文献
7-1-84	黄芩新素-Ⅱ	skullcapflavone-Ⅱ; scullcapflavone-Ⅱ; 5,6'-dihydroxy-2',6,7,8-tetramethoxyflavone	$C_{19}H_{18}O_8$	D	[6]
7-1-85	橘皮素	tangeretin	$C_{20}H_{20}O_7$	C	[61]
7-1-86	2',3',5,7-四羟基黄酮	2',3',5,7-tetrahydroxyflavone	$C_{15}H_{10}O_6$	D	[67]
7-1-87	2',5,6',7-四羟基黄酮	2',5,6',7-tetrahydroxyflavone	$C_{15}H_{10}O_6$	D	[67]
7-1-88	4',5,6,7-四羟基黄酮	4',5,6,7-tetrahydroxyflavone	$C_{15}H_{10}O_6$	W	[68]
7-1-89	三粒小麦黄酮-3',4',5'-三甲醚	tricetin-3',4',5'-trimethylether	$C_{18}H_{16}O_7$	D	[17]
7-1-90	小麦黄素	tricin	$C_{17}H_{14}O_7$	D	[69]
7-1-91	小麦黄素-7-*O*-*β*-D-吡喃葡萄糖苷	tricin-7-*O*-*β*-D-glycopyranoside	$C_{23}H_{24}O_{12}$	D	[70]
7-1-92	2',5,7-三羟基-6，8-二甲氧基黄酮	2',5,7-trihydroxy-6,8-dimethoxyflavone	$C_{17}H_{14}O_7$	D	[6]
7-1-93	3',4',5-三甲氧基黄酮-7-*O*-葡萄糖基鼠李糖苷	3',4',5-trimethoxyflavone-7-*O*-glucorhamnoside	$C_{30}H_{36}O_{15}$	D	[28]
7-1-94	3',4',5-三甲氧基黄酮-7-*O*-葡萄糖基木糖苷	3',4',5-trimethoxyflavone-7-*O*-glucoxyloside	$C_{29}H_{34}O_{15}$	D	[28]
7-1-95	3',5',7-三-*O*-甲基麦黄酮	3',5',7-tri-*O*-methyltricetin	$C_{18}H_{16}O_7$	M	[71]
7-1-96	毡毛美洲茶素	velutin; flavoyadorigenin B	$C_{17}H_{14}O_6$	M	[72]
7-1-97	黏毛黄芩素Ⅲ	viscidulin Ⅲ; 2',5,5',7-tetrahydroxy-6',8-dimethoxyflavone	$C_{17}H_{14}O_8$	D	[6]
7-1-98		vitegnoside; luteolin 3'-glucuronyl acid methyl ester	$C_{22}H_{20}O_{12}$	D	[73]
7-1-99	牡荆素	vitexin	$C_{21}H_{20}O_{10}$	D	[74]
7-1-100	黄姜味草醇	xanthomicrol	$C_{18}H_{16}O_7$	D	[75]
7-1-101	5-*O*-去甲基川陈皮素	5-*O*-demethylnobiletin	$C_{20}H_{20}O_8$	C	[76]
7-1-102	6-去甲氧基川陈皮素	6-demethoxynobiletin	$C_{20}H_{20}O_7$	C	[76]
7-1-103		artocarpin	$C_{26}H_{28}O_6$	D	[77]
7-1-104	野树波罗丙素	artochamin C	$C_{20}H_{16}O_6$	D	[77]
7-1-105	桂木宁 E	artonin E	$C_{25}H_{24}O_7$	M	[78]
7-1-106	环桑根皮素	cyclomorusin	$C_{25}H_{22}O_6$	D	[79]
7-1-107	柘树黄酮 A	isocyclomorusin; cudraflavone A	$C_{25}H_{22}O_6$	D	[79]
7-1-108	异环桑素	isocyclomulberrin	$C_{25}H_{24}O_6$	D	[79]
7-1-109	环桑素	cyclomulberrin	$C_{25}H_{24}O_6$	D	[79]
7-1-110		cycloaltilisin	$C_{26}H_{26}O_7$	D	[79]
7-1-111	野树波罗甲素	artochamin A	$C_{25}H_{22}O_7$	A	[77]
7-1-112	野树波罗乙素	artochamin B	$C_{25}H_{24}O_7$	A	[77]
7-1-113	野树波罗丁素	artochamin D	$C_{25}H_{24}O_7$	A	[77]
7-1-114	野树波罗戊素	artochamin E	$C_{25}H_{24}O_7$	A	[77]
7-1-115	二氢柘木黄酮 B	dihydrocudraflavone B	$C_{25}H_{24}O_6$	D	[80]
7-1-116	甘草黄酮 B	licoflavone B; prenyllicoflavone A	$C_{25}H_{26}O_4$	A	[81]
7-1-117	朝藿素 B	epimedokoreanin B	$C_{25}H_{26}O_6$	D	[82]

续表

编号	中文名称	英文名称	分子式	测试溶剂	参考文献
7-1-118	甘草宁 Q	gancaonin Q	$C_{25}H_{26}O_5$	A	[83]
7-1-119	箭叶淫羊藿素 A	yinyanghuo A	$C_{25}H_{24}O_6$	D	[84]
7-1-120	箭叶淫羊藿素 B	yinyanghuo B	$C_{25}H_{26}O_6$	A	[84]
7-1-121	入地蜈蚣素 Q	ugonin Q	$C_{25}H_{26}O_7$	D	[85]
7-1-122	入地蜈蚣素 R	ugonin R	$C_{25}H_{28}O_7$	D	[85]
7-1-123	入地蜈蚣素 S	ugonin S	$C_{25}H_{26}O_6$	A	[85]
7-1-124	入地蜈蚣素 T	ugonin T	$C_{20}H_{18}O_5$	M	[85]
7-1-125		*N*,*O*-didemethylbuchenavianine	$C_{20}H_{19}NO_4$	C	[86]
7-1-126		*O*-demethylbuchenavianine	$C_{21}H_{21}NO_4$	C	[86]
7-1-127		buchenavianine	$C_{22}H_{23}NO_4$	C	[86]
7-1-128	左旋伪半秃灰叶双呋并黄素	(–)-pseudosemiglabrin	$C_{23}H_{20}O_6$	C	[87]
7-1-129	甘草黄酮 C	licoflavone C; 8-prenylapigenin	$C_{20}H_{18}O_5$	A	[81]
7-1-130	4',5-二甲氧基-(6:7)-2, 2-二甲氧基吡喃并黄酮	4',5-dimethoxy-(6:7)-2,2-dimethylpyranoflavone	$C_{23}H_{22}O_4$	C	[88]
7-1-131	5-甲氧基-(3",4"-二氢-3",4"-二乙酰氧基)-2",2"-二甲基吡喃-(7,8:5",6")-黄酮	5-methoxy-(3",4"-dihydro-3",4"-diacetoxy)-2",2"-dimethylpyrano-(7,8:5",6")-flavone	$C_{25}H_{24}O_8$	C	[89]
7-1-132	毛叶假鹰爪素 B	desmosdumotin B	$C_{18}H_{16}O_4$	C	[90]
7-1-133		ophioglonin	$C_{17}H_{12}O_6$	D	[91]
7-1-134		palstatin	$C_{27}H_{24}O_{11}$	D	[92]
7-1-135		5'-methoxyhydnocarpin-D	$C_{26}H_{22}O_{10}$	D	[93]
7-1-136		pongol methyl ether	$C_{18}H_{12}O_4$	C	[94]
7-1-137		millettocalyxin C	$C_{19}H_{14}O_5$	C	[94]
7-1-138		millettocalyxin A	$C_{18}H_{14}O_6$	A	[94]
7-1-139		millettocalyxin B	$C_{22}H_{20}O_6$	C	[94]
7-1-140	木犀草素-7-*O*-[4"-*O*-(*E*)-香豆酰基]-*β*-葡萄糖苷	luteolin-7-*O*-[4"-*O*-(*E*)-coumaroyl]-*β*-glucopyranoside	$C_{30}H_{26}O_{13}$	M	[95]
7-1-141	金圣草素-7-*O*-[4"-*O*-(*E*)-香豆酰基]-*β*-葡萄糖苷	chrysoeriol-7-*O*-[4"-*O*-(*E*)-coumaroyl]-*β*-glucopyranoside	$C_{31}H_{28}O_{13}$	M	[95]
7-1-142	木犀草素-6-*C*-(6"-*O*-反式-咖啡酰基葡萄糖苷)	luteolin-6-*C*-(6"-*O*-*trans*-caffeoylglucoside)	$C_{30}H_{26}O_{14}$	M	[96]
7-1-143	小麦黄素苷	tricin-7-*O*-*β*-(6"-methoxycinnamic)-glucoside	$C_{33}H_{32}O_{14}$	D	[97]
7-1-144		cucumerin A	$C_{29}H_{28}O_{11}$	D	[98]
7-1-145		cucumerin B	$C_{29}H_{28}O_{11}$	D	[98]
7-1-146	金莲花碳苷III	trollisin III; 2"-*O*-(2'''-methylbutanoyl)-isoswertisin	$C_{27}H_{30}O_{11}$	D	[99]
7-1-147	灯台酸	echitin	$C_{30}H_{26}O_{12}$	D	[100]
7-1-148	伊桐苷 N	itoside N; apigenin-7-*O*-*β*-D-(4",6"-*p*,*p*'-dihydroxy-*μ*-truxinyl)-glucopyranoside	$C_{39}H_{32}O_{14}$	D	[100]

表 7-1-2 黄酮及其苷的化学结构

化合物	R^1	R^2	R^3	R^4	R^5	R^6	R^7	R^8	R^9
7-1-1	OH	H	OH	H	H	H	H	H	H
7-1-2	OH	H	OMe	H	H	H	H	H	H
7-1-3	OMe	OMe	H	H	OMe	H	H	H	OMe
7-1-4	OH	OH	OH	H	H	H	H	H	H
7-1-5	OH	OH	OGluA	H	H	H	H	H	H
7-1-6	OH	OMe	OH	H	H	H	H	H	H
7-1-7	OMe	OMe	OMe	H	H	H	H	H	H
7-1-8	OH	H	OH	OMe	H	H	H	H	H
7-1-9	OH	H	OGluA	OMe	H	H	H	H	H
7-1-10	OH	Me	OMe	Me	H	H	H	H	H
7-1-11	OGluAMe	H	OH	OMe	H	H	H	H	H
7-1-12	OH	H	OGluAMe	OMe	H	H	H	H	H
7-1-13	OH	OMe	OMe	H	H	H	H	H	H
7-1-14	OH	OMe	OMe	OMe	H	H	H	H	H
7-1-15	OH	H	OH	H	H	H	OH	H	H
7-1-16	OH	H	OH	H	H	H	OMe	H	H
7-1-17	OH	H	OMe	H	H	H	OMe	H	H
7-1-18	OH	H	OGlu	H	H	H	OH	H	H
7-1-19	OH	H	OGlu(2→1)*β*-D-Api*f*	H	H	H	OH	H	H
7-1-2	OH	H	OH	H	H	OMe	OMe	OH	H
7-1-21	OMe	OH	OH	H	H	OH	OH	H	H
7-1-22	OH	H	OH	H	H	OMe	OH	H	H
7-1-23	OH	Boip	OH	H	H	OH	OMe	H	H
7-1-24	OH	Boip	OGlu	H	H	OH	OMe	H	H
7-1-25	OH	OMe	OMe	H	H	OMe	OH	H	H
7-1-26	OH	OMe	OMe	H	H	OH	OH	H	H
7-1-27	OH	OMe	OMe	H	H	H	OH	H	H
7-1-28	OH	OH	GluA	H	H	H	OMe	H	H
7-1-29	OH	H	OMe	OH	H	H	OMe	H	H
7-1-30	OMe	OH	OMe	OMe	OH	H	H	H	OMe
7-1-31	H	H	OMe	OH	H	OMe	OMe	OH	H
7-1-32	OMe	H	OGlu(6→1)Xyl	H	H	H	OMe	H	H
7-1-33	OH	H	OH	H	H	OH	OMe	H	H
7-1-34	OH	H	OGlu(6→1)Rha	H	H	OH	OMe	H	H

续表

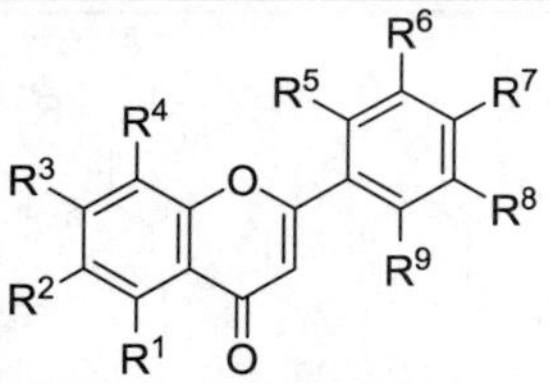

化合物	R^1	R^2	R^3	R^4	R^5	R^6	R^7	R^8	R^9
7-1-35	OH	Glu(6→1)Rha	OH	H	H	H	OH	H	H
7-1-36	OH	OMe	OMe	H	H	OH	OMe	H	H
7-1-37	OH	OMe	OH	H	H	OMe	OMe	H	H
7-1-38	OH	OMe	OMe	OMe	H	H	OMe	H	H
7-1-39	OH	H	OMe	H	H	H	OH	H	H
7-1-40	OGlu(6→1)Xyl	H	OMe	H	H	H	OH	H	H
7-1-41	OH	OMe	OH	H	H	H	OH	H	H
7-1-42	OH	OMe	Glu(2→1)Rha	H	H	H	OH	H	H
7-1-43	OH	OMe	Glu	H	H	H	OH	H	H
7-1-44	OH	OH	OH	H	H	OH	OH	H	H
7-1-45	OH	OH	OGlu	H	H	OH	OH	H	H
7-1-46	OH	OH	OGlu(3→1)Glu	H	H	OH	OH	H	H
7-1-47	OMe	H	OGlu(6→1)Xyl	H	H	H	OH	H	H
7-1-48	OH	H	OMe	H	OMe	H	OMe	OMe	H
7-1-49	H	H	OMe	OMe	H	OMe	OMe	OH	H
7-1-50	OH	H	OH	OMe	H	H	OH	H	H
7-1-51	OH	H	OH	OGlu	H	OH	OH	H	H
7-1-52	OH	OGlu	OMe	H	H	OH	OH	H	H
7-1-53	OGlu	H	OH	OH	H	H	OH	H	H
7-1-54	OH	Glu	OH	H	H	H	OH	H	H
7-1-55	OH	Ara(2→1)Rha	OH	H	H	OH	OH	H	H
7-1-56	OH	Ara(*f*)(2→1)Xyl	OH	H	H	OH	OH	H	H
7-1-57	OH	OH	OMe	H	H	H	OMe	H	H
7-1-58	OGlu(6→1)Xyl	H	OMe	H	H	OMe	OMe	H	H
7-1-59	OGlu(6→1)Xyl	H	OMe	H	H	OMe	OMe	OMe	H
7-1-60	OH	H	OMe	H	H	OMe	OMe	OH	H
7-1-61	OGlu	H	OMe	H	H	OMe	OMe	H	H
7-1-62	OGlu	H	OMe	H	H	OMe	OMe	OMe	H
7-1-63	OGlu	H	OMe	H	H	OMe	OMe	OH	H

续表

化合物	R^1	R^2	R^3	R^4	R^5	R^6	R^7	R^8	R^9
7-1-64	OH	H	OGlu(6→1)Rha	H	H	H	OMe	H	H
7-1-65	OH	H	OH	H	H	OH	OH	H	H
7-1-66	OH	H	OMe	H	H	OMe	OH	H	H
7-1-67	OH	H	OGluA(2→1)Glu	H	H	OH	OH	H	H
7-1-68	OH	H	OGlu	H	H	OH	OH	H	H
7-1-69	OH	H	OGlu(2→1)Glu	H	H	OH	OH	H	H
7-1-70	OH	OMe	OH	OMe	H	H	OMe	H	H
7-1-71	OH	H	OMe	H	H	OH	OH	H	H
7-1-72	OMe	H	OMe	H	H	—O—CH_2—O—		H	H
7-1-73	OMe	OMe	OMe	OMe	H	OMe	OMe	H	H
7-1-74	OH	H	OMe	Glu	H	OH	OH	H	H
7-1-75	OH	OMe	OGlu(6→1)Rha	H	H	H	OMe	H	H
7-1-76	H	H	OMe	OMe	H	OMe	OMe	OMe	H
7-1-77	OMe	OMe	H	H	OMe	—O—CH_2—O—		OMe	OMe
7-1-78	OH	OMe	OMe	H	H	H	OMe	H	H
7-1-79	OH	OH	OGlu	H	H	H	OH	H	H
7-1-80	OH	OH	OGluA	H	H	H	OH	H	H
7-1-81	OH	H	OH	H	H	OMe	OH	OH	H
7-1-82	OH	OMe	OMe	OMe	H	OH	OH	H	H
7-1-83	OH	H	OMe	OMe	OH	H	H	H	H
7-1-84	OH	OMe	OMe	OMe	OMe	H	H	H	OH
7-1-85	OMe	OMe	OMe	OMe	H	H	OMe	H	H
7-1-86	OH	H	OH	H	OH	OH	H	H	H
7-1-87	OH	H	OH	H	OH	H	H	H	OH
7-1-88	OH	OH	OH	H	H	H	OH	H	H
7-1-89	OH	H	OH	H	H	OMe	OMe	OMe	H
7-1-90	OH	H	OH	H	H	OMe	OH	OMe	H
7-1-91	OH	H	OGlu	H	H	OMe	OH	OMe	H
7-1-92	OH	OMe	OH	OMe	OH	H	H	H	H
7-1-93	OMe	H	OGlu(6→1)Rha	H	H	OMe	OMe	H	H
7-1-94	OMe	H	OGlu(6→1)Xyl	H	H	OMe	OMe	H	H

续表

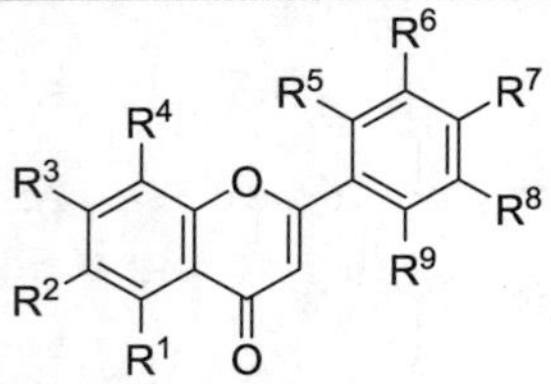

化合物	R¹	R²	R³	R⁴	R⁵	R⁶	R⁷	R⁸	R⁹
7-1-95	OH	H	OMe	H	H	OMe	OH	OMe	H
7-1-96	OH	H	OMe	H	H	OMe	OH	H	H
7-1-97	OH	H	OH	OMe	OMe	OH	H	H	OH
7-1-98	OH	H	OH	H	H	OGluAMe	OH	H	H
7-1-99	OH	H	OH	Glu	H	H	OH	H	H
7-1-100	OH	OMe	OMe	OMe	H	H	OH	H	H
7-1-101	OH	OMe	OMe	OMe	H	OMe	OMe	H	H
7-1-102	OMe	H	OMe	OMe	H	OMe	OMe	H	H

表 7-1-3 黄酮及其苷 7-1-1~7-1-12 的 ^{13}C NMR 数据

C	7-1-1[1]	7-1-2[2]	7-1-3[3]	7-1-4[4]	7-1-5[5]	7-1-6[6]	7-1-7[7]	7-1-8[6,8,9]
2	163.0	163.8	158.9	163.5	163.0	163.2	161.1	163.0
3	105.0	105.7	115.2	105.1	105.6	104.6	108.4	105.1
4	181.7	182.4	178.2	182.6	182.0	182.3	177.2	181.9
5	161.4	162.1	148.0	147.3	146.2	152.7	152.5	156.0
6	98.9	98.1	149.6	129.6	128.6	130.7	140.4	99.3
7	164.3	165.5	119.1	153.9	151.2	157.6	157.8	156.3
8	93.9	92.5	113.7	94.5	93.9	94.4	96.3	128.0
9	157.3	157.7	152.7	150.4	148.6	152.5	154.5	149.7
10	104.0	105.6	119.4	104.8	104.2	104.3	108.4	103.5
1'	130.6	131.7	111.4	131.5	130.3	131.5	131.6	130.9
2'	128.9	126.2	158.6	126.8	125.8	126.4	126.0	126.3
3'	126.2	129.0	104.0	129.6	128.6	129.1	128.9	129.3
4'	131.8	131.2	132.0	132.3	131.4	132.0	131.2	132.0
5'	126.2	129.0	104.0	129.6	128.6	129.1	128.9	129.3
6'	128.9	126.2	158.6	126.8	125.8	126.4	126.0	126.3
5-OMe			61.8				62.1	
6-OMe			57.3			60.0	61.5	
7-OMe		55.7					56.3	
8-OMe								61.1
2'-OMe			56.0					
6'-OMe			56.0					
6-Me								
8-Me								
					GluA			

续表

C	7-1-1[1]	7-1-2[2]	7-1-3[3]	7-1-4[4]	7-1-5[5]	7-1-6[6]	7-1-7[7]	7-1-8[6,8,9]
1					100.4			
2					72.5			
3					73.9			
4					71.4			
5					75.3			
6					170.4			
$COOCH_3$								

C	7-1-9[4]	7-1-10[10]	7-1-11[11]	7-1-12[6]	C	7-1-9[4]	7-1-10[10]	7-1-11[11]	7-1-12[6]
2	163.7	161.9	163.6	163.6	6-OMe				
3	105.4	104.5	105.4	105.4	7-OMe		59.7		
4	182.5	182.4	182.4	182.4	8-OMe	61.5		61.4	61.4
5	156.1	152.2	149.2	149.2	2'-OMe				
6	98.8	108.2	98.5	98.5	6'-OMe				
7	156.1	156.3	155.9	155.9	6-Me		7.5		
8	129.4	113.3	129.3	129.3	8-Me		7.8		
9	149.4	163.0	156.0	156.0				GluA	GluA
10	105.4	106.5	105.3	105.3	1			99.4	99.4
1'	130.8	130.2	130.7	130.7	2			72.8	72 8
2'	126.5	125.4	126.4	126.4	3			75.1	75.1
3'	129.4	128.4	130.7	130.7	4			71.3	71.3
4'	132.4	131.2	132.3	132.3	5			75.6	75.6
5'	129.4	128.4	130.7	130.7	6			169.2	169.2
6'	126.5	125.4	126.4	126.4	$COOCH_3$			52.0	52 0
5-OMe									

表 7-1-4 黄酮及其苷 7-1-13~7-1-23 的 ^{13}C NMR 数据

C	7-1-13[7]	7-1-14[12]	7-1-15[13]	7-1-16[13]	7-1-17[14]	7-1-18[15]	7-1-19[16]
2	163.9	164.1	164.2	164.0	163.6	164.4	164.4
3	105.6	105.3	102.8	103.0	103.7	103.3	103.3
4	182.7	183.2	181.8	181.9	182.0	182.2	181.9
5	153.0	145.9	161.9	161.3	157.3	161.5	161.3
6	131.8	136.7	98.2	97.9	98.0	99.7	98.8
7	158.9	149.6	164.9	165.1	165.2	163.2	162.8
8	90.6	133.1	94.0	92.6	92.7	95.0	95.0
9	153.3	153.2	158.7	157.2	161.2	157.1	157.0
10	106.3	107.2	103.9	104.6	104.7	105.5	105.6
1'	131.3	131.3	121.3	121.0	122.7	121.2	121.3
2'	126.2	126.3	128.6	128.5	128.4	128.8	128.5
3'	129.1	129.2	115.9	115.9	114.6	116.2	116.1
4'	132.7	132.1	160.0	161.1	162.4	161.3	161.2
5'	129.1	129.2	115.9	115.9	114.6	116.2	116.1

续表

C	**7-1-13**[7]	**7-1-14**[12]	**7-1-15**[13]	**7-1-16**[13]	**7-1-17**[14]	**7-1-18**[15]	**7-1-19**[16]
6'	126.2	126.3	128.6	128.5	128.4	128.8	128.5
5-OMe							
6-OMe	60.8	61.2					
7-OMe	56.3	62.2			56.1		
8-OMe		61.7					
3'-OMe							
4'-OMe				56.0	56.0		
						7-Glu	7-Glu
1						100.1	99.7
2						73.3	76.8
3						76.7	76.6
4						69.8	70.2
5						77.4	77.2
6						60.8	60.9
							2"-Api*f*
1							109.0
2							76.5
3							79.1
4							74.0
5							64.4

C	**7-1-20**[17]	**7-1-21**[18]	**7-1-22**[19]	**7-1-23**[20]	C	**7-1-20**[17]	**7-1-21**[18]	**7-1-22**[19]	**7-1-23**[20]
2	162.7	162.1	164.0	166.3	6'	107.6	119.5	120.8	121.9
3	104.5	106.6	103.5	104.1	5-OMe		62.3		
4	181.4	176.9	182.0	184.0	6-OMe				
5	157.4	145.9	157.6	158.8	7-OMe				
6	99.5	137.3	99.3	111.6	8-OMe				
7	166.6	152.2	164.5	164.8	3'-OMe	56.1		56.4	
8	94.3	100.3	94.6	96.1	4'-OMe	60.0			56.7
9	161.4	152.7	161.6	158.3					6-Boip
10	105.0	112.6	104.0	104.9	1				70.2
1'	126.0	124.5	121.9	123.6	2				32.9
2'	102.0	113.9	110.3	110.7	3				68.8
3'	153.5	146.4	150.9	149.6	4				70.7
4'	139.5	149.4	148.3	152.4	5				72.8
5'	151.0	116.6	116.2	116.9	6				17.4

表 7-1-5　黄酮及其苷 7-1-24~7-1-33 的 ^{13}C NMR 数据

C	**7-1-24**[20]	**7-1-25**[21]	**7-1-26**[22]	**7-1-27**[23]	**7-1-28**[24]	**7-1-29**[25]	**7-1-30**[26]	**7-1-31**[27]	**7-1-32**[28]	**7-1-33**[29]
2	166.8	165.1	165.8	164.4	163.5	162.5	158.4	164.9	163.6	163.6
3	104.8	104.1	103.6	101.9	103.1	104.3	114.3	106.0	104.1	103.9
4	184.4	183.5	183.5	181.9	182.3	176.2	175.9	180.3	176.8	181.8

续表

C	7-1-24[20]	7-1-25[21]	7-1-26[22]	7-1-27[23]	7-1-28[24]	7-1-29[25]	7-1-30[26]	7-1-31[27]	7-1-32[28]	7-1-33[29]
5	160.2	153.9	152.8	152.6	146.7	150.0	141.2	116.1	158.4	157.4
6	114.5	133.5	133.0	131.9	130.7	107.0	140.8	110.2	103.7	99.0
7	164.8	160.0	159.7	158.4	148.9	155.1	146.4	152.4	160.8	164.3
8	96.6	91.9	92.7	91.4	94.3	123.7	137.8	135.6	102.9	94.0
9	158.7	154.0	154.0	151.8	151.5	147.6	144.8	146.7	158.1	161.6
10	107.2	106.4	105.9	104.9	105.9	111.2	114.3	118.6	106.5	103.6
1'	123.6	121.3	122.7	121.0	122.9	123.7	109.4	127.7	122.7	118.8
2'	110.0	110.5	114.4	128.4	128.2	127.8	156.6	102.9	128.0	113.1
3'	149.7	148.8	146.8	116.4	114.6	114.6	108.8	154.2	114.5	146.9
4'	152.5	151.5	150.7	161.4	162.2	162.0	132.0	140.4	162.0	151.3
5'	117.2	123.5	117.4	116.4	114.6	114.6	102.3	151.4	114.5	112.3
6'	122.2	116.3	120.5	128.4	128.2	127.8	158.4	108.6	128.0	123.1
5-OMe							61.7	56.8	56.1	
6-OMe		60.5	61.4	60.0						
7-OMe		56.7	57.5	56.4		56.6	61.0			
8-OMe							61.5			
3'-OMe		56.5						56.5		
4'-OMe	56.9				55.5	55.5		61.0	56.1	56.0
6'-OMe							55.9			
	6-Boi								7-Glu	
1	67.3								96.6	
2	31.5								76.5	
3	69.6								75.9	
4	71.3								69.8	
5	72.5								75.6	
6	17.7								65.6	
	7-Glu				7-GluA				6"-Xyl	
1	104.0				100.9				104.1	
2	75.2				72.9				73.4	
3	77.3				75.8				73.3	
4	71.9				71.9				69.5	
5	79.0				74.2				68.6	
6	63.0				171.3					

表 7-1-6 黄酮及其苷 7-1-34~7-1-42 的 ^{13}C NMR 数据

C	7-1-34[30]	7-1-35[31]	7-1-36[32]	7-1-37[33]	7-1-38[34]	7-1-39[35]	7-1-40[36]	7-1-41[17]	7-1-42[37]
2	165.0	165.2	165.1	163.4	164.1	164.0	160.9	164.0	164.4
3	106.8	103.8	104.5	103.4	107.0	102.7	104.2	102.7	102.7
4	182.8	183.2	183.5	182.2	183.0	181.6	177.3	182.3	182.3
5	158.0	162.0	154.4	152.8	145.8	157.2	158.2	152.1	152.1
6	100.9	109.3	133.5	131.3	136.5	97.3	102.7	131.7	132.8
7	164.2	164.3	160.1	152.4	152.9	164.8	163.9	157.2	155.8

续表

C	7-1-34[30]	7-1-35[31]	7-1-36[32]	7-1-37[33]	7-1-38[34]	7-1-39[35]	7-1-40[36]	7-1-41[17]	7-1-42[37]
8	95.3	94.6	92.0	94.4	133.0	91.8	96.6	94.2	94.5
9	162.6	157.7	153.9	157.3	149.5	161.0	158.8	152.4	152.5
10	105.0	104.6	106.5	104.2	114.6	103.9	109.2	104.1	105.8
1'	119.2	122.4	124.8	122.9	123.5	121.1	121.3	121.1	121.1
2'	114.6	129.7	113.6	109.3	128.1	128.3	128.5	128.6	128.6
3'	148.5	117.3	147.9	148.8	114.6	115.8	116.1	116.1	116.1
4'	152.1	161.6	151.8	152.1	162.7	161.3	161.6	161.5	161.5
5'	112.4	117.3	112.5	111.6	114.6	115.8	116.1	116.1	116.1
6'	124.6	129.7	119.8	120.0	128.1	128.3	128.5	128.6	128.6
6-OMe			60.5	60.0	62.1			59.9	60.3
7-OMe			56.8		61.7	55.8	56.4		
8-OMe					61.1				
3'-OMe				55.8					
4'-OMe	56.0		56.4	55.7	55.5				
	7-Glu	6-Glu					5-Glu		7-Glu
1	102.2	74.1					102.7		98.0
2	74.8	71.3					73.5		75.9
3	78.4	79.6					76.5		77.7
4	71.4	71.5					69.7		69.8
5	77.6	73.1					75.6		77.3
6	67.7	68.5					68.6		60.6
	6"-Rha	6"-Rha					6"-Xyl		2"-Rha
1	102.5	101.5					104.3		100.0
2	72.1	71.6					73.5		70.4
3	72.9	70.7					76.0		70.6
4	74.1	71.3					69.6		72.0
5	69.9	69.4					65.8		68.6
6	18.6	18.6							18.2

表 7-1-7 黄酮及其苷 7-1-43~7-1-52 的 ^{13}C NMR 数据

C	7-1-43[38]	7-1-44[39]	7-1-45[40]	7-1-46[41]	7-1-47[28]	7-1-48[42]	7-1-49[27]	7-1-50[43~45]	7-1-51[46]	7-1-52[47]
2	164.3	166.0	164.6	165.3	163.5	161.0	163.4	163.9	164.7	163.7
3	102.8	103.1	102.9	103.2	104.1	109.7	105.6	102.6	102.6	102.9
4	182.2	183.9	182.6	183.0	176.9	182.8	178.7	182.4	181.3	182.0
5	152.4	147.5	147.0	147.2	158.4	157.7	120.7	157.5	157.3	160.8
6	132.5	130.3	130.8	131.4	103.8	97.8	110.0	94.4	99.5	108.9
7	152.1	151.7	150.7	151.9	161.7	165.3	156.7	153.0	159.1	163.3
8	94.4	94.6	94.4	95.1	103.0	92.4	136.5	131.3	126.1	93.6
9	156.4	154.3	149.4	151.7	158.1	162.1	150.3	152.6	149.3	156.3
10	105.7	105.2	106.2	106.7	105.3	105.5	117.9	103.9	102.5	103.5
1'	121.2	123.5	122.0	122.0	119.6	111.4	126.6	121.4	121.6	121.5

续表

C	7-1-43[38]	7-1-44[39]	7-1-45[40]	7-1-46[41]	7-1-47[28]	7-1-48[42]	7-1-49[27]	7-1-50[43~45]	7-1-51[46]	7-1-52[47]
2'	128.5	113.8	113.8	114.4	128.2	152.8	101.8	128.7	114.0	113.4
3'	115.9	146.7	146.1	146.8	116.4	97.1	153.1	116.2	146.5	145.8
4'	161.2	150.5	150.1	149.9	162.8	143.1	139.4	161.4	149.6	149.8
5'	115.9	116.5	116.3	117.0	116.4	154.0	150.4	116.2	115.6	116.1
6'	128.5	119.9	119.3	120.2	128.2	111.9	107.4	128.7	118.5	119.1
5-OMe					56.0					
6-OMe	60.3									
7-OMe						56.8	56.2			
8-OMe							61.3			
2'-OMe						56.8				
3'-OMe							55.7			
4'-OMe						56.8	60.5			
5'-OMe						56.8				
	7-Glu		7-Glu	7-Glu	7-Glu					6-Glu
1	100.2		101.3	100.5	96.7					73.1
2	73.0		73. 6	75.3	76.6					70.7
3	76.5		77.6	82.8	75.9					79.0
4	69.5		70.1	70.2	69.8					70.2
5	77.2		76.2	78.0	75.7					81.7
6	60.5		61.0	61.5	65.7					61.6
				6''-Glu	3''-Xyl					
1				104.8	104.1					
2				76.5	73.5					
3				77.1	73.4					
4				70.6	69.6					
5				77.7	68.7					
6				61.3						

表 7-1-8 黄酮及其苷 7-1-53~7-1-62 的 ^{13}C NMR 数据

C	7-1-53[48]	7-1-54[49]	7-1-55[50]	7-1-56[50]	7-1-57[51]	7-1-58[52]	7-1-59[52]	7-1-60[52]	7-1-61[52]	7-1-62[52]
2	161.3	163.8	166.3	166.2	163.3	161.9	163.1	163.8	163.3	161.3
3	105.1	102.8	103.9	103.7	103.2	107.7	108.5	105.6	107.7	108.1
4	177.7	182.3	184.1	183.8	182.2	177.0	179.8	182.4	179.5	177.8
5	149.6	156.7	164.1		149.0	159.3	159.4	162.1	159.7	158.5
6	105.6	108.1	109.9	109.2	130.3	103.8	104.5	98.2	104.4	103. 4
7	150.8	163.8	164.9		154.4	164.4	166.0	165.6	165.7	164.3
8	129.4	94.1	95.1	95.4	91.3	96.9	97.3	92.7	97.7	96.9
9	146.8	161.3	158.8	158.8	146.5	159.3	160.4	157.7	160.3	159.1
10	108.5	104.0	105.3	104.7	105.1	110.4	110.3	105.6	110.5	109.5
1'	121.4	121.2	123.5	123.4	123.0	123.8	127.4	126.9	124.3	126.4
2'	129.4	128.4	114.2	114.0	128.3	109.7	104.9	102.4	110.5	104.2

续表

C	7-1-53[48]	7-1-54[49]	7-1-55[50]	7-1-56[50]	7-1-57[51]	7-1-58[52]	7-1-59[52]	7-1-60[52]	7-1-61[52]	7-1-62[52]
3'	115.8	116.1	146.9	147.2	114.6	150.0	154.8	152.5	153.7	153.7
4'	160.8	160.0	151.1	150.0	162.3	152.8	141.5	138.9	150.7	141.1
5'	115.8	116.1	116.9	116.8	114.6	112.0	154.8	149.6	112.7	153.7
6'	129.4	128.4	120.5	120.3	128.3	120.3	104.9	106.7	121.2	104.2
7-OMe					56.3	55.9	56.9	55.8	56.9	56.4
3'-OMe						56.0	56.9	56.1	56.7	56.6
4'-OMe					55.6	55.8	61.2	61.2	56.6	60.6
5'-OMe							56.9			56.6
	5-Glu	6-Glu	6-Ara	6-Ara		6-Glu	6-Glu		5-Glu	5-Glu
1	105.1	78.9	74.2	74.6		105.4	104.7		105.3	104.0
2	73.7	73.6	76.3	80.2		74.8	74.7		74.8	73.8
3	75.7	71.0	71.3	70.7		77.5	77.2		77.2	76.0
4	69.4	70.8	77.7	75.9		71.1	71.5		71.4	70.3
5	77.4	81.2	71.7	71.8		77.4	77.4		78.8	77.9
6	60.9	61.5				70.0	70.4		62.5	61.3
			2''-Rha	2''-Xyl		6''-Xyl	6''-Xyl			
1			102.4	106.8		105.8	105.6			
2			71.9	75.6		74.8	74.2			
3			72.2	71.0		78.0	77.7			
4			73.3	77.5		70.9	71.1			
5			69.9	66.8		66.9	66.8			
6			17.9							

表 7-1-9 黄酮及其苷 7-1-63~7-1-72 的 ^{13}C NMR 数据

C	7-1-63[52]	7-1-64[53]	7-1-65[54]	7-1-66[55]	7-1-67[56]	7-1-68[57]	7-1-69[58]	7-1-70[59]	7-1-71[14]	7-1-72[60]
2	163.2	163.8	164.0	164.5	165.1	164.1	164.6	163.1	164.3	160.2
3	108.0	103.7	102.9	103.8	103.6	102.8	103.3	103.0	103.1	108.7
4	179.8	181.9	181.8	182.4	181.8	181.3	181.1	182.3	181.8	176.7
5	159.5	160.7	161.5	161.5	162.4	160.9	161.1	145.4	161.2	161.3
6	104.3	99.7	98.9	98.0	105.3	99.7	99.8	131.6	97.9	96.8
7	165.7	162.8	164.2	165.4	163.8	162.6	163.0	150.9	165.1	164.4
8	97.4	94.7	93.9	92.9	95.4	94.6	95.0	128.0	92.6	93.7
9	160.0	156.9	157.4	157.6	157.6	156.5	156.9	148.4	157.2	160.1
10	110.2	105.7	103.8	105.2	106.5	105.3	105.5	103.1	104.7	109.7
1'	126.9	122.5	121.5	122.5	122.5	121.1	121.6	123.0	121.5	126.0
2'	102.4	128.4	113.4	108.9	114.3	112.9	113.7	128.2	113.6	106.6
3'	154.7	114.6	145.8	147.5	147.6	145.1	145.7	114.7	145.8	148.9
4'	141.1	162.3	149.8	150.0	151.7	149.1	149.8	162.4	149.8	150.6
5'	152.4	114.6	116.1	115.3	116.4	115.5	116.1	114.7	116.0	108.9
6'	108.8	128.4	119.1	120.6	119.3	118.8	119.1	128.2	119.1	121.3
5-OMe										55.9

续表

C	7-1-63[52]	7-1-64[53]	7-1-65[54]	7-1-66[55]	7-1-67[56]	7-1-68[57]	7-1-69[58]	7-1-70[59]	7-1-71[14]	7-1-72[60]
6-OMe								61.2		
7-OMe	56.6			56.6					56.6	56.2
8-OMe								60.2		
3'-OMe	56.6			56.6				56.6		
4'-OMe	61.6	56.4								
OCH_2O										102.5
	5-Glu	7-Glu			6-GluA	7-Glu	7-Glu			
1	105.0	99.5			106.4	100.0	97.6			
2	74.7	72.8			75.5	72.8	81.2			
3	77.2	75.9			77.4	76.3	76.6			
4	71.4	70.4			73.0	69.5	70.0			
5	78.6	75.5			77.7	76.7	76.6			
6	62.6	65.9			172.6	60.8	61.0			
		6"-Rha			2"-Glu		2"-Glu			
1		100.3			99.7		103.6			
2		70.1			84.0		74.3			
3		69.3			77.3		76.7			
4		71.8			70.4		70.4			
5		68.2			78.5		76.8			
6		17.7			61.7		61.3			

表 7-1-10　黄酮及其苷 7-1-73~7-1-82 的 ^{13}C NMR 数据

C	7-1-73[61]	7-1-74[47]	7-1-75[62]	7-1-76[27]	7-1-77[63]	7-1-78[64]	7-1-79[39]	7-1-80[65]	7-1-81[17]	7-1-82[66]
2	164.5	164.1	164.8	162.5	158.2	163.9	164.1	162.7	163.9	164.4
3	104.2	102.4	102.7	106.4	114.8	103.9	102.5	104.2	103.3	102.7
4	177.6	182.0	183.2	177.9	177.9	182.6	182.3	171.4	181.7	182.5
5	149.3	160.4	153.2	120.9	148.0	153.1	146.4	148.7	161.5	150.1
6	137.6	98.1	135.2	109.9	149.8	123.4	130.4	132.6	98.8	135.8
7	148.3	162.5	157.8	156.6	119.1	158.6	149.1	164.1	164.1	145.9
8	145.3	104.5	95.3	136.8	113.5	90.5	94.2	102.0	93.9	132.7
9	147.8	156.0	154.2	150.4	152.4	152.9	151.3	152.6	157.3	152.4
10	112.3	104.0	107.3	118.6	119.0	106.0	105.9	107.2	103.7	106.2
1'	122.5	122.0	122.8	126.9	113.6	123.3	121.3	122.9	120.5	121.4
2'	108.9	114.1	128.9	103.5	136.4	127.9	128.4	129.9	102.4	113.4
3'	153.3	145.8	115.2	153.5	134.4	114.4	115.9	117.4	148.6	145.2
4'	153.5	149.6	163.1	141.1	141.6	162.5	161.2	150.6	138.6	148.6
5'	111.6	115.7	115.2	153.5	133.2	114.4	115.9	117.4	145.9	116.2
6'	121.8	119.4	128.9	103.5	146.3	127.9	128.4	122.9	107.5	119.2
5-OMe	62.5				61.9					
6-OMe	62.2		60.9		57.3	60.8				62.0
7-OMe	61.8	56.6		56.4		56.2				60.6

续表

C	7-1-73[61]	7-1-74[47]	7-1-75[62]	7-1-76[27]	7-1-77[63]	7-1-78[64]	7-1-79[39]	7-1-80[65]	7-1-81[17]	7-1-82[66]
8-OMe	61.6			61.3						61.5
2'-OMe					60.4					
3'-OMe	56.2			56.1					56.3	
4'-OMe	56.0		55.5	60.9		55.5				
5'-OMe				56.1	60.6					
6'-OMe					62.1					
OCH_2O					101.9					
		8-Glu	7-Glu				7-Glu	7-GluA		
1		73.4	104.4				101.1	95.2		
2		70.8	74.7				73.1	74.4		
3		78.8	78.5				75.7	77.0		
4		70.7	71.4				69.6	72.8		
5		82.0	77.8				77.3	77.0		
6		61.6	67.7				60.6	183.5		
			6"-Rha				2"-Glu			
1			102.4							
2			72.1							
3			72.9							
4			74.1							
5			69.5							
6			18.6							

表 7-1-11　黄酮及其苷 7-1-83~7-1-92 的 ^{13}C NMR 数据

C	7-1-83[6]	7-1-84[6]	7-1-85[61]	7-1-86[67]	7-1-87[67]	7-1-88[68]	7-1-89[17]	7-1-90[69]	7-1-91[70]	7-1-92[6]
2	162.0	162.4	162.6	161.9	162.5	164.2	163.0	164.1	164.6	161.2
3	108.6	108.8	105.9	109.1	112.1	102.9	103.8	103.7	104.3	108.6
4	182.5	182.5	177.4	182.1	182.0	182.7	181.9	181.8	182.5	182.5
5	156.7	148.6	144.3	161.6	161.8	154.0	161.4	157.5	161.6	148.3
6	95.9	135.8	144.2	98.8	98.8	129.9	98.9	98.8	100.0	131.5
7	158.5	152.6	148.3	164.5	164.3	147.7	164.3	163.6	163.5	151.0
8	128.5	132.6	137.9	93.9	94.0	94.6	94.3	94.1	95.8	127.9
9	149.0	146.3	147.7	157.7	158.4	150.4	157.4	161.3	157.4	145.6
10	104.0	106.3	106.1	103.9	104.2	104.7	105.0	102.3	105.9	103.0
1'	117.2	111.9	123.4	117.9	108.7	122.2	126.0	139.8	120.7	117.2
2'	158.2	156.7	127.9	145.7	156.8	129.1	104.1	104.3	105.0	156.8
3'	117.7	108.9	114.6	146.1	106.9	116.6	153.2	148.1	148.7	117.4
4'	133.2	132.6	161.1	117.9	131.9	161.7	140.7	164.1	148.7	132.9
5'	119.1	102.3	114.6	119.3	106.9	116.6	153.2	148.1	148.7	119.7
6'	128.3	158.3	127.9	118.6	156.8	129.1	104.1	104.3	105.0	128.2
5-OMe			62.3							
6-OMe		61.7	62.1							61.2
7-OMe	56.6	60.6	61.8							60.2

续表

C	7-1-83[6]	7-1-84[6]	7-1-85[61]	7-1-86[67]	7-1-87[67]	7-1-88[68]	7-1-89[17]	7-1-90[69]	7-1-91[70]	7-1-92[6]
8-OMe	61.2	61.5	61.7							
2'-OMe		55.9								
3'-OMe							56.2	56.3	56.6	
4'-OMe			55.5				60.2			
5'-OMe							56.2	56.3	56.6	
									7-Glu	
1									100.6	
2									73.6	
3									77.0	
4									70.1	
5									77.5	
6									61.1	

表 7-1-12 黄酮及其苷 7-1-93~7-1-102 的 ^{13}C NMR 数据

C	7-1-93[28]	7-1-94[28]	7-1-95[71]	7-1-96[72]	7-1-97[6]	7-1-98[73]	7-1-99[74]	7-1-100[75]	7-1-101[76]	7-1-102[76]
2	163.6	163.6	164.1	164.5	161.8	164.1	163.9	164.8	163.9	160.5
3	104.1	104.1	104.8	103.8	111.2	104.1	102.5	103.1	103.9	107.1
4	176.8	176.9	182.2	182.4	181.9	182.6	182.1	183.0	182.9	177.8
5	158.6	158.5	162.2	161.5	157.1	162.2	160.4	152.9	145.8	157.8
6	103.7	103.7	98.1	98.0	99.0	99.7	98.2	136.1	136.5	92.2
7	161.1	160.9	165.5	165.4	156.1	165.0	162.6	145.6	152.9	156.6
8	103.0	102.9	92.7	92.9	127.7	94.8	104.6	133.1	132.9	130.4
9	158.2	158.1	157.7	157.6	148.4	158.2	156.0	149.0	149.3	153.1
10	106.2	106.7	105.5	105.2	103.8	104.6	104.0	106.8	106.9	109.1
1'	122.9	122.8	122.4	122.5	114.9	122.4	121.6	121.5	123.7	124.8
2'	109.2	109.2	103.5	108.9	150.6	114.7	129.0	128.9	108.8	108.6
3'	149.2	149.0	147.4	147.5	111.8	145.9	115.8	116.6	149.5	152.9
4'	151.9	151.9	138.5	150.0	119.9	151.6	161.2	162.0	152.4	150.1
5'	111.8	111.6	147.4	115.3	142.5	117.5	115.8	116.6	111.7	111.1
6'	119.9	119.7	103.5	120.6	146.0	122.8	129.0	128.9	120.1	119.5
5-OMe	56.2	56.1								56.5
6-OMe								60.0	62.0	
7-OMe			55.8					61.9	61.7	56.3
8-OMe					61.0			62.4	61.1	61.5
3'-OMe	55.9	55.9	56.5	55.9					56.1	56.0
4'-OMe	55.6	55.7	56.5						55.9	55.9
6'-OMe					60.6					
	7-Glu	7-Glu				3'-GluA	8-Glu			
1	96.6	96.7				101.6	73.4			
2	76.4	76.6				73.7	70.8			

续表

C	7-1-93[28]	7-1-94[28]	7-1-95[71]	7-1-96[72]	7-1-97[6]	7-1-98[73]	7-1-99[74]	7-1-100[75]	7-1-101[76]	7-1-102[76]
3	75.9	75.9				76.1	78.7			
4	69.7	69.7				72.2	70.5			
5	75.6	75.6				75.9	81.9			
6	66.4	65.6				170.0	61.3			
	6"-Rha	6"-Xyl								
1	103.2	104.1								
2	72.1	73.5								
3	72.4	73.4								
4	73.7	69.5								
5	69.4	68.6								
6	18.2									
COOMe						52.9				

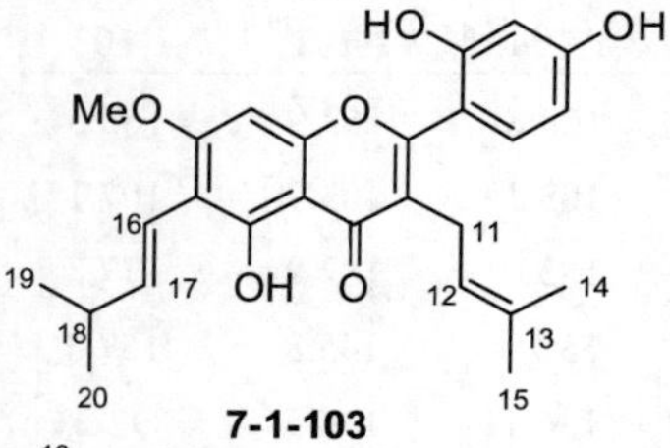

7-1-103 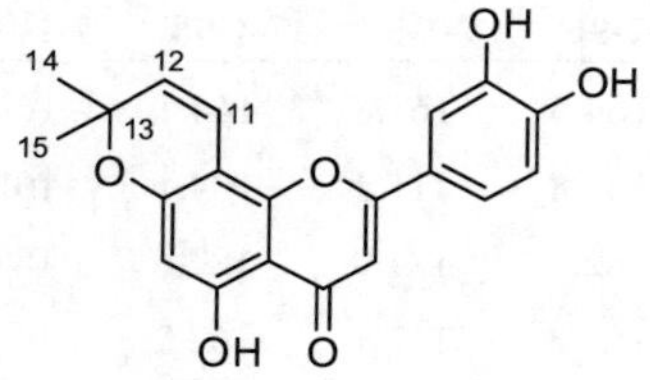 **7-1-104** 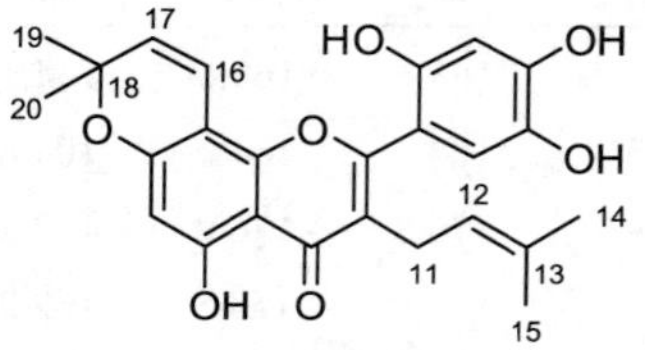 **7-1-105**

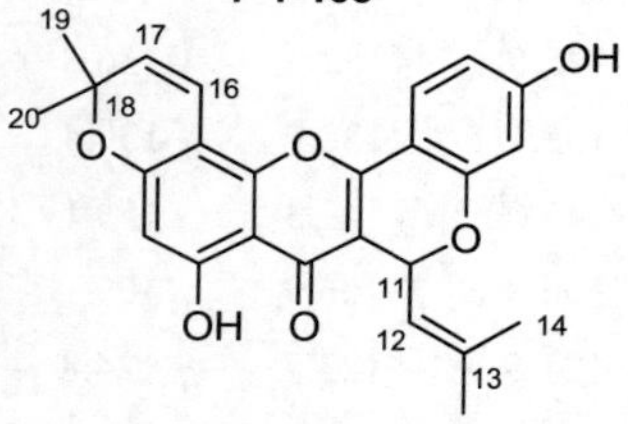

7-1-106 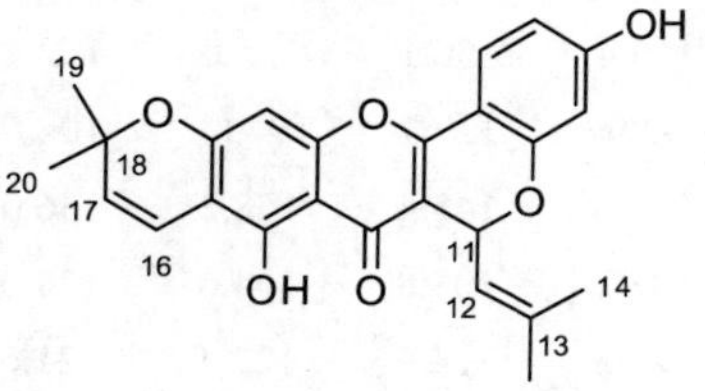 **7-1-107** 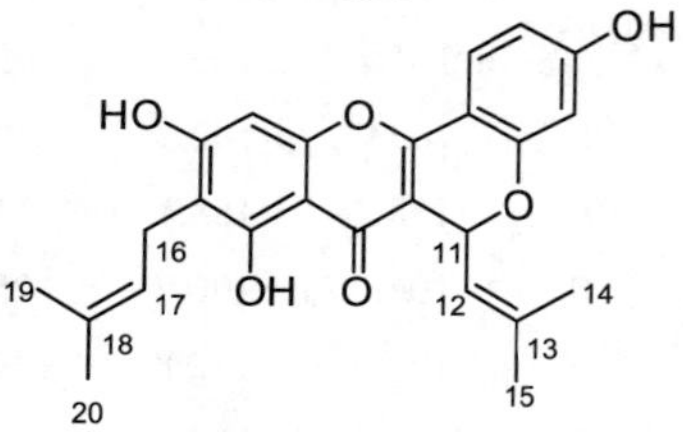 **7-1-108**

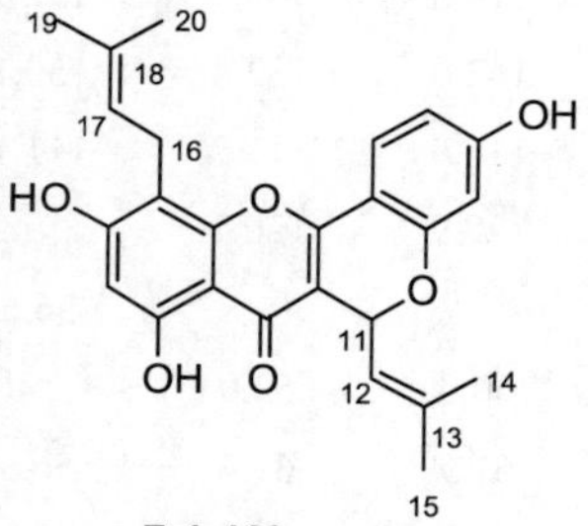

7-1-109 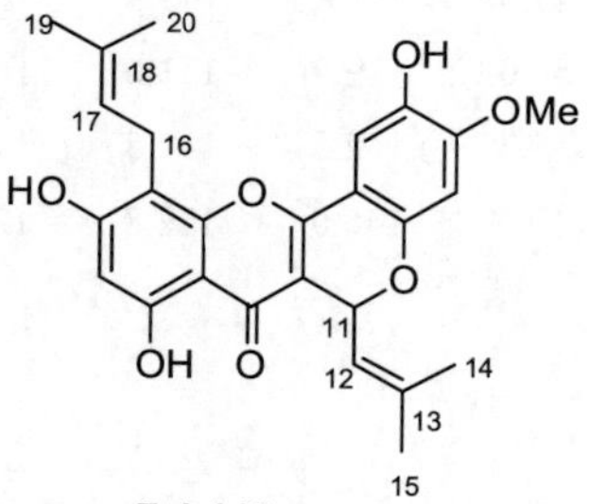 **7-1-110** 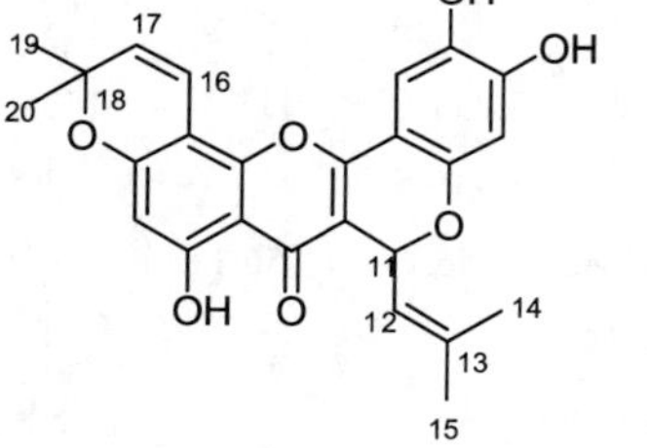 **7-1-111**

表 7-1-13 黄酮及其苷 7-1-103~7-1-111 的 ^{13}C NMR 数据

C	7-1-103[77]	7-1-104[77]	7-1-105[78]	7-1-106[79]	7-1-107[79]	7-1-108[79]	7-1-109[79]	7-1-110[79]	7-1-111[77]
2	162.8	163.7	163.2	158.4	157.9	158.3	159.0	159.0	157.1
3	122.3	102.9	122.0	106.3	106.2	106.5	106.7	106.6	110.6
4	183.7	181.8	183.9	177.7	178.0	177.5	177.7	177.6	179.6

续表

C	7-1-103[77]	7-1-104[77]	7-1-105[78]	7-1-106[79]	7-1-107[79]	7-1-108[79]	7-1-109[79]	7-1-110[79]	7-1-111[77]
5	157.8	160.9	162.7	155.3	155.8	154.9	153.7	153.6	163.2
6	110.1	99.2	100.1	99.4	108.3	108.2	98.4	98.6	100.7
7	164.2	158.6	160.5	163.6	163.9	163.2	163.3	162.3	160.3
8	90.9	100.9	102.2	103.7	95.4	93.3	103.8	103.4	102.6
9	160.2	151.2	153.8	163.6	163.9	163.2	163.8	162.3	152.4
10	105.9	104.5	105.9	101.2	104.8	103.5	106.2	106.3	106.5
1'	113.2	121.3	111.7	110.3	110.2	111.0	106.7	108.5	108.0
2'	157.5	113.2	150.1	157.6	156.1	157.4	157.5	154.6	152.6
3'	104.1	145.6	104.7	105.8	103.7	103.8	103.8	101.5	105.8
4'	161.8	149.7	150.0	164.8	158.8	161.5	161.4	150.1	152.8
5'	108.4	116.1	139.4	111.3	110.2	110.0	110.1	141.0	141.8
6'	132.7	119.0	117.2	125.8	125.4	125.4	125.1	108.5	110.3
7-OMe	57.0								
4'-OMe								55.9	
11	25.0	114.1	24.9	68.8	69.2	68.9	68.9	68.6	70.3
12	122.9	128.1	122.6	120.9	121.0	121.1	121.0	121.0	122.4
13	132.6	78.1	133.0	138.2	138.7	137.9	137.9	137.6	139.0
14	26.2	27.7	25.9	18.3	18.7	18.3	18.3	18.3	19.0
15	18.0	27.7	17.6	17.8	17.9	17.6	17.7	17.8	26.2
16	117.4		115.8	114.2	114.5	20.9	21.1	21.2	115.7
17	142.5		128.2	128.2	128.8	122.1	122.3	122.4	129.1
18	34.3		79.1	78.1	78.3	130.6	125.1	130.9	79.2
19	23.5		28.4	27.7	27.7	25.3	25.3	25.3	28.6
20	23.5		28.4	27.7	27.6	25.4	25.4	25.4	28.6

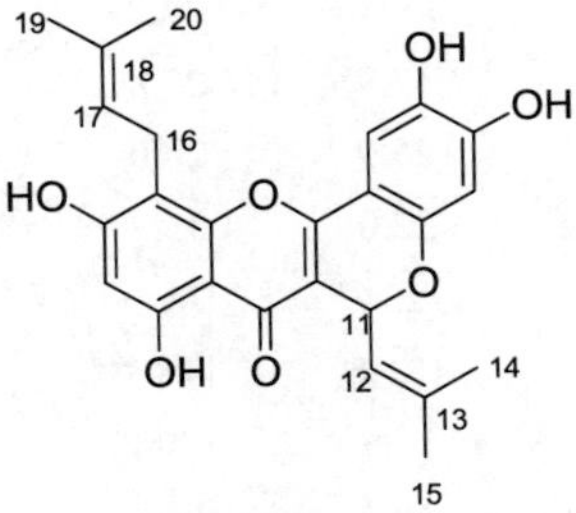

7-1-112

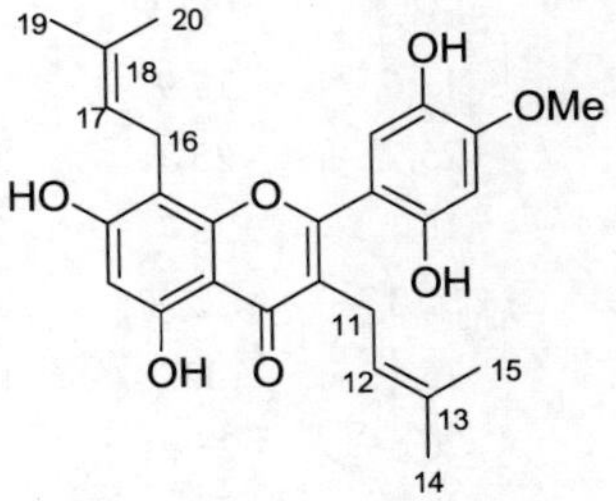

7-1-113

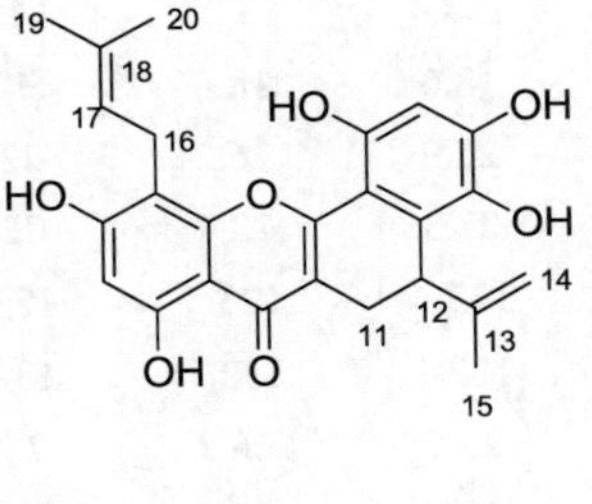

7-1-114

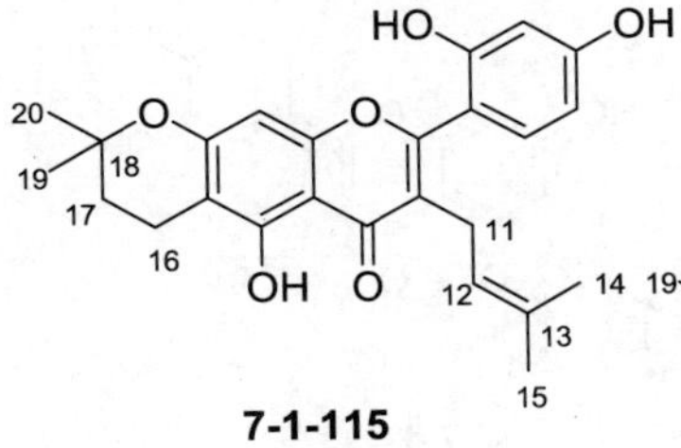

7-1-115

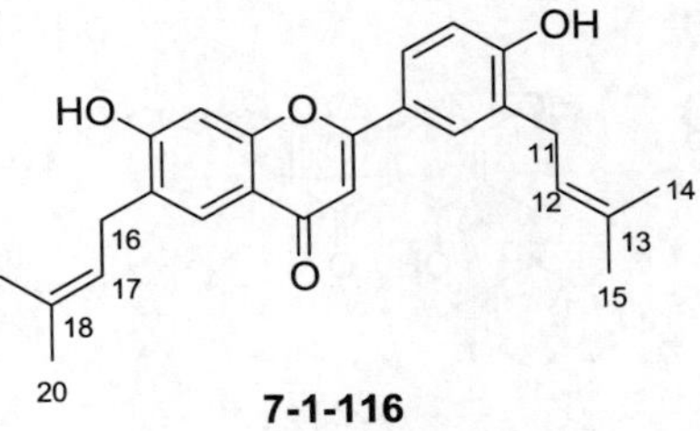

7-1-116

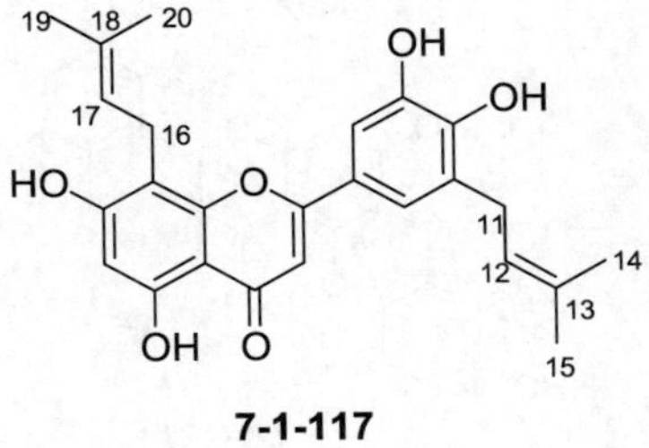

7-1-117

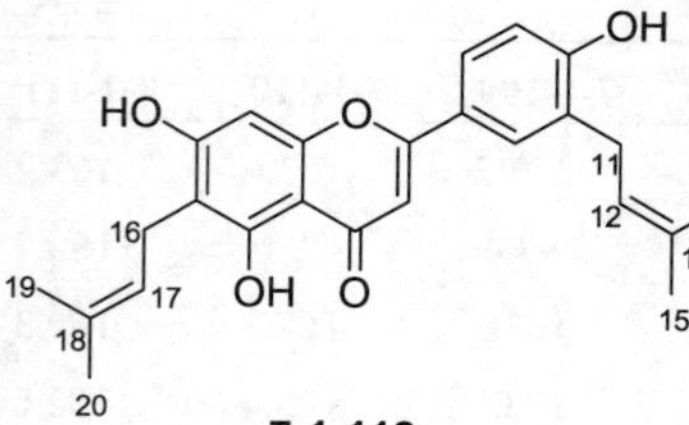

7-1-118 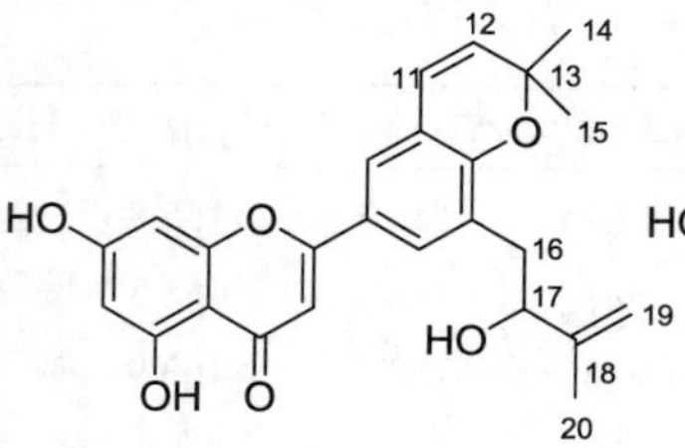　　7-1-119 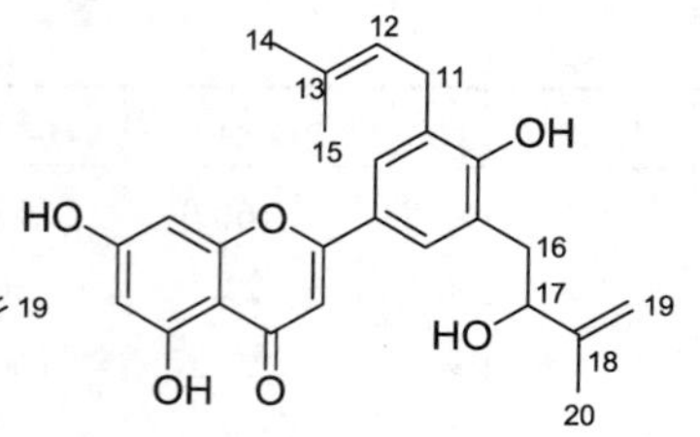　　7-1-120

表 7-1-14　黄酮及其苷 7-1-112~7-1-120 的 ^{13}C NMR 数据

C	7-1-112[77]	7-1-113[77]	7-1-114[77]	7-1-115[80]	7-1-116[81]	7-1-117[82]	7-1-118[83]	7-1-119[84]	7-1-120[84]
2	156.7	162.5	162.0	162.2	163.9	163.2	165.1	161.4	163.4
3	109.9	121.4	111.5	119.9	102.9	102.4	104.0	103.3	104.0
4	179.4	183.6	181.8	182.0	177.5	181.9	183.1	181.5	183.0
5	161.0	161.2	161.2	158.6	126.2	158.9	160.2	163.4	164.9
6	99.4	99.2	99.5	104.5	129.8	98.2	112.3	99.0	99.7
7	161.9	162.1	162.0	160.0	161.0	160.5	162.4	164.7	165.5
8	107.5	107.1	107.6	94.4	105.7	160.0	94.1	94.0	94.7
9	155.2	156.8	155.7	155.6	157.1	154.3	156.6	157.3	158.9
10	105.6	105.6	105.4	103.5	117.7	103.5	105.2	103.4	105.3
1'	107.9	113.8	107.4	111.4	124.0	120.9	123.5	122.0	123.0
2'	152.1	149.5	151.7	160.7	126.2	110.7	128.9	122.7	127.4
3'	105.4	101.4	103.9	102.9	128.4	145.2	129.9	120.6	127.7
4'	152.3	152.7	151.1	156.7	159.1	147.4	159.5	153.7	158.8
5'	141.4	139.6	137.0	107.0	116.3	128.7	116.3	127.3	130.9
6'	110.0	118.1	130.1	131.4	128.6	118.9	126.6	129.3	128.7
4'-OMe		56.8							
11	69.9	25.0	22.6	23.9	29.1	21.3	29.1	121.4	25.9
12	122.2	123.1	38.5	121.9	123.1	118.9	123.0	131.3	123.4
13	138.4	132.3	145.7	131.4	133.5	131.8	133.3	77.2	133.0
14	18.6	18.0	112.2	17.6	17.9	25.5	17.9	27.8	17.9
15	25.9	26.2	22.3	25.7	25.9	17.7	25.9	28.0	25.9
16	22.3	22.4	22.7	16.1	28.7	28.1	22.0	35.7	39.5
17	123.4	123.5	123.9	31.3	122.8	127.2	123.3	73.5	77.6
18	132.1	132.1	132.6	76.4	133.2	130.3	131.6	148.1	147.8
19	25.9	26.2	26.2	26.6	25.9	25.4	17.9	109.8	111.0
20	18.1	18.0	18.3	26.6	17.9	17.7	25.9	17.8	18.4

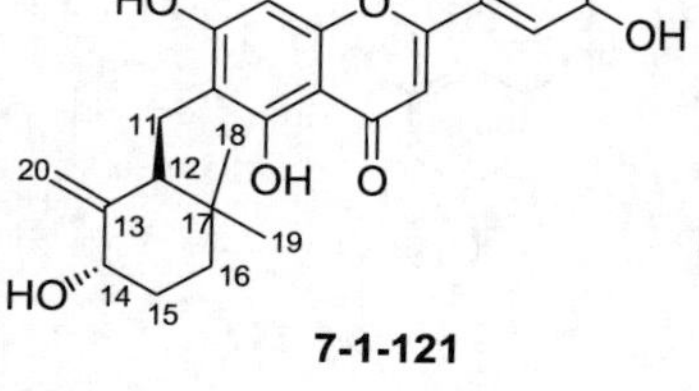

7-1-121 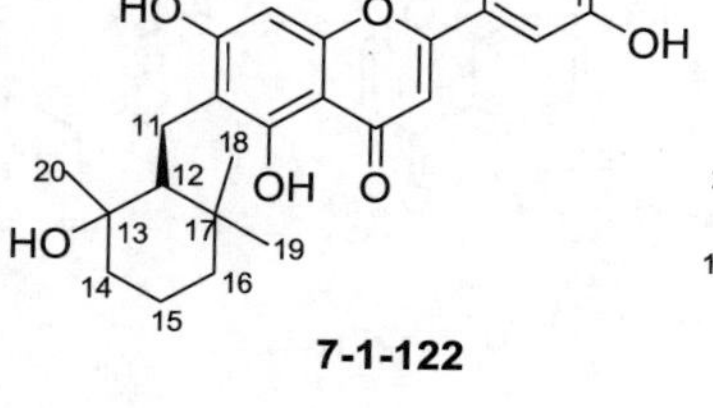　　7-1-122 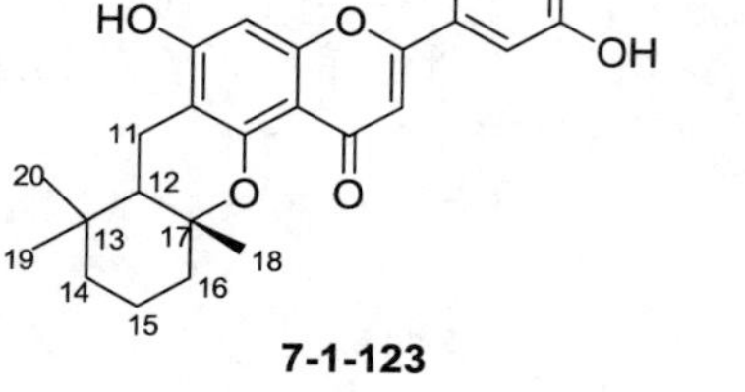　　7-1-123

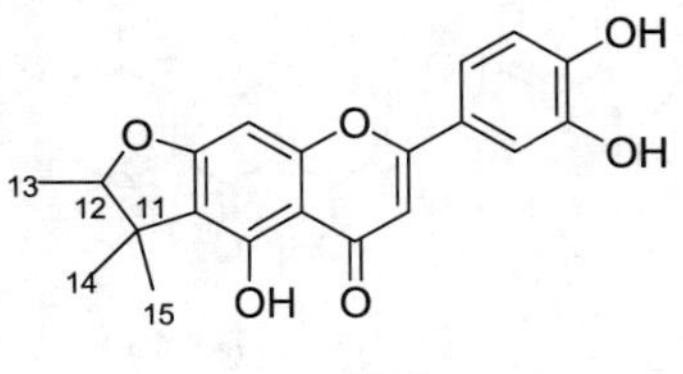

7-1-124

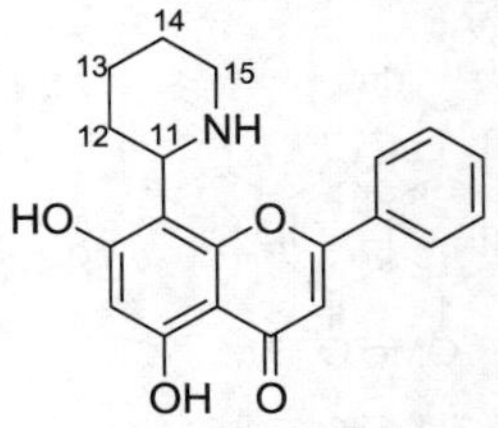

7-1-125

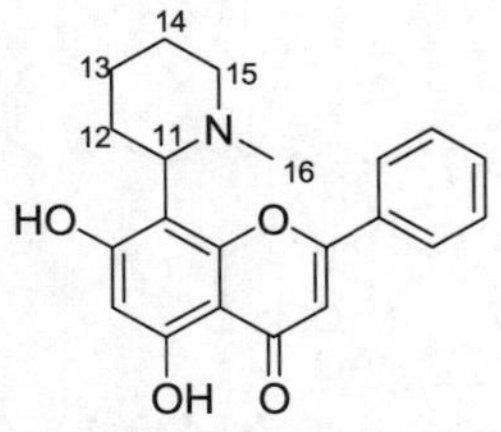

7-1-126

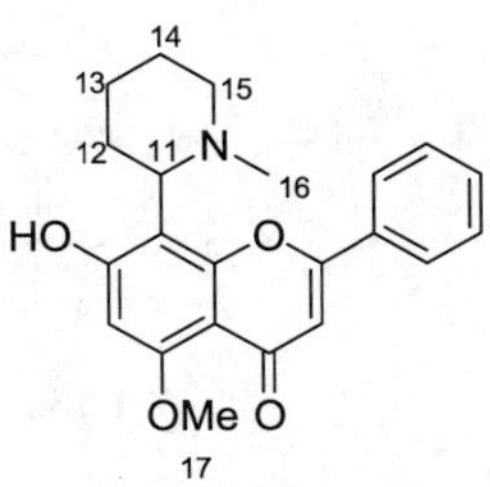

7-1-127

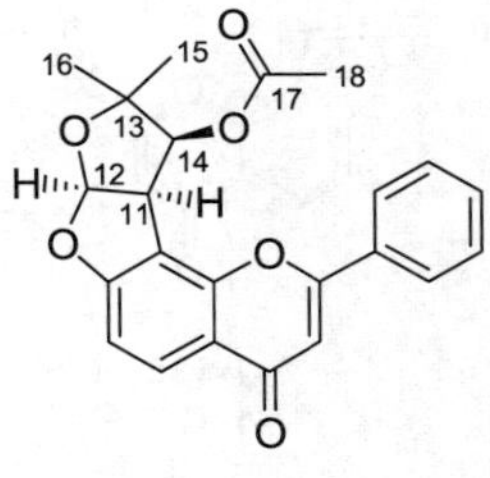

7-1-128

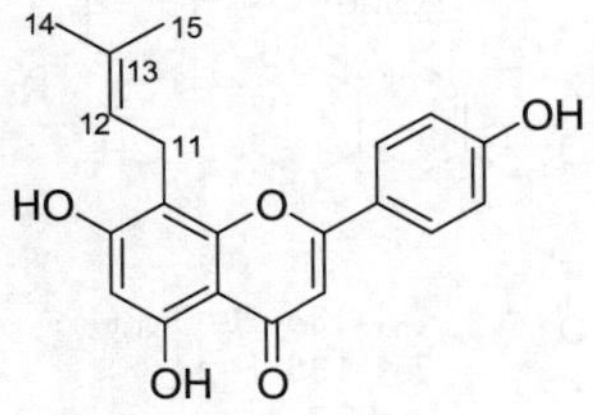

7-1-129

表 7-1-15 黄酮及其苷 7-1-121~7-1-129 的 ^{13}C NMR 数据

C	7-1-121[85]	7-1-122[85]	7-1-123[85]	7-1-124[85]	7-1-125[86]	7-1-126[86]	7-1-127[86]	7-1-128[87]	7-1-129[81]
2	164.1	163.6	160.3	166.2	166.2	163.0	166.3	164.5	165.0
3	103.2	102.6	106.3	104.4	106.4	105.8	107.0	107.6	103.9
4	182.2	181.7	177.1	184.1	184.1	182.4	184.0	177.5	183.5
5	159.3	157.7	154.2	154.5	159.2	161.2	164.3	118.3	161.0
6	111.8	113.3	107.1	114.7	95.1	100.4	97.2	111.7	99.3
7	162.7	162.6	159.6	166.8	163.3	164.7	165.0	162.6	162.2
8	93.8	93.9	93.8	95.5	107.8	105.2	102.2	126.1	105.4
9	155.4	155.1	157.6	163.9	160.8	153.9	165.0	153.8	156.0
10	103.9	103.2	107.8	106.2	105.5	104.6	106.4	108.9	107.4
1'	122.1	121.6	123.2	123.9	132.3	131.7	132.4	131.7	123.7
2'	113.8	113.1	112.7	114.3	127.6	126.0	127.8	128.7	129.3
3'	146.2	145.6	145.3	147.4	130.4	129.2	130.5	129.1	116.9
4'	150.1	149.7	148.2	151.2	133.4	131.7	133.4	131.3	161.9
5'	116.5	115.9	115.5	117.0	130.4	129.2	130.5	129.1	116.9
6'	119.4	118.8	118.3	120.4	127.6	126.0	127.8	126.1	129.3
11	20.5	17.8	17.7	45.1	54.0	61.9	63.8	47.9	22.4
12	49.2	55.4	46.6	92.2	28.7	31.6	30.4	111.5	123.6
13	152.1	73.6	77.8	14.7	23.3	24.0	23.9	84.6	132.1
14	72.5	41.8	39.4	22.1	24.1	25.4	24.9	76.7	25.8
15	33.5	19.9	19.4	26.7	47.3	55.9	58.6	23.1	18.1
16	39.8	42.5	41.1			44.0	42.4	27.5	
17	36.3	35.1	33.0				57.6	169.8	
18	29.8	31.8	19.8					20.3	
19	21.0	20.7	31.2						
20	105.4	22.6	19.0						

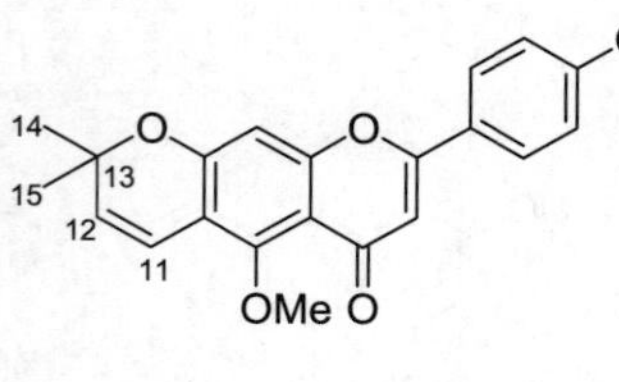

7-1-130 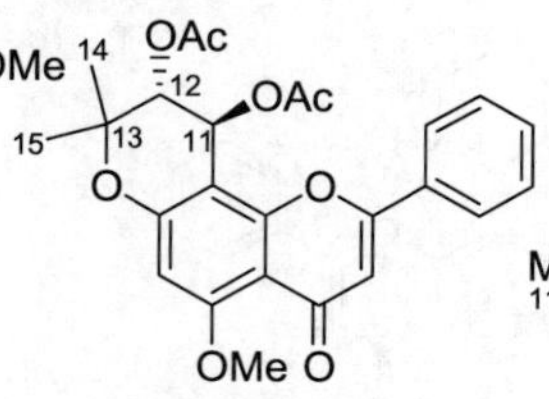　7-1-131 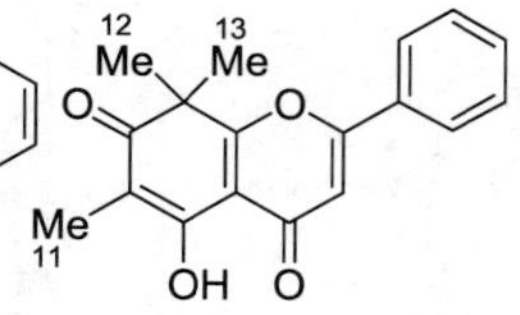　7-1-132 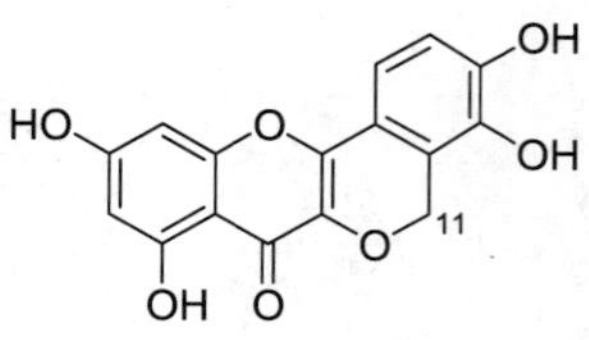　7-1-133

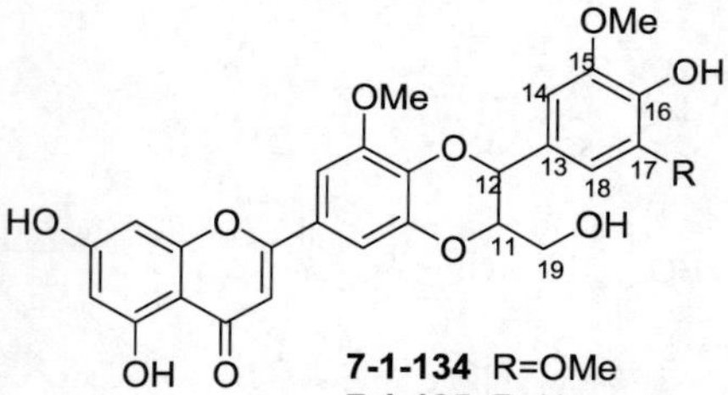

7-1-134 R=OMe
7-1-135 R=H

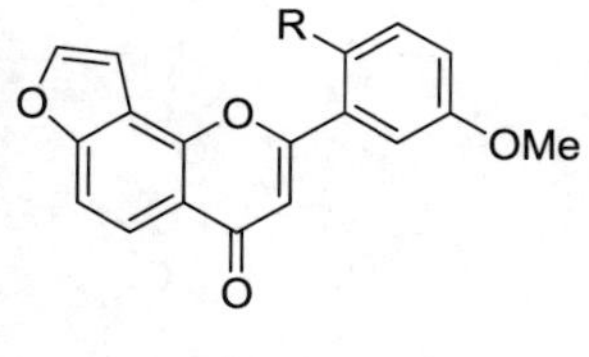

7-1-136 R=H
7-1-137 R=OMe

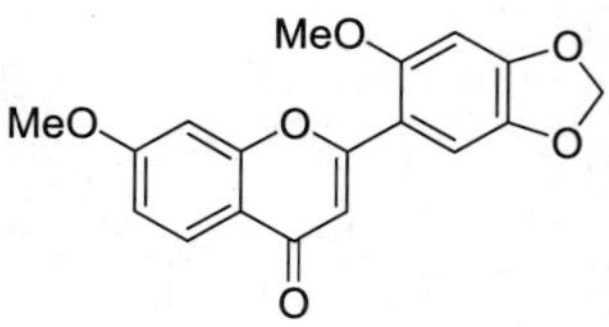

7-1-138

表 7-1-16　黄酮及其苷 7-1-130~7-1-138 的 ^{13}C NMR 数据

C	7-1-130[88]	7-1-131[89]	7-1-132[90]	7-1-133[91]	7-1-134[92]	7-1-135[93]	7-1-136[94]	7-1-137[94]	7-1-138[94]
2	161.6	160.6	164.3	149.7	162.9	164.1	162.5	159.8	160.8
3	107.0	109.3	110.1	132.9	104.1	103.8	108.3	113.2	111.7
4	177.2	177.2	180.7	174.1	181.8	181.7	178.2	178.7	177.6
5	155.5	161.7	163.5	161.5	161.4	161.2	121.8	121.8	127.1
6	113.5	96.8	108.4	98.6	99.0	98.7	110.2	110.0	114.9
7	158.5	158.2	196.1	163.7	164.6	162.9	158.4	158.3	165.0
8	101.0	99.2	47.2	93.8	94.2	94.0	117.2	117.2	101.4
9	159.0	157.8	174.0	155.9	157.4	157.2	150.8	151.0	158.9
10	112.4	109.7	110.4	104.5	103.6	103.8	119.4	119.3	118.4
1'	124.0	131.8	132.5	119.8	122.3	122.1	133.2	121.4	113.5
2'	128.0	129.0	125.9	115.5	108.1	108.1	118.6	152.5	156.1
3'	114.7	125.9	129.4	140.7	144.2	144.1	130.2	113.2	96.1
4'	162.5	125.9	129.9	148.9	136.6	136.5	116.9	117.3	151.9
5'	114.7	131.0	129.4	114.8	149.0	148.9	160.1	153.6	142.7
6'	128.0	129.0	125.9	114.2	102.8	102.8	111.9	114.7	108.2
5-OMe	63.1	56.5							
7-OMe									56.4
2'-OMe								56.2	57.1
4'-OMe	55.7								
5'-OMe					56.0	56.4	55.5	56.0	
15-OMe					56.1				
17-OMe					56.1	56.8			
11	116.3	61.3	6.9	63.0	78.3	78.2	145.8	145.7	
12	131.0	71.2	25.2		76.0	75.9	104.2	104.3	
13	78.0	77.3	25.2		126.1	127.1			
14	28.6	26.3			105.4	117.7			
15	28.6	21.5			147.9	147.8			

续表

C	7-1-130[88]	7-1-131[89]	7-1-132[90]	7-1-133[91]	7-1-134[92]	7-1-135[93]	7-1-136[94]	7-1-137[94]	7-1-138[94]
16					136.0	147.5			
17					147.9	115.2			
18					105.4	120.4			
19					59.9	61.7			
11-OAc	170.8/20.7								
12-OAc	169.8/20.8								
OCH_2O									103.1

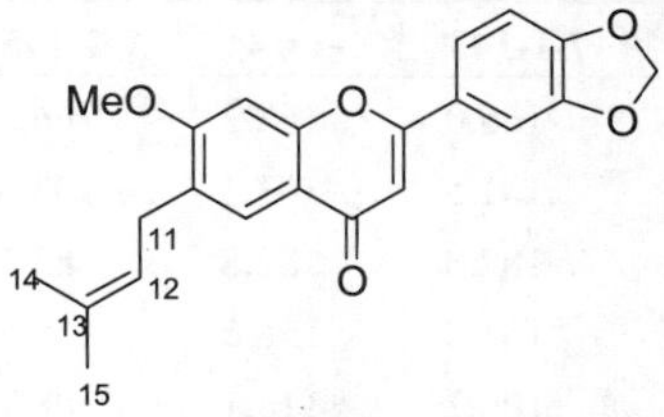

7-1-139

表 7-1-17 黄酮及其苷 7-1-139 的 ^{13}C NMR 数据

C	7-1-139[94]	C	7-1-139[94]	C	7-1-139[94]	C	7-1-139[94]
2	162.4	8	99.7	14	25.9	5'	148.4
3	106.1	9	152.1	15	18.3	6'	106.2
4	177.6	10	117.1	1'	126.0	7-OMe	56.4
5	105.6	11	66.1	2'	121.1	OCH_2O	101.9
6	146.9	12	119.0	3'	108.7		
7	154.8	13	138.7	4'	150.3		

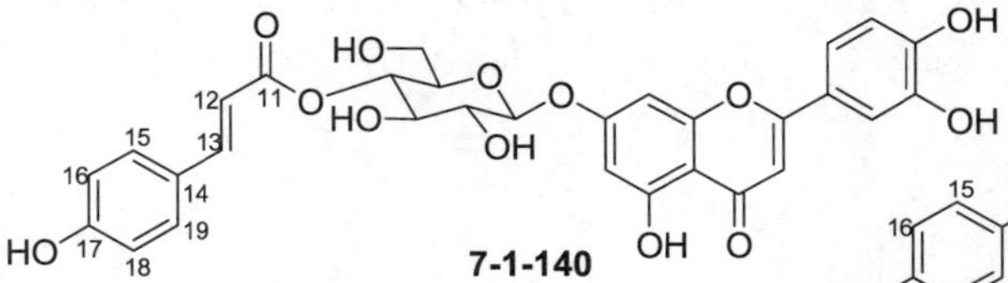

7-1-140

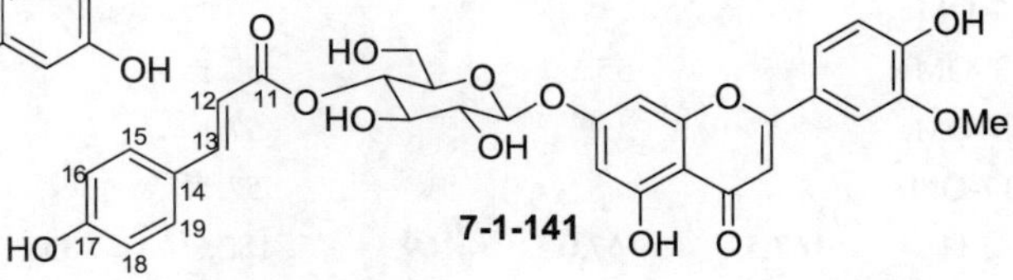

7-1-141

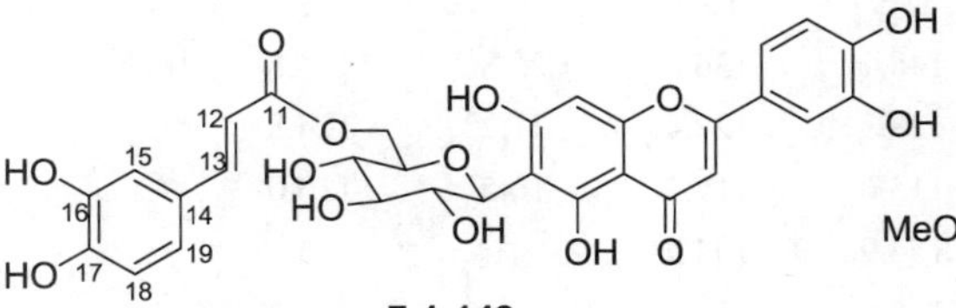

7-1-142

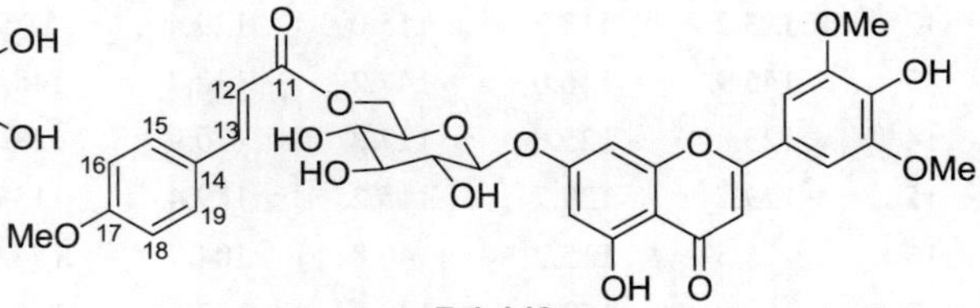

7-1-143

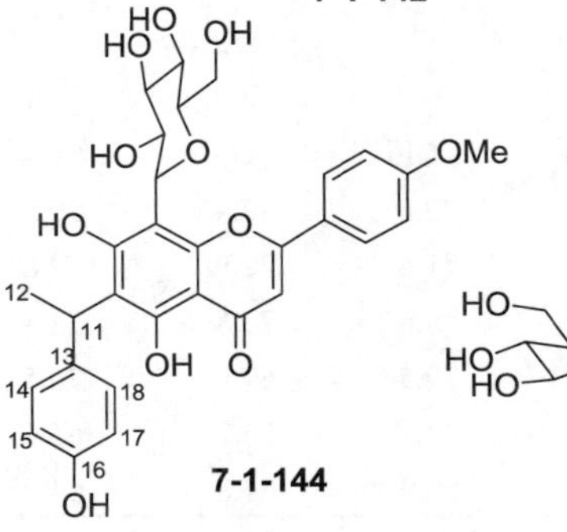

7-1-144

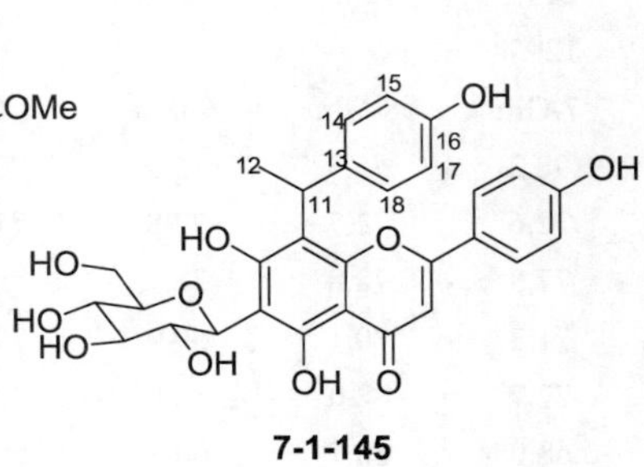

7-1-145

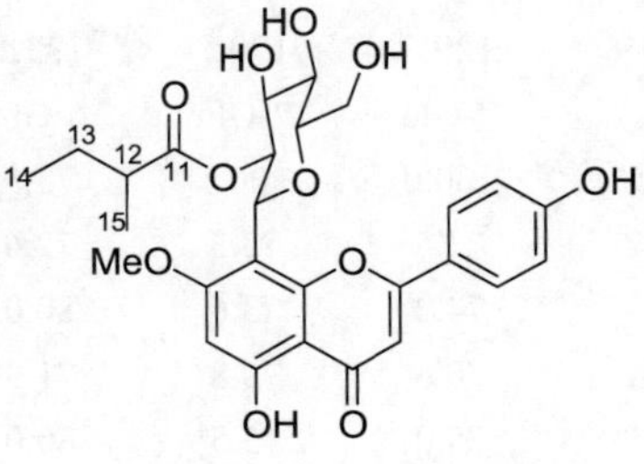

7-1-146

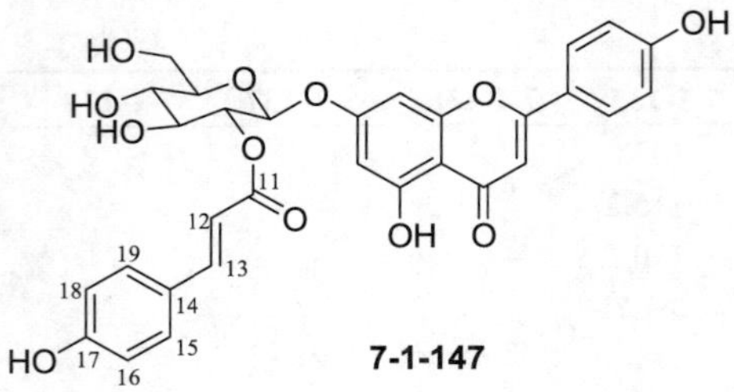

7-1-147

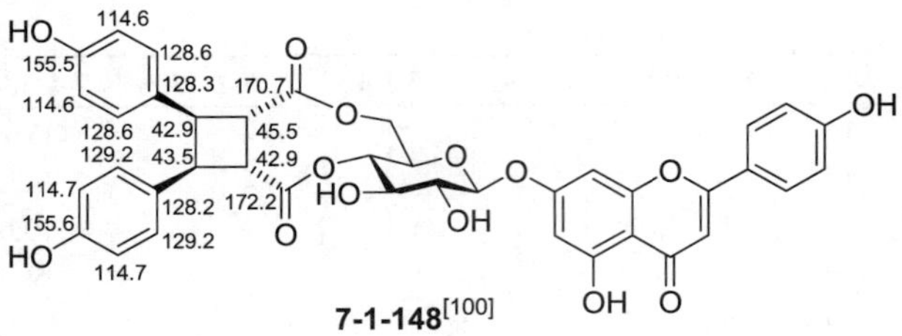

7-1-148[100]

表 7-1-18　黄酮及其苷 7-1-140~7-1-148 的 ^{13}C NMR 数据

C	7-1-140[95]	7-1-141[95]	7-1-142[96]	7-1-143[97]	7-1-144[98]	7-1-145[98]	7-1-146[99]	7-1-147[100]	7-1-148[100]
2	165.4	165.4	166.3	165.0	167.3	166.8	164.5	164.2	164.2
3	102.8	103.0	104.0	101.5	103.4	103.6	102.5	103.0	103.0
4	182.6	182.4	184.0	182.8	182.8	183.1	182.5	181.9	181.9
5	161.0	162.4	162.2	161.8	158.5	158.4	161.8	161.9	161.9
6	99.8	99.8	108.9	100.2	115.1	108.7	94.7	99.4	99.4
7	162.5	162.8	164.9	163.3	164.5	164.7	162.8	162.6	162.6
8	94.7	94.6	95.3	95.3	108.6	112.4	103.3	94.7	94.7
9	157.4	157.9	158.8	157.6	155.9	156.2	155.7	156.8	156.8
10	105.9	105.4	105.3	105.2	104.1	104.3	104.3	105.3	105.3
1'	122.4	122.1	123.6	120.9	122.1	122.1	121.3	120.9	120.9
2'	112.6	109.4	114.2	104.7	129.2	129.3	129.2	128.5	128.5
3'	146.0	148.2	147.0	149.0	116.7	116.7	115.9	115.9	115.9
4'	148.2	150.7	151.0	140.9	162.0	162.0	161.5	161.3	161.3
5'	115.3	115.4	116.8	149.0	116.7	116.7	115.9	115.9	115.9
6'	119.1	120.4	120.4	104.7	129.2	129.3	129.2	128.5	128.5
7-OMe							56.5		
3'-OMe		55.5		57.1					
5'-OMe				57.1					
17-OMe				57.1					
11	167.5	167.0	169.3	182.8	33.8	32.3	174.6	166.4	
12	113.2	113.2	115.0	129.4	18.9	19.3	39.8	113.7	
13	145.9	146.0	147.2	132.4	148.1	136.7	25.8	144.8	
14	125.8	125.6	127.8	120.9	128.3	128.4	11.2	124.8	
15	129.7	129.7	115.2	129.4	115.6	115.7	16.5	130.0	
16	115.5	115.2	146.8	104.7	154.9	154.9		115.6	
17	159.9	159.9	149.6	157.6	115.6	115.7		161.1	
18	115.5	115.2	116.5	104.7	128.3	128.4		115.6	
19	129.7	129.7	123.1	129.4				130.0	
	7-Glu	7-Glu	6-Glu	7-Glu	8-Glu	6-Glu	8-Glu	7-Glu	7-Glu
1	100.0	100.1	75.5	98.2	75.3	75.3	70.6	99.4	99.3
2	73.5	73.3	72.6	72.6	72.7	72.8	71.6	72.9	72.8
3	74.2	73.6	80.0	77.8	78.8	78.7	75.6	73.8	72.8
4	70.6	70.8	71.9	71.2	70.1	69.9	70.5	69.9	76.5
5	75.0	75.5	80.0	77.7	82.0	82.0	82.1	76.2	65.6
6	60.8	60.9	65.0	68.0	60.7	60.7	60.9	61.8	64.7

参考文献

[1] 官智，潭颂德，苏镜娱等. 天然产物研究与开发, 2000, 12: 34.
[2] 周立东，郭伽，余竞光等. 中国中药杂志, 1999, 24: 162.
[3] Budzianowski J, Morozowska M, Wesolowska M. Phytochemistry, 2005, 66: 1033.
[4] 王红燕，肖丽和，刘丽等. 沈阳药科大学学报, 2003, 20: 339.
[5] 张中朋，杨中林，唐登峰等. 中成药, 2004, 26: 1051.
[6] 马兆堂，杨秀伟，钟国跃. 中国中药杂志, 2008, 33: 2080.
[7] Tomas-Barberán F A, Msonthi J D, Hostettmann K. Phytochemistry, 1988, 27: 753.
[8] He Q, Zhu E Y, Wang Z T, et al. J Chinese Pharm Sci, 2004, 13(3): 212.
[9] Leslie J H, Sia G L, Sim K Y. Planta Med, 1994, 60(5): 493.
[10] Wu J H, Liao S X, Liang H Q, et al. Chinese Chem Lett, 1994, 5: 211.
[11] 马兆堂，杨秀伟，钟国跃. 中国中药杂志, 2009, 34: 1097.
[12] Leong Y W, Harrison L J, Bennett G J, et al. Phytochemistry, 1998, 47: 891.
[13] 丁兰，刘国安，何荔等. 中国中药杂志, 2005, 30: 126.
[14] 赵东保，杨玉霞，张卫等. 中国中药杂志, 2005, 30(18): 1430.
[15] 刘金旗，沈其权，刘劲松等. 中国中药杂志, 2001, 26(8): 547.
[16] 张友胜，杨伟丽，崔春. 中草药, 2003, 34(5): 402.
[17] 傅德贤，邹磊，杨秀伟. 天然产物研究与开发, 2008, 20: 265.
[18] Takemura O S, Iinuma M, Tosa H, et al. Phytochemistry, 1995, 38: 1299.
[19] 徐燕，邹忠梅，梁敬钰等. 中国天然药物, 2008, 6: 237.
[20] Suzuki R, Okada Y, Okuyama T. J Nat Prod, 2003, 66(4): 564.
[21] 张启伟，张永欣，张颖等. 中国中药杂志, 2002, 27: 202.
[22] 王延年，郭亦然，艾路等. 中国中药杂志, 2004, 29: 595.
[23] 张卫，赵东保，李明静等. 中国中药杂志, 2006, 31: 1959.
[24] Grayer R J, Veitch N C, Kite G C, et al. Phytochemistry, 2002, 60: 727.
[25] Ramesh P, Yuvarajan C R. J Nat Prod, 1995, 58: 1242.
[26] Wang H Y, Xu S X, Chen Y J, et al. Chinese Chem Lett, 2002, 13: 428.
[27] Kaneda N, Pezzuto J M, Soejarto D D, et al. J Nat Prod, 1991, 54: 196.
[28] Ramsewak R S, Nair M G , DeWitt D L, et al. J Nat Prod, 1999, 62: 1558.
[29] 尹锋，成亮，楼凤昌.中国天然药物, 2004, 2(3): 149.
[30] 张雷红，殷志琦，范春林等. 中国天然药物, 2006, 4(2): 154.
[31] Deachathai S, Mahabusarakam W, Phongpaichit S, et al. Phytochemistry, 2005, 66: 2368.
[32] 柏健，肖慧，何结炜等. 中国中药杂志, 2007, 32: 271.
[33] 邓雁如，何荔，李维琪等. 中草药, 2004, 35(6): 622.
[34] 李春，卜鹏滨，岳党昆等. 中国中药杂志, 2006, 31: 131.
[35] 张广文，马祥全，苏镜娱等. 中草药, 2001, 32: 871.
[36] Iinuma M, Hara H, Oyama M. PCT Int Appl, 2007: 29.
[37] Park J C, Lee J H, Choi J S. Phytochemistry, 1995, 39: 261.
[38] Fang J J, Ye G , Chen W L, et al. Phytochemistry, 2008, 69: 1279.
[39] Zhao F P, Strack D, Baumert A, et al. Phytochemistry, 2003, 62: 219.
[40] Lu Y R, Foo L Y. Phytochemistry, 2000, 55: 263.
[41] Es-Safi N E, Carbonero E R, Cipriani T R, et al. J Nat Prod, 2005, 68: 129.
[42] Rosalba E D, Ochoa A N, Anthoni U, et al. J Nat Prod, 1994, 57: 1307.
[43] 陈改敏，张建业，张向沛等. 中药材, 2006, 29: 677.
[44] 田菁，赵毅民，栾新慧. 中国中药杂志, 2005, 30: 268.
[45] 陈艳，张国刚，毛德双等. 中国药物化学杂志, 2008, 18: 48.
[46] Martin M, Meier B, Sticher O. Phytochemistry, 1991, 30: 987.
[47] 赵平，李勇军，何迅等. 贵阳医学院学报, 2008, 33(3): 272.
[48] Kee D Y, Jeong D G, Hwang Y H, et al. J Nat Prod, 2007, 70: 2029.
[49] 林励，谢宁，程紫骅. 中国药科大学学报, 1999, 30: 21.

[50] Tatsuya H, Anaka A, Hosoda A, et al. Phytochemistry, 2008, 69: 1419.
[51]吴霞，刘净，于志斌等. 中国中药杂志, 2007, 32: 821.
[52] Zahir A, Jossang A, Bodo B, et al. J Nat Prod, 1999, 62: 241.
[53] 吕辉，李茜，仲婕等. 中国药学杂志, 2008, 43: 11.
[54] 李勇军，何迅，刘丽娜等. 中国中药杂志, 2005, 30: 444.
[55] Abdellatif Z, Jossang A, Bodo B, et al. J Nat Prod, 1996, 59: 701.
[56] Conrad J, Foerster-Fromme B, Constantin M A, et al. J Nat Prod, 2009, 72: 835.
[57] 单承莺，叶永浩，姜洪芳等. 中药材, 2008, 31: 374.
[58] Shabana M H, Weglarz Z, Geszprych A, et al. Herba Polonica, 2003, 49(1/2): 24.
[59] Liu Y, Wagner H, Bauer R. Phytochemistry, 1996, 42: 1203.
[60] Tomazela D M, Pupo M T, Passador E A, et al. Phytochemistry, 2000, 55: 643.
[61] 郅景梅，张天歌. 黑龙江医药, 2008, 21(4): 30.
[62] 蒋秀蕾，范春林，叶文才. 中草药, 2006, 37: 510.
[63] Ayers S, Zink D L, Mohn K, et al. Phytochemistry, 2008, 69: 541.
[64] 张占军，杨小生，朱文适等. 中草药, 2005, 36: 1144.
[65] 张人伟，林咏月，张元玲等. 中草药, 1988, 19: 7.
[66] 左海军，李丹，吴斌等. 沈阳药科大学学报, 2005, 22: 258.
[67] Sonoda M, Nishiyama T, Matsukawa Y, et al. J Ethnopharmacol, 2004, 91: 65.
[68] Tian G L, Zhang U, Zhang T, et al. J Chromatogr A, 2004, 1049: 219.
[69] 尚明英，蔡少青，韩健等. 中国中药杂志, 1998, 23: 614.
[70] 郑丹，张晓琦，王英等. 中国天然药物, 2007, 5: 421.
[71] Zahir A, Jossang A, Bodo B, et al. J Nat Prod, 1996, 59: 701.
[72] 陈艳华，冯锋，任冬春等. 中国天然药物, 2008, 6: 120.
[73] Sathiamoorthy B, Gupta P, Kumar M, et al. Bioorg Med Chem Lett, 2007, 17: 239.
[74] 冯卫生，李红伟，郑晓珂等. 药学学报, 2008, 43: 173.
[75] Jahaniani F, Ebrahimi S A, Rahbar-Roshandel N, et al. Phytochemistry, 2005, 66: 1581.
[76] Hamdan D, El-Readi M Z, Tahrani A, et al. Food Chem, 2011, 127: 394.
[77] Wang Y H, Hou A J, Chen L, et al. J Nat Prod, 2004, 67: 757.
[78] Jayasinghe U L B, Samarakoon T B, Kumarihamy B M M, et al. Fitoterapia, 2008, 79: 37.
[79] Chen C C, Huang Y L, Ou J C, et al. J Nat Prod, 1993, 56: 1594.
[80] Groweiss A, Ardellina J H, Boyd M R. J Nat Prod, 2000, 63: 1537.
[81] Kiichiro K, Demizu S, Hiraga Y, et al. J Nat Prod, 1992, 55: 1197.
[82] 王婷，张大威，张金超等. 中草药, 2006, 37: 1458.
[83] Kuete V, Simo I K, Ngameni B, et al. J Ethnopharmacol, 2007, 112: 271.
[84] Chen C C, Huang Y L, Sun C M, et al. J Nat Prod, 1996, 59: 412.
[85] Huang Y C, Hwang T L, Chang C S, et al. J Nat Prod, 2009, 72: 1273.
[86] Beutler J A, Cardellina J H I I, McMahon J B. J Nat Prod, 1992, 55: 207.
[87] Pirrung M C, Lee Y R. J Am Chem Soc,1995, 117(17): 4814.
[88] Borges-Argaez R, Pena-Rodriguez L M, Waterman P G. Phytochemistry, 2002, 60: 533.
[89] Carcache-Blanco E J, Kang Y H, Park E J, et al. J Nat Prod, 2003, 66: 1197.
[90] Wu J H, Mao S L, Liao S X, et al. Chinese Chem Lett, 2001, 12: 49.
[91] Lin Y L, Shen C C, Huang Y J, et al. J Nat Prod, 2005, 68: 381.
[92] Pettit G R, Meng Y, Stevenson C A, et al. J Nat Prod, 2003, 66: 259.
[93] Stermitz F R, Tawara-Matsuda J, Lorenz P, et al. J Nat Prod, 2000, 63: 1146.
[94] Sritularak B, Likhitwitayawuid K, Conrad J, et al. J Nat Prod, 2002, 65: 589.
[95] Riviere C, Hong V N T, Pieters L, et al. Phytochemistry, 2009, 70: 86.
[96] Chieko H, Qiao Z S, Takeya K, et al. Phytochemistry, 1997, 46: 521.
[97] Duarte-Almeida J M, Negri G , Salatino A, et al. Phytochemistry, 2007, 68: 1165.
[98] McNally D J, Wurms K V, Labbe C, et al. J Nat Prod, 2003, 66: 1280.
[99] Cai S Q, Wang R F, Yang X W, et al. Chem Biodivers, 2006, 3: 343.
[100] Chai X Y, Song Y L, Xu Z R, et al. J Nat Prod, 2008, 71: 814.

第二节 二氢黄酮类化合物

表 7-2-1 二氢黄酮的名称、分子式和测试溶剂

编号	中文名称	英文名称	分子式	测试溶剂	参考文献
7-2-1	山姜素	alpinetin	$C_{16}H_{14}O_4$	D	[1]
7-2-2	(2*S*)-8-醛基-6-甲基柚皮素	(2*S*)-8-formyl-6-methylnaringenin	$C_{17}H_{14}O_6$	M	[2]
7-2-3	哈蜜紫玉兰二氢黄酮 A	hamiltone A	$C_{18}H_{18}O_6$	C	[3]
7-2-4	甘草素；甘草苷元	liquiritigenin	$C_{15}H_{12}O_4$	M	[4]
7-2-5	甘草素-7-甲醚	liquiritigenin 7-methyl ether; (2*S*)-4'-dihydroxy-7-methoxyflavanone	$C_{16}H_{14}O_4$	C	[5]
7-2-6	柚皮素	naringenin	$C_{15}H_{12}O_5$	D	[6]
7-2-7	松属素；5,7-二羟基二氢黄酮; 乔松素	pinocembrin	$C_{15}H_{12}O_4$	C	[7]
7-2-8	球松素；5-羟基-7-甲氧基二氢黄酮	pinostrobin	$C_{16}H_{14}O_4$	C	[7]
7-2-9	樱花苷元	sakuranetin；(*S*)-4',5-dihydroxy-7-methoxyflavanone	$C_{16}H_{14}O_5$	C	[5]
7-2-10	2'-羟基荚果蕨酚	2'-hydroxymatteucinol	$C_{18}H_{18}O_6$	D	[8]
7-2-11	假鹰爪素；5,7-二羟基-6-甲酰基-8-甲基二氢黄酮	lawinal	$C_{17}H_{14}O_5$	P	[9]
7-2-12	假鹰爪素 A	cochinine A	$C_{18}H_{16}O_5$	C	[9]
7-2-13	去甲氧基杜鹃花素	desmethoxymatteucinol	$C_{17}H_{16}O_4$	M+P	[9]
7-2-14	柚皮素-7,4'-二甲醚	naringenin-7,4'-dimethyl ether; (2*R*,3*R*)-2,3-dihydro-5-hydroxy-7,4'-dimethoxyflavone	$C_{17}H_{16}O_5$	C	[10]
7-2-15	(2*S*)-4',5,7-三羟基-8-甲基二氢黄酮	(2*S*)-4',5,7-trihydroxy-8-methylflavanone; 6-formyl-2,5,7-trihydroxy-8-methylflavanone	$C_{17}H_{14}O_6$	A	[11]
7-2-16	紫铆素	butin	$C_{15}H_{12}O_5$	M	[12]
7-2-17	圣草酚	eriodictyol	$C_{15}H_{12}O_6$	M	[13]
7-2-18	哈蜜紫玉兰二氢黄酮 B	hamiltone B	$C_{18}H_{18}O_7$	C	[3]
7-2-19	橙皮素	hesperetin	$C_{16}H_{14}O_6$	D	[14]
7-2-20	高北美圣草素	homoeriodictyol	$C_{16}H_{14}O_6$	A	[15]
7-2-21	(2*S*)-3'-羟基-4',7-二甲氧基二氢黄酮	(2*S*)-3'-hydroxy-4',7-dimethoxyflavanone	$C_{17}H_{16}O_5$	M	[5]
7-2-22	5,7-二甲氧基-3',4'-亚甲二氧基二氢黄酮	5,7-dimethoxy-3',4'-methylenedioxy-flavanone	$C_{18}H_{16}O_6$	C	[16]
7-2-23	(2*S*)-3',5'-二羟基-7,4'-二甲氧基二氢黄酮	(2*S*)-3',5'-dihydroxy-7,4'-dimethoxy-flavanone	$C_{17}H_{16}O_6$	M	[5]
7-2-24	(2*S*)-5'-羟基-3',4', 7-三甲氧基二氢黄酮	(2*S*)-5'-hydroxy-3',4',7-trimethoxy-flavanone	$C_{18}H_{18}O_6$	C	[5]
7-2-25	圣草酚-8-*C*-*β*-D-葡萄糖苷	eriodictyol-8-*C*-*β*-D-glucopyranoside	$C_{21}H_{22}O_{11}$	A	[17,18]
7-2-26	(2*S*)-8-醛基-6-甲基柚皮素-7-*O*-*β*-D-吡喃葡萄糖苷	(2*S*)-8-formyl-6-methylnaringenin-7-*O*-*β*-D-glucopyranoside	$C_{23}H_{24}O_{11}$	M	[2]

续表

编号	中文名称	英文名称	分子式	测试溶剂	参考文献
7-2-27	(2*S*)-5,7,3',5'-四羟基二氢黄酮-7-*O*-*β*-D-阿洛糖苷	(2*S*)-5,7,3',5'-tetrahydroxyflavanone-7-*O*-*β*-D-allopyranoside	$C_{21}H_{22}O_{11}$	C	[19]
7-2-28	(2*S*)-5,7,3',5'-四羟基二氢黄酮-7-*O*-*β*-D-葡萄糖苷	(2*S*)-5,7,3',5'-tetrahydroxyflavanone-7-*O*-*β*-D-glucopyranoside	$C_{21}H_{22}O_{11}$	C	[19]
7-2-29	异樱花苷	isosakuranin；(2*S*)-poncirenin	$C_{22}H_{24}O_{10}$	D	[20]
7-2-30	2',5-二羟基-4',7-*O*-*β*-D-二吡喃葡萄糖二氢黄酮苷	steppogenin-4',7-di-*O*-*β*-D-glucoside; 2',5-dihydroxyflavanone-4',7-di-*O*-*β*-D-glucoside	$C_{27}H_{32}O_{16}$	D	[21]
7-2-31	圣草次苷	eriocitrin	$C_{27}H_{32}O_{15}$	M	[22]
7-2-32	(2*R*)-圣草素-7,4'-二-*O*-*β*-D-吡喃葡萄糖苷	(2*R*)-eriodictyol-7,4'-di-*O*-*β*-D-glucopyranoside	$C_{27}H_{32}O_{16}$	D	[23]
7-2-33	(2*S*)-高圣草素-7,4'-二-*O*-*β*-D-吡喃葡萄糖苷	(2*S*)-homoeriodictyol-7,4'-di-*O*-*β*-D-glucopyranoside	$C_{28}H_{34}O_{16}$	D	[23]
7-2-34	(2*R*)-5-羟基-4'-甲氧基二氢黄酮-7-*O*-[*β*-吡喃葡萄糖基-(1→2)-*β*-吡喃葡萄糖苷]	(2*R*)-5-hydroxy-4'-methoxyflavanone-7-*O*-[*β*-glucopyranosyl-(1→2)-*β*-glucopyranoside]	$C_{28}H_{34}O_{15}$	P	[24]
7-2-35	柚皮苷	naringin	$C_{27}H_{32}O_{14}$	M	[25]
7-2-35	柚皮苷	naringin	$C_{27}H_{32}O_{14}$	D	[26]
7-2-36	新橙皮苷	neohesperidin	$C_{28}H_{34}O_{15}$		[27]
7-2-37	枸橘苷；异樱花素 7-*O*-*β*-D-新橙皮糖苷	(2*S*)-poncirin; isosakuranetin 7-*O*-*β*-D-neohesperidoside	$C_{28}H_{34}O_{14}$	M	[20,24,25]
7-2-38	橙皮苷	hesperidin	$C_{28}H_{34}O_{15}$	D	[29]
7-2-39	异蛇麻醇	isoxanthohumol	$C_{21}H_{22}O_{5}$	C	[30]
7-2-40	苦参醇 S	kushenol S; (2*S*)-8-isopentenyl-2',5,7-trihydroxyflavanone	$C_{20}H_{20}O_{5}$	C/M	[31]
7-2-41	苦参醇 V	kushenol V	$C_{21}H_{22}O_{7}$	C/M	[31]
7-2-42	苦参醇 W	kushenol W	$C_{21}H_{22}O_{7}$	C/M	[31]
7-2-43	多花胡枝子素 A_2	lespeflorin A_2	$C_{21}H_{22}O_{4}$	C	[32]
7-2-44	5-甲基槐属黄酮 B	5-methylsophoraflavanone B	$C_{21}H_{22}O_{5}$	D	[33]
7-2-45	4'-甲氧基甘草黄烷酮	4'-methoxylicoflavanone	$C_{21}H_{22}O_{5}$	C	[34]
7-2-46	6-烯丙基柚皮苷元	6-prenylnaringenin	$C_{20}H_{20}O_{5}$	D	[35]
7-2-47	槐属二氢黄酮 B	sophoraflavanone B; 8-prenylnaringenin	$C_{20}H_{20}O_{5}$	D	[35]
7-2-48		abyssinin Ⅱ	$C_{21}H_{22}O_{6}$	A	[36]
7-2-49		5-deoxyabyssinin Ⅱ	$C_{21}H_{22}O_{5}$	A	[37]
7-2-50	里查酮 G	leachianone G	$C_{20}H_{20}O_{6}$	A	[38]
7-2-51		exiguaflavanone A; 2',5,6',7-tetrahydroxy-8-lavandulylflavanone	$C_{25}H_{28}O_{6}$	C	[39]
7-2-52		exiguaflavone B; 2',5,6',7-trihydroxy-8-lavandulyl-7-methoxyflavanone	$C_{26}H_{30}O_{6}$	C	[39]
7-2-53	苦参醇 R	kushenol R	$C_{26}H_{30}O_{5}$	C+M	[31]

续表

编号	中文名称	英文名称	分子式	测试溶剂	参考文献
7-2-54	苦参醇 U	kushenol U	$C_{26}H_{30}O_5$	C+M	[31]
7-2-55	苦参酮	kurarinone	$C_{26}H_{30}O_6$	D	[40]
7-2-56	槐属二氢黄酮 G；苦甘草醇；槐属黄烷酮 G	sophoraflavanone G; vexibinol	$C_{25}H_{28}O_6$	D	[40,41]
7-2-57	苦参醇 G	kushenol Q	$C_{25}H_{30}O_7$	C+M	[31]
7-2-58		norkurarinone	$C_{25}H_{28}O_6$	A	[42]
7-2-59	去甲苦参酮	kurarinone	$C_{26}H_{30}O_6$	A	[43]
7-2-60	苦参醇 A	kushenol A	$C_{25}H_{28}O_5$	A	[44]
7-2-61	苦参醇 B	kushenol B	$C_{30}H_{36}O_6$	A	[44]
7-2-62		remangiflavanone A	$C_{25}H_{28}O_5$	C	[45]
7-2-63		remangiflavanone B	$C_{25}H_{28}O_6$	C	[45]
7-2-64	苦参醇	kurarinol	$C_{26}H_{32}O_7$	D	[46]
7-2-65	苦参醇 P	kushenol P	$C_{26}H_{32}O_7$	C+M	[31]
7-2-66	苦参醇 T	kushenol T	$C_{25}H_{30}O_6$	C+M	[31]
7-2-67	荚果蕨酯 A	matteuorienate A	$C_{30}H_{36}O_{14}$	A	[47]
7-2-68	荚果蕨酯 B	matteuorienate B	$C_{29}H_{34}O_{13}$	A	[47]
7-2-69	光甘草酚	glabrol; 3',8-diprenylated liquiritin	$C_{25}H_{28}O_4$	A	[48]
7-2-69	光甘草酚	glabrol; 3',8-diprenylated liquiritin	$C_{25}H_{28}O_4$	D	[49]
7-2-70	多花胡枝子素 A_1	lespeflorin A_1	$C_{26}H_{30}O_4$	C	[32]
7-2-71		burttinone	$C_{26}H_{30}O_6$	C	[50]
7-2-72	多花胡枝子素 A_4	lespeflorin A_4	$C_{21}H_{20}O_6$	C	[32]
7-2-73		communin A	$C_{23}H_{18}O_3$	C+M	[51]
7-2-74		communin B	$C_{23}H_{18}O_3$	C+M	[51]
7-2-75		minimiflorin	$C_{25}H_{26}O_5$	C	[52]
7-2-76		khonklonginol G	$C_{26}H_{28}O_5$	C	[53]
7-2-77		khonklonginol H	$C_{26}H_{28}O_6$	C	[53]
7-2-78	千斤拔素 D	flemichin D	$C_{25}H_{26}O_6$	C	[54]
7-2-79	2',4'-二乙酰氧基千斤拔素 D	2',4'-diacetoxyflemichin D	$C_{29}H_{30}O_8$	C	[54]
7-2-80	2',4',5-三乙酰氧基千斤拔素 D	2',4',5-triacetoxyflemichin D	$C_{31}H_{32}O_{10}$	C	[54]
7-2-81	2',4',5-三甲氧基千斤拔素 D	2',4',5-trimethoxyflemichin D	$C_{28}H_{32}O_7$	C	[54]
7-2-82		eriosemaone B	$C_{25}H_{26}O_6$	C	[54]
7-2-83		3',5'-diacetoxyeriosemaone B	$C_{29}H_{30}O_8$	C	[54]
7-2-84		3',5,5'-triacetoxyeriosemaone B	$C_{31}H_{32}O_9$	C	[54]
7-2-85		3',5'-dimethoxyeriosemaone B	$C_{27}H_{30}O_6$	C	[54]
7-2-86		3',5,5'-trimethoxyeriosemaone B	$C_{28}H_{32}O_6$	C	[54]
7-2-87		5,3',5'- trimethoxy-8-*γ*,*γ*-dimethylallyl-6",6"-dimethyl-pyrano(2",3":6,7)flavanone	$C_{28}H_{32}O_6$	C	[54]
7-2-88		5,2',4'-trimethoxy-8-*γ*,*γ*-dimethylallyl-6",6"-dimethyl-pyrano(2",3":6,7)flavanone	$C_{28}H_{32}O_6$	C	[54]

续表

编号	中文名称	英文名称	分子式	测试溶剂	参考文献
7-2-89		eriosemaone A	$C_{25}H_{26}O_6$	C	[54]
7-2-90	里查酮 F	leachianone F	$C_{25}H_{28}O_6$	A	[38]
7-2-91	槐属二氢黄酮 D	sophoraflavanone D	$C_{25}H_{28}O_7$	A	[55]
7-2-92	多花胡枝子素 A_3	lespeflorin A_3	$C_{30}H_{34}O_4$	C	[32]
7-2-93		4'-*O*-methylbutin-7-*O*-[(6"→1''')-3''',11'''-dimethyl-7'''-hydroxymethylenedodecanyl]-*β*-D-glucopyranoside	$C_{37}H_{52}O_{12}$	M	[56]
7-2-94		3',4'-di-*O*-methylbutin-7-*O*-[(6"→1''')-3''', 11'''-dimethyl-7'''-methylenedodeca-3''', 10'''-dienyl]-*β*-D-glucopyranoside	$C_{38}H_{48}O_{11}$	M	[56]
7-2-95	云南草蔻素 C	calyxin C	$C_{35}H_{34}O_8$	M	[57]
7-2-96	云南草蔻素 D	calyxin D	$C_{35}H_{34}O_8$	M	[57]
7-2-97	表云南草蔻素 C	epicalyxin C	$C_{35}H_{34}O_8$	M	[57]
7-2-98	表云南草蔻素 D	epicalyxin D	$C_{35}H_{34}O_8$	M	[57]

一、二氢黄酮

	R^1	R^2	R^3	R^4	R^5	R^6
7-2-1	OMe	H	OH	H	H	H
7-2-2	OH	Me	OH	CHO	H	OH
7-2-3	OMe	OH	OMe	H	H	OMe
7-2-4	H	H	OH	H	H	OH
7-2-5	H	H	OMe	H	H	OH
7-2-6	OH	H	OH	H	H	OH
7-2-7	OH	H	OH	H	H	H
7-2-8	OH	H	OMe	H	H	H
7-2-9	OH	H	OMe	H	H	OH
7-2-10	OH	Me	OH	Me	OH	OMe
7-2-11	OH	CHO	OH	Me	H	H
7-2-12	OH	CHO	OMe	Me	H	H
7-2-13	OH	Me	OH	Me	H	H
7-2-14	OH	H	OMe	H	H	OMe
7-2-15	OH	H	OH	Me	H	OH

表 7-2-2　二氢黄酮 7-2-1~7-2-10 的 ^{13}C NMR 数据

C	**7-2-1**[1]	**7-2-2**[2]	**7-2-3**[3]	**7-2-4**[4]	**7-2-5**[5]	**7-2-6**[6]	**7-2-7**[7]	**7-2-8**[7]	**7-2-9**[5]	**7-2-10**[8]
2	77.9	79.8	79.2	80.3	77.3	78.5	79.3	79.1	77.3	73.7
3	44.8	44.7	45.3	44.4	44.1	42.1	43.3	43.2	43.2	41.3
4	187.2	188.3	189.7	190.4	191.4	196.4	195.8	195.6	196.0	196.8
5	163.9	167.4	145.9	129,5	128.8	163.6	164.5	164.0	164.2	158.4
6	95.6	110.5	133.8	111.5	110.3	95.9	95.8	95.0	95.2	103.3
7	164.3	166.5	153.9	166.5	166.4	166.7	164.6	167.9	168.1	162.4
8	93.3	110.8	96.3	103.7	101.0	95.0	95.5	94.1	94.3	102.6
9	162.1	160.4	157.3	164.5	163.8	163.0	163.3	162.7	162.9	157.5
10	104.5	108.1	108.4	114.9	114.7	101.9	103.4	103.0	103.2	101.6

续表

C	7-2-1[1]	7-2-2[2]	7-2-3[3]	7-2-4[4]	7-2-5[5]	7-2-6[6]	7-2-7[7]	7-2-8[7]	7-2-9[5]	7-2-10[8]
1'	139.1	128.1	130.7	130.2	130.0	129.0	138.1	138.3	130.7	126.0
2'	126.3	127.0	127.7	128.7	127.9	128.3	126.1	126.0	128.0	147.7
3'	128.4	114.8	114.2	116.5	115.7	115.2	128.9	128.7	115.7	112.1
4'	128.2	159.2	159.9	159.3	156.4	157.8	128.9	128.7	156.0	152.2
5'	128.4	114.8	114.2	116.5	115.7	115.2	128.9	128.7	115.7	114.0
6'	126.3	127.0	127.7	128.7	127.9	128.3	126.1	126.0	128.0	116.1
5-OMe	55.6		61.8							
7-OMe			56.3		55.7			55.5	55.7	
4'-OMe			55.4							55.3
6-Me	10.1									8.19
8-Me										7.54
CHO	192.0									

表 7-2-3 二氢黄酮 7-2-11~7-2-15 的 ^{13}C NMR 数据

C	7-2-11[9]	7-2-12[9]	7-2-13[9]	7-2-14[10]	7-2-15[11]	C	7-2-11[9]	7-2-12[9]	7-2-13[9]	7-2-14[10]	7-2-15[11]
2	80.8	80.0	79.9	78.9	79.8	2'	127.0	126.0	127.2	127.7	128.9
3	42.8	45.0	44.1	43.2	43.3	3'	129.5	129.0	129.7	114.2	116.1
4	196.5	187.4	197.8	196.0	197.5	4'	129.6	129.0	129.5	160.0	158.5
5	167.3	166.3	160.3	164.1	161.1	5'	129.5	129.0	129.7	114.2	116.1
6	105.3	107.6	105.0	95.0	96.7	6'	129.6	126.0	127.2	127.7	128.9
7	168.5	167.9	164.2	167.9	165.2	7-OMe		61.8		55.4	
8	104.5	106.6	104.2	94.2	103.1	4'-OMe				55.7	
9	165.2	165.1	159.0	162.9	162.7	6-Me			8.3		
10	101.9	114.0	103.3	103.1	103.8	8-Me	6.4	7.1	7.6		7.7
1'	138.5	137.7	140.7	130.3	131.0	CHO	192.5	192.7			

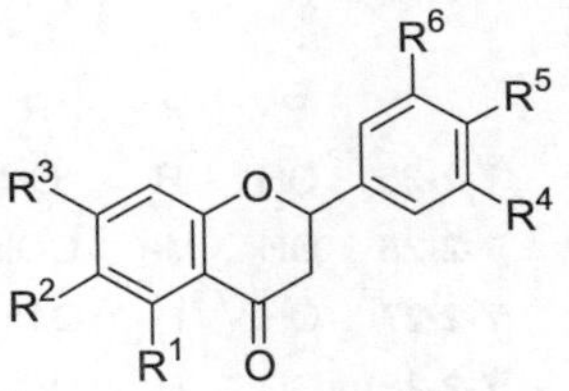

	R1	R2	R3	R4	R5	R6
7-2-16	H	H	OH	OH	OH	H
7-2-17	OH	H	OH	OH	OH	H
7-2-18	OMe	OMe	OMe	OH	OH	H
7-2-19	OH	H	OH	OH	OMe	H
7-2-20	OH	H	OH	OMe	OH	H
7-2-21	H	H	OMe	H	OMe	H
7-2-22	OMe	H	OMe	OCH_2O		H
7-2-23	H	H	OMe	OH	OMe	OH
7-2-24	H	H	OMe	OMe	OMe	OH

表 7-2-4　二氢黄酮 7-2-16~7-2-24 的 ^{13}C NMR 数据

C	7-2-16[12]	7-2-17[13]	7-2-18[3]	7-2-19[14]	7-2-20[15]	7-2-21[5]	7-2-22[16]	7-2-23[5]	7-2-24[5]
2	80.9	80.5	79.1	78.1	80.9	81.1	79.1	80.9	80.0
3	44.8	44.1	45.1	42.1	44.3	45.0	45.5	48.5	44.4
4	193.6	197.8	191.0	197.3	197.9	193.4	189.2	193.1	190.5
5	129.8	165.4	154.0	165.7	166.0	129.5	162.3	129.5	128.8
6	111.7	97.1	137.3	96.9	97.5	111.2	93.2	110.0	110.3
7	166.7	168.3	160.2	162.8	168.0	168.2	164.8	168.2	166.3
8	103.8	96.2	96.5	95.8	96.6	102.1	93.5	102.1	102.1
9	165.5	164.8	160.0	162.1	165.1	165.5	165.9	165.3	163.5
10	114.9	103.4	108.8	103.2	103.9	115.9	105.9	115.9	114.9
1'	131.9	131.8	130.6	129.3	132.0	133.4	132.6	136.4	134.9
2'	114.7	114.7	113.4	112.0	111.9	114.7	106.8	106.8	102.3
3'	146.7	146.8	144.7	148.4	149.2	147.9	148.0	152.0	149.6
4'	146.4	146.5	144.2	145.7	148.7	149.4	147.9	137.0	135.8
5'	116.2	116.3	115.4	115.0	116.4	112.8	108.4	152.0	152.7
6'	119.2	119.3	119.0	118.4	121.2	119.0	120.0	106.8	106.3
5-OMe			61.7				56.1		
6-OMe			61.4						
7-OMe			56.2			56.3	55.9	56.3	55.7
3'-OMe					57.1				56.0
4'-OMe				56.3		56.6		60.8	61.0
OCH_2O							101.3		

二、二氢黄酮单糖苷

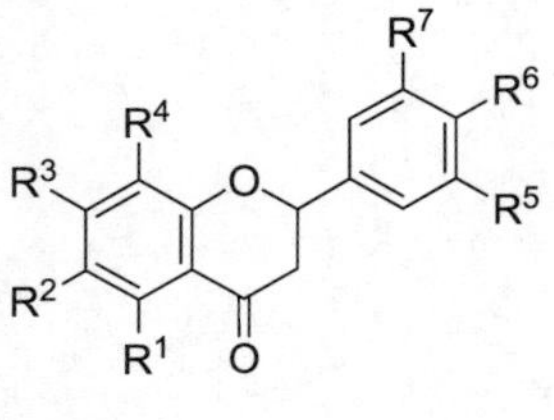

	R^1	R^2	R^3	R^4	R^5	R^6	R^7
7-2-25	OH	H	OH	Glu	OH	OH	H
7-2-26	OH	Me	OGlu	CHO	H	OH	H
7-2-27	OH	H	OAllo	H	OH	H	OH
7-2-28	OH	H	OGlu	H	OH	H	OH
7-2-29	OH	H	OGlu	H	H	OMe	H

表 7-2-5　二氢黄酮单糖苷 7-2-25~7-2-29 的 ^{13}C NMR 数据

C	7-2-25[17,18]	7-2-26[2]	7-2-27[19]	7-2-28[19]	7-2-29[20]
2	79.7	80.3	78.9	78.7	78.4
3	43.2	45.6	42.3	42.1	42.1
4	197.4	185.2	197.3	197.2	197.1
5	163.3	167.2	163.1	162.9	162.9
6	96.2	111.4	96.5	96.4	96.5
7	166.3	165.2	165.7	165.2	165.3
8	105.6	110.5	95.8	95.4	95.5
9	163.0	159.7	162.9	162.7	162.6
10	102.7	109.6	103.4	103.2	103.2
1'	131.0	128.0	129.4	129.2	130.4
2'	114.5	126.8	118.2	118.1	128.3
3'	145.9	115.2	145.9	145.8	113.9
4'	146.2	158.4	114.6	114.4	159.5
5'	115.9	115.2	145.4	145.2	113.9

续表

C	7-2-25[17,18]	7-2-26[2]	7-2-27[19]	7-2-28[19]	7-2-29[20]
6'	119.0	126.8	115.5	115.3	128.3
4'-OMe					55.2
6-Me		10.4			
8-CHO		192.2			
	8-Glu	7-Glu	7-Allo	7-Glu	7-Glu
1	74.1	101.6	98.3	99.5	99.6
2	72.6	72.7	70.2	73.0	73.0
3	79.4	78.7	71.6	76.3	76.3
4	70.8	70.2	67.1	69.5	69.5
5	81.6	77.4	75.0	77.0	77.1
6	61.9	62.5	61.0	60.6	60.5

三、二氢黄酮双糖苷

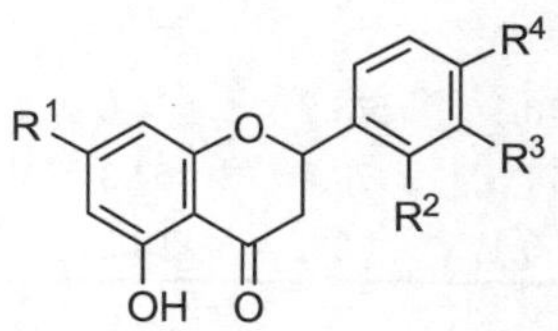

	R1	R2	R3	R4
7-2-30	OGlu	OH	H	OGlu
7-2-31	OGlu(6→1Rha)	H	OH	OH
7-2-32	OGlu	H	OH	OGlu
7-2-33	OGlu	H	OMe	OGlu
7-2-34	OGlu(2→1) Glu	H	H	OMe
7-2-35	OGlu(2→1)Rha	H	H	OH
7-2-36	OGlu(2→1)Rha	H	OH	OMe
7-2-37	OGlu(2→1)Rha	H	H	OMe
7-2-38	OGlu(2→1)Rha	H	OH	OMe

表 7-2-6 二氢黄酮双糖苷 7-2-30~7-2-38 的 ^{13}C NMR 数据

C	7-2-30[21]	7-2-31[22]	7-2-32[23]	7-2-33[23]	7-2-34[24]	7-2-35①[25]	7-2-35②[26]	7-2-36[27]	7-2-37[20,24,25]	7-2-38[29]
2	73.9	80.7	78.4	79.1	79.6	78.9	78.9	77.1	80.5	78.4
3	41.0	44.2	42.2	42.6	43.5	44.1	42.2	42.1	44.2	42.1
4	197.3	198.5	197.0	197.4	197.3	198.5	197.4	197.0	198.4	197.1
5	163.0	165.0	163.0	163.4	163.7	160.5	163.1	162.9	165.0	163.1
6	95.3	98.0	96.7	97.1	97.1	96.8	96.5	96.2	97.9	96.4
7	165.2	166.9	165.4	165.8	166.8	166.6	164.9	164.8	166.6	165.1
8	96.4	97.1	95.6	96.0	98.4	96.8	95.3	95.1	96.8	95.6
9	162.9	164.5	162.7	163.1	164.8	164.6	163.1	162.6	164.9	162.5
10	103.1	105.0	103.4	103.7	104.6	102.5	103.5	103.3	104.9	103.3
1'	118.1	131.6	133.2	132.4	131.5	130.8	128.8	130.9	132.1	130.9
2'	155.5	114.8	114.6	112.0	128.8	129.1	128.5	114.1	129.0	114.2
3'	103.8	146.6	147.0	149.4	114.9	116.3	115.4	146.5	115.0	148.0
4'	158.5	147.0	145.7	147.3	160.8	159.1	157.9	148.0	161.5	146.4
5'	106.9	116.3	116.8	115.7	114.9	116.3	115.4	112.0	115.0	112.0
6'	128.3	119.3	118.0	119.8	128.8	129.1	128.5	117.8	129.0	118.0
3'-OMe				56.3						
4'-OMe					55.6			55.7	55.8	55.7

续表

C	7-2-30[21]	7-2-31[22]	7-2-32[23]	7-2-33[23]	7-2-34[24]	7-2-35①[25]	7-2-35②[26]	7-2-36[27]	7-2-37[20,24,25]	7-2-38[29]
7-Glu										
1	100.4	101.2	99.7	100.1	100.2	99.4	97.7	97.4	99.4	99.4
2	73.0	74.7	73.1	73.5	84.6	79.0	77.3	78.4	79.1	73.0
3	76.3	77.9	76.0	76.8	70.9	74.0	77.1	76.9	78.2	76.3
4	69.5	71.4	69.7	70.0	78.2	70.0	69.8	69.6	72.2	69.6
5	77.0	77.2	77.3	77.5	79.3	78.1	76.4	76.0	79.0	75.5
6	60.6	67.5	60.7	60.0	62.3	62.2	60.7	60.4	62.3	66.0
	4'-Glu	6"-Rha	4'-Glu	4'-Glu	2"-Glu	2"-Rha	2"-Rha	2"-Rha	2"-Rha	2"-Rha
1	99.5	102.2	102.3	100.5	107.4	97.9	100.6	100.4	102.5	100.6
2	73.1	72.1	73.4	73.6	77.0	71.2	70.6	70.4	72.2	70.3
3	76.6	72.5	76.4	77.3	71.7	72.1	70.7	70.4	71.3	70.7
4	69.6	74.1	70.0	70.1	78.7	74.0	72.0	71.8	73.9	72.1
5	77.0	69.8	77.3	77.6	79.2	62.3	68.4	68.3	70.0	68.3
6	60.6	18.0	60.9	60.1	62.8	18.2	18.2	18.0	18.2	17.9

① 在 M 中测定。
② 在 D 中测定。

四、异戊烯基二氢黄酮

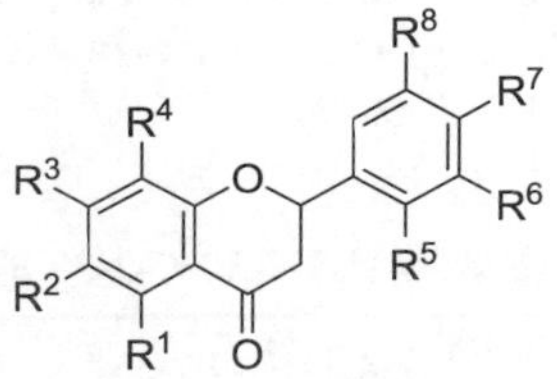

	R^1	R^2	R^3	R^4	R^5	R^6	R^7	R^8
7-2-39	OMe	H	OH	prenyl	H	H	OH	H
7-2-40	OH	H	OH	prenyl	OH	H	H	H
7-2-41	OH	prenyl	OH	H	OH	H	OH	OMe
7-2-42	OH	H	OH	prenyl	OH	H	OH	OMe
7-2-43	H	H	OH	prenyl	H	H	OMe	H
7-2-44	OMe	H	OH	prenyl	H	H	OH	H
7-2-45	OH	H	OH	H	H	prenyl	OMe	H
7-2-46	OH	prenyl	OH	H	H	H	OH	H
7-2-47	OH	H	OH	prenyl	H	H	OH	H
7-2-48	OH	H	OH	H	H	OMe	OH	prenyl
7-2-49	H	H	OH	H	H	OMe	OH	prenyl
7-2-50	OH	H	OH	prenyl	OH	H	OH	H

注：prenyl—异戊烯基。

表 7-2-7 异戊烯基二氢黄酮 7-2-39~7-2-48 的 ^{13}C NMR 数据

C	7-2-39[30]	7-2-40[40]	7-2-41[31]	7-2-42[31]	7-2-43[32]	7-2-44[33]	7-2-45[34]	7-2-46[35]	7-2-47[35]	7-2-48[36]
2	79.5	75.3	75.8	74.7	79.4	77.8	79.5	78.3	78.2	80.5
3	46.3	41.9	42.3	42.4	44.0	44.6	43.3	42.0	41.9	43.7
4	192.8	197.1	196.7	197.2	191.3	188.1	196.5	196.4	196.6	197.4
5	158.2	160.2	161.5	161.4	126.5	159.6	163.6	160.5	161.1	165.4

续表

C	7-2-39[30]	7-2-40[40]	7-2-41[31]	7-2-42[31]	7-2-43[32]	7-2-44[33]	7-2-45[34]	7-2-46[35]	7-2-47[35]	7-2-48[36]
6	93.8	95.9	108.2	95.7	110.6	92.7	96.8	107.5	95.2	96.8
7	161.0	161.6	163.9	164.5	161.3	161.5	164.5	164.2	164.3	167.4
8	106.2	106.1	95.3	108.0	114.5	107.4	95.6	94.3	106.9	95.9
9	161.0	164.5	160.9	160.4	160.7	161.3	164.6	160.5	159.7	164.5
10	93.8	102.6	102.8	102.5	115.1	104.5	103.5	101.6	101.7	103.3
1'	128.7	125.6	115.1	116.5	131.5	129.9	130.1	129.0	129.2	130.5
2'	131.0	153.5	148.3	148.1	127.5	127.7	127.8	128.2	128.0	108.6
3'	116.1	115.6	103.7	103.1	114.1	115.0	131.0	115.1	115.1	148.1
4'	158.2	129.2	146.7	146.3	159.9	157.3	158.1	157.7	157.5	145.3
5'	116.1	120.1	140.8	140.6	114.1	115.0	110.5	115.1	115.1	128.4
6'	131.0	126.5	109.7	110.0	127.5	127.7	125.3	128.2	128.0	121.2
5-OMe	55.9									
3'-OMe										56.5
4'-OMe					55.4	55.3	55.7			
5'-OMe			56.8	56.7						
	8-prenyl	8-prenyl	6-prenyl	8-prenyl	8-prenyl	8-prenyl	3'-prenyl	6-prenyl	8-prenyl	5'-prenyl
1	22.5	21.6	21.2	21.6	22.3	21.5	28.7	20.6	21.2	28.9
2	123.9	122.4	121.9	122.6	121.0	122.8	122.1	122.6	122.7	123.5
3	128.7	131.9	134.0	131.5	135.4	129.6	133.3	130.2	130.1	132.6
4	25.5	25.7	25.8	25.6	25.8	25.4	26.0	25.4	25.5	25.9
5	17.9	17.7	17.9	17.6	17.9	17.8	18.0	17.6	17.5	17.9

表 7-2-8 异戊烯基二氢黄酮 7-2-49 和 7-2-50 的 ^{13}C NMR 数据

C	7-2-49[37]	7-2-50[38]	C	7-2-49[37]	7-2-50[38]	C	7-2-49[37]	7-2-50[38]
2	79.5	75.5	10	113.6	103.4		5'-prenyl	8-prenyl
3	43.2	42.7	1'	129.3	117.8	1	27.1	22.4
4	189.1	198.2	2'	109.6	156.4	2	122.0	123.9
5	127.9	163.1	3'	146.4	103.6	3	131.0	131.3
6	106.9	96.4	4'	143.5	159.6	4	24.3	26.1
7	163.0	164.9	5'	126.7	108.0	5	16.3	18.0
8	102.1	108.4	6'	119.5	128.8			
9	163.7	161.7	3'-OMe	54.8				

五、其他取代二氢黄酮

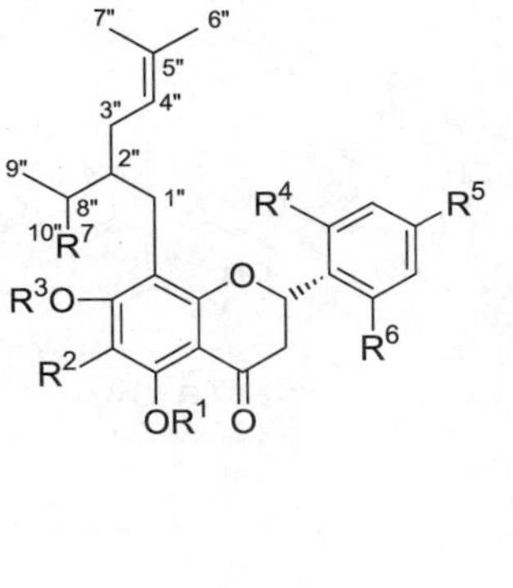

	R1	R2	R3	R4	R5	R6	R7
7-2-51	H	H	H	OH	H	OH	=CH$_2$
7-2-52	H	H	Me	OH	H	OH	=CH$_2$
7-2-53	Me	H	H	OH	H	H	=CH$_2$
7-2-54	Me	H	H	H	OH	H	=CH$_2$
7-2-55	Me	H	H	OH	OH	H	=CH$_2$
7-2-56	H	H	H	OH	OH	H	=CH$_2$
7-2-57	H	H	H	OH	OH	H	CH$_2$OH
7-2-58	H	H	H	OH	OH	H	=CH$_2$
7-2-59	Me	H	H	OH	OH	H	=CH$_2$
7-2-60	H	H	H	H	H	H	=CH$_2$
7-2-61	H	prenyl	H	OH	OH	H	=CH$_2$

表 7-2-9　其他取代二氢黄酮 7-2-51~7-2-59 的 ^{13}C NMR 数据

C	7-2-51[39]	7-2-52[39]	7-2-53[31]	7-2-54[31]	7-2-55[40]	7-2-56①[40]	7-2-56②[41]	7-2-57[31]	7-2-58[42]	7-2-59[43]
2	74.3	74.3	75.9	74.0	73.5	75.7	73.8	75.3	75.3	75.1
3	41.2	41.1	44.1	42.4	44.3	43.2	41.4	41.8	42.8	45.7
4	199.2	199.3	192.8	191.4	188.9	198.7	197.1	197.7	198.1	189.8
5	163.7	163.9	160.7	160.3	162.4	162.9	161.1	160.7	162.9	161.2
6	96.8	93.2	93.4	93.0	92.4	96.1	95.1	96.1	96.1	93.5
7	165.7	166.8	162.7	162.7	162.4	166.3	164.8	161.9	165.4	162.6
8	108.4	108.3	108.5	108.5	106.2	108.5	106.3	107.9	108.2	106.1
9	162.8	161.1	162.9	164.1	159.6	162.4	160.7	164.5	162.0	163.9
10	103.8	103.8	105.3	104.5	102.3	103.2	101.6	102.8	105.8	108.5
1'	112.4	111.9	125.4	130.1	116.4	118.2	115.8	116.9	117.8	118.3
2'	158.2	157.7	153.3	127.4	155.2	156.4	1555	155.4	159.3	155.9
3'	108.9	108.7	116.1	110.4	106.9	96.2	106.4	102.9	103.1	103.3
4'	131.3	131.0	129.3	156.8	158.1	159.3	158.3	157.8	156.0	159.1
5'	108.9	108.7	120.3	110.4	104.3	107.5	102.3	107.1	107.8	107.7
6'	158.2	157.7	126.3	127.4	127.2	128.5	127.6	128.0	128.6	128.4
1"	28.3	27.6	27.5	27.2	26.9	28.0	26.6	22.8	27.7	28.1
2"	48.4	48.3	45.9	46.8	46.3	48.1	46.3	35.6	47.8	47.8
3"	32.5	32.2	31.6	31.0	30.7	32.3	30.7	28.9	31.9	31.9
4"	125.0	124.6	123.1	123.4	123.4	124.6	123.3	123.9	124.4	124.6
5"	132.1	132.0	132.5	131.3	130.6	131.9	130.6	131.9	131.6	131.6
6"	18.3	18.2	17.9	17.6	17.6	17.9	17.6	17.6	25.8	25.8
7"	26.3	26.2	25.7	25.5	25.5	25.9	25.5	25.7	17.8	17.9
8"	148.7	149.1	148.9	148.6	147.9	149.5	147.7	40.1	149.1	149.3
9"	19.6	19.2	19.7	18.8	18.6	19.2	18.6	12.3	19.1	19.2
10"	111.6	111.9	110.9	110.4	110.7	111.1	110.7	66.2	111.1	111.2
5-OMe			55.6	55.4	55.2					55.8
7-OMe		56.5								

① 在 C 中测定。
② 在 D 中测定。

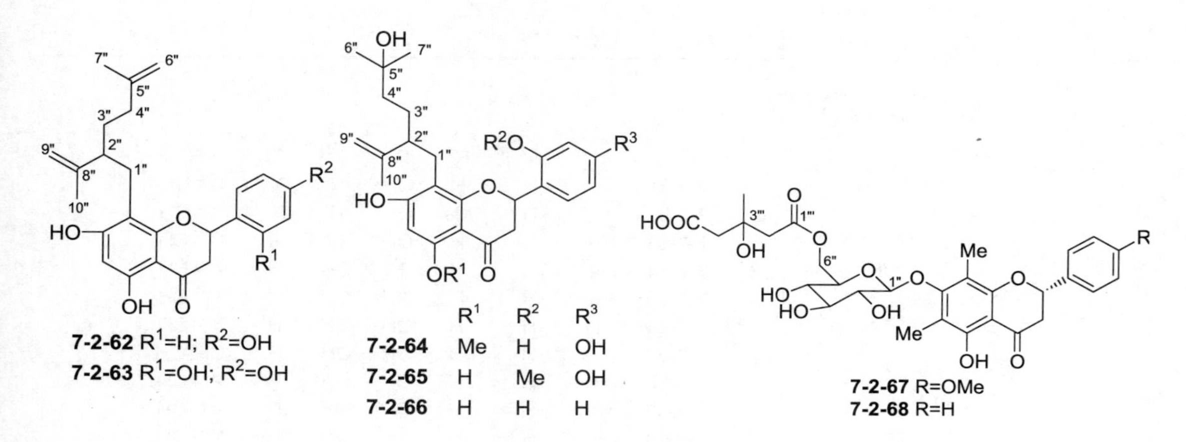

表 7-2-10 其他取代二氢黄酮 7-2-60~7-2-68 的 ^{13}C NMR 数据

C	7-2-60[44]	7-2-61[44]	7-2-62[45]	7-2-63[45]	7-2-64[46]	7-2-65[31]	7-2-66[31]	7-2-67[47]	7-2-68[47]
2	75.5	75.5	78.7	75.4	73.9	74.1	75.7	79.8	80.0
3	42.7	43.1	43.1	42.9	44.6	42.5	41.8	44.2	44.3
4	197.7	198.4	196.8	198.3	189.2	197.5	197.4	199.6	199.4
5	163.1	160.0	161.8	163.1	159.8	161.5	160.7	160.0	160.1
6	96.6	108.5	95.4	96.3	92.7	95.8	96.5	113.0	113.2
7	165.3	162.6	163.1	165.3	162.3	161.7	161.8	162.8	162.8
8	108.0	107.6	107.0	107.8	107.3	107.6	107.9	111.9	112.0
9	161.8	160.2	160.6	162.2	162.7	164.7	164.4	159.1	158.9
10	103.3	103.6	103.1	103.4	104.6	102.6	102.9	106.5	106.5
1'	126.8	118.1	130.8	117.9	116.6	118.9	125.4	132.5	140.7
2'	154.7	156.1	127.7	156.2	155.4	161.2	153.3	129.2	130.0
3'	116.3	103.6	115.4	103.5	162.5	98.9	116.7	115.3	127.5
4'	130.0	159.4	155.9	159.5	158.3	157.3	129.7	161.3	129.7
5'	120.7	107.9	115.4	107.9	106.5	107.2	120.9	115.3	127.5
6'	127.4	128.6	127.7	128.8	127.5	127.4	126.9	129.2	130.0
1"	27.8	28.3	27.7	28.2	27.6	27.3	27.6	105.4	105.4
2"	47.8	47.9	46.5	47.2	46.9	46.9	47.4	77.1	75.8
3"	32.0	31.8	30.4	30.6	26.7	26.4	26.4	75.8	78.1
4"	124.5	124.4	35.5	36.4	41.7	41.4	40.9	75.3	71.6
5"	131.6	131.7	146.2	146.9	68.9	71.3	72.5	71.6	75.3
6"	25.7	25.8	109.5	110.0	29.6	28.8	28.5	64.5	64.6
7"	17.8	17.8	22.5	22.6	29.2	28.6	29.6		
8"	149.2	149.3	148.3	148.9	148.3	148.3	148.5		
9"	111.1	111.1	111.5	111.7	111.0	110.8	111.1		
10"	19.3	19.6	19.0	18.8	18.2	18.7	19.1		
1'''		21.8						172.0	172.0
2'''		123.4						46.5	46.5
3'''		130.0						70.5	70.5
4'''		25.8						45.6	45.6
5'''		17.8						173.9	174.1
2'-OMe						55.2			
4'-OMe								56.0	
3'''-Me								28.05	28.1
6-Me								9.5	9.5
8-Me								10.7	10.1

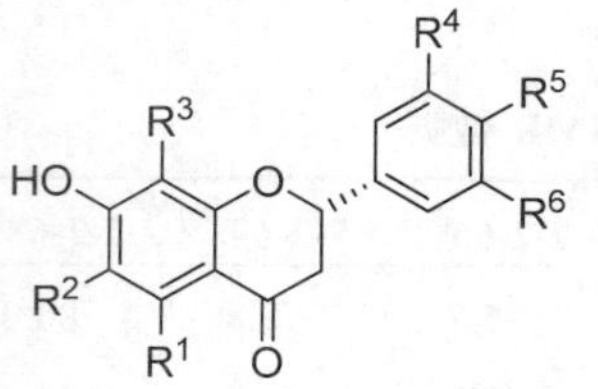

	R1	R2	R3	R4	R5	R6
7-2-69	H	H	prenyl	prenyl	OH	H
7-2-70	H	prenyl	prenyl	H	OMe	H
7-2-71	OH	H	H	prenyl	OMe	EHMBu

注：prenyl—异戊烯基；EHMBu— (1*E*)-3-羟基-3-甲基-1-丁烯基。

表 7-2-11 其他取代二氢黄酮 7-2-69~7-2-71 的 ^{13}C NMR 数据

C	7-2-69①[48]	7-2-69②[49]	7-2-70[32]	7-2-71[50]	C	7-2-69①[48]	7-2-69②[49]	7-2-70[32]	7-2-71[50]
2	80.0	78.8	79.3	79.0	6'	125.4	127.2	127.5	127.1
3	44.1	43.1	44.2	43.1		8-prenyl	8-prenyl	8-prenyl	5'-prenyl
4	191.2	190.2	191.5	195.9	1	22.4	21.8	22.5	28.3
5	125.9	125.4	125.7	164.1	2	122.7	122.1	121.3	122.3
6	110.0	113.6	121.8	96.7	3	131.2	130.3	134.7	133.0
7	162.2	161.5	159.3	166.0	4	17.5	17.7	25.8	17.8
8	115.9	109.4	114.5	95.7	5	25.6	25.5	17.9	25.7
9	161.6	160.3	159.8	163.1		3'-prenyl	3'-prenyl	6-prenyl	3'-EHMBu
10	114.7	114.4	114.8	102.6	1	28.7	28.2	29.1	121.2
1'	130.9	129.4	131.5	134.0	2	123.1	122.5	121.6	139.0
2'	128.4	127.6	127.5	122.6	3	132.2	131.1	134.8	71.8
3'	128.4	124.3	114.1	130.7	4	17.6	17.7	17.9	29.5
4'	155.6	154.7	159.9	155.9	5	25.6	25.5	25.8	29.5
5'	115.1	114.7	114.1	135.6	4'-OMe			55.3	61.2

① 在 A 中测定。② 在 D 中测定。

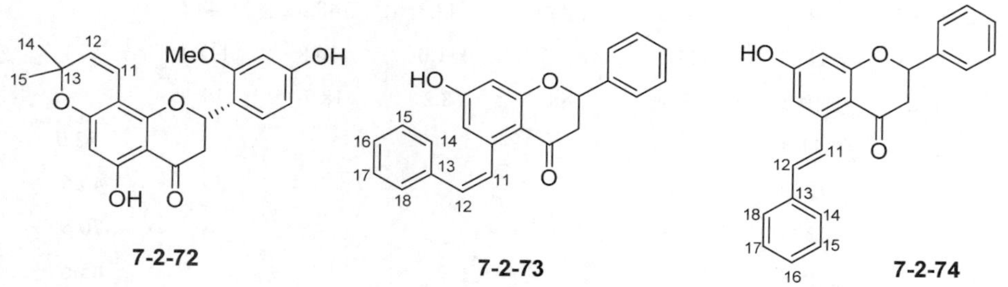

7-2-72　　7-2-73　　7-2-74

表 7-2-12 其他取代二氢黄酮 7-2-72~7-2-74 的 ^{13}C NMR 数据

C	7-2-72[32]	7-2-73[51]	7-2-74[51]	C	7-2-72[32]	7-2-73[51]	7-2-74[51]
2	74.3	78.5	78.5	7	162.1	164.2	164.5
3	42.5	44.5	45.2	8	101.7	101.9	102.5
4	196.7	191.5	192.5	9	160.7	163.0	163.2
5	163.9	141.8	142.8	10	103.0	111.7	111.2
6	97.4	112.2	108.8	11	115.8	130.8	128.4

续表

C	7-2-72[32]	7-2-73[51]	7-2-74[51]	C	7-2-72[32]	7-2-73[51]	7-2-74[51]
12	126.2	128.1	131.1	13	78.0	136.2	137.1
1'	119.8	138.4	138.5	14	28.5	128.4	126.4
2'	157.4	125.4	125.7	15	28.2	127.2	128.1
3'	99.0	128.0	128.2	16		127.8	127.3
4'	157.0	126.0	125.9	17		127.1	128.1
5'	107.2	128.0	128.2	18		128.2	126.3
6'	127.5	125.4	125.7	2'-OMe	55.5		

	R^1	R^2	R^3	R^4	R^5		R^1	R^2	R^3	R^4	R^5
7-2-75	OH	OH	H	H	H	**7-2-81**	OMe	OMe	H	OMe	H
7-2-76	OH	H	H	OMe	H	**7-2-82**	OH	H	OH	H	OH
7-2-77	OH	OH	H	OMe	H	**7-2-83**	OH	H	OAc	H	OAc
7-2-78	OH	OH	H	OH	H	**7-2-84**	OAc	H	OAc	H	OAc
7-2-79	OH	OAc	H	OAc	H	**7-2-85**	OH	H	OMe	H	OMe
7-2-80	OAc	OAc	H	OAc	H	**7-2-86**	OMe	H	OMe	H	OMe

表 7-2-13 其他取代二氢黄酮 7-2-75~7-2-84 的 ^{13}C NMR 数据[54]

C	7-2-75[52]	7-2-76[53]	7-2-77[53]	7-2-78	7-2-79	7-2-80	7-2-81	7-2-82	7-2-83	7-2-84
2	76.8	78.6	77.7	76.7	74.1	74.0	73.9	76.1	73.9	74.0
3	41.9	43.3	41.9	41.4	42.2	44.1	44.2	41.5	42.5	44.3
4	196.4	196.4	196.4	197.1	197.1	189.1	190.4	197.1	195.6	188.9
5	124.5	156.6	156.8	159.1	159.4	151.4	155.2	156.6	156.6	148.4
6	108.9	102.7	103.3	103.1	103.1	109.6	111.2	103.1	103.1	109.6
7	158.8	159.3	159.8	157.0	157.7	157.8	157.1	159.0	158.8	157.3
8	103.4	108.6	108.8	108.9	108.9	115.2	113.0	108.9	108.8	115.3
9	159.8	159.8	158.6	160.0	160.1	160.6	160.4	160.1	159.9	160.5
10	102.7	102.8	102.7	102.6	102.6	107.6	109.2	102.6	102.4	107.2
1'	124.5	130.9	116.6	117.0	128.1	128.1	120.2	125.9	132.1	132.2
2'	153.7	127.5	155.4	154.8	148.8	147.5	157.0	116.2	122.5	122.4
3'	116.9	114.1	102.9	103.9	116.2	116.1	98.1	146.9	144.5	144.5
4'	129.9	159.8	161.2	156.5	152.1	151.4	160.4	113.4	120.1	120.0
5'	120.9	114.1	106.4	107.7	119.3	119.8	104.1	149.4	148.5	148.4
6'	126.2	127.5	127.9	127.8	127.4	127.5	127.1	117.3	123.6	123.6
	pyrano	pyrano	pyrano	pyrano	pyrano	pyrano	pyrano	pyrano	pyrano	pyrano
2	78.3	78.1	78.3	78.3	78.1	78.1	77.8	78.3	78.2	78.0

续表

C	7-2-75[52]	7-2-76[53]	7-2-77[53]	7-2-78	7-2-79	7-2-80	7-2-81	7-2-82	7-2-83	7-2-84
3	115.7	115.7	115.6	115.4	115.5	115.2	116.4	115.5	115.5	115.4
4	126.9	125.9	126.3	126.2	126.3	129.3	128.0	126.2	126.1	129.9
5	28.4	28.3	28.3	28.3	28.1	28.2	28.1	28.4	28.2	28.3
6	28.5	28.4	28.4	28.3	28.2	28.2	28.2	28.5	28.3	28.4
	8-prenyl	8-prenyl	8-prenyl	8-prenyl	8-prenyl	8-prenyl	8-prenyl	8-prenyl	8-prenyl	8-prenyl
1	25.5	21.5	21.4	21.2	21.5	21.7	22.2	21.5	21.4	21.9
2	122.4	122.6	122.3	122.2	122.1	122.6	122.1	122.3	122.4	121.6
3	131.7	131.0	131.8	131.7	131.6	131.2	131.0	131.7	131.1	131.6
4	17.8	17.8	17.8	17.8	17.9	17.8	17.9	17.8	17.8	17.8
5	25.5	25.8	25.7	25.7	25.7	25.8	25.8	25.8	25.7	25.7
5-OMe							62.1			
2'-OMe							55.2			
4'-OMe							55.1			
4'-OMe		55.3	41.9							
Ac-CO					163.8	169.1			168.8	169.4
					168.5	168.4			169.1	168.8
						168.5				169.0
Ac-Me					20.1	21.6			21.0	21.0
					21.0	21.5			21.0	21.0
						21.5				21.0

表 7-2-14 其他取代二氢黄酮 7-2-85 和 7-2-86 的 ^{13}C NMR 数据[54]

C	7-2-85	7-2-86	C	7-2-85	7-2-86	C	7-2-85	7-2-86
2	74.2	74.1	2'	113.5	113.4	6	28.4	28.3
3	42.5	44.3	3'	149.8	149.9		8-prenyl	8-prenyl
4	197.0	190.2	4'	111.3	111.4	1	21.5	21.9
5	156.7	150.1	5'	153.9	153.9	2	122.7	121.9
6	102.8	111.9	6'	112.5	112.3	3	131.1	131.2
7	159.6	160.5		pyrano	pyrano	4	17.9	17.8
8	108.6	115.4	2	78.1	77.8	5	25.8	25.5
9	159.7	160.7	3	115.8	116.2	5-OMe		62.2
10	102.7	107.2	4	126.0	128.1	3'-OMe	55.8	55.7
1'	128.7	128.4	5	28.3	28.2	5'-OMe	55.8	55.7

	R1	R2	R3	R4
7-2-87	H	OMe	H	OMe
7-2-88	OMe	H	OMe	H

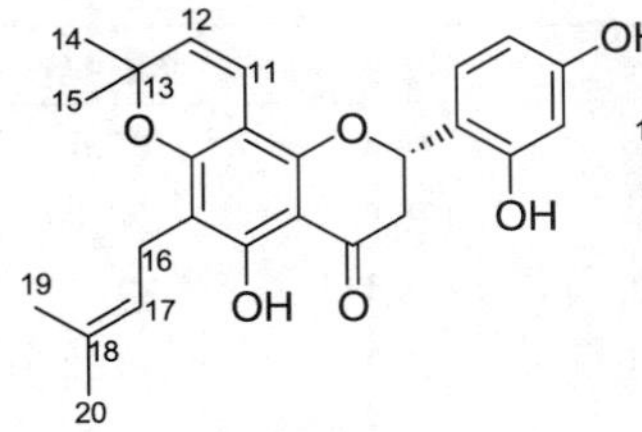

7-2-89 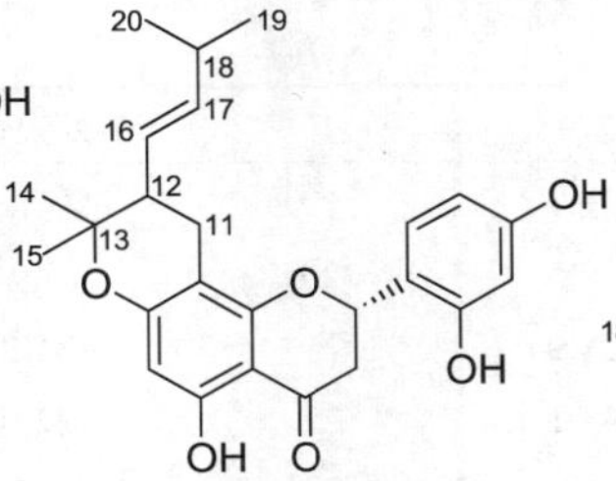　　7-2-90 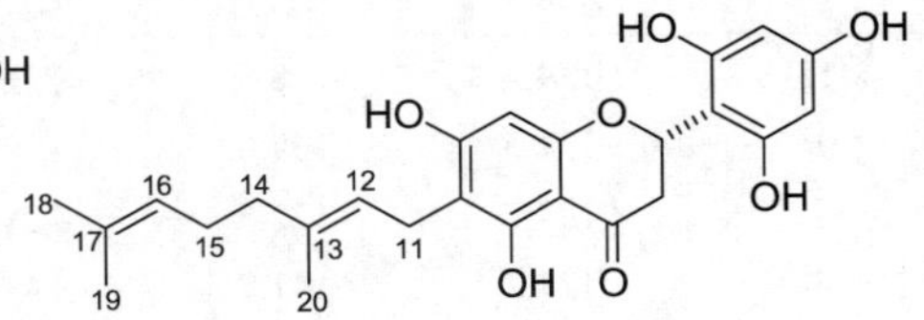　　7-2-91

表 7-2-15 其他取代二氢黄酮 7-2-87~7-2-91 的 ^{13}C NMR 数据[54]

C	7-2-87	7-2-88	7-2-89	7-2-90[38]	7-2-91[55]	C	7-2-87	7-2-88	7-2-89	7-2-90[38]	7-2-91[55]
2	74.1	73.8	76.4	75.7	73.6	11	128.9	127.1	126.6	22.5	21.8
3	44.5	44.2	42.0	42.6	41.2	12	116.5	116.1	115.6	41.7	123.7
4	190.2	190.1	196.5	197.9	199.2	13	77.9	77.8	78.1	80.1	135.1
5	155.1	157.2	159.9	162.4	162.6	14	28.3	27.9	28.3	25.9	40.7
6	157.5	157.9	110.3	97.1	109.1	15	28.4	28.2	28.5	21.2	16.6
7	116.5	117.2	157.1	163.1	165.0	16	22.1	21.8	21.0	133.5	125.4
8	108.9	108.5	102.6	103.5	95.5	17	122.3	122.5	122.2	123.3	131.8
9	161.4	159.5	161.3	161.4	163.1	18	131.4	131.2	131.5	30.0	27.6
10	109.4	105.9	101.9	103.3	103.2	19	17.9	17.8	17.9	17.9	26.1
1'	128.8	120.1	116.9	117.6	104.1	20	25.9	25.5	25.8	17.9	18.0
2'	111.2	157.1	154.4	156.3	158.8	5-OMe	62.3	62.1			
3'	149.5	98.3	104.0	101.9	96.3	2'-OMe		55.2			
4'	113.1	160.8	155.1	159.5	160.0	3'-OMe	56.1				
5'	153.6	104.2	107.9	107.9	96.3	4'-OMe		55.1			
6'	112.3	127.2	128.0	128.6	158.8	5'-OMe	55.8				

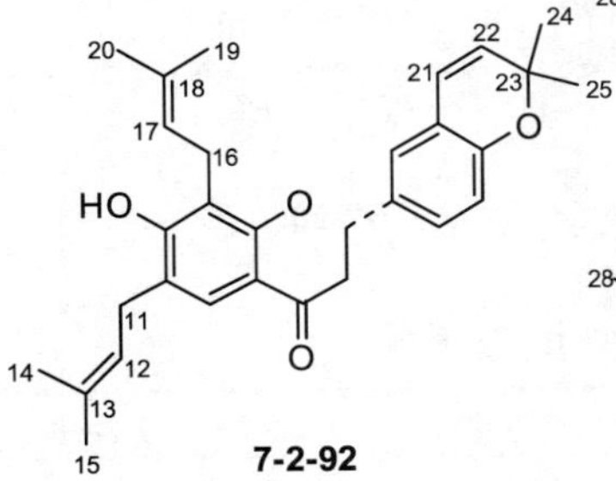

7-2-92 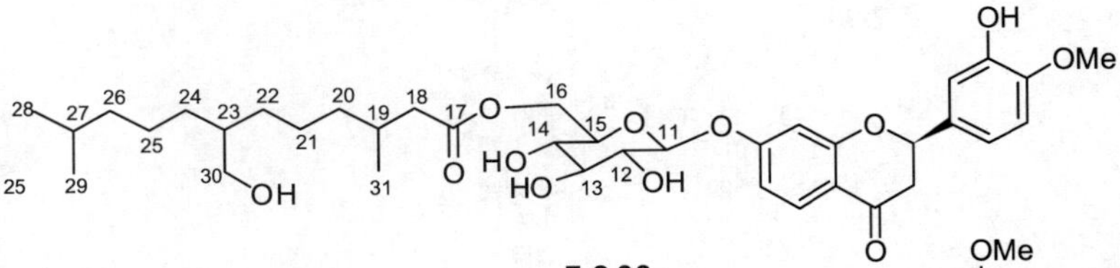　　7-2-93 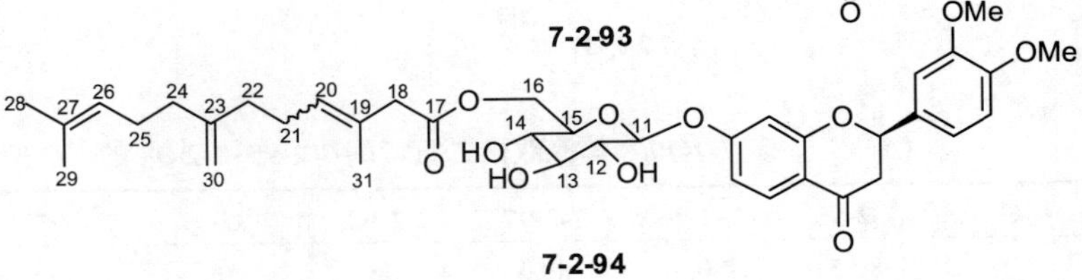　　7-2-94

表 7-2-16 其他取代二氢黄酮 7-2-92~7-2-94 的 ^{13}C NMR 数据[56]

C	7-2-92[32]	7-2-93	7-2-94	C	7-2-92[32]	7-2-93	7-2-94
2	79.4	74.3	73.7	6	121.8	120.2	112.1
3	44.1	45.2	41.5	7	159.8	149.2	155.9
4	191.4	185.7	191.3	8	114.7	100.6	101.4
5	125.7	134.4	127.5	9	159.3	167.2	166.1

续表

C	7-2-92[32]	7-2-93	7-2-94	C	7-2-92[32]	7-2-93	7-2-94
10	114.5	128.8	129.7	19	25.8	44.8	137.6
1'	131.5	132.8	129.5	20	17.9	30.5	124.4
2'	124.2	122.5	128.9	21	131.2	28.1	38.5
3'	121.2	141.7	143.1	22	122.0	27.3	46.5
4'	153.2	143.9	146.3	23	76.5	33.1	139.6
5'	116.4	118.7	118.8	24	28.1	26.4	38.2
6'	127.0	120.6	120.8	25	28.1	28.7	31.7
11	29.1	98.1	103.6	26		26.3	122.4
12	121.6	78.0	63.4	27		32.1	134.7
13	134.8	69.0	60.6	28		22.7	13.4
14	25.8	71.6	60.3	29		25.0	27.1
15	17.9	78.3	74.2	30		62.7	116.1
16	22.5	71.4	67.4	31		22.0	14.0
17	121.4	174.4	171.1	3'-OMe			53.1
18	134.8	30.8	53.0	4'-OMe		55.2	55.7

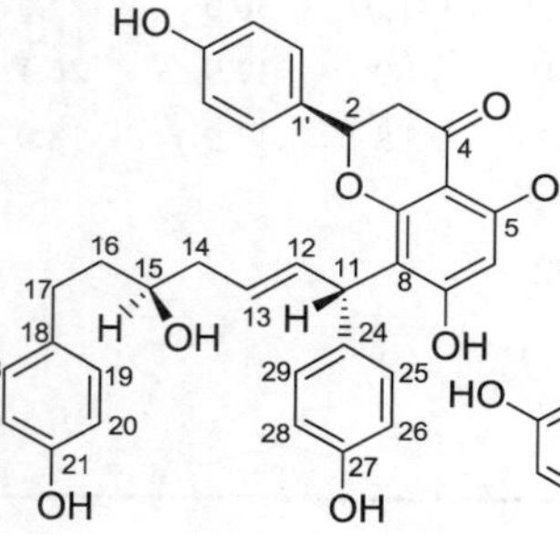

7-2-95

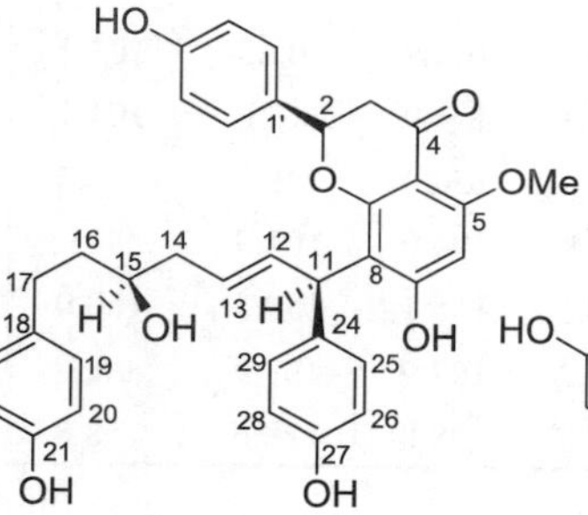

7-2-96

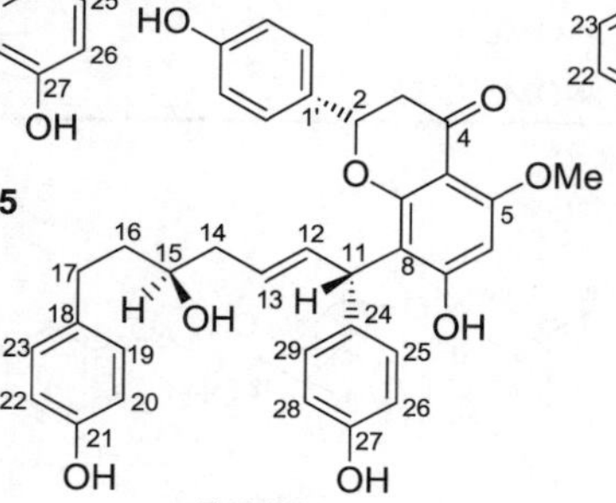

7-2-97

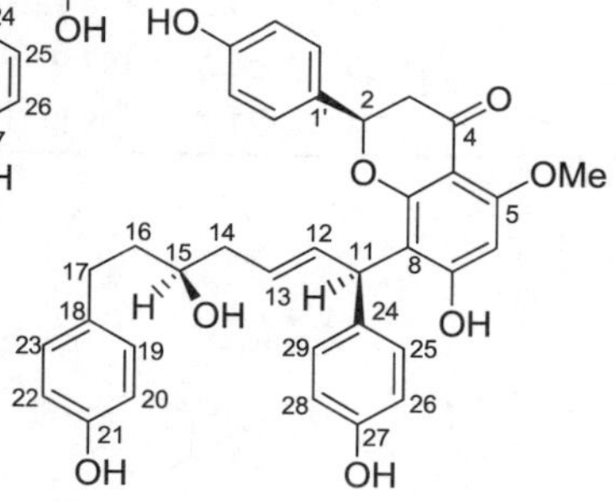

7-2-98

表 7-2-17 其他取代二氢黄酮 7-2-95~7-2-98 的 ^{13}C NMR 数据[57]

C	7-2-95	7-2-96	7-2-97	7-2-98	C	7-2-95	7-2-96	7-2-97	7-2-98
2	80.5	80.5	80.6	80.6	10	94.6	94.5	94.7	94.7
3	47.5	47.6	46.4	46.4	1'	132.2	132.2	131.8	131.7
4	193.6	193.6	194.0	193.6	2'	129.3	129.2	129.9	129.8
5	62.9	162.9	163.0	163.0	3'	116.9	116.9	116.9	116.9
6	107.0	107.0	107.2	107.2	4'	159.2	159.2	159.5	159.5
7	164.9	164.9	164.9	164.8	5'	116.9	116.9	116.9	116.9
8	113.9	114.0	114.0	114.0	6'	129.3	129.2	129.9	129.8
9	164.5	164.5	164.8	164.7	11	44.1	44.1	44.2	44.2

续表

C	7-2-95	7-2-96	7-2-97	7-2-98	C	7-2-95	7-2-96	7-2-97	7-2-98
12	136.0	135.2	136.0	136.1	22	116.8	116.6	116.7	116.3
13	128.8	128.9	128.9	129.0	23	131.0	131.0	131.0	131.0
14	42.0	42.4	42.0	42.3	24	137.3	137.2	137.4	137.3
15	72.5	72.5	72.5	72.4	25	130.2	130.2	130.1	130.0
16	40.3	40.6	40.4	40.5	26	116.3	116.3	116.3	116.3
17	32.6	32.6	32.6	32.5	27	156.7	156.6	156.7	156.7
18	135.3	135.4	135.4	135.3	28	116.3	116.3	116.3	116.3
19	131.0	131.0	131.0	131.0	29	130.2	130.2	130.1	130.0
20	116.8	116.6	116.7	116.3	5-OMe	56.8	56.8	56.9	56.9
21	156.9	157.0	157.0	156.9					

参考文献

[1] 郭丽冰, 王蕾. 中草药, 2008, 39: 1147.
[2] Min B S, Thu C V, Nguyen T D, et al. Chem Pharm Bull, 2008, 56: 1725.
[3] Huang L, Wall M E, Wani M C, et al. J Nat Prod, 1998, 61: 446.
[4] 来国防, 赵沛基, 倪志伟等. 云南植物研究, 2008, 30: 115.
[5] Ogawa Y, Oku H, Iwaoka E, et al. Chem Pharm Bull, 2007, 55: 675.
[6] 杨志云, 钱士辉, 秦民坚. 药学学报, 2008, 43: 388.
[7] 杨欢, 王栋, 童丽等. 中国药学杂志, 2008, 43: 338.
[8] Basnet P, Oku H, Iwaoka E, et al. Chem Pharm Bull, 1993, 41: 1790.
[9] 郝小燕, 商立坚, 郝小江. 云南植物研究, 1993, 15: 295.
[10] Rossi M H, Yoshida M, Maia J G S. Phytochemistry, 1997, 45: 1263.
[11] 杨郁, 黄胜雄, 赵毅民等. 天然产物研究与开发, 2005, 17: 539.
[12] Lee M H, Lin Y P, Hsu F L, et al. Phytochemistry, 2006, 67: 1262.
[13] Pan J Y, Zhang S, Yan L S, et al. J Chromatogr A, 2008, 1185: 117.
[14] 何桂霞, 裴刚, 杜方麓等. 中国现代中药, 2007, 9(12): 11.
[15] 王健伟, 梁敬钰, 李丽. 中国天然药物, 2006, 4: 432.
[16] Srinivas K V N S, Koteswara R Y, Mahender I, et al. Phytochemistry, 2003, 63: 789.
[17] Chen Y H, Chang F R, Lin Y J, et al. Food Chem, 2008, 107: 684.
[18] Hsu F L, Chen J Y. Phytochemistry, 1993, 34: 1625.
[19] Sun J M, Yang J S, Zhang H. Chem Pharm Bull, 2007, 55: 474.
[20] 于磊, 张东明. 中国中药杂志, 2006, 31: 2049.
[21] 张敉, 王荣荣, 陈曼等. 中国天然药物, 2009, 7: 105.
[22] Nogata Y, Ohta H, Ishii T, et al. J Sci Food Agric, 2007, 87: 82
[23] Yao H, Liao Z X, Wu Q, et al. Chem Pharm Bull, 2006, 54: 133.
[24] Han A, Kim J B, Lee J, et al. Chem Pharm Bull, 2007, 55(8): 1270.
[25] 袁旭江, 林励, 陈志霞. 中草药, 2004, 35: 498.
[26] 雷海民, 孙文基, 林文翰等. 西北药学杂志, 2000, 15: 203.
[27] 何轶, 鲁静, 林瑞超. 中草药, 2003, 34(9): 777.
[28] Kim D H, Bae E A, Han M J. Biol Pharm Bull, 1999, 22(4): 422.
[29] 王亚君, 杨秀伟, 郭巧生. 中国中药杂志, 2008, 33(5): 526.
[30] Gerhauser C, Alt A, Heiss E, et al. Molecular Cancer Therapeutics, 2002, 1: 959.
[31] Kuroyanagi M, Arakawa T, Hirayama Y, et al. J Nat Prod, 1999, 62: 1595.
[32] Mori-Hongo M, Takimoto H, Katagiri T, et al. J Nat Prod, 2009, 72: 194.
[33] Kang S S, Kim J S, Son K H, et al. Fitoterapia, 2000, 71: 511.
[34] Jang J P, Na M K, Thuong P T, et al. Chem Pharm Bull, 2008, 56: 85.
[35] Stevens J F, Vancic M, Hsu V L, et al. Phytochemistry, 1997, 44: 1575.

[36] Ichimaru M, Moriyasu M, Nishiyama Y, et al. J Nat Prod, 1996, 59: 1113.
[37] Yenesew A, Nduli M, Derese S, et al. Phytochemistry, 2004, 65: 3029.
[38] Iinuma M, Ohyama M, Tanaka T. J Nat Prod, 1993, 56: 2212.
[39] Ruangrungsi N, Iinuma M, Tanaka T, et al. Phytochemistry, 1992, 31: 999.
[40] 郑永权, 姚建仁, 邵向东等. 农药学学报, 1999, 1(3): 91.
[41] 王夕红, 韩桂秋. 天然产物研究与开发, 1996, 8(4): 7.
[42] Ma X C, Sun C K, Huang S S, et al. Separation and Purification Technology, 2010, 76: 140.
[43] 李巍, 梁鸿, 尹婷等. 药学学报, 2008, 43: 833.
[44] Wu L J, Miyase T, Ueno A, et al. Chem Pharm Bull, 1985, 33: 3231.
[45] Deng Y H, Lee J P, Tianasoa-Ramamonjy M, et al. J Nat Prod, 2000, 63: 1082.
[46] Kim H Y, Jeong D M, Jung H J, et al. Biol Pharm Bull, 2008, 31: 73.
[47] Kadota S, Basnet P, Hase K, et al. Chem Pharm Bull, 1994, 42(8): 1712.
[48] 李行诺, 闫海霞, 庞晓雁等. 中国中药杂志, 2009, 34: 282.
[49] 许旭东, 侯翠英, 张聿梅等. 中国中药杂志, 1997, 22: 679.
[50] Yenesew A, Midiwo J O, Miessner M, et al. Phytochemistry, 1998, 48: 1439.
[51] Fu P, Lin S, Shan L, et al. J Nat Prod, 2009, 72: 1335.
[52] Mahmoud E H N, Waterman P G. J Nat Prod, 1985, 48: 648.
[53] Sutthivaiyakit S, Thongnak O, Lhinhatrakool T, et al. J Nat Prod, 2009, 72: 1092.
[54] Ma W G , Fuzzati N, Li Q S, et al. Phytochemistry, 1995, 39: 1049.
[55] Iinuma M, Ohyama M, Tanaka T, et al. Phytochemistry, 1992, 31(2): 665.
[56] Chung I M, Ahmad A, Ali M, et al. J Nat Prod, 2009, 72: 613.
[57] Prasain J K, Tezuka Y, Li J X, et al. Tetrahedron, 1997, 53: 7833.

第三节　黄酮醇类化合物

表 7-3-1　黄酮醇的名称、分子式和测试溶剂

编号	中文名称	英文名称	分子式	测试溶剂	参考文献
7-3-1	高良姜素	galangin	$C_{15}H_{10}O_5$	D	[1]
7-3-2	高良姜素-3-甲醚	galangin 3-methyl ether	$C_{16}H_{12}O_5$	D	[2]
7-3-3	良姜素-3-甲醚	izalpinin-3-methyl ether	$C_{17}H_{14}O_5$	D	[3]
7-3-4	3,7-二甲氧基黄酮	3,7-dimethoxyflavone	$C_{17}H_{14}O_4$	C	[4]
7-3-5	5,6,7,8-四羟基-3-甲氧基黄酮	5,6,7,8-tetrahydroxy-3-methoxyflavone	$C_{16}H_{12}O_7$	D	[5]
7-3-6	5,8-二羟基-3,6,7-三甲氧基黄酮	5,8-dihydroxy-3,6,7-trimethoxyflavone	$C_{18}H_{16}O_7$	C	[6,7]
7-3-7	山柰酚	kaempferol	$C_{15}H_{10}O_6$	D	[8]
7-3-8	山柰素	kaempferide	$C_{16}H_{12}O_6$	D	[9]
7-3-9	3,5-二羟基-4',7-二甲氧基黄酮	3,5-dihydroxy-4',7-dimethoxyflavone	$C_{17}H_{14}O_6$	D	[10]
7-3-10	5,7-二羟基-3,4',6-三甲氧基黄酮	5,7-dihydroxy-3,4',6-trimethoxyflavone	$C_{18}H_{16}O_7$	D	[11]
7-3-11	6,8-二-*C*-甲基山柰酚-3,4'-二甲醚	6,8-di-*C*-methylkaempferol-3,4'-dimethyl ether	$C_{19}H_{18}O_6$	D	[12]
7-3-12	6,8-二-*C*-甲基山柰酚-3-甲醚	6,8-di-*C*-methylkaempferol-3-methyl ether	$C_{18}H_{16}O_6$	D	[13]
7-3-13	6-羟基山柰酚-3,6-二甲醚	6-hydroxykaempferol-3,6-dimethyl ether	$C_{17}H_{14}O_7$	D	[14]

续表

编号	中文名称	英文名称	分子式	测试溶剂	参考文献
7-3-14	6-羟基山柰酚-3,4',6-三甲醚	6-hydroxykaempferol-3,4',6-trimethyl ether	$C_{18}H_{16}O_7$	D	[14]
7-3-15	山柰酚-3,4'-二甲酯	kaempferol-3,4'-dimethyl ether	$C_{17}H_{14}O_6$	D	[15]
7-3-16	华良姜素	kumatakenin; kumatakillin	$C_{17}H_{14}O_6$	C	[16]
7-3-17	6-甲氧基山柰酚-3-甲醚	6-methoxykaempferol 3-methyl ether	$C_{17}H_{14}O_7$	M	[17]
7-3-18	4',5,7-三羟基-3,8-二甲氧基黄酮	4',5,7-trihydroxy-3,8-dimethoxyflavone	$C_{17}H_{14}O_7$	D	[18~20]
7-3-19	4',5,7,8-四羟基-3-甲氧基黄酮	4',5,7,8-tetrahydroxy-3-methoxyflavone	$C_{16}H_{12}O_7$	D	[21]
7-3-20	萼翅藤酮	calycopterin	$C_{19}H_{18}O_8$	D	[22]
7-3-21	卡来可黄素-4'-甲醚	calycopterin-4'-methyl ether	$C_{20}H_{20}O_8$	D	[11]
7-3-22	3,5-二乙酰基-4',7,8-三甲氧基黄酮	3,5-diacetoxyl-4',7,8-trimethoxyflavanol	$C_{22}H_{20}O_9$	C	[23]
7-3-23	草质素-3,7,8-三甲醚	herbacetin 3,7,8-trimethyl ether	$C_{18}H_{16}O_7$	A	[24]
7-3-24	4',5,7-三羟基-3-甲氧基黄酮	isokaempferide; 4',5,7-trihydroxy-3-dimethoxyflavone	$C_{16}H_{12}O_6$	D	[20]
7-3-25	槲皮素	quercetin	$C_{15}H_{10}O_7$	D	[25]
7-3-26	6,8-二-*C*-甲基槲皮素-3,3',7-三甲醚	6,8-di-*C*-methylquercetin-3,3',7-trimethyl ether	$C_{20}H_{20}O_7$	D	[26]
7-3-27	3-甲氧基槲皮素	3-*O*-methylquercetin	$C_{16}H_{12}O_7$	D	[27]
7-3-28	6-*C*-甲基槲皮素-3-甲醚	6-*C*-methylquercetin-3-methyl ether	$C_{17}H_{14}O_7$	D	[13]
7-3-29	6-*C*-甲基槲皮素-3,3',7-三甲醚	6-*C*-methylquercetin-3,3',7-trimethyl ether	$C_{19}H_{18}O_7$	D	[13]
7-3-30	槲皮素-3',4',7-三甲醚	quercetin-3',4',7-trimethyl ether	$C_{18}H_{16}O_7$	D	[16]
7-3-31	槲皮素-3,5,7-三甲醚	quercetin-3,5,7- trimethyl ether	$C_{18}H_{16}O_7$	D	[28]
7-3-32	鼠李素	rhamnetin	$C_{16}H_{12}O_7$	D	[29]
7-3-33	4',5,7-三羟基-3,3'-二甲氧基黄酮	4',5,7-trihydroxy-3,3'-dimethoxyflavone	$C_{17}H_{14}O_7$	D	[20]
7-3-34	3,4',7-三羟基-3'-甲氧基黄酮	3,4',7-trihydroxy-3'-methoxyflavone	$C_{16}H_{12}O_6$	D	[30]
7-3-35	3,3',5-三羟基-4'-甲氧基-6,7-亚甲二氧基黄酮	3,3',5-trihydroxy-4'-methoxy-6,7-methylene-dioxyflavone	$C_{17}H_{12}O_8$	D	[31]
7-3-36	3',6,8-三-*C*-甲基槲皮素-3,7-二甲醚	3',6,8-tri-*C*-methylquercetin-3,7-dimethyl ether	$C_{20}H_{20}O_6$	D	[26]
7-3-37	阿亚黄素	ayanin; 3',5-dihydroxy-3,4',7-trimethoxyflavone		D	[20]
7-3-38	洋艾素	artemitin	$C_{20}H_{20}O_8$	C	[32]
7-3-39	6,8-二-*C*-甲基槲皮素-3,3'-二甲醚	6,8-di-*C*-methylquercetin-3,3'-dimethyl ether	$C_{19}H_{18}O_7$	D	[26]
7-3-40	蔓荆子黄素	casticin	$C_{19}H_{18}O_8$		[20]
7-3-41	矢车菊黄素	centaureidin	$C_{18}H_{16}O_8$	C/M	[33]
7-3-42	猫眼草酚 D	chrysosplenol D	$C_{18}H_{16}O_8$	C	[34]

续表

编号	中文名称	英文名称	分子式	测试溶剂	参考文献
7-3-43	3,7-二甲氧基-3',4'-亚甲二氧基黄酮	Demethoxykanugin	$C_{18}H_{14}O_6$	C	[35]
7-3-44	泽兰黄醇素	eupatin; veronicafolin	$C_{18}H_{16}O_8$	D	[36]
7-3-45	黄颜木素	fisetin	$C_{15}H_{10}O_6$	D	[37]
7-3-45	黄颜木素	fisetin	$C_{15}H_{10}O_6$	M	[38]
7-3-46	棉子皮亭-3,3',4', 5,7,8-六甲醚	gossypetin-3,3',4',5,7,8-hexamethyl ether	$C_{21}H_{22}O_8$	D	[39]
7-3-47	棉子皮亭-3,3',4',7-四甲醚	gossypetin-3,3',4',7-*O*-tetramethyl ether	$C_{19}H_{18}O_8$	D	[40]
7-3-48	4'-羟基-3,3',5,6,7-五甲氧基黄酮	4'-hydroxy-3,3',5,6,7-pentamethoxyflavone	$C_{20}H_{20}O_8$	D	[41]
7-3-49	异鼠李素	isorhamnetin	$C_{16}H_{12}O_7$	D	[42]
7-3-50	蜜茱萸辛	melisimplexin	$C_{20}H_{18}O_8$	C	[43]
7-3-51	蜜茱萸素	meliternatin	$C_{19}H_{14}O_8$	C	[43]
7-3-52	4'-甲氧基漆黄素	4'-methoxyfisetin	$C_{16}H_{12}O_6$	D	[44]
7-3-53	3',4',5,7,8-五羟基-3-甲氧基黄酮	3',4',5,7,8-pentahydroxy-3-methoxyflavone	$C_{16}H_{12}O_8$	D	[21]
7-3-54	万寿菊黄素	quercetagetin	$C_{15}H_{10}O_8$	D	[45]
7-3-55	槲皮素-3-*O*-硫酸酯	quercetin-3-*O*-sulfate	$C_{15}H_{10}O_{10}S$	D	[46]
7-3-56	槲皮素-3'-*O*-硫酸酯	quercetin-3'-*O*-sulfate	$C_{15}H_{10}O_{10}S$	D	[47]
7-3-57	杨梅素	myricetin	$C_{15}H_{10}O_8$	P	[48]
7-3-58	西比赛亭七甲醚	hibiscetin heptamethyl ether	$C_{22}H_{24}O_9$	C	[49]
7-3-59		laurentinol	$C_{17}H_{14}O_7$	D	[50]
7-3-60	3-羟基-3',4',5',7-四甲氧基黄酮	3-hydroxy-3',4',5',7-tetramethoxyflavone	$C_{19}H_{18}O_7$	C	[51]
7-3-61	3-乙酰氧基-3',4',5',7-四甲氧基黄酮	3-acetoxy-3',4',5',7-tetramethoxyflavone	$C_{21}H_{20}O_8$	C	[51]
7-3-62	杨梅素-3,3',4',5'-四甲醚	myricetin-3,3',4',5'-tetramethyl ether	$C_{19}H_{18}O_8$	D	[52]
7-3-63	杨梅素六甲醚	myricetin hexamethyl ether	$C_{21}H_{22}O_8$	C+D	[53]
7-3-64	杨梅素-3,7,3'-三甲醚	myricetin-3,7,3'-trimethyl ether	$C_{18}H_{16}O_8$	D	[54]
7-3-65	5,3',4'-三乙酰氧基-3,7,5'-三甲氧基黄酮	5,3',4'-triacetoxy-3,7,5'-trimethoxyflavone	$C_{24}H_{22}O_{11}$	C	[54]
7-3-66	5,7-二羟基-3,8,3',4',5'-五甲氧基黄酮	5,7-dihydroxy-3,8,3',4',5'-pentamethoxyflavone	$C_{20}H_{20}O_9$	D	[21]
7-3-67	5,7,4'-三羟基-3,6,8,3',5'-五甲氧基黄酮	5,7,4'-trihydroxy-3,6,8,3',5'-pentamethoxyflavone	$C_{20}H_{20}O_{10}$	D	[21]
7-3-68	5,7,3'-三羟基-3,6,8,4',5'-五甲氧基黄酮	5,7,3'-trihydroxy-3,6,8,4',5'-pentamethoxyflavone	$C_{20}H_{20}O_{10}$	D	[21]
7-3-69	5,7-二羟基-3,6,8,3',4',5'-六甲氧基黄酮	5,7-dihydroxy-3,6,8,3',4',5'-hexamethoxyflavone	$C_{21}H_{22}O_{10}$	D	[21]
7-3-70	山柰酚-3-α-L-吡喃阿拉伯糖苷	kaempferol-3-α-L-arabinopyranoside	$C_{20}H_{18}O_{10}$	D	[55]
7-3-71	阿福豆苷	afzelin	$C_{21}H_{20}O_{10}$	D	[56]

续表

编号	中文名称	英文名称	分子式	测试溶剂	参考文献
7-3-72	3",4"-二-*O*-乙酰基阿福豆苷	3",4"-di-*O*-acetylafzelin	$C_{25}H_{24}O_{12}$	D	[57]
7-3-73	山柰酚-7-*O*-*α*-L-鼠李糖苷	kaempferol-7-*O*-*α*-L-rhamnopyranoside	$C_{21}H_{20}O_{10}$	M	[58]
7-3-74	胡桃苷	juglanin	$C_{20}H_{18}O_{10}$	D	[59]
7-3-75	山柰酚-3-*O*-*β*-(2"-乙酰基)吡喃半乳糖苷	kaempferol-3-*O*-*β*-(2"-acetyl)-galactopyranoside	$C_{23}H_{22}O_{12}$	M	[60]
7-3-76	山柰酚-3-*O*-(6"-乙酰基)-*β*-D-吡喃半乳糖苷	kaempferol-3-*O*-(6"-acetyl)-*β*-D-galacto-pyranoside	$C_{23}H_{22}O_{12}$	D	[61]
7-3-77	山柰酚-3-*O*-半乳糖苷	kaempferol-3-*O*-galactoside; trifolin	$C_{21}H_{20}O_{11}$	D	[62]
7-3-78	山柰酚-3-*O*-*β*-D-吡喃葡萄糖苷	kaempferol-3-*O*-*β*-D-glucoside	$C_{21}H_{22}O_{11}$	D	[63]
7-3-79	山柰酚-3-*O*-*β*-葡萄糖醛酸苷	kaempherol 3-*O*-*β*-glucuronide	$C_{21}H_{18}O_{12}$	M	[64]
7-3-80	山柰酚-3-*O*-(6"-丙二酰基葡萄糖苷)	kaempferol-3-*O*-(6"-malonylglucoside)	$C_{21}H_{18}O_{10}$	D	[65]
7-3-81	6-甲氧基山柰酚-7-甲基醚-3-*β*-*O*-吡喃葡萄糖苷	6-methoxykaempferol-7-methyl ether-3-*β*-*O*-glucoside; eupalitin-3-*O*-*β*-D-glucoside	$C_{23}H_{24}O_{12}$	D	[66]
7-3-82	鼠李柠檬素-3-鼠李糖苷	rhamnocitrin-3-rhamnoside	$C_{22}H_{22}O_{10}$	D	[67]
7-3-83	草质素-7-*O*-鼠李糖苷	rhodionin; herbacetin-7-*O*-L-rhamnopyranoside	$C_{21}H_{20}O_{11}$	M	[68]
7-3-84	3,4',5-三羟基-6,7-亚甲二氧基黄酮-3-*O*-*β*-D-吡喃葡萄糖苷	3,4',5-trihydroxy-6,7-methylenedioxyflavone-3-*O*-*β*-D-glucopyranoside	$C_{22}H_{20}O_{12}$	D	[69]
7-3-85	3'-去羟基-4'-去甲基泽兰黄醇素-3-半乳糖苷	eupalitin-3-*O*-*β*-D-galacopyranoside; 4',5-dihydroxy-6,7-dimethoxyflavonol-3-*O*-*β*-D-galactoside	$C_{23}H_{24}O_{12}$	P	[70,71]
7-3-86	6"-乙酰基金丝桃苷	6"-acetylhyperin	$C_{23}H_{22}O_{13}$	D	[72]
7-3-87	槲皮素-3,3'-二甲醚-4'-*O*-*β*-葡萄糖苷	3,3'-di-*O*-methylquercetin-4'-*O*-glucoside	$C_{23}H_{24}O_{12}$	D	[73]
7-3-88	棕鳞矢车菊苷	centaurein		M	[74]
7-3-89	棉花皮苷	gossypin	$C_{21}H_{20}O_{13}$	D	[75]
7-3-90	棉花苷	gossypitrin; articulatin; gossypetin 7-glucoside	$C_{21}H_{20}O_{13}$	A	[76]
7-3-91	陆地棉苷	hirsutrin; contigoside B; isoquercetin		D	[77]
7-3-92	金丝桃苷	hyperoside	$C_{21}H_{20}O_{12}$	D	[78]
7-3-93	异槲皮苷	isoquercitroside	$C_{21}H_{20}O_{12}$	P	[79]
7-3-94	异鼠李素-3-*O*-半乳糖苷	isorhamnetin-3-*O*-galactoside	$C_{22}H_{22}O_{12}$	D	[80]
7-3-95	异鼠李素-3-*O*-鼠李糖苷	isorhamnetin-3-*O*-rhamnopyranoside	$C_{22}H_{22}O_{11}$	D	[81]
7-3-96	藤菊黄素-3-*O*-*β*-D-葡萄糖苷	patuletin-3-*O*-*β*-D-glucopyranoside	$C_{22}H_{22}O_{13}$	D	[82]
7-3-97	6-异丁酰基葡萄糖-7-*O*-藤菊黄素	patuletin-7-*O*-(6"-isobutyryl)-glucoside	$C_{26}H_{28}O_{14}$	D	[83]
7-3-98	6-异戊酰基葡萄糖-7-*O*-藤菊黄素	patuletin-7-*O*-(6"-isovaleryl)-glucoside	$C_{27}H_{30}O_{14}$	D	[84]
7-3-99	6-甲基丁酰基葡萄糖-7-*O*-藤菊黄素	patuletin-7-*O*-[6"-(2-methylbutyryl)]-glucoside	$C_{27}H_{30}O_{14}$	D	[85]

续表

编号	中文名称	英文名称	分子式	测试溶剂	参考文献
7-3-100	槲皮素-3-*O*-*β*-L-阿拉伯吡喃糖苷	quercetin-3-*O*-*β*-L-arabinopyranoside	$C_{20}H_{18}O_{11}$	M	[86]
7-3-101	槲皮素-3-*O*-(6"-阿魏酰基)-*β*-D-吡喃半乳糖苷	quercetin-3-*O*-(6"-feruloyl)-*β*-D-galactopyranoside	$C_{31}H_{28}O_{15}$	D	[87]
7-3-102	槲皮素-5-*O*-半乳糖苷	quercetin-5-*O*-galactoside	$C_{21}H_{20}O_{12}$	D	[88]
7-3-103	槲皮素-3-*O*-(2"-*O*-没食子酰)-*α*-L-吡喃阿拉伯糖苷	quercetin-3-*O*-(2"-*O*-galloyl)-*α*-L-arabinopyranoside	$C_{27}H_{22}O_{15}$	D	[89]
7-3-104	槲皮素-3-*O*-*α*-L-(5"-*O*-没食子酰)-呋喃阿拉伯糖苷	quercetin-3-*O*-*α*-L-(5"-*O*-galloyl)-arabinofuranoside	$C_{27}H_{22}O_{15}$	M	[90]
7-3-105	槲皮素-3-*O*-*β*-D-吡喃葡萄糖苷	quercetin-3-*O*-*β*-D-glucopyranoside; hirsutrin	$C_{21}H_{20}O_{12}$	D	[91]
7-3-106	槲皮素-3'-*O*-*β*-D-葡萄糖苷	quercetin-3'-*O*-*β*-D-glucopyranoside	$C_{21}H_{20}O_{12}$	D	[78]
7-3-107	槲皮素-3-*O*-*β*-D-葡萄糖醛酸苷-6"-甲酯	quercetin-3-*O*-*β*-D-glucuronide-6"-methyl ester	$C_{22}H_{20}O_{13}$	D	[92]
7-3-108	槲皮素-3-*O*-(6"-丙二酰基葡萄糖苷)	quercetin-3-*O*-(6"-malonylglucoside)	$C_{24}H_{22}O_{15}$	D	[93]
7-3-109	槲皮素-3'-甲氧基-4'-*O*-*β*-D-吡喃葡糖苷；分蘖葱头苷	quercetin-3'-methoxy-4'-*O*-*β*-D-glucopyranoside	$C_{22}H_{22}O_{12}$	P	[94]
7-3-110	槲皮苷	quercitrin	$C_{21}H_{20}O_{11}$	D	[95]
7-3-110	槲皮苷	quercitrin	$C_{21}H_{20}O_{11}$	M	[96]
7-3-111	槲皮苷-2"-没食子酸酯	quercitrin-2"-gallate	$C_{28}H_{24}O_{15}$	D	[97]
7-3-112	鼠李黄素-3-*O*-*β*-D-吡喃半乳糖苷	rhamnetin-3-*O*-*β*-D-galactopyranoside	$C_{22}H_{22}O_{12}$	D	[98]
7-3-113	鼠李素-3'-葡萄糖苷	rhamnetin-3'-glucoside	$C_{22}H_{22}O_{12}$	D	[98]
7-3-114	绣线菊苷	spiraeoside	$C_{21}H_{20}O_{12}$	D	[99]
7-3-115	槲皮万寿菊素-3-*O*-葡萄糖苷	tagetiin; quercetagetin-3-*O*-glucoside	$C_{21}H_{20}O_{13}$	D	[100]
7-3-116	杨梅素-3-半乳糖苷	myricetin-3-galactoside	$C_{21}H_{20}O_{13}$	M	[101]
7-3-117	杨梅素-3-*O*-(6"-*O*-乙酰基)-*β*-D-吡喃半乳糖苷	myricetin-3-*O*-(6"-*O*-acetyl)-*β*-D-galactopyranoside	$C_{23}H_{22}O_{12}$	D	[72]
7-3-118	杨梅素-3-葡萄糖醛酸苷	myricetin-3-glucuronide	$C_{21}H_{18}O_{14}$	D	[102]
7-3-119	杨梅素-4'-甲酯-3- *O*-鼠李糖苷	myricetin-4'-methyl ether-3-*O*-rhamnoside	$C_{22}H_{22}O_{12}$	D	[103]
7-3-120	杨梅苷	myricitrin	$C_{21}H_{20}O_{12}$	D	[104]
7-3-121	杨梅苷 7-甲醚	myricitrin 7-methyl ether	$C_{22}H_{22}O_{12}$	M	[105]
7-3-122	丁香亭-3-*O*-*β*-D-吡喃木糖苷	syringetin-3-*O*-*β*-D-xylopyranoside	$C_{22}H_{22}O_{12}$	D	[106]
7-3-123	5,5',7-三羟基-3',4'-二甲氧基黄酮-3-*O*-*α*-L-吡喃鼠李糖苷	5,5',7-trihydroxy-3',4'-dimethoxyflavonol-3-*O*-*α*-L-rhamnopyranoside	$C_{23}H_{24}O_{12}$	M	[107]

续表

编号	中文名称	英文名称	分子式	测试溶剂	参考文献
7-3-124	杨梅黄素-3-*O*-(2"-*O*-没食子酰基)-*α*-吡喃鼠李糖苷-7-甲醚	myricetin-3-*O*-(2"-*O*-galloyl)-*α*-rhamnopyranoside 7-methyl ether	$C_{29}H_{26}O_{16}$	D	[108]
7-3-125	杨梅黄素-3-*O*-(3"-*O*-没食子酰)-*α*-吡喃鼠李糖苷-7-甲醚	myricetin-3-*O*-(3"-*O*-galloyl)-*α*-rhamnopyranoside-7-methyl ether	$C_{29}H_{26}O_{16}$	D	[108]
7-3-126	杨梅黄素-3-*O*-(2"-*O*-*p*-对羟基苯基)-*α*-吡喃鼠李糖苷	myricetin-3-*O*-(2"-*O*-*p*-hydroxybenzoyl)-*α*-rhamnopyranoside	$C_{28}H_{24}O_{14}$	M	[109]
7-3-127	杨梅苷-2"-*O*-没食子酸酯	myricitrin-2"-*O*-gallic acid ester; desmanthin-1	$C_{28}H_{24}O_{16}$	M	[110]
7-3-128	大花淫羊藿苷 A；宝藿苷Ⅱ	ikarisoside A; baohuosideⅡ	$C_{26}H_{28}O_{10}$	D	[111]
7-3-129	淫羊藿次苷Ⅱ	icarisideⅡ	$C_{27}H_{30}O_{10}$	D	[112]
7-3-130	大花淫羊藿苷 D	ikarisoside D	$C_{28}H_{30}O_{11}$	D	[113]
7-3-131	蒺藜糖苷	tribuloside	$C_{30}H_{26}O_{13}$	D	[114]
7-3-132	脱氢黄柏苷	amurensin；noricaritin-7-*β*-D-glucopyranoside	$C_{26}H_{30}O_{12}$	D	[115]
7-3-133	山柰苷	kaempferitrin	$C_{27}H_{30}O_{14}$	D	[116]
7-3-134	山柰酚-3-*O*-[*β*-D-呋喃芹糖基-(1'''→2")]-*β*-D-半乳糖苷	kaempferol-3-*O*-[*β*-D-apiofuranosyl-(1'''→2")]-*β*-D-galactopyranoside	$C_{26}H_{28}O_{15}$	D	[117]
7-3-135	山柰酚-3,4'-二葡萄糖苷	kaempferol-3,4'-diglucoside	$C_{27}H_{30}O_{16}$	D	[118]
7-3-136	山柰酚-3,7-二葡萄糖苷	kaempferol-3,7-*O*-diglucoside	$C_{27}H_{30}O_{16}$	P	[119]
7-3-137	山柰酚-3-龙胆二糖苷	kaempferol-3-gentiobioside	$C_{27}H_{30}O_{16}$	P	[120]
7-3-138	山柰酚-3-*O*-*β*-D-吡喃葡萄糖基-(1→2)-*α*-L-鼠李糖苷	kaempferol-3-*O*-*β*-D-glucopyranosyl-(1→2)-*α*-L-rhamnopyranoside	$C_{27}H_{30}O_{15}$	M	[121]
7-3-139	山柰酚-3-*O*-*β*-D-吡喃葡萄糖基-7-*O*-*α*-L-吡喃鼠李糖苷	kaempferol-3-*O*-*β*-D-glucopyranosyl-7-*O*-*α*-L-rhamnopyranoside	$C_{27}H_{30}O_{15}$	D	[122]
7-3-140	山柰酚-3-*O*-新橙皮糖苷	kaempferol-3-*O*-neohesperidoside	$C_{27}H_{30}O_{15}$	D	[123,124]
7-3-141	山柰酚-3-*O*-*β*-(2"-*O*-*α*-L-吡喃鼠李糖基)-葡萄糖醛酸苷	kaempferol-3-*O*-*β*-(2"-*O*-*α*-L-rhamnopyranosyl)-glucuronide	$C_{27}H_{28}O_{16}$	D	[125]
7-3-142	山柰酚-3-*O*-接骨木二糖苷	kaempferol-3-*O*-sambubioside; leucoside	$C_{26}H_{28}O_{15}$	D	[126,127]
7-3-143	多花苷 B	multiflorin B	$C_{27}H_{30}O_{15}$	M	[128]
7-3-144	红景天素	rhodiosin	$C_{27}H_{30}O_{16}$	D	[129]
7-3-145	槐角酮苷	sophoraflavonoloside	$C_{27}H_{30}O_{16}$	A	[130]
7-3-146		sinocrassoside A_4	$C_{31}H_{36}O_{16}$	D	[131]
7-3-147		sinocrassoside A_5	$C_{33}H_{38}O_{17}$	D	[131]
7-3-148		sinocrassoside A_6	$C_{34}H_{40}O_{17}$	D	[131]
7-3-149		sinocrassoside A_7	$C_{34}H_{40}O_{17}$	D	[131]

续表

编号	中文名称	英文名称	分子式	测试溶剂	参考文献
7-3-150	3'-去羟基-4'-去甲基泽兰黄醇素-3-半乳糖基葡萄糖苷	eupalitin-3-*O*-*β*-D-galacopyranosyl-(1→2)-*β*-D-glucopyranoside	$C_{29}H_{34}O_{17}$	P	[115]
7-3-151	草质素-7-*O*-(3"-*O*-*β*-D-葡萄糖)-*α*-L-鼠李糖苷	herbacetin-7-*O*-(3"-*O*-*β*-D-glucopyranosyl)-*α*-L-rhamnopyranoside	$C_{27}H_{30}O_{16}$	D	[132]
7-3-152		isobiorobin; kaempferol-3-*O*-*α*-L-rhamnopyranosyl- (1→2)-*β*-D-galactopyranoside	$C_{27}H_{30}O_{15}$	D	[133]
7-3-153	多花苷 A	multiflorin A; quercetin-3-*O*-*β*-D-glucopyranosyl-(1→4)-*α*-L-rhamnopyranoside	$C_{27}H_{28}O_{14}$	M	[128]
7-3-154		kalambroside A; patuletin-3-*O*-(4"-*O*-acetyl- *α*-L-rhamnopyranosyl)-7-*O*-(2'''-*O*-acetyl-*α*-L-rhamnopyranoside)	$C_{32}H_{36}O_{18}$	M	[134]
7-3-155		kalambroside B; patuletin-3-*O*-(*α*-L-rhamnopyranosyl)-7-*O*-(2'''-*O*-acetyl-*α*-L-rhamnopyranoside)	$C_{30}H_{34}O_{17}$	M	[134]
7-3-156		kalambroside C; patuletin-3-*O*-(4"-*O*-acetyl-*α*-L-rhamnopyranosyl)-7-*O*-*α*-L-rhamnopyranoside	$C_{30}H_{34}O_{17}$	M	[134]
7-3-157	异鼠李素-3-*O*-*β*-D-葡萄糖基-(1→2)-*α*-L-鼠李糖苷	isorhamnetin-3-*O*-*β*-D-glucopyranosyl-(1→2)-*α*-L-rhamnopyranoside	$C_{28}H_{32}O_{16}$	D	[135]
7-3-158	异鼠李素-3-*O*-葡萄糖-7-*O*-鼠李糖苷	isorhamnetin-3-*O*-*β*-D-glucopyranoside-7-*O*-*α*-L-rhamnopyranoside	$C_{28}H_{32}O_{16}$	D	[136]
7-3-159	水仙花素；水仙苷	narcissin; narcissoside		C	[137]
7-3-160	商陆苷	ombuoside	$C_{29}H_{34}O_{16}$	D	[138]
7-3-161		patuletin-3-*O*-(4"-*O*-acetyl-*α*-L-rhamnopyranosyl)-7-*O*-(3'''-*O*-acetyl-*α*-L-rhamnopyranoside)	$C_{32}H_{36}O_{18}$	M	[134]
7-3-162	藤菊黄素-3,7-二鼠李糖苷	patuletin-3,7-dirhamnoside; patuletin-3-*O*-*α*-L-rhamnopyranosyl-7-*O*-*α*-L-rhamnopyranoside	$C_{28}H_{32}O_{16}$	M	[134]
7-3-163		patuletin-3-*O*-*α*-L-rhamnopyranosyl)-7-*O*-(3'''-*O*-acetyl-*α*-L-rhamnopyranoside)	$C_{30}H_{34}O_{17}$	M	[134]
7-3-164	槲皮素-3-*O*-*β*-(2"-*O*-乙酰基）吡喃半乳糖苷-7-*O*-*α*-吡喃阿拉伯糖苷	quercetin-3-*O*-*β*-(2"-acetyl)galactopyranoside-7-*O*-*α*-arabinopyranoside	$C_{28}H_{30}O_{17}$	M	[60]
7-3-165	槲皮素-3-*O*-*α*-L-[6'''-*p*-香豆酰基-(*β*-D)-吡喃葡萄糖基-(1,2)-鼠李糖苷]	quercetin-3-*O*-*α*-L-[6'''-*p*-coumaroyl-(*β*-D)-glucopyranosyl-(1→2)-rhamnopyranoside]	$C_{36}H_{36}O_{18}$	D	[139]
7-3-166	槲皮素-3,4'-二-*O*-*β*-D-吡喃葡萄糖苷	quercetin-3,4'-di-*O*-*β*-D-glucopyranoside	$C_{27}H_{30}O_{17}$		[94]
7-3-167	槲皮素-3,7-二鼠李糖苷	quercetin-3,7-dirhamnoside	$C_{27}H_{30}O_{15}$	M	[140]
7-3-168	槲皮素-3-*O*-*β*-D-葡萄糖基(1→2)-*β* D-半乳糖苷	quercetin-3-*O*-*β*-D-glucopyranosyl-(1→2)-*β*-D-galactopyranoside	$C_{27}H_{30}O_{17}$	P	[141]
7-3-169	槲皮素-3-*O*-*β*-D-吡喃葡萄糖基-(1→2)-*α*-L-鼠李糖苷	quercetin-3-*O*-*β*-D-glucopyranosyl-(1→2)-*α*-L-rhamnopyranoside	$C_{27}H_{30}O_{16}$	M	[121]

续表

编号	中文名称	英文名称	分子式	测试溶剂	参考文献
7-3-170	槲皮素-3-*O*-*α*-吡喃鼠李糖基-(1→2)-*β*-吡喃葡萄糖醛酸苷	quercetin-3-*O*-*α*-rhamnopyranosyl-(1→2)-*β*-glucopyranosiduronide	$C_{27}H_{28}O_{17}$	M	[142]
7-3-171	槲皮素-3-*O*-接骨木二糖苷	quercetin-3-*O*-sambubioside	$C_{26}H_{28}O_{16}$	M	[143]
7-3-172	槲皮素-3-巢菜糖苷	quercetin-3-vicianoside	$C_{26}H_{28}O_{16}$	D	[144]
7-3-173	甲基鼠李素-4'-*O*-*β*-D-葡萄糖-2-*O*-*β*-D-洋芫荽糖苷	rhamnazin-4'-*O*-*β*-[apiosyl-(1→2)]-glucoside	$C_{28}H_{32}O_{16}$	D	[145]
7-3-174	甲基鼠李素-3-*O*-*α*-L-呋喃阿拉伯糖基-5-*O*-*β*-D-葡萄糖苷	rhamnazin-3-*O*-*α*-L-arabinofuranosyl-5-*O*-*β*-D-glucopyranoside	$C_{28}H_{32}O_{16}$	D	[146]
7-3-175	芦丁	rutin	$C_{27}H_{30}O_{16}$		[147]
7-3-176		sinocrassoside B_3	$C_{32}H_{38}O_{17}$		[131]
7-3-177	菠叶素-3-*O*-*β*-龙胆二糖苷	spinacetin-3-*O*-*β*-gentiobioside	$C_{29}H_{34}O_{18}$	D	[148]
7-3-178		quercetin-7-*O*-*β*-D-apiofuranosyl-(1→2)-*β*-D-xylopyranoside	$C_{25}H_{26}O_{15}$	D	[149]
7-3-179	山柰酚-3-*O*-*β*-D-呋喃芹糖基-(1→2)-*α* L-呋喃阿拉伯糖基-7-*O*-*α*-L-鼠李糖苷	kaempferol -3-*O*-*β*-D-apiofuranosyl-(1→2)-*α*-L-arabinofuranosyl-7-*O*-*α*-L-rhamnopyranoside	$C_{31}H_{36}O_{18}$	P	[150]
7-3-180	山柰酚-3-*O*-*β*-D-呋喃芹糖基-(1→4)-*α*-L-鼠李糖基-7-*O*-*α*-L-鼠李糖苷	kaempferol-3-*O*-*β*-D-apiofuranosyl-(1→4)-*α*-L-rhamnopyranosyl-7-*O*-*α*-L-rhamnopyranoside	$C_{32}H_{38}O_{18}$	D	[122]
7-3-181	山柰酚-3-*O*-[*β*-D-吡喃葡萄糖-(1→3)-*O*-*α*-L-吡喃鼠李糖-(1→6)-*O*-*β*-D-吡喃半乳糖苷]	kaempferol-3-*O*-[*β*-D-glucopyranosyl-(1→3)-*O*-*α*-L-rhamnopyranosyl-(1→6)-*O*-*β*-D-galactopyranoside]	$C_{33}H_{40}O_{20}$	M	[151]
7-3-182	山柰酚-3-*O*-*β*-D-吡喃葡萄糖基-(1→4)-*α*-L-鼠李糖基-7-*O*-*α*-L-鼠李糖苷	kaempferol-3-*O*-*β*-D-glucopyranosyl-(1→4)-*α*-L-rhamnopyranosyl-7-*O*-*α*-L-rhamnopyranoside	$C_{33}H_{40}O_{19}$	D	[152]
7-3-183		kaempferol-3-*O*-*α*-L-rhamnopyranoside-7-*O*- [*α*-D-apiofuranosyl-(1→2)-*β*-D-glucopyranoside]	$C_{32}H_{38}O_{19}$	M	[153]
7-3-184		kaempferol-3-*O*-*α*-rhamnopyranosyl-(1→2)-*β*-glucopyranoside-7-*O*-*α*-rhamnopyranoside	$C_{33}H_{40}O_{19}$	M	[154]
7-3-185	山柰酚-3-*O*-*β*-D-槐糖苷-7-*O*-*α*-L-鼠李糖苷	kaempferol-3-*O*-*β*-D-sophoroside-7-*O*-*α*-L-rhamnoside	$C_{33}H_{40}O_{20}$	D	[155]
7-3-186	毛里求斯排草素	mauritianin; kaempferol-3-*O*-(2,6-di-*α*-L-rhamnopyranosyl)-*β*-D-galactopyranoside	$C_{33}H_{40}O_{19}$	M	[156]
7-3-187	刺槐苷	robinin; kaempferol-3-robinobioside-7-rhamnoside	$C_{33}H_{40}O_{19}$	D	[157]
7-3-188		quercetin-7-*O*-*β*-D-apiofuranosyl-(1→2)-*β*-D-xylopyranoside-3'-*O*-*β*-D-glucopyranoside	$C_{31}H_{36}O_{20}$	D	[149]

续表

编号	中文名称	英文名称	分子式	测试溶剂	参考文献
7-3-189	槲皮素-3-*O*-α-L-[6'''-*p*-香豆酰基-β-D-吡喃葡萄糖基-(1→2)-鼠李糖苷]-7-*O*-β-葡萄糖苷	quercetin-3-*O*-α-L-[6'''-*p*-coumaroyl-β-D-glucopyranosyl-(1→2)-rhamnopyranoside]-7-*O*-β-D-glucopyranoside	$C_{42}H_{46}O_{23}$	D	[121]
7-3-190	槲皮素-3-芸香糖-7-葡萄糖苷	quercetin-3-rutinoside-7-glucoside	$C_{42}H_{46}O_{23}$	D	[158]
7-3-191		aescuflavoside A	$C_{33}H_{40}O_{21}$	D	[159]
7-3-192	异鼠李素-3-*O*-槐糖-7-*O*-葡萄糖苷	isorhamnetin-3-*O*-β-D-sophoroside-7-*O*-α-L-rhamnoside	$C_{34}H_{42}O_{21}$	D	[136]
7-3-193		peruvianoside Ⅲ	$C_{33}H_{40}O_{21}$	P	[160]
7-3-194	槲皮素-3-*O*-α-L-[6'''-*p*-香豆酰基-(β-D)-吡喃葡萄糖基-(1,2)-鼠李糖苷]-7-*O*-β-葡萄糖苷	quercetin-3-*O*-α-L-[6'''-*p*-coumaroyl-(β-D)-glucopyranosyl-(1→2)-rhamnopyranoside]-7-*O*-β-D-glucopyranoside	$C_{42}H_{46}O_{23}$	M	[121]
7-3-195	槲皮素-3-*O*-β-(2-*O*-β-木糖基-6-*O*-α-鼠李糖基)-葡萄糖苷	quercetin-3-*O*-β-(2-*O*-β-xylopyranosyl-6-*O*-α-rhamnopyranosyl)-glucopyranoside	$C_{32}H_{38}O_{20}$	M	[161]
7-3-196	槲皮素-3-*O*-β-D-吡喃木糖-(1→2)-β-D-吡喃葡萄糖-3'-*O*-β-D-吡喃葡萄糖苷	quercetin-3-*O*-β-D-xylopyranosyl-(1→2)-β-D-glucopyranoside-3'-*O*-β-D-glucopyranoside	$C_{32}H_{38}O_{21}$	D	[128]
7-3-197		aescuflavoside	$C_{38}H_{48}O_{25}$	D	[159]
7-3-198	异甘草黄酮醇	isolicoflavonol	$C_{20}H_{18}O_{6}$	M	[162]
7-3-199	乌拉尔醇	uralenol	$C_{20}H_{18}O_{7}$	M	[163]
7-3-200	去甲淫羊藿素	desmethylicaritin; 8-prenylkaempferol	$C_{20}H_{18}O_{6}$	A	[164]
7-3-201	8-(1,1-二甲基烯丙基)高良姜素	8-(1,1-dimethylallyl)galangin	$C_{20}H_{18}O_{5}$	D	[165]
7-3-202	8-(1,1-二甲基烯丙基)高良姜素三乙酰化物	8-(1,1-dimethylallyl)galangin-triacetate	$C_{26}H_{24}O_{8}$	C	[165]
7-3-203		8-(1,1-dimethylallyl)kaempferide-triacetate	$C_{27}H_{26}O_{9}$	C	[165]
7-3-204	2"-羟基-3"-烯-脱水淫羊藿素	2"-hydroxy-3"-en-anhydroicaritin	$C_{21}H_{20}O_{7}$	D	[166]
7-3-205		3,4',5,7-tetrahydroxy-3'-(2-hydroxy-3-methyl-but-3-enyl)flavone	$C_{20}H_{18}O_{7}$	M	[163]
7-3-206	八角莲素 A	podoverin A	$C_{21}H_{20}O_{7}$	M	[167]
7-3-207	淫羊藿苷	icariin	$C_{33}H_{40}O_{15}$	D	[168]
7-3-208	大花淫羊藿苷 B	ikarisoside B	$C_{32}H_{38}O_{15}$	D	[169]
7-3-209	大花淫羊藿苷 F	ikarisoside F	$C_{31}H_{36}O_{14}$	D	[169]
7-3-210	淫洋藿苷 A	epimedoside A	$C_{32}H_{38}O_{15}$	D	[170]
7-3-211	异鼠李素-3-*O*-α-L-[6'''-*p*-香豆酰基-β-D-葡萄糖基(1→2)-鼠李糖苷]	isorhamnetin-3-*O*-α-L-[6'''-*p*-coumaroyl-β-D-glucopyranosyl-(1→2)-rhamnopyranoside]	$C_{37}H_{38}O_{18}$	D	[171]
7-3-212		kaempferol-3-*O*-[2-*O*-(*trans*-*p*-coumaroyl)-3-*O*-β-D-glucopyranosyl]-β-D-glucopyranoside	$C_{36}H_{36}O_{18}$	M	[172]

续表

编号	中文名称	英文名称	分子式	测试溶剂	参考文献
7-3-213	山柰酚-3-*O*-*α*-L-[6'''-*p*-香豆酰基-*β*-D-吡喃葡萄糖基-(1→4)-鼠李糖苷]	kaempferol-3-*O*-*α*-L-[6'''-*p*-coumaroyl-*β*-D-glucopyranosyl-(1→4)-rhamnopyranoside]	$C_{36}H_{36}O_{17}$	D	[81]
7-3-214		quercetin-3-*O*-*α*-L-rhamnopyranosyl-(1→6)-(3-*O*-*trans*-*p*-coumaroyl)-*β*-D-galactopyranoside	$C_{36}H_{36}O_{18}$	M	[173]
7-3-215	大花淫羊藿苷 C；双藿苷 A	ikarisoside C；diphylloside A	$C_{38}H_{48}O_{20}$	D	[113]
7-3-216	山柰酚-7-*O*-(6-反式-咖啡酰基)-*β*-葡萄糖基-(1→3)-*α*-鼠李糖苷-3-*O*-*β*-葡萄糖苷	kaempferol-7-*O*-(6-*trans*-caffeoyl)-*β*-glucopyranosyl-(1→3)-*α*-rhamnopyranoside-3-*O*-*β*-glucopyranoside	$C_{42}H_{46}O_{23}$	M	[174]
7-3-217	山柰酚-3-*O*-*α*-L-[6'''-*p*-香豆酰基-(*β*-D)-吡喃葡萄糖基-(1,2)-鼠李糖苷]-7-*O*-*β*-D-吡喃葡萄糖苷	kaempferol-3-*O*-*α*-L-[6'''-*p*-coumaroyl-*β*-D-glucopyranosyl-(1→2)-rhamnopyranoside]-7-*O*-*β*-D-glucopyranoside	$C_{42}H_{46}O_{22}$	D	[171]
7-3-218		myriophylloside F; quercetin-3-*O*-(6-*trans*-*p*-coumaroyl)-*β*-glucopyranosyl-(1→2)-*β*-glucopyranoside-7-*O*-*α*-rhamnopyranoside	$C_{42}H_{46}O_{23}$	D	[175]
7-3-219		pisumflavonoside I	$C_{42}H_{46}O_{24}$	D	[176]
7-3-220	构酮醇 F	broussoflavonol F	$C_{25}H_{26}O_6$	M	[163]
7-3-221		papyriflavonol A; broussonol E	$C_{25}H_{26}O_7$	M	[163]
7-3-222	楮树黄酮醇 B	broussoflavonol B	$C_{26}H_{28}O_7$	A	[177]
7-3-223		khonklonginol F	$C_{26}H_{26}O_6$	C	[178]
7-3-224		broussonol B	$C_{25}H_{24}O_7$	A	[179]
7-3-225		macarangin	$C_{25}H_{26}O_6$	C	[180]
7-3-226	入地蜈蚣素 G	ugonin G	$C_{25}H_{26}O_6$	A	[181]
7-3-227	入地蜈蚣素 H	ugonin H	$C_{26}H_{28}O_7$	M	[181]
7-3-228	入地蜈蚣素 I	ugonin I	$C_{26}H_{26}O_7$	A	[181]
7-3-229		rhodiolin; rhodiolinin	$C_{25}H_{20}O_{10}$	D	[182]
7-3-230	苦参醇 C	kushenol C	$C_{25}H_{26}O_7$	A	[183]
7-3-231	柠檬酚	citrusinol	$C_{20}H_{16}O_6$	A	[184]
7-3-232		3,6-dimethoxy-6",6"-dimethylchromeno-(2",3":7, 8)-flavone	$C_{22}H_{20}O_5$	C	[185]
7-3-233	大花淫羊藿苷 E	ikarisoside E	$C_{26}H_{26}O_{10}$	D	[113]
7-3-234	2"-没食子酰基异槲皮苷	2"-galloylisoquercitrin	$C_{28}H_{24}O_{16}$	D	[186]
7-3-235	甲氧基寿菊素-7-葡萄糖苷	axillarin-7-glucoside	$C_{24}H_{28}O_{13}$	D	[187]
7-3-236		centabractein	$C_{21}H_{19}NaO_{15}S$	D	[187]
7-3-237		bracteoside	$C_{22}H_{20}O_{12}$	D	[187]

续表

编号	中文名称	英文名称	分子式	测试溶剂	参考文献
7-3-238	2',5,7-三羟基-3,4',5',6,8-五甲氧基黄酮	2',5,7-trihydroxy-3,4',5',6,8-pentamethoxyflavone	$C_{20}H_{20}O_{10}$	D	[188]
7-3-239	黏毛黄芩素 I	viscidulin I; 2',5,6',7-tetrahydroxyflavonol	$C_{15}H_{10}O_7$	D	[189]
7-3-240	甲氧基寿菊素	axillarin	$C_{17}H_{14}O_8$	M	[187]
7-3-241	冠盖藤素	piliostigmol	$C_{17}H_{14}O_7$	D	[26]
7-3-242	构酮醇 A	broussoflavonol A	$C_{30}H_{32}O_7$	C	[190]
7-3-243	构酮醇 C	broussoflavonol C	$C_{30}H_{34}O_7$	C	[190]
7-3-244	构酮醇 G	broussoflavonol G	$C_{30}H_{34}O_7$	A	[191]
7-3-245		3',4'-di-*O*-methylquercetin-7-*O*-[(4''→13''')-2''',6''',10''',14'''-tetramethylhexadec-13'''-ol-14'''-enyl]-*β*-D-glucopyranoside	$C_{43}H_{63}O_{12}$	M	[192]
7-3-246		4'-*O*-methylkaempferol-3-*O*-[(4''→13''')-2''',6''',10''',14'''-tetramethylhexadecan-13'''-olyl]-*β*-D-glucopyranoside	$C_{42}H_{62}O_{11}$	M	[192]
7-3-247	淫羊藿定 B	epimedin B	$C_{38}H_{48}O_{19}$	D	[193]
7-3-248		epimedokoreanoside-I	$C_{43}H_{54}O_{22}$	D	[194]
7-3-249	斑叶兰黄素	goodyerin	$C_{36}H_{40}O_{19}$	D	[195]
7-3-250	甲基鼠李黄素-3-*O*-*β*-D-吡喃葡萄糖-(1→5)-[*β*-D-呋喃芹菜糖基(1→2)]-*α*-L-阿拉伯呋喃糖苷	retamatrioside; rhamnazin; 3-*O*-*β*-D-glucopyranosyl-(1→5)-[*β*-D-apiofuranosyl(1→2)]-*α*-L-arabinofuranoside	$C_{33}H_{40}O_{20}$	D	[196]
7-3-251	香蒲新苷	typhaneoside	$C_{34}H_{42}O_{20}$	M	[197]
7-3-252	山柰酚 3-(2,3-二反式-*p*-香豆酰基-*α*-L-吡喃鼠李糖苷)	kaempferol-3-(2,3-di-*E*-*p*-coumaroyl-*α*-L-rhamnopyranoside)	$C_{39}H_{32}O_{14}$	A	[198]
7-3-253		kaempferol-3-*O*-*α*-L-rhamnopyranosyl-(1→6)-[(4-*O*-*trans*-*p*-coumaroyl)-*α*-L-rhamnopyranosyl-(1→2)]-(4-*O*-*trans*-*p*-coumaroyl)-*β*-D-galactopyranoside	$C_{51}H_{52}O_{23}$	M	[199]
7-3-254		quercetin-3-*O*-*α*-L-rhamnopyranosyl-(1→6)-[(4-*O*-*trans*-*p*-coumaroyl)-*α*-L-rhamnopyranosyl-(1→2)]-(4-*O*-*trans*-*p*-coumaroyl)-*β*-D-galactopyranoside	$C_{51}H_{52}O_{24}$	M	[199]
7-3-255		quercetin-3-*O*-*α*-L-rhamnopyranosyl-(1→6)-[(4-*O*-*trans*-*p*-coumaroyl)-*α*-L-rhamnopyranosyl-(1→2)]-(3-*O*-*trans*-*p*-coumaroyl)-*β*-D-galactopyranoside	$C_{51}H_{52}O_{24}$	M	[199]
7-3-256		quercetin-3-*O*-*α*-L-rhamnopyranosyl-(1→6)-[(4-*O*-*trans*-caffeoyl)-*α*-L-rhamnopyranosyl-(1→2)]-(3-*O*-*trans*-*p*-coumaroyl)-*β*-D-galactopyranoside	$C_{52}H_{54}O_{25}$	M	[199]

一、黄酮醇类化合物

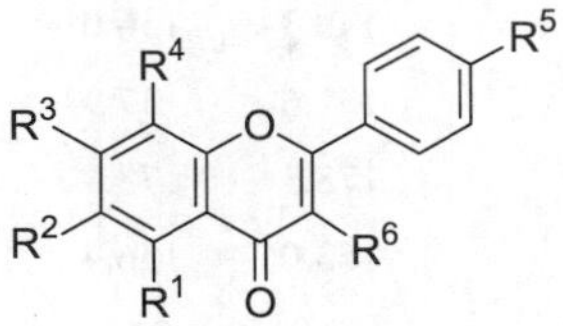

	R^1	R^2	R^3	R^4	R^5	R^6		R^1	R^2	R^3	R^4	R^5	R^6
7-3-1	OH	H	OH	H	H	OH	**7-3-13**	OH	OMe	OH	H	OH	OMe
7-3-2	OH	H	OH	H	H	OMe	**7-3-14**	OH	OMe	OH	H	OMe	OMe
7-3-3	OH	H	OMe	H	H	OMe	**7-3-15**	OH	H	OH	H	OMe	OMe
7-3-4	H	H	OMe	H	H	OMe	**7-3-16**	OH	H	OMe	H	OH	OMe
7-3-5	OH	OH	OH	OH	H	OMe	**7-3-17**	OH	OMe	OH	H	OH	OMe
7-3-6	OH	OMe	OMe	OH	H	OMe	**7-3-18**	OH	H	OH	OMe	OH	OMe
7-3-7	OH	H	OH	H	OH	OH	**7-3-19**	OH	H	OH	OH	OH	OMe
7-3-8	OH	H	OH	H	OMe	OH	**7-3-20**	OH	OMe	OMe	OMe	OH	OMe
7-3-9	OH	H	OMe	H	OMe	OH	**7-3-21**	OH	OMe	OMe	OMe	OMe	OMe
7-3-10	OH	OMe	OH	H	OMe	OMe	**7-3-22**	OAc	H	OMe	OMe	OMe	OAc
7-3-11	OH	Me	OH	Me	OMe	OMe	**7-3-23**	OH	H	OMe	OMe	OH	OMe
7-3-12	OH	Me	OH	Me	OH	OMe	**7-3-24**	OH	H	OH	H	OH	OMe

表 7-3-2 黄酮醇类化合物 7-3-1~7-3-10 的 ^{13}C NMR 数据

C	7-3-1[1]	7-3-2[2]	7-3-3[3]	7-3-4[4]	7-3-5[5]	7-3-6[6,7]	7-3-7[8]	7-3-8①[9]	7-3-8②[9]	7-3-9[10]	7-3-10[11]
2	146.1	161.2	156.4	154.9	150.8	155.7	146.6	156.8	146.6	146.9	155.2
3	136.9	138.7	133.6	141.0	141.5	137.7	135.8	139.1	135.6	136.3	137.5
4	176.1	178.0	178.1	174.5	177.3	178.8	175.7	179.4	175.9	176.1	178.2
5	160.7	155.1	161.1	126.9	148.5	140.7	160.6	157.8	160.7	156.1	152.3
6	98.5	93.7	97.8	114.3	130.3	135.8	98.4	99.3	98.4	97.4	131.1
7	164.2	164.3	165.3	128.2	145.3	147.8	163.8	163.1	163.8	164.9	157.4
8	93.8	98.6	92.3	99.8	127.1	130.5	93.4	94.4	93.5	92.0	94.0
9	156.5	156.5	156.5	156.9	152.0	144.2	156.6	160.9	156.2	160.6	151.5
10	103.3	104.4	105.4	117.9	96.3	106.9	103.1	105.7	103.2	104.0	104.6
1'	131.0	129.5	130.8	130.9	132.2	131.2	121.2	122.4	123.3	120.2	122.1
2'	127.6	128.0	128.8	128.2	128.5	127.1	129.5	131.1	129.0	129.3	129.9
3'	128.3	128.6	128.2	128.4	128.9	128.5	115.5	116.3	114.1	114.0	114.2
4'	129.8	130.9	130.7	130.4	130.8	129.4	159.3	164.9	159.9	160.4	161.3
5'	128.3	128.6	128.2	128.4	128.9	128.5	115.5	116.3	114.1	114.0	114.2
6'	127.6	128.0	128.8	128.2	128.5	127.1	129.5	131.1	129.0	129.3	129.9
3-OMe		58.9	56.1	60.0	59.9						59.7
5-OMe						61.8					
6-OMe						61.0					59.9
7-OMe			55.4	55.7						56.0	
4'-OMe								55.2	55.2	55. 0	55.4

① 在溶剂 A 中测定。
② 在 D 中测定。

表 7-3-3　黄酮醇类化合物 7-3-11~7-3-20 的 ^{13}C NMR 数据

C	7-3-11[12]	7-3-12[13]	7-3-13[14]	7-3-14[14]	7-3-15[15]	7-3-16[16]	7-3-17[17]	7-3-18[18~20]	7-3-19[21]	7-3-20[22]
2	155.4	155.1			149.3	156.0	161.8	155.8	155.3	156.2
3	138.6	137.4			131.6	137.9	139.2	137.5	137.3	137.5
4	179.0	178.0			178.3	178.1	180.4	178.0	178.1	178.5
5	156.8	155.6			163.0	156.4	158.7	155.4	152.7	148.0
6	105.6	106.7			99.8	97.8	132.6	98.7	98.4	135.4
7	157.9	159.7			167.9	165.2	158.2	157.0	153.1	152.3
8	100.7	101.6	94.0	94.0	94.0	92.4	95.1	127.5	124.8	132.4
9	152.2	151.5			158.9	160.9	153.8	148.5	144.8	144.3
10	105.5	104.0			106.2	105.3	106.4	103.9	103.9	106.7
1'	123.3	120.9			138.2	120.6	122.7	120.7	120.8	120.4
2'	130.0	129.9	130.0	130.0	124.5	130.3	131.5	129.9	130.2	130.1
3'	114.1	115.7	115.5	114.0	117.4	115.8	116.6	115.7	115.5	115.8
4'	161.6	160.0			161.5	160.3	153.7	160.1	160.1	160.5
5'	114.1	115.7	115.5	114.0	117.4	115.8	116.6	115.7	115.5	115.8
6'	130.0	129.9	130.0	130.0	124.5	130.3	131.5	129.9	130.2	130.1
3-OMe	60.1	59.6	59.0	59.5	57.5	59.8	60.9	59.6	59.6	59.6
6-OMe			60.0	60.0			60.6			60.5
7-OMe						56.1				61.8
8-OMe								60.9		61.4
4'-OMe	55.4			55.0	57.5					
6-Me	7.2	8.0								
8-Me	7.7	8.2								

表 7-3-4　黄酮醇类化合物 7-3-21~7-3-24 的 ^{13}C NMR 数据

C	7-3-21[11]	7-3-22[23]	7-3-23[24]	7-3-24[20]	C	7-3-21[11]	7-3-22[23]	7-3-23[24]	7-3-24[20]
2	155.7	150.5	149.3	155.1	3'	114.4	114.3	116.5	115.1
3	137.8	132.6	139.1	137.1	4'	161.5	161.9	161.0	160.7
4	178.6	170.5	179.9	177.4	5'	114.4	114.3	116.5	115.1
5	148.1	145.3	156.9	159.6	6'	129.9	129.9	131.3	129.6
6	135.4	104.7	96.3	98.0	3-OMe	59.7		60.2	59.2
7	152.3	134.9	158.7	163.6	5-OMe	60.5			
8	132.5	156.2	129.8	93.2	7-OMe	61.8	56.7	56.9	
9	144.4	154.8	158.2	155.8	8-OMe	61.4	61.6	61.6	
10	106.7	111.2	105.9	103.7	4'-OMe	55.4	55.4		
1'	122.1	122.1	122.8	120.0	Ac		168.0/20.7		
2'	129.9	129.9	131.3	129.6			169.8/21.1		

	R^1	R^2	R^3	R^4	R^5	R^6	R^7
7-3-25	OH	H	OH	H	OH	OH	OH
7-3-26	OH	Me	OMe	Me	OMe	OH	OMe
7-3-27	OH	H	OH	H	OH	OH	OMe
7-3-28	OH	Me	OH	H	OH	OH	OMe
7-3-29	OH	Me	OMe	H	OMe	OH	OMe
7-3-30	OH	H	OMe	H	OMe	OMe	OH
7-3-31	OMe	H	OMe	H	OH	OH	OMe
7-3-32	OH	H	OMe	H	OH	OH	OH
7-3-33	OH	H	OH	H	OMe	OH	OMe
7-3-34	H	H	OH	H	OMe	OH	OH
7-3-35	OH	—O—CH_2—O—		H	OH	OMe	OH
7-3-36	OH	Me	OMe	Me	Me	OH	OMe
7-3-37	OH	H	OMe	H	OH	OMe	OMe
7-3-38	OH	OMe	OMe	H	OMe	OMe	OMe
7-3-39	OH	Me	OH	Me	OMe	OH	OMe
7-3-40	OH	OMe	OMe	H	OH	OMe	OMe
7-3-41	OH	OMe	OH	H	OH	OMe	OMe
7-3-42	OH	OMe	OMe	H	OH	OH	OMe
7-3-43	H	H	OMe	H	—O—CH_2—O—		OMe
7-3-44	OH	OMe	OMe	H	OH	OMe	OH
7-3-45	H	H	OH	H	OH	OH	OH
7-3-46	OMe	H	OMe	OMe	OMe	OMe	OMe
7-3-47	OH	H	OMe	OH	OMe	OMe	OMe
7-3-48	OMe	OMe	OMe	H	OMe	OH	OMe
7-3-49	OH	H	OH	H	OMe	OH	OH
7-3-50	OMe	OMe	OMe	H	—O—CH_2—O—		OMe
7-3-51	OMe	—O—CH_2—O—		H	—O—CH_2—O—		OMe
7-3-52	H	H	OH	H	OH	OMe	OH
7-3-53	OH	H	OH	OH	OH	OH	OMe
7-3-54	OH	OH	OH	H	OH	OH	OH
7-3-55	OH	H	OH	H	OH	OH	OSO_3H
7-3-56	OH	H	OH	H	OSO_3H	OH	OH

表 7-3-5 黄酮醇类化合物 7-3-25~7-3-33 的 ^{13}C NMR 数据

C	7-3-25①[25]	7-3-25②[25]	7-3-26[26]	7-3-27[27]	7-3-28[13]	7-3-29[13]	7-3-30[16]	7-3-31[28]	7-3-32[29]	7-3-33[20]
2	146.9	148.5	155.3	155.5	155.3	155.3	146.5	146.7	146.7	155.4
3	135.6	138.7	137.5	137.5	137.6	137.9	136.5	135.7	135.6	137.7
4	175.7	178.2	178.8	177.7	177.7	177.8	176.0	175.8	175.7	177.9
5	160.7	1582	155.3	161.1	158.1	157.0	156.0	156.1	156.3	161.2

续表

C	7-3-25① [25]	7-3-25② [25]	7-3-26[26]	7-3-27[27]	7-3-28[13]	7-3-29[13]	7-3-30[16]	7-3-31[28]	7-3-32[29]	7-3-33[20]
6	98.2	100.0	106.6	93.4	106.4	107.0	97.5	98.1	98.1	98.6
7	163.9	166.4	162.4	163.9	162.2	162.9	164.9	163.8	163.8	164.1
8	93.4	95.3	101.5	98.4	92.6	90.0	92.1	93.3	93.4	93.8
9	156.2	163.2	151.4	156.2	153.9	154.3	160.3	160.7	160.5	156.3
10	103.0	105.2	103.9	104.1	103.7	104.7	104.0	102.9	102.9	104.2
1'	122.0	124.6	121.6	120.7	120.8	120.7	123.1	121.9	121.8	120.8
2'	115.3	117.6	115.3	115.6	115.2	111.9	111.4	115.0	115.0	112.0
3'	145.0	147.8	147.2	145.1	145.2	147.4	148.4	145.0	144.8	147.4
4'	147.6	150.4	148.5	148.5	148.6	149.7	150.5	147.6	147.5	149.7
5'	115.6	117.4	115.8	115.3	115.7	115.5	110.9	115.5	115.6	115.5
6'	120.0	124.2	120.6	120.4	120.5	122.1	121.5	120.5	120.8	130.0
3-OMe			59.5	59.5		59.5		59.5		59.5
5-OMe								56.0		
7-OMe			60.2			56.2	55.6	56.0	56.0	
3'-OMe			56.5			55.7	55.9			55.7
4'-OMe							55.6			
6-Me			8.1		7.3	7.1				
8-Me			8.5							

① 在溶剂 D 中测定。
② 在 P 中测定。

表 7-3-6 黄酮醇类化合物 7-3-34~7-3-43 的 ^{13}C NMR 数据

C	7-3-34[30]	7-3-35[31]	7-3-36[26]	7-3-37[20]	7-3-38[32]	7-3-39[26]	7-3-40[20]	7-3-41[33]	7-3-42[34]	7-3-43[35]
2	145.0	140.0	155.8	155.6	155.9	155.2	151.7	156.2	156.4	154.7
3	137.3	136.5	137.2	138.2	138.9	137.3	138.0	138.2	138.6	140.8
4	172.1	176.6	178.4	178.1	178.9	177.9	178.2	178.8	178.9	174.4
5	126.5	147.2	155.9	160.9	152.9	157.1	151.6	152.5	152.6	127.1
6	114.8	129.0	112.6	97.7	132.4	107.3	131.6	131.4	132.7	114.3
7	162.3	151.8	162.5	165.1	158.8	162.1	158.6	158.2	158.8	156.8
8	102.1	89.6	108.4	92.2	90.4	101.9	91.3	94.1	90.4	99.9
9	156.4	154.1	151.3	156.3	152.4	154.4	155.6	152.2	152.4	164.0
10	114.3	106.1	107.1	105.2	106.7	104.8	105.6	104.9	106.5	118.0
1'	122.6	123.5	120.5	122.1	123.0	120.4	122.2	121.4	123.1	124.8
2'	111.7	114.9	115.5	115.0	111.5	115.4	115.1	114.8	115.6	123.4
3'	147.4	146.4	135.6	146.3	148.9	147.6	146.3	146.1	144.1	108.4
4'	148.4	149.7	148.8	150.3	151.5	148.5	150.3	150.2	147.5	149.5
5'	115.6	111.9	115.6	111.8	111.0	115.4	111.8	110.9	115.4	147.9
6'	121.5	120.0	120.2	120.4	122.2	120.8	120.3	120.9	121.8	108.6
3-OMe			59.4	59.7	60.2	59.2	60.0	59.6	60.1	60.0
6-OMe					60.9		59.7	59.9	60.9	
7-OMe			60.3	56.0	56.4		55.6		56.3	55.8

续表

C	7-3-34[30]	7-3-35[31]	7-3-36[26]	7-3-37[20]	7-3-38[32]	7-3-39[26]	7-3-40[20]	7-3-41[33]	7-3-42[34]	7-3-43[35]
3'-OMe	55.8				56.0	55.9				
4'-OMe		55.8		55.6	56.2		55.6	55.7		
6-Me			8.0			7.2				
8-Me			8.2			8.3				
3'-Me			8.7							
OCH_2O		102.9								101.6

表 7-3-7 黄酮醇类化合物 7-3-44~7-3-52 的 ^{13}C NMR 数据

C	7-3-44[36]	7-3-45①[37]	7-3-45②[38]	7-3-46[39]	7-3-47[40]	7-3-48[41]	7-3-49[42]	7-3-50[43]	7-3-51[43]	7-3-52[44]
2	154.6	145.1	146.7	150.8	150.8	151.2	146.6	151.9	152.5	146.5
3	137.6	137.2	139.0	140.8	140.8	140.8	135.8	140.4	140.8	138.3
4	178.1	172.0	174.9	174.2	174.2	173.9	177.7	173.2	175.5	173.6
5	148.8	126.5	128.0	152.2	152.2	143.9	161.1	152.5	152.9	127.6
6	129.6	114.7	116.5	92.4	92.4	137.8	98.2	139.8	134.7	116.2
7	155.6	162.3	164.7	156.4	156.4	151.3	163.9	153.1	152.9	163.2
8	91.0	101.9	103.5	130.4	130.4	93.4	93.5	95.7	92.9	103.0
9	149.7	156.3	116.0	156.3	156.3	148.2	156.1	157.4	153.6	157.4
10	105.5	114.3	159.0	109.4	109.4	115.1	103.0	112.4	113.2	115.0
1'	112.0	122.6	124.9	123.6	123.6	123.5	121.7	124.1	124.4	124.6
2'	115.6	115.0	116.5	110.9	110.9	110.9	111.6	108.0	108.3	115.4
3'	145.6	147.3	148.0	148.7	148.7	148.8	147.3	147.5	147.8	146.6
4'	147.5	147.3	149.2	150.9	150.9	153.0	148.7	149.1	149.3	150.2
5'	121.0	115.6	116.8	111.0	111.0	111.0	115.5	108.0	108.3	112.7
6'	122.2	119.7	122.2	121.8	121.8	121.9	121.9	122.7	123.0	121.2
3-OMe				61.4	61.4	62.3		59.5	59.8	
5-OMe				56.5		61.9		61.8	61.2	
6-OMe	59.7					61.8		61.1		
7-OMe	56.4			56.4	56.4	61.7		56.0		
8-OMe				59.9						
3'-OMe	55.8			56.0	56.0	56.0	55.7			
4'-OMe	59.7			55.9	55.9					56.6
OCH_2O								101.4	102.1	
OCH_2O									101.6	

① 在溶剂 D 中测定。② 在 M 中测定。

表 7-3-8 黄酮醇类化合物 7-3-53~7-3-56 的 ^{13}C NMR 数据

C	7-3-53[21]	7-3-54[45]	7-3-55[46]	7-3-56[47]	C	7-3-53[21]	7-3-54[45]	7-3-55[46]	7-3-56[47]
2	155.5	155.2	156.6	146.7	5	152.8	164.3	161.3	161.1
3	137.5	133.4	132.3	136.3	6	98.4	164.6	98.4	98.6
4	178.2	177.4	177.7	176.2	7	153.1	164.5	163.9	164.5

续表

C	7-3-53[21]	7-3-54[45]	7-3-55[46]	7-3-56[47]	C	7-3-53[21]	7-3-54[45]	7-3-55[46]	7-3-56[47]
8	125.0	93.4	93.3	93.8	3'	145.2	144.6	144.7	141.1
9	144.9	155.5	156.1	156.3	4'	148.7	148.7	148.3	151.5
10	104.0	104.2	104.1	103.4	5'	115.7	115.8	115.9	117.6
1'	121.2	120.8	121.6	122.9	6'	120.9	120.8	121.6	125.3
2'	115.7	116.4	115.1	122.6	3-OMe	59.7			

	R^1	R^2	R^3	R^4	R^5	R^6	R^7	R^8
7-3-57	OH	H	OH	H	OH	OH	OH	OH
7-3-58	OMe	H	OMe	OMe	OMe	OMe	OMe	OMe
7-3-59	H	H	OH	H	OMe	OH	OMe	OH
7-3-60	H	H	OMe	H	OMe	OMe	OMe	OH
7-3-61	H	H	OMe	H	OMe	OMe	OMe	OAc
7-3-62	OH	H	OH	H	OMe	OMe	OMe	OMe
7-3-63	OMe	H	OMe	H	OMe	OMe	OMe	OMe
7-3-64	OH	H	OMe	H	OMe	OH	OH	OMe
7-3-65	OAc	H	OMe	H	OMe	OAc	OAc	OMe
7-3-66	OH	H	OH	OMe	OMe	OMe	OMe	OMe
7-3-67	OH	OMe	OH	OMe	OMe	OH	OMe	OMe
7-3-68	OH	OMe	OH	OMe	OH	OMe	OMe	OMe
7-3-69	OH	OMe	OH	OMe	OMe	OMe	OMe	OMe

表 7-3-9　黄酮醇类化合物 7-3-57~7-3-66 的 ^{13}C NMR 数据

C	7-3-57[48]	7-3-58[49]	7-3-59[50]	7-3-60[51]	7-3-61[51]	7-3-62[52]	7-3-63[53]	7-3-64[54]	7-3-65[54]	7-3-66[21]
2	157.3	156.1	144.7	153.3	155.6	154.9	150.6	155.8	152.2	155.9
3	135.4	139.2	138.9	137.9	133.2	138.6	140.1	138.0	141.7	138.5
4	177.1	174.0	172.0	172.6	177.9	178.1	171.6	177.9	172.9	178.1
5	162.3	151.6	126.4	126.4	127.3	161.3	159.5	160.9	150.0	154.3
6	99.1	91.9	114.7	114.7	114.7	98.7	95.0	97.6	108.3	98.9
7	165.4	156.2	162.3	164.4	164.3	164.4	162.9	165.1	163.4	157.3
8	94.2	130.0	102.2	100.0	100.1	94.1	92.9	92.2	98.5	127.5
9	157.3	150.5	156.3	157.2	157.2	156.5	157.4	156.2	157.6	148.6
10	104.3	108.8	114.2	114.7	117.3	104.4	107.9	104.5	111.2	104.1
1'	120.9	125.9	121.4	126.7	125.0	125.2	124.7	119.6	128.6	125.2
2'	116.5	105.2	105.6	105.6	105.7	106.0	104.9	105.1	109.8	105.6
3'	146.8	152.8	147.8	153.3	153.2	152.8	152.0	148.1	152.1	152.7
4'	137.7	141.0	137.5	140.1	140.6	140.0	138.2	138.1	133.7	139.9

续表

C	7-3-57[48]	7-3-58[49]	7-3-59[50]	7-3-60[51]	7-3-61[51]	7-3-62[52]	7-3-63[53]	7-3-64[54]	7-3-65[54]	7-3-66[21]
5'	146.8	152.8	147.8	153.3	153.2	152.8	152.0	145.6	143.3	152.7
6'	116.5	105.2	105.6	105.6	105.7	106.0	104.9	109.8	115.3	105.6
3-OMe		62.0					59.6	59.6	60.2	60.2
5-OMe		55.8					55.4			
7-OMe		55.8					55.2	56.0	56.0	
8-OMe		62.4								59.9
3'-OMe		56.2	56.2				55.2	56.2		55.9
4'-OMe		59.7					59.6			60.8
5'-OMe		56.1	56.2				55.2		56.2	55.9

表 7-3-10　黄酮醇类化合物 7-3-67~7-3-69 的 ^{13}C NMR 数据

C	7-3-67[21]	7-3-68[21]	7-3-69[21]	C	7-3-67[21]	7-3-68[21]	7-3-69[21]
2	154.9	154.7	154.4	3'	147.8	150.9	152.7
3	137.6	138.2	138.3	4'	139.0	138.9	139.9
4	178.3	178.5	178.4	5'	147.8	153.0	152.7
5	147.9	147.9	147.9	6'	105.8	103.9	105.6
6	131.3	131.4	131.4	3-OMe	60.1	60.1	60.2
7	150.8	150.7	151.0	6-OMe	61.1	61.2	61.1
8	127.7	127.8	127.7	8-OMe	59.6	59.9	61.1
9	144.5	144.6	144.6	3'-OMe	56.0		55.9
10	103.4	103.6	103.6	4'-OMe		59.9	59.9
1'	119.7	125.1	125.2	5'-OMe	56.0	55.7	55.9
2'	105.8	109.7	105.6				

二、单糖基黄酮醇类化合物

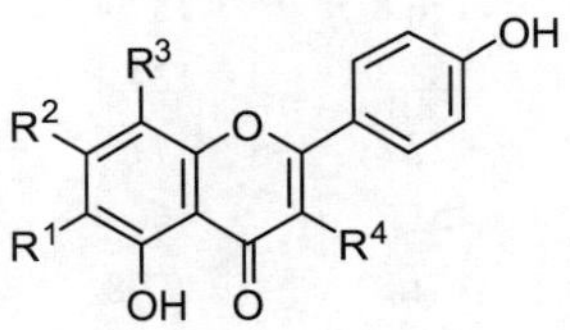

	R¹	R²	R³	R⁴		R¹	R²	R³	R⁴
7-3-70	H	OH	H	OAra	**7-3-78**	H	OH	H	OGlu
7-3-71	H	OH	H	ORha	**7-3-79**	H	OH	H	OGluA
7-3-72	H	OH	H	ORha(3-Ac;4-Ac)	**7-3-80**	H	OH	H	OGlu6-MA
7-3-73	H	ORha	H	OH	**7-3-81**	OMe	OMe	H	OGlu
7-3-74	H	OH	H	OAra	**7-3-82**	H	OMe	H	ORha
7-3-75	H	OH	H	OGal(2-Ac)	**7-3-83**	H	ORha	OH	OH
7-3-76	H	OH	H	OGal(6-Ac)	**7-3-84**	—O—CH_2—O—		H	OGlu
7-3-77	H	OH	H	OGal	**7-3-85**	OMe	OMe	H	OGal

表 7-3-11　单糖基黄酮醇类化合物 7-3-70~7-3-78 的 ^{13}C NMR 数据

C	7-3-70[55]	7-3-71[56]	7-3-72[57]	7-3-73①[58]	7-3-73②[58]	7-3-74[59]	7-3-75[60]	7-3-76[61]	7-3-77[62]	7-3-78[63]
2	156.5	156.5	158.6	147.6	148.7	153.0	158.4	156.4	156.5	156.3
3	133.6	134.2	135.2	136.1	137.5	145.9	136.7	133.2	133.3	133.2
4	177.8	177.7	178.7	176.2	177.4	178.3	179.5	177.5	177.6	177.3
5	161.4	161.3	162.9	160.5	162.2	156.2	163.1	161.2	161.3	156.3
6	98.8	98.7	99.6	99.0	99.8	109.3	99.8	98.7	93.9	98.2
7	164.4	164.2	157.5	161.5	163.2	157.5	165.8	164.1	164.9	164.6
8	93.8	93.7	99.0	94.5	95.3	99.0	94.7	93.7	99.0	93.7
9	156.9	157.2	157.7	155.9	157.7	153.7	158.4	156.4	156.3	161.7
10	104.1	104.1	105.7	104.7	106.1	104.0	107.1	103.8	103.8	104.6
1'	120.9	120.5	122.1	104.7	123.5	121.3	122.8	120.8	121.0	121.6
2'	130.8	130.5	131.4	121.7	130.8	131.3	132.2	130.9	131.2	130.9
3'	115.8	115.4	116.2	129.8	116.3	115.8	116.2	115.0	115.2	115.4
4'	160.1	160.0	160.8	115.2	160.7	160.0	161.5	160.0	160.1	160.4
5'	115.8	115.4	116.2	159.5	116.3	115.8	116.2	115.0	115.2	115.4
6'	130.9	130.5	131.4	115.2	130.8	131.3	132.2	130.9	131.2	130.9
	Ara	Rha	Rha	Rha	Rha	Ara	Gal	Gal	Gal	Glu
1	108.2	101.8	101.7	98.5	99.9	108.3	101.3	101.7	101.9	102.2,
2	82.3	70.6	69.1	70.2	71.7	82.2	73.1	70.9	71.4	74.4
3	77.3	70.3	72.1	70.4	72.1	77.2	74.3	72.8	73.3	77.7
4	86.5	71.1	71.1	71.8	73.6	86.3	70.3	68.1	68.0	70.8
5	61.0	70.0	68.9	70.0	71.2	61.0	77.3	72.8	76.0	76.3
6		17.4	17.4	18.0	18.1		62.0	63.1	60.3	60.8
Ac			170.3/20.6 170.7/20.8				172.6/21.3	169.8/20.1		

① 在溶剂 D 中测定。② 在 M 中测定。

表 7-3-12　单糖基黄酮醇类化合物 7-3-79~7-3-85 的 ^{13}C NMR 数据

C	7-3-79[64]	7-3-80[65]	7-3-81[66]	7-3-82[67]	7-3-83[68]	7-3-84[69]	7-3-85[70,71]
2	158.5	156.6	156.8	157.4	148.1	156.6	157.7
3	135.6	133.1	133.3	134.4	136.7	133.2	135.0
4	179.5	177.3	177.8	177.8	177.0	177.8	179.0
5	161.5	161.1	151.7	160.9	150.8	140.3	153.0
6	100.0	98.6	131.8	97.8	98.9	129.2	132.7
7	166.2	164.1	158.7	165.1	153.1	153.7	159.3
8	94.9	93.6	91.3	92.3	127.9	89.3	91.8
9	163.0	156.3	151.6	156.3	145.5	151.6	152.6
10	105.7	103.8	105.3	105.0	105.6	106.8	106.5
1'	122.7	120.7	120.8	120.3	122.3	120.6	121.9
2'	132.4	130.7	131.0	130.5	130.1	130.8	131.9
3'	116.2	115.0	115.1	115.3	115.8	115.0	116.1
4'	159.0	159.9	151.6	160.0	160.0	159.9	161.7
5'	116.2	115.0	115.1	115.3	115.8	115.0	116.1

续表

C	**7-3-79**[64]	**7-3-80**[65]	**7-3-81**[66]	**7-3-82**[67]	**7-3-83**[68]	**7-3-84**[69]	**7-3-85**[70,71]
6'	132.2	130.7	131.0	130.5	130.5	130.8	131.9
6-OMe			60.0				60.5
7-OMe			56.5	56.0			56.4
sugar	GluA	Glu	Glu	Rha	Rha	Glu	Gal
1	104.9	101.3	101.7	101.7	100.5	100.7	104.2
2	75.1	73.9	71.3	70.3	71.8	74.1	73.2
3	77.9	76.1	73.2	70.6	71.4	76.3	75.2
4	73.7	69.5	67.9	71.1	73.5	69.8	69.7
5	77.6	73.8	75.8	70.0	70.9	77.4	77.5
6	176.1	63.4	60.2	17.4	18.0	60.8	61.8
		6"-MA					
1		166.5					
2		41.3					
3		167.6					
OCH_2O						102.8	

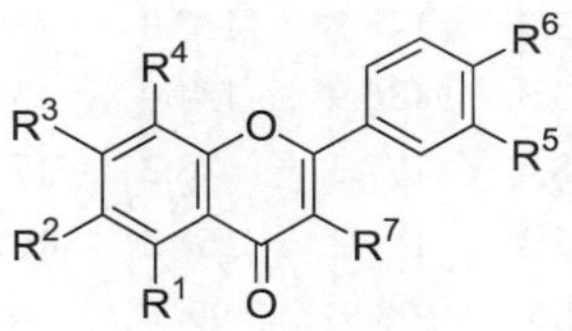

	R1	R2	R3	R4	R5	R6	R7
7-3-86	OH	H	OH	H	OH	OH	OGlu(6-Ac)
7-3-87	OH	H	OH	H	OMe	OGlu	OMe
7-3-88	OH	OMe	OGlu	H	OH	OMe	OMe
7-3-89	OH	H	OH	OGlu	OH	OH	OH
7-3-90	OH	H	OGlu	OH	OH	OH	OH
7-3-91	OH	H	OH	H	OH	OH	OGlu
7-3-92	OH	H	OH	H	OH	OH	OGal
7-3-93	OH	H	OH	H	OH	OH	OGlu*f*
7-3-94	OH	H	OH	H	OMe	OH	OGal
7-3-95	OH	H	OH	H	OMe	OH	ORha
7-3-96	OH	OMe	OH	H	OH	OH	OGlu
7-3-97	OH	OMe	OGlu(6-^{i}But)	H	OH	OH	OH
7-3-98	OH	OMe	OGlu(6-^{i}Val)	H	OH	OH	OH
7-3-99	OH	OMe	OGlu(6-MeBut)	H	OH	OH	OH
7-3-100	OH	H	OH	H	OH	OH	OAra
7-3-101	OH	H	OH	H	OH	OH	OGal(6-*E*Feru)
7-3-102	OGal	H	OH	H	OH	OH	OH
7-3-103	OH	H	OH	H	OH	OH	OAra(2-G)
7-3-104	OH	H	OH	H	OH	OH	OAra*f*(5-G)
7-3-105	OH	H	OH	H	OH	OH	OGlu
7-3-106	OH	H	OH	H	OGlu	OH	OH
7-3-107	OH	H	OH	H	OH	OH	OGluAMe

	R1	R2	R3	R4	R5	R6	R7
7-3-108	OH	H	OH	H	OH	OH	OGlu(6-MA)
7-3-109	OH	H	OH	H	OMe	OGlu	OH
7-3-110	OH	H	OH	H	OH	OH	ORha
7-3-111	OH	H	OH	H	OH	OH	ORha(2-Gall)
7-3-112	OH	H	OMe	H	OH	OH	OGal
7-3-113	OH	H	OMe	H	OGlu	OH	OH
7-3-114	OH	H	OH	H	OH	OGlu	OH
7-3-115	OH	OH	OH	H	OH	OH	OGlu

注：^{i}But—异丁酰基；^{i}Val—异戊酰基；MeBut—2-甲基丁酰基；*E*Feru—反式阿魏酰基；Gall—*O*-没食子酰基；MA—单丙二酰基。

表 7-3-13 单糖基黄酮醇类化合物 7-3-86~7-3-96 的 ^{13}C NMR 数据

C	7-3-86[72]	7-3-87[73]	7-3-88[74]	7-3-89[75]	7-3-90[76]	7-3-91[77]	7-3-92[78]	7-3-93[79]	7-3-94[80]	7-3-95[81]	7-3-96[82]
2	156.6	155.0	158.3	153.3	148.2	157.0	156.3	157.9	156.4	157.2	156.3
3	133.8	138.2	139.9	133.3	136.9	134.0	133.4	135.6	133.1	133.3	133.1
4	177.8	178.0	179.9	178.4	177.3	178.2	177.5	178.9	177.4	177.7	177.7
5	161.6	161.3	153.4	163.3	151.2	161.2	161.2	162.6	161.2	161.0	152.4
6	99.0	98.7	133.9	97.6	98.9	99.3	98.6	99.7	98.7	99.0	121.3
7	164.5	164.3	157.9	164.7	152.4	164.8	164.1	165.8	164.3	164.4	158.0
8	93.8	94.0	95.6	94.4	128.2	94.2	93.5	94.6	93.7	94.1	93.9
9	156.6	156.4	153.8	157.5	144.4	156.9	156.2	157.7	156.3	156.8	151.7
10	104.2	104.3	108.2	103.2	105.7	104.7	103.9	105.5	103.8	104.3	104.3
1'	121.4	121.6	124.1	121.1	123.3	122.3	121.1	122.9	120.9	121.4	121.7
2'	115.5	114.9	112.4	115.4	116.1	115.9	115.1	116.3	113.4	113.5	116.3
3'	145.2	148.9	147.7	144.8	146.1	145.5	144.8	146.5	149.5	149.7	144.9
4'	148.8	148.6	151.9	148.5	148.9	149.2	148.4	149.9	147.0	147.2	148.5
5'	116.2	112.1	116.3	116.0	116.3	116.9	115.9	117.8	115.1	115.4	115.3
6'	122.3	123.4	122.4	121.8	121.2	121.9	122.0	122.5	122.0	122.6	131.5
3-OMe		59.9	60.6								
6-OMe			61.5								60.1
3'-OMe		55.8								56.0	
4'-OMe			56.4								
	3-Glu	4'-Glu	7-Glu	8-Glu	7-Glu	3-Glu	3-Gal	3-Glu*f*	3-Gal	3-Rha	3-Glu
1	102.1	99.6	102.0	97.9	103.1	101.6	101.7	105.3	101.5	101.5	101.0
2	71.3	73.1	74.8	82.8	74.1	74.8	71.2	73.3	71.0	74.6	74.2
3	73.2	76.9	78.0	76.5	78.3	77.2	73.1	75.4	72.8	76.7	76.6
4	68.5	69.6	71.3	69.5	70.7	70.6	67.9	69.7	68.1	70.4	70.1
5	73.2	77.1	78.5	76.7	76.5	78.3	75.8	77.7	72.8	76.2	77.6
6	63.5	60.6	62.6	60.7	61.7	61.7	60.1	61.9	63.0	17.7	61.0
Ac	170.2/20.5										

表 7-3-14 单糖基黄酮醇类化合物 7-3-97~7-3-106 的 ^{13}C NMR 数据

C	7-3-97[83]	7-3-98[84]	7-3-99[85]	7-3-100[86]	7-3-101[87]	7-3-102[88]	7-3-103[89]	7-3-104[90]	7-3-105[91]	7-3-106[78]
2	149.8	149.9	150.0	158.8	156.1	147.7	156.1	158.3	156.3	146.2
3	138.2	138.3	138.3	135.8	133.4	132.2	132.9	136.0	133.3	136.0
4	178.3	178.5	178.5	179.6	177.5	172.1	177.0	179.0	177.5	175.9
5	153.8	154.0	153.9	163.2	161.1	158.5	161.1	163.2	161.2	156.6
6	134.2	134.3	134.3	100.1	98.6	102.9	98.6	100.1	98.6	98.2
7	158.2	158.2	158.2	166.4	164.0	160.8	164.9	166.1	164.1	163.9
8	96.0	96.1	96.2	94.9	93.5	97.5	93.4	95.2	93.5	93.7
9	153.8	153.9	154.0	158.6	156.3	157.6	156.1	159.0	156.2	160.6
10	107.5	107.5	107.6	105.7	103.7	106.5	103.8	105.7	104.0	103.0
1'	124.7	124.7	124.7	123.0	121.0	122.4	120.6	122.0	121.2	123.6
2'	117.1	117.1	117.0	117.6	115.9	115.0	115.2	117.0	115.2	115.7
3'	147.1	147.2	147.2	146.1	144.9	145.4	144.9	145.8	144.8	145.2
4'	149.8	149.9	149.9	150.1	148.4	148.7	148.6	149.5	148.5	148.7
5'	117.0	117.1	117.0	116.3	115.1	116.0	115.5	116.4	116.2	116.0
6'	122.6	122.7	122.6	123.1	121.8	120.0	122.2	123.0	121.6	122.2
6-OMe	62.3	62.3	62.3							
	7-Glu	7-Glu	7-Glu	3-Ara	3-Gal	5-Gal	3-Ara	3-Ara*f*	3-Glu	3'-Glu
1	102.4	102.3	102.4	104.8	101.6	102.9	98.6	109.6	100.8	102.4
2	75.5	75.4	75.5	74.3	71.1	71.8	72.1	83.7	74.1	73.3
3	78.6	78.7	78.7	73.0	72.9	73.8	69.7	79.2	76.5	75.9
4	72.5	72.7	72.6	69.3	68.3	67.9	66.8	84.6	69.9	69.5
5	76.6	76.4	76.5	67.1	73.0	76.0	64.9	64.6	77.6	77.2
6	65.8	65.6	65.8		63.2	61.0			61.0	60.6
	^{i}But	^{i}Val	MeBut		*E*Feru		Gall	Gall		
1	179.4	175.4	179.0		125.4		119.4	122.5		
2	35.9	44.9	43.0		111.2		108.8	110.3		
3	20.1	27.5	28.5		149.3		145.4	146.4		
4	20.1	23.2	12.4		147.8		138.3	139.3		
5		23.2	17.8		115.4		145.4	146.4		
6					123.0		108.8	110.3		
7					145.0		164.0	169.0		
8					114.0					
9					166.2					
OMe					55.8					

注：^{i}But—异丁酰基；^{i}Val—异戊酰基；2MeBut—2-甲基丁酰基；*E*Feru—反式阿魏酰基；Gall—*O*-没食子酰基。

表 7-3-15 单糖基黄酮醇类化合物 7-3-107~7-3-115 的 ^{13}C NMR 数据

C	7-3-107[92]	7-3-108[93]	7-3-109[94]	7-3-110①[95]	7-3-110②[96]	7-3-111[97]	7-3-112[98]	7-3-113[98]	7-3-114[99]	7-3-115[100]
2	156.3	156.3	146.7	148.4	158.6	156.5	156.6	146.3	146.7	155.9
3	133.2	133.1	138.5	134.2	136.3	134.5	133.7	136.7	136.5	132.9
4	177.2	177.3	177.5	177.7	179.7	177.8	177.6	176.2	176.1	177.0
5	161.3	161.2	162.5	161.3	163.3	161.4	160.9	160.3	160.7	156.5
6	98.8	98.7	99.3	98.7	99.9	98.8	97.8	97.5	98.3	131.5

续表

C	**7-3-107**[92]	**7-3-108**[93]	**7-3-109**[94]	**7-3-110**①[95]	**7-3-110**②[96]	**7-3-111**[97]	**7-3-112**[98]	**7-3-113**[98]	**7-3-114**[99]	**7-3-115**[100]
7	164.3	164.1	165.8	164.2	166.0	164.4	165.1	165.0	164.2	164.7
8	93.6	93.5	94.5	93.6	94.8	93.8	92.1	92.8	93.5	94.8
9	156.3	156.3	157.5	161.3	159.4	157.4	156.2	156.1	156.2	159.9
10	103.9	103.9	104.5	104.1	106.0	101.4	104.9	104.1	103.1	104.2
1'	120.6	121.5	126.2	121.1	123.1	120.6	121.0	119.6	125.2	125.9
2'	115.2	115.1	113.1	115.4	116.4	115.2	115.1	115.8	115.1	110.2
3'	144.9	144.7	149.7	145.2	144.8	144.9	144.8	146.4	146.4	145.1
4'	148.6	148.4	149.3	148.4	149.9	148.6	148.6	146.9	145.9	149.2
5'	116.2	116.1	115.8	115.6	117.0	116.2	116.1	115.2	115.8	112.3
6'	120.9	121.0	122.0	121.0	122.9	120.9	122.0	125.0	119.5	119.8
3'-OMe			55.1							
	3-GluA	3-Glu	4'-Glu	3-Rha	3-Rha	3-Rha	3-Gal	3'-Glu	4'-Glu	3-Glu
1	101.4	101.0	102.0	101.8	103.6	102.7	101.7	101.4	1012.4	101.4
2	71.4	73.9	74.9	70.3	73.3	67.8	71.2	73.2	73.3	74.2
3	73.8	76.1	78.6	70.5	72.2	73.8	73.2	75.9	76.0	76.5
4	75.6	69.5	71.2	70.0	72.1	68.5	67.9	69.8	69.8	70.1
5	75.6	73.9	79.1	71.2	72.0	71.0	75.8	77.3	77.3	77.2
6	168.7	63.6	62.4	17.5	17.7	17.5	60.1	60.1	60.7	61.0
		MA				2"-G				
1		166.5				120.7				
2		41.0				109.0				
3		167.7				145.4				
4						138.6				
5						145.4				
6						109.0				
7						165.8				
OMe	51.9									

① 在溶剂 D 中测定。② 在 M 中测定。

	R^1	R^2	R^3	R^4	R^5
7-3-116	OH	OH	OH	OH	OGal
7-3-117	OH	OH	OH	OH	OGal(6-Ac)
7-3-118	OH	OH	OH	OH	OGluA
7-3-119	OH	OH	OMe	OH	ORha
7-3-120	OH	OH	OH	OH	ORha
7-3-121	OMe	OH	OH	OH	ORha
7-3-122	OH	OMe	OH	OMe	OXyl
7-3-123	OH	OMe	OMe	OH	ORha
7-3-124	OMe	OH	OH	OH	ORha(2Gall)
7-3-125	OMe	OH	OH	OH	ORha(3Gall)
7-3-126	OH	OH	OH	OH	ORha(2phb)
7-3-127	OH	OH	OH	OH	ORha(2Gall)

注：Gall—没食子酰基；phb—对羟基苯甲酰基。

表 7-3-16 单糖基黄酮醇类化合物 7-3-116~7-3-123 的 ^{13}C NMR 数据

C	7-3-116[101]	7-3-117[72]	7-3-118[102]	7-3-119[103]	7-3-120[104]	7-3-121[105]	7-3-122[106]	7-3-123[107]
2	157.8	156.6	156.7	157.3	156.5	159.7	156.9	159.0
3	136.4	134.0	133.6	134.8	134.3	136.5	133.8	136.7
4	179.3	177.7	177.3	177.8	177.8	179.7	177.4	179.7
5	162.2	161.6	161.1	161.3	161.4	162.9	161.2	158.7
6	99.2	99.0	98.8	98.8	98.7	98.9	98.9	94.9
7	165.4	164.5	164.3	164.4	164.2	167.2	164.2	166.2
8	94.1	93.7	93.5	93.6	93.6	93.1	93.9	100.0
9	157.2	156.6	156.3	156.5	157.6	158.3	156.4	163.3
10	104.8	104.1	101.7	104.2	104.1	106.7	104.1	106.0
1'	120.9	120.3	119.5	124.8	119.6	121.8	120.0	127.1
2'	109.6	108.8	108.6	108.1	145.8	109.6	107.9	106.4
3'	137.2	145.7	145.5	150.6	107.9	146.8	147.8	154.6
4'	145.4	137.1	136.8	137.7	136.5	138.0	139.5	136.7
5'	137.2	145.7	145.5	150.6	107.9	146.8	147.8	151.7
6'	109.6	108.8	108.6	108.1	145.8	109.6	107.9	111.6
7-OMe						56.5		
3'-OMe							56.6	56.9
4'-OMe								61.2
5'-OMe							56.6	
糖基								
1	104.5	102.1	103.8	101.6	102.0	103.6	102.3	103.6
2	66.5	71.3	73.8	70.7	70.4	71.9	73.9	71.9
3	69.2	73.3	77.5	70.4	70.6	72.1	75.9	72.1
4	76.2	68.6	71.4	77.0	71.3	73.3	69.6	72.3
5	74.3	73.3	76.2	69.0	70.1	72.0	65.9	73.2
6	60.9	63.5	170.1	17.8	17.6	17.7		17.7
Ac		170.2/20.4						

表 7-3-17 单糖基黄酮醇类化合物 7-3-124~7-3-127 的 ^{13}C NMR 数据

C	7-3-124[108]	7-3-125[108]	7-3-126[109]	7-3-127[110]	C	7-3-124[108]	7-3-125[108]	7-3-126[109]	7-3-127[110]
2	157.9	158.1	159.4	159.7	8	92.2	94.8	94.7	94.1
3	133.5	135.1	135.6	135.0	9	156.4	156.4	158.4	157.8
4	177.6	178.0	179.3	178.6	10	105.0	105.0	105.8	105.2
5	160.9	161.0	163.6	162.4	1'	119.2	119.5	122.0	121.3
6	98.0	97.9	99.8	99.2	2'	108.1	108.0	109.6	109.9
7	165.2	165.2	165.8	165.0	3'	145.9	145.9	146.9	146.1

续表

C	7-3-124[108]	7-3-125[108]	7-3-126[109]	7-3-127[110]	C	7-3-124[108]	7-3-125[108]	7-3-126[109]	7-3-127[110]
4'	136.8	136.7	137.9	137.2	6	17.6	17.5	17.8	17.0
5'	145.9	145.9	146.9	146.1	Ar				
6'	108.1	108.0	110.0	109.9	1	119.2	120.0	121.8	121.3
7-OMe	56.1	56.1		56.1	2	108.9	109.0	133.1	109.1
糖基					3	145.5	145.4	116.1	145.7
1	98.3	102.7	100.4	99.3	4	138.6	138.3	163.1	139.3
2	71.7	67.8	73.6	72.9	5	145.5	145.4	116.1	145.7
3	68.5	73.8	70.7	70.1	6	108.9	109.0	133.1	109.1
4	71.7	68.6	73.9	73.2	7	165.0	165.7	167.2	166.8
5	70.7	71.1	72.2	71.6					

	R^1	R^2	R^3	R^4
7-3-128	OH	prenyl	OH	ORha
7-3-129	OH	prenyl	OMe	ORha
7-3-130	OH	prenyl	OH	ORha(4-Ac)
7-3-131	OH	H	OH	OGlu(6-tpcou)
7-3-132	OGlu	3HMB	OH	OH

注：prenyl—异戊烯基；tpcou—反式对香豆酰基；3HMB—3-羟基-甲基丁基。

表 7-3-18　单糖基黄酮醇类化合物 7-3-128~7-3-132 的 ^{13}C NMR 数据

C	7-3-128[111]	7-3-129[112]	7-3-130[113]	7-3-131[114]	7-3-132[115]	C	7-3-128[111]	7-3-129[112]	7-3-130[113]	7-3-131[114]	7-3-132[115]
2	157.1	156.1	156.3	156.3	149.7	2	122.3		122.0	130.2	46.5
3	134.0	134.6	133.2	133.1	133.5	3	131.0		130.1	115.8	70.4
4	177.9	178.2	176.8	177.4	178.3	4	25.4		25.2	159.8	25.9
5	158.8	161.4	158.1	161.1	163.0	5	17.4		17.6	115.8	17.9
6	98.3	98.5	98.2	98.8	96.3					130.2	
7	161.5	161.9	161.9	164.3	164.4					144.6	
8	105.9	106.1	105.5	93.7	110.3					113.6	
9	153.7	154.0	153.1	156.4	160.3					166.2	
10	104.1	104.4	103.3	103.8	104.4		1-Rha	1-Rha	1-Rha	1-Glu	1-Glu
1'	120.7	122.6	120.1	120.8	130.9	1	101.8	102.1	100.9	101.0	101.5
2'	130.5	130.6	129.7	130.8	128.9	2	70.3	70.5	69.7	74.1	74.7
3'	115.4	114.2	114.9	115.1	116.2	3	70.6	70.8	67.7	76.2	78.0
4'	160.0	159.0	159.5	160.0	158.6	4	71.1	71.3	73.0	69.9	71.3
5'	115.4	114.2	114.9	115.1	116.2	5	70.1	70.3	67.6	74.2	78.1
6'	130.5	130.6	129.7	130.8	128.9	6	17.8	17.7	17.0	63.0	62.6
4'-OMe		55.7				Ac			169.0 20.7		
	prenyl		prenyl	tpcou	3HMB						
1	21.2		21.1	124.9	22.5						

三、双糖基黄酮醇类化合物

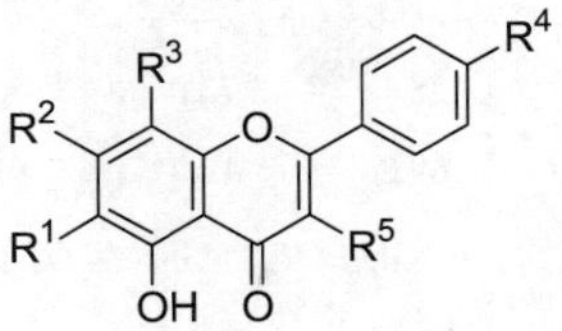

	R1	R2	R3	R4	R5		R1	R2	R3	R4	R5
7-3-133	H	ORha	H	OH	ORha	**7-3-143**	H	OH	H	OH	ORha(4→1)Glu
7-3-134	H	OH	H	OH	OGal(2→1)Api*f*	**7-3-144**	H	ORha(3→1)Glu	OH	OH	OH
7-3-135	H	OH	H	OGlu	OGlu	**7-3-145**	H	OH	H	OH	OSop
7-3-136	H	OGlu	H	OH	OGlu	**7-3-146**	H	ORha(3-O^{i}But)	H	OH	OGlu
7-3-137	H	OH	H	OH	OGlu(6→1)Glu	**7-3-147**	H	ORha(2-O^{i}But)	H	OH	OGlu
7-3-138	H	OH	H	OH	ORha(2→1)Glu	**7-3-148**	H	ORha(2-OMeBut)	H	OH	OGlu(3-Ac)
7-3-139	H	ORha	H	OH	OGlu	**7-3-149**	H	ORha(3-OMeBut)	H	OH	OGlu(3-Ac)
7-3-140	H	OH	H	OH	OGlu(2→1)Rha	**7-3-150**	OMe	OMe	H	OH	OGlu(2→1)Gal
7-3-141	H	OH	H	OH	OGluA(2→1)Rha	**7-3-151**	H	OGlu(3→1)Rha	H	OH	OH
7-3-142	H	OH	H	OH	OSam	**7-3-152**	H	OH	H	OH	OGal(2→1)Rha

注：*i*But—异丁酰基；MeBut—2-甲基丁酰基；Sam—接骨木二糖基；Sop—槐糖基。

表 7-3-19　双糖基黄酮醇类化合物 7-3-133~7-3-142 的 ^{13}C NMR 数据

C	7-3-133[116]	7-3-134[117]	7-3-135[118]	7-3-136[119]	7-3-137[120]	7-3-138[121]	7-3-139[122]	7-3-140[123,124]	7-3-141[125]	7-3-142[126,127]
2	157.8	156.2	156.0	156.1	157.6	159.4	155.9	161.3	155.9	154.7
3	134.5	132.7	134.2	133.8	135.1	135.5	133.2	134.4	132.5	132.6
4	177.9	177.1	177.9	177.7	178.5	179.6	177.3	179.4	177.3	176.9
5	160.9	161.1	161.4	160.9	162.6	163.2	161.6	163.2	161.0	161.1
6	98.4	98.8	100.3	99.6	99.8	100.0	99.6	99.7	98.5	99.3
7	161.7	165.8	164.5	163.0	166.0	166.0	161.6	165.6	164.6	165.1
8	194.6	93.6	94.0	94.7	94.6	94.9	96.6	94.6	93.7	93.9
9	156.1	155.1	156.9	157.0	158.0	158.6	156.8	158.4	156.2	156.5
10	105.8	103.2	104.5	105.9	105.2	106.0	106.0	106.0	103.5	102.8
1'	120.3	120.9	124.1	120.9	121.8	122.6	118.7	123.1	121.1	120.9
2'	130.7	130.6	130.9	130.9	132.0	132.0	131.2	132.1	130.8	130.7
3'	115.4	114.9	118.1	115.2	116.1	116.6	116.2	116.1	114.9	115.1
4'	160.2	159.8	159.6	160.1	161.6	161.7	157.3	158.5	159.8	160.0
5'	115.4	114.9	118.1	115.2	116.1	116.6	116.6	116.1	114.9	115.1
6'	130.7	130.6	130.9	130.9	132.0	132.0	131.2	132.1	130.8	130.7
	3-Rha	3-Gal	3-Glu	3-Glu	3-Glu	3-Rha	3-Glu	3-Glu	3-GluA	3-Glu
1	101.9	98.2	101.2	101.3	105.2	102.6	101.1	100.3	98.2	97.9
2	70.3	74.9	73.5	73.3	75.9	82.7	74.4	80.1	77.3	81.7
3	70.7	73.6	76.6	77.3	78.4	71.8	77.7	78.9	77.4	76.0

续表

C	7-3-133[116]	7-3-134[117]	7-3-135[118]	7-3-136[119]	7-3-137[120]	7-3-138[121]	7-3-139[122]	7-3-140[123,124]	7-3-141[125]	7-3-142[126,127]
4	71.6	68.2	69.8	70.0	71.3	73.5	70.0	71.9	72.3	69.5
5	69.8	75.8	77.4	76.6	78.1	72.0	76.6	78.4	73.8	76.8
6	17.9	59.9	60.9	61.1	69.8	17.7	61.0	62.7	172.2	60.5
	7-Rha	2'''-Api	4'-Glu	7-Glu	6''-Glu	2''-Glu	7-Rha	2''-Rha	2''-Rha	2''-Xyl
1	99.4	108.8	99.0	100.3	104.2	107.1	98.5	102.6	100.5	104.4
2	70.2	76.1	74.4	74.4	75.0	75.4	70.2	72.4	70.5	73.8
3	70.3	79.1	76.7	77.4	78.4	77.9	70.1	72.3	70.6	76.0
4	71.1	64.2	70.1	70.2	71.1	71.0	71.8	74.1	71.8	69.4
5	62.8	73.8	77.8	76.6	77.7	78.0	70.0	69.9	68.3	65.6
6	17.5		61.1	61.1	62.5	62.4	18.1	17.5	17.2	

表 7-3-20　双糖基黄酮醇类化合物 7-3-143~7-3-152 的 ^{13}C NMR 数据

C	7-3-143[128]	7-3-144①[129]	7-3-144②[129]	7-3-145[130]	7-3-146[131]	7-3-147[131]	7-3-148[131]	7-3-149[131]	7-3-150[115]	7-3-151[132]	7-3-152[133]
2	157.1	151.5	148.6	156.3	156.7	156.8	156.9	156.8	156.9	147.5	156.4
3	134.3	135.8	136.6	132.9	133.4	133.4	133.4	133.3	135.0	136.0	132.5
4	177.6	176.4	177.0	177.5	177.6	177.5	177.5	177.4	179.0	176.5	177.1
5	161.2	144.4	150.4	161.3	160.8	160.9	160.9	160.8	153.0	149.6	161.1
6	98.8	98.5	98.5	97.9	99.3	99.4	99.5	99.3	134.3	98.6	99.0
7	164.4	149.5	152.7	164.0	161.2	161.0	161.0	161.2	159.1	151.6	165.6
8	93.8	127.3	128.0	93.6	94.6	94.6	94.6	94.6	91.1	127.4	93.7
9	156.5	147.4	145.5	156.3	155.9	155.9	155.9	155.9	152.3	144.5	155.6
10	104.0	104.5	105.1	104.2	105.7	105.9	105.9	105.7	106.6	104.6	103.3
1'	120.4	121.8	123.0	120.9	120.7	120.6	120.6	120.5	122.2	121.9	120.9
2'	130.5	129.8	130.6	131.0	130.9	130.9	130.9	130.9	132.0	129.9	130.7
3'	115.4	115.5	116.2	115.3	115.1	115.2	115.2	115.1	116.3	115.6	115.0
4'	160.0	159.4	160.4	159.9	160.1	160.1	160.2	160.1	161.7	159.5	159.8
5'	115.4	115.5	116.2	115.3	115.1	115.2	115.2	115.1	116.3	115.6	115.0
6'	130.5	129.8	130.6	131.0	130.9	130.9	130.9	130.9	132.0	129.9	130.7
6-OMe									60.9		
7-OMe									56.4		
	3-Rha	7-Rha	7-Rha	3-Glu	3-Glu	3-Glu	3-Glu	3-Glu	3-Glu	7-Rha	3-Gal
1	101.9	99.2	100.0	98.7	100.6	100.5	100.5	100.4	100.1	99.2	98.7
2	69.7	69.4	70.4	82.4	74.1	72.0	72.0	71.9	82.7	69.5	75.1
3	70.3	80.9	81.6	76.6	76.3	77.5	77.5	77.4	77.7	81.1	74.0
4	81.9	69.8	71.6	69.7	69.8	67.7	67.7	67.6	71.2	70.6	68.1
5	68.9	68.9	70.3	76.6	77.5	77.1	77.2	77.1	78.6	69.0	75.5
6	17.3	17.9	18.1	60.5	60.8	60.5	60.5	60.3	62.5	18.0	60.1
	4''-Glu	3''-Glu	3''-Glu	2''-Glu	7-Rha	7-Rha	7-Rha	7-Rha	2''-Gal	3''-Glu	2''-Rha
1	104.7	104.8	104.8	104.1	98.1	95.3	95.3	98.1	106.3	104.9	100.5

续表

C	7-3-143[128]	7-3-144①[129]	7-3-144②[129]	7-3-145[130]	7-3-146[131]	7-3-147[131]	7-3-148[131]	7-3-149[131]	7-3-150[115]	7-3-151[132]	7-3-152[133]
2	74.4	74.0	74.7	74.4	67.1	71.1	71.1	67.2	75.4	74.1	70.6
3	76.6	76.3	77.0	77.5	73.2	68.2	68.2	73.0	76.1	76.9	70.6
4	69.9	70.5	70.3	69.7	68.6	71.9	71.9	68.6	69.4	69.9	71.8
5	76.9	76.8	77.2	77.0	70.0	70.0	70.0	70.1	78.4	76.9	68.4
6	61.0	61.0	62.0	60.8	17.7	17.8	17.8	17.7	61.5	61.0	17.1
					3-^{i}But	2-^{i}But	MeBut	MeBut			
1					176.0	175.4	175.0	175.5			
2					33.0	33.3	40.2	40.2			
3					18.7	18.6	26.1	26.2			
4					18.8	18.7	11.2	11.2			
5							16.2	16.2			
Ac-CO							169.6	169.6			
Ac-Me							21.0	21.0			

① 在 D 中测定。② 在 A 中测定。
注：^{i}But—异丁酰基；MeBut—2-甲基丁酰基。

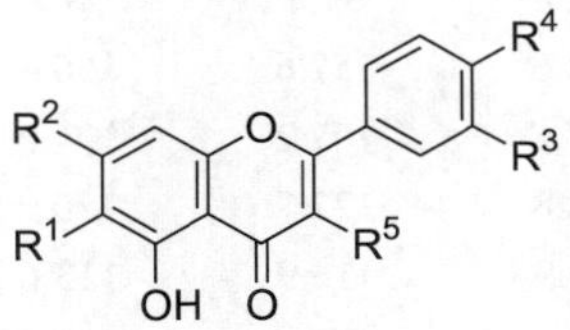

	R¹	R²	R³	R⁴	R⁵
7-3-153	H	OH	OH	OH	ORha(4→1)Glu
7-3-154	OMe	ORha(2-Ac)	OH	OH	ORha(4-Ac)
7-3-155	OMe	ORha(2-Ac)	OH	OH	ORha
7-3-156	OMe	ORha	OH	OH	ORha(4-Ac)
7-3-157	H	OH	OMe	OH	ORha(2→1)Glu
7-3-158	H	ORha	OMe	OH	OGlu
7-3-159	H	OH	OMe	OH	OGlu(6→1)Rha
7-3-160	H	OMe	OH	OMe	OGlu(6→1)Rha
7-3-161	OMe	ORha(3-Ac)	OH	OH	ORha(4-Ac)
7-3-162	OMe	ORha	OH	OH	ORha
7-3-163	OMe	ORha(3-Ac)	OH	OH	ORha
7-3-164	H	OAra	OH	OH	OGau(2-Ac)
7-3-165	H	OH	OH	OH	ORha(4→1)Glu(6-*p*-Coum)
7-3-166	H	OH	OH	OGlu	OGlu
7-3-167	H	ORha	OH	OH	ORha
7-3-168	H	OH	OH	OH	OGal(2→1)Glu
7-3-169	H	OH	OH	OH	ORha(2→1)Glu
7-3-170	H	OH	OH	OH	OGluA(2→1)Rha

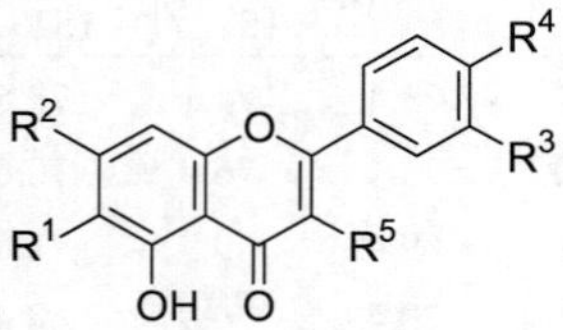

	R¹	R²	R³	R⁴	R⁵
7-3-171	H	OH	OH	OH	OSam
7-3-172	H	OH	OH	OH	OGlu(6→1)Ara
7-3-173	H	OMe	OMe	OGlu(2→1)Api	OH
7-3-174	H	OMe	OMe	OH	OAraf(5→1)Glu
7-3-175	H	OH	OH	OH	OGlu(6→1)Rha
7-3-176	H	ORha3(MeBut)	OH	OH	OGlu
7-3-177	OMe	OH	OMe	OH	OGen
7-3-178	H	OXyl(2→1)Api	OH	OH	OH

注：MeBut—2-甲基丁酰基；*p*-Coum—对香豆酰基；Sam—接骨木二糖基。

表 7-3-21　双糖基黄酮醇类化合物 7-3-153~7-3-163 的 ^{13}C NMR 数据

C	7-3-153[128]	7-3-154[134]	7-3-155[134]	7-3-156[134]	7-3-157[135]	7-3-158[136]	7-3-159[137]	7-3-160[138]
2	159.3	159.9	159.6	159.5	156.6	156.9	156.9	156.8
3	135.9	135.8	136.5	135.8	133.2	133.3	133.4	134.2
4	179.5	179.6	179.8	179.6	177.4	177.6	177.8	177.9
5	163.2	150.1	150.0	150.0	161.2	161.0	161.6	161.0
6	99.8	131.0	131.2	130.8	98.7	99.4	99.1	98.3
7	165.8	155.9	155.8	156.2	164.1	161.6	164.5	157.1
8	94.7	100.0	99.9	99.8	93.7	94.7	94.2	92.6
9	159.5	157.6	157.6	157.6	156.4	156.0	156.9	151.7
10	105.9	107.5	107.5	107.2	104.0	105.7	104.5	105.4
1'	122.7	122.7	122.8	122.7	120.9	121.0	121.5	122.8
2'	117.0	116.9	116.9	116.9	113.6	113.5	113.7	116.1
3'	146.4	146.5	146.3	146.5	149.4	149.7	149.8	150.5
4'	149.7	150.0	149.9	149.9	146.9	147.0	147.3	165.1
5'	116.4	116.3	116.4	116.3	115.1	115.3	115.7	111.8
6'	122.8	123.0	123.1	123.0	122.3	122.4	122.7	131.5
6-OMe		62.4	62.4	62.3				
7-OMe								56.5
3'-OMe					55.7	55.8	56.1	
4'-OMe								56.0
	3-Rha	3-Rha	3-Rha	3-Rha	3-Rha	3-Glu	3-Glu	3-Glu
1	102.9	102.6	103.5	102.6	100.7	100.8	101.6	101.6
2	71.8	71.7	71.9	71.7	81.7	74.4	74.7	74.3
3	72.0	70.0	72.0	70.0	70.2	76.5	76.8	76.6
4	82.4	75.0	73.2	74.9	72.3	70.1	70.5	70.1
5	70.5	69.6	72.0	69.6	71.0	77.6	76.4	76.3
6	17.9	17.5	17.6	17.5	17.7	60.6	67.3	67.0
	4''-Glu	7-Rha	7-Rha	7-Rha	2''-Glu	7-Rha	6''-Rha	6''-Rha
1	105.9	97.8	97.8	100.3	106.0	98.4	101.3	101.1
2	75.9	73.3	73.5	71.7	74.2	70.1	70.7	70.1
3	78.1	70.4	70.4	72.1	76.8	70.3	71.0	70.4
4	70.4	73.7	73.7	73.5	69.4	71.7	71.0	72.1
5	77.9	71.4	71.4	71.4	76.6	69.9	68.7	68.6

续表

C	7-3-153[128]	7-3-154[134]	7-3-155[134]	7-3-156[134]	7-3-157[135]	7-3-158[136]	7-3-159[137]	7-3-160[138]
6	62.7	18.0	18.0	18.0	60.7	18.0	18.1	18.0
Ac-CO		172.6 172.3	172.3	172.6				
Ac-Me		21.1 20.9	20.9	21.0				

C	7-3-161[134]	7-3-162[134]	7-3-163[134]	C	7-3-161[134]	7-3-162[134]	7-3-163[134]
2	159.7	159.6	159.6	4'-OMe			
3	135.7	136.5	136.4		3-Rha	3-Rha	3-Rha
4	179.4	179.8	179.8	1	102.5	103.6	103.5
5	149.8	150.0	150.0	2	71.6	71.9	71.9
6	130.8	130.8	131.0	3	69.9	72.0	72.2
7	155.9	156.2	156.1	4	74.9	73.2	73.2
8	99.7	99.7	99.8	5	69.4	72.0	72.1
9	157.4	157.6	157.7	6	17.5	17.6	17.6
10	107.2	107.2	107.4		7-Rha	7-Rha	7-Rha
1'	122.6	122.8	122.8	1	100.0	100.3	100.2
2'	116.9	117.0	116.9	2	69.4	71.7	69.5
3'	146.4	146.3	146.4	3	75.2	72.1	75.3
4'	149.8	149.9	150.0	4	70.7	73.5	70.8
5'	116.2	116.4	116.4	5	71.4	71.4	71.5
6'	123.1	123.2	123.2	6	18.0	18.1	18.0
6-OMe	62.3	62.3	62.4	Ac-CO	172.7		172.7
7-OMe					172.6		
3'-OMe				Ac-Me	21.1		21.1
					21.0		

表 7-3-22 双糖基黄酮醇类化合物 7-3-164~7-3-174 的 ^{13}C NMR 数据

C	7-3-164[60]	7-3-165[139]	7-3-166[94]	7-3-167[140]	7-3-168[141]	7-3-169[121]	7-3-170[142]	7-3-171[143]
2	158.6	157.5	155.4	158.2	156.9	159.3	158.3	158.3
3	136.5	135.3	133.8	135.0	134.7	136.5	134.3	135.1
4	179.2	178.6	177.5	179.8	179.0	179.6	179.2	179.5
5	162.8	162.2	161.2	163.0	162.9	163.2	162.9	163.1
6	100.0	107.1	98.9	99.9	99.6	100.1	100.2	99.8
7	164.6	165.0	164.7	165.0	165. 5	166.3	167.2	165.7
8	94.6	94.5	93.8	95.6	94.3	94.9	95.0	94.6
9	158.8	157.3	156.5	158.3	157.4	158.6	158.4	158.4
10	106.8	104.9	104.0	106.1	105.2	105.9	105.5	105.8
1'	123.0	121.5	124.5	122.7	122.4	122.9	123.4	123.2
2'	117.3	114.8	115.5	116.4	116.3	117.0	117.5	117.4
3'	146.5	145.5	147.5	145.0	146.6	146.5	145.8	146.0
4'	148.8	146.1	146.2	146.2	150.4	149.9	149.4	149.7

续表

C	7-3-164[60]	7-3-165[139]	7-3-166[94]	7-3-167[140]	7-3-168[141]	7-3-169[121]	7-3-170[142]	7-3-171[143]
5'	116.1	116.5	116.6	116.9	117.9	116.5	116.0	116.1
6'	132.0	121.8	121.0	123.0	122.8	122.9	122.6	123.4
7-OMe								
3'-OMe								
	3-Gal	3-Rha	3-Glu	3-Rha	3-Gal	3-Rha	3-GluA	3-Glu
1	101.5	99.6	100.8	100.6	100.7	102.6	100.2	100.9
2	73.0	70.5	74.2	73.3	82.9	82.7	79.8	82.2
3	73.9	72.3	76.5	72.1	75.3	71.8	77.8	78.2
4	69.9	82.6	70.0	71.7	69.5	73.6	73.7	71.1
5	76.8	70.5	77.7	71.3	77.4	72.0	78.7	77.0
6	62.2	18.3	61.0	17.7	61.5	17.7	176.4	62.4
	7-Ara	4''-Glu	4'-Glu	7-Rha	2''-Glu	2''-Glu	2''-Rha	2''-Xyl
1	101.2	101.6	101.5	103.6	106.3	107.2	102.5	105.3
2	72.0	74.7	73.3	73.6	76.0	75.4	72.3	74.8
3	74.7	76.9	75.9	72.1	78.4	77.8	72.2	78.3
4	68.9	71.1	69.8	71.9	71.2	70.8	74.0	71.1
5	66.8	74.7	77.3	71.3	78.3	77.8	68.9	66.6
6		63.8	60.7	18.1	62.2	62.2	17.3	
1		125.9						
2		130.9						
3		116.5						
4		160.6						
5		116.5						
6		130.9						
7		149.5						
8		114.8						
9		167.3						
Ac	172.0/21.1							

C	7-3-172[144]	7-3-173[145]	7-3-174[146]
2	177.5	146.3	156.3
3	164.3	136.6	133.6
4	161.4	176.1	177.7
5	156.5	160.3	160.8
6	156.5	97.4	97.9
7	148.7	165.0	165.2
8	145.0	92.1	92.4
9	133.5	156.1	157.0
10	121.8	104.0	105.0
1'	121.3	124.3	120.7
2'	116.3	111.7	112.6
3'	115.4	148.5	149.6
4'	104.2	147.9	147.2
5'	98.8	114.7	115.4
6'	93.7	121.1	122.9
7-OMe		56.1	
3'-OMe		55.8	
	3-Glu	4'-Glu	3-Ara*f*
1	101.0	98.1	108.3
2	74.1	77.1	82.2

续表

C	7-3-172[144]	7-3-173[145]	7-3-174[146]	C	7-3-172[144]	7-3-173[145]	7-3-174[146]
3	76.5	75.0	77.6	2	70.6	76.0	72.5
4	70.2	69.9	84.6	3	72.6	79.9	76.7
5	77.1	76.9	68.3	4	67.5	73.9	70.0
6	67.5	60.5		5	65.0	64.4	73.3
	6"-Ara	2"-Api	5"-Glu	6			61.0
1	102.9	108.3	103.0				

表 7-3-23 双糖基黄酮醇类化合物 7-3-175~7-3-178 的 ^{13}C NMR 数据

C	7-3-175[147]	7-3-176[131]	7-3-177[148]	7-3-178[149]	C	7-3-175[147]	7-3-176[131]	7-3-177[148]	7-3-178[149]
2	156.6	156.6	156.5	147.6	2	74.2	74.0	76.8	76.6
3	133.6	133.5	132.7	136.1	3	76.8	76.4	76.6	75.7
4	177.4	177.5	177.7	176.0	4	70.8	69.9	69.7	69.4
5	161.2	160.8	152.4	160.4	5	76.1	77.5	76.6	65.6
6	98.8	99.3	131.3	98.5	6	67.1	60.9	67.8	
7	163.9	160.8	151.7	162.2		6"-Rha	7-Rha	6"-Glu	2"-Api
8	93.6	94.4	94.1	94.0	1	100.7	98.1	103.2	108.8
9	156.4	155.8	157.5	155.7	2	70.8	67.2	73.5	76.1
10	104.2	105.7	104.5	104.7	3	70.4	73.0	76.5	79.2
1'	121.6	120.9	122.2	120.1	4	72.2	68.6	69.7	73.9
2'	115.3	116.3	115.3	115.3	5	68.2	70.1	76.3	64.1
3'	144.6	144.8	147.0	145.0	6	17.5	17.7	60.8	
4'	148.3	148.6	149.5	147.9			MeBut		
5'	116.5	115.1	113.4	115.6	1		175.5		
6'	121.6	121.6	121.1	121.8	2		40.2		
6-OMe			60.1		3		26.2		
3'-OMe			55.9		4		11.2		
	3-Glu	3-Glu	3-Glu	7-Xyl	5		16.2		
1	101.5	100.6	101.0	98.5					

四、三糖基黄酮醇类化合物

	R1	R2	R3
7-3-179	ORha	H	OAra*f*(2→1)Api*f*
7-3-180	ORha	H	ORha(4→1)Api*f*
7-3-181	OH	H	OGal(6→1)Rha(3→1)Glu
7-3-182	ORha	H	ORha(4→1)Glu
7-3-183	OGlu(2→1)Api*f*	H	ORha
7-3-184	ORha	H	OGlu(2→1)Rha
7-3-185	ORha	H	OSop
7-3-186	OH	H	OGal(2→1)Rha(6→1)Rha
7-3-187	ORha	H	ORob
7-3-188	OXyl(1→1)Api	OGlu	OH
7-3-189	OGlu	OH	ORha(2→1)Glu(6-*p*-Coum)
7-3-190	OGlu	OH	OGlu(6→1)Rha

注：Sop—槐糖基；Rob—洋槐二糖基。

表 7-3-24 三糖基黄酮醇类化合物 7-3-179~7-3-187 的 ^{13}C NMR 数据

C	7-3-179[150]	7-3-180[122]	7-3-181[151]	7-3-182[152]	7-3-183[153]	7-3-184[154]	7-3-185[155]	7-3-186[156]	7-3-187[157]
2	158.2	156.3	160.5	157.8	159.8	157.3	154.2	158.4	156.0
3	134.7	133.7	134.4	134.7	136.4	134.8	133.2	134.3	133.6
4	179.1	177.5	178.9	177.9	179.7	178.4	177.6	179.2	177.6
5	162.3	161.6	161.7	160.9	162.8	156.4	160.9	161.3	161
6	100.0	99.7	98.6	99.5	100.6	99.2	99.4	100.0	99.5
7	162.7	161.6	165.8	161.7	164.4	162.2	161.6	165.8	160.8
8	94.8	95.2	93.5	94.6	95.7	94.3	94.4	95.2	94.8
9	157.0	156.3	157.5	156.1	158.0	160.5	155.9	163.1	157.1
10	106.9	106.2	104.5	105.8	107.6	106.2	105.6	105.8	105.7
1'	121.7	123.4	121.4	120.2	122.3	120.9	120.7	123.1	120.7
2'	131.7	130.8	131.3	130.7	132.1	130.7	131.1	132.2	131.1
3'	116.5	117.0	114.9	115.5	116.5	115.3	115.4	116.2	115.2
4'	161.8	159.3	158.3	160.3	161.7	158.4	160.2	158.6	160.1
5'	116.5	117.0	114.9	115.5	116.5	115.3	115.4	116.2	115.2
6'	131.7	130.2	131.3	130.7	132.1	130.7	131.1	132.2	131.1
	3-Ara*f*	3-Rha	3-Gal	3-Rha	3-Rha	3-Glu	3-Glu	3-Gal	3-Gal
1	110.0	101.6	104.3	102.0	103.5	104.5	98.0	102.5	102.0
2	77.9	70.7	71.7	69.8	71.2	81.3	82.4	77.7	71.3
3	80.3	70.4	73.5	69.8	72.1	76.3	76.6	75.7	73.2
4	75.4	77.0	68.7	82.0	73.1	70.6	69.6	70.8	68.4
5	65.5	69.0	73.8	69.0	71.8	76.4	77.0	75.4	73.8
6		17.8	66.5	17.4	17.6	61.5	60.5	67.4	65.6
	2''-Api*f*	4''-Api	6''-Rha	4''-Glu	2'''-Api*f*	2''-Rha	2''-Glu	2''-Rha	6''-Rha
1	107.6	109.2	100.9	104.7	110.8	101.8	104.1	101.8	100.1
2	89.5	76.2	69.9	74.5	78.1	70.3	74.4	72.3	70.5
3	77.2	79.2	82.1	77.0	80.7	70.5	76.7	72.4	70.5
4	87.5	73.6	71.2	70.3	75.4	74.0	69.7	74.1	72.1
5	62.2	63.6	68.1	76.6	65.4	69.8	77.5	69.9	68.4
6			16.5	61.0		16.7	60.8	17.5	18.1
	7-Rha	7-Rha	3'''-Glu	7-Rha	7-Glu	7-Rha	7-Rha	6''-Rha	7-Rha
1	100.3	98.5	104.3	98.4	100.1	98.5	98.4	100.9	98.5
2	71.5	70.5	74.1	70.1	78.2	69.9	70.3	72.4	70.0
3	72.3	70.2	76.2	70.2	78.6	70.4	69.8	72.1	70.7
4	73.5	71.8	69.4	71.6	72.1	72.5	71.6	73.9	71.8
5	71.4	70.0	76.2	69.8	78.4	69.5	70.1	69.8	69.7
6	18.6	18.1	60.5	18.0	62.4	16.4	18.0	17.9	18.1

表 7-3-25 三糖基黄酮醇类化合物 7-3-188~7-3-190 的 ^{13}C NMR 数据

C	7-3-188[149]	7-3-189①[121]	7-3-190[158]
2	147.0	156.5	156.4
3	136.4	134.4	133.9
4	176.1	177.5	177.9
5	160.3	160.9	161.3
6	98.4	99.2	99.7
7	162.2	162.8	163.2
8	94.1	94.4	94.9
9	155.8	155.8	157.5

续表

C	7-3-188[149]	7-3-189①[121]	7-3-190[158]	C	7-3-188[149]	7-3-189①[121]	7-3-190[158]
10	104.8	105.6	105.9		2"-Api*f*	2"-Glu	6"-Rha
1'	122.1	120.3	122.0	1	108.8	106.0	101.1
2'	116.0	130.3	115.6	2	76.1	73.7	70.7
3'	145.4	115.3	145.2	3	79.3	75.9	70.9
4'	149.0	159.9	149.0	4	74.0	70.0	72.2
5'	116.0	115.3	116.9	5	64.1	73.6	68.6
6'	123.9	130.3	121.4	6		62.9	18.1
	7-Xyl	3-Rha	3-Glu		3'-Glu	7-Glu	7-Glu
1	98.6	100.6	101.4	1	102.6	99.9	100.3
2	76.7	81.4	74.4	2	73.3	73.2	73.5
3	75.7	70.0	76.4	3	75.9	76.4	76.6
4	69.4	71.5	70.4	4	69.9	69.8	69.9
5	65.7	70.4	76.8	5	77.3	77.1	77.5
6		17.4	67.3	6	60.8	60.6	61.0

① 香豆酰基: 166.3 (C-1), 113.9 (C-2), 145.2 (C-3), 125.0 (C-4), 130.0 (C-5), 115.6 (C-6), 59.6 (C-7), 115.6 (C-8), 130.0 (C-9)。

	R1	R2	R3	R4
7-3-191	OH	OGlu	OMe	OGlu(2→1)Xyl
7-3-192	ORha	OMe	OH	OSop
7-3-193	OH	OH	OH	OGlu(6→1)Rha; (2→1)Glu
7-3-194	OGlu	OH	OH	ORha(2→1)Glu(6-*p*-Coum)
7-3-195	OH	OH	OH	OGlu(6→1)Rha(2→1)Xyl
7-3-196	OH	OGlu	OH	OGlu(2→1)Xyl

表 7-3-26 三糖基黄酮醇类化合物 7-3-191~7-3-196 的 ^{13}C NMR 数据

C	7-3-191[159]	7-3-192[136]	7-3-193[160]	7-3-194①[121]	7-3-195[161]	7-3-196[128]
2	154.7	156.5	157.3	159.0	158.7	157.7
3	132.7	133.3	134.6	137.1	135.0	135.3
4	177.1	177.7	178.9	179.9	179.4	179.4
5	161.0	161.0	162.9	162.9	163.1	163.1
6	97.8	99.4	99.7	100.8	99.8	99.8
7	165.1	161.7	165.6	164.5	165.7	165.8
8	93.9	94.7	94.4	95.9	94.8	94.8
9	156.1	156.0	157.5	157.9	158.5	158.4
10	103.3	105.7	105.2	107.8	105.8	105.9
1'	122.9	121.0	122.4	122.9	123.3	123.6
2'	116.3	113.1	116.3	117.2	117.6	120.2
3'	145.2	149.7	146.5	146.6	145.9	146.4
4'	147.3	147.2	150.5	149.7	149.6	151.6
5'	115.0	115.5	117.9	116.5	116.1	117.0
6'	125.8	123.1	122.7	123.1	123.5	127.3
3'-OMe		55.9				

续表

C	7-3-191[159]	7-3-192[136]	7-3-193[160]	7-3-194①[121]	7-3-195[161]	7-3-196[128]
	3-Glu	3-Glu	3-Glu	3-Rha	3-Glu	3-Glu
1	98.3	98.3	100.7	102.6	100.9	100.8
2	81.5	82.2	82.6	83.7	82.0	81.9
3	77.1	76.7	75.2	71.8	78.2	78.3
4	69.4	69.6	69.0	73.7	71.4	71.0
5	75.8	76.6	75.0	72.0	77.1	78.4
6	60.6	60.6	66.0	17.8	68.1	62.4
	2''-Xyl	2''-Glu	2''-Glu	2''-Glu	2''-Xyl	2''-Xyl
1	104.4	103.6	106.2	107.2	105.1	104.9
2	73.3	74.4	76.0	75.2	74.7	74.8
3	74.5	77.0	78.3	77.9	76.8	77.0
4	69.9	70.2	71.1	72.2	71.0	71.1
5	65.7	77.6	78.3	75.4	66.5	66.6
6		60.9	62.2	64.4		
	3'-Glu	7-Rha	6''-Rha	7-Glu	6''-Rha	3'-Glu
1	102.3	98.4	101.7	101.7	102.1	104.8
2	73.8	69.9	72.6	74.9	72.1	74.9
3	76.1	70.3	72.0	77.7	72.3	77.6
4	69.5	71.7	73.8	71.3	73.9	71.2
5	76.5	69.8	69.6	78.4	69.7	78.4
6	63.4	18.1	18.4	62.5	17.8	62.4

① **7-3-195** 中香豆酰基: 168.9 (C-1), 114.9 (C-2), 146.7 (C-3), 127.0 (C-4), 131.0 (C-5), 116.8 (C-6), 161.0 (C-7), 116.8 (C-8), 131.0 (C-9)。

五、四糖基黄酮醇类化合物

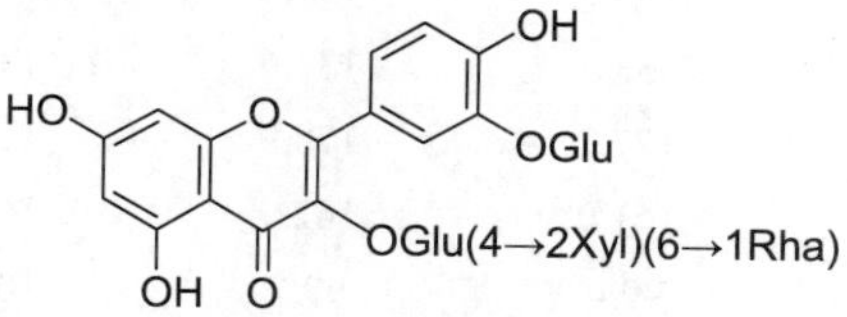

HO, OH, OGlu, OGlu(4→2Xyl)(6→1Rha), OH, O

7-3-197

表 7-3-27 四糖基黄酮醇类化合物 7-3-197 的 ^{13}C NMR 数据

C	7-3-197[159]	C	7-3-197[159]	C	7-3-197[159]
2	155.2	10	103.7	1	98.0
3	133.0	1'	121.1	2	81.5
4	177.2	2'	116.4	3	75.8
5	161.0	3'	145.1	4	68.1
6	98.6	4'	149.7	5	76.0
7	164.2	5'	115.6	6	65.6
8	93.8	6'	125.5	2''-Xyl	
9	156.3	3-Glu		1	104.3

续表

C	7-3-197[159]	C	7-3-197[159]	C	7-3-197[159]
2	73.8	2	70.3	1	102.3
3	76.0	3	71.8	2	73.7
4	69.6	4	73.3	3	76.9
5	65.9	5	69.6	4	69.6
6"-Rha		6	17.6	5	76.7
1	100.2	3'-Glu		6	60.6

六、异戊烯基及其衍生物取代黄酮醇类化合物

	R1	R2	R3	R4	R5	R6	R7	R8	R9
7-3-198	OH	H	OH	H	H	prenyl	OH	H	OH
7-3-199	OH	H	OH	H	H	OH	OH	prenyl	OH
7-3-200	OH	H	OH	prenyl	H	H	OH	H	OH
7-3-201	OH	H	OH	DMA	H	H	H	H	OH
7-3-202	OAc	H	OAc	DMA	H	H	H	H	OAc
7-3-203	OAc	H	OAc	DMA	H	H	OMe	H	OAc
7-3-204	OH	H	OH	2HMB	H	H	OMe	H	OH
7-3-205	OH	H	OH	H	H	2HMB	OH	H	OH
7-3-206	OH	H	OH	H	prenyl	OH	OH	H	OMe

注：prenyl—异戊烯基；DMA—1, 1-二甲基烯丙基；2HMB—2-羟基-3-甲基-3-丁烯基。

表 7-3-28　异戊烯基及其衍生物取代黄酮醇类化合物 7-3-198~7-3-206 的 ^{13}C NMR 数据

C	7-3-198[162]	7-3-199[163]	7-3-200[164]	7-3-201[165]	7-3-202[165]	7-3-203[165]	7-3-204[166]	7-3-205[163]	7-3-206①[167]	7-3-206②[167]
2	148.5	146.9	148.1	146.0	148.2	148.4	146.6	159.0	160.5	161.6
3	137.0	137.3	137.5	137.9	127.2	127.1	136.8	137.3	140.3	140.4
4	177.3	177.4	177.9	176.8	170.6	170.8	177.1	177.5	179.6	180.0
5	162.5	158.3	161.0	158.4	141.5	142.1	160.1	162.6	163.1	162.9
6	99.3	99.4	99.9	99.6	108.8	108.9	99.1	99.4	99.4	99.8
7	165.5	165.7	163.3	164.3	149.2	149.2	163.6	158.4	164.8	165.7
8	94.4	94.5	108.3	110.4	115.1	115.0	104.8	94.6	94.6	94.9
9	158.3	162.6	156.2	154.8	152.5	152.3	155.3	158.4	158.3	158.6
10	104.6	104.7	105.3	103.4	105.0	104.7	104.0	104.7	106.4	106.1
1'	123.6	129.6	124.8	131.0	129.4	121.6	124.8	123.8	123.4	122.8
2'	130.5	113.5	131.5	127.9	128.5	130.3	130.2	132.4	129.0	129.4
3'	129.5	145.9	117.4	128.1	128.6	114.1	114.6	127.1	144.4	144.6
4'	158.4	148.5	161.2	129.2	131.2	161.9	161.7	159.0	147.3	148.1

续表

C	7-3-198[162]	7-3-199[163]	7-3-200[164]	7-3-201[165]	7-3-202[165]	7-3-203[165]	7-3-204[166]	7-3-205[163]	7-3-206①[167]	7-3-206②[167]
5'	115.7	123.4	117.4	128.1	128.6	114.1	114.6	116.3	113.2	113.1
6'	128.1	123.9	131.5	127.9	128.5	130.3	130.2	129.0	123.8	123.9
3-OMe									60.5	60.9
4'-OMe						55.4	55.7			
	prenyl	prenyl	prenyl	DMA	DMA	DMA	2HMB	2HMB	prenyl	prenyl
1	29.3	29.4	23.3		41.6	41.6	30.3	38.5	26.9	26.8
2	123.6	122.2	124.5	150.1	148.4	148.5	75.4	76.7	122.6	122.7
3	133.6	133.5	133.1	108.2	116.5	116.4	149.1	148.7	131.6	132.0
4	25.9	26.1	26.8	29.7	28.8	28.9	110.3	111.5	25.7	25.7
5	17.9	18.1	19.2	29.7	28.8	28.9	18.1	18.2	17.8	17.9
Ac					169.4/21.3 168.6/21.0 167.9/20.5	169.4/21.3 168.6/21.1 167.9/20.5				

① 在溶剂 A 中测定。② 在 M 中测定。

七、异戊烯基或苯丙素基取代糖苷黄酮醇类化合物

	R^1	R^2	R^3	R^4	R^5	R^6	R^7
7-3-207	OH	H	OGlu	prenyl	H	OMe	ORha
7-3-208	OH	H	OH	prenyl	H	OH	ORha(2→1)Glu
7-3-209	OH	H	OH	prenyl	H	OH	ORha(2→1)Xyl
7-3-210	OH	H	OGlu	prenyl	H	OH	ORha
7-3-211	OH	H	OH	H	OMe	OH	ORha(2→1)Glu(6-tpcou)
7-3-212	OH	H	OH	H	H	OH	OGlu(2-tpcou) (3→1)Glu
7-3-213	OH	H	OH	H	H	OH	ORha(4→1)Glu(6-tpcou)
7-3-214	OH	H	OH	H	OH	OH	OGal(6-tpcou)(6→1)Rha

注：prenyl—异戊烯基；tpcou—反式对香豆酰基。

表 7-3-29　异戊烯基或苯丙素基取代双糖苷黄酮醇类化合物 7-3-207~7-3-214 的 ^{13}C NMR 数据

C	7-3-207[168]	7-3-208[169]	7-3-209[169]	7-3-210[170]	7-3-211[171]	7-3-212[172]	7-3-213[81]	7-3-214[173]
2	157.2	156.1	156.2	157.8	156.6	158.8	156.5	159.0
3	134.6	133.7	133.6	134.4	134.4	134.0	134.2	135.8
4	178.2	177.0	177.2	177.8	177.8	179.0	177.4	179.4
5	159.0	158.0	158.1	160.2	161.3	161.6	161.2	163.0
6	98.1	97.8	97.9	98.3	98.6	101.2	99.2	100.0
7	160.4	160.9	160.8	160.5	164.1	163.4	165.9	166.2
8	108.3	105.4	105.8	108.2	93.6	96.2	93.8	94.9
9	152.9	153.0	153.0	153.2	156.3	158.3	156.2	158.5
10	105.5	103.5	103.6	105.6	104.0	105.1	106.0	105.6
1'	122.0	120.0	120.1	120.7	120.6	123.1	120.3	122.8
2'	130.4	129.8	129.7	130.8	113.7	132.2	130.0	117.9
3'	114.0	114.8	114.9	115.5	149.1	116.0	115.4	145.9

续表

C	7-3-207[168]	7-3-208[169]	7-3-209[169]	7-3-210[170]	7-3-211[171]	7-3-212[172]	7-3-213[81]	7-3-214[173]
4'	161.3	159.2	159.3	159.3	146.1	161.2	160.0	150.1
5'	114.0	114.8	114.9	115.5	115.5	116.0	115.4	116.2
6'	130.4	129.8	129.7	130.8	122.3	132.2	130.0	123.1
3'-OMe					55.7			
4'-OMe	55.4							
	prenyl	prenyl	prenyl	prenyl	tpcou	tpcou	tpcou	tpcou
1	21.5	21.0	21.1	21.8	125.0	126.9	124.8	127.3
2	122.2	121.7	121.8	122.4	130.1	131.4	130.4	131.3
3	130.9	130.2	130.2	131.2	115.6	117.0	115.7	116.9
4	25.5	25.2	25.2	25.8	159.7	162.0	160.2	161.4
5	17.9	17.6	17.6	18.3	115.6	117.0	115.7	116.9
6					130.1	131.4	130.4	131.3
7					145.5	147.6	144.2	147.0
8					113.9	114.6	113.7	115.3
9					166.4	168.3	166.4	168.7
糖基-1	3-Rha	3-Rha	3-Rha	3-Rha	3-Rha	3-Glu	3-Rha	3-Gal
1	101.9	100.4	100.5	101.8	100.7	99.8	100.6	105.7
2	70.0	80.8	80.1	70.6	81.7	73.6	71.7	70.8
3	70.5	69.8	69.1	70.9	69.4	84.7	70.4	77.5
4	71.0	70.0	70.0	71.3	71.7	69.8	81.6	67.8
5	69.6	71.3	70.0	70.2	70.4	78.2	69.8	75.0
6	17.5	17.2	17.2	17.8	17.4	62.3	17.4	66.7
	7-Glu	2"-Glu	2"-Xyl	7-Glu	2"-Glu	3"-Glu	4"-Glu	6"-Rha
1	100.5	105.5	105.5	100.6	106.2	105.0	103.3	101.9
2	73.3	73.5	73.4	73.7	73.7	74.7	73.6	72.1
3	76.5	76.2	75.9	76.9	75.9	77.7	76.0	72.3
4	70.3	69.0	71.5	69.8	70.2	71.3	70.2	73.9
5	77.1	75.9	65.5	77.5	73.6	78.2	73.6	69.8
6	60.7	60.2		60.8	62.9	62.5	63.1	18.0

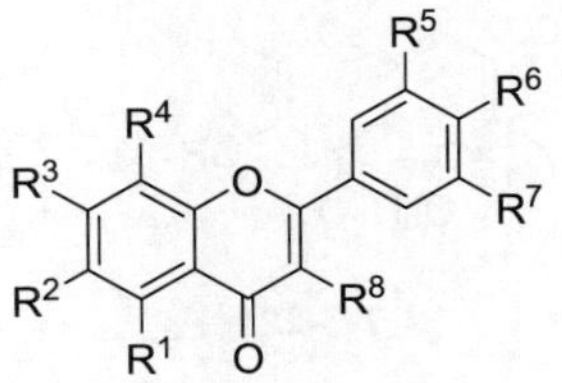

	R^1	R^2	R^3	R^4	R^5	R^6	R^7	R^8
7-3-215	OH	H	OGlu	prenyl	H	OH	H	ORha(2→1)Glu
7-3-216	OH	H	ORha(3→1)Glu(6-tcaf)	H	H	OH	H	OGlu
7-3-217	OH	H	OGlu	H	H	OH	H	ORha(2→1)Glu(6-tpcou)
7-3-218	OH	H	ORha	H	OH	OH	H	OGlu(6-tpcou)(2→1)Glu
7-3-219	OH	H	OH	H	OH	OH	H	OGlu(2→1)Glu(2→1)Glu(6-tpcou)

注：prenyl—异戊烯基；tcaf—反式咖啡酰基；tpcou—反式对香豆酰基。

表 7-3-30 异戊烯基或苯丙素基取代三糖苷黄酮醇类化合物 7-3-215~7-3-219 的 ^{13}C NMR 数据

C	7-3-215[113]	7-3-216[174]	7-3-217[171]	7-3-218[175]	7-3-219[176]	C	7-3-215[113]	7-3-216[174]	7-3-217[171]	7-3-218[175]	7-3-219[176]
2	156.7	157.9	156.5	155.9	155.4	8		114.6	113.9	113.7	115.4
3	134.0	136.0	134.4	133.2	132.9	9		169.0	166.3	166.2	165.7
4	177.3	179.5	177.5	177.3	177.4	糖基	3-Rha	3-Glu	3-Rha	3-Glu	3-Glu
5	158.3	162.5	160.9	159.6	161.2	1	100.3	104.1	100.6	104.5	98.1
6	97.8	100.1	99.2	99.1	98.6	2	80.6	75.8	81.4	74.0	83.1
7	159.7	163.0	162.8	161.3	164.2	3	69.6	77.8	70.0	76.2	76.1
8	105.2	95.6	94.4	93.8	93.4	4	70.0	71.5	71.5	69.7	69.7
9	152.3	157.3	155.8	155.6	156.2	5	71.4	78.3	70.4	74.5	76.2
10	103.8	107.7	105.6	105.4	103.8	6	17.2	62.8	17.4	63.3	60.6
1'	119.7	123.0	120.3	120.7	121.2		2''-Glu	7-Rha	2''-Glu	2''-Glu	2''-Glu
2'	129.8	132.6	130.3	115.2	116.1	1	105.4	99.1	106.0	98.4	102.1
3'	115.0	116.1	115.3	144.2	144.7	2	73.6	71.9	73.7	83.6	83.6
4'	159.7	161.4	159.9	148.9	148.4	3	76.3	83.6	75.9	76.1	76.2
5'	115.0	116.1	115.3	115.9	115.3	4	69.2	72.7	70.0	70.2	69.0
6'	129.8	132.6	130.3	121.9	121.6	5	76.0	71.4	73.6	77.3	77.3
	prenyl	tcaf	tpcou	tpcou	tpcou	6	60.4	18.2	62.9	60.5	60.6
1	21.3	127.2	125.0	124.8	125.4		7-Glu	3''-Glu	7-Glu	7-Rha	2'''-Glu
2	121.7	114.6	130.0	129.7	132.6	1	100.6	106.4	99.9	97.9	104.4
3	130.3	149.6	115.6	115.1	114.8	2	73.1	75.8	73.2	69.8	74.6
4	25.2	145.6	159.6	160.7	158.7	3	76.3	78.2	76.4	69.9	75.8
5	17.7	122.9	115.6	115.1	114.8	4	69.5	75.2	69.8	71.5	69.5
6		123.5	130.0	129.7	132.6	5	76.8	75.8	77.1	69.5	74.2
7		147.3	145.2	144.8	143.5	6	60.5	64.8	60.6	17.7	63.2

八、多取代黄酮醇类化合物

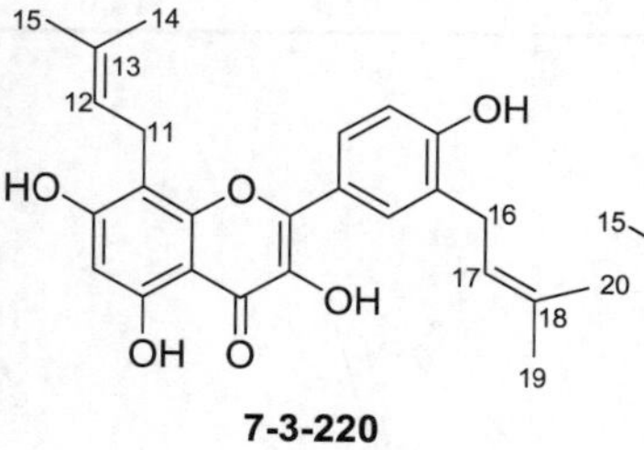

7-3-220

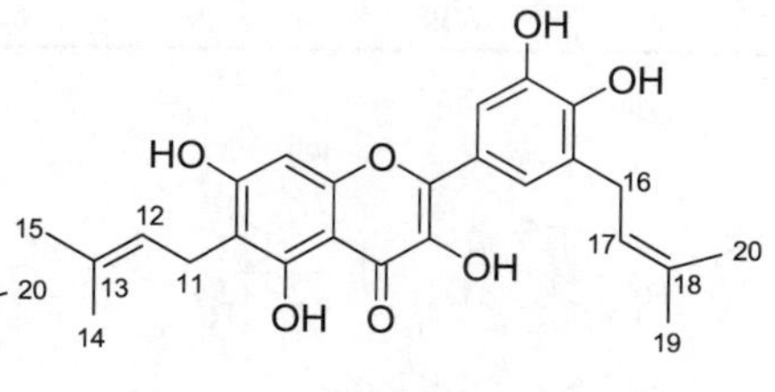

7-3-221

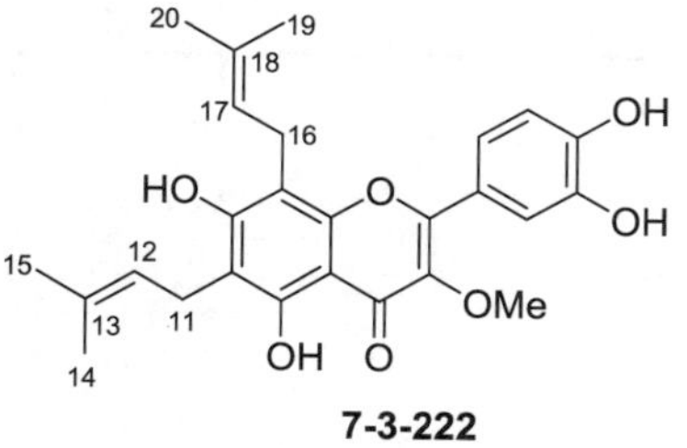

7-3-222

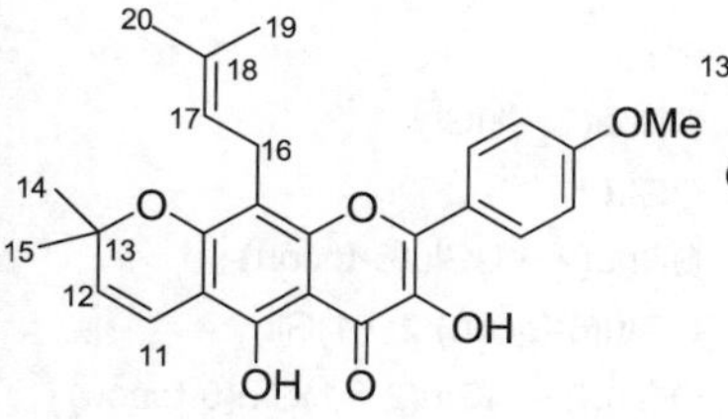

7-3-223

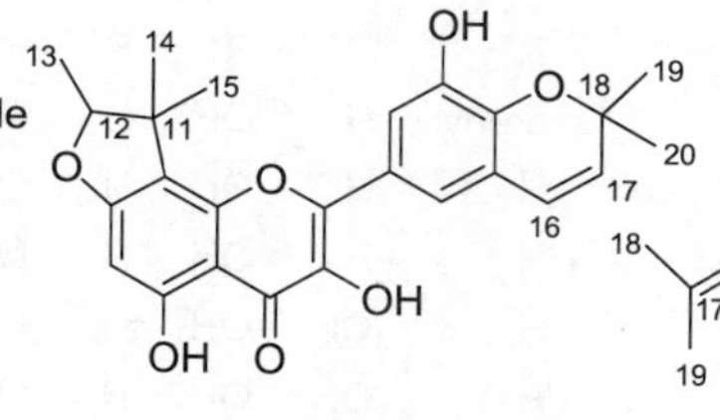

7-3-224

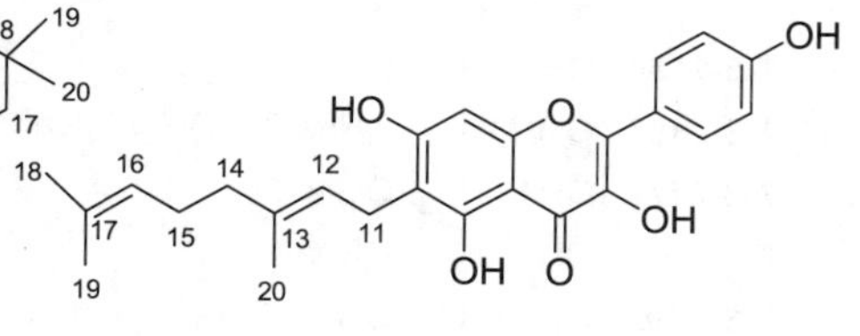

7-3-225

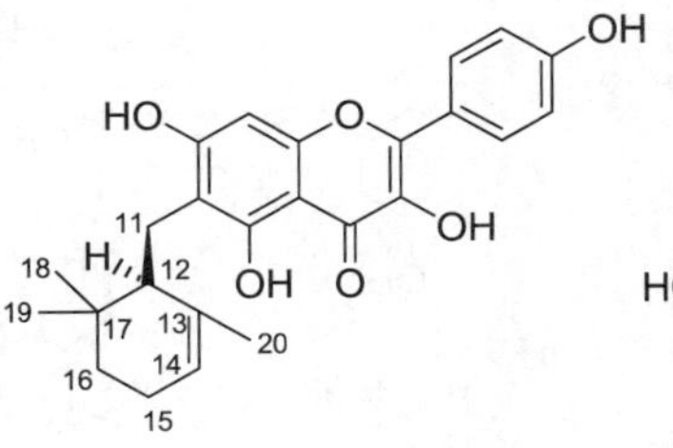

7-3-226 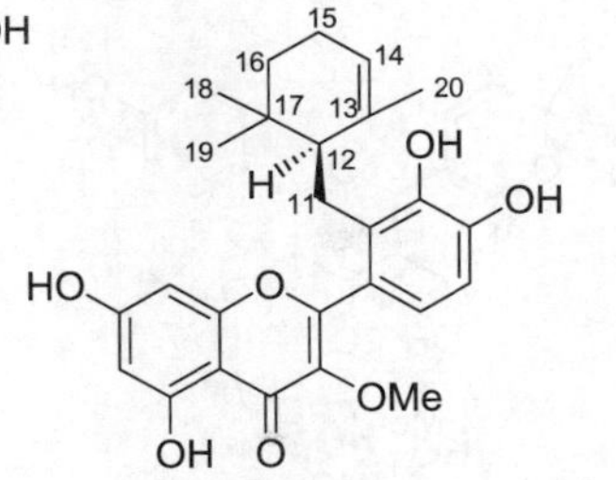 7-3-227 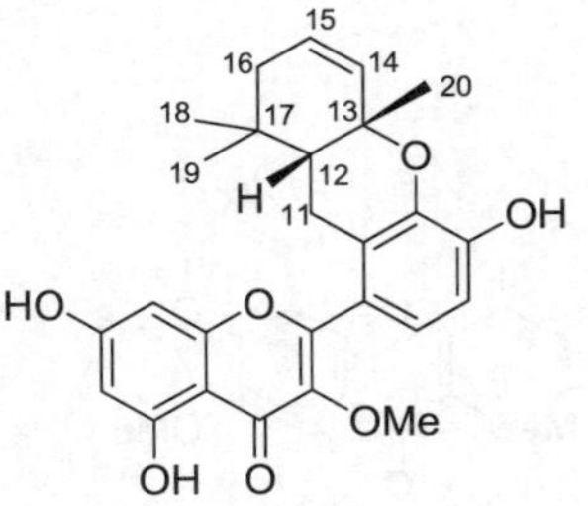 7-3-228

表 7-3-31 多取代基黄酮醇类化合物 7-3-220~7-3-227 的 ^{13}C NMR 数据

C	7-3-220[163]	7-3-221[163]	7-3-222[177]	7-3-223[178]	7-3-224[179]	7-3-225[180]	7-3-226[181]	7-3-227[181]
2	148.4	145.8	153.1	145.4	146.0	145.5	146.6	164.5
3	137.0	137.3	139.0	135.5	136.7	135.4	136.6	140.1
4	177.6	177.7	179.8	175.5	176.5	175.2	176.5	179.9
5	160.1	160.1	156.8	153.0	162.6	157.2	159.3	163.1
6	99.4	99.4	112.0	104.9	94.3	109.4	113.1	100.1
7	162.8	162.9	160.0	156.9	165.7	161.8	163.2	166.9
8	107.8	94.5	107.0	107.7	113.4	94.3	93.9	95.2
9	155.5	155.4	157.7	153.6	152.6	155.0	103.9	105.9
10	104.7	104.7	106.0	103.5	104.6	103.5	155.6	159.0
1'	124.1	107.8	123.1	123.7	124.4	123.4	123.4	124.0
2'	130.1	114.3	116.5	129.3	115.7	129.6	130.4	130.4
3'	129.6	148.4	146.2	114.1	146.3	115.6	116.3	145.3
4'	158.4	146.9	149.4	161.0	142.7	157.6	160.1	148.0
5'	115.7	129.6	116.5	114.1	122.3	115.6	116.3	113.3
6'	128.6	121.5	122.0	129.3	118.0	129.6	130.4	122.1
3-OMe			60.1					61.1
4'-OMe				55.3				
11	29.3	29.4	22.6	115.7	44.3	21.4	25.3	30.8
12	123.5	123.8	123.5	128.1	91.3	120.9	48.2	49.2
13	133.9	133.7	132.7	77.8	26.2	139.8	138.5	138.2
14	26.1	26.1	25.8	28.3	21.8	39.7	120.6	121.4
15	18.0	18.1	18.0	28.3	14.4	26.3	23.9	24.1
16	22.6	22.6	22.2	21.5	122.5	123.7	31.1	30.4
17	123.9	123.7	123.1	122.2	132.3	132.1	33.5	33.7
18	132.6	132.7	132.4	131.8	78.1	25.7	27.5	27.1
19	26.1	26.1	25.8	25.7	28.1	17.7	27.8	28.8
20	18.3	18.3	18.2	18.0	28.1	16.2	24.3	25.2

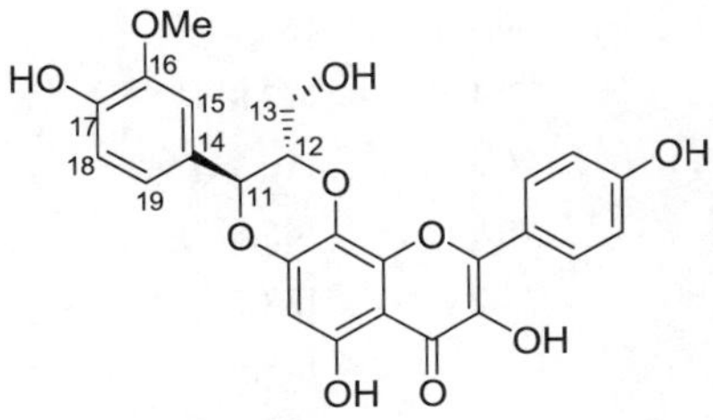

7-3-229 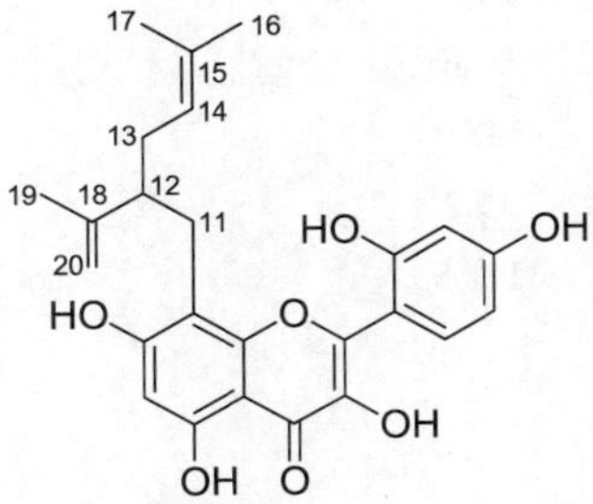 7-3-230 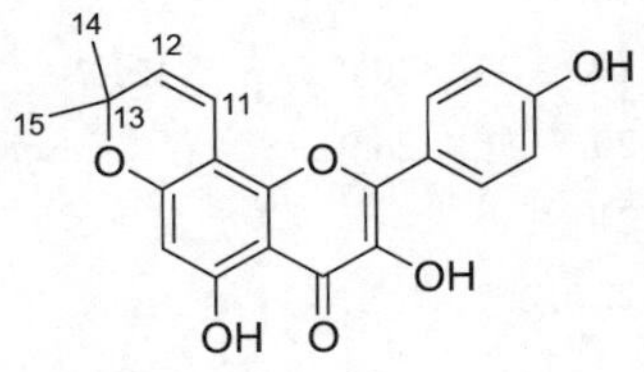 7-3-231

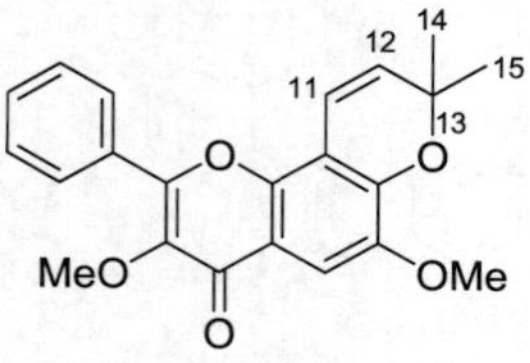

7-3-232

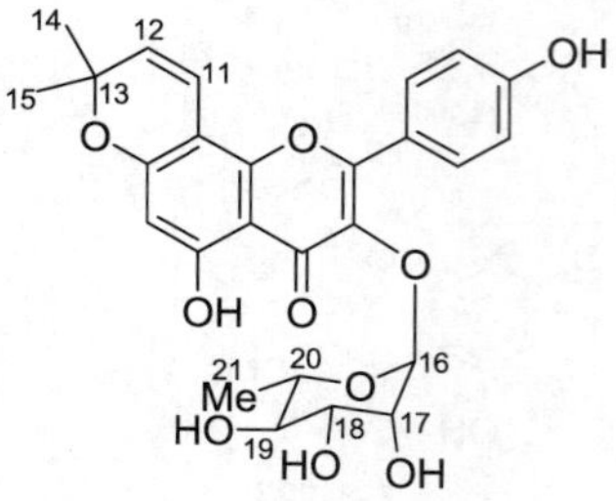

7-3-233

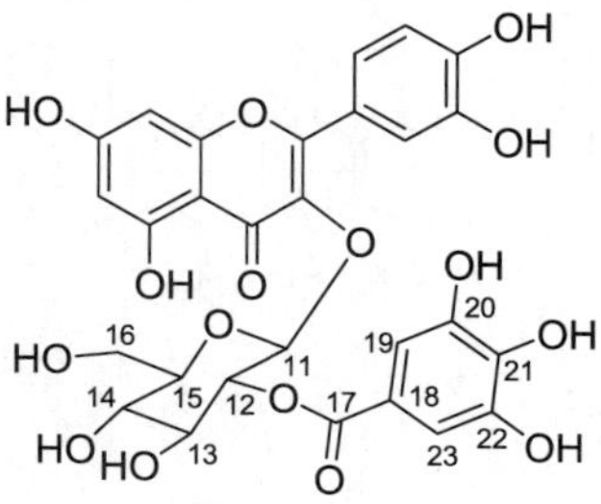

7-3-234

表 7-3-32 多取代基黄酮醇类化合物 7-3-228~7-3-235 的 ^{13}C NMR 数据

C	7-3-228[181]	7-3-229[182]	7-3-230[183]	7-3-231[184]	7-3-232[185]	7-3-233[113]	7-3-234[186]	7-3-235[187]
2	158.7	147.2	149.3	145.7	154.5	156.5	157.7	151.3
3	139.6	136.1	142.2	136.0	141.0	133.8	134.3	137.6
4	178.7	176.1	179.6	176.8	174.3	177.1	178.5	178.3
5	162.4	152.3	156.0	60.2	104.3	159.9	162.7	152.1
6	99.1	98.1	98.5	99.7	146.4	98.6	99.6	132.2
7	165.5	147.0	162.3	159.9	147.3	157.9	163.0	156.4
8	94.1	124.4	103.9	104.6	110.2	104.6	94.3	94.1
9	105.3	143.6	161.7	154.7	146.9	149.8	157.7	
10	157.8	104.2	106.3	100.9	117.3	100.3	105.5	106.2
1'	120.9	120.6	114.2	123.2	131.2	119.5	121.9	120.7
2'	121.9	129.6	150.9	130.5	128.5	129.9	115.8	115.7
3'	141.6	115.3	106.3	116.4	128.2	114.7	145.3	145.2
4'	147.9	159.4	161.2	159.7	130.3	159.9	149.1	148.9
5'	112.2	115.3	108.3	116.4	128.2	114.7	117.2	115.7
6'	122.1	129.6	129.4	130.5	128.5	129.9	122.9	120.6
3-OMe	60.2				60.1			59.7
6-OMe					56.3			60.3
16-OMe	55.7							
11	20.0	77.1	28.1	115.4	115.3	113.3	99.9	100.1
12	43.5	77.6	47.9	128.5	130.4	127.3	75.4	73.2
13	73.9	60.1	32.1	78.0	78.2	77.8	77.9	76.7
14	130.9	126.8	124.1	28.3	27.9	27.6	71.4	69.6
15	128.2	111.8	131.6	28.3	27.9	27.6	75.9	77.2
16	41.6	148.7	17.8			101.5	62.3	60.7
17	32.5	147.6	25.8			69.7	166.4	
18	20.8	115.5	148.9			70.1	122.8	
19	30.0	121.7	19.2			70.3	110.3	
20	26.9		111.5			70.9	145.8	
21						17.2	138.7	
22							145.8	
							110.3	

表 7-3-33 多取代基黄酮醇类化合物 7-3-236 和 7-3-237 的 ^{13}C NMR 数据[187]

C	7-3-236	7-3-237	C	7-3-236	7-3-237	C	7-3-236	7-3-237
2	155.0	157.0	10	102.8	105.4	3-OMe		59.7
3	133.2	137.9	11	101.1	99.4	1'	121.2	121.0
4	176.9	178.2	12	73.9	72.9	2'	132.3	130.0
5	161.0	160.4	13	77.3	75.1	3'	140.5	116.1
6	99.5	99.2	14	69.7	71.5	4'	151.9	160.9
7	162.4	162.6	15	76.4	75.8	5'	116.6	116.1
8	93.9	94.5	16	60.8	170.9	6'	126.3	130.0
9	156.5	156.0						

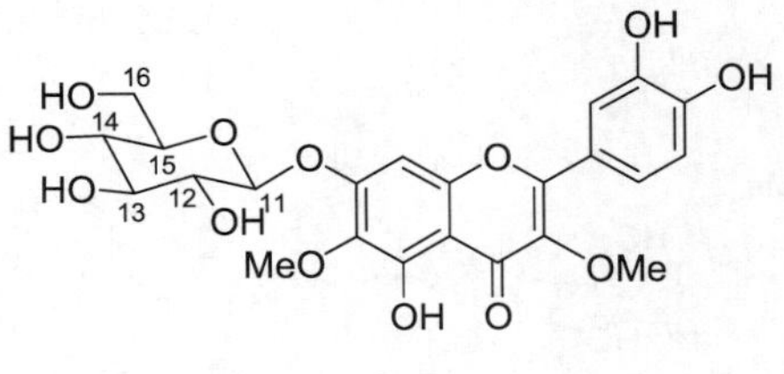

7-3-235

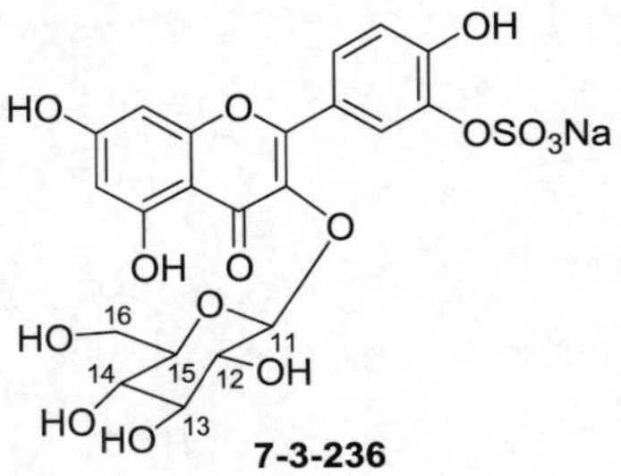

7-3-236

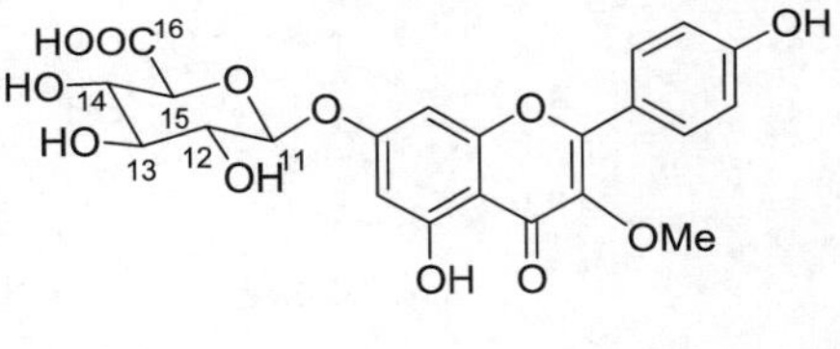

7-3-237

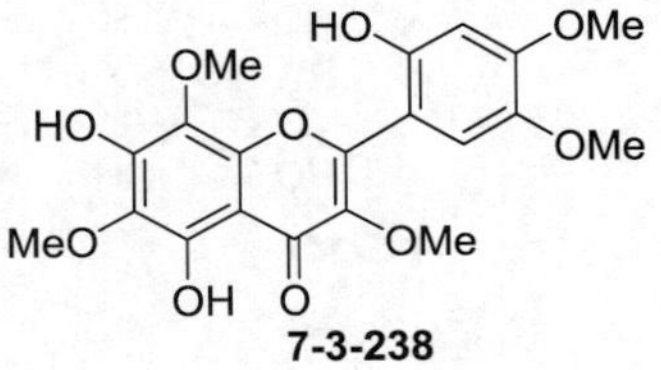

7-3-238

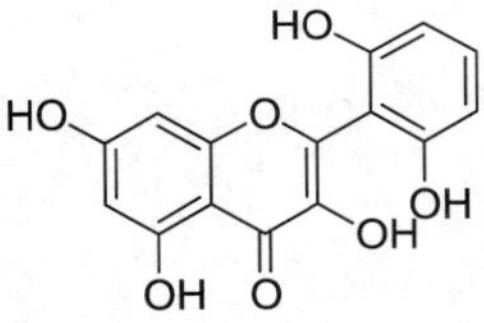

7-3-239

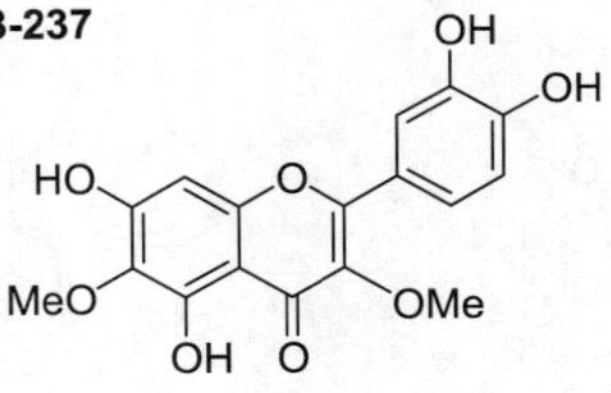

7-3-240

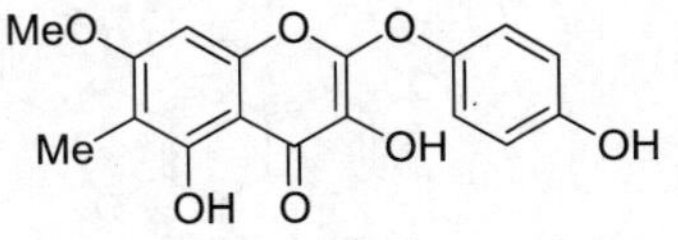

7-3-241

表 7-3-34 多取代基黄酮醇类化合物 7-3-238~7-3-241 的 ^{13}C NMR 数据

C	7-3-238[188]	7-3-239[189]	7-3-240[187]	7-3-241[26]	C	7-3-238[188]	7-3-239[189]	7-3-240[187]	7-3-241[26]
2	145.3	146.4	158.1	166.7	3'	101.5	106.3	146.5	116.2
3	138.7	138.2	139.2	156.8	4'	150.8	131.4	150.0	156.2
4	178.6	176.4	180.3	182.3	5'	141.9	106.3	116.5	116.6
5	148.1	161.0	153.8	156.2	6'	114.0	156.8	122.4	121.8
6	131.5	98.0	132.6	108.5	3-OMe	61.0		60.5	
7	156.7	163.7	158.7	161.5	6-OMe	60.1		61.0	
8	127.9	93.4	95.0	92.1	7-OMe				56.4
9	152.3	157.7		152.4	8-OMe	59.5			
10	104.0	103.9	105.3	101.5	4'-OMe	55.6			
1'	108.3	106.3	122.9	143.1	5'-OMe	56.5			
2'	150.6	156.8		121.5	6-Me				7.2

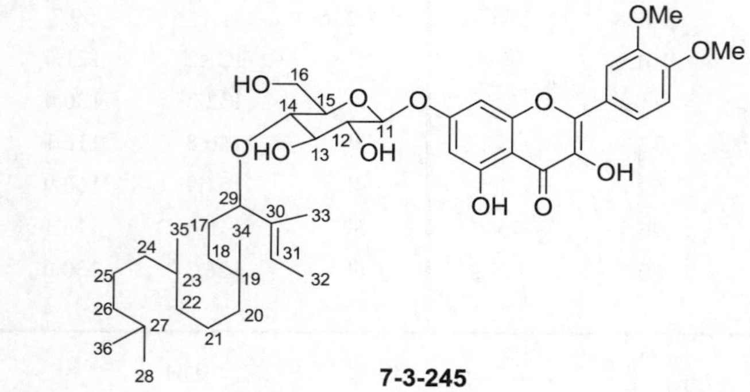

7-3-245

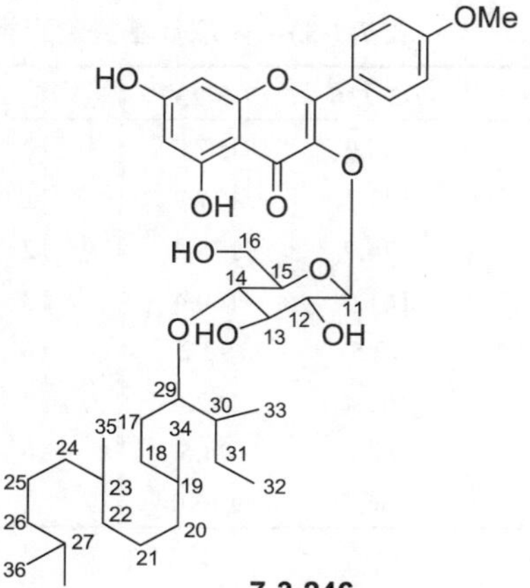

7-3-246

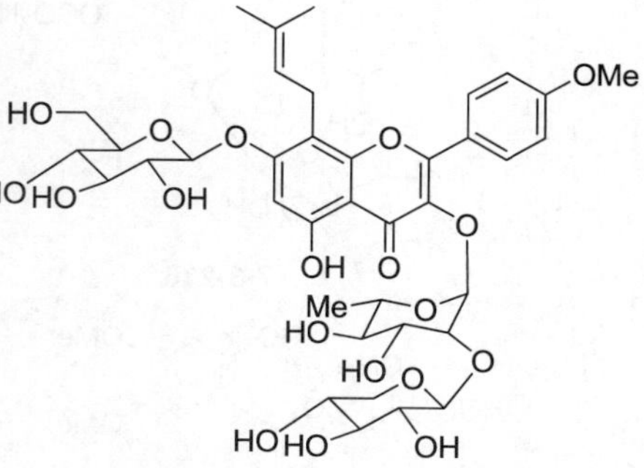

7-3-247

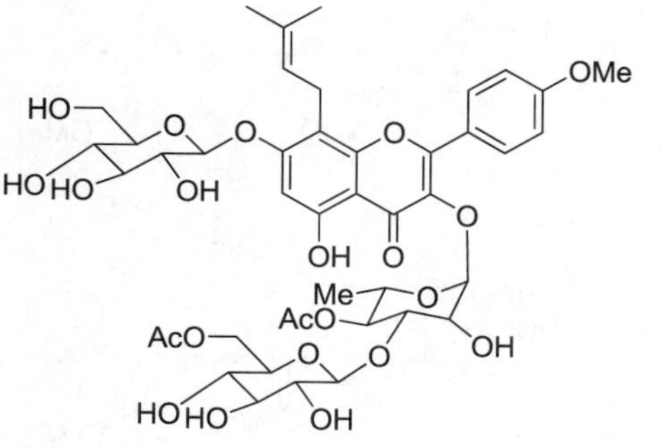

7-3-248

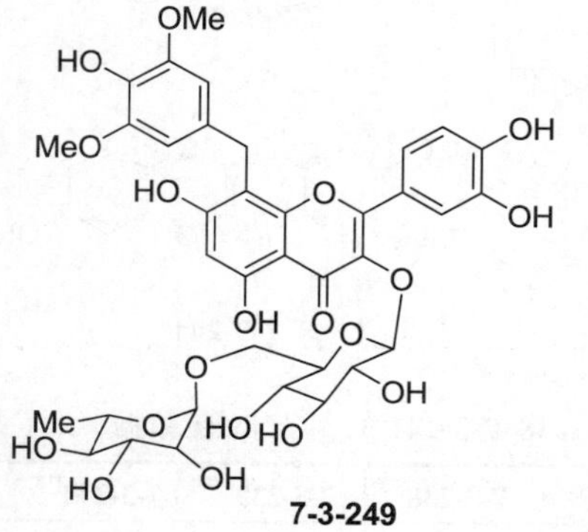

7-3-249

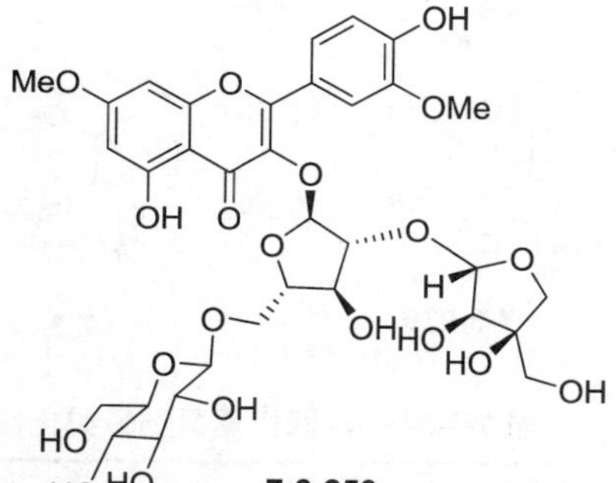

7-3-250

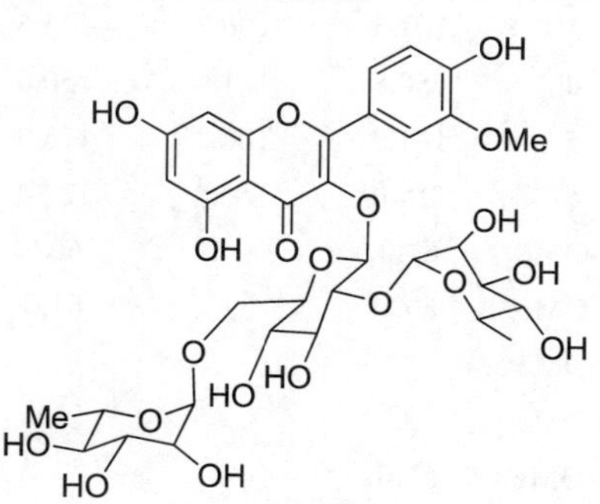

7-3-251

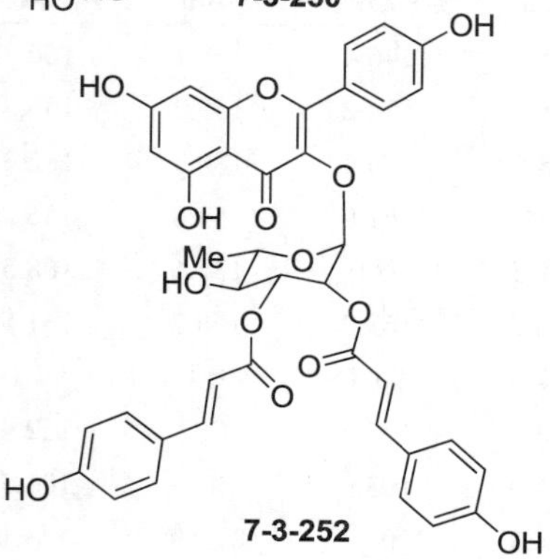

7-3-252

表 7-3-35 多取代基黄酮醇类化合物 7-3-242~7-3-246 的 ^{13}C NMR 数据

C	7-3-242[190]	7-3-243[190]	7-3-244[191]	7-3-245[192]	7-3-246[192]	C	7-3-242[190]	7-3-243[190]	7-3-244[191]	7-3-245[192]	7-3-246[192]
2	147.5	147.8	151.1	144.1	144.1	15	17.7	17.7	25.9	78.3	71.8
3	135.7	135.6	137.9	138.5	135.9	16		26.2	26.4	61.2	63.1
4	175.0	174.9	177.6	172.9	175.9	17		121.1	124.6	14.3	12.1
5	158.8	158.9	160.5	167.5	159.5	18		134.2	133.4	52.1	53.6
6	100.4	100.5	99.1	95.5	99.1	19		25.6	18.1	17.1	19.8
7	161.1	161.1	162.2	169.3	165.8	20		17.9	25.9	22.9	21.2
8	109.7	109.6	107.5	109.4	97.6	21	40.5	40.5	29.4	23.3	22.1
9	155.1	155.1	156.2	156.6	154.3	22	148.5	148.5	125.4	56.1	46.9
10	104.7	104.7	105.2	103.6	100.6	23	112.7	113.1	132.2	29.6	24.2
1'	121.5	121.4	122.9	118.8	124.7	24	27.6	28.0	17.8	34.3	29.9
2'	119.4	126.4	115.8	114.8	127.1	25	27.8	27.4	25.6	49.2	39.1
3'	140.9	141.5	143.3	154.7	111.9	26				52.1	56.5
4'	142.3	144.1	146.2	154.5	134.7	27				29.9	43.1
5'	115.3	113.8	128.7	112.0	111.1	28				51.4	57.0
6'	128.7	130.8	131.4	108.3	131.3	29				77.0	71.9
3'-OMe				61.2		30				135.3	60.0
4'-OMe				56.4	56.2	31				122.6	34.1
5'-OMe						32				25.8	14.0
11	28.0	29.2	22.4	106.5	103.6	33				25.6	27.5
12	122.9	122.9	123.5	78.1	70.8	34				24.5	26.4
13	130.1	132.1	131.8	76.9	69.5	35				32.1	31.6
14	25.4	25.4	17.8	78.0	71.6	36				25.8	24.4

表 7-3-36 多取代基黄酮醇类化合物 7-3-247~7-3-252 的 ^{13}C NMR 数据

C	7-3-247[193]	7-3-248[194]	7-3-249[195]	7-3-250[196]	7-3-251[197]	7-3-252[198]	C	7-3-247[193]	7-3-248[194]	7-3-249[195]	7-3-250[196]	7-3-251[197]	7-3-252[198]
2	157.2	157.5	159.3	156.3	159.3	158.2	10	105.6	105.7	105.8	105.0	106.7	105.8
3	134.8	133.9	135.6	133.6	135.1	134.1	1'	122.2	122.2	123.5	120.7	124.1	122.4
4	178.5	178.2	179.7	177.8	180.2	179.0	2'	130.6	130.7	117.9	112.6	116.9	131.9
5	160.6	160.7	160.8	160.8	164.0	163.0	3'	114.3	114.3	146.0	147.2	151.4	116.5
6	98.3	98.4	99.5	97.9	100.5	99.7	4'	159.2	159.2	149.8	149.6	149.1	158.8
7	161.7	161.8	163.2	165.2	166.5	166.4	5'	114.3	114.3	116.1	115.4	115.3	116.5
8	108.5	108.6	108.5	92.4	95.5	94.8	6'	130.6	130.7	123.7	122.9	124.5	131.9
9	153.1	153.2	155.8	157.0	159.2	158.8	7-OMe				56.1		

续表

C	7-3-247[193]	7-3-248[194]	7-3-249[195]	7-3-250[196]	7-3-251[197]	7-3-252[198]	C	7-3-247[193]	7-3-248[194]	7-3-249[195]	7-3-250[196]	7-3-251[197]	7-3-252[198]
3'-OMe				55.7	57.7		23	73.8	73.5	68.5	76.7	103.2	160.8
4'-OMe	55.6	55.7					24	76.7	76.7	102.4	73.2	73.1	131.1
3''-OMe			56.5				25	70.5	70.4	72.1	70.0	72.9	131.2
5''-OMe			56.5				26	65.9	73.8	72.3	61.0	74.7	167.1
11	21.5	21.8	29.1	106.2	101.3	99.1	27	100.7	64.0	73.9		70.5	115.2
12	122.2	122.2	133.2	87.8	80.9	72.5	28	73.5	100.7	69.7		17.3	145.8
13	131.3	131.4	106.7	76.2	79.6	68.2	29	76.7	73.8	17.9			127.0
14	25.6	25.6	149.0	83.4	74.5	74.4	30	60.8	76.7				131.2
15	18.0	18.0	134.5	67.8	78.0	69.4	31	77.7	69.8				116.7
16	101.1	101.1	149.0	108.0	68.9	17.8	32	60.8	76.9				161.2
17	80.7	70.0	106.7	76.0	103.5	166.7	33		60.7				131.1
18	70.4	77.3	104.9	78.6	73.1	115.5	34						131.2
19	71.8	71.2	75.7	73.5	72.9	146.5	Rha-4-Ac		170.6/20.8				
20	69.4	68.5	78.2	63.0	74.7	127.9							
21	17.5	17.1	71.3	102.7	70.7	131.2	3''-Glu-6-Ac		169.9/20.7				
22	105.6	105.7	77.2	76.6	18.6	116.7							

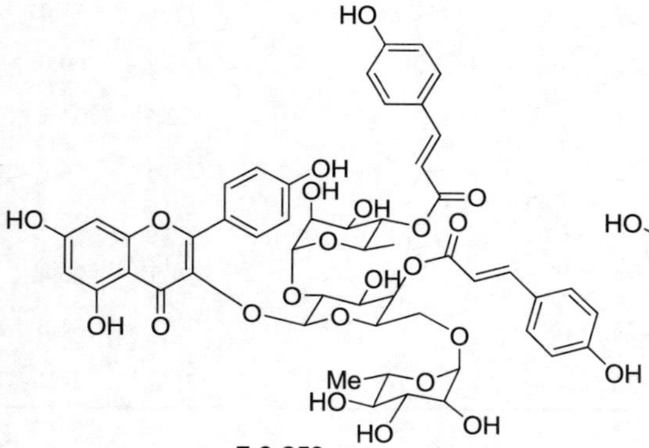

7-3-253

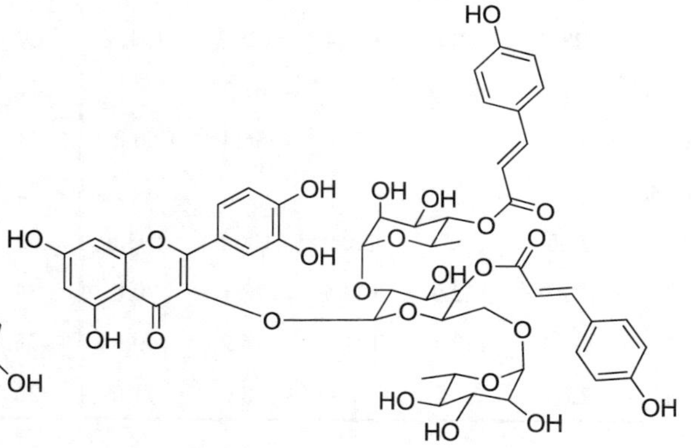

7-3-254

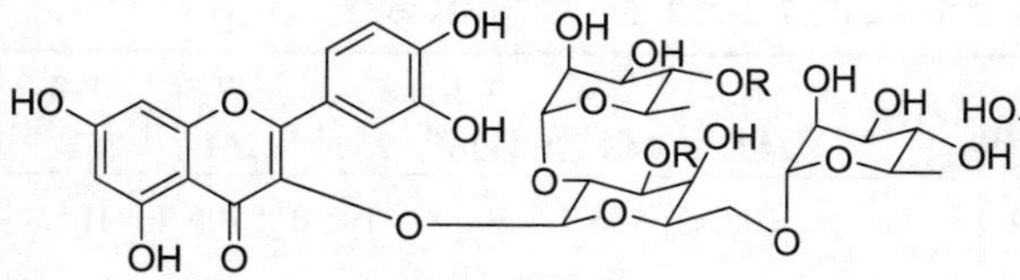

R=反式对香豆酰基（tpcou）

7-3-255

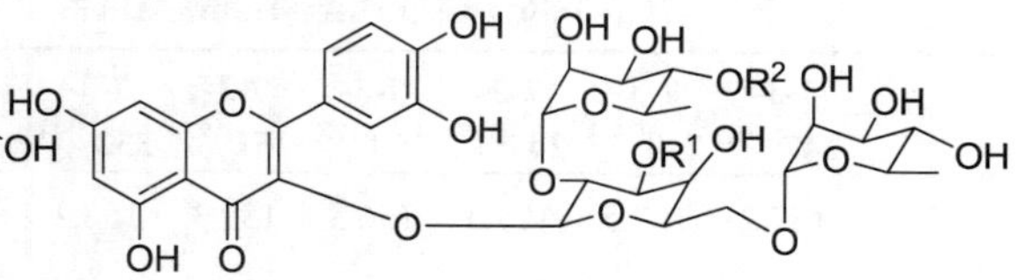

R^1=反式对香豆酰基（tpcou）
R^2=反式咖啡酰基（tcaf）

7-3-256

表 7-3-37 多取代基黄酮醇类化合物 7-3-253~7-3-256 的 ^{13}C NMR 数据[199]

C	7-3-253	7-3-254	7-3-255	7-3-256	C	7-3-253	7-3-254	7-3-255	7-3-256
2	159.4	159.3	158.7	158.7	5	163.2	163.2	163.1	163.2
3	134.4	134.5	134.6	134.5	6	100.0	100.0	100.0	100.0
4	179.2	179.1	179.0	179.0	7	165.9	165.9	165.9	165.8

续表

C	7-3-253	7-3-254	7-3-255	7-3-256	C	7-3-253	7-3-254	7-3-255	7-3-256
8	94.9	94.9	94.8	94.8	6	131.4	131.5	131.2	123.3
9	158.5	158.5	158.4	158.4	7	147.3	147.4	146.4	146.9
10	105.9	105.9	105.9	105.9	8	114.9	115.0	115.4	115.3
1'	123.2	123.6	123.1	123.2	9	168.6	168.9	168.9	169.0
2'	132.2	117.6	117.5	117.5	糖基	3-Gal	3-Gal	3-Gal	3-Gal
3'	116.1	146.0	145.8	145.8	1	101.4	101.4	101.7	101.6
4'	161.5	149.7	149.8	149.8	2	78.0	78.0	75.3	75.4
5'	116.1	115.9	116.2	116.2	3	74.1	74.1	77.8	77.7
6'	132.2	123.4	123.0	123.0	4	72.0	72.0	68.0	68.0
	4''-tpcou	4''-tpcou	3''-tpcou	3''-tpcou	5	73.7	73.6	74.7	74.8
1	127.2	127.2	127.1	127.1	6	67.1	67.1	66.6	66.6
2	131.2	131.2	131.4	131.5		2''-Rha	2''-Rha	2''-Rha	2''-Rha
3	116.8	116.8	116.9	116.9	1	102.6	102.6	102.4	102.5
4	161.2	161.1	161.5	161.5	2	72.5	72.5	72.5	72.6
5	116.8	116.8	116.9	116.9	3	70.4	70.5	70.3	70.4
6	131.2	131.2	131.4	131.5	4	75.7	75.7	75.5	75.5
7	146.5	146.5	147.6	47.6	5	67.9	67.9	68.0	68.1
8	115.4	115.4	114.7	114.7	6	17.4	17.4	17.3	17.3
9	169.0	169.0	168.3	168.3		6''-Rha	6''-Rha	6''-Rha	6''-Rha
	4'''-tpcou	4'''-tpcou	4'''-tpcou	4'''-tcaf	1	102.3	102.2	101.9	101.9
1	127.2	127.3	127.1	127.7	2	72.1	72.1	72.0	72.1
2	131.4	131.5	131.2	114.8	3	72.2	72.2	72.2	72.3
3	116.9	116.9	116.8	146.7	4	73.7	73.8	73.8	73.9
4	161.4	161.3	161.1	149.5	5	69.9	69.9	69.7	69.8
5	116.9	116.9	116.8	116.4	6	17.9	17.9	18.0	18.0

参考文献

[1] 迟家平，薛秉文，陈海生. 中国药学杂志, 1996, 31(5): 264.

[2] Norbedo C, Ferraro G, Coussio J D. Phytochemistry, 1984, 23: 2698.

[3] 纳智，李朝明，郑惠兰等. 云南植物研究, 2001, 23: 400.

[4] Tanaka T, Iinuma M, Yuki K, et al. Phytochemistry, 1992, 31: 993.

[5] Ponce M A, Scervino J M, Erra-Balsells R, et al. Phytochemistry, 2004, 65: 1925.

[6] Guerreiro E, Kavka J, Giordano O S. Phytochemistry, 1982, 21: 2601.

[7] Urzua A, Orres R, Bueno C, et al. Biochem Syst Ecol, 1995, 23: 459.

[8] 杨秀伟，张建业，徐嵬等. 药学学报, 2005, 40: 717.

[9] 何自伟，吕长平，吴王锁等. 西北植物学报, 2007, 27: 1884.

[10] 羊晓东，赵静峰，任海英等. 云南大学学报：自然科学版, 2003, 25: 141.

[11] Horie T, Ohtsuru Y, Shibata K, et al. Phytochemistry, 1998, 47: 865.

[12] Benyahia S, Benayache S, Benayache F, et al. J Nat Prod, 2004, 67: 527.

[13] Ibewuike J C, Ogundaini A O, Ogungbamila F O, et al. Phytochemistry, 1996, 43: 687.

[14] Williams C A, Harborne J B, Geiger H, et al. Phytochemistry, 1999, 51: 417.

[15] Nakatani N, Jitoe A, Masuda T, et al. Agric Biol Chem, 1991, 55: 455.

[16] Dong H, Gou Y L, Cao S G, et al. Phytochemistry, 1999, 50: 899.

[17] Heerden F R, Viljoen A M, van Wyk B E. Fitoterapia, 2000, 71: 602.

[18] Tuchinda P, Pompimon W, Reutrakul V, et al. Tetrahedron, 2002, 58: 8073.
[19] 施蛟，陈博，孙智华等. 药学学报, 2003, 38: 599.
[20] Wang Y, Hamburger M, Gueho J, et al. Phytochemistry, 1989, 28: 2323.
[21] Roitman J N, James L F. Phytochemistry, 1985, 24: 835.
[22] El-Ansari M A, Barron D, Abdalla M F, et al. Phytochemistry, 1991, 30: 1169.
[23] Chen I S, Chen T L, Chang Y L, et al. J Nat Prod, 1999, 62: 833.
[24] Su B N, Park E J, Vigo J S, et al. Phytochemistry, 2003, 63: 335.
[25] 龙飞，邓亮，陈阳. 华西药学杂志, 2011, 26: 97.
[26] Babajide O J, Babajide O O, Daramola A O, et al. Phytochemistry, 2008, 69: 2245.
[27] 傅芃，李廷钊，柳润辉等. 中国天然药物, 2004, 2: 283.
[28] Farkas L, Nogradi M. Tetrahedron Lett, 1966, 31: 3759.
[29] Kurkin V A, Zapesochnaya G G, Braslavskii V B. Khim Prir Soedin, 1990, (2): 272.
[30] Shirataki Y, Yoshida S, Sugita Y, et al. Phytochemistry, 1997, 44: 715.
[31] Ferreira E O, Dias D A. Phytochemistry, 2000, 53: 145.
[32] Sy L K, Brown G D. Phytochemistry, 1998, 48: 1207.
[33] Long C, Sauleau P, David B, et al. Phytochemistry, 2003, 64: 567.
[34] Brown G D, Liang G Y, Sy L K. Phytochemistry, 2003, 64: 303.
[35] Das B, Chakravarty A K, Masuda K, et al. Phytochemistry, 1994, 37: 1363.
[36] 史高峰，鲁润华，杨云裳. 中草药, 2003, 34(增刊): 98.
[37] 徐哲，赵晓頔，王漪檬等. 沈阳药科大学学报, 2008, 25(2): 108.
[38] 刘建群，张朝凤，张勉等. 中国药科大学学报，2005, 36: 114.
[39] Machida K, Osawa K. Chem Pharm Bull, 1989, 37: 1092.
[40] Beutler J A, Hamel E, Vlietinck A J, et al. J Med Chem, 1998, 41: 2333.
[41] Ahmed A A, Ali A A, Mabry T J. Phytochemistry, 1989, 28: 665.
[42] Harborne J B, Mabry T J. The Flavonoids: Advances in Research. London: Chapman and Hall, 1982: 72.
[43] 陈祖兴，黄锦霞，李焰等. 湖北大学学报：自然科学版, 1997, 62(3): 1121.
[44] 檀爱民，杨虹，李云森等. 中国药学杂志, 2004, 39: 498.
[45] Hammoda H M. Alexandria J Pharm Sci, 2004, 18(2): 93.
[46] Barron D, Colebrook L D, Ibrahim, R K. Phytochemistry, 1986, 25: 1719.
[47] Seabra R, Alves A C. Phytochemistry, 1991, 30: 1344.
[48] Tian Y, Wu J, Zhang S. J Chin Pharm Sci, 2004, 13: 214.
[49] Ferracin R J, da Silva M F das G F, Fernandes J B, et al. Phytochemistry, 1998, 47: 393.
[50] Kamnaing P, Free S N Y F, Nkengfack A E, et al. Phytochemistry, 1999, 51: 829.
[51] Pomilio A, Ellmann B, Kunstler K, et al. Leibigs Ann Chem, 1977, 588.
[52] Gaydou E M, Bianchini J P. Ann Chim, 1977, 2: 303.
[53] Rao M M, Gupta P S, Krishna E M, et al. Indian J Chem, 1979, 17B: 178.
[54] Kumari G N, Rao L J M, Rao N S P. Proc Indian Acad Sciences, 1986, 97: 171.
[55] 张朝凤，孙启时，赵燕燕等. 中国药物化学杂志, 2001, 11: 274.
[56] 梅文莉，戴好富，吴大刚. 热带亚热带植物学报, 2006, 14: 413.
[57] Matthes H W D, Luu B, Ourisson G. Phytochemistry, 1980, 19: 2643.
[58] Chua M T, Tung Y T, Chang S T. Bioresource Technology, 2008, 99: 1918.
[59] 杜树山，张文生，吴晨等. 中国中药杂志, 2003, 28(7): 625.
[60] Fico G, Braca A, Bilia A R, et al. J Nat Prod, 2000, 63(11): 1563.
[61] Jung M J, Chung H Y, Choi J H, et al. Phytother Res, 2003, 17: 1064.
[62] 杨念云，段金廒，李萍等. 中国药学杂志, 2006, 41: 1621.
[63] 刘可越，张铁军，高文远等. 中草药, 2007, 38: 1793.
[64] Dini I, Carlo Tenore G, Dini A. Food Chem, 2004, 84(2): 163.
[65] Horowitz R M, Asen S. Phytochemistry, 1989, 28(9): 2531.
[66] 李蓉涛，丁智慧，丁靖垲. 云南植物研究, 1997, 19: 196.
[67] Fukunaga T, Nishiya K, Kajikawa I, et al. Chem Pharm Bull, 1988, 36: 1180.
[68] Ohmoto T, Yamaguchi K, Ikeda K. Chem Pharm Bull, 1988, 36: 578.
[69] Kohda H, Niwa A, Nakamoto Y, et al. Chem Pharm Bull, 1990, 38: 523.

[70] Pandey R, Maurya R, Singh G, et al. Int Immunopharmacol, 2005, 5: 541.
[71] Li J X, Li H, Kadota S, et al. J Nat Prod, 1996, 59: 1015.
[72] Foo L Y, Lu Y, Molan A L, et al. Phytochemistry, 2000, 54(5): 539.
[73] 廖矛川, 刘永漋，肖培根. Journal of Integrative Plant Biology, 1990, 32(2): 137.
[74] Chiang Y M, Chuang D Y, Wang S Y, et al. J Ethnopharmacol, 2004, 95: 409.
[75] Subramanian S S, Nair A G R. Phytochemistry, 1972, 11: 1518.
[76] Wind O, Christensen S B, Molgaard P. Biochem Syst Ecol, 1998, 26: 771.
[77] 戴胜军, 陈若芸, 于德泉. 中国中药杂志, 2004, 29: 44.
[78] 王先荣, 周正华, 杜安全等. 中国天然药物, 2004, 2: 91.
[79] 田雅娟, 罗应刚, 李伯刚等. 天然产物研究与开发, 2002, 14(3): 18.
[80] Gudej J, Nazaruk J. Fitoterapia, 2001, 72: 839.
[81] Victoire C, Haag-Berrurier M, Lobstein-Guth A, et al. Planta Med, 1988, 54: 245.
[82] Barron D, Ibrahim R K. Phytochemistry, 1988, 27: 2362.
[83] Heilmanna J, Muller E, Merfort I. Phytochemistry, 1999, 51: 713.
[84] Park E J, Kim Y, Kim J. J Nat Prod, 2000, 63(1): 34.
[85] Kim S R, Park M J, Lee M K, et al. Free Radical Biol Med, 2002, 32: 596.
[86] Kim M R, Lee J Y, Lee H H, et al. Food Chem Toxicol, 2006, 44: 1299.
[87] Moon H I, Lee J, Zee O P, et al. J Ethnopharmacol, 2005, 101: 176.
[88] Sharaf M, Skiba A, Weglarz Z, et al. Fitoterapia, 2001, 72: 940.
[89] Iwagawa T, Kawasaki J, Hase T, et al. Phytochemistry, 1990, 29: 1013.
[90] Alessandra B, Politi M, Sanogo R. J Agric Food Chem, 2003, 51: 6689.
[91] 谭成玉, 胡建恩, 王焕弟等. 中国药学杂志, 2005, 40: 1859.
[92] Nawwar M A M, Souleman A M A, Buddrus J, et al. Phytochemistry, 1984, 23: 2347.
[93] Geslin M, Verbist J F. J Nat Prod, 1985, 48: 111.
[94] 杨晓虹, 刘银燕, 刘丽娟等. 药学学报, 2000, 35(10): 752.
[95] 吕洁, 孔令义. 中国现代中药, 2007, 9(11): 12.
[96] Hong Y P, Qiao Y C, Lin S Q, et al. Scientia Horticulturae, 2008, 118: 288.
[97] Peng Z F, Strack D, Baumert A, et al. Phytochemistry, 2003, 62: 219.
[98] 王军宪, 王晓黎，石娟. 中草药, 2003, 34: 113.
[99] Mohamed K M, Nesseem D I, Sleem A A. Bulletin of the Faculty of Pharmacy (Cairo University), 2003, 41: 25.
[100] 杨念云, 段金廒, 钱士辉等. 沈阳药科大学学报, 2003, 20: 258.
[101] Scharbert S, Holzmann N, Hofmann T. J Agric Food Chem, 2004, 52: 3498.
[102] Hiermann A, Reidlinger M, Juan H, et al. Planta Med, 1991, 57: 357.
[103] Mahmoud I I, Marzouk M S A, Moharram F A, et al. Phytochemistry, 2001, 58: 1239.
[104] 李勇军, 何迅, 刘丽娜等. 中国中药杂志, 2005, 30: 444.
[105] Chung S K, Kim Y C, Takaya Y, et al. J Agric Food Chem, 2004, 52: 4664.
[106] Yasukawa K, Ogawa H, Takido M. Phytochemistry, 1990, 29: 1707.
[107] 何红平, 朱伟明, 沈月毛等. 云南植物研究, 2001, 23: 256.
[108] Lee T H, QiuB F, Waller G R, et al. J Nat Prod, 2000, 63: 710.
[109] Lin L C, Chou C J. Planta Med, 2000, 66: 382.
[110] Nicollier G, Thompson A C. J Nat Prod, 1983, 46: 112.
[111] 韩冰, 沈彤, 刘东等. 中国药学杂志, 2002, 37: 333.
[112] 王明权, 彭昕, 甘祺锋. 现代中药研究与实践, 2005, 19(2): 39.
[113] Fukai T, Nomura T. Phytochemistry, 1988, 27: 259.
[114] 薛培凤, 李胜荣, 雷静怡等. 内蒙古医学院学报, 2007, 29: 313.
[115] Wu T S, Hsu M Y, Damu A G, et al. Heterocycles, 2003, 60: 397.
[116] 陈艳, 邓虹珠, 梁磊. 南方医科大学学报, 2008, 28: 858.
[117] de Simone F, Dini A, Pizza C, et al. Phytochemistry, 1990, 29(11): 3690.
[118] Nùrbñka R, Kondo T. Phytochemistry, 1999, 51: 1113.
[119] Morikawa T, Wang L B, Nakamura S, et al. Chem Pharm Bull, 2009, 57: 361.
[120] Iwashina T, Lopez-Saez J A, Herrero A, et al. Biochem Syst Ecol, 2000, 28: 665.
[121] Hasler A, Gross G A, Meier B, et al. Phytochemistry, 1992, 31: 1391.

[122] Gohar A A, Maatooq G T, Niwa M. Phytochemistry, 2000, 53(2): 299.
[123] Kazuma K, Noda N, Suzuki M. Phytochemistry, 2003, 62: 229.
[124] Kamel M S, Ohtani K, Hasanain H A, et al. Phytochemistry, 2000, 53: 937.
[125] Felser C, Hao C Y, Liu Z Q, et al. Planta Med, 1999, 65: 668.
[126] Beninger C W, Hosfield G L, Nair M G. J Agric Food Chem, 1998, 46: 2906.
[127] Beninger C W, Hosfield G L, Nair M G. J Agric Food Chem, 1999, 47: 352.
[128] Hubner G, Wray Victor, Nahrstedt Adolf. Planta Med, 1999, 65: 636.
[129] 周凌云, 张祥华, 陈昌祥. 天然产物研究与开发, 2004, 16: 410.
[130] 许小红, 阮宝强, 蒋山好等. 中国天然药物, 2005, 3: 93.
[131] Morikawa T, Xie H H, Wang T, et al. Chem Biodivers, 2009, 6: 411.
[132] 王方宇, 李丹, 韩志超等. 沈阳药科大学学报, 2007, 24: 280.
[133] Kaouadji M. Phytochemistry, 1990, 29: 1345.
[134] Costa S S, Jossang A, Bodo B, et al. J Nat Prod, 1994, 57: 1503.
[135] 唐于平, 王颖, 楼凤昌等. 药学学报, 2000, 35: 363.
[136] Roesch D, Krumbein A, Muegge C, et al. J Agric Food Chem, 2004, 52: 4039.
[137] 王伟, 梁鸿, 王邠等. 北京大学学报: 医学版, 2005, 37: 532.
[138] 斯建勇, 陈迪华, 常琪等. 药学学报, 1994, 36: 239.
[139] Nasr C, Lobstein-Guth A, Haag-Berrurier M, et al. Phytochemistry, 1987, 26: 2869.
[140] Fico G, Braca A, Morelli I, et al. Fitoterapia, 2003, 74: 420.
[141] Abe F, Iwase Y, Yamauchi T, et al. Phytochemistry, 1995, 40: 577.
[142] Furusawa M, Tanaka T, Ito T, et al. Chem Pharm Bull, 2005, 53: 591.
[143] Hubner G, Wray Victor, Nahrstedt Adolf. Planta Med, 1999, 65: 636.
[144] Takemura M, Nishida Ritsuo, Mori Naoki, et al. Phytochemistry, 2002, 61: 135.
[145] Chou C J, Ko H C, Lin L C. J Nat Prod, 1999, 62: 1421.
[146] Mart Cordero C, Lopez Lazaro M, Gil-Serrano A, et al. Phytochemistry, 1999, 51: 1129.
[147] Kim D H, Han S B, Bae E A, et al. Arch Pharm Res, 1996, 19: 41.
[148] Ferreres F, Castaner M, Tomas-Barberan F A. Phytochemistry, 1997, 45: 1701.
[149] Wang N, Yang X W. J Asian Nat Prod Res, 2010,12: 1044.
[150] Nakano K, Takatani M, Tomimatsu T, et al. Phytochemistry, 1983, 22: 2831.
[151] Yoshikawa M, Morikawa T, Yamamoto K, et al. J Nat Prod, 2005, 68: 1360.
[152] Fang S H, Rao Y K, Tzeng Y M. Bioorg Med Chem, 2005, 13: 2381.
[153] Chen Y H, Chang F R, Lin Y J, et al. Food Chem, 2007, 105: 48.
[154] 黄绍军, 黄秋玲, 义祥辉等. 中草药, 2007, 38: 1313.
[155] 唐于平, 楼凤昌, 王景华. 中国中药杂志, 2001, 26: 839.
[156] Dini I, Carlo Tenore G, Dini Antonio. Food Chem, 2004, 84: 163.
[157] Wenkert E, Gottlieb H E. Phytochemistry, 1977, 16: 1811.
[158] Lu Y, Sun Y, Foo L Y, et al. Phytochemistry, 2000, 55: 67.
[159] Wei F, Ma S C, Ma L Y, et al. J Nat Prod, 2004, 67: 650.
[160] Tewtrakul S, Nakamura N, Hattori M, et al. Chem Pharm Bull, 2002, 50: 630.
[161] Price K R, Colquhoun I J, Barnes K A, et al. J Agric Food Chem, 1998, 46: 4898.
[162] 殷志琦, 巢剑非, 张雷红等. 天然产物研究与开发, 2006, 18: 420.
[163] Zheng Z P, Cheng K W, Chao J F, et al. Food Chem, 2008, 106: 529.
[164] Daskiewicz J B, Depeint F, Viornery L, et al. J Med Chem, 2005, 48: 2790.
[165] Kaouadji M, Ravanel P. Phytochemistry, 1990, 29: 1348.
[166] Luo G J, Ci X X, Ren R, et al. Planta Med, 2009, 75: 843.
[167] Arens H, Lbrich B, Fischer H, et al. Planta Med, 1986, 52: 468.
[168] 郑训海, 孔令义. 中草药, 2002, 33: 964.
[169] Fukai T, Nomura Taro. Phytochemistry, 1988, 27: 259.
[170] 许旭东, 杨峻山. 中国药学杂志, 2005, 40: 175.
[171] Tang Y P, Lou F C, Wang J H, et al. Phytochemistry, 2001, 58: 1251.
[172] Gabriella C, Fattorusso E, Lanzotti V. J Nat Prod, 2003, 66: 1405.
[173] Itoh A, Tanahashi T, Nagakura N, et al. J Nat Prod, 2004, 67: 427.

[174] Fico G, Braca A, De Tommasi N, et al. Phytochemistry, 2001, 57: 543.
[175] Lu J H, Liu Y, Zhao Y Y, et al. Chem Pharm Bull, 2004, 52: 276.
[176] Murakami T, Kohno K, Ninomiya K, et al. Chem Pharm Bull, 2001, 49: 1003.
[177] Matsumoto J, Fujimoto T, Takino C, et al. Chem Pharm Bull, 1985, 33: 3250.
[178] Sutthivaiyakit S, Thongnak O, Lhinhatrakool T, et al. J Nat Prod, 2009, 72: 1092.
[179] Zhang P C, WangV S, Wu Y, et al. J Nat Prod, 2001, 64: 1206.
[180] Sutthivaiyakit S U, Unganont S, Sutthivaiyakit P, et al. Tetrahedron, 2002, 58: 3619.
[181] Huanget Y L, Yeh P Y, Shen C C, et al. Phytochemistry, 2003, 64: 1277.
[182] 彭江南，葛永潮，李晓晖. 药学学报, 1996, 31: 798.
[183] Wu L J, Miyase T, Ueno A, et al. Chem Pharm Bull, 1985, 33(8): 3231.
[184] 尚明英，李军，蔡少青等. 中草药, 2000, 31(8): 569.
[185] 梁志远，杨小生，朱海燕等. 药学学报, 2006, 41(6): 533.
[186] 柳润辉，孔令义. 中国中药杂志, 2005, 30: 1213.
[187] Flamini G, Antognoli E, Morelli Ivano. Phytochemistry, 2001, 57: 559.
[188] Yu S G, Fang N, Mabry T J. Phytochemistry, 1988, 27: 171.
[189] 王红燕，肖丽和，刘丽等. 沈阳药科大学学报, 2003, 20: 339.
[190] Fukai T, Ikuta J, Nomura T. Chem Pharm Bull, 1986, 34: 1987.
[191] Ko H H, Yu S M, Ko F N, et al. J Nat Prod, 1997, 60: 1008.
[192] Chung I M, Ahmad A, Ali M, et al. J Nat Prod, 2009, 72: 613.
[193] 李遇伯，孟繁浩，鹿秀梅等. 中国中药杂志, 2005, 30: 586.
[194] Liu R M, Li A, Sun A, et al. J Chromatogr A, 2005, 1064: 53.
[195] Du X M, Sun N Y, Shoyama Y. Phytochemistry, 2000, 53: 997
[196] Martin C C, Lopez-Lazaro Miguel, Espartero J L, et al. J Nat Prod, 2000, 63: 248.
[197] 刘斌，陆蕴如. 中国药学杂志, 1998, 33: 588.
[198] Bloor S J. Phytochemistry, 1995, 38: 1033.
[199] Itoh A, Tanahashi T, Nagakura N, et al. J Nat Prod, 2004, 67: 427.

第四节 二氢黄酮醇类化合物

表 7-4-1 二氢黄酮醇的名称、分子式和测试溶剂

编号	中文名称	英文名称	分子式	测试溶剂	参考文献
7-4-1	二氢山柰酚	dihydrokaempferol; aromadendrin	$C_{15}H_{12}O_6$	A	[1]
7-4-1	二氢山柰酚	dihydrokaempferol; aromadendrin	$C_{15}H_{12}O_6$	M	[1]
7-4-2	(2*R*,3*R*)-二氢山柰酚-4',7-二甲醚	(2*R*,3*R*)-dihydrokaempferol-4',7-dimethyl ether	$C_{17}H_{16}O_6$	D	[2]
7-4-3	短叶松黄烷酮	pinobanksin	$C_{15}H_{12}O_5$	C	[3]
7-4-4	二氢山柰素	dihydrokaempferide	$C_{16}H_{14}O_6$	D	[4]
7-4-5	7-甲基香树素	7-methylaromadendrin	$C_{16}H_{14}O_6$	D	[5]
7-4-6	3-*O*-乙酰基香树素	3-*O*-acetylaromadendrin	$C_{17}H_{14}O_7$	D	[4]
7-4-7	3-*O*-乙酰基-7-*O*-甲基香树素	3-*O*-acetyl-7-*O*-methylaromadendrin	$C_{18}H_{16}O_7$	D	[4]
7-4-8	(2,3-反式)-5-甲氧基-6,7-亚甲二氧基二氢黄酮醇	(2,3-*trans*)-5-methoxy-6,7-methylene-dioxydihydroflavonol	$C_{17}H_{14}O_6$	C	[3]
7-4-9	紫杉叶素	taxifolin	$C_{15}H_{12}O_7$	A	[6]
7-4-10	表紫杉叶素	epitaxifolin	$C_{15}H_{12}O_7$	A	[6]
7-4-11	二氢槲皮素	dihydroquercetin	$C_{15}H_{12}O_7$	D	[7]
7-4-12	(2*R*,3*R*)-二氢槲皮素-4',7-二甲醚	(2*R*,3*R*)-dihydroquercetin-4',7-dimethyl ether	$C_{17}H_{16}O_7$	A	[8]

续表

编号	中文名称	英文名称	分子式	测试溶剂	参考文献
7-4-13	(2*R*,3*S*)-二氢槲皮素-4',7-二甲醚	(2*R*,3*S*)-dihydroquercetin-4',7-dimethyl ether; (2*R*,3*S*)-(+)-3',5-dihydroxy-4', 7-dimethoxydihydroflavonol	$C_{17}H_{16}O_7$	M	[8]
7-4-14	2*R*,3*R*-二氢槲皮素	2*R*,3*R*-dihydroquercetin	$C_{15}H_{12}O_7$	M	[9]
7-4-15	扩叶丁公藤素 D	erycibenin D	$C_{16}H_{14}O_6$	A	[10]
7-4-16	蛇葡萄素	ampelopsin; myricitin; dihydromyricetin	$C_{15}H_{12}O_8$	D	[11~14]
7-4-17	(2*R*,3*R*)-双氢槲皮素-4'-甲醚	(2*R*,3*R*)-dihydroquercetin-4'-methyl ether	$C_{16}H_{14}O_7$	A	[8]
7-4-18	(2*R*,3*R*)-2,3-二氢-3,5-二羟基-7-甲氧基黄酮	(2*R*,3*R*)-2,3-dihydro-3,5-dihydroxy-7-methoxyflavone	$C_{16}H_{14}O_5$	C	[2]
7-4-19	2(*R*)-顺式-7,8,3',4'-四羟基二氢黄酮醇	2(*R*)-*cis*-7,8,3',4'-tetrahydroxydihydro-flavonol	$C_{15}H_{12}O_7$	A	[15]
7-4-20	2(*R*)-反式-7,8,3',4'-四羟基二氢黄酮醇	2(*R*)-*trans*-7,8,3',4'-tetrahydroxydihydro-flavonol	$C_{15}H_{12}O_7$	A	[15]
7-4-21	右旋-二氢桑色素	(−)-dihydromorin; dihydromorin	$C_{15}H_{12}O_7$	D	[16]
7-4-22	5'-甲氧基二氢桑色素	5'-methoxydihydromorin	$C_{16}H_{14}O_8$	D	[17]
7-4-23	2(*R*)-反式-5-甲氧基-7,3',4'-三羟基二氢黄酮醇	2(*R*)-*trans*-5-methoxy-7,3',4'-trihydroxy-dihydroflavonol	$C_{16}H_{14}O_7$	A	[15]
7-4-24	李属素	padmatin	$C_{16}H_{14}O_7$	A	[18]
7-4-25	5,7,3',4'-四甲基紫衫叶素	5,7,3',4'-tetramethyltaxifolin	$C_{19}H_{20}O_7$	D	[19]
7-4-26	3-*O*-乙酰基紫衫叶素	3-*O*-acetyltaxifolin	$C_{17}H_{14}O_8$	A	[18]
7-4-27	李属素-3-乙酰酯	padmatin-3-acetate	$C_{18}H_{16}O_8$	C	[18]
7-4-28	2(*R*)-反式-3',4',5,7-四甲氧基-3-乙酰氧基二氢黄酮	2(*R*)-*trans*-3',4',5,7-tetramethoxy-3-acetoxyl flavanone	$C_{21}H_{22}O_8$	C	[20]
7-4-29	2(*R*)-反式-7,3',4',5'-四甲氧基二氢黄酮醇	2(*R*)-*trans*-7,3',4',5'-tetramethoxydi-hydroflavonol	$C_{19}H_{20}O_7$	C	[20]
7-4-30	2(*R*)-反式-7,3',4',5'-四甲氧基-3-乙酰氧基二氢黄酮	2(*R*)-*trans*-7,3',4',5'-tetramethoxy-3-acetoxyl flavanone	$C_{21}H_{22}O_8$	C	[20]
7-4-31		cedeodarin	$C_{16}H_{14}O_7$	A	[19]
7-4-32	2(*R*)-反式-3-甲基-5,7,3',4'-四甲氧基-5'-羟基二氢黄酮醇	2(*R*)-*trans*-3-methyl-5,7,3',4'-tetramethoxy-5'-hydroxydihydroflavonol	$C_{20}H_{22}O_8$	D	[19]
7-4-33	2(*R*)-反式-蛇葡萄素五甲醚	2(*R*)-*trans*-ampelopsin pentamethyl ether	$C_{20}H_{22}O_8$	C+D	[21]
7-4-34	2(*R*)-反式-3-乙酰氧基-3',4',5,5',7-五甲氧基二氢黄酮	2(*R*)-*trans*-3-acetoxyl-3',4',5,5',7-pentamethoxyflavanone	$C_{22}H_{24}O_9$	C+D	[21]
7-4-35	雪松素	cedrin	$C_{16}H_{14}O_8$	A	[19]
7-4-36	6-甲基香树素	6-methylaromadendrin	$C_{22}H_{24}O_{11}$	M	[1]
7-4-37	落新妇苷；(2*R*,3*R*)-落新妇苷	astilbin; (2*R*,3*R*)-astilbin	$C_{21}H_{22}O_{11}$	D	[22]
7-4-38	(2*R*,3*S*)-落新妇苷	(2*R*,3*S*)-astilbin	$C_{21}H_{22}O_{11}$	D	[22]

续表

编号	中文名称	英文名称	分子式	测试溶剂	参考文献
7-4-39	黄杞苷	engeletin	$C_{21}H_{22}O_{10}$	D	[23]
7-4-40	异黄杞苷	isoengeletin	$C_{21}H_{22}O_{10}$	D	[23]
7-4-41	土茯苓黄素苷	smitilbin	$C_{21}H_{22}O_{11}$	D	[24]
7-4-42	二氢山柰酚	dihydrokaempferol	$C_{26}H_{28}O_{13}$	D	[25]
7-4-43	鳞叶甘草素 B	glepidotin B	$C_{20}H_{20}O_5$	C	[26]
7-4-44	多花胡枝子素 A_1	lespeflorin A_1	$C_{26}H_{30}O_4$	C	[27]
7-4-45	多花胡枝子素 A_2	lespeflorin A_2	$C_{21}H_{22}O_4$	C	[27]
7-4-46	多花胡枝子素 B_1	lespeflorin B_1	$C_{25}H_{28}O_5$	C	[27]
7-4-47	多花胡枝子素 B_2	lespeflorin B_2	$C_{25}H_{28}O_5$	C	[27]
7-4-48	多花胡枝子素 B_3	lespeflorin B_3	$C_{30}H_{36}O_5$	C	[27]
7-4-49	多花胡枝子素 B_4	lespeflorin B_4	$C_{30}H_{36}O_6$	C	[27]
7-4-50	3-羟基光甘草酚	3-hydroxyglabrol	$C_{25}H_{28}O_5$	A	[28]
7-4-51	苦参醇 L	kushenol L	$C_{25}H_{28}O_7$	A	[29]
7-4-52	水飞蓟宾 A	silybin A	$C_{25}H_{22}O_{10}$	A	[30]
7-4-53	水飞蓟宾 B	silybin B	$C_{25}H_{22}O_{10}$	A	[30]
7-4-54	异水飞蓟宾 A	isosilybin A	$C_{25}H_{22}O_{10}$	A	[30]
7-4-55	异水飞蓟宾 B	isosilybin B	$C_{25}H_{22}O_{10}$	A	[30]
7-4-56	水飞蓟亭 A	silychristin A	$C_{25}H_{22}O_{10}$	M	[31,32]
7-4-57	水飞蓟亭 B	silychristin B；neusilychristin	$C_{25}H_{22}O_{10}$	M	[31]
7-4-58		khonklonginol A	$C_{26}H_{28}O_6$	C	[33]
7-4-59		khonklonginol B	$C_{26}H_{28}O_6$	C	[33]
7-4-60		khonklonginol C	$C_{26}H_{28}O_7$	C	[33]
7-4-61		khonklonginol D	$C_{27}H_{30}O_7$	C	[33]
7-4-62		5-methyllupinifolinol	$C_{26}H_{28}O_6$	C	[34]
7-4-63		lupinifolinol	$C_{25}H_{26}O_6$	C	[35]
7-4-64		5,4'-diacetoxylupinifolinol	$C_{29}H_{30}O_8$	C	[35]
7-4-65		jayacanol	$C_{25}H_{26}O_6$	C	[36]
7-4-66		5,2'-dihydroxy-3-methoxy-6,7-(2",2"-dimethylchromene)-8-(3"",3""-dimethyl-allyl)-flavanone	$C_{26}H_{28}O_6$	C	[37]
7-4-67		mundulinol	$C_{25}H_{26}O_5$	C	[35]
7-4-68		3,5-diacetoxymundulinol	$C_{29}H_{30}O_7$	C	[35]
7-4-69		khonklonginol E	$C_{26}H_{30}O_8$	C	[33]
7-4-70		bonanniol A	$C_{25}H_{28}O_6$	D	[38]
7-4-71		bonanniol B	$C_{26}H_{30}O_6$	D	[38]
7-4-72		3,5,7,4'-tetraacetylbonanniol A	$C_{33}H_{36}O_{10}$	C	[38]
7-4-73		3,7,4'-triacetylbonanniol B	$C_{32}H_{36}O_9$	C	[38]
7-4-74	苦参醇 N	kushenol N	$C_{26}H_{30}O_7$	D	[39]
7-4-75	苦参醇 X	kushenol X	$C_{25}H_{28}O_7$	C+M	[40]
7-4-76	苦参醇 I	kushenol I	$C_{26}H_{30}O_7$	A	[41]
7-4-77	苦参醇 H	kushenol H	$C_{26}H_{32}O_8$	D	[39]
7-4-78	苦参醇 K	kushenol K	$C_{26}H_{32}O_8$	D	[39]

续表

编号	中文名称	英文名称	分子式	测试溶剂	参考文献
7-4-79	考萨莫醇 A	kosamol A	$C_{30}H_{38}O_8$	D	[39]
7-4-80	考萨莫醇 M	kosamol M	$C_{30}H_{36}O_7$	D	[39]
7-4-81	杨梅树皮亭	myricatin	$C_{22}H_{16}KO_{15}S$	A+W	[42]
7-4-82	(2*R*-反式)-3',4',5,5',7-五甲氧基-3-(3",4",5"-三甲氧基苯甲酰基)-二氢黄酮醇	(2*R*-*trans*)-3',4',5,5',7-pentamethoxy-3-(3",4",5"-trimethoxybenzoyl)-dihydroflavonol	$C_{30}H_{32}O_{12}$	A+W	[42]
7-4-83		bonanniol D	$C_{25}H_{28}O_7$	C	[43]
7-4-84		bonanniol E	$C_{25}H_{30}O_7$	M	[43]
7-4-85	右旋-(2*R*: 3*R*)-6-*C*-异戊烯基紫衫叶素-7,3'-二甲醚	(+)-(2*R*: 3*R*)-6-*C*-prenyltaxifolin-7,3'-dimethylether	$C_{22}H_{24}O_7$	D	[44]
7-4-86	反式-紫衫叶素-3-*O*-α-吡喃阿拉伯糖苷	*trans*-taxifolin-3-*O*-α-arabinopyranoside	$C_{20}H_{20}O_{11}$	M	[45]
7-4-87	顺式-紫衫叶素-3-*O*-α-吡喃阿拉伯糖苷	*cis*-taxifolin-3-*O*-α-arabinopyranoside	$C_{20}H_{20}O_{11}$	M	[45]
7-4-88	顺式-紫衫叶素-4'-*O*-α-吡喃葡萄糖苷	*trans*-taxifolin-4'-*O*-α-glucopyranoside	$C_{21}H_{22}O_{12}$	M	[46]
7-4-89		buceracidin A	$C_{21}H_{20}O_6$	C	[47]
7-4-90		isomundulinol	$C_{25}H_{26}O_5$	C	[48]

一、二氢黄酮醇苷元类化合物

	R^1	R^2	R^3
7-4-1	OH	OH	OH
7-4-2	OMe	OMe	β-OH
7-4-3	OH	H	β-OH
7-4-4	OH	OMe	β-OH
7-4-5	OMe	OH	β-OH
7-4-6	OH	OH	β-OAc
7-4-7	OMe	OH	β-OAc

	R^1	R^2	R^3	R^4
7-4-16	OH	OH	OH	OH
7-4-17	OH	OH	OMe	H
7-4-18	OMe	H	H	H

	R^1	R^2	R^3	R^4	R^5	R^6
7-4-8	OMe	OCH_2O		H	H	β-OH
7-4-9	OH	H	OH	OH	OH	β-OH
7-4-10	OH	H	OH	OH	OH	α-OH
7-4-11	OH	H	OH	OH	OH	OH
7-4-12	OH	H	OMe	OH	OMe	β-OH
7-4-13	OH	H	OMe	OH	OMe	α-OH
7-4-14	OH	H	OH	OH	OH	β-OH
7-4-15	H	H	OH	OMe	OH	β-OH

7-4-19

7-4-20

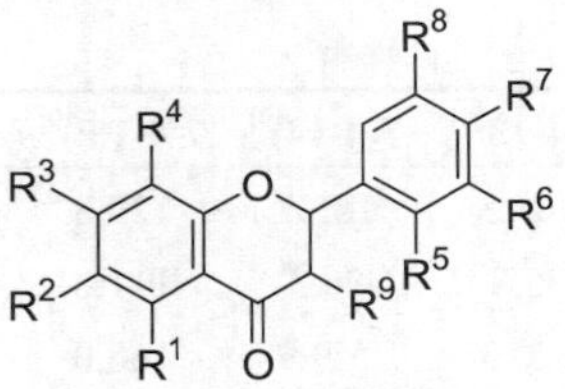

	R^1	R^2	R^3	R^4	R^5	R^6	R^7	R^8	R^9
7-4-21	OH	H	OH	H	OH	H	OH	H	*β*-OH
7-4-22	OH	H	OH	H	OH	H	OH	OMe	*β*-OH
7-4-23	OMe	H	OH	H	H	OH	OH	H	*β*-OH
7-4-24	OH	H	OMe	H	H	OH	OH	H	*β*-OH
7-4-25	OMe	H	OMe	H	H	OMe	OMe	H	*β*-OH
7-4-26	OH	H	OH	H	H	OH	OH	H	*β*-OAc
7-4-27	OH	H	OMe	H	H	OH	OH	H	*β*-OAc
7-4-28	OMe	H	OMe	H	H	OMe	OMe	H	*β*-OAc

	R^1	R^2	R^3	R^4	R^5	R^6	R^7	R^8	R^9
7-4-29	H	H	OMe	H	H	OMe	OMe	OMe	*β*-OH
7-4-30	H	H	OMe	H	H	OMe	OMe	OMe	*β*-OAc
7-4-31	OH	Me	OH	H	H	OH	OH	H	*β*-OH
7-4-32	OMe	Me	OMe	H	H	OMe	OMe	H	*β*-OH
7-4-33	OMe	H	OMe	H	H	OMe	OMe	OMe	*β*-OH
7-4-34	OMe	H	OMe	H	H	OMe	OMe	OMe	*β*-OAc
7-4-35	OH	Me	OH	H	H	OH	OH	OH	*β*-OH
7-4-36	OH	Me	OH	H	H	H	OH	H	*β*-OH

表 7-4-2 二氢黄酮醇苷元类化合物 7-4-1~7-4-9 的 ^{13}C NMR 数据

C	7-4-1①[1]	7-4-1②[1]	7-4-2[2]	7-4-3[3]	7-4-4[4]	7-4-5[5]	7-4-6[4]	7-4-7[4]	7-4-8[3]	7-4-9[6]
2	84.3	85.0	83.0	83.5	82.7	83.1	80.2	81.7	83.5	84.3
3	73.1	73.7	71.7	72.5	71.6	71.1	72.0	72.9	72.8	73.0
4	198.2	198.4	198.6	196.0	198.3	198.5	191.5	192.6	191.2	198.0
5	164.7	165.3	163.2	163.6	163.0	163.1	163.4	164.2	142.7	164.8
6	97.0	97.5	95.1	96.9	94.9	95.0	96.6	95.9	136.3	97.0
7	167.8	168.8	167.7	167.5	167.6	167.7	167.4	169.1	160.3	167.8
8	96.0	96.4	94.1	96.0	93.8	93.9	95.5	96.0	93.1	96.0
9	164.2	164.6	162.0	163.0	162.4	162.6	162.4	162.9	155.6	164.0
10	101.4	101.9	101.6	100.5	101.3	101.4	100.7	102.2	105.3	101.4
1'	129.1	129.4	129.6	130.5	129.2	127.5	125.8	126.5	131.3	129.6
2'	130.3	130.4	129.3	127.6	129.4	129.6	129.2	129.3	127.4	115.7
3'	115.9	116.3	113.8	128.6	113.6	115.0	115.3	115.9	129.1	145.6
4'	158.8	159.2	159.7	129.2	159.6	157.9	158.2	158.5	128.6	146.4
5'	115.9	116.3	113.8	128.6	113.6	115.0	115.3	115.9	129.1	115.7
6'	130.3	130.4	129.3	127.6	129.4	129.5	129.2	129.3	127.4	120.8
5-OMe									60.4	
7-OMe			55.3			55.3		55.3		
4'-OMe			56.1		56.2					
3-OAc										
OCH_2O									101.7	

① 在溶剂 A 中测定。② 在 M 中测定。

表 7-4-3 二氢黄酮醇苷元类化合物 7-4-10~7-4-19 的 ^{13}C NMR 数据

C	7-4-10[6]	7-4-11[7]	7-4-12[8]	7-4-13[8]	7-4-14[9]	7-4-15[10]	7-4-16[11~14]	7-4-17[8]	7-4-18[2]	7-4-19[15]
2	82.0	83.2	84.5	82.2	85.1	85.2	83.2	84.2	83.4	82.7
3	72.5	71.9	73.2	77.8	73.7	73.9	71.6	73.2	72.4	73.5
4	196.1	197.4	198.6	191.6	198.1	193.2	197.5	198.2	195.8	191.4

续表

C	7-4-10[6]	7-4-11[7]	7-4-12[8]	7-4-13[8]	7-4-14[9]	7-4-15[10]	7-4-16[11~14]	7-4-17[8]	7-4-18[2]	7-4-19[15]
5	165.4	163.4	164.0	163.3	165.7	129.8	162.5	164.1	163.6	120.2
6	96.7	96.3	95.8	95.8	96.3	111.8	94.9	97.1	95.5	110.7
7	167.4	166.8	169.3	170.3	169.9	166.0	166.8	167.8	168.9	152.6
8	96.7	95.2	94.7	95.0	97.3	103.7	95.9	96.1	94.7	133.4
9	163.8	162.6	164.7	165.4	164.9	164.5	163.3	165.7		151.4
10	101.4	100.5	102.1	103.6	102.0	113.0	100.4	101.6	100.8	114.0
1'	128.4	129.0	112.0	129.3	129.9	129.9	127.1	112.0	136.1	128.7
2'	115.4	115.4	120.5	119.4	115.9	112.4	106.6	120.5	127.5	115.4
3'	145.4	144.8	147.3	147.8	145.7	148.2	145.7	147.3	128.7	145.8
4'	145.8	145.7	148.9	149.3	146.7	148.1	133.4	148.9	129.4	145.3
5'	115.6	115.3	115.5	112.7	116.0	115.5	106.6	115.5	128.7	115.9
6'	119.9	119.4	131.0	114.8	120.9	122.2	106.6	131.1	127.5	119.1
7-OMe			56.4	56.9					55.8	
3'-OMe						56.4				
4'-OMe			56.3	57.0				56.3		

表 7-4-4 二氢黄酮醇苷元类化合物 7-4-20~7-4-28 的 ^{13}C NMR 数据

C	7-4-20[15]	7-4-21[16]	7-4-22[17]	7-4-23[15]	7-4-24[18]	7-4-25[19]	7-4-26[18]	7-4-27[18]	7-4-28[20]
2	85.0	78.3	82.7	82.6	84.3	83.6	81.7	81.4	81.1
3	74.0	70.9	71.5	72.9	72.9	72.5	72.9	72.7	73.5
4	194.2	198.4	197.4	190.0	196.3	189.7	192.6	191.9	184.8
5	121.2	163.7	163.2	162.3	164.4	163.7	164.9	164.4	162.4
6	111.7	96.5	96.0	95.6	95.4	93.8	97.1	95.9	93.6
7	153.4	167.1	166.8	164.9	169.0	165.7	163.5	169.9	166.4
8	133.3	95.5	94.9	93.4	94.4	93.1	96.0	94.9	93.6
9	151.6	163.3	162.3	162.8	163.2	161.7	159.4	162.5	164.2
10	113.7	100.9	100.3	102.6	102.2	103.7	110.3	102.2	104.3
1'	129.4	114.2	129.6	128.5	129.4	129.9	128.1	128.1	128.1
2'	116.2	159.0	147.8	115.3	115.7	112.5	115.7	115.6	110.3
3'	145.6	103.0	119.1	145.8	145.5	148.9	146.6	144.2	149.1
4'	146.4	157.5	146.1	145.0	146.5	149.5	146.7	145.3	149.8
5'	116.6	107.1	115.0	115.3	115.5	112.3	115.2	114.5	110.0
6'	119.7	130.3	111.6	119.4	120.3	120.6	120.2	120.8	120.4

注：原文献中缺 OMe，OAc 的数据。

表 7-4-5 二氢黄酮醇苷元类化合物 7-4-29~7-4-36 的 ^{13}C NMR 数据

C	7-4-29[20]	7-4-30[20]	7-4-31[19]	7-4-32[19]	7-4-33[21]	7-4-34[21]	7-4-35[19]	7-4-36[1]
2	84.3	82.1	84.3	83.4	82.4	90.1	84.5	84.9
3	73.0	73.3	73.1	72.9	72.0	71.0	73.2	73.7
4	192.2	186.7	197.7	190.8	189.3	194.9	197.9	198.4
5	128.9	129.1	161.8	162.5	163.1	165.1	161.7	166.3

续表

C	7-4-29[20]	7-4-30[20]	7-4-31[19]	7-4-32[19]	7-4-33[21]	7-4-34[21]	7-4-35[19]	7-4-36[1]
6	110.9	110.9	104.8	106.1	93.0	96.4	104.8	105.7
7	166.7	166.4	165.2	165.2	165.1	166.3	165.2	162.3
8	101.0	100.9	95.1	95.6	92.4	96.2	95.1	95.4
9	163.6	162.7	161.3	159.1	161.0	163.1	161.3	162.0
10	112.0	113.3	101.0	104.5	102.8	105.9	101.0	101.6
1'	131.7	130.8	129.7	128.9	132.9	130.9	128.9	129.4
2'	104.7	104.7	115.6	110.1	104.8	107.4	107.8	130.3
3'	153.4	153.3	145.4	149.2	152.0	156.1	146.0	116.1
4'	138.8	138.8	146.2	149.7	137.5	133.8	133.9	159.0
5'	153.4	153.3	115.5	111.1	152.0	156.3	146.0	116.1
6'	104.7	104.7	120.6	120.4	104.8	107.4	107.8	130.3

注：原文献中缺 OMe 和 6-Me 的数据。

二、二氢黄酮醇苷类化合物

	R1	R2	R3	R4	R5	R6	R7	R8
7-4-37	OH	H	OH	H	H	OH	OH	ORha
7-4-38	OH	H	OH	H	H	OH	OH	ORha
7-4-39	OH	H	OH	H	H	OH	H	ORha
7-4-40	OH	H	OH	H	H	OH	H	ORha
7-4-41	OH	H	OH	H	OH	H	OH	ORha
7-4-42	OH	H	OGlu(6-HMEB)	H	H	OH	H	β-OH

注：HMEB—4'''-羟基-2'''-亚甲基丁酰酯。

表 7-4-6 二氢黄酮醇苷类化合物 7-4-37~7-4-42 的 ^{13}C NMR 数据

C	7-4-37[22]	7-4-38[22]	7-4-39[23]	7-4-40[23]	7-4-41[24]	7-4-42①[25]
2	81.5	79.9	81.8	80.3	80.6	84.0
3	75.6	73.3	76.3	75.6	74.4	72.5
4	194.3	192.6	195.4	193.0	193.6	199.7
5	163.3	163.7	163.7	164.3	164.8	163.5
6	96.0	96.2	96.4	96.6	101.2	97.6
7	166.9	167.4	167.4	167.7	167.8	166.0
8	95.0	95.2	95.4	95.5	96.2	96.1
9	162.1	162.4	162.5	162.9	163.3	163.4
10	101.0	100.1	101.3	101.1	97.3	103.0
1'	126.8	126.4	126.8	126.1	127.4	128.3
2'	114.7	114.1	129.4	128.1	115.0	130.5
3'	145.8	144.8	115.5	115.1	145.9	115.8
4'	145.1	145.1	158.2	157.5	116.2	158.7
5'	115.3	115.0	115.5	115.1	145.6	115.8

续表

C	7-4-37[22]	7-4-38[22]	7-4-39[23]	7-4-40[23]	7-4-41[24]	7-4-42①[25]
6'	118.7	117.5	129.4	128.1	118.9	130.5
	3-Rha	3-Rha	3-Rha	3-Rha	3-Rha	7-Glu
1	100.0	98.8	100.6	98.8	99.6	100.1
2	70.1	70.2	69.3	70.4	71.0	73.7
3	70.4	70.2	70.4	70.5	71.0	76.8
4	71.6	71.4	70.7	71.4	72.1	70.7
5	68.9	68.8	71.9	73.4	69.8	74.6
6	17.6	17.5	18.0	17.8	18.1	64.9

① HMEB: 167.1 (C-1'''), 137.8 (C-2'''), 35.8 (C-3'''), 60.3 (C-4'''), 128.0 (C-5''')。

三、异戊烯基取代二氢黄酮醇类化合物

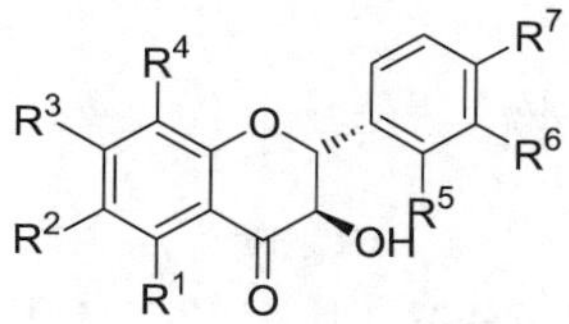

	R1	R2	R3	R4	R5	R6	R7
7-4-43	OH	H	OH	prenyl	H	H	H
7-4-44	H	prenyl	OH	prenyl	H	H	OMe
7-4-45	H	H	OH	prenyl	H	H	OMe
7-4-46	H	prenyl	OH	H	H	prenyl	OH
7-4-47	H	prenyl	OH	prenyl	H	H	OH
7-4-48	H	prenyl	OH	prenyl	H	prenyl	OH
7-4-49	OH	prenyl	OH	prenyl	H	prenyl	OH
7-4-50	H	H	OH	prenyl	H	prenyl	OH
7-4-51	OH	prenyl	OH	prenyl	OH	H	OH

表 7-4-7　异戊烯基取代二氢黄酮醇类化合物 7-4-43~7-4-51 的 ^{13}C NMR 数据[27]

C	7-4-43[26]	7-4-44	7-4-45	7-4-46	7-4-47	7-4-48	7-4-49	7-4-50[28]	7-4-51[29]
2	72.5	79.3	79.4	84.0	83.6	83.8	83.8	84.4	79.2
3	83.3	44.2	44.0	73.2	73.3	73.2	73.2	73 4	72.5
4	196.0	191.5	191.3	192.9	193.2	193.4	193.4	193.2	198.8
5	164.6	125.7	126.5	128.6	125.8	125.7	125.7	126.1	159.5
6	107.5	121.8	110.6	122.5	122.8	122.6	122.6	110.5	108.8
7	161.2	159.3	161.3	162.3	160.8	160.7	160.7	162.4	162.6
8	96.0	114.5	114.5	103.9	114.9	114.9	114.9	116.7	108.1
9	161.0	159.8	160.7	162.5	159.6	159.7	159.7	161.6	159.7
10	100.8	114.8	115.1	112.2	111.7	111.7	111.7	112.1	101.6
1'	136.0	131.5	131.3	129.0	129.0	128.8	128.8	128.9	115.7
2'	128.7	127.5	127.5	129.5	129.0	129.2	129.2	126.9	157.7
3'	127.5	114.1	114.1	127.2	115.5	127.1	127.1	127.8	103.9
4'	129.3	159.9	159.8	155.3	156.3	155.0	155.0	155.6	159.3
5'	127.5	114.1	114.1	116.0	115.5	115.7	115.7	114.8	107.8
6'	128.7	127.5	127.5	127.0	129.0	126.7	126.7	129.7	130.1
4'-OMe		55.3	55.4						

续表

C	7-4-43[26]	7-4-44	7-4-45	7-4-46	7-4-47	7-4-48	7-4-49	7-4-50[28]	7-4-51[29]
		6-prenyl		6-prenyl	6-prenyl	6-prenyl	6-prenyl		6-prenyl
1		29.1		28.9	29.0	28.9	21.7		
2		121.6		120.9	121.2	121.1	121.5		
3		134.8		135.8	135.2	135.1	134.8		
4		25.8		25.8	25.8	25.7	25.8		
5		17.9		17.9	17.9	17.8	17.3		
	8-prenyl	8-prenyl	8-prenyl		8-prenyl	8-prenyl	8-prenyl	8-prenyl	8-prenyl
1	25.8	22.5	22.3		22.3	22.3	21.3	22.1	
2	121.0	121.3	121.0		120.9	120.9	121.5	122.3	
3	136.1	134.7	135.4		135.2	134.7	134.3	131.4	
4	21.0	25.8	25.8		25.8	25.7	25.8	25.3	
5	18.0	17.9	17.9		17.9	17.8	17.3	17.4	
				3'-prenyl		3'-prenyl	3'-prenyl	3'-prenyl	
1				29.9		29.7	29.9	28.6	
2				121.5		121.6	121.7	123.2	
3				135.1		135.0	135.1	135.7	
4				25.8		25.7	25.8	25.3	
5				17.9		17.8	17.3	17.4	

四、水飞蓟二氢黄酮醇类化合物

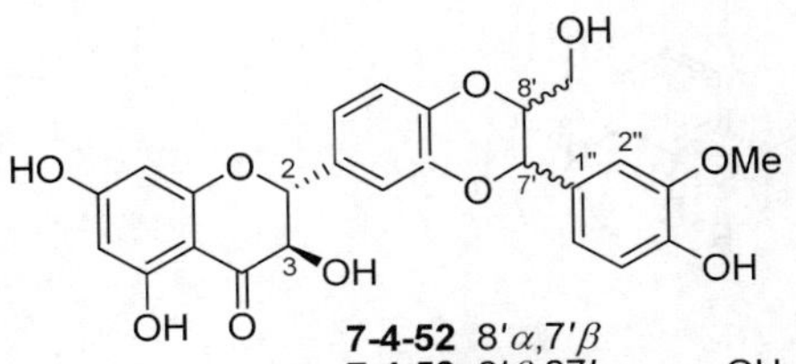

7-4-52 8'α,7'β
7-4-53 8'β,87'α

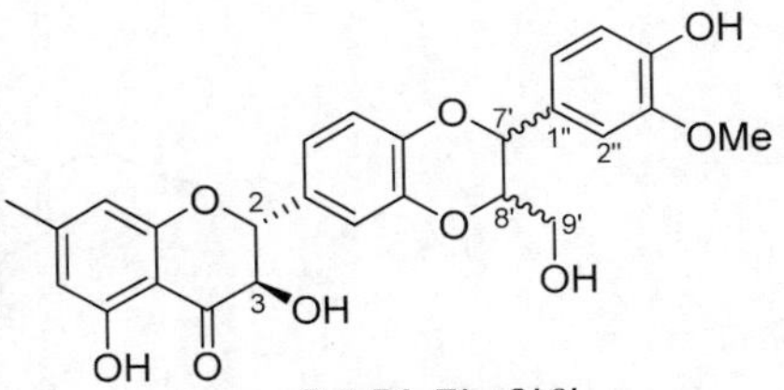

7-4-54 7'α,8'β'
7-4-55 7'β,8'α

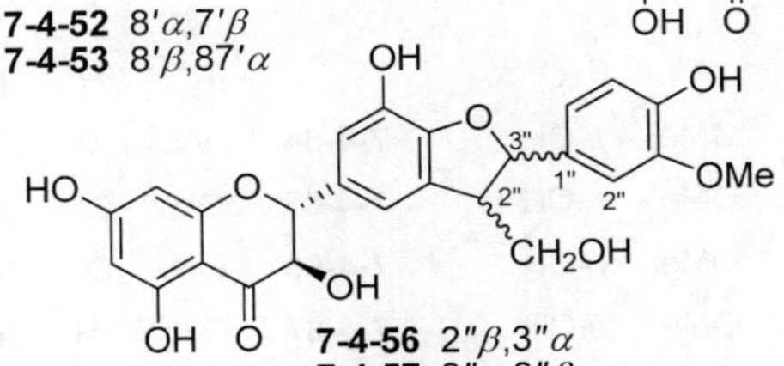

7-4-56 2"β,3"α
7-4-57 2"α,3"β

表 7-4-8 水飞蓟二氢黄酮醇类化合物 7-4-52~7-4-55 的 ^{13}C NMR 数据[30]

C	7-4-52	7-4-53	7-4-54	7-4-55	C	7-4-52	7-4-53	7-4-54	7-4-55
2	83.4	83.3	83.4	83.4	8	96.5	96.6	96.5	96.5
3	72.3	72.4	72.5	72.5	9	163.3	163.2	163.4	163.4
4	197.1	197.0	197.4	195.1	10	100.5	100.4	100.9	100.9
5	164.1	164.0	164.3	164.4	1'	130.5	130.6	130.6	131.0
6	95.5	95.6	95.4	95.4	2'	116.7	116.8	116.8	116.8
7	168.0	168.4	167.2	167.2	3'	144.0	144.0	144.8	144.7

续表

C	7-4-52	7-4-53	7-4-54	7-4-55	C	7-4-52	7-4-53	7-4-54	7-4-55
4'	144.4	144.3	143.7	143.7	2"	111.4	111.4	111.3	111.3
5'	116.7	116.7	116.7	116.6	3"	147.9	148.0	147.8	147.8
6'	121.4	121.3	121.1	121.1	4"	147.4	147.4	147.4	147.4
7'	76.5	76.5	76.6	76.6	5"	115.2	115.2	115.1	115.1
8"	78.9	78.9	78.9	78.9	6"	120.9	120.9	120.9	121.0
9'	61.0	60.9	61.2	61.2	3"-OMe	55.7	55.7	56.0	55.7
1"	128.4	128.4	128.5	128.5					

表 7-4-9　飞蓟二氢黄酮醇类化合物 7-4-56 和 7-4-57 的 ^{13}C NMR 数据

C	7-4-56[31,32]	7-4-57[31]	C	7-4-56[31,32]	7-4-57[31]
2	85.3	85.1	2"	55.7	55.8
3	73.8	73.3	3"	89.3	89.2
6	97.8	98.3	5"	111.2	111.1
8	96.9	97.9	8"	116.4	116.3
2'	117.4	117.2	9"	120.4	120.5
6'	117.1	117.1	6"-OMe	57.0	57.0
1"	65.3	65.0			

五、其他取代基二氢黄酮醇类化合物

	R¹	R²	R³	R⁴	R⁵
7-4-58	OH	H	H	OMe	β-OH
7-4-59	OH	H	H	OMe	α-OH
7-4-60	OH	OH	H	OMe	β-OH
7-4-61	OH	H	OMe	OMe	β-OH
7-4-62	OMe	H	H	OH	β-OH
7-4-63	OH	H	H	OH	β-OH
7-4-64	OAc	H	H	OAc	β-OH
7-4-65	OH	OH	H	H	β-OH
7-4-66	OH	OH	H	H	β-OMe
7-4-67	OH	H	H	H	β-OH
7-4-68	OAc	H	H	H	β-OAc

表 7-4-10　其他取代基二氢黄酮醇类化合物 7-4-58~7-4-68 的 ^{13}C NMR 数据

C	7-4-58[33]	7-4-59[33]	7-4-60[33]	7-4-61[33]	7-4-62[34]	7-4-63[35]	7-4-64[35]	7-4-65[36]
2	82.9	80.0	79.0	83.1	82.7	85.6	79.9	78.5
3	72.6	71.5	73.1	72.6	73.1	72.0	72.9	73.2
4	196.4	194.6	195.3	196.1	191.3	195.7	184.7	195.4
5	156.1	156.1	156.1	156.0	161.0	155.6	143.8	161.0
6	103.2	102.9	103.5	103.2	113.8	108.8	114.8	103.5

续表

C	7-4-58[33]	7-4-59[33]	7-4-60[33]	7-4-61[33]	7-4-62[34]	7-4-63[35]	7-4-64[35]	7-4-65[36]
7	160.7	160.6	160.9	160.7	160.0	159.2	157.4	156.1
8	109.3	109.1	109.6	109.3	105.4	102.6	109.7	109.6
9	159.5	158.2	159.0	159.3	159.0	160.5	159.6	159.1
10	100.4	100.9	100.2	100.3	103.0	100.0	105.9	100.3
1'	128.8	126.8	116.3	129.0	128.7	130.7	132.8	124.2
2'	128.8	128.7	155.3	110.1	128.9	128.7	128.0	154.0
3'	114.0	113.8	103.5	149.1	115.5	115.4	121.2	118.0
4'	160.3	159.6	161.2	149.7	156.4	156.3	150.9	129.9
5'	114.0	113.8	107.3	111.0	115.5	115.4	121.2	121.2
6'	128.8	128.7	127.9	120.2	128.9	128.7	128.0	126.9
2''	78.5	78.4	78.7	78.5	77.9			78.6
3''	126.2	126.1	126.5	126.3	128.7			126.5
4''	115.4	115.4	115.3	115.4	116.1			115.3
5''	28.4	28.4	28.4	28.3	28.3			28.4
6''	28.4	28.5	28.4	28.3	28.3			28.4
1'''	21.4	21.3	21.3	21.3	21.8			21.3
2'''	122.3	122.2	122.0	122.2	121.8			122.1
3'''	131.3	131.3	131.7	131.3	131.6			131.6
4'''	25.7	25.5	25.8	25.7	25.8			25.7
5'''	17.8	17.9	17.9	17.8	17.8			17.8
3-OMe								
5-OMe					62.5			
3'-OMe				55.9				
4'-OMe	55.3	55.2	55.3	55.9				

C	7-4-66[37]	7-4-67[35]	7-4-68[35]
2	77.8	82.7	80.6
3	81.8	72.0	72.9
4	195.7	196.3	184.9
5	156.7	155.8	143.9
6	103.5	108.1	115.5
7	158.3	159.1	157.4
8	109.1	102.8	109.6
9	160.3	160.3	159.8
10	101.3	100.0	105.9
1'	124.2	136.4	135.3
2'	154.0	127.2	126.9
3'	117.8	128.2	128.1
4'	129.9	128.7	129.5
5'	121.1	128.2	128.1
6'	126.3	127.2	126.9
2''	78.5		
3''	127.1		
4''	115.4		
5''	28.4		
6''	28.3		
1'''	21.3		
2'''	122.2		
3'''	131.6		
4'''	25.7		
5'''	17.8		
3-OMe	61.9		

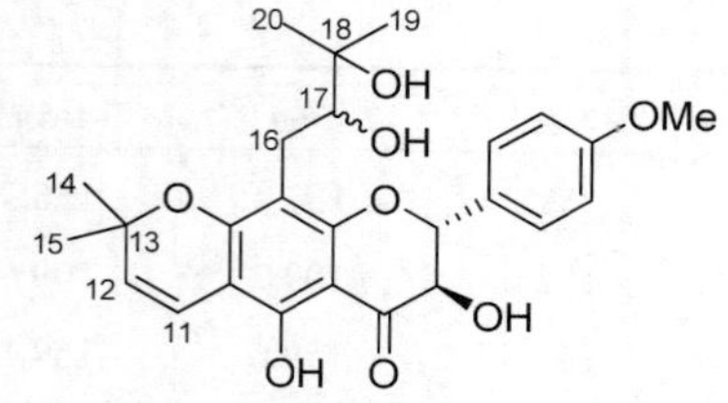

7-4-69

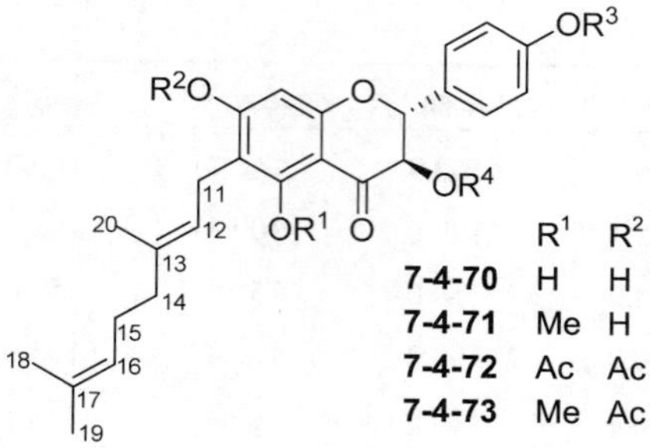

	R^1	R^2	R^3	R^4
7-4-70	H	H	H	H
7-4-71	Me	H	H	H
7-4-72	Ac	Ac	Ac	Ac
7-4-73	Me	Ac	Ac	Ac

表 7-4-11　其他取代基二氢黄酮醇类化合物 7-4-69~7-4-73 的 ^{13}C NMR 数据[38]

C	7-4-69[33]	7-4-70	7-4-71	7-4-72	7-4-73	C	7-4-69[33]	7-4-70	7-4-71	7-4-72	7-4-73
2	83.1(83.0)	82.9	82.4	80.9	80.6	6'	128.6	129.5	129.4	128.9	128.8
3	72.4	71.6	72.6	73.5	74.1	11	115.4	20.6	21.6	23.1	22.8
4	196.4(196.3)	198.3	190.6	185.7	185.9	12	126.2	122.6	123.1	120.8	122.0
5	156.5	160.6	159.6	149.8	160.6	13	79.2	134.0	133.9	136.5	136.2
6	103.4(103.3)	107.9	116.4	122.7	123.6	14	28.6(28.6)	39.5	39.2	39.6	39.7
7	160.5(160.5)	164.7	162.8	155.6	156.0	15	28.5(28.4)	26.1	26.2	26.6	26.6
8	106.5	94.5	98.7	110.1	108.2	6''	25.2(25.1)	124.2	124.2	124.3	124.4
9	159.8	160.6	161.6	160.4	160.6	7''	79.1(78.9)	130.7	130.7	131.8	131.8
10	100.5(100.4)	100.3	106.1	111.0	112.3	8''	72.8	17.4	17.6	17.7	17.7
1'	128.1	127.8	128.0	132.9	133.2	9''	26.0(25.9)	25.4	25.5	25.6	25.7
2'	128.6	129.5	129.4	128.9	128.8	10''	23.4 (23.4)	15.8	15.9	16.3	16.3
3'	114.2(114.1)	115.0	114.9	122.1	122.1	5-OMe				61.3	62.6
4'	160.3	157.9	157.6	151.8	151.7	4'-OMe	55.3				
5'	114.2(114.1)	115.0	114.9	122.1	122.1						

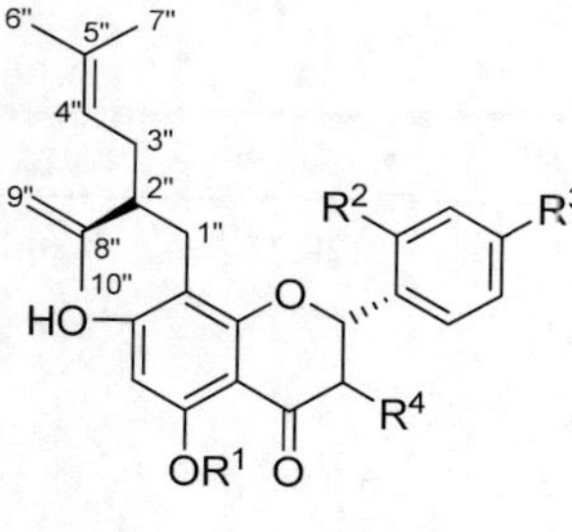

	R^1	R^2	R^3	R^4
7-4-74	Me	H	OH	α-OH
7-4-75	H	OH	H	β-OH
7-4-76	Me	OH	OH	β-OH

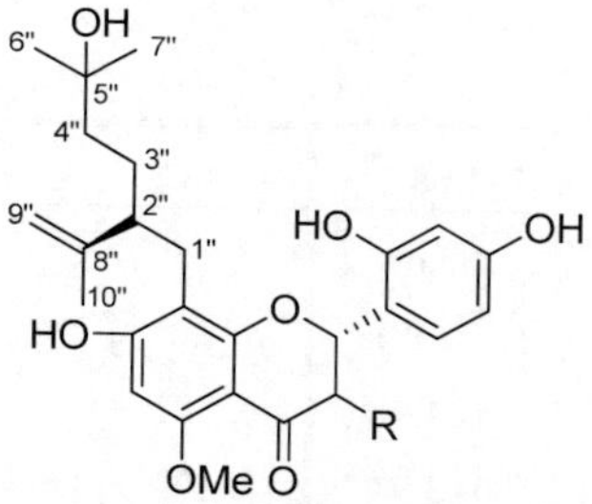

7-4-77 R=β-OH
7-4-78 R=α-OH

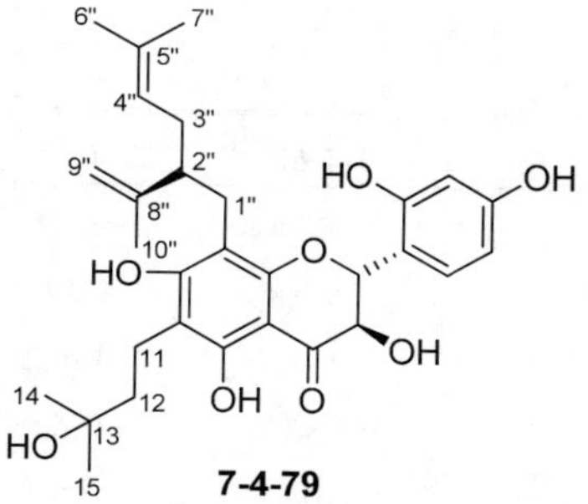

7-4-79

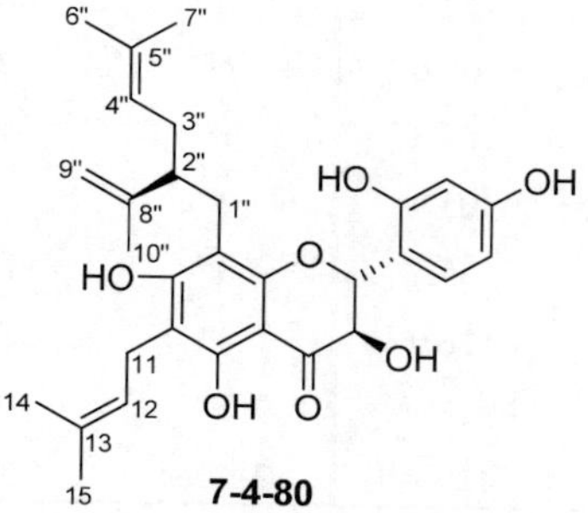

7-4-80

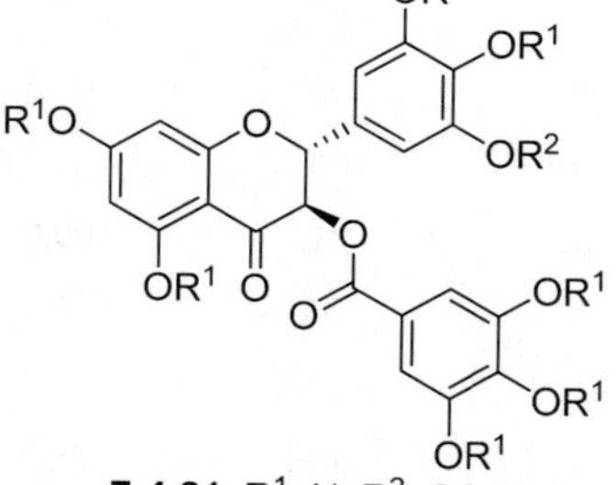

7-4-81 R^1=H; R^2=SO_3K
7-4-82 R^1=Me; R^2=H

表 7-4-12 其他取代基二氢黄酮醇类化合物 7-4-74~7-4-80 的 ^{13}C NMR 数据[39]

C	7-4-74[39]	7-4-75[40]	7-4-76[41]	7-4-77	7-4-78	7-4-79	7-4-80
2	76.4	78.1	78.5	77.0	76.5	77.6	77.8
3	71.2	72.7	73.1	71.5	71.3	71.2	70.9
4	189.4	196.5	192.1	191.0	189.5	189.4	199.2
5	162.1	158.0	163.7	159.4	160.2	158.4	158.4
6	92.4	96.1	93.7	92.4	92.4	108.9	108.0
7	161.8	160.7	163.6	162.5	162.2	162.6	162.3
8	106.6	108.8	108.8	107.0	106.9	106.7	106.8
9	160.2	165.7	161.1	162.0	162.0	158.3	158.7
10	101.9	103.6	103.3	102.4	102.5	100.4	100.7
11						17.0	21.2
12						42.3	123.0
13						69.4	130.5
14						29.3	25.7
15						29.3	17.9
1'	113.8	115.2	116.1	114.2	113.8	114.4	114.2
2'	154.7	157.9	159.5	157.0	154.8	157.2	157.3
3'	102.4	100.4	104.0	102.4	102.1	102.4	102.6
4'	157.8	155.9	157.8	158.4	157.9	158.5	158.5
5'	105.9	107.8	107.9	106.2	105.9	106.2	106.4
6'	129.2	128.8	130.0	129.3	129.3	129.6	129.6
1"	27.0	26.8	27.8	27.3	27.4	27.0	27.1
2"	46.3	46.9	47.8	46.2	46.6	46.5	46.6
3"	30.5	31.3	32.1	26.8	26.2	30.7	30.7
4"	123.4	123.3	124.5	41.6	41.5	123.5	123.6
5"	130.7	131.6	131.4	68.8	68.8	130.6	130.7
6"	25.5	25.6	25.7	29.5	29.5	25.6	25.7
7"	17.6	17.7	17.8	29.1	29.0	17.7	17.7
8"	148.0	148.4	149.1	148.0	148.4	147.8	147.9
9"	110.7	110.7	111.0	111.0	110.8	110.9	111.1
10"	18.7	18.9	19.2	17.9	18.3	18.6	18.9
5-OMe	55.3		55.9	55.3	55.3		

表 7-4-13 其他取代基二氢黄酮醇类化合物 7-4-81 和 7-4-82 的 ^{13}C NMR 数据[42]

C	7-4-81	7-4-82	C	7-4-81	7-4-82	C	7-4-81	7-4-82
2	81.9	81.2	1'	127.1	130.8	4"	138.9	142.5
3	73.4	73.9	2'	111.3	104.3	5"	145.6	152.5
4	192.5	184.3	3'	147.2	153.0	6"	109.9	107.0
5	164.2	162.2	4'	141.0	138.5	7"	168.0	166.2
6	97.2	93.5	5'	147.2	153.0	3'-OMe		55.6
7	165.6	164.5	6'	114.9	104.3	4'-OMe		56.0
8	96.1	93.5	1"	119.9	124.1	3", 5"-OMe		56.0
9	163.2	163.8	2"	109.9	107.0	4"-OMe		60.6
10	101.4	104.3	3"	145.6	152.5			

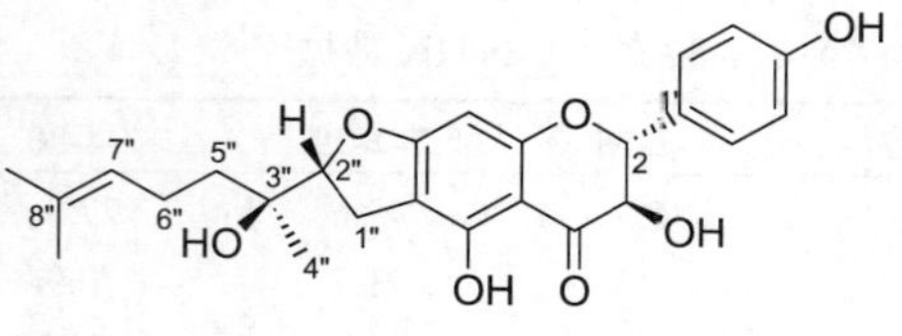

7-4-83 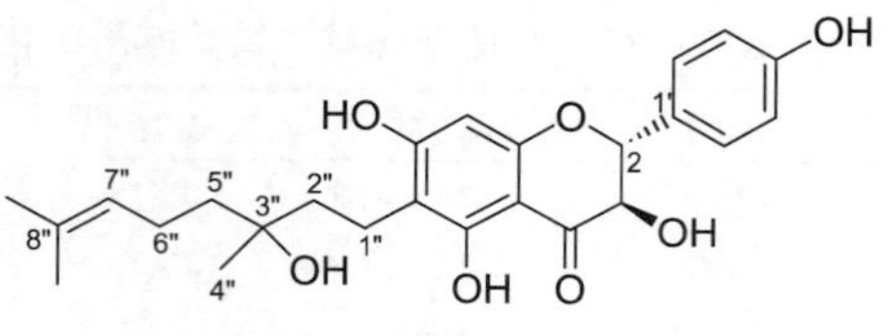　7-4-84

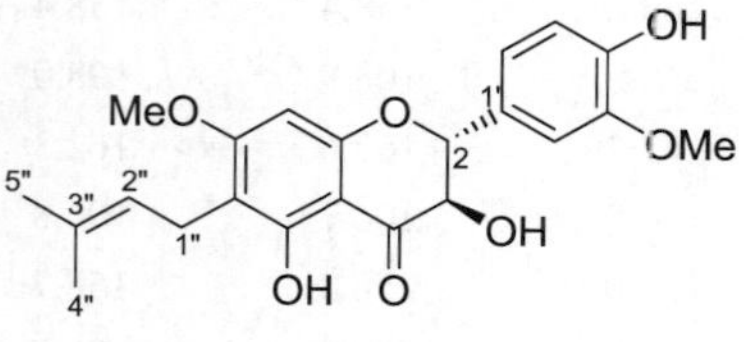

7-4-85 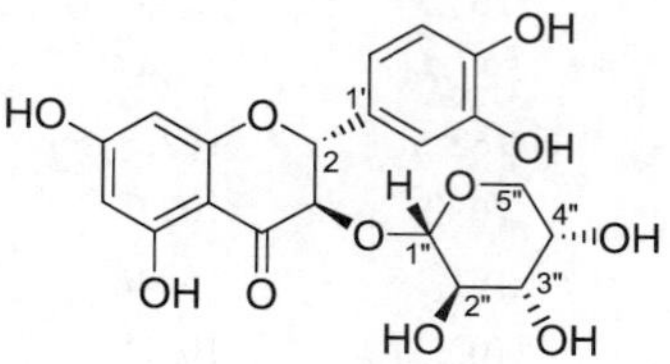　7-4-86 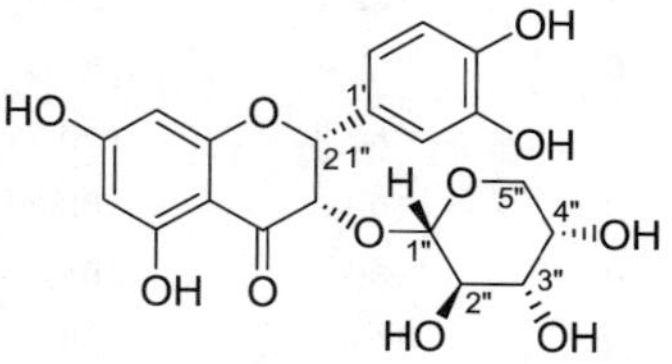　7-4-87

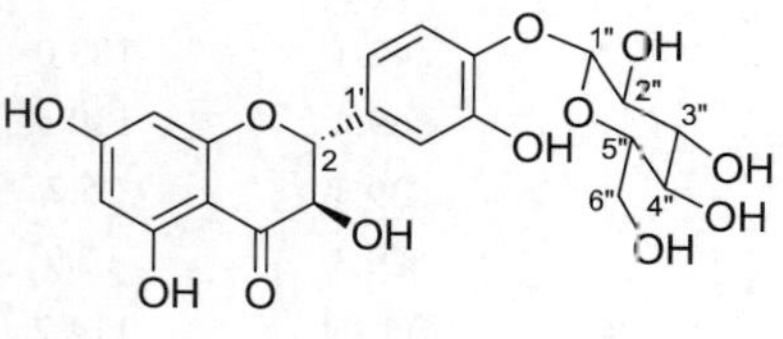

7-4-88 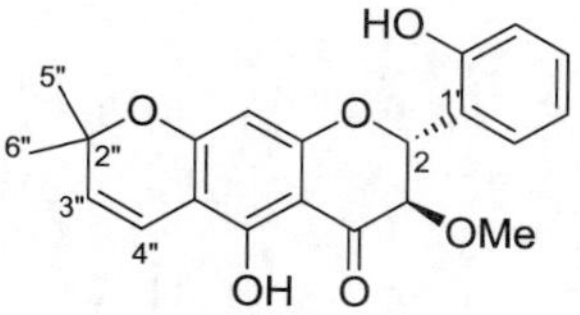　7-4-89 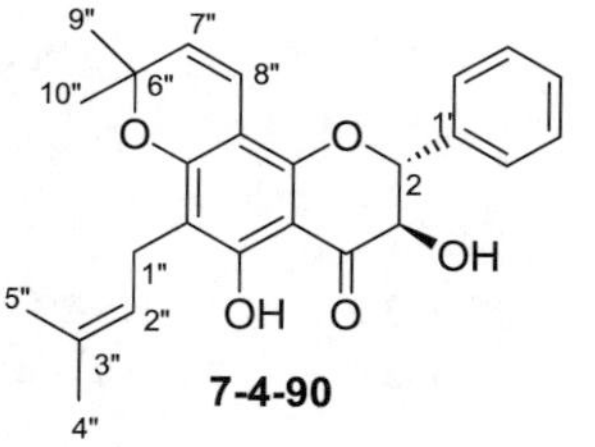　7-4-90

表 7-4-14　其他取代基二氢黄酮醇类化合物 7-4-83~7-4-90 的 ^{13}C NMR 数据

C	7-4-83[43]	7-4-84①[43]	7-4-84②[43]	7-4-85[44]	7-4-86[45]	7-4-87[45]	7-4-88[46]	7-4-89[47]	7-4-90[48]
2	83.3	84.9	83.2	84.9	83.8	82.0	85.6	77.7	83.2
3	72.2	73.7	72.3	73.3	76.3	76.7	73.7	81.6	72.5
4	195.7	197.3	195.9	198.5	196.1	194.5	198.2	195.3	195.7
5	157.8	162.4	160.7	160.6	165.4	165.9	168.7	158.5	160.7
6	106.5	111.3	109.7	108.2	97.4	97.3	97.4	103.6	110.3
7	169.4	162.3	164.9	165.5	169.0	168.8	165.7	162.6	160.5
8	91.1	96.9	95.6	94.8	96.4	96.4	96.3	96.6	102.1
9	163.7	162.3	160.7	160.5	164.3	164.2	164.4	161.4	154.9
10	100.9	101.0	100.1	102.1			102.2	101.5	100.1
1'	127.8	129.7	127.4	129.6	128.8	128.4	134.0	123.7	136.5
2'	129.0	130.3	128.9	112.7	115.7	116.0	116.6	153.9	127.4
3'	115.7	116.2	115.5	148.4	146.5	146.0	147.2	117.7	128.6
4'	156.7	159.2	157.5	148.7	147.4	146.6	148.4	130.1	129.2
5'	115.7	116.2	115.5	115.8	116.3	116.1	118.5	121.2	128.6
6'	129.0	130.3	128.9	122.2	120.8	1205	120.7	127.1	127.4
1"	25.9	17.8	15.9	21.3	102.4	102.9	104.2		20.9
2"	91.6	40.9	39.5	122.4	73.1	720	74.9	78.7	122.0
3"	73.9	73.7	73.2	130.2	66.8	73.6	77.6	126.6	131.6
4"	22.7	27.2	26.4	25.5	71.1	68.6	71.3	115.0	25.8
5"	36.6	42.4	41.6	17.7	63.4	65.7	78.4	28.4	17.9
6"	21.9	23.8	22.7				62.0	28.5	78.3
7"	123.8	126.1	124.3						126.5
8"	132.4	131.9	131.7						115.6

续表

C	7-4-83[43]	7-4-84①[43]	7-4-84②[43]	7-4-85[44]	7-4-86[45]	7-4-87[45]	7-4-88[46]	7-4-89[47]	7-4-90[48]
9"	25.7	25.9	25.6						28.3
10"	17.7	17.8	17.5						28.6
3-OMe								61. 8	
7-OMe				56.2					
3'-OMe				56.2					

① 在M中测定。② 在C+M中测定。

参考文献

[1] Shen Z, Theander O. Phytochemistry, 1985, 24: 155.
[2] Rossi M H, Yoshida M, Maia J G S. Phytochemistry, 1997, 45: 1263.
[3] Kuroyanagi M, Yamamoto Y, Fukushima S, et al. Chem Pharm Bull, 1982, 30: 1602.
[4] Ayafor J F, Connolly J D. J Chem Soc, Perkin Trans I, 1981: 2563.
[5] Chiappini I, Fardella G, Menghini A, et al. Planta Med, 1982, 44: 159.
[6] Kiehlmann E, Li E P M. J Nat Prod, 1995, 58: 450.
[7] 殷志琦, 巢剑非, 张雷红等. 天然产物研究与开发, 2006, 18: 420.
[8] Tofazzal Islam M, Tahara S. Phytochemistry, 2000, 54: 901.
[9] Baderschneider B, Winterhalter P. J Agric Food Chem, 2001, 49: 2788.
[10] Morikawa T, Xu F, Matsuda H, et al. Chem Pharm Bull, 2006, 54: 1530.
[11] 周天达, 周雪仙. 中国药学杂志, 1996, 31: 458.
[12] 张文霞, 包文芳. 药学学报, 2000, 35: 124.
[13] 曹延怀, 黄远征, 丁立生. 中国中药杂志, 2000, 25: 290.
[14] Shen C C, Chang Y S, Ho L K. Phytochemistry, 1993, 34: 843.
[15] Foo L Y. Phytochemistry, 1987, 26: 813.
[16] Wenkert E, Gottlieb H E. Phytochemistry, 1977, 16: 1811.
[17] Baruah N C, Sharma R P, Thyagarajan G, et al. Phytochemistry, 1979, 18: 2003.
[18] Grande M, Piera F, Cuenca A, et al. Planta Med, 1985, 51: 414.
[19] Agrawal P K, Agarwai S K, Rastogi R P, et al. Planta Med, 1981, 43: 82.
[20] Pomilio A, Ellmann B, Kuenstler K, et al. Liebigs Ann Chem, 1977, 588.
[21] Rao M M, Gupta P S, Krishna E M, et al. Indian J Chem, 1979, 17B: 178.
[22] Du Q Z, Li L, Jerz G. J Chromatogr A, 2005, 1077: 98.
[23] Silva D H S, Yoshida M, Kato M J. Phytochemistry, 1997, 46: 579.
[24] Chen T, Li J X, Cao J S, et al. Planta Med, 1999, 65: 56.
[25] Binutu O A, Cordell G A. Phytochemistry, 2001, 56: 827.
[26] Manfredi K P, Vallurupalli V, Demidova M, et al. Phytochemistry, 2001, 58: 153.
[27] Mori-Hongo M, Takimoto H, Katagiri T, et al. J Nat Prod, 2009, 72: 194.
[28] Mitscher L A, Park Y H, Clark D, et al. J Nat Prod, 1980, 43: 259.
[29] Wu L J, Miyase T, Ueno A, et al. Yakugaku Zasshi, 1985, 105: 1034.
[30] Lee D Y W, Liu Y. J Nat Prod, 2003, 66: 1171.
[31] Smith W A, Lauren D R, Burgess E J, et al. Planta Med, 2005, 71: 877.
[32] Zanarotti A. Heterocycles, 1982, 19: 1585.
[33] Sutthivaiyakit S, Thongnak O, Lhinhatrakool T, et al. J Nat Prod, 2009, 72: 1092.
[34] Venkata Rao E, Sridhar P, Narasimha Rao B V L, et al. Phytochemistry, 1999, 50: 1417.
[35] Van Zyl J J, Rall G J H, Roux D G. J Chem Res, 1979, 97.
[36] Alavez-Solano D, Reyes-Chilpa R, Jimenez-Estrada M, et al. Phytochemistry, 2000, 55: 953.
[37] Magalhaes A F, Ruiz A L T G, Tozzi A M G A, et al. Phytochemistry, 1999, 52: 1681.
[38] Bruno M, Savona G, Lamartina L, et al. Heterocycles, 1985, 23: 1147.
[39] Ryu S Y, Lee H S, Kim Y K, et al. Arch Pharm Res, 1997, 20: 491.

[40] Kuroyanagi M, Arakawa T, Hirayama Y, et al. J Nat Prod, 1999, 62: 1595.
[41] Wu L J, Miyase T, Ueno A, et al. Yakugaku Zasshi, 1985, 105: 736.
[42] Nonaka G I, Muta M, Nishioka I. Phytochemistry, 1983, 22: 237.
[43] Rosselli S, Bruno M, Maggio A, et al. Phytochemistry, 2011, 72: 942.
[44] Rao K V, Gunaskar D. Phytochemistry, 1998, 48: 1453.
[45] Chosson E, Chaboud A, Chulia A, et al. Phytochemistry, 1998, 49: 1431.
[46] Fossen T, Pedersen A T, Andersen O M. Phytochemistry, 1998, 47: 281.
[47] Hayashi K, Nakanishi Y, Bastow K F, et al. J Nat Prod, 2003, 66: 125.
[48] Cao S G, Schilling J K, Miller J S, et al. J Nat Prod, 2004, 67: 454.

第五节 异黄酮类化合物

表 7-5-1 异黄酮及其苷的名称、分子式和测试溶剂

编号	中文名称	英文名称	分子式	测试溶剂	参考文献
7-5-1	大豆黄素	daidzein	$C_{15}H_{10}O_4$	D	[1]
7-5-2	鹰嘴豆芽素 A	biochanin A	$C_{16}H_{12}O_5$	D	[2]
7-5-3	木豆宁素	cajanin	$C_{16}H_{12}O_6$	D	[3]
7-5-4	毛蕊异黄酮	calycosin	$C_{16}H_{12}O_5$	A	[4]
7-5-5	小花黄檀酮	dalparvone	$C_{17}H_{14}O_7$	C/M	[5]
7-5-6	刺芒柄花素	formononetin; biochanin B	$C_{16}H_{12}O_4$	D	[6]
7-5-7	染料木素	genistein; genisteol; prunetol	$C_{15}H_{10}O_5$	D; A	[6]
7-5-8	黄豆黄素	glycitein; taxasin	$C_{16}H_{12}O_5$	C/D	[7]
7-5-9	尼鸢尾立黄素	irisolidone	$C_{17}H_{14}O_6$	D	[8]
7-5-10	樱黄素	prunetin	$C_{16}H_{12}O_5$	D	[6]
7-5-11	3'-羟基染料木素	orobol	$C_{15}H_{10}O_6$	A	[9]
7-5-12	鸢尾黄酮苷元	tectorigenin	$C_{16}H_{12}O_6$	D	[10]
7-5-13	细叶鸢尾异黄酮	tenuifone	$C_{16}H_{10}O_7$	M	[11]
7-5-14	刺芒柄花苷	ononin	$C_{22}H_{22}O_9$	D	[12]
7-5-15	葛根素	puerarin	$C_{21}H_{20}O_9$	D	[13]
7-5-16	鸢尾黄酮苷	tectoridin	$C_{22}H_{22}O_{11}$	P	[14]
7-5-17	染料木苷	genistin	$C_{21}H_{20}O_{10}$	D	[15]
7-5-18	大豆黄苷	daidzin	$C_{21}H_{20}O_9$	M	[16]
7-5-19	5-羟基芒柄花苷	sissotrin; 5-hydroxylononin	$C_{22}H_{22}O_{10}$	D	[17]
7-5-20	3'-甲氧基葛根素	3'-methoxypuerarin	$C_{22}H_{22}O_{10}$	D	[17]
7-5-21	3'-羟基葛根素	3'-hydroxypuerarin	$C_{21}H_{20}O_{10}$	D	[17]
7-5-22	3'-甲氧基大豆苷	3 -methoxydaidzin	$C_{22}H_{22}O_{10}$	D	[17]
7-5-23	槐苷	sophororicoside	$C_{21}H_{20}O_{10}$	M	[18]
7-5-24	芒柄花素-8-*C*-*β*-D-呋喃芹糖基-(1→6)-*O*-*β*-D-吡喃葡萄糖苷	formononetin-8-*C*-*β*-D-apiofuranosyl-(1→6)-*O*-*β*-D-glucopyranoside	$C_{27}H_{30}O_{13}$	D	[17]
7-5-25	芒柄花素-7-*O*-*β*-D-呋喃芹糖基-(1→6)-*O*-*β*-D-吡喃葡萄糖苷	formononetin-7-*O*-*β*-D-apiofuranosyl-(1→6) -*O*-*β*-D-glucopyranoside	$C_{27}H_{30}O_{13}$	D	[17]
7-5-26	澳白檀苷	lanceolarin		D	[17]

续表

编号	中文名称	英文名称	分子式	测试溶剂	参考文献
7-5-27	5,7-二羟基-4'-甲氧基异黄酮-7-*O*-*β*-D-木糖基-(1→6)-*β*-D-吡喃葡萄糖苷	kakkanin	$C_{27}H_{30}O_{14}$	D	[17]
7-5-28	鹰嘴豆芽素 A-8-*C*-*β*-D-呋喃芹糖基-(1→6)-*O*-*β*-D-吡喃葡萄糖苷	biochanin A-8-*C*-*β*-D-apiofuranosyl-(1→6)-*O*-*β*-D-glucopyranoside	$C_{27}H_{30}O_{14}$	D	[19]
7-5-29	葛根素芹菜糖苷	mirificin	$C_{26}H_{28}O_{13}$	D	[17]
7-5-30	3'-甲氧基大豆苷元-7,4'-二-*O*-*β*-D-吡喃葡萄糖苷	3'-methoxydaidzein-7,4'-di-*O*-*β*-D-glucopyranoside	$C_{28}H_{32}O_{15}$	D	[19]
7-5-31	大豆苷元-7,4'-*O*-葡萄糖苷	daidzein-7,4'-*O*-diglucoside	$C_{27}H_{30}O_{14}$	D	[17]
7-5-32	芒柄花素-8-*C*-*β*-D-吡喃木糖基-(1→6)-*O*-*β*-D-吡喃葡萄糖苷	formononetin-8-*C*-*β*-D-xylopyranosyl-(1→6)-*O*-*β*-D-glucopyranoside	$C_{27}H_{30}O_{13}$	D	[17]
7-5-33	染料木素-7-*O*-*β*-D-呋喃芹糖基-(1→6)-*O*-*β*-D-吡喃葡萄糖苷	genistein-7-*O*-*β*-D-apiofuranosyl-(1→6)-*O*-*β*-D-glucopyranoside; ambocin	$C_{26}H_{28}O_{14}$	D	[17]
7-5-34	染料木素-8-*C*-呋喃芹糖基-(1→6)-*O*-*β*-D-吡喃葡萄糖苷	genistein-8-*C*-apiofuranosyl-(1→6)-*O*-*β*-D-glucopyranoside	$C_{26}H_{28}O_{14}$	D	[17]
7-5-35	大豆苷元-7-*O*-*α*-D-吡喃葡萄糖基-(1→4)-*O*-*β*-D-吡喃葡萄糖苷	daidzein-7-*O*-*α*-D-glucopyranosyl-(1→4)-*O*-*β*-D-glucopyranoside	$C_{27}H_{30}O_{14}$	D	[19]
7-5-36	大豆苷元-7-*O*-*β*-D-吡喃葡萄糖基-(1→4)-*O*-*β*-D-吡喃葡萄糖苷	daidzein-7-*O*-*β*-D-glucopyranosyl-(1→4)-*O*-*β*-D-glucopyranoside	$C_{27}H_{30}O_{14}$	D	[19]
7-5-37	3'-羟基葛根素芹菜糖苷	3'-hydroxymirificin	$C_{26}H_{28}O_{14}$	D	[17]
7-5-38	6"-*O*-D-木糖基葛根素	6"-*O*-D-xylosylpuerarin	$C_{26}H_{28}O_{13}$	D	[17]
7-5-39	异黄酮-5,6,3',4'-四羟基-7-*O*-[*β*-D-葡萄糖基-(1→3)-*α*-L-鼠李糖苷]	isoflavone-5,6,3',4'-tetrahydroxy-7-*O*-[*β*-D-glucopyranosyl-(1→3)-*α*-L-rhamnopyranoside]	$C_{27}H_{30}O_{16}$	D	[20]
7-5-40	2',7-二羟基-4'-甲氧基-5'-(3-甲基-2-丁烯基)异黄酮	2',7-dihydroxy-4'-methoxy-5'-(3-methylbut-2-enyl)isoflavone	$C_{21}H_{20}O_5$	A	[21]
7-5-41	5,7,4'-三羟基-6-(3,3-二甲基环氧丙基)异黄酮	5,7,4'-trihydroxy-6-(3,3-dimethyl-oxiranyl-methyl)isoflavone	$C_{20}H_{18}O_6$	A	[22]
7-5-42	5,4'-二羟基-8-(3,3-二甲基烯丙基)-2"-羟甲基-2"-甲基吡喃[5,6:6,7]-异黄酮	5,4'-dihydroxy-8-(3,3-dimethylally)-2"-hydroxymethyl-2"-methylpyrano[5,6:6,7]-isoflavone	$C_{25}H_{24}O_6$	A	[22]
7-5-43	5,4'-二羟基-8-(3,3-二甲基烯丙基)-2"-甲氧基异丙基呋喃-[4,5:6,7]-异黄酮	5,4'-dihydroxy-8-(3,3-dimethylally)-2"-methoxyisopropylfurano-[4,5:6,7]-isoflavone	$C_{26}H_{26}O_6$	A	[22]

续表

编号	中文名称	英文名称	分子式	测试溶剂	参考文献
7-5-44		dulcisisoflavone	$C_{25}H_{26}O_5$	C/D	[23]
7-5-45		isosenegalensein	$C_{25}H_{26}O_6$	C	[24]
7-5-46	栓皮豆酮	munetone	$C_{26}H_{24}O_6$	C	[25]
7-5-47	7-*O*-香叶基-6-甲氧基伪野靛苷元	7-*O*-geranyl-6-methoxypseudobaptigenin	$C_{27}H_{28}O_6$	C	[26]
7-5-48	5,6,3',4'-四羟基异黄酮-7-*O*-[*β*-D-葡萄糖基-(1→6)-*β*-D-葡萄糖基-(1→6)-*β*-D-葡萄糖基-(1→3)-*α*-L-鼠李糖苷]	5,6,3',4'-tetrahydroxyisoflavone-7-*O*-[*β*-D-glucopyranosyl-(1→6)-*β*-D-glucopyranosyl-(1→6)-*β*-D-glucopyranosyl-(1→3)-*α*-L-rhamnopyranoside]	$C_{27}H_{30}O_{16}$	D	[20]

一、异黄酮苷元

	R¹	R²	R³	R⁴	R⁵	R⁶	R⁷
7-5-1	H	H	OH	H	H	OH	H
7-5-2	OH	H	OH	H	H	OMe	H
7-5-3	OH	H	OMe	OH	H	OH	H
7-5-4	H	H	OH	H	OH	OMe	H
7-5-5	OH	H	OH	OMe	H	OMe	OH
7-5-6	H	H	OH	H	H	OMe	H
7-5-7	OH	H	OH	H	H	OH	H
7-5-8	H	OMe	OH	H	H	OH	H
7-5-9	OH	OMe	OH	H	H	OMe	H
7-5-10	OH	H	OMe	H	H	OH	H
7-5-11	OH	H	OH	H	OH	OH	H
7-5-12	OH	OMe	OH	H	H	OH	H
7-5-13	OH	OCH_2O		OH	OH	H	H

表 7-5-2 异黄酮苷元 7-5-1~7-5-10 的 ^{13}C NMR 数据

C	7-5-1[1]	7-5-2[2]	7-5-3[3]	7-5-4[4]	7-5-5[5]	7-5-6[6]	7-5-7①[6]	7-5-7②[6]	7-5-8[7]	7-5-9[8]	7-5-10[6]
2	152.7	154.3	155.6	153.4	154.5	153.2	153.6	154.0	152.1	154.8	154.5
3	123.4	121.9	120.6	125.0	111.7	123.1	121.4	123.9	123.4	122.0	121.0
4	174.6	180.1	180.6	175.5	180.6	174.6	180.2	181.4	174.7	181.0	180.4
5	127.2	162.0	161.6	128.5	162.0	127.3	157.6	163.7	104.8	153.0	161.7
6	115.1	99.0	97.9	115.7	94.2	115.2	98.6	99.7	146.9	131.8	98.1
7	162.5	164.3	165.1	163.2	164.0	162.6	164.3	164.7	153.0	159.8	165.2
8	102.2	93.7	92.3	103.1	97.7	102.1	93.7	94.3	102.9	94.6	92.4
9	157.1	157.6	158.6	158.7	158.1	157.4	157.6	158.8	152.1	153.6	157.5
10	116.5	104.5	105.4	118.5	105.3	116.6	104.6	106.1	116.6	105.4	105.4
1'	122.4	122.9	108.4	126.3	120.4	124.2	122.4	122.9	122.9	123.4	122.5
2'	130.0	130.2	156.4	116.8	151.3	130.1	130.0	131.0	130.0	130.6	130.2
3'	114.8	113.7	102.6	147.0	117.5	113.6	115.2	115.8	115.1	114.4	115.1
4'	157.1	159.2	157.5	148.2	147.7	158.9	162.1	158.2	157.3	157.8	157.5
5'	114.8	113.7	106.2	112.0	139.5	113.6	115.2	115.8	115.1	114.4	115.1
6'	130.0	130.2	132.2	121.0	99.3	130.1	130.0	131.0	130.0	130.6	130.2
6-OMe									55.9	64.0	
7-OMe			56.1								56.1
2'-OMe					56.8						
4'-OMe		55.2		56.3	56.1	55.1				55.6	

① 在 D 中测定。② 在 A 中测定。

表 7-5-3 异黄酮苷元 7-5-11~7-5-13 的 ^{13}C NMR 数据

C	7-5-11[9]	7-5-12[10]	7-5-13[11]	C	7-5-11[9]	7-5-12[10]	7-5-13[11]
2	154.3	154.1	155.2	1'	124.1	121.8	118.7
3	123.4	121.2	121.8	2'	117.0	130.1	142.7
4	181.5	180.5	181.7	3'	145.6	115.0	146.2
5	163.4	152.7	141.4	4'	146.4	157.6	115.5
6	99.7	131.4	130.4	5'	115.9	115.0	120.9
7	165.2	157.4	154.6	6'	121.4	130.1	121.0
8	94.5	93.9	89.4	6-OMe		59.9	
9	159.0	153.2	153.5	OCH_2O			102.8
10	105.7	104.8	107.8				

二、异黄酮单糖苷

	R¹	R²	R³	R⁴	R⁵	R⁶
7-5-14	H	H	OGlu	H	H	OMe
7-5-15	H	H	OH	Glu	H	OH
7-5-16	OH	OMe	OGlu	H	H	OH
7-5-17	OH	H	OGlu	H	H	OH
7-5-18	H	H	OGlu	H	H	OH
7-5-19	OH	H	OGlu	H	H	OMe
7-5-20	H	H	OH	Glu	OMe	OH
7-5-21	H	H	OH	Glu	OH	OH
7-5-22	H	H	OGlu	H	OMe	OH
7-5-23	OH	H	OH	H	H	OGlu

表 7-5-4 异黄酮单糖苷 7-5-14~7-5-18 的 ^{13}C NMR 数据

C	7-5-14[12]	7-5-15[13]	7-5-16[14]	7-5-17[15]	7-5-18[16]	C	7-5-14[12]	7-5-15[13]	7-5-16[14]	7-5-17[15]	7-5-18[16]
2	153.8	152.4	154.0	153.2	153.0	5'	118.6	115.1	116.5	114.9	116.4
3	123.5	123.4	123.1	122.5	124.4	6'	130.2	130.0	131.1	130.1	131.1
4	174.8	174.7	181.8	180.4	175.8	6-OMe			60.9		
5	127.1	126.4	154.6	161.6	127.9	3'-OMe					
6	114.1	115.1	133.9	99.8	116.1	4'-OMe	55.3				
7	161.6	161.0	157.8	163.0	162.4		7-Glu	8-Glu	7-Glu	7-Glu	7-Glu
8	103.5	112.5	95.0	94.5	104.3	1	100.2	73.8	102.2	99.8	101.9
9	157.2	156.1	153.5	157.3	159.2	2	73.2	71.3	79.6	73.0	74.9
10	115.7	117.0	107.9	106.0	119.3	3	76.6	78.8	78.8	76.3	79.3
1'	124.2	122.6	122.2	120.9	125.2	4	69.8	70.4	71.4	69.5	71.3
2'	130.2	130.0	131.1	130.1	131.1	5	77.3	81.5	74.9	77.1	78.5
3'	118.6	115.1	116.5	114.9	116.4	6	60.8	62.0	62.6	60.5	62.5
4'	159.2	157.2	159.5	157.0	157.9						

表 7-5-5 异黄酮单糖苷 7-5-19~7-5-23 的 ^{13}C NMR 数据

C	7-5-19[17]	7-5-20[17]	7-5-21[17]	7-5-22[17]	7-5-23[18]	C	7-5-19[17]	7-5-20[17]	7-5-21[17]	7-5-22[17]	7-5-23[18]
2	154.9	152.9	152.6	153.5	154.8	6	99.6	115.1	115.3	115.6	100.0
3	122.7	122.9	123.0	123.7	124.7	7	163.0	161.0	161.0	161.4	164.2
4	180.4	174.8	174.9	174.7	180.6	8	94.6	112.6	112.6	103.4	94.7
5	161.6	126.2	126.2	127.0	162.8	9	157.2	157.1	157.1	157.0	157.7

续表

C	7-5-19[17]	7-5-20[17]	7-5-21[17]	7-5-22[17]	7-5-23[18]
10	106.1	116.8	116.8	118.5	106.8
1'	122.2	123.0	123.0	122.8	122.1
2'	130.2	113.0	115.3	113.3	130.6
3'	113.7	147.2	144.7	147.2	116.2
4'	159.2	146.4	145.2	146.6	157.4
5'	113.7	115.2	116.8	115.3	116.2
6'	130.2	121.5	119.7	121.6	130.6
6'-OMe					
3'-OMe		55.6		55.7	

C	7-5-19[17]	7-5-20[17]	7-5-21[17]	7-5-22[17]	7-5-23[18]
4'-OMe	55.2				55.3
	7-Glu	8-Glu	8-Glu	7-Glu	4'-Glu
1	99.8	73.4	73.4	100.0	100.7
2	73.1	70.8	70.7	73.2	73.7
3	76.4	78.7	78.7	76.5	77.5
4	69.6	70.1	70.5	69.7	70.0
5	77.2	81.8	81.8	77.2	76.9
6	60.6	61.1	61.4	60.7	61.8

三、异黄酮多糖苷

	R1	R2	R3	R4	R5	R6
7-5-24	H	H	OH	Glu(6→1)Api	H	OMe
7-5-25	H	H	OGlu(6→1)Api	H	H	OMe
7-5-26	OH	H	OGlu(6→1)Api	H	H	OMe
7-5-27	OH	H	OGlu(6→1)Xyl	H	H	OMe
7-5-28	OH	H	OH	Glu(6→1)Api	H	OMe
7-5-29	H	H	OH	Glu(6→1)Api	H	OH
7-5-30	H	H	OGlu	H	OMe	OGlu
7-5-31	H	H	OGlu	H	H	OGlu
7-5-32	H	H	OH	OGlu(6→1)Xyl	H	OMe
7-5-33	OH	H	OGlu(6→1)Api	H	H	OH
7-5-34	OH	H	OH	Glu(6→1)Api	H	OH
7-5-35	H	H	OGlu(4→1)Glu	H	H	OH
7-5-36	H	H	OGlu(4→1)Glu	H	H	OH
7-5-37	OH	H	OH	Glu(6→1)Api	OH	OH
7-5-38	H	H	OH	Glu(6→1)Xyl	H	OH
7-5-39	OH	OH	OGlu(3→1)Rha	H	OH	OH

表 7-5-6 异黄酮多糖苷 7-5-24~7-5-32 的 ^{13}C NMR 数据[17]

C	7-5-24	7-5-25	7-5-26	7-5-27	7-5-28[19]	7-5-29	7-5-30[19]	7-5-31	7-5-32
2	152.9	153.7	154.9	154.9	154.1	152.6	153.9	153.8	152.9
3	124.2	123.3	122.7	122.7	121.7	123.1	123.4	125.3	124.3
4	174.8	174.7	180.4	180.4	180.4	174.9	174.6	174.6	174.8
5	126.2	127.6	161.6	161.6	161.1	126.2	127.0	127.0	126.2
6	113.6	115.5	99.6	99.7	99.3	114.9	115.6	115.6	113.6
7	161.1	161.4	162.9	163.0	162.9	161.0	161.4	161.4	161.5
8	112.5	103.6	94.6	94.6	104.5	112.5	103.4	103.4	112.5
9	158.9	157.3	157.3	157.3	156.4	157.1	157.0	157.0	158.9
10	113.6	118.5	106.1	106.1	104.2	114.9	118.4	118.4	113.6
1'	122.8	124.1	122.2	122.2	122.9	122.5	125.5	123.3	122.8
2'	130.0	130.1	130.2	130.2	130.2	130.0	113.5	129.9	130.1
3'	113.6	113.6	113.8	113.8	113.7	114.9	148.5	116.0	113.6

续表

C	7-5-24	7-5-25	7-5-26	7-5-27	7-5-28[19]	7-5-29	7-5-30[19]	7-5-31	7-5-32
4'	158.9	159.0	159.2	159.2	159.1	157.1	146.3	157.0	158.9
5'	113.6	113.6	113.8	113.8	113.7	114.9	115.1	116.0	113.6
6'	130.0	130.1	130.2	130.2	130.2	130.0	121.2	129.9	130.1
3'-OMe							55.8		
4'-OMe	55.1	55.2	55.2	55.2					55.2
	8-Glu	7-Glu	7-Glu	7-Glu	8-Glu	8-Glu	7-Glu	7-Glu	8-Glu
1	73.4	100.0	99.8	99.8	73.2	73.4	100.0	100.0	73.4
2	70.5	73.1	73.0	73.0	70.5	70.5	73.2	73.1	70.5
3	78.6	76.5	76.4	75.6	78.6	78.6	76.5	76.5	78.6
4	70.5	70.0	69.9	69.6	70.5	70.5	69.6	69.6	70.7
5	80.1	75.6	75.6	76.5	80.0	80.1	77.2	77.2	80.2
6	68.3	67.8	67.7	69.4	68.4	68.3	60.6	60.7	69.5
	6"-Api	6"-Api	6"-Api	6"-Xyl	6"-Api	6"-Api	4'-Glu	4'-Glu	6"-Xyl
1	109.0	109.4	109.4	104.1	109.0	109.0	100.0	100.3	103.9
2	75.7	75.9	75.9	73.4	75.7	75.7	73.1	73.1	73.1
3	78.7	78.7	78.7	76.3	78.8	78.7	76.8	76.6	76.6
4	73.2	73.3	73.3	68.5	73.2	73.2	69.6	69.7	69.3
5	63.0	63.2	63.3	65.6	63.0	63.0	77.0	77.0	65.6
6							60.6	60.7	

表 7-5-7 异黄酮多糖苷 7-5-33~7-5-39 的 ^{13}C NMR 数据

C	7-5-33[17]	7-5-34[17]	7-5-35[19]	7-5-36[19]	7-5-37[17]	7-5-38[17]	7-5-39[20]
2	154.5	153.5	153.3	153.2	152.5	152.6	157.5
3	122.6	121.9	123.7	123.6	123.3	123.1	117.1
4	180.5	180.3	174.8	174.7	174.9	174.9	177.5
5	161.8	161.1	127.0	126.9	126.3	126.2	149.2
6	99.7	99.3	115.6	115.5	115.0	114.9	153.0
7	162.9	163.0	161.3	161.2	161.1	161.1	167.1
8	94.5	104.2	103.4	103.3	112.2	112.5	101.2
9	157.3	156.4	157.3	157.2	156.0	156.2	162.8
10	106.3	104.2	118.6	118.5	116.7	116.8	108.2
1'	121.1	121.3	122.3	122.2	123.0	122.5	121.7
2'	130.2	130.1	130.1	130.0	115.3	130.0	115.6
3'	115.2	115.1	115.0	115.0	144.8	113.6	158.2
4"	157.6	157.4	157.0	157.0	145.3	157.1	156.6
5'	115.2	115.1	115.0	115.0	116.3	113.6	116.4
6'	130.2	130.1	130.1	130.0	120.0	130.0	114.5
	7-Glu	8-Glu	7-Glu	7-Glu	8-Glu	8-Glu	
1	99.9	73.3	99.7	99.5	73.4	73.4	
2	73.1	70.7	73.6	73.3	70.6	70.4	
3	76.5	78.7	76.1	74.8	78.6	78.6	
4	69.9	70.6	79.0	79.6	70.6	70.6	

续表

C	7-5-33[17]	7-5-34[17]	7-5-35[19]	7-5-36[19]	7-5-37[17]	7-5-38[17]	7-5-39[20]
5	75.6	79.9	75.4	75.4	80.1	80.1	
6	67.8	68.4	60.8	61.0	68.3	69.5	
	6"-Api	6"-Api	6"-Api	6"-Glu	6"-Api	6"-Xyl	
1	109.5	109.0	100.7	103.1	109.1	103.9	
2	76.0	75.7	72.5	72.8	75.7	73.1	
3	78.8	78.8	73.3	76.5	78.7	76.5	
4	73.4	73.2	69.9	70.0	73.2	69.3	
5	63.3	63.0	72.7	76.8	63.0	65.6	
6				60.2			

四、其他类型异黄酮

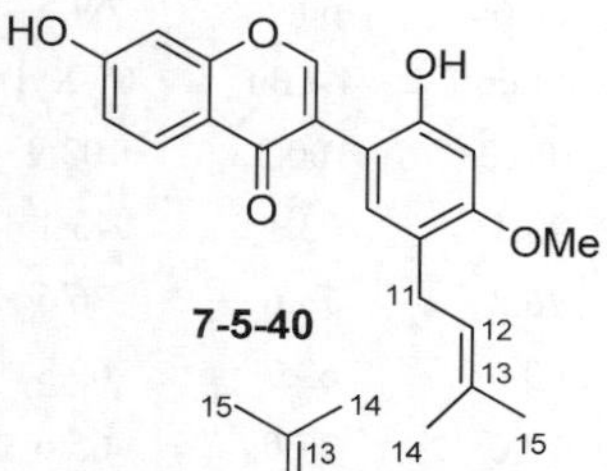

7-5-40 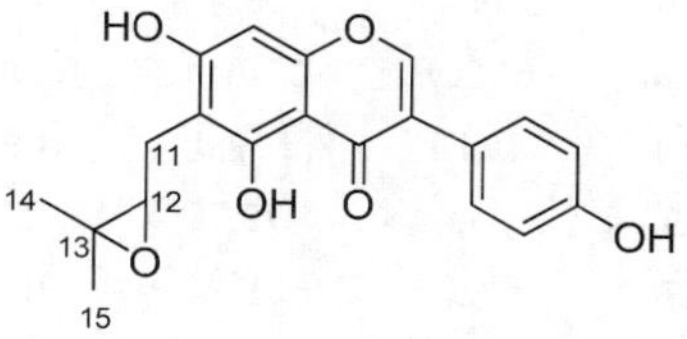　7-5-41 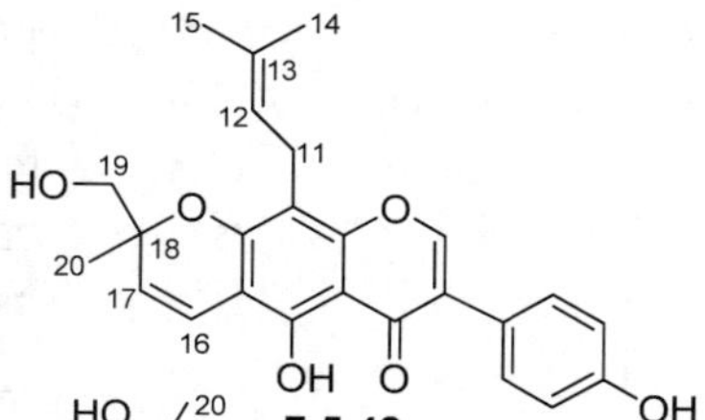　7-5-42 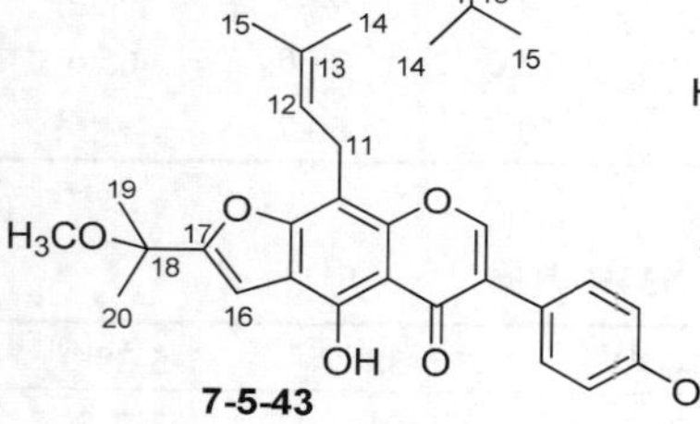　7-5-43 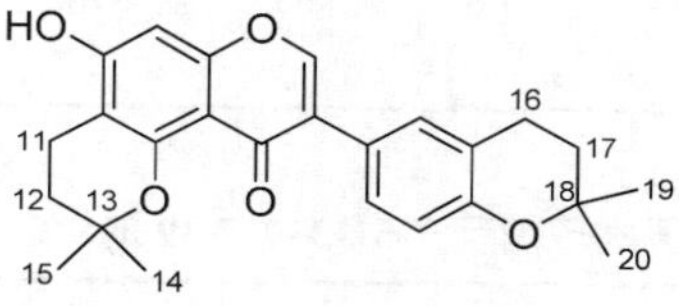　7-5-44 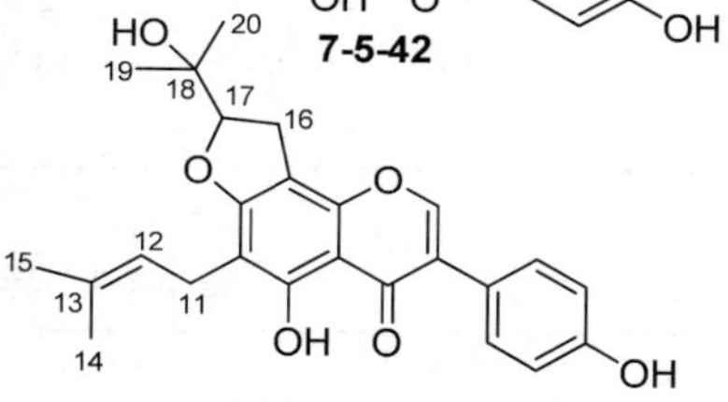　7-5-45 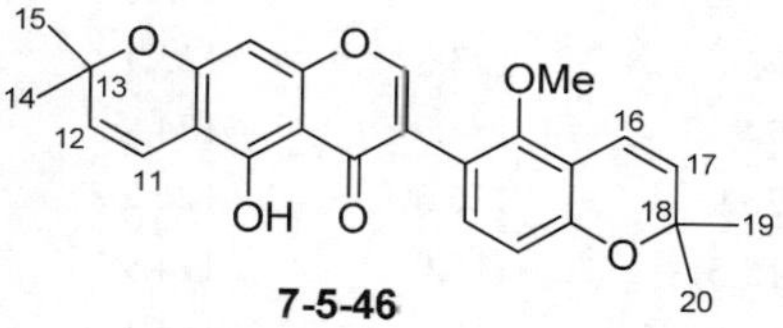　7-5-46 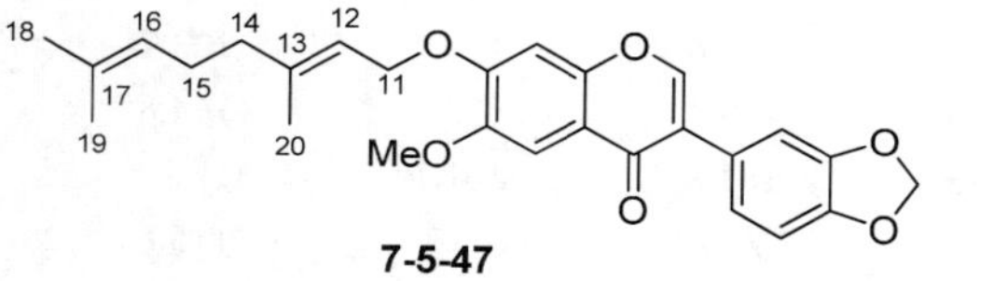　7-5-47

表 7-5-8　异戊烯基及其他取代基异黄酮 7-5-40~7-5-47 的 ^{13}C NMR 数据

C	7-5-40[21]	7-5-41[22]	7-5-42[22]	7-5-43[22]	7-5-44[23]	7-5-45[24]	7-5-46[25]	7-5-47[26]
2	156.3	154.4	154.4	155.2	149.6	152.7	153.7	151.9
3	124.8	123.8	123.8	123.0	117.4	123.2	118.5	124.4
4	178.9	181.8	182.2	183.8	177.5	181.4	175.8	175.3
5	128.7	160.8	155.8	154.3	157.0	156.2	123.5	104.9
6	116.9	105.1	107.9	113.8	105.5	102.2	119.7	148.0
7	164.6	160.6	157.7	158.2	161.9	164.1	157.4	153.6
8	103.1	95.1	106.0	104.6	93.9	108.6	103.9	100.6
9	159.0	156.8	155.6	151.9	159.9	154.9	157.9	152.1
10	117.2	105.7	106.5	107.4	107.4	106.7	117.0	117.7
1'	112.7	123.1	123.1	123.1	122.5	122.7	121.5	125.9
2'	157.0	131.1	131.2	131.3	130.8	130.2	154.3	109.8

续表

C	**7-5-40**[21]	**7-5-41**[22]	**7-5-42**[22]	**7-5-43**[22]	**7-5-44**[23]	**7-5-45**[24]	**7-5-46**[25]	**7-5-47**[26]
3'	102.2	116.0	116.0	116.0	120.5	115.6	114.6	147.6
4'	160.0	158.5	158.5	158.5	154.9	155.4	154.1	147.5
5'	122.5	116.0	116.0	116.0	116.9	115.6	112.3	108.3
6'	131.5	131.1	131.2	131.3	128.2	130.2	131.6	122.3
6-OMe								56.3
2'-OMe							61.8	
4'-OMe	55.9							
OCH_2O								101.1
18-OMe				51.1				
11	28.6	26.1	21.9	22.7	17.2	22.0	121.2	66.4
12	124.2	68.8	123.0	122.0	31.4	121.5	131.6	118.4
13	132.1	79.8	132.1	133.3	75.3	132.4	77.8	142.1
14	26.0	21.2	18.0	17.9	26.6	17.8	27.9	39.5
15	17.9	25.8	25.9	25.9	26.6	25.7	28.4	26.2
16		117.8		102.0	22.5	27.1	117.1	123.6
17		126.3		161.6	32.8	91.2	130.2	131.9
18		81.8		73.9	74.3	72.3	75.9	16.9
19		68.7		25.5	26.9	24.0	27.9	17.7
20		23.6		25.5	26.9	25.6	28.4	25.6

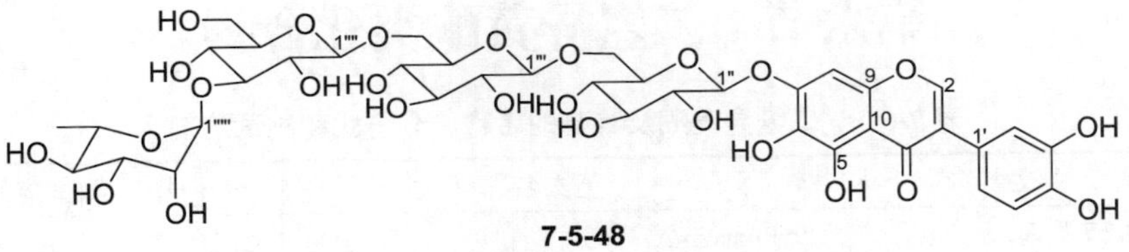

7-5-48

表 7-5-9 7-5-48 的 ^{13}C NMR 数据(在 DMSO-d_6 中测定)[20]

C	**7-5-48**	C	**7-5-48**	C	**7-5-48**	C	**7-5-48**	C	**7-5-48**	C	**7-5-48**
2	158.5	1'	121.7	1"	104.0	1'''	103.8	1''''	102.2	1'''''	98.9
3	116.9	2'	115.3	2"	68.3	2'''	68.3	2''''	68.3	2'''''	68.3
4	177.5	3'	156.7	3"	77.5	3'''	77.5	3''''	77.5	3'''''	77.5
5	154.8	4'	156.4	4"		4'''		4''''		4'''''	
6	151.1	5'	116.3	5"		5'''		5''''		5'''''	
7	164.1	6'	114.1	6"	65.3	6'''	62.1	6''''	66.4	6'''''	17.8
8	98.8										
9	160.3										
10	106.7										

参考文献

[1] 杨薇. 中国新药杂志, 2001, 10: 892.

[2] Agarawal P K. Carbon-13 NMR of Flavonoids. USA: Elsevier, 1989: 195.

[3] Waffoa A K, Azebaze G A, Nkengfack A E, et al. Phytochemistry, 2000, 53: 981.
[4] 杨光忠, 陈玉, 王晓琼. 中南民族大学学报: 自然科学版, 2006, 25: 36.
[5] Songsiang U, Wanich S, Pitchuanchom S, et al. Fitoterapia, 2009, 80: 427.
[6] 黄胜阳, 屠鹏飞. 北京大学学报: 自然科学版, 2004, 40: 544.
[7] Agrawal P K. Elsevier Science: New York, 1989: 39, 192.
[8] 张淑萍, 张尊听. 天然产物研究与开发, 2005, 17: 595.
[9] Zheng Z P, Liang J Y, Hu L H. J Integrat Plant Biol, 2006, 48: 996.
[10] 邱鹰昆, 高玉白, 徐碧霞等. 中国药学杂志, 2006, 41: 1133.
[11] Choudhary M I, Hareem S, Siddiqui H, et al. Phytochemistry, 2008, 69: 1880.
[12] 马磊, 楼凤昌. 中国天然药物, 2006, 4: 151.
[13] Yasuda T, Kano Y, Saito K I, et al. Bicl Pharm Bull, 1995, 18: 300.
[14] 毛士龙, 桑圣民, 劳爱娜等. 天然产物研究与开发, 2000, 12: 1.
[15] 桑已曙, 史海明, 闵知大. 中草药, 2002, 33: 776.
[16] 来国防, 赵沛基, 倪志伟等. 云南植物研究, 2008, 30: 115.
[17] 王付荣. 中国实验方剂学杂志，2001，17(20): 61-69.
[18] 李华，杨美华，斯建勇等. 中草药，2009, 40: 512.
[19] Wang F R, Yang X W, Zhang Ying, et al. J Asian Nat Prod Res, 2011,13 : 319.
[20] Semwal D K, Rawat U, Semwal R, et al. J Asian Nat Prod Res, 2009,11: 1045.
[21] Jang J P, Na M K, Thuong P T, et al. Chem Pharm Bull, 2008, 56: 85.
[22] Li X L, Wang N, Sau W M, et al. Chem Pharm Bull, 2006, 54: 570.
[23] Deachathai S, Mahabusarakam W, Phongpaichit S, et al. Phytochemistry, 2005, 66: 2368.
[24] El-Masry S, Amer M E, Abdel-Kader M S, et al. Phytochemistry, 2002, 60: 783.
[25] Lee S K, Luyengi L, Gerhauser C, et al. Cancer Lett, 1999, 136: 59.
[26] Tchinda A T, Khan S N, Fuendjiep V, et al. Chem Pharm Bull, 2007, 55: 1402.

第六节　二氢异黄酮类化合物

表 7-6-1　二氢异黄酮及其苷的名称、分子式和测试溶剂

编号	中文名称	英文名称	分子式	测试溶剂	参考文献
7-6-1	小花黄檀素 A	dalparvin A	$C_{17}H_{16}O_7$	A	[1]
7-6-2	小花黄檀素 B	dalparvin B	$C_{17}H_{16}O_6$	A	[1]
7-6-3	小花黄檀素 C	dalparvin C	$C_{17}H_{16}O_7$	A	[1]
7-6-4	小花杂花豆异黄酮	parvisoflavanone	$C_{17}H_{16}O_7$	P	[2]
7-6-5		violanone	$C_{17}H_{16}O_6$	A	[3]
7-6-6		kenusanone G	$C_{16}H_{14}O_6$	A	[4]
7-6-7	5,7-二羟基-2'-甲氧基-3',4'-二氧亚甲基二氢异黄酮	5,7-dihydroxy-2'-methoxy-3',4'-methylenedioxyisoflavanone	$C_{17}H_{14}O_7$	P	[2]
7-6-8		sophoronol D	$C_{22}H_{24}O_8$	C	[5]
7-6-9		sophoronol E	$C_{27}H_{32}O_7$	C	[5]
7-6-10		sophoronol F	$C_{27}H_{32}O_7$	C	[5]
7-6-11		orientanol D	$C_{25}H_{28}O_6$	A	[6]
7-6-12	山蚂蝗黄酮 B	desmodianone B	$C_{22}H_{24}O_6$	A	[7]
7-6-13	槐异二氢黄酮 A	sophoraisoflavanone A	$C_{21}H_{22}O_6$	A	[8]
7-6-14	粗毛甘草素 B	glyasperin B	$C_{21}H_{22}O_6$	A	[9]
7-6-15		bidwillon A; eriotrichin B	$C_{25}H_{28}O_5$	C	[10]
7-6-16		eryzerin A	$C_{25}H_{28}O_6$	A	[11]
7-6-17		eryzerin B	$C_{26}H_{30}O_6$	A	[11]

续表

编号	中文名称	英文名称	分子式	测试溶剂	参考文献
7-6-18	多花胡枝子素 D_1	lespeflorin D_1	$C_{26}H_{30}O_5$	C	[12]
7-6-19		orientanol E	$C_{25}H_{28}O_6$	A	[6]
7-6-20		orientanol F	$C_{25}H_{26}O_5$	A	[6]
7-6-21		erypoegin G	$C_{22}H_{22}O_6$	C	[13]
7-6-22		5,4'-dihydroxy-2'-methoxy-8-(3,3-dimethylally)-2",2"-dimethylpyrano[5,6:6,7]-isoflavanone	$C_{26}H_{28}O_6$	C	[14]
7-6-23	山蚂蝗黄酮 A	desmodianone A	$C_{26}H_{28}O_6$	A	[7]
7-6-24	4',5-二羟基-2',3'-二甲氧基-7-(5-羟基氧代色烯-7-基)-二氢异黄酮	4',5-dihydroxy-2',3'-dimethoxy-7-(5-hydroxyoxychromen-7-yl)-isoflavanone	$C_{26}H_{20}O_{10}$		[2]
7-6-25		sophoronol C	$C_{26}H_{30}O_7$		[5]
7-6-26		kenusanone A	$C_{25}H_{28}O_6$		[15]

一、二氢异黄酮苷元

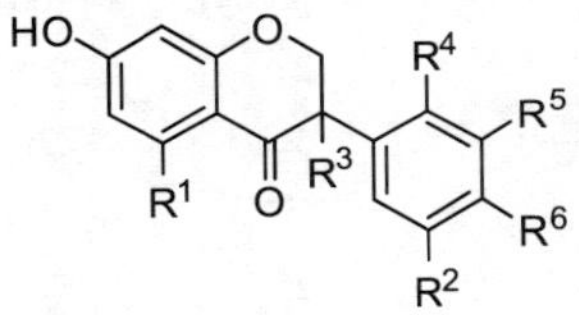

	R^1	R^2	R^3	R^4	R^5	R^6
7-6-1	OH	OH	H	OMe	H	OMe
7-6-2	H	H	H	OH	OMe	OMe
7-6-3	H	H	OH	OH	OMe	OMe
7-6-4	OH	H	H	OMe	OMe	OH
7-6-5	H	H	H	OMe	OH	OMe
7-6-6	OH	H	H	H	OH	OMe
7-6-7	OH	H	H	OMe	OCH_2O	

表 7-6-2 二氢异黄酮苷元 7-6-1~7-6-7 的 ^{13}C NMR 数据

C	7-6-1[1]	7-6-2[1]	7-6-3[1]	7-6-4[2]	7-6-5[3]	7-6-6[4]	7-6-7[2]
2	71.3	71.5	74.7	71.8	72.1	72.2	71.3
3	47.3	48.0	75.2	48.1	48.9	51.2	48.7
4	198.2	190.9	189.8	198.2	191.3	197.8	197.9
5	165.7	129.9	130.6	166.1	130.0	164.4	166.1
6	97.0	111.1	111.5	97.9	111.2	97.1	97.9
7	167.2	164.8	165.1	169.2	164.9	165.9	169.0
8	95.7	103.3	103.4	96.2	103.5	95.8	96.6
9	164.6	164.5	164.0	164.2	164.7	161.8	164.7
10	103.7	115.7	114.1	103.6	115.8	103.2	103.5
1'	116.6	116.4	119.8	120.0	123.1	129.7	121.6
2'	152.0	149.3	148.9	153.3	149.1	116.5	142.7
3'	99.5	137.1	137.5	142.6	140.3	147.7	138.0
4'	148.3	153.1	154.0	153.3	146.9	153.1	150.0
5'	141.4	104.3	104.1	111.3	107.4	112.7	103.8
6'	117.5	125.0	122.8	125.9	120.4	120.7	125.3
2'-OMe	57.0			61.1	60.1		59.8
3'-OMe		60.6	60.7	60.7			
4'-OMe	56.7	56.0	56.2		56.5	56.4	
OCH_2O							102.2

二、异戊烯基取代二氢异黄酮苷元

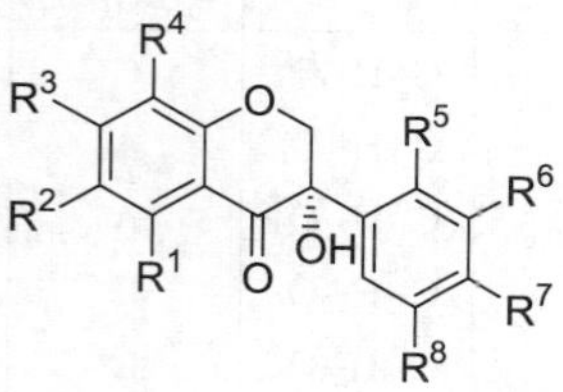

	R1	R2	R3	R4	R5	R6	R7	R8
7-6-8	OH	H	OH	H	OMe	prenyl	OMe	OH
7-6-9	OH	H	OH	prenyl	OMe	prenyl	OMe	H
7-6-10	OH	H	OMe	prenyl	OMe	prenyl	OH	H
7-6-11	H	prenyl	OH	prenyl	OH	H	OH	H

注：prenyl—异戊烯基。

表 7-6-3　异戊烯基取代二氢异黄酮苷元 7-6-8~7-6-11 的 ^{13}C NMR 数据[5]

C	7-6-8	7-6-9	7-6-10	7-6-11[6]	C	7-6-8	7-6-9	7-6-10	7-6-11[6]
2	74.3	74.3	74.2	74.5		3'-prenyl	3'-prenyl	3'-prenyl	6-prenyl
3	74.5	73.8	73.7	74.6	1	24.5	23.7	23.9	28.6
4	195.4	196.6	196.7	191.5	2	122.6	121.6	121.4	122.5
5	164.9	162.6	163.0	126.2	3	132.5	131.8	135.6	133.8
6	96.1	97.1	92.7	123.6	4	25.8	25.8	25.7	17.8
7	166.2	164.0	165.9	160.2	5	18.1	17.8	17.9	25.9
8	97.5	106.4	109.2	116.3			8-prenyl	8-prenyl	8-prenyl
9	162.9	159.6	158.6	159.8	1	21.5		21.3	22.7
10	101.3	101.6	101.4	113.3	2	122.7		122.3	122.8
1'	129.2	123.7	123.6	116.6	3	135.0		131.5	132.4
2'	149.2	159.5	156.8	159.6	4	25.6		25.7	17.9
3'	127.0	123.5	120.7	104.5	5	17.8		17.6	25.9
4'	146.8	160.0	156.8	158.0	7-OMe			55.9	
5'	145.2	106.0	111.7	107.4	2'-OMe	61.0	55.7	62.2	
6'	113.0	125.6	126.1	128.5	4'-OMe	61.9	62.2		

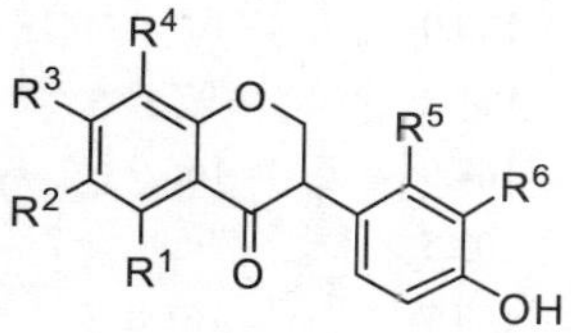

	R1	R2	R3	R4	R5	R6
7-6-12	OH	Me	OMe	prenyl	OH	H
7-6-13	OH	H	OH	H	OMe	prenyl
7-6-14	OH	prenyl	OMe	H	OH	H
7-6-15	H	prenyl	OH	prenyl	OH	H
7-6-16	OH	H	OH	prenyl	OH	prenyl
7-6-17	OH	prenyl	OH	prenyl	OMe	H
7-6-18	H	H	OH	prenyl	OMe	prenyl
7-6-19	OH	prenyl	OH	prenyl	OH	H

表 7-6-4　异戊烯基取代二氢异黄酮苷元 7-6-12~7-6-19 的 ^{13}C NMR 数据

C	7-6-12[7]	7-6-13[8]	7-6-14[9]	7-6-15[10]	7-6-16[11]	7-6-17[11]	7-6-18[12]	7-6-19[6]
2	70.9	72.1	71.3	70.3	71.0	72.0	71.9	71.1
3	47.9	46.0	47.4	46.5	46.5	47.9	46.5	47.3
4	200.2	197.8	199.2	194.8	193.9	191.8	192.8	199.1
5	160.6	165.9	162.9	126.5	127.4	125.9	127.1	160.6
6	111.3	97.8	109.9	114.7	111.0	122.9	110.5	108.7
7	165.5	170.7	166.0	160.6	163.1	159.6	161.1	162.1

续表

C	7-6-12[7]	7-6-13[8]	7-6-14[9]	7-6-15[10]	7-6-16[11]	7-6-17[11]	7-6-18[12]	7-6-19[6]
8	114.1	96.6	91.5	114.1	116.4	116.4	114.4	107.7
9	159.1	164.5	161.3	160.0	162.2	160.4	161.1	159.1
10	106.1	103.0	104.1	122.0	113.6	116.0	127.1	103.7
1'	113.8	124.6	113.4	113.5	115.8	116.3	120.9	114.1
2'	158.9	157.1	159.3	155.8	155.3	159.5	157.5	157.0
3'	103.7	121.0	103.9	104.4	117.2	100.2	120.7	103.7
4'	156.9	159.0	157.4	156.6	156.4	158.9	155.6	158.9
5'	107.7	112.3	107.6	108.0	108.3	107.9	112.4	107.8
6'	131.9	128.2	131.5	129.0	125.6	131.5	127.8	131.7
		3'-prenyl	6-prenyl	6-prenyl	3'-prenyl	6-prenyl	3'-prenyl	6-prenyl
1		24.3	21.6	29.0	23.3	28.8	22.1	21.8
2		122.6	123.5	121.3	124.1	122.8	121.1	123.4
3		131.3	131.3	134.9	131.1	133.6	135.2	132.1
4		26.0	25.9	25.7	25.9	25.8	25.8	17.9
5		18.2	17.8	17.7	17.9	17.8	17.9	25.8
	8-prenyl			8-prenyl	8-prenyl	8-prenyl	8-prenyl	8-prenyl
1	22.9			22.1	22.5	22.8	23.7	22.2
2	124.2			121.2	123.0	123.1	121.8	123.6
3	131.3				131.9	132.3	135.1	132.0
4	25.8			25.7	25.9	25.9	25.7	17.9
5	17.8			17.8	17.9	17.9	17.9	25.8
7-OMe	61.0							
2'-OMe		62.5				55.8	62.2	
6-Me	8.3							

表 7-6-5 异戊烯基取代二氢异黄酮苷元 7-6-20~7-6-26 的 ^{13}C NMR 数据

C	7-6-20[6]	7-6-21[13]	7-6-22[14]	7-6-23[7]	7-6-24[2]	7-6-25[5]	7-6-26[15]
2	71.9	70.6	70.4	70.7	71.8	74.3	71.3
3	47.7	46.6	46.7	47.1	48.1	73.7	47.6
4	191.8	197.4	198.1	197.9	198.3	196.1	198.7
5	128.0	164.5	157.0	162.5	166.1	161.9	165.8
6	124.1	94.9	102.8	104.5	97.9	97.8	97.0
7	157.3	167.6	159.6	164.6	168.9	163.2	167.2
8	109.9	94.0	108.4	94.7	96.6	101.1	95.7
9	157.2	163.2	159.8	161.7	164.7	159.6	164.9
10	115.6	103.5	103.0	103.1	103.6	101.1	103.8
1'	114.6	114.3	115.1	114.6	120.3	121.8	113.7
2'	157.5	158.1	158.6	154.5	153.3	156.5	154.9
3'	103.8	100.2	99.7	103.9	142.6	114.9	103.8
4'	158.7	154.0	156.8	156.7	153.3	155.8	156.1
5'	107.8	114.6	107.5	114.3	113.3	112.8	120.1

续表

C	7-6-20[6]	7-6-21[13]	7-6-22[14]	7-6-23[7]	7-6-24[2]	7-6-25[5]	7-6-26[15]
6'	131.3	127.9	130.9	128.6	125.9	125.7	131.9
11	28.2	121.6	115.8	122.9	157.1	16.0	26.0
12	123.3	127.8	125.9	126.9	111.7	31.8	124.1
13	132.6	76.7	78.0	79.0	182.6	76.2	136.1
14	17.9	28.2	28.4	26.7	163.7	26.6	16.3
15	25.9	28.2	28.4	41.8	100.7	26.1	40.6
16	116.6		21.3	23.2	166.6	18.3	28.2
17	129.7		122.6	124.8	95.4	32.1	125.3
18	78.1		131.1	131.6	159.3	74.0	131.9
19	28.3		17.8	17.4	106.4	27.4	17.9
20	28.4		25.8	25.5		26.8	27.6
7-OMe		55.6					
2'-OMe		55.7	55.5		61.1	60.6	
3'-OMe					60.7		
6-Me				6.9			

7-6-20 7-6-21 7-6-22 7-6-23 7-6-24 7-6-25 7-6-26

参考文献

[1] Umehara K, Nemoto K, Kimijima K, et al. Phytochemistry, 2008, 69: 546.

[2] Rahman M M G S, Gray A I. Phytochemistry, 2007, 68: 1692.

[3] Deesamer S, Kokpol U, Chavasiri W, et al. Tetrahedron, 2007, 63: 12986.

[4] Iinuma M, Ohyama M, Tanaka T, et al. Phytochemistry, 1993, 33: 1241.

[5] Zhang G P, Xiao Z Y, Rafique J, et al. J Nat Prod, 2009, 72: 1265.

[6] Tanaka H, Tanaka T, Hosoya A, et al. Phytochemistry, 1998, 48: 355.

[7] Delle Monache G, Botta B, Vinciguerra V, et al. Phytocheraistry, 1996, 41: 537.

[8] Iinuma M, Ohyama M, Tanaka T, et al. Phytochemistry, 1992, 31: 665.
[9] Zeng L, Fukai T, Nomura T, et al. Heterocycles, 1992, 34: 575.
[10]Nkengfack A E, Vardamides J C, Fomum Z T, et al. Phytochemistry, 1995, 40: 1803.
[11] Tanaka H, Oh-Uchi T, Etoh H, et al. Phytochemistry, 2003, 64: 753.
[12] Mori-Hongo M, Takimoto H, Katagiri T, et al. J Nat Prod, 2009, 72: 194.
[13] Tanaka H, Oh-Uchi T, Etoh H, et al. Phytochemistry, 2003, 63: 597.
[14] Li X L, Wang N, Sau W M, et al. Chem Pharm Bull, 2006, 54: 570.
[15] Iinuma M, Ohyama M, Tanaka T, et al. Phytochemistry, 1991, 30: 3153.

第七节　查耳酮类化合物

表 7-7-1　查耳酮的名称、分子式和测试溶剂

编号	中文名称	英文名称	分子式	测试溶剂	参考文献
7-7-1	查耳酮	chalcone	$C_{15}H_{12}O$	C	[1]
7-7-2	异甘草素；2',4,4'-三羟基查耳酮	isoliquiritigenin	$C_{15}H_{12}O_4$	A	[2]
				M	[3]
7-7-3	2',4-二羟基-4'-甲氧基查耳酮	2',4-dihydroxy-4'-methoxychalcone	$C_{16}H_{14}O_4$	C	[4]
7-7-4	紫铆因；紫铆查耳酮	butein	$C_{15}H_{12}O_5$	A	[5]
				D	[5]
7-7-5	2'-羟基-2,3,4',6'-四甲氧基查耳酮	2'-hydroxy-2,3,4',6'-tetramethoxychalcone	$C_{19}H_{20}O_6$	C	[7]
7-7-6	2',3,5-三羟基-4,4'-二甲氧基查耳酮	2',3,5-trihydroxy-4,4'-dimethoxychalcone	$C_{17}H_{16}O_6$	C	[4]
7-7-7	2',4,5'-三羟基-4'-甲氧基查耳酮	2',4,5'-trihydroxy-4'-methoxychalcone	$C_{16}H_{14}O_5$	M	[8]
7-7-8	2',5-二羟基-3,4,4'-三甲氧基查耳酮	2',5-dihydroxy-3,4,4'-trimethoxychalcone	$C_{18}H_{18}O_6$	C	[4]
7-7-9	3'-醛基-4',6',4-三羟基-2'-甲氧基-5'-甲基查耳酮	3'-formyl-4',6',4-trihydroxy-2'-methoxy-5'-methylchalcone	$C_{18}H_{16}O_6$	M	[9]
7-7-10	哈蜜紫玉兰查耳酮	hamiltrone	$C_{18}H_{18}O_7$	C+M	[10]
7-7-11	毛叶假鹰爪素 D; 2-甲氧基-3-甲基-4,6-二羟基-5-(3'-羟基)肉桂酰基苯甲醛	desmosdumotin D; 2-methoxy-3-methyl-4,6-dihydroxy-5-(3'-hydroxy) cinnamoylbenzaldehyde	$C_{18}H_{16}O_6$	C	[11,12]
7-7-12	2'-羟基查耳酮	2'-hydroxychalcone	$C_{16}H_{14}O_2$	C	[13]
				D	[14]
7-7-13	反式-2'-乙酰氧基查耳酮	*trans*-2'-acetoxychalcone	$C_{17}H_{14}O_3$	C+D	[13]
7-7-14	反式-3-甲氧基查耳酮	*trans*-3-methoxy-chalcone	$C_{16}H_{14}O_2$	C	[15]
7-7-15	反式-4-甲氧基查耳酮	*trans*-4-methoxy-chalcone	$C_{16}H_{14}O_2$	C	[15]
7-7-16	反式-4-甲基查耳酮	*trans*-4-methyl-chalcone	$C_{16}H_{14}O$	C	[15]
7-7-17	反式-2',4'-二羟基查耳酮	*trans*-2',4'-dihydroxychalcone	$C_{15}H_{12}O_3$	C	[13]
7-7-18	2'-羟基-4'-甲氧基查耳酮	2'-hydroxy-4'-methoxychalcone	$C_{16}H_{14}O_3$	C	[13]
7-7-19	2'-乙酰氧基-4'-甲氧基查耳酮	2'-acetoxy-4'-methoxychalcone	$C_{18}H_{16}O_4$	C	[13]
7-7-20	4'-羟基-2'-甲氧基查耳酮	4'-hydroxy-2'-methoxychalcone	$C_{16}H_{14}O_3$	C	[16]
7-7-21	2'-羟基-5'-甲氧基查耳酮	2'-hydroxy-5'-methoxychalcone	$C_{16}H_{14}O_3$	C	[17]
7-7-22	2,2'-二羟基查耳酮	2,2'-dihydroxychalcone	$C_{15}H_{12}O_3$	D	[14]
				C+D	[13]

续表

编号	中文名称	英文名称	分子式	测试溶剂	参考文献
7-7-23	2,2'-二乙酰氧基查耳酮	2,2'-diacetoxychalcone	$C_{19}H_{16}O_5$	C	[13]
7-7-24	2-甲氧基-2'-羟基查耳酮	2-methoxy-2'-hydroxychalcone	$C_{16}H_{14}O_3$	C	[17]
7-7-25	2-乙酰氧基-2'-甲氧基查耳酮	2-acetoxy-2'-methoxychalcone	$C_{18}H_{16}O_4$	C	[13]
7-7-26	2'-羟基-3-甲氧基查耳酮	2'-hydroxy-3-methoxychalcone	$C_{16}H_{14}O_3$	C	[17]
7-7-27	2'-羟基-4-甲氧基查耳酮	2'-hydroxy-4-methoxychalcone	$C_{16}H_{14}O_3$	C	[13]
7-7-28	2'-乙酰氧基-4-甲氧基查耳酮	2'-acetoxy-4-methoxychalcone	$C_{18}H_{16}O_4$	C	[13]
7-7-29	反式-2'-羟基-4',5'-亚甲二氧基查耳酮	*trans*-2'-hydroxy-4',5'-methylenedioxy-chalcone	$C_{16}H_{12}O_4$	C	[18]
7-7-30	2',4'-二羟基-5'-甲氧基查耳酮	2',4'-dihydroxy-5'-methoxychalcone	$C_{16}H_{14}O_4$	D	[19]
7-7-31	2',4'-二羟基-6'-甲氧基查耳酮	2',4'-dihydroxy-6'-methoxychalcone	$C_{16}H_{14}O_4$	C	[20]
7-7-32	2'-羟基-4",6'-二甲氧基查耳酮	2'-hydroxy-4',6'-dimethoxychalcone	$C_{17}H_{16}O_4$	A	[20]
7-7-32	2'-羟基-4',6'-二甲氧基查耳酮	2'-hydroxy-4',6'-dimethoxychalcone	$C_{17}H_{16}O_4$	C	[21]
7-7-33	2,2',4'-三甲氧基-6'-羟基查耳酮	2,2',4'-trimethoxy-6'-hydroxychalcone	$C_{18}H_{18}O_5$	C	[13]
7-7-34	2,2'-二羟基-4'-甲氧基查耳酮	2,2'-dihydroxy-4'-methoxychalcone	$C_{16}H_{14}O_4$	C	[13]
7-7-35	反式-2,2'-二乙酰氧基-4'-甲氧基查耳酮	*trans*-2,2'-diacetoxy-4'-methoxy-chalcone	$C_{20}H_{18}O_6$	C	[13]
7-7-36	2',3-二羟基-4'-甲氧基查耳酮	2',3-dihydroxy-4'-methoxychalcone	$C_{16}H_{14}O_4$	C/D	[13]
7-7-37	2'-羟基-3,4'-二甲氧基查耳酮	2'-hydroxy-3,4'-dimethoxychalcone	$C_{17}H_{16}O_4$	C	[13]
7-7-38	2',4,4'-三甲氧基查耳酮	2',4,4'-trimethoxychalcone	$C_{18}H_{18}O_4$	C	[13]
7-7-39	4-羟基-2',4'-二甲氧基查耳酮	4-hydroxy-2',4'-dimethoxychalcone	$C_{17}H_{16}O_4$	C/D	[13]
7-7-40	2'-羟基-4,4'-二甲氧基查耳酮	2'-hydroxy-4,4'-dimethoxychalcone	$C_{17}H_{16}O_4$	C	[13]
7-7-41	2',4-二乙酰氧基-4'-甲氧基查耳酮	2',4-diacetoxy-4'-methoxychalcone	$C_{20}H_{18}O_6$	C	[13]
7-7-42	2'-羟基-3,5'-二甲氧基查耳酮	2'-hydroxy-3,5'-dimethoxychalcone	$C_{17}H_{16}O_4$	C	[17]
7-7-43	2'-羟基-4,5'-二甲氧基查耳酮	2'-hydroxy-4,5'-dimethoxychalcone	$C_{17}H_{16}O_4$	C	[21]
7-7-44	2',4,5'-三甲氧基查耳酮	2',4,5'-trimethoxychalcone	$C_{18}H_{18}O_4$	C	[21]
7-7-45	4',4-二羟基-2-甲氧基查耳酮	4',4-dihydroxy-2-methoxychalcone	$C_{16}H_{14}O_4$	D	[22]
7-7-46	2',4'-二羟基-3',6'-二甲氧基查耳酮	2',4'-dihydroxy-3',6'-dimethoxychal-cone	$C_{17}H_{16}O_5$	D	[23]
7-7-47	2'-羟基-3',4',6'-三甲氧基查耳酮	2'-hydroxy-3',4',6'-trimethoxychlacone	$C_{18}H_{18}O_5$	C	[24]
7-7-48	2',3',4',6'-四甲氧基查耳酮	2',3',4',6'-tetramethoxychlacone	$C_{19}H_{20}O_5$	C	[24]
7-7-49	2',6'-二羟基-3',4'-二甲氧基查耳酮	2',6'-dihydroxy-3',4'-dimethoxy-chalcone; pashanone	$C_{17}H_{16}O_5$	D	[19]
7-7-50	蜡菊查耳酮 B	helilandin B	$C_{18}H_{18}O_5$	C	[21]
7-7-51		aurentiacin	$C_{18}H_{18}O_4$	D	[25]
7-7-52		flavokavin A; flavokawain A	$C_{18}H_{18}O_5$	D	[26]
7-7-53	2',4,4',6'-四甲氧基查耳酮	2',4,4',6'-tetramethoxychalcone	$C_{19}H_{20}O_5$	D	[26]
7-7-54	2',4'-二羟基-4'-(1,1-二甲乙基)-3,4-亚甲二氧基查耳酮	2',4'-dihydroxy-4'-(1,1-dimethylethyl)-3,4-(methylenedioxy)-chalcone	$C_{20}H_{20}O_5$	D	[18]
7-7-55	2,4-二甲氧基-2',4'-二羟基-查耳酮	2,4-dimethoxy-2',4'-dihydroxy-chalcone	$C_{17}H_{16}O_5$	A/D	[27]
7-7-56	2'-羟基-2,4,4'-三甲氧基-查耳酮	2'-hydroxy-2,4,4'-trimethoxy-chalcone	$C_{18}H_{18}O_5$	C	[27]

续表

编号	中文名称	英文名称	分子式	测试溶剂	参考文献
7-7-57	3-羟基-2',4,4'-三甲氧基-查耳酮	3-hydroxy-2',4,4'-trimethoxychalcone	$C_{18}H_{18}O_5$	C/D	[13]
7-7-58	2'-羟基-3,4,4'-三甲氧基-查耳酮	2'-hydroxy-3,4,4'-trimethoxychalcone	$C_{18}H_{18}O_5$	C	[27]
7-7-59	3-乙酰氧基-2'-羟基-4,4'-三甲氧基-查耳酮	3-acetoxy-2'-hydroxy-4,4'-trimethoxychalcone	$C_{19}H_{18}O_6$	C/D	[13]
7-7-60	2'-羟基-4'-甲氧基-3,4-亚甲二氧基-查耳酮	2'-hydroxy-4'-methoxy-3,4-methylenedioxy-chalcone	$C_{17}H_{14}O_5$	C	[27]
7-7-61	2'-羟基-3,4,5'-三甲氧基-查耳酮	2'-hydroxy-3,4,5'-trimethoxy-chalcone	$C_{18}H_{18}O_5$	C	[21]
7-7-62	2'-羟基-2,3,5'-三甲氧基-查耳酮	2'-hydroxy-2,3,5'-trimethoxychalcone	$C_{18}H_{18}O_5$	C	[17]
7-7-63	柄苣醌甲醚	pedicellin; 2',3',4',5',6'-pentamethoxychalcone	$C_{20}H_{22}O_6$	C	[28]
7-7-64	3'-羟基-2',4',5',6'-四甲氧基-查耳酮	3'-hydroxy-2',4',5',6'-tetramethoxy-chalcone	$C_{19}H_{20}O_6$	C	[29]
7-7-65	2',4'-二羟基-2,3',6'-三甲氧基-查耳酮	2',4'-dihydroxy-2,3',6'-trimethoxy-chalcone	$C_{18}H_{18}O_6$	D	[30]
7-7-66	2,2',3',4',6'-五甲氧基-查耳酮	2,2',3',4',6'-pentamethoxychalcone	$C_{20}H_{22}O_6$	D	[30]
7-7-67	2',4-二羟基-3',4',6'-三甲氧基-查耳酮	2',4-dihydroxy-3',4',6'-trimethoxy-chalcone	$C_{18}H_{18}O_6$	D	[31]
7-7-68	2',4-二羟基-4',6'-二甲氧基-3'-甲基-查耳酮	2',4-dihydroxy-4',6'-dimethoxy-3'-methyl-chalcone	$C_{18}H_{18}O_5$	C	[26]
7-7-69	3,4-4',5'-二亚甲二氧基-查耳酮	3,4:4',5'-dimethylenedioxy-chalcone	$C_{17}H_{12}O_6$	D	[18]
7-7-70	2'-羟基-3,4,4',5'-四甲氧基-查耳酮	2'-hydroxy-3,4,4',5'-tetramethoxy-chalcone	$C_{19}H_{20}O_6$	C	[29]
7-7-71	2'-羟基-3,4,4',6'-四甲氧基-查耳酮	2'-hydroxy-3,4,4',6'-tetramethoxy-chalcone	$C_{19}H_{20}O_6$	C	[21]
7-7-72	飞机草素	2'-hydroxy-4,4',5',6'-tetramethoxy-chalcone; odoratin	$C_{19}H_{20}O_6$	C	[21]
7-7-73	2'-羟基-3,4,4'',5',6'-五甲氧基-查耳酮	2'-hydroxy-3,4,4',5',6'-pentamethoxy-chalcone	$C_{20}H_{22}O_7$	C	[21]
7-7-74	6'-羟基-2',3',4'-三甲氧基-3,4-亚甲二氧基-查耳酮	6'-hydroxy-2',3',4'-trimethoxy-3,4-methylenedioxychalcone	$C_{19}H_{18}O_7$	C	[21]
7-7-75	2'-羟基-2,3',4',6'-四甲氧基-查耳酮	2'-hydroxy-2,3',4',6'-tetramethoxy-chalcone	$C_{19}H_{20}O_6$	C	[32]
7-7-76	2'-羟基-2,3,4,4'-四甲氧基-查耳酮	2'-hydroxy-2,3,4,4'-tetramethoxy-chalcone	$C_{19}H_{20}O_6$	C	[32]
7-7-77	2',4-二羟基-4',6'-二甲氧基-3'-甲基-查耳酮	2',4-dihydroxy-4',6'-dimethoxy-3'-methyl-chalcone	$C_{18}H_{18}O_5$	A	[33]
7-7-78	*β*-羟基-2,2',3,4,4',5,5'-七甲氧基-查耳酮	*β*-hydroxy-2,2',3,4,4'',5,5'-heptamethoxy-chalcone	$C_{22}H_{28}O_9$	C	[34]
7-7-79	构树查耳酮 A	broussochalcone A	$C_{20}H_{20}O_6$	M	[35]
7-7-80	构树查耳酮 B	broussochalcone B	$C_{20}H_{20}O_5$	A	[36]
7-7-81	去甲基蛇麻醇	desmethylxanthohumol	$C_{20}H_{20}O_5$	A	[37]
7-7-81	去甲基蛇麻醇	desmethylxanthohumol	$C_{20}H_{20}O_5$	D	[38]
7-7-82		isocordoin; 2',4'-dihydroxy-3'-(3-methylbut-2-enyl)chalcone	$C_{20}H_{20}O_3$	C	[39]

续表

编号	中文名称	英文名称	分子式	测试溶剂	参考文献
7-7-83	5-异戊烯基紫铆因	5-prenylbutein; 2',3,4,4'-tetrahy droxy-5-prenylchalcone	$C_{20}H_{20}O_5$	A	[40]
7-7-84	光果甘草查耳酮 A	licoagrochalcone A	$C_{20}H_{20}O_4$	A	[41]
7-7-85	蛇麻醇；黄腐醇	xanthohumol	$C_{21}H_{22}O_5$	D	[38]
7-7-86	甘草查耳酮甲	licochalcone A	$C_{21}H_{22}O_4$	C	[42]
7-7-87	甘草查耳酮戊	licochalcone E	$C_{21}H_{22}O_4$	A	[43]
7-7-88	6'-羟基-2',3,4-三甲氧基查耳酮-4'-*O*-*β*-D-葡萄糖苷	6'-hydroxy-2',3,4-trimethoxychalcone-4'-*O*-*β*-D-glucopyranoside	$C_{24}H_{28}O_{11}$	D	[44]
7-7-89	异甘草苷	isoliquiritin	$C_{21}H_{22}O_9$	A	[45]
7-7-90	3'-醛基-6',4-二羟基-2'-甲氧基-5'-甲基查耳酮-4'-*O*-*β*-D-吡喃葡萄糖苷	3'-formyl-6',4-dihydroxy-2'-methoxy-5'-methylchalcone-4'-*O*-*β*-D-glucopyranoside	$C_{24}H_{26}O_{11}$	M	[9]
7-7-91	2'-甲氧基-3'-苯甲酰基查耳酮	2'-methoxy-3'-benzoylchalcone	$C_{23}H_{18}O_4$	C	[14]
7-7-92		xanthoflorianol	$C_{21}H_{22}O_5$	A	[33]
7-7-93	5'-异戊烯基蛇麻醇	5'-prenylxanthohumol	$C_{26}H_{30}O_5$	A	[33]
7-7-94		pongagallone A	$C_{22}H_{24}O_4$	C	[46]
7-7-95		pongagallone B	$C_{23}H_{24}O_6$	C	[46]
7-7-96	异补骨脂查耳酮	isobavachalcone	$C_{20}H_{20}O_4$	A	[47]
7-7-97	3'-香叶基-2',3,4,4'-四羟基查耳酮	3'-geranyl-2',3,4,4'-tetrahydroxy-chalcone	$C_{25}H_{28}O_5$	A	[48]
7-7-98		3'-geranyl-6'-*O*-methylchalcon-aringenin	$C_{26}H_{30}O_5$	A	[33]
7-7-99		3'-geranylchalconaringenin	$C_{25}H_{28}O_5$	D	[38]
7-7-100	蛇麻醇 B	xanthohumol B	$C_{21}H_{22}O_6$	C	[49]
7-7-101	1",2"-二氢蛇麻醇 C	1",2"-dihydroxanthohumol C	$C_{21}H_{22}O_5$	M	[50]
7-7-102	去甲基蛇麻醇 B	desmethylxanthohumol B	$C_{20}H_{20}O_6$	M	[50]
7-7-103		2'-methoxyhelikrausichalcone	$C_{21}H_{22}O_5$	M	[51]
7-7-104	蛇麻醇 C	xanthohumol C	$C_{21}H_{20}O_5$	D	[38]
7-7-105		praecansone B	$C_{22}H_{22}O_5$	C	[52]
7-7-106		desmethylpraecansone B	$C_{20}H_{20}O_6$	C	[53]
7-7-107		orotinichalcone	$C_{26}H_{28}O_6$	D	[54]
7-7-108		praecansone A	$C_{23}H_{24}O_5$	C	[52]
7-7-109		*cis*-praecansone A	$C_{23}H_{24}O_5$	C	[52]
7-7-110	蛇麻醇 G	xanthohumol G	$C_{21}H_{24}O_7$	M	[55]
7-7-111	蛇麻醇 H	xanthohumol H	$C_{21}H_{24}O_6$	A	[33]
7-7-112	苦参查耳酮	kuraridin	$C_{26}H_{30}O_6$	M	[56,57]
7-7-113	苦参醇 D	kushenol D	$C_{27}H_{32}O_6$	P	[58]
7-7-114	(3"*S*)-桑黄酮 I	kuwanon I (3"*S*)	$C_{40}H_{38}O_{10}$	D	[59]
7-7-115	(3"*R*)-桑黄酮 J	kuwanon J (3"*R*)	$C_{40}H_{38}O_{10}$	D	[59]
7-7-116	桑黄酮 Q	kuwanon Q	$C_{40}H_{38}O_9$	A	[60]
7-7-117	桑黄酮 R 七甲醚	kuwanon R heptamethyl ether	$C_{47}H_{52}O_9$	A	[60]
7-7-118	野鸡尾查耳酮 A	japonicone A	$C_{24}H_{22}O_8$	M	[61]
7-7-119	云南草蔻素 B	calyxin B	$C_{35}H_{34}O_8$	M	[62]

续表

编号	中文名称	英文名称	分子式	测试溶剂	参考文献
7-7-120	表云南草蔻素 B	epicalyxin B	$C_{35}H_{34}O_8$	M	[62]
7-7-121	红花黄素 A	safflor yellow A	$C_{27}H_{30}O_{15}$	D	[63]
7-7-122	羟基红花黄素 A	hydroxysafflor yellow A	$C_{27}H_{32}O_{16}$	D	[64]
7-7-123	红花胺	tinctormine	$C_{27}H_{31}NO_{14}$	D	[65,66]
7-7-124		saffloquinoside A	$C_{27}H_{30}O_{15}$	D	[67]
7-7-125		saffloquinoside B	$C_{34}H_{38}O_{17}$	D	[67]
7-7-126		cedreprenone	$C_{21}H_{20}O_4$	M	[51]
7-7-127		cedrediprenone	$C_{25}H_{28}O_5$	M	[51]
7-7-128	多花胡枝子素 C_7	lespeflorin C_7	$C_{21}H_{22}O_5$	C	[68]
7-7-129	反式-羟基蛇麻醇	*trans*-hydroxyxanthohumol	$C_{21}H_{22}O_6$	M	[50]
7-7-130	苦参查耳酮醇	kuraridinol	$C_{26}H_{32}O_7$	D	[69]

一、查耳酮苷元

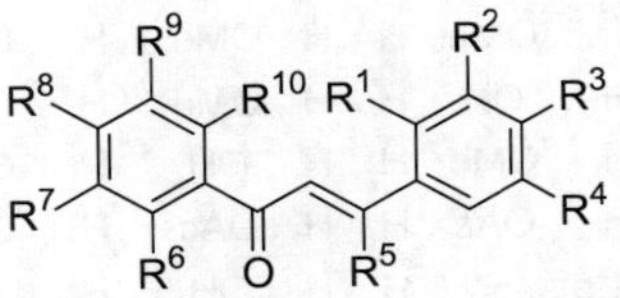

	R^1	R^2	R^3	R^4	R^5	R^6	R^7	R^8	R^9	R^{10}
7-7-1	H	H	H	H	H	H	H	H	H	H
7-7-2	H	H	OH	H	H	OH	H	OH	H	H
7-7-3	H	H	OH	H	H	OH	H	OMe	H	H
7-7-4	H	OH	OH	H	H	OH	H	OH	H	H
7-7-5	OMe	OMe	H	H	H	OMe	H	OMe	H	OH
7-7-6	H	OH	OMe	OH	H	OH	H	OMe	H	H
7-7-7	H	H	OH	H	H	OH	H	OMe	OH	H
7-7-8	H	OMe	OMe	OH	H	OH	H	OMe	H	H
7-7-9	H	H	OH	H	H	OMe	CHO	OH	Me	OH
7-7-10	H	OH	OH	H	H	OMe	OMe	OMe	H	OH
7-7-11	H	H	H	H	OH	OH	CHO	OMe	Me	OH
7-7-12	H	H	H	H	H	OH	H	H	H	H
7-7-13	H	H	H	H	H	OAc	H	H	H	H
7-7-14	H	OMe	H	H	H	H	H	H	H	H
7-7-15	H	H	OMe	H	H	H	H	H	H	H
7-7-16	H	H	Me	H	H	H	H	H	H	H
7-7-17	H	H	H	H	H	OH	H	OH	H	H
7-7-18	H	H	H	H	H	OH	H	OMe	H	H
7-7-19	H	H	H	H	H	OAc	H	OMe	H	H
7-7-20	H	H	H	H	H	OMe	H	H	H	H
7-7-21	H	H	H	H	H	OH	H	H	OMe	H
7-7-22	OH	H	H	H	H	H	H	H	H	H
7-7-23	OAc	H	H	H	H	OAc	H	H	H	H
7-7-24	OMe	H	H	H	H	H	H	H	H	H
7-7-25	OMe	H	H	H	H	OAc	H	H	H	H

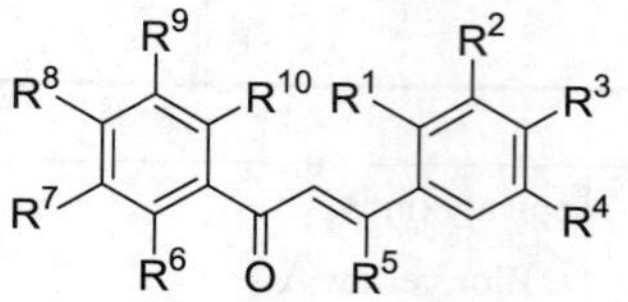

	R^1	R^2	R^3	R^4	R^5	R^6	R^7	R^8	R^9	R^{10}
7-7-26	H	OMe	H	H	H	OH	H	H	H	H
7-7-27	H	H	OMe	H	H	OH	H	H	H	H
7-7-28	H	H	OMe	H	H	OAc	H	H	H	H
7-7-29	H	H	H	H	H	OH	H	OCH_2O		H
7-7-30	H	H	H	H	H	OH	H	OH	OMe	H
7-7-31	H	H	H	H	H	OH	H	OH	H	OMe
7-7-32	H	H	H	H	H	OH	H	OMe	H	OMe
7-7-33	OMe	H	H	H	H	OMe	H	OMe	H	H
7-7-34	OH	H	H	H	H	OH	H	OH	H	OMe
7-7-35	OAc	H	H	H	H	OAc	H	OMe	H	H
7-7-36	H	OH	H	H	H	OH	H	OMe	H	H
7-7-37	H	OMe	H	H	H	OH	H	OMe	H	H
7-7-38	H	H	OMe	H	H	OMe	H	OMe	H	H
7-7-39	H	H	OH	H	H	OMe	H	OMe	H	H
7-7-40	H	H	OMe	H	H	OH	H	OMe	H	H
7-7-41	H	H	OAc	H	H	OAc	H	OMe	H	H
7-7-42	H	OMe	H	H	H	OH	H	H	OMe	H
7-7-43	H	H	OMe	H	H	OH	H	H	OMe	H
7-7-44	H	H	OMe	H	H	OMe	H	H	OMe	H
7-7-45	OMe	H	OH	H	H	H	H	OH	H	H
7-7-46	H	H	H	H	H	OH	OMe	OH	H	OMe
7-7-47	H	H	H	H	H	OH	OMe	OMe	H	OMe
7-7-48	H	H	H	H	H	OMe	OMe	OMe	H	OMe
7-7-49	H	H	H	H	H	OH	OMe	OMe	H	OH
7-7-50	H	H	H	H	H	OMe	OMe	OMe	H	H
7-7-51	H	H	H	H	H	OH	Me	OMe	H	OMe
7-7-52	H	H	OMe	H	H	OH	H	OMe	H	OMe
7-7-53	H	H	OMe	H	H	OMe	H	OMe	H	OMe
7-7-54	H	OCH_2O		H	H	OH	DME	OH	H	H
7-7-55	OMe	H	OMe	H	H	OH	H	OH	H	H
7-7-56	OMe	H	OMe	H	H	OH	H	OMe	H	H
7-7-57	H	OH	OMe	H	H	OMe	H	OMe	H	H
7-7-58	H	OMe	OMe	H	H	OH	H	OMe	H	H
7-7-59	H	OAc	OMe	H	H	OH	H	OMe	H	H
7-7-60	H	OCH_2O		H	H	OH	H	OMe	H	H
7-7-61	H	OMe	OMe	H	H	OH	H	H	OMe	H
7-7-62	OMe	OMe	H	H	H	OH	H	H	OMe	H
7-7-63	H	H	H	H	H	OMe	OMe	OMe	OMe	OMe
7-7-64	H	H	H	H	H	OMe	OH	OMe	OMe	OMe
7-7-65	OMe	H	H	H	H	OH	OMe	OH	H	OMe
7-7-66	OMe	H	H	H	H	OMe	OMe	OMe	H	OMe
7-7-67	H	H	OH	H	H	OH	OMe	OMe	H	OMe
7-7-68	H	H	OH	H	H	OH	Me	OMe	H	OMe
7-7-69	H	OCH_2O		H	H	OH	H	OCH_2O		H

	R1	R2	R3	R4	R5	R6	R7	R8	R9	R10
7-7-70	H	OMe	OMe	H	H	OH	H	OMe	OMe	H
7-7-71	H	OMe	OMe	H	H	OH	H	OMe	H	OMe
7-7-72	H	H	OMe	H	H	OH	H	OMe	OMe	OMe
7-7-73	H	OMe	OMe	H	H	OH	H	OMe	OMe	OMe
7-7-74	H	OCH_2O		H	H	OH	H	OMe	OMe	OMe
7-7-75	OMe	H	H	H	H	OH	OMe	OMe	H	OMe
7-7-76	OMe	OMe	OMe	H	H	OH	H	OMe	H	H
7-7-77	H	H	OH	H	H	OMe	H	OMe	Me	OH
7-7-78	OMe	OMe	OMe	OMe	OH	OMe	H	OMe	OMe	H

注：DME—1, 1-二甲基乙基。

表 7-7-2 查耳酮苷元 7-7-1~7-7-9 的 ^{13}C NMR 数据

C	7-7-1[1]	7-7-2①[2]	7-7-2②[3]	7-7-3[4]	7-7-4①[5]	7-7-4③[5]	7-7-5[7]	7-7-6[4]	7-7-7[8]	7-7-8[4]	7-7-9[9]
1	134.9	127.5	128.0	127.9	128.1	128.9	148.8	131.2	126.5	130.8	128.3
2	128.7	131.8	131.8	130.6	115.9	117.1	168.4	108.5	130.5	107.8	130.2
3	128.7	116.7	117.0	116.0	149.2	147.3	153.2	149.1	115.6	152.4	118.3
4	128.4	161.0	161.7	157.9	146.3	150.4	124.1	136.7	160.3	137.9	160.7
5	128.7	116.7	117.0	116.0	116.4	116.3	129.7	149.1	115.6	149.6	118.3
6	128.7	131.8	131.8	130.6	118.3	124.1	128.9	108.5	130.5	105.5	130.2
1'	138.1	114.4	114.5	114.2	114.5	115.2	106.4	114.2	112.4	114.2	108.5
2'	130.3	167.6	167.7	166.2	165.5	166.8	137.2	166.3	159.8	166.3	165.7
3'	130.3	103.7	104.1	101.2	103.7	104.3	113.7	101.2	99.7	101.2	108.7
4'	132.6	165.7	167.4	166.7	167.0	168.0	162.5	166.8	155.6	166.8	166.9
5'	130.3	108.7	109.6	107.6	108.6	109.6	119.7	107.7	138.8	107.7	110.2
6'	130.3	133.2	133.4	131.1	133.2	133.8	166.1	131.6	113.7	131.2	169.8
C═O	190.1	192.8	193.4	191.9	192.7	193.9	192.9	191.8	192.2	191.8	193.8
α	121.9	118.2	118.5	118.2	123.4	118.7	91.2	120.4	117.0	119.4	125.8
β	144.5	145.1	145.5	144.1	145.5	146.6	93.7	143.7	144.5	144.3	145.3
2-OMe							61.3				
3-OMe							55.9			56.1	
4-OMe								61.3		61.1	
2'-OMe							55.6				68.5
3'-OMe											
4'-OMe				55.6			55.8	55.6	55.2	55.6	
3'-CHO											191.7
5'-Me											10.6

① 在 A 中测定。② 在 M 中测定。③ 在 D 中测定。

表 7-7-3 查耳酮苷元 7-7-10~7-7-19 的 ^{13}C NMR 数据

C	7-7-10[10]	7-7-11[11,12]	7-7-12①[13]	7-7-12②[14]	7-7-13[13]	7-7-14[15]	7-7-15[15]	7-7-16[15]	7-7-17[13]	7-7-18[13]	7-7-19[13]
1	127.3	133.6	134.5	136.8	134.3	136.2	127.6	132.1	134.9	134.6	134.6
2	114.3	127.0	128.9	126.9	128.8	116.3	130.2	128.5	129.2	128.8	128.8
3	144.8	128.7	128.6	129.3	128.2	160.0	114.4	129.6	129.2	128.4	128.4
4	147.0	132.3	130.8	131.5	130.4	113.4	161.5	140.9	131.0	130.5	130.2
5	115.2	128.7	128.6	129.3	128.2	129.9	114.4	129.6	129.2	128.4	128.4
6	122.2	127.0	128.9	126.9	128.8	121.0	130.2	128.5	129.2	128.8	128.8
1'	108.5	107.3	119.9	122.2	132.0	138.1	138.5	138.3	113.5	114.0	124.6
2'	154.7	177.6	163.6	161.7	148.7	128.5	128.4	128.5	165.7	166.5	150.9
3'	135.0	111.3	118.8	118.6	125.8	128.5	128.4	128.5	103.2	101.0	109.1
4'	159.5	172.2	136.3	137.2	132.3	132.7	132.5	132.5	166.3	166.0	163.1
5'	96.1	105.0	119.9	120.2	125.0	128.5	128.4	128.5	108.8	107.6	111.4
6'	161.6	166.1	129.6	131.0	129.6	128.5	128.4	128.5	133.3	131.1	131.7
C=O		193.4	193.6	194.7	190.6	190.3	190.1	190.3	191.9	191.6	188.9
α		98.1	118.5	118.3	123.4	122.3	119.6	121.0	121.5	120.2	128.1
β		165.9	145.3	145.5	144.7	144.6	144.6	144.7	144.0	144.2	143.8
3-OMe						55.2					
4-OMe							55.2				
2'-OMe	61.5										
3'-OMe	60.9										
4'-OMe	55.7	62.9								55.2	55.5
3'-CHO		192.6									
5'-Me		8.0									

① 在 C 中测定。② 在 D 中测定。

表 7-7-4 查耳酮苷元 7-7-20~7-7-29 的 ^{13}C NMR 数据

C	7-7-20[16]	7-7-21[17]	7-7-22①[14]	7-7-22②[13]	7-7-23[13]	7-7-24[17]
1	135.0	134.5	121.0	121.8	127.1	123.6
2	128.8	128.6	158.2	157.9	149.6	159.6
3	128.1	128.9	120.4	116.7	126.2	113.3
4	129.9	130.9	133.7	132.1	131.3	132.2
5	128.1	128.9	121.0	120.2	123.1	120.8
6	128.8	128.6	130.1	130.1	127.4	129.6
1'	119.8	119.5	122.2	119.8	131.9	120.2
2'	160.6	157.9	162.7	163.5	148.6	163.6
3'	99.2	119.2	118.7	118.8	125.8	118.5
4'	162.9	123.8	137.3	136.0	132.4	136.0
5'	108.0	151.6	120.4	120.3	123.3	118.8
6'	132.3	112.8	131.2	129.9	129.7	129.6
C=O	188.7	188.9	195.0	194.6	191.1	194.2
α	127.3	119.9	117.3	118.3	126.9	120.8

续表

C	7-7-20[16]	7-7-21[17]	7-7-22①[14]	7-7-22②[13]	7-7-23[13]	7-7-24[17]
β	140.5	145.4	141.8	142.2	138.4	141.1
2-OMe						55.4
2'-OMe	55.6					
5'-OMe		55.9				

C	7-7-25[13]	7-7-26[17]	7-7-27[13]	7-7-28[13]	7-7-29[18]
1	123.1	136.0	127.4	126.9	134.6
2	158.6	113.9	130.6	130.0	128.8
3	111.2	160.0	114.6	114.3	129.2
4	132.2	116.6	162.1	161.6	130.7
5	120.3	130.0	114.6	114.3	129.2
6	129.1	121.3	130.6	130.0	128.8
1'	132.4	120.0	120.2	132.3	112.1
2'	148.7	163.6	163.6	148.5	163.0
3'	125.8	118.5	118.8	125.8	98.2
4'	131.9	136.4	136.2	132.0	154.6
5'	125.5	118.8	117.7	123.2	140.6
6'	129.7	129.7	129.6	129.6	107.4
C=O	191.1	193.6	193.7	191.1	191.3
α	123.3	120.4	118.6	122.8	121.3
β	140.3	145.3	145.4	145.0	144.2
OMe	55.3	55.3	55.4	55.2	

① 在D中测定。② 在C/D中测定。

表 7-7-5 查耳酮苷元 7-7-30~7-7-39 的 ^{13}C NMR 数据[13]

C	7-7-30[19]	7-7-31[20]	7-7-32①[20]	7-7-32②[21]	7-7-33	7-7-34	7-7-35	7-7-36	7-7-37	7-7-38	7-7-39
1	134.8	136.5	135.5	135.3	122.7	122.0	127.3	135.8	135.9	128.4	126.0
2	129.1	129.0	128.3	128.1	158.7	157.7	149.5	115.1	113.5	130.3	130.5
3	129.0	129.7	128.7	128.6	111.3	116.7	126.2	157.7	159.7	114.6	116.1
4	130.7	130.7	130.0	129.8	131.2	131.8	131.1	118.2	116.1	160.7	160.1
5	129.0	129.7	128.7	128.6	120.7	120.4	123.1	129.8	129.7	114.6	116.1
6	129.1	129.0	128.3	128.1	128.7	130.0	127.3	120.0	120.9	130.3	130.5
1'	111.6	106.4	106.3	106.1	124.6	114.3	124.1	113.9	113.9	122.7	114.0
2'	160.9	165.8	166.1	166.2	160.4	166.5	151.0	166.3	166.4	161.7	165.7
3'	103.6	92.3	91.2	93.6	98.8	101.1	109.2	101.0	100.9	98.9	101.0
4'	156.4	168.3	168.3	168.1	164.1	166.0	163.2	165.9	165.9	164.5	166.2
5'	141.5	97.0	93.8	90.9	105.3	107.4	111.4	107.3	107.4	105.5	107.3
6'	113.4	164.3	162.4	162.3	132.8	131.5	131.8	131.3	131.1	133.0	131.0
C=O	191.1	193.0	192.5	192.3	191.1	192.8	188.6	191.7	191.4	190.9	191.8
α	121.8	128.6	127.5	127.3	127.9	119.8	126.5	119.8	120.2	125.3	116.6
β	143.7	142.4	142.2	141.9	137.6	141.1	136.9	144.5	143.9	142.3	144.7
2-OMe					55.5						

续表

C	7-7-30[19]	7-7-31[20]	7-7-32①[20]	7-7-32②[21]	7-7-33	7-7-34	7-7-35	7-7-36	7-7-37	7-7-38	7-7-39
3-OMe									55.1		
4-OMe										55.5	
2'-OMe		56.3	55.5	55.6	55.5					55.6	55.4
4'-OMe			55.5	55.9	55.8		55.6	55.4	55.3	55.9	55.4
5'-OMe	57.0					55.5					

① 在 A 中测定。② 在 C 中测定。

表 7-7-6　查耳酮苷元 7-7-40~7-7-50 的 ^{13}C NMR 数据

C	7-7-40[13]	7-7-41[13]	7-7-42[17]	7-7-43[21]	7-7-44[21]	7-7-45[22]	7-7-46[23]	7-7-47[24]	7-7-48[24]	7-7-49[19]	7-7-50[21]
1	127.2	132.3	135.9	126.9	127.4	114.8	136.2	135.4	134.8	135.1	135.0
2	130.1	129.3	113.8	130.2	129.7	160.3	130.2	128.9	128.8	129.1	128.1
3	114.2	122.1	160.0	114.1	114.0	99.3	129.6	128.3	128.4	128.4	128.7
4	161.5	150.9	116.5	161.7	161.1	161.8	131.2	130.1	130.3	130.4	130.0
5	114.2	122.1	130.0	114.1	114.0	108.4	129.6	128.3	128.4	128.4	128.7
6	130.1	129.3	121.7	130.2	129.7	130.0	130.2	128.9	128.8	129.1	128.1
1'	114.0	124.3	119.7	119.4	118.9	129.9	106.6	106.8	116.6	105.3	108.4
2'	166.3	152.1	157.9	157.5	153.2	131.0	160.0	158.6	153.3	154.9	154.7
3'	101.0	109.1	119.2	118.8	118.2	115.5	130.2	130.8	136.2	135.1	135.1
4'	165.7	163.1	123.8	123.2	124.4	162.0	159.2	159.4	155.0	160.1	162.4
5'	107.2	111.6	151.7	151.3	152.0	115.5	92.8	87.1	92.7	91.8	96.3
6"	131.0	131.7	112.9	112.6	113.0	131.0	158.5	158.5	151.8	159.2	159.9
C=O	191.4	189.0	193.2	192.8	191.9	187.6	193.4	193.2	193.5	192.7	192.9
α	117.4	124.9	120.6	117.1	118.2	118.4	128.7	127.4	128.8	127.6	126.3
β	143.9	142.8	145.4	145.0	142.9	138.2	143.1	142.6	144.6	142.1	142.8
2-OMe						55.6					
3-OMe			55.2								
4-OMe	55.1			55.0	55.3						
2'-OMe					54.9		61.1		61.8		61.6
3'-OMe								60.7	61.0	60.4	60.9
4'-OMe	55.2	55.6		55.7				56.0	56.0	55.9	55.8
5'-OMe			56.0		56.1						
6'-OMe							57.2	56.0	56.0		

表 7-7-7　查耳酮苷元 7-7-51~7-7-61 的 ^{13}C NMR 数据

C	7-7-51[25]	7-7-52[26]	7-7-53[26]	7-7-54[18]	7-7-55[27]	7-7-56[27]	7-7-57[13]	7-7-58[28]	7-7-59[13]	7-7-60[28]	7-7-61[22]
1	135.5	128.5	127.7	128.9	118.8	118.4	127.8	127.9	129.0	129.9	127.6
2	126.5	130.1	130.0	108.4	160.3	160.2	114.9	110.5	106.4	107.6	110.9
3	128.7	114.4	114.4	149.9	99.9	98.4	146.9	151.7	148.2	150.0	145.5
4	127.8	161.5	161.5	148.0	166.1	162.8	150.5	149.3	149.8	148.5	151.5
5	128.8	114.4	114.4	101.7	106.2	106.0	111.7	111.3	108.4	108.7	110.3
6	126.5	130.1	130.0	118.9	126.2	126.8	122.2	123.3	125.1	125.4	122.9

续表

C	7-7-51[25]	7-7-52[26]	7-7-53[26]	7-7-54[18]	7-7-55[27]	7-7-56[27]	7-7-57[13]	7-7-58[28]	7-7-59[13]	7-7-60[28]	7-7-61[22]
1'	106.0	106.5	112.2	119.4	115.2	114.2	114.0	114.2	114.0	114.2	119.5
2'	164.2	162.6	158.8	162.3	166.9	165.4	166.1	166.1	166.2	165.9	157.5
3'	105.6	93.9	91.0	137.4	101.9	101.2	101.0	101.1	100.9	101.1	118.8
4'	163.5	168.5	162.4	133.3	164.5	164.1	165.8	166.6	166.0	166.7	123.2
5'	86.0	91.3	91.0	118.1	106.2	106.2	107.2	107.6	107.2	106.8	151.3
6'	161.0	166.1	158.8	128.8	130.9	132.0	131.9	131.2	132.1	131.2	113.0
C=O	192.8	192.6	193.8	194.4	190.5	191.8	191.8	191.7	191.4	191.7	192.8
α	129.9	125.3	127.1	126.5	118.2	117.8	118.1	118.1	117.9	118.3	117.4
β	141.6	142.4	143.8	145.2	140.2	141.1	144.6	144.6	143.2	144.3	145.4
2-OMe					55.8	55.1					
3-OMe								56.0			55.6
4-OMe		55.2	55.2		55.9	55.5	55.5	55.5	55.5		55.6
2'-OMe			55.2				55.5			55.6	
3'-OMe											
4'-OMe	55.4	55.8	55.8			55.6	55.5	56.0	55.9		
5'-OMe			55.8								55.6
6'-OMe	55.5										

表 7-7-8 查耳酮苷元 7-7-62~7-7-72 的 ^{13}C NMR 数据

C	7-7-62[17]	7-7-63[28]	7-7-64[29]	7-7-65[30]	7-7-66[30]	7-7-67[31]	7-7-68[26]	7-7-69[18]	7-7-70[29]	7-7-71[21]	7-7-72[21]
1	128.8	134.5	134.5	123.4	122.7	125.6	127.8	129.2	128.2	128.3	127.8
2	149.3	128.9	128.9	158.1	158.1	130.5	130.2	107.3	111.4	110.3	129.9
3	153.3	128.5	128.6	111.9	111.9	115.9	114.4	148.1	152.1	148.9	114.1
4	114.8	128.5	130.6	132.1	132.2	160.0	161.6	149.7	149.7	150.8	161.3
5	124.3	128.5	128.6	121.0	120.9	115.9	114.4		111.7	111.0	114.1
6	120.1	128.9	128.9	129.0	129.1	130.5	130.2		123.0	122.3	129.9
1'	119.8	124.0	113.6	105.5	116.1	106.9	112.3		112.5	105.9	108.4
2'	158.1	143.0	163.0	157.4	150.8	157.1	157.4	162.9	162.0	165.7	159.6
3'	119.3	146.2	135.1	129.2	135.5	130.0	117.0	98.1	101.1	93.6	96.3
4'	124.0	148.8	136.9	158.5	152.7	157.4	160.2	154.3	156.3	168.1	162.3
5'	151.8	146.2	137.6	91.5	93.7	88.3	91.7	140.5	142.1	90.8	134.9
6'	112.9	143.0	157.8	155.1	154.7	156.0	156.3		112.6	162.1	154.6
C=O	193.8	193.5	192.3	192.7	193.1	192.5	194.6	191.3	188.4	192.0	192.4
α	121.8	130.6	128.6	127.8	128.6	123.8	127.1	126.5	118.6	125.1	123.7
β	140.6	145.7	145.7	137.4	139.1	143.4	144.5	144.4	144.7	142.4	143.0
2-OMe	61.2			55.7	55.7						
3-OMe	56.0								56.1	55.1	55.0
4-OMe									56.6	55.4	55.7
2'-OMe		62.0	62.0		62.0		55.4				
3'-OMe		61.3		59.9	59.9	59.9					
4'-OMe		61.5	61.1		56.0	56.2	56.2		56.3	55.5	55.0
5'-OMe	56.0	61.3	61.3						56.6		60.9
6'-OMe		62.0	62.3	56.0	56.0	55.9				55.6	60.9

表 7-7-9　查耳酮苷元 7-7-73~7-7-78 的 ^{13}C NMR 数据

C	7-7-73[21]	7-7-74[21]	7-7-75[32]	7-7-76[32]	7-7-77[33]	7-7-78[34]
1	128.1	129.6	120.8	122.0	128.0	123.7
2	110.1	108.3	158.1	153.0	131.3	160.1
3	149.0	148.1	111.8	139.9	116.8	126.6
4	151.1	149.4	131.9	156.0	160.7	162.7
5	111.0	106.3	120.8	107.8	116.8	149.7
6	122.6	124.2	127.7	124.3	131.3	126.6
1'	108.4	108.3	106.3	114.4	106.7	123.7
2'	159.7	159.7	152.5	166.7	165.0	105.5
3'	96.3	96.3	128.7	101.2	105.8	149.7
4'	162.3	162.3	157.8	166.0	164.6	162.7
5'	134.9	135.0	88.4	107.8	87.8	96.7
6'	154.6	154.6	157.2	131.2	162.3	160.1
C=O	192.3	192.3	193.4	192.0	193.7	193
α	124.0	124.8	128.8	119.7	125.4	29.7
β	143.2	142.9	137.7	139.9	143.4	138.1
2-OMe			55.1	61.3		61.8
3-OMe	55.7			62.8		59.4
4-OMe	55.7			55.9		56.6
5-OMe						59.4
3'-OMe			59.9			54.4
4'-OMe	55.7	55.8	55.9	56.8	56.1	56.4
5'-OMe	60.9	60.9				
6'-OMe	61.6	61.5	55.5		56.4	61.7
3'-Me					7.5	

二、取代基查耳酮

	R^1	R^2	R^3	R^4	R^5	R^6	R^7	R^8	R^9
7-7-79	H	OH	OH	H	OH	H	OH	prenyl	H
7-7-80	H	H	OH	H	OH	H	OH	prenyl	H
7-7-81	H	H	OH	H	OH	prenyl	OH	H	OH
7-7-82	H	H	H	H	OH	prenyl	OH	H	H
7-7-83	H	OH	OH	prenyl	OH	H	OH	H	H
7-7-84	H	prenyl	OH	H	OH	H	OH	H	H
7-7-85	H	H	OH	H	OMe	H	OH	prenyl	OH
7-7-86	OMe	H	OH	1,1-DMPE	H	H	OH	H	H
7-7-87	OMe	H	OH	1,2-DMPE	H	H	OH	H	H
7-7-88	H	OMe	OMe	H	OMe	H	OGlu	H	OH

	R^1	R^2	R^3	R^4	R^5	R^6	R^7	R^8	R^9
7-7-89	H	H	OGlu	H	OH	H	OH	H	H
7-7-90	H	H	OH	H	OMe	CHO	OGlu	Me	OH
7-7-91	H	H	H	H	OMe	H	OBn	H	H
7-7-92	H	H	OH	H	OH	H	OH	prenyl	OMe
7-7-93	H	H	OH	H	OMe	prenyl	OH	prenyl	OH
7-7-94	H	H	H	H	OMe	H	OMe	prenyl	H
7-7-95	H	OCH_2O		H	OMe	H	OMe	prenyl	H
7-7-96	H	H	OH	H	H	H	OH	MB	OH

注：1,1-DMPE—1,1-二甲基-2-丙烯基；1,2-DMPE—1,2-二甲基-2-丙烯基；Bn—苄基；MB—3-甲基-2-丁烯基。

表 7-7-10　异戊烯基和苯基取代查耳酮、查耳酮苷 7-7-79~7-7-87 的 ^{13}C NMR 数据

C	7-7-79[35]	7-7-80[36]	7-7-81①[37]	7-7-81②[38]	7-7-82[39]	7-7-83[40]	7-7-84[41]	7-7-85[38]	7-7-86[42]	7-7-87[43]
1	128.6	126.9	128.2	126.2	135.1	127.0	127.6	126.0	116.4	114.9
2	115.9	130.8	131.2	130.3	128.7	113.6	131.8	130.4	158.4	158.8
3	147.0	116.1	116.8	116.0	129.2	147.4	129.7	115.9	101.1	99.1
4	150.0	160.0	160.2	159.2	130.8	145.5	158.7	159.9	160.9	159.7
5	116.8	116.1	116.8	116.0	129.2	129.4	116.3	115.9	124.7	124.3
6	124.0	130.8	131.2	130.3	128.7	123.2	129.2	130.4	128.8	128.3
1'	114.5	113.6	105.7	104.1	114.3	114.6	114.5	104.6	131.0	130.0
2'	164.5	162.5	165.9	164.1	164.2	167.4	167.6	160.5	131.2	130.6
3'	103.5	102.9	108.1	106.0	114.4	103.6	103.8	90.9	115.5	115.5
4'	165.8	164.9	162.8	162.4	162.0	165.4	165.5	162.3	159.6	162.9
5'	122.1	120.6	95.3	94.4	108.1	108.5	108.6	107.3	115.5	115.5
6'	132.1	131.3	160.5	159.8	129.6	133.0	133.2	164.6	131.2	130.6
C=O	193.5	191.6	193.4	191.8	192.3	192.6	192.8	191.6	190.5	187.5
α	118.5	117.8	125.6	142.0	120.8	117.7	118.0	123.8	120.0	118.1
β	145.9	143.9	143.0	123.4	144.5	145.8	145.6	142.5	147.7	139.0
	5'-prenyl	5'-prenyl	3'-prenyl	3'-prenyl	3'-prenyl	5-prenyl	3-prenyl	5'-preny	5-1,1-DMPE	5-1,2-DMPE
1	28.9	28.5	22.1	21.0	22.0	25.8	25.9	21.0	39.7	37.7
2	123.6	123.1	124.3	124.1	121.3	123.8	123.3	123.0	141.4	149.2
3	133.4	131.6	130.8	129.5	136.1	132.5	132.8	129.8	113.8	109.1
4	26.1	25.6	25.9	25.5	26.0	28.6	29.1	25.4	27.0	18.8
5	18.0	17.7	17.9	17.6	18.2	17.6	17.9	17.6	27.0	21.5
2-OMe									55.6	55.0
2'-OMe								55.7		

① 测试溶剂为 A；②测试溶剂为 D。

表 7-7-11　异戊烯基和苯基取代查耳酮、查耳酮苷 7-7-88~7-7-96 的 ^{13}C NMR 数据

C	7-7-88[44]	7-7-89[45]	7-7-90[9]	7-7-91[14]	7-7-92[33]	7-7-93[33]	7-7-94[46]	7-7-95[46]	7-7-96[47]
1	125.1	129.8	127.5	135.3	127.9	127.9	135.7	130.1	127.6
2	114.8	131.3	130.3	128.1	131.3	131.4	128.8	110.0	131.7

续表

C	7-7-88[44]	7-7-89[45]	7-7-90[9]	7-7-91[14]	7-7-92[33]	7-7-93[33]	7-7-94[46]	7-7-95[46]	7-7-96[47]
3	157.3	117.8	117.9	128.6	116.9	116.9	128.2	149.4	116.7
4	159.2	160.8	158.4	129.7	160.8	160.9	129.9	148.2	160.9
5	115.6	117.8	117.9	128.6	116.9	116.9	128.2	108.6	116.7
6	114.1	131.3	130.3	128.1	131.3	131.4	128.8	124.8	131.7
1'	120.5	114.3	108.8	122.3	109.4	109.4	106.5	106.6	114.4
2'	162.4	166.0	166.2	163.1	162.3	163.2	163.4	163.2	164.7
3'	98.7	103.6	107.4	99.4	115.5	112.4	122.8	122.8	116.0
4'	158.8	167.2	166.8	160.2	163.8	163.2	161.3	161.2	165.1
5'	99.1	108.9	110.6	105.9	100.2	115.0	110.5	108.6	108.0
6'	148.1	133.4	169.9	132.6	165.6	159.9	126.9	125.9	130.3
C=O	183.5	192.8	193.5	190.2	193.3	193.8	192.9	192.8	193.0
α	129.9	119.8	125.9	127.1	124.3	124.4	86.5	86.4	118.5
β	134.4	144.5	145.6	141.8	144.4	144.4	164.1	164.0	144.9
	4'-Glu	4-Glu	4'-Glu		3'-prenyl	3'-prenyl	5'-prenyl	5'-preny	3'-MB
1	105.8	101.5	101.7		23.0	23.2	21.5	21.4	25.8
2	73.4	74.4	74.5		123.9	123.3	127.9	125.9	131.4
3	78.0	77.7	78.6		131.3	131.4	131.3	131.3	123.4
4	75.8	71.1	70.8		25.8	25.9	25.8	25.8	22.3
5	76.5	77.9	78.9		18.0	18.1	17.8	17.7	17.9
6	62.4	62.4	62.9						
3-OMe	56.3								
4-OMe	55.2								
2'-OMe	58.6		67.7	55.6	63.4		55.5	55.4	
4'-OMe							55.8	55.8	
6'-OMe						63.5			
3'-CHO			190.8						
5'-Me			10.5						
$OOCH_2O$								101.5	

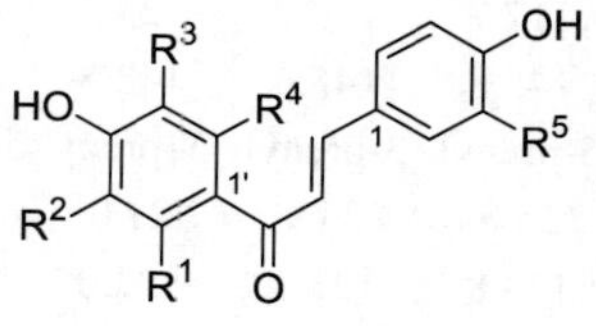

	R1	R2	R3	R4	R5
7-7-97	OH	Ger	H	H	OH
7-7-98	OMe	H	Ger	OH	H
7-7-99	OH	H	Ger	OH	H

注：Ger—香叶基。

表 7-7-12　香叶基取代查耳酮 7-7-97~7-7-99 的 ^{13}C NMR 数据

C	7-7-97[48]	7-7-98[33]	7-7-99[38]	C	7-7-97[48]	7-7-98[33]	7-7-99[38]
1	128.0	128.2	127.1	1'	114.2	106.3	105.0
2	115.7	131.3	131.1	2'	164.9	166.5	165.1
3	146.1	116.8	116.8	3'	115.9	108.9	106.9
4	148.9	160.6	160.4	4'	162.4	162.8	163.3
5	116.2	116.8	116.8	5'	107.8	91.6	95.2
6	123.1	131.3	131.1	6'	129.9	161.9	160.6

续表

C	7-7-97[48]	7-7-98[33]	7-7-99[38]	C	7-7-97[48]	7-7-98[33]	7-7-99[38]
C=O	192.6	193.3	192.7	5"	27.4	27.5	27.1
α	118.3	125.5	125.0	6"	124.9	125.2	125.0
β	145.0	143.2	142.8	7"	131.3	131.6	131.4
Ger				8"	25.8	25.8	26.3
1"	22.2	21.8	21.8	9"	17.7	17.7	18.4
2"	123.0	123.9	124.0	10"	16.3	16.3	16.8
3"	134.9	134.8	134.0	2'-OMe		56.2	
4"	40.5	40.6	40.0				

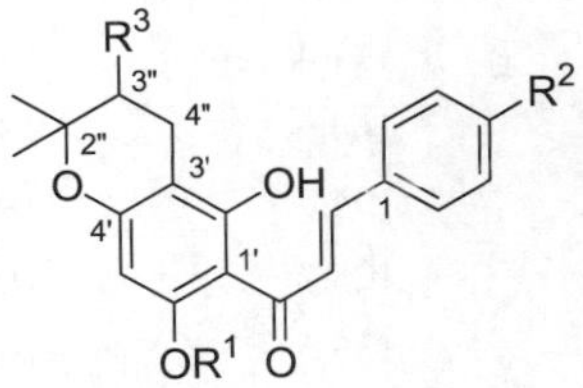

	R¹	R²	R³
7-7-100	Me	OH	OH
7-7-101	Me	OH	H
7-7-102	H	OH	OH
7-7-103	Me	H	OH

表 7-7-13 二氢吡喃环取代查耳酮 7-7-100~7-7-103 的 ^{13}C NMR 数据

C	7-7-100[49]	7-7-101[50]	7-7-102[50]	7-7-103[51]	C	7-7-100[49]	7-7-101[50]	7-7-102[50]	7-7-103[51]
1	128.3	128.4	128.5	135.7	6'	164.8	161.3	157.2	155.0
2	130.7	131.5	131.2	128.0	C=O	191.9	194.4	194.2	193.0
3	116.1	116.1	116.9	128.8	α	126.1	125.6	126.1	128.0
4	159.8	162.0	161.1	129.9	β	143.1	143.7	143.0	141.2
5	116.1	116.1	116.9	128.8	2"	78.9	77.1	79.7	78.6
6	130.7	131.5	131.2	128.0	3"	67.4	33.1	69.5	68.1
1'	105.0		106.2	106.1	4"	25.2	17.1	26.8	25.6
2'	160.6	163.1	166.7	165.9	5"	25.4	27.0	25.9	24.7
3'	91.9	92.8	96.2	91.8	6"	21.1	27.0	21.5	20.5
4'	160.1	161.6	164.3	164.2	2'-OMe	56.1	56.3		
5'	100.5	103.6	100.9	100.3					

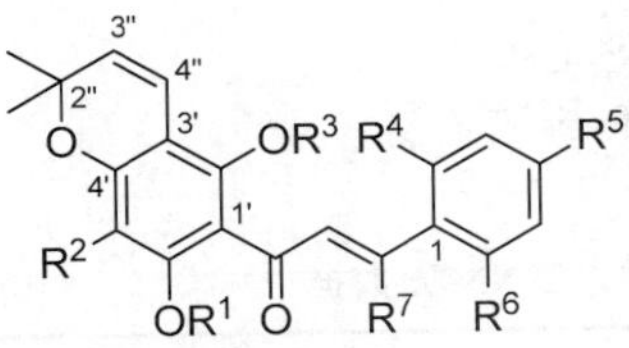

7-7-104 ~ 7-7-107 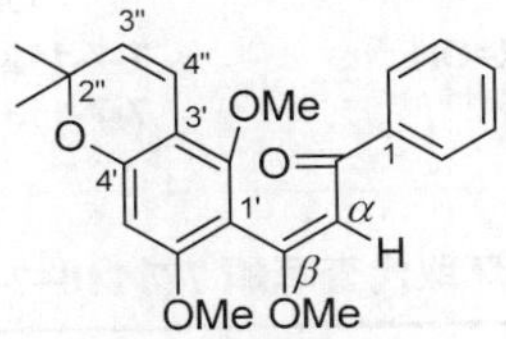　　7-7-108 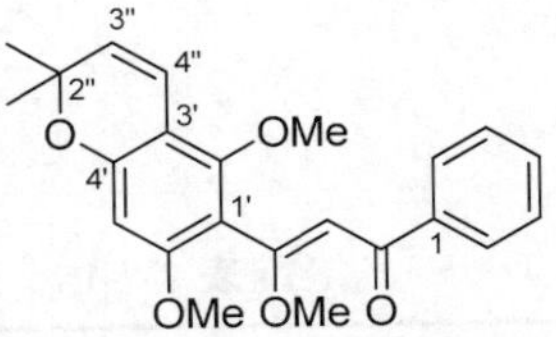　　7-7-109

	R¹	R²	R³	R⁴	R⁵	R⁶	R⁷
7-7-104	Me	H	H	H	OH	H	H
7-7-105	Me	H	Me	H	H	H	OH
7-7-106	Me	H	H	H	H	H	OH
7-7-107	H	prenyl	Me	OH	H	OH	H

表 7-7-14　吡喃环取代查耳酮 7-7-104~7-7-109 的 ^{13}C NMR 数据

C	7-7-104[38]	7-7-105[52]	7-7-106[53]	7-7-107①[54]	7-7-108[52]	7-7-109[52]
1	126.7	134.0	135.0	113.0	139.7	140.0
2	131.6	128.5	129.7	159.1	128.0	128.1
3	116.9	127.0	127.5	107.6	127.7	127.8
4	160.5	132.1	134.0	131.7	131.6	131.5
5	116.9	127.0	127.5	107.6	127.7	127.8
6	131.6	128.5	129.7	159.1	128.0	128.1
1'	106.3		103.4	107.5		
2'	163.3	156.2	161.0	157.7	155.6	155.0
3'	102.9	96.2	92.3	109.2	96.0	95.7
4'	162.1	158.2	163.4	157.0	157.7	158.3
5'	92.8	114.0	104.9	111.4	111.9	110.0
6'	161.1	155.0	161.9	164.6	154.5	156.0
C=O	192.7	188.0	195.0	194.7	190.2	189.0
α	144.3	100.5	98.9	128.2	101.2	104.8
β	124.2	182.0	176.5	136.6	166.1	164.0
2"	79.0	76.4	79.0	77.6	76.5	76.4
3"	116.1	116.5	116.2	116.9	116.8	116.1
4"	126.7	127.7	126.6	128.0	127.0	127.6
5"	28.9	28.0	28.6	27.9	28.0	28.1
6"	28.9	28.0	28.6	27.9	28.0	28.1
2'-OMe		56.1	56.7		55.8	55.9
3'-OMe						
β-OMe					56.2	57.3
6'-OMe	57.2	63.2		63.3	62.2	62.2

① prenyl: 21.6 (C-1), 122.9 (C-2), 130.5 (C-3), 25.3 (C-4), 17.5 (C-5)。

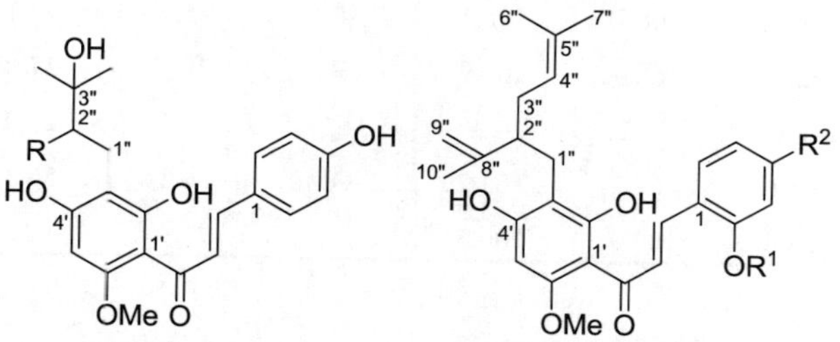

7-7-110 R=OH
7-7-111 R=H

7-7-112 R^1=H; R^2=OH
7-7-113 R^1=OMe; R^2=H

表 7-7-15　开环吡喃环取代查耳酮 7-7-110~7-7-113 的 ^{13}C NMR 数据

C	7-7-110[55]	7-7-111[33]	7-7-112[56,57]	7-7-113[58]
1	128.5	128.2	116.7	108.8
2	131.3	131.3	160.8	161.7
3	116.9	116.8	107.0	99.9
4	161.5	160.6	162.7	161.1
5	116.9	116.8	109.3	108.8
6	131.3	131.3	132.3	125.5
1'	108.6	106.2	104.1	108.2
2'	163.1	166.4	164.5	166.7

续表

C	7-7-110[55]	7-7-111[33]	7-7-112[56,57]	7-7-113[58]	C	7-7-110[55]	7-7-111[33]	7-7-112[56,57]	7-7-113[58]
3'	93.1	110.1	109.4	91.6	4"	25.9	29.7	125.9	124.6
4'	167.5	163.2	167.2	164.0	5"	25.9	17.9	132.1	130.8
5'	107.0	92.0	92.0	117.0	6"			26.5	25.6
6'	167.5	161.9	162.9	162.7	7"			18.4	17.8
C=O	194.8	193.3	195.2	193.5	8"			150.3	149.2
α	125.9	125.5	125.5	130.3	9"			111.7	110.7
β	143.3	143.1	140.3	138.3	10"			19.5	19.1
1"	25.3	29.7	28.6	27.8	2-OMe				55.7
2"	80.6	43.2	48.5	47.2	2'-OMe	56.2	56.1		
3"	74.1	70.8	32.9	31.9	6'-OMe			56.5	55.7

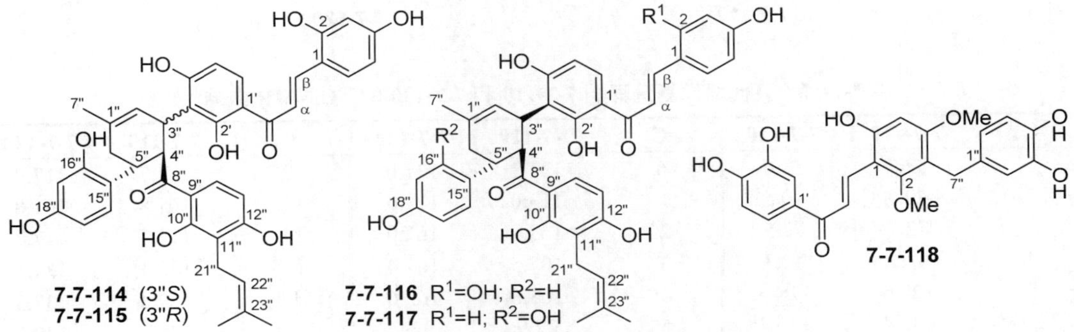

7-7-114 (3"*S*)
7-7-115 (3"*R*)

7-7-116 R^1=OH; R^2=H
7-7-117 R^1=H; R^2=OH

7-7-118

表 7-7-16 其他取代基查耳酮 7-7-114~7-7-118 的 ^{13}C NMR 数据

C	7-7-114[59]	7-7-115[59]	7-7-116[60]	7-7-117[60]	7-7-118[61]	C	7-7-114[59]	7-7-115[59]	7-7-116[60]	7-7-117[60]	7-7-118[61]
1	113.5	113.2	115.3	127.4	110.6	4"	44.8	46.6	50.0	47.4	144.1
2	159.0	159.0	159.9	131.7	162.7	5"	39.4	33.0	40.4	36.4	116.1
3	103.0	102.5	103.6	116.7	116.3	6"	38.2	35.8	36.1	32.4	120.8
4	161.4	161.4	162.3	161.0	161.6	7"	22.5	23.3	23.8	23.8	29.2
5	108.1	107.9	109.2	116.7	96.5	8"	208.7	207.5	207.6	209.5	
6	129.9	130.0	131.8	130.9	161.3	9"	114.1	114.2	114.1	113.3	
C=O	192.0	191.5	193.3	192.9	192.8	10"	161.8	162.0	164.2	164.6	
α	116.2	116.2	117.5	118.3	137.7	11"	114.4	113.6	115.5	115.8	
β	139.8	139.4	140.9	145.0	122.5	12"	161.4	161.3	162.7	163.7	
1'	112.8	112.2	114.2	113.9	132.3	13"	106.2	105.9	108.1	108.1	
2'	164.5	164.8	166.0	165.8	116.5	14"	129.9	130.2	131.8	128.6	
3'	116.2	115.5	116.2	117.3	146.6	15"	120.7	122.4	136.7	121.7	
4'	162.2	163.0	163.6	163.7	151.9	16"	156.0	155.3	129.2	156.4	
5'	107.6	107.5	109.2	110.2	116.1	17"	103.0	102.3	116.0	103.6	
6'	128.6	130.0	130.8	131.7	123.2	18"	155.7	155.8	156.6	157.9	
1"	131.8	132.2	135.2	134.8	134.8	19"	106.2	106.5	116.0	107.5	
2"	124.3	121.7	123.2	123.2	116.7	20"	129.5	132.2	129.2	132.9	
3"	39.4	33.0	33.3	32.5	145.9	21"	21.1	21.1	22.2	22.2	

续表

C	7-7-114[59]	7-7-115[59]	7-7-116[60]	7-7-117[60]	7-7-118[61]	C	7-7-114[59]	7-7-115[59]	7-7-116[60]	7-7-117[60]	7-7-118[61]
22"	122.5	122.4	123.2	123.4		25"	17.5	17.5	17.8	17.8	
23"	129.9	130.2	131.4	131.4		2-OMe					62.6
24"	25.2	25.3	25.8	25.8		4-OMe					56.3

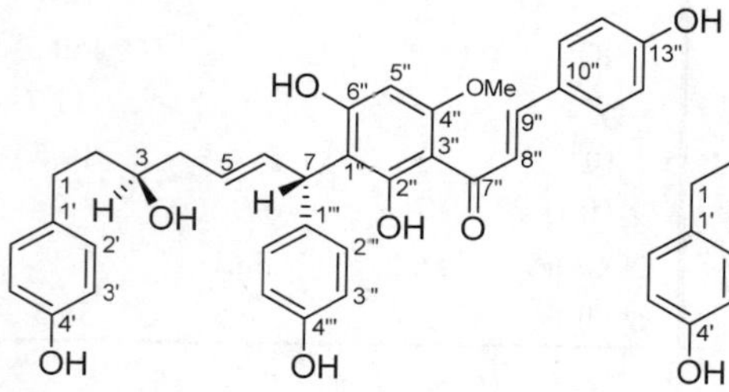

7-7-119 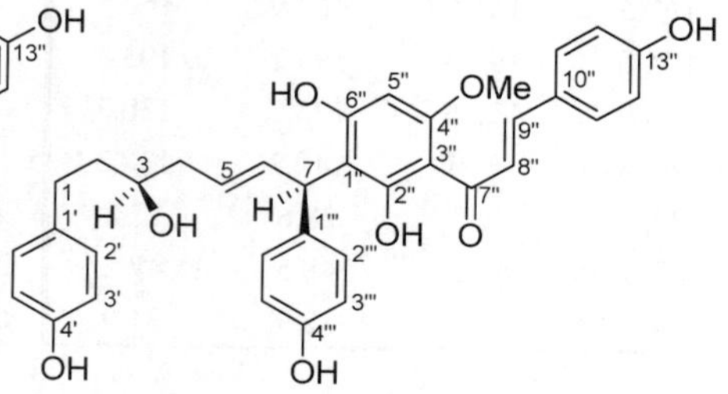　　7-7-120

表 7-7-17　其他取代基查耳酮 7-7-119 和 7-7-120 的 ^{13}C NMR 数据[62]

C	7-7-119	7-7-120	C	7-7-119	7-7-120	C	7-7-119	7-7-120
1	32.7	32.6	6'	131.1	131.0	12"	117.7	117.7
2	40.5	40.5	1"	113.0	113.0	13"	161.8	161.8
3	72.7	72.5	2"	167.0	167.0	14"	117.7	117.7
4	42.2	42.3	3"	107.5	107.4	15"	132.1	132.1
5	128.6	128.6	4"	163.6	163.6	1'''	137.4	137.3
6	136.4	136.4	5"	92.9	92.9	2'''	130.3	130.3
7	44.2	44.2	6"	164.6	164.6	3'''	116.3	116.3
1'	135.4	135.4	7"	195.0	194.9	4'''	156.7	156.6
2'	131.1	131.0	8"	126.7	126.7	5'''	116.3	116.3
3'	116.9	116.8	9"	144.2	144.2	6'''	130.3	130.3
4'	157.0	156.9	10"	129.3	129.3	4"-OMe	57.0	56.0
5'	116.9	116.8	11"	132.1	132.1			

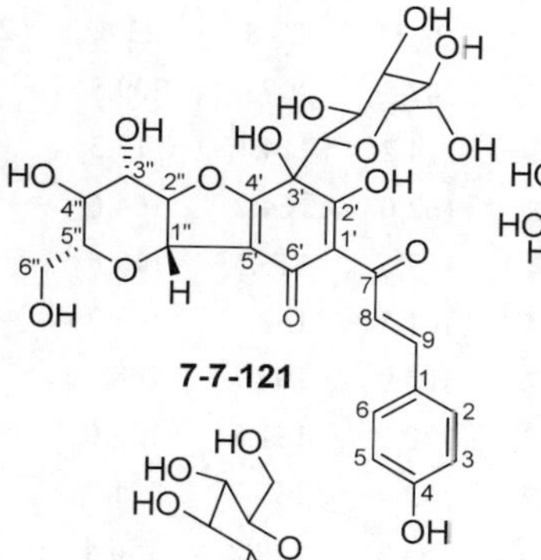

7-7-121 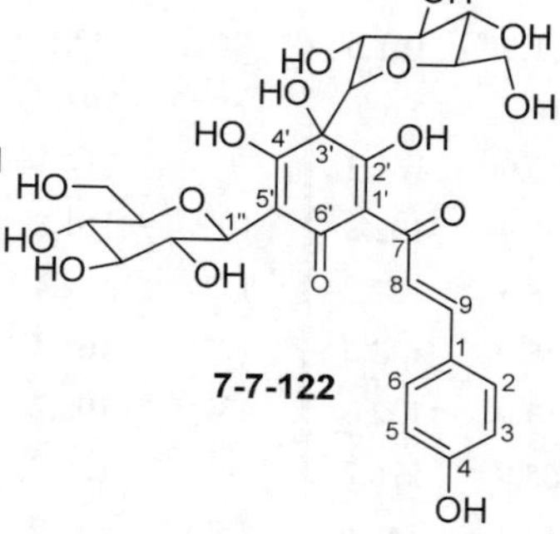　　7-7-122 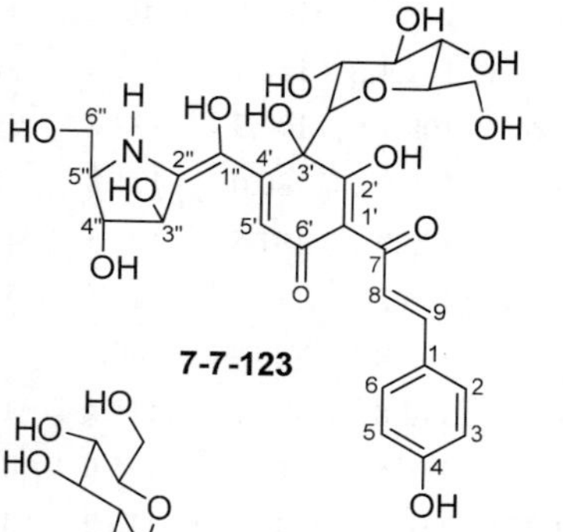　　7-7-123

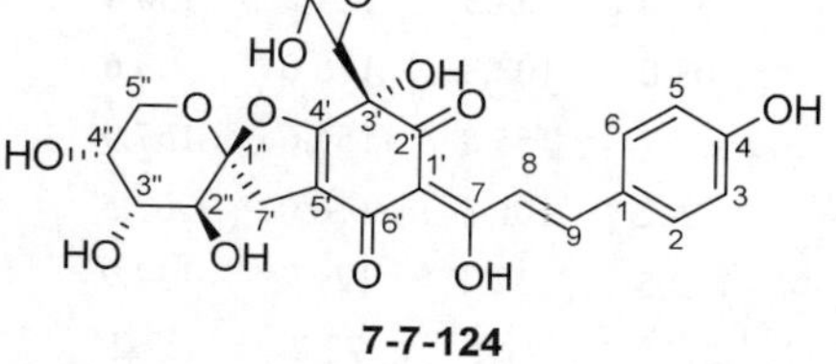

7-7-124 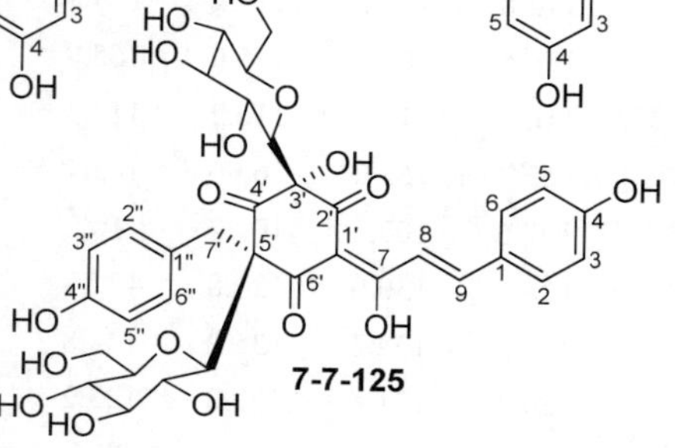　　7-7-125

表 7-7-18　其他取代基查耳酮 7-7-121~7-7-125 的 ^{13}C NMR 数据

C	7-7-121[63]	7-7-122[64]	7-7-123[65,66]	7-7-124[67]	7-7-125[67]	C	7-7-121[63]	7-7-122[64]	7-7-123[65,66]	7-7-124[67]	7-7-125[67]
1	127.2	127.3	126.2	126.0	125.9	7'				34.9	43.5
2	128.8	129.2	130.4	130.6	131.4	1''	85.1	73.8	140.9	109.5	125.0
3	115.3	115.6	115.8	116.0	115.9	2''	68.6	68.6	138.2	70.2	130.8
4	158.0	158.3	159.8	160.2	160.5	3''	78.8	78.6	65.9	69.5	114.7
5	115.3	115.6	115.8	116.0	115.9	4''	73.8	70.9	73.9	68.6	156.1
6	128.8	129.2	130.4	130.6	131.4	5''	79.8	79.2	71.3	66.1	114.7
7	195.0	178.9	180.3	179.2	182.4	6''	61.6	61.5	63.3		130.8
8	123.3	123.2	118.9	117.9	118.3		3'-Glu	3'-Glu	3'-Glu	3'-Glu	3'-Glu
9	135.5	135.6	140.9	142.4	143.6	1	85.1	85.5	84.2	83.0	77.7
1'	105.6	99.2	109.2	107.7	112.8	2	71.0	69.7	69.0	69.8	69.1
2'	179.2	182.8	195.8	193.8	188.6	3	78.0	78.2	78.3	78.1	78.3
3'	84.8	84.5	77.9	77.5	89.7	4	69.8	69.8	69.2	69.9	71.0
4'	182.5	195.3	114.6	173.1	201.7	5	80.1	80.6	79.7	81.1	82.0
5'	99.0	106.1	101.5	116.6	63.6	6	61.0	61.1	60.7	61.8	61.9
6'	189.0	188.9	185.7	187.5	196.8						

注：**7-7-125** 中，5'-Glu 的碳谱信号为 79.1（1 位），71.5（2 位），78.0（3 位），68.7（4 位），78.1（5 位），60.7（6 位）。

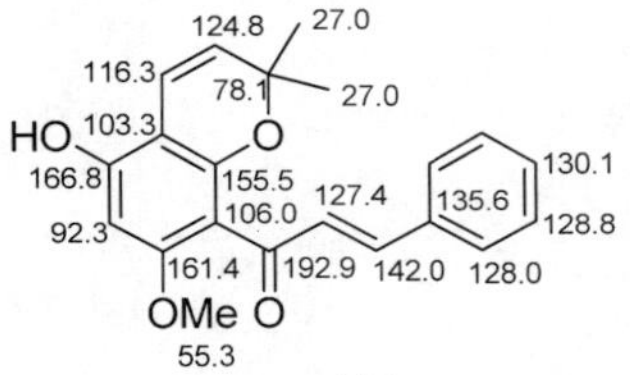

7-7-126[50] 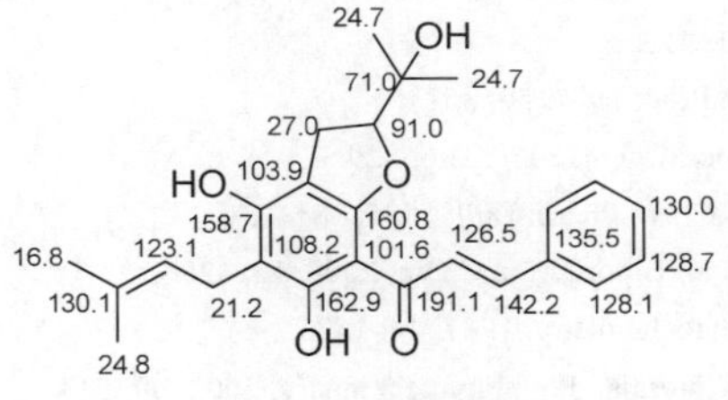　**7-7-127**[50] 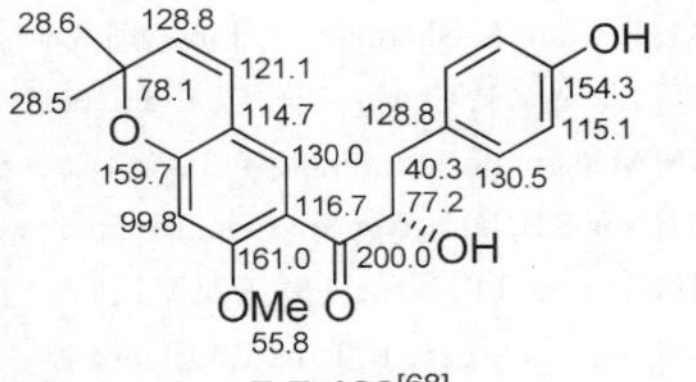　**7-7-128**[68]

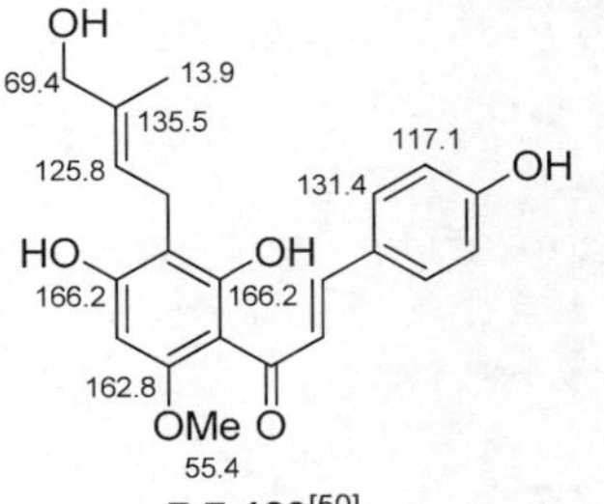

7-7-129[50] 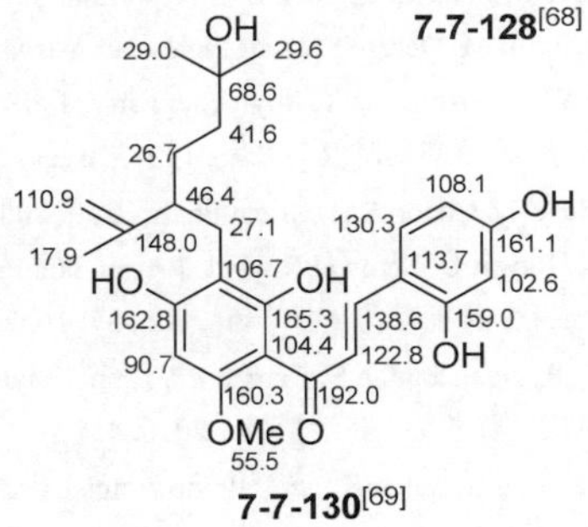　**7-7-130**[69]

参 考 文 献

[1] Musumarra S, Wold S, Gronowitz S. Org Magn Reson, 1981, 17: 118.

[2] 尹婷, 刘桦, 王邠等. 药学学报, 2008, 43: 67.

[3] Veitch N C, Sutton P S E, Kite G C, et al. J Nat Prod, 2003, 66: 210.

[4] Ogawa Y, Oku H, Iwaoka E, et al. Chem Pharm Bull, 2007, 55: 675.

[5] Chen Y P, Liu L, Zhou Y H, et al. J Chin Pharm Sci, 2008, 17: 82.

[6] Tian G L, Zhang U, Zhang T, et al. J Chromatogr A, 2004, 1049: 219.

[7] Srinivas K V N S, Koteswara R Y, Mahender I, et al. Phytochemistry, 2003, 63: 789.

[8] An R B, Jeong G S, Kim Y C. Chem Pharm Bull, 2008, 56: 1722.

[9] Min B S, Thu C V, Nguyen T D, et al. Chem Pharm Bull, 2008, 56: 1725.
[10] Huang L, Wall M E, Wani M C, et al. J Nat Prod, 1998, 61: 446.
[11] 吴久鸿, 史宁, 潘敏翔等. 中国药学杂志, 2005, 40: 495.
[12] 吴久鸿, 廖时萱, 毛士龙等.药学学报, 1999, 34: 682.
[13] Pelter A, Ward R S, Gray J. J Chem Soc, Perkin Trans 1, 1976, 2475.
[14] Markham K R, Ternai B. Tetrahedron, 1976, 32: 2607.
[15] Salcaniova E, Toma S S, Gronowitz S. Org Magn Reson, 1976, 8: 439.
[16] Wollenweber E, Siegler D S. Phytochemistry, 1983, 21: 1063.
[17] Freeman P W, Murphy S T, Neomorin J E, et al. Aust J Chem, 1981, 34: 1779.
[18] Bigi F, Casiraghi G, Casnati G, et al. Tetrahedron, 1985, 40: 4081.
[19] Patra A, Mitra A, Bhattacharya G, et al. Org Magn Reson, 1982, 18: 241.
[20] Itokawa H, Morita M, Mihashi S. Phytochemistry, 1981, 20: 2503.
[21] Patra A, Ghosh G, Sengupta P K, et al. Org Magn Reson, 1987, 25: 734.
[22] Ayabe S, Furuya T. J Chem Soc, Perkin Trans 1, 1982, 2725.
[23] Maradufu A, Ouma J H. Phytochemistry, 1978, 17: 823.
[24] Panichpol K, Waterman P G. Phytochemistry, 1978, 17: 1363.
[25] Malterud K E, Anthonsen T. Acta Chem Scand, 1987, B41: 6.
[26] Duddeck H, Snatzke G, Yemul S S. Phytochemistry, 1978, 17: 1639.
[27] Agrawal P K. Carbon-13 NMR of Flavonoids. New York: Elsevier Science Publishers B.V., 1989: 380.
[28] Leong Y W, Harrison L J, Bennett G J, et al. Phytochemistry, 1998, 47: 891.
[29] Parmar V S, Sharma S, Rathore J S, et al. Magn Reson Chem, 1990, 28: 470.
[30] Tomimori T, Miyaichi Y, Imoto Y, et al. Chem Pharm Bull, 1985, 33: 4457.
[31] Panichpol K, Waterman P G. Phytochemistry, 1978, 17: 1363.
[32] Agrawal P K. Carbon-13 NMR of Flavonoids. New York: Elsevier Science Publishers B.V., 1989: 384.
[33] Vogel S, Heilmann J. J Nat Prod, 2008, 71: 1237.
[34] Rathore A, Sharma S C, Tandon J S. J Nat Prod, 1987, 50: 357.
[35] Zheng Z P, Cheng K W, Chao J F, et al. Food Chem, 2008, 106: 529.
[36] Matsumoto J, Fujimoto T, Takino C, et al. Chem Pharm Bull, 1985, 33: 3250.
[37] Vogel S, Ohmayer Susanne, Brunner G, et al. Bioorg Med Chem, 2008, 16: 4286.
[38] Stevens J F, Ivancic M, Hsu V L, et al. Phytochemistry, 1997, 44: 1575.
[39] Borges-Argaez R, Pena-Rodriguez L M, Waterman P G. Phytochemistry, 2002, 60: 533.
[40] Yenesew A, Induli M, Derese S, et al. Phytochemistry, 2004, 65: 3029.
[41] Asada Y, Li Wei, Yoshikawa T. Phytochemistry, 1998, 47: 389.
[42] 王天志, 李涛. 天然产物研究与开发, 1998, 10: 19.
[43] Yoon G, Jung Y D, Cheon S H. Chem Pharm Bull, 2005, 53: 694.
[44] Semwal D K, Rawat U, Semwal R, et al. J Asian Nat Prod Res, 2009, 11: 1045.
[45] 冯育林, 李云秋, 徐丽珍等. 中草药, 2006, 37: 1622.
[46] Gandhidasan R, Neelakantan S, Raman P V, et al. Phytochemistry, 1987, 26: 281.
[47] 杨燕，王洪庆，陈若芸. 药学学报，2010, 45: 77.
[48] Shimizu K, Kondo R, Sakai K, et al. Phytochemistry, 2000, 54: 737.
[49] Tabata N, Ito M, Tomoda H, et al. Phytochemistry, 1997, 46: 683.
[50] Chadwick L R, Nicolic D, Burdette J E, et al. J Nat Prod, 2004, 67: 2024.
[51] Koorbanally N A, Randrianarivelojosia Mulholland M, Mulholland D A, et al. Phytochemistry, 2003, 62: 1225.
[52] Tarus P K, Machocho A K, Lang'at-Thoruwa C C, et al. Phytochemistry, 2002, 60: 375.
[53] Waterman P G, Mahmoud E H N. Phytochemistry, 1985, 24: 571.
[54] Waterman P G, Mahmoud E H N. Phytochemistry, 1987, 26: 1189.
[55] Chadwick L R, Nikolic D, Burdette J E, et al. J Nat Prod, 2004, 67: 2024.
[56] Kang S S, Kim J S, Son K H, et al. Fitoterapia, 2000, 71: 511.
[57] 刘斌, 石任兵. 北京中医药大学学报, 2007, 30: 263.
[58] Wu L J, Miyase T, Ueno A, et al. Chem Pharm Bull, 1985, 33: 3231.
[59] Ueda S, Nomura T, Fukai T, et al. Chem Pharm Bull, 1982, 30: 3042.

[60] Ueda S, Matsumoto J, Nomura T, et al. Chem Pharm Bull, 1984, 32: 350.
[61] Li M C, Yao Z, Zhang Y W, et al. Chinese Chem Lett, 2007, 18: 840.
[62] Prasain J K, Tezuka Y, Li J X, et al. Tetrahedron, 1997, 53: 7833.
[63] 安熙强, 李艳虹, 陈杰等. 中草药, 1990, 21: 44.
[64] Meselhy M R, Kadota S, Hattori M, et al. J Nat Prod, 1993, 56: 39.
[65] Meselhy M R, Kadota S, Momose Y, et al. Chem Pharm Bull, 1992, 40: 3355.
[66] Meselhy M R, Kadota S, Momose Y, et al. Chem Pharm Bull, 1993, 41: 1796.
[67] Jiang J S, He J, Feng Z M, et al. Org Lett, 2010, 12: 1196.
[68] Mori-Hongo M, Takimoto H, Katagiri T, et al. J Nat Prod, 2009, 72: 194.
[69] Jung M J, Kang S S, Jung H A, et al. Arch Pharm Res, 2004, 27: 593.

第八节　二氢查耳酮类化合物

表 7-8-1　二氢查耳酮的名称、分子式和测试溶剂

编号	中文名称	英文名称	分子式	测试溶剂	参考文献
7-8-1	根皮素	phloretin	$C_{15}H_{14}O_5$	D	[1]
7-8-2	根皮苷	phlorizin	$C_{21}H_{24}O_{10}$	M	[2]
7-8-3		erioschalcone A; 2',4'-dihydroxy-4-methoxy-3'-(γ, γ-dimethylallyl)dihydrochalcone	$C_{25}H_{28}O_6$	C+M	[3]
7-8-4		erioschalcone B; 2',4'-dihydroxy-3'-(γ, γ-dimethylallyl)-dihydrochalcone	$C_{20}H_{22}O_3$	C+M	[3]
7-8-5	2',3',4',5',6'-五甲氧基二氢查耳酮	2',3',4',5',6'-pentamethoxydihydrochalcone	$C_{20}H_{24}O_6$	C	[4]
7-8-6	3',5'-二羟基-2',4',6'-三甲氧基二氢查耳酮	3',5'-dihydroxy-2',4',6'-trimethoxy-dihydrochalcone	$C_{18}H_{20}O_6$	C	[4]
7-8-7	2,4,4'-三羟基二氢查耳酮	2,4,4'-trihydroxydihydrochalcone	$C_{16}H_{12}O_4$	P	[5]
7-8-8	2,4'-二羟基-4-甲氧基二氢查耳酮	2,4'-dihydroxy-4-methoxydihydro-chalcone	$C_{17}H_{14}O_4$	A	[6]
7-8-9	多花胡枝子素 C_1	lespeflorin C_1	$C_{20}H_{22}O_5$	C	[7]
7-8-10	多花胡枝子素 C_2	lespeflorin C_2	$C_{21}H_{24}O_5$	C	[7]
7-8-11	多花胡枝子素 C_3	lespeflorin C_3	$C_{21}H_{24}O_5$	C	[7]
7-8-12	多花胡枝子素 C_4	lespeflorin C_4	$C_{22}H_{26}O_5$	C	[7]
7-8-13	多花胡枝子素 C_5	lespeflorin C_5	$C_{21}H_{24}O_5$	C	[7]
7-8-14	多花胡枝子素 C_6	lespeflorin C_6	$C_{25}H_{30}O_5$	C	[7]
7-8-15	凹唇姜素 A	panduratin A	$C_{26}H_{30}O_4$	C	[8]
7-8-16	左旋-羟基凹唇姜素 A	(–)-hydroxypanduratin A	$C_{25}H_{28}O_4$	A	[9]
7-8-17	凹唇姜素 C	panduratin C	$C_{26}H_{30}O_5$	C	[10]
7-8-18	剑叶龙血素 B	cochinchinenin B	$C_{33}H_{34}O_7$	A	[11]
7-8-19	剑叶龙血素 C	cochinchinenin C	$C_{33}H_{34}O_7$	A	[11]
7-8-20	查耳桑素	chalcomoracin	$C_{39}H_{36}O_9$	A	[12]
7-8-21	桑色呋喃 E	mulberrofuran E	$C_{39}H_{36}O_8$	A	[12]
7-8-22	多花胡枝子素 C_7	lespeflorin C_7	$C_{21}H_{22}O_5$	C	[7]
7-8-23	剑叶龙血素烯酮	cochinchinenone	$C_{17}H_{18}O_6$	D	[11]
7-8-24	铁石苏木醇 A	pauferrol A	$C_{45}H_{34}O_{12}$	A	[13]

	R¹	R²	R³	R⁴	R⁵	R⁶	R⁷
7-8-1	OH	H	H	H	OH	H	OH
7-8-2	OGlu	H	H	H	OH	H	OH
7-8-3	OH	prenyl	H	H	H	H	OMe
7-8-4	OH	prenyl	H	H	H	H	H

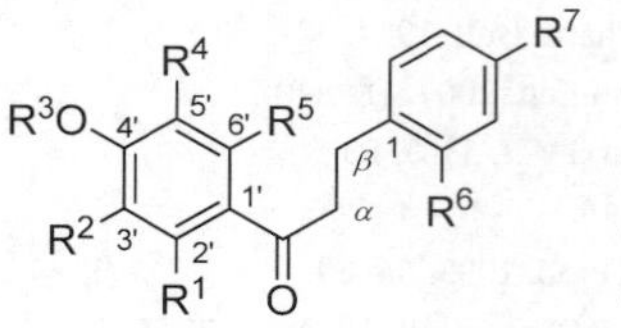

	R¹	R²	R³	R⁴	R⁵	R⁶	R⁷
7-8-5	OMe	OMe	Me	OMe	OMe	H	H
7-8-6	OMe	OH	Me	OH	OMe	H	H
7-8-7	H	H	H	H	H	OH	OH
7-8-8	H	H	H	H	H	OH	OMe

表 7-8-2 二氢查耳酮 7-8-1~7-8-8 的 ^{13}C NMR 数据

C	7-8-1[1]	7-8-2①[2]	7-8-3[3]	7-8-4[3]	7-8-5[4]	7-8-6[4]	7-8-7[5]	7-8-8[6]
1	131.6	133.9	132.9	140.9	141.2	132.1	119.7	121.0
2	129.2	130.4	129.3	128.5	128.5	128.5	157.8	156.8
3	115.1	116.1	114.0	128.3	128.4	128.4	104.2	102.5
4	155.4	156.3	158.1	126.2	126.0	126.0	158.7	160.2
5	115.1	116.1	114.0	128.3	128.4	128.4	107.0	105.6
6	129.2	130.4	129.3	128.5	128.5	128.5	131.4	131.5
1'	103.7	106.8	113.4	113.3	125.8	105.1	129.6	129.6
2'	164.2	165.9	162.7	162.6	145.5	151.0	131.3	131.4
3'	94.6	98.3	114.0	114.0	143.0	141.4	116.1	116.0
4'	164.6	167.5	161.3	161.4	148.7	152.1	163.5	162.7
5'	94.6	95.4	107.7	107.7	143.0	141.4		116.0
6'	164.2	162.3	129.4	128.3	145.5	151.0		131.4
C=O	204.2	206.6	203.9	203.7	202.5		198.8	199.0
α	45.5	47.0	39.9	39.6	46.5		36.7	39.5
β	29.4	30.8	29.6	30.4	29.6		26.1	25.3
3-prenyl								
1			21.6	21.6				
2			121.0	121.0				
3			135.8	135.9				
4			25.7	25.7				
5			17.9	17.9				
4-OMe			55.2					56.3
2'-OMe					61.2	61.4		
3'-OMe					62.1			
4'-OMe					61.4	61.0		
5'-OMe					62.1			
6'-OMe					61.2	61.4		

① 2'-Glu: 102.1 (C-1), 74.7 (C-2), 78.4 (C-3), 71.1 (C-4), 78.5 (C-5), 62.4 (C-6)。

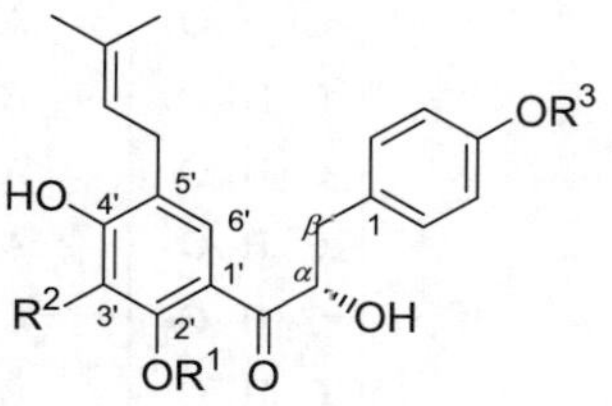

	R¹	R²	R³
7-8-9	H	H	H
7-8-10	H	H	Me
7-8-11	Me	H	H
7-8-12	Me	H	Me
7-8-13	H	Me	H
7-8-14	H	prenyl	H

表 7-8-3 二氢查耳酮 7-8-9~7-8-14 的 ^{13}C NMR 数据[7]

C	7-8-9	7-8-10	7-8-11	7-8-12	7-8-13	7-8-14①
1	129.3	128.5	129.8	130.1	128.4	128.7
2	131.3	130.4	130.5	130.4	130.5	130.5
3	115.9	114.0	115.1	113.7	115.3	115.5
4	157.0	158.6	154.3	158.3	154.6	155.9
5	115.9	114.0	115.1	113.7	115.3	115.5
6	131.3	130.4	130.5	130.4	130.5	130.5
1'	111.5	110.8	116.6	116.8	110.0	110.0
2'	165.0	164.1	159.9	159.9	162.1	161.5
3'	103.5	104.0	99.6	99.6	112.0	114.4
4'	163.9	162.3	161.1	161.0	160.3	160.9
5'	121.6	119.7	119.9	119.6	118.4	119.8
6'	132.1	130.7	133.6	133.7	127.7	128.0
C=O	205.0	202.9	200.2	200.3	202.9	203.0
α	74.2	72.9	77.2	77.2	72.7	72.9
β	42.5	42.4	40.2	40.3	42.4	42.5
5'-prenyl						
1	25.9	25.8	25.8	25.8	25.8	25.8
2	121.6	121.0	121.2	121.2	121.0	121.2
3	133.5	135.7	135.9	136.1	136.4	135.7
4	28.1	28.5	29.1	29.2	29.5	28.4
5	17.9	17.9	17.9	17.9	17.9	17.9
2'-OMe			55.7	55.7		
4'-OMe				55.2		

① 3'-prenyl: 21.9 (C-1), 121.0 (C-2), 135.3 (C-3), 25.8 (C-4), 17.9 (C-5)。

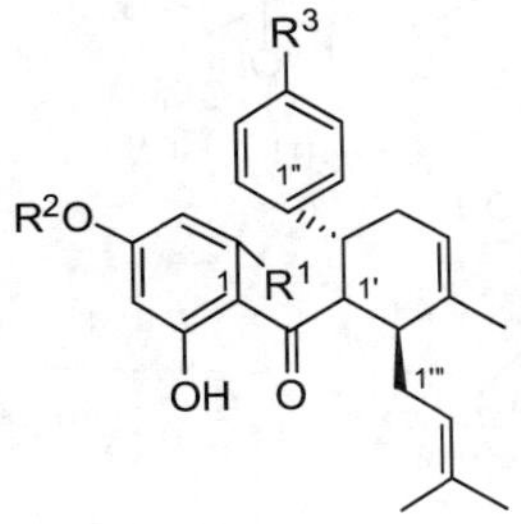

	R^1	R^2	R^3
7-8-15	OH	Me	H
7-8-16	OH	H	H
7-8-17	OMe	H	OH

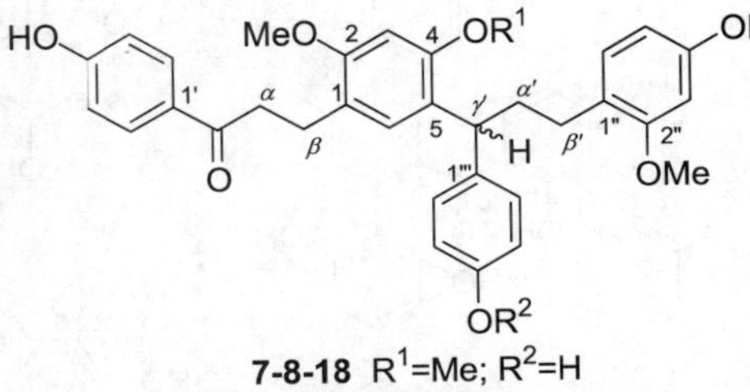

7-8-18 R^1=Me; R^2=H

7-8-19 R^1=H; R^2=Me

表 7-8-4 二氢查耳酮 7-8-15~7-8-17 的 ^{13}C NMR 数据

C	7-8-15[8]	7-8-16[9]	7-8-17[10]	C	7-8-15[8]	7-8-16[9]	7-8-17[10]
1	106.4	106.2	106.8	1'	54.1	54.5	54.4
2	163.2	164.8	167.5	2'	42.8	43.4	42.5
3	94.6	95.9	96.7	3'	137.3	137.9	137.2
4	165.3	164.8	162.1	4'	121.3	121.7	121.0
5	94.6	95.9	90.8	5'	35.9	36.8	35.8
6	163.2	164.8	162.8	6'	37.2	37.8	36.3

续表

C	7-8-15[8]	7-8-16[9]	7-8-17[10]	C	7-8-15[8]	7-8-16[9]	7-8-17[10]
C=O	206.6	207.0	206.5	1'''	28.9	29.5	28.9
1''	147.2	148.3	139.2	2'''	124.4	125.4	124.2
2''	127.3	128.0	128.1	3'''	132.0	131.7	131.8
3''	128.0	128.9	115.2	4'''	25.7	25.9	25.6
4''	125.7	126.2	153.3	5'''	17.9	18.0	17.9
5''	128.0	128.9	115.2	2-OMe			55.8
6''	127.3	128.0	128.1	4-OMe	55.5		
2''-prenyl				3'-Me	22.8	23.0	22.9

表 7-8-5　二氢查耳酮 7-8-18 和 7-8-19 的 ^{13}C NMR 数据[11]

C	7-8-18	7-8-19	C	7-8-18	7-8-19	C	7-8-18	7-8-19
1	121.3	120.6	C=O	198.1	198.2	1'''	137.3	138.7
2	156.9	156.6	α	39.1	39.2	2'''	129.4	129.4
3	96.2	99.3	β	25.8	25.9	3'''	115.3	113.8
4	157.0	154.3	1''	122.0	122.0	4'''	155.7	158.2
5	125.8	123.7	2''	158.9	158.9	5'''	115.3	113.8
6	129.2	129.4	3''	99.3	99.3	6'''	129.4	129.4
1''	130.0	130.0	4''	157.3	157.3	2-OMe	55.5	55.1
2'	130.9	130.9	5''	107.0	107.0	4-OMe	55.8	
3'	115.7	115.6	6''	130.5	130.4	2''-OMe	55.1	55.0
4'	162.2	162.2	α'	36.5	36.4	4'''-OMe		55.2
5'	115.7	115.6	β'	28.9	28.8			
6'	130.9	130.9	γ'	42.3	42.4			

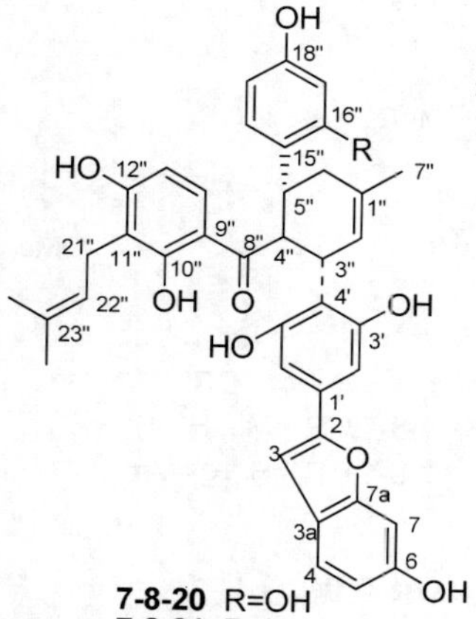

7-8-20 R=OH
7-8-21 R=H

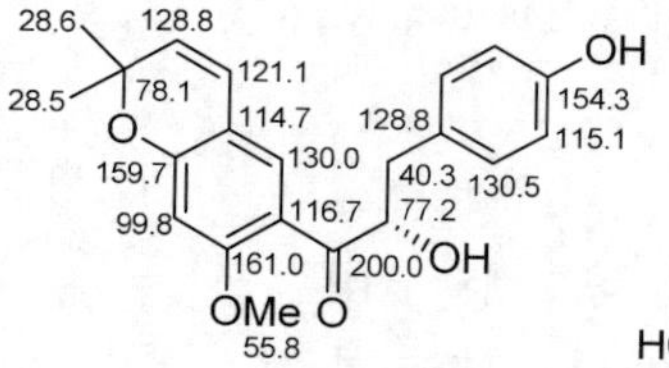

7-8-22[7]

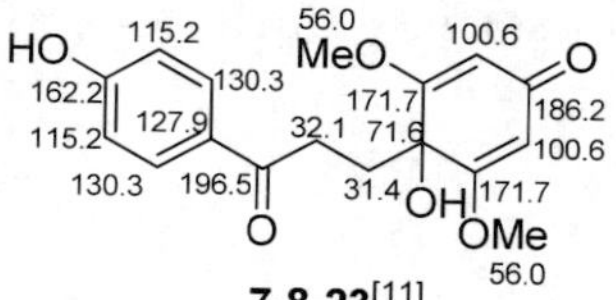

7-8-23[11]

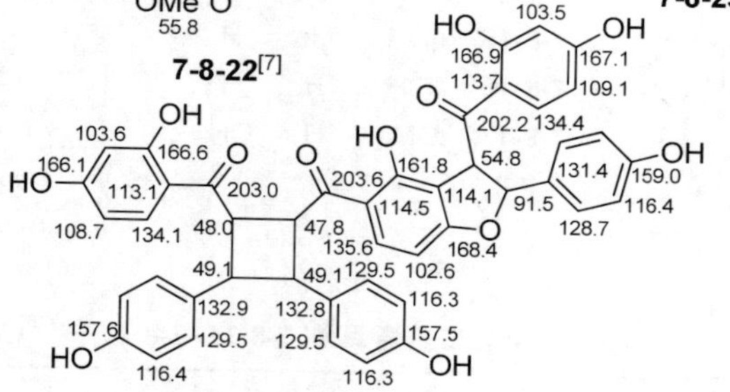

7-8-24[13]

表 7-8-6　二氢查耳酮 7-8-20 和 7-8-21 的 ^{13}C NMR 数据[12]

C	7-8-20	7-8-21	C	7-8-20	7-8-21	C	7-8-20	7-8-21
2	156.4	155.6	3a	122.5	122.5	5	113.1	113.0
3	101.9	101.8	4	121.9	121.7	6	155.4	155.3

续表

C	7-8-20	7-8-21	C	7-8-20	7-8-21	C	7-8-20	7-8-21
7	98.4	98.3	4"	47.7	50.0	15"	121.9	136.4
7a	156.4	155.6	5"	36.4	40.8	16"	156.6	129.0
1'	130.9	131.1	6"	32.4	34.8	17"	103.5	115.9
2'	104.8	104.6	7"	23.8	23.8	18"	157.7	156.6
3'	157.7	157.8	8"	209.2	207.9	19"	107.4	115.9
4'	116.5	115.9	9"	113.3	113.8	20"	132.1	129.0
5'	157.7	157.8	10"	164.6	164.0	21"	22.1	22.2
6'	104.8	104.6	11"	115.8	115.6	22"	124.4	124.1
1"	133.8	134.7	12"	163.3	162.9	23"	131.4	131.3
2"	123.1	123.2	13"	108.1	108.2	24"	25.8	25.8
3"	33.1	33.4	14"	128.6	130.7	25"	17.8	17.8

参考文献

[1] 张力勤. 二氢查耳酮化合物根皮苷的人肠内菌生物转化及其在人源 Caco-2 细胞模型中的吸收研究. 北京：北京大学硕士研究生论文，2011.
[2] 王素娟，杨永春，石建功等. 中草药, 2005, 36: 21.
[3] Awouafack M D, Kouam S F, Hussain H, et al. Planta Med, 2008, 74: 50.
[4] Leong Y W, Harrison L J, Bennett G J, et al. Phytochemistry, 1998, 47: 891.
[5] Gonzalez A G, Leon F, Sanchez-Pinto L, et al. J Nat Prod, 2000, 63: 1297.
[6] 杨郁，黄胜雄，赵毅民等. 天然产物研究与开发, 2005, 17: 539.
[7] Mori-Hongo M, Takimoto H, Katagiri T, et al. J Nat Prod, 2009, 72: 194.
[8] Tuntiwachwuttikul P, White A H. Aust J Chem, 1984, 37: 449.
[9] Tuchinda P, Reutrakul V, Claeson P, et al. Phytochemistry, 2002, 59: 169.
[10] Cheenpracha S, Karalai C, Ponglimanont C, et al. Bioorg Med Chem, 2006, 14: 1710.
[11] Zhu Y D, Zhang P, Yu H P, et al. J Nat Prod, 2007, 70: 1570.
[12] Ueda S, Matsumoto J, Nomura T, et al. Chem Pharm Bull, 1984, 32: 350.
[13] Nozaki H, Hayashi K I, Kido M, et al. Tetrahedron Lett, 2007, 48: 8290.

第九节 黄烷类化合物

表 7-9-1 黄烷的名称、分子式和测试溶剂

编号	中文名称	英文名称	分子式	测试溶剂	参考文献
7-9-1	(2*S*)-4',6,6-三羟基黄烷	(2*S*)-4',6,6-trihydroxyflavan	$C_{15}H_{14}O_4$	M	[1]
7-9-2	右旋-儿茶精	(+)-catechin	$C_{15}H_{14}O_6$	A	[2]
7-9-2	右旋-儿茶精	(+)-catechin	$C_{15}H_{14}O_6$	D	[3]
7-9-3	左旋-表儿茶精	(–)-epicatechin；epicatechol	$C_{15}H_{14}O_6$	A	[2]
7-9-4		dulcisflavan	$C_{15}H_{14}O_8$	C/D	[4]
7-9-5	扩叶丁公藤素 E	erycibenin E	$C_{18}H_{20}O_5$	A	[5]
7-9-6	扩叶丁公藤素 F	erycibenin F	$C_{19}H_{22}O_5$	A	[5]
7-9-7	(2*S*)-5-甲氧基-7-黄烷酚	(2*S*)-5-methoxy-7-flavanol	$C_{16}H_{16}O_3$	C	[6]
7-9-8		daemonorol E	$C_{16}H_{16}O_4$	C	[6]
7-9-9	(2*S*)-3',4',5,7-四甲氧基黄烷	(2*S*)-3',4',5,7-tetramethoxyflavan	$C_{19}H_{22}O_5$	C	[7]

续表

编号	中文名称	英文名称	分子式	测试溶剂	参考文献
7-9-10	(2*S*)-4',7-二羟基-3'-甲氧基黄烷	(2*S*)-4',7-dihydroxy-3'-methoxyflavan	$C_{16}H_{16}O_4$	C	[8]
7-9-11	左旋-表没食子酰儿茶精	(–)-epigallocatechin	$C_{15}H_{14}O_7$	M	[9]
7-9-12	心耳素	auriculin	$C_{17}H_{18}O_5$	M	[10]
7-9-13	(2*S*)-7,3'-二羟基-4'-甲氧基-8-甲基黄烷	(2*S*)-7,3'-dihydroxy-4'-methoxy-8-methylflavane	$C_{17}H_{18}O_4$	C	[11]
7-9-14	(2*S*)-4',7-二羟基-8-甲基黄烷	(2*S*)-4',7-dihydroxy-8-methylflavan	$C_{16}H_{16}O_3$	C	[11]
7-9-15	(2*S*)-4'-羟基-7-甲氧基黄烷	(2*S*)-4'-hydroxy-7-methoxylflavan	$C_{16}H_{16}O_3$	C	[11]
7-9-16	(2*S*)-3',7-二羟基-4'-甲氧基黄烷	(2*S*)-3',7-dihydroxy-4'-methoxyflavan	$C_{16}H_{16}O_4$	M	[11]
7-9-17	(2*S*)-4',7-二羟基黄烷	demethylbroussin; (2*S*)-4',7-dihydroxyflavan	$C_{15}H_{14}O_3$	A	[11]
7-9-18	4',6-二羟基-7-甲氧基-8-甲基黄烷	4',6-dihydroxy-7-methoxy-8-methylflavan	$C_{17}H_{18}O_4$	M	[12]
7-9-19	4',5-二羟基-7-甲氧基-6-甲基黄烷	4',5-dihydroxy-7-methoxy-6-methylflavan	$C_{17}H_{18}O_4$	M	[12]
7-9-20	右旋-儿茶素四甲醚	(2*R*)-catechin tetramethyl ether	$C_{19}H_{22}O_6$	C	[13]
7-9-21	右旋-3*β*-乙酰氧基儿茶素四甲醚	(2*R*)-3*β*-acetoxycatechin tetramethyl ether	$C_{21}H_{24}O_7$	C	[13]
7-9-22	(2*R*)-儿茶素-4',7-二甲醚	(2*R*)-catechin-4',7-dimethyl ether	$C_{17}H_{18}O_6$	D	[14]
7-9-23	(2*R*)-儿茶素-4'-甲醚	(2*R*)-catechin-4'-methyl ether	$C_{16}H_{16}O_6$	A	[14]
7-9-24	表儿茶精五乙酰化物	epicatechin pentaacetate	$C_{25}H_{24}O_6$	C	[15]
7-9-25	左旋-表儿茶精四甲醚	(–)-epicatechin tetramethyl ether	$C_{19}H_{22}O_6$	C	[16]
7-9-26	左旋-3*α*-乙酰氧基表儿茶素四甲醚	(–)-3*α*-acetoxyepicatechin tetramethyl ether	$C_{21}H_{24}O_7$	C	[16]
7-9-27	左旋-4'-羟基-5,7,3'-三甲氧基黄烷-3-醇	(–)-4'-hydroxy-5,7,3'-trimethoxyflavan-3-ol	$C_{18}H_{20}O_6$	A	[14]
7-9-28	左旋-4',7-二羟基-5,3'-二甲氧基黄烷-3-醇	(–)-4',7-dihydroxy-5,3'-dimethoxyflavan-3-ol	$C_{17}H_{18}O_6$	A	[14]
7-9-29	3'-*O*-甲基-左旋-表儿茶素	3'-*O*-methyl-(–)-epicatechin; symplocosidin	$C_{16}H_{16}O_6$	A	[14]
7-9-30	左旋-表阿夫儿茶素	(–)-epiafzelechin	$C_{15}H_{14}O_5$	D	[17]
7-9-31	赛金莲木儿茶素	quratea catechin	$C_{16}H_{16}O_7$	M	[18]
7-9-32	漆黄醇	fisetinidol	$C_{15}H_{14}O_6$	A/W	[19]
7-9-33	(2*R*,3*S*)-3',4',5',7-四甲氧基-3-黄烷醇	(2*R*,3*S*)-3',4',5',7-tetramethoxy-3-flavanol	$C_{19}H_{22}O_6$	C	[13]
7-9-34	(2*R*,3*S*)-3*β*-乙酰氧基-3',4',5',7-四甲氧基-3-黄烷醇	(2*R*,3*S*)-3*β*-acetoxy-3',4',5',7-tetramethoxy-3-flavanol	$C_{21}H_{24}O_7$	C	[13]
7-9-35	4*α*-黄烷醇	4*α*-flavanol	$C_{15}H_{14}O_2$	C	[20]
7-9-36	4*β*-黄烷醇	4*β*-flavanol	$C_{15}H_{14}O_2$	C	[21]
7-9-37	表非瑟酮醇-4*β*-醇	epifisetinidol-4*β*-ol	$C_{15}H_{14}O_6$	A/W	[22]
7-9-38	表非瑟酮醇-4*α*-醇	epifisetinidol-4*α*-ol	$C_{15}H_{14}O_6$	A/W	[22]
7-9-39	非瑟酮醇-4*β*-醇	fisetinidol-4*β*-ol	$C_{15}H_{14}O_6$	A/W	[22]
7-9-40	非瑟酮醇-4*α*-醇	fisetinidol-4*α*-ol；mollisacacidin	$C_{15}H_{14}O_6$	A/W	[22]

续表

编号	中文名称	英文名称	分子式	测试溶剂	参考文献
7-9-41	儿茶素-4*α*-醇	catechin-4*α*-ol	$C_{15}H_{14}O_7$	A/W	[23]
7-9-42	黑木金合欢素	melacacidin	$C_{15}H_{14}O_7$	A/W	[24]
7-9-43	异黑木金合欢素	isomelacacidin	$C_{15}H_{14}O_7$	A/W	[24]
7-9-44	右旋-白矢车菊素-3',4',5,7-四甲醚	(+)-leucocyanidin-3',4',5,7-tetramethyl ether	$C_{19}H_{22}O_7$	C	[13]
7-9-45	右旋-3*β*-乙酰氧基白矢车菊素-3',4',5,7-四甲醚	(+)-3*β*-acetoxyleucocyanidin-3',4',5,7-tetramethyl ether	$C_{21}H_{24}O_8$	C	[13]
7-9-46	(+)-(2*R*,3*S*,4*S*)-3,4,5,7,3',4'-六羟基黄烷	(+)-(2*R*,3*S*,4*S*)-3,4,5,7,3',4'-hexahydroxyflavan	$C_{15}H_{14}O_7$	A	[25]
7-9-47	左旋-(2*R*,3*R*,4*R*)-3,4,5,7,3',4'-六羟基黄烷	(–)-(2*R*,3*R*,4*R*)-3,4,5,7,3',4'-hexahydroxyflavan	$C_{15}H_{14}O_7$	A	[25]
7-9-48	左旋-(2*R*,3*R*,4*R*)-3,4,5,7,3',4',5'-六羟基黄烷	(–)-(2*R*,3*R*,4*R*)-3,4,5,7,3',4',5'-hexahydroxyflavan	$C_{15}H_{14}O_8$	A	[25]
7-9-49	(2*R*,3*S*,4*S*)-3,4-二羟基-5,7,3',4'-四甲氧基黄烷	(2*R*,3*S*,4*S*)-3,4-dihydroxy-5,7,3',4'-tetramethoxyflavan	$C_{19}H_{22}O_7$	C	[24]
7-9-50	(2*R*,3*R*,4*S*)-3,4-二羟基-5,7,3',4'-四甲氧基黄烷	(2*R*,3*R*,4*S*)-3,4-dihydroxy-5,7,3',4'-tetramethoxyflavan	$C_{19}H_{22}O_7$	C	[24]
7-9-51	(2*R*,3*S*,4*R*)-3',4',5',7-四甲氧基-3,4-黄烷二醇	(2*R*,3*S*,4*R*)-3',4',5',7-tetramethoxy-3,4-flavandiol	$C_{19}H_{22}O_7$	C	[13]
7-9-52	(2*R*,3*S*,4*R*)-3*β*-乙酰氧基-3',4',5',7-四甲氧基-4-黄烷醇	(2*R*,3*S*,4*R*)-3*β*-acetoxy-3',4',5',7-tetramethoxy-4-flavanol	$C_{21}H_{24}O_8$	C	[13]
7-9-53	右旋-儿茶素-4',5,7-三甲醚	(+)-catechin-4',5,7-trimethyl ether	$C_{18}H_{20}O_6$	D	[13]
7-9-54	4*β*-羧甲基-(–)-表儿茶精	4*β*-carboxymethyl-(–)-epicatechin	$C_{17}H_{16}O_8$	A/D	[26]
7-9-55	4*β*-羧甲基-(–)-表儿茶精甲酯	4*β*-carboxymethyl-(–)-epicatechin methyl ester	$C_{18}H_{18}O_8$	A/D	[26]
7-9-56	左旋-表没食子儿茶精-3-*O*-没食子酸酯	(–)-epigallocatechin-3-gallate	$C_{22}H_{18}O_{11}$	C	[27]
7-9-56	左旋-表没食子儿茶精-3-*O*-没食子酸酯	(–)-epigallocatechin-3-gallate	$C_{22}H_{18}O_{11}$	M	[9]
7-9-57	右旋-儿茶精-3-*O*-没食子酸酯	(+)-catechin-3-*O*-gallate	$C_{22}H_{18}O_{10}$	M	[9]
7-9-58	左旋-表儿茶精-3-*O*-没食子酸酯	(–)-epicatechin-3-*O*-gallate	$C_{22}H_{18}O_{10}$	M	[28]
7-9-59	左旋-表儿茶精-5-没食子酸酯	(–)-epicatechin-5-gallate	$C_{22}H_{18}O_{10}$	M	[28]
7-9-60	表没食子酰儿茶素-3,5-*O*-二没食子酸酯	epigallocatechin-3,5-di-*O*-gallate	$C_{29}H_{22}O_{15}$	M	[9]
7-9-61	左旋-表儿茶素-3,5-二没食子酰酯	(–)-epicatechin-3,5-digallate	$C_{29}H_{22}O_{14}$	M	[28]
7-9-62	表没食子儿茶素-3-*O*-阿魏酰酯	epigallocatechin-3-*O*-ferulate	$C_{25}H_{23}O_{10}$	M	[29]
7-9-63	4'-*O*-甲基表没食子儿茶素-3-*O*-阿魏酰酯	4'-*O*-methylepigallocatechin-3-*O*-ferulate	$C_{26}H_{24}O_{10}$	M	[29]
7-9-64		4',3''-di-*O*-methylapocynin D	$C_{25}H_{24}O_{10}$	M	[29]
7-9-65		4',3''-di-*O*-methylapocynin B	$C_{25}H_{24}O_{10}$	M	[29]

续表

编号	中文名称	英文名称	分子式	测试溶剂	参考文献
7-9-66	金鸡勒鞣质 Ⅰa	cinchonain Ⅰa	$C_{24}H_{20}O_9$	M	[30]
7-9-67	金鸡勒鞣质 Ⅰb	cinchonain Ⅰb	$C_{24}H_{20}O_9$	M	[30]
7-9-68	3,4-二羟基-5-甲氧基-(6:7)-2,2-二甲基吡喃并黄烷	3,4-dihydroxy-5-methoxy-(6:7)-2,2-dimethylpyranoflavan	$C_{21}H_{22}O_5$	C	[31]
7-9-69	3-羟基-4,5-二甲氧基-(6:7)-2,2-二甲基-吡喃黄烷	3-hydroxy-4,5-dimethoxy-(6:7)-2,2-dimethylpyranoflavan	$C_{22}H_{24}O_5$	C	[31]
7-9-70	右旋-表阿夫儿茶精	(+)-epiafzelechin	$C_{15}H_{14}O_5$	P	[32]
7-9-71		1-(4',6'-dihydroxy-2'-methoxyphenyl)-3-(4"-hydroxy-3"-methoxyphenyl)-propan-2-ol	$C_{17}H_{18}O_6$	A	[14]
7-9-72	茶黄素	theaflavin	$C_{29}H_{24}O_{12}$	M	[33,34]
7-9-73	茶黄素-3'-没食子酸酯	theaflavin-3'-gallate	$C_{36}H_{28}O_{16}$	M	[33,34]
7-9-74	茶黄素-3,3'-二没食子酸酯	theaflavin-3,3'-digallate	$C_{43}H_{32}O_{20}$	M	[33,34]
7-9-75	茶黄素-3-没食子酸酯	theaflavin-3-gallate	$C_{36}H_{28}O_{16}$	M	[33,34]
7-9-76	新茶黄素	neotheaflavin	$C_{29}H_{24}O_{12}$	A	[33]
7-9-77	新茶黄素-3-没食子酸酯	neotheaflavin-3-gallate	$C_{36}H_{28}O_{16}$	M	[33]
7-9-77	新茶黄素-3-没食子酸酯	neotheaflavin-3-gallate	$C_{36}H_{28}O_{16}$	A	[35]
7-9-78	异茶黄素-3'-没食子酸酯	isotheaflavin-3'-gallate	$C_{36}H_{28}O_{16}$	A	[35]
7-9-79	茶黄素酯 A	theaflavate A	$C_{43}H_{32}O_{19}$	M	[33]
7-9-80	茶黄素酯 B	theaflavate B	$C_{36}H_{28}O_{15}$	M	[33]
7-9-80	茶黄素酯 B	theaflavate B	$C_{36}H_{28}O_{15}$	A	[35]
7-9-81	新茶黄素酯 A	neotheaflavate A	$C_{36}H_{28}O_{15}$	M	[33]
7-9-82	茶黄素酸	theaflavic acid	$C_{21}H_{16}O_9$	M	[33]
7-9-83	表茶黄素酸 E	pitheaflavic acid	$C_{21}H_{16}O_9$	M	[33]
7-9-84	表茶黄素酸-3-没食子酸酯	epitheaflavic acid-3-gallate	$C_{28}H_{20}O_{13}$	M	[33]
7-9-85	原矢车菊苷元 A_1	procyanidin A_1	$C_{30}H_{24}O_{12}$	M	[36]
7-9-86	原矢车菊苷元 A_2	procyanidin A_2	$C_{30}H_{24}O_{12}$	M	[37,38]
7-9-87	表没食子酰儿茶素-(4*β*→8,2*β*→*O*-7)-表儿茶素	epigallocatechin-(4*β*→8,2*β*→*O*-7)-epicatechin	$C_{30}H_{24}O_{13}$	M	[39]
7-9-88	原矢车菊苷元 B_5	procyanidin B_5; epicatechin-(4*β*→6)-epicatechin	$C_{30}H_{26}O_{12}$	M	[40]
7-9-89	原矢车菊苷元 B_7	procyanidin B_7; epicatechin-(4*β*→6)-catechin	$C_{30}H_{26}O_{12}$	M	[36]
7-9-90	原矢车菊苷元 B_1	procyanidin B_1; (–)-epicatechin-(4→8)-(+)-catechin	$C_{30}H_{26}O_{12}$	A	[2]
7-9-91	原矢车菊苷元 B_2	procyanidin B_2; (–)-epicatechin-(4→8)-(–)-epicatechin	$C_{30}H_{26}O_{12}$	A	[41]
7-9-91	原矢车菊苷元 B_2	procyanidin B_2; (–)-epicatechin-(4→8)-(–)-epicatechin	$C_{30}H_{26}O_{12}$	M	[42]
7-9-92	原矢车菊苷元 B_3	procyanidin B_3; (–)-epicatechin-(4→8)-(–)-epicatechin	$C_{30}H_{26}O_{12}$	M	[43,44]
7-9-93	原矢车菊苷元 B_4	procyanidin B_4; (+)-catechin-(4→8)-(–)-epicatechin	$C_{30}H_{26}O_{12}$	M	[44,45]
7-9-94		epioritin-(4*β*→6)-oritin-4*α*-ol hexa-*O*-methylether triacetate	$C_{42}H_{44}O_{14}$	C	[46]
7-9-95		epioritin-(4*β*→6)-*ent*-oritin-4*α*-ol hexa-*O*-methylether triacetate	$C_{42}H_{44}O_{14}$	C	[46]

续表

编号	中文名称	英文名称	分子式	测试溶剂	参考文献
7-9-96		*ent*-oritin-(4β→6)-epioritin-4α-ol hexa-*O*-methylether triacetate	$C_{42}H_{44}O_{14}$	A	[46]
7-9-97		*ent*-oritin-(4β→6)-oritin-4α-ol hexa-*O*-methylether triacetate	$C_{42}H_{44}O_{14}$	A	[46]
7-9-98		*ent*-oritin-(4α→6)-epioritin-4α-ol hexa-*O*-methylether triacetate	$C_{42}H_{44}O_{14}$	C	[46]
7-9-99		*ent*-oritin-(4α→6)-oritin-4α-ol hexa-*O*-methylether triacetate	$C_{42}H_{44}O_{14}$	B	[46]
7-9-100		*ent*-oritin-(4α→6)-epioritin-4β-ol hexa-*O*-methylether triacetate	$C_{42}H_{44}O_{14}$	C	[46]
7-9-101		epioritin-(4β→6)-epimesquitol-4α-ol hepta-*O*-methylether triacetate	$C_{43}H_{46}O_{15}$	A	[46]
7-9-102		epioritin-(4β→6)-epimesquitol-4β-ol hepta-*O*-methylether triacetate	$C_{43}H_{46}O_{15}$	A	[46]
7-9-103		epimesquitol-(4β→6)-epioritin-4α-ol hepta-*O*-methylether triacetate	$C_{43}H_{46}O_{15}$	C	[46]
7-9-104		epimesquitol-(4β→6)-epioritin-4β-ol hepta-*O*-methylether triacetate	$C_{43}H_{46}O_{15}$	C	[46]
7-9-105		epimesquitol-(4β→6)-epimesquitol-4β-ol octa-*O*-methylether triacetate	$C_{44}H_{48}O_{16}$	C	[46]
7-9-106	EGCg 三聚物	EGCg trimer	$C_{66}H_{50}O_{33}$	A	[47]
7-9-107	双漆黄醇-(4α→6,4α→8)-儿茶精 3-没食子酸酯	bis-fisetinidol-(4α→6,4α→8)-catechin 3-gallate	$C_{52}H_{42}O_{20}$	M	[48]
7-9-108	去氢茶双没食子儿茶素 AQ	dehydrotheasinensin AQ	$C_{44}H_{32}O_{22}$	A	[47]
7-9-109	EGCg 苯醌二聚物 B	EGCg quinone dimer B	$C_{44}H_{34}O_{23}$	A	[47]
7-9-110	原矢车菊苷元 C_2	procyanidin C_2; (–)-epicatechin-(4-8)-(–)-epicatechin-(4-8)-(+)-catechin	$C_{45}H_{38}O_{18}$	C	[49]
7-9-111	表儿茶精-(4β→8, 2β→O→7)-表儿茶精-(4β→8)-表儿茶精	epicatechin-(4β→8, 2β→O→7)-epicatechin-(4β→8)-epicatechin	$C_{45}H_{36}O_{18}$	M	[37]
7-9-112	漆黄醇-(4α→8)-儿茶精-3-没食子酰酯	fisetinidol-(4α→8)-catechin-3-gallate	$C_{37}H_{30}O_{15}$	M	[48]
7-9-113	原飞燕草苷元 A-2,3'-*O*-没食子酰酯	prodelphinidin A-2,3'-*O*-gallate	$C_{37}H_{28}O_{18}$	A	[50]

一、黄烷

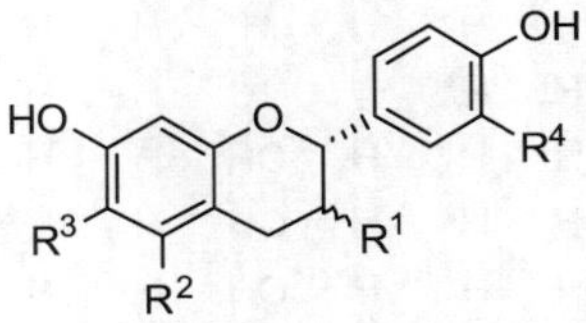

	R^1	R^2	R^3	R^4
7-9-1	H	H	OH	H
7-9-2	β-OH	OH	H	OH
7-9-3	α-OH	OH	H	OH

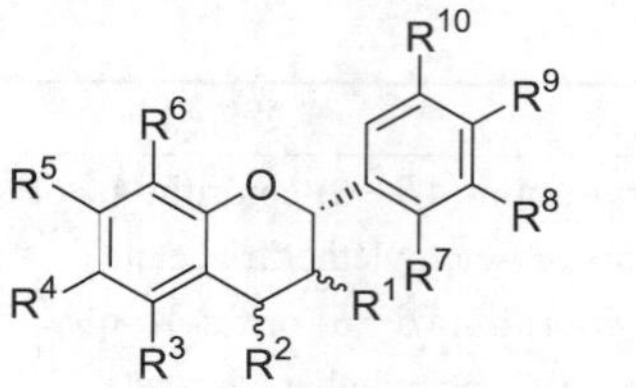

	R^1	R^2	R^3	R^4	R^5	R^6	R^7	R^8	R^9	R^{10}
7-9-4	α-OH	H	OH	OH	OH	OH	H	OH	OH	H
7-9-5	H	H	OMe	H	OMe	H	OH	H	OMe	H
7-9-6	H	H	OMe	H	OMe	H	OMe	H	OMe	H
7-9-7	H	H	OMe	H	OH	H	H	H	H	H
7-9-8	H	H	OMe	H	OMe	H	H	H	OH	H
7-9-9	H	H	OMe	H	OMe	H	H	H	OMe	OMe
7-9-10	H	H	H	H	OH	H	H	OMe	OH	H
7-9-11	α-OH	H	OH	H	OH	H	H	OH	OH	OH
7-9-12	H	H	H	H	OH	H	H	OH	OMe	OH
7-9-13	H	H	H	H	OH	Me	H	OH	OMe	H
7-9-14	H	H	H	H	OH	Me	H	H	OH	H
7-9-15	H	H	H	H	OMe	H	H	H	OH	H
7-9-16	H	H	H	H	OH	H	H	OH	OMe	H
7-9-17	H	H	H	H	OH	H	H	H	OH	H
7-9-18	H	H	H	OH	OMe	Me	H	H	OH	H
7-9-19	H	H	OH	Me	OMe	H	H	H	OH	H
7-9-20	β-OH	H	OMe	H	OMe	H	H	OMe	OMe	H
7-9-21	β-OAc	H	OMe	H	OMe	H	H	OMe	OMe	H
7-9-22	β-OH	H	OH	H	OMe	H	H	OH	OMe	H
7-9-23	β-OH	H	OH	H	OH	H	H	OH	OMe	H
7-9-24	α-OAc	H	OAc	H	OAc	H	H	OAc	OAc	H
7-9-25	α-OH	H	OMe	H	OMe	H	H	OMe	OMe	H
7-9-26	α-OAc	H	OMe	H	OMe	H	H	OMe	OMe	H
7-9-27	α-OH	H	OMe	H	OMe	H	H	OMe	OH	H
7-9-28	α-OH	H	OMe	H	OH	H	H	OMe	OH	H
7-9-29	α-OH	H	OH	H	OH	H	H	OMe	OH	H
7-9-30	α-OH	H	OH	H	OH	H	H	H	OH	H
7-9-31	α-OH	H	OH	H	OH	H	H	OH	OMe	OH
7-9-32	β-OH	H	H	H	OH	H	H	OH	OH	H
7-9-33	β-OH	H	H	H	OMe	H	H	OMe	OMe	OMe
7-9-34	β-OAc	H	H	H	OMe	H	H	OMe	OMe	OMe
7-9-35	H	α-OH	H	H	H	H	H	H	H	H
7-9-36	H	β-OH	H	H	H	H	H	H	H	H
7-9-37	α-OH	β-OH	H	H	OH	H	H	OH	OH	H
7-9-38	α-OH	α-OH	H	H	OH	H	H	OH	OH	H
7-9-39	β-OH	β-OH	H	H	OH	H	H	OH	OH	H
7-9-40	β-OH	α-OH	H	H	OH	H	H	OH	OH	H
7-9-41	β-OH	α-OH	OH	H	OH	H	H	OH	OH	H
7-9-42	α-OH	α-OH	H	H	OH	OH	H	OH	OH	H
7-9-43	α-OH	β-OH	H	H	OH	OH	H	OH	OH	H
7-9-44	β-OH	α-OH	OMe	H	OMe	H	H	OMe	OMe	H

	R^1	R^2	R^3	R^4	R^5	R^6	R^7	R^8	R^9	R^{10}
7-9-45	β-OAc	α-OH	OMe	H	OMe	H	H	OMe	OMe	H
7-9-46	β-OH	β-OH	OH	H	OH	H	H	OH	OH	H
7-9-47	α-OH	α-OH	OH	H	OH	H	H	OH	OH	H
7-9-48	α-OH	α-OH	OH	H	OH	H	OH	OH	OH	H
7-9-49	β-OH	β-OH	OMe	H	OMe	H	H	OMe	OMe	H
7-9-50	α-OH	β-OH	OMe	H	OMe	H	H	OMe	OMe	H
7-9-51	β-OH	α-OH	H	H	OMe	H	H	OMe	OMe	OMe
7-9-52	β-OH	α-OH	H	H	OMe	H	H	OMe	OMe	OMe
7-9-53	β-OH	H	OMe	H	OMe	H	H	OH	OMe	H
7-9-54	α-OH	CM	OH	H	OH	H	H	OH	OH	H
7-9-55	α-OH	CMM	OH	H	OH	H	H	OH	OH	H
7-9-56	α-OGall	H	OH	H	OH	H	H	OH	OH	OH
7-9-57	β-OGall	H	OH	H	OH	H	H	OH	OH	H
7-9-58	α-OGall	H	OH	H	OH	H	H	OH	OH	H
7-9-59	α-OH	H	OGal	H	OH	H	H	OH	OH	H
7-9-60	α-OGall	H	OGal	H	OH	H	H	OH	OH	OH
7-9-61	α-OGall	H	OGal	H	OH	H	H	OH	OH	H
7-9-62	α-OFeru	H	OH	H	OH	H	H	OH	OH	OH
7-9-63	α-OFeru	H	OH	H	OH	H	H	OH	OMe	OH

注：CM—4β-羧甲基；CMM—4β-羧甲基甲酯；Gall—没食子酰基；Feru—阿魏酰基。

表 7-9-2 黄烷 7-9-1~7-9-10 的 ^{13}C NMR 数据

C	**7-9-1**[1]	**7-9-2**①[2]	**7-9-2**②[3]	**7-9-3**[4]	**7-9-4**[2]	**7-9-5**[4]	**7-9-6**[5]	**7-9-7**[6]	**7-9-8**[6]	**7-9-9**[7]	**7-9-10**[8]
2	77.5	82.6	81.1	79.1	78.5	73.5	72.9	77.7	77.5	77.7	77.9
3	30.1	68.3	66.4	66.6	66.2	28.9	29.1	29.5	29.3	29.5	30.1
4	24.4	28.7	28.0	28.5	27.9	20.1	20.1	19.2	19.3	19.4	24.6
5	115.0	157.1	156.3	157.0	155.9	158.4	159.5	155.2	155.2	156.3	130.0
6	138.8	96.2	95.2	96.1	130.7	91.7	91.7	91.5	91.4	91.3	107.8
7	148.3	157.6	156.6	157.2	155.8	160.4	160.5	156.3	159.2	159.2	154.7
8	103.4	95.5	94.0	95.4	156.4	94.4	94.4	96.1	93.4	93.3	103.4
9	144.1	156.8	155.5	156.6	144.5	157.7	157.7	158.7	158.5	158.5	155.7
10	112.2	100.6	99.2	99.6	98.8	104.0	104.0	103.4	103.3	103.2	119.1
1'	133.1	132.1	130.7	131.7	130.7	121.6	123.3	141.6	133.9	134.2	133.5
2'	127.1	115.2	114.6	115.1	113.9	155.8	158.1	128.5	127.6	109.3	108.6
3'	114.7	145.6	145.0	144.9	144.4	102.3	99.0	126.0	115.2	145.0	146.3
4'	156.8	145.6	145.0	145.1	144.5	161.1	161.5	127.8	156.3	148.6	145.1
5'	114.7	115.3	115.2	115.5	114.8	105.7	105.5	126.0	115.2	111.0	114.1
6'	127.1	120.0	118.6	119.1	118.2	128.3	128.0	128.5	127.0	118.5	119.1

续表

C	7-9-1[1]	7-9-2①[2]	7-9-2②[3]	7-9-3[4]	7-9-4[2]	7-9-5[4]	7-9-6[5]	7-9-7[6]	7-9-8[6]	7-9-9[7]	7-9-10[8]
5-OMe						55.8	55.8			55.9	
7-OMe						55.5	55.5			55.8	
2'-OMe							55.9				
3'-OMe										55.3	55.6
4'-OMe						55.4	55.6			55.2	

① 在A中测定。② 在D中测定。

表 7-9-3 黄烷 7-9-11~7-9-21 的 ^{13}C NMR 数据

C	7-9-11[9]	7-9-12[10]	7-9-13[11]	7-9-14[11]	7-9-15[11]	7-9-16[11]	7-9-17[11]	7-9-18[12]	7-9-19[12]	7-9-20[13]	7-9-21[13]
2	78.7	78.7	77.3	77.4	77.6	78.7	78.2	78.9	78.5	82.0	78.7
3	67.4	31.3	30.0	30.0	29.9	31.3	30.9	31.7	30.7	68.5	69.5
4	29.2	25.1	24.8	24.8	24.5	25.3	25.1	26.6	20.5	27.6	24.5
5	157.4	130.9	126.5	126.5	129.9	130.9	130.8	114.6	155.0	159.0	158.9
6	96.2	109.1	107.4	107.3	107.4	109.1	108.8	146.5	104.9	93.6	93.6
7	157.1	156.9	152.8	152.7	159.1	157.6	156.9	148.2	157.1	160.1	160.3
8	95.7	104.0	111.5	111.6	101.6	104.1	103.9	118.7	92.0	92.2	92.1
9	156.0	157.5	153.7	153.7	155.8	157.6	157.5	144.5	155.5	155.6	155.1
10	99.9	114.3	114.0	113.9	113.9	114.3	113.7	120.6	103.3	102.1	101.2
1'	131.2	136.1	135.7	134.2	133.9	136.4	133.9	135.1	134.7	131.2	131.0
2'	106.8	106.6	110.7	127.2	127.6	112.7	128.3	128.6	128.2	110.9	110.7
3'	146.3	151.6	146.1	115.3	115.3	147.5	115.9	116.5	116.0	149.8	149.6
4'	133.2	139.4	145.8	155.2	155.3	148.6	157.8	158.3	157.8	149.8	149.6
5'	146.3	151.6	112.4	115.3	115.3	114.2	115.9	116.5	116.0	112.0	111.9
6'	106.8	106.6	117.4	127.2	127.6	118.5	128.3	128.6	128.2	120.1	119.5
7-OMe					55.3			61.1	55.6		
4'-OMe			56.1			56.5					
6-Me								9.7			
8-Me			8.0	8.2					8.1		

表 7-9-4 黄烷 7-9-22~7-9-32 的 ^{13}C NMR 数据

C	7-9-22[14]	7-9-23[14]	7-9-24[15]	7-9-25[16]	7-9-26[16]	7-9-27[14]	7-9-28[14]	7-9-29[14]	7-9-30[17]	7-9-31[18]	7-9-32[19]
2	81.9	82.1	76.7	78.6	77.2	79.6	79.4	79.3	78.2	82.6	82.2
3	67.8	68.0	66.7	66.4	67.9	66.6	66.8	66.8	65.0	68.7	68.1
4	27.6	28.1	26.0	28.3	25.8	29.1	29.1	28.9	28.4	28.0	32.6
5	157.0	157.0	149.8	159.3	158.8	160.0	160.1	157.3	156.7	100.6	131.5
6	95.4	96.1	108.8	93.7	93.9	94.2	96.5	96.1	95.3	156.7	109.6
7	160.4	156.3	149.8	159.8	159.6	160.4	157.8	157.5	156.7	96.3	155.4
8	93.0	95.2	108.0	92.3	91.9	92.0	92.6	95.5	94.3	157.8	103.5
9	156.9	157.4	155.0	155.4	155.4	156.7	156.7	156.8	155.9	95.5	156.9
10	102.8	100.4	109.7	100.6	100.0	101.9	100.6	99.6	98.6	157.6	117.8

续表

C	7-9-22[14]	7-9-23[14]	7-9-24[15]	7-9-25[16]	7-9-26[16]	7-9-27[14]	7-9-28[14]	7-9-29[14]	7-9-30[17]	7-9-31[18]	7-9-32[19]
1'	133.2	133.0	135.9	131.1	130.0	131.7	131.9	131.8	130.2	136.0	131.7
2'	115.0	115.0	122.1	110.4	109.8	111.7	111.7	115.0	128.4	107.4	115.5
3'	145.2	146.7	142.0	149.1	148.7	147.8	147.8	146.6	114.6	151.6	145.5
4'	147.7	148.1	142.1	149.4	148.7	146.8	148.8	147.9	156.4	136.7	145.5
5'	113.2	112.0	123.2	111.8	110.8	115.2	115.2	111.9	114.6	151.6	116.6
6'	118.9	119.6	124.4	118.9	118.9	120.5	120.6	120.4	128.4	107.4	120.1
5-OMe						55.7	55.6				
7-OMe	55.3					55.5					
3'-OMe							56.2	56.2			
4'-OMe	56.0	56.3				56.2				60.8	

表 7-9-5 黄烷 7-9-33~7-9-42 的 ^{13}C NMR 数据

C	7-9-33[13]	7-9-34[13]	7-9-35[20]	7-9-36[21]	7-9-37[22]	7-9-38[22]	7-9-39[22]	7-9-40[22]	7-9-40[22]	7-9-41[23]	7-9-42[24]
2	82.3	78.7	76.9	76.4	75.4	79.2	82.0	77.4	81.9	81.7	79.5
3	68.2	69.4	40.1	35.7	72.2	72.2	74.2	71.2	72.2	73.9	68.2
4	32.6	28.5	65.8	67.5	68.3	67.7	72.1	66.5	73.9	71.6	70.1
5	103.2	130.1	129.1	129.5	133.2	129.6	129.3	132.3	129.7	158.7	119.0
6	108.1	108.1	120.9	120.9	109.3	109.1	109.3	109.2	110.1	97.6	109.8
7	150.3	159.5	128.1	128.2					158.0	158.4	145.2
8	101.2	101.3	116.7	117.1	103.1	102.7	102.6	102.8	103.0	95.8	132.7
9	154.5	154.3	154.6	155.3					155.6	156.6	145.3
10	112.1	111.0	126.1	121.3					117.3	103.8	116.9
1'	133.4	133.5	140.6	140.4					130.5	130.1	131.3
2'	104.2	103.8	127.0	127.4	115.2	115.2	115.7	115.6	116.3	116.2	115.5
3'	153.4	153.3	128.6	128.6					145.3	145.4	145.2
4'	138.0	138.1	125.8	126.0					146.0	145.9	145.2
5'	153.4	153.3	128.6	128.6	115.4	115.3	115.5	115.5	116.6	116.5	116.4
6'	104.2	103.8	127.0	127.4	119.2	119.2	120.6	120.2	121.3	121.1	119.8

表 7-9-6 黄烷 7-9-43~7-9-53 的 ^{13}C NMR 数据

C	7-9-43[24]	7-9-44[13]	7-9-45[13]	7-9-46[25]	7-9-47[25]	7-9-48[25]	7-9-49[24]	7-9-50[24]	7-9-51[13]	7-9-52[13]	7-9-53[13]
2	75.4	80.7	78.5	77.7	75.8	75.7	76.9	74.9	81.1	79.1	82.4
3	68.2	73.7	71.9	71.4	72.3	72.3	70.6	70.7	74.0	71.5	67.7
4	71.8	70.4	66.2	62.8	64.6	64.5	61.6	63.5	71.3	40.3	28.6
5	123.0	159.3	159.7	158.9	159.2	159.2	159.8	160.1	128.0	129.2	156.4
6	110.2	93.8	93.2	96.4	96.3	96.3	93.4	93.2	108.4	109.2	92.3
7	144.5	160.9	162.0	159.8	159.3	159.2	162.0	161.4	160.4	161.0	159.5
8	132.4	92.8	92.8	95.2	95.4	95.4	92.4	92.5	100.9	101.2	94.0
9	145.8	155.8	156.6	157.1	157.6	157.5	156.2	155.6	154.4	155.3	160.5
10	115.4	105.9	101.2	103.9	103.6	103.6	104.7	103.6	115.8	112.1	102.6
1'	131.1	129.4	129.0	131.8	131.9	131.1	130.4	130.0	132.5	131.5	133.1

续表

C	7-9-43[24]	7-9-44[13]	7-9-45[13]	7-9-46[25]	7-9-47[25]	7-9-48[25]	7-9-49[24]	7-9-50[24]	7-9-51[13]	7-9-52[13]	7-9-53[13]
2'	115.5	110.4	109.8	115.7	115.5	106.9	110.9	109.6	104.6	104.7	114.9
3'	145.1	149.3	149.1	145.8	145.4	146.2	149.4	148.8	153.3	153.2	148.2
4'	145.1	149.3	149.1	145.6	145.5	132.9	149.6	149.7	138.5	138.5	148.2
5'	116.7	111.2	111.0	115.7	115.6	146.2	111.4	111.1	153.3	153.2	112.2
6'	119.8	120.5	119.5	120.5	119.4	106.9	120.8	118.7	104.6	104.7	119.5
5-OMe											55.5
7-OMe											55.8
4'-OMe											56.3

表 7-9-7　黄烷 7-9-54~7-9-63 的 ^{13}C NMR 数据

C	7-9-54[26]	7-9-55[26]	7-9-56①[27]	7-9-56②[9]	7-9-57[9]	7-9-58[28]	7-9-59[28]	7-9-59[28]
2	75.2	75.3	77.4	77.5	77.5	78.6	79.0	80.0
3	70.2	70.1	69.5	68.9	68.9	69.9	65.7	66.9
4	35.9	36.2	25.9	25.9	25.7	26.8	29.2	29.6
5	156.8	157.0	156.6	156.4	156.7	157.2	151.4	152.3
6	95.8	95.8	95.8	95.4	95.5	96.5	102.7	103.6
7	157.8	158.0	156.6	156.4	156.7	157.8	156.8	157.9
8	96.5	96.5	95.0	94.7	94.8	95.8	100.7	101.9
9	157.8	158.0	156.0	155.8	156.0	156.0	156.5	157.5
10	102.6	102.5	98.1	98.3	98.3	99.3	105.1	105.8
1'	131.9	132.0	129.9	129.5	130.3	131.4	131.2	131.8
2'	115.2	115.3	106.1	105.7	114.9	115.0	114.7	115.3
3'	145.1	145.3	145.2	145.3	145.1	145.9	144.8	145.9
4'	145.3	145.5	132.4	132.5	138.6	145.9	144.8	146.0
5'	115.5	115.5	145.2	145.3	118.3	115.9	114.9	115.9
6'	119.2	119.3	106.1	105.7	113.9	119.3	118.8	119.4
4'-OMe								
3"-OMe								
	4-CM	4-CMM		3-Gall	3-Gall	3-Gall		
1"	39.1	39.1	120.5	120.3	120.4	121.4		
2"	174.4	173.2	109.4	109.1	109.1	110.1		
3"		51.7	145.5	144.9	144.8	146.3		
4"			145.5	144.9	144.7	139.8		
5"			138.5	138.4	144.8	146.3		
6"			109.0	109.1	109.1	110.1		
7"								
8"								
C=O								
			166.4	166.4	166.5	167.5		
							5-Gal	5-Gal
1'''							120.0	119.9

续表

C	7-9-54[26]	7-9-55[26]	7-9-56①[27]	7-9-56②[9]	7-9-57[9]	7-9-58[28]	7-9-59[28]	7-9-59[28]
2'''							109.7	110.5
3'''							145.8	146.8
4'''							139.1	141.2
5'''							145.8	146.8
6'''							109.7	110.5
C=O							164.1	166.6

C	7-9-60[9]	7-9-61[28]	7-9-62[29]	7-9-63[29]	C	7-9-60[9]	7-9-61[28]	7-9-62[29]	7-9-63[29]
2	77.5	78.8	78.5	76.8	1''	120.5	120.2	127.9	129.9
3	68.6	69.2	69.8	68.4	2''	109.6	110.5	111.7	110.3
4	25.8	27.1	26.7	25.3	3''	138.4	146.7	149.3	147.9
5	150.6	151.9	157.9	156.5	4''	144.7	140.6	150.5	149.1
6	103.1	103.7	96.5	95.2	5''	138.4	146.7	124.2	122.9
7	156.7	158.1	157.9	156.5	6''	109.6	110.5	116.3	114.9
8	101.3	101.9	95.8	94.5	7''			147.1	145.8
9	155.9	157.3	157.1	155.6	8''			115.5	114.0
10	104.0	104.9	99.3	97.9	C=O			168.6	167.2
1'	129.3	130.9	130.7	134.4		166.5	166.4		
2'	106.3	115.0	106.8	105.7		5-Gall	5-Gall		
3'	145.2	145.9	146.7	150.0	1'''	119.5	120.2		
4'	132.6	146.0	133.8	134.9	2'''	110.1	110.5		
5'	145.2	116.0	146.7	150.0	3'''	139.1	146.7		
6'	106.3	119.3	106.8	105.7	4'''	145.2	140.6		
4'-OMe				59.5	5'''	139.1	146.7		
3''-OMe			56.4	55.1	6'''	110.1	110.5		
	3-Gall	3-Gall	3-Feru	3-Feru	C=O	165.6	166.4		

① 在C中测定。② 在M中测定。

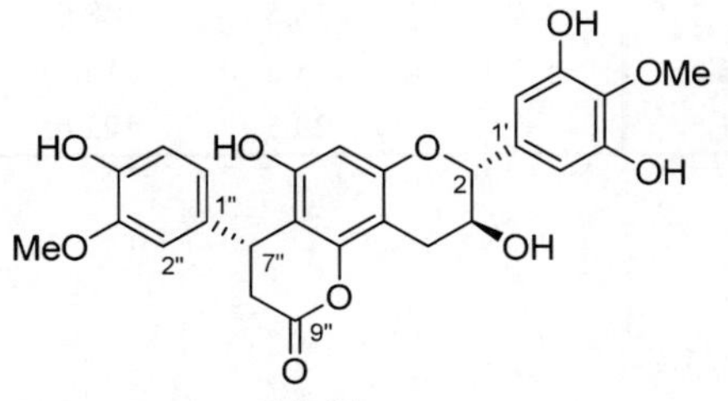

7-9-64

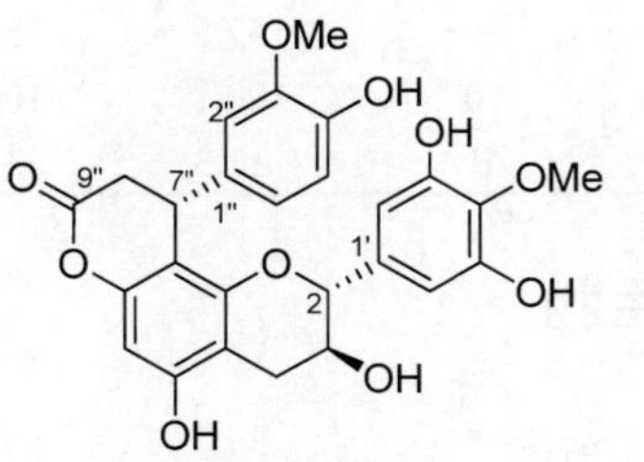

7-9-65

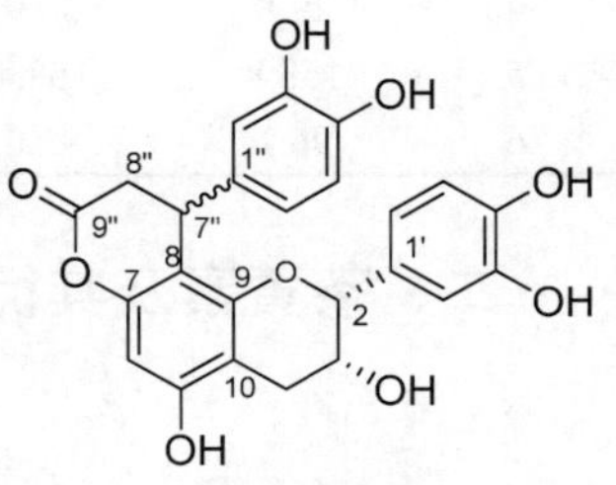

7-9-66 (7''*R*)
7-9-67 (7''*S*)

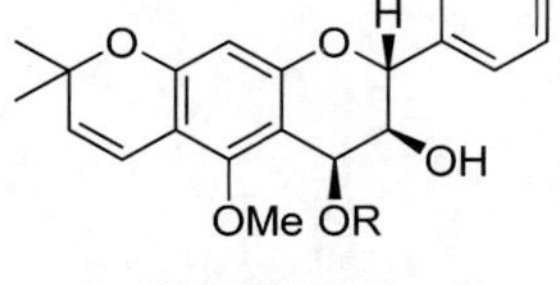

7-9-68 R=H
7-9-69 R=Me

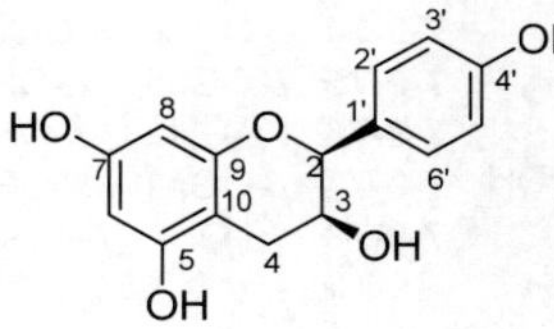

7-9-70

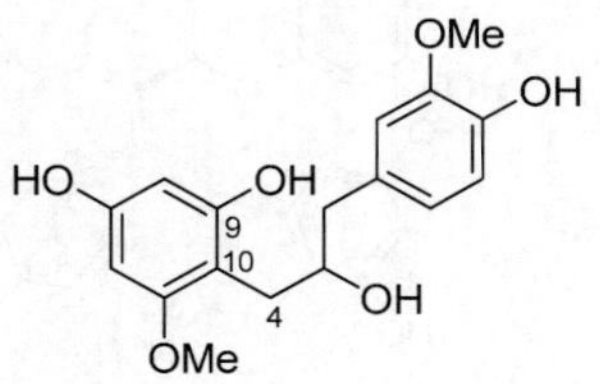

7-9-71

表 7-9-8 黄烷 7-9-64 和 7-9-65 的 ^{13}C NMR 数据

C	7-9-64[29]	7-9-65[29]	C	7-9-64[29]	7-9-65[29]	C	7-9-64[29]	7-9-65[29]	C	7-9-64[29]	7-9-65[29]
	M	M	9	154.1	152.9	6'	105.5	107.4	5"	114.8	116.3
2	81.1	83.1	10	98.9	106.0	4'-OMe	59.3	60.7	6"	118.6	119.9
3	66.4	68.2		M	M	3"-OMe	54.8	56.3	7"	33.9	35.5
4	25.5	28.3	1'	134.9	136.1		M	M	8"	36.7	38.3
5	150.5	156.9	2'	105.5	107.4	1"	133.4	135.3	9"	168.9	170.8
6	105.8	96.4	3'	150.3	151.5	2"	110.3	111.9			
7	153.4	152.1	4'	134.9	136.5	3"	147.6	149.0			
8	98.3	105.8	5'	150.3	151.5	4"	145.0	146.3			

表 7-9-9 黄烷 7-9-66~7-9-69 的 ^{13}C NMR 数据

C	7-9-66[30]	7-9-67[30]	7-9-68[31]	7-9-69[31]	C	7-9-66[30]	7-9-67[30]	7-9-68[31]	7-9-69[31]
2	79.8	80.3	76.5	77.2	5'	115.1	115.4	128.7	128.7
3	66.6	67.1	71.1	71.4	6'	119.2	119.4	128.1	128.1
4	29.5	29.3	62.1	70.7	1"	135.4	135.3		
5	157.3	157.3	155.6	156.2	2"	116.1	116.0	76.5	76.5
6	96.3	96.5	109.8	108.3	3"	146.0	146.0	128.0	128.3
7	152.1	152.1	157.4	155.9	4"	146.3	146.4	116.8	117.3
8	106.1	106.2	100.7	100.9	5"	116.5	116.6	28.0	28.1
9	153.5	153.6	156.5	155.9	6"	119.3	119.5	28.4	28.2
10	105.3	105.3	106.8	107.2	7"	35.4	35.2		
1'	132.0	131.8	138.4	138.7	8"	38.6	38.4		
2'	115.1	115.1	128.1	128.1	9"	170.8	170.8		
3'	145.1	145.2	128.7	128.7	4-OMe				58.3
4'	145.8	145.9	129.0	128.8	5-OMe			63.5	63.1

表 7-9-10 黄烷 7-9-70 和 7-9-71 的 ^{13}C NMR 数据

C	7-9-70[32]	7-9-71[14]	C	7-9-70[32]	7-9-71[14]	C	7-9-70[32]	7-9-71[14]
2	80.0	40.2	7	158.7	160.0	2'	129.5	113.8
3	66.8	74.8	8	95.8	97.5	3'	115.8	145.6
4	29.8	30.9	9	157.6	158.1	4'	158.5	148.0
5	158.8	158.4	10	100.1	106.1	5'	115.8	115.5
6	96.7	92.0	1'	131.3	131.5	6'	129.5	122.6

二、茶黄素及其衍生物

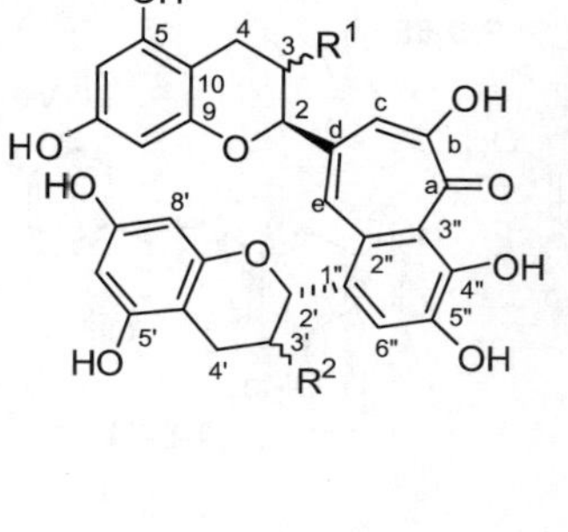

	R^1	R^2
7-9-72	β-OH	α-OH
7-9-73	β-OH	α-OGall
7-9-74	β-OGall	α-OGall
7-9-75	β-OGall	α-OH
7-9-76	β-OH	β-OH
7-9-77	β-OGall	β-OH
7-9-78	α-OH	β-OGall

注：Gall—没食子酰基。

表 7-9-11 茶黄素及其衍生物 7-9-72~7-9-78 的 ^{13}C NMR 数据

C	7-9-72[33,34]	7-9-73[33,34]	7-9-74[33,34]	7-9-75[33,34]	7-9-76[33]	7-9-77①[33]	7-9-77②[35]	7-9-78[35]
2	81.2	81.2	80.1	79.8	81.5	80.5	80.3	86.0
3	66.7	68.3	69.4	69.0	69.5	69.9	70.0	68.2
4	29.4	29.3	27.0	27.1	29.3	27.0	26.7	29.9
5	157.3	157.0	157.2	157.3	157.5	157.7	157.9	157.2
6	96.1	95.7	96.1	96.2	96.4	96.7	96.9	96.7
7	155.1	155.5	157.9	156.4	154.4	157.9	157.8	158.0
8	96.0	95.8	95.9	95.8	96.3	95.9	95.6	95.5
9	157.5	157.7	155.5	155.4	157.0	155.3	156.2	156.4
10	99.8	99.6	99.7	99.3	99.2	99.2	98.5	100.8
a	185.1	185.6	185.7	185.6	184.8	185.8	185.2	185.4
b	156.6	156.6	156.5	156.3	156.6	156.5	154.6	155.4
c	118.3	118.3	117.5	117.5	119.2	117.6	117.8	117.9
d	134.4	134.8	134.2	133.5	134.8	134.0	133.9	135.2
e	126.6	125.9	125.8	125.7	128.6	127.7	128.4	128.1
2'	77.1	75.8	75.7	77.0	79.1	77.1	79.2	75.3
3'	65.6	66.5	68.2	65.7	66.6	68.8	69.0	67.9
4'	30.0	27.2	27.4	30.1	30.0	28.5	29.2	27.0
5'	158.0	158.0	158.0	158.0	157.6	158.0	157.5	157.6
6'	96.7	96.7	97.0	96.9	95.6	96.9	96.7	97.0
7'	158.1	157.9	157.9	157.9	157.4	157.8	157.3	157.9
8'	96.8	96.8	97.0	96.8	95.4	95.6	95.3	96.0
9'	157.6	157.8	157.9	157.8	156.7	156.7	156.6	157.0
10'	100.3	99.8	99.3	100.2	100.7	100.6	100.5	99.3
1"	131.2	130.3	130.5	131.3	132.2	132.0	132.2	130.3
2"	129.0	128.8	128.9	128.9	130.8	130.4	130.0	128.4
3"	121.9	121.9	122.1	121.9	121.6	121.3	121.8	121.7
4"	150.9	151.1	151.3	151.2	150.5	151.6	151.1	151.1
5"	146.1	156.0	146.5	146.4	146.2	146.9	146.8	146.4
6"	123.7	123.0	122.8	123.8	122.3	122.3	122.9	123.3
			3-G	3-G		3-G	3-G	
1			121.0	121.0		121.0	121.1	
2			110.2	110.1		110.2	110.0	
3			146.2	146.3		146.2	146.0	
4			139.8	139.9		139.9	139.2	
5			146.2	146.3		146.2	146.0	
6			110.2	110.1		110.2	110.0	
C=O			167.6	167.4		167.4	166.4	
		3'-Gall	3'-Gall					3'-Gall
1		120.9	121.1					121.4
2		110.1	110.1					109.9
3		146.2	146.2					146.0
4		139.7	139.7					139.0

续表

C	7-9-72[33,34]	7-9-73[33,34]	7-9-74[33,34]	7-9-75[33,34]	7-9-76[33]	7-9-77①[33]	7-9-77②[35]	7-9-78[35]
5		146.2	146.2					146.0
6		110.1	110.1					109.9
C=O		167.2	167.1					165.7

① 在 M 中测定。② 在 A 中测定。

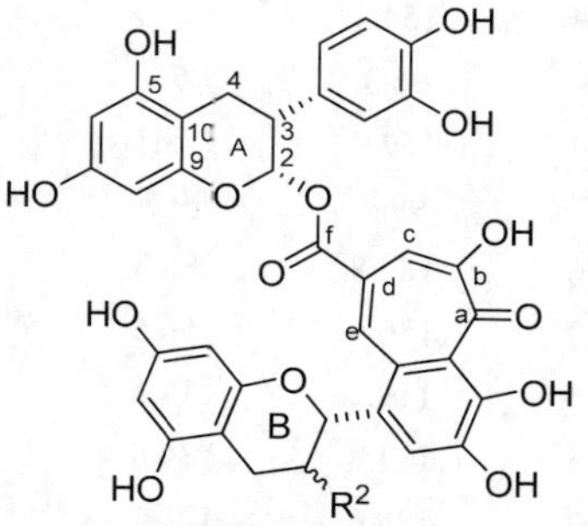

7-9-79 R=α-OGal
7-9-80 R=α-OH
7-9-81 R=β-OH

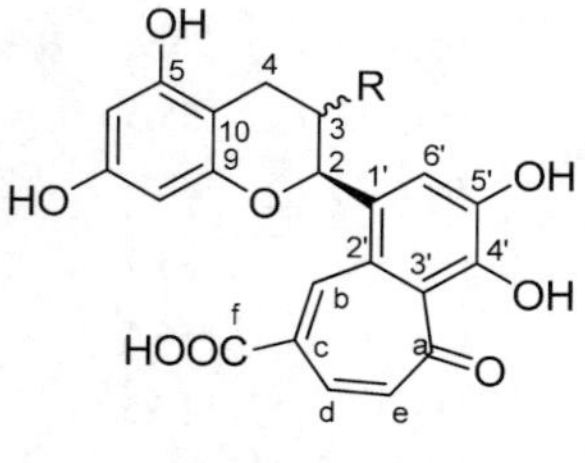

7-9-82 R=α-OH
7-9-83 R=β-OH
7-9-84 R=β-OGal

表 7-9-12 茶黄素及其衍生物 7-9-79~7-9-81 的 ^{13}C NMR 数据

C	7-9-79[33]	7-9-80①[33]	7-9-80②[35]	7-9-81[33]	C	7-9-79[33]	7-9-80①[33]	7-9-80②[35]	7-9-81[33]
A2	78.0	78.1	77.4	79.7	B3	68.9	66.7	66.0	69.6
A3	72.1	72.1	71.7	72.0	B4	27.3	30.0	29.8	29.6
A4	26.7	26.7	26.4	26.6	B5	158.2	158.3	157.8	157.3
A5	157.2	157.7	157.4	157.7	B6	97.2	97.2	96.9	95.9
A6	96.4	96.6	96.9	96.1	B7	158.1	158.0	157.6	157.9
A7	157.9	157.9	158.0	157.7	B8	97.3	97.1	96.0	97.0
A8	96.5	96.5	96.3	96.8	B9	158.0	157.4	157.0	157.0
A9	157.1	157.1	156.8	156.8	B10	100.0	100.7	100.2	101.2
A10	99.4	99.5	98.8	99.2	B1'	131.2	131.3	134.8	135.0
A1'	131.6	132.3	131.0	132.2	B2'	126.6	126.5	126.4	128.8
A2'	114.2	114.4	114.0	114.4	B3'	122.6	122.4	121.9	121.8
A3'	146.0	146.0	145.8	145.8	B4'	149.5	151.8	151.5	152.3
A4'	146.3	146.3	145.5	146.0	B5''	149.5	149.5	149.0	149.8
A5'	116.4	116.3	115.9	116.2	B6'	122.9	123.7	123.8	122.5
A6'	119.0	119.2	118.7	119.0		B3'-Gal			
a	186.8	186.4	186.0	186.6	1	121.0			
b	155.3	154.9	154.4	154.7	2	110.2			
c	115.8	115.8	115.8	115.8	3	146.4			
d	124.8	124.4	124.2	124.0	4	140.0			
e	133.5	134.8	132.0	134.3	5	146.4			
f	167.8	167.8	166.8	167.7	6	110.2			
B2	75.6	77.0	76.7	78.0	C=O	167.3			

① 在 M 中测定。② 在 A 中测定。

表 7-9-13 茶黄素及其衍生物 7-9-82~7-9-84 的 ^{13}C NMR 数据[33]

C	7-9-82	7-9-83	7-9-84	C	7-9-82	7-9-83	7-9-84	C	7-9-82	7-9-83	7-9-84
2	80.0	77.0	75.7	2'	139.5	125.2	126.8	f	170.3	170.1	170.1
3	69.1	66.4	68.6	3'	116.5	116.2	116.3				3-Gal
4	29.3	30.0	27.2	4'	152.2	151.6	151.7	1			120.8
5	157.9	158.2	158.0	5'	149.3	149.2	148.9	2			110.0
6	96.1	96.1	96.0	6'	122.7	122.6	122.6	3			146.2
7	157.6	157.7	156.9	a	186.6	186.5	186.5	4			139.8
8	96.8	96.8	96.9	b	154.7	155.0	155.1	5			146.2
9	156.6	157.2	155.1	c	134.4	134.2	131.6	6			110.0
10	100.7	99.2	99.3	d	125.0	123.4	122.5	C=O			167.1
1'	128.9	126.7	126.8	e	132.2	132.2	132.8				

三、二聚黄烷类

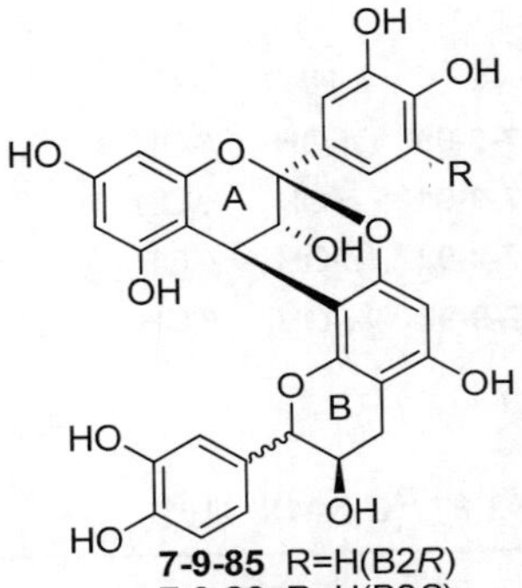

7-9-85 R=H(B2*R*)
7-9-86 R=H(B2*S*)
7-9-87 R=OH

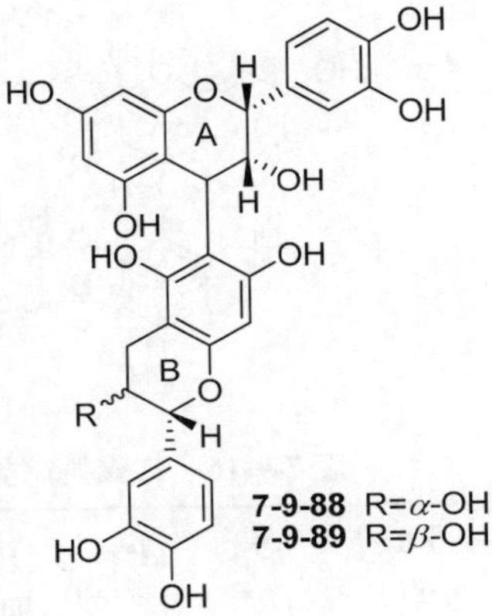

7-9-88 R=α-OH
7-9-89 R=β-OH

表 7-9-14 二聚黄烷类 7-9-85~7-9-87 的 ^{13}C NMR 数据

C	7-9-85[36]	7-9-86[37,38]	7-9-87[39]	C	7-9-85[36]	7-9-86[37,38]	7-9-87[39]
A2	99.6	100.2	98.2	B2	84.0	81.6	79.8
A3	67.4	67.9	66.2	B3	67.8	66.8	65.1
A4	28.9	29.1	27.4	B4	28.6	29.7	28.0
A5	156.1	156.8	152.1	B5	155.5	156.4	150.2
A6	97.9	98.1	96.3	B6	96.2	96.3	94.6
A7	157.4	157.9	156.0	B7	151.4	152.1	154.5
A8	96.2	96.4	94.6	B8	106.1	107.0	105.2
A9	153.5	154.1	154.9	B9	150.8	152.0	150.0
A10	103.3	104.1	102.3	B10	102.4	102.2	100.4
A1'	131.5	132.3	129.8	B1'	129.8	131.0	129.2
A2'	115.4	115.4	105.5	B2'	115.4	115.5	113.9
A3'	144.9	146.1	144.3	B3'	146.0	146.6	144.3
A4'	146.1	145.5	132.4	B4'	146.0	145.8	144.0
A5'	115.4	115.8	144.3	B5'	115.9	115.7	114.0
A6'	119.4	120.2	105.5	B6'	120.3	119.6	118.3

表 7-9-15　二聚黄烷类 7-9-88 和 7-9-89 的 ^{13}C NMR 数据

C	7-9-88[40]	7-9-89[36]	C	7-9-88[40]	7-9-89[36]	C	7-9-88[40]	7-9-89[36]
A2	78.0	77.0	A2'	116.0	114.7	B7	156.6	159.2
A3	73.4	72.5	A3'	146.7	145.8	B8	97.4	96.6
A4	38.4	37.3	A4'	146.4	145.4	B9	156.2	154.7
A5	158.7	157.8	A5'	116.7	115.4	B10	101.4	102.4
A6	96.9	96.6	A6'	120.0	119.0	B1'	133.1	131.9
A7	160.3	159.2	B2	80.5	82.4	B2'	116.1	115.1
A8	97.5	95.9	B3	68.2	68.6	B3'	146.7	145.9
A9	160.2	159.2	B4	30.4	28.6	B4'	146.5	145.8
A10	101.4	102.4	B5	157.0	155.6	B5'	116.7	115.4
A1'	133.1	132.1	B6	108.9	108.0	B6'	120.0	119.9

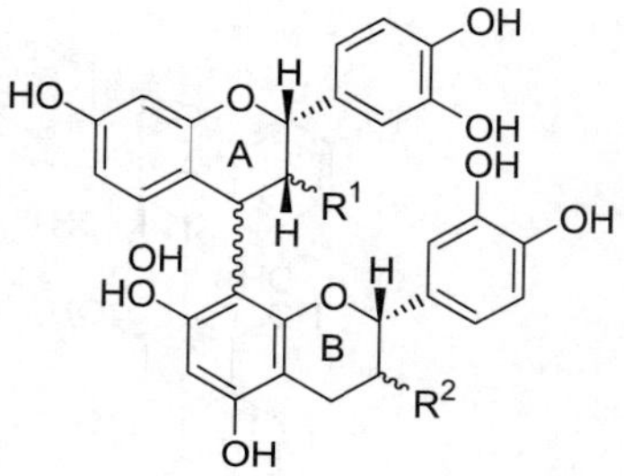

	R^1	R^2
7-9-90	α-OH	β-OH
7-9-91	α-OH	α-OH
7-9-92	β-OH	β-OH
7-9-93	α-OH	β-OH

表 7-9-16　二聚黄烷类 7-9-90~7-9-93 的 ^{13}C NMR 数据

C	7-9-90[2]	7-9-91①[41]	7-9-91②[42]	7-9-92[43,44]	7-9-93[44,45]	C	7-9-90[2]	7-9-91①[41]	7-9-91②[42]	7-9-92[43,44]	7-9-93[44,45]
A2	76.7	78.1	79.9	82.5	79.9	B2	81.8	76.0	76.9	73.7	80.1
A3	72.6	72.2	67.0	68.9	67.9	B3	67.8	65.3	73.5	68.6	73.9
A4	36.8	36.3	29.9	38.6	29.4	B4	28.4	28.3	36.7	28.8	38.8
A5	155.6	155.1	156.5	155.7	156.5	B5	155.6	156.5	157.6	157.2	157.3
A6	96.1	96.4	96.8	96.2	96.3	B6	96.9	95.2	95.6	97.0	96.5
A7	157.4	157.3	156.6	155.0	155.4	B7	157.4	153.6	157.8	57.3	157.6
A8	95.5	94.4	107.2	107.3	107.2	B8	107.5	99.4	95.5	96.3	97.2
A9	155.1	153.6	154.5	154.9	155.9	B9	155.1	154.5	157.7	157.4	157.4
A10	101.0	102.6	99.6	100.6	99.6	B10	101.0	102.6	103.9	102.3	101.6
A1'	132.4	131.9	132.1	132.5	132.4	B1'	132.0	131.0	132.5	132.7	132.5
A2'	116.1	115.4	114.9	115.3	114.9	B2'	115.4	115.6	114.9	116.1	116.0
A3'	145.1	145.4	145.8	145.5	145.6	B3'	145.1	144.9	145.7	145.8	146.0
A4'	145.3	144.7	145.5	145.7	145.7	B4'	145.3	144.7	145.4	146.2	146.2
A5'	115.8	115.1	115.6	115.6	115.4	B5'	114.9	115.6	115.7	116.2	116.0
A6'	119.4	118.4	118.7	116.0	119.2	B6'	119.4	118.4	119.0	119.9	120.3

① 在 A 中测定。② 在 M 中测定。

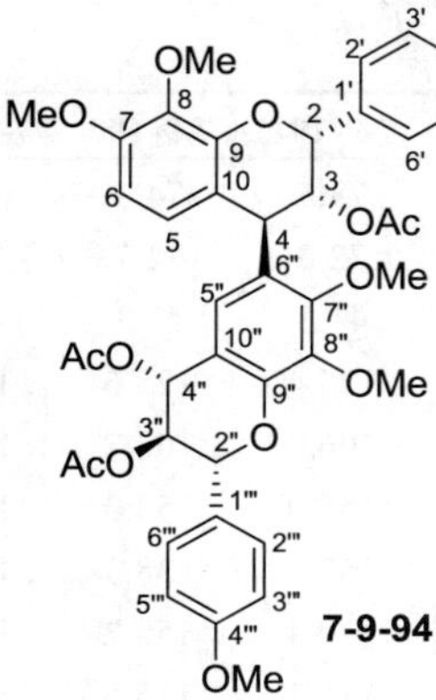

7-9-94

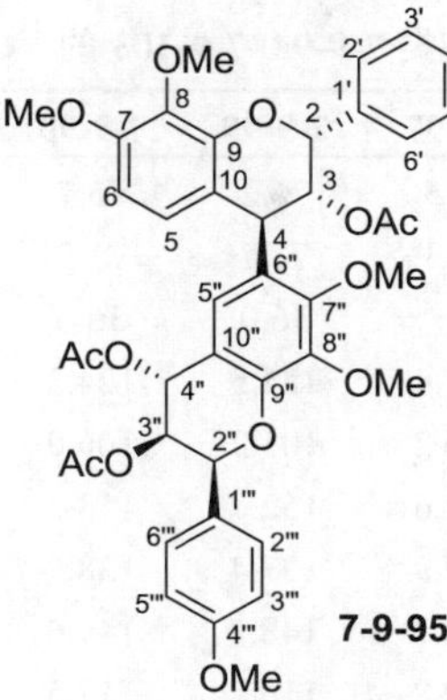

7-9-95

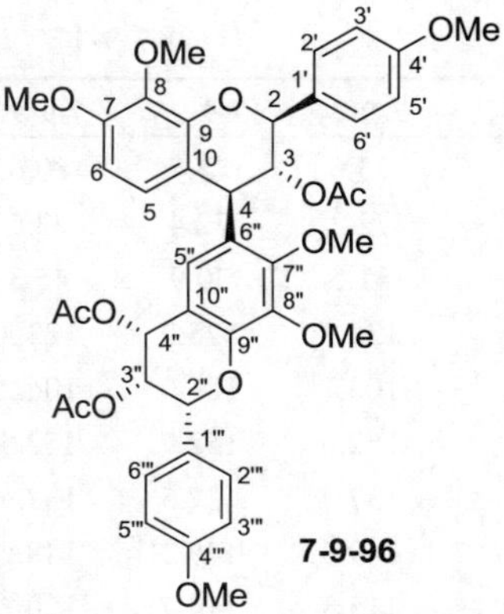

7-9-96

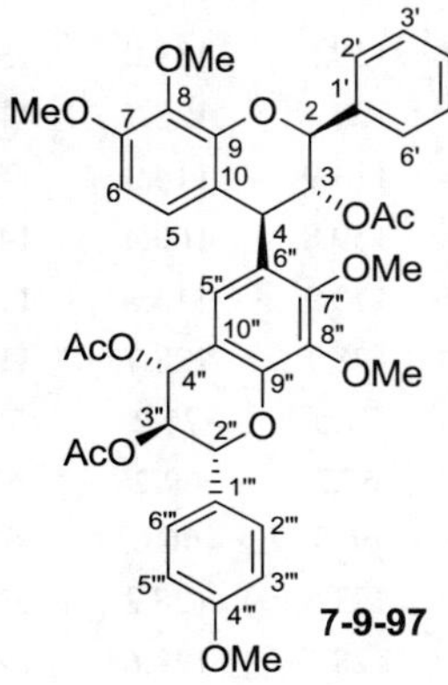

7-9-97

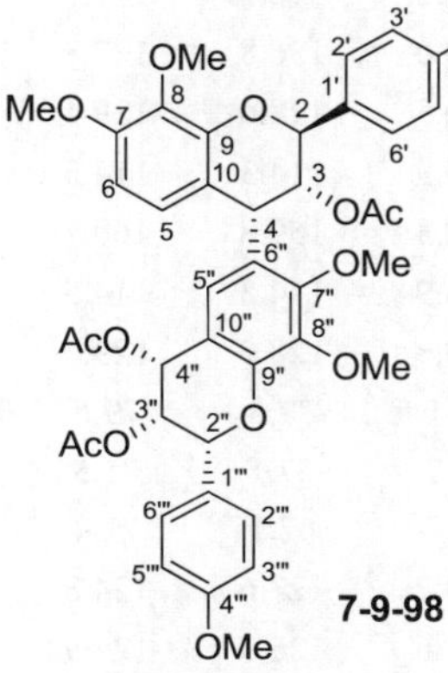

7-9-98

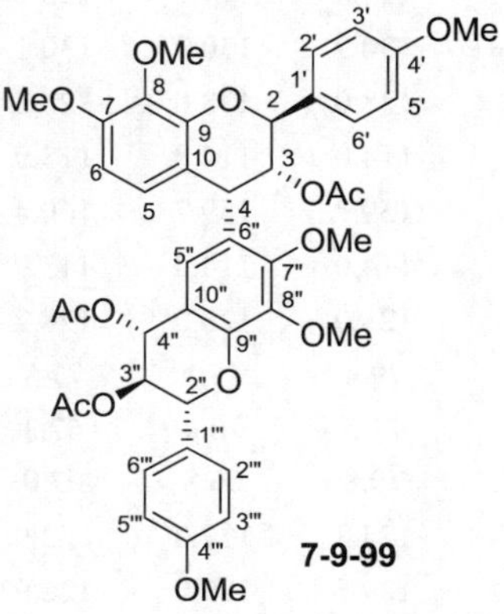

7-9-99

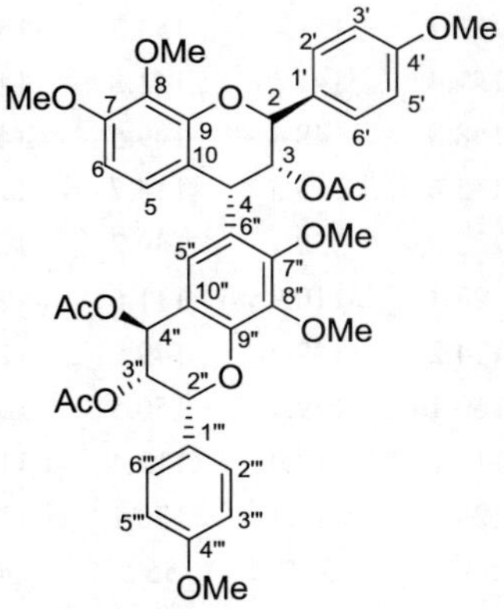

7-9-100

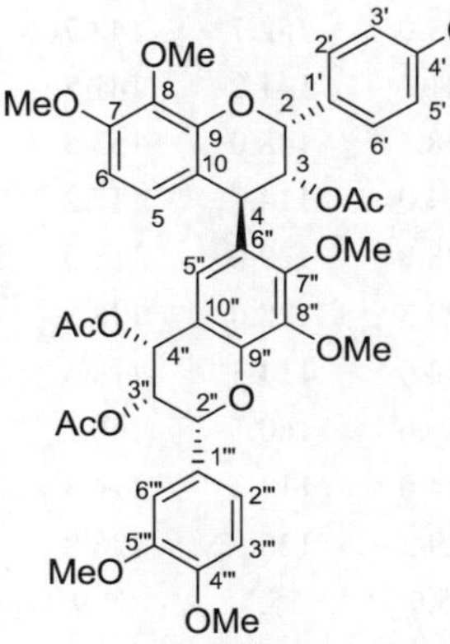

7-9-101

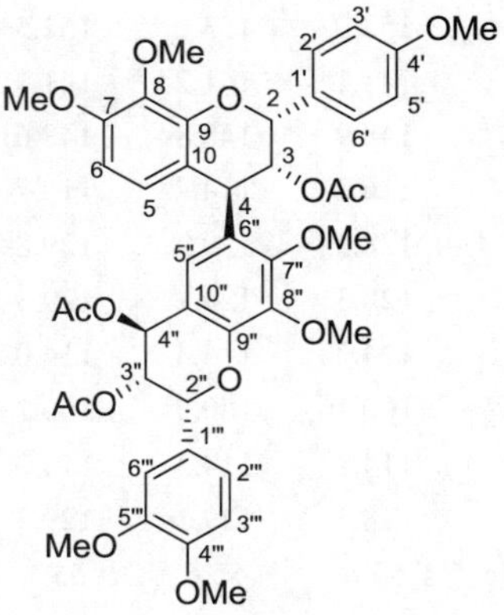

7-9-102

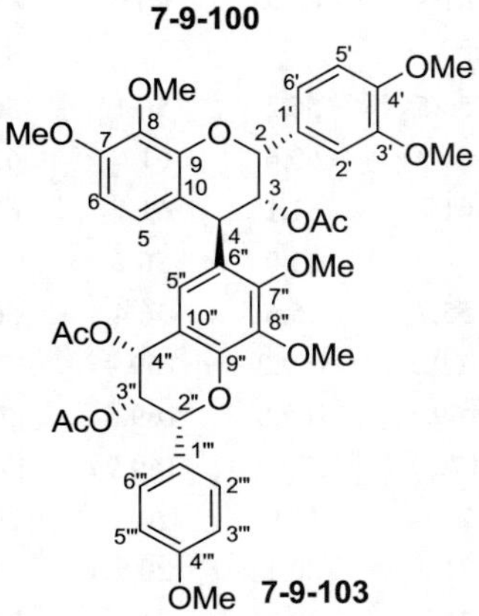

7-9-103

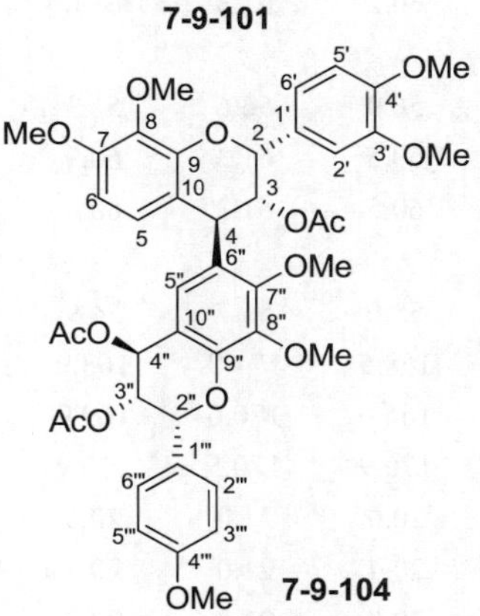

7-9-104

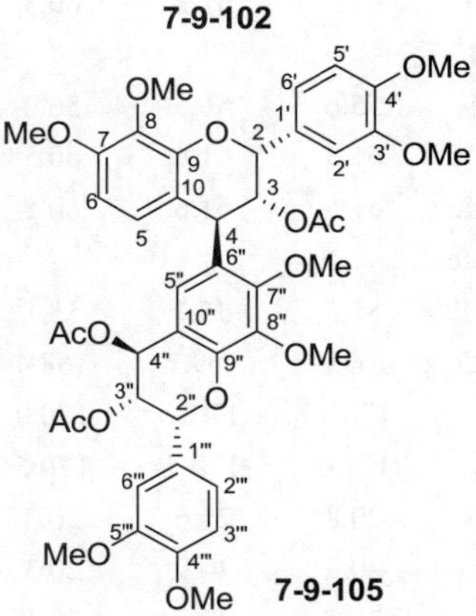

7-9-105

表 7-9-17　二聚黄烷类 7-9-94~7-9-103 的 ^{13}C NMR 数据[46]

C	7-9-94	7-9-95	7-9-96	7-9-97	7-9-98	7-9-99	7-9-100	7-9-101	7-9-102	7-9-103
2	73.6	73.7	80.6	80.5	76.2	76.7	76.6	73.5	74.0	73.7
3	72.2	72.4	72.5	72.3	71.7	71.9	71.7	72.0	72.7	72.2
4	41.5	40.9	45.3		36.0	36.6	34.5	41.5	41.2	41.7
5	125.3	125.2	123.3	123.4	124.5	124.3	124.0	125.4	125.6	125.4
6	105.7	106.0	106.2	106.2	105.2	106.0	105.4	106.2	106.7	105.6
7	152.6	152.7	152.5	152.6	152.7	153.5	153.6	153.0	153.0	152.6
8	137.7	137.5	137.9	137.9	137.4	138.7	137.4	137.9	138.3	137.6
9	149.3	149.2	148.7	148.7	148.7	149.6	148.5	149.4	150.2	149.2
10	115.3	114.7	120.2	119.8	116.7	117.5	116.4	115.3	115.6	115.2
1'	130.9	130.3	130.1	130.0	130.8	127.8	130.9	130.5	131.0	130.7
2'	128.0	128.0	128.2	129.3	128.0	129.4	127.5	128.1	128.7	110.4
3'	114.0	114.0	113.9	113.9	114.3	114.5	114.4	113.9	114.3	149.1
4'	159.7	159.7	160.4	160.3	159.8	160.7	159.8	159.8	160.4	149.1
5'	114.0	114.0	113.9	113.9	114.3	114.5	114.4	113.9	114.3	111.2
6'	128.0	128.0	128.2	129.3	128.0	129.4	127.5	128.1	128.7	119.2
2''	79.4	75.1	77.3	79.1	77.5	79.6	74.5	77.5	75.2	77.6
3''	71.5	70.4	67.3	71.7	67.1	71.5	69.2	67.2	69.2	67.0
4''	70.8	66.8	67.0	70.7	67.1	71.4	66.5	66.9	66.6	67.1
5''	124.3	127.0	122.9	123.7	123.6	124.8	128.0	123.5	128.2	123.4
6''	129.5	129.0	126.9	127.6	126.3	127.9	126.4	128.7	129.6	128.9
7''	152.0	153.0	152.5	153.0	152.7	148.7	152.7	151.4	153.3	151.7
8''	141.1	141.2	141.7	141.7	141.0	141.7	141.4	141.1	141.8	141.0
9''	148.9	148.8	148.6	148.7	148.0	153.5	148.8	148.4	149.5	148.3
10''	116.2	114.7	115.7	114.0	114.7	117.2	113.6	115.5	114.7	114.7
1'''	128.3	129.2	129.8	128.8	129.0	128.5	128.9	130.1	130.2	128.6
2'''	128.3	129.1	129.3	129.3	128.0	128.8	128.1	110.9	111.6	127.9
3'''	114.2	114.3	114.0	114.0	114.3	114.3	114.2	149.7	149.9	114.3
4'''	160.4	160.4	160.2	160.6	160.1	160.2	160.1	149.9	150.5	160.1
5'''	114.2	114.3	114.0	114.0	114.3	114.3	114.2	112.0	112.4	114.3
6'''	128.3	129.1	129.3	129.3	128.0	128.8	128.1	119.4	120.1	127.9
7-OMe	55.6	55.6	55.1	55.0	55.7	54.9	55.7	55.7	55.5	56.7
8-OMe	61.3	61.2	60.3	60.2	61.3	61.0	61.5	60.4	60.8	61.4
3'-OMe										55.7
4'-OMe	55.6	56.5	56.0	56.0	56.6	56.3	56.5	56.2	56.1	56.3
7''-OMe	61.5	61.4	60.5	60.5	61.3	60.9	61.3	60.6	61.6	61.5
8''-OMe	61.5	61.6	60.5	60.5	61.3	60.8	61.3	61.1	61.1	61.4
3'''-OMe								55.0	56.2	
4'''-OMe	55.6	55.7	55.1	55.0	55.7	54.9	55.7	55.6	56.4	56.3
Ac-CO	169.6	169.7	168.4	168.5	171.0	168.9	169.5	169.2	169.4	170.0
	170.1	170.0	170.0	166.0	170.6	169.9	169.5	169.8	169.6	170.4
	171.0	170.5	170.5	170.9	170.5	170.9	170.7	170.0	169.9	170.8
Ac-Me	20.8	21.6	20.3	20.0	21.0	20.3	21.0	19.9	20.6	20.8
	20.9	20.9	20.3	20.4	21.0	20.5	21.3	20.1	20.7	21.0
	21.3	21.3	20.1	20.0	21.3	20.9	21.6	20.3	21.1	21.4

表 7-9-18 二聚黄烷类 7-9-104 和 7-9-105 的 ^{13}C NMR 数据[46]

C	7-9-104	7-9-105	C	7-9-104	7-9-105	C	7-9-104	7-9-105
2	73.7	73.8	2''	74.6	74.6	7-OMe	55.7	56.3
3	72.4	72.3	3''	69.0	68.9	8-OMe	61.4	61.3
4	41.1	41.0	4''	66.5	66.4	3'-OMe	56.3	56.3
5	125.1	125.1	5''	127.8	127.9	4'-OMe	56.3	56.3
6	105.8	105.9	6''	129.0	129.0	7''-OMe	61.6	61.4
7	152.6	152.7	7''	152.6	149.5	8''-OMe	61.6	61.6
8	137.5	137.5	8''	141.2	141.2	3'''-OMe		56.3
9	149.1	149.0	9''	149.1	149.0	4'''-OMe	56.5	56.5
10	114.9	115.0	10''	113.6	113.6	Ac-CO	169.5	169.4
1'	130.8	130.8	1'''	128.8	129.2		170.0	169.6
2'	110.4	110.5	2'''	128.1	110.2		170.0	170.0
3'	149.1	149.1	3'''	114.2	149.3	Ac-Me	21.0	21.0
4'	149.1	149.1	4'''	160.1	149.5		21.4	21.5
5'	111.2	111.2	5'''	114.2	111.4		21.7	21.7
6'	119.2	119.2	6'''	128.1	119.3			

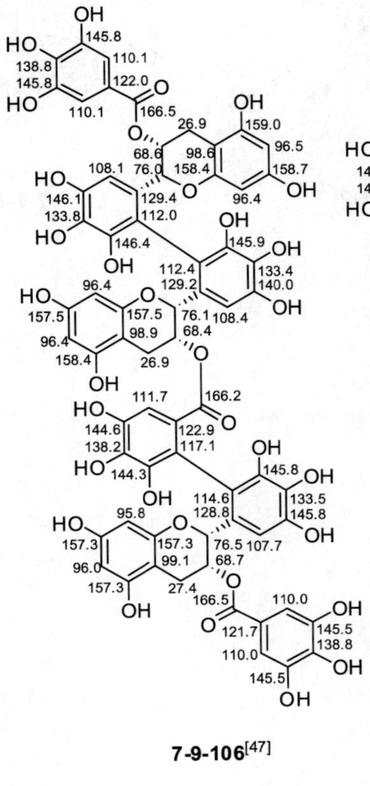

7-9-106[47]

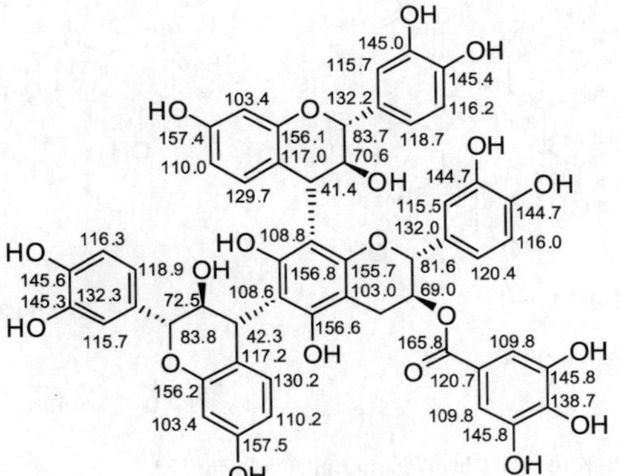

7-9-107[48]

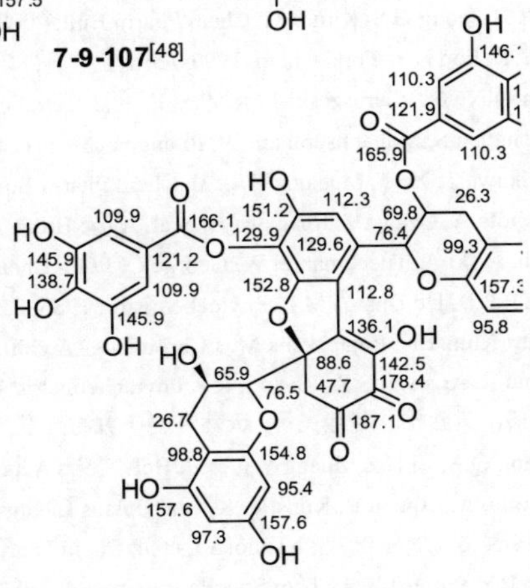

7-9-108[47]

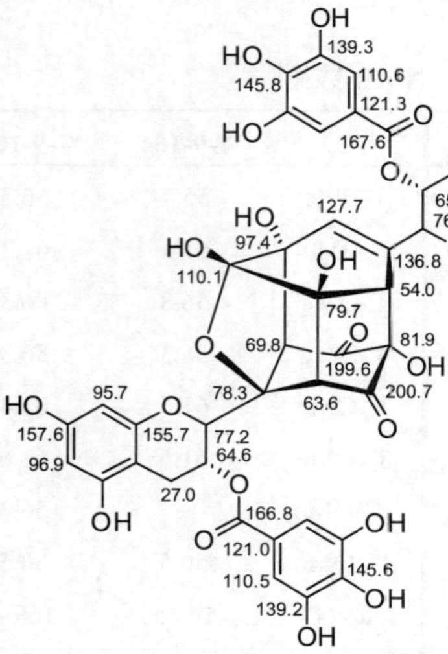

7-9-109[47]

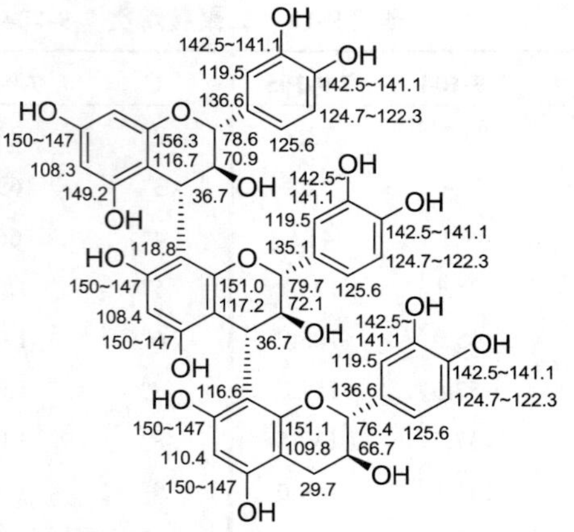

乙酰化物：171.4~167.0 (Ac-CO), 21.2~20.2 (Ac-CH_3)

7-9-110[49]

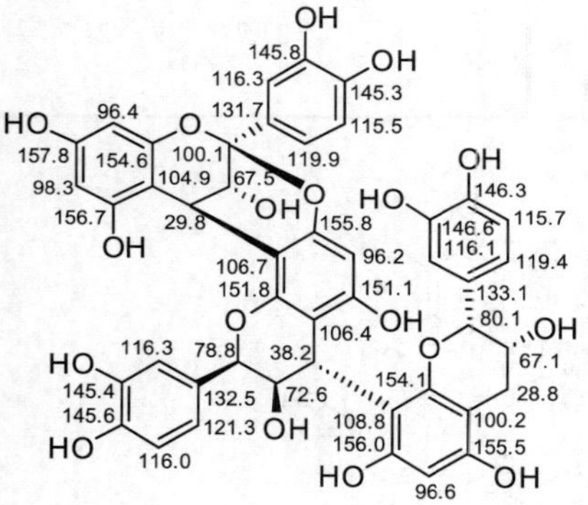

7-9-111[37]

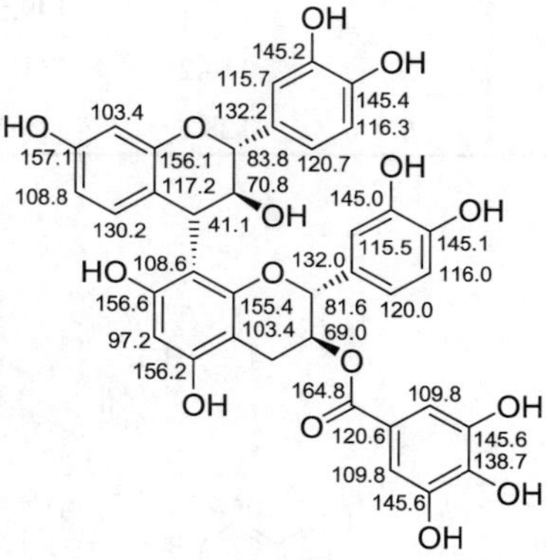

7-9-112[48]

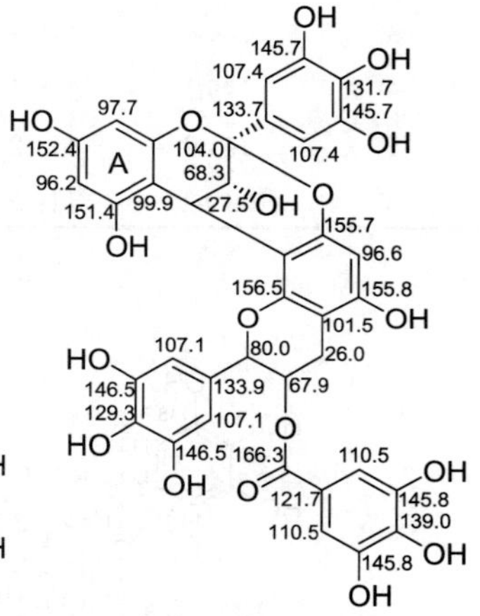

7-9-113[50]

参考文献

[1] An R B, Jeong G S, Kim Y C. Chem Pharm Bull, 2008, 56: 1722.
[2] Lu Y R, Foo L Y. Food Chem, 1999, 65: 1.
[3] Cren-Olive C, Wieruszeski J M, Maes E, et al. Tetrahedron Lett, 2002, 43: 4545.
[4] Deachathai S, Mahabusarakam W, Phongpaichit S, et al. Phytochemistry, 2005, 66: 2368.
[5] Morikawa T, Xu F, Matsuda H, et al. Chem Pharm Bull, 2006, 54: 1530.
[6] Okamoto A, Ozawa T, Imagawa H, et al. Agric Biol Chem, 1986, 50: 1655.
[7] Kozikowski A, Tueckmantel W, George C. J Org Chem, 2000, 65: 5371.
[8] Diaz P P D, De Diaz A M P. Phytochemistry, 1986, 25: 1395.
[9] Savitri Kumar N, Rajapaksha M. J Chromatogr A, 2005, 1083: 223.
[10] Sahai R, Agarwal S K, Rastogi R P. Phytochemistry, 1980, 19: 1560.
[11] 杨郁，黄胜雄，赵毅民等. 天然产物研究与开发, 2005, 17: 539.
[12] Zheng Q A, Li H Z, Zhang Y J, et al. Helv Chim Acta, 2004, 87: 1167.
[13] Pomilio A, Ellman B, Kunstler K, et al. Justus Liebigs, Ann Chem, 1977, 588.
[14] Morimoto S, Nonaka G, Nishioka I, et al. Chem Pharm Bull, 1985, 33: 2281.
[15] Foo L Y, Porter L J. J Chem Soc, Perkin Trans 1, 1983, 1535.

[16] Schilling G, Weinges K, Muller O, et al. Justus Liebigs, Ann Chem, 1973, 1471.
[17] 陈屏，杨峻山. 中草药, 2007, 38: 665.
[18] 李宝强，宋启示. 中草药, 2009, 40: 179.
[19] Agrawal P K. Carbon-13 NMR of Flavonoids. USA: Elsevier Science Publishing Company Inc, 1989: 446.
[20] Senda Y, Ishiyama J, Imaizymi S, et al. J Chem Soc, Perkin Trans 1, 1977, 217.
[21] Tanaka N, Sada T, Murakami T, et al. Chem Pharm Bull, 1984, 32: 490.
[22] Steynberg P, Steynberg J P, Brandt E V, et al. J Chem Soc, Perkin Trans 1, 1997, 1943.
[23] Porter L J, Foo L Y. Phytochemistry, 1982, 21: 2947.
[24] Agrawal P K. Carbon-13 NMR of Flavonoids. USA: Elsevier Science Publishing Company Inc, 1989: 448.
[25] Agusta A, Maehara S, Ohashi K, et al. Chem Pharm Bull, 2005, 53: 1565.
[26] Hwang T H, Kashiwada Y, Nonaka G, et al. Phytochemistry, 1990, 29: 279.
[27] Li L H, Chan T H. Org Lett, 2001, 3: 739.
[28] Kim H J, Lee J Y, Kim S M, et al. Fitoterapia, 2009, 80: 73.
[29] Schmidt C A, Murillo R, Bruhn T, et al. J Nat Prod, 2010, 73: 2035.
[30] Hong Y P, Qiao Y C, Lin S Q, et al. Scientia Horticulturae, 2008, 118: 288
[31] Borges-Argaez R, Pena-Rodriguez L M, Waterman P G. Phytochemistry, 2002, 60: 533.
[32] Pascual-Villalobos M J, Rodriguez B. Biochem Syst Ecol, 2007, 35: 11.
[33] Sang S M, Lambert J D, Tian S Y, et al. Bioorg Med Chem, 2004, 12: 459.
[34] Wang K B, Liu Z H, Huang J A, et al. J Chromatogr B, 2008, 867: 282.
[35] Lewis J R, Davis A L, Cai Y, et al. Phytochemistry, 1998, 38: 1400.
[36] Appeldoorn M M, Sanders M, Vincken J P, et al. Food Chem, 2009, 117: 713.
[37] Li L, Xie B J, Cao S Q, et al. Food Chem, 2007, 105: 1446.
[38] Vivas N, Glories Y, Pianet I, et al. Tetrahedron Lett, 1996, 37: 2015.
[39] Ma C M, Nakamura N, Hattori M, et al. J Nat Prod, 2000, 63: 238.
[40] 崔承彬. Studies on the constituents of a fern, Darallia mariesii Moore. 日本国立富山医科药科大学博士论文, 1992: 14.
[41] 黄相中，刘悦，庾石山等. 中国中药杂志, 2007, 32: 599.
[42] Shoji T, Mutsuga M, Nakamura T, et al. J Agric Food Chem, 2003, 51: 3806.
[43] Saito A, Nakajima N, Tanaka A, et al. Tetrahedron, 2002, 58: 7829.
[44] Mohri Y, Sagehashi M, Yamada T, et al. Tetrahedron Lett, 2007, 48: 5891.
[45] Saito A, Nakajima N, Tanaka A, et al. Heterocycles, 2003, 61: 287.
[46] Bennie L, Coetzee J, Malan E, et al. Phytochemistry, 2002, 60: 521.
[47] Tanaka T, Matsuo Y, Kouno I. J Agric Food Chem, 2005, 53: 7571.
[48] Mathisen E, Diallo D, Andersen O M, et al. Phytother Res, 2002, 16: 148.
[49] Déprez S, Mila I, Scalbert A. J Agric Food Chem, 1999, 47: 4219.
[50] Yang L L, Chang C C, Chen L G, et al. J Agric Food Chem, 2003, 51: 2974.

第十节 异黄烷类化合物

表 7-10-1 异黄烷的名称、分子式和测试溶剂

编号	中文名称	英文名称	分子式	测试溶剂	参考文献
7-10-1	多花胡枝子素 E_1	lespeflorin E_1	$C_{18}H_{18}O_6$	C	[1]
7-10-2	去氢粗毛甘草素 C	dehydroglyasperin C	$C_{21}H_{22}O_5$	A	[2]
7-10-3	去氢粗毛甘草素 D	dehydroglyasperin D	$C_{22}H_{24}O_5$	D	[3]
7-10-4	微凸剑叶莎酚	mucronulatol	$C_{17}H_{18}O_5$	A	[4]
7-10-5	粗毛甘草素 D	glyasperin D	$C_{22}H_{26}O_5$	A	[5]
7-10-6		eryzerin C	$C_{25}H_{30}O_4$	C	[6]
7-10-7	菜豆素异黄烷	phaseollinisoflavan	$C_{20}H_{20}O_4$	A	[7]
7-10-8	2'-甲氧基菜豆素异黄烷	2'-methoxyphaseollinisoflavan	$C_{21}H_{22}O_4$	C	[7]

续表

编号	中文名称	英文名称	分子式	测试溶剂	参考文献
7-10-9		(3*R*)-2',7-dihydroxy-3'-(3-methylbut-2-enyl)-2''',2'''-dimethylpyrano[5''',6''': 4',5'] isoflavan	$C_{25}H_{28}O_4$	C	[8]
7-10-10	甘草异黄醇 C	gancaonol C	$C_{21}H_{22}O_5$	A	[9]
7-10-11		erythbidin A	$C_{20}H_{20}O_4$	A	[7]
7-10-12	光甘草素	glabrene	$C_{20}H_{18}O_4$	A	[10]
7-10-13	甘草异黄醇 A	gancaonol A	$C_{22}H_{22}O_6$	A	[9]
7-10-14	左旋-4'-*O*-甲基光甘草定	(–)-4'-*O*-methylglabridin	$C_{21}H_{22}O_4$	C	[11]
7-10-15	甘草异黄醇 W	kanzonol W	$C_{20}H_{16}O_5$	A	[10]
7-10-16	四氢光甘草素	tetrahydroglabrene	$C_{20}H_{22}O_4$	A	[10]
7-10-17	四氢光甘草素二甲醚	tetrahydroglabrene dimethyl ether	$C_{22}H_{26}O_4$	A	[10]
7-10-18		eryzerin D	$C_{25}H_{28}O_4$	C	[6]
7-10-19	左旋-4'-*O*-甲基原光甘草定	(–)-4'-*O*-methylpreglabridin	$C_{21}H_{24}O_4$	C	[11]
7-10-20	甘草异黄醇 X	kanzonol X	$C_{25}H_{30}O_4$	A	[10]
7-10-21	(3*R*,4*R*)-3-(2-羟基-3,4-二甲氧基苯基)色烷-4,7-二醇-7-*O*-*β*-D-吡喃葡萄糖苷	(3*R*,4*R*)-3-(2-hydroxy-3,4-dimethoxyphenyl) chroman-4,7-diol-7-*O*-*β*-D-glucopyranoside	$C_{23}H_{28}O_{11}$	P	[12]

7-10-1

7-10-2 R=H
7-10-3 R=Me

表 7-10-2 异黄烷 7-10-1~7-10-3 的 ^{13}C NMR 数据

C	7-10-1[1]	7-10-2[2]	7-10-3[3]	C	7-10-1[1]	7-10-2[2]	7-10-3[3]
2	68.3	68.6	67.9	5'	110.8	108.2	107.4
3	128.4	128.9	128.8	6'	123.5	130.0	129.2
4	121.9	116.4	114.7	1''		23.2	22.6
5	121.9	156.8	154.9	2''		125.0	124.1
6	107.7	115.2	115.6	3''		130.6	130.4
7	149.3	156.8	158.0	4''		25.8	26.0
8	134.8	99.6	95.8	5''		17.9	18.1
9	145.5	154.1	153.2	5-OMe		62.3	62.3
10	124.9	110.6	110.4	7-OMe			56.3
1'	117.8	118.8	116.8	8-OMe	61.0		
2'	150.7	156.9	156.7	2'-OMe	60.5		
3'	139.9	103.9	103.3	3'-OMe	60.9		
4'	149.6	159.1	158.7	4'-OMe			

	R1	R2	R3	R4	R5	R6	R7
7-10-4	H	H	H	H	OMe	OH	OMe
7-10-5	OMe	prenyl	Me	H	OH	H	OH
7-10-6	H	prenyl	H	prenyl	OH	H	OH

表 7-10-3 异黄烷 7-10-4~7-10-6 的 ^{13}C NMR 数据

C	7-10-4[4]	7-10-5[5]	7-10-6[6]	C	7-10-4[4]	7-10-5[5]	7-10-6[6]
2	71.2	70.5	69.9	6-prenyl			
3	33.0	32.2	31.7	1''		23.2	22.5
4	32.3	26.5	30.8	2''		125.2	122.4
5	131.2	157.9	127.6	3''		130.4	133.7
6	109.1	115.6	119.6	4''		25.9	25.8
7	157.8	158.0	151.6	5''		17.9	17.8
8	103.9	96.4	114.8	8-prenyl			
9	156.3	154.8	150.7	1'''			29.0
10	114.5	109.1	113.9	2'''			122.7
1'	128.4	119.7	120.3	3'''			133.5
2'	148.7	156.8	154.5	4'''			25.8
3'	140.6	103.6	103.1	5'''			17.8
4'	147.0	158.1	155.1	5-OMe		60.7	
5'	108.2	107.7	107.8	7-OMe		55.9	
6'	117.6	128.7	128.3	2'-OMe	61.1		
				4'-OMe	56.7		

HO O R1 H R3 R2 O

	R1	R2	R3
7-10-7	OH	H	H
7-10-8	OMe	H	H
7-10-9	H	prenyl	OH

HO O O R OH

7-10-10 R=OMe

7-10-11 R=H

表 7-10-4 异黄烷 7-10-7~7-10-9 的 ^{13}C NMR 数据[7]

C	7-10-7	7-10-8	7-10-9[8]	C	7-10-7	7-10-8	7-10-9[8]
2	70.5	70.6	70.1	6'	127.7	126.9	124.4
3	32.3	31.2	31.1	2''	75.8	75.8	76.0
4	31.4	31.7	31.9	3''	130.1	130.7	128.4
5	131.0	130.4	128.6	4''	117.7	117.2	122.6
6	108.7	107.9	108.1	5''	27.8	27.8	28.1
7	157.5	154.9	155.3	6''	27.8	27.8	28.1
8	103.6	103.2	103.3	3'-prenyl			
9	155.9	155.0	154.6	1'''			22.3
10	114.2	114.7	114.1	2'''			123.2
1'	121.7	126.0	120.5	3'''			130.9
2'	151.0	154.3	152.8	4'''			26.1
3'	111.1	114.9	117.1	5'''			18.1
4'	153.3	152.8	149.9	2'-OMe		62.7	
5'	109.4	112.7	114.8				

表 7-10-5　异黄烷 7-10-10 和 7-10-11 的 ^{13}C NMR 数据

C	7-10-10[9]	7-10-11[7]	C	7-10-10[9]	7-10-11[7]	C	7-10-10[9]	7-10-11[7]
2	70.3	70.5	9	156.6	156.0	6'	127.9	127.8
3	32.0	32.5	10	103.3	114.3	2"	76.4	76.4
4	26.0	31.1	1'	121.2	120.8	3"	129.2	129.2
5	159.6	131.0	2'	152.1	152.1	4"	118.1	118.0
6	92.2	108.7	3'	110.3	110.3	5"	27.8	27.8
7	157.8	157.7	4'	152.7	152.7	6"	27.9	27.9
8	96.4	103.7	5'	108.4	108.3	5-OMe	55.7	

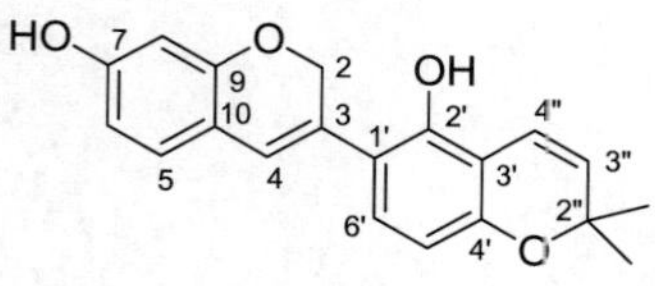

7-10-12

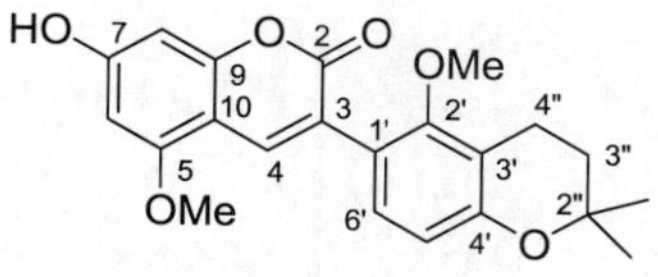

7-10-13

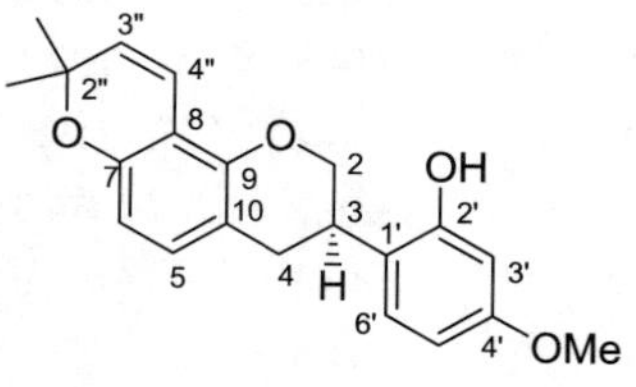

7-10-14

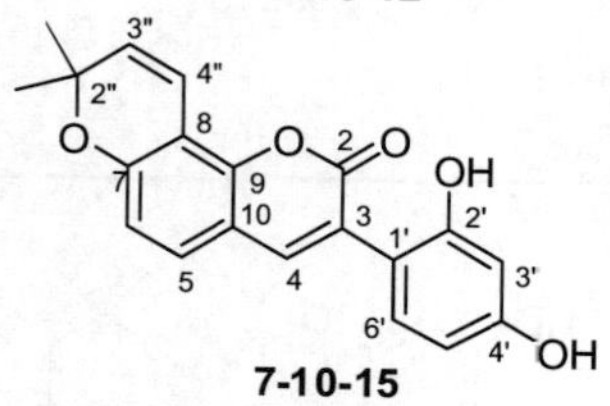

7-10-15

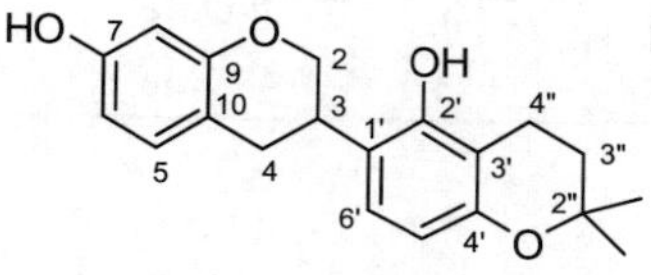

7-10-16

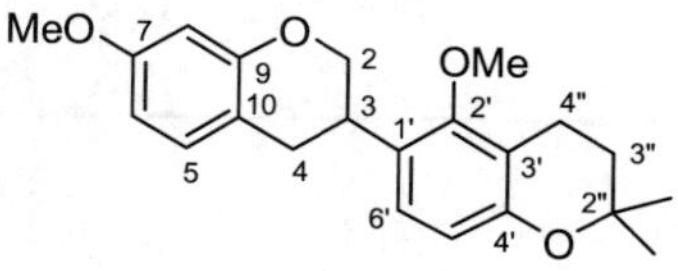

7-10-17

表 7-10-6　异黄烷 7-10-12~7-10-17 的 ^{13}C NMR 数据

C	7-10-12[10]	7-10-13[9]	7-10-14[11]	7-10-15[10]	7-10-16[10]	7-10-17[10]
2	69.1	161.8	70.0	161.5	71.0	70.2
3	129.5	122.3	31.8	123.5	32.9	32.6
4	121.2	137.9	30.6	143.1	31.3	30.9
5	119.9	162.1	129.1	129.1	131.2	125.6
6	128.5		102.9	114.2	108.9	107.5
7	159.1	157.1	150.3	156.5	157.7	160.1
8	109.5	110.5	109.9	109.5	103.9	102.0
9	155.8	154.5	154.2	150.2	156.4	157.6
10	103.5	116.7	114.4	114.5	114.7	115.5
1'	117.2	108.1	119.9	115.3	121.0	122.1
2'	152.2	156.6	149.6	157.2	153.4	152.8
3'	110.4	112.9	105.6	104.4	109.7	110.5
4'	154.0	159.1	151.6	159.9	155.4	156.2
5'	109.0	106.5	108.7	108.1	106.7	102.0
6'	128.9	132.7	128.9	132.6	125.7	131.0
2"	77.0	76.5	75.7	78.3	74.7	74.5
3"	129.4	32.4	128.0	132.1	32.9	32.6

续表

C	7-10-12[10]	7-10-13[9]	7-10-14[11]	7-10-15[10]	7-10-16[10]	7-10-17[10]
4''	117.9	17.6	116.9	115.4	18.3	18.0
5''	28.0	26.9	27.8	28.1	27.1	26.8
6''	28.0	26.9	27.6	28.1	27.2	26.9
5-OMe		55.6				
2'-OMe		62.5				
4'-OMe			55.4			

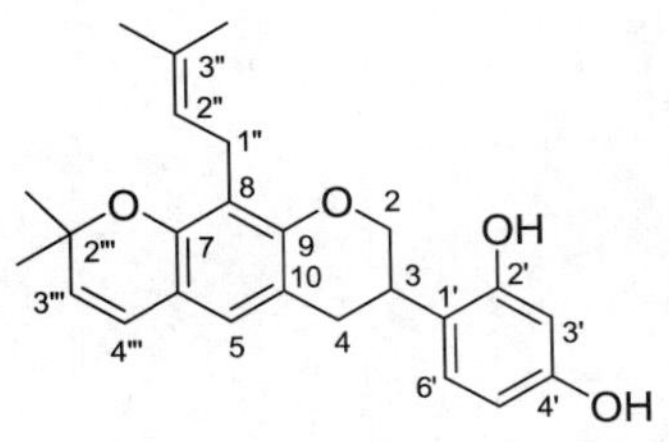

7-10-18 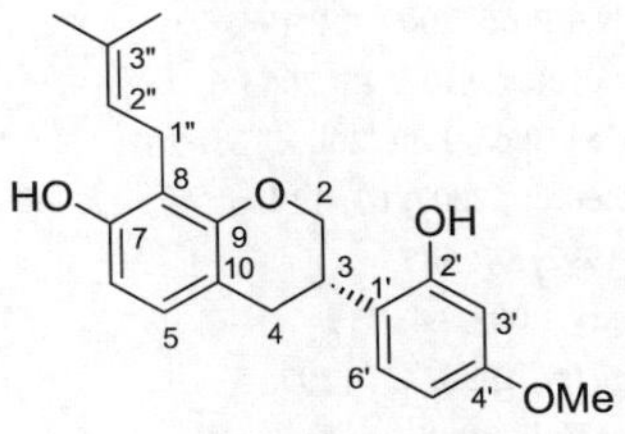　　7-10-19 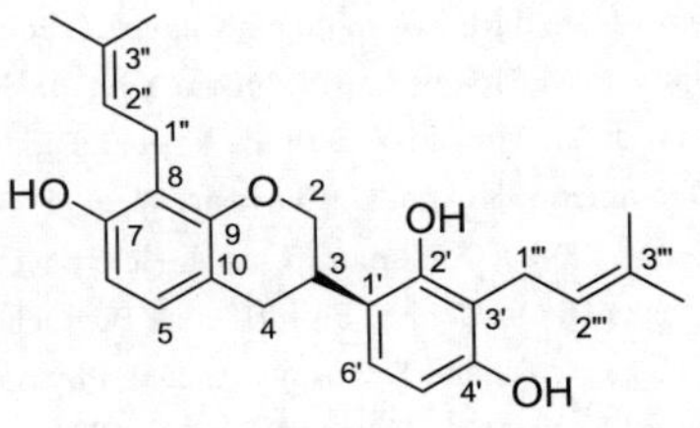　　7-10-20

表 7-10-7　异黄烷 7-10-18 ~ 7-10-20 的 ^{13}C NMR 数据

C	7-10-18[6]	7-10-19[11]	7-10-20[10]	C	7-10-18[6]	7-10-19[11]	7-10-20[10]
2	69.9	70.1	71.0	8-prenyl			
3	31.7	31.8	32.4	1''	22.1	22.5	23.0
4	30.9	31.1	32.3	2''	123.0	122.1	124.3
5	124.2	128.0	127.7	3''	130.7	134.2	130.6
6	114.5	102.1	108.3	4''	25.8	25.9	25.9
7	149.6	159.2	154.1	5''	17.9	18.1	17.9
8	116.9	114.3	116.0	3'-prenyl			
9	152.6	154.1	154.7	1'''			23.3
10	113.9	114.3	114.4	2'''	75.7		123.9
1'	120.2	120.0	120.8	3'''	128.1		131.8
2'	154.4	152.2	153.7	4'''	122.4		25.9
3'	103.1	106.0	116.3	5'''	27.8		17.9
4'	155.2	153.5	155.3	6'''	27.9		
5'	107.9	108.1	108.3	5-OMe			
6'	128.4	127.5	125.2	4'-OMe		55.4	

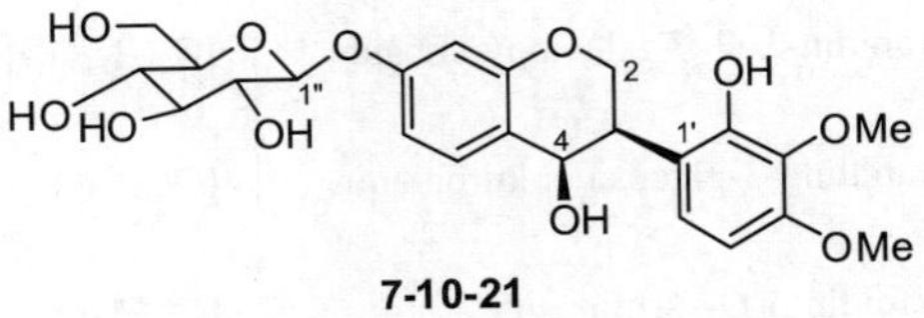

7-10-21

表 7-10-8　异黄烷糖苷 7-10-21 的 ^{13}C NMR 数据[12]

C	7-10-21	C	7-10-21	C	7-10-21	C	7-10-21
2	66.7	4	79.0	6	111.2	8	105.1
3	40.3	5	132.7	7	159.9	9	157.2

续表

C	7-10-21	C	7-10-21	C	7-10-21	C	7-10-21
10	114.5	4'	153.9	2"	74.9	6"	62.2
1'	122.3	5'	105.7	3"	79.3	3'-OMe	60.5
2'	152.2	6'	119.0	4"	71.1	4'-OMe	56.4
3'	133.4	1"	102.1	5"	78.5		

参考文献

[1] Mori-Hongo M, Takimoto H, Katagiri T, et al. J Nat Prod, 2009, 72: 194.
[2] Shibano M, Henmi A, Matsumoto Y, et al. Heterocycles, 1997, 45: 2053.
[3] Kuroda M, Mimaki Y, Sashida Y, et al. Bioorg Med Chem Lett, 2003, 13: 4267.
[4] Deesamer S, Kokpol U, Chavasiri W, et al. Tetrahedron, 2007, 63: 12986.
[5] Zeng L, Fukai T, Nomura T, et al. Heterocycles, 1992, 34: 575.
[6] Tanaka H, Oh-Uchi T, Etoh H, et al. Phytochemistry, 2003, 64: 753.
[7] Tanaka H, Tanaka T, Hosoya A, et al. Phytochemistry, 1998, 47: 1397.
[8] Jang J P, Na M K, Thuong P T, et al. Chem Pharm Bull, 2008, 56: 85.
[9] Fukai T, Marumo A, Kaitou K, et al. Life Sci, 2002, 71: 1449.
[10] Fukai T, Sheng C A, Horikoshi T, et al. Phytochemistry, 1996, 43: 1119.
[11] Castro O, Lopez J, Vergara A, et al. J Nat Prod, 1986, 49: 680.
[12] Liu W, Chen J, Zuo W J, et al. Chinese Chem Lett, 2007, 18: 1092.

第十一节　花青素类化合物

表 7-11-1　花青素类化合物的名称、分子式和测试溶剂

编号	中文名称	英文名称	分子式	测试溶剂	参考文献
7-11-1	矢车菊苷元	cyanidin	$[C_{15}H_{11}O_6]^+$	TFA-*d*₁ /M	[1]
7-11-2	5,7-二羟基-4'-甲氧基-6,8-二甲基花青素	5,7-dihydroxy-4'-methoxy-6,8-dimethyl anthocyanidin	$[C_{18}H_{17}O_4]^+$	D	[2]
7-11-3	天竺葵色素-3-*O*-(6"-*O*-*α*-吡喃鼠李糖基-*β*-吡喃葡萄糖苷)	pelargonidin-3-*O*-(6"-*O*-*α*-rhamnopyranosyl-*β*-glucopyranoside)	$[C_{27}H_{31}O_{14}]^+$	M/TFA-d_1	[3]
7-11-4	锦葵花素-3-*O*-*β*-D-吡喃葡萄糖苷-5-*O*-*β*-D-(6-*O*-乙酰基吡喃葡萄糖苷)	malvidin-3-*O*-*β*-D-glucopyranoside-5-*O*-*β*-D-(6-*O*-acetylglucopyranoside)	$[C_{31}H_{37}O_{18}]^+$	M/TFA-d_1	[4]
7-11-5	矢车菊苷元-3-*O*-*β*-半乳糖苷	cyanidin-3-*O*-*β*-galactopyranoside	$[C_{21}H_{21}O_{11}]^+$	M	[5]
7-11-6	矢车菊苷元-3-*O*-*β*-D-葡萄糖苷	cyaniding-3-glucoside; kuromanin	$[C_{21}H_{21}O_{11}]^+$	M/TFA-d_1	[6]
7-11-7	矢车菊苷元-3-*O*-*β*-D-芸香糖苷	cyanidin-3-*O*-*β*-rutinoside	$[C_{27}H_{31}O_{15}]^+$	TFA-d_1/W	[7]
7-11-8	矢车菊苷元-3-接骨木二糖苷	cyanidin-3-*O*-(2-*O*-*β*-D-xylopyranosyl)-*β*-D-glucopyranoside; cyanidin-3-*O*-*β*-D-sambubioside	$[C_{26}H_{29}O_{15}]^+$	M	[8]
7-11-9	翠雀花素-3-*O*-*β*-半乳糖苷	delphinidin-3-*O*-*β*-galactopyranoside	$[C_{21}H_{21}O_{12}]^+$	TAF/M	[6,9]

续表

编号	中文名称	英文名称	分子式	测试溶剂	参考文献
7-11-10	翠雀花素-3-*O*-*β*-D-葡萄糖苷	delphinidin-3-*O*-*β*-D-glucopyranoside	$[C_{21}H_{21}O_{12}]^+$	0.1%HCl/M	[10,11]
7-11-10	翠雀花素-3-*O*-*β*-D-葡萄糖苷	delphinidin-3-*O*-*β*-D-glucopyranoside	$[C_{21}H_{21}O_{12}]^+$	10% TFA-d_1/M	[1,12]
7-11-11	翠雀花素-3-*O*-*β*-芸香糖苷	delphinidin-3-*O*-*β*-rutinoside	$[C_{27}H_{31}O_{16}]^+$	0.1% TFA/D_2O	[11]
7-11-12	天竺葵色素-3,5-二-*O*-葡萄糖苷	pelargonidin-3,5-di-*O*-glucoside; pelargonin	$[C_{27}H_{31}O_{15}]^+$	10%TFA/M	[13]
7-11-13	天竺葵色素-3-*O*-*α*-L-半乳糖苷	pelargonidin-3-*O*-*α*-L-galactoside	$[C_{21}H_{21}O_{10}]^+$	M	[5]
7-11-14	天竺葵色素-3-*O*-葡萄糖苷	pelargonidin-3-*O*-glucoside; callistephin	$[C_{21}H_{21}O_{10}]^+$	TFA/M	[1]
7-11-15	芍药素-3-*O*-*β*-D-葡萄糖苷	peonidin-3-glucoside	$[C_{22}H_{23}O_{11}]^+$	M	[14]
7-11-16	矮牵牛苷元-3-*O*-葡萄糖苷	petunidin-3-*O*-glucoside	$[C_{22}H_{23}O_{12}]^+$	TFA/M	[1]
7-11-17	天竺葵色素-3-*O*-(6-*O*-咖啡酰基-*β*-D-葡萄糖苷)-5-*O*-*β*-D-葡萄糖苷	pelargonidin-3-*O*-(6-*O*-caffeoyl-*β*-D-glucoside)-5-*O*-*β*-D-glucoside	$[C_{36}H_{37}O_{18}]^+$	10%TFA-d_1/M	[15]
7-11-18	天竺葵色素-3-*O*-(6-*O*-阿魏酰基-*β*-D-葡萄糖苷)-5-*O*-*β*-D-葡萄糖苷	pelargonidin-3-*O*-(6-*O*-eruloyl-*β*-D-glucoside)-5-*O*-*β*-D-glucoside	$[C_{37}H_{39}O_{18}]^+$	10%TFA-d_1/M	[15]
7-11-19	天竺葵色素-3-*O*-(6-*O*-反式-对香豆酰基-*β*-D-葡萄糖苷)-5-*O*-(6-*O*-乙酰基-*β*-D-葡萄糖苷)	pelargonidin-3-*O*-(6-*O*-*trans*-*p*-coumaroyl-*β*-D-glucoside)-5-*O*-(6-*O*-acetyl-*β*-D-glucoside)	$[C_{38}H_{39}O_{18}]^+$	10%TFA-d_1/M	[15]
7-11-20	天竺葵色素-3-*O*-(6-*O*-咖啡酰基-*β*-D-葡萄糖苷)-5-*O*-(6-*O*-丙二酰基-*β*-D-葡萄糖苷)	pelargonidin-3-*O*-(6-*O*-caffeoyl-*β*-D-glucoside)-5-*O*-(6-*O*-malonyl-*β*-D-glucoside)	$[C_{40}H_{41}O_{21}]^+$	10%TFA-d_1/M	[15]
7-11-21	天竺葵色素-3-*O*-(6-*O*-阿魏酰基-*β*-D-葡萄糖苷)-5-*O*-(6-*O*-丙二酰基葡萄糖苷)	pelargonidin-3-*O*-(6-*O*-feruloyl-*β*-D-glucoside)-5-*O*-(6-*O*-malonylglucoside)	$[C_{39}H_{39}O_{21}]^+$	10%TFA-d_1/M	[15]
7-11-22	天竺葵色素-3-*O*-(6-*O*-顺式-对香豆酰基-*β*-D-葡萄糖苷)-5-*O*-*β*-D-葡萄糖苷	pelargonidin-3-*O*-(6-*O*-*cis*-*p*-coumaroyl-*β*-D-glucoside)-5-*O*-*β*-D-glucoside	$[C_{36}H_{37}O_{17}]^+$	10%TFA-d_1/M	[16]
7-11-23	天竺葵色素-3-*O*-(6-*O*-反式-对香豆酰基-*β*-D-葡萄糖苷)-5-*O*-*β*-D-葡萄糖苷	pelargonidin-3-*O*-(6-*O*-*trans*-*p*-coumaroyl-*β*-D-glucoside)-5-*O*-*β*-D-glucoside	$[C_{36}H_{37}O_{17}]^+$	10%TFA-d_1/M	[16]
7-11-24	天竺葵色素-3-*O*-*β*-D-葡萄糖苷-5-*O*-(6-*O*-丙二酰基-*β*-D-葡萄糖苷)	pelargonidin-3-*O*-*β*-D-glucoside-5-*O*-(6-*O*-malonyl-*β*-D-glucoside)	$[C_{30}H_{33}O_{18}]^+$	10%TFA-d_1/M	[16]

续表

编号	中文名称	英文名称	分子式	测试溶剂	参考文献
7-11-25	天竺葵色素-3-*O*-(6-*O*-顺式-对香豆酰基-*β*-D-葡萄糖苷)-5-*O*-(6-*O*-丙二酰基-*β*-D-葡萄糖苷)	pelargonidin-3-*O*-(6-*O*-*cis*-*p*-coumaroyl-*β*-D-glucoside)-5-*O*-(6-*O*-malonyl-*β*-D-glucoside)	$[C_{39}H_{39}O_{20}]^+$	10%TFA-d_1/M	[16]
7-11-26	天竺葵色素-3-*O*-(6-*O*-反式-对香豆酰基-*β*-D-葡萄糖苷)-5-*O*-(6-*O*-丙二酰基-*β*-D-葡萄糖苷)	pelargonidin-3-*O*-(6-*O*-*trans*-*p*-coumaroyl-*β*-D-glucoside)-5-*O*-(6-*O*-malonyl-*β*-D-glucoside)	$[C_{39}H_{39}O_{20}]^+$	10%TFA-d_1/M	[16]
7-11-27	天竺葵色素-3-*O*-(6-*O*-反式-对香豆酰基-*β*-D-葡萄糖苷)-5-*O*-(4-*O*-丙二酰基-*β*-D-葡萄糖苷)	pelargonidin-3-*O*-(6-*O*-*trans*-*p*-coumaroyl-*β*-D-glucoside)-5-*O*-(4-*O*-malonyl-*β*-D-glucoside)	$[C_{39}H_{39}O_{20}]^+$	10%TFA-d_1/M	[16]
7-11-28	矢车菊苷元-3-*O*-(6--反式-对香豆酰基-*β*-D-葡萄糖苷)-5-*O*-(6-*O*-丙二酰基-*β*-D-葡萄糖苷)	cyanidin-3-*O*-(6-*O*-*trans*-*p*-coumaroyl-*β*-D-glucoside)-5-*O*-(6-*O*-malonyl-*β*-D-glucoside)	$[C_{39}H_{39}O_{21}]^+$	10%TFA-d_1/M	[16]
7-11-29	{6"-*O*-(天竺葵色素-3-*O*-[2"-*O*-*β*-D-吡喃木糖基)-*β*-D-吡喃半乳糖基][(4-*O*-*β*-D-吡喃葡萄糖基-反式-咖啡酰基)-*O*-酒石酰基]}丙二酰酯	{6'-*O*-(pelargonidin-3-*O*-[2"-*O*-*β*-D-xylopyranosyl)-*β*-D-galactopyranosyl][(4-*O*-*β*-D-glucopyranosyl-*trans*-caffeoyl)-*O*-tartaryl]}malonate	$[C_{48}H_{51}O_{30}]^+$	D	[17]

	R^1	R^2	R^3	R^4	R^5	R^6
7-11-1	OH	OH	H	H	OH	H
7-11-2	H	OH	Me	Me	OH	OH
7-11-3	OGlu(6→1)Rha	OH	H	H	H	H
7-11-4	OGlu	OGlu	H	H	OMe	OMe

	R^1	R^2	R^3	R^4
7-11-12	OGlu	OGlu	H	H
7-11-13	OGal	OH	H	H
7-11-14	OGlu	OH	H	H
7-11-15	OGlu	OH	OMe	H
7-11-16	OGlu	OH	OMe	OH

	R^1	R^2
7-11-5	OGal	H
7-11-6	OGlu	H
7-11-7	OGlu(6→1)Rha	H
7-11-8	OGlu(2→1)Xyl	H
7-11-9	OGal	OH
7-11-10	OGlu	OH
7-11-11	OGlu(6→1)Rha	OH

表 7-11-2 花青素类化合物 7-11-1~7-11-9 的 ^{13}C NMR 数据

C	7-11-1[1]	7-11-2[2]	7-11-3[3]	7-11-4[4]	7-11-5[5]	7-11-6[6]	7-11-7[7]	7-11-8[8]	7-11-9[6,9]
2	162.5	157.2	165.0	164.3	168.9	164.4	162.1	163.9	164.5
3	146.6	100.4	146.3	146.8	145.7	145.6	144.5	145.2	146.0
4	134.2	131.9	136.5	136.0	133.3	137.0	134.5	136.0	136.6
5	158.2	157.2	159.6	156.6	159.3	159.6	157.0	159.1	159.0

续表

C	7-11-1[1]	7-11-2[2]	7-11-3[3]	7-11-4[4]	7-11-5[5]	7-11-6[6]	7-11-7[7]	7-11-8[8]	7-11-9[6,9]
6	103.2	115.1	103.2	106.1	106.1	103.5	102.5	103.3	103.3
7	169.4	182.1	172.1	169.7	170.5	170.6	168.4	170.2	170.4
8	94.9	105.7	96.5	97.5	95.3	95.2	94.3	95.1	95.0
9	157.6	152.2	157.6	157.2	155.8	157.8	156.0	157.4	157.7
10	113.7	116.9	112.3	113.5	113.6	113.5	112.2	113.1	113.3
1'	122.0	123.3	121.1	119.6	121.3	121.3	119.9	121.1	120.1
2'	118.1	127.2	135.1	111.0	118.6	118.6	117.7	119.3	112.6
3'	147.5	114.6	118.5	149.8	147.4	147.4	146.3	147.0	147.6
4'	155.3	161.6	166.5	147.2	154.1	155.8	154.5	155.8	144.7
5'	117.4	114.6	118.5	149.8	117.6	117.5	117.0	117.3	147.6
6'	127.3	127.2	135.1	111.0	128.4	128.2	127.2	128.8	112.6
6-Me	9.5								
8-Me	7.7								
3'-OMe				57.3					
5'-OMe				57.3					
			3-Glu	3-Glu	3-Gal	3-Glu	3-Glu	3-Glu	3-Gal
1			103.8	104.1	98.2	103.8	102.0	101.4	104.6
2			74.5	74.9	71.6	74.8	73.2	81.6	72.2
3			77.9	78.5	74.8	78.1	76.2	79.7	74.9
4			70.9	71.5	70.0	71.1	69.9	70.7	70.1
5			77.0	79.1	77.9	78.8	76.4	77.9	77.8
6			67.7	62.6	62.7	62.4	66.5	62.4	62.4
			6"-Rha	5-Glu			6"-Rha	2"-Xyl	
1			102.0	102.3			100.9	105.6	
2			71.7	74.4			70.5	75.7	
3			72.4	77.6			70.9	79.2	
4			73.7	71.4			72.2	70.8	
5			69.7	75.9			68.7	67.2	
6			17.7	64.6			18.0		
Ac-CO				172.7					
Ac-Me				20.7					

表 7-11-3 花青素类化合物 7-11-10~7-11-16 的 ^{13}C NMR 数据

C	7-11-10①[10,11]	7-11-10②[1,12]	7-11-11[11]	7-11-12[13]	7-11-13[5]	7-11-14[1]	7-11-15[14]	7-11-16[1]
2	164.0	163.7	160.0	165.5	166.5	165.0	161.8	162.6
3	145.7	145.8	144.1	146.5	145.5	145.8	144.3	145.1
4	135.8	135.9	133.9	137.1	137.6	138.2	135.9	135.3
5	158.8	159.1	157.3	157.0	159.3	159.7	157.8	158.8
6	103.6	103.3	103.1	105.9	103.6	103.8	102.5	103.3
7	170.2	170.3	168.9	169.9	170.7	171.1	168.8	170.3
8	95.2	95.1	95.5	97.5	95.4	95.6	94.6	95.4
9	157.5	157.5	155.7	157.5	157.8	158.2	156.1	157.2
10	113.1	113.2	112.3	113.7	113.6	114.0	112.3	113.1
1'	119.9	120.0	118.4	120.7	120.9	121.3	119.7	119.5
2'	112.6	112.6	111.7	136.3	117.9	136.1	114.5	109.2
3'	147.5	147.4	145.8	118.1	135.8	118.2	148.3	149.5

续表

C	7-11-10①[10,11]	7-11-10②[1,12]	7-11-11[11]	7-11-12[13]	7-11-13[5]	7-11-14[1]	7-11-15[14]	7-11-16[1]
4'	145.8	144.7	143.3	167.3	153.1	166.9	155.1	145.6
5'	147.5	147.4	145.8	118.1	135.8	118.2	116.8	147.2
6'	112.6	112.6	111.7	136.3	117.9	136.1	127.9	113.4
3'-OMe							56.2	57.2
3-Glu	3-Glu	3-Glu	3-Glu	3-Glu	3-Glu	3-Glu	3-Glu	3-Glu
1"	103.8	103.6	101.9	104.2	104.4	104.3	102.6	103.5
2"	74.8	74.8	73.4	74.7	72.1	75.2	73.4	74.8
3"	78.1	78.1	76.6	78.4	75.0	78.5	76.7	78.6
4"	71.1	71.1	70.0	71.4	70.1	71.5	69.8	71.2
5"	78.8	78.8	76.4	79.0	77.8	79.2	77.9	78.2
6"	62.4	62.3	67.1	62.7	62.4	62.8	61.0	62.5
			6"-Rha	5-Glu				
1'''			101.2	102.8				
2'''			70.7	74.5				
3'''			71.1	77.7				
4'''			72.7	71.1				
5'''			69.4	78.7				
6'''			17.2	62.4				

①在 0.1%HCl/M 中测定。②在 10% TFA-d_1/M 中测定。

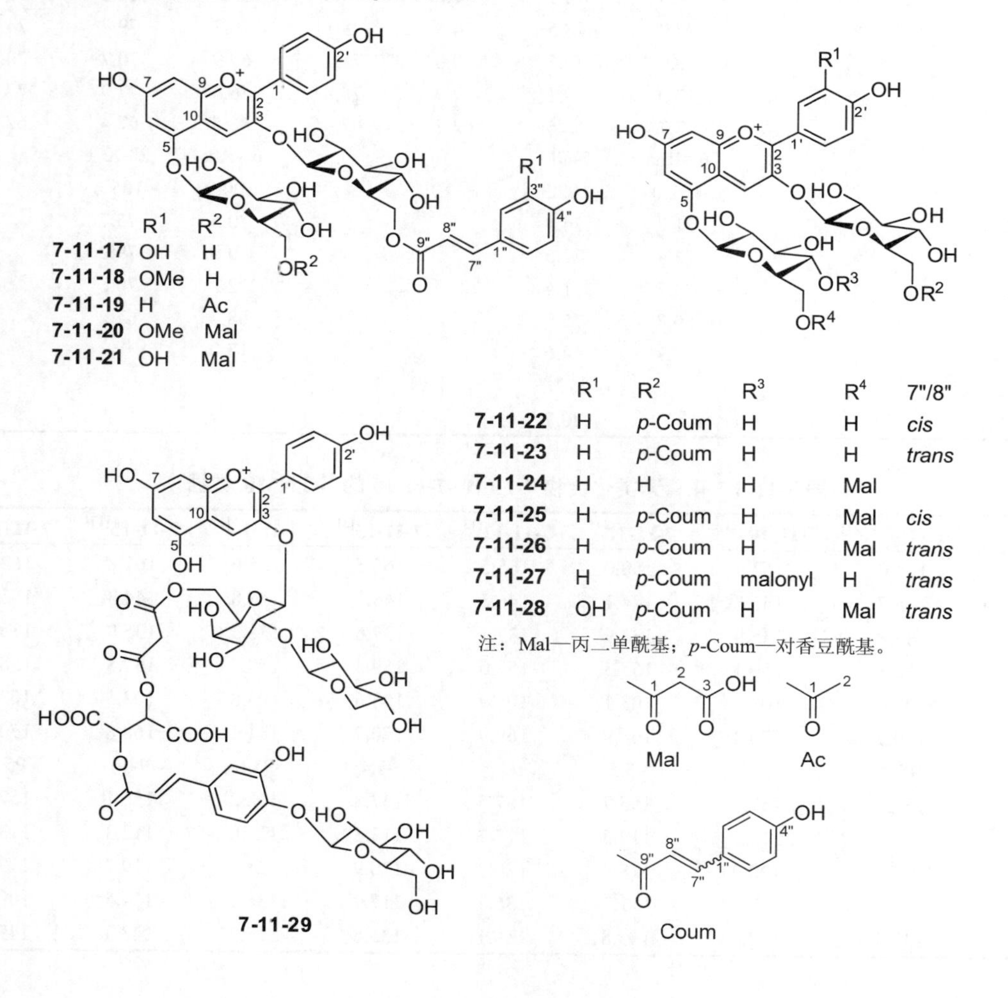

表 7-11-4 酰基花青素类化合物 7-11-17~7-11-24 的 ^{13}C NMR 数据

C	7-11-17[15]	7-11-18[15]	7-11-19[15]	7-11-20[15]	7-11-21[15]	7-11-22[16]	7-11-23[16]	7-11-24[16]
2	165.3	165.6	165.2	165.0	165.2	164.6	164.9	165.5
3	145.6	145.7	145.8	145.8	145.7	145.9	145.4	146.6
4	136.3	137.0	135.6	135.8	136.1	134.5	136.2	136.9
5	156.8	156.9	156.6	156.6	156.6	156.7	156.7	156.7
6	106.0	106.1	106.1	106.2	106.3	105.1	106.0	106.1
7	170.1	170.1	169.9	169.8	170.0	169.7	170.1	169.8
8	97.4	97.6	97.4	97.5	97.4	97.2	97.6	97.4
9	157.2	157.4	157.1	157.0	157.2	157.0	157.0	157.4
10	113.4	113.5	113.3	113.3	113.4	113.3	113.3	115.5
1'	120.4	120.6	120.6	120.5	120.6	120.7	120.4	120.7
2'	136.1	136.2	136.2	136.1	136.1	136.1	136.1	136.3
3'	118.1	118.1	118.2	118.1	118.1	118.1	118.1	118.1
4'	167.3	167.4	167.4	167.4	167.3	167.2	167.3	167.3
5'	118.1	118.1	118.2	118.1	118.1	118.1	118.1	118.1
6'	136.1	136.2	136.2	136.1	136.1	136.1	136.1	136.3
3-Glu								
1	103.1	103.4	102.5	102.9	102.8	102.1	102.9	104.2
2	74.5	74.6	74.4	74.5	74.5	74.3	74.5	74.7
3	77.9	78.0	78.2	78.1	78.1	78.2	78.0	78.4
4	71.3	71.7	72.3	71.9	72.1	72.1	71.7	71.4
5	79.0	75.8	75.5	75.5	75.6	75.9	75.7	79.0
6	62.7	64.1	64.5	64.4	64.4	64.4	64.1	62.7
5-Glu								
1	102.8	103.1	102.8	102.7	102.8	102.3	102.9	102.3
2	74.8	74.8	74.8	74.7	74.7	74.7	74.8	74.4
3	78.1	77.9	77.7	77.7	77.7	77.8	77.8	77.5
4	72.1	71.2	71.1	71.1	71.0	71.3	71.2	71.4
5	75.6	78.8	76.0	75.9	75.9	78.7	78.8	75.9
6	64.2	62.5	64.5	65.1	65.1	62.6	62.5	65.2
			芳香酸部分			Coum	Coum	
1"	127.3	127.4	126.7	127.3	127.4	127.2	126.7	
2"	115.2	112.0	131.4	111.9	115.8	133.4	131.4	
3"	146.5	149.2	116.8	149.0	146.6	115.6	117.2	
4"	149.7	150.7	161.3	150.6	149.5	159.6	161.2	
5"	116.4	116.5	116.8	116.4	116.4	115.6	117.2	
6"	123.6	124.2	131.4	124.2	122.9	133.4	131.4	
7"	147.4	147.3	147.1	147.3	147.4	144.2	147.0	
8"	114.7	115.0	114.7	115.0	114.8	115.9	114.6	
9"	169.2	169.1	169.2	169.1	169.2	168.9	169.1	
3"-OMe		56.5		56.5				
				丙二酸/乙酸部分				
1			172.9	168.5	168.6			168.6
2			20.7	41.9	41.9			
3				170.5	170.5			170.4

表 7-11-5　酰基花青素类化合物 7-11-25~7-11-29 的 ^{13}C NMR 数据[16]

C	7-11-25	7-11-26	7-11-27	7-11-28	7-11-29[17]
2	163.9	165.1	165.6	164.3	162.0
3	145.8	145.7	145.7	145.7	143.2
4	133.5	135.7	136.7	134.7	135.1
5	156.1	156.6	156.7	156.5	157.6
6	104.9	106.2	106.3	106.1	102.4
7	169.4	169.9	170.0	169.6	168.7
8	96.9	97.5	97.7	97.4	94.2
9	156.6	157.1	157.3	156.8	155.9
10	113.1	113.3	113.4	113.1	112.0
1'	120.5	120.5	120.6	120.9	119.2
2'	136.0	136.1	136.2	118.5	116.7
3'	118.1	118.1	118.1	147.5	134.8
4'	167.2	167.4	167.4	156.7	164.7
5'	118.1	118.1	118.1	117.6	134.8
6'	136.0	136.1	136.2	128.8	116.7
	3-Glu	3-Glu	3-Glu	3-Glu	3-Gal
1	101.5	102.6	103.1	102.2	99.8
2	74.6	74.4	74.6	74.4	77.5
3	78.3	78.1	78.0	78.2	68.0
4	72.3	72.2	71.8	72.3	68.0
5	75.9	75.6	75.8	75.5	73.0
6	64.4	64.5	64.2	64.5	64.5
	5-Glu	5-Glu	5-Glu	5-Glu	2"-Xyl
1	101.5	102.8	102.9	102.8	104.3
2	74.2	74.7	74.7	74.8	74.3
3	77.7	77.7	76.5	77.7	76.8
4	71.3	71.0	72.9	71.0	69.4
5	75.9	75.9	75.4	76.0	66.0
6	65.1	65.1	62.0	65.2	
		Coum			Caff
1"	127.0	126.7	126.8	126.7	128.5
2"	133.3	131.4	131.4	131.4	121.1
3"	115.5	116.7	116.9	116.7	147.0
4"	159.5	161.2	161.3	161.2	147.9
5"	115.5	116.7	116.9	116.7	115.5
6"	133.3	131.4	131.4	131.4	115.2
7"	143.6	147.0	147.0	147.0	146.5
8"	115.8	114.7	114.6	114.7	114.5
9"	169.0	169.2	169.2	169.2	165.8
		丙二酸/乙酸部分			
1	168.6	168.5	168.1	168.6	165.6
2	42.0	41.9	42.2	41.9	40.5
3	170.3	170.5	170.4	170.5	165.2
					酒石酸
1					167.1
2					70.4
3					71.6
4					166.8
					Caff-Glu[5]
1					101.6
2					73.0
3					70.3
4					76.0
5					77.3
6					61.0

参 考 文 献

[1] Lee J H, Kang N S, Shin S O, et al. Food Chem, 2009, 112: 226.
[2] Tanaka N, Sada T, Murakami T, et al. Chem Pharm Bull, 1984, 32: 490.
[3] Byamukama R, Jordheim M, Kiremire B, et al. Scientia Horticulturae, 2006, 109: 262.
[4] Markham K R, Mitchell K A, Boase M R. Phytochemistry, 1997, 45: 417.
[5] Seeram N P, Schutzki R, Chandra A, et al. J Agric Food Chem, 2002, 50: 2519.
[6] Slimestad R, Andersen O M. Phytochemistry, 1998, 49: 2163.
[7] Terasawa N, Saotome A, Tachimura Y, et al. J Agric Food Chem, 2007, 55: 4154.
[8] Kim M Y, Iwai K, Onodera A, et al. J Agric Food Chem, 2003, 51: 6173.
[9] Fossen T, Andersen O M. Phytochemistry, 1997, 46: 353.
[10] Ando T, Saito N,Tatsuzawa F, et al. Biochem System Ecol, 1999, 27: 623.
[11] Matsumoto H, Hanamura S, Kawakami T, et al. J Agric Food Chem, 2001, 49: 1541.
[12] Tsuda T, Osawa T, Ohshima K, et al. J Agric Food Chem, 1994, 42: 248.
[13] Hosokawa K, Fukunaga Y, Fukushi E, et al. Phytochemistry, 1995, 39: 1437.

[14] Yawadio R, Tanimori S, Morita N. Food Chem, 2007, 101: 1616.
[15] Hosokawa K, Fukunaga Y, Fukushi E, et al. Phytochemistry, 1995, 40: 567.
[16] Hosokawa K, Fukunaga Y, Fukushi E, et al. Phytochemistry, 1995, 39: 1437.
[17] Toki K, Saito N, Shigihara A, et al. Phytochemistry, 2001, 56: 711.

第十二节 xanthone 类化合物

表 7-12-1 xanthone 类化合物的名称、分子式和测试溶剂

编号	中文名称	英文名称	分子式	测试溶剂	参考文献
7-12-1	雏菊叶龙胆酮	bellidifolin	$C_{14}H_{10}O_6$	D	[1,2]
7-12-2		buchanaxanthone	$C_{14}H_{10}O_5$	D	[3]
7-12-3		decussatin	$C_{16}H_{14}O_6$	D	[4]
7-12-4		3,8-dihydroxy-1,4-dimethoxy-xanthone	$C_{15}H_{12}O_6$	D	[5]
7-12-5		1,5-dihydroxy-2,6,8-trimethoxy-xanthone	$C_{16}H_{14}O_7$	D	[5]
7-12-6		1,5-dihydroxyxanthone	$C_{13}H_8O_4$	D	[6,7]
7-12-7		1,7-dihydroxyxanthone	$C_{13}H_8O_4$	D	[8,9]
7-12-8		1-hydroxy-3,5-dimethoxyxanthone	$C_{15}H_{12}O_5$	C	[10]
7-12-9		7-hydroxy-1,2,3,8-tetramethoxy-xanthone	$C_{17}H_{16}O_7$	D	[11]
7-12-10		laurentixanthone B	$C_{17}H_{16}O_7$	A	[12]
7-12-11	甲基当药宁	Methylswertianin	$C_{15}H_{12}O_6$	C	[13,14]
7-12-12	降雏菊叶龙胆酮	Norbellidifodin	$C_{13}H_8O_6$	D	[2,15]
7-12-13		1,3,7,8-tetrahydroxyxanthone	$C_{13}H_8O_6$	D	[16]
7-12-14		1,2,5-trihydroxy-6,8-dimethoxy-xanthone	$C_{15}H_{12}O_7$	D	[5]
7-12-15		1,5,8-trihydroxy-3-methoxyxanthone	$C_{14}H_{10}O_6$	D	[10]
7-12-16		1,3,5-trihydroxyxanthone	$C_{13}H_8O_5$	D	[3,17]
7-12-17		cowagarcinone B	$C_{20}H_{20}O_6$	C	[18]
7-12-18		cowagarcinone C	$C_{20}H_{20}O_6$	C	[18]
7-12-19		celebixanthone	$C_{19}H_{18}O_6$	C	[19]
7-12-20	甜竹酮 A	dulxanthone A	$C_{19}H_{18}O_6$	C	[20]
7-12-21		1,3,7-trihydroxy-2-(3-methylbut-2-enyl)xanthone	$C_{18}H_{16}O_5$	A	[21]
7-12-22		5-*O*-methylcelebixanthone	$C_{20}H_{20}O_6$	C	[19]
7-12-23	多花山竹子酮 B	bangangxanthone B	$C_{18}H_{16}O_5$	C	[22]
7-12-24		smeathxanthone A	$C_{23}H_{24}O_6$	A	[23]
7-12-25	版纳藤黄 xanthone C	bannaxanthone C	$C_{23}H_{24}O_6$	A	[24]
7-12-26		butyraxanthone D	$C_{24}H_{28}O_7$	M	[25]
7-12-27	3'-*O*-对羟基苯甲酰芒果苷	3'-*O*-*p*-hydroxybenzoylmangiferin	$C_{26}H_{22}O_{13}$	M	[26]
7-12-28	4'-*O*-对羟基苯甲酰芒果苷	4'-*O*-*p*-hydroxybenzoylmangiferin	$C_{26}H_{22}O_{13}$	M	[26]

续表

编号	中文名称	英文名称	分子式	测试溶剂	参考文献
7-12-29	6'-*O*-对羟基苯甲酰芒果苷	6'-*O*-*p*-hydroxybenzoylmangiferin	$C_{26}H_{22}O_{13}$	M	[26]
7-12-30	3-*O*-对羟基苯甲酰芒果苷	3-*O*-*p*-hydroxybenzoylmangiferin	$C_{26}H_{22}O_{13}$	M	[26]
7-12-31		lancerin	$C_{19}H_{18}O_{11}$	A	[21]
7-12-31		lancerin	$C_{19}H_{18}O_{11}$	D	[27]
7-12-32		corymbiferin-3-*O*-β-D-glucopyranoside	$C_{21}H_{22}O_{12}$	D	[28]
7-12-33	芒果苷	mangiferin	$C_{19}H_{18}O_{11}$	D	[29,30]
7-12-34	当药苷	swertianolin	$C_{20}H_{20}O_{11}$	D	[1,2]
7-12-35		2-C-β-D-xylopyranosyl-1,3,6,7-tetrahydroxyxanthone	$C_{18}H_{16}O_{10}$	M	[31]
7-12-36	四氢当药苷	tetrahydroswertianolin	$C_{20}H_{24}O_{11}$	M	[32]
7-12-37		pancixanthone A	$C_{18}H_{16}O_{5}$	A	[20]
7-12-38		4-(1,1-dimethylprop-2-enyl)-1,3,5,8-tetrahydroxyxanthone	$C_{18}H_{16}O_{6}$	C	[33]
7-12-39		globosuxanthone A	$C_{15}H_{12}O_{7}$	D	[34]
7-12-40		globulixanthone A	$C_{19}H_{16}O_{5}$	D	[35]
7-12-41		smeathxanthone B	$C_{23}H_{22}O_{6}$	A	[23]
7-12-42		globulixanthone B	$C_{23}H_{22}O_{5}$	D	[35]
7-12-43	多花山竹子酮 A	bangangxanthone A	$C_{23}H_{22}O_{6}$	C	[22]
7-12-44	细枝山竹子酮	virgataxanthone A	$C_{28}H_{32}O_{6}$	C	[36]
7-12-45		formoxanthone A	$C_{28}H_{32}O_{5}$	C	[37]
7-12-46		butyraxanthone A	$C_{29}H_{34}O_{6}$	C	[25]
7-12-47	黄牛木酮 A	cochinchinone B	$C_{28}H_{32}O_{6}$	C	[38]
7-12-48		cowagarcinone E	$C_{31}H_{36}O_{8}$	C	[18]
7-12-49		pruniflorone C	$C_{25}H_{30}O_{7}$	M+C	[39]
7-12-50		pruniflorone E	$C_{25}H_{30}O_{7}$	M+C	[39]
7-12-51		nigrolineaxanthone N	$C_{23}H_{26}O_{6}$	A	[40]
7-12-52	版纳藤黄	bannaxanthone A（xanthone A）	$C_{23}H_{26}O_{7}$	A	[24]
7-12-53		garcinone C	$C_{23}H_{26}O_{7}$	D	[41]
7-12-54		mangostenone E	$C_{24}H_{28}O_{8}$	A	[42]
7-12-55		nigrolineaxanthone F	$C_{18}H_{14}O_{5}$	C	[43]
7-12-56		yahyaxanthone	$C_{22}H_{22}O_{8}$	C	[44]
7-12-57	6-去氧巴西红厚壳素	6-deoxyjacareubin	$C_{18}H_{14}O_{5}$	D	[45]
7-12-58		garbogiol	$C_{18}H_{16}O_{6}$	A	[46]
7-12-59		pancixanthone B	$C_{18}H_{16}O_{5}$	A	[47]
7-12-60	软普棱草素	psoroxanthin	$C_{18}H_{14}O_{6}$	D	[48]
7-12-61	氯化软普棱草素	psoroxanthin chlorohydrin	$C_{18}H_{15}ClO_{6}$	D	[48]
7-12-62		cowaxanthone B	$C_{25}H_{28}O_{6}$	C	[49]
7-12-63	柘树酮 F	cudraxanthone F	$C_{24}H_{26}O_{6}$	C	[50]
7-12-64	柘树酮 G	cudraxanthone G	$C_{24}H_{26}O_{5}$	A	[47]
7-12-65		8-desoxygartanin	$C_{23}H_{24}O_{5}$	A	[51]

续表

编号	中文名称	英文名称	分子式	测试溶剂	参考文献
7-12-66		dulcisxanthone B	$C_{24}H_{26}O_6$	C	[52]
7-12-67	甜竹酮 B	dulxanthone B	$C_{24}H_{26}O_6$	C	[20]
7-12-68	甜竹酮 C	dulxanthone C	$C_{25}H_{28}O_6$	C	[20]
7-12-69		gartanin	$C_{23}H_{24}O_6$	C	[42]
7-12-70	黄金桂酮 H	gerontoxanthone H	$C_{23}H_{24}O_5$	A	[53]
7-12-71		1,3,6,7-tetrahydroxy-2,8-(3-methyl-2-butenyl)xanthone	$C_{23}H_{24}O_6$	A	[54]
7-12-72	*α*-倒捻子素	*α*-mangostin	$C_{24}H_{26}O_6$	A	[54,55]
7-12-73	*β*-倒捻子素	*β*-mangostin	$C_{25}H_{28}O_6$	C	[56]
7-12-74		1,5-dihydroxy-3,6-dimethoxy-2,7-diprenylxanthone	$C_{25}H_{28}O_6$	M	[76]
7-12-75	黄金桂酮 I	erontoxanthone I	$C_{23}H_{24}O_6$	A	[53]
7-12-76		allanxanthone A	$C_{23}H_{24}O_5$	A	[57]
7-12-77	版纳藤黄 xanthone B	annaxanthone B	$C_{23}H_{24}O_7$	A	[24]
7-12-78		formoxanthone B	$C_{28}H_{30}O_5$	C	[37]
7-12-79		laurentixanthone A	$C_{23}H_{22}O_4$	A	[12]
7-12-80	柘树酮 I	cudraxanthone I	$C_{23}H_{22}O_5$	A	[21]
7-12-81		1,5,6-trihydroxy-6',6'-dimethyl-2*H*-pyrano(2',3':3,4)-2-(3-methylbut-2-enyl)xanthone	$C_{23}H_{22}O_6$	C	[58]
7-12-82		ananixanthone	$C_{23}H_{22}O_5$	C	[59]
7-12-83		morusignin I	$C_{23}H_{22}O_6$	A	[47]
7-12-84		1,6,7-trihydroxy-6',6'-dimethyl-2*H*-pyrano(2',3':3,2)-4-(3-methylbut-2-enyl)xanthone	$C_{23}H_{22}O_6$	C	[58]
7-12-85		gaboxanthone	$C_{25}H_{26}O_7$	C	[60]
7-12-86	巴西红厚壳 xanthone B	brasixanthone B	$C_{23}H_{22}O_5$	A	[61]
7-12-87	巴西红厚壳 xanthone A	brasixanthone A	$C_{24}H_{24}O_6$	A	[61]
7-12-88		garcinone B	$C_{23}H_{22}O_6$	D	[41]
7-12-89		pruniflorone A	$C_{25}H_{30}O_7$	M+C	[39]
7-12-90		mangostenone D	$C_{23}H_{24}O_6$	A	[42]
7-12-91	倒捻子醇	mangostanol	$C_{24}H_{26}O_7$	M	[62]
7-12-92		cowagarcinone D	$C_{28}H_{30}O_6$	C	[18]
7-12-93		blancoxanthone	$C_{23}H_{22}O_5$	C	[63]
7-12-94		brasixanthone C	$C_{23}H_{22}O_7$	A	[61]
7-12-95		brasixanthone D	$C_{23}H_{22}O_7$	A	[61]
7-12-96		polyanxanthone B	$C_{23}H_{24}O_4$	C	[64]
7-12-97		polyanxanthone A	$C_{28}H_{32}O_5$	C	[64]
7-12-98		garcinone E	$C_{28}H_{32}O_6$	C	[65]
7-12-99		7-*O*-methylgarcinone E	$C_{29}H_{34}O_6$	C	[66]
7-12-100		cowagarcinone A	$C_{34}H_{42}O_6$	C	[18]
7-12-101	黄金桂酮 C	gerontoxanthone C	$C_{23}H_{24}O_6$	A	[67]
7-12-102	黄金桂酮 D	gerontoxanthone D	$C_{19}H_{18}O_7$	A	[67]

续表

编号	中文名称	英文名称	分子式	测试溶剂	参考文献
7-12-103	黄金桂酮 E	gerontoxanthone E	$C_{24}H_{26}O_6$	A	[53]
7-12-104	黄金桂酮 G	gerontoxanthone G	$C_{23}H_{24}O_6$	A	[53]
7-12-105		mangostanin	$C_{24}H_{26}O_7$	C	[68]
7-12-106		6-deoxy-7-demethylmangostanin	$C_{23}H_{24}O_6$	D	[69]
7-12-107		1,2-dihydro-1,8,10-trihydroxy-2-(2-hydroxypropan-2-yl)-9-(3-methylbut-2-enyl)furo[3,2-*a*]xanthen-11-one	$C_{23}H_{24}O_7$	D	[69]
7-12-108		mangostenone C	$C_{24}H_{26}O_8$	C	[42]
7-12-109		formoxanthone C	$C_{23}H_{24}O_6$	C	[37]
7-12-110		bannaxanthone D	$C_{28}H_{30}O_6$	A	[24]
7-12-111		bannaxanthone E	$C_{28}H_{30}O_7$	A	[24]
7-12-112		butyraxanthone B	$C_{28}H_{30}O_6$	C	[25]
7-12-113		cowaxanthone C	$C_{29}H_{32}O_6$	C	[49]
7-12-114		bannaxanthone F	$C_{28}H_{32}O_9$	A	[24]
7-12-115		dulcisxanthone A	$C_{28}H_{30}O_5$	C	[52]
7-12-116	阔叶竹酮 C	latisxanthone C	$C_{28}H_{30}O_6$	C	[20]
7-12-117		brasilixanthone A	$C_{23}H_{20}O_6$	C	[70]
7-12-118	柘树酮 A	cudraxanthone A	$C_{23}H_{20}O_5$	A	[21]
7-12-118	柘树酮 A	cudraxanthone A	$C_{23}H_{20}O_5$	C	[71]
7-12-119		nigrolineaxanthone G	$C_{23}H_{22}O_6$	C	[43]
7-12-120		pruniflorone F	$C_{24}H_{26}O_6$	C	[39]
7-12-121		nigrolineaxanthone I	$C_{23}H_{20}O_6$	C	[43]
7-12-122		artobiloxanthone	$C_{25}H_{22}O_7$	C	[72]
7-12-123		cycloartobiloxanthone	$C_{25}H_{22}O_7$	C	[72]
7-12-124	阔叶竹酮 A	latisxanthone A	$C_{28}H_{28}O_6$	C	[20]
7-12-125	异大苞藤黄素	isobractatin	$C_{28}H_{32}O_6$	C	[73]
7-12-126	1-*O*-甲基异大苞藤黄素	1-*O*-methylisobractatin	$C_{29}H_{34}O_6$	C	[73]
7-12-127	大苞藤黄素	bractatin	$C_{28}H_{32}O_6$	C	[73]
7-12-128	1-*O*-甲基大苞藤黄素	1-*O*-methylbractatin	$C_{29}H_{34}O_6$	C	[73]
7-12-129	1-*O*-甲基-8-甲氧基-8,8a-二氢大苞藤黄素	1-*O*-methyl-8-methoxy-8,8a-dihydrobractatin	$C_{30}H_{38}O_7$	C	[73]
7-12-130	1-*O*-甲基新大苞藤黄素	1-*O*-methylneobractatin	$C_{29}H_{34}O_6$	C	[73]
7-12-131		cantleyanone A	$C_{34}H_{42}O_7$	C	[33]
7-12-132		7-hydroxyforbesione	$C_{28}H_{32}O_7$	C	[33]
7-12-133		cantleyanone B	$C_{29}H_{34}O_8$	C	[33]
7-12-134		cantleyanone C	$C_{29}H_{32}O_8$	C	[33]
7-12-135		cantleyanone D	$C_{29}H_{34}O_8$	C	[33]
7-12-136		deoxygaudichaudione A	$C_{33}H_{40}O_6$	C	[74]
7-12-137		gaudichaudic acid	$C_{33}H_{38}O_8$	C	[74]

续表

编号	中文名称	英文名称	分子式	测试溶剂	参考文献
7-12-138	异藤黄精酸	isogambogenic acid	$C_{38}H_{46}O_8$	C	[74]
7-12-139		gambogoic acid A	$C_{39}H_{48}O_9$	C	[74]
7-12-140		methyl-8,8a-dihydromorellate	$C_{34}H_{40}O_8$	C	[75]
7-12-141		8,8a-dihydro-8-hydroxymorellic acid	$C_{33}H_{38}O_9$	C	[75]
7-12-142		gambogenific acid	$C_{38}H_{44}O_8$	C	[75]
7-12-143	8,8a-二氢-8-羟基藤黄精酸	8,8a-dihydro-8-hydroxyl-gambogenic acid	$C_{38}H_{48}O_9$	C	[75]
7-12-144	7-甲氧基表藤黄酸	7-methoxyepigambogic acid	$C_{39}H_{46}O_9$	C	[75]
7-12-145	7-甲氧基藤黄酸	7-methoxygambogic acid	$C_{39}H_{46}O_9$	C	[75]
7-12-146	氧代藤黄酸	oxygambogic acid	$C_{38}H_{44}O_9$	C	[75]
7-12-147		gambogefic acid	$C_{38}H_{44}O_8$	C	[75]
7-12-148		7-methoxygambogellic acid	$C_{39}H_{46}O_9$	C	[75]
7-12-149		3-*O*-geranylforbesione	$C_{38}H_{48}O_6$	C	[75]
7-12-150		7-methoxyisomorellinol	$C_{34}H_{40}O_8$	C	[75]
7-12-151	30-羟基表藤黄酸	30-hydroxyepigambogic acid	$C_{38}H_{44}O_9$	P	[77]
7-12-152	30-羟基藤黄酸	30-hydroxygambogic acid	$C_{38}H_{44}O_9$	P	[77]
7-12-153	藤黄酸	gambogic acid	$C_{38}H_{44}O_8$	C	[78]
7-12-154	藤黄素酸	moreollic acid	$C_{34}H_{40}O_9$	C	[79]
7-12-155	异藤黄素 B	isomoreollin B	$C_{34}H_{40}O_8$	C	[79]
7-12-156		isoxanthochymol	$C_{38}H_{50}O_6$	M+C	[80]
7-12-157	山竹子素	garcinol	$C_{38}H_{50}O_6$	C	[80]
7-12-158	鸢尾酚酮-2-*O*-*α*-L-吡喃鼠李糖苷	iriflophenone-2-*O*-*α*-L-rhamno-pyranoside	$C_{19}H_{20}O_9$	D	[81]
7-12-159	3',4,5',6-四羟基-2-*O*-(3-*O*-乙酰基-*α*-L-阿拉伯糖基)苯酚酮	3',4,5',6-tetrahydroxy-2-*O*-(3-*O*-acetyl-*α*-L-arabinosyl)benzophenone	$C_{20}H_{20}O_{11}$	M	[82]
7-12-160	3',4,5',6-四羟基-2-*O*-(4-*O*-乙酰基-*β*-D-木糖基)苯酚酮	3',4,5',6-tetrahydroxy-2-*O*-(4-*O*-acetyl-*β*-D-xylosyl)benzophenone	$C_{20}H_{20}O_{11}$	M	[82]
7-12-161	3',4,5',6-四羟基-2-*O*-*β*-D-木糖基苯酚	3',4,5',6-tetrahydroxy-2-*O*-*β*-D-xylosylbenzophenone	$C_{18}H_{18}O_{10}$	M	[82]
7-12-162	3',4,5'-三羟基-4-甲氧基-2-*O*-*β*-D-木糖基苯酚酮	3',4,5'-trihydroxy-4-methoxy-2-*O*-*β*-D-xylosylbenzophenone	$C_{19}H_{20}O_{10}$	M	[82]
7-12-163	座壳孢酮 A	ascherxanthone A	$C_{32}H_{34}O_{10}$	C	[83]
7-12-164		swertiabisxanthone-I-8'-*O*-*β*-D-glucopyranoside	$C_{32}H_{24}O_{17}$	D	[28]
7-12-165	抱茎獐牙菜苷	swertifrancheside	$C_{35}H_{28}O_{17}$	D	[84]
7-12-166	紫红獐牙菜苷	swertipunicoside	$C_{33}H_{26}O_{17}$	D	[85,86]
7-12-167	格里菲氏藤黄酮	griffipavixanthone	$C_{36}H_{28}O_{12}$	A	[87]

续表

编号	中文名称	英文名称	分子式	测试溶剂	参考文献
7-12-168		ohioensin H	$C_{23}H_{16}O_5$	D	[88]
7-12-169		hamilxanthene	$C_{28}H_{24}O_7$	C	[89]
7-12-170		gambospiroene	$C_{37}H_{46}O_7$	C	[75]

	R^1	R^2	R^3	R^4	R^5	R^6	R^7	R^8
7-12-1	OH	H	OMe	H	OH	H	H	OH
7-12-2	OH	H	H	H	OMe	OH	H	H
7-12-3	OH	H	OMe	H	H	H	OMe	OMe
7-12-4	OMe	H	OH	OMe	H	H	H	OH
7-12-5	OH	OMe	H	H	OH	OMe	H	OMe
7-12-6	OH	H	H	H	OH	H	H	H
7-12-7	OH	H	H	H	H	H	OH	H
7-12-8	OH	H	OMe	H	OMe	H	H	H
7-12-9	OMe	OMe	OMe	H	H	H	OH	OMe

	R^1	R^2	R^3	R^4	R^5	R^6
7-12-10	H	H	OMe	OMe	OMe	OMe
7-12-11	H	OMe	H	H	OMe	OH
7-12-12	H	OH	OH	H	H	OH
7-12-13	H	OH	H	H	OH	OH
7-12-14	OH	H	OH	OMe	H	OMe
7-12-15	H	OMe	OH	H	H	OH
7-12-16	H	OH	OH	H	H	H

表 7-12-2 化合物 7-12-1~7-12-8 的 ^{13}C NMR 数据

C	7-12-1[1,2]	7-12-2[3]	7-12-3[4]	7-12-4[5]	7-12-5[5]	7-12-6[6,7]	7-12-7[8,9]	7-12-8[10]
1	161.8	161.4	163.7	156.9	150.1	161.0	160.7	163.3
2	97.3	110.8	96.8	95.8	142.2	110.0	109.6	97.5
3	166.8	137.2	166.3	157.5	120.4	137.4	137.2	166.7
4	92.8	107.7	92.0	128.3	104.6	107.3	107.2	92.7
4a	157.1	156.1	157.0	151.5	148.3	155.6	155.8	157.5
4b	143.2		149.2	154.6	158.7	145.2	149.3	146.2
5	137.2	134.8	112.7	106.3	154.1	146.4	119.4	148.2
6	123.7	157.7	120.4	136.0	138.6	120.9	125.5	115.7
7	109.4	115.0	149.1	110.3	99.1	124.3	154.0	123.4
8	151.7	121.5	150.9	161.3	153.2	114.6	107.9	116.7
8a	107.4	113.7	115.6	108.0	107.0	121.0	120.4	121.5
9	183.7	181.2	181.9	180.5	181.0	182.1	181.5	180.6
9a	101.9	108.1	103.9	103.7	108.1	108.1	107.8	103.9
1-OMe				60.9				
2-OMe					56.6			
3-OMe			55.7					
4-OMe				56.0				
5-OMe		61.4						
6-OMe					60.8			
7-OMe			57.1					
8-OMe			61.7		61.6			

表 7-12-3 化合物 7-12-9~7-12-16 的 ^{13}C NMR 数据

C	7-12-9[11]	7-12-10[12]	7-12-11[13,14]	7-12-12[2,15]	7-12-13[16]	7-12-14[5]	7-12-15[10]	7-12-16[3,17]
1	153.4	162.0	162.9	162.2	162.2	147.9	161.9	162.9
2	139.3	110.7	97.2	98.3	98.2	139.9	97.1	98.1
3	158.4	136.1	167.4	166.4	166.4	122.9	166.9	165.8
4	95.4	106.4	92.9	94.2	94.0	104.9	92.7	94.1
4a	153.8	155.3	158.3	157.3	157.9	147.3	157.2	157.3
4b	149.9	153.2	149.6	143.2	147.9	158.5	143.2	144.9
5	113.2	137.2	105.5	137.1	106.0	154.1	151.8	146.2
6	121.2	147.7	120.4	123.6	123.9	138.5	123.7	120.6
7	145.3	143.1	142.9	109.2	140.0	99.0	109.3	124.1
8	144.0	149.4	150.1	151.8	147.0	153.2	137.2	114.6
8a	116.3	117.0	107.7	107.1	101.7	107.0	107.3	121.0
9	174.9	181.6	184.9	183.8	183.9	180.9	183.9	180.2
9a	110.9	108.8	102.3	101.1	101.7	108.3	101.9	102.2
1-OMe	62.6							
2-OMe	62.0							
3-OMe	56.2		55.9				56.0	
4-OMe								
5-OMe		61.6						
6-OMe		61.7				60.8		
7-OMe		62.0	57.1					
8-OMe	62.0	62.8				61.6		

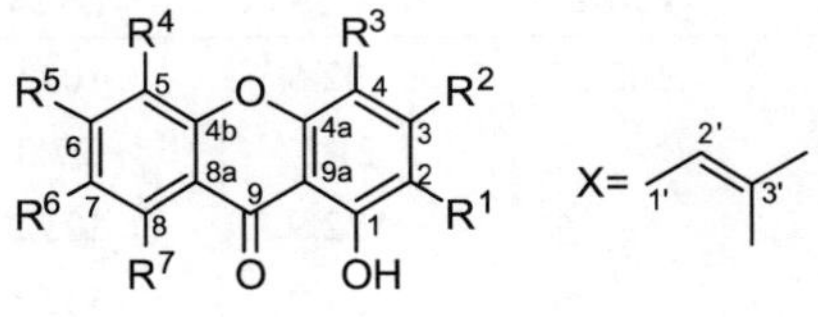

	R1	R2	R3	R4	R5	R6	R7
7-12-17	X	OMe	H	H	OH	OMe	H
7-12-18	X	OMe	H	OMe	OH	H	H
7-12-19	H	H	H	OH	OH	OMe	X
7-12-20	H	OMe	X	OH	OH	H	H
7-12-21	X	OH	H	H	H	OH	H
7-12-22	H	H	H	OMe	OH	OMe	X
7-12-23	X	H	OH	H	H	H	OH

表 7-12-4 化合物 7-12-17~7-12-23 的 ^{13}C NMR 数据

C	7-12-17[18]	7-12-18[18]	7-12-19[19]	7-12-20[20]	7-12-21[21]	7-12-22[19]	7-12-23[22]
1	159.4	159.8	161.8	163.1	161.9	162.2	151.3
2	111.8	112.3	111.2	94.8	111.7	110.6	123.3
3	163.9	164.1	136.1	164.8	164.5	136.1	124.4
4	89.6	89.8	106.8	108.6	94.4	106.2	135.1
4a	156.2	155.7	154.6	154.8	157.3	155.2	141.0
4b	152.5	149.5	144.0	147.4	151.2	135.9	155.7
5	102.5	133.6	132.1	133.8	120.1	145.4	106.8
6	152.4	154.1	144.8	153.2	125.4	143.3	137.4
7	144.3	112.2	143.8	113.6	155.2	147.3	111.1
8	104.6	122.0	128.2	117.3	109.9	128.4	161.7

续表

C	7-12-17[18]	7-12-18[18]	7-12-19[19]	7-12-20[20]	7-12-21[21]	7-12-22[19]	7-12-23[22]
8a	113.6	115.3	111.5	114.4	122.4	114.5	110.6
9	179.9	180.1	184.1	181.7	181.7	183.6	107.8
9a	104.6	103.2	109.3	103.2	103.9	109.2	186.2
1'	21.4	21.6	25.8	22.1	22.4	25.4	26.8
2'	122.2	122.0	123.7	123.4	123.8	123.5	121.2
3'	131.8	131.9	133.0	131.7	131.5	131.7	133.9
4'	17.8	17.8	26.0	25.9	26.3	25.9	17.8
5'	24.8	25.8	18.1	17.9	18.4	18.2	25.8
3-OMe	55.9	56.0		56.6			
5-OMe		62.0				61.1	
7-OMe	56.5		63.1			61.1	

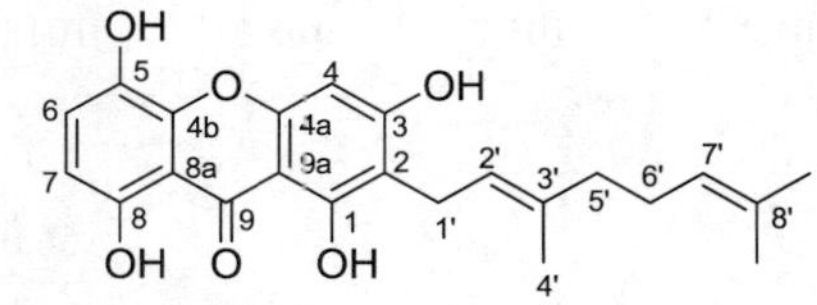

7-12-24

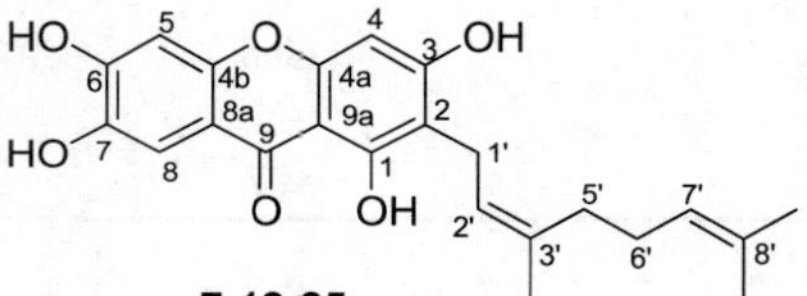

7-12-25

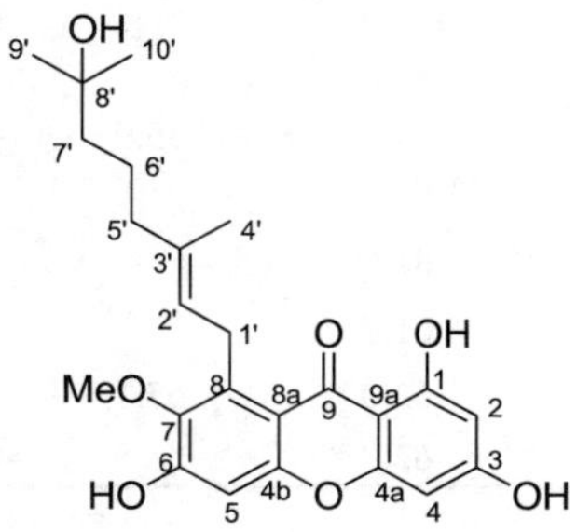

7-12-26

表 7-12-5 化合物 7-12-24~7-12-26 的 ^{13}C NMR 数据

C	7-12-24[23]	7-12-25[24]	7-12-26[25]	C	7-12-24[23]	7-12-25[24]	7-12-26[25]
1	160.9	161.3	164.8	9a	102.5	102.6	103.9
2	102.5	111.0	98.8	1'		21.5	27.0
3	165.0	163.0	166.0	2'		122.9	125.2
4	94.6	93.7	94.0	3'		134.9	135.6
4a	156.7	156.1	158.1	4'		17.3	16.5
4b	144.5	146.5	156.8	5'		40.1	41.2
5	138.0	132.8	102.9	6'		27.0	44.2
6	124.2	151.5	158.4	7'		124.8	23.5
7	110.2	131.2	144.9	8'		131.2	71.4
8	154.1	117.1	138.6	9'		25.4	29.1
8a	108.4	114.5	112.1	10'		15.9	29.1
9	185.6	180.8	183.0	7-OMe			61.4

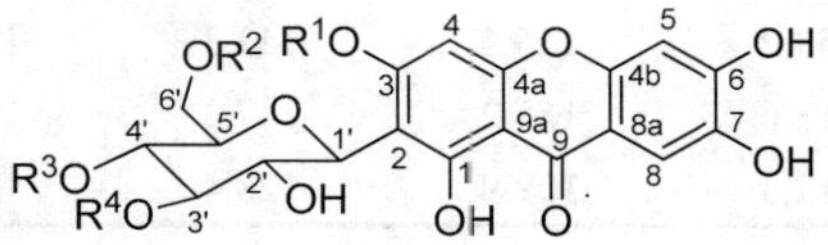

	R1	R2	R3	R4
7-12-27	H	H	H	X
7-12-28	H	H	X	H
7-12-29	H	X	H	H
7-12-30	X	H	H	H

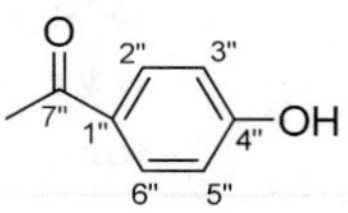

表 7-12-6 化合物 7-12-27~7-12-30 的 ^{13}C NMR 数据[26]

C	7-12-27	7-12-28	7-12-29	7-12-30	C	7-12-27	7-12-28	7-12-29	7-12-30
1	163.4	163.5	163.3	163.4	9a	103.2	103.2	113.6	103.4
2	107.4	107.5	107.3	106.4	1'	75.3	75.3	75.6	74.0
3	165.2	165.3	165.2	153.2	2'	70.7	72.5	72.5	73.2
4	94.8	94.7	94.8	102.9	3'	81.5	78.1	79.7	78.1
4a	158.8	158.8	158.1	158.8	4'	70.2	73.0	71.8	71.8
4b	155.5	155.9	155.6	155.6	5'	82.6	80.9	79.9	82.9
5	103.2	103.4	103.4	103.4	6'	62.7	62.8	64.8	62.8
6	153.1	153.2	153.1	153.1	1''	122.7	122.1	122.2	122.2
7	144.9	145.1	144.9	144.9	2''/6''	133.0	133.1	132.9	132.8
8	109.1	108.9	109.0	109.0	3''/5''	116.0	116.2	116.1	115.8
8a	113.1	113.6	113.6	103.2	4''	163.4	163.7	163.5	163.3
9	181.2	181.3	181.2	181.1	7''	168.3	167.6	168.2	167.4

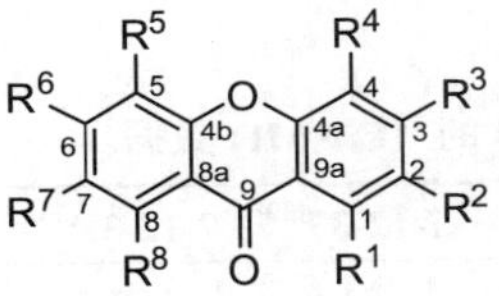

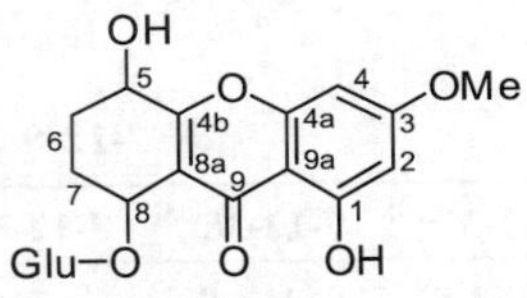

	R1	R2	R3	R4	R5	R6	R7	R8
7-12-31	OH	H	OH	Glu	H	H	OH	H
7-12-32	OH	H	OGlu	OMe	OMe	H	H	OH
7-12-33	H	OH	OH	H	H	OH	Glu	OH
7-12-34	OH	H	OMe	H	OH	H	H	OGlu
7-12-35	H	OH	OH	H	H	OH	Xyl	OH

7-12-36

表 7-12-7 化合物 7-12-31~7-12-36 的 ^{13}C NMR 数据

C	7-12-31①[21]	7-12-31②[27]	7-12-32[28]	7-12-33[29,30]	7-12-34[1,2]	7-12-35[31]	7-12-36[32]
1	161.7	161.8	156.9	108.2	163.0	108.9	163.1
2	97.2	97.9	99.2	143.8	97.5	144.6	99.2
3	164.5	165.4	158.3	154.2	166.6	151.6	167.4
4	102.0	104.4	129.2	102.8	92.5	103.5	93.5
4a	156.1	156.2	151.3	150.9	156.7	154.9	159.0
4b	148.8	148.9	147.2	156.0	145.3	157.1	168.7
5	119.9	119.1	140.0	93.5	141.3	94.0	67.5
6	124.6	124.5	121.7	164.0	121.4	164.7	27.4
7	153.9	153.9	109.1	107.8	112.6	108.5	27.9
8	104.2	107.8	153.1	162.0	149.7	162.8	71.1
8a	119.0	120.1	108.5	101.5	112.2	102.1	118.0
9	180.0	179.9	183.1	179.2	181.4	180.0	183.1
9a	107.7	101.8	104.0	111.8	103.5	112.6	106.2
1'	73.3	73.3	99.9	81.6	103.8	74.8	105.2
2'	70.9	70.8	73.1	73.0	73.8	70.9	75.7

续表

C	7-12-31①[21]	7-12-31②[27]	7-12-32[28]	7-12-33[29,30]	7-12-34[1,2]	7-12-35[31]	7-12-36[32]
3'	78.7	78.8	76.6	70.8	76.4	80.1	77.8
4'	70.9	70.9	69.5	70.5	70.1	70.9	71.5
5'	81.6	81.6	77.2	78.1	77.7	71.2	78.1
6'	61.9	61.7	60.5	61.6	61.2		62.8
3-OMe					56.4		56.5
4-OMe			60.9				
5-OMe			57.2				

① 在 A 中测定。② 在 D 中测定。

7-12-37 R=H
7-12-38 R=OH

7-12-39

7-12-40

表 7-12-8 化合物 7-12-37~7-12-40 的 ^{13}C NMR 数据

C	7-12-37[20]	7-12-38[33]	7-12-39[34]	7-12-40[35]	C	7-12-37[20]	7-12-38[33]	7-12-39[34]	7-12-40[35]
1	162.5	161.6	74.9	161.0	8a	121.8	107.2	110.2	127.6
2	100.0	101.0	71.4	110.1	9	182.0	185.1	180.6	181.5
3	165.0	163.4	141.3	137.1	9a	104.2	103.4	114.6	107.9
4	113.2	111.5	119.7	107.3	1'	41.9	152.2		121.7
4a	156.6	155.5	159.8	155.7	2'	152.5	41.6		133.6
4b	145.9	143.0	154.8	150.9	3'	107.9	109.6		138.7
5	147.0	136.3	107.3	145.9	4'	29.9	28.3		118.9
6	120.7	123.3	136.0	141.7	5'	29.9	28.3		18.3
7	124.7	110.2	111.2	116.6	COOMe			171.6	
8	116.0	153.7		111.4	OMe			51.7	60.8

7-12-41 R^1+R^2=X; $R^3=R^4$=H; R^5=OH
7-12-42 $R^1=R^2=R^3$=H; R^4+R^5=X
7-12-43 R^2+R^3=X; $R^1=R^4$=H; R^5=OH

表 7-12-9 化合物 7-12-41~7-12-43 的 ^{13}C NMR 数据

C	7-12-41[23]	7-12-42[35]	7-12-43[22]	C	7-12-41[23]	7-12-42[35]	7-12-43[22]
1	162.9	161.9	162.1	5	138.1	153.4	135.5
2	105.4	110.1	99.8	6	124.8	102.4	123.5
3	157.8	135.8	162.9	7	110.6	137.1	110.3
4	95.8	106.3	101.0	8	154.1	109.1	154.2
4a	—	155.7	151.0	8a	108.4	119.5	107.3
4b	144.3	151.4	142.7	9	185.7	183.7	184.3

续表

C	7-12-41[23]	7-12-42[35]	7-12-43[22]	C	7-12-41[23]	7-12-42[35]	7-12-43[22]
9a	103.1	108.6	102.3	2"	23.4	22.8	22.6
2'	82.1	79.6	81.1	3"	124.7	121.2	126.8
3'	128.1	131.7	123.5	4"	132.3	132.2	132.1
4'	115.9	123.6	114.8	5"	25.8	25.6	25.6
5'	27.4	25.7	27.1	6"	18.1	17.7	17.6
1"	42.3	40.4	41.6				

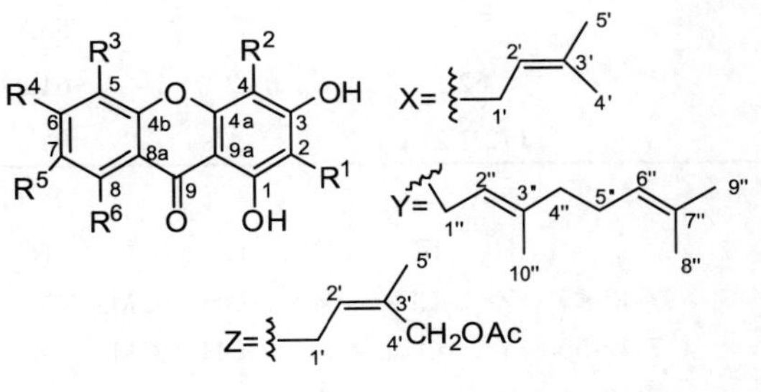

	R^1	R^2	R^3	R^4	R^5	R^6
7-12-44	H	Y	OH	OH	H	X
7-12-45	Y	X	OH	H	H	H
7-12-46	Y	H	H	OH	OMe	X
7-12-47	X	H	Y	OH	OH	H
7-12-48	Z	H	H	OH	OMe	H

表 7-12-10 化合物 7-12-44~7-12-50 的 ^{13}C NMR 数据

C	7-12-44[36]	7-12-45[37]	7-12-46[25]	7-12-47[38]	7-12-48[18]	7-12-49[39]	7-12-50[39]
1	161.0	158.6	160.7	160.0	160.9	159.1	159.8
2	98.5	109.0	108.7	110.0	108.0	111.3	103.6
3	160.1	161.0	161.6	162.3	161.6	163.3	163.3
4	104.0	105.7	93.3	93.3	93.6	88.7	88.9
4a	152.6	152.5	155.8	155.7	155.3	155.1	155.4
4b	145.5	144.3	155.1	149.8	155.9	155.6	155.6
5	147.4	144.5	101.5	115.3	101.6	101.7	101.7
6	145.4	119.8	154.5	150.2	154.6	156.0	155.1
7	113.0	123.8	142.6	141.6	142.6	143.1	143.0
8	137.1	116.9	137.1	106.0	137.2	138.4	137.2
8a	111.3	120.9	112.4	112.9	112.3	111.2	112.0
9	181.4	181.9	182.0	180.1	182.0	181.8	181.9
9a	103.6	103.3	103.7	102.3	103.5	103.5	111.9
1'	33.4	22.0	25.8	21.3	20.9	21.1	26.4
2'	121.9	122.4	121.7	122.6	128.6	122.1	123.2
3'	132.7	133.1	135.2	131.4	131.3	131.6	131.9
4'	18.3	17.9	17.8	25.7	63.9	25.6	25.8
5'	26.1	25.6	25.8	17.8	21.2	17.5	18.1
1"	22.4	21.6	21.5	22.3	26.6	21.8	16.9
2"	121.4	121.1	121.5	121.4	123.3	44.0	42.1
3"	137.6	140.1	136.5	135.4	135.6	70.8	71.1

续表

C	7-12-44[36]	7-12-45[37]	7-12-46[25]	7-12-47[38]	7-12-48[18]	7-12-49[39]	7-12-50[39]
4"	39.9	39.7	39.7	39.7	39.7	28.7	29.0
5"	26.4	26.3	26.6	26.6	26.5	28.7	28.9
6"	123.1	123.7	124.3	124.1	124.3		
7"	131.5	132.1	135.6	131.2	130.5		
8"	25.2	25.7	25.9	25.5	25.6		
9"	18.5	17.7	17.7	17.6	17.7		
10"	16.9	16.3	16.5	16.2	16.5		
3-OAc						55.3	55.8
7-OMe			62.1		62.1	61.2	61.4
OAc					172.2/21.0		

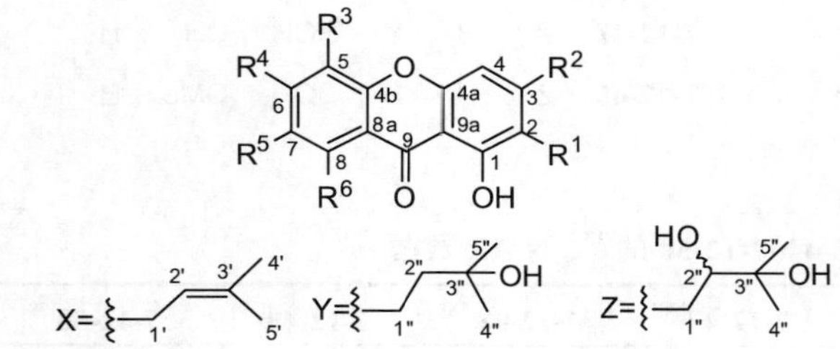

	R1	R2	R3	R4	R5	R6
7-12-49	X	OMe	H	OH	OMe	Y
7-12-50	Y	OMe	H	OH	OMe	X
7-12-51	X	OH	OH	H	H	Y
7-12-52	Y	OH	H	OH	OH	X
7-12-53	X	OH	H	OH	OH	Y
7-12-54	X	OH	H	OH	OMe	Z

表 7-12-11 化合物 7-12-51~7-12-54 的 ^{13}C NMR 数据

C	7-12-51[40]	7-12-52[24]	7-12-53[41]	7-12-54[42]	C	7-12-51[40]	7-12-52[24]	7-12-53[41]	7-12-54[42]
1	161.5	161.4	160.0	161.5	1'	21.9	26.1	21.1	21.9
2	111.1	111.8	109.3	111.1	2'	123.3	124.1	122.7	123.3
3	163.8	162.6	162.0	163.3	3'	131.4	131.0	130.4	131.4
4	93.5	92.9	92.1	93.2	4'	25.8	25.7	25.6	25.8
4a	155.6	155.4	154.3	156.1	5'	17.8	18.0	17.8	17.8
4b	147.1	153.2	152.1	157.5	1"	30.7	17.5	22.1	29.5
5	145.0	100.8	100.1	102.9	2"	46.9	42.9	—	79.7
6	120.6	152.1	152.5	155.7	3"	70.4	70.3	69.4	73.2
7	126.5	141.4	140.8	145.5	4"	29.5	29.0	29.2	26.1
8	136.6	128.8	129.9	137.0	5"	29.5	29.0	29.2	25.4
8a	119.4	111.8	110.3	112.6	3-OMe				—
9	183.7	182.9	181.7	183.7	7-OMe				60.8
9a	104.0	103.4	102.0	103.5					

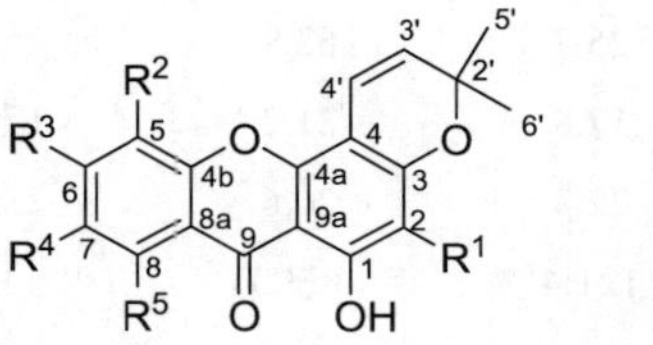

7-12-55 R1=R2=R3=R5=H; R4=OH
7-12-56 R1=R2=R3=R4=OMe; R4=OH
7-12-57 R1=R3=R4=R5=H; R3=H

表 7-12-12 化合物 7-12-55~7-12-57 的 ^{13}C NMR 数据

C	7-12-55[43]	7-12-56[44]	7-12-57[45]	C	7-12-55[43]	7-12-56[44]	7-12-57[45]
1	163.0	157.8	160.2	9	180.5	180.7	180.5
2	99.2	127.9	103.8	9a	103.5	103.0	102.9
3	160.9	148.5	156.7	2'	78.3	78.1	78.4
4	100.9	105.2	94.7	3'	127.0	127.3	124.8
4a	151.9	152.9	156.4	4'	115.0	115.7	114.4
4b	150.3	151.3	144.8	5'	28.3	28.2	27.9
5	119.1	130.5	146.2	6'	28.3	28.2	27.9
6	123.8	153.3	120.7	2-OMe		61.5	
7	152.1	91.5	124.2	5-OMe		61.4	
8	109.3	157.2	114.3	6-OMe		56.3	
8a	121.1	104.9	120.8	8-OMe		56.4	

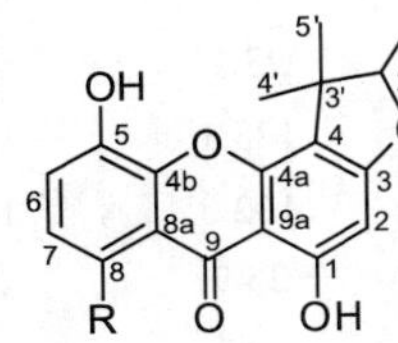

7-12-58 R=OH
7-12-59 R=H

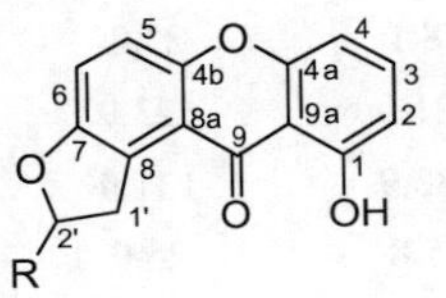

7-12-60 R= 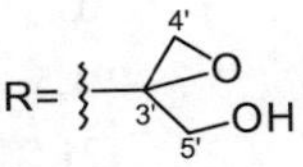
7-12-61 R=

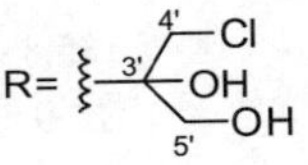

表 7-12-13 化合物 7-12-58~7-12-61 的 ^{13}C NMR 数据

C	7-12-58[46]	7-12-59[47]	7-12-60[48]	7-12-61[48]	C	7-12-58[46]	7-12-59[47]	7-12-60[48]	7-12-61[48]
1	164.7	165.2		160.8	8a	108.5			117.0
2	94.6	94.0	110.5	109.5	9	185.7	181.6		182.7
3	168.2		138.3	137.2	9a	103.2			108.3
4	114.4	114.0	108.0	107.0	1'			33.8	31.1
4a	153.9			155.9	2'	92.3	91.9	83.8	85.2
4b	144.8			150.2	3'	44.6	44.5		74.7
5	138.1	147.2	118.4	117.0	4'	25.9	25.7	48.0	46.4
6	125.1	121.3	110.8	117.3	5'	21.5	21.3	61.6	61.2
7	108.6	124.7		156.0	6'	14.7	14.5		
8	154.5	116.3		125.5					

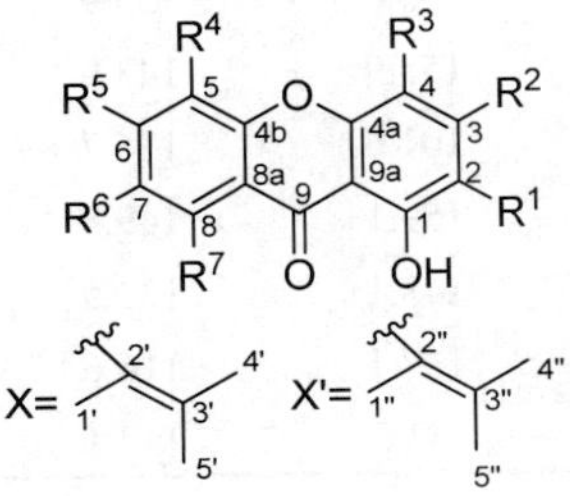

X= X'=

	R1	R2	R3	R4	R5	R6	R7
7-12-62	X	OH	H	H	OMe	OMe	X'
7-12-63	X	OH	H	OMe	OH	X'	H
7-12-64	X	OMe	X'	OH	H	H	H
7-12-65	X	OH	X'	OH	H	H	H
7-12-66	X	OMe	H	H	OH	OH	X'
7-12-67	X	OMe	X'	OH	OH	H	H
7-12-68	H	OMe	X	OH	OMe	H	X'
7-12-69	X	OH	X'	OH	H	H	OH
7-12-70	H	OH	X'	H	H	OH	X
7-12-71	X'	OH	H	H	OH	OH	X
7-12-72	X'	OH	H	H	OH	OMe	X
7-12-73	X'	OMe	H	H	OH	OMe	X
7-12-74	X	OMe	H	OH	OMe	X'	H

表 7-12-14　化合物 7-12-62~7-12-68 的 ^{13}C NMR 数据

C	7-12-62[49]	7-12-63[50]	7-12-64[47]	7-12-65[51]	7-12-66[52]	7-12-67[20]	7-12-68[20]
1	160.6	162.3	159.8	159.8	159.7	159.9	162.3
2	108.5	109.1	117.8	111.6	111.4	117.4	94.1
3	161.6	161.6	164.8	162.0	163.5	164.2	163.5
4	93.2	94.3	114.4	107.8	88.8	114.4	107.0
4a	155.0	155.6	153.7	153.9	155.3	153.9	153.2
4b	155.5	147.9	146.6	146.8	153.5	147.6	103.6
5	98.3	133.2	147.3	147.6	101.1	133.9	131.8
6	158.1	152.6	121.6	121.6	150.7	153.4	150.1
7	144.2	125.5	124.8	124.9	139.6	114.1	108.8
8	137.3	120.7	116.3	116.6	127.4	117.4	136.4
8a	111.9	114.1	122.1	122.5	111.7	114.0	112.4
9	182.1	180.3	182.9	182.5	182.6	182.3	182.9
9a	103.8	103.1	106.5	104.2	101.1	105.9	103.6
1'	21.5	28.1	23.2	22.8	21.4	23.1	21.7
2'	121.5	121.0	123.9	123.6	122.4	123.1	122.7
3'	135.8	133.9	131.9	133.0	132.0	132.8	131.5
4'	25.9	25.8	25.9	26.3	25.8	25.9	25.7
5'	17.9	17.8	18.0	18.5	17.8	18.1	17.8
1"	26.2	21.5	23.1	22.8	26.0	23.1	33.4
2"	123.2	121.3	123.6	123.4	121.5	123.8	122.9
3"	131.9	136.0	132.0	132.9	136.0	131.7	132.9
4"	25.9	25.8	25.8	26.3	25.9	25.8	25.9
5"	18.2	18.0	18.0	18.4	18.1	18.0	18.1
3-OMe			62.2		55.8	62.1	56.0
5-OMe		61.9					
6-OMe	56.0						
7-OMe	61.0						56.3

表 7-12-15　化合物 7-12-69~7-12-74 的 ^{13}C NMR 数据

C	7-12-69[42]	7-12-70[53]	7-12-71[54]	7-12-72[54]	7-12-72[55]	7-12-73[56]	7-12-74[76]
1	158.0	163.1	160.2	160.3	161.7	155.3	159.8
2	109.4	98.6	109.9	110.2	103.6	110.9	112.1
3	161.6	163.7	162.0	162.3	111.1	163.1	164.2
4	105.7	106.7	91.7	91.9	155.7	88.6	89.9
4a	152.4	155.8	151.9	154.9	93.2	155.0	155.9
4b	135.6	152.8	152.7	155.4	162.9	155.9	143.9
5	142.8	117.3	99.7	101.6	157.3	101.6	136.7
6	122.8	124.9	155.0	156.6	102.7	159.1	149.8
7	109.7	152.7	140.7	143.5	156.2	143.1	133.5
8	153.7	129.5	130.4	137.2	144.5	137.1	116.6
8a	107.0	119.8	110.0	111.0	138.1	111.3	117.1

续表

C	7-12-69[42]	7-12-70[53]	7-12-71[54]	7-12-72[54]	7-12-72[55]	7-12-73[56]	7-12-74[76]
9	184.6	184.9	182.2	181.8	182.8	181.8	180.4
9a	1021	104.8	102.7	102.6	112.0	103.5	103.6
1'	21.5	26.7	21.2	21.2	22.0	21.0	21.4
2'	120.9	124.3	122.7	122.7	123.5	122.1	122.0
3'	136.1	132.0	130.0	130.6	131.4	131.3	131.9
4'	25.8	26.5	25.5	26.0	25.9	25.4	25.8
5'	17.9	18.8	16.8	16.9	17.9	17.3	17.9
1"	21.6	22.5	25.0	25.0	26.9	26.0	28.5
2"	121.8	123.9	123.6	123.9	124.8	123.3	121.8
3"	133.9	131.8	128.3	130.4	131.4	131.3	131.3
4"	25.6	26.3	25.0	25.0	25.9	25.4	25.8
5"	17.9	18.5	17.3	17.3	18.3	17.8	17.8
3-OMe						55.4	56.0
5-OMe							
6-OMe							61.1
7-OMe				60.2	61.3	60.7	

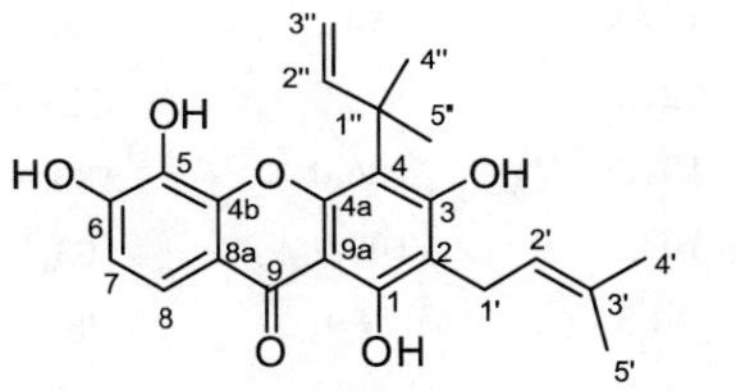

7-12-75 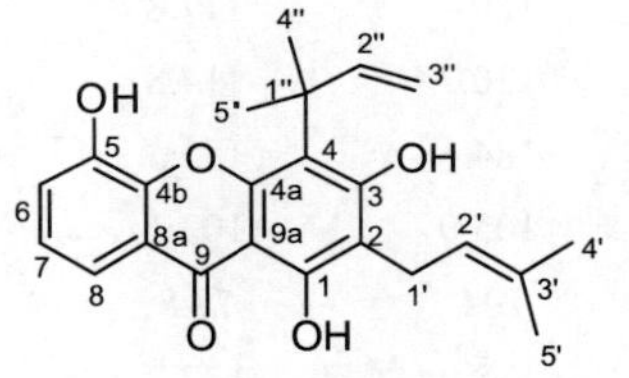　　7-12-76 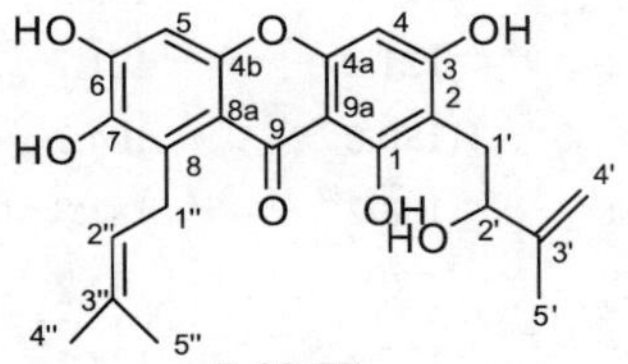　　7-12-77

表 7-12-16　化合物 7-12-75~7-12-77 的 ^{13}C NMR 数据

C	7-12-75[53]	7-12-76[57]	7-12-77[24]	C	7-12-75[53]	7-12-76[57]	7-12-77[24]
1	160.4	161.0	161.4	9a	104.1	108.0	103.2
2	112.5	112.1	108.2	1'	22.8	22.3	29.0
3	161.9	159.0	163.8	2'	123.8	123.1	76.2
4	111.9	111.9	93.7	3'	132.5	134.1	147.9
4a	155.4	144.2	155.9	4'	26.3	25.9	109.9
4b	147.5	147.3	153.2	5'	18.4	17.9	18.0
5	134.2	152.0	100.7	1"	42.7	42.0	26.0
6	152.1	120.7	151.9	2"	151.8	151.2	124.0
7	113.9	124.6	141.2	3"	112.8	112.4	130.9
8	117.7	116.0	128.7	4"	29.2	28.5	25.6
8a	115.2	122.0	111.6	5"	29.2	28.5	18.0
9	182.3	182.0	182.7				

7-12-78 R^1=Z; R^2+R^3=X; R^4=OH; $R^5=R^6=R^7$=H
7-12-79 $R^1=R^5=R^6=R^7$=H; R^2+R^3=X; R^4=Y
7-12-80 $R^1=R^4=R^5$=H; R^2+R^3=X; R^6=OH; R^7=Y
7-12-81 R^1=Y; R^2+R^3=X; $R^4=R^5$=OH; $R^6=R^7$=H
7-12-82 R^1=Y; R^2+R^3=X; R^4=OH; $R^5=R^6=R^7$=H
7-12-83 R^1+R^2=X; R^3=Y; $R^4=R^7$=OH; $R^5=R^6$=H
7-12-84 R^1+R^2=X; R^3=Y; $R^5=R^6$=OH; $R^4=R^7$=H
7-12-85 R^1+R^2=X; R^3=Y; R^4=OH; $R^5=R^6$=OMe; R^7=H
7-12-86 R^1+R^2=X; R^3=Y; $R^4=R^5=R^7$=H; R^6=OH
7-12-87 R^1+R^2=X; $R^3=R^7$=H; R^4=OMe; R^5=OH; R^6=Y
7-12-88 R^1=Y; $R^3=R^4$=H; $R^2=R^5$=OH; R^6+R^7=Y

表 7-12-17 化合物 7-12-78~7-12-88 的 ^{13}C NMR 数据

C	7-12-78[37]	7-12-79[12]	7-12-80[21]	7-12-81[58]	7-12-82[59]	7-12-83[47]	7-12-84[58]
1	158.7	164.1	161.4	160.8	160.9	155.9	156.1
2	112.3	99.7	99.4	112.0	112.6	105.3	104.8
3	160.6	161.7	164.7	158.7	159.0	160.0	158.0
4	100.6	102.1	101.3	101.9	101.1	155.0	107.9
4a	149.2	152.1	152.3	150.9	149.7	155.0	155.2
4b	144.1	147.0	146.6	147.0	144.6	144.9	154.2
5	144.3	107.9	117.1	133.0	144.8	138.1	103.6
6	120.1	122.2	124.7	152.4	120.6	125.0	152.7
7	123.9	125.0	152.9	113.6	124.3	110.3	144.0
8	117.2	116.5	129.4	117.8	117.8	154.2	109.2
8a	121.2	121.7	120.2	114.8	121.6	108.9	1123.7
9	180.8	104.2	184.6	181.3	181.2	186.0	180.9
9a	103.2	181.8	105.0	103.1	103.6	102.9	103.5
2'	78.1	104.2	79.2	78.8	78.5	79.4	78.7
3'	127.4	128.1	128.0	127.7	127.7	129.0	128.4
4'	115.0	115.7	116.0	116.3	115.4	116.0	116.2
5'	28.2	28.4	28.8	28.3	28.6	28.5	28.4
6'	28.2	28.4	28.8	28.3	28.6	28.5	28.4
1"	21.1	23.4	26.5	21.7	21.6	21.9	22.0
2"	121.7	125.1	124.2	123.1	122.3	123.1	123.2
3"	135.2	133.6	131.7	131.5	132.1	132.0	131.7
4"	39.8	26.1	26.5	25.9	26.2	25.9	25.9
5"	26.7	19.3	18.7	18.0	18.3	18.1	18.1
6"	124.4						
7"	131.3						
8"	25.7						
9"	16.3						
10"	17.7						
5-OMe							
6-OMe							
7-OMe							

续表

C	7-12-85[60]	7-12-86[61]	7-12-87[61]	7-12-88[41]	C	7-12-85[60]	7-12-86[61]	7-12-87[61]	7-12-88[41]
1	158.0	155.6	157.8	159.7	5'	28.4	28.4	28.4	26.8
2	105.0	104.2	104.7	109.7	6'	28.4	28.4	28.4	26.8
3	155.6	158.3	160.3	162.4	1"	21.6	21.4	28.1	21.0
4	107.5	107.3	95.0	92.4	2"	122.3	122.2	120.9	122.5
4a	153.0	154.4	156.6	154.3	3"	131.7	131.4	133.9	130.4
4b	138.0	150.6	147.8	152.3	4"	25.8	25.8	25.8	25.6
5	140.0	119.1	133.1	102.7	5"	17.9	17.9	17.8	17.8
6	141.1	123.7	152.5	153.2	6"				
7	149.4	152.1	125.6	138.1	7"				
8	96.6	109.1	120.5	119.7	8"				
8a	116.0	120.8	114.0	106.8	9"				
9	180.0	180.8	180.2	181.5	10"				
9a	103.3	103.3	103.1	102.1	5-OMe			61.8	
2'	78.1	78.1	78.2	75.1	6-OMe	61.4			
3'	127.4	127.3	127.4	132.6	7-OMe	56.2			
4'	115.8	115.8	115.4	120.4					

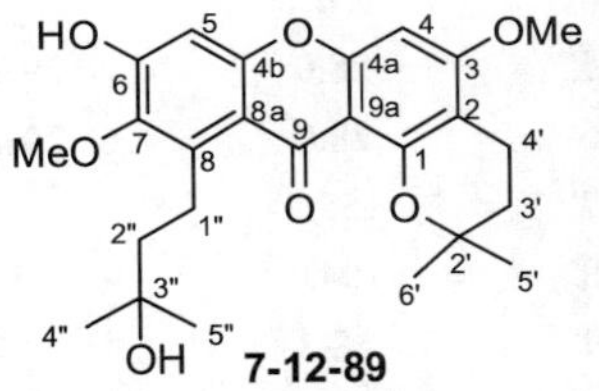

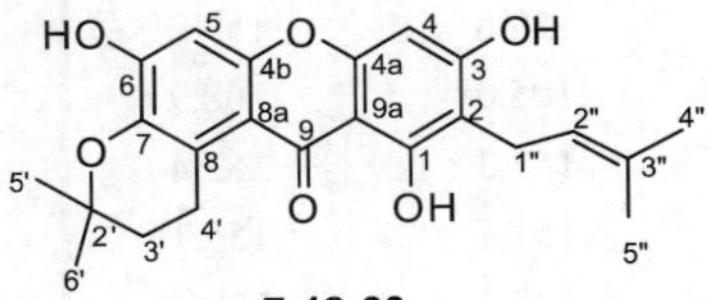

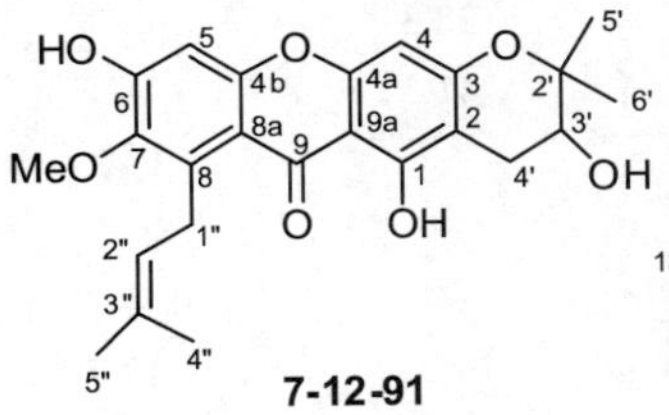

表 7-12-18 化合物 7-12-89~7-12-92 的 ^{13}C NMR 数据

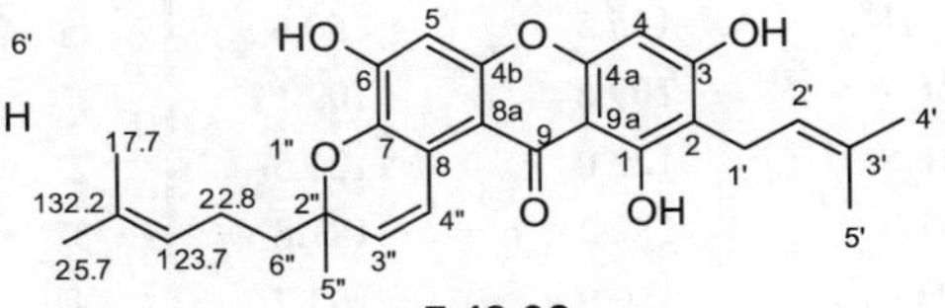

C	7-12-89[39]	7-12-90[42]	7-12-91[62]	7-12-92[18]	C	7-12-89[39]	7-12-90[42]	7-12-91[62]	7-12-92[18]
1	155.2	161.5	156.2	160.5	7	143.3	139.8	144.9	136.8
2	105.6	110.8	105.4	108.4	8	138.4	122.9	138.3	119.6
3	162.0	162.6	162.2	161.3	8a	113.8	111.3	114.9	108.6
4	89.6	93.0	94.4	93.4	9	177.5	183.2	178.9	182.6
4a	157.1	155.8	158.4	155.3	9a	107.2	103.7	107.6	103.8
4b	155.2	153.9	156.8	153.0	2'	75.7	75.2	79.5	79.4
5	101.3	101.3	102.3	102.3	3'	31.3	33.2	69.6	131.5
6	154.6	154.0	155.7	150.8	4'	16.9	23.2	27.1	121.4

续表

C	7-12-89[39]	7-12-90[42]	7-12-91[62]	7-12-92[18]	C	7-12-89[39]	7-12-90[42]	7-12-91[62]	7-12-92[18]
5'	26.1	26.4	20.7	25.7	4"	28.7	25.8	26.0	125.9
6'	26.1	26.4	25.6	40.4	5"	28.7	18.6	18.4	17.9
1"	21.8	21.9	27.1	21.5	3-OMe	55.6			
2"	43.9	123.5	125.7	121.4	7-OMe	60.9		61.3	
3"	70.7	131.3	131.4	125.9					

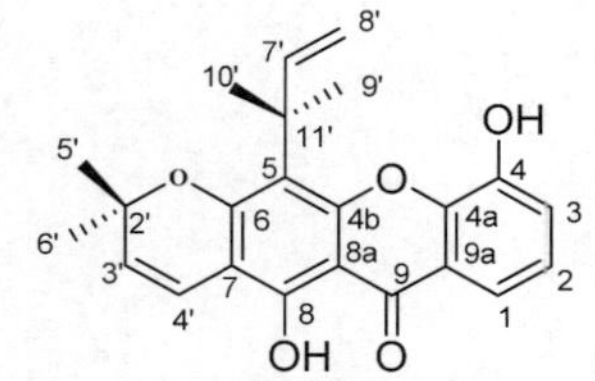

7-12-93 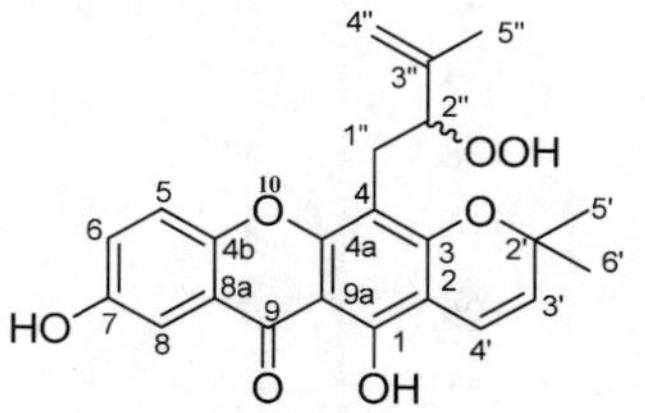 7-12-94 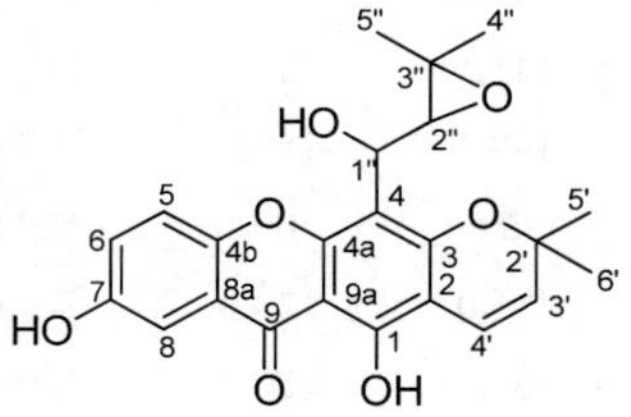 7-12-95

表 7-12-19 化合物 7-12-93~7-12-95 的 ^{13}C NMR 数据

C	7-12-93[63]	7-12-94[61]	7-12-95[61]	C	7-12-93[63]	7-12-94[61]	7-12-95[61]
1	116.0	156.4	157.9	3'	127.3	129.0	128.7
2	124.2	104.1	104.9	4'	116.1	116.4	115.7
3	119.6	159.8	159.2	5'	28.0	29.1	28.4
4	154.0	105.0	108.9	6'	28.0	29.1	28.6
4a	145.3	157.3	155.4	7'	155.8		
4b	156.7	151.1	155.1	8'	104.1		
5	113.2	120.4	120.1	9'	28.3		
6	159.4	125.8	125.5	10'	28.3		
7	104.1	155.5	150.6	11'	41.3		
8	156.7	109.6	109.1	1"		25.7	66.1
8a	116.8	122.0	121.5	2"		89.4	67.7
9	181.3	182.2	181.8	3"		146.2	58.2
9a	103.6	110.9	103.7	4"		113.7	25.1
2'	78.4	79.8	79.8	5"		17.8	19.8

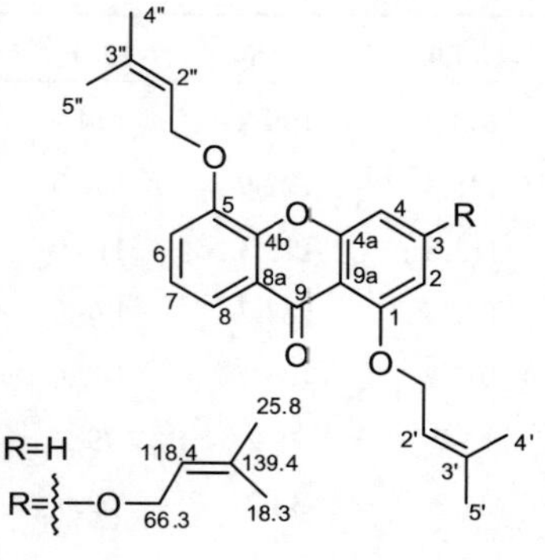

7-12-96 R=H

7-12-97 R=ξ—O—(66.3, 118.4, 139.4, 25.8, 18.3)

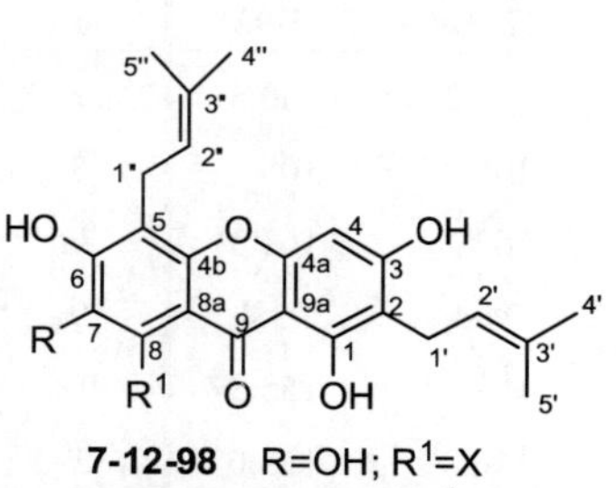

7-12-98 R=OH; R¹=X

7-12-99 R=OMe; R¹=X

7-12-100 R=OMe; R¹=Y

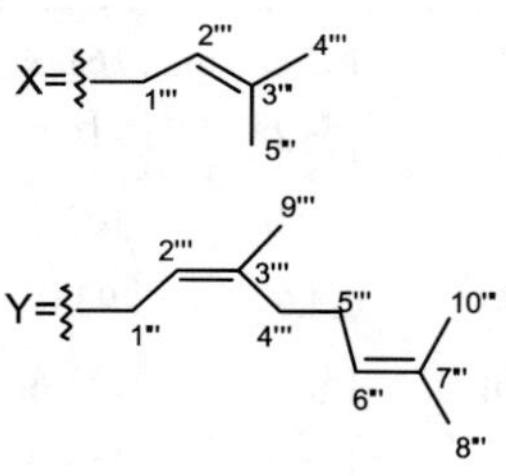

表 7-12-20 化合物 7-12-96 和 7-12-97 的 ^{13}C NMR 数据[64]

C	7-12-96	7-12-97	C	7-12-96	7-12-97	C	7-12-96	7-12-97
1	159.6	161.1	7	123.1	123.1	4'	25.8	25.8
2	106.2	93.6	8	117.8	117.9	5'	18.3	18.4
3	134.5	163.9	8a	124.0	124.2	1"	66.4	66.4
4	110.2	96.9	9	176.4	175.2	2"	119.4	119.4
4a	157.9	159.6	9a	112.7	107.4	3"	138.6	138.4
4b	145.7	145.6	1'	66.4	66.3	4"	25.9	25.8
5	147.3	147.1	2'	119.3	119.4	5"	18.4	18.4
6	116.6	116.3	3'	137.6	137.5			

表 7-12-21 化合物 7-12-98~7-12-100 的 ^{13}C NMR 数据

C	7-12-98[65]	7-12-99[66]	7-12-100[18]	C	7-12-98[65]	7-12-99[66]	7-12-100[18]
1	160.5	160.5	160.6	5'	17.9	17.9	17.9
2	108.2	108.3	108.4	1"	22.6	22.6	22.6
3	161.5	161.5	161.5	2"	121.0	121.1	121.1
4	93.2	93.2	93.2	3"	135.1	132.6	132.7
4a	155.1	155.0	155.0	4"	25.8	25.8	25.8
4b	151.3	153.5	153.5	5"	18.0	17.9	18.0
5	113.3	113.9	113.9	1'''	25.6	26.4	26.6
6	148.7	152.3	152.3	2'''	121.9	123.5	123.6
7	139.3	142.2	142.3	3'''	135.8	133.9	135.3
8	124.6	131.8	133.9	4'''	25.9	25.8	39.7
8a	111.3	111.9	120.0	5'''	18.0	18.1	26.3
9	183.1	182.4	182.4	6'''			124.3
9a	103.7	103.6	103.6	7'''			131.3
1'	21.5	21.4	22.4	8'''			25.6
2'	121.5	121.5	121.5	9'''			16.5
3'	133.7	135.7	135.7	10'''			17.7
4'	25.8	25.8	25.9	7-OMe		62.0	62.0

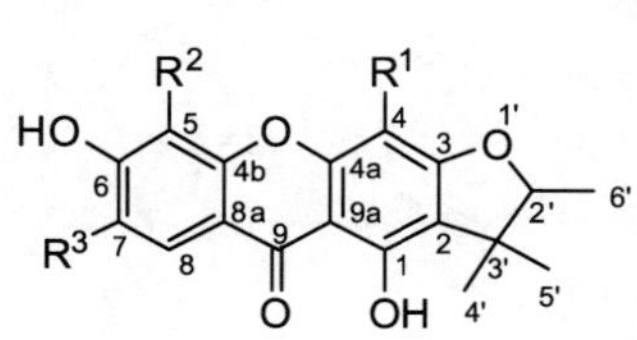

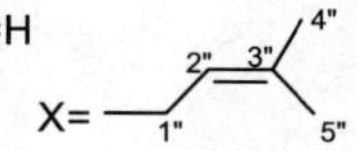

7-12-101 R^1=X; R^2=OH; R^3=H
7-12-102 R^1=OMe; R^2=OH; R^3=H
7-12-103 R^1=H; R^2=OMe; R^3=X
7-12-104 R^1=H; R^2=OH; R^3=X

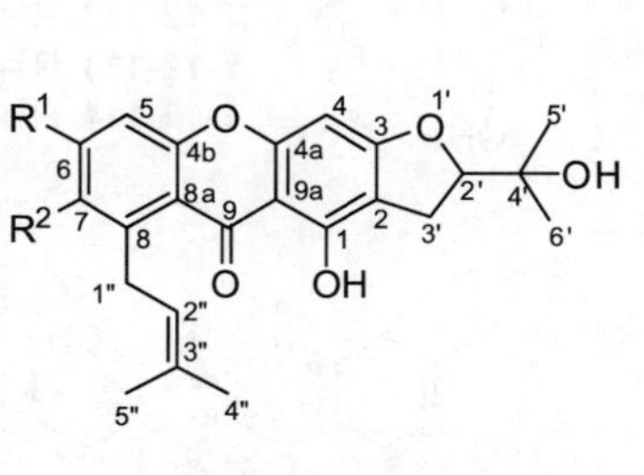

7-12-105 R^1=OH; R^2=OMe
7-12-106 R^1=H; R^2=OH

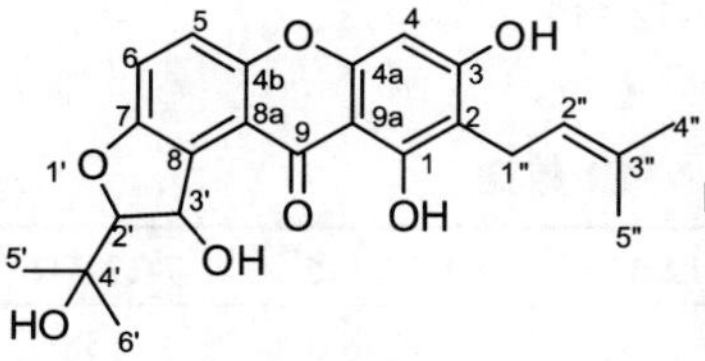

7-12-107

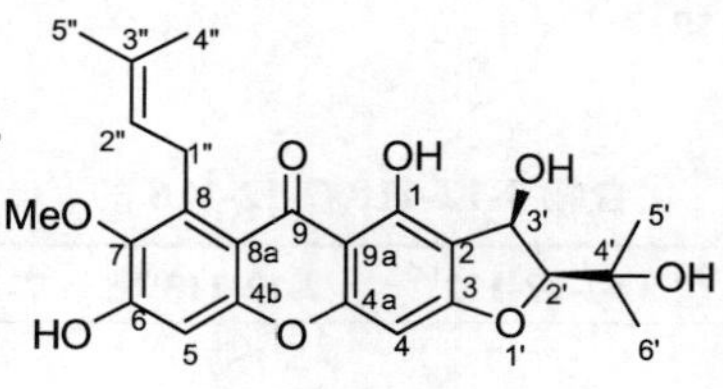

7-12-108

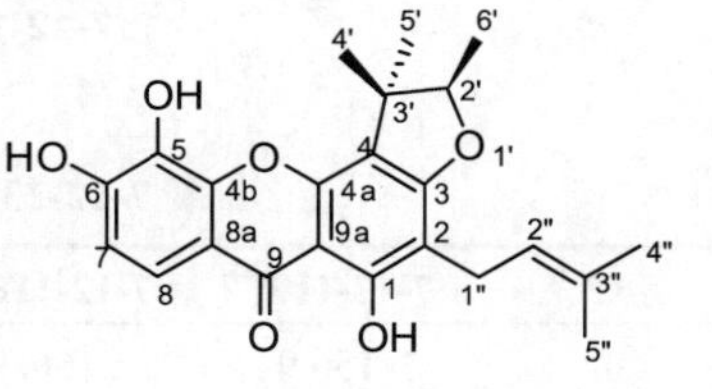

7-12-109

表 7-12-22　化合物 7-12-101~7-12-109 的 ^{13}C NMR 数据

C	7-12-101[67]	7-12-102[67]	7-12-103[53]	7-12-104[53]	7-12-105[68]	7-12-106[69]	7-12-107[69]	7-12-108[42]	7-12-109[37]
1	161.6	158.6	158.6	159.0	158.1	157.0	159.5	160.8	161.3
2	113.1	113.7	114.1	114.2	107.6	103.4	109.9	104.4	107.3
3	164.8	154.7	166.7	166.8	166.3	107.7	163.6	167.0	164.3
4	106.9	125.7	90.5	90.5	88.3	167.2	93.0	88.1	112.1
4a	151.9	152.4	159.3	160.1	155.8	87.9	155.2	158.9	150.6
4b	147.1	147.0	150.0	146.1	154.6	156.8	150.2	155.7	145.1
5	133.6	133.3	134.2	133.9	101.6	150.3	119.4	101.6	130.6
6	152.2	150.2	155.3	151.1	157.2	115.9	117.8	154.7	149.2
7	113.1	117.3	127.7	127.3	142.7	123.1	156.6	143.0	112.2
8	117.4	118.1	120.7	116.8	137.8	151.5	126.4	137.1	118.3
8a	114.9	114.6	117.9	117.8	112.2	127.0	180.3	113.5	114.6
9	181.2	181.7	181.3	182.0	182.2	182.8	117.2	182.5	180.1
9a	103.4	104.0	104.0	104.6	104.2	117.9	102.4	105.6	103.0
2'	91.3	92.3	92.1	92.1	91.8	91.7	97.2	98.5	90.3
3'	44.8	44.5	44.3	44.4	26.9	25.1	71.6	82.8	44.1
4'	25.8	25.4	25.8	26.0	72.0	70.0	69.8	85.5	21.7
5'	21.4	20.9	21.1	21.4	25.9	24.9	25.0	23.7	26.3
6'	14.6	14.3	14.9	15.0	25.9	25.8	25.9	18.1	14.4
1"	22.2		26.2	28.8	26.6	25.9	20.9	26.5	21.8
2"	122.8		122.6	123.3	123.2	123.4	122.2	122.9	121.6
3"	131.9		129.4	132.7	132.2	130.3	230.7	132.3	132.2
4"	25.8		29.0	26.4	23.9	25.6	25.5	25.7	25.8
5"	17.8		18.2	18.3	18.2	18.0	17.7	18.1	17.8
7-OMe								62.0	

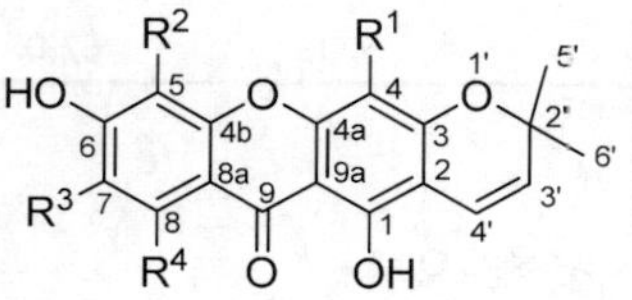

7-12-110 R¹=X; R²=H; R³=OH; R⁴=X'
7-12-111 R¹=X; R²=H; R³=OH; R⁴=Y
7-12-112 R¹=H; R²=X; R³=OH; R⁴=X'
7-12-113 R¹=H; R²=X'; R³=OMe; R⁴=X
7-12-114 R¹=Z; R²=H; R³=OH; R⁴=Y

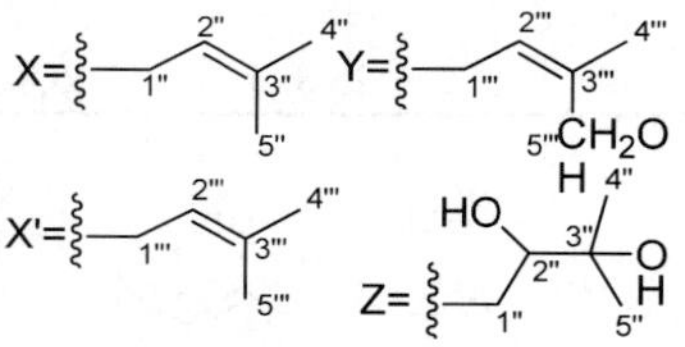

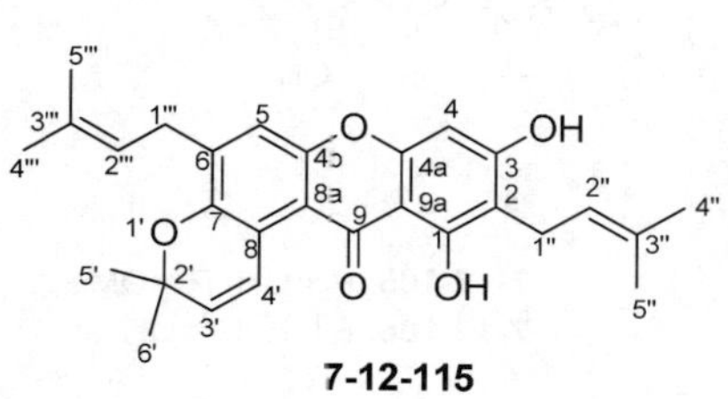

7-12-115

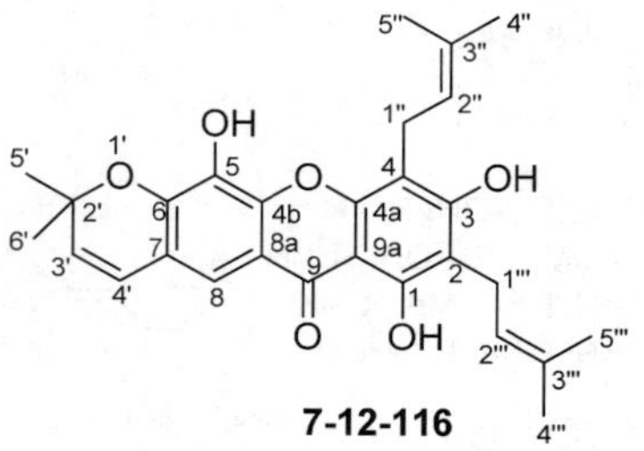

7-12-116

表 7-12-23　化合物 7-12-110~7-12-116 的 ^{13}C NMR 数据

C	7-12-110[24]	7-12-111[24]	7-12-112[25]	7-12-113[49]	7-12-114[24]	7-12-115[52]	7-12-116[20]
1	156.9	156.3	157.7	157.9	156.5	158.0	158.5
2	104.7	103.7	104.1	104.4	104.2	104.4	109.1

续表

C	7-12-110[24]	7-12-111[24]	7-12-112[25]	7-12-113[49]	7-12-114[24]	7-12-115[52]	7-12-116[20]
3	157.7	157.4	159.5	159.7	158.0	159.8	160.6
4	106.9	106.6	93.8	94.1	105.4	94.3	105.6
4a	154.4	154.0	156.1	156.2	154.9	156.5	152.6
4b	153.7	153.6	148.5	153.4	153.6	153.1	145.3
5	101.3	101.2	113.3	114.1	101.3	102.4	132.3
6	152.6	153.3	151.1	152.4	153.6	136.9	144.6
7	141.8	141.3	139.2	142.4	141.2	150.9	117.6
8	129.2	127.3	124.4	133.8	127.2	119.7	113.4
8a	111.9	111.0	111.1	111.9	111.0	108.6	114.5
9	183.5	183.1	182.8	182.4	183.2	182.5	180.7
9a	104.2	103.3	103.8	103.7	103.8	103.9	103.1
2'	78.5	78.1	77.7	77.9	78.3	78.0	78.8
3'	127.9	127.6	126.9	127.0	127.6	132.3	130.8
4'	116.5	116.1	115.6	115.8	116.1	121.0	121.9
5'	28.4	28.0	28.1	28.3	28.1	27.4	28.5
6'	21.9	28.0	28.1	28.3	28.1	27.4	28.5
1''	26.3	21.5	25.8	26.4	25.4	21.5	22.0
2''	123.4	122.9	121.7	123.5	78.3	121.1	121.6
3''	131.3	131.1	135.2	131.9	72.5	131.3	134.0
4''	25.9	25.4	25.8	25.8	25.4	25.8	25.9
5''	18.0	17.7	17.8	18.2	25.4	18.0	17.9
1'''	26.3	26.0	22.5	22.6	26.0	22.6	21.6
2'''	124.4	126.5	120.6	121.1	126.5	121.5	121.5
3'''	131.4	134.7	133.4	132.7	134.7	132.6	135.3
4'''	25.9	22.2	25.7	25.8	22.2	25.9	25.9
5'''	18.2	61.9	17.8	18.0	61.9	17.9	17.9
7-OMe				62.0			

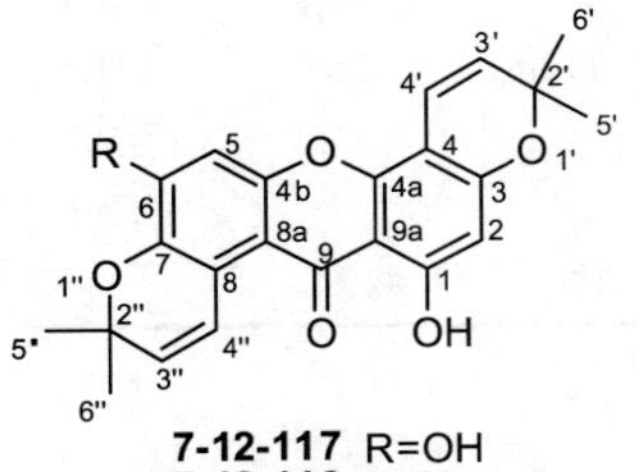

7-12-117 R=OH
7-12-118 R=H

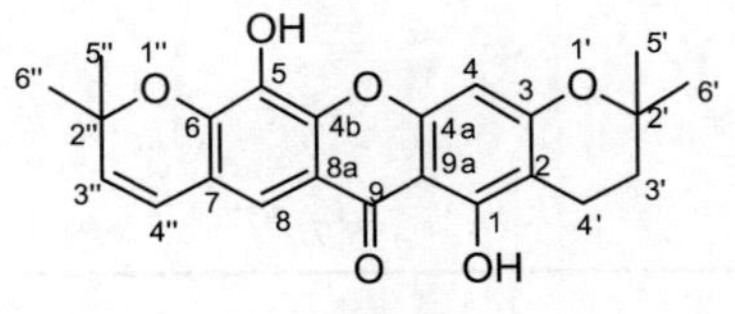

7-12-119

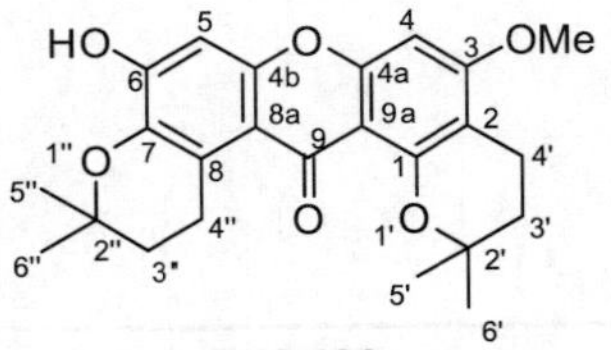

7-12-120

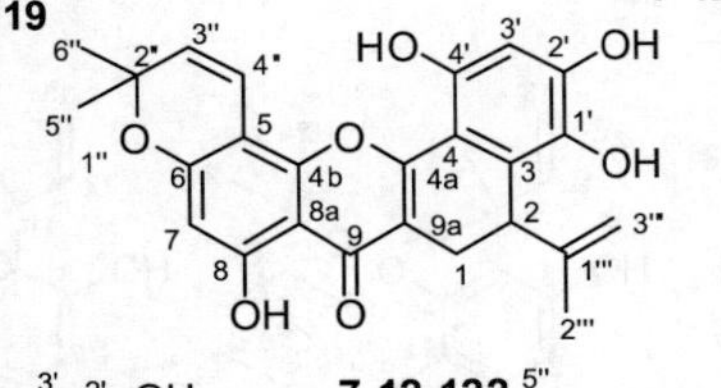

7-12-121

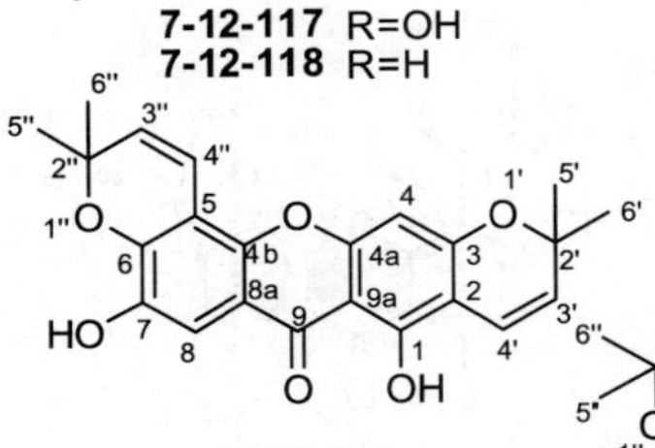

7-12-122

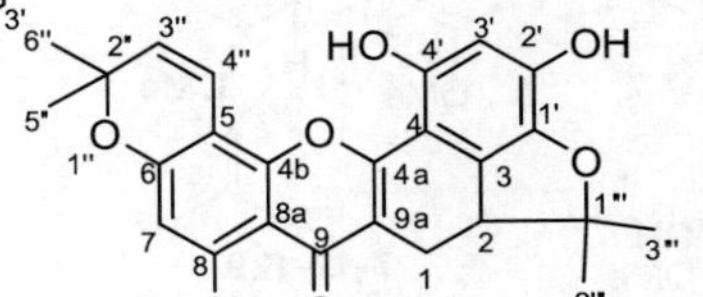

7-12-123

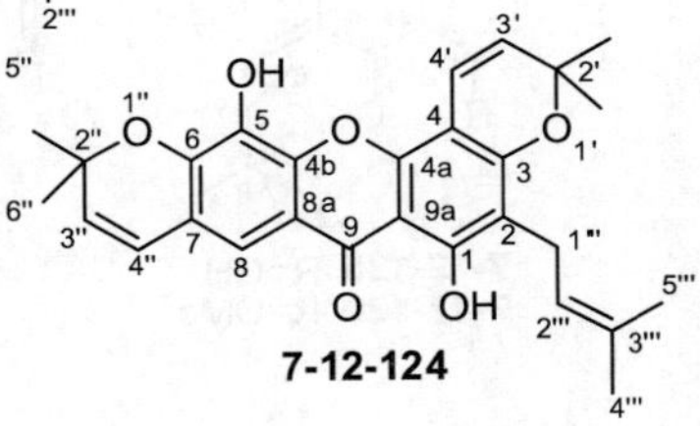

7-12-124

表 7-12-24　化合物 7-12-117~7-12-124 的 ^{13}C NMR 数据

C	7-12-117[70]	7-12-118[21]	7-12-119[71]	7-12-120[43]	7-12-121[39]	7-12-122[43]	7-12-122[72]	7-12-123[72]	7-12-124[20]
1	163.3	160.5	160.6	160.2	155.6	157.6	21.7	19.7	160.3
2	99.3	99.0	99.1	111.5	105.2	104.5	38.1	46.4	111.7
3	160.2	163.2	163.4	162.1	161.3	160.1	127.7	127.3	158.1
4	100.6	100.3	100.4	94.6	89.7	94.8	105.2	104.6	101.0
4a	151.4	151.5	154.6	155.8	157.2	156.9	161.7	160.5	149.8
4b	153.1	149.3	149.4	141.7	151.7	146.3	151.0	150.9	145.0
5	102.5	120.7	120.8	146.4	99.7	109.2	100.4	101.1	132.3
6	151.2	124.2	124.2	145.7	150.1	145.7	159.2	160.9	144.5
7	137.1	151.3	151.8	109.1	137.7	141.9	100.6	99.9	117.6
8	120.0	115.0	115.6	108.7	122.0	108.7	159.5	158.7	113.5
8a	108.7	119.9	119.0	114.8	114.1	114.0	151.0	104.0	114.8
9	182.6	183.3	181.5	180.1	177.4	180.0	180.1	180.6	180.3
9a	104.0	104.2	104.4	102.8	107.8	103.2	110.8	111.7	102.8
1'							134.7	136.8	
2'	78.2	75.5	78.1	72.7	75.2	78.1	144.8	145.9	78.9
3'	127.0	126.8	126.8	41.1	31.5	127.4	105.2	103.6	130.9
4'	115.3	114.9	115.1	16.0	17.1	115.6		150.2	121.5
5'	28.5	28.3	28.3	29.3	26.6	28.3			28.2
6'	28.5	28.3	28.3	29.3	26.6	28.3			28.2
2"	77.2	78.1	75.6	79.2	75.3	79.3	77.9	77.8	78.0
3"	132.6	232.7	132.8	129.7	33.1	129.9	128.7	127.3	126.8
4"	121.1	117.6	117.6	115.6	22.6	115.4	113.9	114.8	115.5
5"	27.5	27.3	27.4	28.3	26.5	28.2	27.9	27.9	28.5
6"	27.5	27.3	27.4	28.3	26.5	28.2	28.1	27.9	28.5
1'''							149.8	93.7	21.2
2'''							20.9	22.5	122.1
3'''							112.8	28.0	131.5
4'''									25.8
5'''									17.9
3-OMe					55.7				

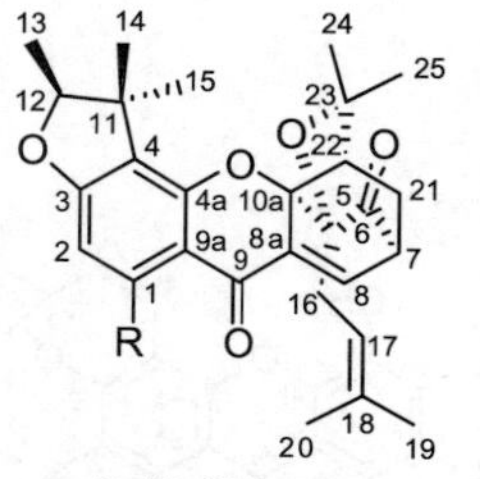

7-12-125 R=OH
7-12-126 R=OMe

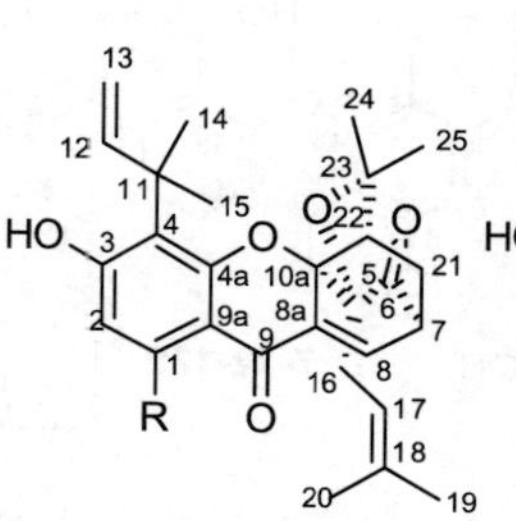

7-12-127 R=OH
7-12-128 R=OMe

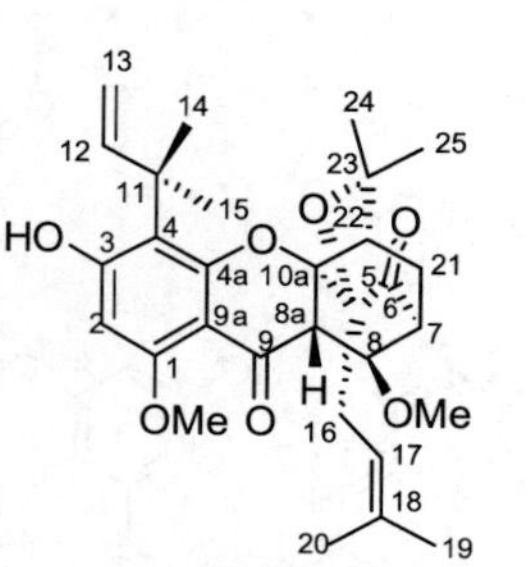

7-12-129

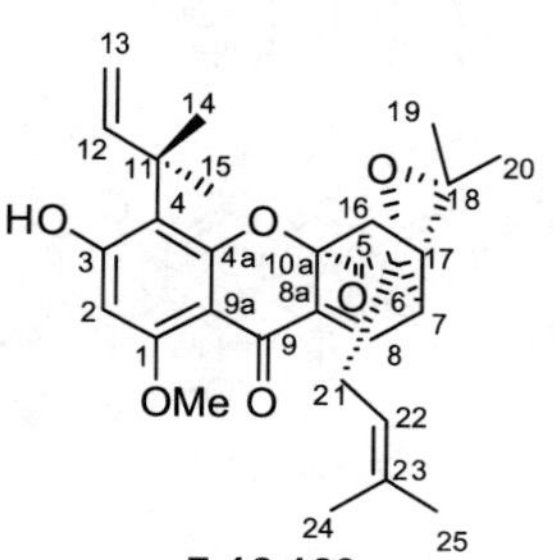

7-12-130

表 7-12-25 化合物 7-12-125~7-12-130 的 ^{13}C NMR 数据[73]

C	7-12-125	7-12-126	7-12-127	7-12-128	7-12-129	7-12-130
1	166.2	163.7	163.5	160.8	160.7	160.5
2	92.6	91.9	99.0	95.4	96.0	95.8
3	168.5	165.9	165.2	160.8	163.1	163.1
4	113.6	114.2	110.9	111.7	112.3	112.7
4a	156.0	158.4	160.3	162.1	162.1	161.8
5	84.6	84.5	85.0	84.8	87.3	200.6
6	203.7	204.3	204.2	204.6	209.8	78.9
7	47.1	46.9	47.5	47.1	46.6	44.1
8	134.2	132.3	134.3	132.0	74.7	131.2
8a	135.3	134.5	133.2	135.8	48.7	138.3
9	178.9	174.0	179.9	175.4	188.1	175.0
9a	101.4	104.6	101.8	105.1	106.5	106.0
10a	90.9	84.7	91.9	91.6	88.1	83.7
11	43.2	43.7	40.8	40.9	41.8	41.4
12	91.0	89.0	149.9	150.0	150.0	150.3
13	13.5	13.4	113.7	112.6	112.1	111.9
14	24.0	23.9	28.4	28.6	30.8	28.4
15	21.1	20.8	24.6	25.7	27.3	27.3
16	29.0	28.6	29.0	28.6	28.1	32.2
17	117.6	117.4	118.1	117.6	118.0	42.5
18	133.7	136.0	135.4	134.8	132.8	83.6
19	25.6	25.5	25.7	25.5	25.9	26.8
20	17.0	16.9	17.1	17.2	18.3	29.5
21	26.0	26.3	26.8	27.2	19.8	29.7
22	49.4	49.3	49.9	49.4	43.8	117.3
23	83.2	82.7	83.2	82.8	81.4	136.0
24	29.1	28.9	29.4	29.2	27.9	18.1
25	30.8	30.8	30.8	30.8	30.8	25.9
1-OMe		56.3		55.9	56.3	55.9
8-OMe					56.6	

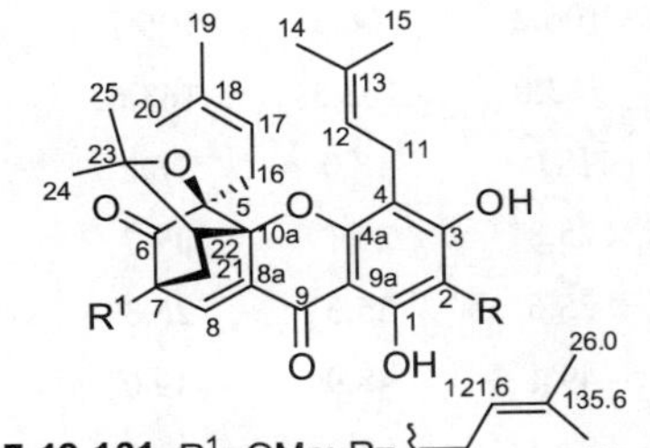

7-12-131 R^1=OMe; R= (prenyl: 22.9, 121.6, 135.6, 26.0, 18.3)
7-12-132 R^1=OH; R=H

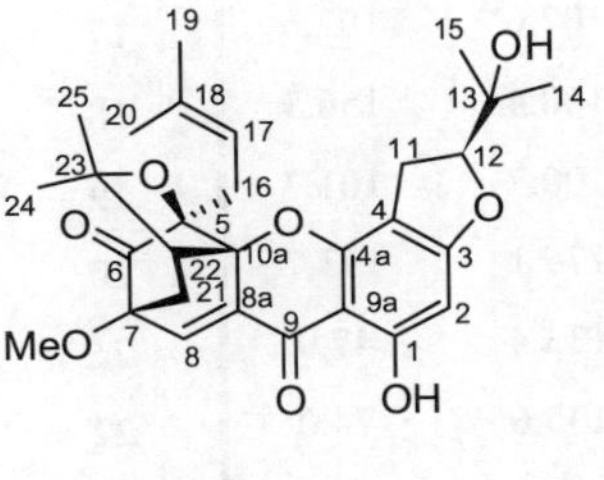

7-12-133
7-12-134 $\Delta^{11,12}$

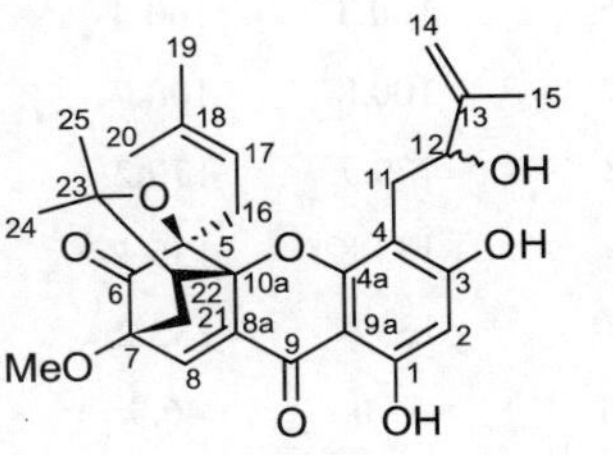

7-12-135

表 7-12-26　化合物 7-12-131~7-12-135 的 ^{13}C NMR 数据[33]

C	7-12-131	7-12-132	7-12-133	7-12-134	7-12-135	C	7-12-131	7-12-132	7-12-133	7-12-134	7-12-135
1	160.5	163.4	161.6	161.0	164.2	13	134.7	135.3	71.8	69.4	146.0
2	106.5	97.3	92.1	93.3	99.0	14	26.1	26.0	26.4	28.9	113.8
3	163.2	164.6	169.4	162.0	167.0	15	18.2	18.2	24.5	28.8	17.1
4	107.7	106.4	104.6	110.3	105.1	16	29.1	29.1	29.2	29.3	29.0
4a	156.3	158.2	155.4	153.6	158.6	17	117.8	117.4	117.8	118.2	117.4
5	84.4	84.0	84.2	84.3	84.3	18	135.8	135.9	135.5	135.8	135.8
6	202.8	203.9	201.5	201.3	201.9	19	25.8	25.7	25.8	25.7	25.7
7	85.0	79.5	84.9	85.0	85.0	20	17.0	17.0	17.1	17.1	16.9
8	134.2	137.9	134.5	135.3	134.6	21	30.5	30.8	30.1	29.9	30.4
8a	132.4	131.4	132.2	132.2	132.2	22	49.9	50.1	49.8	49.8	50.0
9	179.3	179.3	178.3	180.0	179.0	23	83.7	84.2	84.0	84.1	83.6
9a	101.1	101.4	101.3	102.5	101.2	24	29.3	29.3	29.2	30.7	30.3
10a	89.2	89.7	89.5	89.8	89.6	25	30.4	30.4	30.5	29.2	29.1
11	21.4	22.0	26.9	97.8	28.9	7-OMe	54.2		54.2	54.3	54.2
12	121.9	121.5	92.1	162.7	78.9						

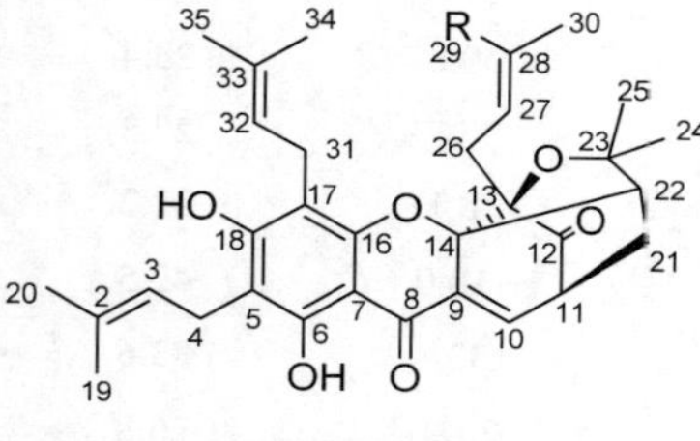

7-12-136 R=COOH
7-12-137 R=CH_3

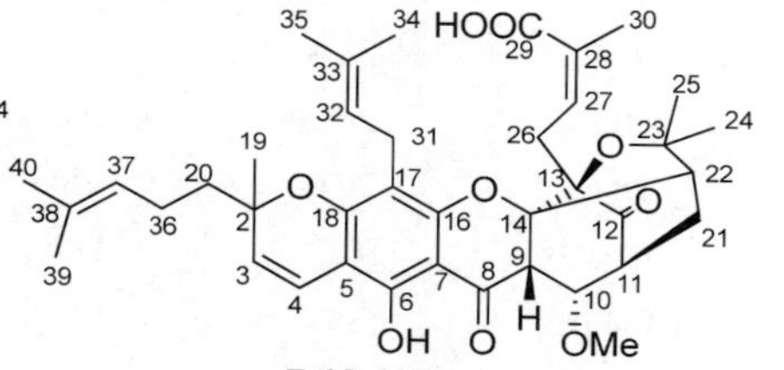

7-12-139

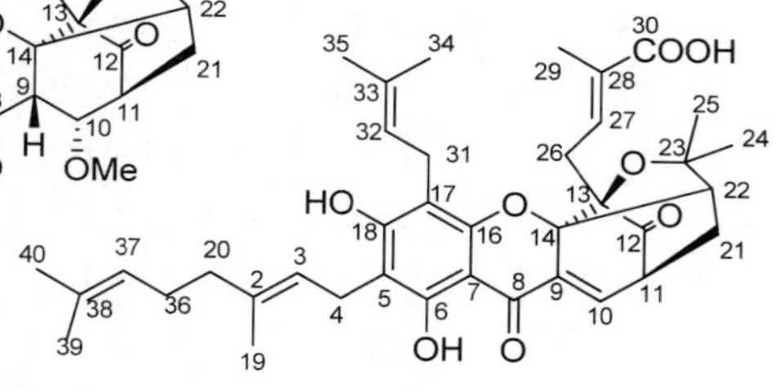

7-12-138

表 7-12-27　化合物 7-12-136~7-12-139 的 ^{13}C NMR 数据[74]

C	7-12-136	7-12-137	7-12-138	7-12-139	C	7-12-136	7-12-137	7-12-138	7-12-139
2	135.2	134.4	139.0	81.1	13	84.6	84.0	83.6	82.2
3	121.8	121.5	121.3	124.8	14	90.3	90.5	90.5	88.4
4	21.5	21.2	21.2	115.8	16	156.3	155.9	156.0	155.7
5	107.4	107.8	107.6	102.6	17	106.2	106.2	106.7	108.7
6	160.3	160.4	160.4	156.3	18	163.0	163.5	163.6	161.2
7	100.8	100.7	100.7	101.7	19	18.0	18.0	16.2	27.7
8	179.7	179.2	179.1	193.7	20	25.8	25.7	39.7	42.0
9	133.8	135.1	133.4	47.9	21	25.6	25.3	25.3	19.9
10	133.9	135.2	135.6	74.0	22	49.1	48.9	49.0	43.5
11	47.0	46.9	46.9	43.9	23	83.2	83.9	83.7	86.3
12	203.6	203.2	203.2	208.6	24	29.1	29.0	28.9	27.2

续表

C	7-12-136	7-12-137	7-12-138	7-12-139	C	7-12-136	7-12-137	7-12-138	7-12-139
25	30.1	29.7	29.9	29.7	34	18.1	18.0	18.0	18.0
26	29.7	29.5	28.9	28.0	35	25.9	25.8	25.7	25.6
27	117.8	137.7	136.9	139.8	36			26.4	22.7
28	134.4	128.6	128.8	127.0	37			123.9	123.7
29	16.8	170.1	11.4	172.4	38			131.8	131.9
30	25.8	20.8	172.4	20.5	39			17.7	17.6
31	22.1	22.1	22.1	21.5	40			25.7	25.6
32	121.6	121.8	122.0	122.5	10-OMe				55.8
33	135.0	135.1	133.8	131.2					

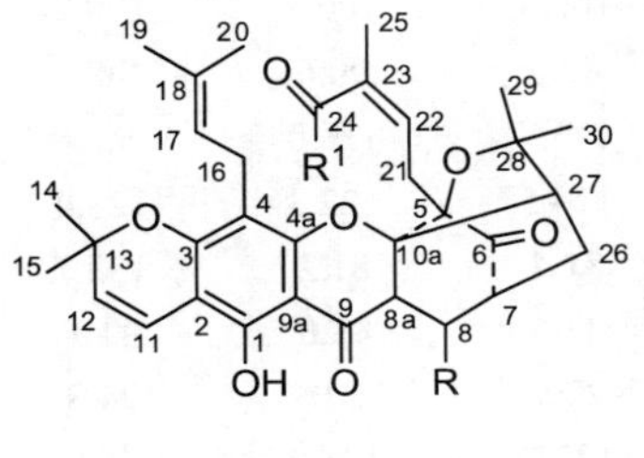

7-12-140 R=H; R^1=OMe
7-12-141 R=OH; R^1=OH

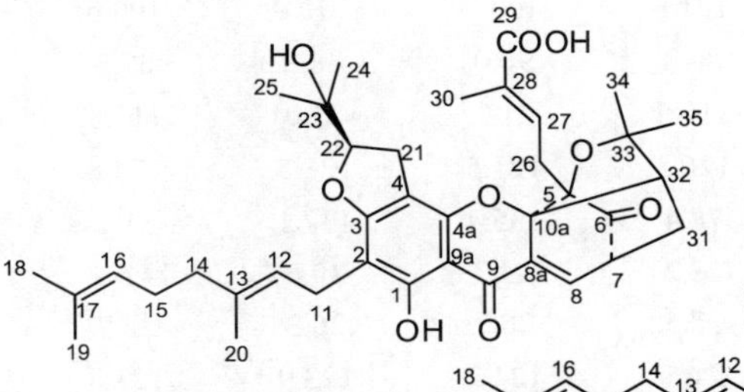

7-12-142

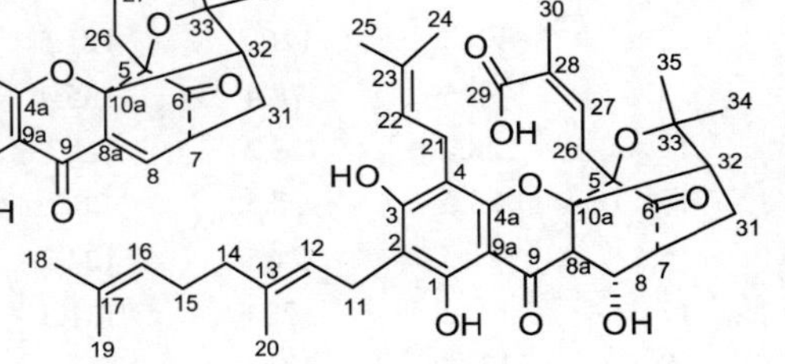

7-12-143

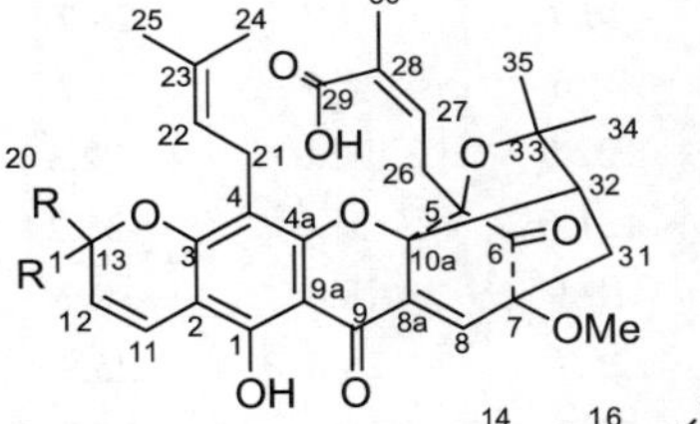

7-12-144 R=β-CH_3; R^1=α-

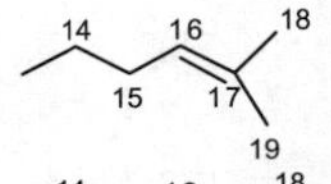

7-12-145 R=α-CH_3; R^1=β-

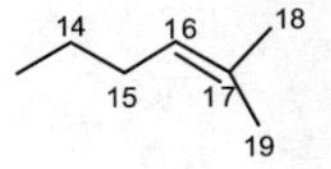

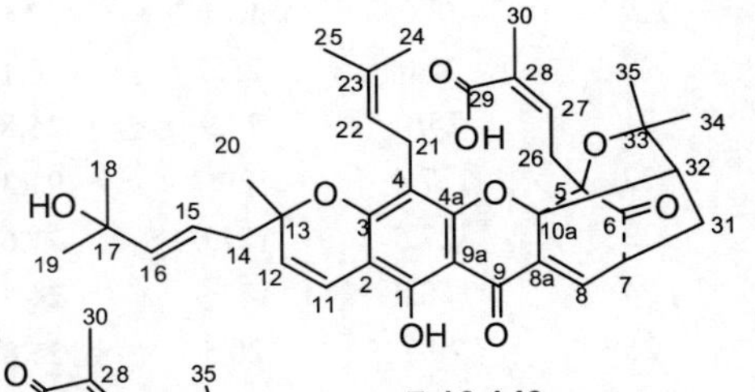

7-12-146

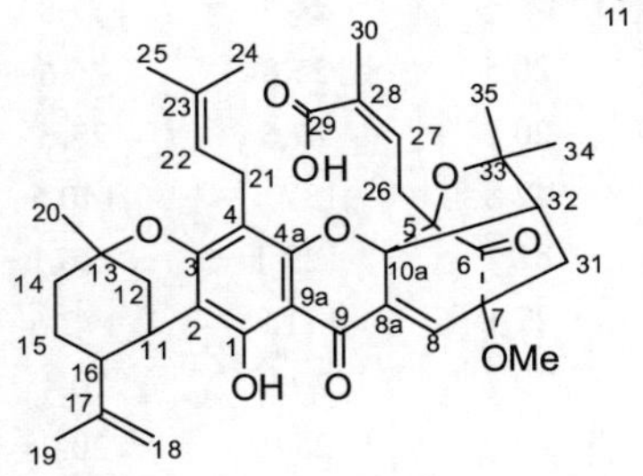

7-12-148

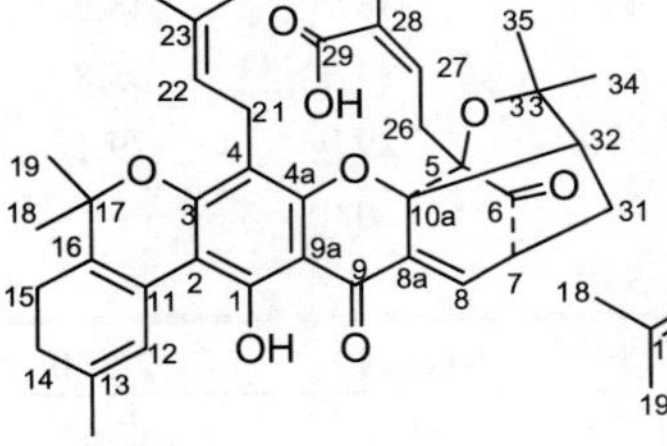

7-12-147

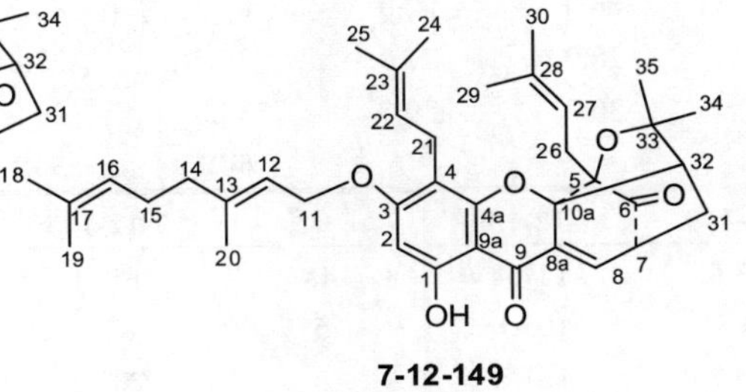

7-12-149

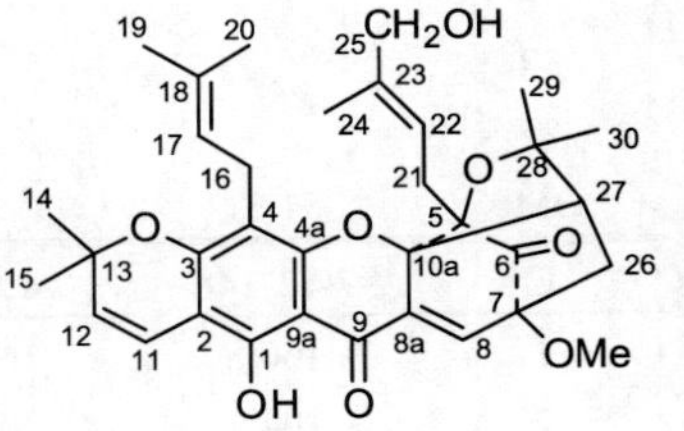

7-12-150

表 7-12-28　化合物 7-12-140~7-12-150 的 ^{13}C NMR 数据[75]

C	7-12-140	7-12-141	7-12-142	7-12-143	7-12-144	7-12-145	7-12-146	7-12-147
1	156.0	156.4	163.1	159.1	157.5	157.4	157.4	161.5
2	102.3	103.0	105.1	108.0	102.9	102.7	102.0	105.3
3	160.5	161.1	167.4	163.1	161.5	161.6	161.3	162.3
4	108.8	109.0	103.8	106.1	107.8	107.6	107.3	108.1
4a	155.8	155.7	152.9	153.8	157.1	157.1	157.7	155.0
5	86.5	86.5	84.1	86.3	83.3	83.4	83.7	84.0
6	210.7	209.7	203.0	210.0	201.9	201.9	203.8	203.5
7	38.6	46.6	46.8	46.3	84.7	84.7	47.1	46.7
8	21.8	65.6	134.4	65.4	135.6	135.4	134.7	135.0
8a	39.1	50.0	133.7	49.7	131.5	131.7	133.7	133.5
9	195.6	194.1	178.1	194.0	178.2	178.1	179.0	178.9
9a	102.8	101.8	100.7	101.8	100.6	100.4	100.5	100.2
10a	88.7	88.3	90.0	88.2	89.7	89.6	90.6	90.4
11	115.4	115.3	21.2	21.0	115.8	115.7	116.0	32.8
12	126.2	126.3	121.5	121.5	124.8	124.5	123.3	123.4
13	78.3	78.4	135.4	137.1	81.2	81.4	81.2	133.7
14	28.2	28.2	39.7	39.6	41.6	41.9	45.0	31.1
15	28.5	28.5	26.7	26.3	22.7	22.7	121.1	24.8
16	21.5	21.5	124.2	123.9	123.8	123.7	141.4	45.0
17	131.9	122.6	131.3	131.4	132.0	131.8	71.8	131.9
18	131.0	131.0	25.7	25.5	25.6	25.6	30.1	27.4
19	18.0	18.1	17.6	17.5	17.6	17.6	29.1	19.9
20	25.6	25.6	16.1	16.0	26.9	27.7	28.7	23.3
21	28.1	27.9	26.8	21.8	21.6	21.5	21.7	21.8
22	137.4	129.7	91.3	121.6	122.0	122.0	122.3	122.5
23	127.5	127.0	71.6	135.2	131.6	131.6	131.2	131.1
24	168.2	172.9	24.2	17.8	18.1	18.0	18.2	18.1
25	20.7	20.5	25.8	25.6	25.7	25.6	25.8	25.8
26	23.5	20.2	29.6	27.6	29.2	29.1	29.7	29.3
27	44.4	42.8	137.5	140.5	137.9	138.4	136.2	137.2
28	82.2	82.2	129.1	126.1	127.7	127.6	128.7	127.6
29	27.3	27.1	171.8	172.6	171.1	171.7	168.8	170.8
30	29.7	29.7	20.6	20.4	20.7	20.7	20.9	20.8
31			25.0	20.0	30.4	30.2	25.3	25.2
32			48.7	42.6	49.5	49.4	48.9	48.9
33			84.0	82.0	84.2	84.2	83.8	83.8
34			28.9	27.0	28.7	28.8	29.0	29.1
35			30.0	29.5	30.0	29.9	30.0	
OMe	51.3				54.1	54.1		

C	7-12-148	7-12-149	7-12-150	C	7-12-148	7-12-149	7-12-150
1	160.8	163.6	157.4	4a	155.1	157.3	157.5
2	104.2	93.5	103.1	5	83.8	84.7	83.8
3	164.6	165.7	161.2	6	202.2	203.6	201.6
4	106.3	108.8	108.5	7	84.6	46.9	84.9

续表

C	7-12-148	7-12-149	7-12-150	C	7-12-148	7-12-149	7-12-150
8	134.5	133.8	134.7	22	122.2	122.2	118.0
8a	132.3	133.8	132.2	23	131.2	131.8	138.3
9	177.8	179.6	179.6	24	18.1	18.1	12.6
9a	99.6	100.7	100.8	25	25.8	25.8	68.0
10a	89.1	90.3	89.2	26	29.1	28.8	30.1
11	28.8	65.7	115.4	27	137.9	117.9	49.7
12	36.4	118.6	126.4	28	127.9	135.0	84.2
13	77.2	141.8	78.8	29	171.2	16.7	29.0
14	39.2	39.4	28.3	30	20.7	25.5	30.2
15	22.7	26.2	28.3	31	30.2	25.5	
16	48.0	123.6	21.6	32	49.4	49.2	
17	80.0	122.7	121.8	33	84.3	83.2	
18	108.6	25.7	132.0	34	28.8	31.6	
19	23.0	17.7	18.2	35			
20	28.4	16.7	25.8	OMe			54.0
21	21.8	21.8	28.3				

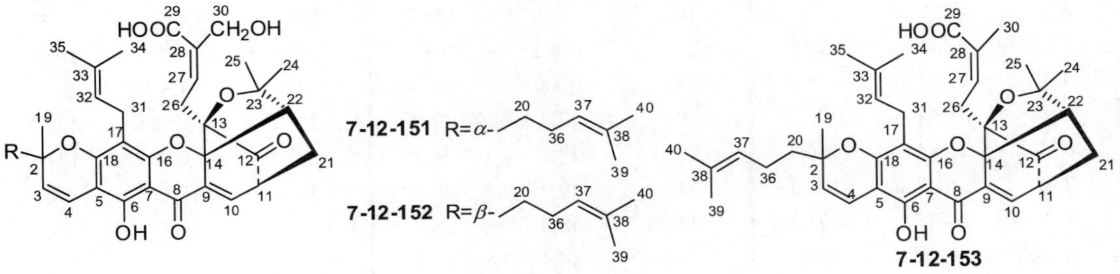

7-12-151 R=α-

7-12-152 R=β-

7-12-153

表 7-12-29 化合物 7-12-151~7-12-153 的 ^{13}C NMR 数据

C	7-12-151[77]	7-12-152[77]	7-12-153[78]	C	7-12-151[77]	7-12-152[77]	7-12-153[78]
2	81.2	81.4	80.9	18	161.5	161.6	161.3
3	125.0	124.7	124.3	19	37.6	27.7	26.8
4	115.8	115.7	115.3	20	41.7	41.9	41.6
5	103.0	102.8	102.6	21	25.1	25.1	25.1
6	157.5	157.4	157.5	22	48.9	48.9	48.9
7	100.5	100.5	100.3	23	84.1	84.1	83.5
8	179.1	179.1	178.8	24	28.8	28.8	28.8
9	133.1	133.2	133.1	25	29.9	29.9	29.8
10	135.8	135.8	135.3	26	29.1	29.1	29.2
11	46.9	46.8	46.7	27	140.5	140.5	138.4
12	203.1	203.2	203.3	28	131.2	131.0	127.4
13	83.6	82.7	83.5	29	169.9	169.9	171.6
14	90.9	90.0	90.9	30	64.7	64.7	20.6
16	157.4	157.3	157.3	31	21.6	21.6	21.5
17	108.0	107.7	107.5	32	122.0	122.0	122.2

续表

C	7-12-151[77]	7-12-152[77]	7-12-153[78]	C	7-12-151[77]	7-12-152[77]	7-12-153[78]
33	131.7	131.8	131.3	37	123.7	123.7	123.8
34	18.2	18.1	18.0	38	132.3	131.8	131.6
35	25.7	25.6	25.6	39	17.6	17.6	17.5
36	22.5	22.7	22.7	40	25.7	25.6	25.6

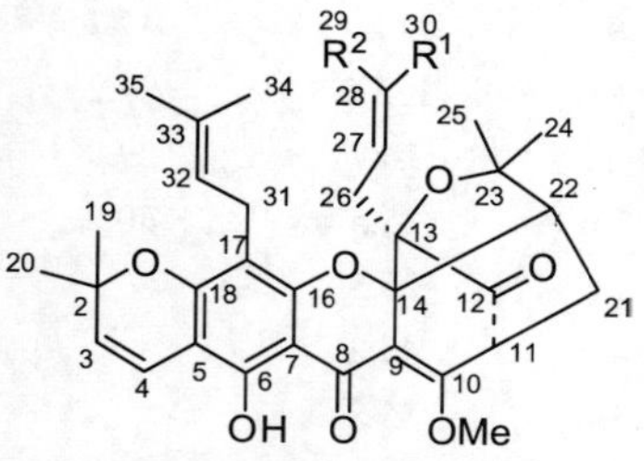

7-12-154 $R^1=CH_3$; $R^2=COOH$
7-12-155 $R^1=CHO$; $R^2=CH_3$

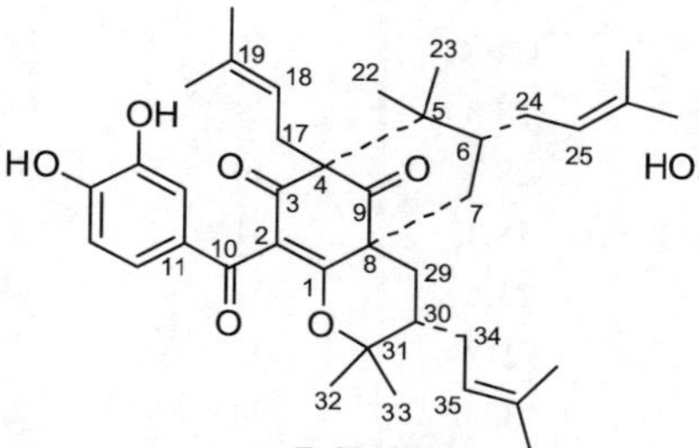

7-12-156

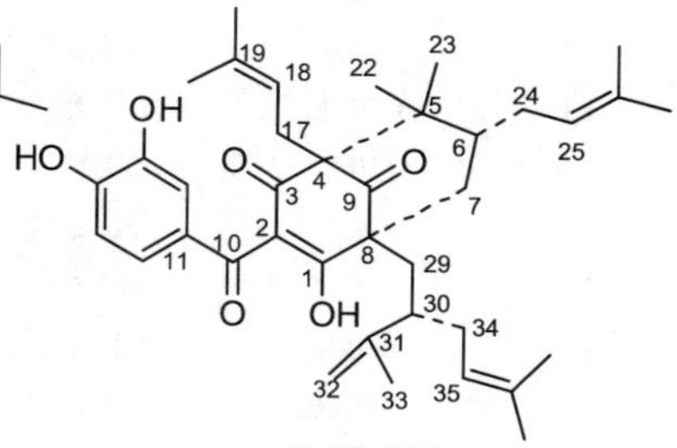

7-12-157

表 7-12-30　化合物 7-12-154 和 7-12-155 的 ^{13}C NMR 数据[79]

C	7-12-154	7-12-155	C	7-12-154	7-12-155	C	7-12-154	7-12-155
2	78.5	78.6	16	155.6	155.5	29	171.3	9.3
3	126.5	126.5	17	109.2	109.2	30	20.7	195.2
4	115.3	115.2	18	161.0	160.9	31	21.5	21.6
5	103.1	103.3	19	27.2	27.6	32	122.5	122.3
6	156.4	156.4	20	28.2	28.2	33	131.3	131.5
7	101.9	101.8	21	19.9	20.0	34	18.1	18.1
8	193.7	193.3	22	48.0	48.5	35	25.7	25.7
9	43.5	43.5	23	86.4	85.9	36		
10	73.9	74.1	24	28.6	28.6	37		
11	43.9	43.7	25	29.8	29.8	38		
12	208.4	208.2	26	27.9	27.3	39		
13	82.5	82.1	27	138.1	148.9	40		
14	88.3	88.3	28	127.9	139.9	10-OMe	55.9	56.0

表 7-12-31　化合物 7-12-156 和 7-12-157 的 ^{13}C NMR 数据[80]

C	7-12-156	7-12-157	C	7-12-156	7-12-157	C	7-12-156	7-12-157
1	171.9	194.0	10	194.7	199.1	19	134.6	135.5
2	114.4	116.0	11	129.9	127.8	20	25.7	26.2
3	193.3	195.2	12	119.7	116.6	21	17.8	18.4
4	68.3	69.9	13	144.9	143.9	22	22.2	22.9
5	46.2	49.8	14	150.8	149.9	23	26.3	27.2
6	46.1	47.0	15	114.6	114.4	24	29.5	29.1
7	42.8	42.7	16	121.4	120.2	25	125.3	123.9
8	51.2	58.1	17	25.8	27.2	26	133.7	133.1
9	207.3	207.1	18	123.8	122.8	27	25.5	25.9

续表

C	7-12-156	7-12-157	C	7-12-156	7-12-157	C	7-12-156	7-12-157
28	17.9	18.1	32	28.2	112.9	36	133.1	132.2
29	28.5	36.3	33	21.1	17.8	37	25.4	26.0
30	29.2	43.7	34	39.3	32.8	38	17.7	18.1
31	86.8	148.2	35	124.9	124.2			

7-12-158 R^1=H; R^2=OH; R^3=H; R^4=OH; R^5=A
7-12-159 R^1=OH; R^2=H; R^3=OH; R^4=OH; R^5=B
7-12-160 R^1=OH; R^2=H; R^3=OH; R^4=OH; R^5=C
7-12-161 R^1=OH; R^2=H; R^3=OH; R^4=OH; R^5=D
7-12-162 R^1=OH; R^2=H; R^3=OH; R^4=OMe; R^5=D

表 7-12-32 化合物 7-12-158~7-12-162 的 ^{13}C NMR 数据[82]

C	7-12-158[81]	7-12-159	7-12-160	7-12-161	7-12-162
1	109.5	107.1	108.2	107.2	111.0
2	155.5	159.2	159.1	159.2	158.6
3	93.9	95.2	95.5	95.5	95.2
4	159.4	164.0	163.8	164.0	164.9
5	96.6	97.7	98.0	98.0	96.2
6	156.4	162.3	161.6	161.6	160.5
7	192.8	199.4	199.1	199.1	198.7
1'	130.1	143.9	143.5	143.5	142.8
2'	131.4	107.9	108.2	108.2	108.5
3'	115.1	159.5	159.3	159.2	159.4
4'	161.8	107.3	107.2	107.2	107.7
5'	115.1	159.5	159.3	159.2	159.4
6'	131.4	107.9	108.2	108.2	107.7
1"	98.9	107.7	102.1	102.1	102.4
2"	70.0	80.4	74.1	74.2	74.3
3"	70.1	80.5	74.1	77.1	77.7
4"	71.5	85.9	73.0	70.7	70.7
5"	69.5	62.8	63.6	66.7	66.7
6"	17.9				
OAc		172.4/20.7	172.0/20.6		
OCH_3					55.9

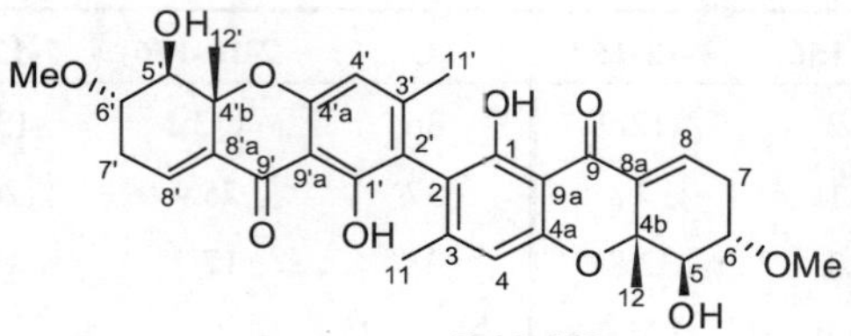

7-12-163 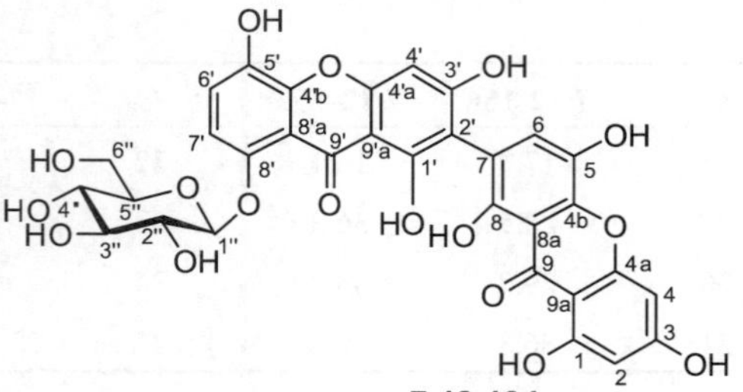　　**7-12-164**

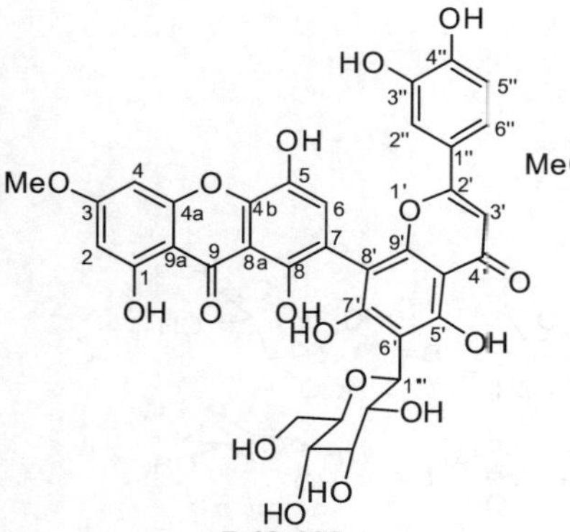

7-12-165 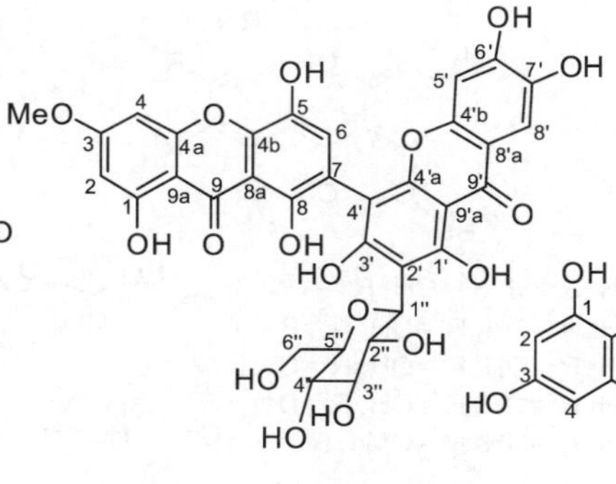　　**7-12-166** 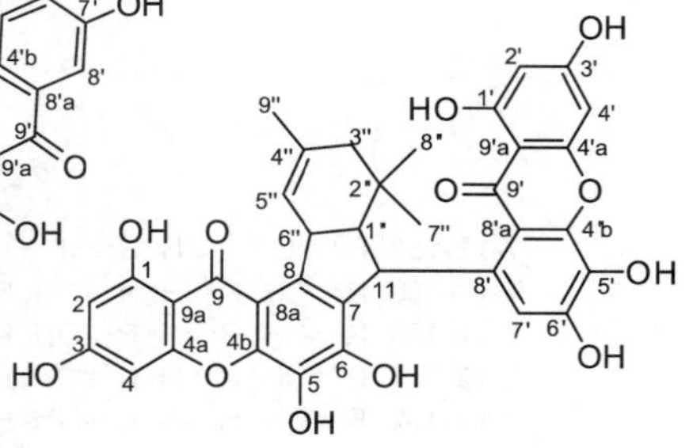　　**7-12-167**

表 7-12-33　化合物 7-12-163~7-12-167 的 ^{13}C NMR 数据

C	7-12-163[83]	7-12-164[28]	7-12-165[84]	7-12-166[85,86]	7-12-167[87]	C	7-12-163[83]	7-12-164[28]	7-12-165[84]	7-12-166[85,86]	7-12-167[87]
1	160.5	162.2	161.9	162.0	165.1	5'	75.9	137.4	159.0	102.3	131.5
2	115.9	98.6	97.7	97.7	98.7	6'	76.9	122.7	107.6	155.0	151.6
3	150.8	167.8	166.9	167.1	166.1	7'	30.9	112.7	160.1	144.1	114.2
4	109.3	94.4	93.1	93.1	94.7	8'	133.3	151.0	103.2	107.6	133.0
4a	158.3	157.5	157.5	157.5	158.8	8'a	135.6	107.3		111.1	113.8
4b	82.3	142.8	143.4	143.3	158.8	9'	185.3	184.1	153.5	179.3	182.9
5	75.9	137.8	136.9	136.8	132.0	9'a	105.3	100.9		101.3	104.1
6	76.9	126.7	126.7	127.1	147.6	10'			103.5		
7	30.9		112.7	113.3	144.2	11'	21.0				
8	133.3	149.5	150.3	150.4	139.4	12'	20.0				
8a	135.6	107.2	108.6	107.6	110.1	1''			121.4	74.2	62.7
9	185.3	181.1	184.2	184.2	184.8	2''			113.5	71.8	34.0
9a	105.3	101.8	102.2	102.2	103.9	3''			149.7	78.0	41.3
11	21.0				43.2	4''			145.5	69.5	132.5
12	20.0					5''			115.7	81.2	123.3
1'	160.5	160.5		160.1	164.9	6''			107.6	60.2	46.5
2'	115.9	113.2	163.8	106.8	98.8	7''					29.6
3'	150.8	167.2	102.5	160.9	166.2	8''					29.4
4'	109.3	95.0	182.2	102.9	94.2	9''					24.2
4'a	158.3	155.6		153.7	158.3	1'''			74.0		
4'b	82.3	144.8		151.1	158.3	2'''			71.7		

续表

C	7-12-163[83]	7-12-164[28]	7-12-165[84]	7-12-166[85,86]	7-12-167[87]	C	7-12-163[83]	7-12-164[28]	7-12-165[84]	7-12-166[85,86]	7-12-167[87]
3'''			78.2			3-OMe			56.4	56.4	
4'''			69.4			6-OMe	57.3				
5'''			81.3			6'-OMe	57.3				
6'''			60.3								

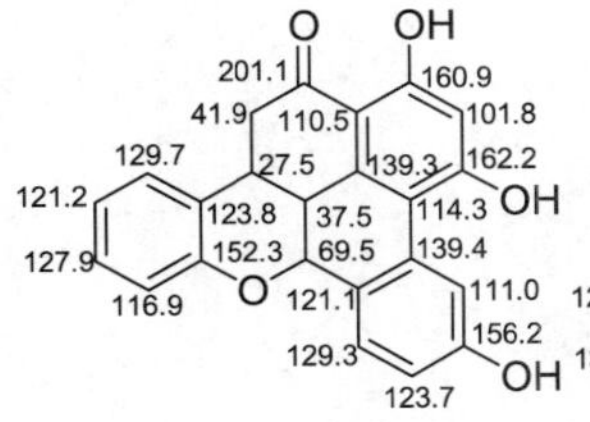

7-12-168[88]

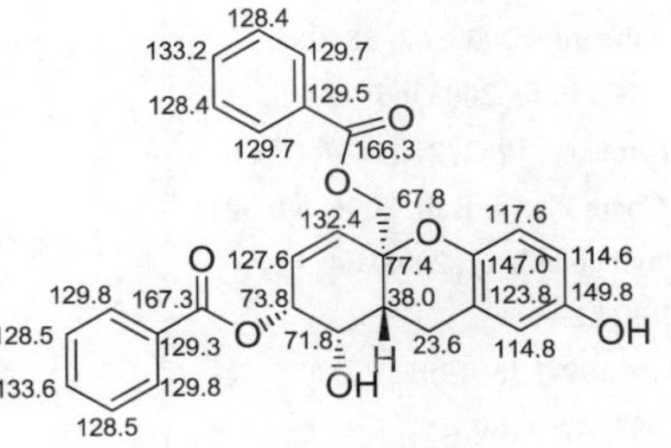

7-12-169[89]

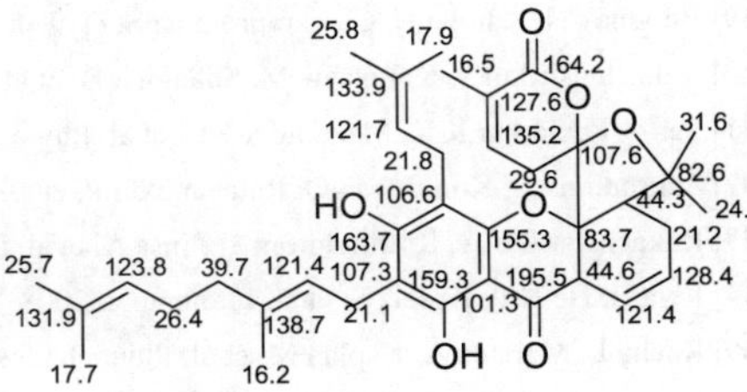

7-12-170[75]

参考文献

[1] 蔡乐，王曙，李涛等. 华西药学杂志, 2006, 21: 111.
[2] 许旭东，杨峻山. 中国药学杂志, 2005, 40: 657.
[3] Zhang Z, El-Sohly H N, Jacob M R, et al. Planta Med, 2002, 68: 49.
[4] 张媛媛，管棣，谢青兰等. 中国药学杂志, 2007, 42: 1299.
[5] 康文艺，李彩芳，宋艳丽. 中国中药杂志, 2008, 33: 1982.
[6] Iinuma M, Tosa H, Tanaka T, et al. Phytochemistry, 1994, 35: 527.
[7] Yimdjo M C, Azebaze A G, Nkengfack A E, et al. Phytochemistry, 2004, 65: 2789.
[8] Yang X D, Xu L Z, Yang S L. Phytochemistry, 2001, 58: 1245.
[9] Wang H, Ye G, Ma C H, et al. J Pharm Biomed Anal, 2007, 45: 793.
[10] 邓芹英，李宣，杨舜娟等. 中山大学学报：自然科学版, 1997, 36(增刊 2): 64.
[11] Kijjoa A, Jose M, Gonzalez T G, et al. Phytochemistry, 1998, 49: 2159.
[12] Nguemeving J R, Azebaze A G B, Kuete V, et al. Phytochemistry, 2006, 67: 1341.
[13] 谭桂山，徐康平，徐平声等. 药学学报, 2002, 37: 630.
[14] Fukamiya N, Okano M, Kondo K, et al. J Nat Prod, 1990, 53: 1543.
[15] 卞庆亚，侯翠英，陈建民. 天然产物研究与开发, 1998, 10: 1.
[16] 潘莉，张晓峰，王明奎等. 中草药, 2002, 33: 583.
[17] Frahm A W, Chaudhuri R K. Tetrahedron, 1979, 35: 2035.
[18] Mahabusarakam W, Chairerk P, Taylor W C. Phytochemistry, 2005, 66: 1148.
[19] Laphookhieo S, Syers J K, Kiattansakul R, et al. Chem Pharm Bull, 2006, 54: 745.
[20] Ito C, Miyamoto Y, Nakayama M, et al. Chem Pharm Bull, 1997, 45: 1403.
[21] Chang C H, Lin C C, Hattori M, et al. J Ethnopharmacol, 1994, 44: 79.
[22] Lannang A M, Komguem J, Ngninzeko F, et al. Phytochemistry, 2005, 66: 2351.
[23] Komguem J, Meli A L, Manfouo R N, et al. Phytochemistry, 2005, 66: 1713.
[24] Han Q B, Yang N Y, Tian H L, et al. Phytochemistry, 2008, 69: 2187.
[25] Zelefack F, Guilet D, Fabre N, et al. J Nat Prod, 2009, 72: 954.
[26] Chen Y H, Chang F R, Lin Y J, et al. Food Chem, 2008, 107: 684.
[27] 姜勇，屠鹏飞. 中草药, 2002, 33: 875.
[28] Urbain A, Marston A, Grilo L, et al. J Nat Prod, 2008, 71: 895.

[29] 郑兴, 许云龙, 徐军. 中国中药杂志, 1998, 23: 98, 128.

[30] 孔德云, 蒋毅, 姚英等. 中草药, 1995, 26: 7.

[31] Rancon S, Chaboud A, Darbour N, et al. Phytochemistry, 1999, 52: 1677.

[32] Hase K, Li J, Basnet P, et al. Chem Pharm Bull, 1997, 45: 1823.

[33] Shadid K A, Shaari K, Abas F, et al. Phytochemistry, 2007, 68: 2537.

[34] Kithsiri Wijeratne E M, Turbyville T J, Fritz A, et al. Bioorg Med Chem, 2006, 14: 7917.

[35] Nkengfack E A, Mkounga P, Fomum Z T, et al. J Nat Prod, 2002, 65: 734.

[36] Merza J, Aumond M C, Rondeau D, et al. Phytochemistry, 2004, 65: 2915.

[37] Boonsri S, Karalai C, Ponglimanont C, et al. Phytochemistry, 2006, 67: 723.

[38] Mahabusarakam W, Nuangnaowarat W, Taylor W C. Phytochemistry, 2006, 67: 470.

[39] Boonnak N, Karalai C, Chantrapromma S, et al. Tetrahedron, 2006, 62: 8850.

[40] Rukachaisirikul V, Kamkaew M, Sukavisit D, et al. J Nat Prod, 2003, 66: 1531.

[41] Sen A K, Sarkar K K, Mazumder P C, et al. Phytochemistry, 1982, 21: 1747.

[42] Suksamrarn S, Komutiban O, Ratananukul P, et al. Chem Pharm Bull, 2006, 54: 301.

[43] Rukachaisirikul V, Ritthiwigrom T, Pinsa A, et al. Phytochemistry, 2003, 64: 1149.

[44] Elya B, He H P, Kosela S, et al. Fitoterapia, 2008, 79: 182.

[45] Rocha L, Marston A, Kaplan M, et al. Phytochemistry, 1994, 36: 1381.

[46] Iinuma M, Ito T, Miyake R, et al. Phytochemistry, 1998, 47: 1169.

[47] Ito C, Miyamoto Y, Rao K S, et al. Chem Pharm Bull, 1996, 44: 441.

[48] Lee J E, Liu X H, Drexler D M, et al. J Nat Prod, 2008, 71: 460.

[49] Panthong K, Pongcharoen W, Phongpaichit S, et al. Phytochemistry, 2006, 67: 999.

[50] Hano Y, Matsumoto Y, Sun J Y, et al. Planta Med, 1990, 56: 399.

[51] Nguyen L H D, Vo H T, Pham H D, et al. Phytochemistry, 2003, 63: 467.

[52] Deachathai S, Mahabusarakam W, Phongpaichit S, et al. Phytochemistry, 2005, 66: 2368.

[53] Chang C H, Lin C C, Kawata Y, et al. Phytochemistry, 1989, 28: 2823.

[54] Yu L M, Zhao M M, Yang B, et al. Food Chem, 2007, 104: 176.

[55] Chen L G, Yang L L, Wang C C. Food Chem Toxicol, 2008, 46: 688.

[56] 胡江苗, 陈纪军, 赵友兴等. 云南植物研究, 2006, 28: 319.

[57] Nkengfack A E,Azebaze G A, Vardamides J C, et al. Phytochemistry, 2002, 60: 381.

[58] Yang N Y, Han Q B, Cao X W, et al. Chem Pharm Bull, 2007, 55: 950.

[59] Bayma J C, Arruda M S P, Neto M S. Phytochemistry, 1998, 49: 1159.

[60] Ngouela S, Lenta B N, Noungoue D T, et al. Phytochemistry, 2006, 67: 302.

[61] Ito C, Toigawa M, Mishina Y, et al. J Nat Prod, 2002, 65: 267.

[62] Chairungsrilerd N, Takeuchi K, Ohizumi Y, et al. Phytochemistry, 1996, 43: 1099.

[63] Shen Y C, Wang L T, Khalil A T, et al. Chem Pharm Bull, 2005, 53: 244.

[64] Louh G N, Lannang A M, Mbazoa C D, et al. Phytochemistry, 2008, 69: 1013.

[65] Sakai S I, Katsura M, Takayama H, et al. Chem Pharm Bull, 1993, 41: 958.

[66] Likhitwitayawuid K, Phadungcharoen T, Mahidol C, et al. Phytochemistry, 1997, 45: 1299.

[67] Chang C H, Lin C C, Hattori M, et al. Phytochemistry, 1989, 28: 595.

[68] Nilar, Harrison L J. Phytochemistry, 2002, 60: 541.

[69] Chin Y W, Jung H A, Chai H, et al. Phytochemistry, 2008, 69: 754.

[70] Marques V L L, De Oliveira F M, Conserva L M, et al. Phytochemistry, 2000, 55: 815.

[71] Nomura T, Murchiri D R. Heterocycles, 1983, 20: 213.

[72] Jayasinghe U L B, Samarakoon T B, Kumarihamy B M M, et al. Fitoterapia, 2008, 79: 37.

[73] Thoison O, Fahy J, Dumontet V, et al. J Nat Prod, 2000, 63: 441.

[74] Han Q B, Wang Y L, Yang L, et al. Chem Pharm Bull, 2006, 54: 265.

[75] Tao S J, Guan S H, Wang W, et al. J Nat Prod, 2009, 72: 117.

[76] Elfita E,Muharni M, Latief M, et al. Phytochemistry, 2009, 70: 907.

[77] Han Q B, Yang L, Wang Y L, et al. Chem Biodivers, 2006, 3: 101.

[78] 杨虹, 丛晓东, 王峥涛. 中国药学杂志, 2008, 43: 900.

[79] Asano J, Chiba Kazuhiro, Tada M, et al. Phytochemistry, 1996, 41: 815.
[80] Sang S, Liao C H, Pan M H, et al. Tetrahedron, 2002, 58: 10095.
[81] Iinuma M, Hara Hideaki, Oyama M. Laxative and food containing the same. PCT Int Appl, 2007: 29.
[82] Demirkiran O, Ahmed Mesaik M, Beynek H, et al. Phytochemistry, 2009, 70: 244.
[83] Isaka M, Palasarn S, Kocharin K, et al. J Nat Prod, 2005, 68: 945.
[84] Wang J N, Hou C Y, LiuY L, et al. J Nat Prod, 1994, 57: 211.
[85] 李玉林, 丁晨旭, 王洪伦等. 西北植物学报, 2006, 26: 197.
[86] Tan P, Hou C Y, Liu Y L, et al. J Org Chem, 1991, 56: 7130.
[87] Xu Y J, Cao S G, Wu X H, et al. Tetrahedron Lett, 1998, 39: 9103.
[88] Chung I M, Ahmad A, Ali M, et al. J Nat Prod, 2009, 72: 613.
[89] Huang L, Wall M E, Wani M C, et al. J Nat Prod, 1998, 61: 446.

第十三节 橙酮类化合物

表 7-13-1 橙酮的名称、分子式和测试溶剂

编号	中文名称	英文名称	分子式	测试溶剂	参考文献
7-13-1	*Z*-橙酮	*Z*-aurone	$C_{15}H_{10}O_2$	C	[1]
7-13-2	硫黄菊素	sulfuretin	$C_{15}H_{10}O_5$	D	[2]
7-13-3	硫黄菊苷	sulfurein	$C_{21}H_{20}O_{10}$	D	[3]
7-13-4	哈蜜紫玉兰橙酮	hamiltrone	$C_{18}H_{16}O_7$	C+M	[4]
7-13-5	*Z*-6-甲氧基橙酮	*Z*-6-methoxyaurone	$C_{16}H_{12}O_3$	C+D	[1]
7-13-6	*Z*-4'-甲氧基橙酮	*Z*-4'-methoxyaurone	$C_{16}H_{12}O_3$	C	[1]
7-13-7	*Z*-4'-硝基橙酮	*Z*-4'-nitroaurone	$C_{15}H_9NO_4$	D	[1]
7-13-8	*Z*-4,6-二甲基橙酮	*Z*-4,6-dimethylaurone	$C_{17}H_{14}O_2$	C	[1]
7-13-9	*Z*-4,6-二甲氧基橙酮	*Z*-4,6-dimethoxyaurone	$C_{17}H_{14}O_4$	D	[5]
7-13-10	*Z*-4,7-二甲基橙酮	*Z*-4,7-dimethylaurone	$C_{17}H_{14}O_2$	C	[1]
7-13-11	*Z*-6-甲氧基-2'-羟基橙酮	*Z*-6-methoxy-2'-hydroxyaurone	$C_{16}H_{12}O_4$	C+D	[1]
7-13-12	*Z*-6-甲氧基-2'-乙酰氧基橙酮	*Z*-6-methoxy-2'-acetyloxyaurone	$C_{18}H_{14}O_5$	C	[1]
7-13-13	*Z*-6-甲氧基-4'-羟基橙酮	*Z*-6-methoxy-4'-hydroxyaurone	$C_{16}H_{12}O_4$	C	[6]
7-13-14	*Z*-6-甲氧基-4'-乙酰氧基橙酮	*Z*-6-methoxy-4'-acetyloxyaurone	$C_{18}H_{14}O_5$	C	[1]
7-13-15	*Z*-4',6-二乙酰氧基橙酮	*Z*-4',6-diacetyloxyaurone	$C_{19}H_{14}O_6$	C	[5]
7-13-16	*Z*-4,6,7-三甲氧基-4'-羟基橙酮	*Z*-4,6,7-trimethoxyaurone	$C_{18}H_{16}O_5$	C	[7]
7-13-17	*Z*-4,6,7-三甲基橙酮	*Z*-4,6,7-trimethylaurone	$C_{18}H_{16}O_2$	C	[1]
7-13-18	*Z*-4,6-二甲氧基-2-[邻-(甲氧基甲氧基)苯亚甲基]-3(2*H*)-苯并呋喃酮	*Z*-4,6-dimethoxy-2-[*o*-(methoxymethoxy)benzylidene]- 3(2*H*)-benzofuranone	$C_{19}H_{18}O_6$	C	[7]
7-13-19	*Z*-4,6-二甲氧基-3-[邻-(甲氧基甲氧基)苯亚甲基]-3(2*H*)-苯并呋喃酮	*Z*-4,6-dimethoxy-3-[*o*-(methoxymethoxy)benzylidene]-3(2*H*)-benzofuranone	$C_{19}H_{18}O_6$	C	[7]
7-13-20	*Z*-4,6-二甲基-4'-甲氧基橙酮	*Z*-4,6-dimethyl-4'-methoxyaurone	$C_{18}H_{16}O_3$	C	[1]
7-13-21	*Z*-4,4',6-三甲氧基橙酮	*Z*-4,4',6-trimethoxyaurone	$C_{18}H_{16}O_5$	C	[5]
7-13-22	*Z*-4,7-二甲基-4'-甲氧基橙酮	*Z*-4,7-dimethyl-4'-methoxy aurone	$C_{18}H_{16}O_3$	C	[1]

续表

编号	中文名称	英文名称	分子式	测试溶剂	参考文献
7-13-23	*Z*-2-[1-(4-羟苯基)亚乙基]-6-甲氧基-3(2*H*)-苯并呋喃酮	*Z*-2-[1-(4-hydroxyphenyl)ethylidene]-6-methoxy-3(2*H*)-benzofuranone	$C_{17}H_{14}O_4$	C/D	[1]
7-13-24	硫黄菊素三乙酰物	sulfuretin triacetate	$C_{21}H_{16}O_8$	C	[5]
7-13-25	*Z*-2',4,6,7-四甲氧基橙酮	*Z*-2',4,6,7-tetramethoxyaurone	$C_{19}H_{18}O_6$	C	[7]
7-13-26	*Z*-4'-羟基-3',4,5',6,7-五甲氧基橙酮	*Z*-4'-hydroxy-3',4,5',6,7-pentamethoxyaurone	$C_{20}H_{20}O_8$	C	[7]
7-13-27	金色草素四甲醚	aureusidin tetramethyl ether	$C_{19}H_{18}O_6$	C	[5]
7-13-28	*Z*-4,6-二甲氧基-2-[3-甲氧基-4-(甲氧基甲氧基)苯亚甲基]-3(2*H*)-苯并呋喃酮	*Z*-4,6-dimethoxy-2-[3-methoxy-4-(methoxymethoxy)benzylidene]-3(2*H*)-benzofuranone	$C_{20}H_{20}O_7$	C	[7]
7-13-29	*Z*-4'-羟基-3',4,5',6-四甲氧基橙酮	*Z*-4'-hydroxy-3',4,5',6-tetramethoxyaurone	$C_{19}H_{18}O_7$	C	[7]
7-13-30	*Z*-2-[3,5-二甲氧基-4-(甲氧基甲氧基)苯亚甲基]-4,6-二甲氧基-3(2*H*)-苯并呋喃酮	*Z*-2-[3,5-dimethoxy-4-(methoxymethoxy)benzylidene]-4,6-dimethoxy-3(2*H*)-benzofuranone	$C_{21}H_{22}O_8$	C	[7]
7-13-31	6-羟基-5-甲基-3',4',5'-三甲氧基橙酮-4-*O*-*α*-L-吡喃鼠李糖苷	6-hydroxy-5-methyl-3',4',5'-trimethoxyaurone-4-*O*-*α*-L-rhamnopyranoside	$C_{25}H_{28}O_{12}$	C	[8]
7-13-32	4',6-二羟基橙酮-4-*O*-芸香糖苷	4',6-dihydroxyaurone-4-*O*-rutinoside	$C_{27}H_{30}O_{14}$	C	[8]
7-13-33	(*Z*)-4-甲氧基-4',6-二羟基橙酮	(*Z*)-4-methoxy-4',6-dihydroxyaurone	$C_{16}H_{12}O_5$	D	[9]
7-13-34	*E*-橙酮	*E*-aurone	$C_{15}H_{10}O_2$	C	[1]
7-13-35	*E*-4,7-二甲基橙酮	*E*-4,7-dimethylaurone	$C_{17}H_{14}O_2$	C	[1]
7-13-36	*E*-4,6-二甲基-4'-甲氧基橙酮	*E*-4,6-dimethyl-4'-methoxyaurone	$C_{18}H_{16}O_3$	C	[1]
7-13-37	*E*-4,7-二甲基-4'-溴代橙酮	*E*-4,7-dimethyl-4'-bromoaurone	$C_{17}H_{13}BrO_2$	C	[1]
7-13-38	*E*-4,7-二甲基-4'-甲氧基橙酮	*E*-4,7-dimethyl-4'-methoxyaurone	$C_{18}H_{16}O_3$	C	[1]
7-13-39	2-苯甲酰基香豆烷-3-酮	2-benzoyl-coumaran-3-one	$C_{15}H_{10}O_3$	D	[10]
7-13-40	6-羟基橙醇	6-hydroxyauronol	$C_{15}H_{10}O_4$	D	[10]
7-13-41	6-甲氧基橙醇	6-methoxyauronol	$C_{16}H_{12}O_4$	D	[10]
7-13-42	橙醇-6-苯甲酰酯	auronyl-6-benzoate	$C_{22}H_{14}O_5$	D	[10]
7-13-43	4,6-二羟基橙醇	4,6-dihydroxyauronol	$C_{15}H_{10}O_5$	D	[10]
7-13-44	(6-羟基-3-甲氧基-2-苯并呋喃)苯基甲酮	(6-hydroxy-3-methoxy-2-benzofuranyl)-phenylmethanone	$C_{16}H_{12}O_4$	D	[10]
7-13-45	异橙酮	isoaurone	$C_{15}H_{10}O_2$	C	[6]
7-13-46	2-(2,4-二羟基苯基)-3-苯基-丙烯酸-*γ*-内酯	2-(2,4-dihydroxyphenyl)-3-phenyl-acrylic acid-*γ*-lactone	$C_{15}H_{10}O_3$	C	[6]
7-13-47	囊状紫檀橙素	carpusin	$C_{16}H_{14}O_6$	C	[11]
7-13-48	二聚硫黄菊素	disulfuretin	$C_{30}H_{18}O_{10}$	M	[12]

	R^1	R^2	R^3	R^4	R^5	R^6	R^7	R^8
7-13-1	H	H	H	H	H	H	H	H
7-13-2	H	H	OH	H	H	OH	OH	H
7-13-3	H	H	OGlu	H	H	OH	OH	H
7-13-4	OMe	OMe	OMe	H	H	OH	OH	H
7-13-5	H	H	OMe	H	H	H	H	H
7-13-6	H	H	H	H	H	H	OMe	H
7-13-7	H	H	H	H	H	H	NO	H
7-13-8	Me	H	Me	H	H	H	H	H
7-13-9	OMe	H	OMe	H	H	H	H	H
7-13-10	Me	H	H	Me	H	H	H	H
7-13-11	H	H	OMe	H	OH	H	H	H
7-13-12	H	H	OMe	H	OAc	H	H	H
7-13-13	H	H	OMe	H	H	H	OH	H
7-13-14	H	H	OMe	H	H	H	OAc	H
7-13-15	H	H	OAc	H	H	H	OAc	H
7-13-16	OMe	H	OMe	OMe	H	H	H	H
7-13-17	Me	H	Me	Me	H	H	H	H
7-13-18	OMe	H	OMe	H	OCH_2OMe	H	H	H
7-13-19	OMe	H	OMe	H	H	OCH_2OMe	H	H
7-13-20	Me	H	Me	H	H	H	OMe	H
7-13-21	OMe	H	H	OMe	H	H	OMe	H
7-13-22	Me	H	H	Me	H	H	OMe	H
7-13-23①	H	H	OMe	H	H	H	OH	H
7-13-24	H	H	OAc	H	H	OAc	OAc	H
7-13-25	OMe	H	OMe	OMe	OMe	H	H	H
7-13-26	OMe	H	OMe	OMe	H	OMe	OH	OMe
7-13-27	OMe	H	OMe	H	H	OMe	OMe	H
7-13-28	OMe	H	OMe	H	H	OMe	OCH_2OMe	H
7-13-29	OMe	H	OMe	H	H	OMe	OH	OMe
7-13-30	OMe	H	OMe	H	H	OMe	OCH_2OMe	OMe
7-13-31	ORha	Me	OH	H	H	OMe	OMe	OMe
7-13-32	ORut	H	OH	H	H	H	OH	H
7-13-33	OMe	H	OH	H	H	H	OH	H

① C-Me。

表 7-13-2 *Z*-橙酮 7-13-1~7-13-10 的 ^{13}C NMR 数据

C	7-13-1[1]	7-13-2[2]	7-13-3[3]	7-13-4[4]	7-13-5[1]	7-13-6[1]	7-13-7[1]	7-13-8[1]	7-13-9[5]	7-13-10[1]
2	112.8	112.6	113.0	113.6	111.6	112.7	108.2	111.1	109.2	111.5
3	146.8	145.6	145.5	146.5	147.6	145.8	147.0	147.4	147.5	147.0
4	184.5	180.9	181.4	181.6	182.7	184.3	182.7	184.8	178.9	185.8
5	124.5	125.3	124.7	151.6	125.6	124.4	123.6	130.5	159.0	137.0
6	123.3	115.9	116.0	136.7	112.0	123.1	123.5	126.1	94.3	124.5

续表

C	7-13-1[1]	7-13-2[2]	7-13-3[3]	7-13-4[4]	7-13-5[1]	7-13-6[1]	7-13-7[1]	7-13-8[1]	7-13-9[5]	7-13-10[1]
7	136.7	167.3	167.0	162.0	167.2	136.4	137.1	148.2	168.9	137.1
8	112.8	98.2	100.0	90.9	96.5	113.2	112.4	110.1	89.1	119.5
9	166.0	165.9	164.6	164.1	168.3	165.7	165.1	166.8	168.2	164.8
10	121.5	113.7	115.3	107.6	114.7	121.8	119.9	117.4	104.1	119.1
1'	132.2	123.3	123.0	124.7	132.3	124.9	137.8	132.6	132.3	132.7
2'	131.5	111.5	112.3	118.2	128.7	133.3	131.1	131.2	128.7	131.3
3'	128.8	145.3	145.5	145.2	131.1	114.4	122.9	128.7	130.8	128.8
4'	129.8	147.7	148.3	147.6	129.4	161.0	147.2	129.3	129.2	129.4
5'	128.8	117.9	118.8	115.8	131.1	114.4	122.9	128.7	130.8	128.8
6'	131.4	124.2	124.6	125.4	128.7	133.3	131.1	131.2	128.7	131.3
5-OMe				62.3					56.1	
6-OMe				61.8						
7-OMe				56.8	55.9				56.3	
5-Me								17.7		17.4
7-Me								22.7		
8-Me										13.9

注：**7-13-3** 中 7-Glu 的碳谱信号为：99.4(C-1), 73.1(C-2), 77.1(C-3), 69.6(C-4), 76.4(C-5), 60.8(C-6)。

表 7-13-3 *Z*-橙酮 7-13-11~7-13-18 的 ^{13}C NMR 数据

C	7-13-11[1]	7-13-12[1]	7-13-13[6]	7-13-14[1]	7-13-15[5]	7-13-16[7]	7-13-17[1]	7-13-18[7]
2	105.9	104.0	111.9	110.9	112.1	110.9	110.7	104.8
3	146.8	148.4	146.1	147.8	147.1	147.8	146.4	148.1
4	181.7	182.4	182.5	182.9	183.2	181.2	185.3	180.6
5	124.9	125.8	125.2	125.9	125.5	158.4	136.0	159.5
6	111.9	112.1	112.7	112.3	117.5	91.1	126.6	94.1
7	166.8	167.4	167.0	167.6	157.3	155.1	147.6	169.0
8	96.5	96.6	96.5	96.7	106.6	130.8	117.7	89.3
9	167.7	168.4	167.8	168.6	166.6	160.8	165.0	168.9
10	114.4	114.6	114.9	114.8	119.1	128.3	117.0	122.5
1'	119.0	125.0	123.4	130.2	129.8	132.6	132.8	122.5
2'	157.5	149.7	133.2	132.5	132.7	131.2	131.1	156.5
3'	115.6	122.7	116.1	122.1	122.1	128.9	128.7	114.6
4'	131.1	130.2	159.3	151.5	151.7	129.5	129.1	130.7
5'	119.3	126.1	116.1	122.1	122.1	128.9	128.7	122.0
6'	130.9	131.5	133.2	132.5	132.7	131.2	131.1	131.6
5-OMe						56.5		56.1
6-OMe								
7-OMe	56.0	56.0	55.9	56.9		56.8		56.2
8-OMe						56.8		
5-Me							17.3	

续表

C	7-13-11[1]	7-13-12[1]	7-13-13[6]	7-13-14[1]	7-13-15[5]	7-13-16[7]	7-13-17[1]	7-13-18[7]
7-Me							20.0	
8-Me							10.5	
OAc		169.0, 21.0		169.1, 21.2	168.2, 168.9, 21.1, 21.1			
2'-OCH_2OMe								56.3

表 7-13-4 *Z*-橙酮 7-13-19~7-13-26 的 ^{13}C NMR 数据

C	7-13-19[7]	7-13-20[1]	7-13-21[5]	7-13-22[1]	7-13-23[1]	7-13-24[5]	7-13-25[7]	7-13-26[7]
2	110.5	111.6	110.9	111.6	127.8	111.2	105.0	111.8
3	148.1	146.4	146.7	145.9	143.1	147.4	147.8	146.9
4	180.6	184.7	180.5	185.3	182.4	183.0	180.7	180.4
5	159.6	139.4	160.5	136.5	124.2	125.5	158.7	158.2
6	94.2	125.9	93.8	124.2	110.9	117.7	91.2	91.0
7	169.2	147.8	168.7	136.5	165.7	157.5	155.0	155.0
8	89.4	110.1	89.1	119.3	95.0	106.7	131.3	138.7
9	169.1	166.6	168.7	164.4	165.9	166.6	160.5	160.6
10	129.7	117.7	105.2	119.1	115.6	118.9	121.7	127.8
1'	134.0	125.3	125.3	125.3	128.4	130.7	131.3	124.1
2'	118.9	133.0	132.8	132.9	130.2	126.0	155.0	108.4
3'	157.6	114.3	114.3	114.2	114.6	142.4	110.8	147.2
4'	117.3	160.7	159.2	160.5	157.7	143.3	130.9	108.6
5'	120.8	114.3	114.3	114.2	114.6	123.8	120.9	147.2
6'	125.0	133.0	132.8	132.9	130.2	129.8	131.8	108.4
5-OMe	56.1		56.0				56.6	56.3
6-OMe								56.5
7-OMe	56.3		56.0		55.1		55.7	56.8
8-OMe							61.4	
2'-OMe							56.8	
4'-OMe			55.2	55.1				
5-Me				17.3				
8-Me				13.8				
OAc						168.0/20.6 168.0/20.6 168.2/21.1		
3'-OCH_2OMe	56.3							
2-Me					14.2			

表 7-13-5 *Z*-橙酮 7-13-27~7-13-33 的 ^{13}C NMR 数据

C	7-13-27[5]	7-13-28[7]	7-13-29[7]	7-13-30[7]	7-13-31[8]	7-13-32[8]	7-13-33[9]
2	110.9	111.0	111.6	111.0	114.2	112.8	109.7
3	146.7	147.9	146.9	147.5	154.4	146.2	145.8

续表

C	7-13-27[5]	7-13-28[7]	7-13-29[7]	7-13-30[7]	7-13-31[8]	7-13-32[8]	7-13-33[9]
4	180.3	180.5	180.5	180.5	190.4	192.4	178.5
5	159.1	159.5	159.5	159.6	162.1	163.1	159.3
6	93.8	94.1	94.1	94.2	120.4	92.4	94.5
7	168.7	168.9	168.8	169.0	161.8	160.3	167.8
8	89.1	89.2	89.3	89.4	94.6	97.4	91.4
9	168.5	168.9	168.8	169.0	160.6	160.8	167.8
10	105.2	127.1	127.8	128.5	106.4	103.2	103.1
1'	125.4	127.1	124.1	128.5	122.1	121.8	123.2
2'	111.0	115.2	108.6	108.7	115.6	129.2	132.8
3'	148.8	149.8	147.2	153.5	159.7	114.2	115.9
4'	150.2	147.2	108.8	108.4	154.2	160.2	158.9
5'	113.4	114.4	147.2	153.6	159.7	114.2	115.9
6'	125.2	125.1	108.6	108.7	115.6	129.2	132.8
5-OMe	56.0	56.1	56.1	56.3			55.8
7-OMe	55.8	56.3	56.3	56.3			
3'-OMe	55.8	56.3	56.5	57.2	58.6		
4'-OMe	55.8						
5'-OMe			56.5	57.2			
6-Me					23.8		
					5-Rha	5-Glu	
1					101.4	104.8	
2					72.6	75.1	
3					72.3	78.2	
4					73.7	71.4	
5					70.4	78.2	
6					18.8	67.5	
						6"-Rha	
1						101.2	
2						72.2	
3						72.5	
4						73.7	
5						70.2	
6						18.5	

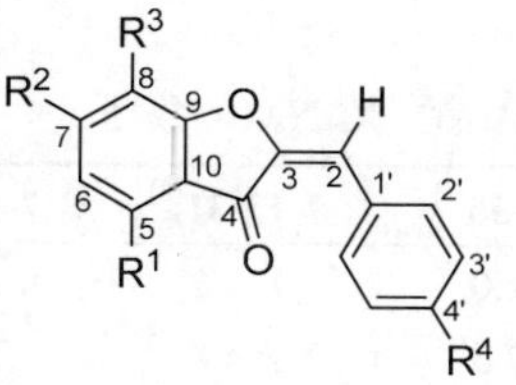

	R1	R2	R3	R4
7-13-34	H	H	H	H
7-13-35	Me	H	Me	H
7-13-36	Me	Me	H	OMe
7-13-37	Me	H	Me	Br
7-13-38	Me	H	Me	OMe

表 7-13-6 *E*-橙酮 7-13-34~7-13-38 的 ^{13}C NMR 数据[1]

C	7-13-34	7-13-35	7-13-36	7-13-37	7-13-38	C	7-13-34	7-13-35	7-13-36	7-13-37	7-13-38
2	122.2	121.3	121.5	119.9	121.7	2'	130.8	130.7	132.8	132.2	132.8
3	148.5	148.1	147.5	148.5	147.0	3'	128.4	128.3	113.8	131.6	113.6
4	182.8	184.0	183.0	184.2	183.5	4'	130.2	129.9	161.1	124.2	161.1
5	124.1	137.0	139.4	137.2	136.5	5'	128.4	128.3	113.8	131.6	113.6
6	132.4	123.8	125.3	124.1	123.5	6'	130.8	130.7	132.8	132.2	132.8
7	138.0	137.1	147.8	137.3	136.5	4'-OMe			55.1		55.1
8	112.1	119.5	109.7	119.4	119.1	5-Me		17.7	17.3	17.5	17.3
9	163.8	164.2	165.9	164.3	163.7	7-Me			13.7		
10	123.3	120.6	119.3	120.6	120.7	8-Me		22.4		13.7	13.7
1'	131.9	132.0	125.0	131.0	125.0						

	R^1	R^2	R^3		R^1	R^2	R^3
7-13-39	H	H	H	**7-13-42**	H	H	$OCOC_6H_5$
7-13-40	H	H	OH	**7-13-43**	H	OH	OH
7-13-41	H	H	OMe	**7-13-44**	Me	H	OH

表 7-13-7 橙醇 7-13-39~7-13-44 的 ^{13}C NMR 数据[10]

C	7-13-39①	7-13-39②	7-13-40	7-13-41	7-13-42	7-13-43	7-13-44
2	182.5	182.5	176.9	178.7	182.2	170.1	182.1
3	135.4	135.7	134.8	135.2	136.3	133.3	136.6
4	151.1	158.3	157.7	154.6	152.2	187.7	150.4
5	121.5	121.5	122.7	122.2	122.2	165.1	123.2
6	123.2	123.3	113.8	113.6	113.8	96.7	114.1
7	130.1	130.9	161.7	162.7	153.6	161.9	159.9
8	112.6	112.8	97.9	96.0	97.9	89.9	97.8
9	153.6	155.0	157.4	156.4	161.7	156.3	155.2
10	121.0	119.8	112.6	113.7	112.6	100.9	113.0
1'	137.0	135.2	135.9	136.5	137.0	133.8	138.2
2'	129.1	129.6	128.8	128.8	129.0	128.7	128.8
3'	128.4	128.6	128.4	128.3	128.3	128.2	128.1
4'	132.5	133.2	132.1	132.2	132.4	129.6	131.9
5'	128.4	128.6	128.4	128.3	128.3	128.2	128.1
6'	129.1	129.6	123.8	128.8	129.0	128.7	128.8
4-OMe							60.7
5-OMe							
7-OMe				55.9			

①在 D 中测定。②在 C 中测定。

7-13-45 R=H
7-13-46 R=OMe

7-13-47

7-13-48[12]

表 7-13-8 异橙酮和其他橙酮 7-13-45~7-13-47 的 ^{13}C NMR 数据

C	7-13-45[6]	7-13-46[6]	7-13-47[11]	C	7-13-45[6]	7-13-46[6]	7-13-47[11]
2	140.7	137.8	40.2	1'	133.8	134.8	123.9
3	168.6	169.8	101.3	2'	128.7	129.1	130.6
4	122.1	122.3	171.9	3'	129.2	129.6	114.4
5	123.5	124.1	155.5	4'	130.8	130.4	158.8
6	122.6	110.1	92.3	5'	129.2	129.6	114.4
7	130.3	162.6	168.3	6'	128.7	129.1	130.6
8	111.0	97.6	90.4	5-OMe			55.3
9	154.3	156.5	155.5	7-OMe		55.9	
10	128.4	114.8	105.4				

参 考 文 献

[1] Pelter A, Ward R S, Heller H G. J Chem Soc, Perkin Trans 1, 1979, 328.
[2] 赵爱华, 赵勤实, 李蓉涛等. 云南植物研究, 2004, 26: 121.
[3] 马天波. 中草药, 1991, 22: 531.
[4] Huang L, Wall M E, Wani M C, et al. J Nat Prod, 1998, 61: 446.
[5] Sharma A, Chibber S S. J Heterocyclic Chem, 1981, 18: 275.
[6] Pelter A, Ward R S, Gray T I. J Chem Soc, Perkin Trans 1, 1976, 2475.
[7] Bellino A, Marino M L, Venturella P. Heterocycles, 1983, 20: 2203.
[8] Kesari A N, Gupta R K, Watal G. Phytochemistry, 2004, 65: 3125.
[9] Huang H Q, Li H L, Tang J, et al. Biochem System Ecol, 2008, 36: 590.
[10] Pelter A, Ward R S, Hansel R, et al. J Chem Soc, Perkin Trans 1, 1981, 3182.
[11] Mathew J, Rao A V S. Phytochemistry, 1983, 22: 794.
[12] Westenburg H E, Lee K J, Lee S K, et al. J Nat Prod, 2000, 63: 1696.

第十四节 高异黄酮（烷）类化合物

表 7-14-1 高异黄酮（烷）类化合物的名称、分子式和测试溶剂

编号	中文名称	英文名称	分子式	测试溶剂	参考文献
7-14-1	3-(4-羟苄基)-5,7-二甲氧基苯并二氢吡喃	3-(4-hydroxybenzyl)-5,7-dimethoxychroman	$C_{18}H_{20}O_4$	C	[1]
7-14-2	3-(4-羟苄基)-7-羟基-5-二甲氧基苯并二氢吡喃	3-(4-hydroxybenzyl)-7-hydroxy-5-dimethoxychroman	$C_{17}H_{18}O_4$	M	[2]

续表

编号	中文名称	英文名称	分子式	测试溶剂	参考文献
7-14-3	(+)-3,4-二氢-3-[(4-羟苯基)甲基]-2*H*-1-苯并吡喃-7-醇	(+)-3,4-dihydro-3-[(4-hydroxyphenyl)methyl]-2*H*-1-benzopyran-7-ol	$C_{16}H_{16}O_3$	M	[3]
7-14-4	7,4′-二羟基-8-甲氧基高异黄烷	7,4′-dihydroxy-8-methoxyhomoisoflavane	$C_{17}H_{18}O_4$	A	[4]
7-14-5	7-羟基-3-对羟苄基色原酮	7-hydroxy-3-(4-hydroxybenzyl)-chromone	$C_{16}H_{12}O_4$	A	[1]
7-14-6	4'-甲氧基高异黄酮	4'-methoxyhomoisoflavone	$C_{17}H_{14}O_3$	C	[5]
7-14-7	7-甲氧基高异黄酮	7-methoxyhomoisoflavone	$C_{17}H_{14}O_3$	C	[5]
7-14-8	3',4'-二甲氧基高异黄酮	3',4'-dimethoxyhomoisoflavone	$C_{18}H_{16}O_4$	C	[5]
7-14-9	3',4'-亚甲二氧基高异黄酮	3',4'-methylenedioxyhomoisoflavone	$C_{17}H_{12}O_4$	C	[5]
7-17-10	6-醛基异麦冬高异黄酮 B	6-aldehydo-isoophiopogonone B	$C_{19}H_{16}O_6$	C	[6]
7-14-11	6-醛基异麦冬高异黄酮 A	6-aldehydo-isoophiopogonone A	$C_{19}H_{14}O_7$	C	[6]
7-14-12	5,7-二羟基-3-(4'-羟苄基)-苯并二氢吡喃-4-酮	5,7-dihydroxy-3-(4'-hydroxybenzyl)-chroman-4-one	$C_{16}H_{14}O_5$	C A	[7] [8]
7-14-13	2,3-二氢-3-[(15-羟苯基)甲基]-5,7-二羟基-6,8-二甲基-4*H*-1-苯并吡喃-4-酮	2,3-dihydro-3-[(15-hydroxyphenyl)-methyl]-5,7-dihydroxy-6,8-dimethyl-4*H*-1-benzopyran-4-one	$C_{18}H_{18}O_5$	C	[9]
7-14-14	2,3-二氢-3-[(15-羟苯基)甲基]-5,7-二羟基-6-甲基-8-甲氧基-4*H*-1-苯并吡喃-4-酮	2,3-dihydro-3-[(15-hydroxyphenyl)-methyl]-5,7-dihydroxy-6-methyl-8-methoxy-4*H*-1-benzopyran-4-one	$C_{18}H_{18}O_6$	C	[9]
7-14-15		dihydroeucomin	$C_{17}H_{16}O_5$	A	[8,10]
7-14-16		3,9-dihydroeucomnalin	$C_{17}H_{16}O_6$	A	[11]
7-14-17	5,7-二羟基-6-甲氧基-3-(4'-甲氧基苄基)-苯并二氢吡喃-4-酮	5,7-dihydroxy-6-methoxy-3-(4'-methoxybenzyl)-chroman-4-one	$C_{18}H_{18}O_6$	M	[12]
7-14-18	5-羟基-6,7-二甲氧基-3-(4'-羟苄基)-4-苯并二氢吡喃酮	5-hydroxy-6,7-dimethoxy-3-(4'-hydroxybenzyl)-4-chromanone	$C_{18}H_{18}O_6$	A	[8]
7-14-19	高异二氢黄酮	homoisoflavanone	$C_{16}H_{14}O_2$	C	[5]
7-14-20	2'-甲氧基高异二氢黄酮	2'-methoxyhomoisoflavanone	$C_{17}H_{16}O_3$	C	[5]
7-14-21	4'-甲氧基高异二氢黄酮	4'-methoxyhomoisoflavanone	$C_{17}H_{16}O_3$	C	[5]
7-14-22	3',4'-二羟基高异二氢黄酮	3',4'-dihydroxyhomoisoflavanone	$C_{16}H_{14}O_4$	C	[5]
7-14-23	4',5,7-三羟基高异二氢黄酮	4',5,7-trihydroxyhomoisoflavanone	$C_{16}H_{14}O_5$	D	[5]
7-14-24	4',5-二羟基-7-甲氧基高异二氢黄酮	4',5-dihydroxy-7-methoxy-homoisoflavanone	$C_{17}H_{16}O_5$	M	[13]
7-14-25	3-去氧苏木黄酮 B	3-deoxysappanone B	$C_{16}H_{14}O_5$	D	[14]
7-14-26	4',5-二羟基-7,8-二甲氧基-高异二氢黄酮	4',5-dihydroxy-7,8-dimethoxy-homoisoflavanone	$C_{18}H_{18}O_6$	M	[13]
7-14-27	4',5,8-三羟基-7-甲氧基-高异二氢黄酮	4',5,8-trihydroxy-7-methoxy-homoisoflavanone	$C_{17}H_{16}O_6$	D	[13]
7-14-28	4',5-二羟基-6,7-二甲氧基-高异二氢黄酮	4',5-dihydroxy-6,7-dimethoxy-homoisoflavanone	$C_{18}H_{18}O_6$	M	[13]

续表

编号	中文名称	英文名称	分子式	测试溶剂	参考文献
7-14-29		muscomin	$C_{18}H_{18}O_7$	D	[13]
7-14-30	3',5,7-三羟基-4'-甲氧基-高异二氢黄酮	3',5,7-trihydroxy-4'-methoxy-homo-isoflavanone	$C_{17}H_{16}O_6$	D	[13]
7-14-31	3',4',5,7-四羟基-高异二氢黄酮	3',4',5,7-tetrahydroxy-homoiso-flavanone	$C_{16}H_{14}O_6$	M	[15]
7-14-32	3',4',7-三羟基-5-甲氧基-高异二氢黄酮	3',4',7-trihydroxy-5-methoxy-homo-isoflavanone	$C_{17}H_{16}O_6$	M	[15]
7-14-33	3',7-二羟基-4',5-二甲氧基-高异二氢黄酮	3',7-dihydroxy-4',5-dimethoxy-homo-isoflavanone	$C_{18}H_{18}O_6$	M	[15]
7-14-34		3,9-dihydropunctatin	$C_{17}H_{16}O_6$	M	[13]
7-14-35	4',5-二羟基-7-甲氧基-8-乙酰氧基高异二氢黄酮	4',5-dihydroxy-7-methoxy-8-acetyl-oxyhomoisoflavanone	$C_{19}H_{18}O_7$	D	[16]
7-14-36	甲基麦冬二氢高异黄酮 A	methylophiopogonanone A	$C_{19}H_{20}O_5$	D	[17]
7-14-37	甲基麦冬二氢高异黄酮 B	methylophiopogonanone B	$C_{19}H_{18}O_6$	D	[17]
7-14-38	3',4',5,7-四羟基-6-甲氧基高异二氢黄酮	3',4',5,7-tetrahydroxy-6-methoxy-homoisoflavanone	$C_{17}H_{16}O_7$	M	[15]
7-14-39	4',5,7-三羟基-3',6-二甲氧基高异二氢黄酮	4',5,7-trihydroxy-3',6-dimethoxy-homoisoflavanone	$C_{18}H_{18}O_7$	M	[15]
7-14-40	3',5,7-三羟基-4',6-二甲氧基高异二氢黄酮	3',5,7-trihydroxy-4',6-dimethoxy-homoisoflavanone	$C_{18}H_{18}O_7$	M	[15]
7-14-41	3',4',5,8-四羟基-7-甲氧基高异二氢黄酮	3',4',5,8-tetrahydroxy-7-methoxy-homoisoflavanone	$C_{17}H_{16}O_7$	M	[15]
7-14-42	岩棕醇	loureiriol	$C_{16}H_{14}O_6$	A	[18]
7-14-43	3-羟基高异二氢黄酮	3-hydroxy-homoisoflavanone	$C_{16}H_{14}O_3$	C	[5]
7-14-44	3-羟基-2'-甲氧基高异二氢黄酮	3-hydroxy-2'-methoxy-homoiso-flavanone	$C_{17}H_{16}O_4$	C	[5]
7-14-45	3-羟基-4'-甲氧基高异二氢黄酮	3-hydroxy-4'-methoxy-homoiso-flavanone	$C_{17}H_{16}O_4$	C	[5]
7-14-46	3-羟基-3',4'-二甲氧基高异二氢黄酮	3-hydroxy-3',4'-dimethoxy-homoiso-flavanone	$C_{18}H_{18}O_5$	C	[5]
7-14-47	苏木黄酮 B	sappanone B	$C_{16}H_{14}O_6$	D	[14]
7-14-48		dihydroeucomol	$C_{17}H_{16}O_6$	D	[19]
7-14-49	7-*O*-[α-吡喃鼠李糖基-(1→6)-β-吡喃葡萄糖基]-5-羟基-3-(4'-羟苄基)-苯并二氢吡喃-4-酮	7-*O*-[α-rhamnopyranosyl-(1→6)-β-glucopyranosyl]-5-hydroxy-3-(4'-hydroxybenzyl)-chroman-4-one	$C_{28}H_{34}O_{14}$	P	[10]
7-14-50	7-*O*-[α-吡喃鼠李糖基-(1→6)-β-吡喃葡萄糖基]-5-羟基-3-(4-甲氧基苄基)-苯并二氢吡喃-4-酮	7-*O*-[α-rhamnopyranosyl-(1→6)-β-glucopyranosyl]-5-hydroxy-3-(4-methoxybenzyl)-chroman-4-one	$C_{29}H_{36}O_{14}$	P	[10]
7-14-51		isobonducellin	$C_{17}H_{14}O_4$	A	[20]
7-14-52		*Z*-eucomin	$C_{17}H_{14}O_5$	D	[19]
7-14-53	反式-3-苯亚甲基-4-苯并二氢吡喃酮	*trans*-3-benzylidene-4-chromanone	$C_{16}H_{12}O_2$	C	[21]
7-14-54	3-(邻甲氧基苯亚甲基)-4-苯并二氢吡喃酮	3-(*o*-methoxybenzylidene)-4-chromanone	$C_{17}H_{14}O_3$	C	[5]

续表

编号	中文名称	英文名称	分子式	测试溶剂	参考文献
7-14-55	反式-3-(4-甲氧基苯亚甲基)-4-苯并二氢吡喃酮	*trans*-3-(4-methoxybenzylidene)-4-chromanone	$C_{17}H_{14}O_3$	C	[5]
7-14-56	反式-3-(3,4-二甲氧基苯亚甲基)-苯并二氢吡喃-4-酮	*trans*-3-(3,4-dimethoxy-benzylidene) chromanone	$C_{18}H_{16}O_4$	C	[5]
7-14-57	3-[(3,4-二羟基苯基)甲基]-5,7-二羟基苯并吡喃-4-酮	3-[(3,4-dihydroxyphenyl)methyl]-5,7-dihydroxy-4*H*-1-benzopyran-4-one	$C_{16}H_{12}O_6$	D	[14]
7-14-58		*E*-eucomin	$C_{17}H_{14}O_5$	D	[19]

7-14-1 ~ 7-14-3

	R^1	R^2
7-14-1	OMe	OMe
7-14-2	OMe	OH
7-14-3	H	OH

7-14-4

表 7-14-2 高异黄烷类化合物 7-14-1~7-14-4 的 ^{13}C NMR 数据

C	7-14-1[1]	7-14-2[2]	7-14-3[3]	7-14-4[4]	C	7-14-1[1]	7-14-2[2]	7-14-3[3]	7-14-4[4]
2	69.5	70.2	70.7	71.4	1'	131.7	134.1	131.6	132.1
3	33.7	34.8	35.5	36.2	2'	130.0	130.5	130.8	131.7
4	25.1	25.6	31.1	32.1	3'	115.1	115.7	116.0	117.0
5	158.6	159.6	131.3	125.8	4'	153.8	156.6	156.1	157.6
6	93.0	92.0	108.9	109.5	5'	115.1	115.7	116.0	117.0
7	159.2	157.1	156.9	150.4	6'	130.0	130.5	130.8	131.7
8	91.2	96.0	103.6	137.3	5-OMe	55.2	55.3		
9	155.7	156.0	156.2	149.8	7-OMe	55.3			
10	102.9	102.6	114.0	115.6	8-OMe				61.6
11	37.3	37.8	37.8	38.6					

7-14-5 $R^1=R^2=OH$
7-14-7 $R^1=OMe$, $R^2=H$

7-14-6 $R^1=H$, $R^2=OMe$
7-14-8 $R^1=R^2=OMe$
7-14-9 $R^1+R^2=OCH_2O$

7-14-10 $R^1=H$, $R^2=OMe$
7-14-11 $R^1+R^2=OCH_2O$

表 7-14-3 高异黄酮类化合物 7-14-5~7-14-11 的 ^{13}C NMR 数据

C	7-14-5[1]	7-14-6[5]	7-14-7[5]	7-14-8[5]	7-14-9[5]	7-14-10[6]	7-14-11[6]
2	152.6	152.8	152.1	152.8	152.8	152.5	152.6
3	124.5	124.7	124.3	124.6	124.4	125.2	124.9
4	175.5	177.3	176.5	176.8	177.0	180.8	180.7
5	114.6	124.7	127.2	124.6	124.6	167.3	167.3
6	127.1	125.8	114.2	125.6	125.6	104.4	104.4
7	162.2	133.2	163.7	133.1	133.1	165.7	165.7
8	102.1	117.8	99.9	117.7	117.7	102.3	102.4

续表

C	7-14-5[1]	7-14-6[5]	7-14-7[5]	7-14-8[5]	7-14-9[5]	7-14-10[6]	7-14-11[6]
9	156.7	156.3	158.0	156.1	156.1	158.2	158.2
10	114.0	123.7	117.7	123.6	123.6	108.4	108.4
11	30.0	30.7	31.5	31.0	31.1	29.9	30.5
1'	130.3	130.4	138.6	130.3	132.1	129.2	131.0
2'	129.8	129.9	128.4	111.2	108.0	130.0	109.3
3'	115.1	113.9	128.4	147.5	145.9	114.3	148.0
4'	155.8	158.1	126.3	148.8	147.9	158.6	146.6
5'	115.1	113.9	128.4	112.2	109.2	114.3	108.5
6'	129.8	129.9	128.4	120.1	121.6	130.0	122.0
7-OMe			56.5				
4'-OMe		56.1					

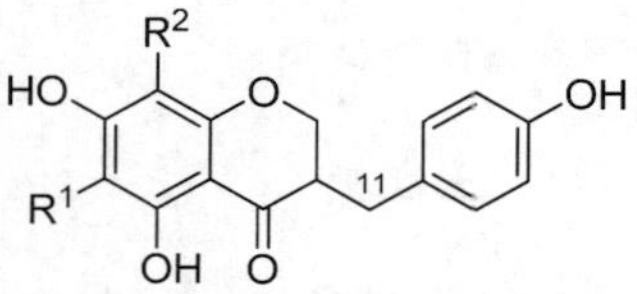

7-14-12 $R^1=R^2=H$
7-14-13 $R^1=R^2=Me$
7-14-14 $R^1=Me$, $R^2=OMe$

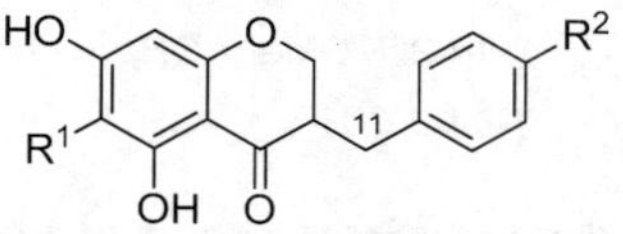

7-14-15 $R^1=H$, $R^2=OMe$
7-14-16 $R^1=OMe$, $R^2=OH$
7-14-17 $R^1=R^2=OMe$

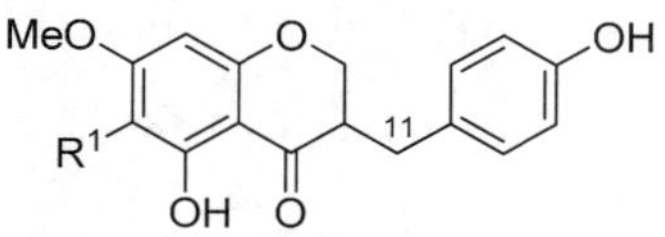

7-14-18 $R^1=OMe$
7-14-24 $R^1=H$

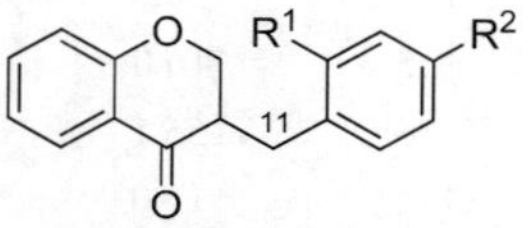

7-14-19 $R^1=R^2=H$
7-14-20 $R^1=OMe$, $R^2=H$
7-14-21 $R^1=H$, $R^2=OMe$

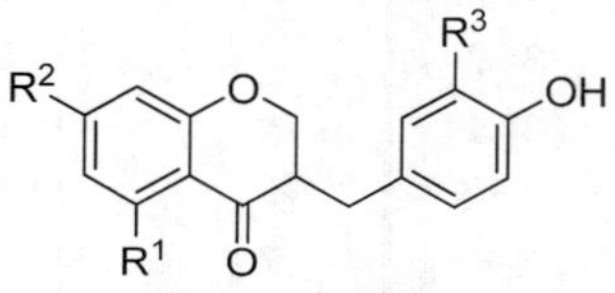

7-14-22 $R^1=R^2=H$,$R^3=OH$
7-14-23 $R^1=R^2=OH$, $R^3=H$
7-14-25 $R^1=H$, $R^2=R^3=OH$

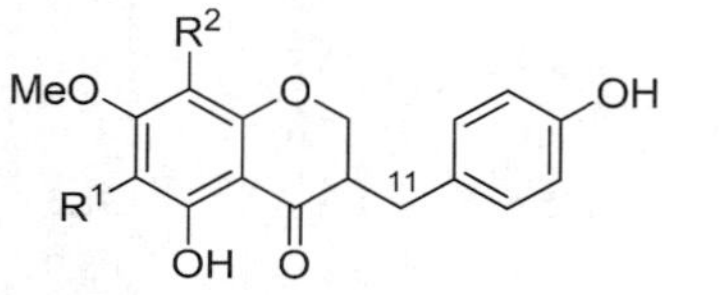

7-14-26 $R^1=H$, $R^2=OMe$
7-14-27 $R^1=H$,$R^2=OH$
7-14-28 $R^1=OMe$, $R^2=H$
7-14-28 $R^1=OMe$, $R^2=OH$

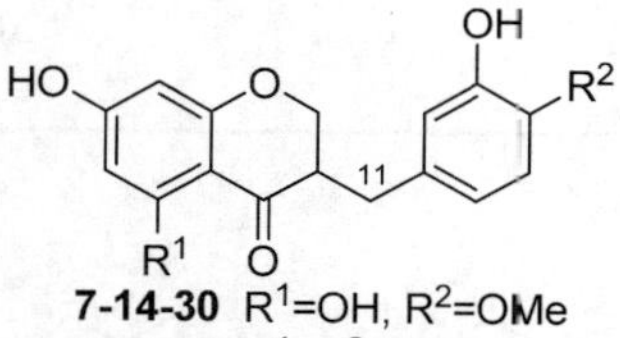

7-14-30 $R^1=OH$, $R^2=OMe$
7-14-31 $R^1=R^2=OH$
7-14-32 $R^1=OMe$, $R^2=OH$
7-14-33 $R^1=R^2=OMe$

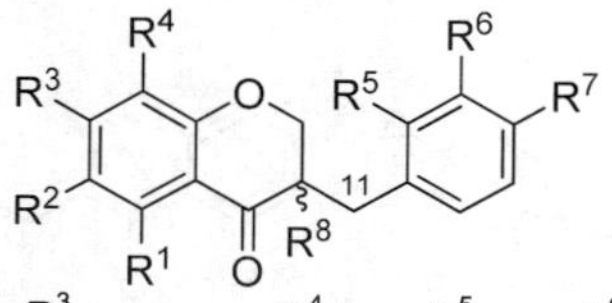

	R^1	R^2	R^3	R^4	R^5	R^6	R^7	R^8
7-14-34	OH	H	OH	OMe	H	H	OH	H
7-14-35	OH	H	OMe	OAc	H	H	OH	H
7-14-36	OH	Me	OH	Me	H	H	OMe	H
7-14-37	OH	Me	OH	Me	H	OCH_2O		H
7-14-38	OH	OMe	OH	H	H	OH	OH	H
7-14-39	OH	OMe	OH	H	H	OMe	OH	H
7-14-40	OH	OMe	OH	H	H	OH	OMe	H
7-14-41	OH	H	OMe	OH	H	OH	OH	H
7-14-42	OH	H	OH	H	H	H	OH	β-OH
7-14-43	H	H	H	H	H	H	H	OH
7-14-44	H	H	H	H	OMe	H	H	OH
7-14-45	H	H	H	H	H	H	OMe	OH
7-14-46	H	H	H	H	H	OMe	OMe	OH
7-14-47	H	H	OH	H	H	OH	OH	OH
7-14-48	OH	H	OH	H	H	H	OMe	OH
7-14-49	OH	H	OGlu(6→1)Rha	H	H	H	OH	H
7-14-50	OH	H	OGlu(6→1)Rha	H	H	H	OMe	H

表 7-14-4 高异二氢黄酮类化合物 7-14-12~7-14-18 的 ^{13}C NMR 数据

C	7-14-12①[7]	7-14-12②[8]	7-14-13[9]	7-14-14[9]	7-14-15[8,10]	7-14-16[11]	7-14-17[12]	7-14-18[8]
2	69.8	69.3	70.3	70.4	70.2	70.1	70.3	69.6
3	47.2	46.2	48.0	47.8	46.7	47.4		48.8
4	198.1	197.9	199.6	199.6	198.7	199.8	200.1	190.8
5	165.3	164.8	168.2	159.2	165.7	156.7	156.5	147.1
6	95.5	95.4	104.2	105.3	96.2	129.7	131.4	135.1
7	169.1	168.2	168.3	158.6	169.0	159.9	160.7	154.5
8	97.2	95.4	106.4	129.2	96.2	95.3	95.8	96.1
9	64.1	163.7	102.0	152.9	164.6	159.5	160.1	156.9
10	102.0	101.7	164.3	102.3	102.6	102.9	103.0	108.8
11	32.3	31.8	33.5	33.2	32.6	32.3	32.9	32.0
1'	129.8	129.3	130.6	130.2	130.3	130.0	131.4	129.9
2'	130.9	130.4	131.4	131.2	131.3	131.0	131.2	130.4
3'	116.1	115.7	116.7	116.4	115.2	116.2	115.1	115.6
4'	156.9	156.4	157.6	157.2	159.8	157.1	160.0	156.4
5'	116.1	115.7	116.7	116.4	115.2	116.2	115.1	115.6
6'	130.9	130.4	131.4	131.2	131.3	131.0	131.2	130.4
6-OMe						60.8	61.0	
8-OMe				61.8				
4'-OMe							55.7	
6-Me			7.7	7.5				
8-Me			8.2					

① 在 C 中测定。② 在 A 中测定。

表 7-14-5 高异二氢黄酮类化合物 7-14-19~7-14-25 的 ^{13}C NMR 数据[5]

C	7-14-19	7-14-20	7-14-21	7-14-22	7-14-23①	7-14-23②[13]	7-14-24[13]	7-14-25[14]
2	69.3	70.0	69.3	69.3	68.8	70.1	70.4	69.4
3	47.5	45.9	47.7	47.7	45.5	48.2	48.4	46.5
4	193.6	194.1	193.7	193.6	197.7	199.4	200.2	191.4
5	127.4	127.3	127.8	127.3	163.6	165.8	165.6	129.1
6	121.3	121.1	121.3	121.1	95.9	97.1	95.8	110.5
7	135.8	135.5	135.7	135.7	166.7	168.2	169.4	164.3
8	117.7	117.6	117.6	117.7	94.7	95.8	94.6	102.2
9	161.5	161.5	161.4	161.4	162.6	164.7	164.6	163.0
10	120.3	120.6	120.4	120.4	101.0	102.8	103.0	113.1
11	32.3	27.1	31.5	32.0	31.2	32.9	32.9	31.2
1'	138.2	126.6	129.9	130.5	128.0	130.2	130.2	128.7
2'	129.0	157.5	129.9	111.2	129.8	131.2	131.2	115.5
3'	128.6	110.3	113.0	147.7	115.1	116.4	116.5	145.0
4'	126.5	127.9	158.2	149.0	155.1	157.2	157.3	143.6
5'	128.6	120.4	113.0	112.0	115.1	116.4	116.5	116.2
6'	129.0	130.0	129.9	121.3	129.8	131.2	131.2	119.5

续表

C	7-14-19	7-14-20	7-14-21	7-14-22	7-14-23①	7-14-23②[13]	7-14-24[13]	7-14-25[14]
7-OMe							56.2	
2'-OMe		55.6						
4'-OMe			55.1					

①在 D 中测定。②在 M 中测定。

表 7-14-6 高异二氢黄酮类化合物 7-14-26~7-14-30 的 ^{13}C NMR 数据[13]

C	7-14-26	7-14-27①	7-14-27②	7-14-28	7-14-29①	7-14-29②	7-14-30①	7-14-30②
2	69.1	68.8	70.5	70.6	69.0	70.6	68.9	70.2
3	45.7	45.9	48.8	48.1	46.3	48.5	45.4	47.9
4	198.5	198.5	200.1	200.5	199.7	200.9	197.7	199.3
5	159.1	155.8	158.2	156.2	147.3	149.2	163.8	165.8
6	92.8	92.5	93.5	131.4	133.5	135.1	95.9	97.1
7	160.9	156.8	158.1	162.3	150.1	151.2	166.6	168.2
8	128.7	126.3	127.6	92.6	130.1	131.4	94.7	95.8
9	153.3	148.0	149.2	160.6	145.2	146.4	162.8	164.7
10	101.7	101.6	103.2	103.7	103.3	104.8	101.2	102.8
11	31.1	31.1	32.8	32.9	30.9	32.6	31.2	33.1
1'	127.9	128.0	130.2	130.1	128.0	130.0	130.6	132.4
2'	129.9	129.8	131.1	131.2	129.9	131.1	116.2	117.0
3'	115.2	115.2	116.4	116.5	115.2	116.4	146.5	147.9
4'	155.6	155.6	157.2	157.3	155.5	157.0	146.3	147.6
5'	115.2	115.2	116.4	116.5	115.2	116.4	112.3	113.0
6'	129.9	129.8	131.1	131.2	129.9	131.1	119.5	121.4
5-OMe								
6-OMe				61.1	60.5	61.4		
7-OMe	56.7	56.7	56.7	56.7	60.7	61.6		
8-OMe	61.5							

①在 D 中测定。②在 M 中测定。

表 7-14-7 高异二氢黄酮类化合物 7-14-31~7-14-38 的 ^{13}C NMR 数据

C	7-14-31[15]	7-14-32[15]	7-14-33[15]	7-14-34[13]	7-14-35[16]	7-14-36[17]	7-14-37[17]	7-14-38[15]
2	90.1	70.2	69.9	70.5	69.5	68.9	69.0	70.2
3	—	50.7	—	48.0	45.7	45.6	45.5	—
4	199.4	194.5	194.0	199.3	198.3	198.2	198.2	200.1
5	165.8	166.9	166.8	161.0	159.4	158.8	158.8	156.8
6	97.1	97.1	96.8	97.2	92.9	103.4	103.4	130.5
7	168.2	167.3	166.8	161.6	160.9	162.4	162.4	160.9
8	95.8	94.6	94.6	130.1	119.4	102.3	102.3	95.8
9	164.7	164.9	164.6	157.1	152.0	157.4	157.4	160.1
10	102.8	105.6	105.4	102.8	101.6	101.2	100.8	102.9
11	33.2	34.0	33.6	31.1	30.8	31.2	31.8	33.2

续表

C	7-14-31[15]	7-14-32[15]	7-14-33[15]	7-14-34[13]	7-14-35[16]	7-14-36[17]	7-14-37[17]	7-14-38[15]
1'	130.9	131.7	132.9	129.8	127.8	130.1	132.0	130.9
2'	117.1	117.5	117.1	131.1	129.9	130.1	109.2	117.1
3'	146.4	146.8	147.8	116.4	115.3	113.8	147.4	146.4
4'	145.1	145.4	147.6	155.6	155.9	159.9	145.9	145.1
5'	116.5	116.8	113.1	116.4	115.3	113.8	108.1	116.5
6'	121.1	121.8	121.4	131.1	129.9	130.1	122.1	121.5

表 7-14-8 高异二氢黄酮类化合物 7-14-39~7-14-46 的 ^{13}C NMR 数据

C	7-14-39[15]	7-14-40[15]	7-14-41[15]	7-14-42[18]	7-14-43[5]	7-14-44[5]	7-14-45[5]	7-14-46[5]
2	70.4	70.3	70.5	72.5	72.2	73.0	72.0	72.1
3	—	—	—	73.0	73.0	73.3	73.0	73.0
4	199.5	200.0	200.1	199.0	195.0	195.0	196.0	195.9
5	156.7	156.8	158.2	165.1	127.6	127.3	127.5	127.3
6	130.8	129.2	93.5	95.7	122.0	121.5	121.9	121.8
7	160.8	160.9	158.0	167.5	136.7	135.9	136.6	136.5
8	95.8	95.8	127.6	97.0	118.0	117.8	117.9	117.9
9	159.8	160.1	149.3	163.7	161.5	161.1	161.3	161.2
10	103.0	103.0	103.2	100.9	118.0	119.2	118.6	118.4
11	33.5	33.1	33.0	40.5	40.9	35.3	40.0	40.4
1'	130.6	132.3	131.0	126.3	134.4	122.6	121.0	126.6
2'	113.7	117.0	117.2	132.2	130.6	157.4	131.4	110.7
3'	148.9	147.8	146.4	115.6	128.2	110.1	113.6	148.4
4'	146.1	147.8	145.1	156.9	127.1	128.5	158.7	148.0
5'	116.3	112.9	116.5	115.6	128.2	120.4	113.6	113.5
6'	122.7	121.3	121.5	132.2	130.6	132.5	131.4	122.5

表 7-14-9 高异二氢黄酮类化合物 7-14-47~7-14-50 的 ^{13}C NMR 数据

C	7-14-47[14]	7-14-48[19]	7-14-49[10]	7-14-50[10]	C	7-14-47[14]	7-14-48[19]	7-14-49[10]	7-14-50[10]
2	72.0	71.8	70.3	70.1	3'	144.5	113.3	115.7	116.1
3	72.1	71.6	47.7	45.9	4'	143.3	158.2	155.0	159.2
4	192.9	198.0	195.1	199.0	5'	118.0	113.3	115.7	116.1
5	129.1	164.0	160.2	165.6	6'	121.4	131.4	130.6	132.4
6	110.9	96.3	96.8	96.8	4'-OMe				60.9
7	164.5	166.8	165.4	167.1				7-Glu	7-Glu
8	102.3	95.0	94.0	95.0	1			100.2	99.6
9	162.7	162.5	160.8	162.9	2			77.0	76.4
10	111.8	100.1	101.2	101.9	3			73.5	73.1
11	30.6	38.7	32.5	32.4	4			70.5	69.7
1'	126.6	127.0	130.5	129.0	5			76.2	75.6
2'	115.0	131.4	130.6	132.4	6			66.8	66.2

续表

C	7-14-47[14]	7-14-48[19]	7-14-49[10]	7-14-50[10]	C	7-14-47[14]	7-14-48[19]	7-14-49[10]	7-14-50[10]
			6"-Rha	6"-Rha				72.6	72.2
			101.4	100.8				69.2	68.5
			71.2	70.4				18.2	18.0
			71.5	70.8					

7-14-51 R=H
7-14-52 R=OH

7-14-53 ~ 7-14-58

	R1	R2	R3	R4	R5
7-14-53	H	H	H	H	H
7-14-54	H	H	OMe	H	H
7-14-55	H	H	H	H	OMe
7-14-56	H	H	H	OMe	OMe
7-14-57	OH	OH	H	OH	OH
7-14-58	OH	OH	H	H	OMe

表 7-14-10 3,11-去氢高二氢异黄酮类化合物 7-14-51~7-14-58 的 ^{13}C NMR 数据

C	7-14-51[20]	7-14-52[19]	7-14-53[21]	7-14-54[5]	7-14-55[5]	7-14-56[5]	7-14-57[14]	7-14-58[19]
2	75.5	74.1	67.5	68.0	67.6	67.5	67.5	67.1
3	127.7	125.5	131.6	130.8	128.7	128.7	125.4	127.1
4	181.7	186.6	181.7	182.4	181.9	181.7	179.5	184.1
5	129.6	164.8	127.9	127.9	127.7	127.6	129.3	164.5
6	110.5	96.2	122.0	121.7	121.6	121.6	111.0	96.2
7	164.2	166.7	135.8	135.6	135.5	135.4	164.4	166.9
8	102.3	94.7	117.9	117.8	117.6	117.5	102.3	94.9
9	163.1	162.5	161.1	161.3	160.8	160.7	162.3	161.9
10	116.4	103.2	122.0	121.9	121.9	121.9	114.3	101.6
11	138.9	140.5	135.8	133.8	137.1	137.1	136.0	136.0
1'	127.3	126.6	133.3	123.4	126.8	127.0	127.7	126.2
2'	133.1	133.1	132.0	158.2	131.9	110.8	115.8	132.4
3'	113.2	113.4	131.3	110.9	114.1	148.7	145.3	114.3
4'	160.9	160.6	123.8	130.4	160.6	150.1	147.4	160.6
5'	113.2	113.4	131.3	122.2	114.1	113.1	117.5	114.2
6'	133.1	133.1	132.0	131.1	131.9	123.4	123.0	132.4
4'-OMe	54.7							

参 考 文 献

[1] Gonzalez A G, Leon F, Sanchez-Pinto L, et al. J Nat Prod, 2000, 63: 1297.

[2] Zheng Q A, Li H Z, Zhang Y J, et al. Helv Chim Acta, 2004, 87: 1167.

[3] Meksuriyen G A, Cordell G A, Rauangrungsi N, et al. J Nat Prod, 1987, 50: 1118.

[4] Luo Y, Dai H F, Wang H, et al. Chin J Nat Med, 2011, 9: 112.

[5] Kirkiacharian B S, Gomis M, Tongo H G, et al. Org Magn Reson, 1984, 20: 106.
[6] Zhu Y, Yan K, Tu G. Phytochemistry, 1987, 26: 2873.
[7] Borgonovo G, Caimi S, Morini G, et al. Chem Biodivers, 2008, 5: 1184.
[8] Mutanyatta J, Matapa B G, Shushu D D, et al. Phytochemistry, 2003, 62: 797.
[9] Rafi M M, Vastano B C. Food Chem, 2007, 104: 332.
[10] Calvo M I. Fitoterapia, 2009, 80: 96.
[11] Silayo A, Ngadjui B T, Abegaz B M. Phytochemistry, 1999, 52: 947.
[12] Crouch N R, Bangani V, Mulholland D A. Phytochemistry, 1999, 51: 943.
[13] Adinolfi M, Lanzetta R, Laonigro G, et al. Magn Reson Chem, 1986, 24: 663.
[14] Saitoh T, Sakashita S, Nakata H, et al. Chem Pharm Bull, 1986, 34(6): 2506.
[15] Adinolfi M, Corsaro M M, Lanzetta R, et al. Phytochemistry, 1987, 26: 285.
[16] Adinolfi M, Barone G, Belardini M, et al. Phytochemistry, 1985, 24: 2423.
[17] Tada A, Kasai R, Saitoh T, et al. Chem Pharm Bull, 1980, 28: 1477.
[18] Likhitwitayawuid K, Sawasdee K, Kirtikara K. Planta Med, 2002, 68: 841.
[19] Heller W, Tamm C. Prog Chem Org Nat Prod. Vienna: Springer, 1981, 40: 121.
[20] Srinivas K V N S, Koteswara Rao Y, Mahender I, et al. Phytochemistry, 2003, 63: 789.
[21] Szollosy A, Toth G, Levai A, et al. Acta Chim Acad Sci Hung Tomus, 1981,108: 357.

第十五节 紫檀烷类化合物

表 7-15-1 紫檀烷类化合物的名称、分子式和测试溶剂

编号	中文名称	英文名称	分子式	测试溶剂	参考文献
7-15-1	右旋-3,4-二羟基-8,9-亚甲二氧基紫檀烷	(+)-3,4-dihydroxy-8,9-methylenedioxy-pterocarpan	$C_{16}H_{12}O_6$	C	[1]
7-15-2		cabenegrin A-I	$C_{21}H_{20}O_6$	C	[2]
7-15-3		4'-dehydroxycabenegrin A-1	$C_{21}H_{20}O_5$	C	[3]
7-15-4	刺桐素 A	erybraedin A	$C_{25}H_{28}O_4$	C	[4]
7-15-5	刺桐素 C	erybraedin C	$C_{25}H_{28}O_4$	C	[4]
7-15-6	鸡冠刺桐黄素 A	erystagallin A	$C_{26}H_{30}O_5$	A	[5]
7-15-7	刺桐酚素 II	erythrabyssin II	$C_{25}H_{28}O_4$	A	[6]
7-15-8		erypoegin I	$C_{21}H_{22}O_6$	C	[7]
7-15-9		eryzerin E	$C_{26}H_{30}O_5$	C	[8]
7-15-10		(+)-4-hydroxy-3-methoxy-8,9-methylenedioxypterocarpan	$C_{17}H_{14}O_6$	C	[1]
7-15-11	多花胡枝子素 G_1	lespeflorin G_1	$C_{21}H_{22}O_5$	C	[9]
7-15-12	多花胡枝子素 G_2	lespeflorin G_2	$C_{26}H_{30}O_5$	C	[9]
7-15-13	多花胡枝子素 G_3	lespeflorin G_3	$C_{27}H_{32}O_6$	C	[9]
7-15-14	多花胡枝子素 G_4	lespeflorin G_4	$C_{26}H_{30}O_4$	C	[9]
7-15-15	多花胡枝子素 G_5	lespeflorin G_5	$C_{26}H_{30}O_4$	C	[9]
7-15-16	多花胡枝子素 G_6	lespeflorin G_6	$C_{21}H_{22}O_5$	C	[9]
7-15-17	多花胡枝子素 G_7	lespeflorin G_7	$C_{21}H_{22}O_5$	C	[9]
7-15-18	多花胡枝子素 G_8	lespeflorin G_8	$C_{22}H_{24}O_5$	C	[9]
7-15-19	多花胡枝子素 G_9	lespeflorin G_9	$C_{22}H_{24}O_5$	C	[9]
7-15-20	多花胡枝子素 G_{10}	lespeflorin G_{10}	$C_{21}H_{22}O_4$	C	[9]

续表

编号	中文名称	英文名称	分子式	测试溶剂	参考文献
7-15-21	1-甲氧基刺桐酚素Ⅱ	1-methoxyerythrabyssin Ⅱ	$C_{26}H_{30}O_5$	C	[10]
7-15-22	东方刺桐素 B	orientanol B	$C_{21}H_{22}O_4$	C	[6]
7-15-23	苦参宁素	kushenin	$C_{16}H_{14}O_5$	A	[11]
7-15-24	高丽槐素	maackiain; (+)-3-hydroxy-8,9-methylenedioxypterocarpan	$C_{16}H_{12}O_5$	C	[1]
7-15-25	美迪紫檀素	medicarpin; 3-hydroxy-9-methoxypterocarpan	$C_{16}H_{14}O_4$	C	[12]
7-15-26		bitucarpin A	$C_{22}H_{24}O_4$	C	[13]
7-15-27	黄芪紫檀烷	astrapterocarpan	$C_{17}H_{16}O_5$	C	[14]
7-15-28	黄芪紫檀烷-7-*O*-*β*-D-葡萄糖苷	astrapterocarpan-7-*O*-*β*-D-glucopyranoside	$C_{23}H_{26}O_{10}$	D	[15]
7-15-29	多花胡枝子素 H_1	lespeflorin H_1	$C_{21}H_{20}O_5$	C	[9]
7-15-30	海鸡冠刺桐素	erycristagallin	$C_{25}H_{26}O_4$	D	[16]
7-15-31		erypoegin H	$C_{20}H_{18}O_4$	C	[7]
7-15-32	多花胡枝子素 I_1	lespeflorin I_1	$C_{20}H_{16}O_6$	C	[9]
7-15-33	多花胡枝子素 I_2	lespeflorin I_2	$C_{25}H_{24}O_6$	C	[9]
7-15-34	多花胡枝子素 I_3	lespeflorin I_3	$C_{21}H_{18}O_6$	C	[9]
7-15-35		isoneorautenol	$C_{20}H_{18}O_4$	C	[4]
7-15-36	刺桐素 D	erybraedin D	$C_{25}H_{26}O_4$	C	[4]
7-15-37		folitenol	$C_{25}H_{26}O_4$	C	[6]
7-15-38	多花胡枝子素 G_{11}	lespeflorin G_{11}	$C_{25}H_{26}O_5$	C	[9]
7-15-39	多花胡枝子素 G_{12}	lespeflorin G_{12}	$C_{21}H_{20}O_5$	C	[9]
7-15-40	刺桐素 B	erybraedin B	$C_{25}H_{26}O_4$	C	[17]
7-15-41	菜豆素	phaseollin	$C_{20}H_{18}O_4$	C	[18]
7-15-42	苦参紫檀素 A	kushecarpin A	$C_{17}H_{18}O_6$	C/M	[19]
7-15-43	苦参紫檀素 B	kushecarpin B	$C_{18}H_{18}O_7$	C	[19]
7-15-44	苦参紫檀素 C	kushecarpin C	$C_{17}H_{16}O_7$	C	[19]
7-15-45	多花胡枝子素 H_2	lespeflorin H_2	$C_{21}H_{18}O_5$	C	[9]
7-15-46	刺桐素 E	erybraedin E	$C_{22}H_{20}O_4$	C	[4]
7-15-47		erypoegin J	$C_{26}H_{28}O_5$		[7]
7-15-48	甘草醇 B	gancaonol B	$C_{21}H_{16}O_6$	D	[17]
7-15-49	左旋-2-香叶基-3-羟基-8,9-亚甲二氧基紫檀烷	(–)-2-geranyl-3-hydroxy-8,9-methylenedioxypterocarpan	$C_{26}H_{28}O_5$	B	[20]
7-15-50	东方刺桐素 C	orientanol C	$C_{25}H_{26}O_4$	C	[6]
7-15-51		erythribyssin O	$C_{21}H_{18}O_5$	A	[21]
7-15-52		erythribyssin L	$C_{25}H_{28}O_5$	A	[21]
7-15-53		erythribyssin D	$C_{20}H_{20}O_5$	A	[21]
7-15-54		erythribyssin M	$C_{20}H_{20}O_5$	A	[21]
7-15-55	多花胡枝子素 J_1	lespeflorin J_1	$C_{50}H_{52}O_{10}$	A	[9]
7-15-56	多花胡枝子素 J_2	lespeflorin J_2	$C_{46}H_{46}O_{10}$	A	[9]
7-15-57	多花胡枝子素 J_3	lespeflorin J_3	$C_{50}H_{52}O_{10}$	A	[9]
7-15-58	多花胡枝子素 J_4	lespeflorin J_4	$C_{46}H_{46}O_{10}$	A	[9]

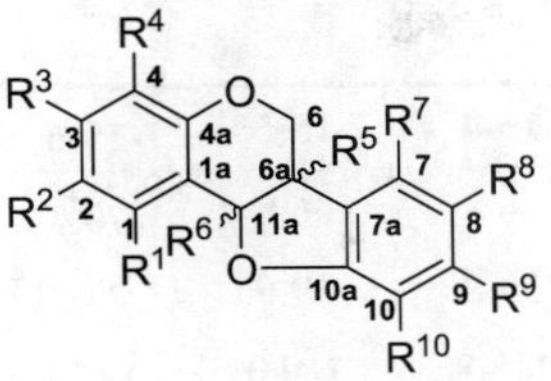

	R^1	R^2	R^3	R^4	R^5	R^6	R^7	R^8	R^9	R^{10}
7-15-1	H	H	OH	OH	β-H	β-H	H	OCH_2O		H
7-15-2	H	H	OH	HMB	β-H	β-H	H	OCH_2O		H
7-15-3	H	H	OH	prenyl	β-H	β-H	H	OCH_2O		H
7-15-4	H	H	OH	prenyl	H	H	H	H	OH	prenyl
7-15-5	H	H	OH	prenyl	H	H	H	prenyl	OH	H
7-15-6	H	prenyl	OH	H	α-OH	α-H	H	H	OMe	prenyl
7-15-7	H	prenyl	OH	H	α-H	α-H	H	H	OH	prenyl
7-15-8	H	H	OH	H	α-OH	α-H	H	H	OMe	MB
7-15-9	H	H	OH	prenyl	α-OH	α-H	H	H	OMe	prenyl
7-15-10	H	H	OMe	OH	β-H	β-H	H	OCH_2O		H
7-15-11	H	H	OH	prenyl	α-H	α-H	H	OMe	OH	H
7-15-12	H	prenyl	OH	H	α-H	α-H	H	OH	OMe	prenyl
7-15-13	OMe	prenyl	OH	H	α-H	α-H	H	OH	OMe	prenyl
7-15-14	H	prenyl	OH	H	α-H	α-H	H	Me	OH	prenyl
7-15-15	H	H	OH	prenyl	α-H	α-H	H	Me	OH	prenyl
7-15-16	H	H	OH	H	α-H	α-H	H	OH	OMe	prenyl
7-15-17	H	H	OH	H	α-H	α-H	H	OMe	OH	prenyl
7-15-18	H	H	OMe	H	α-H	α-H	H	OH	OMe	prenyl
7-15-19	H	H	OMe	H	α-H	α-H	H	OMe	OH	prenyl
7-15-20	H	H	OH	H	α-H	α-H	H	Me	OH	prenyl
7-15-21	OMe	prenyl	OH	H	α-H	α-H	H	H	OH	prenyl
7-15-22	H	prenyl	OMe	H	α-H	α-H	H	H	OH	H
7-15-23	H	H	OH	H	α-H	α-H	H	OMe	OH	H
7-15-24	H	H	OH	H	β-H	β-H	H	OCH_2O		H
7-15-25	H	H	OH	H	H	H	H	H	OMe	H
7-15-26	H	H	OMe	prenyl	H	H	H	H	OMe	H
7-15-27	H	H	OH	H	α-H	α-H	H	H	OMe	OMe
7-15-28	H	H	OGlu	H	α-H	α-H	H	H	OMe	OMe

注：HMB—(2*E*)-4-羟基-3-甲基-2-丁烯基；MB—3-甲基-2-丁酮基；prenyl—异戊烯基

表 7-15-2 紫檀烷类化合物 7-15-1~7-15-10 的 ^{13}C NMR 数据

C	7-15-1[1]	7-15-2[2]	7-15-3[3]	7-15-4[4]	7-15-5[4]	7-15-6[5]	7-15-7[6]	7-15-8[7]	7-15-9[8]	7-15-10[1]
1	121.7	129.2	104.7	129.3	129.2	132.5	132.0	132.3	129.5	121.0
1a	112.5	115.0	112.4	112.6	112.5	113.1	112.4	112.7	112.8	113.9
2	109.5	109.6	109.7	109.7	109.7	123.0	121.0	110.2	110.4	105.3
3	144.4	155.1	155.5	158.4	158.9	156.9	155.0	157.1	155.8	143.2
4	131.5	112.6	115.5	110.3	110.5	103.4	103.9	103.6	114.8	133.9
4a	143.0	154.2	154.0	155.7	155.5	154.9	155.7	155.7	153.1	147.3

续表

C	7-15-1[1]	7-15-2[2]	7-15-3[3]	7-15-4[4]	7-15-5[4]	7-15-6[5]	7-15-7[6]	7-15-8[7]	7-15-9[8]	7-15-10[1]
6	66.9	66.7	66.6	66.8	66.8	70.4	66.7	69.5	70.0	66.8
6a	40.3	40.1	40.0	39.8	39.6	77.0	40.1	76.9	76.8	40.2
7a	117.4	118.0	118.0	118.8	119.0	123.1	118.8	120.4	120.6	117.7
7	104.7	104.7	104.7	122.3	125.3	122.0	122.4	122.2	120.7	104.8
8	141.8	141.7	141.5	108.0	114.9	104.3	108.2	103.7	103.8	141.7
9	148.2	148.1	147.9	153.9	153.9	160.2	155.9	159.9	159.8	148.1
10	93.9	93.8	93.7	114.9	98.5	113.3	110.2	107.4	113.6	93.8
10a	154.2	154.2	153.9	155.5	155.1	159.5	158.2	159.1	158.6	154.2
11a	78.3	79.1	79.1	78.8	79.0	85.8	78.2	84.7	84.8	78.3
		4-HMB	4-prenyl	4-prenyl	4-prenyl	2-prenyl	2-prenyl		4-prenyl	
1'		21.8	22.3	23.1	22.1	28.5	29.2		22.4	
2'		123.3	121.7	121.4	122.4	123.9	121.4		121.6	
3'		136.1	134.7	134.9	134.5	132.3	134.8		134.9	
4'		68.7	25.7	25.3	25.9	25.9	25.8		25.8	
5'		13.8	17.8	17.8	17.9	17.8	17.9		17.8	
				10-prenyl	8-prenyl	10-prenyl	10-prenyl	10-prenyl	10-prenyl	
1"				22.0	29.4	23.1	23.2	35.6	22.5	
2"				121.7	121.7	123.2	121.9	212.5	121.9	
3"				134.3	134.5	131.5	135.2	40.2	131.7	
4"				25.0	25.8	25.9	25.8	18.3	25.8	
5"				17.8	17.8	17.8	17.9	18.3	17.7	
3-OMe										56.3
9-OMe								55.9	56.0	
OCH_2O	101.3	101.3	101.0							101.3

表 7-15-3 紫檀烷类化合物 7-15-11~7-15-19 的 ^{13}C NMR 数据[9]

C	7-15-11	7-15-12	7-15-13	7-15-14	7-15-15	7-15-16	7-15-17	7-15-18	7-15-19
1	129.3	132.0	159.7	132.0	129.4	132.3	132.4	132.0	132.0
1a	112.6	112.8	103.3	112.6	112.9	113.0	113.4	112.9	113.1
2	109.9	120.9	114.2	120.9	109.7	109.6	109.6	109.1	109.0
3	155.7	155.5	157.1	155.6	155.6	156.9	156.8	161.0	160.9
4	115.0	103.9	100.4	103.9	114.9	103.5	103.8	101.6	101.6
4a	153.9	155.0	155.3	155.1	154.0	156.5	156.7	156.6	156.6
6	66.9	66.2	66.0	66.7	67.0	66.2	66.6	66.2	66.6
6a	40.3	40.8	40.1	40.3	40.3	40.6	40.7	40.8	40.8
7a	117.1	122.0	122.2	118.0	118.0	122.0	115.7	122.1	115.8
7	108.0	108.8	108.9	123.6	123.6	108.8	105.1	108.7	105.1
8	141.1	143.2	143.1	116.4	116.3	143.1	141.1	143.2	141.1
9	146.7	145.3	145.3	153.6	153.6	145.3	144.4	145.4	144.4

续表

C	7-15-11	7-15-12	7-15-13	7-15-14	7-15-15	7-15-16	7-15-17	7-15-18	7-15-19
10	98.1	117.9	117.8	109.6	109.5	118.0	111.8	118.0	111.8
10a	154.1	151.7	151.7	156.5	156.5	151.6	152.5	151.7	152.5
11a	78.8	77.5	75.0	77.9	78.5	77.4	77.2	77.2	77.5
	4-prenyl	2-prenyl	2-prenyl	2-prenyl	4-prenyl				
1'	22.4	22.9	22.9	29.1	22.4				
2'	121.7	122.2	122.2	122.0	121.8				
3'	134.5	134.9	134.9	134.7	134.5				
4'	25.7	25.7	25.7	25.8	25.8				
5'	17.8	17.8	17.8	17.9	17.8				
10-prenyl									
1"		23.9	23.9	23.5	23.5	23.7	23.2	23.8	23.2
2"		122.2	122.2	121.6	121.6	122.0	121.8	122.1	121.8
3"		131.7	131.7	135.4	135.3	132.0	132.0	131.9	132.0
4"		25.7	25.7	25.9	25.7	25.7	25.7	25.7	25.7
5"		17.8	17.8	17.8	17.8	17.8	17.8	17.8	17.8
1-OMe			63.3						
3-OMe								55.4	55.0
8-OMe	57.3						57.0		57.0
9-OMe		61.4	61.4			61.5		61.4	
8-Me				15.7	15.7				

表 7-15-4 紫檀烷类化合物 7-15-20~7-15-28 的 ^{13}C NMR 数据

C	7-15-20[9]	7-15-21[10]	7-15-22[6]	7-15-23[11]	7-15-24[1]	7-15-25[12]	7-15-26[13]	7-15-27[14]	7-15-28[15]
1	132.4	159.6	130.9	133.0	132.1	132.6	129.4	133.0	132.5
1a	113.1	107.1	111.2	113.2	112.5	113.0	113.7	112.2	114.5
2	109.6	114.0	124.2	110.6	109.8	102.2	105.0	110.5	110.9
3	156.9	157.2	158.7	159.7	157.1	157.5	159.0	156.7	159.0
4	103.8	100.3	99.3	104.0	103.6	104.1	118.1	103.9	104.5
4a	156.7	155.3	154.8	157.8	156.6	157.1	154.7	157.6	156.6
6	66.7		66.6	67.2	66.4	67.0	67.4	67.0	66.2
6a	40.3	39.4	39.6	41.3	40.1	39.9	40.3	40.8	40.0
7a	117.8	118.7	119.3	118.0	117.9	119.5	120.1	119.5	119.2
7	123.6	122.3	124.9	110.5	104.7	125.2	125.4	123.0	122.1
8	116.4	108.0	107.6	142.8	141.7	106.8	106.9	105.8	105.6
9	153.4	155.7	157.1	148.8	148.1	161.1	161.5	152.1	153.2
10	109.6	110.1	98.4	98.8	93.8	97.3	97.5	134.7	133.8
10a	156.4	158.5	160.8	155.2	154.2	161.5	161.8	153.9	151.5
11a	77.9	75.6	78.9	79.0	78.5	79.0	80.0	80.4	78.7
		2-prenyl	2-prenyl						3-Glu
1'		22.9	27.9						100.8
2'		122.1	122.5						73.6

续表

C	7-15-20[9]	7-15-21[10]	7-15-22[6]	7-15-23[11]	7-15-24[1]	7-15-25[12]	7-15-26[13]	7-15-27[14]	7-15-28[15]
3'		135.2	132.4						77.0
4'		25.76	25.9						70.1
5'		17.9	17.8						77.5
									61.1
	10-prenyl	10-prenyl					4-prenyl		
1"	23.4	23.3					23.2		
2"	121.5	121.4					123.3		
3"	135.4	135.0					132.0		
4"	25.8	25.8					26.5		
5"	18.1	17.8					18.4		
1-OMe		66.2							
3-OMe							56.2		
7-OMe			55.4						
8-OMe				57.7					
9-OMe						55.9	56.5	56.7	56.6
10-OMe								60.9	60.3
8-Me	15.7								
OCH_2O					101.3				

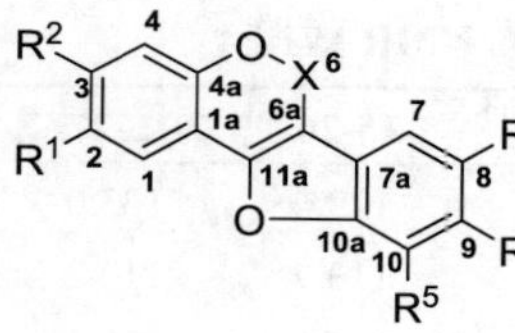

	R^1	R^2	R^3	R^4	R^5	X
7-15-29	H	OMe	OH	OH	prenyl	CH_2
7-15-30	prenyl	OH	H	OH	prenyl	CH_2
7-15-31	H	OH	H	OH	prenyl	CH_2
7-15-32	prenyl	OH	OH	OH	H	CO
7-15-33	prenyl	OH	OH	OH	prenyl	CO
7-15-34	H	OMe	OH	OH	prenyl	CO

表 7-15-5 6a,11a-去氢紫檀烷类化合物 7-15-29~7-15-34 的 ^{13}C NMR 数据

C	7-15-29[9]	7-15-30[16]	7-15-31[7]	7-15-32[9]	7-15-33[9]	7-15-34[9]
1	121.3	120.9	121.0	120.7	120.3	121.9
1a	111.1	103.4	110.0	104.0	104.1	105.6
2	107.9	108.0	108.4	126.3	126.0	112.8
3	161.8	156.0	156.9	158.6	158.5	161.9
4	103.3	105.6	103.9	102.3	102.3	101.4
4a	155.9	154.5	155.1	152.5	152.5	154.1
6	66.2	64.9	65.6	159.0	158.8	158.2
6a	107.5	105.6	106.1	102.0	102.2	103.0
7a	117.7	120.1	119.1	114.1	113.5	113.2
7	101.7	117.7	116.0	104.8	102.0	102.0
8	143.1	114.4	112.5	144.3	143.9	144.0
9	142.5	152.5	151.9	145.5	142.8	143.1

续表

C	7-15-29[9]	7-15-30[16]	7-15-31[7]	7-15-32[9]	7-15-33[9]	7-15-34[9]
10	113.1	112.2	111.3	98.9	112.3	112.4
10a	149.8	152.4	154.5	148.8	148.0	148.1
11a	147.0	146.2	147.0	157.8	157.8	157.6
2-prenyl						
1'		25.6		27.4	27.2	
2'		122.2		121.7	121.0	
3'		130.9		131.3	132.7	
4'		27.1		25.5	25.5	
5'		17.6		17.6	17.5	
10-prenyl						
1"	23.8	25.6	23.1		22.7	22.7
2"	122.9	122.8	121.2		121.0	121.5
3"	132.1	131.7	135.1		131.2	131.4
4"	25.9	27.1	25.8		25.4	25.3
5"	17.9	17.5	17.9		17.4	17.6
3-OMe	55.7					

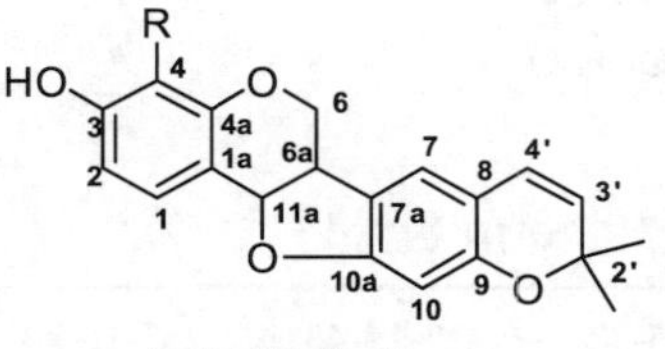

7-15-35 R=H
7-15-36 R=异戊烯基(prenyl)

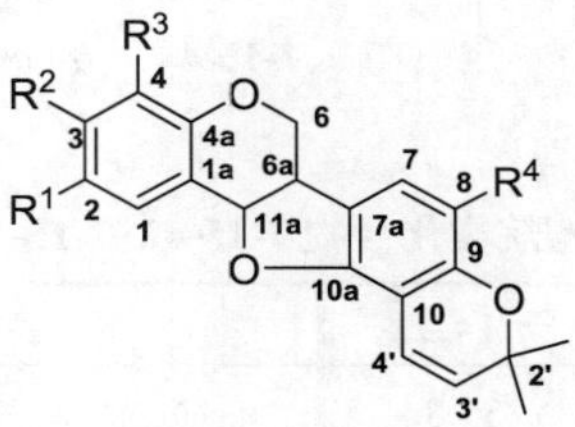

	R^1	R^2	R^3	R^4
7-15-37	prenyl	OH	H	H
7-15-38	prenyl	OH	H	OH
7-15-39	H	OMe	H	OH
7-15-40	H	OH	prenyl	H
7-15-41	H	OH	H	H

表 7-15-6　吡喃环取代基紫檀烷类化合物 7-15-35 和 7-15-36 的 ^{13}C NMR 数据[4]

C	7-15-35	7-15-36	C	7-15-35	7-15-36	C	7-15-35	7-15-36
1	132.2	129.5	7	122.0	123.9	5'	26.9	27.0
1a	112.4	112.5	8	114.9	114.6	6'	26.9	27.0
2	109.8	109.8	9	156.6	153.7		4-prenyl	4-prenyl
3	160.2	159.2	10	99.4	98.9	1"		22.5
4	103.7	110.5	10a	154.4	154.8	2"		122.4
4a	157.2	156.2	11a	76.5	78.7	3"		134.5
6	66.5	66.9	2'	78.4	79.2	4"		25.7
6a	39.4	39.7	3'	127.6	128.1	5"		17.9
7a	119.4	118.0	4'	122.1	122.3			

表 7-15-7　吡喃环取代基紫檀烷类化合物 7-15-37~7-15-41 的 ^{13}C NMR 数据

C	7-15-37[6]	7-15-38[9]	7-15-39[9]	7-15-40[17]	7-15-41[18]	C	7-15-37[6]	7-15-38[9]	7-15-39[9]	7-15-40[17]	7-15-41[18]
1	132.0	132.0	131.9	131.2	132.3	2	121.0	121.0	109.1	110.6	109.7
1a	112.1	112.3	112.5	112.7	112.7	3	155.4	155.7	161.1	158.7	157.1

续表

C	7-15-37[6]	7-15-38[9]	7-15-39[9]	7-15-40[17]	7-15-41[18]	C	7-15-37[6]	7-15-38[9]	7-15-39[9]	7-15-40[17]	7-15-41[18]
4	104.0	104.0	101.6	110.4	103.7	3'	129.6	129.6	129.6	129.3	130.4
4a	155.1	155.1	156.7	156.1	156.8	4'	116.6	117.0	116.9	116.8	116.5
6	66.6	66.5	66.6	66.9	66.6	5'	27.8	27.8	27.8	27.8	28.0
6a	39.7	40.3	40.2	40.2	39.7	6'	27.7	27.8	27.9	28.0	28.0
7a	119.2	118.3	118.1	118.9	119.1	2-prenyl					
7	123.8	110.4	110.4	122.6	123.8	1"	29.3	29.2		28.2	
8	108.6	138.7	138.7	108.5	108.6	2"	121.9	122.0		121.6	
9	153.7	139.0	139.0	154.2	155.4	3"	134.9	134.7		135.3	
10	106.2	106.0	106.0	108.4	106.3	4"	25.9	25.8		26.1	
10a	155.8	148.2	148.4	151.5	153.8	5"	17.9	17.9		18.1	
11a	78.9	78.3	78.2	78.7	78.7	3-OMe			55.4		
2'	76.1	77.2	77.2	78.7	76.6						

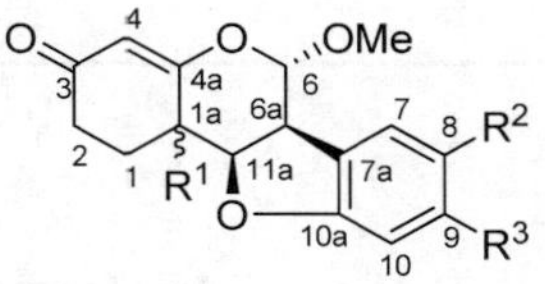

	R^1	R^2	R^3
7-15-42	α-OH	H	OMe
7-15-43	α-OMe	OCH_2O	
7-15-44	α-OH	OCH_2O	

表 7-15-8 酮基取代紫檀烷类化合物 7-15-42~7-15-44 的 ^{13}C NMR 数据[19]

C	7-15-42	7-15-43	7-15-44	C	7-15-42	7-15-43	7-15-44
1	31.9	27.3	31.8	8	107.8	142.4	142.4
1a	65.7	87.6	65.5	9	161.8	148.5	148.9
2	32.7	31.9	32.7	10	96.3	93.1	93.5
3	199.2	192.3	199.1	10a	160.5	154.3	154.0
4	111.9	110.7	111.9	11a	83.3	89.9	83.2
4a	170.0	175.5	170.0	1a-OMe		56.1	
6	102.5	102.2	102.2	6-OMe	55.6	55.6	56.9
6a	44.3	55.2	45.0	9-OMe	56.9		
7a	117.0	115.6	115.7	OCH_2O		101.5	101.6
7	124.9	104.5	104.3				

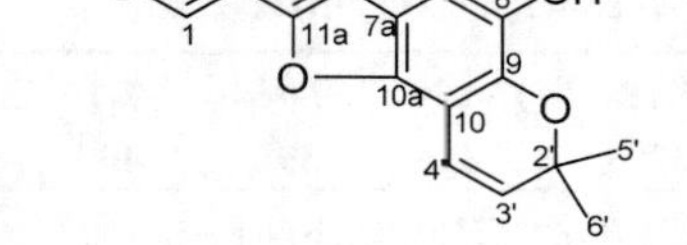

7-15-45

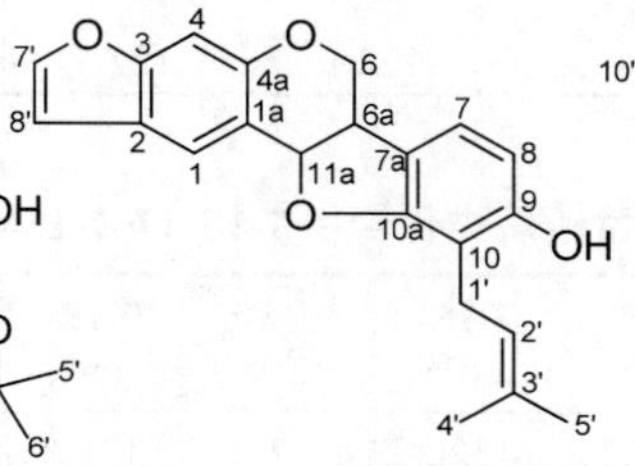

7-15-46

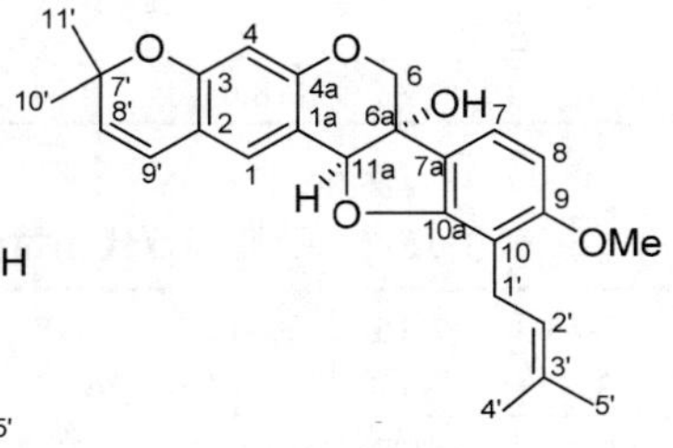

7-15-47

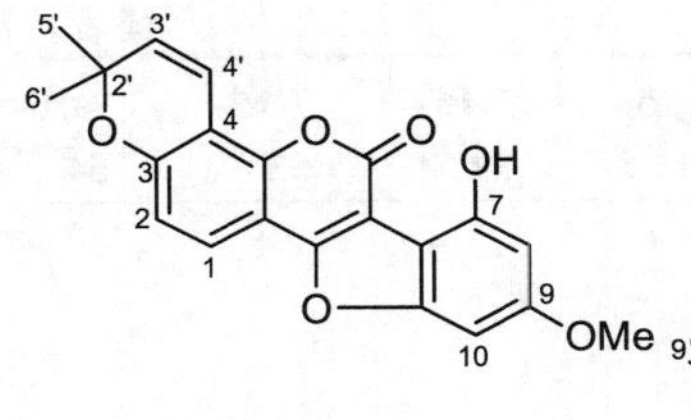

7-15-48

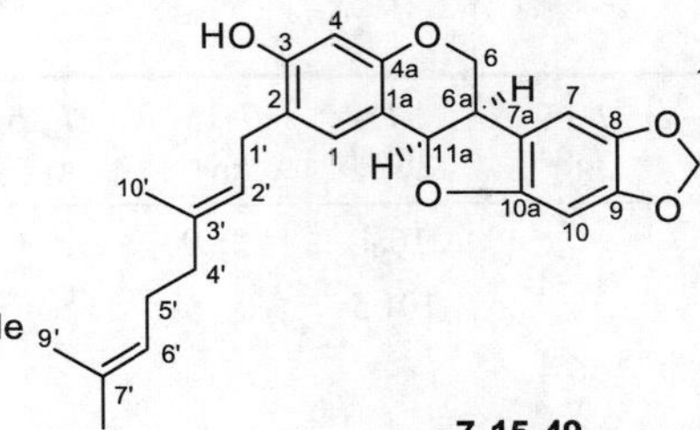

7-15-49

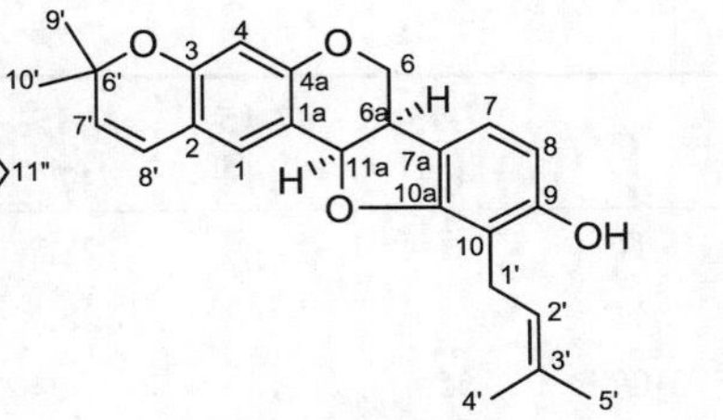

7-15-50

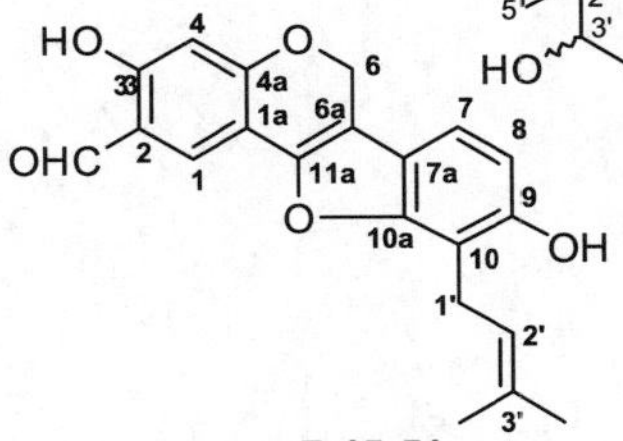

7-15-51

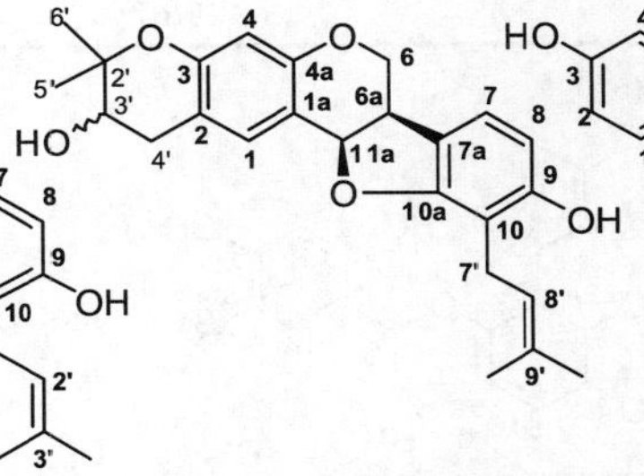

7-15-52

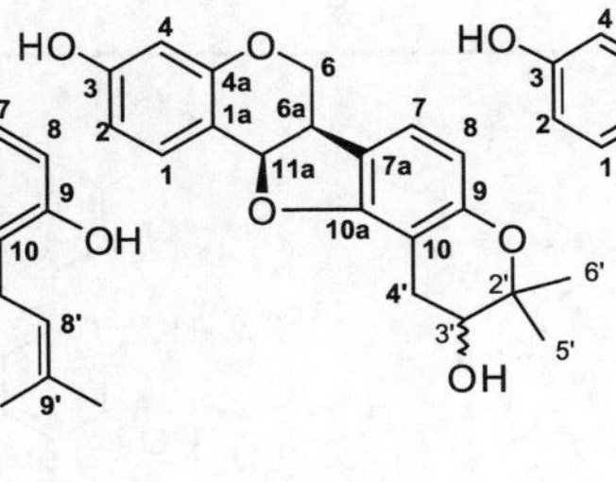

7-15-53

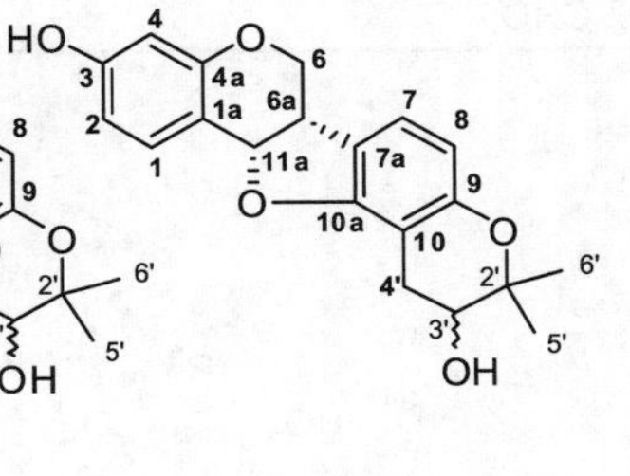

7-15-54

表 7-15-9 吡喃、呋喃基或其他取代基紫檀烷类化合物 7-15-45~7-15-54 的 ^{13}C NMR 数据

C	7-15-45[9]	7-15-46[4]	7-15-47[7]	7-15-48[17]	7-15-49[20]	7-15-50[6]	7-15-51[21]	7-15-52[21]	7-15-53[21]	7-15-54[21]
1	121.0	127.4	128.7		132.7	128.5	123.7	133.1	132.3	133.2
1a	110.0	112.6	112.8		113.3	112.4	105.7	115.3	112.2	113.1
2	107.2	109.7	116.9		122.1	116.2	110.2	114.2	109.5	110.5
3	160.9	160.1	154.7		156.4	154.5	162.9	156.0	158.7	159.7
4	102.4	102.8	104.8		104.4	104.6	104.3	104.8	103.0	104.0
4a	155.1	157.1	155.6		155.9	156.4	155.5	155.3	156.9	157.8
6	65.6	66.9	69.6		66.9	66.5	158.6	67.2	66.4	67.4
6a	106.6	39.7	77.1		41.1	40.0	103.5	41.0	40.0	40.8
7a		118.7	120.6		118.9	118.7	117.8	119.0	117.8	118.7
7	118.6	155.1	120.9	162.7	105.4	122.4	119.0	122.8	122.5	123.5
8	136.8	114.7	104.1	98.2	142.4	108.2	114.7	108.1	108.7	109.6
9	141.9	154.2	160.0	157.9	149.0	155.9	157.3	159.8	154.1	155.1
10	106.2	108.7	113.9	97.8	94.3	110.2	115.1	112.0	104.2	105.2
10a	145.2	122.5	158.7	157.1	155.4	158.4	156.5	156.8	158.3	159.2
11a	147.4	78.8	84.5		79.3	78.3	161.4	79.0	78.5	79.5
1'		22.1	22.7		29.2	23.2	23.4			
2'	77.6	121.9	122.2	77.0	123.2	121.4	122.4	78.2	76.8	77.8
3'	121.0	134.1	131.9	132.5	137.7	135.3	132.9	70.0	68.4	69.5
4'	116.3	25.8	26.0		40.3	17.9	18.0	31.6	26.1	27.1
5'	27.7	17.5	17.9	27.1	27.2	25.8	25.9	20.7	19.7	20.6
6'	27.7			27.1	125.0	76.6		26.3	25.2	26.1
7'		147.7	76.8		131.8	129.1		23.5		
8'		106.3	129.4		26.1	121.6		123.7		
9'			121.8		18.0	28.2		131.3		

续表

C	7-15-45[9]	7-15-46[4]	7-15-47[7]	7-15-48[17]	7-15-49[20]	7-15-50[6]	7-15-51[21]	7-15-52[21]	7-15-53[21]	7-15-54[21]
10'			28.2		16.4	28.0		25.9		
11'			28.4		101.5			18.0		
3-OMe	55.4			56.4						
9-OMe			56.2							
2-CHO							196.1			

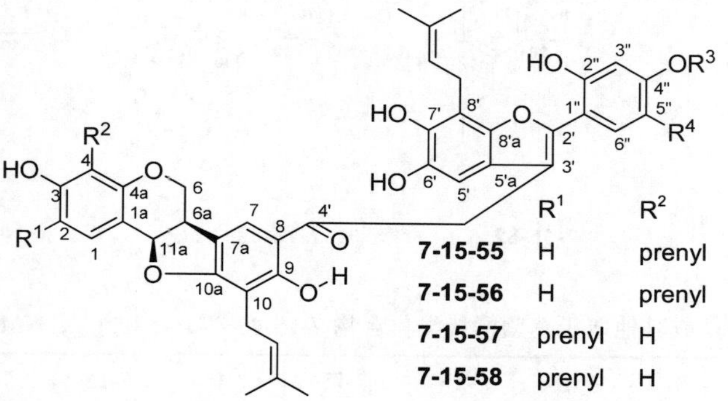

	R^1	R^2	R^3	R^4
7-15-55	H	prenyl	H	prenyl
7-15-56	H	prenyl	CH_3	H
7-15-57	prenyl	H	H	prenyl
7-15-58	prenyl	H	CH_3	H

表 7-15-10　二聚体紫檀烷类化合物 7-15-55~7-15-58 的 ^{13}C NMR 数据[9]

C	7-15-55	7-15-56	7-15-57	7-15-58
1	129.7	129.1	132.4	132.4
1a	112.4	112.2	112.0	112.1
2	110.1	110.1	123.1	123.1
3	157.0	157.0	157.2	157.2
4	116.9	116.8	103.7	103.7
4a	155.4	155.4	155.6	155.7
6	67.2	67.3	66.8	66.9
6a	39.8	39.8	39.9	40.0
7a	119.3	119.4	119.2	119.4
7	128.1	128.0	128.0	127.9
8	115.1	115.2	115.1	115.2
9	164.5	164.5	164.5	164.5
10	111.5	111.6	111.6	111.6
10a	164.3	164.3	164.4	164.5
11a	80.9	80.9	80.4	80.4
2'	154.6	153.5	154.5	153.4
3'	120.4	120.3	120.4	120.3
4'	196.4	196.3	196.3	196.3
5'a	116.3	116.8	116.3	116.8
5'	103.2	103.2	103.2	103.1
6'	143.3	143.0	143.2	143.0
7'	142.8	143.3	142.8	143.3
8'	112.2	115.2	112.2	112.3

C	7-15-55	7-15-56	7-15-57	7-15-58
8'a	148.4	148.4	148.3	148.4
1"	110.8	112.4	110.7	112.2
2"	154.9	156.8	154.9	156.8
3"	103.7	102.7	103.7	102.6
4"	158.2	163.0	158.2	163.0
5"	121.1	106.8	121.0	106.9
6"	131.2	131.7	131.4	131.6
	4-prenyl	4-prenyl	2-prenyl	2-prenyl
	22.9	22.9	28.3	28.4
	123.7	123.8	123.7	123.8
	131.4	131.2	132.5	132.5
	25.9	25.9	25.9	25.9
	17.9	17.9	17.8	17.9
10-prenyl				
	22.9	22.8	22.9	22.9
	122.8	122.7	122.7	122.7
	131.9	132.0	132.0	132.3
	26.0	25.9	25.9	25.9
	17.9	18.0	17.8	18.0
8'-prenyl				
	23.8	23.8	23.8	23.8
	122.9	122.9	122.9	122.9
	132.7	132.3	132.8	132.0

续表

C	7-15-55	7-15-56	7-15-57	7-15-58	C	7-15-55	7-15-56	7-15-57	7-15-58
	25.9	25.9	25.9	25.9		132.2		132.2	
	18.1	17.9	18.1	17.8		26.0		25.9	
5"-prenyl						17.9		17.9	
	28.1		28.2		4"-OMe		55.7		
	122.9		123.8						

参考文献

[1] Chaudhuri S K, Li H, Fullas F, et al. J Nat Prod, 1995, 58: 1966.
[2] Tokes A L, Litkei G, Gulacsi K, et al. Tetrahedron, 1999, 55: 9283.
[3] Da Silva G L, de Abreu Matos F J, Silveirat E R. Phytochemistry, 1997, 46: 1059.
[4] Nkengfack A E, Vardamides J C, Tanee Fomijm Z, et al. Phytochemistry, 1995, 40: 1803.
[5] Tanaka H, Tanaka T, Etoh H. Phytochemistry, 1997, 45: 835.
[6] Tanaka H, Tanaka T, Etoh H. Phytochemistry, 1998, 47: 475.
[7] Tanaka H, Oh-Uchi T, Etoh H, et al. Phytochemistry, 2003, 63: 597.
[8] Tanaka H, Oh-Uchi T, Etoh H, et al. Phytochemistry, 2003, 64: 753.
[9] Mori-Hongo M, Takimoto H, Katagiri T, et al. J Nat Prod, 2009, 72: 194.
[10] Rukachaisirikul T, Innok P, Suksamrarn A. J Nat Prod, 2008, 71: 156.
[11] Wu L J, Miyase T, Ueno A, et al. Chem Pharm Bull, 1985, 33: 3231.
[12] Herath H M T B, Dassanayake R S, Priyadarshani A M A, et al. Phytochemistry, 1998, 47: 117.
[13] Pistelli L, Noccioli C, Appendino G, et al. Phytochemistry, 2003, 64: 595.
[14] Ohkawara S, Okuma Y, Uehara T, et al. Eur J Pharmacol, 2005, 525: 41.
[15] 温宇寒. 蒙古黄芪的化学成分研究. 沈阳：中国医科大学博士论文，2008.
[16] Mitscher L A, Ward J A, Drake S, et al. Heterocycles, 1984, 22: 1673.
[17] Fukai T, Marumo A, Kaitou K, et al. Life Sci, 2002, 71: 1449.
[18] Bailey J A, Burden R S, Mynett A, et al. Phytochemistry, 1977, 16: 1541.
[19] Kuroyanagi M, Arakawa T, Hirayama Y, et al. J Nat Prod, 1999, 62: 1595.
[20] Vieira N C, Espindola L S, Santana J M, et al. Bioorg Med Chem, 2008, 16: 1676.
[21] Nguyen P H, Nguyen T N A, Kang K W, et al. Bioorg Med Chem, 2010, 18: 3335.

第十六节 鱼藤酮类化合物

表 7-16-1 鱼藤酮类化合物的名称、分子式和测试溶剂

编号	中文名称	英文名称	分子式	测试溶剂	参考文献
7-16-1	鱼藤酮	rotenone	$C_{23}H_{22}O_6$	C	[1]
7-16-1	鱼藤酮	rotenone	$C_{23}H_{22}O_6$	P	[2]
7-16-2	二氢鱼藤酮	dihydrorotenone	$C_{23}H_{24}O_6$	C	[3]
7-16-3	紫穗槐苷元	amorphigenin	$C_{23}H_{22}O_7$	C	[3]
7-16-4	二氢毛鱼藤酮	dihydroelliptone	$C_{20}H_{18}O_6$	C	[3]
7-16-5	苏门答腊酚	sumatrol acetate	$C_{25}H_{24}O_8$	C	[3]
7-16-6	12a-羟基鱼藤酮	12a-hydroxyrotenone	$C_{23}H_{22}O_7$	C	[4]
7-16-7	α-毒灰叶酚	α-toxicarol	$C_{23}H_{22}O_7$	C	[5]
7-16-8	鱼藤素	deguelin	$C_{23}H_{22}O_6$	C	[6]
7-16-9	灰叶素	tephrosin	$C_{23}H_{22}O_7$	C	[5]

续表

编号	中文名称	英文名称	分子式	测试溶剂	参考文献
7-16-10	6a,12a-去氢鱼藤素	6a,12a-dehydrodeguelin	$C_{23}H_{20}O_6$	C	[5]
7-16-11	6a,12a-去氢-*α*-毒灰叶酚	6a,12a-dehydro-*α*-toxicarol	$C_{23}H_{20}O_7$	C	[5]
7-16-12	二氢毒灰叶酚	dihydrotoxicarol	$C_{23}H_{24}O_7$	C	[3]
7-16-13	*β*-毒灰叶酚	*β*-toxicarol	$C_{23}H_{22}O_7$	C	[3]
7-16-14	鱼藤酮酸	rotenonic acid	$C_{23}H_{24}O_6$	C	[3]
7-16-15	二氢鱼藤酮酸	dihydrorotenonic acid	$C_{23}H_{26}O_6$	C	[3]
7-16-16	毛鱼藤酮	elliptone	$C_{20}H_{16}O_6$	C	[3]
7-16-17	马来鱼藤酮	malaccol	$C_{20}H_{16}O_7$	C	[3]
7-16-18	顺式-异鱼藤酮	*cis*-isorotenone	$C_{23}H_{22}O_6$	C	[3]
7-16-19		6-acetyl-1,2,12,12a-tetrahydro-8,9-dimethoxy-2-(1-methylethenyl)-[1]benzopyrano[3,4-*b*]furo[2,3-*h*][1]benzopyrane	$C_{25}H_{24}O_6$	C	[3]
7-16-20		1-[12,12a-dihydro-8,9-dimethoxy-2-(1-methylethyl)[1]benzopyrano[3,4-*b*]furo[2,3-*h*][1]benzopyran-6-yl]-ethanone	$C_{25}H_{26}O_6$	C	[3]
7-16-21	去氧鱼藤酮	deoxyrotenone	$C_{23}H_{22}O_5$	C	[3]
7-16-22		1-[9-(acetyloxy)-6,6a-dihydro-2,3-dimethoxy-8-prenyl [1]benzopyrano-[3,4-*b*][1]benzopyran-12-yl]-ethanone	$C_{27}H_{28}O_7$	C	[3]
7-16-23	去氢鱼藤酮	dehydrorotenone	$C_{23}H_{20}O_6$	C	[3]
7-16-24		1,2-dihydro-2*α*-isopropyl-8,9-dimethoxy-[1]benzopyrano[3,4-*b*]furo[2,3-*h*][1]benzopyran-6(12*H*)-one	$C_{23}H_{22}O_6$	C	[3]
7-16-25	扁豆酮	Dolineone	$C_{19}H_{12}O_6$	C	[7]
7-16-26	12a-羟基扁豆酮	12a-hydroxydolineone	$C_{19}H_{12}O_7$	C	[7]
7-16-27		(6a*R*,12a*S*)-6a,12a-dihydro-4,11,12a-trihydroxy-9-methoxy-[1]benzopyrano[3,4-*b*][1]benzopyran-12(6*H*)-one	$C_{17}H_{14}O_7$	A	[8]
7-16-28	达鲁宾	Dalbin	$C_{29}H_{32}O_{13}$	P	[9]

7-16-1 R=C(Me)=CH$_2$
7-16-2 R=C(Me)$_2$
7-16-3 R=C(CH$_2$OH)=CH$_2$
7-16-4 R=H

7-16-5 R^1=OAC; R^2=H
7-16-6 R^1=H; R^2=OH

表 7-16-2 鱼藤酮类化合物 7-16-1~7-16-6 的 ^{13}C NMR 数据

C	7-16-1①[1]	7-16-1②[2]	7-16-1③[2]	7-16-2[3]	7-16-3[3]	7-16-4[3]	7-16-5[3]	7-16-6[4]
2	72.0	72.5	73.0	72.2	73.1	72.3	71.6	76.2
3	44.4	45.0	44.8	44.6	45.3	44.6	45.4	67.7

续表

C	7-16-1①[1]	7-16-1②[2]	7-16-1③[2]	7-16-2[3]	7-16-3[3]	7-16-4[3]	7-16-5[3]	7-16-6[4]
4	188.7	188.6	189.3	188.9	189.3	188.9	187.5	191.4
5	129.8	129.7	130.1	129.9	130.5	129.8	160.0	130.3
6	104.7	105.0	105.0	104.7	105.2	104.8	99.9	105.5
7	167.1	167.4	167.5	167.7	167.6	167.9	166.2	168.3
8	112.8	113.3	113.6	112.5	113.5	113.3	110.9	113.4
9	157.7	158.2	158.5	157.9	158.6	158.0	157.7	157.9
10	113.1	114.0	114.2	113.3	114.6	113.3	105.6	111.9
11	66.1	66.2	66.7	66.2	66.8	66.3	65.9	63.9
1'	104.6	105.4	106.0	104.7	105.2	104.8	104.4	108.9
2'	147.2	148.1	148.7	147.2	148.3	147.4	147.0	148.6
3'	100.7	102.0	102.2	100.8	101.6	100.9	100.8	101.2
4'	149.2	150.9	150.7	149.3	150.4	149.5	149.5	151.4
5'	143.6	145.2	144.7	143.9	145.2	143.9	143.8	143.1
6'	110.1	111.9	112.2	110.2	111.7	110.4	110.3	109.5
2"	31.1	31.6	31.5	29.3	32.5	26.3	31.2	31.2
3"	87.7	87.7	88.0	90.8	86.2	73.0	88.2	88.1
4"	142.8	143.5	143.8	33.2	147.6		142.6	143.1
5"	112.4	111.9	112.3	17.6	112.7		112.7	112.9
6"	17.0	17.1	17.2	17.9	63.5		17.1	17.1
4'-OMe	55.7	55.4	55.8	55.8	56.9	55.8	56.0	56.5
5'-OMe	56.1	56.2	56.6	56.3	56.1	56.3	56.0	56.0

① 在C中测定。② 在 C_6D_6 中测定；③ 在P中测定。

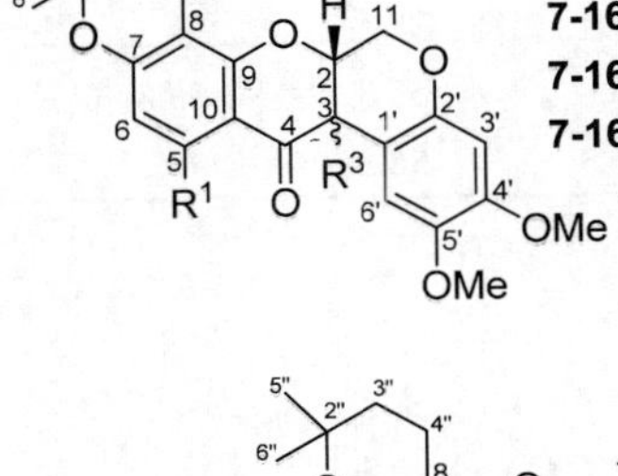

7-16-7 R'=OH; R^2=β-H
7-16-8 R'=H; R^2=β-H
7-16-9 R'=H; R^2=β-OH

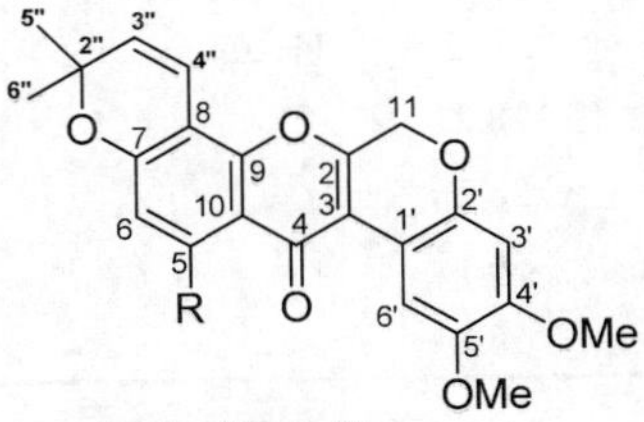

7-16-10 R=H
7-16-11 R=OH

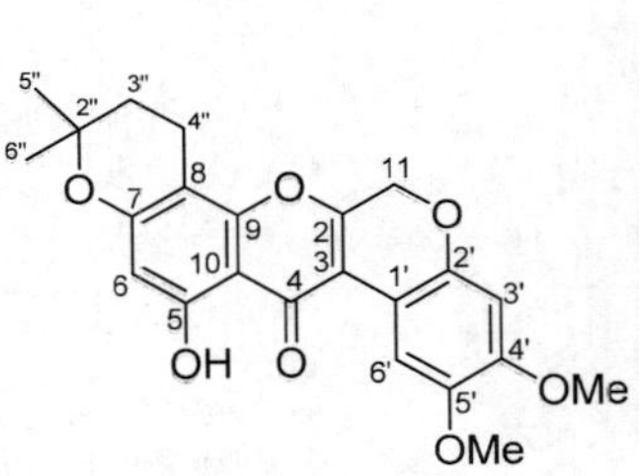

7-16-12

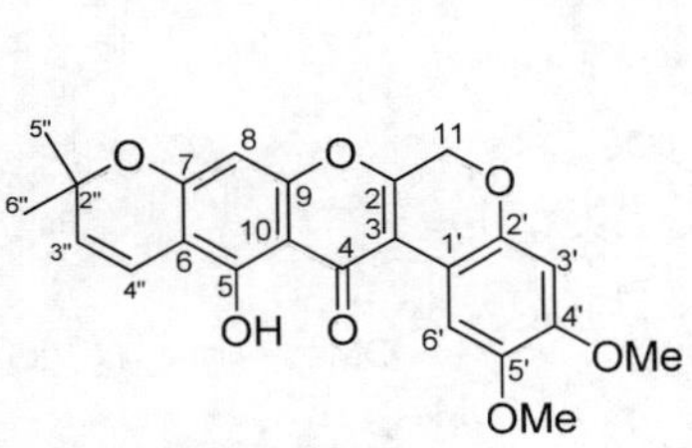

7-16-13

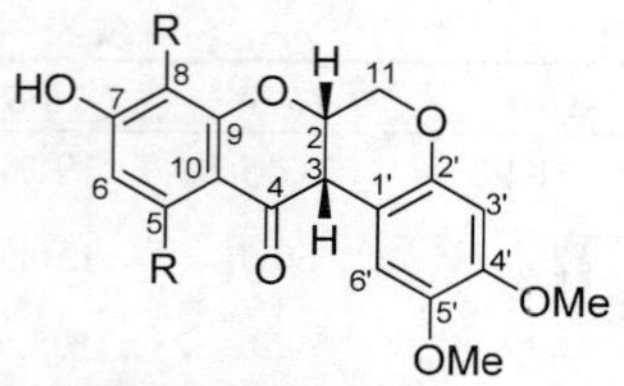

7-16-14 R=$CH_2CH{=}(Me)_2$
7-16-15 R=$CH_2CH_2CH(Me)_2$

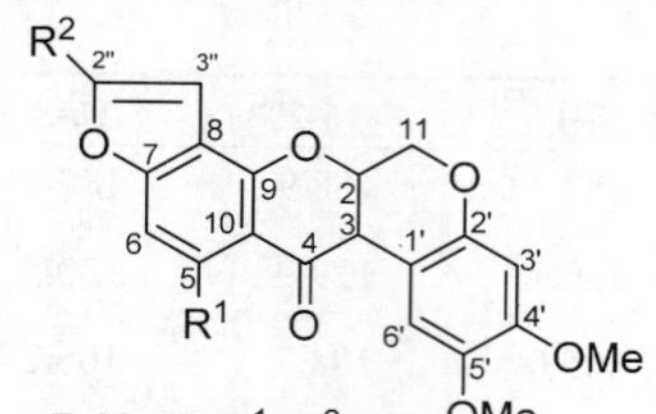

7-16-16 $R^1{=}R^2{=}H$
7-16-17 $R^1{=}OH$; $R^2{=}H$
7-16-18 $R^1{=}H$; $R^2{=}CH(Me)_2$

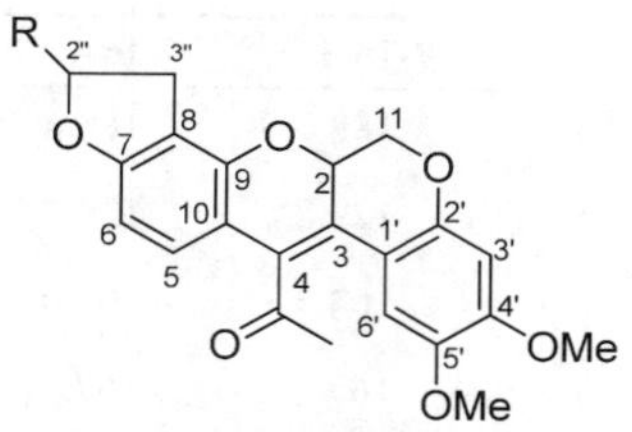

7-16-19 R=$C(Me){=}CH_2$
7-16-20 R=$CH(Me)_2$

表 7-16-3 鱼藤酮类化合物 7-16-7~7-16-15 的 ^{13}C NMR 数据[3]

C	7-16-7[5]	7-16-8[6]	7-16-9[5]	7-16-10[5]	7-16-11[5]	7-16-12	7-16-13	7-16-14	7-16-15
2	75.9	66.5	71.9	156.2	156.8	71.8	71.8	72.1	72.0
3	67.7	44.7	43.5	111.8	110.8	43.5	43.7	44.2	44.3
4	191.3	189.4	194.3	174.4	179.3	194.1	194.3	188.9	190.5
5	128.4	128.8	164.5	130.6	162.3	159.0	159.1	127.0	126.6
6	111.7	111.7	97.8	114.7	100.6	97.7	103.2	110.8	110.5
7	160.6	160.3	162.8	157.2	159.3	163.5	162.6	160.1	160.6
8	109.0	109.4	101.8	110.5	101.1	100.7	96.2	112.6	112.6
9	156.5	158.0	155.9	151.1	150.9	162.2	161.5	162.2	161.4
10	111.0	113.0	101.2	118.5	106.0	100.7	101.0	114.7	118.7
11	66.7	72.7	66.0	64.8	64.7	66.1	66.0	66.3	66.3
1'	108.5	105.0	104.4	109.2	109.9	104.7	104.5	104.7	104.8
2'	150.9	147.7	147.3	146.3	146.3	147.3	147.3	147.6	147.7
3'	100.9	101.2	101.0	100.4	100.5	100.7	101.0	100.8	100.9
4'	148.3	149.8	149.6	149.0	149.2	149.5	149.6	148.3	149.2
5'	143.8	144.1	143.9	144.1	144.2	143.8	143.9	143.6	143.7
6'	109.3	110.7	110.3	110.0	109.7	110.3	110.3	110.4	110.5
2"	77.9	77.9	78.3	77.8	78.1	76.3	78.4		28.0
3"	128.7	128.9	126.4	126.5	127.7	16.1			22.6
4"	115.3	116.0	115.4	115.4	114.4	31.8			38.0
5"	28.2					26.4	58.5		20.6
6"	28.2					27.1	28.5		20.6
4'-OMe	56.1					55.8	55.8	55.8	55.8
5'-OMe	56.1					56.3	56.3	56.2	56.3

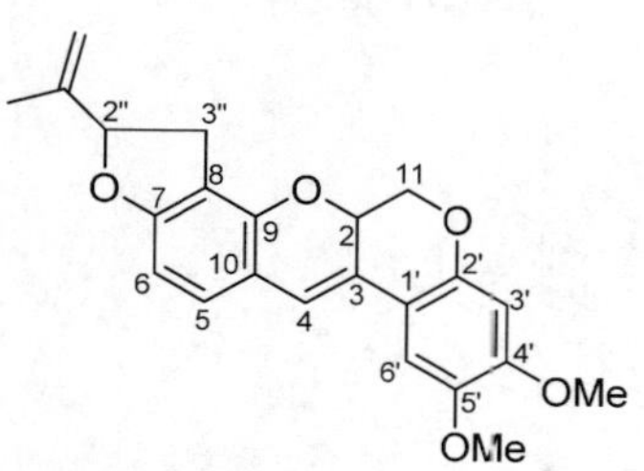

7-16-21

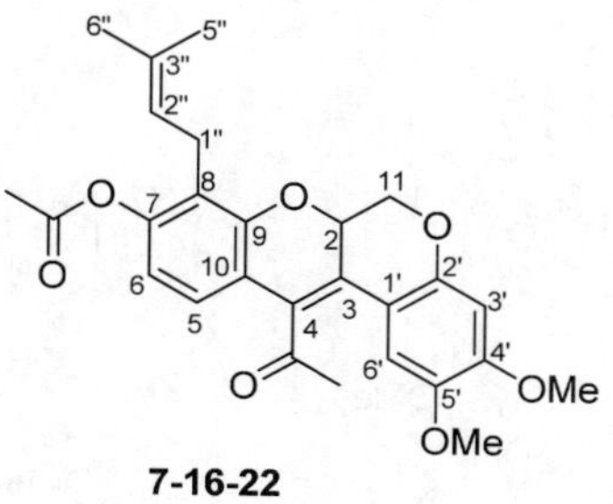

7-16-22

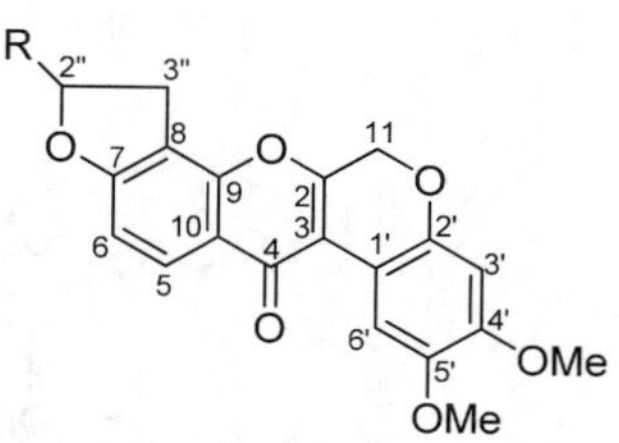

7-16-23 R=$C(Me){=}CH_2$
7-16-24 R=$CH(Me)_2$

表 7-16-4 鱼藤酮类化合物 7-16-16~7-16-24 的 ^{13}C NMR 数据[3]

C	7-16-16	7-16-17	7-16-18	7-16-19	7-16-20	7-16-21	7-16-22	7-16-23	7-16-24
2	71.8	72.5	72.7	72.5	72.4	71.1	72.7	156.1	156.0
3	44.0	44.1	44.7	135.2	135.3	123.3	132.0	118.1	118.5
4	16.6	195.6	190.0			105.3		174.2	174.2
5	121.9	160.8	122.9	121.9	121.8	126.8	121.8	127.7	127.5
6	104.9	93.0	106.2	102.8	102.7	102.8	115.7	108.6	108.6
7	159.0	160.8	160.0	162.0	162.2	161.2		164.7	165.0
8	111.7	102.6	113.3	113.7	113.4	112.8	118.9		
9	157.6	161.9	155.2		162.0	150.2		152.2	152.2
10	115.0	101.1	108.2	113.0	113.4	115.2	119.4		
11	65.1	65.8	66.2	67.7	67.6	67.9	67.7	64.8	64.8
1'	103.0	104.3	104.6	111.1	110.9	110.9	108.5	110.5	110.6
2'	145.2	147.4	147.4		144.0	147.7		146.2	146.1
3'	99.6	101.1	100.9	100.9	100.9	101.0	101.0	100.3	100.3
4'	147.1	149.8	149.5		150.0	149.4	149.6	148.8	148.8
5'	141.7	143.9	143.8	144.0	143.5	144.7	144.2	143.9	143.9
6'	109.1	110.1	110.3	109.5	109.1	112.0	109.7	109.9	109.9
1"							23.2		
2"	103.0	104.3		86.8	89.6	86.6	121.3	87.9	90.8
3"	142.5	143.9		31.6	29.7	31.7	134.4	31.7	29.5
4"				143.6	33.2	143.8	25.7	142.8	33.2
5"				17.2	18.1	17.3	17.8	17.1	18.0
6"				112.1	17.7	112.0		112.9	17.6
4'-OMe	54.9	56.3	56.1	56.3	56.1	56.0	56.0	56.3	56.2
5'-OMe	55.5	55.8	55.8	55.8	55.8	56.0	56.3	55.8	55.8
Ac-CO				167.7	167.6		167.6 169.2		
Ac-Me				20.9	20.8		20.9, 20.9		

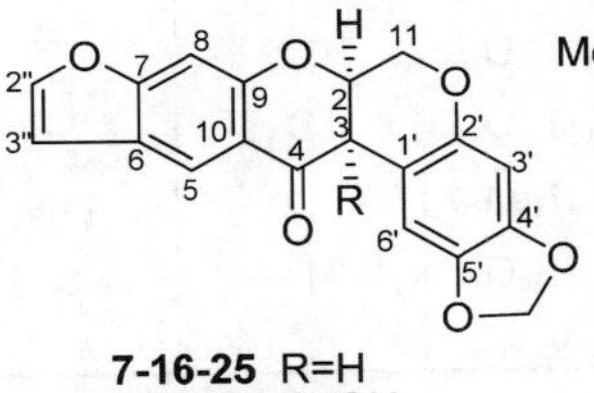

7-16-25 R=H
7-16-26 R=OH

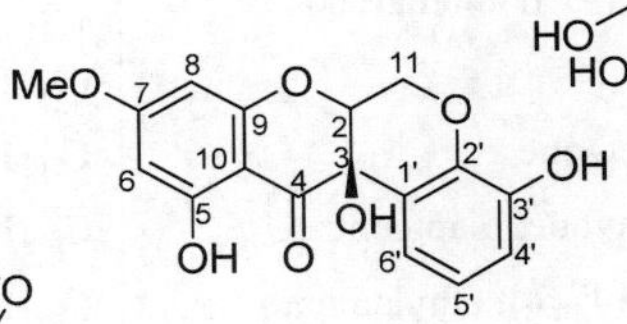

7-16-27

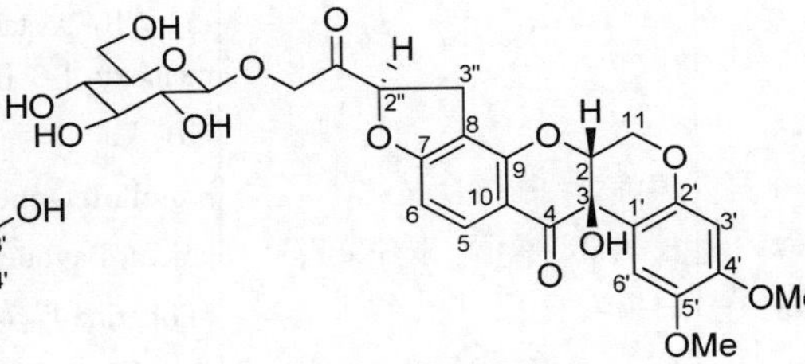

7-16-28

表 7-16-5 鱼藤酮类化合物 7-16-25~7-16-28 的 ^{13}C NMR 数据

C	7-16-25[7]	7-16-26[7]	7-16-27[8]	7-16-28①[9]	C	7-16-25[7]	7-16-26[7]	7-16-27[8]	7-16-28①[9]
2	72.1	75.9	77.1	76.2	3'	98.9	99.9	143.8	101.0
3	45.3	68.3	67.0	61.9	4'	147.9	149.5	121.6	150.8
4	190.6	192.9	194.9	190.6	5'	143.2	142.3	122.8	143.0
5	121.0	121.0	162.8	129.1	6'	106.9	106.8	116.8	111.3
6	123.1	123.3	94.4	105.1	1"				
7	158.6	158.3	168.9	166.0	2"	106.9	106.9		
8	99.8	100.0	96.2	112.6	3"	146.2	146.2		
9	159.8	160.3	166.3	156.7	4'-OMe				55.7
10	116.1	114.3	103.0	112.7	5'-OMe				55.1
11	66.4	63.9	62.4	67.9	7-OMe			56.4	
1'	103.5	109.2	121.5	109.5	OCH_2O	101.2	101.3		
2'	148.5	149.6	146.5	148.0					

① Glu:104.9(C-1), 74.1 (C-2), 78.7(C-3), 70.6(C-4), 77.5(C-5), 61.9(C-6)。

参 考 文 献

[1] Caboni P, Sherer T B, Zhang N, et al. Chem Res Toxicol, 2004, 17: 1540.
[2] Blaskó G , Shieh H L, Pezzuto J M, et al. J Nat Prod, 1989, 52:1363.
[3] Crombie L, Kilbee G W, Whiting D A. J Chem Soc, Perkin Trans 1, 1975, 1749.
[4] Magalhaes A F, Azevedo Tozzi A M G , Noronha Sales B H L,et al. Phytochemistry, 1996, 42:1459.
[5] Andrei C C, Vieira P C, Fernandes J B, et al. Phytochemistry, 1997, 46:1081.
[6] Fang N B, Casida J E. J Agric Food Chem, 1999, 47(5): 2130.
[7] Puyvelde L V, De Kimpe N, Mudaheranwa J P, et al. J Nat Prod, 1987, 50: 349.
[8] Messana I, Ferrari F, Goulart S A. Phytochemistry, 1986, 25: 2688.
[9] van Heerden F R, Brant E V, Roux D G. J Chem Soc, Perkin Trans 1, 1980, 2463.

第十七节 双黄酮类化合物

表 7-17-1 双黄酮的名称、分子式和测试溶剂

编号	中文名称	英文名称	分子式	溶剂测试	参考文献
7-17-1		pancibiflavonol	$C_{30}H_{20}O_{12}$	D	[1]
7-17-2		garcinianin	$C_{30}H_{20}O_{11}$	D	[2]
7-17-3		GB-2	$C_{30}H_{22}O_{12}$	D	[3]
7-17-4		GB-3; Ⅰ-3',Ⅱ-3,3',Ⅱ-4',Ⅰ-5,Ⅱ-5,Ⅰ-7,Ⅱ-7-octahydroxy-Ⅰ-4'-methoxy-Ⅰ-3,Ⅱ-8-biflavanone	$C_{31}H_{24}O_{13}$	D	[3]
7-17-5		GB-Ⅰa	$C_{30}H_{22}O_{10}$	D	[2]
7-17-6	藤黄双黄酮	morelloflavone	$C_{30}H_{20}O_{11}$	D	[4]
7-17-7	穗花杉双黄酮；双芹菜素	amentoflavone; biapigenin	$C_{30}H_{18}O_{10}$	D	[5,6]
7-17-8	白果素	bilobetin; 4'-*O*-methylamentoflavone	$C_{31}H_{20}O_{10}$	D	[5,7]

续表

编号	中文名称	英文名称	分子式	溶剂测试	参考文献
7-17-9	银杏素	ginkgetin	$C_{32}H_{22}O_{10}$	P	[8]
7-17-10	银杏素	ginkgetin	$C_{32}H_{22}O_{10}$	D	[7]
7-17-11	4',7"-二-*O*-甲基穗花杉双黄酮	4',7"-di-*O*-methylamentoflavone	$C_{32}H_{22}O_{10}$	D	[9]
7-17-12	异银杏素	isoginkgetin; 4', 4'''-di-*O*-methyla-mentoflavone	$C_{32}H_{22}O_{10}$	D	[7]
7-17-13	7,4',7",4'''-*O*-甲基-穗花杉双黄酮	7,4',7",4'''-*O*-methylamentoflavone	$C_{34}H_{26}O_{10}$	D	[7]
7-17-14	7-*O*-甲基-异银杏素	7-*O*-methyl-isoginkgetin; 7,4',7"-tri-*O*-methylamentoflavone	$C_{33}H_{24}O_{10}$	M	[10]
7-17-15	竹柏双黄酮 A; 罗汉松双黄酮 A	podocarpusflavone A	$C_{31}H_{20}O_{10}$	D	[5,11]
7-17-16	竹柏双黄酮 B	podocarpusflavone B; putraflavone	$C_{32}H_{22}O_{10}$	D	[11]
7-17-17	金松双黄酮	sciadopitysin; 4',4''',7-tri-*O*-methylamentoflavone	$C_{33}H_{24}O_{10}$	D	[12]
7-17-18	金松双黄酮	sciadopitysin; 4',4''',7-tri-*O*-methyl-amentoflavone	$C_{33}H_{24}O_{10}$	M	[10,13]
7-17-19	(2*S*,2"*S*)-7,7"-二-*O*-甲基四氢穗花杉双黄酮	(2*S*,2"*S*)-7,7"-di-*O*-methyltetra-hydroamentoflavone	$C_{32}H_{26}O_{10}$		[14]
7-17-20	2,3-二氢-4',4'''-二-*O*-甲基穗花杉双黄酮	2,3-dihydro-4',4'''-di-*O*-methyl-amentoflavone	$C_{32}H_{24}O_{10}$	A	[15]
7-17-21	罗波斯塔黄酮	robustaflavone	$C_{30}H_{18}O_{10}$	D	[16]
7-17-22	扁柏双黄酮	hinokiflavone	$C_{30}H_{18}O_{10}$	D	[17]
7-17-23	异柳杉素	isocryptomerin	$C_{31}H_{20}O_{10}$	D	[7]
7-17-24	(2*S*)-2,3-二氢扁柏双黄酮	(2*S*)-2,3-dihydrohinokiflavone	$C_{30}H_{20}O_{10}$	D	[7]
7-17-25	2",3"-二氢异柳杉素	2",3"-dihydroisocryptomerin	$C_{31}H_{22}O_{10}$	D	[9]
7-17-26	(2*S*,2"*S*)-2,2",3,3"-四氢扁柏双黄酮	(2*S*,2"*S*)-2, 2",3,3"-tetrahydrohin-okiflavone	$C_{30}H_{22}O_{10}$	A	[18]
7-17-27		3-hydroxy-2,3-dihydroapigenyl-[Ⅰ-4',*O*,Ⅱ-3']-dihydrokaempferol; 3,5,7,4',3",5",7"-heptahydroxy-3'-*O*-4'''-biflavanone	$C_{30}H_{22}O_{12}$	A	[19]
7-17-28		sulcatone A	$C_{30}H_{20}O_{11}$	A	[19]
7-17-29	2",3"-二氢金连木黄酮	2",3"-dihydroochnaflavone	$C_{30}H_{20}O_{10}$	D	[20]
7-17-30	2,3-二氢-4',5,5",7,7"-五羟基-6,6"-二甲基-[3'-*O*-4''']-双黄酮	2,3-dihydro-4',5,5",7,7"-pentahydr-oxy-6,6"-dimethyl-[3'-*O*-4''']-biflavone	$C_{32}H_{24}O_{10}$	D	[21]
7-17-31	毛瑞香素 D_1；瑞香黄烷 D_1	daphnodorin D_1	$C_{30}H_{22}O_9$	M	[22]
7-17-32	毛瑞香素 D_2；瑞香黄烷 D_2	daphnodorin D_2	$C_{30}H_{22}O_9$	M	[22]
7-17-33	黄瑞香素 A	daphnogirin A	$C_{30}H_{22}O_{10}$	A	[23]
7-17-34	黄瑞香素 B	daphnogirin B	$C_{30}H_{22}O_{10}$	A	[23]
7-17-35	毛瑞香素 E; 瑞香黄烷 E	daphnodorin E	$C_{30}H_{22}O_{10}$	A	[24]
7-17-36	毛瑞香素 G; 瑞香黄烷 G	daphnodorin G	$C_{30}H_{22}O_{11}$	C+M(1:2)	[25]
7-17-37	毛瑞香素 F; 瑞香黄烷 F	daphnodorin F	$C_{30}H_{22}O_{10}$	A	[24]
7-17-38	毛瑞香素 H	daphnodorin H	$C_{30}H_{22}O_{11}$	A	[26]
7-17-39	2"-甲氧基毛瑞香素 C	2"-methoxy-daphnodorin C	$C_{31}H_{24}O_{10}$	M	[27]
7-17-40	2"-甲氧基-2-表毛瑞香素 C	2"-methoxy-2-*epi*-daphnodorin C	$C_{31}H_{24}O_{10}$	M	[27]

续表

编号	中文名称	英文名称	分子式	溶剂测试	参考文献
7-17-41	毛瑞香素 A;瑞香黄烷 A	daphnodorin A	$C_{30}H_{22}O_9$	A	[28]
7-17-42	毛瑞香素 B; 瑞香黄烷 B	daphnodorin B	$C_{30}H_{22}O_{10}$	C+M(1:2)	[25]
7-17-43	毛瑞香素 B; 瑞香黄烷 B	daphnodorin B	$C_{30}H_{22}O_{10}$	A	[28]
7-17-44	毛瑞香素 C; 瑞香黄烷 C	daphnodorin C	$C_{30}H_{22}O_9$	A	[28]
7-17-45	毛瑞香素 I	daphnodorin I	$C_{30}H_{22}O_{10}$	A	[26]
7-17-46	芫花醇甲	genkwanol A	$C_{30}H_{22}O_{10}$	A	[26]
7-17-47	毛瑞香素 M 五甲醚	daphnodorin M pentamethyl ether	$C_{35}H_{32}O_{10}$	C	[29]
7-17-48	毛瑞香素 N 五甲醚	daphnodorin N pentamethyl ether	$C_{35}H_{32}O_{10}$	C	[29]
7-17-49	结香双黄素 A	edgechrin A	$C_{60}H_{42}O_{18}$	M	[30]
7-17-50	结香双黄素 B	edgechrin B	$C_{60}H_{42}O_{19}$	M	[30]
7-17-51	结香双黄素 C	edgechrin C	$C_{60}H_{42}O_{18}$	M	[30]
7-17-52	结香双黄素 D	edgechrin D	$C_{60}H_{42}O_{18}$	M	[30]
7-17-53	鸡桑双黄酮 B	australone B	$C_{50}H_{50}O_{11}$	C	[31]
7-17-54		podoverin C	$C_{36}H_{30}O_{14}$	A	[32]
7-17-55	红花黄素 B	safflor yellow B	$C_{48}H_{54}O_{27}$	W	[33]
7-17-56	红花苷	carthamin	$C_{43}H_{42}O_{22}$	D	[34]
7-17-57	原红花苷	precarthamin	$C_{44}H_{44}O_{24}$	D	[35]

7-17-1 R=OH
7-17-2 R=H

7-17-3 $R^1=R^2=H$, $R^3=OH$
7-17-4 $R^1=OH$, $R^2=Me$, $R^3=OH$
7-17-5 $R^1=R^2=R^3=H$

7-17-6

7-17-7 ~ 7-17-16

7-17-17 $R^1=R^3=Me$, $R^2=R^4=H$
7-17-18 $R^1=R^3=H$, $R^2=R^4=Me$

	R^1	R^2	R^3	R^4		R^1	R^2	R^3	R^4
7-17-7	H	H	H	H	**7-17-12**	Me	Me	Me	Me
7-17-8	H	Me	H	H	**7-17-13**	Me	Me	Me	H
7-17-9	Me	Me	H	H	**7-17-14**	H	H	H	Me
7-17-10	H	Me	Me	H	**7-17-15**	Me	H	H	Me
7-17-11	H	Me	H	Me	**7-17-16**	Me	Me	H	Me

7-17-19

表 7-17-2　3-8''二聚黄酮类化合物 7-17-1~7-17-6 的 ^{13}C NMR 数据

C	7-17-1①②[1]	7-17-1③[1]	7-17-2①④[2]	7-17-2⑤[2]	7-17-3[3]	7-17-4[4]	7-17-5[2]	7-17-6⑥[4]
2	80.9, 81.7	80.9	80.8, 81.7	80.9	81.5	81.6	81.4	81.0
3	48.1, 47.2	47.7	47.3, 48.0	47.6	47.4	47.6	47.7	48.4
4	196.6 × 2	195.5	196.4, 196.7	195.3	196.2	196.2	195.2	196.3
5	163.8, 163.9	163.3	163.8, 163.9	163.2	160.2	160.2	163.4	161.8
6	96.3, 96.4	95.9	96.1, 96.4	95.9	94.9	94.9	96.0	95.4
7	166.9, 167.5	166.1	166.5, 167.1	166.1	161.9	161.9	165.9	163.6
8	95.3 × 2	94.8	95.2, 95.4	94.7	95.7	95.7	95.0	96.3
9	162.9, 162.8	162.4	162.8, 162.9	162.3	162.6	162.6	162.3	166.6
10	101.48 ×2		101.3, 101.8	102.5	101.1	101.3	101.3	101.6
1'	128.8, 127.7	128.8	127.7, 128.3	127.7	128.0	128.7	127.9	128.2
2'	128.4, 128.5	127.6	128.4, 128.8	127.4, 128.5	128.6	112.3	128.5	128.6
3'	114.4, 115.0	114.2	114.4, 114.6	114.4	114.7	146.0	114.5	114.5
4'	157.3, 157.6	156.9	157.3, 157.6	156.8	157.4	147.8	157.1	157.4
5'	114.4, 115.0	114.2	114.4, 114.6	114.4	114.7	114.7	114.5	114.5
6'	128.4, 128.5	127.6	128.4, 128.8	127.4, 128.5	128.6	118.2	128.5	128.6
2''	145.0, 146.9	146.5	146.6, 147.1	146.6	82.9	82.7	78.3	163.8
3''	135.1, 135.5	134.7	135.2, 135.6	134.6	72.0	72.1	43.0	102.3
4''	175.4, 175.7	175.2	175.8, 176.0	175.2	197.0	197.0	196.1	181.7
5''	159.7, 159.5	159.1	159.6, 159.7	159.1	163.4	163.6	162.3	160.6
6''	98.4, 97.7	97.6	97.5, 98.1	97.6	96.0	96.0	94.9	98.7
7''	163.8, 163.9	163.3	162.2, 162.4	161.2	164.7	164.4	164.3	162.9
8''	100.3, 99.6	101.3	99.6, 100.3	99.7	100.0	100.1	101.3	100.6
9''	154.2, 153.5	153.6	153.4, 154.2	153.5	166.1	166.2	162.0	155.3
10''	101.6 × 2		102.4, 103.1	101.3	101.3	101.3	101.0	103.2
1'''	121.9 × 2	121.5	121.4, 121.5	121.1	128.1	129.7	128.9	121.1
2'''	114.7, 116.3	114.7	129.2, 129.7	128.5	115.1	115.0	127.3	113.4
3'''	145.0, 146.0	144.5	115.1, 115.5	114.8	144.6	144.6	114.9	145.7
4'''	147.6, 147.5	147.1	159.1, 159.2	158.5	145.5	145.5	157.1	149.8
5'''	115.7 × 2	115.0	115.1, 115.5	114.8	115.3	115.1	114.9	116.2
6'''	120.2, 118.2	115.1	129.2, 129.7	128.5	118.4	118.6	127.3	119.4
4'-OMe						55.8		

① 阻旋异构体。② 在 D(23℃)中测定。③ 在 D(120℃)中测定。④ 在 D(25℃)中测定。⑤ 在 D(150℃)中测定。⑥ 在 D(25℃)中测定。

表 7-17-3　3'-8''或 3'-6''二聚黄酮类化合物 7-17-7~7-17-15 的 ^{13}C NMR 数据

C	7-17-7[5,6]	7-17-8[5,7]	7-17-9①[8]	7-17-9②[7]	7-17-10[9]	7-17-11	7-17-12[7]	7-17-13[10]	7-17-14[5,11]	7-17-15[12]
2	164.8	166.4	165.2	163.5	163.3	164.0	162.5	164.3	163.8	164.3
3	104.3	103.9	103.6	103.5	103.8	104.4	103.1	104.4	104.1	103.5
4	182.4	182.3	183.1	181.9	181.7	182.8	181.9	182.3	182.9	182.3
5	161.7	162.1	163.6	161.5	161.4	162.5	161.4	162.5	161.5	161.1
6	99.5	99.9	96.0	98.5	98.8	99.6	98.0	98.2	99.7	98.3
7	164.4	163.7	166.0	165.1	164.1	163.8	165.1	165.4	166.7	165.3
8	94.7	94.9	94.9	92.6	94.1	94.8	92.7	92.4	94.8	93.0

续表

C	7-17-7[5,6]	7-17-8[5,7]	7-17-9①[8]	7-17-9②[7]	7-17-10[9]	7-17-11	7-17-12[7]	7-17-13[10]	7-17-14[5,11]	7-17-15[12]
9	158.1	158.2	158.5	157.3	157.3	158.1	157.3	157.7	158.5	157.6
10	103.7	104.5	106.4	104.7	103.5	104.6	104.7	105.5	103.9	104.9
1'	121.7	123.2	122.3	122.3	122.4	123.2	122.4	121.8	121.6	121.2
2'	132.1	128.4	128.9	128.2	130.2	128.5	128.2	127.9	127.8	131.6
3'	120.7	121.9	122.1	121.7	122.1	122.3	121.2	123.2	121.3	120.2
4'	160.2	162.1	162.9	160.6	160.5	161.1	161.1	160.6	159.4	159.8
5'	116.8	112.2	117.1	111.7	111.7	112.4	111.7	111.2	116.3	116.4
6'	128.5	131.7	132.4	130.7	128.0	131.6	130.8	130.9	131.3	128.2
2"	164.5	163.9	165.8	163.6	164.0	164.9	163.4	164.1	164.5	163.4
3"	103.3	103.2		102.5	103.1	104.3	103.1	103.5	103.2	103.5
4"	182.8	182.2	183.3	182.0	181.9	182.5	182.2	182.8	182.6	182.1
5"	161.2	161.3	161.3	160.4	157.9	161.3	160.4	162.3	162.8	160.5
6"	99.3	99.9		98.6	90.8	99.3	95.5	95.2	99.7	98.8
7"	162.5	161.9	165.0	161.7	162.7	162.9	161.1	162.0	165.7	162.1
8"	104.6	102.9	105.9	103.8	103.5	103.3	103.9	102.8	104.9	104.3
9"	155.2	155.1	154.9	154.3	156.9	155.0	153.5	154.2	156.7	154.8
10"	104.4	104.1	103.9	103.5	104.6	104.4	104.0	104.6	104.1	104.0
1'''	122.1	121.9	121.2	121.2	121.1	122.3	122.6	122.0	121.6	123.2
2'''	128.9	128.6	128.8	128.0	128.6	128.9	127.8	127.8	127.9	128.2
3'''	116.5	116.5	116.9	115.8	116.0	115.2	114.5	116.1	114.5	114.8
4'''	162.1	161.1	163.1	161.0	161.3	162.1	162.2	161.0	162.3	162.5
5'''	116.5	116.5	116.9	115.8	116.0	115.2	114.5	116.1	114.5	114.8
6'''	128.9	128.6	128.8	128.0	128.6	128.9	127.8	127.8	127.9	128.2
7-OMe			55.9	55.9			55.9	55.8		56.3
4'-OMe		56.4	56.4	56.4		56.2	56.1	56.2		
7"-OMe							55.2	55.7		
4'''-OMe						56.6	56.1		55.7	55.8

① 在P中测定。② 在D中测定。

表 7-17-4 3'-8"或3'-6"或4'-*O*-6"等二聚黄酮类化合物 7-17-16~7-17-21 的 ^{13}C NMR 数据

C	7-17-16①[12]	7-17-16②[10,13]	7-17-17[14]	7-17-18[15]	7-17-19[16]	7-17-20[17]	7-17-21[7]
2	163.6	164.4	79.3, 79.2	79.4	167.6	163.0	163.0
3	103.8	104.2	42.8, 42.5	43.2	102.8	103.7	104.0
4	182.0	183.4	197.5, 197.4	196.5	182.0	181.7	181.7
5	161.1	161.2	163.7	163.9	163.4	161.3	160.5
6	98.1	99.4	95.1	96.4	99.5	98.8	98.9
7	165.2	165.0	167.9	167.1	165.3	164.1	161.4
8	92.7	95.6	94.2	95.5	95.9	93.9	94.0
9	157.3	158.2	159.4	163.1	158.0	157.3	157.3
10	104.8	104.2	103.5	102.6	104.3	104.0	103.8
1'	122.4	121.8	128.3	131.6	122.2	124.1	124.9
2'	130.9	128.3	129.4	131.9	128.9	128.2	128.4
3'	121.7	123.6	120.5	121.4	119.4	115.1	115.1

续表

C	7-17-16①[12]	7-17-16②[10,13]	7-17-17[14]	7-17-18[15]	7-17-19[16]	7-17-20[17]	7-17-21[7]
4'	160.6	160.9		158.7	159.8	160.5	162.2
5'	111.7	111.4	115.5	111.7	117.7	115.1	115.1
6'	128.3	131.3	127.5	128.4	131.9	128.2	128.4
2"	163.0	163.6	78.3	164.6	167.6	164.0	164.4
3"	103.2	102.8	42.1, 41.8	103.5	102.4	102.5	102.8
4"	182.1	182.6	198.0, 197.9	182.9	182.3	181.9	182.1
5"	160.6	162.3	163.5	162.0	161.6	152.9	152.3
6"	98.7	99.5	92.8	99.1	103.1	124.5	124.4
7"	161.9	161.8	165.8	161.6	164.8	153.6	158.1
8"	103.7	103.5	107.1	104.8	94.6	94.5	92.0
9"	154.3	155.8	156.7	155.2	157.3	157.0	154.1
10"	103.6	103.4	103.2	105.2	104.3	103.8	105.2
1'''	122.8	122.1	128.6	123.8	123.5	120.9	121.0
2'''	127.8	127.9	131.9	128.4	129.3	128.5	128.6
3'''	114.5	114.6	115.6	114.8	116.7	115.8	116.0
4'''	162.2	162.7	158.0		162.1	161.2	161.4
5'''	114.5	114.6	115.6	114.8	116.7	115.8	116.0
6'''	127.8	127.9		128.4	129.3	128.5	128.6
7-OMe	56.1	56.2	56.3	163.9			
4'-OMe	55.9	55.7		55.5			
7"-OMe			56.6				
4'''-OMe	55.2	55.8		55.6			

① 在D中测定。② 在M中测定。

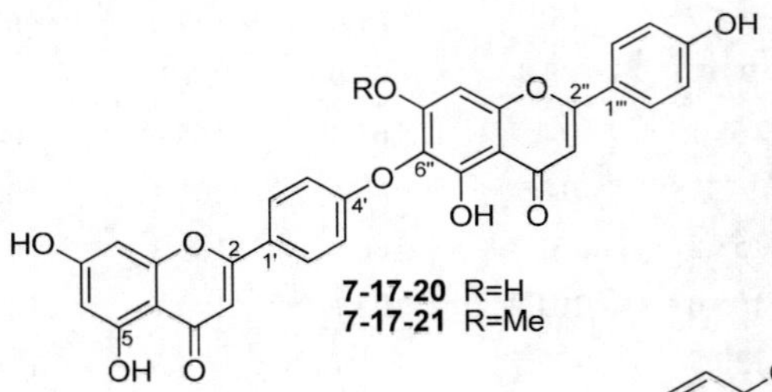

7-17-20 R=H
7-17-21 R=Me

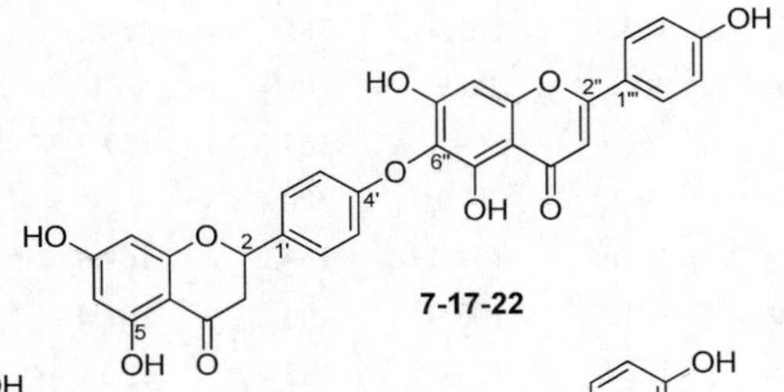

7-17-22

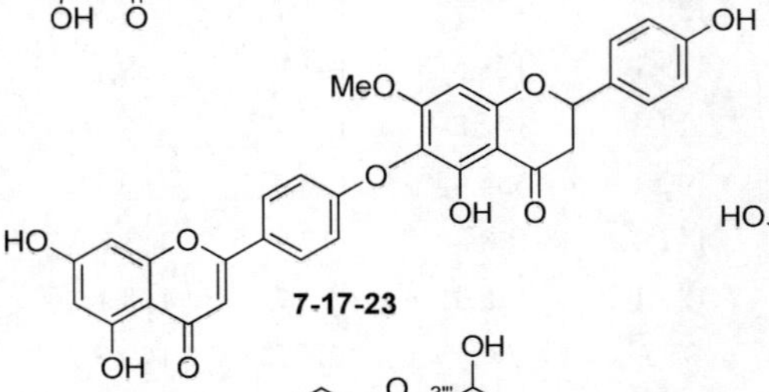

7-17-23

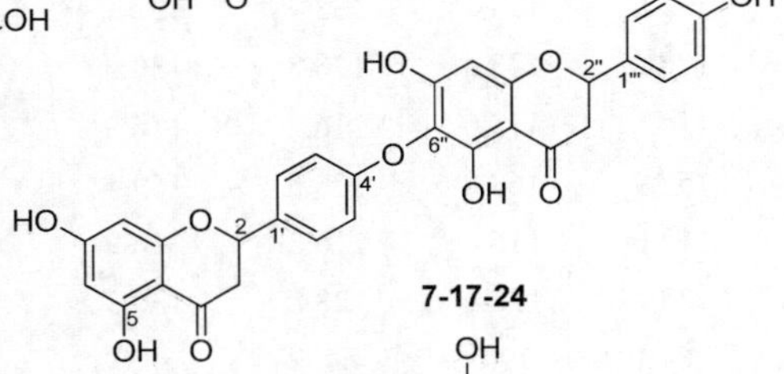

7-17-24

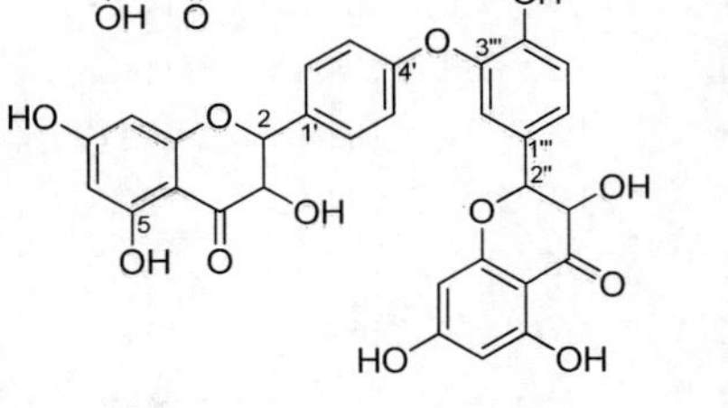

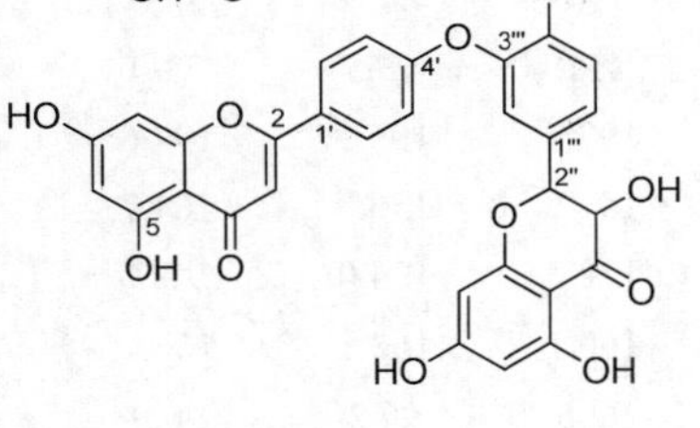

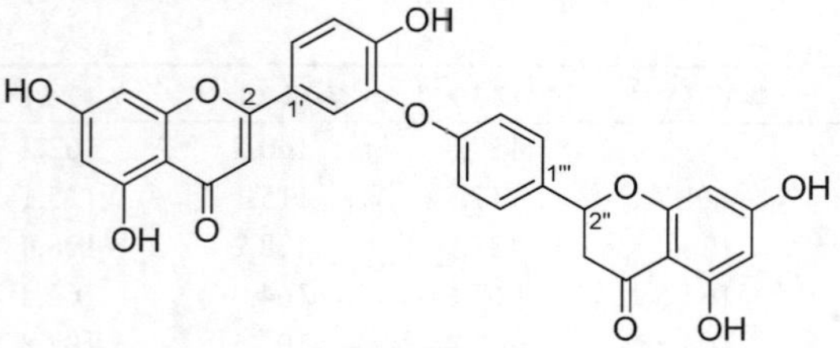

7-17-27

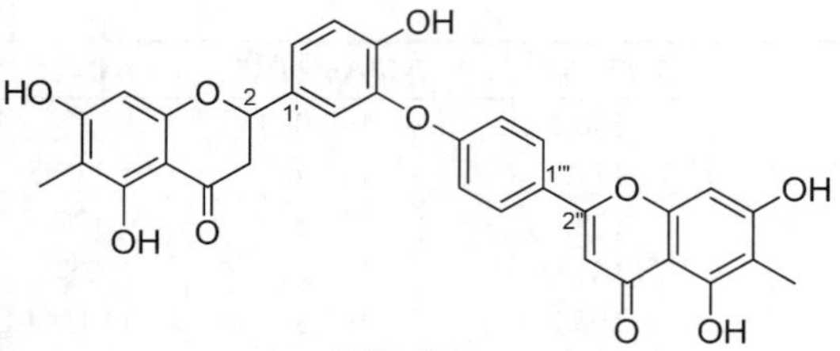

7-17-28

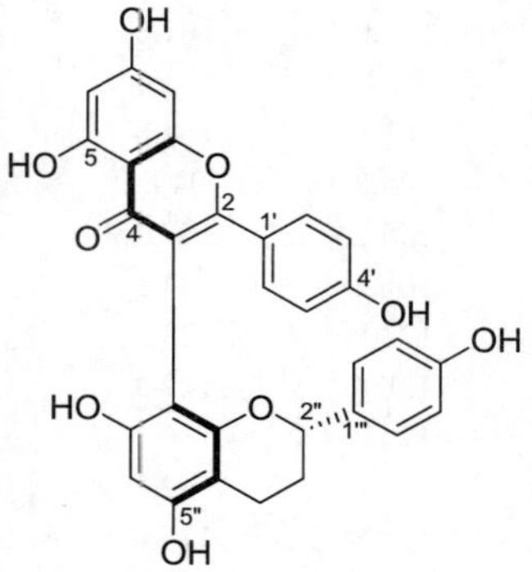

7-17-29

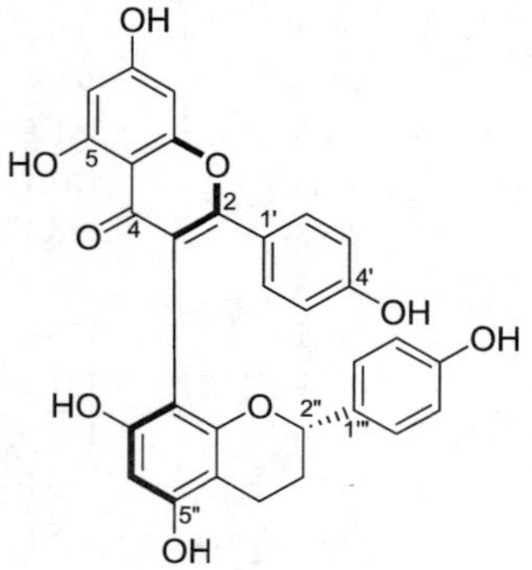

7-17-30

表 7-17-5 3'-8"或 3'-6"或 4'-*O*-6"或其他二聚黄酮类化合物 7-17-22~7-17-30 的 ^{13}C NMR 数据

C	7-17-22[7]	7-17-23[9]	7-17-24[18]	7-17-25[19]	7-17-26[19]	7-17-27[20]	7-17-28[21]	7-17-29[22]	7-17-30[22]
2	78.1	163.1	79.6	83.9	164.7	163.3	78.5	78.7	78.5
3	42.0	103.9	43.4	73.1	105.2	104.0	47.7	30.9	30.5
4	196.0	181.8	197.0	197.9	182.9	182.2	196.9	20.5	20.0
5	163.4	161.4	165.2	164.7	163.7	161.9	161.4	167.0	166.1
6	95.9	98.9	96.9	97.0	99.7	99.4	103.9	96.2	96.0
7	166.6	164.3	167.3	167.7	165.1	164.7	165.3	165.0	164.6
8	95.0	94.0	95.9	96.0	94.8	94.6	94.9	101.1	100.7
9	162.8	157.3	164.2	164.0	158.8	157.8	160.8	163.3	163.3
10	101.7	103.8	103.2	101.4	105.0	104.2	102.1	103.1	103.0
1'	131.9	124.2	133.2	132.1	130.5	122.7	131.1	134.5	134.4
2'	128.2	128.4	128.8	130.3	129.1	121.5	121.9	128.1	128.1
3'	114.6	115.0	116.2	116.9	117.4	142.8	141.7	115.8	115.8
4'	157.9	160.8	158.5	159.4	162.1	154.0	150.3	160.7	160.9
5'	114.6	115.0	116.2	116.9	117.4	118.3	117.9	115.8	115.8
6'	128.2	128.4	128.8	130.3	129.1	125.3	125.7	128.1	128.1
2"	164.1	79.0	80.2	83.8	83.7	78.5	163.5	159.5	159.5
3"	102.6	42.0	43.5	73.0	73.0	42.5	104.6	114.2	114.2
4"	182.0	197.7	198.1	197.6	197.6	196.5	182.4	183.6	183.7
5"	153.2	157.8	156.7	164.7	164.7	164.0	159.1	157.7	157.7
6"	125.1	122.5	124.0	97.2	97.2	96.4	107.6	100.2	99.8
7"	157.4	160.1	160.1	167.7	168.2	167.2	162.9	157.6	157.4
8"	94.5	92.5	96.2	96.0	96.0	95.5	93.7	94.9	94.6
9"	153.6	153.9	160.8	164.0	164.0	163.3	155.6	155.8	155.9

续表

C	7-17-22[7]	7-17-23[9]	7-17-24[18]	7-17-25[19]	7-17-26[19]	7-17-27[20]	7-17-28[21]	7-17-29[22]	7-17-30[22]
10"	104.1	102.6	103.4	101.4	101.5	102.2	104.1	104.8	105.0
1'''	121.1	128.6	130.6	130.4	130.4	132.8	124.9	126.1	125.9
2'''	128.5	128.5	129.6	122.3	122.4	128.8	129.0	131.3	131.5
3'''	116.0	115.2	116.2	143.2	142.3	116.2	116.8	115.6	115.7
4'''	161.2	160.2	158.7	150.6	150.6	158.5	161.5	155.6	155.4
5'''	116.0	115.2	116.2	117.8	118.0	116.2	116.8	115.6	115.7
6'''	128.5	128.5	129.6	126.3	126.9	128.8	129.0	131.3	131.5
7"-OMe		56.7							
6-Me							7.6		
6"-Me							8.0		

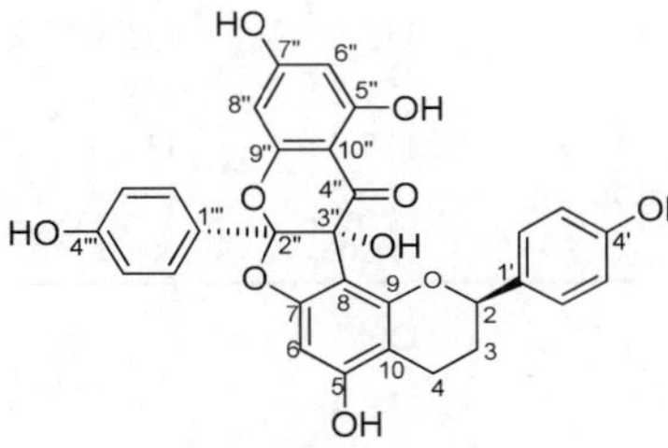

7-17-31

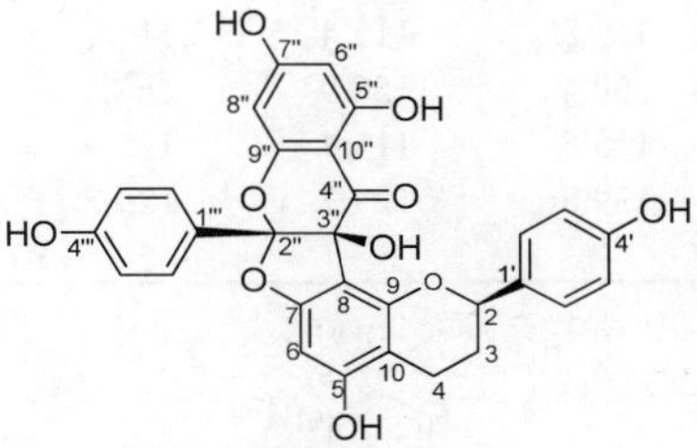

7-17-32

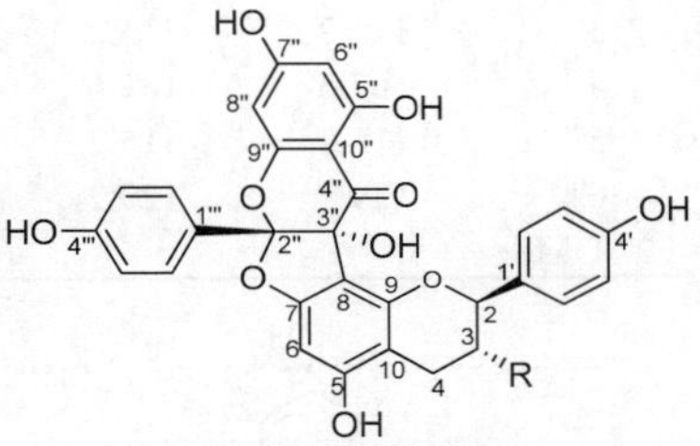

7-17-33 R=H
7-17-34 R=OH

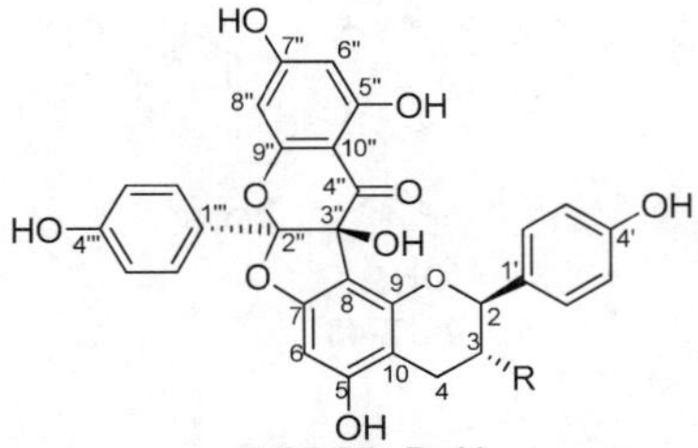

7-17-35 R=H
7-17-36 R=OH

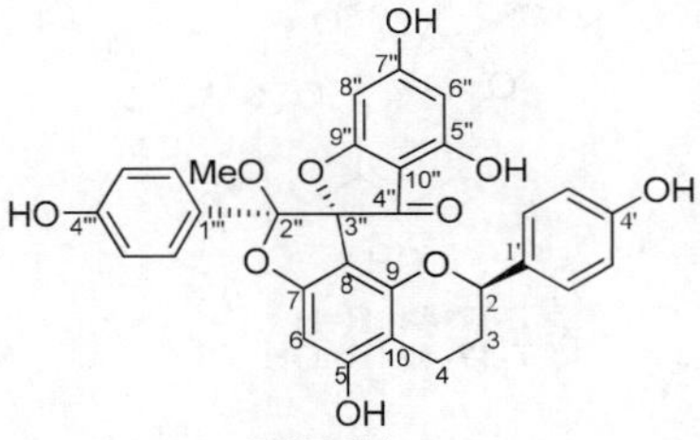

7-17-37

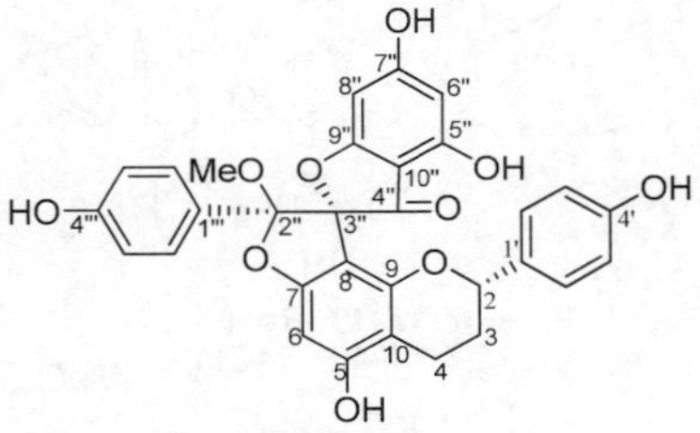

7-17-38

表 7-17-6 其他二聚黄酮类化合物 7-17-31~7-17-38 的 ^{13}C NMR 数据

C	7-17-31[23]	7-17-32[23]	7-17-33[24]	7-17-34[25]	7-17-35[24]	7-17-36[26]	7-17-37[27]	7-17-38[27]
2	77.5	77.6	78.0	81.7	77.9	82.3	78.3	77.8
3	29.6	30.3	30.4	67.7	29.3	67.7	20.6	20.4
4	20.3	20.1	20.1	28.2	20.4	28.9	30.7	30.2
5	153.7	153.6	154.3	159.5	154.4	159.9	160.6	160.6
6	91.7	91.6	92.1	91.9	92.2	92.4	91.2	91.3
7	157.3	157.3	158.1	161.4	158.2	161.3	173.4	173.4
8	108.1	107.8	108.3	107.9	108.5	108.1	103.5	103.8
9	159.1	159.1	159.7	153.4	159.7	153.7	154.5	154.4
10	105.0	104.7	105.2	103.8	105.6	104.3	104.7	104.7
1'	132.6	133.2	133.8	130.3	133.2	130.8	133.8	133.6
2'	127.7	127.3	127.9	128.5	128.4	129.6	127.4	127.2

续表

C	7-17-31[23]	7-17-32[23]	7-17-33[24]	7-17-34[25]	7-17-35[24]	7-17-36[26]	7-17-37[27]	7-17-38[27]
3'	115.5	115.6	116.2	116.1	116.2	116.0	115.8	115.7
4'	158.8	158.9	159.9	157.9	159.9	158.4	157.3	157.3
5'	115.5	115.6	116.2	116.1	116.2	116.0	115.8	115.7
6'	127.7	127.3	127.9	128.5	128.4	129.6	127.4	127.2
2"	118.3	118.2	118.7	118.2	118.9	118.8	117.0	117.1
3"	81.8	82.0	82.4	81.8	82.2	82.2	105.4	105.6
4"	193.5	193.7	194.6	194.4	194.4	194.1	194.3	194.3
5"	160.3	160.4	161.2	164.7	161.1	165.4	162.2	162.2
6"	95.3	95.3	95.8	97.6	95.8	97.5	97.2	97.3
7"	164.6	164.6	163.4	168.2	163.3	168.3	159.4	159.3
8"	97.0	97.1	97.5	95.6	97.5	95.8	90.8	90.9
9"	164.6	164.6	165.5	162.9	165.4	163.3	170.8	170.8
10"	99.6	99.6	100.1	99.8	100.1	100.1	104.7	104.7
1'''	125.8	125.8	126.4	121.3	126.4	126.4	125.6	126.7
2'''	129.2	129.2	129.8	129.7	129.8	129.9	129.5	129.5
3'''	115.2	115.2	115.8	115.4	115.9	115.9	115.9	115.9
4'''	167.5	167.6	168.4	158.9	168.4	159.8	159.2	159.3
5'''	115.2	115.2	115.8	115.4	115.9	115.9	115.9	115.9
6'''	129.2	129.2	129.8	129.7	129.8	129.9	129.5	129.5
2"-OMe							51.9	51.9

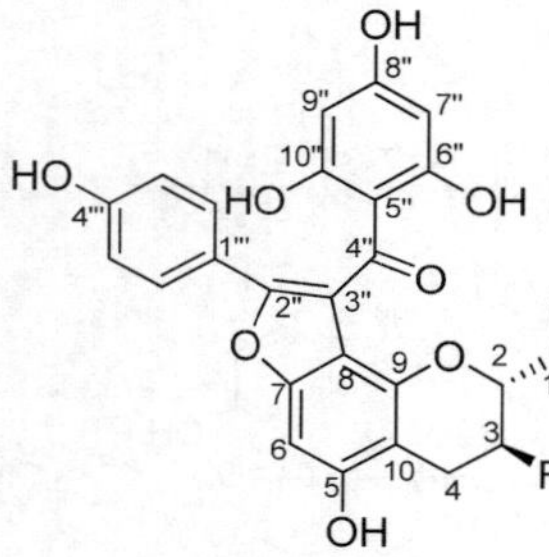

7-17-39 R=H
7-17-40 R=OH

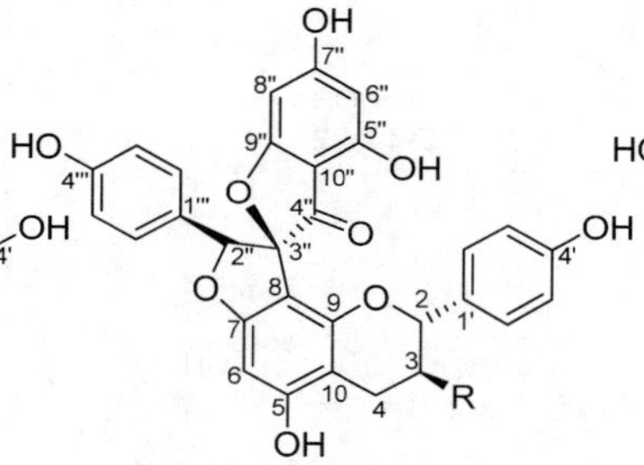

7-17-41 R=H
7-17-42 R=OH

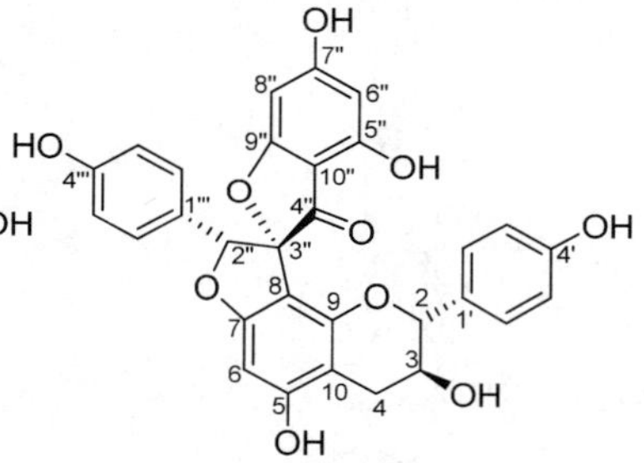

7-17-43

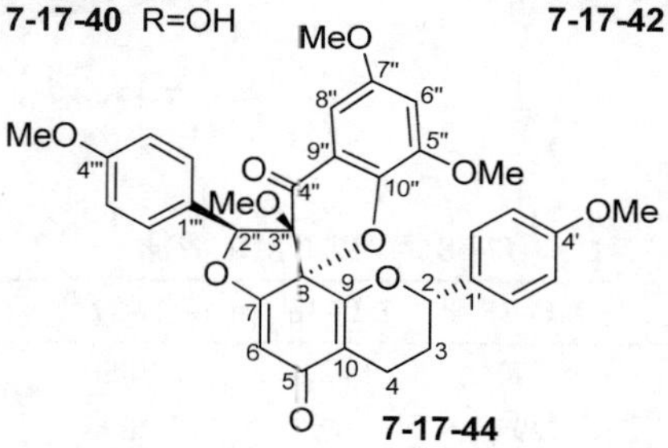

7-17-44

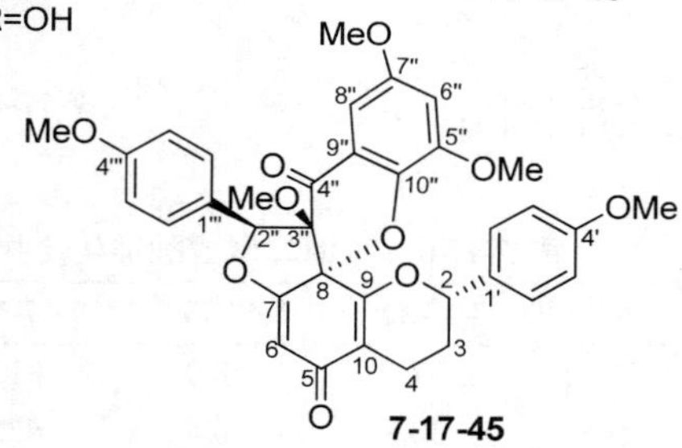

7-17-45

表 7-17-7　其他二聚黄酮类化合物 7-17-39~7-17-45 的 ^{13}C NMR 数据

C	7-17-39[28]	7-17-40①[25]	7-17-40②[28]	7-17-41[28]	7-17-42[26]	7-17-43[26]	7-17-44[29]	7-17-45[29]
2	77.3	80.4	82.3	77.6	82.2	82.1	78.4	78.3
3	20.6	66.3	68.4	20.1	86.5	68.5	28.9	27.9
4	29.1	28.4	28.7	29.0	28.8	28.9	17.5	17.2
5	153.7	153.4	154.6	159.8	163.2	163.1	187.3	187.4
6	90.1	89.6	90.6	92.0	91.1	91.1	101.9	102.0
7	148.0	141.3	148.9	173.0	160.7	160.7	167.9	168.1
8	111.4	106.0	107.5	107.7	103.8	104.1	84.9	84.9

续表

C	7-17-39[28]	7-17-40①[25]	7-17-40②[28]	7-17-41[28]	7-17-42[26]	7-17-43[26]	7-17-44[29]	7-17-45[29]
9	153.7	152.4	153.7	153.5	153.3	153.2	167.5	167.4
10	105.4	103.2	103.3	104.0	102.7	102.9	112.2	112.8
1'	132.6	129.0	133.3	132.8	130.9	130.8	132.2	131.7
2'	126.7	127.1	128.9	126.9	129.0	128.7	126.2	126.3
3'	115.5	114.3	115.4	115.4	116.1	115.9	113.5	113.7
4'	158.4	157.2	158.4	157.1	158.1	158.0	163.3	163.2
5'	115.5	114.3	115.4	115.4	116.1	115.9	113.5	113.7
6'	126.7	127.1	128.9	126.9	129.0	128.7	126.2	126.3
2"	149.5	146.7	148.8	92.0	92.7	92.4	90.7	91.0
3"	118.3	117.1	116.3	95.5	95.9	96.2	79.9	79.9
4"	195.9	194.2	198.9	196.1	197.2	196.7	184.7	184.6
5"	107.0	105.9	104.4	158.5	158.6	158.6	162.6	163.2
6"	166.3	164.2	166.4	96.7	97.2	97.4	94.3	94.0
7"	95.4	94.4	95.7	158.1	169.9	170.1	160.3	162.3
8"	166.3	165.4	166.4	90.2	91.3	91.2	94.0	93.9
9"	93.9	94.4	95.6	168.2	173.6	173.6	158.9	159.0
10"	166.3	164.2	166.4	103.7	104.6	104.6	102.2	102.1
1'''	122.9	121.3	123.1	124.9	125.4	125.5	123.6	123.7
2'''	126.9	126.5	127.2	129.6	130.2	130.1	129.1	128.9
3'''	116.1	115.4	115.8	115.6	116.1	116.1	113.7	113.7
4'''	156.9	156.1	157.4	162.2	159.1	159.1	158.1	157.9
5'''	116.1	115.4	115.8	115.6	116.1	116.1	113.7	113.7
6'''	126.9	126.5	127.2	129.6	130.2	130.1	129.1	128.9
4'-OMe							56.4	56.4
4'''-OMe							55.3	55.5
3"-OMe							55.3	55.3
5"-OMe							55.3	55.3
7"-OMe							56.0	55.9

① 在 C+M(1:2)中测定。② 在 A 中测定。

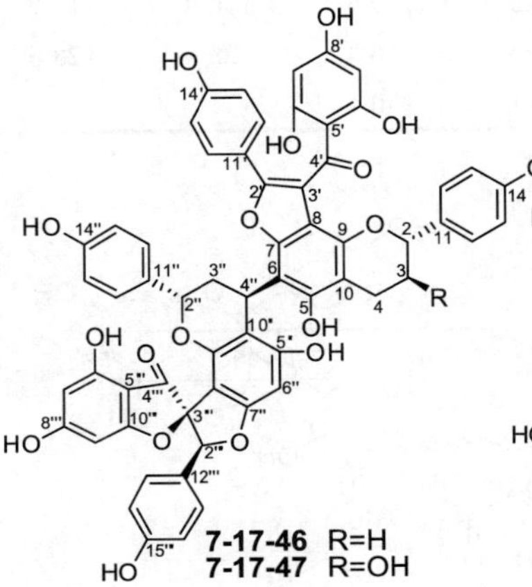

7-17-46 R=H
7-17-47 R=OH

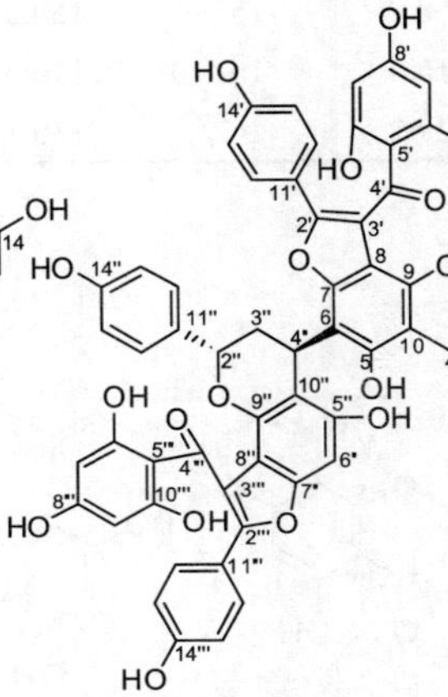

7-17-48

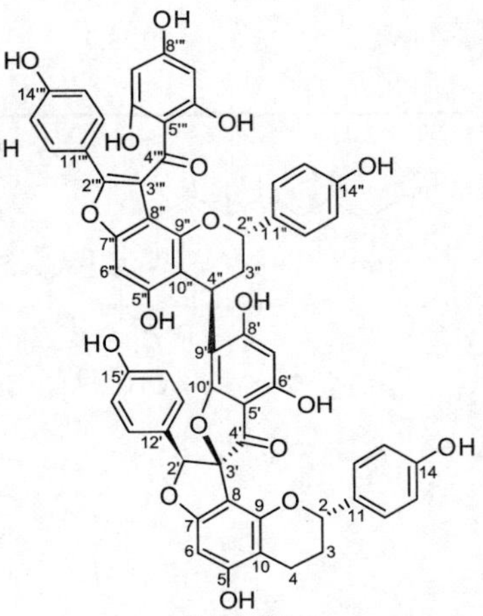

7-17-49

表 7-17-8　其他二聚黄酮类化合物 7-17-46~7-17-49 的 ^{13}C NMR 数据[30]

C	7-17-46	7-17-47	7-17-48	7-17-49	C	7-17-46	7-17-47	7-17-48	7-17-49
2	78.6	83.0	78.7	76.1	2"	75.8	75.8	76.3	78.2
3	31.2	69.8	31.3	31.2	3"	39.6	39.5	40.8	40.2
4	22.4	31.3	22.4	21.5	4"	29.6	29.7	30.2	28.5
5	151.2	151.3	151.5	160.9	5"	161.6	161.6	156.1	156.0
6	111.1	111.5	111.3	90.9	6"	90.6	90.7	90.8	90.5
7	153.7	154.0	153.8	163.4	7"	163.7	163.8	155.6	155.5
8	113.6	113.2	113.7	104.8	8"	103.9	104.1	112.7	112.3
9	148.5	147.6	148.6	154.9	9"	155.1	155.2	151.2	151.3
10	107.2	106.2	107.3	105.0	10"	107.3	107.1	108.3	108.0
11	134.5	131.4	134.6	134.0	11"	134.0	134.3	134.9	134.9
12	127.9	129.6	127.9	127.6	12"	127.9	127.9	127.9	127.9
13	116.4	116.4	116.4	116.3	13"	117.3	117.3	116.4	116.2
14	157.7	158.9	157.6	157.6	14"	157.7	158.2	157.8	157.2
15	116.4	116.4	116.4	116.3	15"	117.3	117.3	116.4	116.2
16	127.9	129.6	127.9	127.6	16"	127.9	127.9	127.9	127.9
2'	149.5	150.2	149.6	93.1	2'''	93.0	93.2	149.5	149.1
3'	118.1	119.1	119.8	99.8	3'''	97.4	97.4	117.8	119.3
4'	198.4	198.1	198.3	196.9	4'''	199.2	199.0	197.6	198.0
5'	108.3	108.4	108.7	104.9	5'''	105.5	105.3	108.5	108.3
6'	167.3	167.2	167.7	164.2	6'''	175.3	175.3	167.7	168.4
7'	96.5	96.2	96.1	91.1	7'''	91.5	91.5	96.1	96.2
8'	167.3	167.2	167.7	168.2	8'''	171.5	171.3	167.7	168.4
9'	96.5	96.2	96.1	109.4	9'''	97.4	97.5	96.1	96.2
10'	168.2	168.3	168.2	172.6	10'''	159.6	159.6	168.2	168.4
11'	124.0	123.9	124.5		11'''			123.8	124.3
12'	128.6	128.9	128.8	128.2	12'''	126.4	126.6	128.4	128.6
13'	116.4	116.3	117.1	129.2	13'''	130.1	130.1	116.9	116.9
14'	158.8	159.2	159.1	116.4	14'''	116.3	116.4	158.6	159.1
15'	116.4	116.4	117.1	158.9	15'''	159.3	159.6	116.9	116.9
16'	128.6	128.9	128.8	116.4	16'''	116.3	116.4	128.4	128.6
17'				129.2		130.1	130.1		

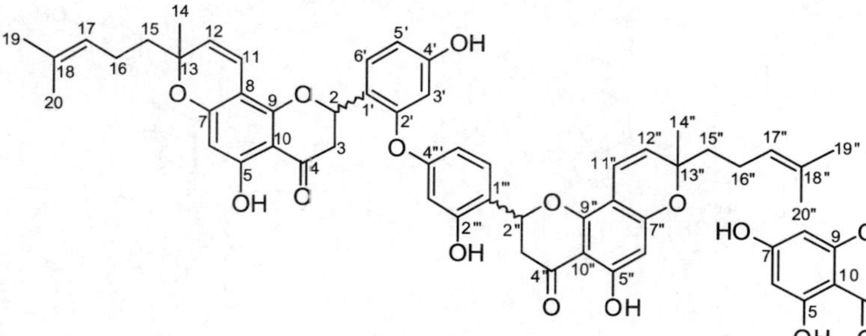

7-17-50

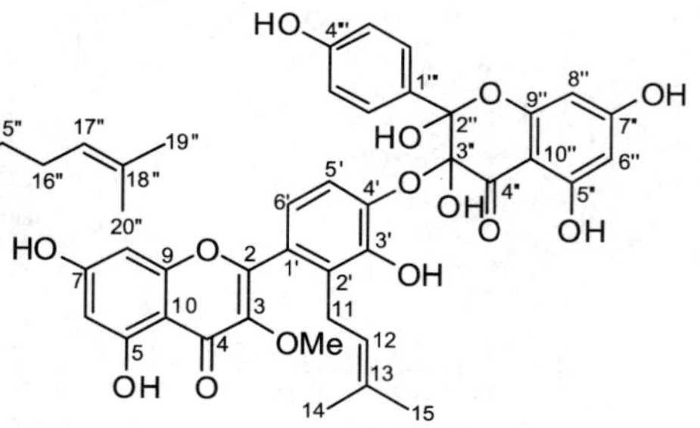

7-17-51

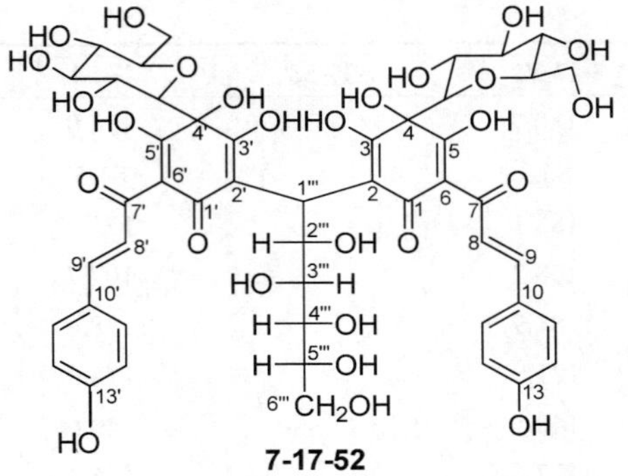

7-17-52

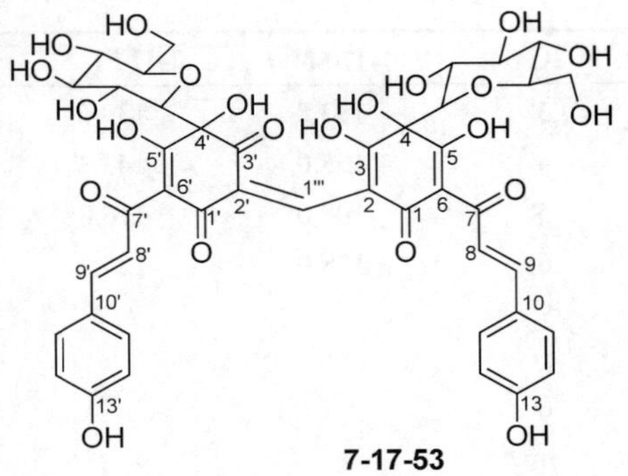

7-17-53

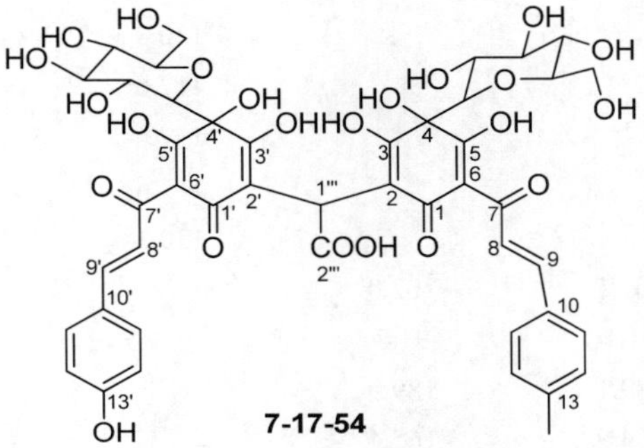

7-17-54

表 7-17-9 其他二聚黄酮类化合物 7-17-50~7-17-54 的 ^{13}C NMR 数据

C	7-17-50[31]	7-17-51①[32]	7-17-51②[32]	7-17-52[33]	7-17-53[34]	7-17-54[35]
1				197.2	189.5	193.6
2	76.6	158.8	160.3	106.1	108.9	106.7
3	41.7	140.4	140.8	180.9	191.6	173.5
4	199.6	179.5	180.1	85.3	87.7	81.3
5	163.8	163.0	163.3	188.6	186.9	172.7
6	96.2	99.8	99.9	108.2	111.6	107.7
7	162.8	165.0	166.1	181.9	182.3	178.6
8	102.8	94.6	95.0	121.0	120.4	118.9
9	156.4	158.2	158.8	144.7	140.7	140.4
10	103.9	106.3	106.2	128.0	126.4	126.4
11	115.7	26.6	26.8	131.1	130.5	130.5
12	125.7	122.5	122.8	116.1	115.7	115.9
13	80.4	132.6	133.2	158.7	159.6	159.8
14	25.6	17.8	17.9	116.1	115.7	115.9
15	41.7	25.7	25.8	131.1	130.5	130.5
16	22.6					
17	123.6					
18	132.0					
19	27.3					
20	17.6					
1'	116.9	125.8	125.6	195.6		193.7
2'	157.1	131.0	131.6	106.1	114.7	107.0

续表

C	7-17-50[31]	7-17-51①[32]	7-17-51②[32]	7-17-52[33]	7-17-53[34]	7-17-54[35]
3'	103.8	139.6	140.1	180.7		174.0
4'	155.0	143.3	144.1	85.3		81.5
5'	108.0	116.0	116.1	185.1		172.7
6'	128.0	125.3	125.3	108.2		107.7
7'				181.9		178.6
8'				121.0		118.9
9'				140.1		140.6
10'				127.6		126.4
11'				130.3		130.5
12'				117.6		115.9
13'				157.6		159.8
14'				117.6		115.9
15'				130.3		130.5
2"	76.7	101.5	102.0			
3"	41.7	91.1	91.7			
4"	199.4	189.1	189.9			
5"	163.8	164.9	165.4			
6"	97.7	97.3	97.3			
7"	162.6	169.1	169.8			
8"	103.2	98.0	98.8			
9"	158.4	160.8	161.1			
10"	103.2	100.8	101.2			
11"	115.6					
12"	125.3					
13"	81.0					
14"	25.6					
15"	41.7					
16"	22.5					
17"	123.7					
18"	132.0					
19"	27.3					
20"	17.6					
1'''	116.6	126.0	125.6	93.0	126.1	36.6
2'''	154.8	130.6	130.7			189.8
3'''	104.4	115.6	115.6			
4'''	157.0	159.6	159.9			
5'''	108.0	115.6	115.6	83.5(d)		
				71.8(d)		
				71.6(d)		
				71.3(d)		
				70.1(d)		
6'''	128.0	130.6	130.7	59.4		
					4-Glu	4-Glu
1				85.9	83.8	86.5

续表

C	7-17-50[31]	7-17-51①[32]	7-17-51②[32]	7-17-52[33]	7-17-53[34]	7-17-54[35]
2				69.2	69.3	68.9
3				67.9	78.3	68.1
4				80.0	69.7	79.5
5				77.8	80.4	78.5
6				63.2	61.9	60.1
					4'-Glu	4'-Glu
1				85.9	83.8	86.8
2				69.4	69.3	68.9
3				69.8	78.3	68.5
4				78.9	69.7	79.7
5				77.7	80.4	78.5
6				61.1	61.9	60.1
3-OMe		60.7	61.2			

①在 A 中测定。②在 M 中测定。

参考文献

[1] Ito C, Itoigawa M, Miyamoto Y, et al. J Nat Prod, 1999, 62: 1668.
[2] Terashima K, Aqil M, Niwa M. Heterocycles, 1995, 41: 2245.
[3] Kabangu K, Galeffi C, Aonzo E, et al. Planta Med, 1987, 53: 275.
[4] Li X C, Joshi A S, Tan B, et al. Tetrahedron, 2002, 58: 8709.
[5] 熊英，邓可众，郭远强等. 中草药，2008, 39: 1449.
[6] 董建勇，贾忠建. 中国药学杂志，2005, 40: 897.
[7] Markham K, Sheppard C, Geiger Hans. Phytochemistry, 1987, 26: 3335.
[8] 刘海青，林瑞超，马双成等. 中草药, 2003, 34: 298.
[9] Silva G L, Chai H, Gupta M P, et al. Phytochemistry, 1995, 40: 129.
[10] Fonseca F N, Ferreira A J S, Sartorelli P, et al. Phytochemistry, 2000, 55: 575.
[11] Suarez A I, Diaz M. B, Delle Monache F, et al. Fitoterapia, 2003, 74: 473.
[12] 张嫚丽，霍长虹，董玫等. 中国中药杂志, 2007, 32: 1421.
[13] Konda Y, Sasaki T, Kagawa H, et al. Journal of Heterocyclic Chemistry, 1995, 32: 1531.
[14] Ahmed M S, Galal A M, Ross S A, et al. Phytochemistry, 2001, 58: 599.
[15] Cheng K T, Hsu F L, Chen S H, et al. Chem Pharm Bull, 2007, 55: 757.
[16] 范晓磊，徐嘉成，林幸华等. 中国药学杂志, 2009, 44: 15.
[17] 冯卫生，陈辉，郑晓珂. 中草药，2008, 39: 654.
[18] Sobha Rani M, Rao C V, Gunasekar D, et al. Phytochemistry, 1998, 47: 319.
[19] Pegnyemb D E, Mbing J N, De Theodore Atchade A, et al. Phytochemistry, 2005, 66: 1922.
[20] Likhitwitayawuid K, Rungserichai R, Ruangrungsi N, et al. Phytochemistry, 2001, 56: 353.
[21] Xu J C, Liu X Q, Chen K L. Chin Chem Lett, 2009, 20: 939.
[22] 张薇，张卫东，李廷钊等. 天然产物研究与开发, 2005, 17: 26.
[23] Zhou G X, Jiang R W, Cheng Y, et al. Chem Pharm Bull, 2007, 55: 1287.
[24] Baba K, Oshikawa M, Taniguchi M, et al. Phytochemistry, 1995, 38: 1021.
[25] 石枫，郑维发. 徐州师范大学学报：自然科学版，2004, 22(4) : 34.
[26] Taniguchi M, Baba K. Phytochemistry, 1996, 42: 1447.
[27] Liang S, Tang J, Shen Y H, et al. Chem Pharm Bull, 2008, 56: 1729.
[28] 周光雄，杨永春，石建功等. 中草药, 2002, 33: 1061.
[29] Taniguchi M, Fujiwara A, Baba K, et al. Phytochemistry, 1998, 49: 863.
[30] Zhou T, Zhang S W, Liu S S, et al. Phytochem Lett, 2010, 3: 242.
[31] Ko H H, Wang J J, Lin H C, et al. Biochimica et Biophysica Acta, 1999, 1428: 293.
[32] Arens H, Ulbrich B, Fischer H, et al. Planta Med, 1986, 52: 468.

[33] Takahashi Y, Saito K, Yanagiya M, et al. Tetrahedron Lett, 1984, 25: 2471.
[34] Meselhy M R, Kadota S, Hattori M, et al. J Nat Prod, 1993, 56: 39.
[35] Cho M H, Paik Y S, Hahn T R. J Agric Food Chem, 2000, 48: 3917-3921.

第十八节 醌类化合物

一、苯醌类化合物

表 7-18-1 苯醌类化合物的名称、分子式和测试溶剂

编号	英文名称	分子式	测试溶剂	参考文献
7-18-1	fumiquinone A	$C_{12}H_{14}O_6$	C	[1]
7-18-2	fumiquinone B	$C_8H_8O_5$	C	[1]
7-18-3	spinulosin	$C_8H_8O_5$	C	[1]
7-18-4	sarcophytonone	$C_{20}H_{30}O_5$	C	[2]
7-18-5	sorrentanone	$C_{14}H_{14}O_4$	—	[3]
7-18-6	5-(1,1-dimethylprop-2-enyl)-2-(3-methylbut-2-enyl)cyclohexa-2,5-diene-1,4-dione	$C_{16}H_{20}O_2$	C	[4]
7-18-7	7,8-seco-para-ferruginone	$C_{20}H_{28}O_3$	B	[5]
7-18-8	(1a*S**,1b*S**,7a*S**,8a*S**)-4,5-dimethoxy-1a,7a-dimethyl-1,1a,1b,2,7,7a,8,8a-octahydrocyclopropa[3,4]cyclopenta[1,2-*b*]naphthalene-3,6-dione	$C_{18}H_{22}O_4$	C	[6]
7-18-9	pulsaquinone	$C_{14}H_{14}O_4$	C	[7]
7-18-10	alopecuquinone	$C_{14}H_{18}O_8$	D	[8]
7-18-11	heliotropinone A	$C_{18}H_{22}O_4$	C	[9]
7-18-12	heliotropinone B	$C_{18}H_{22}O_4$	C	[9]
7-18-13	ecklonochinon A	$C_{25}H_{30}O_6$	C	[10]
7-18-14	ecklonochinon B	$C_{25}H_{30}O_6$	C	[10]
7-18-15	gracillisquinone A	$C_{22}H_{26}O_7$	C	[11]
7-18-16	gracillisquinone B	$C_{22}H_{26}O_7$	C	[11]
7-18-17	isoriccardinquinone A	$C_{29}H_{24}O_5$	C	[12]
7-18-18	isoriccardinquinone B	$C_{29}H_{24}O_6$	C	[12]
7-18-19	asterriquinone CT1	$C_{32}H_{26}N_2O_4$	D	[13]
7-18-20	asterriquinone CT2	$C_{32}H_{28}N_2O_4$	D	[13]
7-18-21	asterriquinone CT3	$C_{32}H_{30}N_2O_4$	D	[13]
7-18-22	asterriquinone CT4	$C_{32}H_{30}N_2O_4$	D	[13]
7-18-23	asterriquinone CT5	$C_{32}H_{30}N_2O_4$	D	[13]
7-18-24	3-[(*Z*)-12′-heptadecenyl]-2-hydroxy-5-methoxy-1,4-benzoquinone	$C_{24}H_{38}O_4$	C	[14]
7-18-25	irisoquin A	$C_{23}H_{38}O_4$	C	[15]
7-18-26	irisoquin B	$C_{24}H_{40}O_4$	C	[15]
7-18-27	irisoquin	$C_{25}H_{42}O_4$	C	[15]
7-18-28	irisoquin C	$C_{26}H_{44}O_4$	C	[15]
7-18-29	irisoquin D	$C_{27}H_{46}O_4$	C	[15]
7-18-30	irisoquin E	$C_{28}H_{48}O_4$	C	[15]

续表

编号	英文名称	分子式	测试溶剂	参考文献
7-18-31	irisoquin F	$C_{29}H_{50}O_4$	C	[15]
7-18-32	3-heneicosyl-5-methoxy-2-methyl-1,4-benzoquinone	$C_{29}H_{50}O_3$	C	[16]
7-18-33	3-docosyl-5-methoxy-2-methyl-1,4-benzoquinone	$C_{30}H_{52}O_3$	C	[16]
7-18-34	5-methoxy-2-methyl-3-tricosyl-1,4-benzoquinone	$C_{31}H_{54}O_3$	C	[16]
7-18-35	kiritiquinone	$C_{28}H_{46}O_4$	C	[17]
7-18-36	kiritiquinone dimethyl ether	$C_{30}H_{50}O_4$	C	[17]
7-18-37	kiritiquinone diacetate	$C_{32}H_{50}O_6$	C	[17]
7-18-38	belamcandaquinone A	$C_{44}H_{68}O_5$	C	[18]
7-18-39	belamcandaquinone B	$C_{44}H_{68}O_5$	C	[18]
7-18-40	belamcandaquinone C	$C_{42}H_{66}O_7$	C	[19]
7-18-41	belamcandaquinone D	$C_{39}H_{62}O_5$	C	[19]
7-18-42	belamcandaquinone E	$C_{41}H_{66}O_7$	C	[19]
7-18-43	belamcandaquinone F	$C_{48}H_{76}O_5$	C	[20]
7-18-44	belamcandaquinone G	$C_{48}H_{76}O_5$	C	[20]
7-18-45	belamcandaquinone H	$C_{47}H_{74}O_5$	C	[20]
7-18-46	belamcandaquinone I	$C_{47}H_{74}O_5$	C	[20]
7-18-47	caldariellaquinone	$C_{39}H_{66}O_2S_2$	C	[21]
7-18-48	sulfolobusquinone	$C_{39}H_{66}O_2S$	C	[21]
7-18-49	benzo[l,2-*b*;4,5-*b*']dithiophen-4,8-quinone	$C_{38}H_{60}O_2S_2$	C	[21]

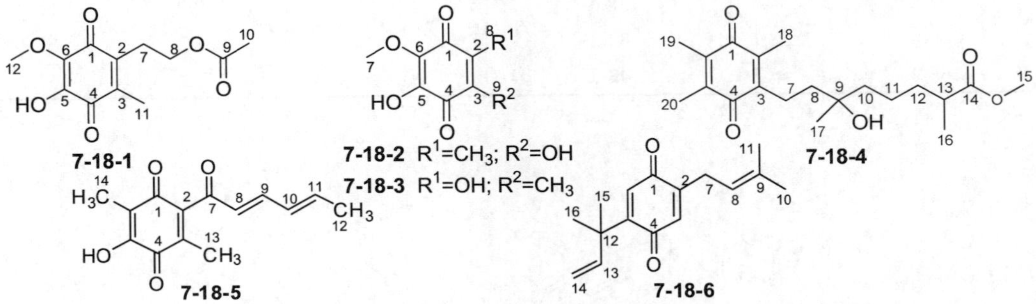

7-18-1

7-18-2 R^1=CH_3; R^2=OH

7-18-3 R^1=OH; R^2=CH_3

7-18-4

7-18-5

7-18-6

表 7-18-2 化合物 7-18-1~7-18-6 的 ^{13}C NMR 数据

C	7-18-1[1]	7-18-2[1]	7-18-3[1]	7-18-4[2]	7-18-5[3]	7-18-6[4]	C	7-18-1	7-18-4	7-18-5	7-18-6
1	183.0	182.2	181.0	187.7	186.1	188.5	11	11.9	21.6	142.8	17.7
2	140.0	137.8	139.9	140.6	140.3	146.9	12	60.3	34.2	18.8	40.4
3	139.4	140.0	136.3	144.3	136.8	134.1	13		39.4	7.7	145.2
4	184.6	175.8	183.7	187.2	183.4	187.6	14		177.2	11.9	112.7
5	138.5	140.3	139.9	140.2	151.9	154.1	15		51.5		26.8
6	137.2	137.7	137.6	140.4	117.1	132.3	16		17.1		26.8
7	26.2	60.7	60.5	21.3	193.3	26.8	17		26.5		
8	62.6	13.1		40.2	127.9	118.0	18		12.4		
9	170.8		13.3	72.5	147.5	136.1	19		12.3		
10	20.9			41.7	130.1	25.7	20		12.0		

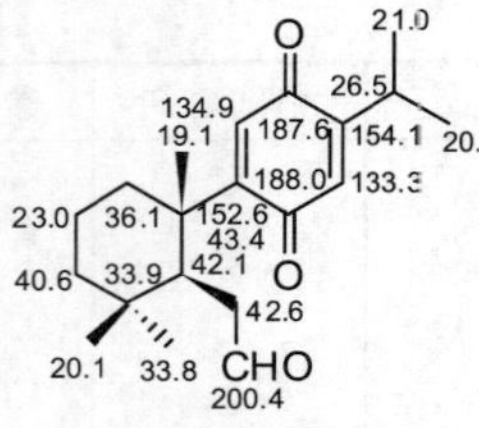

7-18-7[5] 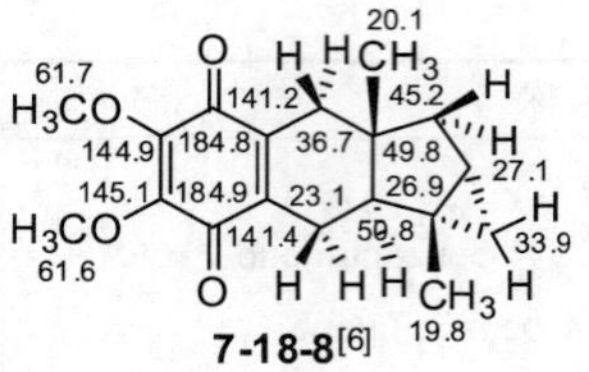　7-18-8[6] 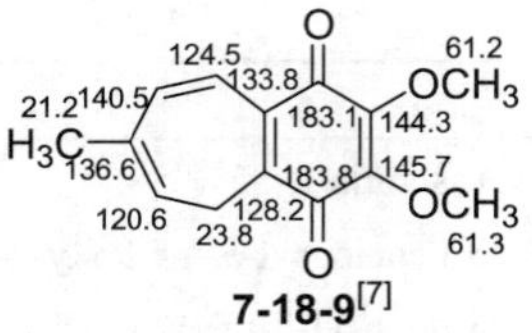　7-18-9[7]

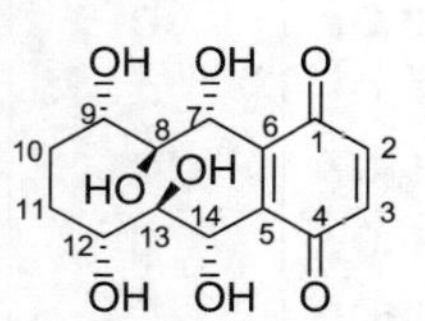

7-18-10 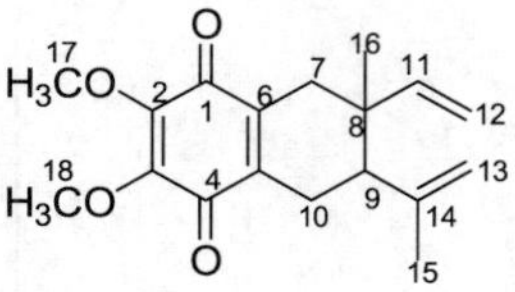　7-18-11 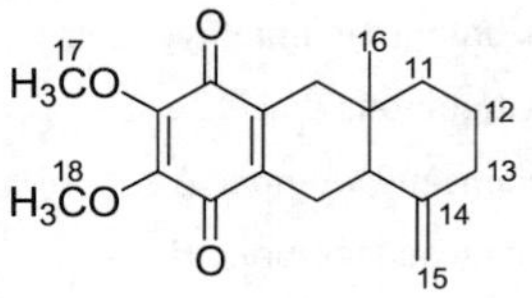　7-18-12

表 7-18-3　化合物 7-18-10~7-18-12 的 ^{13}C NMR 数据

C	7-18-10[8]	7-18-11[9]	7-18-12[9]	C	7-18-10[8]	7-18-11[9]	7-18-12[9]
1	168.1	183.7	184.1	10	29.9	26.3	22.7
2	138.7	144.5	144.6	11	29.9	146.3	41.0
3	138.7	144.6	144.5	12	66.9	111.6	23.2
4	168.1	184.0	184.4	13	70.4	113.3	36.8
5	128.5	139.5	139.3	14	65.5	145.8	148.1
6	128.5	138.8	138.8	15		24.5	107.6
7	65.5	34.4	38.6	16		20.0	17.3
8	70.4	38.1	34.2	17		61.2	61.2
9	66.9	47.5	43.7	18		61.2	61.2

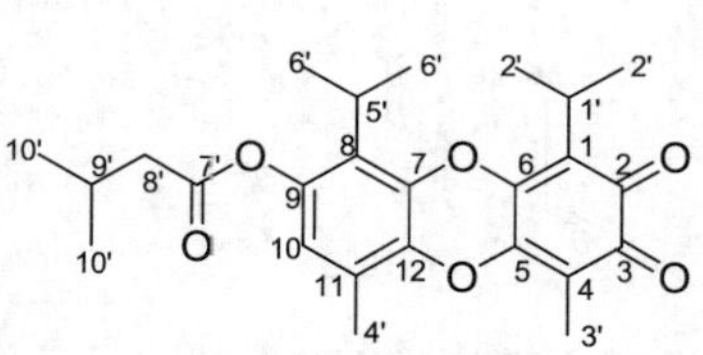

7-18-13 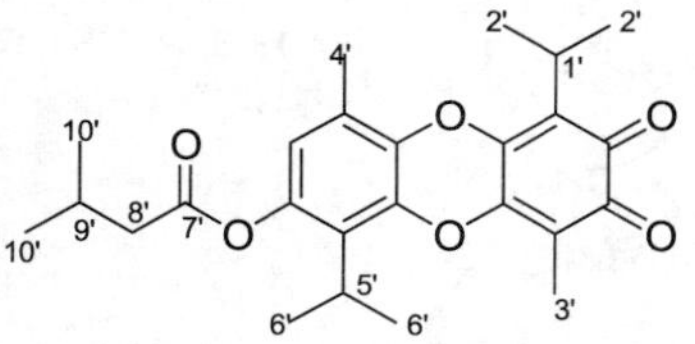　7-18-14

表 7-18-4　化合物 7-18-13 和 7-18-14 的 ^{13}C NMR 数据[10]

C	7-18-13	7-18-14	C	7-18-13	7-18-14	C	7-18-13	7-18-14
1	124.0	124.1	9	143.8	120.4	5'	26.0	25.7
2	178.3	178.5	10	120.2	144.1	6'	20.5	20.7
3	178.6	178.6	11	124.3	126.0	7'	171.3	171.4
4	115.3	115.4	12	134.2	147.8	8'	43.1	43.2
5	148.5	148.6	1'	24.3	25.7	9'	25.7	25.1
6	136.5	136.3	2'	19.9	20.2	10'	22.4	22.4
7	148.4	134.1	3'	8.4	7.7			
8	126.1	124.3	4'	15.5	14.7			

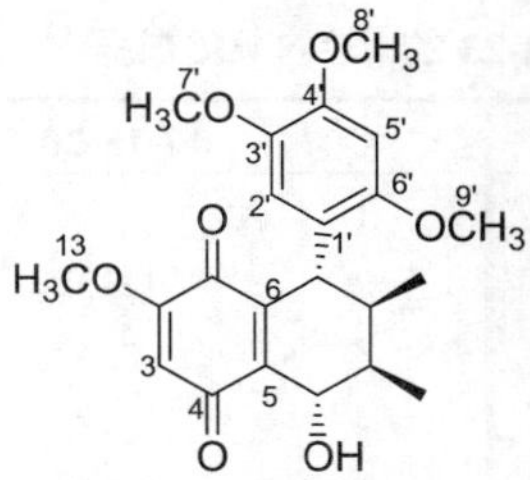

7-18-15 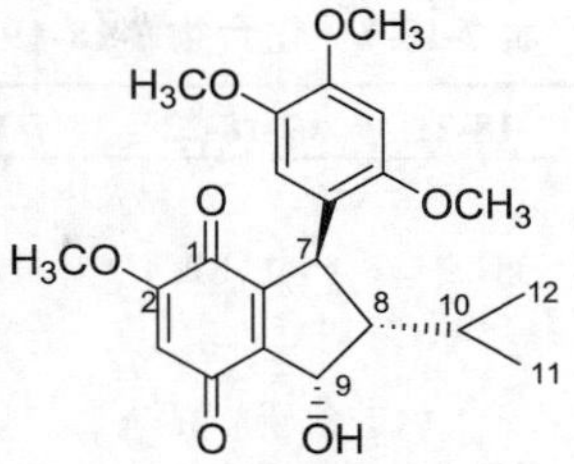　**7-18-16**

表 7-18-5　化合物 7-18-15 和 7-18-16 的 ^{13}C NMR 数据[11]

C	7-18-15	7-18-16	C	7-18-15	7-18-16	C	7-18-15	7-18-16
1	190.9	187.4	9	39.3	65.1	4'	148.6	148.5
2	158.8	158.9	10	71.6	38.6	5'	98.7	98.9
3	106.8	106.5	11	16.1	16.6	6'	151.6	151.4
4	181.1	182.2	12	15.2	15.0	7'	56.3	56.9
5	144.0	141.3	13	57.0	56.9	8'	56.0	56.3
6	141.6	143.6	1'	123.3	123.6	9'	56.0	56.1
7	43.2	43.2	2'	113.9	114.2			
8	41.1	35.6	3'	143.3	143.9			

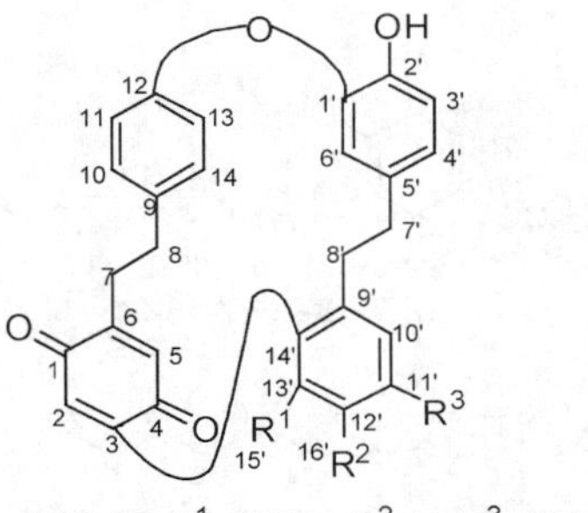

7-18-17 R^1=OCH_3; R^2=H; R^3=OH
7-18-18 R^1=R^3=H; R^2=OCH_3

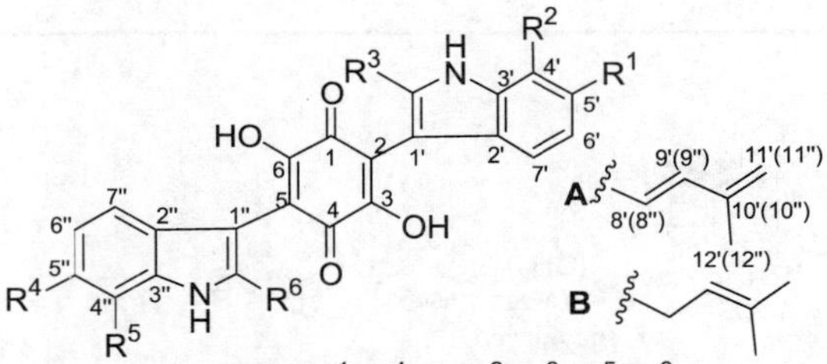

7-18-19 R^1=R^4=A; R^2=R^3=R^5=R^6=H
7-18-20 R^1=B; R^2=R^3=R^5=R^6=H; R^4=A
7-18-21 R^1=R^4=B; R^2=R^3=R^5=R^6=H
7-18-22 R^1= R^3=R^4=R^6=H; R^2=R^5=B
7-18-23 R^1=R^2=R^4=R^5=H; R^3=R^6=B

表 7-18-6　化合物 7-18-17 和 7-18-18 的 ^{13}C NMR 数据[12]

C	7-18-17	7-18-18	C	7-18-17	7-18-18	C	7-18-17	7-18-18
1	187.5	187.3	11	122.2	122.5	7'	38.1	38.2
2	134.4	134.5	12	153.2	153.2	8'	33.9	34.1
3	145.3	145.2	13	122.8	123.0	9'	135.5	132.2
4	187.4	187.0	14	129.3	129.2	10'	108.6	117.5
5	135.2	135.1	1'	157.4	156.7	11'	149.6	121.6
6	146.1	146.2	2'	143.2	143.3	12'	109.6	148.5
7	31.0	31.6	3'	117.6	113.0	13'	151.2	116.5
8	33.9	33.6	4'	113.1	112.3	14'	134.2	147.1
9	139.4	139.0	5'	124.0	124.4	15'	61.3	
10	130.2	130.2	6'	132.9	132.8	16'		56.1

表 7-18-7 化合物 7-18-19~7-18-23 的 ^{13}C NMR 数据[13]

C	7-18-19	7-18-21	7-18-22	7-18-23	C	7-18-20	C	7-18-20
1					1		1"	104.7
2	111.0	111.7	111.2	110.5	2	111.0	2"	128.4
3					3		3"	126.3
4					4		4"	110.1
5	111.0	111.7	111.2	110.5	5	111.3	5"	130.1
6					6		6"	117.3
1'(1")	104.8	105.3	104.8	104.2	1'	104.2	7"	121.8
2'(2")	128.4	127.6	127.1	137.6	2'	127.0	8"	136.1
3'(3")	126.3	125.5	126.5	128.0	3'	124.6	9"	130.2
4'(4")	110.1	111.2	124.3	110.5	4'	110.4	10"	129.0
5'(5")	130.1	135.0	120.0	119.9	5'	134.2	11"	142.0
6'(6")	117.3	120.5	118.9	118.2	6'	119.8	12"	116.3
7'(7")	121.8	122.3	119.2	119.3	7'	121.4	13"	18.6
8'(8")	136.1	136.9	134.4	135.4	8'	136.1		
9'(9")	130.2	34.8	29.1	26.3	9'	33.9		
10'(10")	128.9	125.2	132.0	121.2	10'	124.3		
11'(11")	142.0	131.8	131.8	131.9	11'	131.0		
12'(12")	116.3	26.4	25.6	25.4	12'	25.6		
13'(13")	18.6	18.5	17.7	17.5	13'	17.7		

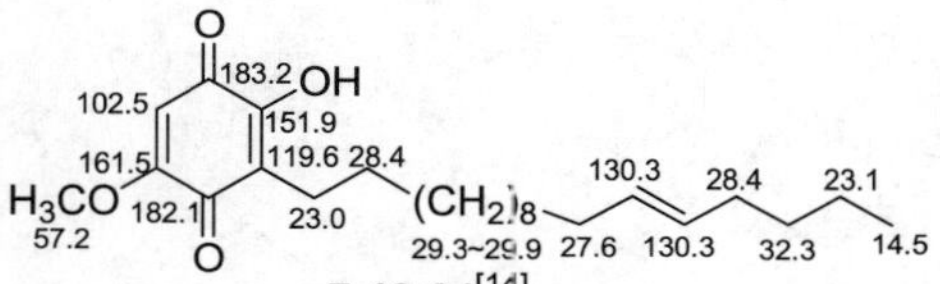

7-18-24[14]

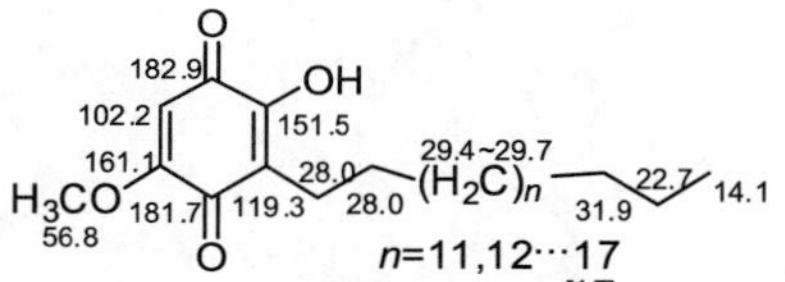

n=11,12…17
7-18-25~7-18-31[15]

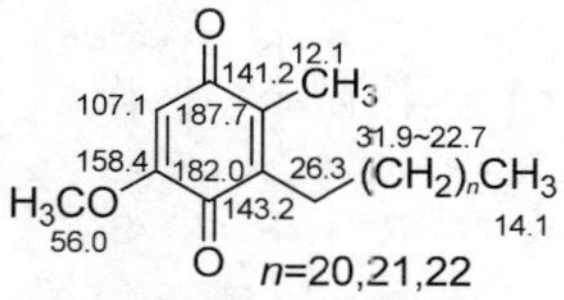

n=20,21,22
7-18-32~7-18-34[16]

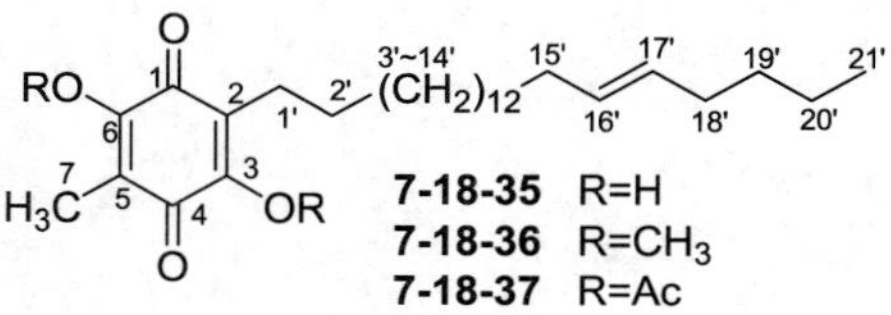

7-18-35 R=H
7-18-36 R=CH_3
7-18-37 R=Ac

表 7-18-8 化合物 7-18-35~7-18-37 的 ^{13}C NMR 数据[17]

C	7-18-35	7-18-36	7-18-37	C	7-18-35	7-18-36	7-18-37
1		184.3	179.9	2'	28.0	28.9	28.3
2	111.5	126.1	131.8	3'~14'	29.7~29.1	29.8~29.3	29.7~29.1
3		155.3	149.0	15'	26.9	26.9	26.9
4		183.9	179.7	16'	129.9	129.9	129.8
5	116.1	130.6	135.8	17'	129.8	129.8	129.8
6		155.3	148.9	18'	27.2	27.2	27.1
7	7.4	8.4	9.2	19'	31.9	31.9	31.9
3-OR		60.9	167.5/20.1	20'	22.3	22.3	22.3
6-OR		61.0	167.8/20.2	21'	14.0	14.1	13.9
1'		23.0	23.7				

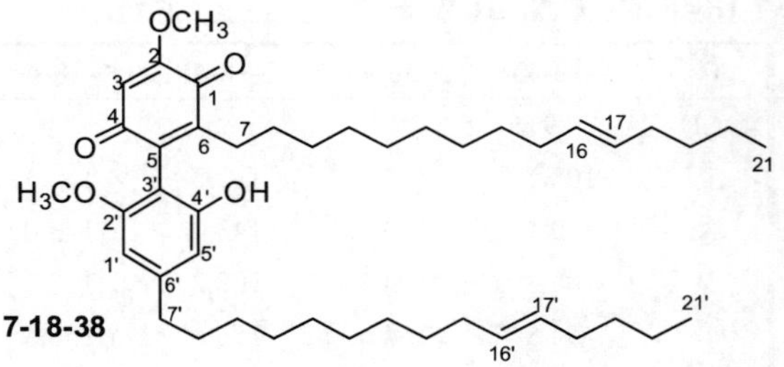

7-18-38

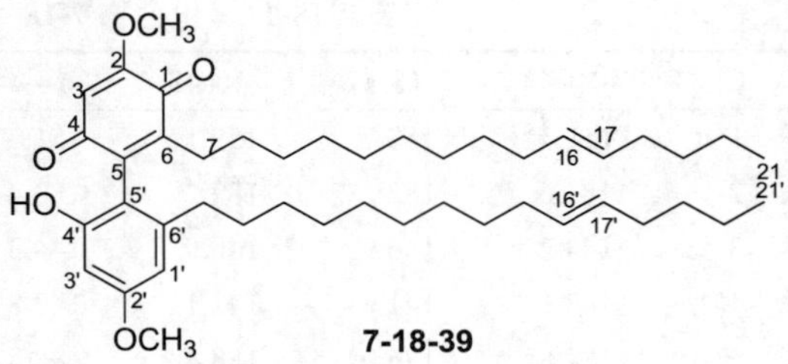

7-18-39

表 7-18-9 化合物 7-18-38 和 7-18-39 的 ^{13}C NMR 数据[18]

C	7-18-38	7-18-39	C	7-18-38	7-18-39	C	7-18-38	7-18-39
1	182.4	182.3	5'	108.7	112.6	1'	103.7	107.5
2	158.5	158.7	6'	146.0	143.1	2'	157.5	160.7
3	107.2	107.1	7'	36.4	33.7	8'~14'	29.0~31.0	29.1~30.2
4	186.4	186.9	OCH_3	56.1	55.2	15'	27.7	27.7
5	138.7	140.8	8~14	29.0~31.0	29.1~30.2	16', 17'	129.9	129.9
6	146.8	146.7	15	26.9	26.9	18'	28.2	28.2
7	32.0	32.0	16, 17	129.9	129.9	19', 20'	29.0~31.0	29.1~30.2
OCH_3	56.1	55.2	18	27.2	27.2	21'	22.4	22.4
3'	107.7	99.3	19, 20	29.0~31.0	29.1~30.2			
4'	153.0	153.4	21	14.0	14.1			

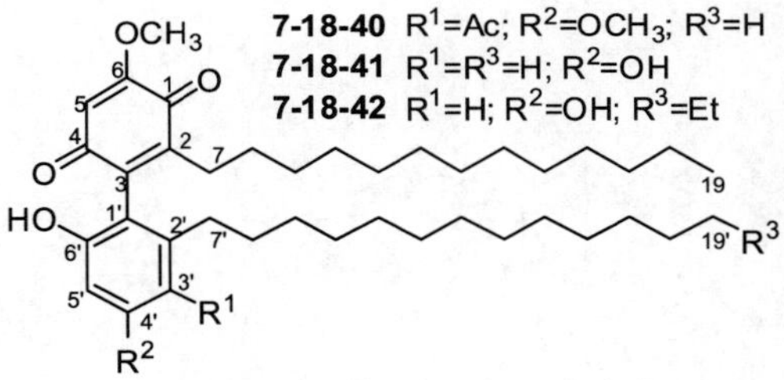

7-18-40 R^1=Ac; R^2=OCH_3; R^3=H
7-18-41 R^1=R^3=H; R^2=OH
7-18-42 R^1=H; R^2=OH; R^3=Et

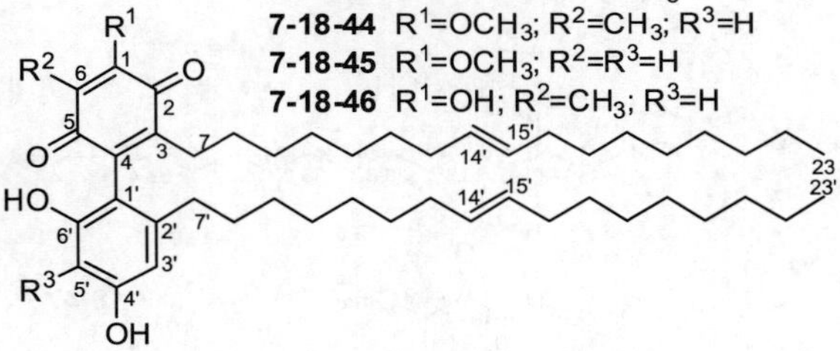

7-18-43 R^1=OH R^2=R^3=CH_3
7-18-44 R^1=OCH_3; R^2=CH_3; R^3=H
7-18-45 R^1=OCH_3; R^2=R^3=H
7-18-46 R^1=OH; R^2=CH_3; R^3=H

表 7-18-10 化合物 7-18-40~7-18-42 的 ^{13}C NMR 数据[19]

C	7-18-40	7-18-41	7-18-42	C	7-18-40	7-18-41	7-18-42
1	182.2	182.2	182.2	5'	98.7	100.8	100.8
2	147.2	146.9	146.9	6'	151.4	153.6	153.4
3	140.1	140.9	140.7	7'	28.7	33.4	33.4
4	187.0	187.8	187.3	8'	29.8	29.6	29.6
5	107.4	107.4	107.5	9'~16'	28.7~29.8	28.2~29.9	29.2~29.9
6	158.7	158.9	158.8	17'	31.9	31.9	29.2~29.9
7	28.3	28.1	28.0	18'	22.7	22.7	29.2~29.9
8~16	28.7~29.8	28.2~29.9	28.2~29.9	19'	14.1	14.1	31.9
17	31.9	31.9	31.9	20'			22.7
18	22.7	22.7	22.7	21'			14.1
19	14.1	14.1	14.1	6-OCH_3	56.3	56.3	56.3
1'	112.0	112.3	112.5	4'-OCH_3	55.9		
2'	134.9	143.2	143.3	OAc	20.5		
3'	132.3	108.2	108.4	OAc	169.0		
4'	152.0	156.6	156.6				

表 7-18-11　化合物 7-18-43~7-18-46 的 ^{13}C NMR 数据[20]

C	7-18-43	7-18-44	7-18-45	7-18-46	C	7-18-43	7-18-44	7-18-45	7-18-46
1	151.3	158.7	159.1	151.7	6-CH3	7.9			7.9
2	183.6	182.2	182.2	183.4	1'	108.1	112.7	112.2	112.3
3	144.2	146.9	146.9	144.3	2'	139.1	139.4	143.0	143.0
4	143.1	141.0	141.1	142.8	3'	108.3	108.2	108.2	108.2
5	187.8	186.9	188.4	188.8	4'	154.8	154.6	156.6	156.6
6	117.4	107.5	107.3	117.1	5'	112.7	107.8	101.0	101.0
7	27.2	27.2	27.2	27.2	6'	151.3	151.3	153.8	153.8
8	27.6~30.1	27.8~30.1	27.6~30.1	27.8~30.1	7'	33.2	33.2	33.5	33.5
9~12	27.6~30.1	27.8~30.1	27.6~30.1	27.8~30.1	8'~12'	27.6~30.1	27.8~30.1	27.6~30.1	27.8~30.1
13	27.2	27.2	27.2	27.2	13'	27.2	27.2	27.2	27.2
14	130.0	129.9	129.9	129.9	14'	130.0	129.9	129.9	129.9
15	130.0	129.9	129.9	129.9	15'	130.0	129.9	129.9	129.9
16	27.2	27.2	27.2	27.2	16'	27.2	27.2	27.2	27.2
17~20	27.6~30.1	27.8~30.1	27.6~30.1	27.8~30.1	17'~20'	27.6~30.1	27.8~30.1	27.6~30.1	27.8~30.1
21	31.9	31.9	31.9	31.9	21'	31.9	31.9	31.9	31.9
22	22.7	22.7	22.7	22.7	22'	22.7	22.7	22.7	22.7
23	14.0	14.0	14.0	14.0	23'	14.0	14.0	14.0	14.0
1-OCH3		56.2	56.3		5'-CH3	8.1			

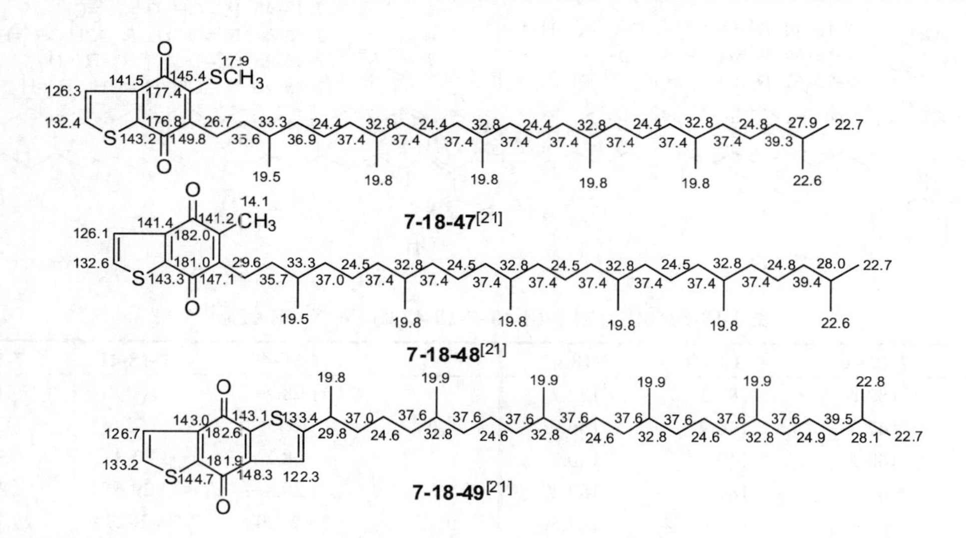

7-18-47[21]

7-18-48[21]

7-18-49[21]

二、萘醌类化合物

表 7-18-12　萘醌类化合物的名称、分子式和测试溶剂

编号	英文名称	分子式	测试溶剂	参考文献
7-18-50	cribrarione C	$C_{10}H_6O_6$	D	[22]
7-18-51	7-methyljuylone	$C_{11}H_8O_3$	C	[23]
7-18-52	5-hydroxy-3-methoxy-7-methyl-1,4-naphthoquinone	$C_{12}H_{10}O_4$	C	[23]
7-18-53	5-hydroxy-2-methoxy-7-methyl-1,4-naphthoquinone	$C_{12}H_{10}O_4$	C	[23]

续表

编号	英文名称	分子式	测试溶剂	参考文献
7-18-54	2-methoxy-l,4-naphthoquinone	$C_{11}H_8O_3$	C	[24]
7-18-55	lawsone (2-hydroxy-1,4-naphthoquinone)	$C_{10}H_6O_3$	M	[24]
7-18-56	diphthiocol	$C_{21}H_{12}O_4$	D	[24]
7-18-57	mansonone D	$C_{15}H_{14}O_3$	C	[25]
7-18-58	thespesone	$C_{15}H_{14}O_4$	C	[25]
7-18-59	thespesenone	$C_{15}H_{12}O_4$	C	[25]
7-18-60	dehydrooxoperezinone-6-methyl ether	$C_{17}H_{18}O_3$	C	[25]
7-18-61	mansonone G	$C_{15}H_{16}O_3$	A	[25]
7-18-62	mansonone M	$C_{16}H_{16}O_4$	C	[25]
7-18-63	trypethelone	$C_{16}H_{16}O_4$	A	[26]
7-18-64	trypethelone methyl ether	$C_{17}H_{18}O_4$	A	[26]
7-18-65	7-hydroxyl-8-methoxyltrypethelone	$C_{17}H_{18}O_5$	M	[26]
7-18-66	astropaquinone A	$C_{16}H_{16}O_5$	C	[27]
7-18-67	astropaquinone B	$C_{17}H_{18}O_6$	C	[27]
7-18-68	astropaquinone C	$C_{16}H_{16}O_6$	C	[27]
7-18-69	4,7-dihydroxy-10-methoxy-2,2-dimethyl-3,4-dihydro-2*H*-benzo[*h*]chromene-5,6-dione	$C_{16}H_{16}O_6$	C	[28]
7-18-70	(*R*)-7-hydroxy-*α*-dunnione	$C_{15}H_{14}O_4$	A	[29]
7-18-71	(*R*)-8-hydroxy-*α*-dunnione	$C_{15}H_{14}O_4$	A	[29]
7-18-72	(*R*)-7,8-dihydroxy-*α*-dunnione	$C_{15}H_{14}O_5$	C	[29]
7-18-73	(*R*)-7-methoxy-6,8-dihydroxy-*α*-dunnione	$C_{16}H_{16}O_6$	C	[29]
7-18-74	5-hydroxy-6-methoxy-*α*-lapachone	$C_{16}H_{16}O_5$	C	[30]
7-18-75	5,6-dihydroxy-*α*-lapachone	$C_{15}H_{14}O_5$	C	[30]
7-18-76	4′,5-dihydroxy-6-methoxy-*α*-lapachone	$C_{16}H_{16}O_6$	P	[30]
7-18-77	lantalucratin A	$C_{16}H_{14}O_4$	C	[31]
7-18-78	lantalucratin B	$C_{15}H_{12}O_4$	C	[31]
7-18-79	lantalucratin C	$C_{15}H_{12}O_4$	A	[31]
7-18-80	lantalucratin D	$C_{17}H_{18}O_5$	C	[31]
7-18-81	lantalucratin E	$C_{17}H_{18}O_6$	C	[31]
7-18-82	lantalucratin F	$C_{17}H_{18}O_7$	C	[31]
7-18-83	6-methoxy-naphtho[2,3-*b*]-furan-4,9-quinone	$C_{13}H_8O_4$	C	[32]
7-18-84	7-methoxy-naphtho[2,3-*b*]-furan-4,9-quinone	$C_{13}H_8O_4$	C	[32]
7-18-85	microphyllaquinone	$C_{27}H_{20}O_6$	D	[32]
7-18-86	3-hydroxy-2-methoxy-8,8,10-trimethyl-8*H*-antracen-1,4,5-trione	$C_{18}H_{16}O_5$	C	[33]
7-18-87	3,7-dihydroxy-2-methoxy-8,8,10-trimethyl-7, 8-dihydro-6*H*-antracen-1,4,5-trione	$C_{18}H_{18}O_6$	C	[33]
7-18-88	5-*O*-methyl-11-deoxyalkannin	$C_{17}H_{18}O_4$	C	[34]
7-18-89	8-*O*-methyl-11-deoxyalkannin	$C_{17}H_{18}O_4$	C	[34]
7-18-90	5-*O*-methyl-11-*O*-acetylalkannin	$C_{19}H_{20}O_6$	C	[34]
7-18-91	5-*O*-methyl-*β*,*β*-dimethylacrylalkannin	$C_{22}H_{24}O_6$	C	[34]
7-18-92	fumaquinone	$C_{17}H_{18}O_5$	A	[35]
7-18-93	12-deoxy-salvipisone	$C_{20}H_{24}O_2$	C	[36]

续表

编号	英文名称	分子式	测试溶剂	参考文献
7-18-94	12,16-dideoxy-aegyptinone B	$C_{20}H_{24}O_2$	C	[36]
7-18-95	acetyl alkannin	$C_{18}H_{18}O_5$	C	[37]
7-18-96	isobutyrul alkannin	$C_{20}H_{22}O_5$	C	[37]
7-18-97	*β*,*β*-dimethylacryloyl alkannin	$C_{21}H_{22}O_5$	C	[37]
7-18-98	isovaleryl alkannin	$C_{21}H_{24}O_5$	C	[37]
7-18-99	*α*-methylbutyryl alkannin	$C_{21}H_{24}O_5$	C	[37]
7-18-100	*(R)*-*α*-methylbutyryl alkannin	$C_{21}H_{24}O_5$	C	[37]
7-18-101	cinnamoyl alkannin	$C_{25}H_{22}O_6$	C	[37]
7-18-102	3,4-(methylenedioxy)-cinnamoyl alkannin	$C_{27}H_{24}O_7$	C	[37]
7-18-103	aegyptinone A	$C_{20}H_{22}O_3$	C	[38]
7-18-104	aegyptinone B	$C_{20}H_{24}O_4$	C	[38]
7-18-105	chitranane	$C_{22}H_{16}O_6$	C	[39]
7-18-106	cordiaquinone L	$C_{21}H_{24}O_3$	C	[40]
7-18-107	cordiaquinone M	$C_{21}H_{24}O_3$	C	[40]
7-18-108	cordiaquinone K	$C_{21}H_{22}O_3$	A	[41]
7-18-109	cordiaquinone J	$C_{21}H_{24}O_3$	A	[41]
7-18-110	cordiaquinone A	$C_{21}H_{26}O_3$	A	[41]
7-18-111	biforin	$C_{20}H_{20}O_3$	C	[42]
7-18-112	bis-biforin	$C_{40}H_{38}O_6$	C	[42]
7-18-113	larreantin	$C_{27}H_{24}O_7$	C	[43]
7-18-114	adociaquinone A	$C_{20}H_{17}NO_6S$	D	[44]
7-18-115	3-ketoadociaquinone A	$C_{20}H_{15}NO_7S$	D	[44]
7-18-116	adociaquinone B	$C_{20}H_{17}NO_6S$	D	[44]
7-18-117	3-ketoadociaquinone B	$C_{22}H_{15}NO_7S$	C	[45]
7-18-118	methyl 3-(4′-hydroxyphenethylamino)-1,4-dihydro-1,4-dioxonaphthalene-2-carboxylate	$C_{20}H_{17}O_5N$	D	[46]
7-18-119	halawanone A	$C_{23}H_{22}O_9$	无	[47]
7-18-120	halawanone B	$C_{22}H_{20}O_9$	无	[47]
7-18-121	crassiflorone	$C_{21}H_{12}O_6$	D	[48]
7-18-122	cyclocanaliculatin	$C_{21}H_{12}O_6$	D	[48]
7-18-123	dilapachone	$C_{30}H_{26}O_6$	C	[49]
7-18-124	adenophyllone	$C_{30}H_{22}O_5$	C	[49]
7-18-125	arnebiabinone	$C_{30}H_{26}O_8$	C	[50]
7-18-126	lemuninol A	$C_{24}H_{20}O_6$	A	[51]
7-18-127	aggregatin D	$C_{20}H_{22}O_4$	C	[52]
7-18-128	neo-przewaquinone A	$C_{36}H_{28}O_6$	C	[53]
7-18-129	aethiopione	$C_{20}H_{24}O_2$	C	[54]
7-18-130	1-keto-aethiopinone	$C_{20}H_{22}O_3$	C	[54]
7-18-131	salvipisone	$C_{20}H_{24}O_3$	C	[54]
7-18-132	2,3-dehydrosalvipisone	$C_{20}H_{22}O_3$	C	[54]
7-18-133	salprioparaquinone	$C_{20}H_{24}O_3$	C	[55]

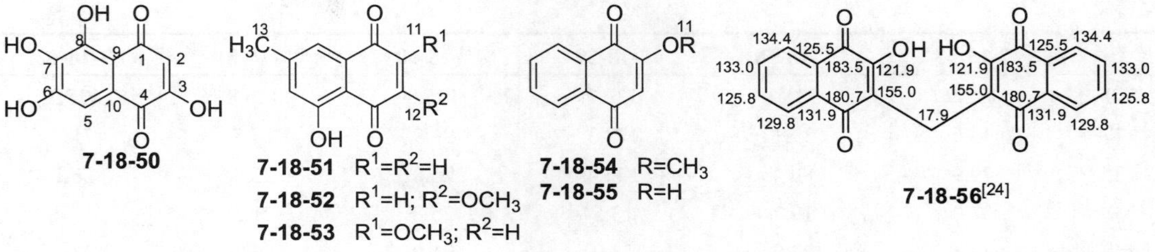

7-18-50 7-18-51 $R^1=R^2=H$ 7-18-52 $R^1=H$; $R^2=OCH_3$ 7-18-53 $R^1=OCH_3$; $R^2=H$ 7-18-54 $R=CH_3$ 7-18-55 $R=H$ 7-18-56[24]

表 7-18-13 化合物 7-18-50~7-18-55 的 ^{13}C NMR 数据

C	7-18-50[22]	7-18-51[23]	7-18-52[23]	7-18-53[23]	7-18-54[24]	7-18-55[24]
1	189.6	184.5	184.3	179.7	180.0	182.9
2	108.0	139.3	110.2	160.9	160.5	158.9
3		138.8	160.3	109.5	110.0	111.3
4	181.2	189.7	184.3	190.3	184.9	185.0
5	108.3	161.8	162.3	161.3	132.1	133.2
6	149.1	124.1	123.5	124.9	126.3	126.3
7	140.0	148.5	149.3	147.2	134.4	135.2
8	150.6	120.5	120.4	120.9	133.4	133.6
9	109.3	131.7	131.8	130.8	126.8	126.5
10	122.3	113.1	112.3	112.1	131.1	131.0
11				56.6	56.5	
12			56.5			
13		22.2	22.3	22.0		

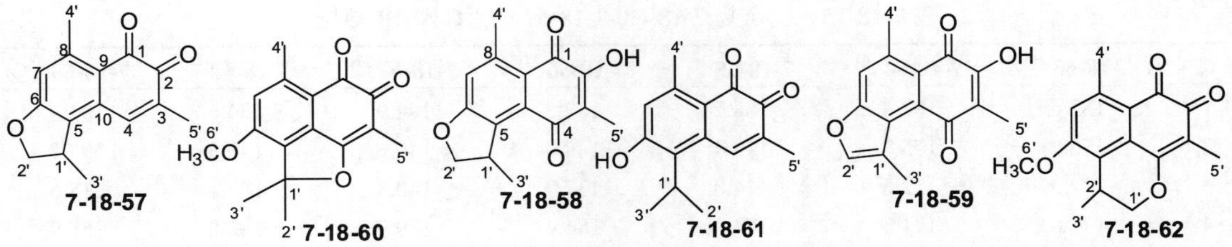

7-18-57 7-18-60 7-18-58 7-18-61 7-18-59 7-18-62

表 7-18-14 化合物 7-18-57~7-18-62 的 ^{13}C NMR 数据[25]

C	7-18-57	7-18-58	7-18-59	7-18-60	7-18-61	7-18-62
1	178.8	180.5	182.5	178.1	180.9	180.5
2	182.6	153.8	152.4	180.5	182.9	181.0
3	136.7	117.7	118.4	109.1	136.8	116.6
4	137.4	186.3	186.4	169.1	138.7	161.6
5	130.8	134.2	126.4	132.6	133.2	126.5
6	165.0	165.6	160.0	158.2	162.6	160.0
7	113.4	116.2	118.6	115.5	120.5	114.6
8	149.6	146.0	138.8	148.7	145.9	146.1
9	122.5	120.7	123.7	117.4	123.5	120.7

续表

C	7-18-57	7-18-58	7-18-59	7-18-60	7-18-61	7-18-62
10	132.9	131.1	129.9	135.8	135.8	128.1
1'	34.6	37.1	118.3	96.9	27.5	71.7
2'	79.9	80.4	146.4	25.8	21.3	26.1
3'	22.0	19.7	13.5	25.8	21.3	17.4
4'	23.8	23.9	23.9	21.0	23.2	23.5
5'	15.8	8.4	8.6	7.9	15.7	7.9
6'				56.3		55.9

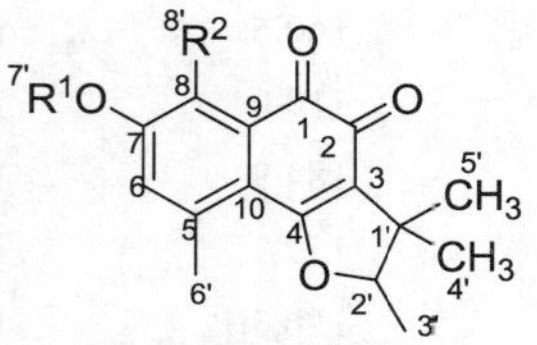

7-18-63 $R^1=R^2=H$
7-18-64 $R^1=CH_3$; $R^2=H$
7-18-65 $R^1=H$; $R^2=OCH_3$

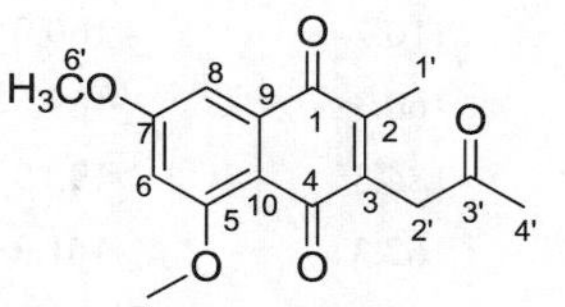

7-18-66

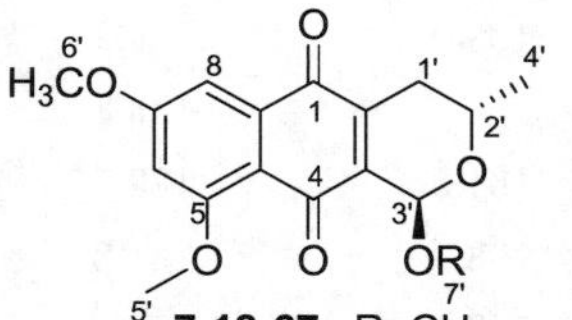

7-18-67 $R=CH_3$
7-18-68 $R=H$

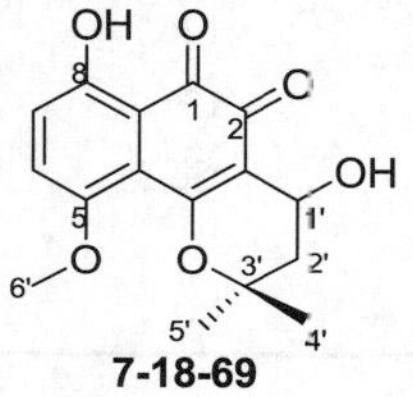

7-18-69

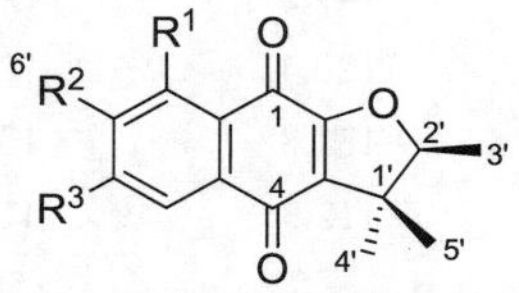

7-18-70 $R^1=R^3=H$; $R^2=OH$
7-18-71 $R^1=OH$; $R^2=R^3=H$
7-18-72 $R^1=R^2=OH$; $R^3=H$
7-18-73 $R^1=R^3=OH$; $R^2=OCH_3$

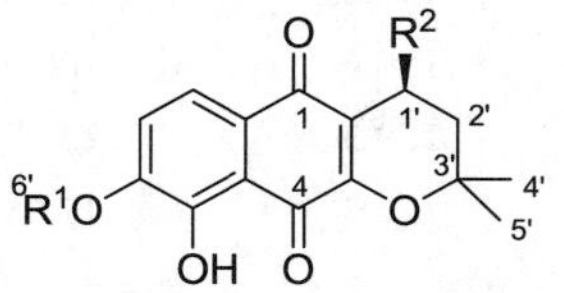

7-18-74 $R^1=CH_3$; $R^2=H$
7-18-75 $R^1=R^2=H$
7-18-76 $R^1=CH_3$; $R^2=OH$

表 7-18-15 化合物 7-18-63~7-18-69 的 ^{13}C NMR 数据

C	7-18-63[26]	7-18-64[26]	7-18-65[26]	7-18-66[27]	7-18-67[27]	7-18-68[27]	7-18-69[28]
1	182.6	182.4	188.2	182.8	184.9	184.6	191.4
2	175.9	175.8	179.4	148.0	140.6	140.3	177.9
3	122.3	122.6	124.0	137.7	140.8	142.1	118.6
4	171.6	171.3	174.0	184.4	180.9	182.0	155.9
5	141.4	141.2	135.2	161.7	162.0	162.0	155.1
6	124.4	123.2	121.4	104.1	104.2	104.2	123.1
7	160.9	162.6	157.8	164.4	164.6	164.8	127.9
8	118.5	118.6	154.4	103.0	103.4	103.5	156.6
9	135.4	135.1	121.4	135.7	135.6	135.7	114.1
10	115.8	114.1	116.8	113.8	114.7	113.9	117.5
1'	43.7	43.7	44.0	13.6	28.9	29.0	60.0
2'	92.8	92.9	94.2	41.6	62.0	62.8	39.9
3'	26.0	26.0	25.9	203.8	93.7	87.1	80.2
4'	20.5	20.5	20.4	30.2	20.8	21.0	27.3
5'	14.8	14.8	14.8	56.4	56.2	56.0	27.3
6'	22.1	22.1	22.2	55.9	56.1	56.4	56.2
7'		56.2			55.9		
8'			58.8				

表 7-18-16 化合物 7-18-70~7-18-76 的 ^{13}C NMR 数据

C	**7-18-70**[29]	**7-18-71**[29]	**7-18-72**[29]	**7-18-73**[29]	**7-18-74**[30]	**7-18-75**[30]	**7-18-76**[30]
1	178.9	183.3	183.7	182.7	182.8	182.6	184.4
2	159.1	158.4	157.8	159.8	121.7	121.5	121.6
3	130.3	131.8	132.8	131.4	154.0	154.2	153.8
4	182.2	181.5	180.9	181.2	185.4	185.4	185.4
5	128.9	118.9	119.4	109.4	152.2	153.5	152.5
6	121.0	136.9	120.5	157.4	153.4	148.7	153.5
7	162.6	123.8	150.1	139.1	115.2	118.6	115.5
8	112.7	161.8	148.8	157.5	119.8	128.6	120.2
9	134.6	114.6	114.8	109.4	123.8	129.5	123.5
10	126.7	133.6	125.3	130.8	114.2	115.5	114.2
1'	45.8	45.2	45.4	45.7	16.9	16.8	60.1
2'	91.6	91.9	91.8	92.1	31.4	31.3	39.5
3'	14.4	14.2	14.2	14.4	78.2	78.5	77.3
4'	26.1	25.7	25.7	25.9	26.5	26.4	27.1
5'	20.7	20.5	20.5	20.6	26.5	26.4	26.7
6'				60.8	56.3		56.4

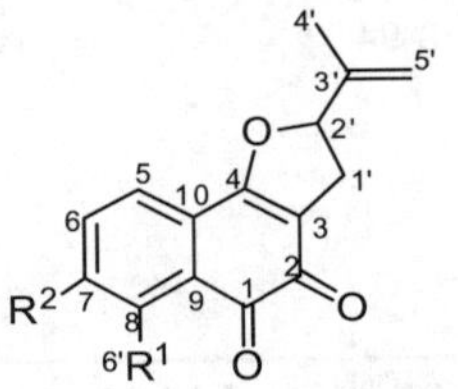

7-18-77 R^1=OCH_3; R^2=H
7-18-78 R^1=OH; R^2=H
7-18-79 R^1=H; R^2=OH

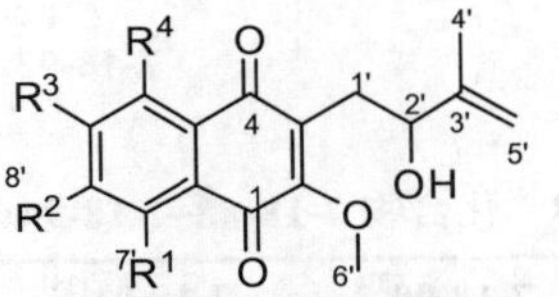

7-18-80 R^1=OCH_3; R^2=R^3=R^4=H
7-18-81 R^1=OCH_3; R^2=R^3=H; R^4=OH
7-18-82 R^1=H; R^2=OCH_3; R^3=R^4=OH

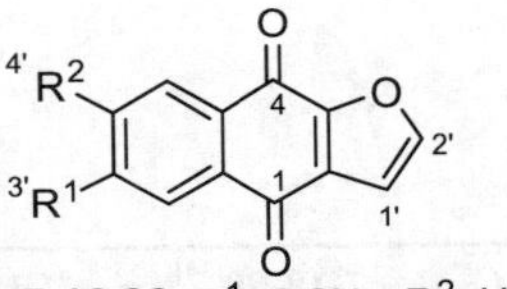

7-18-83 R^1=OCH_3; R^2=H
7-18-84 R^1=H; R^2=OCH_3

表 7-18-17 化合物 7-18-77~7-18-84 的 ^{13}C NMR 数据

C	**7-18-77**[31]	**7-18-78**[31]	**7-18-79**[31]	**7-18-80**[31]	**7-18-81**[31]	**7-18-82**[31]	**7-18-83**[32]	**7-18-84**[32]
1	179.9	185.2	181.6	180.1	179.2	178.9	173.9	173.4
2	175.2	174.8	175.5	159.6	160.0	160.1	131.2	130.5
3	114.5	115.2	113.3	128.8	128.5	128.5	153.1	153.5
4	169.2	169.2	170.2	186.4	191.2	191.3	180.2	180.9
5	117.1	117.5	127.2	119.1	155.8	153.6	129.9	111.8
6	135.8	137.6	121.2	134.9	127.0	133.2	119.9	164.7
7	116.8	123.4	161.8	117.3	122.0	153.0	164.7	119.9
8	161.8	164.5	116.9	159.4	154.0	123.6	111.5	129.8
9	117.8	113.4	133.8	119.8	117.1	117.2	135.1	126.1
10	129.1	127.1	119.8	134.0	114.0	114.2	126.9	135.9
1'	31.1	31.0	31.6	30.2	29.6	29.6	109.2	108.9
2'	89.3	89.8	90.2	74.8	74.7	74.6	149.0	148.5
3'	142.0	141.8	143.8	146.9	146.9	146.9	56.4	
4'	16.7	16.8	16.9	18.1	18.0	18.1		56.4
5'	113.5	113.9	113.3	110.5	110.6	110.6		
6'	56.3			61.4	61.5	61.6		
7'				56.5	56.8			
8'						56.8		

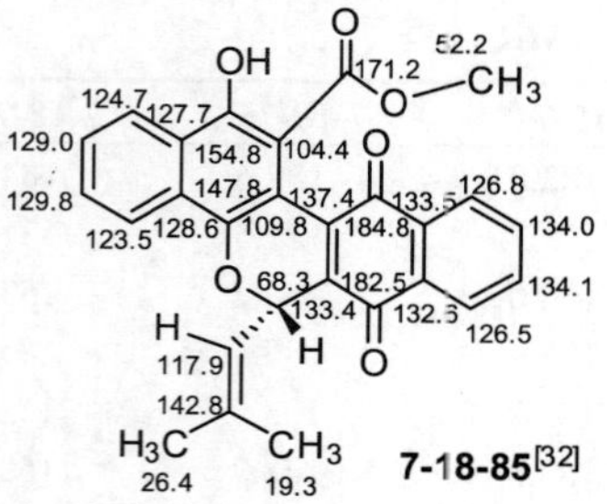

7-18-85[32]

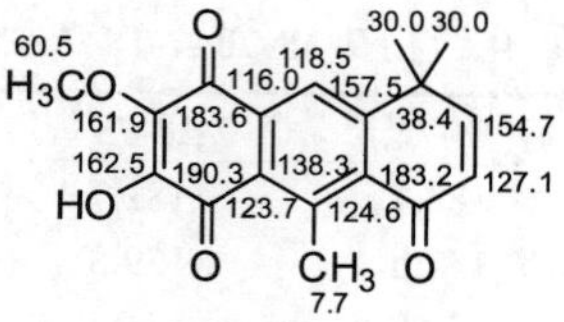

7-18-86[33]

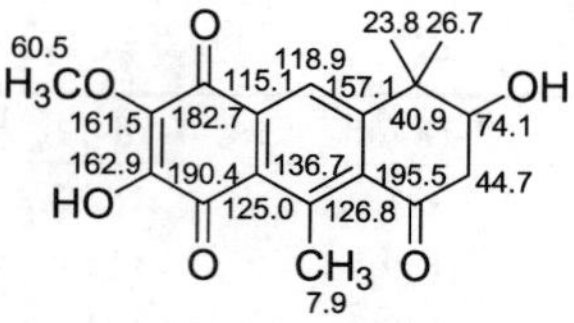

7-18-87[33]

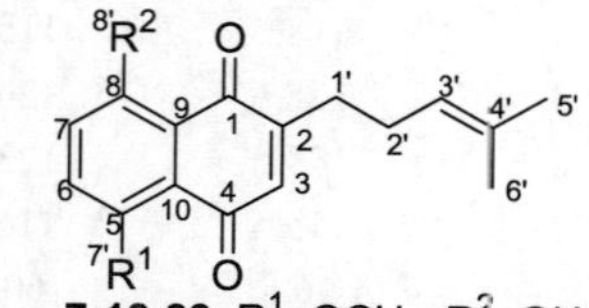

7-18-88 R^1=OCH_3; R^2=OH
7-18-89 R^1=OH; R^2=OCH_3

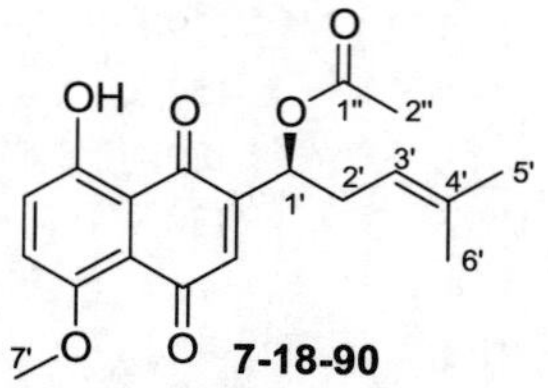

7-18-90

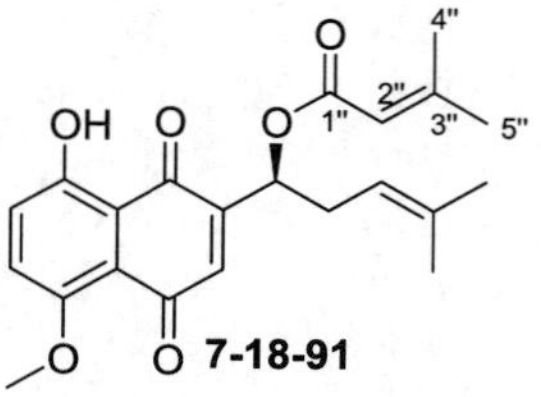

7-18-91

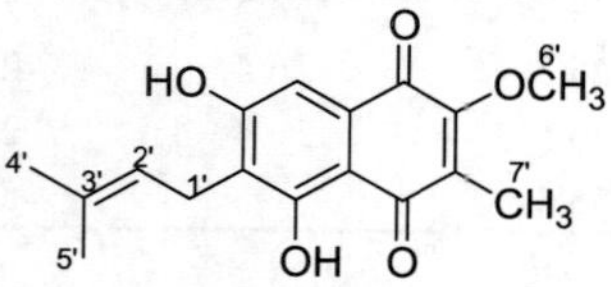

7-18-92

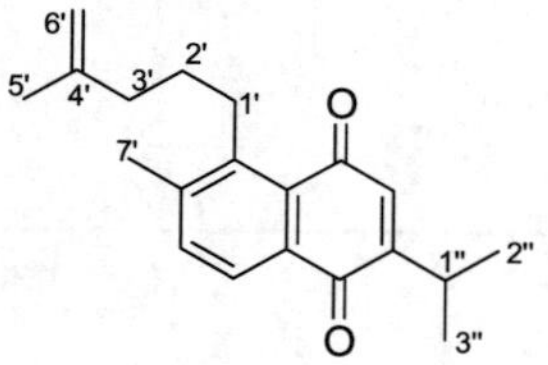

7-18-93

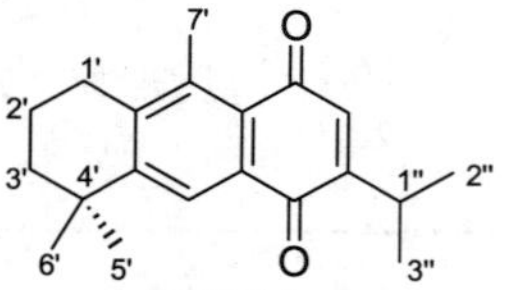

7-18-94

表 7-18-18 化合物 7-18-88~7-18-94 的 ^{13}C NMR 数据

C	7-18-88[34]	7-18-89[34]	7-18-90[34]	7-18-91[34]	7-18-92[35]	7-18-93[36]	7-18-94[36]
1	183.7	191.0	182.1	182.1	181.0	182.2	182.5
2	154.6	153.8	152.2	152.6	158.9	140.2	140.6
3	133.2	138.3	131.6	131.6	131.6	140.0	138.5
4	190.7	183.8	190.3	190.4	191.0	181.5	182.0
5	154.3	156.9	154.5	154.5	162.2	128.0	126.9
6	123.2	126.5	123.6	123.6	122.3	136.6	153.5
7	126.6	123.6	127.0	127.0	161.9	144.5	144.9
8	156.4	148.7	156.6	156.6	108.2	145.6	144.4
9	115.2	118.0	114.8	114.9	131.7	128.2	126.3
10	118.2	115.3	117.7	117.8	109.1	134.8	133.6
1'	30.4	29.1	70.3	70.1	22.7	30.0	19.0
2'	26.8	26.5	33.1	33.2	122.0	26.8	28.5
3'	122.8	122.7	118.2	118.4	132.7	38.3	37.7
4'	133.6	133.7	136.1	135.9	25.9	148.6	34.7
5'	25.9	25.8	25.9	26.0	18.0	22.3	31.2
6'	18.0	18.0	18.2	18.2	61.3	110.0	31.2
7'	57.1		57.1	57.1	8.8	19.7	16.7
8'		57.1					
1"			169.9	166.6		26.8	26.7
2"			21.2	127.5		21.4	21.7
3"				139.7		21.5	21.6
4"				20.7			
5"				16.0			

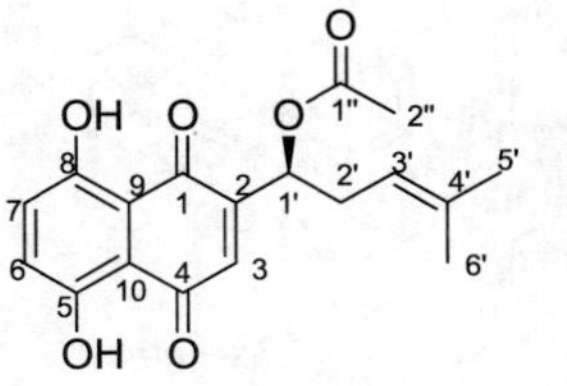

7-18-95 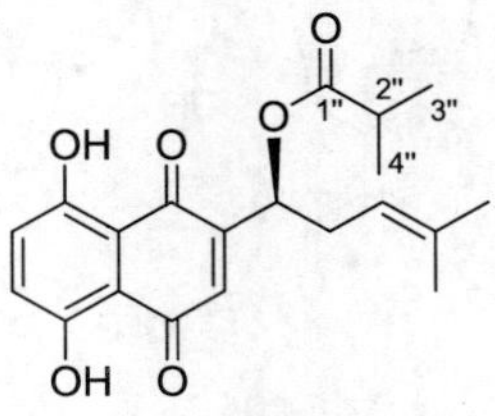 7-18-96 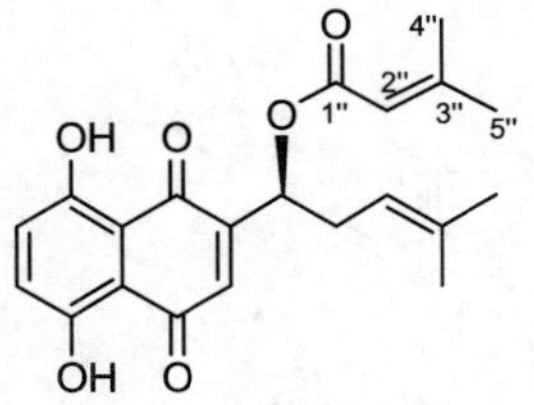 7-18-97

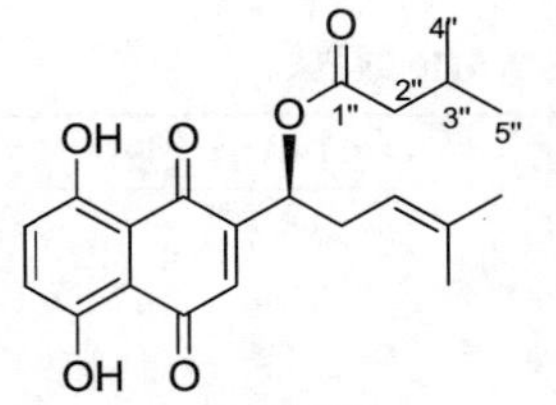

7-18-98 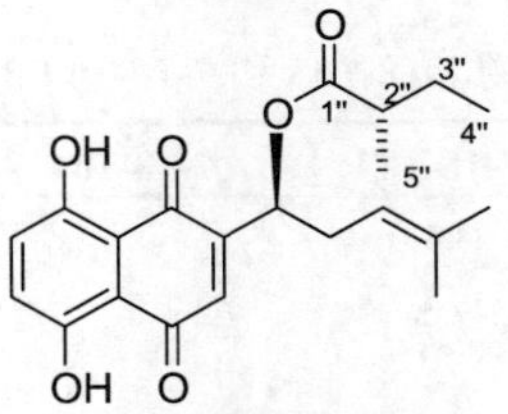 7-18-99 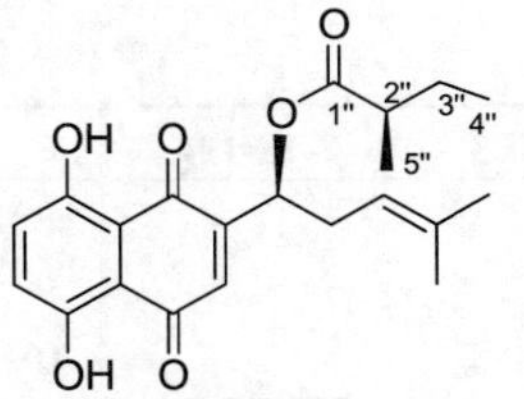 7-18-100

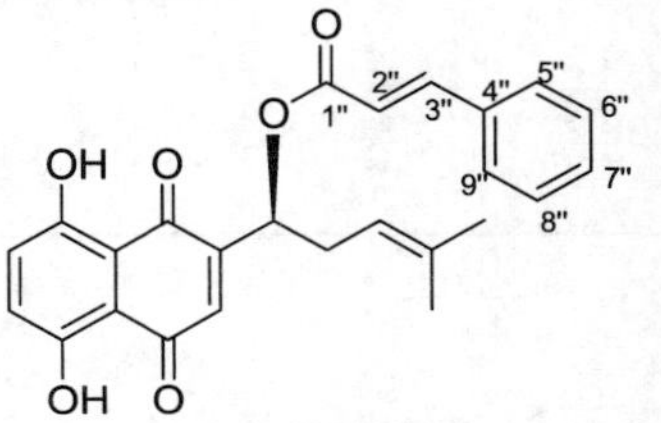

7-18-101 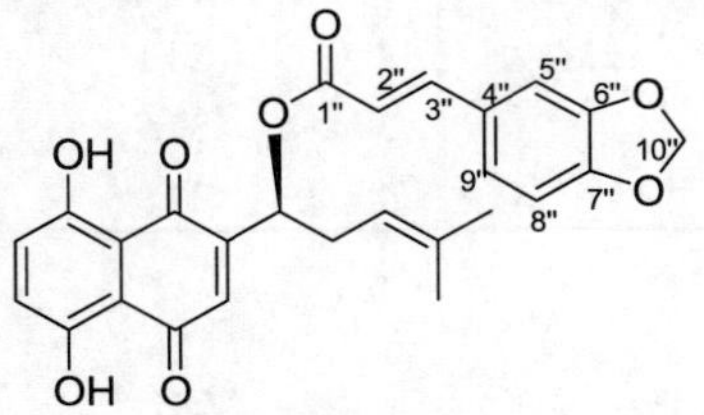 7-18-102

表 7-18-19 化合物 7-18-95~7-18-102 的 ^{13}C NMR 数据[37]

C	7-18-95	7-18-96	7-18-97	7-18-98	7-18-99	7-18-100	7-18-101	7-18-102
1	176.6	176.8	177.5	176.7	176.8	176.8	176.8	177.0
2	148.2	148.4	149.0	148.5	148.6	148.6	148.4	148.5
3	131.4	131.3	131.6	131.5	131.4	131.4	131.6	131.6
4	178.2	178.3	179.0	178.2	178.3	178.3	178.3	178.5
5	167.0	166.8	166.2	166.9	166.9	166.9	166.9	166.7
6	132.9	132.8	132.6	132.9	132.8	132.8	132.9	132.8
7	132.7	132.7	132.4	132.7	132.7	132.7	132.7	132.6
8	167.5	167.4	166.8	167.5	167.4	167.4	167.5	167.2
9	111.8	111.8	111.8	111.8	111.8	111.8	111.9	111.9
10	111.5	111.6	111.6	111.6	111.6	111.6	111.6	111.6
1'	69.5	69.0	68.6	69.1	69.0	69.0	69.7	69.5
2'	32.8	32.9	32.9	33.0	33.0	33.0	32.9	32.9
3'	117.7	117.8	118.0	117.9	117.8	117.9	117.8	117.8
4'	136.1	136.0	135.8	136.0	136.0	135.9	136.1	136.1
5'	25.7	25.7	25.7	25.7	25.7	25.7	25.8	25.8
6'	17.9	17.9	17.9	17.9	17.9	17.9	18.0	18.0
1"	169.8	175.8	165.2	171.8	175.4	175.4	165.7	165.9
2"	20.9	34.2	115.3	43.3	41.2	41.0	117.3	115.1
3"		18.8	158.9	25.8	26.6	26.7	146.0	145.7
4"		18.9	20.3	22.3	11.6	11.5	134.1	128.6
5"			27.5	22.4	16.6	16.4	128.2	106.6
6"							129.0	148.4
7"							130.6	149.9
8"							129.0	108.6
9"							128.2	124.8
10"								101.6

7-18-103　　7-18-104　　7-18-105[39]

表 7-18-20　化合物 7-18-103 和 7-18-104 的 ^{13}C NMR 数据[38]

C	7-18-103	7-18-104	C	7-18-103	7-18-104	C	7-18-103	7-18-104
1	184.5		8	144.0		5'	31.9	31.4
2	176.2		9	126.2		6'	31.9	31.4
3	118.2		10	125.5		7'	16.6	17.2
4	171.0		1'	19.1	19.6	1''	34.6	33.5
5	121.6	125.7	2'	28.5	29.0	2''	81.3	66.0
6	152.6		3'	37.7	38.2	3''	18.8	15.0
7	141.2		4'	34.9				

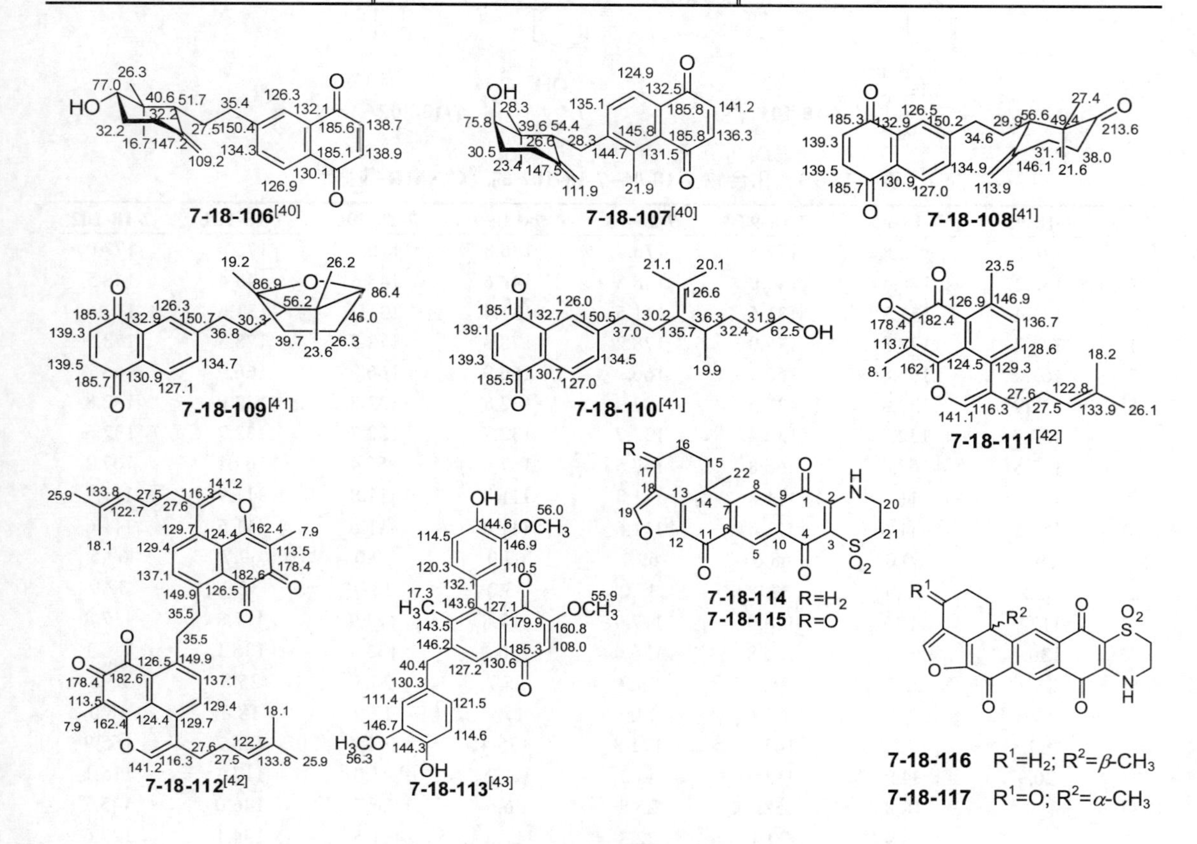

表 7-18-21　化合物 7-18-114~7-18-117 的 ^{13}C NMR 数据

C	7-18-114[44]	7-18-115[44]	7-18-116[44]	7-18-117[45]	C	7-18-114[44]	7-18-115[44]	7-18-116[44]	7-18-117[45]
1	173.7	173.5	178.3	173.6	4	177.8	177.3	173.7	178.2
2	147.8	147.9	111.4	148.6	5	125.4	125.1	124.8	124.9
3	111.7	111.4	147.9	111.4	6	135.9	135.4	137.9	137.4

续表

C	7-18-114[44]	7-18-115[44]	7-18-116[44]	7-18-117[45]	C	7-18-114[44]	7-18-115[44]	7-18-116[44]	7-18-117[45]
7	157.4	155.5	154.6	153.3	15	30.3	36.7	30.3	36.5
8	122.9	123.2	123.4	124.2	16	16.2	32.2	16.2	32.3
9	134.4	134.8	130.9	131.2	17	17.8	191.5	17.8	191.6
10	128.5	128.6	131.8	132.3	18	121.7	122.6	121.6	122.5
11	169.3	169.6	169.4	170.1	19	146.2	150.5	146.1	151.0
12	142.9	143.5	143.1	144.1	20	48.2	48.2	40.0	40.4
13	147.1	146.7	147.1	147.3	21	40.0	40.0	48.3	48.3
14	37.2	36.2	37.2	36.3	22	31.8	29.8	31.6	29.7

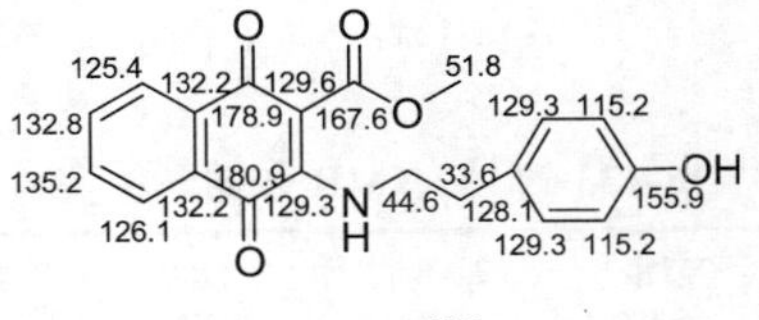

7-18-118[46]

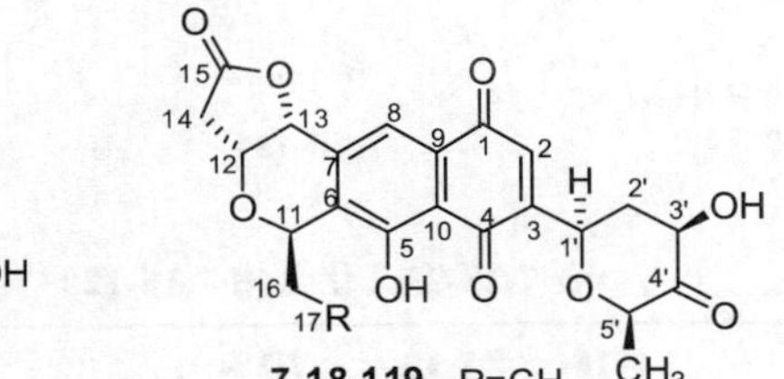

7-18-119 R=CH_3
7-18-120 R=H

表 7-18-22 化合物 7-18-119 和 7-18-120 的 ^{13}C NMR 数据[26]

C	7-18-119	7-18-120	C	7-18-119	7-18-120	C	7-18-119	7-18-120
1	183.1	183.1	9	130.4	130.4	17	10.7	
2	135.2	135.2	10	114.3	114.3	1'	70.0	70.0
3	148.8	148.8	11	72.2	65.9	2'	43.3	43.3
4	189.2	189.2	12	65.6	67.1	3'	72.4	72.4
5	157.5	157.5	13	73.8	73.8	4'	206.4	206.4
6	135.7	135.7	14	37.2	37.4	5'	77.2	77.2
7	135.6	135.6	15	174.0	174.0	6'	14.1	14.1
8	120.8	120.8	16	24.4	17.9			

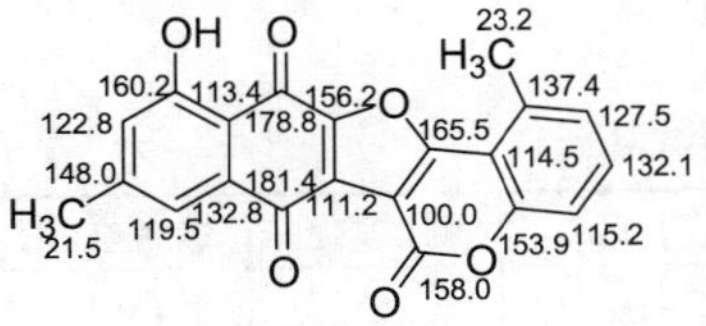

7-18-121[48]

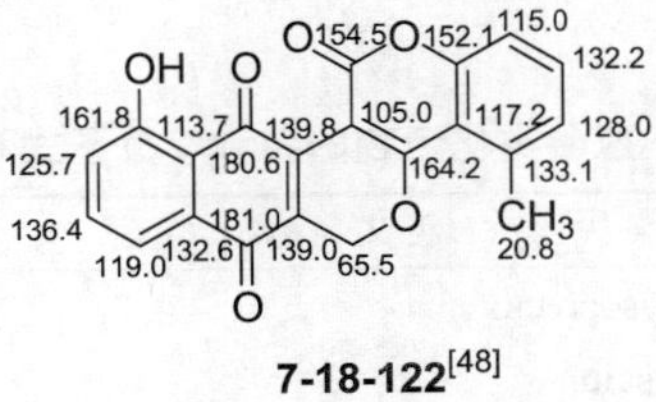

7-18-122[48]

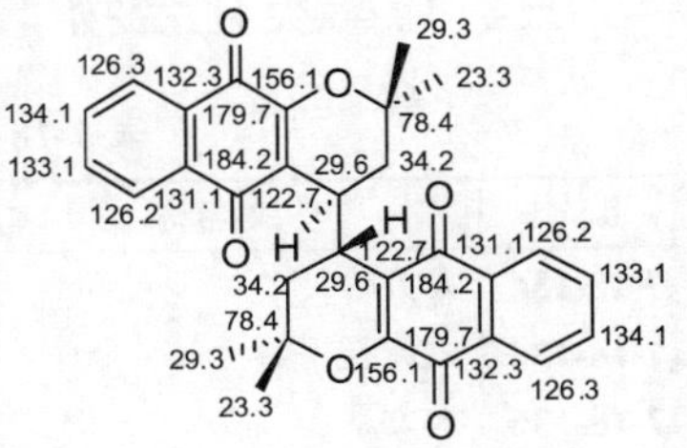

7-18-123[49]

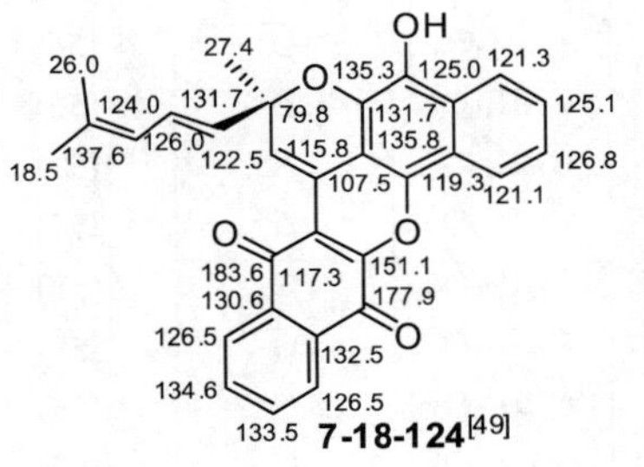

7-18-124[49]

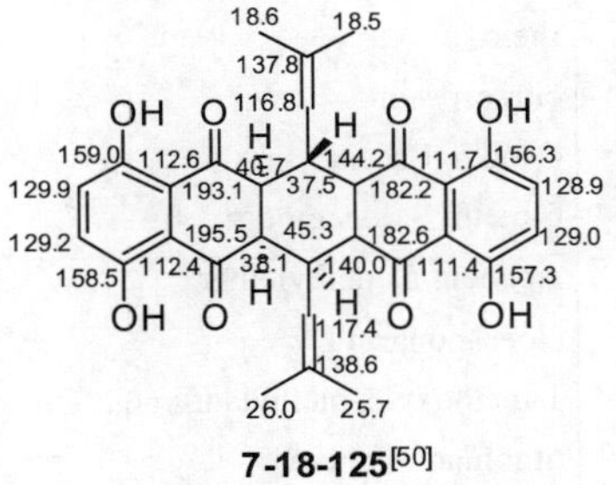

7-18-125[50]

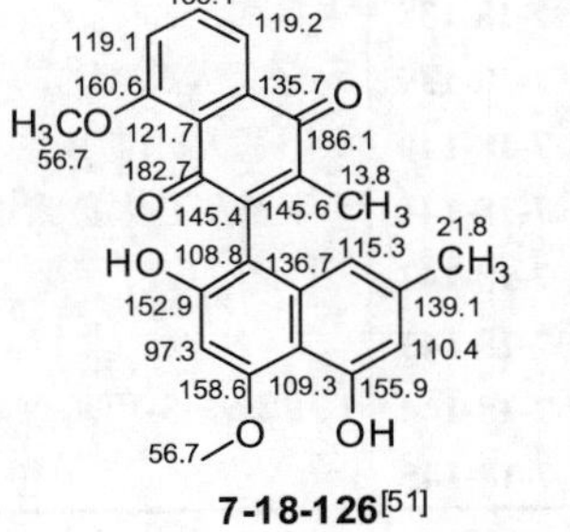

7-18-126[51]

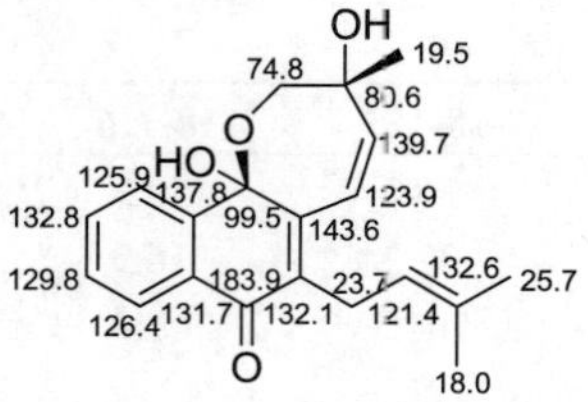

7-18-127[52]

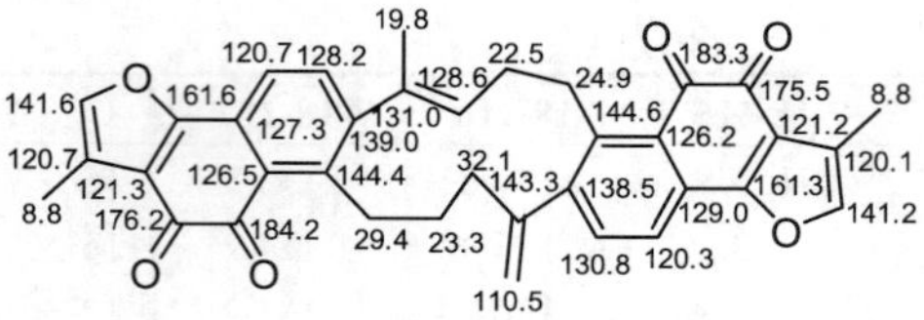

7-18-128[53]

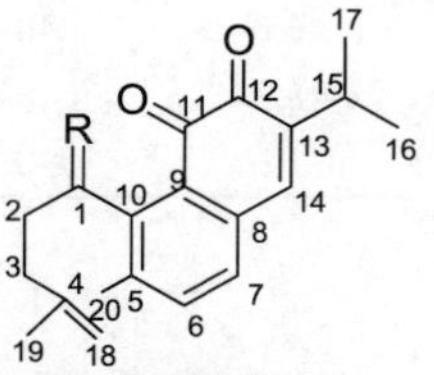

7-18-129 R=H_2
7-18-130 R=O

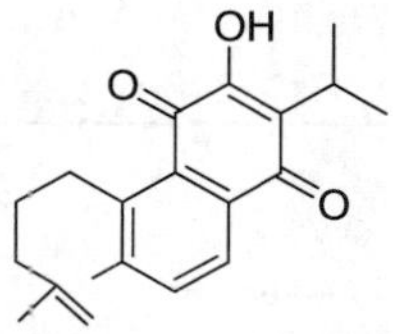

7-18-131

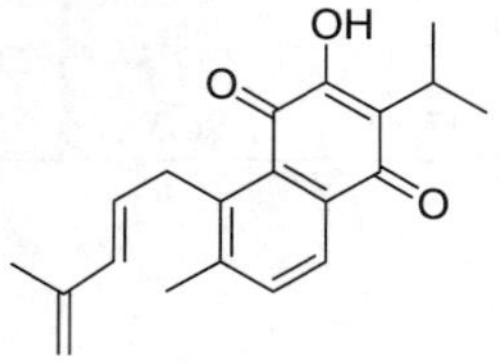

7-18-132

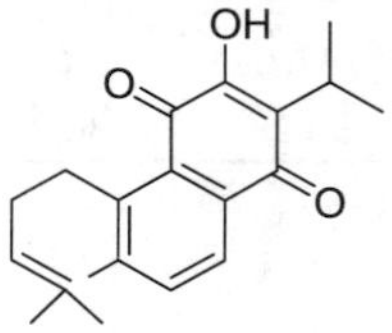

7-18-133

表 7-18-23 化合物 7-18-129~7-18-133 的 ^{13}C NMR 数据

C	7-18-129[54]	7-18-130[54]	7-18-131[54]	7-18-132[54]	7-18-133[55]	C	7-18-129[54]	7-18-130[54]	7-18-131[54]	7-18-132[54]	7-18-133[55]
1	26.9	206.4	27.0	41.8	30.1	11	181.5	179.5	183.3	182.7	183.5
2	30.0	41.4	29.9	132.8	30.0	12	182.3	179.9	153.2	152.9	153.3
3	38.4	42.3	38.5	129.1	123.6	13	148.7	146.1	123.8	126.5	125.4
4	145.7	146.1	145.6	140.0	136.2	14	140.3	138.5	184.6	184.4	184.4
5	140.1	144.6	143.1	142.6	143.1	15	26.8	27.0	24.4	24.4	25.5
6	136.7	137.9	136.3	136.5	136.2	16	21.5	21.5	19.8	19.8	19.9
7	128.1	129.7	125.4	125.7	125.4	17	21.5	21.5	19.8	19.8	19.9
8	134.9	134.0	133.3	132.3	132.3	18	110.1	109.9	110.2	111.3	20.1
9	134.9	136.0	126.4	126.6	126.6	19	22.4	22.9	22.4	22.6	17.4
10	144.7	146.0	144.8	144.3	144.3	20	19.8	19.8	20.3	21.8	24.6

三、蒽醌类化合物

表 7-18-24 蒽醌类化合物的名称、分子式和测试溶剂

编号	中文名称	英文名称	分子式	测试溶剂	参考文献
7-18-134	大黄酚	chrysophanol	$C_{15}H_{10}O_4$	C	[56]
7-18-135	大黄素甲醚	physcion	$C_{16}H_{12}O_5$	C	[56]
7-18-136	大黄素	emodin	$C_{15}H_{10}O_5$	D	[56]
7-18-137	芦荟大黄素	aloe-emodin	$C_{15}H_{10}O_5$	D	[56]
7-18-138	大黄酸	rhein	$C_{15}H_8O_6$	D	[56]
7-18-139	ω-羟基大黄素	citreorosein	$C_{15}H_{10}O_6$	D	[56]
7-18-140	6-甲基大黄酸	6-methyl-rhein	$C_{16}H_{10}O_6$	A	[57]
7-18-141	6-甲基芦荟大黄素	6-methyl-aloeemodin	$C_{16}H_{12}O_5$	A	[57]
7-18-142		ziganein-5-methylether	$C_{16}H_{10}O_4$	C	[58]
7-18-143		aloesaponarin I	$C_{17}H_{12}O_7$	D	[58]
7-18-144	1-甲氧基-3-甲基蒽醌	1-methoxy-3-methylanthraquinone	$C_{16}H_{12}O_3$	C	[59]
7-18-145		tithoniaquinone A	$C_{16}H_{10}O_5$	C	[60]

续表

编号	中文名称	英文名称	分子式	测试溶剂	参考文献
7-18-146	1,7-二羟基-2-羟甲基蒽醌	1,7-dihydroxy-2-hydroxymethylanthraquinone	$C_{15}H_{10}O_5$	P	[61]
7-18-147		rubiawallin A	$C_{16}H_{12}O_5$	C	[62]
7-18-148		demethylmacrosporine I	$C_{15}H_{10}O_5$	M/C	[63]
7-18-149	1,6,7-三羟基-3-甲氧基蒽醌	1,6,7-trihydroxy-3-methoxyanthraquinone	$C_{15}H_{10}O_6$	D	[64]
7-18-150	1,6,7-三羟基-3-甲氧基-8-甲基蒽醌	1,6,7-trihydroxy-3-methoxy-8-methylanthraquinone	$C_{16}H_{12}O_6$	A	[65]
7-18-151	1-羟基-3,6,7-三甲氧基-8-甲基蒽醌	1-hydroxy-3,6,7-trimethoxy-8-methylanthraquinone	$C_{18}H_{16}O_6$	A	[65]
7-18-152	1,3,6-三羟基-8-甲基蒽醌	1,3,6-trihydroxy-8-methyl-anthraquinine	$C_{15}H_{10}O_5$	A	[65]
7-18-153	1-羟基-3,6-二甲氧基-8-甲基蒽醌	1-hydroxy-3,6-dimethoxy-8-methylanthraquinone	$C_{17}H_{14}O_5$	A	[65]
7-18-154	1,6-二羟基-3-甲基-8-甲基蒽醌	1,6-dihydroxy-3-methoxy-8-methylanthraquinone	$C_{16}H_{12}O_5$	A	[65]
7-18-155	1-羟基-3,6-二甲氧基-8-甲基-7-羧基蒽醌	1-hydroxy-3,6-dimethoxy-8-methylanthraquinone-7-carboxylic acid	$C_{18}H_{14}O_7$	A	[65]
7-18-156	1,2-二甲氧基-6-甲基蒽醌	1,2-dimethoxy-6-methyl-9,10-anthraquinine	$C_{17}H_{14}O_4$	C	[66]
7-18-157	1-羟基-2-甲氧基-6-甲基蒽醌	1-hydroxy-2-methoxy-6-methyl-9,10-anthraquinone	$C_{16}H_{12}O_4$	C	[66]
7-18-158		rubiadin-1-methyl ether	$C_{16}H_{12}O_4$	D	[67]
7-18-159	2-羟基-1-甲氧基蒽醌	2-hydroxy-1-methoxyanthraquinone	$C_{15}H_{10}O_4$	C	[67]
7-18-160	1,2-二羟基-3-甲基蒽醌	1,2-dihydroxy-3-methylanthraquinone	$C_{15}H_{10}O_4$	D	[67]
7-18-161	1,3,8-三羟基-2-甲氧基蒽醌	1,3,8-trihydroxy-2-methoxyanthraquinone	$C_{15}H_{10}O_6$	D	[67]
7-18-162	2-羟甲基-3-羟基蒽醌	2-hydroxymethyl-3-hydroxyanthraquinone	$C_{15}H_{10}O_4$	D	[67]
7-18-163	2-甲氧基蒽醌	2-methoxyanthraquinone	$C_{15}H_{10}O_3$	D	[67]
7-18-164	1,2-二甲氧基-3-羟基蒽醌	1,2-dimethoxy-3-hydroxyanthraquinone	$C_{16}H_{12}O_5$	D	[68]
7-18-165	1,3-二羟基-2-羟甲基蒽醌	1,3-dihydroxy-2-hydroxymethylanthraquinone	$C_{15}H_{10}O_5$	D	[68]
7-18-166		lucidin ω-ethyl ether	$C_{17}H_{14}O_5$	D	[68]
7-18-167	2-羧基蒽醌	anthraquinone-2-carboxylic acid	$C_{15}H_8O_4$	D	[68]
7-18-168	2-乙氧基-1-羟基蒽醌	2-ethoxy-1-hydroxyanthraquinone	$C_{16}H_{12}O_4$	C	[69]
7-18-169	6-甲醚巴戟醌	morindone-6-methyl ether	$C_{16}H_{12}O_5$	C	[69]
7-18-170		morindicinone	$C_{18}H_{16}O_6$	无	[70]
7-18-171		morindicininone	$C_{17}H_{14}O_5$	无	[70]
7-18-172		1-acetoxy-3-methoxy-9,10-anthraquinone	$C_{17}H_{12}O_5$	C	[71]
7-18-173	茜草素	alizarin	$C_{14}H_8O_4$	D	[72]
7-18-174	2-甲基-1,3,6-三羟基蒽醌	2-methyl-1,3,6-trihydroxy-9,10-anthraquinone	$C_{15}H_{10}O_5$	D	[72]
7-18-175		2-ethoxymethylknoxiavaledin	$C_{18}H_{18}O_7$	D	[73]

续表

编号	中文名称	英文名称	分子式	测试溶剂	参考文献
7-18-176		laurenquinone A	$C_{22}H_{20}O_7$	C	[74]
7-18-177		laurenquinone B	$C_{22}H_{18}O_7$	M	[74]
7-18-178		capitellataquinone A	$C_{20}H_{18}O_6$	D	[75]
7-18-179		capitellataquinone B	$C_{20}H_{18}O_7$	A	[75]
7-18-180		capitellataquinone C	$C_{20}H_{18}O_5$	A	[75]
7-18-181		capitellataquinone D	$C_{20}H_{18}O_4$	A	[75]
7-18-182		gandavensin D	$C_{16}H_{12}O_5$	D	[76]
7-18-183		gandavensin E	$C_{18}H_{12}O_8$	D	[76]
7-18-184		gandavensin F	$C_{17}H_{14}O_7$	D	[76]
7-18-185		gandavensin G	$C_{19}H_{16}O_7$	D	[76]
7-18-186		gandavensin H	$C_{16}H_{12}O_6$	D	[76]
7-18-187		halawanone C	$C_{21}H_{20}O_7$	无	[77]
7-18-188		halawanone D	$C_{22}H_{22}O_7$	无	[77]
7-18-189		rubellin A	$C_{30}H_{22}O_9$	C	[78]
7-18-190		rubellin B	$C_{30}H_{22}O_{10}$	C	[78]
7-18-191		pleospdione	$C_{16}H_{18}O_{10}$	D	[79]
7-18-192		JBIR-88	$C_{19}H_9O_6Cl_3$	C	[80]
7-18-193		revandchinone-3	$C_{37}H_{54}O_5$	D	[81]
7-18-194	大黄素-8-*O*-*β*-D-葡萄糖苷	emodin-8-*O*-*β*-D-glucopyranoside	$C_{21}H_{20}O_{10}$	D	[56
7-18-195	大黄酚-8-*O*-*β*-D-葡萄糖苷	chrysophanol-8-*O*-*β*-D-glucopyranoside	$C_{21}H_{20}O_9$	D	[56]
7-18-196	大黄酚-1-*O*-*β*-D-葡萄糖苷	chrysophanol-1-*O*-*β*-D-glucopyranoside	$C_{21}H_{20}O_9$	D	[56]
7-18-197	大黄素甲醚-8-*O*-*β*-D-葡萄糖苷	physcion-8-*O*-*β*-D-glucopyranoside	$C_{22}H_{22}O_{10}$	D	[56]
7-18-198	大黄素甲醚-1-*O*-*β*-D-葡萄糖苷	physcion-1-*O*-*β*-D-glucopyranoside	$C_{22}H_{22}O_{10}$	D	[56]
7-18-199	芦荟大黄素-8-*O*-*β*-D-葡萄糖苷	aloeemodin-8-*O*-*β*-D-glucopyranoside	$C_{21}H_{20}O_{10}$	D	[56]
7-18-200	芦荟大黄素-1-*O*-*β*-D-葡萄糖苷	aloeemodin-1-*O*-*β*-D-glucopyranoside	$C_{21}H_{20}O_{10}$	D	[82]
7-18-201	大黄素-1-*O*-*β*-D-葡萄糖苷	emodin-1-*O*-*β*-D-glucopyranoside	$C_{21}H_{20}O_{10}$	D	[83]
7-18-202		emodin 8-*O*-*β*-D-glucopyranosyl-6-*O*-sulfate	$C_{21}H_{20}O_{13}S$	M	[84]
7-18-203		1-demethylaurantio-obtusin-2-*O*-*β*-D-glucopyranoside	$C_{22}H_{22}O_{12}$	D	[85]
7-18-204		aurantio-obtusin-6-*O*-*β*-Dglucopyranoside	$C_{23}H_{24}O_{12}$	D	[85]
7-18-205		methyl 8-hydroxy-4,7-dimethoxy-1-methyl-9,10-dioxo-3-(*β*-D-glucopyranosyloxy)-9,10-dihydroanthracene-2-carboxylate	$C_{25}H_{26}O_{13}$	C	[86]
7-18-206		methyl 3-methoxy-1-methyl-9,10-dioxo-8-(*β*-D-glucopyranosyloxy)-9,10-dihydroanthracene-2-carboxylate	$C_{24}H_{24}O_{11}$	C	[86]
7-18-207		chrysophanol-8-*O*-*β*-D-(6'-galloyl)-glucopyranoside	$C_{28}H_{24}O_{13}$	D	[82]

续表

编号	中文名称	英文名称	分子式	测试溶剂	参考文献
7-18-208		rubiacordone A	$C_{23}H_{22}O_{10}$	D	[87]
7-18-209	大黄素龙胆二糖	emodin-gentiobioside	$C_{27}H_{30}O_{15}$	D	[56]
7-18-210	大黄素 1-*O*-*β*-龙胆二糖	emodin-1-*O*-*β*-gentiobioside	$C_{27}H_{30}O_{15}$	D	[88]
7-18-211		2-methyl-1,3,6-trihydroxy-9,10-anthraquinone 3-*O*-(6'-*O*-acetyl)-*α*-rhamnosyl(1→2)-*β*-glucoside	$C_{29}H_{32}O_{15}$	D	[72]
7-18-212		2-methyl-1,3,6-trihydroxy-9,10-anthraquinone 3-*O*-*α*-rhamnosyl(1→2)-*β*-glucoside	$C_{27}H_{30}O_{14}$	D	[72]
7-18-213		lucidin primeveroside	$C_{26}H_{28}O_{14}$	D	[72]
7-18-214		ruberythric acid	$C_{25}H_{26}O_{13}$	D	[72]
7-18-215		1-[(*β*-D-glucopyranosyl-(1→3)-*O*-*β*-D-glucopyranosyl-(1→6)-*O*-*β*-D-glucopyranosyl)oxy]-8-hydroxy-3-methyl-9,10-anthraquinone	$C_{33}H_{40}O_{19}$	D	[89]
7-18-216		physcion-8-*O*-[(*α*-L-arabinopyranosyl (1→3)) (*β*-D-galactopyranosyl(1→6))-*β*-D-galactopyranoside]	$C_{33}H_{40}O_{19}$	M	[90]
7-18-217		1-[(*β*-D-glucopyranosyl-(1→6)-*O*-*β*-D-glucopyranosyl-(1→3)-*O*-*β*-D-glucopyranosyl-(1→6)-*O*-*β*-D-glucopyranosyl)oxy]-8-hydroxy-3-methyl-9,10-anthraquinone	$C_{39}H_{52}O_{24}$	D	[89]

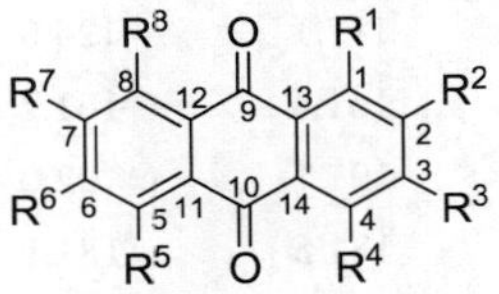

7-18-134 $R^1=R^8=OH$; $R^2=R^4=R^5=R^6=R^7=H$; $R^3=CH_3$

7-18-135 $R^1=R^8=OH$; $R^2=R^4=R^5=R^7=H$; $R^3=CH_3$; $R^6=OCH_3$

7-18-136 $R^1=R^6=R^8=OH$; $R^2=R^4=R^5=R^7=H$; $R^3=CH_3$

7-18-137 $R^1=R^8=OH$; $R^2=R^4=R^5=R^6=R^7=H$; $R^3=CH_2OH$

7-18-138 $R^1=R^8=OH$; $R^2=R^4=R^5=R^6=R^7=H$; $R^3=COOH$

7-18-139 $R^1=R^6=R^8=OH$ $R^2=R^4=R^5=R^7=H$; $R^3=CH_2OH$

7-18-140 $R^1=R^8=OH$; $R^2=R^4=R^5=R^7=H$; $R^3=COOH$; $R^6=CH_3$

7-18-141 $R^1=R^8=OH$; $R^2=R^4=R^5=R^7=H$; $R^3=CH_2OH$; $R^6=CH_3$

7-18-142 $R^1=OH$; $R^2=R^4=R^6=R^7=R^8=H$; $R^3=CH_3$; $R^5=OCH_3$

7-18-143 $R^1=CH_3$; $R^2=COOCH_3$; $R^3=R^8=OH$; $R^4=R^5=R^6=R^7=H$

7-18-144 $R^1=OCH_3$; $R^2=R^4=R^5=R^6=R^7=R^8=H$; $R^3=CH_3$

7-18-145 $R^1=R^5=R^6=R^7=R^8=H$; $R^2=OCH_3$; $R^3=OH$; $R^4=CHO$

7-18-146 $R^1=R^7=OH$; $R^2=CH_2OH$; $R^3=R^4=R^5=R^6=R^8=H$

7-18-147 $R^1=OH$; $R^2=R^6=OCH_3$; $R^3=R^4=R^5=R^7=R^8=H$

7-18-148 $R^1=R^3=R^6=OH$; $R^2=R^4=R^5=R^8=H$; $R^7=CH_3$

7-18-149 $R^1=R^6=R^7=OH$; $R^2=R^4=R^5=R^8=H$; $R^3=OCH_3$

7-18-150 $R^1=R^6=R^7=OH$; $R^2=R^4=R^5=H$; $R^3=OCH_3$; $R^8=CH_3$

7-18-151 $R^1=OH$; $R^2=R^4=R^5=H$; $R^3=R^6=R^7=OCH_3$; $R^8=CH_3$

7-18-152 $R^1=R^3=R^6=OH$; $R^2=R^4=R^5=R^7=H$; $R^8=CH_3$

7-18-153 $R^1=OH$; $R^2=R^4=R^5=R^7=H$; $R^3=R^6=OCH_3$; $R^8=CH_3$

7-18-154 $R^1=R^6=OH$; $R^2=R^4=R^5=R^7=H$; $R^3=OCH_3$; $R^8=CH_3$

7-18-155 $R^1=OH$; $R^2=R^4=R^5=H$; $R^3=R^6=OCH_3$; $R^7=COOH$; $R^8=CH_3$

7-18-156 $R^1=R^2=OCH_3$; $R^3=R^4=R^5=R^7=R^8=H$; $R^6=CH_3$

7-18-157 $R^1=OH$; $R^2=OCH_3$; $R^3=R^4=R^5=R^7=R^8=H$ $R^6=CH_3$

7-18-158 R^1=OCH_3; R^2=CH_3; R^3=OH; R^4=R^5=R^6=R^7=R^8=H

7-18-159 R^1=OCH_3; R^2=OH; R^3=R^4=R^5=R^6=R^7=R^8=H

7-18-160 R^1=R^2=OH; R^3=CH_3; R^4=R^5=R^6=R^7=R^8=H

7-18-161 R^1=R^3=R^8=OH; R^2=OCH_3; R^4=R^5=R^6=R^7=R^8=H

7-18-162 R^1=R^4=R^5=R^6=R^7=R^8=H; R^2=CH_2OH; R^3=OH

7-18-163 R^1=R^3=R^4=R^5=R^6=R^7=R^8=H; R^2=OCH_3

7-18-164 R^1=R^2=OCH_3; R^3=OH; R^4=R^5=R^6=R^7=R^8=H

7-18-165 R^1=R^3=OH; R^2=CH_2OH; R^4=R^5=R^6=R^7=R^8=H

7-18-166 R^1=R^3=OH; R^2=$CH_2OCH_2CH_3$; R^4=R^5=R^6=R^7=R^8=H

7-18-167 R^1=R^3=R^4=R^5=R^6=R^7=R^8=H; R^2=COOH

7-18-168 R^1=OH; R^2=OCH_2CH_3; R^3=R^4=R^5=R^6=R^7=R^8=H

7-18-169 R^1=R^5=OH; R^2=CH_3; R^3=R^4=R^7=R^8=H; R^6=OCH_3

7-18-170 R^1=R^8=OCH_3; R^2=OH; R^3=R^4=R^5=R^6=H; R^7=CH_2OCH_3

7-18-171 R^1=R^3=OCH_3; R^2=R^5=R^6=R^7=R^8=H; R^4=CH_2OH

7-18-172 R^1=$OCOCH_3$; R^2=R^4=R^5=R^6=R^7=R^8=H; R^3=OCH_3

7-18-173 R^1=R^2=OH; R^3=R^4=R^5=R^6=R^7=R^8=H

7-18-174 R^1=R^3=R^6=OH; R^2=CH_3; R^4=R^5=R^7=R^8=H

7-18-175 R^1=R^3=R^5=OH; R^2=$CH_2OCH_2CH_3$; R^4=R^7=R^8=H; R^6=OCH_3

表 7-18-25 化合物 7-18-134~7-18-141 的 ^{13}C NMR 数据

C	7-18-134[56]	7-18-135[56]	7-18-136[56]	7-18-137[56]	7-18-138[56]	7-18-139[56]	7-18-140[57]	7-18-141[57]
1	162.4	166.5	161.2	161.1	160.8	161.4	161.6	160.8
2	124.5	124.5	124.1	119.4	124.5	117.0	121.7	119.9
3	149.3	148.4	148.3	153.7	137.8	152.8	136.4	143.7
4	121.3	121.3	120.5	120.6	119.5	120.7	124.0	123.2
5	119.9	108.2	108.6	124.3	118.8	109.0	123.5	124.1
6	136.9	162.5	165.3	137.4	137.6	165.5	138.5	139.6
7	124.3	106.8	107.8	117.1	124.0	107.9	120.8	121.6
8	162.7	165.2	164.2	161.4	161.2	164.4	160.8	159.4
9	192.5	190.8	189.8	191.7	192.0	189.7	187.8	188.2
10	181.8	182.0	181.4	181.5	181.1	181.4	182.2	182.8
11	133.6	135.3	135.1	133.3	133.3	135.1	136.8	140.7
12	115.8	108.2	109.0	115.9	116.3	108.7	121.2	124.6
13	113.7	114.0	113.4	114.4	114.4	114.0	119.5	127.2
14	133.2	133.6	132.8	133.1	133.9	132.9	138.2	141.0
R^3	22.2	22.2	21.5	62.0	165.3	62.0	171.6	70.2
R^6		56.1					21.8	21.4

表 7-18-26 化合物 7-18-142~7-18-149 的 ^{13}C NMR 数据

C	7-18-142[58]	7-18-143[58]	7-18-144[59]	7-18-145[60]	7-18-146[61]	7-18-147[62]	7-18-148[63]	7-18-149[64]
1	160.8	160.8	160.6	113.1	159.4	152.7	165.6	164.6
2	120.1	132.2	118.5	166.7	138.4	154.3	108.6	107.3
3	147.5	161.4	146.5	166.6	134.2	115.0	164.8	165.0
4	124.6	116.0	120.6	117.7	119.2	121.0	109.6	108.3
5	162.7	118.6	126.5	127.4	130.2	109.8	121.2	109.3
6	118.1	135.7	134.2	133.6	122.6	165.0	163.0	152.8
7	135.5	124.7	133.1	134.8	164.1	120.3	148.3	152.7
8	120.0	161.4	127.2	127.1	112.7	128.9	124.5	112.2
9	188.0	188.6	182.3	181.9	189.7	188.7	190.2	185.8

续表

C	7-18-142[58]	7-18-143[58]	7-18-144[59]	7-18-145[60]	7-18-146[61]	7-18-147[62]	7-18-148[63]	7-18-149[64]
10	185.0	182.2	183.8	180.1	181.1	181.6	182.7	180.8
11	120.0	134.1	135.1	134.9	126.1	136.4	114.0	135.3
12	132.4	118.0	132.5	132.5	132.2	126.8	133.3	126.6
13	117.2	118.2	119.3	141.7	115.6	115.5	110.0	109.4
14	126.5	136.7	135.5	118.0	135.7	125.5	135.4	127.9
R^1		19.8	56.5					
R^2		167.5/52.2		64.7	67.1	57.1		
R^3	22.0		22.4	195.4				56.1
R^6						55.6		
R^7							22.1	

表 7-18-27 化合物 7-18-150~7-18-157 的 ^{13}C NMR 数据

C	7-18-150[65]	7-18-151[65]	7-18-152[65]	7-18-153[65]	7-18-154[65]	7-18-155[65]	7-18-156[66]	7-18-157[66]
1	165.0	163.2	164.9	165.1	165.3	165.6	159.1	154.0
2	105.1	106.8	108.2	104.8	107.7	106.1	149.6	152.7
3	166.1	165.5	163.9	165.5	165.7	165.5	115.9	115.6
4	107.3	107.4	106.9	106.4	106.8	106.7	125.2	121.0
5	110.3	108.8	112.2	110.3	113.1	111.6	126.9	127.8
6	150.6	156.0	161.7	158.2	162.8	160.8	144.6	146.2
7	160.6	154.5	124.5	123.4	125.7	134.4	134.7	134.6
8	120.7	120.2	145.4	136.9	146.0	140.2	127.0	127.1
9	185.8	185.2	188.6	186.0	189.0	185.4	182.7	189.1
10	182.4	183.3	182.4	181.7	183.0	181.8	182.7	181.8
11	131.6	133.3	134.9	137.2	137.6	143.6	132.9	134.0
12	130.8	128.0	123.6	126.7	123.3	116.8	132.9	131.1
13	113.8	113.7	110.7	111.8	111.7	114.4	127.4	116.1
14	136.1	136.3	134.9	137.2	135.0	132.7	127.5	125.5
R^1							61.3	
R^2							56.3	56.4
R^3	56.0	56.3		55.9	56.7	51.8		
R^6		55.6		55.3		55.7	21.8	22.0
R^7		60.3				171.8		
R^8	15.2	15.1	23.2	22.3	24.4	19.4		

表 7-18-28 化合物 7-18-158~7-18-165 的 ^{13}C NMR 数据

C	7-18-158[67]	7-18-159[67]	7-18-160[67]	7-18-161[67]	7-18-162[67]	7-18-163[67]	7-18-164[68]	7-18-165[68]
1	160.1	146.6	162.8	156.8	126.2	110.5	154.5	163.1
2	134.4	155.6	162.4	139.8	125.0	164.7	146.5	120.3
3	161.5	120.3	133.0	157.7	159.6	121.5	155.7	163.6
4	108.9	125.8	107.3	109.3	111.2	130.1	110.3	107.9

续表

C	7-18-158[67]	7-18-159[67]	7-18-160[67]	7-18-161[67]	7-18-162[67]	7-18-163[67]	7-18-164[68]	7-18-165[68]
5	126.0	127.1	126.4	119.1	126.5	127.4	125.5	126.8
6	133.7	133.9	134.5	137.0	133.8	133.8	132.9	134.5
7	134.5	133.9	134.4	124.4	134.3	134.3	133.9	134.6
8	126.6	128.9	126.7	161.2	126.5	127.7	126.0	126.4
9	182.5	182.7	186.3	190.7	181.4	183.6	179.7	186.2
10	180.1	182.1	181.8	180.8	182.5	182.3	181.5	181.8
11	133.0	133.0	131.7	133.2	133.2	134.2	131.5	132.9
12	135.0	134.5	132.9	115.8	133.0	134.1	134.1	133.0
13	108.9	125.7	117.3	110.1	125.0	136.3	118.7	109.1
14	133.2	127.5	109.0	129.1	136.3	127.5	129.8	133.3
R^1	60.5	62.3					60.7	
R^2	9.5			60.2	57.7	56.3	60.1	51.2
R^3			8.0					

表 7-18-29　化合物 7-18-166~7-18-173 的 ^{13}C NMR 数据

C	7-18-166[68]	7-18-167[68]	7-18-168[69]	7-18-169[69]	7-18-170[70]	7-18-171[70]	7-18-172[71]	7-18-173[72]
1	161.8	127.3	162.4	161.3	145.9	162.6	144.0	150.7
2	115.6	135.6	164.7	135.9	154.8	105.4	111.0	152.6
3	164.2	134.3	138.6	136.7	120.4	160.8	166.0	120.9
4	109.8	127.3	118.1	119.0	123.4	120.1	124.1	120.6
5	127.3	126.8	127.5	153.0	125.5	126.7	126.2	126.4
6	134.1	134.1	134.9	154.5	133.5	133.2	133.9	134.7
7	134.1	134.1	134.6	115.5	135.8	134.4	134.3	133.7
8	126.7	126.8	127.2	120.9	157.9	127.2	126.8	126.2
9	186.9	182.0	188.4	187.4	181.5	181.1	183.2	188.4
10	182.2	181.8	182.0	188.4	182.5	182.9	182.0	180.1
11	134.0	133.0	133.2	116.1	140.3	134.7	131.3	132.5
12	133.6	133.0	133.1	124.9	125.0	136.4	132.0	133.3
13	109.4	133.2	117.1	115.3	128.8	115.7	130.2	115.9
14	133.6	135.7	136.0	131.2	124.8	132.4	129.7	123.5
R^1					62.2	56.4	157.6 14.0	
R^2	67.6 67.0 15.0	165.9	61.7,14.2	16.3				
R^3						62.8	52.7	
R^4						54.7		
R^6				56.4				
R^7					69.0,58.8			
R^8					62.1			

表 7-18-30 化合物 7-18-174 和 7-18-175 的 ^{13}C NMR 数据

C	7-18-174[72]	7-18-175[73]	C	7-18-174[72]	7-18-175[73]	C	7-18-174[72]	7-18-175[73]
1	162.0	163.7	7	120.9	116.7	13	108.3	108.9
2	117.1	117.7	8	129.0	120.4	14	131.5	133.6
3	162.7	163.5	9	185.3	184.8	R^2	7.9	59.1,65.2,15.2
4	106.8	107.3	10	181.6	187.6	R^6		56.3
5	112.2	152.1	11	131.5	115.3			
6	161.7	153.6	12	124.5	124.2			

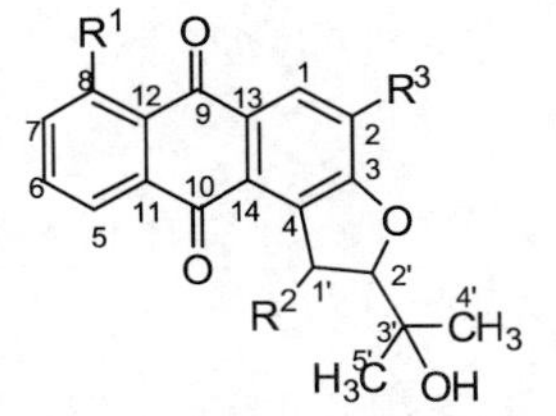

7-18-176

7-18-177

7-18-178 R^1=OH; R^2=H; R^3=CH_2OH
7-18-179 R^1=R^2=OH; R^3=CH_2OH
7-18-180 R^1=R^2=H; R^3=CH_2OH
7-18-181 R^1=R^2=H; R^3=CH_3

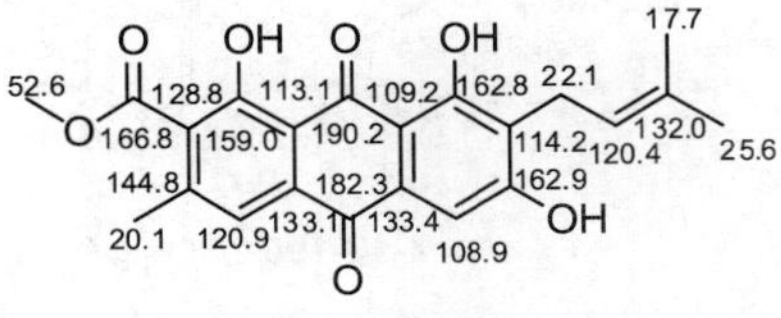

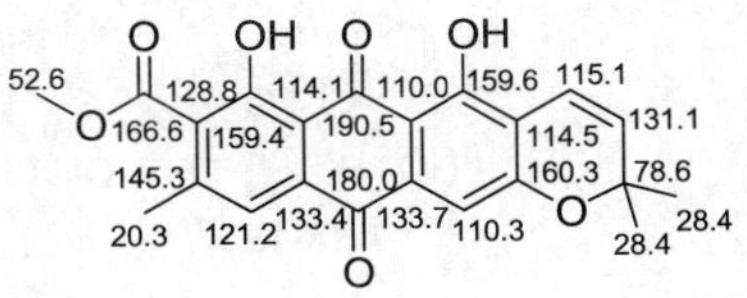

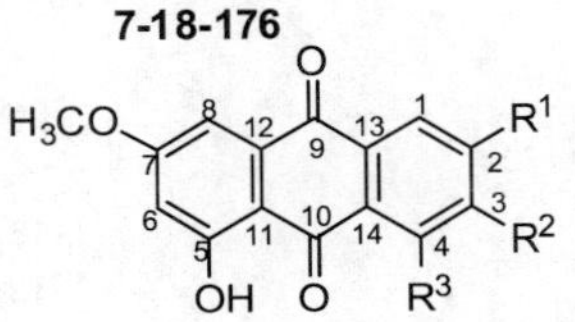

7-18-182 R^1=OH; R^2=H; R^3=CH_3
7-18-183 R^1=R^2=OH; R^3=CH_2OCH_3
7-18-184 R^1=OCH_3; R^2=COOH; R^3=CH_3
7-18-185 R^1=OCH_3; R^2=OH; R^3=H

表 7-18-31 化合物 7-18-178~7-18-181 的 ^{13}C NMR 数据[75]

C	7-18-178	7-18-179	7-18-180	7-18-181	C	7-18-178	7-18-179	7-18-180	7-18-181
1	126.9	127.9	127.5	130.6	11	134.1	134.1		133.5
2	130.4	132.0		125.8	12	116.4	116.1		133.5
3	163.5	162.7	163.5	164.2	13	126.1	126.9		
4	130.1	131.1			14	128.9	130.3	130.1	129.0
5	119.2	119.3	127.5	127.1	1'	31.7	71.9	71.8	32.3
6	137.2	136.7	134.5	133.9	2'	92.2	98.4	93.0	91.4
7	124.4	124.6	134.5	133.9	3'	70.8	70.5		72.0
8	161.0	161.0	127.5	127.1	4'	25.6	24.8	25.0	24.0
9	187.9	188.1	181.5	182.2	5'	26.2	25.3	26.0	26.0
10	183.5	184.7			R^3	57.8	58.2	58.5	15.7

表 7-18-32 化合物 7-18-182~7-18-185 的 ^{13}C NMR 数据[76]

C	7-18-182	7-18-183	7-18-184	7-18-185	C	7-18-182	7-18-183	7-18-184	7-18-185
1	113.1	108.8	107.6	109.2	10	189.0	187.9	188.8	186.0
2	162.9	151.4	159.5	152.9	11	111.7	110.1	111.4	109.2
3	125.6	151.5	134.4	152.8	12	135.0	127.5	132.7	127.8
4	146.0	143.0	140.2	112.2	13	137.6	134.1	137.2	
5	165.3	164.3	165.6	164.5	14	123.3	125.6	124.8	126.6
6	107.7	107.7	106.8	105.8	OCH_3	57.0	56.2	55.9	56.1
7	165.8	164.4	165.5	165.7	R^1			56.2	56.3
8	106.8	107.2	106.6	107.3	R^2			167.3	
9	183.0	181.2	181.8	180.5	R^3	24.4	63.9,57.8	19.5	

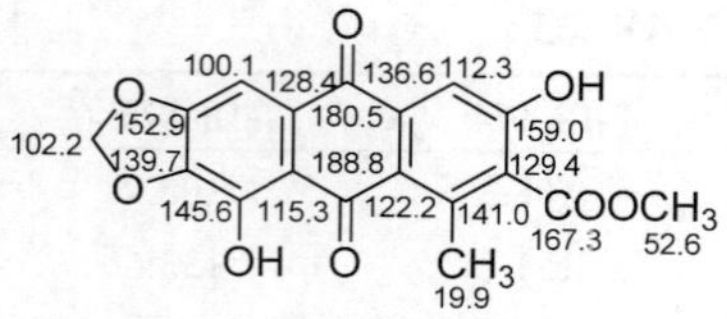

7-18-186[76]

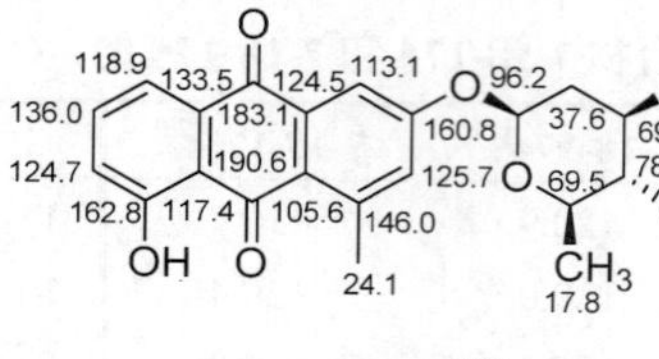

7-18-187[77]

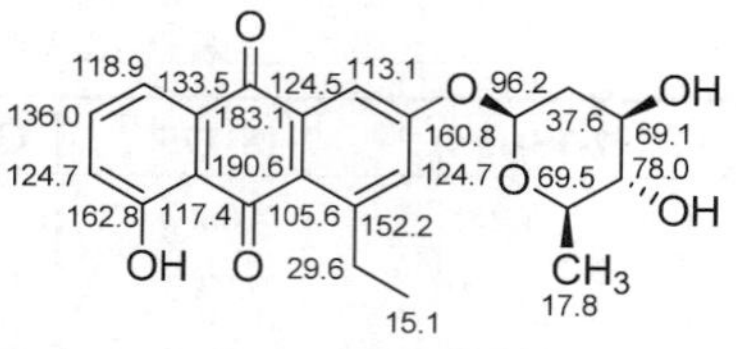

7-18-188[77]

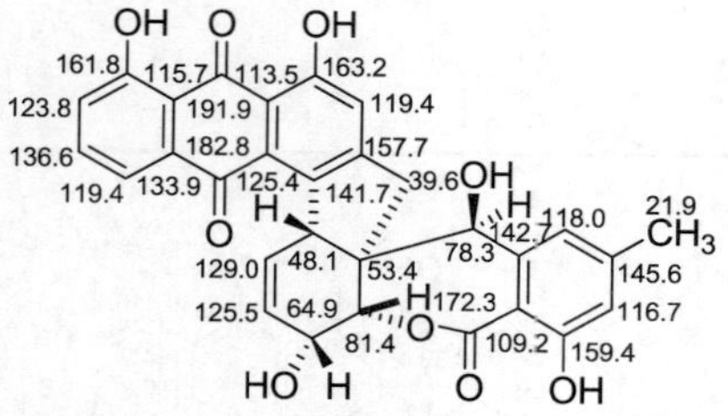

7-18-189[78]

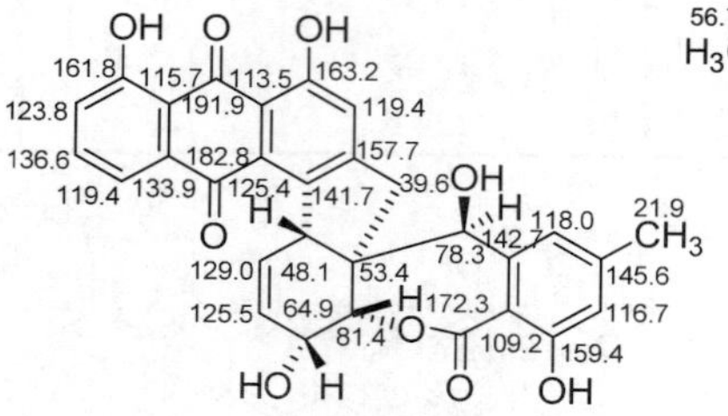

7-18-190[78]

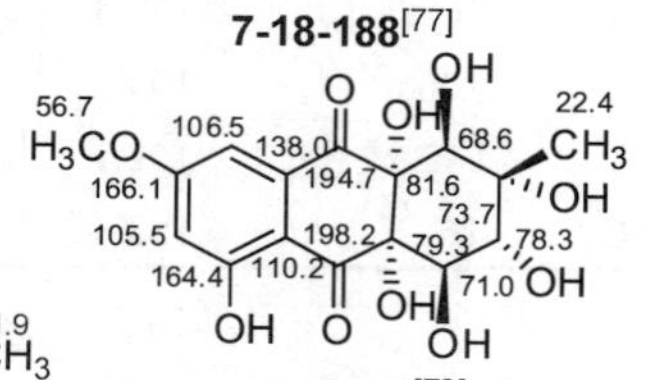

7-18-191[79]

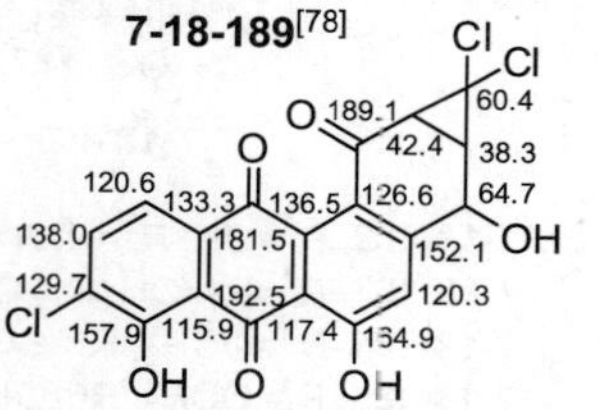

7-18-192[80]

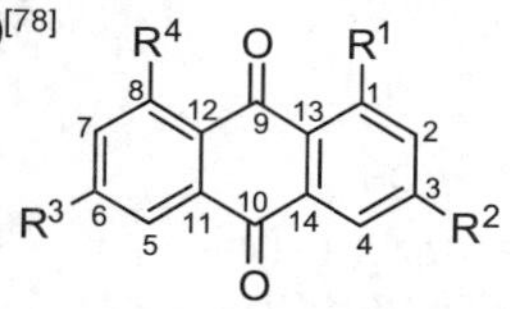

7-18-193[81]

7-18-194 R^1=R^3=OH; R^2=CH_3; R^4=OGlu

7-18-195 R^1=OH; R^2=CH_3; R^3=H; R^4=OGlu

7-18-196 R^1=OGlu; R^2=CH_3; R^3=H; R^4=OH

7-18-198 R^1=OH; R^2=CH_3; R^3=OCH_3; R^4=OGlu

7-18-198 R^1=OGlu; R^2=CH_3; R^3=OCH_3; R^4=OH

7-18-199 R^1=OH; R^2=CH_2OH; R^3=H; R^4=OGlu

7-18-200 R^1=OGlu; R^2=CH_2OH; R^3=H; R^4=OH

7-18-201 R^1=OGlu; R^2=CH_3; R^3=R^4=OH

7-18-202 R^1=OH; R^2=CH_3; R^3=OSO_3H; R^4=OGlu

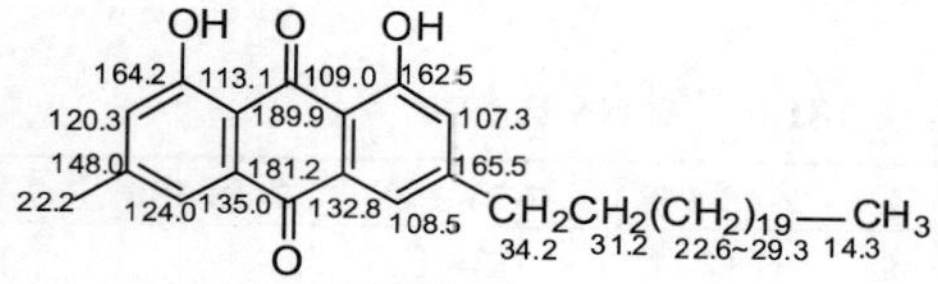

表 7-18-33 化合物 7-18-194~7-18-199 的 ^{13}C NMR 数据[56]

C	7-18-194	7-18-195	7-18-196	7-18-197	7-18-198	7-18-199
1	161.1	161.6	161.2	164.7	165.0	161.6
2	124.2	124.0	123.9	119.3	121.5	120.7
3	146.9	147.6	147.5	147.1	146.9	152.3
4	119.3	120.6	121.2	124.2	123.1	116.0
5	108.3	119.3	119.3	104.7	106.9	
6	164.1	135.9	136.0	161.6	158.4	135.9
7	108.3	122.5	122.6	106.5	105.9	122.4
8	161.7	158.2	158.3	161.6	164.1	158.2
9	186.4	187.5	187.5	186.4	186.4	187.6
10	182.1	181.9	182.0	181.9	182.0	182.1
11	136.5	134.7	134.6	136.2	134.4	134.8
12	114.4	114.6	116.6	106.5	111.1	115.5
13	114.4	114.4	114.6	114.4	118.3	115.5
14	132.1	132.0	132.3	132.0	134.0	132.2
Glu						
1'	100.7	100.6	100.3	100.6	100.6	100.5
2'	73.3	73.3	73.1	73.3	73.1	73.3

续表

C	7-18-194	7-18-195	7-18-196	7-18-197	7-18-198	7-18-199
3'	77.3	77.3	76.9	77.5	77.4	77.3
4'	69.4	69.5	69.5	69.6	69.7	69.5
5'	76.4	76.5	76.1	76.5	76.4	76.5
6'	60.5	60.7	60.4	60.7	60.7	60.6
2-CH_3	21.4	21.5	21.6	21.5	21.7	
2-CH_2OH						62.0
3-OCH_3				56.1	56.1	

表 7-18-34 化合物 7-18-200~7-18-202 的 ^{13}C NMR 数据

C	7-18-200[82]	7-18-201[83]	7-18-202[84]	C	7-18-200[82]	7-18-201[83]	7-18-202[84]
1	158.3	158.8	164.1	13	119.0	119.8	116.4
2	119.2	122.8	125.7	14	134.5	134.6	134.1
3	151.8	147.3	149.5	Glu			
4	118.0	124.7	121.4	1'	100.5	102.1	104.1
5	118.3	109.2	115.0	2'	73.2	73.8	75.2
6	136.1	170.2	160.4	3'	76.5	76.5	77.9
7	124.2	108.8	116.4	4'	69.3	70.2	71.2
8	161.3	165.7	161.8	5'	77.2	77.7	78.9
9	187.6	185.6	189.4	6'	60.4	61.3	62.5
10	182.1	183.8	183.3	2-CH_3		22.2	22.3
11	132.4	135.1	138.1	2-CH_2OH	62.1		
12	116.7	111.1	119.4				

7-18-203 $R^1=R^5=R^7=OH$; $R^2=OGlu$; $R^3=CH_3$; $R^4=H$; $R^6=OCH_3$

7-18-204 $R^1=R^6=OCH_3$; $R^2=R^7=OH$; $R^3=CH_3$; $R^4=H$; $R^5=OGlu$

7-18-205 $R^1=CH_3$; $R^2=COOCH_3$; $R^3=OGlu$; $R^4=R^6=OCH_3$; $R^5=H$; $R^7=OH$

7-18-206 $R^1=CH_3$; $R^2=COOCH_3$; $R^3=OCH_3$; $R^4=R^5=R^6=H$; $R^7=OGlu$

表 7-18-35 化合物 7-18-203~7-18-206 的 ^{13}C NMR 数据

C	7-18-203[85]	7-18-204[85]	7-18-205[86]	7-18-206[86]	C	7-18-203[85]	7-18-204[85]	7-18-205[86]	7-18-206[86]
1	153.9	147.3	132.3	137.5	Glu				
2	148.0	155.5	122.3	124.7	1'	102.9	100.3	103.5	103.8
3	141.4	132.4	158.5	162.4	2'	74.3	73.2	74.5	74.4
4	121.6	125.9	160.6	107.5	3'	76.4	76.5	76.2	76.8
5	109.2	106.2	125.4	120.0	4'	69.8	69.4	70.1	70.1
6	157.6	155.5	136.0	135.8	5'	77.4	77.3	77.9	77.9
7	139.6	141.5	162.4	118.8	6'	60.8	60.5	61.8	61.8
8	156.8	156.2	159.9	155.5	1-OCH_3		60.4		
9	190.5	187.6	189.0	189.7	2-$COOCH_3$			166.9	167.5
10	180.4	180.1	188.9	182.4	3-CH_3	17.7	16.6		
11	129.2	128.2	132.3	131.2	3-OCH_3				56.5
12	110.2	113.1	116.9	110.2	4-OCH_3			61.6	
13	115.2	123.7	137.4	141.5	6-OCH_3	60.2	61.2	61.2	
14	127.9	124.9	118.0	132.0					

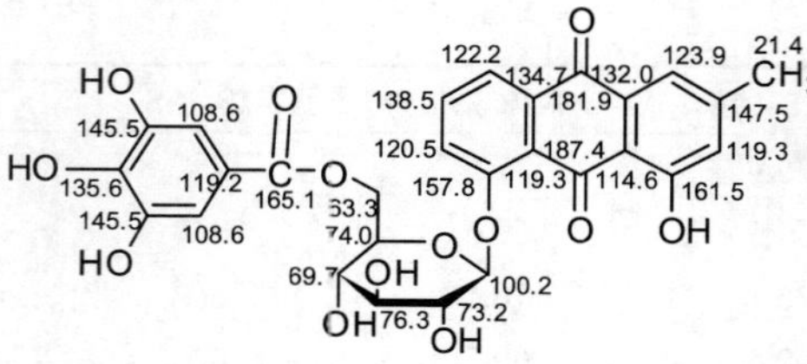

7-18-207[84]

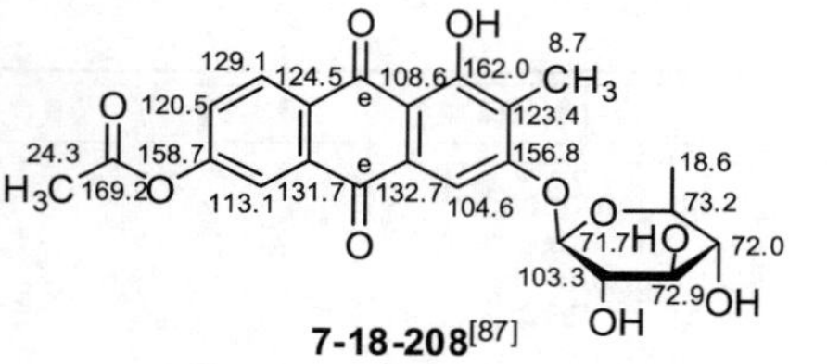

7-18-208[87]

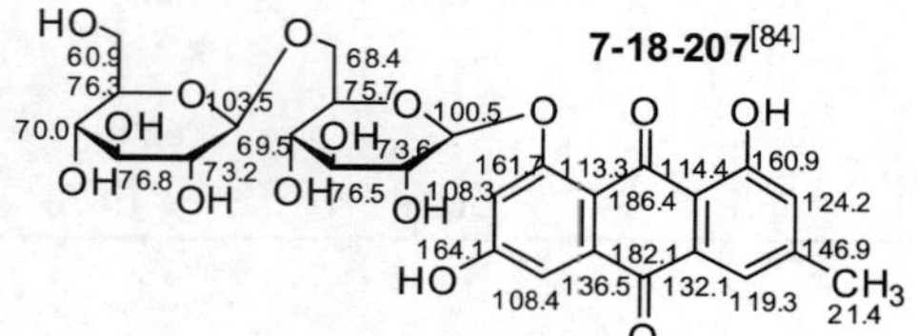

7-18-209[56]

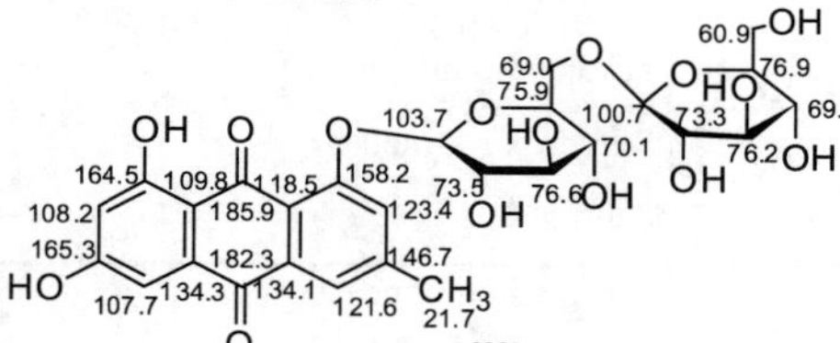

7-18-210[88]

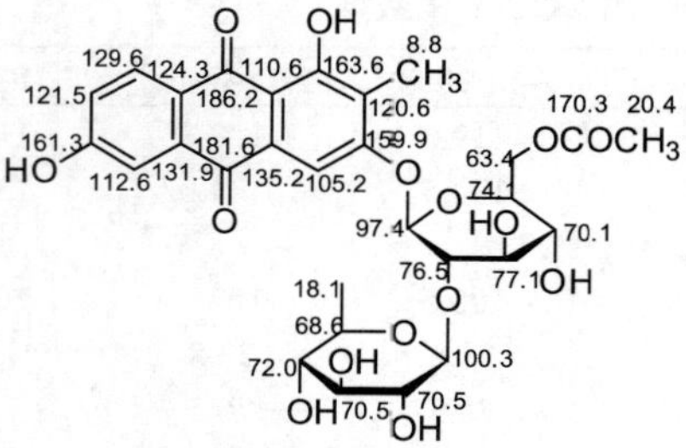

7-18-211[72]

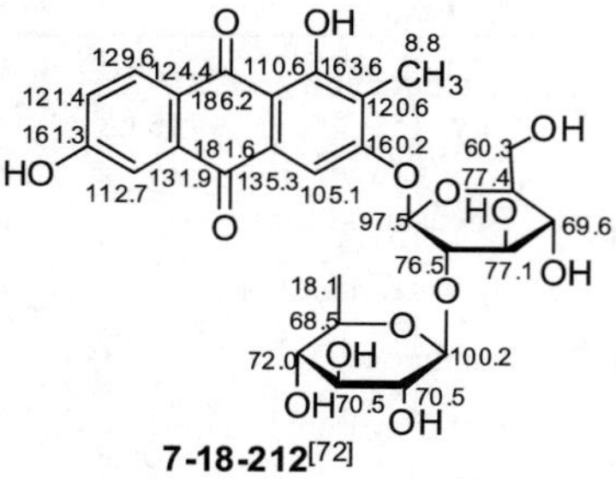

7-18-212[72]

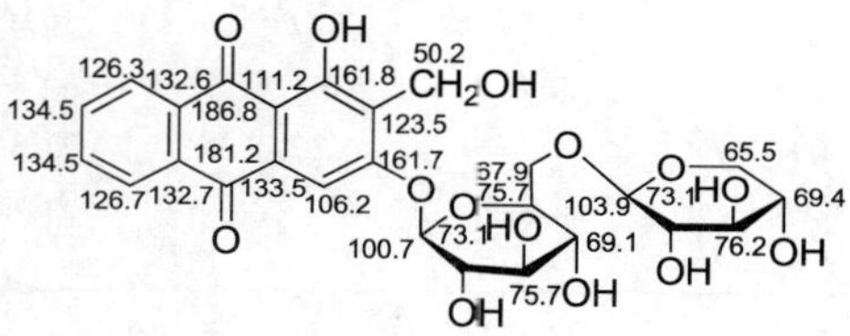

7-18-213[72]

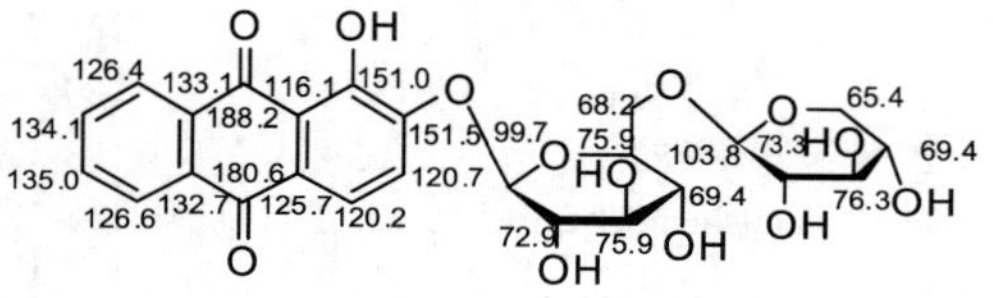

7-18-214[72]

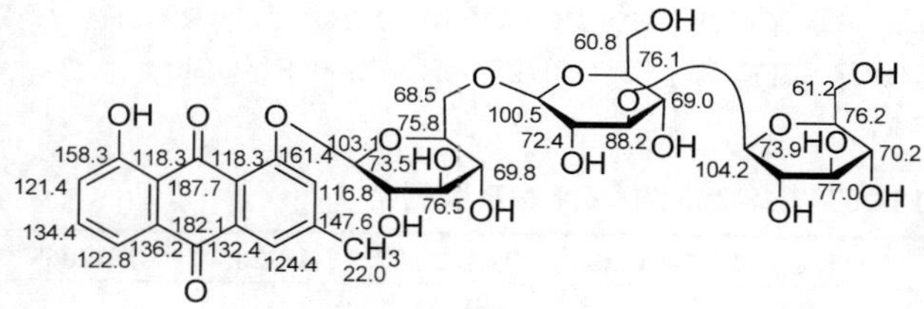

7-18-215[89]

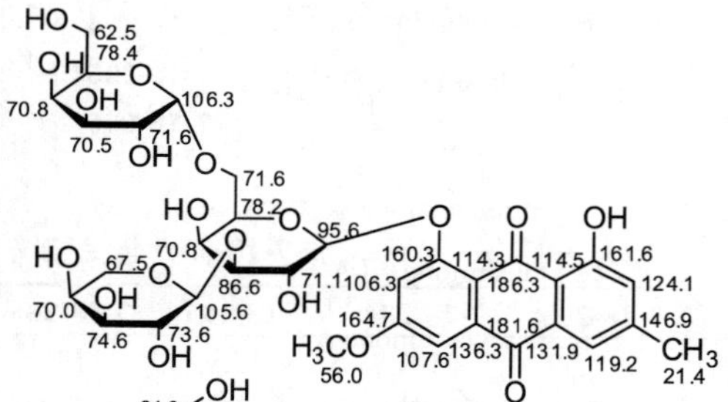

7-18-216[90]

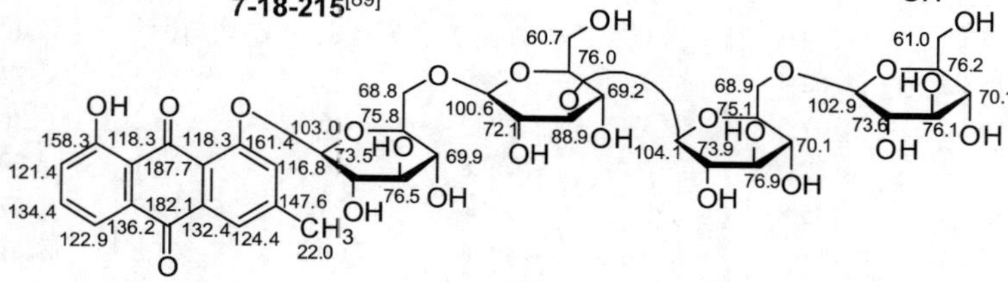

7-18-217[89]

四、菲醌类化合物

表 7-18-36 菲醌类化合物的名称、分子式和测试溶剂

编号	英文名称	分子式	测试溶剂	参考文献
7-18-218	calanquinone A	$C_{17}H_{14}O_6$	C	[91]
7-18-219	calanquinone B	$C_{17}H_{14}O_6$	C	[91]

续表

编号	英文名称	分子式	测试溶剂	参考文献
7-18-220	calanquinone C	$C_{16}H_{14}O_5$	P	[91]
7-18-221	denbinobin	$C_{16}H_{12}O_5$	C	[92]
7-18-222	nakaquinone	$C_{16}H_{12}O_5$	C	[92]
7-18-223	nakaharaiquinone	$C_{17}H_{16}O_6$	C	[92]
7-18-224	5-hydroxy-7-methoxy-9,10-dihydrophenanthrene1,4-dione	$C_{15}H_{12}O_4$	C	[93]
7-18-225	ochrone A	$C_{15}H_{12}O_4$	D	[94]
7-18-226	cypripediquinone A	$C_{17}H_{14}O_5$	C	[95]
7-18-227	bulbophyllanthrone acetate	$C_{19}H_{16}O_7$	C	[96]
7-18-228	cymbinodin A	$C_{15}H_{10}O_4$	C+M	[97]
7-18-229	cymbinodin A acetate	$C_{17}H_{12}O_5$	C	[97]
7-18-230	densiflorol B	$C_{15}H_{10}O_4$	D	[98]
7-18-231	7-hydroxy-3,6-dimethoxy-1,4-phenanthraquinone	$C_{16}H_{12}O_5$	D	[99]
7-18-232	dioscoreanone	$C_{16}H_{12}O_5$	C+M	[100]
7-18-233	bauhinione	$C_{17}H_{16}O_4$	C	[101]
7-18-234	9,10-dihydrophenanthrinic acid, 9,10-dione-3,4-methylene-dioxy-8-methoxy	$C_{17}H_{10}O_7$	D	[102]
7-18-235	bungone A	$C_{20}H_{18}O_3$	C	[103]
7-18-236	bungone B	$C_{21}H_{20}O_4$	C	[103]
7-18-237	danshenxinkun A	$C_{18}H_{16}O_4$	C+M	[104]
7-18-238	danshenxinkun B	$C_{18}H_{16}O_3$	C	[104]
7-18-239	neocryptotanshinone	$C_{19}H_{22}O_4$	C+M	[104]
7-18-240	sibiriquinone A	$C_{19}H_{20}O_2$	C	[105]
7-18-241	sibiriquinone B	$C_{19}H_{22}O_2$	C	[105]
7-18-242	miltirone	$C_{19}H_{22}O_2$	C	[106]
7-18-243	nortanshinone	$C_{17}H_{12}O_4$	C+M	[107]
7-18-244	tanshinone ⅡA	$C_{19}H_{18}O_3$	C	[108]
7-18-245	przewaquinone A	$C_{19}H_{18}O_4$	C	[108]
7-18-246	cryptotanshinone	$C_{19}H_{20}O_3$	C	[108]
7-18-247	tanshinone Ⅰ	$C_{18}H_{12}O_3$	C	[108]
7-18-248	prewaquinone B	$C_{18}H_{12}O_4$	C	[108]
7-18-249	dihydrotanshinone Ⅰ	$C_{18}H_{14}O_3$	C	[108]
7-18-250	1,2-dihydrodanshinone Ⅰ	$C_{18}H_{14}O_3$	C	[109]
7-18-251	dihydroisotanshinone Ⅰ	$C_{18}H_{16}O_3$	C	[109]
7-18-252	3-hydroxy-2-(2'-formyloxy-1'-methylethyl)-8-methyl-1,4-phenanthrenedione	$C_{19}H_{16}O_5$	C	[110]
7-18-253	oleoyl neocryptotanshinone	$C_{37}H_{54}O_5$	C	[111]
7-18-254	oleoyl danshenxinkun A	$C_{36}H_{48}O_5$	C	[111]

7-18-218 R^1=OCH_3; R^2=OH
7-18-219 R^1=OH; R^2=OCH_3

7-18-220

7-18-221 R^1=H; R^2=OCH_3
7-18-222 R^1=OCH_3; R^2=H

表 7-18-37 化合物 7-18-218~7-18-222 的 ^{13}C NMR 数据

C	7-18-218[91]	7-18-219[91]	7-18-220[91]	7-18-221[92]	7-18-222[92]	C	7-18-218[91]	7-18-219[91]	7-18-220[91]	7-18-221[92]	7-18-222[92]
1	184.7	184.8	185.7	184.3	188.4	8a	135.1	132.0	131.2	128.6	138.7
2	107.4	106.4	135.6	107.3	145.5	9	137.1	132.8	28.3	137.4	137.7
3	161.7	162.9	137.4	161.2	147.1	10	122.0	120.2	20.9	122.6	121.7
4	186.2	181.4	186.2	186.5	181.9	10a	133.0	131.6	140.4	132.4	132.4
4a	128.3	130.6	141.7	139.9	128.6	2-OCH_3					61.3
4b	118.7	119.8	117.1	117.2	121.1	3-OCH_3	57.1	56.5		56.9	61.8
5	148.3	141.9	147.7	156.3	155.0	5-OCH_3		56.3	60.6		
6	140.4	140.8	139.7	108.6	117.8	6-OCH_3	61.0				
7	155.2	150.2	151.5	160.8	130.6	7-OCH_3	56.2	60.3	56.1	55.5	
8	101.4	102.4	106.6	101.8	121.5						

7-18-223 R^1=R^3=R^4=OCH_3; R^2=OH
7-18-224 R^1=R^3=H; R^2=OCH_3; R^4=OH
7-18-225 R^1=OH; R^2=OCH_3; R^3=R^4=H

7-18-226 R^1=OCH_3; R^2=H
7-18-227 R^1=OAc; R^2=OCH_3

表 7-18-38 化合物 7-18-223~7-18-227 的 ^{13}C NMR 数据

C	7-18-223[92]	7-18-224[93]	7-18-225[94]	C	7-18-226[95]	7-18-227[96]
1	180.5	185.3	180.7	1	181.1	180.4
2	158.1	135.1	159.1	2	181.5	179.4
3	107.3	137.3	107.5	2a	131.3	128.8
4	185.3	185.7	187.3	3	105.4	121.1
4a	141.4	140.9	135.6	4	159.9	143.6
4b	115.9	143.1	120.2	5	107.7	152.3
5	138.5	158.8	131.6	6	159.0	153.4
6	151.7	98.6	114.8	6a	119.1	126.2
7	151.3	158.9	158.2	6b	129.4	127.8
8	109.8	107.5	113.5	7	130.8	130.5
8a	138.1	112.3	141.2	8	122.8	121.1
9	28.4	28.5	26.8	9	158.8	159.9

续表

C	7-18-223[92]	7-18-224[93]	7-18-225[94]	C	7-18-226[95]	7-18-227[96]
10	20.1	20.1	19.8	10	113.0	113.0
10a	137.4	139.8	135.8	10a	132.6	132.4
2-OCH_3	56.1			4-OCH_3	55.7	
5-OCH_3	60.6			4-OAc		168.4/20.4
6-OCH_3	60.7			5-OCH_3		61.0
7-OCH_3		55.8	56.3	6-OCH_3	56.1	60.3
				9-OCH_3	55.5	55.6

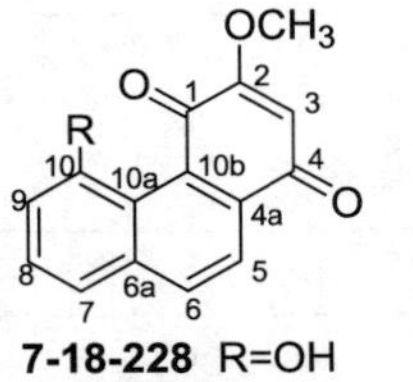

7-18-228 R=OH
7-18-229 R=OAc

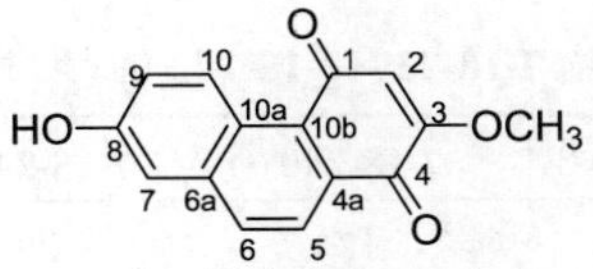

7-18-230

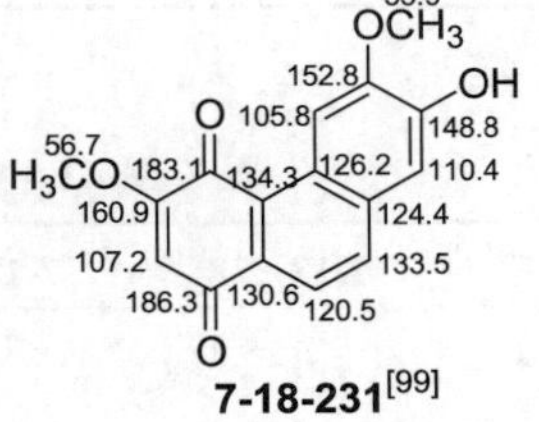

7-18-231[99]

表 7-18-39 化合物 7-18-228~7-18-230 的 ^{13}C NMR 数据

C	7-18-228[97]	7-18-229[97]	7-18-230[98]	C	7-18-228[97]	7-18-229[97]	7-18-230[98]
1	191.7	185.7	188.4	8	130.7	129.2	157.5
2	158.7	158.1	111.1	9	117.1	123.9	122.4
3	111.4	110.4	158.3	10	155.0	147.5	121.8
4	180.1	180.2	180.2	10a	120.9	122.7	123.3
4a	129.7	131.7	128.3	10b	132.3	132.2	126.8
5	121.7	121.9	129.7	2-OCH_3	56.6	56.6	
6	137.1	133.7	132.3	3-OCH_3			56.4
6a	138.8	138.3	138.9	10-OAc		169.0,21.2	
7	121.1	126.5	109.7				

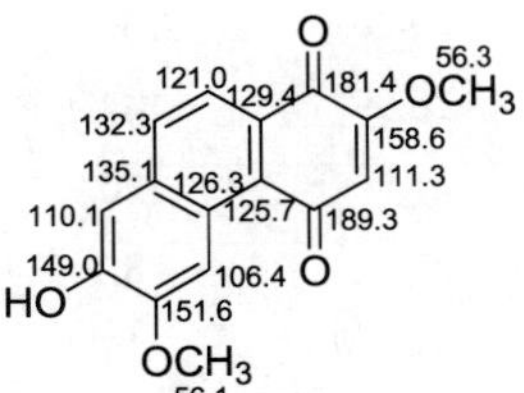

7-18-232[100]

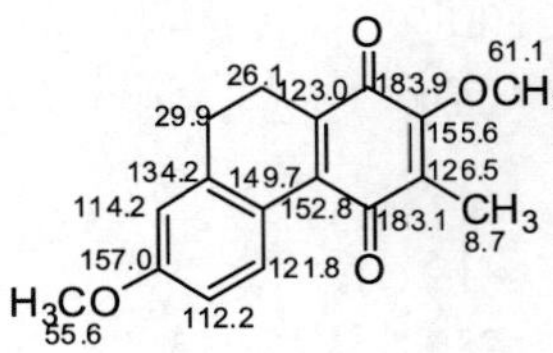

7-18-233[101]

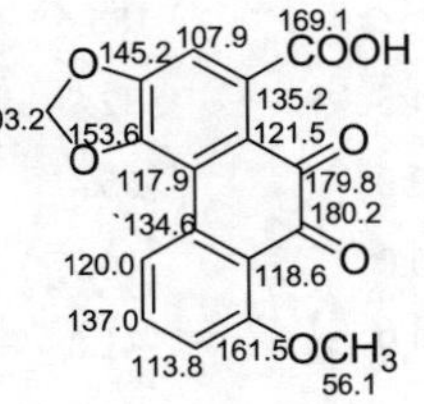

7-18-234[102]

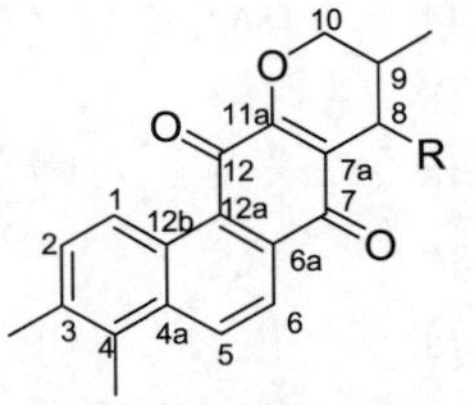

7-18-235 R=H
7-18-236 R=CH_2OH

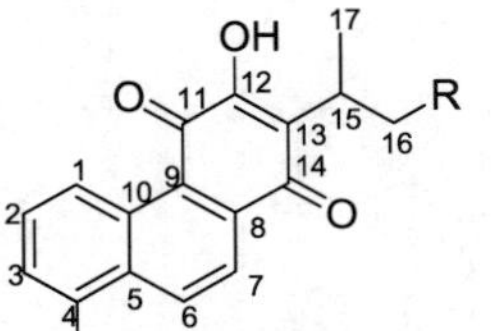

7-18-237 R=OH
7-18-238 R=H

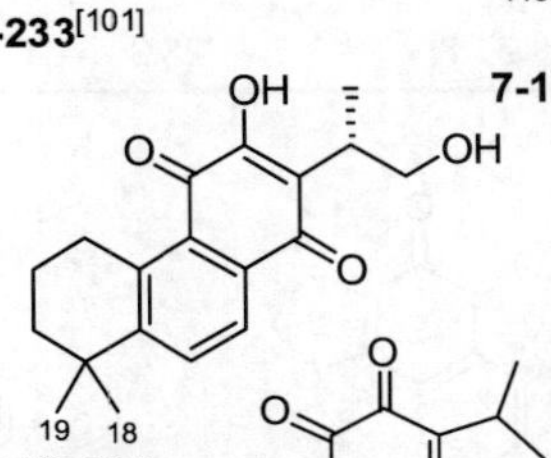

7-18-239

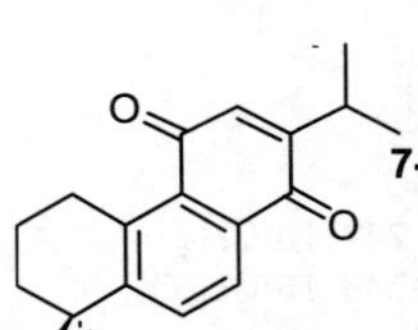

7-18-240

7-18-241

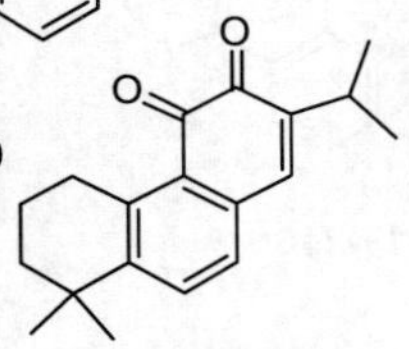

7-18-242

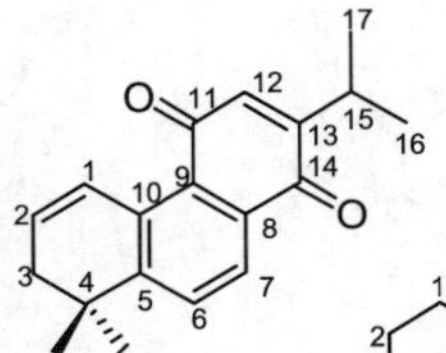

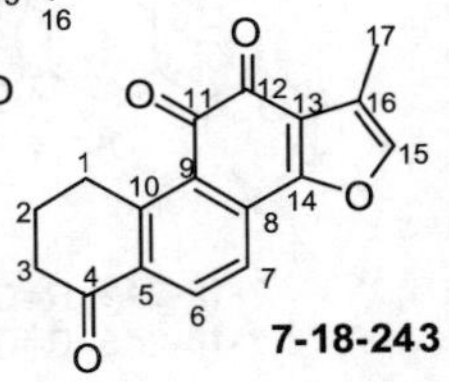

7-18-243

表 7-18-40 化合物 7-18-235 和 7-18-236 的 ^{13}C NMR 数据[103]

C	7-18-235	7-18-236	C	7-18-235	7-18-236	C	7-18-235	7-18-236
1	125.1	125.4	6a	136.4	135.7	12	201.1	202.3
2	124.0	124.5	7	194.4	195.1	12a	136.5	137.1
3	119.2	119.8	7a	141.2	141.3	12b	131.2	132.5
4	113.0	113.2	8	40.9	42.1	3-Me	19.3	19.5
4a	119.5	120.0	9	32.8	34.6	4-Me	19.8	20.1
5	125.1	125.7	10	78.6	80.5	9-Me	17.5	17.6
6	128.4	128.6	11a	170.9	171.5	8-CH_2OH		56.4

表 7-18-41 化合物 7-18-237~7-18-243 的 ^{13}C NMR 数据

C	7-18-237[104]	7-18-238[104]	7-18-239[104]	7-18-240[105]	7-18-241[105]	7-18-242[106]	7-18-243[107]
1	126.0	125.4	29.8	124.7	29.7	29.9	28.3
2	130.5	130.3	19.3	134.4	19.0	19.0	22.2
3	129.6	129.1	37.9	38.0	37.8	37.8	38.0
4	135.8	135.1	34.9	34.0	34.5	34.5	197.3
5	134.0	133.8	140.9	148.0	149.6	149.7	134.6
6	132.4	132.3	133.4	130.6	133.7	133.8	134.2
7	122.6	122.5	125.0	129.2	127.9	128.1	120.9
8	130.8	130.3	132.9	134.2	133.4	134.4	133.6
9	125.4	125.5	128.4	139.5	139.8	128.2	126.4
10	135.6	135.2	152.8	137.2	144.5	145.0	150.5
11	184.4	184.1	184.4	183.2	182.4	182.4	182.8
12	156.3	153.0	157.3	139.9	139.0	181.5	175.5
13	122.7	124.0	123.0	144.9	145.0	144.6	122.0
14	186.5	185.2	185.6	181.5	181.5	139.9	162.7
15	33.4	24.5	32.7	26.9	26.9	26.9	143.2
16	65.4	20.0	65.4	21.5	21.5	21.5	120.9
17	14.9	20.0	14.7	21.5	21.5	21.5	8.7
18	19.9	19.9	31.8	28.3	31.7	31.8	
19			31.8	28.3	31.7	31.8	

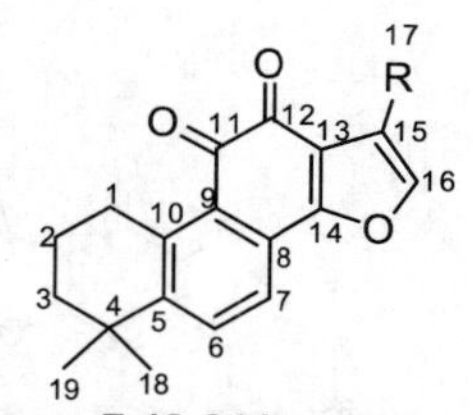

7-18-244 R=CH_3
7-18-245 R=CH_2OH

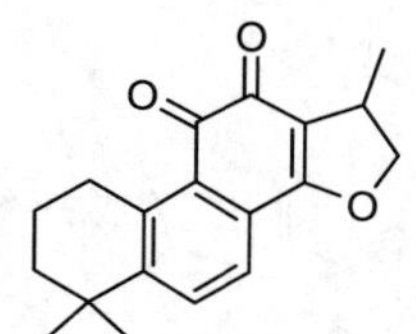
7-18-246

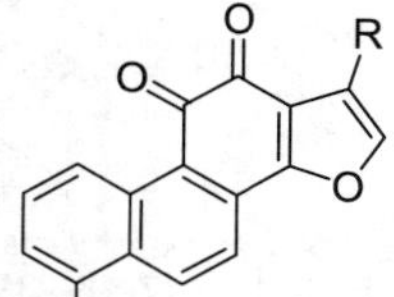
7-18-247 R=CH_3
7-18-248 R=CH_2OH

7-18-249

表 7-18-42 化合物 7-18-244~7-18-249 的 ^{13}C NMR 数据[108]

C	7-18-244	7-18-245	7-18-246	7-18-247	7-18-248	7-18-249
1	29.9	30.0	29.7	118.7	118.8	120.3
2	19.1	19.0	19.1	130.7	131.0	130.4
3	37.8	37.7	37.8	128.3	128.7	128.9
4	34.6	34.8	34.8	135.2	135.4	135.0
5	144.5	145.0	143.7	123.1	126.4	126.1
6	133.5	133.7	132.6	132.9	133.3	132.0
7	120.2	120.6	122.5	124.8	124.8	125.7
8	127.4	126.8	128.4	132.7	132.8	132.2
9	126.5	126.3	126.2	129.6	129.0	128.3
10	150.1	151.1	152.4	133.6	134.0	134.8
11	183.5	182.6	184.3	183.4	183.0	184.4
12	175.7	175.8	175.7	175.6	174.0	175.8
13	121.1	125.8	118.3	120.5	120.0	118.4
14	161.7	163.1	170.8	161.2	170.0	170.6
15	141.3	140.7	81.5	142.0	141.3	81.7
16	120.2	119.4	34.6	121.7	122.0	34.7
17	8.8	55.2	18.9	8.8	55.2	18.9
18	31.8	31.8	31.9	19.8	19.9	18.9
19	31.8	31.8	31.9			

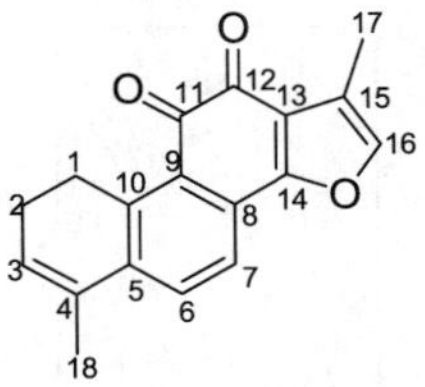

7-18-250 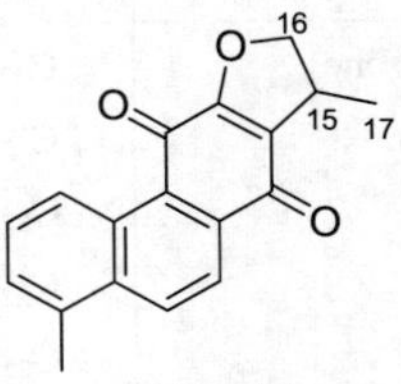　　7-18-251 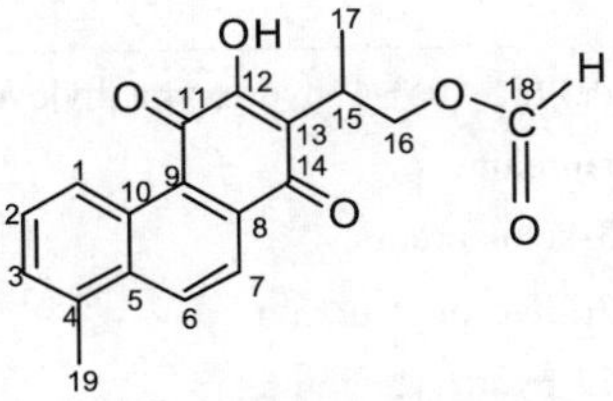　　7-18-252

表 7-18-43 化合物 7-18-250~7-18-252 的 ^{13}C NMR 数据

C	7-18-250[109]	7-18-251[109]	7-18-252[110]	C	7-18-250[109]	7-18-251[109]	7-18-252[110]
1	24.9	125.6	125.4	11	184.4	181.2	183.5
2	22.5	130.1	130.5	12	176.3	160.9	153.8
3	128.6	129.0	129.3	13	120.2	124.9	120.4
4	131.0	134.8	135.1	14	161.7	182.7	184.9
5	139.1	135.6	133.6	15	121.2	35.6	29.6
6	128.2	131.5	132.6	16	141.3	80.4	65.9
7	120.7	121.7	122.5	17	8.8	18.9	14.9
8	127.3	133.6	130.4	18	19.8	20.0	160.9
9	126.2	126.3	124.0	19			19.9
10	144.5	130.7	135.2				

7-18-253

7-18-254

表 7-18-44 化合物 7-18-253 和 7-18-254 的 ^{13}C NMR 数据[111]

C	7-18-253	7-18-254	C	7-18-253	7-18-254	C	7-18-253	7-18-254
1	30.0	125.4	12	153.9	153.8	4'~7'	29.1~29.6	29.1~29.6
2	19.1	130.5	13	121.5	120.9	8'	27.2	27.2
3	37.7	129.3	14	184.2	184.8	9'	129.7	129.7
4	34.8	135.2	15	29.8	29.8	10'	130.0	130.0
5	152.7	123.9	16	66.1	66.2	11'	27.2	27.2
6	133.5	132.5	17	14.8	14.9	12'~15'	29.1~29.6	29.1~29.6
7	125.0	122.5	18	31.7	19.8	16'	31.9	31.9
8	132.5	133.6	19	31.7		17'	22.7	22.7
9	126.3	135.2	1'	173.7	173.7	18'	14.1	14.1
10	140.9	130.4	2'	34.3	34.4			
11	182.9	183.6	3'	25.0	25.0			

五、萜醌及其他类化合物

表 7-18-45 萜醌及其他类化合物的名称、分子式和测试溶剂

编号	英文名称	分子式	测试溶剂	参考文献
7-18-255	(+)-(5*S*,10*S*)-4′-hydroxymethylcyclozonarone	$C_{22}H_{26}O_3$	C	[112]
7-18-256	tauranin	$C_{22}H_{30}O_4$	C	[112]
7-18-257	3-ketotauranin	$C_{22}H_{28}O_5$	C	[112]
7-18-258	3*α*-hydroxytauranin	$C_{22}H_{30}O_5$	C	[112]
7-18-259	12-hydroxytauranin	$C_{22}H_{30}O_5$	C	[112]
7-18-260	rosmaqunione A	$C_{21}H_{26}O_5$	C	[113]
7-18-261	rosmaqunione B	$C_{21}H_{26}O_5$	C	[113]
7-18-262	cryptotanshinone	$C_{19}H_{20}O_3$	C	[114]
7-18-263	1*β*-hydroxycryptotanshinone	$C_{19}H_{20}O_4$	C	[114]
7-18-264	1-oxocryptotanshinone	$C_{19}H_{18}O_4$	C	[114]
7-18-265	1-oxomiltirone	$C_{19}H_{20}O_3$	C	[114]
7-18-266	isospongiaquinone	$C_{22}H_{30}O_4$	C	[115]
7-18-267	21-hydroxy-19-methoxyarenarone	$C_{22}H_{30}O_4$	C	[115]
7-18-268	dactyloquinone A	$C_{22}H_{28}O_4$	C	[116]
7-18-269	dactyloquinone B	$C_{22}H_{28}O_4$	C	[116]
7-18-270	16-acetoxy-7*α*-ethoxyroyleanone	$C_{24}H_{34}O_6$	C	[117]
7-18-271	neodactyloquinone	$C_{22}H_{28}O_4$	C	[118]
7-18-272	pycnanthuquinone C	$C_{27}H_{32}O_5$	M	[119]

续表

编号	英文名称	分子式	测试溶剂	参考文献
7-18-273	chlorosmaridione	$C_{20}H_{25}ClO_3$	C	[120]
7-18-274	horminone	$C_{20}H_{28}O_4$	C	[121]
7-18-275	7-*O*-methylhorminone	$C_{21}H_{30}O_4$	C	[121]
7-18-276	altertoxin Ⅰ	$C_{20}H_{16}O_6$	C	[122]
7-18-277	altertoxin Ⅱ	$C_{20}H_{14}O_6$	C	[122]
7-18-278	altertoxin Ⅲ	$C_{20}H_{12}O_6$	D	[122]
7-18-279	3,3'-di-*O*-methylellagic acid	$C_{16}H_{10}O_8$	D	[123]
7-18-280	3,3'-di-*O*-methylellagic acid 4-*O*-*β*-glucoside	$C_{22}H_{20}O_{13}$	D	[123]
7-18-281	3,3'-di-*O*-methylellagic acid 4,4'-di-*O*-*β*-glucoside	$C_{28}H_{30}O_{18}$	D	[123]
7-18-282	scutiaquinone A	$C_{32}H_{30}O_6$	C	[124]
7-18-283	scutiaquinone B	$C_{32}H_{30}O_6$	C	[124]
7-18-284	nakijiquinone A	$C_{23}H_{31}NO_5$	M	[125]
7-18-285	nakijiquinone B	$C_{26}H_{37}NO_5$	C	[126]
7-18-286	nakijiquinone J	$C_{26}H_{39}NO_3$	C	[126]
7-18-287	nakijiquinone K	$C_{26}H_{39}NO_3$	C	[126]
7-18-288	nakijiquinone L	$C_{26}H_{39}NO_3$	C	[126]
7-18-289	nakijiquinone M	$C_{26}H_{39}NO_3$	C	[126]
7-18-290	nakijiquinone N	$C_{26}H_{39}NO_3$	C	[126]
7-18-291	nakijiquinone O	$C_{25}H_{37}NO_3$	C	[126]
7-18-292	nakijiquinone P	$C_{29}H_{37}NO_3$	C	[126]
7-18-293	nakijiquinone Q	$C_{29}H_{37}NO_3$	C	[126]
7-18-294	nakijiquinone R	$C_{23}H_{33}NO_6S$	D	[126]
7-18-295	nakijiquinone G	$C_{26}H_{35}N_3O_3$	D	[127]
7-18-296	nakijiquinone H	$C_{26}H_{40}N_4O_3$	D	[127]
7-18-297	nakijiquinone I	$C_{25}H_{37}NO_4S$	D	[127]
7-18-298	6,12,14-trihydroxy-9*α*-(2-oxopropyl)abieta-5,8(14), 12- triene-7,11-dione	$C_{23}H_{30}O_6$	C	[128]
7-18-299	(12*R*,13*S*,14*S*,15*R*)-14,16-epoxy-12*α*-hydroxy-12*β*, 14*β*-2-oxopropan-1,3-diyl)-20-*nor*-abieta-5(10),6,8-trien-11-one	$C_{22}H_{26}O_4$	C	[128]
7-18-300	newbouldiaquinone A	$C_{25}H_{14}O_6$	C	[129]
7-18-301	fordianaquinone A	$C_{27}H_{36}O_5$	C	[130]
7-18-302	fordianaquinone B	$C_{27}H_{36}O_6$	C	[130]
7-18-303	sanguinolentaquinone	$C_{13}H_{16}N_2O_4$	W	[131]
7-18-304	mycenarubin A	$C_{26}H_{35}N_3O_3$	W	[131]
7-18-305	zyzzyanone A	$C_{20}H_{20}N_3O_3^+$	D	[132]
7-18-306	zyzzyanone B	$C_{19}H_{18}N_3O_3^+$	D	[132]
7-18-307	zyzzyanone C	$C_{21}H_{19}N_3O_4$	D	[132]
7-18-308	zyzzyanone D	$C_{20}H_{17}N_3O_4$	D	[132]
7-18-309	diazaanthraquinone 1	$C_{16}H_{14}N_2O_4$	CD_2Cl_2	[133]
7-18-310	diazaquinomycin C	$C_{22}H_{26}N_2O_4$	F	[134]
7-18-311	scorpinone	$C_{16}H_{13}NO_4$	C	[135]
7-18-312	Sch 538415	$C_{16}H_{14}N_2O_4$	C	[136]

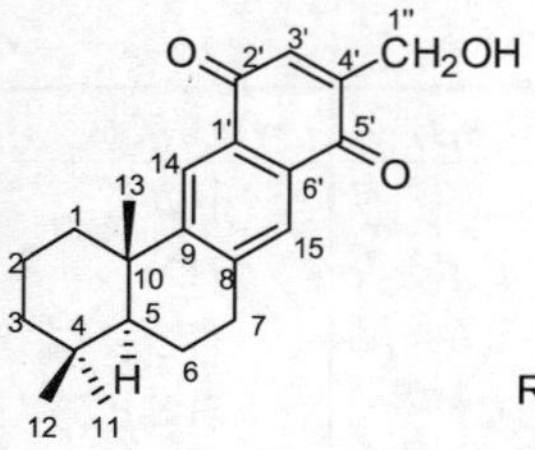

7-18-255

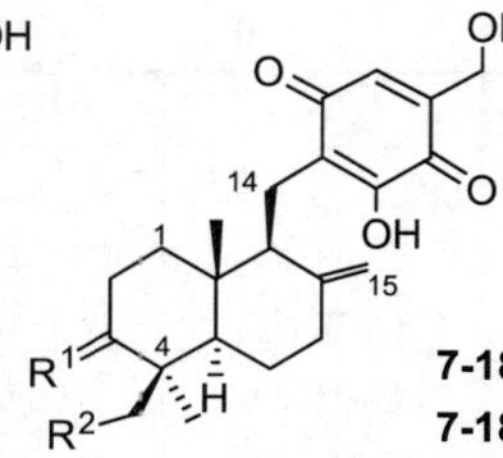

7-18-256 $R^1=H_2$; $R^2=H$
7-18-257 $R^1=O$; $R^2=H$
7-18-258 $R^1=\alpha$-OH, β-H; $R^2=H$
7-18-259 $R^1=H_2$; $R^2=OH$

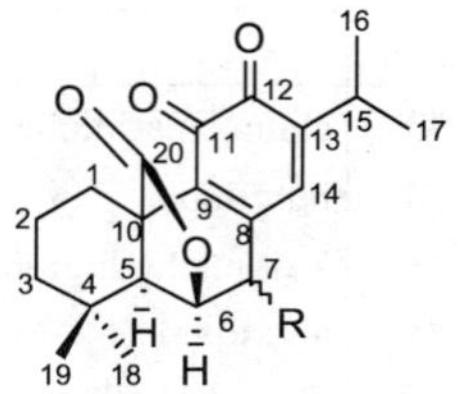

7-18-260 R=β-OCH_3
7-18-261 R=α-OCH_3

表 7-18-46　化合物 7-18-255~7-18-259 的 ^{13}C NMR 数据[112]

C	7-18-255	7-18-256	7-18-257	7-18-258	7-18-259	C	7-18-255	7-18-256	7-18-257	7-18-258	7-18-259
1	38.4	38.8	37.8	36.8	38.1	12	33.2	33.6	26.1	28.3	72.2
2	41.4	19.5	34.8	28.0	18.8	13	24.4	14.1	13.8	14.1	14.6
3	18.9	42.0	216.7	78.7	38.0	14	127.5	19.1	19.4	19.2	19.1
4	33.5	33.6	39.7	39.2	35.4	15	130.9	106.6	107.9	107.5	106.8
5	49.9	55.4	55.0	54.6	48.6	1'	128.6	122.3	121.4	121.9	122.2
6	18.5	24.5	25.1	24.0	24.2	2'	178.8	187.6	187.4	187.5	187.5
7	30.9	38.3	37.3	38.1	38.3	3'	141.4	133.9	133.9	133.9	133.9
8	145.2	148.9	147.3	148.1	148.5	4'	137.3	142.3	142.5	142.3	142.3
9	153.2	54.4	53.4	54.1	54.3	5'	181.7	183.1	183.0	183.2	183.1
10	38.2	40.1	47.8	39.8	40.1	6'	131.4	151.0	151.0	150.9	151.0
11	21.6	21.7	21.7	15.4	17.6	1''	60.4	58.8	58.4	58.8	58.9

表 7-18-47　化合物 7-18-260 和 7-18-261 的 ^{13}C NMR 数据[113]

C	7-18-260	7-18-261	C	7-18-260	7-18-261	C	7-18-260	7-18-261
1	25.1	25.1	8	146.6	145.6	15	27.5	27.5
2	18.2	18.3	9	137.9	138.2	16	21.6	21.3
3	37.8	38.0	10	46.6	45.8	17	21.9	21.2
4	31.8	31.1	11	179.5	179.5	18	31.6	31.4
5	55.3	50.2	12	180.2	180.0	19	21.3	21.9
6	72.7	72.4	13	149.7	150.1	20	175.0	175.5
7	78.1	77.6	14	132.7	133.5	OMe	57.1	59.5

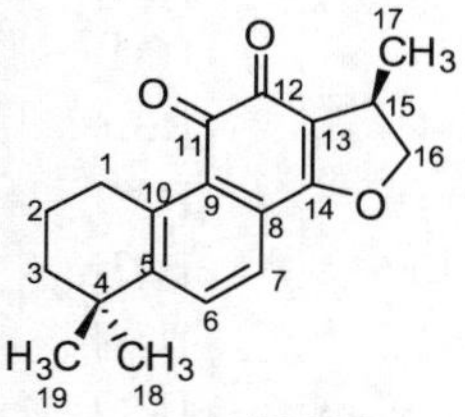

7-18-262 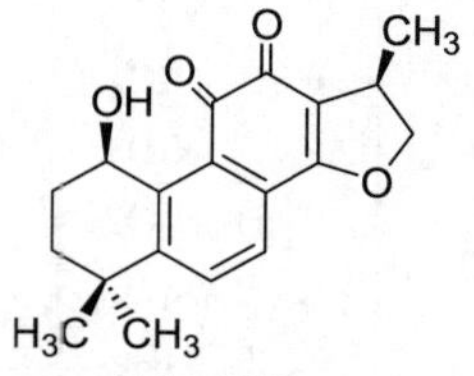　**7-18-263** 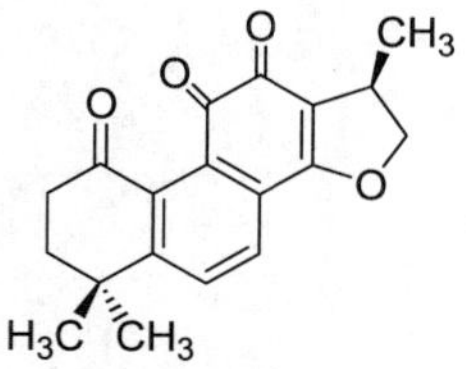　**7-18-264** 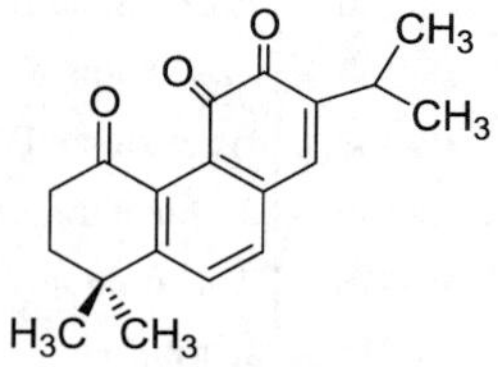　**7-18-265**

表 7-18-48 化合物 7-18-262~7-18-265 的 ^{13}C NMR 数据[114]

C	7-18-262	7-18-263	7-18-264	7-18-265	C	7-18-262	7-18-263	7-18-264	7-18-265
1	29.7	63.4	198.9	198.8	11	184.3	186.3	183.7	183.1
2	19.1	26.9	36.2	36.2	12	175.7	175.4	177.4	183.8
3	37.8	31.9	36.5	36.6	13	118.3	118.5	119.4	146.5
4	34.9	35.1	35.2	34.9	14	170.8	170.7	169.1	137.9
5	152.4	152.1	155.7	153.8	15	34.6	34.6	34.7	27.0
6	132.6	134.1	129.7	130.9	16	81.5	81.8	81.9	21.6
7	122.5	124.5	126.6	131.9	17	18.8	19.1	18.8	21.6
8	126.3	126.9	127.3	132.8	18	31.9	31.2	28.8	28.8
9	128.4	129.8	128.3	135.5	19	31.9	31.6	28.8	28.8
10	143.7	143.1	138.0	138.0					

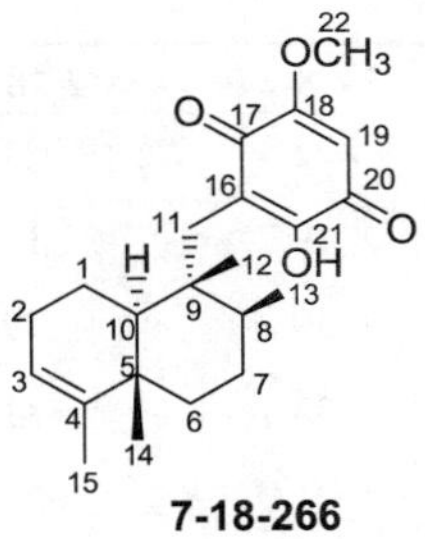

7-18-266 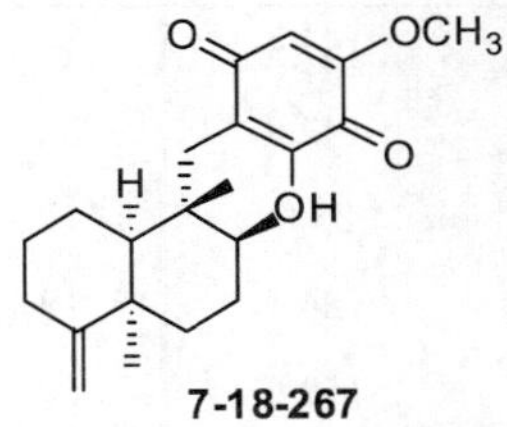　7-18-267 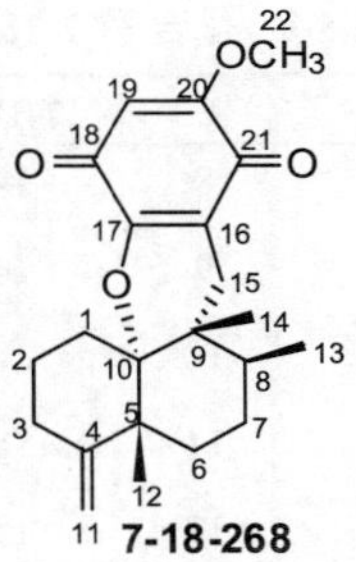　7-18-268 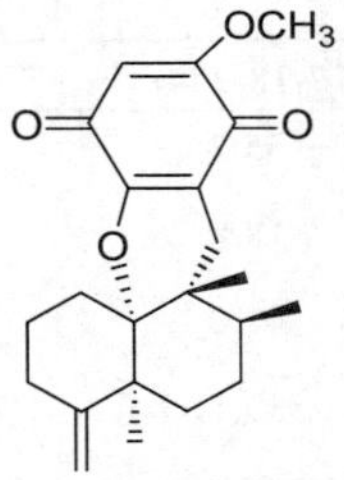　7-18-269

表 7-18-49 化合物 7-18-266~7-18-269 的 ^{13}C NMR 数据[114]

C	7-18-266[115]	7-18-267[115]	7-18-268[116]	7-18-269[116]	C	7-18-266[115]	7-18-267[115]	7-18-268[116]	7-18-269[116]
1	20.6	23.2	25.0	29.1	12	18.0	19.2	23.9	27.6
2	27.8	25.6	22.1	23.2	13	18.4	19.0	16.2	16.2
3	121.6	32.6	31.4	30.0	14	20.9	33.8	19.1	19.9
4	144.7	154.1	155.0	152.9	15	18.9	106.4	28.4	28.1
5	39.2	40.2	43.8	44.4	16	118.3	121.6	115.4	114.1
6	36.7	38.5	31.0	32.6	17	183.0	188.0	152.3	152.6
7	28.6	28.6	26.8	26.9	18	162.5	109.6	181.0	181.1
8	38.6	40.6	32.6	33.8	19	102.7	156.3	104.9	104.7
9	43.8	46.3	37.4	38.8	20	182.8	179.2	159.3	159.4
10	48.6	49.6	89.1	88.0	21	154.0	152.1	181.3	181.6
11	33.0	33.8	106.0	107.5	22	57.5	57.0	56.3	56.3

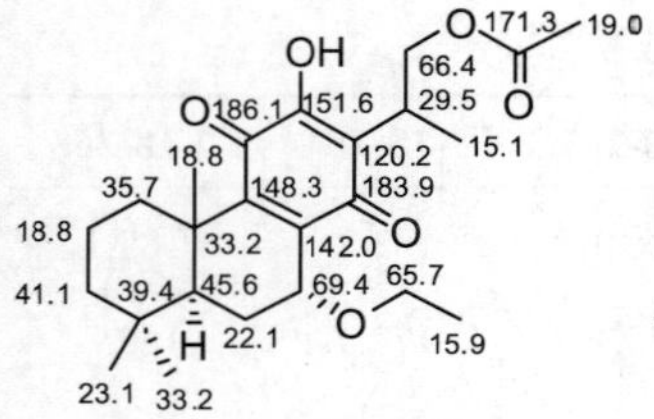

7-18-270[117] 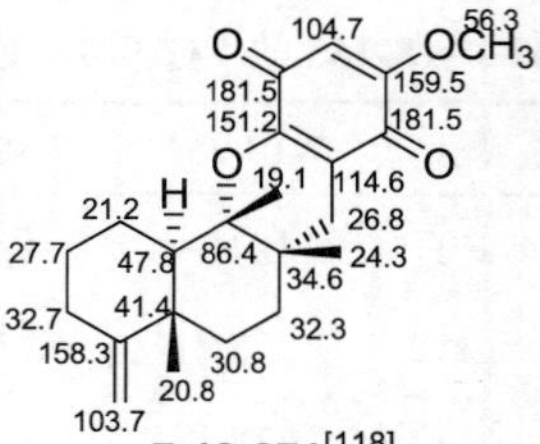　7-18-271[118] 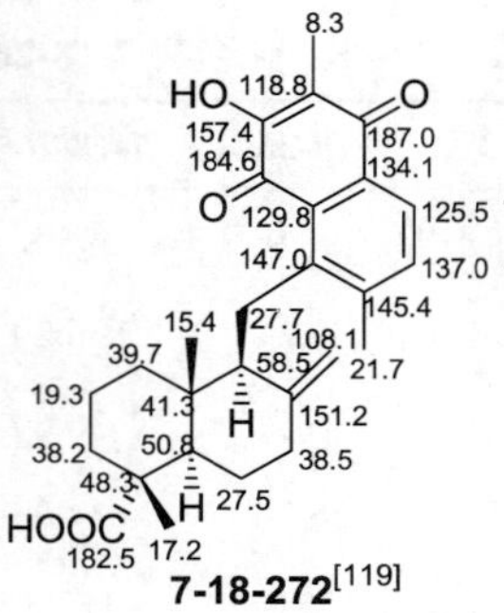　7-18-272[119] 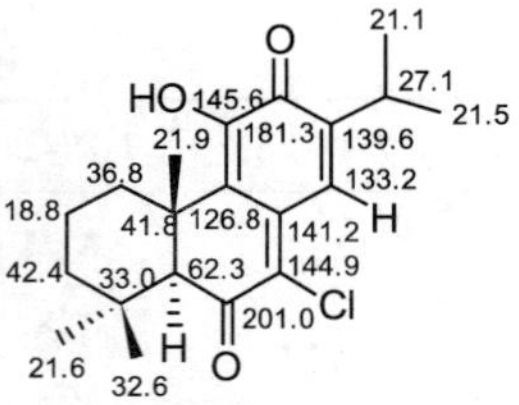　7-18-273[120]

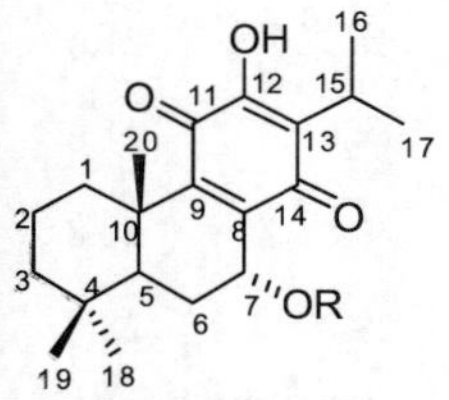

7-18-274 R=H
7-18-275 R=CH_3

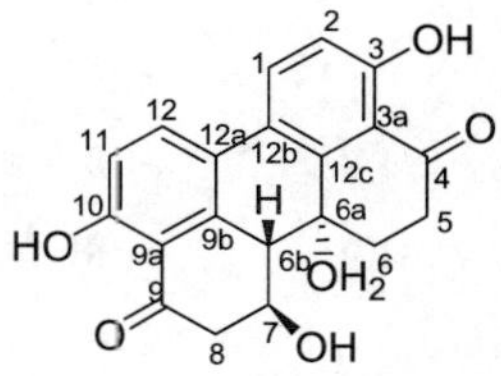

7-18-276 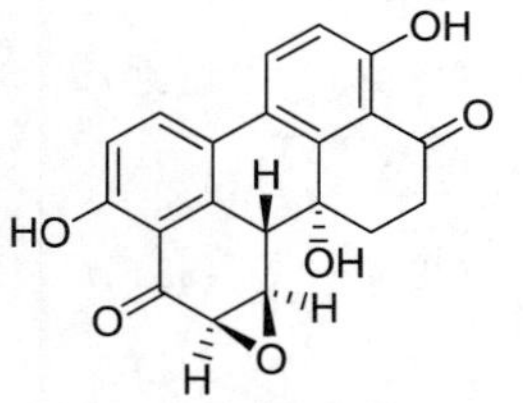　7-18-277 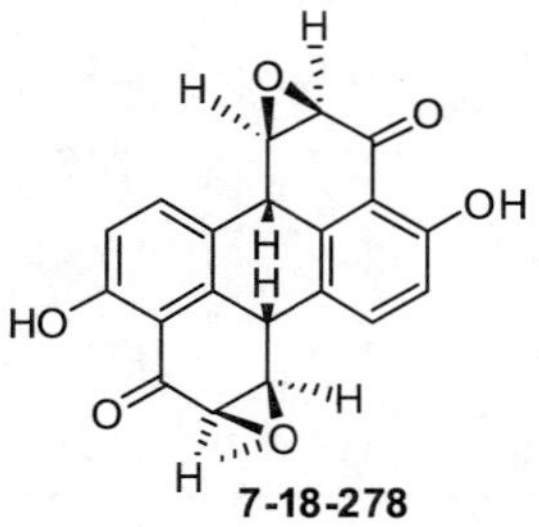　7-18-278

表 7-18-50　化合物 7-18-274 和 7-18-275 的 ^{13}C NMR 数据[121]

C	7-18-274	7-18-275	C	7-18-274	7-18-275	C	7-18-274	7-18-275
1	35.7	35.7	8	143.1	141.4	15	23.9	24.2
2	18.8	18.8	9	147.8	147.8	16	19.7	19.7
3	41.0	41.0	10	33.0	33.0	17	19.8	19.9
4	39.1	39.2	11	183.8	184.1	18	33.1	33.0
5	45.7	45.5	12	151.1	150.6	19	21.7	21.9
6	25.7	22.1	13	124.1	124.7	20	18.3	18.5
7	63.2	70.7	14	189.0	186.4	OMe		57.3

表 7-18-51　化合物 7-18-276~7-18-278 的 ^{13}C NMR 数据[122]

C	7-18-276	7-18-277	7-18-278	C	7-18-276	7-18-277	7-18-278
1	132.7	133.0	56.0	8	47.7	52.8	53.6
2	119.5	119.9	53.6	9	202.0	196.6	196.8
3	162.3	163.3	196.8	9a	117.4	114.6	112.3
3a	116.9	113.5	112.3	9b	139.1	138.8	143.0
4	205.0	204.1	159.6	10	162.0	162.6	159.6
5	34.0	32.1	114.5	11	117.5	118.0	114.5
6	34.5	33.3	132.1	12	132.4	132.6	132.1
6a	69.2	68.3	128.8	12a	124.1	124.0	128.8
6b	51.9	45.1	37.5	12b	122.7	122.4	37.5
7	66.1	55.7	56.0	12c	135.5	133.5	143.0

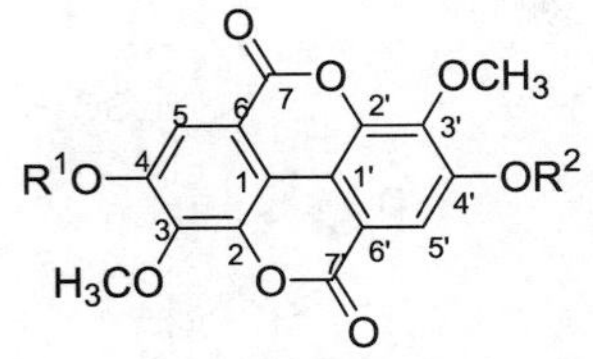

7-18-279 R¹=H; R²=H
7-18-280 R¹=Glu; R²=H
7-18-281 R¹=Glu; R²=Glu

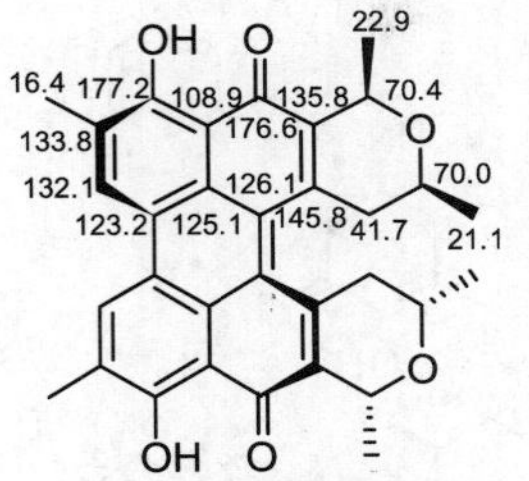

7-18-282[124]

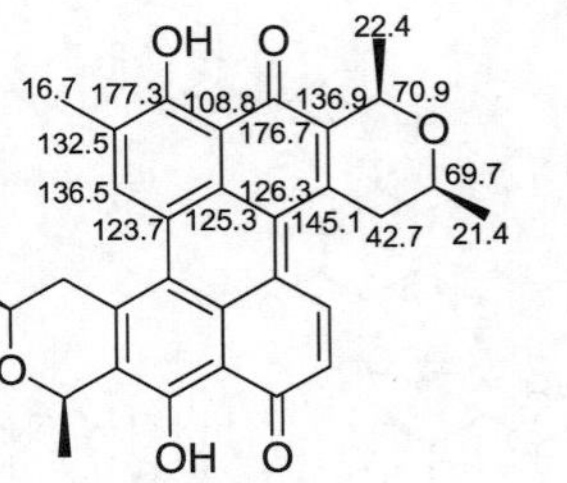

7-18-283[124]

表 7-18-52 化合物 7-18-279~7-18-281 的 ^{13}C NMR 数据[123]

C	7-18-279	7-18-281	C	7-18-280	C	7-18-280
1(1')	111.6	115.2	1	114.0	3-MeO	61.5
2(2')	141.1	142.1	2	140.8	3'-MeO	60.9
3(3')	140.0	139.7	3	141.7	1"	101.2
4(4')	152.0	152.1	4	151.4	2"	73.2
5(5')	111.3	111.0	5	111.8	3"	76.4
6(6')	112.0	113.5	6	111.8	4"	69.4
7(7')	158.3	158.8	7	158.2	5"	77.2
3(3')-OMe	61.0	60.9	1'	111.0	6"	60.5
1" (1''')		104.0	2'	141.5		
2" (2''')		73.4	3'	140.1		
3" (3''')		76.2	4'	152.7		
4" (4''')		69.6	5'	111.5		
5" (5''')		77.3	6'	112.7		
6" (6''')		60.8	7'	158.3		

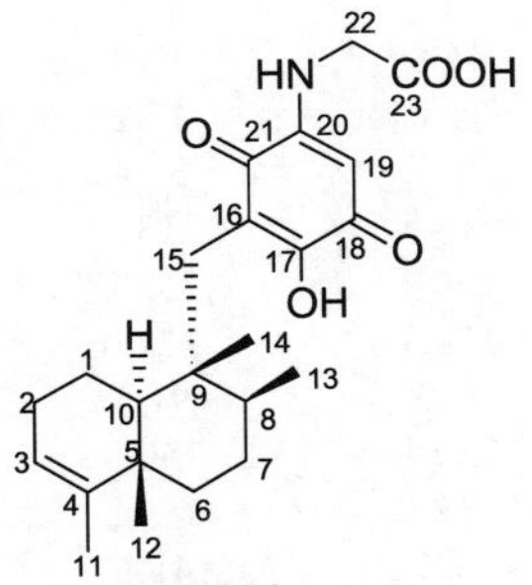

7-18-284

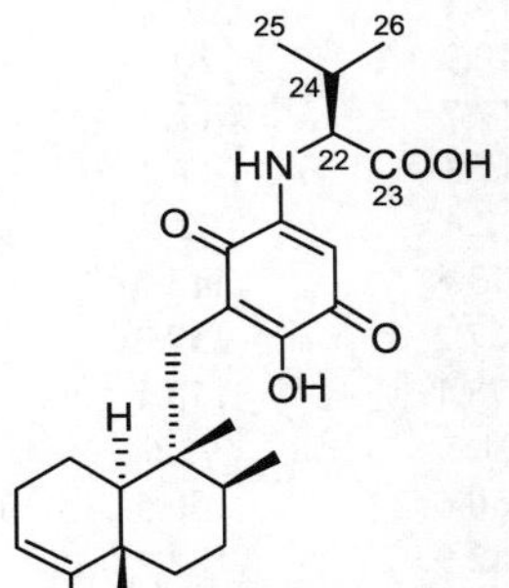

7-18-285

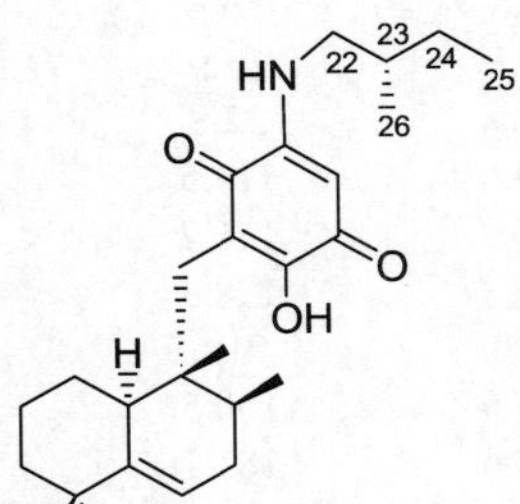

7-18-286

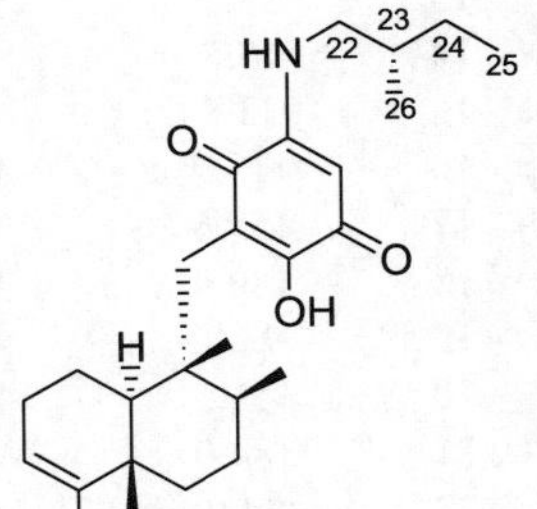

7-18-287

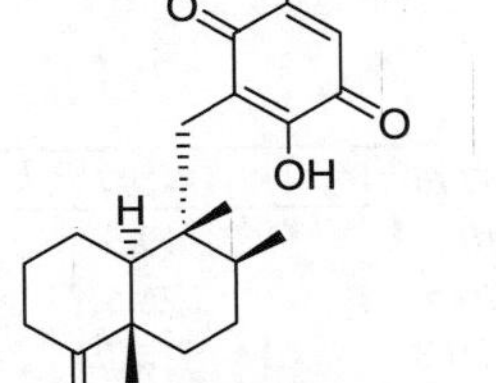

7-18-288

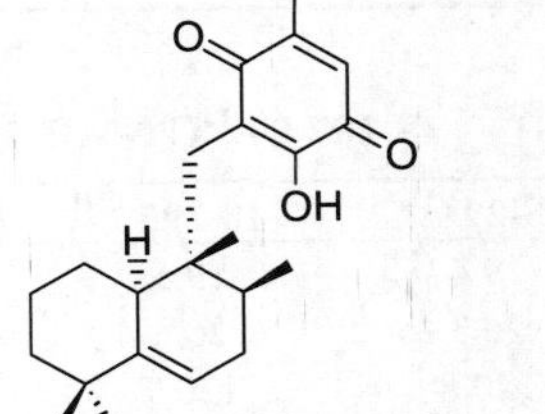

7-18-289

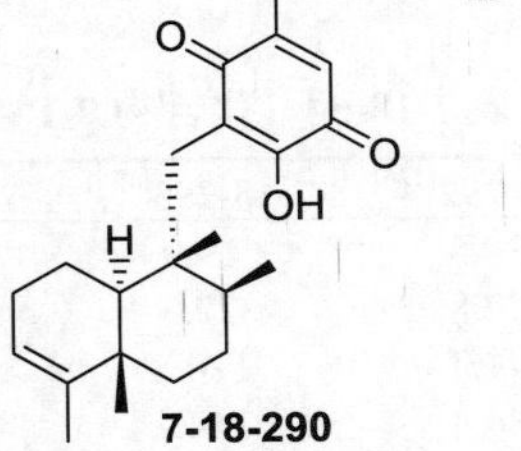

7-18-290

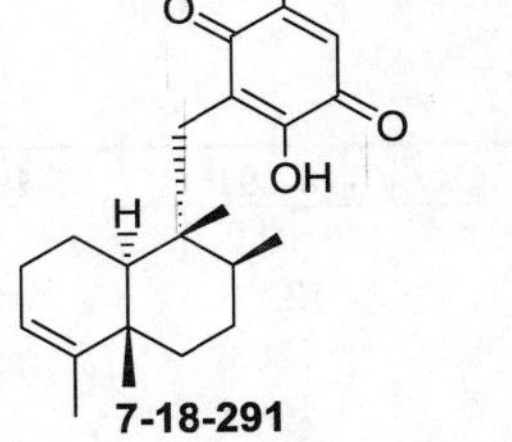

7-18-291

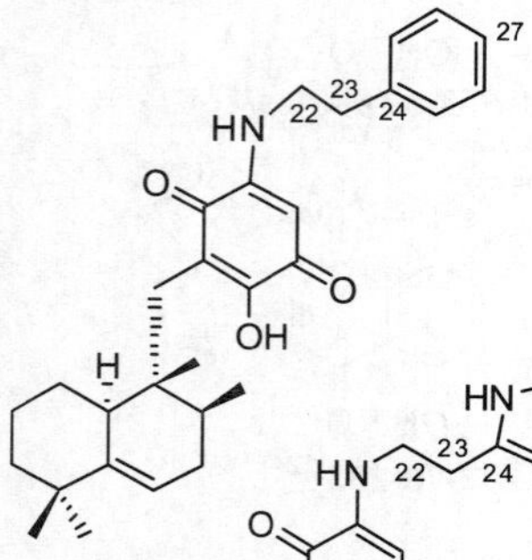

7-18-292 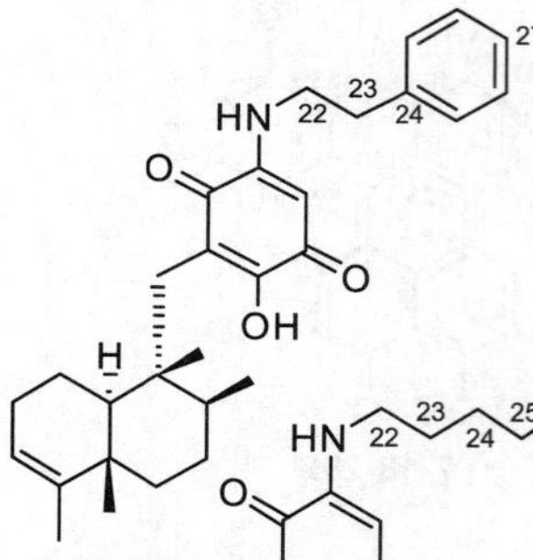　7-18-293 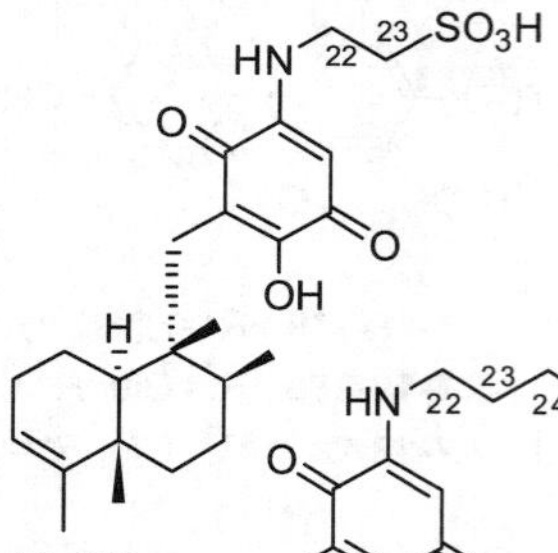　7-18-294 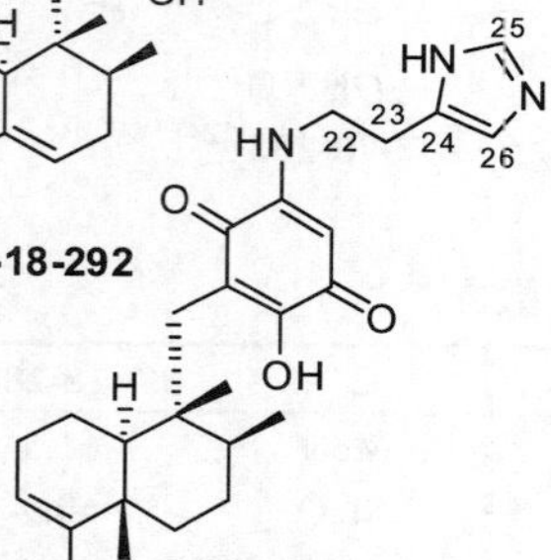　7-18-295 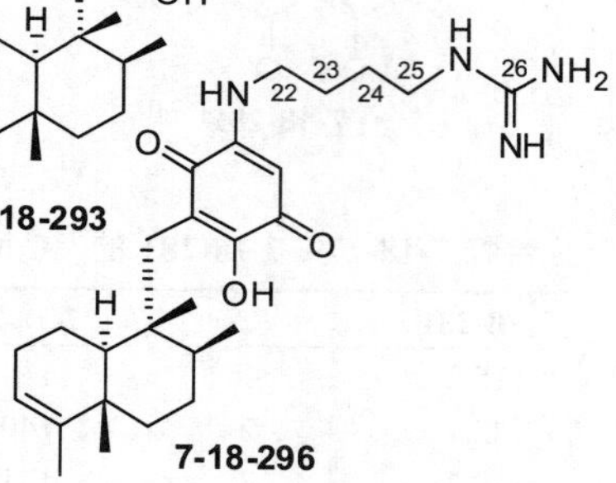　7-18-296 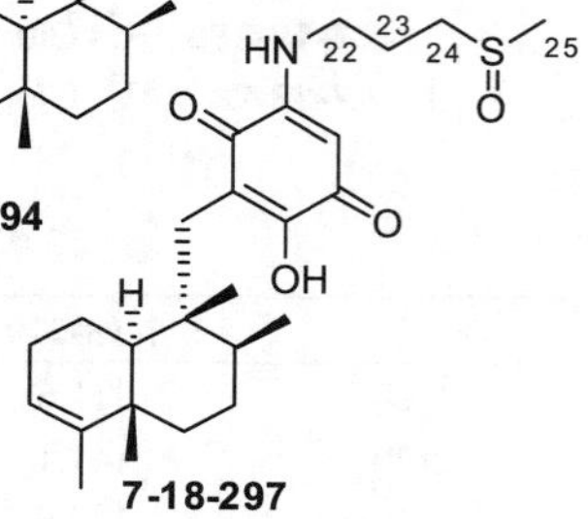　7-18-297

表 7-18-53　化合物 7-18-284~7-18-290 的 ^{13}C NMR 数据

C	7-18-284[125]	7-18-285[125]	7-18-286[126]	7-18-287[126]	7-18-288[126]	7-18-289[126]	7-18-290[126]
1	21.1	20.2	30.6	19.9	23.2	30.6	20.1
2	28.0	27.1	22.8	27.1	28.7	22.8	27.0
3	121.9	120.7	41.4	120.8	33.0	41.4	120.7
4	144.9	144.2	36.3	144.1	160.5	36.4	144.0
5	39.6	38.5	146.5	38.5	40.4	146.5	38.4
6	37.4	36.0	114.9	36.0	36.7	114.9	35.9
7	29.2	27.9	31.6	27.9	28.0	31.6	27.9
8	39.0	37.8	36.4	37.7	37.9	36.3	37.6
9	43.6	42.8	40.6	42.7	42.9	40.6	42.6
10	49.9	47.8	41.6	47.6	50.0	41.6	47.5
11	18.4	17.7	29.7	18.1	102.5	29.7	18.1
12	20.7	19.9	28.0	19.9	20.5	28.0	19.8
13	18.4	18.3	16.6	17.7	17.9	16.6	17.7
14	17.8	17.3	15.9	17.3	17.2	16.0	17.2
15	33.3	32.5	32.8	32.4	32.5	32.7	32.4
16	115.9	114.6	114.5	113.8	113.5	114.5	113.8
17	159.6	156.7	156.7	157.2	157.3	156.7	157.2
18	180.8	179.2	178.3	178.1	178.1	178.3	178.0
19	93.8	93.0	91.5	91.5	91.6	91.5	91.5
20	151.5	149.6	150.5	150.6	150.5	150.1	150.3
21	184.0	188.6	183.1	182.9	182.9	183.1	182.8
22	44.9	63.0	48.7	48.7	48.7	41.1	41.1
23	171.9	172.3	34.0	34.0	34.0	36.9	36.8
24		30.9	27.2	27.2	27.2	25.9	25.9
25		18.2	11.1	11.1	11.1	22.3	22.3
26		18.8	17.3	17.4	17.4		

表 7-18-54　化合物 7-18-291~7-18-297 的 ^{13}C NMR 数据

C	7-18-291[126]	7-18-292[126]	7-18-293[126]	7-18-294[126]	7-18-295[127]	7-18-296[127]	7-18-297[127]
1	19.9	30.5	19.9	19.4	19.5	19.5	19.5
2	27.1	22.8	27.0	26.3	26.5	26.5	26.5
3	120.8	41.3	120.8	120.8	120.7	120.8	120.7
4	144.1	36.4	144.1	143.1	143.2	143.3	143.2
5	38.5	146.5	38.5	37.8	37.9	37.9	37.8
6	36.0	114.8	36.0	35.4	35.6	35.6	35.5

续表

C	7-18-291[126]	7-18-292[126]	7-18-293[126]	7-18-294[126]	7-18-295[127]	7-18-296[127]	7-18-297[127]
7	27.9	31.6	28.0	27.5	27.6	27.6	27.6
8	37.7	36.3	37.7	37.1	37.3	37.4	37.2
9	42.6	40.6	42.7	41.8	42.0	42.0	41.9
10	47.6	41.6	47.6	47.0	47.2	47.2	47.1
11	18.1	29.7	18.2	17.9	18.0	18.0	18.0
12	20.1	28.0	20.1	19.9	19.9	19.9	19.9
13	17.7	16.5	17.7	17.8	17.8	17.8	17.8
14	17.3	15.9	17.3	17.2	17.2	17.2	17.2
15	32.4	32.7	32.4	32.0	32.0	32.0	32.0
16	113.9	114.7	113.9	113.6	113.9	113.8	113.8
17	157.1	156.5	156.9	158.8	158.5	158.7	158.5
18	178.1	178.5	178.3	178.0	178.3	177.9	178.0
19	91.6	91.8	91.8	91.6	92.2	91.7	91.9
20	150.5	149.9	150.9		149.7	150.0	149.9
21	182.9	183.0	182.8	182.7	183.0	183.2	183.1
22	50.3	44.0	44.0	39.2	41.0	41.7	41.2
23	27.6	34.2	34.3	48.0	22.9	24.6	20.7
24	20.2	137.4	137.4		130.9	26.1	50.4
25		128.5	128.6		134.0	40.5	38.0
26		128.9	128.9		116.2	156.9	
27		127.0	127.1				
28		128.9	128.9				
29		128.5	128.6				

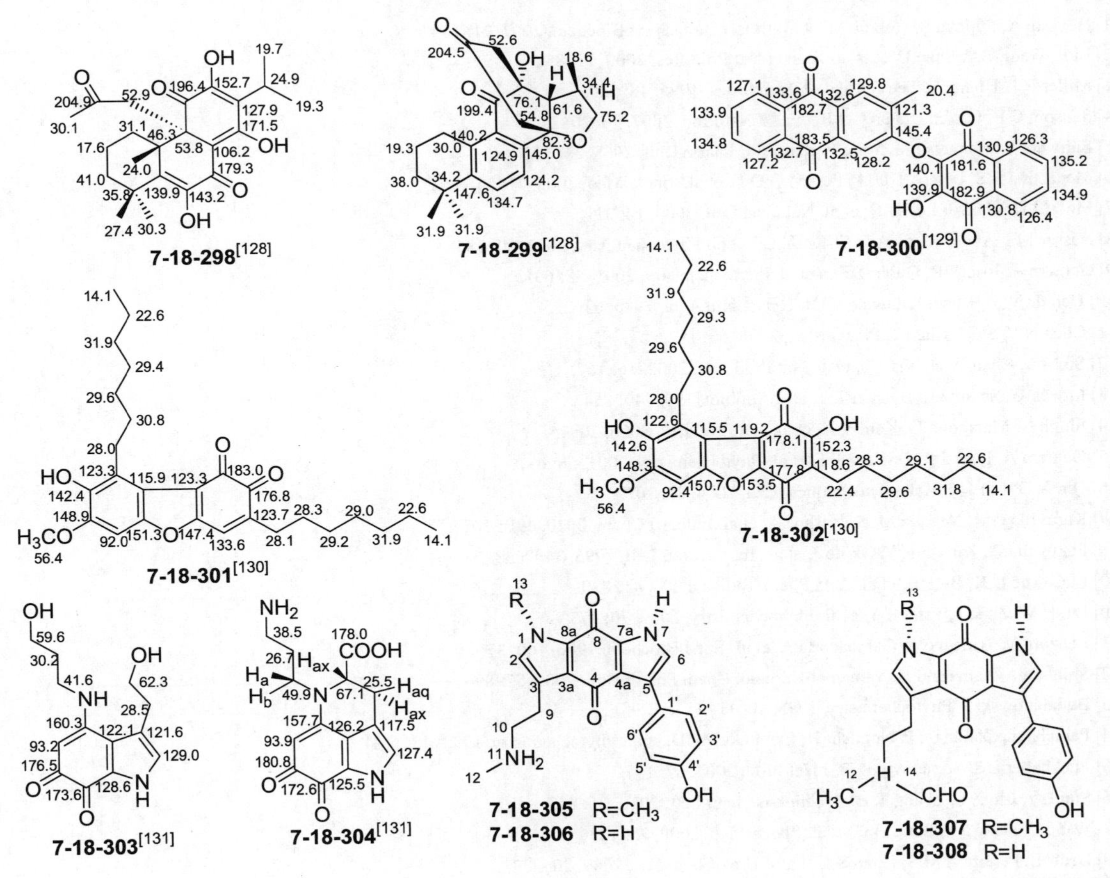

表 7-18-55 化合物 7-18-305~7-18-308 的 ^{13}C NMR 数据[132]

C	7-18-305	7-18-306	7-18-307	7-18-308	C	7-18-305	7-18-306	7-18-307	7-18-308
2	130.3	125.0	130.4	125.0	10	48.1	48.2	48.6	48.7
3	119.6	120.6	121.5	122.5	12	32.6	32.7	29.0	29.1
3a	125.4	125.9	125.4	125.9	13	35.8		35.8	162.3
4	180.4	179.8	180.4	179.8	14			162.2	
4a	121.4	121.2	121.4	121.2	1'	124.0	124.0	124.0	124.0
5	126.6	126.9	126.5	126.8	2'	129.8	129.9	129.8	129.9
6	123.9	124.2	123.8	124.1	3'	114.6	114.6	114.6	114.6
7a	133.3	133.3	133.3	133.4	4'	156.7	156.7	156.9	156.8
8	168.7	169.4	168.6	169.3	5'	114.6	114.6	114.6	114.6
8a	129.5	131.5	129.4	131.4	6'	129.8	129.9	129.8	129.9
9	22.0	22.3	24.2	24.5					

7-18-309[133]

7-18-310[134]

7-18-311[135]

7-18-312[136]

参考文献

[1] Hayashi A, Fujioka S, Nukina M, et al. Biosci Biotechnol Biochem, 2007, 71: 1697.
[2] Li L, Wang C Y, Shao C L, et al. J Asian Nat Prod Res, 2009, 11: 851.
[3] Miller R F, Huang S. The Journal of Antibiotics, 1995, 48: 520.
[4] Sansom C E, Larsen L, Perry N B, et al. J Nat Prod, 2007, 70: 2042.
[5] Fujiwara Y, Mangetsu M, Yang P, et al. Biol Pharm Bull, 2008, 31: 722.
[6] Menezes J E S, Lemos T L G , Pessoa O D L, et al. Planta Med, 2005, 71: 54.
[7] Moon J H, Ma S J, Lee H H, et al. Nat Prod Lett, 2000, 14: 311.
[8] Nassar M I, Abdel-Razik A F, El-Khrisy E, et al. Phytochemistry, 2002, 60: 385.
[9] Guntern A, Ioset J R, Queiroz E F, et al. Phytochemistry, 2001, 58: 631.
[10] Uchida V M, Ruedi P, Eugster C H. Helv Chim Acta, 1980, 63: 225.
[11] Chen N Y, Shi J, Chen T. Planta Med, 2000, 66: 187.
[12] So M L, Chan W H, Xia P F, et al. Nat Prod Lett, 2002, 16: 167.
[13] Mocek U, Schultz L, Buchan T, et al. J Antibiot, 1996, 49: 854.
[14] Singh N, Mahmood U, Kaul V K, et al. Nat Prod Res, 2006, 20: 75.
[15] Guntern A, Ioset J R, Queiroz E F, et al. Phytochemistry, 2001, 58: 631.
[16] Qin X D, Liu J K. Helvetica Chimica Acta, 2004, 87: 2022.
[17] Kuruvilla G R, Neeraja M, Srikrishna A, et al. Indian J Chem, 2010, 49B: 1637.
[18] Fukuyama Y, Kiriyama Y, Okino J, et al. Tetrahedron Lett, 1993, 34: 7633.
[19] Li C, Yue D K, Bu P B, et al. Acta Pharm Sinica, 2006, 41: 830.
[20] Liu H W, Zhao F, Yang R Y, et al. Phytochemistry, 2009, 70: 773.
[21] Lanzotti V, Trincone A, Gambacorta A, et al. Eur J Biochem, 1986, 160: 37.
[22] Shintani A, Yamazaki H, Yamamoto Y, et al. Chem Pharm Bull, 2009, 57: 894.
[23] Budzianowski J. Phytochemistry, 1995, 40: 1145.
[24] Panichayupakaranant P, Noguchi H, Eknamkul W D, et al. Phytochemistry, 1995, 40: 1141.
[25] Puckhaber L S, Stipanovic R D. J Nat Prod, 2004, 67: 1571.
[26] Sun L Y, Liu Z L, Zhang T, et al. Chinese Chem Lett, 2010, 21: 842.
[27] Wang L, Dong J Y, Song H C, et al. Planta Med, 2009, 75: 1339.
[28] Bedir E, Pereira A M S, Khan S I, et al. J Braz Chem Soc, 2009, 20: 383.

[29] Cai X H, Luo X D, Zhou J, et al. J Nat Prod, 2005, 68: 797.
[30] Lima C S D A, Amorim E L C D, Nascimento S C, et al. Nat Prod Res, 2005, 19: 217.
[31] Hayashi K I, Chang F R, Nakanishi Y, et al. J Nat Prod, 2004, 67: 990.
[32] Santos H S, Costa S M O, Pessoa D L P, et al. Z Naturforsch, 2003, 58c: 517.
[33] Aguiar R M, David J P, David J M. Phytochemistry, 2005, 66: 2388.
[34] Gur C S, Akgun I H, Gurhan I D, et al. J Nat Prod, 2010, 73: 860.
[35] Charan R D, Schlingmann G , Bernan V S, et al. J Antibiot, 2005, 58: 271.
[36] Rustaiyan A, Samadizadeh M, Habibi Z, et al. Phytochemistry, 1995, 39: 163.
[37] Shen C C, Syu W J, Li S Y, et al. J Nat Prod, 2002, 65: 1857.
[38] Sabri N N, Abou-Donia A A, Ghazy N M, et al. J Org Chem, 1989, 54: 4097.
[39] Sreelatha T, Hymavathi A, Madhusudhana J, et al. Biorg Med Chem Lett, 2010, 20: 2974.
[40] Diniz J C, Viana F A, Oliveira O F, et al. Magn Reson Chem, 2009, 47: 190.
[41] Ioset J R, Marston A, Gupta M P, et al. Phytochemistry, 2000, 53: 613.
[42] Fonseca A M, Pessoa O D L, Silveira E R, et al. Magn Reson Chem, 2003, 41: 1038.
[43] Luo Z Y, Meksuriyen D, Erdelmeier C A J, et al. J Org Chem, 1988, 53: 2183.
[44] Schmitz F J, Bloor S J. J Org Chem, 1988, 53: 3922.
[45] Cao S G , Foster C, Brisson M, et al. Bioorg Med Chem, 2005, 13: 999.
[46] Cai X H, Luo X D, Zhou J, et al. J Asian Nat Prod Res, 2006, 8: 351.
[47] Ford P W, Gadepalli M, Davidson B S. J Nat Prod, 1998, 61: 1232.
[48] Tangmouo J G , Meli A L, Komguem J, et al. Tetrahedron Lett, 2006, 47: 3067.
[49] Jassbi A R, Singh P, Jain S, et al. Helv Chim Acta, 2004, 87: 820.
[50] Liu H, Jin Y S, Song Y, et al. J Asian Nat Prod Res, 2010, 12: 286.
[51] Okuyama E, Homma M, Satoh Y, et al. Chem Pharm Bull, 1999, 47: 1473.
[52] Verdan M H, Barison A, Sa E L D, et al. J Nat Prod, 2010, 73: 1434.
[53] Chen W S, Jia X M, Zhang W D, et al. Acta Pharm Sinica, 2003, 38: 354.
[54] Yang M H, Blunden G , Xu Y X, et al. Pharmaceut Sci, 1996, 2: 69.
[55] Lin L Z, Wang X M, Huang X L, et al. Acta Pharm Sinica, 1990, 25: 154.
[56] 郑俊华, 果德安. 大黄的现代研究. 北京：北京大学医学出版社, 2007: 284.
[57] Singh S S, Pandey S C, Singh R, et al. Indian J Chem, 2005, 43B: 1494.
[58] Abd-Alla H I, Shaaban M, Shaaban K A, et al. Nat Prod Res, 2009, 23: 1035.
[59] Liu J F, Xu K P, Li F S, et al. Chem Pharm Bull, 2010, 58: 549.
[60] Bouberte M Y, Krohn K, Hussain H, et al. Z Naturforsch, 2006, 61b: 78.
[61] Cai X H, Luo X D, Zhou J, et al. J Nat Prod, 2005, 68: 797.
[62] Wu T S, Lin D M, Shi L S, et al. Chem Pharm Bull, 2003, 51: 948.
[63] Ibafiez-Calero S L, Jullian V, Sauvain M. Revista Boliviana De Quimica, 2009, 26: 49.
[64] Wang D Y, Ye Q, Li B G , et al. Nat Prod Rese, 2003, 17: 365.
[65] Ngamga D, Awouafack M D, Tane P, et al. Biochemical Systematics and Ecology, 2007, 35: 709.
[66] Osman C P, Ismail N H, Ahmad R, et al. Molecules, 2010, 15: 7218.
[67] Wu Y B, Zheng C J, Qin L P, et al. Molecules, 2009, 14: 573.
[68] Zhang H L, Zhang Q W, Zhang X Q, et al. Chin J Nat Med, 2010, 8: 192.
[69] Ee G C L, Wen Y P, Sukari M A, et al. Nat Prod Res, 2009, 14: 1322.
[70] Siddiqui B S, Sattar F A, Begum S, et al. Nat Prod Res, 2006, 20: 1136.
[71] Son J K, Jung S J, Jung J H, et al. Chem Pharm Bull, 2008, 56: 213.
[72] Itokawa H, Mihara K, Takeya K. Chem Pharm Bull, 1983, 31: 2353.
[73] Zhou Z, Jiang S H, Zhu D Y, et al. Phytochemistry, 1994, 36: 765.
[74] Wabo H K, Kouam S F, Krohn K, et al. Chem Pharm Bull, 2007, 55: 1640.
[75] Ahmad R, Shaari K, Lajis N H, et al. Phytochemistry, 2005, 66: 1141.
[76] Chen B, Wang D Y, Ye Q, et al. J Asian Nat Prod Res, 2005, 7: 197.
[77] Ford P W, Gadepalli M, Davidson B S. J Nat Prod, 1998, 61: 1232.
[78] Arnone A, Camarda L, Nasini G. J Chem Soc, Perkin Trans, 1986, 1: 255.
[79] Ge H M, Song Y C, Shan C Y, et al. Planta Med, 2005, 71: 1063.
[80] Motohashi K, Takagi M, Yamamura H, et al. J Antibiot, 2010, 63: 545.
[81] Babu K S, Srinivas P V, Praveen B, et al. Phytochemistry, 2003, 62: 203.
[82] Matsuda H, Morikawa T, Toguchida I, et al. Bioorg Med Chem, 2001, 9: 41.

[83] Ko S K. Arch Pharm Res, 2000, 23:159.
[84] Krenn L, Presser A, Pradhan R, et al. J Nat Prod, 2003, 66: 1107.
[85] Tang L Y, Wang Z J, Fu M H, et al. Chinese Chem Lett, 2008, 19: 1083.
[86] Abdessemed D, Fontanay S, Duval R E, et al. Arab J Sci Eng, 2001, 36: 57.
[87] Li X, Liu Z, Chen Y, et al. Molecules, 2009, 14: 566.
[88] Li C H, Wei X Y, Li X E, et al. Chinese Chem Lett, 2004, 15: 1448.
[89] Wong S M, Wong M M, Seligmann O, et al. Phytochemistry, 1989, 28: 211.
[90] Srivastava M, Singh J. Int J Pharmacog. 1993, 31: 182.
[91] Lee C L, Chang F R, Yen M H, et al. J Nat Prod, 2009, 72: 210.
[92] Tezuka Y, Hirano H, Kikuchi T, et al. Chem Pharm Bull, 1991, 39: 593.
[93] Hu J M, Chen J J, Yu H, et al. Planta Med, 2008, 74: 535.
[94] Bhaskar M U, Rao L J M, Rao N S P, et al. J Nat Prod, 1991, 54: 386.
[95] Ju J H, Yang J S, Li J, et al. Chinese Chem Lett, 2000, 11: 37.
[96] Majumder P L, Sen R C. Phytochemistry, 1991, 30: 2092.
[97] Barua A K, Ghosh B B, Ray S, et al. Phytochemistry, 1990, 29: 3046.
[98] Fan C Q, Wang W, Wang Y P, et al. Phytochemistry, 2001, 57: 1255.
[99] Zhang Z J, Zhang X Q, Ye W C, et al. Nat Prod Res, 2004, 18: 301.
[100] Itharat A, Plubrukam A, Kongsaeree P, et al. Org Lett, 2003, 5: 2879.
[101] Zhao Y Y, Cui C B, Cai B, et al. J Asian Nat Res, 2005, 7: 835.
[102] Zhang C,Li L, Xiao Y Q, et al. Chinese Chem Lett, 2010, 21: 816.
[103] Fan T P, Min Z D, Iinuma M. Chem Pharm Bull, 1999, 47: 1797.
[104] Ikeshiro Y, Hashimoto I, Iwamoto Y, et al. Phytochemistry, 1991, 30: 2791.
[105] Gao W Y, Zhang R, Jia W, et al. Chem Pharm Bull, 2004, 52: 136.
[106] Cao C Q, Sun L R, Lou H X, et al. Li Shi Zhen Medcine and Materia Medica Res, 2009, 20: 636.
[107] Luo H W, Wu B J, Wu M Y, et al. Phytochemistry, 1985, 24: 815.
[108] Yang M H, Blunden G , Xu Y X, et al. Pharmaceut Sci, 1996, 2: 69.
[109] Don M J, Shen C C, Syu W J, et al. Phytochemistry, 2006, 67: 497.
[110] Ma H Y, Gao H Y, Sun L, et al. J Nat Med, 2011, 65: 37.
[111] Lin H C, Ding H Y, Chang W L. J Nat Prod, 2001, 64: 648.
[112] Wijeratne E M K, Paranagama P A, Marron M T, et al. J Nat Prod, 2008: 71: 218.
[113] Mahmoud A A, Al-Shihry S S, Son B W. Phytochemistry, 2005, 66: 1685.
[114] Sairafianpour M, Christensen J, Stark D, et al. J Nat Prod, 2001, 64: 1398.
[115] Salmoun M, Devijver C, Daloze D, et al. J Nat Prod, 2000, 63: 452.
[116] Mitome H, Nagasawa T, Miyaoka H, et al. J Nat Prod, 2001, 64: 1506.
[117] Chen X, Deng F J, Liao R A, et al. Chinese Chem Lett, 2000, 11: 229.
[118] Chu M, Mierzwa R, Xu L, et al. Bioorg Med Chem Lett, 2003, 13: 3827.
[119] Ayers S, Zink D L, Mohn K, et al. J Nat Prod, 2007, 70: 425.
[120] El-Lakany A M. Nat Prod Sci, 2004, 10: 59.
[121] Jonathan L T, Che C T, Pezzuto J M. J Nat Prod, 1989, 52: 571.
[122] Stack M E, Mazzola E P, Page S W, et al. J Nat Prod, 1986, 49: 866.
[123] Pakulski G , Budzianowski J. Phytochemistry, 1996, 41: 775.
[124] Ayers S, Zink D L, Mohn K, et al. J Nat Prod, 2007, 70: 425.
[125] Rustaiyan A, Samadizadeh M, Habibi Z, et al. Phytochemistry, 1995, 39: 163.
[126] Shigemori H, Madono T, Sasaki T, et al. Tetrahedron, 1994, 50: 8347.
[127] Takahashi Y, Ushio M, Kubota T, et al. J Nat Prod, 2010, 23: 467.
[128] Marques C G , Simoes M F, Rodriguez B. J Nat Prod, 2005, 68: 1408.
[129] Eyong K O, Foleoc G N, Keute V, et al. Phytochemistry, 2006, 67: 605.
[130] Huang X A, Yang R Z, Cai X L, et al. J Mol Struct, 2007, 830: 100.
[131] Peters S, Spiteller P. J Nat Prod, 2007, 70: 1274.
[132] Utkina N K, Makarchenko A E, Denisenko V A. J Nat Prod, 2005, 68: 1424.
[133] Pettit G R, Du J, Pettit R K, et al. J Nat Prod, 2006, 69: 804.
[134] Utkina N K, Makarchenko A E, Denisenko V A. J Nat Prod, 2005, 68: 1424.
[135] Miljkovic A, Mantle P G , Williams D J, et al. J Nat Prod, 2001, 64: 1251.
[136] Maskey R P, Wollny I G , Laatsch H. Nat Prod Res, 2005, 19: 137.

第八章 甾烷类化合物

第一节 雄甾烷类化合物

表 8-1-1 雄甾烷类化合物 8-1-1~8-1-10 的名称、分子式和测试溶剂

编号	名称	分子式	测试溶剂	参考文献
8-1-1	kurchinin	$C_{19}H_{24}O_3$	C	[1]
8-1-2	2*α*,3*α*-dihydroxyandrostan-16-one-2*β*,9-hemiketal	$C_{19}H_{28}O_4$	P	[2]
8-1-3	3,3-difluoro-5*α*-androstan-17*β*-ol	$C_{21}H_{34}F_2O$	P	[3]
8-1-4	androstan-12-one	$C_{19}H_{30}O$	C	[4]
8-1-5	androstan-1-one	$C_{19}H_{30}O$	C	[4]
8-1-6	androstan-3-one	$C_{19}H_{30}O$	C	[4]
8-1-7	androstan-11-one	$C_{19}H_{30}O$	C	[4]
8-1-8	androstan-15-one	$C_{19}H_{30}O$	C	[4]
8-1-9	androstan-16-one	$C_{19}H_{30}O$	C	[4]
8-1-10	androstan-4-one	$C_{19}H_{30}O$	C	[4]

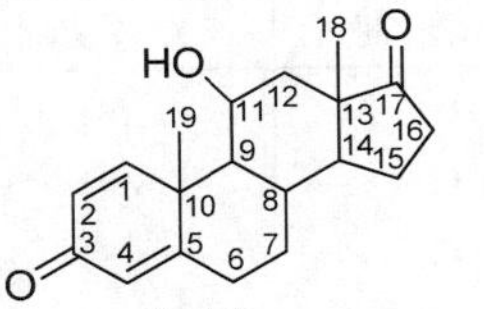
8-1-1

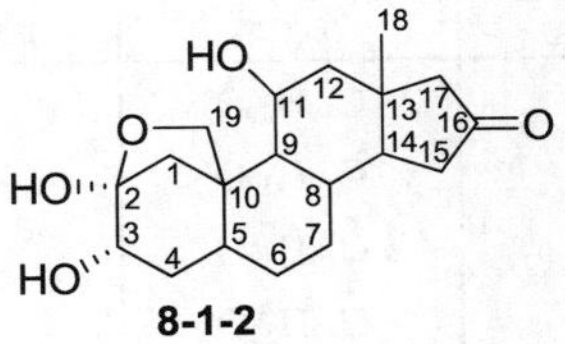
8-1-2

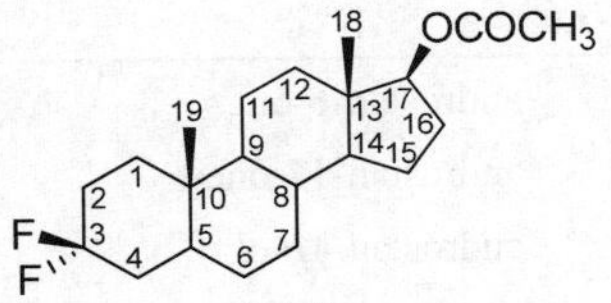
8-1-3

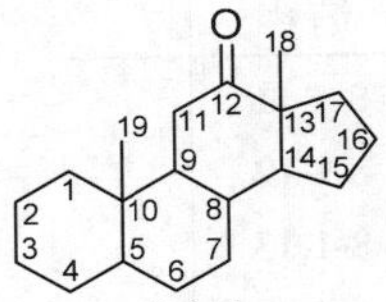
8-1-4

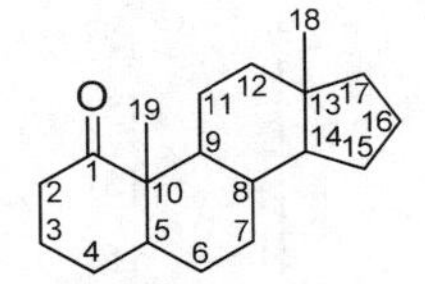
8-1-5

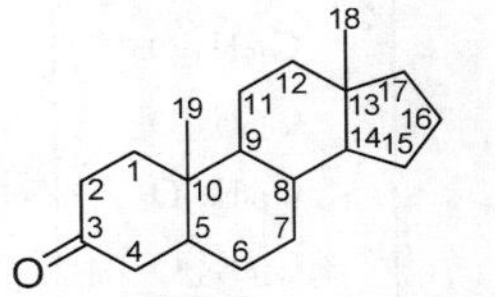
8-1-6

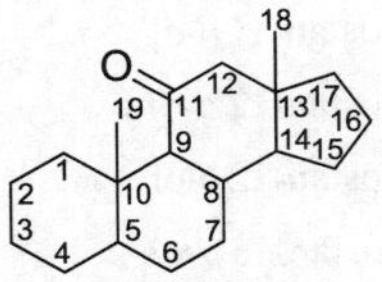
8-1-7

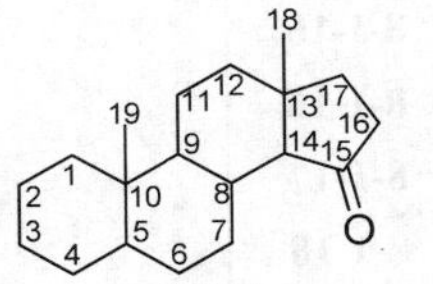
8-1-8

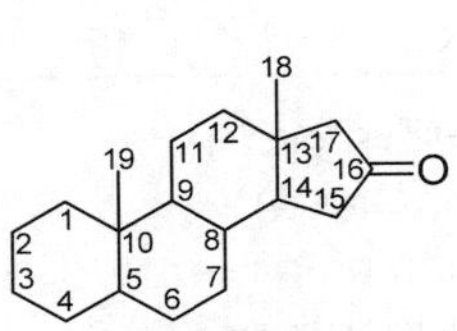
8-1-9

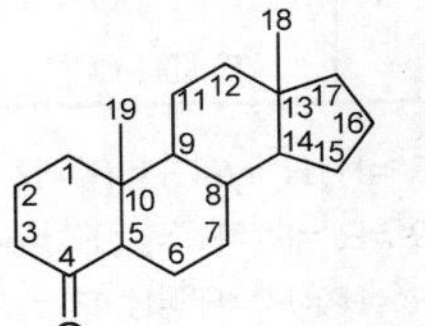
8-1-10

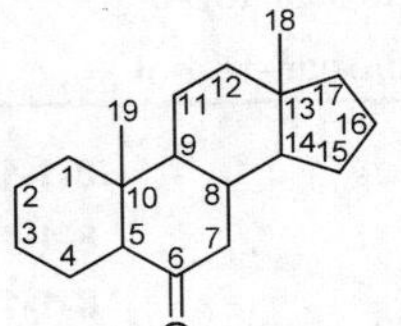
8-1-11

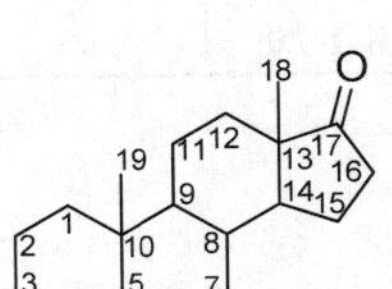
8-1-12

表 8-1-2 化合物 8-1-1~8-1-10 ^{13}C NMR 化学位移数据

C	8-1-1	8-1-2	8-1-3	8-1-4	8-1-5	8-1-6	8-1-7	8-1-8	8-1-9	8-1-10
1	158.2	39.9	35.0	38.3	215.8	38.7	37.8	38.7	38.4	37.8
2	125.3	107.8	30.5	21.9	38.8	38.1	21.9	22.2	22.1	20.4
3	186.5	73.2	124.0	26.5	28.0	211.0	26.8	26.8	26.8	41.2

续表

C	8-1-1	8-1-2	8-1-3	8-1-4	8-1-5	8-1-6	8-1-7	8-1-8	8-1-9	8-1-10
4	125.0	37.5	37.0	28.8	28.0	44.6	28.6	28.8	29.6	212.6
5	166.9	39.7	43.0	17.0	49.8	46.7	46.9	47.3	47.0	59.3
6	32.9	29.5	28.1	28.8	28.0	29.0	28.5	28.6	28.8	22.7
7	32.1	32.0	31.5	31.7	31.5	32.1	33.2	30.8	32.4	30.9
8	34.1	36.5	35.3	35.0	36.2	35.7	37.4	32.5	35.0	35.5
9	60.5	46.3	53.9	56.5	47.2	54.1	64.9	55.0	54.7	54.5
10	43.9	48.4	35.5	36.9	52.0	35.7	36.0	36.5	36.5	42.6
11	67.9	20.9	21.0	37.5	22.7	21.5	210.7	20.4	20.4	21.8
12	42.5	37.8	37.0	215.3	38.3	38.8	56.9	39.4	38.4	38.9
13	47.9	38.8	42.8	54.9	41.0	40.8	44.9	39.2	39.2	40.8
14	49.8	51.5	50.8	54.6	54.4	54.3	54.2	53.4	51.9	54.8
15	21.9	39.4	24.8	24.8	25.5	25.5	24.8	216.1	39.3	24.8
16	35.8	217.8	27.7	19.5	20.4	20.5	20.9	35.1	218.3	20.5
17	217.7	55.9	82.9	31.9	40.4	40.3	39.3	35.4	55.9	40.4
18	14.7	17.8	12.3	17.7	17.8	17.5	18.2	18.3	17.5	17.6
19	18.8	66.1	11.5	11.9	12.3	11.4	21.1	12.2	11.4	13.8
AcO			171.5							
Me			21.5							

表 8-1-3　雄甾烷类化合物 8-1-11~8-1-20 的名称、分子式和测试溶剂

编号	名称	分子式	测试溶剂	参考文献
8-1-11	androstan-6-one	$C_{19}H_{30}O$	C	[4]
8-1-12	androstan-17-one	$C_{19}H_{30}O$	C	[4]
8-1-13	androstan-4*β*-ol	$C_{19}H_{32}O$	C	[5]
8-1-14	androstan-11*α*-ol	$C_{19}H_{32}O$	C	[5]
8-1-15	androstan-11*β*-ol	$C_{19}H_{32}O$	C	[5]
8-1-16	androstan-12*α*-ol	$C_{19}H_{32}O$	C	[5]
8-1-17	androstan-12*β*-ol	$C_{19}H_{32}O$	C	[5]
8-1-18	androstan-15*α*-ol	$C_{19}H_{32}O$	C	[5]
8-1-19	androstan-15*β*-ol	$C_{19}H_{32}O$	C	[5]
8-1-20	androstan-16*α*-ol	$C_{19}H_{32}O$	C	[5]

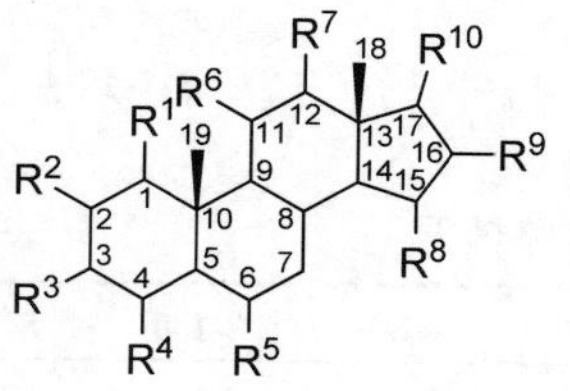

8-1-13 $R^1=R^2=H$; $R^3=\beta$-OH; $R^4=R^5=R^6=R^7=R^8=R^9=R^{10}=H$

8-1-14 $R^1=R^2=R^3=R^4=R^5=H$; $R^6=\alpha$-OH; $R^7=R^8=R^9=R^{10}=H$

8-1-15 $R^1=R^2=R^3=R^4=R^5=H$; $R^6=\beta$-OH; $R^7=R^8=R^9=R^{10}=H$

8-1-16 $R^1=R^2=R^3=R^4=R^5=R^6=R^7=\alpha$-OH; $R^8=R^9=R^{10}=H$

8-1-17 $R^1=R^2=R^3=R^4=R^5=R^6=H$; $R^7=\beta$-OH; $R^8=R^9=R^{10}=H$

8-1-18 $R^1=R^2=R^3=R^4=R^5=R^6=R^7=H$; $R^8=\alpha$-OH; $R^9=R^{10}=H$

8-1-19 $R^1=R^2=R^3=R^4=R^5=R^6=R^7=H$; $R^8=\beta$-OH; $R^9=R^{10}=H$

8-1-20 $R^1=R^2=R^3=R^4=R^5=R^6= R^7=R^8=H$; $R^9=\alpha$-OH; $R^{10}=H$

8-1-21 $R^1=R^2=R^3=R^4=R^5=R^6=R^7=R^8=H$; $R_9=\beta$-OH; $R^{10}=H$

8-1-22 $R^1=R^2=R^3=R^4=R^5=R^6=R^7=R^8=R^9=H$; $R^{10}=\beta$-OH

8-1-23 $R^1=R^2=R^3=R^4=R^5=R^6=R^7=R^8=R^9=H$; $R^{10}=\alpha$-OH

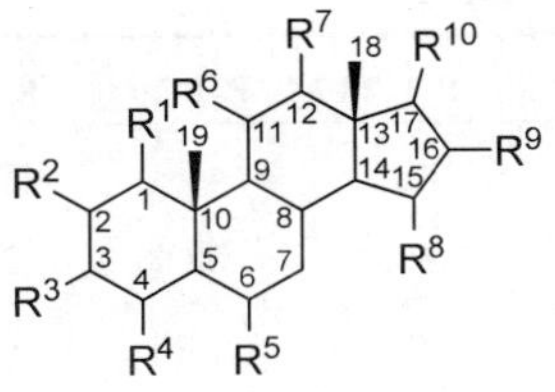

8-1-24 $R^1=R^2=R^3=H$; $R^4=\alpha$-OH; $R^5=R^6=R^7=R^8=R^9=R^{10}=H$
8-1-25 $R^1=R^2=R^3=R^4=H$; $R^5=\beta$-OH; $R^6=R^7=R^8=R^9=R^{10}=H$
8-1-26 $R^1=\alpha$-OH; $R^2=R^3=R^4=R^5=R^6=R^7=R^8=R^9=R^{10}=H$
8-1-27 $R^1=\beta$-OH; $R^2=R^3=R^4=R^5=R^6=R^7=R^8=R^9=R^{10}=H$
8-1-28 $R^1=H$; $R^2=\alpha$-OH; $R^3=R^4=R^5=R^6=R^7=R^8=R^9=R^{10}=H$
8-1-29 $R^1=H$; $R^2=\beta$-OH; $R^3=R^4=R^5=R^6=R^7=R^8=R^9=R^{10}=H$
8-1-30 $R^1=R^2=H$; $R^3=\alpha$-OH; $R^4=R^5=R^6=R^7=R^8=R^9=R^{10}=H$
8-1-31 $R^1=R^2=H$; $R^3=\beta$-OH; $R^4=R^5=R^6=R^7=R^8=R^9=R^{10}=H$

表 8-1-4 化合物 8-1-11~8-1-20 的 ^{13}C NMR 化学位移数据

C	**8-1-11**	**8-1-12**	**8-1-13**	**8-1-14**	**8-1-15**	**8-1-16**	**8-1-17**	**8-1-18**	**8-1-19**	**8-1-20**
1	38.3	38.6	38.7	40.8	38.9	38.8	38.7	38.8	38.8	38.7
2	21.5	22.1	17.1	22.6	22.0	22.3	22.2	22.2	22.3	22.2
3	25.3	26.7	33.9	26.7	26.6	26.4	26.8	26.8	26.8	26.8
4	20.4	29.0	72.5	29.7	28.6	29.2	29.0	29.0	29.1	29.1
5	58.3	47.0	50.2	47.0	47.8	47.2	47.1	46.9	47.4	47.2
6	211.7	28.8	26.1	29.7	28.6	29.2	29.0	29.0	29.1	29.1
7	47.1	31.7	32.7	32.8	32.9	32.4	32.2	32.5	31.9	32.5
8	38.3	35.1	36.1	35.4	31.7	36.1	34.9	35.5	31.9	35.5
9	55.1	54.8	55.8	61.2	59.0	48.3	53.3	55.0	55.3	55.1
10	41.8	36.4	36.3	38.4	36.5	36.1	36.3	36.3	36.6	36.2
11	21.2	20.1	20.3	69.2	68.6	28.4	29.9	20.7	20.8	20.5
12	38.5	31.0	39.0	50.5	47.8	72.7	79.7	39.4	40.6	39.0
13	41.2	47.8	40.9	41.2	39.9	45.3	46.3	41.7	40.6	41.9
14	54.8	51.8	54.8	53.7	56.4	46.4	53.3	61.9	59.6	52.3
15	25.3	24.8	25.6	25.6	25.4	25.2	25.2	75.7	72.5	37.2
16	20.5	35.7	20.5	20.6	25.7	20.2	20.7	32.9	34.0	71.7
17	40.2	220.4	40.5	40.2	40.8	33.0	38.4	38.3	40.4	52.5
18	17.5	13.8	17.6	18.4	20.0	18.7	11.8	18.8	20.0	18.8
19	13.1	12.2	14.7	12.8	15.5	12.2	12.2	12.3	12.3	12.3

表 8-1-5 雄甾烷类化合物 8-1-21~8-1-30 的名称、分子式和测试溶剂

编号	名称	分子式	测试溶剂	参考文献
8-1-21	androstan-16β-ol	$C_{19}H_{32}O$	C	[5]
8-1-22	androstan-17β-ol	$C_{19}H_{32}O$	C	[5]
8-1-23	androstan-17α-ol	$C_{19}H_{32}O$	C	[5]
8-1-24	androstan-4α-ol	$C_{19}H_{32}O$	C	[5]
8-1-25	androstan-6β-ol	$C_{19}H_{32}O$	C	[5]
8-1-26	androstan-1α-ol	$C_{19}H_{32}O$	C	[5]
8-1-27	androstan-1β-ol	$C_{19}H_{32}O$	C	[5]
8-1-28	androstan-2α-ol	$C_{19}H_{32}O$	C	[5]
8-1-29	androstan-2β-ol	$C_{19}H_{32}O$	C	[5]
8-1-30	androstan-3α-ol	$C_{19}H_{32}O$	C	[5]

表 8-1-6 化合物 8-1-21~8-1-30 的 ^{13}C NMR 化学位移数据

C	8-1-21	8-1-22	8-1-23	8-1-24	8-1-25	8-1-26	8-1-27	8-1-28	8-1-29	8-1-30
1	38.8	38.7	38.8	38.1	40.5	71.5	68.7	48.2	45.3	32.7
2	22.3	22.2	22.2	20.5	22.2	29.0	33.2	68.0	68.1	29.2
3	26.9	26.8	26.8	36.4	27.1	20.3	24.8	36.3	33.9	66.8
4	29.1	29.0	29.0	70.5	26.1	28.6	28.6	27.7	23.0	36.0
5	47.1	47.1	47.0	54.3	49.8	39.0	46.1	47.4	47.4	39.1
6	29.1	29.1	29.1	22.8	72.5	29.0	28.8	28.2	28.0	28.0
7	32.5	31.8	32.5	32.1	40.0	32.2	32.5	32.4	32.5	32.2
8	35.5	35.8	35.9	35.6	30.7	35.9	36.3	35.3	35.4	36.0
9	55.0	55.0	54.3	55.1	55.0	47.5	55.1	55.0	55.9	54.7
10	36.5	36.4	36.3	37.7	36.1	40.2	42.5	37.3	36.1	36.3
11	20.6	20.5	20.3	21.0	20.7	20.9	24.7	21.1	21.0	29.9
12	39.3	36.9	31.6	39.9	39.0	38.7	39.5	39.6	39.1	39.0
13	40.3	43.1	45.3	40.8	40.8	40.3	40.2	40.9	40.9	40.9
14	51.3	51.3	48.9	54.7	54.4	54.3	54.6	54.6	54.7	54.7
15	37.2	23.2	24.6	25.5	25.5	25.2	25.8	25.6	25.5	25.6
16	71.9	32.6	32.5	20.5	20.5	20.7	20.4	20.5	20.5	20.7
17	54.3	82.1	80.0	40.5	40.5	40.4	40.6	40.5	40.5	40.4
18	19.1	11.2	17.2	17.6	17.6	17.5	174	17.6	17.7	17.6
19	12.3	12.2	12.3	13.5	15.8	12.9	6.7	13.4	14.8	11.2

表 8-1-7 雄甾烷类化合物 8-1-31~8-1-40 的名称、分子式和测试溶剂

编号	名称	分子式	测试溶剂	参考文献
8-1-31	androstan-3*β*-ol	$C_{19}H_{32}O$	C	[5]
8-1-32	androstan-4-ene-3,17-dione	$C_{19}H_{26}O_2$	C	[6]
8-1-33	androstan-17*β*-ol-4-en-3-one	$C_{19}H_{28}O_2$	C	[6]
8-1-34	androstane-4,6-dien-3-one	$C_{19}H_{24}O_2$	C	[6]
8-1-35	androstan-17*β*-ol-4,6-dien-3-one	$C_{19}H_{24}O_3$	C	[6]
8-1-36	androstane-1,4,-diene-3,17-dione	$C_{19}H_{24}O_2$	C	[6]
8-1-37	androstane-4-diene-3,11,17-trione	$C_{19}H_{24}O_3$	C	[6]
8-1-38	androstane-1,4-diene-3,11,17-trione	$C_{19}H_{22}O_3$	C	[6]
8-1-39	androstan-5(6)-ene-7,17-dione	$C_{19}H_{26}O_2$	C	[6]
8-1-40	androstan-17*β*-ol-5(6)-en-7-one	$C_{19}H_{28}O_2$	C	[6]

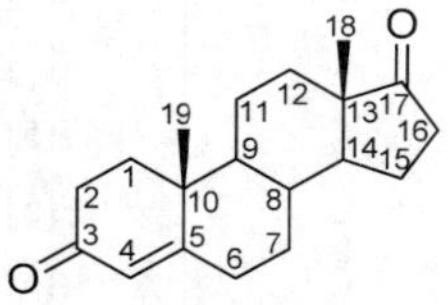

8-1-32 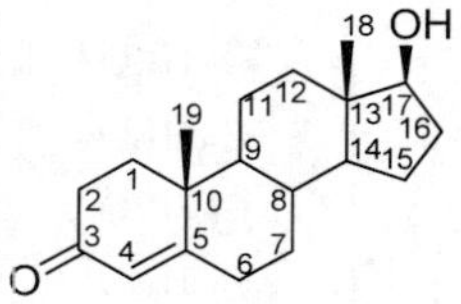 **8-1-33** 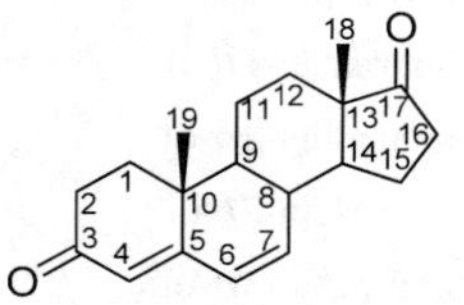 **8-1-34** 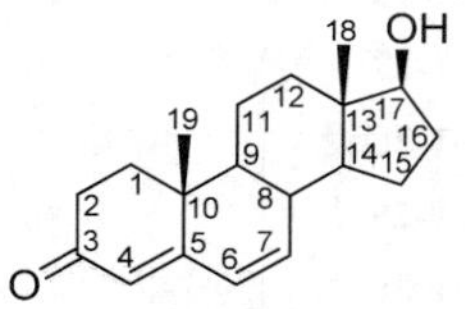 **8-1-35**

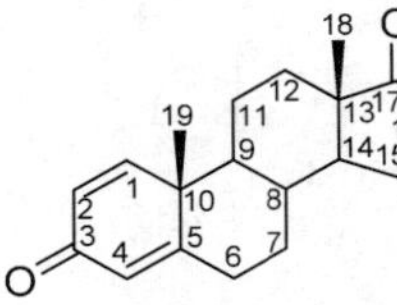

8-1-36 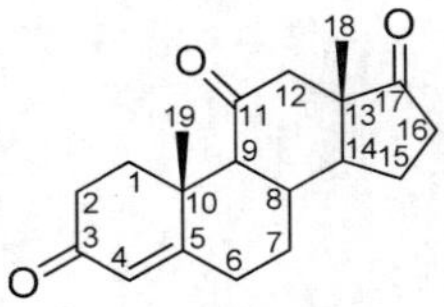 8-1-37 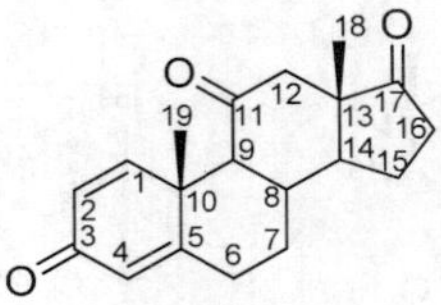 8-1-38 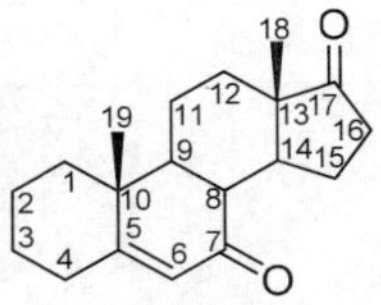 8-1-39

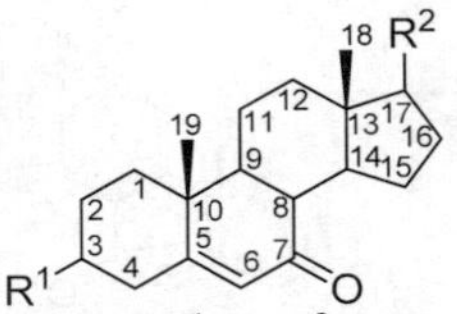

8-1-40 R^1=H; R^2=β-OH

8-1-41 R^1=R^2=β-OH

表 8-1-8　化合物 8-1-31~8-1-40 的 ^{13}C NMR 化学位移数据

C	8-1-31	8-1-32	8-1-33	8-1-34	8-1-35	8-1-36	8-1-37	8-1-38	8-1-39	8-1-40
1	37.1	35.5	35.5	33.9	33.9	155.2	34.5	154.8	39.0	39.3
2	31.6	33.7	33.8	33.9	33.7	127.6	33.7	127.6	24.7	23.7
3	71.2	198.9	199.4	199.2	199.1	186.0	199.2	185.9	26.9	26.8
4	38.3	123.9	123.6	123.9	123.7	124.0	124.6	124.7	32.9	32.8
5	44.9	170.1	171.0	162.9	163.2	168.2	167.8	165.9	169.1	168.9
6	28.8	32.3	32.7	128.7	128.1	32.3	31.9	32.1	124.3	124.4
7	32.5	31.1	31.5	138.3	139.9	31.1	30.8	31.9	200.8	201.4
8	35.9	34.9	34.9	37.0	37.3	34.9	36.2	35.9	44.9	45.0
9	54.3	53.6	53.9	48.7	48.0	52.6	63.2	60.6	45.6	45.0
10	36.3	38.4	38.6	36.1	36.5	43.4	38.2	42.4	39.4	39.3
11	21.9	20.1	20.6	20.0	20.1	22.1	207.4	207.1	20.1	20.4
12	38.7	30.5	36.4	31.3	36.0	32.5	50.3	50.5	30.5	35.9
13	40.3	47.3	42.7	47.3	43.4	47.3	50.3	50.3	47.3	43.1
14	54.3	50.6	50.4	50.6	50.6	50.4	49.6	49.6	50.6	50.2
15	25.2	21.5	23.2	21.4	23.1	21.8	21.5	21.5	21.5	26.0
16	21.7	35.5	30.1	35.6	27.4	35.5	35.5	35.9	35.5	27.5
17	40.4	220.0	81.0	219.3	82.0	219.6	219.7	216.0	220.0	82.0
18	17.6	13.5	11.0	13.7	12.0	13.8	14.6	14.5	13.7	12.1
19	12.4	17.2	17.3	16.3	16.3	18.7	17.2	18.9	17.4	17.4

表 8-1-9　雄甾烷类化合物 8-1-41~8-1-50 的名称、分子式和测试溶剂

编号	名称	分子式	测试溶剂	参考文献
8-1-41	androstane-3β,17β-diol-5(6)-en-7-one	$C_{19}H_{28}O_3$	C	[6]
8-1-42	androstane-3,5-dien-7-one	$C_{19}H_{26}O$	C	[6]
8-1-43	androstan-17β-ol-3,5-dien-7-one	$C_{19}H_{28}O_3$	C	[6]
8-1-44	androstan-17β-ol-3,5-diene-3,7-dione	$C_{19}H_{28}O_2$	C	[6]
8-1-45	androstan-17-acetyl-1-methyl-2-ene	$C_{22}H_{34}O_2$	C	[7]
8-1-46	androstan-17-acetyl-2-methyl-2-ene	$C_{22}H_{34}O_2$	C	[7]
8-1-47	androstan-17-acetyl-3-methyl-2-ene	$C_{22}H_{34}O_2$	C	[7]
8-1-48	androstan-3β-acetyl-5-en-17β-ol	$C_{21}H_{32}O_3$	C	[7]
8-1-49	androstane-3β,17β-diacetyl-5-ene	$C_{23}H_{34}O_4$	C	[7]
8-1-50	androstane-3β,17α-diacetyl-5-ene	$C_{23}H_{34}O_4$	C	[7]

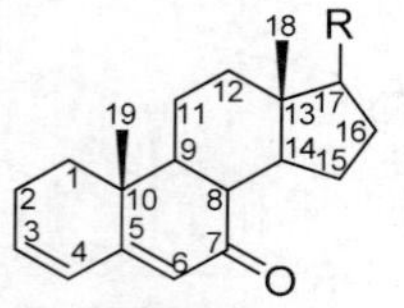

8-1-42 R=H
8-1-43 R=β-OH

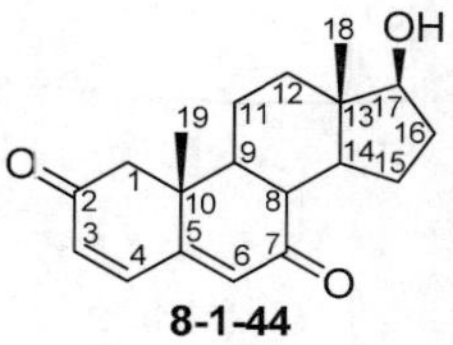

8-1-44

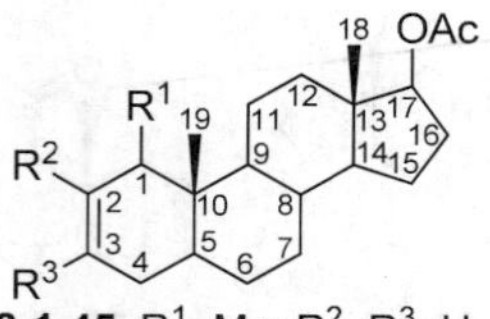

8-1-45 R^1=Me; R^2=R^3=H
8-1-46 R^2=Me; R^1=R^3=H
8-1-47 R^3=Me; R^1=R^2=H

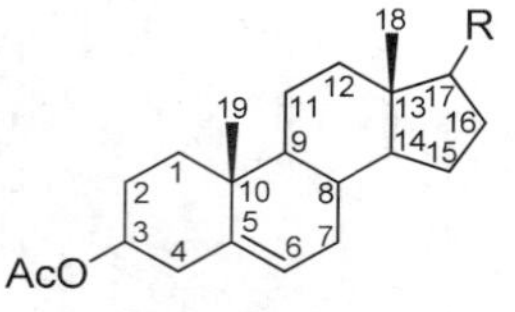

8-1-48 R=β-OH
8-1-49 R=β-OAc
8-1-50 R=α-OAc

表 8-1-10 化合物 8-1-41~8-1-50 的 ^{13}C NMR 化学位移数据

C	8-1-41	8-1-42	8-1-43	8-1-44	8-1-45	8-1-46	8-1-47	8-1-48	8-1-49	8-1-50
1	37.7	32.9	32.8	49.2	38.6	45.0	40.1	36.8	37.0	37.0
2	27.2	23.4	23.4	197.7	132.8	132.4	119.7	27.6	27.7	27.7
3	71.9	136.6	136.9	143.6	123.8	119.6	132.3	73.7	73.8	73.8
4	35.7	127.7	127.6	131.3	31.1	30.5	35.1	37.9	38.1	38.1
5	164.2	161.2	161.3	157.2	34.6	41.4	41.9	139.5	139.7	139.7
6	126.3	124.1	123.9	129.5	28.8	28.5	28.5	122.1	122.1	122.1
7	200.4	202.0	201.5	200.7	31.4	31.5	31.5	31.7	31.7	31.7
8	44.9	46.4	45.5	45.0	35.9	35.4	35.4	31.3	31.3	31.3
9	44.9	48.8	45.5	45.3	47.9	54.0	54.0	50.0	50.0	49.9
10	38.3	36.3	36.3	39.7	36.3	35.0	34.4	36.5	36.5	36.6
11	20.6	20.7	20.7	20.6	20.6	20.5	20.5	20.5	20.5	20.5
12	35.9	39.7	36.0	35.6	36.9	36.9	36.9	36.6	36.6	36.6
13	43.0	41.7	43.4	43.4	42.0	42.5	42.5	42.4	42.4	42.4
14	49.7	49.9	49.6	49.2	50.7	50.8	50.8	51.1	51.1	51.0
15	25.8	27.7	26.0	25.7	23.8	23.5	23.5	23.2	23.6	23.5
16	27.4	21.2	27.6	27.2	27.4	27.8	27.4	30.1	27.5	27.1
17	81.7	38.0	82.0	81.0	82.7	82.7	82.7	81.4	82.7	82.4
18	12.0	17.4	12.1	12.1	12.0	12.0	12.0	10.9	11.9	11.9
19	17.2	16.6	16.6	19.5	13.8	11.8	12.0	19.2	19.2	19.3
OAc					170.6	170.6	170.6	170.4	170.4	170.4
Me					21.0	21.0	21.0	21.3	21.4	21.4
Me					15.7	24.1	23.0	15.7		

参考文献

[1] Bina Shaneen Siddiqui, Shahid Bader Usmani, Sabira Begum, Phytochemistry,1993, 33(4): 925.
[2] Monica T Pupo, Paulc C Vieira, Joao B Fernandes. Phyrochemistry, 1997,45(7): 1495.
[3] Delphine Davis, Fred Omega Garces. Steroids, 1992, 57: 563.
[4] Eggert H, Djerassi C. J Org Chem, 1973, 38, 3788.
[5] Eggert H, VanAntwerp C. L, Bhacca N S, et al. J Org Chem, 1976, 41: 4051.
[6] Hanson J R, Siverns M. J Chem Soc, Perkin Trans I, 1975: 1956.
[7] Tori K, Komeno T, Sangaré M, et al. Tetrahedron Lett, 1974: 1157.

第二节 心甾内酯类化合物

表 8-2-1 心甾内酯类化合物 8-2-1~8-2-10 的名称、分子式和测试溶剂

编号	名称	分子式	测试溶剂	参考文献
8-2-1	3*β*,14*β*-dihydroxy-5*β*-card-20(22)-enolide	$C_{23}H_{34}O_4$	M	[1]
8-2-2	3*β*,12*β*,14*β*-dihydroxy-5*β*-card-20(22)-enolide	$C_{23}H_{34}O_5$	M	[1]
8-2-3	3*β*,14*β*-dihydroxy-12*β*-acetyl-5*β*-card-20(22)-enolide	$C_{25}H_{36}O_6$	M	[1]
8-2-4	14*β*-dihydroxy-3*β*,123*β*-diacetyl-5*β*-card-20(22)-enolide	$C_{27}H_{38}O_7$	M	[1]
8-2-5	14*β*-dihydroxy-3*β*-acetyl-5*β*-card-20(22)-enolide	$C_{25}H_{36}O_6$	M	[1]
8-2-6	3*β*,12*β*,14*β*-trihydroxy-5*β*-card-20(22)-enolide	$C_{23}H_{34}O_5$	M	[1]
8-2-7	14*β*-trihydroxy-3*β*-acetyl-5*α*-card-20(22)-enolide	$C_{25}H_{36}O_5$	M	[1]
8-2-8	acovenosigenin A 3-*O*-(*β*-D-glucopyranosyl)	$C_{29}H_{44}O_{10}$	M	[5]
8-2-9	acovenosigenin A 3-*O*-*β*-D-digitoxopyranoside	$C_{29}H_{44}O_8$	M	[6]
8-2-10	digitoxigenin 3-*O*-*β*-D-gentiobioside	$C_{35}H_{54}O_{14}$	M	[6]

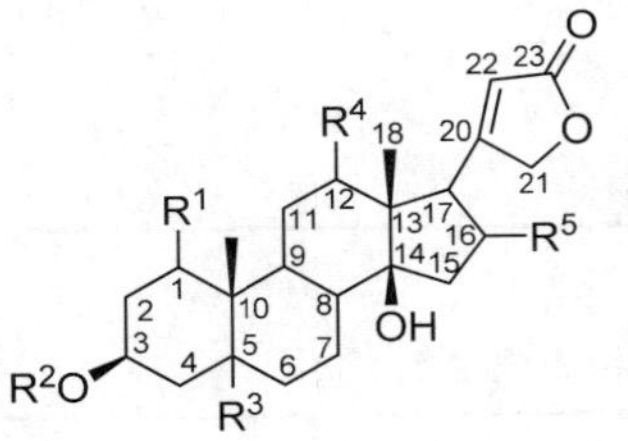

8-2-1 $R^1=R^2=R^3=R^4=R^5=H$
8-2-2 $R^1=R^2=R^3=R^4=H$; $R^5=\beta$-OH
8-2-3 $R^1=R^2=R^3=R^4=H$; $R^5=\beta$-OAc
8-2-4 $R^1=H$; $R^2=Ac$; $R^3=R^4=H$; $R^5=\beta$-OAc
8-2-5 $R^1=H$; $R^2=Ac$; $R^3=R^4=R^5=H$
8-2-6 $R^1=R^2=R^3=H$; $R^4=\beta$-OH; $R^5=H$
8-2-7 $R^1=H$; $R^2=Ac$; $R^3=H$; $R^4=\beta$-OH; $R^5=H$
8-2-8 $R^1=\beta$-OH; $R^2=\beta$-D-Glu; $R^3=R^4=R^5=H$
8-2-9 $R^1=\beta$-OH; $R^2=\beta$-D-Dig; $R^3=R^4=R^5=H$
8-2-10 $R^1=H$; $R^2=\beta$-D-Glu-(1→6)-β-D-Glu; $R^3=R^4=R^5=H$

表 8-2-2 化合物 8-2-1~8-2-10 的 ^{13}C NMR 化学位移数据[1]

C	8-2-1	8-2-2	8-2-3	8-2-4	8-2-5	8-2-6	8-2-7	8-2-8[5]	8-2-9[6]	8-2-10[6]
1	30.0	30.0	30.0	30.7	30.8	30.8	30.0	73.7	71.0	31.0
2	28.0	28.0	28.0	25.2	25.4	25.3	27.9	32.5	31.1	27.5
3	66.8	66.8	66.8	71.1	71.4	71.3	66.6	75.9	73.8	75.8
4	33.5	33.5	33.4	30.7	30.8	30.8	33.3	30.3	29.4	31.3
5	35.9	36.4	36.4	37.2	37.4	37.4	36.4	31.6	30.3	37.5
6	27.1	27.0	26.9	26.6	26.8	26.8	26.9	27.1	25.9	27.8
7	21.6	21.4	21.2	20.9	21.6	20.6	21.9	22.3	20.7	22.5
8	41.9	41.8	41.8	41.6	41.8	41.5	41.3	42.6	41.0	42.7
9	35.8	35.8	35.9	35.8	36.1	36.2	32.6	38.4	36.5	36.9
10	35.8	35.8	35.6	35.4	35.8	35.5	35.5	41.0	39.5	36.3
11	21.7	21.9	21.3	21.4	21.6	21.2	30.0	22.0	20.7	22.3
12	40.4	41.2	41.0	40.9	40.3	31.3	74.8	40.9	38.7	41.0
13	50.3	50.4	50.7	50.5	50.3	49.5	56.4	50.9	49.2	51.0
14	85.6	85.2	84.1	83.3	85.6	86.1	85.8	86.2	83.6	86.4

续表

C	8-2-1	8-2-2	8-2-3	8-2-4	8-2-5	8-2-6	8-2-7	8-2-8[5]	8-2-9[6]	8-2-10[6]
15	33.0	42.6	39.5	39.3	33.0	31.3	33.0	33.6	32.1	33.4
16	27.3	72.8	75.0	74.7	27.3	24.8	27.9	28.1	26.3	28.0
17	51.5	58.8	56.8	56.5	51.5	48.9	46.1	52.1	50.2	52.2
18	16.1	16.9	16.1	16.1	16.0	18.5	9.4	16.9	15.7	16.4
19	23.9	23.9	23.9	23.8	23.9	23.9	23.8	19.7	18.4	24.1
20	177.1	171.8	171.5	171.5	171.1	173.6	177.1	178.3	176.3	178.3
21	74.5	76.7	76.8	76.5	74.7	74.8	74.6	75.4	73.1	75.1
22	117.4	119.6	121.3	121.1	117.4	116.6	117.7	118.1	116.1	117.8
23	176.3	175.3	175.8	175.4	176.3	175.8	176.3	177.5	173.5	177.2
1'								102.2	95.5	102.8
2'								74.6	38.7	75.1
3'								76.5	66.9	78.1
4'								70.2	72.6	71.6
5'								77.6	69.2	77.0
6'								62.1	18.2	69.7
1''										104.8
2''										75.1
3''										77.9
4''										71.6
5''										77.9
6''										62.7

表 8-2-3　心甾烷类化合物 8-2-11~8-2-20 的名称、分子式和测试溶剂

编号	名称	分子式	测试溶剂	参考文献
8-2-11	digitoxigenin 3-*O*-[*O*-*β*-D-glucopyranosyl-(1→6)-*O*-*β*-D-glucopyranosyl-(1→4)-3-*O*-acetyl-*β*-D-digitoxopyranoside	$C_{43}H_{66}O_{18}$	M	[6]
8-2-12	digitoxigenin 3-*O*-[*O*-*β*-D-glucopyranosyl-(1→6)-*O*-*β*-D-glucopyranosyl-(1→4)-*O*-*β*-D-digitoxopyranosyl-(1→4)-*O*-*β*-D-cymaropyranoside	$C_{49}H_{78}O_{21}$	M	[6]
8-2-13	periplogenin 3-*O*-[4-*O*-*β*-D-glucopyranosyl-(1→6)-*O*-*β*-D-digitoxopyranoside]	$C_{36}H_{56}O_{14}$	M	[6]
8-2-14	periplogenin 3-*O*-*β*-D-digitoxopyranoside	$C_{29}H_{44}O_8$	M	[6]
8-2-15	periplogenin 3-*O*-*β*-D-cymaroside	$C_{30}H_{46}O_8$	M	[6]
8-2-16	cannogenol 3-*O*-*β*-D-glucopyranosyl-(1→4)-*O*-*β*-D-boivinopyranoside	$C_{35}H_{52}O_{13}$	M	[7]
8-2-17	periplogenin 3-*O*-*β*-D-glucopyranosyl-(1→4)-*O*-*β*-D-digitoxopyranoside	$C_{35}H_{52}O_{12}$	M	[7]
8-2-18	digitoxigenin 3-*O*-*β*-D-glucopyranosyl-(1→6)-*O*-*β*-D-glucopyranosyl-(1→4)-*O*-*β*-D-digitoxopyranoside	$C_{41}H_{62}O_{17}$	M	[7]
8-2-19	digitoxigenin 3-*O*-*β*-D-glucopyranosyl-(1→4)-*α*-L-acofriopyranoside	$C_{36}H_{56}O_{13}$	M	[8]
8-2-20	digitoxigenin 3-*O*-*β*-D-glucopyranosyl-(1→4)-[2-*O*-acetyl-*α*-L-thevetopyranoside]	$C_{38}H_{58}O_{14}$	M	[8]

8-2-11 R^3=H; R^1=3-O-Ac-*β*-D-Dig-(1→4)-*β*-D-Glu-(1→6)-*β*-D-Glu; R^2=H
8-2-12 R^3=H; R^1=*β*-D-Cym-(1→4)-*β*-D-Dig-(1→4)-*β*-D-Glu-(1→6)-*β*-D-Glu; R^2=H
8-2-13 R^3=H; R^1=*β*-D-Dtl-(1→4)-*β*-D-Glu; R^2=*β*-OH
8-2-14 R^3=H; R^1=*β*-D-Dig; R^2=*β*-OH
8-2-15 R^3=H; R^1=*β*-D-Cym; R^2=*β*-OH
8-2-16 R^1=*β*-D-Glu-(1→4)-*β*-D-Boi; R^2=*β*-H; R^3=CH_2OH
8-2-17 R^1=*β*-D-Glu-(1→4)-*β*-D-Dig; R^2=*β*-OH; R^3=CH_3
8-2-18 R^1=*β*-D-Glu-(1→6)-*β*-D-Glu(1-4)-*β*-D-Dig; R^2=*β*-H; R^3=CH_3
8-2-19 R^1=*β*-D-Glu-(1→4)-*α*-L-AcO; R^2=*β*-H; R^3=CH_3
8-2-20 R^1=*β*-D-Glu-(1→4)-2-Ac-*α*-L-The; R^2=*β*-H; R^3=CH_3

表 8-2-4 化合物 8-2-11~8-2-20 的 ^{13}C NMR 化学位移数据[6~8]

C	8-2-11	8-2-12	8-2-13	8-2-14	8-2-15	8-2-16	8-2-17	8-2-18	8-2-19	8-2-20
1	30.8	31.2	26.1	25.4	25.4	24.8	26.6	31.5	30.1	29.9
2	27.0	27.5	27.3	26.1	26.1	27.2	26.8	27.6	26.9	27.0
3	75.0	74.7	74.0	75.3	75.3	73.7	77.3	74.6	72.4	72.9
4	30.9	31.4	36.5	34.6	34.6	30.8	35.6	31.1	31.1	31.0
5	37.0	38.0	73.2	74.1	73.6	30.2	75.7	38.0	37.2	37.0
6	27.2	27.9	33.2	34.2	34.1	27.4	35.9	27.9	27.2	27.2
7	21.6	22.6	24.7	23.6	23.6	22.4	24.8	22.6	22.0	21.6
8	41.9	42.9	41.0	40.7	40.8	42.5	41.7	42.8	42.0	42.0
9	35.9	36.9	39.2	39.1	39.2	36.5	40.2	36.9	35.9	35.8
10	35.3	36.3	41.2	40.7	40.7	40.4	41.9	36.4	35.6	35.6
11	22.0	22.3	21.9	21.6	21.6	22.1	22.7	22.4	21.6	22.0
12	39.9	41.0	40.0	40.0	40.1	41.3	41.0	41.0	40.0	39.9
13	50.1	51.0	50.0	49.6	49.4	51.0	51.0	51.1	50.2	50.2
14	84.6	86.4	84.7	85.4	85.5	86.4	86.3	86.5	84.7	84.6
15	33.2	33.4	34.0	32.9	32.9	33.1	33.4	33.5	33.3	33.2
16	27.3	28.0	26.7	26.9	26.8	28.0	28.0	28.1	27.4	27.4
17	51.5	52.1	51.3	50.7	50.7	52.1	52.0	52.2	51.5	51.5
18	16.2	16.4	16.2	15.8	15.7	16.4	16.3	16.4	16.3	16.2
19	24.0	24.3	17.2	16.8	16.7	66.0	17.3	24.3	24.1	24.2
20	176.0	178.4	176.0	175.1	174.5	178.3	178.3	178.5	175.9	175.9
21	75.6	75.3	73.6	73.7	73.4	75.3	75.3	75.4	73.8	73.7
22	117.7	117.8	117.7	117.7	117.7	117.7	117.9	117.8	117.7	117.7
23	174.5	177.2	174.5	174.9	174.4	177.2	177.3	177.3	174.5	174.5
OAc	170.3									
Me	21.3									
1'	97.0	97.1	101.6	96.5	96.4	97.4	98.1	97.0	99.5	94.1
2'	37.2	36.4	71.0	38.2	33.8	35.2	39.0	38.9	68.5	75.1
3'	71.8	73.5	85.7	67.8	77.3	66.5	68.4	68.2	82.7	82.0
4'	80.9	84.0	76.0	72.7	72.3	76.0	84.0	84.2	79.6	81.2
5'	69.9	70.3	70.8	69.7	70.9	70.0	69.8	69.7	68.3	67.2
6'	18.7	18.7	17.6	18.2	18.2	17.2	18.6	18.6	18.7	18.4
OMe		58.2	58.7		57.3				56.7	61.1
1''	105.5	106.5	105.3			102.2	105.8	105.2	105.7	104.9
2''	73.8	71.8	76.0			74.9	75.1	74.9	76.1	75.6
3''	78.2	85.5	78.3			77.9	78.0	77.9	78.4	78.4

续表

C	8-2-11	8-2-12	8-2-13	8-2-14	8-2-15	8-2-16	8-2-17	8-2-18	8-2-19	8-2-20
4"	71.8	76.2	71.9			71.9	71.2	71.7	72.0	72.2
5"	77.3	71.4	78.6			78.1	77.8	76.8	78.1	78.3
6"	70.3	17.7	63.1			63.0	632.4	70.2	63.0	63.2
OMe		58.9								
1'''	106.4	104.4						104.9		
2'''	73.7	75.8						75.2		
3'''	78.1	78.0						78.1		
4'''	71.7	71.7						71.7		
5'''	78.4	77.4						78.1		
6'''	62.8	70.2						62.9		
1''''		105.0								
2''''		75.1								
3''''		77.9								
4''''		71.8								
5''''		78.0								
6''''		62.8								

表 8-2-5 心甾烷类化合物 8-2-21~8-2-30 的名称、分子式和测试溶剂

编号	名称	分子式	测试溶剂	参考文献
8-2-21	5α-hydroxy-3β,6β-diacetoxy-5β-card-20(22)-enolide	$C_{27}H_{38}O_7$	M	[2,3]
8-2-22	3β,5α,6α-trihydroxy-5β-card-20(22)-enolide	$C_{23}H_{34}O_5$	M	[2,3]
8-2-23	5α-hydroxy-3β,6α-diacetoxy-5β-card-20(22)-enolide	$C_{27}H_{38}O_7$	M	[2,3]
8-2-24	3β,5α-dihydroxy-6β-acetoxy-5β-card-20(22)-enolide	$C_{25}H_{36}O_6$	M	[2,3]
8-2-25	3β,5α-dihydroxy-6α-acetyl-5β-card-20(22)-enolide	$C_{25}H_{36}O_6$	M	[2,3]
8-2-26	3β,5α,6β-trihydroxy-5β-card-20(22)-enolide	$C_{23}H_{34}O_5$	M	[2,3]
8-2-27	3β,5α,17α-trihydroxy-6β-acetoxy-5β-card-20(22)-enolide	$C_{25}H_{36}O_7$	M	[2,3]
8-2-28	3β,5α,17α-trihydroxy-6α-acetoxy-5β-card-20(22)-enolide	$C_{25}H_{36}O_7$	M	[2,3]
8-2-29	3β,5α,11α-trihydroxy-6-acetoxy-5β-card-20(22)-enolide	$C_{25}H_{36}O_7$	M	[2,3]
8-2-30	3β,5α,11α-trihydroxy-6α-acetoxy-5β-card-20(22)-enolide	$C_{25}H_{36}O_7$	M	[2,3]

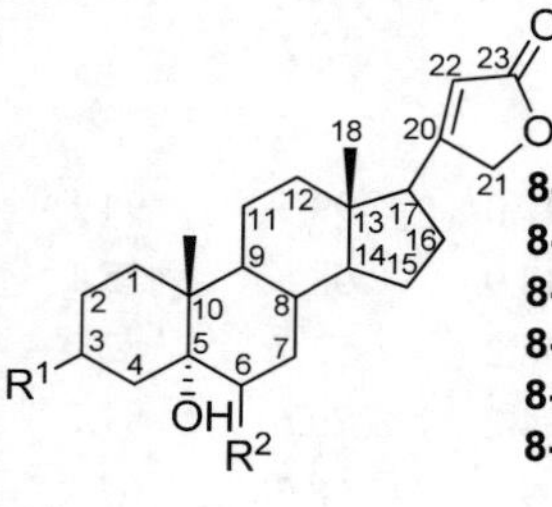

8-2-21 R^1=R^2=β-OAc
8-2-22 R^1=β-OH; R^2=α-OH
8-2-23 R^1=β-OAc; R^2=α-OAc
8-2-24 R^1=β-OH; R^2=β-OAc
8-2-25 R^1=β-OH; R^2=α-OAc
8-2-26 R^1=R^2=β-OH

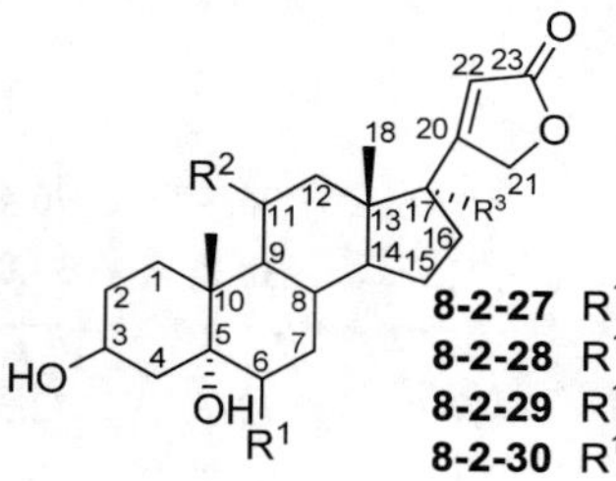

8-2-27 R^1=β-OAc; R^2=H; R^3=OH
8-2-28 R^1=α-OAc; R^2=H; R^3=OH
8-2-29 R^1=β-OAc; R^2=α-OH; R^3=H
8-2-30 R^1=α-OAc; R^2=α-OH; R^3=H

表 8-2-6 化合物 8-2-21~8-2-30 的 ^{13}C NMR 化学位移数据[2,3]

C	8-2-21	8-2-22	8-2-23	8-2-24	8-2-25	8-2-26	8-2-27	8-2-28	8-2-29	8-2-30
1	32.1	31.5	31.5	32.4	31.5	32.6	32.4	31.9	34.1	32.9
2	26.9	30.4	26.8	30.5	30.4	30.7	30.5	31.9	30.8	30.8

续表

C	8-2-21	8-2-22	8-2-23	8-2-24	8-2-25	8-2-26	8-2-27	8-2-28	8-2-29	8-2-30
3	71.7	67.2	71.4	67.0	66.8	67.5	67.0	66.6	66.8	66.6
4	36.6	38.1	34.7	40.1	38.2	40.4	40.1	39.5	40.4	38.4
5	74.3	77.1	75.7	74.7	76.0	75.6	74.8	75.5	75.4	76.7
6	76.7	70.5	74.5	76.8	74.7	75.9	76.9	74.9	76.8	74.7
7	31.5	34.6	31.0	31.5	31.3	34.2	31.7	32.2	31.5	31.4
8	31.5	34.3	34.3	31.5	34.4	31.1	31.7	34.8	30.5	33.3
9	45.0	44.7	44.6	45.2	44.8	45.6	45.0	45.0	51.8	51.3
10	38.0	39.4	40.2	38.8	40.1	38.5	38.8	40.5	40.4	41.9
11	21.1	21.3	21.2	21.2	21.3	21.3	21.0	21.3	68.0	68.0
12	38.4	38.4	38.8	38.5	38.4	38.5	30.7	30.7	49.4	49.5
13	45.1	45.0	45.0	45.1	45.1	45.1	49.0	49.0	45.0	45.0
14	56.2	56.2	56.0	56.1	56.0	56.2	49.9	50.4	55.0	55.1
15	24.5	24.5	24.4	24.6	24.4	24.5	23.9	23.8	24.6	24.5
16	26.3	26.2	26.3	26.3	26.2	26.3	37.3	37.4	26.2	26.3
17	51.3	51.1	51.1	51.2	51.1	51.3	82.7	84.3	50.8	50.9
18	13.5	13.5	13.5	13.7	13.5	13.5	16.3	15.9	14.4	14.4
19	16.5	15.7	15.8	16.6	15.9	16.7	16.6	15.9	16.8	16.3
20	173.0	173.0	173.0	173.0	172.6	173.2	175.5	175.2	172.4	172.5
21	74.4	74.3	74.4	74.4	74.3	74.4	73.3	73.0	74.2	74.2
22	115.9	115.6	115.9	116.1	116.0	115.8	115.7	115.9	116.1	116.1
23	175.7	175.6	175.6	175.6	175.7	175.7	175.5	174.2	175.6	175.7
OAc	172.0		172.0	171.4	171.6		171.4	170.6	171.3	171.7
Me	21.5		21.5	21.5	21.1		21.5	20.8	21.5	21.1

表 8-2-7 心甾烷类化合物 8-2-31~8-2-40 的名称、分子式和测试溶剂

编号	名称	分子式	测试溶剂	参考文献
8-2-31	thevetiogenin3-*O*-*β*-D-glucopyranosyl-(1→4)-*α*-L-rhamnopyranoside	$C_{35}H_{52}O_{13}$	M	[8]
8-2-32	thevetiogenin 3-*O*-*β*-D-gentiobiosyl-(1→4)-*α*-L-rhamnopyranoside	$C_{41}H_{62}O_{18}$	M	[8]
8-2-33	3*β*-*O*-[*β*-D-glucopyranosyl-(1→4)-*β*-D-diginopyranosyl]-14*α*-hydroxy-8-oxo-8,14-*seco*-5*β*-card-20(22)-enolide	$C_{36}H_{56}O_{13}$	P	[4]
8-2-34	digitoxigenin *β*-D-gentiobiosyl-(1→4)-*β*-D-cymaroside	$C_{42}H_{66}O_{17}$	M	[9]
8-2-35	digitoxigenin *β*-D-gentiobiosyl-(1→4)-*α*-L-cymaroside	$C_{42}H_{66}O_{17}$	M	[9]
8-2-36	oleandrigenin *β*-D-gentiobiosyl-(1→4)-*β*-D-cymaroside	$C_{44}H_{68}O_{19}$	M	[9]
8-2-37	oleandrigenin *β*-D-gentiobiosyl-(1→4)-*α*-L-cymaroside	$C_{44}H_{68}O_{19}$	M	[9]
8-2-38	digitoxigenin *α*-L-cymaroside	$C_{30}H_{46}O_7$	M	[9]
8-2-39	3*β*-acetyl-14*β*-hydroxy-16-ene-5*β*-card-20(22)-enolide	$C_{25}H_{34}O_5$	M	[1]
8-2-40	3*β*,5*β*,14*β*-trihydroxy-19-oxo-5*β*-card-20(22)-enolide	$C_{23}H_{32}O_6$	M	[1]

8-2-31 R=β-D-Glu-(1→4)-α-L-Rha
8-2-32 R=β-D-Gen-(1→4)-α-L-Rha

8-2-34 R^1=β-D-Gen-(1→4)-β-D-Cym; R^2=H
8-2-35 R^1=β-D-Gen-(1→4)-α-L-Cym; R^2=H
8-2-36 R^1=β-D-Gen-(1→4)-β-D-Cym; R^2=β-OAc
8-2-37 R^1=β-D-Gen-(1→4)-α-L-Cym; R^2=β-OAc
8-2-38 R^1=α-L-Cym; R^2=H

8-2-39

8-2-33 R=β–D-Glu-(1→4)-β–D-Dgn

8-2-40

表 8-2-8 化合物 8-2-31~8-2-40 的 ^{13}C NMR 化学位移数据

C	8-2-31[8]	8-2-32[8]	8-2-33[4]	8-2-34[9]	8-2-35[9]	8-2-36[9]	8-2-37[9]	8-2-38[9]	8-2-39[1]	8-2-40[1]
1	32.4	32.5	31.0	30.8	31.0	30.7	31.0	31.1	30.8	24.8
2	27.0	27.0	27.7	27.3	27.3	27.0	27.2	27.3	25.4	27.4
3	72.4	72.4	72.8	73.2	72.9	73.2	72.9	72.8	71.3	67.2
4	31.0	30.7	31.0	30.6	31.0	30.6	30.9	30.9	30.8	38.1
5	36.8	36.8	36.8	37.0	37.2	37.0	37.1	37.2	37.4	75.3
6	28.2	28.2	28.7	27.2	27.3	26.9	27.1	27.3	26.8	37.0
7	20.9	20.9	38.2	21.5	21.6	21.6	21.7	21.6	20.2	18.1
8	50.4	50.4	216.2	41.9	41.9	41.9	42.0	42.0	41.2	42.2
9	38.7	38.7	52.0	35.9	35.9	35.9	35.6	35.9	36.8	40.2
10	35.4	35.4	42.7	35.5	35.6	35.4	35.5	35.5	35.4	55.8
11	21.9	21.9	18.4	21.9	22.1	21.1	21.2	22.0	21.3	22.8
12	50.6	50.5	35.3	39.9	39.9	38.9	39.0	39.9	40.6	40.2
13	147.7	147.7	51.3	50.0	50.1	50.4	50.5	50.1	52.6	50.1
14	79.9	79.9	79.5	84.6	84.7	83.4	83.4	84.6	85.7	85.3
15	31.9	31.9	27.3	33.1	33.2	41.2	41.2	33.2	38.8	32.2
16	25.4	25.3	30.8	27.0	27.2	74.9	74.9	27.2	133.8	27.5
17	44.5	44.5	46.3	51.5	51.5	56.8	56.8	51.5	161.2	51.4
18	110.5	110.5	17.7	16.1	16.2	16.2	16.3	16.2	16.6	16.2
19	22.9	22.9	23.9	23.9	24.1	23.4	24.1	24.1	24.1	195.7
20	173.4	173.4	172.4	175.9	175.9	170.1	170.2	175.8	172.8	177.2
21	73.1	73.1	74.0	73.7	73.7	76.2	76.2	73.6	72.6	74.8
22	116.1	116.1	116.9	117.6	117.6	121.5	121.6	117.6	111.7	117.8
23	174.3	174.4	174.2	174.5	174.5	174.1	174.0	174.4	176.3	176.6
OAc						169.7	169.7			
Me						20.6	20.6			
1'	99.6	99.5	99.1	96.7	95.3	96.7	95.3	95.5		
2'	72.5	72.5	33.2	37.1	32.0	37.2	32.0	32.1		

续表

C	8-2-31[8]	8-2-32[8]	8-2-33[4]	8-2-34[9]	8-2-35[9]	8-2-36[9]	8-2-37[9]	8-2-38[9]	8-2-39[1]	8-2-40[1]
3'	72.9	72.9	80.1	78.2	72.8	78.2	72.8	76.2		
4'	85.4	84.8	74.1	83.7	78.3	83.7	78.3	73.4		
5'	68.3	68.2	70.9	69.4	65.0	69.4	65.0	66.0		
6'	18.4	18.7	17.9	18.7	18.4	18.7	18.3	18.5		
OMe			56.2	58.7	55.9	58.7	55.9	55.8		
1''	106.9	106.4	105.0	105.6	101.6	105.6	101.6			
2''	76.5	75.3	76.0	75.2	75.2	75.2	75.2			
3''	78.6	78.4	78.4	78.4	78.4	78.4	78.4			
4''	71.6	71.6	72.0	71.9	71.8	71.9	71.9			
5''	78.5	77.4	78.5	77.0	77.7	77.0	77.0			
6''	62.8	70.2	63.2	70.8	70.2	70.8	70.8			
1'''		105.5		106.5	105.4	106.5	106.5			
2'''		76.2		75.2	75.2	75.2	75.2			
3'''		78.5		78.4	78.4	78.4	78.4			
4'''		71.7		71.7	71.7	71.7	71.7			
5'''		78.5		78.2	78.3	78.2	78.2			
6'''		63.8		62.8	62.8	62.8	62.8			

表 8-2-9 心甾烷类化合物 8-2-41~8-2-50 的名称、分子式和测试溶剂

编号	名称	分子式	测试溶剂	参考文献
8-2-41	5*β*-card-20(22)-enolid-3-one-4-ene	$C_{23}H_{30}O_3$	M	[2,3]
8-2-42	11*α*-hydroxy-5*β*-card-20(22)-enolid-3-one-4-ene	$C_{23}H_{30}O_4$	P	[2,3]
8-2-43	6*β*,11*α*-dihydroxy-5*β*-card-20(22)-enolid-3-one-4-ene	$C_{23}H_{30}O_5$	M	[2,3]
8-2-44	3*β*-hydroxy-5*β*-card-20(22)-enolid-5-en-7-one	$C_{23}H_{30}O_4$	M	[2,3]
8-2-45	3*β*-acetyl-5*β*-card-20(22)-enolid-5-en-7-one	$C_{25}H_{32}O_5$	M	[2,3]
8-2-46	3*β*,11*α*-dihydroxy-5*β*-card-20(22)-enolid-5-en-7-one	$C_{23}H_{30}O_5$	M	[2,3]
8-2-47	3*β*,17*α*-dihydroxy-5*β*-card-20(22)-enolid-5-en-7-one	$C_{23}H_{30}O_5$	M	[2,3]
8-2-48	3*β*-hydroxy-card-20(22)-enolid-5-ene	$C_{23}H_{32}O_3$	M	[2,3]
8-2-49	3*β*-acetyl-5*β*-card-20(22)-enolide-5,16-dien-7-one	$C_{25}H_{30}O_5$	M	[2,3]
8-2-50	3*β*-hydroxy-card-14,16-dien-20(22)-enolide	$C_{23}H_{30}O_3$	M	[1]

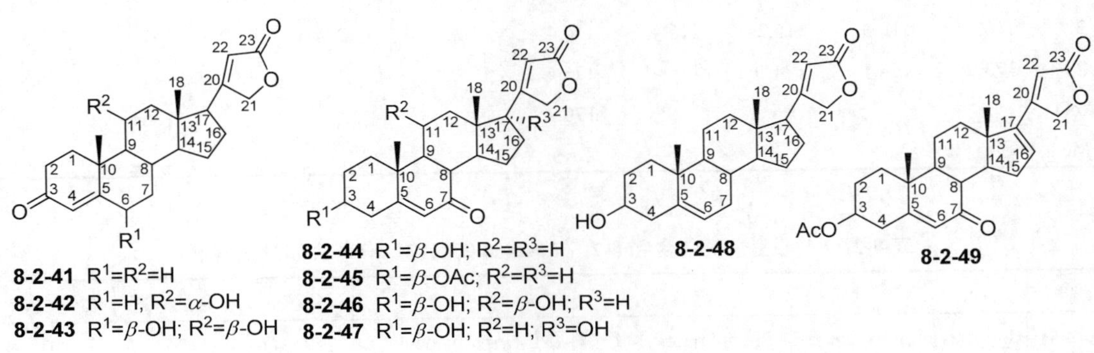

8-2-50

8-2-51 R=β-D-Glu(1-4)-α-L-Cym
8-2-52 R=β-D-Gen(1-4)-α-L-Cym

8-2-53 R^1=β-D-Can; R^2=α-H
8-2-54 R^1=β-D-Dgt; R^2=β-H
8-2-55 R^1=β-D-Dgt; R^2=α-H

表 8-2-10 化合物 8-2-41~8-2-50 的 ^{13}C NMR 化学位移数据[2,3]

C	8-2-41	8-2-42	8-2-43	8-2-44	8-2-45	8-2-46	8-2-47	8-2-48	8-2-49	8-2-50[1]
1	35.8	38.1	39.9	36.9	36.1	39.0	36.9	37.9	35.9	30.7
2	33.9	34.8	35.1	32.1	27.3	31.9	32.1	32.1	27.3	27.9
3	199.2	199.1	200.2	70.2	70.2	70.6	70.2	71.3	72.0	66.7
4	124.1	124.7	126.6	42.9	37.8	43.2	42.9	43.4	37.9	33.5
5	170.4	171.0	170.2	166.9	184.4	167.3	167.0	142.2	165.2	36.8
6	32.7	33.7	72.8	125.8	126.5	125.1	125.8	120.9	126.5	26.6
7	31.9	32.0	38.9	200.8	200.8	201.3	201.4	32.9	200.5	24.0
8	35.9	35.5	29.5	45.8	45.5	45.3	46.3	32.6	43.6	36.7
9	53.7	59.4	59.8	50.4	49.9	55.7	50.3	50.9	50.0	45.1
10	38.6	40.4	40.1	38.3	38.5	40.9	38.8	37.0	38.3	36.2
11	20.9	68.1	68.3	21.4	21.2	67.6	21.2	21.3	21.1	21.4
12	37.9	49.7	49.9	37.1	37.0	48.2	30.0	38.1	34.5	37.7
13	44.3	44.6	44.9	45.0	45.0	45.0	49.2	44.4	47.9	54.2
14	55.8	55.3	55.5	50.3	49.8	49.5	45.1	56.7	50.8	146.3
15	24.3	24.4	24.6	27.0	26.4	26.5	26.6	24.7	34.2	108.3
16	25.9	26.1	26.2	26.6	26.6	26.7	38.0	26.2	138.1	135.8
17	50.7	50.6	50.8	49.9	49.7	49.6	81.7	50.6	144.6	158.0
18	13.3	14.3	14.3	13.1	13.1	14.0	15.6	13.0	15.6	20.1
19	17.4	18.4	20.5	17.4	17.3	17.1	17.4	19.6	17.4	24.0
20	170.8	171.5	171.8	172.1	172.1	172.3	175.3	171.9	158.3	173.5
21	73.4	73.6	73.7	73.9	73.9	73.9	73.2	73.8	71.5	72.1
22	116.3	116.3	116.2	116.4	116.4	116.2	116.2	116.1	111.4	119.5
23	173.9	174.1	174.1	175.4	175.4	174.7	174.1	174.0	174.4	176.8
AcO					170.2				170.3	
Me					21.0				21.2	

表 8-2-11 心甾烷类化合物 8-2-51~8-2-60 的名称、分子式和测试溶剂

编号	名称	分子式	测试溶剂	参考文献
8-2-51	digitoxigenin-16-ene-β-D-glucopyranosyl-(1→4)-α-L-cymaroside	$C_{36}H_{54}O_{12}$	M	[9]
8-2-52	digitoxigenin-16-ene-3-β-D-gentiobiosyl-(1→4)-α-L-cymaropyranoside	$C_{42}H_{64}O_{17}$	M	[9]

续表

编号	名称	分子式	测试溶剂	参考文献
8-2-53	uzarigenin-3*β*-*O*-canaroside	$C_{29}H_{44}O_7$	C	[10]
8-2-54	digitoxigenin-3*β*-*O*-digitoxoside	$C_{29}H_{44}O_7$	C	[10]
8-2-55	uzarigenin-3*β*-*O*-digitoxoside	$C_{29}H_{44}O_7$	C	[10]
8-2-56	3*β*,17*α*-di-*β*-hydroxy-5*α*,6*α*-epoxy-card-20(22)-enolide	$C_{23}H_{32}O_5$	M	[2,3]
8-2-57	3*β*-hydroxy-5*α*,6*α*-epoxy-card-20(22)-enolide	$C_{23}H_{32}O_4$	M	[2,3]
8-2-58	3*β*,11*α*-dihydroxy-5*α*,6*α*-epoxy-card-20(22)-enolide	$C_{23}H_{32}O_5$	M	[2,3]
8-2-59	3-*O*-methylevomonoside	$C_{30}H_{42}O_7$	M	[11]
8-2-60	neriifolin	$C_{30}H_{42}O_7$	M	[11]

8-2-56 R^1=*β*-OH; R^2=H; R^3=OH
8-2-57 R^1=*β*-OH; R^2=R^3=H
8-2-58 R^1=*β*-OH; R^2=*α*-OH; R^3=H

8-2-59

8-2-60

表 8-2-12 化合物 8-2-51~8-2-60 的 ^{13}C NMR 化学位移数据

C	8-2-51[9]	8-2-52[9]	8-2-53[10]	8-2-54[10]	8-2-55[10]	8-2-56[2,3]	8-2-57[2,3]	8-2-58[2,3]	8-2-59[11]	8-2-60[11]
1	31.0	31.0	37.4	30.1	37.4	32.7	32.8	34.6	30.4	30.6
2	27.2	27.2	29.4	26.8	29.4	28.9	28.8	29.7	26.5	26.5
3	73.0	72.9	73.7	73.2	73.3	88.2	88.2	88.2	71.7	73.3
4	31.0	30.9	34.4	30.4	34.5	39.7	39.7	40.1	29.4	30.0
5	37.1	37.2	44.5	35.5	44.5	66.6	66.6	67.3	36.5	36.9
6	27.1	27.3	28.8	27.1	28.8	59.7	59.7	60.2	26.6	26.5
7	21.7	21.8	27.0	21.2	27.1	30.8	30.9	31.2	21.2	21.2
8	41.6	41.7	41.9	42.1	41.9	30.7	30.5	30.3	41.8	41.8
9	356.7	36.7	49.7	35.9	50.1	42.7	43.0	49.8	35.7	35.9
10	35.4	35.4	36.1	35.3	36.1	35.2	35.3	36.8	35.2	35.3
11	20.3	20.3	21.3	21.6	21.4	20.5	20.8	67.4	21.4	21.4
12	41.0	41.0	40.1	40.2	40.1	30.1	38.0	46.7	40.0	40.0
13	502.6	52.6	50.1	49.8	49.8	48.5	44.7	44.6	50.3	50.3
14	84.8	84.8	85.7	85.8	85.7	50.9	57.0	56.0	85.5	85.5
15	38.6	38.6	33.2	33.3	33.3	23.7	24.5	24.5	33.1	33.2
16	133.6	133.6	27.6	29.9	27.6	37.1	26.3	26.3	26.9	26.9
17	144.4	144.4	51.1	51.1	51.1	82.4	50.9	50.6	50.9	50.9
18	16.8	16.8	15.9	15.9	15.9	15.1	13.3	14.1	15.8	15.8
19	24.3	24.3	12.3	23.7	12.3	16.0	16.0	16.7	23.8	23.9
20	159.7	159.7	174.8	174.8	174.8	175.3	173.0	173.0	174.8	174.8

续表

C	8-2-51[9]	8-2-52[9]	8-2-53[10]	8-2-54[10]	8-2-55[10]	8-2-56[2,3]	8-2-57[2,3]	8-2-58[2,3]	8-2-59[11]	8-2-60[11]
21	71.9	71.9	73.7	73.7	76.3	73.3	74.4	74.2	73.5	73.5
22	111.9	111.6	117.8	117.8	117.9	115.6	116.0	116.1	117.7	117.8
23	174.6	174.6	174.8	174.8	174.7	175.3	175.5	175.5	174.6	174.6
1'	95.3	95.3	97.5	95.6	95.6				97.3	97.2
2'	32.0	32.0	39.8	38.4	38.6				67.4	73.0
3'	72.8	72.8	71.8	68.5	68.5				81.4	84.7
4'	78.3	78.3	77.3	72.9	72.2				71.7	74.7
5'	65.0	65.0	72.1	69.4	69.5				67.7	67.5
6'	18.3	18.3	17.9	18.3	18.3				17.6	17.5
MeO	55.9	55.9							57.0	60.6
1''	101.6	101.6								
2''	75.4	75.2								
3''	78.8	78.4								
4''	71.8	71.9								
5''	78.6	77.7								
6''	62.9	70.3								
1'''		105.4								
2'''		75.2								
3'''		78.4								
4'''		71.7								
5'''		78.4								
6'''		62.8								

参考文献

[1] Eggert H, et al. Tetrahedron Lett, 1975, 3635.
[2] Lang S, et al. J Chem Soc, Perkin Trans 1, 1975, 316: 391.
[3] Wrav V, et al, Tetrahedeon, 1975, 31: 2815.
[4] Zhan M, Bai L M, Asami Toki, et al. Chem Pharm Bull, 2011, 59(3): 371.
[5] Zhang X H, Zhu H L, Yu Q, et al. Chem Biodiver, 2007, 4: 998.
[6] Jun-ya Ueda, Yasuhiro Tezuka, Arjun H, Banskota. J Nat Prod, 2003, 66: 1427.
[7] Takatoshi Nakamura, Yukihiro Goda, Shinobu Sakai. Phytochemistry, 1998, 49(7): 2097.
[8] Hirokatsu Endo, Tsutomu Warashina, Tadataka Noro. Chem Pharm bull, 1997, 45(9): 1536.
[9] Tatsuo Yamauchi, Fumiko Abe, Thawatchai Santisuk. Phytochemistry, 1990, 29(6): 1961.
[10] Juan M Trujilio, Olga Hernandez. J Nat Prod, 1990, 53(1): 167.
[11] Shivanand D Jolad, Joseph J Hoffmann, Jack R Cole. J Org Chem, 1981, 46: 1946.

第三节 胆甾烷类化合物

表 8-3-1 胆甾烷类化合物 8-3-1~8-3-10 的名称、分子式和测试溶剂

编号	名称	分子式	测试溶剂	参考文献
8-3-1	(20*S*)-20-hydroxycholestane-3,16-dione	$C_{27}H_{44}O_3$	C	[1]
8-3-2	(16*S*, 20*S*)-16,20-dihydroxycholestan-3-one	$C_{27}H_{46}O_3$	C	[1]

续表

编号	名称	分子式	测试溶剂	参考文献
8-3-3	(20*S*)-20-hydroxycholest-1-ene-3,16-dione	$C_{27}H_{42}O_3$	C	[1]
8-3-4	cholesta-22-ene-3*β*,5*β*,16*β*,15*α*,26-pentol	$C_{27}H_{46}O_5$	M	[2]
8-3-5	cholesta-22-ene-3*β*,5*β*,16*β*,20*β*,15*α*,26-hexol	$C_{27}H_{48}O_6$	M	[2]
8-3-6	cholesta-22-ene-3*β*,5*β*,8*β*,16*β*,15*α*,26-hexol	$C_{27}H_{48}O_6$	M	[2]
8-3-7	cholesta-22-ene-3*β*,5*β*,8*β*,16*β*,15*α*,25,26-heptol	$C_{27}H_{48}O_7$	M	[2]
8-3-8	carptoxin	$C_{27}H_{48}O_7$	M	[3]
8-3-9	5*α*-cyprinol	$C_{27}H_{48}O_5$	M	[3]
8-3-10	haloxysterol D	$C_{29}H_{50}O_4$	C	[4]

8-3-1 R^1= =O; R^2=*β*-OH
8-3-2 R^1=R^2=*β*-OH

8-3-4 R^1=R^2=R^3=H
8-3-5 R^1=R^3=H; R^2=*β*-OH
8-3-6 R^1=*β*-OH; R^2=R^3=H
8-3-7 R^1=R^3=*β*-OH; R^2=H

8-3-3

8-3-8 R^1=R^3=R^4=R^7=R^8=H; R^2=*β*-OH; R^5=R^6=*β*-OH; R^9=SO_3H; R^{10}=OH
8-3-9 R^1=R^3=R^4=R^7=R^8=R^9=H; R^2=R^5=R^6=*β*-OH; R^{10}=OH
8-3-10 R^1=R^3=*β*-OH; R^2=R^4=*β*-OH; R^5=R^6=R^9=R^{10}=H; R^7=OH; R^8=Et

表 8-3-2 化合物 8-3-1~8-3-10 的 ^{13}C NMR 化学位移数据[1~4]

C	8-3-1	8-3-2	8-3-3	8-3-4	8-3-5	8-3-6	8-3-7	8-3-8	8-3-9	8-3-10
1	38.2	38.5	157.4	39.7	39.8	41.2	41.4	32.36	33.19	75.9
2	38.0	38.2	127.7	32.0	32.2	31.5	31.6	28.49	29.36	39.1
3	211.5	211.9	193.5	72.3	72.5	72.2	72.4	68.65	68.82	66.8
4	44.5	44.7	40.9	36.2	36.3	36.2	36.3	28.49	29.43	42.5
5	46.5	46.7	44.2	48.9	48.9	48.8	49.6	39.93	40.53	79.1
6	28.6	28.8	27.4	72.3	72.6	73.9	74.2	28.49	29.53	76.8
7	31.7	31.5	31.3	40.5	40.6	45.2	45.4	67.14	67.24	39.5
8	33.8	34.4	34.1	31.1	30.7	76.7	76.9	40.38	41.20	32.0
9	53.5	53.9	49.8	55.7	55.8	57.0	57.2	32.36	32.75	50.4
10	35.7	35.7	39.0	36.7	36.6	36.5	36.7	36.20	36.93	37.1
11	21.0	21.1	21.1	21.7	21.8	19.5	19.6	23.74	24.78	21.5
12	39.4	40.5	39.3	41.7	42.1	42.9	42.9	73.63	74.04	40.8
13	42.8	43.1	43.0	44.5	41.2	45.0	45.5	46.95	47.52	43.0
14	50.8	54.3	50.9	61.0	61.7	63.0	63.6	42.57	43.30	56.9
15	39.4	37.4	39.2	84.2	85.1	80.1	80.3	23.48	24.17	25.8
16	221.6	74.1	221.0	83.2	82.9	83.2	83.3	35.31	36.57	29.5
17	71.4	60.3	71.4	60.0	60.1	60.8	60.9	47.52	48.34	56.6
18	14.7	15.1	14.8	15.0	16.9	16.7	16.9	13.19	13.05	12.2
19	11.5	11.5	13.1	16.1	16.3	15.7	15.8	10.62	10.50	19.4

续表

C	8-3-1	8-3-2	8-3-3	8-3-4	8-3-5	8-3-6	8-3-7	8-3-8	8-3-9	8-3-10
20	74.0		73.9	34.7	77.5	34.4	34.8	36.43	37.22	42.4
21	25.4	26.9	25.4	20.6	28.7	20.4	20.6	17.98	18.09	12.8
22	42.4	44.4	42.4	139.4	141.9	139.3	141.4	36.43	37.51	72.1
23	20.9	22.4	20.7	127.5	125.6	127.5	124.8	36.43	37.73	29.7
24	39.5	39.6	39.5	37.7	37.3	37.7	42.9	28.20	28.80	41.6
25	28.1	27.9	28.1	37.1	37.2	37.1	73.0	40.74	44.47	28.9
26	22.6	22.6	22.7	68.0	68.0	67.9	70.0	69.47	64.02	17.8
27	22.7	22.7	22.7	16.8	16.7	16.8	24.0	62.26	63.81	20.5
28										23.5
29										11.9

表 8-3-3 胆甾烷类化合物 8-3-11~8-3-20 的名称、分子式和测试溶剂

编号	名称	分子式	测试溶剂	参考文献
8-3-11	2*α*,3*β*-(22*R*)-trihydroxycholestan-6-one	$C_{27}H_{46}O_4$	P	[5]
8-3-12	3-keto-22-*epi*-28-*nor*-cathasterone	$C_{27}H_{44}O_3$	C	[6]
8-3-13	cholest-8-ene-3*β*, 5*α*,6*α*,25-tetrol	$C_{27}H_{46}O_4$	M	[7]
8-3-14	cholest-8(14)-ene-3*β*, 5*α*,6*α*,25-tetrol	$C_{27}H_{46}O_4$	M	[7]
8-3-15	cholesta-8,24-diene-3*β*, 5*α*,6*α*-triol	$C_{27}H_{44}O_3$	M	[7]
8-3-16	cholesta-8(14),24-diene-3*β*, 5*α*,6*α*-triol	$C_{27}H_{44}O_3$	M	[7]
8-3-17	(24*R*,22*E*)-24-hydroxycholesta-4,22-dien-3-one	$C_{27}H_{42}O_2$	C	[8]
8-3-18	23-acetoxy-24,25-epoxycholest-4-en-3-one	$C_{29}H_{44}O_4$	C	[8]
8-3-19	12*β*-acetoxy-24,25-epoxycholest-4-en-3-one	$C_{29}H_{44}O_4$	C	[8]
8-3-20	12*β*-acetoxycholestan-3,4-dione	$C_{29}H_{44}O_4$	C	[8]

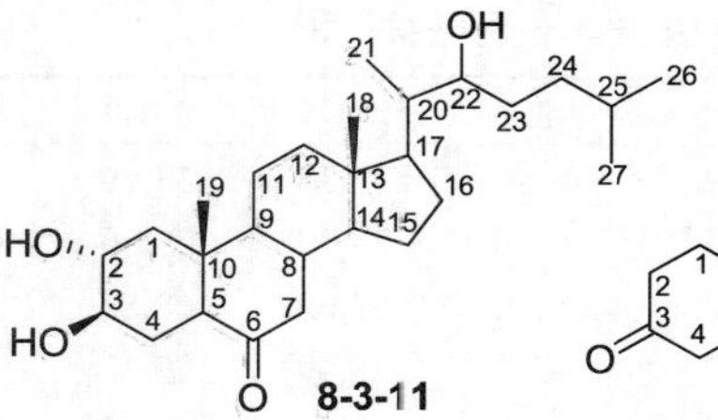

8-3-11 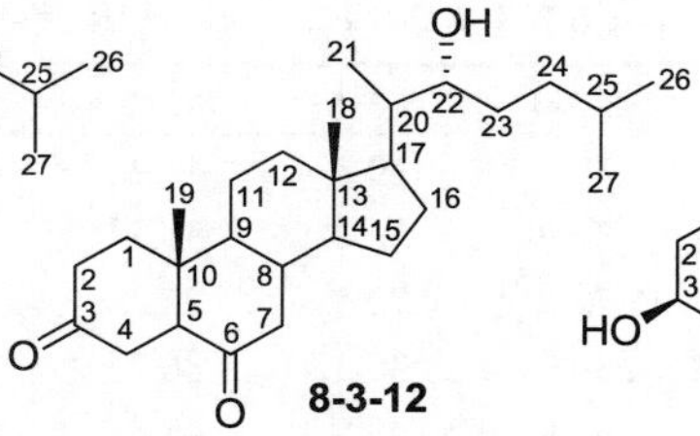 **8-3-12** 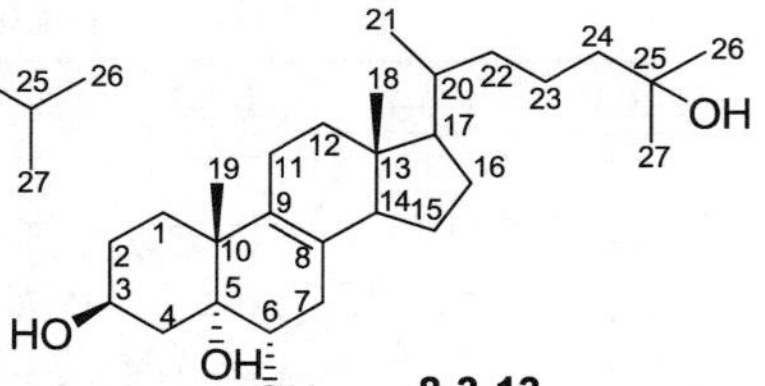 **8-3-13**

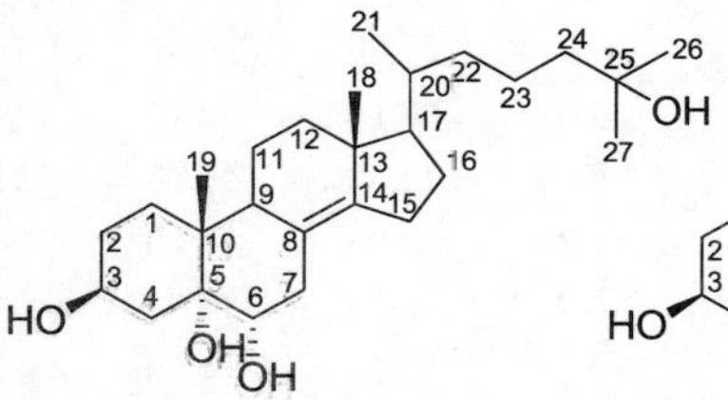

8-3-14 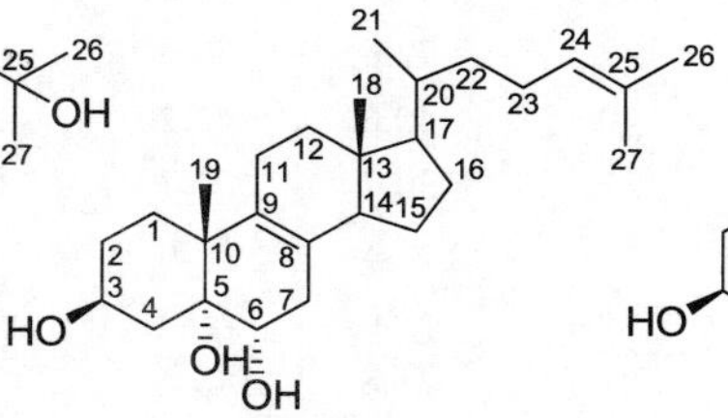 **8-3-15** 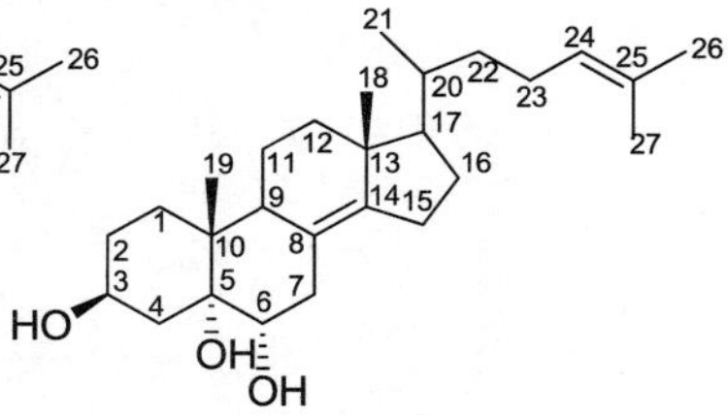 **8-3-16**

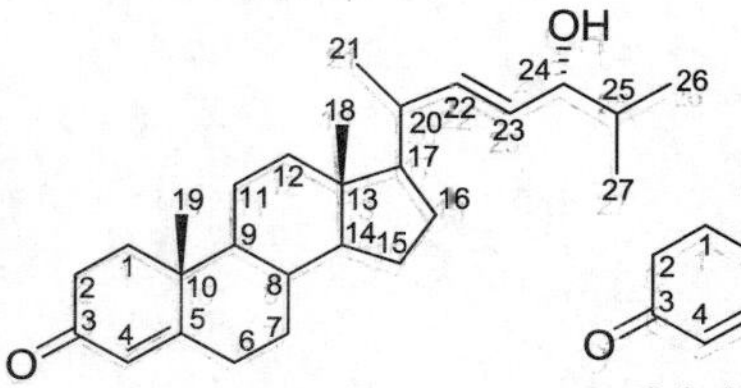

8-3-17 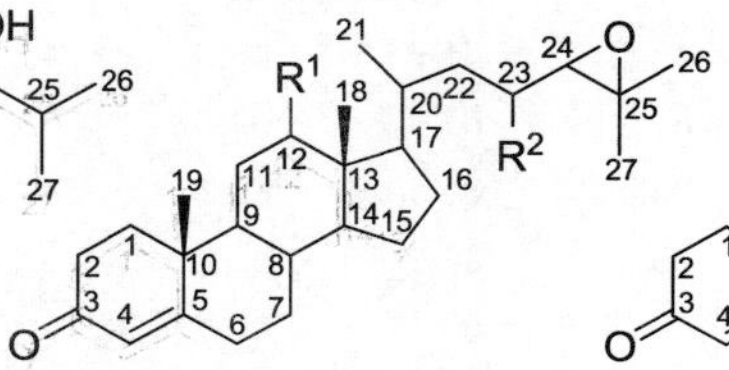 **8-3-18** R^1=H; R^2=OAc **8-3-19** R^1=OAc; R^2=H **8-3-20**

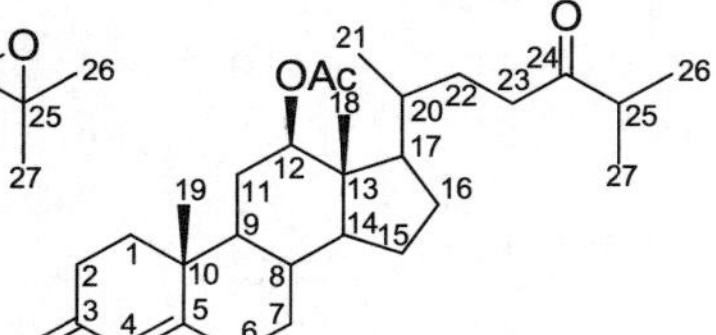

表 8-3-4 化合物 8-3-11~8-3-20 的 ^{13}C NMR 化学位移数据[5~8]

C	8-3-11	8-3-12	8-3-13	8-3-14	8-3-15	8-3-16	8-3-17	8-3-18	8-3-19	8-3-20
1	38.3	38.1	30.8	32.2	30.8	32.2	35.6	35.6	35.6	35.6
2	67.5	37.4	31.4	31.8	31.4	31.8	33.9	33.9	33.8	33.8
3	68.8	211.3	67.9	68.2	67.8	68.2	199.6	199.8	199.2	199.2
4	33.3	36.9	37.6	39.5	37.6	39.5	123.8	123.8	124.2	124.2
5	54.7	57.5	77.5	77.6	77.5	77.6	171.5	171.4	170.1	170.1
6	214.3	208.9	69.4	71.9	69.4	71.8	32.9	32.9	32.7	32.7
7	43.5	46.6	34.8	34.8	34.8	34.8	32.0	32.0	31.2	31.2
8	40.8	37.9	128.9	125.8	128.9	126.0	35.7	35.7	34.3	34.3
9	37.2	53.5	133.7	41.6	133.7	41.5	53.8	53.7	52.1	52.1
10	40.8	41.2	43.0	41.1	43.0	41.1	38.6	38.4	38.1	38.4
11	21.7	21.7	24.2	21.1	24.2	21.0	21.0	21.0	27.2	27.2
12	39.9	39.4	37.9	38.8	37.8	38.8	39.5	39.5	80.7	80.7
13	43.1	43.3	43.1	44.1	43.1	44.1	42.4	42.5	46.2	46.2
14	56.3	56.2	52.5	144.5	52.5	144.5	55.8	56.2	53.9	53.8
15	24.2	24.1	24.7	26.7	24.7	26.7	24.2	24.4	23.7	23.6
16	27.7	27.2	29.8	28.1	29.8	28.0	28.5	28.4	24.4	24.4
17	53.6	53.1	56.1	58.4	56.0	58.4	55.7	55.9	56.6	56.5
18	12.0	12.0	11.6	18.7	11.6	18.6	12.2	11.9	8.9	8.8
19	24.0	12.5	24.0	17.4	24.1	17.3	17.4	17.4	17.2	17.1
20	40.8	42.2	37.5	35.8	37.2	35.4	39.7	32.2	33.3	32.7
21	13.1	12.4	19.3	19.6	19.2	19.5	20.5	18.8	20.9	20.6
22	72.8	73.9	37.7	37.6	37.2	37.0	138.8	38.6	31.4	28.4
23	25.2	27.5	21.9	21.9	25.7	25.7	128.7	71.2	27.1	38.2
24	36.9	36.0	45.3	45.3	126.1	126.1	78.1	65.2	64.7	215.0
25	28.5	28.1	71.4	71.5	131.8	131.8	34.0	58.4	58.1	40.8
26	23.2	22.4	29.2	29.3	25.9	25.9	18.2	24.7	24.9	18.2
27	22.8	22.9	29.2	29.1	17.7	17.6	18.1	19.3	18.7	18.3
OAc								170.5	170.5	170.5
Me								21.1	21.6	21.5

表 8-3-5 胆甾烷类化合物 8-3-21~8-3-30 的名称、分子式和测试溶剂

编号	名称	分子式	测试溶剂	参考文献
8-3-21	3*α*-acetoxy-25-hydroxycholest-4-en-6-one	$C_{29}H_{46}O_4$	C	[8]
8-3-22	3*α*,11*α*-diacetoxy-25-hydroxycholest-4-en-6-one	$C_{31}H_{48}O_6$	C	[8]
8-3-23	20-hydroxyecdysone	$C_{27}H_{44}O_7$	M	[9]
8-3-24	ponasterone A	$C_{27}H_{44}O_6$	M	[9]
8-3-25	malacosterone	$C_{27}H_{44}O_8$	M	[9]
8-3-26	turkesterone	$C_{27}H_{44}O_8$	M	[9]
8-3-27	inkosterone	$C_{27}H_{44}O_7$	P	[10]
8-3-28	haloxysterol A	$C_{29}H_{50}O_3$	C	[4]
8-3-29	(22*S*)-cholest-5-ene-1*β*,3*β*,16*β*,22-tetrol	$C_{27}H_{46}O_4$	P	[11]
8-3-30	(22*S*)-cholest-5-ene-1*β*,3*β*,16*β*,22,26-pentol	$C_{27}H_{44}O_5$	M	[12]

8-3-21 R=α-H
8-3-22 R=α-OAc

8-3-23 $R^1=R^2=H$; $R^3=OH$; $R^4=H$
8-3-24 $R^1=R^2=R^3=R^4=H$
8-3-25 $R^1=R^4=H$; $R^2=\beta$-OH; $R^3=OH$
8-3-26 $R^1=\alpha$-OH; $R^2=R^4=H$; $R^3=OH$
8-3-27 $R^1=R^2=R^3=H$; $R^4=OH$

8-3-28 $R^1=\alpha$-OH; $R^2=H$; $R^3=OH$; $R^4=Et$; $R^5=H$
8-3-29 $R^1=R^2=\beta$-OH; $R^3=OH$; $R^4=R^5=H$
8-3-30 $R^1=R^2=\beta$-OH; $R^3=OH$; $R^4=H$; $R^5=OH$

表 8-3-6 化合物 8-3-21~8-3-30 的 ^{13}C NMR 化学位移数据

C	8-3-21[8]	8-3-22[8]	8-3-23[9]	8-3-24[9]	8-3-25[9]	8-3-26[9]	8-3-27[10]	8-3-28[4]	8-3-29[11]	8-3-30[12]
1	30.8	31.2	37.36	37.37	37.32	39.09	37.9	75.9	78.2	79.1
2	24.3	24.4	68.70	68.73	68.70	68.94	68.0	39.1	44.0	42.3
3	65.3	64.9	68.52	68.51	68.50	68.57	68.0	65.6	68.2	69.0
4	126.0	128.0	32.86	32.88	32.86	33.28	32.2	42.5	43.6	44.0
5	150.9	149.7	51.79	51.80	51.81	52.78	51.3	140.0	140.4	140.1
6	203.4	200.1	206.45	206.50	206.36	206.66	203.3	124.1	124.5	125.8
7	46.4	46.0	122.13	122.14	122.09	122.74	121.6	39.5	32.3	32.3
8	34.0	32.9	167.97	168.00	167.00	165.74	165.9	32.0	33.3	32.8
9	50.8	53.0	35.09	35.11	34.90	42.94	34.4	50.4	51.6	52.1
10	38.7	39.8	39.26	39.26	39.29	39.91	38.6	37.1	43.6	43.0
11	21.4	70.6	21.50	21.51	21.39	69.51	21.4	21.5	24.2	24.7
12	39.4	46.2	32.51	32.53	32.42	43.79	31.7	40.8	41.3	41.8
13	42.6	42.6					48.1	43.0	42.5	43.2
14	56.6	55.3	85.23	85.25	83.27	84.87	84.1	56.9	55.3	55.9
15	23.9	23.9	31.78	31.77	44.95	31.86	32.0	25.8	37.5	37.6
16	28.0	28.1	21.50	21.51	73.34	21.52	21.6	29.5	75.4	72.5
17	56.0	55.8	50.50	50.48	51.66	50.35	50.0	56.6	58.4	58.7
18	11.9	12.6	18.05	18.02	18.41	18.89	17.8	12.2	15.3	14.3
19	18.6	19.3	24.40	24.39	24.42	24.62	24.4	19.4	13.9	13.6
20	35.7	35.5	77.90	77.86	80.82	77.83	76.7	42.4	36.2	36.6
21	18.3	18.6	21.05	20.98	20.64	21.02	21.1	12.8	13.7	13.7
22	36.3	36.2	78.42	77.99	77.79	78.42	77.2	72.0	71.5	75.8
23	20.7	20.7	27.34	37.66	27.77	27.35	30.1	29.7	32.1	34.0
24	44.3	44.3	42.40	30.48	42.57	42.40	31.7	41.6	36.8	31.4
25	71.1	71.0	71.29	29.23	71.29	71.29	36.4	28.9	28.5	36.9
26	29.4	29.4	29.70	22.74	29.79	29.73	67.3	17.8	22.8	68.5
27	29.2	29.2	28.95	23.41	28.89	28.95	17.0	20.5	23.0	17.3
28								23.5		
29								11.9		
AcO	170.3	170.2								
Me	21.1	21.9								

续表

C	8-3-21[8]	8-3-22[8]	8-3-23[9]	8-3-24[9]	8-3-25[9]	8-3-26[9]	8-3-27[10]	8-3-28[4]	8-3-29[11]	8-3-30[12]
AcO		170.2								
Me		21.2								

表 8-3-7 胆甾烷类化合物 8-3-31~8-3-40 的名称、分子式和测试溶剂

编号	名称	分子式	测试溶剂	参考文献
8-3-31	16(*S*), 22(*S*)-dihydroxycholest-4-en-3-one	$C_{27}H_{44}O_3$	M	[12]
8-3-32	16(*S*), 22(*S*),26-trihydroxycholest-4-en-3-one	$C_{27}H_{44}O_4$	M	[12]
8-3-33	haloxysterol B	$C_{29}H_{48}O_3$	C	[4]
8-3-34	haloxysterol C	$C_{29}H_{46}O_2$	C	[4]
8-3-35	16*β*-hydroxy-5*α*-cholestane-3,6-dione	$C_{27}H_{44}O_3$	C	[13]
8-3-36	9*α*,11*α*-epoxycholest-7-ene-3*β*,5*α*,6*β*-triol	$C_{27}H_{44}O_4$	C	[14]
8-3-37	25-methyl-22-homo-5*α*-cholesta-7,22-diene-3*β*,6*β*,9*α*-triol	$C_{29}H_{48}O_3$	C	[15]
8-3-38	opuntisterol	$C_{29}H_{50}O_2$	C	[16]
8-3-39	5*α*-cholest-8,24-dien-3*β*-ol	$C_{27}H_{44}O$	C	[17]
8-3-40	anoectosterol	$C_{30}H_{48}O$	C	[18]

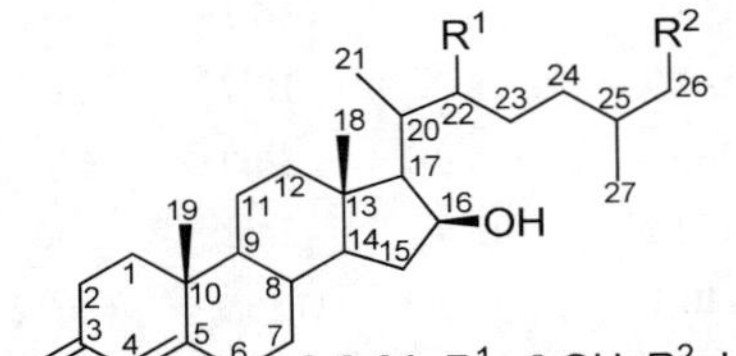

8-3-31 R^1=*β*-OH; R^2=H
8-3-32 R^1=*β*-OH; R^2=OH

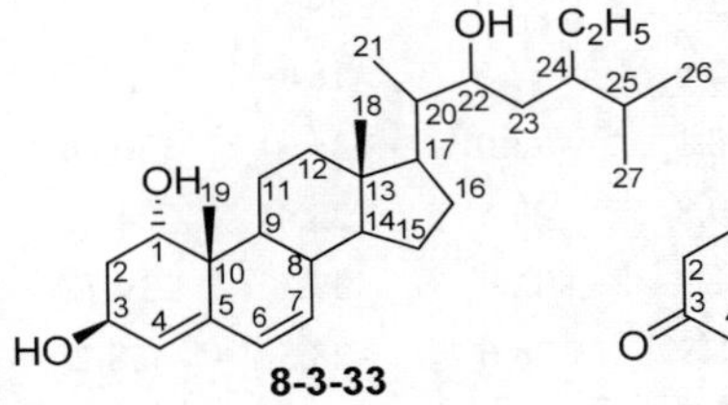

8-3-33

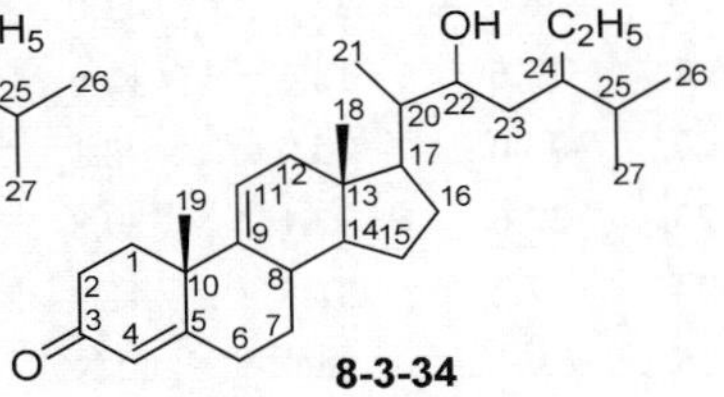

8-3-34

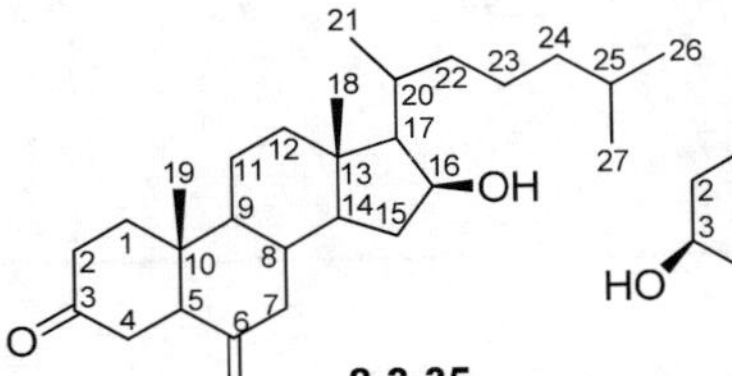

8-3-35

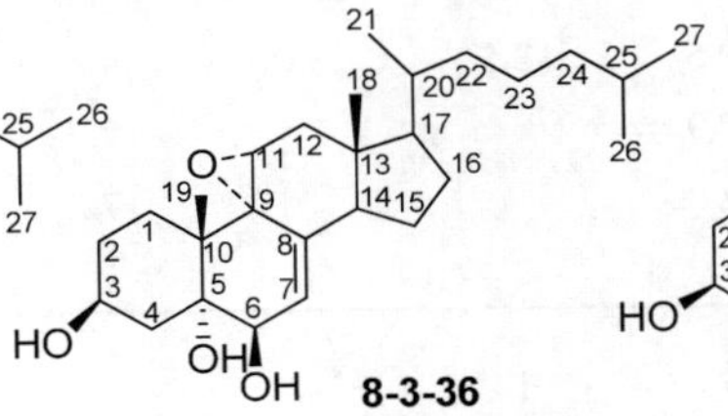

8-3-36

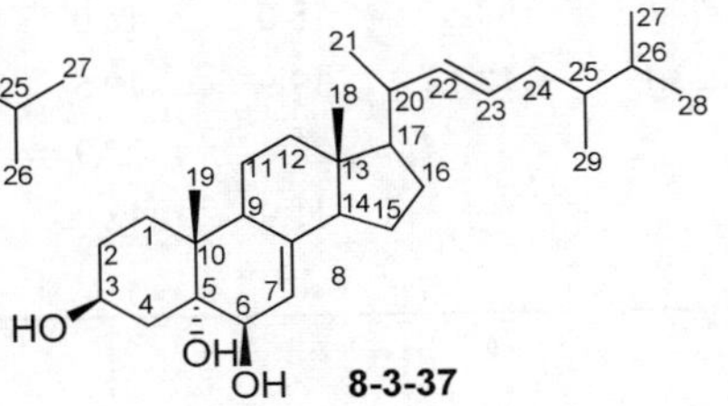

8-3-37

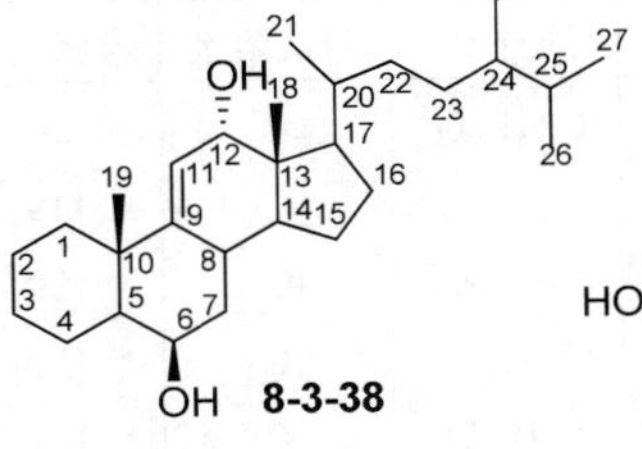

8-3-38

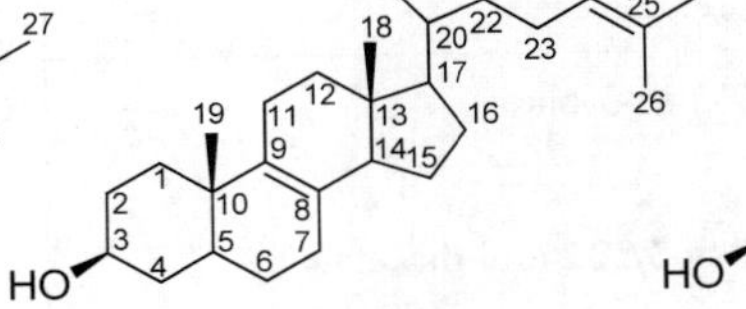

8-3-39

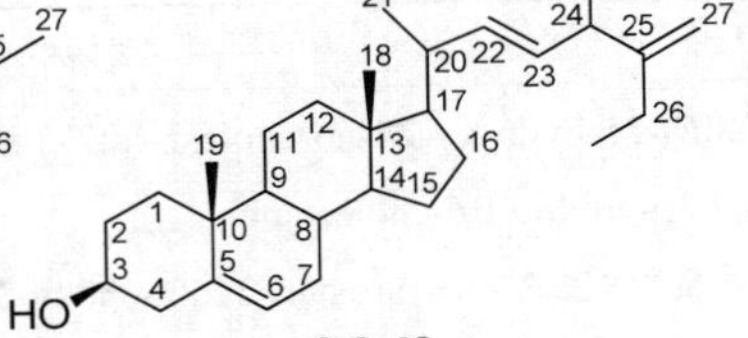

8-3-40

表 8-3-8 化合物 8-3-31~8-3-40 的 ^{13}C NMR 化学位移数据

C	8-3-31[12]	8-3-32[12]	8-3-33[4]	8-3-34[4]	8-3-35[13]	8-3-36[14]	8-3-37[15]	8-3-38[16]	8-3-39[17]	8-3-40[18]
1	36.7	36.7	74.0	35.7	38.0	36.0	22.5	37.4	35.2	37.3
2	34.0	33.9	38.9	38.9	37.3	31.9	32.4	20.7	31.7	31.7
3	202.3	202.3	67.9	199.6	211.5	67.2	65.9	28.3	71.2	71.8

续表

C	8-3-31[12]	8-3-32[12]	8-3-33[4]	8-3-34[4]	8-3-35[13]	8-3-36[14]	8-3-37[15]	8-3-38[16]	8-3-39[17]	8-3-40[18]
4	124.1	124.1	118.1	123.7	37.0	41.15	31.1	30.2	38.4	42.3
5	175.1	175.2	140.0	171.6	57.5	76.33	74.4	49.5	40.8	140.8
6	34.7	34.7	132.8	32.9	209.2	73.41	72.1	71.4	25.5	121.7
7	33.3	33.3	136.2	32.1	46.3	126.49	119.4	41.3	27.2	31.9
8	36.4	36.6	36.4	36.0	37.6	135.61	139.6	42.3	128.3	31.9
9	55.1	55.1	42.5	146.2	53.4	64.01	42.2	148.6	135.1	50.2
10	40.0	40.0	40.9	39.5	41.5	39.7	36.6	39.4	35.7	36.5
11	21.9	21.9	21.4	118.5		54.1	39.4	113.8	22.8	21.1
12	41.3	41.3	41.1	42.1	39.4	40.8	38.9	68.3	37.0	39.7
13	43.5	43.5	41.8	42.8	43.2	43.9	42.9	42.1	42.2	42.3
14	55.3	55.4	55.5	54.6	54.5	47.2	54.1	53.8	51.8	56.9
15	37.2	37.2	25.2	24.8	36.2	24.2	21.3	24.3	23.8	24.3
16	72.5	72.6	29.9	28.8	72.1	28.2	27.6	27.0	28.8	28.7
17	58.9	58.6	57.6	56.9	61.4	56.8	55.3	55.7	54.8	55.9
18	14.4	14.4	12.8	12.9	12.6	13.9	12.0	14.1	11.2	12.1
19	17.7	17.7	17.9	19.3	12.8	22.0	17.6	20.2	17.8	19.4
20	36.6	36.5	43.0	39.9	29.5	36.0	39.9	36.7	36.1	40.2
21	13.6	13.6	12.6	12.6	18.1	18.6	20.9	18.2	18.7	20.8
22	76.0	75.9	72.1	73.0	36.3	36.20	135.3	33.9	36.0	137.1
23	32.6	32.1	29.8	29.5	23.4	24.17	131.3	25.9	24.8	130.6
24	37.2	31.5	41.9	42.0	39.2	39.72	40.1	45.5	125.2	51.2
25	29.3	36.9	28.9	28.6	28.5	28.2	41.9	29.2	130.9	154.5
26	23.0	68.5	18.0	18.0	12.5	22.7	32.4	19.8	17.6	27.0
27	23.1	17.1	19.9	19.5	12.5	23.0	19.4	19.0	25.7	106.8
28			23.4	22.9			19.7	23.1		26.3
29			11.9	12.2			17.2	11.6		12.2
30										12.4

表 8-3-9　胆甾烷类化合物 8-3-41~8-3-51 的名称、分子式和测试溶剂

编号	名称	分子式	测试溶剂	参考文献
8-3-41	(22*E*)-25-hydroxy-24-norcholest-4,22-dien-3-one	$C_{26}H_{40}O_2$	C	[8]
8-3-42	4*α*,7*α*-epithio-5*β*-cholestane	$C_{27}H_{46}S$	C	[19]
8-3-43	(20*S*,22*S*,25*R*)-5*α*-furostan-22,25-epoxy-3*β*,26-diol-diacetate	$C_{31}H_{48}O_6$	C	[20]
8-3-44	(20*S*,22*S*,25*S*)-5*α*-furostan-22,25-epoxy-3*β*,26-diol-3-monoacetate	$C_{29}H_{46}O_5$	C	[20]
8-3-45	(20*S*,22*S*,25*S*)-5*α*-furostan-22,25-epoxy-2*α*,3*β*,6*β*,26-tetrol tetraacetate	$C_{35}H_{52}O_{10}$	C	[21]
8-3-46	(20*S*,22*S*,25*S*)-furostan-5-en-22,25-epoxy-2*α*,3*β*,26-triol triacetate	$C_{33}H_{48}O_8$	C	[21]
8-3-47	(22*E*,24*R*,25*R*)-5*α*,8*α*-epidioxy-24,26-cyclo-cholesta-6,22-dien-3*β*-ol	$C_{27}H_{40}O_3$	C	[22]
8-3-48	(22*S*)-3*β*,11,22-trihydroxy-9,11-*seco*-cholest-5-en-9-one	$C_{27}H_{46}O_4$	C	[23]
8-3-49	(22*S*)-3*β*-acetoxy-11,22-dihydroxy-9,11-*seco*-cholest-5-en-9-one	$C_{29}H_{48}O_5$	C	[23]
8-3-50	(22*S*)-3*β*-acetoxy-11,21,22-trihydroxy-9,11-*seco*-cholest-5-en-9-one	$C_{29}H_{48}O_6$	C	[23]
8-3-51	(22*S*)-3*β*,11,21,22-tetrahydroxy-9,11-*seco*-cholest-5-en-9-one	$C_{27}H_{44}O_5$	C	[23]

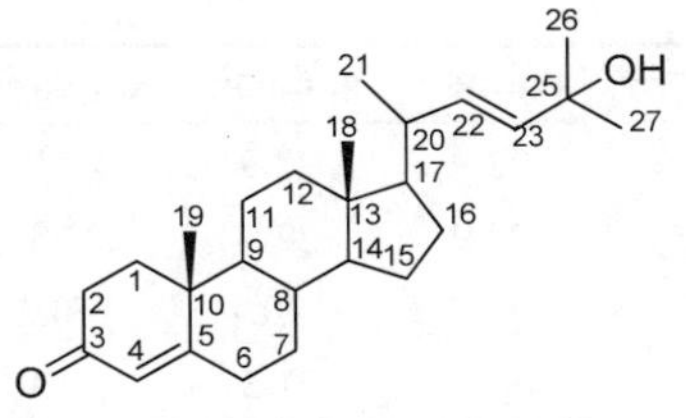

8-3-41

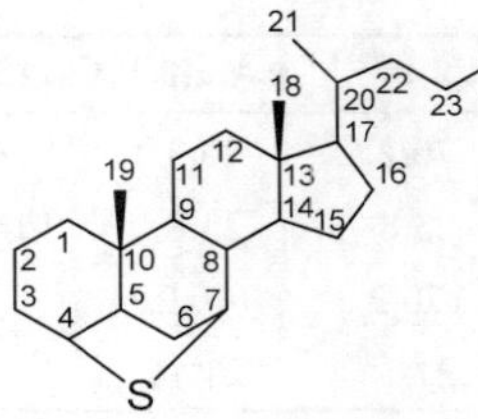

8-3-42

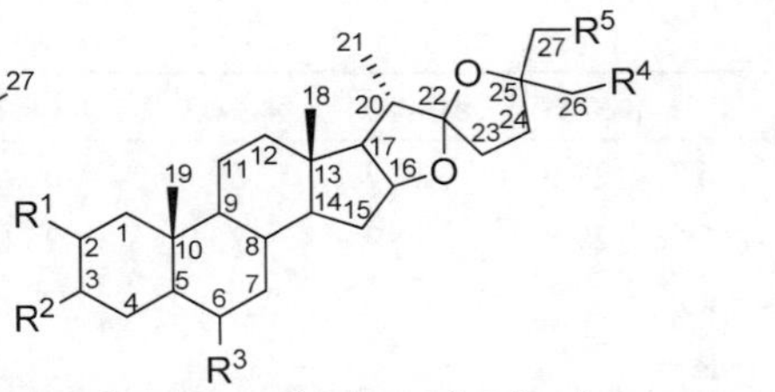

8-3-43 R²=β-OAc; R⁴=OAc; R¹=R³=R⁵=H
8-3-44 R¹=R³=R⁴=H; R²=β-OAc; R⁵=OH
8-3-45 R¹=α-OAc; R²=R³=β-OAc; R⁴=OAc; R⁵=H

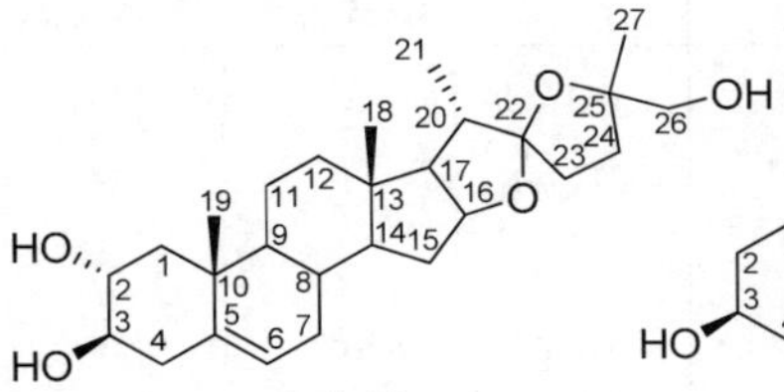

8-3-46

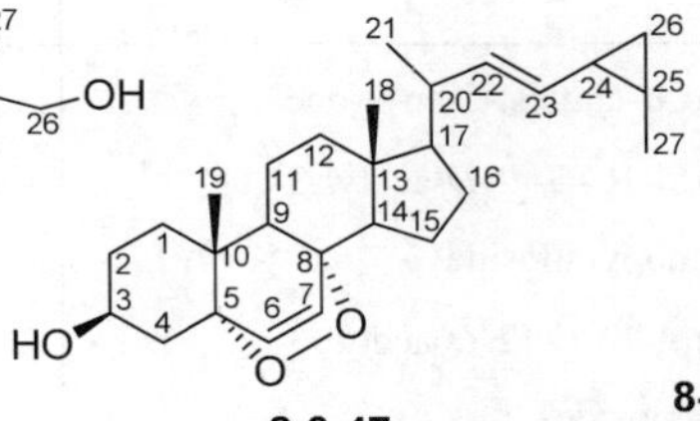

8-3-47

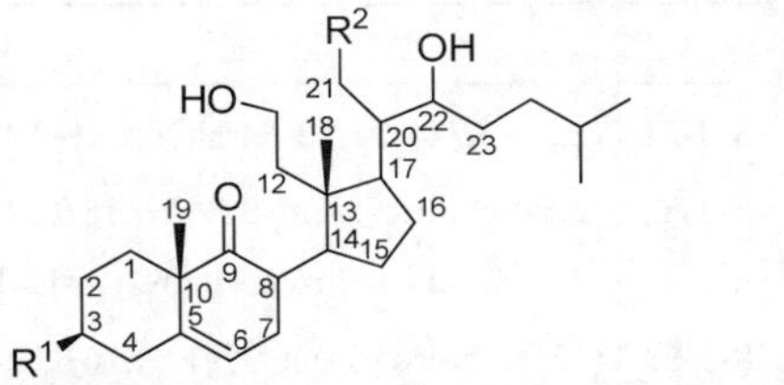

8-3-48 R¹=OH; R²=H **8-3-49** R¹=OAc; R²=H
8-3-50 R¹=OAc; R²=OH **8-3-51** R¹=R²=OH

表 8-3-10 化合物 8-3-41~8-3-50 的 ^{13}C NMR 化学位移数据

C	8-3-41[8]	8-3-42[19]	8-3-43[20]	8-3-44[20]	8-3-45[21]	8-3-46[21]	8-3-47[22]	8-3-48[23]	8-3-49[23]	8-3-50[23]
1	35.6	35.2	36.6	36.9	43.4	42.3	34.7	31.1	31.1	31.0
2	33.9	21.7	27.4	28.1	71.4	71.4	30.1	26.9	26.9	26.7
3	199.6	28.3	73.6	73.8	74.1	74.4	66.5	73.2	73.2	73.2
4	123.7	46.8	33.3	33.5	29.7	38.0	36.9	36.7	36.7	36.7
5	171.5	50.5	44.5	44.6	45.6	137.3	82.1	140.4	140.4	140.4
6	32.9	40.4	28.4	28.1	72.0	123.2	135.4	121.4	121.4	122.3
7	32.0	50.2	31.7	32.1	36.3	31.9	130.7	32.7	32.7	32.5
8	35.7	40.4	35.0	34.9	29.9	31.7	79.4	43.2	43.2	43.0
9	53.8	40.4	54.1	54.2	53.6	49.8	51.0	217.3	217.3	216.3
10	38.6	34.4	35.5	35.8	37.0	36.3	36.9	48.3	48.3	48.3
11	21.0		21.4	21.4	20.9	20.9	23.4	59.2	59.2	59.0
12	39.5	40.2	38.2	38.4	39.5	39.5	39.3	40.3	40.3	39.9
13	42.3	43.1	39.9	40.1	40.6	40.3	44.6	45.7	45.7	45.7
14	55.9	52.7	56.1	56.2	55.4	56.1	51.6	41.5	41.5	41.1
15	24.0		32.1	32.4	31.6	31.9	20.5	24.0	24.0	24.0
16	28.5		80.6	80.6	80.4	80.5	28.6	27.0	27.0	27.0
17	55.7	56.0	61.9	61.9	61.5	61.6	56.3	45.7	45.7	47.5
18	12.1	12.3	16.3	16.4	16.3	16.1	12.8	16.8	16.8	17.1
19	17.3	24.2	12.2	12.3	15.9	20.0	18.2	22.4	22.4	22.9
20	39.4	36.0	40.6	40.6	38.2	38.2	39.2	42.4	42.4	42.3
21	20.4	18.6	14.6	14.8	14.5	14.6	20.6	11.7	11.7	63.0
22	133.2	36.0	120.0	119.9	119.8	119.9	133.4	74.1	74.1	75.7
23	135.5	23.9	33.3	32.5	32.7	32.7	131.2	28.0	28.0	29.8
24		39.4	33.9	34.1	32.8	32.9	22.3	36.2	36.2	36.5
25	70.6	28.0	81.9	83.9	82.3	82.2	14.8	28.1	28.1	28.1

续表

C	**8-3-41**[8]	**8-3-42**[19]	**8-3-43**[20]	**8-3-44**[20]	**8-3-45**[21]	**8-3-46**[21]	**8-3-47**[22]	**8-3-48**[23]	**8-3-49**[23]	**8-3-50**[23]
26	29.9	22.7	69.6	69.6	70.2	70.3	14.7	22.9	22.9	22.6
27	29.8	22.7	25.9	25.0	23.8	23.8	18.6	22.9	22.9	22.8
AcO			170.2	170.2	170.2	170.2			170.4	170.3
Me			21.1	21.1	21.1	21.1			21.3	21.3

表 8-3-11　胆甾烷类化合物 8-3-51~8-3-60 的名称、分子式和测试溶剂

编号	名称	分子式	测试溶剂	参考文献
8-3-51	(22*S*)-3*β*,11,21,22-tetrahydroxy-9,11-*seco*-cholest-5-en-9-one	$C_{27}H_{44}O_5$	C	[23]
8-3-52	(22*S*)-cholest-5-ene-3*β*,11*α*,16*β*,22-tetrol-16-*O*-[2-*O*-acetyl-3-*O*-(3,4,5-trimethoxybenzoyl)-*α*-L-rhamnopyranoside]	$C_{45}H_{69}O_{13}$	P	[24]
8-3-53	(22*S*)-cholest-5-ene-3*β*,11*α*,16*β*,22-tetrol-16-*O*-[2-*O*-acetyl-3-*O*-(*p*-methoxybenzoyl)-*α*-L-rhamnopyranoside]	$C_{43}H_{64}O_{11}$	P	[24]
8-3-54	dioseptemloside B	$C_{33}H_{55}O_9$	M	[25]
8-3-55	(22*S*)-cholest-5-ene-3*β*,11*α*,16*β*,22-tetrol-16-*O*-*α*-L-rhamnopyranoside	$C_{33}H_{56}O_8$	P	[24]
8-3-56	(22*S*)-cholest-5-ene-3*β*,11*α*,16*β*,22-tetrol-16-*O*-(2,3-di-*O*-acetyl-*α*-L-rhamnopyranoside)	$C_{37}H_{60}O_{10}$	P	[24]
8-3-57	(22*S*)-cholest-5-ene-1*β*,3*β*,16*β*,22-tetrol-16-*O*-*β*-D-glucopyranoside	$C_{33}H_{56}O_9$	P	[11]
8-3-58	(22*S*)-cholesta-5,24-diene-3*β*,11*α*,16*β*,22-tetrol-16-*O*-*α*-L-rhamnopyranoside	$C_{33}H_{54}O_8$	P	[24]
8-3-59	(22*S*)-cholesta-5,24-diene-3*β*,11*α*,16*β*,22-tetrol-16-*O*-(2,3-di-*O*-acetyl-*α*-L-rhamnopyranoside)	$C_{37}H_{58}O_{10}$	P	[24]
8-3-60	opuntisteroside	$C_{35}H_{60}O_7$	C	[16]

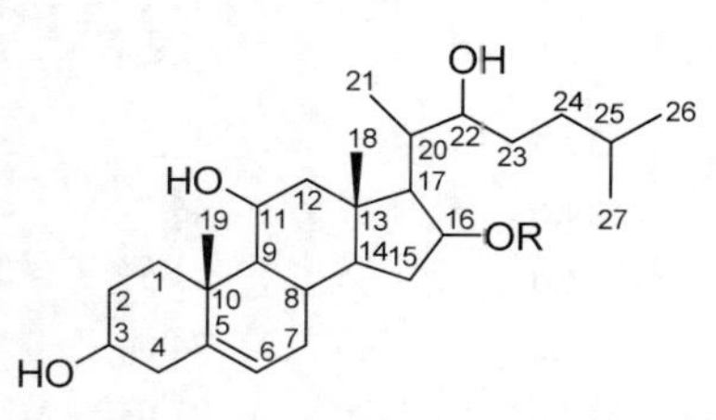

8-3-52 R=*α*-L-2-AcO-3,4,5-(MeO)$_3$-Bz-Rha
8-3-53 R=*α*-L-2-AcO-*p*-MeO-Bz-Rha

8-3-55 R^1=H; R2=OH; R^3=*α*-L-Rha
8-3-56 R^1=H; R^2=OH; R^3=*α*-L-2,3-(AcO)$_2$-Rha
8-3-57 R^1=OH; R^2=H; R^3=*β*-D-Glu

8-3-54

8-3-58 R=*α*-L-Rha
8-3-59 R=*α*-L-2,3-(AcO)$_2$-Rha

8-3-60

表 8-3-12 化合物 8-3-51~8-3-60 的 ^{13}C NMR 化学位移数据

C	8-3-51[23]	8-3-52[24]	8-3-53[24]	8-3-54[25]	8-3-55[24]	8-3-56[24]	8-3-57[11]	8-3-58[24]	8-3-59[24]	8-3-60[16]
1	31.1	40.0	40.0	38.5	40.1	40.0	78.2	40.0	40.0	35.7
2	30.8	32.2	32.2	32.7	32.3	32.2	44.0	32.3	32.2	20.2
3	71.4	71.7	71.7	72.4	71.7	71.7	68.2	71.7	71.7	28.1
4	40.7	44.1	44.2	43.0	44.2	44.1	43.7	44.1	44.1	30.1
5	140.4	143.0	142.9	142.4	142.9	142.9	140.3	142.9	142.9	48.9
6	121.3	120.8	120.8	122.6	120.9	120.7	124.6	120.8	120.7	79.1
7	32.5	32.9	32.9	32.3	32.9	32.9	32.2	32.9	32.9	40.1
8	43.1	31.8	31.7	33.5	31.9	31.7	33.1	31.8	31.8	41.8
9	216.8	57.1	57.1	56.7	57.2	57.0	51.5	57.2	57.0	147.6
10	48.3	38.8	38.8	39.0	38.9	38.8	43.5	38.8	38.8	39.1
11	59.0	68.1	68.1	39.2	68.2	68.1	24.3	68.2	68.1	113.1
12	39.8	51.8	51.8	218.0	51.9	51.8	40.9	51.9	51.8	68.2
13	45.7	42.9	42.9	58.6	43.0	42.9	42.2	43.0	42.9	42.0
14	41.1	54.4	54.4	59.1	54.6	54.4	55.4	54.5	54.4	52.8
15	24.0	35.4	35.4	38.0	35.6	35.4	37.3	35.6	35.7	24.1
16	26.6	83.6	83.3	82.3	82.4	83.3	82.7	82.3	83.2	26.8
17	47.4	57.7	57.7	50.2	57.9	57.7	58.2	57.8	57.7	55.5
18	17.1	14.3	14.3	13.7	14.4	14.2	13.8	14.4	14.3	13.8
19	22.9	19.3	19.3	19.7	19.3	19.2	13.9	19.3	19.3	20.0
20	42.3	36.2	36.2	35.9	36.0	36.1	36.0	35.1	35.4	36.5
21	63.0	12.0	12.1	12.8	11.9	12.0	12.6	11.8	12.0	18.0
22	75.7	72.7	72.7	74.5	73.2	72.7	73.2	73.1	72.0	33.6
23	29.9	34.6	34.6	34.4	34.4	34.5	33.8	35.3	35.4	25.8
24	36.5	36.6	36.6	37.4	36.8	36.6	36.8	123.0	123.5	44.9
25	28.1	29.0	29.0	29.9	28.7	29.0	28.9	132.4	132.2	28.8
26	22.5	22.9	22.9	23.4	22.9	22.8	23.0	25.9	26.0	19.7
27	22.9	22.9	23.0	23.4	22.8	22.9	23.1	18.1	18.1	19.0
28										22.9
29										11.5
1'		101.2	101.3	106.9	104.9	101.2	107.0	104.9	101.2	102.9
2'		71.5	71.5	75.7	72.4	71.3	75.7	72.0	71.5	74.7
3'		73.8	73.2	78.7	72.7	72.9	78.2	72.6	72.9	76.8
4'		71.3	71.2	71.9	74.0	71.0	71.8	74.0	71.0	70.1
5'		71.0	71.0	78.0	71.0	70.9	78.8	70.9	710	76.8
6'		18.2	18.2	63.1	18.4	18.1	63.0	18.4	18.1	61.6
OAc		170.0	170.0			170.1			170.2	
Me		20.8	20.7			20.7			20.8	
OAc						170.4			170.5	
Me						20.8			20.9	
1"		125.9	123.5							
2"		107.7	132.0							
3"		153.6	114.1							

续表

C	**8-3-51**[23]	**8-3-52**[24]	**8-3-53**[24]	**8-3-54**[25]	**8-3-55**[24]	**8-3-56**[24]	**8-3-57**[11]	**8-3-58**[24]	**8-3-59**[24]	**8-3-60**[16]
4"		143.0	163.8							
5"		153.6	114.1							
6"		107.7	132.0							
7"		165.9	165.9							
OMe		60.6	55.4							
OMe		56.0								

表 8-3-13 胆甾烷类化合物 8-3-61~8-3-70 的名称、分子式和测试溶剂

编号	名称	分子式	测试溶剂	参考文献
8-3-61	galtonioside A	$C_{48}H_{72}O_{19}$	C	[26]
8-3-62	saundersioside B	$C_{48}H_{68}O_{16}$	P	[27]
8-3-63	saundersioside D	$C_{39}H_{60}O_{13}$	P	[28]
8-3-64	saundersioside E	$C_{46}H_{64}O_{15}$	P	[28]
8-3-65	saundersioside F	$C_{47}H_{66}O_{15}$	P	[28]
8-3-66	saundersioside G	$C_{46}H_{66}O_{15}$	P	[28]
8-3-67	saundersioside H	$C_{47}H_{68}O_{15}$	P	[28]
8-3-68	(22*S*,25*S*)-16*β*,22,26-trihydroxycholest-4-en-3-one-16-*O*-*β*-D-xylopyranoside	$C_{32}H_{52}O_8$	M	[29]
8-3-69	(22*S*)-3*β*,11,22-trihydroxy-9,11-*seco*-cholest-5,24-dien-9-one	$C_{27}H_{44}O_4$	C	[23]
8-3-70	(22*E*)-3*β*,11-trihydroxy-9,11-*seco*-24-norcholest-5,22-dien-9-one	$C_{26}H_{42}O_3$	C	[23]

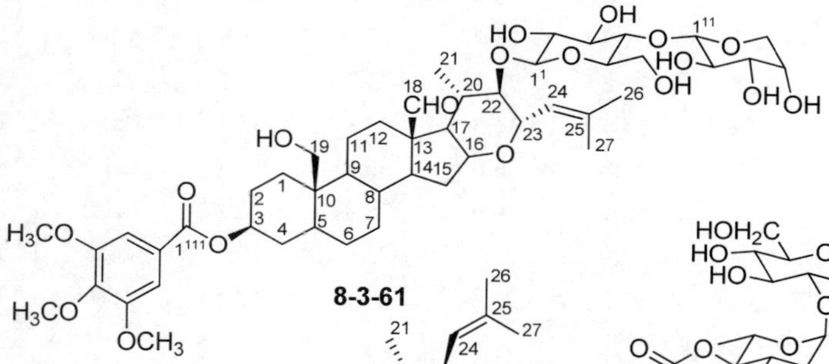

8-3-61

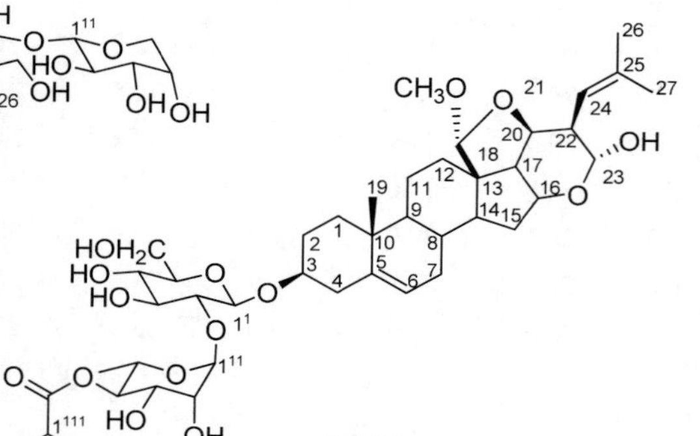

8-3-62

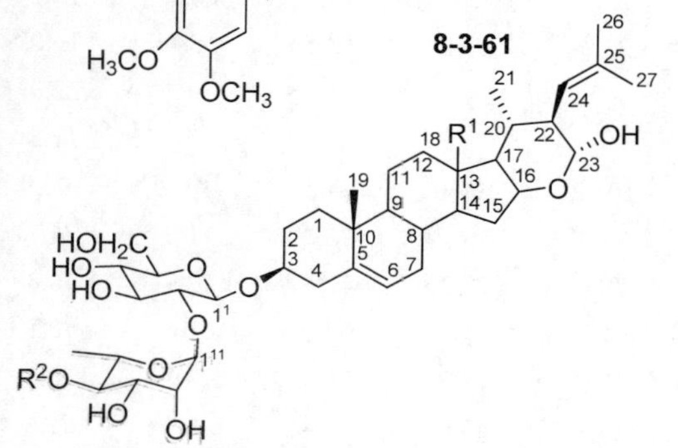

8-3-63 R^1=CHO; R^2=H
8-3-64 R^1=CHO; R^2=*p*-OH-Bz
8-3-65 R^1=CHO; R^2=*p*-MeO-Bz
8-3-66 R^1=CH_2OH; R^2=*p*-OH-Bz
8-3-67 R^1=CH_2OH; R^2=*p*-MeO-Bz

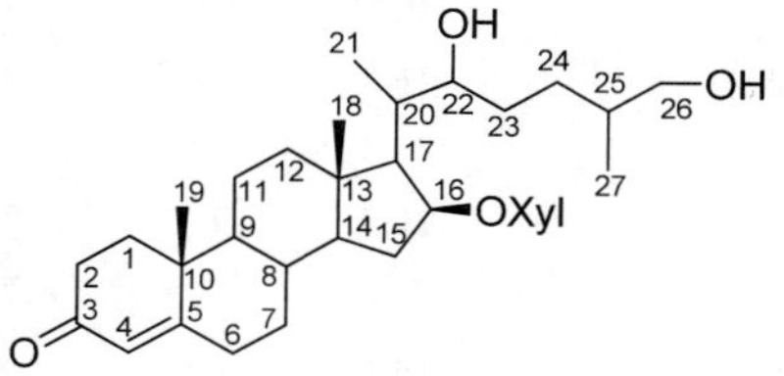

8-3-68

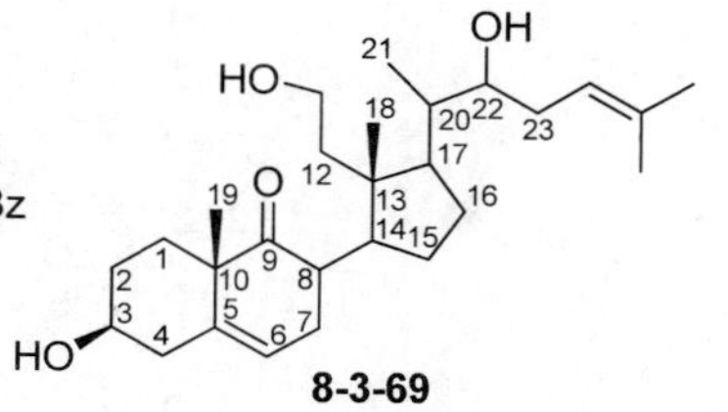

8-3-69

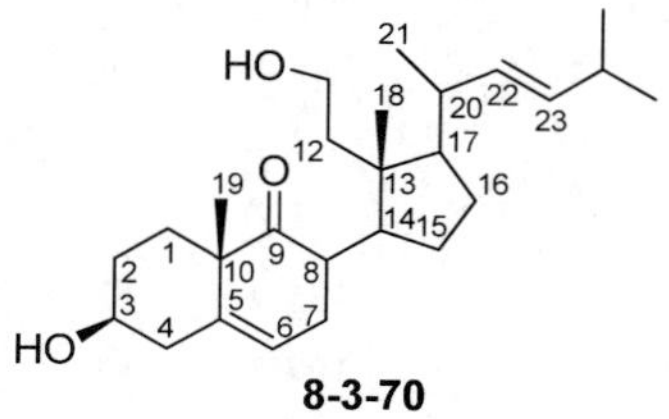

8-3-70

表 8-3-14 化合物 8-3-61~8-3-70 的 ^{13}C NMR 化学位移数据

C	8-3-61[26]	8-3-62[27]	8-3-63[28]	8-3-64[28]	8-3-65[28]	8-3-66[28]	8-3-67[28]	8-3-68[29]	8-3-69[23]	8-3-70[23]
1	68.1	37.5	37.5	37.4	37.2	37.5	37.4	36.5	31.1	31.1
2	35.0	30.0	30.2	30.0	30.3	30.5	30.5	33.9	30.8	30.8
3	72.4	79.1	78.0	78.4	78.3	78.5	78.6	203.0	71.4	71.4
4	31.4	394	39.0	39.4	39.3	39.4	39.6	123.9	40.7	40.7
5	32.0	141.4	141.0	141.0	141.0	141.0	141.1	176.0	140.4	140.4
6	26.5	121.4	121.2	121.5	121.4	122.0	122.0	34.6	121.3	121.3
7	26.9	32.3	32.2	32.3	32.3	32.8	32.8	33.3	32.7	33.1
8	34.4	32.4	33.5	33.6	33.6	31.8	31.9	36.6	43.1	43.8
9	47.8	50.1	50.2	50.3	50.1	50.7	50.6	55.3	217.2	217.5
10	47.0	37.2	37.0	36.9	37.0	37.1	37.2	39.9	48.3	48.4
11	65.6	22.9	22.6	22.6	22.5	21.4	21.4	21.8	59.2	59.4
12	51.1	34.5	33.7	33.6	33.8	35.2	35.2	40.8	40.3	40.4
13	42.5	57.6	59.3	59.3	59.2	46.8	46.8	43.2	45.7	45.7
14	52.8	51.1	52.7	52.7	52.5	53.3	53.2	55.3	41.8	42.2
15	34.4	29.5	33.5	33.5	33.4	33.8	33.9	37.3	24.1	24.6
16	72.5	77.2	69.9	69.9	69.9	70.7	70.6	83.1	27.0	24.7
17	58.8	53.2	59.6	59.6	59.5	60.6	60.6	58.6	45.8	49.7
18	16.0	108.6	207.3	207.3	207.3	60.4	60.4	13.5	16.8	17.6
19	59.7	19.4	19.4	19.5	19.6	19.4	19.4	17.6	23.0	22.9
20	33.5	85.8	31.3	31.3	31.2	31.5	31.5	36.1	41.3	37.9
21	17.1	27.6	18.6	18.1	18.0	18.1	18.1	12.0	11.8	21.8
22	86.0	50.6	47.6	47.6	47.6	48.2	48.2	74.1	73.1	132.3
23	76.0	90.7	98.3	98.3	98.3	98.7	98.7	33.2	2.95	135.9
24	125.6	122.6	126.3	126.3	126.2	127.3	127.3	31.0	121.0	
25	136.9	134.7	134.3	134.3	134.3	133.5	133.5	37.1	135.5	31.0
26	26.1	26.4	26.0	26.1	26.0	26.1	26.1	68.2	16.8	22.6
27	18.9	18.9	18.8	18.9	18.8	19.5	19.5	17.2	18.0	22.7
1'	105.1	100.5	100.5	100.8	100.7	100.7	100.9	107.2		
2'	75.4	77.6	77.9	77.3	77.3	77.3	77.4	75.2		
3'	76.5	79.7	79.7	79.7	79.6	79.6	79.6	78.0		
4'	81.5	71.8	71.9	71.8	71.7	71.8	71.8	71.2		
5'	76.0	78.5	78.3	78.4	78.1	78.3	78.3	68.2		
6'	62.5	62.7	62.7	62.7	62.6	62.6	62.6			
1''	105.8	101.8	102.1	101.6	101.6	101.6	101.6			
2''	72.3	72.6	72.6	72.7	72.6	72.6	72.5			
3''	74.6	70.5	72.9	70.6	70.5	70.5	70.5			
4''	69.6	76.8	74.2	76.4	76.5	76.3	76.7			
5''	67.9	67.2	69.5	67.1	67.0	67.1	66.9			
6''		18.3	18.7	18.7	18.9	18.9	18.9			
1'''	126.7	123.8		122.0	123.5	121.9	123.5			
2'''	107.5	132.5		132.6	132.2	132.6	132.3			
3'''	153.6	114.3		116.1	114.1	116.1	114.1			

续表

C	8-3-61[26]	8-3-62[27]	8-3-63[28]	8-3-64[28]	8-3-65[28]	8-3-66[28]	8-3-67[28]	8-3-68[29]	8-3-69[23]	8-3-70[23]
4'''	142.9	164.0		163.6	163.8	163.5	163.7			
5'''	153.6	114.3		116.1	114.1	116.1	114.1			
6'''	107.5	132.5		132.6	132.2	132.6	132.3			
7'''	165.5	166.5		166.7	166.4	166.7	166.4			
OMe	56.0	55.6			55.5		55.4			
OMe	60.6	55.4								

表 8-3-15 胆甾烷类化合物 8-3-71~8-3-80 的名称、分子式和测试溶剂

编号	名称	分子式	测试溶剂	参考文献
8-3-71	3*β*,16*β*,17*α*-trihydroxycholest-5-en-22-one-16-*O*-D-xylopyranosyl-(1→3)-(*α*-L-arabinopyranoside)	$C_{37}H_{60}O_{12}$	P	[30]
8-3-72	3*β*,16*β*,17*α*-trihydroxycholest-5-en-22-one-16-*O*-D-xylopyranosyl-(1→3)-(2-*O*-acetyl-*α*-L-arabinopyranoside)	$C_{39}H_{62}O_{13}$	P	[30]
8-3-73	3*β*,16*β*,17*α*-trihydroxycholest-5-en-22-one-16-(*β*-D-4-methoxybenzoyl-xylopyranosyl)-(1→3)-(2-*O*-acetyl-*α*-L-arabinopyranoside)	$C_{47}H_{68}O_{15}$	P	[30]
8-3-74	3*β*,16*β*,17*α*-trihydroxycholest-5-en-22-one-16-*O*-(*β*-D-3,4-dimethoxybenz-oylxylopyranosyl)-(1→3)-(2-*O*-acetyl-*α*-L-arabinopyranoside)	$C_{48}H_{70}O_{16}$	P	[30]
8-3-75	nigoroside D	$C_{39}H_{66}O_{13}$	P	[31]
8-3-76	(22*S*)-16*β*,22-dihydroxy-cholest-5-ene-3*β*-yl-*O*-*α*-L-rhamnopyranosyl-(1→4)-*β*-D-glucopyranoside	$C_{39}H_{66}O_{12}$	P	[32]
8-3-77	(22*S*)-16*β*-[(*β*-D-glucopyanosyl)oxy]-22-hydroxycholest-5-en-3*β*-yl-*β*-D-glucopyranoside	$C_{39}H_{66}O_{13}$	P	[32]
8-3-78	(22*S*)-cholest-5-ene-1*β*,3*β*,16*β*,22-tetrol-1-*O*-*α*-L-rhamnopyranoside-16-*O*-*β*-D-glucopyranoside	$C_{39}H_{66}O_{13}$	P	[33]
8-3-79	(22*S*)-cholest-5-ene-1*β*,3*β*,16*β*,22-tetrol-16-*O*-[*O*-*β*-D-glucopyranoside-(1→3)-*β*-D-glucopyranoside]	$C_{39}H_{66}O_{14}$	P	[33]
8-3-80	(1*R*)-[*α*-L-rhamnopyanopyranosyloxy]-3(*R*)-(*β*-D-galactopyranosyloxy) cholest-5-ene-16(*S*),22(*S*)-diol	$C_{39}H_{66}O_{12}$	M	[12]

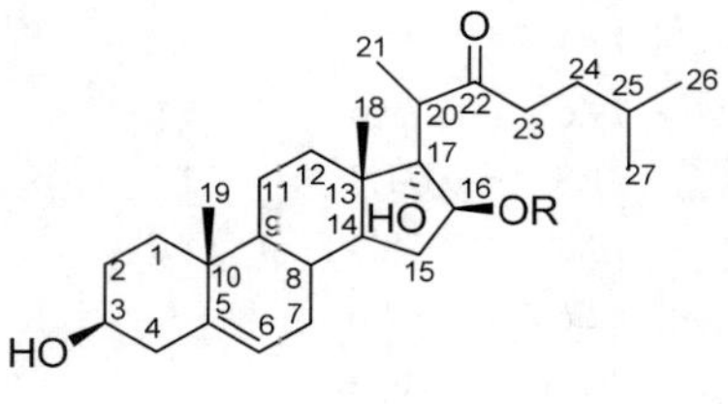

8-3-71 R=*β*-D-Xyl-(1→3)-*α*-L-Ara

8-3-72 R=*β*-D-Xyl-(1→3)-*α*-L-2-Ac-Ara

8-3-73 R=*β*-D-4-MeO-Bz-Xyl-(1→3)-*α*-L-2-Ac-Ara

8-3-74 R=*β*-D-3,4-$(MeO)_2$-Bz-Xyl-(1→3)-*α*-L-2-Ac-Ara

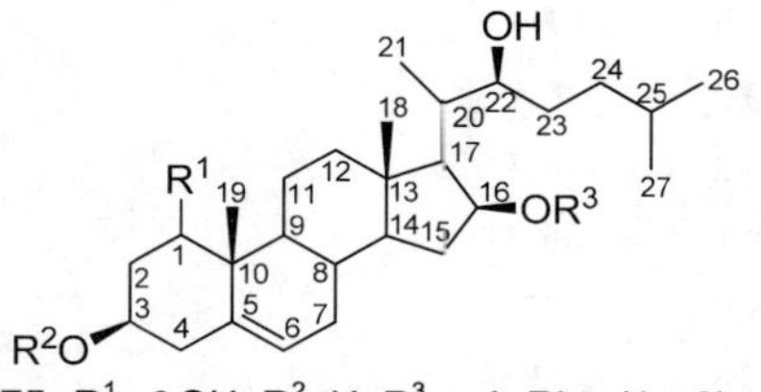

8-3-75 R^1=*β*-OH; R^2=H; R^3=*α*-L-Rha-(1→3)-*β*-D-Gal

8-3-76 R^1=H; R^2=*α*-L-Rha-(1→4)-*β*-D-Glu; R^3=*β*-OH

8-3-77 R^1=H; R^2=*β*-D-Glu; R^3=*β*-D-Glu

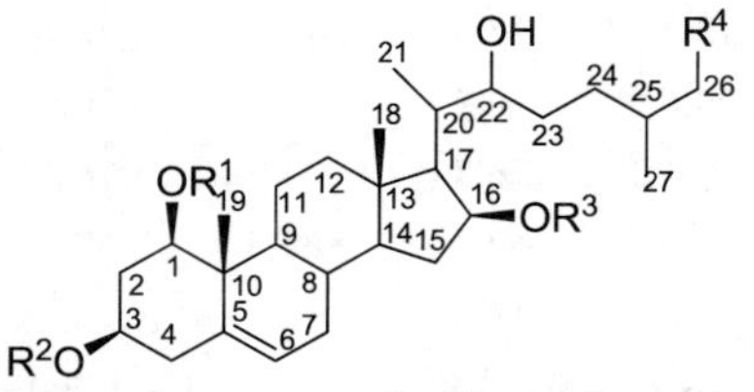

8-3-78 R^1=*α*-L-Rha; R^2=R^4=H; R^3=*β*-D-Glu

8-3-79 R^1=R^2=R^4=H; R^3=*β*-D-Glu-(1→3)-*β*-D-Glu

8-3-80 R^1=*α*-L-Rha; R^2=*β*-D-Gal; R^3=R^4=H

8-3-81 R^1=*α*-L-Rha; R^2=*β*-D-Gal; R^3=H; R^4=OH

表 8-3-16　化合物 8-3-71~8-3-80 的 ^{13}C NMR 化学位移数据

C	8-3-71[30]	8-3-72[30]	8-3-73[30]	8-3-74[30]	8-3-75[31]	8-3-76[32]	8-3-77[32]	8-3-78[33]	8-3-79[33]	8-3-80[12]
1	37.8	37.8	37.8	37.8	77.7	37.4	37.3	81.4	78.1	83.1
2	32.3	32.3	32.3	32.3	42.1	30.1	30.1	36.1	43.9	35.6
3	71.3	71.3	71.3	71.3	67.7	78.2	78.0	68.1	68.1	82.5
4	43.5	43.5	43.5	43.5	43.0	39.2	39.2	43.8	43.6	43.2
5	141.9	142.0	142.0	142.0	139.6	140.9	140.7	139.2	140.3	139.2
6	121.2	121.1	121.1	121.1	124.3	121.8	121.8	125.1	124.5	126.4
7	32.5	32.6	32.7	32.7	31.6	32.1	31.9	31.6	32.1	32.2
8	32.2	32.1	32.1	32.1	32.6	31.8	31.6	33.5	33.0	34.5
9	50.2	50.2	50.2	50.2	50.8	50.4	50.3	50.9	51.4	51.9
10	36.9	36.9	36.9	36.9	43.0	36.9	36.8	42.9	43.5	43.0
11	21.0	21.0	21.0	21.0	23.8	21.0	21.0	24.8	24.2	25.6
12	36.1	35.0	34.7	34.7	40.1	40.3	39.9	40.6	40.7	41.6
13	46.5	46.6	46.6	46.6	41.7	42.9	42.3	42.3	42.1	43.4
14	48.7	48.6	48.6	48.6	54.7	54.7	55.0	55.4	55.4	56.5
15	39.5	39.5	39.3	39.3	36.8	37.6	36.8	37.2	37.1	37.7
16	88.9	88.4	88.4	88.4	82.0	71.3	82.4	82.6	82.9	72.6
17	86.2	85.8	85.7	85.8	57.6	59.6	57.8	58.1	58.1	58.8
18	13.7	13.6	13.6	13.7	13.2	13.3	13.4	13.9	13.7	14.7
19	19.6	19.6	19.6	19.6	13.5	19.3	19.3	14.6	13.9	12.1
20	46.2	46.4	46.3	46.4	35.4	37.4	35.8	36.1	36.0	36.3
21	12.2	11.9	11.9	11.9	12.1	13.4	12.4	12.7	12.6	13.9
22	219.5	218.9	218.9	218.9	73.5	73.2	73.0	73.2	73.3	76.3
23	32.8	32.9	32.7	32.7	33.1	29.9	33.7	33.8	33.6	34.1
24	32.6	32.8	32.7	32.7	36.1	36.4	36.5	36.8	36.8	37.1
25	27.9	27.9	27.8	27.7	28.4	28.4	28.8	28.9	28.9	29.7
26	23.0	22.8	22.8	22.8	22.6	22.6	22.9	23.1	23.0	23.2
27	22.6	22.6	22.5	22.4	22.7	23.2	23.0	23.1	23.2	23.2
1'	105.4	101.4	100.8	100.8	106.7	102.3	102.4	97.8	106.1	98.0
2'	71.7	72.2	72.1	72.1	71.5	75.4	75.2	72.9	74.3	72.9
3'	83.7	80.0	80.9	80.9	81.5	76.6	78.4	73.0	89.3	72.9
4'	68.8	68.6	67.8	67.7	69.1	78.1	71.5	73.7	69.7	73.6
5'	67.0	66.4	65.5	65.4	76.0	77.0	78.3	70.7	77.9	70.1
6'					61.2	61.4	62.6	18.7	62.4	18.1
1''	106.8	106.6	103.6	103.6	103.5	102.5	106.8	107.0	106.5	107.3
2''	75.1	74.2	76.3	76.3	71.5	72.5	75.5	75.7	75.5	70.8
3''	78.2	78.2	75.2	75.3	71.9	72.7	78.6	78.2	78.7	74.3
4''	71.0	70.9	70.7	70.7	72.8	73.9	71.5	71.8	71.6	69.1
5''	67.3	67.2	67.0	67.0	69.5	70.2	78.1	78.8	78.3	75.3
6''					18.1	18.5	62.7	63.0	62.5	62.6
OAc		170.0	170.0	169.3						
Me		21.5	21.5	20.9						
1'''			169.3							

续表

C	8-3-71[30]	8-3-72[30]	8-3-73[30]	8-3-74[30]	8-3-75[31]	8-3-76[32]	8-3-77[32]	8-3-78[33]	8-3-79[33]	8-3-80[12]
2'''			123.0							
3'''			132.4							
4'''			114.2							
5'''			163.9							
6'''			114.2							
7'''			132.4							
OMe			55.5	55.9				55.5	55.9	
OMe				55.9						

表 8-3-17 胆甾烷类化合物 8-3-81~8-3-90 的名称、分子式和测试溶剂

编号	名称	分子式	测试溶剂	参考文献
8-3-81	(25*S*)-1(*R*)-[*α*-L-rhamnopyranosyloxy]-3(*R*)-(*β*-D-galactopyranosyloxy) cholest-5-ene-16(*S*),22(*S*),26-triol	$C_{39}H_{66}O_{13}$	M	[12]
8-3-82	2*α*,3*β*,22*R*-trihydroxycholestan-6-one-22-*O*-*β*-D-glucopyranosyl-(1→2)-*α*-L-arabinopyranoside	$C_{38}H_{64}O_{13}$	P	[5]
8-3-83	pentandroside A	$C_{38}H_{62}O_{13}$	M	[34]
8-3-84	pentandroside B	$C_{40}H_{64}O_{14}$	M	[34]
8-3-85	pentandroside C	$C_{38}H_{62}O_{14}$	M	[34]
8-3-86	pentandroside D	$C_{39}H_{64}O_{13}$	M	[34]
8-3-87	(16*S*)-[*α*-L-rhamnopyranosyl-(1→2)-*β*-D-galactopyranosyloxy]-22(*S*)-hydroxycholest-4-en-3-one	$C_{39}H_{64}O_{12}$	M	[12]
8-3-88	(16*S*)-[*β*-D-glucopyranosyl-(1→3)-*β*-D-galactopyranosyloxy]-22(*S*)-hydroxycholest-4-en-3-one	$C_{39}H_{64}O_{13}$	M	[12]
8-3-89	(25*S*)-(16*S*)-[*β*-D-glucopyranosyl-(→3)-*β*-D-galactopyranosyloxy]-22(*S*), 26-dihydroxycholest-4-en-3-one	$C_{39}H_{64}O_{14}$	M	[12]
8-3-90	(16*S*)-[*α*-L-rhamnopyranosyl-(1→2)-*β*-D-galactopyranosyloxy]-22(*S*), 26-dihydroxycholest-4-en-3-one	$C_{39}H_{64}O_{13}$	M	[12]

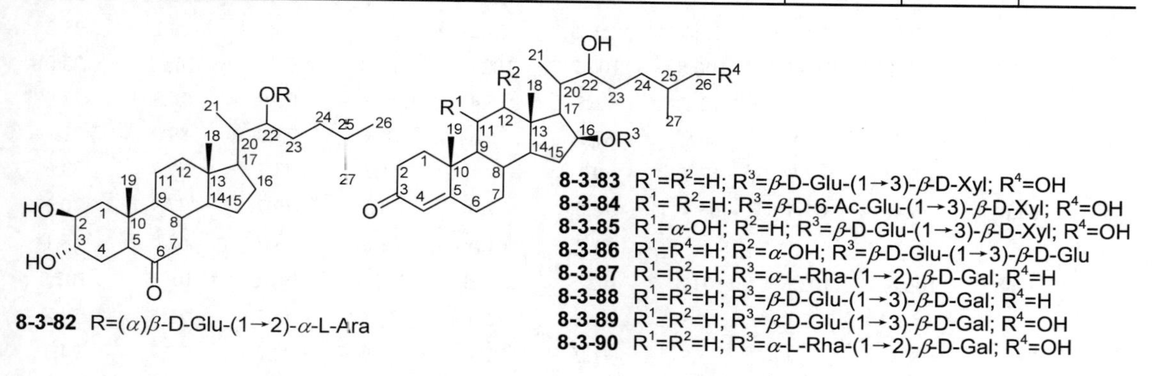

8-3-82 R=(*α*)*β*-D-Glu-(1→2)-*α*-L-Ara

8-3-83 R^1=R^2=H; R^3=*β*-D-Glu-(1→3)-*β*-D-Xyl; R^4=OH
8-3-84 R^1= R^2=H; R^3=*β*-D-6-Ac-Glu-(1→3)-*β*-D-Xyl; R^4=OH
8-3-85 R^1=*α*-OH; R^2=H; R^3=*β*-D-Glu-(1→3)-*β*-D-Xyl; R^4=OH
8-3-86 R^1=R^4=H; R^2=*α*-OH; R^3=*β*-D-Glu-(1→3)-*β*-D-Glu
8-3-87 R^1=R^2=H; R^3=*α*-L-Rha-(1→2)-*β*-D-Gal; R^4=H
8-3-88 R^1=R^2=H; R^3=*β*-D-Glu-(1→3)-*β*-D-Gal; R^4=H
8-3-89 R^1=R^2=H; R^3=*β*-D-Glu-(1→3)-*β*-D-Gal; R^4=OH
8-3-90 R^1=R^2=H; R^3=*α*-L-Rha-(1→2)-*β*-D-Gal; R^4=OH

表 8-3-18 化合物 8-3-81~8-3-90 的 ^{13}C NMR 化学位移数据

C	8-3-81[12]	8-3-82[5]	8-3-83[34]	8-3-84[34]	8-3-85[34]	8-3-86[34]	8-3-87[12]	8-3-88[12]	8-3-89[12]	8-3-90[12]
1	83.2	38.1	37.6	37.6	38.7	36.5	36.6	36.7	36.7	36.7
2	35.6	67.4	33.9	33.9	34.6	34.6	34.0	34.0	34.0	34.0
3	82.5	68.7	202.3	202.3	202.3	202.2	202.4	202.4	202.4	202.4
4	43.2	33.2	124.1	124.1	125.0	125.0	124.1	124.1	124.1	124.1

续表

C	8-3-81[12]	8-3-82[5]	8-3-83[34]	8-3-84[34]	8-3-85[34]	8-3-86[34]	8-3-87[12]	8-3-88[12]	8-3-89[12]	8-3-90[12]
5	139.2	54.6	175.1	175.1	175.9	175.4	175.5	175.1	175.4	175.5
6	126.4	214.3	34.7	34.7	34.5	34.5	34.7	34.7	34.7	34.7
7	32.2	43.4	33.3	33.3	32.7	33.3	33.3	33.3	33.3	33.3
8	34.5	41.0	36.7	36.7	37.0	31.0	36.7	36.6	36.4	36.6
9	51.9	37.1	55.1	55.1	60.3	48.9	55.5	55.4	55.4	55.5
10	43.0	40.6	39.8	39.8	39.8	39.4	40.0	40.0	40.0	40.0
11	25.7	21.6	21.9	21.9	68.9	29.5	21.9	21.9	21.9	21.9
12	41.6	39.8	40.7	40.7	52.2	73.5	40.6	41.0	41.0	40.7
13	43.4	43.1	43.1	43.1	43.8	47.3	43.5	43.3	43.3	43.5
14	56.5	56.3	55.2	55.2	54.9	46.5	55.6	55.5	55.4	55.6
15	37.6	24.2	37.1	37.1	37.0	36.9	33.7	37.1	36.9	33.5
16	72.6	27.7	83.1	83.1	82.7	83.2	81.0	83.0	83.2	81.1
17	58.9	53.5	58.6	58.6	58.8	54.3	59.2	58.7	58.8	59.2
18	14.7	12.0	13.5	13.5	14.0	14.5	14.2	13.6	13.5	14.2
19	12.1	23.9	17.7	17.7	18.3	17.5	17.7	17.7	17.6	17.7
20	36.4	40.7	36.0	36.0	35.9	30.7	36.9	36.1	36.6	36.9
21	13.9	13.6	11.9	11.9	12.1	17.0	12.1	12.1	12.1	12.1
22	76.4	83.8	74.4	74.4	74.1	37.3	74.8	74.3	74.3	74.4
23	33.5	27.1	33.2	33.2	33.2	26.5	37.9	37.1	31.3	38.3
24	31.4	36.2	31.0	31.0	31.2	40.9	38.1	37.2	33.6	32.0
25	37.2	28.6	37.2	37.2	37.2	29.1	29.2	29.7	37.2	36.9
26	68.2	23.1	68.3	68.3	68.3	23.0	23.2	23.2	68.2	68.6
27	17.5	22.8	17.3	17.3	16.9	23.0	23.7	23.2	17.7	17.4
1'	98.0	103.4	106.9	106.9	106.9	106.7	104.8	105.7	105.8	104.7
2'	72.9	80.1	74.6	74.0	74.6	75.1	75.4	71.9	71.9	75.6
3'	72.9	72.5	88.3	89.5	88.3	88.7	76.6	85.4	85.4	76.5
4'	73.6	67.4	70.0	69.7	70.0	70.2	71.3	69.5	69.5	71.3
5'	70.2	63.9	66.5	66.0	66.5	77.7	76.8	76.0	76.1	76.8
6'	18.1					62.7	62.2	62.3	62.3	62.2
1''	107.3	105.5	105.3	105.1	105.3	105.6	101.7	106.7	106.7	101.7
2''	70.9	75.5	75.6	75.0	75.6	75.5	71.7	75.4	75.4	71.9
3''	74.4	78.1	78.0	77.4	78.0	78.0	72.2	77.6	77.7	72.2
4''	69.1	71.8	71.8	71.3	71.8	71.5	74.1	71.2	71.2	73.9
5''	75.3	78.1	78.2	75.5	78.2	78.2	69.8	77.9	77.9	69.8
6''	62.3	62.9	62.7	64.5	62.7	62.7	18.3	62.3	62.3	18.3
OAc				172.6						
Me				21.1						

表 8-3-19 胆甾烷类化合物 8-3-91~8-3-100 的名称、分子式和测试溶剂

编号	名称	分子式	测试溶剂	参考文献
8-3-91	(25*S*)-(16*S*)-[*β*-D-glucopyranosyl-(1→3)-*β*-D-galactopyranosyloxy]-26-hydroxycholest-4-ene-3, 22-dione	$C_{39}H_{62}O_{14}$	M	[12]
8-3-92	1*β*,3*β*,16*β*-trihydroxycholest-22-one-1-*O*-*α*-L-rhamnopyranoside-16-*O*-*β*-D-glucopyranoside	$C_{39}H_{66}O_{13}$	P	[33]

续表

编号	名称	分子式	测试溶剂	参考文献
8-3-93	tuberoside R	$C_{39}H_{64}O_{15}$	P	[35]
8-3-94	26-*O*-*β*-D-glucopyranosyl-5*α*-furostane-20(22)-ene-1*β*,3*α*,26-triol-3-*O*-*β*-D-glucopyranoside	$C_{39}H_{64}O_{14}$	C	[36]
8-3-95	(5*S*,25*S*)-16(*S*)[*α*-L-rhamnopyranosyl-(1→2)-*β*-D-galactopyranosyloxy]-22(*S*), 26-dihydroxycholest-3-one	$C_{39}H_{66}O_{13}$	M	[12]
8-3-96	26-*O*-*β*-D-glucopyranosyl-22-*O*-methyl-(25*S*)-5*α*-furostane-3*α*,22,26-triol-3-*O*-*β*-D-glucopyranoside	$C_{40}H_{68}O_{14}$	C	[36]
8-3-97	26-*O*-*β*-D-glucopyranosyl-22-*O*-methyl-(25*S*)-5*α*-furostane-1*β*,3*α*,22,26-tetrol-3-*O*-*β*-D-glucopyranoside	$C_{40}H_{68}O_{15}$	C	[36]
8-3-98	(20*R*,22*R*)-3*β*,20,22-trihydroxyholestan-6-one-3-*α*-L-rhamnopyranosyl-(1→2)-*β*-D-glucopyranoside	$C_{39}H_{66}O_{14}$	P	[37]
8-3-99	26-*O*-*β*-D-glucopyranosyl-22-*O*-methyl-(25*S*)-5*α*-furostane-3*α*,22,26-triol-3-*O*-*β*-D-glucopyranoside	$C_{40}H_{68}O_{14}$	C	[36]
8-3-100	26-*O*-*β*-D-glucopyranosyl-22-*O*-methyl-(25*S*)-5*α*-furostane-1*β*,3*α*,22,26-tetrol-3-*O*-*β*-D-glucopyranoside	$C_{40}H_{68}O_{15}$	C	[36]

8-3-91 R=*β*-D-Glu-(1→3)-*β*-D-Gal

8-3-92

8-3-93 R[1]=H; R[2]=R[4]=*β*-OH; R[3]=R[5]=*β*-D-Glu
8-3-94 R[1]=*β*-OH; R[2]=R[4]=H; R[3]=R[5]=*β*-D-Glu

8-3-95 R=*α*-L-Rha-(1→2)-*β*-D-Gal

8-3-96 R[1]=H; R[2]=R[3]=*β*-D-Glu
8-3-97 R[1]=*β*-OH; R[2]=R[3]=*β*-D-Glu

8-3-98 R=*α*-L-Rha-(1→2)-*β*-D-Glu

8-3-99 R[1]=H; R[2]=R[3]=*β*-D-Glu
8-3-100 R[1]=*β*-OH; R[2]=R[3]=*β*-D-Glu

表 8-3-20 化合物 8-3-91~8-3-100 的 ^{13}C NMR 化学位移数据

C	8-3-91[12]	8-3-92[33]	8-3-93[35]	8-3-94[36]	8-3-95[12]	8-3-96[36]	8-3-97[36]	8-3-98[37]	8-3-99[36]	8-3-100[36]
1	36.7	81.8	35.8	73.7	39.7	32.7	73.7	37.1	32.7	73.7
2	34.0	37.3	66.0	37.1	38.9	25.6	37.1	26.6	25.6	37.1
3	202.4	67.6	79.4	73.8	214.9	73.1	73.8	76.3	73.1	73.8
4	124.1	39.6	35.4	35.1	45.5	35.0	35.1	29.5	35.0	35.1

续表

C	8-3-91[12]	8-3-92[33]	8-3-93[35]	8-3-94[36]	8-3-95[12]	8-3-96[36]	8-3-97[36]	8-3-98[37]	8-3-99[36]	8-3-100[36]
5	175.4	42.9	73.3	39.2	48.2	39.5	39.1	56.3	39.5	39.1
6	34.7	29.0	30.6	28.7	30.1	28.8	28.7	211.1	28.8	28.7
7	33.3	32.0	29.5	32.7	32.9	32.4	32.4	42.9	32.4	32.4
8	36.4	36.4	34.5	35.8	36.5	35.2	36.0	40.8	35.2	36.0
9	55.3	55.0	44.8	55.1	56.0	54.0	55.1	46.7	54.0	55.1
10	40.0	41.6	43.3	42.6	36.8	36.1	42.6	40.8	36.1	42.6
11	21.9	24.5	21.7	25.0	22.3	20.8	24.8	21.2	20.8	24.8
12	41.0	40.8	40.0	40.6	40.9	40.1	40.8	33.0	40.1	40.8
13	42.9	41.8	43.8	43.4	43.7	41.1	40.8	48.8	41.1	40.8
14	54.8	54.5	54.8	55.1	55.3	56.5	56.7	83.9	56.5	56.7
15	36.6	37.1	34.6	34.7	33.5	32.0	32.3	32.4	32.0	32.3
16	82.1	81.0	84.7	84.4	81.2	81.4	81.3	21.7	81.4	81.3
17	58.0	57.3	64.7	64.9	59.3	64.4	64.6	50.2	64.4	64.6
18	13.9	14.2	14.5	14.6	14.3	16.6	16.7	17.8	16.6	16.7
19	17.7	18.2	17.8	6.5	11.7	11.6	6.5	12.9	11.6	6.5
20	44.7	44.1	103.8	103.7	36.9	40.5	40.5	76.9	40.5	40.5
21	17.2	16.6	12.0	11.8	12.1	16.3	16.3	21.3	16.3	16.3
22	217.6	214.6	152.6	152.3	74.5	112.7	112.7	76.8	112.7	112.7
23	39.4	33.0	23.8	31.4	38.4	30.9	31.0	30.3	30.9	31.0
24	27.9	38.8	31.6	23.6	32.0	28.2	28.2	37.2	28.2	28.2
25	36.4	28.1	33.9	33.7	37.0	34.5	34.5	28.2	34.5	34.5
26	67.8	22.6	75.4	75.2	68.6	75.0	75.0	22.5	75.0	75.0
27	17.6	23.0	17.4	17.2	17.4	17.6	17.6	23.2	17.6	17.6
OMe						47.3	47.3		47.3	47.3
1'	105.6	98.5	102.3	102.7	104.7	102.6	102.6	99.5	102.6	102.6
2'	71.9	72.9	74.9	75.3	75.7	75.4	75.4	79.5	75.4	75.4
3'	85.3	73.2	78.7	78.7	76.5	78.7	78.7	78.4	78.7	78.7
4'	69.4	73.8	71.7	71.8	71.3	71.8	71.8	72.1	71.8	71.8
5'	76.1	71.1	78.6	78.4	76.8	78.4	78.4	78.2	78.4	78.4
6'	62.3	18.8	62.6	62.9	62.2	62.9	62.9	62.9	62.9	62.9
1"	105.7	105.7	105.3	105.1	101.7	105.1	105.1	102.2	105.1	105.1
2"	75.4	75.9	75.4	75.2	71.9	75.2	75.2	72.6	75.2	75.2
3"	77.7	78.7	78.9	78.6	72.2	78.6	78.6	72.9	78.6	78.6
4"	71.2	71.8	71.8	71.8	74.0	71.8	71.8	74.2	71.8	71.8
5"	77.9	78.3	78.7	78.5	69.8	78.5	78.5	69.5	78.5	78.5
6"	62.3	62.9	63.0	62.9	18.3	62.9	62.9	18.7	62.9	62.9

表 8-3-21 胆甾烷类化合物 8-3-101~8-3-110 的名称、分子式和测试溶剂

编号	名称	分子式	测试溶剂	参考文献
8-3-101	1*β*,3*β*,16*β*-trihydroxy-5*α*-cholest-22-one-1-*O*-*α*-L-rhamnopyranoside-16-*O*-(-*O*-*α*-L-rhamnopyranosyl-(1→3)-*β*-D-glucopyranoside	$C_{45}H_{76}O_{17}$	P	[33]

续表

编号	名称	分子式	测试溶剂	参考文献
8-3-102	(22*S*)-16*β*-(*β*-D-glucopyanosyloxy)-22-hydroxycholest-5-ene-3*β*-yl-*O*-*α*-L-rhamnopyranosyl-(1→4)-*β*-D-glucopyranoside	$C_{45}H_{76}O_{17}$	P	[32]
8-3-103	pentandroside E	$C_{44}H_{74}O_{18}$	M	[34]
8-3-104	nigroside C	$C_{45}H_{76}O_{17}$	P	[31]
8-3-105	(22*S*)-cholest-5-ene-1*β*,3*β*,6*β*,22*β*-tetrol-1,3-di-*α*-L-rhamnopyranoside 16-*O*-*β*-D-glucopyranoside	$C_{45}H_{76}O_{17}$	P	[11]
8-3-106	(22*S*)-16-*O*-*β*-D-glucopyranosyl-3-sulfo-colest-5-ene-1*β*,3*β*,16*β*,22-tetrol-1-*O*-[*α*-L-rhamnopyranosyl-(1→2)-*O*-*β*-D-xylopyranoside]	$C_{44}H_{74}O_{20}S$	M	[11]
8-3-107	(22*S*)-16*β*-(*β*-D-glucopyanosyloxy)-3*β*,22-hydroxycholest-5-ene-1*β*-yl-*O*-*α*-L-rhamnopyranosyl-(1→2)-3,4-di-*O*-acetyl-*β*-D-xylopyranoside	$C_{48}H_{78}O_{19}$	P	[38]
8-3-108	1*β*,3*β*,16*β*-trihydroxycholest-5-en-22-one-1-*O*-*α*-L-rhamnopyranoside-16-*O*-(-*O*-*α*-L-rhamnopyranosyl-(1→3)-*β*-D-glucopyranoside	$C_{45}H_{74}O_{17}$	P	[33]
8-3-109	dioseptemloside A	$C_{45}H_{74}O_{18}$	P	[25]
8-3-110	3*β*,26,27-trihydroxycholest-5-ene-16,22-dione-3-*O*-*α*-L-rhamnopyranosyl-(1→2)-[*α*-L-rhamnopyranosyl(1→4)]-*O*-*β*-D-glucopyranoside	$C_{45}H_{72}O_{18}$	P	[38]

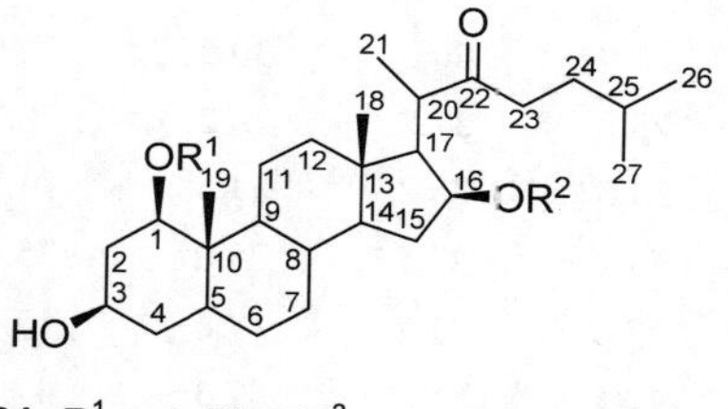

8-3-101 R^1=*α*-L-Rha; R^2=*α*-L-Rha-(1→3)-*β*-D-Glu

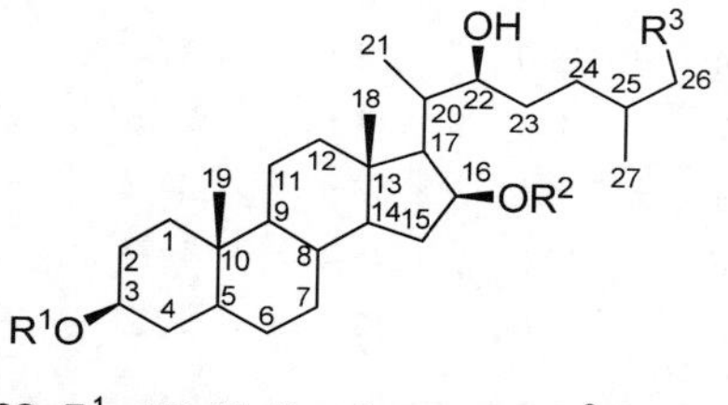

8-3-102 R^1=*β*-D-Glu(1→4)-*β*-D-Gal; R^2=*α*-L-Rha; R^3=H
8-3-103 R^1=*β*-D-Glu(1→4)-*β*-D-Gal; R^2=*β*-D-Xyl; R^3=OH

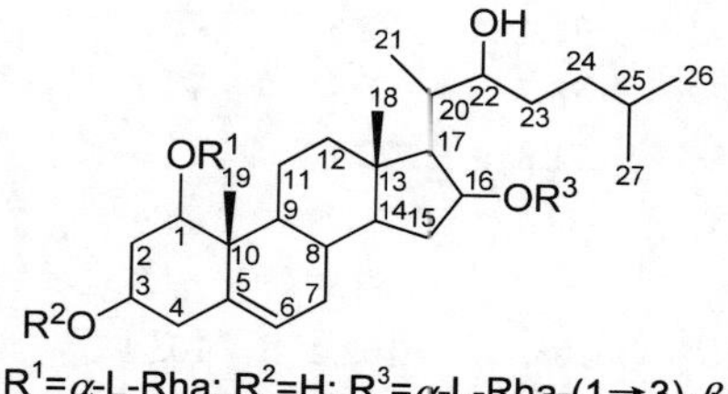

8-3-104 R^1=*α*-L-Rha; R^2=H; R^3=*α*-L-Rha-(1→3)-*β*-D-Gal
8-3-105 R^1=*α*-L-Rha; R^2=*α*-L-Rha; R^3=*β*-D-Glu
8-3-106 R^1=*α*-L-Rha-(1→2)-*β*-D-Xyl; R^2=SO_3H; R^3=*β*-D-Glu
8-3-107 R^1=*α*-L-Rha-(1→2)-*β*-D-3,4-$(AcO)_2$-Xyl; R^2=H; R^3=*β*-D-Glu

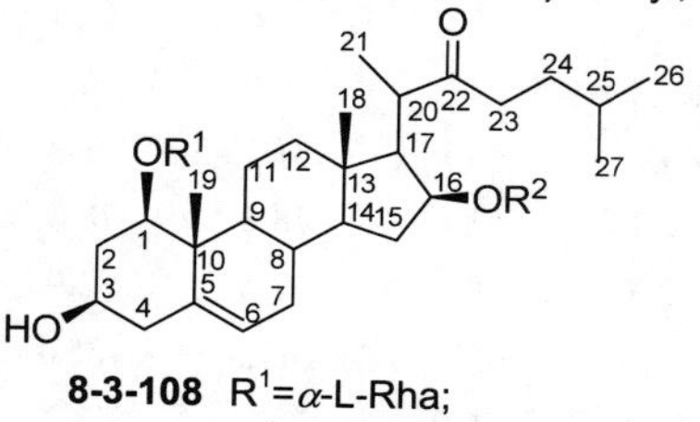

8-3-108 R^1=*α*-L-Rha;
R^2=*α*-L-Rha-(1→3)-*β*-D-Glu

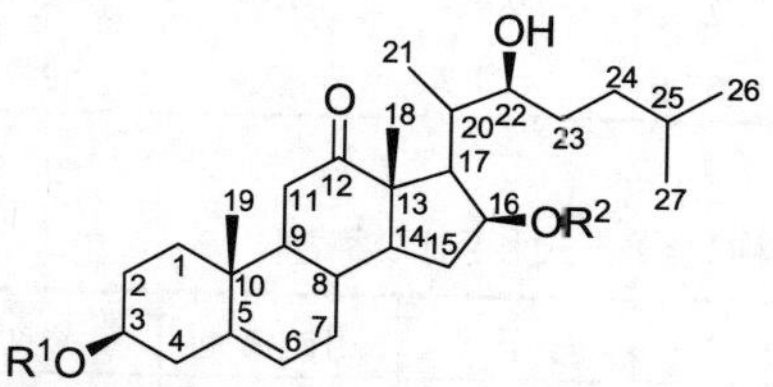

8-3-109 R^1=*α*-L-Rha-(1→4)-*β*-D-Glu;
R^2=*β*-D-Glu

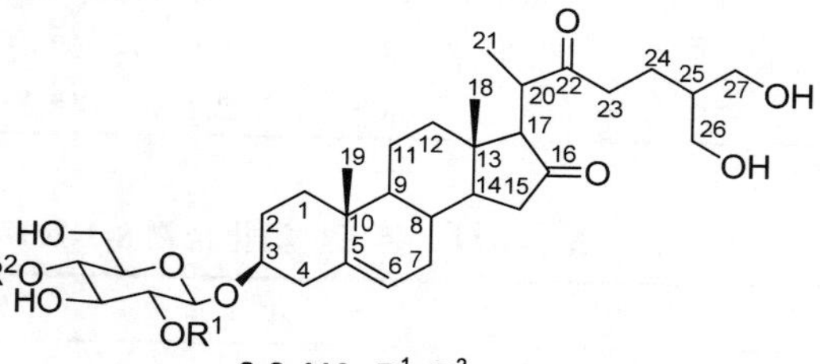

8-3-110 R^1=R^2=*α*-L-Rha

表 8-3-22 化合物 8-3-101~8-3-110 的 ^{13}C NMR 化学位移数据

C	8-3-101[33]	8-3-102[38]	8-3-103[34]	8-3-104[31]	8-3-105[11]	8-3-106[11]	8-3-107[32]	8-3-108[33]	8-3-109[25]	8-3-110[38]
1	81.8	37.3	38.3	81.4	81.1	84.3	84.1	81.3	37.2	37.2
2	37.3	30.1	30.5	35.2	33.6	34.6	37.0	35.9	30.1	30.1
3	67.6	78.2	79.3	67.6	73.2	76.0	67.9	68.1	78.0	78.0
4	39.5	39.2	35.1	42.8	39.2	40.7	43.5	43.7	39.1	38.9
5	42.9	140.7	45.7	138.6	138.0	138.7	138.9	139.1	140.7	140.9
6	28.9	121.9	29.8	125.1	125.8	127.2	125.0	125.0	121.9	121.4
7	32.0	32.0	33.0	31.1	31.5	32.5	31.6	31.4	31.7	31.9
8	36.3	31.6	36.2	33.1	33.4	34.0	33.1	33.3	32.0	30.9
9	54.9	50.3	55.6	50.4	50.7	51.3	50.2	50.8	54.6	50.0
10	41.6	36.9	36.9	42.6	43.0	43.0	42.6	42.8	38.0	37.0
11	24.4	21.0	21.7	24.4	24.7	24.6	24.0	24.8	38.2	20.7
12	40.7	39.9	40.2	40.1	40.6	41.5	40.5	40.5	214.0	38.6
13	41.8	42.3	43.1	41.8	42.3	42.8	42.0	41.7	57.4	41.6
14	54.5	55.0	55.3	54.8	55.3	56.4	55.1	54.6	57.3	51.1
15	36.8	36.8	37.1	36.1	37.1	37.8	37.1	36.8	37.2	37.4
16	81.1	82.5	83.1	82.0	82.6	83.2	82.5	81.1	81.9	217.6
17	57.3	57.8	58.6	58.0	58.1	59.1	57.9	57.1	49.4	66.4
18	14.1	13.4	13.5	13.4	13.9	13.7	13.7	14.0	13.5	12.8
19	18.1	19.3	12.8	14.1	14.4	14.9	14.8	14.6	19.0	19.4
20	44.2	35.8	36.6	35.3	36.0	36.2	35.8	44.2	35.5	43.7
21	16.6	12.5	12.1	12.1	12.6	11.8	12.5	16.6	13.3	15.6
22	214.9	73.0	74.3	73.0	73.2	74.5	73.0	214.8	73.4	213.4
23	32.9	33.7	33.0	33.2	33.8	33.0	33.6	32.9	33.8	40.5
24	38.6	36.6	31.0	36.7	36.7	37.0	36.6	38.6	36.9	22.9
25	28.0	28.8	37.3	28.3	28.9	29.4	28.8	28.0	29.0	44.0
26	22.5	22.9	68.3	22.6	23.0	23.3	22.9	22.6	23.1	63.7
27	23.0	23.0	17.3	22.7	23.1	23.3	23.0	23.0	23.1	63.6
1'	98.5	102.3	102.8	103.2	97.9	100.6	99.9	97.7	102.3	100.3
2'	72.9	75.4	73.0	71.8	72.9	77.5	74.9	72.9	75.4	78.5
3'	73.2	76.6	74.9	71.9	72.9	79.9	75.5	73.0	76.6	77.0
4'	73.8	78.1	78.9	72.9	73.7	71.6	70.3	73.7	78.1	78.0
5'	71.0	77.0	75.3	69.4	70.7	67.1	63.0	70.7	77.0	77.7
6'	18.7	61.4	61.4	18.1	18.7			18.7	61.4	61.3
1''	105.4	102.5	106.0	106.5	99.7	101.2	101.8	105.3	102.5	102.0
2''	76.2	72.5	75.3	71.5	72.7	72.3	72.1	76.2	72.5	72.5
3''	83.7	72.7	78.0	81.5	72.8	71.9	72.2	83.8	72.7	72.9
4''	69.8	73.9	71.7	69.0	74.1	74.1	73.7	69.9	73.9	74.1
5''	78.2	70.2	77.9	75.9	70.0	69.5	70.1	78.2	70.2	69.5
6''	62.6	18.5	62.7	61.3	18.5	18.2	18.9	62.6	18.5	18.7
1'''	102.9	106.8	107.2	97.4	106.9	106.6	106.8	102.9	106.8	102.9
2'''	72.6	75.5	75.1	72.2	75.6	75.3	75.5	72.6	75.5	72.5

续表

C	8-3-101[33]	8-3-102[38]	8-3-103[34]	8-3-104[31]	8-3-105[11]	8-3-106[11]	8-3-107[32]	8-3-108[33]	8-3-109[25]	8-3-110[38]
3'''	72.8	78.6	77.9	72.3	78.2	78.3	78.6	72.8	78.6	72.7
4'''	74.2	71.5	71.8	73.5	71.8	71.6	71.5	74.2	71.5	73.9
5'''	69.8	78.2	66.5	70.2	78.7	77.8	78.0	69.9	78.2	70.4
6'''	18.6	62.7		18.2	63.0	62.6	62.7	18.6	62.7	18.5
AcO								170.3		
Me								20.7		
AcO								170.0		
Me								20.5		

表 8-3-23　胆甾烷类化合物 8-3-111~8-3-120 的名称、分子式和测试溶剂

编号	名称	分子式	测试溶剂	参考文献
8-3-111	abutiloside O	$C_{46}H_{72}O_{19}$	P	[39]
8-3-112	26-*O*-*β*-D-glucopyranosyl-furosta-5,25(27)-diene-1*β*,3*β*,22*α*,26-tetrol-3-*O*-*α*-L-rhamnopyranosyl-(1→4)-*β*-D-glucopyranoside	$C_{45}H_{72}O_{19}$	M	[40]
8-3-113	26-*O*-*β*-D-glucopyranosyl-22*α*-methoxy-furosta-5,25(27)-diene-1*β*,3*β*,26-triol-3-*O*-[*α*-L-rhamnopyranosyl-(1→4)-*O*-*β*-D-glucopyranoside]	$C_{46}H_{74}O_{19}$	M	[40]
8-3-114	(25*R*)-26-*O*-*β*-D-glucopyranosyl-furost-5-ene-1*β*,3*β*,22*α*,26-tetrol-3-*O*-*α*-L-rhamnopyranosyl-(1→4)-*O*-*β*-D-glucopyranoside	$C_{45}H_{74}O_{19}$	M	[40]
8-3-115	(25*R*)-26-*O*-*β*-D-glucopyranosyl-22*α*-methoxy-furost-5-ene-1*β*,3*β*,26-triol-3-*O*-*α*-L-rhamnopyranosyl-(1→4)-*O*-*β*-D-glucopyranoside	$C_{46}H_{76}O_{19}$	M	[40]
8-3-116	(25*R*)-26-*O*-*β*-D-glucopyranosyl-3-sulfo-furost-5-ene-1*β*,3*β*,22*α*,26-tetrol-1-*O*-*α*-L-rhamnopyranosyl-(1→2)-*O*-4-sulfo-*α*-L-arabinopyranoside	$C_{44}H_{72}O_{24}S_2$	M	[40]
8-3-117	26-*O*-*β*-D-glucopyranosyl-3-sulfo-furosta-5,25(27)-diene-1*β*,3*β*,22*α*,26-tetrol-1-*O*-*α*-L-rhamnopyranosyl-(1→2)-*O*-4-sulfo-*α*-L-arabinopyranoside	$C_{44}H_{70}O_{24}S_2$	M	[40]
8-3-118	26-*O*-*β*-D-glucopyranosyl-(25*R*)-5*α*-furostan-6-one-3*β*,22,26-trihydroxy-3-*O*-*α*-L-arabinopyranosyl-(1→6)-*β*-D-glucopyranoside	$C_{44}H_{72}O_{19}$	P	[41]
8-3-119	(25*R*)-26-*O*-*β*-D-glucopyranosyl-5*β*-furostane-3*β*,22,26-triol-12-one-3-*O*-*β*-D-glucopyranosyl-(1→2)-*β*-D-galactopyranoside	$C_{45}H_{74}O_{20}$	P	[42]
8-3-120	(25*R*)26-*O*-*β*-D-glucopyranosyl-furosta-5,22-diene-3*β*,20*α*,26-triol-3-*α*-L-rhamnopyranosyl-(1→2)-*β*-D-glucopyranoside	$C_{45}H_{72}O_{18}$	P	[38]

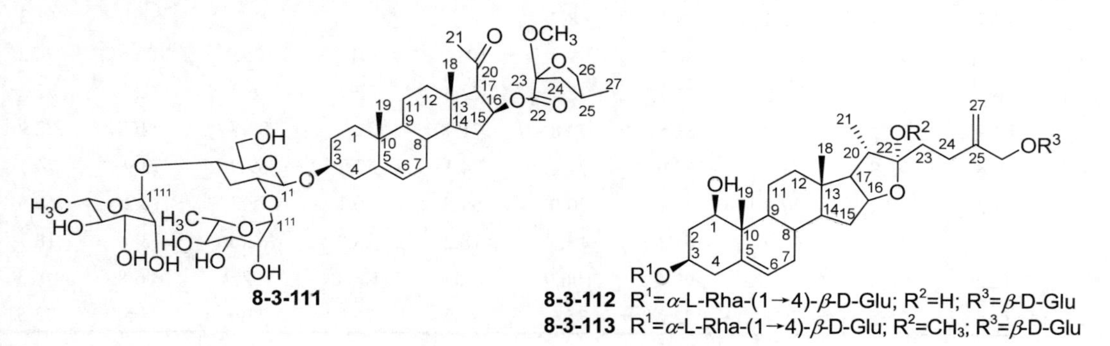

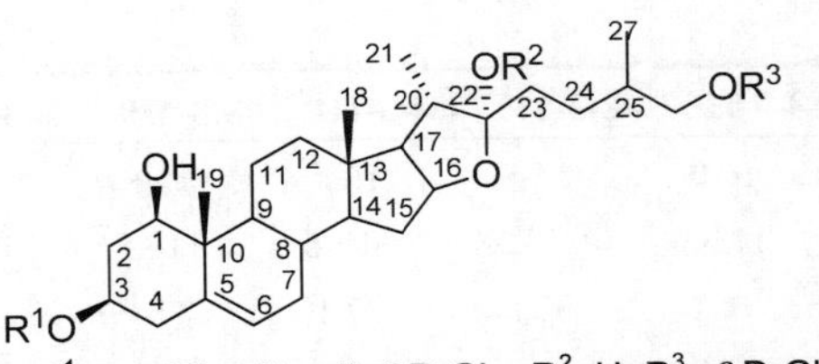

8-3-114 R^1=α-L-Rha-(1→4)-β-D-Glu; R^2=H; R^3=β-D-Glu
8-3-115 R^1=α-L-Rha-(1→4)-β-D-Glu; R^2=CH_3; R^3=β-D-Glu

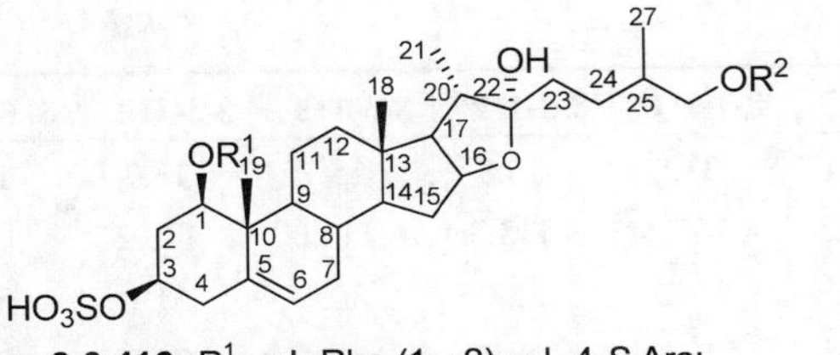

8-3-116 R^1=α-L-Rha-(1→2)-α-L-4-*S*-Ara; R^2=β-D-Glu

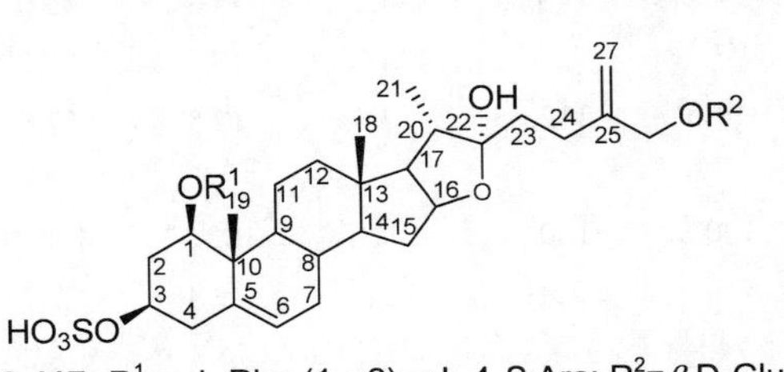

8-3-117 R^1=α-L-Rha-(1→2)-α-L-4-*S*-Ara; R^2=β-D-Glu

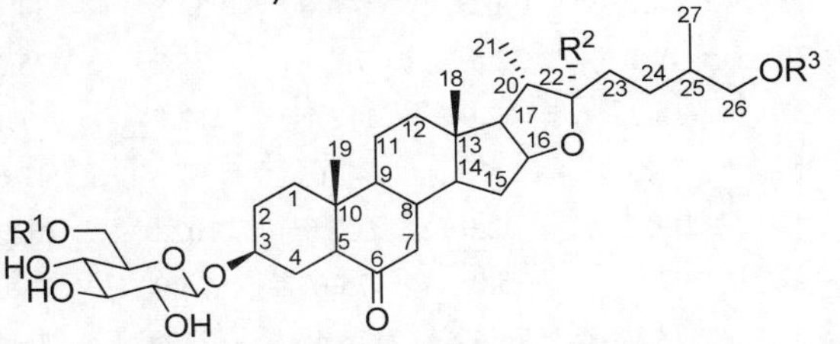

8-3-118 R^1=α-L-Ara; R^2=OH; R^3=β-D-Glu

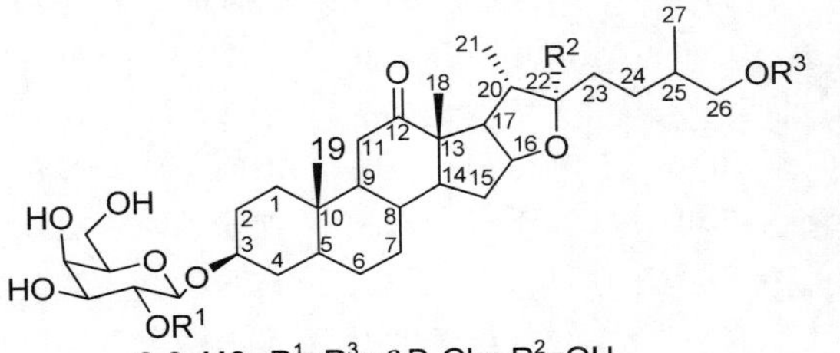

8-3-119 R^1=R^3=β-D-Glu; R^2=OH

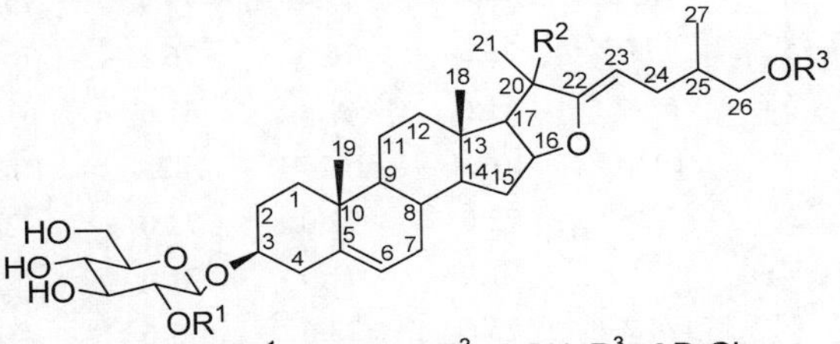

8-3-120 R^1=α-L-Rha; R^2=α-OH; R^3=β-D-Glu

表 8-3-24 化合物 8-3-111~8-3-120 的 ^{13}C NMR 化学位移数据

C	8-3-111[39]	8-3-112[40]	8-3-113[40]	8-3-114[40]	8-3-115[40]	8-3-116[40]	8-3-117[40]	8-3-118[41]	8-3-119[42]	8-3-120[38]
1	37.6	78.8	78.8	78.9	78.8	83.8	83.9	36.7	30.7	37.5
2	30.3	40.4	40.3	40.4	40.2	34.4	34.4	29.5	26.5	30.2
3	78.1	75.9	76.0	75.8	75.7	75.9	75.9	76.8	75.3	78.0
4	39.1	39.7	39.8	39.9	39.7	40.6	40.5	27.0	30.8	39.0
5	140.8	139.0	139.0	138.7	138.8	139.0	138.9	56.4	36.5	140.8
6	121.8	126.0	126.1	126.2	126.0	126.5	126.5	209.7	26.8	121.7
7	32.2	32.6	32.5	32.7	32.6	32.5	32.5	46.8	26.4	32.1
8	31.2	33.6	33.6	33.6	33.7	33.4	33.5	37.3	34.7	31.1
9	50.6	52.0	52.1	51.8	51.7	51.0	51.1	53.7	42.0	50.1
10	37.2	43.7	43.7	43.6	43.8	43.2	43.1	40.8	35.7	37.0
11	20.9	24.3	24.2	24.5	24.6	24.0	24.1	21.5	37.8	20.6
12	38.4	40.7	40.8	40.9	41.0	40.9	40.9	39.6	213.4	39.3
13	42.5	41.0	41.0	41.2	41.3	41.0	41.0	41.4	56.0	40.4
14	54.4	57.8	57.9	57.6	57.7	57.8	57.7	56.3	56.0	57.0
15	37.7	32.8	32.7	32.8	32.8	32.6	32.5	32.0	31.7	33.5
16	74.6	82.3	82.1	82.4	82.3	82.3	82.3	80.8	79.8	84.2
17	67.8	65.2	65.2	65.3	65.3	64.8	65.1	63.8	55.1	67.8
18	15.0	16.6	16.5	16.8	16.7	16.7	16.7	16.5	16.3	13.5
19	19.6	13.3	13.4	13.2	13.2	14.7	14.7	13.1	23.2	19.4
20	206.4	40.8	40.8	41.0	41.0	41.0	41.0	40.5	41.3	76.7

续表

C	8-3-111[39]	8-3-112[40]	8-3-113[40]	8-3-114[40]	8-3-115[40]	8-3-116[40]	8-3-117[40]	8-3-118[41]	8-3-119[42]	8-3-120[38]
21	31.5	15.8	15.7	15.7	15.8	16.0	15.8	16.4	15.3	21.9
22	167.4	113.3	113.0	113.2	113.2	113.3	113.3	110.6	110.8	163.7
23	97.2	32.0	32.1	31.1	31.1	31.1	32.5	37.1	37.1	91.7
24	40.8	28.4	28.4	28.8	28.7	28.8	28.4	28.3	28.4	29.9
25	26.1	146.5	146.6	34.8	34.7	34.8	146.8	34.2	34.3	35.0
26	49.1	72.5	72.4	75.2	75.3	75.2	72.4	75.2	75.3	75.2
27	18.7	112.0	112.1	17.0	17.1	17.0	112.0	17.4	17.5	17.6
OMe	50.0		47.6		47.6					
1'	100.3	102.0	102.0	102.0	102.0	100.3	100.3	102.1	102.5	100.3
2'	77.8	75.0	75.0	75.0	75.0	75.1	75.1	75.2	81.8	77.7
3'	78.1	76.4	76.4	76.4	76.4	74.8	74.8	78.5	75.3	78.2
4'	78.7	79.4	79.4	79.4	79.4	77.5	77.5	71.9	69.9	71.7
5'	77.0	76.6	76.6	76.6	76.6	65.0	65.0	77.0	77.0	79.6
6'	61.4	61.6	61.6	61.6	61.6			69.7	62.2	62.6
1''	102.1	102.4	102.4	102.4	102.4	100.6	100.6	105.4	106.2	102.0
2''	72.6	72.0	72.0	72.0	72.0	72.0	72.0	72.3	76.7	72.5
3''	72.9	71.9	71.9	71.9	71.9	71.6	71.6	74.4	78.5	72.7
4''	74.2	73.6	73.6	73.6	73.6	73.7	73.7	69.1	71.7	74.1
5''	69.6	70.3	70.3	70.3	70.3	69.1	69.1	66.5	78.1	69.4
6''	18.8	17.6	17.6	17.6	17.6	18.2	18.2		62.8	18.6
1'''	103.0	103.0	103.0	103.0	103.0	103.3	103.3	104.9	105.0	104.8
2'''	72.8	75.0	75.0	75.0	75.0	74.9	74.9	75.2	75.3	75.2
3'''	72.9	77.9	77.9	77.9	77.9	78.0	78.0	78.6	78.7	78.5
4'''	74.0	71.3	71.3	71.3	71.3	71.2	71.2	71.7	71.7	71.6
5'''	70.5	77.8	77.8	77.8	77.8	77.7	77.7	78.4	78.6	78.4
6'''	18.7	62.6	62.6	62.6	62.6	62.4	62.4	62.8	62.8	62.7

表 8-3-25　胆甾烷类化合物 8-3-121~8-3-130 的名称、分子式和测试溶剂

编号	名称	分子式	测试溶剂	参考文献
8-3-121	saumdersioside C	$C_{45}H_{70}O_{18}$	P	[43, 25]
8-3-122	16,23-epoxy-5*β*-cholest-24-ene-3-*O*-*α*-L-rhamnopyranosyl-(1→2)-*O*-*β*-D-glucopyranosyl-(1→2)-*β*-D-glucopyranoside	$C_{45}H_{74}O_{17}$	P	[27]
8-3-123	saundersioside A	$C_{46}H_{72}O_{19}$	P	[27]
8-3-124	(25*S*)-26-*O*-*β*-D-glucopyranosyl-5*α*-furost-20(22)-ene-2*α*,3*β*,26-triol-3-*O*-*α*-L-rhamnopyranosyl-(1→2)-*O*-*β*-D-glucopyranoside	$C_{45}H_{74}O_{18}$	P	[44]
8-3-125	26-*O*-*β*-D-glucopyranosyl-22*α*-methoxy-(25*R*)-furostane-3*β*, 26-diol-3-*O*-*β*-D-glucopyranosyl-(1→2)-[*β*-D-glucopyranoside]	$C_{46}H_{78}O_{19}$	P	[45]
8-3-126	(25*S*)-3*β*,5*β*,22*α*,-22-methoxyfurostane-3,26-diol-3-*O*-*β*-D-xylopyranosyl-(1→2)-*β*-D-glucopyranosyl-26-*O*-*β*-D-glucopyranoside	$C_{45}H_{76}O_{18}$	P	[46]
8-3-127	(25*S*)-26-*O*-(*β*-D-glucopyranosyl)-5*α*-furostane-6*α*,22,26-triol-3-one-6-*O*-[*α*-L-rhamnopyranosyl-(1→3)-*β*-D-quinovopyranoside]	$C_{45}H_{74}O_{18}$	P	[47]

续表

编号	名称	分子式	测试溶剂	参考文献
8-3-128	26-*O*-*β*-D-glucopyranosyl-22-*O*-methyl-(25*R*)-5*α*-furostane-2*α*,3*β*,22,26-tetrol-3-*O*-[*α*-L-rhamnopyranosyl-(1→2)-*β*-D-galactopyranoside]	$C_{46}H_{78}O_{19}$	P	[48]
8-3-129	(25*R*)-26-*O*-*β*-D-glucopyranosyl-5*β*-furostane-3*β*,12*β*,22,26-tetrol-3-*O*-*β*-D-glucopyranosyl-(1→2)-*β*-D-galactopyranoside	$C_{45}H_{76}O_{20}$	P	[42]
8-3-130	(25*R*)-2*α*,3*β*-dihydroxy-26*β*-D-glucopyranosyloxy-22-methoxy-5*α*-furostan-12-one-3-*O*-{*O*-*β*-D-glucopyranosyl-(1→2)-*O*-[*β*-D-xylopyranosyl-(1→3)]-*O*-*β*-D-glucopyranosyl-(1→4)-*β*-D-galactopyranoside}	$C_{57}H_{94}O_{30}$	P	[49]

8-3-121 R=α-L-Rha-(1→2)-β-D-Glu-(1→2)-β-D-Glu

8-3-122 R=α-L-Rha-(1→2)-β-D-Glu-(1→2)-β-D-Glu

8-3-123 R=α-L-Rha-(1→2)-β-D-Glu-(1→2)-β-D-Glu

8-3-124 R^1=α-L-Rha; R^2=β-D-Glu

8-3-125 R^1=β-D-Glu; R^2=β-D-Glu

8-3-126 R^1=β-D-Xyl; R^2=β-D-Glu

8-3-127 R^1=α-L-Rha-(1→3)-β-D-Qui; R^2=β-D-Glu

8-3-128 R^1=α-L-Rha; R^2=α-OH; R^3=H; R^4=α-OMe; R^5=β-D-Glu

8-3-129 R^1=R^5=β-D-Glu; R^2=H; R^3=β-OH; R^4=OH

8-3-130 R^1=R^3=β-D-Glu; R^2=β-D-Xyl

表 8-3-26 化合物 8-3-121~8-3-130 的 ^{13}C NMR 化学位移数据

C	8-3-121[34, 43]	8-3-122[27]	8-3-123[27]	8-3-124[44]	8-3-125[45]	8-3-126[46]	8-3-127[47]	8-3-128[48]	8-3-129[42]	8-3-130[49]
1	37.6	30.8	37.5	46.0	30.9	30.5	38.7	45.8	31.1	45.0
2	30.1	27.2	30.0	70.9	26.9	26.6	38.1	70.7	26.8	70.1

续表

C	**8-3-121**[34, 43]	**8-3-122**[27]	**8-3-123**[27]	**8-3-124**[44]	**8-3-125**[45]	**8-3-126**[46]	**8-3-127**[47]	**8-3-128**[48]	**8-3-129**[42]	**8-3-130**[49]
3	78.8	75.0	79.1	85.5	75.3	74.5	210.7	85.7	75.4	83.8
4	39.4	30.4	394	33.8	31.0	30.7	39.8	33.8	31.0	33.9
5	141.3	36.1	141.4	44.9	37.0	36.0	52.4	44.8	36.8	44.4
6	121.2	27.0	121.4	28.4	27.1	26.6	79.9	28.2	26.8	27.8
7	32.2	27.0	32.3	32.7	26.9	26.4	41.0	32.1	27.2	31.3
8	33.6	35.5	32.4	34.8	35.6	34.8	34.5	34.7	34.7	33.6
9	50.3	40.4	50.1	54.6	40.4	39.8	53.2	54.5	39.5	55.3
10	37.0	35.3	37.2	37.1	35.3	34.5	36.7	36.9	35.4	37.2
11	22.7	21.2	22.9	21.8	21.2	20.7	21.3	21.4	31.5	38.0
12	33.6	41.1	34.5	40.0	40.3	40.0	39.7	40.0	79.7	212.5
13	59.5	42.4	57.6	44.0	41.3	40.9	41.1	41.2	47.1	55.7
14	52.8	53.6	51.1	54.9	56.5	56.0	56.0	56.3	55.3	55.5
15	33.7	34.4	29.5	34.6	32.2	32.0	32.1	32.3	32.2	31.5
16	69.8	72.6	77.2	84.7	81.5	81.2	81.2	81.4	81.4	79.9
17	59.7	60.3	53.2	64.8	64.5	62.1	64.2	64.3	63.8	55.6
18	207.5	15.4	108.6	14.6	16.5	156.0	12.6	16.3	11.5	16.0
19	19.5	24.1	19.4	13.7	24.0	23.5	16.5	13.5	24.0	12.8
20	31.4	34.1	85.8	103.8	40.6	39.8	40.5	40.5	41.7	41.1
21	18.6	17.5	27.6	212.0	16.3	16.1	16.3	16.5	15.9	15.0
22	47.6	76.6	50.6	152.6	112.7	112.6	112.6	112.7	111.1	112.7
23	98.3	78.0	90.7	31.6	31.0	39.8	30.9	30.8	37.4	30.7
24	126.2	125.9	122.6	23.9	28.3	27.8	28.2	28.2	28.5	28.2
25	134.5	136.2	134.7	33.9	34.5	33.9	33.9	34.2	34.4	34.2
26	26.1	26.2	26.4	75.5	75.0	74.5	75.0	75.2	75.3	75.2
27	19.0	18.7	18.9	17.4	17.6	17.1	17.6	17.2	17.6	17.1
OMe			55.4		49.7	47.2		47.3		47.3
1'	101.2	101.0	101.0	101.4	101.2	100.3	105.6	101.9	102.6	103.2
2'	80.3	78.1	78.1	78.3	83.3	82.8	75.9	76.9	81.7	72.5
3'	79.2	79.2	79.2	79.7	78.4	77.7	83.7	76.4	75.3	75.5
4'	71.7	71.8	71.8	72.1	71.8	71.0	75.1	70.7	69.9	79.4
5'	78.1	78.2	78.2	78.5	78.0	77.6	72.7	76.3	77.0	75.7
6'	62.7	63.5	63.5	62.8	62.9	61.0	18.8	62.2	62.2	60.6
1"	102.2	101.8	101.8	102.3	106.0	106.0	103.3	102.1	106.1	104.7
2"	79.1	80.0	80.0	72.6	77.0	74.0	72.5	72.4	76.7	81.2
3"	79.2	79.1	79.1	72.9	78.0	77.0	72.7	72.8	78.6	87.0
4"	72.2	72.9	72.9	74.3	71.9	70.5	74.1	74.2	71.7	70.4
5"	77.8	77.7	77.7	69.7	78.5	67.0	70.0	69.4	78.1	77.6
6"	62.9	62.6	62.6	18.8	63.0		18.6	18.5	62.8	62.9
1'''	102.1	102.6	102.6	105.3	102.0	104.3	105.1	105.0	105.0	104.7
2'''	72.2	72.3	72.3	75.3	75.2	75.7	75.2	75.2	75.6	76.0
3'''	72.4	72.6	72.6	78.7	78.5	77.6	78.6	78.6	78.7	78.1
4'''	74.2	74.3	74.3	71.9	71.9	71.0	71.7	71.8	71.7	71.3
5'''	70.1	69.4	69.4	78.6	78.5	77.7	78.5	78.4	78.6	78.5
6'''	18.8	19.0	19.0	63.0	63.0	62.1	62.8	63.0	62.9	62.7

续表

C	8-3-121[34, 43]	8-3-122[27]	8-3-123[27]	8-3-124[44]	8-3-125[45]	8-3-126[46]	8-3-127[47]	8-3-128[48]	8-3-129[42]	8-3-130[49]
1'''										104.9
2''''										75.1
3''''										78.7
4''''										70.7
5''''										67.3
1'''''										104.9
2'''''										75.2
3'''''										78.5
4'''''										71.7
5'''''										78.6
6'''''										62.9

表 8-3-27 胆甾烷类化合物 8-3-131~8-3-140 的名称、分子式和测试溶剂

编号	名称	分子式	测试溶剂	参考文献
8-3-131	abutiloside L	$C_{51}H_{82}O_{23}$	P	[39]
8-3-132	abutiloside M	$C_{52}H_{90}O_{23}$	P	[50]
8-3-133	abutiloside N	$C_{51}H_{82}O_{23}$	P	[50]
8-3-134	26-*O*-*β*-D-glucopyranosyl-furosta-5,25(27)-diene-1*β*,3*β*,22*α*,26-tetrol-1-*O*-{*α*-L-rhamnopyranosyl-(1→2)-*O*-[*β*-D-xylopyranosyl-(1→3)]-*α*-L-arabinopyranoside}	$C_{49}H_{78}O_{22}$	M	[40]
8-3-135	(25*R*)-26-*O*-*β*-D-glucopyranosyl-furost-5-ene-1*β*,3*β*,22*α*,26-tetrol-1-*O*-{*α*-L-rhamnopyranosyl-(1→2)-*O*-[*β*-D-xylopyranosyl-(1→3)]-*α*-L-arabinopyranoside}	$C_{49}H_{80}O_{22}$	M	[40]
8-3-136	(25*R*)-26-*O*-*β*-D-glucopyranosyl-22*α*-methoxy-furost-5-ene-1*β*,3*β*,26-triol-1-*O*-{*α*-L-rhamnopyranosyl-(1→2)-*O*-[*β*-D-xylopyranosyl-(1→3)]-*α*-L-arabinopyranoside}	$C_{50}H_{82}O_{22}$	M	[40]
8-3-137	aethioside A	$C_{53}H_{82}O_{20}$	P	[51]
8-3-138	aethioside B	$C_{51}H_{80}O_{20}$	P	[51]
8-3-139	aethioside C	$C_{54}H_{82}O_{22}$	P	[51]
8-3-140	(25*R*)-26-*O*-(*β*-D-glucopyranosyl)-5*β*-furostane-3*β*,12*β*,22,26-tetrol-3-*O*-*β*-D-glucopyranosy-(1→2)-*O*-[*β*-D-glucopyranosyl-(1→3)]-*β*-D-galactopyranoside	$C_{51}H_{86}O_{25}$	P	[42]

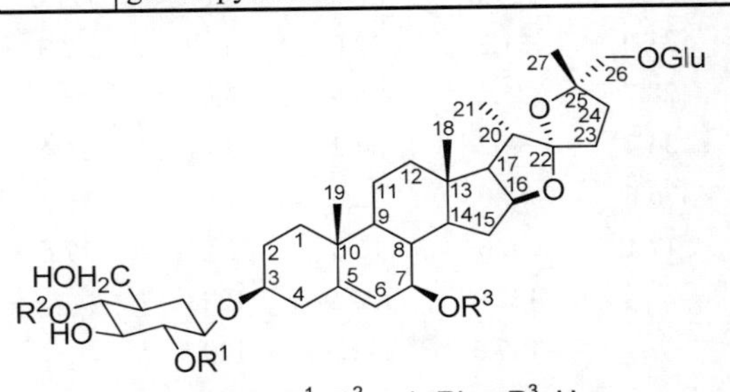

8-3-131 $R^1=R^2=α$-L-Rha; R^3=H

8-3-132 $R^1=R^2=α$-L-Rha; R^3=Me

OGlu
OH OH
GluO
ORha
OH

8-3-133

8-3-134 R^1=α-L-Rha; R^2=β-D-Xyl; R^3=H; R^4=CH_2
8-3-135 R^1=α-L-Rha; R^2=β-D-Xyl; R^3=H; R^4=H, CH_3
8-3-136 R^1=α-L-Rha; R^2=β-D-Xyl; R^3=CH_3; R^4=H, CH_3

8-3-137 R^1=α-L-Rha-(1→2)-α-L-Rha-(1→4)-β-D-Glu; R^2=H
8-3-138 R^1=α-L-Rha-(1→2)-α-L-Rha-(1→4)-β-D-Glu; R^2=H
8-3-139 R^1=α-L-Rha-(1→2)-β-D-Xyl-(1→3)-β-D-Glu; R^2=COOH

表 8-3-28 化合物 8-3-131~8-3-140 的 ^{13}C NMR 化学位移数据

C	8-3-131[39]	8-3-132[50]	8-3-133[50]	8-3-134[40]	8-3-135[40]	8-3-136[40]	8-3-137[51]	8-3-138[51]	8-3-139[51]	8-3-140[42]
1	37.3	37.2	37.3	84.6	84.7	84.6	37.4	37.4	37.4	30.8
2	30.1	30.1	30.1	37.1	37.0	37.2	30.2	30.2	30.2	26.7
3	78.0	78.1	78.6	68.9	69.0	69.1	78.6	78.5	78.3	75.4
4	39.0	39.2	38.8	43.4	43.2	43.4	39.1	38.8	38.9	30.5
5	143.7	146.0	143.9	139.3	139.5	139.6	141.8	141.1	141.0	36.4
6	125.9	121.3	125.9	126.2	126.1	126.0	121.8	121.9	121.9	26.8
7	64.5	73.7	64.6	32.7	32.8	32.6	32.5	32.5	33.3	27.1
8	37.9	37.1	38.0	33.9	33.7	33.8	31.0	31.1	31.0	34.7
9	42.5	43.1	42.5	51.1	51.0	51.2	50.6	50.6	50.5	39.5
10	38.0	38.1	38.0	42.8	42.7	42.7	37.2	37.2	37.1	35.3
11	21.0	21.0	21.0	24.4	24.6	24.8	21.3	21.3	21.3	31.5
12	39.8	39.5	39.8	41.1	41.0	40.9	37.0	37.1	36.9	79.7
13	40.4	40.4	40.4	41.0	41.2	41.2	47.2	47.2	46.9	47.1
14	49.7	49.0	49.7	57.8	57.9	57.8	57.7	57.8	57.2	55.3
15	32.4	32.3	32.4	32.6	32.5	32.5	32.0	31.3	32.0	32.2
16	81.2	81.1	81.2	82.4	82.4	82.3	140.8	140.8	143.4	81.4
17	62.6	62.6	62.7	65.1	65.1	65.2	151.9	151.9	153.3	63.9
18	16.3	16.0	16.3	16.8	16.8	16.8	17.4	17.4	16.5	11.4
19	18.4	18.3	18.4	14.9	15.0	15.0	19.4	19.4	19.4	23.9
20	38.7	38.7	38.7	40.8	41.0	41.1	131.3	131.3	135.0	41.7
21	15.3	15.3	15.3	15.8	15.9	15.8	14.7	14.7	15.1	15.7
22	120.1	120.2	120.2	113.3	113.3	113.0	139.8	139.8	140.2	111.0
23	33.2	33.2	33.2	31.8	31.0	31.0	31.3	32.0	31.3	37.3
24	34.1	34.1	34.1	28.4	28.8	28.7	35.5	35.5	35.3	28.5
25	83.8	83.9	83.8	147.4	34.7	34.7	34.2	34.2	34.1	34.4
26	77.5	77.6	77.6	72.6	75.8	75.6	75.0	75.0	75.1	75.2
27	24.5	24.5	24.6	112.3	17.0	17.1	16.6	16.6	17.3	17.6
28							122.9	122.9	123.0	
29							127.5	127.5	129.5	
30									170.7	
1'	100.3	100.6	100.4	100.8	100.8	100.8	100.3	100.1	100.2	102.4

续表

C	8-3-131[39]	8-3-132[50]	8-3-133[50]	8-3-134[40]	8-3-135[40]	8-3-136[40]	8-3-137[51]	8-3-138[51]	8-3-139[51]	8-3-140[42]
2'	77.7	77.8	75.0	74.0	74.0	74.0	78.2	77.8	78.1	77.8
3'	77.8	78.0	84.8	85.2	85.2	85.2	76.9	88.3	76.7	84.2
4'	78.6	78.5	70.6	70.1	70.1	70.1	78.0	77.5	78.0	69.9
5'	77.0	76.9	76.6	66.6	66.6	66.6	77.8	74.7	77.7	76.9
6'	61.4	61.2	61.4				61.4	62.5	61.3	63.6
1''	102.0	102.0	102.0	102.4	102.4	102.4	102.1	102.4	102.0	104.5
2''	72.5	72.6	72.7	72.0	72.0	72.0	72.5	72.4	71.7	76.4
3''	72.8	72.9	72.9	71.9	71.9	71.9	72.8	72.9	72.2	78.6
4''	74.1	74.2	74.2	73.6	73.6	73.6	74.2	74.2	73.9	72.8
5''	69.6	69.6	69.5	70.3	70.3	70.3	69.5	69.5	69.5	78.1
6''	18.7	18.7	18.7	17.6	17.6	17.6	18.5	18.5	18.4	62.9
1'''	102.9	102.9	105.9	106.1	106.1	106.1	103.0	105.4	102.8	105.3
2'''	72.6	72.6	75.4	74.6	74.6	74.6	72.6	75.0	72.4	75.2
3'''	72.8	72.8	78.5	77.8	77.8	77.8	72.9	78.0	72.6	78.5
4'''	73.9	74.0	71.7	70.8	70.8	70.8	73.9	70.7	73.6	71.6
5'''	70.5	70.4	77.2	66.6	66.6	66.6	70.5	67.3	70.4	78.4
6'''	18.6	18.6	62.7				18.7		186	62.4
1''''	105.4	105.3	105.5	103.0	103.0	103.0	105.0	105.0	104.7	104.9
2''''	75.4	75.4	75.4	74.9	74.9	74.9	75.3	75.3	75.0	75.2
3''''	78.4	78.5	78.5	77.9	77.9	77.9	78.7	78.5	78.9	78.4
4''''	71.6	71.6	71.6	71.2	71.2	71.2	71.8	71.9	71.7	71.8
5''''	78.6	78.5	78.6	77.9	77.9	77.9	78.8	78.7	78.9	77.9
6''''	62.7	62.7	62.7	62.5	62.5	62.5	62.9	63.0	62.7	62.6
OMe		56.4				47.5				

表 8-3-29 胆甾烷类化合物 8-3-141~8-3-150 的名称、分子式和测试溶剂

编号	名称	分子式	测试溶剂	参考文献
8-3-141	(25*R*)-26-*O*-(*β*-D-glucopyranosyl)-5*β*-furostane-3*β*,22,26-triol-3-*O*-*β*-D-glucopyranosy-(1→2)-[*β*-D-glucopyranosyl-(1→3)]-*β*-D-galactopyranoside	$C_{51}H_{86}O_{24}$	P	[42]
8-3-142	26-*O*-*β*-D-glucopyranosyl-22-*O*-methyl-(25*R*)-5*α*-furostane-2*α*,3*β*,22,26-tetrol-3-*O*-{*α*-L-rhamnopyranosyl-(1→2)-*O*-[*β*-D-glucopyranosyl-(1→4)]-galactopyranoside}	$C_{52}H_{88}O_{24}$	P	[48]
8-3-143	minutoside A	$C_{50}H_{84}O_{25}$	M	[52]
8-3-144	minutoside C	$C_{50}H_{84}O_{26}$	M	[52]
8-3-145	(25*R*)-26-*O*-*β*-D-glucopyranosyl-5*α*-furostane-2*α*,3*β*,22*α*,26-tetrol-3-*O*-{*β*-D-glucopyranosyl-(1→2)-*O*-[*β*-D-glucopyranosyl-(1→4)]-*β*-D-galactopyranoside}	$C_{51}H_{86}O_{25}$	P	[53]
8-3-146	(25*R*)-26-(*β*-D-glucopyranosyloxy)-2*α*-hydroxy-22*α*-methoxy-5*α*-furostan-3*β*-yl-*β*-D-xylopyranosyl-(1→2)-*O*-*β*-D-glucopyranosyl-(1→4)]-*β*-D-galactopyranoside	$C_{51}H_{86}O_{24}$	P	[54]

续表

编号	名称	分子式	测试溶剂	参考文献
8-3-147	(25*R*)-26-(*β*-D-glucopyranosyloxy)-22*α*-methoxy-5*α*-furostan-3*β*-yl-*O*-*β*-D-glucopyranosyl-(1→2)-*O*-*β*-D-glucopyranosyl-(1→4)-*β*-D-galactopyranoside	$C_{52}H_{88}O_{24}$	P	[54]
8-3-148	3-*O*-{[*β*-D-glucopyranosyl-(1→2)][*α*-L-rhamnopyranosyl(1→4)]-*β*-D-glucopyranosyl}-26-*O*-(*β*-D-glucopyranosyl)-(25*S*)-5*β*-furostane-3*β*,22*α*,26-triol	$C_{51}H_{86}O_{23}$	P	[55]
8-3-149	26-*O*-(*β*-D-glucopyranosyl)-(25*R*)-5*α*-furostane-3*β*,22-diol-3-*O*-*α*-L-rhamnopyranosyl-(1→2)-[*β*-D-glucopyranosyl-(1→4)]-*β*-D-glucopyranosyl}	$C_{51}H_{86}O_{23}$	P	[56]
8-3-150	(25*S*)-3*β*,5*β*,22*α*-22-methoxyfurostane-3,26-diol-3-*O*-*β*-D-xylopyranosyl-(1→2)-[*β*-D-xylopyranosyl-(1→4)]-*β*-D-glucopyranosyl-26-*O*-(*β*-D-glucopyranoside)	$C_{50}H_{84}O_{22}$	P	[46]

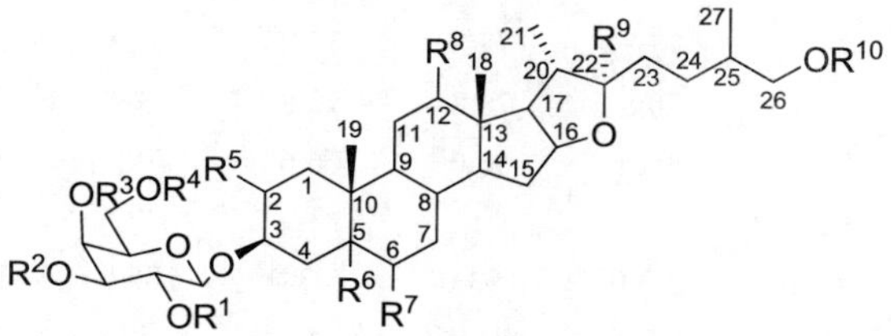

8-3-140 R^1=R^2=*β*-D-Glu; R^3=R^4=R^5=R^6=R^7=H; R^8=*β*-OH; R^9=OH; R^{10}=*β*-D-Glu
8-3-141 R^1=R^2=*β*-D-Glu; R^3= R^4= R^5= R^6= R^7=R^8=H; R^9=OH; R^{10}=*β*-D-Glu
8-3-142 R^1=*α*-L-Rha; R^2=H; R^3=*β*-D-Glu; R^4=H; R^5=*α*-OH; R^6=R^7=R^8=H; R^9=*α*-OMe; R^{10}= *β*-D-Glu
8-3-143 R^1=R^2=H; R^3=*β*-D-Xyl-(1→3)-*β*-D-Glu; R^4=H; R^5=*α*-OH; R^6=H; R^7=*β*-OH; R^8=H; R^9=*α*-OH; R^{10}=*β*-D-Glu
8-3-144 R^1=R^2=H; R^3=*β*-D-Xyl-(1→3)-*β*-D-Glu; R^4=H; R^5= R^6=*α*-OH; R^7=*β*-OH; R^8=H; R^9=*α*-OH; R^{10}=*β*-D-Glu
8-3-145 R^1=R^2= R^3=H; R^4=*β*-D-Glu-(1→2)-*β*-D-Glu; R^5=*α*-OH; R^6=H; R^7=OH; R^8=H; R^9=*α*-OH; R^{10}=*β*-D-Glu
8-3-146 R^1=R^2=H; R^3=*β*-D-Xyl-(1→2)-*β*-D-Glu; R^4=H; R^5=*α*-OH; R^6=R^7=R^8=H; R^9=*α*-OMe; R^{10}=*β*-D-Glu
8-3-147 R^1=R^2=H; R^3=*β*-D-Glu-(1→2)-*β*-D-Glu; R^4=R^5=R^6=R^7=R^8=H; R^9=*α*-OMe; R^{10}=*β*-D-Glu

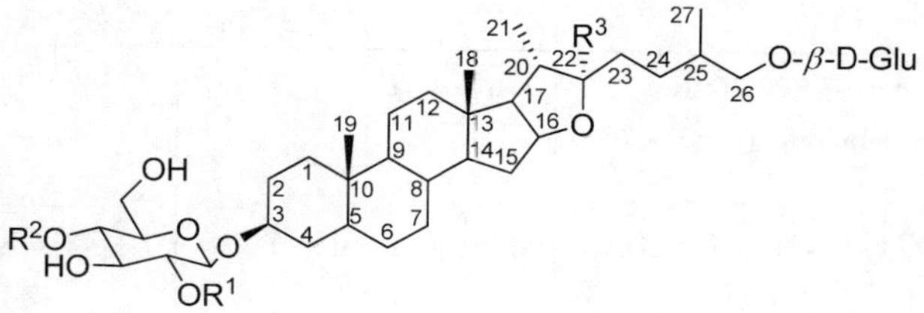

8-3-148 R^1=*β*-D-Glu; R^2= *α*-L-Rha; R^3=*α*-OH
8-3-149 R^1=*α*-L-Rha; R^2=*β*-D-Glu; R^3=*α*-OH
8-3-150 R^1=*β*-D-Xyl; R^2=*β*-D-Xyl; R^3=*α*-OMe
8-3-151 R^1=*β*-D-Xyl; R^2=*β*-D-Xyl; R^3=*α*-OH

表 8-3-30 化合物 8-3-141~8-3-150 的 ^{13}C NMR 化学位移数据

C	8-3-141[42]	8-3-142[48]	8-3-143[52]	8-3-144[52]	8-3-145[53]	8-3-146[54]	8-3-147[54]	8-3-148[55]	8-3-149[56]	8-3-150[46]
1	30.0	45.8	47.1	45.9	45.7	45.6	37.2	30.7	37.3	30.1
2	26.9	70.6	75.2	71.5	70.5	70.4	30.8	26.7	29.9	26.3
3	75.2	85.3	84.8	83.0	84.7	84.8	77.4	75.3	77.6	74.5
4	30.8	33.5	32.8	35.8	34.3	34.1	34.8	30.8	34.5	30.1
5	36.6	44.8	48.0	74.9	44.7	44.7	44.7	36.7	44.7	35.5
6	26.9	28.2	71.5	71.6	28.1	28.1	28.9	27.0	29.0	26.3

续表

C	8-3-141[42]	8-3-142[48]	8-3-143[52]	8-3-144[52]	8-3-145[53]	8-3-146[54]	8-3-147[54]	8-3-148[55]	8-3-149[56]	8-3-150[46]
7	27.0	32.1	40.7	38.4	32.3	32.2	32.4	26.8	32.4	26.1
8	35.3	34.6	30.7	32.6	34.6	34.5	35.2	35.5	35.3	34.9
9	40.3	54.5	55.5	45.9	54.4	54.3	54.4	40.2	54.5	39.9
10	35.3	36.9	37.7	38.0	36.9	36.8	35.8	35.3	36.0	34.5
11	21.2	21.4	22.1	22.3	21.5	21.3	21.2	21.2	21.3	20.5
12	40.4	40.0	41.0	41.1	40.1	39.8	40.0	40.4	40.3	39.5
13	41.7	41.1	41.4	41.8	41.1	41.1	41.1	41.2	41.1	40.7
14	56.4	56.3	57.1	57.1	56.3	56.2	56.3	56.4	56.4	55.8
15	32.5	32.3	31.4	31.4	32.4	32.1	32.1	32.4	32.5	31.4
16	81.3	81.4	82.4	82.2	81.1	81.3	81.3	81.3	81.1	81.0
17	64.1	64.3	63.0	63.8	64.0	64.3	64.3	64.0	64.0	63.4
18	16.8	16.3	17.0	17.0	16.7	16.5	16.5	16.7	16.7	15.9
19	24.0	13.5	17.3	17.1	13.4	13.4	12.3	24.0	12.4	23.3
20	41.3	40.5	42.2	42.9	40.7	40.5	40.5	40.7	40.7	39.9
21	16.6	16.5	16.3	16.3	16.5	16.3	16.3	16.5	16.4	15.6
22	110.7	112.7	113.9	110.5	110.6	112.6	112.6	110.7	110.6	112.8
23	37.3	30.8	34.8	34.6	37.2	30.8	30.0	37.2	37.2	39.5
24	28.4	28.2	29.0	29.9	28.4	28.2	28.2	28.4	28.4	27.5
25	34.3	34.2	37.8	37.4	34.2	34.2	34.2	34.5	34.3	33.5
26	75.4	75.2	75.5	75.3	75.2	75.2	75.2	75.4	75.3	74.6
27	17.5	17.2	17.5	17.5	17.5	17.1	17.1	17.5	17.5	16.8
OMe		47.3				47.2	47.2	47.3		47.1
1'	102.1	101.2	102.8	102.8	103.4	103.8	102.4	101.9	99.6	99.8
2'	78.0	76.9	75.8	75.8	72.7	72.6	73.3	82.7	77.7	81.0
3'	83.9	76.4	80.0	80.0	75.5	75.4	75.6	76.4	76.2	75.2
4'	69.9	81.3	81.1	81.1	81.0	80.4	81.0	77.2	82.2	79.5
5'	76.5	75.5	67.2	67.2	75.5	75.7	75.2	77.1	77.3	75.2
6'	63.5	60.9	62.9	62.9	60.4	60.3	60.5	61.2	62.2	60.5
1''	104.5	102.3	104.4	104.4	105.2	105.2	105.2	105.6	101.9	105.6
2''	76.5	72.3	78.1	78.1	86.1	86.4	86.1	77.1	72.4	74.0
3''	78.7	72.7	87.8	87.8	77.8	77.9	78.4	77.9	72.8	76.6
4''	72.6	74.1	75.3	75.3	71.8	72.2	71.8	71.8	74.1	70.1
5''	78.5	69.4	70.3	70.3	79.0	78.0	78.2	78.6	69.4	66.3
6''	62.8	18.5	63.0	63.0	61.8	63.2	63.2	62.9	18.6	
1'''	105.4	107.2	104.3	104.3	106.9	108.0	106.9	102.4	105.2	104.2
2'''	75.2	75.6	75.7	75.7	76.7	76.5	76.7	72.6	75.0	73.8
3'''	78.6	78.9	78.3	78.3	78.5	77.9	77.6	72.8	78.5	76.4
4'''	71.5	72.2	71.3	71.3	70.5	70.4	70.3	74.0	71.3	69.7
5'''	78.5	78.6	71.0	71.0	78.3	67.4	78.9	70.3	78.3	66.0
6'''	62.4	63.0			63.2		61.6	18.5	62.1	
1''''	105.0	105.0	104.9	104.9	105.0	105.0	105.0	105.2	104.9	103.7

续表

C	8-3-141[42]	8-3-142[48]	8-3-143[52]	8-3-144[52]	8-3-145[53]	8-3-146[54]	8-3-147[54]	8-3-148[55]	8-3-149[56]	8-3-150[46]
2''''	75.2	75.2	78.1	78.1	75.2	75.2	75.2	75.3	75.2	75.2
3''''	78.5	78.6	77.5	77.5	78.6	78.6	78.6	78.6	78.6	77.0
4''''	71.7	71.8	77.9	77.9	71.8	71.8	71.7	71.7	71.8	70.7
5''''	78.0	78.5	71.7	71.7	78.5	78.5	78.5	78.6	78.2	77.0
6''''	62.5	63.1	62.8	62.8	62.8	62.9	62.9	62.8	62.9	61.7

表 8-3-31　胆甾烷类化合物 8-3-151~8-3-160 的名称、分子式和测试溶剂

编号	名称	分子式	测试溶剂	参考文献
8-3-151	(25*S*)-3*β*,5*β*,22*α*-furostane-3,22,26-triol-3-*O*-*β*-D-xylopyranosyl-(1→2)-[*β*-D-xylopyranosyl-(1→4)]-*β*-D-glucopyranosyl-26-*O*-(*β*-D-glucopyranoside)	$C_{49}H_{82}O_{22}$	P	[46]
8-3-152	(25*R*)-26-(*β*-D-glucopyranosyloxy)-2*α*-hydroxy-22*α*-methoxy-3-[(*O*-*β*-D-xylopyranosyl-(1→2)-*O*-*β*-D-glucopyranosyl-(1→4)]-*β*-D-galactopyranosyl)oxy]-5*α*-furost-9-en-12-one	$C_{51}H_{86}O_{25}$	P	[54]
8-3-153	(22*S*)-16*β*-(*β*-D-glucopyanosyloxy)-3*β*,22-hydroxycholest-5-ene-1*β*-yl-*O*-*α*-L-rhamnopyranosyl-(1→2)-*O*-[*β*-D-xylopyanosyl-(1→3)]-*β*-D-xylopyranoside	$C_{49}H_{82}O_{21}$	P	[32]
8-3-154	tuberoside U	$C_{51}H_{86}O_{22}$	P	[35]
8-3-155	(25*R*)-26-*O*-*β*-D-glucopyranosyl-5*α*-furost-20(22)-ene-2*α*,3*β*,26-triol-3-*O*-{*β*-D-glucopyranosyl-(1→2)-*O*-[*β*-D-glucopyranosyl-(1→4)]-*β*-D-galactopyranoside}	$C_{51}H_{84}O_{24}$	P	[53]
8-3-156	26-*O*-*β*-D-glucopyranosyl-(25*R*)-5*α*-furostan-6-one-3*β*,22,26-trihydroxy-3-*O*-*β*-D-glucopyranosyl-(1→4)-*O*-[*α*-L-arabinopyranosyl-(1→6)]-*β*-D-glucopyranoside	$C_{50}H_{82}O_{24}$	P	[41]
8-3-157	(25*S*)26-*O*-*β*-D-glucopyranosyl-5*α*-furost-20(22)-ene-2*α*,3*β*,26-triol-3-*O*-*α*-L-rhamnopyranosyl-(1→2)-[*α*-L-rhamnopyranosyl-(1→4)-*β*-D-glucopyranoside	$C_{51}H_{84}O_{22}$	P	[44]
8-3-158	(25*S*)-26-*O*-*β*-D-glucopyranosyl-5*α*-furost-20(22)-ene-2*α*,3*β*,26-triol-3-*O*-*α*-L-rhamnopyranosyl-(1→2)-[*β*-D-glucopyranosyl-(1→3)-*β*-D-glucopyranoside	$C_{51}H_{84}O_{23}$	P	[44]
8-3-159	tuberoside S	$C_{51}H_{84}O_{22}$	P	[35]
8-3-160	tuberoside T	$C_{51}H_{84}O_{21}$	P	[35]

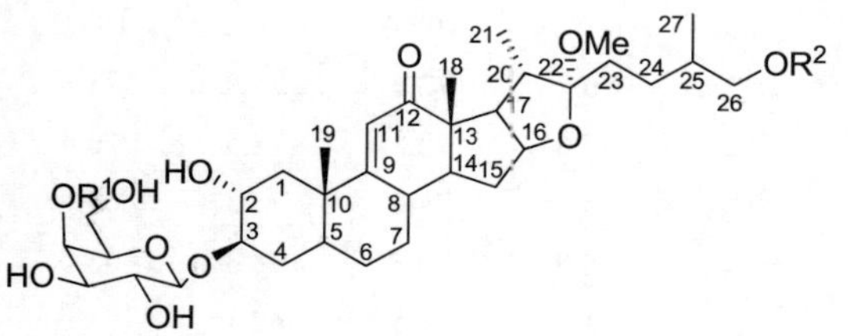

8-3-152 R^1=*β*-D-Xyl-(1→2)-*β*-D-Glu; R^2=*β*-D-Glu

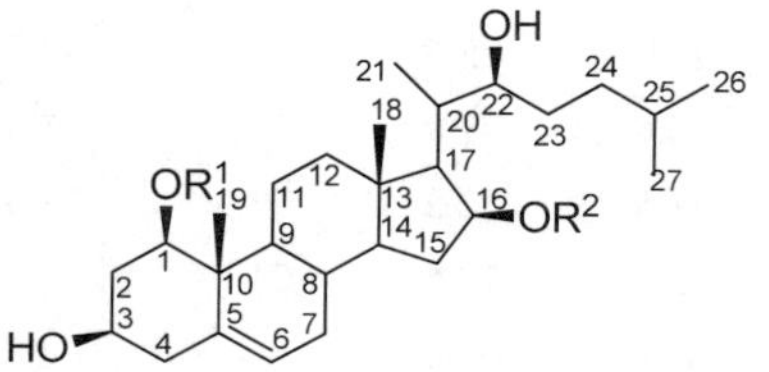

8-3-153 R^1=*α*-L-Rha-(1→2)-[*β*-D-Xyl-(1→3)]-*β*-D-Xyl; R^2=*β*-D-Glu

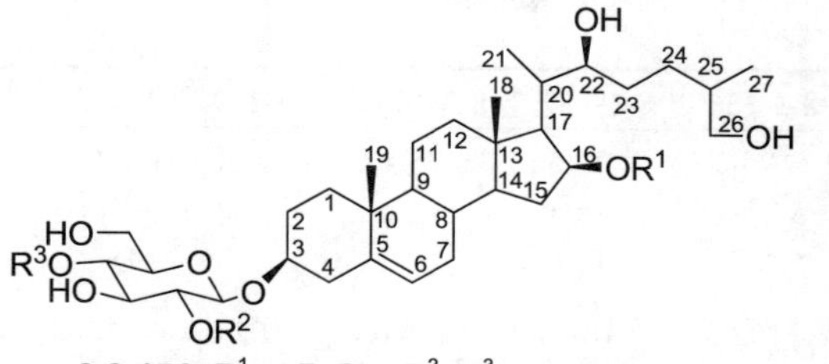

8-3-154 R^1=β-D-Glu; R^2=R^3=α-L-Rha

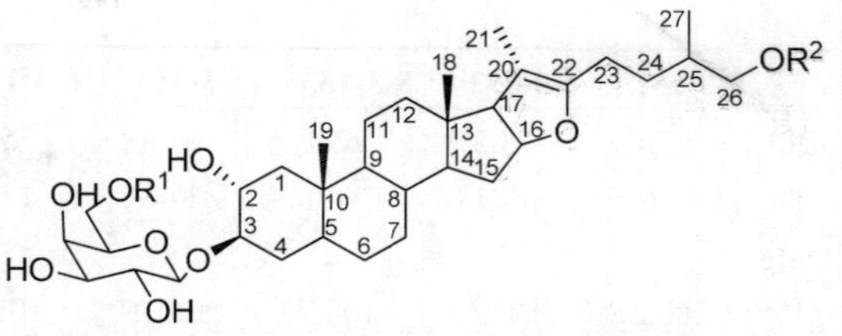

8-3-155 R^1=β-D-Glu-(1→2)-β-D-Glu; R^2=β-D-Glu

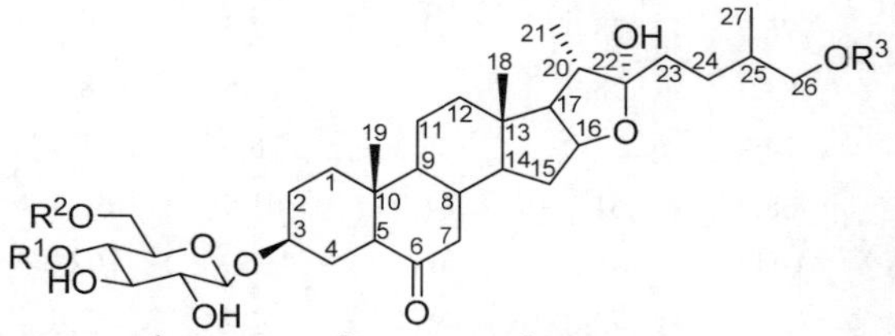

8-3-156 R^1=β-D-Glu; R^2=α-L-Ara; R^3=β-D-Glu

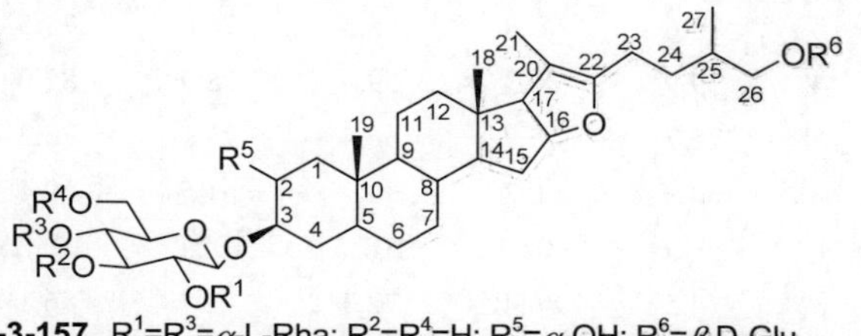

8-3-157 R^1=R^3=α-L-Rha; R^2=R^4=H; R^5=α-OH; R^6=β-D-Glu

8-3-158 R^1=α-L-Rha; R^2=R^6=β-D-Glu; R^3=R^4=H; R^5=α-OH

8-3-159 R^1=R^6=β-D-Glu; R^2=R^4=R^5=H; R^3=α-L-Rha

8-3-160 R^1=R^3=α-L-Rha; R^2=R^4=R^5=H; R^6=β-D-Glu

表 8-3-32 化合物 8-3-151~8-3-160 的 ^{13}C NMR 化学位移数据

C	8-3-151[46]	8-3-152[54]	8-3-153[32]	8-3-154[35]	8-3-155[53]	8-3-156[41]	8-3-157[44]	8-3-158[44]	8-3-159[35]	8-3-160[35]
1	30.3	43.5	84.1	37.7	45.7	36.7	46.0	46.0	30.9	37.5
2	26.6	70.2	37.3	30.4	70.5	29.4	70.8	70.8	27.0	30.1
3	74.3	83.9	68.2	78.3	84.7	77.0	85.2	85.0	75.6	77.1
4	30.3	33.7	43.7	39.1	34.2	27.0	33.7	33.6	31.0	34.6
5	35.5	42.5	139.2	140.9	44.7	56.5	44.9	44.8	36.9	44.8
6	26.6	27.1	124.9	122.2	28.1	209.6	28.4	28.3	27.1	29.1
7	26.4	32.4	31.6	32.3	32.4	46.8	32.7	32.6	26.9	32.8
8	35.2	36.1	33.1	32.0	34.4	37.4	34.6	34.5	35.4	35.2
9	40.0	170.4	50.2	50.6	54.4	53.7	54.6	54.6	40.4	54.6
10	34.8	40.5	42.6	37.2	36.9	40.9	37.1	37.1	35.4	36.1
11	20.8	120.0	24.0	21.3	21.6	21.5	21.9	21.8	21.5	21.6
12	41.1	204.2	40.5	40.1	39.8	39.7	40.1	40.0	40.3	40.1
13	40.9	51.7	42.1	42.6	43.7	41.4	44.0	43.9	44.0	43.9
14	56.0	52.5	55.2	55.3	54.6	56.4	54.9	54.8	54.9	55.0
15	31.9	31.6	37.1	37.1	34.3	32.0	34.7	34.6	34.6	34.6
16	81.4	80.3	82.6	82.9	84.5	80.8	84.7	84.8	84.8	84.7
17	63.3	55.6	58.0	58.1	64.6	63.8	64.8	64.9	64.9	64.8
18	16.3	15.2	13.8	13.7	14.4	16.5	14.7	14.6	14.6	14.5
19	23.5	19.3	15.0	19.6	13.4	13.1	13.7	13.7	24.2	12.6
20	40.0	41.2	35.9	36.1	103.6	40.6	103.9	103.8	103.8	103.8
21	16.0	14.7	12.5	12.7	11.8	16.4	12.1	12.0	12.0	12.0
22	110.5	112.9	73.1	73.4	152.4	110.7	152.6	152.6	152.6	152.6
23	36.5	30.5	33.6	33.4	23.7	37.1	31.6	31.6	23.8	23.8
24	27.8	28.1	36.6	31.4	31.5	28.4	23.9	23.8	31.6	31.6
25	34.0	34.1	28.8	37.3	33.5	34.2	33.9	33.9	33.9	33.9

续表

C	8-3-151[46]	8-3-152[54]	8-3-153[32]	8-3-154[35]	8-3-155[53]	8-3-156[41]	8-3-157[44]	8-3-158[44]	8-3-159[35]	8-3-160[35]
26	75.0	75.2	22.9	67.8	75.0	75.2	75.5	75.4	75.4	75.4
27	17.0	17.1	23.0	17.8	17.4	17.4	17.4	17.4	17.4	17.4
OMe		47.4								
1'	100.2	103.6	100.7	100.4	103.4	102.0	101.0	100.6	102.0	100.0
2'	81.4	72.6	75.6	78.1	72.8	74.7	78.2	77.8	83.0	78.3
3'	75.6	75.4	88.5	78.0	75.5	76.5	78.0	82.0	77.2	78.1
4'	79.9	80.3	69.4	78.9	81.0	81.1	78.9	71.4	77.5	78.9
5'	75.7	75.7	66.4	77.1	75.2	74.9	77.2	76.6	76.6	77.4
6'	60.9	60.3		61.5	60.4	68.4	61.4	61.9	61.5	61.6
1''	105.6	105.1	101.5	102.2	105.2	104.9	102.3	105.3	105.8	102.3
2''	74.5	86.4	72.3	72.7	86.1	75.2	72.8	75.1	77.2	72.6
3''	76.9	77.9	72.3	72.9	77.8	78.5	72.6	78.4	78.1	72.9
4''	70.5	72.2	74.1	74.1	70.5	71.8	74.0	71.4	77.0	74.0
5''	66.8	78.0	69.5	69.7	79.0	78.2	69.7	77.8	78.7	69.7
6''		63.2	19.2	18.8	61.8	62.6	18.7	62.3	63.1	18.8
1'''	104.8	108.0	105.1	103.1	106.9	105.6	103.1	102.1	102.6	103.1
2'''	74.3	76.5	74.7	72.7	76.7	72.5	72.9	72.9	72.9	72.7
3'''	76.9	77.9	78.3	73.0	78.6	74.6	72.7	72.5	72.7	73.0
4'''	70.2	70.4	70.6	74.3	71.8	69.7	74.2	74.2	74.1	74.2
5'''	66.6	67.4	67.1	70.6	78.3	67.1	70.6	69.6	70.4	70.6
6'''				18.7	63.2		18.7	18.7	18.6	18.7
1''''	104.4	105.0	106.9	107.2	104.9	104.9	105.3	105.3	105.3	105.3
2''''	75.7	75.2	75.5	75.8	75.2	75.2	75.4	75.4	75.4	75.4
3''''	77.7	78.6	78.6	78.8	78.6	78.6	78.7	78.6	78.7	78.7
4''''	71.1	71.7	71.5	71.9	71.8	71.7	71.9	71.9	71.9	71.9
5''''	77.7	78.5	78.1	78.3	78.7	78.4	78.6	78.7	78.7	78.6
6''''	62.1	62.8	62.7	63.1	62.9	62.8	63.0	63.0	63.0	63.0

表 8-3-33　胆甾烷类化合物 8-3-161~8-3-170 的名称、分子式和测试溶剂

编号	名称	分子式	测试溶剂	参考文献
8-3-161	(25*S*)-26-*O*-*β*-D-glucopyranosyl-5*α*-furost-12-one-22-methoxy-3*β*,26-diol-3-*O*-{*α*-L-rhamnopyranosyl-(1→2)-*O*-[*β*-D-glucopyranosyl-(1→4)]-*β*-D-galactopyranoside}	$C_{52}H_{86}O_{24}$	P	[53]
8-3-162	(25*R*)-26-*O*-(*β*-D-glucopyranosyl)-5*β*-furostane-3*β*,22,26-triol-12-one-3-*O*-*β*-D-glucopyranosyl-(1→2)-[*β*-D-glucopyranosyl-(1→3)]-*β*-D-galactopyranoside	$C_{51}H_{84}O_{25}$	P	[42]
8-3-163	(25*S*)26-*O*-*β*-D-glucopyranosyl-furostane-5,22-diene-3*β*,20*α*,26-triol-3-*O*-*α*-L-rhamnopyranosyl-(1→2)-[*α*-L-rhamnopyranosyl(1→4)]-*O*-*β*-D-glucopyranoside	$C_{51}H_{82}O_{22}$	P	[38]
8-3-164	26-*O*-(*β*-D-glucopyranosyl)-(25*R*)-5*α*-furost-5-ene-3*β*,22-diol 3-*O*-*α*-L-rhamnopyranosyl-(1→2)-*O*-[*β*-D-glucopyranosyl-(1→4)]-*β*-D-glucopyranosyl	$C_{51}H_{84}O_{23}$	P	[56]
8-3-165	pratioside B	$C_{51}H_{84}O_{25}$	P	[57]

续表

编号	名称	分子式	测试溶剂	参考文献
8-3-166	(25*R*)-2α,3*β*-dihydroxy-26*β*-D-glucopyranosyloxy-22-methoxy-5*α*-furost-9-en-12-one-3-*O*-{*O*-*β*-D-glucopyranosyl-(1→2)-*O*-[*β*-D-xylopyranosyl-(1→3)]-*O*-*β*-D-glucopyranosyl-(1→4)-*β*-D-galactopyranoside}	$C_{57}H_{92}O_{30}$	P	[49]
8-3-167	(25*S*)-26-*O*-*β*-D-glucopyranosyl-5-*α*-furostane-3*β*,22*α*,26-triol-3-*O*-*β*-D-galactopyraosyl-(1→2)-*O*-[*β*-D-glucopyranosyl-(1→3)]-*O*-*β*-D-glucopyranosyl-(1→4)-*β*-D-galactopyranoside	$C_{57}H_{96}O_{29}$	M	[29]
8-3-168	(25*S*)-26-*O*-*β*-D-glucopyranosyl-5-*α*-furostane-3*β*,22*α*,26-triol-3-*O*-*β*-D-glucopyraosyl-(1→2)-*O*-[*β*-D-glucopyranosyl-(1→3)]-*O*-*β*-D-glucopyranosyl-(1→4)-*β*-D-galactopyranoside	$C_{57}H_{96}O_{29}$	M	[29]
8-3-169	pentandroside F	$C_{57}H_{96}O_{30}$	M	[34]
8-3-170	(25*R*)26-*O*-*β*-D-glucopyranosyl-furosta-5,22-diene-3*β*,20*α*,26-triol-3-*O*-*α*-L-rhamnopyranosyl-(1→2)-[*α*-L-rhamnopyranosyl(1→4)-*α*-L-rhamnopyranosyl(1→4)]-*O*-*β*-D-glucopyranoside	$C_{57}H_{92}O_{26}$	P	[38]

8-3-161 R¹=α-L-Rha; R²=H; R³=R⁵=β-D-Glu; R⁴=α-OMe
8-3-162 R¹=R²=R⁵=β-D-Glu; R³=H; R⁴=OH

8-3-163 R¹=R²=α-L-Rha; R³=β-D-Glu

8-3-164 R¹=α-L-Rha; R²=R³=β-D-Glu

8-3-165 R¹=β-D-Glu-(1→2)-β-D-Glu; R²=β-D-Glu

8-3-166 R¹=R³=β-D-Glu; R²=β-D-Xyl

8-3-167 R¹=H; R²=β-D-Gal; R³=R⁴=β-D-Glu
8-3-168 R¹=H; R²=R³=R⁴=β-D-Glu
8-3-169 R¹=α-OH; R²=R³=R⁴=β-D-Glu

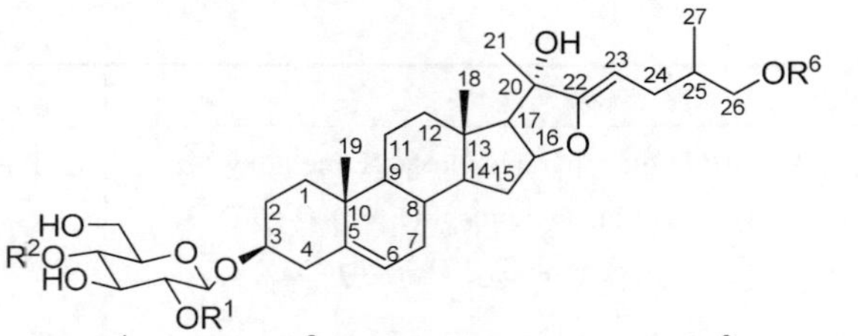

8-3-170 R^1=α-L-Rha; R^2=α-L-Rha-(1→4)-α-L-Rha; R^3=β-D-Glu

表 8-3-34 化合物 8-3-161~8-3-170 的 ^{13}C NMR 化学位移数据

C	8-3-161[53]	8-3-162[42]	8-3-163[38]	8-3-164[56]	8-3-165[57]	8-3-166[49]	8-3-167[29]	8-3-168[29]	8-3-169[34]	8-3-170[38]
1	36.7	30.4	37.4	37.5	37.5	43.4	38.2	38.2	45.6	37.5
2	29.7	26.6	30.1	30.2	30.3	70.2	30.5	30.5	70.3	30.2
3	76.8	75.2	78.0	78.2	78.2	83.4	79.4	79.4	84.6	78.0
4	34.4	30.6	38.9	39.0	39.3	33.7	35.2	35.2	34.0	39.0
5	44.5	36.1	140.8	140.8	141.0	42.4	46.2	46.2	45.6	140.8
6	28.7	26.8	121.7	121.8	121.7	27.1	28.7	28.7	28.9	121.7
7	31.4	26.5	32.0	32.5	32.4	32.4	33.4	33.4	33.2	32.1
8	34.4	34.7	31.1	31.7	32.3	36.1	36.5	36.5	35.7	31.1
9	55.7	42.1	50.1	50.4	50.3	170.5	55.9	55.9	55.6	50.1
10	36.3	35.8	37.0	37.2	37.1	40.5	38.3	38.3	37.8	37.0
11	37.9	37.8	20.5	21.1	21.0	120.0	22.3	22.3	22.1	20.6
12	212.7	213.3	39.2	40.0	32.1	204.2	41.1	41.1	41.0	39.3
13	55.6	56.0	40.3	40.8	45.1	51.7	41.4	41.4	41.4	40.4
14	55.8	56.0	56.9	56.6	53.0	52.5	57.5	57.5	57.3	57.0
15	31.7	31.8	33.5	32.4	31.9	31.6	32.7	32.7	32.5	33.5
16	79.9	79.8	84.2	81.1	90.5	80.4	83.5	83.5	82.4	84.2
17	55.6	55.1	67.8	63.9	90.7	55.6	65.3	65.3	65.2	67.8
18	16.0	16.2	13.5	16.4	17.3	15.2	16.8	16.8	16.7	13.5
19	11.8	23.1	19.3	19.4	19.4	19.3	12.9	12.9	13.4	19.4
20	41.1	41.3	76.7	40.7	43.6	41.2	41.2	41.2	41.1	76.7
21	15.0	15.3	21.8	16.5	10.5	14.7	16.0	16.0	15.8	21.9
22	112.8	110.8	163.7	110.7	111.4	112.9	112.8	112.8	111.0	163.7
23	30.9	37.1	91.3	37.2	36.9	30.5	31.4	31.4	31.1	91.7
24	28.2	28.4	29.6	28.4	28.0	28.2	29.0	29.0	28.9	29.9
25	34.4	34.3	34.8	34.3	34.3	34.2	34.8	34.8	34.8	35.0
26	74.9	75.2	75.2	75.3	75.1	75.2	76.0	76.0	76.1	75.2
27	17.5	17.5	17.4	17.5	17.5	17.1	17.2	17.2	17.1	17.6
OMe	47.4					47.4				
1'	100.0	101.9	100.2	100.1	102.7	103.2	102.7	102.7	102.5	100.3
2'	77.0	77.8	77.7	77.7	73.3	72.5	72.6	73.0	72.4	77.9
3'	76.4	84.1	77.9	76.2	75.6	75.5	73.1	73.4	73.7	77.7
4'	81.3	69.9	78.5	82.0	81.0	79.5	80.1	80.4	79.8	77.7
5'	75.2	76.5	76.9	77.4	76.8	75.7	75.2	75.6	75.6	767.0
6'	61.0	62.9	61.2	62.1	60.5	60.6	60.9	61.4	61.1	61.2
1"	102.3	104.5	102.0	101.8	105.2	104.7	104.8	104.7	104.2	102.2
2"	72.4	76.4	72.5	72.4	86.1	81.2	81.1	81.3	81.1	72.7

续表

C	8-3-161[53]	8-3-162[42]	8-3-163[38]	8-3-164[56]	8-3-165[57]	8-3-166[49]	8-3-167[29]	8-3-168[29]	8-3-169[34]	8-3-170[38]
3''	72.8	78.4	72.8	72.8	78.2	87.0	87.8	88.0	87.9	72.9
4''	74.1	72.8	74.1	74.1	70.3	70.3	71.0	70.8	71.2	74.1
5''	69.4	77.9	69.5	69.4	77.7	77.6	77.6	77.2	78.2	69.5
6''	18.6	63.5	18.6	18.6	61.6	62.9	63.2	63.3	62.9	18.7
1'''	107.2	105.3	102.8	105.2	107.0	104.7	105.1	104.3	104.3	103.3
2'''	75.6	75.4	72.5	75.0	75.2	76.0	72.0	75.3	75.3	72.9
3'''	78.9	78.6	72.7	78.4	79.0	78.1	75.2	77.5	78.0	73.3
4'''	72.2	71.6	73.8	71.3	71.8	71.3	70.5	71.0	70.7	80.4
5'''	78.5	78.5	70.4	78.3	78.5	78.4	76.3	78.0	78.0	68.3
6'''	63.1	62.4	18.4	62.0	63.2	62.7	62.0	62.8	62.0	18.4
1''''	105.0	105.0	105.0	104.9	105.0	104.9	104.1	104.2	104.3	102.2
2''''	75.2	74.8	75.2	75.2	75.3	75.1	75.2	75.3	75.2	72.5
3''''	78.5	78.5	78.5	78.6	78.6	78.7	77.8	77.4	78.1	72.9
4''''	71.8	71.8	71.6	71.8	71.7	70.7	71.4	71.5	71.5	74.0
5''''	78.5	78.5	78.4	78.2	78.5	67.3	77.9	78.3	78.1	70.4
6''''	62.9	62.6	62.7	62.9	62.9		62.5	62.5	62.3	18.9
1'''''						104.9	104.8	104.5	104.7	104.9
2'''''						75.2	75.3	75.2	75.3	75.2
3'''''						78.4	77.8	77.4	77.9	78.6
4'''''						71.7	71.4	71.7	71.4	71.7
5'''''						78.6	77.9	77.9	77.9	78.5
6'''''						62.9	62.5	62.8	62.6	62.8

表 8-3-35 胆甾烷类化合物 8-3-171~8-3-173 的名称、分子式和测试溶剂

编号	名称	分子式	测试溶剂	参考文献
8-3-171	(22*S*,25*S*)-16-*O*-*β*-D-xylopyranosyl-5-*α*-cholestane-3*β*,16*β*,22,26-tetrol-3-*O*-*β*-D-glucopyranosyl-(1→2)-*O*-[*β*-D-glucopyranosyl-(1→3)]-*O*-*β*-D-glucopyranosyl-(1→4)-*β*-D-galactopyranoside	$C_{56}H_{96}O_{28}$	M	[29]
8-3-172	26-*O*-*β*-D-glucopyranosyl-(25*R*)-5-*α*-furostane-2*α*,3*β*,6*β*,22,26-pentol-3-*O*-*β*-D-glucopyranosyl-(1→2)-*O*-[*β*-D-xylopyranosyl-(1→3)]-*O*-*β*-D-glucopyranosyl-(1→4)-*β*-D-galactopyranoside	$C_{56}H_{94}O_{30}$	P	[58]
8-3-173	26-*O*-*β*-D-glucopyranosyl-(25*S*)-5-*α*-furostane-2*α*,3*β*,6*β*,22,26-pentol-3-*O*-*β*-D-glucopyranosyl-(1→2)-*O*-[*β*-D-xylopyranosyl-(1→3)]-*O*-*β*-D-glucopyranosyl-(1→4)-*β*-D-galactopyranoside	$C_{56}H_{94}O_{30}$	P	[58]

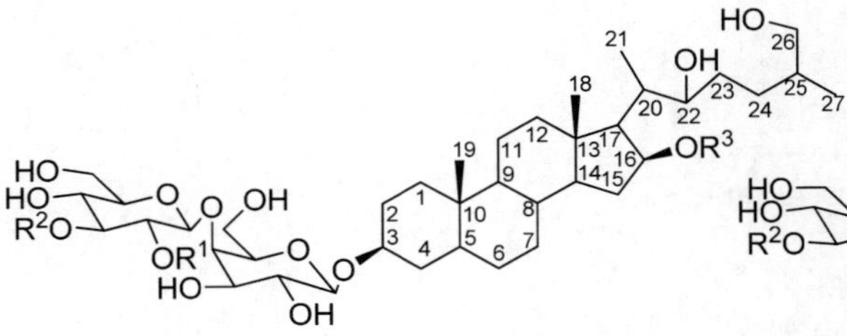

8-3-171 R^1=R^2=*β*-D-Glu; R^3=*β*-D-Xyl

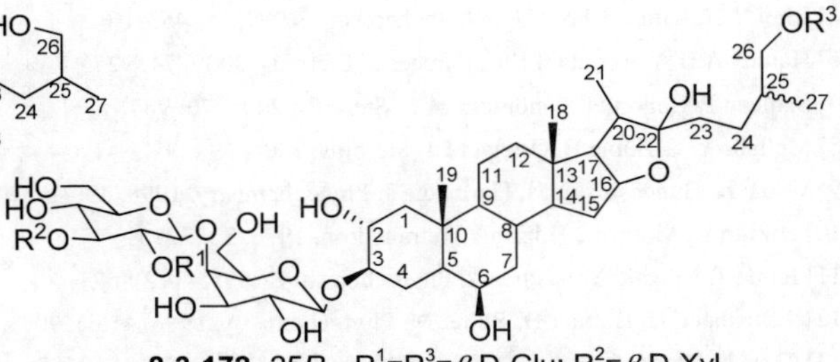

8-3-172 25*R* R^1=R^3=*β*-D-Glu; R^2=*β*-D-Xyl

8-3-173 25*S* R^1=R^3=*β*-D-Glu; R^2=*β*-D-Xyl

表 8-3-36　化合物 8-3-171~8-3-173 的 ^{13}C NMR 化学位移数据

C	8-3-171[29]	8-3-172[58]	8-3-173[58]	C	8-3-171[29]	8-3-172[58]	8-3-173[58]
1	37.2	47.2	47.2	3'	73.4	75.6	75.6
2	30.7	70.8	70.8	4'	80.4	79.4	79.4
3	79.4	84.7	84.7	5'	75.6	76.1	76.1
4	35.3	32.0	32.0	6'	61.4	60.6	60.6
5	46.0	47.9	47.9	1"	104.7	104.7	104.7
6	29.6	70.0	70.0	2"	81.3	81.3	81.3
7	33.3	40.8	40.8	3"	88.0	87.0	87.0
8	36.6	30.0	30.0	4"	70.8	70.5	70.5
9	56.0	54.6	54.6	5"	77.2	77.6	77.6
10	39.0	37.1	37.1	6"	63.3	62.8	62.8
11	21.8	21.4	21.4	1'''	104.3	104.8	104.8
12	41.4	40.2	40.2	2'''	75.3	75.1	75.1
13	43.0	41.2	41.2	3'''	77.5	78.2	78.2
14	56.1	56.2	56.2	4'''	71.0	71.4	71.4
15	37.6	32.5	32.5	5'''	78.0	78.6	78.6
16	83.5	81.1	81.1	6'''	62.8	62.8	62.8
17	59.1	63.9	63.9	1''''	104.2	104.9	104.9
18	13.8	16.4	16.4	2''''	75.3	75.7	75.7
19	13.0	17.2	17.2	3''''	77.4	78.5	78.5
20	36.3	40.7	40.7	4''''	71.5	70.4	70.4
21	12.2	16.7	16.7	5''''	78.3	67.3	67.3
22	74.4	110.6	110.6	6''''	62.5		
23	33.2	37.1	37.1	1'''''	104.5	105.2	105.2
24	31.0	28.3	28.3	2'''''	75.2	75.2	75.2
25	37.1	34.4	34.4	3'''''	77.4	78.5	78.5
26	68.5	75.4	75.3	4'''''	71.7	71.7	71.7
27	17.3	17.5	17.5	5'''''	77.9	78.7	78.7
1'	102.7	103.2	103.2	6'''''	62.8	62.9	62.9
2'	73.0	72.5	72.5				

参考文献

[1] Garrido L, Zubia E, Ortega M J. Steroids, 2000, 65: 85.
[2] Iorizzi M, De Marino S, Minale L. Tetrahedron, 1996, 52(33): 10997.
[3] Asakawa M, Noguchi T, Seto H. Toxicon, 1990, 28(9): 1063.
[4] Ahmed E, Nawaz S A, Malik A. Bioorg Med Chem lett, 2006, 16: 573.
[5] Choi Y H, Kim J, Choi Y H. Phytochemistry, 1999, 51: 453.
[6] Hamdy A H A, Aboutabl E A, Sameer S. Steroids, 2009, 74: 927.
[7] Sauleau P, Bourguet-Kondracki M L. Steroids, 2005, 70: 954.
[8] Mellado G G, Zubia E, Ortega M J. Steroids, 2004, 69: 291.
[9] Vokac K, Bundesinsky M, Harmatha J. Phytochemistry. 1998, 49(7): 2109.
[10] Hikino H, Mohri K, Hikino Y, Tetrahedron, 1976, 32: 3015.
[11] Inoue T, Mimaki Y, Sashida Y, Phytochemsitry, 1995, 40(2): 521.
[12] Achenbach H, Hubner H, Reiter M. Phytochemistry, 1996, 41(3): 907.
[13] Ktari L, Blood A, Guyot M. Bioorg Med Chem Lett, 2000, 10: 2563.
[14] Alam M, Sanduja R, Weinheimer A J. Steriods, 1988, 52(1-2): 45.

[15] Qin J C, Gao J M, Zhang Y M. Steroids, 2009, 74: 786.
[16] Jiang J Q, Li Y F, Chen Z. Steroids, 2006, 71: 1073.
[17] Heidepriem R W, Livant P D, Parish E J. J Steroid Biochem Mol Biol, 1992,43: 741.
[18] Ito A, Yasumoto K, Kasai R. Phytochemistry, 1994, 36: 1465.
[19] Sinninghe Damste J S, Schouten S, De Leeuw J W. Geochimica et Cosmochimica, 1999, 63(1): 31.
[20] Brunengo M C, Garraffo H M, Tombesi O L. Phytochemistry, 1985, 24(6): 1388.
[21] Brunengo M C, Tombesi O L, Doller D. Phytochemistry, 1988, 27(9): 2943.
[22] Ioannou E, AbdeloRazik A F, Zervou M. Steriods, 2009, 74: 73.
[23] Rodriguez Brasco M F, Genzano G N, Palermo J A. Steriods, 2007, 72: 908.
[24] Kuroda M, Mimaki Y, Sashida Y. Phytochemistry, 1999, 52: 445.
[25] Liu X T, Wang Z Z, Xiao W. Phytochemistry,2008, 69: 1411.
[26] Kuroda M, Mimaki Y, Sashida Y. Tetrahedron Lett, 2000, 41: 251.
[27] Kuroda M, Mimaki Y, Sashida Y, Tetrahedron, 1997, 53(34): 11549.
[28] Kuroda M, Mimaki Y, Sashida Y. Phytochemsitry, 1999, 52: 435.
[29] Temraz A, Ei Gindi O D, Kadry H A. Phytochemistry, 2006, 67: 1011.
[30] Kubo S, Mimaki Y, Terao M. Phytochemistry, 1992, 31(11): 3969.
[31] Jabrane A, Jannet H B, Miyamoto T. Food Chem, 2011, 125: 447.
[32] Mimaki Y, Aoki T, Jitsuno M. Phytochemistry, 2008, 69: 729.
[33] Mimaki Y, Kawashima K, Kanmoto T. Phytochemsitry, 34(3): 799.
[34] Arafa I.Hamed, Wieslaw Oleszek, Anna Stochmal. Phytochemistry, 2004, 65: 2935.
[35] Sang S M, Mao S L, Aina Lao. Food Chem, 2003, 83: 499.
[36] Mimaki Y, Takaashi Y, Kuroda M. Phytochemistry, 1997, 45(6): 1129.
[37] Mimaki Y, Ishibashi N, Ori K. Phytochemistry, 1992, 31(5): 1753.
[38] Shao B, Guo H Z, Cui Y J. Phytochemistry, 2007, 68: 623.
[39] Yoshimitsu H, Nishida M, Nohara T. Phytochemsitry, 2003, 1361.
[40] Perrone A, Muzashivili T, Napolitano A. Phytochemsitry, 2009, 70: 2078.
[41] Kubo S, Mimaki Y, Sashida Y. Phytochemistry, 1992, 31(7): 2445.
[42] Zhang Y, Zhang Y J, Jacob M R. Phytochemistry, 2008,69: 264.
[43] Mimaki Y, Kuroda M, Sashida Y. Tetrohedron Lett, 1996, 37: 1245.
[44] Sang S M, Aina Lao, Wang H C. Phytochemistry, 1999, 52: 1611.
[45] Debella A, Haslinger E, Kunert O. Phytochemistry, 1999, 51: 1069.
[46] Sautour M, Miyamoto T, Lacaille-Dubois M A. Phytochemistry, 2007, 68: 2554.
[47] Arthan D, Svasti J, Kittakoop P. Phytochemistry, 2002, 59: 459.
[48] Mimaki Y, Kanmoto T, Kuroda M. Phytochemistry, 1996, 42(4): 1065.
[49] Mimaki Y, Kuroda M, Kameyama A. Phytochemistry, 1998, 48(8): 1361.
[50] Yang H, Wang J, Hou A J. Fitoterpia, 2000, 71: 641.
[51] Tagawa C, Okawa M, Ikeda T. Tetrahedron Lett, 2003, 44: 4839.
[52] Barile E, Bonanomi G, Antignani V. Phytochemistry, 2007, 68: 596.
[53] Su L, Chen G, Feng S G. Steroids, 2009, 74: 399.
[54] Yokosuka A, Mimaki Y. Phytochemistry, 2009, 807.
[55] Hayes P Y, Jahidin A H, Lehmann R. Tetrahedron Lett, 2006, 47: 6965.
[56] Ori K, Mimaki Y, Mito K. Phytochemistry, 1992, 31: 2767.
[57] Li X C, Yang C R, Matsuura H. Phytochemistry, 1993, 33(2): 465.
[58] Kawashima K, Mimaki Y, Sashida Y. Phytochemistry, 1993, 32 (5): 1267.

第四节 孕甾烷类化合物

表 8-4-1 孕甾烷类化合物 8-4-1~8-4-10 的名称、分子式和测试溶剂

编号	名称	分子式	测试溶剂	参考文献
8-4-1	17*α*,20*α*-dihydroxy-3,3-dimethoxypregnan-16-one 2*β*,19-hemiketal	$C_{23}H_{38}O_5$	C	[1]
8-4-2	2*β*,3*β*,4*β*-trihydroxypregnan-16-one	$C_{21}H_{34}O_4$	P	[2]

续表

编号	名称	分子式	测试溶剂	参考文献
8-4-3	2*α*,3*α*,4*β*-trihydroxypregnan-16-one	$C_{21}H_{34}O_4$	P	[2]
8-4-4	2*β*,3*β*-dihydroxypregnan-16-one	$C_{21}H_{34}O_3$	P	[2]
8-4-5	3*α*-acetyloxy-5*α*-pregnan-16-one	$C_{23}H_{36}O_3$	C	[3]
8-4-6	2*β*,3*β*-dihydroxy-5*α*-pregnane-16-one	$C_{21}H_{34}O_3$	C	[4]
8-4-7	3*β*-hydroxy-5*α*-pregn-7,20-dien-6-one	$C_{21}H_{30}O_2$	C	[5]
8-4-8	3*β*-acetoxy-5*α*-pregn-7,20-dien-6-one	$C_{23}H_{32}O_3$	C	[5]
8-4-9	11*α*-acetoxy-5*α*-pregn-20-en-3*β*-ol	$C_{23}H_{34}O_3$	C	[6]
8-4-10	11*α*-acetoxy-5*α*-pregn-20-en-3*α*-ol	$C_{23}H_{34}O_3$	C	[6]

8-4-1 R^1=H; R^2=OMe; R^3=OMe; R^4=H; R^5=R^6=*α*-OH
8-4-2 R^1=*β*-OH; R^2=OH; R^3=H; R^4=*β*-OH; R^5=R^6=H
8-4-3 R^1=*α*-OH; R^2=H; R^3=OH; R^4=*β*-OH; R^5=R^6=H
8-4-4 R^1=*β*-OH; R^2=OH; R^3=R^4=R^5=R^6=H
8-4-5 R^1=R^2=H; R^3=OAc; R^4=R^5=R^6=H
8-4-6 R^1=*β*-OH; R^2=OH; R^3=R^4=R^5=R^6 =H

8-4-7 R=*β*-OH
8-4-8 R=*β*-OAc

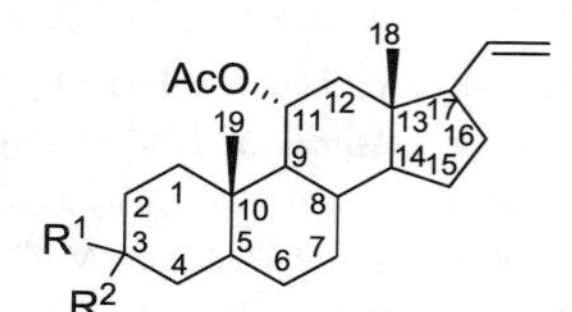

8-4-9 R^1=*β*-OH; R^2=H
8-4-10 R^1=H; R^2=*α*-OH
8-4-11 R^1=*β*-OMe; R^2=*α*-OMe

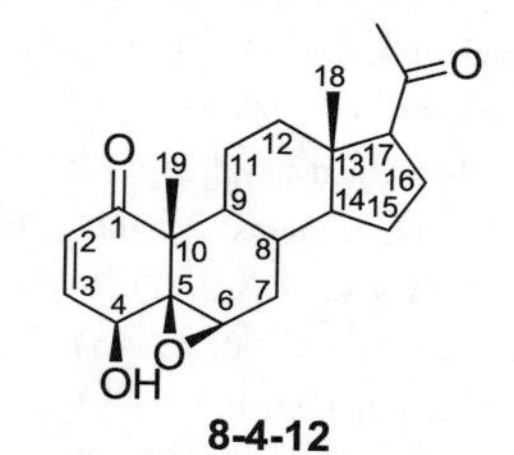

8-4-12

8-4-13 R^1=*α*-OH; R^2=H
8-4-14 R^1=H; R^2=*β*-OH

表 8-4-2 化合物 8-4-1~8-4-10 的 ^{13}C NMR 化学位移数据

C	8-4-1[1]	8-4-2[2]	8-4-3[2]	8-4-4[2]	8-4-5[3]	8-4-6[4]	8-4-7[5]	8-4-8[5]	8-4-9[6]	8-4-10[6]
1	34.7	44.5	41.8	43.7	32.8	42.9	36.9	36.8	37.5	32.8
2	28.3	72.7	66.4	70.0	26.1	70.1	30.4	27.0	31.9	29.0
3	100.3	72.8	74.9	72.6	70.0	72.4	70.6	73.0	70.7	66.2
4	35.5	77.2	77.3	33.6	32.7	32.5	30.2	27.0	38.6	36.3
5	42.3	50.2	44.0	45.9	40.1	45.4	53.4	53.4	44.8	38.7
6	28.2	26.5	25.5	28.7	28.1	28.1	199.7	199.3	29.1	29.2
7	32.0	32.7	32.9	32.5	32.1	32.2	123.1	123.3	32.2	32.3
8	34.2	34.0	34.1	34.0	34.5	34.0	163.4	163.5	35.1	35.1
9	53.4	56.7	55.6	55.4	54.3	55.3	50.2	50.4	56.6	56.6
10	35.8	35.6	37.6	36.0	36.0	35.5	38.3	38.6	37.1	37.9
11	20.0	20.4	20.2	21.1	20.3	20.8	21.4	21.7	71.4	71.4
12	29.9	38.1	38.0	38.3	38.3	38.3	36.4	36.7	44.2	44.2
13	44.1	42.1	42.1	42.2	42.1	42.2	45.2	45.5	43.8	43.7
14	45.4	50.5	50.5	50.4	50.7	50.6	54.6	54.9	54.2	54.2
15	37.0	38.5	38.5	38.5	38.5	38.5	23.0	23.2	24.8	24.7
16	222.3	218.4	218.5	218.5	219.5	219.6	26.7	26.6	27.3	27.3
17	81.0	65.1	65.0	65.2	63.4	65.4	55.3	55.6	55.2	55.2

续表

C	8-4-1[1]	8-4-2[2]	8-4-3[2]	8-4-4[2]	8-4-5[3]	8-4-6[4]	8-4-7[5]	8-4-8[5]	8-4-9[6]	8-4-10[6]
18	13.6	13.5	13.4	13.5	13.4	13.5	13.1	13.4	13.5	13.5
19	11.6	17.4	16.1	14.9	11.4	14.5	13.2	13.4	12.8	11.7
20	68.0	18.0	18.0	18.1	17.6	17.7	138.6	138.9	139.0	139.0
21	16.0	13.6	13.6	13.7	13.5	13.5	115.4	115.7	115.1	115.1
OAc					170.6			170.8	170.3	170.4
OMe					21.5			21.6	22.0	220

表 8-4-3 孕甾烷类化合物 8-4-11~8-4-20 的名称、分子式和测试溶剂

编号	名称	分子式	测试溶剂	参考文献
8-4-11	11*α*-acetoxy-3,3-dimethoxy-5*α*-pregn-20-ene	$C_{25}H_{38}O_4$	C	[6]
8-4-12	4*β*-trihydroxy-5*β*,6*β*-epoxypregnan-2-ene-1,20-dione	$C_{21}H_{38}O_4$	C	[7]
8-4-13	3*β*,4*α*-dihydroxypregnan-16-one	$C_{21}H_{34}O_3$	C	[8]
8-4-14	2*β*,16*β*-dihydroxypregnan-16-one	$C_{21}H_{34}O_3$	C	[9]
8-4-15	gracigenine	$C_{32}H_{40}O_8$	P	[10]
8-4-16	1*β*,3*β*-dihydroxy-pregna-5,16-dien-20-one	$C_{21}H_{30}O_3$	C	[11]
8-4-17	15-*O*-acetyl-1,4,20-pregnatrien-3-one	$C_{23}H_{30}O_3$	C	[12]
8-4-18	18-acetyl-18-hydroxymethyl-1,4,20-pregnatrien-3-one	$C_{23}H_{30}O_3$	C	[12]
8-4-19	2*α*,3*β*-dihydro-5-pregnan-16-one	$C_{21}H_{32}O_3$	C	[13]
8-4-20	2*α*,3*β*,4*β*,18-tetrahydroxy-pregn-5-en-16-one	$C_{21}H_{32}O_5$	D	[14]

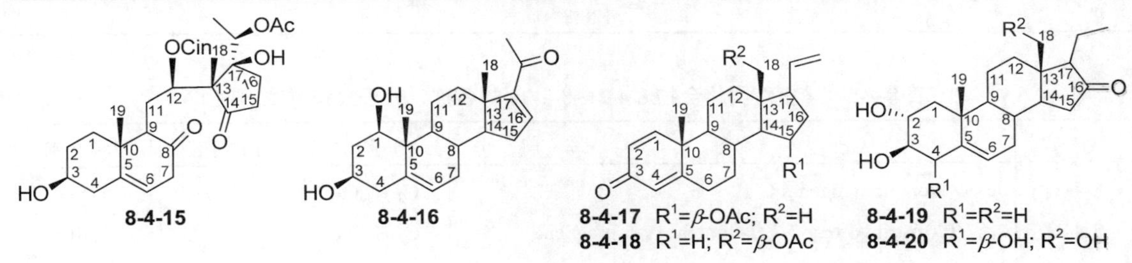

表 8-4-4 化合物 8-4-11~8-4-20 的 ^{13}C NMR 化学位移数据[6~14]

C	8-4-11	8-4-12	8-4-13	8-4-14	8-4-15	8-4-16	8-4-17	8-4-18	8-4-19	8-4-20
1	35.6	202.0	36.2	37.5	37.6	77.6	155.6	155.6	44.8	46.6
2	28.9	132.1	28.3	31.4	31.7	31.0	127.6	127.6	72.5	68.1
3	99.7	141.8	76.4	71.2	70.1	67.9	186.3	186.3	76.2	768.4
4	35.7	69.8	75.4	38.1	42.2	42.4	124.0	124.0	39.2	79.2
5	42.2	63.9	50.6	45.5	142.8	138.7	168.2	168.5	139.6	143.8
6	28.8	62.6	22.5	29.1	118.1	125.0	32.6	32.7	121.8	128.3
7	32.1	31.2	31.4	32.5	41.5	31.5	33.7	33.7	31.8	33.2
8	35.1	29.8	34.9	35.5	209.8	32.4	31.9	35.6	30.4	31.6
9	56.4	44.1	54.2	54.5	56.0	50.7	52.9	52.6	50.0	52.1
10	37.4	47.7	37.2	36.1	43.3	45.6	43.6	43.5	38.4	38.9
11	71.4	22.3	20.9	21.3	26.1	23.6	22.6	22.5	20.6	21.3
12	44.2	38.5	38.9	39.4	71.9	41.9	38.2	32.5	38.5	36.1
13	43.7	43.7	44.1	43.7	62.7	42.9	43.6	46.3	41.8	47.4
14	54.2	56.6	56.6	55.0	217.7	56.3	57.5	54.3	50.6	51.8

续表

C	8-4-11	8-4-12	8-4-13	8-4-14	8-4-15	8-4-16	8-4-17	8-4-18	8-4-19	8-4-20
15	24.8	24.4	24.3	37.4	34.1	34.9	73.7	24.8	37.9	39.8
16	27.3	22.7	22.8	72.6	30.1	144.2	38.3	27.1	219.3	221.8
17	55.1	63.5	63.8	67.9	82.4	155.5	54.8	54.6	65.1	64.2
18	13.5	13.2	13.4	14.7	12.4	15.7	14.8	62.1	13.4	63.0
19	12.1	17.6	13.6	12.6	18.9	12.9	18.8	18.8	20.5	22.3
20	139.0	208.9	209.7	213.0	74.6	196.9	137.6	138.8	17.6	18.9
21	115.1	31.4	31.5	31.7	14.6	27.1	114.1	114.0	13.2	14.2
OAc	170.4				169.9		170.6	171.2		
Me	22.0				21.3		21.4	21.1		
	47.4									
	47.5									
1'					167.8					
2'					119.1					
3'					145.7					
4'					134.9					
5'					128.8					
6'					129.4					
7'					130.9					
8'					129.4					
9'					128.8					

表 8-4-5 孕甾烷类化合物 8-4-21~8-4-30 的名称、分子式和测试溶剂

编号	名称	分子式	测试溶剂	参考文献
8-4-21	desacylkondurangogenin C	$C_{21}H_{36}O_5$	C	[15]
8-4-22	2α,7β,20α-trihydroxy-3β,21-dimethoxy-5-pregnene	$C_{23}H_{38}O_5$	C	[16]
8-4-23	sarcostin	$C_{21}H_{34}O_6$	C	[17]
8-4-24	dregealol	$C_{26}H_{30}O_6$	P	[18]
8-4-25	volubilol	$C_{21}H_{34}O_6$	P	[18]
8-4-26	drevogenin	$C_{21}H_{34}O_5$	P	[18]
8-4-27	boucergenin	$C_{21}H_{34}O_4$	P	[19]
8-4-28	2β,3β,5β-trihydroxy-pregn-20-en-6-one	$C_{21}H_{32}O_4$	C	[5]
8-4-29	villosterol	$C_{21}H_{32}O_3$	C	[20]
8-4-30	deniagenin	$C_{21}H_{34}O_6$	C	[15]

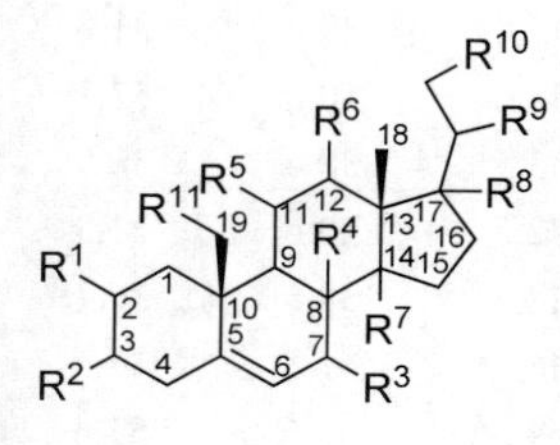

8-4-21 R^1=R^3=R^4=H; R^2=β-OH; R^5=α-OH; R^6=R^7=R^8=β-OH; R^9=OH; R^{10}=R^{11}=H

8-4-22 R^1=α-OH; R^2=β-OMe; R^3=β-OH; R^4=R^5=R^6=R^7=R^8=H; R^9=OH; R^{10}=OMe; R^{11}=H

8-4-23 R^1=H; R^2=β-OH; R^3=H; R^4=β-OH; R^5=H; R^6=R^7=R^8=β-OH; R^9=OH; R^{10}=R^{11}=H

8-4-24 R^1=R^3=H; R^2=R^4=β-OH; R^5=α-OH; R^6= R^7=β-OH; R^8=H; R^9=Tig; R^{10}=R^{11}=H

8-4-25 R^1=H; R^2=β-OH; R^3=H; R^4=β-OH; R^5=α-OH; R^6= R^7=β-OH; R^8=H; R^9=OH; R^{10}=H; R^{11}=OH

8-4-26 R^1=R^3=R^4=H; R^2=β-OH; R^5=α-OH; R^6 =R^7=β-OH; R^8=R^{10}=R^{11}=H; R^9=OH

8-4-27 R^1=R^2=R^3=R^4=R^5=H; R^6= R^7=β-OH; R^8=H; R^9=OH; R^{10}=R^{11}=H

8-4-28 $R^1=R^2=\beta$-OH
8-4-29 R^1=H; $R^2=\beta$-OH

8-4-30

表 8-4-6　化合物 8-4-21~8-4-30 的 ^{13}C NMR 化学位移数据

C	8-4-21[15]	8-4-22[16]	8-4-23[17]	8-4-24[18]	8-4-25[18]	8-4-26[18]	8-4-27[18]	8-4-28[5]	8-4-29[20]	8-4-30[15]
1	35.3	44.0	38.2	40.0	36.7	40.0	38.0	34.2	29.6	36.8
2	25.6	70.5	30.9	32.9	33.4	32.9	32.6	66.6	24.5	26.8
3	71.2	85.0	70.3	71.7	71.6	70.4	71.3	68.6	67.2	71.7
4	40.2	34.8	42.1	44.1	44.2	44.1	43.4	36.3	34.8	40.4
5	142.0	142.0	139.0	141.8	138.1	141.7	140.8	80.8	79.9	29.7
6	119.0	126.3	118.0	121.4	125.1	121.7	122.0	211.9	213.0	25.6
7	29.7	73.1	34.1	28.1	27.8	28.3	28.0	41.1	41.8	26.7
8	30.3	40.1	72.9	38.4	39.0	38.3	37.2	37.3	37.4	30.0
9	49.1	48.4	43.1	49.9	49.9	50.0	44.4	44.0	43.1	50.3
10	38.5	37.9	36.1	39.5	44.3	39.5	37.4	46.7	43.9	38.8
11	73.2	26.4	27.8	71.7	72.4	71.2	30.7	21.1	21.1	70.6
12	73.8	38.3	69.3	80.3	80.5	80.6	73.9	36.6	37.0	73.3
13	39.1	52.2	57.1	53.6	54.2	54.1	54.7	43.7	44.0	37.0
14	85.0	55.4	87.5	85.0	84.7	84.4	84.6	55.6	56.0	85.0
15	31.8	20.8	33.4	33.4	33.2	34.2	34.0	24.1	25.5	31.2
16	23.0	24.8	33.2	25.5	27.2	27.2	18.9	26.6	26.9	25.7
17	87.0	42.2	87.9	51.4	54.7	54.8	51.7	54.6	55.0	52.3
18	14.0	12.8	10.2	10.6	11.6	11.6	9.0	12.5	12.7	15.0
19	18.8	20.2	17.7	19.1	62.6	19.1	19.8	16.4	16.9	17.4
20	78.0	71.1	71.5	74.0	70.4	71.7	65.8	138.5	139.0	78.3
21	22.9	76.5	17.1	19.6	23.5	23.7	22.9	114.9	115.0	24.0
OMe		56.6								
OMe		58.9								
1'				167.5						
2'				130.0						
3'				136.9						
4'				14.2						
5'				12.3						

表 8-4-7　孕甾烷类化合物 8-4-31~8-4-40 的名称、分子式和测试溶剂

编号	名称	分子式	测试溶剂	参考文献
8-4-31	11*α*-acetoxy-5*α*-pregn-20-en-3-one	$C_{23}H_{34}O_3$	C	[6]
8-4-32	2*β*,3*β*-dihydroxy-5*α*-pregn-17(20)-(*Z*)-en-16-one	$C_{21}H_{32}O_3$	C	[4]
8-4-33	2*β*,3*β*-dihydroxy-5*α*-pregn-17(20)-(*E*)-en-16-one	$C_{21}H_{32}O_3$	C	[4]

续表

编号	名称	分子式	测试溶剂	参考文献
8-4-34	2,3-*seco*-dicarboxylpregn-17-en-16-one	$C_{21}H_{30}O_5$	D	[14]
8-4-35	pregen-4,17(20)-*trans*-diene-3,16-dione	$C_{21}H_{28}O_2$	C	[3]
8-4-36	(*E*)-aglawone	$C_{21}H_{32}O_2$	C	[22]
8-4-37	3*α*-acetyloxy-5*α*-pregn-17(20)-*cis*-en-16-one	$C_{23}H_{34}O_3$	C	[3]
8-4-38	stemmoside C	$C_{21}H_{32}O_3$	C	[23]
8-4-39	solanolide	$C_{22}H_{34}O_4$	C	[24]
8-4-40	1*β*,3*β*,14-dihydroxy-5*α*-pregn-16-en-20-one-3-*O*-*β*-D-glucopyranoside	$C_{27}H_{42}O_8$	P	[21]

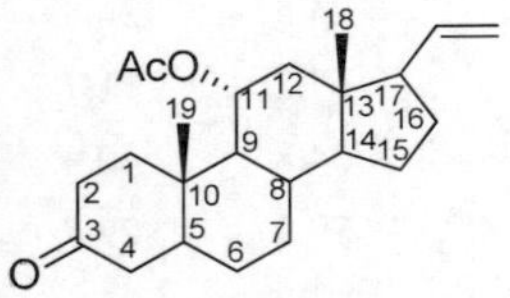

8-4-31

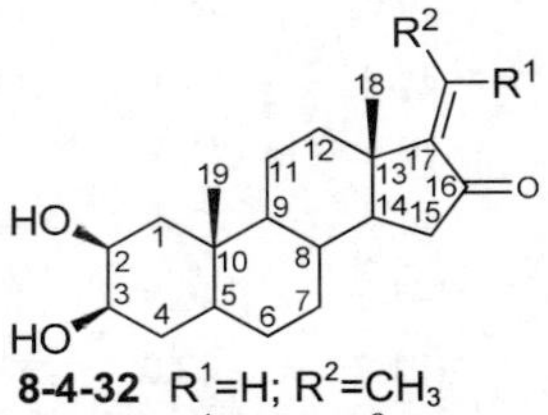

8-4-32 R¹=H; R²=CH₃
8-4-33 R¹=CH₃; R²=H

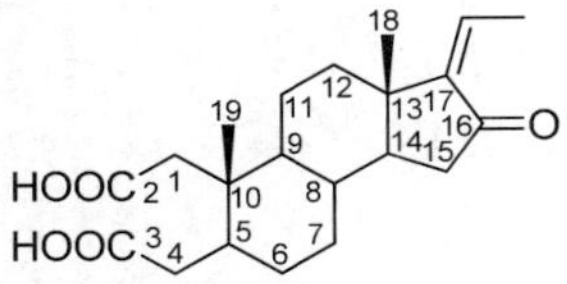

8-4-34

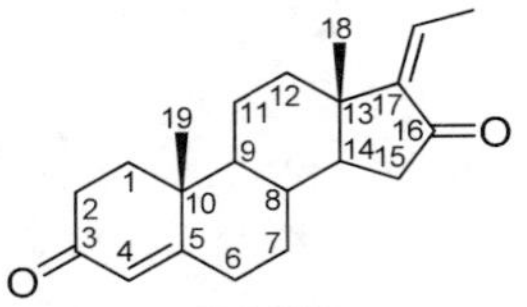

8-4-35

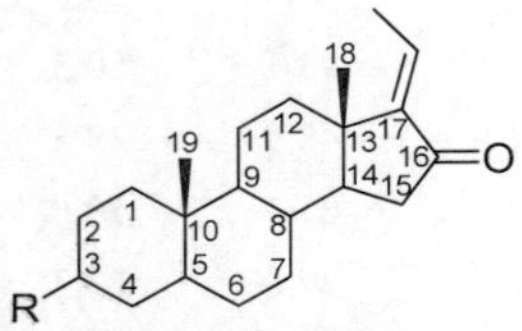

8-4-36 R=*α*-OH
8-4-37 R=*α*-OAc

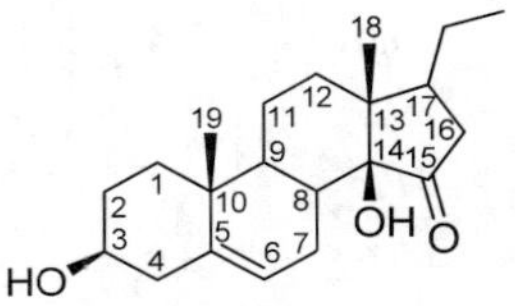

8-4-38

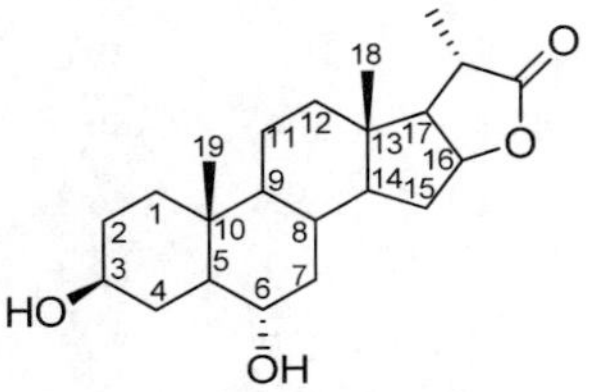

8-4-39

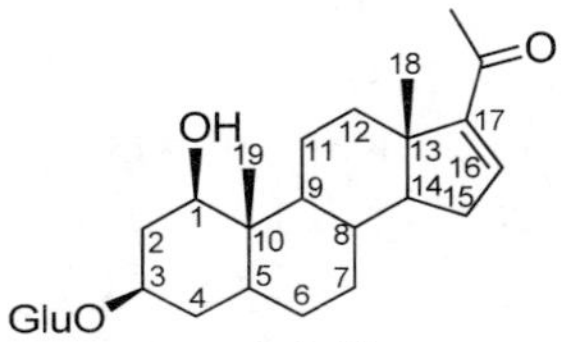

8-4-40

表 8-4-8 化合物 8-4-31~8-4-40 的 ^{13}C NMR 化学位移数据

C	8-4-31[6]	8-4-32[4]	8-4-33[4]	8-4-34[14]	8-4-35[3]	8-4-36[22]	8-4-37[3]	8-4-38[23]	8-4-39[24]	8-4-40[21]
1	39.1	42.8	42.9	40.5	35.5	31.9	32.9	39.3	38.2	73.5
2	38.3	70.1	70.1	172.5	33.8	28.9	26.1	27.4	32.1	37.1
3	211.3	72.3	72.3	174.4	199.1	66.4	70.0	71.1	70.8	74.0
4	45.0	32.4	32.5	35.3	124.1	36.3	32.6	42.1	33.2	35.1
5	47.0	45.3	45.4	39.9	170.2	39.0	40.0	139.5	52.5	39.3
6	29.4	28.1	28.1	26.9	32.5	28.3	28.1	121.8	68.3	28.6
7	31.8	31.9	31.9	21.0	31.8	31.9	31.9	21.0	42.5	32.1
8	35.1	33.6	34.0	33.9	34.6	34.2	34.2	36.2	33.9	34.5
9	56.3	55.0	55.2	47.8	53.6	54.0	54.0	43.2	54.2	55.6
10	37.3	35.5	35.6	39.1	38.7	36.2	36.0	36.6	36.5	42.7
11	71.3	21.1	21.0	35.4	20.6	20.5	20.6	23.2	20.8	24.9
12	44.2	36.4	35.8	31.0	35.4	35.8	36.4	29.7	37.9	36.0
13	43.6	43.5	43.4	42.6	43.0	43.4	43.4	44.6	41.7	46.2
14	54.1	50.0	49.5	49.2	44.0	50.1	50.2	81.7	54.4	56.8
15	24.8	37.9	39.5	39.7	39.2	37.9	37.9	218.7	33.5	32.5
16	27.3	206.4	208.7	207.7	207.2	206.7	206.4	41.9	82.6	144.5

续表

C	8-4-31[6]	8-4-32[4]	8-4-33[4]	8-4-34[14]	8-4-35[3]	8-4-36[22]	8-4-37[3]	8-4-38[23]	8-4-39[24]	8-4-40[21]
17	55.1	148.0	148.4	148.2	147.8	148.0	148.1	45.8	58.9	155.8
18	13.5	17.7	19.7	19.3	19.5	17.7	17.7	13.6	13.8	16.3
19	12.0	14.5	14.5	15.5	17.3	11.2	11.1	15.6	13.6	6.5
20	138.8	129.0	130.0	129.0	130.4	128.9	128.9	23.1	36.2	196.5
21	115.3	13.1	14.1	13.6	14.0	13.2	13.1	19.8	17.9	27.1
22									180.9	
AcO	170.2						170.6			
Me	22.0						21.5			
1'										102.7
2'										75.3
3'										78.7
4'										71.7
5'										78.3
6'										62.9

表 8-4-9 孕甾烷类化合物 8-4-41~8-4-50 的名称、分子式和测试溶剂

编号	名称	分子式	测试溶剂	参考文献
8-4-41	2*α*,3*β*-dihydroxypregnan-16-one-2*β*,19-hemiketal	$C_{21}H_{32}O_4$	P	[2]
8-4-42	volubilogenone	$C_{21}H_{34}O_5$	P	[18]
8-4-43	iso-drevogenin	$C_{21}H_{34}O_4$	P	[18]
8-4-44	17*α*-marsdenin	$C_{21}H_{34}O_5$	P	[18]
8-4-45	16*β*-acetyloxy-pregna-4,17(20)-*trans*-dien-3-one	$C_{23}H_{32}O_3$	C	[3]
8-4-46	20*S*-acetyloxy-4-pregnene-3,16-dione	$C_{23}H_{32}O_4$	C	[3]
8-4-47	pregn-5-ene-3*β*,16*β*,20(*R*)-triol-3-*O*-*β*-D-glucopyranoside	$C_{27}H_{44}O_8$	C	[26]
8-4-48	sarcostin 3-*O*-*β*-cymaropyranoside	$C_{28}H_{46}O_9$	C	[17]
8-4-49	epigynoside A	$C_{28}H_{46}O_8$	P	[25]
8-4-50	epigynoside B	$C_{29}H_{48}O_8$	P	[25]

8-4-41

8-4-42 R^1=H; R^2=OH
8-4-43 R^1=H; R^2=H
8-4-44 R^1=*β*-OH; R^2=H

8-4-45

8-4-46

8-4-47 R^1=*β*-D-Glu; R^2=R^3=R^4=R^6=H; R^5=*β*-OH
8-4-48 R^1=*β*-D-Cym; R^2=R^3=R^4=R^6=*β*-OH; R^5=H

8-4-49 R^1=2-Me1-6-去氧-*β*-D-Ido; R^2=*α*-OH
8-4-50 R^1=2-Me1-6-去氧-*β*-D-Ido; R^2=*α*-OMe

表 8-4-10　化合物 8-4-41~8-4-50 的 ^{13}C NMR 化学位移数据

C	8-4-41[2]	8-4-42[18]	8-4-43[18]	8-4-44[18]	8-4-45[3]	8-4-46[3]	8-4-47[26]	8-4-48[17]	8-4-49[25]	8-4-50[25]
1	43.8	37.0	40.2	41.2	35.7	35.5	37.1	39.0	37.2	37.4
2	105.8	33.3	32.9	32.5	33.9	33.8	30.0	29.1	30.2	30.4
3	74.2	71.6	71.6	71.1	199.3	199.0	78.0	78.0	77.8	78.1
4	38.4	44.3	44.1	44.0	124.0	124.2	37.1	38.9	39.1	39.3
5	42.9	138.5	141.9	142.2	170.7	170.4	140.9	139.8	140.5	140.8
6	29.4	124.9	121.4	117.6	32.7	32.5	121.8	118.4	121.9	122.1
7	31.8	27.4	27.7	35.4	31.4	31.9	31.6	34.6	32.0	32.2
8	36.0	38.9	38.0	74.3	35.0	34.2	31.3	73.8	31.7	32.1
9	46.1	49.7	49.6	50.1	54.0	53.4	50.8	43.8	49.7	49.6
10	47.6	44.3	39.4	39.4	38.7	38.6	36.9	37.0	37.2	37.5
11	20.8	73.3	72.6	72.0	20.7	20.2	21.0	28.6	21.1	20.8
12	37.7	73.9	73.8	76.6	35.8	38.0	38.9	70.9	33.4	33.8
13	41.7	56.8	56.5	57.5	43.1	41.7	41.6	57.8	40.5	41.6
14	50.2	86.3	85.8	86.7	50.8	49.9	54.8	87.8	43.7	43.3
15	38.5	31.5	32.2	34.6	33.2	38.8	35.3	33.5	25.4	25.1
16	218.2	21.6	21.4	22.1	72.9	213.9	73.8	32.5	61.1	62.7
17	65.0	61.9	62.0	62.1	148.7	65.9	62.9	88.0	100.7	102.1
18	13.1	15.1	14.8	16.0	19.0	13.6	15.6	10.1	15.1	17.3
19	67.1	62.7	19.2	17.8	17.4	17.3	19.0	18.4	19.8	19.5
20	17.9	210.1	210.0	210.1	118.4	67.0	67.0	72.4	70.5	70.5
21	13.6	31.9	31.9	32.3	13.4	19.9	23.9	17.0	20.6	20.0
OAc					170.7	170.7				
OMe					21.1	21.1				51.1
1'							105.2	95.6	98.0	98.2
2'							75.4	34.1	81.6	81.7
3'							78.4	77.5	69.5	69.5
4'							71.8	72.5	72.8	72.9
5'							78.3	70.8	71.3	71.5
6'							61.8	18.3	17.3	17.5
OMe								57.2	60.0	60.2

表 8-4-11　孕甾烷类化合物 8-4-51~8-4-60 的名称、分子式和测试溶剂

编号	名称	分子式	测试溶剂	参考文献
8-4-51	21-*O*-*β*-D-glucosyl-14,21-dihydroxy-14*β*-pregn-4-ene-3,20-dione	$C_{27}H_{40}O_9$	P	[27]
8-4-52	stemmoside A	$C_{27}H_{40}O_9$	P	[23]
8-4-53	stemmoside B	$C_{27}H_{40}O_9$	P	[23]
8-4-54	carumbelloside Ⅱ	$C_{27}H_{42}O_8$	P	[28]
8-4-55	amplexicoside G	$C_{28}H_{38}O_8$	P	[29]
8-4-56	pregn-5-ene-3*β*,14*β*-dihydroxy-7,20-dione-3-*O*-*β*-glucopyranoside	$C_{33}H_{52}O_{12}$	P	[30]
8-4-57	1*β*,3*β*,14-dihydroxy-5*α*-pregn-16-en-20-one-3-*O*-*β*-D-glucopyranoside	$C_{27}H_{42}O_8$	P	[21]
8-4-58	solanolactoside A	$C_{34}H_{54}O_{12}$	P	[31]
8-4-59	solanolactoside B	$C_{33}H_{52}O_{12}$	P	[31]
8-4-60	carumbelloside Ⅰ	$C_{33}H_{52}O_{13}$	P	[28]

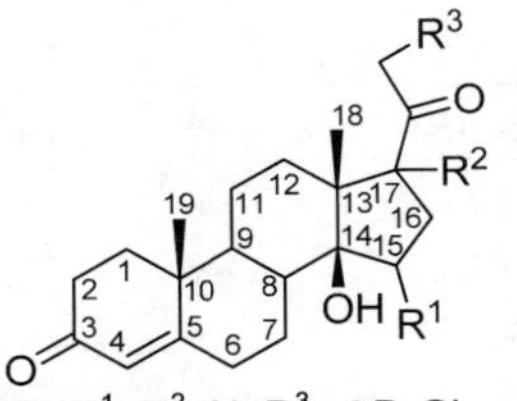

8-4-51 R^1=R^2=H; R^3=β-D-Glu
8-4-52 R^1=β-D-Glu; R^2=α-H; R^3=H
8-4-53 R^1=β-D-Glu; R^2=β-H; R^3=H

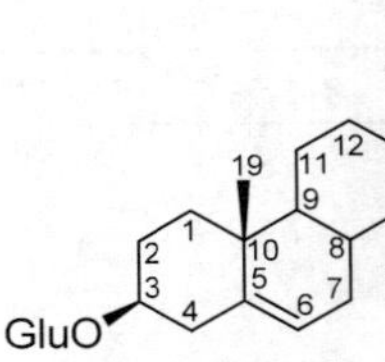

8-4-54

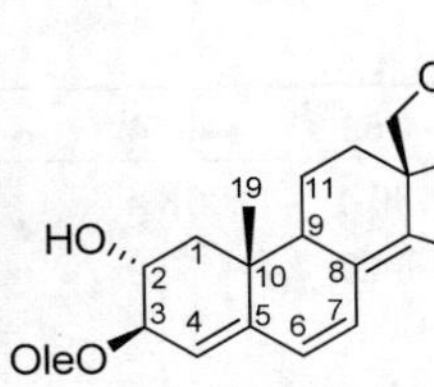

8-4-55

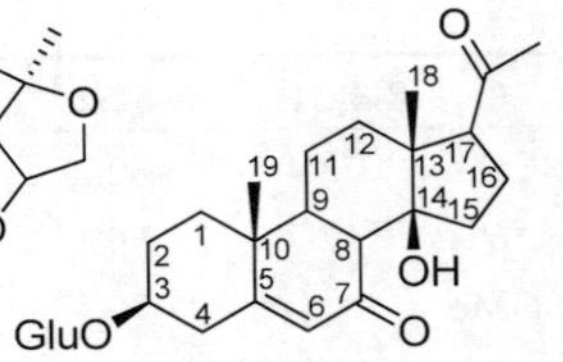

8-4-56

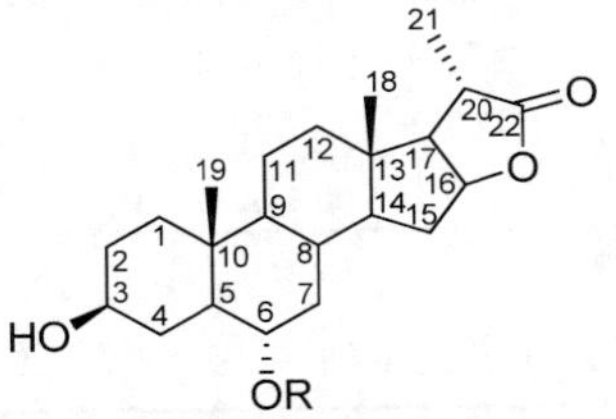

8-4-57 R=α-L-Rha(1→3)-*O*-β-D-Qui
8-4-58 R=β-D-Xyl(1→3)-*O*-β-D-Qui

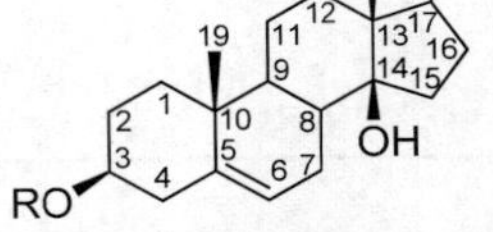

8-4-59 R=β-D-Glu-(1→6)-β-D-Glu

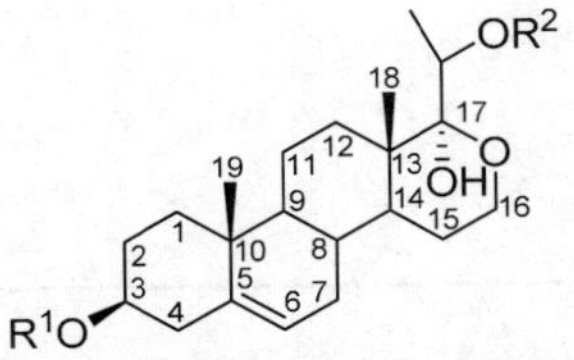

8-4-60 R^1=β-D-2-甲基-6-去氧-Ido; R^2=β-D-Oli

表 8-4-12 化合物 8-4-51~8-4-60 的 ^{13}C NMR 化学位移数据

C	8-4-51[27]	8-4-52[23]	8-4-53[23]	8-4-54[28]	8-4-55[29]	8-4-56[30]	8-4-57[21]	8-4-58[31]	8-4-59[31]	8-4-60[28]
1	34.3	39.3	37.8	37.5	41.9	38.9	38.2	38.2	37.1	37.2
2	33.9	36.7	36.3	30.3	69.0	30.2	32.2	32.2	30.1	30.2
3	198.9	200.5	200.5	78.1	84.4	77.7	70.5	70.5	78.4	77.8
4	124.0	125.7	125.8	39.2	122.9	35.8	33.2	33.2	39.0	39.1
5	170.1	172.9	172.8	139.6	144.9	170.9	51.4	51.4	139.4	140.5
6	35.9	29.0	29.4	122.6	124.7	123.6	79.0	79.0	122.3	121.9
7	28.2	32.2	32.3	27.9	123.4	198.4	41.2	41.2	27.6	32.0
8	40.5	40.8	40.9	37.2	107.5	41.5	33.8	33.8	36.8	31.7
9	49.3	51.7	50.2	46.3	44.3	48.4	53.9	53.9	45.9	49.6
10	38.7	40.8	40.8	37.6	37.4	38.9	36.7	36.7	37.3	37.2
11	20.9	21.4	22.4	21.2	20.6	21.1	20.8	20.8	20.8	20.5
12	38.7	40.9	40.8	38.9	30.7	34.3	37.8	37.8	38.5	33.2
13	49.6	50.9	50.2	49.4	54.9	48.2	41.8	41.8	48.1	40.9
14	84.4	85.8	84.1	85.1	155.9	82.1	54.5	54.5	84.8	43.7
15	33.1	80.5	80.4	34.6	72.1	33.5	33.2	33.2	34.3	25.2
16	24.3	35.3	35.5	24.6	86.3	27.0	82.6	82.6	24.2	60.9
17	57.4	62.4	61.6	63.2	62.0	60.5	59.0	59.0	62.8	101.0
18	15.4	19.5	18.5	15.6	77.4	16.5	13.9	13.9	15.3	15.3
19	17.2	20.0	19.6	19.6	18.5	17.7	13.5	13.5	19.3	20.2
20	215.1	214.7	211.2	216.8	118.5	212.6	36.3	36.3	217.3	79.6
21	75.0	33.3	33.7	31.6	22.7	31.2	17.9	17.9	32.3	19.3
OAc							181.0	181.0		
1'	104.1	104.0	103.7	102.6	102.7	102.1	105.5	105.1	102.7	98.0
2'	75.0	77.2	77.2	75.4	37.3	75.3	76.3	74.9	74.8	81.5
3'	78.7	78.1	79.7	78.7	78.7	78.5	83.5	87.3	78.4	69.4
4'	71.6	73.9	74.1	71.8	71.7	72.2	75.3	74.7	71.4	72.7

续表

C	8-4-51[27]	8-4-52[23]	8-4-53[23]	8-4-54[28]	8-4-55[29]	8-4-56[30]	8-4-57[21]	8-4-58[31]	8-4-59[31]	8-4-60[28]
5'	78.4	80.2	80.4	78.6	78.3	78.3	72.8	72.3	76.9	71.2
6'	62.7	65.1	64.9	62.9	62.9	63.2	18.8	18.5	69.8	17.2
OMe					56.5					60.0
1"							103.1	106.4	106.9	102.6
2"							72.8	75.3	74.9	40.6
3"							72.6	78.2	78.2	72.1
4"							74.2	70.9	71.2	78.6
5"							69.9	67.3	78.1	72.9
6"							18.6		62.5	18.8

表 8-4-13 孕甾烷类化合物 8-4-61~8-4-70 的名称、分子式和测试溶剂

编号	名称	分子式	测试溶剂	参考文献
8-4-61	penicilloside A	$C_{41}H_{62}O_{15}$	P	[32]
8-4-62	tomentogenin-3-*O*-*β*-thevetopyranosyl-(1→4)-*β*-oleandropyranoside	$C_{35}H_{60}O_{12}$	M	[33]
8-4-63	sarcostin 3-*O*-*β*-D-cymaropyranosyl-(1→4)-*β*-D-cymaropyranoside	$C_{35}H_{58}O_{12}$	C	[17]
8-4-64	sarcostin 3-*O*-*β*-D-oleandropyranosyl-(1→4)-*β*-D-cymaropyranoside	$C_{35}H_{58}O_{12}$	C	[17]
8-4-65	denicunine	$C_{35}H_{58}O_{10}$	C	[34]
8-4-66	heminine	$C_{34}H_{56}O_{9}$	C	[34]
8-4-67	hoodigoside N	$C_{35}H_{58}O_{10}$	P	[35]
8-4-68	russelioside G	$C_{43}H_{62}O_{14}$	C	[36]
8-4-69	20-*O*-acetylcalogenin-3-*O*-*β*-D-glucopyranosyl-(1→4)-*β*-D-3-*O*-methylfucopyranoside	$C_{36}H_{58}O_{13}$	M	[37]
8-4-70	deniculatin	$C_{34}H_{56}O_{11}$	C	[38]

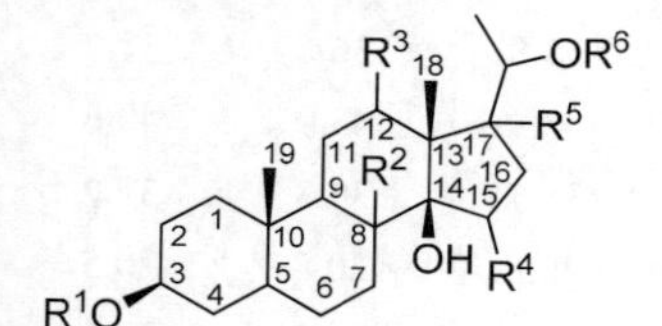

8-4-61 R¹=*β*-D-Glu(1→4)-*β*-D-Dig; R²=R⁴=*β*-OH; R³=R⁵=H; R⁶=Bz
8-4-62 R¹=*β*-D-The(1→4)-*β*-D-Ole; R²=R⁴=R⁶=H; R³=R⁵=*β*-OH

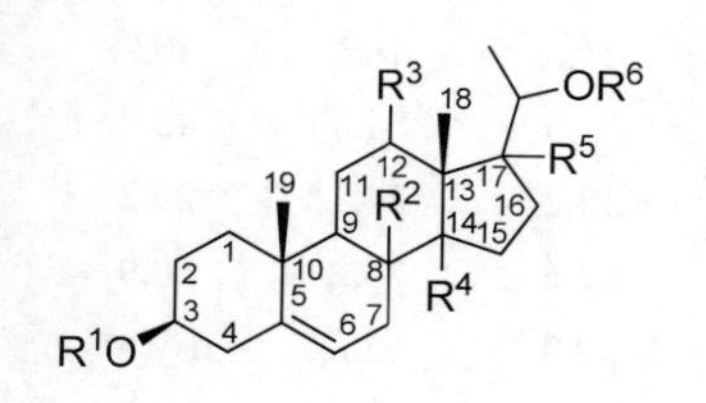

8-4-63 R¹=*β*-D-Cym(1→4)-*β*-D-Cym; R²=R³=R⁴=R⁵=*β*-OH; R⁶=H
8-4-64 R¹=*β*-D-Ole(1→4)-*β*-D-Cym; R²=R³=R⁴=R⁵=*β*-OH; R⁶=H
8-4-65 R¹=3-Me-*β*-D-Fuc(1→4)-*β*-D-Ole; R²=R³=R⁵=R⁶=H; R⁴=*β*-OH
8-4-66 R¹=*β*-D-Cym(1→4)-*β*-D-Dig; R²=R³=R⁵=R⁶=H; R⁴=*β*-OH
8-4-67 R¹=*β*-D-The(1→4)-*β*-D-Ole; R²=R³=R⁵=R⁶=H; R⁴=*β*-OH
8-4-68 R¹=*β*-D-Glu(1→4)-*β*-D-Cym; R²=H; R³=*β*-O-Bz; R⁴=*β*-OH; R⁵=H; R⁶=Ac
8-4-69 R¹=*β*-D-Glu(1→4)-*β*-D-3-*O*-MeFuc; R²=R³=R⁵=H; R⁴=*β*-OH; R⁶=Ac
8-4-70 R¹=3-Me-*α*-D-Gal(1→4)-*β*-D-Dig; R²=R³=R⁵=R⁶=H; R⁴=*β*-OH

表 8-4-14 化合物 8-4-61~8-4-70 的 ^{13}C NMR 化学位移数据

C	8-4-61[32]	8-4-62[33]	8-4-63[17]	8-4-64[17]	8-4-65[34]	8-4-66[34]	8-4-67[35]	8-4-68[36]	8-4-69[37]	8-4-70[38]
1	38.4	38.1	39.0	39.0	35.9	35.2	38.9	36.6	38.5	35.1
2	29.5	30.2	29.1	29.1	27.9	29.3	33.2	29.3	30.6	29.6
3	77.1	78.4	78.0	78.0	79.3	78.1	77.5	76.2	79.9	77.9
4	34.4	35.2	38.9	38.9	39.6	40.7	39.6	38.2	39.5	38.7
5	45.2	45.6	139.8	139.8	139.0	140.8	139.6	138.9	141.0	140.4

续表

C	8-4-61[32]	8-4-62[33]	8-4-63[17]	8-4-64[17]	8-4-65[34]	8-4-66[34]	8-4-67[35]	8-4-68[36]	8-4-69[37]	8-4-70[38]
6	25.4	27.6	118.4	118.4	122.5	124.1	122.1	121.8	123.8	121.5
7	35.1	29.5	34.6	34.6	27.9	29.3	27.1	26.1	28.1	29.6
8	77.2	40.3	73.8	73.8	30.4	32.2	36.3	36.1	37.8	32.7
9	51.2	46.9	43.8	43.8	48.2	49.3	46.5	42.6	47.7	56.1
10	36.8	37.0	37.0	37.0	37.1	38.5	37.3	36.7	37.8	37.5
11	18.1	27.6	28.6	28.6	24.8	23.3	21.2	25.7	21.1	22.6
12	42.2	70.9	70.9	70.9	36.1	37.0	37.6	78.0	41.3	37.1
13	48.1	58.3	57.8	57.8	44.3	47.0	47.6	51.3	47.0	50.3
14	83.7	84.0	87.8	87.8	86.3	85.2	85.2	84.6	86.0	87.0
15	72.2	34.6	33.5	33.5	30.0	31.5	37.1	31.7	33.8	31.9
16	35.7	30.3	32.5	32.5	27.7	27.8	29.7	24.6	20.5	29.3
17	52.4	89.2	88.0	88.0	55.0	50.7	56.6	49.5	55.5	56.3
18	18.1	9.5	10.1	10.1	15.4	14.8	14.8	9.4	15.0	14.0
19	13.3	12.1	18.4	18.4	17.9	16.3	19.3	19.0	19.6	16.4
20	74.3	73.5	72.4	72.4	66.1	65.2	65.4	72.9	75.5	65.0
21	19.4	16.3	17.0	17.0	22.5	21.1	22.3	19.1	19.5	19.8
OAc								169.7	178.0	
Me								21.3	21.0	
1'	102.3	103.9	96.1	96.1	102.9	101.0	97.5	95.1	103.0	97.0
2'	71.3	75.4	35.7	35.8	74.3	39.3	37.1	35.7	71.6	39.7
3'	85.4	87.5	77.1	77.1	75.0	72.2	79.1	76.6	85.9	69.5
4'	76.2	76.4	82.5	82.8	74.1	74.4	79.9	82.3	74.8	81.8
5'	70.4	72.9	68.5	68.4	69.6	69.9	71.4	68.3	71.0	67.5
6'	17.7	17.8	18.3	18.2	20.7	18.1	18.7	18.0	17.3	18.2
OMe	58.9	60.7	57.2	56.3	61.2	55.6	56.0	57.7	58.0	
1"	105.3	98.6	99.4	101.5	102.2	99.6	101.8	104.9	104.3	103.3
2"	76.0	37.7	33.8	35.4	37.5	39.8	73.4	73.7	75.2	75.7
3"	78.2	80.2	77.5	80.7	78.3	71.5	85.7	76.8	78.9	86.1
4"	71.7	84.0	72.5	75.5	83.2	83.7	75.1	70.2	71.0	74.3
5"	78.5	72.2	70.7	71.6	70.0	67.4	72.1	76.6	78.2	72.6
6"	62.9	18.4	18.2	18.0	19.3	17.8	18.0	61.4	62.5	63.0
OMe		57.0	58.0	58.2	57.1		60.8			60.6
1'''	166.2							165.6		
2'''	130.7							130.2		
3'''	132.0							129.2		
4'''	128.9							128.7		
5'''	133.6							133.3		
6'''	128.9							128.7		
7'''	130.2							129.2		

表 8-4-15　孕甾烷类化合物 8-4-71~8-4-80 的名称、分子式和测试溶剂

编号	名称	分子式	测试溶剂	参考文献
8-4-71	marsdenoside A	$C_{45}H_{70}O_{14}$	C	[39]
8-4-72	marsdenoside B	$C_{45}H_{68}O_{14}$	C	[39]

续表

编号	名称	分子式	测试溶剂	参考文献
8-4-73	marsdenoside C	$C_{47}H_{68}O_{14}$	C	[39]
8-4-74	marsdenoside D	$C_{40}H_{64}O_{13}$	C	[39]
8-4-75	marsdenoside E	$C_{40}H_{62}O_{14}$	C	[39]
8-4-76	marsdenoside F	$C_{39}H_{60}O_{14}$	C	[39]
8-4-77	marsdenoside G	$C_{40}H_{62}O_{13}$	C	[39]
8-4-78	3-*O*-gentiobiosyl-3*β*,14-dihydroxypregn-5*α*,14*β*-pregnan-20-one	$C_{33}H_{54}O_{13}$	P	[27]
8-4-79	12*β*-benzoyloxy-8*β*,14*β*-dihydroxypregn-20-one-3-*O*-[*β*-D-oleandropyranosyl-(1→4)-*β*-cymaropyranoside]	$C_{42}H_{62}O_{12}$	D	[40]
8-4-80	periplogenin-3-[*O*-*β*-D-glucopyranosyl-(1→4)-*β*-sarmentopyranoside]	$C_{36}H_{56}O_{13}$	P	[41]

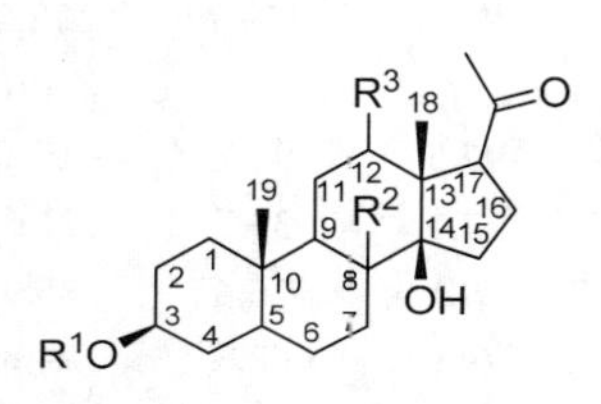

8-4-71 R^1=6-去氧-3-甲基-*β*-D-All (1→4)-*β*-D-Ole; R^2=But; R^3=Tig
8-4-72 R^1=6-去氧-3-甲基-*β*-D-All (1→4)-*β*-D-Ole; R^2=Tig; R^3=Tig
8-4-73 R^1=6-去氧-3-甲基-*β*-D-All (1→4)-*β*-D-Ole; R^2=But; R^3=Bz
8-4-74 R^1=6-去氧-3-甲基-*β*-D-All (1→4)-*β*-D-Ole; R^2=H; R^3=But
8-4-75 R^1=6-去氧-3-甲基-*β*-D-All (1→4)-*β*-D-Ole; R^2=Pro; R^3=Ac
8-4-76 R^1=6-去氧-3-甲基-*β*-D-All (1→4)-*β*-D-Ole; R^2=Ac; R^3=Ac
8-4-77 R^1=6-去氧-3-甲基-*β*-D-All (1→4)-*β*-D-Ole; R^2=Tig; R^3=H

8-4-78 R^1=*β*-D-Glu(1→6)-*β*-D-Glu; R^2=H; R^3=H
8-4-79 R^1=*β*-D-Ole(1→4)-*β*-D-Cym; R^2=*β*-OH; R^3=*β*-O-Bz

8-4-80 R=*β*-D-Glu(1→4)-*β*-D-Sar

表 8-4-16 化合物 8-4-71~8-4-80 的 ^{13}C NMR 化学位移数据

C	8-4-71[39]	8-4-72[39]	8-4-73[39]	8-4-74[39]	8-4-75[39]	8-4-76[39]	8-4-77[39]	8-4-78[27]	8-4-79[40]	8-4-80[41]
1	37.5	37.3	37.8	38.4	37.4	37.3	37.5	37.4	38.0	26.1
2	29.0	29.7	29.0	29.1	29.2	29.3	29.1	30.0	28.8	26.5.
3	76.6	76.2	75.2	76.8	76.4	76.5	76.2	77.2	77.2	75.7
4	34.8	34.8	34.7	34.8	34.8	34.8	34.5	34.8	33.9	35.4
5	44.2	44.1	44.0	44.2	43.9	44.0	44.5	44.2	45.3	73.6
6	26.7	29.3	26.6	26.6	26.8	26.8	28.1	29.1	23.2	35.4
7	31.8	31.9	31.8	31.9	31.8	31.8	32.6	28.0	35.1	24.4
8	66.9	66.9	66.9	66.9	66.7	66.8	66.0	40.5	75.6	41.0
9	51.1	51.3	51.1	52.6	51.1	51.1	52.3	49.5	47.4	39.2
10	39.1	38.9	39.1	39.1	39.0	39.1	39.5	35.9	36.4	41.2
11	68.7	68.9	68.5	67.6	68.6	68.8	70.8	21.1	24.7	22.0
12	74.7	74.8	75.5	77.2	75.1	75.2	79.6	39.3	77.2	39.9
13	46.1	46.1	46.2	45.8	45.8	45.9	47.6	49.4	54.6	50.0
14	71.4	71.5	71.4	71.9	71.9	71.4	70.4	84.7	86.2	84.7
15	26.6	26.7	26.8	26.9	26.6	26.6	27.1	33.9	36.2	33.2
16	25.0	25.0	25.0	25.0	25.0	25.0	25.6	24.7	25.1	27.3

续表

C	8-4-71[39]	8-4-72[39]	8-4-73[39]	8-4-74[39]	8-4-75[39]	8-4-76[39]	8-4-77[39]	8-4-78[27]	8-4-79[40]	8-4-80[41]
17	60.0	59.8	60.1	60.0	60.0	60.1	63.6	62.9	57.7	510
18	16.8	16.7	16.8	16.7	16.7	16.7	10.4	15.6	12.6	16.2
19	12.8	12.7	12.8	12.6	12.7	12.8	12.9	12.1	12.6	17.2
20	210.7	210.9	210.8	210.7	210.7	210.7	211.7	216.5	217.5	175.9
21	29.9	30.2	30.0	30.1	29.9	30.0	30.9	32.3	33.1	73.7
22										117.7
23										174.5
1'	96.9	96.9	96.9	96.9	96.9	96.9	96.9	102.3	95.4	97.8
2'	36.1	36.1	36.1	36.1	36.1	36.1	36.1	75.1	35.6	31.6
3'	78.8	78.8	78.8	78.8	78.8	78.8	78.8	78.4	77.6	76.4
4'	79.8	79.8	79.8	79.8	79.8	79.8	79.8	71.7	82.8	73.6
5'	71.4	71.4	71.4	71.4	71.4	71.4	71.4	77.5	68.3	69.5
6'	18.5	18.5	18.5	18.5	18.5	18.5	18.5	70.1	18.2	17.5
OMe	56.1	56.1	56.1	56.1	56.1	56.1	56.1		57.9	56.6
1"	99.2	99.2	99.2	99.2	99.2	99.2	99.2	105.3	101.2	103.5
2"	71.9	71.9	71.9	71.9	71.9	71.9	71.9	75.1	35.9	74.7
3"	81.0	81.0	81.0	81.0	81.0	81.0	81.0	78.4	80.3	78.6
4"	72.9	72.9	72.9	72.9	72.9	72.9	72.9	71.7	76.4	71.9
5"	70.6	70.6	70.6	70.6	70.6	70.6	70.6	78.4	71.3	78.5
6"	17.9	17.9	17.9	17.9	17.9	17.9	17.9	62.7	18.5	63.1
OMe	61.9	61.9	61.9	61.9	61.9	61.9	61.9		56.0	
1'''	175.6	167.3	175.7	176.7	173.5	170.2	168.4			
2'''	41.4	127.9	41.3	41.4	28.3	21.6	128.9			
3'''	25.9	137.7	25.8	26.8	8.9		138.0			
4'''	11.7	11.8	11.4	11.8			12.2			
5'''	15.2	14.4	15.1	17.0			14.6			
1''''	167.4	167.4	166.1		170.6	170.6			166.3	
2''''	128.1	128.8	129.5		20.6	20.6			130.2	
3''''	138.5	138.0	129.9						129.5	
4''''	11.9	11.8	128.5						128.6	
5''''	14.4	14.4	133.3						133.2	
6''''			128.5						128.5	
7''''			129.9						129.5	

表 8-4-17 孕甾烷类化合物 8-4-81~8-4-90 的名称、分子式和测试溶剂

编号	名称	分子式	测试溶剂	参考文献
8-4-81	amplexicoside A	$C_{41}H_{62}O_{14}$	P	[29]
8-4-82	amplexicoside B	$C_{41}H_{62}O_{15}$	P	[29]
8-4-83	amplexicoside C	$C_{41}H_{62}O_{15}$	P	[29]
8-4-84	amplexicoside D	$C_{41}H_{62}O_{15}$	P	[29]
8-4-85	amplexicoside E	$C_{41}H_{62}O_{15}$	P	[29]

续表

编号	名称	分子式	测试溶剂	参考文献
8-4-86	amplexicoside F	$C_{42}H_{64}O_{15}$	P	[29]
8-4-87	cynanoside E	$C_{42}H_{64}O_{16}$	P	[42]
8-4-88	cynanoside G	$C_{41}H_{62}O_{16}$	P	[42]
8-4-89	cynanoside J	$C_{41}H_{62}O_{15}$	P	[42]
8-4-90	cynanoside H	$C_{41}H_{62}O_{16}$	P	[42]

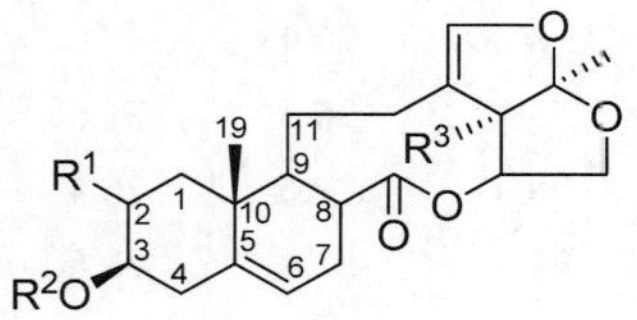

8-4-81 R^1=H; R^2=β-D-Ole-(1→4)-3-去甲-2-去氧-β-D-The-(1→4)-β-D-Ole; R^3=H
8-4-82 R^1=α-OH; R^2=α-L-Ole-(1→4)-β-D-Dig-(1→4)-β-D-Ole; R^3=H
8-4-83 R^1=α-OH; R^2=β-D-Ole-(1→4)-3-去甲-2-去氧-β-D-The-(1→4)-β-D-Ole; R^3=H
8-4-84 R^1=α-OH; R^2=β-D-Ole-(1→4)-β-D-Dig-(1→4)-β-D-Ole; R^3=H
8-4-85 R^1=α-OH; R^2=β-D-Cym-(1→4)-3-去甲-2-去氧-β-D-The-(1→4)-β-D-Ole; R^3=H
8-4-86 R^1=α-OH; R^2=α-L-Ole-(1→4)-β-D-Cym-(1→4)-β-D-Ole; R^3=H
8-4-87 R^1=α-OH; R^2=β-D-Cym-(1→4)-α-L-Dig-(1→4)-β-D-Cym; R^3=β-OH
8-4-88 R^1=α-OH; R^2=α-L-Cym-(1→4)-β-D-Dig-(1→4)-β-D-Cym; R^3=β-OH
8-4-89 R^1=α-OH; R^2=α-L-Cym-(1→4)-β-D-Dig-(1→4)-β-D-Cym; R^3=H
8-4-90 R^1=α-OH; R^2=α-L-Ole-(1→4)-β-D-Dig-(1→4)-β-D-Cym; R^3=OH

表 8-4-18 化合物 8-4-81~8-4-90 的 ^{13}C NMR 化学位移数据[29~42]

C	8-4-81	8-4-82	8-4-83	8-4-84	8-4-85	8-4-86	8-4-87	8-4-88	8-4-89	8-4-90
1	36.5	43.9	44.8	44.8	44.8	44.8	44.8	44.8	44.8	44.9
2	30.1	69.0	69.9	69.9	69.9	69.9	70.0	70.0	70.0	70.0
3	77.6	84.1	85.0	85.0	85.0	85.0	85.4	85.4	85.4	85.4
4	39.1	36.5	37.4	37.4	37.4	37.4	37.6	37.6	37.6	37.6
5	140.6	138.9	139.8	139.8	139.8	139.8	139.6	139.7	139.8	139.7
6	120.5	120.0	120.9	120.9	120.9	120.9	120.9	120.9	120.8	120.9
7	28.5	27.6	28.5	28.5	28.5	28.5	28.6	28.6	28.6	28.6
8	40.7	39.4	40.2	40.2	40.2	40.2	40.3	40.3	40.3	40.3
9	53.3	52.2	53.0	53.0	53.0	53.0	52.7	52.7	53.1	52.7
10	38.7	38.6	39.5	39.5	39.5	39.5	39.6	39.6	39.5	39.6
11	24.0	23.0	23.8	23.8	23.8	23.8	30.7	30.7	30.1	30.7
12	30.0	29.2	30.0	30.0	30.0	30.0	20.8	20.8	23.9	20.8
13	118.6	117.7	118.7	118.7	118.7	118.7	119.0	119.0	114.4	119.0
14	175.5	174.5	175.4	175.4	175.4	175.4	175.5	175.5	175.4	175.5
15	67.8	66.9	67.8	67.8	67.8	67.8	67.2	67.2	67.8	67.2
16	75.6	74.7	75.6	75.6	75.6	75.6	82.1	82.1	75.6	82.1
17	56.2	55.3	56.2	56.2	56.2	56.2	92.5	92.4	56.2	92.5
18	143.9	143.0	143.9	143.9	143.9	143.9	144.7	144.7	143.9	144.7
19	18.0	18.1	19.0	19.0	19.0	19.0	19.0	19.0	19.0	19.0
20	114.4	113.5	114.4	114.4	114.4	114.4	119.9	119.8	118.6	119.8
21	24.8	23.9	24.8	24.8	24.8	24.8	20.7	20.7	24.8	20.7
1'	98.2	98.1	99.0	99.0	99.0	99.0	97.5	97.8	97.9	97.9
2'	38.0	36.9	37.7	37.7	37.7	37.7	35.2	37.0	37.0	37.1
3'	79.4	78.1	79.1	78.9	79.2	79.1	77.5	77.9	77.9	77.9
4'	83.4	81.8	83.0	82.7	83.0	82.7	82.1	82.9	82.9	82.9
5'	71.6	71.0	71.8	72.0	71.8	71.9	69.6	69.4	69.4	69.4
6'	18.8	17.8	18.6	18.5	18.5	18.7	18.4	18.2	18.2	18.2

续表

C	8-4-81	8-4-82	8-4-83	8-4-84	8-4-85	8-4-86	8-4-87	8-4-88	8-4-89	8-4-90
OMe	57.5	56.7	57.5	57.5	57.6	57.5	57.4	59.0	59.0	59.0
1"	100.1	97.7	100.3	98.6	100.4	98.2	101.1	100.4	100.5	100.6
2"	39.9	39.1	39.9	39.1	40.0	35.2	32.5	38.5	38.5	39.8
3"	70.1	68.1	70.0	68.8	70.0	77.6	74.6	67.7	67.7	67.7
4"	88.4	81.5	88.3	83.4	88.3	82.4	73.9	80.9	80.8	82.3
5"	71.0	66.9	71.0	67.7	71.1	69.5	67.7	68.9	68.9	68.8
6"	18.3	17.6	18.2	18.6	18.1	18.5	17.9	18.5	18.5	18.6
OMe						57.3	55.4			
1'''	101.4	99.4	101.4	101.7	99.8	100.5	99.5	98.5	98.5	100.4
2'''	36.9	34.9	36.9	37.0	35.6	35.8	35.4	32.3	32.3	35.8
3'''	81.2	77.9	81.2	81.4	78.6	79.0	79.0	76.6	76.6	78.9
4'''	75.8	76.0	75.8	76.2	73.9	76.9	74.2	72.7	72.7	76.9
5'''	73.2	68.6	73.2	72.9	71.4	69.5	71.1	67.3	67.3	69.6
6'''	18.3	17.6	18.2	18.6	18.6	18.7	18.9	18.4	18.4	18.5
OMe	57.2	56.2	57.2	57.0	58.2	57.1	58.0	56.8	56.9	57.1

表 8-4-19 孕甾烷类化合物 8-4-91~8-4-100 的名称、分子式和测试溶剂

编号	名称	分子式	测试溶剂	参考文献
8-4-91	3*β*-[*β*-D-thevetopyranosyl-(1→4)-*β*-D-cymaropyranosyl-(1→4)-*β*-D-cymaropyranosyloxy]-12*β*-tigloyoxy-14*β*-hydroxypregn-5-en-20-one	$C_{47}H_{74}O_{15}$	C	[43]
8-4-92	hoodigoside X	$C_{42}H_{68}O_{14}$	C	[44]
8-4-93	stavaroside C	$C_{51}H_{74}O_{18}$	C	[45]
8-4-94	stavaroside D	$C_{49}H_{76}O_{18}$	C	[45]
8-4-95	stavaroside F	$C_{46}H_{72}O_{18}$	C	[45]
8-4-96	stavaroside H	$C_{42}H_{68}O_{16}$	C	[45]
8-4-97	(3*β*,14*β*,17*α*)-3,14,17-trihydroxy-21-methoxypregn-5-en-20-one 3-[*O*-*β*-oleandropyranosyl-(1→4)-*O*-*β*-D-cymaropyranosyl-(1→4)-*β*-D-cymaropyranoside]	$C_{43}H_{70}O_{14}$	P	[41]
8-4-98	1*β*,3*β*-dihydroxyprega-5,16-dien-20-one-1-*O*-{*α*-L-rhamnopyranosyl-(1→2)-*O*-[*β*-D-xylopyranosyl-(1→3)]-*β*-D-glucopyranoside}	$C_{38}H_{58}O_{16}$	M	[46]
8-4-99	1*β*,3*β*-dihydroxyprega-5,16-dien-20-one-1-*O*-{*α*-L-rhamnopyranosyl-(1→2)-*O*-[*β*-D-xylopyranosyl-(1→3)]-6-*O*-acetyl-*β*-D-glucopyranoside}	$C_{40}H_{60}O_{17}$	M	[46]
8-4-100	cynaforroside Q	$C_{41}H_{62}O_{15}$	P	[47]

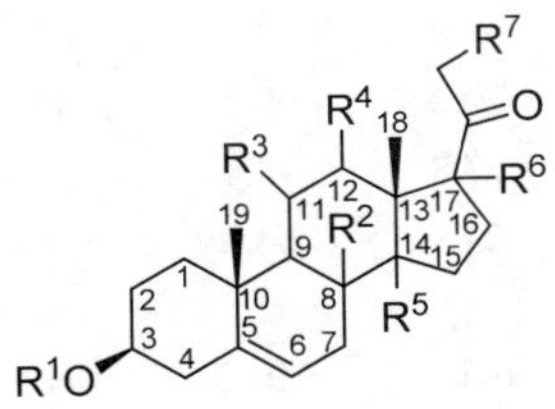

8-4-91 R^1=*β*-D-The-(1→4)-*β*-D-Cym-(1→4)-*β*-D-Cym; R^2=R^3=R^6=R^7=H; R^4=*β*-O-Tig; R^5=*β*-OH

8-4-92 R^1=*β*-D-The-(1→4)-*β*-D-Cym; (1→4)-*β*-D-Cym; R^2=R^3=R^6=R^7=H; R^4= R^5=*β*-OH

8-4-93 R^1=*β*-D-3-Me-6-deoxy-Allom-(1→4)-*β*-D-Cym-(1→4)-*β*-D-Cym; R^2=*β*-OH; R^3=*α*-OAc; R^4=*β*-O-Bz; R^5=*β*-OH; R^6=R^7=H

8-4-94 R^1=3-Me-6-deoxy-*β*-D-Allom-(1→4)-*β*-D-Cym-(1→4)-*β*-D-Cym; R^2=*β*-OH; R^3=*α*-OAc; R^4=*β*-O-Tig; R^5=*β*-OH; R^6=R^7=H

8-4-95 R^1=3-Me-6-deoxy-*β*-D-Allom-(1→4)-*β*-D-Cym-(1→4)-*β*-D-Cym; R^2=*β*-OH; R^3=*α*-OAc; R^4=*β*-OAc; R^5=*β*-OH; R^6=R^7=H

8-4-96 R^1=3-Me-6-去氧-*β*-D-Allom-(1→4)-*β*-D-Cym-(1→4)-*β*-D-Cym; R^2=*β*-OH; R^3=*α*-OH; R^4=R^5=*β*-OH; R^6=R^7=H

8-4-97 R^1=*β*-D-Ole-(1→4)-*β*-D-Cym-(1→4)-*β*-D-Cym; R^2= R^3=R^4=H; R^5=R^6=*β*-OH; R^7=OMe

8-4-98 R[1]=α-L-Rha; R[2]=β-D-Xyl; R[3]=H
8-4-99 R[1]=α-L-Rha; R[2]=β-D-Xyl; R[3]=Ac

8-4-100 R=β-D-Ole-(1→4)-β-D-3-O-去甲-2-去氧-The-(1→4)-β-D-The

表 8-4-20 化合物 8-4-91~8-4-100 的 ^{13}C NMR 化学位移数据

C	8-4-91[43]	8-4-92[44]	8-4-93[45]	8-4-94[45]	8-4-95[45]	8-4-96[45]	8-4-97[41]	8-4-98[46]	8-4-99[46]	8-4-100[47]
1	37.2	36.9	39.3	39.2	39.8	40.0	37.2	83.8	85.0	36.5
2	29.5	29.7	29.3	29.3	30.2	30.0	30.3	37.7	38.0	30.1
3	77.5	78.0	77.9	77.9	77.7	78.2	77.3	68.0	68.2	78.3
4	38.6	38.6	40.2	40.2	40.6	40.9	39.2	43.8	43.7	39.0
5	139.0	138.9	139.6	139.6	139.6	140.7	140.0	139.8	139.7	140.6
6	122.0	122.1	118.0	118.1	118.8	118.6	121.9	124.6	124.6	120.5
7	27.3	28.9	37.2	37.2	36.9	30.4	26.8	31.5	31.5	28.5
8	35.7	35.6	75.5	75.4	75.9	76.2	37.8	31.8	31.8	40.7
9	43.0	43.4	48.2	48.2	49.0	50.5	46.2	50.9	51.0	53.3
10	37.1	37.3	38.7	38.7	39.3	39.5	37.8	42.9	42.7	38.7
11	26.1	27.4	70.8	70.7	71.7	70.4	20.7	23.9	24.1	23.9
12	75.9	73.2	76.9	76.7	78.6	79.1	31.7	35.7	35.5	30.0
13	53.7	55.1	54.7	54.6	55.4	56.2	51.5	46.1	46.1	118.6
14	85.7	85.5	85.1	85.0	85.5	85.9	88.3	56.7	57.2	175.5
15	34.4	34.5	35.0	34.9	35.5	36.1	32.3	32.5	32.5	67.8
16	24.4	24.4	24.4	24.2	24.3	24.7	34.1	144.4	144.4	75.6
17	57.2	56.8	58.0	57.9	59.4	59.6	93.5	155.8	156.0	56.2
18	9.9	8.4	13.0	13.0	13.6	13.0	13.6	16.4	16.4	143.9
19	19.3	19.4	17.7	17.7	18.1	17.7	19.6	15.0	15.0	17.9
20	217.0	218.5	216.9	217.0	213.2	216.0	208.5	196.2	196.4	114.4
21	33.1	33.1	33.0	32.6	31.4	32.1	77.0	27.1	27.1	24.8
Ac			169.7	169.6	171.0				170.6	
Me			21.4	21.4	21.5		58.9		20.9	
Ac					169.9					
Me					20.8					
1'	95.9	95.9	96.1	96.0	96.0	96.4	96.3	99.9	100.4	102.3
2'	35.5	35.4	35.4	35.4	37.1	37.4	37.0	76.4	75.8	74.8
3'	77.0	77.1	76.9	76.9	78.0	78.2	78.0	88.4	88.1	86.0
4'	82.6	82.5	82.5	82.5	83.5	83.3	83.2	70.2	69.3	83.1
5'	68.5	68.5	68.5	68.5	69.1	69.1	68.0	77.8	74.1	71.4
6'	18.2	18.4	18.5	18.7	18.6	18.6	18.6	63.3	64.0	18.6
OMe	58.0	57.9	57.8	57.9	58.9	58.9	58.8			60.6
1"	99.6	99.6	99.6	99.6	100.4	100.4	100.4	101.7	101.7	100.7
2"	35.1	35.1	35.2	35.2	37.3	37.4	37.6	72.5	72.4	40.1
3"	76.9	77.1	77.0	77.0	78.2	78.2	77.7	72.7	72.5	70.1
4"	82.7	82.3	82.6	82.5	83.3	83.4	83.4	74.2	74.2	88.3

续表

C	8-4-91[43]	8-4-92[44]	8-4-93[45]	8-4-94[45]	8-4-95[45]	8-4-96[45]	8-4-97[41]	8-4-98[46]	8-4-99[46]	8-4-100[47]
5"	68.3	68.4	68.3	68.3	69.3	69.3	69.0	69.6	69.5	71.1
6"	18.4	18.2	18.2	18.5	18.6	18.6	19.0	19.3	19.2	18.2
OMe	57.9	58.0	57.9	57.8	58.8	58.9	58.9			
1'''	104.3	104.3	102.1	102.1	104.2	104.2	101.3	105.2	105.3	101.4
2'''	74.7	74.4	73.1	73.0	73.1	73.2	37.3	74.8	74.7	36.9
3'''	85.2	85.9	80.5	80.5	84.0	84.0	79.0	78.3	78.44	81.2
4'''	74.6	74.7	72.7	72.7	74.5	74.5	82.0	70.6	70.6	75.8
5'''	71.6	71.7	70.6	70.7	70.7	70.8	71.6	67.2	67.2	73.2
6'''	17.8	17.9	17.9	17.9	18.6	18.6	18.6			18.3
OMe	60.7	60.8	62.1	62.1	62.2	62.2	57.1			57.2
1''''	168.7		166.7	168.0						
2''''	128.7		128.9	127.6						
3''''	137.8		130.0	139.7						
4''''	14.5		128.7	14.7						
5''''	12.1		133.7	12.0						
6''''			128.7							
7''''			130.0							

表 8-4-21 孕甾烷类化合物 8-4-101~8-4-110 的名称、分子式和测试溶剂

编号	名称	分子式	测试溶剂	参考文献
8-4-101	mucronatoside H	$C_{53}H_{78}O_{19}$	P	[48]
8-4-102	caratuberside E	$C_{51}H_{76}O_{17}$	M	[49]
8-4-103	1*β*,3*β*-dihydroxyprega-5,16-dien-20-one-1-*O*-{*α*-L-rhamnopyranosyl-(1→2)-*O*-[*β*-D-xylopyranosyl-(1→3]-*α*-L-arabinopyranoside}	$C_{37}H_{56}O_{15}$	M	[46]
8-4-104	stemucronatoside E	$C_{47}H_{78}O_{17}$	P	[50]
8-4-105	12*β*-benzoyloxy-20-isovaleroylosy-8*β*,14*β*-dihydroxypregn-3-*O*-[*β*-D-glucopyranosyl-(1→6)-*β*-D-glucopyranosyl-(1→4)-*β*-D-(3-*O*-methyl-6-deoxy)-galactopyranoside]	$C_{52}H_{80}O_{21}$	D	[40]
8-4-106	5-*α*-dihydrocalogenin-3-*O*-*β*-D-glucopyranosyl-(1→4)-*β*-D-3-*O*-methylfucopyranoside-20-*O*-*β*-D-glucopyranoside	$C_{40}H_{68}O_{17}$	M	[37]
8-4-107	penicilloside B	$C_{47}H_{72}O_{20}$	P	[32]
8-4-108	penicilloside C	$C_{52}H_{80}O_{21}$	P	[32]
8-4-109	bouceroside-ANC	$C_{49}H_{76}O_{15}$	P	[51]
8-4-110	bouceroside-ANO	$C_{49}H_{76}O_{15}$	P	[51]

8-4-101 R^1=*β*-D-Glu-(1→4)-*β*-D-Cym-(1→4)-*β*-D-Cym; R^2=H; R^3=*β*-OH; R^4=Cinn; R^5=*β*-OH

8-4-102 R^1=*β*-D-Allom-(1→4)-*β*-D-Cym-(1→4)-*β*-D-Cym; R^2=*α*-OH; R^3=H; R^4=Bz; R^5=H

8-4-103 R^1=*α*-L-Rha; R^2=*β*-D-Xyl

8-4-104 R^1=β-D-The-(1→4)-β-D-Cym-(1→4)-β-D-Cym; R^2=H; R^3=R^4=R^5=β-OH; R^6=Tig

8-4-105 R^1=β-D-Glu-(1→6)-β-D-Glu-(1→4)-β-D-(3-*O*-Me-6-去氧)-Gal; R^2=β-OH; R^3=β-Bz; R^4=β-OH; R^5=H; R^6=^{i}Val

8-4-106 R^1=β-D-Glu-(1→4)-β-D-3-*O*-Me-Fuc; R^2= R^3=H; R^4=β-OH; R^5=H; R^6=β-D-Glu

8-4-107 R^1=β-D-Glu-(1→6)-β-D-Glu-(1→4)-β-D-Dig; R^2=β-OH; R^3=H; R^4=β-OH; R^5=H; R^6=β-Bz

8-4-108 R^1=β-D-Glu-(1→6)-β-D-Glu-(1→4)-β-D-Dig; R^2=β-OH; R^3=H; R^4=β-OH; R^5=β-OBz; R^6=^{i}Val

表 8-4-22 化合物 8-4-101~8-4-110 的 ^{13}C NMR 化学位移数据

C	8-4-101[48]	8-4-102[49]	8-4-103[46]	8-4-104[50]	8-4-105[40]	8-4-106[37]	8-4-107[32]	8-4-108[32]	8-4-109[51]	8-4-110[51]
1	26.7	29.6	83.5	38.2	40.8	38.2	39.2	38.1	37.3	37.3
2	26.6	29.7	37.4	29.1	28.5	30.3	30.1	29.4	30.0	30.0
3	74.9	75.5	68.3	76.8	76.1	79.3	79.6	76.9	76.7	76.6
4	39.0	33.9	43.9	34.8	33.9	35.2	35.0	34.1	35.0	34.9
5	74.8	83.7	140.0	45.4	44.3	45.6	46.4	45.1	44.7	44.6
6	136.6	132.6	124.5	25.4	24.4	28.7	25.9	25.1	29.2	29.2
7	127.4	131.8	31.5	34.7	37.4	30.6	35.5	35.3	28.2	28.2
8	74.0	44.9	31.8	76.3	75.9	41.3	78.1	74.2	40.4	40.3
9	36.7	36.5	50.9	47.8	50.2	50.6	52.1	51.4	46.7	46.7
10	39.6	39.5	43.0	37.4	36.1	37.0	37.6	36.8	36.1	36.1
11	23.7	27.1	24.0	29.8	31.2	21.2	18.8	18.2	27.0	27.2
12	75.8	80.8	35.6	71.1	74.2	41.9	42.1	41.6	79.8	79.7
13	58.0	54.0	45.0	59.2	46.6	47.5	49.9	47.8	53.4	53.4
14	88.2	85.9	56.8	88.6	82.7	86.1	84.2	83.8	85.0	84.9
15	33.1	33.1	32.5	34.0	33.3	33.2	73.3	76.2	32.8	32.9
16	33.9	27.3	144.2	34.1	17.3	21.5	35.9	32.2	26.5	26.6
17	87.5	51.6	155.9	88.5	50.4	57.7	53.2	51.6	53.1	53.1
18	12.4	10.6	16.2	10.8	16.9	12.3	18.1	17.6	11.5	11.5
19	21.6	15.4	15.0	13.3	12.9	15.5	13.5	13.3	12.2	12.1
20	74.5	74.9	196.2	76.0	72.2	78.8	75.5	73.0	70.8	70.8
21	15.4	19.5	27.2	15.7	17.0	16.9	19.5	19.0	23.6	23.8
OAc	169.8	172.4								
Me	21.4	21.6								
1'	98.2	98.2	100.5	96.0	100.7	103.0	102.8	102.3	96.1	96.0
2'	36.6	36.6	74.3	37.1	70.3	71.6	71.7	71.2	36.9	37.3
3'	78.7	78.7	84.5	78.3	84.1	85.9	85.8	85.5	78.2	77.8
4'	83.9	83.9	69.5	83.6	73.4	74.8	75.0	75.4	83.3	82.7
5'	70.1	70.1	67.0	69.2	68.9	71.0	71.4	70.5	69.0	69.0
6'	18.5	18.5		18.8	18.8	17.3	17.6	17.9	18.6	18.6
OMe	58.5	58.5		59.0	57.7	58.0	58.7	58.8	58.8	58.8
1"	101.3	101.3	101.8	100.6	102.9	104.3	104.2	104.9	100.4	101.9
2"	36.3	36.3	72.5	36.5	73.4	75.2	75.8	75.7	37.3	37.5
3"	78.7	78.7	72.5	78.2	76.6	78.9	78.0	78.2	78.2	79.2
4"	84.0	84.0	74.2	83.2	70.0	71.0	71.7	71.7	83.4	83.5

续表

C	8-4-101[48]	8-4-102[49]	8-4-103[46]	8-4-104[50]	8-4-105[40]	8-4-106[37]	8-4-107[32]	8-4-108[32]	8-4-109[51]	8-4-110[51]
5"	70.0	70.0	69.6	69.5	75.0	78.2	77.4	77.6	69.3	72.0
6"	18.3	18.3	19.1	18.7	68.6	62.5	70.4	70.4	18.6	18.9
OMe	58.4	58.4		59.0					58.8	57.0
1'''	104.0	104.0	106.5	106.4	103.4	104.5	105.1	105.6	104.2	101.9
2'''	73.3	73.3	74.7	75.2	73.6	75.3	75.2	75.1	73.2	73.2
3'''	84.0	84.0	78.2	88.0	76.8	77.6	77.8	78.4	83.9	84.0
4'''	75.0	75.0	71.0	76.0	69.2	71.7	71.9	71.6	74.4	74.5
5'''	70.9	70.9	67.1	72.9	76.2	78.2	78.2	78.5	70.7	70.8
6'''	18.8	18.8		18.7	61.0	62.4	62.8	62.6	18.6	18.6
OMe	62.6	62.6		61.1					62.1	62.0
1''''	166.7	167.9		167.0	167.2		166.2	166.2	166.7	166.7
2''''	120.4	131.9		130.1	128.7		130.7	130.7	131.7	131.6
3''''	143.8	130.7		136.4	129.6		130.2	130.2	130.0	130.0
4''''	135.2	129.6		14.1	128.5		128.9	128.9	128.9	128.8
5''''	128.5	134.3		12.5	133.5		133.6	133.6	133.2	133.3
6''''	129.3	129.6			128.5		128.9	128.9	128.9	128.8
7''''	130.5	130.7			129.6		130.2	130.2	130.0	130.0
8''''	129.3									
9''''	128.5									
1'''''					171.4			172.2		
2'''''					43.1			43.9		
3'''''					25.0			25.7		
4'''''					22.0			22.2		
5'''''					22.1			22.2		

表 8-4-23　孕甾烷类化合物 8-4-111~8-4-120 的名称、分子式和测试溶剂

编号	名称	分子式	测试溶剂	参考文献
8-4-111	bouceroside-BNO	$C_{51}H_{78}O_{16}$	P	[51]
8-4-112	bouceroside-BNC	$C_{51}H_{78}O_{16}$	P	[51]
8-4-113	bouceroside-CNO	$C_{56}H_{80}O_{16}$	P	[51]
8-4-114	bouceroside-CNC	$C_{56}H_{80}O_{16}$	P	[51]
8-4-115	dregeoside	$C_{49}H_{76}O_{16}$	C	[52]
8-4-116	marsdekoiside A	$C_{51}H_{78}O_{17}$	P	[53]
8-4-117	12-*β*-*O*-acetyl-20-*O*-benzoyl-tomentogenin-*β*-glucopyranosyl-(1→4)-*β*-oleandropyranosyl-(1→4)-*β*-cymaropyranoside	$C_{50}H_{76}O_{18}$	M	[33]
8-4-118	12-*β*-*O*-acetyl-20-*O*-methylbutyryl-tomentogenin-*β*-glucopyranosyl-(1→4)-*β*-oleandropyranosyl-(1→4)-*β*-cymaropyranoside	$C_{48}H_{80}O_{18}$	M	[33]
8-4-119	12-*β*-*O*-acetyl-20-*O*-benzoyl-tomentogenin-6-deoxy-3-*O*-methyl-*β*-allopyranosyl-(1→4)-*β*-oleandropyranosyl-(1→4)-*β*-cymaropyranoside	$C_{51}H_{78}O_{17}$	M	[33]
8-4-120	12-*β*-*O*-acetyl-20-*O*-methylbutyryl-tomentogenin-6-deoxy-3-*O*-methyl-*β*-allopyranosyl-(1→4)-*β*-oleandropyranosyl-(1→4)-*β*-cymaropyranoside	$C_{49}H_{82}O_{17}$	M	[33]

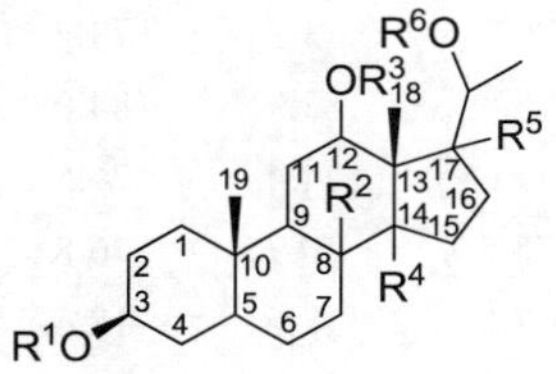

8-4-109 R^1=β-D-6-去氧-3-O-Me-All-(1→4)-β-D-Cym-(1→4)-β-D-Cym; R^2=H; R^3=Bz; R^4=β-OH; R^5=R^6=H

8-4-110 R^1=β-D-6-去氧-3-O-Me-All-(1→4)-β-D-Ole-(1→4)-β-D-Cym; R^2=H; R^3=Bz; R^4=β-OH; R^5=R^6=H

8-4-111 R^1=β-D-6-去氧-3-O-Me-All-(1→4)-β-D-Ole-(1→4)-β-D-Cym; R^2=H; R^3=Bz; R^4=β-OH; R^5=H; R^6=Ac

8-4-112 R^1=β-D-6-去氧-3-O-Me-All-(1→4)-β-D-Cym-(1→4)-β-D-Cym; R^2=H; R^3=Bz; R^4=β-OH; R^5=H; R^6=Ac

8-4-113 R^1=β-D-6-去氧-3-O-Me-All-(1→4)-β-D-Ole-(1→4)-β-D-Cym; R^2=H; R^3=Bz; R^4=β-OH; R^5=H; R^6=Bz

8-4-114 R^1=β-D-6-去氧-3-O-Me-All-(1→4)-β-D-Cym-(1→4)-β-D-Cym; R^2=H; R^3=Bz; R^4=β-OH; R^5=H; R^6=Bz

8-4-115 R^1=β-D-Ole-(1→4)-β-D-Cym-(1→4)-β-D-Cym; R^2=β-OH; R^3=Bz; R^4=R^5=β-OH; R^6=OH

8-4-116 R^1=β-D-6-去氧-3-O-Me-All-(1→4)-β-D-Ole-(1→4)-β-D-Cym; R^2=β-OH; R^3=PhCH═CHCO; R^4= R^5=β-OH; R^6=OH

8-4-117 R^1=β-D-Glu-(1→4)-β-Ole-(1→4)-β-D-Cym; R^2=H; R^3=Ac; R^4=R^5=β-OH; R^6=Bz

8-4-118 R^1=β-D-Glu-(1→4)-β-Ole-(1→4)-β-D-Cym; R^2=H; R^3=Ac; R^4=R^5=β-OH; R^6=MeBut

8-4-119 R^1=β-D-6-去氧-3-O-Me-All-(1→4)-β-Ole-(1→4)-β-D-Cym; R^2=H; R^3=Ac; R^4=R^5=β-OH; R^6=Bz

8-4-120 R^1=β-D-6-去氧-3-O-Me-All-(1→4)-β-Ole-(1→4)-β-D-Cym; R^2=H; R^3=Ac; R^4=R^5=β-OH; R^6=MeBut

表 8-4-24 化合物 8-4-111~8-4-120 的 ^{13}C NMR 化学位移数据

C	8-4-111[51]	8-4-112[51]	8-4-113[51]	8-4-114[51]	8-4-115[52]	8-4-116[53]	8-4-117[33]	8-4-118[33]	8-4-119[33]	8-4-120[33]
1	37.3	37.2	37.6	37.3	38.1	38.3	37.7	37.7	37.7	37.7
2	30.0	30.0	30.0	30.1	33.1	29.7	30.0	30.0	30.0	30.0
3	76.6	76.6	76.7	76.5	70.9	77.0	78.2	78.3	78.2	78.3
4	34.8	34.8	34.9	34.8	38.9	34.8	35.3	35.2	35.3	35.2
5	44.6	44.5	44.7	44.6	45.4	48.6	45.3	45.4	45.3	45.4
6	29.1	29.1	29.1	29.2	34.0	25.3	27.2	27.2	27.2	27.2
7	28.1	28.1	28.1	28.2	34.2	24.7	29.3	29.4	29.3	29.4
8	40.8	40.9	40.4	40.5	76.8	76.0	40.6	40.8	40.6	40.8
9	46.5	46.5	46.6	46.5	46.6	47.1	47.4	46.5	47.4	46.5
10	36.1	36.0	36.1	36.1	38.1	36.6	38.1	36.7	38.1	36.7
11	26.8	26.8	26.9	26.9	28.8	34.8	28.0	28.1	28.0	28.1
12	79.7	79.8	79.0	79.0	74.2	76.0	75.0	75.2	75.0	75.2
13	52.5	52.5	53.0	52.9	56.1	57.7	56.7	56.8	56.7	56.8
14	85.5	85.6	85.7	85.7	83.8	88.9	84.0	84.5	84.0	84.5
15	32.2	32.2	32.2	32.1	34.0	32.9	34.0	33.8	34.0	33.8
16	25.9	26.0	25.5	25.6	32.7	33.7	30.9	30.8	30.9	30.8
17	50.7	50.7	50.4	50.3	88.1	88.5	89.0	88.5	89.0	88.5
18	10.3	10.3	10.3	10.3	11.8	12.1	9.2	9.0	9.2	9.0
19	12.1	12.1	12.1	12.0	16.1	13.0	12.0	12.0	12.0	12.0
20	73.9	74.0	74.8	74.9	69.5	72.8	76.1	75.0	76.1	75.0
21	19.3	19.4	19.6	19.7	16.7	19.4	14.8	14.7	14.8	14.7
1'	96.0	96.1	96.0	96.1	96.6	96.2	97.0	97.0	97.0	97.0
2'	37.3	36.9	37.3	36.9	37.3	37.2	36.3	36.3	36.6	36.6

续表

C	**8-4-111**[51]	**8-4-112**[51]	**8-4-113**[51]	**8-4-114**[51]	**8-4-115**[52]	**8-4-116**[53]	**8-4-117**[33]	**8-4-118**[33]	**8-4-119**[33]	**8-4-120**[33]
3'	77.8	78.2	77.8	78.2	77.4	78.2	78.3	78.3	78.5	78.5
4'	82.7	83.3	82.7	83.3	83.7	83.3	83.4	83.4	83.8	83.8
5'	69.0	69.0	69.0	69.0	68.7	69.1	69.5	69.5	69.8	69.8
6'	18.6	18.6	18.6	18.6	18.6	18.5	18.2	18.2	18.4	18.4
OMe	58.8	58.8	58.8	58.8	58.5	58.9	57.8	57.8	58.2	58.2
1''	101.9	100.4	101.9	100.4	100.3	100.5	102.5	102.5	102.5	102.5
2''	37.5	37.3	37.5	37.3	38.0	37.5	37.8	37.8	37.5	37.5
3''	79.2	78.2	79.2	78.2	77.4	78.3	80.0	80.0	80.3	80.3
4''	83.5	83.4	83.5	83.4	83.1	83.4	83.7	83.7	83.8	83.8
5''	72.0	69.3	72.0	69.3	68.7	70.7	72.5	72.5	72.5	72.5
6''	18.9	18.6	18.9	18.6	18.6	18.7	18.5	18.5	18.8	18.8
OMe	57.0	58.8	57.0	58.8	58.5	58.9	58.0	58.0	57.3	57.3
1'''	101.9	104.2	101.9	104.2	102.0	106.2	104.0	104.0	102.2	102.2
2'''	73.2	73.2	73.2	73.2	37.3	75.2	75.4	75.4	73.5	73.5
3'''	84.0	83.9	84.0	83.9	81.2	87.9	77.8	77.8	83.9	83.9
4'''	74.5	74.4	74.5	74.4	76.7	75.9	71.5	71.5	75.0	75.0
5'''	70.8	70.7	70.8	70.7	73.5	69.5	78.2	78.2	71.2	71.2
6'''	18.6	18.6	18.6	18.6	18.1	18.7	62.6	62.6	18.2	18.2
OMe	62.0	62.1	62.0	62.1	56.8	60.8			62.3	62.3
OAc	170.2	170.3					172.8	172.7	172.8	172.7
Me	21.6	21.6					21.7	21.9	21.7	21.9
1''''	166.7	166.7	166.8	166.7	165.8	166.0	167.6	177.5	167.6	177.5
2''''	131.6	131.7	131.8	131.7	130.3	117.2	132.0	42.0	132.0	42.0
3''''	130.1	130.1	130.1	130.1	130.3	146.2	130.8	27.7	130.8	27.7
4''''	128.9	128.9	128.8	128.9	129.2	133.9	129.5	11.6	129.5	11.6
5''''	133.4	133.3	133.4	133.3	133.4	128.9	133.6	16.3	133.6	16.3
6''''	128.9	128.9	129.1	128.9	129.2	128.3	129.5		129.5	
7''''	130.1	130.1	130.1	130.1	130.3	130.7	130.8		130.8	
8''''						128.3				
9''''						128.9				
1''''			166.1	166.7						
2''''			131.7	131.7						
3''''			129.9	130.1						
4''''			128.8	128.9						
5''''			133.0	133.3						
6''''			128.8	128.9						
7''''			130.1	130.1						

表 8-4-25 孕甾烷类化合物 8-4-121~8-4-130 的名称、分子式和测试溶剂

编号	名称	分子式	测试溶剂	参考文献
8-4-121	leptaculatin	$C_{40}H_{66}O_{16}$	C	[38]
8-4-122	russelioside F	$C_{50}H_{74}O_{17}$	C	[36]

续表

编号	名称	分子式	测试溶剂	参考文献
8-4-123	caratuberside C	$C_{51}H_{76}O_{16}$	M	[49]
8-4-124	caratuberside D	$C_{51}H_{76}O_{17}$	M	[49]
8-4-125	stavaroside A	$C_{54}H_{80}O_{18}$	C	[45]
8-4-126	stavaroside B	$C_{52}H_{82}O_{18}$	C	[45]
8-4-127	stavaroside E	$C_{49}H_{74}O_{17}$	C	[45]
8-4-128	stavaroside G	$C_{46}H_{74}O_{18}$	C	[45]
8-4-129	bouceroside-ADC	$C_{49}H_{74}O_{15}$	P	[51]
8-4-130	bouceroside-ADO	$C_{49}H_{74}O_{15}$	P	[51]

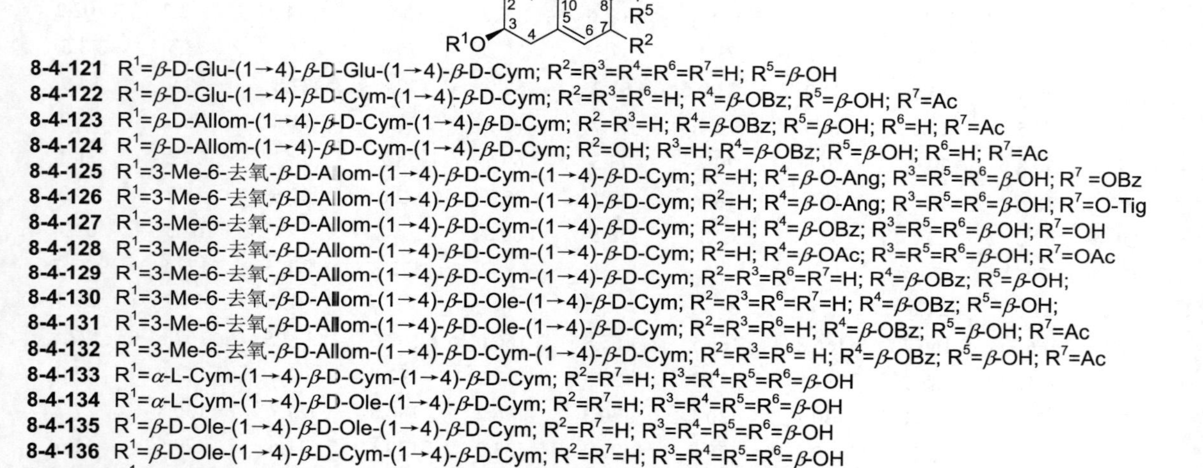

8-4-121 R^1=β-D-Glu-(1→4)-β-D-Glu-(1→4)-β-D-Cym; R^2=R^3=R^4=R^6=R^7=H; R^5=β-OH
8-4-122 R^1=β-D-Glu-(1→4)-β-D-Cym-(1→4)-β-D-Cym; R^2=R^3=R^6=H; R^4=β-OBz; R^5=β-OH; R^7=Ac
8-4-123 R^1=β-D-Allom-(1→4)-β-D-Cym-(1→4)-β-D-Cym; R^2=R^3=H; R^4=β-OBz; R^5=β-OH; R^6=H; R^7=Ac
8-4-124 R^1=β-D-Allom-(1→4)-β-D-Cym-(1→4)-β-D-Cym; R^2=OH; R^3=H; R^4=β-OBz; R^5=β-OH; R^6=H; R^7=Ac
8-4-125 R^1=3-Me-6-去氧-β-D-Allom-(1→4)-β-D-Cym-(1→4)-β-D-Cym; R^2=H; R^4=β-O-Ang; R^3=R^5=R^6=β-OH; R^7 =OBz
8-4-126 R^1=3-Me-6-去氧-β-D-Allom-(1→4)-β-D-Cym-(1→4)-β-D-Cym; R^2=H; R^4=β-O-Ang; R^3=R^5=R^6=β-OH; R^7=O-Tig
8-4-127 R^1=3-Me-6-去氧-β-D-Allom-(1→4)-β-D-Cym-(1→4)-β-D-Cym; R^2=H; R^4=β-OBz; R^3=R^5=R^6=β-OH; R^7=OH
8-4-128 R^1=3-Me-6-去氧-β-D-Allom-(1→4)-β-D-Cym-(1→4)-β-D-Cym; R^2=H; R^4=β-OAc; R^3=R^5=R^6=β-OH; R^7=OAc
8-4-129 R^1=3-Me-6-去氧-β-D-Allom-(1→4)-β-D-Cym-(1→4)-β-D-Cym; R^2=R^3=R^6=R^7=H; R^4=β-OBz; R^5=β-OH;
8-4-130 R^1=3-Me-6-去氧-β-D-Allom-(1→4)-β-D-Ole-(1→4)-β-D-Cym; R^2=R^3=R^6=R^7=H; R^4=β-OBz; R^5=β-OH;
8-4-131 R^1=3-Me-6-去氧-β-D-Allom-(1→4)-β-D-Ole-(1→4)-β-D-Cym; R^2=R^3=R^6=H; R^4=β-OBz; R^5=β-OH; R^7=Ac
8-4-132 R^1=3-Me-6-去氧-β-D-Allom-(1→4)-β-D-Cym-(1→4)-β-D-Cym; R^2=R^3=R^6= H; R^4=β-OBz; R^5=β-OH; R^7=Ac
8-4-133 R^1=α-L-Cym-(1→4)-β-D-Cym-(1→4)-β-D-Cym; R^2=R^7=H; R^3=R^4=R^5=R^6=β-OH
8-4-134 R^1=α-L-Cym-(1→4)-β-D-Ole-(1→4)-β-D-Cym; R^2=R^7=H; R^3=R^4=R^5=R^6=β-OH
8-4-135 R^1=β-D-Ole-(1→4)-β-D-Ole-(1→4)-β-D-Cym; R^2=R^7=H; R^3=R^4=R^5=R^6=β-OH
8-4-136 R^1=β-D-Ole-(1→4)-β-D-Cym-(1→4)-β-D-Cym; R^2=R^7=H; R^3=R^4=R^5=R^6=β-OH
8-4-137 R^1=β-D-The-(1→4)-β-D-Cym-(1→4)-β-D-Cym; R^2=H; R^3=R^4=R^5=R^6=β-OH; R^7=Tig
8-4-138 R^1= R^2=R^3=R^4=R^5=H; R^6=β-OH; R^7=β-D-Glu-(1→6)-β-D-Glu-(1→4)-β-D-Can

表 8-4-26 化合物 8-4-121~8-4-130 的 ^{13}C NMR 化学位移数据

C	8-4-121[38]	8-4-122[36]	8-4-123[49]	8-4-124[49]	8-4-125[45]	8-4-126[45]	8-4-127[45]	8-4-128[45]	8-4-129[51]	8-4-130[51]
1	36.0	36.6	38.3	37.9	35.4	35.5	38.7	36.9	37.5	37.3
2	29.6	29.3	30.7	30.5	29.6	29.0	28.9	28.9	30.3	30.3
3	77.2	76.2	79.0	78.7	77.8	77.9	77.7	77.7	77.4	77.4
4	38.8	38.2	39.7	39.9	38.6	38.8	38.8	38.7	39.3	39.3
5	140.8	138.9	140.5	146.3	139.9	139.7	139.7	139.9	139.7	139.7
6	120.2	121.8	122.9	123.1	118.0	118.3	118.3	118.1	122.4	122.5
7	29.6	26.7	28.2	77.2	32.9	32.1	35.4	32.8	27.8	27.8
8	32.7	36.1	38.0	39.5	74.0	74.0	73.9	74.3	36.9	37.0
9	56.1	42.6	44.6	43.3	43.0	43.4	43.5	43.2	43.9	44.0
10	37.5	36.8	38.5	39.3	38.6	38.8	37.0	34.3	37.5	37.6
11	22.6	25.7	27.2	27.1	29.6	33.2	31.7	35.5	26.7	26.7
12	37.1	78.0	79.8	79.1	74.7	76.6	74.6	76.5	79.3	79.3

续表

C	8-4-121[38]	8-4-122[36]	8-4-123[49]	8-4-124[49]	8-4-125[45]	8-4-126[45]	8-4-127[45]	8-4-128[45]	8-4-129[51]	8-4-130[51]
13	50.3	51.3	53.3	54.5	56.3	56.3	56.2	56.0	53.3	53.4
14	87.0	84.7	87.3	86.1	85.1	87.8	87.9	87.3	85.1	85.2
15	31.9	31.7	32.9	32.1	32.5	32.1	33.2	31.9	33.4	33.4
16	29.3	24.6	25.9	26.5	24.7	24.9	24.7	24.7	26.4	26.4
17	56.3	49.5	51.2	49.7	87.8	88.0	87.9	87.8	53.1	53.1
18	14.0	9.4	10.2	10.2	10.5	10.5	11.1	10.0	11.5	11.5
19	16.4	19.0	19.8	19.1	18.2	18.2	17.8	18.2	19.5	19.5
20	65.0	72.9	75.1	75.3	72.4	74.0	70.7	74.1	70.9	70.9
21	19.8	19.1	19.3	19.5	14.9	14.9	18.4	14.9	23.7	23.7
OAc		169.7	173.4	172.4				171.0		
Me		21.3	21.7	21.7				21.7		
1'	102.7	95.1	97.3	97.3	95.9	96.0	96.0	96.0	96.1	96.0
2'	36.9	35.6	36.6	36.6	34.9	35.0	35.0	35.0	36.9	37.3
3'	78.9	76.7	78.6	78.6	76.7	77.0	77.0	77.2	78.2	77.8
4'	82.8	82.0	83.9	83.8	82.4	82.6	82.6	82.5	83.3	82.7
5'	68.2	68.2	70.1	70.1	68.4	68.5	68.5	68.3	69.0	69.0
6'	68.2	18.0	18.3	18.3	18.5	18.5	18.5	18.7	18.6	18.6
OMe	56.1	57.8	58.5	58.5	57.7	57.8	57.8	57.8	58.8	58.8
1"	103.9	99.2	101.1	101.2	99.5	99.6	99.6	99.6	100.4	101.9
2"	73.9	35.7	36.3	36.3	34.3	34.5	34.5	35.0	37.3	37.5
3"	75.7	76.6	78.6	78.5	76.9	76.8	76.8	76.9	78.2	79.2
4"	78.1	82.1	83.8	83.9	82.3	82.7	82.7	82.6	83.4	83.5
5"	76.8	67.9	70.0	70.0	68.2	68.3	68.3	68.5	69.3	72.0
6"	60.4	18.0	18.8	18.8	18.4	18.2	18.2	18.4	18.6	18.9
OMe		57.9	58.5	58.4	57.9	58.0	58.0	57.9	58.8	57.0
1'''	104.2	104.8	104.4	104.0	102.0	102.1	102.1	102.1	104.2	101.9
2'''	72.4	73.7	73.3	73.3	73.0	73.1	73.1	73.1	73.2	73.2
3'''	75.9	76.8	84.0	84.0	80.4	80.5	80.5	80.5	83.9	84.0
4'''	70.4	70.2	74.9	75.0	72.6	72.7	72.7	73.6	74.4	74.5
5'''	77.2	76.6	70.9	70.9	70.7	70.8	70.8	70.8	70.7	70.8
6'''	60.4	61.4	18.5	18.5	18.0	17.9	17.9	18.1	18.6	18.6
OMe			62.6	62.6	62.0	62.1	62.1	62.1	62.1	62.0
1''''		165.6	167.9	167.9	167.3	167.4	167.4	169.6	166.7	166.7
2''''		130.2	131.9	131.9	130.3	129.7	129.7	21.4	131.6	131.6
3''''		129.3	130.7	130.7	136.6	136.4	136.4		130.0	130.0
4''''		128.7	129.6	129.6	13.8	14.3	14.3		128.9	128.9
5''''		133.4	134.3	134.3	11.8	11.9	11.9		133.3	133.3
6''''		128.7	129.6	129.6					128.9	128.9
7''''		129.3	130.7	130.7					130.0	130.0
1'''''					164.6	165.7	165.7			
2'''''					128.2	128.8	128.8			
3'''''					129.4	137.1	137.1			

续表

C	8-4-121[38]	8-4-122[36]	8-4-123[49]	8-4-124[49]	8-4-125[45]	8-4-126[45]	8-4-127[45]	8-4-128[45]	8-4-129[51]	8-4-130[51]
4'''''					128.2	14.4	14.4			
5'''''					132.7	12.1	12.1			
6'''''					128.2					
7'''''					129.7					

表 8-4-27 孕甾烷类化合物 8-4-131~8-4-140 的名称、分子式和测试溶剂

编号	名称	分子式	测试溶剂	参考文献
8-4-131	bouceroside-BDO	$C_{51}H_{76}O_{16}$	P	[51]
8-4-132	bouceroside-BDC	$C_{51}H_{76}O_{16}$	P	[51]
8-4-133	sarcostin-3-*O*-*α*-L-cymaropyranosyl-(1→4)-*β*-D-cymaropyranosyl-(1→4)-*β*-D-cymaropyranoside	$C_{42}H_{70}O_{15}$	C	[17]
8-4-134	sarcostin-3-*O*-*α*-L-cymaropyranosyl-(1→4)-*β*-D-oleandropyranosyl-(1→4)-*β*-D-cymaropyranoside	$C_{42}H_{70}O_{15}$	C	[17]
8-4-135	sarcostin-3-*O*-*β*-D-oleandropyranosyl-(1→4)-*β*-D-oleandropyranosyl-(1→4)-*β*-D-cymaropyranoside	$C_{42}H_{70}O_{15}$	C	[17]
8-4-136	sarcostin-3-*O*-*β*-D-oleandropyranosyl-(1→4)-*β*-D-cymaropyranosyl-(1→4)-*β*-D-cymaropyranoside	$C_{42}H_{70}O_{15}$	C	[17]
8-4-137	stemucronatoside D	$C_{47}H_{76}O_{17}$	P	[50]
8-4-138	(3*β*,20*S*)-pregn-5-ene-3,17,20-triol-20-[*O*-*β*-glucopyranosyl-(1→6)-*O*-glucopyranosyl-(1→4) canaropyranoside]	$C_{39}H_{64}O_{16}$	P	[41]
8-4-139	hoodigoside Y	$C_{41}H_{68}O_{15}$	C	[44]
8-4-140	hoodigoside V	$C_{46}H_{74}O_{16}$	C	[44]

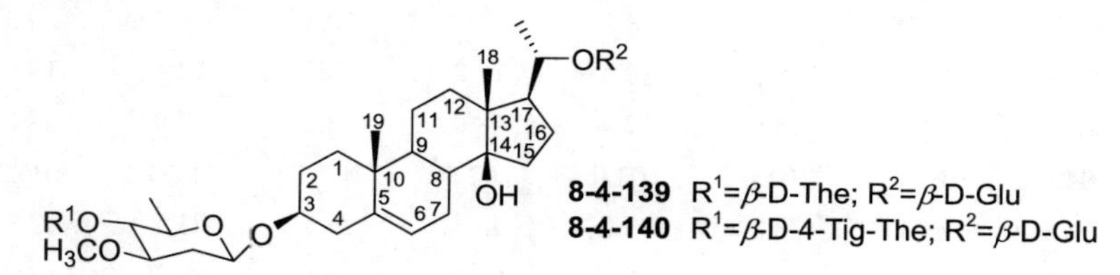

表 8-4-28 化合物 8-4-131~8-4-140 的 ^{13}C NMR 化学位移数据

C	8-4-131[51]	8-4-132[51]	8-4-133[17]	8-4-134[17]	8-4-135[17]	8-4-136[17]	8-4-137[50]	8-4-138[41]	8-4-139[44]	8-4-140[44]
1	37.6	37.6	39.0	39.0	39.0	39.0	39.0	37.8	37.9	37.9
2	30.3	30.3	29.1	29.1	29.1	29.1	29.9	32.4	30.3	30.3
3	77.2	77.2	78.0	78.0	78.0	78.0	77.8	71.2	77.9	77.9
4	39.1	39.1	38.9	38.9	38.9	38.9	39.4	43.5	39.6	39.6
5	139.7	139.7	139.8	139.8	139.8	139.8	139.3	141.9	139.9	139.9
6	122.8	122.8	118.4	118.4	118.4	118.4	119.7	121.2	123.2	123.2
7	27.7	27.7	34.6	34.6	34.6	34.6	35.2	32.6	28.2	28.2
8	37.6	37.6	73.8	73.8	73.8	73.8	74.5	32.3	37.7	37.7
9	43.9	43.9	43.8	43.8	43.8	43.8	44.7	50.3	46.8	46.8
10	37.6	37.6	37.0	37.0	37.0	37.0	37.2	36.9	37.7	37.7
11	26.7	26.7	28.6	28.6	28.6	28.6	29.9	21.0	20.1	20.1

续表

C	8-4-131[51]	8-4-132[51]	8-4-133[17]	8-4-134[17]	8-4-135[17]	8-4-136[17]	8-4-137[50]	8-4-138[41]	8-4-139[44]	8-4-140[44]
12	79.6	79.6	70.9	70.9	70.9	70.9	70.3	37.8	41.1	41.1
13	52.3	52.3	57.8	57.8	57.8	57.8	58.7	45.9	47.8	47.8
14	85.7	85.7	87.8	87.8	87.8	87.8	88.4	51.4	84.3	84.3
15	32.7	32.7	33.5	33.5	33.5	33.5	34.2	23.9	33.7	33.7
16	25.5	25.5	32.5	32.5	32.5	32.5	34.0	31.5	21.8	21.8
17	50.6	50.6	88.0	88.0	88.0	88.0	88.6	85.2	57.6	57.6
18	10.3	10.3	10.1	10.1	10.1	10.1	10.2	14.5	15.6	15.6
19	19.4	19.4	18.4	18.4	18.4	18.4	18.3	19.6	19.9	19.9
20	74.0	74.0	72.4	72.4	72.4	72.4	75.5	83.2	79.3	79.3
21	19.4	19.4	17.0	17.0	17.0	17.0	15.5	18.1	22.1	22.1
OAc	170.2	170.2								
Me	21.6	21.6								
1'	96.0	96.1	96.1	96.1	96.1	96.0	96.4	102.0	98.3	98.3
2'	37.3	36.9	35.8	35.8	35.8	35.6	37.2	39.3	38.1	38.2
3'	77.8	78.2	77.2	77.2	77.1	77.1	78.1	70.3	79.8	79.8
4'	82.7	83.3	82.5	82.7	82.7	82.5	83.4	89.4	83.7	84.3
5'	69.0	69.0	68.6	68.4	68.4	68.5	69.0	70.9	72.2	72.2
6'	18.6	18.6	18.3	18.2	18.2	18.2	18.5	18.4	19.3	19.3
OMe	58.8	58.8	56.2	56.2	58.5	56.2	58.9		57.5	57.7
1''	101.9	100.4	99.6	101.4	101.4	99.6	100.4	105.6	104.4	104.5
2''	37.5	37.3	35.9	36.0	36.4	35.6	36.9	74.7	75.4	75.2
3''	79.2	78.2	77.3	78.9	79.2	77.1	78.0	77.9	88.4	85.4
4''	83.5	83.4	81.6	81.5	82.3	82.6	83.1	71.8	76.3	76.0
5''	72.0	69.3	68.7	71.7	71.0	68.3	69.3	78.2	73.1	70.7
6''	18.9	18.6	18.2	18.4	18.4	18.2	18.6	69.9	18.8	18.4
OMe	57.0	58.8	58.1	56.3	56.7	58.0	58.8		61.3	60.7
1'''	101.9	104.2	98.3	96.9	100.2	101.4	106.2	104.5	105.2	167.2
2'''	73.2	73.2	31.0	31.0	35.5	35.4	75.1	75.4	75.5	129.2
3'''	84.0	83.9	74.8	75.1	80.8	80.6	87.8	76.2	78.8	138.4
4'''	74.5	74.4	72.2	72.2	75.5	75.4	75.8	71.3	71.7	14.6
5'''	70.8	70.7	65.7	65.3	71.7	71.5	72.3	78.4	78.3	12.6
6'''	18.6	18.6	18.0	17.8	18.0	17.9	18.6	62.4	63.1	
OMe	62.0	62.1	58.1	58.2	58.2	58.2	61.0	61.0		
1''''	166.7	166.7					166.9			105.3
2''''	131.6	131.6					130.0			75.5
3''''	130.0	130.0					136.1			78.9
4''''	128.9	128.9					14.0			71.8
5''''	133.3	133.3					12.0			78.3
6''''	128.9	128.9								63.1
7''''	130.0	130.0								

表 8-4-29　孕甾烷类化合物 8-4-141~8-4-150 的名称、分子式和测试溶剂

编号	名称	分子式	测试溶剂	参考文献
8-4-141	16(*S*)-[*α*-L-rhamnopyranosyl-(1→2)-[*β*-D-glucopyranosyl-(1→3)]-*β*-D-glupyranosyloxy]pregna-4,17(20)*Z*-dien-3-one	$C_{39}H_{60}O_{16}$	M	[54]
8-4-142	pregan-5-ene-3*β*,16*α*-diol-3-*O*-[2,4-*O*-diacetyl-*β*-digitalopyranosyl-(1→4)-*β*-D-cymaropyranosyl]-16-*O*-[*β*-D-cymaropyranoside]	$C_{45}H_{70}O_{17}$	P	[55]
8-4-143	stelmatocryptonoside C	$C_{39}H_{62}O_{18}$	M	[56]
8-4-144	stelmatocryptonoside D	$C_{39}H_{62}O_{18}$	M	[56]
8-4-145	hoodistanaloside A	$C_{46}H_{74}O_{18}$	C	[44]
8-4-146	hoodistanaloside B	$C_{46}H_{72}O_{17}$	C	[44]
8-4-147	12-*O*-acetyl-20-*O*-benzoyl-(8,14,18-orthoacetate)-dihydrosarcostin-3-*O*-*β*-D-thevetopyranosyl-(1→4)-*O*-*β*-D-oleandropyranosyl-(1→4)-*O*-*β*-D-cymaropyranoside	$C_{53}H_{78}O_{19}$	P	[57]
8-4-148	12-*O*-acetyl-20-*O*-benzoyl-(14,17,18-orthoacetate)-dihydrosarcostin-3-*O*-*β*-D-thevetopyranosyl-(1→4)-*O*-*β*-D-oleandropyranosyl-(1→4)-*O*-*β*-D-cymaropyranoside	$C_{53}H_{78}O_{19}$	P	[57]
8-4-149	balagyptin	$C_{39}H_{64}O_{16}$	C	[26]
8-4-150	3*β*,14*β*-dihydroxy-21-*O*-methoxy-5*β*-pregnan-20-one-3-*O*-*β*-D-diginopyranosyl-(1→4)-*β*-D-cymaropyranosyl-(1→4)-*β*-D-cymarcpyranoside	$C_{43}H_{72}O_{13}$	C	[58]

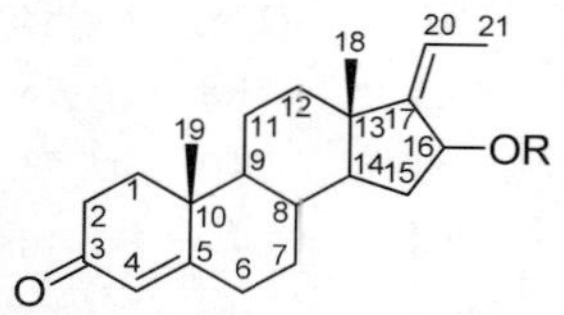

8-4-141 R=*α*-L-Rha(1→2)-*β*-D-Glu-(1→3)-*β*-D-Glu

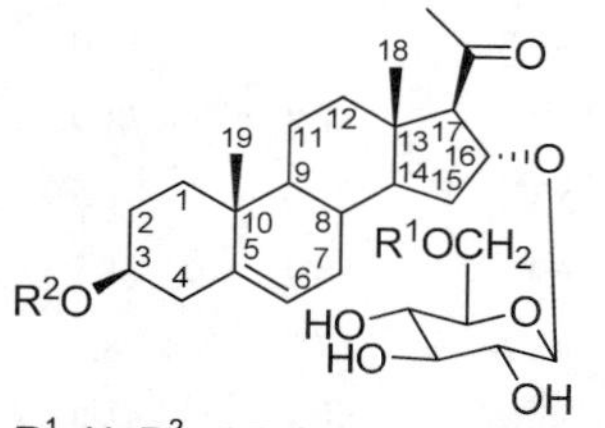

8-4-142 R[1]=H; R[2]=*β*-D-2,4-(Ac)₂-Dgt-(1→4)-*β*-D-Cym

8-4-143 R[1]=*β*-D-Glu-(1→2)-*β*-D-Glu; R[2]=H

8-4-144 R[1]=*β*-D-Glu-(1→6)-*β*-D-Glu; R[2]=H

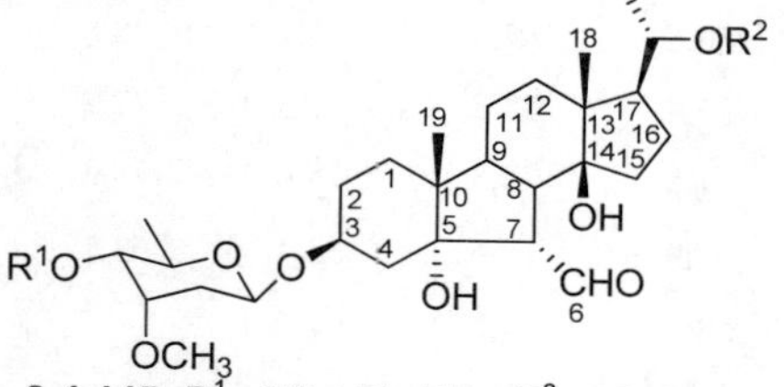

8-4-145 R[1]=*β*-D-4-Tig-The; R[2]=*β*-D-Glu

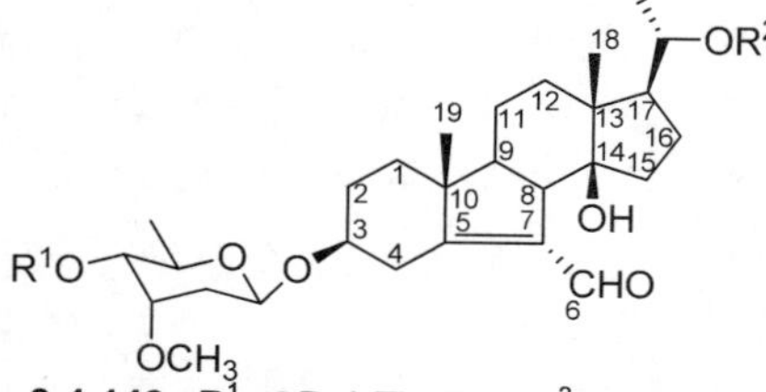

8-4-146 R[1]=*β*-D-4-Tig-The; R[2]=*β*-D-Glu

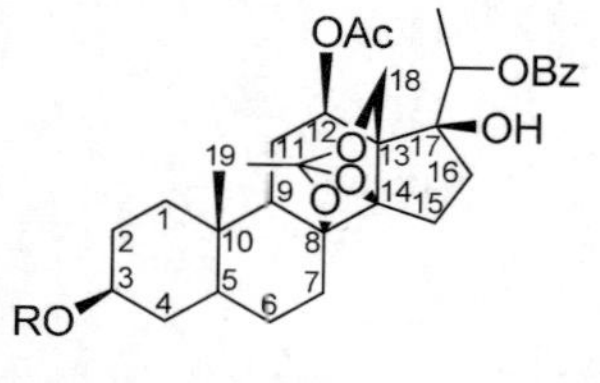

8-4-147 R=*β*-D-The-(1→4)-*β*-D-Ole-(1→4)-*β*-D-Cym

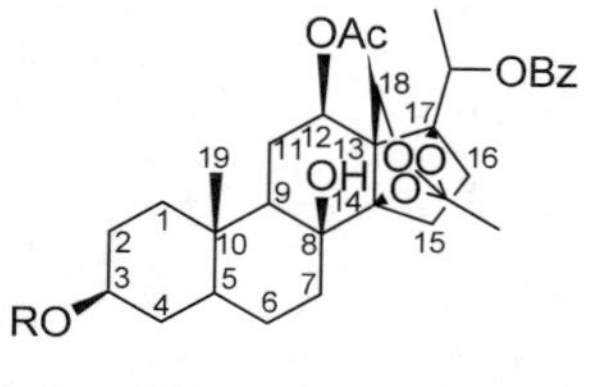

8-4-148 R=*β*-D-The-(1→4)-*β*-D-Ole-(1→4)-*β*-D-Cym

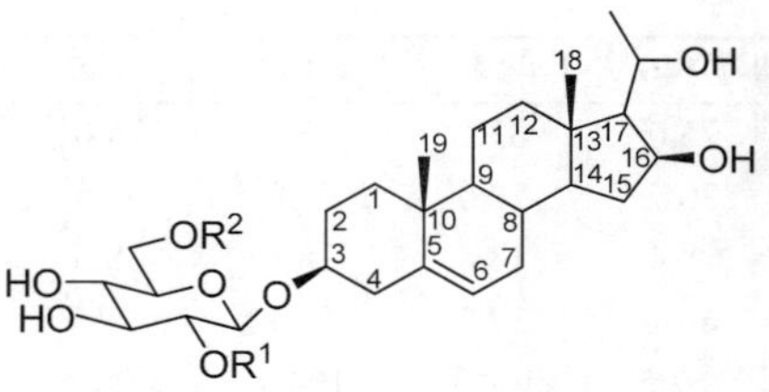

8-4-149 R[1]=α-L-Rha; R[2]=α-L-Rha

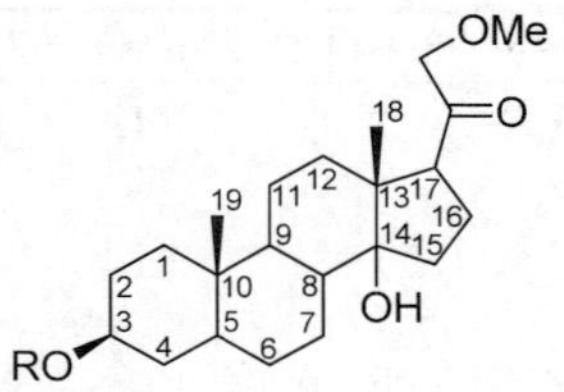

8-4-150 R=β-D-Dgn-(1→4)-β-D-Cym-(1→4)-β-D-Cym

表 8-4-30 化合物 8-4-141~8-4-150 的 ^{13}C NMR 化学位移数据

C	8-4-141[54]	8-4-142[55]	8-4-143[56]	8-4-144[56]	8-4-145[44]	8-4-146[44]	8-4-147[57]	8-4-148[57]	8-4-149[26]	8-4-150[58]
1	36.7	37.3	37.6	37.6	27.2	36.7	37.7	37.8	37.4	30.1
2	33.9	30.2	32.5	32.5	29.9	30.1	29.5	29.5	30.0	26.7
3	202.4	77.3	71.2	71.3	74.6	78.3	75.4	76.5	78.3	72.8
4	124.1	39.2	43.3	43.3	43.3	33.2	34.2	34.4	37.0	30.3
5	175.2	140.8	141.7	141.9	84.9	176.1	44.9	45.2	141.3	36.5
6	34.7	121.6	120.9	120.8	205.3	191.4	25.0	24.7	121.5	26.7
7	33.1	31.9	31.9	31.9	63.5	138.1	34.2	34.4	31.8	21.7
8	36.4	31.4	31.4	31.4	46.9	53.1	82.5	76.0	31.4	40.0
9	55.7	50.1	50.2	50.1	47.0	55.5	46.2	46.8	50.8	35.2
10	40.1	36.8	36.7	36.7	46.1	47.0	36.6	36.5	37.0	35.2
11	21.9	20.9	20.9	20.8	21.1	22.1	24.9	24.9	20.9	20.9
12	37.3	38.7	38.7	38.7	42.1	43.8	73.4	75.2	39.0	39.1
13	44.0	44.9	44.8	44.9	49.7	48.9	53.0	57.3	41.5	49.6
14	52.2	54.4	54.4	54.4	83.9	83.1	94.4	88.1	54.8	84.9
15	36.4	33.7	33.6	33.4	32.7	31.9	32.5	33.9	35.6	34.0
16	80.4	81.0	80.5	80.6	23.5	21.9	33.9	32.3	73.7	24.9
17	152.8	72.1	71.9	71.9	57.1	57.5	86.5	90.2	62.8	59.2
18	19.9	14.6	14.6	14.5	16.4	17.1	60.5	61.0	15.9	15.3
19	17.7	19.3	19.5	19.4	19.5	15.2	12.0	12.9	19.3	23.8
20	119.1	208.2	207.9	208.4	78.0	78.1	73.4	73.8	67.2	215.9
21	14.7	32.2	32.5	32.5	22.1	23.7	15.2	15.5	23.9	78.8
OAc							170.9	170.7		
Me							21.9	21.9		57.0
1'	103.6	96.2	104.7	104.7	99.3	98.6	96.0	96.0	104.2	95.7
2'	77.4	36.6	76.3	76.4	37.7	38.0	37.3	37.3	82.1	35.6
3'	89.1	77.2	78.2	78.3	79.7	79.8	77.9	77.9	76.2	77.0
4'	70.3	84.2	70.9	70.9	84.0	84.2	83.6	83.6	71.6	82.4
5'	77.4	68.7	76.5	76.8	72.2	72.2	68.9	68.9	77.3	68.4
6'	62.6	18.5	69.6	69.1	19.2	19.2	18.5	18.5	66.7	18.3
OMe		58.2			57.6	57.8	58.9	58.9		55.7
1''	102.2	103.1	102.8	104.9	104.4	104.5	101.9	101.9	101.0	99.5
2''	72.0	71.4	85.0	75.0	75.2	76.1	37.0	37.0	72.4	35.6
3''	72.2	80.1	78.0	78.2	85.3	85.3	79.2	79.2	73.7	77.0

续表

C	8-4-141[54]	8-4-142[55]	8-4-143[56]	8-4-144[56]	8-4-145[44]	8-4-146[44]	8-4-147[57]	8-4-148[57]	8-4-149[26]	8-4-150[58]
4''	74.0	69.2	70.8	71.1	76.0	76.0	83.1	83.1	75.0	82.4
5''	69.6	69.5	78.1	76.8	70.7	70.7	72.0	72.0	69.5	68.3
6''	18.7	16.6	62.4	69.7	18.3	18.4	18.8	18.8	18.6	18.3
OMe		57.6			60.6	60.7	57.3	57.3		58.2
1'''	104.5	105.0	106.5	105.4	167.5	167.5	104.1	104.1	100.0	101.7
2'''	75.2	75.3	76.4	75.0	129.2	129.2	75.2	75.2	71.2	31.6
3'''	78.2	78.5	78.1	78.1	138.3	138.4	88.2	88.2	72.8	77.7
4'''	71.5	71.4	71.2	71.5	14.6	14.6	76.0	76.0	74.2	66.8
5'''	78.3	78.2	78.9	78.3	12.6	12.6	72.8	72.8	69.2	70.4
6'''	62.8	62.5	62.2	62.6			18.7	18.7	18.6	16.9
OMe							60.9	60.9		57.9
1''''		169.7			105.0	106.2	166.0	165.7		
2''''		21.0			75.1	75.3	131.2	130.9		
3''''		170.6			79.6	79.0	129.9	130.1		
4''''		20.4			71.8	72.0	129.0	129.2		
5''''					78.8	78.7	133.4	133.7		
6''''					63.1	63.3	129.0	129.2		
7''''							129.9	130.1		
Ortho							117.8	108.6		
Me							24.5	24.7		

表 8-4-31　孕甾烷类化合物 8-4-151~8-4-160 的名称、分子式和测试溶剂

编号	名称	分子式	测试溶剂	参考文献
8-4-151	cypanoside P_1	$C_{42}H_{64}O_{14}$	P	[59]
8-4-152	cypanoside P_3	$C_{42}H_{64}O_{14}$	P	[59]
8-4-153	cypanoside R_1	$C_{42}H_{62}O_{13}$	P	[59]
8-4-154	cypanoside R_2	$C_{42}H_{62}O_{14}$	P	[59]
8-4-155	cypanoside Q_2	$C_{40}H_{60}O_{14}$	P	[59]
8-4-156	cypanoside M	$C_{41}H_{62}O_{13}$	P	[60]
8-4-157	cynascyroside A	$C_{40}H_{60}O_{13}$	P	[61]
8-4-158	1*β*,3*β*-dihydroxypregna-5,16-dien-20-one-1-*O*-{*α*-L-rhamnopyranosyl-(1→2)-*α*-L-arabinopyranoside}	$C_{32}H_{48}O_{11}$	M	[46]
8-4-159	cynanoside A	$C_{41}H_{62}O_{15}$	P	[42]
8-4-160	cynanoside C	$C_{40}H_{60}O_{15}$	P	[42]

8-4-151 R^1=*β*-D-Cym-(1→4)-*α*-L-Dgn; R^2=H; R^3=CH_3
8-4-152 R^1=*β*-D-Cym-(1→4)-*α*-L-Dgn; R^2=CH_3; R^3=H

8-4-153 R^1=*β*-D-Cym-(1→4)-*α*-L-Dgn; R^2=*β*-H
8-4-154 R^1=*β*-D-Cym-(1→4)-*α*-L-Dgn; R^2=*β*-OH

8-4-155 R^1=α-L-Ole-(1→4)-β-D-Dgt-(1→4)-β-D-Cym; R^2=β-OH
8-4-156 R^1=β-D-Cym-(1→4)-α-L-Dgn-(1→4)-β-D-Cym; R^2=H
8-4-157 R^1=α-D-Ole-(1→4)-β-L-Cym-(1→4)-β-D-Dig; R^2=H

8-4-158 R=α-L-Rha(1→2)-O-α-L-Ara

8-4-159 R=β-D-Cym-(1→4)-α-L-Dig-(1→4)-β-D-Cym
8-4-160 R=α-L-Cym-(1→4)-β-D-Dig-(1→4)-β-D-Cym

表 8-4-32 化合物 8-4-151~8-4-160 的 ^{13}C NMR 化学位移数据

C	8-4-151[59]	8-4-152[59]	8-4-153[59]	8-4-154[59]	8-4-155[59]	8-4-156[60]	8-4-157[61]	8-4-158[46]	8-4-159[42]	8-4-160[42]
1	45.3	45.3	52.0	83.5	45.4	45.4	45.3	83.1	45.0	45.0
2	70.0	70.0	205.6	207.0	70.0	70.0	70.0	37.3	70.0	70.0
3	85.1	85.1	78.5	77.0	85.2	85.2	85.2	68.2	85.2	85.2
4	37.6	37.6	39.4	39.7	37.5	37.6	37.6	43.9	37.6	37.6
5	139.1	139.1	136.9	134.4	138.9	139.2	138.8	140.1	140.0	140.0
6	121.3	121.3	123.5	127.0	121.2	121.4	121.4	124.5	120.9	120.9
7	26.6	26.4	27.0	27.2	25.8	26.7	25.8	31.6	30.5	30.5
8	41.9	41.7	41.7	43.1	43.0	42.8	51.9	31.8	43.0	43.0
9	50.5	50.9	50.0	50.8	52.4	50.5	45.4	51.0	48.3	48.3
10	38.9	38.9	43.3	48.9	38.9	39.0	38.7	43.0	39.5	39.5
11	19.9	20.2	20.3	23.0	22.4	20.9	25.3	24.0	23.5	23.6
12	35.3	37.6	38.2	38.6	39.8	30.0	33.7	35.7	42.3	42.4
13	51.0	51.1	47.6	47.9	76.3	46.4	47.8	46.0	196.0	196.0
14	210.9	211.8	211.8	211.9	213.1	212.0	209.4	56.8	178.9	178.9
15	172.4	172.5	139.4	139.3	140.9	140.9	140.1	32.5	140.7	140.7
16	118.8	118.1	111.4	111.5	110.5	110.8	111.9	144.2	110.7	110.7
17	176.4	177.2	123.5	123.5	121.4	117.2	117.9	155.9	121.6	121.6
18	23.0	22.2	23.9	24.0				16.2		
19	19.9	19.8	19.7	14.0	19.9	19.7	19.8	15.0	19.3	19.3
20	80.6	80.5	148.2	148.2	149.9	148.9	148.2	196.1	157.9	157.9
21	20.1	19.8	14.7	14.7	12.8	12.0	11.8	27.1	14.2	14.2
1'	97.5	97.5	95.6	95.9	97.8	97.5	97.8	100.2	97.4	97.8
2'	35.2	35.3	34.7	34.7	37.1	35.3	39.8	75.2	35.2	37.0
3'	77.5	77.5	77.2	77.2	77.9	77.5	68.7	75.9	77.5	77.9
4'	82.1	82.1	81.8	81.8	83.0	82.1	82.9	70.0	82.1	82.9
5'	69.6	69.6	69.7	69.7	69.4	69.6	67.6	67.2	69.6	69.4
6'	18.4	18.4	18.6	18.6	18.2	18.4	18.4		18.4	18.2
OMe	57.4	57.4	57.2	57.3	59.0	57.4			57.4	59.0
1''	101.1	101.1	100.8	100.8	100.6	101.1	100.5	101.7	101.1	100.4

续表

C	8-4-151[59]	8-4-152[59]	8-4-153[59]	8-4-154[59]	8-4-155[59]	8-4-156[60]	8-4-157[61]	8-4-158[46]	8-4-159[42]	8-4-160[42]
2"	32.5	32.5	32.5	32.5	39.8	32.5	36.9	72.6	32.5	38.5
3"	74.6	74.6	74.7	74.7	67.7	74.6	77.8	72.7	74.6	67.7
4"	73.9	73.9	73.9	74.0	82.3	73.9	82.2	74.3	73.9	80.9
5"	67.6	67.6	67.6	67.7	68.8	67.7	69.3	70.0	67.7	68.9
6"	17.9	17.9	17.9	17.9	18.6	17.9	18.1	19.0	17.9	18.5
OMe	55.4	55.4	55.4	55.4		55.4	58.9		55.4	
1'''	99.5	99.5	99.5	99.5	100.4	99.5	100.3		99.5	98.5
2'''	35.4	35.4	35.4	35.4	35.8	35.4	35.7		35.4	32.3
3'''	78.9	78.9	78.9	78.9	78.9	79.0	78.7		79.0	76.6
4'''	74.2	74.2	74.2	74.2	76.9	74.2	76.8		74.2	72.7
5'''	71.1	71.1	71.1	71.1	69.6	71.1	69.4		71.1	67.3
6'''	18.8	18.8	18.8	18.8	18.5	18.9	18.5		18.9	18.4
OMe	58.0	58.0	58.0	58.0	57.1	58.0	57.0		58.0	56.8

表 8-4-33　孕甾烷类化合物 8-4-161~8-4-170 的名称、分子式和测试溶剂

编号	名称	分子式	测试溶剂	参考文献
8-4-161	marsdenoside H	$C_{48}H_{76}O_{19}$	C	[39]
8-4-162	tenacissoside A	$C_{48}H_{74}O_{19}$	P	[62]
8-4-163	tenacissoside B	$C_{51}H_{78}O_{19}$	P	[62]
8-4-164	tenacissoside C	$C_{53}H_{76}O_{19}$	P	[62]
8-4-165	tenacissoside D	$C_{51}H_{80}O_{19}$	P	[62]
8-4-166	tenacissoside E	$C_{53}H_{78}O_{19}$	P	[62]
8-4-167	cypanoside R_3	$C_{48}H_{72}O_{19}$	P	[59]
8-4-168	tuberoside A_1	$C_{48}H_{78}O_{17}$	C	[63]
8-4-169	tuberoside B_1	$C_{49}H_{80}O_{17}$	C	[63]
8-4-170	tuberoside B_2	$C_{49}H_{80}O_{18}$	C	[63]

8-4-161 R^1=β-D-Glu-(1→4)-6-去氧-3-Me-β-D-All-(1→4)-β-D-Ole; R^2=But; R^3=Ac

8-4-162 R^1=β-D-Glu-(1→4)-6-去氧-3-Me-β-D-All-(1→4)-β-D-Ole; R^2=Ac; R^3=Tig

8-4-163 R^1=β-D-Glu-(1→4)-6-去氧-3-Me-β-D-All-(1→4)-β-D-Ole; R^2=Tig; R^3=Tig

8-4-164 R^1=β-D-Glu-(1→4)-6-去氧-3-Me-β-D-All-(1→4)-β-D-Ole; R^2=Bz; R^3=Tig

8-4-165 R^1=β-D-Glu-(1→4)-6-去氧-3-Me-β-D-All-(1→4)-β-D-Ole; R^2=MeBut; R^3=Tig

8-4-166 R^1=β-D-Glu-(1→4)-6-去氧-3-Me-β-D-All-(1→4)-β-D-Ole; R^2=Bz; R^3=MeBut

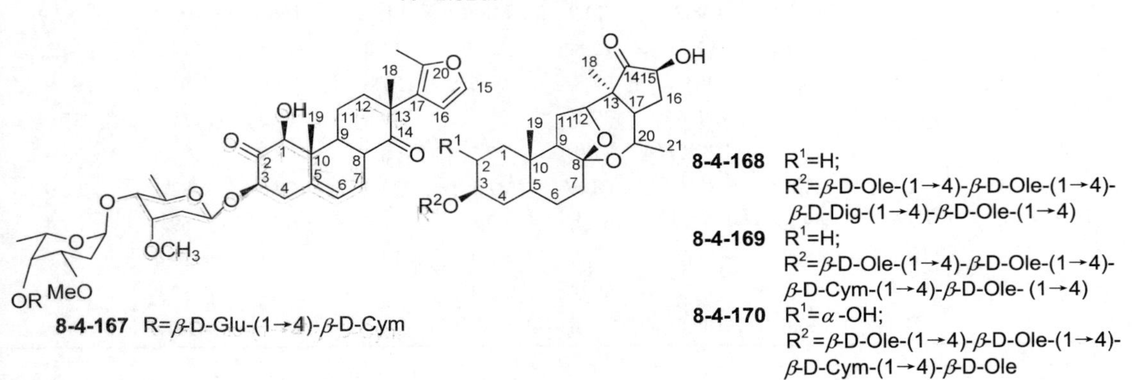

表 8-4-34 化合物 8-4-161~8-4-170 的 ^{13}C NMR 化学位移数据

C	8-4-161[39]	8-4-162[62]	8-4-163[62]	8-4-164[62]	8-4-165[62]	8-4-166[62]	8-4-167[59]	8-4-168[63]	8-4-169[63]	8-4-170[63]
1	37.7	37.8	37.6	37.8	37.8	37.8	83.6	38.1	38.1	45.3
2	28.9	29.8	29.9	29.9	29.5	29.9	207.0	28.3	28.3	69.2
3	76.1	76.1	76.0	76.0	76.0	76.0	77.0	77.1	77.1	86.8
4	34.7	35.2	35.1	35.1	35.1	35.1	39.7	33.9	33.9	33.9
5	43.9	43.9	43.8	43.9	43.9	43.9	134.4	41.9	41.9	42.0
6	26.8	27.2	27.1	27.1	27.1	27.1	127.0	25.6	25.6	24.8
7	31.8	25.2	25.0	25.2	25.2	25.2	27.2	31.7	31.7	31.7
8	66.8	66.7	66.6	66.6	66.6	66.6	43.0	107.1	107.1	106.7
9	51.1	51.8	51.8	51.8	51.8	51.8	50.8	57.1	57.1	56.9
10	39.1	39.3	39.3	39.3	39.3	39.3	48.8	35.3	35.3	36.6
11	68.5	69.1	69.1	69.1	69.1	69.1	23.0	27.2	27.2	27.2
12	75.2	75.1	74.9	74.9	74.9	74.9	38.6	79.9	79.9	79.9
13	45.8	46.1	46.2	46.2	46.2	46.2	47.9	56.3	56.3	56.3
14	71.3	71.7	71.6	71.6	71.6	71.6	212.0	219.2	219.2	219.2
15	26.5	32.1	32.0	32.0	32.0	32.0	139.4	70.9	70.9	70.8
16	24.9	27.2	27.1	27.1	27.1	27.1	111.5	30.0	30.0	30.0
17	60.2	59.7	59.6	59.6	59.6	59.6	123.5	52.5	52.5	52.5
18	16.8	12.9	12.9	12.9	12.9	12.9	24.0	20.2	20.2	20.2
19	12.7	16.8	16.8	16.8	16.8	16.8	14.0	12.2	12.2	13.3
20	210.6	210.2	210.2	210.2	210.2	210.2	148.2	67.5	67.5	67.6
21	29.7	30.2	30.2	30.2	30.2	30.2	14.7	20.8	20.8	20.8
1'	96.9	97.5	97.5	97.5	97.5	97.5	95.9	97.5	97.5	99.9
2'	36.3	37.7	37.7	37.7	37.7	37.7	34.6	36.7	36.7	36.4
3'	79.2	79.6	79.6	79.6	79.6	79.6	77.2	79.1	79.2	78.8
4'	80.5	83.1	83.1	83.1	83.1	83.1	81.8	82.7	82.3	81.8
5'	58.5	71.9	71.9	71.9	71.9	71.9	69.7	71.2	71.1	71.4
6'	18.1	18.2	18.2	18.2	18.2	18.2	18.6	18.4	18.4	18.4
OMe	55.9	57.1	57.1	57.1	57.1	57.1	57.2	57.2	56.8	56.8
1''	100.2	101.7	101.7	101.7	101.7	101.7	100.8	98.5	98.4	98.4
2''	71.0	72.5	72.5	72.5	72.5	72.5	32.5	37.1	35.6	35.6
3''	80.3	83.1	83.1	83.1	83.1	83.1	74.6	66.7	77.1	77.1
4''	82.2	83.1	83.1	83.1	83.1	83.1	73.7	82.6	82.7	82.6
5''	69.3	69.4	69.4	69.4	69.4	69.4	67.6	68.5	68.7	68.8
6''	18.5	19.0	19.0	19.0	19.0	19.0	17.9	18.4	18.3	18.2
OMe	61.1	61.6	61.6	61.6	61.6	61.6	55.4		55.4	55.4
1'''	104.3	106.4	106.4	106.4	106.4	106.4	99.3	100.3	101.4	101.4
2'''	75.5	75.3	75.3	75.3	75.3	75.3	36.2	36.3	36.3	36.3
3'''	77.2	78.2	78.2	78.2	78.2	78.2	78.2	79.1	79.1	79.2

续表

C	8-4-161[39]	8-4-162[62]	8-4-163[62]	8-4-164[62]	8-4-165[62]	8-4-166[62]	8-4-167[59]	8-4-168[63]	8-4-169[63]	8-4-170[63]
4'''	69.9	71.7	71.7	71.7	71.7	71.7	83.0	82.2	82.2	82.3
5'''	73.7	78.2	78.2	78.2	78.2	78.2	69.6	71.2	71.0	71.0
6'''	61.9	63.0	63.0	63.0	63.0	63.0	18.5	18.2	18.2	18.1
OMe							58.6	56.8	56.8	56.8
1''''	175.6	167.1	167.2	167.4	167.3	175.7	106.5	100.2	100.2	100.2
2''''	41.4	129.0	129.0	128.8	128.5	41.4	75.5	35.5	35.5	35.5
3''''	26.2	138.1	138.0	138.2	138.5	15.4	78.4	80.7	80.7	80.7
4''''	11.8	12.1	11.8	11.8	12.0	11.5	71.9	75.5	75.5	75.5
5''''	15.3	14.2	14.1	14.0	14.2	26.2	78.4	71.7	71.7	71.7
6''''							63.0	18.0	18.0	18.0
OMe								56.4	56.4	56.4
1'''''	170.7	170.6	167.2	166.3	175.4	166.3				
2'''''	20.9	20.4	128.2	129.9	41.4	130.2				
3'''''			137.8	130.0	15.4	130.2				
4'''''			11.8	128.8	11.6	129.0				
5'''''			14.1	133.6	26.3	133.8				
6'''''				128.8		129.0				
7'''''				130.0		130.2				

表 8-4-35　孕甾烷类化合物 8-4-171~ 8-4-180 的名称、分子式和测试溶剂

编号	名称	分子式	测试溶剂	参考文献
8-4-171	carumbelloside-Ⅵ	$C_{46}H_{76}O_{22}$	P	[19]
8-4-172	hoodigoside O	$C_{52}H_{84}O_{21}$	P	[35]
8-4-173	lasinanthoside B	$C_{46}H_{76}O_{21}$	P	[64]
8-4-174	bouceroside AⅡ	$C_{62}H_{88}O_{21}$	P	[65]
8-4-175	bouceroside BⅡ	$C_{62}H_{88}O_{21}$	P	[65]
8-4-176	hoodigoside Z	$C_{53}H_{86}O_{19}$	C	[44]
8-4-177	russelioside E	$C_{57}H_{86}O_{21}$	C	[36]
8-4-178	20-*O*-tigloylboucerin-*β*-D-glucopyranosyl-(1→4)-*β*-D-oleandropyranosyl-(1→4)- *β*-D-cymaropyranosyl-(1→4)-*β*-D-cymaropyranoside	$C_{53}H_{86}O_{19}$	M	[37]
8-4-179	12*β*,20-*O*-ditigloylboucerin-*β*-D-glucopyranosyl-(1→4)-*β*-D-oleandropyranosyl-(1→4)- *β*-D-cymaropyranosyl-(1→4)-*β*-D-cymaropyranoside	$C_{58}H_{92}O_{20}$	M	[37]
8-4-180	12*β*-*O*-tigloyl-20-*O*-acetylboucerin-*β*-D-glucopyranosyl-(1→4) -*β*-D-quinovopyranosyl-(1→4)-*β*-D-cymaropyranosyl-(1→4) -*β*-D-cymaropyranoside	$C_{54}H_{86}O_{21}$	M	[37]

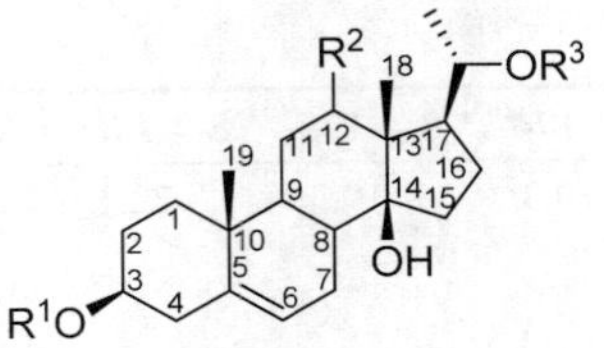

8-4-171 R^1=β-D-Glu-(1→4)-β-D-Dig; R^2=H; R^3=β-D-Glu-(1→6)-β-D-Glu
8-4-172 R^1=β-D-4-Tig-The-(1→4)-β-D-Ole; R^2=H; R^3=β-D-Glu-(1→6)-β-D-Glu
8-4-173 R^1=β-D-Glu-(1→4)-β-D-Dig; R^2=H; R^3=α-L-Rha-(1→4)-β-D-Glu
8-4-174 R^1=β-D-Glu-(1→4)-β-D-6-去氧-3-*O*-Me-All-(1→4)-β-D-Ole(1→4)-β-D-Cym; R^2=β-*O*-Bz; R^3=Bz
8-4-175 R^1=β-D-Glu-(1→4)-β-D-6-去氧-3-*O* -Me-All-(1→4)-β-D-Cym-(1→4)-β-D-Cym; R^2=β-O-Bz; R^3=Bz
8-4-176 R^1=β-D-4-Tig-The-(1→4)-β-D-Cym-(1→4)-β-D-Cym; R^2=H; R^3=β-D-Glu
8-4-177 R^1=β-D-Glu-(1→4)-β-D-6-去氧-3-*O*-Me-All-(1→4)-β-D-Cym-(1→4)-β-D-Cym; R^2=β-*O*-Bz; R^3=Ac
8-4-178 R^1=β-D-Glu-(1→4)-β-D-Ole-(1→4)-β-D-Cym-(1→4)-β-D-Cym; R^2=β-OH; R^3=Tig
8-4-179 R^1=β-D-Glu-(1→4)-β-D-Ole-(1→4)-β-D-Cym-(1→4)-β-D-Cym; R^2=β-*O*-Tig; R^3=Tig
8-4-180 R^1=β-D-Glu-(1→4)-β-D-Qui-(1→4)-β-D-Cym-(1→4)-β-D-Cym; R^2=β-*O*-Tig; R^3=Ac
8-4-181 R^1=β-D-Glu-(1→4)-β-D-Cym-(1→4)-β-D-Cym-(1→4)-β-D-Cym; R^2=β-OH; R^3=H
8-4-182 R^1=β-D-Glu-(1→4)-β-D-Cym-(1→4)-β-D-Cym-(1→4)-β-D-Cym; R^2=β-*O*-OH-Bz; R^3=H
8-4-183 R^1=β-D-Glu-(1→4)-β-D-Cym-(1→4)-β-D-Cym-(1→4)-β-D-Cym; R^2=β-*O*-Tig; R^3=Ac
8-4-184 R^1=β-D-Glu-(1→4)-β-D-Cym-(1→4)-β-D-Cym-(1→4)-β-D-Cym; R^2=β-*O*-Tig; R^3=Tig
8-4-185 R^1=β-D-Glu-(1→4)-β-D-Cym-(1→4)-β-D-Cym-(1→4)-β-D-Cym; R^2=β-*O*-Tig; R^3=H
8-4-186 R^1=β-D-Glu-(1→4)-β-D-Cym-(1→4)-β-D-Cym-(1→4)-β-D-Cym; R^2=β-*O*-Tig; R^3=H
8-4-187 R^1=β-D-Glu-(1→4)-β-D-Cym-(1→4)-β-D-Cym-(1→4)-β-D-Cym; R^2=β-*O*-Tig; R^3=Tig
8-4-188 R^1=β-D-Glu-(1→4)-β-D-Cym-(1→4)-β-D-Cym-(1→4)-β-D-Cym; R^2=β-*O*-OH-Bz; R^3=H
8-4-189 R^1=β-D-Glu-(1→4)-β-D-Cym-(1→4)-β-D-Cym-(1→4)-β-D-Cym; R^2=β-*O*-Ac; R^3=H
8-4-190 R^1=β-D-Glu-(1→4)-β-D-Allom-(1→4)-β-D-Cym-(1→4)-β-D-Cym; R^2=β-*O*-Bz; R^3=Bz

表 8-4-36 化合物 8-4-171~8-4-180 的 ^{13}C NMR 化学位移数据

C	8-4-171[19]	8-4-172[35]	8-4-173[64]	8-4-174[65]	8-4-175[65]	8-4-176[44]	8-4-177[36]	8-4-178[37]	8-4-179[37]	8-4-180[37]
1	37.7	37.9	37.6	37.3	37.3	37.9	36.6	38.2	38.3	38.2
2	30.3	30.6	30.2	30.2	30.3	30.3	29.3	30.5	30.4	30.6
3	78.4	78.0	78.2	77.3	77.2	77.9	76.2	80.4	79.0	80.0
4	39.2	39.6	39.1	39.3	39.3	39.6	38.2	39.5	39.7	39.5
5	139.8	139.9	139.6	139.8	139.8	139.9	138.9	141.0	141.0	140.5
6	122.8	123.2	122.8	122.2	121.4	123.2	121.8	123.2	123.0	122.8
7	27.9	28.1	27.8	27.7	27.7	28.2	26.7	28.3	27.9	28.3
8	37.5	37.7	37.6	37.5	37.5	37.7	36.1	37.9	37.8	38.4
9	46.6	46.8	46.7	43.8	43.7	46.8	42.6	45.0	44.6	44.5
10	37.5	37.7	37.6	37.6	37.3	37.7	36.8	38.1	38.0	38.0
11	21.5	20.1	20.9	26.7	26.6	20.1	25.7	26.5	27.1	26.5
12	40.8	41.0	41.3	79.3	79.0	41.1	78.0	71.4	78.2	78.8
13	47.5	47.7	47.7	52.7	52.7	47.8	51.3	50.4	53.4	53.2
14	84.1	84.4	85.2	85.9	85.9	84.3	84.7	84.7	87.4	87.0
15	19.9	21.8	25.4	32.6	31.8	33.7	31.7	32.8	32.6	32.8
16	33.4	33.7	32.7	26.2	25.4	21.8	24.6	25.4	25.0	25.5
17	57.6	57.7	56.2	50.3	50.2	57.6	49.5	52.0	50.9	52.0
18	15.3	15.6	17.2	10.2	10.2	15.6	9.5	9.8	9.8	10.2
19	19.6	19.9	19.4	19.7	19.7	19.9	19.0	19.7	19.8	19.8
20	78.0	79.1	76.2	74.8	74.8	79.3	72.9	78.8	74.8	75.2

续表

C	8-4-171[19]	8-4-172[35]	8-4-173[64]	8-4-174[65]	8-4-175[65]	8-4-176[44]	8-4-177[36]	8-4-178[37]	8-4-179[37]	8-4-180[37]
21	22.1	22.4	18.3	19.3	19.3	22.1	19.1	19.6	19.5	19.7
Ac							169.8			178.0
Me							21.3			21.3
1'	105.6	98.3	102.7	96.0	95.9	97.2	95.1	97.0	97.0	97.0
2'	76.1	38.2	71.4	37.0	37.2	37.5	35.6	36.5	36.5	36.5
3'	78.5	79.9	85.5	77.8	78.1	78.3	76.7	78.5	78.5	78.5
4'	72.0	84.3	76.8	83.0	82.9	83.7	82.1	83.8	83.8	83.8
5'	78.4	72.1	70.5	68.9	69.0	69.3	68.2	69.8	69.8	69.8
6'	62.9	19.2	17.7	18.3	18.6	18.8	18.1	18.4	18.4	18.4
OMe		57.7	59.0	58.8	58.9	59.1	57.8	58.4	58.4	58.4
1''	102.7	104.4	105.3	101.8	100.4	101.3	99.4	101.0	101.0	104.1
2''	71.5	75.3	76.3	37.1	37.4	37.3	35.6	36.4	36.4	74.4
3''	85.5	85.3	78.1	79.3	78.1	78.3	76.7	78.6	78.6	78.0
4''	76.8	75.9	71.8	83.3	83.3	83.5	82.3	84.0	84.0	83.6
5''	70.6	70.7	78.6	71.9	69.0	69.5	68.0	69.9	69.9	72.6
6''	17.7	18.3	63.1	18.6	18.6	18.9	18.1	18.0	18.0	18.6
OMe	58.6	60.6		57.3	59.0	59.2	57.9	58.2	58.2	
1'''	104.9	105.2	100.8	101.8	104.0	106.3	102.7	102.7	102.7	102.7
2'''	75.1	75.2	75.2	72.6	72.5	75.3	76.8	37.6	37.6	37.6
3'''	78.8	78.7	78.6	83.4	83.0	84.8	81.6	80.4	80.4	80.4
4'''	71.5	71.6	71.8	83.5	83.4	75.3	81.8	84.0	84.0	84.0
5'''	77.2	77.5	75.2	69.5	71.6	70.6	70.9	72.0	72.0	72.0
6'''	70.4	70.7	67.9	18.9	18.6	18.4	17.6	19.0	19.0	19.0
OMe				61.7	61.7	60.7	60.9	58.4	58.4	58.4
1''''	105.4	105.7	102.4	106.5	106.5	167.4	104.8	104.5	104.5	104.5
2''''	75.2	75.5	72.2	75.4	75.4	129.1	73.7	75.6	75.6	75.6
3''''	78.5	78.8	72.5	78.9	78.3	138.4	76.8	78.2	78.2	78.2
4''''	71.9	72.0	74.1	71.9	71.9	14.7	70.2	71.7	71.7	71.7
5''''	78.5	78.3	69.5	78.3	78.2	12.7	76.7	78.3	78.3	78.3
6''''	63.2	63.0	18.7	63.0	63.0		61.4	63.0	63.0	63.0
1'''''		167.5		166.0	166.0	105.0	165.6	168.8	169.5	169.0
2'''''		129.2		131.6	131.6	75.2	130.2	130.1	130.1	130.0
3'''''		138.3		129.9	129.9	79.9	129.3	138.6	138.2	138.8
4'''''		14.6		128.8	128.8	72.3	128.7	14.3	14.3	14.0
5'''''		12.6		133.0	133.0	78.9	133.4	12.0	12.0	12.3
6'''''				128.8	128.8	63.7	128.7			
7'''''				129.9	129.9		129.3			
1''''''				166.7	166.7				168.9	
2''''''				131.7	131.7				129.9	
3''''''				130.1	130.1				138.3	
4''''''				129.0	129.0				14.4	
5''''''				133.4	133.4				12.0	
6''''''				129.0	129.0					
7''''''				130.1	130.1					

表 8-4-37 孕甾烷类化合物 8-4-181~8-4-190 的名称、分子式和测试溶剂

编号	名称	分子式	测试溶剂	参考文献
8-4-181	boucerin-*β*-D-glucopyranosyl-(1→4)-6-deoxy-3-*O*-methyl-*β*-D-allopyranosyl-(1→4)-*β*-D-cymaropyranosyl-(1→4)-*β*-D-cymaropyranoside	$C_{48}H_{80}O_{19}$	M	[37]
8-4-182	12*β*-*O*-*o*-hydroxybenzoylboucerin-*β*-D-glucopyranosyl-(1→4)-6-deoxy-3-*O*-methyl-*β*-D-allopyranosyl-(1→4)-*β*-D-cymaropyranosyl-(1→4)-*β*-D-cymaropyranoside	$C_{55}H_{84}O_{21}$	M	[37]
8-4-183	12*β*-*O*-tigloy-20-*O*-acetylboucerin-*β*-D-glucopyranosyl-(1→4) -6-deoxy-3-*O*-methyl-*β*-D-allopyranosyl-(1→4)-*β*-D-cymaropyranosyl-(1→4)-*β*-D-cymaropyranoside	$C_{55}H_{88}O_{21}$	M	[37]
8-4-184	12*β*,20-*O*-ditigloylboucerin-*β*-D-glucopyranosyl-(1→4) -6-deoxy-3-*O*-methyl-*β*-D-allopyranosyl-(1→4)-*β*-D-cymaropyranosyl-(1→4)-*β*-D-cymaropyranoside	$C_{58}H_{92}O_{21}$	M	[37]
8-4-185	12*β*-*O*-tigloylboucerin-*β*-D-glucopyranosyl-(1→4)-6-deoxy-3-*O*-methyl-*β*-D-allopyranosyl-(1→4)-*β*-D-cymaropyranosyl-(1→4)-*β*-D-cymaropyranoside	$C_{53}H_{86}O_{20}$	M	[37]
8-4-186	12*β*-*O*-tigloylboucerin-*β*-D-glucopyranosyl-(1→4)-*β*-D-thevetopyranosyl-(1→4)-*β*-D-cymaropyranosyl-(1→4)-*β*-D-cymaropyranoside	$C_{53}H_{86}O_{20}$	M	[37]
8-4-187	12*β*,20-*O*-ditigloylboucerin-*β*-D-glucopyranosyl-(1→4)-*β*-D-thevetopyranosyl-(1→4)-*β*-D-cymaropyranosyl-(1→4)-*β*-D-cymaropyranoside	$C_{58}H_{92}O_{21}$	M	[37]
8-4-188	12*β*-*O*-*o*-hydroxybenzoylboucerin-*β*-D-glucopyranosyl-(1→4)-*β*-D-thevetopyranosyl-(1→4)-*β*-D-cymaropyranosyl-(1→4)-*β*-D-cymaropyranoside	$C_{55}H_{84}O_{21}$	M	[37]
8-4-189	12*β*-*O*-acetylboucerin-*β*-D-glucopyranosyl-(1→4)-*β*-D-thevetopyranosyl-(1→4)-*β*-D-cymaropyranosyl-(1→4)-*β*-D-cymaropyranoside	$C_{50}H_{82}O_{20}$	M	[37]
8-4-190	caratuberside G	$C_{62}H_{88}O_{21}$	M	[49]

表 8-4-38 化合物 8-4-181~8-4-190 的 ^{13}C NMR 化学位移数据[37,49]

C	**8-4-181**	**8-4-182**	**8-4-183**	**8-4-184**	**8-4-185**	**8-4-186**	**8-4-187**	**8-4-188**	**8-4-189**	**8-4-190**
1	38.2	38.3	38.2	38.3	38.3	38.3	38.3	38.3	38.3	38.3
2	30.6	30.4	30.6	30.4	30.6	30.6	30.4	30.4	30.4	30.6
3	80.0	79.0	80.0	79.0	79.2	79.2	79.0	79.0	79.0	79.0
4	39.5	39.8	39.5	39.7	39.6	39.6	39.7	39.8	39.8	39.8
5	140.5	141.0	140.5	141.0	141.0	141.0	141.0	141.0	141.0	140.6
6	122.8	123.2	122.8	123.0	123.1	123.1	123.0	123.2	123.2	123.1
7	28.3	28.0	28.3	27.9	27.9	27.9	27.9	28.0	28.0	28.1
8	38.4	37.2	38.4	37.8	37.4	37.4	37.8	37.2	37.2	37.7
9	44.5	44.7	44.5	44.6	44.6	44.6	44.6	44.7	44.7	44.7
10	38.0	37.6	38.0	38.0	37.6	37.6	38.0	37.6	37.6	38.4
11	26.5	26.7	26.5	27.1	26.8	26.8	27.1	26.7	26.7	27.4
12	78.8	78.8	78.8	78.2	79.0	79.0	78.2	78.8	78.8	79.0
13	53.2	53.8	53.2	53.4	53.8	53.8	53.4	53.8	53.8	53.6
14	87.0	87.5	87.0	87.4	87.5	87.5	87.4	87.5	87.5	87.5
15	32.8	33.4	32.8	32.6	33.3	33.3	32.6	33.4	33.4	32.8
16	25.5	26.0	25.5	25.0	26.5	26.5	25.0	26.0	26.0	25.2

续表

C	8-4-181	8-4-182	8-4-183	8-4-184	8-4-185	8-4-186	8-4-187	8-4-188	8-4-189	8-4-190
17	52.0	53.3	52.0	50.9	53.4	53.4	50.9	53.3	53.3	51.0
18	10.2	11.0	10.2	9.8	10.0	10.0	9.8	11.0	11.0	10.1
19	19.8	19.6	19.8	19.8	19.6	19.6	19.8	19.6	19.6	19.8
20	75.2	71.3	75.2	74.8	71.7	71.7	74.8	71.3	71.3	75.7
21	19.7	23.0	19.7	19.5	22.8	22.8	19.5	23.0	23.0	19.7
OAc			178.0						178.0	
Me			21.3						21.2	
1'	97.2	97.2	97.2	97.2	97.2	97.0	97.0	97.0	97.0	97.3
2'	36.5	36.5	36.5	36.5	36.5	36.2	36.2	36.2	36.2	36.6
3'	78.0	78.0	78.0	78.0	78.0	78.5	78.5	78.5	78.5	78.7
4'	83.4	83.4	83.4	83.4	83.4	83.8	83.8	83.8	83.8	83.8
5'	69.8	69.8	69.8	69.8	69.8	69.8	69.8	69.8	69.8	69.9
6'	18.5	18.5	18.5	18.5	18.5	18.4	18.4	18.4	18.4	18.5
OMe	58.5	58.5	58.5	58.5	58.5	58.4	58.4	58.4	58.4	58.4
1''	101.4	101.4	101.4	101.4	101.4	101.4	101.4	101.4	101.4	101.2
2''	36.3	36.3	36.3	36.3	36.3	36.4	36.4	36.4	36.4	36.4
3''	78.4	78.4	78.4	78.4	78.4	78.6	78.6	78.6	78.6	78.6
4''	84.0	84.0	84.0	84.0	84.0	84.2	84.2	84.2	84.2	83.8
5''	70.0	70.0	70.0	70.0	70.0	69.9	69.9	69.9	69.9	70.0
6''	18.2	18.2	18.2	18.2	18.2	18.4	18.4	18.4	18.4	18.2
OMe	58.6	58.6	58.6	58.6	58.6	58.6	58.6	58.6	58.6	58.5
1'''	103.5	103.5	103.5	103.5	103.5	106.0	106.0	106.0	106.0	103.9
2'''	72.3	72.3	72.3	72.3	72.3	74.9	74.9	74.9	74.9	72.6
3'''	83.1	83.1	83.1	83.1	83.1	86.1	86.1	86.1	86.1	83.2
4'''	84.0	84.0	84.0	84.0	84.0	82.4	82.4	82.4	82.4	84.1
5'''	72.0	72.0	72.0	72.0	72.0	72.4	72.4	72.4	72.4	70.1
6'''	18.5	18.5	18.5	18.5	18.5	18.4	18.4	18.4	18.4	18.8
OMe	61.5	61.5	61.5	61.5	61.5	61.0	61.0	61.0	61.0	62.0
1''''	106.0	106.0	106.0	106.0	106.0	102.9	102.9	102.9	102.9	106.2
2''''	75.5	75.5	75.5	75.5	75.5	75.7	75.7	75.7	75.7	75.5
3''''	77.8	77.8	77.8	77.8	77.8	78.0	78.0	78.0	78.0	78.0
4''''	71.8	71.8	71.8	71.8	71.8	71.8	71.8	71.8	71.8	71.9
5''''	78.0	78.0	78.0	78.0	78.0	78.3	78.3	78.3	78.3	78.1
6''''	62.8	62.8	62.8	62.8	62.8	63.0	63.0	63.0	63.0	63.1
1'''''		173.0	169.0	169.5	169.9	169.9	169.5	173.0	173.0	167.5
2'''''		112.0	130.0	130.1	130.9	130.9	130.1	112.0	112.0	132.0
3'''''		161.5	138.8	138.2	139.0	139.0	138.2	161.5	161.5	130.3
4'''''		119.4	14.0	14.3	14.0	14.0	14.3	119.4	119.4	129.5
5'''''		120.7	12.3	12.0	12.0	12.0	12.0	120.7	120.7	134.0
6'''''		131.2						131.2	131.2	129.5
7'''''		138.3						138.3	138.3	130.3
1''''''				168.9			168.9			168.0
2''''''				129.9			129.9			132.0
3''''''				138.3			138.3			130.7
4''''''				14.4			14.4			129.8
5''''''				12.0			12.0			134.4
6''''''										129.8
7''''''										130.7

表 8-4-39 孕甾烷类化合物 8-4-191~8-4-200 的名称、分子式和测试溶剂

编号	名称	分子式	测试溶剂	参考文献
8-4-191	stemucronatoside G	$C_{55}H_{88}O_{23}$	P	[50]
8-4-192	12*β*,20-*O*-ditigloylboucerin-3-*O*-*β*-D-glucopyranosyl-(1→4)-6-deoxy-3-*O*-methyl-*β*-D-allopyranosyl-(1→4)-*β*-D-oleandropyranosyl-(1→4)-*β*-D-cymaropyranoside	$C_{58}H_{92}O_{21}$	M	[37]
8-4-193	sarcostin-3-*O*-*α*-L-cymaropyranosyl-(1→4)-*β*-D-oleandropyranosyl-(1→4)-*β*-D-cymaropyranosyl-(1→4)-3-*O*-*β*-D-cymaropyranoside	$C_{49}H_{82}O_{18}$	C	[17]
8-4-194	sarcostin-3-*O*-*β*-D-oleandropyranosyl-(1→4)-*β*-D-oleandropyranosyl-(1→4)-*β*-D-cymaropyranosyl-(1→4)-3-*O*-*β*-D-cymaropyranoside	$C_{49}H_{82}O_{18}$	C	[17]
8-4-195	calogenin-3-*O*-*β*-D-glucopyranosyl-(1→6)-*β*-D-glucopyranosyl-(1→4)-*β*-D-3-*O*-methylfucopyranoside-20-*O*-*β*-D-glucopyranoside	$C_{46}H_{76}O_{22}$	M	[37]
8-4-196	stelmatocryptonoside B	$C_{46}H_{76}O_{21}$	M	[56]
8-4-197	reticulin	$C_{48}H_{80}O_{17}$	C	[38]
8-4-198	umbelloside Ⅰ	$C_{49}H_{82}O_{17}$	P	[19]
8-4-199	umbelloside Ⅱ	$C_{55}H_{90}O_{19}$	P	[19]
8-4-200	umbelloside Ⅲ	$C_{56}H_{86}O_{18}$	P	[19]

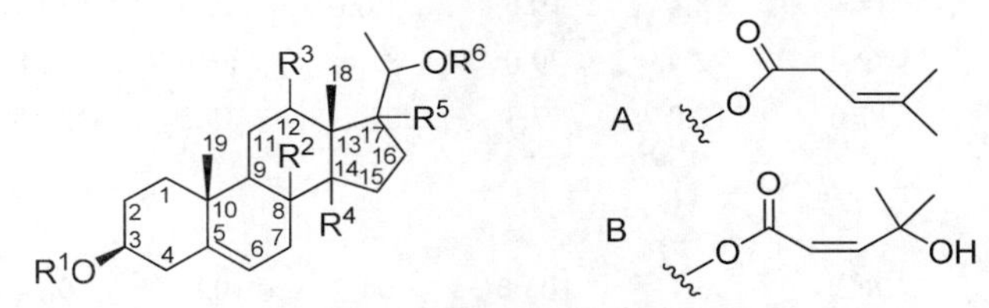

8-4-191 R^1=*β*-D-Glu(1→4)-6-去氧-3-*O*-Me-*β*-D-All-(1→4)-*β*-D-Cym-(1→4)-*β*-D-Cym;
R^3=*β*-OAc; R^2=R^4=R^5=*β*-OH; R^6=Tig

8-4-192 R^1=*β*-D-Glu(1→4)-6-去氧-3-*O*-Me-*β*-D-All-(1→4)-*β*-D-Ole-(1→4)-*β*-D-Cym;
R^3=*β*-*O*-Tig; R^2=R^4=R^5=H; R^6=Tig

8-4-193 R^1=*α*-L-Cym-(1→4)-*β*-D-Ole-(1→4)-*β*-D-Cym-(1→4)-*β*-D-Cym; R^2=R^3=R^4=R^5=*β*-OH; R^6=H

8-4-194 R_1=*β*-D-Ole-(1→4)-*β*-D-Ole-(1→4)-*β*-D-Cym-(1→4)-*β*-D-Cym; R^2=R^3=R^4=R^5=*β*-OH; R^6=H

8-4-195 R^1=*β*-D-Glu-(1→6)-*β*-D-Glu-(1→4)-*β*-D-3-*O*-Me-Fuc; R^2= R^3=R^5=H; R^4=*β*-OH; R^6=*β*-D-Glu

8-4-196 R^1=R^2= R^3= R^4= R^5=H; R^6=*β*-D-Glu-(1→6)-*β*-D-Glu-(1→6)-*β*-D-Glu-(1→2)-*β*-D-Dig

8-4-197 R^1=*β*-D-Cym-(1→4)-*α* -D-3-Me-Gal-(1→4)-*β*-D-Dig-(1→4)-*β*-D-Cym; R^2=R^3=R^5=R^6=H; R^4=*β*-OH;

8-4-198 R^1=*β*-D-6-去氧-3-*O*-Me-All-(1→4)-*β*-D-Ole-(1→4)-*β*-D-Cym-(1→4)-*β*-D-Cym;
R^2=H; R^3=R^4=*β*-OH; R^5= R^6=H

8-4-199 R^1=*β*-D-6-去氧-3-*O*-Me-All-(1→4)-*β*-D-Ole-(1→4)-*β*-D-Cym-(1→4)-*β*-D-Cym;
R^2=H; R^3=B; R^4=*β*-OH; R^5=R^6=H

8-4-200 R^1=*β*-D-6-去氧-3-*O*-Me-All-(1→4)-*β*-D-Ole-(1→4)-*β*-D-Cym-(1→4)-*β*-D-Cym;
R^2=H; R^3=BzO; R^4=*β*-OH; R^5= R^6=H

8-4-201 R^1=*β*-D-6-去氧-3-*O*-Me-All-(1→4)-*β*-D-Ole-(1→4)-*β*-D-Cym-(1→4)-*β*-D-Cym;
R^2=H; R^3=A; R^4=*β*-OH; R^5= R^6=H

8-4-202 R^1=*β*-D-Glu-(1→4)-*β*-D-6-去氧-3-*O*-Me-The-(1→4)-*β*-D-Cym-(1→4)-*β*-D-Cym;
R^2=R^3=R^4=R^5=*β*-OH; R^6=H

表 8-4-40 化合物 8-4-191~8-4-200 的 ^{13}C NMR 化学位移数据

C	8-4-191[50]	8-4-192[37]	8-4-193[17]	8-4-194[17]	8-4-195[37]	8-4-196[56]	8-4-197[38]	8-4-198[19]	8-4-199[19]	8-4-200[19]
1	38.6	38.3	39.0	39.0	38.5	37.7	36.1	37.5	37.5	37.5
2	29.7	30.4	29.1	29.1	30.6	32.5	29.1	30.4	30.4	30.4
3	77.8	79.0	78.0	78.0	80.0	71.3	75.8	77.5	77.5	77.5
4	39.1	39.7	38.9	38.9	39.5	43.4	38.9	39.4	39.4	39.4
5	139.0	141.0	139.8	139.8	141.0	141.7	140.7	139.8	139.8	139.8
6	119.2	123.0	118.4	118.4	123.8	121.4	121.1	122.7	122.5	122.7
7	34.7	27.9	34.6	34.6	28.1	32.5	29.1	28.0	27.8	28.0
8	74.1	37.8	73.8	73.8	37.8	31.9	33.3	37.1	36.9	37.1
9	43.8	44.6	43.8	43.8	47.7	50.3	53.0	44.4	43.8	44.4
10	37.1	38.0	37.0	37.0	37.8	36.8	38.4	37.5	37.5	37.5
11	25.4	27.1	28.6	28.6	21.1	21.1	22.2	30.6	26.8	26.8
12	74.3	78.2	70.9	70.9	41.3	39.1	36.4	73.8	77.8	78.6
13	56.6	53.4	57.8	57.8	47.0	41.5	50.5	54.7	53.1	53.3
14	88.6	87.4	87.8	87.8	86.0	58.1	87.1	84.5	84.2	84.3
15	33.6	32.6	33.5	33.5	33.8	26.9	31.3	33.9	33.8	33.8
16	33.6	25.0	32.5	32.5	20.5	24.4	28.7	18.9	18.9	18.8
17	87.4	50.9	88.0	88.0	57.9	56.6	53.8	51.7	52.0	52.2
18	11.0	9.8	10.1	10.1	15.0	12.6	13.6	8.9	89.8	10.0
19	17.9	19.8	18.4	18.4	19.6	19.6	15.7	19.7	19.5	19.5
20	74.8	74.8	72.4	72.4	79.0	81.6	66.6	65.8	65.3	65.4
21	15.2	19.5	17.0	17.0	17.3	23.2	19.2	22.8	22.8	22.8
OAc	171.1									
Me	22.0									
1'	96.2	97.6	96.1	96.1	103.0	104.3	102.4	96.4	96.4	96.4
2'	37.1	36.3	35.8	35.8	71.7	76.1	36.4	37.3	37.3	37.3
3'	77.9	78.7	77.1	77.1	85.8	85.3	77.2	78.1	78.1	78.1
4'	83.2	84.0	82.5	82.5	74.7	68.2	85.2	83.4	83.4	83.4
5'	68.9	69.7	68.4	68.4	71.4	70.6	70.9	69.1	69.1	69.1
6'	18.3	18.4	18.2	18.2	17.3	17.3	18.6	18.5	18.5	18.5
OMe	58.7	58.5	58.5	58.5	58.3	56.6	60.0	58.8	58.8	58.8
1''	100.2	103.0	99.7	99.7	104.4	104.3	99.3	100.4	100.4	100.4
2''	36.8	37.5	35.6	35.6	76.0	75.1	39.3	37.1	37.1	37.1
3''	77.5	79.2	77.1	77.1	77.7	78.1	68.4	77.8	77.8	77.8
4''	82.8	84.0	82.5	82.5	71.2	71.3	81.7	83.2	83.2	83.2
5''	69.1	72.6	68.6	68.6	76.5	77.2	67.4	69.0	69.0	69.0
6''	18.4	19.0	18.2	18.2	70.0	69.8	17.4	18.5	18.5	18.5
OMe	58.8	59.0	59.0	59.0				58.9	58.9	58.9
1'''	104.6	102.3	101.4	101.4	104.2	105.1	103.7	101.9	101.9	101.9
2'''	74.6	72.6	36.1	36.1	75.3	75.5	75.9	37.5	37.5	37.5
3'''	85.7	83.2	78.8	78.8	78.2	77.0	86.0	79.3	79.3	79.3
4'''	82.9	84.2	81.4	81.4	71.6	71.9	77.2	82.8	82.8	82.8
5'''	71.8	73.0	71.7	71.7	78.1	76.7	71.4	72.1	72.1	72.1

续表

C	8-4-191[50]	8-4-192[37]	8-4-193[17]	8-4-194[17]	8-4-195[37]	8-4-196[56]	8-4-197[38]	8-4-198[19]	8-4-199[19]	8-4-200[19]
6'''	18.5	18.4	18.4	18.4	62.4	70.0	63.1	18.9	18.9	18.9
OMe	60.4	61.7	58.5	58.5			60.0	57.1	57.1	57.1
1''''	105.8	106.6	96.9	100.2	104.5	105.5	103.0	101.9	101.9	101.9
2''''	75.6	75.6	31.0	35.5	75.3	75.1	38.4	73.3	73.3	73.3
3''''	78.5	78.0	75.1	80.8	77.6	78.2	79.1	84.0	84.0	84.0
4''''	71.8	71.8	72.2	75.5	71.7	71.4	73.3	74.6	74.6	74.6
5''''	78.0	78.3	65.3	71.7	78.2	78.3	73.3	71.1	71.1	71.1
6''''	62.9	62.9	17.8	17.9	62.4	62.5	17.8	18.6	18.6	18.6
OMe			58.4	58.3			57.6	62.0	62.0	62.0
1'''''	167.0	169.5							166.9	166.9
2'''''	129.2	130.1							120.9	131.6
3'''''	137.6	138.2							153.6	129.9
4'''''	14.1	14.3							81.1	129.1
5'''''	12.0	12.0							24.6	133.4
6'''''									24.6	129.1
7'''''										129.9
1''''''		168.9								
2''''''		129.9								
3''''''		138.3								
4''''''		14.4								
5''''''		12.0								

表 8-4-41 孕甾烷类化合物 8-4-201~8-4-210 的名称、分子式和测试溶剂

编号	名称	分子式	测试溶剂	参考文献
8-4-201	umbelloside Ⅳ	$C_{55}H_{90}O_{18}$	P	[19]
8-4-202	mucronatoside F	$C_{48}H_{80}O_{21}$	P	[48]
8-4-203	cynanoside B	$C_{47}H_{72}O_{20}$	P	[42]
8-4-204	cynanoside D	$C_{47}H_{70}O_{19}$	P	[42]
8-4-205	12-*O*-acetyl-20-*O*-benzoyl-(8,14,18-orthoacetate)-dihydrosarcostin-3-*O*-*β*-D-glucopyranosyl-(1→4)-*β*-D-thevetopyranosyl-(1→4)-*O*-*β*-D-oleandropyranosyl-(1→4) -*O*-*β*-D-cymaropyranoside	$C_{60}H_{92}O_{23}$	P	[57]
8-4-206	12-*O*-acetyl-20-*O*-benzoyl-(14,17,18-orthoacetate)-dihydrosarcostin-3-*O*-*β*-D-glucopyranosyl-(1→4)-*β*-D-thevetopyranosyl-(1→4)-*O*-*β*-D-oleandropyranosyl-(1→4)-*O*-*β*-D-cymaropyranoside	$C_{59}H_{88}O_{24}$	P	[57]
8-4-207	baseonemoside C	$C_{46}H_{76}O_{18}$	M	[57]
8-4-208	baseonemoside A	$C_{47}H_{78}O_{18}$	C	[66]
8-4-209	cynanoside F	$C_{48}H_{74}O_{21}$	P	[42]
8-4-210	cynanoside I	$C_{48}H_{74}O_{20}$	P	[42]

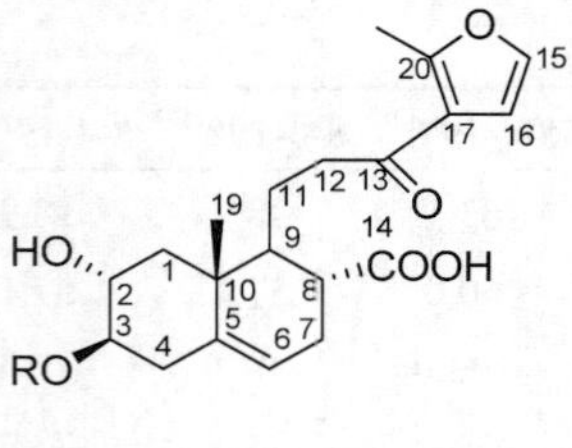

8-4-203 R=β-D-Glu-(1→4)-β-D-Cym-(1→4)-α-L-Dig-(1→4)-β-D-Cym

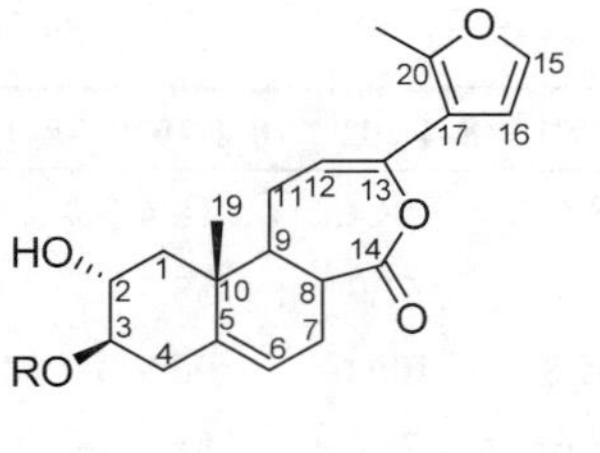

8-4-204 R=β-D-Glu-(1→4)-β-D-Cym-(1→4)-α-L-Dig-(1→4)-β-D-Cym

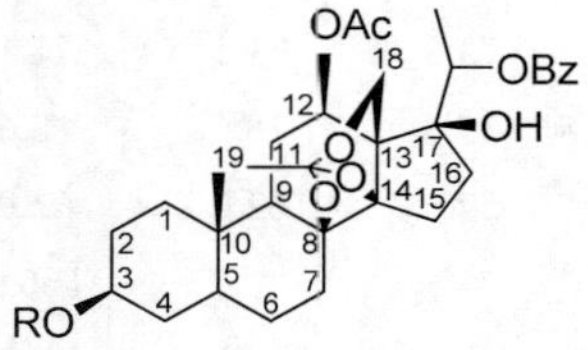

8-4-205 R=β-D-Glu-(1→4)-β-D-The-(1→4)-β-D-Ole-(1→4)-β-D-Cym

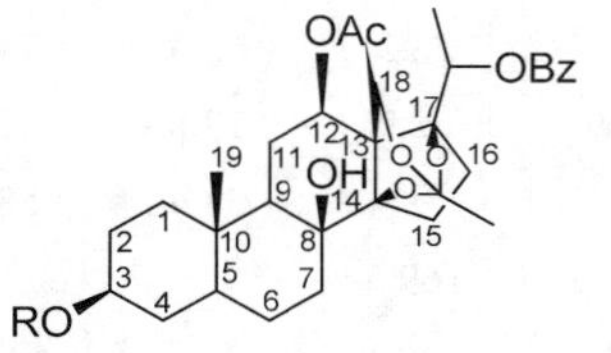

8-4-206 R=β-D-Glu-(1→4)-β-D-The-(1→4)-β-D-Ole-(1→4)-β-D-Cym

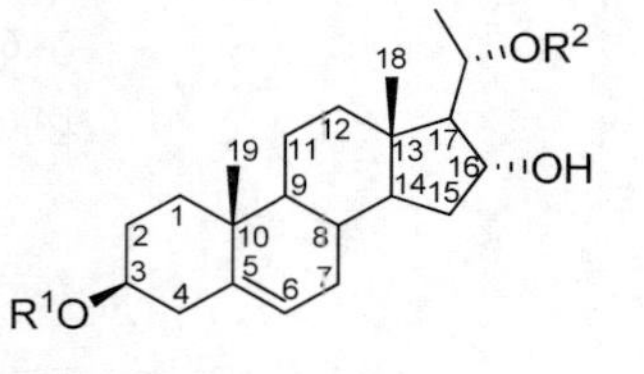

8-4-207 R^1=β-D-Cym-(1→4)-β-D-Dig; R^2=β-D-Glu-(1→2)-β-D-6-去氧-Glu

8-4-208 R^1=β-D-Cym-(1→4)-β-D-Dig; R^2=β-D-Glu-(1→2)-β-D-Dig

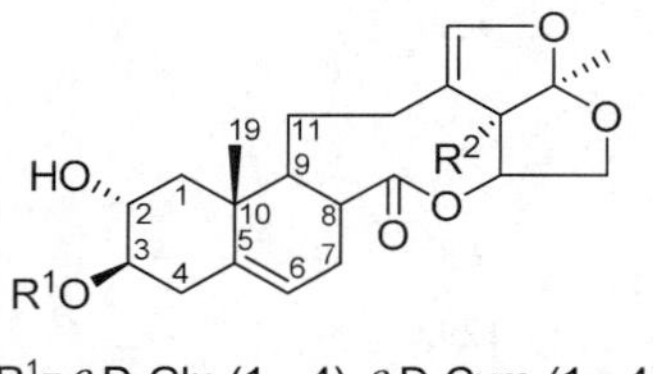

8-4-209 R^1=β-D-Glu-(1→4)-β-D-Cym-(1→4)-α-L-Dig-(1→4)-β-D-Cym; R^2=β-OH

8-4-210 R^1=β-D-Glu-(1→4)-β-D-Cym-(1→4)-α-L-Dig-(1→4)-β-D-Cym; R^2=H

表 8-4-42 化合物 8-4-201~8-4-210 的 ^{13}C NMR 化学位移数据

C	8-4-201[19]	8-4-202[48]	8-4-203[42]	8-4-204[42]	8-4-205[57]	8-4-206[57]	8-4-207[57]	8-4-208[66]	8-4-209[42]	8-4-210[42]
1	37.5	39.2	45.0	45.0	37.7	37.8	39.4	37.2	44.9	44.8
2	30.3	29.2	70.0	70.0	29.5	29.5	31.7	29.5	70.0	70.0
3	77.4	78.0	85.2	85.2	75.4	76.5	77.5	77.7	85.3	85.4
4	39.3	39.5	37.6	37.3	34.2	34.4	40.4	38.8	37.6	37.6
5	139.7	139.3	140.0	139.4	44.9	45.2	136.9	140.6	139.7	139.8
6	122.5	119.9	120.9	121.0	25.0	24.7	118.7	121.5	120.9	120.8
7	27.8	35.5	30.5	28.3	34.2	34.4	33.8	31.7	28.6	28.5
8	36.9	74.2	43.0	38.3	82.5	76.0	33.3	31.1	40.3	40.3
9	43.8	44.7	48.3	55.1	46.2	46.8	51.4	49.7	52.8	53.1
10	37.5	37.4	39.5	40.1	36.6	36.5	38.5	36.7	39.5	39.5
11	26.7	30.1	23.5	23.0	24.9	24.9	23.0	20.4	30.7	30.1
12	77.5	70.9	42.3	110.5	73.4	75.2	40.7	38.8	20.8	23.8
13	53.1	58.8	196.0	145.3	53.0	57.3	44.2	42.8	119.0	114.4
14	84.3	89.0	178.9	173.5	94.4	88.1	54.9	53.6	175.5	175.4
15	33.7	34.7	140.7	141.3	32.5	33.9	35.9	34.2	67.2	67.8
16	18.6	34.3	110.7	109.7	33.9	32.3	75.5	76.1	82.1	75.6

续表

C	8-4-201[19]	8-4-202[48]	8-4-203[42]	8-4-204[42]	8-4-205[57]	8-4-206[57]	8-4-207[57]	8-4-208[66]	8-4-209[42]	8-4-210[42]
17	52.0	89.1	121.6	115.7	86.5	90.2	67.9	66.9	92.5	56.2
18	9.8	11.5			60.5	61.0	16.0	13.7	144.7	143.9
19	19.5	18.5	19.3	20.5	12.0	12.9	21.3	19.3	19.0	19.0
20	65.4	73.2	157.9	150.0	73.4	73.8	80.4	81.3	119.8	118.6
21	22.8	17.9	14.2	13.6	15.2	15.5	24.5	22.5	20.7	24.8
OAc					170.9	170.7				
					21.9	21.9				
1'	96.4	96.4	97.5	97.5	96.0	96.0	94.5	95.6	97.5	97.5
2'	37.3	37.0	35.2	35.2	37.3	37.3	38.9	37.2	35.2	35.2
3'	78.1	78.1	77.5	77.5	77.9	77.9	67.3	66.4	77.5	77.5
4'	83.4	83.1	82.1	82.1	83.6	83.6	81.8	82.6	82.1	82.1
5'	69.1	69.3	69.6	69.6	68.9	68.9	68.4	67.9	69.6	69.6
6'	18.5	18.4	18.4	18.4	18.5	18.5	20.1	18.2	18.4	18.4
OMe	58.8	58.9	57.4	57.4	58.9	58.9			57.4	57.4
1"	100.4	100.4	101.1	101.1	101.9	101.9	97.9	98.1	101.1	101.1
2"	37.1	37.3	32.4	32.4	37.0	37.0	36.2	33.8	32.4	32.4
3"	77.8	77.7	74.6	74.6	79.2	79.2	77.5	77.3	74.6	74.6
4"	83.2	83.0	73.6	73.6	83.1	83.1	71.9	72.3	73.6	73.6
5"	69.0	69.0	67.6	67.6	72.0	72.0	70.2	70.9	67.6	67.6
6"	18.5	18.6	17.9	17.9	18.8	18.8	20.3	18.3	17.9	17.9
OMe	58.9	59.0	55.4	55.4	57.3	57.3	57.6	57.4	55.4	55.4
1'''	101.9	104.8	99.3	99.3	104.1	104.1	101.3	102.6	99.3	99.3
2'''	37.5	74.8	36.2	36.2	75.2	75.2	78.6	77.1	36.2	36.2
3'''	79.3	85.9	78.1	78.1	88.2	88.2	73.0	84.0	78.1	78.1
4'''	82.8	83.4	83.0	83.0	76.0	76.0	74.5	67.5	83.0	83.0
5'''	72.1	72.0	69.6	69.6	72.8	72.8	70.8	70.3	69.6	69.6
6'''	18.9	18.7	18.5	18.5	18.7	18.7	18.5	16.5	18.5	18.5
OMe	57.1	60.6	58.6	58.6	60.5	60.5		57.0	58.6	58.6
1''''	101.9	106.0	106.5	106.5	104.9	104.9	101.7	103.5	106.5	106.5
2''''	73.3	75.8	75.4	75.4	74.9	74.9	74.2	74.0	75.4	75.4
3''''	84.0	78.7	78.4	78.4	78.7	78.7	76.5	77.3	78.4	78.4
4''''	74.6	72.0	71.9	71.9	71.8	71.8	69.7	69.1	71.9	71.9
5''''	71.1	78.1	78.4	78.4	78.0	78.0	76.8	76.4	78.4	78.4
6''''	18.6	63.1	63.0	63.0	63.1	63.1	61.8	61.2	63.0	63.0
OMe	62.0									
1'''''	172.2				166.0	165.7				
2'''''	34.8				131.2	130.9				
3'''''	117.2				129.9	130.1				
4'''''	135.3				129.0	129.2				
5'''''	25.6				133.4	133.7				
6'''''	18.0				129.0	129.2				
7'''''					129.9	130.1				

续表

C	8-4-201[19]	8-4-202[48]	8-4-203[42]	8-4-204[42]	8-4-205[57]	8-4-206[57]	8-4-207[57]	8-4-208[66]	8-4-209[42]	8-4-210[42]
8'''''										
9'''''										
Ortho					117.8	108.6				
Me					24.5	24.7				

表 8-4-43 孕甾烷类化合物 8-4-211~8-4-220 的名称、分子式和测试溶剂

编号	名称	分子式	测试溶剂	参考文献
8-4-211	12-*β*-*O*-acetyl-20-*O*-benzoyl-tomentogenin-*β*-glucopyranosyl-(1→4)-*β*-glucopyranosyl-(1→4)-*β*-oleandropyranosyl-(1→4)-oleandropyranoside	$C_{56}H_{86}O_{23}$	M	[33]
8-4-212	12-*β*-*O*-acetyl-20-*O*-benzoyl-tomentogenin-*β*-glucopyranosyl-(1→4)-*β*-glucopyranosyl-(1→4)-*β*-thevetopyranosyl-(1→4)-oleandropyranoside	$C_{56}H_{86}O_{24}$	M	[33]
8-4-213	bouceroside AI	$C_{62}H_{90}O_{21}$	P	[65]
8-4-214	bouceroside BI	$C_{62}H_{90}O_{21}$	P	[65]
8-4-215	12-*β*-*O*-acetyl-20-*O*-benzoyl-tomentogenin-*β*-glucopyranosyl-(1→4)-6-deoxy-3-*O*-methyl-*β*-allopyranosyl-(1→4)-*β*-oleandropyranosyl-(1→4)-*β*-cymaropyranoside	$C_{57}H_{88}O_{22}$	M	[33]
8-4-216	12-*β*-*O*-acetyl-20-*O*-methylbutyryl-tomentogenin-*β*-glucopyranosyl-(1→4)-6-deoxy-3-*O*-methyl-*β*-allopyranosyl-(1→4)-*β*-oleandropyranosyl-(1→4)-*β*-cymaropyranoside	$C_{55}H_{92}O_{22}$	M	[33]
8-4-217	12-*β*-*O*-acetyl-20-*O*-benzoyl-tomentogenin-*β*-glucopyranosyl-(1→6)-*β*-glucopyranosyl-(1→4)-*β*-oleandropyranosyl-(1→4)-*β*-cymaropyranoside	$C_{56}H_{86}O_{23}$	M	[33]
8-4-218	12-*β*-*O*-acetyl-20-*O*-methylbutyryl-tomentogenin-*β*-glucopyranosyl-(1→6)-*β*-glucopyranosyl-(1→4)-*β*-oleandropyranosyl-(1→4)-*β*-cymaropyranoside	$C_{54}H_{90}O_{23}$	M	[33]
8-4-219	12-*β*-*O*-acetyl-20-*O*-methylbutyryl-tomentogenin-*β*-glucopyranosyl-(1→6)-*β*-glucopyranosyl-(1→4)-*β*-oleandropyranosyl-(1→4)-*β*-cymaropyranoside	$C_{54}H_{90}O_{23}$	M	[33]
8-4-220	12-*β*-*O*-acetyl-20-*O*-benzoyl-tomentogenin-*β*-glucopyranosyl-(1→4)-*β*-thevetopyranosyl-(1→4)-*β*-oleandropyranosyl-(1→4)-*β*-cymaropyranoside	$C_{57}H_{88}O_{22}$	M	[33]

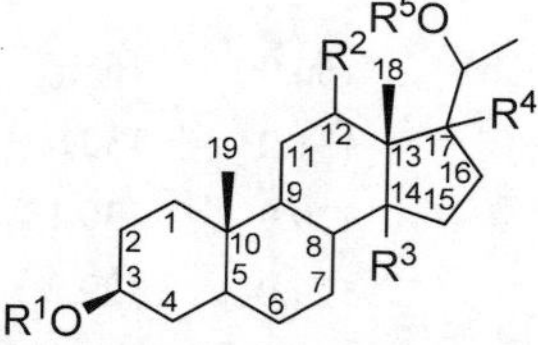

8-4-211 R^1=*β*-D-Glu-(1→6)-*β*-D-Glu-(1→4)-*β*-D-Ole-(1→4)-*β*-D-Ole; R^2=*β*-OAc; R^3= R^4=*β*-OH; R^5=Bz

8-4-212 R^1=*β*-D-Glu-(1→6)-*β*-D-Glu-(1→4)-*β*-D-The-(1→4)-*β*-D-Ole; R^2=*β*-OAc; R^3= R^4=*β*-OH; R^5=Bz

8-4-213 R^1=*β*-D-Glu-(1→4)-6-去氧-3-*O*-Me-*β*-D-All-(1→4)-*β*-D-Ole-(1→4)-*β*-D-Cym; R^2=*β*-OBz; R^3=*β*-OH; R^4=H; R^5=Bz

8-4-214 R^1=*β*-D-Glu-(1→4)-6-去氧-3-*O*-Me-*β*-D-All-(1→4)-*β*-D-Cym-(1→4)-*β*-D-Cym;
R^2=*β*-OBz; R^3=*β*-OH; R^4=H; R^5=Bz

8-4-215 R^1=*β*-D-Glu-(1→4)-6-去氧-3-*O*-Me-*β*-D-All-(1→4)-*β*-D-Ole-(1→4)-*β*-D-Cym;
R^2=*β*-OAc; R^3= R^4=*β*-OH; R^5=Bz

8-4-216 R^1=*β*-D-Glu-(1→4)-6-去氧-3-*O* -Me-*β*-D-All-(1→4)-*β*-D-Ole-(1→4)-*β*-D-Cym;
R^2=*β*-OAc; R^3= R^4=*β*-OH; R^5=MeBut

8-4-217 R^1=*β*-D-Glu-(1→6)-*β*-D-Glu-(1→4)-*β*-D-Ole-(1→4)-*β*-D-Cym; R^2=*β*-OAc; R^3= R^4=*β*-OH; R^5=Bz

8-4-218 R^1=*β*-D-Glu-(1→6)-*β*-D-Glu-(1→4)-*β*-D-Ole-(1→4)-*β*-D-Cym; R^2=*β*-OAc; R^3= R^4=*β*-OH; R^5=MeBut

8-4-219 R^1=*β*-D-Glu-(1→6)-*β*-D-Glu-(1→4)-*β*-D-Ole-(1→4)-*β*-D-Cym; R^2=*β*-OAc; R^3= R^4=*β*-OH; R^5=^{i}Val

8-4-220 R^1=*β*-D-Glu-(1→4)-*β*-D-The-(1→4)-*β*-D-Ole-(1→4)-*β*-D-Cym; R^2=Ac; R^3=R^4=*β*-OH; R^5=Bz

表 8-4-44 化合物 8-4-211~8-4-220 的 ^{13}C NMR 化学位移数据[33,65]

C	8-4-211	8-4-212	8-4-213	8-4-214	8-4-215	8-4-216	8-4-217	8-4-218	8-4-219	8-4-220
1	37.7	37.7	37.6	37.5	37.7	37.7	37.7	37.7	37.7	37.7
2	30.0	30.0	30.0	30.0	30.0	30.0	30.0	30.0	30.2	30.0
3	78.2	78.2	78.2	77.8	78.2	78.3	78.2	78.3	78.3	78.2
4	35.3	35.3	34.8	34.8	35.3	35.2	35.3	35.2	35.3	35.3
5	45.3	45.3	44.5	44.5	45.3	45.4	45.3	45.4	45.7	45.3
6	27.2	27.2	28.1	28.1	27.2	27.2	27.2	27.2	27.2	27.2
7	29.3	29.3	29.1	29.1	29.3	29.4	29.3	29.4	29.3	29.3
8	40.6	40.6	40.6	40.5	40.6	40.8	40.6	40.8	40.7	40.6
9	47.4	47.4	46.5	46.5	47.4	46.5	47.4	46.5	46.5	47.4
10	38.1	38.1	36.0	36.0	38.1	36.7	38.1	36.7	36.5	38.1
11	28.0	28.0	26.8	26.9	28.0	28.1	28.0	28.1	28.0	28.0
12	75.0	75.0	79.4	79.0	75.0	75.2	75.0	75.2	75.0	75.0
13	56.7	56.7	52.9	52.9	56.7	56.8	56.7	56.8	56.5	56.7
14	84.0	84.0	85.6	85.6	84.0	84.5	84.0	84.5	84.0	84.0
15	34.0	34.0	32.0	32.2	34.0	33.8	34.0	33.8	33.9	34.0
16	30.9	30.9	25.5	25.7	30.9	30.8	30.9	30.8	30.7	30.9
17	89.0	89.0	50.2	50.3	89.0	88.5	89.0	88.5	89.0	89.0
18	9.2	9.2	10.2	10.2	9.2	9.0	9.2	9.0	9.5	9.2
19	12.0	12.0	12.0	12.0	12.0	12.0	12.0	12.0	11.9	12.0
20	76.1	76.1	74.8	74.8	76.1	75.0	76.1	75.0	75.2	76.1
21	14.8	14.8	19.4	19.5	14.8	14.7	14.8	14.7	14.6	14.8
OAc	172.8	172.8			172.8	172.7	172.8	172.7	173.0	172.8
	21.7	21.7			21.7	21.9	21.7	21.9	22.0	21.7
1'	98.7	98.7	96.3	96.3	96.7	96.7	96.8	96.8	96.8	96.8
2'	37.7	37.8	37.2	37.0	36.5	36.5	36.4	36.4	36.4	36.5
3'	80.6	80.2	77.9	78.0	78.3	78.3	78.2	78.2	78.2	78.3
4'	83.9	84.2	82.9	82.8	83.7	83.7	83.6	83.6	83.6	83.6
5'	72.5	72.3	68.9	69.1	69.8	69.8	69.6	69.6	69.6	69.7

续表

C	8-4-211	8-4-212	8-4-213	8-4-214	8-4-215	8-4-216	8-4-217	8-4-218	8-4-219	8-4-220
6'	18.3	18.4	18.3	18.2	18.3	18.3	18.3	18.3	18.3	18.2
OMe	57.7	57.3	58.8	58.8	58.3	58.3	58.0	58.0	58.0	58.2
1''	101.4	104.2	101.7	100.3	102.4	102.4	102.5	102.5	102.5	102.5
2''	37.9	75.0	37.4	37.2	37.5	37.5	37.7	37.7	37.7	37.4
3''	80.6	86.2	79.4	78.1	80.3	80.3	80.0	80.0	80.0	80.2
4''	83.8	83.3	83.2	83.3	83.9	83.9	83.8	83.8	83.8	84.0
5''	72.5	72.5	71.9	69.1	72.4	72.4	72.4	72.4	72.4	72.5
6''	18.4	18.4	18.6	17.9	18.7	18.7	18.5	18.5	18.5	18.4
OMe	57.9	61.1	57.3	59.0	57.2	57.2	58.0	58.0	58.0	57.4
1'''	104.2	104.3	101.8	104.0	102.0	102.0	104.0	104.0	104.0	104.2
2'''	75.3	75.2	72.6	72.5	72.7	72.7	75.3	75.3	75.3	75.0
3'''	77.5	77.6	83.3	83.1	83.1	83.1	77.7	77.7	77.7	86.1
4'''	71.5	71.6	83.5	83.4	83.9	83.9	71.4	71.4	71.4	82.6
5'''	77.0	77.4	69.5	71.6	69.9	69.9	77.0	77.0	77.0	72.3
6'''	69.6	69.5	18.9	18.5	18.0	18.0	69.5	69.5	69.5	18.5
OMe			61.6	61.7	61.5	61.5				61.0
1''''	104.9	104.4	106.5	106.5	106.0	106.0	104.4	104.4	104.4	104.3
2''''	75.3	75.3	75.5	75.5	75.4	75.4	75.3	75.3	75.3	75.3
3''''	77.8	77.7	78.3	78.7	77.8	77.8	77.8	77.8	77.8	77.7
4''''	71.6	71.8	71.9	71.9	71.6	71.6	71.5	71.5	71.5	71.6
5''''	77.4	77.8	78.2	78.2	77.9	77.9	77.6	77.6	77.6	78.1
6''''	62.6	62.6	63.0	63.0	62.7	62.7	62.5	62.5	62.5	62.8
1'''''	167.6	167.6	166.0	166.0	167.6	177.5	167.6	177.5	177.3	167.6
2'''''	132.0	132.0	131.6	131.6	132.0	42.0	132.0	42.0	26.8	132.0
3'''''	130.8	130.8	129.9	129.9	130.8	27.7	130.8	27.7	45.2	130.8
4'''''	129.5	129.5	128.8	128.8	129.5	11.6	129.5	11.6	22.6	129.5
5'''''	133.6	133.6	133.0	133.0	133.6	16.3	133.6	16.3	22.6	133.6
6'''''	129.5	129.5	128.8	128.8	129.5		129.5			129.5
7'''''	130.8	130.8	129.9	129.9	130.8		130.8			130.8
1''''''			166.7	166.7						
2''''''			131.7	131.7						
3''''''			130.1	130.1						
4''''''			129.0	129.0						
5''''''			133.4	133.4						
6''''''			129.0	129.0						
7''''''			130.1	130.1						

表 8-4-45　孕甾烷类化合物 8-4-221~8-4-230 的名称、分子式和测试溶剂

编号	名称	分子式	测试溶剂	参考文献
8-4-221	lasinanthoside A	$C_{46}H_{74}O_{20}$	P	[64]
8-4-222	stelmatocryptonoside A	$C_{45}H_{72}O_{23}$	M	[56]
8-4-223	alpinoside B	$C_{57}H_{84}O_{22}$	M	[67]
8-4-224	otophylloside I	$C_{54}H_{80}O_{22}$	M	[68]

续表

编号	名称	分子式	测试溶剂	参考文献
8-4-225	otophylloside K	$C_{54}H_{80}O_{23}$	M	[68]
8-4-226	mucronatoside E	$C_{48}H_{78}O_{21}$	P	[48]
8-4-227	caratuberside F	$C_{57}H_{86}O_{22}$	M	[49]
8-4-228	mucronatoside G	$C_{62}H_{92}O_{24}$	P	[48]
8-4-229	gracilloside F	$C_{59}H_{86}O_{22}$	P	[10]
8-4-230	hoodigoside W	$C_{54}H_{86}O_{18}$	C	[44]

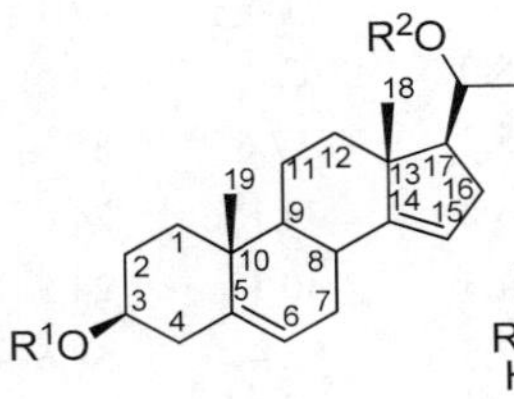

8-4-221 R¹=β-D-Glu-(1→4)-β-D-Dig; R²=α-L-Rha(1→4)-β-D-Glu

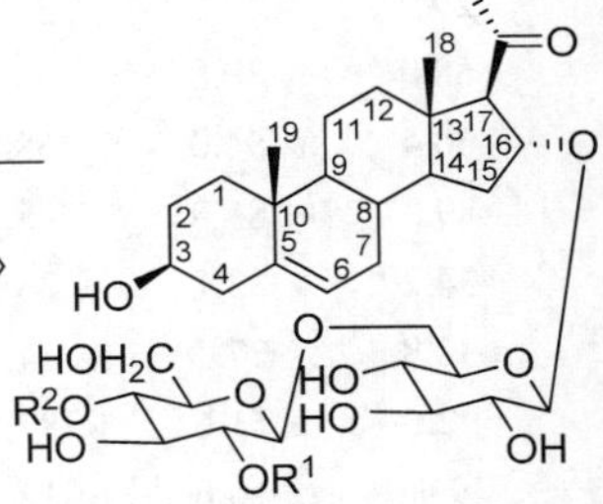

8-4-222 R¹=β-D-Glu; R²=β-D-Glu

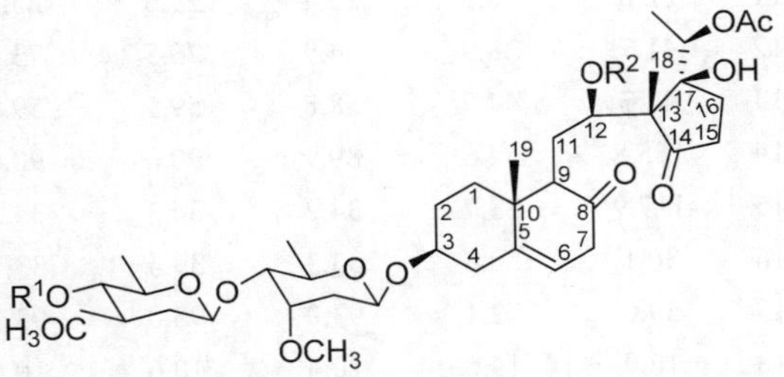

8-4-229 R¹=β-D-Glu-(1→4)-β-D-Cym; R²=Cinn

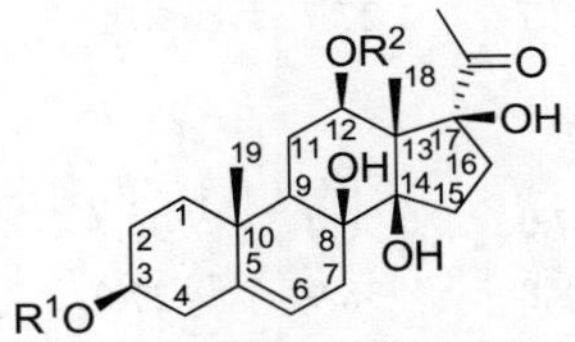

8-4-223 R¹=β-D-Glu-(1→4)-β-D-The-(1→4)-β-D-Cym-(1→4)-β-D-Cym; R²=Cinn

8-4-224 R¹=β-D-Glu-(1→4)-β-D-Ole-(1→4)-β-D-Cym-(1→4)-β-D-Dig; R²=p-OH-Bz

8-4-225 R¹=β-D-Glu-(1→4)-β-D-The-(1→4)-β-D-Cym-(1→4)-β-D-Dig; R²=p-OH-Bz

8-4-226 R¹=β-D-Glu-(1→4)-6-去氧-3-O-Me-β-D-The-(1→4)- β-D-Cym-(1→4)-β-D-Cym; R²=H

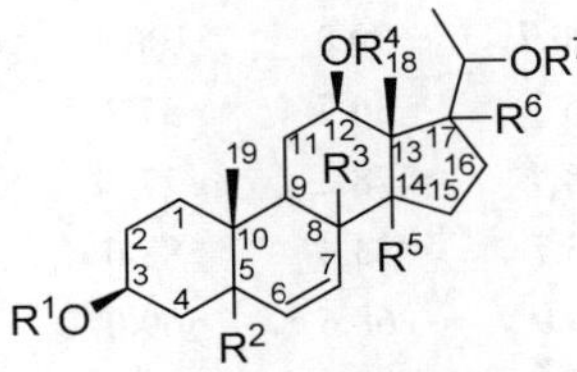

8-4-227 R¹=β-D-Glu-(1→4)-β-D-Allom-(1→4)-β-D-Cym-(1→4)-β-D-Cym; R²=α-OH; R³=H; R⁴=Bz; R⁵=β-OH; R⁶=H; R⁷=Ac

8-4-228 R¹=β-D-Glu-(1→4)-6-去氧-3-O-Me-β-D-The-(1→4)-β-D-Cym-(1→4)-β-D-Cymn; R²=H; R³=β-OH; R⁴=Cinn; R⁵= R⁶=β-OH; R⁷=Tig

表 8-4-46 化合物 8-4-221~8-4-230 的 ^{13}C NMR 化学位移数据

C	8-4-221[64]	8-4-222[56]	8-4-223[67]	8-4-224[68]	8-4-225[68]	8-4-226[48]	8-4-227[49]	8-4-228[48]	8-4-229[10]	8-4-230[44]
1	37.5	37.6	39.1	39.8	39.8	39.0	29.6	27.6	37.3	37.3
2	30.4	32.5	30.2	30.1	30.1	29.4	29.7	26.6	29.6	30.5

续表

C	8-4-221[64]	8-4-222[56]	8-4-223[67]	8-4-224[68]	8-4-225[68]	8-4-226[48]	8-4-227[49]	8-4-228[48]	8-4-229[10]	8-4-230[44]
3	78.3	71.2	79.3	79.3	79.3	78.0	75.6	74.9	76.4	77.5
4	39.4	43.3	39.8	39.8	39.8	39.3	33.9	39.1	38.3	39.4
5	140.6	141.8	140.2	140.3	140.3	139.4	83.7	74.8	141.9	139.7
6	121.8	120.9	119.7	119.6	119.4	119.5	132.6	136.6	118.8	122.6
7	30.4	32.0	35.2	35.2	35.2	35.1	131.8	127.4	41.5	28.1
8	31.4	31.5	74.3	75.0	75.0	74.3	44.9	74.0	209.6	37.1
9	50.7	50.2	45.1	45.1	45.1	45.0	36.5	36.6	55.8	43.7
10	37.5	36.8	38.1	38.1	38.1	37.4	39.5	39.6	43.3	37.7
11	22.0	20.9	25.4	25.5	25.5	29.9	27.3	23.7	26.0	26.9
12	41.7	38.9	74.9	73.5	73.7	68.9	80.8	75.6	71.8	77.1
13	47.7	44.9	58.8	59.1	59.1	60.4	54.0	58.0	62.7	54.5
14	155.8	54.5	89.9	90.0	90.0	89.3	85.9	88.2	217.6	85.9
15	117.9	33.7	34.2	34.3	34.3	34.2	33.1	33.2	34.1	34.6
16	36.1	80.8	33.3	33.4	33.4	32.8	27.1	34.3	30.1	24.5
17	59.0	72.1	93.0	93.0	93.1	92.6	51.6	87.8	82.4	58.6
18	16.9	14.6	10.4	10.6	10.6	9.4	10.6	12.4	12.2	11.0
19	19.3	19.5	18.5	18.6	18.6	18.5	15.4	21.6	18.6	19.7
20	75.2	208.3	212.2	211.8	211.9	209.6	74.9	74.5	74.6	217.1
21	19.4	32.9	27.8	27.7	27.7	27.9	19.5	15.6	14.6	32.3
OAc							173.4		169.9	
							21.6		21.3	
1'	103.1	104.9	97.2	97.0	96.4	96.4	98.2	96.4	96.5	96.6
2'	71.5	75.1	36.6	38.8	38.9	37.0	36.6	37.0	37.2	37.5
3'	85.5	78.3	78.7	68.3	67.6	78.1	78.7	78.1	77.8	78.4
4'	76.9	70.5	83.8	83.6	83.2	83.1	83.8	83.1	83.5	83.7
5'	70.6	76.3	69.9	69.4	69.4	69.3	69.9	69.3	68.9	69.3
6'	17.9	69.0	18.5	18.5	18.5	18.4	18.5	18.4	18.5	18.8
OMe	59.0		58.5			58.9	58.4	58.9	58.9	59.2
1''	105.4	102.6	101.2	100.7	99.8	100.4	101.2	100.4	102.0	100.7
2''	76.3	84.8	36.4	36.3	36.7	37.3	36.4	37.3	37.8	37.6
3''	78.3	78.1	78.0	78.4	78.2	77.7	78.6	77.7	78.8	78.3
4''	71.9	70.6	83.8	83.7	83.4	83.0	84.0	83.0	82.6	83.5
5''	78.7	78.3	70.0	69.9	68.6	69.0	70.0	69.0	71.8	69.6
6''	63.1	69.4	18.5	18.4	18.7	18.6	18.2	18.6	18.7	19.0
OMe			58.5	58.6	58.9	59.0	58.5	59.0	57.5	59.2
1'''	101.3	105.4	106.1	102.6	106.0	104.8	104.0	104.8	98.4	106.3
2'''	76.1	75.4	71.4	37.9	74.7	74.8	72.6	74.8	36.7	75.0
3'''	78.7	78.4	86.1	80.1	85.9	85.9	83.2	85.9	78.2	85.8
4'''	72.4	71.6	82.7	83.5	83.0	83.4	84.1	83.4	83.2	82.7
5'''	74.5	78.4	72.6	72.7	72.0	72.0	70.1	72.0	69.7	71.8
6'''	69.6	62.7	18.6	18.8	18.7	18.7	18.8	18.7	18.7	18.9
OMe			61.0	58.2	60.6	60.6	62.0	60.6	58.6	60.7
1''''	102.8	106.6	104.3	104.1	104.9	106.0	106.2	106.0	106.7	100.8

续表

C	8-4-221[64]	8-4-222[56]	8-4-223[67]	8-4-224[68]	8-4-225[68]	8-4-226[48]	8-4-227[49]	8-4-228[48]	8-4-229[10]	8-4-230[44]
2''''	72.5	76.5	75.5	75.5	75.9	75.8	75.5	75.8	75.5	37.7
3''''	72.8	78.2	78.0	78.2	78.7	78.7	77.9	78.7	78.6	81.9
4''''	74.6	71.3	71.6	71.7	72.0	72.0	71.9	72.0	71.7	76.6
5''''	69.8	78.8	78.1	78.0	78.0	78.1	78.1	78.1	78.4	73.3
6''''	18.8	62.3	62.6	63.0	63.1	63.1	63.1	63.1	63.1	18.9
OMe										57.4
1'''''			167.3	167.5	165.4		167.8	166.7	167.8	167.9
2'''''			118.9	118.3	122.0		132.0	120.4	119.1	129.6
3'''''			146.4	132.8	132.5		130.7	143.8	145.8	138.2
4'''''			135.7	118.1	116.2		129.6	135.2	135.0	14.7
5'''''			129.2	169.9	163.6		134.3	128.5	128.9	12.7
6'''''			130.1	118.1	116.2		129.6	129.3	129.4	
7'''''			131.6	132.8	132.5		130.7	130.5	130.9	
8'''''			130.1						129.4	
9'''''			129.2						128.9	
1''''''								166.7		
2''''''								129.4		
3''''''								137.7		
4''''''								14.1		
5''''''								12.2		

表 8-4-47 孕甾烷类化合物 8-4-231~8-4-240 的名称、分子式和测试溶剂

编号	名称	分子式	测试溶剂	参考文献
8-4-231	amurensioside A	$C_{55}H_{82}O_{20}$	C	[69]
8-4-232	amurensioside B	$C_{55}H_{82}O_{20}$	C	[69]
8-4-233	amurensioside C	$C_{54}H_{81}NO_{20}$	C	[69]
8-4-234	stavaroside I	$C_{60}H_{88}O_{23}$	C	[45]
8-4-235	stavaroside J	$C_{57}H_{84}O_{23}$	C	[45]
8-4-236	stavaroside K	$C_{55}H_{86}O_{23}$	C	[45]
8-4-237	lineolon-3-*O*-*β*-D-oleandropyranosyl-(1→4)-*β*-D-digitoxopyranosyl-(1→4)-*β*-D-olivopyranosyl-(1→4)-*β*-D-digitoxopyranoside	$C_{46}H_{74}O_{17}$	C	[70]
8-4-238	lineolon-3-*O*-*β*-D-oleandropyranosyl-(1→4)-*β*-D-digitoxopyranosyl-(1→4)-*β*-D-oleandropyranosyl-(1→4)-*β*-D-digitoxopyranoside	$C_{47}H_{76}O_{17}$	C	[70]
8-4-239	isolineolon-3-*O*-*β*-D-oleandropyranosyl-(1→4)-*β*-D-digitoxopyranosyl-(1→4)-*β*-D-oleandropyranosyl-(1→4)-*β*-D-digitoxopyranoside	$C_{47}H_{76}O_{17}$	C	[70]
8-4-240	isolineolon-3-*O*-*β*-D-oleandropyranosyl-(1→4)-*β*-D-cymaropyranosyl-(1→4)-*β*-D-oleandropyranosyl-(1→4)-*β*-D-digitoxopyranoside	$C_{47}H_{76}O_{17}$	C	[70]

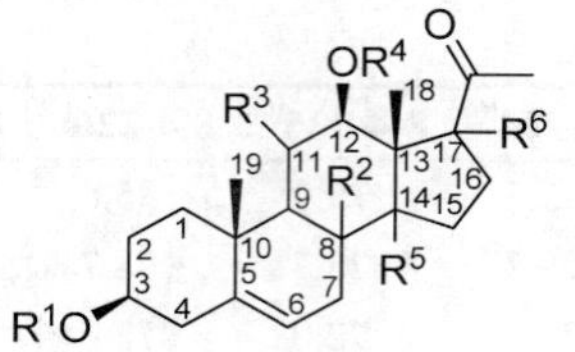

8-4-230 R^1=β-D-Ole-(1→4)-β-D-The-(1→4)-β-D-Cym-(1→4)-β-D-Cym; R^2=R^3=R^6=H; R^4=Tig; R^5=β-OH
8-4-231 R^1=β-D-Glu-(1→4)-β-D-Dgn-(1→4)-β-D-Cym-(1→4)-β-D-Cym; R^2=β-OH; R^3=R^6=H; R^4=Bz; R^5=β-OH
8-4-232 R^1=β-D-Glu-(1→4)-β-D-Dgn-(1→4)-β-D-Cym-(1→4)-β-D-Cym; R^2=β-OH; R^3=R^6=H; R^4=Bz; R^5=β-OH (α-C-20)
8-4-233 R^1=β-D-Glu-(1→4)-β-D-Dgn-(1→4)-β-D-Cym-(1→4)-β-D-Cym; R^2=β-OH; R^3=R^6=H; R^4=Nic; R^5=β-OH
8-4-234 R^1=β-D-Glu-(1→4)-β-D-3-Me-6-去氧-Allom-(1→4)-β-D-Cym-(1→4)-β-D-Cym; R^2=R^5=β-OH; R^3=α-O-Ang R^4=β-Bz; R^6=H
8-4-235 R^1=β-D-Glu-(1→4)-β-D-3-Me-6-去氧-Allom(1→4)-β-D-Cym(1→4)-β-D-Cym; R^2=R^5=β-OH; R^3=α-OAc R^4=β-Bz; R^6=H
8-4-236 R^1=β-D-Glu-(1→4)-β-D-3-甲基-6-去氧-Allom-(1→4)-β-D-Cym-(1→4)-β-D-Cym; R^2=R^5=β-OH; R^3=α-OAc R^4=β-Tig; R^6=H
8-4-237 R^1=β-D-Ole-(1→4)-β-D-Dig-(1→4)-β-D-Oli-(1→4)-β-D-Dig; R^2=R^5=β-OH; R^3=R^4=R^6=H
8-4-238 R^1=β-D-Ole-(1→4)-β-D-Dig-(1→4)-β-D-Ole-(1→4)-β-D-Dig; R^2=R^5=β-OH; R^3=R^4=R^6=H
8-4-239 R^1=β-D-Ole-(1→4)-β-D-Dig-(1→4)-β-D-Ole-(1→4)-β-D-Dig; R^2=R^5=β-OH; R^3=R^4=R^6=H
8-4-240 R^1=β-D-Ole-(1→4)-β-D-Cym-(1→4)-β-D-Oli-(1→4)-β-D-Dig; R^2=R^5=β-OH; R^3=R^4=R^6=H
8-4-241 R^1=β-D-Glu-(1→4)-β-D-Ole-(1→4)-β-D-Cym-(1→4)-β-D-Cym; R^3=H; R^4=Tig; R^2=R^5=R^6=β-OH
8-4-242 R^1=β-D-Ole-(1→4)-β-D-Ole-(1→4)-β-D-Cym-(1→4)-β-D-Cym; R^2=β-OH; R^3= R^4=H; R^5=R^6=β-OH
8-4-243 R^1=β-D-Cym-(1→4)-β-D-The-(1→4)-β-D-Cym-(1→4)-β-D-Cym; R^2=R^3=R^6=H; R^4=Tig; R^5=β-OH

表 8-4-48 化合物 8-4-231~8-4-240 的 ^{13}C NMR 化学位移数据[45, 69, 70]

C	8-4-231	8-4-232	8-4-233	8-4-234	8-4-235	8-4-236	8-4-237	8-4-238	8-4-239	8-4-240
1	38.9	38.9	38.9	35.1	39.3	39.2	38.8	38.8	39.0	39.0
2	29.9	29.8	29.9	29.6	29.3	29.3	28.9	28.9	29.1	29.1
3	77.7	77.6	77.7	77.9	77.9	77.9	78.0	78.0	78.1	78.1
4	39.2	39.2	39.2	39.5	40.2	40.2	38.8	38.8	38.8	38.8
5	139.1	139.4	139.1	140.7	139.6	139.6	141.2	141.2	139.1	139.1
6	119.4	119.2	119.4	118.3	118.0	118.0	117.5	117.5	119.0	119.0
7	35.8	35.1	35.7	37.7	37.2	30.2	34.3	34.3	35.3	35.3
8	74.3	74.5	74.3	74.9	75.5	75.4	74.6	74.6	73.8	73.8
9	45.1	44.7	45.1	43.8	48.2	48.2	44.1	44.1	44.7	44.7
10	37.6	37.5	37.6	37.7	38.7	38.6	37.1	37.1	37.1	37.1
11	24.7	25.0	24.6	70.2	70.6	70.1	27.2	27.2	27.8	27.8
12	78.6	73.7	79.3	76.9	76.6	76.6	68.2	68.2	73.9	73.9
13	55.0	56.1	55.0	54.5	54.7	54.6	55.9	55.9	55.4	55.4
14	86.5	87.5	86.5	88.5	85.0	84.3	85.9	85.9	86.1	86.1
15	36.6	34.2	36.5	35.1	35.1	37.1	33.1	33.1	37.1	37.1
16	24.6	22.1	24.6	24.4	24.4	24.4	23.2	23.2	24.7	24.7
17	59.3	60.3	56.2	58.0	58.0	57.8	60.7	60.7	57.3	57.3
18	12.7	15.9	12.7	12.6	13.0	12.9	13.0	13.0	10.5	10.5
19	18.6	18.2	18.4	18.9	17.7	17.7	18.9	18.9	18.2	18.2
20	214.0	209.5	213.9	213.9	216.9	216.9	214.8	214.8	218.4	218.4
21	31.6	32.2	31.4	31.6	33.0	32.9	31.9	31.9	32.9	32.9

续表

C	8-4-231	8-4-232	8-4-233	8-4-234	8-4-235	8-4-236	8-4-237	8-4-238	8-4-239	8-4-240
Ac					169.7	169.6				
					21.4	21.5				
1'	96.4	96.4	96.4	96.7	96.0	96.0	95.9	95.8	95.7	95.8
2'	37.2	37.2	37.2	33.6	35.3	35.4	37.2	37.0	37.1	37.1
3'	78.0	78.0	78.0	76.9	76.7	76.7	66.7	66.5	66.5	66.5
4'	83.4	83.4	83.4	83.1	82.5	82.7	82.8	82.7	82.7	82.8
5'	69.0	69.0	69.0	69.1	68.4	68.4	68.0	67.9	67.9	67.9
6'	18.6	18.6	18.6	19.1	18.4	18.4	18.2	18.2	18.2	18.2
OMe	58.8	58.8	58.8	57.1	57.7	57.8				
1''	100.4	100.4	100.4	100.2	99.5	99.5	100.4	100.2	100.2	100.2
2''	56.5	56.5	56.5	34.1	35.4	35.2	38.4	36.3	36.3	36.3
3''	77.5	77.5	77.5	76.7	76.7	76.2	69.4	78.7	78.8	78.7
4''	83.1	83.1	83.1	83.2	82.7	82.5	87.9	82.3	82.3	82.0
5''	68.9	68.9	68.9	69.2	68.3	68.4	70.7	71.4	71.4	71.4
6''	18.6	18.6	18.6	19.0	18.2	18.4	17.8	18.4	18.4	18.3
OMe	58.3	58.3	58.3	58.5	57.9	57.9		56.7	56.7	56.7
1'''	102.7	102.7	102.7	103.0	102.5	102.3	99.2	98.5	98.5	98.5
2'''	32.8	32.8	32.8	73.3	73.4	73.8	36.6	37.2	37.0	35.5
3'''	79.8	79.8	79.8	83.1	82.3	82.2	66.4	66.6	66.7	77.2
4'''	73.8	73.8	73.8	83.0	82.5	82.3	82.2	82.7	82.8	82.6
5'''	71.0	71.0	71.0	70.2	70.1	70.7	68.5	68.3	68.2	68.7
6'''	17.9	17.9	17.9	18.9	18.0	18.2	17.9	18.2	18.2	18.2
OMe	56.2	56.2	56.2	61.7	61.2	61.3				58.0
1''''	105.0	105.0	105.0	104.5	104.3	104.5	100.4	100.3	100.3	101.5
2''''	75.9	75.9	75.9	75.5	76.3	76.6	35.3	35.3	35.6	35.6
3''''	78.4	78.4	78.4	78.1	77.2	77.4	80.4	80.4	80.4	80.6
4''''	71.9	71.9	71.9	71.5	71.6	70.8	75.3	75.2	75.3	75.4
5''''	78.5	78.5	78.5	78.5	76.7	77.4	71.9	71.8	71.8	71.5
6''''	63.1	63.1	63.1	62.0	62.1	62.1	17.9	17.9	17.9	18.0
OMe							56.4	56.4	56.4	56.3
1'''''	166.5	166.5	165.5	168.2	166.7	167.9				
2'''''	131.2	131.3	131.3	130.2	128.9	127.6				
3'''''	130.0	129.9	154.1	137.5	130.0	139.7				
4'''''	129.1	128.9	126.9	14.6	127.6	14.6				
5'''''	133.6	133.2	137.2	11.3	133.7	12.0				
6'''''	129.1	128.9	124.0		128.7					
7'''''	130.0	129.9	151.2		130.0					
1''''''				165.4						
2''''''				131.1						
3''''''				130.1						
4''''''				129.0						
5''''''				133.5						
6''''''				129.0						
7''''''				130.1						

表 8-4-49　孕甾烷类化合物 8-4-241~8-4-250 的名称、分子式和测试溶剂

编号	名称	分子式	测试溶剂	参考文献
8-4-241	caudatin-3-*O*-*β*-D-glucopyranosyl-(1→4)-*β*-D-oleandropyranosyl-(1→4)-*β*-D-cymaropyranosyl-(1→4) -*β*-D-cymaropyranoside	$C_{55}H_{88}O_{21}$	P	[71]
8-4-242	deacylmetaplexigenin 3-*O*-*β*-D-oleandropyranosyl-(1→4)-*β*-D-oleandropyranosyl-(1→4)-*β*-D-cymaropyranosyl-(1→4)-3-*O*-*β*-D-cymaropyranoside	$C_{49}H_{82}O_{18}$	C	[17]
8-4-243	3*β*-[*β*-D-cymaropyranosyl-(1→4)-*β*-D-thevetopyranosyl-(1→4)-*β*-D-cymaropyranosyl-(1→4)-*β*-D-cymaropyranosyl-oxy]-12*β*-tigloyoxy-14*β*-hydroxypregn-5-en-20-one	$C_{54}H_{86}O_{18}$	C	[43]
8-4-244	cypanoside Q_3	$C_{46}H_{70}O_{19}$	P	[59]
8-4-245	cynascyroside B	$C_{47}H_{72}O_{18}$	P	[180]61
8-4-246	cynascyroside C	$C_{46}H_{70}O_{18}$	P	[61]
8-4-247	cypanoside Q_1	$C_{47}H_{72}O_{19}$	P	[59]
8-4-248	cypanoside K	$C_{47}H_{72}O_{18}$	P	[60]
8-4-249	cypanoside O	$C_{48}H_{74}O_{19}$	P	[60]
8-4-250	cypanoside N	$C_{47}H_{72}O_{20}$	P	[60]

8-4-244 R[1]=*β*-D-Glu-(1→4)-*α*-L-Ole(1→4)-*β*-D-Dig-(1→4)-*β*-D-Cym; R[2]=H; R[3]=*β*-OH

8-4-245 R[1]=*β*-D-Glu-(1→4)-*α*-L-Cym(1→4)-*β*-L-Cym-(1→4)-*β*-L-Cym; R[2]=R[3]=H

8-4-246 R[1]=*β*-D-Glu-(1→4)-*α*-L-Cym(1→4)-*β*-D-Dig-(1→4)-*β*-L-Cym; R[2]= R[3]=H

8-4-247 R[1]=*β*-D-Glu-(1→4)-*β*-D-Cym(1→4)-*α* -L-Dig-(1→4)-*β*-D-Cym; R[2]=H; R[3]=*β*-OH

8-4-248 R[1]=*β*-D-Glu-(1→4)-*β*-D-Cym(1→4)-*α* -L-Dig-(1→4)-*β*-D-Cym; R[2]=R[3]=H

8-4-249 R[1]=*β*-D-Glu-(1→4)-*β*-D-Cym(1→4)-*α* -L-Dig-(1→4)-*β*-D-Cym; R[2]=OH; R[3]=*β*-Me

8-4-250 R[1]=*β*-D-Glu-(1→4)-*β*-D-Glu(1→4)-*α* -L-Dig-(1→4)-*β*-D-Cym; R[2]=H; R[3]=*β*-Me

表 8-4-50　化合物 8-4-241~8-4-250 的 ^{13}C NMR 化学位移数据

C	8-4-241[71]	8-4-242[17]	8-4-243[43]	8-4-244[59]	8-4-245[61]	8-4-246[61]	8-4-247[59]	8-4-248[60]	8-4-249[60]	8-4-250[60]
1	39.0	38.9	37.2	45.4	45.4	45.4	45.4	45.4	82.3	43.9
2	29.9	29.8	29.4	70.0	70.0	70.0	70.0	70.1	75.2	68.7
3	77.7	77.9	77.5	85.1	85.2	85.2	85.1	85.3	80.9	83.8
4	39.3	38.9	38.6	37.5	37.6	37.6	37.5	37.7	37.7	36.2
5	139.5	140.7	139.0	138.9	138.9	138.9	138.9	138.9	137.5	137.7
6	119.1	117.7	122.0	121.2	121.5	121.5	121.2	121.5	124.7	120.2
7	34.8	34.3	27.3	25.8	25.8	25.8	25.8	25.9	27.1	25.6
8	74.4	74.3	35.7	43.0	51.9	51.9	43.0	45.5	43.0	40.2
9	44.6	44.2	43.0	52.4	45.4	45.4	52.4	52.0	51.5	49.3
10	37.4	37.1	37.1	38.9	38.7	38.7	38.9	38.8	44.1	37.6
11	25.1	28.0	26.1	22.4	25.4	25.4	22.4	25.5	23.3	18.9
12	72.6	69.5	75.9	39.8	33.8	33.8	39.8	33.8	38.9	36.9

续表

C	8-4-241[71]	8-4-242[17]	8-4-243[43]	8-4-244[59]	8-4-245[61]	8-4-246[61]	8-4-247[59]	8-4-248[60]	8-4-249[60]	8-4-250[60]
13	58.1	60.9	53.7	76.3	47.8	47.8	76.3	47.9	47.9	46.3
14	89.5	87.8	85.7	213.1	209.4	209.4	213.1	209.4	212.5	210.9
15	33.9	33.3	34.4	140.9	140.1	140.1	140.9	140.2	139.3	137.9
16	33.0	32.5	24.4	110.5	111.9	111.9	110.5	112.0	111.5	110.0
17	92.4	91.9	57.2	121.4	117.9	117.9	121.4	118.0	123.5	122.1
18	10.7	7.7	9.9						24.1	22.5
19	18.2	18.7	19.3	19.8	19.9	19.9	19.8	20.0	14.4	18.4
20	209.3	213.8	217.0	149.9	148.2	148.2	149.9	148.3	148.1	147.8
21	27.5	28.2	33.1	12.8	11.8	11.8	12.8	11.9	14.7	13.2
1'	96.5	96.1	95.9	97.8	97.8	97.8	97.4	97.5	96.8	96.0
2'	37.3	35.8	35.5	37.1	37.0	37.0	35.2	35.2	35.2	33.8
3'	78.1	77.1	77.0	77.9	77.6	77.8	77.5	77.5	77.5	76.1
4'	83.4	82.5	82.6	83.0	82.8	82.8	82.1	82.1	82.1	80.8
5'	68.9	68.4	68.5	69.4	69.1	69.3	69.6	69.6	69.6	68.2
6'	18.2	18.2	18.3	18.2	18.1	18.1	18.3	18.3	18.4	16.9
OMe	56.5	58.5	58.1	59.0	58.5	58.9	57.4	57.4	57.4	56.0
1''	100.5	99.7	99.6	100.5	100.3	100.3	101.1	101.1	101.0	99.7
2''	37.1	35.6	35.3	39.8	36.9	38.4	32.4	32.4	32.4	30.7
3''	77.8	77.1	76.9	67.5	77.8	68.7	74.6	74.6	74.6	73.7
4''	83.3	82.5	82.7	82.2	82.1	80.9	73.6	73.6	73.6	73.2
5''	69.1	68.6	68.3	68.7	69.3	67.6	67.6	67.6	67.6	66.7
6''	18.3	18.2	18.2	18.6	18.5	18.2	17.9	17.9	17.9	16.4
OMe	56.7	59.0	57.9		58.9		55.4	55.4	55.4	54.2
1'''	101.9	101.4	104.1	99.9	98.8	98.3	99.3	99.3	99.3	103.7
2'''	37.5	36.1	74.0	35.5	32.2	32.4	36.2	36.2	36.2	73.5
3'''	79.4	78.8	84.0	78.8	73.4	73.5	78.1	78.1	78.2	75.4
4'''	83.2	81.4	81.7	82.2	78.3	78.1	83.0	83.0	83.0	79.9
5'''	72.1	71.7	71.2	68.1	65.0	66.1	69.6	69.6	69.6	75.1
6'''	18.2	18.4	18.2	18.5	18.5	18.4	18.5	18.5	18.5	61.1
OMe	58.0	58.5	60.0	56.8	56.8	57.1	58.6	58.6	58.6	
1''''	104.5	100.2	98.3	105.1	102.2	102.3	106.5	106.5	106.5	103.4
2''''	75.7	35.5	34.4	76.0	75.2	75.2	75.4	75.4	75.4	73.4
3''''	78.7	80.8	77.4	78.4	78.5	78.3	78.4	76.8	78.4	76.8
4''''	72.1	75.5	72.4	72.0	71.7	71.7	71.9	71.8	71.9	70.2
5''''	78.0	71.7	71.1	78.4	78.8	78.5	78.4	78.4	78.4	77.1
6''''	63.2	17.9	18.0	63.1	62.9	62.8	63.0	63.0	63.0	61.1
OMe		58.3	57.1							
1'''''	166.0		167.7							
2'''''	114.2		128.7							
3'''''	165.3		137.8							
4'''''	38.2		14.5							
5'''''	20.8		12.1							
6'''''	20.9									
7'''''	16.5									

表 8-4-51 孕甾烷类化合物 8-4-251~8-4-260 的名称、分子式和测试溶剂

编号	名称	分子式	测试溶剂	参考文献
8-4-251	gracilloside C	$C_{58}H_{84}O_{22}$	P	[10]
8-4-252	amurensioside D	$C_{48}H_{78}O_{19}$	C	[69]
8-4-253	amurensioside E	$C_{48}H_{78}O_{19}$	C	[69]
8-4-254	cypanoside P_2	$C_{48}H_{74}O_{19}$	P	[59]
8-4-255	cypanoside P_4	$C_{48}H_{74}O_{19}$	P	[59]
8-4-256	cypanoside P_5	$C_{49}H_{76}O_{20}$	P	[59]
8-4-257	tuberoside D_6	$C_{55}H_{88}O_{21}$	C	[63]
8-4-258	tuberoside E_6	$C_{55}H_{88}O_{21}$	C	[63]
8-4-259	tuberoside F_6	$C_{55}H_{88}O_{21}$	C	[63]
8-4-260	tuberoside G_4	$C_{55}H_{88}O_{20}$	C	[63]

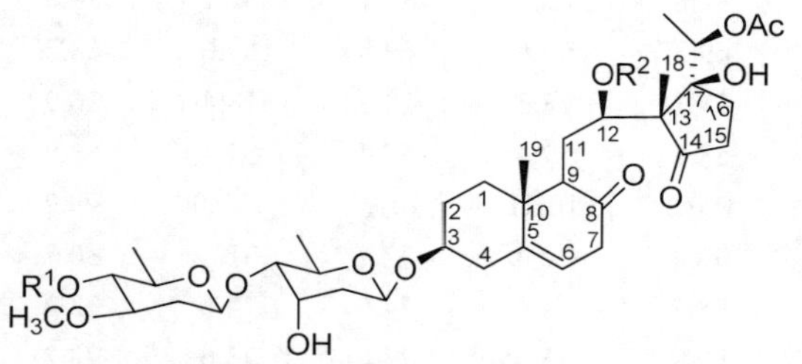

8-4-251 R^1=β-D-Glu-(1→4)-β-D-Ole; R^2=Cinn

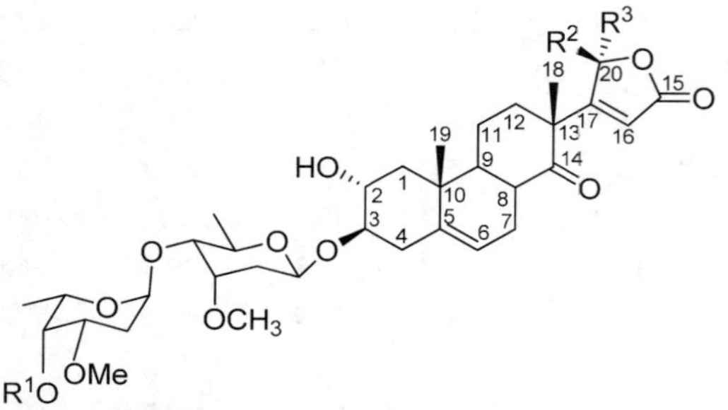

8-4-254 R^1=β-D-Glu-(1→4)-β-D-Cym; R^2=H; R^3=CH_3

8-4-255 R^1=β-D-Glu-(1→4)-β-D-Cym; R^2=CH_3; R^3=H

8-4-256 R^1=β-D-Glu-(1→4)-β-D-Cym; R^2=OCH_3; R^3=CH_3

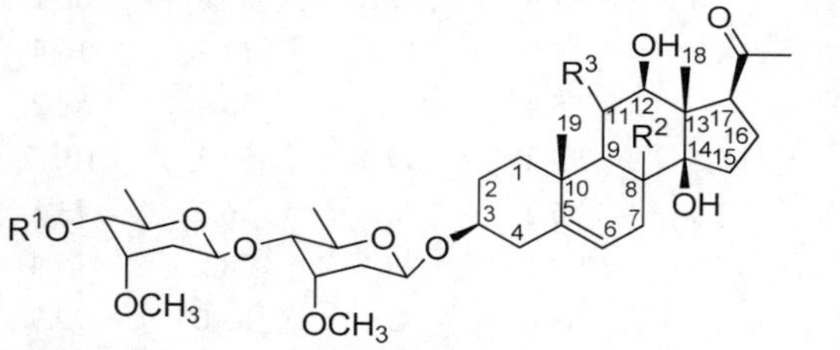

8-4-252 R^1=β-D-Glu-(1→4)-β-D-Dgn; R^2=H; R^3=β-OH

8-4-253 R^1=β-D-Glu-(1→4)-β-D-Dgn; R^2=α-OH; R^3=H

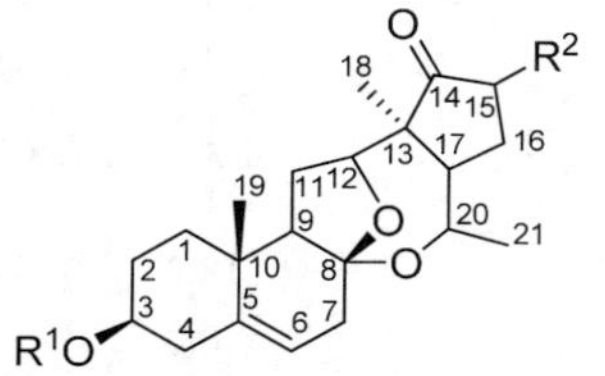

8-4-257 R^1=β-D-Glu-(1→4)-β-D-Ole-(1→4)-β-D-Ole-(1→4)-β-D-Cym-(1→4)-β-D-Cym; R^2=H

8-4-258 R^1=β-D-Glu-(1→4)-β-D-Cym-(1→4)-β-D-Ole-(1→4)-β-D-Cym-(1→4)-β-D-Cym; R^2=H

8-4-259 R^1=β-D-Glu-(1→4)-β-D-Ole-(1→4)-β-D-Ole-(1→4)-β-D-Ole-(1→4)-β-D-Cym; R^2=H

8-4-260 R^1=β-D-Ole-(1→4)-β-D-Dig-(1→4)-β-D-Ole-(1→4)-β-D-Ole-(1→4)-β-D-Cym; R^2=β-OH

表 8-4-52 化合物 8-4-251~8-4-260 的 ^{13}C NMR 化学位移数据

C	8-4-251[10]	8-4-252[69]	8-4-253[69]	8-4-254[59]	8-4-255[59]	8-4-256[59]	8-4-257[63]	8-4-258[63]	8-4-259[63]	8-4-260[63]
1	37.3	39.0	41.0	45.3	45.3	45.3	38.6	38.6	38.6	38.1
2	29.6	29.9	30.5	70.0	70.0	70.0	29.6	29.6	29.6	28.9
3	76.4	77.7	78.4	85.1	85.1	85.2	76.8	76.8	76.8	77.1
4	38.3	39.2	40.1	37.6	37.6	37.6	38.0	38.0	38.0	37.8
5	141.9	139.1	140.8	139.1	139.1	139.2	139.5	139.5	139.5	138.7
6	118.8	119.6	118.9	121.3	121.3	121.3	119.0	119.0	119.0	118.6

续表

C	8-4-251[10]	8-4-252[69]	8-4-253[69]	8-4-254[59]	8-4-255[59]	8-4-256[59]	8-4-257[63]	8-4-258[63]	8-4-259[63]	8-4-260[63]
7	41.5	36.1	36.1	26.6	26.4	26.9	33.6	33.6	33.6	33.0
8	209.6	74.4	76.9	41.9	41.7	41.9	106.2	106.2	106.2	106.4
9	55.8	45.4	53.2	50.5	50.9	50.2	55.3	55.3	55.3	54.7
10	43.3	37.5	39.6	38.9	38.9	38.9	36.8	36.8	36.8	36.5
11	26.0	28.3	66.1	19.8	20.2	19.7	28.0	28.0	28.0	27.7
12	71.6	73.8	50.2	35.3	37.6	33.5	81.4	81.4	81.4	79.7
13	62.7	56.5	50.5	51.0	51.1	51.6	57.3	57.3	57.3	56.3
14	217.6	86.6	85.7	210.8	211.8	210.6	220.0	220.0	220.0	219.2
15	34.1	37.1	37.2	172.4	172.5	169.2	35.5	35.5	35.5	71.0
16	30.1	24.6	24.8	118.8	118.1	123.5	21.8	21.8	21.8	30.0
17	82.4	58.2	64.1	176.4	177.2	170.1	53.9	53.9	53.9	52.6
18	12.2	11.6	18.9	23.0	22.2	22.6	19.7	19.7	19.7	20.2
19	18.5	18.4	17.8	19.8	19.8	19.8	19.4	19.4	19.4	19.3
20	74.6	216.8	216.3	80.6	80.5	110.1	66.1	66.1	66.1	67.7
21	14.6	32.2	32.0	20.1	19.8	24.8	21.6	21.6	21.6	20.8
AcO	169.9									
Me	21.3					50.6				
1'	96.5	96.3	96.5	97.5	97.5	97.5	96.2	96.1	96.5	95.8
2'	39.2	37.0	37.3	35.2	35.3	35.3	37.3	37.3	37.3	35.8
3'	67.6	77.9	78.2	77.5	77.5	77.5	78.1	78.2	77.9	77.1
4'	83.6	83.3	83.6	82.1	82.1	82.1	83.5	83.4	83.5	82.8
5'	68.5	69.0	69.2	69.6	69.6	69.6	69.0	69.0	68.9	68.4
6'	18.7	18.5	18.8	18.4	18.4	18.4	18.9	18.7	18.9	18.4
OMe		58.7	58.9	57.4	57.4	57.4	56.8	56.8	56.8	56.8
1''	101.5	100.3	100.6	101.1	101.1	101.1	100.5	100.5	102.0	101.4
2''	37.4	36.3	36.6	32.4	32.4	32.4	37.1	37.1	37.8	36.5
3''	78.9	77.4	77.6	74.6	74.6	74.6	77.8	78.1	79.3	79.2
4''	82.8	83.0	83.3	73.6	73.6	73.6	83.2	83.3	83.0	82.8
5''	71.7	68.9	69.1	67.6	67.6	67.6	68.9	68.9	71.7	71.0
6''	18.7	18.5	18.7	17.9	17.9	17.9	18.7	18.7	18.7	18.4
OMe	57.4	58.2	58.5	55.4	55.4	55.4	55.4	55.4	55.4	55.4
1'''	100.1	102.5	102.8	99.5	99.3	99.3	102.0	102.0	100.1	100.2
2'''	37.6	32.8	33.0	36.2	36.2	36.2	37.6	37.8	37.7	36.4
3'''	79.6	79.7	80.0	78.2	78.2	78.2	79.0	78.8	79.1	79.0
4'''	83.4	73.7	73.9	83.0	83.0	83.0	82.7	83.2	82.8	82.6
5'''	72.2	70.9	71.2	69.6	69.6	69.6	71.7	71.8	71.6	71.4
6'''	18.7	17.8	18.0	18.5	18.5	18.5	18.6	18.7	18.7	18.2
OMe	57.4	56.1	56.4	58.6	58.6	58.6	56.8	56.8	56.8	56.8
1''''	104.6	104.8	105.1	106.5	106.5	106.5	100.0	98.3	100.1	98.5
2''''	75.8	75.8	76.1	75.5	75.5	75.5	37.5	36.8	37.5	37.1
3''''	78.7	78.2	78.5	78.4	78.4	78.4	79.6	77.8	79.6	66.7
4''''	72.0	71.8	72.0	71.9	71.9	71.9	83.5	82.7	83.5	82.4

续表

C	8-4-251[10]	8-4-252[69]	8-4-253[69]	8-4-254[59]	8-4-255[59]	8-4-256[59]	8-4-257[63]	8-4-258[63]	8-4-259[63]	8-4-260[63]
5''''	78.3	78.5	78.7	78.4	78.4	78.4	72.2	69.7	72.1	68.2
6''''	63.1	62.9	63.3	63.0	63.0	63.0	18.5	18.4	18.7	18.2
OMe							56.4	56.4	56.4	56.4
1'''''							104.5	106.6	104.5	100.4
2'''''							75.7	75.4	75.7	35.3
3'''''							78.7	78.4	78.7	80.5
4'''''							72.1	72.0	72.1	75.3
5'''''							78.0	78.4	78.0	71.8
6'''''							63.3	63.2	63.3	17.9
MeO										56.4
1'''''	167.8									
2'''''	119.1									
3'''''	145.8									
4'''''	135.0									
5'''''	128.9									
6'''''	129.4									
7'''''	130.9									
8'''''	129.4									
9'''''	128.9									

表 8-4-53　孕甾烷类化合物 8-4-261~8-4-270 的名称、分子式和测试溶剂

编号	名称	分子式	测试溶剂	参考文献
8-4-261	12-*β*-*O*-acetyl-20-*O*-benzoyl-tomentogenin-*β*-glucopyranosyl-(1→4)-6-deoxy-3-*O*-methyl-*β*-allopyranosyl-(1→4)-*β*-cymaropyranosyl-(1→4)-*β*-oleandropyranosyl-(1→4)-*β*-cymaropyranoside	$C_{64}H_{100}O_{25}$	M	[33]
8-4-262	12-*β*-*O*-acetyl-20-*O*-methylbutyryl-tomentogenin-*β*-glucopyranosyl-(1→4)-6-deoxy-3-*O*-methyl-*β*-allopyranosyl-(1→4)-*β*-cymaropyranosyl-(1→4)-*β*-oleandropyranosyl-(1→4)-*β*-cymaropyranoside	$C_{64}H_{104}O_{25}$	M	[33]
8-4-263	tomentogenin-*β*-glucopyranosyl-(1→4)-6-deoxy-3-*O*-methyl-*β*-allopyranosyl-(1→4)-*β*-cymaropyranosyl-(1→4)-*β*-oleandropyranosyl-(1→4)-*β*-cymaropyranoside	$C_{55}H_{94}O_{23}$	M	[33]
8-4-264	gracilloside A	$C_{65}H_{96}O_{25}$	P	[10]
8-4-265	gracilloside B	$C_{65}H_{96}O_{25}$	P	[10]
8-4-266	gracilloside E	$C_{66}H_{98}O_{25}$	P	[10]
8-4-267	cypanoside L	$C_{52}H_{80}O_{23}$	P	[10]
8-4-268	12-*O*-acetyl-20-*O*-benzoyl-(8,14,18-orthoacetate)-dihydrosarcostin-3-*O*-*β*-D-glucopyranosyl-(1→4)-*β*-D-thevetopyranosyl-(1→4) -*O*-*β*-D-oleandropyranosyl-(1→4)-*O*-*β*-D-cymaropyranosyl-(1→4) -*O*-*β*-D-cymaropyran-oside	$C_{67}H_{104}O_{26}$	P	[57]
8-4-269	12-*O*-acetyl-20-*O*-benzoyl-(8,14,18-orthoacetate)-dihydrosarcostin-3-*O*-*β*-D-glucopyranosyl-(1→4)-*β*-D-glucopyranosyl-(1→4)-*β*-D-thevetopyranosyl-(1→4)-*O*-*β*-D-oleandro-pyranosyl-(1→4)-*O*-*β*-D-cymaropyranoside	$C_{65}H_{98}O_{29}$	P	[57]

续表

编号	名称	分子式	测试溶剂	参考文献
8-4-270	12-*O*-acetyl-20-*O*-benzoyl-(14,17,18-orthoacetate)-dihydrosarcostin-3-*O*-*β*-D-glucopyranosyl-(1→4)-*β*-D-thevetopyranosyl-(1→4)-*O*-*β*-D-oleandropyranosyl-(1→4)-*O*-*β*-D-cymaropyranosyl-(1→4) -*O*-*β*-D-cymaropyranoside	$C_{66}H_{100}O_{27}$	P	[57]

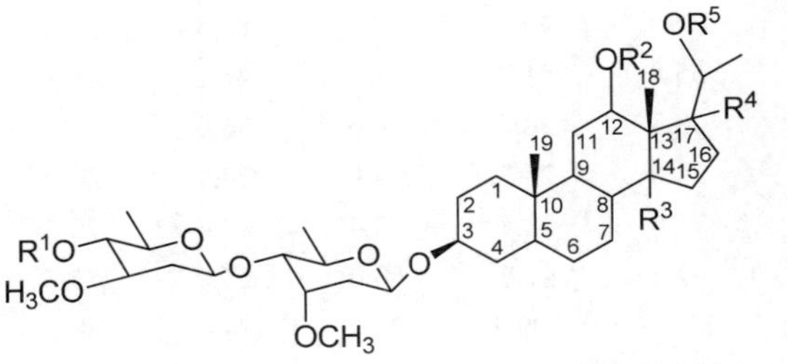

8-4-261 R^1=*β*-D-Glu-(1→4)-6-去氧-3-*O*-Me-*β*-D-All-(1→4)-*β*-Cym; R^2=Ac; R_3=R_4=*β*-OH; R_5=Bz

8-4-262 R^1=*β*-D-Glu-(1→4)-6-去氧-3-*O*- Me -*β*-D-All-(1→4)-*β*-Cym; R^2=Ac; R^3=R^4=*β*-OH; R^5=MeBut

8-4-263 R^1=*β*-D-Glu-(1→4)-6-去氧-3-*O*- Me -*β*-D-All-(1→4)-*β*-Cym; R^2=H; R^3=R^4=*β*-OH; R^5=H

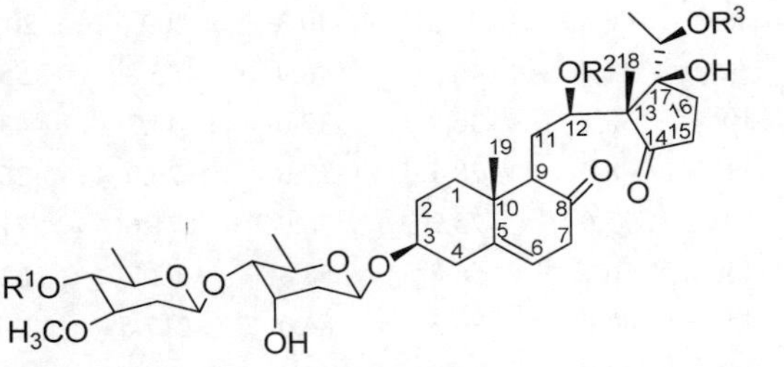

8-4-264 R^1=*β*-D-Glu-(1→4)-*β*-D-Cym-(1→4)-*β*-D-Ole; R^2=Cinn; R^3=Ac

8-4-265 R^1=*β*-D-Glu-(1→4)-*β*-D-Cym-(1→4)-*β*-D-Cym; R^2= Cinn; R^3=Ac

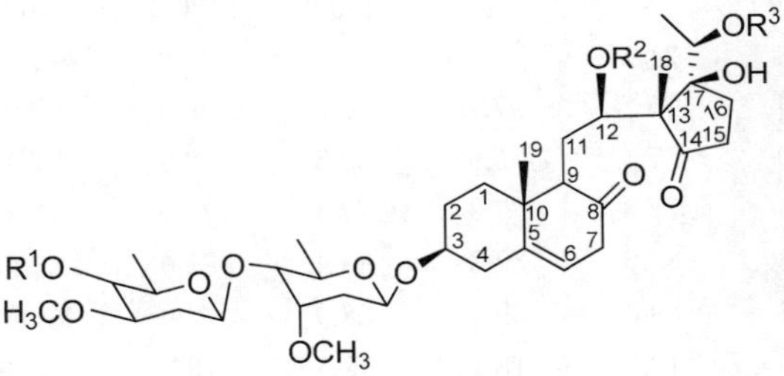

8-4-266 R^1=*β*-D-Glu-(1→4)-*β*-D-Cym-(1→4)-*β*-D-Ole; R^2= Cinn; R^3=Ac

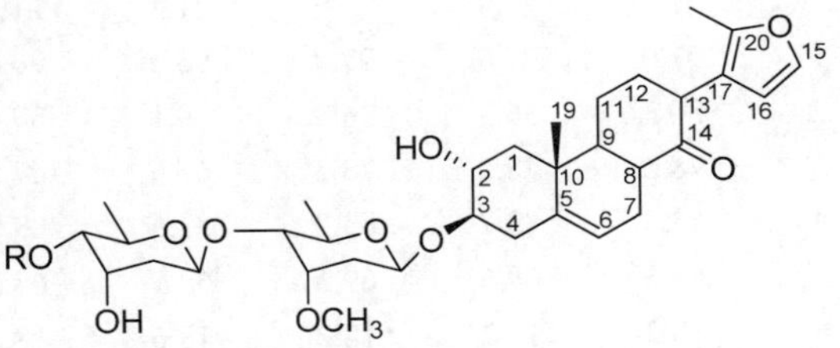

8-4-267 R=*β*-D-Glu-(1→6)-*β*-D-Glu-(1→4)-*α*-L-Cym

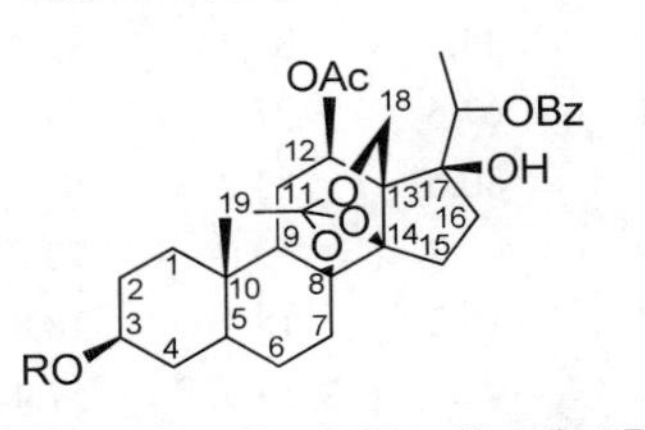

8-4-268 R=*β*-D-Glu–(1→4)-*β*-D-The-(1→4)-*β*-D-Ole-(1→4)-*β*-D-Cym-(1→4)-*β*-D-Cym

8-4-269 R=*β*-D-Glu–(1→4)-*β*-D-Glu- (1→4)-*β*-D-The-(1→4)-*β*-D-Ole-(1→4)-*β*-D-Cym

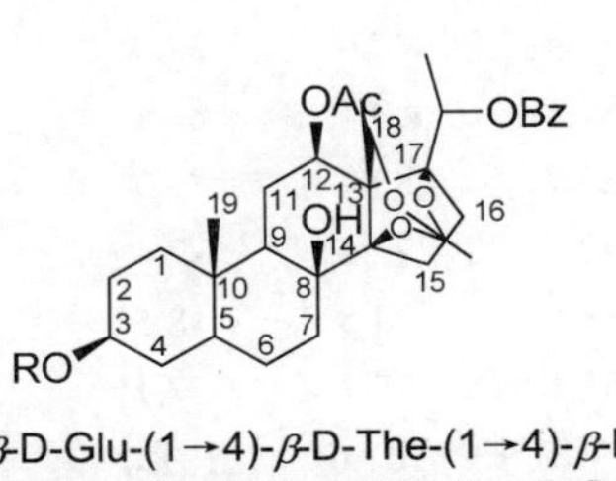

8-4-270 R=*β*-D-Glu-(1→4)-*β*-D-The-(1→4)-*β*-D-Ole-(1→4)-*β*-D-Cym-(1→4)-*β*-D-Cym

8-4-271 R=*β*-D-Glu-(1→4)-*β*-D-Glu-(1→4)-*β*-D-The-(1→4)-*β*-D-Ole-(1→4)-*β*-D-Cym

表 8-4-54 化合物 8-4-261~8-4-270 的 ^{13}C NMR 化学位移数据[10,33,57]

C	8-4-261	8-4-262	8-4-263	8-4-264	8-4-265	8-4-266	8-4-267	8-4-268	8-4-269	8-4-270
1	37.7	37.7	38.1	37.3	37.3	37.3	45.3	37.7	37.7	37.8
2	30.0	30.0	30.2	29.6	29.6	29.6	70.0	29.5	29.5	29.5

续表

C	8-4-261	8-4-262	8-4-263	8-4-264	8-4-265	8-4-266	8-4-267	8-4-268	8-4-269	8-4-270
3	78.2	78.3	78.4	76.4	76.4	76.4	85.2	75.4	75.4	76.5
4	35.3	35.2	35.2	38.3	38.3	38.3	37.6	34.2	34.2	34.4
5	45.3	45.4	45.6	141.9	141.9	141.9	138.9	44.9	44.9	45.2
6	27.2	27.2	27.6	118.8	118.7	118.8	121.4	25.0	25.0	24.7
7	29.3	29.4	29.5	41.4	41.4	41.4	25.8	34.2	34.2	34.4
8	40.6	40.8	40.3	209.6	209.6	209.6	45.4	82.5	82.5	76.0
9	47.4	46.5	46.9	55.8	55.8	55.8	51.9	46.2	46.2	46.8
10	38.1	36.7	37.0	43.3	43.3	43.3	38.7	36.6	36.6	36.5
11	28.0	28.1	27.6	26.0	26.0	26.0	25.3	24.9	24.9	24.9
12	75.0	75.2	70.9	71.6	71.8	71.6	33.7	73.4	73.4	75.2
13	56.7	56.8	58.3	62.7	62.7	62.7	47.8	53.0	53.0	57.3
14	84.0	84.5	84.0	217.5	217.5	217.6	209.3	94.4	94.4	88.1
15	34.0	33.8	34.6	34.1	34.0	34.1	140.0	32.5	32.5	33.9
16	30.9	30.8	30.3	30.1	30.1	30.1	111.9	33.9	33.9	32.3
17	89.0	88.5	89.2	82.4	82.4	82.4	117.8	86.5	86.5	90.2
18	9.2	9.0	9.5	12.2	12.2	12.2		60.5	60.5	61.0
19	12.0	12.0	12.1	18.5	18.7	18.6	19.8	12.0	12.0	12.9
20	76.1	75.0	73.5	74.6	74.6	74.6	148.2	73.4	73.4	73.8
21	14.8	14.7	16.3	14.6	14.6	14.6	11.7	15.2	15.2	15.5
OAc	172.8	172.7		169.9	169.9	169.9		170.9	170.9	170.7
	21.7	21.9		21.3	21.2	21.2		21.9	21.9	21.9
1'	97.0	97.0	97.0	96.5	96.4	96.5	97.7	96.0	96.0	96.0
2'	36.3	36.3	36.3	39.1	39.0	37.1	36.9	37.3	37.3	37.3
3'	78.2	78.2	78.2	67.6	67.5	77.8	77.8	77.8	77.9	77.8
4'	83.7	83.7	83.7	83.6	83.3	83.5	82.8	83.4	83.6	83.4
5'	69.6	69.6	69.6	68.5	68.5	69.0	69.3	68.9	68.9	68.9
6'	18.2	18.2	18.2	18.6	18.6	18.7	18.1	18.5	18.7	18.5
OMe	58.2	58.2	58.2			58.8	58.8	58.9	58.9	58.9
1"	102.4	102.4	102.4	101.4	102.0	102.0	100.3	100.5	101.9	100.5
2"	37.4	37.4	37.4	37.4	37.7	38.0	38.3	37.3	37.7	37.3
3"	80.1	80.1	80.1	79.0	78.8	79.1	67.6	77.8	79.3	77.8
4"	83.7	83.7	83.7	82.9	83.2	82.9	80.6	83.2	83.3	83.2
5"	72.4	72.4	72.4	71.8	71.8	71.9	68.7	69.0	72.0	69.0
6"	18.5	18.5	18.5	18.7	18.7	18.7	18.2	18.7	18.8	18.7
OMe	57.1	57.1	57.1	57.5	57.5	57.6		58.9	57.4	58.9
1'''	101.0	101.0	101.0	100.2	98.4	100.2	98.2	101.9	104.0	101.9
2'''	36.0	36.0	36.0	37.9	36.7	37.7	32.4	37.0	75.0	37.0
3'''	78.2	78.2	78.2	79.1	77.7	79.0	73.3	79.2	86.4	79.2
4'''	83.7	83.7	83.7	82.9	82.6	82.8	77.8	83.2	83.2/83.5	83.2
5'''	69.2	69.2	69.2	71.9	69.1	71.8	66.0	72.0	72.0	72.0
6'''	18.2	18.2	18.2	18.7	18.5	18.7	18.4	18.7	18.7	18.7
OMe	58.2	58.2	58.2	57.4	58.6	57.4	57.0	57.4	60.5	57.4
1''''	102.0	102.0	102.0	98.5	99.8	98.5	101.8	104.0	104.7	104.0
2''''	72.8	72.8	72.8	36.8	36.7	36.7	75.1	75.0	75.4	75.0

续表

C	8-4-261	8-4-262	8-4-263	8-4-264	8-4-265	8-4-266	8-4-267	8-4-268	8-4-269	8-4-270
3''''	83.0	83.0	83.0	78.2	78.2	78.2	78.3	86.3	77.0	86.3
4''''	83.8	83.8	83.8	83.2	83.2	83.2	71.8	82.5	81.7	82.5
5''''	69.6	69.6	69.6	69.7	69.7	69.7	77.5	72.0	76.5	72.0
6''''	17.8	17.8	17.8	18.7	18.7	18.7	70.1	18.7	62.5	18.7
OMe	61.6	61.6	61.6	58.6	58.9	58.6		60.5		60.5
1'''''	106.0	106.0	106.0	106.6	106.6	106.7	105.4	104.9	105.0	104.9
2'''''	75.4	75.4	75.4	75.4	75.4	75.4	75.2	74.8	74.8	74.8
3'''''	77.7	77.7	77.7	78.5	78.5	78.4	78.4	78.7	78.3	78.7
4'''''	71.6	71.6	71.6	71.9	71.9	71.8	71.7	71.7	71.6	71.7
5'''''	77.8	77.8	77.8	78.4	78.4	78.4	78.4	78.1	78.5	78.1
6'''''	62.8	62.8	62.8	63.1	63.1	63.1	62.7	63.1	62.5	63.1
1''''''	167.6	177.5		167.8	167.8	167.8		166.0	166.0	165.7
2''''''	132.0	42.0		119.1	119.1	119.1		131.2	131.2	130.9
3''''''	130.8	27.7		145.9	145.7	145.8		129.9	129.9	130.1
4''''''	129.5	11.6		135.0	135.0	135.0		129.0	129.0	129.2
5''''''	133.6	16.3		128.8	128.8	128.8		133.4	133.4	133.7
6''''''	129.5			129.4	129.4	129.4		129.0	129.0	129.2
7''''''	130.8			130.9	130.9	130.9		129.9	129.9	130.1
8''''''				129.4	129.4	129.4				
9''''''				128.8	128.8	128.8				
Ortho								117.8	117.8	108.6
Me								24.5	24.5	24.7

表 8-4-55　孕甾烷类化合物 8-4-271~8-4-280 的名称、分子式和测试溶剂

编号	名称	分子式	测试溶剂	参考文献
8-4-271	12-*O*-acetyl-20-*O*-benzoyl-(14,17,18-orthoacetate)-dihydrosarcostin-3-*O*-*β*-D-glucopyranosyl-(1→4)-*β*-D-glucopyranosyl-(1→4)-*β*-D-thevetopyranosyl-(1→4)-*O*-*β*-D-oleandropyranosyl(1→4) -*O*-*β*-D-cymaropyranoside	$C_{65}H_{98}O_{29}$	P	[57]
8-4-272	stemmoside E	$C_{55}H_{88}O_{20}$	M	[72]
8-4-273	stemmoside F	$C_{54}H_{86}O_{20}$	M	[72]
8-4-274	stemmoside G	$C_{54}H_{88}O_{20}$	M	[72]
8-4-275	stemmoside H	$C_{57}H_{92}O_{21}$	M	[72]
8-4-276	stemmoside C	$C_{54}H_{88}O_{20}$	M	[73]
8-4-277	stemmoside D	$C_{56}H_{90}O_{21}$	M	[73]
8-4-278	stemmoside I	$C_{57}H_{94}O_{21}$	M	[72]
8-4-279	stemmoside J	$C_{56}H_{92}O_{21}$	M	[72]
8-4-280	stemmoside K	$C_{54}H_{90}O_{20}$	M	[72]

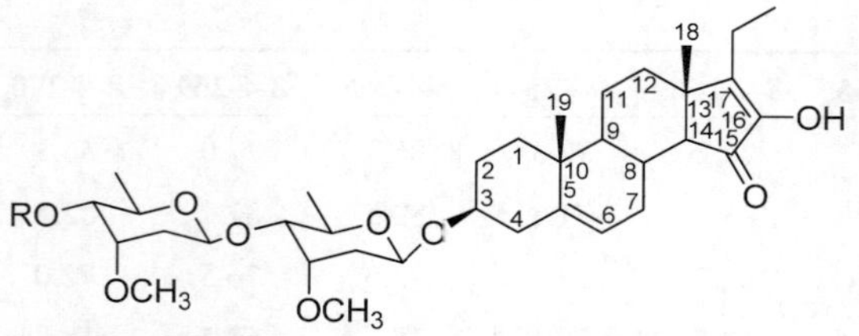

8-4-272 R=β-D-Glu-(1→4)-β-D-Ole-(1→4)-β-D-Ole
8-4-273 R=β-D-Glu-(1→4)-β-D-Ole-(1→4)-β-D-Can

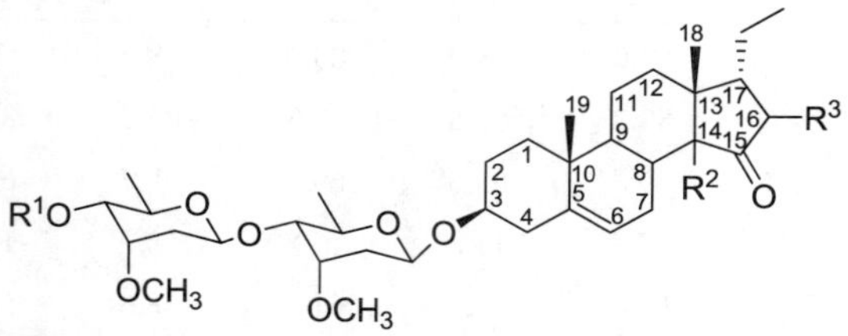

8-4-274 R^1=β-D-Glu-(1→4)-β-D-Ole-(1→4)-β-D-Can; R^2=H; R^3=α-OH
8-4-275 R^1=β-D-Glu-(1→4)-β-D-Ole-(1→4)-β-D-Ole; R^2=H; R^3=α-OAc
8-4-276 R^1=β-D-Glu-(1→4)-β-D-Ole-(1→4)-β-D-Can; R^2=β-OH; R^3=H
8-4-277 R^1=β-D-Glu-(1→4)-β-D-Ole-(1→4)-β-D-Can; R^2=H; R^3=α-OAc

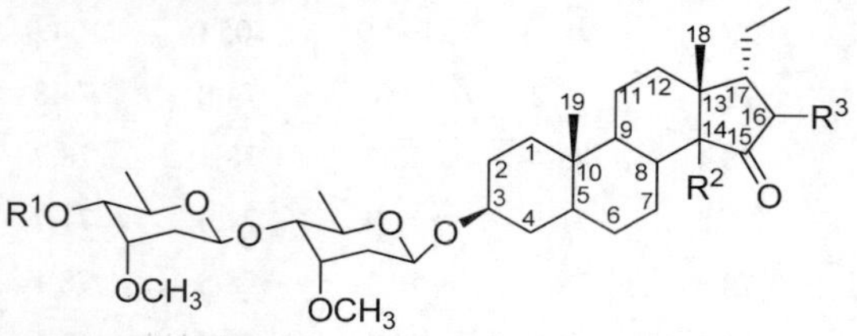

8-4-278 R^1=β-D-Glu-(1→4)-β-D-Ole-(1→4)-β-D-Ole; R^2=H; R^3=α-OAc
8-4-279 R^1=β-D-Glu-(1→4)-β-D-Ole-(1→4)-β-D-Can; R^2=H; R^3=α-OAc
8-4-280 R^1=β-D-Glu-(1→4)-β-D-Ole-(1→4)-β-D-Can; R^2=β-OH; R^3=H

表 8-4-56 化合物 8-4-271~8-4-280 的 ^{13}C NMR 化学位移数据[57,72,73]

C	8-4-271	8-4-272	8-4-273	8-4-274	8-4-275	8-4-276	8-4-277	8-4-278	8-4-279	8-4-280
1	37.8	37.7	37.7	37.9	37.9	38.0	37.9	37.8	37.8	38.2
2	29.5	30.2	30.2	30.4	30.2	30.4	30.2	29.8	29.8	30.0
3	76.5	79.0	79.0	79.1	78.8	78.9	78.8	78.5	78.5	78.5
4	34.4	39.6	39.6	39.8	39.7	39.7	39.7	35.5	35.5	35.5
5	45.2	141.6	141.6	140.8	140.3	139.9	140.3	45.2	45.2	44.9
6	24.7	123.6	123.6	123.6	123.2	123.4	123.2	29.6	29.6	29.6
7	34.4	30.1	30.1	28.2	27.9	24.2	27.9	29.6	29.6	24.7
8	76.0	31.0	31.0	29.5	29.5	38.0	29.5	33.6	33.6	39.9
9	46.8	43.7	43.7	44.9	44.6	46.7	44.6	48.0	48.0	50.1
10	36.5	39.8	39.8	37.9	36.6	36.9	36.6	36.2	36.2	36.5
11	24.9	21.4	21.4	22.1	21.7	21.9	21.7	21.8	21.8	21.3
12	75.2	31.9	31.9	30.9	30.1	29.3	30.1	30.7	30.7	30.1
13	57.3	43.3	43.3	42.9	42.3	45.7	42.3	42.4	42.4	46.2
14	88.1	54.5	54.5	58.2	58.7	82.5	58.7	59.5	59.5	82.9
15	33.9	206.7	206.7	220.4	214.6	218.0	214.6	216.7	216.7	218.0
16	32.3	152.2	152.2	71.8	72.3	40.0	72.3	72.2	72.2	40.2
17	90.2	152.9	152.9	53.1	51.5	43.5	51.5	51.6	51.6	43.7
18	61.0	25.5	25.5	21.9	21.4	15.3	21.4	21.9	21.9	15.5
19	12.9	17.8	17.8	19.8	19.6	19.6	19.6	11.9	11.9	12.1
20	73.8	18.7	18.7	16.3	16.2	22.4	16.2	16.3	16.3	22.6
21	15.5	12.5	12.5	13.7	13.2	13.4	13.2	13.1	13.1	13.4
OAc	170.7				171.9		171.9	171.9	171.9	
Me	21.9				20.3		20.3	20.3	20.3	
1'	96.0	97.0	96.9	96.9	97.0	96.9	96.9	97.0	96.9	96.9

续表

C	8-4-271	8-4-272	8-4-273	8-4-274	8-4-275	8-4-276	8-4-277	8-4-278	8-4-279	8-4-280
2'	37.3	36.4	36.8	36.8	36.4	36.8	36.8	36.4	36.8	36.8
3'	77.9	78.3	78.3	78.3	78.3	78.3	78.3	78.3	78.3	78.3
4'	83.6	83.7	83.7	83.7	83.7	83.7	83.7	83.7	83.7	83.7
5'	68.9	69.7	69.6	69.6	69.7	69.6	69.6	69.7	69.6	69.6
6'	18.7	18.1	18.3	18.3	18.1	18.3	18.3	18.1	18.3	18.3
OMe	58.9	58.2	58.1	58.1	58.2	58.1	58.1	58.2	58.1	58.1
1''	101.9	101.0	100.9	100.9	101.0	100.9	100.9	101.0	100.9	100.9
2''	37.7	36.1	36.2	36.2	36.1	36.2	36.2	36.1	36.2	36.2
3''	79.3	78.3	78.3	78.3	78.3	78.3	78.3	78.3	78.3	78.3
4''	83.3	83.7	83.7	83.7	83.7	83.7	83.7	83.7	83.7	83.7
5''	72.0	69.4	69.6	69.6	69.4	69.6	69.6	69.4	69.6	69.6
6''	18.8	18.2	18.3	18.3	18.2	18.3	18.3	18.2	18.3	18.3
OMe	57.4	58.2	58.1	58.1	58.2	58.1	58.1	58.2	58.1	58.1
1'''	104.0	102.5	102.1	102.1	102.5	102.1	102.1	102.5	102.1	102.1
2'''	75.0	37.6	39.4	39.4	37.6	39.4	39.4	37.6	39.4	39.4
3'''	86.4	80.1	70.5	70.5	80.1	70.5	70.5	80.1	70.5	70.5
4'''	83.2/83.5	84.1	88.5	88.5	84.1	88.5	88.5	84.1	88.5	88.5
5'''	72.0	72.1	71.5	71.5	72.1	71.4	71.4	72.1	71.5	71.5
6'''	18.7	18.4	17.9	17.9	18.4	17.9	17.9	18.4	17.9	17.9
OMe	60.5	58.2			58.2			58.2		
1''''	104.7	100.9	102.1	102.1	100.9	102.1	102.1	100.9	102.1	102.1
2''''	75.4	37.8	37.4	37.4	37.8	37.4	37.4	37.8	37.4	37.4
3''''	77.0	80.1	79.7	79.7	80.1	79.7	79.7	80.1	79.7	79.7
4''''	81.7	83.7	83.2	83.2	83.7	83.2	83.2	83.7	83.2	83.2
5''''	76.5	72.5	72.7	72.7	72.5	72.7	72.7	72.5	72.7	72.7
6''''	62.5	18.4	18.1	18.1	18.4	18.1	18.1	18.4	18.1	18.1
OMe		58.0	58.0	58.0	58.0	58.0	58.0	58.0	58.0	58.0
1'''''	105.0	103.9	103.9	103.9	103.9	103.9	103.9	103.9	103.9	103.9
2'''''	74.8	75.4	75.3	75.3	75.4	75.3	75.3	75.4	75.3	75.3
3'''''	78.3	77.9	77.9	77.9	77.9	77.9	77.9	77.9	77.9	77.9
4'''''	71.6	71.6	71.5	71.5	71.6	71.5	71.5	71.6	71.5	71.5
5'''''	78.5	78.1	78.1	78.1	78.1	78.1	78.1	78.1	78.1	78.1
6'''''	62.5	62.8	62.7	62.7	62.8	62.7	62.7	62.8	62.7	62.7
OMe										
1''''''	165.7									
2''''''	130.9									
3''''''	130.1									
4''''''	129.2									
5''''''	133.7									
6''''''	129.2									
7''''''	130.1									
Ortho	108.6									
Me	24.7									

表 8-4-57 孕甾烷类化合物 8-4-281~8-4-290 的名称、分子式和测试溶剂

编号	名称	分子式	测试溶剂	参考文献
8-4-281	otophylloside H	$C_{60}H_{90}O_{27}$	M	[68]
8-4-282	otophylloside J	$C_{61}H_{92}O_{25}$	M	[68]
8-4-283	otophylloside L	$C_{61}H_{98}O_{26}$	M	[68]
8-4-284	otophylloside M	$C_{62}H_{100}O_{24}$	M	[68]
8-4-285	cynanchogenin-3-*O*-*β*-D-glucopyranosyl-(1→4)-*β*-D-oleandropyranosyl-(1→4)-*β*-D-oleandropyranosyl-(1→4)-*β*-D-cymaropyranosyl-(1→4)-*β*-D-cymaropyranoside	$C_{62}H_{100}O_{23}$	P	[71]
8-4-286	caudatin-3-*O*-*β*-D-glucopyranosyl-(1→4)-*β*-D-oleandropyranosyl-(1→4)-*β*-D-oleandropyranosyl-(1→4)-*β*-D-cymaropyranosyl-(1→4)-*β*-D-cymaropyranoside	$C_{62}H_{100}O_{24}$	P	[71]
8-4-287	cynanchogenin-3-*O*-*β*-D-glucopyranosyl-(1→4)-*β*-D-cymaropyranosyl-(1→4)-*β*-D-oleandropyranosyl-(1→4)-*β*-D-cymaropyranosyl-(1→4)-*β*-D-cymaropyranoside	$C_{62}H_{100}O_{23}$	P	[71]
8-4-288	caudatin-3-*O*-*β*-D-glucopyranosyl-(1→4)-*α*-L-cymaropyranosyl-(1→4)-*β*-D-oleandropyranosyl-(1→4)-*β*-D-cymaropyranosyl-(1→4)-*β*-D-cymaropyranoside	$C_{62}H_{100}O_{24}$	P	[71]
8-4-289	alpinoside A	$C_{63}H_{94}O_{27}$	M	[67]
8-4-290	alpinoside C	$C_{63}H_{94}O_{26}$	M	[67]

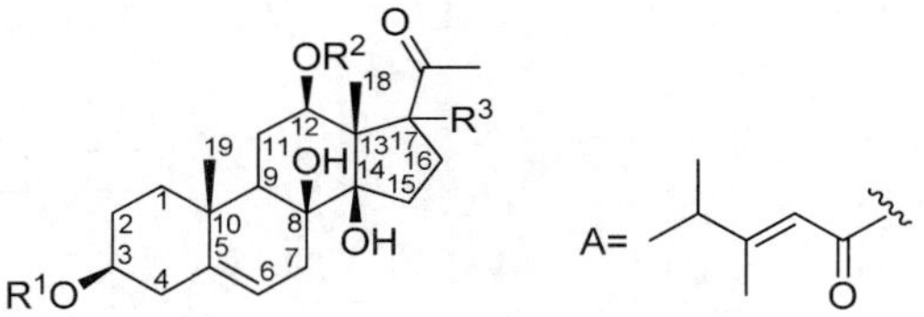

8-4-281 R^1=*β*-D-Glu-(1→4)-*β*-D-Glu-(1→4)-*β*-D-Cym-(1→4)-*β*-D-Ole-(1→4)-*β*-D-Dig; R^2=*p*-OH-Bz; R^3=*β*-OH
8-4-282 R^1=*β*-D-Glu-(1→4)-*β*-D-Cym-(1→4)-*β*-D-Ole-(1→4)-*β*-D-Cym-(1→4)-*β*-D-Dig; R^2=*p*-OH-Bz; R^3=*β*-OH
8-4-283 R^1=*β*-D-Glu-(1→4)-*β*-D-Glu-(1→4)-*β*-D-Cym-(1→4)-*β*-D-Ole-(1→4)-*β*-D-Cym; R^2=A; R^3=*β*-OH
8-4-284 R^1=*β*-D-Glu-(1→4)-*β*-D-Cym-(1→4)-*β*-D-Ole-(1→4)-*β*-D-Cym-(1→4)-*β*-D-Cym; R^2= A; R^3=*β*-OH
8-4-285 R^1=*β*-D-Glu-(1→4)-*β*-D-Ole-(1→4)-*β*-D-Ole-(1→4)-*β*-D-Cym-(1→4)-*β*-D-Cym; R^2= A; R^3=H
8-4-286 R^1=*β*-D-Glu-(1→4)-*β*-D-Ole-(1→4)-*β*-D-Ole-(1→4)-*β*-D-Cym-(1→4)-*β*-D-Cym; R^2= A; R^3=*β*-OH
8-4-287 R^1=*β*-D-Glu-(1→4)-*β*-D-Cym-(1→4)-*β*-D-Ole-(1→4)-*β*-D-Cym-(1→4)-*β*-D-Cym; R^2= A; R^3=*β*-OH
8-4-288 R^1=*β*-D-Glu-(1→4)-*α*-L-Cym-(1→4)-*β*-D-Ole-(1→4)-*β*-D-Cym-(1→4)-*β*-D-Cym; R^2= A; R^3=*β*-OH
8-4-289 R^1=*β*-D-Glu-(1→4)-*β*-D-Glu-(1→4)-*β*-D-The-(1→4)-*β*-D-Cym-(1→4)-*β*-D-Cym; R^2=Cinn; R^3=*β*-OH
8-4-290 R^1=*β*-D-Glu-(1→4)-*β*-D-Glu-(1→4)-*β*-D-Ole-(1→4)-*β*-D-Cym-(1→4)-*β*-D-Cym; R^2=Cinn; R^3=*β*-OH

表 8-4-58 化合物 8-4-281~8-4-290 的 ^{13}C NMR 化学位移数据[67,68,71]

C	8-4-281	8-4-282	8-4-283	8-4-284	8-4-285	8-4-286	8-4-287	8-4-288	8-4-289	8-4-290
1	39.8	39.8	39.8	39.3	39.0	39.0	39.0	39.0	39.1	39.1
2	30.1	30.1	30.2	29.9	29.9	29.9	29.9	29.9	30.2	30.2
3	79.3	79.3	79.3	77.7	77.8	77.7	77.8	77.7	79.3	79.3
4	39.8	39.8	39.8	39.0	39.3	39.3	39.3	39.3	39.8	39.8
5	140.3	140.3	140.3	139.4	139.5	139.5	139.5	139.5	140.2	140.2
6	119.4	119.6	119.6	119.2	119.2	119.1	119.2	119.1	119.7	119.7
7	35.2	35.2	35.2	34.8	34.2	34.8	34.2	34.8	35.2	35.2

续表

C	8-4-281	8-4-282	8-4-283	8-4-284	8-4-285	8-4-286	8-4-287	8-4-288	8-4-289	8-4-290
8	75.0	75.0	75.0	74.4	74.6	74.4	74.6	74.4	74.3	74.3
9	45.1	45.1	45.2	44.6	44.9	44.6	44.9	44.6	45.1	45.1
10	38.1	38.1	38.1	37.5	37.6	37.4	37.6	37.4	38.1	38.1
11	25.5	25.5	25.4	25.1	25.1	25.1	25.1	25.1	25.4	25.4
12	73.7	74.0	73.3	72.6	72.4	72.6	72.4	72.6	74.9	74.9
13	59.1	59.1	58.7	57.5	55.8	58.1	55.8	58.1	58.8	58.8
14	90.0	90.0	89.9	89.5	87.6	89.5	87.6	89.5	89.9	89.9
15	34.3	34.3	34.2	33.9	35.2	33.9	35.2	33.9	34.2	34.2
16	33.4	33.5	33.2	33.0	21.9	33.0	21.9	33.0	33.3	33.3
17	93.1	93.1	93.0	92.4	60.7	92.4	60.7	92.4	93.0	93.0
18	10.6	10.6	10.4	10.7	15.9	10.7	15.9	10.7	10.4	10.4
19	18.6	18.5	18.5	18.2	18.2	18.2	18.2	18.2	18.5	18.5
20	211.9	212.0	211.5	209.5	209.1	209.3	209.1	209.3	212.2	212.2
21	27.7	27.8	27.5	27.6	32.1	27.5	32.1	27.5	27.8	27.8
1'	97.0	97.0	97.2	96.5	96.5	96.5	96.5	96.4	97.2	97.3
2'	38.8	38.8	36.7	37.3	37.2	37.2	37.3	37.3	36.6	36.6
3'	68.3	68.3	78.4	78.1	78.1	78.1	78.0	78.0	78.1	78.0
4'	83.7	83.6	83.9	83.4	83.5	83.5	83.4	83.4	83.8	83.9
5'	69.5	69.5	69.8	69.1	69.1	69.1	69.1	69.1	69.9	69.8
6'	18.5	18.5	18.6	18.7	18.3	18.3	18.3	18.3	18.5	18.5
OMe			58.4	58.7	56.5	56.5	56.5	56.5	58.4	58.4
1''	102.6	100.6	102.6	100.5	100.5	100.5	100.5	100.5	101.1	101.2
2''	37.7	36.3	37.8	37.1	37.6	37.6	37.1	37.2	36.4	36.4
3''	80.1	78.4	80.2	77.8	77.8	77.8	77.8	77.7	78.1	78.4
4''	83.6	83.8	83.8	83.2	83.2	83.2	83.2	83.1	84.1	83.9
5''	72.6	70.0	72.7	69.0	68.9	68.9	68.9	68.6	70.0	69.8
6''	18.8	18.6	18.8	18.6	18.3	18.3	18.3	18.3	18.7	18.5
OMe	57.9	58.6	57.6	59.0	56.7	56.7	56.7	56.7	58.6	58.5
1'''	100.6	102.7	101.2	102.0	101.9	101.9	102.0	101.9	106.0	102.7
2'''	36.3	37.7	36.4	37.8	37.7	37.7	37.8	37.1	71.4	37.8
3'''	78.4	80.0	78.5	78.8	79.0	79.0	78.8	79.2	86.0	80.3
4'''	83.6	84.0	83.8	82.7	82.7	82.7	82.6	81.6	83.0	83.7
5'''	70.0	72.4	70.0	71.8	71.7	71.7	71.8	72.2	72.4	72.4
6'''	18.6	18.8	18.6	18.7	18.2	18.2	18.2	18.2	18.6	18.5
OMe	58.6	57.7	58.6	58.0	58.0	58.0	58.0	58.0	61.0	58.0
1''''	104.0	99.6	104.1	98.4	100.0	100.0	98.3	97.3	104.2	103.8
2''''	75.3	36.5	75.3	36.8	37.0	37.0	36.8	32.3	74.9	75.0
3''''	76.7	78.8	76.7	78.2	79.6	79.6	78.2	73.7	76.4	76.4
4''''	81.0	83.8	81.1	83.2	83.4	83.4	83.3	79.3	81.1	80.8
5''''	76.4	70.4	76.5	69.7	72.1	72.1	69.7	64.9	76.8	76.7
6''''	62.1	18.6	62.2	18.7	18.7	18.7	18.7	18.7	62.3	62.0
OMe		58.5		58.9	58.9	58.9	58.9	58.9		
1'''''	104.6	106.2	104.6	106.6	104.5	104.5	106.6	102.4	104.7	104.6
2'''''	74.9	75.3	74.9	75.4	75.7	75.7	75.4	75.4	74.9	75.3

续表

C	8-4-281	8-4-282	8-4-283	8-4-284	8-4-285	8-4-286	8-4-287	8-4-288	8-4-289	8-4-290
3'''''	78.1	78.0	78.1	78.5	78.7	78.7	78.4	78.7	77.8	78.0
4'''''	71.4	71.8	71.4	71.9	72.2	72.2	71.9	71.9	71.4	71.4
5'''''	77.8	77.9	77.9	78.4	78.1	78.1	78.4	78.5	77.9	78.0
6'''''	62.4	63.0	62.5	63.1	63.2	63.2	63.2	63.0	62.5	62.3
1''''''	167.3	166.9	167.4	166.0	166.1	166.0	166.1	166.0	167.3	167.3
2''''''	119.6	121.5	114.3	114.2	114.3	114.2	114.3	114.2	118.9	118.9
3''''''	132.8	132.8	167.4	165.5	165.2	165.3	165.2	165.3	146.4	146.4
4''''''	117.6	116.6	39.3	38.2	38.1	38.2	38.1	38.2	135.7	135.7
5''''''	168.3	164.9	21.3	20.9	20.8	20.8	20.8	20.8	129.2	129.2
6''''''	117.6	116.6	21.2	21.0	20.9	20.9	20.9	20.9	130.1	130.1
7''''''	132.8	132.8	16.7	16.5	16.5	16.5	16.5	16.5	131.6	131.6
8''''''									130.1	130.1
9''''''									129.2	129.2

表 8-4-59　孕甾烷类化合物 8-4-291~8-4-300 的名称、分子式和测试溶剂

编号	名称	分子式	测试溶剂	参考文献
8-4-291	tuberoside C_5	$C_{55}H_{90}O_{21}$	C	[63]
8-4-292	tuberoside C_3	$C_{57}H_{92}O_{23}$	C	[63]
8-4-293	tuberoside D_5	$C_{55}H_{90}O_{21}$	C	[63]
8-4-294	tuberoside E_5	$C_{55}H_{90}O_{21}$	C	[63]
8-4-295	tuberoside G_1	$C_{55}H_{90}O_{20}$	C	[63]
8-4-296	tuberoside I_1	$C_{55}H_{90}O_{20}$	C	[63]
8-4-297	cypanoside L	$C_{52}H_{80}O_{23}$	P	[60]
8-4-298	cynaforroside P	$C_{52}H_{80}O_{22}$	P	[47]
8-4-299	hoodigoside L	$C_{58}H_{94}O_{26}$	P	[35]
8-4-300	hoodigoside M	$C_{53}H_{88}O_{25}$	P	[35]

8-4-291 R^1=*β*-D-Glu-(1→4)-*β*-D-Ole-(1→4)-*β*-D-Ole-(1→4)-*β*-D-Cym-(1→4)-*β*-D-Ole; R^2=H

8-4-292 R^1=*β*-D-Glu-(1→4)-*β*-D-Ole-(1→4)-*β*-D-Ole-(1→4)-*β*-D-Cym-(1→4)-*β*-D-Ole; R^2=*β*-OAc

8-4-293 R^1=*β*-D-Glu-(1→4)-*β*-D-Ole-(1→4)-*β*-D-Ole-(1→4)-*β*-D-Cym-(1→4)-*β*-D-Cym; R^2=H

8-4-294 R^1=*β*-D-Glu-(1→4)-*β*-D-Cym-(1→4)-*β*-D-Ole-(1→4)-*β*-D-Cym-(1→4)-*β*-D-Cym; R^2=H

8-4-295 R^1=*β*-D-Ole-(1→4)-*β*-D-Dig-(1→4)-*β*-D-Ole-(1→4)-*β*-D-Ole-(1→4)-*β*-D-Cym; R^2=*β*-OH

8-4-296 R^1=*β*-D-Ole-(1→4)-*β*-D-Dig-(1→4)-*β*-D-Ole-(1→4)-*β*-D-Cym-(1→4)-*β*-D-Cym; R^2 =*β*-OH

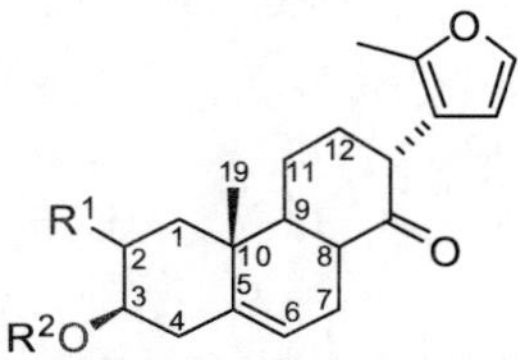

8-4-297 R^1=*α*-OH; R^2=*β*-D-Glu-(1→6)-*β*-D-Glu-(1→4)-*α*-L-Cym-(1→4)-*β*-D-Dig-(1→4)-*β*-D-Cym

8-4-298 R^1=H; R^2=*β*-D-Glu-(1→4)-*β*-D-Glu-(1→4)-*α*-L-Cym-(1→4)-*β*-D-Dig-(1→4)-*β*-D-Ole

表 8-4-60 化合物 8-4-291~8-4-300 的 ^{13}C NMR 化学位移数据

C	8-4-291[63]	8-4-292[63]	8-4-293[63]	8-4-294[63]	8-4-295[63]	8-4-296[63]	8-4-297[60]	8-4-298[47]	8-4-299[35]	8-4-300[35]
1	38.3	38.3	38.3	38.3	38.1	38.1	45.3	37.2	37.9	37.9
2	29.0	29.0	29.0	29.0	28.3	28.3	70.0	30.2	30.6	30.6
3	76.8	76.8	76.8	76.8	77.1	77.1	85.2	77.4	78.0	77.9
4	34.4	34.4	34.4	34.4	33.9	33.9	37.6	39.1	39.6	39.6
5	42.2	42.1	42.2	42.2	41.9	41.9	138.9	139.7	139.9	139.9
6	26.1	26.0	26.1	26.1	25.6	25.6	121.4	121.3	123.2	123.2
7	32.3	32.2	32.3	32.3	31.7	31.7	25.8	25.9	28.2	28.2
8	106.9	107.1	106.9	106.9	107.1	107.1	45.4	46.1	37.7	37.7
9	57.6	57.6	57.6	57.6	57.1	57.1	51.9	52.2	46.8	46.8
10	35.5	35.5	35.5	35.5	35.3	35.3	38.7	38.0	37.7	37.7
11	27.8	27.4	27.8	27.8	27.2	27.2	25.3	25.4	20.1	20.1
12	81.6	80.5	81.6	81.6	79.9	79.9	33.7	33.9	41.0	41.0
13	57.3	56.9	57.3	57.3	56.3	56.3	47.8	47.9	47.7	47.7
14	220.1	214.6	220.1	220.1	219.2	219.2	209.3	209.6	84.3	84.3
15	35.5	72.1	35.5	35.5	70.9	70.9	140.0	140.2	21.8	21.8
16	21.8	28.9	21.8	21.8	30.0	30.0	111.9	112.0	33.6	33.6
17	53.9	52.7	53.9	53.9	52.5	52.5	117.8	118.0	57.6	57.6
18	19.6	20.0	19.6	19.6	20.2	20.2			15.5	15.5
19	12.2	12.2	12.2	12.2	12.2	12.2	19.8	19.0	19.9	19.9
20	65.9	67.5	65.9	65.9	67.5	67.5	148.2	148.3	79.1	79.0
21	21.6	20.9	21.6	21.6	20.8	20.8	11.7	11.9	22.3	22.3
OAc		169.9								
Me		20.6								
1'	97.9	97.9	96.2	96.1	95.8	95.8	97.7	98.1	98.3	98.2
2'	38.0	38.0	37.3	37.3	35.8	35.7	36.9	38.0	38.1	38.1
3'	79.2	79.2	78.1	78.2	77.1	77.1	77.8	79.2	79.9	79.8
4'	83.3	83.3	83.5	83.4	82.8	82.7	82.8	83.1	84.3	83.7
5'	71.7	71.7	69.0	69.0	68.4	68.5	69.3	71.7	72.1	72.2
6'	18.9	18.9	18.9	18.7	18.4	18.4	18.1	18.8	19.3	19.3
OMe	56.8	56.8	56.8	56.8	58.2	58.2	58.8	57.4	57.7	57.5
1''	98.5	98.5	100.5	100.5	101.4	99.7	100.3	98.5	104.5	104.4
2''	37.1	37.1	37.1	37.1	36.5	35.7	38.3	38.6	75.4	75.2
3''	78.0	78.0	77.8	78.1	79.2	77.1	67.6	67.9	85.3	88.4
4''	83.1	83.1	83.2	83.3	82.8	82.6	80.6	80.9	75.9	76.3
5''	69.2	69.2	68.9	68.9	71.0	68.3	68.7	69.1	70.6	73.1
6''	18.9	18.9	18.7	18.7	18.4	18.2	18.2	18.5	18.3	18.8
OMe	55.4	55.4	55.4	55.4	56.4	56.4			60.6	61.2
1'''	102.0	102.0	102.0	102.0	100.2	101.4	98.2	98.3	105.1	105.1
2'''	37.6	37.6	37.6	37.8	36.4	36.4	32.4	32.5	75.2	75.2
3'''	79.0	79.0	79.0	78.8	79.0	78.9	73.3	73.6	78.6	78.6

续表

C	8-4-291[63]	8-4-292[63]	8-4-293[63]	8-4-294[63]	8-4-295[63]	8-4-296[63]	8-4-297[60]	8-4-298[47]	8-4-299[35]	8-4-300[35]
4'''	82.7	82.7	82.7	83.2	82.6	82.5	77.8	78.5	71.5	71.5
5'''	71.6	71.6	71.7	71.8	71.4	71.2	66.0	65.9	77.3	77.3
6'''	18.7	18.7	18.6	18.7	18.2	18.2	18.4	18.2	70.2	70.2
OMe	56.8	56.8	56.8	56.8	56.5	56.5	57.0	57.2		
1''''	100.1	100.1	100.0	98.3	98.5	98.5	101.8	102.2	105.7	105.7
2''''	37.5	37.5	37.5	36.8	37.1	37.1	75.1	74.8	75.3	75.3
3''''	79.6	79.6	79.6	77.8	66.7	66.7	78.3	76.6	78.6	78.6
4''''	83.5	83.5	83.5	82.7	82.4	82.4	71.8	81.4	71.7	71.7
5''''	72.2	72.2	72.2	69.7	68.2	68.2	77.5	76.6	77.3	77.3
6''''	18.6	18.6	18.5	18.4	18.2	18.2	70.1	62.3	70.6	70.6
OMe	56.4	56.4	56.4	56.4						
1'''''	104.5	104.5	104.5	106.6	100.4	100.4	105.4	105.0	105.6	105.6
2'''''	75.7	75.7	75.7	75.4	35.3	35.3	75.2	74.8	75.3	75.3
3'''''	78.7	78.7	78.7	78.4	80.5	80.5	78.4	78.3	78.7	78.7
4'''''	72.1	72.1	72.1	72.0	75.3	75.3	71.7	71.6	71.8	71.8
5'''''	78.0	78.0	78.0	78.4	71.8	71.8	78.4	78.5	78.3	78.3
6'''''	63.2	63.2	63.3	63.2	17.9	17.9	62.7	62.5	62.9	62.9
OMe					56.4	56.4				
1''''''									167.5	
2''''''									129.2	
3''''''									138.4	
4''''''									14.7	
5''''''									12.6	

表 8-4-61 孕甾烷类化合物 8-4-301~8-4-310 的名称、分子式和测试溶剂

编号	名称	分子式	测试溶剂	参考文献
8-4-301	hoodigoside P	$C_{58}H_{94}O_{25}$	P	[35]
8-4-302	5-pregnene-3*β*,16*β*,20-triol-3-*O*-[2-*O*-acetyl-*β*-D-digitalopyranosyl-(1→4)-*β*-D-cymaropyranoside]-20-*O*-[*β*-D-glucopyranosyl-(1→6)-*β*-D-glucopyranosyl-(1→2)-*β*-D-digitalopyranoside	$C_{56}H_{92}O_{25}$	M	[74]
8-4-303	5-pregnene-3*β*,20-diol-3-*O*-[*β*-D-digitalopyranosyl-(1→4)-*β*-D-cymaropyranoside]-20-*O*-[*β*-D-glucopyranosyl-(1→6)-*β*-D-glucopyranosyl-(1→2)-*β*-D-digitalopyranoside	$C_{54}H_{90}O_{23}$	M	[74]
8-4-304	12*β*-*O*-tigloyl-20-*O*-acetylboucerin-3-*O*-*β*-D-glucopyranosyl-(1→4)-6-deoxy-3-*O*-methyl-*β*-D-allopyranosyl-(1→4)-*β*-D-thevetopyranosyl-(1→4)-*β*-D-cymaropyranosyl-(1→4)-*β*-D-cymaropyranoside	$C_{62}H_{100}O_{25}$	M	[37]
8-4-305	baseonemoside B	$C_{54}H_{90}O_{21}$	C	[66]
8-4-306	amurensioside K	$C_{69}H_{114}O_{27}$	C	[69]
8-4-307	hoodigoside S	$C_{72}H_{118}O_{31}$	P	[35]
8-4-308	hoodigoside U	$C_{72}H_{118}O_{31}$	P	[35]
8-4-309	amurensioside J	$C_{76}H_{118}O_{29}$	C	[69]
8-4-310	cynanchogenin3-*O*-*β*-D-glucopyranosyl(1→4)-*β*-D-cymaropyranosyl-(1→4)-*β*-D-cymaropyranosyl-(1→4)-*β*-D-oleandropyranosyl-(1→4)-*β*-D-oleandropyranosyl-(1→4)-*β*-D-cymaropyranosyl-(1→4)-*β*-D-cymaropyranoside	$C_{76}H_{124}O_{29}$	P	[71]

8-4-299 R^1=*β*-D-4-Tig-The-(1→4)-*β*-D-Ole; R^2=H; R^3=*β*-OH; R^4=H; R^5=*β*-D-Glu-(1→6)-*β*-D-Glu-(1→6)-*β*-D-Glu

8-4-300 R^1=*β*-D-The-(1→4)-*β*-D-Ole; R_2=H R^3=*β*-OH; R^4=H; R^5=*β*-D-Glu-(1→6)-*β*-D-Glu-(1→6)-*β*-D-Glu

8-4-301 R^1=*β*-D-4-Tig-Ole-(1→4)-*β*-D-Cym; R^2=H; R^3=*β*-OH; R^4=H; R^5=*β*-D-Glu-(1→6)-*β*-D-Glu-(1→6)-*β*-D-Glu

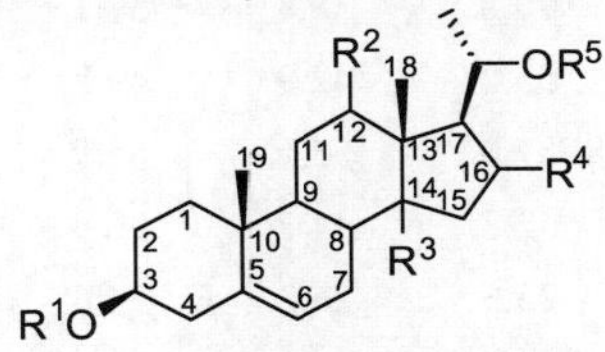

8-4-302 R^1=*β*-D-2-*O*-Ac-Dig-(1→4)-*β*-D-Cym; R^2=R^3=H; R^4=*β*-OH; R^5=*β*-D-Glu-(1→6)-*β*-D-Glu-(1→2)-*β*-D-Dig

8-4-303 R^1=*β*-D-Dig-(1→4)-*β*-D-Cym; R^2= R^3= R^4=H; R^5=*β*-D-Glu-(1→6)-*β*-D-Glu-(1→2)-*β*-D-Dig

8-4-304 R^1=*β*-D-Glu-(1→4)-*β*-D-6-去氧-3-*O*-Me-All-(1→4)-*β*-D-The-(1→4)-*β*-D-Cym(1→4)-*β*-D-Cym; R^2=*β*-O-Tig; R^3=*β*-OH; R^4=H; R^5=Ac

8-4-305 R^1=*β*-D-Cym-(1→4)-*β*-D-Cym-(1→4)-*β*-D-Dig; R^2=R^3=H; R^4=*α*-OH; R^5=*β*-D-Glu-(1→2)-*β*-D-Dig

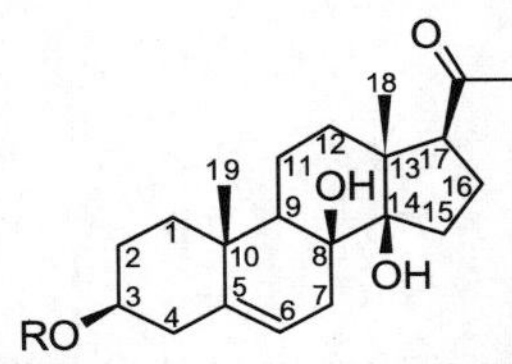

8-4-306 R=*β*-D-Glu-(1→4)-*β*-D-Dgn-(1→4)-*β*-D-Cym(1→4)-*β*-D-Cym-(1→4)-*β*-D-Ole-(1→4)-*β*-D-Ole-(1→4)-*β*-D-Ole

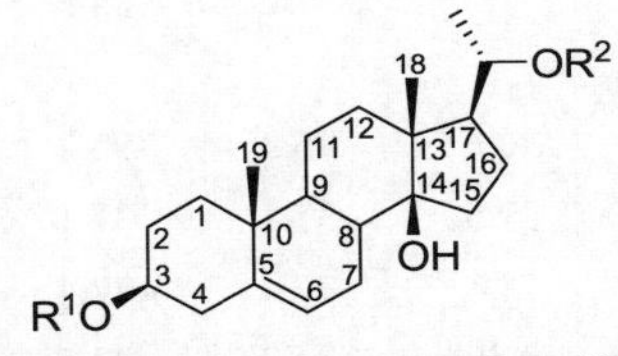

8-4-307 R^1=4-Tig-*β*-D-Ole-(1→4)-*β*-D-Cym-(1→4)-*β*-D-Cym-(1→4)-*β*-D-Cym; R^2=*β*-D-Glu-(1→6)-*β*-D-Glu-(1→6)-*β*-D-Glu

8-4-308 R^1=4-Tig-*β*-D-Cym-(1→4)-*β*-D-Cym-(1→4)-*β*-D-Cym-(1→4)-*β*-D-Cym; R^2=*β*-D-Glu-(1→6)-*β*-D-Glu-(1→6)-*β*-D-Glu

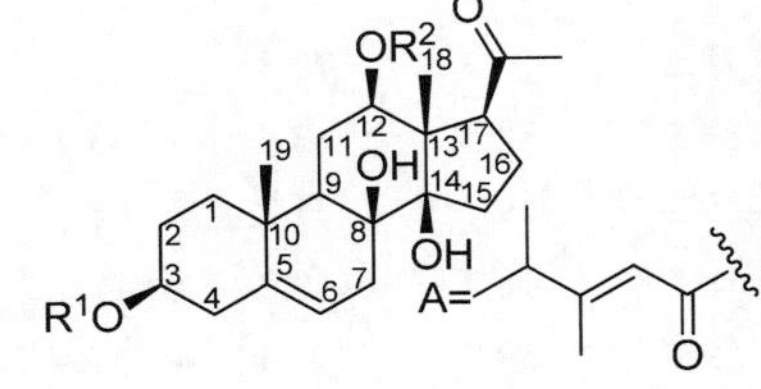

8-4-309 R^1=*β*-D-Glu-(1→4)-*β*-D-Dgn-(1→4)-*β*-D-Cym-(1→4)-*β*-D-Cym-(1→4)-*β*-D-Ole-(1→4)-*β*-D-Ole-(1→4)-*β*-D-Ole; R^2=Bz

8-4-310 R^1=*β*-D-Glu-(1→4)-*β*-D-Cym -(1→4)-*β*-D-Cym-(1→4)-*β*-D-Cym-(1→4)-*β*-D-Ole-(1→4)-*β*-D-Ole-(1→4)-*β*-D-Cym-(1→4)-*β*-D-Cym; R^2=A

表 8-4-62 化合物 8-4-301~8-4-310 的 ^{13}C NMR 化学位移数据

C	8-4-301[35]	8-4-302[74]	8-4-303[74]	8-4-304[37]	8-4-305[66]	8-4-306[69]	8-4-307[35]	8-4-308[35]	8-4-309[69]	8-4-310[71]
1	37.9	37.4	37.5	38.2	37.1	39.1	37.9	37.9	38.9	39.0
2	30.7	30.3	30.4	30.6	29.6	29.9	30.6	30.6	29.8	29.9
3	77.8	77.4	77.8	80.0	77.7	77.9	77.7	77.7	77.9	77.8
4	39.6	39.3	39.4	39.5	38.8	39.3	39.6	39.6	39.2	39.3
5	139.9	140.7	140.7	140.5	140.7	139.1	139.9	139.9	139.1	139.5
6	123.2	122.0	122.0	122.8	121.5	119.9	123.1	123.1	119.5	119.2
7	28.2	32.2	32.1	28.3	31.6	36.0	28.2	28.2	35.9	34.2

续表

C	8-4-301[35]	8-4-302[74]	8-4-303[74]	8-4-304[37]	8-4-305[66]	8-4-306[69]	8-4-307[35]	8-4-308[35]	8-4-309[69]	8-4-310[71]
8	37.5	31.5	31.8	38.4	31.2	74.6	37.6	37.6	74.3	74.6
9	46.8	50.2	50.4	44.5	49.8	47.4	46.8	46.8	45.1	44.9
10	37.7	36.9	36.9	38.0	36.7	37.7	37.7	37.7	37.6	37.6
11	20.2	20.8	21.0	26.5	20.4	19.1	20.1	20.1	24.7	25.1
12	41.0	39.6	39.1	78.8	38.8	39.1	41.0	41.0	78.5	72.4
13	47.7	41.2	41.5	53.2	42.9	49.8	47.7	47.7	55.0	55.8
14	84.3	54.3	58.1	87.0	53.6	85.9	84.3	84.3	86.6	87.6
15	21.8	35.6	26.9	32.8	34.2	36.9	21.7	21.7	36.6	35.2
16	33.7	70.9	24.4	25.5	76.2	24.6	33.6	33.6	24.6	21.9
17	57.6	62.7	56.6	52.0	66.9	63.8	57.6	57.6	59.3	60.7
18	15.6	13.6	12.6	10.2	13.7	17.1	15.5	15.5	12.7	15.9
19	19.9	19.4	19.4	19.8	19.3	18.4	19.9	19.9	18.3	18.2
20	79.1	79.4	81.7	75.2	81.2	216.7	79.0	79.0	214.1	209.1
21	22.4	22.1	23.2	19.7	22.4	32.1	22.3	22.3	31.6	32.1
OAc				178.0						
Me				21.3						
1'	96.6	96.3	96.2	97.0	95.6	98.0	96.6	96.6	98.0	96.5
2'	37.5	37.1	37.1	36.2	37.1	37.8	37.5	37.2	37.8	37.3
3'	78.1	77.4	77.4	78.6	66.4	79.3	78.0	78.8	79.3	798.0
4'	83.9	84.2	83.5	83.8	82.5	83.3	83.4	83.4	83.3	83.4
5'	69.2	68.8	70.7	70.0	68.0	71.6	69.2	69.3	71.6	69.1
6'	18.8	18.5	18.8	18.4	18.1	18.8	18.7	18.7	18.8	18.8
OMe	59.2	58.6	58.6	58.5		57.2	59.1	59.2	57.5	57.5
1''	102.2	103.6	106.8	100.1	98.4	100.2	100.7	100.8	100.2	100.5
2''	37.5	71.5	70.8	36.6	35.4	37.9	37.3	37.3	37.9	37.2
3''	83.9	82.3	84.8	78.8	77.0	79.3	78.2	77.3	79.3	77.8
4''	76.6	67.8	69.4	84.0	82.2	83.1	83.5	83.5	83.0	83.2
5''	70.7	71.4	71.2	69.9	68.7	71.7	69.2	69.2	71.7	68.9
6''	19.0	17.1	17.3	18.2	18.2	18.7	18.8	18.7	18.7	18.7
OMe	57.1	56.5	57.2	58.6	58.2	57.4	59.1	59.2	57.4	57.4
1'''	105.1	104.0	104.2	106.0	99.5	100.2	100.7	100.8	100.2	101.9
2'''	75.2	75.6	76.2	74.9	33.7	37.9	37.2	37.6	37.9	37.9
3'''	78.6	85.4	85.4	86.0	77.4	79.1	78.2	78.6	79.1	79.0
4'''	71.5	68.4	68.4	82.7	72.4	82.9	83.7	83.7	82.9	82.8
5'''	77.3	71.7	72.2	72.4	70.7	71.8	69.3	69.2	71.8	71.7
6'''	70.2	17.3	17.3	18.6	18.1	18.7	18.9	18.7	18.7	18.7
OMe		56.7	57.2	61.1	57.3	57.3	59.3	59.2	57.3	57.3
1''''	105.7	104.3	104.4	103.8	102.6	98.5	102.2	100.8	98.5	100.1
2''''	75.3	75.1	75.2	72.3	77.0	37.0	37.6	36.5	36.9	37.7
3''''	78.6	77.7	77.8	83.2	84.1	78.1	83.7	78.3	78.1	79.2
4''''	71.7	72.0	72.0	83.8	67.6	83.3	76.6	76.0	83.2	82.9

续表

C	8-4-301[35]	8-4-302[74]	8-4-303[74]	8-4-304[37]	8-4-305[66]	8-4-306[69]	8-4-307[35]	8-4-308[35]	8-4-309[69]	8-4-310[71]
5''''	77.3	77.6	77.4	72.4	70.3	69.2	70.8	68.5	69.2	71.9
6''''	70.6	69.7	69.9	18.4	16.5	18.4	18.4	18.9	18.4	18.4
OMe				61.9	56.9	58.8	57.1	58.7	58.8	58.8
1'''''	105.6	104.9	105.2	106.1	103.9	100.4	105.1	105.2	100.4	98.5
2'''''	75.3	74.9	75.5	75.6	74.3	36.5	75.2	75.3	36.5	37.1
3'''''	78.7	78.3	78.2	77.9	77.4	77.5	78.6	78.7	77.5	78.0
4'''''	71.8	72.0	72.0	71.8	68.7	83.0	71.5	71.1	83.1	83.2
5'''''	78.3	78.6	78.2	78.2	76.3	69.0	77.7	77.7	69.0	69.3
6'''''	62.9	63.0	63.0	63.1	61.0	18.6	70.3	70.3	18.6	18.6
OMe						58.3			58.3	58.3
1''''''	167.5			169.0		102.7	105.7	105.7	102.7	100.4
2''''''	129.2			130.0		32.8	75.4	75.4	32.8	36.8
3''''''	138.4			138.8		79.8	78.6	78.6	79.8	78.1
4''''''	14.7			14.0		73.8	71.7	71.7	73.8	83.1
5''''''	12.6			12.3		71.0	77.7	77.7	71.0	69.4
6''''''						17.9	70.8	70.8	17.9	17.9
MeO						56.2			56.2	56.2
1'''''''						105.0	105.6	105.6	105.0	106.6
2'''''''						75.9	75.8	75.8	75.9	75.4
3'''''''						78.4	71.9	71.9	78.4	78.4
4'''''''						71.9	77.7	77.7	71.9	71.9
5'''''''						78.6	78.3	78.3	78.5	78.4
6'''''''						63.2	63.0	63.0	63.1	63.1
1''''''''							167.6	167.5	166.6	166.1
2''''''''							129.2	129.1	131.2	114.3
3''''''''							138.2	138.6	130.0	165.2
4''''''''							14.6	14.6	129.1	38.1
5''''''''							12.6	12.5	133.6	20.8
6''''''''									129.1	20.9
7''''''''									130.0	16.5

表 8-4-63 孕甾烷类化合物 8-4-311~8-4-320 的名称、分子式和测试溶剂

编号	名称	分子式	测试溶剂	参考文献
8-4-311	pentandroside G	$C_{57}H_{96}O_{30}$	M	[75]
8-4-312	gracilloside D	$C_{72}H_{108}O_{28}$	P	[10]
8-4-313	tuberoside H_6	$C_{61}H_{98}O_{24}$	C	[63]
8-4-314	tuberoside J_6	$C_{61}H_{98}O_{24}$	C	[63]
8-4-315	12-*O*-acetyl-20-*O*-benzoyl-(8,14,18-orthoacetate)-dihydrosarcostin-3-*O*-*β*-D-glucopyranosyl-(1→4)-*β*-D-glucopyranosyl-(1→4)-*β*-D-thevetopyranosyl-(1→4)-*O*-*β*-D-oleandropyranosyl-(1→4)-*O*-*β*-D-cymaropyranosyl-(1→4)-*O*-*β*-D-cymaropyranoside	$C_{72}H_{110}O_{32}$	P	[57]

续表

编号	名称	分子式	测试溶剂	参考文献
8-4-316	amurensioside F	$C_{62}H_{98}O_{24}$	C	[69]
8-4-317	amurensioside G	$C_{61}H_{96}O_{23}$	C	[69]
8-4-318	cynaforroside K	$C_{61}H_{96}O_{27}$	P	[47]
8-4-319	cynaforroside L	$C_{61}H_{96}O_{27}$	P	[47]
8-4-320	cynaforroside M	$C_{60}H_{94}O_{27}$	P	[47]

8-4-311

8-4-312 R^1=β-D-Glu-(1→4) -α-L-Cym-(1→4)-β-D-Cym-(1→4)-α-L-Cym; R^2=Cinn

8-4-313 R=β-D-Glu-(1→4)-β-D-Ole-(1→4)-β-D-Dig-(1→4)-β-D-Ole-(1→4)-β-D-Ole-(1→4)-β-D-Cym

8-4-314 R=β-D-Glu-(1→4)-β-D-Ole-(1→4)-β-D-Dig-(1→4)-β-D-Ole-(1→4)-β-D-Cym-(1→4)-β-D-Cym

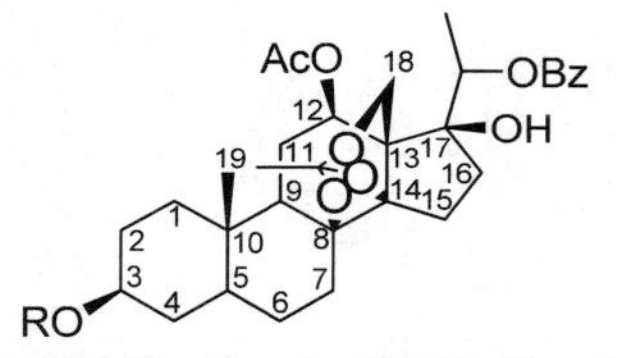

8-4-315 R=β-D-Glu–(1→4)-β-D-Glu-(1→4)-β-D-The-(1→4)-β-D-Ole-(1→4)-β-D-Cym-(1→4)-β-D-Cym

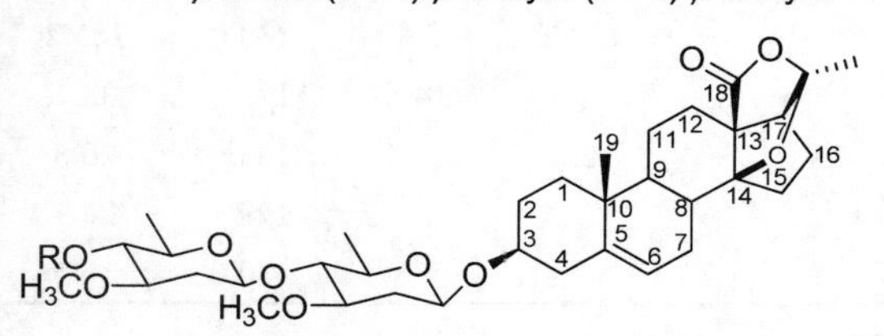

8-4-316 R=β-D-Glu-(1→4)-β-D-Dgn-(1→4)-β-D-Cym(1→4)-β-D-Cym

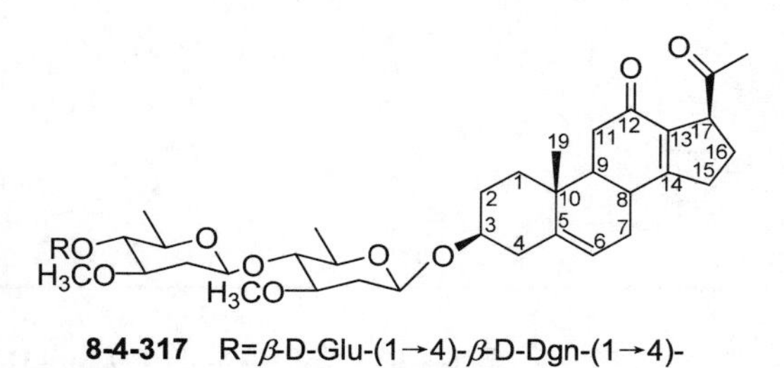

8-4-317 R=β-D-Glu-(1→4)-β-D-Dgn-(1→4)-β-D-Cym(1→4)-β-D-Cym

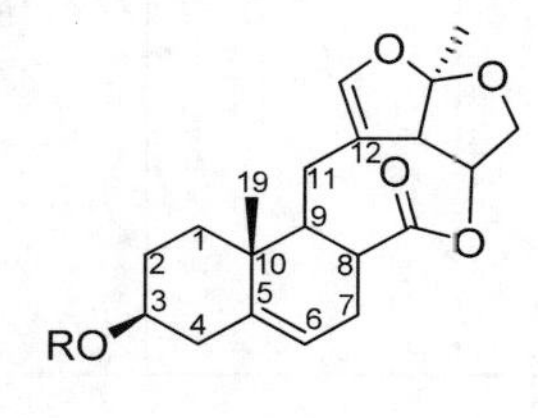

8-4-318 R=β-D-Glu-(1→4)-β-D-Glu-(1→4)-β-D-Ole-(1→4)-β-L-Cym-(1→4)-β-L-Cym-(1→4)-β-D-Ole

8-4-319 R=β-D-Glu-(1→4)-β-D-Glu-(1→4)-β-D-Ole-(1→4)-β- D-Ole-(1→4)-β- D-Ole-(1→4)-β-D-Ole

8-4-320 R=β-D-Glu-(1→4)-β-D-Glu-(1→4)-β-D-Ole-(1→4)-β-L-Cym-(1→4)-β-D-3-去甲-2-去氧-The-(1→4)-β-D-Ole

8-4-321 R=β-D-Glu-(1→4)-β-D-Glu-(1→4)-β-D-Ole-(1→4)-β-D-Ole-(1→4)-β-L-Cym-(1→4)-β-D-3-去甲-2-去氧-The

表 8-4-64 化合物 8-4-311~8-4-320 的 ^{13}C NMR 化学位移数据

C	8-4-311[75]	8-4-312[10]	8-4-313[63]	8-4-314[63]	8-4-315[57]	8-4-316[69]	8-4-317[69]	8-4-318[47]	8-4-319[47]	8-4-320[47]
1	38.3	37.3	38.6	38.6	37.7	37.6	36.6	36.5	36.5	36.5
2	30.5	29.6	29.6	29.6	29.5	30.2	29.8	30.1	30.1	30.1
3	78.7	76.4	76.8	76.8	75.4	77.3	77.4	77.5	77.5	77.5
4	35.1	38.3	38.0	38.0	34.2	39.2	39.2	39.1	39.1	39.1
5	45.9	141.9	139.5	139.5	44.9	140.3	141.2	140.6	140.6	140.6
6	29.7	118.8	119.0	119.0	25.0	120.8	121.0	120.5	120.5	120.5
7	33.0	41.4	33.6	33.6	34.2	27.4	29.9	28.5	28.5	28.5
8	35.8	209.6	106.2	106.2	82.5	35.5	33.7	40.7	40.7	40.7
9	55.8	55.8	55.3	55.3	46.2	45.6	49.5	53.3	53.3	53.3
10	36.9	43.3	36.8	36.8	36.6	37.2	37.1	38.7	38.7	38.7
11	21.7	26.0	28.0	28.0	24.9	20.7	34.0	23.9	23.9	23.9
12	39.2	71.8	81.4	81.4	73.4	21.8	196.4	30.0	30.0	30.0
13	43.4	62.7	57.3	57.3	53.0	59.1	136.7	118.6	118.6	118.6
14	55.0	217.5	220.0	220.0	94.4	91.4	169.4	175.5	175.5	175.5
15	36.1	34.1	35.5	35.5	32.5	28.8	34.0	67.8	67.8	67.8
16	76.1	30.1	21.8	21.8	33.9	18.5	26.9	75.6	75.6	75.6
17	67.7	82.4	53.9	53.9	86.5	58.4	55.5	56.2	56.2	56.2
18	14.3	12.2	19.7	19.7	60.5	175.9		143.9	143.9	143.9
19	12.8	18.7	19.4	19.4	12.0	19.4	19.0	17.9	17.9	17.9
20	208.7	74.6	66.1	66.1	73.4	113.6	209.3	114.4	114.4	114.4
21	30.8	14.6	21.6	21.6	15.2	15.6	29.4	24.8	24.8	24.8
OAc		169.9			170.9					
Me		21.2			21.9					
1'	175.1	96.5	96.2	96.2	96.0	97.9	98.0	98.1	98.2	98.2
2'	33.1	39.1	37.3	37.3	37.0	37.9	37.9	38.0	37.9	37.9
3'	29.6	67.5	78.1	78.1	78.1	79.3	79.3	79.2	79.3	79.4
4'	34.1	83.6	83.5	83.5	83.4	83.3	83.1	83.1	83.2	83.4
5'	75.4	68.4	69.0	69.0	69.0	71.5	71.5	71.7	71.7	71.6
6'	16.9	18.6	18.9	18.8	18.5	18.8	18.7	18.8	18.8	18.8
OMe			56.8	56.8	58.9	57.3	57.3	57.4	57.4	57.5
1"	100.4	101.4	102.0	100.5	100.5	100.2	100.2	98.5	100.1	100.4
2"	77.1	36.9	37.2	37.1	36.5	37.9	37.9	37.0	37.7	40.0
3"	76.9	79.0	79.3	77.8	78.1	79.2	79.1	78.1	79.3	70.1
4"	82.0	81.7	82.8	83.3	83.2	83.0	83.0	83.2	83.0	88.2
5"	74.9	72.1	71.9	68.9	69.1	71.8	71.8	69.2	71.7	71.0
6"	60.7	18.4	18.8	18.7	18.7	18.7	18.7	18.5	18.7	18.0
OMe		57.2	55.4	55.4	58.8	57.5	57.5	58.9	58.9	
1'''	102.1	97.5	100.1	102.0	101.9	98.5	98.5	100.5	100.2	99.8
2'''	72.4	32.3	37.9	37.8	37.0	36.9	36.9	37.0	37.7	36.6
3'''	72.3	73.6	79.2	79.0	79.3	78.0	78.0	77.7	79.3	77.6
4'''	73.9	77.9	83.1	82.8	83.1	83.2	83.2	83.1	83.0	82.7

续表

C	8-4-311[75]	8-4-312[10]	8-4-313[63]	8-4-314[63]	8-4-315[57]	8-4-316[69]	8-4-317[69]	8-4-318[47]	8-4-319[47]	8-4-320[47]
5''''	69.7	64.9	71.6	71.9	72.0	69.2	69.2	68.9	71.6	69.4
6''''	17.9	18.5	18.7	18.6	18.6	18.4	18.4	18.5	18.7	18.0
OMe		56.4	56.8	56.8	57.4	58.7	58.7	58.8	57.3	59.0
1'''''	105.5	95.6	98.6	98.5	104.0	100.4	100.4	101.9	100.2	101.8
2'''''	81.8	36.7	39.0	39.0	75.0	36.4	36.4	37.5	37.5	37.4
3'''''	88.4	77.7	67.7	67.7	86.3	77.5	77.5	79.4	79.7	79.4
4'''''	70.4	82.5	83.3	83.2	82.5	83.1	83.1	83.5	83.7	83.5
5'''''	78.0	69.4	68.7	68.7	72.0	69.0	69.0	72.0	72.0	72.0
6'''''	63.2	18.5	18.7	18.6	18.7	18.6	18.6	18.8	18.9	18.8
OMe		58.3			60.5	58.3	58.3	57.3	57.2	57.3
1''''''	105.4	99.0	101.3	101.4	104.7	102.7	102.7	104.3	104.3	104.3
2''''''	75.9	32.3	37.7	37.2	75.4	32.8	32.8	75.3	75.3	75.3
3''''''	78.2	73.4	79.1	79.3	77.0	79.8	79.8	76.9	76.9	76.9
4''''''	70.9	78.9	83.0	83.2	81.7	73.8	73.8	81.8	81.8	81.8
5''''''	67.1	64.9	72.1	72.1	76.5	71.0	71.0	76.3	76.3	76.3
6''''''		18.7	18.6	18.5	62.5	17.9	17.9	62.5	62.5	62.5
OMe		56.9	57.2	57.5		56.2	56.2			
1'''''''	104.9	102.3	104.4	104.4	105.0	105.0	105.0	105.0	105.0	105.0
2'''''''	75.4	75.3	75.7	75.7	74.8	75.9	75.9	74.8	74.8	74.8
3'''''''	78.4	78.5	78.7	78.7	78.3	78.4	78.4	78.3	78.3	78.3
4'''''''	71.0	71.9	72.1	72.1	71.6	71.9	71.9	71.6	71.6	71.6
5'''''''	67.2	78.7	78.1	78.1	78.5	78.5	78.5	78.5	78.5	78.5
6'''''''		63.0	63.1	63.2	62.5	63.1	63.1	62.5	62.5	62.5
1''''''''	104.6	167.8			166.0					
2''''''''	75.1	119.1			131.2					
3''''''''	77.4	145.7			129.9					
4''''''''	71.7	135.0			129.0					
5''''''''	77.9	128.8			133.4					
6''''''''	62.8	129.4			129.0					
7''''''''		130.8			129.9					
8''''''''		129.4								
9''''''''		128.8								
Ortho					117.8					
Me					24.5					

表 8-4-65 孕甾烷类化合物 8-4-321~8-4-330 的名称、分子式和测试溶剂

编号	名称	分子式	测试溶剂	参考文献
8-4-321	cynaforroside N	$C_{60}H_{94}O_{27}$	P	[47]
8-4-322	cynaforroside O	$C_{60}H_{94}O_{25}$	P	[47]
8-4-323	amurensioside H	$C_{61}H_{94}O_{24}$	C	[69]
8-4-324	hoodigoside Q	$C_{65}H_{106}O_{29}$	P	[35]
8-4-325	hoodigoside R	$C_{65}H_{106}O_{28}$	P	[35]
8-4-326	amurensioside I	$C_{62}H_{104}O_{24}$	C	[69]
8-4-327	hoodigoside T	$C_{66}H_{108}O_{26}$	P	[35]

续表

编号	名称	分子式	测试溶剂	参考文献
8-4-328	20-*O*-tigloylboucerin-3-*O*-*β*-D-glucopyranosyl-(1→3)-*β*-D-glucopyranosyl-(1→4)-6-deoxy-3-*O*-methyl-*β*-D-allopyranosyl-(1→4)-*β*-D-thevetopyranosyl-(1→4)-*β*-D-cymaropyranosyl-(1→4)-*β*-D-cymaropyranoside	$C_{66}H_{108}O_{29}$	M	[37]
8-4-329	12*β*,20-*O*-ditigloylboucerin-3-*O*-*β*-D-glucopyranosyl-(1→3)-*β*-D-glucopyranosyl-(1→4)-6-deoxy-3-*O*-methyl-*β*-D-allopyranosyl-(1→4)-*β*-D-thevetopyranosyl-(1→4)-*β*-D-cymaropyranosyl-(1→4)-*β*-D-cymaropyranoside	$C_{71}H_{114}O_{30}$	M	[37]
8-4-330	calogenin-3-*O*-*β*-D-glucopyranosyl-(1→6)-*β*-D-glucopyranosyl-(1→4)-*β*-D-3-*O*-methylfucopyranoside-20-*O*-*α*-L-rhamnopyranosyl-(1→6)-*β*-D-glicopyranosyl-(1→6)-*β*-D-glucopyranoside	$C_{58}H_{96}O_{31}$	M	[37]

8-4-322 R=*β*-D-Glu-(1→4)-*β*-D-Glu-(1→4)-*β*-D-Ole-(1→4)-*β*-L-Cym-(1→4)-*β*-D-Ole-(1→4)-*β*-D-Ole

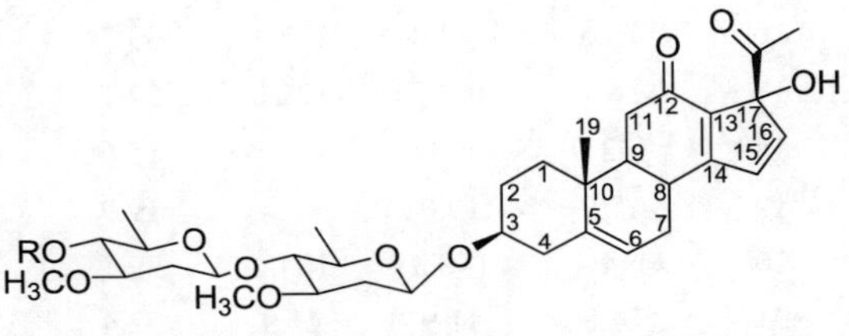

8-4-323 R=*β*-D-Glu-(1→4)-*β*-D-Dgn-(1→4)-*β*-D-Cym-(1→4)-*β*-D-Cym-(1→4)-*β*-D-Ole-(1→4)-*β*-D-Ole

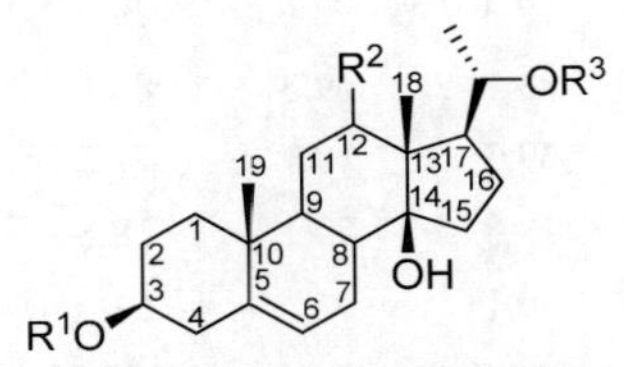

8-4-324 R^1=*β*-D-4-Tig-The-(1→4)-*β*-D-Cym-(1→4)-*β*-D-Cym; R^2=H; R^3=*β*-D-Glu (1→6)-*β*-D-Glu-(1→6)-*β*-D-Glu

8-4-325 R^1=*β*-D-4-Tig-Ole-(1→4)-*β*-D-Cym-(1→4)-*β*-D-Cym; R^2=H; R^3=*β*-D-Glu (1→6)-*β*-D-Glu-(1→6)-*β*-D-Glu

8-4-326 R^1=*β*-D-Glu-(1→4)-*β*-D-Dgn-(1→4)-*β*-D-Cym(1→4)-*β*-D-Cym(1→4)-*β*-D-Ole-(1→4)-*β*-D-Ole; R^2=*α*-L-OH; R^3=H

8-4-327 R^1=*β*-D-4-Tig-Ole-(1→4)-*β*-D-Cym-(1→4)-*β*-D-Cym-(1→4)-*β*-D-Cym; R^2=H; R^3=*β*-D-Glu-(1→6)-*β*-D-Glu

8-4-328 R^1=*β*-D-Glu-(1→3)-*β*-D-Glu-(1→4)-*β*-D-6-去氧-3-*O*-Me-All-(1→4)-*β*-D-The-(1→4)-*β*-D-Cym-(1→4)-*β*-D-Cym; R^2=*β*-OH; R^3=Tig

8-4-329 R^1=*β*-D-Glu-(1→3)-*β*-D-Glu-(1→4)-*β*-D-6-去氧-3-*O*-Me-All-(1→4)-*β*-D-The-(1→4)-*β*-D-Cym-(1→4)-*β*-D-Cym; R^2=*β*-O-Tig; R^3=Tig

8-4-330 R^1=*β*-D-Glu-(1→6)-*β*-D-Glu-(1→4)-*β*-D-3-*O*-Me-Fuc; R^2=H; R^3=*α*-L-Rha-(1→6)-*β*-D-Glu-(1→6)-*β*-D-Glu

表 8-4-66 化合物 8-4-321~8-4-330 的 ^{13}C NMR 化学位移数据

C	8-4-321[47]	8-4-322[47]	8-4-323[69]	8-4-324[35]	8-4-325[35]	8-4-326[69]	8-4-327[35]	8-4-328[37]	8-4-329[37]	8-4-330[37]
1	36.5	37.2	36.8	37.9	37.9	37.7	39.9	38.2	38.3	38.5
2	30.1	30.2	29.9	30.6	30.6	30.4	30.7	30.5	30.4	30.6
3	77.5	77.4	77.4	77.7	77.7	77.7	77.3	80.4	79.0	80.0
4	39.1	39.1	39.2	39.6	39.6	39.5	39.6	39.5	39.7	39.5

续表

C	8-4-321[47]	8-4-322[47]	8-4-323[69]	8-4-324[35]	8-4-325[35]	8-4-326[69]	8-4-327[35]	8-4-328[37]	8-4-329[37]	8-4-330[37]
5	140.6	139.7	140.7	139.9	139.9	140.1	139.9	141.0	141.0	141.0
6	120.5	121.3	121.4	123.1	123.1	123.0	123.1	123.2	123.0	123.8
7	28.5	25.9	31.3	28.2	28.2	26.1	28.2	28.3	27.9	28.1
8	40.7	46.1	31.6	37.7	37.7	35.5	37.7	37.9	37.8	37.8
9	53.3	52.2	50.1	46.8	46.8	39.9	46.8	45.0	44.6	47.7
10	38.7	38.0	37.1	37.7	37.7	36.9	37.7	38.1	38.0	37.8
11	23.9	25.4	34.4	20.2	20.2	29.2	20.2	26.5	27.1	21.1
12	30.0	33.9	189.8	41.0	41.0	74.8	41.0	71.4	78.2	41.3
13	118.6	47.9	120.8	47.7	47.7	49.1	47.7	50.4	53.4	47.0
14	175.5	209.6	158.8	84.3	84.3	85.2	84.3	84.7	87.4	86.0
15	67.8	140.2	119.5	21.8	21.8	33.5	21.8	32.8	32.6	33.8
16	75.6	112.0	137.1	33.7	33.7	25.2	33.6	25.4	25.0	20.5
17	56.2	118.0	122.0	57.7	57.7	47.5	57.7	52.0	50.9	57.9
18	143.9			15.6	15.6	16.8	15.6	9.8	9.8	15.0
19	17.9	19.0	19.4	19.9	19.9	19.6	19.9	19.7	19.8	19.6
20	114.4	148.3	184.2	79.1	79.1	69.7	79.1	78.8	74.8	79.0
21	24.8	11.9	21.9	22.4	22.4	24.4	22.4	19.6	19.5	17.3
1'	98.2	98.1	98.1	96.6	96.6	98.0	96.6	97.0	97.0	103.0
2'	40.2	38.0	37.9	37.5	37.3	37.9	37.5	36.2	36.2	71.7
3'	70.1	79.7	79.3	78.3	78.6	79.4	78.2	78.6	78.6	85.8
4'	88.4	82.7	83.2	83.7	69.3	83.1	83.4	83.8	83.8	74.7
5'	70.9	71.6	71.6	69.3	18.7	71.5	69.2	70.0	70.0	71.4
6'	18.1	18.7	18.8	18.8	59.1	18.8	18.7	18.4	18.4	17.3
OMe		57.2	57.5	59.1		57.3	59.2	58.5	58.5	58.3
1"	99.8	100.0	100.2	100.7	100.7	100.2	100.8	100.3	100.3	104.4
2"	36.6	37.2	37.9	37.3	37.3	37.9	37.3	36.6	36.6	76.0
3"	77.6	79.1	79.1	78.3	78.3	79.2	78.2	78.8	78.8	77.7
4"	82.6	83.1	83.0	83.5	83.5	83.0	83.5	83.8	83.8	71.2
5"	69.4	71.7	71.8	69.5	69.5	71.8	69.2	69.8	69.8	76.5
6"	18.1	18.8	18.7	18.9	18.9	18.7	18.7	18.2	18.2	70.0
OMe	59.0	57.4	57.3	59.2	58.7	57.5	59.2	58.6	58.6	
1'''	100.0	98.5	98.5	106.3	102.2	98.5	102.2	106.0	106.0	104.2
2'''	37.5	37.0	36.9	75.3	37.5	36.9	37.5	74.8	74.8	75.3
3'''	79.7	78.0	78.0	84.8	83.7	78.1	83.7	86.0	86.0	78.2
4'''	82.8	83.3	83.2	75.3	76.6	83.2	76.6	82.8	82.8	71.6
5'''	71.6	69.2	69.2	70.6	70.8	69.2	70.8	72.4	72.4	78.1
6'''	18.7	18.5	18.4	18.4	18.9	18.4	18.4	18.6	18.6	62.4
OMe	57.3	58.8	58.7	60.7	57.1	58.8	57.1	61.1	61.1	
1''''	101.9	101.9	100.4	105.2	105.1	100.4	105.2	103.8	103.8	104.5
2''''	37.5	37.2	36.4	75.0	75.3	36.5	75.2	72.3	72.3	75.5
3''''	78.9	79.0	77.5	78.6	78.7	77.5	78.7	83.2	83.2	78.0

续表

C	8-4-321[47]	8-4-322[47]	8-4-323[69]	8-4-324[35]	8-4-325[35]	8-4-326[69]	8-4-327[35]	8-4-328[37]	8-4-329[37]	8-4-330[37]
4''''	83.7	83.7	83.1	71.5	71.5	83.2	71.5	83.6	83.6	71.1
5''''	72.0	72.0	69.0	77.4	77.4	69.0	77.7	72.4	72.4	78.2
6''''	18.9	18.9	18.6	70.4	70.4	18.6	70.6	18.4	18.4	68.4
OMe	57.3	57.3	58.3			58.3		61.9	61.9	
1'''''	104.3	104.3	102.7	105.9	105.9	102.7	105.7	106.2	106.2	104.2
2'''''	75.3	75.3	32.8	75.3	75.3	32.8	75.4	75.6	75.6	76.0
3'''''	76.9	76.9	79.8	78.6	78.6	79.8	79.1	84.0	84.0	78.8
4'''''	81.8	81.8	73.7	71.8	71.8	73.8	71.9	71.0	71.0	71.1
5'''''	76.3	76.3	71.0	78.3	78.3	71.0	78.3	77.8	77.8	77.3
6'''''	62.5	62.5	17.9	62.9	62.9	17.9	62.9	62.0	62.0	68.5
OMe			56.2			56.2				
1''''''	105.0	105.0	105.0	105.0	105.0	105.0	105.0	104.1	104.1	102.0
2''''''	74.8	74.8	75.9	75.9	75.9	75.9	75.9	75.6	75.6	72.6
3''''''	78.3	78.3	78.4	78.4	78.4	78.4	78.4	77.8	77.8	72.3
4''''''	71.6	71.6	71.9	71.9	71.9	71.9	71.9	71.6	71.6	74.0
5''''''	78.5	78.5	78.5	78.5	78.5	78.5	78.5	78.1	78.1	69.8
6''''''	62.5	62.5	63.1	63.1	63.1	63.1	63.1	63.0	63.0	18.0
1'''''''				167.5	167.5		167.6	168.8	169.5	
2'''''''				129.1	129.1		129.2	130.1	130.1	
3'''''''				138.4	138.4		138.3	138.6	138.2	
4'''''''				14.7	14.7		14.6	14.3	14.3	
5'''''''				12.7	12.7		12.6	12.0	12.0	
1''''''''									168.9	
2''''''''									129.9	
3''''''''									138.3	
4''''''''									14.4	
5''''''''									12.0	

表 8-4-67 孕甾烷类化合物 8-4-331~8-4-340 的名称、分子式和测试溶剂

编号	名称	分子式	测试溶剂	参考文献
8-4-331	periperoxide A	$C_{70}H_{110}O_{27}$	C	[64]
8-4-332	periperoxide B	$C_{71}H_{112}O_{26}$	C	[64]
8-4-333	periperoxide C	$C_{69}H_{110}O_{25}$	C	[64]
8-4-334	periperoxide D	$C_{62}H_{102}O_{22}$	C	[64]
8-4-335	periperoxide E	$C_{64}H_{104}O_{23}$	C	[64]
8-4-336	tuberoside H_5	$C_{61}H_{100}O_{24}$	C	[63]
8-4-337	tuberoside J_5	$C_{61}H_{100}O_{24}$	C	[63]
8-4-338	tuberoside K_5	$C_{61}H_{100}O_{24}$	C	[63]
8-4-339	tuberoside L_5	$C_{61}H_{100}O_{24}$	C	[63]
8-4-340	tuberoside J_3	$C_{63}H_{102}O_{26}$	C	[63]

8-4-331 R^1=A; R^2=β-D-2-Ac-Dig-(1→4)-β-D-Cym-(1→4)-β-D-Can-(1→4)-β-D-Dig

8-4-332 R^1=A; R^2=β-D-4-Ac-Cym-(1→4)-β-D-Cym-(1→4)-β-D-Can-(1→4)-β-D-Cym

8-4-333 R^1=A; R^2=β-D-Ole-(1→4)-β-D-Cym-(1→4)-β-D-Can-(1→4)-β-D-Cym

8-4-334 R^1=H; R^2=β-D-Ole-(1→4)-β-D-Cym-(1→4)-β-D-Can-(1→4)-β-D-Cym

8-4-335 R^1=H; R^2=β-D-4-Ac-Cym-(1→4)-β-D-Cym(1→4)-β-D-Can-(1→4)-β-D-Cym

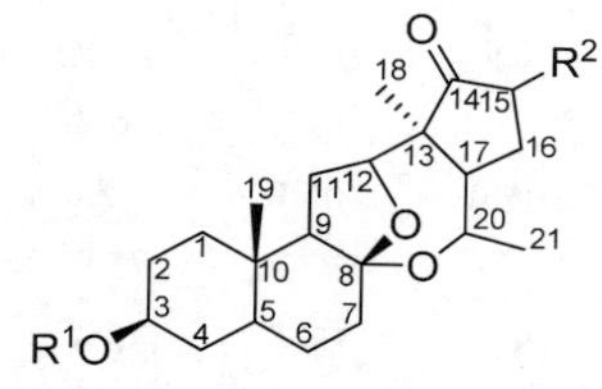

8-4-336 R^1=β-D-Glu-(1→4)-β-D-Ole-(1→4)-β-D-Dig-(1→4)-β-D-Ole-(1→4)-β-D-Ole-(1→4)-β-D-Cym; R^2=H

8-4-337 R^1=β-D-Glu-(1→4)-β-D-Ole-(1→4)-β-D-Dig-(1→4)-β-D-Ole-(1→4)-β-D-Cym-(1→4)-β-D-Cym; R^2=H

8-4-338 R^1=β-D-Glu-(1→4)-β-D-Cym-(1→4)-β-D-Dig-(1→4)-β-D-Ole-(1→4)-β-D-Ole-(1→4)-β-D-Cym; R_2=H

8-4-339 R^1=β-D-Glu-(1→4)-β-D-Ole-(1→4)-β-D-Dig-(1→4)-β-D-Ole-(1→4)-β-D-Cym-(1→4)-β-D-Ole; R^2=H

8-4-340 R^1=β-D-Glu-(1→4)-β-D-Ole-(1→4)-β-D-Dig-(1→4)-β-D-Ole-(1→4)-β-D-Cym-(1→4)-β-D-Cym; R^2=β-OAc

表 8-4-68 化合物 8-4-331~8-4-340 的 ^{13}C NMR 化学位移数据[63,64]

C	8-4-331	8-4-332	8-4-333	8-4-334	8-4-335	8-4-336	8-4-337	8-4-338	8-4-339	8-4-340
1	37.2	37.2	37.2	37.1	37.1	38.3	38.3	38.3	38.3	38.3
2	29.3	29.3	29.3	31.5	31.5	29.0	29.0	29.0	29.0	29.0
3	78.5	78.5	78.5	71.5	71.5	76.8	76.8	76.8	76.8	76.8
4	38.4	38.4	38.4	42.2	42.2	34.4	34.4	34.4	34.4	34.4
5	140.2	140.2	140.2	140.6	140.6	42.2	42.2	42.2	42.2	42.1
6	121.9	121.9	121.9	121.5	121.5	26.1	26.1	26.1	26.1	26.0
7	31.8	31.8	31.8	31.8	31.8	32.3	32.3	32.3	32.3	32.2
8	31.8	31.8	31.8	31.8	31.8	106.9	106.9	106.9	106.9	107.1
9	49.6	49.6	49.6	49.5	49.5	57.6	57.6	57.6	57.6	57.6
10	36.6	36.6	36.6	36.5	36.5	35.5	35.5	35.5	35.5	35.5
11	20.5	20.5	20.5	20.5	20.5	27.8	27.8	27.8	27.8	27.4
12	30.9	30.9	30.9	30.8	30.8	81.6	81.6	81.6	81.6	80.5
13	45.2	45.2	45.2	45.2	45.2	57.3	57.3	57.3	57.3	56.9
14	51.0	51.0	51.0	51.0	51.0	220.1	220.1	220.1	220.1	214.6
15	23.4	23.4	23.4	23.4	23.4	35.5	35.5	35.5	35.5	72.1
16	38.3	38.3	38.3	38.3	38.3	21.8	21.8	21.8	21.8	28.9
17	85.4	85.4	85.4	85.3	85.3	53.9	53.9	53.9	53.9	52.7
18	19.3	19.3	19.3	19.3	19.3	19.6	19.6	19.6	19.6	20.0
19	14.0	14.0	14.0	14.0	14.0	12.2	12.2	12.2	12.2	12.2

续表

C	8-4-331	8-4-332	8-4-333	8-4-334	8-4-335	8-4-336	8-4-337	8-4-338	8-4-339	8-4-340
20	83.0	83.0	83.0	83.0	83.0	65.9	65.9	65.9	65.9	67.5
21	17.0	17.0	17.0	17.0	17.0	21.6	21.6	21.6	21.6	20.9
OAc	169.4	173.0			173.0					169.9
Me	21.0	21.0			21.0					20.6
1'	102.4	99.7	101.4	101.4	99.7	96.2	96.2	96.2	97.8	96.2
2'	70.7	35.1	35.3	35.3	35.1	37.3	37.3	37.3	38.0	37.3
3'	81.4	75.1	75.4	75.4	75.1	78.0	78.1	78.0	79.2	78.1
4'	67.8	75.0	80.5	80.5	75.0	83.6	83.4	83.6	83.3	83.4
5'	70.6	67.6	71.6	71.6	67.6	68.9	69.0	69.0	71.8	69.0
6'	16.4	18.0	18.0	18.0	18.0	18.8	18.8	18.7	18.9	18.8
OMe	57.4	58.2	56.3	56.3	58.2	56.8	56.8	56.8	56.8	56.8
1''	99.3	99.3	99.3	99.3	99.3	102.0	100.5	102.0	98.5	100.5
2''	35.6	35.4	35.5	35.5	35.4	37.2	37.1	37.9	37.2	37.1
3''	76.2	77.1	77.0	77.0	77.1	79.3	77.8	79.2	78.0	77.8
4''	82.9	82.2	82.2	82.2	82.2	82.8	83.3	82.8	83.2	83.3
5''	68.8	69.1	69.0	69.0	69.1	71.9	68.9	72.1	69.2	68.9
6''	17.5	17.8	17.8	17.8	17.8	18.8	18.7	18.7	18.8	18.7
OMe						55.4	55.4	55.4	55.4	55.4
1'''	100.3	101.5	101.4	101.4	101.5	100.1	102.0	100.1	102.0	102.0
2'''	38.3	38.5	38.5	38.5	38.5	37.9	37.8	37.7	37.8	37.8
3'''	69.3	69.5	69.5	69.5	69.5	79.2	78.9	79.1	78.9	78.9
4'''	87.6	88.0	88.0	88.0	88.0	83.1	82.8	83.1	82.8	82.8
5'''	70.3	70.4	70.4	70.4	70.4	71.6	71.9	71.6	71.7	71.9
6'''	17.7	17.8	17.8	17.8	17.8	18.7	18.6	18.7	18.7	18.6
OMe						56.8	56.8	56.8	56.8	56.8
1''''	98.4	98.5	98.4	98.4	98.5	98.6	98.5	98.6	98.5	98.5
2''''	37.0	35.8	35.8	35.8	35.8	39.0	39.0	39.0	39.0	39.0
3''''	66.7	76.7	76.7	76.7	76.7	67.7	67.7	67.6	67.7	67.7
4''''	82.5	82.6	82.5	82.5	82.6	83.3	83.2	83.1	83.0	83.2
5''''	68.2	68.8	68.7	68.7	68.8	68.7	68.7	68.8	68.8	68.7
6''''	18.1	18.1	18.1	18.1	18.1	18.7	18.6	18.6	18.6	18.6
OMe		58.4	58.4	58.4	58.4					
1'''''	86.3	86.4	86.3	86.3	86.4	101.3	101.4	99.7	101.4	101.4
2'''''	113.6	113.7	113.6	113.6	113.7	37.7	37.2	36.5	37.1	37.2
3'''''	36.5	36.7	36.7	36.7	36.7	79.1	79.3	78.0	79.3	79.3
4'''''	77.6	77.6	77.6	77.6	77.6	83.0	83.2	83.0	83.3	83.2
5'''''	82.7	82.6	82.5	82.5	82.6	72.1	72.1	69.5	72.1	72.1
6'''''	69.8	69.9	69.9	69.9	69.9	18.6	18.5	18.5	18.6	18.5
7'''''	18.1	18.2	18.2	18.2	18.2					

续表

C	8-4-331	8-4-332	8-4-333	8-4-334	8-4-335	8-4-336	8-4-337	8-4-338	8-4-339	8-4-340
OMe	57.5	57.6	57.5	57.5	57.6	57.2	57.2	57.2	57.2	57.2
1'''''	100.8	100.8	100.8	100.8	100.8	104.4	104.4	106.6	104.5	104.4
2'''''	36.8	36.9	36.9	36.9	36.9	75.7	75.7	75.4	75.7	75.7
3'''''	78.2	78.3	78.2	78.2	78.3	78.7	78.7	78.5	78.7	78.7
4'''''	79.1	79.2	79.1	79.1	79.2	72.1	72.1	72.0	72.1	72.1
5'''''	69.7	69.8	69.7	69.7	69.8	78.1	78.1	78.4	78.2	78.1
6'''''	17.9	18.0	18.0	18.0	18.0	63.1	63.2	63.1	63.2	63.2
1''''''	97.2	97.2	97.2							
2''''''	185.8	185.8	185.8							
3''''''	147.7	147.7	147.7							
4''''''	118.4	118.4	118.4							
5''''''	68.8	68.8	68.8							
6''''''	22.9	22.9	22.9							
7''''''	54.9	54.9	54.9							

表 8-4-69 孕甾烷类化合物 8-4-341~8-4-347 的名称、分子式和测试溶剂

编号	名称	分子式	测试溶剂	参考文献
8-4-341	cynanchogenin3-*O*-*β*-D-glucopyranosyl(1→4)-*β*-D-cymaropyranosyl-(1→4)-*β*-D-oleandropyranosyl-(1→4)-*β*-D-oleandropyranosyl-(1→4)-*β*-D-cymaropyranosyl-(1→4)-*β*-D-cymaropyranoside	$C_{69}H_{112}O_{26}$	P	[71]
8-4-342	caudatin3-*O*-*β*-D-glucopyranosyl(1→4)-*β*-D-cymaropyranosyl-(1→4)-*β*-D-oleandropyranosyl-(1→4)-*β*-D-oleandropyranosyl-(1→4)-*β*-D-cymaropyranosyl-(1→4)-*β*-D-cymaropyranoside	$C_{69}H_{112}O_{27}$	P	[71]
8-4-343	cynanchogenin-3-*O*-*β*-D-glucopyranosyl(1→4)-*β*-D-oleandropyranosyl-(1→4)-*β*-D-cymaropyranosyl-(1→4)-*β*-D-oleandropyranosyl-(1→4)-*β*-D-cymaropyranosyl-(1→4)-*β*-D-cymaropyranoside	$C_{69}H_{112}O_{26}$	P	[71]
8-4-344	caudatin3-*O*-*β*-D-glucopyranosyl(1→4)-*β*-D-oleandropyranosyl-(1→4)-*β*-D-cymaropyranosyl-(1→4)-*β*-D-oleandropyranosyl-(1→4)-*β*-D-cymaropyranosyl-(1→4)-*β*-D-cymaropyranosid	$C_{69}H_{112}O_{27}$	P	[71]
8-4-345	caudatin3-*O*-*β*-D-glucopyranosyl(1→4)-*β*-D-oleandropyranosyl-(1→4)-*β*-D-oleandropyranosyl-(1→4)-*β*-D-oleandropyranosyl-(1→4)-*β*-D-cymaropyranosyl-(1→4)-*β*-D-cymaropyranoside	$C_{69}H_{112}O_{27}$	P	[71]
8-4-346	cynanchogenin-3-*O*-*β*-D-glucopyranosyl(1→4)-*α*-L-oleandropyranosyl-(1→4)-*β*-D-cymaropyranosyl-(1→4)-*β*-D-oleandropyranosyl-(1→4)-*β*-D-cymaropyranosyl-(1→4)-*β*-D-cymaropyranoside	$C_{69}H_{112}O_{26}$	P	[71]
8-4-347	caudatin3-*O*-*β*-D-glucopyranosyl(1→4)-*α*-L-oleandropyranosyl-(1→4)-*β*-D-cymaropyranosyl-(1→4)-*β*-D-oleandropyranosyl-(1→4)-*β*-D-cymaropyranosyl-(1→4)-*β*-D-cymaropyranoside	$C_{69}H_{112}O_{27}$	P	[71]

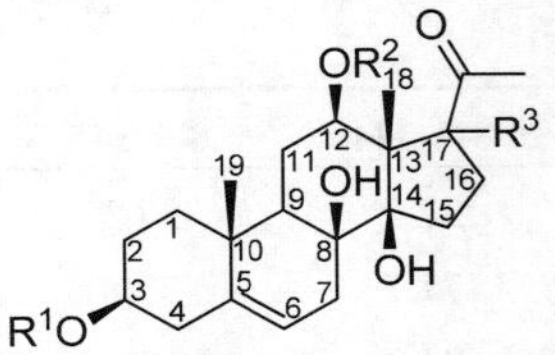

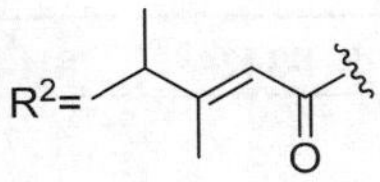

8-4-341 R^1=β-D-Glu-(1→4)-β-D-Cym-(1→4)-β-D-Ole-(1→4)-β-D-Ole-(1→4)-β-D-Cym-(1→4)-β-D-Cym; R^3=H
8-4-342 R^1=β-D-Glu-(1→4)-β-D-Cym-(1→4)-β-D-Ole-(1→4)-β-D-Ole-(1→4)-β-D-Cym-(1→4)-β-D-Cym; R^3=β-OH
8-4-343 R^1=β-D-Glu-(1→4)-β-D-Ole-(1→4)-β-D-Cym-(1→4)-β-D-Ole-(1→4)-β-D-Cym-(1→4)-β-D-Cym; R^3=H
8-4-344 R^1=β-D-Glu-(1→4)-β-D-Ole-(1→4)-β-D-Cym-(1→4)-β-D-Ole-(1→4)-β-D-Cym-(1→4)-β-D-Cym; R^3=β-OH
8-4-345 R^1=β-D-Glu-(1→4)-β-D-Ole-(1→4)-β-D-Ole-(1→4)-β-D-Ole-(1→4)-β-D-Cym-(1→4)-β-D-Cym; R^3=β-OH
8-4-346 R^1=β-D-Glu-(1→4)-β-D-Ole-(1→4)-β-D-Cym-(1→4)-β-D-Ole-(1→4)-β-D-Cym-(1→4)-β-D-Cym; R^3=H
8-4-347 R^1=β-D-Glu-(1→4)-β-D-Ole-(1→4)-β-D-Cym-(1→4)-β-D-Ole-(1→4)-β-D-Cym-(1→4)-β-D-Cym; R^3=β-OH

表 8-4-70 化合物 8-4-341~8-4-347 的 ^{13}C NMR 化学位移数据[71]

C	8-4-341	8-4-342	8-4-343	8-4-344	8-4-345	8-4-346	8-4-347
1	39.0	39.0	39.0	39.0	39.0	39.0	39.0
2	29.9	29.9	29.9	29.9	29.9	29.9	29.9
3	77.8	77.7	77.8	77.7	77.7	77.8	77.7
4	39.3	39.3	39.3	39.3	39.3	39.3	39.3
5	139.5	139.5	139.5	139.5	139.5	139.5	139.5
6	119.2	119.1	119.2	119.1	119.1	119.2	119.1
7	34.2	34.8	34.2	34.8	34.8	34.2	34.8
8	74.6	74.4	74.6	74.4	74.4	74.6	74.4
9	44.9	44.6	44.9	44.6	44.6	44.9	44.6
10	37.6	37.4	37.6	37.4	37.4	37.6	37.4
11	25.1	25.1	25.1	25.1	25.1	25.1	25.1
12	72.4	72.6	72.4	72.6	72.6	72.4	72.6
13	55.8	58.1	55.8	58.1	58.1	55.8	58.1
14	87.6	89.5	87.6	89.5	89.5	87.6	89.5
15	35.2	33.9	35.2	33.9	33.9	35.2	33.9
16	21.9	33.0	21.9	33.0	33.0	21.9	33.0
17	60.7	92.4	60.7	92.4	92.4	60.7	92.4
18	15.9	10.7	15.9	10.7	10.7	15.9	10.7
19	18.2	18.2	18.2	18.2	18.2	18.2	18.2
20	209.1	209.3	209.1	209.3	209.3	209.1	209.3
21	32.1	27.5	32.1	27.5	27.5	32.1	27.5
1'	96.5	96.5	96.5	96.5	96.4	96.5	96.5
2'	37.0	37.0	37.3	37.3	37.1	37.3	37.3
3'	78.0	78.0	78.0	78.0	78.0	78.1	78.1
4'	83.4	83.4	83.4	83.4	83.5	83.4	83.4
5'	68.9	68.9	69.1	69.1	69.0	69.1	69.1
6'	18.3	18.3	18.3	18.3	18.3	18.3	18.3
OMe	56.5	56.5	56.5	56.5	56.5	56.5	56.5
1''	100.5	100.5	100.5	100.5	100.5	100.5	100.5

续表

C	8-4-341	8-4-342	8-4-343	8-4-344	8-4-345	8-4-346	8-4-347
2''	37.3	37.3	37.1	37.1	37.3	37.3	37.3
3''	77.7	77.7	77.7	77.7	77.8	77.8	77.8
4''	83.2	83.2	83.2	83.2	83.2	83.2	83.2
5''	69.0	69.0	68.9	68.9	68.9	68.9	68.9
6''	18.3	18.3	18.3	18.3	18.3	18.3	18.3
OMe	56.7	56.7	56.7	56.7	56.7	56.7	56.7
1'''	101.9	101.9	101.9	101.9	101.9	101.9	101.9
2'''	37.7	37.7	37.7	37.7	37.5	37.0	37.0
3'''	79.0	79.0	78.9	78.9	79.0	79.0	79.0
4'''	82.8	82.8	82.6	82.6	82.8	82.7	82.7
5'''	71.9	71.9	71.8	71.8	71.7	71.7	71.7
6'''	18.2	18.2	18.2	18.2	18.2	18.2	18.2
OMe	58.0	58.0	58.0	58.0	58.0	58.0	58.0
1''''	100.1	100.1	98.4	98.4	100.1	100.0	100.0
2''''	37.9	37.9	37.1	37.1	37.6	37.6	37.6
3''''	79.1	79.1	78.1	78.1	79.3	79.2	79.2
4''''	82.9	82.9	83.3	83.3	82.9	81.8	81.8
5''''	71.7	71.7	69.2	69.2	72.7	72.2	72.2
6''''	18.7	18.7	18.7	18.7	18.7	18.7	18.7
OMe	58.9	58.9	58.9	58.9	58.9	58.9	58.9
1'''''	98.4	98.4	101.9	101.9	100.1	97.4	97.4
2'''''	36.7	36.7	37.5	37.5	37.8	32.3	32.3
3'''''	78.2	78.2	79.3	79.3	79.6	73.7	73.7
4'''''	83.2	83.2	83.3	83.3	83.5	79.3	79.3
5'''''	72.1	72.1	72.1	72.1	72.1	64.8	64.8
6'''''	18.6	18.6	18.3	18.3	18.6	18.6	18.6
OMe	58.5	58.5	58.5	58.5	58.5	58.5	58.5
1''''''	106.6	106.6	104.5	104.5	104.5	102.3	102.3
2''''''	75.4	75.4	75.7	75.7	75.7	75.4	75.4
3''''''	78.4	78.4	78.7	78.7	78.7	78.6	78.6
4''''''	71.9	71.9	72.1	72.1	72.1	71.9	71.9
5''''''	78.4	78.4	78.1	78.1	78.1	78.5	78.5
6''''''	63.2	63.2	63.3	63.3	63.3	63.0	63.0
1'''''''	166.1	166.0	166.1	166.1	166.0	166.1	166.0
2'''''''	114.3	114.2	114.3	114.3	114.2	114.3	114.2
3'''''''	165.2	165.3	165.2	165.2	165.3	165.2	165.3
4'''''''	38.1	38.2	38.1	38.1	38.2	38.1	38.2
5'''''''	20.8	20.8	20.8	20.8	20.8	20.8	20.8
6'''''''	20.9	20.9	20.9	20.9	20.9	20.9	20.9
7'''''''	16.5	16.5	16.5	16.5	16.5	16.5	16.5

参考文献

[1] Pointinger S, Promdang S, Vajrodaya S. Phytochemistry, 2008, 69: 2696.
[2] Monica T Pupo, Paulc C Vieira, Joao B Fernandes. Phytochemistry, 1997, 45(7): 1495.
[3] Hung T, Stuppner H, Ellmerer-Muller E P. Photochemistry, 1995, 39(6):1403.
[4] Inada A, Murata H, Inatomi Y. Phytochemistry, 1997, 45(6): 1225.
[5] Wang X N, Fan C Q, Yue J M. Steroids, 2006, 71: 720.
[6] Ioannou E, Abdel-Razik A F, Alexi X. Tetrahedron, 2008, 64: 11797.
[7] Silva G L, Pacciaroni A, Oberti J C. Phytochemistry, 1993, 34(3): 871.
[8] Wang X N, Fan C Q, Yin S. Phytochemistry , 2008, 69: 1319.
[9] Yoshihara T, Nagaka T, Ohra J, Phytochemistry, 1988, 27(12): 3982.
[10] Gao Z L, He H P, Di Y T. Steroids, 2009, 74: 694.
[11] Gamboa-Angulo M M, Reyes-Lopez J, PenaRodriguez L M. Phytochemistry, 1996, 43(5): 1079.
[12] Ciavatta M L, Gresa M P L, Manzo E. Tetrahedron Lett, 2004, 45: 7745.
[13] Wu S B. Ji Y P, Zhu J J. Steroids, 2009, 74: 761.
[14] Tan Q G, Li X N, Chen H. J Nat Prod, 2010, 73: 693.
[15] Vijay S Gupta, Alok Kumar, Desh Deepak. Phytochemistry, 2003, 64: 1327.
[16] Chen W L, Tang W D, Lou L G. Phytochemistry, 2006, 1041.
[17] Warashina T, Noro T. Phytochemistry, 1995, 39(1): 199.
[18] Panda N, Mondal N B, Banerjee S. Tetrahedron, 2003, 59: 8399.
[19] Kunert O, Simic N, Ravinder E. Phytochemistry lett, 2009, 134.
[20] Chiplunkar Y G, Nagasampagi B A, Tavale S S. Phytochemistry, 1993, 33(4): 901.
[21] Mimaki Y, Takaashi Y, Kuroda M. Phytochemistry, 1997, 45(6): 1129.
[22] Qiu S X, Hung V N, Xuan L T. Phytochemistry, 2001, 56: 775.
[23] Hamed A I. Fitoterapia, 2001, 72: 747.
[24] Chakravarty A K, Das B, Pakrashi S C. Phytochemistry, 1982, 21(8): 2083.
[25] Cao J X, Pan Y J, Lu Y. Tetrahedron, 2005, 61: 6630.
[26] Kamel M S, Koskinen A. Phytochemistry, 1995, 40(6): 1773.
[27] Abe F, Yamauchi T. Phytochemistry, 1992, 31(8): 2819.
[28] Lin L J, Lin L Z, Gil R R. Phytochemistry, 1994, 35(6): 1549.
[29] Chen H, Xu N, Zhou Y Z. Steroids, 2008, 73: 629.
[30] Kamel M S, Ohtani K, Hasanain H A. Phytochemistry, 2000, 53: 937.
[31] Lu Y Y, Luo J G, Huang X F. Steroids, 2009, 74: 95.
[32] Essam Abdel-Sattar, Mohammed Abdul-Aziz Ai-Yahya. Phytochemistry, 2001, 57: 1213.
[33] Marinella De Leo, Nunziatina De Tommasi, Rokia Sanogo. Steroids, 2005, 70: 573.
[34] Sigler P, Saksena R, Deepak D. Phytochemistry, 2000, 54: 983.
[35] Pawar R S, Shukla Y J, Khan I A. Steroids, 2007, 72: 881.
[36] Abdel-Sattar E, Ahmed A A, Mohamed-Elamir F. Hegazy. Phytochemistry, 2007, 68: 1459.
[37] Braca A, Bader A, Morelli I. Tetrahedron, 2002,58: 5837.
[38] Srovastav S, Deepak D, Khare A. Tetrahedron, 1994, 50(3): 789.
[39] Deng J, Liao Z X, Chen D F, Phytochemistry, 2005, 66: 1040.
[40] Halim A F, Khalil A T. Phytochemistry, 1996, 42(4): 1135.
[41] Deng Y R, Wei Y P, Yin F. Helv Chim Acta, 2010,93: 1602.
[42] Bai H, Li W, Koike K. Tetrahedron, 2005,61: 5797.
[43] van Heerden F R, Horak R M, Maharaj V J. Phytochemistry, 2007, 68: 2545.
[44] Shukla Y J, Pawar R S, Ding Y Q, Phytochemistry, 2009, 70: 675.
[45] El Sayed K A, Halim A F, Zaghlooul A M. Phytochemistry, 1995, 39(2): 395.
[46] Mimaki Y, Jnoue T, Kuroda M. Phytochemistry, 1997, 44(1): 107.
[47] Liu Y, Qu J, Yu S S. Steroids, 2007, 72: 313.
[48] Li X Y, Sun H X, Ye Y D. Steroids, 2006, 71: 683.
[49] Abdel-Sattar E, Harraz F M, Al-ansari S M A. Phytochemistry, 2008, 69: 2180.
[50] Abdel-Sattar E, Harraz F M, Al-ansari S M A. Phytochemistry, 2008, 69: 2180.
[51] Tanaka T, Tsukamoto S, Hayashi K. Phytochemistry, 1990, 29(1): 229.
[52] Jin Q D, Zhou Q L, Mu Q Z. Phytochemistry, 1989, 28(4): 1273.

[53] Yuan J L, Lu Z Z, Chen G X. Phytochemistry, 1992, 31(3): 1058.
[54] Achenbach H, Hubner H, Reiter M. Phytochemistry, 1996, 41(3):907.
[55] Khine M M, Arnold N, Frannke K. Biochem System Ecolog, 2007,35: 517.
[56] Khine M M, Arnold N, Frannke K. Biochem System Ecolog, 2007,35: 517.
[57] Liu Y B, Qu J, Yu S S, Steroids, 2008, 73: 184.
[58] Cabrera G, Seldes A M, Gros E G. Phytochemistry, 1993, 32(1): 171.
[59] Bai H, Li W, Asada Y. Steroids, 2009, 74:198.
[60] Bai H, Li W, Koike K. Steroids, 2008, 73: 96.
[61] Yeo H, Kim K W, Kim J. Phytochemistry, 1998, 49(4): 1129.
[62] Miyakawa S, Yamaura K, Hayashi K. Phytochemistry, 1986, 25: 2861.
[63] Warashina T, Noro T. Phytochemistry, 2009, 70: 1294.
[64] Feng J Q, Zhang R J, Zhou Y. Phytochemistry, 2008, 69: 2716.
[65] Hayashi K, Iida I, Nakao Y. Phytochemistry, 1988, 27(12): 3919.
[66] Rasamison V E, Okunade A L, Ratsimbason A M. Fitoterapia, 2001, 72, 5.
[67] Hamed A I, Sheded M G, Abd EI-Samei M Shaheen. Phytochemistry, 2004, 65: 975.
[68] Ma X X, Jiang F T, Yang Q X. Steroids, 2007, 72: 778.
[69] Kuroda M, Kubo S, Uchida S. Steroids, 2010,75: 83.
[70] Warashina T, Noro T. Phytochemistry, 1994, 37(1): 217.
[71] Warashina T, Noro T. Phytochemistry, 1997, 44(5): 917.
[72] Plaza A, Perrone A, Balestrieri M L. Steroids, 2005, 70: 594.
[73] Plaza A, Piacente S, Perrone A. Tetrahedron, 2004,60: 12201.
[74] Itokawa H, Xu J P, Takeya K. Phytochemistry, 1988, 27(4): 1173.
[75] Hamed A I, Oleszek W, Stochmal A. Phytochemistry, 2004, 65: 2935.

第五节　雌甾烷类化合物

表 8-5-1　雌甾烷类化合物 8-5-1~8-5-14 的名称、分子式和测试溶剂

编号	名称	分子式	测试溶剂	参考文献
8-5-1	estrange-1,3,5(10)-triene	$C_{18}H_{24}$	C	[1]
8-5-2	esreane-1,3,5(10)-trien-17*β*-ol	$C_{18}H_{24}O$	C	[1]
8-5-3	esreane-1,3,5(10)-trien-17*β*-acetyl	$C_{20}H_{26}O_2$	C	[1]
8-5-4	esreane-1,3,5(10)-trien-3-ol	$C_{18}H_{24}O$	C	[1]
8-5-5	esreane-1,3,5(10)-triene-3,17*α*-diol	$C_{18}H_{24}O_2$	C	[1]
8-5-6	esreane-1,3,5(10)-triene-3,17*α*-diacetyl	$C_{22}H_{28}O_4$	C	[1]
8-5-7	esreane-1,3,5(10)-triene-3,17*β*-diol	$C_{18}H_{24}O_2$	C	[1]
8-5-8	esreane-1,3,5(10)-triene-3,17*β*-diacetyl	$C_{22}H_{28}O_4$	C	[1]
8-5-9	esreane-1,3,5(10)-triene-3-methyoxyl-16*β*-ol	$C_{19}H_{26}O$	C	[1]
8-5-10	esreane-1,3,5(10)-triene-3-methyoxy-16*α*,17*α*-diol	$C_{19}H_{26}O_2$	C	[1]
8-5-11	esreane-1,3,5(10)-trien-17-one	$C_{18}H_{22}O$	C	[1]
8-5-12	esreane-1,3,5(10)-trien-3-ol-17-one	$C_{18}H_{22}O_2$	C	[1]
8-5-13	esreane-1,3,5(10)-triene-3-methyoxy-16-one	$C_{19}H_{24}O_2$	C	[1]
8-5-14	esreane-1,3,5(10)-trien-3-ol-16,17-dione	$C_{18}H_{20}O_3$	C	[1]

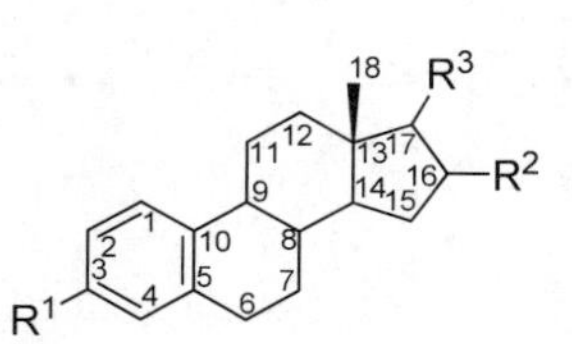

8-5-1 $R^1=R^2=R^3=H$
8-5-2 $R^1=R^2=H$; $R^3=OH$
8-5-3 $R^1=R^2=H$; $R^3=\beta$-OH
8-5-4 $R^1=OH$; $R^2=R^3=H$
8-5-5 $R^1=OH$; $R^2=H$; $R^2=\alpha$-OH
8-5-6 $R^1=OAc$; $R^2=H$; $R^3=\alpha$-OAc
8-5-7 $R^1=OH$; $R^2=H$; $R^3=\beta$-OH
8-5-8 $R^1=OAc$; $R^2=H$; $R^3=\beta$-OAc
8-5-9 $R^1=OMe$; $R^2=\beta$-OH; $R^3=H$
8-5-10 $R^1=OMe$; $R^2=R^3=\alpha$-OH

8-5-11 R=H
8-5-12 R=OH

8-5-13

8-5-14

表 8-5-2 化合物 8-5-1~8-5-14 的 ^{13}C NMR 化学位移数据[1]

C	8-5-1	8-5-2	8-5-3	8-5-4	8-5-5	8-5-6	8-5-7
1	126.0	126.3	126.2	126.9	127.2	126.9	126.9
2	126.2	126.7	126.4	113.4	113.7	119.5	113.5
3	126.2	126.7	126.4	155.6	155.7	149.8	155.6
4	129.7	129.9	129.7	115.8	116.1	122.3	115.9
5	137.4	137.5	137.4	138.4	138.7	138.5	138.4
6	30.0	30.0	30.1	30.1	30.4	30.1	30.2
7	28.8	27.3	28.2	28.8	28.9	28.5	28.0
8	39.5	39.1	39.3	39.3	40.1	39.5	39.8
9	45.1	45.4	45.2	44.6	44.6	44.6	44.8
10	141.5	141.1	141.2	132.4	132.5	138.7	132.3
11	26.9	26.3	26.7	27.3	26.9	26.6	27.1
12	39.2	32.6	37.7	41.5	33.2	32.6	37.6
13	41.4	44.1	43.7	41.5	46.2	45.6	43.9
14	54.2	51.4	50.6	54.1	48.4	50.6	50.8
15	25.5	23.9	23.9	25.5	24.9	24.8	23.7
16	20.9	31.3	28.1	20.9	32.4	30.5	31.0
17	40.9	81.9	81.9	39.5	79.7	82.2	81.9
18	17.6	11.6	12.5	17.6	17.5	16.8	11.5
Me			20.8				

C	8-5-8	8-5-9	8-5-10	8-5-11	8-5-12	8-5-13	8-5-14
1	127.0	127.0	126.8	126.3	126.9	126.5	126.9
2	119.6	112.3	112.3	126.7	113.5	112.3	113.8
3	149.8	158.7	158.4	126.7	155.8	158.7	156.1
4	122.3	174.6	114.4	129.9	115.9	114.5	116.0
5	138.5	138.8	138.3	137.5	138.2	138.2	138.2
6	30.1	30.3	30.5	30.0	30.2	30.4	30.0
7	27.8	28.7	29.0	27.3	27.4	28.9	27.4
8	39.1	39.8	39.9	39.1	39.3	39.1	38.3
9	44.9	44.7	44.6	45.4	45.0	44.7	44.5
10	138.6	133.7	132.4	141.1	131.9	133.0	131.5
11	26.7	27.0	26.5	26.3	26.3	27.1	26.2
12	37.7	41.0	35.9	32.6	32.5	39.1	31.6
13	43.7	39.4	46.3	48.4	48.3	39.9	48.7
14	51.7	53.7	47.1	51.3	51.1	51.3	43.2
15	23.8	37.5	9.7	22.2	22.2	39.1	36.1

续表

C	8-5-8	8-5-9	8-5-10	8-5-11	8-5-12	8-5-13	8-5-14
16	28.2	71.3		35.9	35.9		204.5
17	83.0	52.2		218.9	219.3	56.2	204.6
18	12.4	19.3	17.7	13.9	13.9	19.8	13.7
Me			55.2			55.1	

参 考 文 献

[1] Thomas A Wittstruck, Kenneth I H Williams. J Org Chem, 1973, 38, 1542.

第六节 胆酸类化合物

表 8-6-1 胆酸类化合物 8-6-1~8-6-10 的名称、分子式和测试溶剂

编号	名称	分子式	测试溶剂	参考文献
8-6-1	cholaniic acid methyl ester	$C_{25}H_{42}O_2$	C	[1]
8-6-2	3*α*-hydroxy-cholaniic acid methyl ester	$C_{25}H_{42}O_3$	C	[1]
8-6-3	3*β*-hydroxy-cholaniic acid methyl ester	$C_{25}H_{42}O_3$	C	[1]
8-6-4	7*α*-hydroxy-cholaniic acid methyl ester	$C_{25}H_{42}O_3$	C	[1]
8-6-5	7*β*-hydroxy-cholaniic acid methyl ester	$C_{25}H_{42}O_3$	C	[1]
8-6-6	12*α*-hydroxy-cholaniic acid methyl ester	$C_{25}H_{42}O_3$	C	[1]
8-6-7	12*β*-hydroxy-cholaniic acid methyl ester	$C_{25}H_{42}O_3$	C	[1]
8-6-8	7*α*-*O*-acetyl-cholaniic acid methyl ester	$C_{27}H_{44}O_4$	C	[1]
8-6-9	12*α*-*O*-acetyl-cholaniic acid methyl ester	$C_{27}H_{44}O_4$	C	[1]
8-6-10	3α,7*α*-dihydroxy-cholaniic acid methyl ester	$C_{25}H_{42}O_2$	C	[1]

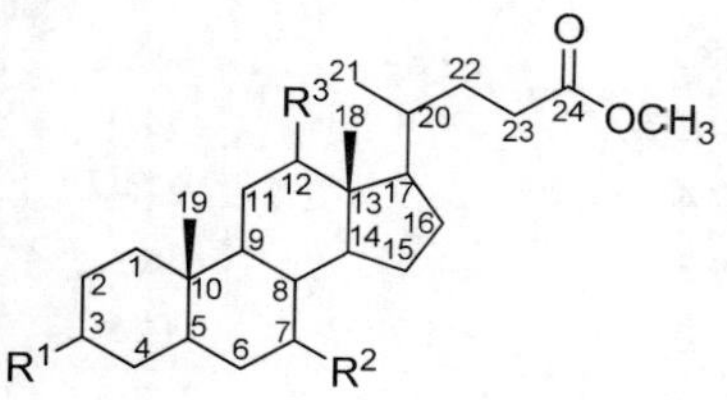

8-6-1 $R^1=R^2=R^3=H$
8-6-2 $R^1=\alpha$-OH; $R^2=R^3=H$
8-6-3 $R^1=\beta$-OH; $R^2=R^3=H$
8-6-4 $R^1=R^3=H$; $R^2=\alpha$-OH
8-6-5 $R^1=R^3=H$; $R^2=\beta$-OH
8-6-6 $R^1=R^2=H$; $R^3=\alpha$-OH
8-6-7 $R^1=R^2=H$; $R^3=\beta$-OH
8-6-8 $R^1=R^3=H$; $R^2=\alpha$-OAc;
8-6-9 $R^1=R^2=H$; $R^3=\alpha$-OAc
8-6-10 $R^1=R^2=\alpha$-OH; $R^3=H$
8-6-11 $R^1=\beta$-OH; $R^2=\alpha$-OH; $R^3=H$
8-6-12 $R^1=\alpha$-OH; $R^2=\beta$-OH; $R^3=H$
8-6-13 $R^1=R^2=\beta$-OH; $R^3=H$
8-6-14 $R^1=R^3=\alpha$-OH; $R^2=H$
8-6-15 $R^1=\beta$-OH; $R^2=H$; $R^3=\alpha$-OH
8-6-16 $R^1=R^3=\alpha$-OH; $R^2=H$
8-6-17 $R^1=R^3=\beta$-OH; $R^2=H$
8-6-18 $R^1=H$; $R^2=R^3=\alpha$-OH
8-6-19 $R^1=H$; $R^2=\beta$-OH; $R^3=\alpha$-OH
8-6-20 $R^1=H$; $R^2=\alpha$-OH; $R^3=\beta$-OH
8-6-21 $R^1=H$; $R^2=R^3=\beta$-OH
8-6-22 $R^1=R^2=R^3=\alpha$-OH
8-6-23 $R^1=R^2=\alpha$-OH; $R^3=\beta$-OH
8-6-24 $R^1=R^3=\alpha$-OH; $R^2=\beta$-OH
8-6-25 $R^1=\beta$-OH; $R^2=R^3=\alpha$-OH
8-6-26 $R^1=\alpha$-OH; $R^2=R^3=\beta$-OH
8-6-27 $R^1=R^3=\beta$-OH; $R^2=\alpha$-OH
8-6-28 $R^1=R^2=\beta$-OH; $R^3=\alpha$-OH
8-6-29 $R^1=R^2=R^3=\beta$-OH

表 8-6-2 化合物 8-6-1~8-6-10 的 ^{13}C NMR 化学位移数据[1]

C	8-6-1	8-6-2	8-6-3	8-6-4	8-6-5	8-6-6	8-6-7	8-6-8	8-6-9	8-6-10
1	37.5	35.0	29.8	37.4	37.4	37.2	37.2	37.4	37.1	35.2
2	21.2	30.1	27.8	21.1	21.0	21.0	21.0	21.4	21.0	30.5
3	26.9	71.0	66.7	27.5	26.7	26.7	26.8	27.5	26.8	71.7
4	27.4	36.0	33.4	30.2	28.4	27.2	27.2	29.5	27.1	39.6
5	43.6	41.8	36.3	43.0	44.0	43.5	43.1	42.9	43.4	41.5
6	27.1	26.9	26.5	35.5	37.1	27.1	26.9	34.1	26.9	34.7
7	26.4	26.2	26.1	68.1	71.2	26.0	25.9	71.5	25.9	68.2
8	35.7	35.5	35.5	39.2	43.6	35.8	34.4	37.8	35.6	39.3
9	40.4	40.1	39.6	32.6	39.1	33.4	39.1	31.6	34.5	32.7
10	35.2	34.2	34.9	35.0	34.7	34.6	35.0	35.4	34.2	35.0
11	20.7	20.5	20.9	20.3	20.9	28.5	29.3	20.5	25.3	20.5
12	40.2	39.9	40.2	39.4	40.1	72.8	79.1	39.5	75.8	39.6
13	42.6	42.4	42.6	42.3	43.6	46.2	47.6	42.6	44.8	42.5
14	56.5	56.2	56.4	50.1	55.7	48.0	54.4	50.3	49.4	50.3
15	24.1	23.9	24.0	23.3	26.9	23.5	23.4	23.5	23.3	23.5
16	28.0	27.8	28.0	27.8	27.9	27.2	23.8	27.9	27.1	28.0
17	55.8	55.6	55.8	55.5	54.8	49.6	57.2	55.6	47.3	55.8
18	11.9	11.7	11.9	11.4	12.0	12.5	7.7	11.6	12.1	11.7
19	24.1	23.1	23.9	23.3	24.1	23.7	23.8	23.5	23.7	22.7
20	35.2	35.1	35.2	35.0	35.1	34.9	32.4	35.1	34.5	35.2
21	18.1	17.9	18.1	17.9	18.2	16.9	20.7	18.1	17.3	18.2
22	30.8	30.7	30.8	30.6	30.8	30.7	31.9	30.8	30.7	30.9
23	30.8	30.7	30.8	30.6	30.8	30.7	30.9	30.8	30.7	30.8
24	174.2	174.2	174.2	174.3	174.3	174.2	174.3	174.3	174.1	174.5
Me	51.1	51.0	51.2	51.2	51.1	51.1	51.1	51.2	51.1	51.3

表 8-6-3 胆酸类化合物 8-6-11~8-6-20 的名称、分子式和测试溶剂

编号	名称	分子式	测试溶剂	参考文献
8-6-11	3β,7α-dihydroxy-cholaniic acid methyl ester	$C_{25}H_{42}O_3$	C	[1]
8-6-12	3α,7β-dihydroxy-cholaniic acid methyl ester	$C_{25}H_{42}O_3$	C	[1]
8-6-13	3β,7β-dihydroxy-cholaniic acid methyl ester	$C_{25}H_{42}O_3$	C	[1]
8-6-14	3α,12α-dihydroxy-cholaniic acid methyl ester	$C_{25}H_{42}O_3$	C	[1]
8-6-15	3β,12α-dihydroxy-cholaniic acid methyl ester	$C_{25}H_{42}O_4$	C	[1]
8-6-16	3α,12α-dihydroxy-cholaniic acid methyl ester	$C_{25}H_{42}O_4$	C	[1]
8-6-17	3β,12β-dihydroxy-cholaniic acid methyl ester	$C_{25}H_{42}O_4$	C	[1]
8-6-18	7α,12α-dihydroxy-cholaniic acid methyl ester	$C_{25}H_{42}O_4$	C	[1]
8-6-19	7β,12α-dihydroxy-cholaniic acid methyl ester	$C_{25}H_{42}O_4$	C	[1]
8-6-20	7α,12β-dihydroxy-cholaniic acid methyl ester	$C_{25}H_{42}O_4$	C	[1]

表 8-6-4 化合物 8-6-11~8-6-20 的 ^{13}C NMR 化学位移数据[1]

C	8-6-11	8-6-12	8-6-13	8-6-14	8-6-15	8-6-16	8-6-17	8-6-18	8-6-19	8-6-20
1	29.8	34.8	29.3	35.1	29.7	35.2	29.5	37.5	37.2	37.4
2	27.7	30.1	27.2	30.2	27.6	30.3	27.3	21.2	20.7	21.2
3	66.7	70.9	65.7	71.4	67.9	71.1	66.1	27.7	26.8	27.5

续表

C	8-6-11	8-6-12	8-6-13	8-6-14	8-6-15	8-6-16	8-6-17	8-6-18	8-6-19	8-6-20
4	36.6	37.2	34.1	36.2	33.3	35.9	33.0	30.4	27.8	30.2
5	35.9	42.4	36.7	42.0	36.4	41.6	35.7	43.1	43.9	42.7
6	35.5	37.0	36.5	27.1	26.5	26.9	26.3	35.4	36.8	35.1
7	68.5	70.9	70.7	26.0	25.9	25.8	25.5	68.7	71.7	68.0
8	39.3	43.4	43.0	35.9	35.7	34.4	33.9	39.5	43.7	37.9
9	32.0	39.2	38.2	33.3	32.7	39.3	38.3	26.3	31.9	31.9
10	34.2	33.9	34.1	33.9	34.5	34.2	34.5	35.6	34.1	35.6
11	20.8	21.1	21.1	28.5	28.8	29.5	29.1	28.1	28.7	29.2
12	39.6	40.1	39.8	72.8	72.8	79.1	78.9	73.1	72.2	78.8
13	42.6	43.6	43.2	46.3	46.3	47.8	47.5	46.5	47.1	47.4
14	50.4	55.8	55.6	47.9	48.3	54.8	54.2	41.5	47.2	48.4
15	23.6	26.8	26.2	23.6	23.6	23.5	23.3	23.2	26.2	22.9
16	28.0	28.4	28.2	27.4	27.4	24.0	23.6	27.4	27.6	23.7
17	55.8	54.9	54.5	47.0	47.2	57.3	57.0	47.0	45.7	56.9
18	11.9	12.0	11.7	12.5	12.6	17.8	17.5	12.5	12.6	17.5
19	23.1	23.3	23.5	22.9	23.5	22.9	23.3	23.2	23.8	23.2
20	35.3	35.1	34.8	35.1	35.0	32.5	32.1	35.1	34.8	32.4
21	18.2	18.2	18.0	17.1	17.2	20.7	20.5	17.2	17.1	20.8
22	30.9	30.9	30.6	31.0	31.0	32.0	31.8	31.1	30.8	32.0
23	30.9	30.9	30.9	30.8	30.8	31.2	30.8	30.8	30.8	30.8
24	174.5	174.5	174.5	174.5	174.5	174.6	174.4	174.5	174.4	174.5
Me	51.3	51.3	51.0	51.2	51.4	51.2	51.0	51.2	51.2	51.2

表 8-6-5 胆酸类化合物 8-6-21~8-6-29 的名称、分子式和测试数据

编号	名称	分子式	测试溶剂	参考文献
8-6-21	7β,12β-dihydroxy-cholaniic acid methyl ester	$C_{25}H_{42}O_4$	C	[1]
8-6-22	3α,7α,12α-trihydroxy-cholaniic acid methyl ester	$C_{25}H_{42}O_5$	C	[1]
8-6-23	3α,7α,12β-trihydroxy-cholaniic acid methyl ester	$C_{25}H_{42}O_5$	C	[1]
8-6-24	3α,7β,12α-trihydroxy-cholaniic acid methyl ester	$C_{25}H_{42}O_5$	C	[1]
8-6-25	3β,7α,12α-trihydroxy-cholaniic acid methyl ester	$C_{25}H_{42}O_5$	C	[1]
8-6-26	3α,7β,12β-trihydroxy-cholaniic acid methyl ester	$C_{25}H_{42}O_5$	C	[1]
8-6-27	3β,7α,12β-trihydroxy-cholaniic acid methyl ester	$C_{25}H_{42}O_5$	C	[1]
8-6-28	3β,7β,12α-trihydroxy-cholaniic acid methyl ester	$C_{25}H_{42}O_5$	C	[1]
8-6-29	3β,7β,12β-trihydroxy-cholaniic acid methyl ester	$C_{25}H_{42}O_5$	C	[1]

表 8-6-6 化合物 8-6-21~8-6-29 的 ^{13}C NMR 化学位移数据[1]

C	8-6-21	8-6-22	8-6-23	8-6-24	8-6-25	8-6-26	8-6-27	8-6-28	8-6-29
1	37.5	35.3	34.8	34.2	29.8	34.8	29.8	29.3	29.0
2	21.1	30.1	30.6	29.1	27.7	30.1	27.7	27.7	27.6
3	26.9	71.7	71.1	71.0	66.9	70.6	66.6	66.2	66.1
4	28.0	39.4	39.3	36.9	36.6	36.9	36.5	34.3	34.4

续表

C	**8-6-21**	**8-6-22**	**8-6-23**	**8-6-24**	**8-6-25**	**8-6-26**	**8-6-27**	**8-6-28**	**8-6-29**
5	43.8	41.4	41.2	42.6	35.9	42.1	35.7	36.9	36.9
6	37.1	34.7	35.2	36.6	35.2	36.9	35.4	36.6	36.7
7	71.2	68.3	67.7	71.0	68.5	70.6	68.2	71.0	71.0
8	42.3	39.4	38.0	43.5	39.5	42.1	38.0	43.5	42.1
9	37.8	26.2	32.0	31.2	25.9	37.8	31.3	31.2	37.2
10	34.7	34.7	34.8	33.9	34.3	33.8	34.3	33.9	34.4
11	29.0	28.0	29.3	27.7	28.6	29.1	29.3	29.2	29.5
12	79.4	73.0	78.9	72.2	72.8	79.1	79.0	72.2	79.3
13	48.6	46.3	47.5	47.5	46.6	48.6	47.6	47.5	48.6
14	53.9	41.4	48.5	47.2	41.9	54.2	48.6	47.2	53.9
15	26.2	23.1	22.9	26.1	23.2	26.2	23.1	26.1	26.2
16	23.6	27.4	23.7	27.4	27.4	23.8	23.8	27.4	23.6
17	56.5	46.8	57.0	45.7	47.2	56.5	57.1	45.8	56.4
18	18.0	12.3	17.6	12.6	12.5	18.0	17.7	12.6	18.0
19	24.0	22.3	22.5	23.4	22.9	23.1	23.0	23.4	23.6
20	32.3	35.3	32.5	34.8	33.2	32.3	32.6	34.8	32.3
21	21.1	17.4	20.9	17.2	17.4	21.0	21.0	17.2	21.1
22	32.3	31.0	32.1	30.9	31.1	32.1	32.1	30.9	32.3
23	31.2	31.0	30.8	30.9	30.9	31.2	31.2	30.8	31.4
24	174.6	174.7	174.7	174.6	174.7	174.8	174.7	174.5	174.7
Me	51.4	51.4	51.3	51.4	51.4	51.4	51.4	51.3	51.4

参 考 文 献

[1] Takashi Lida, Toshitake Tamura, Taro Matsumotol. Org Magn Reson, 1983, 21: 305.

第七节 螺甾烷类化合物

表 8-7-1 螺甾烷类化合物 8-7-1~8-7-10 的名称、分子式和测试溶剂

编号	名称	分子式	测试溶剂	参考文献
8-7-1	(25*R*)-5*α*-spirosta	$C_{27}H_{44}O_2$	C	[1]
8-7-2	(25*R*)-5*α*-spirostan-3*β*-ol	$C_{27}H_{44}O_3$	C	[1]
8-7-3	(25*S*)-5*α*-spirostan-25-ol	$C_{27}H_{44}O_3$	C	[1]
8-7-4	(25*R*)-5*β*-spirostan-3*β*-ol	$C_{27}H_{44}O_3$	C	[1]
8-7-5	(25*S*)-5*β*-spirostan-3*β*-ol	$C_{27}H_{44}O_3$	C	[1]
8-7-6	(20*S*,22*R*,25*R*)-5*α*-spirostane-2*α*,3*β*,6*β*-triol triacetate	$C_{33}H_{50}O_8$	C	[2]
8-7-7	reineckiagenin A	$C_{27}H_{44}O_5$	P	[3]
8-7-8	5*α*-spirostane-1*β*,3*β*-diol	$C_{27}H_{44}O_4$	C	[4]
8-7-9	5*α*-spirostane-3*β*,12*β*,15α-triol	$C_{27}H_{44}O_5$	C	[5]
8-7-10	(20*S*, 22*R*, 25*R*)-5*α*-spirostane-3*β*,25-diol	$C_{27}H_{44}O_4$	C	[6]

8-7-1 $R^1=R^2=R^3=R^4=R^5=R^6=R^7=R^8=R^9=H$

8-7-2 $R^1=R^2=R^4=R^5=R^6=R^7=R^8=R^9=H$; $R^3=\beta$-OH

8-7-3 $R^1=R^2=R^3=R^4=R^5=R^6=R^7=R^8=H$; $R^9=OH$

8-7-4 $R^1=R^2=R^4=R^5=R^6=R^7=R^8=R^9=H$; $R^3=\beta$-OH

8-7-5 $R^1=R^2=R^4=R^5=R^6=R^7=R^8=R^9=H$; $R^3=\beta$-OH

8-7-6 $R^2=\alpha$-OAc; $R^3=R^5=\beta$-OAc; $R^1=R^4=R^6=R^7=R^8=R^9=H$

8-7-7 $R^1=R^3=\beta$-OH; $R^2=R^4=R^5=R^6=R^7=R^9=H$; $R^8=\alpha$-OH

8-7-8 $R^1=R^3=\beta$-OH; $R^2=R^4=R^5=R^6=R^7=R^8=R^9=H$

8-7-9 $R^1=R^2=H$; $R^3=R^6=\beta$-OH; $R^4=R^5=H$; $R^7=\alpha$-OH; $R^8=R^9=H$

8-7-10 $R^1=R^2=H$; $R^3=\beta$-OAc; $R^4=R^5=R^6=R^7=R^8=H$; $R^9=\alpha$-OH

表 8-7-2 化合物 8-7-1~8-7-10 的 ^{13}C NMR 化学位移数据

C	8-7-1[1]	8-7-2[1]	8-7-3[1]	8-7-4[1]	8-7-5[1]	8-7-6[2]	8-7-7[3]	8-7-8[4]	8-7-9[5]	8-7-10[6]
1	38.7	37.0	38.6	29.9	29.9	43.4	73.4	77.9	38.1	36.7
2	22.2	31.5	22.2	27.8	27.8	71.3	32.8	42.3	31.3	27.5
3	26.8	71.2	26.8	67.0	67.0	74.1	68.2	67.9	71.2	73.6
4	29.0	38.2	29.0	33.6	33.6	29.6	34.4	38.0	38.1	34.0
5	47.1	44.9	47.0	36.6	36.5	45.6	31.2	42.3	45.1	44.6
6	29.0	28.6	29.0	26.5	26.6	71.9	26.8	28.4	30.6	28.5
7	32.4	32.3	32.4	26.5	26.6	36.3	26.7	32.0	36.9	32.2
8	35.2	35.2	35.2	35.3	35.3	29.9	35.8	35.6	30.3	35.7
9	54.8	54.4	54.8	40.3	40.3	53.6	42.1	54.9	53.7	54.2
10	36.3	35.6	36.4	35.3	35.3	37.0	40.2	42.3	35.8	35.6
11	20.7	21.1	20.6	20.9	20.9	20.9	21.1	24.3	28.5	21.4
12	40.2	40.1	40.1	39.9	39.9	39.6	40.4	40.0	80.5	39.9
13	40.6	40.6	40.6	40.7	40.6	40.5	40.7	40.0	46.3	40.9
14	56.5	56.3	56.5	56.5	56.4	55.5	56.4	56.4	59.1	56.2
15	31.8	31.8	31.7	31.8	31.7	31.6	32.2	32.0	69.7	31.6
16	80.8	80.7	81.3	80.9	80.9	80.5	81.3	80.8	82.2	81.1
17	62.3	62.2	62.0	62.4	62.1	62.0	63.1	62.2	60.2	62.0
18	16.5	16.5	16.5	16.4	16.5	16.5	16.7	16.4	12.7	16.5
19	12.3	12.4	12.3	23.8	23.9	15.9	19.3	6.8	12.2	12.2
20	41.6	41.6	41.5	41.6	42.1	41.6	42.5	41.5	42.9	41.0
21	14.5	14.5	14.4	14.4	14.3	14.5	14.9	14.3	13.6	14.3
22	109.0	109.0	108.8	109.1	109.5	109.1	109.8	109.8	110.3	108.7
23	31.4	31.4	24.7	31.4	27.1	31.3	26.4	27.1	31.3	23.9
24	28.9	28.8	32.7	28.8	25.8	28.7	26.2	25.8	29.7	34.9
25	30.3	30.3	66.6	30.3	26.0	30.2	27.6	25.8	30.2	67.4
26	66.7	66.7	68.9	66.8	65.0	66.7	65.2	65.1	67.3	69.1
27	17.1	17.1	27.0	17.1	16.1	17.1	16.3	16.0	17.2	29.7
OAc						170.2				
MeO						21.1				

表 8-7-3 螺甾烷类化合物 8-7-11~8-7-20 的名称、分子式和测试溶剂

编号	名称	分子式	测试溶剂	参考文献
8-7-11	(25*R*)-5α-spirostane-2α,3β,5α,6α-tetrol	$C_{27}H_{44}O_6$	P	[7]
8-7-12	5β-(25*R*)-spirostane-3β,12β-diol	$C_{27}H_{44}O_4$	P	[8]
8-7-13	5β-(25*R*)-spirostane-2β,3β,12β-triol	$C_{27}H_{44}O_5$	P	[8]
8-7-14	5α-(25*R*)-spirostane-3β,6α-diol	$C_{27}H_{44}O_4$	P	[9]
8-7-15	(25*S*)-spirostane-2β,3β,5β-triol	$C_{27}H_{44}O_5$	P	[10]
8-7-16	sarsasapogenin	$C_{27}H_{44}O_3$	P	[11]
8-7-17	25*R*-spirost-5-ene-3β,12β,15α-triol	$C_{27}H_{42}O_5$	C	[12]
8-7-18	25*R*-spirost-5-ene-3β,12β-diol	$C_{27}H_{42}O_4$	C	[12]
8-7-19	25*R*-spirost-5-en-3β-ol	$C_{27}H_{42}O_3$	C	[1]
8-7-20	dracaenogenin B	$C_{27}H_{40}O_6$	P	[13]

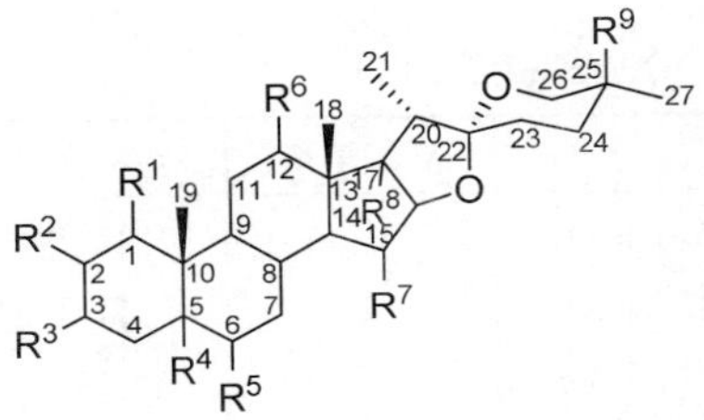

8-7-11 $R^2=R^4=R^5=\alpha$-OH; $R^3=\beta$-OH; $R^1=R^6=R^7=R^8=R^9=H$

8-7-12 $R^1=R^2=H$; $R^3=R^6=\beta$-OH; $R^4=R^5=R^7=R^8=R^9=H$

8-7-13 $R^1=H$; $R^2=R^3=R^6=\beta$-OH; $R^4=R^5=R^7=R^8=R^9=H$

8-7-14 $R^1=R^2=H$; $R^3=\beta$-OH; $R^5=\alpha$-OH; $R^4=R^6=R^7=R^8=R^9=H$

8-7-15 $R^2=R^3=R^4=\beta$-OH; $R^1=R^5=R^6=R^7=R^8=R^9=H$

8-7-16 $R^3=\beta$-OH; $R^1=R^2=R^4=R^5=R^6=R^7=R^8=R^9=H$

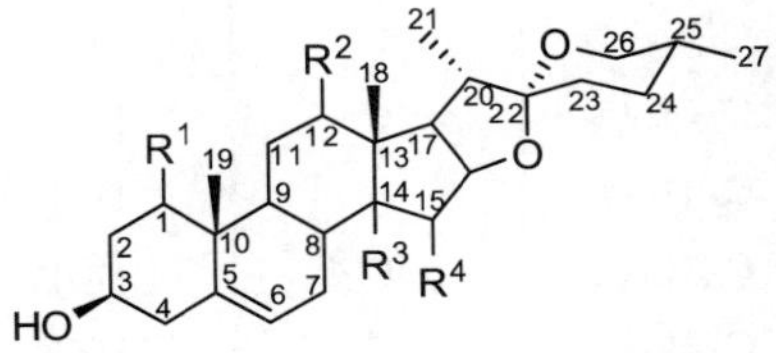

8-7-17 $R^1=H$; $R^2=\beta$-OH; $R^3=H$; $R^4=\alpha$-OH

8-7-18 $R^1=H$; $R^2=\beta$-OH; $R^3=R^4=H$

8-7-19 $R^1=H$; $R^2=R^3=R^4=H$

8-7-20 $R^1=\beta$-OH; $R^2=H$; $R^3=R^4=\alpha$-OH

表 8-7-4 化合物 8-7-11~8-7-20 的 ^{13}C NMR 化学位移数据

C	**8-7-11**[7]	**8-7-12**[8]	**8-7-13**[8]	**8-7-14**[9]	**8-7-15**[10]	**8-7-16**[11]	**8-7-17**[12]	**8-7-18**[12]	**8-7-19**[1]	**8-7-20**[13]
1	41.1	30.7	39.4	38.1	34.9	30.6	37.2	37.2	37.2	77.9
2	73.5	28.5	70.4	32.4	67.1	28.6	31.6	31.6	31.6	43.0
3	73.5	66.0	67.6	71.0	70.9	66.1	71.2	71.6	71.5	68.6
4	38.6	34.4	32.1	33.8	36.3	34.4	42.2	42.1	42.2	42.6
5	76.9	36.8	36.1	52.8	74.6	37.0	139.9	140.8	140.8	140.9
6	70.2	26.7	26.5	68.6	34.0	27.1	121.7	121.3	121.3	126.6
7	36.0	27.2	26.7	42.9	28.7	26.9	31.2	31.4	32.0	30.8
8	33.8	34.7	34.8	34.4	34.4	35.6	30.0	30.4	31.4	39.9
9	45.1	39.2	40.6	54.3	44.6	40.4	49.2	49.7	50.1	54.4
10	41.9	35.6	37.1	36.6	42.7	35.6	36.5	36.7	36.6	44.7
11	21.7	31.5	31.7	21.4	21.5	21.2	30.6	30.4	20.9	30.7
12	40.3	79.5	79.4	40.2	39.9	40.9	78.9	79.6	39.8	28.1
13	41.0	46.7	46.7	40.9	40.4	40.1	45.2	45.7	40.2	59.2
14	56.3	55.4	55.3	56.5	56.3	56.6	58.4	55.1	56.5	79.5
15	32.2	31.9	31.9	32.2	31.7	32.1	78.5	31.8	31.8	79.3
16	81.2	81.3	81.3	81.1	80.8	81.3	89.6	80.7	80.7	90.5

续表

C	8-7-11[7]	8-7-12[8]	8-7-13[8]	8-7-14[9]	8-7-15[10]	8-7-16[11]	8-7-17[12]	8-7-18[12]	8-7-19[1]	8-7-20[13]
17	63.1	63.0	63.0	63.1	61.9	63.0	58.8	61.9	62.1	59.1
18	16.7	11.2	11.2	16.7	16.4	16.6	11.3	10.4	16.3	23.0
19	17.1	24.2	24.1	13.8	16.9	24.2	19.2	19.3	19.4	12.7
20	42.0	43.0	43.1	42.0	42.2	42.5	41.7	42.1	41.6	42.4
21	15.0	14.4	14.3	15.0	14.3	16.3	13.3	13.9	14.5	18.2
22	109.2	109.5	109.5	109.2	109.8	109.7	109.4	109.5	109.1	109.3
23	31.9	31.9	32.0	31.8	25.9	26.2	31.2	31.3	31.4	29.2
24	29.3	29.3	29.3	29.3	25.8	26.4	28.6	28.8	28.8	28.9
25	30.6	30.6	30.7	30.6	27.1	27.5	30.0	30.3	30.3	30.4
26	66.9	66.9	66.9	66.9	65.2	65.1	66.9	66.9	66.7	67.8
27	17.3	17.3	17.4	17.3	16.0	14.9	17.0	17.1	17.1	17.0

表 8-7-5 螺甾烷类化合物 8-7-21~8-7-30 的名称、分子式和测试溶剂

编号	名称	分子式	测试溶剂	参考文献
8-7-21	5*α*-25*R*-spirost-3,6,12-trione	$C_{27}H_{38}O_5$	C	[14]
8-7-22	dracaenogenin A	$C_{27}H_{40}O_5$	P	[13]
8-7-23	25*R*-spirost-4-ene-3,6,12-trione	$C_{27}H_{36}O_5$	C	[14]
8-7-24	5*α*-(25*R*)-6*α*-hydroxy-spirostan-3-one	$C_{27}H_{42}O_4$	C	[9]
8-7-25	aurelianolide A	$C_{30}H_{40}O_8$	C	[15]
8-7-26	aurelianolide B	$C_{30}H_{40}O_7$	C	[15]
8-7-27	mandragorolide A	$C_{28}H_{38}O_6$	C	[16]
8-7-28	mandragorolide B	$C_{28}H_{40}O_7$	C	[16]
8-7-29	(25*R*)-3*β*-hydroxy-5*α*-spirostan-6-one	$C_{27}H_{42}O_4$	C	[17]
8-7-30	(25*R*)-3*β*-acetoxy-5*α*-spirostan-6-one	$C_{29}H_{44}O_5$	C	[17]

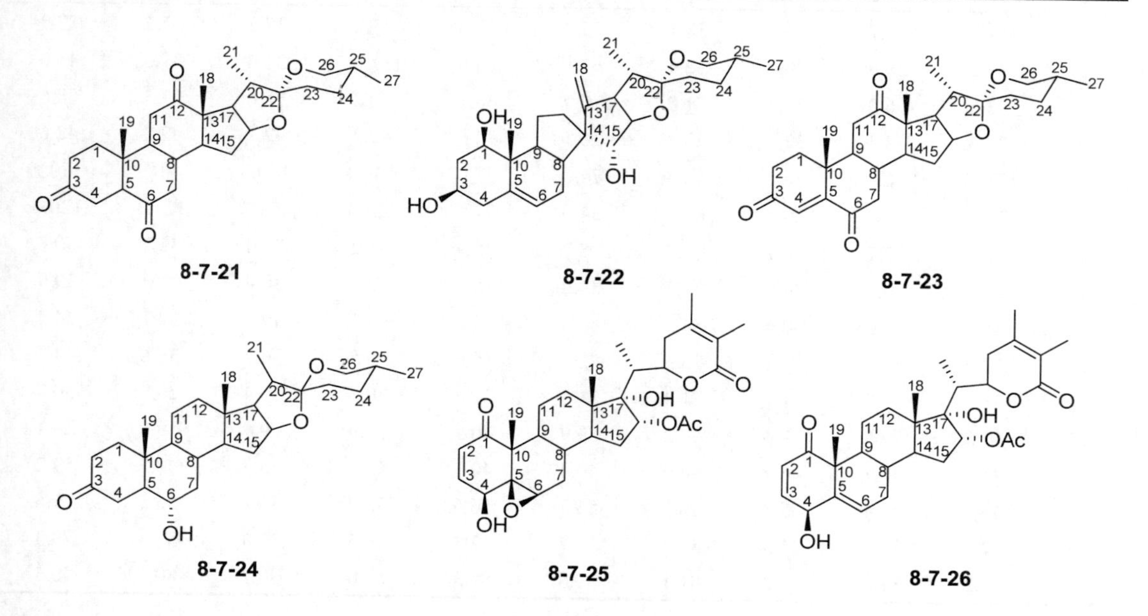

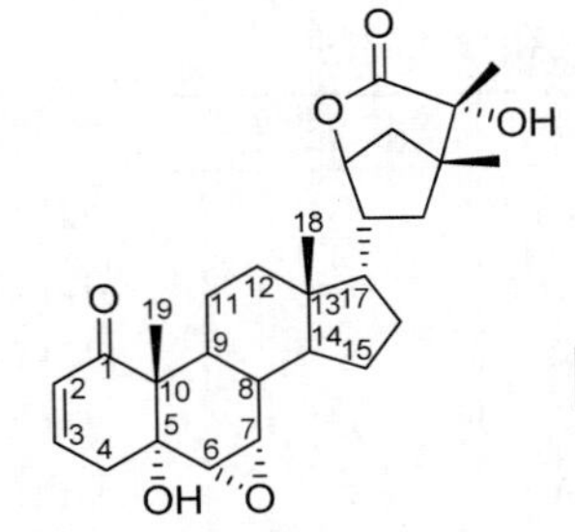

8-7-27

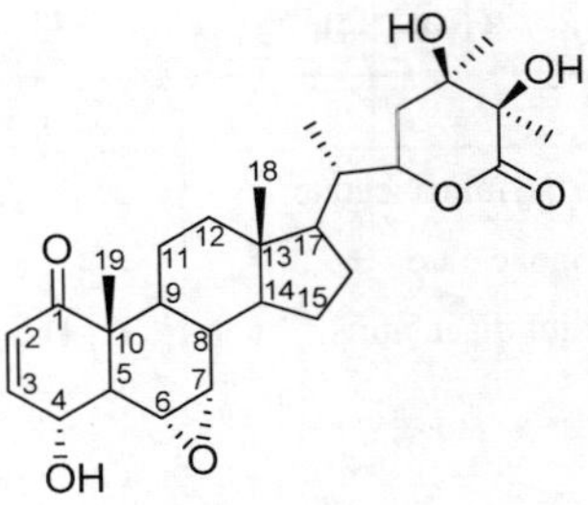

8-7-28

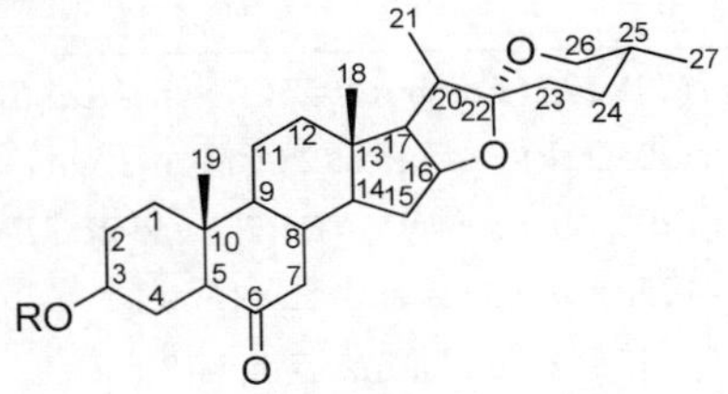

8-7-29 R=H

8-7-30 R=Ac

表 8-7-6 化合物 8-7-21~8-7-30 的 ^{13}C NMR 化学位移数据

C	8-7-21[13]	8-7-22[13]	8-7-23[13]	8-7-24[9]	8-7-25[15]	8-7-26[15]	8-7-27[16]	8-7-28[16]	8-7-29[17]	8-7-30[17]
1	37.4	77.8	35.2	39.5	202.0	203.5	203.2	203.3	36.7	38.4
2	36.9	43.0	33.7	38.5	132.1	128.8	128.9	129.0	30.2	29.6
3	209.8	68.5	198.4	211.3	141.9	146.3	139.7	139.7	70.6	72.7
4	37.1	42.5	126.8	37.8	69.7	67.6	36.7	36.7	30.8	30.2
5	56.9	140.1	158.4	53.1	63.7	138.6	73.3	73.3	56.7	56.5
6	107.3	125.2	200.1	69.8	62.2	127.3	56.3	56.3	209.2	209.1
7	45.8	34.0	45.9	41.7	30.9	30.5	57.2	57.3	46.9	46.7
8	36.3	41.7	32.7	33.9	29.5	32.1	35.7	35.7	37.4	37.4
9	54.0	53.0	51.7	53.3	43.4	42.4	35.6	35.5	54.2	54.0
10	40.6	44.9	39.3	36.6	47.4	47.9	51.1	51.3	36.5	36.5
11	37.6	27.7	36.7	21.1	21.3	22.1	21.8	21.8	21.4	21.3
12	211.1	34.0	210.6	39.7	31.8	31.9	38.1	38.7	39.6	39.5
13	55.1	159.1	54.8	40.6	48.3	48.7	43.4	43.5	40.8	40.8
14	55.1	57.1	55.1	55.8	48.3	47.8	50.9	51.6	56.9	56.6
15	31.4	79.9	31.4	31.8	33.4	33.2	23.7	23.5	31.6	31.4
16	78.8	89.1	78.7	80.6	78.7	77.9	27.8	27.0	80.4	80.4
17	53.7	52.9	53.5	62.2	83.1	82.6	54.3	51.0	62.4	62.4
18	16.0	102.9	15.9	16.4	14.7	15.0	13.4	12.1	16.3	16.6
19	12.3	12.8	17.4	12.8	17.3	22.0	14.7	14.7	13.1	13.0
20	42.3	49.1	42.3	41.7	42.2	41.6	49.0	39.7	41.7	41.7
21	13.2	17.3	13.2	14.5	9.3	9.0	39.8	12.5	14.3	14.3
22	109.3	109.6	109.3	109.3	77.9	77.9	86.2	80.5	109.1	109.2
23	31.0	30.9	31.0	31.4	33.0	32.2	39.2	31.7	31.8	31.6
24	28.7	28.9	28.8	28.8	149.1	151.0	46.7	76.0	28.8	28.8
25	30.2	30.7	30.2	30.3	121.7	120.2	76.6	72.5	30.3	30.2
26	67.0	67.7	67.0	66.9	166.3	166.0	178.5	178.9	66.9	66.9
27	17.1	17.2	17.1	17.1	12.3	12.2	25.1	23.1	16.9	16.9
28					20.3	20.2	20.2	24.3		170.1
OAc					168.9	169.6				21.0
Me					21.0	20.9				

表 8-7-7 螺甾烷类化合物 8-7-31~8-7-40 的名称、分子式和测试溶剂

编号	名称	分子式	测试溶剂	参考文献
8-7-31	(20*S*,22*R*)-5*α*-spirost-25(27)-ene-2*α*,3*β*,6*β*-triol triacetate	$C_{33}H_{48}O_8$	C	[2]
8-7-32	(20*S*,22*R*)-5*α*-spirost-25(27)-en-3*β*-ol monoacetate	$C_{29}H_{44}O_6$	C	[2]
8-7-33	(20*S*,22*R*)-5*α*-spirost-25(27)-ene-2*α*,3*β*-diol diacetate	$C_{31}H_{46}O_7$	C	[2]
8-7-34	(25*R*)-5*α*-spirostan-2-ene-15*β*-ol	$C_{27}H_{42}O_3$	C	[1]
8-7-35	(25*R*)-5*α*-spirost-3*β*,6*β*-diol-12-one	$C_{27}H_{42}O_5$	C	[18]
8-7-36	(25*R*)-5α-spirost-3*β*-ol-12-one	$C_{27}H_{42}O_4$	C	[1]
8-7-37	(25*R*)-5*β*-spirost-3*β*-ol-12-one	$C_{27}H_{42}O_4$	P	[19]
8-7-38	(25*R*)-5*β*-spirost-2*β*,3*β*-diol-12-one	$C_{27}H_{42}O_5$	P	[19]
8-7-39	(25*R*)-5α-spirost-2*α*,3*β*-diol-12-one	$C_{27}H_{42}O_5$	P	[19]
8-7-40	(25*R*)-spirost-4-ene-3,12-dione	$C_{27}H_{38}O_4$	C	[20]

8-7-31 R^1=*α*-OAc; R^2=R^3=*β*-OAc
8-7-32 R^1=H; R^2=*β*-OAc; R^3=H
8-7-33 R^1=*α*-OAc; R^2=*β*-OAc; R^3=H

8-7-35 R^1=H; R^2=*β*-OH; 5*α*
8-7-36 R^1=R^2=H; 5*α*
8-7-37 R^1=R^2=H; 5*β*
8-7-38 R^1=*β*-OH; R^2=H; 5*β*
8-7-39 R^1=*α*-OH; R^2=H; 5*α*

8-7-34

8-7-40

表 8-7-8 化合物 8-7-31~8-7-40 的 ^{13}C NMR 化学位移数据

C	8-7-31[2]	8-7-32[2]	8-7-33[2]	8-7-34[1]	8-7-35[18]	8-7-36[1]	8-7-37[19]	8-7-38[19]	8-7-39[19]	8-7-40[20]
1	43.4	36.6	42.3	39.7	38.0	36.5	30.3	39.1	45.9	35.2
2	71.3	27.4	71.8	125.7	31.2	31.2	28.3	70.2	72.8	32.3
3	74.1	73.6	74.5	125.5	71.3	70.7	65.7	67.3	76.4	198.6
4	29.6	34.0	27.5	28.7	35.1	37.8	34.2	33.5	37.0	124.6
5	45.6	44.5	44.1	41.6	47.3	44.6	36.6	35.9	45.0	168.5
6	72.0	28.5	29.6	30.3	71.3	28.3	26.5	26.2	28.0	33.5
7	36.3	32.1	321.8	31.4	39.1	31.4	27.0	26.5	31.7	31.3
8	29.9	35.0	34.3	31.2	29.4	34.4	34.8	34.8	33.8	34.2
9	53.6	54.1	53.9	54.6	55.6	55.5	41.8	42.7	55.6	54.4
10	37.0	35.5	37.1	34.9	36.0	36.0	36.0	37.5	37.9	38.6
11	20.9	21.0	21.1	21.0	37.6	37.8	37.8	38.0	38.2	37.0
12	39.4	39.9	39.7	42.6	213.4	213.0	212.9	212.8	212.5	211.9
13	40.6	40.4	40.5	40.7	55.2	55.0	55.7	55.7	55.4	54.7

续表

C	8-7-31[2]	8-7-32[2]	8-7-33[2]	8-7-34[1]	8-7-35[18]	8-7-36[1]	8-7-37[19]	8-7-38[19]	8-7-39[19]	8-7-40[20]
14	55.5	56.2	56.0	61.3	55.6	55.8	56.2	56.0	55.9	54.7
15	31.6	31.7	31.6	69.6	31.4	31.5	31.8	31.8	31.8	31.0
16	80.8	81.0	81.0	82.1	79.1	79.1	79.8	79.8	79.7	78.9
17	62.1	62.2	62.1	60.7	53.4	53.5	54.3	54.3	54.3	53.4
18	16.5	16.5	16.4	19.1	15.2	16.0	16.1	16.1	16.1	15.8
19	15.9	12.2	13.0	11.7	16.1	12.0	23.4	23.4	13.1	16.7
20	41.5	41.5	41.5	42.6	42.2	42.2	42.7	43.0	42.6	42.1
21	14.5	14.5	14.5	14.2	13.2	13.2	13.9	14.0	13.1	13.1
22	109.1	109.2	109.2	109.9	109.3	109.0	109.3	109.3	109.3	109.2
23	28.5	28.5	28.5	31.4	31.2	31.2	31.5	31.5	31.4	31.0
24	32.8	32.8	32.7	28.6	28.7	28.8	29.2	29.2	29.2	28.6
25	143.4	143.5	143.4	30.2	30.2	30.2	30.3	30.6	30.5	30.0
26	64.8	64.8	64.8	67.1	66.9	66.8	67.0	67.0	66.9	66.8
27	108.5	108.4	108.5	1.7.1	17.1	17.1	17.3	17.3	17.3	17.0
AcO	170.2	170.2	170.2							
Me	21.1	21.1	21.1							

表 8-7-9 螺甾烷类化合物 8-7-41~8-7-50 的名称、分子式和测试溶剂

编号	名称	分子式	测试溶剂	参考文献
8-7-41	(25*S*)-neospirost-4-en-3-one	$C_{27}H_{40}O_3$	M	[21]
8-7-42	(25*R*)-5*α*-2,3-secospirostane-2,3-dioic acid-6*β*-hydroxy-3,6-*γ*-lactone	$C_{27}H_{40}O_6$	C	[18]
8-7-43	3-*O*-*β*-D-glucopyranosyl-(1→2)-*β*-D-galactopyranosyl-5*β*-(25*R*)-spirostane-2*β*.3*β*-diol-12-one	$C_{39}H_{62}O_{15}$	P	[19]
8-7-44	(25*R*)-5*α*-spirostane-3*β*,6*α*-diol-6-*O*-*β*-D-glucopyranoside	$C_{33}H_{54}O_9$	P	[9]
8-7-45	reineckiagenside A	$C_{32}H_{52}O_9$	P	[3]
8-7-46	(24*S*,25*R*)-5*α*-spirostane-2*α*,3*β*,5*α*,6*β*,24-pentol-24-*O*-*β*-D-glucopyranoside	$C_{33}H_{54}O_{12}$	P	[7]
8-7-47	(25*R*)-5*α*-spirostane-2*α*,3*β*,5*α*,6*α*-tetrol-2-*O*-*β*-D-glucopyranoside	$C_{33}H_{54}O_{11}$	P	[7]
8-7-48	tuberoside O	$C_{33}H_{54}O_{10}$	P	[10]
8-7-49	(25*R*)-5*α*-spirostane-2*α*,3*β*-diol-3-*O*-*β*-D-galactopyranoside	$C_{33}H_{54}O_9$	P	[22]
8-7-50	3-*O*-*β*-D-glucopyranosyl-(1→2)-*β*-D-galactopyranosyl-5*β*-(25*R*)-spirostane-2*β*, 3*β*-diol-12-one	$C_{39}H_{62}O_{15}$	P	[19]

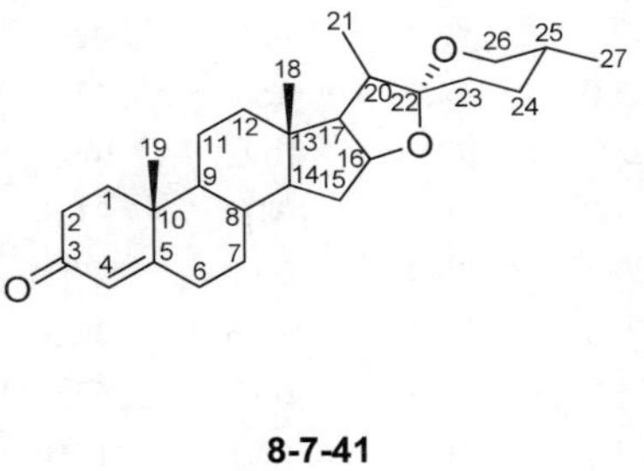

8-7-41

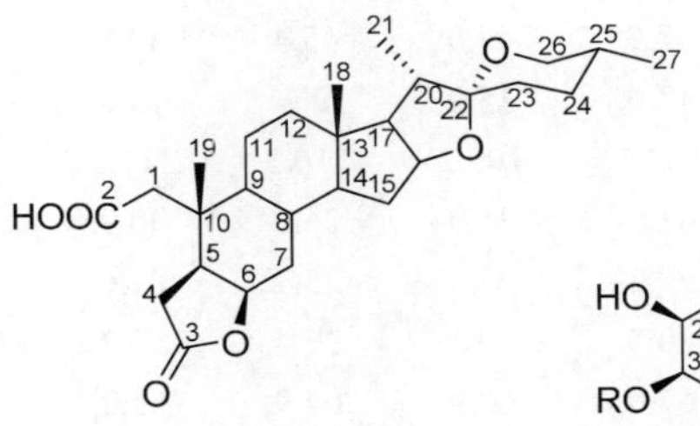

8-7-42

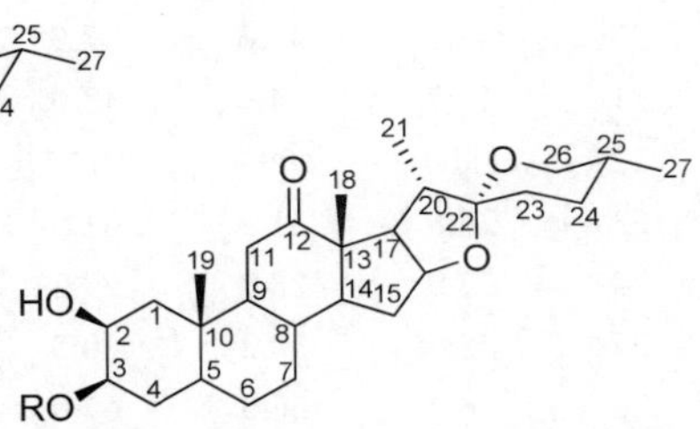

8-7-43 R=*β*-D-Glu-(1→2)-*β*-D-Gal

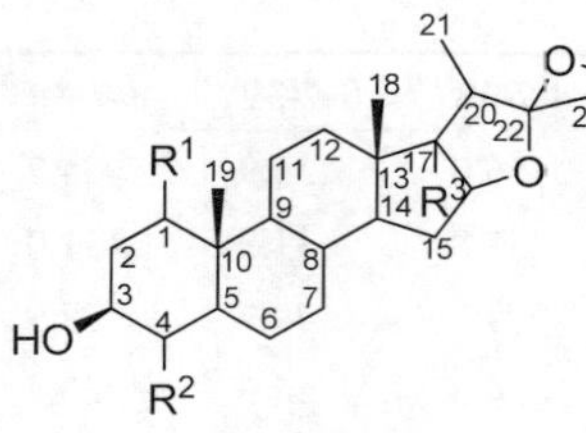

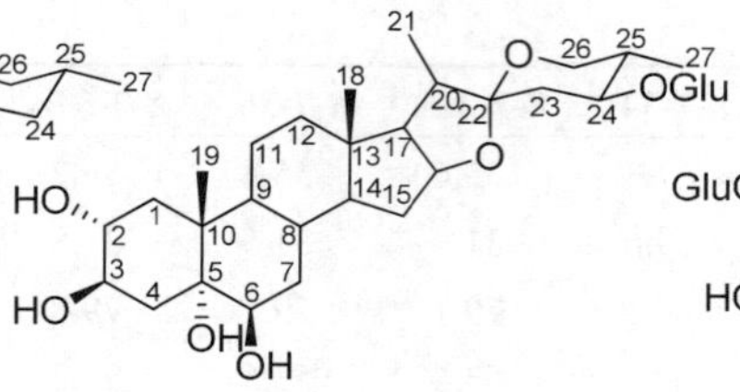

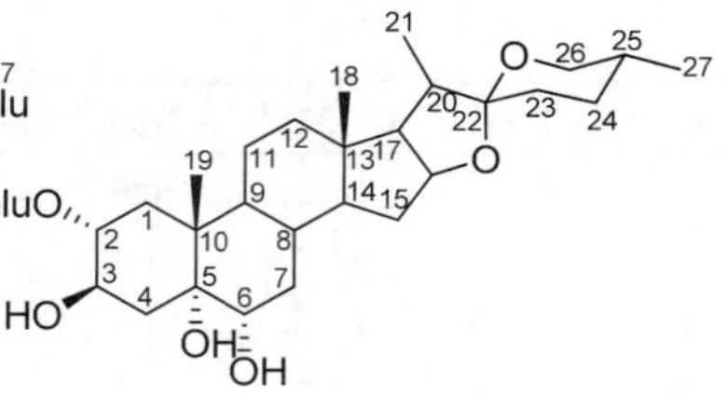

8-7-44 R^1=R^3=H; R^2=α-O-β-D-Glu

8-7-45 R^1=β-D-Xyl; R^2=H; R^3=α-OH

8-7-46

8-7-47

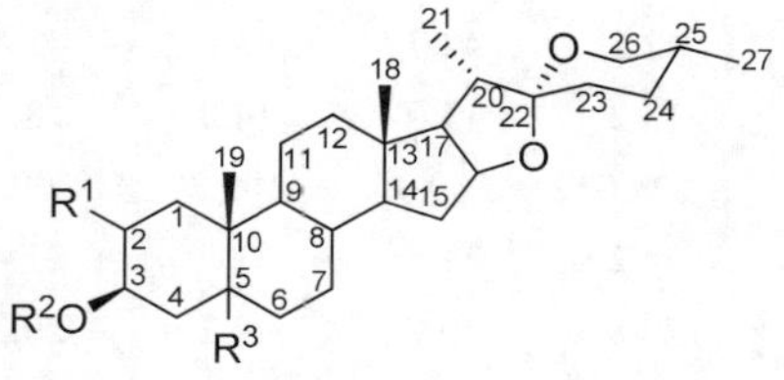

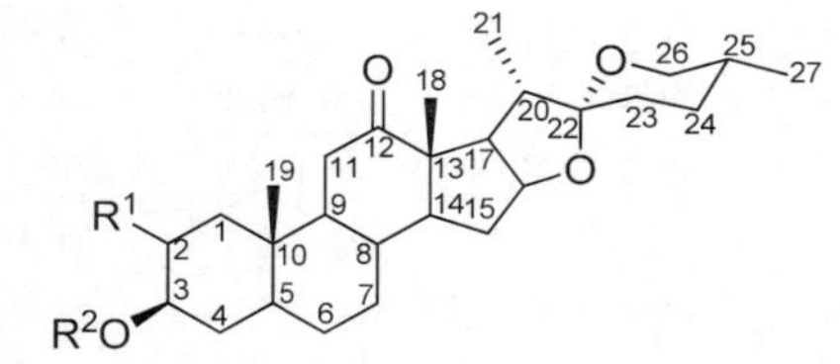

8-7-48 R^1=β-OH; R^2=β-D-Glu; R^3=β-OH

8-7-49 R^1=α-OH; R^2=β-D-Gal; R^3=H

8-7-50 R^1=β-OH; R^2=β-D-Glu-(1→2)-β-D-Gal

表 8-7-10 化合物 8-7-41~8-7-50 的 ^{13}C NMR 化学位移数据

C	8-7-41[21]	8-7-42[18]	8-7-43[19]	8-7-44[9]	8-7-45[3]	8-7-46[7]	8-7-47[7]	8-7-48[10]	8-7-49[22]	8-7-50[19]
1	36.8	42.4	40.2	37.8	79.5	42.2	38.4	35.4	45.7	40.2
2	33.9	175.5	66.8	32.3	32.5	73.7	84.6	66.0	70.6	66.8
3	202.2	177.7	81.6	70.7	66.5	73.8	71.9	78.9	85.1	81.6
4	124.2	34.7	31.8	33.2	34.4	41.1	37.8	35.7	34.2	31.8
5	174.9	41.7	36.1	51.3	31.6	75.5	76.1	72.9	44.6	36.1
6	34.7	79.7	26.1	79.7	26.5	75.6	70.1	35.0	28.1	26.1
7	33.5	32.3	26.5	41.5	26.4	35.8	35.9	28.9	32.1	26.5
8	36.5	29.1	34.7	34.2	36.2	30.2	33.8	34.5	34.6	34.7
9	55.3	45.8	42.7	54.0	41.6	45.9	44.9	44.4	54.4	42.7
10	40.1	38.0	37.5	36.7	39.4	41.0	41.6	42.9	36.8	37.5
11	22.0	21.0	37.9	21.3	21.2	21.6	21.6	21.6	21.4	37.9
12	40.8	39.4	212.7	40.1	29.2	40.5	40.3	39.9	40.1	212.7
13	41.6	40.2	55.6	40.8	45.3	40.9	41.0	40.4	40.8	55.6
14	56.9	56.2	55.8	56.5	52.8	56.4	56.3	56.2	56.3	55.8
15	32.6	31.4	31.8	32.1	30.0	32.2	32.2	32.0	32.2	31.8
16	82.2	80.6	79.4	81.1	90.2	81.4	81.2	81.0	81.1	79.4
17	63.6	62.0	54.3	63.0	90.0	62.7	63.1	62.6	63.0	54.3
18	16.8	16.2	16.0	16.7	17.5	16.6	16.7	16.1	16.6	16.0
19	17.7	17.0	23.1	13.6	19.8	18.5	16.7	17.4	13.4	23.1
20	43.5	41.6	42.9	42.0	45.4	42.2	42.0	42.3	42.0	42.9
21	14.7	14.4	13.9	15.0	9.6	14.8	15.0	14.7	15.0	13.9
22	111.1	109.4	109.5	109.2	110.3	111.5	109.2	109.5	109.2	109.5
23	26.8	31.3	31.5	31.9	26.6	40.9	31.9	26.2	31.8	31.5
24	27.0	28.7	29.2	29.3	25.7	81.6	29.3	26.0	29.2	29.2
25	28.5	30.2	30.5	30.6	27.4	37.2	30.6	27.3	30.6	30.5
26	66.2	66.9	67.0	66.9	64.9	65.2	66.9	64.9	66.8	67.0
27	16.4	17.1	17.3	17.4	16.2	13.4	17.3	16.3	17.3	17.3

续表

C	**8-7-41**[21]	**8-7-42**[18]	**8-7-43**[19]	**8-7-44**[9]	**8-7-45**[3]	**8-7-46**[7]	**8-7-47**[7]	**8-7-48**[10]	**8-7-49**[22]	**8-7-50**[19]
1'			103.1	106.0	102.3	106.3	104.6	101.9	104.1	103.1
2'			81.6	75.8	75.2	75.7	75.2	74.6	72.3	81.6
3'			76.9	78.7	78.9	77.9	78.5	78.4	75.3	76.9
4'			69.8	71.9	71.3	71.8	71.2	71.4	70.2	69.8
5'			77.0	78.0	67.6	78.6	78.6	78.7	77.2	77.0
6'			62.9	63.0		62.9	62.8	62.3	62.3	62.9
1"			106.1							106.1
2"			75.2							75.2
3"			78.1							78.1
4"			71.8							71.8
5"			78.5							78.5
6"			62.0							62.0

表 8-7-11 螺甾烷类化合物 8-7-51~8-7-60 的名称、分子式和测试溶剂

编号	名称	分子式	测试溶剂	参考文献
8-7-51	ornithosaponin A	$C_{38}H_{58}O_{15}$	P	[23]
8-7-52	3-sulfo-spirosta-5,25(27)-diene-1*β*,3*β*-diol-1-*O*-[*α*-L-rhamnopyranosyl-(1→2)-*O*-4-sulfo-*α*-L-arabinopyranoside]	$C_{38}H_{58}O_{18}S_2$	M	[24]
8-7-53	nigroside A	$C_{39}H_{64}O_{14}$	P	[25]
8-7-54	nigroside B	$C_{39}H_{64}O_{15}$	P	[25]
8-7-55	(25*S*)-pirostane-3*β*,17*α*-diol-3-*O*-*β*-D-glucopyranosyl-(1→2)-*O*-*β*-D-glucopyranoside	$C_{39}H_{64}O_{14}$	P	[26]
8-7-56	3-*O*-*β*-D-glucopyranosyl-(1→2)-*O*-*β*-D-galactopyranosyl-5*β*-(25*R*)-spirostane-3*β*,12*β*-diol	$C_{39}H_{64}O_{14}$	P	[8]
8-7-57	3-*O*-*β*-D-glucopyranosyl-(1→2)-*O*-*β*-D-galactopyranosyl-5*β*-(25*R*)-spirostane-2*β*,3*β*,12*β*-triol	$C_{39}H_{64}O_{15}$	P	[8]
8-7-58	5*α*-(25R)-spirostane-3*β*,6*α*-diol-6-*O*-*β*-D-glucopyranosyl-(1→2)-*β*-D-glucopyranoside	$C_{39}H_{64}O_{14}$	P	[9]
8-7-59	5*α*-(25*R*)-spirostane-3*β*,6*α*-diol-6-*O*-*β*-D-glucopyranosyl-(1→3)-*β*-D-glucopyranoside	$C_{39}H_{64}O_{14}$	P	[9]
8-7-60	torvoside N	$C_{39}H_{64}O_{14}$	P	[27]

8-7-51 R=*α*-L-Rha-(1→2)-*α*-L-All

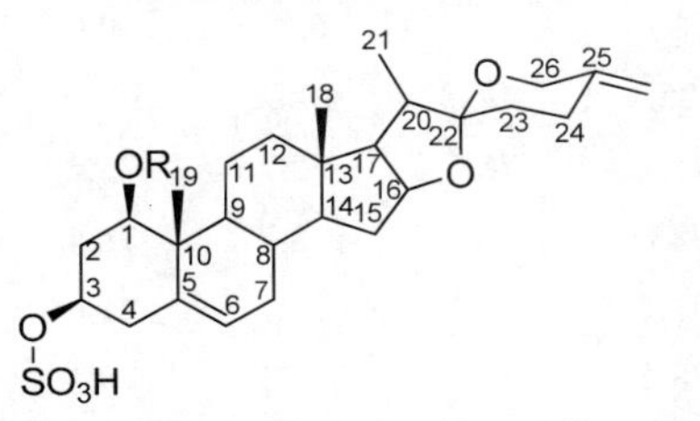

8-7-52 R=*α*-L-Rha-(1→2)-4-sulfo-*α*-L-All

8-7-53 R^1=*α*-OH; R^2=*α*-L-Rha-(1→2)-*β*-D-Glu; R^3=*β*-OH; R^4=R^5=H
8-7-54 R^1=*α*-O-*β*-D-Glu; R^2=*β*-D-Gal; R^3=*β*-OH; R^4= R^5=H
8-7-55 R^1=H; R^3=*α*-OH; R^4=H; R^2=*β*-D-Glu-(1→2)-*β*-D-Glu; R^5=*α*-OH
8-7-56 R^1=H; R^3=*α*-OH; R^2=*β*-D-Glu-(1→2)-*β*-D-Gal; R^4=*β*-OH; R^5=H
8-7-57 R^1=*β*-OH; R^2=*β*-D-Glu-(1→2)-*β*-D-Gal; R^4=*β*-OH; R^3=*α*-OH; R^5=H
8-7-58 R^1=R^2=H; R^3=*α*-*O*-*β*-D-Glu-(1→2)-*β*-D-Glu; R^4=R^5=H
8-7-59 R^1=R^2= H; R^3=*α*-*O*-*β*-D-Glu-(1→3)-*β*-D-Glu; R^4=R^5=H
8-7-60 R^1=H; R^2=*β*-D-Glu-(1→6)-*β*-D-Glu; R^3=*α*-OH; R^4=R^5=H

表 8-7-12 化合物 8-7-51~8-7-60 的 ^{13}C NMR 化学位移数据

C	8-7-51[23]	8-7-52[24]	8-7-53[25]	8-7-54[25]	8-7-55[26]	8-7-56[8]	8-7-57[8]	8-7-58[9]	8-7-59[9]	8-7-60[27]
1	84.1	84.0	46.7	44.5	30.9	30.9	40.2	37.9	37.9	37.7
2	37.5	34.7	70.2	76.4	26.7	26.7	67.2	32.2	32.2	30.0
3	68.2	75.8	84.5	78.4	75.2	76.5	81.6	70.9	70.7	77.6
4	43.8	40.7	30.8	31.4	30.6	31.4	31.6	32.4	33.3	29.5
5	138.2	138.9	47.1	46.9	36.8	36.8	36.3	51.0	51.3	52.1
6	125.2	126.5	69.7	69.4	27.0	26.7	26.3	80.7	79.8	68.5
7	27.9	32.7	39.7	39.6	26.7	27.1	26.7	41.0	41.4	42.6
8	30.4	34.0	29.5	29.4	36.0	34.1	34.7	34.1	34.2	34.3
9	43.4	51.3	54.1	53.9	40.0	39.5	40.5	54.0	53.9	54.0
10	42.0	43.5	36.6	36.5	35.2	35.3	37.1	36.7	36.7	36.5
11	25.0	24.5	21.0	21.0	20.9	31.9	31.8	21.3	21.3	21.3
12	39.2	41.0	39.9	39.9	32.4	79.5	79.3	40.1	40.1	40.1
13	38.2	41.2	40.5	40.5	45.4	46.7	46.6	40.8	40.8	40.8
14	52.8	57.8	55.8	55.7	52.8	55.3	55.2	56.5	56.4	56.2
15	213.8	32.8	31.4	31.6	31.5	31.0	31.9	32.1	32.1	32.1
16	82.2	82.2	80.9	80.9	90.3	81.3	81.3	81.1	81.0	81.1
17	54.0	63.8	62.3	62.3	89.9	63.0	63.0	63.0	63.0	62.8
18	19.0	16.9	16.2	16.1	17.3	11.2	11.2	16.6	16.7	16.6
19	15.0	15.1	16.7	16.3	24.0	23.9	23.8	13.7	13.6	13.6
20	40.1	42.8	41.6	41.6	45.2	43.0	43.0	42.0	42.0	42.5
21	14.4	14.8	14.6	14.5	9.38	14.3	14.4	15.0	15.0	14.9
22	111.8	110.9	109.2	109.2	110.2	109.5	109.5	109.2	109.2	109.7
23	68.1	33.7	31.4	31.4	27.0	31.9	32.0	31.8	31.9	26.4
24	72.4	29.3	28.7	28.7	25.6	29.4	29.3	29.3	29.3	26.2
25	36.0	145.6	30.2	30.0	27.3	30.7	30.6	30.6	30.6	27.6
26	61.2	65.3	66.5	66.5	64.8	66.9	66.9	66.9	66.9	65.1
27	13.0	108.4	16.9	16.8	16.1	17.4	17.4	17.3	17.4	16.3
1'	100.6	100.9	100.3	101.3	101.8	102.4	103.3	103.7	105.5	102.1
2'	75.1	75.2	78.3	73.8	83.1	81.7	81.8	84.6	74.5	75.1
3'	75.6	75.8	78.6	77.2	78.1	75.5	76.8	77.9	89.1	78.4
4'	69.9	70.5	71.4	70.6	71.5	69.8	69.8	71.4	69.8	71.6
5'	67.0	67.1	77.7	77.9	78.0	76.7	76.9	79.0	77.7	77.2
6'			62.1	61.9	62.6	62.9	62.8	62.2	62.6	70.0
1"	101.7	101.5	101.9	101.8	106.0	105.9	106.1	106.3	106.1	105.3
2"	72.5	72.1	71.7	71.1	76.9	75.2	75.1	76.6	75.7	75.2
3"	72.7	71.9	71.9	74.2	77.8	78.0	78.0	78.5	78.7	78.4
4"	74.2	73.8	73.5	69.4	71.7	71.8	71.7	71.3	71.7	71.6
5"	69.4	69.4	69.1	76.5	78.4	78.2	78.5	78.4	78.3	78.4
6"	19.0	18.1	18.1	61.7	62.8	62.0	62.0	62.8	62.5	62.7

表 8-7-13 螺甾烷类化合物 8-7-61~8-7-70 的名称、分子式和测试溶剂

编号	名称	分子式	测试溶剂	参考文献
8-7-61	dioseptemloside C	$C_{39}H_{62}O_{13}$	P	[28]
8-7-62	dioseptemloside D	$C_{39}H_{62}O_{13}$	P	[28]
8-7-63	dioseptemloside F	$C_{39}H_{62}O_{13}$	P	[28]
8-7-64	dioseptemloside H	$C_{39}H_{62}O_{13}$	P	[28]
8-7-65	torvoside M	$C_{39}H_{62}O_{13}$	P	[27]
8-7-66	25(*R*,*S*)-dracaenoside E	$C_{39}H_{62}O_{13}$	P	[29]
8-7-67	25(*R*,*S*)-dracaenoside F	$C_{39}H_{62}O_{13}$	P	[29]
8-7-68	1*β*,2*α*-dihydroxy-5*α*-spirost-25(27)-ene-3*β*-yl-*O*-*α*-L-rhamnopyranosyl- (1→2)-*β*-D-galactopyranoside	$C_{39}H_{62}O_{14}$	P	[30]
8-7-69	5*α*-(25*R*)-spirostane-6*α*-hydroxy-3-one-6-*O*-*β*-D-glucopyranosyl-(1→3)-*β*-D-glucopyranoside	$C_{39}H_{62}O_{14}$	P	[9]
8-7-70	5*α*-(25*R*)-3,3-dimethoxy-spirostane-6*α*-hydroxy-6-*O*-*β*-D-glucopyranosyl-(1→3)-*β*-D-glucopyranoside	$C_{41}H_{68}O_{15}$	P	[9]

8-7-61 R^1=*α*-L-Rha(1→4)-*β*-D-Glu; R^2=R^3=R^4=H; R^5=CH_2OH
8-7-62 R^1=*α*-L-Rha(1→4)-*β*-D-Glu; R^2=*α*-OH; R^3=R^4=H; R^5=CH_3
8-7-63 R^1=*α*-L-Rha(1→4)-*β*-D-Glu; R^2=*β*-OH; R^3=R^4=H; R^5=CH_3
8-7-64 R^1=*α*-L-Rha(1→4)-*β*-D-Glu; R^2=R^3=H; R^4=OH; R^5=CH_3
8-7-65 R^1=*β*-D-Glu(1→6)-*β*-D-Glu; R^2=R^3=H; R^4=CH_3; R^5=H
8-7-66 R^1=*α*-L-Rha(1→4)-*β*-D-Glu; R^2=H; R^3=OH; R^4=H; R^5=CH_3
8-7-67 R^1=*α*-L-Rha(1→2)-*β*-D-Glu; R^2=H; R^3=OH; R^4=H; R^5=CH_3

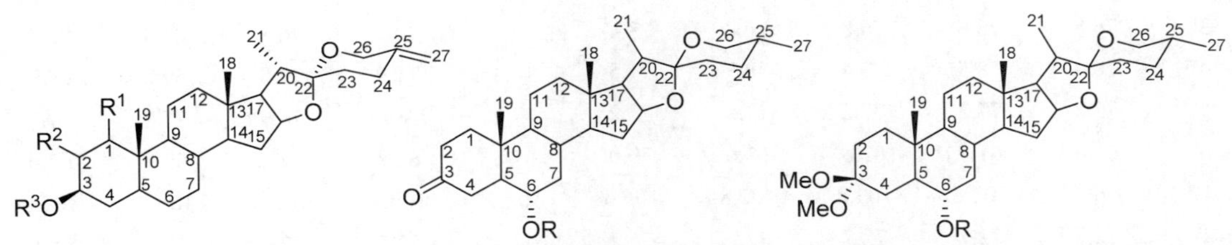

8-7-68 R^1=*β*-OH; R^2=*α*-OH; R^3=*α*-L-Rha(1→2)-*β*-D-Gal **8-7-69** R=*β*-D-Glu-(1→3)-*β*-D-Glu **8-7-70** R=*β*-D-Glu-(1→3)-*β*-D-Glu

表 8-7-14 化合物 8-7-61~8-7-70 的 ^{13}C NMR 化学位移数据

C	8-7-61[28]	8-7-62[28]	8-7-63[28]	8-7-64[28]	8-7-65[27]	8-7-66[29]	8-7-67[29]	8-7-68[30]	8-7-69[9]	8-7-70[9]
1	37.5	37.2	37.3	37.5	37.5	37.5	37.5	81.7	39.9	35.7
2	30.3	30.1	30.3	30.3	30.5	30.3	30.3	76.4	38.7	30.1
3	78.3	78.0	78.2	78.3	78.4	78.3	78.3	81.7	210.7	100.8
4	39.4	39.3	39.0	39.4	39.4	39.4	39.4	33.5	38.1	28.9
5	141.0	144.0	141.5	140.9	141.0	140.5	140.5	41.9	52.3	48.9
6	121.8	126.0	128.7	121.8	121.6	122.5	122.5	28.4	80.4	79.8
7	32.4	64.6	72.6	32.3	32.1	26.8	26.8	32.3	40.7	41.2
8	31.7	38.0	40.8	31.7	31.6	35.7	35.7	35.5	34.0	34.1
9	50.4	42.7	48.7	50.3	50.2	43.7	43.7	55.6	53.3	53.6

续表

C	8-7-61[28]	8-7-62[28]	8-7-63[28]	8-7-64[28]	8-7-65[27]	8-7-66[29]	8-7-67[29]	8-7-68[30]	8-7-69[9]	8-7-70[9]
10	37.1	37.9	37.1	37.1	37.0	37.8	37.8	41.7	36.8	36.8
11	21.2	21.0	21.3	21.2	21.1	20.5	20.5	24.5	21.3	21.2
12	40.0	39.8	40.0	39.9	39.9	32.1	32.1	40.7	39.9	40.1
13	40.5	40.3	41.1	40.5	40.4	45.2	45.2	40.5	40.9	40.8
14	56.7	49.9	56.5	56.7	56.6	86.5	86.5	56.6	56.2	56.4
15	32.3	32.4	35.3	32.3	32.2	39.9	39.9	32.3	32.0	32.0
16	81.2	81.4	81.7	81.4	81.1	82.0	82.0	81.4	81.0	81.0
17	63.0	63.1	62.6	63.0	62.7	60.0	60.0	63.2	63.0	63.0
18	16.4	16.4	16.5	16.4	16.3	20.2	20.2	16.6	16.6	16.7
19	19.5	18.3	19.0	19.5	19.4	19.4	19.4	8.7	12.6	12.9
20	42.9	42.1	42.2	42.1	42.5	42.6	42.6	41.9	42.0	42.0
21	15.1	15.1	`5.2	15.2	14.8	15.5	15.5	14.9	15.0	15.0
22	109.8	109.3	109.3	109.7	109.7	109.9	109.9	109.4	109.2	109.1
23	31.6	31.9	31.9	27.9	26.4	32.1	32.1	33.2	31.8	31.8
24	24.1	29.4	29.3	33.9	26.2	29.4	29.4	28.9	29.3	29.3
25	39.3	30.7	30.7	66.0	27.5	30.7	30.7	144.5	30.6	30.6
26	64.2	66.9	66.9	69.9	65.1	66.9	66.9	65.0	66.9	66.9
27	64.5	17.4	17.4	27.0	16.3	17.4	17.4	108.6	17.4	17.4
1'	102.5	102.6	102.5	102.5	102.9	102.5	100.4	101.4	105.5	105.9
2'	75.6	75.6	75.6	75.6	75.1	75.6	78.3	76.1	74.4	74.3
3'	76.8	76.8	76.8	76.8	78.4	76.8	79.7	76.5	88.9	88.9
4'	78.4	78.5	78.4	78.3	71.5	78.4	71.9	70.8	69.8	69.9
5'	77.2	77.2	77.2	77.2	77.2	77.2	78.6	76.9	77.8	77.7
6'	61.6	61.7	61.6	61.6	70.0	61.6	62.8	62.3	62.5	62.6
1"	102.7	102.8	102.8	102.8	105.3	102.7	102.2	102.1	106.0	105.8
2"	72.7	72.7	72.7	72.7	75.2	72.7	72.7	72.4	75.7	75.6
3"	72.9	72.9	72.9	72.9	78.6	72.9	72.9	72.7	78.7	78.6
4"	74.1	74.1	74.1	74.1	71.7	74.1	74.2	74.1	71.7	71.7
5"	70.4	70.4	70.4	70.4	78.4	70.4	69.6	69.3	78.3	78.3
6"	18.6	18.6	18.6	18.6	62.8	18.6	18.8	18.4	62.5	62.6

表 8-7-15 螺甾烷类化合物 8-7-71~8-7-80 的名称、分子式和测试溶剂

编号	名称	分子式	测试溶剂	参考文献
8-7-71	(22*S*,23*R*,25*R*)-spirosta-3*β*,15*α*,23-triol-5-en-26-one-3-*O*-*α*-L-rhamnopyranosyl (1→2)-*β*-D-glucopyranoside	$C_{39}H_{60}O_{15}$	P	[31]
8-7-72	laxogenin-3-*O*-{*O*-[2-*O*-acetyl-*α*-L-arabinopyranosyl]-(1→6)-*β*-D-glucopyranoside}	$C_{40}H_{62}O_{14}$	P	[32]
8-7-73	5*α*-(25*R*)-spirostan-3*β*-ol-6-one-3-*O*-*α*-L-arabinopyranosyl(1→6)-*β*-D-glucopyranoside	$C_{38}H_{60}O_{13}$	P	[33]
8-7-74	(25*R*)-3*β*,17*α*-dihydroxy-5*α*-spirostan-6-one-3-*O*-*α*-L-rhamnopyranosyl- (1→2)-*β*-D-glucopyranoside	$C_{39}H_{62}O_{14}$	P	[34]

续表

编号	名称	分子式	测试溶剂	参考文献
8-7-75	(25*R*)-3*β*-hydroxy-5*α*-spirostan-3*β*-ol-6-one-3-*O*-*α*-L-arabinopyranosyl-(1→4)-*β*-D-glucopyranoside	$C_{38}H_{60}O_{13}$	P	[35]
8-7-76	reineckiagenside B	$C_{38}H_{62}O_{13}$	P	[3]
8-7-77	tuberoside P	$C_{39}H_{64}O_{14}$	P	[10]
8-7-78	tuberoside Q	$C_{39}H_{64}O_{15}$	P	[10]
8-7-79	brisbagenin-1-*O*-{*α*-L-rhamnopyranosyl-(1→3)-4-*O*-acetyl-*α*-L-arabinopyranoside}	$C_{40}H_{64}O_{13}$	P	[36]
8-7-80	(25*R*)-1*β*,2*α*-dihydroxy-5*α*-spirost-3*β*-yl-*O*-*α*-L-rhamnopyranosyl-(1→2)- *β*-D-galactopyranoside	$C_{39}H_{64}O_{14}$	P	[30]

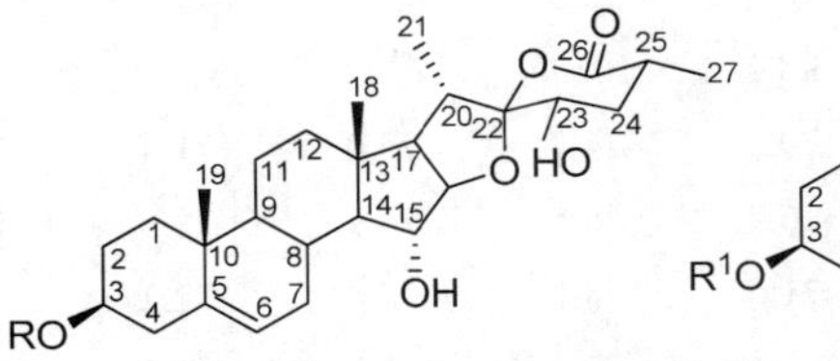

8-7-71 R^1=*α*-L-Rha-(1→2)-*β*-D-Glu

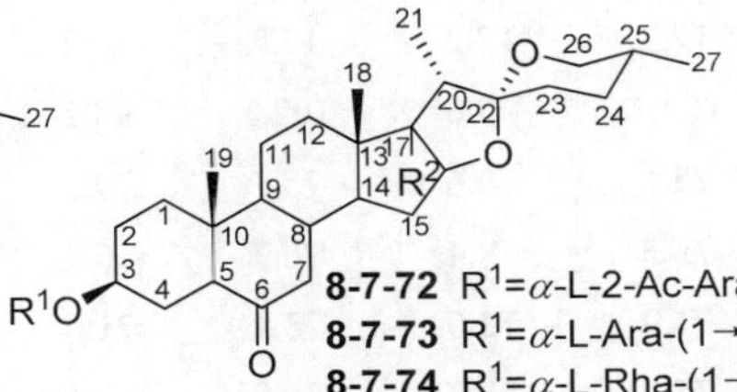

8-7-72 R^1=*α*-L-2-Ac-Ara-(1→6)-*β*-D-Glu; R^2=H
8-7-73 R^1=*α*-L-Ara-(1→6)-*β*-D-Glu; R^2=H
8-7-74 R^1=*α*-L-Rha-(1→2)-*β*-D-Glu; R^2= -OH
8-7-75 R^1=*α*-L-Ara-(1→4)-*β*-D-Glu; R^2=H

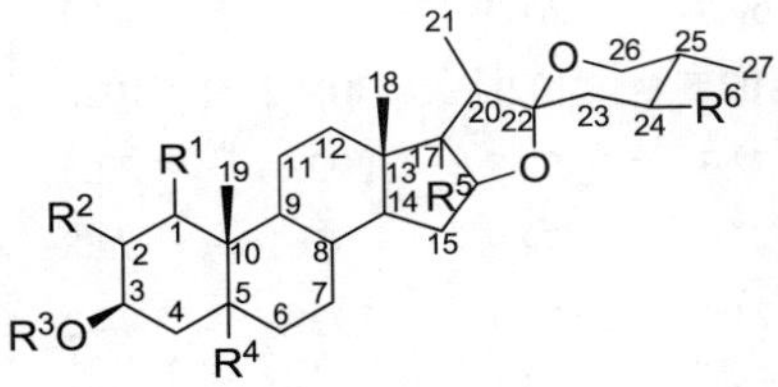

8-7-76 R^1=*β*-O-*α*-L-Rha-(1→2)-*β*-D-Xyl; R^2=H; R^3=*β*-OH; R^4=H; R^5=*α*-OH; R^6=H
8-7-77 R^1=R^2=H; R^3=*β*-*α*-L-Rha-(1→4)-*β*-D-Glu; R^4=*β*-OH; R^5= R^6=H
8-7-78 R^1=R^2=H; R^3=*β*-*α*-L-Rha-(1→4)-*β*-D-Glu; R^4=*β*-OH; R^5=H; R^6=*β*-OH
8-7-79 R^1=H; R^2=*β*-*α*-L-Rha-(1→3)-*α*-L-4-Ac-Ara; R^3=R^4=R^5=R^6=H
8-7-80 R^1=*β*-OH; R^2=*α*-OH; R^3=*α*-L-Rha-(1→2)-*β*-D-Gal; R^4=R^5=R^6=H

表 8-7-16 化合物 8-7-71~8-7-80 的 ^{13}C NMR 化学位移数据

C	**8-7-71**[31]	**8-7-72**[33]	**8-7-73**[33]	**8-7-74**[34]	**8-7-75**[35]	**8-7-76**[3]	**8-7-77**[10]	**8-7-78**[10]	**8-7-79**[36]	**8-7-80**[30]
1	38.6	36.8	36.9	36.9	36.4	76.0	35.4	35.7	81.6	81.8
2	30.7	29.5	29.6	29.4	29.2	32.5	65.9	66.3	37.7	76.4
3	79.2	76.8	76.8	76.2	76.7	67.3	78.9	79.3	67.6	81.8
4	39.4	27.0	27.0	26.6	26.9	34.0	35.6	36.0	39.6	33.5
5	141.1	56.4	56.5	56.4	56.4	31.8	72.9	73.1	43.0	41.9
6	123.1	209.6	209.4	209.4	209.5	26.4	34.9	35.2	28.8	28.5
7	33.3	46.7	46.8	46.9	46.7	26.2	28.9	29.2	32.4	32.4
8	33.0	37.4	37.4	38.0	37.4	36.1	34.5	34.8	36.5	35.6
9	51.5	53.7	53.8	53.7	53.6	41.8	44.4	44.7	54.9	55.6
10	37.9	40.9	41.1	41.0	41.1	39.4	42.9	43.2	41.4	41.7
11	21.7	21.5	21.6	21.3	21.5	21.3	21.6	21.9	23.8	24.6
12	41.4	39.6	39.7	32.0	39.5	30.5	39.9	40.1	40.9	40.8
13	41.8	41.1	40.9	45.8	40.8	45.3	40.4	40.7	40.4	40.5
14	61.2	56.4	56.5	53.0	56.4	52.8	56.2	56.5	56.8	56.7
15	80.4	31.8	31.9	31.9	32.1	31.6	32.0	32.2	32.4	32.5
16	91.6	80.8	80.9	89.8	80.7	90.2	81.0	81.7	81.1	81.1

续表

C	8-7-71[31]	8-7-72[33]	8-7-73[33]	8-7-74[34]	8-7-75[35]	8-7-76[3]	8-7-77[10]	8-7-78[10]	8-7-79[36]	8-7-80[30]
17	60.5	62.8	62.9	89.9	62.8	90.0	62.6	62.6	63.3	63.3
18	18.0	16.4	16.5	17.3	16.5	17.5	16.1	16.6	16.9	16.7
19	19.9	13.1	13.1	13.2	13.0	19.5	17.4	17.7	8.2	8.8
20	37.8	41.9	42.0	44.8	41.9	45.4	42.3	42.7	42.0	42.0
21	15.2	14.9	15.0	9.7	14.9	9.6	14.7	14.9	15.0	15.0
22	110.5	109.2	109.3	109.8	109.2	110.3	109.5	111.6	109.2	109.2
23	78.7	31.7	31.9	31.3	32.1	26.6	26.2	36.2	31.8	31.9
24	31.5	29.2	29.3	28.8	29.2	25.7	26.0	66.6	29.3	29.3
25	35.1	30.6	30.6	30.4	30.5	27.4	27.3	36.0	30.6	30.6
26	183.2	66.9	66.3	66.7	66.3	64.9	64.9	64.7	66.8	66.9
27	16.4	17.3	17.3	17.2	17.2	16.2	16.3	9.9	17.3	17.3
1'	100.5	102.1	102.2	99.6	102.1	98.2	101.7	102.0	101.3	101.4
2'	79.0	75.2	75.1	79.6	75.1	79.2	74.7	75.0	71.9	76.1
3'	79.3	78.5	78.5	78.4	76.7	76.9	76.5	76.9	78.5	76.6
4'	71.8	72.1	71.9	72.0	78.4	71.6	78.1	78.4	72.2	70.9
5'	77.7	76.9	77.0	78.2	76.9	67.4	77.3	77.7	64.5	77.0
6'	62.8	69.7	68.9	62.9	61.9		60.9	61.3		62.4
1''	102.2	102.1	105.4	102.2	105.3	101.9	102.5	102.9	104.2	102.1
2''	72.2	73.7	72.3	72.6	72.2	72.2	72.3	72.7	72.3	72.5
3''	72.4	72.1	74.4	72.9	74.3	72.0	72.5	72.9	72.7	72.8
4''	73.9	69.0	69.7	74.2	69.0	74.5	73.7	74.1	73.9	74.2
5''	69.7	66.1	66.9	69.5	66.8	69.9	70.2	70.5	70.5	69.4
6''	18.0			18.7		18.8	18.3	18.7	18.6	18.5
OAc		170.1								
Me		21.2								

表 8-7-17　螺甾烷类化合物 8-7-81~8-7-90 的名称、分子式和测试溶剂

编号	名称	分子式	测试溶剂	参考文献
8-7-81	(25*R*,26*R*)-26-methoxyspirost-5-en-3*β*-ol-3-*O*-*α*-L-rhamnopyranosyl-(1→2)-*β*-D-glucopyranoside	$C_{40}H_{64}O_{13}$	P	[34]
8-7-82	(23*S*,25*R*)-23-hydroxyspirost-5-en-3*β*-yl-*O*-*α*-L-rhamnopyranosyl-(1→4)-*β*-D-glucopyranoside	$C_{39}H_{62}O_{13}$	P	[37]
8-7-83	(25*S*)-spirost-5-ene-3*β*,27-diol-3-*O*-*α*-L-arabinopyranosyl-(1→6)-*β*-D-glucopyranoside	$C_{38}H_{60}O_{13}$	P	[35]
8-7-84	(25*S*)-spirost-5-ene-3*β*,17*α*,27-triol-3-*O*-*α*-L-arabinopyranosyl-(1→6)-*β*-D-glucopyranoside	$C_{38}H_{60}O_{14}$	P	[35]
8-7-85	(25*R*)-1*β*,2*α*-dihydroxyspirost-5-en-3*β*-yl-*O*-*α*-L-rhamnopyranosyl-(1→2)-*β*-D-galactopyranoside	$C_{39}H_{62}O_{14}$	P	[30]
8-7-86	1*β*-hydroxyspirostane-5,25(27)-dien-3*β*-yl-*O*-*α*-L-rhamnopyranosyl-(1→4)-*β*-D-glucopyranoside	$C_{39}H_{60}O_{13}$	P	[37]

续表

编号	名称	分子式	测试溶剂	参考文献
8-7-87	1*β*,2*α*-dihydroxyspirostane-5,25(27)-dien-3*β*-yl-*O*-*α*-L-rhamnopyranosyl-(1→2)-*β*-D-galactopyranoside	$C_{39}H_{60}O_{14}$	P	[30]
8-7-88	gitogenin-3-*O*-{*α*-L-rhamnopyranosyl-(1→2)-*β*-D-galactopyranoside	$C_{39}H_{64}O_{13}$	P	[38]
8-7-89	(25*R*)-5*α*-spirostane-2*α*,3*β*,12*β*-triol-3-*O*-{*α*-L-rhamnopyranosyl-(1→2)-*β*-D-galactopyranoside}	$C_{39}H_{64}O_{14}$	P	[22]
8-7-90	(25*R*)-5*α*-spirostane-3*β*,17*α*-diol-3-*O*-*α*-L-arabinopyranosyl-(1→6)-*O*-*β*-D-glucopyranoside	$C_{38}H_{62}O_{13}$	P	[39]

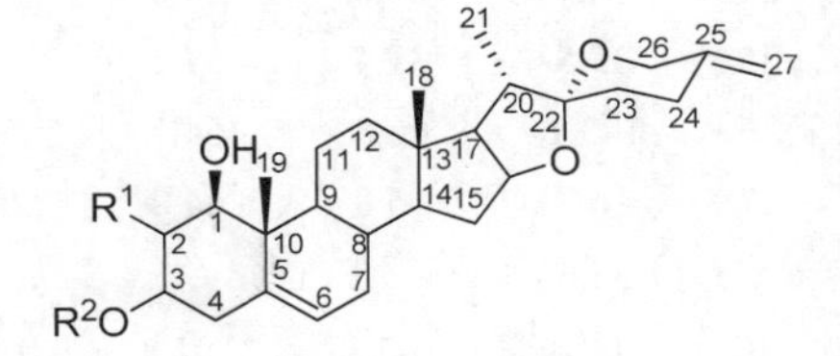

8-7-81 $R^1=R^2=H$; R^3=*α*-L-Rha-(1→2)-*β*-D-Glu; $R^4=R^5=H$; R^6=*α*-OCH_3; $R^7=H$

8-7-82 $R^1=R^2=H$; R^3=*α*-L-Rha-(1→4)-*β*-D-Glu; $R^4=H$; R^5=*α*-OH; $R^6=R^7=H$

8-7-83 $R^1=R^2=H$; R^3=*α*-L-Ara-(1→6)-*β*-D-Glu; $R^4=R^5=R^6=H$; $R^7=OH$

8-7-84 $R^1=R^2=H$; R^3=*α*-L-Ara-(1→6)-*β*-D-Glu; R^4=*α*-OH; $R^5=R^6=R^7=OH$

8-7-85 R^1=*β*-OH; R^2=*α*-OH; R^3=*α*-L-Rha-(1→2)-*β*-D-Gal; $R^4=R^5=R^6=R^7=H$

8-7-86 $R^1=H$; R^2=*α*-L-Rha-(1→4)-*β*-D-Glu

8-7-87 R^1=*α*-OH; R^2=*α*-L-Rha-(1→2)-*β*-D-Gal

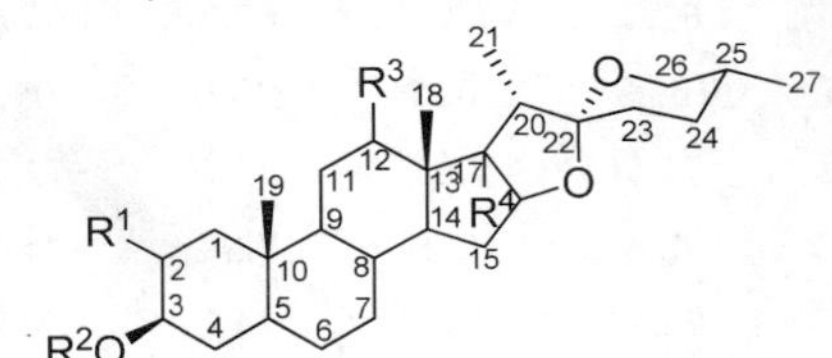

8-7-88 R^1=*α*-OH; R^2=*α*-L-Rha-(1→2)-*β*-D-Gal; $R^3=R^4=H$

8-7-89 R^1=*α*-OH; R^2=*α*-L-Rha-(1→2)-*β*-D-Gal; $R^3=R^4=H$

8-7-90 $R^1=H$; R^2=*α*-L-Ara-(1→6)-*β*-D-Glu; $R^3=OH$; R^4=*α*-OH

8-7-91 $R^1=H$; R^2=*β*-D-Xyl-(1→2)-*β*-D-Gal; $R^3=R^4=H$

表 8-7-18 化合物 8-7-81~8-7-90 的 ^{13}C NMR 化学位移数据

C	8-7-81[34]	8-7-82[37]	8-7-83[35]	8-7-84[35]	8-7-85[30]	8-7-86[37]	8-7-87[30]	8-7-88[38]	8-7-89[22]	8-7-90[39]
1	37.5	37.3	37.5	37.5	82.3	77.6	82.3	45.8	45.7	37.2
2	30.2	30.0	30.3	30.3	75.7	40.8	75.7	70.7	70.6	30.1
3	78.2	78.2	76.8	77.0	81.9	74.9	81.9	85.6	85.5	77.3
4	39.0	39.1	39.2	39.0	37.7	39.6	37.7	33.7	33.6	34.9
5	140.9	140.7	141.0	141.0	138.0	139.0	138.0	44.7	44.7	44.5
6	121.7	121.6	121.6	121.6	125.2	125.0	125.1	28.2	28.2	28.9
7	32.2	32.0	32.2	32.0	32.2	32.1	32.2	32.2	31.9	32.2
8	31.8	31.5	31.7	32.4	32.4	32.7	32.4	34.7	33.8	35.8
9	50.4	50.1	50.2	50.1	51.2	51.0	51.2	54.5	53.5	54.1
10	37.2	36.9	37.0	37.0	43.1	43.5	43.1	36.9	36.9	35.8
11	21.1	21.0	21.1	21.5	23.9	24.0	23.9	21.5	31.8	21.1
12	39.8	40.0	39.2	31.8	40.4	40.3	40.4	40.1	79.1	32.4
13	40.5	40.9	40.5	44.1	40.2	40.1	40.3	40.8	46.5	45.4
14	56.7	56.5	56.5	53.0	56.7	56.7	56.7	56.4	55.0	52.7
15	32.4	32.1	32.2	31.8	32.4	32.2	32.4	32.3	32.1	31.6

续表

C	8-7-81[34]	8-7-82[37]	8-7-83[35]	8-7-84[35]	8-7-85[30]	8-7-86[37]	8-7-87[30]	8-7-88[38]	8-7-89[22]	8-7-90[39]
16	81.4	81.5	81.1	90.1	81.1	81.3	81.4	81.2	81.2	90.0
17	62.9	62.3	62.9	90.1	63.2	63.0	63.2	63.1	62.9	90.0
18	16.3	16.4	16.3	17.2	16.5	16.4	16.5	16.6	11.2	17.3
19	19.4	19.2	19.4	19.4	14.8	13.6	14.8	13.5	13.5	12.5
20	42.0	35.6	42.1	45.1	42.0	41.7	41.9	42.0	43.0	44.8
21	15.0	14.6	15.0	9.7	15.0	14.9	15.0	15.0	14.3	9.8
22	111.8	111.6	109.6	110.3	109.2	109.3	109.4	109.2	109.5	109.8
23	31.4	67.3	31.6	31.8	31.9	33.1	33.2	31.9	31.9	32.0
24	28.4	38.6	24.0	23.6	29.3	28.8	29.0	29.3	29.3	28.8
25	35.5	31.4	37.6	39.4	30.6	144.3	144.5	30.6	30.6	30.4
26	103.1	65.8	64.1	63.9	66.9	64.9	65.0	66.9	66.9	66.6
27	16.7	16.8	64.4	64.4	17.3	108.6	108.6	17.3	17.4	17.4
OMe	55.6									
1'	100.4	102.3	102.8	102.9	101.7	102.3	101.7	101.8	102.1	102.2
2'	79.6	75.4	75.1	75.1	75.7	75.4	75.7	77.0	76.1	75.2
3'	77.9	76.6	78.6	78.6	76.6	76.5	76.6	76.5	76.5	78.6
4'	71.8	78.1	71.8	71.8	70.8	78.0	70.8	70.8	70.8	71.9
5'	77.8	76.9	78.4	78.5	76.9	77.0	76.9	76.2	76.9	77.0
6'	62.7	61.3	68.9	69.0	62.2	61.2	62.2	62.2	62.2	69.6
1"	102.0	102.5	105.1	105.3	101.9	102.5	101.9	102.2	101.7	105.4
2"	72.5	72.4	72.2	72.3	72.5	72.4	72.5	72.5	72.5	72.3
3"	72.8	72.7	74.2	74.4	72.8	72.7	72.8	72.8	72.8	74.4
4"	74.2	73.9	69.4	69.5	74.2	73.9	74.2	74.2	74.1	69.2
5"	69.4	70.2	66.2	66.4	69.3	70.2	69.3	69.4	69.3	66.7
6"	18.6	18.4			18.4	18.2	18.4	18.5	18.5	

表 8-7-19　螺甾烷类化合物 8-7-91~8-7-100 的名称、分子式和测试溶剂

编号	名称	分子式	测试溶剂	参考文献
8-7-91	(25*R*)-5*β*-spirostan-3*β*-ol-3-*O*-*β*-D-xylopyranosyl-(1→2)-*O*-*β*-D-galactopyranoside	$C_{38}H_{62}O_{12}$	P	[40]
8-7-92	5*α*-(25*S*)-spirostane-3*β*,27-diol-6-one-3-*O*-*α*-L-arabinopyranosyl-(1→6)-*O*-[*β*-D-glucopyranosyl-(1→4)]*β*-D-glucopyranoside	$C_{44}H_{70}O_{19}$	P	[41]
8-7-93	5*α*-(25*R*)-spirostan-3*β*-ol-6-one-3-*O*-*α*-L-arabinopyranosyl-(1→6)-*O*-[*β*-D-glucopyranosyl-(1→4)]*β*-D-glucopyranoside	$C_{44}H_{70}O_{18}$	P	[33]
8-7-94	(25*R*)-3*β*,17*α*-dihydroxy-5*α*-spirostan-6-one-3-*O*-*α*-L-rhamnopyranosyl-(1→2)-*O*-[*α*-L-arabinopyranosyl-(1→3)]-*β*-D-glucopyranoside	$C_{44}H_{70}O_{18}$	P	[34]
8-7-95	shatavarin Ⅶ	$C_{45}H_{72}O_{17}$	P	[42]
8-7-96	ornithasaponin B	$C_{44}H_{68}O_{19}$	P	[23]
8-7-97	(23*S*,25*S*)-5*α*-spirostan-24-one-3*β*,23*β*-diol-3-*O*-{*α*-L-rhamnopyranosyl-(1→2)-*O*-[*β*-D-glucopyranosyl-(1→4)]-*β*-D-galactopyranoside	$C_{45}H_{72}O_{19}$	P	[43]

续表

编号	名称	分子式	测试溶剂	参考文献
8-7-98	pratioside A	$C_{45}H_{72}O_{19}$	P	[44]
8-7-99	(23*S*,25*S*)-spirostan-5-ene-3*β*,15*α*,23-triol-3-*O*-{*β*-D-glucopyranosyl-(1→4)-[*α*-L-rhamanosyl-(1→2)]-*β*-D-galactopyranoside	$C_{45}H_{72}O_{19}$	M	[45]
8-7-100	1*β*,2*α*-dihydroxyspirosta-5,25(27)-dien-3*β*-yl-*O*-*α*-L-rhamnopyranosyl-(1→2)-[*β*-D-glucopyranosyl-(1→4)-*β*-D-galactopyranoside	$C_{45}H_{70}O_{19}$	P	[30]

8-7-92 R¹= R²=H; R³=*β*-D-Glu; R⁴=*α*-L-Ara; R⁵=H; R⁶=OH

8-7-93 R¹=R²=H; R³=*β*-D-Glu; R⁴=*α*-L-Ara; R⁵=R⁶=H

8-7-94 R¹=*α*-L-Rha; R²=*α*-L-Ara; R³=R⁴=H; R⁵=*α*-OH; R⁶=H

8-7-95 R¹=*β*-D-Glu; R²=*α*-L-Rha

8-7-96

8-7-97 R¹=*α*-L-Rha; R²=*β*-D-Glu

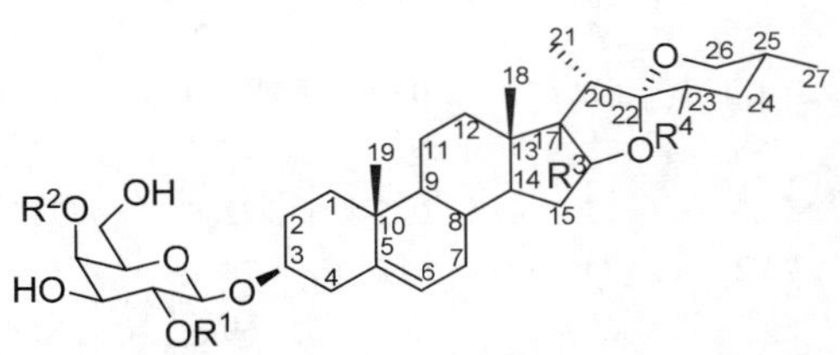

8-7-98 R¹=H; R²=*β*-D-Glu-(1→2)-*β*-D-Glu; R³=*α*-OH; R⁴=H

8-7-99 R¹=*α*-L-Rha; R²=*β*-D-Glu; R³=H; R⁴=*β*-OH

8-7-100 R¹=*α*-L-Rha; R²=*β*-D-Glu

表 8-7-20 化合物 8-7-91~8-7-100 的 ^{13}C NMR 化学位移数据

C	**8-7-91**[40]	**8-7-92**[41]	**8-7-93**[33]	**8-7-94**[34]	**8-7-95**[42]	**8-7-96**[23]	**8-7-97**[43]	**8-7-98**[44]	**8-7-99**[45]	**8-7-100**[30]
1	30.2	36.7	36.7	36.8	31.1	84.2	37.2	37.6	38.7	82.3
2	27.1	29.5	29.5	29.3	27.2	37.6	29.9	30.3	30.6	75.4
3	74.2	77.0	76.5	76.0	75.6	68.5	76.9	78.2	80.0	81.4
4	30.7	27.0	27.0	26.3	30.8	43.7	34.4	39.3	39.5	37.5
5	36.3	56.5	56.5	56.4	36.8	138.2	44.6	141.0	141.2	138.0
6	27.1	209.6	209.4	209.4	26.9	125.1	28.9	121.7	123.2	125.1
7	26.8	46.7	46.7	46.9	27.0	27.9	32.4	32.4	33.4	32.2
8	35.6	37.4	37.4	38.0	35.8	30.6	35.1	32.3	30.8	32.4
9	40.2	53.7	53.8	53.6	40.4	43.8	54.4	50.2	51.5	51.2
10	35.3	40.9	41.1	40.9	35.6	42.0	35.9	37.1	36.6	43.1

续表

C	**8-7-91**[40]	**8-7-92**[41]	**8-7-93**[33]	**8-7-94**[34]	**8-7-95**[42]	**8-7-96**[23]	**8-7-97**[43]	**8-7-98**[44]	**8-7-99**[45]	**8-7-100**[30]
11	21.2	21.5	21.6	21.4	21.4	24.9	21.2	21.0	21.8	23.9
12	40.3	39.6	39.7	32.0	40.5	39.1	40.3	32.1	41.7	40.2
13	40.9	41.1	40.8	45.8	41.3	38.1	41.3	45.2	41.7	40.2
14	56.5	56.5	56.5	53.0	56.7	53.0	56.4	53.1	61.4	56.6
15	31.9	31.8	31.8	31.9	32.4	214.8	31.8	31.8	80.2	32.4
16	81.3	81.1	80.8	89.8	81.9	82.3	82.4	90.1	91.3	81.4
17	63.1	62.8	62.9	89.9	63.2	54.0	61.9	90.2	60.4	63.1
18	16.6	16.5	16.5	17.3	16.9	19.2	16.7	17.2	17.9	16.5
19	23.9	13.1	13.1	13.2	24.2	15.0	12.4	19.5	19.8	14.8
20	42.0	42.1	42.0	44.8	42.2	40.2	36.9	44.8	37.0	41.9
21	15.1	15.0	14.9	19.7	15.2	14.5	14.5	9.7	14.3	15.0
22	109.3	109.7	109.2	109.8	109.8	111.1	116.4	109.9	112.4	109.4
23	32.2	31.5	31.8	31.3	33.5	68.1	76.1	32.1	64.0	33.2
24	29.3	24.0	29.2	28.8	29.2	82.0	207.8	28.8	36.0	29.0
25	30.6	39.2	30.6	30.4	144.6	35.3	44.3	30.5	30.8	144.5
26	66.9	64.1	66.9	66.7	65.3	62.0	65.5	66.7	65.1	65.0
27	17.4	64.4	17.3	17.2	109.1	13.2	9.0	17.3	17.6	108.6
1'	104.1	102.0	102.0	99.2	101.7	100.6	99.9	102.7	100.9	101.0
2'	82.4	74.8	74.9	78.1	82.1	75.1	77.0	73.3	77.6	76.4
3'	75.4	76.6	77.0	87.9	76.6	75.6	76.4	75.6	72.4	76.5
4'	69.9	81.1	81.1	69.7	77.6	70.7	81.3	81.0	80.2	81.3
5'	76.7	74.9	75.1	77.9	77.0	67.1	75.2	76.8	75.3	75.4
6'	62.2	68.4	68.5	62.6	61.3		61.0	60.5	63.2	60.9
1''	107.2	104.9	104.9	102.6	105.4	101.7	102.4	105.2	102.4	102.1
2''	76.6	75.2	74.8	72.4	76.6	72.5	72.4	86.1	72.2	72.4
3''	78.1	78.5	78.5	72.8	77.7	72.6	72.8	78.2	72.4	72.7
4''	71.2	71.9	71.9	74.1	71.7	74.2	74.1	70.3	74.0	74.1
5''	67.6	78.2	78.2	69.5	78.5	69.3	69.4	77.7	69.8	69.4
6''		62.6	62.6	18.8	62.9	19.0	18.6	61.6	17.9	18.4
1'''		105.7	105.6	105.5	102.5	104.2	107.2	107.0	106.4	107.2
2'''		72.6	72.5	72.3	72.4	70.6	75.6	75.1	75.7	75.6
3'''		74.6	74.5	74.6	72.6	73.3	78.9	79.0	76.5	78.9
4'''		69.7	69.7	69.7	73.9	73.4	72.2	71.9	66.8	72.1
5'''		67.2	67.1	67.8	70.3	70.0	78.5	78.8	75.3	78.6
6'''					18.5	16.9	63.1	63.2	61.3	63.0

表 8-7-21　螺甾烷类化合物 8-7-101~8-7-110 的名称、分子式和测试溶剂

编号	名称	分子式	测试溶剂	参考文献
8-7-101	(23*S*)-spirosta-5,25(27)-diene-1*β*,3*β*,23-triol-1-*O*-{*α*-L-rhamnopyranosyl-(1→2)-*O*-[*β*-D-xylopyranosyl-(1→3)]-*α*-L-arabinopyranoside}	$C_{37}H_{60}O_{12}$	P	[46]
8-7-102	(23*S*,24*S*)-spirosta-5,25(27)-diene-1*β*,3*β*,23,24-tetrol-1-*O*-{*α*-L-rhamnopyranosyl-(1→2)-*O*-[*β*-D-xylopyranosyl-(1→3)]-*α*-L-arabinopyranoside}	$C_{39}H_{62}O_{13}$	P	[47]

续表

编号	名称	分子式	测试溶剂	参考文献
8-7-103	(23*S*)-spirosta-5,25(27)-diene-1*β*,3*β*,23-triol-1-*O*-{4-*O*-acetyl-*O*-*α*-L-rhamnopyranosyl-(1→2)-*O*-[*β*-D-xylopyranosyl-(1→3)]-*α*-L-arabinopyranoside	$C_{45}H_{68}O_{18}$	P	[47]
8-7-104	(23*S*)-spirosta-5,25(27)-diene-1*β*,3*β*,23-triol-1-*O*-{2,3-*O*-diacetyl-*α*-L-rhamnopyranosyl-(1→2)-*O*-[*β*-D-xylopyranosyl-(1→3)]-*α*-L-arabinopyranoside}	$C_{47}H_{70}O_{19}$	P	[47]
8-7-105	(23*S*,24*S*)-spirosta-5,25(27)-diene-1*β*,3*β*,23,24-tetrol-1-*O*-{4-*O*-acetyl-*α*-L-rhamnopyranosyl)-(1→2)-*O*-[*β*-D-xylopyranosyl-(1→3)]-*α*-L-arabinopyranoside}	$C_{45}H_{68}O_{19}$	P	[47]
8-7-106	(23*S*,24*S*)-spirosta-5,25(27)-diene-1*β*,3*β*,23,24-tetrol-1-*O*-{2,3-*O*-diacetyl-*α*-L-rhamnopyranosyl)-(1→2)-*O*-[*β*-D-xylopyranosyl-(1→3)]-*α*-L-arabinopyranoside}	$C_{47}H_{70}O_{20}$	P	[47]
8-7-107	(23*S*,24*S*)-spirosta-5,25(27)-diene-1*β*,3*β*,23,24-tetrol-1-*O*-{2,3,4-*O*-triacetyl-*α*-L-rhamnopyranosyl-(1→2)-*O*-[*β*-D-xylopyranosyl-(1→3)]-*α*-L-arabinopyranoside}	$C_{49}H_{72}O_{21}$	P	[47]
8-7-108	(24*S*)-24-*O*-*β*-D-glucopyranosyl-22*α*-spirosta-5,25(27)-diene-1*β*,3*β*,24-triol-1-*O*-{*α*-L-rhamnopyranosyl-(1→2)-*O*-*α*-L-arabinoyranoside}	$C_{44}H_{68}O_{18}$	M	[24]
8-7-109	(23*S*)-spirosta-5,25(27)-diene-1*β*,3*β*,23-triol-1-*O*-{*α*-L-rhamnopyranosyl-(1→2)-*O*-[*β*-D-xylopyranosyl-(1→3)]-*α*-L-arabinoyranoside	$C_{43}H_{66}O_{17}$	P	[48]
8-7-110	(23*S*,24*S*)-spirosta-5,25(27)-diene-1*β*,3*β*,23,24-tetrol-1-*O*-{*α*-L-rhamnopyranosyl-(1→2)-*O*-[*β*-D-xylopyranosyl-(1→3)]-*α*-L-arabinoyranoside	$C_{43}H_{66}O_{18}$	P	[48]

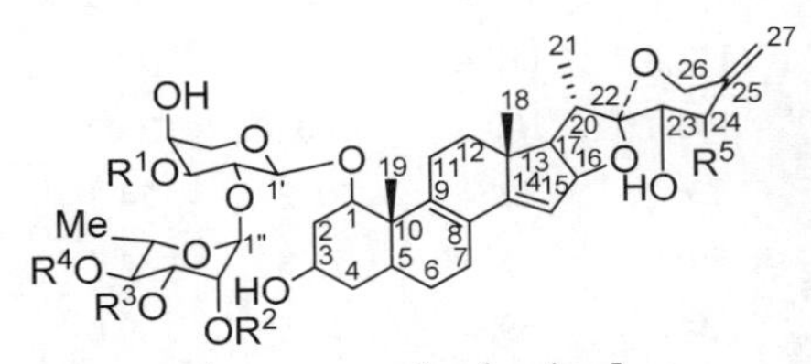

8-7-101 R1=*β*-D-Xyl; R2=R3=R4=R5=H
8-7-102 R1=*β*-D-Xyl; R2= R3= R4=H; R5=OH
8-7-103 R1=*β*-D-Xyl; R2=R3=H; R4=Ac; R5=H
8-7-104 R1=*β*-D-Xyl; R2=R3=Ac; R4=R5=H
8-7-105 R1=*β*-D-Xyl; R2=R3=H; R4=Ac; R5=OH
8-7-106 R1=*β*-D-Xyl; R2=R3=Ac; R4=H; R5=OH
8-7-107 R1=*β*-D-Xyl; R2 =R3=R4=Ac; R5=OH

8-7-108 R1=*α*-L-Rha; R2=R3=H; R4=O-*β*-D-Glu
8-7-109 R1=*α*-L-Rha; R2=*β*-D-Xyl; R3=OH; R4=H
8-7-110 R1=*α*-L-Rha; R2=*β*-D-Xyl; R3=R4=OH

表 8-7-22 化合物 8-7-101~8-7-110 的 ^{13}C NMR 化学位移数据

C	8-7-101[46]	8-7-102[47]	8-7-103[47]	8-7-104[47]	8-7-105[47]	8-7-106[47]	8-7-107[47]	8-7-108[24]	8-7-109[48]	8-7-110[48]
1	83.7	83.7	84.0	84.1	84.0	84.0	84.0	84.6	83.7	83.7
2	37.4	37.5	37.7	37.7	37.6	37.6	37.7	37.1	37.4	37.5
3	68.3	68.2	68.0	68.2	68.0	68.2	67.9	69.1	68.3	68.2
4	43.9	43.8	44.0	43.8	44.0	43.8	43.8	43.3	43.9	43.8

续表

C	8-7-101[46]	8-7-102[47]	8-7-103[47]	8-7-104[47]	8-7-105[47]	8-7-106[47]	8-7-107[47]	8-7-108[24]	8-7-109[48]	8-7-110[48]
5	139.6	139.5	139.4	139.5	139.4	139.5	139.2	139.8	139.6	139.5
6	124.7	124.7	125.0	124.7	124.9	124.7	125.0	126.0	124.7	124.7
7	32.1	32.0	32.1	32.0	32.0	32.0	32.0	32.5	32.1	32.0
8	33.1	33.0	33.0	33.0	33.0	33.0	33.0	33.8	33.1	33.0
9	50.4	50.4	50.4	50.3	50.4	50.3	50.3	51.4	50.4	50.4
10	42.9	42.9	42.9	42.9	42.9	42.9	42.8	43.5	42.9	42.9
11	24.1	24.1	24.0	24.0	24.0	24.1	24.0	24.6	24.1	24.1
12	40.6	40.6	40.6	40.6	40.5	40.5	40.5	41.2	40.6	40.6
13	40.8	40.7	40.8	40.8	40.7	40.7	40.6	41.5	40.8	40.7
14	56.9	56.9	56.8	56.9	56.9	56.9	56.8	57.9	56.9	56.9
15	32.4	32.3	32.4	32.4	32.3	32.3	32.3	32.5	32.4	32.3
16	82.0	83.3	82.0	82.0	83.2	83.3	83.2	83.0	82.0	83.3
17	62.5	61.4	62.5	62.5	61.4	61.4	61.3	63.0	62.5	61.4
18	16.9	16.8	16.9	16.9	16.9	16.9	16.9	16.6	16.9	16.8
19	15.0	15.0	14.9	15.0	14.9	15.0	14.8	15.1	15.0	15.0
20	35.8	37.1	35.8	35.8	37.1	37.1	37.1	37.0	35.8	37.1
21	14.6	14.6	14.6	14.6	14.6	14.6	14.6	14.1	14.6	14.6
22	111.8	112.7	111.9	111.8	112.7	112.7	112.6	113.8	111.8	112.7
23	68.6	69.6	68.6	68.6	69.6	69.7	69.6	32.5	68.6	69.6
24	38.9	74.2	38.9	38.9	74.1	74.2	74.1	73.2	38.9	74.2
25	144.4	146.4	144.4	144.4	146.4	146.4	146.4	147.0	144.4	146.4
26	64.3	60.8	64.3	64.3	60.8	60.8	60.8	64.3	64.3	60.8
27	109.3	112.3	109.4	109.3	112.4	112.4	112.4	107.8	109.3	112.3
1'	100.5	100.5	100.7	100.4	100.7	100.4	100.3	100.9	100.5	100.5
2'	74.3	74.2	72.9	73.7	72.9	73.7	72.7	75.2	74.3	74.2
3'	84.4	84.5	85.2	84.7	85.2	84.7	85.1	75.8	84.4	84.5
4'	69.6	69.6	70.0	69.9	70.0	69.9	69.9	70.5	69.6	69.6
5'	67.1	67.1	67.2	67.1	67.2	67.1	67.1	67.1	67.1	67.1
1''	101.9	101.8	100.9	98.3	100.9	98.3	97.7	101.5	101.9	101.8
2''	72.5	72.5	72.3	70.8	72.3	70.8	70.6	72.1	72.5	72.5
3''	72.6	72.6	69.9	73.2	69.9	73.2	70.1	71.9	72.6	72.6
4''	74.3	74.2	76.5	69.3	76.5	69.3	71.9	73.8	74.3	74.2
5''	69.6	69.6	66.6	70.8	66.6	70.8	66.3	69.4	69.6	69.6
6''	19.1	19.1	18.5	18.9	18.5	18.9	18.2	18.1	19.1	19.1
1'''	106.5	106.5	106.8	106.5	106.8	106.5	106.7	103.1	106.5	106.5
2'''	74.7	74.6	74.6	74.6	74.6	74.6	74.6	74.9	74.7	74.6
3'''	78.5	78.3	78.5	78.3	78.5	78.3	78.4	77.8	78.3	78.3
4'''	71.0	71.0	71.0	71.1	71.0	71.1	70.9	71.3	71.0	71.0
5'''	66.9	67.0	67.4	67.4	67.4	67.4	67.5	77.8	66.9	67.0
6'''								62.6		
Ac			170.8	170.7	170.8	170.7	170.5			

续表

C	8-7-101[46]	8-7-102[47]	8-7-103[47]	8-7-104[47]	8-7-105[47]	8-7-106[47]	8-7-107[47]	8-7-108[24]	8-7-109[48]	8-7-110[48]
			21.1	170.4	21.1	170.4	170.4			
				21.0		21.1	170.2			
				20.9		20.9	20.8			
							20.7			
							20.6			

表 8-7-23 螺甾烷类化合物 8-7-111~8-7-120 的名称、分子式和测试溶剂

编号	名称	分子式	测试溶剂	参考文献
8-7-111	(25*R*)-2*α*-dihydroxy-5*α*-spirostan-3*β*-yl-*O*-*β*-D-xylopyranosyl-(1→2)-*O*-*β*-D-glucopyranosyl -(1→4)-*β*-D-galactopyranoside	$C_{44}H_{72}O_{18}$	P	[49]
8-7-112	(25*R*)-3*β*-dihydroxy-5*α*-spirostane-2*α*,3*β*-diol-3-*O*-{*β*-D-glucopyranosyl-(1→2)-*O*-*β*-D-glucopyranosyl -(1→4)-*β*-D-galactopyranoside	$C_{45}H_{74}O_{19}$	P	[32]
8-7-113	(25*S*)-3*β*-dihydroxy-5*α*-spirostane-2*α*,3*β*-diol-3-*O*-{*β*-D-glucopyranosyl-(1→2)-*O*-*β*-D-glucopyranosyl -(1→4)-*β*-D-galactopyranoside	$C_{45}H_{74}O_{19}$	P	[32]
8-7-114	(24*S*,25*S*)-5*α*-spirostane-3*β*,24-diol-3-*O*-{*α*-L-rhamnopyranosyl-(1→2)-*O*-[*β*-D-glucopyranosyl-(1→4)]-*β*-D-galactopyranoside	$C_{45}H_{74}O_{18}$	P	[43]
8-7-115	gitogenin-3-*O*-{*O*-*α*-L-rhamnopyranosyl-(1→2)-[*β*-D-glucopyranosyl-(1→4)] *β*-D-galactopyranoside	$C_{45}H_{74}O_{18}$	P	[38]
8-7-116	tigogenin-3-*O*-{*O*-*α*-L-rhamnopyranosyl-(1→2)-[*β*-D-glucopyranosyl-(1→4)] *β*-D-galactopyranoside	$C_{45}H_{74}O_{17}$	P	[38]
8-7-117	minutoside B	$C_{44}H_{72}O_{19}$	M	[50]
8-7-118	(25*R*)-5*α*-spirostan-3*β*-ol-3-*O*-*β*-D-galactopyranosyl-(1→2)-*β*-D-glucopyranosyl-(1→4)]-*β*-D-galactopyranoside	$C_{45}H_{74}O_{18}$	P	[51]
8-7-119	(25*S*)-5*α*-spirostan-3*β*-ol-3-*O*-*β*-D-galactopyranosyl-(1→2)-*β*-D-glucopyranosyl-(1→4)]-*β*-D-galactopyranoside	$C_{45}H_{74}O_{18}$	P	[51]
8-7-120	(25*R*)-5*α*-spirostane-3*β*-ol-3-*O*-*β*-D-glucopyranosyl-(1→4)-[*α*-L-rhamnopyranosyl-(1→2)]-*β*-D-galactopyranoside	$C_{45}H_{74}O_{17}$	P	[51]

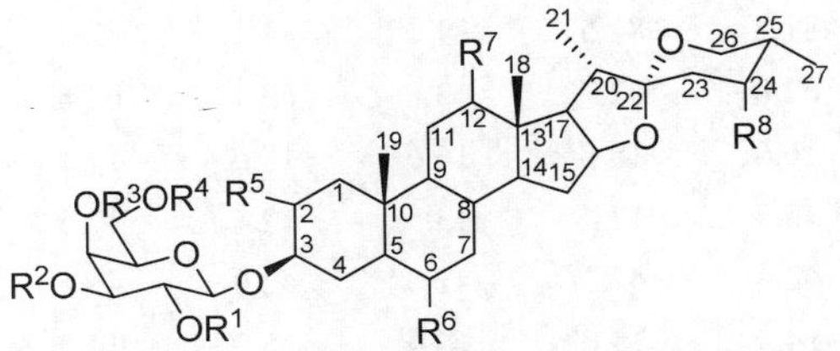

8-7-111 (25*R*) $R^1=R^2=H$; R^3=*β*-D-Xyl-(1→2)-*β*-D-Glu; $R^4=H$; R^5=*α*-OH; $R^6=R^7=R^8=H$

8-7-112 (25*R*) $R^1=R^2=H$; R^3=*β*-D-Glu-(1→2)-*β*-D-Glu; $R^4=H$; R^5=*α*-OH; $R^6=R^7=R^8=H$

8-7-113 (25*S*) $R^1=R^2=H$; R^3=*β*-D-Glu-(1→2)-*β*-D-Glu; $R^4=H$; R^5=*α*-OH; $R^6=R^7=R^8=H$

8-7-114 R^1=*α*-L-Rha; $R^2=H$; R^3=*β*-D-Glu; $R^4=R^5=R^6=R^7=H$; R^8=OH

8-7-115 R^1=*α*-L-Rha; $R^2=H$; R^3=*β*-D-Glu; $R^4=H$; R^5=*α*-OH; $R^6=H$; R^7=*β*-OH; $R^8=H$

8-7-116 R^1=*α*-L-Rha; $R^2=H$; R^3=*β*-D-Glu; $R^4=R^5=H$; $R^6=H$; R^7=*β*-OH; $R^8=H$

8-7-117 $R^1=R^2=H$; R^3=*β*-D-Xyl-(1→3)-*β*-D-Glu; $R^4=H$; R^5=*α*-OH; R^6=*β*-OH; $R^7=R^8=H$

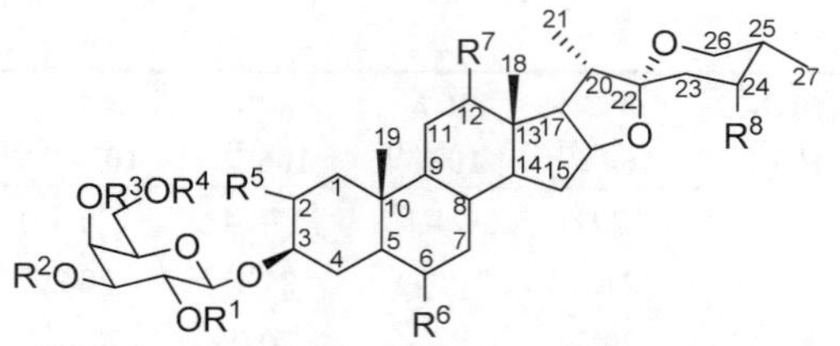

8-7-118 (25*R*) R^1=R^2=H; R^3=*β*-D-Gal-(1→2)-*β*-D-Glu; R^4=R^5=R^6=R^7=R^8=H

8-7-119 (25*S*) R^1=R^2=H; R^3=*β*-D-Gal-(1→2)-*β*-D-Glu; R^4=R^5=R^6=R^7=R^8=H

8-7-120 (25*R*) R^1=*α*-L-Rha; R^2=H; R^3=*β*-D-Glu; R^4=R^5=R^6=R^7=R^8=H

8-7-121 (25*S*) R^1=*α*-L-Rha; R^2=H; R^3=*β*-D-Glu; R^4=R^5=R^6=R^7=R^8=H

8-7-122 (25*R*) R^1=R^2=H; R^3=*β*-D-Gal-(1→2)-*β*-D-Glu; R^4=H; R^5=*α*-OH; R^6=R^7=R^8=H

8-7-123 (25*S*) R^1=R^2=H; R^3=*β*-D-Gal-(1→2)-*β*-D-Glu; R^4=H; R^5=*α*-OH; R^6= R^7=R^8=H

8-7-124 (25*R*) R^1=R^2=H; R^3=*β*-D-Xyl-(1→2)-*β*-D-Glu; R^4=H; R^5=*α*-OH; R^6=R^7=R^8=H

表 8-7-24 化合物 8-7-111~8-7-120 的 ^{13}C NMR 化学位移数据

C	8-7-111[49]	8-7-112[32]	8-7-113[32]	8-7-114[43]	8-7-115[38]	8-7-116[38]	8-7-117[50]	8-7-118[51]	8-7-119[51]	8-7-120[51]
1	45.7	45.6	45.6	37.2	45.8	37.3	48.0	37.2	37.2	37.2
2	70.4	70.5	70.5	30.0	70.5	30.0	73.0	30.1	30.1	29.9
3	84.8	84.7	84.7	77.0	85.2	77.1	85.0	78.0	78.0	76.9
4	34.1	34.1	34.1	34.4	33.5	34.4	32.7	35.0	35.0	34.4
5	44.7	44.7	44.7	44.6	44.7	44.7	48.2	44.8	44.8	44.6
6	28.1	28.1	28.1	29.0	28.2	29.0	71.6	28.9	28.9	28.9
7	32.2	32.1	32.1	32.4	32.1	32.4	40.7	32.4	32.4	32.4
8	34.6	34.6	34.6	35.3	34.6	35.3	30.7	35.3	35.3	35.2
9	54.3	54.4	54.4	54.4	54.4	54.5	55.6	54.4	54.4	54.6
10	36.9	36.9	36.9	35.9	36.9	36.0	37.8	35.8	35.8	35.9
11	21.4	21.4	21.4	21.3	21.5	21.3	22.1	21.3	21.3	21.2
12	40.0	40.0	40.0	40.1	40.1	40.2	41.0	40.2	40.2	40.1
13	40.7	40.7	40.7	40.8	40.8	40.8	41.8	40.8	40.8	40.8
14	56.3	56.3	56.3	56.5	56.3	56.5	57.1	56.4	56.4	56.4
15	32.1	32.2	32.2	32.1	32.3	32.2	32.5	32.1	32.1	32.1
16	81.1	81.1	81.2	81.5	81.1	81.1	82.3	81.1	81.1	81.1
17	63.0	63.0	62.8	62.7	63.0	63.1	63.6	63.1	63.0	63.1
18	16.6	16.6	16.6	16.6	16.6	16.6	17.1	16.6	16.6	16.6
19	13.4	13.4	13.4	12.4	13.5	12.4	17.5	12.3	12.3	12.4
20	42.0	42.0	42.4	42.3	42.0	42.0	43.5	42.0	42.4	42.0
21	15.0	15.0	14.8	15.0	15.0	15.0	14.9	15.0	14.8	15.0
22	109.2	109.2	109.7	111.8	109.2	109.2	111.1	109.2	109.7	109.2
23	31.8	31.8	26.2	41.9	31.8	31.8	36.9	31.8	26.3	31.8
24	29.2	29.2	26.4	70.6	29.3	29.3	26.8	29.3	26.1	29.2
25	30.6	30.6	27.5	40.0	30.6	30.6	31.5	30.6	27.5	30.4
26	66.9	66.8	65.1	65.3	66.9	66.9	66.1	66.9	65.1	66.8
27	17.3	17.3	16.3	13.7	17.3	17.3	17.0	17.3	16.2	17.3

续表

C	8-7-111[49]	8-7-112[32]	8-7-113[32]	8-7-114[43]	8-7-115[38]	8-7-116[38]	8-7-117[50]	8-7-118[51]	8-7-119[51]	8-7-120[51]
1'	103.8	105.1	105.1	99.9	101.1	100.0	102.8	102.5	102.5	99.9
2'	72.6	72.7	72.7	76.9	76.8	77.0	75.8	73.2	73.2	77.0
3'	75.5	75.5	75.5	76.4	76.4	76.4	78.3	75.8	75.8	76.4
4'	80.4	80.9	80.9	81.3	81.3	81.3	79.9	80.3	80.3	81.3
5'	75.7	75.5	75.5	75.2	75.4	75.2	67.2	75.2	75.2	75.6
6'	60.3	60.4	60.4	61.1	60.9	61.0	62.9	60.5	60.5	61.0
1''	105.2	103.4	103.4	102.4	102.3	102.3	104.5	105.2	105.2	107.2
2''	86.4	85.9	85.9	72.4	72.3	72.4	78.1	85.0	85.0	75.2
3''	78.0	77.7	77.7	72.8	72.7	72.8	87.8	77.6	77.6	78.9
4''	72.2	70.5	70.5	74.1	74.1	74.1	75.3	72.2	72.2	72.4
5''	78.0	79.0	79.0	69.5	69.4	69.4	70.4	77.9	77.9	78.5
6''	63.3	61.8	61.8	18.7	18.5	18.6	63.1	63.3	63.3	62.8
1'''	108.0	106.8	106.8	107.2	107.2	107.2	104.3	107.2	107.2	102.3
2'''	76.5	76.6	76.6	75.6	75.6	75.6	75.7	74.4	74.4	72.2
3'''	77.9	78.5	78.5	78.9	78.9	78.9	78.3	74.2	74.2	72.7
4'''	70.4	71.7	71.7	72.2	72.2	72.2	71.8	70.8	70.8	74.1
5'''	67.4	78.3	78.3	78.5	78.6	78.5	71.0	77.4	77.4	69.4
6'''		63.2	63.2	63.1	63.0	63.1		62.9	62.9	18.6

表 8-7-25 螺甾烷类化合物 8-7-121~8-7-130 的名称、分子式和测试溶剂

编号	名称	分子式	测试溶剂	参考文献
8-7-121	(25*S*)-5*α*-spirostan-3*β*-ol-3-*O*-*β*-D-glucopyranosyl-(1→4)-[*α*-L-rhamnopyranosyl-(1→2)]-*β*-D-galactopyranoside	$C_{45}H_{74}O_{17}$	P	[51]
8-7-122	(25*R*)-5*α*-spirostane-2*α*,3*β*-diol-3-*O*-*β*-D-galactopyranosyl-(1→2)-*β*-D-glucopyranosyl-(1→4)]-*β*-D-galactopyranoside	$C_{45}H_{74}O_{19}$	P	[51]
8-7-123	(25*S*)-5*α*-spirostane-2*α*,3*β*-diol-3-*O*-*β*-D-galactopyranosyl-(1→2)-*β*-D-glucopyranosyl-(1→4)]-*β*-D-galactopyranoside	$C_{45}H_{74}O_{19}$	P	[51]
8-7-124	(25*R*)-2*α*-dihydroxy-5*α*-spirostan-3*β*-yl-*O*-*β*-D-xylopyranosyl-(1→2)-*O*-*β*-D-glucopyranosyl-(1→4)-*β*-D-galactopyranoside	$C_{44}H_{72}O_{18}$	P	[49]
8-7-125	racemoside B	$C_{45}H_{74}O_{17}$	P	[11]
8-7-126	racemoside C	$C_{45}H_{74}O_{16}$	P	[11]
8-7-127	tuberoside N	$C_{45}H_{74}O_{18}$	P	[10]
8-7-128	(25*R*)-spirost-5-en-3*β*-ol-3-*α*-L-rhamnopyranosyl-(1→2)-*O*-[-L-arabinopyranosyl-(1→3)]-*β*-D-glucopyranoside	$C_{44}H_{70}O_{16}$	P	[34]
8-7-129	(25*R*,26*R*)-26-methoxyspirost-5-en-3*β*-ol-3-*α*-L-rhamnopyranosyl-(1→2)-*O*-[*α*-L-ara*β*inopyranosyl-(1→3)]-*β*-D-glucopyranoside	$C_{45}H_{72}O_{17}$	P	[34]
8-7-130	(25*R*,26*R*)-26-methoxyspirost-5-en-3*β*-ol-3-*α*-L-rhamnopyranosyl-(1→2)-*O*-[*β*-D-glucopyranosyl-(1→4)]-*β*-D-glucopyranoside	$C_{46}H_{74}O_{18}$	P	[34]

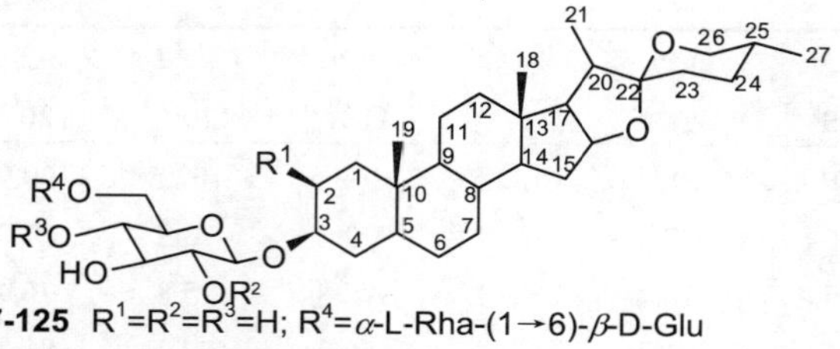

8-7-125 R^1=R^2=R^3=H; R^4=α-L-Rha-(1→6)-β-D-Glu

8-7-126 R^1=R^2=H; R^3=α-L-Rha; R^4=α-L-Rha

8-7-127 R^1=OH; R^2=β-D-Glu; R^3=α-L-Rha; R^4=H

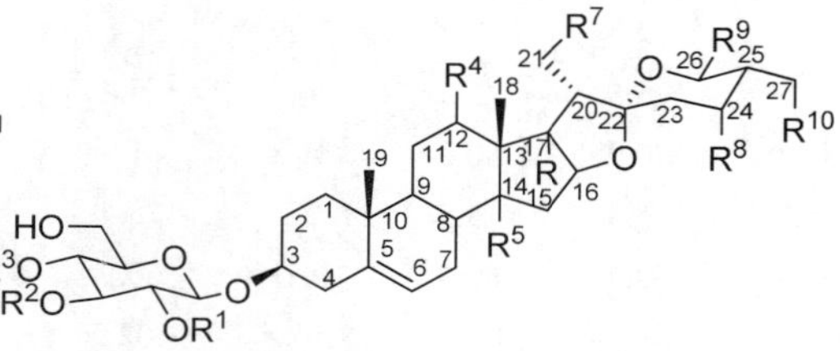

8-7-128 R^1=α-L-Rha; R^2=α-L-Ara; R^3=R^4=R^5=R^6=R^7= R^8=R^9=R^{10}=H

8-7-129 R^1=α-L-Rha; R^2=α-L-Ara; R^3=R^4=R^5=R^6=R^7=R^8=H; R^9=α-OMe; R^{10}=H

8-7-130 R^1=α-L-Rha; R^2=H; R^3=β-D-Glu; R^4=R^5=R^6=R^7=R^8=H; R^9=α-OMe; R^{10}=H

8-7-131 R^1=α-L-Rha; R^2=H; R^3=β-D-Glu; R^4=α-OH; R^5=R^6=R^7=R^8=R^9=R^{10}=H

8-7-132 R^1=α-L-Rha; R^2=H; R^3=α-L-Rha; R^4=R^5=R^6=H; R^7=OH; R^8=R^9=R^{10}=H

8-7-133 R^1=R^2=H; R^3=β-D-Glu-(1→2)-β-D-Glu; R^4=α-OH; R^5=H; R^6=α-OH; R^7=R^8=R^9=H; R^{10}=OH

8-7-134 R^1=α-L-Rha; R^2=H; R^3=α-L-Rha; R^4=H; R^5=OH; R^6=R^7=R^8=R^9=R^{10}=H

8-7-135 R^1=α-L-Rha; R^2=β-D-Glu; R^3=R^4=H; R^5=OH; R^6=R^7=R^8=R^9=R^{10}=H

8-7-136 R^1=H; R^2=β-D-Glu; R^3=α-L-Rha; R^4=H; R^5=OH; R^6=R^7=R^8=R^9=H; R^{10}=OH

8-7-137 R^1=α-L-Rha; R^2=H; R^3=α-L-Rha; R^4=H; R^5=OH; R^6=R^7=H; R^8=OH; R^9=R^{10}=H

8-7-138 R^1=α-L-Rha; R^2=β-D-Glu; R^3=R^4=R^6=R^7= R^9=R^{10}=H; R^5=R^8=OH

表 8-7-26 化合物 8-7-121~8-7-130 的 ^{13}C NMR 化学位移数据

C	8-7-121[51]	8-7-122[51]	8-7-123[51]	8-7-124[49]	8-7-125[11]	8-7-126[11]	8-7-127[10]	8-7-128[34]	8-7-129[34]	8-7-130[34]
1	37.2	45.5	45.5	45.7	31.2	31.2	40.6	37.5	37.5	37.5
2	29.9	70.4	70.4	70.4	26.7	26.8	67.2	30.1	30.1	30.2
3	76.9	84.7	84.7	84.8	75.6	75.4	81.5	77.8	77.7	78.2
4	34.4	34.2	34.2	34.1	32.5	30.4	31.4	38.7	38.7	39.0
5	44.6	44.6	44.6	44.7	37.4	37.4	36.4	140.8	140.9	140.9
6	28.9	28.0	28.0	28.1	27.3	27.3	26.6	121.9	121.9	121.8
7	32.4	32.2	32.2	32.2	27.1	27.1	26.9	32.3	32.3	32.4
8	35.2	34.5	34.5	34.6	35.6	35.9	35.7	31.9	31.8	31.8
9	54.6	34.3	34.3	54.3	40.6	40.7	41.5	50.3	50.4	50.4
10	35.9	36.8	36.8	36.9	35.9	35.6	37.2	37.2	37.2	37.2
11	21.2	21.4	21.4	21.4	21.5	21.5	21.5	21.2	21.1	21.1
12	40.1	40.0	40.0	40.0	40.7	40.6	40.4	39.9	39.9	39.9
13	40.8	40.7	40.7	40.7	41.2	41.2	41.0	40.5	40.6	40.5
14	56.4	56.2	56.2	56.3	56.8	56.8	56.5	56.7	56.7	56.7
15	32.1	32.0	32.0	32.1	32.5	32.5	32.3	32.4	32.4	32.4
16	812	81.1	81.1	81.1	81.7	81.7	81.2	81.1	81.4	81.4
17	63.0	63.1	63.0	63.0	63.3	63.3	63.1	63.0	63.0	63.0
18	16.6	16.5	16.5	16.6	16.9	17.0	16.7	16.4	16.3	16.3
19	12.4	13.4	13.4	13.4	24.2	24.2	24.0	19.4	19.4	19.4
20	42.5	41.9	42.4	42.0	42.8	42.8	42.6	42.0	42.1	42.1

续表

C	8-7-121[51]	8-7-122[51]	8-7-123[51]	8-7-124[49]	8-7-125[11]	8-7-126[11]	8-7-127[10]	8-7-128[34]	8-7-129[34]	8-7-130[34]
21	14.8	15.0	14.8	15.0	16.6	16.7	15.0	15.0	15.0	15.0
22	109.7	109.2	109.6	109.2	110.1	110.1	109.7	109.3	111.9	111.9
23	26.3	31.7	26.3	31.8	27.1	27.2	26.4	31.8	31.5	31.5
24	26.1	29.2	26.1	29.2	26.5	26.6	26.3	29.3	28.4	28.4
25	27.5	30.5	27.5	30.6	27.9	27.9	27.7	30.6	35.5	35.5
26	65.1	66.8	65.0	66.9	65.4	65.4	65.2	66.9	103.2	103.2
27	16.3	17.2	16.2	17.3	15.2	15.3	16.4	17.3	16.7	16.7
OMe									55.6	55.6
1'	99.9	103.3	103.3	103.8	103.5	103.6	102.5	100.0	100.0	100.1
2'	77.0	72.6	72.6	72.6	75.0	75.8	82.5	78.0	78.0	77.8
3'	76.4	75.5	75.5	75.5	76.9	77.1	77.3	88.1	88.1	76.2
4'	81.3	80.2	80.2	80.4	74.5	79.8	77.3	69.7	69.7	82.1
5'	75.6	75.6	75.6	75.7	75.5	75.9	76.5	77.7	77.7	77.4
6'	61.0	60.4	60.4	60.3	68.2	67.5	61.2	62.5	62.5	62.1
1''	107.2	105.1	105.1	105.2	106.2	103.3	105.7	102.5	102.5	101.8
2''	75.2	84.9	84.9	86.4	72.6	73.0	77.1	72.5	72.5	72.5
3''	78.9	78.0	78.0	78.0	75.2	73.1	78.7	73.0	72.9	72.8
4''	72.4	72.1	72.1	72.2	69.9	74.2	72.1	74.2	74.2	74.2
5''	78.5	78.0	78.0	78.0	81.2	70.9	78.1	69.4	69.4	69.5
6''	62.8	63.2	63.2	63.3	67.6	18.9	63.2	18.7	18.7	18.7
1'''	102.3	107.2	107.2	108.0	102.7	102.4	102.5	105.6	105.6	105.2
2'''	72.2	74.3	74.3	76.5	72.8	72.7	72.6	72.3	72.3	75.0
3'''	72.7	74.3	74.3	77.9	73.2	73.1	72.9	74.6	74.6	78.3
4'''	74.1	70.8	70.8	70.4	75.5	74.4	74.1	69.6	69.6	71.3
5'''	69.4	77.5	77.5	67.4	70.2	70.2	70.4	67.8	67.8	78.5
6'''	18.6	62.9	62.9		19.1	19.1	18.6			62.2

表 8-7-27 螺甾烷类化合物 8-7-131~8-7-140 的名称、分子式和测试溶剂

编号	名称	分子式	测试溶剂	参考文献
8-7-131	(25*R*)-spirost-5-ene-3*β*,12*α*-diol-3-*α*-L-rhamnopyranosyl-(1→2)-*O*-[*β*-D-glucopyranosyl-(1→4)]*β*-D-glucopyranoside	$C_{45}H_{72}O_{18}$	P	[52]
8-7-132	(25*S*)-spirost-5-ene-3*β*,21-diol-3-O-*α*-L-rhamnopyranosyl-(1→2)-*O*-[-*α*-L-rhamnopyranosy-(1→4)]-*β*-D-glucopyranoside	$C_{45}H_{72}O_{17}$	P	[53]
8-7-133	(25*S*)-spirost-5-ene-3*β*,17*α*,27-triol-3-*O*-{*O*-*β*-D-glucopyranosyl-(1→2)-*O*-[-*β*-D-glucopyranosyl-(1→4)]-*β*-D-glucopyranoside}	$C_{45}H_{72}O_{20}$	P	[54]
8-7-134	25(*R*,*S*)-dracaenoside G	$C_{45}H_{72}O_{17}$	P	[29]
8-7-135	25(*R*,*S*)-dracaenoside H	$C_{45}H_{72}O_{18}$	P	[29]
8-7-136	dracaenoside J	$C_{45}H_{72}O_{19}$	P	[29]
8-7-137	dracaenoside K	$C_{45}H_{72}O_{18}$	P	[29]
8-7-138	dracaenoside L	$C_{45}H_{72}O_{19}$	P	[29]
8-7-139	25(*R*,*S*)-dracaenoside M	$C_{45}H_{74}O_{19}$	P	[29]
8-7-140	25*S*-dracaenoside N	$C_{45}H_{74}O_{19}$	P	[29]

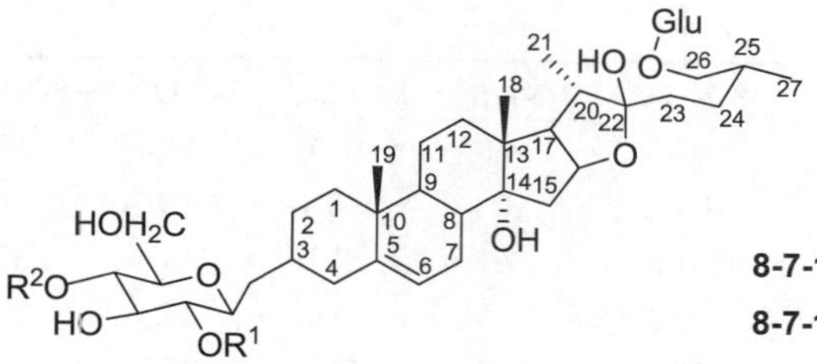

8-7-139 R^1=H; R^2=α-L-Rha

8-7-140 R^1=α-L-Rha; R^2=H

表 8-7-28 化合物 8-7-131~8-7-140 的 ^{13}C NMR 化学位移数据[29,52~54]

C	8-7-131	8-7-132	8-7-133	8-7-134	8-7-135	8-7-136	8-7-137	8-7-138	8-7-139	8-7-140
1	37.4	37.5	37.5	37.6	37.6	37.6	37.6	37.6	37.5	37.5
2	30.1	30.1	30.2	30.1	30.1	30.2	30.2	30.2	30.2	30.2
3	78.3	78.1	78.4	78.3	77.9	78.5	78.2	78.5	78.6	78.6
4	39.0	39.0	39.3	39.1	38.8	39.4	39.1	39.9	40.0	40.0
5	140.1	140.9	140.9	140.5	140.4	140.4	140.4	140.4	140.4	140.4
6	122.0	121.8	121.8	122.5	122.6	122.6	122.4	122.6	122.4	122.4
7	32.4	32.4	32.5	26.9	26.8	26.8	26.7	26.8	26.7	26.7
8	32.1	31.9	32.4	35.8	35.8	35.8	35.7	35.8	35.7	35.7
9	44.5	50.3	50.3	43.7	43.7	43.7	43.7	43.7	43.7	43.7
10	37.0	37.1	37.1	37.9	37.9	37.8	37.8	37.8	37.8	37.8
11	29.4	21.0	21.0	20.5	20.5	20.5	20.4	20.5	20.4	20.4
12	71.3	39.6	32.0	32.1	32.1	32.0	29.9	31.9	31.9	31.9
13	45.1	40.7	45.2	45.2	45.2	45.2	45.1	45.1	45.5	45.5
14	48.2	56.8	53.1	86.6	86.6	86.6	86.5	86.5	86.4	86.4
15	32.4	32.3	31.8	40.0	40.0	40.0	39.9	38.8	39.0	39.0
16	81.1	81.9	90.0	82.1	82.0	82.0	82.4	82.4	82.2	82.2
17	53.9	59.4	90.2	60.0	60.0	60.0	59.5	59.5	60.1	60.1
18	17.3	16.3	17.2	20.2	20.2	20.2	19.9	20.1	20.3	20.3
19	19.3	19.3	19.4	19.5	19.5	19.5	19.4	19.4	19.5	19.5
20	42.3	51.0	45.0	42.6	42.2	39.2	42.7	42.7	40.1	40.1
21	14.9	62.5	9.7	15.4	15.5	15.5	15.2	15.3	16.7	16.7
22	109.3	109.8	110.4	109.8	109.8	110.1	111.8	111.9	110.3	110.3
23	32.0	27.6	31.8	32.1	32.1	26.8	36.3	36.2	31.2	31.2
24	29.4	26.2	23.6	29.5	29.5	24.2	66.6	66.6	27.7	27.7
25	30.7	27.8	39.0	30.1	30.7	42.2	35.9	35.9	34.5	34.5
26	66.9	65.1	64.0	67.0	67.0	64.5	64.5	64.6	75.3	75.3
27	17.2	16.4	64.4	17.5	17.5	64.1	9.8	9.8	17.7	17.7
OMe	55.6									
1'	100.0	100.3	102.0	100.3	99.9	99.9	100.3	99.9	102.1	100.3
2'	77.7	77.9	74.6	78.1	77.2	78.5	78.9	78.5	75.3	78.3
3'	76.2	77.8	76.5	76.9	89.5	89.5	77.9	89.5	77.0	79.7
4'	82.1	78.7	83.0	77.9	69.7	77.1	78.0	77.1	78.3	71.8
5'	77.4	76.9	77.3	78.0	77.8	78.8	76.9	78.8	77.9	78.7
6'	62.2	61.3	62.6	61.3	62.5	62.5	61.4	62.5	61.2	61.3
1''	101.8	102.8	103.0	102.1	102.3	102.3	102.0	102.3	102.9	102.2

续表

C	8-7-131	8-7-132	8-7-133	8-7-134	8-7-135	8-7-136	8-7-137	8-7-138	8-7-139	8-7-140
2''	72.5	72.5	85.2	72.6	72.5	72.5	72.5	72.5	72.6	72.8
3''	72.8	72.7	78.1	72.8	72.9	72.8	72.8	72.8	72.8	72.9
4''	74.2	73.9	71.1	74.2	74.2	74.2	74.2	74.2	74.0	74.2
5''	69.5	70.4	78.2	69.6	69.7	69.6	69.5	69.6	70.5	69.6
6''	18.7	18.4	62.4	18.7	18.8	18.8	18.7	18.8	18.5	18.7
1'''	105.2	101.9	107.1	102.9	104.6	104.6	102.9	104.6	105.1	105.1
2'''	75.0	72.5	76.5	72.6	75.0	75.0	72.5	75.0	75.3	75.3
3'''	78.5	72.7	78.1	72.9	78.5	77.8	72.9	77.6	78.7	78.7
4'''	71.4	74.1	70.7	73.9	71.6	71.6	73.9	71.6	71.8	71.8
5'''	78.2	69.4	78.8	70.5	78.7	77.9	70.5	77.9	78.6	78.6
6'''	62.0	18.5	62.0	18.6	62.5	62.5	18.5	62.5	62.7	62.9

表 8-7-29 螺甾烷类化合物 8-7-141~8-7-150 的名称、分子式和测试溶剂

编号	名称	分子式	测试溶剂	参考文献
8-7-141	manogenin-3-*O*-{*O*-*β*-D-glucopyranosyl-(1→2)-*O*-*β*-D-glucopyranosyl-(1→4)-*β*-D-galactopyranoside}	$C_{45}H_{72}O_{20}$	P	[22]
8-7-142	(25*R*)-2*α*-dihydroxy-3*β*-[(*O*-*β*-D-xylopyranosyl-(1→2)-*O*-*β*-D-glucopyranosyl -(1→4)-*β*-D-galactopyranosyl]oxy-5*α*-spirostan-12-one	$C_{44}H_{70}O_{19}$	P	[49]
8-7-143	(25*R*)-5*α*-spirostan-12-on-3*β*-ol-3-*O*-*β*-D-galactopyranosyl-(1→2)-*β*-D-glucopyranosyl-(1→4)-*β*-D-galactopyranoside	$C_{45}H_{72}O_{19}$	P	[51]
8-7-144	(25*S*)-5*α*-spirostan-12-on-3*β*-ol-3-*O*-*β*-D-galactopyranosyl-(1→2)-*β*-D-glucopyranosyl-(1→4)-*β*-D-galactopyranoside	$C_{45}H_{72}O_{19}$	P	[51]
8-7-145	3-*O*-*β*-D-glucopyranosyl-(1→2)-[*β*-D-glucopyranosyl-(1→3)]-*β*-D-galactopyranosyl}-(25*R*)-5*β*-spirostan-3*β*-ol-12-one	$C_{45}H_{72}O_{19}$	P	[19]
8-7-146	dioseptemloside E	$C_{45}H_{72}O_{17}$	P	[28]
8-7-147	dioseptemloside G	$C_{45}H_{72}O_{17}$	P	[28]
8-7-148	5*α*-(25*R*)-spirostane-3*β*,6*α*-diol-6-*O*-*β*-D-glucopyranosyl-(1→2)-*O*-[*β*-D-glucopyranosyl-(1→3)]-*β*-D-glucopyranoside	$C_{45}H_{74}O_{19}$	P	[9]
8-7-149	dracaenoside R	$C_{45}H_{72}O_{19}$	P	[29]
8-7-150	brisbagenin-1-*O*-{*α*-L-rhamnopyanosyl-(1→2)-*O*-[*α*-L-rhamnopyanosyl-(1→3)]-4-*O*-acetyl-*α*-L-arabinopyranoside}	$C_{46}H_{74}O_{17}$	P	[36]

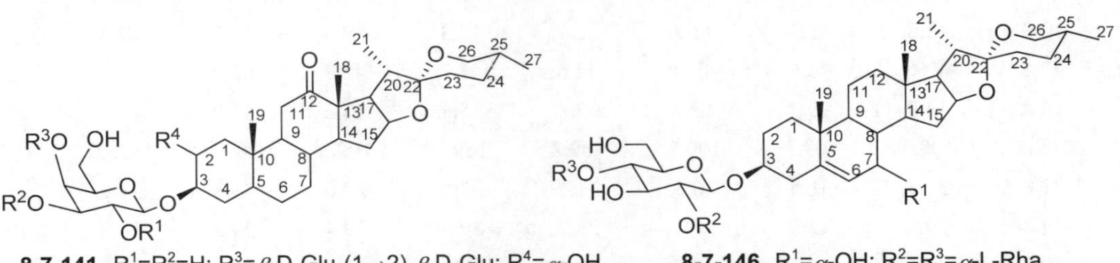

8-7-141 R^1=R^2=H; R^3=*β*-D-Glu-(1→2)-*β*-D-Glu; R^4=*α*-OH

8-7-142 R^1=R^2=H; R^3=*β*-D-Xyl-(1→2)-*β*-D-Glu; R^4=*α*-OH

8-7-143 25(*R*) R^1=R^2=H; R^3=*β*-D-Gal-(1→2)-*β*-D-Glu; R^4=*α*-OH

8-7-144 25(*S*) R^1=R^2=H; R^3=*β*-D-Gal-(1→2)-*β*-D-Glu; R^4=*α*-OH

8-7-145 R^1=R^2=*β*-D-Glu; R^3=R^4=H

8-7-146 R^1=*α*-OH; R^2=R^3=*α*-L-Rha

8-7-147 R^1=*β*-OH; R^2=R^3=*α*-L-Rha

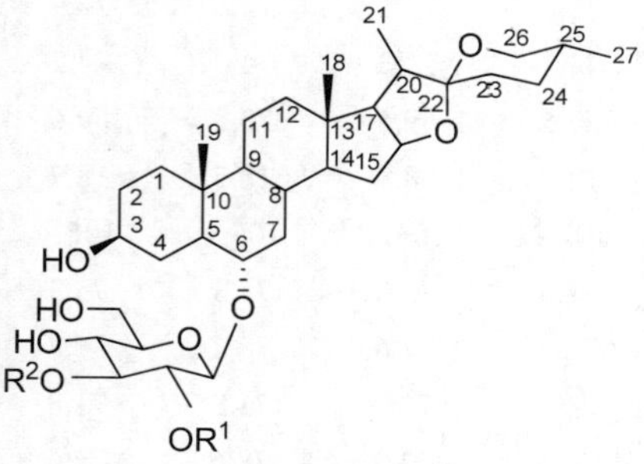

8-7-148 $R^1=R^2=\beta$-D-Glu

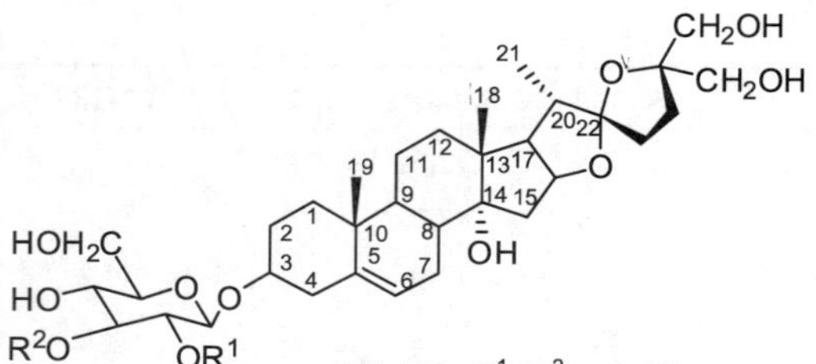

8-7-149 $R^1=R^2=\alpha$-L-Rha

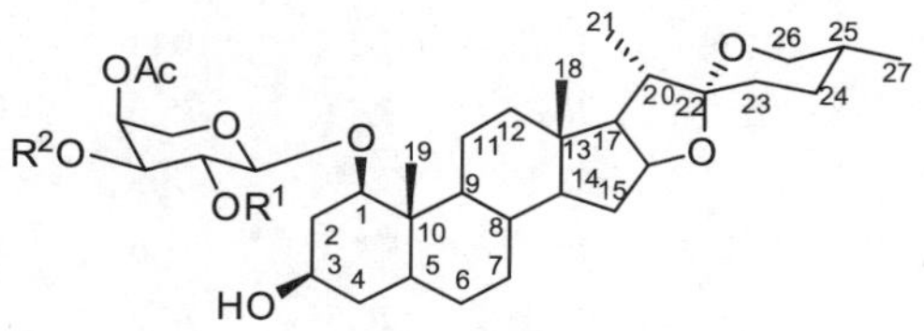

8-7-150 $R^1=R^2=\alpha$-L-Rha

表 8-7-30　化合物 8-7-141~8-7-150 的 ^{13}C NMR 化学位移数据

C	8-7-141[22]	8-7-142[49]	8-7-143[51]	8-7-144[51]	8-7-145[19]	8-7-146[28]	8-7-147[28]	8-7-148[9]	8-7-149[29]	8-7-150[36]
1	45.0	45.1	36.6	36.6	30.5	37.2	37.4	37.9	37.2	82.0
2	70.2	70.4	29.7	29.7	26.4	30.1	30.3	32.2	30.2	37.2
3	84.4	84.5	77.9	77.9	77.3	78.0	78.0	71.1	78.1	67.8
4	34.0	34.0	34.3	34.3	30.5	39.0	38.6	32.7	39.0	39.6
5	44.5	44.5	44.1	44.1	35.9	143.9	141.6	51.0	140.4	43.1
6	27.8	27.8	28.5	28.5	26.4	126.0	128.7	80.3	122.4	28.8
7	31.4	31.4	31.7	31.7	26.7	64.6	72.7	40.6	26.7	32.4
8	33.7	33.7	34.7	34.7	34.7	38.0	40.9	34.0	35.6	36.7
9	55.4	55.7	55.3	55.3	42.0	42.6	48.7	34.0	43.7	54.8
10	37.3	37.3	36.2	36.2	35.7	38.0	37.2	36.6	37.8	41.3
11	38.1	38.0	37.9	37.9	37.7	21.0	21.3	21.3	20.4	24.0
12	212.4	212.4	212.7	212.7	213.0	39.8	40.0	40.1	31.9	40.9
13	55.3	55.3	55.5	55.5	55.5	40.4	41.1	40.8	45.2	40.5
14	55.7	55.3	55.9	55.9	56.0	49.9	56.5	56.4	86.3	56.9
15	31.5	31.8	31.4	31.4	31.8	32.4	35.3	32.1	39.9	32.4
16	79.7	79.7	79.7	79.7	79.7	81.5	81.7	81.0	82.0	81.1
17	54.3	54.3	54.2	54.1	54.3	63.2	62.9	63.0	59.7	63.3
18	16.1	16.1	16.0	16.0	16.0	16.4	16.5	16.6	19.9	17.0
19	12.9	12.8	11.7	11.7	23.1	18.3	19.0	13.7	19.4	8.7
20	42.6	42.6	42.6	43.0	42.6	42.2	42.2	42.0	38.7	42.0
21	13.8	13.9	13.9	13.7	13.8	15.1	15.2	15.0	15.6	14.9
22	109.3	109.3	109.3	109.7	109.2	109.3	109.3	109.1	1120.9	109.2
23	31.8	31.5	31.6	26.3	31.4	32.0	32.0	31.8	33.9	31.8
24	29.2	29.2	29.2	26.1	29.2	29.4	29.4	29.3	28.8	29.3
25	30.5	30.5	30.4	27.5	30.5	30.7	30.7	30.6	88.4	30.6
26	66.9	66.9	66.9	65.1	66.9	66.9	66.9	66.8	66.9	66.8
27	17.3	17.3	17.2	16.2	17.3	17.4	17.4	17.3	65.4	17.3
1'	103.4	103.8	102.3	102.3	101.4	100.4	100.4	104.7	100.2	99.4

续表

C	8-7-141[22]	8-7-142[49]	8-7-143[51]	8-7-144[51]	8-7-145[19]	8-7-146[28]	8-7-147[28]	8-7-148[9]	8-7-149[29]	8-7-150[36]
2'	72.7	72.6	73.1	73.1	77.6	77.6	77.9	79.7	78.6	74.4
3'	75.5	75.5	75.8	75.8	84.2	77.9	77.9	89.3	77.9	81.1
4'	80.9	80.4	80.4	80.4	69.6	78.8	78.7	70.1	78.0	72.2
5'	75.5	75.7	75.2	75.2	76.1	77.0	77.0	78.6	77.0	63.7
6'	60.4	60.3	60.4	60.4	63.4	61.4	61.4	62.6	61.3	
1''	105.1	105.2	105.3	105.3	105.0	101.8	101.9	103.9	102.1	102.1
2''	85.9	86.4	85.0	85.0	75.1	72.6	72.6	76.1	72.6	72.5
3''	78.5	78.0	77.5	77.5	78.3	72.9	73.0	78.6	72.8	72.5
4''	71.8	72.2	72.2	72.2	71.4	74.1	74.1	71.6	74.2	73.6
5''	78.2	78.0	77.9	77.9	78.1	69.5	69.5	77.6	70.0	69.8
6''	63.2	63.3	63.2	63.2	62.3	18.5	18.5	62.5	18.6	19.2
1'''	106.8	108.0	107.3	107.3	104.2	102.9	102.8	103.4	102.9	104.7
2'''	76.6	76.5	74.4	74.4	74.6	72.6	72.6	75.5	72.6	72.4
3'''	77.7	77.9	74.1	74.1	78.1	72.9	72.8	78.6	72.9	72.6
4'''	70.6	70.2	70.9	70.9	72.6	74.0	73.9	71.6	74.0	74.0
5'''	79.0	67.4	77.1	77.1	78.1	70.5	70.4	77.6	70.5	70.8
6'''	61.9		63.0	63.0	62.1	18.7	18.7	62.4	18.7	18.5
OAc										170.7
Me										20.8

表 8-7-31 螺甾烷类化合物 8-7-151~8-7-160 的名称、分子式和测试溶剂

编号	名称	分子式	测试溶剂	参考文献
8-7-151	(25*S*)-5*β*-spirostan-3*β*-ol-3-*O*-*β*-D-xylopyranosyl-(1→2)-[*β*-D-xylopyranosyl-(1→4)]-*O*-*β*-D-glucopyranoside	$C_{43}H_{70}O_{16}$	P	[55]
8-7-152	(25*S*)-5*β*-spirostane-3*β*,17*α*-diol-3-*O*-*β*-D-glucopyranosyl-(1→2)-[*β*-D-xylopyranosyl-(1→4)]-*O*-*β*-D-glucopyranoside	$C_{44}H_{72}O_{18}$	P	[55]
8-7-153	(25*S*)-spirostane-3*β*,3*β*,17*α*-diol-3-*O*-*α*-L-rhamnpyranosyl-(1→2)-[*α*-L-rhamnopyranosyl-(1→4)]-*O*-*β*-D-glucopyranoside	$C_{45}H_{74}O_{17}$	P	[26]
8-7-154	(25*S*)-3*β*-hydroxyspirosta-3-*O*-*α*-L-rhamnpyranosyl-(1→2)-[*α*-L-rhamnopyranosyl-(1→4)]-*O*-*β*-D-glucopyranoside	$C_{45}H_{74}O_{16}$	P	[26]
8-7-155	(25*R*)-5*α*-spirostane-3*β*,17*α*-diol-3-*O*-*β*-D-xylopyranosyl-(1→4)-[*α*-L-arabinopyranosyl-(1→6)]-*O*-*β*-D-glucopyranoside	$C_{43}H_{70}O_{17}$	P	[39]
8-7-156	shatavarin Ⅳ	$C_{45}H_{74}O_{17}$	P	[42]
8-7-157	shatavarin Ⅸ	$C_{45}H_{74}O_{18}$	P	[42]
8-7-158	shatavarin Ⅹ	$C_{47}H_{76}O_{18}$	P	[42]
8-7-159	(25*R*)-5*α*-spirostane-3*β*-hydroxy-3-*O*-*β*-D-glucopyranosyl-(1→4)-[*α*-L-arabinopyranosyl-(1→6)]-*O*-*β*-D-glucopyranoside	$C_{44}H_{72}O_{17}$	P	[41]
8-7-160	(25*S*)-5*β*-spirostane-3*β*,17*α*-diol-3-*O*-*β*-D-xylopyranosyl-(1→2)-[*β*-D-xylopyranosyl-(1→4)]-*O*-*β*-D-glucopyranoside	$C_{43}H_{70}O_{17}$	P	[55]

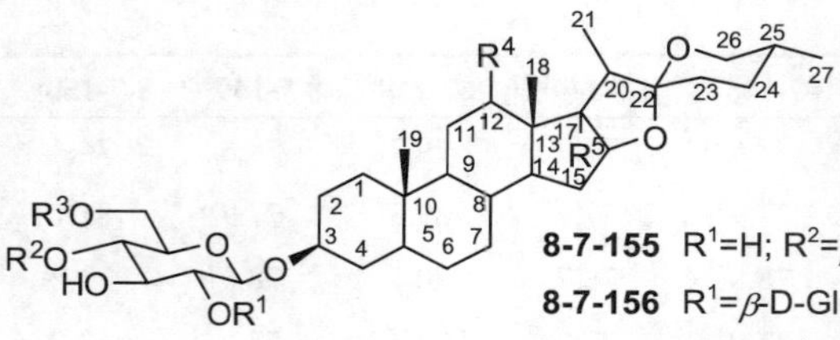

8-7-151 R^1=β-D-Xyl; R^2=β-D-Xyl; R^3=R^4=R^5=H
8-7-152 R^1=β-D-Glu; R^2=β-D-Xyl; R^3=R^4=H; R^5=α-OH
8-7-153 R^1=R^2=α-L-Rha; R^3=H; R^4=β-OH; R^5=α-OH
8-7-154 R^1=R^2=α-L-Rha; R^3=H; R^4=β-OH; R^5=H
8-7-155 R^1=H; R^2=β-D-Xyl; R^3=α-L-Ara; R^4=H; R^5=α-OH
8-7-156 R^1=β-D-Glu; R^2=α-L-Rha; R^3=R^4=R^5=H
8-7-157 (25*S*) R^1=β-D-Glu; R^2=β-D-Glu; R^3= R^4=R^5=H
8-7-158 (25*S*) R^1=α-L-Rha; R^2=β-D-Glu(6-OAc); R^3=R^4= R^5=H
8-7-159 R^1=H; R^2=β-D-Glu; R^3=α-L-Ara; R^4=R^5=H
8-7-160 R^1=β-D-Xyl; R^2=β-D-Xyl; R^3=R^4=H; R^5=α-OH

表 8-7-32 化合物 8-7-151~8-7-160 的 ^{13}C NMR 化学位移数据

C	8-7-151[55]	8-7-152[55]	8-7-153[26]	8-7-154[26]	8-7-155[39]	8-7-156[42]	8-7-157[42]	8-7-158[42]	8-7-159[41]	8-7-160[55]
1	30.3	30.4	30.9	30.9	37.2	30.9	31.2	31.1	37.2	30.3
2	26.4	26.4	26.8	26.7	29.9	27.0	27.0	26.9	30.0	26.4
3	74.4	74.3	76.0	75.9	77.6	75.4	75.6	76.0	77.6	74.4
4	30.3	30.4	30.7	30.8	34.8	30.8	31.0	31.1	34.8	30.3
5	35.8	35.8	37.2	37.0	44.6	36.8	36.8	37.3	44.6	35.8
6	26.5	26.5	26.7	26.6	28.9	26.8	27.1	26.8	28.9	26.5
7	26.4	26.4	26.6	27.6	32.3	26.9	26.9	26.9	32.4	26.4
8	35.8	35.7	36.1	35.5	35.8	35.3	35.7	35.7	35.2	35.8
9	39.9	39.9	40.1	40.2	54.2	40.4	40.3	40.4	54.4	39.9
10	34.9	34.9	35.2	35.2	35.8	35.3	35.4	35.4	35.8	34.9
11	20.8	20.8	21.0	21.0	21.1	21.2	21.4	21.2	21.3	20.7
12	32.2	32.2	32.5	40.2	32.5	40.8	40.5	40.4	40.1	32.2
13	40.6	45.1	45.4	40.8	45.4	41.5	41.1	41.0	40.8	45.2
14	56.2	52.4	52.9	56.4	52.7	55.7	56.7	56.7	56.4	52.5
15	31.7	31.7	31.6	32.0	31.6	33.2	32.3	32.2	32.1	31.7
16	81.1	89.8	90.3	81.2	90.0	81.0	81.5	81.4	81.1	89.8
17	62.4	89.8	89.9	62.9	90.0	62.8	63.1	63.0	63.0	89.8
18	16.3	17.1	17.4	16.5	17.3	17.0	16.7	16.9	16.6	17.1
19	23.5	23.7	23.7	23.7	12.3	24.0	24.1	23.9	12.3	23.5
20	42.2	45.0	45.2	42.4	44.8	42.2	42.5	42.4	42.0	45.2
21	14.5	9.1	9.37	14.7	9.8	16.8	15.0	14.9	15.0	9.2
22	109.7	110.2	110.2	109.5	109.8	110.6	109.9	109.8	109.2	110.2
23	26.0	26.0	26.4	26.1	32.0	28.3	26.6	26.5	31.8	26.0
24	26.4	26.4	25.6	26.3	28.8	28.2	26.3	26.2	29.2	26.4
25	27.1	27.0	27.3	27.4	30.4	30.8	27.7	27.7	30.6	27.1
26	64.9	64.8	64.8	65.0	66.6	69.6	65.2	65.2	66.9	64.8
27	15.9	15.9	16.1	16.1	17.4	17.4	16.3	16.3	17.3	15.9
1'	100.2	100.6	102.2	102.1	102.1	102.5	101.7	102.2	102.1	100.2
2'	81.4	79.9	78.7	78.7	74.8	82.9	81.4	76.8	74. 7	81.4
3'	75.7	75.9	78.3	78.3	76.3	76.5	76.6	78.1	76.5	75.7
4'	80.0	80.0	77.0	76.9	79.8	77.4	81.4	83.6	81.1	80.0
5'	75.7	75.8	76.8	76.8	74.8	77.1	76.3	76.1	74.8	75.7
6'	60.9	60.9	61.4	61.3	68.0	61.4	62.0	62.2	68.3	60.9

续表

C	8-7-151[55]	8-7-152[55]	8-7-153[26]	8-7-154[26]	8-7-155[39]	8-7-156[42]	8-7-157[42]	8-7-158[42]	8-7-159[41]	8-7-160[55]
1''	105.6	104.8	102.8	102.8	105.1	105.7	105.5	105.7	104.8	105.6
2''	75.7	74.3	72.5	72.6	75.0	77.1	77.1	75.0	75.2	75.7
3''	76.9	77.4	72.6	72.4	78.5	78.0	77.9	78.1	78.4	76.9
4''	70.5	70.2	73.8	73.8	71.1	71.9	72.1	72.1	71.8	70.5
5''	66.8	66.6	70.3	70.3	67.0	78.6	78.6	75.2	78.1	66.8
6''			18.4	18.3		63.0	63.0	64.8	62.5	
1'''	104.8	104.1	101.5	101.4	105.7	101.9	105.0	101.9	105.6	104.8
2'''	74.3	75.8	72.3	72.6	72.6	72.6	75.1	72.4	72.5	74.3
3'''	77.4	77.4	72.7	72.3	74.5	72.8	78.5	74.2	74.6	77.4
4'''	70.2	71.4	73.9	73.9	69.9	74.0	71.6	74.2	69.8	70.2
5'''	66.6	78.1	69.3	69.3	67.3	70.3	78.5	69.7	67.2	66.6
6'''		62.5	18.6	18.6		18.5	62.3	18.9		
OAc								171.6		
Me								20.8		

表 8-7-33 螺甾烷类化合物 8-7-161~8-7-170 的名称、分子式和测试溶剂

编号	名称	分子式	测试溶剂	参考文献
8-7-161	(25*S*)-5*α*-spirostane-3*β*,17*α*,27-triol-3-*O*-{*O*-*β*-D-glucopyranosyl-(1→2)-*O*-[-*β*-D-glucopyranosyl (1→4)]*β*-D-glucopyranoside}	$C_{45}H_{74}O_{20}$	P	[54]
8-7-162	(25*S*)-spirostan-6*β*-ol-3-*O*-*β*-D-glucopyranosyl-(1→4)-[*α*-L-arabinopyranosyl-(1→6)]-*β*-D-glucopyranoside	$C_{44}H_{72}O_{18}$	P	[56]
8-7-163	neotigogenin-3-*O*-*β*-D-glucopyranosyl-(1→4)-[*α*-L-arabinopyranosyl-(1→6)]-*β*-D-glucopyranoside	$C_{44}H_{72}O_{17}$	P	[56]
8-7-164	sarsasapogenin-3-*O*-*β*-D-glucopyranosyl-(1→4)-[*α*-L-arabinopyranosyl-(1→6)]-*β*-D-glucopyranoside	$C_{44}H_{72}O_{17}$	P	[56]
8-7-165	(25*R*)-3-*O*-*β*-D-glucopyranosyl-(1→2)-[*β*-D-glucopyranosyl-(1→3)]-*β*-D-glucopyranosyl-5*β*-spirostan-3*β*,12*β*-diol	$C_{45}H_{74}O_{19}$	P	[8]
8-7-166	(25*R*)-5*β*-spirostan-3*β*-ol-3-*O*-*β*-D-glucopyranosyl-(1→2)-[*α*-L-arabinopyranosyl-(1→6)]-*β*-D-glucopyranoside	$C_{44}H_{72}O_{17}$	P	[57]
8-7-167	3-*O*-{[*β*-D-glucopyranosyl-(1→2)][*α*-L-rhamnopyranosyl(1→4)]-*β*-D-glucopyranosyl}-(25*S*)-5*β*-spirostan-3*β*-ol	$C_{45}H_{74}O_{17}$	P	[58]
8-7-168	5*α*-(25*R*)-5*α*-spirostan-3*β*,12*α*-diol-3-*O*-*α*-L-rhamnopyranosyl-(1→2)-*O*-[*β*-D-glucopyranosyl-(1→4)]-*β*-D-glucopyranoside	$C_{45}H_{74}O_{18}$	P	[52]
8-7-169	(24*S*,25*S*)-5*β*-spirostan-2*β*,3*β*,24-triol-3-*O*-*α*-L-rhamnopyranosyl-(1→2)-*O*-[*α*-L-rhamnopyranosyl-(1→4)]-*β*-D-glucopyranoside	$C_{45}H_{74}O_{18}$	P	[59]
8-7-170	3-*O*-{[*α*-L-rhamnopyranosyl(1→2)-*β*-D-glucopyranosyl-(1→4)]-*β*-D-glucopyranosyl}-(25*S*)-5*β*-spirostan-3*β*-ol	$C_{45}H_{74}O_{17}$	P	[60]

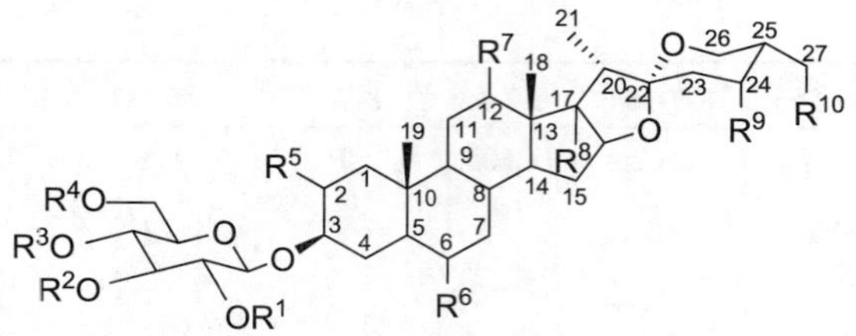

8-7-161 R^1=R^2=H; R^3=β-D-Glu(1→2)-β-D-Glu; R^4=R^5=R^6=R^7=H; R^8=α-OH; R^9=H; R^{10}=OH

8-7-162 R^1=R^2=H; R^3=β-D-Glu; R^4=α-L-Ara; R^5=H; R^6=β-OH; R^7= R^8= R^9= R^{10}=H

8-7-163 R^1=R^2=H; R^3=β-D-Glu; R^4=α-L-Ara; R^5= R^6= R^7= R^8= R^9= R^{10}=H

8-7-164 R^1=R^2=H; R^3=β-D-Glu; R^4=α-L-Ara; R^5= R^6= R^7= R^8= R^9= R^{10}=H

8-7-165 R^1=R^2=β-D-Glu; R^3= R^4= R^5= R^6=H; R^7=β-OH; R^8= R^9= R^{10}=H

8-7-166 R^1=β-D-Glu; R^2= R^3=H; R^4=α-L-Ara; R^5= R^6= R^7= R^8= R^9= R^{10}=H

8-7-167 R^1=β-D-Glu; R^2=H; R^3=α-L-Rha; R^4= R^5= R^6= R^7= R^8= R^9= R^{10}=H

8-7-168 R^1=α-L-Rha; R^2=H; R^3=β-D-Glu; R^4= R^5= R^6=H; R^7=α-OH; R^8= R^9=R^{10}=H

8-7-169 R^1=α-L-Rha; R^2=H; R^3=α-L–Rha; R^4=H; R^5=α-OH; R^6=R^7=R^8=H; R^9=β-OH; R^{10}=H

8-7-170 R^1=α-L-Rha; R^2=H; R^3=β-D-Glu; R^4= R^5= R^6= R^7= R^8=R^9= R^{10}=H

8-7-171 R^1=α-L-Rha; R^2=H; R^3=α-L-Rha; R^4=H; R^5=α-OH; R^6=R^7=R^8=R^9=H; R^{10}=OH

表 8-7-34 化合物 8-7-161~8-7-170 的 ^{13}C NMR 化学位移数据

C	8-7-161[54]	8-7-162[56]	8-7-163[56]	8-7-164[56]	8-7-165[8]	8-7-166[57]	8-7-167[58]	8-7-168[52]	8-7-169[59]	8-7-170[60]
1	37.1	35.0	37.2	31.0	30.8	30.8	27.1	37.2	46.1	31.0
2	29.9	30.3	30.0	27.1	26.7	26.5	26.5	29.9	70.7	26.9
3	78.3	77.9	77.6	74.7	76.4	75.3	75.4	77.3	84.8	76.1
4	34.8	32.8	34.7	31.0	31.4	30.6	30.7	34.5	34.0	30.9
5	44.5	48.0	44.5	37.2	36.5	36.7	36.8	44.9	43.8	37.2
6	28.9	72.0	29.2	27.2	26.7	26.5	26.8	29.1	29.0	26.8
7	32.4	41.3	32.3	26.5	27.0	26.5	26.8	32.5	33.1	26.9
8	35.7	31.0	35.1	35.6	34.7	34.4	35.3	35.7	35.2	35.6
9	52.8	54.6	54.3	40.4	39.4	42.1	40.3	48.5	55.2	40.4
10	35.8	36.1	36.0	35.6	35.3	35.8	35.6	35.7	36.9	35.3
11	21.1	21.2	21.4	21.2	30.9	20.9	21.2	29.4	21.4	2h1.2
12	32.3	40.5	39.9	39.9	79.4	40.2	40.4	71.5	39.8	40.4
13	45.4	40.6	40.5	41.0	46.7	41.1	40.9	45.4	40.5	40.9
14	54.2	56.3	56.1	56.6	55.3	56.3	56.5	47.9	56.5	56.6
15	31.6	32.0	32.3	32.3	32.0	32.1	32.2	32.3	31.7	32.2
16	90.1	81.0	81.0	81.2	81.3	81.1	81.4	81.1	81.2	81.4
17	90.0	63.0	62.7	63.2	63.0	63.3	63.0	53.9	63.2	63.0
18	17.4	16.7	16.8	16.6	11.2	16.6	16.6	17.3	16.7	16.6
19	12.3	12.5	12.5	24.2	23.9	23.9	24.0	12.5	15.8	23.4
20	44.9	42.4	42.5	42.5	43.0	41.8	42.5	42.3	42.0	42.5
21	9.7	15.0	14.3	14.3	14.4	14.6	15.0	14.9	15.5	14.9
22	110.2	109.9	110.0	109.7	109.5	109.5	109.8	109.3	109.6	109.7
23	31.8	26.3	26.2	26.4	32.0	31.7	30.9	32.0	34.5	26.4
24	23.6	26.2	26.0	26.2	29.3	29.3	26.3	29.6	63.7	26.3

续表

C	8-7-161[54]	8-7-162[56]	8-7-163[56]	8-7-164[56]	8-7-165[8]	8-7-166[57]	8-7-167[58]	8-7-168[52]	8-7-169[59]	8-7-170[60]
25	39.0	27.8	28.0	27.6	30.6	30.4	27.6	30.7	39.4	27.5
26	63.9	65.1	65.1	65.1	66.9	66.9	65.2	66.9	64.0	65.1
27	64.4	16.5	16.6	16.3	17.4	17.1	16.3	17.4	10.3	16.3
1'	101.6	102.0	102.0	102.0	101.9	98.7	101.9	99.6	101.3	102.0
2'	74.7	74.7	74.7	74.7	79.9	76.5	81.4	77.7	77.8	76.6
3'	76.6	76.5	76.5	76.5	88.2	74.7	76.5	76.2	78.0	78.2
4'	83.6	81.0	81.0	81.0	69.9	69.0	77.4	82.2	78.4	82.3
5'	77.3	75.1	75.1	75.1	77.8	72.3	77.1	77.3	77.2	76.2
6'	62.9	68.4	68.4	68.4	63.3	66.8	61.3	62.2	61.1	62.1
1"	102.9	100.9	100.9	100.9	104.3	100.4	105.6	101.9	102.0	101,4
2"	85.5	74.8	74.8	74.8	75.3	71.2	76.5	72.4	72.5	72.4
3"	78.3	78.4	78.4	78.4	78.3	72.7	78.0	72.8	72.8	72.7
4"	71.3	71.8	71.8	71.8	71.6	68.1	71.9	74.1	73.8	74.1
5"	78.3	78.2	78.2	78.2	78.5	71.7	78.6	69.4	70.3	69.4
6"	62.5	63.0	63.0	63.0	62.4	61.6	63.0	18.7	18.6	18.8
1'''	107.2	105.7	105.7	105.7	104.8	100.1	102.5	105.2	102.6	105.3
2'''	76.7	72.6	72.6	72.6	75.6	68.5	72.6	75.0	72.4	75.0
3'''	78.3	74.6	74.6	74.6	78.3	69.5	72.8	78.5	72.7	78.3
4'''	70.7	69.8	69.8	69.8	72.4	67.1	74.0	71.3	74.0	71.3
5'''	78.8	66.8	66.8	66.8	78.6	61.0	70.3	78.3	70.0	78.5
6'''	61.9				62.4		18.6	62.1	18.6	62.1

表 8-7-35 螺甾烷类化合物 8-7-171~8-7-180 的名称、分子式和测试溶剂

编号	名称	分子式	测试溶剂	参考文献
8-7-171	(25*S*)-5*α*-spirostane-2*α*,3*β*,27-triol-3-*O*-*α*-L-rhamnopyranosyl-(1→2)-*O*-[*α*-L-rhamnopyranosyl-(1→4)]-*β*-D-glucopyranoside	$C_{45}H_{74}O_{18}$	P	[61]
8-7-172	dracaenoside I	$C_{45}H_{70}O_{17}$	P	[29]
8-7-173	9,11-dehydromanogenin-3-*O*-{*β*-D-glucopyranosyl-(1→2)-*O*-*β*-D-glucopyranosyl-(1→4)-*β*-D-galactopyranoside}	$C_{45}H_{70}O_{20}$	P	[22]
8-7-174	(25*R*)-2*α*-dihydroxy-3*β*-[(*β*-D-xylopyranosyl-(1→2)-*O*-*β*-D-glucopyranosyl-(1→4)-*β*-D-galactopyranosyl)oxy]-5*α*-spirostan-9-en-12-one	$C_{44}H_{68}O_{19}$	P	[49]
8-7-175	(25*R*)-3*β*-dihydroxy-5*β*-spirostan-12-one-3-*O*-*β*-D-glucopyranosyl-(1→2)-*O*-[*α*-L-arabinopyranosyl-(1→6)]-*β*-D-glucopyranoside	$C_{44}H_{70}O_{18}$	P	[57]
8-7-176	3-*O*-*β*-D-glucopyranosyl-(1→2)-[*β*-D-glucopyranosyl-(1→3)]-*β*-D-glucopyranosyl}-(25*R*)-5*β*-spirostan-3*β*-ol-12-one	$C_{45}H_{72}O_{19}$	P	[19]
8-7-177	manogenin-3-*O*-*β*-D-glucopyranosyl-(1→2)-*α*-L-rhamnopyranosyl-(1→4)-*β*-D-xylopyranosyl-(1→3)]-*β*-D-glucopyranosyl-(1→4)-*β*-D-galactopyranoside}	$C_{56}H_{90}O_{28}$	P	[22]
8-7-178	hecogenin-3-*O*-*β*-D-glucopyraosyl-(1→2)-[*β*-D-apiofuranosyl-(1→4)-*β*-D-xylopyranosyl-(1→3)-*β*-D-glucopyranosyl-(1→4)-*β*-D-galactopyranoside}	$C_{55}H_{88}O_{27}$	P	[62]

续表

编号	名称	分子式	测试溶剂	参考文献
8-7-179	hecogenin-3-*O*-{*O*-*β*-D-glucopyraosyl-(1→2)-[*β*-D-apiofuranosyl-(1→4)-*β*-D-glucopyranosyl-(1→3)-*β*-D-glucopyranosyl-(1→4)-*β*-D-galactopyranoside}	$C_{56}H_{90}O_{28}$	P	[62]
8-7-180	3-*O*-*α*-L-rhamnopyranosyl-(1→4)-*β*-D-xylopyranosyl-(1→3)-[*β*-D-glucopyranosyl-(1→2)]-*β*-D-glucopyranosyl-(1→4)-*β*-D-galactopyranosyl-5*α*-(25*R*)-spirostane-2*α*,3*β*-diol-12-one	$C_{56}H_{90}O_{28}$	P	[19]

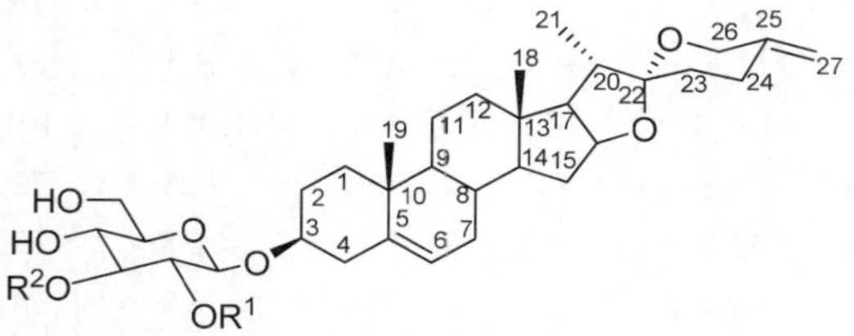

8-7-172 R^1=*α*-L-Rha; R^2=*β*-D-Glu

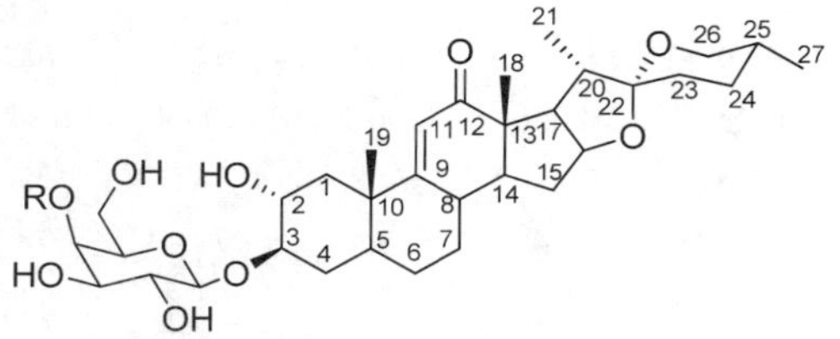

8-7-173 R=*β*-D-Glu-(1→2)-*β*-D-Glu
8-7-174 R=*β*-D-Xyl-(1→2)-*β*-D-Glu

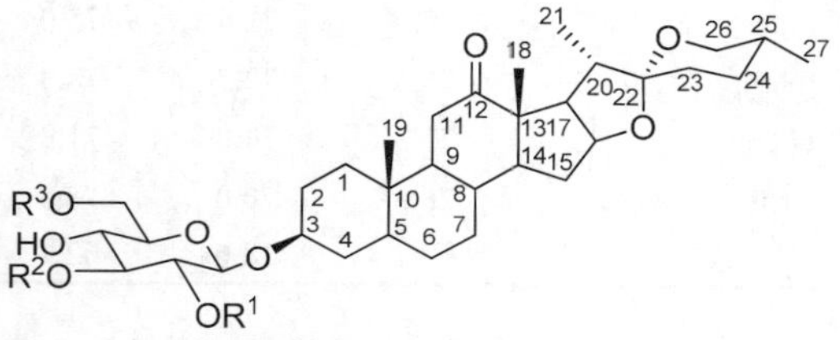

8-7-175 R^1=*β*-D-Glu; R^2=H; R^3=*α*-L-Ara
8-7-176 R^1=R^2=*β*-D-Glu; R^3=H

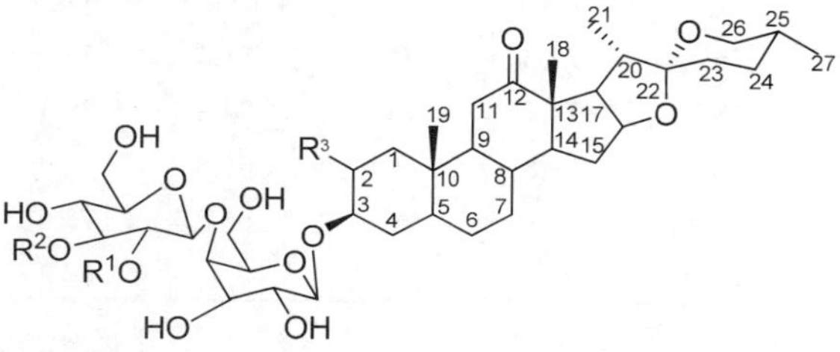

8-7-177 R^1=*β*-D-Glu; R^2=*α*-L-Rha-(1→4)-*β*-D-Xyl; R^3=*α*-OH
8-7-178 R^1=*β*-D-Glu; R^2=*β*-D-Apiofuran-(1→4)-*β*-D-Xyl; R^3=H
8-7-179 R^1=*β*-D-Glu; R^2=*β*-D-Apiofuran-(1→4)-*β*-D-Glu; R^3=H
8-7-180 R^1=*β*-D-Glu; R^2=*α*-L-Rha-(1→4)-*β*-D-Xyl; R^3=*α*-OH

表 8-7-36　化合物 8-7-171~8-7-180 的 ^{13}C NMR 化学位移数据

C	8-7-171[61]	8-7-172[29]	8-7-173[22]	8-7-174[49]	8-7-175[57]	8-7-176[19]	8-7-177[22]	8-7-178[62]	8-7-179[62]	8-7-180[19]
1	45.9	37.5	43.5	43.5	30.6	30.4	45.0	36.6	36.6	44.9
2	70.6	30.1	70.3	70.3	26.4	26.7	70.1	29.7	29.7	70.3
3	85.1	78.5	83.8	84.0	75.0	76.4	83.8	77.1	77.1	83.9
4	33.5	38.8	33.8	33.7	30.6	30.6	33.9	34.7	34.7	33.9
5	44.6	140.8	42.5	42.5	36.3	36.2	44.3	44.5	44.5	44.4
6	28.1	121.9	27.1	27.1	26.5	26.4	27.8	28.6	28.6	27.8
7	32.3	32.2	32.5	32.5	26.1	26.7	31.4	31.5	31.4	31.6
8	34.6	31.8	36.2	36.1	34.7	34.7	33.6	34.4	34.3	33.7
9	54.4	50.3	170.5	170.4	42.1	42.9	55.3	55.5	55.5	55.3
10	36.9	37.2	40.5	40.5	36.7	35.7	37.2	36.3	36.3	37.3
11	21.5	21.2	120.1	120.1	37.6	37.7	38.0	38.0	37.9	38.0
12	40.1	39.9	204.2	204.2	211.9	213.2	212.5	212.7	212.7	212.4
13	40.6	40.6	51.4	51.3	42.7	55.6	55.3	55.4	55.3	55.3

续表

C	8-7-171[61]	8-7-172[29]	8-7-173[22]	8-7-174[49]	8-7-175[57]	8-7-176[19]	8-7-177[22]	8-7-178[62]	8-7-179[62]	8-7-180[19]
14	56.4	56.7	52.7	52.6	56.1	56.0	55.7	55.9	55.9	55.7
15	32.2	32.4	31.8	31.8	31.4	31.8	31.5	31.7	31.7	31.8
16	81.2	81.5	80.2	80.2	80.9	79.8	79.6	79.7	79.7	79.3
17	63.1	62.9	54.5	54.5	54.4	54.3	54.2	54.3	54.3	54.3
18	16.6	16.4	15.2	15.2	16.0	16.0	16.0	16.1	16.1	16.1
19	15.6	19.5	19.4	19.3	23.2	23.1	12.8	11.7	11.7	12.8
20	42.1	41.9	43.0	42.9	42.6	42.6	42.6	42.7	42.6	42.6
21	15.1	15.1	13.7	13.8	13.5	13.9	13.9	13.9	13.9	13.8
22	109.7	109.5	109.5	109.4	109.7	109.3	109.3	109.3	109.3	109.3
23	31.6	33.3	31.8	31.8	31.6	31.4	31.7	31.8	31.8	31.4
24	24.1	29.0	29.2	29.2	29.0	29.2	29.2	29.3	29.2	29.2
25	39.2	144.5	30.5	30.5	30.4	30.5	30.5	30.6	30.6	30.5
26	64.1	65.0	67.0	67.0	67.0	66.9	66.9	67.0	67.0	66.9
27	64.4	108.8	17.3	17.3	17.1	17.3	17.3	17.3	17.3	17.3
1'	100.9	100.0	103.3	103.7	99.6	101.6	103.2	102.4	102.4	103.2
2'	78.0	78.7	72.7	72.7	77.8	79.7	72.5	73.2	73.2	73.8
3'	78.0	89.5	75.5	75.5	76.1	88.1	75.5	75.6	75.6	75.2
4'	78.7	69.7	81.0	80.4	70.0	70.0	79.4	79.9	80.2	79.7
5'	77.2	77.9	75.5	75.7	73.6	78.2	75.7	75.4	75.3	75.6
6'	61.1	62.5	60.4	60.3	68.0	63.2	60.6	60.6	60.6	60.6
1''	102.2	102.3	105.1	105.2	101.6	104.2	104.7	104.6	104.9	103.2
2''	72.6	72.5	86.0	86.4	72.1	75.2	81.2	81.4	81.5	81.1
3''	72.7	72.8	78.5	78.0	73.8	78.6	86.7	86.4	88.2	86.9
4''	73.9	74.1	71.8	72.2	69.4	71.5	70.4	70.5	70.7	70.2
5''	70.5	69.7	78.2	78.0	72.7	78.5	77.5	77.6	77.5	78.3
6''	18.6	18.8	63.2	63.3	62.7	62.3	62.9	63.0	63.0	62.7
1'''	102.9	104.6	106.9	108.0	101.2	104.7	104.7	104.9	105.1	104.6
2'''	72.5	75.0	76.6	76.5	69.6	75.2	76.0	76.3	76.2	75.4
3'''	72.7	77.1	77.8	77.9	70.9	78.3	78.1	78.8	78.7	78.0
4'''	74.1	71.5	70.5	70.4	68.3	72.3	71.3	71.1	71.0	71.3
5'''	69.6	77.7	79.0	67.4	63.3	78.5	78.5	77.7	77.9	77.4
6'''	18.6	62.4	61.8			62.3	62.7	62.6	62.4	62.9
1''''							104.7	105.2	104.2	104.6
2''''							75.2	75.0	75.0	75.2
3''''							74.7	76.3	76.6	75.9
4''''							76.1	79.8	78.9	76.0
5''''							64.0	64.4	77.0	64.0
6''''									61.1	
1'''''							99.8	109.1	111.0	99.7
2'''''							72.4	77.6	77.5	72.4
3'''''							72.5	80.3	80.2	72.4
4'''''							73.9	75.3	75.2	74.8
5'''''							69.9	65.2	64.9	69.8
6'''''							18.6			18.5

表 8-7-37　螺甾烷类化合物 8-7-181~8-7-192 的名称、分子式和测试溶剂

编号	名称	分子式	测试溶剂	参考文献
8-7-181	padelaoside A	$C_{50}H_{80}O_{24}$	P	[63]
8-7-182	padelaoside B	$C_{50}H_{80}O_{24}$	P	[63]
8-7-183	ornithosaponin C	$C_{49}H_{76}O_{23}$	P	[23]
8-7-184	ormithosaponin D	$C_{55}H_{82}O_{26}$	P	[23]
8-7-185	aculeatiside A	$C_{51}H_{82}O_{22}$	P	[64]
8-7-186	aculeatiside B	$C_{51}H_{82}O_{23}$	P	[64]
8-7-187	3-*O*-[{*β*-D-glucopyranosyl-(1→3)-*β*-D-glucopyranosyl-(1→2)}-{*β*-D-xylopyranosyl-(l→4)}-*β*-D-galactopyranoside]-(25*R*)-5*α*-spirostan-12-one-3*β*-ol	$C_{50}H_{80}O_{23}$	P	[65]
8-7-188	(23*S*,24*S*)-spirosta-5,25(27)-diene-1*β*,3*β*,23,24-tetrol-1-*O*-{(4-*O*-acetyl-*α*-L-rhamnopyranosyl-(1→2)-*O*-[*β*-D-xylopyranosyl-(l→3)]-*α*-L-arabinopyranoside}-24-*O*-*β*-D-fucopyranoside	$C_{51}H_{78}O_{23}$	P	[47]
8-7-189	(23*S*,24*S*)-spirosta-5,25(27)-diene-1*β*,3*β*,23,24-tetrol-1-*O*-{(2,3-*O*-diacetyl-*α*-L-rhamnopyranosyl)-(1→2)-*O*-[*β*-D-xylopyranosyl-(l→3)]-*α*-L-arabinopyranoside}-24-*O*-*β*-D-fucopyranoside	$C_{53}H_{80}O_{24}$	P	[47]
8-7-190	(23*S*,24*S*)-spirosta-5,25(27)-diene-1*β*,3*β*,23,24-tetrol-1-*O*-{(2,3,4-*O*-triacetyl-*α*-L-rhamnopyranosyl-(1→2)-*O*-[*β*-D-xylopyranosyl-(l→3)]-*α*-L-arabinopyranoside}-24-*O*-*β*-D-fucopyranoside	$C_{55}H_{82}O_{25}$	P	[47]
8-7-191	(23*S*,24*S*)-spirosta-5,25(27)-diene-1*β*,3*β*,23,24-tetrol-1-*O*-{(2,3,4-*O*-triacetyl-*α*-L-rhamnopyranosyl-(1→2)-*O*-[*β*-D-xylopyranosyl-(l→3)]-*α*-L-arabinopyranoside}-24-*O*-*α*-L-rhamnopyranoside	$C_{55}H_{82}O_{25}$	P	[47]
8-7-192	(23*S*,24*S*)-spirosta-5,25(27)-diene-1*β*,3*β*,23,24-tetrol-1-*O*-{(2,3,4-*O*-triacetyl-*α*-L-rhamnopyranosyl-(1→2)-*O*-[*β*-D-xylopyranosyl-(l→3)]-*α*-L-arabinopyranoside}-24-*O*-*β*-D-glucopyranoside	$C_{55}H_{82}O_{26}$	P	[47]

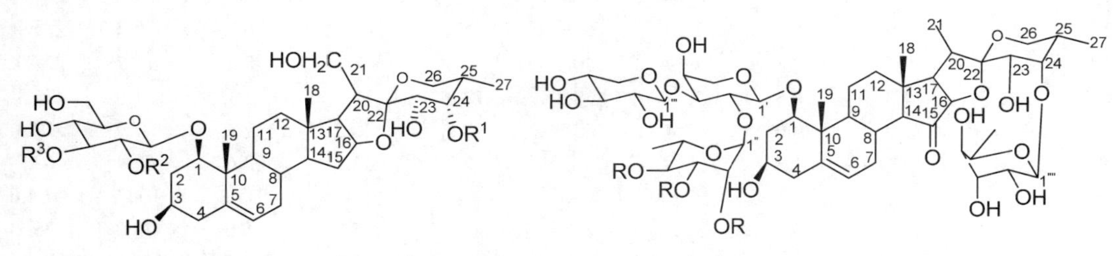

8-7-181 R^1=*β*-L-Fuc; R^2=*α*-L-Rha; R^3=*β*-D-Xyl
8-7-182 R^1=*β*-D-Fuc; R^2=*α*-L-Rha; R^3=*β*-D-Xyl

8-7-183 R=H
8-7-184 R=Ac

8-7-185 R^1=R^2=*α*-L-Rha

8-7-186 R^1=*α*-L-Rha; R^2=*β*-D-Glu; R^3=H

8-7-187 R^1=β-D-Glu-(1→3)-β-D-Glu; R^2=β-D-Xyl

8-7-188 R^1=β-D-Fuc; R^2=R^3=H; R^4=Ac; R^5=β-D-Xyl
8-7-189 R^1=β-D-Fuc; R^2=R^3=Ac; R^4=H; R^5=β-D-Xyl
8-7-190 R^1=β-D-Fuc; R^2=R^3=R^4=Ac; R^5=β-D-Xyl
8-7-191 R^1=α-L-Rha; R^2=R^3=R^4=Ac; R^5=β-D-Xyl
8-7-192 R^1=β-D-Glu; R^2=R^3=R^4=Ac; R^5=β-D-Xyl

表 8-7-38 化合物 8-7-181~8-7-190 的 ^{13}C NMR 化学位移数据

C	8-7-181[63]	8-7-182[63]	8-7-183[23]	8-7-184[23]	8-7-185[64]	8-7-186[64]	8-7-187[65]	8-7-188[47]	8-7-189[47]	8-7-190[47]
1	83.96	83.97	84.1	84.8	37.5	37.5	36.6	83.9	84.0	84.0
2	37.74	37.76	37.8	38.2	30.1	30.1	29.5	37.6	37.6	37.7
3	68.07	68.08	68.5	68.5	78.1	78.1	79.6	68.0	68.2	68.0
4	43.77	43.78	43.8	43.7	40.5	40.5	34.3	44.0	43.8	43.9
5	139.58	139.59	138.2	137.9	140.7	140.7	44.3	139.5	139.6	139.4
6	124.67	124.68	125.1	125.4	120.1	120.1	28.5	124.9	124.7	125.0
7	31.84	31.84	27.9	27.9	32.2	32.2	31.7	32.0	32.0	32.0
8	33.14	33.14	30.7	30.6	31.6	31.6	34.6	33.0	33.0	33.0
9	50.20	50.20	43.8	43.8	50.2	50.2	55.5	50.3	50.2	50.3
10	42.81	42.81	42.0	42.0	37.0	37.0	36.2	42.9	42.9	42.9
11	24.11	24.12	24.9	24.9	21.0	21.0	37.9	23.9	24.0	24.0
12	40.33	40.34	39.1	39.0	38.9	38.9	212.8	40.4	40.4	40.4
13	41.11	41.11	38.1	38.1	39.8	39.8	55.3	40.7	40.7	40.8
14	57.06	57.07	53.0	53.0	56.4	56.4	55.9	56.7	56.7	56.7
15	32.53	32.53	214.9	214.8	32.2	32.2	31.7	32.4	32.4	32.4
16	83.27	83.27	82.3	83.0	80.9	80.9	79.1	82.1	82.2	82.1
17	58.28	58.20	54.0	54.0	62.6	62.6	54.2	61.5	61.5	61.5
18	17.03	17.05	19.3	19.3	16.1	16.1	16.0	16.8	16.8	16.8
19	15.12	15.14	15.0	14.9	19.3	19.3	11.6	15.0	15.1	14.9
20	46.16	46.17	40.2	40.2	38.6	38.6	42.5	37.4	37.4	37.5
21	62.58	62.59	14.5	14.5	15.0	15.0	13.9	14.8	14.8	14.8
22	111.69	110.70	111.1	111.1	121.7	121.7	109.2	111.8	111.7	111.8
23	71.26	71.26	68.1	67.8	33.1	33.1	31.7	70.3	70.3	70.4
24	81.79	81.80	82.0	82.1	33.8	33.8	29.2	83.0	83.0	83.0
25	35.30	35.31	35.3	35.3	83.8	83.8	30.5	143.9	143.9	144.0
26	61.56	61.57	62.0	62.0	77.2	77.2	66.9	61.5	61.5	61.5
27	13.18	13.20	13.2	13.2	24.3	24.3	17.3	113.7	113.8	113.8
1'	99.86	99.87	100.8	100.6	100.2	100.4	102.3	100.7	100.4	100.3
2'	76.43	76.44	74.2	72.9	79.0	74.7	81.2	72.9	73.7	72.7
3'	88.47	88.47	84.5	84.8	76.6	85.0	73.1	85.2	84.7	85.1
4'	70.23	70.22	69.6	69.8	77.8	69.9	79.6	69.9	69.9	69.9
5'	77.73	77.75	67.1	67.3	78.1	74.9	76.1	67.1	67.1	67.1
6'	63.28	63.28			61.4	62.2	60.6			

续表

C	8-7-181[63]	8-7-182[63]	8-7-183[23]	8-7-184[23]	8-7-185[64]	8-7-186[64]	8-7-187[65]	8-7-188[47]	8-7-189[47]	8-7-190[47]
1''	101.70	101.72	101.9	97.8	101.8	102.0	104.8	100.9	98.2	97.7
2''	72.52	72.53	72.5	70.0	72.5	72.6	70.7	72.2	70.8	70.6
3''	72.45	72.47	72.6	70.6	71.6	72.2	86.8	70.0	73.2	70.1
4''	74.20	74.21	74.1	72.0	73.6	73.9	70.4	76.5	69.3	72.0
5''	69.59	69.61	69.4	66.2	69.3	69.3	78.5	66.6	70.8	66.4
6''	19.24	19.26	19.1	18.2	18.3	18.5	62.4	18.5	18.9	18.2
1'''	105.23	105.25	106.5	106.6	102.7	105.5	104.8	106.7	106.5	106.7
2'''	74.76	74.77	74.6	74.6	72.5	76.0	75.0	74.5	74.6	74.6
3'''	78.40	78.41	78.3	78.4	72.2	78.1	77.5	78.5	78.2	78.4
4'''	70.62	70.62	71.0	70.9	73.9	71.6	70.7	70.9	71.0	71.0
5'''	67.24	67.26	66.8	67.1	70.3	77.7	78.5	67.3	67.3	67.5
6'''					18.4	61.7	62.9			
1''''	106.10	106.12	104.1	104.2	105.1	105.1	104.8	106.3	106.3	106.3
2''''	73.46	73.46	70.6	70.6	75.1	75.1	75.0	73.1	73.1	73.1
3''''	75.37	75.39	73.3	73.3	78.1	78.1	77.5	75.4	75.4	75.4
4''''	72.86	72.87	73.4	73.4	72.2	72.2	70.7	72.8	72.8	72.9
5''''	71.54	71.55	70.0	70.0	78.1	78.1	67.1	71.6	71.6	71.6
6''''	17.29	17.31	16.9	16.9	62.4	62.4		17.3	17.3	17.3
Ac				170.5				170.8	170.7	170.5
Me				20.8				21.1	170.4	170.4
Ac				170.4					21.0	170.3
Me				20.7					20.9	20.9
Ac				170.2						20.8
Me				20.6						20.7

表 8-7-39 螺甾烷类化合物 8-7-193~8-7-200 的名称、分子式和测试溶剂

编号	名称	分子式	测试溶剂	参考文献
8-7-193	(25*R*)-5-*α*-spirostane-2*α*,3*β*,6*β*-triol-3-*O*-*β*-D-glucopyraosyl-(1→2)-*O*-[*β*-D-xylopyranosyl-(1→3)]-*O*-*β*-D-glucopyranosyl-(1→4)-*β*-D-galactopyranoside	$C_{50}H_{82}O_{24}$	P	[66]
8-7-194	(25*S*)-5-*α*-spirostane-2*α*,3*β*,6*β*-triol-3-*O*-*β*-D-glucopyraosyl-(1→2)-*O*-[*β*-D-xylopyranosyl-(1→3)]-*O*-*β*-D-glucopyranosyl-(1→4)-*β*-D-galactopyranoside	$C_{50}H_{82}O_{24}$	P	[66]
8-7-195	(25*S*)-5-*α*-spirostane-2*α*,3*β*-diol-3-*O*-*β*-D-galactopyranosyl-(1→2)-*O*-[*β*-D-glucopyranosyl-(1→3)]-*O*-*β*-D-glucopyranosyl-(1→4)-*β*-D-galactopyranoside	$C_{51}H_{84}O_{24}$	M	[67]
8-7-196	(25*S*)-5-*α*-spirostane-2*α*,3*β*-diol-3-*O*-*β*-D-galactopyranosyl-(1→2)-*O*-[*β*-D-glucopyranosyl-(1→3)]-*O*-*β*-D-glucopyranosyl-(1→4)-*β*-D-galactopyranoside	$C_{51}H_{84}O_{23}$	M	[67]
8-7-197	(25*R*)-3*β*-*β*-D-glucopyranosyl-(1→2)-*O*-[*β*-D-xylopyranosyl-(1→3)]-*O*-*β*-D-glucopyranosyl-(1→4)-*β*-D-galactopyranoside-5*α*-spirostan-2*α*-ol	$C_{50}H_{82}O_{23}$	P	[68]
8-7-198	racemoside A	$C_{51}H_{84}O_{22}$	P	[11]

续表

编号	名称	分子式	测试溶剂	参考文献
8-7-199	shatavarin Ⅷ	$C_{50}H_{82}O_{22}$	P	[42]
8-7-200	pratioside C	$C_{51}H_{82}O_{24}$	P	[44]

8-7-193 25*S*
8-7-194 25*R*

8-7-195 R^1=β-D-Gal; R^2=β-D-Glu; R^3=α-OH
8-7-196 R^1=β-D-Gal; R^2=β-D-Glu; R^3=H
8-7-197 R^1=β-D-Glu; R^2=β-D-Xyl; R^3=α-OH

8-7-198 R^1=H; R^2=α-L-Rha-(1→6)-β-D-Glu; R^3=β-D-Glu
8-7-199 R^1=β-D-Glu; R^2=α-L-Rha; R^3=β-D-Glu

8-7-200 R^1=β-D-Glu-(1→2)-β-D-Glu; R^2=β-D-Glu

表 8-7-40 化合物 8-7-191~8-7-200 的 ^{13}C NMR 化学位移数据

C	8-7-191[47]	8-7-192[47]	8-7-193[66]	8-7-194[66]	8-7-195[67]	8-7-196[67]	8-7-197[68]	8-7-198[11]	8-7-199[42]	8-7-200[44]
1	84.0	84.0	47.0	47.0	45.7	37.9	45.6	31.3	30.9	37.5
2	37.8	37.8	70.6	70.6	70	30.3	70.4	26.7	27.1	30.3
3	68.0	68.0	84.5	84.5	84.4	79.2	84.3	76.2	75.1	78.2
4	43.9	43.9	31.8	31.8	32.8	35.2	34.1	31.0	30.5	39.3
5	139.3	139.3	47.7	47.7	45.5	45.9	44.6	37.1	36.5	141.0
6	125.0	125.0	69.8	69.8	29.4	29.5	28.1	27.3	26.9	121.7
7	32.0	32.0	40.7	40.7	33.6	33.2	32.1	27.1	26.8	32.3
8	33.0	33.0	29.9	29.9	35.3	36.6	34.6	35.6	35.6	31.6
9	50.3	50.3	54.4	54.4	55.6	55.7	54.3	40.6	40.4	50.3
10	42.9	42.9	36.9	36.9	37.4	37.0	37.0	35.9	35.3	37.0
11	24.0	24.0	21.2	21.2	22.1	22.3	21.4	21.5	21.2	21.1
12	40.5	40.4	40.0	40.0	40.5	40.2	40.0	40.6	40.3	39.9
13	40.7	40.8	40.6	40.6	40.9	41.4	40.8	41.2	40.9	40.4
14	56.8	56.7	56.1	56.1	57.3	57.3	56.3	56.8	56.5	56.6
15	32.5	32.5	32.1	32.1	32.3	32.4	32.2	32.5	32.2	32.2
16	82.5	82.5	81.0	81.0	81.9	82.0	81.1	81.9	81.4	81.1
17	61.5	61.5	62.7	62.7	63.4	63.6	63.0	63.3	63.0	62.8
18	16.8	16.9	16.4	16.4	17.0	16.8	16.6	16.9	16.6	16.3

续表

C	8-7-191[47]	8-7-192[47]	8-7-193[66]	8-7-194[66]	8-7-195[67]	8-7-196[67]	8-7-197[68]	8-7-198[11]	8-7-199[42]	8-7-200[44]
19	14.9	15.0	17.1	17.1	13.5	12.6	13.4	24.3	24.1	19.4
20	37.5	37.5	42.3	42.0	42.5	42.6	42.0	42.8	42.5	42.0
21	14.8	14.8	14.7	14.9	14.6	15.0	15.0	16.6	164.9	15.0
22	111.8	111.8	109.5	109.1	110.3	110.5	109.2	110.0	109.8	109.6
23	70.2	70.4	26.2	31.7	26.8	26.7	31.8	27.0	26.5	31.3
24	83.0	83.0	26.0	29.3	26.2	26.0	29.3	26.5	26.2	23.9
25	144.0	143.7	27.4	30.6	27.0	26.9	30.6	27.9	27.6	36.6
26	61.5	61.5	64.9	66.9	67.4	67.6	66.9	65.4	65.2	63.7
27	113.7	114.1	16.2	17.2	17.2	16.8	17.3	15.3	16.3	72.0
1'	100.3	100.3	103.0	103.0	102.7	102.7	103.3	102.2	101.3	102.7
2'	72.8	72.8	72.4	72.4	72.6	72.6	72.6	76.4	80.6	73.3
3'	85.1	85.1	75.4	75.4	73.1	73.1	75.5	80.5	76.2	75.5
4'	69.9	69.9	79.2	79.2	80.1	80.1	79.4	81.7	79.6	80.9
5'	67.2	67.2	75.9	75.9	75.2	75.2	75.8	75.2	75.0	76.7
6'			60.6	60.6	60.9	60.9	60.6	68.1	68.3	60.5
1''	97.7	97.7	104.5	104.5	104.8	104.8	104.8	106.0	105.2	105.2
2''	70.6	70.6	81.1	81.1	81.1	81.1	81.3	77.4	79.6	86.1
3''	70.1	70.1	86.9	86.9	87.8	87.8	86.9	78.3	78.4	78.2
4''	72.0	72.0	70.4	70.4	71.0	71.0	70.5	72.1	71.7	70.3
5''	66.4	66.4	77.4	77.4	77.6	77.6	77.6	79.2	78.7	77.6
6''	18.3	18.2	62.6	62.6	63.2	63.2	63.0	67.1	63.3	61.6
1'''	106.7	106.7	104.7	104.7	105.1	105.1	105.1	102.5	105.2	106.9
2'''	74.6	74.6	75.0	75.0	72.0	72.0	76.1	72.8	72.6	75.1
3'''	78.4	78.4	78.3	78.3	75.2	75.2	78.2	73.1	74.7	78.9
4'''	71.0	71.0	71.2	71.2	70.5	70.5	71.5	74.4	72.3	71.8
5'''	67.5	67.5	78.6	78.6	76.3	76.3	78.5	70.2	67.8	78.4
6'''			62.8	62.8	62.0	62.0	62.7	19.1		63.2
1''''	106.3	106.1	104.8	104.8	104.1	104.1	105.0	106.0	105.1	105.0
2''''	72.6	75.9	75.6	75.6	75.2	75.2	75.1	72.6	75.3	75.2
3''''	73.3	78.6	78.0	78.0	77.8	77.8	78.7	74.9	78.0	78.6
4''''	74.3	71.6	70.3	70.3	71.4	71.4	70.8	69.9	69.9	71.7
5''''	70.7	78.6	67.2	67.2	77.9	77.9	67.4	81.7	78.5	78.5
6''''	18.7	62.7			62.5	62.5		63.3	62.8	62.9
Ac	170.5	170.5								
Ac	170.4	170.4								
Ac	170.3	170.3								
Me	20.9	20.9								
Me	20.8	20.8								
Me	20.7	20.7								

表 8-7-41 螺甾烷类化合物 8-7-201~8-7-210 的名称、分子式和测试溶剂

编号	名称	分子式	测试溶剂	参考文献
8-7-201	(25*R*)-5-*α*-spirostane-2*α*,3*β*,6*β*-triol-3-*O*-*β*-D-glucopyranosyl-(1→2)-*O*-[4-*O*-benzoyl-*β*-D-xylopyranosyl-(1→3)]-*O*-*β*-D-glucopyranosyl(1→4)-*β*-D-galactopyranoside	$C_{57}H_{86}O_{25}$	P	[66]
8-7-202	(25*S*)-5-*α*-spirostane-2*α*,3*β*,6*β*-triol-3-*O*-*β*-D-glucopyranosyl-(1→2)-*O*-[4-*O*-benzoyl-*β*-D-xylopyranosyl-(1→3)]-*O*-*β*-D-glucopyranosyl-(1→4)-*β*-D-galactopyranoside	$C_{57}H_{86}O_{25}$	P	[66]
8-7-203	(25*R*)-5-*α*-spirostane-2*α*,3*β*,6*β*-triol-3-*O*-*β*-D-glucopyranosyl-(1→2)-*O*-[3-*O*-benzoyl-*β*-D-xylopyranosyl-(1→3)]-*O*-*β*-D-glucopyranosyl-(1→4)-*β*-D-galactopyranoside	$C_{57}H_{86}O_{25}$	P	[66]
8-7-204	(25*S*)-5-*α*-spirostane-2*α*,3*β*,6*β*-triol-3-*O*-*β*-D-glucopyranosyl-(1→2)-*O*-[3-*O*-benzoyl-*β*-D-xylopyranosyl-(1→3)]-*O*-*β*-D-glucopyranosyl-(1→4)-*β*-D-galactopyranoside	$C_{57}H_{86}O_{25}$	P	[66]
8-7-205	(25*R*)-5-*α*-spirostane-2*α*,3*β*,6*β*-triol-3-*O*-*β*-D-glucopyranosyl-(1→2)-*O*-[4-*O*-(3*S*)-3-hydroxy-3-methylglutaroyl-*β*-D-xylopyranosyl-(1→3)]-*O*-*β*-D-glucopyranosyl-(1→4)-*β*-D-galactopyranoside	$C_{56}H_{90}O_{28}$	P	[66]
8-7-206	(25*S*)-5-*α*-spirostane-2*α*,3*β*,6*β*-triol-3-*O*-*β*-D-glucopyranosyl-(1→2)-*O*-[4-*O*-(3*S*)-3-hydroxy-3-methylglutaroyl-*β*-D-xylopyranosyl-(1→3)]-*O*-*β*-D-glucopyranosyl-(1→4)-*β*-D-galactopyranoside	$C_{56}H_{90}O_{28}$	P	[66]
8-7-207	(25*R*)-5-*α*-spirostane-3*β*,6*β*-diol-3-*O*-{*O*-*β*-D-glucopyranosyl-(1→2)-*O*-[*β*-D-xylopyranosyl-(1→3)]-*O*-*β*-D-glucopyranosyl-(1→4)-*β*-D-galactopyranoside	$C_{50}H_{82}O_{23}$	P	[69]
8-7-208	3-*O*-*β*-D-glucopyranosyl-(1→3)-*O*-[*β*-D-glucopyranosyl(1→2)]-*β*-D-glucopyranosyl(1→4)-*β*-D-galactopyranosyl-spirostane-5(6),25(27)-dien-3*β*-ol-12-one	$C_{51}H_{78}O_{24}$	P	[70]
8-7-209	9,11-dehydromanogenin-3-*O*-{*β*-D-glucopyranosyl-(1→2)-*O*-[*β*-D-xylopyranosyl-(1→3)]-*O*-*β*-D-glucopyranosyl-(1→4)-*β*-D-galactopyranoside}	$C_{50}H_{80}O_{24}$	P	[22]
8-7-210	3-*O*-*β*-D-xylopyranosyl(1→3)-*O*-[*β*-D-glucopyranosyl(1→2)]-*β*-D-glucopyranosyl(1→4)-*β*-D-galactopyranosyl-spirosta-5(6),25(27)-dien-3*β*-ol	$C_{50}H_{78}O_{22}$	P	[70]

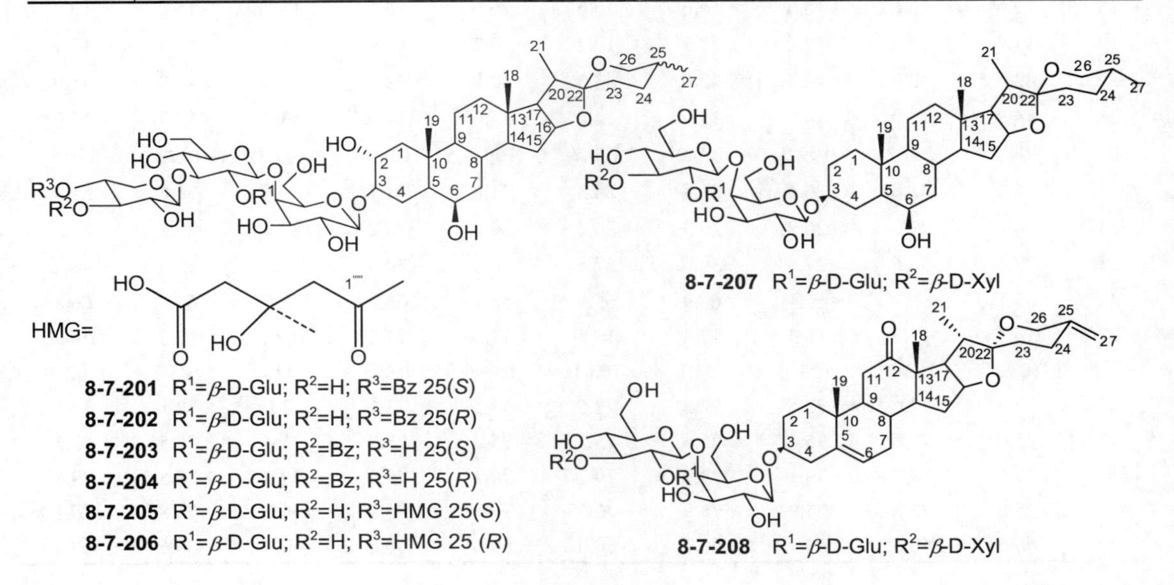

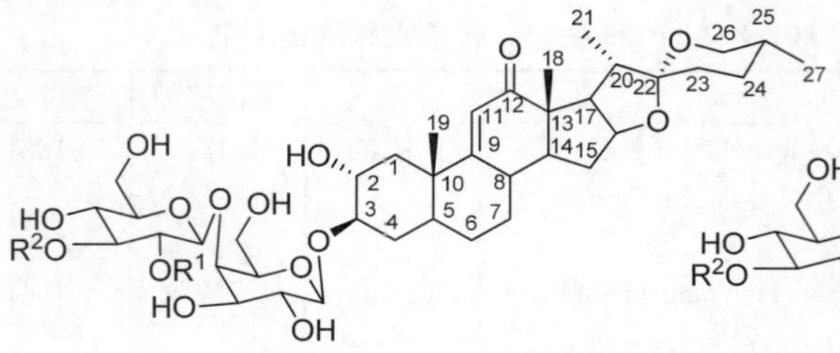

8-7-209 R¹=β-D-Glu; R²=β-D-Xyl

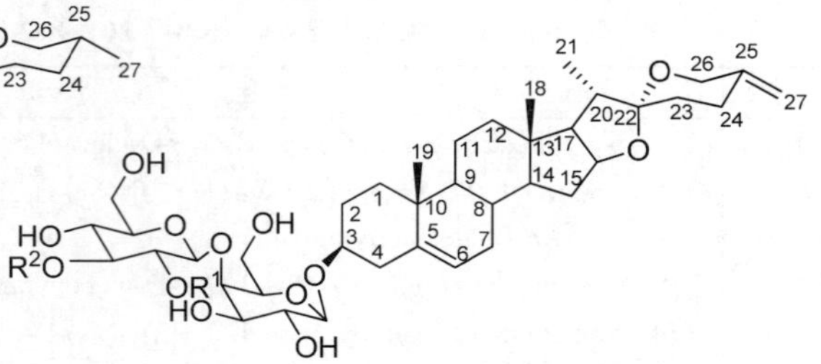

8-7-210 R¹=β-D-Glu; R²=β-D-Xyl

表 8-7-42 化合物 8-7-201~8-7-210 的 ^{13}C NMR 化学位移数据

C	8-7-201[66]	8-7-202[66]	8-7-203[66]	8-7-204[66]	8-7-205[66]	8-7-206[66]	8-7-207[69]	8-7-208[70]	8-7-209[22]	8-7-210[70]
1	47.2	47.2	47.1	47.1	47.1	47.1	38.8	37.4	43.4	37.4
2	70.6	70.6	70.6	70.6	70.5	70.5	29.9	31.4	70.3	30.1
3	84.8	84.8	84.6	84.6	84.7	84.7	77.9	78.5	83.5	78.6
4	32.0	32.0	31.8	31.8	31.8	31.8	32.8	38.9	33.8	39.2
5	47.9	47.9	47.9	47.9	47.9	47.9	47.9	140.7	42.5	140.9
6	70.0	70.0	70.0	70.0	70.0	70.0	70.7	121.2	27.1	121.5
7	40.8	40.8	40.9	40.9	40.7	40.7	40.8	33.1	32.5	32.2
8	30.1	30.1	30.1	30.1	30.0	30.0	30.6	30.7	36.2	31.6
9	54.6	54.6	54.6	54.6	54.6	54.6	54.6	52.1	170.5	50.2
10	37.1	37.1	37.1	37.1	37.0	37.0	36.1	37.4	40.5	37.0
11	21.4	21.4	21.4	21.4	21.4	21.4	21.2	28.8	120.1	21.0
12	40.2	40.2	40.2	40.2	40.1	40.1	40.1	213.2	204.2	39.8
13	40.9	40.9	40.8	40.8	40.8	40.8	40.8	54.8	51.4	40.4
14	56.3	56.3	56.3	56.3	56.2	56.2	56.3	55.9	52.7	56.6
15	32.2	32.2	32.3	32.3	32.2	32.2	32.2	29.8	31.8	33.2
16	81.2	81.2	81.1	81.1	81.1	81.1	81.0	81.3	80.2	81.1
17	62.9	62.9	63.1	63.1	63.0	63.0	63.0	53.9	54.5	62.8
18	16.6	16.6	16.6	16.6	16.6	16.6	16.5	15.8	15.2	16.3
19	17.2	17.2	17.2	17.2	17.2	17.2	15.9	18.7	19.4	17.3
20	42.5	42.0	42.5	42.0	42.5	42.0	42.0	42.4	43.0	41.9
21	14.9	15.0	14.9	15.0	14.8	15.0	14.9	13.7	13.7	15.0
22	109.7	109.2	109.7	109.2	109.7	109.2	109.1	109.4	109.5	110.1
23	26.4	31.8	26.4	31.8	26.3	31.8	31.7	31.6	31.8	31.8
24	26.2	29.3	26.2	29.3	26.2	29.2	29.2	29.7	29.2	29.2
25	27.6	30.6	27.6	30.6	27.5	30.6	30.5	144.1	30.5	144.3
26	65.1	66.9	65.1	66.9	65.1	66.9	66.8	65.0	67.0	66.8
27	16.3	17.3	16.3	17.3	16.3	17.3	17.2	108.8	17.3	108.7
1'	103.2	103.2	103.1	103.1	103.1	103.1	102.3	102.6	103.2	102.7
2'	72.6	72.6	72.5	72.5	72.5	72.5	73.1	73.0	72.5	73.1
3'	75.6	75.6	75.6	75.6	75.5	75.5	75.7	75.4	75.5	75.5
4'	79.2	79.2	79.1	79.1	79.2	79.2	79.9	79.9	79.5	79.8
5'	75.8	75.8	75.9	75.9	76.0	76.0	75.9	76.0	75.8	76.1
6'	60.6	60.6	60.7	60.7	60.6	60.6	60.6	60.3	60.6	60.5

续表

C	8-7-201[66]	8-7-202[66]	8-7-203[66]	8-7-204[66]	8-7-205[66]	8-7-206[66]	8-7-207[69]	8-7-208[70]	8-7-209[22]	8-7-210[70]
1''	104.5	104.5	104.3	104.3	104.6	104.6	104.8	104.3	104.7	104.8
2''	81.4	81.4	81.2	81.2	81.2	81.2	81.3	80.0	81.2	81.2
3''	86.4	86.4	87.4	87.4	86.5	86.5	86.9	88.3	87.1	86.9
4''	70.6	70.6	70.5	70.5	70.4	70.4	70.4	71.4	70.4	70.6
5''	77.6	77.6	77.6	77.6	77.5	77.5	77.0	77.4	77.6	78.6
6''	62.9	62.9	62.8	62.8	62.8	62.8	62.9	62.2	62.9	62.4
1'''	104.7	104.7	104.8	104.8	104.6	104.6	105.2	104.7	104.7	104.9
2'''	75.1	75.1	75.8	75.8	75.0	75.0	76.2	75.1	76.0	75.2
3'''	78.2	78.2	78.2	78.2	78.1	78.1	77.5	78.5	78.1	78.1
4'''	71.5	71.5	71.4	71.4	71.4	71.4	71.0	70.8	71.4	70.9
5'''	78.5	78.5	78.2	78.2	78.4	78.4	78.6	77.7	78.5	77.6
6'''	63.0	63.0	62.9	62.9	62.9	62.9	62.5	62.9	62.7	62.9
1''''	104.8	104.8	104.8	104.8	104.7	104.7	104.9	104.7	104.9	105.1
2''''	75.3	75.3	73.0	73.0	75.7	75.7	75.0	75.1	75.1	75.0
3''''	76.1	76.1	80.2	80.2	75.2	75.2	78.6	78.5	78.7	77.5
4''''	73.2	73.2	68.9	68.9	72.5	72.5	70.6	70.8	70.8	70.4
5''''	63.5	63.5	66.9	66.9	63.4	63.4	67.7	77.7	67.3	67.3
6''''								62.9		
1'''''	130.6	130.6	131.2	131.2	171.2	171.2				
2'''''	130.0	130.0	130.1	130.1	46.6	46.6				
3'''''	128.7	128.7	128.6	128.6	70.0	70.0				
4'''''	133.4	133.4	133.0	133.0	46.7	46.7				
5'''''	128.7	128.7	128.6	128.6	174.7	174.7				
6'''''	130.0	130.0	130.1	130.1	28.1	28.1				
7'''''	166.2	166.2	166.4	166.4						

表 8-7-43 螺甾烷类化合物 8-7-211~8-7-220 的名称、分子式和测试溶剂

编号	名称	分子式	测试溶剂	参考文献
8-7-211	manogenin-3-*O*-{*O*-*β*-D-glucopyranosyl-(1→2)-[*β*-D-xylopyranosyl-(1→3)]-*β*-D-glucopyranosyl-(1→4)-*β*-D-galactopyranoside}	$C_{50}H_{82}O_{24}$	P	[22]
8-7-212	(25*R*)-3*β*-[(*O*-*β*-D-glucopyranosyl-(1→2)-[*β*-D-glucopyranosyl-(1→3)]-*β*-D-glucopyranosyl-(1→4)-*β*-D-galactopyranosyl) oxy]-2*α*-hydroxy-5*α*-spirostan-12-one	$C_{51}H_{82}O_{25}$	P	[49]
8-7-213	(25*R*)-3*β*-[(*O*-*β*-D-glucopyranosyl-(1→2)-[*β*-D-glucopyranosyl-(1→3)]-*β*-D-glucopyranosyl-(1→4)-*β*-D-galactopyranosyl) oxy]-5*α*-spirost-12-one	$C_{51}H_{82}O_{24}$	P	[49]
8-7-214	(25*R*)-hecogenin-3-*O*-*β*-D-galactopyranosyl-(1→2)-[*β*-D-xylopyranosyl-(1→3)]-*β*-D-glucopyranosyl-(1→4)-*β*-D-galactopyranoside	$C_{50}H_{80}O_{23}$	P	[51]
8-7-215	3-*O*-*β*-D-glucopyranosyl-(1→2)-[*β*-D-glucopyranosyl-(1→3)]-*β*-D-glucopyranosyl-(1→4)-*β*-D-galactopyranosyl-5*α*-(25*R*)-spirostane-2*α*,3*β*-diol-12-one	$C_{50}H_{82}O_{24}$	P	[19]

续表

编号	名称	分子式	测试溶剂	参考文献
8-7-216	25(*R*,*S*)-dracaenoside Q	$C_{51}H_{82}O_{23}$	P	[29]
8-7-217	25(*R*,*S*)-dracaenoside O	$C_{51}H_{84}O_{23}$	P	[29]
8-7-218	25(*R*,*S*)-dracaenoside P	$C_{51}H_{84}O_{24}$	P	[29]
8-7-219	(23*S*,25*S*)-spirost-5-ene-3*β*,15*α*,23-triol-3-*O*-{*β*-D-glucopyranosyl-(1→2)- [*β*-D-glucopyranosyl-(l→4)-[*α*-L-rhamanosyl-(1→2)]-*β*-D-galactopyranoside	$C_{51}H_{82}O_{24}$	M	[45]
8-7-220	(22*R*,25*S*)-spirost-5-ene-3*β*,15*α*-diol-3-*O*-{*β*-D-glucopyranosyl-(1→2)-[*β*-D-glucopyranosyl-(l→4)-[*α*-L-rhamanosyl-(1→2)]-*β*-D-galactopyranoside	$C_{51}H_{82}O_{23}$	M	[71]

8-7-211 R^1=*β*-D-Glu; R^2=*β*-D-Xyl; R^3=*α*-OH
8-7-212 R^1=*β*-D-Glu; R^2=*β*-D-Glu; R^3=*α*-OH
8-7-213 R^1=*β*-D-Glu; R^2=*β*-D-Glu; R^3=H
8-7-214 R^1=*β*-D-Gal; R^2=*β*-D-Xyl; R^3=H
8-7-215 R^1=*β*-D-Glu; R^2=*β*-D-Xyl; R^3=*α*-OH

8-7-216 R^1= *α*-L-Rha; R^2=*β*-D-Glu

8-7-217 R^1=*α*-L-Rha; R^2= H; R^3=*α*-L-Rha
8-7-218 R^1=*α*-L-Rha; R^2=*β*-D-Glu; R^3=H

8-7-219 R^1=*α*-L-Rha; R^3=*α*-OH
R^2=*β*-D-Glu-(1→2)-*β*-D-Glu;
8-7-220 R^1=*α*-L-Rha; R^3=H
R^2=*β*-D-Glu-(1→2)-*β*-D-Glu;

表 8-7-44 化合物 8-7-211~8-7-220 的 ^{13}C NMR 化学位移数据

C	8-7-211[22]	8-7-212[49]	8-7-213[49]	8-7-214[55]	8-7-215[19]	8-7-216[29]	8-7-217[29]	8-7-218[29]	8-7-219[45]	8-7-220[71]
1	45.0	45.0	36.6	36.5	44.9	37.5	37.7	37.7	38.6	38.7
2	70.2	70.2	29.6	29.7	70.7	30.4	30.3	30.3	30.7	30.5
3	83.9	83.7	77.1	78.4	83.9	78.6	78.2	78.2	80.0	80.3
4	33.9	33.9	34.6	34.2	33.9	39.2	39.1	39.1	39.3	38.3
5	44.4	44.3	44.4	44.4	44.4	140.4	140.4	140.4	141.1	141.4
6	27.8	27.8	28.5	28.5	27.8	122.6	122.4	122.4	123.2	123.2
7	31.4	31.4	31.4	31.7	31.5	26.9	26.9	26.9	33.2	33.2
8	33.7	33.7	34.3	34.6	33.7	35.2	35.8	35.8	30.7	30.7
9	55.3	55.7	55.5	55.3	55.3	43.8	43.7	43.7	51.5	51.6
10	37.2	37.2	36.2	36.2	37.3	37.8	37.8	37.8	37.0	37.9
11	38.0	38.0	37.9	37.9	38.0	20.7	20.4	20.4	21.8	21.8
12	212.4	212.5	212.8	212.7	212.4	32.1	30.7	30.7	41.7	41.4

续表

C	8-7-211[22]	8-7-212[49]	8-7-213[49]	8-7-214[55]	8-7-215[19]	8-7-216[29]	8-7-217[29]	8-7-218[29]	8-7-219[45]	8-7-220[71]
13	55.3	55.3	55.3	55.4	55.3	48.1	45.6	45.6	41.7	41.4
14	55.7	55.7	55.9	55.8	55.7	85.6	86.5	86.5	61.4	61.7
15	31.5	31.8	31.7	31.3	31.8	42.6	40.2	40.2	80.0	79.3
16	79.7	79.7	79.7	79.6	79.4	85.0	81.9	81.9	91.3	91.1
17	54.3	54.3	54.3	54.2	54.3	62.2	60.7	60.7	61.1	60.9
18	16.1	16.1	16.0	16.0	16.1	18.1	20.3	20.3	17.9	17.8
19	12.8	12.8	11.7	11.6	12.8	19.6	19.5	19.5	19.8	19.8
20	42.6	42.6	42.6	42.5	42.6	105.3	40.9	40.9	36.7	38.3
21	13.9	13.9	13.9	13.8	13.8	12.1	16.9	16.9	14.3	14.7
22	109.3	109.3	109.3	109.2	109.3	154.4	111.3	111.3	112.4	110.7
23	31.8	31.8	31.8	31.6	31.4	31.9	32.1	32.1	64.0	27.3
24	29.2	29.2	29.2	29.1	29.2	26.9	28.5	28.5	36.0	25.7
25	30.5	30.5	30.5	30.5	30.5	31.2	34.5	34.5	30.7	27.9
26	66.9	67.0	66.9	66.9	66.9	75.3	75.3	75.3	65.1	66.5
27	17.3	17.3	17.3	17.2	17.3	17.9	17.7	17.7	17.6	16.4
1'	103.2	103.1	102.4	102.2	103.2	100.3	100.3	100.0	100.8	100.8
2'	72.5	72.5	73.2	73.0	73.4	78.7	78.7	78.8	78.8	78.8
3'	75.5	75.5	75.6	75.7	75.5	89.4	78.0	89.4	72.3	71.5
4'	79.4	79.7	80.2	79.5	79.4	77.0	78.2	77.3	80.0	79.2
5'	75.7	75.7	75.3	75.2	75.9	78.1	77.0	77.9	75.1	74.2
6'	60.6	60.5	60.6	60.5	60.6	61.5	61.4	62.6	63.2	63.2
1''	104.7	104.7	105.0	105.5	104.6	102.2	102.1	102.3	102.4	102.5
2''	81.2	81.3	81.4	81.0	81.1	72.7	72.6	72.6	72.4	72.0
3''	87.0	88.7	88.4	85.5	87.1	72.9	72.8	72.9	72.4	71.9
4''	70.4	70.7	70.8	70.5	70.3	74.2	74.2	74.2	74.0	72.9
5''	77.6	77.5	77.5	77.3	78.1	69.7	69.6	69.8	69.9	69.9
6''	62.9	63.0	63.0	63.0	62.7	18.7	18.6	18.9	18.0	18.1
1'''	104.8	104.8	104.9	105.3	104.9	104.9	102.9	104.6	104.5	104.4
2'''	76.0	76.0	76.1	73.7	75.0	75.3	72.6	75.1	81.7	81.6
3'''	78.1	78.2	77.9	73.9	78.3	78.6	72.9	78.6	79.0	79.1
4'''	71.4	71.3	70.9	70.3	71.3	71.8	74.0	71.9	72.0	72.0
5'''	78.5	78.6	78.6	77.3	78.6	78.7	70.5	78.6	78.4	78.5
6'''	62.7	62.3	62.3	62.4	62.9	62.9	18.8	62.6	63.2	63.2
1''''	104.9	104.5	104.5	104.7	104.9	105.1	105.0	105.0	104.3	104.4
2''''	75.1	75.3	75.3	74.9	75.7	75.1	75.3	75.3	71.9	72.0
3''''	78.7	78.7	78.6	77.5	77.5	78.7	78.7	78.7	76.7	76.8
4''''	70.7	71.6	71.6	70.7	70.2	71.8	71.8	71.8	66.8	66.8
5''''	67.3	78.4	78.6	67.2	67.2	78.6	78.6	78.5	75.1	75.2
6''''		62.6	62.3			62.9	62.9	62.9	61.1	61.2

表 8-7-45　螺甾烷类化合物 8-7-221~8-7-230 的名称、分子式和测试溶剂

编号	名称	分子式	测试溶剂	参考文献
8-7-221	(23*S*,24*S*)-spirosta-5,25(27)-diene-1*β*,3*β*,23,24-tetrol-1-*O*-{*α*-L-rhamnopyranosyl-(1→2)-[*β*-D-xylopyranosyl-(1→3)]-*α*-L-arabinopyranoside}24-*O*-*β*-D-fucopyranoside	$C_{49}H_{76}O_{22}$	P	[48]
8-7-222	(23*S*,24*S*)-spirosta-5,25(27)-diene-1*β*,3*β*,21,23,24-pentol-1-*O*-{*α*-L-rhamnopyranosyl-(1→2)-[*β*-D-xylopyranosyl-(1→3)]-*α*-L-arabinopyranoside} 24-*O*-*β*-D-fucopyranoside	$C_{49}H_{76}O_{23}$	P	[48]
8-7-223	(25*R*)-5*α*-spirostane-2*α*,3*β*,6*β*-triol-3-*O*-{*O*-*β*-D-glucopyranosyl-(1→2)-*O*-[3-*O*-acetyl-*β*-D-xylopyranosyl-(1→3)]-*O*-*β*-D-glucopyranosyl-(1→4)-*β*-D-galactopyranoside}	$C_{52}H_{84}O_{25}$	P	[72]
8-7-224	(25*S*)-5*α*-spirostane-2*α*,3*β*,6*β*-triol-3-*O*-{*O*-*β*-D-glucopyranosyl-(1→2)-[3-*O*-acetyl-*β*-D-xylopyranosyl-(1→3)]-*β*-D-glucopyranosyl-(1→4)-*β*-D-galactopyranoside}	$C_{52}H_{84}O_{25}$	P	[72]
8-7-225	(25*R*)-2-*O*-[(*S*)-3-hydroxy-3-methylglutaroyl]-5*α*-spirostan-2*α*,3*β*,6*β*-triol-3-*O*-{*O*-*β*-D-glucopyranosyl-(1→2)-*O*-[*β*-D-xylopyranosyl-(1→3)]-*O*-*β*-D-glucopyranosyl-(1→4)-*β*-D-galactopyranoside}	$C_{56}H_{90}O_{28}$	P	[72]
8-7-226	(22*S*,25*S*)-5*α*-spirostan-3*β*-ol-3-*O*-*β*-D-galactopyranosyl-(1→2)-*O*-[*β*-D-xylopyranosyl-(1→3)]-*O*-*β*-D-glucopyranosyl-(1→4)-*β*-D-galactopyranoside	$C_{50}H_{82}O_{22}$	P	[36]
8-7-227	9,11-dehydromanogenin-3-*O*-*β*-D-glucopyranosyl-(1→2)-*α*-L-rhamnopyranosyl-(1→4)-*β*-D-xylopyranosyl-(1→3)]-*β*-D-glucopyranosyl-(1→4)-*β*-D-galactopyranoside}	$C_{56}H_{88}O_{28}$	P	[22]
8-7-228	3-*O*-[{*β*-D-xylopyranosyl-(1→4)-*β*-D-glucopyranosyl-(1→3)-*β*-D-glucopyranosyl-(1→2)}-{*β*-D-xylopyranosyl-(1→4)}-*β*-D-galactopyranoside]-(25*R*)-5*α*-spirostan-12-one-3*β*-ol	$C_{55}H_{88}O_{27}$	P	[65]
8-7-229	(23*S*,24*S*)-spirosta-5,25(27)-diene-1*β*,3*β*,21,23,24-pentol-1-*O*-*α*-L-rhamnopyranosyl-(1→2)-*O*-[*β*-D-xylopyranosyl-(1→3)]-*α*-L-arabinopyranoside-21-*O*-*β*-D-fructofuranoside-24-*O*-*β*-D-fucopyranoside	$C_{55}H_{86}O_{28}$	P	[48]
8-7-230	(25*R*)-5-*α*-spirostane-3*β*,6*β*-diol-3-*O*-*β*-D-glucopyranosyl-(1→3)-*β*-D-glucopyranosyl-(1→2)-[*β*-D-xylopyranosyl-(1→3)]-*β*-D-glucopyranosyl-(1→4)-*β*-D-galactopyranoside	$C_{56}H_{92}O_{28}$	P	[69]

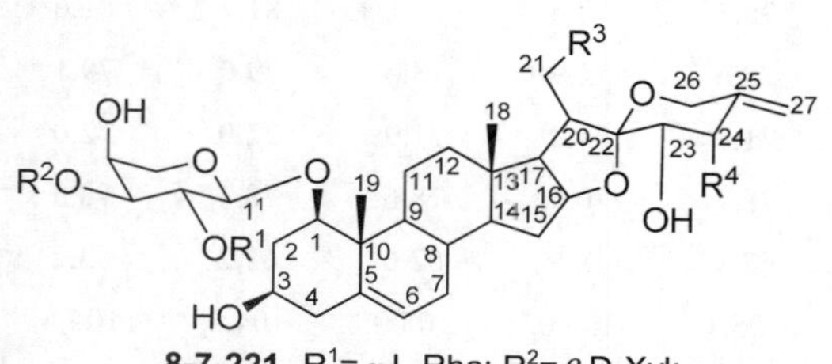

8-7-221 R^1=*α*-L-Rha; R^2=*β*-D-Xyl; R^3= H; R^4=O-*β*-D-Fuc

8-7-222 R^1=*α*-L-Rha; R^2=*β*-D-Xyl; R^3= OH; R^4=O-*β*-D-Fuc

8-7-223 (25*R*) R^1=*β*-D-Glu; R^2=3-*O*-Ac-*β*-D-Xyl; R^3=*α*-OH; R^4=*β*-OH

8-7-224 (25*S*) R^1=*β*-D-Glu; R^2=3-*O*-Ac-*β*-D-Xyl; R^3=*α*-OH; R^4=*β*-OH

8-7-225 (25*R*) R^1=*β*-D-Glu; R^2=*β*-D-Xyl; R^3=*α*-HMG; R^4=*β*-OH

8-7-226 R^1=*β*-D-Gal; R^2=*β*-D-Xyl; R^3=R^4=H

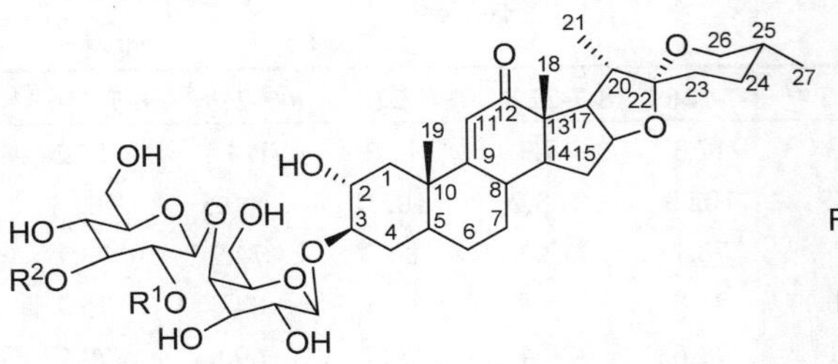

8-7-227 R^1=β-D-Glu; R^2=α-L-Rha-(1→4)-β-D-Xyl

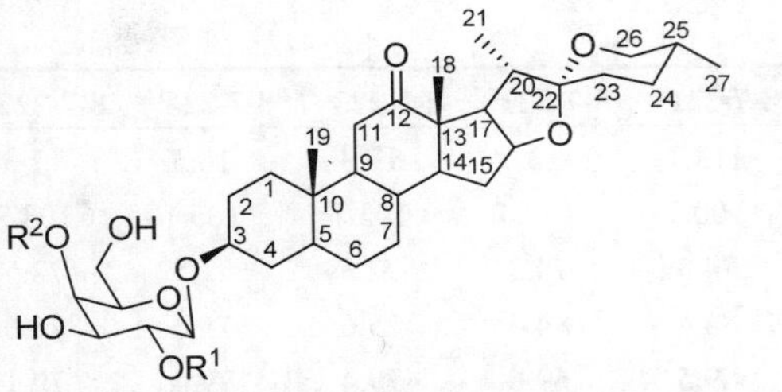

8-7-228 R^1=β-D-Xyl-(1→4)-β-D-Glu-(1→3)-β-D-Glu; R^2=β-D-Xyl

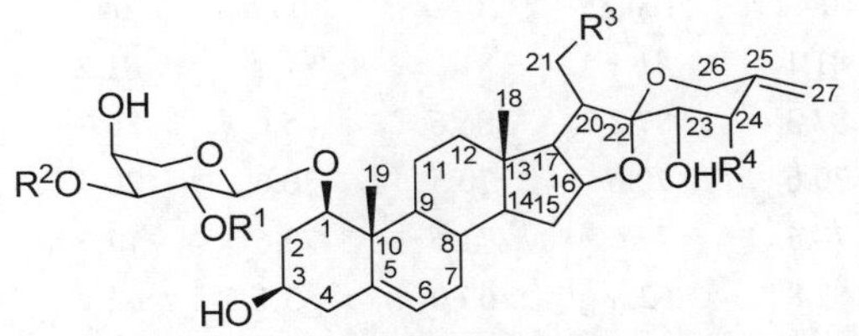

8-7-229 R^1=α-L-Rha; R^2=β-D-Xyl; R^3=O-β-D-Fru; R^4=O-β-D-Fuc

表 8-7-46 化合物 8-7-221~8-7-230 的 ^{13}C NMR 化学位移数据

C	8-7-221[48]	8-7-222[48]	8-7-223[72]	8-7-224[72]	8-7-225[72]	8-7-226[36]	8-7-227[22]	8-7-228[65]	8-7-229[48]	8-7-230[69]
1	83.7	83.7	47.1	47.1	47.1	37.2	43.4	36.6	83.7	38.7
2	37.5	37.4	70.5	70.5	75.0	30.0	70.3	29.5	37.4	29.9
3	68.2	68.3	84.6	84.6	84.8	77.6	83.4	79.6	68.2	77.9
4	43.9	43.9	32.3	32.3	32.3	34.9	33.7	34.3	43.8	32.7
5	139.7	139.8	47.9	47.9	47.9	44.7	42.4	44.3	139.6	47.8
6	124.6	124.7	70.0	70.0	70.0	28.9	27.1	28.5	124.6	70.7
7	31.9	32.0	40.8	40.8	40.8	32.5	32.5	31.7	31.8	40.8
8	33.0	33.2	30.1	30.1	30.1	35.0	36.1	34.6	33.1	30.6
9	50.4	50.3	54.6	54.6	54.6	54.5	170.5	55.5	50.1	36.0
10	42.9	43.0	37.1	37.1	37.1	35.8	40.5	36.2	42.8	36.1
11	24.0	24.0	21.4	21.4	21.4	21.1	120.1	37.9	23.9	21.1
12	40.5	40.3	40.1	40.1	40.2	40.5	204.2	212.8	39.9	40.1
13	40.8	41.0	40.9	40.9	40.9	41.3	51.3	55.3	40.7	40.8
14	56.8	56.9	56.3	56.3	56.3	55.6	52.6	55.9	56.7	56.3
15	32.3	32.6	31.9	31.9	32.0	33.1	31.8	31.7	32.4	32.2
16	82.2	82.2	81.1	81.1	81.1	80.8	80.2	79.1	81.8	81.0
17	61.5	57.9	63.1	63.1	63.1	62.7	54.5	54.2	57.4	63.0
18	16.8	16.9	16.6	16.6	16.6	16.7	15.2	16.0	16.7	16.5
19	15.1	15.1	17.2	17.2	17.2	12.7	19.4	11.6	15.0	15.9
20	37.5	46.3	42.0	42.5	42.0	42.1	42.9	42.5	43.5	41.9
21	14.7	62.4	15.0	14.8	15.0	17.0	13.7	13.9	62.2	15.0
22	111.8	111.7	109.2	109.7	109.2	110.5	109.4	109.2	111.3	109.1
23	70.4	72.0	31.8	26.4	31.8	28.2	31.8	31.7	72.0	31.7
24	83.0	83.5	29.3	26.2	29.3	28.1	29.2	29.2	83.2	29.2
25	144.0	143.9	30.6	27.6	30.6	30.7	30.5	30.5	143.4	30.5
26	61.5	61.6	66.9	65.1	66.9	69.6	67.0	66.9	61.5	66.8

续表

C	8-7-221[48]	8-7-222[48]	8-7-223[72]	8-7-224[72]	8-7-225[72]	8-7-226[36]	8-7-227[22]	8-7-228[65]	8-7-229[48]	8-7-230[69]
27	113.7	113.7	17.3	16.3	17.3	17.3	17.3	17.3	114.1	17.2
1'	100.5	100.4	103.1	103.1	103.2	102.3	103.2	102.4	100.5	102.1
2'	74.3	74.3	72.5	72.5	72.5	73.1	72.5	80.7	74.2	73.1
3'	84.4	84.4	75.6	75.6	75.6	75.8	75.5	73.1	84.4	75.7
4'	69.5	69.6	79.4	79.4	79.1	79.6	79.4	79.7	69.5	79.9
5'	67.1	67.1	75.8	75.8	75.8	75.4	75.7	75.4	67.1	75.9
6'			60.7	60.7	60.7	60.5	60.6	60.6		60.6
1''	101.8	101.8	104.8	104.8	104.7	105.6	104.7	103.9	101.8	104.6
2''	72.5	72.5	81.1	81.1	81.1	81.1	81.2	70.7	72.5	81.3
3''	72.6	72.6	87.3	87.3	86.6	85.6	86.7	86.8	72.5	86.9
4''	74.2	74.2	70.6	70.6	70.5	70.6	70.4	70.7	74.2	70.4
5''	69.5	69.5	77.6	77.6	77.6	77.6	77.5	78.3	69.7	77.0
6''	19.1	19.1	62.8	62.8	63.0	63.1	62.9	62.1	19.2	62.9
1'''	106.4	106.4	104.8	104.8	105.0	105.3	104.7	104.8	106.5	105.3
2'''	74.6	74.6	75.7	75.7	75.7	73.8	76.0	75.4	74.6	75.2
3'''	78.2	78.2	78.2	78.2	78.2	74.0	78.1	77.7	78.2	87.5
4'''	71.0	71.0	71.5	71.5	71.5	70.4	71.3	79.7	71.0	70.0
5'''	66.9	66.9	78.2	78.2	78.5	77.3	78.5	77.2	67.1	78.6
6'''			62.8	62.8	62.8	62.6	62.7	62.9	62.7	62.5
1''''	106.3	106.3	104.3	104.3	104.7	104.8	104.7	104.8	105.3	103.9
2''''	73.1	73.2	73.0	73.0	75.2	75.0	75.2	75.1	79.2	74.6
3''''	75.4	75.4	79.1	79.1	78.1	78.4	74.8	77.7	77.1	77.5
4''''	72.8	72.9	68.8	68.8	70.6	70.7	76.1	70.7	84.2	70.6
5''''	71.6	71.6	66.9	66.9	67.3	67.3	64.1	69.1	64.3	77.1
6''''	17.2	17.3								62.4
1'''''			170.5	170.5	171.2		99.8	106.1	106.1	104.7
2'''''			21.1	21.1	46.7		72.5	75.1	73.1	75.0
3'''''					70.1		73.9	77.2	75.4	78.6
4'''''					46.8		72.5	70.7	72.8	70.6
5'''''					174.7		69.9	67.0	71.5	67.7
6'''''					28.1		18.6		17.2	

表 8-7-47　螺甾烷类化合物 8-7-231~8-7-233 的名称、分子式和测试溶剂

编号	名称	分子式	测试溶剂	参考文献
8-7-231	(25*R*)-5-*α*-spirost-3*β*-yl-(*β*-D-glucopyranosyl)-*β*-D-glucopyranosyl-3-*O*-[*β*-D-xylopyranosyl]-*β*-D-glucopyranosyl-*β*-D-galacto-pyranoside}	$C_{56}H_{92}O_{27}$	P	[73]
8-7-232	gitogenin-3-*O*-*β*-D-glucopyranosyl-(1→2)-*O*-[*β*-D-apiofuranosyl-(1→4)-*β*-D-glucopyranosyl-(1→3)-*β*-D-glucopyranosyl-(1→4)-*β*-D-galactopyranoside	$C_{56}H_{92}O_{28}$	P	[62]
8-7-233	(25*R*)-3*β*-(*α*-L-rhamnopyranosyl-(1→4)-*β*-D-glucopyranosyl-(1→3)-[*β*-D-glucopyranosyl-(1→2)]-*β*-D-glucopyranosyl-(1→4)-*β*-D-galactopyranoside-5*α*-spirostan-2*α*-ol	$C_{57}H_{94}O_{28}$	P	[68]

8-7-230 R^1=β-D-Glu-(1→3)-β-D-Glu; R^2=β-D-Xyl; R^3=H; R^4=β-OH

8-7-231 R^1=β-D-Glu-(1→3)-β-D-Glu; R^2=β-D-Xyl; R^3=H; R^4=H

8-7-232 R^1=β-D-Glu; R^2= β-D-Apiofuran-(1→4)-β-D-Glu; R^3=α-OH; R^4=H

8-7-233 R^1=β-D-Glu; R^2= α-L-Rha-(1→4)-β-D-Glu; R^3=α-OH; R^4=H

表 8-7-48 化合物 8-7-231~8-7-233 的 ^{13}C NMR 化学位移数据

C	8-7-231[73]	8-7-232[62]	8-7-233[68]	C	8-7-231[73]	8-7-232[62]	8-7-233[68]	C	8-7-231[73]	8-7-232[62]	8-7-233[68]
1	37.2	45.6	45.6	20	42.0	42.0	42.0	6''	62.9	63.0	63.0
2	29.3	70.5	70.4	21	14.9	15.0	15.0	1'''	103.9	104.9	104.9
3	77.7	84.2	84.3	22	109.2	109.2	109.2	2'''	74.7	76.1	76.1
4	34.9	34.1	34.1	23	31.9	31.8	31.8	3'''	87.4	78.2	78.3
5	44.8	44.6	44.6	24	28.9	29.3	29.3	4'''	69.5	71.3	71.3
6	29.9	28.1	28.1	25	30.6	30.6	30.6	5'''	78.3	78.5	78.5
7	32.4	32.1	32.1	26	66.9	66.9	66.9	6'''	62.3	62.7	62.7
8	35.3	34.6	34.6	27	17.2	17.3	17.3	1''''	105.2	104.1	104.3
9	54.5	54.4	54.3	1'	102.5	103.3	103.3	2''''	75.4	75.0	75.5
10	35.8	36.9	37.0	2'	73.0	72.5	72.6	3''''	78.0	76.6	76.7
11	21.3	21.4	21.4	3'	75.5	75.5	75.5	4''''	71.6	79.0	78.4
12	40.2	40.1	40.0	4'	79.4	79.7	79.8	5''''	78.3	76.9	77.3
13	40.8	40.7	40.8	5'	75.6	75.7	75.8	6''''	62.6	61.1	61.1
14	56.5	56.3	56.3	6'	60.7	60.6	60.6	1'''''	104.9	110.9	102.9
15	32.1	32.2	32.2	1''	104.6	104.7	104.8	2'''''	75.1	77.5	72.5
16	81.1	81.3	81.1	2''	80.6	81.1	81.3	3'''''	77.5	80.1	72.8
17	63.1	63.0	63.0	3''	87.0	88.4	88.3	4'''''	70.6	75.2	73.9
18	16.5	16.6	16.6	4''	70.4	70.7	70.7	5'''''	67.2	64.9	70.5
19	12.3	13.4	13.4	5''	78.0	77.5	77.5	6'''''			18.6

参 考 文 献

[1] Eggert H, Djerassi C. Tetrahedron Lett, 1975, 42: 3635.
[2] Brunengo M C, Tombesi O L, Doller D. Phytochemistry, 1988, 27(9): 2943.
[3] Zhang Z Q Chen J C, Yan J. Chem Pharm Bull, 2011, 59: 53.
[4] Osman S, Sinden S L, Gregory P M, Phytochemistry, 1982, 21(2): 472.
[5] Abrosca B D Greca M D, Fiorentino A. Phytochemistry, 2005, 66: 2681.
[6] Brunengo M C, Garraffo H M, Tombesi O L. Phytochemistry, 1985, 24(6): 1388.
[7] Kawashima K, Mimaki Y, Sashida Y. Phytochemistry, 1991, 30(9): 3063.
[8] Nakano K, Hara Y, Murakami K. Phytochemistry, 1991, 30(6): 1993.
[9] Mimaki Y, Sashida Y, Kawashima K. Phytochemistry, 1991, 30(11): 3721.
[10] Sang S M, Mao S L, Lao A N, Food Chemistry, 2003, 83: 499.
[11] Mandal D, Banerjee S, Mondal N B. Phytochemistry, 2006, 67: 1316.
[12] Coll F, Preiss A,Padron G. Phytochemistry, 1983, 22(3): 787.

[13] Zheng Q A, Li H Z, Zhang Y J. Steroids, 2006, 71: 160.
[14] Xu Y X, Chen H S, Liu W Y. Phytochemistry, 1998, 49(1): 199.
[15] Lafeta R C A, Ferreira M J P, Emerenciano V P. Helv Chim Acta, 2010, 93: 2478.
[16] Suleiman. R K, Zarga M A, Sabri S S. Fitoterapia, 2010, 81: 864.
[17] Valeri B D, Usubillaga A. Phytochemistry, 1989, 28(9): 2509.
[18] Carotento A, Fattorusso E, Lanzotti V. Tetrahedron, 1997, 53(9): 3401.
[19] Nakano K, Midzuta Y, Hara Y. Phytochemistry, 1991,30(2): 633.
[20] Wu T S, Shi L S, Kuo S C. Phytochemistry, 1999, 50: 1411.
[21] Achenbach H, Hubner H, Reiter M. Phytochemistry, 1996, 41(3): 907.
[22] Mimaki Y, Kuroda M, Kameyama A. Phytochemistry, 1998, 48(8): 1361.
[23] Kuroda M, Ori K, Mimaki Y. Steroids, 2006, 71: 199.
[24] Perrone A, Muzashivili T, Napolitano A. Phytochemsitry, 2009, 70: 2078.
[25] Jabrane A, Jannet H B, Miyamoto T. Food Chemistry, 2011, 125: 447.
[26] Huang X F, Kong L Y. Steroids, 2006, 71: 171.
[27] Lu Y Y, Luo J G, Huang X F. Steroids, 2009, 74: 95.
[28] Liu X T, Wang Z Z, Xiao W. Phytochemistry, 2008, 69: 1411.
[29] Zheng Q A, Zhang Y J, Li H Z. Steroids, 2004, 69: 111.
[30] Haraguchi M, Mimaki Y, Motidome M. Phytochemistry, 2000, 55: 715.
[31] Ferreira F, Vazquez A, Moyna P. Phytochemistry, 1994, 36(6): 1473.
[32] Kuroda M, Mimaki Y, Kameyama A. Phytochemistry, 1995, 40(4): 1071.
[33] Jia Z J, Ju Y. Phytochemistry, 1992, 31(9): 3173.
[34] Mimaki Y, Ishibashi N, Ori K. Phytochemistry, 1992, 31(5): 1753.
[35] Ju Y. Jia Z J. Phytochemistry, 1993, 33(5): 1193.
[36] Inoue T. Mimaki Y. Sashida Y. Phytochemistry, 1995, 39(5): 1103.
[37] Mimaki Y. Aoki T. Jitsuno M. Phytochemistry, 2008, 69: 729.
[38] Mimaki Y. Kanmoto T. Kuroda M. Phytochemistry, 1996, 42(4): 1065.
[39] Zhou L B, Chen D F. Steroids, 2008, 73: 83.
[40] Zhang Y, Zhang Y J, Jacob M R. Phytochemistry, 2008, 69: 264.
[41] Kubo S, Mimaki Y, Sashida Y. Phytochemistry, 1992, 31(7): 2445.
[42] Hayes P Y, Jahidan A H, Lehmann R. Phytochemistry, 2008, 69: 796.
[43] Su L, Chen G, Feng S G. Steroids, 2009, 74: 399.
[44] Li X C, Yang C R, Matsuura H, Phytochemistry, 1993, 33(2): 465.
[45] Ferreira F, Soule S, Vazquez A. Chem Pharm Bull, 1996, 42(5): 1409.
[46] Kubo S, Mimaki Y, Terao M. Phytochmistry, 1992, 31(11): 3969.
[47] Mimaki Y, Inoue T, Kuroda M. Phytochemistry, 1996, 43(6): 1325.
[48] Takaashi Y, Mimaki Y, Kuroda M. Tetrahedron, 1995, 51(8): 2281.
[49] Yokosuka A, Mimaki Y, Phytochemistry, 2009, 807.
[50] Barile E, Bonanomi G, Antignani V. Phytochemistry, 2007, 68: 596.
[51] Wang Y, Ohtani K, Kasai R. Phytochemistry, 1996, 42(5): 1417.
[52] Ori K, Yoshihiro Mimaki Y, Mito K. Phytochemistry, 1992, 31: 2767.
[53] Sun Z X, Huang X F, Kong L Y. Fitoterapia, 2010, 81: 210.
[54] Satou T, Mimaki Y, Kuroda M. Phytochemistry, 1996, 41(4): 1225.
[55] Sautour M, Miyamoto T, Lacaille-Dubois M A. Phytochemistry, 2007, 68: 2554.
[56] Bernardo R R, Pinto A V, Parente J P. Phytochemistry, 1996, 43(2): 465.
[57] Debella A, Haslinger E, Kunert O. Phytochemistry, 1999, 51: 1069.
[58] Hayes P Y, Jahidin A H, Lehmann R. Tetrahedron Lett, 2006, 47: 6965.
[59] Hu G H, Mao R G, Ma Z Z. Food Chemistry, 2009, 113: 1066.
[60] Hayes P Y, Jahidin A H, Lehmann R. Tetrahedron Lett, 2006, 47: 8683.
[61] Zou Z M, Yu D Q, Cong P Z. Phytochemistry, 2001, 57: 1219.
[62] Mimaki Y, Kanmoto T, Sashida Y. Phytochemistry, 1996, 41:1405.
[63] Zhang T, Liu H, Liu X T. Steroids, 2009; 74: 809.
[64] Saijo R, Fuke C, Murakami K. Phytochemistry, 1983, 22: 733.

[65] Pant G. Sati O P, Miyahara K. Phytochemistry, 1986, 25(6): 1491.
[66] Kawashima K, Mimaki Y, Sashida Y. Phytochemistry, 1993, 32 (5): 1267.
[67] Temraz A, Gindi O D E, Kadry H A. Phytochemistry, 2006, 67: 1011.
[68] Yadi H, Kimura T, Suzuki M. Biosci Biotechnol Biochem, 2010,74: 861.
[69] Carotenuto A, Fattorusso E, Lanzotti V. Phytochemistry, 1999, 51: 1077.
[70] Yesilada E, Houghton P J. Phytochemistry, 1991, 30(10): 3405.
[71] Soule S, Guntner C, Vazquez A. Phytochemistry, 2000, 55: 217.
[72] Mimaki Y, Kawashima K, Kanmoto T. Phytochemsitry, 1993, 34(3): 799.
[73] Ahmad V U, Baqai F T, Ahmad R. Phytochemistry, 1993, 34(2): 511.

第八节 麦角甾烷类化合物

表 8-8-1 麦角甾烷类化合物 8-8-1~8-8-10 的名称、分子式和测试溶剂

编号	名称	分子式	测试溶剂	参考文献
8-8-1	paxillosterone	$C_{28}H_{46}O_8$	M	[1]
8-8-2	panuosterone	$C_{28}H_{46}O_7$	M	[1]
8-8-3	25-hydroxypanuosterone	$C_{28}H_{46}O_8$	M	[1]
8-8-4	polyporoid C	$C_{28}H_{46}O_7$	M	[2]
8-8-5	atrotosterone A	$C_{28}H_{46}O_7$	M	[3]
8-8-6	25-hydroxyatrotosterone A	$C_{28}H_{46}O_8$	M	[3]
8-8-7	atrotosterone B	$C_{28}H_{44}O_7$	M	[3]
8-8-8	25-hydroxyatrotosterone B	$C_{28}H_{44}O_8$	M	[3]
8-8-9	paxillosterone 20,22-*p*-hydroxybenzylidene acetal	$C_{35}H_{50}O_9$	M	[3]
8-8-10	5*β*,6*β*-epoxyergost-24(28)-ene-3*β*,7*β*-diol	$C_{28}H_{46}O_3$	C	[4]

8-8-1 R^1=*α*-OH; R^2=*α*-OH; R^3=H; R^4=*β*-OH; R^5=*α*-OH; R^6=H; R^7=*β*-OH; R^8=H
8-8-2 R^1=H; R^2=*α*-OH; R^3=H; R^4=*β*-OH; R^5=*α*-OH; R^6=H; R^7=*β*-OH; R^8=H
8-8-3 R^1=H; R^2=*α*-OH; R^3=H; R^4=*β*-OH; R^5=*α*-OH; R^6=H; R^7=R^8=OH
8-8-4 R^1=H; R^2=*α*-OH; R^3= R^4=*β*-OH; R^5=*α*-OH; R^6=R^7=R^8=H
8-8-5 R^1=R^2=*α*-OH; R^3=H; R^4=*β*-OH; R^5=*α*-OH; R^6=R^7=R^8=H
8-8-6 R^1=R^2=*α*-OH; R^3=H; R^4=*β*-OH; R^5=*α*-OH; R^6=R^7=H; R^8=OH
8-8-7 R^1=R^2=*α*-OH; R^3=H; R^4=*β*-OH; R^5, R^6=-O-; R^7= R^8=H
8-8-8 R^1=R^2=*α*-OH; R^3=H; R^4=*β*-OH; R^5, R^6=-O-; R^7=H; R^8=OH
8-8-9 R^1=R^2=*α*-OH; R^3=H; R^4=R^5=对羟基苄基乙缩醛; R^8=H; R^7=OH; R^8=H

8-8-10

表 8-8-2 化合物 8-8-1~8-8-10 的 ^{13}C NMR 化学位移数据[1~4]

C	**8-8-1**	**8-8-2**	**8-8-3**	**8-8-4**	**8-8-5**	**8-8-6**	**8-8-7**	**8-8-8**	**8-8-9**	**8-8-10**
1	39.06	37.38	37.37	37.3	39.1	39.1	39.1	39.1	39.1	37.6
2	68.92	68.72	68.72	68.7	68.9	68.9	68.9	68.9	68.9	32.1

续表

C	**8-8-1**	**8-8-2**	**8-8-3**	**8-8-4**	**8-8-5**	**8-8-6**	**8-8-7**	**8-8-8**	**8-8-9**	**8-8-10**
3	68.55	68.52	68.53	68.5	68.5	68.6	68.6	68.6	68.6	68.7
4	33.26	32.86	32.84	32.8	33.3	33.3	33.3	33.3	33.3	43.3
5	51.76	51.80	51.80	51.8	52.8	52.8	52.8	52.8	52.8	66.8
6	206.58	205.42	204.46	206.3	206.7	206.7	206.7	206.7	206.7	69.1
7	122.28	122.30	122.29	122.0	122.7	122.8	122.7	122.7	122.9	74.6
8	165.41	167.60	167.84	167.0	165.9	165.7	165.7	165.7	165.3	38.1
9	42.93	34.90	35.13	34.9	42.9	42.9	42.9	42.9	42.9	50.6
10	39.93	39.30	39.30	39.2	39.9	39.9	39.9	39.9	39.9	34.8
11	69.46	21.54	21.51	21.4	69.5	69.5	69.5	69.5	69.4	22.5
12	43.68	32.44	32.41	32.4	43.7	43.7	43.5	43.5	43.4	40.1
13				49.0				48.5		43.3
14	85.40	85.40	85.48	83.1	84.8	85.0	84.7	84.7	85.0	56.3
15	31.90	31.83	31.79	44.9	31.8	31.8	31.8	31.8	31.8	28.0
16	22.46	21.44	21.32	73.5	21.5	21.6	21.9	21.9	21.7	29.0
17	49.97	50.19	50.00	51.4	50.2	50.2	50.3	54.3	50.7	55.6
18	18.85	17.98	17.96	18.9	18.8	18.8	18.8	18.8	18.5	12.0
19	24.64	24.40	24.39	24.4	24.6	24.6	24.6	24.6	24.6	17.4
20	77.72	77.81	77.91	80.9	77.9	77.9	72.8	72.8	85.7	36.0
21	20.66	20.69	20.69	20.4	20.7	20.7	20.0	24.0	23.5	19.1
22	74.00	74.06	74.02	74.9	75.5	77.9	66.7	67.0	81.3	35.1
23	41.20	41.18	39.96	38.0	37.5	35.1	59.9	54.5	39.4	31.4
24	76.25	76.26	76.27	36.9	36.7	44.4	43.1	47.6	75.2	156.7
25	37.32	37.28	77.51	30.4	30.4	74.1	34.4	72.9	39.5	34.1
26	17.32	18.82	25.25	16.3	16.2	28.2	20.8	28.0	18.2	22.2
27	18.85	17.30	25.25	15.7	15.7	25.9	19.9	27.0	17.5	22.0
28	22.11	22.16	22.41	21.6	21.6	16.9	13.9	12.4	22.1	106.7
1'									105.3	
2'									131.2	
3'									129.5	
4'									115.9	
5'									159.4	
6'									115.9	
7'									129.5	

表 8-8-3 麦角甾烷类化合物 8-8-11~8-8-20 的名称、分子式和测试溶剂

编号	名称	分子式	测试溶剂	参考文献
8-8-11	(10-6)*abeo*-ergosta-5,7,9,22-tetraen-3α-ol	$C_{28}H_{42}O$	C	[5]
8-8-12	5β,6β-epoxy-4β-hydroxy-1-oxo-witha-2,16,24-trienolide	$C_{28}H_{36}O_5$	C	[6]
8-8-13	phyperunolide A	$C_{28}H_{36}O_7$	P	[7]
8-8-14	(24*S*)-ergost-4-en-3-one	$C_{28}H_{46}O_3$	C	[8]

续表

编号	名称	分子式	测试溶剂	参考文献
8-8-15	6α,7α-epoxy-3β,5α,17α-trihydroxy-1-oxo-with-24-enolide	$C_{28}H_{40}O_7$	C	[6]
8-8-16	6α,7α-epoxy-5α,17α-dihydroxy-1-oxo-3β-O-sulfate-with-24-enolide	$C_{28}H_{40}O_{10}S$	C	[6]
8-8-17	25α-hydroxy-ergosta-7,22-dien-3-one	$C_{28}H_{44}O_2$	C	[9]
8-8-18	27-trihydroxy-3-oxo-witha-1,4,24-trienolide	$C_{28}H_{38}O_4$	C	[6]
8-8-19	9-hydroxygorgosterol	$C_{30}H_{50}O_2$	C	[4]
8-8-20	9,11α,14-trihydroxygorgosterol	$C_{30}H_{50}O_4$	C	[4]

8-8-11

8-8-12 $R^1=R^2=H$
8-8-13 $R^1=\alpha$-OH; $R^2=\beta$-OH

8-8-14

8-8-15 $R^1=\beta$-OH; $R^2=\alpha$-OH
8-8-16 $R^2=\beta$-OSO_3H; $R^1=\alpha$-OH

8-8-17

8-8-18

8-8-19 R=H
8-8-20 R=α-OH

表 8-8-4 化合物 8-8-11~8-8-20 的 ^{13}C NMR 化学位移数据

C	8-8-11[5]	8-8-12[6]	8-8-13[7]	8-8-14[8]	8-8-15[6]	8-8-16[6]	8-8-17[9]	8-8-18[6]	8-8-19[4]	8-8-20[4]
1	27.6	202.4	202.4	35.7	212.0	210.6	38.5	154.9	29.6	30.9
2	31.4	131.9	132.6	34.0	41.3	39.7	37.8	129.2	32.7	32.6
3	68.3	143.0	144.7	199.6	66.0	73.0	211.7	186.7	70.6	70.9
4	36.6	69.4	70.4	123.7	47.0	45.7	43.9	123.5	43.9	44.5
5	134.2	63.0	64.7	171.9	73.2	73.5	42.5	147.8	139.9	139.8
6	132.5	60.0	60.7	32.9	56.6	57.3	27.8	29.4	121.4	121.2
7	123.9	30.6	26.5	31.1	56.8	57.0	116.8	29.3	27.8	23.5
8	137.9	28.0	32.1	35.6	35.3	36.9	139.1	30.1	35.2	36.5
9	132.1	44.2	38.0	53.8	44.9	44.6	48.5	42.6	73.7	77.7
10	129.8	46.3	48.6	38.6	51.6	53.0	34.1	47.0	43.2	44.2
11	25.8	20.5	20.5	21.0	21.2	22.2	21.4	21.7	27.3	69.3
12	37.2	33.9	28.0	39.6	36.6	37.9	39.0	39.3	36.1	40.8

续表

C	8-8-11[5]	8-8-12[6]	8-8-13[7]	8-8-14[8]	8-8-15[6]	8-8-16[6]	8-8-17[9]	8-8-18[6]	8-8-19[4]	8-8-20[4]
13	41.8	48.0	52.5	42.4	48.3	50.0	43.0	43.0	42.6	48.6
14	51.9	56.6	84.4	56.0	45.6	46.7	54.6	56.6	50.1	82.6
15	24.2	32.2	40.2	24.2	22.6	23.8	22.6	24.7	24.6	27.8
16	29.4	124.0	124.5	28.1	32.6	33.9	29.7	27.6	28.8	32.7
17	55.2	154.8	157.4	55.9	84.9	85.0	55.4	51.9	58.1	52.5
18	11.4	15.5	22.0	11.9	9.3	10.2	11.9	11.9	11.4	16.9
19	14.6	16.2	16.7	17.4	15.9	16.6	12.2	19.6	23.0	22.4
20	40.6	35.5	74.6	36.1	35.6	36.6	40.2	39.2	35.7	35.4
21	21.1	15.7	24.4	18.8	15.0	15.6	20.7	13.3	21.6	21.6
22	135.6	78.6	81.3	33.7	78.9	80.5	138.7	78.2	32.5	32.2
23	132.1	30.6	30.3	30.6	32.2	33.6	128.8	31.7	26.0	26.0
24	42.9	149.9	150.7	39.1	151.6	153.2	47.8	156.9	50.9	50.9
25	33.2	121.0	121.0	31.5	120.0	121.7	72.1	122.9	32.3	32.6
26	20.0	167.3	165.8	17.6	168.0	168.8	26.0	166.8	21.7	21.7
27	19.7	11.6	12.5	20.5	12.1	12.6	26.7	58.0	22.4	22.4
28	17.7	19.7	20.2	15.4	20.7	20.7	15.4	20.5	15.7	15.7
29									21.5	21.4
30									14.4	14.5

表 8-8-5　麦角甾烷类化合物 8-8-21~8-8-30 的名称、分子式和测试溶剂

编号	名称	分子式	测试溶剂	参考文献
8-8-21	ergost-24(28)-ene-3*β*,5*α*,6*β*,7*β*-tetrol	$C_{28}H_{48}O_4$	C	[4]
8-8-22	(22*S*)-5*α*-ergostane-3*α*,22-diol	$C_{28}H_{50}O_2$	C	[10]
8-8-23	polyporoid B	$C_{28}H_{44}O_7$	M	[2]
8-8-24	polyporoid A	$C_{28}H_{44}O_7$	M	[2]
8-8-25	3*β*-hydroxy-1,11-dioxo-ergosta-8,24(28)-diene-4*α*-carboxylic acid	$C_{29}H_{42}O_5$	M	[11]
8-8-26	ergosta-7,22-diene-3,6-dione	$C_{28}H_{42}O_2$	C	[12]
8-8-27	calvasterol A	$C_{28}H_{38}O_3$	C	[13]
8-8-28	ergosta-4,7,22-triene-3,6-dione	$C_{28}H_{40}O_2$	C	[13]
8-8-29	calvasterol B	$C_{28}H_{40}O_4$	C	[13]
8-8-30	8*β*-hydroxyergosta-4,6,22-trien-3-one	$C_{28}H_{42}O_2$	C	[12]

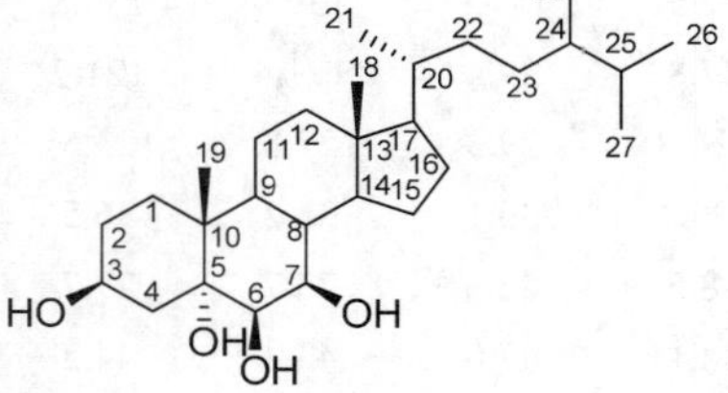

8-8-21 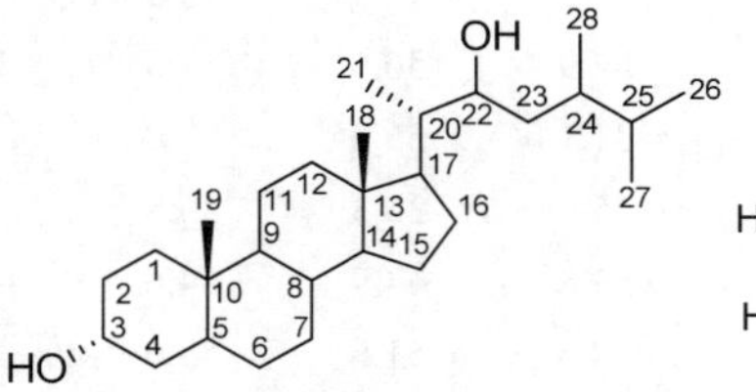　　**8-8-22** 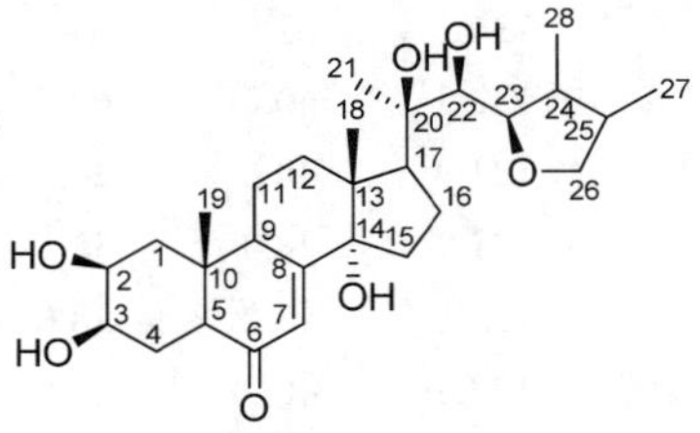　　**8-8-23**

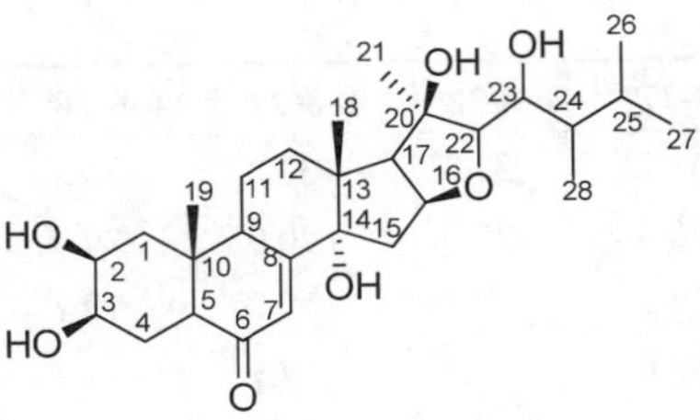

8-8-24 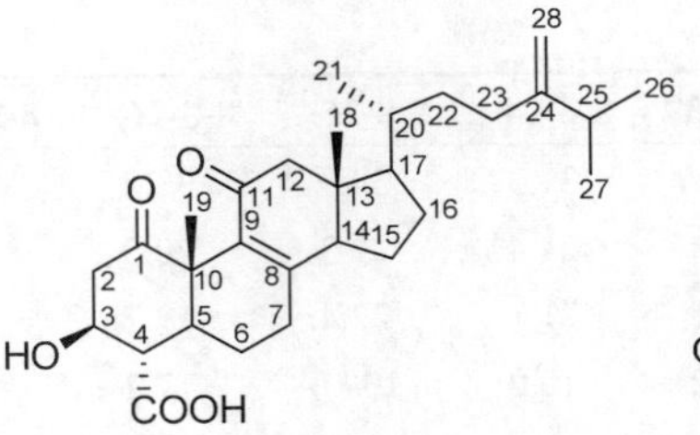 8-8-25 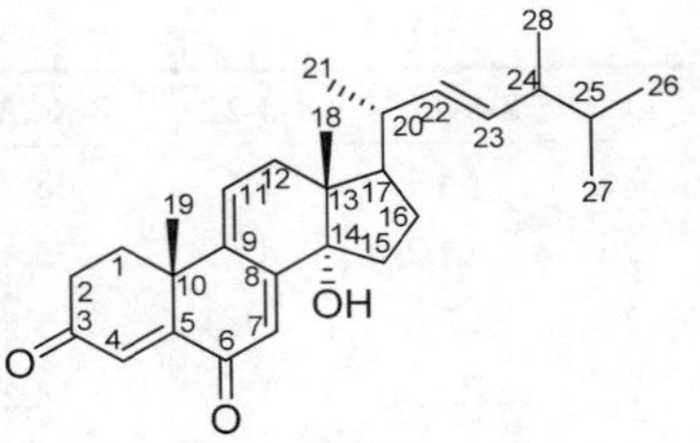 8-8-26

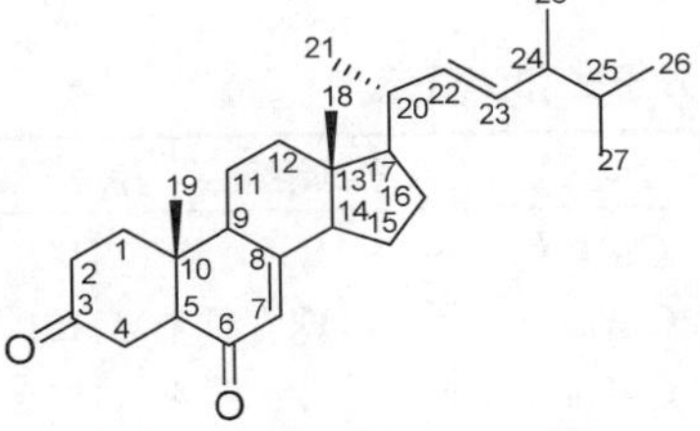

8-8-27

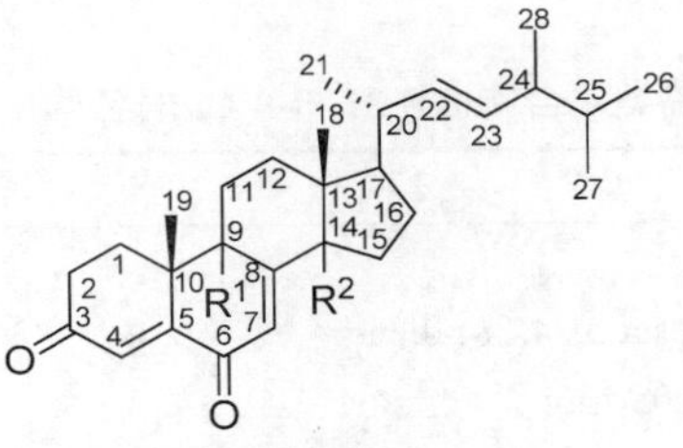

8-8-28 $R^1=R^2=H$

8-8-29 $R^1=R^2=\alpha$-OH

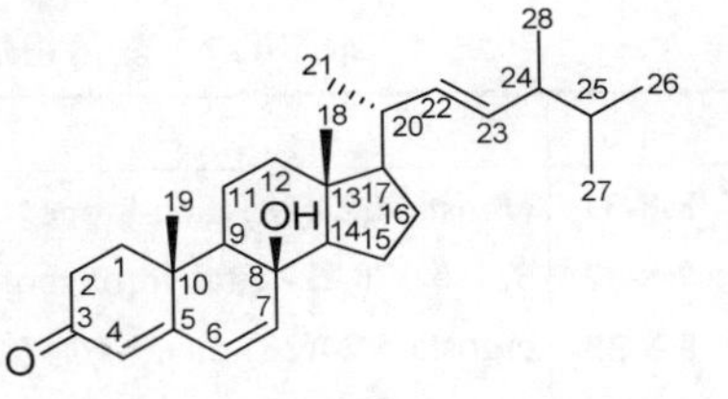

8-8-30

表 8-8-6 化合物 8-8-21~8-8-30 的 ^{13}C NMR 化学位移数据

C	8-8-21[14]	8-8-22[10]	8-8-23[2]	8-8-24[2]	8-8-25[11]	8-8-26[12]	8-8-27[13]	8-8-28[13]	8-8-29[13]	8-8-30[12]
1	33.4	32.2	37.4	37.3	211.8	38.3	34.5	35.5	27.7	35.2
2	32.6	29.1	68.7	68.6	47.6	37.4	34.3	34.4	34.3	34.0
3	67.1	66.7	68.5	68.5	75.3	211.7	199.7	200.1	200.1	200.4
4	43.1	36.0	32.9	32.8	56.6	37.2	127.0	124.4	125.5	126.2
5	76.8	39.2	51.8	51.9	45.0	54.8	156.3	168.4	155.4	163.5
6	79.5	28.6	206.6	205.6	22.0	199.0	188.7	187.7	188.1	130.8
7	73.0	32.0	121.9	122.0	30.3	123.3	121.8	126.4	129.1	137.1
8	39.5	35.6	168.5	167.1	160.7	164.4	156.0	158.7	163.4	82.0
9	44.8	54.3	35.1	34.7	136.1	49.9	138.5	47.3	74.4	54.6
10	38.6	36.1	39.2	39.4	51.7	38.5	38.8	39.1	44.1	36.3
11	22.0	20.9	21.5	21.6	201.0	22.1	132.9	21.9	27.6	18.0
12	40.9	40.1	32.3	31.2	57.2	38.8	37.4	38.6	27.7	41.2
13	43.9	42.6	49.0	47.8	49.2	44.7	46.3	44.8	46.4	44.4
14	56.5	56.5	85.2	86.2	53.8	56.0	84.7	56.3	87.0	57.5
15	27.9	24.2	31.8	43.0	24.2	22.7	31.2	22.6	31.9	22.3
16	29.2	27.9	22.1	83.0	28.7	28.0	27.2	27.8	26.3	28.3
17	55.8	52.7	50.2	63.6	56.3	56.3	50.4	56.5	50.2	56.8
18	12.6	12.1	18.4	18.5	12.3	12.7	16.2	12.9	16.4	13.5
19	17.6	11.3	24.4	24.4	19.8	12.9	29.5	19.6	22.9	19.4
20	36.2	39.4	78.2	80.9	37.0	40.4	40.1	40.4	40.0	39.9
21	19.1	11.3	23.2	26.6	18.9	21.2	20.9	21.2	21.3	20.8
22	35.2	71.8	80.2	84.7	35.6	135.4	135.4	135.3	135.4	135.8
23	31.4	39.4	87.8	72.8	32.0	133.1	133.3	133.2	133.4	132.7
24	156.8	35.4	47.9	42.5	157.1	43.0	42.9	43.0	43.0	43.0

续表

C	8-8-21[14]	8-8-22[10]	8-8-23[2]	8-8-24[2]	8-8-25[11]	8-8-26[12]	8-8-27[13]	8-8-28[13]	8-8-29[13]	8-8-30[12]
25	34.1	32.1	43.7	31.3	34.9	33.2	33.2	33.2	33.2	33.2
26	22.2	17.9	75.4	24.4	22.3	20.0	20.0	20.0	20.0	20.0
27	22.0	20.1	15.5	21.1	22.4	19.7	19.7	19.7	19.7	19.7
28	106.7	15.9	18.2	10.0	107.0	17.7	17.6	17.6	17.7	17.7
CO					180.8					

表 8-8-7　麦角甾烷类化合物 8-8-31~8-8-40 的名称、分子式和测试溶剂

编号	名称	分子式	测试溶剂	参考文献
8-8-31	ergosta-4,24(28)-dien-3-one	$C_{28}H_{44}O$	C	[14]
8-8-32	3α,16β,20,22-tetrahydroxyergosta-5,24(28)-diene	$C_{28}H_{46}O_4$	D	[15]
8-8-33	ergosta-5,24(28)-diene-3β,4β,20*S*-triol	$C_{28}H_{46}O_3$	C	[16]
8-8-34	ergosta-5,24(28)-diene-3β,7α-diol	$C_{28}H_{46}O_2$	C	[16]
8-8-35	ergosta-5,24(28)-diene-3β,7α,20β-triol	$C_{28}H_{46}O_3$	C	[17]
8-8-36	(20*S*)-ergosta-5,24(28)-diene-3β,7α,16β,20-tetrol	$C_{28}H_{46}O_4$	C	[18]
8-8-37	(25*R*)-26-acetoxy-3β,5α-dihydroxyergost-24(28)-en-6-one	$C_{30}H_{48}O_5$	C	[4]
8-8-38	(25*S*)-26-acetoxy-3β,5α-dihydroxyergost-24(28)-en-6-one	$C_{30}H_{48}O_5$	C	[4]
8-8-39	gymnasterol	$C_{28}H_{42}O_3$	A	[19]
8-8-40	3β,5α-dihydroxy-(22*E*,24*R*)-ergost-22-en-6β-yl oleate	$C_{46}H_{78}O_5$	C	[20]

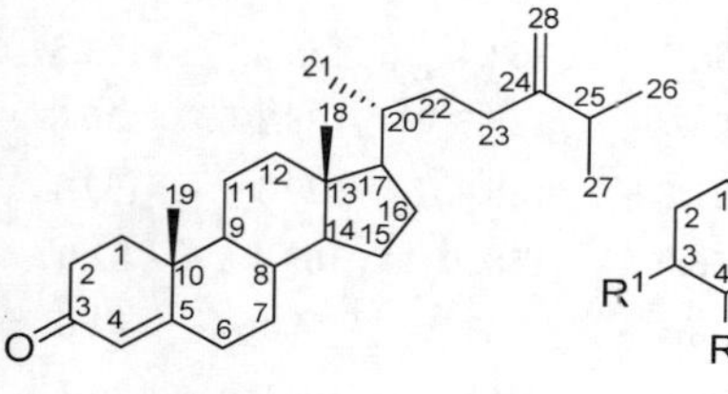

8-8-31

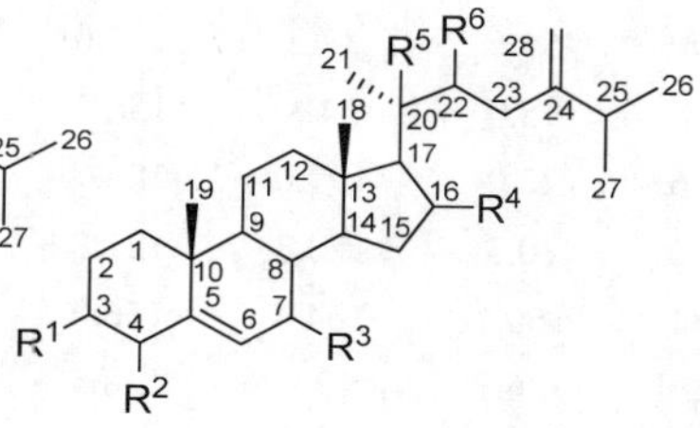

8-8-32 $R^1=R^4=\alpha$-OH; $R^2=R^3$=H; $R^5=R^6$=OH
8-8-33 $R^1=R^2=\beta$-OH; $R^3=R^4$=H; R^5=OH; R^6=H
8-8-34 $R^1=\beta$-5OH; R^2=H; $R^3=\alpha$-OH; $R^4=R^5=R^6$=H
8-8-35 $R^1=R^5\beta$-OH; R^2=H; $R^3=\alpha$-OH; $R^4=R^6$=H
8-8-36 $R^1=R^4=R^5=\beta$-OH; $R^2=R^6$=H; $R^3=\alpha$-OH

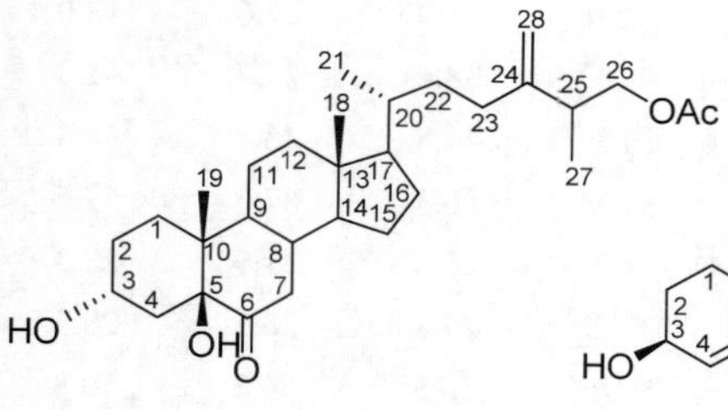

8-8-37 25*R*
8-8-38 25*S*

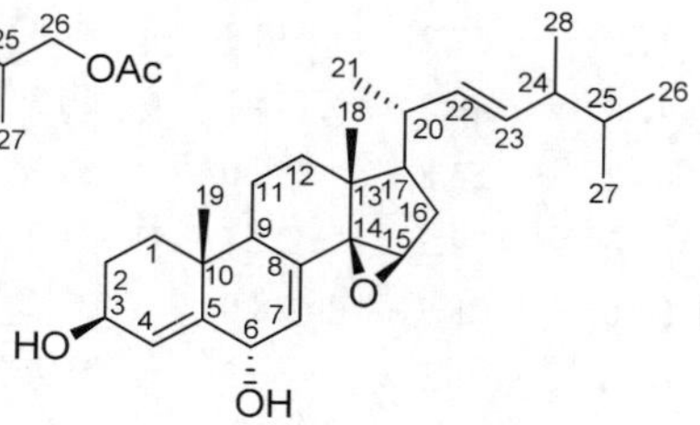

8-8-39

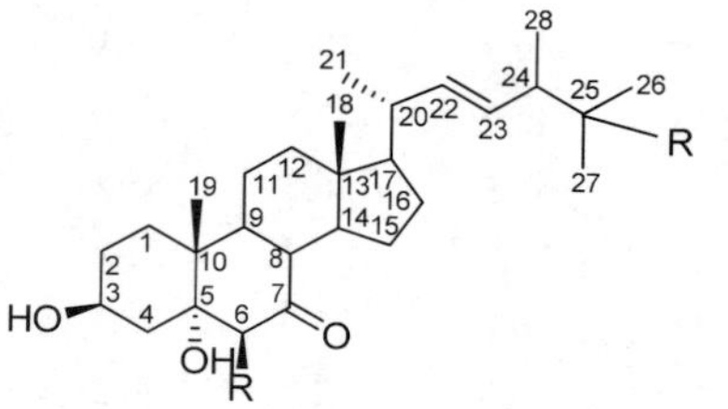

8-8-40 R=β-O-Ole

表 8-8-8　化合物 8-8-31~8-8-40 的 ^{13}C NMR 化学位移数据

C	8-8-31[14]	8-8-32[15]	8-8-33[16]	8-8-34[16]	8-8-35[17]	8-8-36[18]	8-8-37[4]	8-8-38[4]	8-8-39[19]	8-8-40[20]
1	35.6	37.3	37.3	37.3	36.9	37.3	30.7	30.7	32.6	32.1
2	33.9	31.4	25.6	31.6	31.3	31.3	31.8	31.8	29.6	30.1

续表

C	8-8-31[14]	8-8-32[15]	8-8-33[16]	8-8-34[16]	8-8-35[17]	8-8-36[18]	8-8-37[4]	8-8-38[4]	8-8-39[19]	8-8-40[20]
3	199.8	70.0	72.8	71.5	71.2	71.3	66.8	66.8	65.6	66.8
4	123.7	42.8	77.6	42.4	42.0	42.0	37.6	37.6	121.9	40.4
5	171.9	141.3	143.0	146.5	146.2	146.5	80.3	80.3	146.2	78.9
6	33.0	120.4	128.5	124.1	123.7	123.7	213.6	213.6	66.5	82.5
7	32.1	31.2	32.2	65.6	65.2	65.2	42.2	42.2	124.1	207.4
8	35.7	30.6	31.6	37.8	36.9	36.5	37.7	37.7	136.0	46.3
9	53.8	49.7	50.5	42.5	42.0	42.3	44.8	44.8	48.2	47.7
10	38.6	36.1	36.2	37.7	37.4	37.4	43.3	43.3	38.2	39.3
11	21.0	20.1	20.6	21.0	20.5	20.4	21.9	21.9	21.3	21.6
12	39.6	40.2	40.2	39.4	39.4	39.8	40.1	40.1	40.1	38.6
13	42.4	42.2	42.9	42.3	42.4	42.7	42.9	42.9	45.3	42.4
14	56.0	53.8	57.0	49.7	49.5	47.7	56.5	56.5	72.7	48.1
15	24.1	37.7	24.0	24.6	23.7	36.9	24.1	24.1	67.9	24.6
16	28.2	72.0	22.6	28.5	22.4	74.2	28.3	28.3	29.6	28.5
17	55.9	56.2	58.2	55.9	57.5	60.1	56.1	56.1	53.6	54.9
18	11.9	14.6	13.8	11.9	13.3	14.6	12.2	12.2	15.9	12.3
19	17.4	19.2	21.2	19.0	16.2	18.3	14.2	14.2	22.3	17.4
20	25.6	78.6	75.4	36.0	75.1	76.7	35.8	35.9	39.0	39.9
21	18.6	19.9	26.4	18.5	26.3	26.7	18.7	18.8	23.4	21.0
22	34.7	73.8	42.5	34.9	42.0	42.6	34.6	34.7	135.5	135.6
23	31.0	37.5	29.1	31.1	29.0	29.4	31.5	31.7	132.9	131.9
24	156.8	153.9	156.2	157.1	156.2	156.4	151.9	152.0	44.0	42.8
25	33.8	32.5	34.4	34.0	33.9	33.9	39.1	39.2	33.9	33.1
26	21.8	21.9	22.3	22.3	21.9	21.9	68.1	68.2	20.1	19.6
27	21.9	21.7	22.3	22.1	21.9	22.0	17.0	17.1	20.4	19.9
28	106.0	107.9	106.6	106.2	106.3	106.3	109.5	109.7	18.1	17.6
OAc							170.8	170.8		
							20.9	20.9		
1'										172.2
2'										34.2
3'										24.8
4'~7', 12'~15''										29.04~29.75
8'										27.2
9'										129.7
10'										130.0
11'										27.2
16'										31.9
17'										22.7
18'										14.1

表 8-8-9 麦角甾烷类化合物 8-8-41~8-8-50 的名称、分子式和测试溶剂

编号	名称	分子式	测试溶剂	参考文献
8-8-41	atrotosterone C	$C_{28}H_{44}O_8$	M	[3]
8-8-42	3*β*-hydroxy-2,3-dihydro-withanolide F	$C_{28}H_{40}O_7$	C	[21]
8-8-43	petuniasterone I	$C_{34}H_{48}O_9S$	C	[22]
8-8-44	petuniasterone J	$C_{34}H_{48}O_9$	C	[22]
8-8-45	petuniasterone K	$C_{32}H_{44}O_7S$	C	[22]
8-8-46	petuniasterone L	$C_{34}H_{46}O_8S$	C	[22]
8-8-47	12-acetoxy-11*β*-hydroxypetuniasterone D 7-acetate	$C_{34}H_{48}O_9$	C	[22]
8-8-48	12-acetoxy-11*β*-hydroxypetuniasterone M 7-acetate	$C_{35}H_{50}O_9$	C	[22]
8-8-49	petuniasterone M	$C_{31}H_{46}O_5$	C	[22]
8-8-50	12*α*-acetoxypetuniasterone M	$C_{33}H_{48}O_7$	C	[22]

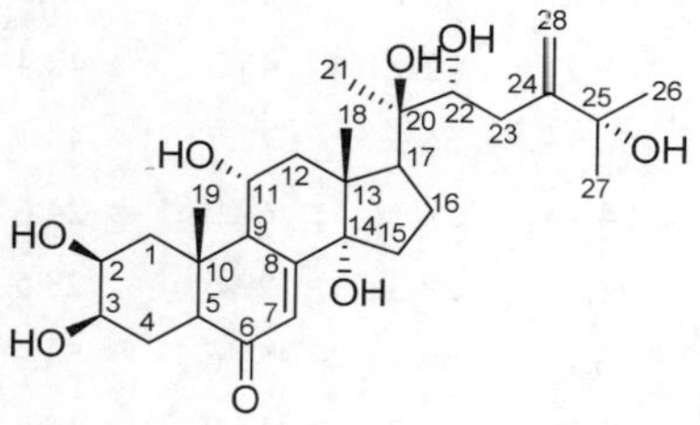

8-8-41

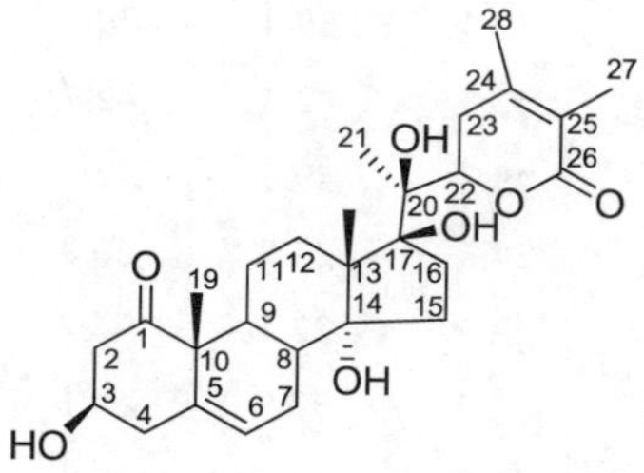

8-8-42

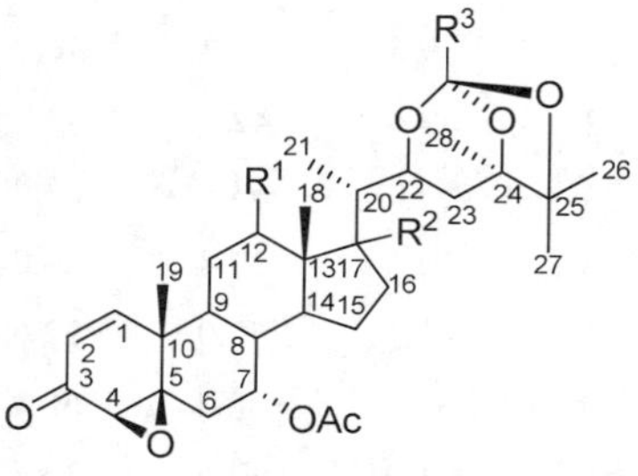

8-8-43 R^1=H; R^2=*β*-OH; R^3=CH_2COSCH_3

8-8-44 R^1=*α*-OAc; R^2=H; R^3=Me

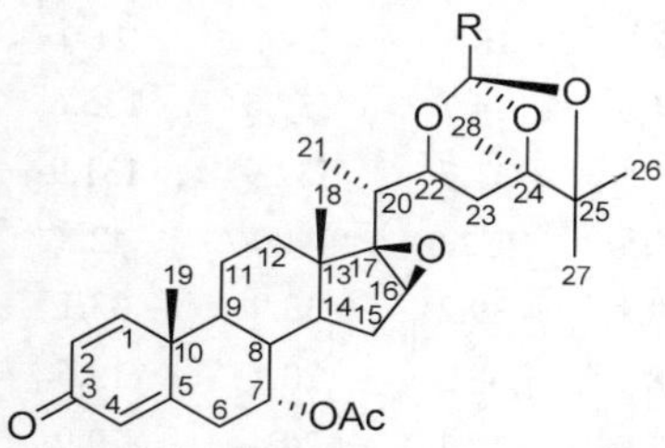

8-8-45 R=CH_3

8-8-46 R=CH_2COSCH_3

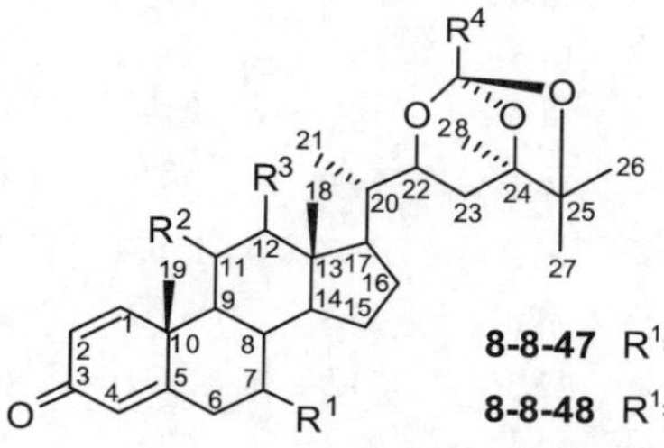

8-8-47 R^1=*α*-OAc; R^2=*β*-OH; R^3=OAc; R^4=Me

8-8-48 R^1=*α*-OAc; R^2=*β*-OH; R^3=OAc; R^4=CH_2CH_3

8-8-49 R^1=*α*-OH; R^2=H; R^3=H; R^4=CH_2CH_3

8-8-50 R^1=*α*-OH; R^2=H; R^3=*α*-OAc; R^4=CH_2CH_3

表 8-8-10 化合物 8-8-41~8-8-50 的 ^{13}C NMR 化学位移数据[3,21,22]

C	8-8-41	8-8-42	8-8-43	8-8-44	8-8-45	8-8-46	8-8-47	8-8-48	8-8-49	8-8-50
1	39.1	209.7	154.9	154.0	154.8	154.8	155.1	155.1	155.6	154.8
2	68.9	47.6	123.3	123.7	127.8	127.8	128.3	128.3	127.6	127.9
3	68.6	68.6	195.9	195.4	185.6	185.6	186.1	186.1	185.6	185.5
4	33.3	40.0	62.5	62.4	126.7	126.7	125.2	125.2	127.2	127.3
5	52.8	135.4	63.9	63.7	163.4	163.5	164.6	164.7	164.5	164.0
6	206.7	125.9	34.6	34.6	37.1	37.1	36.9	36.9	40.9	40.9
7	122.8	25.9	70.1	70.1	71.7	71.7	71.8	71.9	69.5	69.2
8	165.7	36.2	39.1	37.8	36.8	36.7	34.8	34.8	38.6	39.0
9	42.9	35.9	46.5	38.1	44.7	44.6	43.2	43.2	44.4	37.9
10	39.9	53.1	42.0	41.5	43.2	43.2	44.1	44.1	43.4	42.8
11	69.5	22.2	22.1	26.5	22.7	22.6	71.3	71.3	22.5	26.8
12	43.8	34.6	36.5	74.4	33.9	33.8	78.7	78.7	39.0	74.8
13		54.1	48.2	45.2	42.4	42.4	43.5	43.5	42.9	45.2

续表

C	**8-8-41**	**8-8-42**	**8-8-43**	**8-8-44**	**8-8-45**	**8-8-46**	**8-8-47**	**8-8-48**	**8-8-49**	**8-8-50**
14	84.9	82.5	43.8	42.4	56.2	56.2	37.8	37.8	49.9	43.0
15	31.8	30.4	23.3	23.0	28.0	28.0	23.2	23.2	23.8	23.1
16	21.6	37.1	33.2	26.1	63.5	63.6	26.0	26.0	27.2	26.4
17	50.3	87.9	84.9	43.9	75.2	75.0	44.7	44.7	52.1	43.8
18	18.9	20.6	15.2	12.2	14.1	14.2	12.0	12.1	11.8	12.2
19	24.6	18.4	15.7	15.5	18.2	18.2	21.3	21.3	18.2	18.0
20	77.7	78.7	41.7	41.1	37.1	37.1	44.6	44.6	39.7	39.7
21	21.0	19.1	14.5	11.6	10.5	10.4	11.6	11.5	12.6	11.5
22	78.0	81.5	71.7	69.6	69.6	69.9	69.6	69.3	69.5	69.3
23	34.6	32.5	31.1	30.1	34.5	34.5	30.2	30.5	30.5	30.4
24	155.3	152.3	83.5	82.5	82.5	82.9	82.5	82.1	82.1	82.1
25	73.6	121.4	82.1	81.2	81.4	82.0	81.2	81.0	81.1	81.0
26	30.2	166.0	19.7	20.0	20.0	19.9	20.0	20.1	20.1	20.1
27	29.8	12.4	20.1	20.6	20.3	20.2	20.6	20.6	20.5	20.6
28	110.4	20.7	24.8	25.2	25.1	24.8	25.2	25.3	25.3	25.3
OAc			170.1	170.1	170.2	170.3	170.3	170.3		170.3
Me			20.9	20.9	21.0	21.1	21.2	21.2		21.2
原酸酯			114.8	117.3	117.0	115.1	117.3	118.9	118.8	118.8
CH_2CO			50.2			50.2				
COS			193.2			192.9				
SMe			12.0			12.0				
原乙酸酯				23.5	24.0		23.5			
原乙酸酯								29.3	29.3	29.3
								7.7	7.7	7.7

表 8-8-11 麦角甾烷类化合物 8-8-51~8-8-60 的名称、分子式和测试溶剂

编号	名称	分子式	测试溶剂	参考文献
8-8-51	withatatulin	$C_{28}H_{40}O_5$	C	[23]
8-8-52	phyperunolide E	$C_{28}H_{40}O_9$	P	[7]
8-8-53	phyperunolide F	$C_{30}H_{44}O_9$	P	[7]
8-8-54	petuniansterone P_1	$C_{32}H_{46}O_8$	C	[24]
8-8-55	petuniansterone P_2	$C_{32}H_{46}O_8$	C	[24]
8-8-56	petuniansterone P_3	$C_{34}H_{48}O_9S$	C	[24]
8-8-57	petuniansterone P_4	$C_{34}H_{48}O_9S$	C	[24]
8-8-58	7β-acetoxywithanolide D	$C_{30}H_{40}O_8$	C	[25]
8-8-59	7β,16α-diacetoxywithanolide D	$C_{32}H_{42}O_{10}$	C	[25]
8-8-60	4-deoxy-7β,16α-diacetoxywithanolide D	$C_{30}H_{40}O_8$	C	[25]

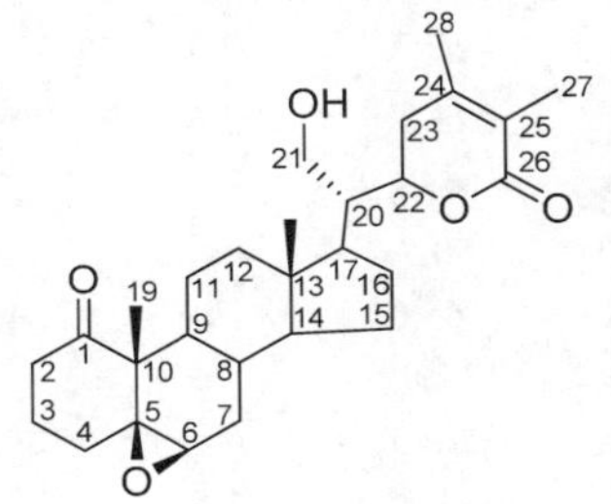

8-8-51

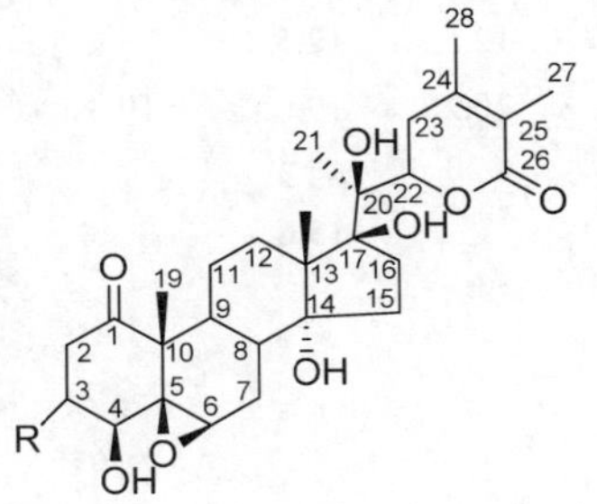

8-8-52 R=OH
8-8-53 R=OC_2H_5

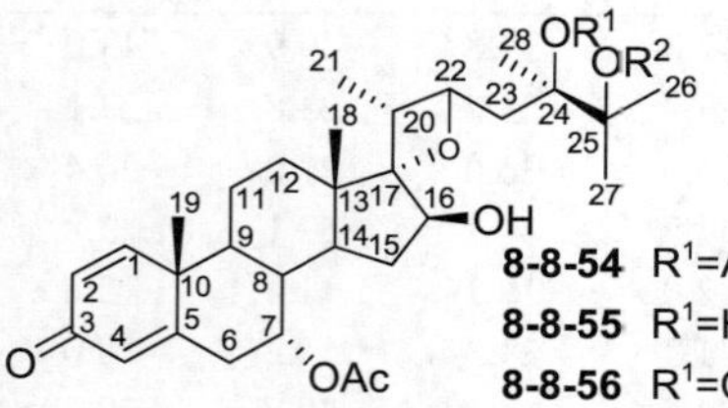

8-8-54 R^1=Ac; R^2=H
8-8-55 R^1=H; R^2=Ac
8-8-56 R^1=$COCH_2COSMe$; R^2=H
8-8-57 R^1=H; R^2=$COCH_2COSMe$

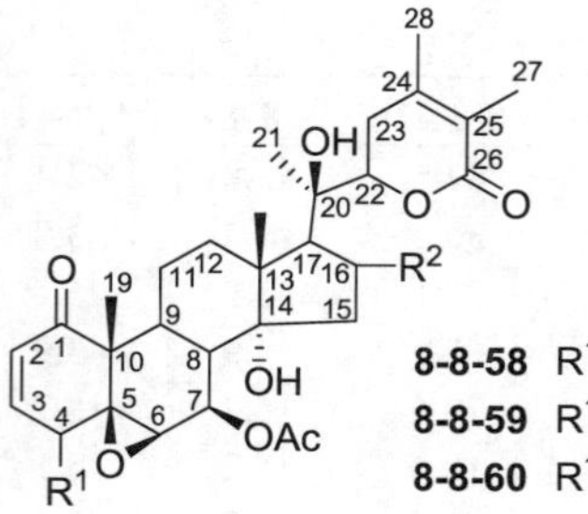

8-8-58 R^1=β-OH; R^2=H
8-8-59 R^1=β-OH; R^2=α-OAc
8-8-60 R^1=H; R^2=α-OAc

表 8-8-12 化合物 8-8-51~8-8-60 的 ^{13}C NMR 化学位移数据

C	8-8-51[23]	8-8-52[7]	8-8-53[7]	8-8-54[24]	8-8-55[24]	8-8-56[24]	8-8-57[24]	8-8-58[25]	8-8-59[25]	8-8-60[25]
1	213.2	210.7	210.0	154.8	155.0	154.8	154.9	201.1	201.6	202.4
2	32.3	44.1	41.5	127.8	127.7	127.6	127.7	132.3	132.3	129.3
3	31.8	69.2	76.8	185.8	185.8	185.8	185.8	141.6	142.0	144.2
4	35.2	78.9	75.2	126.6	126.6	126.5	126.5	69.3	69.2	32.5
5	64.3	65.4	65.1	163.6	163.9	163.7	163.9	67.0	66.9	64.9
6	60.5	59.7	59.2	37.2	37.3	37.1	37.3	62.4	62.3	63.8
7	20.5	26.7	26.6	70.7	70.8	70.7	70.8	74.6	74.3	74.6
8	29.2	34.8	34.7	40.4	40.4	40.3	40.4	34.1	33.3	33.8
9	42.9	36.8	36.6	46.4	46.1	46.3	46.0	43.3	42.9	43.5
10	52.2	51.1	51.0	43.3	43.3	43.2	43.3	46.9	46.6	47.8
11	22.0	21.8	21.7	20.5	20.8	20.4	20.8	22.1	21.7	23.7
12	38.6	30.3	30.3	38.3	41.3	38.3	41.0	39.5	39.5	40.2
13	42.3	55.0	55.0	57.5	56.9	57.5	56.9	43.5	44.1	43.5
14	55.8	81.9	81.8	40.1	40.4	40.0	40.4	55.5	52.5	52.7
15	24.1	33.0	33.0	35.4	35.3	35.4	35.2	25.6	35.9	35.9
16	27.2	37.2	37.2	79.6	80.3	79.3	80.2	29.7	75.6	75.8
17	46.2	88.2	88.2	88.6	89.3	90.0	90.7	53.8	59.1	59.3
18	11.9	20.8	20.7	11.3	11.4	11.3	11.4	13.4	14.3	14.7
19	13.2	15.2	15.1	18.0	18.1	18.0	18.0	17.2	17.1	15.4
20	45.1	79.3	79.3	49.0	48.9	48.7	49.9	75.0	74.5	74.7
21	59.7	19.6	20.2	11.6	11.8	11.5	11.8	20.8	20.3	20.6
22	77.9	81.6	81.6	78.9	78.6	78.7	78.6	80.8	80.6	80.8
23	30.3	35.1	35.1	28.4	28.8	28.3	28.6	31.5	31.0	31.4
24	150.2	151.0	151.0	94.2	75.8	94.3	76.1	148.8	148.9	148.8
25	121.6	121.4	121.4	73.6	93.3	73.4	93.3	122.0	122.4	122.3
26	166.8	166.9	166.9	24.5	20.9	24.3	20.5	166.0	166.1	166.0
27	12.4	12.5	12.5	25.2	22.2	25.1	21.5	12.5	12.2	12.7
28	18.3	20.2	19.6	19.3	23.4	18.8	23.0	20.6	20.6	20.9
COS			64.3			191.5	191.8			
<u>C</u>H₂CO			15.6			50.7	50.7			
COO						165.1	165.0			
SMe						12.0	12.0			
OAc				170.4	170.5	170.4	170.5	171.3	170.7	171.6
Me				21.0	21.1	21.0	21.1	21.5	21.2	21.7
OAc				170.8	171.1					
Me				22.6	22.5					

表 8-8-13 麦角甾烷类化合物 8-8-61~8-8-70 的名称、分子式和测试溶剂

编号	名称	分子式	测试溶剂	参考文献
8-8-61	phyperunolide B	$C_{28}H_{40}O_9$	P	[7]
8-8-62	phyperunolide C	$C_{24}H_{39}ClO_7$	P	[7]
8-8-63	phyperunolide D	$C_{28}H_{40}O_9$	P	[7]
8-8-64	22*E*,24*R*-5*α*,6*α*-epoxyergosta-8(14),22-diene-3*β*,7*α*-diol	$C_{28}H_{44}O_3$	C	[26]
8-8-65	5*α*,8*α*-epidioxyergosta-6,22-dien-3*β*-ol	$C_{28}H_{44}O_3$	C	[26]
8-8-66	22*E*,24*R*-5*α*,6*α*-epoxyergosta-8,22-diene-3*β*,7*α*-diol	$C_{28}H_{44}O_3$	C	[26]
8-8-67	22*E*,24*R*-ergosta-7,22-dien-3*β*-ol	$C_{28}H_{46}O$	C	[27]
8-8-68	22*E*,24*R*-ergosta-7,22-diene-3*β*,5*α*,6*β*,9*α*-tetrol	$C_{28}H_{46}O_4$	C	[26]
8-8-69	3*β*,5*α*-dihydroxy-(22*E*,24*R*)-ergosta-7,22-dien-6*β*-yl oleate	$C_{46}H_{78}O_4$	C	[20]
8-8-70	22*E*,24*R*-ergosta-7,22-diene-3*β*,5*α*,6*β*-triol	$C_{28}H_{46}O_3$	C	[28]

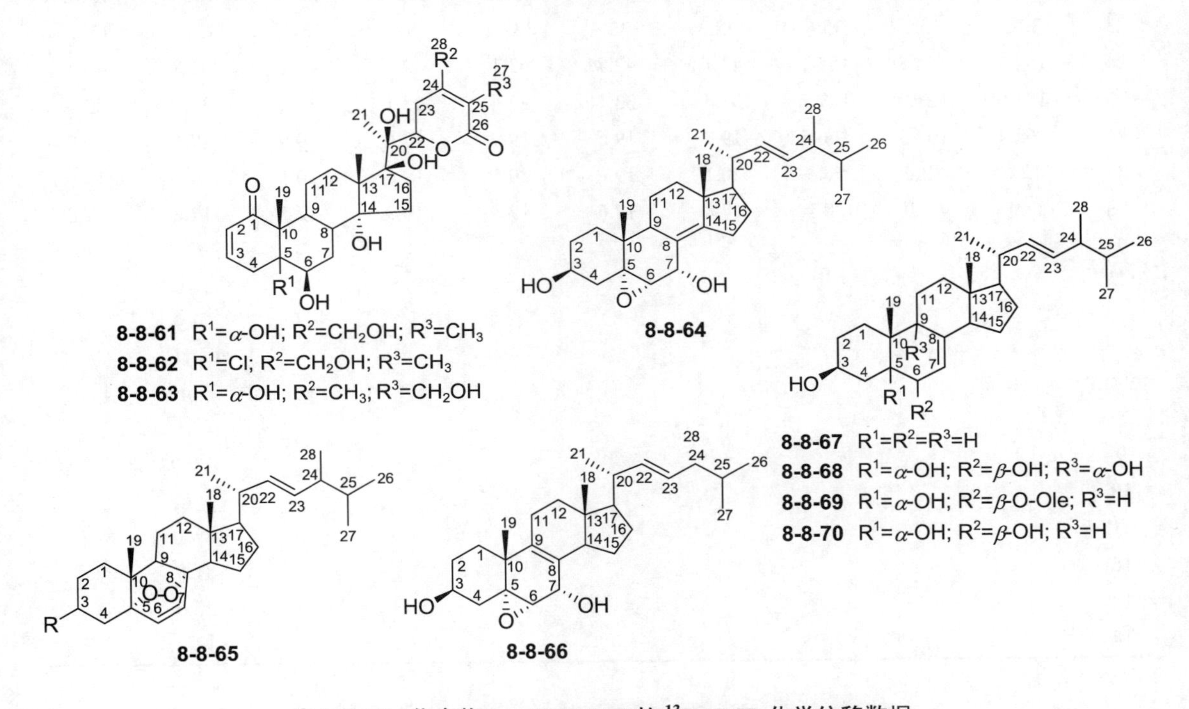

表 8-8-14 化合物 8-8-61~8-8-70 的 ^{13}C NMR 化学位移数据

C	8-8-61[7]	8-8-62[7]	8-8-63[7]	8-8-64[26]	8-8-65[26]	8-8-66[26]	8-8-67[27]	8-8-68[26]	8-8-69[20]	8-8-70[28]
1	205.2	201.8	205.2	32.4	30.2	32.1	37.1	29.1	32.3	32.6
2	129.1	128.8	129.2	27.8	34.8	31.1	29.6	32.5	30.4	33.8
3	142.0	142.2	142.0	68.3	66.5	68.2	71.0	67.4	67.1	67.6
4	36.9	38.1	36.9	40.9	39.4	40.4	38.0	42.1	39.2	41.9
5	77.7	83.1	77.8	66.9	82.1	64.8	40.2	75.1	75.1	76.2
6	75.4	74.9	75.5	62.5	135.2	63.7	31.5	73.9	73.3	74.3
7	30.5	30.3	30.5	65.2	130.8	67.1	117.4	121.3	114.1	120.4
8	35.2	35.3	35.3	127.4	79.4	133.9	139.6	143.0	145.5	141.6
9	34.7	35.7	34.7	39.6	51.2	128.3	49.4	78.7	43.1	43.8
10	53.1	53.8	53.1	36.5	37.0	38.8	34.2	41.3	37.1	38.1
11	23.4	23.3	23.4	19.6	20.7	24.2	21.5	28.5	21.9	22.4
12	31.8	31.6	31.9	37.1	37.0	36.4	39.4	36.0	39.2	39.9

续表

C	8-8-61[7]	8-8-62[7]	8-8-63[7]	8-8-64[26]	8-8-65[26]	8-8-66[26]	8-8-67[27]	8-8-68[26]	8-8-69[20]	8-8-70[28]
13	55.6	55.5	55.5	43.2	44.6	42.5	43.3	44.2	43.6	43.8
14	83.3	82.7	83.2	150.5	51.8	50.7	55.1	51.3	54.8	55.3
15	33.3	33.3	33.3	25.2	23.4	24.2	22.9	23.5	22.8	23.5
16	37.3	37.3	37.3	33.0	28.6	29.6	28.1	28.3	27.8	28.4
17	88.7	88.6	88.6	57.3	56.3	54.1	55.9	56.3	55.9	56.3
18	21.7	21.7	21.8	18.4	12.9	11.7	12.1	12.1	12.2	12.5
19	16.1	16.8	16.1	16.7	18.2	22.7	13.0	22.4	18.1	18.8
20	79.5	79.5	79.3	40.1	39.6	40.8	40.5	40.8	40.3	40.8
21	19.9	19.9	19.8	21.5	20.9	21.3	21.1	21.4	21.0	21.4
22	83.2	83.1	82.0	136.0	135.5	136.3	135.1	136.2	135.3	136.2
23	30.1	30.1	35.6	132.3	132.4	132.2	131.9	132.2	132.0	132.2
24	154.5	154.5	155.1	43.1	42.8	43.1	42.8	43.1	42.8	43.1
25	121.0	121.0	127.1	33.4	33.1	33.4	33.1	33.4	33.0	33.4
26	167.4	167.3	166.5	19.9	19.6	19.9	17.6	19.9	19.6	20.7
27	12.0	12.0	56.3	20.1	19.9	20.1	19.6	20.1	19.9	19.9
28	60.8	61.0	20.2	17.8	17.6	17.8	19.9	17.7	17.6	17.8
1'									173.4	
2'									34.6	
3'									24.9	
4'~7', 12'~15'									29.02~29.64	
8'									27.1	
9'									129.6	
10'									129.9	
11'									27.1	
16'									31.8	
17'									22.6	
18'									14.0	

表 8-8-15 麦角甾烷类化合物 8-8-71~8-8-80 的名称、分子式和测试溶剂

编号	名称	分子式	测试溶剂	参考文献
8-8-71	Δ^3-isowithanolide F	$C_{28}H_{38}O_6$	C	[21]
8-8-72	ergophilone A	$C_{50}H_{60}O_{10}$	M	[29]
8-8-73	ergophilone B	$C_{49}H_{58}O_{10}$	M	[29]
8-8-74	24*R*-5α,8α-epidioxyergosta-6,22-dien-3β-ol	$C_{28}H_{44}O_3$	C	[30]
8-8-75	petuniasterone B 22-nicotinate	$C_{36}H_{49}NO_7$	C	[31]
8-8-76	petuniasterone B 7,22-dinicotinate	$C_{42}H_{52}N_2O_8$	C	[31]
8-8-77	petuniasterone C 22-nicotinate	$C_{34}H_{45}NO_5$	C	[31]
8-8-78	petuniasterone C 22-nicotinate 7-acetate	$C_{36}H_{47}NO_6$	C	[31]
8-8-79	petuniasterone C 7,22-dinicotinate	$C_{40}H_{48}N_2O_6$	C	[31]
8-8-80	24*R*-5α,6α-epoxyergost-22-en-3β-ol	$C_{28}H_{44}O_2$	C	[30]

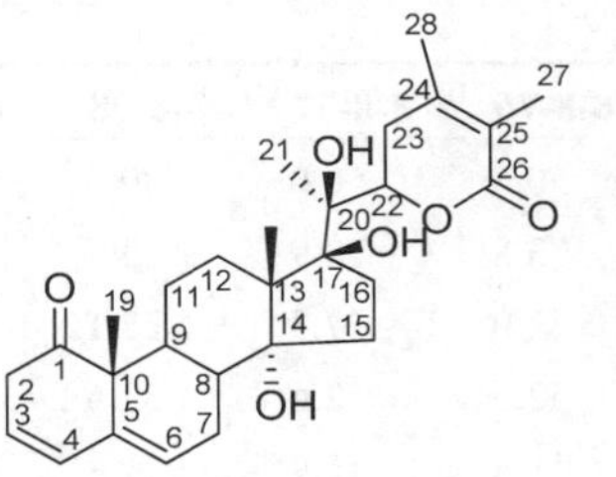

8-8-71

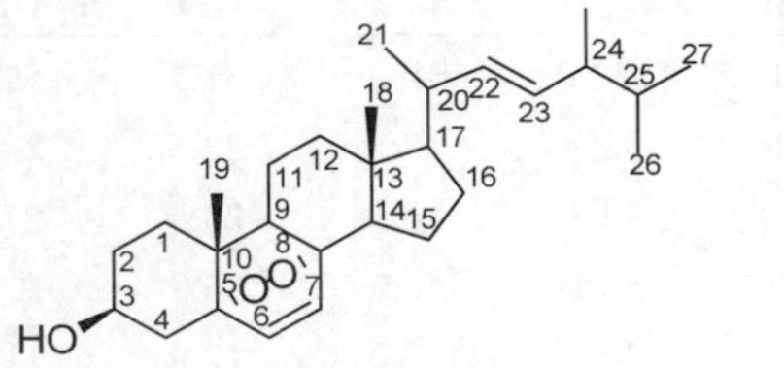

8-8-74

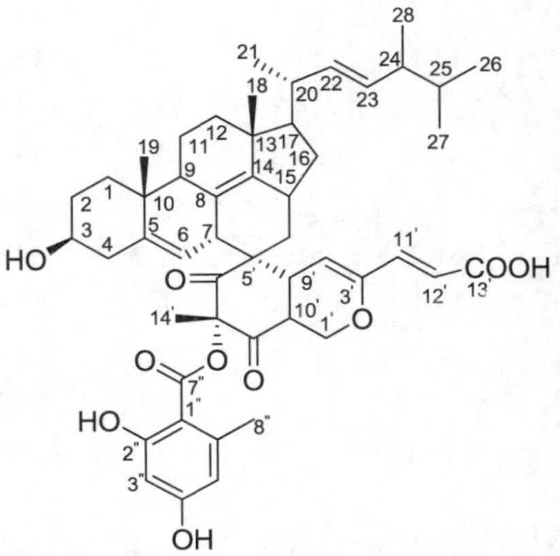

8-8-72

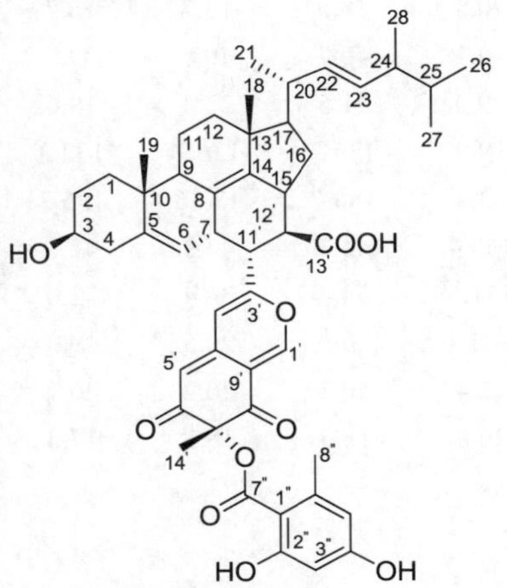

8-8-73

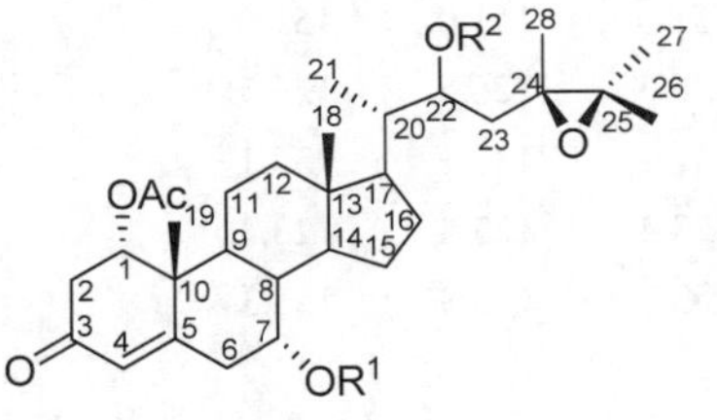

8-8-75 R^1=H; R^2=Nic
8-8-76 R^1=R^2=Nic

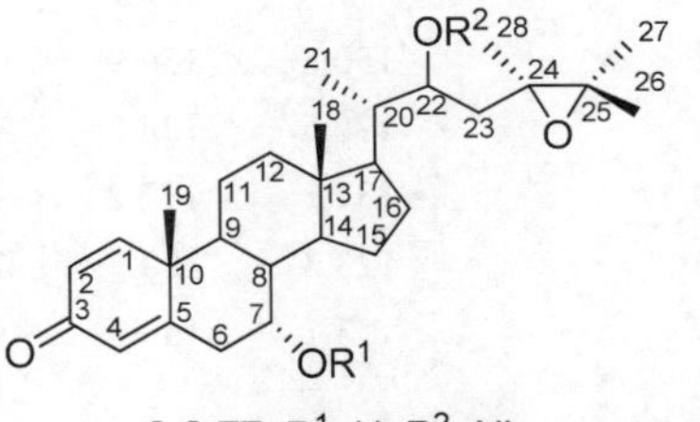

8-8-77 R^1=H; R^2=Nic
8-8-78 R^1=Ac; R^2=Nic
8-8-79 R^1=R^2=Nic

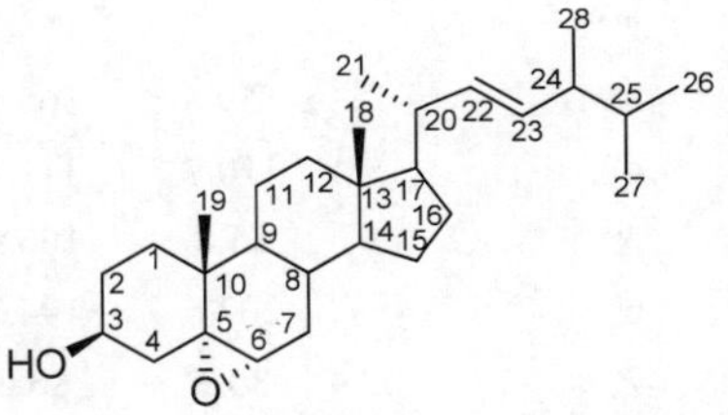

8-8-80

表 8-8-16 化合物 8-8-71～8-8-80 的 ^{13}C NMR 化学位移数据

C	8-8-71[21]	8-8-72[29]	8-8-73[29]	8-8-74[30]	8-8-75[31]	8-8-76[31]	8-8-77[31]	8-8-78[31]	8-8-79[31]	8-8-80[30]
1	210.5	37.3	37.2	39.4	73.7	73.8	155.4	155.1	154.8	32.6
2	39.7	32.4	32.3	30.1	39.3	39.3	127.7	127.8	128.0	30.6
3	127.9	71.3	71.2	66.3	194.9	194.8	185.5	185.7	185.1	67.2
4	129.5	42.5	42.5	51.2	126.2	125.0	127.3	126.7	126.9	38.7
5	140.5	145.3	146.7	79.4	163.9	162.2	164.2	163.8	163.2	75.7
6	121.2	120.8	121.0	130.7	40.9	37.5	41.0	37.3	37.4	72.7
7	25.9	41.7	38.0	135.4	67.5	71.6	69.5	72.0	73.2	117.3
8	33.9	128.4	129.3	82.7	39.2	38.5	39.0	38.3	38.7	143.8
9	36.1	48.4	48.5	34.7	36.6	38.5	44.4	45.1	45.7	43.0
10	52.3	37.5	37.6	36.9	41.6	41.6	43.4	43.2	43.2	36.8
11	21.8	20.8	20.6	20.9	20.2	20.5	22.5	22.4	22.5	21.8
12	34.2	40.1	40.1	39.4	39.0	39.1	40.1	38.8	38.9	39.1
13	53.8	44.7	43.9	44.6	42.8	43.1	43.0	43.1	43.2	43.3

续表

C	**8-8-71**[21]	**8-8-72**[29]	**8-8-73**[29]	**8-8-74**[30]	**8-8-75**[31]	**8-8-76**[31]	**8-8-77**[31]	**8-8-78**[31]	**8-8-79**[31]	**8-8-80**[30]
14	83.1	152.0	148.6	51.7	50.2	50.5	50.0	49.8	50.1	54.3
15	30.1	33.8	38.5	28.6	23.6	23.8	23.9	23.8	23.9	22.7
16	37.9	37.3	36.9	23.4	27.3	27.0	27.3	27.1	11.8	27.8
17	87.9	56.1	56.2	56.3	52.5	52.6	52.6	52.6	52.6	55.8
18	20.6	20.0	20.2	12.9	11.7	11.8	11.9	11.8	27.0	12.1
19	20.5	18.5	18.7	18.7	18.0	18.5	18.3	18.4	18.5	18.0
20	79.1	40.7	40.6	39.7	40.1	39.7	39.7	39.8	39.7	40.2
21	19.9	21.5	21.4	19.6	12.9	13.1	13.1	13.1	13.1	20.9
22	79.8	136.7	136.7	132.3	74.6	74.4	74.7	74.5	74.3	135.7
23	32.4	133.7	133.6	135.2	32.2	32.2	32.3	32.4	32.1	131.9
24	150.4	44.3	44.3	42.8	62.4	62.3	62.5	62.4	62.2	42.6
25	121.5	34.4	34.4	33.0	61.1	61.2	61.2	61.2	60.8	32.9
26	165.9	20.5	20.5	19.9	19.4	19.1	19.4	19.4	19.0	19.7
27	12.4	20.2	20.2	20.7	20.9	20.9	21.1	21.1	21.1	19.4
28	20.6	18.3	18.1	17.5	21.3	21.3	21.4	21.4	21.3	19.4
OAc					170.2	170.1		170.4		
					21.0	21.0		21.0		
Nic					164.8	164.8	164.8	164.8	164.8	
						164.2			164.3	
1'		64.6	156.1		150.8	150.9	151.0	151.0	151.0	
2'					126.5	126.5	126.5	126.5	126.5	
3'		159.6	165.4		137.1	137.2	137.1	137.1	137.1	
4'		110.7	111.4		123.3	123.5	123.4	123.4	123.3	
5'		55.8	106.9		153.1	153.3	153.3	153.3	153.3	
6'		207.6	194.7							
7'		86.3	86.6							
8'		191.0	194.0							
9'		154.4	145.2							
10'		118.8	116.6							
11'		137.2	47.9							
12'		124.5	52.3							
13'		169.1	178.5							
14'		25.3	22.8							
15'		43.2								
1''		104.6	104.9							
2''		166.6	166.4			150.6			150.8	
3''		101.8	101.7			126.3			125.9	
4''		164.7	164.5			137.2			137.0	
5''		112.9	112.8			123.4			123.5	
6''		145.3	145.5						153.7	
7''		170.8	171.0			153.7				
8''		24.4	24.1							

表 8-8-17 麦角甾烷类化合物 8-8-81~8-8-90 的名称、分子式和测试溶剂

编号	名称	分子式	测试溶剂	参考文献
8-8-81	1*α*,9*α*,11*α*-trihydroxydinosterol	$C_{30}H_{52}O_4$	C	[32]
8-8-82	1*α*-hydroxy-9(11)-secodinosterol	$C_{30}H_{52}O_4$	C	[32]
8-8-83	(22*Z*)-5*α*,8*α*-epidioxy-27-*nor*-ergosta-6,22-dien-3*β*-ol	$C_{27}H_{42}O_3$	C	[33]
8-8-84	salpochrolide A	$C_{28}H_{34}O_5$	C	[34]
8-8-85	salpochrolide E	$C_{28}H_{34}O_5$	C	[35]
8-8-86	salpichrolide F	$C_{28}H_{36}O_6$	C	[35]
8-8-87	bzeispirol Z	$C_{28}H_{38}O_5$	C	[36]
8-8-88	blazeispirol I	$C_{25}H_{34}O_5$	C	[37]
8-8-89	(20*S*,22*R*,23*R*,24*S*)-14*β*,22:22,25-diepoxy-5-methoxy-des-A-ergosta-5,7,9,11-tetraen-23-ol	$C_{25}H_{34}O_4$	C	[38]
8-8-90	(20*S*,22*R*,23*R*,24*S*)-14*β*,22:22,25-diepoxy-5-methoxy-des-A-ergosta-5,7,9,11-tetraene-19,23-diol	$C_{25}H_{34}O_5$	C	[38]

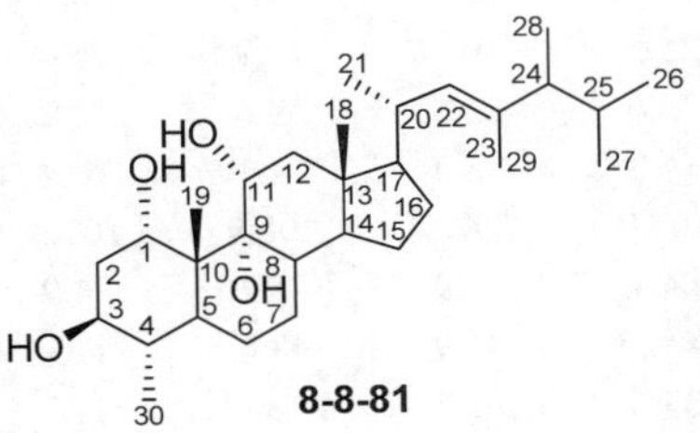

8-8-81 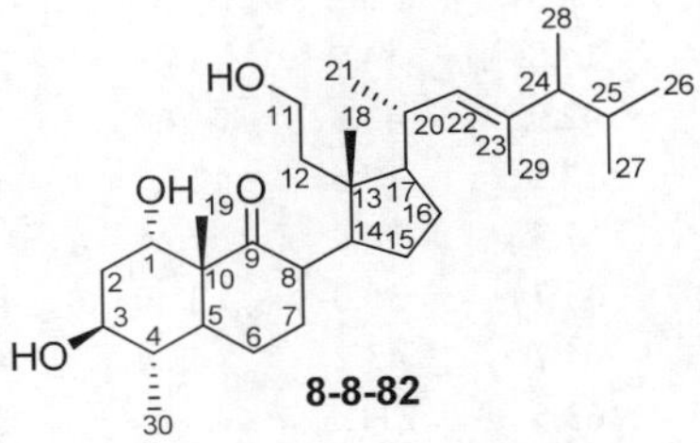 **8-8-82** 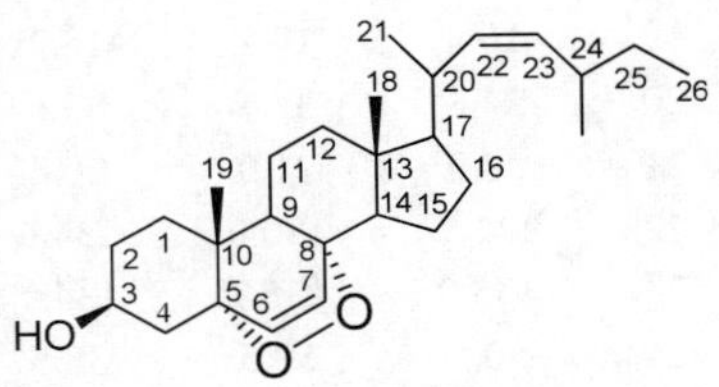 **8-8-83**

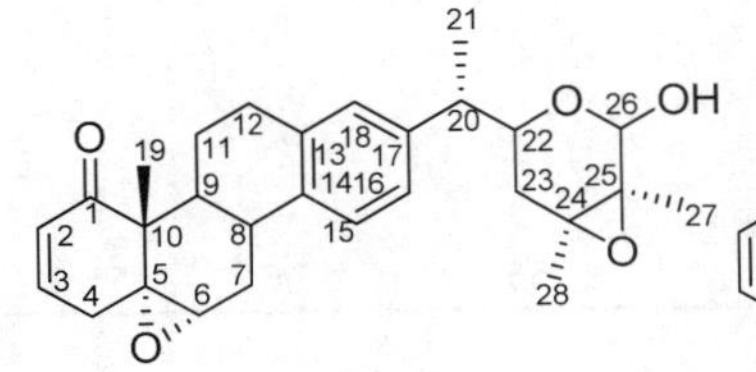

8-8-84 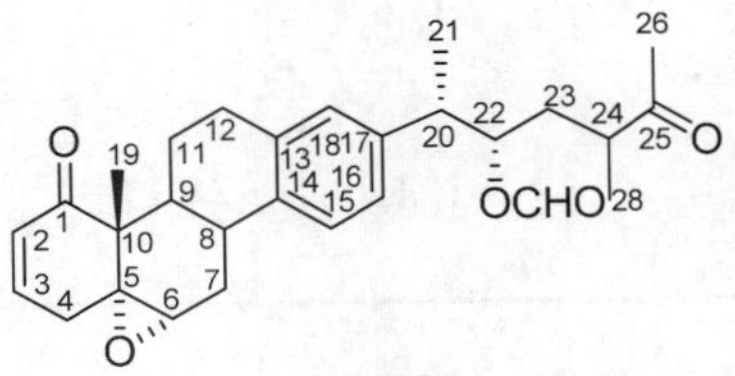 **8-8-85** 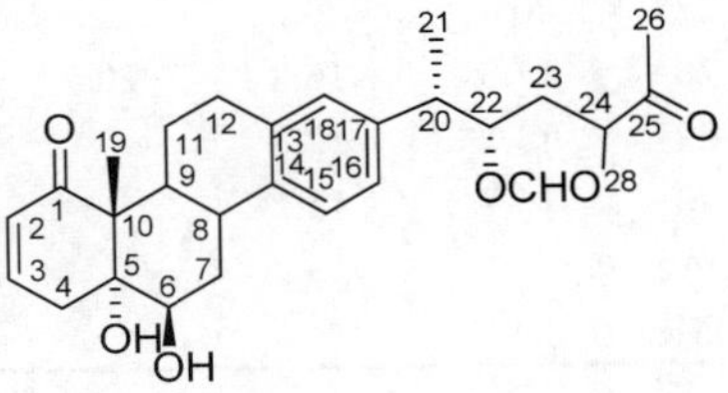 **8-8-86**

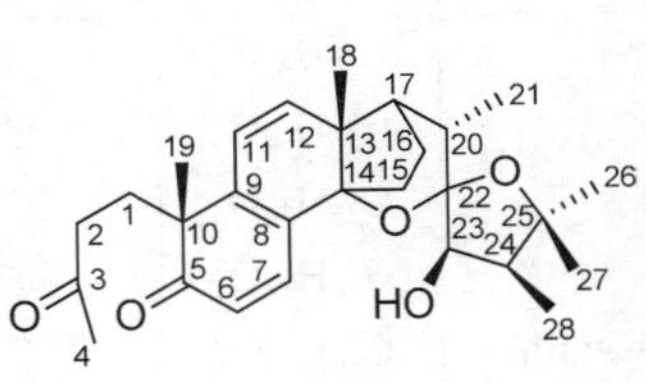

8-8-87

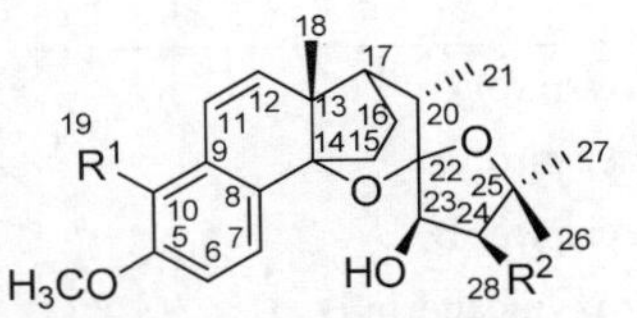

8-8-88 R^1=Me; R^2=CH_2OH
8-8-89 R^1=Me; R^2=H
8-8-90 R^1=CH_2OH; R^2=H

表 8-8-18 化合物 8-8-81～8-8-90 的 ^{13}C NMR 化学位移数据

C	8-8-81[32]	8-8-82[32]	8-8-83[33]	8-8-84[34]	8-8-85[35]	8-8-86[35]	8-8-87[36]	8-8-88[37]	8-8-89[38]	8-8-90[38]
1	75.2	71.6	34.7	202.4	202.6	202.6	32.6			
2	39.1	36.4	30.1	128.6	128.6	128.9	38.9			
3	71.3	71.4	66.5	142.2	142.4	141.2	207.7			

续表

C	**8-8-81**[32]	**8-8-82**[32]	**8-8-83**[33]	**8-8-84**[34]	**8-8-85**[35]	**8-8-86**[35]	**8-8-87**[36]	**8-8-88**[37]	**8-8-89**[38]	**8-8-90**[38]
4	40.3	38.6	36.9	33.5	33.6	35.6	29.9			
5	38.4	44.1	82.1	64.5	64.7		204.9	156.4	156.8	156.7
6	25.3	24.6	135.4	58.9	59.0	75.0	123.9	108.6	108.9	108.8
7	24.7	31.7	130.7	30.5	30.6	34.4	140.9	121.4	120.9	124.1
8	37.5	44.5	79.4	33.1	33.2	32.4	130.7	131.8	130.6	132.5
9	79.8	220.1	51.0	36.3	36.4	38.4	142.7	130.3	130.1	130.5
10	43.7	53.5	36.9	48.7	48.8		50.6	122.5	122.8	124.5
11	70.3	59.1	23.4	25.4	25.4	25.9	121.4	122.4	122.8	121.5
12	47.1	40.8	39.3	30.3	30.4	29.7	143.7	139.0	138.4	140.5
13	42.8	45.3	44.6	137.6	138.2	138.7	48.2	47.0	47.8	47.0
14	48.2	41.7	51.6	136.8	137.3	137.4	82.8	84.1	86.4	83.8
15	24.2	23.3	20.5	125.4	126.6	125.7	36.8	37.1	36.5	37.0
16	28.3	24.0	28.8	126.3	125.5	125.3	25.6	24.9	24.2	24.9
17	56.8	50.4	56.1	140.3	139.3	139.3	50.6	50.5	50.1	50.6
18	12.9	17.5	12.8	128.6	128.9	128.9	15.3	15.6	15.7	15.6
19	16.4	17.2	18.2	14.8	14.9	14.9	25.5	10.8	10.9	56.3
20	34.8	32.7	39.6	42.9	43.3	43.4	33.6	33.5	39.8	33.5
21	20.9	21.3	20.6	17.2	17.6	17.7	16.3	16.3	14.1	16.4
22	131.7	130.0	134.6	67.4	76.0	75.6	107.7	107.6	108.9	107.4
23	135.9	135.7	134.1	33.7	35.0	35.0	84.7	82.9	75.1	84.9
24	50.5	50.5	38.5	64.7	43.2	43.4	44.2	51.9	48.6	44.1
25	31.1	30.8	20.0	63.5	211.5		84.6	82.7	82.1	84.2
26	22.0	21.7	11.9	91.4	28.6	29.3	25.8	25.7	24.9	25.7
27	20.4	20.2		16.5			30.7	31.7	28.9	30.7
28	17.3	16.8	20.7	18.7	17.6	17.7	8.6	59.2	9.6	8.7
29	13.5	12.8								
30	15.7	15.1								
OAc					160.9	160.9				
OMe								55.6	55.6	55.5

表 8-8-19　麦角甾烷类化合物 8-8-91~8-8-100 的名称、分子式和测试溶剂

编号	名称	分子式	测试溶剂	参考文献
8-8-91	agariblazeispirol C	$C_{25}H_{32}O_3$	C	[39]
8-8-92	agariblazeispirol A	$C_{25}H_{34}O_4$	C	[40]
8-8-93	agariblazeispirol B	$C_{25}H_{34}O_4$	C	[40]
8-8-94	15*β*-hydroxynicandrin B	$C_{28}H_{38}O_7$	C	[41]
8-8-95	(20*S*,22*R*)-15*α*-acetoxy-5*α*,6*β*,14*α*-trihydroxy-1-oxowitha-2,16,24-trienolide	$C_{30}H_{40}O_8$	C	[42]
8-8-96	1*β*,5*α*,12*α*-trihydroxy-6*α*,7*α*,24*α*,25*α*-diepoxy-20*S*,22*R*-with-2-enolide	$C_{28}H_{40}O_7$	C	[43]
8-8-97	20*β*-hydroxy-1-oxo-(22*R*)-witha-2,5,24-trienolide	$C_{28}H_{38}O_4$	C	[44]
8-8-98	20*β*,27-dihydroxy-1-oxo-(22*R*)-witha-2,5,14,24-tetraenolide	$C_{28}H_{36}O_5$	C	[44]
8-8-99	withaphysanolide A	$C_{27}H_{34}O_5$	C	[45]
8-8-100	17*β*-hydroxy-14*α*,20*α*-epoxy-1-oxo-(22*R*)-witha-2,5,24-trienolide	$C_{28}H_{36}O_5$	C	[44]

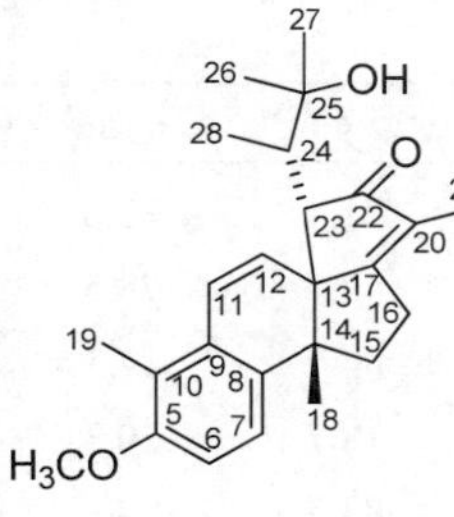

8-8-91 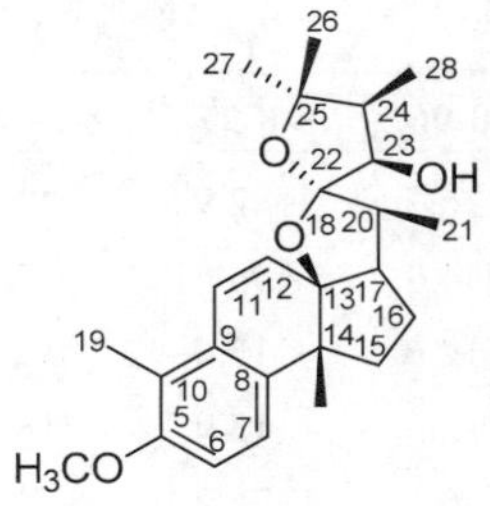 8-8-92 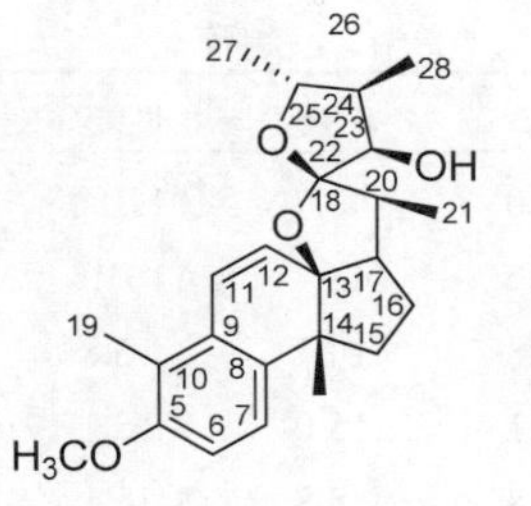 8-8-93 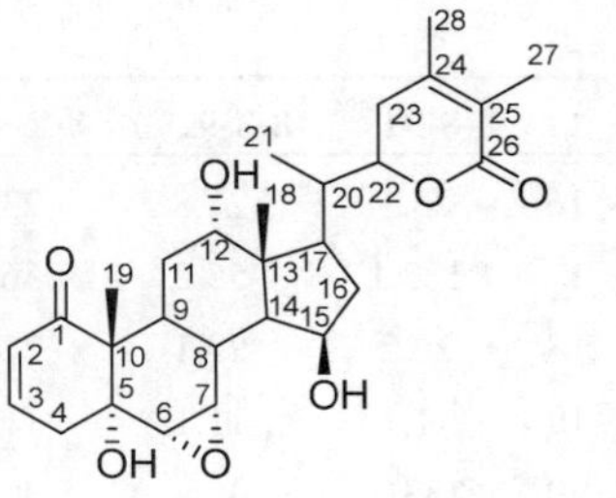 8-8-94

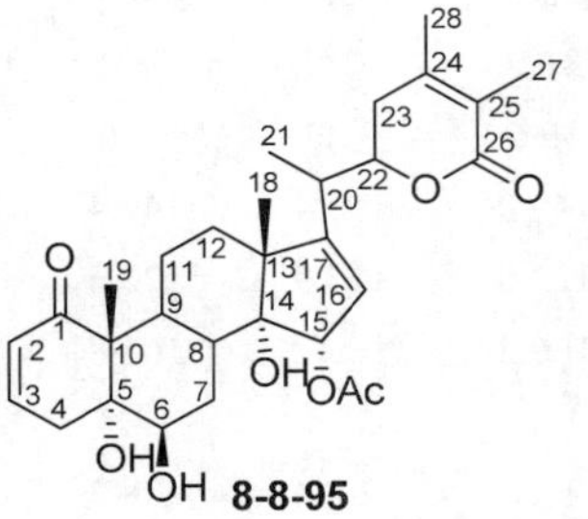

8-8-95 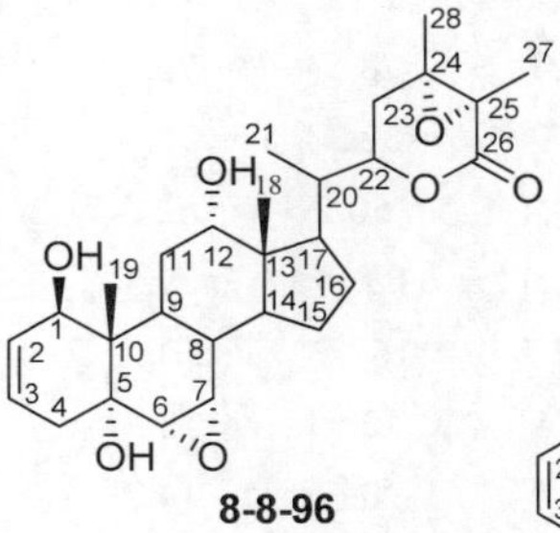 8-8-96 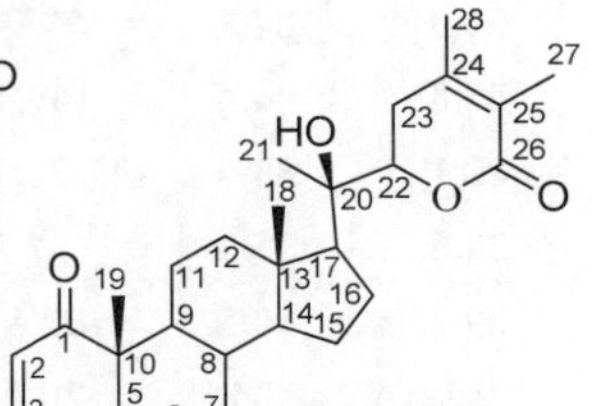 8-8-97

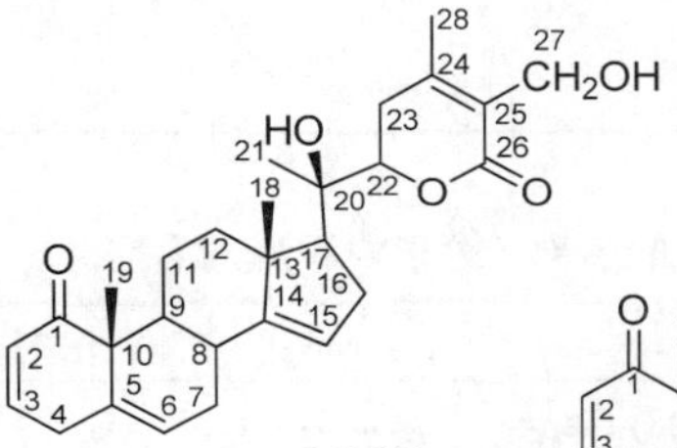

8-8-98 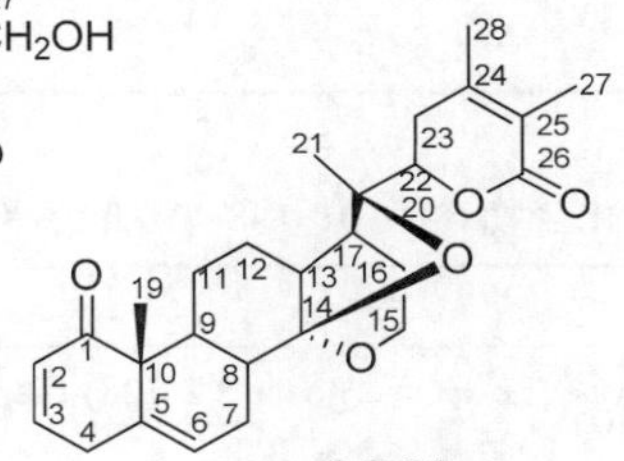 8-8-99 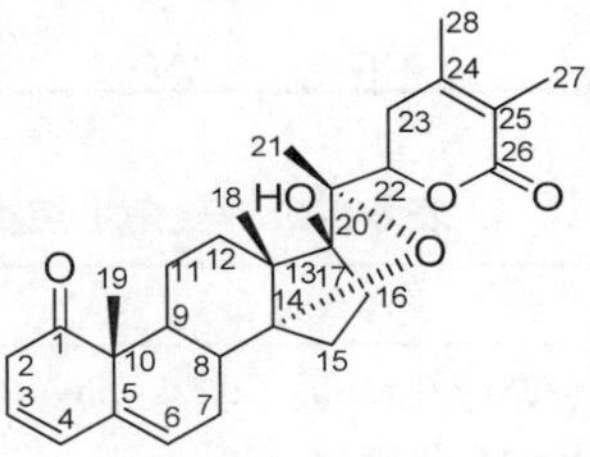 8-8-100

表 8-8-20 化合物 8-8-91~8-8-100 的 ^{13}C NMR 化学位移数据

C	8-8-91[39]	8-8-92[40]	8-8-93[40]	8-8-94[41]	8-8-95[42]	8-8-96[43]	8-8-97[44]	8-8-98[44]	8-8-99[45]	8-8-100[44]
1				203.6	204.1	71.0	204.5	203.6	204.1	211.0
2				128.9	128.7	129.6	127.9	127.9	127.8	39.6
3				140.0	141.3	124.8	145.2	145.2	145.4	129.3
4				36.8	36.0	28.2	33.4	33.4	33.4	127.3
5	156.5	156.2	155.9	73.4	77.2	72.5	135.9	135.4	134.1	136.6
6	109.4	109.2	109.2	56.2	74.3	57.5	124.7	124.3	125.3	121.0
7	122.7	122.5	122.6	56.7	26.5	57.1	31.6	30.0	23.0	33.9
8	133.6	134.0	134.6	32.6	35.4	35.5	39.7	31.9	43.4	36.6
9	130.2	131.4	131.4	28.9	35.4	39.4	40.1	42.4	38.5	36.2
10	123.1	122.5	122.3	50.7	52.2	47.3	50.1	50.1	50.4	52.3
11	126.5	122.4	122.6	29.9	23.2	28.5	21.9	28.8	28.3	22.1
12	130.1	133.9	134.7	73.1	38.8	72.1	23.4	26.3	22.9	26.4
13	61.7	95.2	94.0	46.7	52.2	47.3	49.6	47.9	46.1	54.3
14	44.2	51.2	51.3	48.4	82.3	35.7	54.7	152.4	104.9	88.0
15	42.8	36.9	36.1	69.8	83.4	22.9	29.6	118.0	59.3	30.8

续表

C	**8-8-91**[39]	**8-8-92**[40]	**8-8-93**[40]	**8-8-94**[41]	**8-8-95**[42]	**8-8-96**[43]	**8-8-97**[44]	**8-8-98**[44]	**8-8-99**[45]	**8-8-100**[44]
16	25.1	21.8	23.0	40.7	120.4	26.7	42.9	42.0	21.4	33.6
17	187.1	55.2	56.6	43.4	161.3	44.0	56.6	57.3	42.1	78.5
18	20.2	23.1	22.8	14.7	16.8	12.4	13.6	18.7		17.3
19	11.1	11.1	11.1	15.0	15.1	12.0	18.9	18.8	18.7	20.3
20	133.2	45.4	40.8	38.8	36.1	36.1	75.2	74.6	83.9	84.0
21	8.9	10.8	12.2	12.1	17.2	17.9	20.5	20.0	20.6	17.7
22	212.5	115.8	114.8	78.4	78.5	76.7	81.0	81.7	78.2	81.4
23	53.7	73.9	84.8	29.9	32.3	35.5	30.6	31.7	32.6	33.7
24	42.3	46.8	44.4	149.4	150.2	62.7	149.0	153.4	147.4	150.5
25	72.5	82.1	83.6	122.0	121.4	59.3	122.0	125.9	122.6	121.0
26	27.9	24.6	25.8	167.3	167.5	170.1	166.2	165.7	165.8	165.7
27	30.4	29.7	30.5	12.5	12.4	13.7	12.7	57.4	12.5	12.3
28	13.4	9.3	8.4	20.5	20.6	14.7	21.7	20.5	20.3	20.0
CO					170.6					
Me	55.7	55.5	55.5		21.4					

表 8-8-21 麦角甾烷类化合物 8-8-101~8-8-110 的名称、分子式和测试溶剂

编号	名称	分子式	测试溶剂	参考文献
8-8-101	(22*S*)-3*β*-acetoxy-11,22-dihydroxy-9,11-*seco*-ergosta-5,24(28)-dien-9-one	$C_{30}H_{48}O_5$	C	[46]
8-8-102	blazeispirol U	$C_{28}H_{36}O_4$	C	[37]
8-8-103	blazeispirol X	$C_{28}H_{38}O_4$	C	[47]
8-8-104	blazeispirol V	$C_{28}H_{38}O_6$	C	[37]
8-8-105	blazeispirol V1	$C_{28}H_{38}O_6$	C	[37]
8-8-106	(20*S*,22*S*,23*R*,24*S*)-14*β*,22:22,25-diepoxy-5-methoxy-des-A-ergosta-5,7,9-triene-11*α*,23-diol	$C_{25}H_{36}O_5$	C	[37]
8-8-107	(20*S*,22*S*,23*R*,24*S*)-14*β*,22:22,25-diepoxy-5-methoxy-des-A-ergosta-5,7,9-trien-23-ol	$C_{25}H_{36}O_4$	C	[38]
8-8-108	(20*S*,22*S*,23*R*,24*S*)-14*β*,22:22,25-diepoxy-des-A-ergosta-5,7,9-triene-5,23-diol	$C_{24}H_{34}O_4$	C	[38]
8-8-109	blazeispirol Y	$C_{28}H_{36}O_4$	C	[47]
8-8-110	blazeispirol Z1	$C_{28}H_{40}O_5$	C	[37]

8-8-101 **8-8-102** **8-8-103**

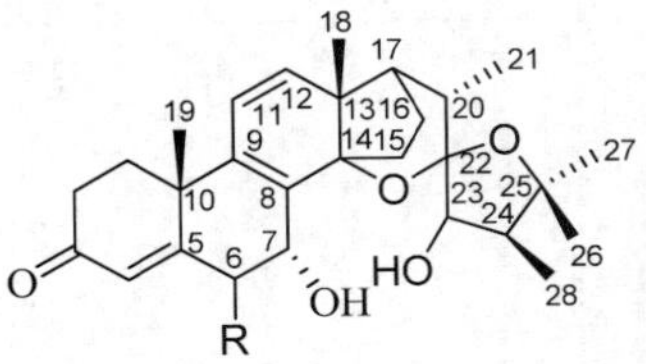

8-8-104 R=α-OH
8-8-105 R=β-OH

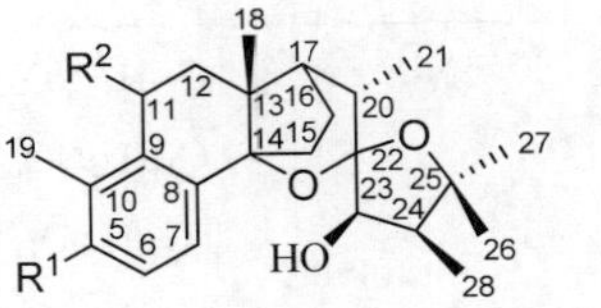

8-8-106 R^1=OMe; R^2=α-OH
8-8-107 R^1=OMe; R^2=H
8-8-108 R^1=OH; R^2=H

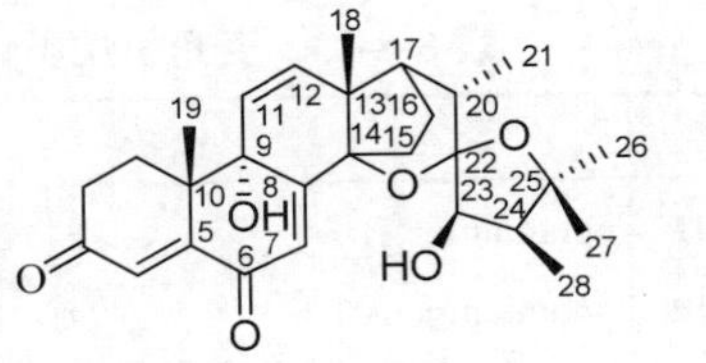

8-8-109

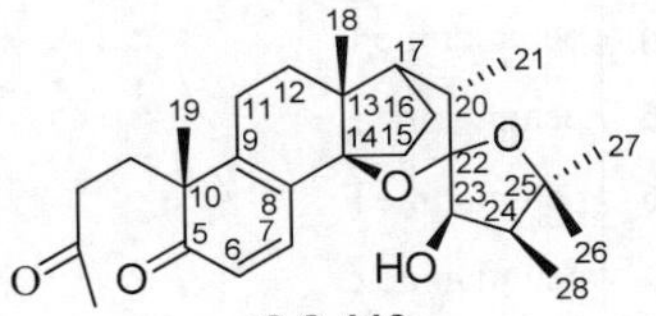

8-8-110

表 8-8-22 化合物 8-8-101～8-8-110 的 ^{13}C NMR 化学位移数据

C	8-8-101[46]	8-8-102[37]	8-8-103[47]	8-8-104[37]	8-8-105[37]	8-8-106[37]	8-8-107[38]	8-8-108[38]	8-8-109[47]	8-8-110[37]
1	31.0	32.6	28.2	34.2	35.3				27.6	33.6
2	26.9	33.8	31.2	33.5	34.2				33.7	38.7
3	73.2	198.0	68.1	197.8	198.9				197.0	207.9
4	36.7	124.1	36.6	122.4	127.7				130.5	29.9
5	139.3	165.9	130.9	166.4	163.6	156.8	155.9	151.7	153.3	206.1
6	122.4	125.1	134.4	69.1	76.0	110.1	108.3	112.7	186.2	123.6
7	32.5	129.8	121.7	66.1	67.5	123.7	123.5	123.8	123.9	140.9
8	43.0	131.0	137.4	132.9	132.0	132.8	132.8	133.0	164.9	131.3
9	216.8	138.2	127.2	134.1	133.4	135.1	133.4	133.0	73.4	146.9
10	48.3	38.7	132.4	39.0	36.9	126.0	124.2	121.5	45.8	52.5
11	59.2	120.5	122.5	120.0	120.3	66.1	23.8	23.8	123.4	22.3
12	40.2	142.4	137.8	142.8	141.9	41.1	29.4	29.3	140.8	28.6
13	45.5	48.3	46.8	48.1	48.1	46.4	42.9	42.8	49.8	43.2
14	41.5	82.6	84.1	82.7	82.7	82.9	83.5	83.4	82.7	82.2
15	24.0	36.8	37.3	37.9	38.1	38.4	38.8	38.8	34.9	37.5
16	27.1	25.4	25.0	25.7	25.7	21.4	21.0	20.9	21.9	20.7
17	45.8	50.7	50.8	50.5	50.5	50.1	50.5	50.4	51.7	49.8
18	16.8	15.0	15.7	14.7	14.5	16.1	14.7	14.6	17.1	14.7
19	22.8	27.8	14.2	23.3	24.4	12.5	11.1	11.0	22.6	25.5
20	40.8	33.5	33.5	33.7	33.8	33.4	34.0	34.0	33.3	34.0
21	11.7	16.3	16.4	16.3	16.4	16.5	16.7	16.7	16.2	16.6
22	70.0	107.5	107.4	107.5	107.6	107.7	107.8	107.8	107.7	108.1
23	36.1	84.7	85.0	84.8	84.8	84.9	85.1	85.0	84.8	84.7
24	153.4	44.1	44.1	44.0	44.0	44.0	44.1	43.9	44.0	44.0
25	33.2	84.3	84.1	84.6	84.6	84.1	84.0	84.0	84.9	84.6
26	21.6	25.6	30.7	25.6	25.5	25.6	25.7	25.7	30.6	25.0
27	22.4	30.5	25.7	30.2	30.3	30.7	30.8	30.7	25.5	30.7
28	109.9	8.6	8.7	8.5	8.5	8.6	8.6	8.6	8.5	8.5
CO	170.4									
Me	21.3					55.5	55.6			

表 8-8-23　麦角甾烷类化合物 8-8-111～8-8-120 的名称、分子式和测试溶剂

编号	名称	分子式	测试溶剂	参考文献
8-8-111	petunianine B	$C_{33}H_{43}NO_6$	C	[31]
8-8-112	petunianine A	$C_{34}H_{45}NO_6$	C	[31]
8-8-113	petunianine S	$C_{32}H_{48}O_7$	C	[31]
8-8-114	petunianine C	$C_{36}H_{49}NO_7$	C	[31]
8-8-115	petunianine E	$C_{29}H_{42}O_6$	C	[24]
8-8-116	petunianine F	$C_{29}H_{42}O_7$	C	[24]
8-8-117	petunianine G	$C_{29}H_{40}O_8$	C	[24]
8-8-118	16-ketopetuniasterone D 7-acetate	$C_{32}H_{44}O_7$	C	[24]
8-8-119	16-ketopetuniasterone A 7-acetate	$C_{34}H_{46}O_8S$	C	[24]
8-8-120	petuniasterone Q	$C_{34}H_{48}O_8S$	C	[24]

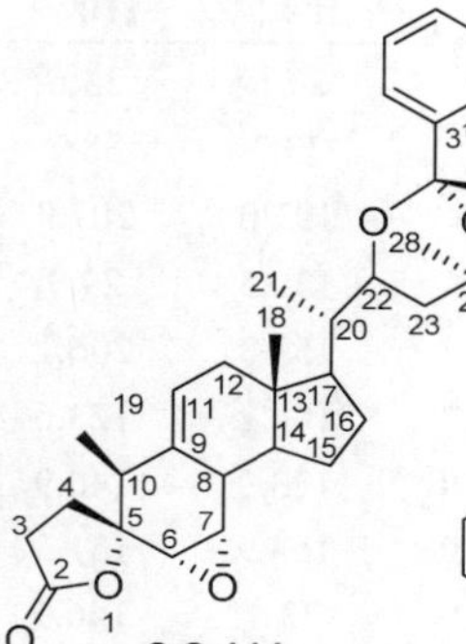

8-8-111 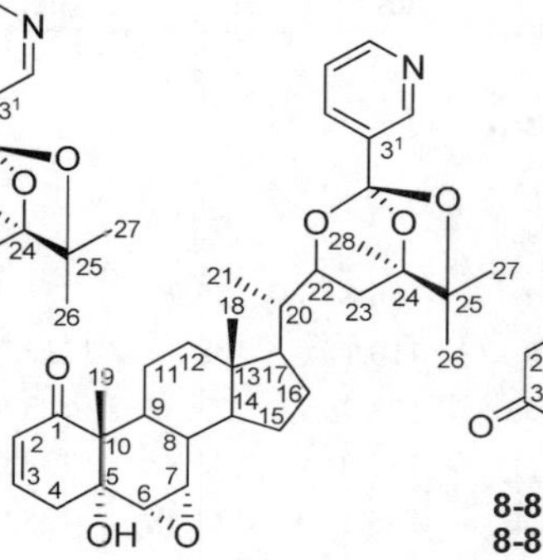　**8-8-112** 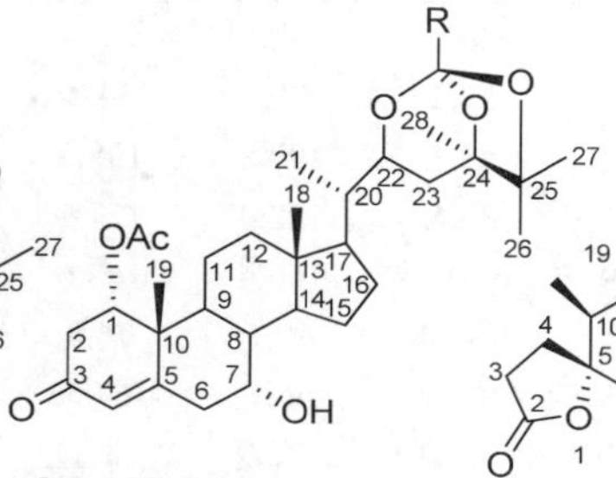　**8-8-113** R=Me　**8-8-114** R=3-Py　**8-8-115**

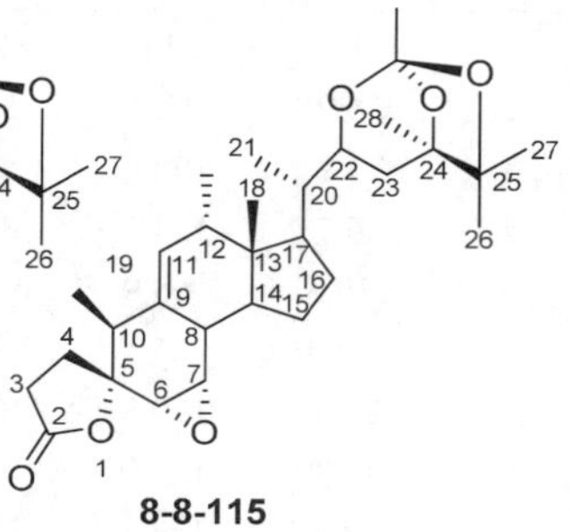

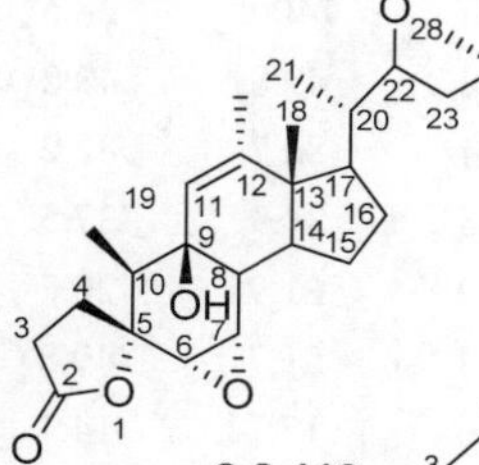

8-8-116 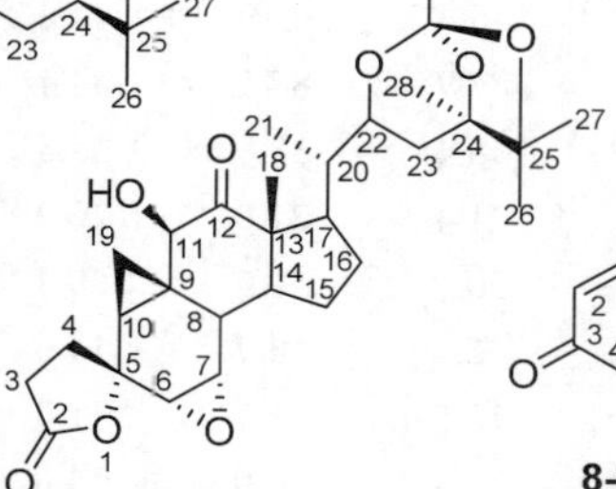　**8-8-117** 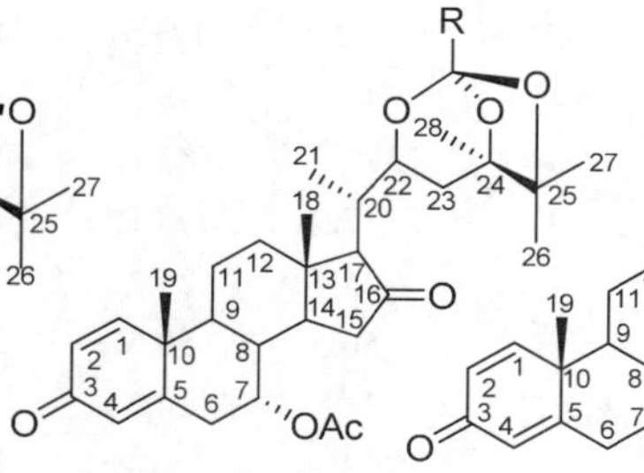　**8-8-118** R=Me　**8-8-119** R=CH_2COSCH_3　**8-8-120**

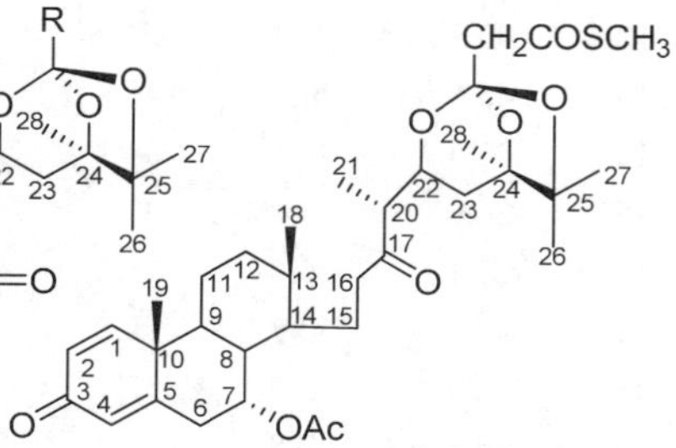

表 8-8-24　化合物 8-8-111～8-8-120 的 ^{13}C NMR 化学位移数据[31, 24]

C	8-8-111	8-8-112	8-8-113	8-8-114	8-8-115	8-8-116	8-8-117	8-8-118	8-8-119	8-8-120
1		203.2	73.8	73.8				154.4	154.5	155.0
2	175.7	129.0	39.4	39.4	175.7	176.7	175.7	128.0	128.0	127.8
3	28.6	139.6	194.9	194.9	28.6	29.1	28.4	185.5	185.6	185.7
4	30.3	39.8	126.4	126.5	30.2	26.1	28.0	126.9	126.9	126.2
5	85.6	73.2	163.7	163.9	85.7	89.1	83.7	163.0	163.0	164.1

续表

C	**8-8-111**	**8-8-112**	**8-8-113**	**8-8-114**	**8-8-115**	**8-8-116**	**8-8-117**	**8-8-118**	**8-8-119**	**8-8-120**
6	54.7	56.3	40.9	40.9	54.7	57.3	55.4	37.1	37.2	36.9
7	54.4	57.3	67.8	67.8	54.6	55.3	53.6	71.7	71.8	71.0
8	35.4	35.7	39.3	38.6	35.4	36.2	36.9	37.0	37.0	34.5
9	132.3	35.5	36.8	36.7	132.3	74.5	19.8	44.9	45.0	45.2
10	42.5	51.0	41.7	41.7	42.5	41.2	18.9	43.3	43.3	43.2
11	125.3	21.9	20.3	20.4	125.3	129.4	72.2	22.0	22.0	21.2
12	40.9	36.7	39.1	39.1	40.8	138.6	213.8	38.3	38.34	26.7
13	42.0	48.5	42.7	42.8	41.9	44.5	54.6	43.0	43.1	42.6
14	47.2	51.4	50.2	50.3	47.2	47.4	44.9	44.9	44.9	41.2
15	24.4	23.6	23.	23.7	24.4	23.2	23.1	38.1	38.2	35.5
16	27.6	27.3	27.3	27.3	27.5	27.0	31.0	216.7	216.8	38.2
17	51.7	52.0	52.1	52.0	51.8	47.4	46.0	62.9	63.0	216.2
18	11.7	12.2	11.8	11.8	11.7	15.1	12.7	15.0	15.1	20.2
19	14.5	14.7	18.1	18.1	14.4	7.1	12.2	18.4	18.5	18.7
20	38.6	38.8	38.5	39.3	38.5	38.9	38.3	36.6	36.7	50.5
21	12.3	12.7	12.1	12.1	12.2	12.6	13.3	13.3	13.4	11.8
22	70.6	70.6	69.8	70.5	69.9	69.4	69.7	69.4	69.0	71.1
23	30.4	30.5	30.2	30.4	30.1	30.1	30.7	35.0	35.0	34.8
24	83.5	83.4	82.4	83.4	82.5	82.4	82.4	82.7	83.2	82.1
25	82.4	82.5	81.3	82.4	81.3	81.2	81.3	81.1	82.0	83.2
26	20.0	20.0	19.9	19.9	20.0	19.8	20.0	19.8	19.8	19.8
27	20.5	20.5	20.5	20.5	20.4	20.3	20.4	20.4	20.3	20.2
28	25.3	25.3	25.2	25.4	25.2	25.0	25.1	25.1	24.9	24.8
AcO			170.2	170.2				170.2	170.1	170.3
Me			21.0	21.0				21.0	21.0	21.0
原酸酯	115.8	115.9	117.3	115.8	117.2	117.1	117.2	117.1	115.1	115.1
CH_2CO									50.3	50.2
COS									193.1	193.2
SMe									12.0	12.1
原乙酸酯-Me			23.5		23.5	23.4	23.5	23.5		
1'										
2'	150.2	150.2		150.1						
3'	133.5	133.6		133.7						
4'	133.7	133.7		133.9						
5'	122.9	122.7		122.9						
6'	147.8	147.9		147.7						

表 8-8-25 麦角甾烷类化合物 8-8-121~8-8-130 的名称、分子式和测试溶剂

编号	名称	分子式	测试溶剂	参考文献
8-8-121	acnistin A	$C_{28}H_{38}O_6$	C	[48]
8-8-122	acnistin E	$C_{28}H_{38}O_7$	C	[48]
8-8-123	acnistin E 3-OMe	$C_{29}H_{42}O_8$	C	[48]
8-8-124	daturilin	$C_{28}H_{36}O_4$	C	[49]

续表

编号	名称	分子式	测试溶剂	参考文献
8-8-125	virgnol A	$C_{28}H_{42}O_8$	C	[50]
8-8-126	virgnol B	$C_{28}H_{40}O_6$	C	[50]
8-8-127	virgnol C	$C_{30}H_{42}O_7$	C	[50]
8-8-128	trechonolide A	$C_{28}H_{36}O_7$	C	[51]
8-8-129	trechonolide B	$C_{28}H_{38}O_7$	C	[51]
8-8-130	3-*O*-*β*-D-glucopyranosyl-22*E*,24*R*-ergosta-7,22-diene-5*α*,6*β*-diol	$C_{34}H_{56}O_8$	C	[28]

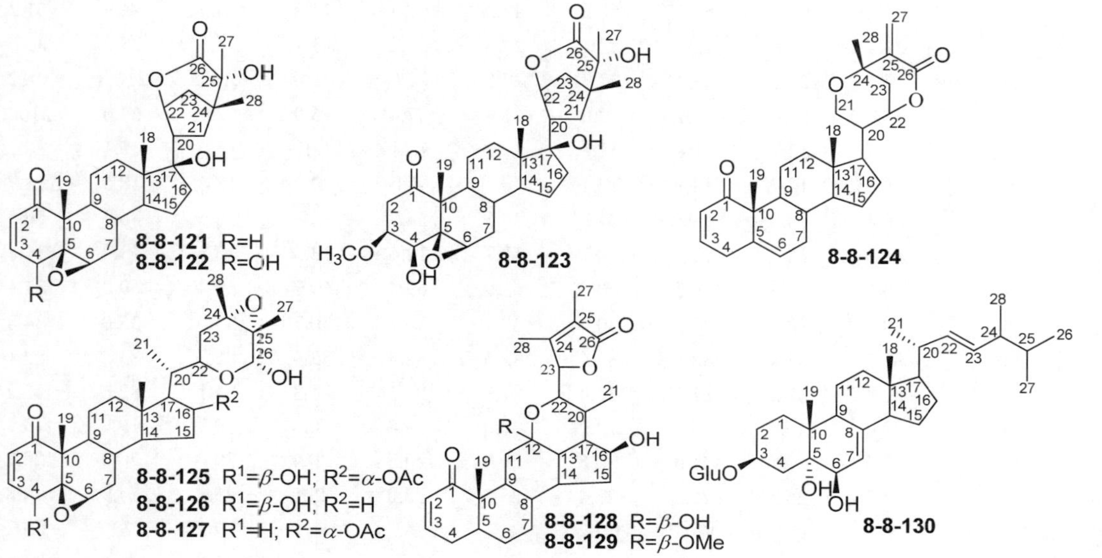

8-8-121 R=H
8-8-122 R=OH
8-8-123
8-8-124
8-8-125 R¹=β-OH; R²=α-OAc
8-8-126 R¹=β-OH; R²=H
8-8-127 R¹=H; R²=α-OAc
8-8-128 R=β-OH
8-8-129 R=β-OMe
8-8-130

表 8-8-26 化合物 8-8-121～8-8-130 的 ^{13}C NMR 化学位移数据

C	8-8-121[48]	8-8-122[48]	8-8-123[48]	8-8-124[49]	8-8-125[50]	8-8-126[50]	8-8-127[50]	8-8-128[51]	8-8-129[51]	8-8-130[28]
1	202.4	202.4	209.7	204.1	202.2	202.3	203.5	202.2	202.5	33.6
2	129.9	133.1	40.4	128.0	132.2	132.4	129.3	129.5	129.4	30.1
3	143.6	141.3	77.1	145.1	142.0	141.7	144.4	143.9	144.0	75.6
4	32.8	70.3	75.9	33.5	69.8	70.0	33.0	32.7	32.7	38.1
5	62.1	64.0	65.4	136.1	63.8	63.9	62.0	61.8	61.9	75.9
6	62.9	61.7	59.7	124.6	62.5	62.7	63.2	63.2	63.2	74.2
7	31.6	30.9	31.3	33.3	31.1	31.2	31.1	30.1	30.3	120.3
8	30.7	30.7	30.9	33.3	29.2	29.8	29.3	29.3	29.4	141.4
9	43.9	43.1	42.2	39.9	44.0	44.2	44.6	41.9	41.9	43.7
10	48.5	47.8	47.9	50.5	47.6	47.7	48.4	47.3	47.4	38.1
11	22.7	21.5	21.4	23.7	21.9	22.2	23.3	36.4	30.3	22.4
12	33.3	32.9	33.1	39.7	39.4	39.5	39.7	98.9	101.9	55.2
13	46.9	46.8	47.4	42.7	43.2	42.5	43.3	47.8	48.0	23.5
14	50.4	50.7	50.7	56.0	53.7	56.1	53.5	45.8	45.9	28.4

续表

C	8-8-121[48]	8-8-122[48]	8-8-123[48]	8-8-124[49]	8-8-125[50]	8-8-126[50]	8-8-127[50]	8-8-128[51]	8-8-129[51]	8-8-130[28]
15	23.5	23.9	23.9	24.1	34.4	24.3	34.4	22.8	22.6	56.3
16	36.9	36.7	37.5	26.5	78.8	27.2	78.9	34.1	33.7	12.5
17	85.4	85.1	85.8	47.7	58.1	52.6	58.2	80.3	79.7	18.5
18	14.4	14.0	14.5	12.7	13.0	11.7	13.0	9.9	910.4	40.7
19	14.2	16.6	15.4	19.0	17.5	17.4	15.0	14.7	14.7	20.1
20	51.33	51.4	51.8	42.9	37.6	39.0	37.7	35.3	35.1	136.2
21	37.1	37.1	37.2	60.6	12.7	12.7	12.8	11.9	12.1	132.2
22	84.5	84.0	84.9	75.6	65.0	65.0	65.0	68.7	69.0	43.1
23	41.2	41.2	41.6	30.8	29.6	29.4	29.6	82.4	82.4	33.4
24	45.3	45.3	45.7	69.3	65.0	65.2	65.0	157.1	156.2	19.8
25	76.6	76.7	77.5	139.2	63.8	63.9	63.8	123.7	124.5	17.8
26	179.1	178.9	179.7	165.3	91.8	91.8	91.8	175.0	174.7	17.5
27	25.6	25.6	25.9	129.7	16.5	16.6	16.5	8.2	8.3	
28	19.9	19.9	20.1	25.6	18.9	19.0	18.9	11.9	12.0	
CO					170.7	170.7	170.7			
Me			57.3		21.2	21.2	21.2		48.0	
1'										102.6
2'										75.4
3'										78.6
4'										71.8
5'										78.1
6'										62.9

表 8-8-27 麦角甾烷类化合物 8-8-131~8-8-140 的名称、分子式和测试溶剂

编号	名称	分子式	测试溶剂	参考文献
8-8-131	(24*R*,25*S*)-26-[(*O*-*β*-D-glucopyranosyl-(1→4)-*O*-*β*-D-glucopyranosyl-(1→4) -*O*-*β*-D-glucopyranosyl-(12)-*O*-[*O*-*β*-D-glucopyranosyl-(1→4) -*O*-*β*-D-glucopyranosyl-(1→6)]-*O*-*β*-D-glucopyranosyl)oxy]ergost-5-en-3*β*-yl-*β*-D-glucopyranoside	$C_{70}H_{118}O_{37}$	P	[52]
8-8-132	(24*R*,25*S*)-26-[(*O*-*β*-D-glucopyranosyl-(1→4)-*O*-*β*-D-glucopyranosyl-(12)-*O*-[*O*-*β*-D-glucopyranosyl-(1→4)-*O*-*β*-D-glucopyranosyl-(1→6)]-*O*-*β*-D-glucopyranosyl)oxy]ergost-5-en-3*β*-yl-*β*-D-glucopyranoside	$C_{64}H_{108}O_{32}$	P	[52]
8-8-133	(24*R*,25*S*)-3*β*-hydroxyergost-5-en-26-yl-*O*-*β*-D-glucopyranosyl-(1→4)-*O*-*β*-D-glucopyranosyl-(12)-*O*-[*O*-*β*-D-glucopyranosyl-(1→4)-*O*-*β*-D-glucopyranosyl-(1→6)] *β*-D-glucopyranoside	$C_{58}H_{98}O_{27}$	P	[52]
8-8-134	(24*R*,25*S*)-26[(*O*-*β*-D-glucopyranosyl-(1→4)-*O*-*β*-D-glucopyranosyl-(1→2)-*O*-[*β*-D-glucopyranosyl-(1→6)]-*β*-D-glucopyranosyl)oxy] ergost-5-en-3*β*-yl-*β*-D-glucopyranoside	$C_{58}H_{98}O_{27}$	P	[52]

续表

编号	名称	分子式	测试溶剂	参考文献
8-8-135	(24*R*,25*S*)-26-[(*O*-*β*-D-glucopyranosyl-(1→2)-*O*-[*O*-*β*-D-glucopyranosyl-(1→4)-*β*-D-glucopyranosyl-(1→6)]-*β*-D-glucopyranosyl)oxy]ergost-5-en-3*β*-yl-*β*-D-glucopyranoside	$C_{58}H_{98}O_{27}$	P	[52]
8-8-136	(24*R*,25*S*)-26-[(*O*-*β*-D-glucopyranosyl-(1→3)-*O*-[*O*-*β*-D-glucopyranosyl-(1→4)-*β*-D-glucopyranosyl-(1→6)]-*β*-D-glucopyranosyl)oxy]ergost-5-en-3*β*-yl-*β*-D-glucopyranoside	$C_{58}H_{98}O_{27}$	P	[52]
8-8-137	(24*R*,25*S*)-26-[(*O*-*β*-D-glucopyranosyl-(1→4)-*O*-*β*-D-glucopyranosyl-(1→2)-*β*-D-glucopyranosyl)oxy]ergost-5-en-3*β*-yl-*β*-D-glucopyranoside	$C_{52}H_{88}O_{22}$	P	[52]
8-8-138	petunioside A	$C_{44}H_{70}O_{19}S$	P	[53]
8-8-139	petunioside B	$C_{40}H_{68}O_{18}$	P	[53]
8-8-140	24-epipetunioside B	$C_{40}H_{68}O_{18}$	P	[53]

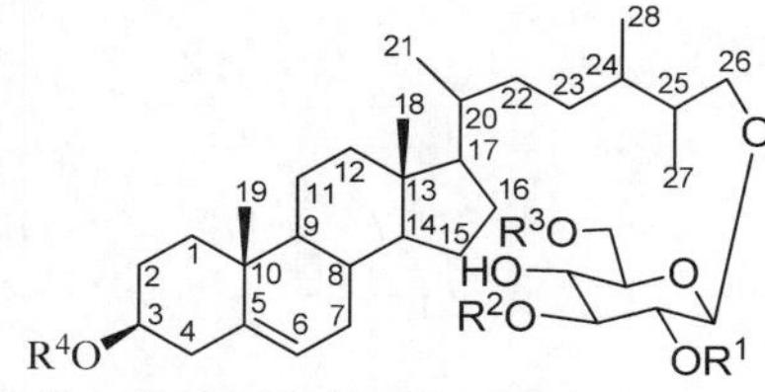

8-8-131 R¹=β-D-Glu(1→4)-β-D-Glu(1→4)-β-D-Glu; R²=H; R³=β-D-Glu(1→4)-β-D-Glu; R⁴=β-D-Glu

8-8-132 R¹=R³=β-D-Glu(1→4)-β-D-Glu; R²=H; R⁴=β-D-Glu

8-8-133 R¹=R³=β-D-Glu(1→4)-β-D-Glu; R² =R⁴ =H

8-8-134 R¹=β-D-Glu(1→4)-β-D-Glu; R²=H; R³=β-D-Glu; R⁴=β-D-Glu

8-8-135 R¹=β-D-Glu; R²=H; R³= β-D-Glu-(1→4)-β-D-Glu; R⁴=β-D-Glu

8-8-136 R¹=H; R²=β-D-Glu; R³=β-D-Glu-(1→4)-β-D-Glu; R⁴=β-D-Glu

8-8-137 R¹=β-D-Glu(1→4)-β-D-Glu; R²= R³=H; R⁴=β-D-Glu

8-8-138 R=β-D-Glu-(1→6)-β-D-Glu

8-8-139 R¹=β-D-Glu-(1→6)-β-D-Glu; R²=β-OH

8-8-140 R¹=β-D-Glu-(1→6)-β-D-Glu; R²=α-OH

表 8-8-28 化合物 8-8-131～8-8-140 的 ^{13}C NMR 化学位移数据[52, 53]

C	8-8-131	8-8-132	8-8-133	8-8-134	8-8-135	8-8-136	8-8-137	8-8-138	8-8-139	8-8-140
1	37.5	37.5	37.8	37.5	37.5	37.4	37.5	73.1	73.1	73.1
2	30.3	30.2	29.9	30.2	30.2	30.2	30.3	37.8	37.8	37.8

续表

C	8-8-131	8-8-132	8-8-133	8-8-134	8-8-135	8-8-136	8-8-137	8-8-138	8-8-139	8-8-140
3	78.1	78.2	71.3	78.2	78.2	78.2	78.3	72.0	71.8	71.9
4	39.4	39.3	43.5	39.3	39.3	39.3	39.3	39.7	39.7	39.7
5	140.9	140.9	141.9	140.9	140.9	140.9	140.9	74.1	74.1	74.1
6	122.0	121.9	121.3	121.9	122.0	121．9	121.9	57.6	57.5	57.5
7	32.1	32.1	32.2	32.2	32.2	32.2	32.2	55.9	55.9	55.9
8	32.1	32.0	32.2	32.0	32.0	32.0	32.1	36.1	36.0	26.0
9	50.4	50.3	50.5	50.3	50.3	50.3	50.4	35.1	35.1	35.1
10	36.9	36.9	36.9	36.9	36.9	36.9	36.9	40.3	40.2	40.2
11	21.3	21.3	21.4	21.3	21.3	21.3	21.3	20.4	20.4	20.5
12	40.0	39.9	40.0	39.9	39.9	39.9	39.9	39.2	39.1	39.2
13	42.5	42.4	42.5	42.4	42.4	42.4	42.5	43.8	43.6	43.7
14	56.8	56.8	56.9	56.8	56.8	56.8	56.8	51.3	51.3	51.2
15	24.5	24.5	24.5	24.5	24.5	24.5	24.5	23.4	23.5	23.4
16	28.5	28.5	28.5	28.5	28.5	28.5	28.5	27.1	27.9	27.7
17	56.2	56.2	56.3	56.2	56.2	56.2	56.2	51.9	53.0	52.9
18	12.0	12.0	12.0	12.0	12.0	12.0	12.0	12.1	12.1	12.0
19	19.4	19.4	19.6	19.4	19.4	19.4	19.4	16.1	16.0	16.0
20	36.1	36.1	36.1	36.1	36.1	36.1	36.1	38.4	43.6	42.5
21	19.0	19.0	19.0	19.0	19.0	19.0	19.0	12.7	12.6	12.7
22	34.1	34.1	34.1	34.1	34.1	34.1	34.1	70.3	69.6	70.2
23	31.4	31.4	31.4	31.4	31.5	31.6	31.4	30.9	38.3	33.7
24	34.5	34.5	34.5	34.5	34.4	34.1	34.6	82.9	75.1	74.8
25	37.9	37.8	37.9	37.8	37.8	37.7	38.0	82.1	76.3	77.3
26	73.9	73.9	74.0	73.9	74.0	73.9	74.0	19.9	25.6	25.1
27	12.0	12.0	12.0	12.0	11.9	11.7	12.2	20.3	25.7	25.3
28	14.8	14.7	14.7	14.7	14.6	14.4	14.7	25.1	23.5	22.2
29								116.9		
30								78.9		
31								200.4		
Me								11.0		
1'	102.6	102.5	102.9	102.5	102.6	102.6	102.6	102.9	102.8	102.8
2'	75.4	75.3	84.5	75.3	75.3	75.3	75.3	74.9	74.9	74.8
3'	78.6	78.4	77.9	78.5	78.5	78.6	78.6	78.3	78.2	78.3
4'	71.7	71.7	71.2	71.6	71.7	71.7	71.7	71.3	71.2	71.3
5'	78.4	78.6	76.8	78.6	78.6	78.6	78.5	76.9	77.0	77.0
6'	62.9	62.8	70.0	62.8	62.8	62.8	62.9	69.7	69.6	69.7
1"	102.9	102.9	106.2	102.9	103.1	104.3	103.1	105.2	105.1	105.2
2"	84.6	84.5	76.3	84.5	84.0	73.9	84.8	75.1	75.0	75.1
3"	77.9	77.8	76.3	77.9	77.8	88.5	78.1	78.1	78.2	78.3
4"	71.3	71.2	81.3	71.2	71.3	69.7	71.5	71.5	71.4	71.4
5"	76.8	76.8	76.7	76.9	76.8	76.7	78.1	78.2	78.0	78.1
6"	70.0	70.0	62.1	69.9	70.0	69.7	62.6	62.5	62.4	62.5

续表

C	8-8-131	8-8-132	8-8-133	8-8-134	8-8-135	8-8-136	8-8-137	8-8-138	8-8-139	8-8-140
1'''	106.3	106.2	105.1	106.2	106.5	105.9	106.3			
2'''	76.4	76.3	74.7	76.3	76.9	75.5	76.4			
3'''	76.2	76.2	78.2	76.3	78.0	78.1	76.3			
4'''	80.9	81.3	71.5	81.5	71.4	71.4	81.3			
5'''	76.7	76.7	78.4	76.7	78.4	78.4	76.7			
6'''	62.0	62.1	62.4	62.1	62.6	62.5	62.1			
1''''	104.5	105.0	105.1	105.0	105.1	105.1	105.0			
2''''	74.2	74.7	74.7	74.7	74.7	74.7	74.7			
3''''	76.5	78.1	76.6	78.4	76.6	76.5	78.2			
4''''	80.8	71.5	81.0	71.5	81.0	81.0	71.4			
5''''	76.4	78.4	76.5	78.4	76.5	76.6	78.5			
6''''	62.0	62.4	61.9	62.4	62.0	61.9	62.6			
1'''''	104.9	105.0	104.9	105.4	104.9	104.9				
2'''''	74.7	74.7	74.7	75.2	74.7	74.7				
3'''''	78.2	76.6	78.2	78.1	78.1	78.1				
4'''''	71.5	81.0	71.5	71.7	71.4	71.6				
5'''''	78.4	76.5	78.4	78.4	78.6	78.4				
6'''''	62.4	61.9	62.4	62.7	62.4	62.4				
1''''''	105.1	104.9								
2''''''	74.7	74.7								
3''''''	76.6	78.1								
4''''''	81.0	71.5								
5''''''	76.7	78.4								
6''''''	61.7	62.4								
1'''''''	104.9									
2'''''''	74.7									
3'''''''	78.2									
4'''''''	71.5									
5'''''''	78.4									
6'''''''	62.4									

表 8-8-29　麦角甾烷类化合物 8-8-141～8-8-145 的名称、分子式和测试溶剂

编号	名称	分子式	测试溶剂	参考文献
8-8-141	petunioside C	$C_{33}H_{52}O_{11}$	P	[53]
8-8-142	24-epipetunioside C	$C_{33}H_{52}O_{11}$	P	[53]
8-8-143	petunioside D	$C_{34}H_{54}O_{10}$	P	[53]
8-8-144	3-*O*-*β*-D-glucopyranosyl-22*E*,24*R*-5*α*,8*α*-epidioxyergosta-6,22-diene	$C_{34}H_{54}O_8$	C	[26]
8-8-145	(20*S*)-5-ergostene-3*β*,7*α*,16*β*,20-tetrol	$C_{28}H_{48}O_4$	C	[18]

8-8-141 R^1=β-D-Glu; R^2=β-OH

8-8-142 R^1=β-D-Glu; R^2=α-OH

8-8-143

8-8-144

8-8-145

表 8-8-30 化合物 8-8-141～8-8-145 的 ^{13}C NMR 化学位移数据

C	8-8-141[53]	8-8-142[53]	8-8-143[53]	8-8-144[26]	8-8-145[18]	C	8-8-141[53]	8-8-142[53]	8-8-143[53]	8-8-144[26]	8-8-145[18]
1			155.0	30.1	38.0	18	12.0	12.0	12.1	13.2	15.1
2	176.3	176.3	127.6	34.6	32.1	19	14.3	14.3	18.6	18.3	18.6
3	30.5	30.5	185.3	74.1	72.0	20	40.5	40.9	40.3	40.0	78.3
4	28.8	28.8	126.7	39.8	42.9	21	13.0	13.1	13.4	21.3	26.6
5	85.8	85.7	166.7	82.2	146.8	22	83.7	83.8	84.0	135.9	43.2
6	54.8	54.8	39.4	135.9	124.9	23	34.0	34.0	35.2	132.6	30.2
7	54.8	54.8	69.0	131.1	65.8	24	75.5	75.1	75.5	43.2	40.7
8	35.5	35.4	41.7	79.4	38.1	25	76.5	76.5	76.2	33.5	33.4
9	133.6	133.6	44.2	51.9	43.3	26	25.9	25.4	26.0	20.0	20.7
10	43.3	43.3	43.8	37.5	38.5	27	25.7	25.3	26.0	20.3	18.5
11	124.7	124.7	22.6	21.2	21.5	28	25.3	22.5	25.2	18.0	16.0
12	41.1	41.0	40.6	37.5	41.2	1'	106.0	106.5	106.0	103.0	
13	42.0	42.0	43.1	44.9	43.6	2'	75.3	75.1	75.3	75.0	
14	47.6	47.6	50.4	52.2	48.8	3'	78.9	78.9	78.9	78.8	
15	24.5	24.5	24.6	23.8	37.9	4'	71.9	71.9	71.9	71.8	
16	28.1	28.0	28.0	29.1	74.5	5'	78.2	78.3	78.2	78.3	
17	52.8	52.8	53.3	56.6	60.7	6'	63.0	62.9	63.0	62.9	

参 考 文 献

[1] Vokac K, Bundesinsky M, Harmatha J. Phytochemistry, 1998, 49(7): 2109.

[2] Yasukawa Y S K. Bioorg Med Chem Lett, 2008, 18: 3417.

[3] Vokac K, Budesinsky M, Harmatha J. Tetrahedron, 1998, 54: 1657.

[4] Rueda A, Zubia E, Ortega M J. Steroids, 2001, 66: 897.

[5] Koshino H, Yoshihara T, Sakamura S. Phytochemistry, 1989, 28: 771.

[6] Misra L, Lal P, Sangwan R S. Phytochemistry, 2005, 66: 2702.

[7] Lan Y H, Chang F R, Pan M J. Food Chem, 2009, 116: 462.
[8] Abraham W R, Hirschmann G S. Phytochemistry, 1994, 36(2): 459.
[9] Deng Z P, Sun L R, Ji M. Biochem System Ecol, 2007, 35: 700.
[10] Barrero A F, Sanchez J F, Alvarez Manzaneda E J. Phytochemistry, 1993, 32(5): 1261.
[11] Kim H J, Yim S H, Sung C K. Tetrahedron Lett, 2003, 44: 7159.
[12] Kawahara N, Sekita S, Satake M. Phytochemistry, 1994, 37(1): 213.
[13] Kawahara N, Sekita S, Satake M. Phytochemistry, 1995, 38(4): 947.
[14] Gurlia G, Mancini I, Pietra F. Comp Biochem Physiol, 1988, 90B (1): 113.
[15] Tan Q G, Li X N, Chen H. J Nat Prod, 2010, 73: 693.
[16] Govindachari T R, Krishna Kumari G N, Suresh G. Phytochemistry, 1997, 44(1): 153.
[17] Tchouankeu J C, Nyasse B, Tsamo E. Phytochemistry,1992, 31(2): 704.
[18] Wu S B. Ji Y P, Zhu J J. Steroids, 2009, 74: 761.
[19] Hayakawa Y, Furihata K, Shin-ya K. Tetrahedron Lett, 2003, 44: 1165.
[20] Wang F, Liu J K. Steroids, 2005, 70: 127.
[21] Velde V V, Lavie D, Budhiraja R D. Phytochemistry, 1983, 22(10): 2253.
[22] Elliger C A, Waiss A C. Phytochemistry, 1989, 28(12): 3443.
[23] Manickam M, Awasthi S B, Bagchi A S. Phytochemistry, 1996, 41(3): 981.
[24] Elliger C A, Waiss A C, Benson J M. Phytochemistry, 1990, 29(9): 2853.
[25] Minguzzi S, Barata L E S, Shin Y G. Phytochemistry, 2002, 59: 635.
[26] Yue J M, Chen S N, Lin Z W. Phytochemistry, 2001, 56: 801.
[27] Keller A C, Maillard M P, Hostettmann K. Phytochemistry, 1996, 41(4): 1041.
[28] Gao J M, Hu L, Liu J K. Steroids, 2001, 66: 771.
[29] Hyodo S, Fujita K J, Kasuya O. Tetrahedron, 1995, 51(24): 6717.
[30] Bok J W, Lermer L, Chilton J. Phytochemistry, 1991, 51: 891.
[31] Elliger C A, Waiss A C. Phytochemistry, 1993, 33(2): 471.
[32] Rodrfguez A D, Rlvera J, Boulanger A. Tetrahedron Lett, 1998, 39: 7645.
[33] Ioannou E, AbdeloRazik A F, Zervou M. Steriods, 2009, 74: 73.
[34] Veleiro A S, Oberti J C, Burton G. Phytochemistry, 1992, 31(3): 935.
[35] Tettamanzi M C, Velriro A S, Oberti J C. Phytochemistry, 1996, 43(2): 461.
[36] Hirotani M, Hirotani S, Yoshikawa T. Tetrahedeon Lett, 2001, 42: 5261.
[37] Hirotani M, Sai K, Nagai R. Phytochemistry, 2002, 61: 589.
[38] Hirotani M, Sai K, Hirotani S. Phytochemistry, 2002, 59: 571.
[39] Hirotani M, Masuda M, Sukemori A. Tetrahedron, 2005, 61: 189.
[40] Hirotani M, Hirotani S, Takayangagi H. Tetrahedron Lett, 2003, 44: 7975.
[41] Cirigliano A, Veleiro A S, Oberti J C. Phytochemistry, 1995, 40(2): 611.
[42] Gottlier H E, Cojocaru M, Sinha S C. Phytochemistry, 1987, 26(6): 1801.
[43] Bhat B A, Dhar K L, Puri S C. Bioorg Med Chem, 2005,13: 6672.
[44] Atta-ur-Rahman, Dur-e-Shahwar, Aniqa Naz. Phytochemistry, 2003, 63: 387.
[45] Ma L. Ali M, Arfan M, Lou L G. Tetrahedron Lett, 2007, 48: 449.
[46] Brasco M F R, Genzano G N, Palermo J A. Steriods, 2007, 72: 908.
[47] Hirotani M, Hirotani S, Yoshikawa T. Tetrahedron Lett, 2000, 41: 5107.
[48] Luis J G, Echeverri F, Quinones W. Steroids, 1994,59: 299.
[49] Siddiqui S, Sultana N, Ahmad S S. Phytochemistry, 1987, 26(9): 2641
[50] Maldonado E, Amador S, Martinez M. Steroids, 2010, 75: 346.
[51] Lavie D, Bessalle R, Pestchanker M J. Phytochemistry, 1987, 26(6): 1791.
[52] Yokosuka A, Mimaki Y. Steroids, 2005, 70: 257.
[53] Shingu K, Fujn H, Mizuki K. Phytochemistry, 1994, 36(5): 1307.

第九节 植物甾烷类化合物

表 8-9-1 植物甾烷类化合物 8-9-1～8-9-10 的名称、分子式和测试溶剂

编号	名称	分子式	测试溶剂	参考文献
8-9-1	24*α*-stigmasta-5,22,25-trien-3*β*-ol	$C_{29}H_{46}O$	C	[1]
8-9-2	24*α*-stigmasta-5,24(28)-dien-3*β*-*O*-acetate	$C_{31}H_{50}O_2$	C	[2]
8-9-3	stigmastane-3*β*, 6*α*-diol-3-*O*-tetradecanoate	$C_{43}H_{78}O_3$	C	[3]
8-9-4	stigmastane-3*β*, 6*α*-diol-3-*O*-palmitate	$C_{45}H_{82}O_3$	C	[3]
8-9-5	stigmastane-3*β*, 6*α*-diol-3-*O*-stearate	$C_{46}H_{86}O_3$	C	[3]
8-9-6	stigmastane-3*β*, 6*α*-diol	$C_{29}H_{52}O_2$	C	[3]
8-9-7	stigmastane-3*β*, 6*α*-diol	$C_{29}H_{52}O_2$	C	[3]
8-9-8	stigmastane-3*β*, 6*β*-diol	$C_{29}H_{52}O_2$	C	[3]
8-9-9	colebrin B	$C_{29}H_{50}O_3$	C	[4]
8-9-10	11*α*-hydroxy-phytost-5*α*-22-ene-3,6-dione	$C_{29}H_{46}O_3$	C	[5]

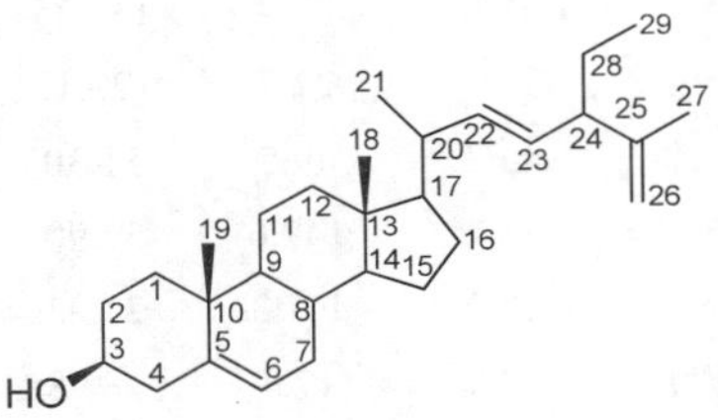

8-9-1

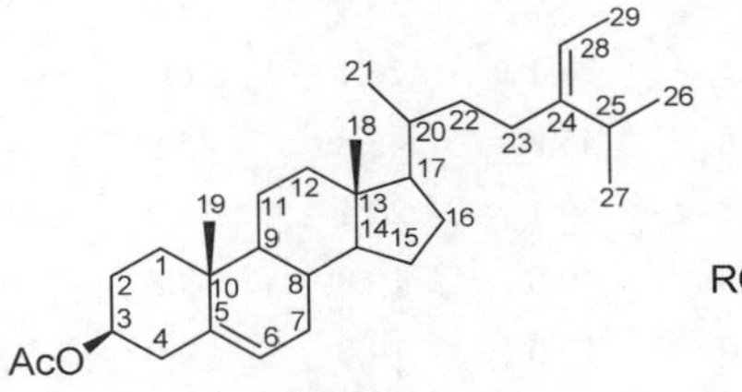

8-9-2

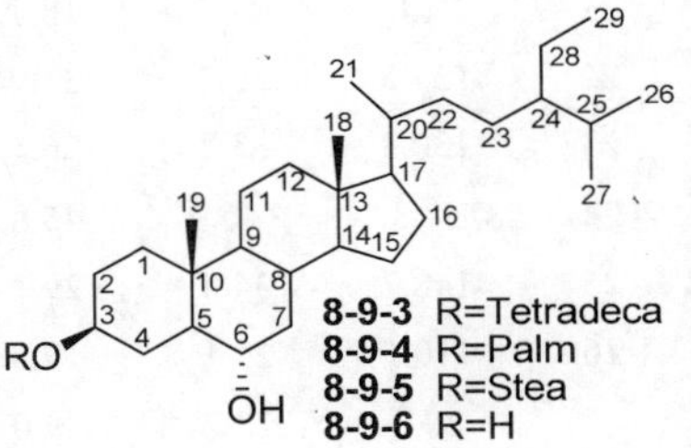

8-9-3 R=Tetradeca
8-9-4 R=Palm
8-9-5 R=Stea
8-9-6 R=H

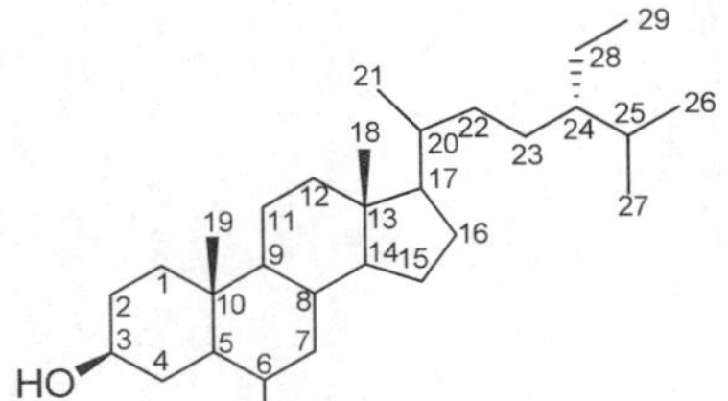

8-9-7 R=*α*-OH
8-9-8 R=*β*-OH

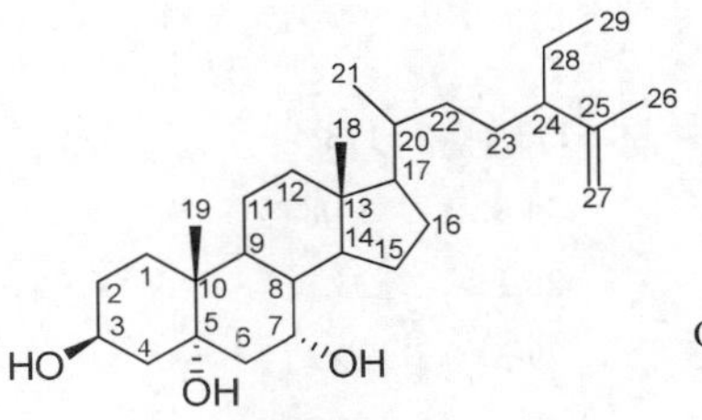

8-9-9

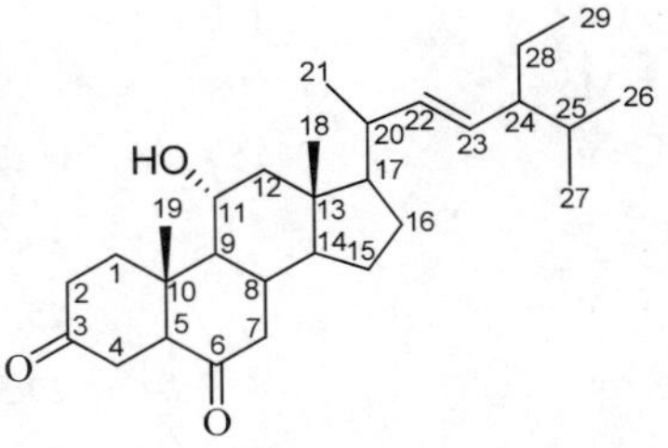

8-9-10

表 8-9-2 化合物 8-9-1～8-9-10 的 ^{13}C NMR 化学位移数据

C	8-9-1[1]	8-9-2[2]	8-9-3[3]	8-9-4[3]	8-9-5[3]	8-9-6[3]	8-9-7[3]	8-9-8[3]	8-9-9[4]	8-9-10[5]
1	37.8	37.0	37.3	37.3	37.3	37.3	37.3	37.3	37.5	37.61
2	32.3	27.8	31.9	31.9	31.9	31.1	31.1	33.4	31.9	39.87
3	71.2	73.9	73.3	73.3	73.3	71.3	71.3	71.4	67.6	208.33
4	43.5	38.2	33.9	33.9	33.9	32.3	32.3	36.8	35.8	37.33
5	141.9	139.7	51.7	51.7	51.7	51.7	51.7	48.7	88.8	57.86
6	121.2	122.6	69.6	69.6	69.6	68.5	69.5	70.6	34.6	211.24

续表

C	8-9-1[1]	8-9-2[2]	8-9-3[3]	8-9-4[3]	8-9-5[3]	8-9-6[3]	8-9-7[3]	8-9-8[3]	8-9-9[4]	8-9-10[5]
7	32.6	31.9	41.8	41.8	41.8	41.7	41.7	40.7	68.4	46.08
8	32.1	31.9	34.3	34.3	34.3	34.3	34.3	31.2	30.3	36.44
9	50.5	50.0	53.7	53.7	53.7	53.8	53.8	54.8	45.8	59.17
10	36.9	36.6	36.3	36.3	36.3	36.3	36.3	37.7	39.6	42.87
11	21.4	21.0	21.1	21.1	21.1	21.2	21.2	20.6	21.2	69.01
12	40.0	39.7	39.8	39.8	39.8	39.8	39.8	39.4	40.1	51.68
13	42.5	42.3	42.6	42.6	42.6	42.6	42.6	42.8	42.8	43.07
14	56.9	56.7	56.1	56.1	56.1	56.2	56.2	56.3	56.3	55.88
15	24.5	24.3	24.2	24.2	24.2	24.2	24.2	23.2	28.1	23.93
16	28.5	28.2	28.2	28.2	28.2	28.2	28.2	27.8	29.3	28.00
17	56.0	55.8	56.1	56.1	56.1	56.1	56.1	55.6	56.3	56.06
18	12.2	11.8	12.0	12.0	12.0	12.0	12.0	11.6	11.6	12.80
19	19.6	19.3	13.4	13.4	13.4	13.5	13.5	16.4	18.7	12.95
20	40.5	36.4	36.1	36.1	36.1	36.1	36.3	35.9	35.5	40.53
21	21.0	18.7	18.7	18.7	18.7	18.7	18.8	18.1	17.9	21.10
22	137.5	25.7	33.9	33.9	33.9	33.9	33.9	35.0	33.7	138.35
23	130.3	35.2	26.1	26.1	26.1	26.1	26.4	24.2	22.7	129.12
24	52.3	146.9	45.8	45.8	45.8	45.9	46.1	45.3	49.5	51.30
25	148.7	34.8	29.1	29.1	29.1	29.2	28.9	28.2	147.6	31.90
26	110.1	22.1	19.8	19.8	19.8	19.8	19.6	18.2	111.3	21.23
27	20.3	22.2	19.0	19.0	19.0	19.0	19.0	18.4	17.3	18.98
28	26.0	115.6	23.1	23.1	23.1	23.1	23.0	22.0	26.5	25.40
29	12.4	13.1	12.0	12.0	12.0	12.0	12.3	12.2	12.0	12.21
OAc		170.4								
Me		21.4								
1'			173.4	173.4	173.4					
2'			34.8	34.8	34.8					
3'			25.1	25.1	25.1					
4'			29.3	29.3	29.3					
			29.7	29.7	29.7					
5'			31.9	31.9	31.9					
6'			22.7	22.7	22.7					
7'			14.1	14.1	14.1					

表 8-9-3 植物甾烷类化合物 8-9-11~8-9-20 的名称、分子式和测试溶剂

编号	名称	分子式	测试溶剂	参考文献
8-9-11	3β,7α,20-trihydroxy-phytost-5-ene	$C_{29}H_{50}O_3$	C	[6]
8-9-12	24α-stigmasta-5,22-dien-3β-ol	$C_{29}H_{48}O$	C	[1]
8-9-13	clerosterol	$C_{29}H_{48}O$	C	[4]

续表

编号	名称	分子式	测试溶剂	参考文献
8-9-14	colebrin A	$C_{30}H_{48}O_3$	C	[4]
8-9-15	24*α*-stigmasta-5,25-dien-3*β*-ol	$C_{29}H_{48}O$	C	[1]
8-9-16	24*α*-stigmasta-5,28-dien-24-ol-3*β*-*O*-acetate	$C_{31}H_{50}O_3$	C	[2]
8-9-17	5*β*,24*α*-stigmasta-8, 22-dien-3*β*-ol	$C_{29}H_{48}O$	C	[7]
8-9-18	5*β*,24*α*-stigmasta-8, 22-dien-3*β*-*O*-acetate	$C_{31}H_{50}O_2$	C	[7]
8-9-19	5*β*,24*α*-stigmasta-8, 22-dien-3-one	$C_{29}H_{46}O$	C	[7]
8-9-20	pleuchiol	$C_{29}H_{48}O$	C	[8]

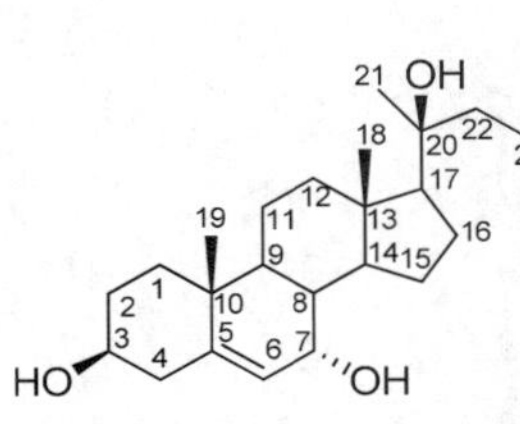

8-9-11 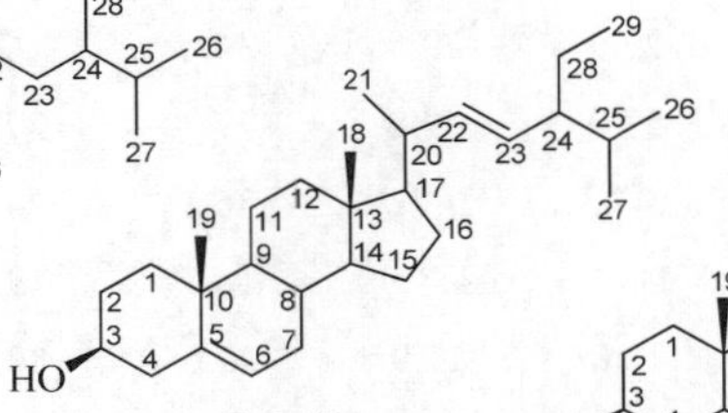　**8-9-12** 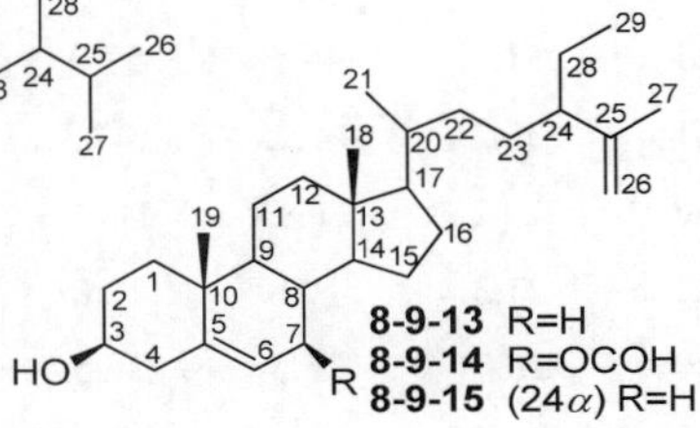　**8-9-13** R=H　**8-9-14** R=OCOH　**8-9-15** (24*α*) R=H

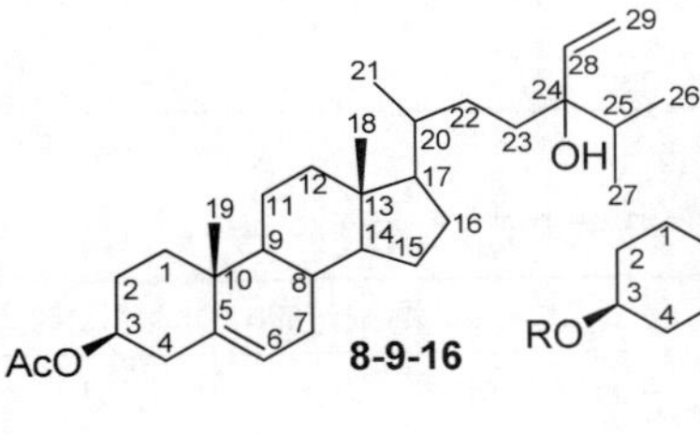

8-9-16 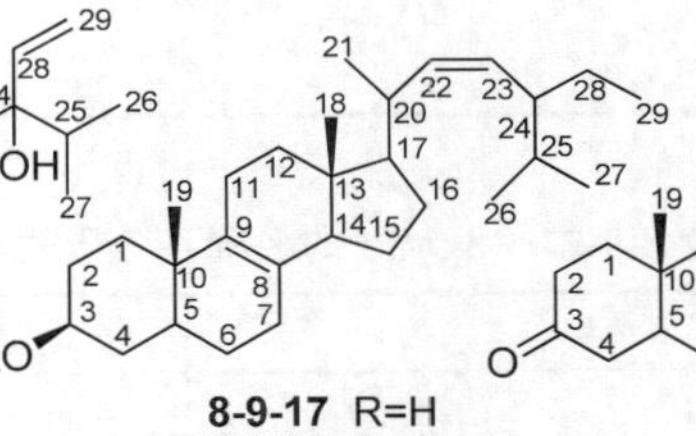　**8-9-17** R=H　**8-9-18** R=Ac　**8-9-19** 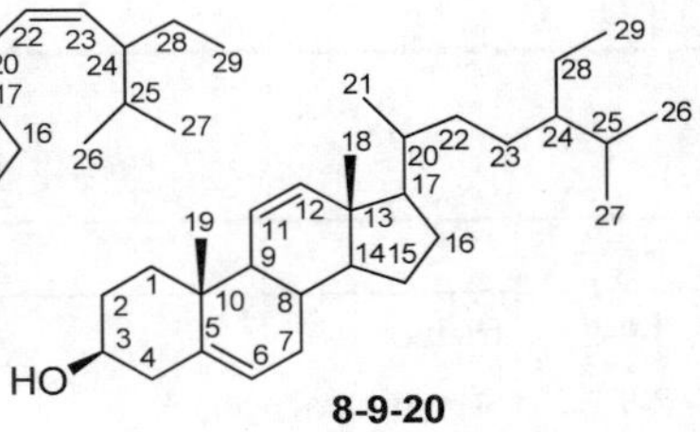　**8-9-20**

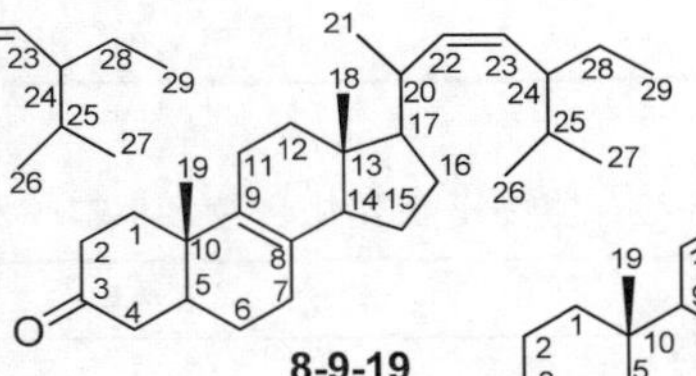

表 8-9-4　化合物 8-9-11~8-9-20 的 ^{13}C NMR 化学位移数据

C	**8-9-11**[6]	**8-9-12**[1]	**8-9-13**[4]	**8-9-14**[4]	**8-9-15**[1]	**8-9-16**[2]	**8-9-17**[7]	**8-9-18**[7]	**8-9-19**[7]	**8-9-20**[8]
1	37.0	37.8	37.2	36.7	37.8	37.0	38.4	36.5	37.3	37.2
2	31.4	32.3	31.6	31.2	32.3	27.8	23.0	25.0	26.2	31.6
3	71.3	71.2	71.8	71.1	71.2	73.9	72.0	80.6	203.2	71.7
4	42.0	43.5	42.3	41.8	43.5	38.2	26.5	27.2	27.5	42.2
5	146.3	141.9	140.7	148.6	141.9	139.7	57.2	58.4	55.2	140.7
6	123.8	121.2	121.7	119.4	121.2	122.6	19.1	18.2	18.9	121.7
7	65.3	32.6	31.9	68.8	32.6	31.9	33.2	34.2	34.3	24.4
8	37.4	32.1	31.9	35.4	32.1	31.9	139.7	140.1	140.5	50.2
9	42.1	50.5	50.1	43.1	50.5	50.0	142.3	142.9	142.9	51.2
10	36.9	36.9	36.5	37.3	36.9	36.6	47.0	37.3	37.5	36.5
11	20.6	21.4	21.0	20.7	21.4	21.0	25.1	23.9	25.0	129.3
12	39.5	40.0	39.7	39.0	40.0	39.7	27.3	25.9	25.9	138.3
13	42.4	42.5	42.3	42.2	42.5	42.3	42.4	42.5	42.4	42.3

续表

C	8-9-11[6]	8-9-12[1]	8-9-13[4]	8-9-14[4]	8-9-15[1]	8-9-16[2]	8-9-17[7]	8-9-18[7]	8-9-19[7]	8-9-20[8]
14	49.6	56.9	56.8	49.5	56.9	56.7	40.1	40.2	39.8	56.8
15	24.4	24.5	28.1	28.2	24.5	24.3	30.9	30.5	30.0	24.3
16	22.4	28.5	29.4	29.4	28.5	28.2	31.2	31.1	31.0	28.2
17	57.0	56.3	56.1	55.8	56.3	55.8	44.0	44.3	44.2	56.1
18	13.4	12.0	11.8	11.4	12.0	11.8	34.8	34.6	34.5	12.0
19	18.2	19.6	19.3	18.6	19.6	19.3	56.9	45.7	56.3	19.4
20	75.4	40.8	35.5	35.7	35.8	35.9	41.0	41.0	41.0	36.1
21	26.6	21.5	18.6	18.1	18.9	18.8	29.0	29.0	29.0	18.8
22	42.5	138.8	33.7	33.6	34.0	29.1	122.2	122.5	122.4	39.8
23	23.8	129.5	24.3	23.9	29.5	34.6	122.7	122.7	122.7	26.1
24	46.1	51.4	49.5	50.0	49.8	77.7	27.3	27.9	27.9	45.8
25	29.1	32.2	147.5	147.5	147.7	36.1	24.3	24.8	24.8	28.9
26	19.6	19.2	111.3	111.3	111.9	16.5	19.1	20.3	20.3	19.8
27	19.2	21.3	17.8	17.8	17.9	17.6	20.4	20.6	20.6	19.0
28	23.0	25.7	26.5	26.5	26.7	142.5	18.0	18.7	18.7	23.1
29	12.1	12.5	12.0	11.9	12.3	112.8	22.5	23.2	23.0	11.8
OAc						170.5/21.4		175.1/35.4		
OCO				160.8						

表 8-9-5　植物甾烷类化合物 8-9-21～8-9-30 的名称、分子式和测试溶剂

编号	名称	分子式	测试溶剂	参考文献
8-9-21	trichiol	$C_{29}H_{46}O_4$	C	[9]
8-9-22	3-epitrichiol acetate	$C_{31}H_{48}O_5$	C	[9]
8-9-23	(24*E*)-5*α*,8*α*-epidioxy-24-ethyl-cholesta-6,24(28)-dien-3*β*-ol	$C_{29}H_{46}O_3$	C	[10]
8-9-24	24*α*-stigmasta-5,22-dien-3-*O*-*β*-D-glucopyranoside	$C_{35}H_{58}O_6$	C	[1]
8-9-25	24*α*-stigmasta-5,22-dien-3-*O*-*β*-D-galactopyranoside	$C_{35}H_{58}O_6$	C	[11]
8-9-26	24*α*-stigmasta-5,25-dien-3-*O*-*β*-D-glucopyranoside	$C_{35}H_{58}O_6$	C	[1]
8-9-27	colebrin C	$C_{52}H_{90}O_7$	C	[4]
8-9-28	colebrin D	$C_{52}H_{90}O_8$	C	[4]
8-9-29	colebrin E	$C_{52}H_{90}O_8$	C	[4]
8-9-30	24*α*-stigmasta-5,22,25-triene-3-*O*-*β*-D-glucopyranoside	$C_{35}H_{56}O_6$	C	[1]

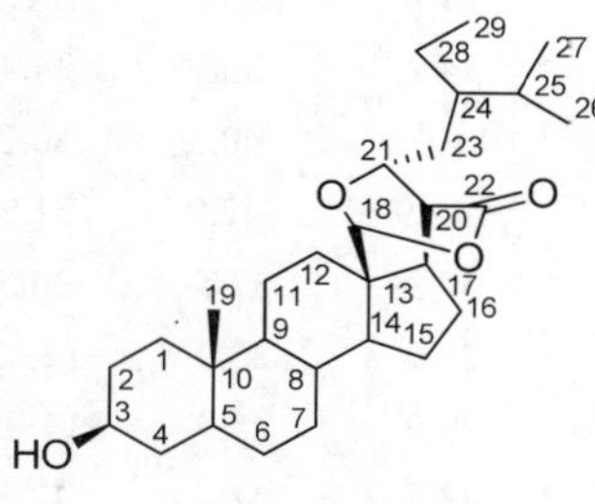

8-9-21 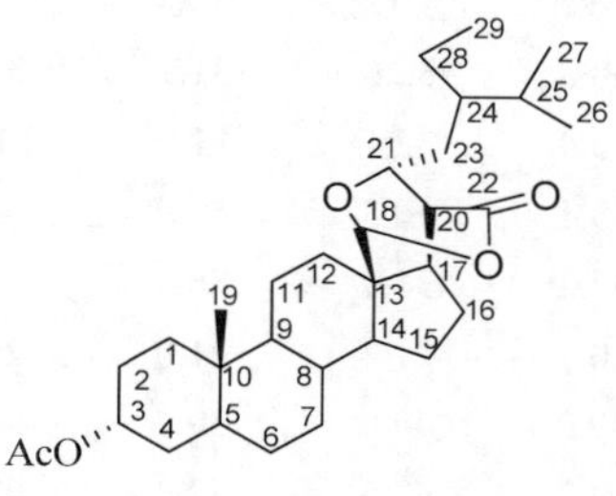　　**8-9-22** 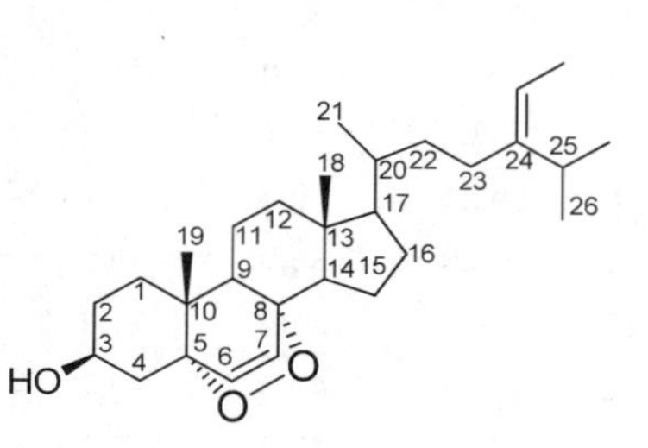　　**8-9-23**

8-9-24 R=β-D-Glu
8-9-25 R=β-D-Gal

8-9-26 R^1=β-D-Glu; R^2=R^3=H
8-9-27 R^1=β-D-6-Mar-Glu; R^2= R^3=H
8-9-28 R^1=β-D-6-Mar-Glu; R^2=H; R^3=OH
8-9-29 R^1=β-D-6-Mar-Glu; R^2=OH; R^3=H

8-9-30

表 8-9-6 化合物 8-9-21~8-9-30 的 ^{13}C NMR 化学位移数据

C	8-9-21[9]	8-9-22[9]	8-9-23[10]	8-9-24[1]	8-9-25[11]	8-9-26[1]	8-9-27[4]	8-9-28[4]	8-9-29[4]	8-9-30[1]
1	36.7	32.7	34.7	37.5	37.1	37.5	37.3	36.9	36.9	37.5
2	31.4	26.0	30.1	30.4	31.6	30.4	31.4	31.9	31.9	30.4
3	71.2	70.0	66.5	78.1	78.8	78.1	79.8	79.2	79.2	78.1
4	38.0	32.8	36.9	39.3	41.5	39.3	38.9	38.6	38.6	39.3
5	45.0	40.2	82.1	140.9	140.2	140.9	140.4	144.8	145.2	140.9
6	28.5	28.1	135.4	121.9	121.7	121.9	121.9	121.9	122.3	121.9
7	32.4	32.3	130.7	31.9	31.7	31.9	31.9	63.4	86.3	31.9
8	34.7	34.7	79.4	31.9	31.9	31.9	31.9	34.7	34.7	31.9
9	55.2	55.1	51.0	50.3	50.1	50.3	50.1	42.4	48.8	50.3
10	35.8	36.1	36.9	36.9	36.7	36.9	36.6	36.6	36.7	36.9
11	21.9	21.5	23.4	21.3	20.8	21.3	21.1	21.1	21.1	21.3
12	35.7	35.7	39.3	39.9	39.6	39.9	39.8	39.2	39.6	39.9
13	48.0	48.1	44.6	42.3	42.5	42.5	42.3	42.1	42.9	42.4
14	56.9	57.0	51.6	56.9	56.7	56.9	56.8	49.0	56.1	56.8
15	26.3	26.3	20.5	24.5	24.0	24.5	28.1	28.2	28.2	24.5
16	30.2	30.2	28.8	29.3	28.5	28.4	29.4	29.3	29.3	29.1
17	36.6	36.6	56.1	56.1	55.8	56.2	56.2	55.9	55.7	56.0
18	100.4	100.4	12.5	12.2	11.6	11.9	11.8	11.8	11.8	12.2
19	12.2	12.3	18.2	19.4	19.2	19.4	19.3	19.0	18.7	19.4
20	46.3	46.4	35.8	40.8	40.1	35.8	35.5	35.8	35.5	40.5
21	173.2	173.2	18.7	21.5	20.4	18.9	18.6	18.9	18.7	40.5
22	72.5	72.6	34.9	138.8	138.1	34.0	33.6	33.4	33.7	137.6
23	31.7	31.8	25.5	129.5	129.1	29.7	24.3	24.9	24.9	130.3
24	41.8	41.8	146.7	51.4	51.1	49.7	49.4	49.5	49.5	52.3
25	28.2	28.2	34.8	32.1	32.0	147.7	147.4	147.6	147.6	148.6
26	18.7	18.7	22.0	19.2	19.0	111.9	111.3	111.6	111.3	110.2
27	18.9	18.9	21.9	21.3	21.2	17.9	17.8	17.8	17.9	20.3
28	22.7	22.7	115.8	25.7	25.4	26.8	26.5	26.5	26.5	26.0
29	11.9	11.9	13.2	12.6	12.0	12.3	11.9	11.9	12.0	12.4

续表

C	8-9-21[9]	8-9-22[9]	8-9-23[10]	8-9-24[1]	8-9-25[11]	8-9-26[1]	8-9-27[4]	8-9-28[4]	8-9-29[4]	8-9-30[1]
OAc		170.6								
Me		21.5								
1'				102.5	100.5	102.5	101.3	101.5	101.5	102.5
2'				75.3	71.9	75.3	70.6	70.3	70.3	75.3
3'				78.5	74.0	78.5	76.3	76.2	76.3	78.5
4'				71.6	69.9	71.6	73.2	73.5	73.6	71.6
5'				78.4	76.5	78.4	73.6	73.9.	73.9	78.4
6'				62.8	62.5	62.8	63.8	63.4	63.4	62.8
1"							174.0	174.3	174.3	
2"							34.3	34.2	34.3	
3"							30.8	31.8	31.9	
4"~14"							29.7	29.7	29.7	
15"							24.9	24.9	24.9	
16"							22.6	22.7	22.7	
17"							14.0	14.0	14.0	

表 8-9-7　植物甾烷类化合物 8-9-31~8-9-33 的名称、分子式和测试溶剂

编号	名称	分子式	测试溶剂	参考文献
8-9-31	vernonioside S1	$C_{41}H_{66}O_{15}$	C	[12]
8-9-32	vernonioside S3	$C_{41}H_{68}O_{15}$	C	[12]
8-9-33	vernonioside S2	$C_{41}H_{64}O_{14}$	C	[12]

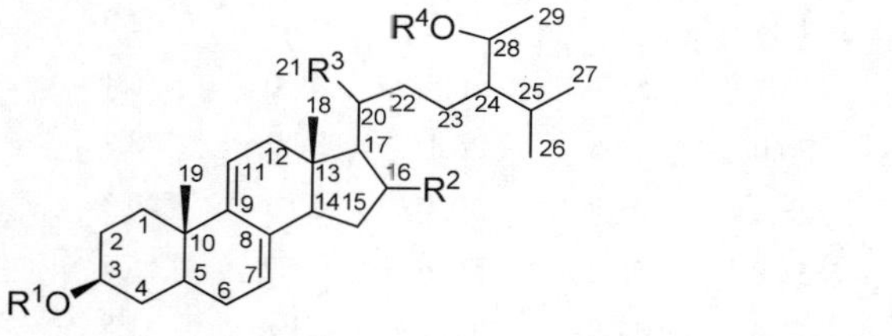

8-9-31 R^1=β-D-Glu; R^2=H; R^3=COOH; R^4=β-D-Glu

8-9-32 R^1=β-D-Glu; R^2=OH; R^3=CH_2OH; R^4=β-D-Glu

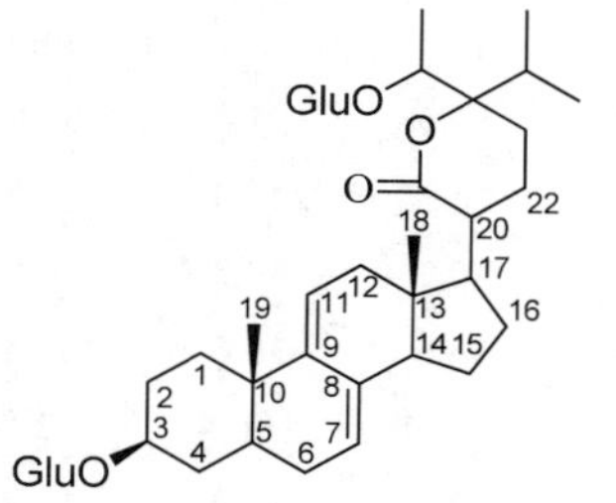

8-9-33

表 8-9-8　化合物 8-9-31~8-9-33 的 ^{13}C NMR 化学位移数据[12]

C	8-9-31	8-9-32	8-9-33	C	8-9-31	8-9-32	8-9-33
1	35.0	35.0	35.0	9	144.2	144.2	144.1
2	30.1	30.1	30.1	10	36.1	36.2	36.1
3	77.0	77.0	76.9	11	118.5	118.5	119.0
4	34.5	34.5	34.5	12	40.4	41.7	40.3
5	39.2	39.2	39.1	13	42.5	43.7	42.9
6	30.4	30.1	30.2	14	53.3	49.4	51.7
7	120.9	120.8	120.6	15	23.0	36.1	23.0
8	136.3	136.0	136.5	16	26.8	74.5	26.0

续表

C	8-9-31	8-9-32	8-9-33	C	8-9-31	8-9-32	8-9-33
17	51.7	62.6	49.5	1'	102.2	102.3	102.3
18	11.6	13.5	12.4	2'	74.7	75.0	75.0
19	19.4	19.5	19.5	3'	78.5	78.4	78.1
20	49.7	41.9	40.9	4'	71.7	71.7	71.7
21	178.7	63.6	174.4	5'	78.5	78.6	78.6
22	27.8	21.8	22.6	6'	62.7	62.7	62.9
23	30.2	30.0	21.9	1"	103.7	103.4	103.0
24	76.5	76.8	88.6	2"	75.3	75.3	75.3
25	33.9	33.8	34.5	3"	78.6	78.5	78.5
26	17.8	17.8	17.2	4"	71.7	71.8	71.8
27	17.8	18.1	17.5	5"	78.5	78.8	78.8
28	81.3	80.7	78.6	6"	62.8	62.9	63.1
29	16.1	15.7	14.9				

参 考 文 献

[1] Leitao S G, Kaplan M A C, Monache F D. Phytochemistry, 1992, 31: 2813.

[2] Kurata K, Taniguchi K, Shirashi K. Phytochemistry, 1990, 29: 3678.

[3] Mimaki Y, Aoki T, Jitsuno M. Phytochemistry, 2008, 69: 729.

[4] Yang H, Wang J. Hou A J. Fitoterpia, 2000, 71: 641.

[5] Monaco P, Previteral L. Phytochemistry, 1991, 30(7): 2420.

[6] Wu S B. Ji Y P, Zhu J J. Steroids, 2009, 74: 761.

[7] Shah W A, Qurishi M A, Koul S K. Phytochemistry, 1996, 41: 595.

[8] Alam M S, Chopra N, Ali M. Phytochemistry, 1994, 37: 521.

[9] Kaniwa K, Ohtsuki T, Sonoda T, Tetrahendron Lett, 2006, 47: 4351.

[10] Ioannou E, AbdeloRazik A F. Zervou M. Steriods, 2009, 74: 73.

[11] Ahmed W, Ahmad Z, Malik A. Phytochemistry, 1992, 31: 4038.

[12] Suo M R, Yang J S. Magn Reson Chem, 2009, 47 (2): 179.

第九章　脂肪族化合物

第一节　脂肪酸类化合物

表 9-1-1　脂肪酸类化合物的名称、分子式和测试溶剂

编号	中文名称	英文名称	分子式	测试溶剂	参考文献
9-1-1	乙酸	acetic acid	$C_2H_4O_2$	C	[3]
9-1-2	丁酸	butyric acid	$C_4H_8O_2$	C	[1]
9-1-3	己酸	caproic acid	$C_6H_{12}O_2$	C	[1]
9-1-4	十六烷酸	hexadecanoic acid	$C_{16}H_{32}O_2$	C	[2]
9-1-5	三十烷酸	triacontanoic acid	$C_{30}H_{60}O_2$	C	[2]
9-1-6	2,2-二氟丙酸	2,2-difluorine propionic acid	$C_3H_4F_2O_2$	C	[3]
9-1-7	2,2,3,3-四氟丁酸	2,2,3,3-tetrafluorine btyric acid	$C_4H_4F_4O_2$	C	[3]
9-1-8	丙-2-烯酸	2-allyl acid	$C_3H_4O_2$	C	[4]
9-1-9	丁-2-烯酸	2-ene butyric acid	$C_4H_6O_2$	C	[4]
9-1-10	*Z*-7-十四烯酸	(7*Z*)-tetradec-7-enoic acid	$C_{14}H_{26}O_2$	C	[5]
9-1-11	*E*-7-十四烯酸	(7*E*)-tetradec-7-enoic acid	$C_{14}H_{26}O_2$	C	[5]
9-1-12	亚油酸	lin-2-oleic acid	$C_{18}H_{32}O_2$	C	[6]
9-1-13	油酸	oleic acid	$C_{18}H_{34}O_2$	C	[2]
9-1-14	3-溴-2-丙烯酸	(*Z*)-3-bromoacrylic acid	$C_3H_3BrO_2$	C	[4]
9-1-15	3-氯-2-丁烯酸	(*Z*)-3-chlorobut-2-endic acid	$C_4H_5ClO_2$	C	[7]
9-1-16	*E*-2,3-二氯-2-丁烯酸	(*E*)-2,3-dichlorobut-2-endic acid	$C_4H_5Cl_2O_2$	A	[8]
9-1-17	*Z*-2,3-二氯-2-丁烯酸	(*Z*)-2,3-dichlorobut-2-endic acid	$C_4H_5Cl_2O_2$	A	[8]
9-1-18	2,3-二氯-2-烯-4-丁酮酸	(*Z*)-2,3-dichloro-3-formylacrylic acid	$C_4H_3ClO_3$	A	[8]
9-1-19	2,3-二溴-2-烯-4-丁酮酸	(*Z*)-2,3-dibromo-3-formylacrylic acid	$C_4H_3BrO_3$	A	[8]
9-1-20	丁二酸	succinic acid	$C_4H_6O_4$	W	[2]
9-1-21	辛二酸	octanedioic acid	$C_8H_{14}O_4$	D	[2]
9-1-22	2,2,3,3-四氟丁二酸	2,2,3,3-tetrafluorosuccinic acid	$C_4H_2F_4O_4$	C	[3]
9-1-23	2,2,3,3,4,4-六氟戊二酸	2,2,3,3,4,4-hexafluoroprnysnrfioic acid	$C_5H_2F_6O_4$	C	[3]
9-1-24	2,2,3,3,4,4,5,5-八氟己二酸	2,2,3,3,4,4,5,5-octafluorohexane-dioic acid	$C_6H_2F_8O_4$	C	[3]
9-1-25	2,2-二氯乙酸甲酯	methyl 2,2-dichloroacetate	$C_3H_4Cl_2O_2$	C	[9]
9-1-26	2,2,2-三氯乙酸甲酯	methyl 2,2,2-trichloroacetate	$C_3H_3Cl_3O_2$	C	[9]
9-1-27	2,4,4,6-四氯戊酸甲酯	methyl 2,4,4,6-tetrachlorohexanoate	$C_7H_8Cl_4O_2$	C	[9]
9-1-28	十六烷酸甘油单酯	hexadecanoic-2, 3-dihydroxy-propyl ester	$C_{19}H_{38}O_4$	C	[5]

续表

编号	中文名称	英文名称	分子式	测试溶剂	参考文献
9-1-29	二十二烷酸甘油单酯	docosanoic-2,3-dihydroxypropyl ester	$C_{25}H_{50}O_4$	C	[5]
9-1-30	二十四烷酸甘油单酯	tetracosanoid acid-2,3-dihydroxy-propyl ester	$C_{27}H_{54}O_4$	A	[2]
9-1-31	苹果酸甲酯	methyl malic acid	$C_5H_8O_5$	C	[2]
9-1-32		ethyl benzoyl acetate	$C_{11}H_{12}O_3$	C	[10]
9-1-33		ethyl (4-chlorobenzoyl)acetate	$C_{11}H_{11}ClO_3$	C	[10]
9-1-34		ethyl (4-methylbenzoyl)acetate	$C_{12}H_{14}O_3$	C	[10]
9-1-35		ethyl 3-(2-furyl)-3-oxopropanoate	$C_9H_{10}O_4$	C	[10]
9-1-36		ethyl(*Z*)-3-hydroxy-3-(4-pyridinyl)-2-propenoate	$C_{10}H_{11}NO_3$	C	[10]
9-1-37		ethyl 3-oxooctanoate	$C_{10}H_{18}O_3$	C	[10]
9-1-38	2-氧代十五烷酸甲酯	methyl 2-oxoheptadecanoate (*E*)-ethyl non-4-enoate	$C_{19}H_{36}O_3$	C	[11]
9-1-39	3-氧代十五烷酸甲酯	methyl 2-oxoheptadecanoate (*Z*)-ethyl non-4-enoate	$C_{19}H_{36}O_3$	C	[11]
9-1-40	壬-4-烯酸乙酯	(*E*)-ethyl non-4-enoate	$C_{11}H_{20}O_2$	C	[12]
9-1-41	己-2-烯-4-炔酸甲酯	(*E*)-methyl hex-2-en-4-ynoate	$C_7H_7O_2$	C	[13]
9-1-42	癸-2-烯-4,6,8-三炔酸甲酯	(*E*)-methyl dec-2-en-4,6,8-triynoate	$C_{11}H_{18}O_2$	C	[13]
9-1-43	2-烯-4,6-二炔-7-氰基庚酸甲酯	(*E*)-methyl 7-cyanohept-2-ene-4,6-diynoate	$C_9H_5NO_2$	C	[13]
9-1-44			$C_7H_{12}N_2O_4$	C	[14]
9-1-45	2,2-二甲基丁酸	2,2-dimethylbutanoic acid	$C_6H_{12}O_2$	C	[15]
9-1-46	2,2-二甲基戊酸	2,2-dimethylpentanoic acid	$C_7H_{14}O_2$	C	[15]
9-1-47	2,2-二甲基己酸	2,2-dimethylhexanoic acid	$C_8H_{16}O_2$	C	[15]
9-1-48	2-溴-3-甲基-2-丁烯二酸	2-bromo-3-methylmaleic acid	$C_4H_3BrO_4$	C	[16]
9-1-49	1,2,2-三甲基环戊烷 1,3-二甲酸	1,2,2-trimethylcyclopentane-1,3-dicarboxylic acid	$C_{10}H_{16}O_4$	C	[16]
9-1-50			$C_5H_8N_2O_2$	C	[17]
9-1-51	2-甲基丁酸甲酯	methyl 2-methylbutanoate	$C_6H_{12}O_2$	C	[18]
9-1-52	2,2-二甲基丁酸甲酯	methyl 2,2-dimethylbutanoate	$C_7H_{14}O_2$	C	[18]
9-1-53	4,4-二甲基-3-甲氧基戊酸甲酯	methyl 3-methoxy-4,4-dimethyl-pentanoate	$C_9H_{18}O_3$	C	[18]
9-1-54	2-氯乙酸叔丁酯	*tert*-butyl-2-chloroacetate	$C_6H_{11}ClO_2$	C	[19]
9-1-55	2,2-二氯乙酸叔丁酯	*tert*-butyl-2,2-dichloroacetate	$C_6H_{10}Cl_2O_2$	C	[19]
9-1-56	2,2-二氯乙酸叔丁酯	*tert*-butyl-2,2-dichloroacetate	$C_6H_{10}Cl_2O_2$	C	[19]
9-1-57		methyl prop-1-en-2-yl carbonate	$C_5H_8O_3$	C	[20]
9-1-58			$C_6H_7O_2$	C	[20]
9-1-59			$C_{11}H_{15}NO_2$	C	[21]
9-1-60	*Z*-7-十四烯酸异丁酯	*2*-butyl (7*Z*)-tetradecenoate	$C_{18}H_{34}O_2$	C	[22]
9-1-61	*E*-7-十四烯酸异丁酯	*2*-butyl *(7E)*-tetradecenoate	$C_{18}H_{34}O_2$	C	[22]
9-1-62		ethyl 2-methyl-3-(4-methylphenyl)-3-oxopropanoate	$C_{13}H_{16}O_3$	C	[23]

续表

编号	中文名称	英文名称	分子式	测试溶剂	参考文献
9-1-63		ethyl 2-methyl-3-oxooctanoate	$C_{11}H_{20}O_3$	C	[23]
9-1-64		ethyl 3-(2-furyl)-2-methyl-3-oxo-propanoate	$C_{10}H_{12}O_4$	C	[23]
9-1-65		ethyl 2-methyl-3-oxo-3-(2-thienyl) propanoate	$C_{10}H_{12}O_3S$	C	[23]
9-1-66		ethyl 2-methyl-3-oxo-3-(2-pyridyl) propanoate	$C_{11}H_{13}NO_3$	C	[23]
9-1-67		ethyl 2-methyl-3-oxo-3-phenyl-propanoate	$C_{12}H_{14}O_3$	C	[23]
9-1-68	丙二酸二乙酯	diethyl malonate	$C_7H_{12}O_4$	C	[16]
9-1-69	丁二酸二乙酯	diethyl succinate	$C_8H_{14}O_4$	C	[16]
9-1-70		methyl 6-acetoxy-4-methoxy-hexanoste	$C_{10}H_8O_5$	C	[20]
9-1-71	二环[4.1.0]-2,4-庚二烯-7-酸	bicyclo[4.1.0]hepta-2,4-diene-7-carboxylic acid	$C_8H_8O_2$	C	[24]
9-1-72	eq-二环[2.2.1]-5-庚烯-2-酸	eq-bicyclo[2.2.1]hept-5-ene-2-carboxylic acid	$C_8H_{10}O_2$	C	[25]
9-1-73	ax-二环[2.2.1]-5-庚烯-2-酸	ax-bicyclo[2.2.1]hept-5-ene-2-carboxylic acid	$C_8H_{10}O_2$	C	[25]
9-1-74	3-溴甲基金刚烷-1-乙酸		$C_{13}H_{21}BrO_2$	C	[26]
9-1-75	3-羟基金刚烷-1-乙酸		$C_{12}H_{20}O_3$	C	[26]
9-1-76	3-溴金刚烷-1-乙酸		$C_{12}H_{19}BrO_2$	C	[26]
9-1-77	2-甲基环丙甲酸乙酯	ethyl 2-methylcyclopropane-carboxylate	$C_7H_{12}O_2$	B	[27]
9-1-78	2-甲氧基环丙甲酸乙酯	ethyl 2-methoxycyclopropane-carboxylate	$C_7H_{12}O_3$	B	[27]
9-1-79	2-溴环丙甲酸乙酯	ethyl 2-bromocyclopropane-carboxylate	$C_6H_9BrO_2$	B	[27]
9-1-80	1,2-环丙二甲酸乙酯甲酯	ethyl 2-methyl cyclopropane-1,2-discarboxylate	$C_8H_{12}O_4$	B	[27]
9-1-81	环丁烷甲酸甲酯	methyl cyclobutanecarboxylate	$C_6H_{10}O_2$	C	[28]
9-1-82	环戊烷甲酸甲酯	methyl cyclopetanecarboxylate	$C_7H_{12}O_2$	C	[28]
9-1-83	1-甲基吡啶-4-乙酸酯	1-methylpiperidin-4-yl acetate	$C_8H_{15}N$	C	[29]
9-1-84	环己烷甲酸（二乙醇醚）酯	2-(2-hydroxyethoxy)ethyl cyclohexanecarboxylate	$C_{11}H_{20}O_4$	C	[30]
9-1-85	二环 [2.2.1] 庚烷 -2- 乙酸酯	bicyclo[2.2.1]heptan-2-yl acetate	$C_9H_{14}O_2$	C	[31]
9-1-86	7-甲基二环[2.2.1]庚烷-2-乙酸酯	7-methylbicyclo[2.2.1]heptan-2-yl acetate	$C_{10}H_{16}O_2$	C	[31]
9-1-87	7-甲基二环[2.2.1]庚烷-2-乙酸酯	7-methylbicyclo[2.2.1] heptan-2-yl acetate	$C_{10}H_{16}O_2$	C	[31]
9-1-88	1,2-环戊二甲酸二甲酯	dimethyl cyclopentane-1,2-dicarboxylate	$C_9H_{14}O_4$	C	[32]

续表

编号	中文名称	英文名称	分子式	测试溶剂	参考文献
9-1-89	1,2-环己烷二甲酸甲酯	dimethyl cyclohexane-1,2-dicarboxylate	$C_{10}H_{16}O_4$	C	[32]
9-1-90	1,2-环庚烷二甲酸甲酯	dimethyl cycloheptane-1,2-dicarboxylate	$C_{11}H_{18}O_4$	C	[32]
9-1-91	1,2-环辛烷二甲酸甲酯	dimethyl cyclooctane-1,3-dicarboxylate	$C_{12}H_{20}O_4$	C	[32]
9-1-92	1,3-环戊烷二甲酸甲酯	dimethyl cyclopentane-1,3-dicarboxylate	$C_9H_{14}O_4$	C	[33]
9-1-93	1,3-环己烷二甲酸甲酯	dimethyl cyclohexane-1,3-dicarboxylate	$C_{10}H_{16}O_4$	C	[33]
9-1-94	1,3-环庚烷二甲酸甲酯	dimethyl cycloheptane-1,3-dicarboxylate	$C_{11}H_{18}O_4$	C	[33]
9-1-95	1,3-环辛烷二甲酸甲酯	dimethyl cyclooctane-1,3-dicarboxylate	$C_{12}H_{20}O_4$	C	[33]
9-1-96	2,3-二环[2.2.1]-2-庚烯二甲酸甲酯	dimethyl bicyclo[2.2.1]hept-2-ene-2,3-dicarboxylate	$C_{11}H_{14}O_4$	C	[34]
9-1-97	4-烯-丁环内酯	dihydro-5-methylenefuran-2(3*H*)-one	$C_5H_6O_2$	C	[35]
9-1-98	3-甲基-4-烯-丁环内酯	dihydro-4-methyl-5-methylene-furan-2(3*H*)-one	$C_6H_8O_2$	C	[35]
9-1-99	3-甲基-4-烯-丁环内酯	dihydro-4-methyl-5-methylene-furan-2(3*H*)-one	$C_7H_{10}O_2$	C	[35]
9-1-100	3-溴-2-烯-戊环内酯	4-bromo-5,6-dihydropyran-2-one	$C_5H_5BrO_2$	C	[35]
9-1-101			$C_9H_{15}NO_3$	C	[36]
9-1-102			$C_{10}H_{17}NO_3$	C	[36]
9-1-103			$C_9H_{12}O_2$	C	[37]
9-1-104			$C_{10}H_{14}O_2$	C	[37]
9-1-105			$C_{10}H_{14}O_2$	C	[37]
9-1-106			$C_9H_{12}O_2$	C	[38]
9-1-107			$C_{10}H_{14}O_2$	C	[38]
9-1-108			$C_{10}H_{10}O_4$	C	[39]
9-1-109		decahydro-6a,10b-dimenthyl-4a*H*-naphtho[1,2-*e*][1,3]oxazin-3(10b*H*)-one	$C_{14}H_{21}NO_2$	C	[40]
9-1-110	3-甲基-2-溴 2-烯丁酸酐	3-bromo-4-methylfuran-2,5-dione	$C_5H_3BrO_3$	D	[41]
9-1-111	1,2-二环[2.2.1]庚烷二甲酸酐		$C_9H_{10}O_3$	C	[25]
9-1-112	1,2-二环[2.2.1]庚烷二甲酸酐		$C_9H_{10}O_3$	C	[25]
9-1-113	1,2-二环[2.2.2]辛烷二甲酸酐		$C_{10}H_{12}O_3$	C	[25]
9-1-114	3-烯-1,2-二环[2.2.1]庚烷二甲酸酐		$C_9H_8O_3$	C	[25]
9-1-115	3-烯-1,2-二环[2.2.1]庚烷二甲酸酐		$C_9H_8O_3$	C	[25]

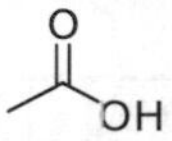

9-1-1 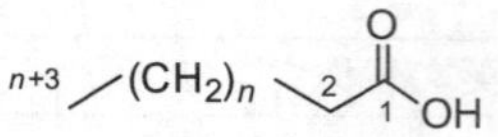　　9-1-2 n=1　9-1-3 n=3　9-1-4 n=13　9-1-5 n=27

表 9-1-2　直链烷酸 9-1-1~9-1-4 的 ^{13}C NMR 数据

C	9-1-1[3]	9-1-2[1]	9-1-3[1]	9-1-4[2]	9-1-5[2]	C	9-1-1[3]	9-1-2[1]	9-1-3[1]	9-1-4[2]	9-1-5[2]
1	158.9	197.6	180.8	179.5	179.1	14				31.9	29.0~29.5
2	115.8	36.3	34.4	33.9	33.9	15				22.7	29.0~29.5
3		18.5	24.8	24.7	24.7	16				14.1	29.0~29.5
4		13.4	31.8	29.0~29.5	29.0~29.5	17~27					29.0-29.5
5			22.8	29.0~29.5	29.0~29.5	28					31.9
6			14.1	29.0~29.5	29.0~29.5	29					22.7
7~13				29.0~29.5	29.0~29.5	30					14.1

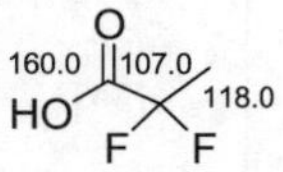

9-1-6 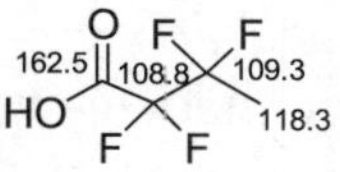　9-1-7 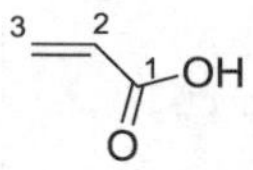　9-1-8 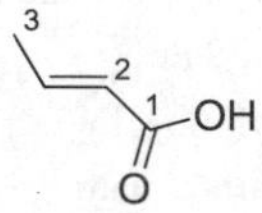　9-1-9 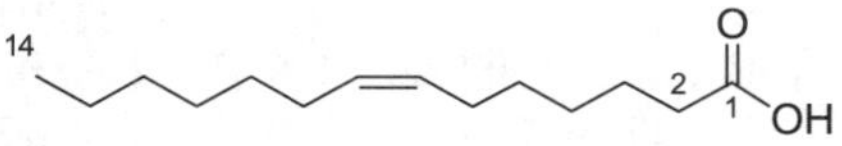　9-1-10

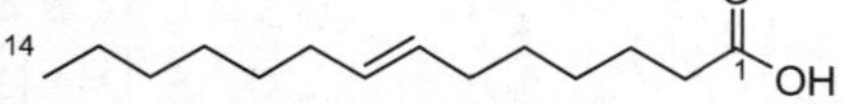

9-1-11 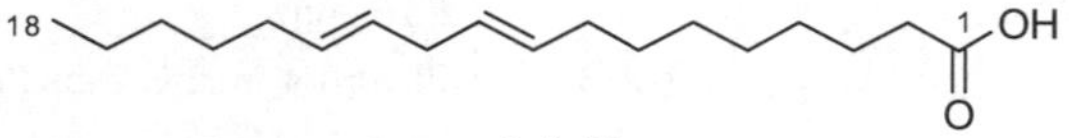　9-1-12

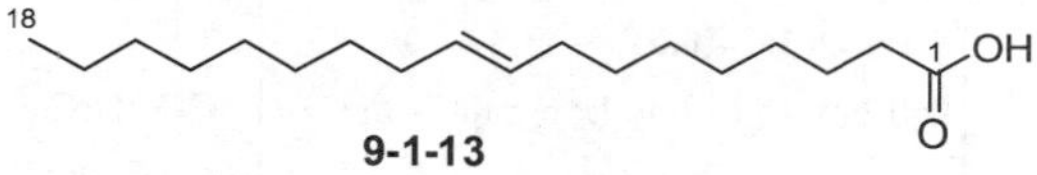

9-1-13

表 9-1-3　直链烯酸 9-1-8~9-1-13 的 ^{13}C NMR 数据

C	9-1-8[4]	9-1-9[4]	9-1-10[5]	9-1-11[5]	9-1-12[6]	9-1-13[2]
1	168.9	169.3	180.3	179.2	180.5	179.8
2	129.2	122.8	22.7	22.7	34.3	34.0
3	130.8	146.0	24.6	24.6	24.7	24.7
4		17.3	27.0	28.5	29.1	29.1
5			129.4	29.2	29.5	29.6
6			29.0	129.9	29.6	29.7
7			29.9	130.8	29.7	29.5
8			29.7	29.6	27.2	27.2
9			31.8	31.8	127.3	129.7
10			34.1	32.3	131.9	130.0
11			14.0	32.6	25.6	27.2
12				33.8	129.7	29.1
13				14.1	128.2	29.6
14					27.2	29.7
15					25.1	27.2
16					31.9	31.9
17					22.6	22.6
18					14.0	14.0

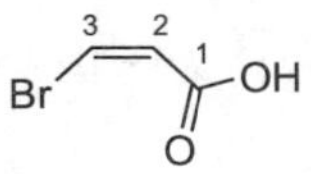

9-1-14 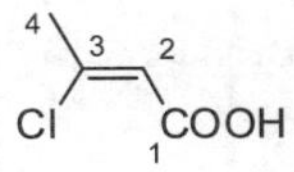　9-1-15 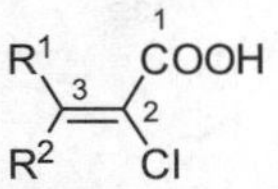　9-1-16 R^1=CH_3; R^2=Cl　9-1-17 R^1=Cl; R^2=CH_3　9-1-18 R=Cl　9-1-19 R=Br

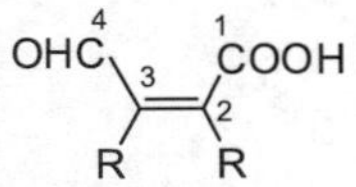

表 9-1-4　直链烯酸 9-1-14~9-1-19 的 ^{13}C NMR 数据[8]

C	9-1-14[4]	9-1-15[7]	9-1-16	9-1-17	9-1-18	9-1-19
1	166.5	166.2	168.2	162.8	163.6	164.9
2	124.7	117.1	121.3	119.5	122.5	117.3
3	122.0	146.4	144.6	133.5	150.0	147.3
4		27.3			97.4	100.0
R			24.1	24.9		

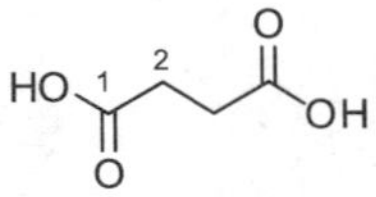

9-1-20 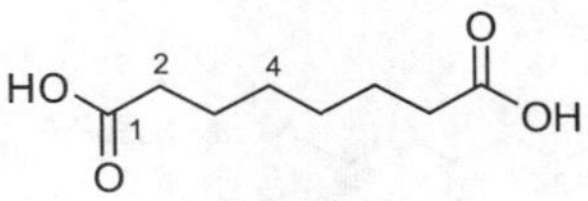　9-1-21 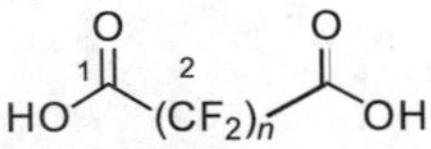　9-1-22 *n*=2　9-1-24 *n*=4

表 9-1-5　直链双酸 9-1-20~9-1-24 的 ^{13}C NMR 数据

C	9-1-20[2]	9-1-21[2]	9-1-22[3]	9-1-23[3]	9-1-24[3]	C	9-1-21[2]	9-1-23[3]	9-1-24[3]
1	179.7	174.7	160.8	155.9	159.5	3	28.3	111.0	111.4
2	31.4	33.7	109.1	109.1	108.9	4	24.4		

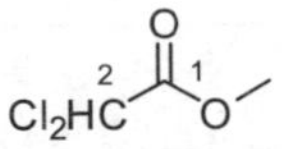

9-1-25 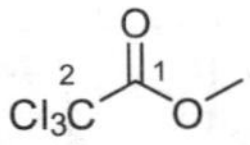　9-1-26 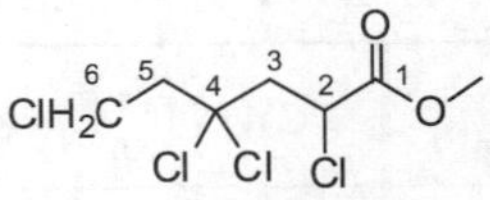　9-1-27 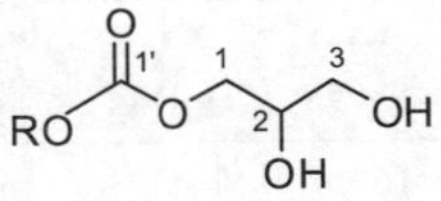　9-1-28 R=$(CH_2)_{14}CH_3$　9-1-29 R=$(CH_2)_{20}CH_3$　9-1-30 R=$(CH_2)_{22}CH_3$

表 9-1-6　直链酯 9-1-25~9-1-27 的 ^{13}C NMR 数据[9]

C	9-1-25	9-1-26	9-1-27	C	9-1-25	9-1-26	9-1-27
1	164.4	161.9	168.9	5			50.3
2	63.7	89.5	51.7	6			38.6
3			52.2	MeO	53.5	53.3	53.1
4			88.3				

表 9-1-7　直链酯 9-1-28~9-1-30 的 ^{13}C NMR 数据

C	9-1-28[5]	9-1-29[5]	9-1-30[2]	C	9-1-28[5]	9-1-29[5]	9-1-30[2]
1	65.2	65.2	65.2	15'	22.7	29.1~29.7	29.1~29.7
2	70.3	70.3	70.3	16'	14.1	29.1~29.7	29.1~29.7
3	63.4	63.3	63.4	17'~19'		29.1~29.7	29.1~29.7
1'	174.3	174.4	174.3	20'		31.9	29.1~29.7
2'	34.2	34.2	34.2	21'		22.7	29.1~29.7
3'	24.9	24.8	24.9	22'		14.1	31.9
4'~13'	29.1~29.7	29.1~29.7	29.1~29.7	23'			22.7
14'	31.9	29.1~29.7	29.1~29.7	24'			14.1

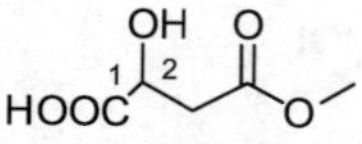

9-1-31

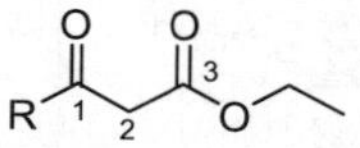

9-1-32 R=Ph　9-1-35 R=呋喃基
9-1-33 R=ClC_6H_4　9-1-36 R=Py
9-1-34 R=MeC_6H_4　9-1-37 R=C_5H_{11}

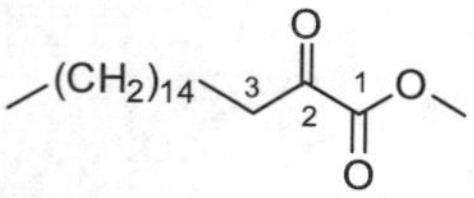

9-1-38 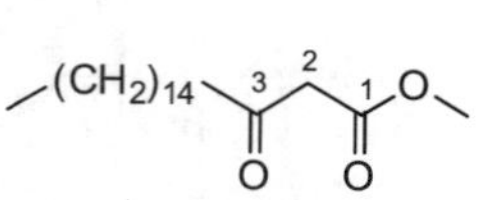　9-1-39

表 9-1-8　直链酯 9-1-31~9-1-39 的 ^{13}C NMR 数据

C	1	2	3	4	OEt(OMe)
9-1-31[2]	175.5	66.9	38.3	173.6	53.0
9-1-32[10]	192.5	61.4	167.5		45.9/14.0
9-1-33[10]	191.2	61.4	167.1		45.8/13.9
9-1-34[10]	192.0	61.2	167.5		45.8/13.9
9-1-35[10]	180.9	61.4	166.9		45.3/13.9
9-1-36[10]	192.0	61.7	166.5		45.9/13.9
9-1-37[10]	202.9	61.2	167.2		42.9/14.0
9-1-38[11]	161	194	39		51.2
9-1-39[11]	167	49	202		49.8

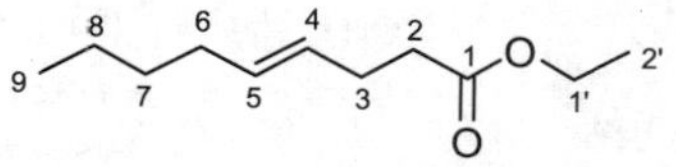

9-1-40 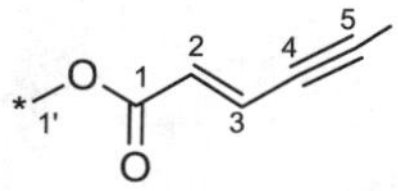　9-1-41

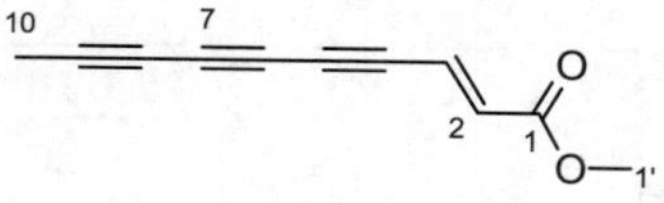

9-1-42 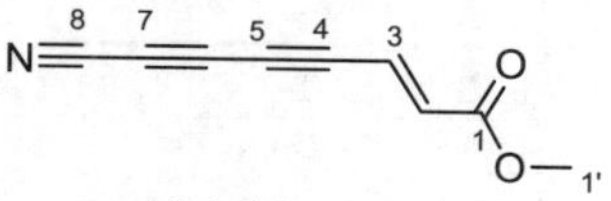　9-1-43 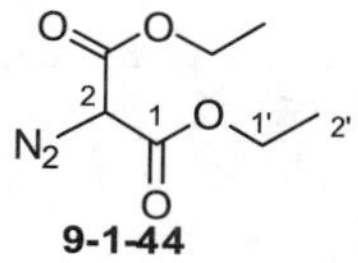　9-1-44

表 9-1-9　直链酯 9-1-40~9-1-44 的 ^{13}C NMR 数据

C	9-1-40[12]	9-1-41[13]	9-1-42[13]	9-1-43[13]	9-1-44[14]
1	173.7	164.3	163.8	165.2	161.1
2	34.4	122.3	120.6	120.8	65.4
3	27.9	134.4	132.8	137.8	
4	129.5	77.0	71.8	78.0	
5	131.7	81.1	85.9	78.4	
6	32.2		59.1	65.8	
7	31.7		72.3	56.6	
8	22.1		65.2	104.5	
9	13.9		80.9		
10			3.6		
1'	60.1	52.2	50.9	52.0	61.7
2'	13.9				14.5

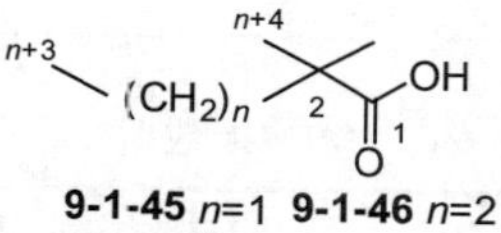

9-1-45 n=1　9-1-46 n=2
9-1-47 n=3　9-1-48 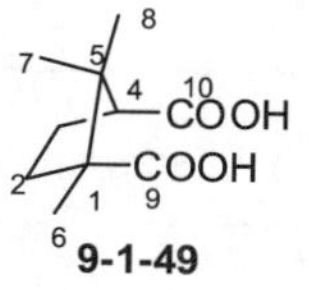　9-1-49

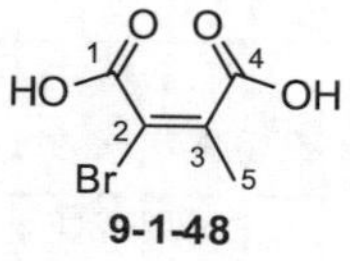

表 9-1-10　支链酸 9-1-45~9-1-49 的 ^{13}C NMR 数据

C	9-1-45[15]	9-1-46[15]	9-1-47[15]	9-1-48[16]	9-1-49[16]
1	185.5	184.6	185.3	164.9	55.66
2	42.7	41.9	42.3	121.8	33.19
3	33.5	42.8	40.6	130.8	23.12
4	9.3	18.1	27.4	168.7	53.04

续表

C	9-1-45[15]	9-1-46[15]	9-1-47[15]	9-1-48[16]	9-1-49[16]	C	9-1-45[15]	9-1-46[15]	9-1-47[15]	9-1-48[16]	9-1-49[16]
5	24.6	14.5	25.1	20.4	46.63	8					23.12
6		24.9	14.1		21.99	9					177.56
7			23.5		21.51	10					177.55

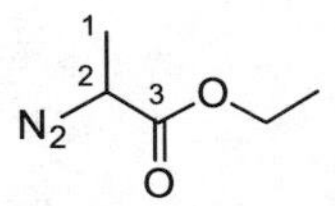

9-1-50

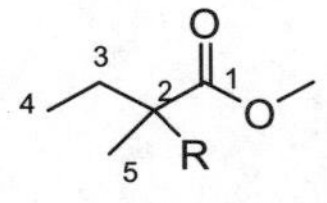

9-1-51 R=H

9-1-52 R=CH_3

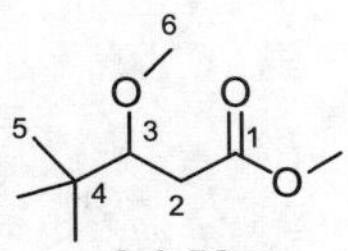

9-1-53

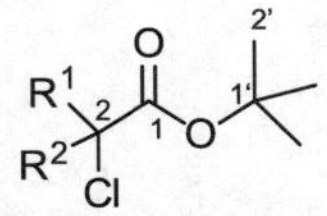

9-1-54 R^1=R^2=H

9-1-55 R^1=H; R^2=Cl

9-1-56 R^1=Cl; R^2=H

表 9-1-11 支链酯 9-1-50~9-1-56 的 ^{13}C NMR 数据

C	9-1-50[17]	9-1-51[18]	9-1-52[18]	9-1-53[18]	9-1-54[19]	9-1-55[19]	9-1-56[19]
1	16.1	176.2	177.3	173.5	166.2	163.3	160.2
2	45.8	41.4	43.0	36.2	41.9	65.4	90.9
3	166.4	27.6	33.9	86.3			
4		11.4	9.4	35.7			
5		16.8	24.9	25.9			
6				60.2			
1'					82.9	84.9	86.7
2'					27.9	27.6	27.4
OMe	60.8 14.5	51.1	51.3	51.6			

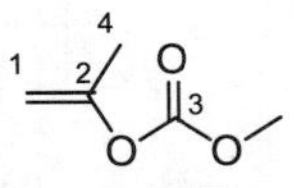

9-1-57

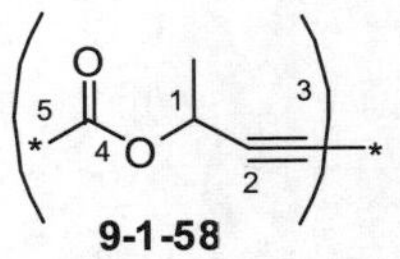

9-1-58

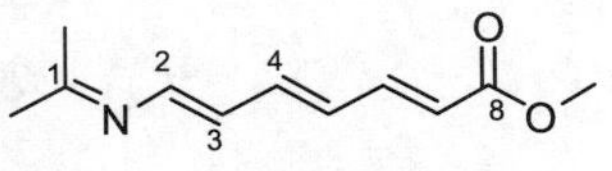

9-1-59

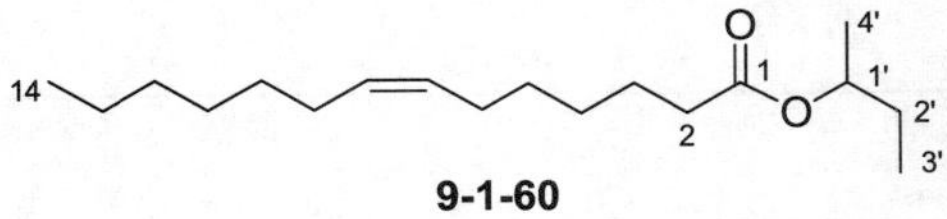

9-1-60

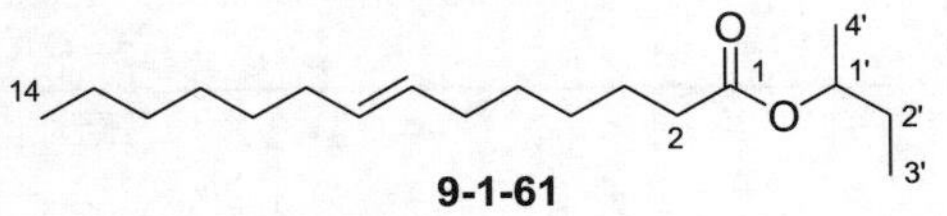

9-1-61

表 9-1-12 支链酯 9-1-57~9-1-61 的 ^{13}C NMR 数据

C	9-1-57[20]	9-1-58[20]	9-1-59[21]	9-1-60[22]	9-1-61[22]	C	9-1-57[20]	9-1-58[20]	9-1-59[21]	9-1-60[22]	9-1-61[22]
1	101.2	51.9		180.3	173.6	7			130.8	129.4	129.9
2	152.8	73.9	121.4	21.6	22.7	8			198.1	128.4	130.7
3	167.4	69.8	135.7	24.0	25.0	9				27.8	29.3
4	19.3	169.6	137.5	26.0	28.6	10				28.0	29.6
5		20.2	139.7	26.2	28.9	11				28.4	31.8
6			139.8	27.8	29.1	12				28.7	32.4

续表

C	9-1-57[20]	9-1-58[20]	9-1-59[21]	9-1-60[22]	9-1-61[22]	C	9-1-57[20]	9-1-58[20]	9-1-59[21]	9-1-60[22]	9-1-61[22]
13				30.8	32.6	3'				19.5	19.5
14				8.7	9.7	4'				13.0	14.1
1'				70.9	71.9	OMe	20.5		27.7		
2'				34.7	34.7						

9-1-62 R=MeC_6H_4 **9-1-65** R=噻吩基
9-1-63 R=C_5H_{11} **9-1-66** R=Py
9-1-64 R=呋喃基 **9-1-67** R=Ph

9-1-68 R=H
9-1-69 R=CH_3

9-1-70

表 9-1-13 支链酯 9-1-62~9-1-67 的 ^{13}C NMR 数据[23]

C	9-1-62	9-1-63	9-1-64	9-1-65	9-1-66	9-1-67
1	195.5	206.0	184.7	188.4	197.4	195.8
2	61.2	61.2	61.3	61.3	60.9	61.2
3	171.0	170.6	170.4	170.2	171.6	170.8
OEt	48.2/13.9	52.8/14.0	48.6/14.0	49.4/13.9	47.3/13.9	48.2/13.8
Me	13.7	13.8	13, 1	13.7	13.1	13.6

表 9-1-14 支链酯 9-1-68~9-1-70 的 ^{13}C NMR 数据[23]

C	9-1-68[16]	9-1-69[16]	9-1-70[20]	C	9-1-68[16]	9-1-69[16]	9-1-70[20]
1	41.5	45.63	173.7	7			51.5
2	168.18	171.33	29.7	R		13.11	
3			76.6	OEt	61.28/13.72	61.16/13.59	
4			38.9	1-OMe			51.5
5			29.1	4- OMe			57.1
6			171.5				

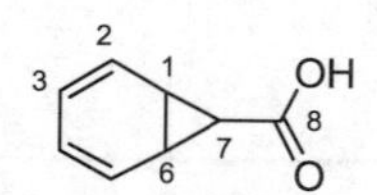

9-1-71

9-1-72 R^1=COOH; R^2=H
9-1-73 R^1=H; R^2=COOH

9-1-74 R=CH_2Br
9-1-75 R=OH
9-1-76 R=Br

9-1-77 R=CH_3 **9-1-79** R=Br
9-1-78 R=OCH_3 **9-1-80** R=$COOCH_3$

表 9-1-15 环状酸 9-1-71~9-1-76 的 ^{13}C NMR 数据

C	9-1-71[24]	9-1-72[25]	9-1-73[25]	9-1-74[25]	9-1-75[26]	9-1-76[26]
1	119.7	46.8	45.7	34.3	68.5	60.9
2	126.1	43.3	43.4	45.6	50.5	53.9
3	131.8	30.4	29.2	33.2	35.8	37.3

续表

C	9-1-71[24]	9-1-72[25]	9-1-73[25]	9-1-74[25]	9-1-75[26]	9-1-76[26]
4		41.7	42.6	41.4	41.4	40.6
5		138.2	137.9	28.7	30.8	32.9
6		135.8	132.5	40.1	44.3	49.0
7	45.0	46.4	49.7	35.9	35.8	35.1
8	180.9					
R		183.1	181.3			

表 9-1-16 取代的三元环烷烃酯 9-1-77~9-1-80 的 ^{13}C NMR 数据[27]

C	9-1-77	9-1-78	9-1-79	9-1-80
1	17.87	62.13	15.17	22.45
2	17.05	15.72	18.87	15.35
3	21.30	20.87	23.78	22.15
4	147.32	172.49	171.46	171.65
OEt	60.16/14.26	60.49/14.26	61.10/14.20	61.10/14.20

9-1-81 9-1-82 9-1-83 9-1-84

表 9-1-17 环状酯 9-1-81~9-1-84 的 ^{13}C NMR 数据

C	9-1-81[28]	9-1-82[28]	9-1-83[29]	9-1-84[30]
1	51.4	51.4	57.2	61.6
2	175.7	177.0	46.3	72.9
3	37.9	43.7	23.7	71.2
4	25.2	30.0	26.1	68.8
5	18.4	25.8	55.5	229.1
6		30.0	41.2	55.7
7			173.3	33.8
8			50.9	26.0
9				33.8
10				26.0
11				55.7
OMe	25.2	43.7		

9-1-85 R^1=R^2=H
9-1-86 R^1=CH_3; R^2=H
9-1-87 R^1=H; R^2=CH_3

9-1-88 *n*=1 9-1-90 *n*=3
9-1-89 *n*=2 9-1-91 *n*=4

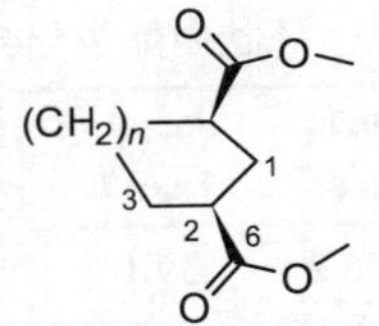

9-1-92 *n*=1 9-1-94 *n*=3
9-1-93 *n*=2 9-1-95 *n*=4

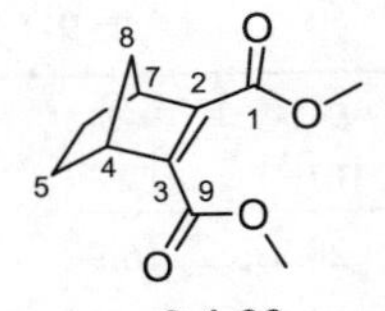

9-1-96

表 9-1-18　环状酯 9-1-85~9-1-87 的 ^{13}C NMR 数据[31]

C	9-1-85	9-1-86	9-1-87	C	9-1-85	9-1-86	9-1-87
1	41.6	45.6	45.5	7	35.3	40.4	43.9
2	77.5	78.2	78.5	8	170.5	170.5	170.6
3	29.7	40.7	37.3	R^1		11.7	
4	35.5	39.5	40.7	R^2			13.0
5	28.3	25.3	28.6	OMe	21.2	21.3	21.4
6	24.2	22.0	26.2				

表 9-1-19　环状酯 9-1-88~9-1-96 的 ^{13}C NMR 数据[32, 33]

C	9-1-88	9-1-89	9-1-90	9-1-91	9-1-92	9-1-93	9-1-94	9-1-95	9-1-96[34]
1	47.4	42.7	46.1	44.2	33.8	31.3	33.7	30.5	163.5
2	29.1	26.4	28.3	26.4	44.2	42.6	44.3	43.6	143.1
3	24.3	24.0	26.5	26.4	29.5	28.6	31.6	29.6	165.5
4	174.1	173.9	28.7	27.1		25.0	26.2	24.1	143.1
5			174.5	175.0				26.8	50.2
6					175.3	175.3	176.0	176.8	32.2
7									32.2
8									50.2
9									43.9
10									163.5
OMe	51.4	51.5	51.4	51.6	51.5	51.6	51.4	51.6	51.8

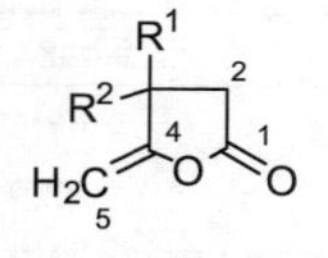

9-1-97 R^1=R^2=H
9-1-98 R^1=H; R^2=CH_3
9-1-99 R^1=R^2=CH_3

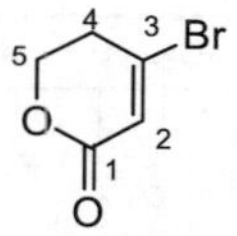

9-1-100

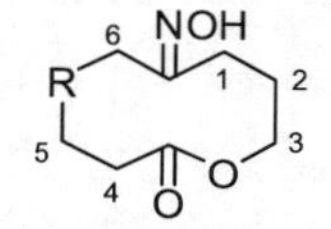

9-1-101 R=CH_2
9-1-102 R=$(CH_2)_2$

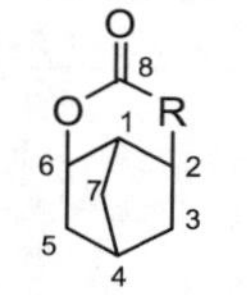

9-1-103 R=CH_2
9-1-104 R=$(CH_2)_2$

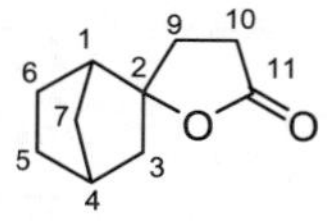

9-1-105

表 9-1-20　环状内酯类化合物 9-1-97~9-1-100 的 ^{13}C NMR 数据[35]

C	9-1-97	9-1-98	9-1-99	9-1-100	C	9-1-97	9-1-98	9-1-99	9-1-100
1	174.8	173.6	172.3	169.18	4	155.8	161.9	166.0	88.62
2				120.91	5	89.0	87.5	85.7	24.90
3				156.60					

表 9-1-21　环状内酯类化合物 9-1-101~9-1-105 的 ^{13}C NMR 数据

C	9-1-101[36]	9-1-102[36]	9-1-103[37]	9-1-104[37]	9-1-105[37]	C	9-1-101[36]	9-1-102[36]	9-1-103[37]	9-1-104[37]	9-1-105[37]
1	28.8	26.9	46.2	39.1	53.8	4	34.9	34.0	46.4	46.9	44.6
2	20.1	22.9	36.7	30.2	87.7	5	25.3	24.8	30.8	33.2	29.1
3	65.1	64.6	34.0	35.8	43.2	6	24.5	23.1	88.1	91.4	21.3

续表

C	9-1-101[36]	9-1-102[36]	9-1-103[37]	9-1-104[37]	9-1-105[37]	C	9-1-101[36]	9-1-102[36]	9-1-103[37]	9-1-104[37]	9-1-105[37]
7			37.0	38.3	30.3	10					36.4
8			178.3	168.0	176.0	R	31.9	29.9		33.1	
9					26.8			26.5			

9-1-106 **9-1-107** **9-1-108** **9-1-109**

表 9-1-22 环状内酯类化合物 9-1-106~9-1-109 的 ^{13}C NMR 数据

C	9-1-106[38]	9-1-107[38]	9-1-108[39]	9-1-109[40]	C	9-1-106[38]	9-1-107[38]	9-1-108[39]	9-1-109[40]
1	27.01	31.6	23.78	38.95	7	20.51	29.1	21.52	21.47
2	76.67	36.7	77.97	23.06	8	21.59	168.5	21.87	26.65
3	35.39	36.9	35.26	81.89	9	18.12	170.3		44.37
4	30.69	55.5	26.36	33.95	10		51.8		33.66
5	43.00	82.5	40.93	50.49	11				19.45
6	34.95	33.2	28.12	21.31					

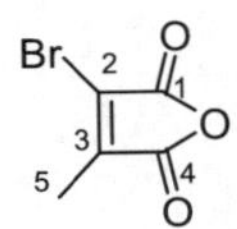

9-1-110

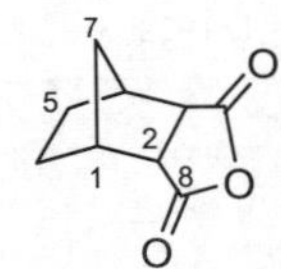

9-1-111 环内
9-1-112 环外

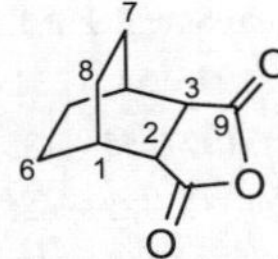

9-1-113

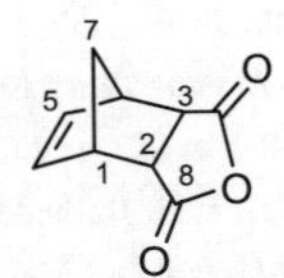

9-1-114 环内
9-1-115 环外

表 9-1-23 环状内酯类化合物 9-1-110~9-1-115 的 ^{13}C NMR 数据[25]

C	9-1-110[41]	9-1-111	9-1-112	9-1-113	9-1-114	9-1-115
1	164.0	40.2	41.0	26.1	47.2	48.8
2	146.0	50.0	49.1	44.3	46.1	46.9
3	126.2					
4	161.1					
5	11.4	25.0	27.4	21.5	135.6	138.0
6			34.3			
7		42.3	173.5	24.2	52.8	44.1
8		172.6			171.5	171.6
9				147.1		

参考文献

[1] Tereter A B, Rothwell G W, Mapes G, et al. Org Magn Reson, 1977, 9: 301.

[2] 冯卫生, 王彦志, 郑晓珂. 中药化学成分结构解析. 北京：科学出版社, 2008.
[3] Rojas A G, Adolfsson H, Waernmark K, et al. J Org Chem, 1975, 40: 2225.
[4] James D E, Schulman L, Nizamuddin M, et al. J Org Chem, 1976, 41: 1504.
[5] Subchev M, Harizanov A, Francke W, et al. Journal of chemical, 1998, 24: 1141.
[6] 杨阳, 蔡飞, 杨琦, 等. 第二军医大学学报，2009, 30.
[7] Heam M T W, Tottie L, Baeckstroem P. Org Magn Reson, 1977, 9: 649.
[8] Hanall P E, Gallis D E, Warshaw J A, et al. Org Magn Reson, 1977, 9: 694.
[9] James D E, Goekjian P G, Wu T C, et al. J Am Chem Soc, 1976, 98: 1806.
[10] Katritzky A R, Wang Z Q, Wang M Y, et al. J Org Chem, 2004, 69: 6617.
[11] Kiyooka S, Ohkata K, Lee Y G, et al. Chem Lett, 1975, 793.
[12] Odinokov V N, Vakhidov R R, Shakhmaev R N, et al. Chem Nat Com, 1998, 34: 547.
[13] Deslongchampe P, Mercier C, Soucy P, et al. Can J Chem, 1975, 53: 1601.
[14] Albright T A, Salowey C, Sundararaman P, et al. Org Magn Reson, 1977, 9: 25.
[15] Ovenall D W, Abraham R J, Melvill H W, et al. J Magn Reson, 1977, 25: 361.
[16] Perkle W H, Buck W H, Collette J W, et al. J Org Chem, 1977, 42: 2080.
[17] Albright T A, Parshall G W, Collette J W, et al. Org Magn Reson, 1977, 9: 25.
[18] Brouwetr H, Hertler W R, RajanBabu T V, et al. Can J Chem, 1972, 50: 601.
[19] Fritz H, Abraham R J, Melville H W, et al. Org Magn Reson, 1975, 18: 527.
[20] Lippmaa E, Burnett G M, Lehrle R S, et al. Org Magn Reson, 1970, 2: 120.
[21] Potts K T, Tebbe F N, Mulhaupt R, et al. J Org Chem, 1976, 41: 813.
[22] M Subchev, Harizanov A, Francke, et al. J Nat Prod, 2004, 128: 44.
[23] Alan R, Katritzky, Wang Z Q, Wang M Y, et al. J Nat Prod, 2004, 69: 6617.
[24] Wehner R, Down M, Boyd A W, et al. J Org Chem Soc, 1975, 97: 723.
[25] Brouwet H, Livett B G, Down J G, et al. Org Magn Reson, 1977, 9: 360.
[26] Pehkt T, Yang Z, Rahimi F, et al. Org Magn Reson, 1971, 3: 783.
[27] Kusuyana Y, McLean S, Reynolds W F, et al. Bull Chem Soc Jpn,1977,50: 1784.
[28] James D E, Blair D H, Armishaw C J, et al. J Org Chem, 1976, 41: 1504.
[29] Rojas A C, Weeks C M, Blessing R H, et al. J Org Chem, 1975, 40: 2225.
[30] Butler R N, Loughnan M L, Millard E L, et al. J Chem Soc, Pekin Trans 1, 1978, 373.
[31] Stothers J B, Down J G, Jones A, et al. Can J Chem, 1976, 54: 1222.
[32] Tulloch A P, Craik D J, Lewis R J, et al. Can J Chem, 1977, 55: 1135.
[33] Buhl H, Scanlon M J, Naranjo D, et al. Tetrahedron, 1977, 42: 3945.
[34] Pehk T, Breit S N, Campbell T J, et al. Org Magn Reson, 1971: 679.
[35] Brarernen, Daly N L, Love S, et al. Tetrahedron Lett, 1977: 1753.
[36] Mahajan J R, Grenier P, Taillon Y, et al. Can J Chem, 1977, 55: 3261.
[37] Davies D I, Grenier P, Taillon Y, et al. J Chem Soc, Pekin Trans 1, 1976: 2267.
[38] Alewood P F, Drinkwater R, Andrews P R, et al. Can J Chem, 1977, 55: 2510.
[39] McCulloch A W, Taillon Y, Labranche B, et al. Can J Chem, 1976, 54: 2013.
[40] Davilian D, Palant E, Craik D J, et al. Org Chem, 1977, 42: 368.
[41] Lippmaa E, Pehk T, Andersson K and Rappe C. Org Magn Reson, 1970, 2: 109.

第二节 脂肪醇类化合物

表 9-2-1 脂肪醇类化合物

编号	中文名称	英文名称	分子式	测试溶剂	参考文献
9-2-1	甲醇	methanol	CH_4O	C	[1]
9-2-2	乙醇	ethanol	C_2H_6O	C	[1]
9-2-3	丙醇	propanol	C_3H_8O	C	[1]
9-2-4	异丙醇	propan-2-ol	C_3H_8O	C	[2]

续表

编号	中文名称	英文名称	分子式	测试溶剂	参考文献
9-2-5	正丁醇	*n*-butyl alcohol	$C_4H_{10}O$	C	[1]
9-2-6	仲丁醇	butan-2-ol	$C_4H_{10}O$	C	[2]
9-2-7	正戊醇	*n*-amyl alcohol	$C_5H_{12}O$	C	[1]
9-2-8	2-戊醇	pentan-2-ol	$C_5H_{12}O$	C	[2]
9-2-9	正己醇	hexanol	$C_6H_{14}O$	C	[1]
9-2-10	2-己醇	hexan-2-ol	$C_6H_{14}O$	C	[2]
9-2-11	2-烯丙醇	prop-2-en-1-ol	C_3H_6O	C	[3]
9-2-12	*Z*-2-烯丁醇	(*Z*)-but-2-en-1-ol	C_4H_8O	C	[3]
9-2-13	*E*-2-烯丁醇	(*E*)-but-2-en-1-ol	C_4H_8O	C	[3]
9-2-14	3-烯丁醇	but-3-en-1-ol	C_4H_8O	C	[3]
9-2-15	3-烯己醇	(*Z*)-hex-3-en-1-ol	$C_6H_{12}O$	C	[4]
9-2-16	*Z*-3-烯辛醇	(*Z*)-oct-2-en-1-ol	$C_8H_{16}O$	C	[3]
9-2-17	*E*-3-烯辛醇	(*E*)-oct-2-en-1-ol	$C_8H_{16}O$	C	[3]
9-2-18	*Z*-7-十四烯醇	(7*Z*)-tetradec-7-en-l-ol	$C_{14}H_{28}O$	C	[5]
9-2-19	*E*-7-十四烯醇	(7*E*)-tetradec-7-en-l-ol	$C_{14}H_{28}O$	C	[5]
9-2-20	2-炔丙醇	prop-2-yn-1-ol	C_3H_4O	C	[6]
9-2-21	3-炔丁醇	but-3-yn-1-ol	C_4H_6O	C	[6]
9-2-22	3-丁炔-2-醇	but-3-yn-2-ol	C_4H_6O	C	[8]
9-2-23	1-戊炔 3-醇	pent-1-yn-3-ol	C_5H_8O	C	[8]
9-2-24	4-烯-1-戊炔-3-醇	pent-4-en-1-yn-3-ol	C_5H_6O	C	[8]
9-2-25	3-炔辛醇	oct-3-yn-1-ol	$C_8H_{14}O$	C	[6]
9-2-26	7-十四炔醇	7-tetradecyn-l-ol	$C_{14}H_{26}O$	C	[5]
9-2-27	2-羟基-4-三十三酮	2-hydroxytritriacontan-4-one	$C_{33}H_{66}O_2$	C	[7]
9-2-28	2-羟基-2-烯-4,6-三十三二酮	(*Z*)-2-hydroxytritriacontan-2-ene-4,6-dione	$C_{33}H_{62}O_3$	C	[7]
9-2-29	乙二醇	ethane-1,2-diol	$C_2H_6O_2$	C	[1]
9-2-30	1,3-丙二醇	propane-1,3-diol	$C_3H_8O_2$	C	[1]
9-2-31	1,4-丁二醇	butane-1,4-diol	$C_4H_{10}O_2$	C	[1]
9-2-32	1,5-戊二醇	petane-1,5-diol	$C_5H_{12}O_2$	C	[1]
9-2-33	1,5-己二醇	hexane-1,5-diol	$C_6H_{14}O_2$	P	[2]
9-2-34	1,3-二(2-羟基)乙硫基丙烷		$C_7H_{16}S_2O_2$	B	[9]
9-2-35	1,3-二(3-羟基)丙硫基丙烷		$C_9H_{20}S_2O_2$	B	[9]
9-2-36	2-丁炔-1,4-二醇	but-2-yne-1,4-diol	$C_4H_6O_2$	C	[6]
9-2-37	3-己炔-2,5-二醇	hex-3-yne-2,5-diol	$C_6H_{10}O_2$	C	[8]
9-2-38	2,8-二烯-4,6-癸二炔-1,10-二醇	(2*E,8E*)-deca-2,8-dien-4,6-diyne-1,10-diol	$C_{10}H_{10}O_2$	P	[8]
9-2-39	2-烯-4,6-癸二炔-1,8-二醇	(*E*)-deca-2-en-4,6-diyne-1,8-diol	$C_{10}H_{12}O_2$	P	[10]
9-2-40	2*S*,3*S*-1,2,3-丁三醇	2*S*,3*S*-butane-1,2,3-triol	$C_4H_{10}O_3$	P	[8]
9-2-41	2*R*,3*S*-1,2,3-丁三醇	2*R*,3*S*-butane-1,2,3-triol	$C_4H_{10}O_3$	P	[8]
9-2-42	新戊醇	2,2-dimethylpropan-1-ol	$C_5H_{12}O$	C	[11]

续表

编号	中文名称	英文名称	分子式	测试溶剂	参考文献
9-2-43	二叔丁基甲醇	2,2,4,4-tetramethylpentan-3-ol	$C_9H_{20}O$	C	[11]
9-2-44	三叔丁基甲醇	3-*tert*-butyl-2,2,4,4-tetramethylpentan-3-ol	$C_{13}H_{28}O$	C	[11]
9-2-45	1,1,1-三氯 2-甲基-2-丙醇	1,1,1-trichloro-2-methylpropan-2-ol	$C_4H_7Cl_3O$	C	[11]
9-2-46	2-甲基-1-辛醇	(*R*)-(+)-2-methyl-l-octanol	$C_9H_{20}O$	C	[12]
9-2-47	2*R*,3*R*,7*R*-3,7-二甲基-2-十三烷醇	(2*R*,3*R*,7*R*)-3,7-dimethyl-2-tridecanol	$C_{15}H_{32}O$	C	[12]
9-2-48	2*R*,3*S*,7*S*-3,7-二甲基-2-十三烷醇	(2*R*,3*S*,7*S*)-3,7-dimethyl-2-tridecanol	$C_{15}H_{32}O$	C	[12]
9-2-49	2*S*,3*S*,7*R*-3,7-二甲基-2-十三烷醇	(2*S*,3*S*,7*R*)-3,7-dimethyl-2-tridecanol	$C_{15}H_{32}O$	C	[12]
9-2-50	2*S*,3*R*,7*S*-3,7-二甲基-2-十三烷醇	(2*S*,3*R*,7*S*)-3,7-dimethyl-2-tridecanol	$C_{15}H_{32}O$	C	[12]
9-2-51	3-甲基-2-丁烯-1-醇	3-methylbut-2-en-1-ol	$C_5H_{10}O$	C	[13]
9-2-52	2-溴甲基-3-丁烯-2-醇	(*S*)-3(bromomethyl)but-3-en-2-ol	C_5H_9BrO	C	[14]
9-2-53	3,7-二甲基-2,6-辛二烯醇	(*E*)-3,7-dimethylocta-2,6-dien-1-ol	$C_{10}H_{18}O$	C	[11]
9-2-54	5-甲基-4-烯-1-己炔-3-醇	5-methylhex-4-en-1-yn-3-ol	$C_7H_{10}O$	C	[11]
9-2-55	3-己炔-2,5-二醇	hex-3-yne-2,5-diol	$C_6H_8O_2$	P	[11]
9-2-56		2-*C*-methyl-*d*-erythritol	$C_5H_{12}O_4$	C	[15]
9-2-57		2-*C*-methyl-*d*-erythritol 1-*O*-*β*-D-glucopyranoside	$C_{11}H_{23}O_9$	P	[15]
9-2-58		2-*C*-methyl-*d*-erythritol 3-*O*-*β*-D-glucopyranoside	$C_{11}H_{23}O_9$	P	[15]
9-2-59		2-*C*-methyl-*d*-erythritol 4-*O*-*β*-D-glucopyranoside	$C_{11}H_{23}O_9$	P	[15]
9-2-60		2-*C*-methyl-*d*-erythritol 1-*O*-*β*-D-fructofuranoside	$C_{11}H_{23}O_9$	P	[15]
9-2-61		2-*C*-methyl-*d*-erythritol 3-*O*-*β*-D-fructofuranoside	$C_{11}H_{23}O_9$	P	[15]
9-2-62		2-*C*-methyl-*d*-erythritol 4-*O*-*β*-D-fructofuranoside	$C_{11}H_{23}O_9$	P	[15]
9-2-63	ax-环己醇	ax-cyclohexanol	$C_6H_{12}O$	CS_2	[16]
9-2-64	eq-环己醇	eq-cyclohexanol	$C_6H_{12}O$	CS_2	[16]
9-2-65	4-叔丁基-ax-环己醇	ax-4-*tert*-butylcyclohexanol	$C_{10}H_{20}O$	C	[16]
9-2-66	4-叔丁基- eq-环己醇	eq-4-*tert*-butylcyclohexanol	$C_{10}H_{20}O$	C	[16]
9-2-67	二环[2.2.1]-庚-7-醇		$C_7H_{12}O$	C	[17]
9-2-68	7-甲基二环[2.2.1]庚-7-醇		$C_8H_{14}O$	C	[17]
9-2-69	7-乙基二环[2.2.1]庚-7-醇		$C_9H_{16}O$	C	[17]
9-2-70	二环[2.2.1]庚 ax-2-醇	ax-bicyclo[2.2.1]heptan-2-ol	$C_7H_{12}O$	C	[17]

续表

编号	中文名称	英文名称	分子式	测试溶剂	参考文献
9-2-71	二环[2.2.1]-庚-eq-2-醇	eq-bicyclo[2.2.1]heptan-2-ol	$C_7H_{12}O$	C	[17]
9-2-72	二环[2.2.1]-庚-ax-2-醇	ax-5-methylbicyclo[2.2.1]heptan-2-ol	$C_8H_{14}O$	C	[17]
9-2-73	二环[2.2.1]-庚-eq-2-醇	eq-5-methylbicyclo[2.2.1]heptan-2-ol	$C_8H_{14}O$	C	[17]
9-2-74	2-甲基二环[2.2.1]庚-eq-2-醇	2-methylbicyclo[2.2.1]heptan-eq-2-ol	$C_8H_{14}O$	C	[18]
9-2-75	ax-2-甲基二环[2.2.1]-庚-2-醇	2-methylbicyclo[2.2.1]heptan-ax-2-ol	$C_8H_{14}O$	C	[18]
9-2-76	3,3-二甲基二环[2.2.1]庚-ax-2-醇	ax-3,3-dimethylbicyclo[2.2.1]heptan-2-ol	$C_9H_{16}O$	C	[18]
9-2-77	3,3-二甲基二环[2.2.1]-庚-eq-2-醇	eq-3,3-dimethylbicyclo[2.2.1]heptan-2-ol	$C_9H_{16}O$	C	[18]
9-2-78	7,7-二甲基二环[2.2.1]-庚-ax-2-醇	(2*S*)-7,7-dimethylbicyclo[2.2.1]heptan-2-ol	$C_9H_{16}O$	B	[18]
9-2-79	7,7-二甲基二环[2.2.1]庚-eq-2-醇	(2*R*)-7,7-dimethylbicyclo[2.2.1]heptan-2-ol	$C_9H_{16}O$	B	[18]
9-2-80			$C_7H_{10}O$	C	[18]
9-2-81			$C_8H_{12}O$	C	[18]
9-2-82	2-甲基金钢烷-2-醇		$C_{11}H_{18}O$	C	[19]
9-2-83	2-甲基-2-溴金钢烷		$C_{11}H_{17}BrO$	C	[19]
9-2-84		(2*S*, 4*R*)-decahydro-1,1,4-trimethylmaphthalen-2-ol	$C_{13}H_{24}O$	C	[20]
9-2-85	2-甲基二环[2.2.1]-5-庚烯-2-醇	2-methylbicyclo[2.2.1]hept-5-en-2-ol	$C_8H_{12}O$	C	[21]
9-2-86	2-甲基二环[2.2.1]-5-庚烯-2-醇	2-methylbicyclo[2.2.1]hept-5-en-2-ol	$C_8H_{12}O$	C	[21]
9-2-87	二环[2.2.1]-5-庚烯-2-醇	bicyclo[2.2.1]hept-5-en-2-ol	$C_7H_{10}O$	C	[21]
9-2-88	二环[2.2.1]-5-庚烯-2-醇	bicyclo[2.2.1]hept-5-en-2-ol	$C_7H_{10}O$	C	[21]
9-2-89	1,3,8,8-四甲基-二环[2.2.2]-5-庚烯烷-2-醇		$C_{12}H_{20}O$	C	[22]
9-2-90	1,3,8,8-四甲基-二环[2.2.2]-5-庚烯烷-2-醇		$C_{12}H_{20}O$	C	[22]
9-2-91	环己烷-1,4-二醇	cyclohexane-1,4-diol	$C_6H_{12}O_2$	C	[17]
9-2-92	环己烷-1,4-二醇	cyclohexane-1,4-diol	$C_6H_{12}O_2$	C	[17]
9-2-93	(1*R*,4*R*)-二环[3.3.0]-1,4-辛二醇	(1*R*,4*R*)-octahydropentalene-1,4-diol	$C_8H_{14}O_2$	C	[23]
9-2-94	(2*S*,5*S*)-二环[3.3.0]-2,5-辛二醇	(2*S*,5*S*)-octahydropentalene-2,5-diol	$C_8H_{14}O_2$	C	[23]
9-2-95	1-(1,3-二羟丙基)-环丙醇	1-(1,3-dihydroxypropyl)cyclo-propanol	$C_6H_{12}O_3$	W	[24]
9-2-96			$C_8H_{14}O_3$	W	[24]

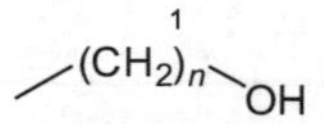

9-2-1 n=0　9-2-5 n=3
9-2-2 n=1　9-2-7 n=4
9-2-3 n=2　9-2-9 n=5

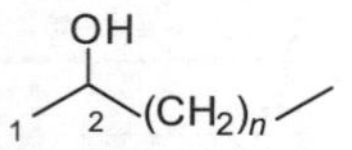

9-2-4 n=0　9-2-8 n=2
9-2-6 n=1　9-2-10 n=3

表 9-2-2　直链单醇类化合物 9-2-1~9-2-10 的 ^{13}C NMR 数据[1]

C	9-2-1	9-2-2	9-2-3	9-2-4	9-2-5	9-2-6	9-2-7	9-2-8	9-2-9	9-2-10
1	50.2	58.2	60.8	26.3	62.6	23.8	63.0	24.5	63.1	24.5
2		18.8	27.0	64.6	36.2	69.9	33.7	68.4	34.0	68.4
3			11.2	26.3	20.3	33.2	29.4	42.4	27.0	40.4
4					14.8	11.1	23.8	20.3	33.2	29.5
5							15.0	15.2	24.0	24.1
6									15.4	12.1

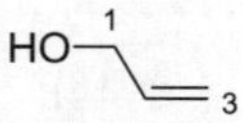

9-2-11 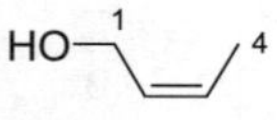　9-2-12 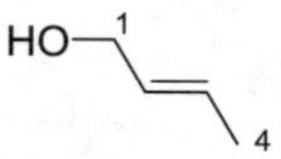　9-2-13 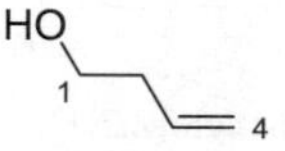　9-2-14 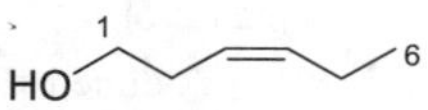　9-2-15 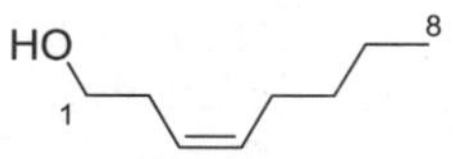　9-2-16

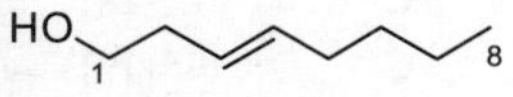

9-2-17 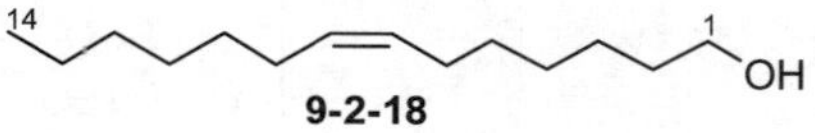　9-2-18 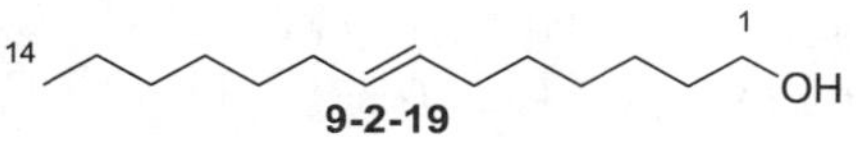　9-2-19

表 9-2-3　直链单烯醇类化合物 9-2-11~9-2-19 的 ^{13}C NMR 数据

C	9-2-11[3]	9-2-12[3]	9-2-13[3]	9-2-14[3]	9-2-15[4]	9-2-16[3]	9-2-17[3]	9-2-18[5]	9-2-19[5]
1	63.3	57.9	62.9	66.3	70.6	62.2	62.2	63.0	63.1
2	139.1	131.4	132.1	36.9	28.8	32.0	36.1	22.7	22.7
3	113.7	125.7	126.0	137.4	125.9	132.7	133.4	25.7	25.6
4		12.4	17.3	117.2	134.5	125.4	126.2	27.2	28.9
5					21.5	27.2	32.5	27.3	28.9
6					14.6	30.9	31.8	29.0	29.6
7						22.5	22.4	129.7	130.2
8						13.9	13.9	130.1	130.1
9								29.1	29.6
10								29.7	31.8
11								29.8	32.5
12								31.8	32.6
13								32.8	32.8
14								14.0	14.1

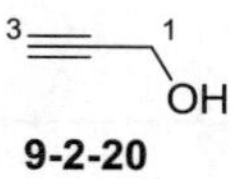

9-2-20 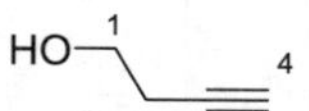　9-2-21 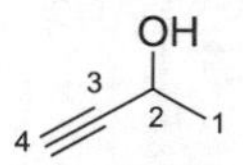　9-2-22 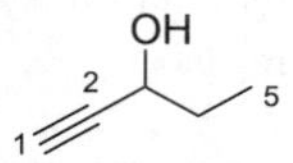　9-2-23 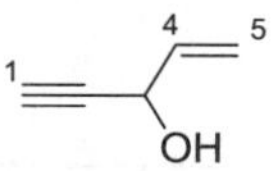　9-2-24

9-2-25　9-2-26

9-2-27　9-2-28

表 9-2-4　直链单炔醇类化合物 9-2-20~9-2-26 的 ^{13}C NMR 数据

C	9-2-20[6]	9-2-21[6]	9-2-22[8]	9-2-23[8]	9-2-24[8]	9-2-25[6]	9-2-26[5]
1	50.4	60.7	24.0	72.9	74.6	61.4	62.9
2	80.2	22.9	57.7	84.9	82.8	23.2	18.7
3	73.8	80.7	85.8	63.3	62.6	76.4	18.8
4		70.5	70.2	36.6	136.6	82.3	22.6
5				9.4	116.7	18.5	25.3
6						31.2	28.6
7						22.0	80.1
8						13.2	80.4
9							28.6
10							29.2
11							31.4
12							32.7
13							32.8
14							14.1

表 9-2-5　直链单酮醇类化合物 9-2-27、9-2-28 的 ^{13}C NMR 数据

C	9-2-27[7]	9-2-28[7]	C	9-2-27[7]	9-2-28[7]	C	9-2-27[7]	9-2-28[7]
1			5	43.0	44.8	31	32.2	32.2
2	62.8	115.0	6	29.0~29.7	271.0	32	23.5	23.0
3	48.5	99.5	7	29.0~29.7	48.0	33	14.0	14.0
4	271.0	194.0	8~30	29.0~29.7	28.0~29.7			

9-2-29 n=0　9-2-31 n=2
9-2-30 n=1　9-2-32 n=3

9-2-33

9-2-34 n=1
9-2-35 n=2

表 9-2-6　直链双醇类化合物 9-2-29~9-2-32 的 ^{13}C NMR 数据[1]

C	9-2-29	9-2-30	9-2-31	9-2-32	C	9-2-29	9-2-30	9-2-31	9-2-32
1	64.6	60.2	63.0	63.1	4			63.0	33.7
2	64.6	36.4	30.3	33.7	5				63.1
3		60.2	30.3	23.5					

表 9-2-7　直链双醇类化合物 9-2-33~9-2-35 的 ^{13}C NMR 数据

C	9-2-33[2]	9-2-34[9]	9-2-35[9]	C	9-2-33[2]	9-2-34[9]	9-2-35[9]
1	69.89	29.63	29.20	4	39.89	61.12	28.58
2	22.97	30.83	30:83	5	66.99		61.12
3	30.44	34.95	32.15	6	24.25		

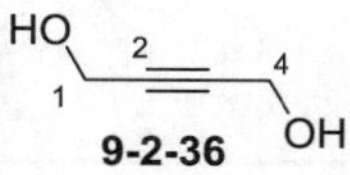

9-2-36 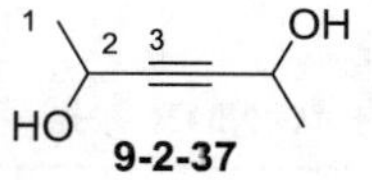　9-2-37 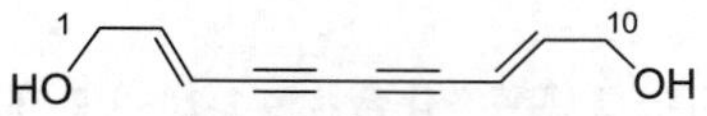　9-2-38 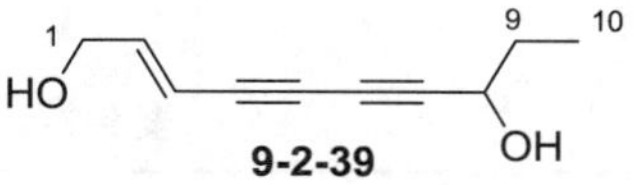　9-2-39

表 9-2-8　直链双炔醇类化合物 9-2-36~9-2-39 的 ^{13}C NMR 数据

C	9-2-36[6]	9-2-37[8]	9-2-38[8]	9-2-39[10]	C	9-2-36[6]	9-2-37[8]	9-2-38[8]	9-2-39[10]
1	50.3	24.1	61.9	61.9	6			75.3	71.2
2	83.7	57.8	107.2	149.9	7			80.4	82.6
3		85.6	149.6	106.9	8			144.3	69.1
4			81.3	77.9	9			109.3	29.3
5			74.3	74.3	10			68.4	9.7

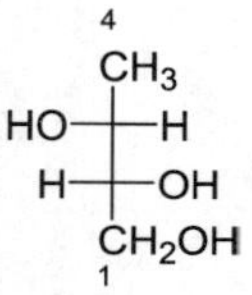

9-2-40 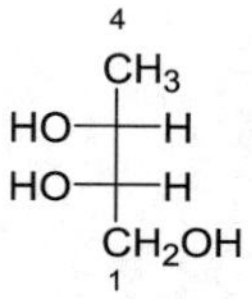　9-2-41 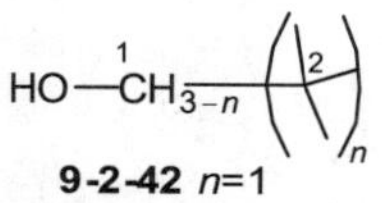　9-2-42 n=1　9-2-43 n=2　9-2-44 n=3　9-2-45

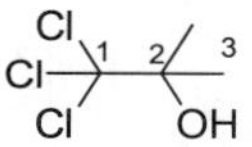

表 9-2-9　直链多醇类化合物 9-2-40 和 9-2-41 的 ^{13}C NMR 数据

C	9-2-40[8]	9-2-41[8]	C	9-2-40[8]	9-2-41[8]	C	9-2-40[8]	9-2-41[8]
1	64.63	65.13	3	68.52	69.43	4	20.24	20.34
2	77.02	77.17						

表 9-2-10　支链单醇类化合物 9-2-42~9-2-45 的 ^{13}C NMR 数据[11]

C	9-2-42	9-2-43	9-2-44	9-2-45	C	9-2-42	9-2-43	9-2-44	9-2-45
1	73.29	85.62	84.94	109.1	3	26.20	28.78	32.37	24.1
2	32.66	37.37	44.80	81.1					

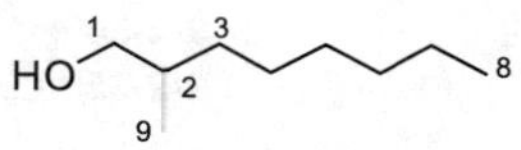

9-2-46 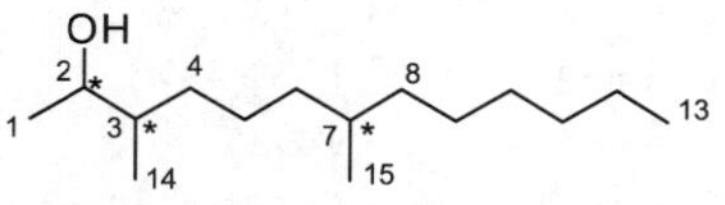　9-2-47 2*R*,3*R*,7*R*　9-2-48 2*R*,3*S*,7*S*　9-2-49 2*S*,3*S*,7*R*　9-2-50 2*S*,3*R*,7*S*

表 9-2-11　支链单醇类化合物 9-2-46~9-2-50 的 ^{13}C NMR 数据[12]

C	9-2-46	9-2-47	9-2-48	9-2-49	9-2-50	C	9-2-46	9-2-47	9-2-48	9-2-49	9-2-50
1	68.6	24.76	24.98	24.75	24.64	3	29.9	39.79	40.36	38.81	40.00
2	36.0	71.27	72.06	71.48	71.70	4	33.4	37.00	37.68	37.18	37.18

续表

C	9-2-46	9-2-47	9-2-48	9-2-49	9-2-50	C	9-2-46	9-2-47	9-2-48	9-2-49	9-2-50
5	27.2	33.01	33.19	32.94	32.77	11		32.76	32.24	32.72	32.71
6	32.1	20.25	20.04	20.31	19.63	12		22.68	22.97	22.68	22.68
7	22.9	37.38	37.29	37.31	37.31	13		14.11	14.40	14.13	14.09
8	14.4	31.95	33.05	31.95	31.96	14		19.75	19.61	19.64	19.28
9	16.9	27.03	27.30	27.05	27.05	15		14.18	14.85	14.30	14.50
10		29.67	29.98	29.67	29.67						

9-2-51　9-2-52　9-2-53　9-2-54

表 9-2-12　支链单烯醇类化合物 9-2-51~9-2-54 的 ^{13}C NMR 数据

C	9-2-51[13]	9-2-52[14]	9-2-53[11]	9-2-54[11]	C	9-2-51[13]	9-2-52[14]	9-2-53[11]	9-2-54[11]
1	58.8	115.1	58.3	74.0	6			124.2	17.4
2	125.7	149.0	124.2	83.6	7			130.9	
3	133.7	68.1	137.4	62.6	8			15.6	
4	25.4	22.1	39.4	129.9	9			17.1	
5	17.6	32.8	26.4	128.6	10			25.1	

9-2-56

9-2-55

9-2-57　R^1=Glu; R^2=R^3=H
9-2-58　R^1=R^3=H; R^2=Glu
9-2-59　R^1=R^2=H; R^3=Glu

9-2-60　R^1=Fru; R^2=R^3=H
9-2-61　R^1=R^3=H; R^2=Fru
9-2-62　R^1=R^2=H; R^3=Fru

表 9-2-13　支链多醇类化合物 9-2-55~9-2-62 的 ^{13}C NMR 数据[15]

C	9-2-55[11]	9-2-56	9-2-57	9-2-58	9-2-59	9-2-60	9-2-61	9-2-62
1	24.1	68.88	77.13	68.23	68.58	68.25	67.45	68.87
2	57.8	74.71	74.53	74.09	74.04	74.38	74.84	74.40
3	85.6	76.07	75.31	85.46	75.54	75.26	79.76	74.92
4		63.97	63.81	62.97	72.62	63.70	63.68	64.48
5		20.71	20.01	20.13	20.43	20.13	22.24	20.72

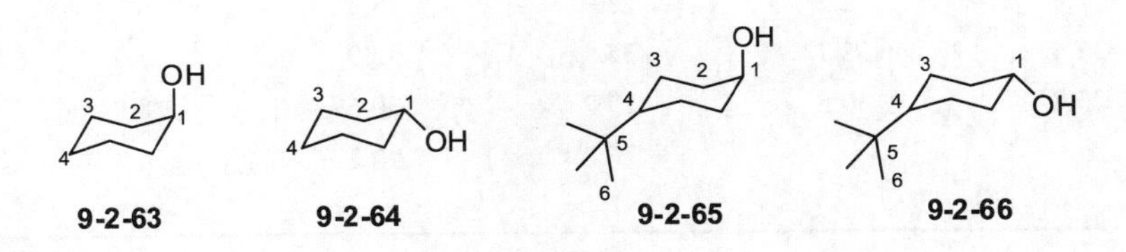

表 9-2-14　单环状单醇类化合物 9-2-63~9-2-66 的 ^{13}C NMR 数据[16]

C	9-2-63	9-2-64	9-2-65	9-2-66	C	9-2-63	9-2-64	9-2-65	9-2-66
1	64.9	69.7	66.7	72.2	4		26.1	49.8	49.0
2	32.6	35.6	35.0	37.5	5			34.0	33.7
3	20.6	25.2	22.6	27.5	6			29.4	29.4

9-2-67 R=H
9-2-68 R=CH_3
9-2-69 R=CH_2CH_3

9-2-70 R^1=H; R^2=OH
9-2-71 R^1=OH; R^2=H

9-2-72 R^1=H; R^2=OH
9-2-73 R^1=OH; R^2=H

表 9-2-15　并环状单醇类化合物 9-2-67~9-2-73 的 ^{13}C NMR 数据[17]

C	9-2-67	9-2-68	9-2-69	9-2-70	9-2-71	9-2-72	9-2-73
1	40.4	44.3	41.8	42.5	44.2	45.5	43.7
2	27.1	28.3	28.2	72.9	72.7	74.6	73.3
3				39.4	42.4	34.8	31.5
4				37.2	35.4	40.7	42.7
5	27.1	29.2	29.4	29.9	28.1	32.4	34.3
6				20.0	24.4	33.3	27.6
7	79.0	84.0	86.3	37.6	34.4	36.2	39.5
8						16.9	16.5
R		20.8	26.2/9.1				

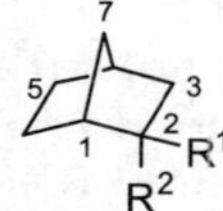

9-2-74 R^1=OH; R^2=CH_3
9-2-75 R^1=CH_3; R^2=OH

9-2-76 R^1=OH; R^2=H
9-2-77 R^1=H; R^2=OH

9-2-78 R^1=OH; R^2=H
9-2-79 R^1=H; R^2=OH

表 9-2-16　并环状单醇类化合物 9-2-74~9-2-79 的 ^{13}C NMR 数据[18]

C	9-2-74	9-2-75	9-2-76	9-2-77	9-2-78	9-2-79
1	49.1	48.5	46.3	44.1	49.7	49.0
2	77.8	77.1	83.9	80.5	77.0	79.6
3	48.6	46.8	42.8	38.0	39.2	40.9
4	37.0	37.4	48.0	48.4	45.6	45.5
5	28.0	28.4	25.1	24.7	28.6	27.6
6	24.0	22.2	23.9	18.3	26.3	34.3
7	37.4	38.7	35.2	33.9	48.3	46.5
8	25.8	30.5	23.2	30.6	18.8	20.4
9			26.2	20.2	20.3	20.7
					13.5	11.5

9-2-80 R=OH
9-2-81 R=CH_3

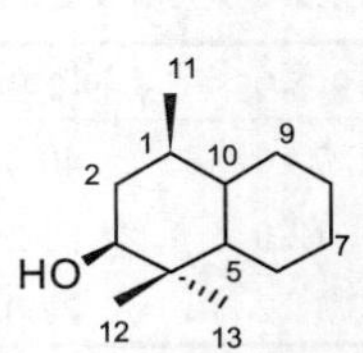

9-2-82 R=OH
9-2-83 R=Br

9-2-84

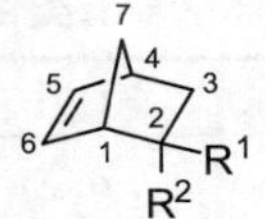

9-2-85 R^1=OH; R^2=CH_3
9-2-86 R^1=CH_3; R^2=OH
9-2-87 R^1=OH; R^2=H
9-2-88 R^1=H; R^2=OH

9-2-89 R^1=H; R^2=OH
9-2-90 R^1=OH; R^2=H

表 9-2-17 并环状醇类化合物 9-2-80~9-2-84 的 ^{13}C NMR 数据

C	9-2-80[18]	9-2-81[18]	9-2-82[19]	9-2-83[19]	9-2-84[20]	C	9-2-80[18]	9-2-81[18]	9-2-82[19]	9-2-83[19]	9-2-84[20]
1	13.2	13.0	39.0	**42.1**	29.84	8			34.4	36.0	27.26
2	15.9	21.5	73.7	69.7	27.35	9			34.4	36.0	44.80
3	77.0	81.6	39.0	42.1	78.57	10			32.9	34.6	33.82
4	35.6	40.6	32.9	34.6	38.41	11			34.4	32.8	18.99
5	29.4	31.9	27.5	27.5	52.19	12					27.35
6	10.7	13.0	38.3	39.5	21.39	13					14.89
7	30.6	31.9	27.1	27.4	21.50	R		22.0			

表 9-2-18 并环状醇类化合物 9-2-85~9-2-90 的 ^{13}C NMR 数据[21]

C	9-2-85	9-2-86	9-2-87	9-2-88	9-2-89[22]	9-2-90[22]
1	54.2	53.8	50.1	48.2	48.2	48.3
2	78.6	78.2	72.3	72.3	145.3	145.6
3	43.1	49.3	36.9	37.6	127.6	124.6
4	42.0	42.9	40.7	42.9	40.3	41.0
5	138.1	139.1	140.2	140.0	73.3	74.6
6	134.3	133.8	133.5	131.1	32.2	35.7
7	48.2	44.5	45.6	48.2	34.5	34.3
8					41.2	47.9
9					21.8	21.6
10					21.9	21.9
11					28.3	29.3
12					31.5	30.9
R	27.5	28.6				

9-2-91　9-2-92　9-2-93　9-2-94　9-2-95　9-2-96

表 9-2-19 环状双醇类化合物 9-2-91~9-2-94 的 ^{13}C NMR 数据

C	9-2-91[16]	9-2-92[16]	9-2-93[23]	9-2-94[23]	C	9-2-91[16]	9-2-92[16]	9-2-93[23]	9-2-94[23]
1	70.9	68.9	72.6	76.1	3	33.7	31.1	20.3	43.4
2	33.7	31.1	38.8	41.2	4	70.9	68.9	49.0	

表 9-2-20　环状多醇类化合物 9-2-95 和 9-2-96 ^{13}C NMR 数据[24]

C	9-2-95	9-2-96	C	9-2-95	9-2-96	C	9-2-95	9-2-96
1	57.9	11.0	4	73.9	40.4	7		13.2
2	35.3	12.8	5	12.0	58.3	8		14.0
3	59.2	55.0	6	11.2	77.0			

参 考 文 献

[1] Konno C, Kushida A, Yamato M, et al. Tetrahedron, 1976, 32: 325.
[2] Prbrta J D, Kobayashi K, Kiuchi S, et al.J Am Chem Soc,1970, 92: 1338.
[3] Heam M T W, Yamato M, Utsumi M, et al. Tetrahedron, 1976, 32: 1591.
[4] 杨阳，蔡飞，杨琦等. 2009, 30.
[5] M Subchev, Harizanov A, Francke W, et al. J Nat Prod, 2004, 24: 1141.
[6] Stothers J B, Utsumi M, Kikuchi A, et al. Can J Chem, 1976, 54: 1211.
[7] Osawa T and Namiki M. J Nat Prod, 2004, 112: 234.
[8] Fujimatu E, Ishikawa T, Junichi Kitajima. J Nat Prod, 2005, 15: 1123.
[9] Eliel E L, Ishiyama M, Suzuki Y, et al. J Org Chem,1977, 42: 1533.
[10] J Kitajima, Kamoshita A, Ishikawa T, et al. J Nat Prod, 2003, 23: 1154.
[11] Tulloch A P, Stockton G W, Polnaszek C F, et al. Can J Chem, 1973, 51: 2092.
[12] Bergstr6m, Wassgren A B, Anderbrant O, et al. Cellular and Molecular, 1995, 5: 370.
[13] Brouwet H, Minkowski M, Gans A, et al. Org Magn Reson, 1972, 50: 1361.
[14] Andrey V, Bekish, Konstantin N. Prokhorevich, et al. Eur J org Chem, 2006, 1434: 5069.
[15] Kitajima J, Ishikawa T, Fujimatu E, et al. Phytochemistry, 2003, 51: 210.
[16] Alewood P F, Drinkwater R, Andrews P R, et al. Can J Chem, 1977, 55: 2510.
[17] Davilian D, Palant E, Craik D J, et al. Org Chem, 1977, 42: 368.
[18] Brarernen, Daly N L, Love S, et al. Tetrahedron Lett, 1977, 1753.
[19] Wehner R, Down M, Boyd A W, et al. J Org Chem Soc, 1975, 97: 723.
[20] Brouwet H, Livett B G, Down J G, et al. Org Magn Reson, 1977, 9: 360.
[21] Pehkt T, Yang Z, Rahimi F, et al. Org Magn Reson, 1971, 3: 783.
[22] Lippmaa, Rahimi F, Miranda L P, et al. Org Magn Reson, 1970, 2: 109.
[23] McCulloch A W, Taillon Y, Labranche B, et al. Can J Chem, 1976, 54: 2013.
[24] Wenkert E, Rajaona J, Dallel R, et al. Org Magn Reson, 1975, 7: 51.

第三节　脂肪烃类化合物

表 9-3-1　脂肪烃类化合物的名称、分子式和测试溶剂

编号	中文名称	英文名称	分子式	测试溶剂	参考文献
9-3-1	乙烷	ethane	C_2H_6	氘代二氧六环	[1]
9-3-2	丙烷	propane	C_3H_8	氘代二氧六环	[1]
9-3-3	正丁烷	*n*-butane	C_4H_{10}	氘代二氧六环	[1]
9-3-4	正戊烷	*n*-pentane	C_5H_{12}	氘代二氧六环	[1]
9-3-5	正己烷	*n*-hexane	C_6H_{14}	氘代二氧六环	[1]
9-3-6	正庚烷	*n*-heptane	C_7H_{16}	氘代二氧六环	[1]
9-3-7	正辛烷	octane	C_8H_{18}	氘代二氧六环	[1]
9-3-8	正壬烷	nonane	C_9H_{20}	氘代二氧六环	[1]
9-3-9	正癸烷	decane	$C_{10}H_{22}$	C	[2]

续表

编号	中文名称	英文名称	分子式	测试溶剂	参考文献
9-3-10	1-氟辛烷	1-fluorine essien were	$C_8H_{17}F$	C	[2]
9-3-11	1-氯辛烷	1-chlorine essien were	$C_8H_{17}Cl$	C	[2]
9-3-12	1-溴辛烷	1-bromo essien were	$C_8H_{17}Br$	C	[2]
9-3-13	1-碘辛烷	1-iodine essien were	$C_8H_{17}I$	C	[2]
9-3-14	1-硝基辛烷	1-nitro essien were	$C_8H_{17}NO_2$	C	[2]
9-3-15	1-氨基辛烷	1-amino essien	$C_8H_{19}N$	C	[2]
9-3-16	辛硫醇	octane-1-thiol	$C_8H_{18}S$	C	[2]
9-3-17	巯甲基辛烷	methyl(octyl)sulfane	$C_9H_{20}S$	C	[2]
9-3-18	二辛基亚砜	1-(octylsulfinyl)octane	$C_{16}H_{34}OS$	C	[2]
9-3-19	壬醛	nonanal	$C_9H_{18}O$	C	[2]
9-3-20	1-甲基辛酮	1-methyl ketone essien	$C_{10}H_{20}O$	C	[2]
9-3-21	辛酰氯	nonanoyl chloride	$C_9H_{17}ClO$	C	[2]
9-3-22	辛腈	nonanenitrile	$C_9H_{18}N$	C	[2]
9-3-23	丙硫醇	propane-1-thiol	C_3H_8S	M	[3]
9-3-24	丁硫醇	butane-1-thiol	$C_4H_{10}S$	M	[3]
9-3-25		1-(methylsulfinyl)propane	$C_4H_{10}OS$	M	[3]
9-3-26		1-(methylsulfinyl)butane	$C_5H_{12}OS$	C	[3]
9-3-27			$C_4H_9Cl_3Se$	C	[4]
9-3-28			$C_5H_{11}Cl_3Se$	C	[4]
9-3-29			$C_8H_{18}OP$	W	[5]
9-3-30			$C_8H_{18}PS$	W	[5]
9-3-31	1-丙烯	propylene	C_3H_6	H	[6]
9-3-32	1-丁烯	butene	C_4H_8	H	[6]
9-3-33	1-戊烯	pentene	C_5H_{10}	H	[6]
9-3-34	1-己烯	hexene	C_6H_{12}	H	[6]
9-3-35	19-三十八烷烯	(*E*)-octatriacont-19-ene	$C_{38}H_{76}$	M	[7]
9-3-36	3-氨基-1-丙烯	prop-2-en-1-amine	C_3H_7N	C	[8]
9-3-37	3-氯-1-丙烯	3-chloroprop-1-ene	C_3H_5Cl	C	[8]
9-3-38	3-溴-1-丙烯	3-bromoprop-1-ene	C_3H_5Br	C	[8]
9-3-39	丁-3-烯 2-酮	but-3-en-2-one	C_4H_6O	C	[9]
9-3-40	1,1,2-三溴乙烯己酮	1,1,2-tribromooct-1-en-3-one	$C_8H_{11}Br_3O$	C	[10]
9-3-41	1-二溴-2-溴乙烯-α-溴己酮	1,1,2,4-tetrabromooct-1-en-3-one	$C_8H_{10}Br_4O$	C	[11]
9-3-42	1,2-丙二烯	propa-1,2-diene	C_3H_4	C	[11]
9-3-43	1,2-二丁烯	buta-1,2-diene	C_4H_6	C	[12]
9-3-44	1,2-戊二烯	penta-1,2-diene	C_5H_8	C	[12]
9-3-45	1,2-己二烯	hexa-1,2-diene	C_6H_{10}	C	[12]
9-3-46	3-烯-1-戊炔	(*E*)-hex-3-ene-1-yne	C_5H_6	C	[13]
9-3-47	3-烯-1-己炔	(*E*)- hept-3-ene-1-yne	C_6H_8	C	[13]
9-3-48	3-烯-1-庚炔	(*E*)-oct-3-ene-1-yne	C_7H_{10}	C	[13]
9-3-49	1,3-戊二炔	penta-1,3-diyne	C_5H_4	C	[14]

续表

编号	中文名称	英文名称	分子式	测试溶剂	参考文献
9-3-50	2,4-己二炔	hexa-2,4-diyne	C_6H_6	C	[14]
9-3-51	5-氯-1,3-戊二炔	5-chloropenta-1,3-diyne	C_5H_3Cl	C	[14]
9-3-52	2,4,6-辛三炔	octa-2,4-6-triyne	C_8H_6	C	[14]
9-3-53	异丙烷	2-methylpropane	C_3H_8	C	[15]
9-3-54	2-甲基丁烷	2-methylbutane	C_5H_{12}	C	[15]
9-3-55	新戊烷	2,2-dimethylpropane	C_5H_{12}	C	[15]
9-3-56	2-甲基戊烷	2-methylpentane	C_6H_{14}	C	[15]
9-3-57	2,2-二甲基丁烷	2,2-dimethylbutane	C_6H_{14}	C	[15]
9-3-58	2,2,3-三甲基丁烷	2,2,3-trimethylbutane	C_7H_{16}	C	[15]
9-3-59	2,2,3,3-四甲基丁烷	2,2,3,3-tetramethylbutane	C_8H_{18}	C	[15]
9-3-60	2-甲基辛烷	2,- methyloctane	C_9H_{20}	C	[15]
9-3-61	甲基-$\tilde{\alpha}$-乙基丙酮	3-propylhexan-2-one	$C_7H_{14}O$	C	[16]
9-3-62	甲基-$\tilde{\alpha}$-丙基丁酮	3-butylheptan-2-one	$C_8H_{16}O$	C	[16]
9-3-63	甲基-$\tilde{\alpha}$-丁基戊酮	3-pentyloctan-2-one	$C_9H_{18}O$	C	[16]
9-3-64	异丁醛	isobutyraldehyde	C_4H_8O	C	[16]
9-3-65	异丁酰氯	isobutyryl chloride	C_4H_7ClO	C	[17]
9-3-66	*N*, *N*-二甲基异丁酰胺	*N*,*N*-dimethylisobutyramide	$C_6H_{13}NO$	C	[17]
9-3-67	3-乙基-2-氰基戊腈	2-(pentan-3-yl)malononitrile	$C_8H_{12}N_2$	C	[17]
9-3-68		ethyldimethylphosphine	$C_4H_{11}P$	C	[18]
9-3-69		butyldimethylphosphine	$C_6H_{15}P$	C	[18]
9-3-70		dimethyl propylphosphonite	$C_5H_{13}O_2P$	C	[18]
9-3-71			$C_4H_9Cl_3Se$	C	[19]
9-3-72	2-甲基丙烯	2-methylprop-1-ene	C_4H_8	C	[20]
9-3-73	3,3-二甲基丁烯	3,3-dimethylbut-1-ene	C_6H_{12}	H	[21]
9-3-74	3,3-二甲基戊烯	3,3-dimethylpent-1-ene	C_7H_{14}	H	[21]
9-3-75	2,3-二甲基-2-丁烯	23-dimethylbut-2-ene	C_6H_{12}	C	[22]
9-3-76	2,3-二甲基-2-戊烯	2,3-dimethylpent-2-ene	C_7H_{14}	C	[22]
9-3-77	2,3-二甲基-2-己烯	2,3-dimethylhex-2-ene	C_8H_{16}	C	[22]
9-3-78	3-甲基丁-3-烯-2-酮	3-methylbut-3-en-2-one	C_5H_8O	C	[23]
9-3-79		(*E*)-*N*-(butan-2-ylidene)methanamine	$C_5H_{11}N$	C	[24]
9-3-80		(*E*)-4 -(dimethylamino)but-3-en-2-one	$C_6H_5N_7O$	C	[24]
9-3-81		(*E*)-*N*-(chloro-*N*-methylamino) but-3-en-2-one	C_5H_8ClNO	C	[24]
9-3-82	*Z*-4-氨基-3-烯戊酮	(*Z*)-4-(methylamino)but-3-en-2-one	C_5H_9NO	C	[25]
9-3-83	*E*-4-氨基-3-烯戊酮	(*E*)-4-(methylamino)but-3-en-2-one	C_5H_9NO	C	[25]
9-3-84			$C_7H_{14}O$	C	[26]
9-3-85	*Z*-*N*-二甲基-1-烯乙胺丙酮	(*Z*)-2-(dimethylamino)-6-methylhepta-2,5-dien-4-one	$C_7H_{13}NO$	C	[25]
9-3-86	*E*-*N*-二甲基-1-烯乙胺丙酮	(*E*)-2-(dimethylamino)-6-methylhepta-2,5-dien-4-one	$C_7H_{13}NO$	C	[25]
9-3-87	*Z*-2,*N*,*N*-三甲基-1-烯乙胺-3-甲基丁酮	(*Z*)-1-(dimethylamino) -4-methy-lpent-1-en-3-one	$C_7H_{13}NO$	C	[25]

续表

编号	中文名称	英文名称	分子式	测试溶剂	参考文献
9-3-88	*E*-2,*N*,*N*-三甲基-1-烯乙胺-3-甲基丁酮	(*E*)-1-(dimethylamino)-4-methylpent-1-en-3-one	$C_7H_{13}NO$	C	[25]
9-3-89	1-二甲氨基-1-烯-4-甲基丁-3-酮	(*Z*)-1-(dimethylamino)-4-methylpent-1-ene-3-one	$C_8H_{15}NO$	C	[24]
9-3-90		(*E*)-1-(dimethylamino)-4-methylpent-1-ene-3-thione	$C_8H_{15}NS$	C	[24]
9-3-91	2-溴乙基-1-辛烯	2-(bromomethyl)oct-1-ene	$C_9H_{17}Br$	C	[27]
9-3-92	3-乙基-5,5-二氰基-2-辛烯	2-allyl-2-((*E*)-hex-2-en-3-yl) malononitrile	$C_{11}H_{14}N_2$	C	[19]
9-3-93	7-甲基-6,7-二氯-3-氯乙烯基-4,8-二烯-2-壬烯酮	(*3Z,4E,7R*)-6,7-dichloro-3-(chloromethylene)-7-methyl-nona-4,8-dien-2-one	$C_{11}H_{13}Cl_3O$	C	[19]
9-3-94	1,2-二甲基环丙烷	1,2-dimethylcyclopropane	C_5H_{10}	C	[28]
9-3-95	1,2-二甲基环丙烷	1,2-dimethylcyclopropane	C_5H_{10}	C	[28]
9-3-96	1,1-二甲基环丙烷	1,1-dimethylcyclopropane	C_5H_{10}	C	[28]
9-3-97	1,1-二甲基-2-溴环丙烷	2-bromo-1,1-dimethylcyclopropane	C_5H_9Br	C	[28]
9-3-98	2-乙基环丙烷	ethylcyclopropane	C_5H_{10}	C	[28]
9-3-99	1-甲基-1-乙基环丙烷	methylethylcyclopropane	C_6H_{12}	C	[28]
9-3-100	环丙胺	cyclopropamine	C_3H_7N	C	[29]
9-3-101	环己烷	cyclohexane	C_6H_{12}	C	[30]
9-3-102	1-氟环己烷	fluorocyclohexane	$C_6H_{11}F$	C	[30]
9-3-103	1-氯环己烷	chlorocyclohexane	$C_6H_{11}Cl$	C	[30]
9-3-104	1-溴环己烷	bromocyclohexane	$C_6H_{11}Br$	C	[30]
9-3-105	1-碘环己烷	iodocyclohexane	$C_6H_{11}I$	C	[30]
9-3-106	1-甲基环己烷	methylcyclohexane	C_7H_{14}	C	[30]
9-3-107	环己胺	cyclohexamine	$C_6H_{13}N$	C	[31]
9-3-108	1-甲氧基环己烷	methoxycyclohexane	$C_7H_{14}O$	C	[32]
9-3-109	1-氰基环己烷	cyclohexanamine	$C_7H_{11}N$	C	[32]
9-3-110	1-(1,1-二甲基乙烷)环己烷	*tert*-butylcyclohexane	$C_{10}H_{20}$	C	[31]
9-3-111	1,4-二氯-2-甲氧基二环[2.2.0]庚烷	1,4-dichloro-2-methoxy-bicyclo-[2.2.0]hexane	$C_7H_{10}Cl_2O$	C	[33]
9-3-112	4-氯-3-甲氧基二环[2.2.0]庚烷-1-甲酸	4-chloro-3-methoxy-bicyclo[2.2.0] hexane-1-carboxylic acid	$C_8H_{10}ClO_3$	C	[33]
9-3-113	二环[3.3.0]庚烷	octahydropentalene	C_8H_{14}	C	[34]
9-3-114	二环[3.3.0]庚-1-醇	octahydropentalene-3a-ol	$C_8H_{14}O$	C	[34]
9-3-115	二环[3.3.0]庚-1-巯甲基	(octahydropentalene-6a-yl)(methyl) sulfane	$C_9H_{16}S$	C	[34]
9-3-116	二环[4.4.0]癸烷	decahydronaphthalene	$C_{10}H_{18}$	C	[34]
9-3-117	9-甲基二环[4.4.0]癸烷	decahydro-4a-methylnaphthalene	$C_{11}H_{20}$	C	[34]
9-3-118	2,10-二甲基二环[4.4.0]癸烷	decahydro-2,4a-dimethylnaphthalene	$C_{12}H_{22}$	C	[34]
9-3-119	2,3-二甲基二环[4.4.0]癸烷	decahydro-2,3-dimethylnaphthalene	$C_{12}H_{22}$	C	[34]

续表

编号	中文名称	英文名称	分子式	测试溶剂	参考文献
9-3-120	1-甲基二环[4.4.0]癸烷	decahydro-1-methylnaphthalene	$C_{11}H_{20}$	C	[34]
9-3-121	二环[2.2.1]庚烷	bicyclo[2.2.1]heptane	C_7H_{12}	C	[35]
9-3-122	1-氯二环[2.2.1]庚烷	1-chlorobicyclo[2.2.1]heptane	$C_7H_{11}Cl$	C	[35]
9-3-123	二环[2.2.1]庚-1-醇	bicyclo[2.2.1]heptan-1-ol	$C_7H_{12}O$	C	[35]
9-3-124	1-叔丁基二环[2.2.1]庚烷	1-*tert*-butylbicyclo[2.2.1]heptane	$C_{11}H_{18}$	C	[35]
9-3-125			C_8H_{12}	C	[36]
9-3-126			C_8H_{12}	C	[36]
9-3-127	环丙烯	cyclopropene	C_3H_4	C	[28]
9-3-128	1-甲基环丙烯	1-methylcycloprop-1-ene	C_4H_6	C	[28]
9-3-129	3-甲基环丙烯	3-methylcycloprop-1-ene	C_4H_6	C	[28]
9-3-130	环己烯	cyclohexene	C_6H_{10}	C	[37]
9-3-131	环己-3-烯甲醛	cyclohex-3-enecarbaldehyde	$C_7H_{10}O$	C	[37]
9-3-132	1-甲基环己烯	1-methylcyclohex-1-ene	C_7H_{12}	C	[37]
9-3-133	4-甲基环己-3-烯甲醛	4-methylcyclohex-3-enecarbaldehyde	$C_8H_{12}O$	C	[37]
9-3-134	1-乙炔基环己烯	1-ethynylcyclohex-1-ene	C_8H_{10}	C	[37]
9-3-135	1,3,3,5,5-五甲基环己烯	1,3,3,5,5-pentamethylcyclohex-1-ene	$C_{11}H_{18}$	C	[37]
9-3-136	2-乙烯二环[2. 2. 1]庚烷	2-methylenebicyclo[2.2.1]heptane	C_8H_{12}	C	[38]
9-3-137	二环[3.2.1]辛-2-烯	bicyclo[3.2.1]oct-2-ene	C_8H_{12}	C	[37]
9-3-138	1,4-二甲基二环[3.3.0]辛-1-烯	1,2,3,3a,4,6a-hexahydro-3a,6-dimethylpentalene	$C_{10}H_{16}$	C	[34]

CH_3CH_3
9-3-1

$-(CH_2)_n-$
9-3-2 n=1
9-3-3 n=2
9-3-4 n=3
9-3-5 n=4
9-3-6 n=5
9-3-7 n=6
9-3-8 n=7

R (8, 7, ... 2, 1)
9-3-9 R=CH_2CH_3
9-3-10 R=F
9-3-11 R=Cl
9-3-12 R=Br
9-3-13 R=I
9-3-14 R=NO_2
9-3-15 R=NH_2
9-3-16 R=SH
9-3-17 R=SCH_3
9-3-18 R=SOC_8H_{17}
9-3-19 R=CHO
9-3-20 R=$COCH_3$
9-3-21 R=COCl
9-3-22 R=CN

n+2 $(CH_2)_n$ 1 SH
9-3-23 n=1
9-3-24 n=2

n+2 $(CH_2)_n$ 1 S(=O) 5
9-3-25 n=1
9-3-26 n=2

表 9-3-2　直链烷烃类化合物 9-3-1~9-3-8 的 ^{13}C NMR 数据[1]

C	9-3-1	9-3-2	9-3-3	9-3-4	9-3-5	9-3-6	9-3-7	9-3-8
1	7.3	15.4	13.0	14.2	14.1	14.1	14.1	13.8
2		15.9	24.8	24.8	23.1	23.1	22.8	22.7
3				34.8	32.2	32.4	32.1	32.0
4						29.5	29.5	29.4
5								29.6

表 9-3-3　取代正辛烷 9-3-9~9-3-15 的 ^{13}C NMR 数据[2]

C	9-3-9	9-3-10	9-3-11	9-3-12	9-3-13	9-3-14	9-3-15
1	13.9	14.1	14.1	14.1	14.1	14.0	14.1
2	23.0	22.7	22.8	22.7	22.6	22.6	22.7
3	32.2	31.9	31.9	31.8	31.8	31.4	31.9
4	29.6	29.3	29.2	29.2	29.1	29.6	29.4

续表

C	9-3-9	9-3-10	9-3-11	9-3-12	9-3-13	9-3-14	9-3-15
5	29.6	29.3	299.0	28.8	28.6	29.6	29.5
6	29.6	25.3	27.0	28.3	30.6	27.9	27.0
7	29.6	30.6	32.8	33.0	33.7	26.2	34.1
8	34.5	84.2	45.1	33.8	6.9	75.8	42.4

表 9-3-4 取代正辛烷 9-3-16~9-3-22 的 ^{13}C NMR 数据[2]

C	9-3-16	9-3-17	9-3-18	9-3-19	9-3-20	9-3-21	9-3-22
1	14.1	14.1	14.1	14.1	14.1	14.1	14.0
2	22.7	22.8	22.7	22.7	22.8	22.7	22.7
3	31.9	31.9	31.8	31.9	32.0	31.8	31.8
4	29.1	29.4	29.1	29.3	29.5	29.1	29.9
5	29.2	29.4	29.1	29.3	29.5	29.1	29.9
6	28.5	29.4	29.1	29.3	29.5	28.5	29.9
7	34.2	29.0	29.1	22.2	24.1	25.2	25.5
8	24.7	34.5	52.6	44.0	43.7	47.2	17.2

表 9-3-5 杂原子烷烃 9-3-23~9-3-26 的 ^{13}C NMR 数据[3]

C	9-3-23	9-3-24	9-3-25	9-3-26	C	9-3-23	9-3-24	9-3-25	9-3-26
1	26.4	24.6	58.5	54.4	4		13.9		13.7
2	27.6	37.1	16.1	24.5	5			38.6	38.6
3	12.6	22.3	13.3	22.0					

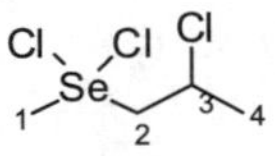

9-3-27

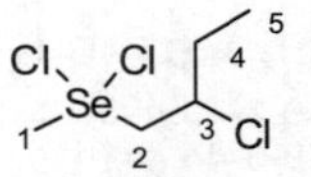

9-3-28

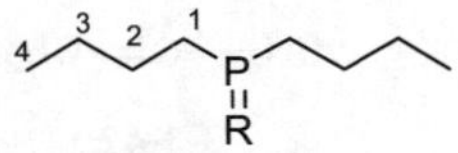

9-3-29 R=O

9-3-30 R=S

表 9-3-6 含金属离子取代的烷烃类 9-3-27~9-3-30 ^{13}C NMR 数据

C	9-3-27[4]	9-3-28[4]	9-3-29[5]	9-3-30[5]	C	9-3-27[4]	9-3-28[4]	9-3-29[5]	9-3-30[5]
1	40.8	44.8	27.8	30.9	4	24.5	26.5	13, 6	13.6
2	70.0	70.5	24.0	24.6	5		14.8		
3	53.5	51.8	24, 4	24.0					

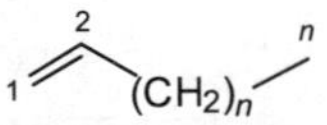

9-3-31 n=0 9-3-33 n=2

9-3-32 n=1 9-3-34 n=3

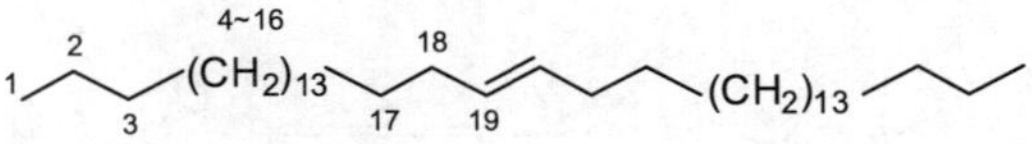

9-3-35

表 9-3-7 直链烯烃类 9-3-31~9-3-35 的 ^{13}C NMR 数据[6]

C	9-3-31	9-3-32	9-3-33	9-3-34	9-3-35[7]	C	9-3-31	9-3-32	9-3-33	9-3-34	9-3-35[7]
1	115.95	113.49	114.66	114.17	14.4	3	19.41	27.39	33.86	33.86	30.8
2	133.61	140.49	138.91	138.83	23.7	4		13.43	22.81	31.64	30.3~30.7 (C-4~C-16)

续表

C	9-3-31	9-3-32	9-3-33	9-3-34	9-3-35[7]	C	9-3-31	9-3-32	9-3-33	9-3-34	9-3-35[7]
5			13.75	22.49	28.1(C-17)						130.9(C-19)
6				13.73	48.4(C-18)						

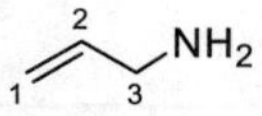

9-3-36 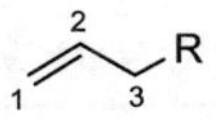　9-3-37 R=Cl　9-3-38 R=Br　9-3-39 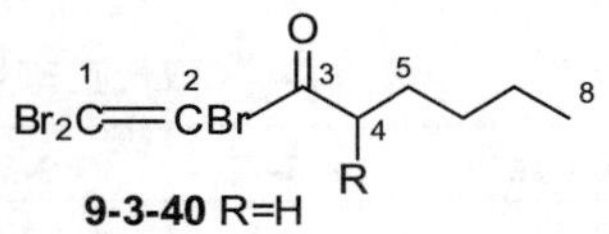　9-3-40 R=H　9-3-41 R=Br

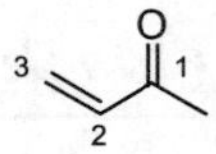

表 9-3-8　直链单烯取代化合物 9-3-36~9-3-41 的 ^{13}C NMR 数据[4]

C	9-3-36[8]	9-3-37[8]	9-3-38[8]	9-3-39[9]	9-3-40[10]	9-3-41[11]
1	112.7	118.5	114.6	198.5	90.9	96.7
2	140.8	134.2	137.7	144.5	121.8	119.5
3	44.4	44.6	62.6	125.2	196.8	189.2
4					40.5	50.2
5					30.9	32.7
6					23.0	29.1
7					22.1	22.0
8					14.1	14.1

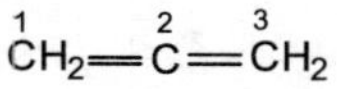

$CH_2=C=CH_2$　9-3-42

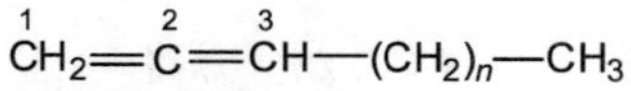

$CH_2=C=CH-(CH_2)_n-CH_3$　9-3-43 *n*=0　9-3-44 *n*=1　9-3-45 *n*=2

表 9-3-9　直链多烯类化合物 9-3-42~9-3-45 的 ^{13}C NMR 数据

C	9-3-42[11]	9-3-43[12]	9-3-44[12]	9-3-45[12]	C	9-3-42[11]	9-3-43[12]	9-3-44[12]	9-3-45[12]
1	72.6	72.5	73.8	73.8	4		12.3	20.7	29.6
2	211.7	208.5	207.9	208.6	5			12.3	18.4
3	72.6	83.3	90.7	89.0	6				12.8

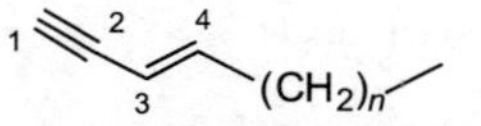

9-3-46 *n*=0　9-3-47 *n*=1　9-3-48 *n*=2　9-3-49 R=H　9-3-50 R=CH_3　9-3-51 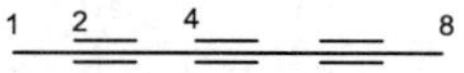　9-3-52

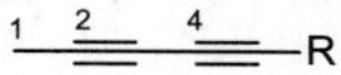

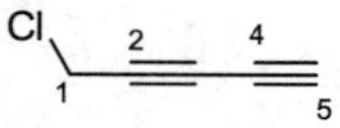

表 9-3-10　直链炔烃类化合物 9-3-46~9-3-52 的 ^{13}C NMR 数据

C	9-3-46[13]	9-3-47[13]	9-3-48[13]	9-3-49[14]	9-3-50[14]	9-3-51[14]	9-3-52[14]
1	75.8	75.7	75.7	3.9	4.0	50.8	4.4
2	82.5	82.5	82.6	74.4	72.2	74.7	74.3
3	110.1	107.6	108.8	65.4	64.8	69.7	65.0

续表

C	9-3-46[13]	9-3-47[13]	9-3-48[13]	9-3-49[14]	9-3-50[14]	9-3-51[14]	9-3-52[14]
4	141.3	148.1	146.5	68.8	64.8	67.5	60.0
5	18.6	26.1	35.2	64.7	72.2	68.6	60.0
6		12.7	21.9		4.0		65.0
7			13.9				74.3
							4.4

9-3-53 9-3-54 9-3-55 9-3-56 9-3-57 9-3-58 9-3-59 9-3-60

表 9-3-11 支链烷烃类化合物 9-3-53~9-3-60 的 ^{13}C NMR 数据[15]

C	9-3-53	9-3-54	9-3-55	9-3-56	9-3-57	9-3-58	9-3-59	9-3-60
1	24.1	11. 8	31.3	14.3	28.7	27.0	25.6	13.6
2	25.0	32.0	27.7	20.9	30.3	32.7	35.0	22.7
3		30.1		41.9	36.5	37.9		32.0
4		22.3		27.9	8.5	17.7		29.7
5				22.7				27.4
6								39.2
7								28.0
8								22.3

9-3-61 n=1 9-3-62 n=2 9-3-63 n=3 9-3-64 R=H 9-3-65 R=Cl 9-3-66 R=N(CH_3)$_2$ 9-3-67

表 9-3-12 含杂原子支链烷烃类化合物 9-3-61~9-3-67 的 ^{13}C NMR 数据

C	9-3-61[16]	9-3-62[16]	9-3-63[16]	9-3-64[16]	9-3-65[17]	9-3-66[17]	9-3-67[17]
1	169.29	168.55	169.00	31.1	38.2	38.6	112.9
2	21.32	21.22	21.39	36.2	40.2	38.6	26.9
3	37.11	42.55	50.28	162.4	149.3	165.7	43.1
4		14.20	22.36				24.1
5			11.13				10.9
6	34.58	39.96	47.44				
7		13.37	21.39				
8			11.57				

9-3-68 9-3-69 9-3-70 9-3-71

表 9-3-13 含杂原子支链烷烃类化合物 9-3-68~9-3-71 的 ^{13}C NMR 数据

C	9-3-68[18]	9-3-69[18]	9-3-70[18]	9-3-71[19]	C	9-3-68[18]	9-3-69[18]	9-3-70[18]	9-3-71[19]
1	53.7	14.4	53.1	44.8	4		24.5	15.7	14.8
2	26.3	32.6	31.1	70.5	5		13.9		
3	5.7	28.3	15.6	51.8					

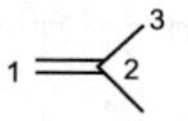

9-3-72 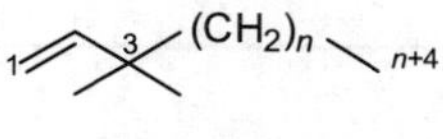　9-3-73 n=0　9-3-74 n=1　9-3-75 n=0　9-3-76 n=1　9-3-77 n=2

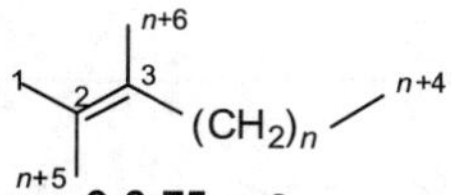

表 9-3-14 支链单烯类化合物 9-3-72~9-3-77 的 ^{13}C NMR 数据

C	9-3-72[20]	9-3-73[21]	9-3-74[21]	9-3-75[22]	9-3-76[22]	9-3-77[22]
1	110.7	108.5	110.68	20.38	20.55	20.56
2	141.7	149.27	148.31	123.49	123.13	123.93
3	42.6	33.78	36.90	123.49	129.58	127.97
4		29.41	35.56	20.38	27.67	36.80
5			8.96		12.75	21.63
6					19.87	14.10
7					17.86	20.19
8						18.35

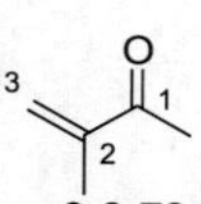

9-3-78 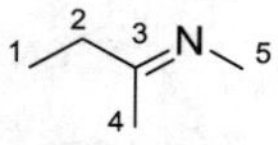　9-3-79 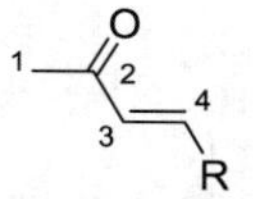　9-3-80 R=N(CN$_3$)$_2$　9-3-81 R=N(CH$_3$)Cl　9-3-82 *cis*　9-3-83 *trans*　9-3-84 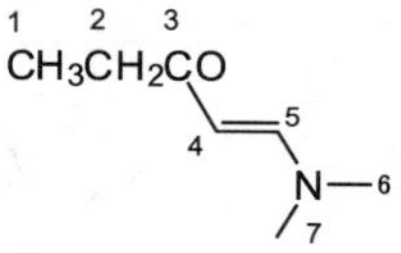　9-3-85 *cis*　9-3-86 *trans*

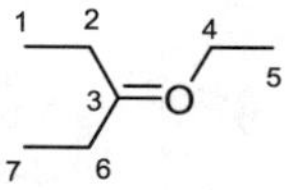

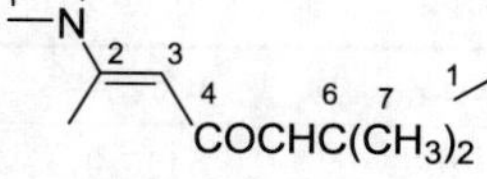

9-3-87 *cis*　9-3-88 *trans*　9-3-89 R=O　9-3-90 R=S　9-3-91 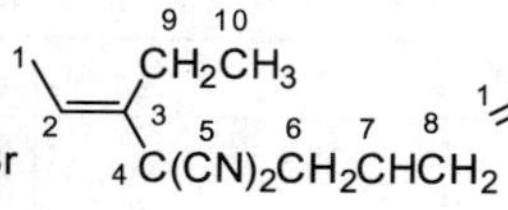　9-3-92 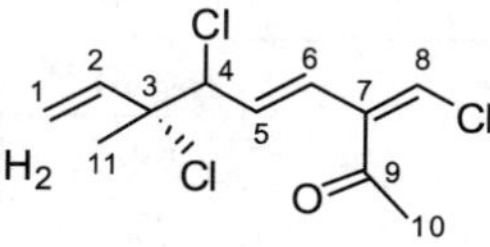　9-3-93

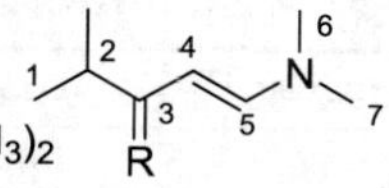

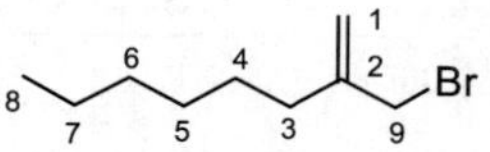

表 9-3-15 含杂原子支链烯烃类化合物 9-3-78~9-3-93 的 ^{13}C NMR 数据

编号	1	2	3	4	5	6	7	8	9	10
9-3-78[23]	198.1	137.5	128.6							
9-3-79[24]	10.7	36.9	172.5	16.5	35.5					
9-3-80[24]		193.8	97.6	153.4						
9-3-81[24]	28.9	199.3	126.9	148.9						
9-3-82[25]	28.8	179.5	94.0	155.5	35.3					
9-3-83[25]	27.2	196.0	97.0	152.2	29.9					
9-3-84[26]	8.0	28.7	247.9	60.7	13.0	34.4	11.0			

续表

编号	1	2	3	4	5	6	7	8	9	10
9-3-85[25]	10.2	36.0	200.2	94.2	152.9	37.3	45.2			
9-3-86[25]	10.6	29.5	200.3	98.6	154.9	36.9	45.0			
9-3-87[25]	37.4 45.3	154.0	97.5	189.0						
9-3-88[25]	37.0 45.3	157.0	99.2	131.9						
9-3-89[24]	19.9	40.7	204.5	93.3	153.5	37.3	45.6			
9-3-90[24]	24.4	48.3	233.3	110.8	156.9	38.7	46.3			
9-3-91[27]	114.7	145.7	33.3	28.9	27.3	31.7	22.6	14.0	36.8	
9-3-92[19]	17.7	127.6	137.0	42.5	114.7	42.0	129.1	122.7	21.3	13.7
9-3-93[19]	116.3	122.5	71.5	69.5	134.0	139.5	137.3	143.5	189.3	24.6

9-3-94 R^1=CH_3; R^2=CH_3; R^3=H
9-3-95 R^1=CH_3; R^2=H; R^3=CH_3
9-3-96 R^1=H; R^2=CH_3; R^3=CH_3
9-3-97 R^1=Br; R^2=CH_3; R^3=CH_3
9-3-98 R^1=H; R^2=C_2H_5; R^3=H
9-3-99 R^1=H; R^2=C_2H_5; R^3=CH_3

NH_2
9-3-100

表 9-3-16 取代三元环 9-3-94~9-3-100 的 ^{13}C NMR 数据[28]

C	9-3-94	9-3-95	9-3-96	9-3-97	9-3-98	9-3-99	9-3-100[29]
1	9.8	14.2	11.5	17.2	-0.5	6.7	8.0
2	9.8	14.2	14.1	29.8	8.1	16.1	24.4
3	13.6	14.6	14.1	23.3	8.1	16.1	9.0
R^1	13.0	19.0					
R^2	13.0		25.7	22.7	87.5, 64.0	90.2, 64.0	
R^3		19.0		24.8		24.0	

9-3-101 R=H
9-3-102 R=F
9-3-103 R=Cl
9-3-104 R=Br
9-3-105 R=I
9-3-106 R=CH_3
9-3-107 R=NH_2
9-3-108 R=OCH_3
9-3-109 R=CN
9-3-110 R=$C(CH_3)_3$
9-3-111 R=Cl
9-3-112 R=COOH
9-3-113 R=H
9-3-114 R=OH
9-3-115 R=SCH_3

表 9-3-17 单取代六元环 9-3-101~9-3-110 的 ^{13}C NMR 数据[30,31]

C	9-3-101	9-3-102	9-3-103	9-3-104	9-3-105	9-3-106	9-3-107	9-3-108	9-3-109	9-3-110
1	27.6	90.5	59.8	52.6	31.8	29.1	51.1	79.46	29.04	48.01
2	27.6	33.1	37.2	37.9	39.8	36.0	37.7	32.15	30.47	27.44
3	27.6	23.5	25.2	26.1	27.4	25.0	25.8	24.86	25.73	27.09
4	27.6	26.0	25.6	25.6	25.5	26.4	26.5	25.90	25.73	26.61
5	27.6	23.5	25.2	26.1	27.4	25.0	25.8	24.86	25.73	27.09
6	27.6	33.1	37.2	37.9	39.8	36.0	37.7	32.15	30.47	27.44
R								55.05		27.30 32.26

表 9-3-18 并环烷 9-3-111~9-3-115 的 ^{13}C NMR 数据

C	9-3-111[33]	9-3-112[33]	9-3-113[34]	9-3-114[34]	9-3-115[34]	C	9-3-111[33]	9-3-112[33]	9-3-113[34]	9-3-114[34]	9-3-115[34]
1	71.72	47.45	43.4	90.9	60.9	6	26.46	20.23	34.3	33.7	34.1
2	79.70	34.43	34.3	42.2	41.1	7	56.60	56.51	26.4	26.1	26.0
3	43.23	80.34	26.4	26.1	26.0	8			34.3	42.2	41.1
4	62.18	69.41	34.3	33.7	34.1	R		176.03			
5	37.21	26.76	43.4	52.0	50.9						

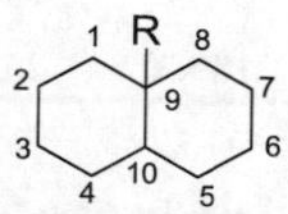

9-3-116 R=H
9-3-117 R=CH_3

9-3-118 R^1=H; R^2=CH_3
9-3-119 R^1=CH_3; R^2=H

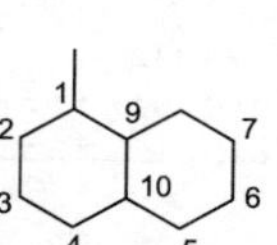

9-3-120

9-3-121 R=H
9-3-122 R=Cl
9-3-123 R=OH
9-3-124 R=C(CH_3)$_3$

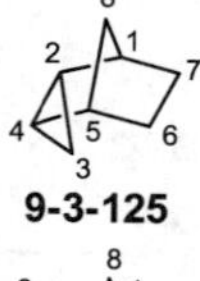

9-3-125

9-3-126

表 9-3-19 并六元环烷烃 9-3-116~9-3-120 的 ^{13}C NMR 数据[34]

C	9-3-116	9-3-117	9-3-118	9-3-119	9-3-120
1	34.7	42.2	44.3	44.2	37.2
2	27.2	22.2	39.3	39.8	29.5
3	27.2	27.4	35.8	39.8	27.4
4	34.7	29.4		44.2	25.8
5	34.7	29.4			33.6
6	27.2	27.4			21.9
7	27.2	22.2			27.4
8	34.7	42.2	31.0		20.0
9	44.2	34.8	49.4		43.0
10	44.2	46.2			38.7
11			20.9	20.3	19.7
R^1		15.8		20.3	
R^2			16.1		

表 9-3-20 并环烷烃 9-3-121~9-3-126 的 ^{13}C NMR 数据

C	9-3-121[35]	9-3-122[35]	9-3-123[35]	9-3-124[35]	9-3-125[36]	9-3-126[36]
1	36.4	69.8	82.8	38.4	35.7	36.6
2	29.8	38.4	35.4	32.4	14.7	23.1
3	36.4	30.9	30.3	44.2	1.0	17.7
4	36.4	34.8	34.8	52.2	14.7	23.1
5	36.4	30.9	30.3	44.2	35.7	36.6
6	29.8	38.4	35.4	32.4	29.8	26.8
7	38.4	46.8	43.9	50.7	29.8	26.8
8					26.8	53.5
R				31.3/26.6		

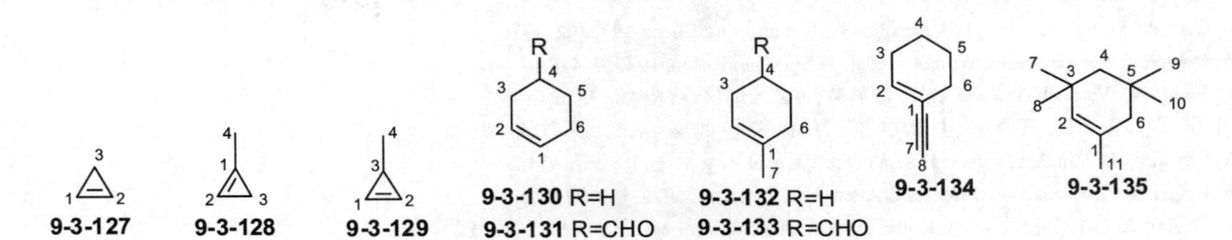

表 9-3-21 环烯烃 9-3-127~9-3-129 的 ^{13}C NMR 数据[28]

C	9-3-127	9-3-128	9-3-129	C	9-3-127	9-3-128	9-3-129
1	108.7	116.5	117.6	3	2.3	6.2	10.1
2	108.7	98.8	117.6	4		12.5	23.6

表 9-3-22 环烯烃 9-3-130~9-3-135 的 ^{13}C NMR 数据[37]

C	9-3-130	9-3-131	9-3-132	9-3-133	9-3-134	9-3-135
1	127.2	127.1	134.2	134.2	120.2	128.9
2	127.2	124.9	122.3	118.9	136.3	130.3
3	25.5	24.4	26.7	24.6	25.7	49.7
4	23.1	46.0	24.4	45.9	22.4	30.6
5	23.1	22.1	24.4	22.6	21.6	32.4
6	25.5	23.8	31.5	28.6	29.2	43.9
7			23.8	23.5	85.5	31.7
8					74.5	31.7
9						30.2
10						30.2
11						24.1
R		122.5		204.0		

9-3-136 9-3-137 9-3-138

表 9-3-23 并环烯烃 9-3-136~9-3-138 的 ^{13}C NMR 数据

C	9-3-136[38]	9-3-137[37]	9-3-138[34]	C	9-3-136[38]	9-3-137[37]	9-3-138[34]
1	45.7	134.5	142.9	6	29.9	35.5	43.1
2	155.3	123.7	122.8	7	38.4	35.3	48.3
3	39.1	37.4	25.9	8	101.8	35.5	61.3
4	37.0	23.5	48.2	9			25.8
5	28.5	36.6	30.9	10			15.5

参考文献

[1] Lindeman L P, Gallegos E J, Green J W, et al. Anal Chem, 1971, 43: 1245.

[2] Buchanna G W, Lippinpa E, Tirrell M, et al. Org Magn Reson, 1976, 11: 115.

[3] Barbarella G, Wijnen P, Beelen T P M, et al. J Org Magn Reson, 1976, 8: 108.

[4] Carratt DG, van de Ven L J M, Scholten A B, et al. J Org Chem, 1977, 42: 1776.
[5] Dehmlcw E V, Jänchen J, Wolput J, et al. J Org Magn Reson, 1975, 7: 418.
[6] Haan J W, Vorbeck G, Zandbergen de H W, et al. Org Magn Reson, 1976, 8: 477.
[7] 冯卫生, 王彦志, 郑晓珂. 中药化学成分结构解析. 北京：科学出版社, 2008.
[8] Miyajima G, Van den Bogaert H M, Ponjee J J, et al. Org Magn Reson, 1974, 6: 413.
[9] Betger S, Claessens H A, Cramers C A, et al. J Org Chem, 1976, 109: 3252.
[10] Kobayashi M, Overweg A R, Koller H, et al. Tetrabedron Lett, 1976: 619.
[11] Crandall J K, Wijnen P, Beelen T P M, et al. J Am Chem Soc, 1972, 94: 5084.
[12] Okuyama T, van W J M Well, Cottin X, et al. Bull Chem Soc Jpn, 1974, 47: 410.
[13] Hearn M T W, Rummens K P J, Saeijs H C P L, et al. Org Magn Reson, 1977, 9: 141.
[14] Hearn M T W, Scholten A B, Claessens H A, et al. Org Magn Reson, 1975, 19: 401.
[15] lindeman L P, Meiler J, Anal Chim, et al. Anal Chem, 1971, 43: 1245.
[16] Kahinowski H O, Nelen V, wiatkowski M K, et al. Org Magn Reson, 1974, 6: 305.
[17] Feirz H, Dennard R H, Gaensslen F H, et al. Org Magn Reson, 1977, 9: 108.
[18] Quin L D, Otterbein L E, Soares M P, et al. Org Magn Reson, 1975, 46: 503.
[19] Garratt D G, Bach F H, Soares M P, et al. J Org Chem,1977, 42: 1776.
[20] Bartuska V J, Loveland J W, Atalla R H, et al. Org Magn Reson, 1972, 7: 36.
[21] Haan J W de, Vorbeck G, Zandbergen H W, et al. Org Magn Reson, 1976, 8: 477.
[22] Couperus P A, Van Dongen J, Clague A D H, et al. Org Magn Reson, 1976, 8: 426.
[23] Vogeli U, Soares M P, Yamashita K, et al. Org Magn Reson, 1975, 7: 617.
[24] Dabrowaki J, Kubo H, Jiang G J, et al. Org Magn Reson, 1974, 6: 499.
[25] Fritz H, Ryffel C, Tesch W, et al. Org Magn Reson, 1977, 9: 108.
[26] Olah G A, Brouard S, Otterbein L E, et al. J Am Chem Soc, 1976, 98, 2245.
[27] Konstantin N, Prokhorevich A, Oleg G, et al. Tetrahedron, 2006, 17: 2976.
[28] Monti J P, De Silva S, Vandwalle J L, et al. Org Magn Reson, 1976, 8: 611.
[29] Subbotim O A, Quentin L, Krisa S, et al. Org Magn Reson, 1972, 4: 53.
[30] Kusuyuma Y, Fliniaux M A, Robins R J, et al. Bull Chem Soc Jpn, 1977, 50: 1784.
[31] Oristl M, Saucier C, Dubourdieu D, et al. J Org Chem, 1972, 37: 3443.
[32] Medonald R N, Vercauteren J, Nuhrich A, et al. Tetrahedrom Lett, 1976, 1423.
[33] Kranner G W, Vitrac X, Mérillon J M, et al. J Org Chem, 1977, 42: 2832.
[34] Poindester G S, Baz M, Murisasco A, et al. J Org Chem, 1976, 41: 1215.
[35] W iberg K B, Vercauteren J, Prome J C, et al. J Am Chem Soc, 1977, 99: 2297.
[36] Briggs J, Nuhrich E T A L. A, Deffieux G, et al. J Am Chem Soc, 1971: 364.
[37] Lippmaa E, Merillon J M, Vercauteren J, et al. Org Magn Reson, 1976: 8: 74.
[38] Cheng A K, Ligné T, Pauthe E, et al. Org Magn Reson, 1976, 8: 74.

第四节 脑苷脂类化合物

表 9-4-1 脑苷脂类化合物的名称、分子式和测试溶剂

编号	名称	分子式	测试溶剂	参考文献
9-4-1	1-*O*-*β*-D-glucopyranosyl-(2*S*,3*S*,4*R*)-2-[(2'*S*)-2'-hydroxy-pentadecanoylamino]-16-methyl-heptadeca-1,3,4-triol	$C_{39}H_{75}NO_{10}$	M	[1]
9-4-2	1-*O*-*β*-D-glucopyranosyl-(2*S*,3*S*,4*R*,6*E*)-[2'(*R*)-2'-hydroxy-pentadecanoylamino]-6-(*E*)-octadecene-1,3,4-triol	$C_{40}H_{69}NO_{10}$	P	[2]
9-4-3	1-*O*-*β*-D-glucopyranosyl-1,3,5-trihydroxy-2-hexadecanoyl-amino-9-(*E*)-heptacosene	$C_{48}H_{93}NO_9$	P	[3]
9-4-4	1-*O*-*β*-D-glucopyranosyl-1,3,5-trihydroxy-2-hexadecanoyl-amino-(6*E*,9*E*)-heptacosene	$C_{48}H_{91}NO_9$	P	[4]
9-4-5	1,3,5-trihydroxy-2-hexadecanoyl-amino-9-(*E*)-heptacosene	$C_{43}H_{85}NO_4$	P	[3]

续表

编号	名称	分子式	测试溶剂	参考文献
9-4-6	1,3,5-trihydroxy-2-hexadecanoylamino-(6*E*,9*E*)-heptacosdiene	$C_{44}H_{85}NO_4$	D	[5]
9-4-7	2-*N*-(2′,3′-dihydroxy-hexacosanoylamino)-hexadecane-1,3,4-triol	$C_{42}H_{85}NO_6$		[6]
9-4-8	(2*S*,3*S*,4*R*,8*E*)-2-[(20*R*)-hydroxyhexadecanoylamino]-8-tetracosene-1,3,4-triol	$C_{40}H_{79}NO_5$		[7]
9-4-9	(2*S*,3*S*,4*R*,9*Z*)-2-[(20*R*)-hydroxyhexadecanoylamino]-9-octadecene-1,3,4-triol	$C_{34}H_{65}NO_3$	C	[8]
9-4-10	asteriacerebroside G	$C_{42}H_{79}NO_9$	P	[9]
9-4-11	asperamides A	$C_{37}H_{69}NO_4$	C	[10]
9-4-12	1-*O*-(*β*-D-glucopyranosyl)-(2*S*,3*R*)-2-(hexadecanoylamino)-octadecane-1,3-diol	$C_{41}H_{81}NO_8$	P	[11]
9-4-13	(2*S*,3*R*,8*E*)-1-(*β*-D-glucopyranosyl-3-dihydroxy-2-[(*R*)-2'-hydroxypalmitoyl]amino-8-octadecaene	$C_{40}H_{75}NO_9$	P	[12]
9-4-14	1-*O*-(*β*-D-galactopyranosyl)-(2*S*,3*R*,9*Z*)-2-[(2′*R*)-2-hydroxypalmitoylamino]-8-octadecene-1,3-diol	$C_{40}H_{77}NO_9$	D	[13]
9-4-15	8,9-dihydrosoyacerebroside 1	$C_{40}H_{77}NO_{10}$	M	[14]
9-4-16	1-*O*-(*β*-D-glucopyranosyl)-(2*S*,3*R*,4*E*)-2-(hexadecanoylamino)-4-octadecene-1,3-diol	$C_{40}H_{77}NO_8$	C	[11]
9-4-17	8,9-dihydrosoyacerebroside I	$C_{40}H_{77}NO_9$	M	[15]
9-4-18	1-*O*-*β*-D-glucopyranosyl-(2*S*,3*R*,4*E*,8*Z*)-2-[(2′*R*)-hydroxyhexadecanoy]-octadecasphinga-4,8-dienine	$C_{40}H_{87}NO_9$	P	[16]
9-4-19	soyacerebroside I	$C_{40}H_{75}NO_9$	M	[15]
9-4-20	(4*E*, 8*E*, 2*S*, 3*R*,2*R*)-*N*-2-hydroxyhexadecanoyl-1-*O*-*β*-D-glucopyranosyl-9-methyl-4,8-sphingadienine	$C_{41}H_{77}NO_8$	P	[17]
9-4-21	1-*O*-*β*-D-glucopyranosyl-(2*S*,3*R*,4*E*,11*E*)-2-(20*R*-hydroxyhexadecenoylamino)-4,11-octadecadiene-1,3-diol	$C_{40}H_{75}NO_9$	D+C(2:1)	[18]
9-4-22	1-*O*-*β*-D-glucopyranosyl-(2*S*,3*R*,4*E*,8*Z*)-2-*N*-palmitoyloctadecasphinga-4,8-dienine	$C_{40}H_{75}NO_8$	C+M(2:1)	[19]
9-4-23	1-*O*-*β*-D-glucopyranosyl-(1*S*,2*S*,4*R*)-2-[(2′*R*)-2'-hydroxypalmitoylamino]-nonacosane-1,3,4,5-tetriol	$C_{51}H_{91}NO_{11}$	D	[20]
9-4-24	LMC-2	$C_{41}H_{81}NO_{10}$	P	[21]
9-4-25	(2*S*,3*S*,4*R*,8*E*)-1-(*β*-D-glucopyranosyl-3,4-dihydroxy-2-[(*R*)-2'-hydroxypalmitoyl]amino-8-heptadecaene	$C_{39}H_{75}NO_{10}$	P	[12]
9-4-26	polygalacerebroside (瓜子金脑苷酯)	$C_{40}H_{77}NO_{10}$	P	[22]
9-4-27	1-*O*-*β*-D-glucopyranosyl-(2*S*,3*S*,4*R*,8*E*)-2-[(2′*R*)-2'-hydroxypalmitoylamino]-8-octadecene-1,3,4-triol	$C_{40}H_{77}NO_{10}$	P	[12]
9-4-28	polygalacerebroside	$C_{44}H_{77}NO_{10}$	P	[24]
9-4-29	1-*O*-*β*-D-glucopyranosyl-(2*S*,3*S*,4*R*,8*E*)-2-[(2′*R*)-hydroxy-hexadecanoylamino]-8-tetracosene-1,3,4-triol			[7]
9-4-30	1-*O*-*β*-D-glucopyranosyl-(2*S*,3*S*,4*R*,8*Z*)-2-[(2′*R*)-2'-hydroxypalmitoylamino]-8-octadecene-1,3,4-triol	$C_{40}H_{77}NO_{10}$	D	[25]

续表

编号	名称	分子式	测试溶剂	参考文献
9-4-31	LMC-1	$C_{45}H_{87}NO_9$	P	[21]
9-4-32	1-*O*-(*β*-D-galactopyranosyl)-(2*S*,3*S*,4*R*,8*E*)-2-[(2'*R*)-2-hydroxypalmitoylamino]-8-octadecene-1,3,4-triol	$C_{40}H_{77}NO_{10}$	D	[13]
9-4-33	thraustochytroside C	$C_{40}H_{75}NO_8$	D	[26]
9-4-34	cerebroside B（脑苷酯 B）	$C_{41}H_{77}NO_9$	M	[27]
9-4-35	thraustochytroside B	$C_{41}H_{77}NO_8$	D	[26]
9-4-36	cerebroside A（脑苷酯 A）	$C_{41}H_{75}NO_9$	M	[27]
9-4-37	asperamide B	$C_{43}H_{79}NO_9$	M	[10]
9-4-38	asperiamide C	$C_{45}H_{83}NO_9$	M	[28]
9-4-39	phalluside 1	$C_{41}H_{79}NO_5$	M	[29]
9-4-40	thraustochytroside A	$C_{41}H_{75}NO_8$	D	[30]
9-4-41	termitomycesphin A	$C_{41}H_{77}NO_{10}$	P	[31]
9-4-42	termitomycesphin C	$C_{41}H_{77}NO_{10}$	P	[31]
9-4-43	bonaroside	$C_{40}H_{77}NO_{10}$	Ac_2O+P(1:1)	[32]
9-4-44	1-*O*-(*β*-D-glucopyranosyl)-(2*S*,3*R*,4*E*)-2-(heptadecanoylamino)-4-octadecene-1,3-diol	$C_{41}H_{79}NO_8$	P	[11]
9-4-45	1-*O*-*β*-D-glucopyranosyl-(2*S*,3*R*,4*E*,8*Z*)-2-[2'(*R*)-hydroxy-hexadecanoyl-amino]-4,8-octadecadiene-1,3-diol	$C_{40}H_{75}NO_9$	M	[33]
9-4-46	(2*R*,3*E*)-2'-hydroxy-*N*-[(2*S*,3*R*,4*E*,8*Z*)-1-*β*-D-glucopyranosyloxy-3-hydroxyoctadec-4,8-dien-2-yl] octadec-3-enamide	$C_{42}H_{77}NO_9$	D	[34]
9-4-47	1-*O*-*β*-D-glucopyranosyl-(2*S*,3*S*,4*R*,8*Z*)-2-[(2'*R*)-2'-hydroxypalmitoylamino]-8-octadecene-1,3,4'-triol	$C_{42}H_{79}NO_{10}$	D	[35]
9-4-48	1-*O*-*β*-D-glucosyl-(2*S*,3*R*,4*E*,8*E*,2'*R*)-*N*-(2'-hydroxy-heptayl)-2-amino-4,8-10-octadecadiene-1,3-diol	$C_{42}H_{79}NO_9$	P	[36]
9-4-49		$C_{41}H_{75}NO_9$	P	[37]
9-4-50	helicia cerebroside A	$C_{48}H_{93}NO_{10}$	P	[38]
9-4-51	phalluside 3	$C_{42}H_{77}NO_9$	M	[29]
9-4-52	1-*O*-(*α*-D-glucopyranosyl)-(2*S*,3*R*,4*E*,8*E*,10*E*)-2-[(2'*R*,3'*E*)-2'-hydroxyoctadec-3'-enoylamino]-9-methyloctadeca-4,8,10-triene-1,3-diol	$C_{42}H_{77}NO_9$	M	[39]
9-4-53	pecipamide	$C_{35}H_{71}NO_4$	C	[40]
9-4-54	(4*E*,8*E*)-*N*-2'-hydroxyoctadecanoyl-2-amino-9-methyl-4,8-octadecadine-1,3-diol	$C_{36}H_{69}NO_4$	C	[41]
9-4-55	pancovioside	$C_{48}H_{93}NO_{10}$	P	[42]
9-4-56	*N*-2'-hydroxyoctadec-3-enoyl-1-*β*-D-galactopyranosyl-(A)	$C_{44}H_{81}NO_9$	D+2%W	[43]
9-4-57	*N*-2'-hydroxyoctadecanoyl -1-*β*-D-glucopyranosyl-(C)-9-methyl-4,8-*trans*-sphingadienines	$C_{43}H_{81}NO_9$	D+2%W	[43]
9-4-58	(2*R*,3*E*)-2-hydroxy-*N*-[(2*S*,3*R*,4*E*,8*E*)-1-*β*-D-glucopyranosyloxy-3-hydroxy-9-methylheptadec-4,8-dien-2-yl]octadec-3-enamide	$C_{42}H_{77}NO_9$	D	[34]
9-4-59	*N*-2'-hydroxyoctadec-3-enoyl-1-*β*-D-glucopyranosyl-(B)	$C_{43}H_{79}NO_9$	D+2%W	[43]
9-4-60	phalluside 2	$C_{43}H_{79}NO_9$	M	[29]

续表

编号	名称	分子式	测试溶剂	参考文献
9-4-61	termitomycesphin B	$C_{43}H_{81}NO_{10}$	P	[31]
9-4-62	termitomycesphin D	$C_{43}H_{81}NO_{10}$	P	[31]
9-4-63	(2*R*,3*E*)-2-hydroxy-*N*-[(2*S*,3*R*,4*E*)-1-*O*-*β*-D-glucopyranosyloxy-3-hydroxy-9-methylene-8-oxooctadec-4-en-2-yl]octadec-3-enamide	$C_{43}H_{77}NO_{10}$	D	[34]
9-4-64	pancoviamide	$C_{42}H_{83}NO_{5}$	P	[42]
9-4-65	candidamide A	$C_{42}H_{83}NO_{6}$	P	[44]
9-4-66	1-*O*-*β*-D-glucopyranosyl-(2*S*,3*R*,4*E*,8*Z*)-2-[2'(*R*)-hydroxyoctadecanoyl-amino]-4,8-octadecadiene-1,3-diol	$C_{43}H_{81}NO_{9}$	M	[33]
9-4-67	1-*O*-(-D-glucopyranosyloxy)-(2*S*,3*R*)-2-[(2'*R*)-2'-hydroxynonadecanoylamino]-4,13-nonadecene-3-diol	$C_{41}H_{77}NO_{9}$	M	[5]
9-4-68	rollcerebroside E（罗氏脑苷 E）	$C_{48}H_{83}NO_{9}$	P	[45]
9-4-69	1-*O*-*β*-D-glucopyranosyl-(2*S*,3*R*,4*E*,8*Z*)-2-[(2(*R*)-hydroxyicosanoyl)amido]-4,8-octadecadiene-1,3-diol	$C_{44}H_{83}NO_{9}$	M	[46]
9-4-70	1-*O*-*β*-D-glucopyranosyl-(2*S*,3*R*,4*E*,8*E*)-2-[(2-hydroxy-icosanoyl)amido]-4,8-octadecadiene-1,3-diol	$C_{44}H_{83}NO_{9}$	M	[46]
9-4-71	(2*S*,2′*R*,3*R*,3′*E*,4*E*,8*E*)-1-*O*-(*β*-D-glucopyranosyl)-3-hydroxyl-2-[*N*-2′-hydroxyl-3′-eicosadecenoyl]amino-9-methyl-4,8-octadecadiene	$C_{45}H_{83}NO_{9}$	M	[47]
9-4-72	LMC-4	$C_{44}H_{87}NO_{10}$	P	[21]
9-4-73	1-*O*-(*β*-D-glucopyranosyl)-(2*S*,3*S*,4*R*)-2-[(2*R*)-2-hydroxy-15-tetracosenoylamino]-14-methyl-hexadecane-1,3,4-triol	$C_{46}H_{91}NO_{9}$	P	[48]
9-4-74	1-*O*-*β*-D-glucopyranosyl-(2*S*,3*R*,4*E*,8*Z*)-2-[2'(*R*)-hydroxy-icosanoyl-amino]-4,8-octadecadiene-1,3-diol	$C_{45}H_{85}NO_{9}$	P	[33]
9-4-75	1-*O*-(*β*-D-glucopyranosyl)-(2*S*,3*R*,4*E*,8*E*)-2-[(2'*R*)-2'-hydroxyhenicosanoylamino]-9-methyl-4,8-octadecadiene-1,3-diol	$C_{46}H_{87}NO_{9}$	M	[39]
9-4-76	1-*O*-(*β*-D-glucopyranosyl)-*D*-(+)-(2*S*,3*R*)-2-[(2'(*R*)-hydroxytricosanyl)amindiol]-1,3-eicosanediol	$C_{49}H_{97}NO_{9}$	P	[49]
9-4-77	(4*E*)-*N*-docosanoyl-1-*O*-*β*-glucopyranosyl-4-hexadecasphinganine	$C_{44}H_{85}NO_{8}$	C	[50]
9-4-78	1-*O*-(*β*-D-glucopyranosyl)-(2*S*,3*R*,4*E*)-2-(docosanoylamino)-14-methyl-4-hexadecene-1,3-diol	$C_{45}H_{87}NO_{8}$	P	[48]
9-4-79	LMC-3	$C_{44}H_{85}NO_{10}$	P	[21]
9-4-80	1-*O*-*β*-D-葡萄糖-*N*-正二十二碳酰基-正十六碳-4,10-(*E*,*E*)-二烯鞘胺醇苷	$C_{44}H_{83}NO_{9}$	P	[51]
9-4-81	typhoniside A	$C_{46}H_{87}NO_{9}$	P	[52]
9-4-82	(2*S*,3*R*,4*E*,8*E*,10*E*)-1-*O*-(*β*-D-glucopyranosyloxy)-3-hydroxy-2-[(*R*)-2-hydroxydocosanoyl)amino]-9-methyl-4,8,10-octadecatriene	$C_{47}H_{87}NO_{9}$	M+C(2:1)	[53]
9-4-83	PNC-1-1	$C_{44}H_{87}NO_{10}$	P+W(20:1)	[54]
9-4-84	PNC-1-3a	$C_{45}H_{89}NO_{9}$	P+W(20:1)	[55]

续表

编号	名称	分子式	测试溶剂	参考文献
9-4-85	LMC-5	$C_{45}H_{89}NO_{10}$	P	[21]
9-4-86	1-*O*-*β*-D-glucopyranosyl-(2*S*,3*S*,4*R*,10*E*)-2-[(2'*R*)-2'-hydroxyldocosanoyl-amino]-10-octadecene-1,3,4-triol	$C_{48}H_{89}NO_{10}$	P	[56]
9-4-87	1-*O*-*β*-D-glucopyranosyl-(2*S*,3*S*,4*R*,8*E*)-2-[(2'*R*)-2-hydroxybehenoylamino]-8-octadecene-1,3,4-triol	$C_{46}H_{89}NO_{10}$	P	[57]
9-4-88	(2*S*,3*S*,4*R*,8*Z*)-1-*O*-(*β*-D-galactopyranosyl)-2*N*-[(2'*R*)-2'-hydroxydocosanoilamino]-8-(*Z*)-octadecene-1,3,4-triol	$C_{46}H_{89}NO_{10}$	P	[58]
9-4-89	momor-cerebroside	$C_{48}H_{93}NO_{10}$	P	[24]
9-4-90	catacerebroside B	$C_{47}H_{91}NO_{10}$	P	[59]
9-4-91	catacerebroside C	$C_{47}H_{91}NO_{11}$	P	[59]
9-4-92	PNC-1-4c	$C_{46}H_{91}NO_{10}$	P+W(20:1)	[55]
9-4-93	PNC-1-8a	$C_{48}H_{95}NO_{10}$	P+W(20:1)	[55]
9-4-94	1-*O*-(*β*-D-galactopyranosyl)-(2*S*,3*R*,4*E*)-2[(2'*R*,15'*Z*)-2-hydroxytetracosenoylamino]-4-heptadecene-1,3-diol	$C_{46}H_{87}NO_9$	P	[60]
9-4-95	1-*O*-*β*-D-glucopyranosyl-(2*S*,3*R*,4E,8Z)-2-[2'(*R*)-hydroxytricosanoyl-amino]-4,8-octadecadiene-1,3-diol	$C_{42}H_{79}NO_9$	P	[33]
9-4-96	1-*O*-(*β*-D-glucopyranosyl)-(2*S*,3*R*,4*E*)-2-[(15*Z*)-15-tetracosenoylamino]-15-methyl-4-heptadecene-1,3-diol	$C_{48}H_{91}NO_8$	P	[48]
9-4-97	1-*O*-(*β*-D-glucopyranosyl)-(2*S*,3*S*,4*R*)-2-[(2*R*,15*Z*)-2-hydroxy-15-tetracosanoylamino]-14-methylhexadecane-1,3,4-triol	$C_{48}H_{93}NO_{10}$	P	[48]
9-4-98	1-*O*-(*β*-D-glucopyranosyl)-2-[tricosenoilamino]-8-tetradecene-1,3-diol	$C_{48}H_{91}NO_{10}$	D	[61]
9-4-99	1-*O*-(*β*-D-glucopyranosyl)-(2*S*,3*R*,4*E*,8*Z*)-2-[(15*E*)-15-tetracosenoylamino]-4,8-octadecadiene -1,3-diol	$C_{45}H_{87}NO_8$	P	[48]
9-4-100	catacerebroside A	$C_{49}H_{91}NO_9$	M	[59]
9-4-101	ceramide(2*S*,3*S*,4*R*,8*E*)-2-[(2'*R*,15'*E*)-2'-hydroxy-tetracosenoilamino]-8-octadecene-1,3,4-triol	$C_{42}H_{81}NO_5$	D	[61]
9-4-102	(2*S*,3*S*,4*R*,2'*R*)-2-(2'-hydroxytetracosanoylamino) pentacosacane-1,3,4-triol	$C_{49}H_{99}NO_5$	P	[67]
9-4-103	(2*S*,3*S*,4*R*,8*E*)-2-[(2'*R*)-2'-hydroxy-tetracosanoyl]-8-(*E*)-octadecene-1,3,4-triol	$C_{42}H_{83}NO_5$	D	[68]
9-4-104	LMC-6	$C_{49}H_{97}NO_{10}$	P	[21]
9-4-105	1-*O*-(*β*-D-glucopyranosyl)-(2*S*,3*S*,4*R*,12*Z*)-2-{[(2*R*)-2-hydroxytetracosanoyl]amino}octadec-12-ene-1,3,4-triol	$C_{48}H_{93}NO_{10}$	P	[62]
9-4-106	(2*R*)-*N*-{(1*S*,2*S*,3*R*,7*Z*)-1-*O*-(*β*-D-glucopyranosyloxy)-2,3-dihydroxyheptadec-7-en-1-yl}-2'-hydroxytetra-cosanamide	$C_{48}H_{93}NO_{10}$	P	[63]
9-4-107	亚麻脑苷酯 A	$C_{48}H_{93}NO_{10}$	C	[64]
9-4-108	1-*O*-(*β*-D-glucopyranosyloxy)-(2*S*,3*R*,4*S*,8*Z*)-2-[(2'*R*,15'*E*)-2'-hydroxytetracos-15'-en-noylamino]-8(*Z*)-octadecene-1,3,4-triol	$C_{44}H_{83}NO_9$	D	[65]
9-4-109	pellioniareside	$C_{48}H_{91}NO_{10}$	P	[66]

续表

编号	名称	分子式	测试溶剂	参考文献
9-4-110	榕树酰胺 A	$C_{42}H_{85}NO_4$	P	[71]
9-4-111	1-*O*-*β*-D-glucopyranosyl-(2*S*,3*S*,4*R*)-2-[(2'*R*,15'*Z*)-2'-hydroxypentacos-15'-enoylamino]-16-methyl-heptadeca-1,3,4-triol	$C_{49}H_{95}NO_{10}$	P	[1]
9-4-112	(2*S*,3*S*,4*R*,8*Z*)-1-*O*-(*β*-D-galactopyranosyl)-2*N*-[(2'*R*)-2'-hydroxy-19'(*Z*)-pentacosanoilamino]-8(*Z*)-octadecene-1,3,4-triol	$C_{49}H_{95}NO_{10}$	P	[58]
9-4-113	1-*O*-*β*-D-glucopyranosyl-(2*S*,3*S*,4*R*,10*Z*)-2-[(2'*R*)-2'-hydroxylignocenoyl-amino]-10-octadecene-1,3,4-triol	$C_{49}H_{95}NO_{10}$	P	[69]
9-4-114	1-*O*-*β*-D-glucopyranosyl-(2*S*,3*R*)-*N*-(2'-hydroxy-pentacosanoyl)-octadeca-11*E*-sphingenine	$C_{45}H_{95}NO_9$	D	[70]
9-4-115	1-*O*-*β*-D-glucopyranosyl-(2*S*,3*R*,4*E*,8*Z*)-2-[2'(*R*)-hydroxy-pentacosanoyl-amino]-4,8-octadecadiene-1,3-diol	$C_{48}H_{91}NO_9$	P	[33]
9-4-116	1-*O*-*β*-D-glucopyranoside (2*S*,3*S*,4*R*)-2-[(2'*R*,4'*E*)-2'-hydroxyhexacosenoylamino]-3,4-dihydroxyhexadecane	$C_{48}H_{93}NO_{10}$	P	[72]
9-4-117	portulacerebroside A（马齿苋脑苷 A）	$C_{48}H_{93}NO_{10}$	P	[73]
9-4-118	1-*O*-*β*-D-glucopyranosyl-(2*S*,3*R*)-*N*-(2'-hydroxy-hexacosanoyl)-octadeca-11*E*-sphingenine	$C_{50}H_{97}NO_9$	D	[70]
9-4-119	(2*R*,17*Z*)-*N*-{(1*S*,2*S*,3*R*,7*Z*)-1-*O*-[*β*-D-glucopyranosyl-oxy]methyl]-2,3-dihydroxyheptadec-7-en-1-yl}-2-hydroxyhexacos-17-enamide	$C_{40}H_{75}NO_{10}$	P	[63]
9-4-120	(2*R*)-2-hydroxy-*N*-[(2*S*,3*S*,4*R*,8*E*)-1,3,4-trihydroxy-pentadec-8-en-2-yl]heptacosanamide	$C_{42}H_{83}NO_5$	P	[74]
9-4-121	1,3-dihydroxy-2-hexanoylamno-(4*E*)-heptadecene	$C_{23}H_{43}NO_3$	P	[4]
9-4-122	(2*S*,3*R*,4*E*)-2-(14'-methyl-pentadecanoylamino)-4-octadecene-1,3-diol	$C_{34}H_{67}NO_3$	C	[11]
9-4-123	(2*S*,3*R*-Δ^4(*E*)-Δ^8(*E*)-十八碳鞘胺醇一正十六碳酰胺	$C_{32}H_{61}NO_3$	C	[8]
9-3-124	(2*S*,3*S*,4*R*,5*R*,7*E*,11*E*)-2-{[(2*R*)-2-hydroxytetracosanoyl]amino}heptadeca-7,11-diene-1,3,4,5-tetrol	$C_{41}H_{79}NO_6$	P	[62]
9-4-125	asteriaceramide A	$C_{38}H_{75}NO_5$	P	[9]
9-4-126	(2*R*,19*Z*)-*N*-{(1*S*,2*S*,3*R*,7*Z*)-1-[(*β*-D-galactopyrano-syloxy)methyl]-2,3-dihydroxyheptadec-7-en-1-yl}-2-hydroxyoctacos-19-enamide	$C_{42}H_{79}NO_{10}$	P	[63]
9-4-127	spathoside 1	$C_{38}H_{71}NO_9$	D	[75]
9-4-128	asperiamide B	$C_{42}H_{75}NO_9$	M	[28]
9-4-129	(4*E*,8*E*)-*N*-13'-methyl-tetradecanoyl-1-*O*-*β*-D-glucopyranosyl-4-sphingadiene	$C_{49}H_{83}NO_{13}$	C	[50]
9-4-130		$C_{35}H_{66}O_5$	M	[28]
9-4-131		$C_{50}H_{90}O_5$	M	[28]
9-4-132	candidamide B	$C_{46}H_{91}NO_7$	P	[44]
9-4-133	LMG-1	$C_{64}H_{120}N_2O_{23}$	P	[76]
9-4-134	1,2-diacyl-sn-glycero-3-phospho(*N*-acetylethanolamine)			[77]
9-4-135	1,2-diacyl-sn-glycero-3-phospho(*N*-ethoxycarbonyl-ethanolamine)			[77]

续表

编号	名称	分子式	测试溶剂	参考文献
9-4-136	plakoside A	$C_{57}H_{105}NO_9$	M	[78]
9-4-137	plakoside B	$C_{59}H_{107}NO_9$	M	[78]
9-4-138	helicia cerebroside B	$C_{50}H_{97}NO_{10}$	P	[38]
9-4-139	*N*-*α*-hydroxyl-*cis*-octadecaenoyl-1-*O*-*β*-glucopyranosy-lsphingosine	$C_{55}H_{93}NO_{15}$	C	[79]
9-4-140	phalluside 4	$C_{42}H_{77}NO_9$	M	[29]
9-4-141	poke-weed cerebroside		P	[80]
9-4-142			C+M(1:1)	[81]
9-4-143	BAC-4		P	[60]
9-4-144	1-*O*-[(*N*-glycolyl-*α*-*D*-neuraminosyl)-(2→6)-*β*-D-glucopyranosyl]-ceramide		P+W	[82]
9-4-145	1-*O*-[(*N*-glycolyl-*α*-*D*-neuraminosyl)-(2→4)-(*N*-acetyl-*α*-D-neuraminosyl)- (2→6)-*β*-D-glucopyranosyl]-ceramide		P+W	[82]
9-4-146	1-*O*-[*α*-L-fucopyranosyl-(1→11)-(*N*-glycolyl-*α*-D-neuraminosyl)- (2→4)-(*N*-acetyl-*α*-D-neuraminosyl)-(2→6)- *β*-D-glucopyranosyl]-ceramide		P+W	[82]

9-4-1 R= ; R'=OH
9-4-2 R= ; R'=H
9-4-3 R= ; R'=H
9-4-4 R= ; R'=OH
9-4-5 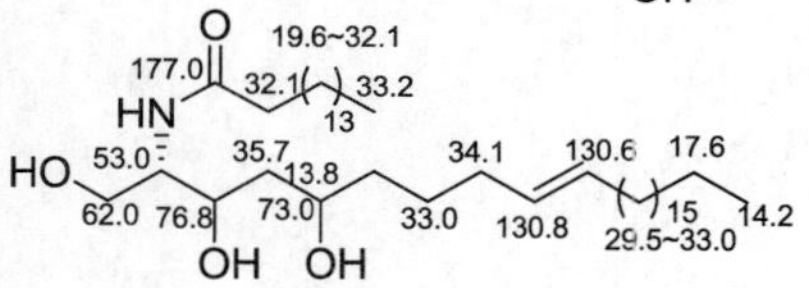
9-4-6 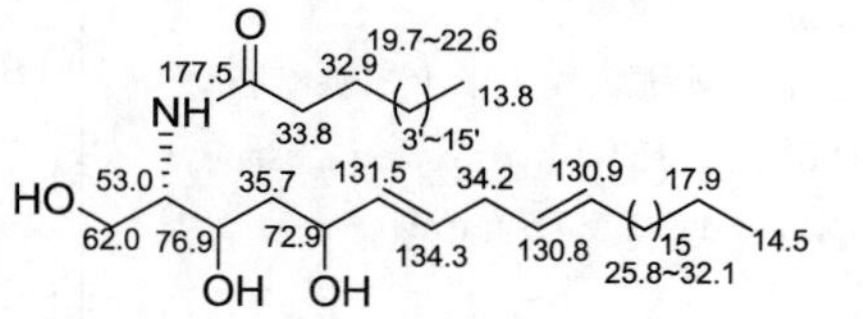

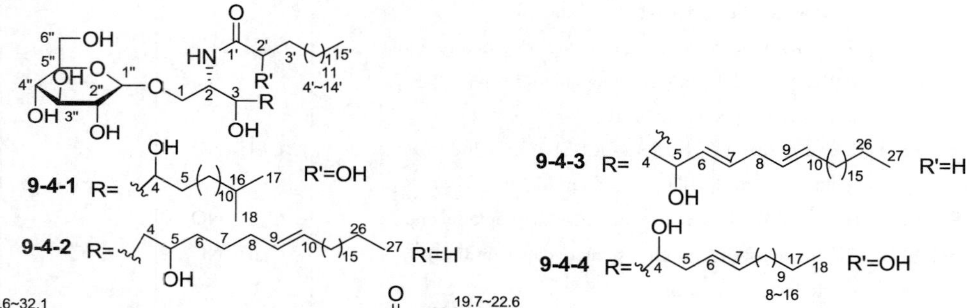

表 9-4-2 化合物 9-4-1~9-4-4 的 ^{13}C NMR 数据

C	9-4-1[1]	9-4-2[2]	9-4-3[3]	9-4-4[4]	C	9-4-1[1]	9-4-2[2]	9-4-3[3]	9-4-4[4]
1	68.5	70.5	70.4	70.2	11~16	25.4~34.5	29.5~33.3	28.3~32.1	25.8~31.5
2	50.5	51.7	51.7	52.5	17	30.5	22.9	28.3~32.1	25.8~31.5
3	74.4	75.9	75.9	76.8	18	21.5	14.3	28.3~32.1	25.8~31.5
4	71.9	72.4	35.6	35.9	19			28.3~32.1	25.8~31.5
5	25.4~34.5	33.8	72.4	73.1	20~25			28.3~32.1	25.8~31.5
6	25.4~34.5	130.8	33.0	132.3	26			19.4	18.5
7	25.4~34.5	130.7	32.9	135.1	27			14.3	14.8
8	25.4~34.5	29.5~33.3	33.8	35.1	1'	174.8	175.9	175.8	176.8
9	25.4~34.5	29.5~33.3	130.9	130.5	2'	71.9	72.4	30.1	34.1
10	25.4~34.5	29.5~33.3	130.7	130.7	3'	32.0	22.9~35.6	21.0~30.0	33.4

续表

C	9-4-1[1]	9-4-2[2]	9-4-3[3]	9-4-4[4]	C	9-4-1[1]	9-4-2[2]	9-4-3[3]	9-4-4[4]
4'~14'	29~32	22.9~35.6	21.0~30.0	20.1~29.9	3"	77.0	78.6	78.1	77.9
15'	13.0	14.3	13.9	14.0	4"	70.5	71.4	71.5	71.8
1"	103.5	105.6	105.5	105.7	5"	77.0	78.4	78.5	78.1
2"	73.8	75.2	75.1	75.2	6"	61.5	62.6	62.6	62.6

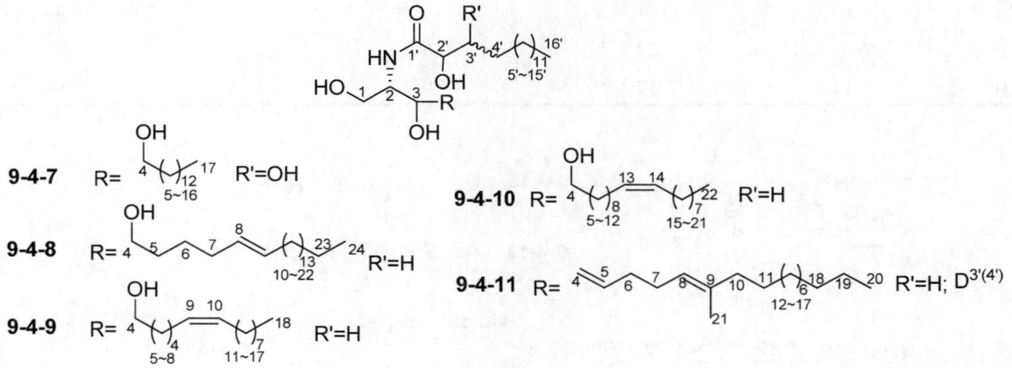

9-4-7 R= (4-OH, 5~16, 17) R'=OH

9-4-8 R= (4-OH, 8-ene, 10~22, 23, 24) R'=H

9-4-9 R= (4-OH, 5~8, 9,10-ene, 11~17, 18) R'=H

9-4-10 R= (4-OH, 5~12, 13,14-ene, 15~21, 22) R'=H

9-4-11 R= (4,5-ene, 8,9-ene, 12~17, 18, 19, 20, 21) R'=H; D3'(4')

表 9-4-3 化合物 9-4-7~9-4-11 的 ^{13}C NMR 数据[6~10]

C	9-4-7[6]	9-4-8[7]	9-4-9[8]	9-4-10[9]	9-4-11[10]
1	62.3	62.0	62.0	62.2	62.1
2	53.5	53.0	54.6	53.1	54.5
3	77.2	76.8	73.8	76.9	74.3
4	73.4	72.9	133.3	73.1	128.7
5	22.6~32.6	33.8	131.2		134.0
6	22.6~32.6	26.7	32.5		32.5
7	22.6~32.6	130.7	32.3		27.5
8	22.6~32.6	130.8	129.0		123.0
9	22.6~32.6	28.6~33.3	129.0		136.4
10	22.6~32.6	28.6~33.3	32.1		39.7
11	22.6~32.6	28.6~33.3			28.0
12	22.6~32.6	28.6~33.3			
13	22.6~32.6	28.6~33.3		130.0	
14	22.6~32.6	28.6~33.3		130.0	
15	22.6~32.6	28.6~33.3			
16	22.6~32.6	28.6~33.3	31.8		
17	14.7	28.6~33.3	22.6		
18		28.6~33.3	14.0		31.9
19		28.6~33.3			22.7
20		28.6~33.3			14.1
21		28.6~33.3			16.0
22		28.6~33.3		14.4	
23		22.9			

续表

C	9-4-7[6]	9-4-8[7]	9-4-9[8]	9-4-10[9]	9-4-11[10]
24		14.3			
1'	174.3	175.2	174.4	175.0	173.0
2'	76.7	72.4	36.7	72.6	73.2
3'	74.1	22.9~35.7	25.7~31.8		127.1
4'	26.6~32.1	22.9~35.7	25.7~31.8		136.3
5'~14'	26.6~32.1	22.9~35.7	25.7~31.8		28.9~32.3
15'	26.6~32.1	22.1	22.6		22.7
16'	14.7	14.3	14.0	14.4	14.1

9-4-12 R' = H
9-4-13 R' = OH
9-4-14 R' = OH
9-4-15 R' = OH
9-4-16 R' = H
9-4-17 R' = OH
9-4-18 R' = OH
9-4-19 R' = OH
9-4-20 R' = H
9-4-21 R' = OH
9-4-22 R' = H

表 9-4-4　化合物 9-4-12~9-4-22 的 ^{13}C NMR 数据[11~19]

C	9-4-12[11]	9-4-13[12]	9-4-14[13]	9-4-15[14]	9-4-16[11]	9-4-17[15]	9-4-18[16]	9-4-19[15]
1	70.9	70.3	69.0	69.8	69.7	69.8	70.6	69.0
2	55.1	54.6	52.7	54.7	54.0	54.7	55.2	53.9
3	71.7	72.6	69.5	72.9	72.8	72.9	73.1	72.4
4	35.0	35.7	33.4	129.5	128.9	129.5	132.7	129.8
5				136.2	134.9	136.2	131.1	134.2
6					32.6	33.2	32.6	33.1
7							27.9	32.5
8		130.7					130.7	131.6
9		130.7	130.0				130.0	130.0
10			129.8					
11								
12								
13								
14								
15								
16								

续表

C	9-4-12[11]	9-4-13[12]	9-4-14[13]	9-4-15[14]	9-4-16[11]	9-4-17[15]	9-4-18[16]	9-4-19[15]
17	22.9	22.9		23.8				23.2
18	14.3	14.3	13.8	14.3			14.8	14.3
19					22.8	23.8		
20					14.2	14.3		
1'	173.3	175.6	173.6	177.3	173.5	177.3	176.2	177.2
2'	36.9	71.8	70.9	73.2	37.0	73.2	73.0	72.6
3'~14'	26.4~32.1	29.5~34.8	24.6~34.4	29.8~35.9	26.0~32.1	23.8~35.9	30.0~36.2	23.2~35.2
15'	22.9	22.9	22.1	23.8	22.8	23.8		23.2
16'	14.3	14.3	13.8	14.3	14.2	14.3	14.8	14.3
1''	106.1	105.6	103.4	104.8	103.8	104.8	106.1	103.8
2''	75.3	75.1	73.4	75.2	73.7	75.2	75.6	74.2
3''	78.6	78.5	76.8	78.1	76.8	78.1	79.1	77.1
4''	71.3	71.5	69.5	71.7	70.8	71.7	72.1	70.8
5''	78.6	78.5	76.5	78.1	76.3	78.1	79.0	77.1
6''	62.8	62.9	61.1	62.8	62.0	62.8	63.2	62.1

C	9-4-20[17]	9-4-21[18]	9-4-22[19]
1	72.1	69.2	68.9
2		53.7	53.8
3		71.8	72.5
4	133.9	131.1	129.1
5	134.3	129.8	134.1
6	35.0		33.0
7	30.2		27.8
8	137.8		130.0
9	124.2		131.1
10	42.0		
11		131.1	
12		132.3	
13			
14			
15			
16			
17	16.3	23.0	
18	18.1	14.6	
19			
20			
1'	177.6	175.2	176.4
2'	74.5	72.1	36.0
3'~14'	30.2~34.1	25.5~35.2	25.1~30.3
15'		23.0	
16'	16.3	14.6	14.3
1''	107.6	104.2	103.7
2''	77.1	74.0	74.1
3''	80.4	77.2	77.8
4''	73.5	70.7	70.7
5''	80.5	77.3	77.9
6''	64.7	62.0	62.0

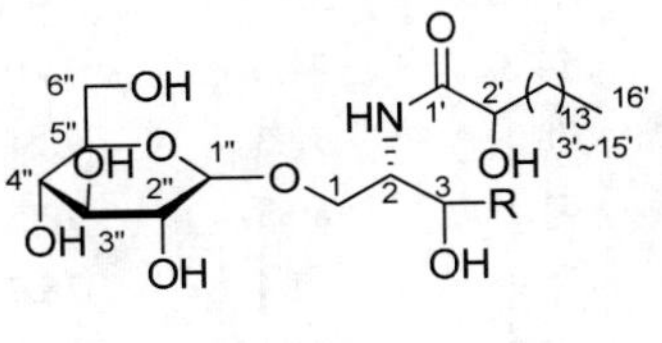

9-4-23 R= 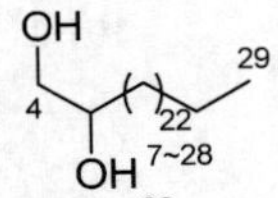
9-4-24 R= 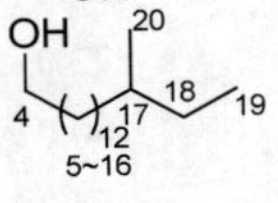
9-4-25 R= 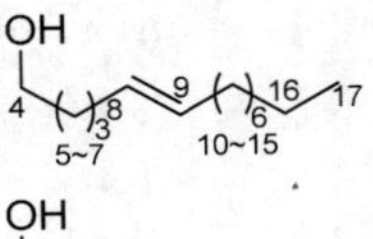
9-4-26 R= 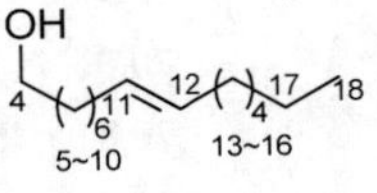
9-4-27 R= 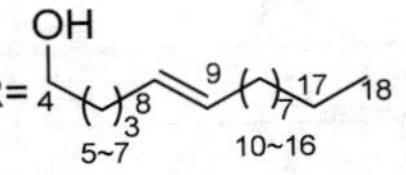
9-4-28 R= 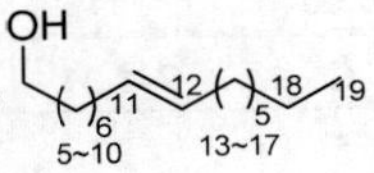
9-4-29 R= 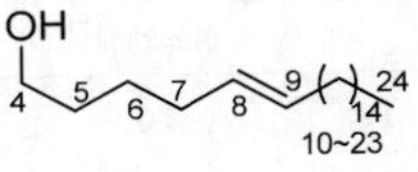
9-4-30 R= 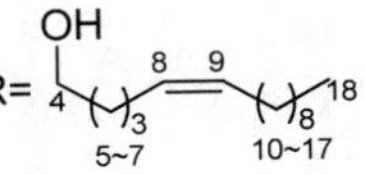
9-4-31 R= 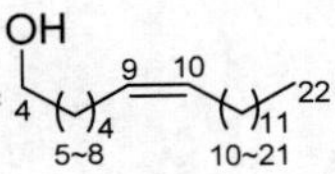
9-4-32 R=

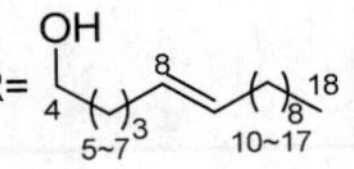

表 9-4-5 化合物 9-4-23~9-4-32 的 ^{13}C NMR 数据

C	**9-4-23**[20]	**9-4-24**[21]	**9-4-25**[12]	**9-4-26**[22]	**9-4-27**[12]	**9-4-28**[24]	**9-4-29**[7]	**9-4-30**[25]
1	69.5	70.4	70.1	73.0	66.6	70.1	71.2	69.9
2	49.8	51.8	54.8	53.3	48.2	51.4	50.6	51.5
3	76.8	75.9	73.0	76.7	74.0	75.5	74.7	76.8
4	69.9	72.6	72.0	74.0	72.7	72.1	71.2	71.1
5	73.4		26.7~35.9	24.6~34.6	31.7~32.5		24.7~32.7	
6	31.9		26.7~35.9	24.6~34.6	31.7~32.5		24.7~32.7	
7			26.7~35.9	24.6~34.6	31.7~32.5		24.7~32.7	
8			132.8	24.6~34.6	131.1		129.7	130.2
9			131.4	24.6~34.6	129.2		129.5	129.9
10				24.6~34.6	22.6~32.2		28.4~32.8	29.2~32.7
11				132.4	22.6~32.2	130.5	28.4~32.8	29.2~32.7
12				132.2	22.6~32.2	130.3	28.4~32.8	29.2~32.7
13~15				31.2~34.9	22.6~32.2	32.6	28.4~32.8	29.2~32.7
16			23.2	31.2~34.9	22.6~32.2		28.4~32.8	29.2~32.7
17			14.5	31.2~34.9	22.6~32.2		28.4~32.8	29.2~32.7
18		14.2		15.9	14.0		28.4~32.8	14.5
19		11.5				14.3	28.4~32.8	
20		19.3					28.4~32.8	
21							28.4~32.8	
22							28.4~32.8	
23							21.8	
24	13.9						13.1	
25	—							
26~28								
29	13.9							
1'	173.6	175.7	176.3	177.3	175.6	175.3	174.5	174.3
2'	70.9	72.5	72.7	74.0	72.4	72.1	70.3	71.5
3'~14'			23.2~33.1	31.1~37.2			24.7~34.4	29.2~34.9
			23.2~33.1	31.1~37.2			24.7~34.4	29.2~34.9
15'			23.2				21.8	22.7
16'			14.5		14.3	13.9	13.1	14.5
1"	103.4	105.5	105.3	107.2	105.6	105.2	104.4	104.1
2"	73.4	75.1	75.2	76.7	75.1	74.8	74.0	74.0
3"	76.4	78.4	78.5	80.2	78.4	78.1	77.3	78.1
4"	70.0	71.6	71.8	72.0	71.4	71.1	69.3	70.5
5"	76.8	78.4	78.5	80.0	78.6	78.2	77.4	76.9
6"	61.0	62.9	63.0	64.2	62.6	62.3	61.4	62.0

C	**9-4-31**[21]	**9-4-32**[13]	C	**9-4-31**[21]	**9-4-32**[13]	C	**9-4-31**[21]	**9-4-32**[13]
1	70.4	68.8	5	27.5	25.4~32.2	9	130.1	129.8
2	51.7	49.8	6		25.4~32.2	10	130.3	22.0~31.9
3	75.8	70.5	7		25.4~32.2	11	27.8	22.0~31.9
4	72.5	74.1	8		130.2	12		22.0~31.9

续表

C	9-4-31[21]	9-4-32[13]	C	9-4-31[21]	9-4-32[13]	C	9-4-31[21]	9-4-32[13]
13~15		22.0~31.9	24			16'	14.2	13.9
16		22.0~31.9	25			1"	105.4	103.4
17		22.0~31.9	26~28	—		2"	75.1	73.4
18		13.9	29			3"	78.4	76.8
19			1'	175.7	173.7	4"	71.5	69.9
20			2'	72.5	70.9	5"	78.4	76.5
21			3'~14'		24.4~34.5	6"	62.7	61.0
22	14.2				24.4~34.5			
23			15'		22.0			

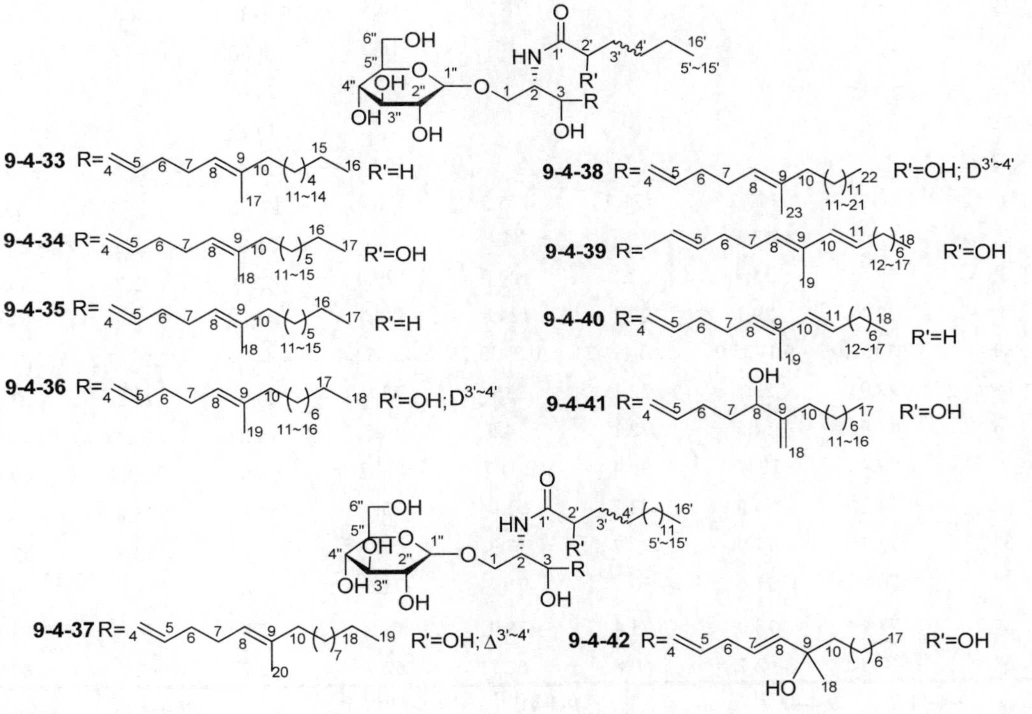

9-4-33 R=…; R'=H
9-4-34 R=…; R'=OH
9-4-35 R=…; R'=H
9-4-36 R=…; R'=OH; D3'~4'
9-4-37 R=…; R'=OH; Δ3'~4'
9-4-38 R=…; R'=OH; D3'~4'
9-4-39 R=…; R'=OH
9-4-40 R=…; R'=H
9-4-41 R=…; R'=OH
9-4-42 R=…; R'=OH

表 9-4-6 化合物 9-4-33~9-4-42 的 ^{13}C NMR 数据

C	9-4-33[26]	9-4-34[27]	9-4-35[26]	9-4-36[27]	9-4-37[10]	9-4-38[28]	9-4-39[29]	9-4-40[30]
1	66.7	69.7	66.7	69.7	69.7	69.7	70.1	66.7
2	53.3	54.6	53.3	54.6	54.6	54.7	54.6	53.3
3	70.5	72.9	70.5	72.9	72.9	72.9	72.3	70.5
4	132.5	131.1	131.2	131.0	131.0	130.9	132.2	131.4
5	130.2	134.7	130.8	134.6	134.5	134.4	132.0	130.6
6	35.6	33.1	36.0	33.0	33.8	34.0	32.8	32.0
7	32.0	29.1	32.1	29.1	28.6	28.9	28.3	35.6
8	127.2	124.8	123.4	124.9	124.9	124.8	130.1	129.4
9	134.5	136.8	134.8	136.8	136.7	136.6	134.3	133.1

续表

C	9-4-33[26]	9-4-34[27]	9-4-35[26]	9-4-36[27]	9-4-37[10]	9-4-38[28]	9-4-39[29]	9-4-40[30]
10		40.8	39.5	40.8	40.8	41.0	135.4	134.5
11	22.1~32.0	30.4~33.8	22.0~31.2	30.2~33.8	29.0~33.1	29.3~30.9	128.0	127.2
12	22.1~32.0	30.4~33.8	22.0~31.2	30.2~33.8	29.0~33.1	29.3~30.9	33.2	22.1~32.3
13	22.1~32.0	30.4~33.8	22.0~31.2	30.2~33.8	29.0~33.1	29.3~30.9		22.1~32.3
14	22.1~32.0	30.4~33.8	22.0~31.2	30.2~33.8	29.0~33.1	29.3~30.9		22.1~32.3
15	22.1~32.0	30.4~33.8	22.0~31.2	30.2~33.8	29.0~33.1	29.3~30.9		22.1~32.3
16	13.9	23.8	22.0~31.2	30.2~33.8	29.0~33.1	29.3~30.9		22.1~32.3
17	15.6	14.5	13.9	23.7	29.0~33.1	29.3~30.9		22.1~32.3
18		16.2	15.7	14.3	23.8	29.3~30.9	14.3	13.9
19				16.2	14.5	29.3~30.9	12.8	12.9
20					16.2	29.3~30.9		
21						24.0		
22						14.8		
23						16.4		
1'	171.7	177.2	171.7	175.5	175.4	175.2	175.7	171.7
2'		73.1		74.1	74.1	75.0	72.5	29.0
3'	32.0	35.9	32.1	129.0	129.0	128.9	35.7	34.6
4'	22.1	29.1	22.1	134.8	134.7	134.6	32.2	23.9
5'~14'	22.1~32.0	9.1~35.9	22.1~31.2	30.2~33.1	30.2~33.4	29.4~33.3	22.9~32.2	22.1~32.0
15'	22.9	23.7	22.1	23.7	23.8	24.0	22.2	23.6
16'	13.9	14.5	22.1	14.5	14.5	14.8	14.3	13.9
1"	99.4	104.7	99.4	104.7	104.7	104.6	105.7	99.4
2"	72.2	75.0	72.1	75.0	75.0	74.1	75.2	72.2
3"	72.7	77.9	72.7	77.9	77.9	77.9	78.5	72.7
4"	70.1	71.6	70.1	71.7	71.6	71.6	71.6	70.1
5"	73.4	78.0	73.4	78.0	78.0	77.8	78.6	73.4
6"	60.8	62.7	60.8	62.7	62.7	62.7	62.7	60.8

C	9-4-41[31]	9-4-42[31]	C	9-4-41[31]	9-4-42[31]	C	9-4-41[31]	9-4-42[31]
1	70.7	69.9	13			2'	72.4	72.4
2	54.5	54.5	14			3'	35.5	35.5
3	72.3	72.2	15			4'	25.9	25.8
4	131.7	132.4	16			5'~14'		
5	132.7	131.0	17		28.5	15'		
6	29.5	35.5	18	14.2	14.2	16'	14.2	14.2
7	36.0	124.9	19			1"	105.5	105.5
8	74.2	140.2	20			2"	75.0	75.0
9	153.8	71.8	21			3"	78.3	78.4
10	31.7	43.7	22			4"	71.4	71.5
11	28.4	24.5	23			5"	78.5	78.5
12			1'	175.6	175.6	6"	62.5	62.6

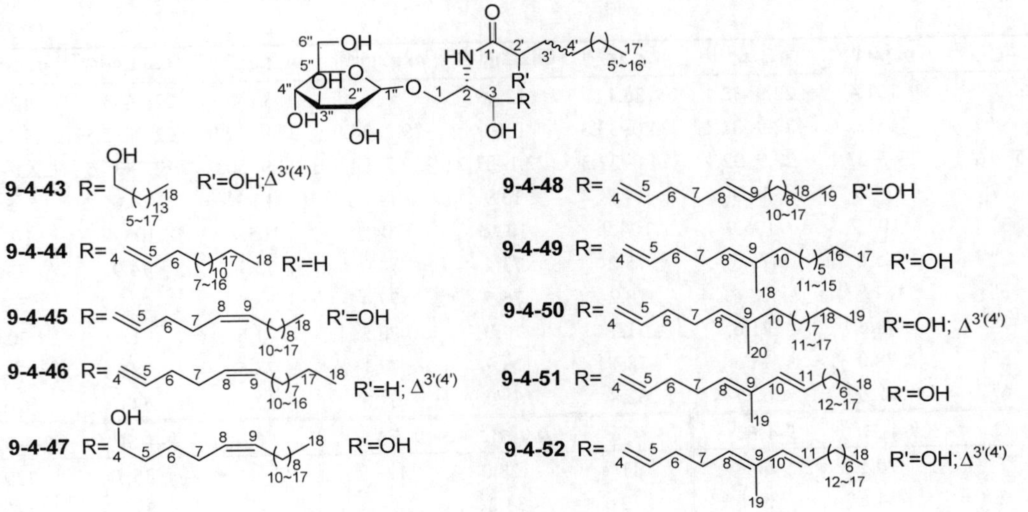

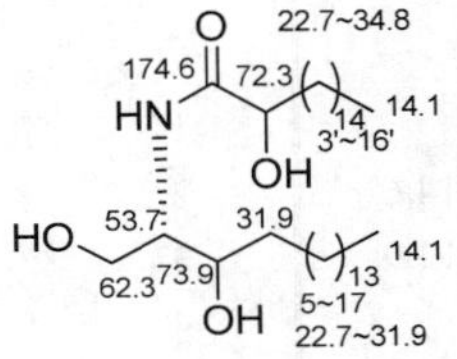

9-4-53[40]

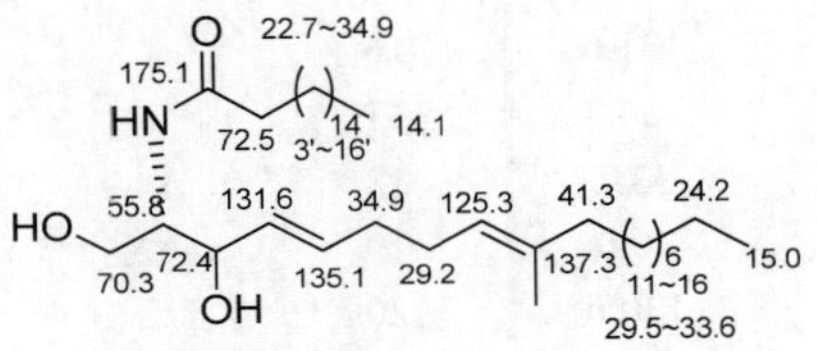

9-4-54[41]

表 9-4-7 化合物 9-4-43~9-4-52 的 ^{13}C NMR 数据

C	9-4-43[32]	9-4-44[11]	9-4-45[33]	9-4-46[34]	9-4-47[36]	9-4-48[36]	9-4-49[37]	9-4-50[38]
1	70.0	70.6	69.9	68.6	69.9	70.1	69.9	68.6
2	51.6	55.1	54.8	52.9	51.5	54.7	54.5	54.6
3	75.5	72.7	73.0	70.5	76.8	72.3	72.3	72.9
4	72.8	132.2	130.1	131.0	71.1	132.1	132.2	131.0
5		132.6	134.6	130.7	27.2~22.1	132.0	131.7	134.5
6		32.7	33.9	32.0		32.8	32.9	32.1
7			28.1	28.6		32.1	28.2	27.4
8			131.6	129.5	130.2	130.0	124.0	123.5
9			131.6	130.2	129.9	131.1	135.6	134.9
10				28.7~31.9	29.2~24.9	29.5~32.9	39.8	39.5
11					29.2~24.9	29.5~32.9	22.7~31.9	27.3~37.1
12					29.2~24.9	29.5~32.9	22.7~31.9	27.3~37.1
13~15					29.2~24.9	29.5~32.9	22.7~31.9	27.3~37.1
16					29.2~24.9	29.5~32.9	22.7~31.9	27.3~37.1
17		22.9		22.1	29.2~24.9	29.5~32.9	14.0	27.3~37.1
18	14.5	14.3	14.7	13.9	27.2	22.9	15.9	22.1
19						14.3		13.9
20								15.7
1'	177.1	173.4	177.4	172.0	174.3	175.6	175.5	
2'	35.7	36.9	73.2	71.9	71.5	72.5	72.4	71.9

续表

C	9-4-43[32]	9-4-44[11]	9-4-45[33]	9-4-46[34]	9-4-47[36]	9-4-48[36]	9-4-49[37]	9-4-50[38]
3'	131.4	22.9~32.1	36.1	129.0		35.7	22.7~35.5	129.1
4'	131.5	22.9~32.1	24.0~33.3	130.9	29.2~34.9	22.9~30.0	22.7~35.5	130.9
5'~16'	23.7~33.1	22.9~32.1	24.0~33.3	22.1~31.7	29.2~34.9	22.9~30.0	22.7~35.5	22.1~31.7
17'	14.5	14.3	14.7	13.9	14.5	14.3	14.0	13.9
1"	104.7	105.9	104.9	103.5	104.1	105.7	105.4	103.5
2"	75.0	75.3	75.2	73.4	74.0	75.1	74.9	73.4
3"	77.8	78.6	78.2	76.5	77.4	78.5	78.3	76.9
4"	71.5	71.6	71.7	70.0	70.5	71.6	71.5	70.0
5"	78.0	78.6	78.1	76.9	77.1	78.6	78.3	76.5
6"	62.6	62.7	62.8	61.0	62.0	62.7	62.6	61.1

C	9-4-51[29]	9-4-52[39]	C	9-4-51[29]	9-4-52[39]	C	9-4-51[29]	9-4-52[39]
1	70.1	68.8	11	128.0	128.7	3'	35.7	129.1
2	54.6	54.6	12	33.2	23.9~34.1	4'	32.1	135.0
3	72.3	72.9	13~15			5'~16'	22.9~32.1	22.9~33.6
4	132.2	131.6	16			17'	14.3	14.6
5	132.0	134.3	17			1"	105.7	103.6
6	32.8	33.7	18	14.3	14.6	2"	75.2	79.1
7	28.3	29.0	19	12.8	12.9	3"	78.5	76.3
8	130.1	130.6	20			4"	71.6	74.4
9	134.3	135.3	1'	175.7	175.4	5"	78.6	83.6
10	135.4	136.3	2'	72.5	74.3	6"	62.7	64.3

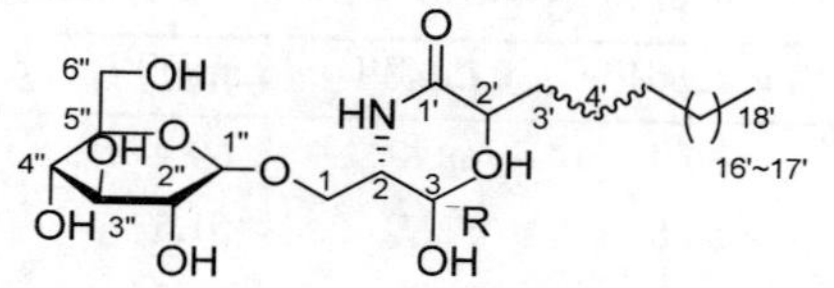

9-4-55 R= … $\Delta^{4'\sim5'}$

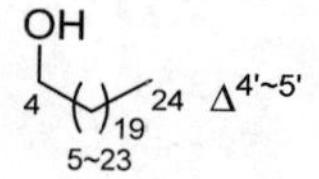

9-4-56 R= … $\Delta^{3'(4')}$

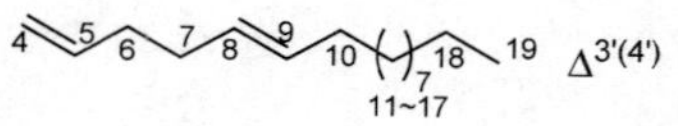

9-4-57 R=

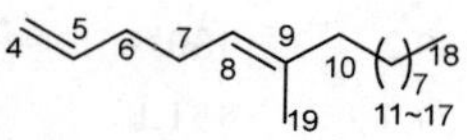

9-4-58 R= … $\Delta^{3'(4')}$

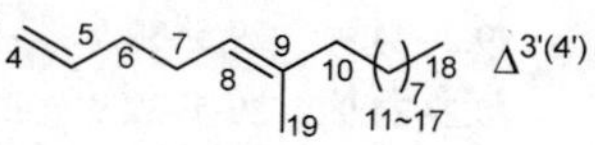

9-4-59 R= … $\Delta^{3'(4')}$

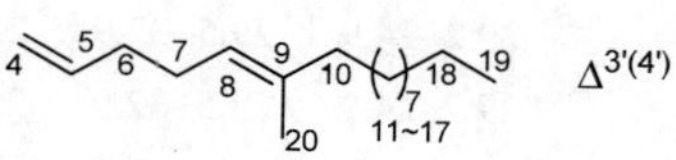

9-4-60 R=

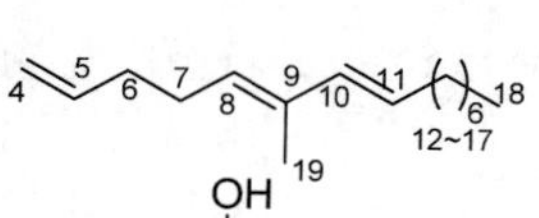

9-4-61 R=

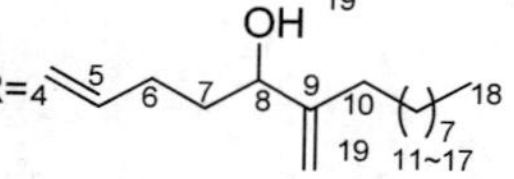

9-4-62 R=

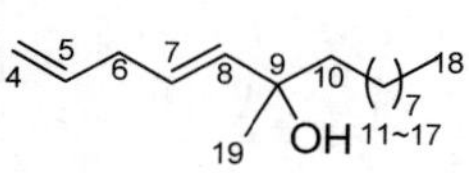

9-4-63 R= … $\Delta^{3'(4')}$

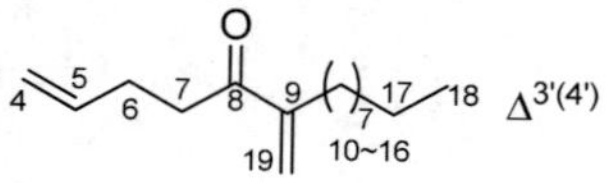

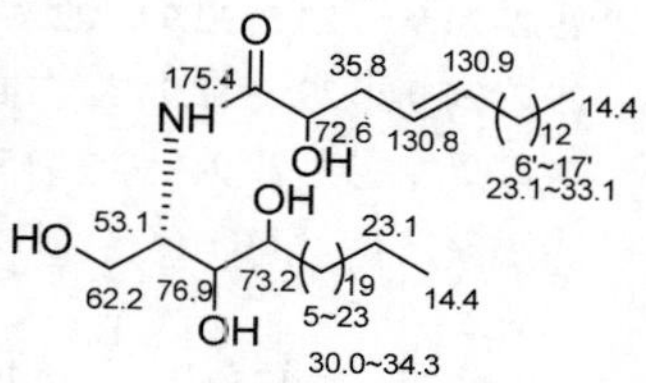

9-4-64[42]

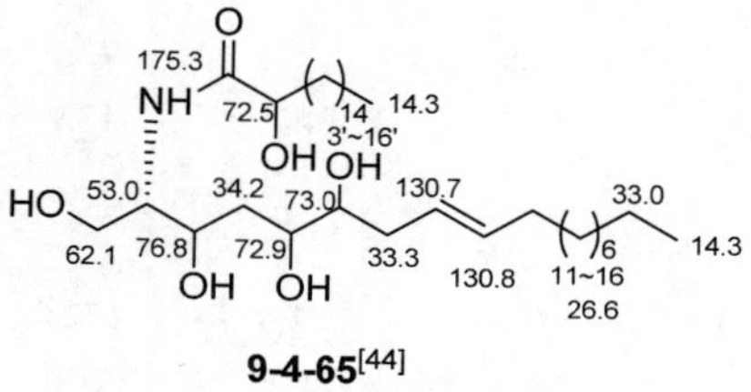

9-4-65[44]

表 9-4-8 化合物 9-4-55~9-4-63 的 ^{13}C NMR 数据

C	9-4-55[42]	9-4-56[43]	9-4-57[43]	9-4-58[34]	9-4-59[43]	9-4-60[29]	9-4-61[31]	9-4-62[31]	9-4-63[34]
1	70.9	68.8	69.0	68.6	68.8	70.2	70.7	69.9	68.5
2	52.1	53.2	53.1	52.9	53.2	54.6	54.5	54.5	52.9
3	76.3	70.8	70.8	70.5	70.8	72.3	72.3	72.2	70.5
4	71.9	131.2	131.3	130.9	131.2	132.2	131.7	132.4	131.3
5	23.4~34.3	131.4	131.5	130.9	131.4	132.0	132.7	131.0	130.0
6	23.4~34.3	32.4	32.4	32.1	32.5	32.8	29.5	35.5	26.6
7	23.4~34.3	27.6	27.6	27.4	27.6	28.3	36.0	124.9	36.7
8	23.4~34.3	123.8	123.8	123.5	123.8	130.1	74.3	140.2	200.7
9	23.4~34.3	135.3	135.3	134.9	135.3	134.3	153.9	71.8	147.9
10	23.4~34.3	39.1	39.2	39.1	39.1	135.4	31.7	43.7	
11	23.4~34.3	27.6~29.4	22.4~29.3	27.3~29.1	27.6~29.4	128.0	28.4		
12	23.4~34.3	27.6~29.4	22.4~29.3	27.3~29.1	27.6~29.4	33.2			
13~15	23.4~34.3	27.6~29.4	22.4~29.3	27.3~29.1	27.6~29.4				
16	23.4~34.3	27.6~29.4	22.4~29.3	27.3~29.1	27.6~29.4				
17	23.4~34.3	27.6~29.4	22.4~29.3	22.1	27.6~29.4				
18	23.4~34.3	22.4	14.2	13.9	22.4	14.3	14.2	14.2	22.1
19	23.4~34.3	14.2	16.1	15.7	14.2	12.7	108.6	28.5	13.9
20	23.4~34.3				16.0				
21~22	22.3								
23	23.4~34.3								
24	14.7								
1'	176.1	172.4	174.1	172.0	172.4	175.7	175.6	175.6	172.0
2'	72.9	72.2	71.3	71.9	72.2	72.5	72.4	72.4	71.9
3'	35.9	129.3	22.4~34.7	129.0	129.3	35.7	35.5	35.5	129.0
4'	130.6	131.4	22.4~34.7	130.9	131.4	22.9~32.1	25.9	25.8	131.0
5'	130.8	22.4~31.9	22.4~34.7	22.1~31.6	29.4~31.9	22.9~32.1			22.1~31.7
6'~17'	23.4~33.4	22.4~31.9	22.4~34.7	22.1~31.6	29.4~31.9	22.9~32.1			22.1~31.7
18'	14.7	14.2	14.2	13.9	14.2	14.3	14.2	14.2	13.9
1"	106.0	104.4	103.8	103.5	103.8	105.7	105.5	105.5	103.5
2"	75.6	70.8	73.6	73.4	73.6	75.2	75.0	75.0	73.4
3"	78.8	73.5	76.7	76.5	76.7	78.5	78.3	78.4	76.6
4"	72.8	68.4	70.3	70.0	70.3	71.6	71.4	71.5	70.0
5"	78.9	75.6	77.2	76.9	77.2	78.6	78.5	78.5	76.9
6"	63.0	60.6	61.3	61.0	61.3	62.7	62.5	62.6	61.1

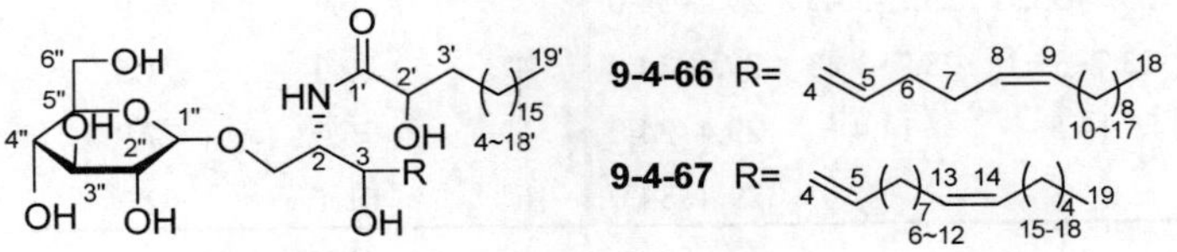

9-4-66 R=

9-4-67 R=

表 9-4-9 化合物 9-4-66 和 9-4-67 的 ^{13}C NMR 数据

C	9-4-66[33]	9-4-67[5]	C	9-4-66[33]	9-4-67[5]	C	9-4-66[33]	9-4-67[5]
1	69.6	70.2	13		131.8	4'	22.8	30.8
2	54.4	55.1	14		131.9	5'~18'	22.8~33.0	30.8~31.4
3	72.6	73.4	15		28.8~31.4	19'	14.3	15.0
4	129.8	131.1	16		28.8~31.4	1"	104.5	105.2
5	134.2	134.8	17		28.8~31.4	2"	74.8	75.5
6	33.5	28.4~33.6	18	14.3	28.8~31.4	3"	77.8	78.5
7	27.7		19		15.0	4"	71.3	72.0
8	131.2		1'	177.1	177.7	5"	77.7	78.4
9	131.2		2'	72.8	73.6	6"	62.4	63.2
10~12	22.8~33.0		3'	35.9	36.4			

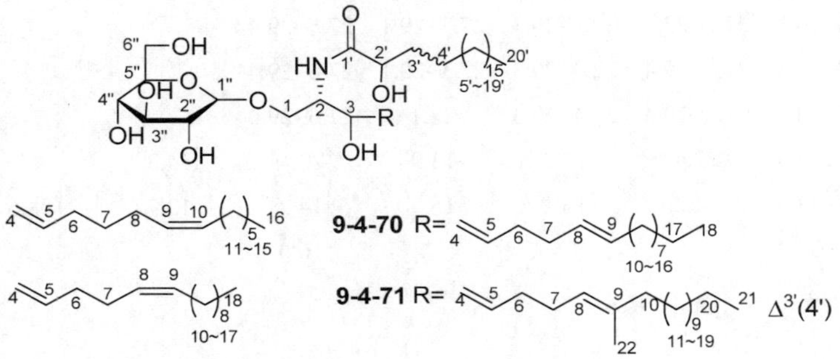

9-4-68 R=
9-4-69 R=
9-4-70 R=
9-4-71 R= $\Delta^{3'(4')}$

表 9-4-10 化合物 9-4-68~9-4-71 的 ^{13}C NMR 数据[45~47]

C	9-4-68[45]	9-4-69[46]	9-4-70[46]	9-4-71[47]	C	9-4-68[45]	9-4-69[46]	9-4-70[46]	9-4-71[47]
1	70.2	69.7	69.7	69.7	20				24.0
2	54.6	54.6	54.6	54.8	21				14.3
3	72.4	72.9	72.9	72.7	22				16.3
4	132.8	129.9	130.7	131.3	1'	175.7	177.1	177.2	175.8
5	131.8	134.3	134.4	134.8	2'	72.6	73.0	73.1	74.2
6		33.7	33.7	33.3	3'	35.7	35.8	23.7~35.9	129.4
7		28.0	33.7	29.4	4'		23.7~33.1	23.7~35.9	134.8
8		131.3	132.0	125.2	5'~19'		23.7~33.1	23.7~35.9	24.0~33.3
9	130.3	131.3	131.2	136.9	20'		14.5	14.4	14.3
10	130.3	23.7~33.1	23.7~33.3	40.5	1"	103.5	104.7	104.7	104.8
11~15		23.7~33.1	23.7~33.3	29.4~34.0	2"	73.4	75.0	75.0	75.0
16	14.5	23.7~33.1	23.7~33.3	29.4~34.0	3"	76.9	77.9	78.0	78.0
17		23.7~33.1	23.7~33.3	29.4~34.0	4"	70.0	71.5	71.6	71.8
18		14.5	14.4	29.4~34.0	5"	76.5	77.9	77.9	78.1
19				29.4~34.0	6"	61.1	62.7	62.7	62.3

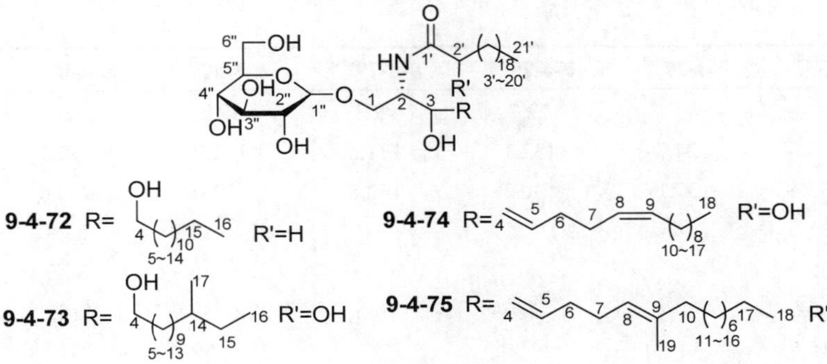

表 9-4-11 化合物 9-4-72~9-4-75 的 ^{13}C NMR 数据

C	9-4-72[21]	9-4-73[48]	9-4-74[33]	9-4-75[39]	C	9-4-72[21]	9-4-73[48]	9-4-74[33]	9-4-75[39]
1	70.4	70.4	70.3	69.9	18			14.4	14.6
2	51.8	51.7	54.7	54.7	19		19.3		16.3
3	75.9	75.8	72.4	73.0	1'	175.7	175.6	175.8	177.4
4	72.6	72.5	129.5	131.3	2'	72.5	72.4	72.6	73.2
5			132.3	134.8	3'~20'			23.9~35.8	23.9~36.0
6			33.0	34.0	21'	14.2	14.2	14.4	14.6
7			27.4	28.8	1"	105.5	105.6	105.9	104.9
8			130.8	125.0	2"	75.1	75.1	75.2	75.1
9			130.8	136.9	3"	78.4	78.4	78.8	78.1
10			23.9~32.3	40.9	4"	71.6	71.4	71.6	71.7
11~16			23.9~32.3	29.3~33.2	5"	78.5	78.5	78.6	78.1
17		11.5	23.9~32.3	23.9	6"	62.7	62.6	62.7	62.8

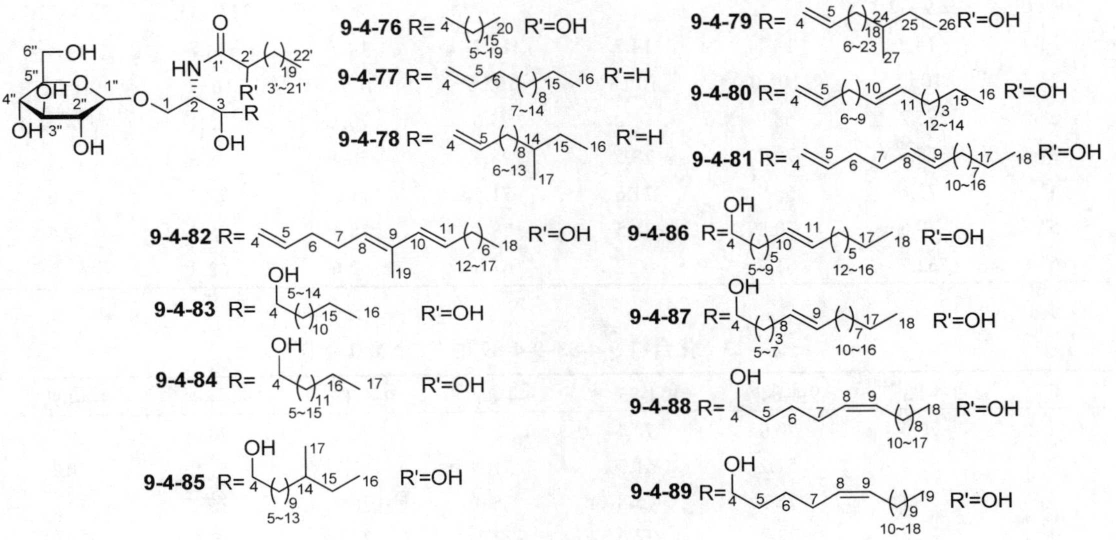

表 9-4-12 化合物 9-4-76~9-4-82 的 ^{13}C NMR 数据

C	9-4-76[49]	9-4-77[50]	9-4-78[48]	9-4-79[21]	9-4-80[51]	9-4-81[52]	9-4-82[53]
1	70.6		70.5	70.1	70.2	70.1	69.3
2	53.8		55.0	54.6	54.6	54.7	54.1

续表

C	9-4-76[49]	9-4-77[50]	9-4-78[48]	9-4-79[21]	9-4-80[51]	9-4-81[52]	9-4-82[53]
3	72.7		72.7	72.3	72.5	72.6	72.8
4	22.9~35.6	124.7	132.1	131.6	132.2	132.1	129.8
5	22.9~35.6	137.1	130.3	132.8	132.0	132.0	134.2
6	22.9~35.6				27.6~32.9	32.9	33.7
7	22.9~35.6				27.6~32.9	32.9	35.4
8	22.9~35.6				27.6~32.9	130.0	128.4
9	22.9~35.6				27.6~32.9	131.1	134.8
10	22.9~35.6				129.4	29.5~32.8	135.6
11	22.9~35.6				130.6	29.5~32.8	130.6
12~14	22.9~35.6				25.9~32.1	29.5~32.8	23.4~33.2
15	22.9~35.6				22.9	29.5~32.8	23.4~33.2
16	22.9~35.6	14.1	11.5		14.5	29.5~32.8	23.4~33.2
17	22.9~35.6		19.3			22.9	23.4~33.2
18	22.9~35.6					14.2	14.4
19	22.9~35.6						12.8
20	14.3						
21~24							
25				14.2			
26				11.5			
27				19.3			
1'	175.8	172.7	173.3	175.7	177.1	175.6	176.7
2'	75.9	36.8		72.5	73.1	72.4	72.5
3'~21'	22.9~32.2				35.6	22.9~35.7	23.4~32.7
22'	14.3	14.1	14.2	14.2	14.5	14.2	14.4
1"	105.5	101.0	105.8	105.6	105.7	105.6	104.1
2"	75.2	68.9	75.2	75.0	75.1	75.1	74.4
3"	78.5	70.7	78.5	78.4	78.4	78.5	77.4
4"	71.6	66.9	71.6	71.5	71.5	71.7	71.0
5"	78.5	70.8	78.5	78.5	78.4	78.5	77.4
6"	62.7	61.2	62.7	62.6	62.6	62.8	62.2

表 9-4-13　化合物 9-4-83~9-4-89 的 ^{13}C NMR 数据

C	9-4-83[54]	9-4-84[55]	9-4-85[21]	9-4-86[56]	9-4-87[57]	9-4-88[58]	9-4-89[24]
1	70.0	70.0	70.4	70.6	70.4	70.6	69.4
2	51.2	51.2	51.7	51.9	51.7	51.8	50.3
3	75.3	75.3	75.8	76.0	76.0	76.0	74.6
4	72.2	72.2	72.6	72.5	72.5	72.5	71.0
5	26.4~33.6	26.4~33.6		33.1~34.1	25.9~34.0	34.0	26.1
6	26.4~33.6	26.4~33.6		33.1~34.1	25.9~34.0	26.2	34.8
7	26.4~33.6	26.4~33.6		33.1~34.1	25.9~34.0		
8	26.4~33.6	26.4~33.6		33.1~34.1	130.9	130.6	129.8
9	26.4~33.6	26.4~33.6		33.1~34.1	130.7	129.6	130.3

续表

C	9-4-83[54]	9-4-84[55]	9-4-85[21]	9-4-86[56]	9-4-87[57]	9-4-88[58]	9-4-89[24]
10	26.4~33.6	26.4~33.6		130.8	29.7~32.2	23.2~32.4	27.4~31.7
11	26.4~33.6	26.4~33.6		131.0	29.7~32.2	23.2~32.4	27.4~31.7
12~14	26.4~33.6	26.4~33.6		32.2	29.7~32.2	23.2~32.4	27.4~31.7
15	22.8		14.2		29.7~32.2	23.2~32.4	27.4~31.7
16	14.2		11.5		29.7~32.2	23.2~32.4	27.4~31.7
17		14.1	19.3	23.0	23.0	23.2~32.4	27.4~31.7
18				14.4	14.4	14.6	27.4~31.7
19							14.4
1'	175.7	175.7	175.7	175.8	175.8	175.9	174.2
2'	72.1	72.1	72.4	72.5	72.5	72.5	71.4
3'~21'	25.6~35.2	25.6~35.2		23.0~35.7	23.0~35.6	23.1~35.8	22.1~32.4
22'	14.2	14.1		14.4	14.4	14.6	14.4
1"	105.6	105.6	105.4	105.7	105.5	105.0	103.9
2"	72.2	72.2	75.1	75.3	75.2	73.0	73.9
3"	74.8	74.8	78.4	78.6	78.6	73.0	76.9
4"	69.8	69.8	71.5	71.6	71.6	70.0	70.5
5"	76.7	76.7	78.4	78.7	78.5	70.0	77.3
6"	61.9	61.9	62.7	62.7	62.7	62.0	61.5

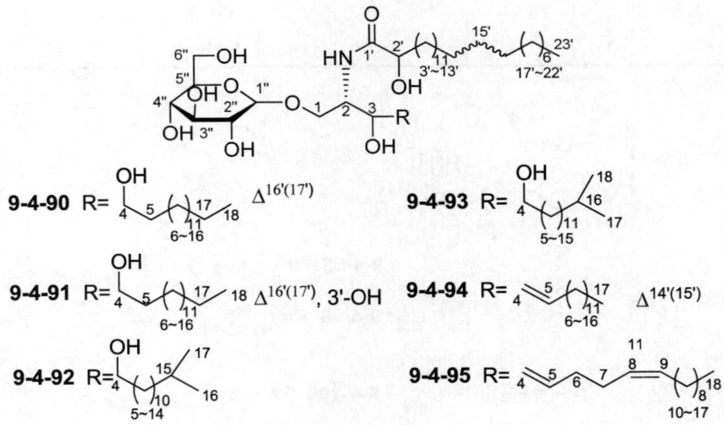

表 9-4-14 化合物 9-4-90~9-4-95 的 ^{13}C NMR 数据

C	9-4-90[59]	9-4-91[59]	9-4-92[55]	9-4-93[55]	9-4-94[60]	9-4-95[33]
1	70.6	70.3	70.0	70.0	70.1	70.4
2	51.9	51.8	51.2	51.2	54.5	54.8
3	72.0	75.2	75.3	75.3	72.3	72.5
4	72.5	72.6	72.2	72.2	131.7	132.4
5	34.1	34.3	26.3~33.5	26.3~33.5	132.7	132.3
6	26.5~~32.2	26.5~32.1	26.3~33.5	26.3~33.5		33.1
7	26.5~~32.2	26.5~32.1	26.3~33.5	26.3~33.5		27.5
8	26.5~~32.2	26.5~32.1	26.3~33.5	26.3~33.5		130.8
9	26.5~~32.2	26.5~32.1	26.3~33.5	26.3~33.5		129.6

续表

C	9-4-90[59]	9-4-91[59]	9-4-92[55]	9-4-93[55]	9-4-94[60]	9-4-95[33]
10~15	26.5~~32.2	26.5~32.1	26.3~33.5	26.3~33.5		23.2~32.3
16	26.5~~32.2	26.5~32.1	22.6	26.3~33.5		26.3~33.5
17	23.1	23.0	22.6	11.5	14.2	26.3~33.5
18	14.5	14.3		19.0		14.5
1'	175.8	174.3	175.7	172.1	175.6	175.9
2'	72.7	76.2	72.1		72.4	72.5
3'	26.7~35.7	73.6	35.2	25.6~35.2		32.3~35.9
4'~13'	26.7~35.7	26.6~32.7	25.6	25.6~35.2		
14'	26.7~35.7	26.6~32.7		25.6~35.2	130.2	
15'	26.7~35.7	26.6~32.7		25.6~35.2	130.2	
16'	130.4	130.3		25.6~35.2		
17'	130.4	130.3		25.6~35.2		
18'~22'	23.1~32.2	23.0~32.1		25.6~35.2		
23'	14.5	14.3	14.2	14.1	14.2	14.5
1"	105.7	105.5	105.5	105.5	106.1	105.9
2"	75.3	75.1	72.2	72.2	72.5	75.3
3"	78.6	78.5	74.7	74.7	75.2	78.8
4"	71.6	71.5	69.7	69.7	70.2	71.7
5"	78.6	78.4	76.7	76.7	77.0	78.6
6"	62.8	62.7	61.9	61.9	62.3	62.8

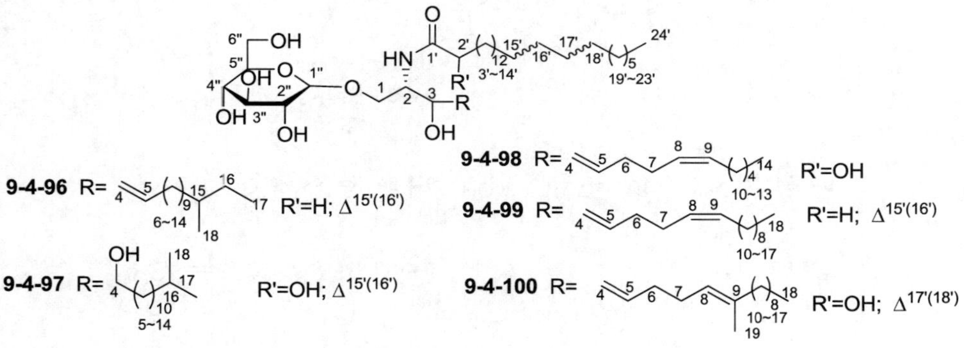

9-4-96 R= ... R'=H; Δ15'(16')

9-4-97 R= ... R'=OH; Δ15'(16')

9-4-98 R= ... R'=OH

9-4-99 R= ... R'=H; Δ15'(16')

9-4-100 R= ... R'=OH; Δ17'(18')

表 9-4-15　化合物 9-4-96~9-4-100 的 ^{13}C NMR 数据[48]

C	9-4-96	9-4-97	9-4-98[65]	9-4-99	9-4-100	C	9-4-96	9-4-97	9-4-98[65]	9-4-99	9-4-100
1	70.5	70.4	68.9	70.4	70.3	11			28.6~32.4		41.3
2	55.0	51.7	49.9	55.0	55.1	12~16			28.6~32.4		29.5~33.6
3	72.7	75.8	74.1	72.6	76.4	17	11.5	11.5	22.1		24.2
4	132.1	72.5	70.5	131.8	131.6	18	19.3	19.3	13.9	14.2	15.0
5	132.5		25.7~32.1	132.3	135.1	19					16.7
6~7			25.7~32.1	27.5	34.9	20~24					
8			130.2	130.2	29.2	25					
9			129.8	130.2	125.3	1'	173.3	175.6	173.8	173.3	177.7
10			28.6~32.4	27.5	137.3	2'		72.4	70.9		73.6

续表

C	9-4-96	9-4-97	9-4-98[65]	9-4-99	9-4-100
3'~14'			26.7~34.4	23.6~32.8	26.7~36.4
15'	130.2	132.5	129.5	129.8	
16'	130.2	132.5	129.3	131.0	
17'			22.1~31.3		131.4
18'			22.1~31.3		131.4
19'~23'			22.1~31.3	32.9	24.2~33.6
24'	14.5	14.2	13.9	14.2	15.0

C	9-4-96	9-4-97	9-4-98[65]	9-4-99	9-4-100
1''	105.8	105.5	103.5	105.8	105.2
2''	75.2	75.1	73.4	75.2	75.5
3''	78.5	78.4	76.5	78.5	78.5
4''	71.6	71.5	69.9	71.6	72.0
5''	78.5	78.5	76.9	78.5	78.5
6''	62.7	62.6	61.0	62.7	63.2

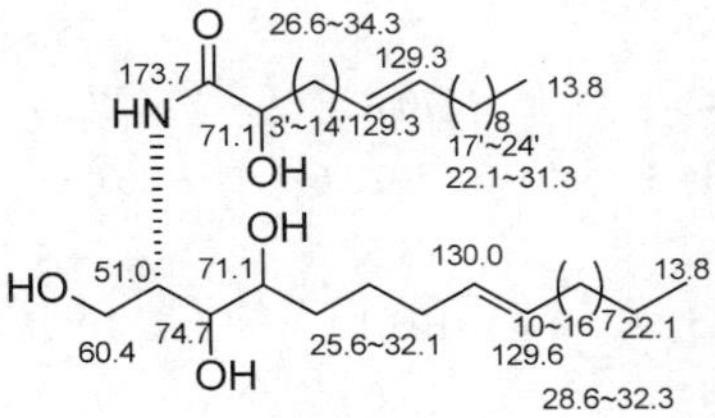

9-4-101[61]

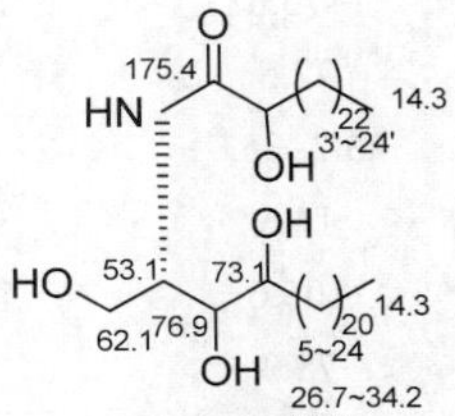

9-4-102[67]

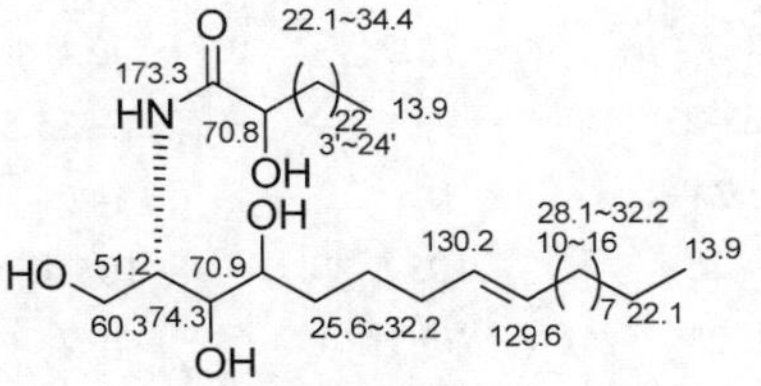

9-4-103[68]

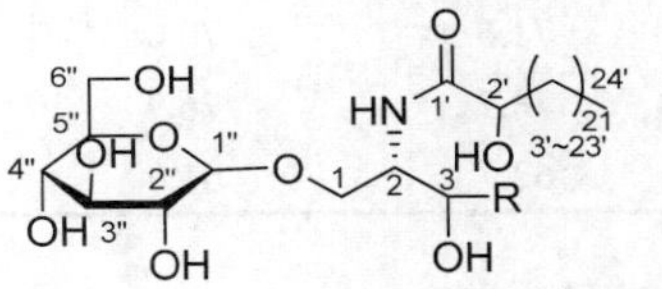

9-4-104 R=

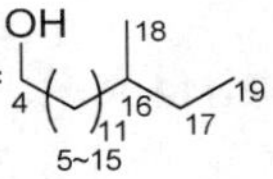

9-4-105 R=

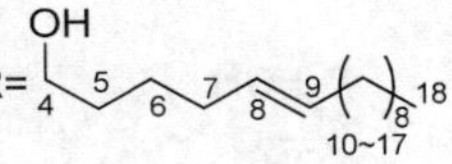

9-4-106 R=

9-4-107 R=

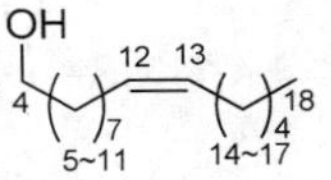

9-4-108 R= 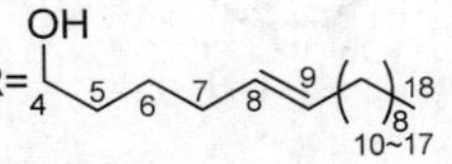 R'=OH; $\Delta^{15'(16')}$

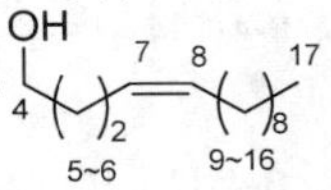

9-4-109 R=

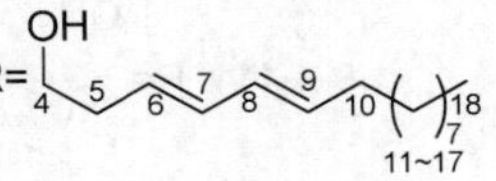

表 9-4-16 化合物 9-4-104~9-4-109 的 ^{13}C NMR 数据

C	9-4-104[21]	9-4-105[62]	9-4-106[63]	9-4-107[64]	9-4-108[61]	9-4-109[66]
1	70.4	70.3	70.5	68.9	68.3	70.5
2	51.8	51.7	51.8	49.9	52.5	51.9
3	75.9	75.9	76.0	74.1	70.1	76.6
4	72.6	72.5	72.6	70.5	130.9	72.7
5	26.6~33.9		26.3~33.7	25.5~32.3	130.3	33.8
6	26.6~33.9		26.3~33.7	25.5~32.3	31.3	136.3
7	26.6~33.9		26.3~33.7	25.5~32.3	26.2	131.6
8	26.6~33.9		130.2	129.7	129.4	131.1
9	26.6~33.9		129.5	130.2	128.5	131.1
10	26.6~33.9		23.1~32.3	28.6~32.0	21.6~26.0	22.9~32.1
11	26.6~33.9		23.1~32.3	28.6~32.0	21.6~26.0	22.9~32.1
12	26.6~33.9	130.2	23.1~32.3	28.6~32.0	21.6~26.0	22.9~32.1

续表

C	9-4-104[21]	9-4-105[62]	9-4-106[63]	9-4-107[64]	9-4-108[61]	9-4-109[66]
13	26.6~33.9	130.4	23.1~32.3	28.6~32.0	21.6~26.0	22.9~32.1
14	26.6~33.9	22.9~27.9	23.1~32.3	28.6~32.0	13.5	22.9~32.1
15~16	26.6~33.9	22.9~27.9	23.1~32.3	28.6~32.0		22.9~32.1
17	14.2	22.9~27.9	14.5	22.1		22.9~32.1
18	11.5	14.3		13.9		14.4
19	19.3					
20~24						
25						
1'	175.7	175.7	175.8	173.4	173.4	175.8
2'	72.5	72.4	72.5	73.4	70.6	72.5
3'~23'		22.9~35.5	23.2~35.7	22.1~34.3	21.7~28.6	26.0~35.6
24'		14.2	14.5	13.9	13.5	14.4
1"	105.5	105.4	105.6	103.5	103.1	105.7
2"	75.1	75.1	75.3	73.4	73.0	75.2
3"	78.4	78.4	78.5	76.5	76.1	78.6
4"	71.6	71.5	71.6	70.0	69.6	71.6
5"	78.5	78.5	78.7	76.9	76.5	78.5
6"	62.7	62.6	62.7	61.0	60.7	62.7

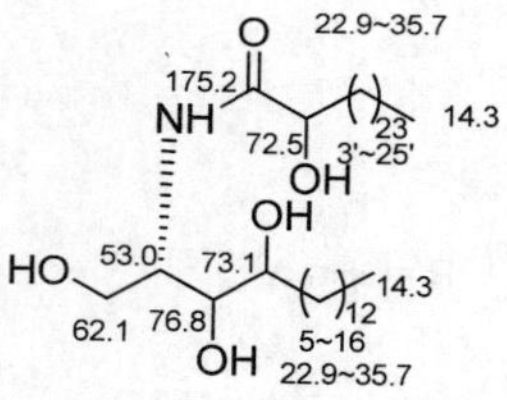

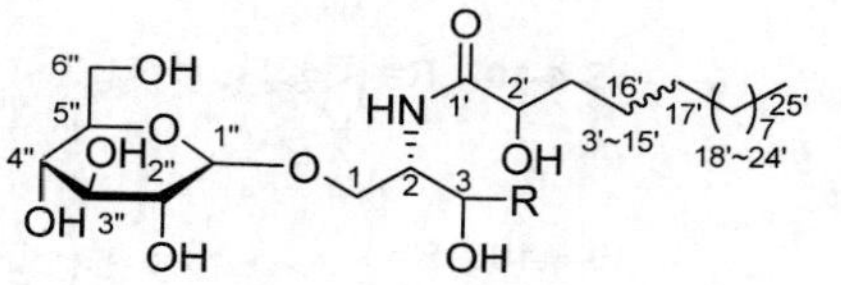

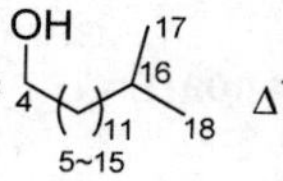

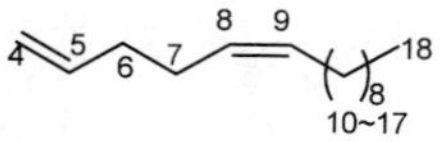

表 9-4-17 化合物 9-4-111~9-4-115 的 ^{13}C NMR 数据

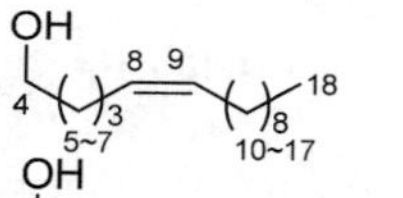

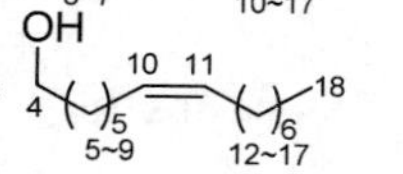

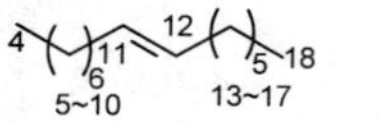

C	9-4-111[1]	9-4-112[58]	9-4-113[69]	9-4-114[70]	9-4-115[33]
1	71.0	70.5	70.5	60.5	70.2
2	52.1	51.8	51.9	51.9	54.7
3	76.0	76.2	76.1	75.3	72.4
4	71.9	72.5	72.7	31.8	132.3
5	28.5~34.6	26.2~34.0	27.8~28.1	22.0~30.0	132.2
6	28.5~34.6	26.2~34.0	27.8~28.1	22.0~30.0	33.0
7	28.5~34.6	26.2~34.0	27.8~28.1	22.0~30.0	27.4
8	28.5~34.6	130.4	27.8~28.1	22.0~30.0	130.7
9	28.5~34.6	129.6	27.8~28.1	22.0~30.0	129.5
10	28.5~34.6	23.2~32.3	130.4	22.0~30.0	23.1~32.2
11	28.5~34.6	23.2~32.3	130.6	130.7	23.1~32.2

续表

C	9-4-111[1]	9-4-112[5]	9-4-113[69]	9-4-114[70]	9-4-115[33]
12	28.5~34.6	23.2~32.3	23.1~32.3	130.5	23.1~32.2
13~15	28.5~34.6	23.2~32.3	23.1~32.3	32.7	23.1~32.2
16	28.5~34.6	23.2~32.3	23.1~32.3		23.1~32.2
17	23.0	23.2~32.3	23.1~32.3		23.1~32.2
18	23.0	14.7	14.5		14.4
1'	176.0	175.8	176.0	175.4	175.8
2'	72.8	72.5	72.6	72.5	72.6
3'~15'	28.0~32.0	23.2~35.8	23.1~35.7	22.0~34.4	23.1~35.8
16'	130.4	23.2~35.8	23.1~35.7	22.0~34.4	23.1~35.8
17'	130.4	23.2~35.8	23.1~35.7	22.0~34.4	23.1~35.8
18'~24'		23.2~35.8	23.1~35.7	22.0~34.4	23.1~35.8
25'	14.7	14.1	14.5	14.1	14.4
1"	106.2	105.0	105.6	104.5	105.8
2"	75.3	73.0	75.3	75.6	75.2
3"	78.9	73.0	78.5	78.2	78.7
4"	72.4	70.0	71.1	71.2	71.5
5"	79.0	70.0	78.6	78.5	78.6
6"	63.0	62.0	62.8	61.7	62.7

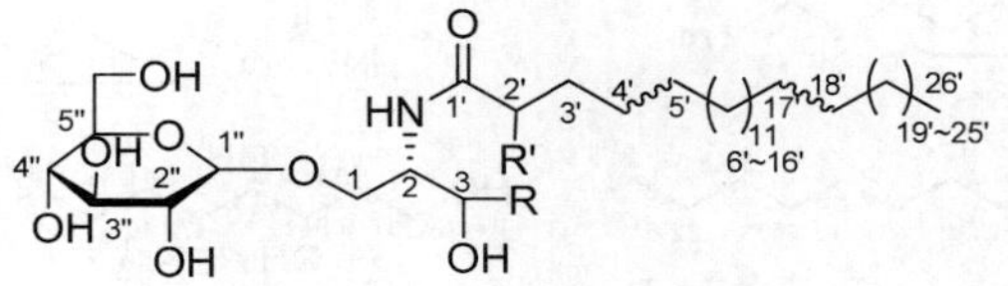

9-4-116 R= 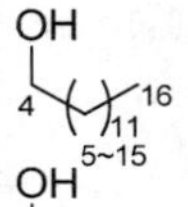 ... R'=OH; $\Delta^{4'(5')}$

9-4-117 R= ... R'=OH; $\Delta^{4'(5')}$

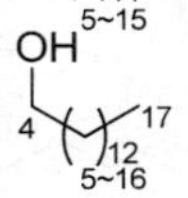

9-4-118 R= ... R'=H

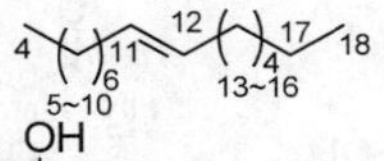

9-4-119 R= ... R'=OH; $\Delta^{17'(18')}$

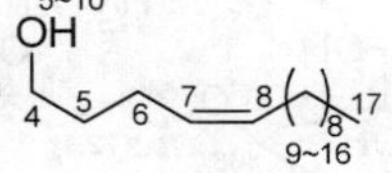

表 9-4-18 化合物 9-4-116~9-4-119 的 ^{13}C NMR 数据

C	9-4-116[72]	9-4-117[73]	9-4-118[70]	9-4-119[63]	C	9-4-116[72]	9-4-117[73]	9-4-118[70]	9-4-119[63]
1	70.4	70.4	61.2	70.5	12			129.7	27.7~32.3
2	51.7	51.7	50.8	51.8	13~15			32.5	27.7~32.3
3	75.9	75.9	74.9	76.0	16	14.3			23.3
4	72.4	72.4	32.1	72.6	17		14.3		14.6
5			22.0~30.0	34.1	18				
6			22.0~30.0		1'	175.6	175.6	174.9	175.6
7			22.0~30.0	26.0	2'	72.4	72.4	71.9	72.6
8			22.0~30.0	130.6	3'	33.3	33.3	22.0~34.5	23.1~35.7
9			22.0~30.0	130.4	4'	130.6	130.6	22.0~34.5	23.1~35.7
10			22.0~30.0	27.7~32.3	5'	130.8	130.8	22.0~34.5	23.1~35.7
11			130.4	27.7~32.3	6'~16'			22.0~34.5	23.1~35.7

续表

C	9-4-116[72]	9-4-117[73]	9-4-118[70]	9-4-119[63]	C	9-4-116[72]	9-4-117[73]	9-4-118[70]	9-4-119[63]
17'			22.0~34.5	131.3	2''	75.1	75.1	74.9	75.2
18'			22.0~34.5	131.3	3''	78.4	78.4	76.7	78.6
19'~25'			22.0~34.5		4''	71.5	71.5	70.3	71.6
26'	14.3	14.3	14.0	14.4	5''	78.5	78.5	77.9	78.6
1''	105.6	105.6	103.6	105.6	6''	62.6	62.6	61.2	62.7

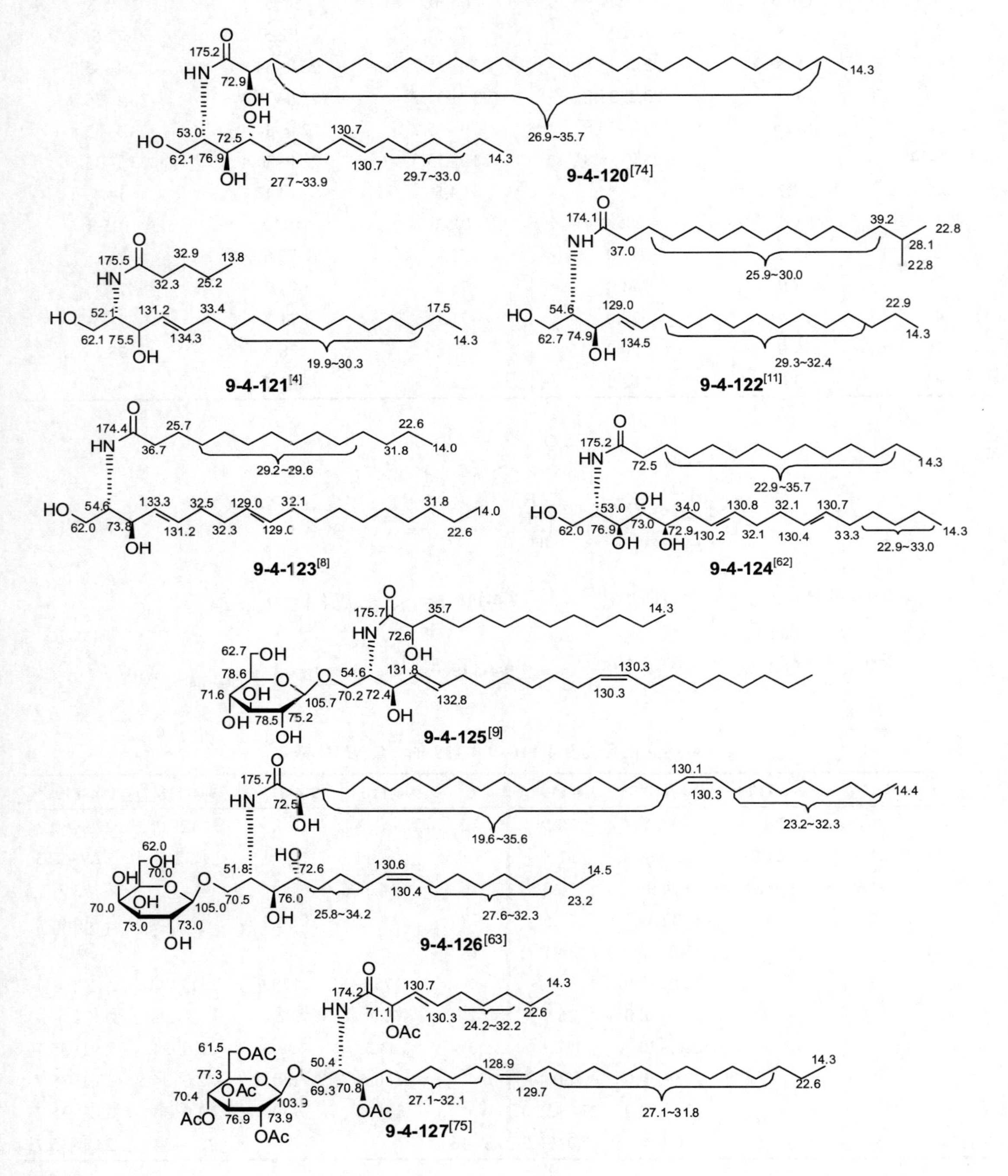

9-4-128[28]

9-4-129[50]

9-4-130[28]

9-4-131[28]

9-4-132[44]

9-4-133[76]

9-4-134[77]

9-4-135[77]

9-4-136[78]

9-4-137[78] R^1=

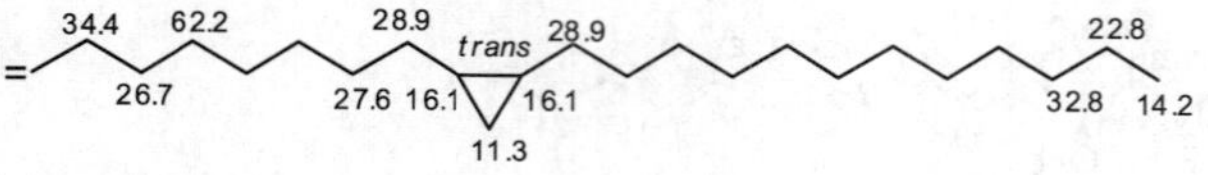

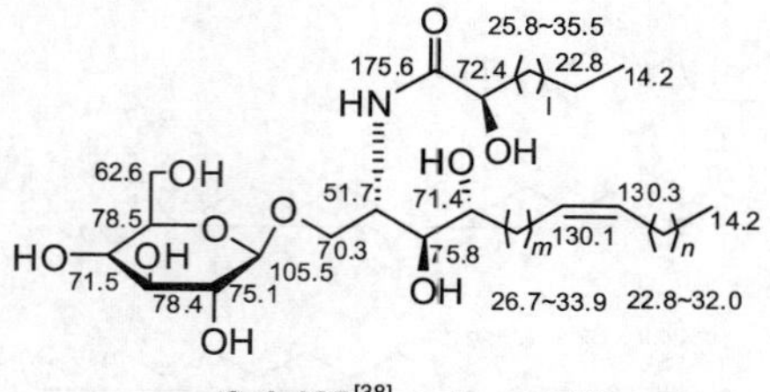

9-4-138[38] m=3, n+l=29

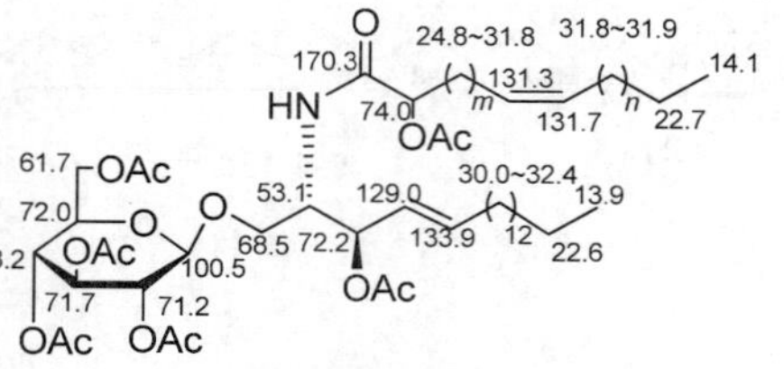

9-4-139 m+n=12[79]

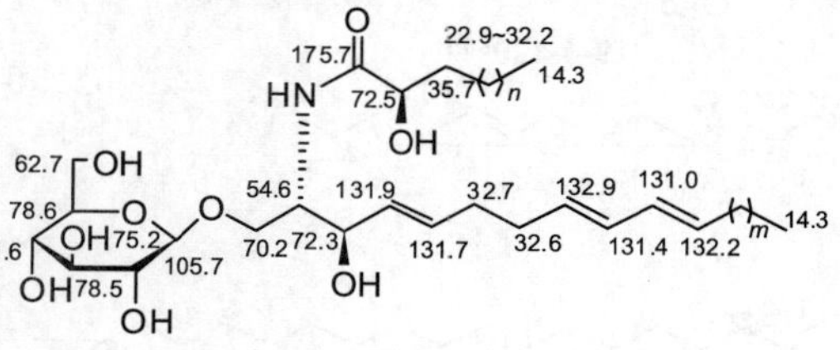

9-4-140[29] m+n=20

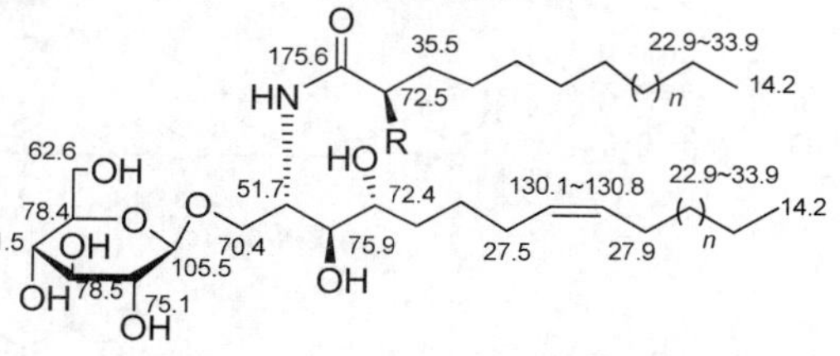

9-4-141[80] R=OH (n=7, 13~16); R=H (n=7)

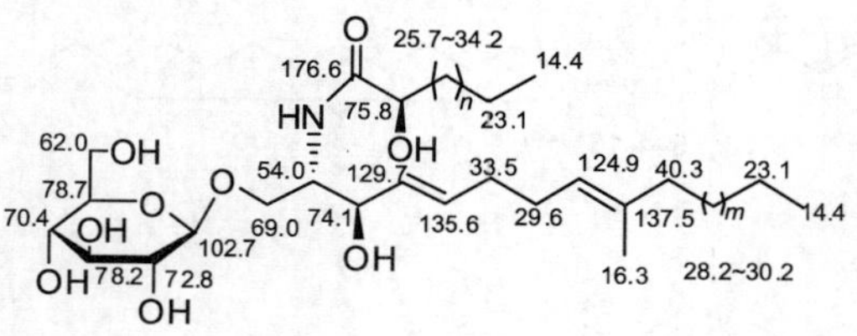

9-4-142[81] m=6; n=9~12

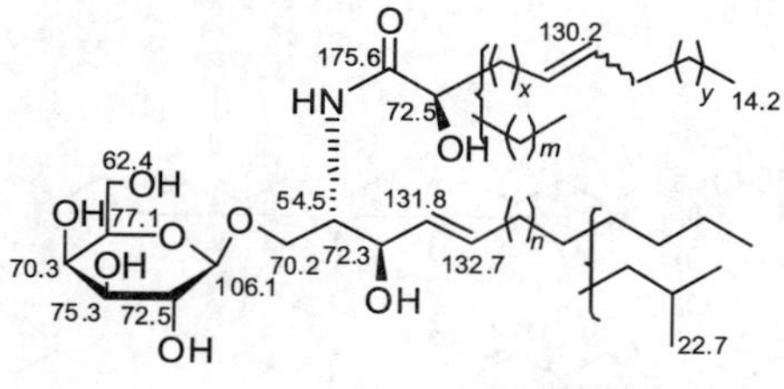

9-4-143[60] BAC-4

x+y=18
m=19,20,21
n=6,7,8

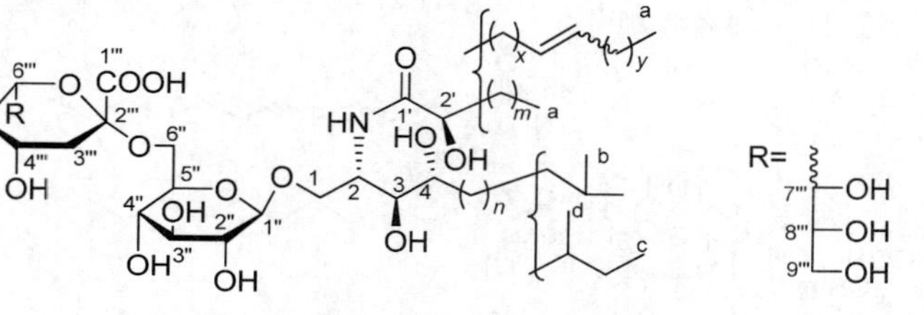

9-4-144 x+y=19; m=19, 20, 21; n=9,10,11

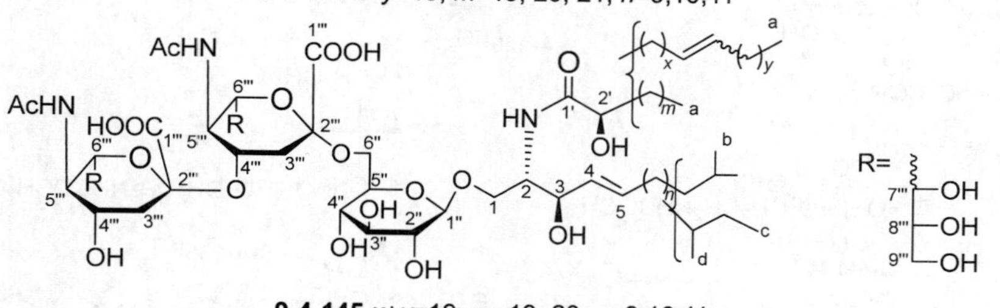

9-4-145 x+y=19; m=19, 20; n=9,10,11

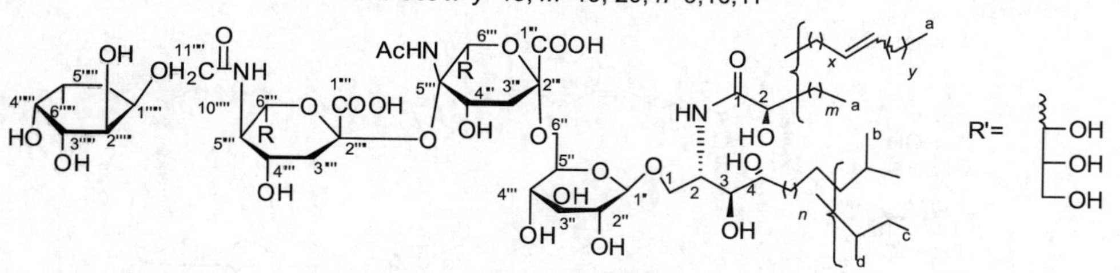

9-4-146. x+y=19, m=19, 20, 21; n=9,10,11

表 9-4-19 化合物 9-4-144~9-4-146 的 ^{13}C NMR 数据[82]

C	9-4-144	9-4-145	9-4-146	C	9-4-144	9-4-145	9-4-146
1	70.1	70.2	70.3	6'''		74.8	75.3
2	51.0	54.3	50.9	R		70.6	70.4
3	75.8	72.5	75.5			73.0	72.0
4	72.0	131.6	72.0			64.0	62.0
5		133.0		Ac		176.2/22.8	176.0/22.5
1'	175.8	175.8	176.0	1''''	173.5	173.8	174.0
2'	72.0	72.5	72.6	2''''	101.2	99.7	100.5
a	13.9	14.3	14.3	3''''	42.4	43.1	42.0
b	22.5	22.8	22.8	4''''	68.4	68.7	68.5
c	11.3	11.6	11.6	5''''	53.4	53.9	53.0
d	19.1	19.4	19.4	6''''	73.8	74.8	74.0
1''	104.4	105.3	105.3	R	69.7	71.2	69.5
2''	74.2	74.8	74.8		72.4	72.5	72.0
3''	76.9	77.7	77.4		63.7	64.9	63.0
4''	70.4	72.5	70.7	Ac	176.2/61.9	176.2/62.6	174.0/64.0
5''	75.8	76.4	76.3	1'''''			101.9
6''	70.1	70.6	70.0	2'''''			69.5
1'''		173.8	174.0	3'''''			70.8
2'''		101.0	100.5	4'''''			72.4
3'''		39.3	39.0	5'''''			67.5
4'''		74.3	71.8	6'''''			17.1
5'''		51.8	52.7				

参考文献

[1] Taeseong P, Tayyab Ahmad M, Pramod Bapurao S, et al. Chem Pharm Bull, 2009, 57: 106.
[2] Zheng R X, Xu X D, Tian Z, et al. Nat Prod Res, 2009, 23: 1451.
[3] Naveen M, Kiran I, Itrat A, et al. Phytochemistry, 2002, 61: 1005.
[4] Naveen M, Kiran I, Abdul M. Chem Pharm Bull, 2002, 50: 1558.
[5] Tao W W, Yang N Y, Liu L, et al. Fitoterapia, 2010, 81: 196.
[6] 罗丹，张朝凤，林萍等. 中草药, 2006, 37: 36.
[7] Kang J, Chang H H, Zhe L, et al. Chinese Chem Lett, 2007, 18: 181.
[8] 张淑瑜，易杨华，汤海峰等. 中药及天然药物, 2003, 18: 8.
[9] Sang S, Kikuzaki H, Lapsley K, et al. J Agric Food Chem, 2002, 50: 4709.
[10] Zang Y, Wang S, LI X M, et al. Lipids, 2007, 42: 759
[11] Tian R X, Tang H F, Li Y S, et al. J Nat Prod, 2009, 11: 1005.
[12] Jia A Q, Yang X, Wang W X, et al. Fitoterapia, 2010, 81: 540.
[13] 王瑞. 兰州大学. 博士学位论文, 2010.
[14] Kim K H, Choi S U, Park K M, et al. Arch Pharm Res, 2008, 31: 579.
[15] Qian C S, Chen H Y. Flora of China, 1978: 36.
[16] 侯雪，王红，李娟，等. 天然产物研究与开发, 2009, 21: 913.
[17] Kwon H C, Kim K R, Zee S D, et al. Arch Pharm Res, 2004, 27: 604.
[18] Chen J H, Cui G Y, Liu J Y, et al. Phytochemistry, 2003, 64(4): 903.
[19] Kim S Y, Choi Y H, Huh H, et al. J Nat Prod, 1997, 60: 274.
[20] Kamga J, Sandjo L P, Poumale H M. Arkivoc, 2010, ii: 323.

[21] Masanori I, Satoshi K, Kazufumi N, et al. Chem Pharm Bull, 2002, 50: 1091.
[22] 吴剑锋. 沈阳药科大学, 博士学位论文, 2007.
[23] Kang S S, Kim J S, Xu Y N, et al. J Nat Prod, 1999: 1059.
[24] Zhang W D, Li T Z, Liu R H, et al. Fitoterapia, 2006,77: 336.
[25] Darwish F M M, Reinecke, Phytochemistry, 2003, 62: 1179
[26] Valenciano J, Cuadro A M, Vaquero J J. Tetrahedron Lett, 1999, 40: 763.
[27] 张永刚, 袁文鹏, 夏雪奎等. 农学院学报, 2010, 12: 225.
[28] Wang Z J, Ou M A, Sun R K, et al. Chinese J Chem, 2008, 26: 759.
[29] Duran R, Zubnia, E, Ortega M et al. Tetrahedron, 1998, 54: 14597.
[30] 王金萍, 王宏英, 杜力军. 中国中药杂志, 2007, 32: 401.
[31] Qi T, Ojika M and Sakagami M. Tetrahedron, 2000, 56: 5835.
[32] Kong L D, Abliz Z, Zhou C X, et al. Phytochemistry, 2001, 58: 645.
[33] 吴刚, 朱小珊, 杨光忠, 等. 中南民族大学学报, 2008, 27: 40.
[34] Wang W, Wang Y, Tao H, et al. J Nat Prod, 2009, 72: 1695.
[35] Darwish F M M, Reinecke M G. Phytochemistry, 2003, 62: 1179.
[36] Zhou X F, Tang L, Liu Y H. Lipids, 2009, 44: 759.
[37] Gao J M, Lin H Ze J D, et al. Lipids, 36: 521.
[38] 吴彤, 孔德云, 李惠庭. 药学学报, 2004, 39: 525.
[39] Cheng S Y, Wen Z H, Chiou S F, et al. J Nat Prod, 2009, 72: 465.
[40] Li Y, Ma Y T, Kuang Y, et al. Lipids, 2010, 45: 457.
[41] Yue J M, Fan C Q, Xu J, et al. J Nat Prod, 2001, 64: 1246.
[42] Tantangmo F, Lenta B N, Kamdem L M, et al. Helv Chim Acta, 2010, 93: 2210.
[43] Toledo M S, Levery S B, Straus A H, et al. Biochemistry, 1999, 38: 7294.
[44] Wang Z P, Cui Y, Xu B, et al. Lipids, 2009, 44: 63.
[45] 詹永成, 裴月湖, 徐兴友. 淮海工学院学报, 2008, 17: 45.
[46] Lee J H, Lee C O, Kim Y C, et al. J Nat Prod, 1996, 59: 319.
[47] Dong J Y, Li R, He H P, et al. Eur J Lipid Sci Technol, 2005, 107: 779.
[48] Yamada K, Hara E, Nagaregawa Y, et al. Eur J Org Chem, 1998, 371.
[49] Babu U V, Bhandaro S P S, Garg H S. J Nat Prod, 1997: 732.
[50] Nagle D G, Mcclatchey W C, Gerwick W H. J, Nat Prod, 1992, 55: 1013.
[51] Ishii T, Okino T, Mino Y J, J Nat Prod, 2006, 69: 1080.
[52] Chen X S, Jin W Z, Rinehart K L, et al. J Org Chem, 1994, 59: 144.
[54] 李德海. 中国海洋大学, 博士学位论文, 2007
[55] Pan K, Inagaki M, Ohno M, et al. Chem Pharm Bull, 2010, 58: 470.
[56] Chen L, Wang J J, Song H T, et al. Chin Chem Lett, 2009, 20: 1091.
[57] Ling T, Xia T, Wan X, et al. Molecules, 2006, 11: 677.
[58] Cetani F, Zilic J, Zacchigna M, et al. Fitoterapia, 2010, 81: 97.
[59] Zhan Z J, Yue J M. J Nat Prod, 2003, 66: 1013.
[60] Ikeda Y, Inagaki M, Yamada K, et al. Chem Pharm Bull, 2009, 57: 315.
[61] Dong P, Liu J X, Di D L. Fitoterapia, 2010, 81: 838.
[62] Bankeu J J K, Mustafa S A A, GcjayevA S, et al. Chem Pharm Bull, 2010, 58: 1661.
[63] Cateni C, Zilic J, Zacchigna M. Sci Pharm, 2008, 76: 451.
[64] Striegler S, Haslinger E. Monatshefte Für Chemie, 1996, 127: 755.
[65] Lin P, Li L, Tang Y P, et al. Chin Chem Lett, 2010, 21: 606.
[66] Luo Y G, Liu Y, Qi H Y, et al. Lipids, 2004, 39: 1037.
[67] Gao J M, Dong Z J, Liu J K. Lipids, 2001, 36: 175.
[68] 李喆. 河北医科大学, 博士学位论文, 2008.
[69] Chen L, Wang J J, Zhang G G, et al. Nat Prod Res, 2009, 23: 1330.
[70] Sun D D, Dong W W, Li X, et al. Sci China Ser B-Chem, 2009, 52: 621.
[71] 王湘敏, 刘珂, 许卉. 中国中药杂志, 2009, 34: 169.
[72] Xin H L, Hou Y H, Xu Y F, et al. Chin J Nat Med, 2008, 6: 401.
[73] Somova L O, Nadar A, Rammanan P. et al. Chem Pharm Bull, 2001, 92: 447.

[74] Yang N Y, Ren D C, Duan J A, et al. Helv Chim Acta, 2009, 92: 291.
[75] Emmanuel J T M, Silvére N, Jules C A N, et al. Nat Prod Res, 2008, 22: 296.
[76] Kawatake S, Inagaki M, Miyamoto T, et al. Eur J Org Chem, 1999: 765.
[77] Stanislav G B, Inessa V K, Vladimir I S, et al. Biochim Biophys Acta, 2001, 169.
[78] Valeria C, Ernesto F, Alfonso M, et al. J Am Chem Soc, 1997, 119: 12456.
[79] Zhao H R, Zhao S X. J Nat Prod, 1994, 57: 138.
[80] Kang S S, Kim J S, Son K H, et al. Chem Pharm Bull, 2001, 49: 321.
[81] Batrakv S G, Konova I V, Sheichenko V I, et al. Chem Phys Lipids, 2002: 45.
[82] Yamada K, Matsubara R, Kaneko M, et al. Chem Pharm Bull, 2001, 49: 447.

第十章 芳香族化合物

第一节 简单的酚及酚酸(酯)

表 10-1-1 简单酚及酚酸的名称、分子式和测试溶剂

编号	中文名称	英文名称	分子式	测试溶剂	参考文献
10-1-1	邻苯三酚	1,2,3-trihydroxybenzene	$C_6H_6O_3$	A	[1]
10-1-2	儿茶酚	catechol	$C_6H_6O_2$	M	[2]
10-1-3	2,4,6-三甲基苯酚	2,4,6-trimethylphenol	$C_9H_{12}O$	D	[3]
10-1-4	3,5-二叔丁基-4-羟基苯甲腈	3,5-di-*tert*-butyl-4-hydroxybenzonitrile	$C_{15}H_{21}NO$	D	[3]
10-1-5	2,6-二叔丁基-4-甲氧基苯酚	2,6-di-*tert*-butyl-4-methoxyphenol	$C_{15}H_{24}O_2$	D	[3]
10-1-6	2,6-二异丙基苯酚	2,6-di-*iso*-propylphenol	$C_{12}H_{18}O$	D	[3]
10-1-7	2,6-二叔丁基苯酚	2,6-di-*tert*-butylphenol	$C_{14}H_{22}O$	D	[3]
10-1-8	4-(*N*, *N*-二甲基)乙基苯酚	4-(2-(dimethylamino)ethyl)phenol	$C_{10}H_{15}NO$	D	[3]
10-1-9	苯酚	phenol	C_6H_6O	D	[4]
10-1-10	2-甲氧基苯酚	2-methoxyphenol	$C_7H_8O_2$	D	[4]
10-1-11	2-乙氧基苯酚	2-ethoxyphenol	$C_8H_{10}O_2$	D	[4]
10-1-12	2-羟基-4-甲基苯酚	4-methylbenzene-1,2-diol	$C_7H_8O_2$	D	[4]
10-1-13	2-甲氧基-4-甲基苯酚	2-methoxy-4-methylphenol	$C_8H_{10}O_2$	D	[4]
10-1-14	邻甲基苯酚	*o*-cresol	C_7H_8O	D	[4]
10-1-15	2-氨基苯酚	2-aminophenol	C_6H_7NO	D	[4]
10-1-16	2-氯苯酚	2-chlorophenol	C_6H_5ClO	D	[4]
10-1-17	2-溴苯酚	2-bromophenol	C_6H_5BrO	D	[4]
10-1-18	2-硝基苯酚	2-nitrophenol	$C_6H_5NO_3$	D	[4]
10-1-19	苯甲酸	benzoyl acid	$C_7H_6O_2$	C	[1]
10-1-20	对羟基苯甲酸	4-hydroxybenzoic acid	$C_7H_6O_3$	M	[5]
10-1-21	水杨酸	salicylic acid	$C_7H_6O_3$	A	[6]
10-1-22	原儿茶酸	protocatechuic acid	$C_7H_6O_4$	W	[1]
10-1-23	龙胆酸	gentisic acid	$C_7H_6O_4$	D	[7]
10-1-24	香草酸	vanillic acid	$C_8H_8O_4$	C	[1]
10-1-25	异香草酸	isovanillic acid	$C_8H_8O_4$	D	[7]
10-1-26	没食子酸	gallic acid	$C_7H_6O_5$	A	[1]
10-1-27	3,5-二羟基-4-甲氧基苯甲酸	3,5-dihydroxy-4-methoxy-benzoic acid	$C_8H_8O_5$	D	[2]
10-1-28	丁香酸	syringic acid	$C_9H_{10}O_5$	A+ W	[1]

续表

编号	中文名称	英文名称	分子式	测试溶剂	参考文献
10-1-29	2,4-二羟基-3,6-二甲基苯甲酸	2,4-dihydroxy-3,6-dimethylbenzoic acid	$C_9H_{10}O_4$	A	[8]
10-1-30	3,6-二羟基-2,4-二甲基苯甲酸	3,6-dihydroxy-2,4-dimethylbenzoic acid	$C_9H_{10}O_4$	A	[8]
10-1-31	2-羟基苯甲醛	2-hydroxybenzaldehyde	$C_7H_6O_2$	D	[4]
10-1-32	香草醛	vanillin	$C_8H_8O_3$	M	[5]
10-1-33	丁香醛	syringaldehyde	$C_9H_{10}O_4$	M	[5]
10-1-34	2-甲氧基-3,6-二甲基-4-羟基苯甲醛	2-methoxy-3,6-dimethyl-4-hyroxybenz-aldehyde	$C_{10}H_{12}O_3$	D	[9]
10-1-35	对羟基苯甲酸甲酯	Methylparaben	$C_8H_8O_6$		[3]
10-1-36	2-羟基苯甲酸甲酯	methyl 2-hydroxybenzoate	$C_8H_8O_3$	D	[4]
10-1-37	原儿茶酸甲酯	protocatechuic acid methyl ester	$C_8H_9O_4$	D	[10]
10-1-38	3-羟基-4-甲氧基苯甲酸甲酯	methyl 3-hydroxy-4-methoxybenzene-carboxylate	$C_9H_{10}O_4$	C	[1]
10-1-39	没食子酸乙酯	ethyl gallate	$C_9H_{10}O_5$	A	[1]
10-1-40	原儿茶酸乙酯	protocatechuic acid ethyl ester	$C_9H_{10}O_4$	D	[10]
10-1-41	原儿茶酸丙酯	protocatechuic acid propyl ester	$C_{10}H_{12}O_4$	D	[10]
10-1-42	苔藓酸	orsellinic acid	$C_8H_8O_4$	A	[11]
10-1-43	苔藓酸甲酯	methyl orsellinate	$C_9H_{10}O_4$	A	[11]
10-1-44	苔藓酸乙酯	ethyl orsellinate	$C_{10}H_{12}O_4$	A	[11]
10-1-45	苔藓酸丙酯	*n*-propyl orsellinate	$C_{11}H_{14}O_4$	A	[11]
10-1-46	苔藓酸丁酯	*n*-butyl orsellinate	$C_{12}H_{16}O_4$	A	[11]
10-1-47	苔藓酸异丙酯	*iso*-propyl orsellinate	$C_{11}H_{14}O_4$	A	[11]
10-1-48	苔藓酸仲丁酯	*sec*-butyl orsellinate	$C_{12}H_{16}O_4$	A	[11]
10-1-49	苔藓酸叔丁酯	*tert*-butyl orsellinate	$C_{12}H_{16}O_4$	A	[11]
10-1-50		3,4-dihydro-3,6,8-trihydroxy-naphthalen-1(2*H*)-one	$C_{10}H_{10}O_4$	D	[3]
10-1-51	2-羟基苯乙酮	1-(2-hydroxyphenyl)ethanone	$C_8H_8O_2$	D	[4]
10-1-52	2,6-二羟基苯乙酮	1-(2,6-dihydroxyphenyl)ethanone	$C_8H_8O_3$	D	[3]
10-1-53	罗布麻宁	apocynin	$C_9H_{10}O_3$	C	[1]
10-1-54	2,4,6-三羟基苯乙酮	1-(2,4,6-trihydroxyphenyl)ethanone	$C_8H_8O_4$	D	[3]
10-1-55	2-羟基-4,6-二甲基苯乙酮	1-(2-hydroxy-4,6-dimethylphenyl) ethanone	$C_{10}H_{12}O_2$	D	[3]
10-1-56	2,4-二羟基-3-丙酰基-6-甲氧基苯甲醛	2,4-dihydroxy-6-methoxy-5-methyl-3-propionylbenzaldehyde	$C_{12}H_{14}O_5$	D	[3]
10-1-57	对羟基苯乙酸	4-hydroxy-phenylacetic acid	$C_8H_8O_3$	D	[8]
10-1-58	3-甲氧基-4-羟基苯甲酸	4-hydroxy-3-methoxyphenylacetic acid	$C_9H_{10}O_4$	D	[12]
10-1-59	邻羟基苯乙酸甲酯	methyl (2-hydroxyphenyl)acetate	$C_9H_{10}O_3$	D	[13]
10-1-60	3,4-二羟基苯乙酸甲酯	methyl 3,4-dihydroxyphenylacetate	$C_9H_{10}O_4$	D	[12]
10-1-61	邻羟基苯乙酸乙酯	ethyl (2-hydroxyphenyl)acetate	$C_{10}H_{12}O_3$	D	[13]
10-1-62		methyl 2-(5-hydroxy-2,3,4-trimethyl-phenyl)propanoate	$C_{13}H_{18}O_3$	D	[3]

续表

编号	中文名称	英文名称	分子式	测试溶剂	参考文献
10-1-63		methyl 2-(1-(methoxycarbonyl)ethyl)-6-hydroxy-3,4,5-trimethylbenzoate	$C_{15}H_{20}O_5$	D	[3]
10-1-64	羟基酪醇	hydroxytyrosol	$C_8H_{10}O_3$	A	[1]
10-1-65	二氢咖啡酸	dihydrocaffeic acid	$C_9H_{10}O_5$	D	[14]
10-1-66	对羟苯基-2-丁酮	4-(4-hydroxy-benzyl)-2-butanone	$C_{10}H_{12}O_2$	C	[1]
10-1-67	二氢咖啡酸甲酯	methyl dihydrocaffeate	$C_{10}H_{12}O_4$	D	[14]
10-1-68	3,4,α-三羟基苯丙酸甲酯	methyl 3,4,α-trihydroxy- phenylpropionate	$C_{10}H_{12}O_5$	D	[15]
10-1-69	二氢咖啡酸乙酯	ethyl dihydrocaffeate	$C_{11}H_{14}O_4$	D	[14]
10-1-70	二氢咖啡酸丙酯	propyl dihydrocaffeate	$C_{12}H_{16}O_4$	D	[14]
10-1-71	反邻香豆素	*trans-o*-cumaric acid	$C_9H_8O_3$	D	[16]
10-1-72	对羟基桂皮酸	4-hydroxycinnamic acid	$C_9H_8O_3$	M	[5]
10-1-73	咖啡酸	caffeic acid	$C_9H_8O_4$	A	[6]
10-1-74	阿魏酸	ferulic acid	$C_{10}H_{10}O_4$		[6]
10-1-75	异阿魏酸	isoferulic acid	$C_{10}H_{10}O_4$	D	[17]
10-1-76	反式芥子酸	*trans*-sinapic acid	$C_{11}H_{12}O_5$	D	[18]
10-1-77	对羟基桂皮酸甲酯	4-hydroxycinnamic methyl ester	$C_{10}H_{10}O_3$	D	[19]
10-1-78	咖啡酸甲酯	methyl caffeate	$C_{10}H_{10}O_4$	D	[20]
10-1-79	咖啡酸乙酯	ethyl caffeate	$C_{11}H_{12}O_4$	A	[21]
10-1-80	咖啡酸丙酯	propyl caffeate	$C_{12}H_{14}O_4$	D	[14]
10-1-81	咖啡酰甘油酯	caffeoyl glycerol	$C_{12}H_{14}O_6$	A	[21]
10-1-82	8-羧甲基对羟基肉桂酸乙酯	8-carboxymethyl-*p*-hydroxycinnamic acid ethyl ester	$C_{13}H_{14}O_5$	D	[22]
10-1-83	8-羧甲基对羟基肉桂酸甲酯	8-carboxymethyl-*p*-hydroxycinnamic acid methyl ester	$C_{12}H_{12}O_5$	D	[22]
10-1-84	松柏醛	coniferylaldehyde	$C_{10}H_{10}O_3$	M	[5]
10-1-85	绿原酸	caffeotannic acid	$C_{16}H_{18}O_8$	D	[23]
10-1-86	绿原酸甲酯	methyl chlorogenate	$C_{17}H_{20}O_8$	D	[24]
10-1-87	5-*O*-咖啡酰基奎宁酸丁酯	5-*O*-caffeoyl quinic acid butyl ester	$C_{20}H_{26}O_8$	M	[24]
10-1-88	短叶苏木酚酸	brevifolincarboxylic acid	$C_{13}H_8O_8$	D	[25]
10-1-89		3,6-dihydropyren-1-ol	$C_{16}H_{12}O$	A	[3]
10-1-90		parvifoliol A	$C_{19}H_{26}O_5$	C	[26]
10-1-91		parvifoliol B	$C_{18}H_{24}O_5$	C	[26]
10-1-92		parvifoliol C	$C_{18}H_{22}O_5$	C	[26]
10-1-93		parvifoliol D	$C_{18}H_{24}O_6$	C	[26]
10-1-94		parvifoliol E	$C_{28}H_{42}O_2$	C	[26]
10-1-95		parvifoliol F	$C_{27}H_{40}O_2$	C	[26]
10-1-96		parvifoliol G	$C_{28}H_{42}O_3$	C	[26]
10-1-97		paucinevins D	$C_{27}H_{40}O_3$	M	[27]

10-1-1 $R^1=R^2=OH; R^3=H$
10-1-2 $R^1=OH; R^2=R^3=H$
10-1-3 $R^1=R^2=R^3=CH_3$
10-1-4 $R^1=R^2=C(CH_3)_3; R^3=CN$
10-1-5 $R^1=R^2=C(CH_3)_3; R^3=OCH_3$
10-1-6 $R^1=R^2=CH(CH_3)_2; R^3=H$
10-1-7 $R^1=R^2=C(CH_3)_3; R^3=H$
10-1-8 $R^1=R^2=H; R^3=CH_2CH_2N(CH_3)_2$

10-1-9 $R^1=R^2=R^3=H$
10-1-10 $R^1=OCH_3; R^2=R^3=H$
10-1-11 $R^1=OC_2H_5; R^2=R^3=H$
10-1-12 $R^1=OH; R^2=H; R^3=CH_3$
10-1-13 $R^1=OCH_3; R^2=CH_3; R^3=H$
10-1-14 $R^1=CH_3; R^2=R^3=H$
10-1-15 $R^1=NH_2; R^2=R^3=H$
10-1-16 $R^1=Cl; R^2=R^3=H$
10-1-17 $R^1=Br; R^2=R^3=H$
10-1-18 $R^1=NO_2; R^2=R^3=H$

表 10-1-2 化合物 10-1-1~10-1-8 的 ^{13}C NMR 数据

C	10-1-1[1]	10-1-2[2]	10-1-3[3]	10-1-4[3]	10-1-5[3]	10-1-6[3]	10-1-7[3]	10-1-8[3]
1	133.8	146.4	155.1	157.8	152.6	149.9	153.8	155.6
2	146.6	146.4	123.1	137.4	137.3	133.7	135.8	115.9
3	107.9	116.5	129.3	129.5	110.6	123.4	124.8	129.6
4	119.7	120.4	129.5	103.3	147.8	120.6	119.6	130.2
5	107.9	120.4	129.3	129.5	110.6			129.6
6	146.6	116.5	123.1	137.4	137.3			115.9
2-CH_3			15.9					
4-CH_3			20.4					
$\underline{C}(CH_3)_3$				34.6	34.6	27.3	34.6	
$C(\underline{C}H_3)_3$				30.0	30.3	23.6	30.3	
$\underline{C}H(CH_3)_2$								
$CH(\underline{C}H_3)_2$								
OCH_3					55.5			
CN				120.2				
$\underline{C}H_2CH_2N(CH_3)_2$								32.6
$CH_2\underline{C}H_2N(CH_3)_2$								51.6
$CH_2CH_2N(\underline{C}H_3)_2$								44.9

表 10-1-3 化合物 10-1-9~10-1-14 的 ^{13}C NMR 数据[4]

C	10-1-9	10-1-10	10-1-11	10-1-12	10-1-13	10-1-14
1	157.3	146.8	146.9	145.1	144.2	155.9
2	115.2	147.8	147.0	143.0	147.4	124.7
3	129.2	112.4	113.7	115.7	113.1	131.2
4	118.8	119.4	119.3	119.8	128.0	119.6
5	129.2	121.1	121.0	128.3	120.0	127.2
6	115.2	115.8	115.7	116.6	115.3	115.3
2-CH_3						14.1
2-OCH_3		56.2			56.2	
2-$O\underline{C}H_2CH_3$			65.0			
2-$OCH_2\underline{C}H_3$			14.8			
5-CH_3				24.6	24.6	

表 10-1-4 化合物 10-1-15~10-1-18 的 ^{13}C NMR 数据[4]

C	10-1-15	10-1-16	10-1-17	10-1-18	C	10-1-15	10-1-16	10-1-17	10-1-18
1	144.0	153.3	154.1	152.2	4	119.6	120.0	120.4	119.3
2	136.4	120.1	109.4	136.6	5	116.7	128.0	128.5	135.3
3	114.5	131.3	132.8	125.0	6	114.6	116.9	116.5	119.1

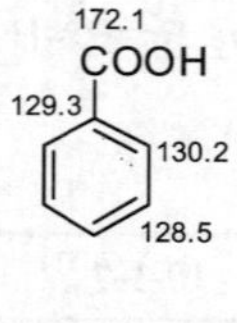

10-1-19[1] 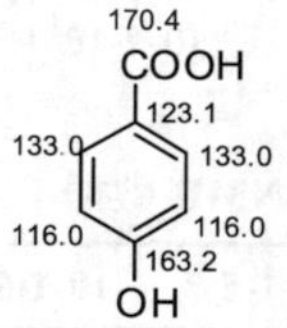 10-1-20[5] 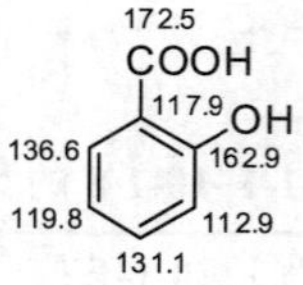 10-1-21[6] 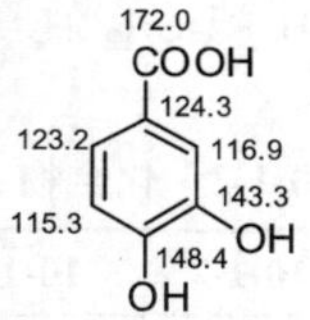 10-1-22[1] 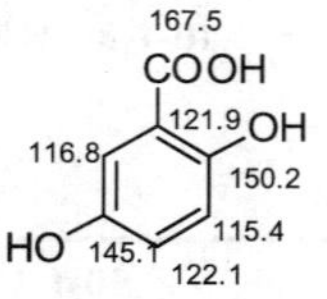 10-1-23[7]

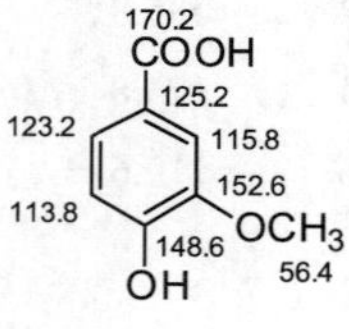

10-1-24[1] 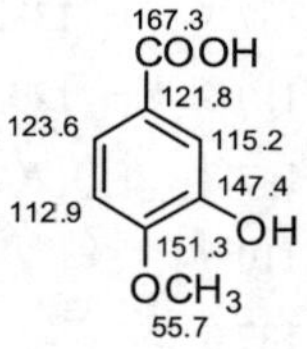 10-1-25[7] 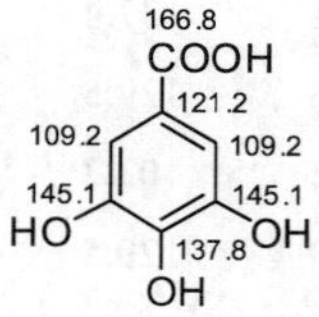 10-1-26[1] 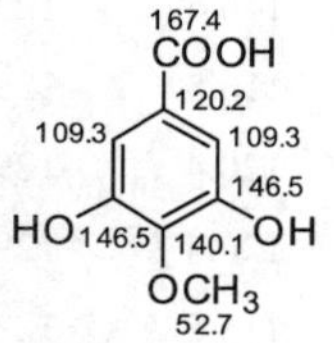 10-1-27[2] 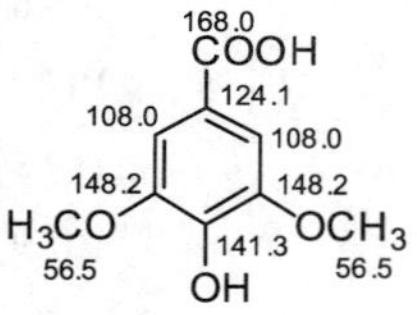 10-1-28[1]

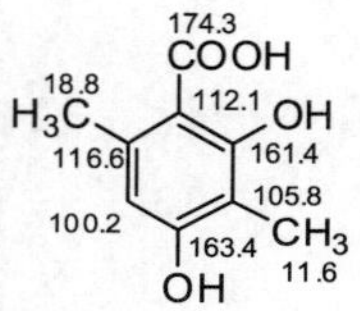

10-1-29[8] 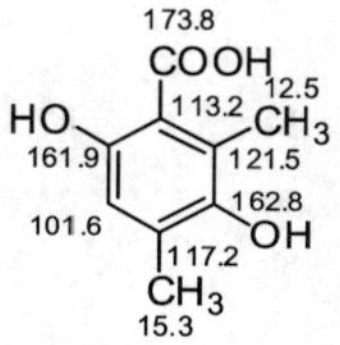 10-1-30[8] 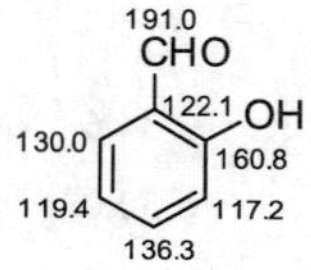 10-1-31[4] 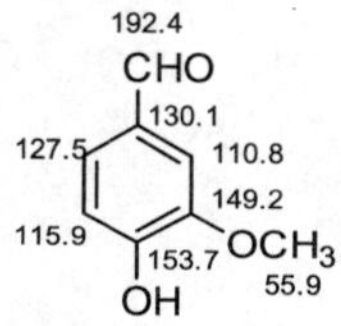 10-1-32[5] 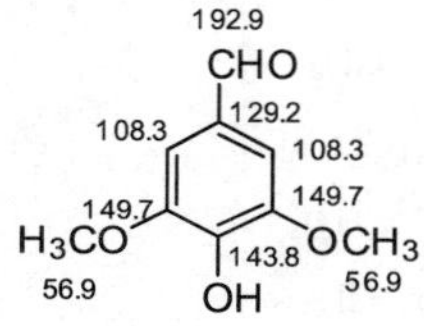 10-1-33[5]

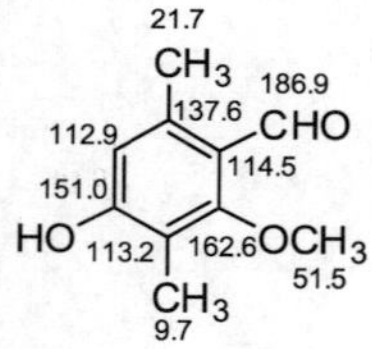

10-1-34[9] 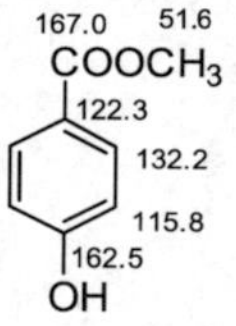 10-1-35[3] 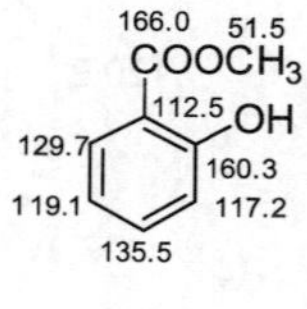 10-1-36[4] 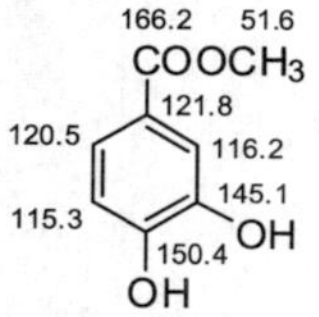 10-1-37[10] 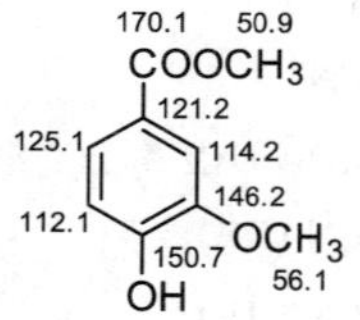 10-1-38[1]

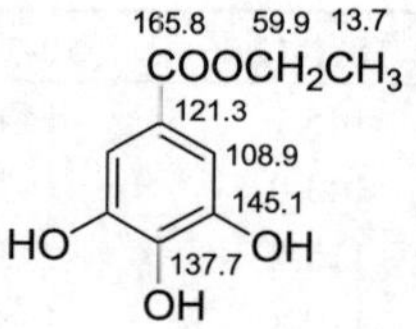

10-1-39[1] 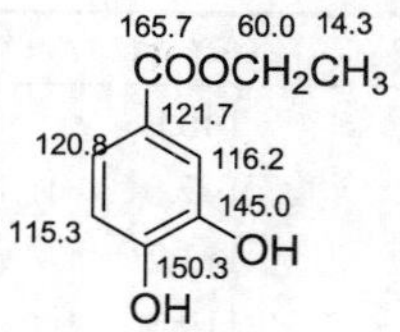 10-1-40[10] 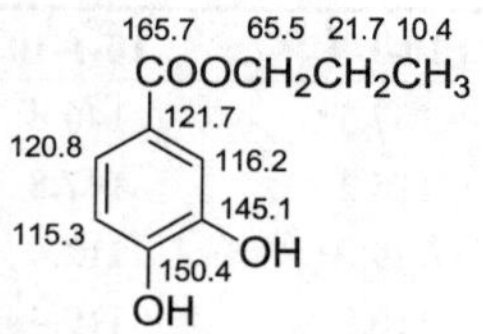 10-1-41[10]

表 10-1-5 化合物 10-1-42~10-1-49 的 ^{13}C NMR 数据[11]

C	10-1-42	10-1-43	10-1-44	10-1-45	10-1-46	10-1-47	10-1-48	10-1-49
1	105.1	105.1	105.4	105.2	105.2	105.6	104.7	106.5
2	163.2	163.0	163.2	163.0	163.0	163.1	162.6	162.9
3	101.4	101.4	101.6	101.5	101.5	101.6	100.9	101.7

续表

C	10-1-42	10-1-43	10-1-44	10-1-45	10-1-46	10-1-47	10-1-48	10-1-49
4	167.0	166.0	166.4	166.3	166.3	166.4	165.5	166.4
5	112.0	112.1	112.1	112.1	112.1	112.3	111.6	112.2
6	144.9	144.1	144.4	144.4	144.2	144.4	143.5	144.2
7	174.2	172.7	172.6	172.5	172.5	172.1	171.6	172.2
8	24.2	24.0	24.4	24.8	24.3	24.5	23.9	24.8
1'		51.9	61.9	67.4	65.6	69.9	73.7	83.7
2'			14.4	22.4	31.2	22.1	19.9	28.5
3'				10.8	19.9		28.6	
4'					13.8		9.3	

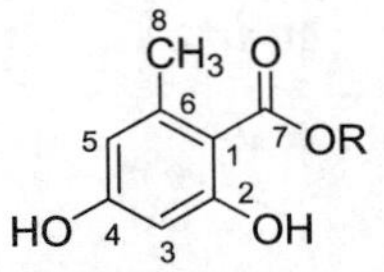

10-1-42 R=H
10-1-43 R=CH_3
10-1-44 R=CH_2CH_3
10-1-45 R=$CH_2CH_2CH_3$
10-1-46 R=$CH_2CH_2CH_2CH_3$
10-1-47 R=$CH(CH_3)_2$
10-1-48 R=$CH(CH_3)CH_2CH_3$
10-1-49 R=$C(CH_3)_3$

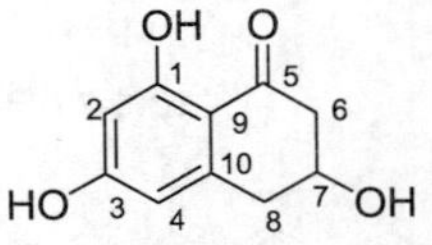

10-1-50 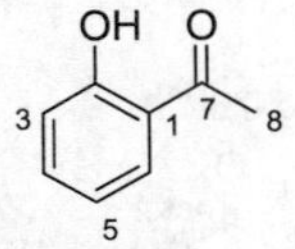 **10-1-51** 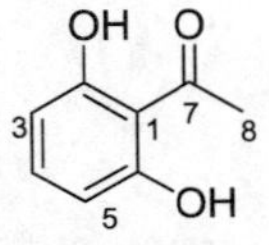 **10-1-52** 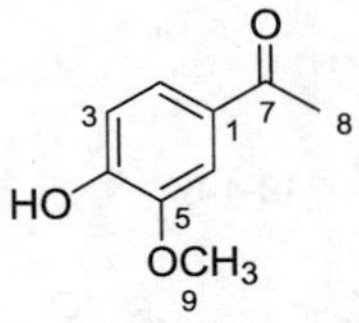 **10-1-53** 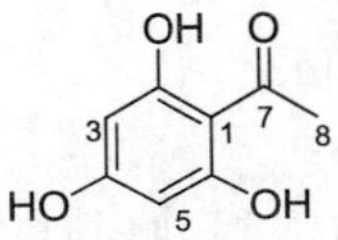 **10-1-54** 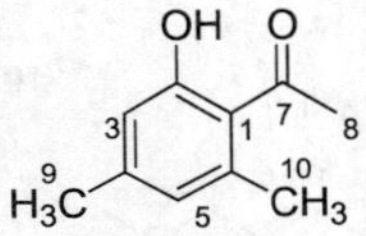 **10-1-55** 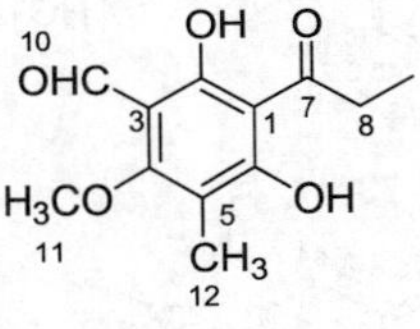 **10-1-56**

表 10-1-6 化合物 10-1-50~10-1-56 的 ^{13}C NMR 数据[3]

C	10-1-50	10-1-51	10-1-52	10-1-53	10-1-54	10-1-55	10-1-56
1	165.9	119.7	114.3	130.2	105.7	113.1	111.1
2	11.3	161.0	165.0	124.0	165.3	163.8	166.3
3	165.4	117.4	103.7	113.7	99.1	164.6	106.4
4	108.9	135.9	165.6	150.4	165.5	147.1	167.3
5	202.0	118.7	103.7	146.6	96.1	126.4	107.2
6	47.1	130.9	165.0	109.6	165.3	142.7	172.8
7	66.3	199.8	205.1	196.9	205.0	205.4	207.3
8	38.3	29.6	27.3	26.2	33.6	33.1	53.1
9	111.4			56.1		21.5	24.9
10	145.7					24.5	192.6
11							62.9
12							8.0

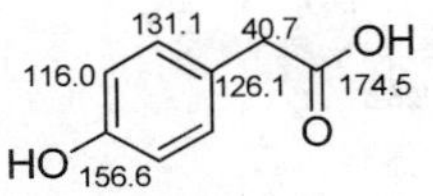

10-1-57[8] 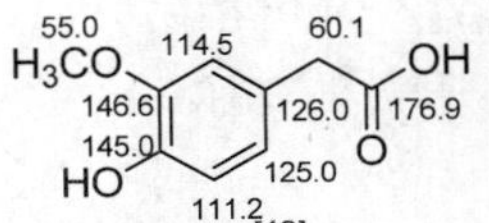 **10-1-58**[12] 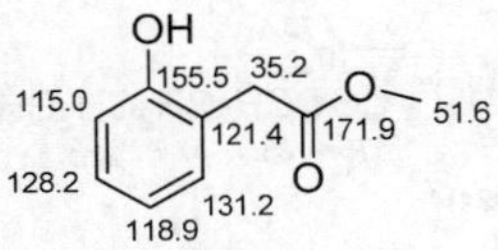 **10-1-59**[13] 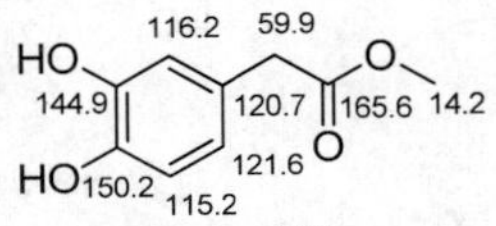 **10-1-60**[12]

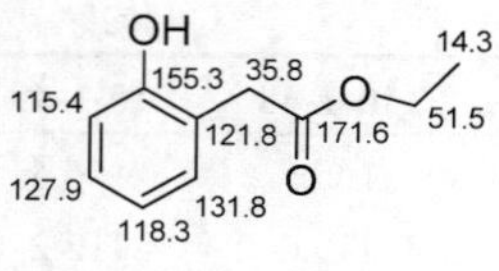

10-1-61[13]

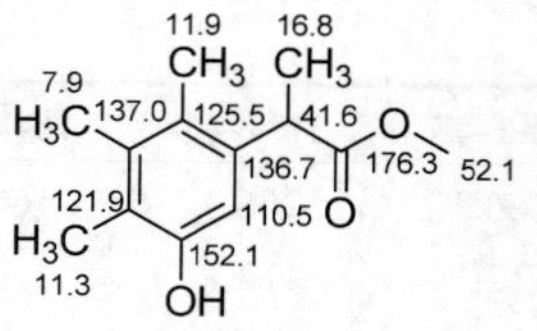

10-1-62[3]

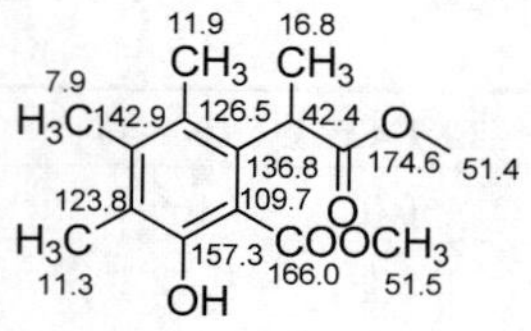

10-1-63[3]

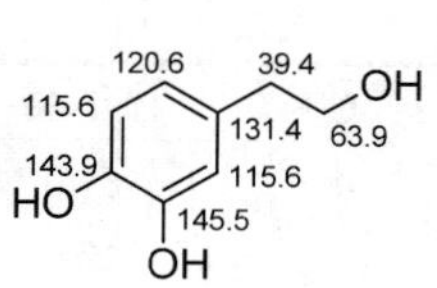

10-1-64[1]

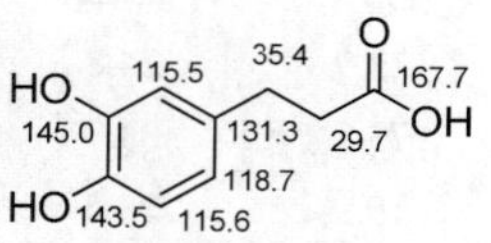

10-1-65[14]

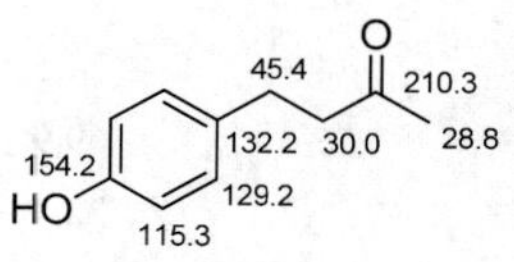

10-1-66[1]

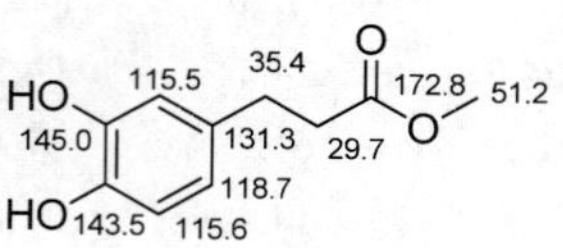

10-1-67[14]

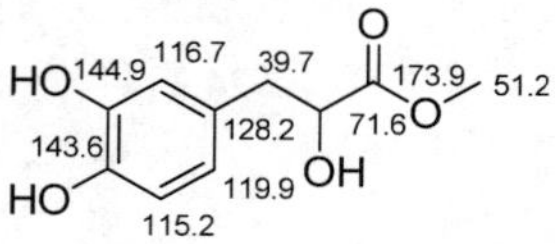

10-1-68[15]

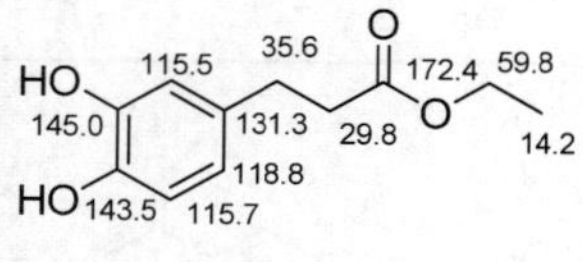

10-1-69[14]

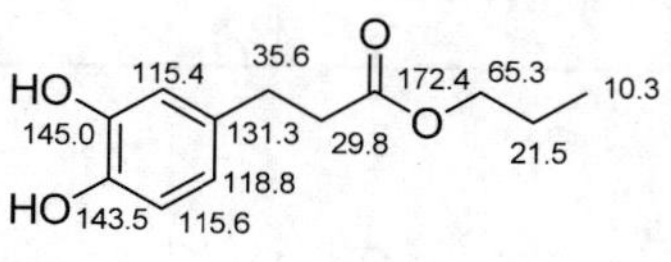

10-1-70[14]

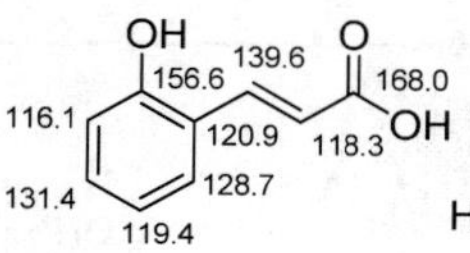

10-1-71[16]

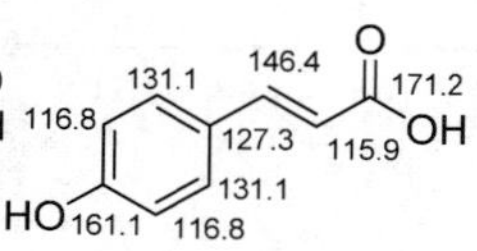

10-1-72[5]

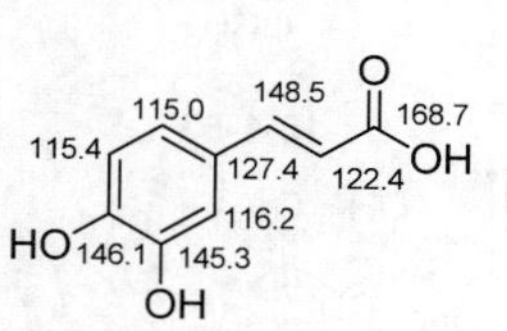

10-1-73[6]

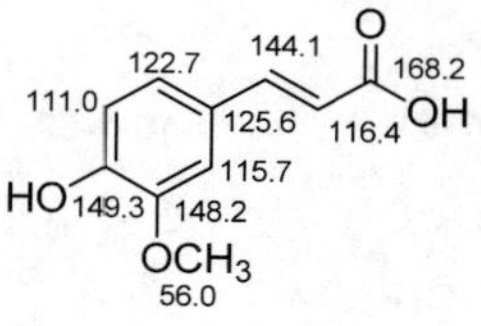

10-1-74[6]

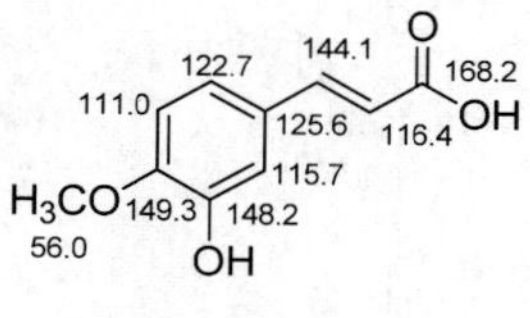

10-1-75[17]

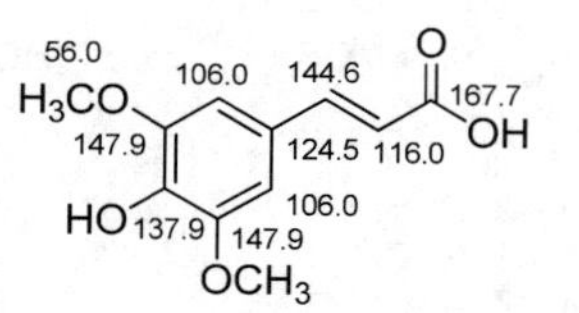

10-1-76[18]

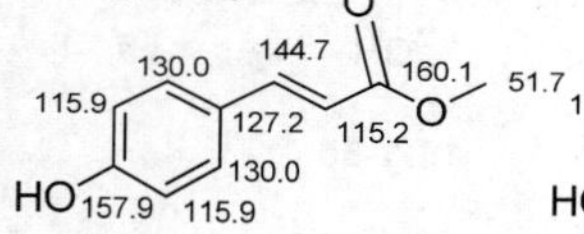

10-1-77[19]

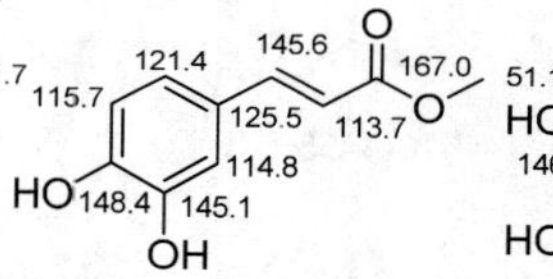

10-1-78[20]

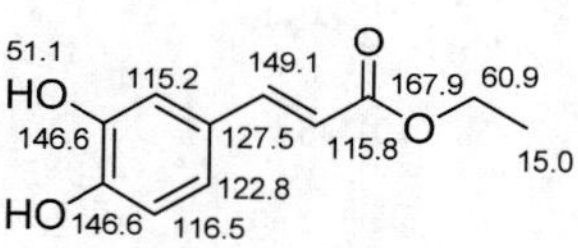

10-1-79[21]

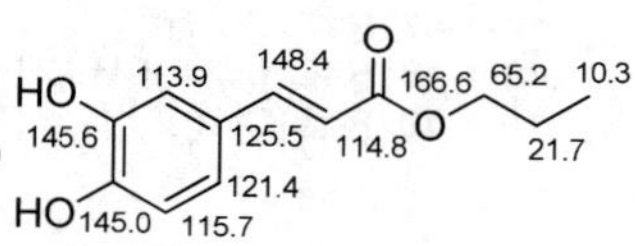

10-1-80[14]

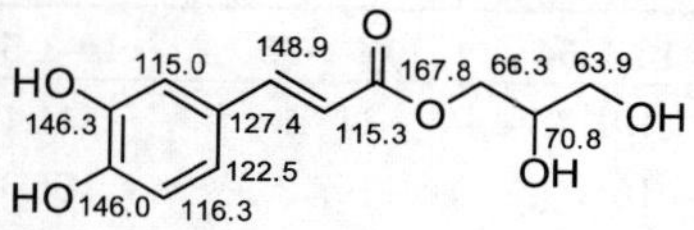

10-1-81[21]

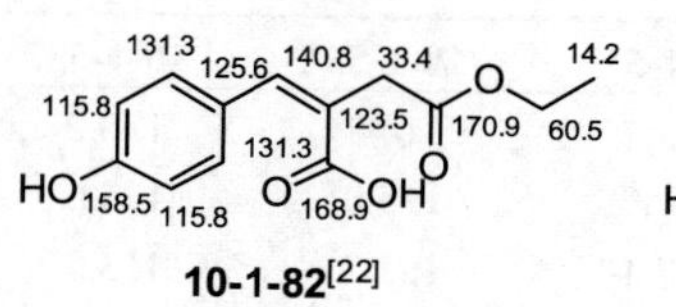

10-1-82[22]

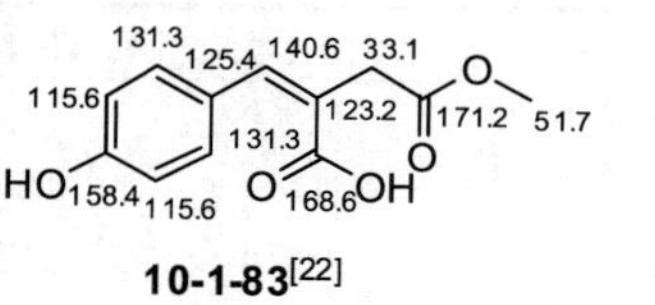

10-1-83[22]

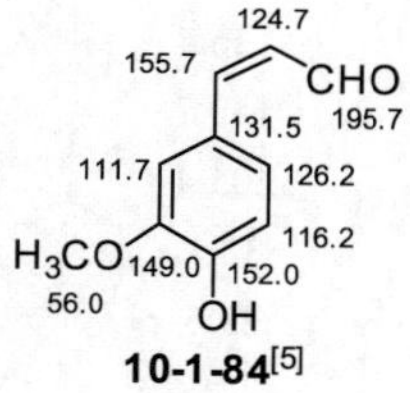

10-1-84[5]

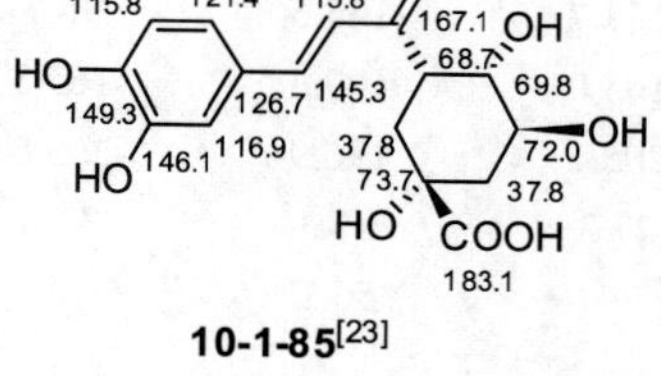

10-1-85[23]

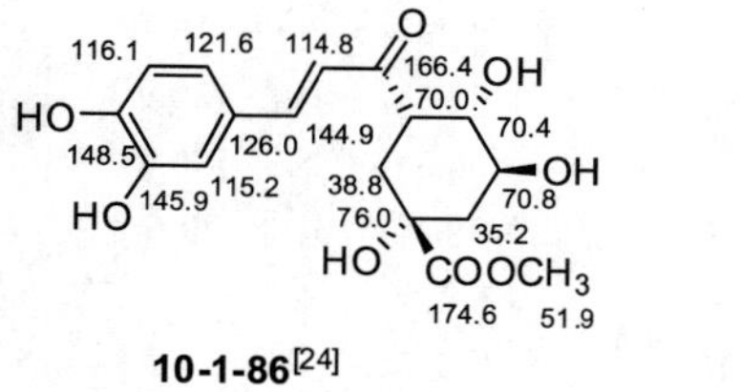

10-1-86[24]

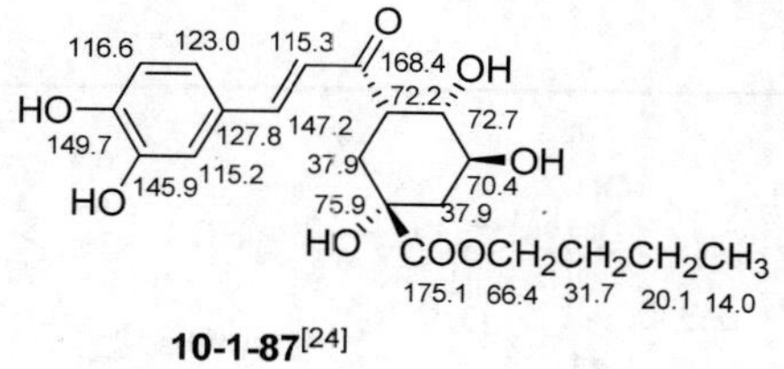

10-1-87[24]

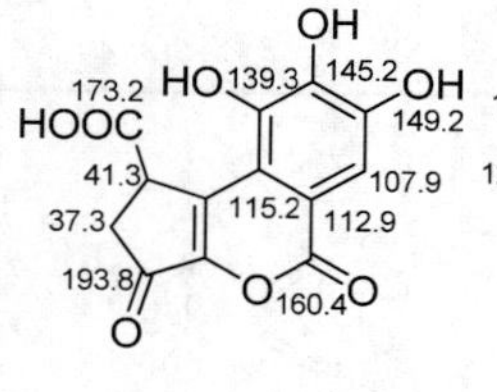

10-1-88[25]

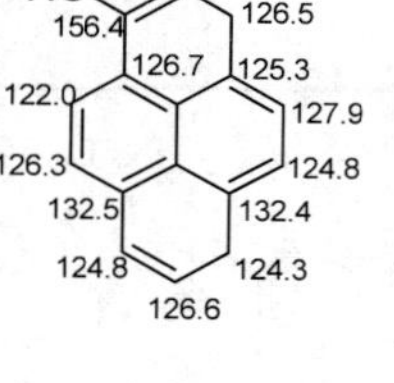

10-1-89[1]

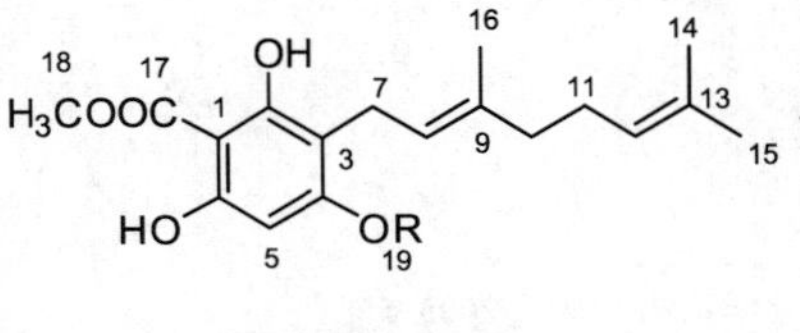

10-1-90 R=CH_3
10-1-91 R=H

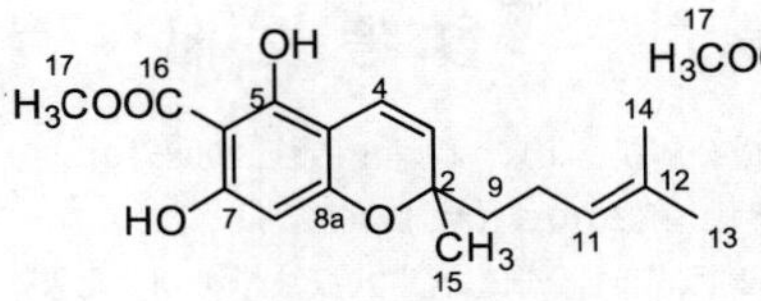

10-1-92

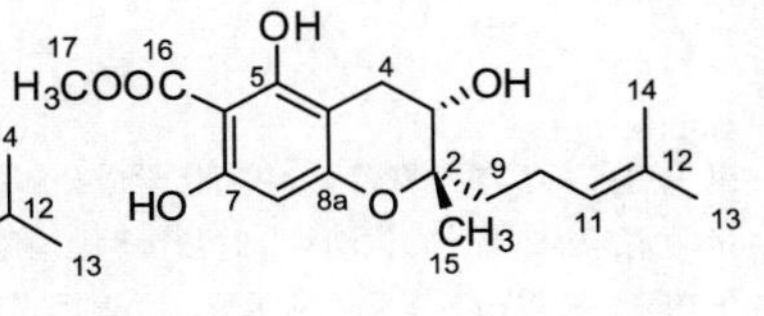

10-1-93

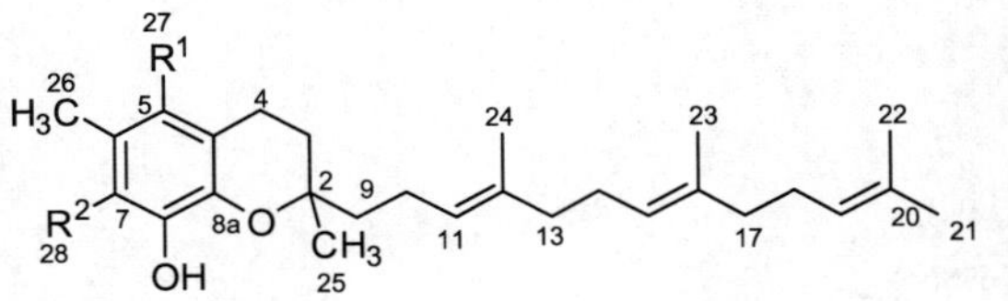

10-1-94 R^1= H; R^2=CH_3
10-1-95 R^1= R^2=H
10-1-96 R^1=CH_3; R^2=OH

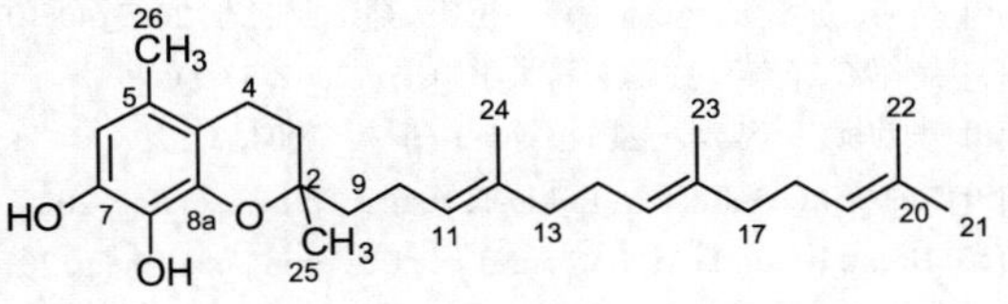

10-1-97

表 10-1-7 化合物 10-1-90~10-1-97 的 ^{13}C NMR 数据[26]

C	10-1-90	10-1-91	10-1-92	10-1-93	10-1-94	10-1-95	10-1-96	10-1-97[27]
1	109.0	93.7						
2	158.6	162.3	80.2	73.7	75.2	75.3	75.0	75.2
3	93.5	106.0	124.7	91.0	31.4	31.4	31.3	32.9
4	164.2	162.3	116.4	26.7	22.3	22.5	20.6	21.8
4a					118.2	121.3	117.3	121.3
5	91.6	96.0	102.1	105.1	112.2	112.6	115.2	146.3
6	160.8	162.3	161.0	167.1	121.7	127.4	12.2	116.3
7	21.5	21.6	93.4	93.0	125.8	115.7	144.7	157.4
8	122.5	121.7	161.0	167.1	146.3	147.8	126.9	124.4
8a			96.5	90.8	145.7	146.0	145.9	148.2
9	134.8	138.7	161.0	167.1	39.8	39.7	39.8	40.2
10	39.8	39.7	41.7	36.7	22.2	22.2	22.2	23.2
11	26.8	26.4	22.6	21.9	124.4	124.3	142.2	125.9
12	124.5	123.8	123.9	124.0	135.1	135.1	135.2	135.9
13	131.4	132.0	131.8	132.2	39.8	39.7	39.7	40.7
14	17.7	17.7	17.6	17.7	26.6	26.6	26.8	25.7
15	25.7	25.6	25.7	25.7	124.4	124.4	124.2	125.5
16	16.0	16.2	27.1	22.7	135.0	135.0	135.0	135.8
17	170.0	170.0	169.8	169.8	39.7	39.7	39.7	27.5
18	52.4	52.4	52.5	52.4	26.8	26.8	26.7	27.8
19	55.6				124.2	125.3	124.4	125.4
20					131.3	131.3	131.2	132.0
21					17.7	17.7	17.7	17.8
22					25.7	25.7	25.7	25.9
23					16.0	15.9	15.9	11.2
24					15.9	16.0	16.0	15.9
25					24.0	24.3	23.8	24.2
26					11.8	16.0	12.3	16.1
27					11.9			
28							12.0	

参 考 文 献

[1] 冯卫生, 王彦志, 郑晓珂. 中药化学成分解析. 北京: 科学出版社, 2008: 101.
[2] 张丽娟, 廖尚高, 詹哲浩等. 时珍国医国药, 2010, 21(8): 1946.
[3] 于德泉, 杨峻山. 分析化学手册. 第 2 版. 第七分册: 核磁共振波谱分析. 北京: 化学工业出版社, 2005: 568.
[4] Fujita M, Nagai M, Inoue T. Chem Pharm Bull, 1982, 30(4): 1151.
[5] 杨序娟, 黄文秀, 王乃利等. 中草药, 2005, 36(11): 1604.
[6] 贾陆, 郭海波, 敬林林等. 中国医药工业杂志, 2009, 40(10): 746.
[7] 解军波, 李萍. 中国药科大学学报，2002, 33(1): 76.
[8] 毕韵梅, 毕旭滨, 赵黔榕等. 中药材，2004, 27: 20.
[9] Cuellar M, Quilhot W, Rubio C, et al. J Chil Chem Soc, 2008, 53:1624.
[10] Bruno R, Marta M, Barbara B, et al. J Agric Food Chem, 2010, 58: 6986.
[11] Thiago I B L, Roberta G C, Nidia C Y, et al. Chem Pharm Bull, 2008, 56(11): 1151.
[12] Chung H S, Shin J C. Food Chemistry, 2007, 104: 1670.
[13] 朱海亮, 吕鹏程, 宋忠诚. 发明专利, 公开号: CN101333166A.
[14] Francisco A M S, Fernanda B, Carla G, et al. J Agric Food Chem, 2000, 48: 211.
[15] 王祝举, 赵玉英, 艾铁民等. 中国化学通报, 2000, 11(11): 997.
[16] Yang C H, Tang Q F, Liu J H, et al. Sep. Purif Technol, 2008, 61: 474.
[17] 杨嘉永, 万春鹏, 邱彦. 中药材, 2010, 33(4): 542.
[18] 段礼新, 余正江, 冯宝民等. 沈阳药科大学学报, 2007, 24(11): 679.
[19] 邵萌, 杨跃辉, 高慧媛等. 中国中药杂志, 2005, 30(20): 1591.
[20] 吴笛, 张勉, 张朝凤等. 中国中药杂志, 2010, 35(9): 1142.
[21] 屠鹏飞, 吴卫中, 郑俊华. 药学学报, 1999, 34(1): 39.
[22] 邹忠杰, 杨峻山. 时珍国医国药, 2008, 19(11): 2588.
[23] 何忠梅, 宗颖, 孙佳明等. 应用化学, 2010, 27(12): 1486.
[24] 柴兴云, 窦静, 贺清辉等. 中国天然药物, 2004, 2(6): 339.
[25] 陈欣霞, 张丽艳, 万金志等. 中国中药杂志, 2010, 35(15): 1957.
[26] Rukachaisirikul V, Naklue W, Phongpaichit S, et al. Tetrahedron, 2006, 62: 8578.
[27] Gao X M, Yu T, Lai F S F, et al. Bioorg Med Chem, 2010, 18: 4957.

第二节　缩酚酸及其酯

表 10-2-1　缩酚酸及其酯的名称、分子式和测试溶剂

编号	名称	分子式	测试溶剂	参考文献
10-2-1	methyl obtusate	$C_{19}H_{20}O_7$	C	[1]
10-2-2	4-*O*-demethylbarbatic acid（4-*O*-去甲基巴尔巴酸）	$C_{18}H_{18}O_7$	D	[1]
10-2-3	5-chloro-4-*O*-demethylbarbatic acid（5-氯-4-*O*-去甲基巴尔巴酸）	$C_{18}H_{17}ClO_7$	D	[1]
10-2-4	methyl ester of 5-chloro-4-*O*-demethylbarbatic acid（5-氯-4-*O*-去甲基巴尔巴酸甲基酯）	$C_{19}H_{19}ClO_7$	D	[1]
10-2-5	diffracatic acid（迪福拉克他酸）	$C_{20}H_{22}O_7$	D	[1]
10-2-6	methyl ester of diffracatic acid（迪福拉克他酸甲酯）	$C_{21}H_{24}O_7$	C	[1]
10-2-7	atranorin（荔枝素）	$C_{19}H_{18}O_8$	C	[1]
10-2-8	5-chloroatranorin（5-氯荔枝素）	$C_{19}H_{17}ClO_8$	C	[1]
10-2-9	baeomycesic acid	$C_{19}H_{18}O_8$	D	[1]
10-2-10	di-*O*-methyl lecanoric acid	$C_{18}H_{18}O_7$	D	[1]

续表

编号	名称	分子式	测试溶剂	参考文献
10-2-11	evernic acid（去甲环萝酸）	$C_{16}H_{14}O_7$	D	[1]
10-2-12	methyl tri-*O*-methyl lecanorate	$C_{20}H_{22}O_7$	C	[1]
10-2-13	tumidulin	$C_{17}H_{14}Cl_2O_7$	D	[1]
10-2-14	methyl 3-chlorodivaricate	$C_{22}H_{25}ClO_7$	C	[1]
10-2-15	perlatolic acid（珠光酸）	$C_{25}H_{32}O_7$	A	[1]
10-2-16	2′-*O*-methyl of perlatolic acid	$C_{25}H_{34}O_7$	C	[1]
10-2-17	methyl planate	$C_{28}H_{38}O_7$	C	[1]
10-2-18	glomelliferic acid	$C_{22}H_{24}O_9$	A	[1]
10-2-19	confluentic	$C_{23}H_{26}O_9$	A	[1]
10-2-20	sekikaric acid	$C_{22}H_{26}O_8$	A	[1]
10-2-21	methyl ester of sekikaric aid	$C_{23}H_{28}O_8$	C	[1]
10-2-22	3′-methylevenic acid	$C_{18}H_{18}O_7$	D	[1]
10-2-23	methyl 3′-methyllecanorate	$C_{18}H_{18}O_7$	D	[1]
10-2-24	lecanoric acid（红粉苔酸）	$C_{16}H_{14}O_7$	D	[2]
10-2-25	isodivaricatic acid	$C_{21}H_{24}O_7$	M	[3]
10-2-26	isodibaricatic acid diacetate	$C_{25}H_{28}O_9$	M	[3]
10-2-27	isodivaricatic aciddiacetate methyl ester	$C_{26}H_{30}O_9$	M	[3]
10-2-28	2-*O*-(3,4-dihydroxybenzoyl)-2,4,6-trihydroxyphenylm ethylacetate	$C_{16}H_{14}O_8$	M	[4]
10-2-29	papaver depside	$C_{15}H_{12}O_8$	M	[4]
10-2-30	guisinol	$C_{23}H_{25}ClO_5$	C	[5]
10-2-31	agonodepside A	$C_{23}H_{26}O_5$	D	[6]
10-2-32	agonodepside B	$C_{24}H_{26}O_7$	D	[6]
10-2-33	butyl rosmarinate（迷迭香丁酯）	$C_{22}H_{24}O_8$	D	[7]
10-2-34	ethyl rosmarinate（迷迭香乙酯）	$C_{20}H_{20}O_8$	D	[7]
10-2-35	methyl rosmarinate（迷迭香甲酯）	$C_{19}H_{18}O_8$	D	[7]
10-2-36	rosmarinic acid（迷迭香酸）	$C_{18}H_{16}O_8$	D	[7]
10-2-37	2-(2-methoxy-2-oxoethyl)phenyl 2-(3,4-dimethoxyphenyl)acetate	$C_{19}H_{20}O_6$	D	[8]
10-2-38	2-(3,4-dihydroxybenzoyloxy)-4,6-dihydroxybenzoic acid	$C_{14}H_{10}O_8$	M	[9]
10-2-39	2,4-dihydroxy-6-(4-hydroxybenzoyloxy)benzoic acid	$C_{14}H_{10}O_7$	M	[9]
10-2-40	2,4-dihydroxy-6-(3,4,5-trihydroxybenzoyloxy)benzoic acid	$C_{14}H_{10}O_9$	M	[9]
10-2-41	atranorin	$C_{19}H_{18}O_8$	C	[10]
10-2-42	5-chloroatranorin	$C_{19}H_{17}ClO_8$	C	[10]
10-2-43	5,5'-dichloroatranorin	$C_{19}H_{16}Cl_2O_8$	C	[10]
10-2-44	4-氟苯乙酸-2-(甲氧羰基甲基)苯酚酯	$C_{17}H_{15}FO_4$	D	[11]
10-2-45	4-氯苯乙酸-2-(甲氧羰基甲基)苯酚酯	$C_{17}H_{15}ClO_4$	D	[11]
10-2-46	4-溴苯乙酸-2-(甲氧羰基甲基)苯酚酯	$C_{17}H_{15}BrO_4$	D	[11]
10-2-47	3-氟苯乙酸-2-(甲氧羰基甲基)苯酚酯	$C_{17}H_{15}FO_4$	D	[11]
10-2-48	3-溴苯乙酸-2-(甲氧羰基甲基)苯酚酯	$C_{17}H_{15}BrO_4$	D	[11]
10-2-49	3-甲氧基苯乙酸-2-(甲氧羰基甲基)苯酚酯	$C_{18}H_{18}O_5$	D	[11]
10-2-50	3，4-二甲氧基苯乙酸-2-(甲氧羰基甲基)苯酚酯	$C_{19}H_{20}O_6$	D	[11]
10-2-51	3，4-二乙氧基苯乙酸-2-(甲氧羰基甲基)苯酚酯	$C_{21}H_{24}O_6$	D	[11]
10-2-52	4-氟苯乙酸-2-(乙氧羰基甲基)苯酚酯	$C_{18}H_{17}FO_4$	D	[11]
10-2-53	4-氯苯乙酸-2-(乙氧羰基甲基)苯酚酯	$C_{18}H_{17}ClO_4$	D	[11]

续表

编号	名称	分子式	测试溶剂	参考文献
10-2-54	4-溴苯乙酸-2-(乙氧羰基甲基)苯酚酯	$C_{18}H_{17}BrO_4$	D	[11]
10-2-55	3-氟苯乙酸-2-(乙氧羰基甲基)苯酚酯	$C_{18}H_{17}FO_4$	D	[11]
10-2-56	3-溴苯乙酸-2-(乙氧羰基甲基)苯酚酯	$C_{18}H_{17}BrO_4$	D	[11]
10-2-57	3-甲氧基苯乙酸-2-(乙氧羰基甲基)苯酚酯	$C_{19}H_{20}O_5$	D	[11]
10-2-58	3,4-二甲氧基苯乙酸-2-(乙氧羰基甲基)苯酚酯	$C_{20}H_{22}O_6$	D	[11]
10-2-59	3,4-二乙氧基苯乙酸-2-(乙氧羰基甲基)苯酚酯	$C_{22}H_{26}O_6$	D	[11]
10-2-60	4-甲基苯甲酸-2-(甲氧羰基甲基)苯酚酯	$C_{17}H_{16}O_4$	D	[11]
10-2-61	3-硝基苯甲酸-2-(甲氧羰基甲基)苯酚酯	$C_{16}H_{13}NO_6$	D	[11]
10-2-62	2-氯苯甲酸-2-(甲氧羰基甲基)苯酚酯	$C_{16}H_{13}ClO_4$	D	[11]
10-2-63	4-氯苯甲酸-2-(甲氧羰基甲基)苯酚酯	$C_{16}H_{13}ClO_4$	D	[11]
10-2-64	3,5-二甲氧基苯甲酸-2-(甲氧羰基甲基)苯酚酯	$C_{18}H_{18}O_6$	D	[11]
10-2-65	4-甲基苯甲酸-2-(乙氧羰基甲基)苯酚酯	$C_{18}H_{18}O_4$	D	[11]
10-2-66	3-硝基苯甲酸-2-(乙氧羰基甲基)苯酚酯	$C_{17}H_{15}NO_6$	D	[11]
10-2-67	2-氯苯甲酸-2-(乙氧羰基甲基)苯酚酯	$C_{17}H_{15}ClO_4$	D	[11]
10-2-68	4-氯苯甲酸-2-(乙氧羰基甲基)苯酚酯	$C_{17}H_{15}ClO_4$	D	[11]
10-2-69	3,5-二甲氧基苯甲酸-2-(乙氧羰基甲基)苯酚酯	$C_{19}H_{20}O_6$	D	[11]
10-2-70	2-氟苯甲酸-2-(乙氧羰基甲基)苯酚酯	$C_{18}H_{17}FO_4$	D	[11]
10-2-71	3-氯苯甲酸-2-(乙氧羰基甲基)苯酚酯	$C_{17}H_{15}ClO_4$	D	[11]
10-2-72	2-溴苯甲酸-2-(乙氧羰基甲基)苯酚酯	$C_{18}H_{17}BrO_4$	D	[11]
10-2-73	2-硝基苯甲酸-2-(乙氧羰基甲基)苯酚酯	$C_{17}H_{15}NO_6$	D	[11]
10-2-74	2-甲氧基苯甲酸-2-(乙氧羰基甲基)苯酚酯	$C_{19}H_{20}O_5$	D	[11]
10-2-75	4-硝基苯甲酸-2-(乙氧羰基甲基)苯酚酯	$C_{17}H_{15}NO_6$	D	[11]
10-2-76	2-甲基苯甲酸-2-(乙氧羰基甲基)苯酚酯	$C_{17}H_{15}NO_6$	D	[11]
10-2-77	cladonioidesin	$C_{19}H_{18}O_9$	D	[12]
10-2-78	barbatic acid	$C_{19}H_{20}O_7$	D	[13]
10-2-79	hypotrachynic acid	$C_{19}H_{16}O_{10}$	C	[14]
10-2-80	jaboticabin	$C_{16}H_{14}O_8$	M	[15]
10-2-81	2-*O*-(3,4-dihydroxybenzoyl)-2,4,6-trihydroxyphenylacetic acid	$C_{15}H_{12}O_8$	M	[15]
10-2-82	CRM646-A	$C_{36}H_{50}O_{13}$	C	[16]
10-2-83	CRM646-B	$C_{37}H_{52}O_{13}$	A	[16]
10-2-84	methyl lecanorate	$C_{17}H_{16}O_7$	D	[17]
10-2-85	methyl evernate	$C_{18}H_{18}O_7$	D	[17]
10-2-86	papulosic acid	$C_{16}H_{14}O_8$	D	[17]
10-2-87	gyrophoric acid	$C_{24}H_{20}O_{10}$	D	[17]
10-2-88	hiascic acid	$C_{24}H_{20}O_{11}$	D	[17]
10-2-89	ovoic acid	$C_{25}H_{22}O_{10}$	D	[17]
10-2-90	umbilicaric acid	$C_{25}H_{22}O_{10}$	D	[17]
10-2-91	crustinic acid	$C_{24}H_{20}O_{11}$	D	[17]
10-2-92	lasallic acid	$C_{24}H_{20}O_{11}$	D	[17]
10-2-93	methyl gyrophorate	$C_{25}H_{22}O_{10}$	D	[17]
10-2-94	4-*O*-methylgyrophoric acid	$C_{25}H_{22}O_{10}$	D	[17]
10-2-95	tenuiorin	$C_{26}H_{24}O_{10}$	D	[17]
10-2-96	deliseic acid	$C_{26}H_{22}O_{12}$	D	[17]
10-2-97	methyl 4-*O*-methyldeliseate	$C_{28}H_{26}O_{12}$	D	[17]
10-2-98	gustastatin	$C_{31}H_{40}O_9$	C	[18]
10-2-99	salvianolic acid P	$C_{27}H_{22}O_{12}$	D	[19]

续表

编号	名称	分子式	测试溶剂	参考文献
10-2-100	galloyltyrosine	$C_{16}H_{15}NO_7$	M	[20]
10-2-101	digalloyltyrosine	$C_{23}H_{19}NO_{11}$	M	[20]
10-2-102	trigalloyltyrosine	$C_{30}H_{23}NO_{15}$	M	[20]

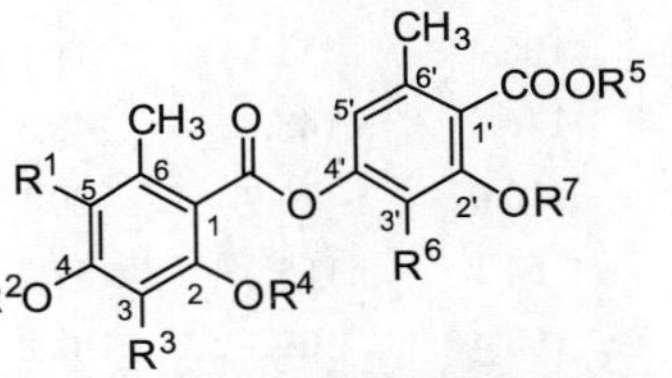

10-2-1 $R^1=R^4=R^6=R^7=H$; $R^2=R^3=R^5=Me$
10-2-2 $R^1=R^2=R^4=R^5=R^7=H$; $R^3=R^6=Me$
10-2-3 $R^1=Cl$; $R^2=R^4=R^5=R^7=H$; $R^3=R^6=Me$
10-2-4 $R^1=Cl$; $R^2=R^4=R^7=H$; $R^3=R^5=R^6=Me$
10-2-5 $R^1=R^5=R^7=H$; $R^2=R^3=R^4=R^6=Me$
10-2-6 $R^1=R^7=H$; $R^2=R^3=R^4=R^5=R^6=Me$
10-2-7 $R^1=R^2=R^4=R^7=H$; $R^3=CHO$; $R^5=R^6=Me$
10-2-8 $R^1=Cl$; $R^2=R^4=R^7=H$; $R^3=CHO$; $R^5=R^6=Me$
10-2-9 $R^1=R^4=R^5=R^7=H$; $R^3=CHO$; $R^2=R^6=Me$
10-2-10 $R^1=R^3=R^4=R^5=R^6=H$; $R^2=R^7=Me$
10-2-11 $R^1=R^2=R^3=R^4=R^5=R^6=R^7=H$
10-2-12 $R^1=R^3=R^6=H$; $R^2=R^4=R^5=R^7=Me$
10-2-13 $R^1=R^3=Cl$; $R^2=R^4=R^6=R^7=H$; $R^5=Me$

表 10-2-2 化合物 10-2-1~10-2-10 的 ^{13}C NMR 数据[1]

C	10-2-1	10-2-2	10-2-3	10-2-4	10-2-5	10-2-6	10-2-7	10-2-8	10-2-9	10-2-10
1	104.7	103.2	110.7	116.1	119.4	119.6	103.0	108.9	112.2	107.8
2	162.8	162.5	155.7	155.0	159.5	159.9	169.0	166.2	160.8	161.0
3	111.4	108.7	111.1	111.8	116.1	117.0	108.7	112.9	108.2	100.8
4	162.3	161.0	154.5	154.2	156.4	157.0	167.5	163.4	162.9	161.7
5	106.5	111.2	114.5	114.0	108.4	108.0	112.8	115.9	104.3	110.5
6	140.5	139.5	133.0	132.6	134.8	135.2	152.3	149.0	148.8	141.0
1'	110.4	115.9	115.8	116.3	116.5	117.3	116.8	116.9	115.9	116.3
2'	164.3	161.8	161.5	158.2	161.7	162.8	162.8	162.9	161.5	159.5
3'	108.7	111.2	111.8	114.2	111.0	109.8	110.4	110.6	113.2	107.8
4'	154.2	151.9	152.1	151.5	152.4	153.2	152.1	152.0	152.2	152.7
5'	116.5	116.2	115.9	115.8	115.8	116.2	116.0	115.8	115.7	115.3
6'	143.3	139.2	139.1	137.0	139.3	139.2	139.8	139.9	139.0	142.0

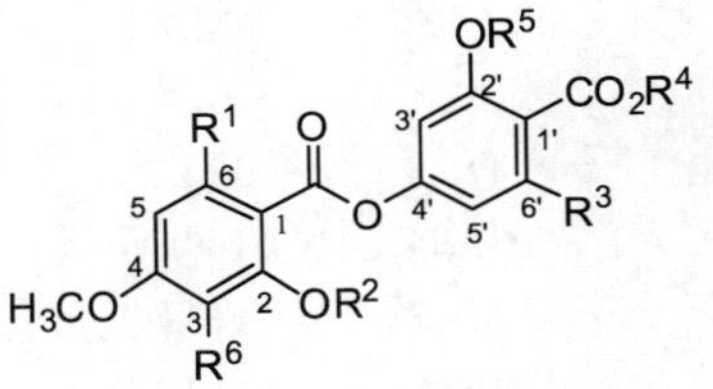

10-2-14 $R^1=R^3=n\text{-}C_3H_7$; $R^2=R^5=H$; $R^4=Me$; $R^6=Cl$
10-2-15 $R^1=R^3=n\text{-}C_5H_{11}$; $R^2=R^4=R^5=R^6=H$
10-2-16 $R^1=R^3=n\text{-}C_5H_{11}$; $R^2=R^4=R^6=H$; $R^5=Me$
10-2-17 $R^1=R^3=n\text{-}C_5H_{11}$; $R^2=R^4=R^5=Me$; $R^6=H$
10-2-18 $R^1=CH_2COOH$; $R^3=n\text{-}C_5H_{11}$; $R^2=R^4=R^5=R^6=H$
10-2-19 $R^1=CH_2COOH$; $R^3=n\text{-}C_5H_{11}$; $R^2=R^4=R^6=H$; $R^5=Me$

表 10-2-3 化合物 10-2-11~10-2-19 的 ^{13}C NMR 数据[1]

C	10-2-11	10-2-12	10-2-13	10-2-14	10-2-15	10-2-16	10-2-17	10-2-18	10-2-19
1	109.9	114.8	110.2	105.1	105.0	103.6	115.0	105.6	105.6
2	162.0	161.8	150.7	160.2	166.4	166.3	161.8	166.6	166.7
3	99.2	96.1	108.6	107.6	99.7	99.6	96.1	100.5	100.5
4	162.6	157.3	151.4	159.5	165.5	164.7	158.4	165.7	165.5
5	108.7	106.8	114.1	106.4	111.5	111.1	106.0	113.6	113.7
6	140.4	138.8	132.8	146.8	148.8	148.3	143.5	140.8	140.9
1'	116.1	121.1	118.3	110.0	110.9	120.1	120.9	111.2	123.5
2'	159.6	158.7	156.3	164.1	165.0	157.7	157.2	164.9	158.0
3'	107.7	102.7	106.8	108.4	109.2	102.8	102.6	109.3	104.1
4'	152.6	152.3	151.4	153.4	154.9	151.6	152.4	154.6	151.8
5'	115.1	115.2	115.2	115.5	116.5	114.6	114.2	116.4	115.2
6'	140.2	137.6	137.6	148.1	149.3	143.3	142.5	149.2	142.8

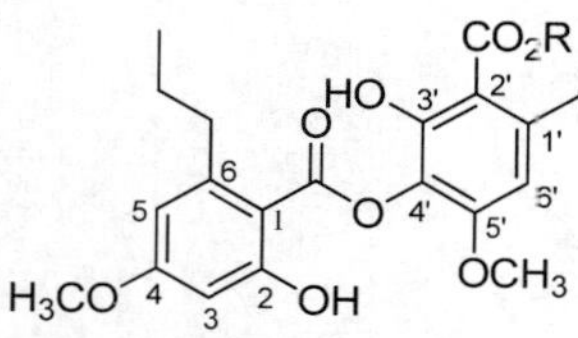

10-2-20 R=H
10-2-21 R=Me

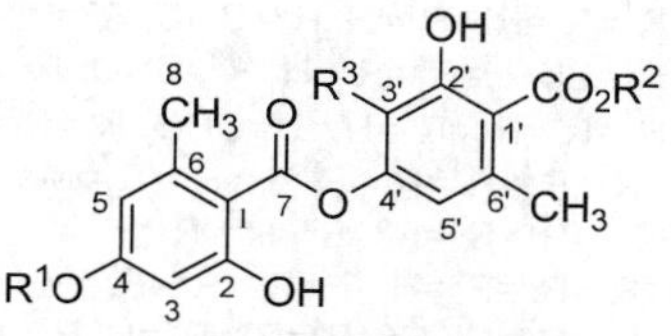

10-2-22 $R^1=R^3=Me$; $R^2=H$
10-2-23 $R^1=H$; $R^2=R^3=Me$
10-2-24 $R^1=R^2=R^3=H$

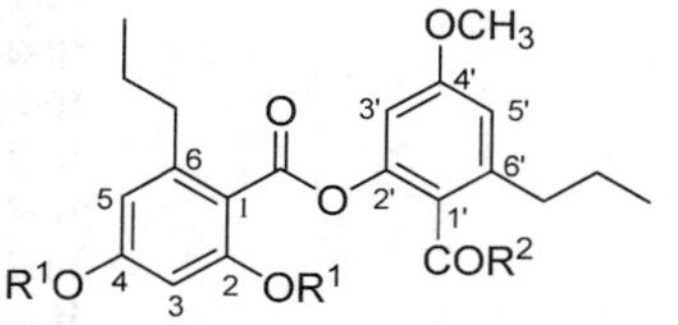

10-2-25 $R^1=H$; $R^2=OH$
10-2-26 $R^1=Ac$; $R^2=OH$
10-2-27 $R^1=Ac$; $R^2=OMe$

表 10-2-4 化合物 10-2-20~10-2-24 的 ^{13}C NMR 数据[1]

C	10-2-20	10-2-21	10-2-22	10-2-23	10-2-24[2]	C	10-2-20	10-2-21	10-2-22	10-2-23	10-2-24[2]
1	105.2	104.3	108.0	105.5	108.3	1'	106.3	105.9	115.9	116.2	116.6
2	165.9	164.4	162.1	162.2	160.2	2'	157.3	155.8	152.1	152.0	158.8
3	99.7	98.7	99.0	100.8	100.5	3'	125.6	124.7	109.2	111.0	107.5
4	165.3	165.3	162.9	162.7	161.2	4'	156.4	155.2	161.7	159.9	152.3
5	111.4	110.7	110.3	111.8	109.9	5'	106.9	105.9	115.9	116.9	114.8
6	149.0	148.5	140.9	141.7	140.4	6'	146.8	145.3	139.4	137.9	139.6

表 10-2-5 化合物 10-2-25~10-2-27 的 ^{13}C NMR 数据[3]

C	10-2-25	10-2-26	10-2-27	C	10-2-25	10-2-26	10-2-27
1	106.2	116.6	116.8	6-丙基	38.5	36.5	36.4
2	164.4	151.0	150.9		25.5	24.7	24.7
3	99.0	106.5	106.5		13.6	14.0	14.0
4	164.6	162.0	162.0	1'	115.8	122.7	123.9
5	110.2	113.9	113.8	2'	152.4	149.8	149.1
6	147.4	145.8	145.8	3'	107.3	114.4	114.1
7	164.6	163.9	163.9	4'	163.5	152.3	151.7
4-OMe	54.9	55.6	55.6	5'	114.3	120.3	119.9

续表

C	10-2-25	10-2-26	10-2-27	C	10-2-25	10-2-26	10-2-27
6'	148.5	145.0	144.1		13.6	14.0	13.9
7'	169.5	171.0	166.5	Ac		169.4/20.9	169.2/21.0
6'-丙基	37.4	36.0	35.8	COOMe			52.3
	25.1	24.3	24.1				

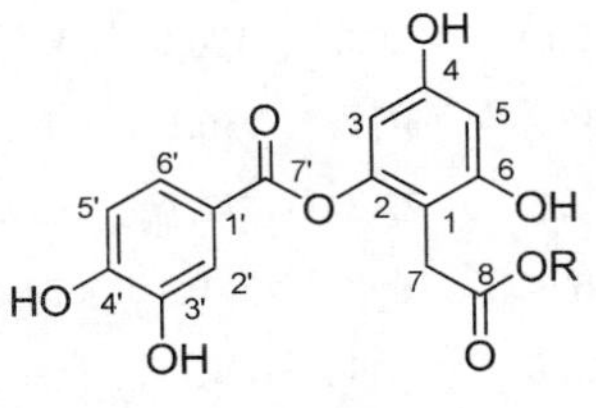

10-2-28 R=Me
10-2-29 R=H

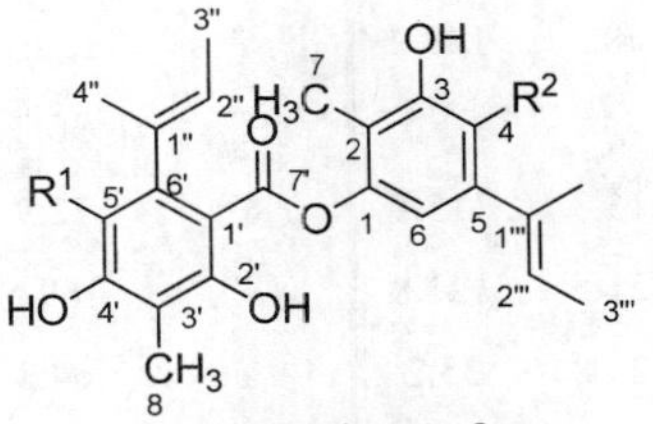

10-2-30 R^1=Cl; R^2=H
10-2-31 R^1=R^2=H
10-2-32 R^1=H; R^2=COOH

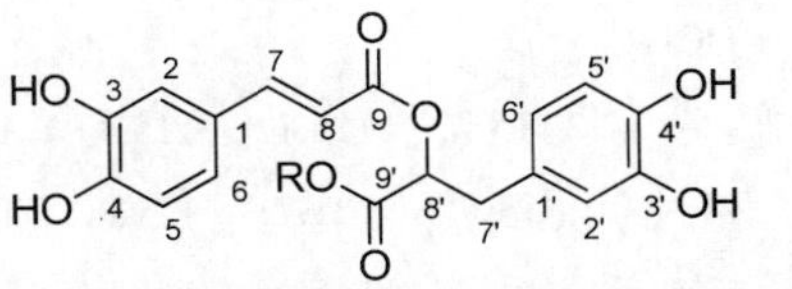

10-2-33 R=$CH_2CH_2CH_2CH_3$
10-2-34 R=CH_2CH_3
10-2-35 R=CH_3
10-2-36 R=H

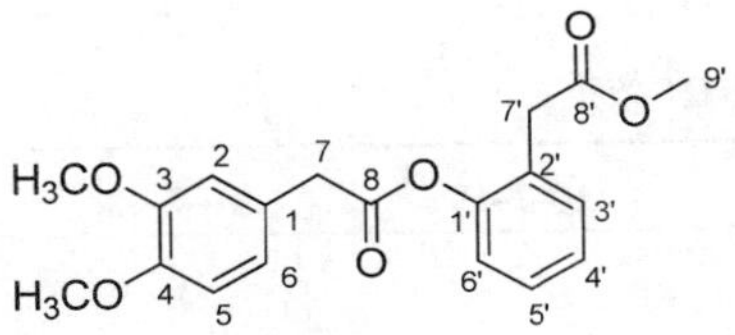

10-2-37

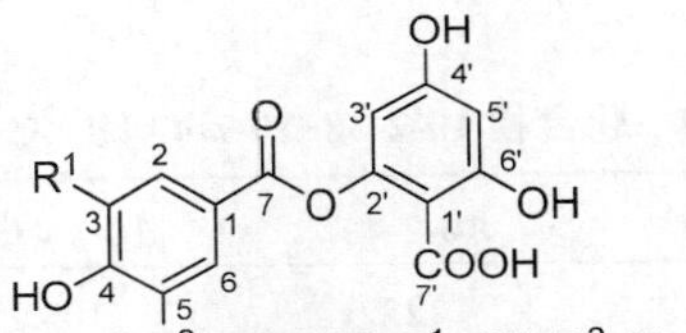

10-2-38 R^1=OH; R^2=H
10-2-39 R^1=R^2=H
10-2-40 R^1=R^2=OH

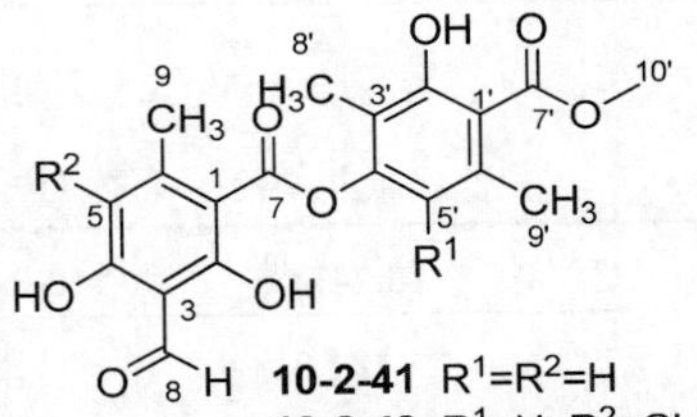

10-2-41 R^1=R^2=H
10-2-42 R^1=H; R^2=Cl
10-2-43 R^1=R^2=Cl

表 10-2-6 化合物 10-2-28~10-2-32 的 ^{13}C NMR 数据

C	10-2-28[4]	10-2-29[4]	10-2-30[5]	10-2-31[6]	10-2-32[6]	C	10-2-28[4]	10-2-29[4]	10-2-30[5]	10-2-31[6]	10-2-32[6]
1	107.1	107.7	154.3	149.7	151.2	5'	116.1	116.1	111.3	108.4	108.4
2	158.6	158.5	115.1	115.1	116.4	6'	124.4	124.5	135.0	146.2	146.0
3	101.0	101.2	149.5	156.1	159.4	7'	166.3	166.4	169.6	168.6	168.1
4	158.4	158.6	110.2	109.2	112.4	OMe	52.3				
4-CO					171.7	1''			143.8	137.6	137.5
5	102.1	102.1	134.0	141.5	145.6	2''			122.9	120.7	120.9
6	152.4	152.4	110.8	109.1	113.2	3''			13.5	13.6	13.5
7	29.9	30.3	9.0	8.9	9.0	4''			17.0	18.4	18.3
8	174.3	176.1	8.7	8.1	8.1	1'''			143.2	134.1	137.4
1'	121.7	121.8	104.9	104.5	104.6	2'''			122.8	121.6	121.0
2'	117.8	117.9	154.4	159.8	159.8	3'''			14.2	14.1	13.7
3'	146.5	146.4	112.1	109.1	109.4	4'''			15.2	15.0	18.2
4'	152.5	152.5	160.8	159.8	159.8						

表 10-2-7 化合物 10-2-33~10-2-37 的 ^{13}C NMR 数据

C	10-2-33[7]	10-2-34[7]	10-2-35[7]	10-2-36[7]	10-2-37[8]	C	10-2-33[7]	10-2-34[7]	10-2-35[7]	10-2-36[7]	10-2-37[8]
1	125.9	125.3	125.3	125.3	131.6	2'	116.7	116.7	116.6	116.6	131.6
2	115.4	115.4	112.9	113.2	112.7	3'	145.0	148.7	144.9	144.8	131.1
3	148.7	145.6	145.5	145.5	159.6	4'	144.1	144.1	144.0	143.9	127.0
3-OCH$_3$					55.1	5'	114.9	115.0	115.7	115.7	128.2
4	145.6	145.0	148.6	148.5	149.2	6'	120.1	120.1	120.0	120.0	122.6
4-OCH$_3$					51.5	7'	36.2	36.2	36.1	36.1	35.2
5	115.7	115.8	115.4	115.3	115.4	8'	72.9	72.8	72.7	72.7	169.5
6	121.7	121.7	121.8	121.5	121.8	9'	169.5	169.4	169.8	170.7	51.5
7	146.3	146.3	146.2	145.8	35.2	a	64.3	60.8	51.9		
8	112.9	112.9	114.8	114.8	170.8	b	30.0	14.0			
9	165.9	165.9	165.8	165.8		c	18.5				
1'	126.5	126.6	126.6	127.2	159.6	d	13.5				

表 10-2-8 化合物 10-2-38~10-2-43 的 ^{13}C NMR 数据

C	10-2-38[9]	10-2-39[9]	10-2-40[9]	10-2-41[10]	10-2-42[10]	10-2-43[2]
1	124.5	122.0	122.0	103.2	103.6	103.6
2	118.0	133.5	110.8	166.7	166.7	166.7
3	146.3	116.3	146.5	109.1	109.1	109.1
4	152.2	164.0	140.2			
5	116.0	116.3	146.5	112.9	115.6	115.6
6	122.3	133.5	110.8	152.6	149.1	149.1
7	167.2	167.1	167.4	167.4	167.4	167.4
8				193.8	193.9	193.9
9				25.6	21.3	21.5
1'	104.6	104.6	104.5	110.9	111.2	111.9
2'	154.9	154.9	154.9	163.2	159.6	159.6
3'	101.7	101.7	101.7	117.1	119.1	119.1
4'	166.6	166.6	166.5	152.0	148.8	148.8
5'	100.6	100.6	100.6	116.1	116.2	118.4
6'	164.8	164.8	164.8	140.4	136.6	136.6
7'	172.5	172.5	172.4	172.7	171.2	171.2
8'				9.7	9.9	10.5
9'				24.2	24.3	19.8
10'				52.7	52.6	53.1

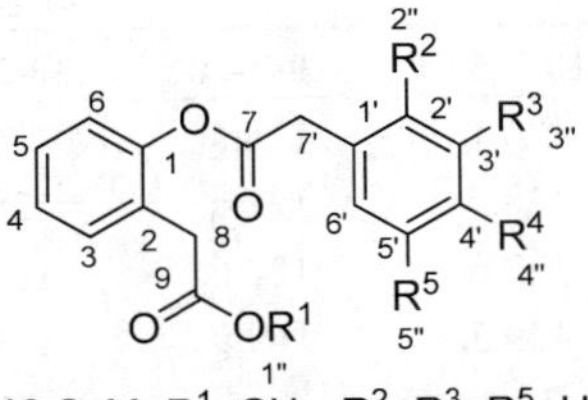

10-2-44 R^1=CH_3; R^2=R^3=R^5=H; R^4=F
10-2-45 R^1=CH_3; R^2=R^3=R^5=H; R^4=Cl
10-2-46 R^1=CH_3; R^2=R^3=R^5=H; R^4=Br
10-2-47 R^1=CH_3; R^2=R^4=R^5=H; R^3=Cl
10-2-48 R^1=CH_3; R^2=R^4=R^5=H; R^3=Br
10-2-49 R^1=CH_3; R^2=R^4=R^5=H; R^3=OCH_3
10-2-50 R^1=CH_3; R^2=R^5=H; R^3=R^4=OCH_3
10-2-51 R^1=CH_3; R^2=R^5=H; R^3=R^4=OCH_2CH_3
10-2-52 R^1=CH_2CH_3; R^2=R^3=R^5=H; R^4=F
10-2-53 R^1=CH_2CH_3; R^2=R^3=R^5=H; R^4=Cl
10-2-54 R^1=CH_2CH_3; R^2=R^3=R^5=H; R^4=Br
10-2-55 R^1=CH_2CH_3; R^2=R^4=R^5=H; R^3=Cl
10-2-56 R^1=CH_2CH_3; R^2=R^4=R^5=H; R^3=Br
10-2-57 R^1=CH_2CH_3; R^2=R^4=R^5=H; R^3=OCH_3
10-2-58 R^1=CH_2CH_3; R^2=R^5=H; R^3=R^4=OCH_3
10-2-59 R^1=CH_2CH_3; R^2=R^5=H; R^3=R^4=OCH_2CH_3

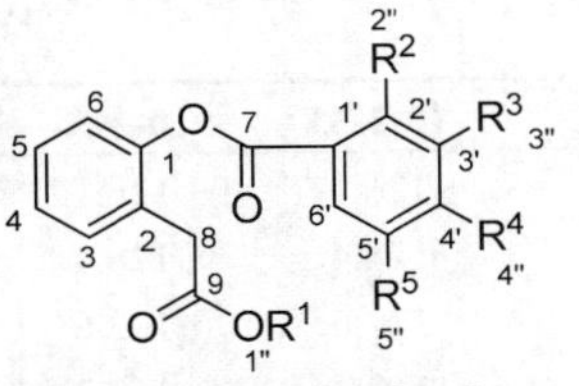

10-2-60 R^1=CH_3; R^2=R^3=R^5=H; R^4=CH_3
10-2-61 R^1=CH_3; R^2=R^4=R^5=H; R^3=NO_2
10-2-62 R^1=CH_3; R^3=R^4=R^5=H; R^2=Cl
10-2-63 R^1=CH_3; R^2=R^4=R^5=H; R^4=Cl
10-2-64 R^1=CH_3; R^2=R^4=H; R^3=R^5=OCH_3
10-2-65 R^1=CH_2CH_3; R^2=R^3=R^5=H; R^4=CH_3
10-2-66 R^1=CH_2CH_3; R^2=R^4=R^5=H; R^3=NO_2
10-2-67 R^1=CH_2CH_3; R^3=R^4=R^5=H; R^2=Cl
10-2-68 R^1=CH_2CH_3; R^2=R^4=R^5=H; R^4=Cl
10-2-69 R^1=CH_2CH_3; R^2=R^4=H; R^3=R^5=OCH_3
10-2-70 R^1=CH_2CH_3; R^3=R^4=R^5=H; R^2=F
10-2-71 R^1=CH_2CH_3; R^2=R^4=R^5=H; R^3=Cl
10-2-72 R^1=CH_2CH_3; R^3=R^4=R^5=H; R^2=Br
10-2-73 R^1=CH_2CH_3; R^3=R^4=R^5=H; R^2=NO_2
10-2-74 R^1=CH_2CH_3; R^3=R^4=R^5=H; R^2=OCH_3
10-2-75 R^1=CH_2CH_3; R^2=R^4=R^5=H; R^4=NO_2
10-2-76 R^1=CH_2CH_3; R^3=R^4=R^5=H; R^2=CH_3

表 10-2-9 化合物 10-2-44~10-2-51 的 ^{13}C NMR 数据[11]

C	10-2-44	10-2-45	10-2-46	10-2-47	10-2-48	10-2-49	10-2-50	10-2-51
1	149.2	149.1	149.0	149.1	149.1	149.2	149.1	149.2
2	131.7	132.1	131.9	131.7	131.6	131.6	131.6	131.7
3	130.1	131.5	131.6	130.3	130.1	131.1	131.6	131.7
4	126.1	126.1	126.9	126.2	126.2	127.0	126.1	126.1
5	128.2	128.4	128.4	128.4	128.2	128.2	128.4	128.5
6	122.6	122.6	122.5	122.5	122.6	122.6	122.6	122.6
7	169.6	169.3	169.2	169.3	169.3	169.5	169.8	169.9
8	35.4	35.3	35.2	35.2	35.3	35.2	35.2	35.8
9	170.8	170.7	170.6	170.8	170.7	170.8	170.8	170.8
1'	127.1	132.9	133.3	136.3	136.6	135.3	126.3	126.3
2'	131.7	131.5	131.9	129.7	132.6	121.8	113.5	113.9
3'	115.2	128.4	131.6	133.2	119.0	159.6	149.1	148.4
4'	169.6	132.9	122.5	127.0	128.9	112.7	148.2	147.7
5'	115.2	128.4	131.6	115.0	131.1	115.4	121.8	122.0
6'	131.7	131.5	131.9	127.2	127.0	127.0	127.0	127.0
7'	35.4	35.3	35.2	35.2	35.3	35.2	35.2	35.8
1"	51.4	51.8	51.8	51.5	51.5	51.5	51.8	51.8
3"						55.1	55.6	64.1,15.0
4"							55.6	64.1,15.0

表 10-2-10 化合物 10-2-52~10-2-59 的 ^{13}C NMR 数据[11]

C	10-2-52	10-2-53	10-2-54	10-2-55	10-2-56	10-2-57	10-2-58	10-2-59
1	149.1	149.1	149.1	149.1	149.1	149.2	149.2	149.2
2	131.7	131.7	131.6	131.7	131.7	131.7	131.6	131.6
3	128.4	128.6	131.5	130.4	130.4	131.2	131.2	131.6

续表

C	10-2-52	10-2-53	10-2-54	10-2-55	10-2-56	10-2-57	10-2-58	10-2-59
4	126.1	126.1	126.1	126.2	126.2	126.1	126.1	126.1
5	128.2	128.4	128.4	128.4	128.4	128.4	128.4	128.4
6	122.6	122.6	122.6	122.6	122.6	122.6	122.6	122.6
7	169.6	169.4	169.2	169.2	169.3	169.5	169.9	169.9
8	35.5	35.6	35.6	35.5	35.5	35.5	35.5	35.5
9	170.3	170.3	170.3	170.3	170.0	170.3	170.4	170.3
1'	131.6	132.2	133.8	136.4	136.7	135.3	128.2	127.1
2'	128.2	131.7	132.0	129.7	132.7	115.4	113.4	113.6
3'	115.5	128.6	131.6	133.2	121.8	159.6	148.9	148.3
4'	163.2	133.0	120.6	127.2	130.1	112.7	148.2	147.6
5'	115.2	128.6	131.6	130.4	130.7	129.7	115.0	115.1
6'	127.1	131.7	132.0	127.2	128.9	121.9	121.8	121.9
7'	35.5	35.6	35.6	35.5	35.5	35.5	35.5	35.5
1"	60.5	60.6	60.0	60.6	60.6	60.5	60.5	60.5
	14.1	14.1	14.2	14.2	14.3	14.3	14.3	14.1
3"						55.1	55.7	64.0
								15.0
4"							55.7	64.0
								15.0

表 10-2-11　化合物 10-2-60~10-2-68 的 ^{13}C NMR 数据[11]

C	10-2-60	10-2-61	10-2-62	10-2-63	10-2-64	10-2-65	10-2-66	10-2-67	10-2-68
1	149.3	148.9	149.1	149.1	149.2	149.0	149.0	149.2	149.1
2	131.6	131.9	131.9	131.8	131.8	132.0	131.9	131.8	131.8
3	129.9	130.6	131.3	131.7	130.9	130.8	130.7	130.9	129.3
4	126.1	126.6	126.5	126.4	126.3	126.5	126.6	126.3	126.4
5	128.5	128.1	128.8	128.1	128.6	128.7	128.6	128.5	128.6
6	122.8	122.7	122.7	122.8	122.8	122.7	122.8	122.8	122.8
7	164.0	162.4	163.1	163.3	163.8	163.0	162.4	163.7	163.3
8	35.2	35.2	35.8	35.9	35.9	36.0	36.1	36.1	35.9
9	170.8	170.8	170.8	170.8	170.8	170.4	170.4	170.4	170.8
1'	127.2	131.1	131.9	128.6	131.8	127.4	131.1	131.8	128.1
2'	129.9	124.2	134.1	131.7	107.5	130.8	124.2	135.1	131.7
3'	129.6	148.2	128.8	129.3	160.8	130.6	148.2	128.5	128.6
4'	144.7	126.6	133.0	139.3	106.1	134.3	127.2	135.4	139.3
5'	129.6	130.6	127.6	129.3	160.8	130.6	130.7	126.3	128.6
6'	129.9	135.7	131.3	131.7	107.5	130.8	136.0	131.8	131.7
1"	51.7	51.7	51.8	51.8	51.8	60.5	60.6	60.5	51.8
2"						14.0	14.0	13.9	14.2
3"					55.8				
4"	21.4					24.3			
5"					55.8				

表 10-2-12 化合物 10-2-69~10-2-76 的 ^{13}C NMR 数据[11]

C	10-2-69	10-2-70	10-2-71	10-2-72	10-2-73	10-2-74	10-2-75	10-2-76
1	149.3	149.1	149.2	149.1	149.0	149.2	149.0	149.0
2	131.8	131.7	131.8	132.0	131.9	131.7	131.9	132.0
3	130.0	130.2	130.9	131.5	130.7	129.7	130.7	130.6
4	126.2	126.1	126.3	126.1	126.6	126.1	126.6	126.5
5	128.5	128.4	128.5	128.4	128.6	128.4	128.6	128.7
6	122.9	122.6	122.8	122.6	122.8	122.6	122.8	122.7
7	164.0	169.6	163.7	169.2	162.4	169.5	162.4	166.9
8	36.1	35.5	36.1	35.6	36.1	35.5	36.1	36.0
9	170.4	170.3	170.4	170.3	170.4	170.3	170.4	170.4
1'	129.7	115.5	131.8	131.6	127.2	112.7	131.1	130.8
2'	106.8	163.2	130.9	120.6	148.2	159.6	124.2	134.3
3'	144.8	115.2	160.8	131.5	124.2	115.4	148.2	130.6
4'	105.6	160.0	107.6	133.4	136.0	135.3	127.2	132.9
5'	144.8	127.1	130.9	127.1	136.0	121.9	130.7	127.2
6'	106.8	131.7	127.3	132.0	131.1	131.2	136.0	130.6
1"	60.5	60.5	60.5	60.6	60.6	60.5	60.6	60.5
	14.0	14.1	13.9	14.2	14.0	14.3	14.0	14.0
2"						55.1		17.5
3"	55.9							
5"	55.9							

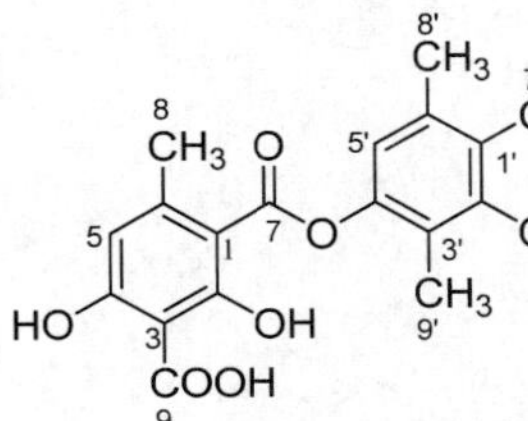

10-2-77

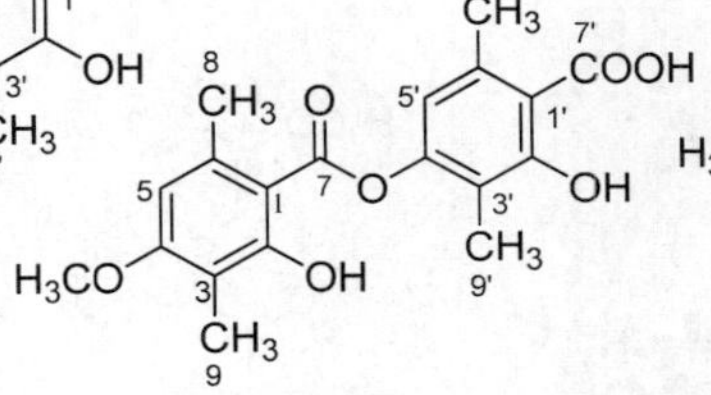

10-2-78

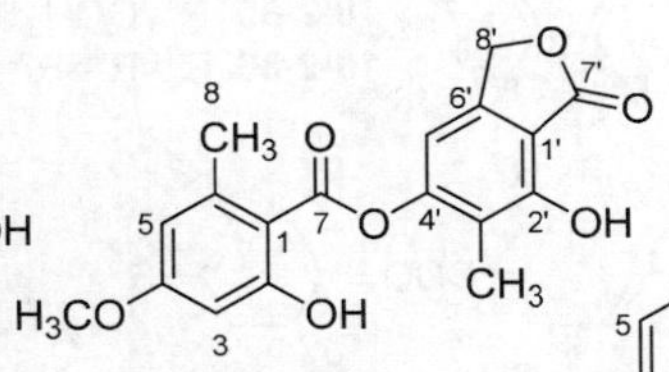

10-2-79

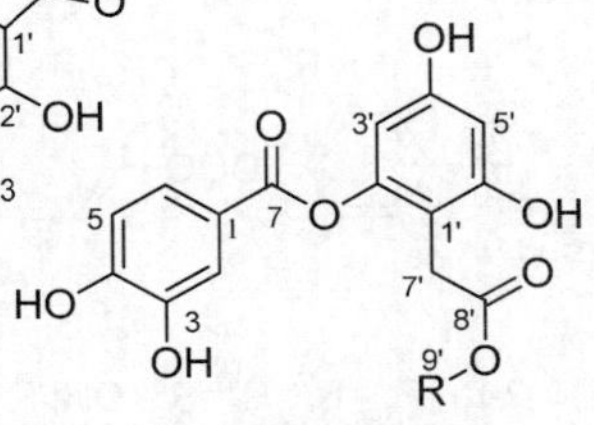

10-2-80 R=Me
10-2-81 R=H

表 10-2-13 化合物 10-2-77~10-2-81 的 ^{13}C NMR 数据

C	10-2-77[12]	10-2-78[13]	10-2-79[14]	10-2-80[15]	10-2-81[15]	C	10-2-77[12]	10-2-78[13]	10-2-79[14]	10-2-80[15]	10-2-81[15]
1	110.3	110.0	114.5	120.3	120.3	1'	114.3	159.4	107.2	105.7	105.7
2	165.3	151.8	163.2	116.4	116.4	2'	157.9	111.4	152.9	157.0	157.0
3	100.8		100.9	145.0	145.0	3'	116.4	161.3	120.9	99.6	99.6
4	163.0	106.3	161.6	145.0	145.0	4'	152.0	116.1	150.1	157.2	157.2
4-OCH$_3$		55.7	56.0			5'	115.9	139.0	101.3	100.7	100.7
5	108.3	107.1	111.3	114.7	114.7	6'	136.7	116.1		151.1	151.1
6	142.7	138.9	144.9	122.9	122.9	7'	169.9	173.2	164.4	28.5	28.5
7	161.2	168.6	169.3	164.9	164.9	8'	21.2	23.8	58.6	172.9	176.3
8	20.3	22.8	22.6			9'	9.2	9.1	8.9	50.9	
9	173.4	8.1									

10-2-82 R=H
10-2-83 R=CH_3

表 10-2-14 化合物 10-2-82 和 10-2-83 的 ^{13}C NMR 数据[16]

C	10-2-82	10-2-83	C	10-2-82	10-2-83	C	10-2-82	10-2-83
1	107.4	108.4	11~18	29.2	29.7	6'	114.3	115.5
2	159.4	153.2	19	28.9	29.4	7'	170.2	165.2
3	100.0	101.1	20	31.5	31.0	8'	21.8	23.6
4	160.8	162.6	21	22.3	24.2	1"	101.5	101.1
5	107.4	109.1	22	14.1	14.7	2"	73.1	76.7
6	143.4	148.5	1'	157.5	153.2	3"	71.6	74.3
7	166.4	164.4	2'	107.4	108.4	4"	75.8	72.7
8	29.2	29.9	3'	160.8	162.6	5"	76.0	77.1
9	31.1	31.0	4'	113.8	112.3	6"	171.3	170.2
10	29.0	29.4	5'	140.6	148.5	OCH_3		24.2

10-2-84 R^1=R^3=OH; R^2=$COOCH_3$; R^4=R^5=H; R^6=CH_3
10-2-85 R^1=OCH_3; R^2=$COOCH_3$; R^3=OH; R^4=R^5=H; R^6=CH_3
10-2-86 R^1=R^4=R^5=OH; R^2=CH_3; R^3=H; R^6=COOH

10-2-87 R^1=R^2=R^4=R^6=OH; R^3=R^7=R^8=H; R^5=COOH; R^9=CH_3
10-2-88 R^1=R^2=R^3=R^4=R^6=OH; R^7=R^8=H; R^5=COOH; R^9=CH_3
10-2-89 R^1=R^2=R^6=OH; R^3=R^7=R^8=H; R^4 = OCH_3; R^5=COOH; R^9=CH_3
10-2-90 R^1=OCH_3; R^2=R^4=R^6=OH; R^3=R^7=R^8=H; R^5=COOH; R^9=CH_3
10-2-91 R^1=R^2=R^4=R^5=R^7=OH; R^3=R^6=H; R^8=CH_3; R^9=COOH
10-2-92 R^1=R^2=R^4=R^7=R^8=OH; R^3=R^6=H; R^5=CH_3; R^9=COOH
10-2-93 R^1=R^2=R^4=R^6=OH; R^3=R^7=R^8=H; R^5=$COOCH_3$; R^9=CH_3
10-2-94 R^1=R^4=R^6=OH; R^2=OCH_3; R^3=R^7=R^8=H; R^5=COOH; R^9=CH_3
10-2-95 R^1=R^4=R^6=OH; R^2=OCH_3; R^3=R^7=R^8=H; R^5=$COOCH_3$; R^9=CH_3
10-2-96 R^1=R^2=R^4=R^6=OH; R^3=$OCOCH_3$; R^7=R^8=H; R^5=COOH; R^9=CH_3
10-2-97 R^1=R^4=R^6=OH; R^2=OCH_3; R^3=$OCOCH_3$; R^7=R^8=H; R^5=$COOCH_3$; R^9=CH_3

10-2-98

表 10-2-15 化合物 10-2-84~10-2-91 的 ^{13}C NMR 数据[17]

C	10-2-84	10-2-85	10-2-86	10-2-87	10-2-88	10-2-89	10-2-90	10-2-91
1	108.4	110.7	105.5	108.2	108.8	107.7	112.8	108.2
2	160.0	159.1	162.5	160.1	151.0	160.9	158.4	160.5
3	100.5	99.0	100.5	100.5	100.8	100.7	97.0	100.7
4	161.0	162.1	162.0	161.1	149.5	161.5	160.0	161.4

续表

C	10-2-84	10-2-85	10-2-86	10-2-87	10-2-88	10-2-89	10-2-90	10-2-91
5	109.8	108.4	110.9	109.9	136.2	110.3	109.0	110.2
6	140.2	139.6	142.3	140.2	124.0	141.9	137.8	140.5
7	167.1	166.7	166.5	167.1	167.0	167.5	165.4	167.3
8	21.2	20.8	22.9	21.2	13.6	21.8	19.2	21.5
1'	118.6	118.7	105.4	117.9	117.9	119.9	117.8	117.9
2'	156.2	156.1	156.4	156.3	156.3	157.5	156.3	156.8
3'	107.1	107.1	123.8	107.2	107.1	104.0	107.0	107.2
4'	151.7	151.6	153.2	152.2	152.3	152.5	152.2	152.2
5'	114.1	114.0	110.0	114.2	114.2	115.7	113.9	114.5
6'	137.8	137.8	139.1	138.0	137.9	137.4	138.0	139.0
7'	168.0	168.0	127.7	165.5	165.6	165.2	165.4	165.9
8'	19.4	19.4	22.5	19.3	19.3	18.9	19.2	19.8
1"				116.8	117.2	117.3	116.3	106.5
2"				158.8	158.8	152.1	159.0	160.1
3"				107.1	107.1	107.2	107.1	101.4
4"				152.2	152.1	159.3	152.3	153.6
5"				114.2	114.3	114.3	114.4	130.6
6"				139.6	139.5	139.9	139.7	133.4
7"				170.4	170.4	170.5	170.3	172.2
8"				20.8	20.9	21.0	20.9	14.6
2-OCH_3							55.7	
4-OCH_3		55.2						
2'-OCH_3						56.6		
7'-OCH_3	51.9	51.9						

表 10-2-16 化合物 10-2-92~10-2-97 的 ^{13}C NMR 数据[17]

C	10-2-92	10-2-93	10-2-94	10-2-95	10-2-96	10-2-97
1	108.2	108.4	110.7	110.7	110.1	111.0
2	160.2	159.9	159.4	159.1	155.1	155.2
3	100.5	100.5	99.3	99.0	101.6	98.3
4	161.1	161.0	162.4	162.1	156.3	153.5
5	109.9	109.8	108.3	108.0	130.3	130.6
6	140.3	140.1	139.8	139.6	130.6	130.0
7	167.0	167.1	166.8	166.7	167.1	165.8
8	21.3	21.2	21.0	20.8	13.6	13.3
1'	116.4	118.0	118.2	118.1	118.3	118.3
2'	157.8	156.2	156.5	156.2	156.4	156.2
3'	107.3	107.2	107.3	107.1	107.2	107.1
4'	152.5	152.1	152.3	152.1	152.2	152.0
5'	114.7	114.2	114.3	114.1	114.2	114.1
6'	139.8	137.9	138.2	137.9	138.2	138.0
7'	165.1	165.7	165.7	165.7	165.8	165.7
8'	20.4	19.2	19.4	19.2	19.4	19.2

续表

C	10-2-92	10-2-93	10-2-94	10-2-95	10-2-96	10-2-97
1"	105.1	119.0	116.9	119.0	117.5	119.0
2"	156.4	156.1	159.5	156.1	158.9	156.1
3"	123.9	106.9	107.3	106.9	107.2	106.9
4"	153.6	151.6	15.3	151.6	152.1	151.5
5"	110.5	113.8	114.4	113.8	114.4	113.8
6"	139.5	137.9	140.0	137.9	139.7	137.9
7"	137.2	167.9	170.6	167.9	170.5	167.9
8"	23.2	19.3	21.2	19.4	21.0	19.4
4-OCH$_3$			55.3	55.2		55.8
7"-OCH$_3$		51.9		51.9		52.0
5-OAc					169.0/20.3	169.0/20.4

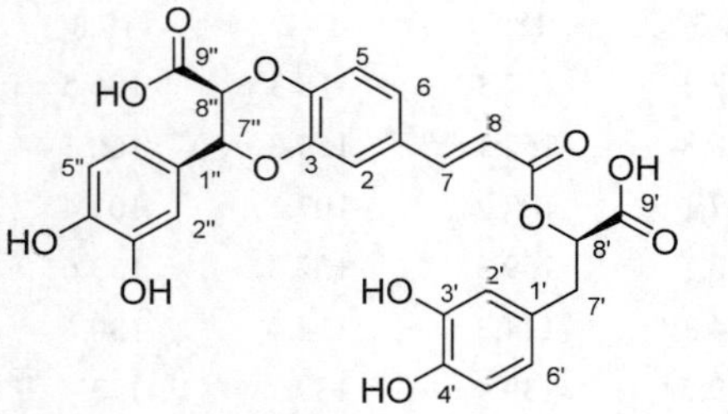

10-2-99

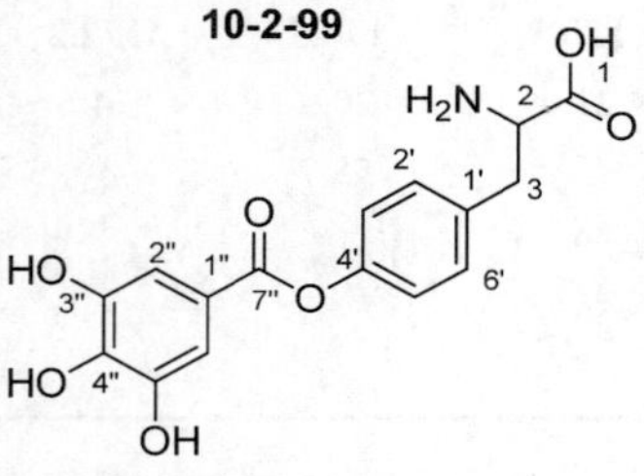

10-2-100

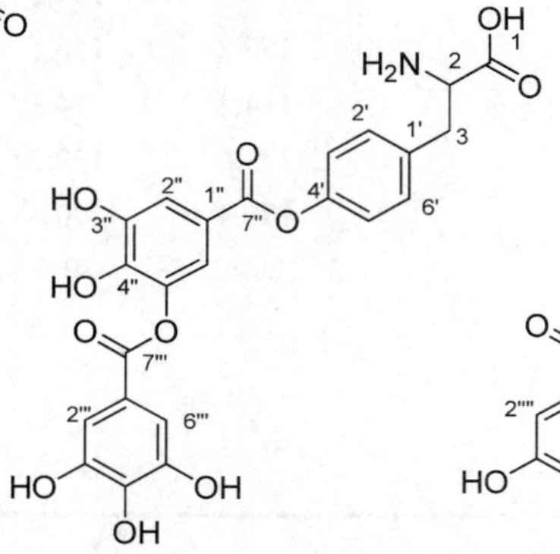

10-2-101

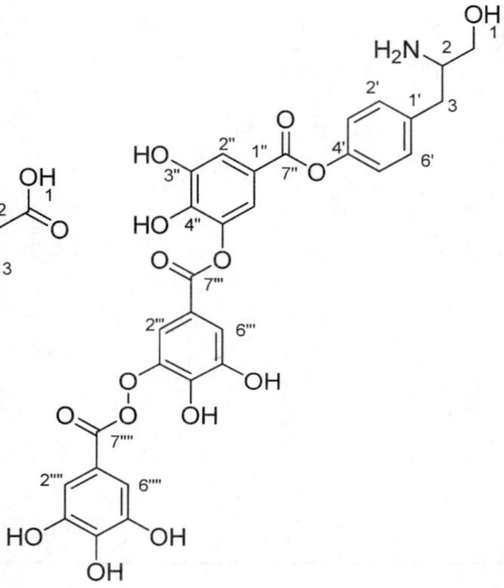

10-2-102

表 10-2-17 化合物 10-2-98~10-2-102 的 ^{13}C NMR 数据

C	10-2-98[18]	10-2-99[19]	10-2-100[20]	10-2-101[20]	10-2-102[20]	C	10-2-98[18]	10-2-99[19]	10-2-100[20]	10-2-101[20]	10-2-102[20]
1	104.3	127.9	173.8	173.9	173.8	4'	151.3	143.9	151.6	151.6	151.7
2	166.5	116.7	57.4	57.4	57.4	5'	116.2	115.4	123.6	123.6	123.6
3	100.1	143.0	37.5	37.5	37.5	6'	135.4	120.0	131.6	131.6	131.6
4	164.9	145.8				7'	167.5	36.4			
5	113.4	116.9				8'		73.8			
6	138.9	122.2				9'		171.7			
7	169.1	144.8				1"	51.2	128.7	119.9	119.5	120.0
8		115.3				2"	207.4	114.4	110.1	117.9	117.9
9		165.9				3"	42.5	145.8	146.6	140.0	139.9
1'	121.8	126.8	135.0	135.0	135.0	4"	23.4	144.9	140.5	145.7	145.2
2'	158.4	116.5	131.6	131.6	131.6	5"	31.3	115.4	146.6	147.8	147.6
3'	104.5	145.2	123.6	123.6	123.6	6"	22.4	118.0	110.1	114.9	115.0

续表

C	10-2-98[18]	10-2-99[19]	10-2-100[20]	10-2-101[20]	10-2-102[20]	C	10-2-98[18]	10-2-99[19]	10-2-100[20]	10-2-101[20]	10-2-102[20]
7''	13.9	75.3	167.3	166.6	166.5	1''''					120.0
8''		77.1				2''''					110.3
9''		169.3				3''''					146.5
1'''	47.5			119.9	120.0	4''''					145.2
2'''	206.5			110.2	117.9	5''''					146.5
3'''	42.2			146.5	140.0	6''''					110.3
4'''	23.3			140.3	140.4	7''''					165.6
5'''	31.3			146.5	146.5	4-OCH_3	55.5				
6'''	22.4			110.2	110.2	2'-OCH_3	56.3				
7'''	13.8			166.3	166.4	7''-OCH_3	52.3				

参 考 文 献

[1] 沈晓羽, 孙汉董. 云南植物研究, 1992, 14(4): 445.
[2] Thiago I B L, Roberta G C, Nidia C Y, et al. Chem Pharm Bull, 2008, 56(11): 1151.
[3] Guillermo S H, Alejandro T, Beatriz L, et al. Phytother Res, 2008, 24: 349.
[4] Allison T, Chen S N, Dejan N, et al. J Nat Prod, 2007, 70: 253.
[5] Nielsen J, Nielsen P H, Frisnad J C. Phytochemistry, 1999, 50: 263.
[6] Cao S G, Lee A S Y, Huang Y C, et al. J Nat Prod, 2002, 65: 1037.
[7] 王祝举, 赵玉英, 艾铁民等. 中国化学通报, 2000, 11(11): 997.
[8] Lv P C, Wang K R, Mao W J, et al. J Chem Crystallogr, 2009, 39: 927.
[9] Sylvain T, Thierry T, Christian G, et al. Synth Commun, 2006, 36: 587.
[10] Daniel A D, Sylvia U. Nat Prod Res, 2009, 23(10) : 925.
[11] 朱海亮, 吕鹏程, 宋忠诚. 发明专利. 公开号: CN101333166A.
[12] Jiang B, Zhao Q S, Yang H, et al. Fitoterapia, 2001, 72: 832.
[13] Martins M C B, Lima M J G D, Silva F P, et al. Braz Arch Biol Technol, 2010, 53 (1): 115.
[14] Papadopoulou P, Tzakou O, Vagias C, et al. Molecules, 2007, 12: 997.
[15] Reynertson K A, Wallace A M, Adachi S A, et al. J Nat Prod 2006, 69: 1228.
[16] Wang P, Zhang Z J, Yu B. J Org Chem, 2005, 70: 8884.
[17] Narui T, Sawada K, Takatsuki S, et al. Phytochemistry, 1998, 48: 815.
[18] Pettit G R, Zhang Q W, Pinilla V, et al. J Nat Prod, 2004, 67: 983.
[19] Chatzopoulou A, Karioti A, Gousiadou C, et al. J Agric Food Chem, 2010, 58: 6064.
[20] Lokvam J, Clausen T P, Grapov D. J Nat Prod, 2007, 70: 134.

第三节 缩酚酮酸及其酯

表 10-3-1 缩酚酮酸及其酯的名称、分子式和测试溶剂

编号	名称	分子式	测试溶剂	参考文献
10-3-1	botryorhodine A	$C_{16}H_{12}O_6$	D	[1]
10-3-2	botryorhodine B	$C_{17}H_{14}O_6$	D	[1]
10-3-3	botryorhodine C	$C_{17}H_{16}O_6$	D	[1]
10-3-4	botryorhodine D	$C_{16}H_{14}O_6$	D	[1]
10-3-5	corynesidone A	$C_{15}H_{12}O_5$	A	[2]
10-3-6	methyl corynesidone A	$C_{16}H_{14}O_5$	C	[2]

续表

编号	名称	分子式	测试溶剂	参考文献
10-3-7	corynesidone B	$C_{16}H_{12}O_8$	A	[2]
10-3-8	methyl corynesidone B	$C_{17}H_{14}O_8$	C	[2]
10-3-9	mollicelllin K	$C_{21}H_{18}O_7$	C	[3]
10-3-10	mollicelllin L	$C_{22}H_{20}O_7$	C	[3]
10-3-11	mollicelllin C	$C_{22}H_{20}O_8$	C	[3]
10-3-12	mollicelllin E	$C_{21}H_{19}ClO_8$	C	[3]
10-3-13	mollicelllin H	$C_{21}H_{18}O_8$	C	[3]
10-3-14	mollicelllin J	$C_{21}H_{19}ClO_7$	C	[3]
10-3-15	mollicelllin I	$C_{21}H_{22}O_6$	D	[4]
10-3-16	mollicelllin D	$C_{21}H_{21}ClO_6$	C	[4]
10-3-17	mollicelllin M	$C_{21}H_{17}ClO_7$	C	[3]
10-3-18	mollicelllin B	$C_{21}H_{18}O_7$	C	[3]
10-3-19	mollicelllin N	$C_{21}H_{18}O_8$	C	[3]
10-3-20	mollicelllin F	$C_{21}H_{17}ClO_8$	C	[3]
10-3-21	diffratione A	$C_{20}H_{16}O_9$	D	[5]
10-3-22	excelsione	$C_{18}H_{14}O_8$	D	[6]
10-3-23	salazinic acid	$C_{18}H_{12}O_{10}$	C+D (1:3)	[7]
10-3-24	parellin	$C_{18}H_{15}ClO_6$	D	[8]
10-3-25	9'-(*O*-methyl)protocetraric acid	$C_{19}H_{16}O_9$	D	[9]
10-3-26	garcinisidone F	$C_{19}H_{18}O_7$	D	[10]
10-3-27	garcinisidone B	$C_{24}H_{24}O_7$	D	[10]
10-3-28	garcinisidone C	$C_{28}H_{28}O_7$	D	[10]
10-3-29	garcinisidone D	$C_{28}H_{28}O_7$	D	[10]
10-3-30	garcinisidone E	$C_{28}H_{30}O_7$	D	[10]
10-3-31	atrovirisidone	$C_{24}H_{26}O_7$	M	[11]
10-3-32	garcinisidone A	$C_{24}H_{24}O_7$	D	[13]
10-3-33	trimethyl garcinisidone A	$C_{27}H_{30}O_7$	D	[12]
10-3-34	garcidepsidone D	$C_{23}H_{24}O_7$	A	[13]
10-3-35	fumarprotocetraric acid	$C_{22}H_{16}O_{12}$	D	[14]
10-3-36	auranticin A	$C_{24}H_{24}O_8$	D	[15]
10-3-37	auranticin B	$C_{24}H_{22}O_8$	D	[15]
10-3-38	dimethylauranticin A	$C_{25}H_{26}O_8$	D	[15]
10-3-39		$C_{23}H_{22}O_6$	C	[16]
10-3-40		$C_{23}H_{24}O_6$	A	[16]
10-3-41		$C_{24}H_{26}O_6$	C	[16]
10-3-42	acarogobien A	$C_{24}H_{25}BrO_5$	C	[17]
10-3-43	acarogobien B	$C_{29}H_{30}Br_2O_6$	C	[17]
10-3-44	maldoxone	$C_{17}H_{13}ClO_7$	P	[18]
10-3-45	maldoxin	$C_{17}H_{13}ClO_8$	C	[18]
10-3-46	garcidepsidone A	$C_{28}H_{32}O_7$	A	[13]
10-3-47	garcidepsidone B	$C_{28}H_{32}O_7$	A	[13]
10-3-48	garcidepsidone C	$C_{28}H_{34}O_8$	A	[13]

续表

编号	名称	分子式	测试溶剂	参考文献
10-3-49	paucinervin A	$C_{24}H_{26}O_7$	C	[19]
10-3-50	brevipsidone A	$C_{24}H_{24}O_7$	C	[20]
10-3-51	brevipsidone B	$C_{24}H_{24}O_6$	C	[20]
10-3-52	brevipsidone C	$C_{19}H_{16}O_7$	C	[20]
10-3-53		$C_{19}H_{14}O_8$	D	[21]
10-3-54	brevipsidone D	$C_{23}H_{26}O_7$	C	[20]
10-3-55	deoxystictic acid	$C_{19}H_{14}O_8$	C	[22]
10-3-56	cryptostictinolide	$C_{19}H_{16}O_8$	C	[22]
10-3-57	8'-methylconstictic acid	$C_{20}H_{20}O_{10}$	C+M(1:3)	[22]
10-3-58	8'-methylstictic acid	$C_{20}H_{20}O_{19}$	C	[22]
10-3-59	parvifolidone A	$C_{28}H_{32}O_7$	C	[23]
10-3-60	parvifolidone B	$C_{28}H_{30}O_7$	C	[23]
10-3-61	α-alectoronic acid	$C_{28}H_{30}O_9$	D	[8]
10-3-62	α-alectoronic acid	$C_{28}H_{30}O_9$	D	[8]
10-3-63	deoxycollatolic acid	$C_{29}H_{32}O_8$	C	[24]

10-3-1 R^1=CHO; R^2=H
10-3-2 R^1=CHO; R^2=CH_3
10-3-3 R^1=CH_2OH; R^2=CH_3
10-3-4 R^1=CH_2OH; R^2=H

10-3-5 R^1=R^2=R^3=R^4=H
10-3-6 R^1=R^3=H; R^2=R^4=Me
10-3-7 R^1=OH; R^3=COOH; R^2=R^4=H
10-3-8 R^1=OMe; R^3=COOMe; R^2=R^4=Me

表 10-3-2 化合物 10-3-1~10-3-4 的 ^{13}C NMR 数据[1]

C	10-3-1	10-3-2	10-3-3	10-3-4	C	10-3-1	10-3-2	10-3-3	10-3-4
1	111.5	114.0	113.6	113.7	2'	155.1	155.0	153.9	155.9
2	161.8	163.4	162.5	162.5	3'	105.3	116.1	115.3	105.9
3	112.3	112.1	117.0	117.0	4'	144.0	145.3	144.7	143.7
4	163.8	165.4	163.0	162.8	5'	141.2	144.0	144.1	145.8
5	116.9	118.1	116.2	116.2	6'	131.2	128.3	128.6	132.8
6	152.0	155.6	145.9	146.1	7'	16.7	17.1	16.9	17.2
7	164.5	166.4	166.0	165.7	CHO	191.9	194.6		
8	21.4	22.3	21.4	21.4	CH_2OH			54.8	54.7
1'	114.2	114.3	114.1	115.2	CH_3		9.2	9.2	

表 10-3-3 化合物 10-3-5~10-3-8 的 ^{13}C NMR 数据[1]

C	10-3-5[5]	10-3-6[5]	10-3-7[5]	10-3-8[5]	C	10-3-5[5]	10-3-6[5]	10-3-7[5]	10-3-8[5]
1	145.1	145.5	128.1	136.5	4a	161.5	163.1	155.0	158.7
2	115.5	114.0	141.6	145.2	5a	142.1	142.8	142.8	142.9
3	162.4	163.0	149.3	156.8	6	131.3	131.3	133.5	129.2
4	104.7	103.5	104.1	101.7	7	113.5	112.7	110.0	120.9

续表

C	10-3-5[5]	10-3-6[5]	10-3-7[5]	10-3-8[5]	C	10-3-5[5]	10-3-6[5]	10-3-7[5]	10-3-8[5]
8	154.4	156.5	160.3	153.7	2'	15.1	16.2	14.1	13.6
9	104.9	103.7	106.4	102.0	3'				60.3
9a	144.9	144.8	149.4	145.6	4'		55.6		56.0
11	163.3	163.3	161.6	162.3	5'			172.0	167.3
11a	112.8	109.5	112.9	113.7	6'		55.7		56.3
1'	20.2	21.5	12.5	13.3	5'-OMe				52.4

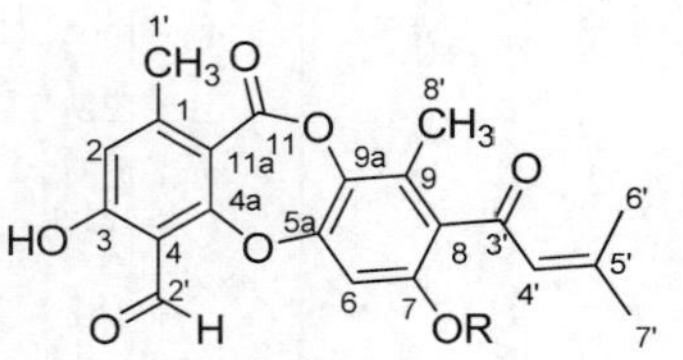

10-3-9 R=H
10-3-10 R=CH_3

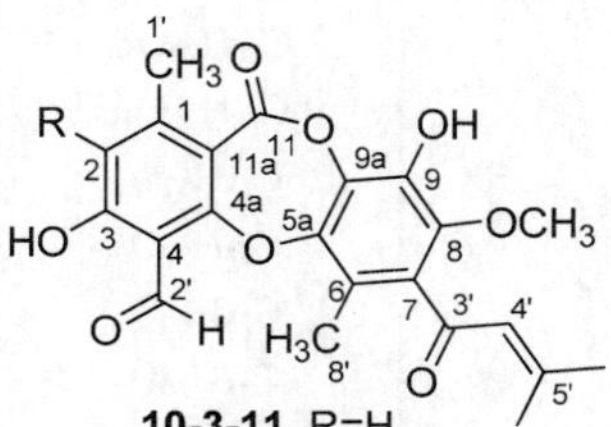

10-3-11 R=H
10-3-12 R=Cl

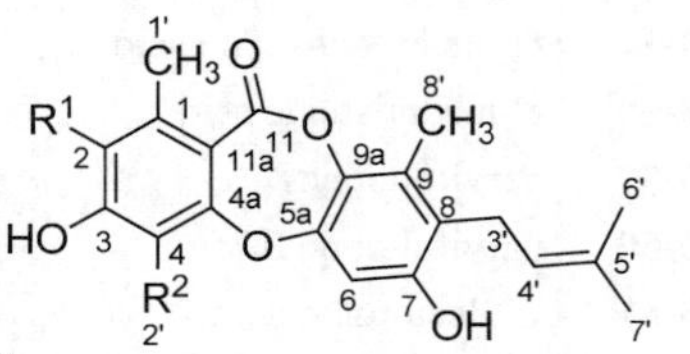

10-3-13 R^1=H; R^2=CHO
10-3-14 R^1=Cl; R^2=CHO
10-3-15 R^1=H; R^2=CH_2OH
10-3-16 R^1=Cl; R^2=CH_2OH

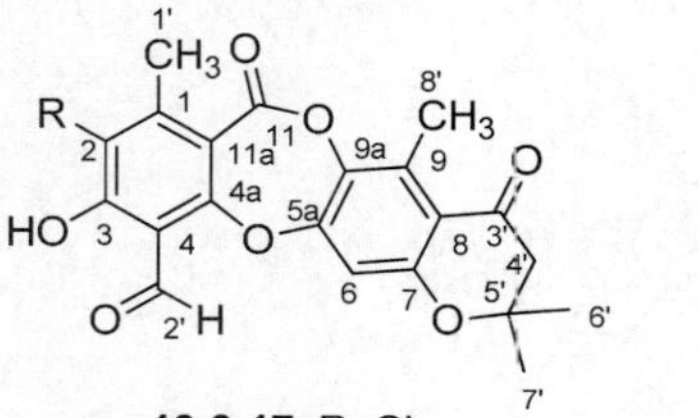

10-3-17 R=Cl
10-3-18 R=H

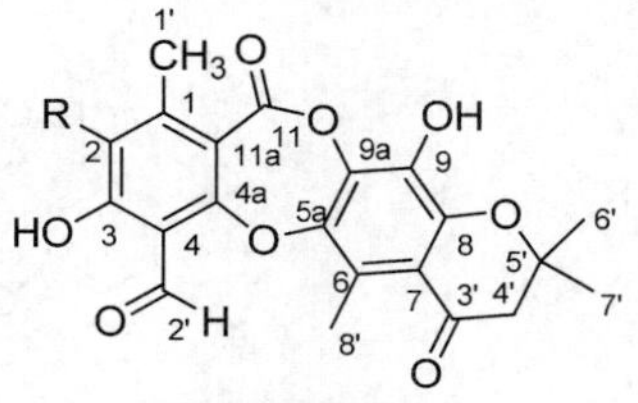

10-3-19 R=H
10-3-20 R=Cl

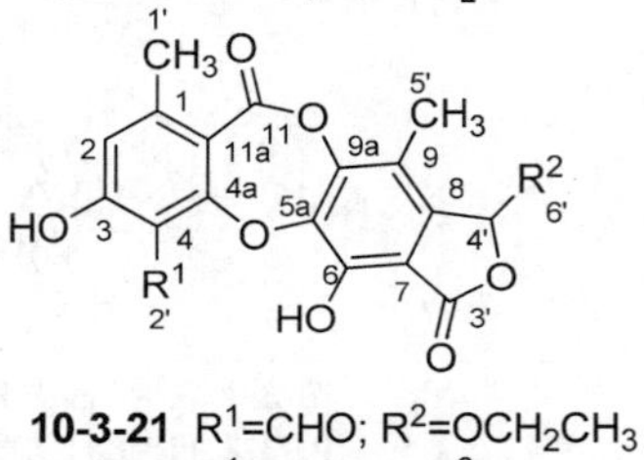

10-3-21 R^1=CHO; R^2=OCH_2CH_3
10-3-22 R^1=CH_2OH; R^2=H

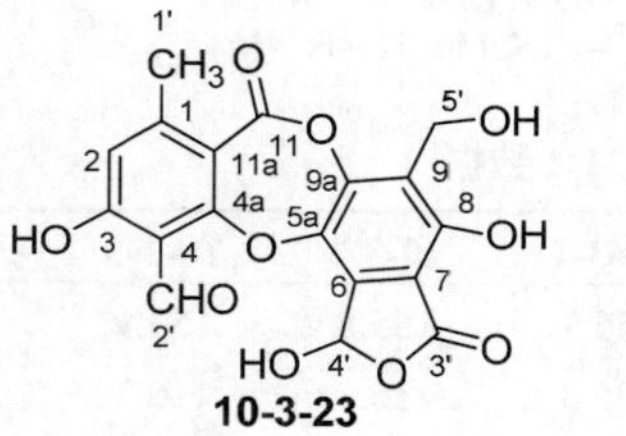

10-3-23

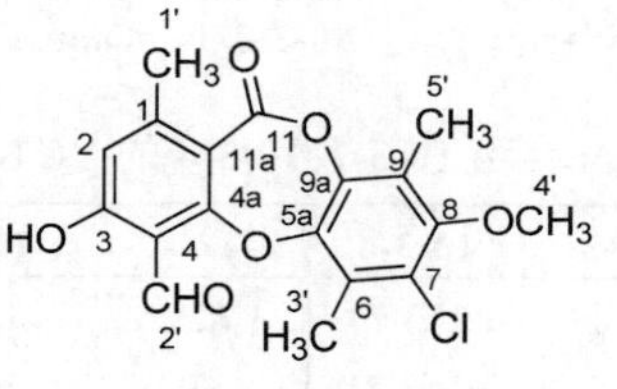

10-3-24

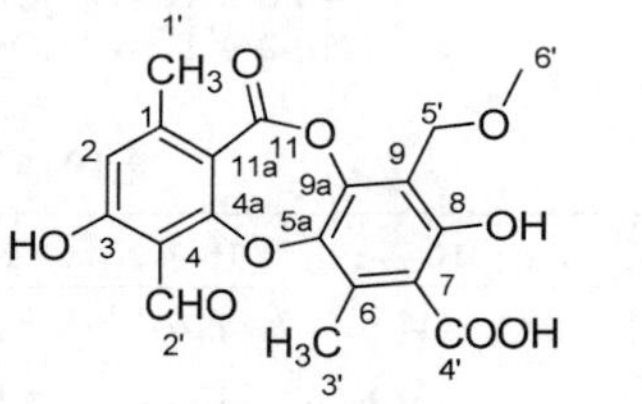

10-3-25

表 10-3-4 化合物 10-3-9~10-3-14 的 ^{13}C NMR 数据[2]

C	10-3-9	10-3-10	10-3-11	10-3-12	10-3-13	10-3-14
1	153.4	154.3	153.1	149.8	151.9	149.5
2	117.8	118.2	117.7	121.3	117.4	120.2
3	165.3	165.7	165.2	161.2	164.0	161.7
4	110.7	11.2	110.9	110.8	111.9	111.0
4a	161.6	162.3	161.4	160.9	152.5	160.3
5a	153.5	151.0	140.2	140.0	148.6	148.6
6	106.8	101.6	134.0	134.2	105.0	104.4
7	158.3	153.8	117.5	117.4	152.6	152.1
8	122.3	129.4	141.2	141.2	125.6	126.0
9	131.1	131.8	139.2	139.3	129.5	129.9

续表

C	10-3-9	10-3-10	10-3-11	10-3-12	10-3-13	10-3-14
9a	135.8	137.1	138.7	138.8	135.2	153.4
11	163.7	165.2	164.5	162.2	162.7	162.7
11a	112.5	113.3	112.7	114.2	113.4	114.9
1'	22.8	22.8	22.1	19.5	21.8	18.7
2'	192.6	193.3	193.4	193.3	191.7	193.7
3'	196.0	194.6	195.4	195.2	25.3	25.0
4'	126.0	126.0	125.2	125.1	122.4	121.9
5'	158.6	158.1	159.1	159.3	131.4	131.3
6'	21.5	21.6	21.1	21.2	25.9	24.9
7'	28.1	28.5	28.0	28.0	18.2	17.1
8'	16.3	13.5	12.1	12.1	12.8	11.8
7-OMe		56.8				
8-OMe			63.1	63.1		

表 10-3-5 化合物 10-3-15~10-3-20 的 ^{13}C NMR 数据[2]

C	10-3-15	10-3-16	10-3-17	10-3-18	10-3-19	10-3-20
1	143.1	139.7	150.3	153.6	153.2	149.8
2	115.6	119.6	121.1	117.9	117.9	121.1
3	160.5	158.0	161.0	165.2	165.3	161.0
4	117.3	115.8	110.6	110.7	111.0	110.9
4a	161.7	156.2	161.2	161.5	163.7	161.3
5a	149.0	149.0	154.7	154.7	137.5	137.3
6	105.7	105.2	107.5	107.5	122.6	122.6
7	152.3	151.9	158.6	158.6	115.8	115.9
8	124.8	125.3	117.2	117.0	146.2	146.2
9	128.9	129.3	134.4	134.3	142.0	142.0
9a	135.7	135.8	136.5	136.7	135.4	135.4
11	163.9	162.8	161.3	163.5	161.5	161.4
11a	112.3	114.8	114.0	112.5	112.6	114.1
1'	21.1	17.5	19.7	22.2	22.1	19.5
2'	52.3	56.5	192.5	192.6	195.4	195.1
3'	25.3	25.0	192.5	192.5	192.0	191.9
4'	122.6	122.1	50.1	50.1	50.4	50.0
5'	131.2	131.1	79.5	79.3	80.9	81.1
6'	25.9	24.9	26.3	14.2	26.4	26.4
7'	18.2	17.1	26.3	14.2	26.4	26.4
8'	12.7	11.8	14.2	26.3	13.1	13.0

表 10-3-6 化合物 10-3-21~10-3-25 的 ^{13}C NMR 数据

C	10-3-21[5]	10-3-22[7]	10-3-23[13]	10-3-24[6]	10-3-25[22]	C	10-3-21[5]	10-3-22[7]	10-3-23[13]	10-3-24[6]	10-3-25[22]
1	153.4	144.9	152.8	154.2	151.7	3	164.5	159.9	164.9	165.5	164.1
2	118.1	115.9	117.5	117.8	117.0	4	111.4	115.3	110.3	111.0	111.9

续表

C	10-3-21[5]	10-3-22[7]	10-3-23[13]	10-3-24[6]	10-3-25[22]	C	10-3-21[5]	10-3-22[7]	10-3-23[13]	10-3-24[6]	10-3-25[22]
4a	164.0	162.1	163.9		163.8	11a	112.4	110.9	111.9	112.6	112.0
5a	138.0	138.8	137.6	145.9	141.7	1'	22.2	21.2	21.9	22.5	21.2
6	134.0	147.2	137.5	126.6	131.1	2'	193.1	52.3	193.5	195.0	191.5
7	109.4	109.4	109.6	125.5	115.9	3'	166.6	168.2	166.3	14.1	14.5
8	153.0	144.8	153.3	152.6	156.1	4'	99.2	68.0	95.2	60.5	170.4
9	122.4	113.9	122.5	123.3	115.5	5'	10.4	11.0	54.2	10.4	62.3
9a	149.0	148.2	147.9	141.8	145.4	6'	64.5,15.1				57.3
11	160.9	161.2	160.0		161.1						

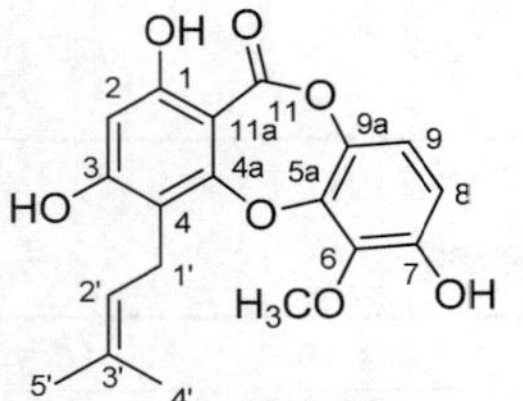

10-3-26

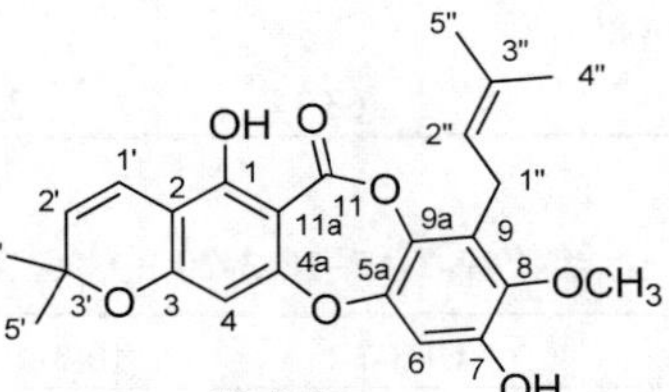

10-3-27

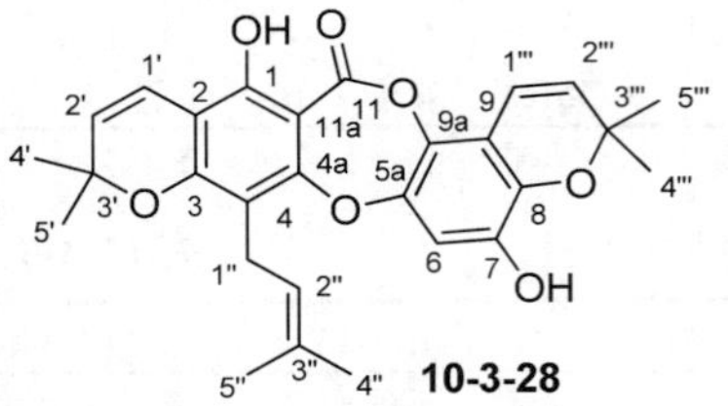

10-3-28

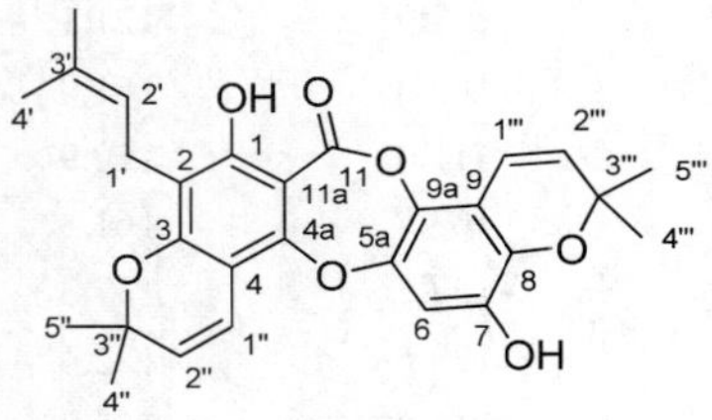

10-3-29

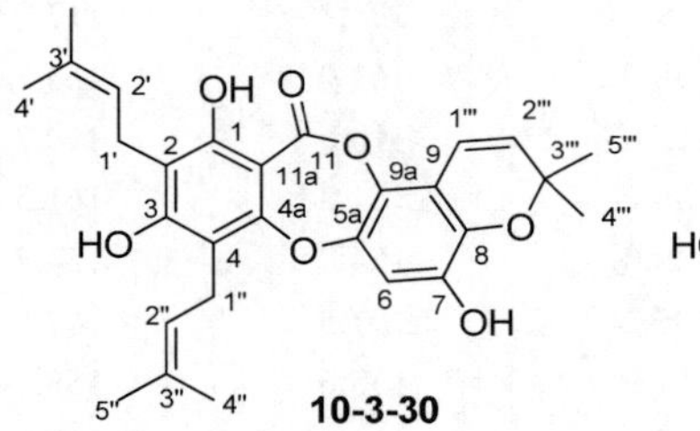

10-3-30

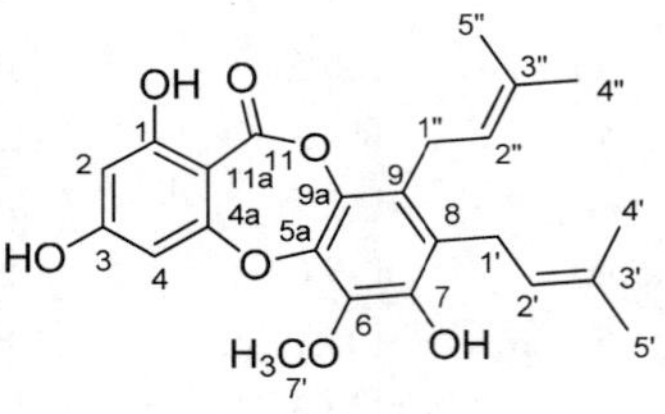

10-3-31

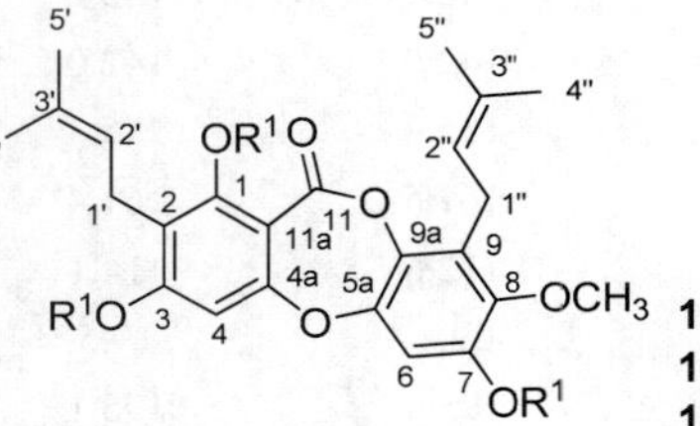

10-3-32 R^1=H; R^2=CH_3
10-3-33 R^1=CH_3; R^2=CH_3
10-3-34 R^1=H; R^2=H

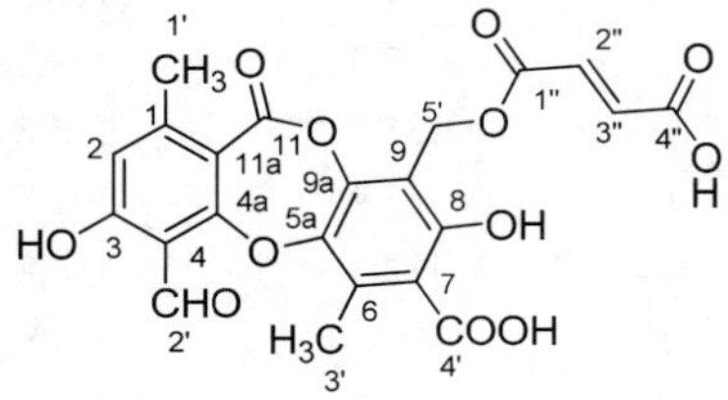

10-3-35

表 10-3-7 化合物 10-3-26~10-3-30 的 ^{13}C NMR 数据[10]

C	10-3-26	10-3-27	10-3-28	10-3-29	10-3-30	C	10-3-26	10-3-27	10-3-28	10-3-29	10-3-30
1	163.3	159.7	157.8	162.0	160.3	7	147.6	146.6	142.1	142.1	142.0
2	101.4	106.5	106.4	113.8	111.6	8	111.7	142.6	136.4	136.4	136.3
3	162.7	160.9	158.1	158.2	160.8	9	116.4	128.1	113.5	113.8	113.6
4	111.5	100.9	113.6	105.8	111.2	9a	138.4	136.0	132.9	133.0	133.0
4a	158.0	160.4	158.6	153.7	156.6	11	167.8	168.1	168.4	168.4	168.6
5a	143.5	146.9	143.2	143.2	143.4	11a	99.2	98.5	98.4	98.3	98.8
6	138.5	105.4	106.9	106.4	106.6	1'	22.5	115.5	116.0	21.7	22.6

续表

C	10-3-26	10-3-27	10-3-28	10-3-29	10-3-30	C	10-3-26	10-3-27	10-3-28	10-3-29	10-3-30
2'	121.5	127.5	127.3	121.7	121.8	4"		25.7	25.6	28.4	25.8
3'	135.7	78.4	77.6	131.7	134.9	5"		18.0	18.1		17.9
4'	25.8	28.6	29.7	25.8	25.8	1'''			116.2	116.2	116.2
5'	18.0			17.9	18.1	2'''			132.0	132.0	130.0
1"		24.1	22.1	115.8	22.1	3'''			78.2	77.6	77.6
2"		121.2	122.6	128.6	121.1	4'''			28.3	27.9	27.7
3"		133.2	131.5	78.0	134.9	OMe	62.7	61.8			

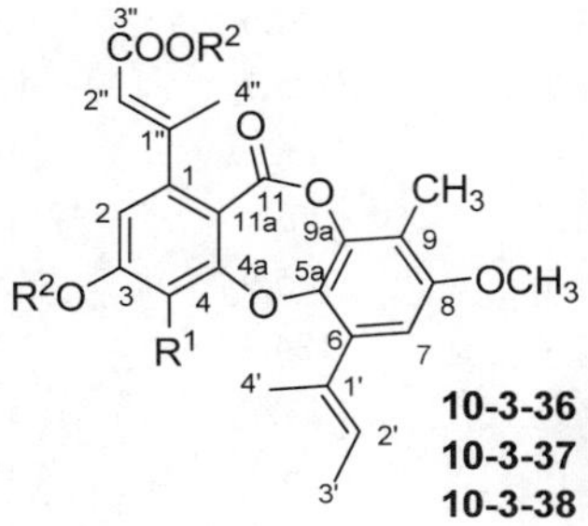

10-3-36 R^1=CH_2OH; R^2=H
10-3-37 R^1=CHO; R^2=H
10-3-38 R^1=CH_2OH; R^2=CH_3

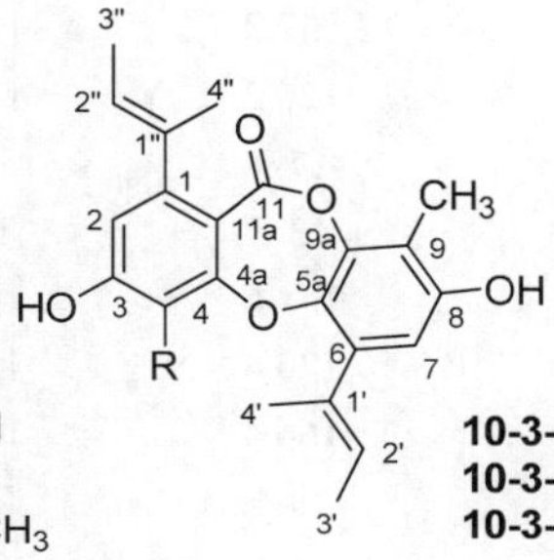

10-3-39 R=CHO
10-3-40 R=CH_2OH
10-3-41 R=CH_2OCH_3

表 10-3-8 化合物 10-3-31~10-3-35 的 ^{13}C NMR 数据

C	10-3-31[9]	10-3-32[11]	10-3-33[11]	10-3-34[12]	10-3-35[8]	C	10-3-31[9]	10-3-32[11]	10-3-33[11]	10-3-34[12]	10-3-35[8]
1	166.6	161.1	160.0	167.7	151.9	2'	124.0	122.3	121.9	127.1	191.5
2	101.1	112.2	120.2	117.4	117.1	3'	132.2	130.5	131.2	136.0	14.5
3	166.7	164.1	161.9	167.5	163.8	4'	25.8	25.4	25.3	30.0	170.0
4	101.5	99.6	98.7	104.4	112.0	5'	17.1	17.7	17.6	22.1	56.6
4a	163.5	159.1	161.4	165.2	163.8	1"	26.5	23.5	23.2	28.3	164.4
5a	143.0	145.6	147.0	147.5	142.0	2"	123.6	121.8	121.5	126.8	132.0
6	138.4	105.7	103.5	109.4	131.8	3"	132.9	131.6	132.1	136.8	134.9
7	1475	148.1	149.9	147.4	116.6	4"	25.9	25.5	25.4	30.1	165.4
8	129.0	142.9	143.9	146.0	115.2	5"	17.5	17.8	17.7	22.3	
9	126.0	127.5	127.1	126.2	113.1	1-OMe			62.1		
9a	137.3	134.4	135.1	140.8	145.4	3-OMe			56.4		
11	169.2	167.2	160.9	173.8	160.7	6-OMe	62.9				
11a	99.0	93.0	105.9	98.5	111.9	7-OMe			56.1		
1'	26.2	21.4	22.1	26.6	21.1	8-OMe		60.1	60.6		

表 10-3-9 化合物 10-3-36~10-3-41 的 ^{13}C NMR 数据

C	10-3-36[16]	10-3-37[16]	10-3-38[16]	10-3-39[17]	10-3-40[17]	10-3-41[17]
1	148.2	153.2	148.4	158.7	150.5	151.3
2	112.8	114.9	108.8	115.0	113.4	114.4
3	161.0	163.7	161.4	165.2	160.6	160.4
4	118.7	111.9	120.5	110.5	115.2	111.0

续表

C	10-3-36[16]	10-3-37[16]	10-3-38[16]	10-3-39[17]	10-3-40[17]	10-3-41[17]
4a	161.8	165.0	161.0	162.8	160.9	160.4
5a	142.3	141.3	142.1	142.3	142.4	143.2
6	135.8	135.9	135.9	136.4	136.2	136.1
7	107.7	107.9	107.7	112.0	111.2	111.8
8	154.2	154.4	154.2	151.5	152.6	150.9
9	116.3	116.8	116.3	115.7	115.3	115.4
9a	142.8	142.3	142.6	143.4	143.8	143.7
11	162.9	161.5	162.7	166.0	163.2	164.0
11a	110.1	110.8	112.1	112.0	112.4	112.4
1'	133.2	132.2	133.1	136.6	133.6	133.5
2'	125.7	126.2	125.8	126.7	125.7	126.0
3'	17.6	17.9	17.6	13.8	13.2	14.2
4'	13.7	13.5	13.8	18.1	17.1	17.9
1"	154.7	154.6	155.9	135.5	135.9	135.6
2"	119.5	120.4	118.5	127.3	124.3	125.4
3"	166.8	166.4	165.7	14.4	13.4	14.4
4"	19.9	19.4	20.3	17.1	16.8	17.5
4-CH$_2$-O	52.3		51.4		56.5	68.9
4-CHO		191.6		194.1		
4-OMe						58.8
3-OMe			56.4			
3"-OMe			51.1			
8-OMe	56.0	56.0	55.9			
9-Me	8.2	8.8	8.2	9.1	9.1	9.2

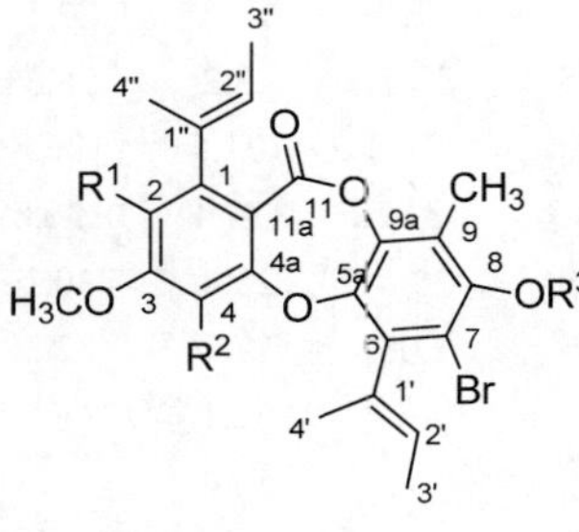

10-3-42 $R^1=R^3=H$; $R^2=CH_3$
10-3-43 $R^1=Br$, $R^2=CHO$, $R^3=$

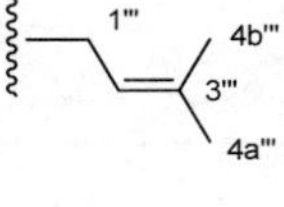

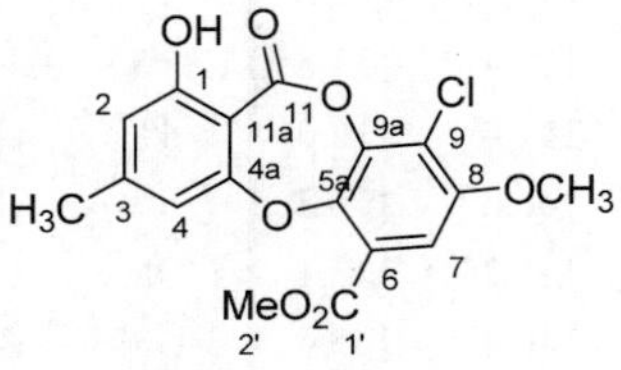

10-3-44

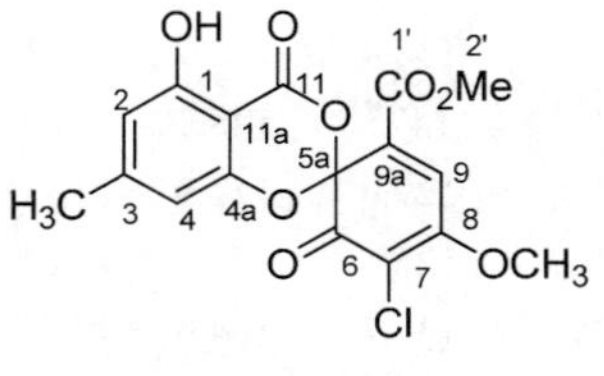

10-3-45

表 10-3-10　化合物 10-3-42~10-3-45 的 ^{13}C NMR 数据

C	10-3-42[14]	10-3-43[14]	10-3-44[15]	10-3-45[15]	C	10-3-42[14]	10-3-43[14]	10-3-44[15]	10-3-45[15]
1	136.6	138.2	162.6	160.7	3-OCH$_3$	57.1	58.3		
2	108.1	102.7	109.7	111.7	3-CH$_3$			21.7	22.5
3	160.9	163.3	144.8	112.3	4	116.0	111.4	113.1	107.5

续表

C	10-3-42[14]	10-3-43[14]	10-3-44[15]	10-3-45[15]	C	10-3-42[14]	10-3-43[14]	10-3-44[15]	10-3-45[15]
4-CHO		191.0			1'	135.0	134.8	162.6	161.8
4-CH_3	8.4				2'	127.8	128.1	52.6	53.2
4a	161.4	160.4	161.1	153.1	3'	14.0	14.2		
5a	144.1	146.4	148.2	93.8	4'	17.1	16.9		
6	133.7	133.8	122.7	183.1	1"	136.9	135.7		
7	107.1	115.4		150.2	2"	123.8	124.0		
8	152.3	155.6	153.1	161.0	3"	14.7	14.9		
8-OCH_3			56.7	58.3	4"	17.5	17.3		
9	117.1	125.3	116.1	128.6	1'''		66.2		
9-CH_3	9.0	9.0			2'''		121.4		
9a	142.9	142.9	143.7	133.4	3'''		137.5		
11	164.1	163.9	164.4	162.9	4a'''		25.8		
11a	122.8	124.9	105.9	96.4	4b'''		18.3		

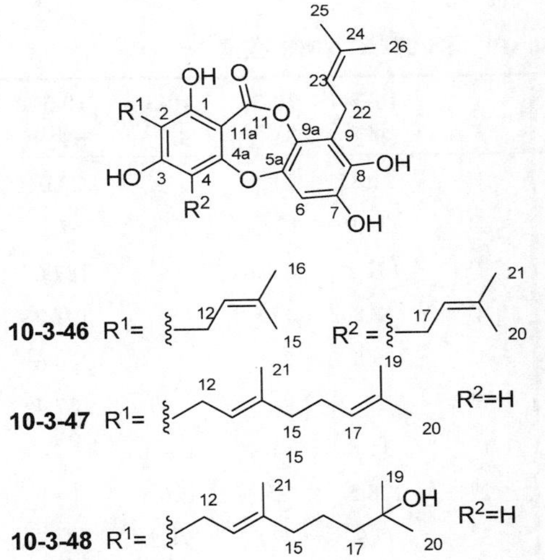

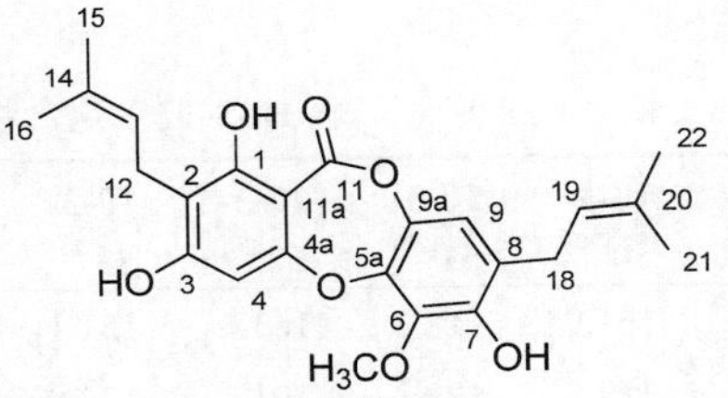

10-3-46 R^1= prenyl (C-12…C-16), R^2= prenyl (C-17…C-21)

10-3-47 R^1= geranyl-type chain (C-12…C-21), R^2=H

10-3-48 R^1= hydroxylated chain (C-12…C-21, 19-OH), R^2=H

10-3-49

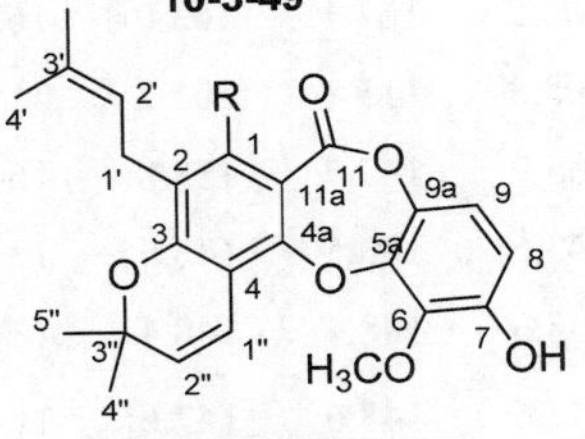

10-3-50 R=OH

10-3-51 R=H

表 10-3-11 化合物 10-3-46~10-3-49 的 ^{13}C NMR 数据

C	10-3-46[12]	10-3-47[12]	10-3-48[12]	10-3-49[19]	C	10-3-46[12]	10-3-47[12]	10-3-48[12]	10-3-49[19]
1	161.5	162.5	167.7	162.8	9	121.0	120	126.2	115.6
2	112.2	111.5	117.6	111.3	9a	136.8	135.8	140.8	137.6
3	160.9	162.1	167.5	162.0	11	169.8	168.8	173.8	168.5
4	111.9	100.0	104.4	100.5	11a	99.4	98.3	102.8	98.7
4a	157.3	159.8	165.2	159.4	12	22.3	21.8	26.5	22.0
5a	143.9	141.5	147.5	140.6	13	121.8	120.9	126.8	120.9
6	105.9	104.8	109.4	137.8	14	135.5	138.3	140.1	136.0
7	142.3	143.0	147.5	144.8	15	18.7	39.6	45.2	17.9
8	140.6	140	146.1	124.8	16	26.5	26.3	27.5	25.7

续表

C	10-3-46[12]	10-3-47[12]	10-3-48[12]	10-3-49[19]	C	10-3-46[12]	10-3-47[12]	10-3-48[12]	10-3-49[19]
17	23.2	123.8	48.5	62.6	22	24.2	23.6	28.3	25.7
18	122.5	131.7	74.3	27.6	23	121.1	120.5	126.7	
19	135.2	17.6	33.9	120.8	24	135.9	134.8	136.8	
20	18.7	25.5	33.9	134.1	25	18.7	17.8	22.3	
21	26.5	16.1	20.3	17.7	26	26.5	25.6	30.1	

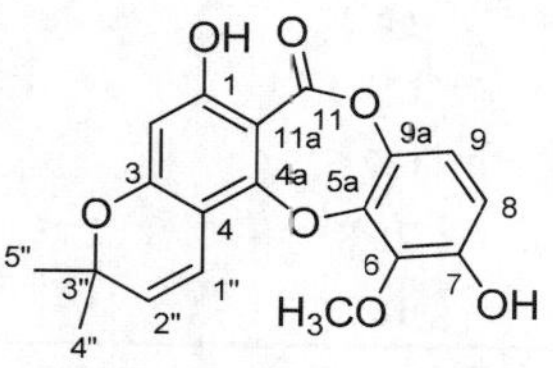

10-3-52 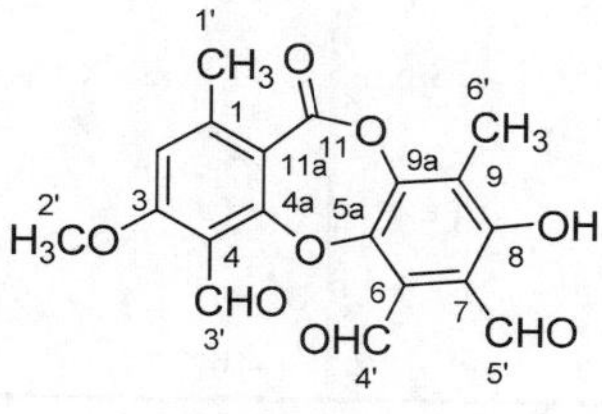 **10-3-53** 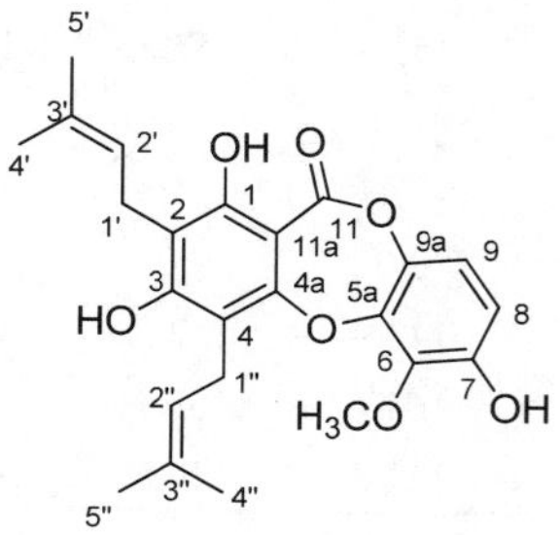 **10-3-54**

表 10-3-12 化合物 10-3-50~10-3-54 的 ^{13}C NMR 数据

C	10-3-50[20]	10-3-51[20]	10-3-52[20]	10-3-53[21]	10-3-54[20]	C	10-3-50[20]	10-3-51[20]	10-3-52[20]	10-3-53[21]	10-3-54[20]
1	161.9	118.3	163.6	151.1	160.4	1'	21.8	28.5		22.0	22.5
2	113.8	128.3	101.1	122.9	111.5	2'	121.9	122.7		57.2	121.7
3	158.2	163.1	163.0	162.6	161.0	3'	132.1	132.6		187.6	135.1
4	105.8	115.1	105.2	114.9	111.2	4'	17.8	17.6		191.7	18.1
4a	153.7	147.7	158.8	164.7	156.6	5'	25.8	25.5		170.6	25.8
5a	143.5	143.5	143.5	132.1	143.5	6'				137.4	
6	148.3	148.4	148.4	137.4	148.4	1"	115.8	116.7	114.1		22.2
7	147.6	147.6	147.6	114.7	147.6	2"	128.5	126.3	126.5		121.2
8	111.8	111.8	111.8	159.5	111.8	3"	77.9	77.5	78.3		135.2
9	116.4	116.4	116.4	118.8	116.4	4"	28.4	28.1	28.8		17.9
9a	138.4	138.4	138.4	144.8	138.4	5"	28.4	28.1	28.8		25.6
11	168.4	169.1	168.1	162.1	168.8	6-OCH$_3$	62.7	62.7	62.9		62.6
11a	98.3	98.5	99.2	113.7	98.8						

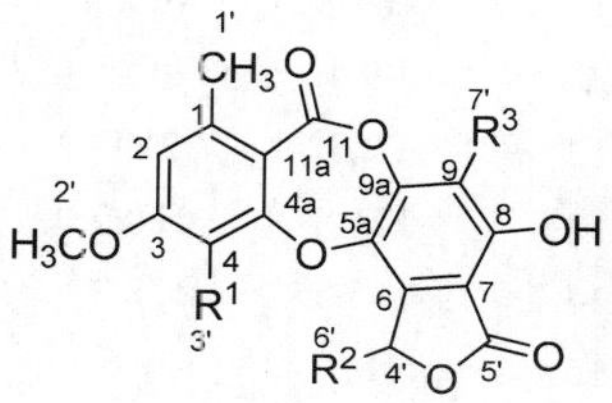

10-3-55 R^1=CHO; R^2=H; R^3=CH_3
10-3-56 R^1=CH_2OH; R^2=H; R^3=CH_3
10-3-57 R^1=CHO; R^2=OCH_3; R^3=CH_2OH
10-3-58 R^1=CHO; R^2=OCH_3; R^3=CH_3

表 10-3-13 化合物 10-3-55~10-3-58 的 ^{13}C NMR 数据[23]

C	10-3-55	10-3-56	10-3-57	10-3-58
1	151.1	144.7	151.7	151.7
2	111.7	112.6	112.4	112.0
3	163.3	160.8	163.6	163.6
4	113.6	121.5	114.6	114.6
4a	161.3	159.3	160.1	160.1
5a	134.0	131.6		
6	137.1	134.3	132.2	132.2
7	106.9	104.8	107.2	107.2
8	152.2	151.8	152.0	152.0
9	117.7	119.9	121.4	121.4
9a	148.9	149.4	149.3	149.3
11a	114.4	113.7	113.9	113.9
1'	22.4	21.5	22.2	22.1
2'	56.6	56.2	56.7	56.5
3'	187.2	53.6	186.9	187.3
4'	70.1	67.1	109.4	102.3
5'	171.8	172.3	169.0	169.0
6'			57.4	57.5
7'	8.9	9.0	55.1	9.1

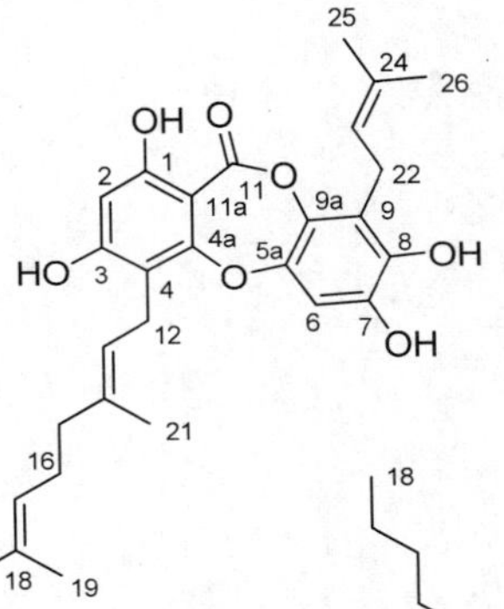

10-3-59

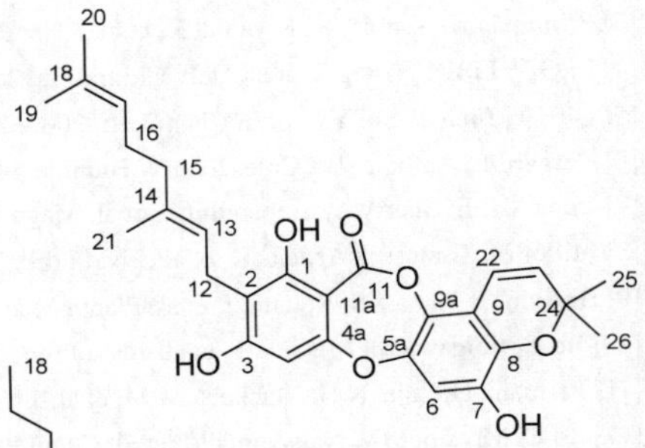

10-3-60

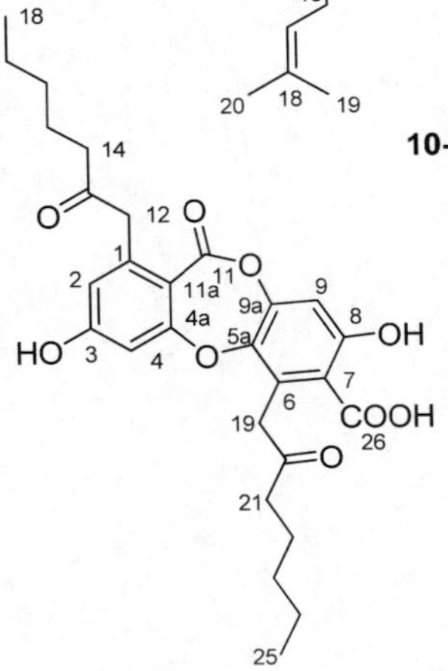

10-3-61

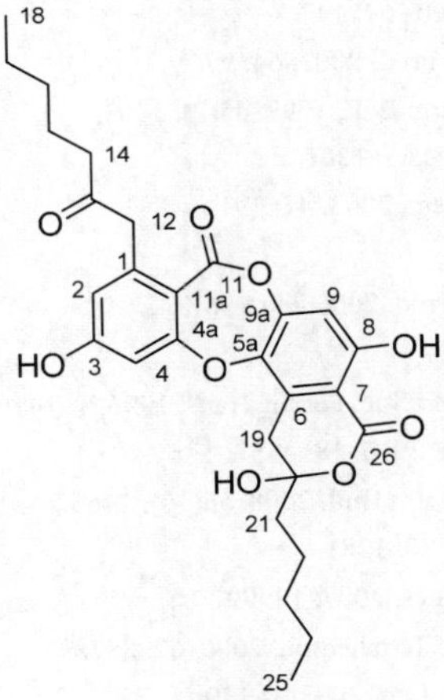

10-3-62

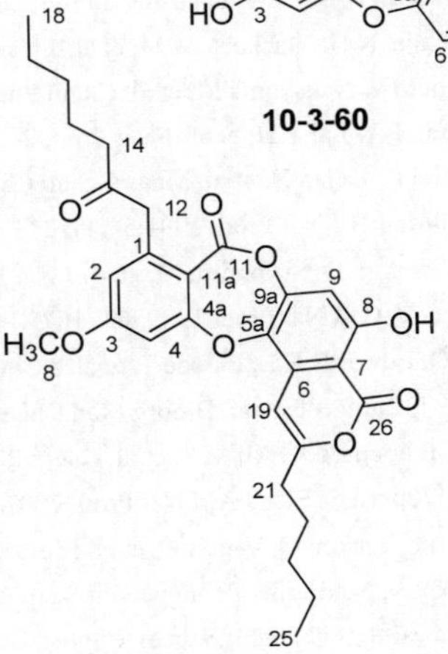

10-3-63

表 10-3-14 化合物 10-3-59~10-3-63 的 ^{13}C NMR 数据

C	10-3-59[18]	10-3-60[18]	10-3-61[6]	10-3-62[6]	10-3-63[24]
1	163.2	162.4	142.6	142.6	141.4
2	100.9	110.8	117.7	117.6	115.2
3	162.6	162.4	162.9	162.5	163.5
4	111.2	100.5	106.4	106.3	104.7
4a	158.7	160.1	162.5	162.5	162.2
5a	143.4	142.2	141.0	141.0	136.2
6	105.4	106.4	132.1	132.1	130.5
7	142.0	143.1	106.0	106.0	102.5
8	139.8	136.5	160.5	160.3	159.9
9	120.0	113.8	107.7	107.6	106.7

续表

C	10-3-59[18]	10-3-60[18]	10-3-61[6]	10-3-62[6]	10-3-63[24]	C	10-3-59[18]	10-3-60[18]	10-3-61[6]	10-3-62[6]	10-3-63[24]
9a	135.9	132.6	151.2	151.2	150.9	18	132.2	132.3	14.5	14.5	13.9
11	168.3	168.5	162.7	162.7	162.0	19	17.7	17.7	31.0	31.0	97.6
11a	99.3	98.5	113.6	113.6	114.0	20	25.7	25.7	207.1	106.5	159.5
12	22.4	22.0	47.8	47.8	47.9	21	16.4	16.2	41.3	41.3	33.6
13	121.3	120.7	206.6	206.6	206.2	22	23.9	116.2	24.2	24.2	26.6
14	139.4	140.3	42.7	42.7	42.8	23	120.2	132.1	32.6	32.6	31.1
15	39.7	39.7	23.9	23.9	23.4	24	136.7	77.2	23.4	23.4	22.4
16	26.3	26.3	32.0	32.0	31.4	25	18.0	27.7	14.6	14.6	13.9
17	123.6	123.6	23.4	23.4	22.4	26	25.8	27.7	169.6	169.5	165.7

参考文献

[1] Randa A, Kirstin S, Dahse H M, et al. Phytochemistry, 2010, 71: 110.
[2] Porntep C, Suthep W, Nongluksna S, et al. Phytochemistry, 2009, 70: 407.
[3] Primmala K, Somdej K, Kwanjai K, et al. J Nat Prod, 2009, 72: 1487.
[4] Li G Y, Li B G, Yang T, et al. Helv Chim Acta, 2008, 91: 124.
[5] Qi H Y, Jin Y P, Shi Y P. Chin Chem Lett, 2009, 20: 187.
[6] Gerhard L, Anthony L J Cole, John W Blunt, et al. J Nat Prod, 2007, 70: 310.
[7] Lima V L E, Sperry A, Sinbandhit S, et al. Magn Reson Chem, 2000, 38: 472.
[8] Millot M, Tomasi S, Articus K, et al. J Nat Prod, 2007, 70: 316.
[9] Bezivin C, Tomasi S, Rouaud I, et al. Planta Med, 2004, 70: 874.
[10] Ito C, Itoigawa M, Mishina Y, et al. J Nat Prod, 2001, 64: 147.
[11] Permana D, Lajis N H, Mackeen M M, et al. J Nat Prod, 2001, 64: 976.
[12] Ito C, Miyamoto Y, Nakayama M, et al. Chem Pharm Bull, 1997, 45(9): 1403.
[13] Xu Y J, Chiang P Y, Lai Y H, et al. J Nat Prod, 2000,63: 1361.
[14] Su B N, Muriel C, Dejan N, et al. Magn Reson Chem, 2003, 41: 391.
[15] Poch G K, Gloer J B J Nat Prod, 1991,54(1): 213.
[16] Pattama P, Aibrohim D, Siribhorm M, et al. J Nat Prod, 2006, 69: 1361.
[17] Tomas R, Irene A G, J Nat Prod, 1999, 62: 1675.
[18] Adeboya M O, Edwards R L, Lassoe T, et al. J Chem Soc, Perkin Trans, 1996, 1: 1419.
[19] Gao X M, Yu T, Lai F S F, et al. Bioorg Med Chem, 2010, 18: 4957.
[20] Ngoupayo J, Tabopda T K, Ali M S, et al. Chem Pharm Bull, 2008, 56(10): 1466.
[21] Devehat F L, Tomasi S, Elix J A, J Nat Prod, 2007, 70: 1281.
[22] Papadopoulou P, Tzakou O, Vagias C, et al. Molecules, 2007, 12: 997.
[23] Rukachaisirikul V, Naklue W, Phongpaichit S, et al. Tetrahedron, 2006, 62: 8578.
[24] Millot M. Tomasi S, Sinbandhit S, et al. Phytochem Lett, 2008, 1: 139.

第四节　二苯乙基类化合物

一、单倍体

表 10-4-1　二苯乙基类单倍体的名称、分子式和测试溶剂

编号	中文名称	英文名称	分子式	测试溶剂	参考文献
10-4-1	2,4,3',5'-四羟基芪	2,4,3',5'-tetrahydroxystilbene	$C_{14}H_{12}O_4$	D	[1]
10-4-2	3,4-二羟基-3'-甲氧基芪	3,4-dihydroxy-3'-methoxystilbene	$C_{15}H_{14}O_3$	M	[2]

续表

编号	中文名称	英文名称	分子式	测试溶剂	参考文献
10-4-3	反式-3,5-二甲氧基-4'-羟基-3'-(4"-甲基-2"-丁烯)-芪	3,5-dimethoxy-4'-hydroxy-3'-(4"-methyl-2"-butylenyl)-*trans*-stilbene	$C_{21}H_{24}O_3$	C	[3]
10-4-4	反式-3,5-二甲氧基-3'-羟基-4'-(4"-甲基-2"-丁烯)-芪	3,5-dimethoxy-3'-hydroxy-4'-(4"-methyl-2"-butylenyl)-*trans*-stilbene	$C_{21}H_{24}O_3$	C	[3]
10-4-5	反式-3,3'-二甲氧基-4,4'-二羟基芪	3,3'-dimethoxy-4,4'-dihydroxy-stilbene(*E*)	$C_{16}H_{16}O_4$	C	[4]
10-4-6		halophilol A	$C_{17}H_{18}O_5$	C	[5]
10-4-7	5,4'-二羟基-3,3'-二甲氧基芪	5,4'-dihydroxy-3,3'-dimethoxy-stilbene	$C_{16}H_{16}O_4$	A	[6]
10-4-8		rhapontigenin	$C_{15}H_{14}O_4$	A	[6]
10-4-9		isorhapontigenin	$C_{15}H_{14}O_4$	A	[6]
10-4-10	3,4,3',5'-四羟基-4'-甲氧基芪	3,4,3',5'-tetrahydroxy-4'-methoxy-stilbene	$C_{15}H_{14}O_5$	A	[7]
10-4-11	3,4,4'-三羟基芪	3,4,4'-trihydroxystilbene	$C_{14}H_{12}O_3$	A	[7]
10-4-12	反式-3-甲氧基-5-羟基芪	3-methoxy-5-hydroxystilbene(*E*)	$C_{15}H_{14}O_2$	C	[8]
10-4-13	反式-3,5-二羟基芪	3,5-dihydroxystilbene(*E*)	$C_{14}H_{16}O_2$	C	[8]
10-4-14	顺式-3,5-二甲氧基芪	3,5-dimethoxystilbene(*E*)	$C_{16}H_{20}O_2$	C	[8]
10-4-15	反式-3,5-二羟基-4'-甲氧基芪	3,5-dihydroxy-4'-methoxy-stilbene(*E*)	$C_{15}H_{18}O_3$	C	[8]
10-4-16	顺式-3-甲氧基-5-羟基芪	3-methoxy-5-hydroxystilbene(*Z*)	$C_{15}H_{14}O_2$	C	[8]
10-4-17	顺式-3,5-二羟基芪	3,5-dihydroxystilbene(*Z*)	$C_{14}H_{16}O_2$	C	[8]
10-4-18	顺式-3,4,5,4′-四甲氧基-3′,5′-二硝基芪	3,4,5,4′-tetramethoxy-3′,5′-dinitro-stilbene(*Z*)	$C_{18}H_{18}N_2O_8$	C	[9]
10-4-19	顺式-3,4,5,4′-四甲氧基-2′,5′-二硝基芪	3,4,5,4′-tetramethoxy-2′,5′-dinitro-stilbene(*Z*)	$C_{18}H_{18}N_2O_8$	C	[9]
10-4-20	顺式-3,4,5,4′-四甲氧基-2′,3′-二硝基芪	3,4,5,4′-tetramethoxy-2′,3′-dinitro-stilbene(*Z*)	$C_{18}H_{18}N_2O_8$	C	[9]
10-4-21	反式-3,4,5,4′-四甲氧基-2′,3′-二硝基芪	3,4,5,4′-tetramethoxy-3′,5′-dinitro-stilbene(*E*)	$C_{18}H_{22}N_2O_4$	C	[9]
10-4-22	顺式-3,4,5,4′-四甲氧基-2′-硝基-5′-氨基芪	3,4,5,4′-tetramethoxy-2′-nitro-5′-aminostilbene(*Z*)	$C_{18}H_{20}N_2O_6$	C	[9]
10-4-23	顺式-3,4,5,4′-四甲氧基-5′-硝基-2′-氨基芪	3,4,5,4′-tetramethoxy-5′-nitro-2′-aminostilbene(*Z*)	$C_{18}H_{20}N_2O_6$	C	[9]
10-4-24	顺式-3,4,5,4′-四甲氧基-2′,3′-二氨基芪	3,4,5,4′-tetramethoxy-2′,3′-diamino-stilbene(*Z*)	$C_{18}H_{22}N_2O_4$	C	[9]
10-4-25	顺式-3,4,5,4′-四甲氧基-2′,5′-二氨基芪	3,4,5,4′-tetramethoxy-2′,5′-diamino-stilbene(*Z*)	$C_{18}H_{22}N_2O_4$	C	[9]
10-4-26	3,3'-二羟基-5-甲氧基芪	3,3'-dehydroxy-5-methoxystilbene	$C_{15}H_{14}O_3$	C	[10]
10-4-27	3,3'-二羟基-5-甲氧基双乙酸盐芪	3,3'-dehydroxy-5-methoxystilbene diacetate	$C_{19}H_{18}O_5$	C	[10]

续表

编号	中文名称	英文名称	分子式	测试溶剂	参考文献
10-4-28		batatasin-III	$C_{15}H_{14}O_3$	C	[10]
10-4-29		batatasin-III-diacetate	$C_{19}H_{18}O_5$	C	[10]
10-4-30	顺式-2',4-二乙酰氧基-3,3'-二甲氧基芪	2',4-diacetoxy-3,3'-dimethoxy-*cis*-stilbene	$C_{20}H_{20}O_6$	C	[11]
10-4-31	反式-2',4-二乙酰氧基-3,3'-二甲氧基芪	2',4-diacetoxy-3,3'-dimethoxy-*trans*-stilbene	$C_{20}H_{20}O_6$	C	[11]
10-4-32	顺式-2',4-二乙酰氧基-3,3'-二甲氧基-5'-甲基芪	2',4-diacetoxy-3,3'-dimethoxy-5'-methyl -*cis*-stilbene	$C_{21}H_{22}O_6$	C	[11]
10-4-33	2',4-二乙酰氧基-5'-(3-乙酰丙基)-3,3'-二甲氧基芪	2',4-diacetoxy-5'-(3-acetoxypropyl)-3,3'-dimethoxystilbene	$C_{25}H_{28}O_8$	C	[11]
10-4-34	4,2',5'-三乙酰基-3,3'-二甲氧基芪	4,2',5'-triacetoxy-3,3'-dimethoxy-stilbene	$C_{22}H_{24}O_7$	C	[11]
10-4-35		desoxyvanilloin diacetate	$C_{20}H_{20}O_7$	C	[11]
10-4-36		artoindonesianin N	$C_{20}H_{22}O_3$	A	[12]
10-4-37	4,5'-二甲氧基-3'-羟基-2'-[8'-甲基-7'-丙酮]-芪	4,5'-dimethoxy- 3'-hydroxy-2'-(8'-methyl-7'-acetone)- stilbene	$C_{19}H_{20}O_4$	C	[13]
10-4-38	4, 3',5'-三羟基-2'-(8'-甲基-7'-丙酮)-芪	4,5'-dimethoxy- 3'-hydroxy-2'-(8'-methyl-7'-acetone)-stilbene	$C_{18}H_{18}O_4$	C	[13]
10-4-39		pawhuskin C	$C_{24}H_{28}O_4$	A	[14]
10-4-40		pawhuskin A	$C_{29}H_{36}O_4$	A	[14]
10-4-41		mappain	$C_{29}H_{36}O_4$	C	[15]
10-4-42		artoindonesianin O	$C_{20}H_{20}O_4$	A	[12]
10-4-43		lakoochin A	$C_{24}H_{32}O_6$	C	[16]
10-4-44		lakoochin B	$C_{29}H_{34}O_4$	C	[16]
10-4-45		machaeriol B	$C_{24}H_{26}O_3$	C	[17]
10-4-46		machaeriol A	$C_{24}H_{28}O_2$	C	[17]
10-4-47		pawhuskin A	$C_{29}H_{36}O_4$	A	[14]
10-4-48		schweinfurthin E	$C_{30}H_{38}O_6$	M	[18]
10-4-49		schweinfurthin F	$C_{30}H_{38}O_5$	M	[18]
10-4-50		schweinfurthin G	$C_{29}H_{36}O_6$	M	[18]
10-4-51		schweinfurthin A	$C_{34}H_{44}O_6$	M	[19]
10-4-52		schweinfurthin B	$C_{35}H_{46}O_6$	M	[19]
10-4-53		schweinfurthin H	$C_{30}H_{38}O_7$	M	[18]
10-4-54		aiphanol	$C_{25}H_{24}O_8$	A	[20]
10-4-55		artocarbene	$C_{19}H_{18}O_4$	A	[21]
10-4-56	4-羟基-3',1''-二甲氧基-2''-甲基吡喃[5',6']-芪	4-hydroxy-3',1''-dimethoxy-2''-methylpyran[3',4']stilbene	$C_{20}H_{18}O_5$	C	[13]
10-4-57	4-羟基-5'-甲氧基-3'',3''-二甲基吡喃[3',4']-芪	4-hydroxy-5'-methoxy-3'',3''-dimethylpyran[3',4']stilbene	$C_{20}H_{20}O_3$	C	[22]

续表

编号	中文名称	英文名称	分子式	测试溶剂	参考文献
10-4-58	3,5'-二甲氧基-4-羟基-3",3"-二甲基吡喃[3',4']芪	3,5'-dimethoxy-4-hydroxy-3",3"-dimethylpyran[3',4']-stilbene	$C_{21}H_{22}O_4$	C	[22]
10-4-59	3,4,5-三甲氧基-3",3"-二甲基吡喃[3',4']芪	3,4,5-trimethoxy-6",6"-dimethylpyran[4",5":3',4']-stilbene	$C_{22}H_{24}O_4$	C	[22]
10-4-60	白藜芦醇 3-(6"-没食子酰基)-*O*-*β*-D-吡喃葡萄糖苷	resveratrol- 3-(6"-galloyl)-*O*-*β*-D-glucopyranoside(*E*)	$C_{27}H_{26}O_{12}$	M	[23]
10-4-61	反式白藜芦醇-3-(4"-乙酰基)-*O*-*β*-D-木吡喃糖苷	resveratrol-3-(4"-acetyl)-*O*-*β*-D-xylopyranoside(*E*)	$C_{21}H_{22}O_8$	M	[23]
10-4-62	丹叶大黄素-3-*O*-D-吡喃葡萄糖苷	rhapontigenin 3-*O*-D-glucopyranoside	$C_{21}H_{24}O_9$	D	[24]
10-4-63	白藜芦醇-3-*O*-*β*-D-木吡喃糖苷	resveratrol-3-*O*-*β*-D-xylopyranoside(*E*)	$C_{19}H_{20}O_7$	M	[25]
10-4-64	白藜芦醇苷-2"-*O*-对羟基苯酸盐	piceid 2"-*O*-*p*-hydroxybenzoate	$C_{27}H_{26}O_{10}$	A	[26]
10-4-65	白藜芦醇苷-2"-*O*-*E*-阿魏酸盐	piceid-2"-*O*-*E*-ferulate	$C_{30}H_{30}O_{11}$	A	[26]
10-4-66		piceid 2"-*O*-*E*-coumarate	$C_{29}H_{28}O_{10}$	A	[26]
10-4-67		sodium and potassium *trans*-resveratrol-3-*O*-*β*-D-glucopyranoside-6"-sulfate	$C_{20}H_{21}KO_{11}S$	M + W	[27]
10-4-68		sodium and potassium *trans*-resveratrol-3-*O*-*β*-D-glucopyranoside-4"-sulfate	$C_{20}H_{23}KO_{12}S$	M + W	[27]
10-4-69		sodium and potassium *trans*-resveratrol-3-*O*-*β*-D-glucopyranoside-2"-sulfate	$C_{20}H_{21}KO_{11}S \cdot 7/2H_2O$	W	[27]
10-4-70		sodium and potassium *trans*-resveratrol-3-*O*-*β*-D-glucopyranoside-4"-sulfate	$C_{20}H_{23}KO_{12}S$	D	[27]
10-4-71		sodium and potassium *trans*-resveratrol-3-*O*-*β*-D-glucopyranoside-5-sulfate	$C_{20}H_{23}KO_{12}S$	M + W	[27]
10-4-72		sodium and potassium *cis*-resveratrol-3-*O*-*β*-D-glucopyranoside-6"-sulfate	$C_{20}H_{25}KO_{13}S$	W	[27]
10-4-73		sodium and potassium *cis*-resveratrol-3-*O*-*β*-D-glucopyranoside-4"-sulfate	$C_{20}H_{21}NaO_{11}S \cdot 3/2H_2O$	D	[27]
10-4-74		sodium and potassium *cis*-resveratrol-3-*O*-*β*-D-glucopyranoside-3"-sulfate	$C_{20}H_{25}KaO_{13}S$	W	[27]
10-4-75		sodium and potassium *cis*-resveratrol-3-*O*-*β*-D-glucopyranoside-2"-sulfate	$C_{20}H_{25}NaO_{13}S$	W	[27]

续表

编号	中文名称	英文名称	分子式	测试溶剂	参考文献
10-4-76		sodium and potassium *cis*-resveratrol-3-*O*-*β*-D-glucopyranoside-5-sulfate	$C_{20}H_{27}KO_{14}S$	W	[27]
10-4-77	反式-5-甲氧基-白芦醇-3-*O*-*β*-D-吡喃葡萄糖苷	5-methoxy-resveratrol 3-*O*-*β*-D-glucopyranoside(*E*)	$C_{21}H_{24}O_8$	M	[28]
10-4-78	反式-5-甲氧基-白藜芦醇-3-*O*-*β*-D-呋喃芹糖基-(1→6)-*β*-D-吡喃葡萄糖苷	5-methoxy-resveratrol 3-*O*-*β*-D-apiofuranosyl-(1→6)-*β*-D-glucopyranoside(*E*)	$C_{26}H_{32}O_{12}$	M	[28]
10-4-79	反式-白藜芦醇-3,4'-*O*-*β*-二葡萄糖苷	*cis*-resveratrol-3,4'-*O*-*β*-diglucoside	$C_{26}H_{32}O_{13}$	M	[29]
10-4-80	反式-4',5-二羟基-3-甲氧基芪-5-*O*-{*α*-L-吡喃鼠李糖基-(1→2)-[*α*-L-吡喃鼠李糖基-(1→6)]}-*α*-D-吡喃葡萄糖苷	4',5-dihydroxy-3-methoxy-*trans*-stilbene-5-*O*-{*α*-L-rhamnopyranosyl-(1→2)-[*α*-L-rhamnop-yranosyl-(1→6)]}-*α*-D-glucopyranoside	$C_{33}H_{44}O_{16}$	M	[30]
10-4-81	反式-4',5 二羟基-3-甲氧基芪-5-*O*-[*α*-L-吡喃鼠李糖基-(1→6)]-*α*-D-吡喃葡萄糖苷	*trans*-4',5-dihydroxy-3-methoxy-stilbene-5-*O*-[*α*-L-rhamnopyranosyl-(1→6)]-*α*-D- gluco-pyranoside	$C_{27}H_{34}O_{12}$	M	[30]

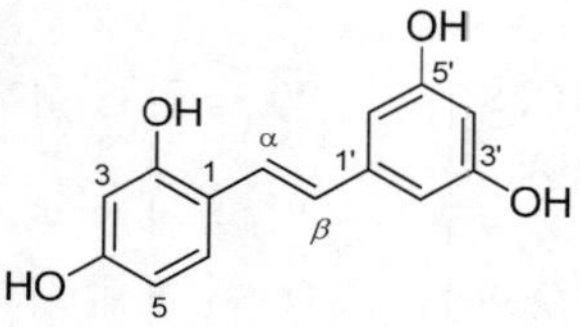

10-4-1

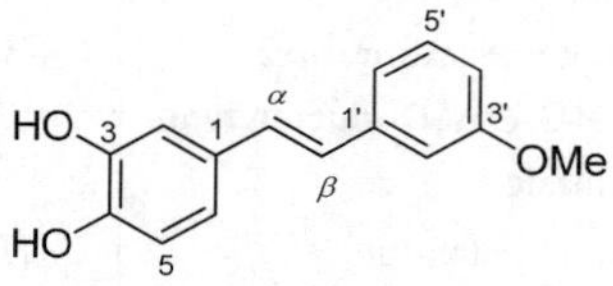

10-4-2

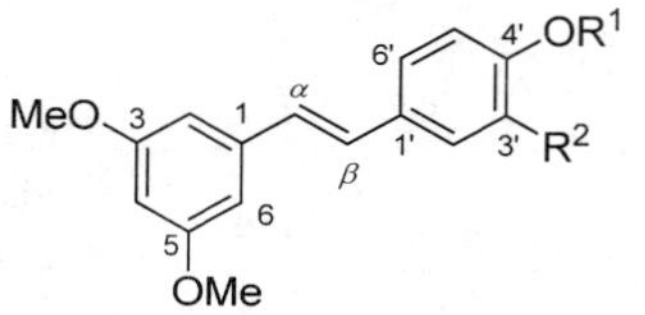

10-4-3 R^1=H; R^2=$CH_2CH=C(CH_3)_2$
10-4-4 R^1=$CH_2CH=C(CH_3)_2$; R^2=H

表 10-4-2 化合物 10-4-1~10-4-4 的 ^{13}C-NMR 数据

C	10-4-1[1]	10-4-2[2]	10-4-3[3]	10-4-4[3]	C	10-4-1[1]	10-4-2[2]	10-4-3[3]	10-4-4[3]
1	115.4	131.3	140.9	139.7	3'	158.5	161.5	129.0	114.8
2	156.1	114.1	104.8	104.3	4'	101.5	113.7	155.9	158.6
3	102.7	146.6	162.0	160.9	5'	158.5	130.5	115.9	114.8
4	158.2	146.5	100.0	99.5	6'	104.2	119.9	126.1	127.7
5	107.4	116.5	162.0	160.9	1''			29.0	64.7
6	127.3	120.3	104.8	104.3	2''			123.7	119.5
α	123.3	128.8	126.2	126.4	3''			132.4	138.3
β	124.7	130.2	130.0	128.8	Me-4''			25.8	25.8
1'	140.1	140.8	129.8	129.8	Me-5''			17.8	18.2
2'	104.2	112.5	128.9	127.7	2×OMe		55.7	55.5	55.3

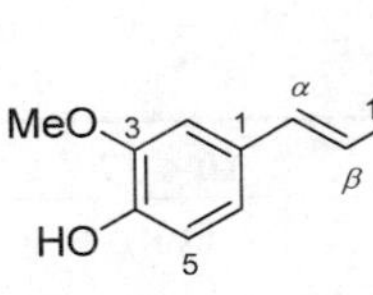

10-4-5

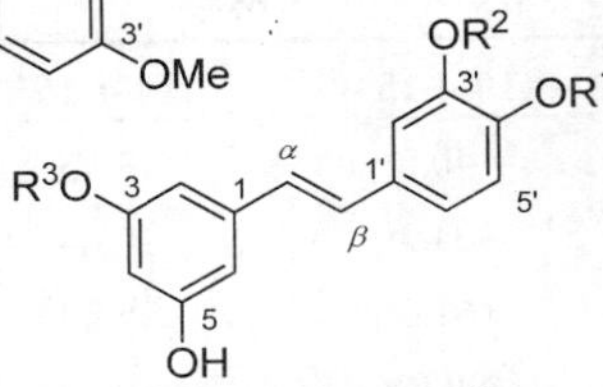

10-4-6

10-4-7 R^1=H; R^2=Me; R^3=Me
10-4-8 R^1=Me; R^2=H; R^3=H
10-4-9 R^1=H; R^2=Me; R^3=H

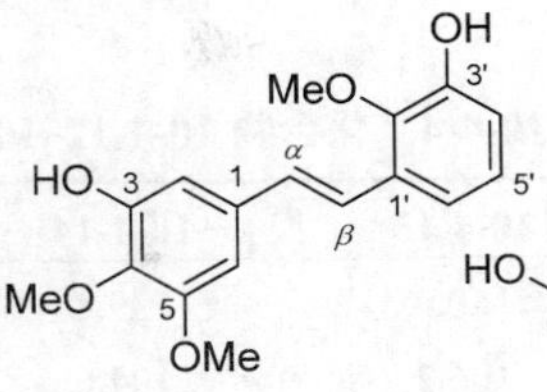

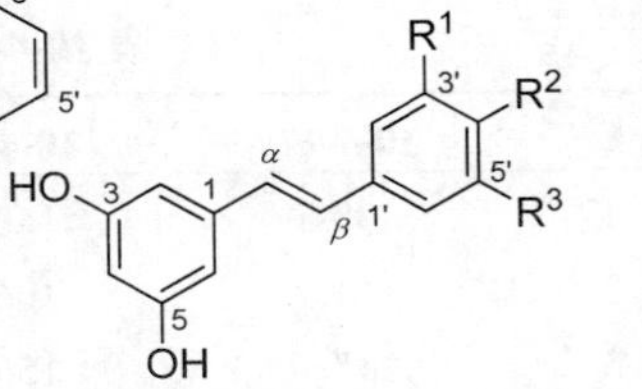

10-4-10 R^1=OH; R^2=OMe; R^3=OH
10-4-11 R^1=H; R^2=OH; R^3=H

表 10-4-3 化合物 10-4-5~10-4-11 的 ^{13}C NMR 数据

C	10-4-5[4]	10-4-6[5]	10-4-7[6]	10-4-8[6]	10-4-9[6]	10-4-10[7]	10-4-11[7]
1	130.6	133.6	140.8	140.3	140.6	140.4	140.9
2	108.5	106.0	105.8	106.1	105.7	105.6	105.7
3	146.8	149.4	159.4	161.5	159.4	159.0	159.4
4	145.4	135.5	102.8	100.8	102.8	103.0	103.1
5	114.8	152.4	159.4	159.1	159.4	159.0	159.4
6	130.6	103.1	105.8	103.2	105.7	105.6	105.7
α	126.9	130.2	127.0	126.3	127.5	128.4	127.8
β	126.9	122.2	129.4	129.2	129.1	129.0	129.3
1'	130.6	130.5	130.4	129.7	130.4	134.3	130.5
2'	108.5	144.8	110.1	109.5	112.4	106.6	128.9
3'	146.8	149.1	148.5	147.1	147.3	151.2	116.5
4'	145.4	114.6	147.4	148.0	148.3	106.6	158.5
5'	114.8	124.9	116.0	115.4	113.3	151.2	116.5
6'	130.6	118.0	121.1	120.7	119.9	106.6	128.9
3-OMe	56.1		56.2				
4-OMe	61.0						
5-OMe	55.9						
2'-OMe	61.7						
3'-OMe	56.1		56.2				
4'-OMe				56.2	56.2	60.5	

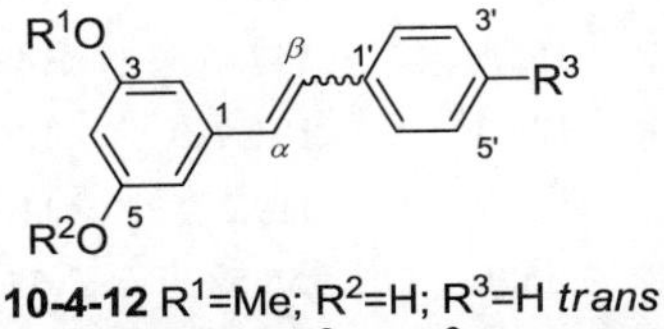

10-4-12 R^1=Me; R^2=H; R^3=H *trans*
10-4-13 R^1=H; R^2=H; R^3=H *trans*
10-4-14 R^1=Me; R^2=Me; R^3=H *trans*
10-4-15 R^1=H; R^2=H; R^3=OMe *trans*
10-4-16 R^1=Me; R^2=H; R^3=H *cis*
10-4-17 R^1=H; R^2=H; R^3=H *cis*

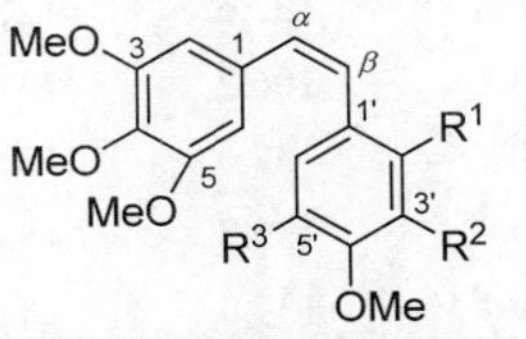

10-4-18 R^1=H; R^2=R^3=NO_2
10-4-19 R^1=R^3=NO_2; R^2=H
10-4-20 R^1=R^2=NO_2; R^3=H
10-4-21 R^1=H; R^2=R^3=NH_2
10-4-22 R^1=NO_2; R^2=H; R^3=NH_2
10-4-23 R^1=NH_2; R^2=H; R^3=NO_2
10-4-24 R^1=R^2=NH_2; R^3=H
10-4-25 R^1=R^3=NH_2; R^2=H

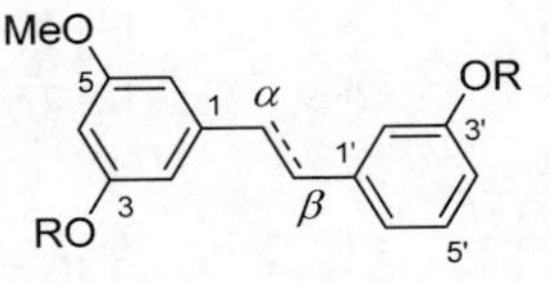

10-4-26 R=H α,β-去氢
10-4-27 R=Ac α,β-去氢
10-4-28 R=H α,β-去氢
10-4-29 R=Ac α,β-去氢

表 10-4-4　化合物 10-4-12~10-4-17 的 ^{13}C NMR 数据[8]

C	10-4-12	10-4-13	10-4-14	10-4-15	10-4-16	10-4-17
1	138.6	140.0	139.4	140.0	139.5	139.7
2	114.0	106.2	104.6	104.4	108.4	108.3
3	157.3	156.9	161.0	161.0	156.0	156.7
4	101.2	102.4	100.0	99.6	100.8	101.8
5	160.9	156.9	161.0	161.0	160.5	156.7
6	106.3	102.2	104.6	104.4	106.7	108.3
α	128.4	128.0	128.7	126.6	129.8	129.6
β	129.2	129.5	129.2	128.7	130.8	130.9
1'	137.1	136.9	137.1	130.2	136.5	137.0
2'	126.6	126.6	126.6	128.0	129.0	129.0
3'	128.6	128.7	128.7	115.6	128.2	128.2
4'	127.7	127.8	127.7	154.1	127.2	127.2
5'	128.6	128.7	128.7	115.6	128.2	128.2
6'	126.6	126.6	126.6	128.0	129.0	129.0
3-OMe	55.3		55.4		55.2	
5-OMe			55.4			
4'-OMe				55.4		

表 10-4-5　化合物 10-4-18~10-4-25 的 ^{13}C NMR 数据[9]

C	10-4-18	10-4-19	10-4-20	10-4-21	10-4-22	10-4-23	10-4-24	10-4-25
1	138.7	135.4	134.4	133.8	131.8	133.5	132.0	132.3
2	105.8	105.7	106.1	106.7	106.4	105.9	105.7	105.7
3	153.6	154.7	153.2	152.6	152.8	153.0	152.4	152.6
4	145.1	140.3	135.2	134.1	137.4	138.1	137.0	136.2
5	153.6	154.7	153.2	152.6	152.8	153.0	152.4	152.5
6	105.8	105.7	104.3	106.7	106.4	105.9	105.7	105.7
α	124.5	125.7	121.6	130.2	129.5	131.3	130.9	128.1
β	130.4	132.9	124.6	129.0	130.1	129.7	125.9	130.3
1'	133.9	120.5	138.0	132.6	127.9	114.5	117.6	115.7
2'	128.9	150.9	143.1	106.2	137.5	150.3	132.7	137.2
3'	134.9	111.1	130.7	137.0	107.0	97.4	123.0	99.8
4'	145.7	151.9	150.9	139.7	145.0	155.5	147.4	148.2
5'	134.9	143.4	106.1	137.0	142.2	129.3	101.9	126.0
6'	128.9	124.7	115.9	106.2	114.6	122.7	119.2	116.1
3-OMe	56.2	56.5	56.0	58.3	55.9	55.9	55.5	55.7
4-OMe	64.9	60.7	60.9	60.9	60.9	60.9	60.5	60.8
5-OMe	56.2	56.5	56.0	58.3	55.9	55.9	55.5	55.7
4'-OMe	61.1	58.0	57.3	55.8	56.0	56.4	55.6	55.4

表 10-4-6[10] 化合物 10-4-26~10-4-29 的 ^{13}C NMR 数据

C	10-4-26	10-4-27	10-4-28	10-4-29	C	10-4-26	10-4-27	10-4-28	10-4-29
1	139.5	138.5	144.3	143.7	2'	113.7	119.3	116.2	121.4
2	106.8	111.9	108.8	113.7	3'	158.4	151.0	158.2	150.7
3	159.4	151.8	159.2	151.5	4'	115.4	121.0	113.6	119.1
4	101.6	107.0	99.9	105.2	5'	130.2	128.9	130.0	129.1
5	161.7	160.5	161.9	160.2	6'	111.8	124.2	120.4	125.8
6	104.1	109.9	106.3	111.8	5-OMe	55.3	55.4	55.3	55.2
α	129.4	128.8	38.1	37.0	OAc		169.3		169.3
β	129.3	129.5	38.4	37.3			169.2		169.2
1'	140.1	139.1	145.0	143.0			21.0		21.0

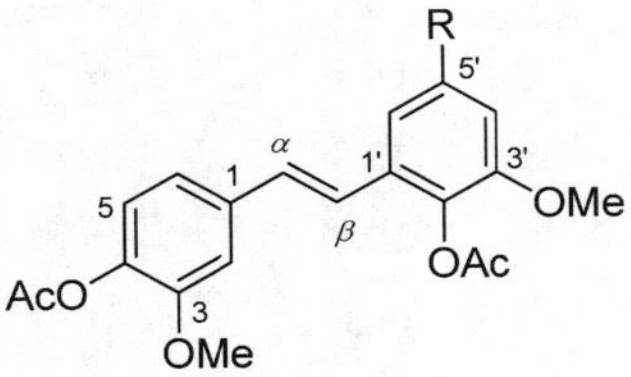

10-4-30 R=H *cis*
10-4-31 R=H *trans*
10-4-32 R=CH_3 *cis*
10-4-33 R=$CH_2CH_2CH_2$OAc *trans*

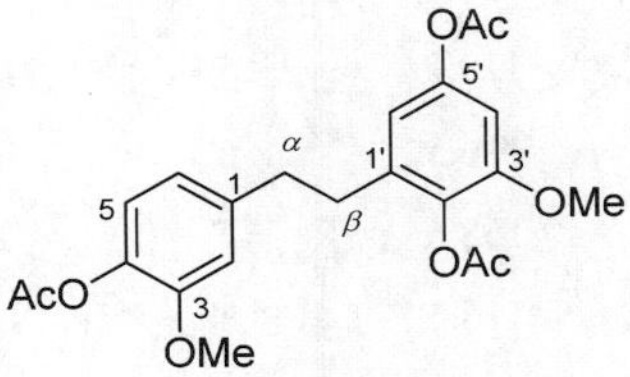

10-4-34

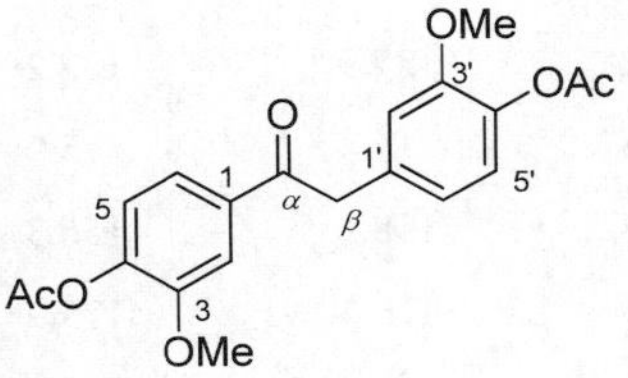

10-4-35

表 10-4-7 [11] 化合物 10-4-30~10-4-35 的 ^{13}C NMR 数据

C	10-4-30	10-4-31	10-4-32	10-4-33	10-4-34	10-4-35
1	135.3	136.4	137.5	130.8	140.8	135.5
2	113.2	110.7	113.5	110.8	113.3	112.4
3	151.7	151.3	150.9	151.4	150.8	151.7
4	139.1	139.7	139.3	139.7	138.1	144.3
5	122.4	123.0	122.6	125.3	122.4	123.0
6	122.4	119.3	118.6	119.3	120.9	122.0
α	131.8	130.9	127.5	128.3	37.0	196.1
β	131.8	130.9	127.5	129.1	37.8	45.2
1'	132.3	131.2	122.6	122.6	129.2	133,3
2'	139.1	137.8	139.3	139.7	137.2	113.7
3'	151.7	151.6	143.0	151.4	153.4	151.4
4'	113.2	111.8	113.5	111.7	115.6	139.2
5'	124.8	122.5	137.5	123.0	142.9	123.0
6'	122.4	118.1	121.6	119.3	125.2	121.8
4-OAc	168.6/20.4	168.7/20.5	169.1/20.7	168.8/20.5	168.8/20.6	168.3/20.5
2'-OAc(4'-OAc)	168.8/20.6	168.9/20.9	169.1/20.7	169.0/20.6	169.1/20.6	168.8/20.5
3-OMe	56.0	56.0	56.0	56.0	56.0	56.1
3'-OMe	56.0	56.0	56.0	56.0	56.0	56.1
5'-CH_3			17.8			
5'-OAc					198.7/29.2	
5'-<u>$CH_2CH_2CH_2$</u>OAc				32.5		
				30.2		
				63.9		
5'-$CH_2CH_2CH_2$O<u>Ac</u>				171.1/20.9		

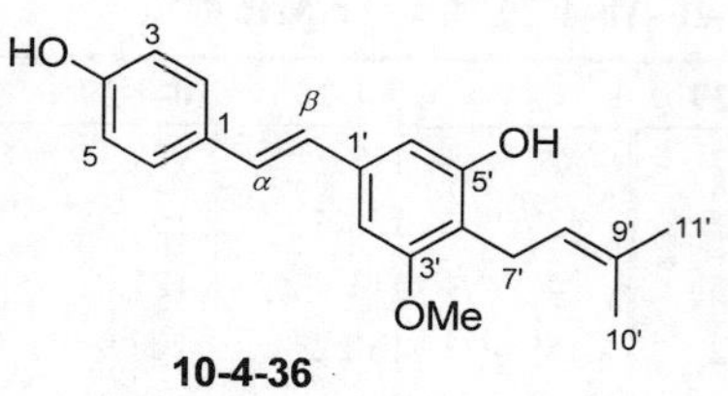

10-4-36

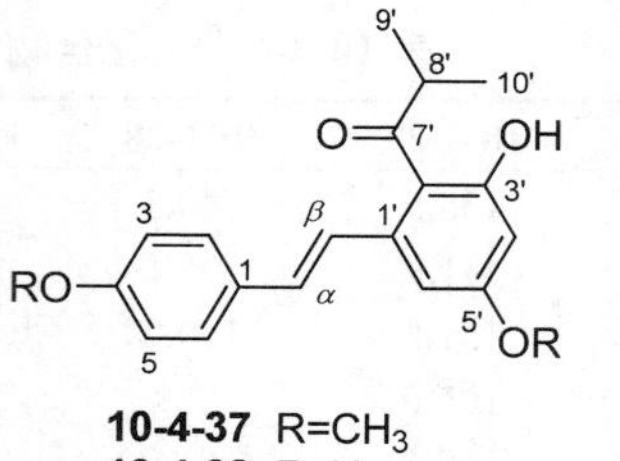

10-4-37 R=CH_3
10-4-38 R=H

表 10-4-8 化合物 10-4-36~10-4-38 的 ^{13}C NMR 数据

C	10-4-36[12]	10-4-37[13]	10-4-38[13]	C	10-4-36[12]	10-4-37[13]	10-4-38[13]
1	138.9	129.2	129.6	4'	119.8	99.9	102.5
2	127.9	128.2	129.0	5'	157.2	164.1	161.9
3	116.4	115.9	116.5	6'	101.7	113.8	117.1
4	158.1	156.3	158.6	7'	24.8	212.8	211.8
5	116.4	115.9	116.5	8'	124.6	39.3	40.8
6	127.9	128.2	129.0	9'	130.4	19.7	19.3
α	130.3	132.3	132.2	10'	18.0	19.7	19.3
β	123.9	125.8	125.5	11'	26.0		
1'	130.3	142.4	141.9	4-OMe		55.5	
2'	99.6	108.4	107.3	3'-OMe	56.0		
3'	159.4	164.3	158.6	5'-OMe		56.0	

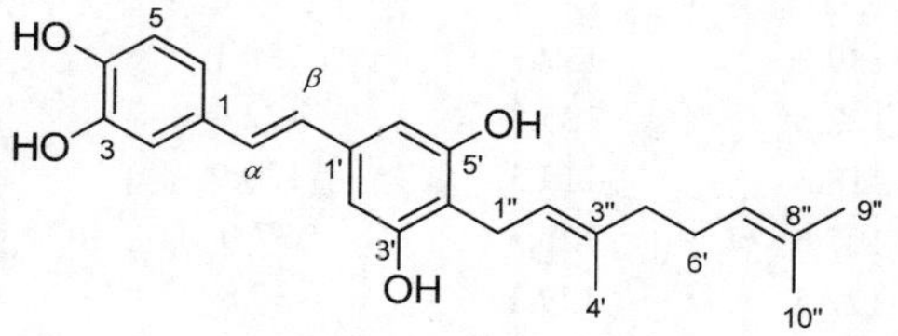

10-4-39

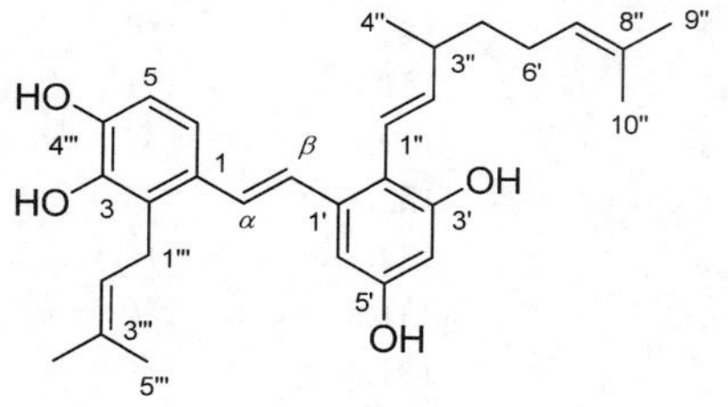

10-4-40

表 10-4-9 化合物 10-4-39、10-4-40 的 ^{13}C NMR 数据[14]

C	10-4-39	10-4-40	C	10-4-39	10-4-40	C	10-4-39	10-4-40	C	10-4-39	10-4-40
1	131.1	130.6	1'	137.5	140.0	3''	134.8	134.4	1'''		26.0
2	114.0	127.7	2'	106.1	118.7	4''	16.4	16.6	2'''		124.5
3	146.3	144.1	3'	157.2	156.9	5''	40.8	40.7	3'''		131.5
4	146.1	145.1	4'	115.5	102.9	6''	27.7	27.7	4'''		18.3
5	116.4	113.9	5'	157.2	157.0	7''	125.4	125.3	5'''		25.9
6	120.0	118.1	6'	106.1	104.9	8''	131.7	131.8			
α	128.6	128.8	1''	23.2	25.0	9''	17.8	17.8			
β	127.2	127.4	2''	124.4	125.6	10''	25.9	25.9			

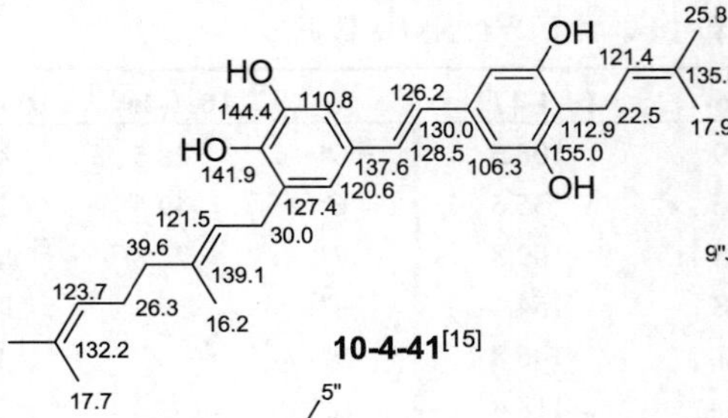

10-4-41[15]

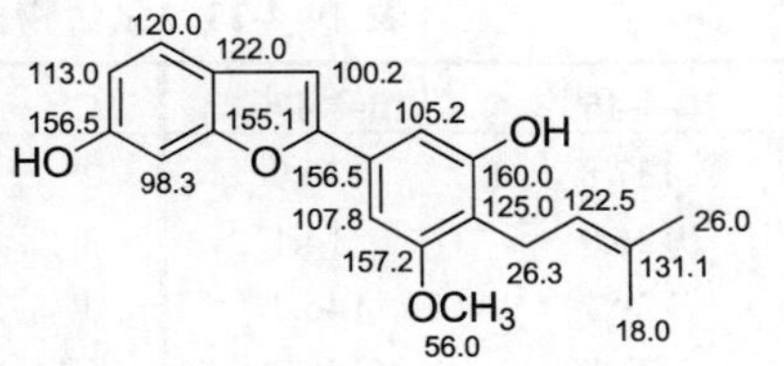

10-4-42[12]

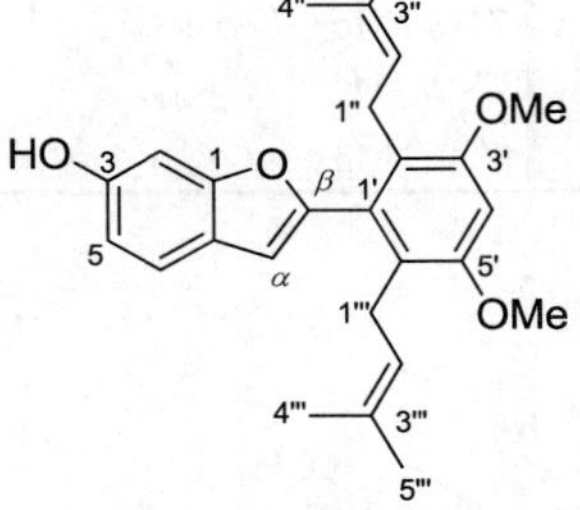

10-4-43

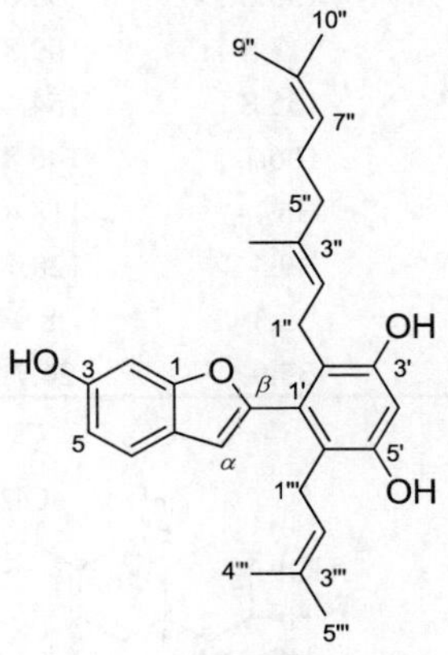

10-4-44

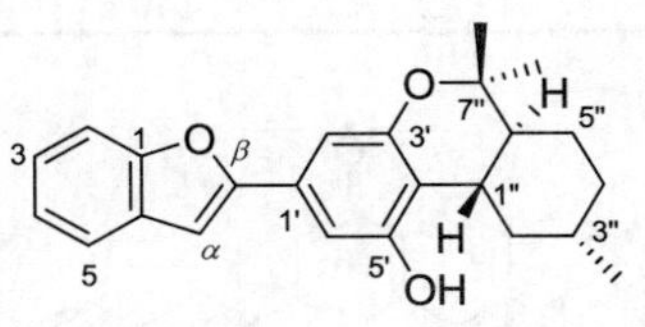

10-4-45

表 10-4-10 化合物 10-4-43~10-4-45 的 ^{13}C NMR 数据

C	10-4-43[16]	10-4-44[16]	10-4-45[17]	C	10-4-43[16]	10-4-44[16]	10-4-45[17]
1	155.6	155.6	155.2	4''	17.6	16.0	35.9
2	98.2	98.3	129.6	5''	25.7	39.6	28.5
3	153.3	153.3	121.3	6''		26.3	49.5
4	111.5	111.8	123.3	7''		123.7	78.0
5	120.8	120.9	124.5	8''		132.0	
6	123.2	122.1	114.5	9''		17.6	
α	106.2	106.4	101.6	10''		25.6	
β	153.0	153.1	155.8	1'''	26.5	27.4	
1'	131.8	131.4	130.0	2'''	123.6	122.4	
2'	122.5	120.1	107.5	3'''	130.3	134.2	
3'	156.3	153.8	156.0	4'''	17.6	17.7	
4'	97.3	105.6	114.5	5'''	25.7	25.7	
5'	156.3	154.0	156.0	3',5'-OMe	55.9		
6'	122.5	120.2	104.5	3''-β-Me			23.0
1''	26.5	27.4	36.2	7'-α-Me			19.5
2''	123.6	122.3	39.2	7''-α-Me			28.1
3''	130.3	138.0	33.3				

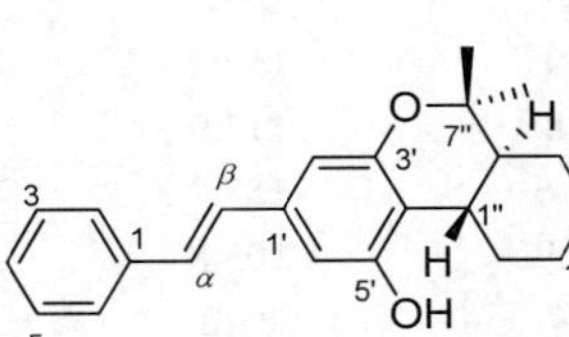

10-4-46

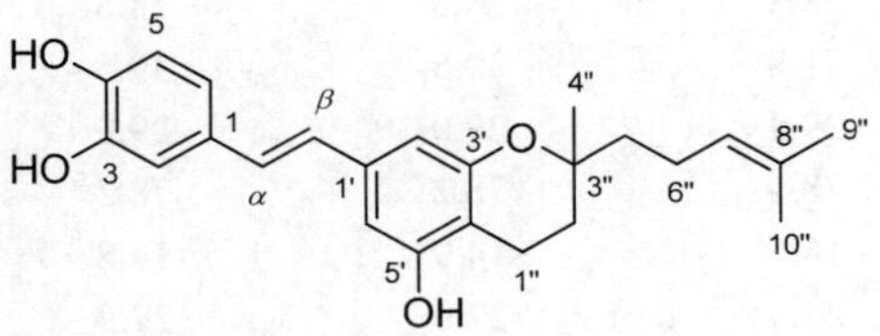

10-4-47

表 10-4-11　化合物 10-4-46 和 10-4-47 的 ^{13}C NMR 数据

C	10-4-46[17]	10-4-47[14]	C	10-4-46[17]	10-4-47[14]	C	10-4-46[17]	10-4-47[14]
1	137.8	130.9	2'	108.9	106.5	5"	28.5	42.1
2	126.9	114.1	3'	155.6	155.5	6"	49.5	23.6
3	129.1	146.3	4'	113.5	109.8	7"	77.8	125.4
4	127.9	146.3	5'	155.8	154.1	8"		132.0
5	129.1	116.4	6'	106.1	106.8	9"		17.8
6	126.9	120.2	1"	36.1	118.4	10"		25.9
α	128.6	129.7	2"	39.4	128.1	7"-α-Me	19.5	
β	128.9	126.8	3"	33.3	78.9	7"-β-Me	28.1	
1'	137.2	140.4	4"	35.9	26.7	3"-α-Me	23.0	

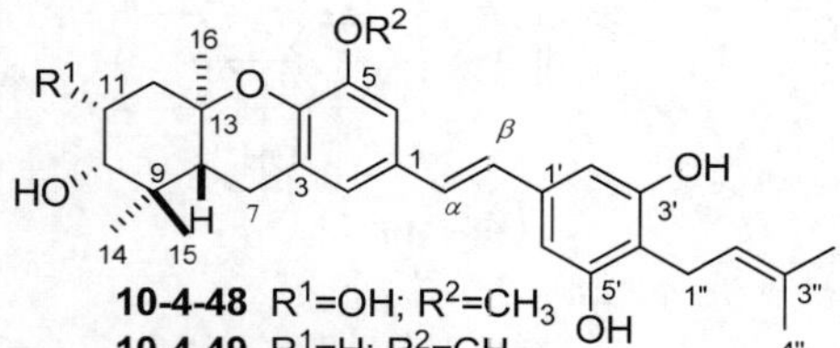

10-4-48 R[1]=OH; R[2]=CH$_3$
10-4-49 R[1]=H; R[2]=CH$_3$
10-4-50 R[1]=OH; R[2]=H

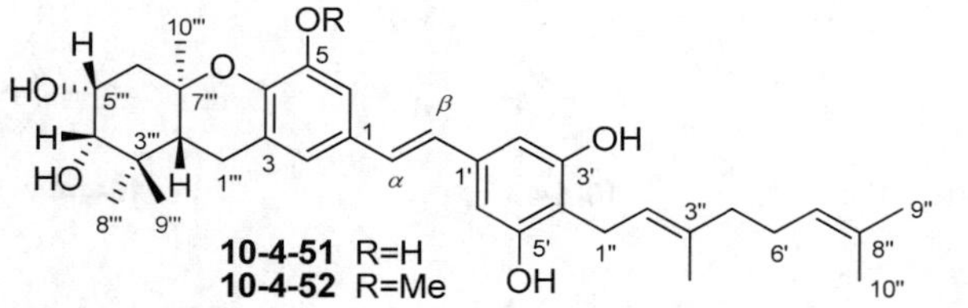

10-4-51 R=H
10-4-52 R=Me

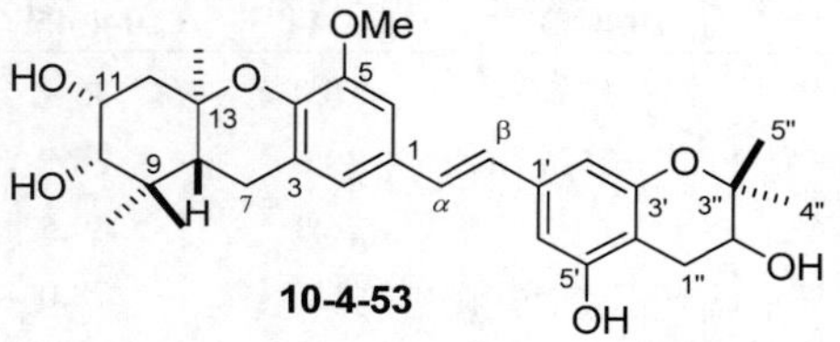

10-4-53

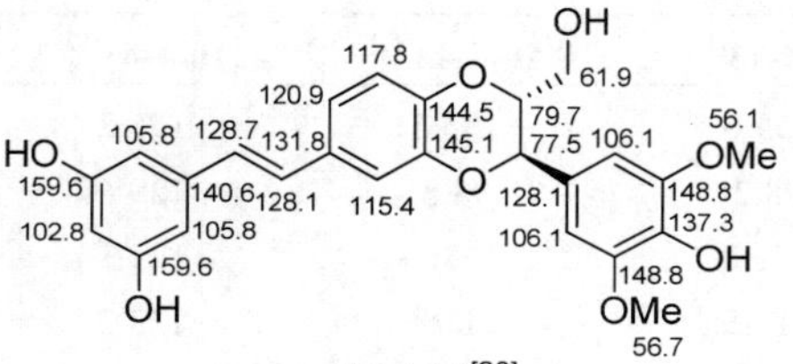

10-4-54[20]

表 10-4-12　化合物 10-4-48~10-4-53 的 ^{13}C NMR 数据

C	10-4-48[18]	10-4-49[18]	10-4-50[18]	10-4-51[19]	10-4-52[19]	10-4-53[18]
1	130.8	130.9	131.0	130.8	130.6	130.6
2	121.7	121.8	120.4	120.5	121.7	121.9
3	124.4	124.1	124.0	124.2	124.3	124.4
4	143.4	143.7	142.2	137.6	137.5	143.5
5	150.2	150.2	147.0	147.0	150.1	150.2
6	108.3	108.3	111.1	111.1	111.0	108.4
7	24.0	24.1	24.0	23.2	128.5	24.0
8	48.5	48.6	48.5	124.6	127.6	48.4
9	39.2	39.0	38.9	134.9	143.3	39.2
10	78.8	78.8	78.8	13.5	105.8	78.8
11	71.8	39.5	39.5	40.9	157.2	71.8
12	29.4	29.0	29.0	27.8	115.9	44.8
13	78.1	78.2	78.2	125.6	157.2	78.1
14	16.5	14.9	14.8	131.9	105.8	16.6
15	29.4	27.9	27.9	17.7	23.2	29.4
16	22.0	20.2	20.3	25.8	124.5	22.0
α	128.6	128.6	128.6	134.9	134.8	129.1

续表

C	10-4-48[18]	10-4-49[18]	10-4-50[18]	10-4-51[19]	10-4-52[19]	10-4-53[18]
β	127.7	127.8	127.5	13.5	16.5	127.5
1'	137.6	137.6	137.6	40.9	40.9	138.5
2'	105.8	105.8	105.7	27.8	27.7	108.4
3'	157.3	157.3	157.3	125.6	125.5	157.1
4'	116.0	116.0	116.0	131.9	131.9	107.6
5'	157.3	157.3	157.3	17.7	17.7	155.3
6'	105.8	105.8	105.7	25.8	25.8	105.0
1"	23.3	23.3	23.3	23.2	23.2	27.4
2"	124.6	124.6	124.6	124.6	124.5	70.6
3"	131.1	131.2	131.3	134.9	134.8	77.7
4"	17.9	17.9	17.9	13.5	16.5	20.8
5"	26.0	26.0	26.0	40.9	40.9	25.8
6"				27.8	27.7	
7"				125.6	125.5	
8"				131.9	131.9	
9"				17.7	17.7	
10"				25.8	25.8	
5-OMe	56.5	56.5			56.4	56.5

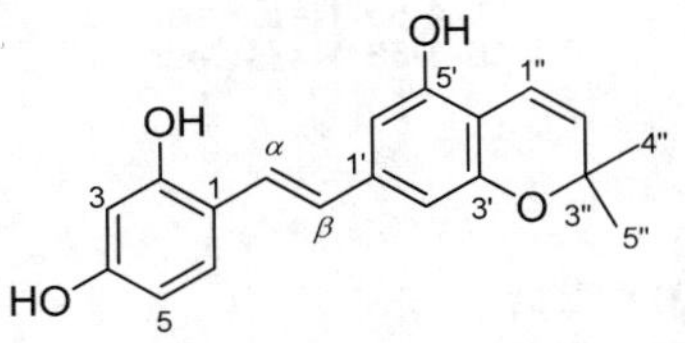

10-4-55

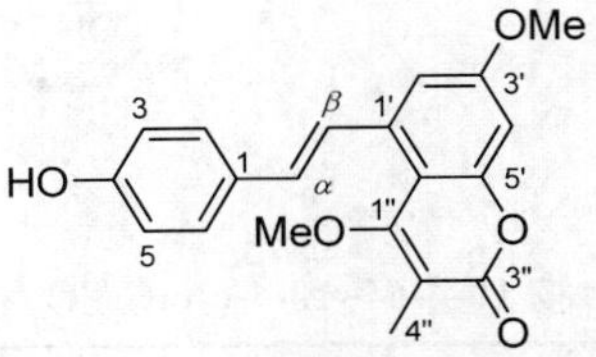

10-4-56

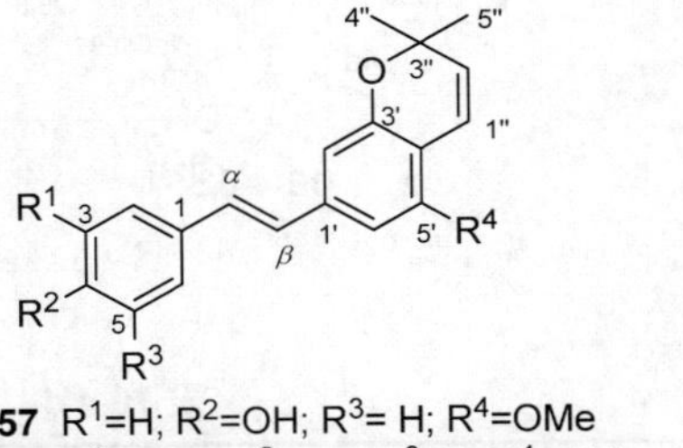

10-4-57 R^1=H; R^2=OH; R^3= H; R^4=OMe
10-4-58 R^1=OMe; R^2=OH; R^3=H; R^4=OMe
10-4-59 R^1=OMe; R^2=OMe; R^3=OMe; R^4=H

表 10-4-13 化合物 10-4-55~10-4-59 的 ^{13}C NMR 数据

C	10-4-55[21]	10-4-56[13]	10-4-57[22]	10-4-58[22]	10-4-59[22]	C	10-4-55[21]	10-4-56[13]	10-4-57[22]	10-4-58[22]	10-4-59[22]
1	117.0	129.1	138.7	138.6	137.9	β	126.0	125.2	128.3	128.7	127.8
2	157.0	128.9	127.9	108.4	103.6	1'	141.0	138.4	130.1	130.0	130.1
3	104.0	116.9	115.7	145.7	153.4	2'	106.0	111.6	107.3	107.3	124.2
4	160.0	159.5	155.3	146.8	133.4	3'	155.0	163.7	110.2	110.2	121.3
5	108.0	116.9	115.7	114.6	153.4	4'	109.0	100.3	153.9	153.9	152.8
6	128.0	128.9	127.9	120.6	103.6	5'	154.0	155.7	155.4	155.4	116.5
α	125.0	132.4	126.6	126.7	126.4	6'	107.0	108.8	101.7	101.5	122.1

续表

C	10-4-55[21]	10-4-56[13]	10-4-57[22]	10-4-58[22]	10-4-59[22]	C	10-4-55[21]	10-4-56[13]	10-4-57[22]	10-4-58[22]	10-4-59[22]
1"	118.0	163.7	116.8	116.8	131.1	4-OMe					60.9
2"	129.0	111.5	128.7	128.7	127.3	5-OMe					56.2
3"	77.0	166.1	76.1	75.9	76.5	1"-OMe		60.3			
4"	28.0	10.4	27.7	27.8	28.1	3'-OMe		55.8			
5"	28.0		27.7	27.8	28.1	5'-OMe			55.6	55.6	
3-OMe				55.9	56.2						

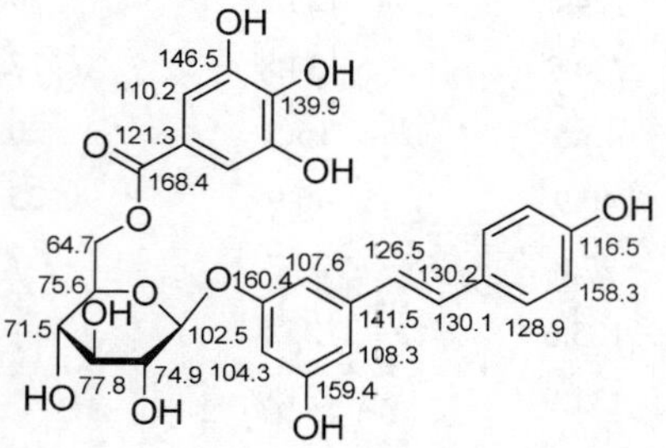

10-4-60[23]

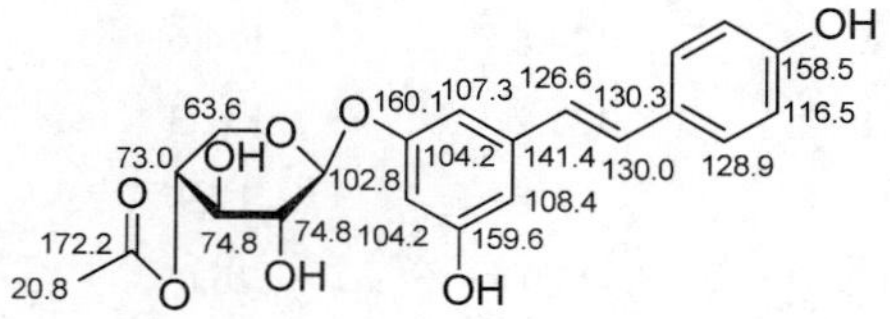

10-4-61[23]

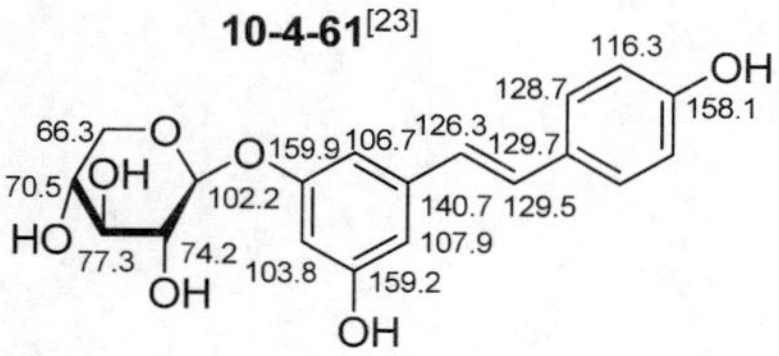

10-4-63[25]

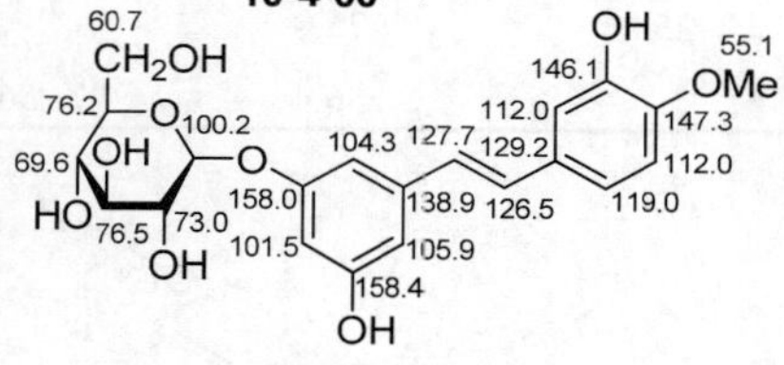

10-4-62[24]

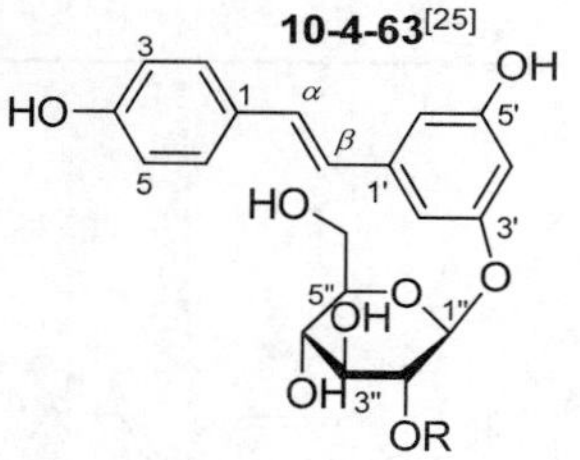

10-4-64 R=*p*-HO-Bz
10-4-65 R=*E*-Feru
10-4-66 R=*E*-Coum

表 10-4-14[26] 化合物 10-4-64~10-4-66 的 ^{13}C NMR 数据

C	10-4-64	10-4-65	10-4-66	C	10-4-64	10-4-65	10-4-66
1	129.7	128.8	128.9	4'	103.8	103.0	103.0
2	128.8	127.9	127.9	5'	159.2	158.5	158.5
3	116.3	115.5	115.5	6'	108.5	107.7	107.7
4	158.1	157.3	157.3	1"	100.4	99.5	
5	116.3	115.5	115.5	2"	74.7	73.5	
6	128.8	127.9	127.9	3"	75.9	75.1	
α	129.7	128.9	128.9	4"	71.6	70.8	
β	126.2	125.3	125.3	5"	78.0	77.1	77.1
1'	140.9	140.1	140.1	6"	62.4	61.6	61.6
2'	106.5	105.7	105.7	1'''	122.6	126.5	126.1
3'	160.0	159.1	159.1	2'''	132.7	110.3	130.0

续表

C	10-4-64	10-4-65	10-4-66	C	10-4-64	10-4-65	10-4-66
3'''	115.9	147.9	115.8	7'''	165.7	145.2	144.8
4'''	162.5	149.2	159.7	8'''		114.9	114.6
5'''	115.9	115.2	115.8	9'''		165.7	165.7
6'''	132.7	123.2	130.0	OMe		55.4	

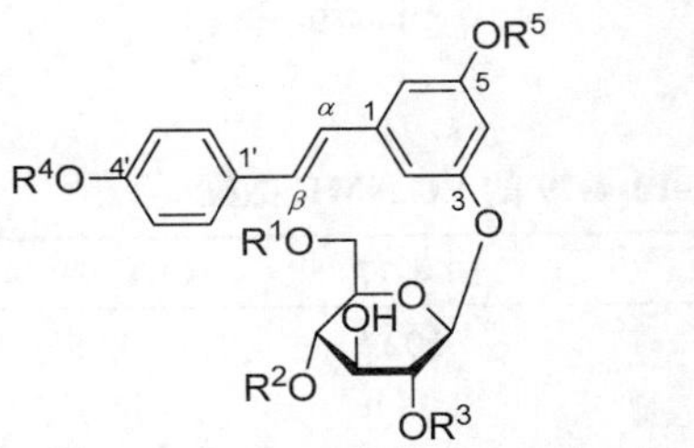

10-4-67 R^1=SO_3M; R^2=R^3=R^4=R^5=H
10-4-68 R^1=H; R^2=SO_3M; R^3=R^4=R^5=H
10-4-69 R^1= R^2=H; R^3=SO_3M; R^4=R^5=H
10-4-70 R^1= R^2=R^3=H; R^4=SO_3M; R^5=H
10-4-71 R^1= R^2=R^3=R^4=H; R^5=SO_3M

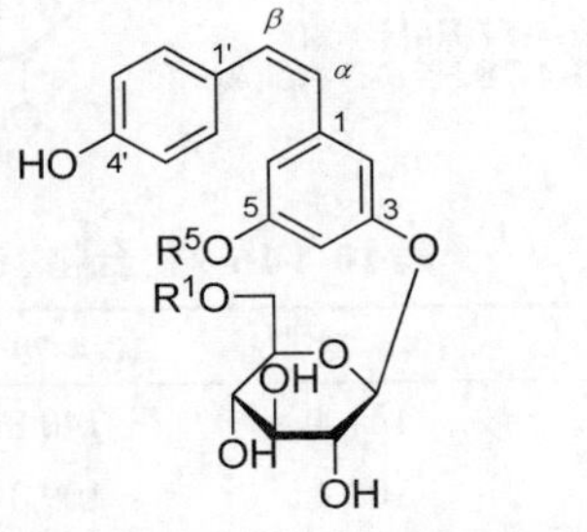

10-4-72 R^1=SO_3M; R^2=R^3=R^4=R^5=H
10-4-73 R^1=H; R^2=SO_3M; R^3=R^4=R^5=H
10-4-74 R^1= R^2=H; R^3=SO_3M; R^4=R^5=H
10-4-75 R^1= R^2=R^3=H; R^4=SO_3M; R^5=H
10-4-76 R^1= R^2=R^3=R^4=H; R^5=SO_3M

M = Na^+或K^+

表 10-4-15[27] 化合物 10-4-67~10-4-76 的 ^{13}C NMR 数据

C	10-4-67	10-4-68	10-4-69	10-4-70	10-4-71	10-4-72	10-4-73	10-4-74	10-4-75	10-4-76
1	141.7	141.7	141.6	142.5	142.6	142.6	142.6	140.3	142.6	142.7
2	108.1	107.6	107.9	109.2	112.4	113.8	113.9	110.6	113.9	116.1
3	160.4	160.3	160.4	160.7	159.9	160.3	160.3	159.0	160.4	159.4
4	104.4	104.4	104.7	106.1	110.2	105.8	105.9	103.5	106.3	111.9
5	159.2	159.2	159.3	159.5	155.0	159.3	159.5	158.5	159.4	154.7
6	108.6	108.8	108.9	110.9	114.5	110.5	110.5	108.3	110.8	119.5
1'	130.7	130.7	130.7	137.4	130.5	132.2	132.1	128.8	132.1	131.8
2'	129.3	129.3	129.2	130.5	129.4	133.3	133.3	131.0	133.3	133.3
3'	116.8	116.8	116.8	124.4	116.8	117. 9	117.9	116.0	118.0	118.0
4'	158.0	158.0	158.2	153.3	158.6	157.4	159.5	157.0	157.5	157.6
5'	116.8	116.8	116.8	124.4	116.8	117.9	117.9	116.0	118.0	118.0
6'	129.3	129.3	129.2	130.5	129.4	133.3	133.3	131.0	133.3	133.3
α	126.9	126.8	126.8	130.5	126.2	130.9	130.9	128.4	130.9	130.2
β	130.3	130.4	130.3	131.1	131.0	133.6	133.6	131.2	133.6	134.1
1''	102.6	102.1	100.8	103.0	102.6	103.4	103.2	100.9	101.9	103.4
2''	74.8	74.2	81.5	75.6	75.1	75.1	75.1	72.4	82.5	75.4
3''	77.5	76.5	77.2	78.3	78.3	78.0	76.9	84.1	77.2	78.2
4''	71.2	78.0	71.3	72.2	71.5	71.3	78.7	68.8	71.4	71.6
5''	76.0	76.5	78.0	78.8	78.0	76.4	76.9	76.5	78.4	78.5
6''	68.3	62.4	62.0	63.3	62.6	69.0	62.7	60.8	62.7	62.7

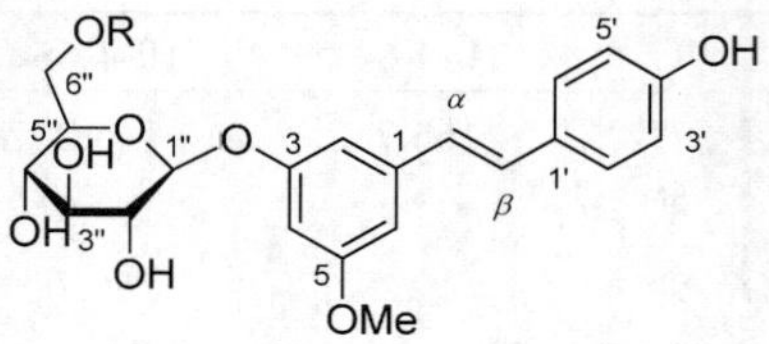

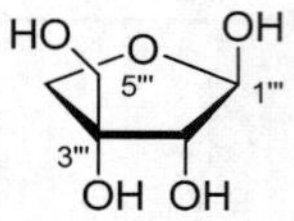

10-4-77 R=H
10-4-78 R=β-D-Api(Api)

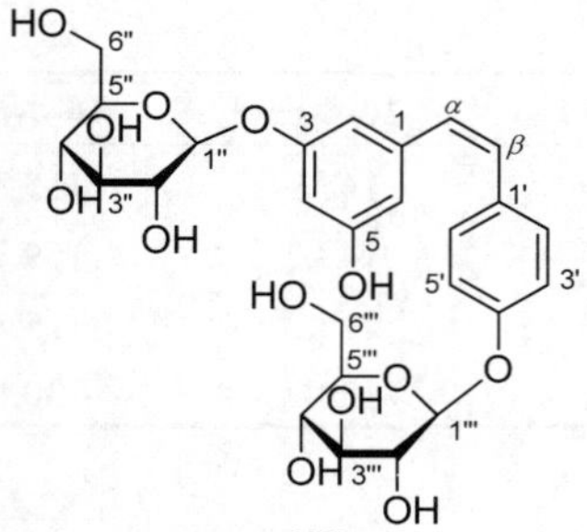

10-4-79[12]

表 10-4-16　化合物 10-4-77~10-4-79 的 ^{13}C NMR 数据

C	10-4-77[28]	10-4-78[28]	10-4-79[29]	C	10-4-77[28]	10-4-78[28]	10-4-79[29]
1	141.4	141.4	140.8	1''	102.5	102.5	102.4
2	107.9	108.4	109.3	2''	75.0	74.9	75.0
3	160.5	160.4	160.1	3''	78.0	77.9	77.9
4	102.9	103.1	104.4	4''	71.5	71.6	71.5
5	162.3	162.3	159.5	5''	78.3	76.9	78.2
6	107.2	106.7	111.4	6''	62.6	68.7	62.6
α	126.5	126.6	130.4	1'''		110.9	102.4
β	130.3	130.3	130.9	2'''		78.1	75.0
1'	130.2	130.2	133.0	3'''		80.5	77.9
2'	129.0	129.0	131.3	4'''		75.1	71.5
3'	116.5	116.5	117.6	5'''		65.8	78.2
4'	158.5	158.6	158.2	6'''			62.6
5'	116.5	116.5	117.6	5-OMe	55.8	55.9	
6'	129.0	129.0	131.3				

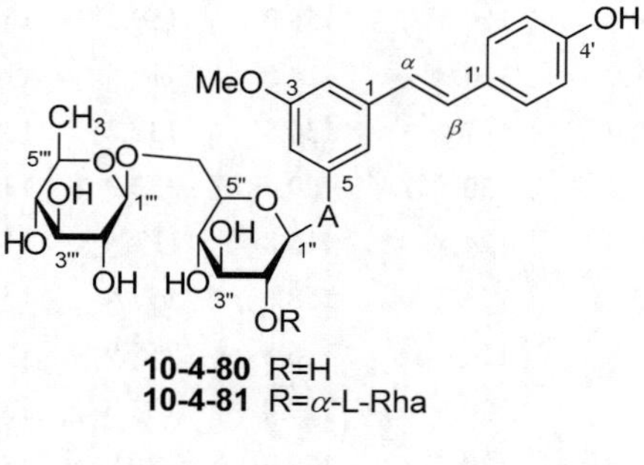

10-4-80 R=H
10-4-81 R=α-L-Rha

表 10-4-17[30]　化合物 10-4-80、10-4-81 的 ^{13}C NMR 数据

C	10-4-80	10-4-81	C	10-4-80	10-4-81	C	10-4-80	10-4-81
1	141.2	141.9	6	108.3	108.3	3'	115.1	115.1
2	107.8	107.2	α	127.4	127.4	4'	160.9	160.9
3	160.3	160.3	β	129.7	129.7	5'	115.1	115.1
4	104.3	103.8	1'	131.7	131.7	6'	128.8	128.8
5	159.5	159.5	2'	128.8	128.8	1''	102.3	100.5

续表

C	10-4-80	10-4-81	C	10-4-80	10-4-81	C	10-4-80	10-4-81
2"	74.9	79.1	2'''	72.1	72.2	2''''		72.3
3"	77.9	79.0	3'''	71.3	72.1	3''''		71.4
4"	72.3	72.2	4'''	74.1	74.0	4''''		74.1
5"	76.9	76.7	5'''	69.8	69.8	5''''		69.9
6"	67.6	67.5	6'''	17.9	17.9	6''''		18.2
1'''	102.1	102.1	1''''		102.4	3-OMe	55.7	55.7

二、二聚体

表 10-4-18 二苯乙基类、二聚体名称、分子式和测试溶剂

编号	名称	分子式	测试溶剂	参考文献
10-4-82	vitisinol A	$C_{28}H_{20}O_6$	M	[31]
10-4-83	vitisinol B	$C_{35}H_{26}O_8$	A	[31]
10-4-84	vitisinol C	$C_{27}H_{24}O_5$	A	[31]
10-4-85	vitisinol D	$C_{28}H_{22}O_6$	A	[31]
10-4-86	yuccaol A	$C_{29}H_{20}O_8$	M	[32]
10-4-87	yuccaol C	$C_{30}H_{22}O_{10}$	M	[32]
10-4-88	yuccaol B	$C_{29}H_{20}O_8$	M	[32]
10-4-89	betulifol A	$C_{28}H_{20}O_6$	A	[33]
10-4-90	betulifol B	$C_{28}H_{24}O_8$	A	[33]
10-4-91	gnetuhainin P	$C_{30}H_{28}O_9$	A	[34]
10-4-92	gnetuhainin S	$C_{28}H_{22}O_7$	A	[35]
10-4-93	restrytisol A	$C_{28}H_{24}O_7$	A	[36]
10-4-94	restrytisol B	$C_{28}H_{24}O_7$	A	[36]
10-4-95	restrytisol C	$C_{28}H_{22}O_6$	A	[36]
10-4-96	gnetuhainin F	$C_{30}H_{24}O_8$	A	[37]
10-4-97	gnetuhainin G	$C_{30}H_{22}O_9$	A	[37]
10-4-98	gnetuhainin H	$C_{30}H_{24}O_9$	A	[37]
10-4-99	gnetuhainin I	$C_{30}H_{28}O_9$	A	[37]
10-4-100	gnetuhainin J	$C_{29}H_{24}O_8$	A	[37]
10-4-101	gnetuhainin A	$C_{28}H_{22}O_7$	A	[38]
10-4-102	gnetuhainin B	$C_{28}H_{20}O_7$	A	[38]
10-4-103	gnetuhainin C	$C_{28}H_{22}O_7$	A	[38]
10-4-104	gnetuhainin D	$C_{28}H_{22}O_7$	A	[38]
10-4-105	gnetuhainin E	$C_{28}H_{24}O_8$	A	[38]
10-4-106	resveratrol *trans*-dehydrodimer	$C_{28}H_{22}O_6$	A	[38]
10-4-107	quadrangularin A	$C_{28}H_{22}O_6$	M	[39]
10-4-108	quadrangularin B	$C_{30}H_{28}O_7$	M	[39]
10-4-109	quadrangularin C	$C_{30}H_{28}O_7$	M	[39]
10-4-110	hopeahainol A	$C_{28}H_{16}O_8$	A	[40]
10-4-111	hopeahainol B	$C_{29}H_{18}O_8$	A	[40]
10-4-112	hopeanol B	$C_{29}H_{18}O_9$	A	[40]
10-4-113	shorealactone heptaacetate	$C_{34}H_{28}O_{12}$	A	[41]
10-4-114	shorealactone pentamethyl ether	$C_{39}H_{38}O_{12}$	A	[41]
10-4-115	shorealactone hexamethyl ether	$C_{40}H_{40}O_{12}$	A	[41]

续表

编号	名称	分子式	测试溶剂	参考文献
10-4-116	shorealactone heptamethyl ether	$C_{41}H_{42}O_{12}$	A	[41]
10-4-117	pauciflorol E	$C_{28}H_{20}O_7$	A	[42]
10-4-118	ampelopsin A	$C_{28}H_{22}O_7$	A	[43]
10-4-119	viniferin	$C_{28}H_{22}O_6$	A	[43]
10-4-120	lehmbachol B	$C_{31}H_{30}O_9$	M	[44]
10-4-121	lehmbachol C	$C_{32}H_{32}O_9$	M	[44]
10-4-122	lehmbachol D	$C_{26}H_{26}O_8$	M	[44]
10-4-123	artogomezianol	$C_{28}H_{24}O_8$	D	[45]
10-4-124	gnemonol M	$C_{30}H_{26}O_8$	A	[46]
10-4-125	piceaside A	$C_{40}H_{42}O_{18}$	M	[47]
10-4-126	piceaside B	$C_{40}H_{42}O_{18}$	M	[47]
10-4-127	piceaside C	$C_{41}H_{44}O_{18}$	M	[47]
10-4-128	piceaside D	$C_{41}H_{44}O_{18}$	M	[47]
10-4-129	piceaside F	$C_{41}H_{44}O_{18}$	M	[47]
10-4-130	piceaside G	$C_{41}H_{44}O_{18}$	M	[47]
10-4-131	piceaside H	$C_{40}H_{42}O_{18}$	M	[47]
10-4-132	piceaside I	$C_{40}H_{42}O_{18}$	M	[47]
10-4-133	resveratrol (*E*)-dehydrodimer 5'''-*O*-*β*-D-glucopyranoside	$C_{34}H_{32}O_{11}$	A	[48]
10-4-134	resveratrol (*E*)-dehydrodimer 5-*O*-*β*-D-glucopyranoside	$C_{34}H_{32}O_{11}$	A	[48]
10-4-135		$C_{40}H_{44}O_{17}$	W	[49]
10-4-136		$C_{40}H_{44}O_{16}$	M+W	[49]

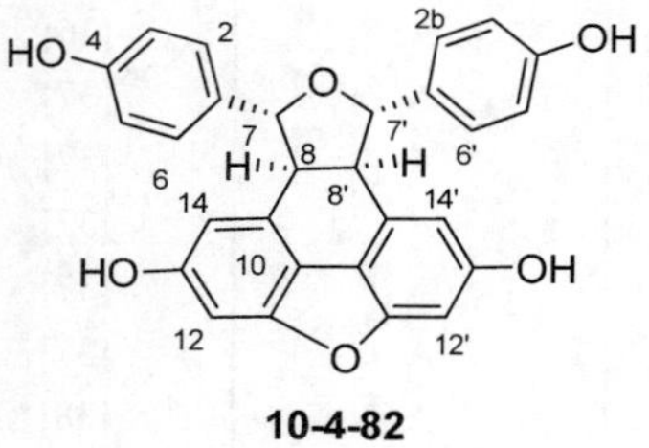

10-4-82

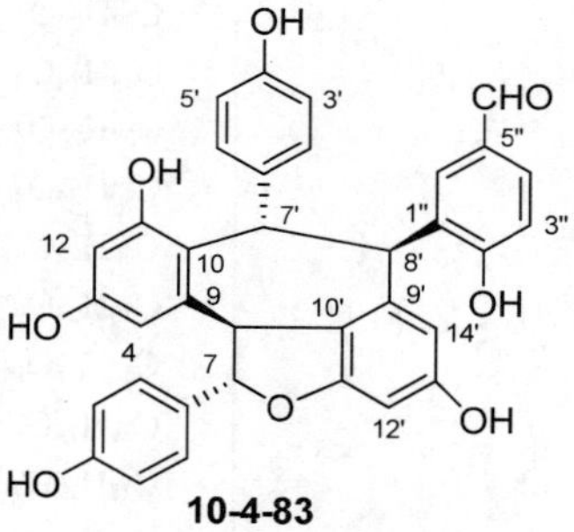

10-4-83

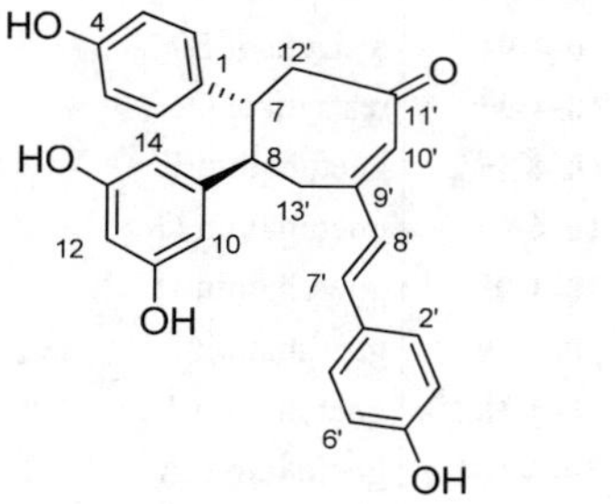

10-4-84

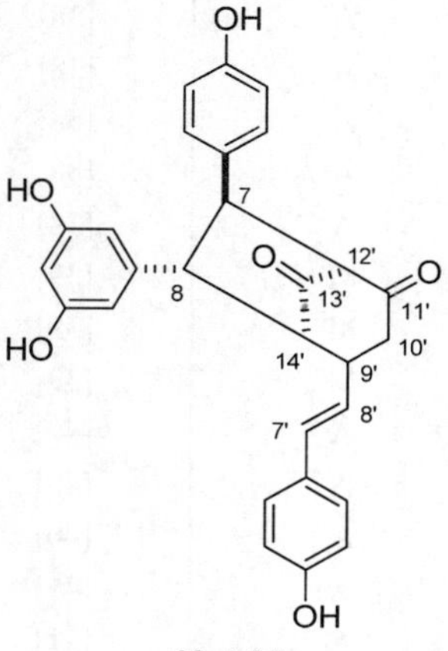

10-4-85

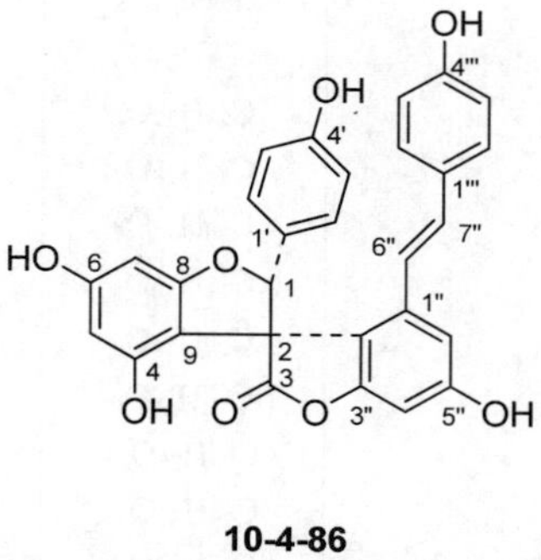

10-4-86

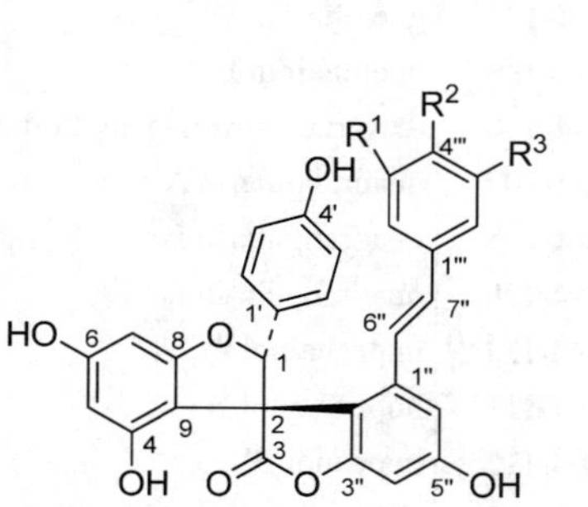

10-4-87 R^1=OH; R^2=OMe; R^3=OH

10-4-88 R^1=H; R^2=OH; R^3=H

表 10-4-19 化合物 10-4-82~10-4-85 的 ^{13}C NMR 数据[31]

C	10-4-82	10-4-83	10-4-84	10-4-85	C	10-4-82	10-4-83	10-4-84	10-4-85
1	131.3	130.8	136.8	129.8	5'	116.6	115.4	116.4	116.7
2	130.3	130.0	129.4	130.6	6'	130.3	128.8	129.7	130.5
3	116.6	115.9	115.7	116.1	7'	93.7	10.5	135.5	138.7
4	159.3	158.5	156.2	157.0	8'	48.7	41.6	129.2	123.3
5	116.6	115.9	115.7	116.1	9'	137.3	140.6	155.1	161.6
6	130.3	130.0	129.4	130.6	10'	122.5	120.4	131.6	126.8
7	93.7	88.5	46.4	52.1	11'	159.7	160.1	201.6	195.0
8	48.7	49.4	52.5	54.6	12'	96.9	96.1	50.4	73.2
9	137.3	142.1	148.7	147.1	13'	160.1	158.8	34.6	204.2
10	122.5	119.7	107.1	105.7	14'	104.3	109.9		56.4
11	159.7	157.8	159.1	159.8	1''		133.6		
12	96.9	100.6	107.1	102.1	2''		160.4		
13	160.1	157.0	129.4	159.8	3''		115.8		
14	104.3	105.0	129.7	105.7	4''		129.2		
1'	131.3	134.9	116.4	128.5	5''		128.9		
2'	130.3	128.8	159.1	130.5	6''		135.0		
3'	116.6	115.4	116.4	116.7	CHO		190.7		
4'	159.3	155.9	159.1	159.8					

表 10-4-20 化合物 10-4-86~10-4-88 的 ^{13}C NMR 数据[32]

C	10-4-86	10-4-87	10-4-88	C	10-4-86	10-4-87	10-4-88
1	93.3	94.8	93.5	1''	137.4	138.1	137.1
2	60.9	61.2	61.6	2''	117.9	117.1	117.5
3	177.0	181.1	176.9	3''	155.8	155.0	155.8
4	156.3	156.0	156.2	4''	98.4	97.7	98.0
5	97.4	97.4	97.0	5''	159.9	159.2	159.7
6	162.0	162.2	162.0	6''	108.3	106.7	107.7
7	91.0	90.6	90.4	7''	134.3	130.5	129.7
8	164.4	162.9	164.6	8''	107.2	129.3	129.3
9	105.0	107.5	104.8	1'''	152.0	116.8	116.5
1'	127.5	127.7	128.0	2'''	137.3	158.7	158.8
2'	128.2	127.9	128.2	3'''	152.0	116.8	116.5
3'	115.9	115.1	116.0	4'''	107.2	129.3	129.3
4'	159.1	158.3	158.7	5'''	122.8	122.8	120.9
5'	115.9	115.1	116.0	6'''	132.9	131.4	132.5
6'	128.2	127.9	128.2	OMe	60.8		

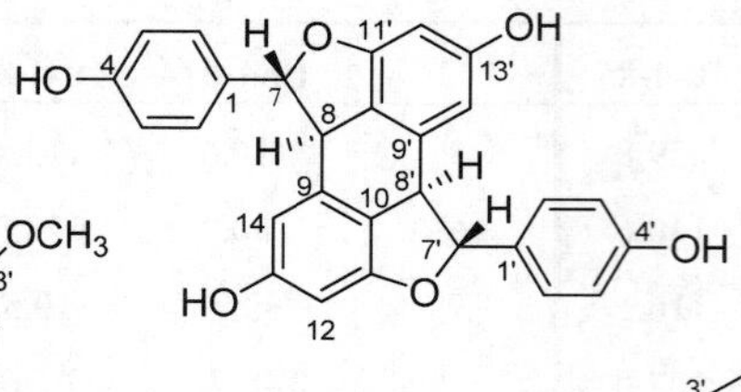

10-4-89

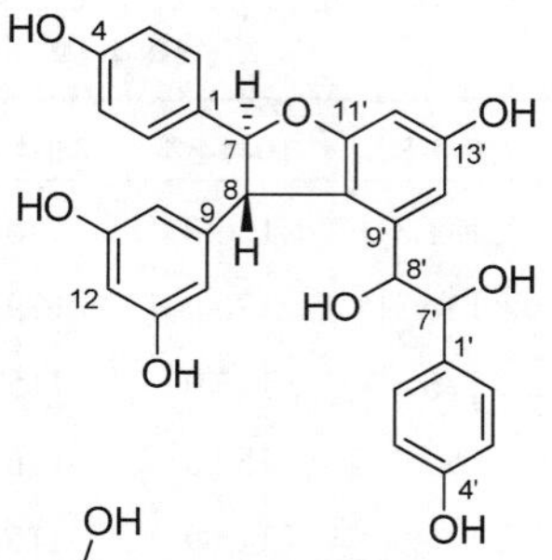

10-4-90

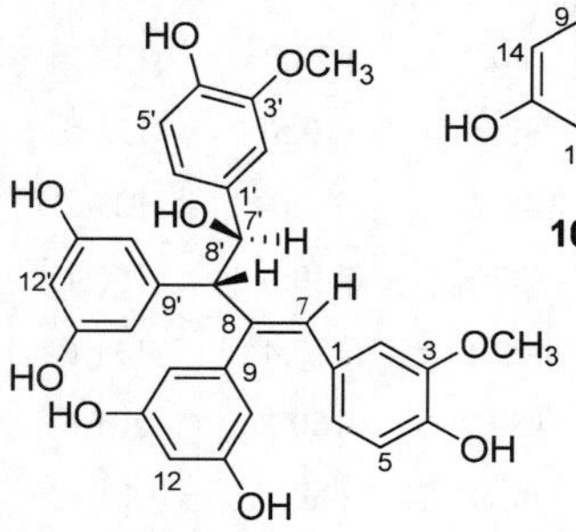

10-4-91

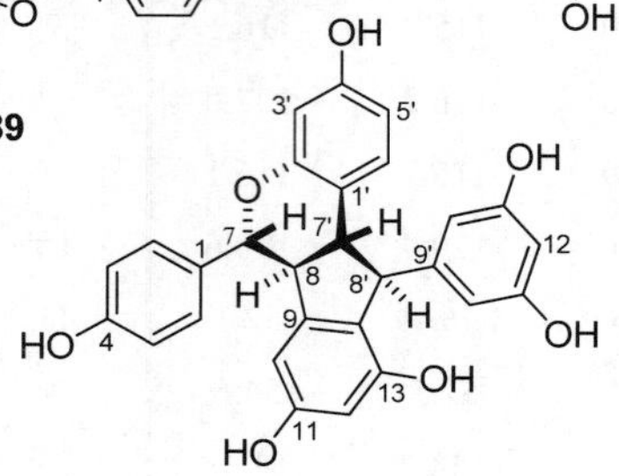

10-4-92

表 10-4-21　化合物 10-4-89~10-4-92 的 ^{13}C NMR 数据

C	10-4-89[33]	10-4-90[33]	10-4-91[34]	10-4-92[35]	C	10-4-89[33]	10-4-90[33]	10-4-91[34]	10-4-92[35]
1	130.5	134.2	130.3	132.2	2'	130.3	127.5	111.7	158.5
2	130.3	128.7	112.6	130.4	3'	116.7	115.4	147.4	103.6
3	116.7	116.5	147.4	116.2	4'	159.7	158.0	146.0	156.6
4	159.7	159.1	146.0	157.9	5'	116.7	115.4	114.8	107.5
5	116.7	116.5	115.0	116.2	6'	130.3	127.5	120.6	158.5
6	130.3	128.7	123.7	130.4	7'	92.8	74.5	75.7	53.6
7	92.8	93.7	127.9	84.1	8'	48.3	75.3	64.7	51.9
8	48.3	56.9	141.6	51.1	9'	136.8	134.6	143.8	146.8
9	136.8	148.0	144.9	144.5	10'	121.8	119.2	108.4	107.7
10	121.8	106.9	108.7	103.9	11'	160.8	161.9	158.4	159.9
11	160.8	160.0	159.4	158.6	12'	97.3	96.7	101.3	102.2
12	97.3	102.0	101.8	102.7	13'	159.7	159.1	158.4	159.9
13	159.7	160.0	159.4	155.2	14'	104.5	108.2	108.4	107.7
14	104.5	106.9	108.7	124.2	3-OMe			55.3	
1'	130.5	131.2	136.3	118.5	3'-OMe			56.0	

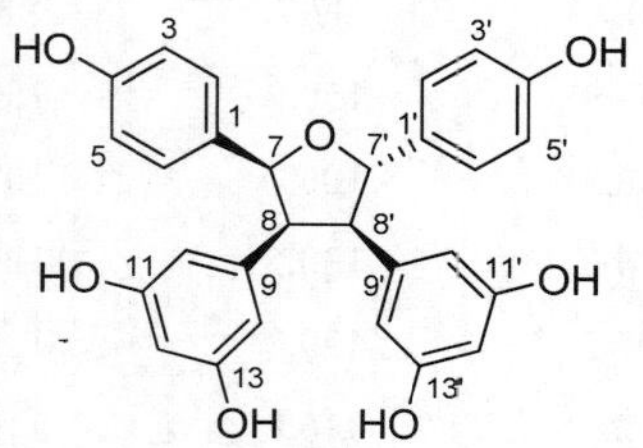

10-4-93

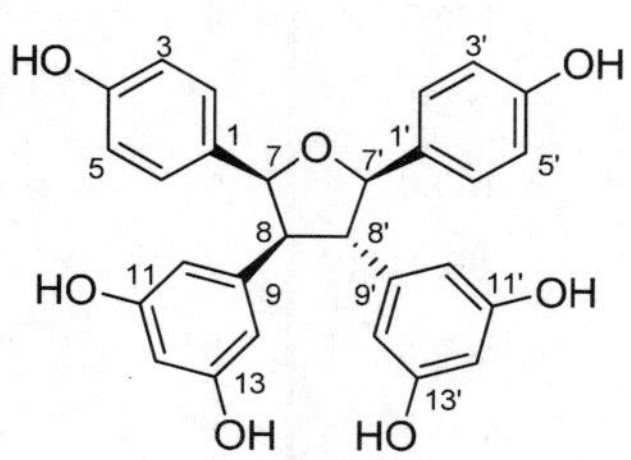

10-4-94

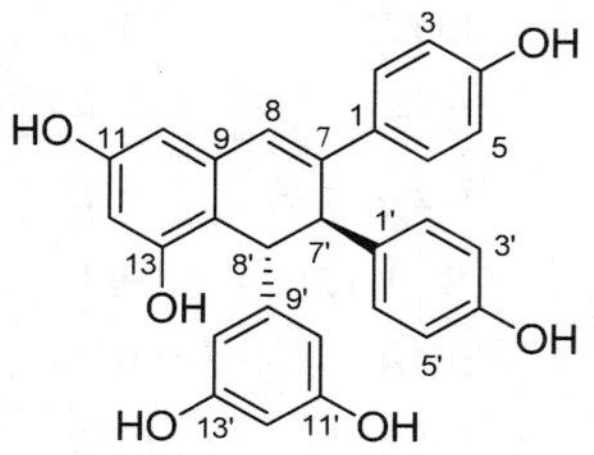

10-4-95

表 10-4-22　化合物 10-4-93~10-4-95 的 ^{13}C NMR 数据[36]

C	10-4-93	10-4-94	10-4-95	C	10-4-93	10-4-94	10-4-95
1	131.3	131.7	130.0	7	84.2	83.6	138.7
2(6)	127.3	128.1	130.4	8	57.6	59.2	123.6
3(5)	114.4	114.2	113.9	9	139.8	142.6	148.9
4	155.6	155.9	155.8	10	109.4	108.0	105.2

续表

C	10-4-93	10-4-94	10-4-95	C	10-4-93	10-4-94	10-4-95
11	157.5	157.7	156.3	4'	156.8	157.0	155.6
12	100.6	100.5	101.4	7'	82.3	86.6	49.8
13	157.5	157.7	150.9	8'	60.4	59.8	54.0
14	109.4	108.0	124.7	9'	139.8	142.5	145.3
1'	134.5	131.5	134.5	10'(14')	107.7	106.8	105.2
2'(6')	127.5	128.1	129.7	11'(13')	157.8	158.5	158.7
3'(5')	115.0	115.0	114.9	12'	100.9	101.2	101.2

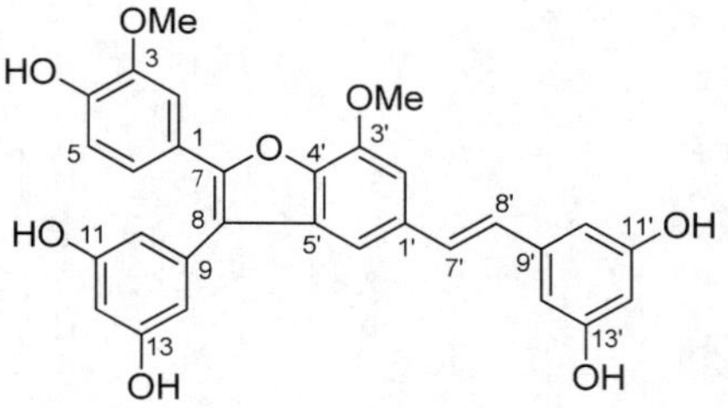

10-4-96

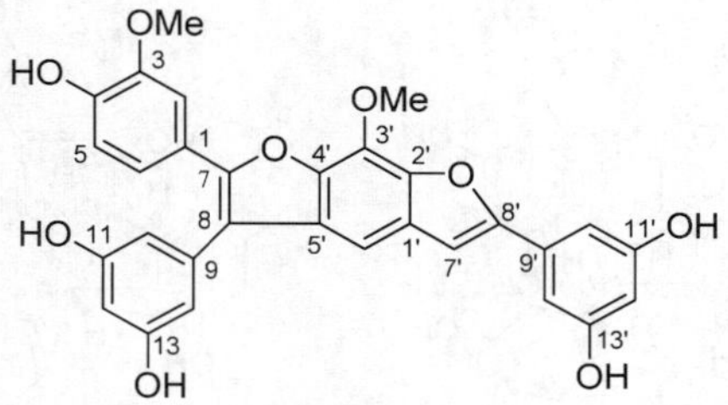

10-4-97

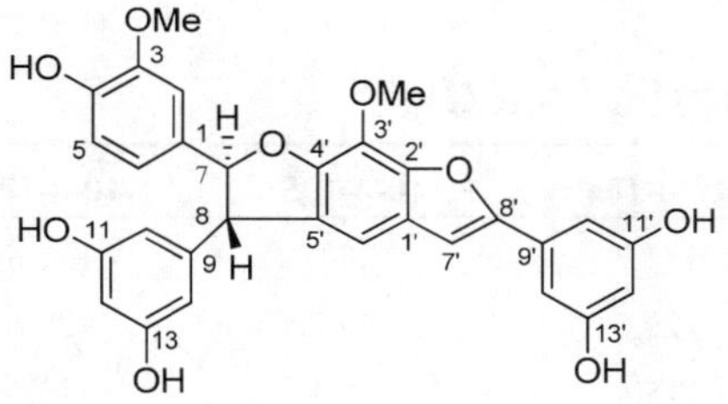

10-4-98

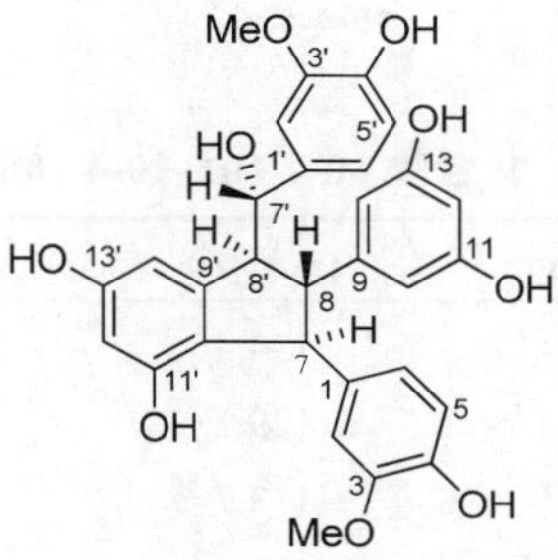

10-4-99

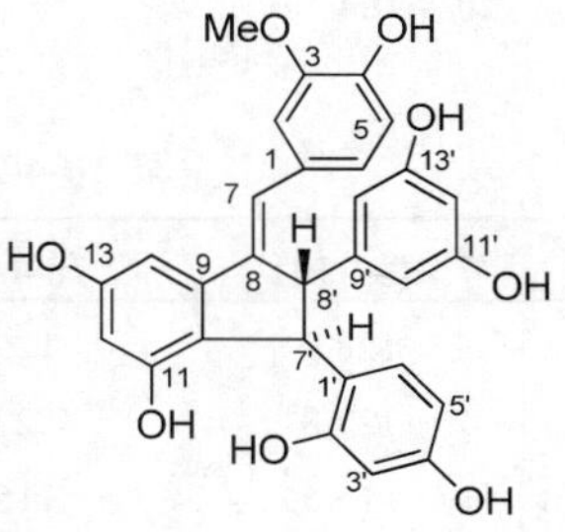

10-4-100

表 10-4-23 化合物 10-4-96~10-4-100 的 ^{13}C NMR 数据[37]

C	10-4-96	10-4-97	10-4-98	10-4-99	10-4-100	C	10-4-96	10-4-97	10-4-98	10-4-99	10-4-100
1	122.0	122.1	131.7	138.0	129.5	2'	104.9	139.6	139.0	111.4	154.3
2	110.4	110.3	110.1	112.1	111.5	3'	145.4	150.1	147.8	147.9	102.4
3	147.4	147.4	147.7	147.6	147.3	4'	142.5	140.0	137.5	146.0	156.6
4	147.4	147.2	146.8	145.3	145.7	5'	132.3	132.0	126.9	115.1	106.8
5	115.2	115.3	114.9	115.0	114.8	6'	110.8	94.2	100.7	120.2	127.4
6	120.1	119.8	119.4	120.6	122.7	7'	128.8	100.3	99.7	77.0	49.3
7	151.1	150.5	94.5	55.8	122.0	8'	128.0	154.8	155.2	61.5	59.6
8	116.4	117.5	58.1	59.2	142.6	9'	139.5	131.8	131.7	148.6	148.1
9	134.6	134.7	144.2	150.4	146.3	10'	104.8	103.0	103.0	122.1	196.0
10	108.0	108.0	106.6	105.8	123.3	11'	158.8	159.1	159.1	154.9	158.5
11	159.2	159.3	158.8	158.8	154.8	12'	102.1	103.1	103.2	102.1	100.5
12	108.0	102.2	101.5	100.9	102.6	13'	158.8	159.1	159.1	158.6	158.5
13	159.2	159.3	158.8	158.8	158.6	14'	104.8	103.0	103.0	105.7	106.0
14	108.0	108.0	106.6	105.8	97.8	3-OMe	55.2	55.2	55.5	56.1	55.3
1'	134.0	118.5	121.0	136.4	123.2	3'-OMe	55.7	55.5	55.5	55.9	

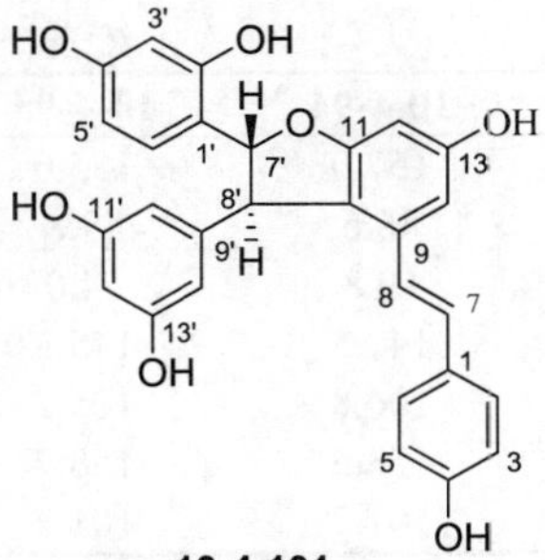

10-4-101 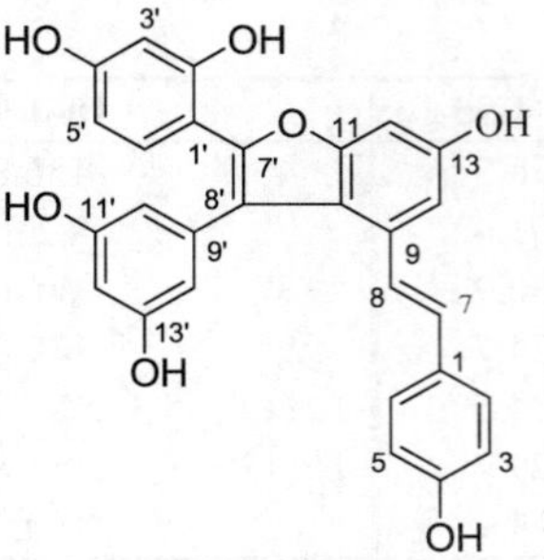　10-4-102 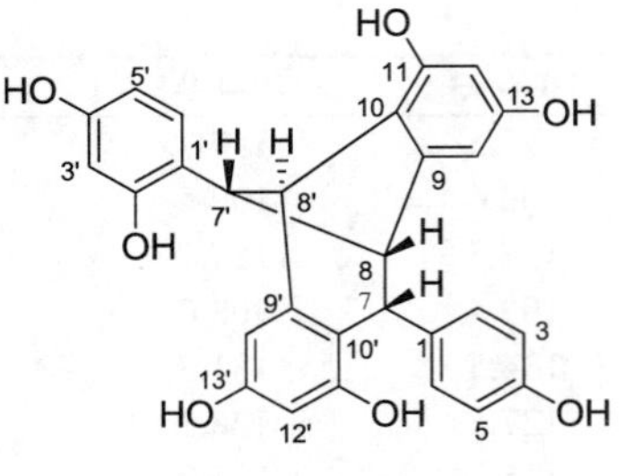　10-4-103

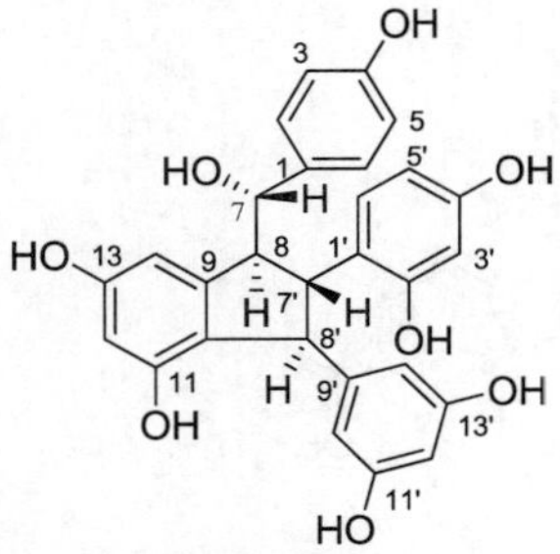

10-4-104 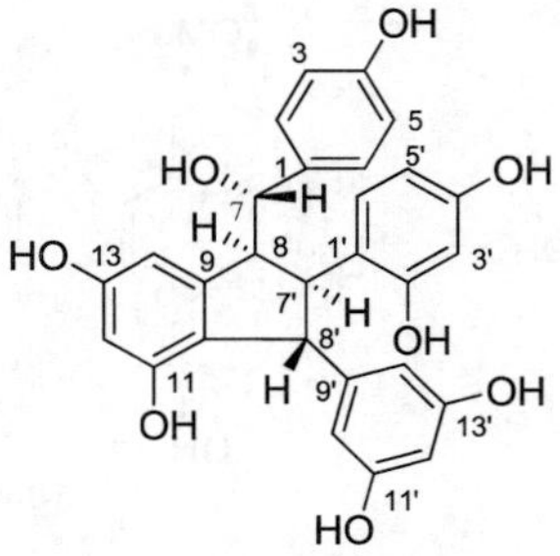　10-4-105 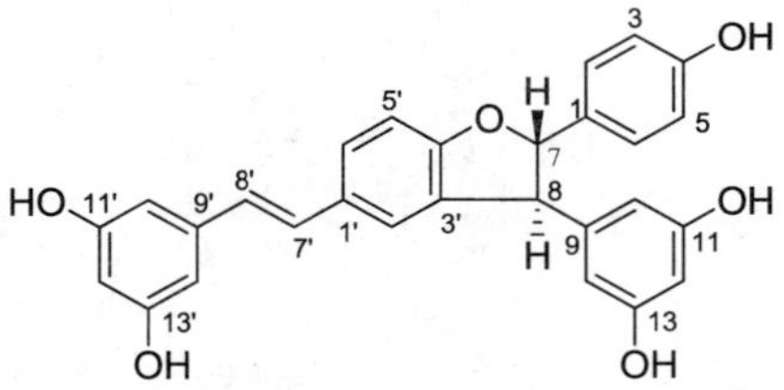　10-4-106

表 10-4-24 化合物 10-4-101~10-4-106 的 ^{13}C NMR 数据[38]

C	10-4-101	10-4-102	10-4-103	10-4-104	10-4-105	10-4-106
1	128.9	129.2	134.4	131.2	130.8	131.6
2	127.8	127.8	129.1	129.6	129.2	127.6
3	115.5	115.4	113.7	115.4	115.4	115.3
4	158.1	157.0	155.3	158.0	157.3	157.6
5	115.5	115.4	114.3	115.4	115.4	115.3
6	127.8	127.8	129.2	129.6	129.2	127.6
7	129.2	132.0	45.7	83.4	78.2	93.1
8	122.7	122.1	54.8	50.4	48.3	57.0
9	135.4	131.8	147.0	143.7	145.1	144.1
10	119.5	120.2	125.8	123.4	121.8	106.4
11	161.7	155.4	155.9	154.5	154.3	158.9
12	96.0	96.6	100.6	102.8	103.0	106.4
13	158.6	157.2	156.4	157.2	156.8	158.9
14	103.1	106.2	105.6	103.0	104.4	101.5
1'	119.5	115.4	120.7	117.7	115.8	130.9
2'	155.5	155.4	151.9	155.7	155.4	122.9
3'	102.6	103.0	102.1	101.8	102.0	131.3
4'	157.4	158.7	156.8	157.6	157.5	159.5
5'	106.2	106.8	105.7	106.8	108.0	109.3
6'	127.0	128.1	127.9	125.7	130.1	127.8
7'	88.5	149.5	52.7	52.8	49.3	128.0

续表

C	10-4-101	10-4-102	10-4-103	10-4-104	10-4-105	10-4-106
8'	54.7	118.6	47.9	51.3	56.7	126.4
9'	147.2	136.6	144.5	146.1	146.7	139.7
10'	106.2	109.3	113.5	106.8	106.8	104.6
11'	158.6	158.7	156.1	159.0	158.6	158.7
12'	100.9	101.7	100.8	101.3	100.9	101.9
13'	158.6	158.7	156.4	159.0	158.6	158.7
14'	106.2	109.3	105.2	106.8	106.8	104.6

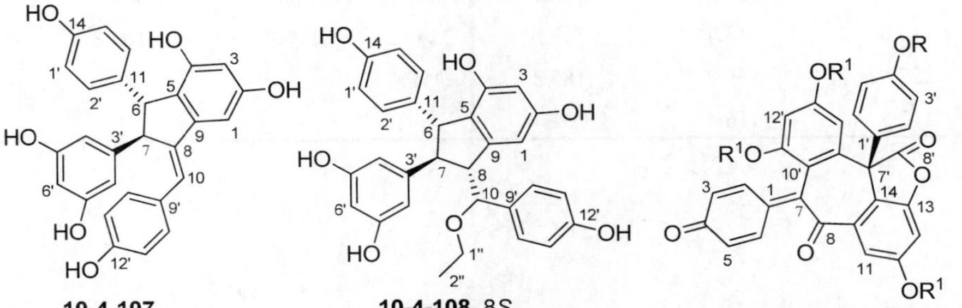

10-4-107

10-4-108 8*S*
10-4-109 8*R*

10-4-110 R=H; R^1=H
10-4-111 R=Me; R^1=H

表 10-4-25 化合物 10-4-107~10-4-109 的 ^{13}C NMR 数据[39]

C	10-4-107	10-4-108	10-4-109	C	10-4-107	10-4-108	10-4-109
1	98.5	106.3	106.6	2'	128.9	129.5	129.6
2	159.6	158.5	159.0	3'	149.8	151.6	151.5
3	103.8	102.5	102.6	4'	106.6	106.6	106.2
4	156.1	155.3	155.3	5'	159.6	159.3	159.2
5	125.9	123.8	123.3	6'	101.6	101.3	101.2
6	58.1	56.0	56.0	7'	159.6	159.3	159.2
7	61.2	60.0	60.0	8'	106.6	106.6	106.2
8	143.4	61.7	61.1	9'	130.3	132.8	133.3
9	147.7	147.3	149.8	10'	131.2	130.5	130.5
10	123.1	85.8	86.8	11'	116.0	115.8	115.8
11	138.5	138.5	138.2	12'	156.5	158.0	157.9
12	128.9	129.5	129.6	13'	116.0	115.8	115.8
13	116.0	115.8	115.8	14'	131.2	158.0	157.9
14	156.6	156.3	156.5	1"		64.6	65.0
1'	116.0	115.8	115.8	2"		15.3	15.2

表 10-4-26 化合物 10-4-110~10-4-112 的 ^{13}C NMR 数据[40]

C	10-4-110	10-4-111	10-4-112	C	10-4-110	10-4-111	10-4-112
1	135.0	135.1	124.6	5	129.1	129.4	113.8
2	136.8	136.5	131.9	6	139.3	139.0	131.9
3	129.2	129.4	113.8	7	150.3	149.8	71.1
4	186.9	186.5	157.1	8	187.6	187.6	190.3

续表

C	10-4-110	10-4-111	10-4-112	C	10-4-110	10-4-111	10-4-112
9	132.0	132.2	132.5	6'	130.3	130.7	150.4
10	110.9	110.9	106.9	7'	59.1	59.0	63.7
11	160.0	160.1	158.3	8'	174.7	174.7	171.2
12	104.6	104.6	108.8	9'	142.0	141.8	152.7
13	153.9	154.0	154.4	10'	109.9	109.8	112.4
14	123.4	123.2	121.1	11'	158.3	158.3	160.2
1'	130.7	131.5	66.8	12'	102.1	102.1	102.8
2'	127.1	127.2	148.0	13'	160.0	160.1	157.2
3'	114.8	113.4	133.6	14'	106.0	105.8	107.7
4'	157.8	159.8	185.3	OMe		55.2	
5'	117.5	116.4	131.2				

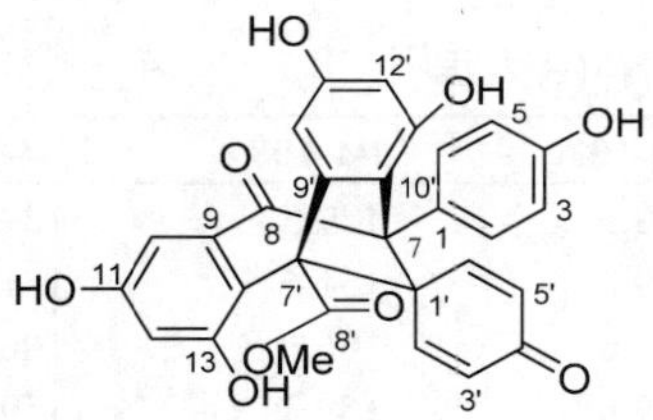

10-4-112

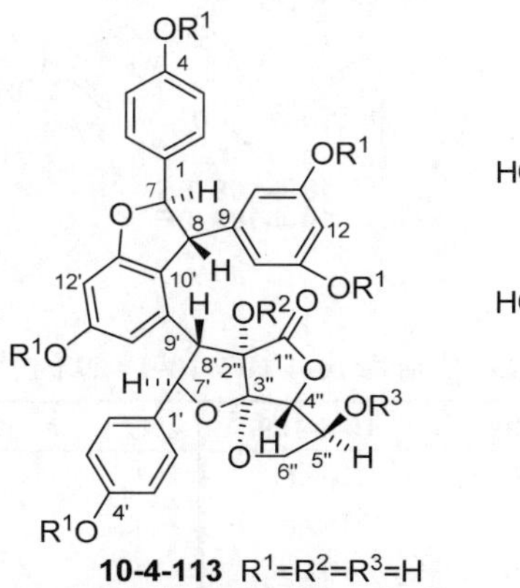

10-4-113 $R^1=R^2=R^3=H$
10-4-114 $R^1=Me$; $R^2=R^3=H$
10-4-115 $R^1=R^2=Me$; $R^3=H$
10-4-116 $R^1=R^2=R^3=Me$

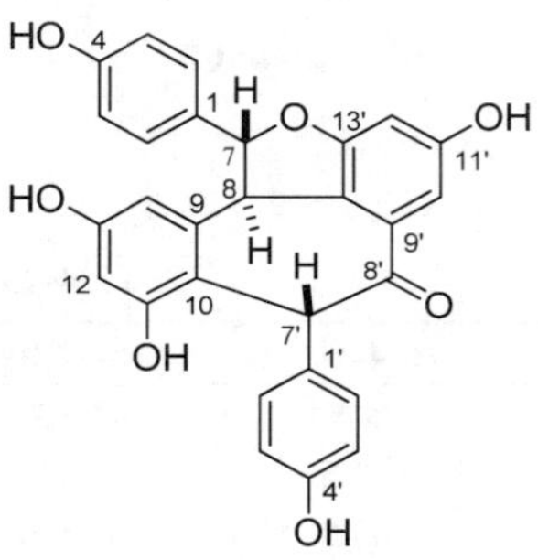

10-4-117

表 10-4-27 化合物 10-4-113~10-4-117 的 ^{13}C NMR 数据

C	10-4-113[41]	10-4-114[41]	10-4-115[41]	10-4-116[41]	10-4-117[42]	C	10-4-113[41]	10-4-114[41]	10-4-115[41]	10-4-116[41]	10-4-117[42]
1	132.4	133.7	133.8	133.8	130.1	1'	130.0	131.2	131.2	131.1	128.2
2	129.2	128.5	128.2	128.2	129.5	2'	128.2	128.1	127.9	127.9	128.0
3	116.0	114.7	114.5	114.6	115.9	3'	115.7	114.5	114.4	114.5	115.8
4	158.3	160.7	160.9	160.9	158.2	4'	158.6	160.0	160.5	160.6	156.8
5	116.0	114.7	114.5	114.6	115.9	5'	115.7	114.5	114.4	114.5	115.8
6	129.2	128.5	128.2	128.2	129.5	6'	128.2	128.1	127.9	127.9	128.0
7	94.3	93.8	93.6	93.6	88.4	7'	90.1	89.8	89.7	89.8	54.8
8	56.2	57.4	57.3	57.4	50.8	8'	56.5	56.8	56.4	57.7	195.3
9	145.9	145.6	145.5	145.6	142.0	9'	131.9	131.9	132.1	132.0	133.7
10	107.2	106.5	106.4	106.5	113.9	10'	122.9	123.7	123.5	123.6	123.9
11	159.8	162.4	162.3	162.4	159.0	11'	161.2	161.4	161.4	161.4	160.4
12	102.4	100.7	100.5	100.4	101.7	12'	97.0	95.9	95.7	95.8	102.2
13	159.8	162.4	162.3	162.4	158.0	13'	159.0	161.9	161.8	161.9	158.5
14	107.2	106.5	106.4	106.5	105.3	14'	110.7	109.9	109.9	109.8	106.5

续表

C	10-4-113[41]	10-4-114[41]	10-4-115[41]	10-4-116[41]	10-4-117[42]	C	10-4-113[41]	10-4-114[41]	10-4-115[41]	10-4-116[41]	10-4-117[42]
1"	172.0	172.1	169.4	169.2		4-OMe			55.7	55.7	
2"	81.1	81.1	86.3	86.4		11-OMe		55.6	55.5	55.5	
3"	118.7	118.9	119.4	119.3		13-OMe		55.6	55.5	56.0	
4"	89.1	89.5	89.9	87.6		2'-OMe			55.5	55.5	
5"	74.7	74.8	75.4	83.7		4'-OMe		55.6		55.5	
6"	75.7	75.8	74.5	73.2		13'-OMe		55.8	55.9	56.0	

10-4-118 10-4-119

表 10-4-28 化合物 10-4-118、10-4-119 的 ^{13}C NMR 数据[43]

C	10-4-118	10-4-119	C	10-4-118	10-4-119	C	10-4-118	10-4-119
1	129.7	133.6	11	160.0	159.5	7'	88.5	129.9
2	128.7	127.9	12	97.4	101.9	8'	49.5	123.2
3	115.6	116.0	13	159.6	159.5	9'	142.7	136.1
4	159.0	157.9	14	110.9	106.8	10'	118.8	119.5
5	115.6	116.0	1'	132.4	129.9	11'	156.5	162.2
6	128.7	127.9	2'	129.8	128.4	12'	101.9	96.6
7	44.1	93.6	3'	116.1	116.1	13'	156.5	159.2
8	71.3	57.0	4'	158.0	157.9	14'	105.4	104.0
9	140.8	147.1	5'	116.1	116.1			
10	118.7	106.8	6'	129.8	128.4			

10-4-120 R=OMe
10-4-121 R=OEt

10-4-122

表 10-4-29 化合物 10-4-120~10-4-122 的 ^{13}C NMR 数据[44]

C	10-4-120	10-4-121	10-4-122	C	10-4-120	10-4-121	10-4-122
1	156.3	156.3	90.3	3	159.6	160.0	149.4
2	103.5	103.5	60.8	4	107.0	107.2	104.2

续表

C	10-4-120	10-4-121	10-4-122	C	10-4-120	10-4-121	10-4-122
5	148.2	150.9	161.0	4''	102.3	102.0	135.6
6	61.5	61.8	103.8	5''	160.3	160.0	150.0
7	60.9	60.8	157.2	6''	107.8	107.1	106.5
8	58.0	57.2	123.9	1'''	139.8	139.7	
9	124.8	123.7	53.0	2'''	1132.7	113.3	
10	88.9	88.3	57.5	3'''	149.6	149.6	
11			75.9	4'''	146.3	146.5	
1'	133.1	134.5	136.0	5'''	116.5	116.7	
2'	113.5	113.2	111.9	6'''	122.1	121.8	
3'	149.7	149.5	150.0	10-OMe	57.7		
4'	148.0	147.8	148.1	10-OEt		65.9/16.4	
5'	116.3	116.5	117.0	3'-OMe	57.7	57.0	
6'	124.0	122.6	121.1	3''-OMe			57.6
1''	152.2	152.3	138.9	5''-OMe			57.6
2''	107.8	107.1	106.5	3'''-OMe	57.2	57.2	
3''	160.3	160.0	150.0				

10-4-123[45]

10-4-124[46]

10-4-125 R=H (7''R^*, 8''R^*)
10-4-126 R=H (7''S^*, 8''S^*)
10-4-127 R=CH_3 (7''R^*, 8''R^*)
10-4-128 R=CH_3 (7''S^*, 8''S^*)

10-4-129 R=CH_3 (7''R^*, 8''R^*)
10-4-130 R=CH_3 (7''S^*, 8''S^*)
10-4-131 R=H (7''R^*, 8''R^*)
10-4-132 R=H (7''S^*, 8''S^*)

表 10-4-30 化合物 10-4-125~10-4-132 的 ^{13}C NMR 数据[47]

C	10-4-125	10-4-126	10-4-127	10-4-128	10-4-129	10-4-130	10-4-131	10-4-132
1	133.1	133.1	133.1	133.2	132.7	132.6	132.6	132.5
2	115.2	115.1	115.3	115.2	116.0	116.0	115.8	115.8
3	142.5	142.5	142.5	142.5	145.5	145.5	145.4	145.4
4	148.7	148.7	148.7	148.7	145.0	145.1	145.9	145.0
5	133.1	133.0	133.2	133.2	118.3	118.2	118.2	118.0
6	115.9	116.0	116.0	115.9	121.3	121.3	121.2	121.2
7	130.2	130.2	130.2	130.2	129.6	129.6	129.6	129.6
8	127.2	127.2	127.3	127.3	128.2	128.2	128.1	128.1
9	141.3	141.3	141.3	141.3	141.2	141.2	141.1	141.1
10	107.1	107.1	107.1	107.2	107.2	107.2	107.2	107.2
11	160.5	160.0	160.5	160.5	160.5	160.5	160.4	160.4
12	104.2	104.2	104.3	104.3	104.4	104.4	104.4	104.4
13	159.6	159.6	159.6	159.6	159.7	159.7	159.6	159.6
14	108.4	108.4	108.4	108.4	108.6	108.6	108.5	108.5
1'	133.6	133.5	133.3	133.3	129.3	129.2	129.4	129.3
2'	114.2	114.3	110.8	110.9	112.5	112.5	115.9	115.9
3'	146.5	146.5	149.2	149.2	148.7	148.7	146.1	146.1
4'	146.6	146.6	147.9	147.9	147.9	147.9	146.7	146.6
5'	116.3	116.3	116.2	116.2	115.9	115.9	116.0	116.0
6'	119.0	119.2	120.3	120.4	121.9	121.8	121.1	120.8
7'	95.1	95.1	95.2	95.2	82.0	81.7	82.0	81.6
8'	59.4	59.4	59.4	59.4	82.2	82.2	82.0	81.9
9'	145.7	145.5	145.5	145.3	140.1	140.3	140.1	140.2
10'	109.0	108.7	109.1	108.9	108.4	109.1	108.5	109.0
11'	160.5	160.4	160.6	160.5	159.9	160.1	159.8	159.2
12'	103.9	103.6	104.0	103.7	105.3	105.6	105.2	105.3
13'	159.9	159.9	159.9	159.9	159.3	159.4	159.2	159.3
14'	110.2	110.3	110.4	110.5	109.7	110.5	109.4	110.4
11-Glu								
1	102.4	102.4	102.3	102.4	102.4	102.1	102.3	102.3
2	75.0	75.0	74.9	75.0	75.0	75.0	74.9	74.9
3	78.0	78.0	78.0	78.1	78.1	78.1	78.0	78.0
4	71.5	71.5	71.1	71.5	71.5	71.5	71.4	71.4
5	78.2	78.2	78.1	78.2	78.3	78.3	78.2	78.2
6	62.6	62.6	62.3	62.6	62.6	62.6	62.5	62.5
11'-Glu								
1	102.3	101.8	101.8	101.9	102.6	102.7	102.6	102.5
2	74.8	74.8	74.8	74.8	74.9	74.8	74.8	74.8
3	77.9	78.0	78.0	78.0	77.9	77.8	77.7	77.8
4	71.2	71.0	71.0	71.2	71.4	71.2	71.2	71.3
5	78.0	77.0	77.0	78.0	78.0	78.0	77.9	77.9
6	62.2	62.3	62.3	62.4	62.5	62.4	62.4	62.4
OMe			56.5	56.5	56.5	56.5		

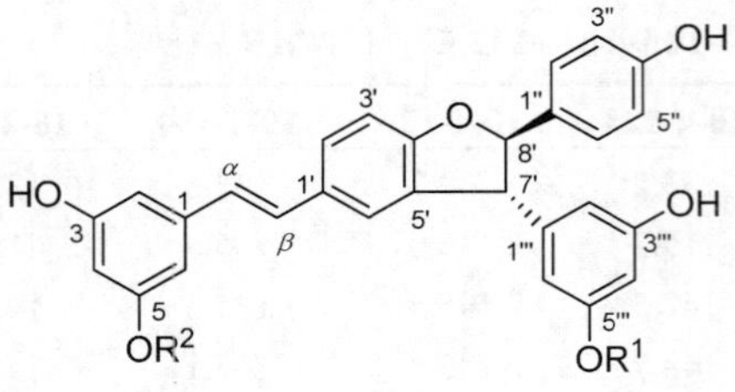

10-4-133 R^1=β-Glu; R^2=H
10-4-134 R^1=H; R^2=β-Glu

表 10-4-31 化合物 10-4-133 和 10-4-134 的 ^{13}C NMR 数据[48]

C	10-4-133	10-4-134	C	10-4-133	10-4-134	C	10-4-133	10-4-134
1	131.8	131.6	5'	110.1	109.8	3'''	160.2	159.9
2	105.7	107.8	6'	128.7	128.8	4'''	103.1	102.0
3	159.5	160.3	7'	57.8	57.5	5'''	159.6	159.9
4	105.7	103.5	8'	93.8	93.8	6'''	108.5	107.1
5	159.5	159.0	1''	132.5	132.2	Glu		
6	105.7	106.0	2''	128.6	128.3	1	101.4	101.1
α	129.1	129.3	3''	116.2	115.8	2	74.6	74.3
β	127.3	128.2	4''	158.4	158.9	3	77.9	77.6
1'	140.77	140.4	5''	116.2	115.8	4	71	71.0
2'	123.9	123.6	6''	128.6	128.3	5	77.6	77.4
3'	132.1	131.9	1'''	145.3	144.9	6	62.5	62.3
4'	160.6	160.6	2'''	109.6	107.1			

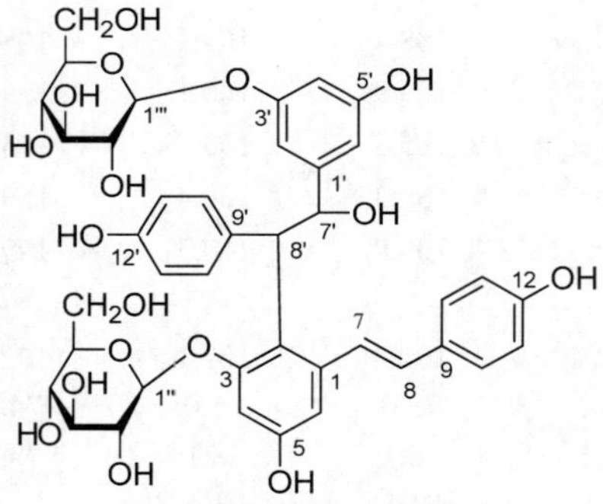

10-4-135

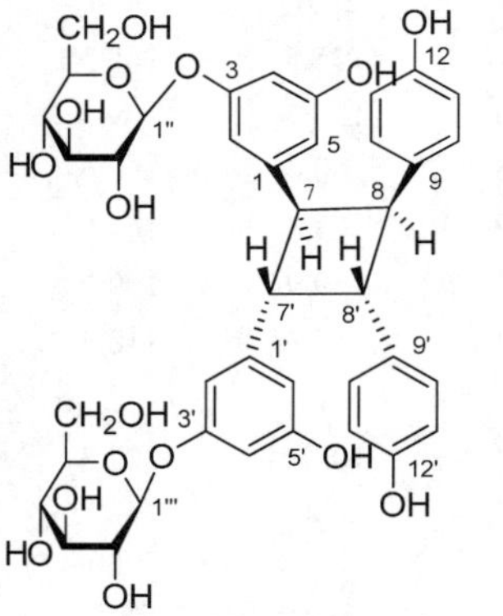

10-4-136

表 10-4-32 化合物 10-4-135 和 10-4-136 的 ^{13}C NMR 数据[49]

C	10-4-135	10-4-136	C	10-4-135	10-4-136	C	10-4-135	10-4-136
1	145.0	145.8	8	133.2	47.4	1'	149.2	145.7
2	122.9	109.6	9	131.5	134.0	2'	110.0	110.5
3	158.9	159.9	10	133.4	131.1	3'	160.3	159.9
4	104.1	103.7	11	117.6	116.5	4'	106.4	103.7
5	158.0	158.4	12	157.4	155.9	5'	159.2	158.4
6	113.0	112.1	13	117.6	116.5	6'	112.2	111.5
7	130.4	49.5	14	133.4	131.1	7'	77.5	48.7

续表

C	10-4-135	10-4-136	C	10-4-135	10-4-136	C	10-4-135	10-4-136
8'	55.7	48.7	1''	102.1	102.8	2'''	75.5	74.8
9'	135.8	134.0	2''	75.6	74.8	3'''	78.8	77.8
10'	133.1	131.0	3''	98.2	77.8	4'''	71.8	71.0
11'	117.1	116.5	4''	71.8	71.0	5'''	78.9	78.0
12'	156.1	155.9	5''	78.7	78.0	6'''	63.0	63.3
13'	117.1	116.5	6''	63.6	63.3			
14'	133.1	131.0	1'''	103.5	103.2			

三、二苯乙基类三聚体

表 10-4-33 三聚体的名称、分子式和测试溶剂

编号	名称	分子式	测试溶剂	参考文献
10-4-137	nepalensinol A	$C_{42}H_{34}O_{10}$	C	[50]
10-4-138	nepalensinol C	$C_{42}H_{34}O_{10}$	C	[50]
10-4-139	vaticanol A	$C_{42}H_{32}O_{9}$	A	[51]
10-4-140	davidiol A	$C_{42}H_{32}O_{9}$	A	[52]
10-4-141	davidiol B	$C_{42}H_{32}O_{10}$	A	[52]
10-4-142	apelopsin C	$C_{42}H_{32}O_{9}$	A	[53]
10-4-143	gnetuhainin M	$C_{42}H_{32}O_{11}$	A	[54]
10-4-144	gnetuhainin N	$C_{45}H_{38}O_{12}$	A	[54]
10-4-145	gnetuhainin O	$C_{45}H_{38}O_{12}$	A	[54]
10-4-146	gnemonol K	$C_{42}H_{32}O_{9}$	A	[55]
10-4-147	gnemonol L	$C_{42}H_{32}O_{9}$	A	[55]
10-4-148	gnetin E	$C_{42}H_{32}O_{9}$	A	[56]
10-4-149	gnemonoside F	$C_{60}H_{62}O_{24}$	A	[56]
10-4-150	gnemonoside G	$C_{54}H_{52}O_{19}$	A	[56]
10-4-151	stenophyllol B	$C_{42}H_{32}O_{9}$	A	[57]
10-4-152	paucifloroside B	$C_{48}H_{42}O_{14}$	A	[57]
10-4-153	paucifloroside C	$C_{48}H_{42}O_{14}$	A	[57]
10-4-154	foeniculoside Ⅹ	$C_{54}H_{52}O_{19}$	M	[58]
10-4-155	foeniculoside Ⅺ	$C_{54}H_{52}O_{19}$	M	[58]
10-4-156	*cis*-miyabenol C	$C_{42}H_{32}O_{9}$	M	[58]

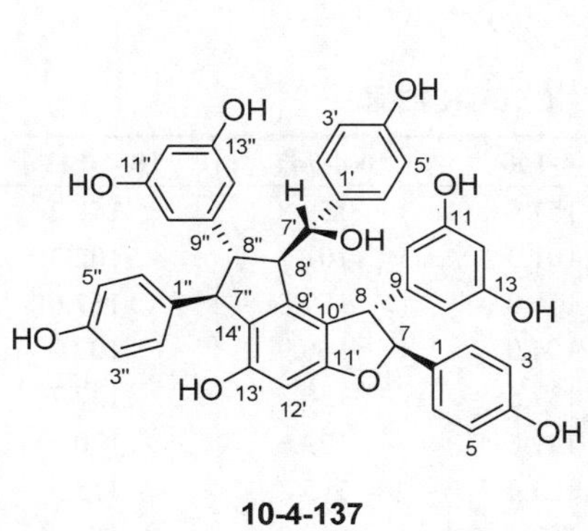

10-4-137 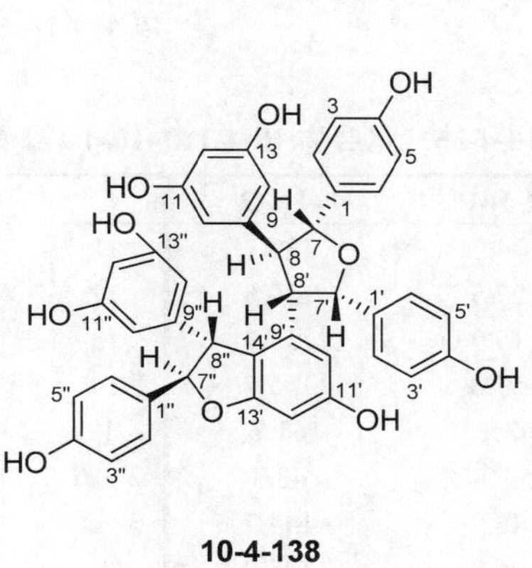 **10-4-138** 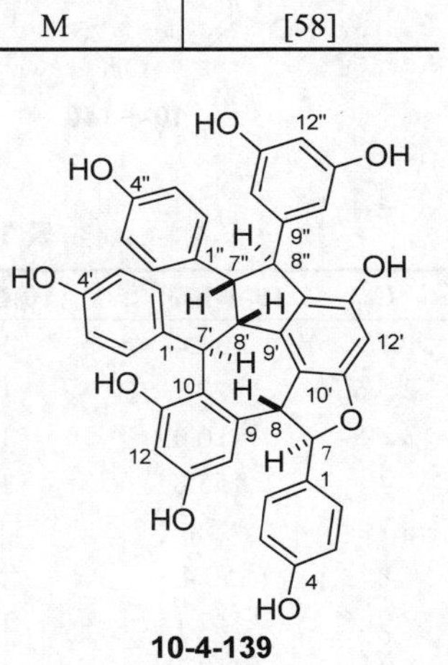 **10-4-139**

表 10-4-34 化合物 10-4-137~10-4-139 的 ^{13}C NMR 数据

C	10-4-137[50]	10-4-138[50]	10-4-139[51]	C	10-4-137[50]	10-4-138[50]	10-4-139[51]
1	133.4	131.1	134.4	8'	57.5	51.6	48.6
2	127.7	128.4	128.0	9'	150.5	137.5	144.9
3	115.4	115.0	116.0	10'	119.9	107.8	118.6
4	157.5	157.2	157.9	11'	161.4	158.4	159.9
5	115.4	115.0	116.0	12'	96.0	95.0	95.3
6	127.7	128.4	128.0	13'	154.2	161.1	155.4
7	93.6	87.2	86.5	14'	122.7	119.5	122.2
8	57.7	55.6	50.3	1"	145.0	133.4	135.8
9	146.7	140.6	144.7	2"	128.8	127.6	129.6
10	108.0	107.2	119.3	3"	115.0	115.5	114.9
11	158.4	158.3	157.7	4"	155.7	157.6	156.4
12	101.6	101.5	101.3	5"	155.7	157.6	114.9
13	158.4	158.3	156.3	6"	115.0	115.5	129.6
14	108.0	107.2	103.3	7"	55.8	93.3	64.3
1'	136.0	132.2	138.7	8"	58.2	57.7	57.5
2'	128.4	129.0	129.2	9"	145.0	145.6	147.5
3'	114.7	114.5	115.4	10"	105.5	107.0	106.7
4'	156.6	156.6	155.7	11"	158.2	158.8	159.2
5'	156.6	156.6	115.4	12"	100.5	102.3	101.3
6'	114.7	114.5	129.2	13"	158.2	158.8	159.2
7'	77.8	81.9	36.0	14"	105.5	107.0	106.7

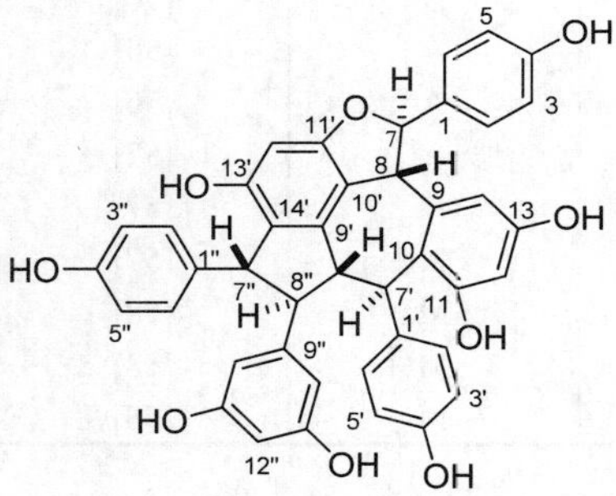

10-4-140

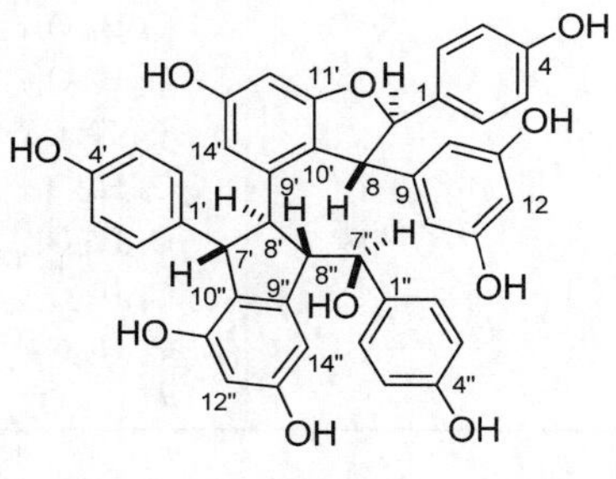

10-4-141

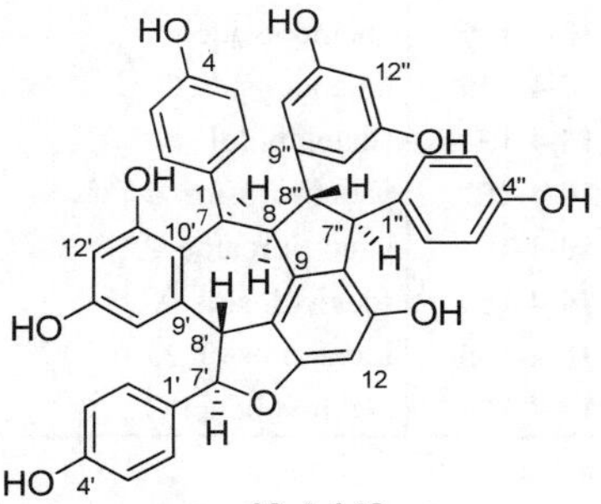

10-4-142

表 10-4-35 化合物 10-4-140~10-4-142 的 ^{13}C NMR 数据

C	10-4-140[52]	10-4-141[52]	10-4-142[53]	C	10-4-140[52]	10-4-141[52]	10-4-142[53]
1	134.4	134.3	133.1	11	157.9	159.8	159.2
2、6	128.1	127.5	130.5	12	101.3	101.7	102.3
3、5	116.0	116.0	115.9	13	156.8	159.8	157.6
4	155.8	157.8	155.7	14	104.0	106.9	107.2
7	85.8	93.1	61.7	1'	137.5	136.5	132.7
8	50.4	54.3	48.3	2'、6'	129.6	129.6	130.5
9	147.1	148.9	144.7	3'、5'	115.4	115.2	115.9
10	118.1	106.9	125.0	4'	158.1	156.9	155.7

续表

C	10-4-140[52]	10-4-141[52]	10-4-142[53]	C	10-4-140[52]	10-4-141[52]	10-4-142[53]
7'	36.5	53.2	90.6	4"	156.6	155.8	155.7
8'	51.4	54.4	58.0	5"	115.6	116.1	116.2
9'	143.1	147.8	147.9	6"	129.9	128.7	129.6
10'	119.2	118.5	129.9	7"	56.2	77.0	52.6
11'	159.4	161.6	159.1	8"	67.5	63.8	37.3
12'	96.0	95.4	102.3	9"	143.9	149.8	141.5
13'	154.7	159.9	156.7	10"	108.3	122.8	121.6
14'	122.2	104.5	107.2	11"	158.9	155.0	159.9
1"	134.1	136.5	133.1	12"	102.0	102.3	97.1
2"	129.9	128.7	129.6	13"	158.9	158.7	159.1
3"	115.6	116.1	166.2	14"	108.3	107.4	106.0

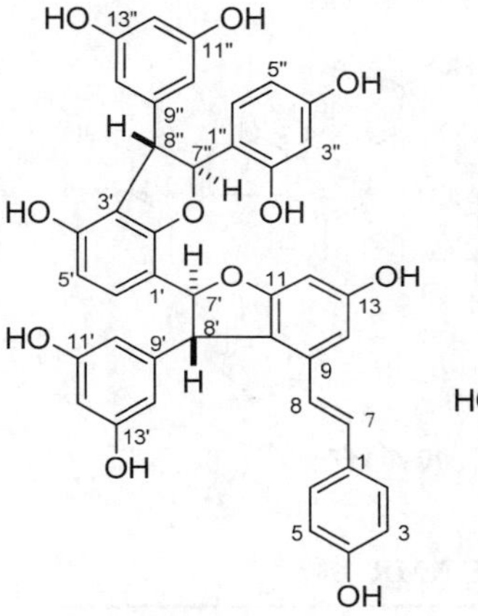

10-4-143 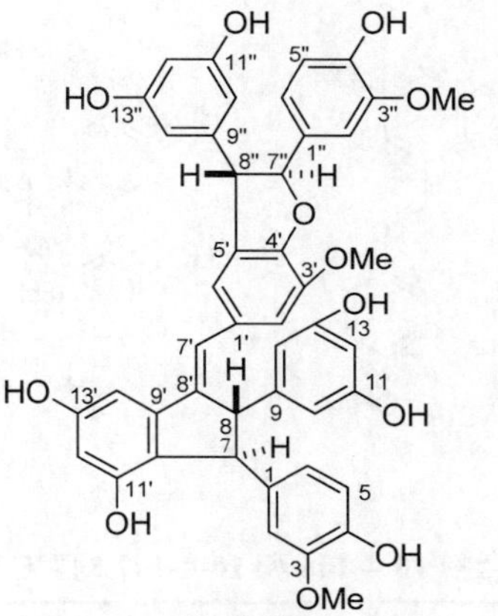 **10-4-144** 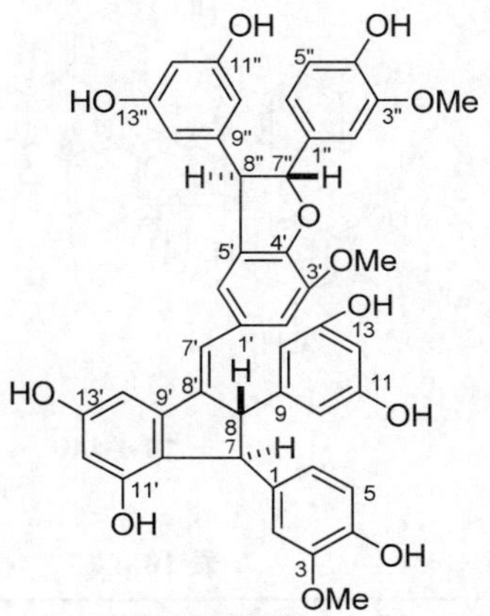 **10-4-145**

表 10-4-36 化合物 10-4-143~10-4-145 的 ^{13}C NMR 数据[54]

C	10-4-143	10-4-144	10-4-145	C	10-4-143	10-4-144	10-4-145
1	128.9	137.7	137.6	14	103.0	105.4	105.4
2	127.8	110.9	111.1	1'	113.9	131.4	131.4
3	115.5	147.3	147.3	2'	159.4	110.9	111.4
4	157.4	144.8	144.8	3'	115.5	144.2	144.2
5	115.5	114.8	114.8	4'	154.9	147.1	146.8
6	127.8	119.1	118.9	5'	108.4	119.2	119.2
7	129.0	57.1	57.1	6'	127.8	119.2	118.7
8	122.6	60.0	60.1	7'	89.1	122.2	122.2
9	135.3	148.1	148.1	8'	54.7	142.2	142.5
10	119.6	105.4	105.4	9'	146.1	146.2	146.3
11	161.6	158.8	158.9	10'	106.2	123.5	123.4
12	96.0	100.6	100.6	11'	158.2	155.1	155.2
13	158.6	158.8	158.9	12'	100.8	102.9	102.9

续表

C	10-4-143	10-4-144	10-4-145	C	10-4-143	10-4-144	10-4-145
13'	158.2	158.8	158.9	9"	146.4	144.1	144.0
14'	106.2	97.3	97.3	10"	106.4	106.5	106.5
1"	119.7	131.7	131.9	11"	158.8	158.9	158.9
2"	155.1	109.9	110.0	12"	101.2	101.4	101.4
3"	102.5	147.6	147.7	13"	158.8	158.9	158.9
4"	157.7	144.9	144.0	14"	106.4	106.5	106.5
5"	105.6	114.8	114.9	3-OMe		55.4	55.5
6"	126.5	119.2	119.2	3'-OMe		55.1	55.3
7"	88.9	93.3	93.0	3"-OMe		55.4	55.5
8"	53.8	57.4	57.2				

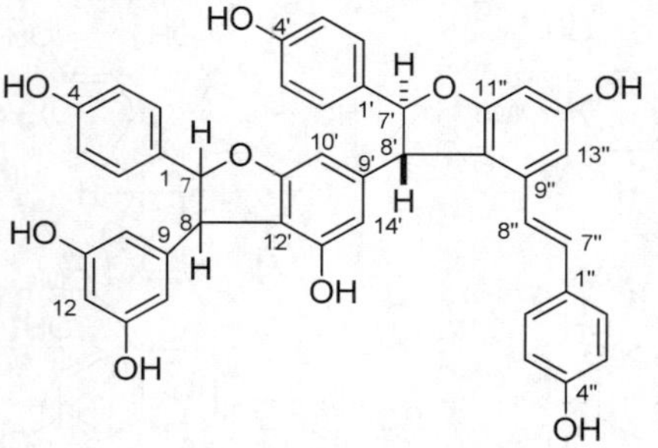

10-4-146

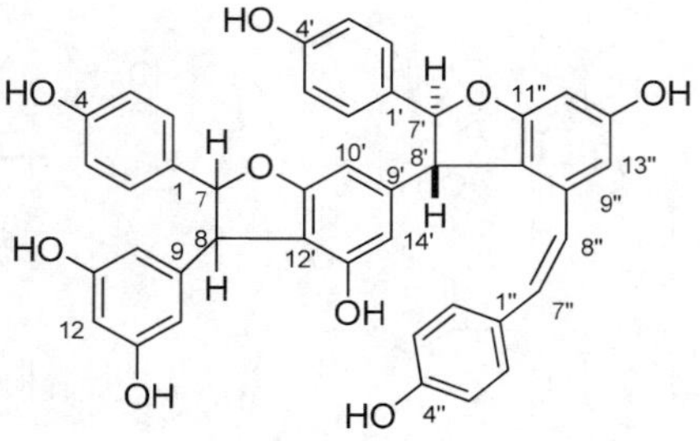

10-4-147

表 10-4-37 化合物 10-4-146 和 10-4-147 的 ^{13}C NMR 数据[55]

C	10-4-146	10-4-147	C	10-4-146	10-4-147	C	10-4-146	10-4-147
1	133.5	133.8	1'	133.5	133.7	1"	129.5	129.4
2(6)	127.4	127.9	2'(6')	127.6	128.1	2"(6")	128.4	130.9
3(5)	116.2	116.1	3'(5')	115.9	116.1	3"(5")	115.9	115.8
4	158.0	158.1	4'	157.8	157.1	4"	157.9	157.9
7	93.4	93.7	7'	93.5	94.0	7"	130.1	130.3
8	55.9	55.9	8'	56.7	56.9	8"	123.1	126.1
9	145.8	146.1	9'	147.2	147.2	9"	136.1	137.1
10	106.5	106.9	10'	101.2	101.4	10"	119.5	120.2
11	159.2	159.4	11'	162.6	162.8	11"	162.0	162.4
12	101.7	102.0	12'	114.0	114.1	12"	96.6	96.7
13	159.2	159.4	13'	155.6	155.4	13"	159.3	159.3
14	106.5	106.9	14'	107.9	108.4	14"	104.1	108.5

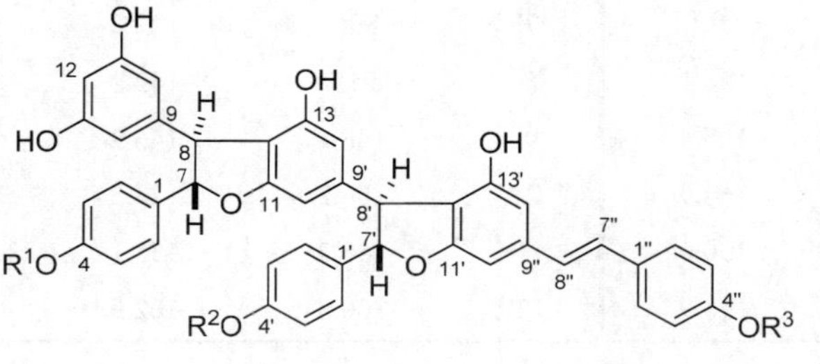

10-4-148 $R^1=R^2=R^3=H$
10-4-149 $R^1=R^2=R^3=Glu$
10-4-150 $R^1=R^3=Glu$; $R^2=H$

表 10-4-38 化合物 10-4-148~10-4-150 的 ^{13}C NMR 数据[56]

C	10-4-148	10-4-149	10-4-150	C	10-4-148	10-4-149	10-4-150
1	131.7	135.4	132.6	8'	54.4	54.4	56.0
2	127.2	127.1	127.6	9'	144.7	145.2	146.2
3	115.3	116.5	117.6	10'	99.4	99.8	101.0
4	157.3	157.2	157.3	11'	161.5	161.2	162.4
5	115.3	116.5	117.6	12'	115.5	114.2	115.4
6	127.2	127.1	127.6	13'	154.6	154.7	155.5
7	91.9	92.1	93.4	14'	107.3	107.5	108.5
8	54.1	54.6	56.1	1"	132.2	131.0	131.4
9	145.7	144.7	146.7	2"、6"	127.9	127.8	128.4
10	105.5	105.6	106.8	3"、5"	115.3	116.6	117.4
11	158.4	158.4	159.6	4"	157.3	157.4	157.0
12	100.8	101.2	101.9	7"	128.2	128.2	129.3
13	158.4	158.4	159.6	8"	125.5	127.2	128.4
14	105.5	105.6	106.8	9"	139.5	139.7	140.2
1'	128.1	135.0	134.2	10"	97.8	98.9	98.6
2'、6'	126.8	126.7	127.7	11"	161.0	161.7	161.8
3'、5'	115.3	116.5	116.1	12"	115.5	115.5	115.9
4'	157.3	157.4	158.3	13"	154.6	154.9	155.5
7'	92.4	91.6	93.7	14"	106.9	107.8	108.3

10-4-151 $R^1=R^2=H$
10-4-152 $R^1=H$; $R^2=Glu$
10-4-153 $R^1=Glu$; $R^3=H$

10-4-154 R=Glu (1→6)Glu; $R^1=H$
10-4-155 R=Glu; $R^1=Glu$
10-4-156 R=H; $R^1=H$

表 10-4-39 化合物 10-4-151~10-4-153 的 ^{13}C NMR 数据[57]

C	10-4-151	10-4-152	10-4-153	C	10-4-151	10-4-152	10-4-153
1	134.6	134.6	134.5	11	156.5	156.5	156.5
2, 6	127.2	127.2	127.1	12	101.3	101.4	101.3
3, 5	116.0	115.9	116.0	13	158.1	158.1	158.2
4	157.6	157.6	157.6	14	105.0	105.0	105.0
7	88.0	88.1	87.9	1'	136.9	137.0	136.7
8	52.5	52.6	52.5	2', 6'	129.9	130.0	130.0
9	141.4	141.3	141.5	3', 5'	115.8	115.9	115.9
10	123.4	123.4	123.4	4'	156.2	156.1	156.3

续表

C	10-4-151	10-4-152	10-4-153	C	10-4-151	10-4-152	10-4-153
7'	47.2	47.2	46.9	9"	144.1	144.0	144.0
8'	53.5	53.5	53.6	10"	120.6	120.0	120.6
9'	150.8	150.1	150.6	11"	160.4	160.0	160.4
10'	123.4	125.9	126.0	12"	95.9	95.8	95.9
11'	154.6	155.6	154.5	13"	158.7	159.0	158.8
12'	102.3	104.8	103.1	14"	106.8	107.0	106.9
13'	159.1	159.1	159.6	Glu			
14'	103.1	101.9	103.5	1		101.8	101.5
1"	139.5	140.0	139.4	2		74.4	74.4
2", 6"	130.0	130.0	130.1	3		77.5	77.1
3", 5"	115.8	116.0	115.8	4		71.3	70.6
4"	156.1	156.0	156.2	5		78.1	77.9
7"	51.9	52.0	52.0	6		62.6	61.9
8"	56.4	55.9	56.4				

表 10-4-40 化合物 10-4-154~10-4-156 的 ^{13}C NMR 数据[58]

C	10-4-154	10-4-155	10-4-156	C	10-4-154	10-4-155	10-4-156
1	135.1	135.3	135.6	2", 6"	131.0	131.0	131.2
2, 6	127.1	127.2	127.6	3", 5"	115.8	115.8	115.9
3, 5	116.0	116.1	116.3	4"	157.4	158.2	158.0
4	158.2	158.7	158.5	7"	131.0	131.4	131.8
7	93.8	93.9	94.2	8"	126.0	125.6	126.0
8	57.2	57.0	57.6	9"	137.6	137.0	138.0
9	148.6	148.5	144.3	10"	121.8	122.0	119.8
10	106.8	107.1	107.2	11"	1603.	161.9	162.8
11	160.2	160.5	160.6	12"	95.5	97.3	96.8
12	103.4	103.3	102.3	13"	159.6	161.6	159.9
13	159.3	159.1	160.6	14"	108.0	108.5	107.5
14	209.3	108.8	106.9	Glu		（R）	
1'	133.9	134.1	134.1	1	101.4	101.1	
2', 6'	127.2	127.2	127.3	2	74.7	74.6	
3', 5'	116.0	116.0	116.0	3	77.4	77.6	
4'	156.8	157.5	157.8	4	70.6	70.8	
7'	92.8	92.7	93.0	5	76.5	77.7	
8'	53.0	53.0	52.8	6	68.6	61.9	
9'	143.7	144.4	144.4	Glu'		（R'）	
10'	119.8	120.3	120.2	1	104.5	102.4	
11'	162.1	162.4	162.6	2	75.0	74.6	
12'	95.0	96.3	96.3	3	77.5	77.7	
13'	159.6	160.3	159.7	4	71.2	70.8	
14'	107.4	108.6	107.7	5	77.7	77.4	
1"	125.6	127.8	128.4	6	62.4	61.9	

四、多聚体

表 10-4-41 多聚体的名称、分子式和测试溶剂

编号	名称	分子式	测试溶剂	参考文献
10-4-157	amurensin I	$C_{56}H_{40}O_{12}$	A	[59]
10-4-158	amurensin J	$C_{56}H_{42}O_{12}$	D	[59]
10-4-159	amurensin J	$C_{56}H_{40}O_{13}$	D	[59]
10-4-160	amurensin K	$C_{56}H_{40}O_{12}$	D	[59]
10-4-161	amurensin L	$C_{56}H_{38}O_{12}$	D	[59]
10-4-162	nepalensinol B	$C_{56}H_{42}O_{12}$	C	[60]
10-4-163	davidiol C	$C_{56}H_{40}O_{12}$	A	[61]
10-4-164	hopeaphenol A	$C_{56}H_{42}O_{12}$	A	[62]
10-4-165	isohopeaphenol A	$C_{56}H_{42}O_{12}$	A	[62]
10-4-166	vatdiospyroidol	$C_{56}H_{42}O_{13}$	A	[63]
10-4-167	vaticaphenol A	$C_{56}H_{42}O_{12}$	A	[63]
10-4-168	vaticanol B	$C_{56}H_{42}O_{12}$	A	[64]
10-4-169	vateriaphenol B	$C_{56}H_{42}O_{12}$	A	[65]
10-4-170	gnetuhainin R	$C_{60}H_{50}O_{16}$	A	[66]
10-4-171	amurensin E	$C_{70}H_{52}O_{15}$	A	[67]
10-4-172	amurensin F	$C_{70}H_{52}O_{15}$	A	[67]
10-4-173	pauciflorol D	$C_{98}H_{74}O_{21}$	A	[68]

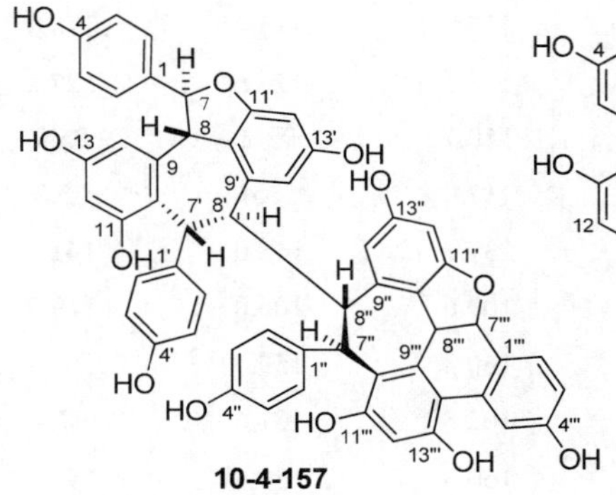

10-4-157

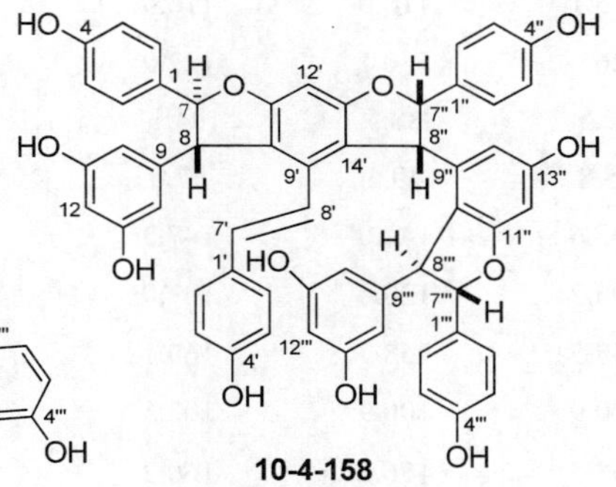

10-4-158

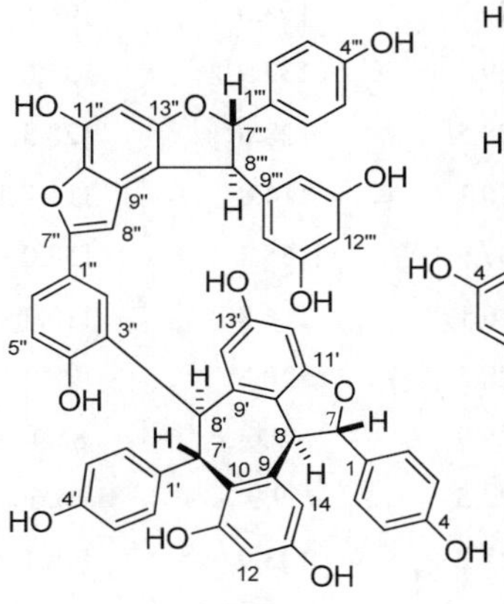

10-4-159

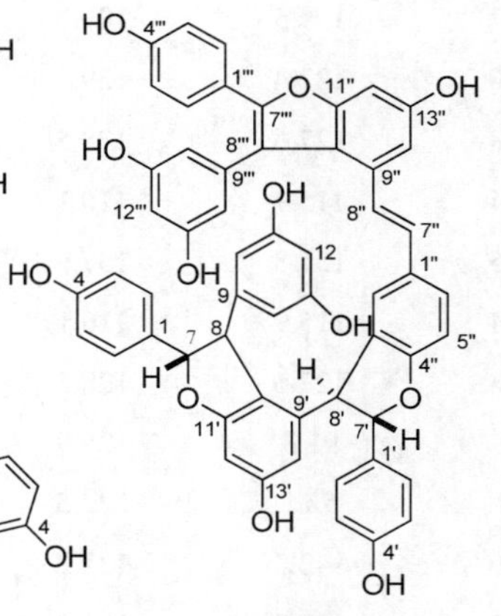

10-4-160

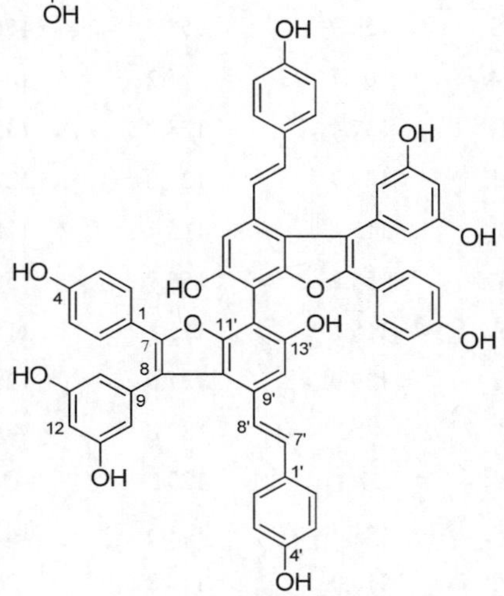

10-4-161

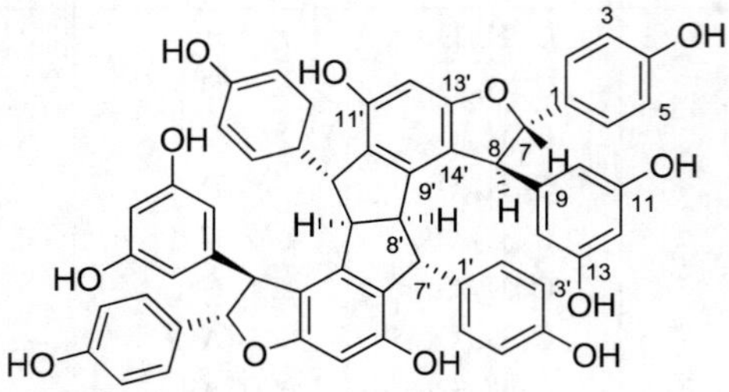

10-4-162

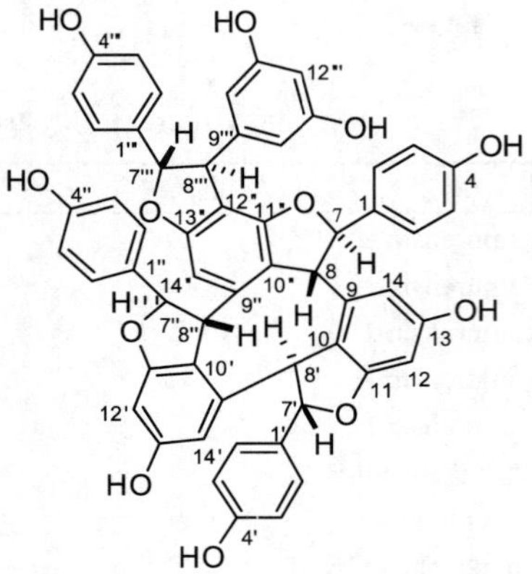

10-4-163

表 10-4-42　化合物 10-4-157~10-4-163 的 ^{13}C NMR 数据

C	10-4-157[59]	10-4-158[59]	10-4-159[59]	10-4-160[59]	10-4-161[59]	10-4-162[60]	10-4-163[61]
1	133.9	131.9	130.8	134.2	123.1	134.0	133.1
2	130.6	126.3	130.1	127.9	128.1	126.6	127.2
3	116.6	115.1	116.0	116.4	115.8	115.4	116.0
4	158.7	157.2	158.5	158.2	157.9	157.3	157.7
5	116.6	115.1	116.0	116.4	115.8	115.4	116.0
6	130.6	126.3	130.1	127.9	128.1	126.6	127.2
7	93.8	92.5	88.5	94.1	150.1	93.2	95.9
8	54.3	55.8	49.5	57.0	117.0	56.4	55.8
9	141.0	145.6	142.0	147.3	137.9	148.0	141.7
10	118.3	105.2	120.0	107.0	109.6	106.0	119.9
11	158.7	158.5	158.7	160.1	160.3	159.5	160.9
12	103.2	100.9	100.9	102.5	102.8	101.6	97.9
13	156.9	158.5	156.5	160.2	160.3	159.5	159.4
14	107.7	105.2	104.7	109.5	109.6	106.0	108.5
1'	137.4	128.2	135.0	132.4	129.9	137.9	132.0
2'	129.9	127.0	128.8	127.6	128.5	128.6	128.3
3'	115.1	115.1	115.4	115.9	116.1	114.8	115.7
4'	155.2	156.9	156.5	157.8	157.9	155.3	158.0
5'	115.1	115.1	115.4	115.9	116.1	114.8	115.7
6'	129.9	127.0	128.8	127.6	128.5	128.6	128.3
7'	42.8	132.8	40.7	91.3	128.9	49.6	86.4
8'	57.3	120.2	41.4	52.1	122.5	59.9	45.6
9'	141.4	131.5	141.0	142.2	132.2	143.9	140.1
10'	116.0	117.8	120.1	119.8	122.2	125.9	120.8
11'	160.3	161.0	160.2	162.5	153.8	154.9	160.4
12'	94.9	90.6	96.1	96.5	104.0	96.1	96.4

续表

C	10-4-157[59]	10-4-158[59]	10-4-159[59]	10-4-160[59]	10-4-161[59]	10-4-162[60]	10-4-163[61]
13'	158.5	161.0	157.8	160.3	153.9	162.6	159.4
14'	109.6	117.2	109.9	107.0	107.6	115.6	105.9
1"	136.2	130.8	122.2	130.0			131.2
2"	129.4	127.8	129.1	126.1			129.2
3"	114.7	115.2	133.2	132.5			116.1
4"	155.5	157.1	155.9	159.7			158.4
5"	114.7	115.2	116.2	110.6			116.1
6"	129.4	127.8	124.3	126.0			129.2
7"	42.5	90.6	158.8	129.2			90.1
8"	51.0	54.6	97.9	123.4			52.8
9"	139.1	139.4	127.7	132.7			138.4
10"	118.3	118.4	140.0	122.2			121.3
11"	156.3	161.3	143.1	155.9			157.2
12"	96.1	95.5	94.0	97.4			111.2
13"	158.0	158.3	157.1	156.4			164.1
14"	113.2	108.2	110.2	107.6			99.7
1'''	127.4	132.1	133.1	123.4			136.5
2'''	133.7	127.4	128.3	128.3			128.2
3'''	115.9	115.2	116.0	116.2			116.2
4'''	156.8	157.4	158.2	158.3			158.2
5'''	116.1	115.2	116.0	116.2			116.2
6'''	121.6	127.4	128.2	128.3			128.2
7'''	151.6	92.1	94.0	150.2			94.5
8'''	115.7	55.8	57.4	117.1			55.8
9'''	133.6	146.5	145.8	138.0			145.1
10'''	114.7	105.0	107.1	109.9			107.1
11'''	156.3	158.4	159.2	160.4			159.6
12'''	102.7	100.9	102.4	103.2			102.2
13'''	157.9	158.4	159.2	160.4			159.6
14'''	112.3	105.0	107.1	109.9			107.1

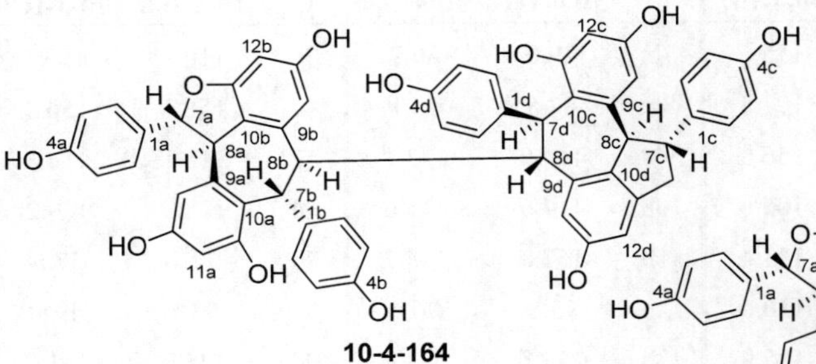

10-4-164

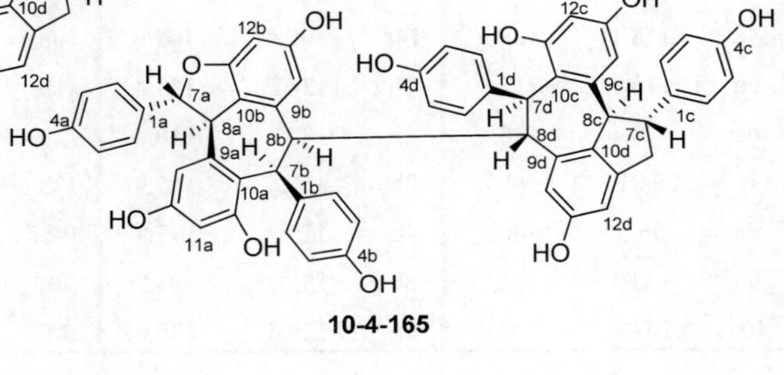

10-4-165

表 10-4-43 化合物 10-4-164 和 10-4-165 的 ^{13}C NMR 数据[62]

C	10-4-164	10-4-165	C	10-4-164	10-4-165	C	10-4-164	10-4-165	C	10-4-164	10-4-165
1a	130.8	133.8	1b	133.9	135.1	1c	134.6	133.5	1d	138.1	138.2
2a	130.4	130.1	2b	128.9	130.7	2c	130.3	130.5	2d	129.9	129.9
3a	116.0	116.4	3b	115.4	114.3	3c	116.4	116.5	3d	114.5	114.8
4a	158.6	158.4	4b	155.7	155.5	4c	158.5	158.4	4d	155.0	155.3
5a	116.0	116.4	5b	115.4	114.3	5c	116.4	116.5	5d	114.5	114.8
6a	130.4	133.8	6b	128.9	130.7	6c	130.3	130.5	6d	129.9	129.9
7a	88.8	93.3	7b	41.8	43.4	7c	93.7	93.4	7d	45.1	44.6
8a	50.7	52.6	8b	45.9	47.7	8c	53.5	52.5	8d	59.2	51.5
9a	141.1	140.8	9b	142.0	140.7	9c	141.7	141.4	9d	140.4	141.2
10a	118.7	123.9	10b	116.2	118.7	10c	120.0	118.6	10d	116.8	117.7
11a	158.9	157.2	11b	160.2	159.6	11c	158.0	158.3	11d	160.2	160.9
12a	101.8	101.8	12b	96.0	94.7	12c	102.7	102.1	12d	94.9	95.4
13a	157.2	156.7	13b	157.9	159.4	13c	156.9	156.6	13d	158.2	158.8
14a	105.9	106.9	14b	111.7	105.2	14c	106.6	106.4	14d	112.7	111.4

10-4-166

10-4-167

表 10-4-44 化合物 10-4-166 和 10-4-167 的 ^{13}C NMR 数据[63]

C	10-4-166	10-4-167	C	10-4-166	10-4-167	C	10-4-166	10-4-167	C	10-4-166	10-4-167
1a	134.2	130.7	11a	159.9	155.6	7b	49.6	36.9	3c	116.1	115.3
2a	128.1	130.1	12a	101.8	101.5	8b	47.5	53.1	4c	158.1	156.2
3a	116.0	115.8	13a	159.9	156.6	9b	144.0	143.1	5c	116.1	115.3
4a	158.1	158.5	14a	107.4	105.6	10b	114.6	115.6	6c	128.5	129.2
5a	116.0	115.8	1b	134.2	133.4	11b	157.8	158.7	7c	94.1	57.5
6a	128.1	130.1	2b	129.4	130.6	12b	95.8	96.4	8c	57.7	49.1
7a	94.1	90.3	3b	115.5	115.9	13b	159.8	154.8	9c	145.9	141.6
8a	56.8	48.8	4b	115.9	155.8	14b	117.8	122.1	10c	108.1	123.3
9a	148.3	141.7	5b	155.7	115.9	1c	133.4	131.3	11c	159.8	161.5
10a	107.4	124.4	6b	129.4	130.6	2c	128.5	129.2	12c	102.2	95.5

续表

C	10-4-166	10-4-167	C	10-4-166	10-4-167	C	10-4-166	10-4-167	C	10-4-166	10-4-167
13c	159.8	159.3	3d	115.5	116.0	7d	45.5	94.5	11d	153.4	159.7
14c	108.1	106.9	4d	156.0	157.9	8d	51.0	57.4	12d	95.9	102.1
1d	138.3	134.5	5d	115.5	116.0	9d	143.1	147.9	13d	160.9	159.7
2d	129.9	128.2	6d	129.9	128.2	10d	128.2	107.3	14d	118.5	107.3

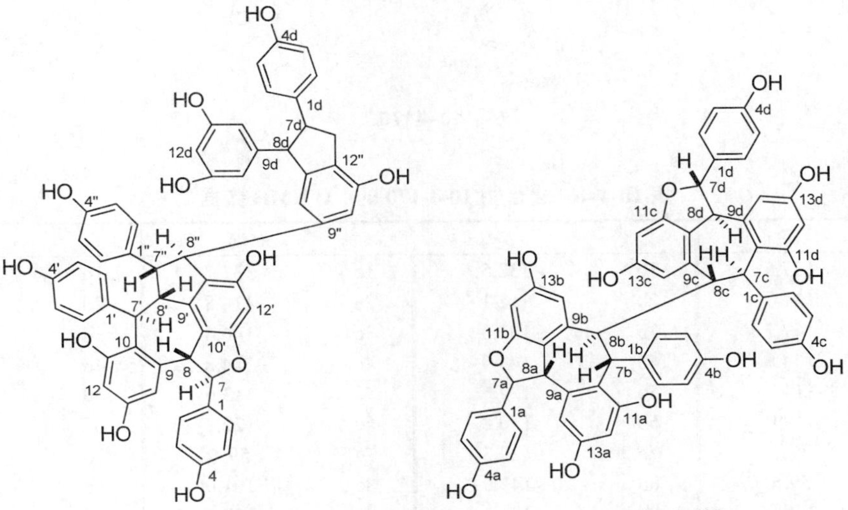

10-4-168

10-4-169

表 10-4-45 化合物 10-4-168 和 10-4-169 的 ^{13}C NMR 数据

C	10-4-168[64]	10-4-169[65]	C	10-4-168[64]	10-4-169[65]	C	10-4-168[64]	10-4-169[65]	C	10-4-168[64]	10-4-169[65]
1a	130.8	134.5	1b	133.5	138.1	1c	131.4	133.9	1d	134.7	130.8
2a	130.2	130.3	2b	130.7	114.5	2c	129.2	128.9	2d	128.2	130.4
3a	116.0	116.4	3b	115.5	129.9	3c	115.8	115.4	3d	116.0	116.0
4a	158.5	158.4	4b	155.9	155.0	4c	156.3	155.7	4d	157.9	158.6
5a	116.0	116.4	5b	115.5	129.9	5c	115.8	115.4	5d	116.0	116.0
6a	130.2	130.3	6b	130.7	114.5	6c	129.2	128.9	6d	128.2	130.4
7a	90.4	93.7	7b	37.1	45.1	7c	57.6	41.8	7d	94.6	88.8
8a	48.8	53.5	8b	53.1	59.2	8c	49.3	45.9	8d	57.5	50.7
9a	141.8	141.7	9b	143.2	140.4	9c	141.6	142.0	9d	147.9	141.1
10a	124.5	119.9	10b	115.8	116.8	10c	123.3	116.2	10d	107.5	118.7
11a	155.7	158.2	11b	158.8	160.2	11c	161.7	160.2	11d	159.8	158.9
12a	101.6	102.7	12b	96.5	94.9	12c	95.6	96.0	12d	102.2	101.8
13a	156.7	156.9	13b	154.9	158.0	13c	159.4	157.9	13d	159.8	157.2
14a	105.8	106.6	14b	122.1	112.7	14c	107.0	111.7	14d	107.5	105.9

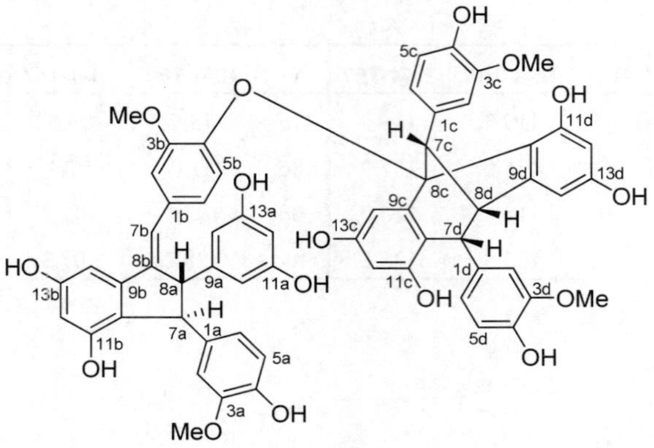

10-4-170

表 10-4-46 化合物 10-4-170 的 ^{13}C NMR 数据[66]

C	δ_C	C	δ_C	C	δ_C	C	δ_C
1a	137.5	1b	132.5	1c	131.7	1d	135.5
2a	111.0	2b	112.1	2c	114.8	2d	111.1
3a	147,2	3b	152.3	3c	146.4	3d	146.8
4a	144.8	4b	143.9	4c	144.8	4d	144.1
5a	114.7	5b	122.6	5c	113.6	5d	114.3
6a	119.0	6b	120.8	6c	122.3	6d	120.1
7a	57.1	7b	122.3	7c	59.1	7d	53.5
8a	59.6	8b	143.0	8c	101.0	8d	63.9
9a	148.0	9b	146.1	9c	148.5	9d	147.7
10a	105.5	10b	123.6	10c	121.9	10d	121.6
11a	158.7	11b	155.0	11c	155.0	11d	154.2
12a	100.5	12b	102.9	12c	103.2	12d	101.6
13a	158.7	13b	158.7	13c	158.5	13d	158.3
14a	105.5	14b	97.5	14c	102.9	14d	102.5
3a-OMe	55.3	3b-OMe	54.6	3c-OMe	55.4	3d-OMe	55.1

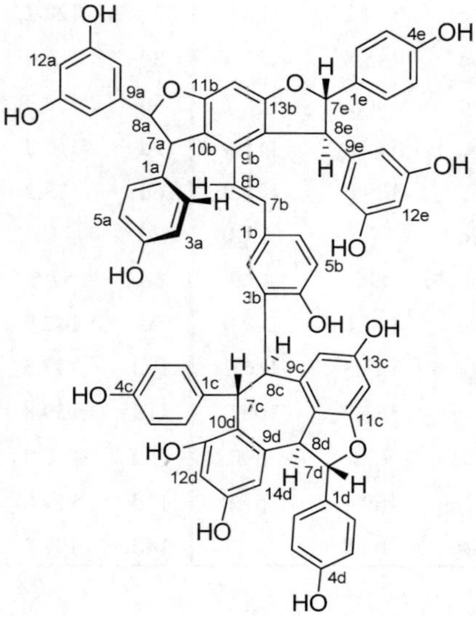

10-4-171

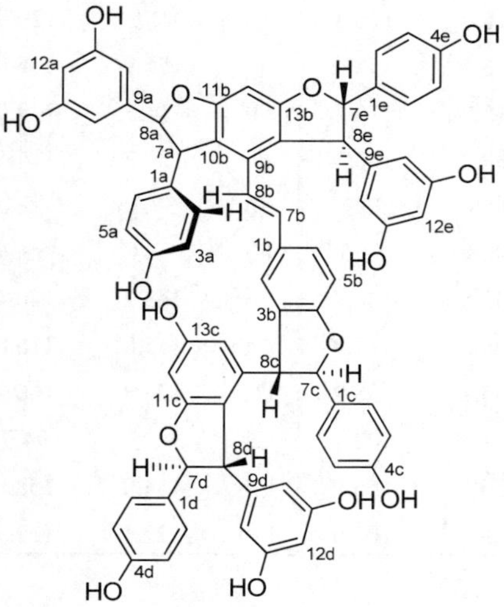

10-4-172

表 10-4-47 化合物 10-4-171 和 10-4-172 的 ^{13}C NMR 数据[67]

C	10-4-171	10-4-172	C	10-4-171	10-4-172	C	10-4-171	10-4-172
1a	126.0	126.1	1b	128.9	131.7	1c	135.4	132.7
2a	132.3	132.4	2b	132.7	123.6	2c	128.8	127.3
3a	116.6	116.7	3b	132.3	132.8	3c	115.4	115.7
4a	157.7	160.0	4b	154.8	160.0	4c	155.9	157.9
5a	116.6	116.7	5b	115.4	109.9	5c	115.4	115.7
6a	132.3	132.4	6b	122.6	128.7	6c	128.8	127.3
7a	119.6	119.6	7b	134.3	133.8	7c	40.7	92.1
8a	150.3	150.2	8b	120.7	121.7	8c	41.1	52.6
9a	133.5	133.5	9b	130.9	130.2	9c	141.2	143.2
10a	105.6	105.7	10b	123.5	123.7	10c	120.5	119.3
11a	159.3	159.2	11b	155.6	155.5	11c	160.1	162.4
12a	103.1	103.2	12b	91.7	92.1	12c	96.0	96.3
13a	159.3	159.2	13b	160.2	160.1	13c	158.1	160.0
14a	105.6	105.7	14b	123.1	123.4	14c	110.1	107.3

C	10-4-171	10-4-172	C	10-4-171	10-4-172
1d	130.9	134.2	1e	133.9	133.9
2d	130.1	127.8	2e	127.4	127.6
3d	115.9	116.3	3e	116.2	116.1
4d	158.3	158.1	4e	157.7	158.2
5d	115.9	116.3	5e	116.2	116.1
6d	130.1	127.8	6e	127.4	127.6
7d	88.5	94.3	7e	93.3	93.5
8d	49.3	56.1	8e	56.7	57.4
9d	142.4	108.1	9e	147.2	147.9
10d	120.5	106.5	10e	106.7	106.6
11d	158.5	160.0	11e	159.2	160.0
12d	101.1	102.0	12e	102.1	102.2
13d	160.0	133.9	13e	159.2	160.0
14d	106.5	127.6	14e	106.7	106.6

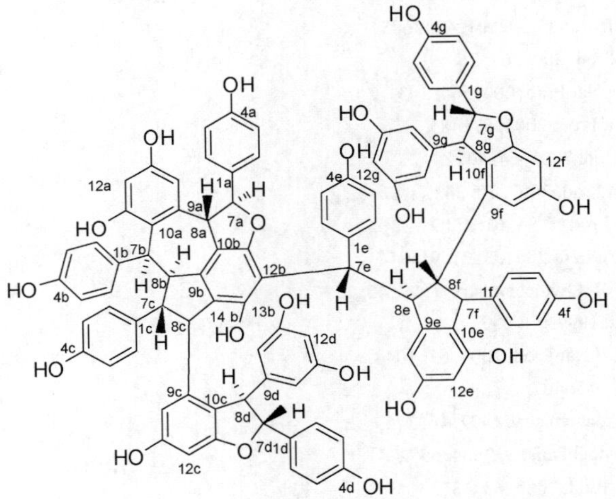

10-4-173

表 10-4-48 化合物 10-4-173 的 ^{13}C NMR 数据[68]

C	δ_C	C	δ_C	C	δ_C	C	δ_C	C	δ_C	C	δ_C	C	δ_C
1a	130.1	1b	132.6	1c	129.7	1d	133.5	1e	136.9	1f	136.3	1g	133.8
2a	129.4	2b	129.9	2c	128.3	2d	126.2	2e	129.5	2f	129.1	2g	126.7
3a	115.3	3b	155.3	3c	115.0	3d	115.6	3e	115.2	3f	114.4	3g	115.3
4a	157.5	4b	154.9	4c	155.2	4d	156.7	4e	154.8	4f	154.7	4g	156.8
5a	115.3	5b	115.3	5c	115.0	5d	115.6	5e	115.2	5f	114.4	5g	115.3
6a	129.4	6b	129.9	6c	128.3	6d	126.2	6e	129.5	6f	129.1	6g	126.7
7a	89.2	7b	36.1	7c	57.0	7d	93.7	7e	46.0	7f	53.3	7g	92.7
8a	48.1	8b	52.2	8c	49.1	8d	57.1	8e	56.1	8f	54.6	8g	54.0
9a	140.9	9b	138.3	9c	139.4	9d	146.4	9e	148.1	9f	150.3	9g	149.0
10a	123.9	10b	116.0	10c	120.1	10d	106.2	10e	122.7	10f	118.2	10g	106.3
11a	154.5	11b	155.5	11c	162.0	11d	159.0	11e	153.3	11f	160.6	11g	158.6
12a	100.8	12b	113.9	12c	96.0	12d	101.6	12e	101.6	12f	94.4	12g	101.0
13a	155.7	13b	150.7	13c	160.0	13d	159.0	13e	157.5	13f	158.9	13g	158.6
14a	105.2	14b	119.6	14c	106.9	14d	106.2	14e	106.2	14f	103.8	14g	106.3

参考文献

[1] Kittisak L, Boonchoo S. J Nat Prod, 2001, 64: 1457.
[2] Anireas S, Ralph S. Phytochemistry, 1997, 45: 1613.
[3] Lívia L, Geilson S, et al. J Braz Chem Soc, 2010, 21: 1838.
[4] Zsuzsanna H, Erzsebet V, et al. J Nat Prod, 1998, 61:1298.
[5] Wang Y Q, Tan J J, et al. Planta Med, 2003,69:779.
[6] Alfonse S, Bonaventure T N, et al. phytochemistry, 1999, 52: 947.
[7] Wieslaw O, Magdalena S, et al. J. Agric Food Chem, 2001, 49: 747.
[8] Koon N, Geoffrey B. Phytochemistry, 1998, 47: 1117.
[9] Rogelio S, J. Ackley, et al. J Nat Prod, 2008, 71: 313.
[10] Majumder P L , Roychowdhury M, et al. Phytochemistry, 1998, 49: 2375.
[11] Josef G, Otto L. Acta Chem Scand B, 1980, 34: 161.
[12] Euis H H, Unsiyah Z U, et al. Fitoterapia, 2002, 73: 597.
[13] Daniel C, Hee C, et al. Tetrahedron Lett, 2001, 42: 3685.
[14] Gil B, April N F, et al. J Nat Prod, 2004, 67: 26.
[15] Jacobus K, Thomas H, et al. J Nat Prod, 2001, 64: 103.
[16] Apirak P, Prasat K, et al. J Nat Prod, 2004, 67: 485.
[17] Ilias M, Li X C, et al. J Nat Prod, 2001, 64: 1322.
[18] Brent Y, Cao S G , et al. J Nat Prod, 2007, 70: 342.
[19] John B, Robert S, et al. J Nat Prod, 1998, 61: 1509.
[20] Dongho L, Muriel C, et al. Org Lett, 2001, 3: 2169.
[21] Kuniyoshi S, Ryuichiro K, et al. Phytochemistry, 1997, 45: 1297.
[22] Nianbai F, John C. J Nat Prod, 1999, 62: 205.
[23] Mamoru O, Yoshihisa T, et al. J Nat Prod, 2004, 67: 1044.
[24] Talal A. Phytochemistry, 2000, 55: 407.
[25] Ruben L, Judith G , et al. Phytochemistry, 1997, 46: 175.
[26] Zulfiqar A,Tetsuro I, et al. Phytochemistry, 2004, 65: 2141.
[27] Xiao K, Xuan L J, et al. J Nat Prod, 2000, 63, 1373.
[28] Hyekyung Y, Sang H S, et al. J Nat Prod, 2005, 68: 101.
[29] Alain D, Pierre T, et al. Phytochemistry, 2002, 60: 795.
[30] Atta R, Humera N, et al. J Nat Prod, 2005, 68: 189.

[31] HuangY L, Tsai W J, et al. J Nat Prod, 2005, 68: 217.
[32] Wieslaw O, Magdalena S, et al. J Agric Food Chem, 2001, 49: 747.
[33] Li W W, Li B G, et al. Phytochemistry, 1998, 49:1393.
[34] WangY H , Huang Kai S, et al. Chinese Chem Lett, 2000, 11: 1061.
[35] Zhou S, Wang Y H, et al. Chinese Chem Lett, 2002, 13: 549.
[36] Robert H C, Samir A K, et al. J Nat Prod, 2000, 63: 29.
[37] Huang K S, Wan Y H, et al. Phytochemistry, 2000, 54: 875.
[38] Huang K S, Wan Y H, et al. Phytochemistry, 2000, 63: 86.
[39] Saburi A, Rene N, et al. J Nat Prod, 1999, 62: 1694.
[40] Ge H M, Zhu C H, et al. Chem Eur J, 2008, 14: 376.
[41] Tetsuro I ,Toshiyuki T, et al. Helv chim acta, 2003, 86: 3394.
[42] Tetsuro I, Toshiyuki T, et al. J Nat Prod, 2004, 67: 932.
[43] Li W W, Li S D, et al. Phytochemistry, 1996, 42: 1163.
[44] Xiao K, Xuan L J, et al. Eur. J Org Chem, 2002, 564.
[45] Kittisak L, Boonchoo S. J Nat Prod, 2001, 64: 1457.
[46] Ibrahim I, Zulfiqar A, et al. Phytochemistry, 2003, 52: 601.
[47] Huang K S, Mao L, et al. Phytochemistry, 2001, 58: 357.
[48] Pierre W T, Dongho L, et al. J Nat Prod, 2001, 64: 136.
[49] Kazuyoshi K, Naoko S, et al. Phytochemistry, 1997, 44: 1569.
[50] Masashi Y, Ken H, et al. Phytochemistry, 2006, 67: 307.
[51] Tanakaa T, Ito T, et al. Phytochemistry, 2000, 54: 63.
[52] Tanakaa T, Ito T, et al. Phytochemistry, 2000, 53: 1009.
[53] Li W W, Ding L S, et al. Phytochemistry, 1996, 42: 1163.
[54] Huang K S, Li R L, et al. Panta med, 2001, 67: 61.
[55] Ibrahim I, Zulfiqar A, et al. Phytochemistry, 2003, 52: 601.
[56] Ibrahim I, Toshiyuki T, et al. Helv Chim Acta, 2002, 85: 2394.
[57] Tetsuro I, Toshiyuki T, et al. Tetrahedron, 2003, 59: 5347.
[58] Simona M , Fulvio G, et al. Phytochemistry, 2007, 68: 1805.
[59] Huang K S, Mao L, et al. Phytochemistry, 2001, 58: 357.
[60] Masashi Y, Ken H, et al. Phytochemistry, 2006, 67: 307.
[61]Tanakaa T, Ito T, et al. Phytochemistry, 2000, 53: 1009.
[62] Joanna P, Alan F, et al. J Nat Prod, 2002, 65: 1554.
[63] Eun S, Heebyung C, et al. J Org Chem, 1999, 64: 6976.
[64] Tanakaa T, Ito T, et al. Phytochemistry, 2000, 54: 63.
[65] Tetsuro I, Toshiyuki T, et al. Tetrahedron, 2003, 59: 1255.
[66] Huang K S, Mao L, et al. Planta Med, 2002, 68: 916.
[67] Huang K S, Lin M, et al. Tetradron, 2000, 56: 1321.
[68] Tetsuro I, Toshiyuki T, et al. J Nat Prod, 2004, 67: 932.

第五节 苯丙素类化合物

表 10-5-1 苯丙素类化合物名称、分子式和测试溶剂

编号	名称	分子式	测试溶剂	参考文献
10-5-1	2-methyl-1-(3,4-dimethoxyphenyl)-1-propanol	$C_{12}H_{18}O_3$	C	[1]
10-5-2	1-(3,4-dimethoxyphenyl)-1-propanol	$C_{11}H_{16}O_3$	C	[1]
10-5-3	1,3,5-trineopentylbenzene	$C_{21}H_{36}$	C	[33]
10-5-4	verimol J	$C_{10}H_{14}O_3$	C	[2]
10-5-5	allybenzene	C_9H_{10}	C	[33]

续表

编号	名称	分子式	测试溶剂	参考文献
10-5-6	1-allyl-4-methylbenzene	$C_{10}H_{12}$	C	[33]
10-5-7	1-allyl-4-chlorobenzene	C_9H_9Cl	C	[33]
10-5-8	pipermargine	$C_{12}H_{14}O_3$	C	[3]
10-5-9	isoasarone (异细辛醚)	$C_{13}H_{18}O_4$	C	[3]
10-5-10	γ-asarone	$C_{12}H_{16}O_3$	C	[4]
10-5-11	eugenol (紫丁香酚)	$C_{10}H_{12}O_2$	C	[5]
10-5-12	1-(2-hydroxy-4-methylphenyl)propane-1,2-dione	$C_{10}H_{10}O_3$	C	[6]
10-5-13	*threo*-3-chloro-1-(4-hydroxy-3-methoxyphenyl)propane-1,2-diol	$C_{10}H_{13}ClO_4$	A	[7]
10-5-14	lithium 2-methyl-1-phenylprop-1-en-1-olate	C_9H_9LiO		[33]
10-5-15	1-phenylbut-2-yn-1-ol	C_8H_8O		[33]
10-5-16	2-phenylpent-3-yn-2-ol	$C_{10}H_{10}O$		[33]
10-5-17	*threo*-2,3-dihydroxy-2-methylbutanoic acid	$C_{11}H_{14}O_5$	C	[12]
10-5-18	*threo*-1-(1-methoxy-2-hydroxypropyl)-2-methoxy-4,5-methylenedioxybenzene	$C_{12}H_{16}O_5$	C	[9]
10-5-19	*erythro*-1-(1-methoxy-2-hydroxypropyl)-2-methoxy-4,5-methylenedioxybenzene	$C_{12}H_{16}O_5$	C	[9]
10-5-20	2,3-dimethoxy-4,5-methylenedioxy-allylbenzene (dillapiol)	$C_{12}H_{14}O$	C	[10]
10-5-21	3-methoxy-4,5-methylenedioxy-allylbenzene (myristicin)	$C_{11}H_{12}O_3$	C	[10]
10-5-22	apiole	$C_{12}H_{14}O_4$	C	[3]
10-5-23	1'-hydroxymyristicin	$C_{11}H_{12}O_4$	C	[11]
10-5-24	1'-angeloyloxymyristicin	$C_{16}H_{18}O_5$	C	[11]
10-5-25	neohelmanthicin A	$C_{26}H_{34}O_{10}$	C	[12]
10-5-26	neohelmanthicin B	$C_{29}H_{42}O_{10}$	C	[12]
10-5-27	neohelmanthicin C	$C_{27}H_{38}O_{10}$	C	[12]
10-5-28	neohelmanthicin D	$C_{25}H_{34}O_{10}$	C	[12]
10-5-29	laserine	$C_{21}H_{26}O_7$	C	[13]
10-5-30	2-epilaserine	$C_{21}H_{26}O_7$	C	[13]
10-5-31	epilaserine oxide	$C_{21}H_{26}O_8$	C	[13]
10-5-32	1-isovaleroyloxy-4-*O*-isobutyryleugenol	$C_{19}H_{26}O_5$	C	[8]
10-5-33	verimol F	$C_{17}H_{20}O_3$	C	[2]
10-5-34	verimol D	$C_{18}H_{22}O_4$	C	[2]
10-5-35	verimol E (a)	$C_{18}H_{22}O_4$	C	[2]
10-5-36	verimol E (b)	$C_{21}H_{26}O_4$	C	[2]
10-5-37	verimol G	$C_{20}H_{26}O_5$	C	[2]
10-5-38	verimol H	$C_{20}H_{24}O_4$	C	[2]
10-5-39	verimol C	$C_{18}H_{20}O_4$	C	[2]
10-5-40	methyl-(7*R*,8*R*)-4-hydroxy-8',9'dinor-4',7-epoxy-8,3'-neolignan-7'-ate	$C_{17}H_{16}O_4$	C	[10]
10-5-41	(7*S*,8*R*)-4-hydroxy-8',9'-dinor-4',7-epoxy-8,3'-neolignan-7'-aldehyde	$C_{16}H_{14}O_3$	C	[10]
10-5-42	1-D-glucopyranosyl-2,6-dimethoxy-4-propenylphenol (acantrifoside E)	$C_{17}H_{24}O_8$	M	[15]

续表

编号	名称	分子式	测试溶剂	参考文献
10-5-43	1-[*β*-D-glucopyranosyl-(1→6)-*β*-D-glucopyranosyl]-2,6-dimethoxy-4-propenylphenol (acantrifoside F)	$C_{23}H_{34}O_{13}$	D	[15]
10-5-44	syringin (紫丁香苷)	$C_{17}H_{24}O_9$	M	[15]
10-5-45	1-allyl-4,5-methylenedioxyphenol-2-*O*-*β*-D-apiofuranosyl-(1→6)-*O*-*β*-D-glucopyranoside	$C_{21}H_{28}O_{12}$	M	[16]
10-5-46	1-allyl-4,5-methylenedioxyphenol-2-*O*-*α*-L-arabinofuranosyl-(1→6)-*O*-*β*-D-glucopyranoside	$C_{21}H_{28}O_{12}$	M	[16]
10-5-47	3-(4-hydroxy-3-methoxyphenyl)propane-1,2-diol	$C_{10}H_{14}O_4$	A	[7]
10-5-48	(*E*)-*p*-coumaryl alcohol -*γ*-*O*-methyl ether	$C_{10}H_{12}O_2$	M	[17]
10-5-49	verimol I	$C_{12}H_{14}O_3$	C	[2]
10-5-50	2-hydroxy-2,6-dimethylbenzofuran-3(2*H*)-one	$C_{10}H_{10}O_3$	C	[6]
10-5-51	ballotetroside	$C_{13}H_{10}O_5$	M	[18]
10-5-52	(*E*)3-(3,4-dimethoxyphenyl)-2-propen-1-yl (*Z*)-2-[(*Z*)-2-methyl-2-butenoyloxymethy]lfbutenoate	$C_{21}H_{26}O_6$	C	[19]
10-5-53	(*E*)-3-(4-methoxyphenyl)-2-propen-1-yl (*Z*)-2-[(*Z*)-2-methyl-2-butenoyloxymethyl]butenoate	$C_{20}H_{24}O_5$	C	[19]
10-5-54			A	[20]
10-5-55			C	[20]
10-5-56	armaosigenin	$C_{21}H_{24}O_8$	M	[21]
10-5-57	junipetroloside A	$C_{16}H_{22}O_9$	M	[22]
10-5-58	integrifoliodiol	$C_{14}H_{18}O_3$	C	[23]
10-5-59	2-[4-(3-hydroxypropyl)-2-methoxyphenoxy]propane-1,3-diol	$C_{13}H_{20}O_5$	C	[24]
10-5-60	9-*O*-angeloyl-8,10-dehydrothymol	$C_{15}H_{18}O_3$	C	[6]
10-5-61	9-(3-methylbutanoyl)-8,10-dehydrothymol	$C_{15}H_{20}O_3$	C	[6]
10-5-62	3-(3,4-dihydroxyphenyl)propyl myristate	$C_{23}H_{38}O_4$	C	[25]
10-5-63	3-(3,4-dihydroxyphenyl)propyl palmitate	$C_{25}H_{42}O_4$	C	[25]
10-5-64	3-(3,4-dihydroxyphenyl)propyl stearate	$C_{27}H_{46}O_4$	C	[25]
10-5-65	3-(3,4-dihydroxyphenyl)propyl arachidate	$C_{29}H_{50}O_4$	C	[25]
10-5-66	palmitic acid ester of coniferyl alcohol	$C_{26}H_{42}O_4$	C	[26]
10-5-67	oleic acid ester of coniferyl alcohol	$C_{28}H_{44}O_4$	C	[26]
10-5-68	*E*-*p*-coumaryl palmitate	$C_{25}H_{40}O_3$	C	[27]
10-5-69	*E*-*p*-coumaryl 13-*cis*-docosenoate	$C_{31}H_{50}O_3$	C	[27]
10-5-70	*E*-coniferyl stearate	$C_{28}H_{46}O_4$	C	[27]
10-5-71	*Z*-coniferyl linoleate	$C_{28}H_{42}O_4$	C	[27]
10-5-72	*Z*-*p*-coumaryl palmitate	$C_{25}H_{40}O_3$	C	[27]
10-5-73	*Z*-*p*-coumaryl 13-*cis*-docosenoate	$C_{31}H_{30}O_3$	C	[27]
10-5-74	*E*-coniferyl stearate	$C_{28}H_{46}O_4$	C	[27]
10-5-75	*E*-3,4-dimethoxycinnamylw-hydroxylinoleate	$C_{28}H_{42}O_4$	C	[27]
10-5-76	*threo*-anethole glycol	$C_{10}H_{14}O_3$	C	[2]
10-5-77	*erythro*-anethole glycol	$C_{10}H_{14}O_3$	C	[2]
10-5-78	verimol A	$C_{18}H_{20}O_5$	C	[2]

续表

编号	名称	分子式	测试溶剂	参考文献
10-5-79	verimol B	$C_{18}H_{20}O_5$	C	[2]
10-5-80	quiquesetinerviusin A	$C_{34}H_{30}O_{10}$	M	[28]
10-5-81	quiquesetinerviusin B	$C_{35}H_{32}O_{11}$	M	[28]
10-5-82	quiquesetinerviusin C	$C_{36}H_{36}O_{11}$	M	[28]
10-5-83	methylsyringin	$C_{18}H_{26}O_9$	M	[29]
10-5-84	(*E*)-4-hydroxycinnamyl alcohol 4-*O*-*β*-D-glucopyranoside	$C_{15}H_{20}O_7$	P	[30]
10-5-85	(*Z*)-4-hydroxycinnamyl alcohol 4-*O*-*β*-D-glucopyranoside	$C_{15}H_{20}O_7$	P	[30]
10-5-86	4-*O*-methylguaiacyl glycerol 2'-*O*-*β*-D-glucopyranoside	$C_{17}H_{26}O_{10}$	P	[30]
10-5-87	1-(3",4"-dihydroxy-5"-methoxy)-*O*-*trans*-cinnamoyl-2'-*O*-*trans*-sinapoyl gentiobiose	$C_{19}H_{28}O_9$	M	[31]
10-5-88	4-*O*-methyl-guaiacylglycerol-9-*O*-*β*-D-glucopyranoside	$C_{17}H_{26}O_{10}$	D	[32]
10-5-89	(1'*R*,2'*R*)-guaiacyl glycerol	$C_{10}H_{14}O_5$	P	[30]
10-5-90	(1'*R*,2'*R*)-guaiacyl glycerol 4-*O*-*β*-D-glucopyranoside	$C_{16}H_{24}O_{10}$	P	[30]
10-5-91	(1'*R*,2'*R*)-guaiacyl glycerol 3'-*O*-*β*-D-glucopyranoside	$C_{16}H_{24}O_{10}$	P	[30]
10-5-92	(1'*R*,2'*R*)-4-*O*-methyl-guaiacyl glycerol 3'-*O*-*β*-D-glucopyranoside	$C_{17}H_{26}O_{10}$	P	[30]
10-5-93	(1'*R*,2'*R*)-methylguaiacyl glycerol	$C_{11}H_{16}O_5$	P	[30]
10-5-94	(1'*S*,2'*R*)-anethole glycol 2'-*O*-*β*-D-glucopyranoside	$C_{16}H_{24}O_8$	P	[30]
10-5-95	(1'*S*,2'*R*)-1' -(4-hydroxyphenyl)propane-1',2'-diol 2'-*O*-*β*-D-glucopyranoside	$C_{15}H_{22}O_8$	P	[30]
10-5-96	(1'*S*,2'*R*)-guaiacyl glycerol 3'-*O*-*β*-D-glucopyranoside	$C_{16}H_{24}O_{10}$	P	[30]
10-5-97	(1'*S*,2'*R*)-guaiacyl glycerol	$C_{10}H_{14}O_5$	P	[30]
10-5-98	*erythro*-anethole glycol	$C_{10}H_{14}O_3$	P	[30]
10-5-99	(1'*R*,2'*S*)-anethole glycol 2'-*O*-*β*-D-glucopyranoside	$C_{16}H_{24}O_8$	P	[30]
10-5-100	*erythro*-1'-(4-hydroxyphenyl)propane-1',2'-diol 4-*O*-*β*-D-glucopyranoside	$C_{15}H_{22}O_8$	P	[30]
10-5-101	(1'*R*,2'*S*)-1'-(4-hydroxyphenyl)propane-1',2'-diol 2'-*O*-*β*-D-glucopyranoside	$C_{15}H_{22}O_8$	P	[30]
10-5-102	*erythro*-1'-(4-hydroxyphenyl)propane-1',2'-diol	$C_9H_{12}O_3$	P	[30]
10-5-103	*threo*-anethole alycol	$C_{10}H_{14}O_3$	P	[30]
10-5-104	(1'*R*,2'*R*)-anethole alycol	$C_{10}H_{14}O_3$	P	[30]
10-5-105	(1'*R*,2'*R*)-anethole alycol 2'-*O*-*β*-D-glucopyranoside	$C_{16}H_{24}O_8$	P	[30]
10-5-106	*threo*-1'-(4-hydroxyphenyl)propane-1',2'-diol 4-*O*-*β*-D-glucopyranoside	$C_{15}H_{22}O_8$	P	[30]
10-5-107	(1'*R*,2'*R*)-1'-(4-hydroxephenyl)propane-1',2'-diol 2'-*O*-*β*-D-glucopyranoside	$C_{15}H_{22}O_8$	P	[30]
10-5-108	(1'*R*,2'*R*)-1'-(4-hydroxephenyl)propane-1',2'-diol	$C_9H_{12}O_3$	P	[30]
10-5-109	(1'*R*,2'*R*)-anethole glycol	$C_{10}H_{14}O_3$	P	[30]
10-5-110	(1'*S*,2'*S*)-anethole glycol 2'-*O*-*β*-D-glucopyranoside	$C_{16}H_{24}O_8$	P	[30]
10-5-111	(1'*S*,2'*S*)-1'-(4-hydroxyphenyl)propane-1',2'-diol 2'-*O*-*β*-D-glucopyranoside	$C_{15}H_{22}O_8$	P	[30]
10-5-112	(1'*S*,2'*S*)-1'-(4-hydroxyphenyl)propane-1',2'-diol	$C_9H_{12}O_3$	P	[30]
10-5-113	daphnenoside	$C_{16}H_{22}O_8$	M	[34]

续表

编号	名称	分子式	测试溶剂	参考文献
10-5-114	coniferin	$C_{16}H_{22}O_8$	M	[34]
10-5-115	conferinoside	$C_{22}H_{32}O_{13}$	M	[34]
10-5-116	syringin（紫丁香酚）	$C_{17}H_{24}O_9$	M	[34]
10-5-117	syringinoside（紫丁香酚苷）	$C_{33}H_{34}O_{13}$	M	[34]
10-5-118	ussurienoside I	$C_{23}H_{32}O_{13}$	M	[35]
10-5-119	taraxerol（蒲公英赛醇）	$C_{29}H_{42}O_{18}$	M	[35]
10-5-120	[4-(3-*β*-D-glucopyranosyloxy-1-*E*-propenyl)-2,6-dimethoxyphenyl]-6-*O*-*β*-D-glucopyranosyl-*β*-D-glucopyranoside	$C_{29}H_{44}O_{19}$	W	[36]
10-5-121	*cis*-isomer of syringinoside	$C_{23}H_{34}O_{14}$	W	[36]
10-5-122	piperchabaoside A	$C_{21}H_{30}O_{11}$	P	[37]
10-5-123	piperchabaoside B	$C_{27}H_{38}O_{15}$	P	[37]
10-5-124	3-ethoxy-syringin（3-乙氧基丁香酚）	$C_{19}H_{28}O_9$	M	[38]
10-5-125	cinnamyl-(6'-*O*-*β*-xylopyranosyl)-*O*-*β*-D-glucopyranoside	$C_{20}H_{28}O_{10}$	D	[39]
10-5-126	4-methoxy-cinnamyl-(6-*O*-*α*-arabinopyranosyl)-*O*-*β*-D-glucopyranoside	$C_{20}H_{28}O_{10}$	D	[39]
10-5-127	dihydrocaffeic acid（二氢咖啡酚）	$C_9H_{10}O_4$	M	[40]
10-5-128	phloretic acid（根皮酸苯三酚酯）	$C_9H_{10}O_3$	M	[40]
10-5-129	caffeic acid methyl ester（咖啡酸甲酯）	$C_{10}H_{10}O_4$	M	[41]
10-5-130	tichocarpol A	$C_9H_{10}O_7S$	C	[42]
10-5-131	tichocarpol B	$C_9H_{10}O_8S$	C	[42]
10-5-132	*trans*-3'-methylsulphonylallyl-*trans*-cinnamate	$C_{13}H_{14}O_4S$		[43]
10-5-133	fukaneketoester A	$C_{12}H_{14}O_5$	C	[44]
10-5-134	octadecyl (*E*)-*p*-coumarate	$C_{26}H_{42}O_3$	C	[45]
10-5-135	octadecyl (*Z*)-*p*-ferulate	$C_{27}H_{44}O_4$	C	[45]
10-5-136	octadecyl (*E*)-ferulate	$C_{26}H_{42}O_3$	C	[45]
10-5-137	octadecyl (*Z*)-coumarate	$C_{27}H_{44}O_4$	C	[45]
10-5-138	1-(3-methoxypropanoyl)-2,4,5-trimethoxybenzene	$C_{13}H_{18}O_5$	C	[46]
10-5-139	pondaplin	$C_{14}H_{14}O_3$		[55]
10-5-140		$C_{16}H_{20}O_8$	C	[47]
10-5-141		$C_{17}H_{22}O_9$	C	[47]
10-5-142		$C_{15}H_{18}O_8$	M	[47]
10-5-143		$C_{16}H_{20}O_9$	D	[47]
10-5-144		$C_{15}H_{18}O_8$	D	[47]
10-5-145		$C_{16}H_{20}O_9$	D	[47]
10-5-146	guaiacylglycerol-*α*-caffeic acid ether	$C_{19}H_{20}O_6$	M	[48]
10-5-147	guaiacylglycerol-*α*-ferulic acid ether	$C_{20}H_{22}O_6$	M	[48]
10-5-148	dihydrosinapyl ferulate	$C_{21}H_{24}O_7$	C	[49]
10-5-149	dihydroconiferyl ferulate	$C_{20}H_{22}O_6$	C	[49]

续表

编号	名称	分子式	测试溶剂	参考文献
10-5-150	cimiracemate A	$C_{19}H_{18}O_7$	M	[50]
10-5-151	cimiracemate B	$C_{19}H_{18}O_7$	M	[50]
10-5-152	cimiracemate C	$C_{20}H_{20}O_8$	M	[50]
10-5-153	cimiracemate D	$C_{20}H_{20}O_7$	M	[50]
10-5-154	*p*-hydroxyphenethyl-*trans*-ferulate	$C_{18}H_{18}O_5$	M	[51]
10-5-155	cimicifugic acid G	$C_{22}H_{22}O_{11}$	M	[52]
10-5-156	catiguanin A	$C_{25}H_{22}O_{10}$	M	[53]
10-5-157	catiguanin B	$C_{25}H_{22}O_{10}$	M	[53]
10-5-158	fukanedone A	$C_{25}H_{34}O_5$	C	[44]
10-5-159	fukanedone B	$C_{24}H_{32}O_5$	C	[44]
10-5-160	fukanedone C	$C_{24}H_{30}O_6$	C	[44]
10-5-161	fukanedone D	$C_{24}H_{30}O_6$	C	[44]
10-5-162	(7*S*,8*S*)-demethyl carolignan E	$C_{39}H_{38}O_{12}$	C	[54]
10-5-163	cyclization of (7*S*,8*S*)-demethylcarolignan E in HOAc	$C_{39}H_{38}O_{12}$	C	[54]
10-5-164	hibiscuwanin A	$C_{28}H_{27}NO_7$	M	[54]
10-5-165	hibiscuwanin B	$C_{28}H_{27}NO_7$	M	[54]
10-5-166	cinnamoyl-α-D-glucopyranoside	$C_{15}H_{18}O_7$	M	[56]
10-5-167	glucose ester of (*E*)-ferulic acid	$C_{16}H_{20}O_9$	M	[57]
10-5-168	glucose ester of (*E*)-*p*-coumaric acid	$C_{15}H_{18}O_8$	M	[57]
10-5-169	linusitamarin	$C_{17}H_{22}O_9$		[58]
10-5-170	linocinnamarin	$C_{16}H_{20}O_8$		[58]
10-5-171	2-*O*-β-D-glucosyloxy-4-methoxybenzenepropanoic acid	$C_{16}H_{20}O_9$	M	[59]
10-5-172	methyl 2-*O*-β-D-glucosyloxy-4-methoxybenzenepropanoate	$C_{16}H_{20}O_9$	M	[59]
10-5-173	*Z*-venusol	$C_{16}H_{22}O_9$		[60]
10-5-174	tetraacetate of 2-*O*-β-D-glucosyloxy-4-methoxybenzene-propanoic acid		C	[60]
10-5-175	tetraacetate of 2-*O*-β-D-glucosyloxy-4-methoxybenzene-propanoic acid		E	[60]
10-5-176	*E*-venusol	$C_{17}H_{24}O_9$		[60]
10-5-177	tetraacetate of methyl 2-*O*-β-D-glucosyloxy-4-methoxy-benzenepropanoate		C	[60]
10-5-178	1-*O*-cinnamoyl-6-*O*-coumaroyl-β-D-glucopyranoside	$C_{24}H_{24}O_9$	M	[61]
10-5-179	7-methylaromadendrin-4'-*O*-(6''-*trans*-*p*-coumaroyl)-*p*-D-glucopyranoside	$C_{31}H_{30}O_{13}$	M	[61]
10-5-180	1,6-di-*O*-caffeoyl-β-D-glucopyranose	$C_{24}H_{34}O_{13}$	P	[62]
10-5-181	ningposide A	$C_{18}H_{22}O_9$	C	[63]
10-5-182	ningposide B	$C_{18}H_{22}O_9$	E	[63]
10-5-183	ningposide C	$C_{17}H_{20}O_8$	C	[63]

续表

编号	名称	分子式	测试溶剂	参考文献
10-5-184	buergeriside B1	$C_{18}H_{22}O_8$	M	[64]
10-5-185	buergeriside A1	$C_{28}H_{30}O_{10}$	M	[64]
10-5-186	buergeriside B2	$C_{18}H_{22}O_8$	M	[64]
10-5-187	buergeriside C1	$C_{18}H_{22}O_8$	M	[64]
10-5-188	1-(3",4"-dihydroxy-5"-methoxy)-*O*-*trans*-cinnamoyl-2'-*O*-*trans*-sinapoyl gentiobiose	$C_{33}H_{40}O_{19}$	M	[65]
10-5-189	1,2'-di-*O*-*trans*-sinapoyl gentiobiose	$C_{34}H_{42}O_{19}$	M	[65]
10-5-190	1-*O*-*trans*-feruloyl-2'-*O*-*trans*-sinapoyl gentiobiose	$C_{33}H_{40}O_{18}$	M	[65]
10-5-191	1-*O*-*trans*-caffeoyl-20-*O*-*trans*-sinapoyl gentiobiose	$C_{32}H_{38}O_{18}$	M	[65]
10-5-192	1,2'-di-(3",4"-dihydroxy-5"-methoxy)-*O*-*trans*-cinnamoyl gentiobiose	$C_{32}H_{38}O_{19}$	M	[65]
10-5-193	1-(3",4"-dihydroxy-5"-methoxy)-*O*-*trans*-cinnamoyl-2'-*O*-*trans*-feruloyl gentiobiose	$C_{32}H_{38}O_{18}$	M	[65]
10-5-194	1-(*O*-*trans*-3",4"-dihydroxy-5"-methoxy)-*O*-*trans*-cinnamoyl gentiobiose	$C_{22}H_{30}O_{15}$	M	[65]
10-5-195	smiglaside A	$C_{48}H_{52}O_{23}$	M	[66]
10-5-196	smiglaside B	$C_{46}H_{50}O_{22}$	M	[66]
10-5-197	smiglaside C	$C_{38}H_{43}O_{20}$	M	[66]
10-5-198	smiglaside D	$C_{47}H_{50}O_{22}$	M	[66]
10-5-199	smiglaside E	$C_{45}H_{48}O_{21}$	M	[66]
10-5-200	lapathoside A	$C_{50}H_{50}O_{21}$	M	[67]
10-5-201	lapathoside B	$C_{51}H_{52}O_{22}$	M	[67]
10-5-202	lapathoside C	$C_{40}H_{42}O_{18}$	M	[67]
10-5-203	lapathoside D	$C_{30}H_{34}O_{15}$	M	[67]
10-5-204	quiquesetinerviuside A	$C_{42}H_{46}O_{20}$	M	[28]
10-5-205	quiquesetinerviuside B	$C_{44}H_{48}O_{21}$	M	[28]
10-5-206	quiquesetinerviuside C	$C_{44}H_{48}O_{21}$	M	[28]
10-5-207	quiquesetinerviuside D	$C_{43}H_{46}O_{20}$	M	[28]
10-5-208	quiquesetinerviuside E	$C_{43}H_{46}O_{20}$	M	[28]
10-5-209	*β*-D-(1-*O*-acetyl-3,6-*O*-diferuloyl)fructofuranosyl-*α*-D-2',6'-*O*-diacetylglucopyranoside	$C_{38}H_{44}O_{20}$	P	[68]
10-5-210	*β*-D-(1-*O*-acetyl-3,6-*O*-feruloyl)fructofuranosyl-*α*-D-2',6"-*O*-triacetyglucopyranoside	$C_{30}H_{38}O_{18}$	P	[68]
10-5-211	vanicoside A	$C_{53}H_{56}O_{23}$		[69]
10-5-212	vanicoside B	$C_{50}H_{50}O_{21}$		[69]
10-5-213	smilaside G	$C_{40}H_{42}O_{18}$	M	[70]
10-5-214	smilaside H	$C_{42}H_{44}O_{19}$	M	[70]
10-5-215	(1,3-*O*-di-*p*-coumaroyl-6-*O*-feruloyl)-*β*-D-fructofuranosyl-(2→1)-(6-*O*-acetyl)-*α*-D-glucopyranoside	$C_{42}H_{44}O_{19}$	M	[70]

续表

编号	名称	分子式	测试溶剂	参考文献
10-5-216	smilaside J	$C_{41}H_{44}O_{19}$	M	[70]
10-5-217	(1-*O*-*p*-coumaroyl-3,6-*O*-diferuloyl)-*β*-D-fructofuranosyl-(2→1)-(2-*O*-acetyl)-*α*-D-glucopyranoside	$C_{43}H_{44}O_{20}$	M	[70]
10-5-218	(1,3,6-*O*-iferuloyl)-*β*-D-fructofuranosyl-(2→1)-*α*-D-glucopyranoside	$C_{42}H_{46}O_{2}$	M	[70]
10-5-219	verbascoside（毛蕊糖苷）	$C_{29}H_{36}O_{15}$	M	[71]
10-5-220	6'''-*O*-acetylverbascoside	$C_{31}H_{38}O_{16}$	M	[71]
10-5-221	4''-*O*-acetylverbascoside	$C_{31}H_{38}O_{16}$	M	[71]
10-5-222	martynoside	$C_{31}H_{40}O_{15}$	M	[72]
10-5-223	lamiide	$C_{34}H_{44}O_{29}$	M	[72]
10-5-224	acetylmartynoside A	$C_{35}H_{44}O_{17}$	A	[73]
10-5-225	acetylmartynoside B	$C_{35}H_{44}O_{17}$	A	[73]
10-5-226	4''-*O*-acetylmartynoside	$C_{33}H_{42}O_{16}$	A	[73]
10-5-227	3''-*O*-acetylmartynoside	$C_{33}H_{42}O_{16}$	A	[73]
10-5-228	2''-*O*-acetylmartynoside	$C_{33}H_{42}O_{16}$	A	[73]
10-5-229	scropolioside D	$C_{34}H_{42}O_{17}$	M	[74]
10-5-230	unduloside	$C_{31}H_{40}O_{16}$	M	[75]
10-5-231	hydrangeifolin Ⅱ	$C_{26}H_{36}O_{19}$	P	[62]
10-5-232	luteoside A	$C_{36}H_{46}O_{20}$	C	[76]
10-5-233	luteoside B	$C_{34}H_{44}O_{19}$	C	[76]
10-5-234	luteoside C	$C_{35}H_{46}O_{19}$	C	[76]
10-5-235	isoverbascoside nonaacetate	$C_{43}H_{50}O_{14}$	C	[76]
10-5-236	luteoside A undecaacetate	$C_{52}H_{62}O_{20}$	C	[76]
10-5-237	luteoside B undecaacetate	$C_{54}H_{64}O_{29}$	C	[76]
10-5-238	luteoside C decaacetate	$C_{54}H_{64}O_{29}$	C	[76]
10-5-239	lysionotoside	$C_{34}H_{44}O_{19}$	M	[77]
10-5-240	ballotetroside	$C_{39}H_{52}O_{23}$	M	[78]
10-5-241		$C_{49}H_{62}O_{33}$	M	[78]
10-5-242	lamalboside	$C_{35}H_{46}O_{20}$	M	[79]
10-5-243	angoroside A	$C_{34}H_{44}O_{19}$	M	[80]
10-5-244	angoroside C	$C_{36}H_{48}O_{19}$	M	[80]

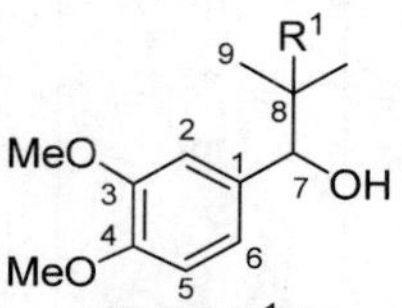

9 R1 8 MeO 2 3 1 7 OH 4 MeO 5 6

10-5-1 R1=Me
10-5-2 R2=H

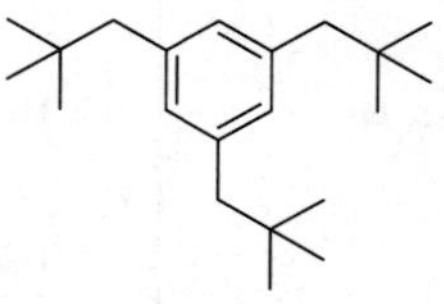

10-5-3

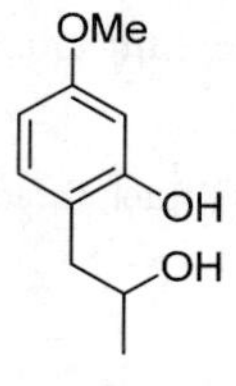

OMe OH OH

10-5-4

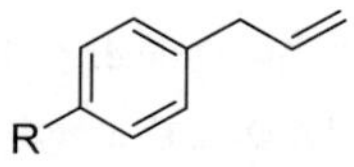

R

10-5-5 R=H
10-5-6 R=Me
10-5-7 R=Cl

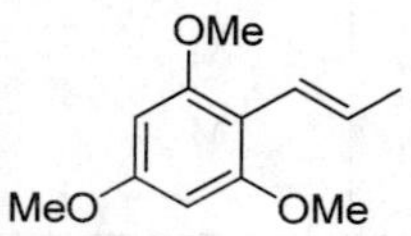

OMe MeO OMe

10-5-8

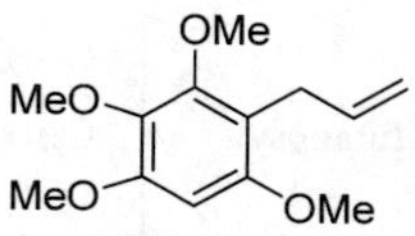

OMe MeO MeO OMe

10-5-9

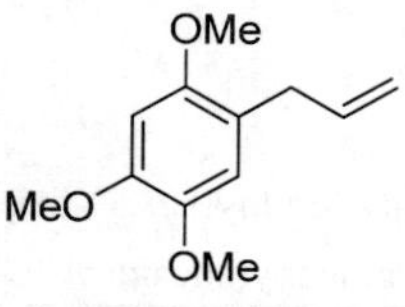

OMe MeO OMe

10-5-10

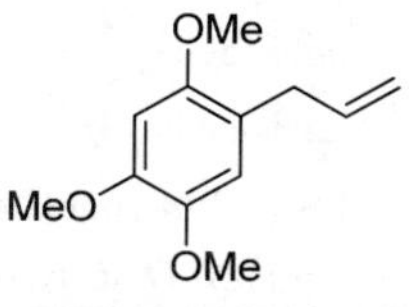

OMe MeO OMe

10-5-11

10-5-12　10-5-13　10-5-14　10-5-15 R=H　10-5-16 R=Me

表 10-5-2　化合物 10-5-1~10-5-16 的 ^{13}C NMR 数据

C	10-5-1[1]	10-5-2[1]	10-5-3	10-5-4[2]	10-5-5	10-5-6	10-5-7	10-5-8[3]
1	136.2	137.1	130.0	160.0	134.0	133.0	131.4	108.7
2	109.2	108.8	130.3	102.8	128.5	129.3	130.0	159.0
3	148.6	148.8	130.0	156.7	137.4	137.3	136.9	91.0
4	148.0	148.2	130.3	117.5	116.2	117.3	118.2	159.6
5	110.4	110.7	130.0	132.1	137.4	137.3	136.9	91.0
6	118.7	118.1	130.3	106.2	128.5	129.3	130.0	159.6
7	79.8	31.7	50.1	39.9	40.3	40.2	41.6	121.2
8	35.1	10.1	31.9	70.7	133.6	133.7	133.9	128.2
9	18.4		29.5	23.2	114.9	114.8	114.2	20.2
Me	18.9							
2-OMe								55.9
4-OMe		55.6		55.3				55.5
6-OMe								55.9

C	10-5-9[3]	10-5-10[4]	10-5-11[5]	10-5-12[6]	10-5-13[7]	10-5-14	10-5-15	10-5-16
1	120.3	114.5	138.5	112. 9	134.01	133.7	139.9	144.9
2	114.3	153.2	116. 2	164.3	111.0	129.3	126.6	124.9
3	143.3	96.5	147.1	118.6	148.1	137.3	128.3	128.2
4	148.2	147.6	144.6	150.3	146.9	117.3	128.3	127.6
5	98.4	143.3	121.8	121.1	115.3	137.3	128.3	
6	151.6	110.5	121.8	132.2	120.2	129.3	126.6	
7	33.8	154.1	40.6	195.2	74.9	155.1	63.6	
8	137.5	126.4	132.6	199.3	76.7	96.1	83.6	
9	115.4	194.3	114.9	26.2	47.4	21.3	74.9	
Me				22.2				
2-OMe		56.2						
3-OMe	56.8		56.5		56.2			
4-OMe	56.5	56.0						
5-OMe		56.4						
6-OMe	56.8							

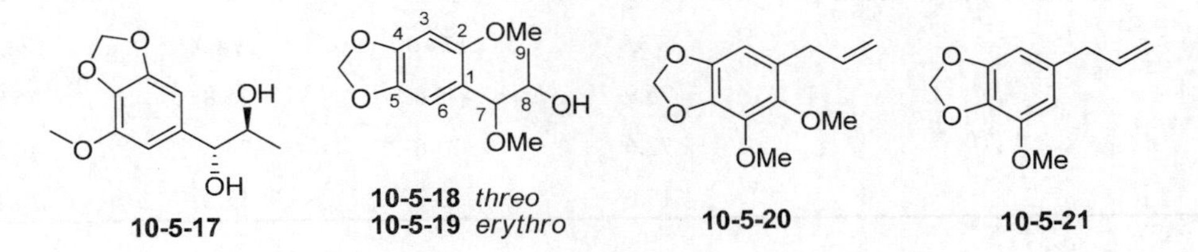

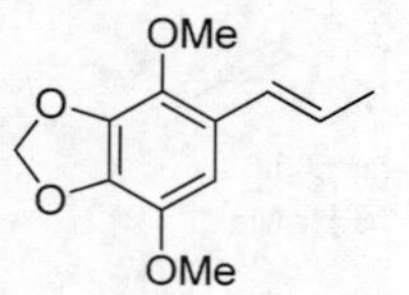

10-5-22

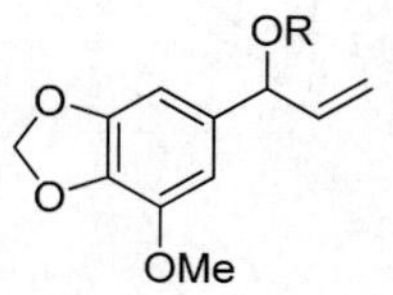

10-5-23 R=H
10-5-24 R=Ang

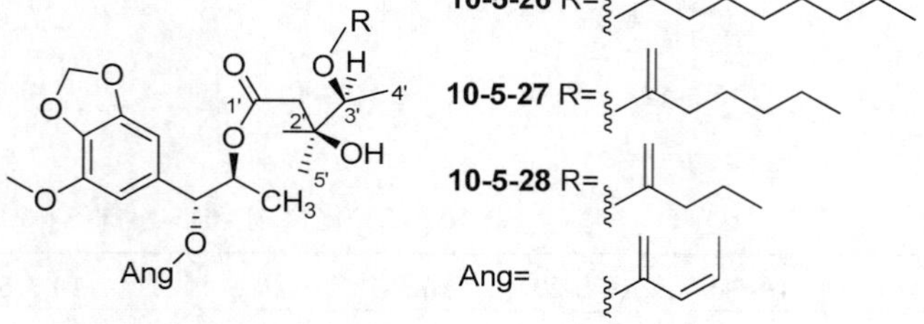

10-5-25 R=Ang
10-5-26 R=
10-5-27 R=
10-5-28 R=
Ang=

表 10-5-3　化合物 10-5-17~10-5-28 的 ^{13}C NMR 数据

C	10-5-17[12]	10-5-18[9]	10-5-19[9]	10-5-20[10]	10-5-21[10]	10-5-22[3]
1	134.6	119.1	118.5	126.0	126.0	110.8
2	100.5	153.3	152.8	135.1	104.9	136.5
3	143.0	94.3	94.3	137.6	137.6	139.0
4	135.0	147.6	147.4	144.6	144.5	135.2
5	148.5	141.4	141.4	144.3	144.3	139.2
6	105.8	106.8	107.2	102.7	102.7	108.5
7	77.5	81.4	80.6	33.7	33.8	34.3
8	73.0	71.5	69.7	137.4	137.3	137.6
9	17.5	17.5	17.5	115.9	115.5	115.6
2-OMe		56.3	56.2	61.3		60.4
3-OMe				50.9	51.0	
5-OMe	59.0					57.1
7-OMe		56.5	57.1			
OCH_2O	101.5	101.1	101.1	101.1	101.0	101.7

C	10-5-23[11]	10-5-24[11]	10-5-25[12]	10-5-26[12]	10-5-27[12]	10-5-28[12]
1	137.4	138.0	130.4	130.4	130.7	130.6
2	105.8	107.1	100.8	100.8	100.9	100.9
3	143.6	143.5	142.9	143.1	143.1	143.1
4	134.7	135.0	134.8	134.9	134.9	134.9
5	148.9	148.9	148.5	148.7	148.7	148.7
6	100.6	101.4	106.7	106.8	106.8	106.8
7	75.2	75.5	75.2	75.2	75.2	75.2
8	140.0	136.5	73.5	73.5	73.6	73.6
9	115.2	116.5	14.9	14.9	14.9	14.9
1'			173.9	174.0	174.0	174.1
2'			75.9	75.8	75.8	75.9
3'			73.6	73.6	73.5	73.5
4'			13.6	13.2	13.2	13.1

续表

C	10-5-23[11]	10-5-24[11]	10-5-25[12]	10-5-26[12]	10-5-27[12]	10-5-28[12]
5'			21.5	21.5	21.5	21.5
Ang						
1''		166.8	165.7	165.9	165.9	165.9
2''		127.8	126.9	126.9	126.9	126.9
3''		138.5	138.7	139.6	139.6	139.6
4''		15.8	15.8	15.9	15.9	15.9
5''		20.6	20.5	20.6	20.6	20.6
2-OMe						
3-OMe	56.6	56.6	56.5	56.5	56.6	56.6
5-OMe						
7-OMe						
OCH_2O	101.5	101.5	101.4	101.4	101.4	101.4

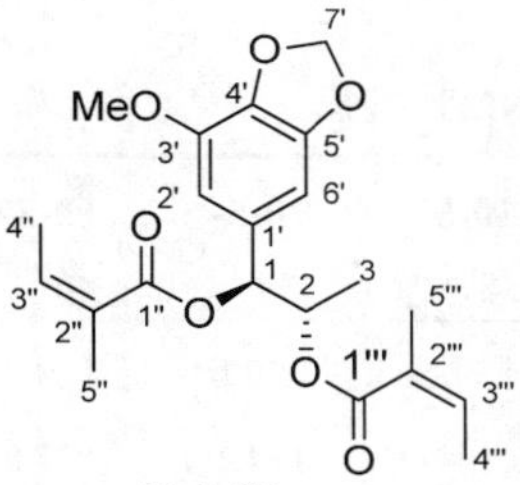

10-5-29 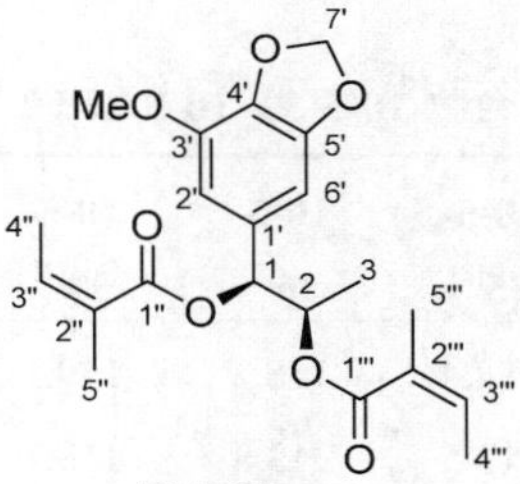 10-5-30 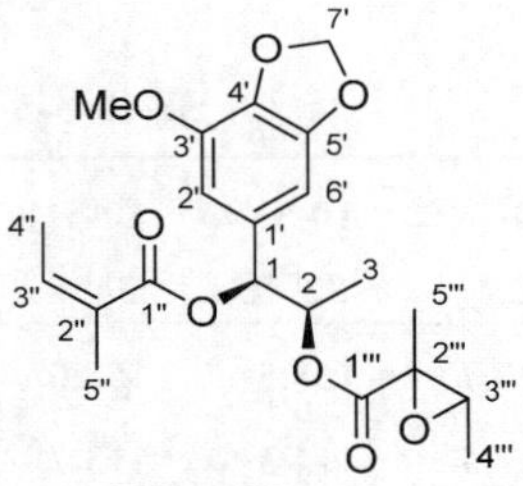 10-5-31

表 10-5-4 化合物 10-5-29~10-5-31 的 ^{13}C NMR 数据[13]

C	10-5-29	10-5-32	10-5-31	C	10-5-29	10-5-32	10-5-31
1	77.1	77.1	75.8	2''	127.8	127.8	127.3
2	71.2	71.2	73.0	3''	138.9	139.2	139.4
3	16.8	15.8	15.6	4''	15.8	15.7	15.9
1'	131.7	131.5	131.1	5''	20.5	20.6	20.6
2'	101.7	101.7	101.5	1'''	167.2	167.1	168.2
3'	143.6	143.4	143.5	2'''	127.5	127.5	59.8
4'	135.4	133.0	135.1	3'''	138.1	138.21	59.8
5'	149.0	148.9	149.0	4'''	15.7	15.1	13.5
6'	107.3	107.3	107.43	5'''	20.5	20.5	19.1
7'	101.6	101.6	101.6	OMe	56.6	56.6	56.7
1''	166.7	166.5	166.7				

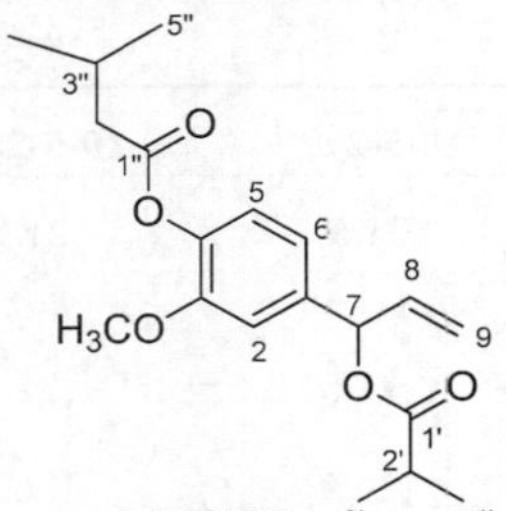

10-5-32 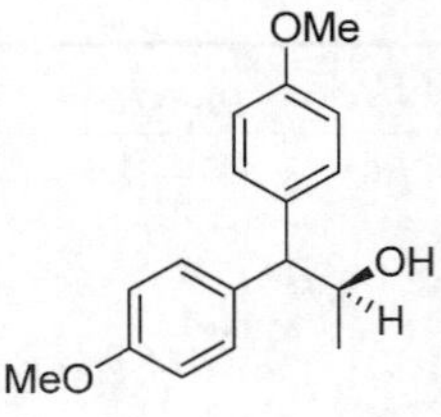 10-5-33 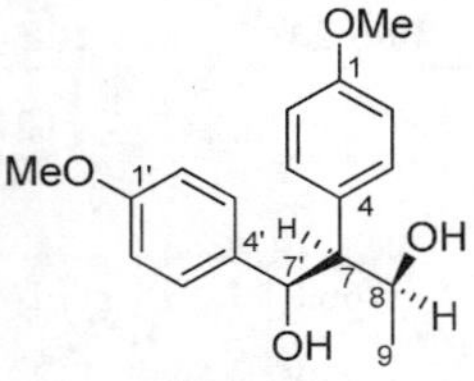 10-5-34 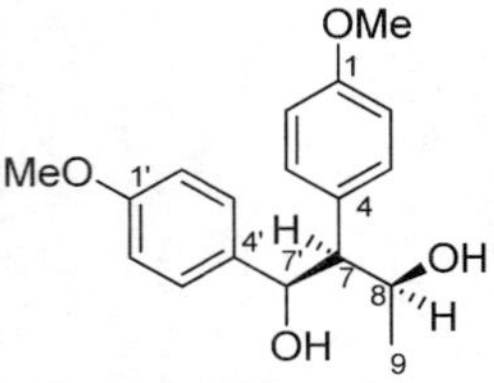 10-5-35

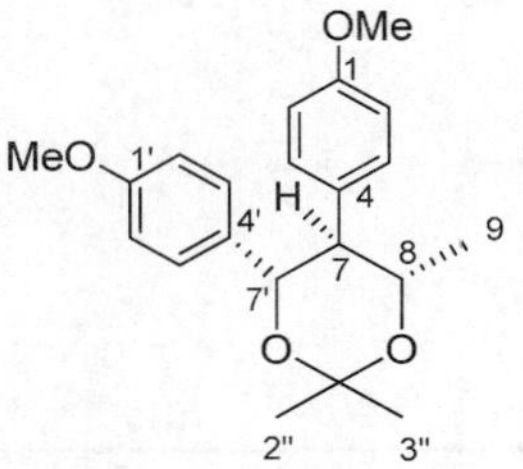

10-5-36 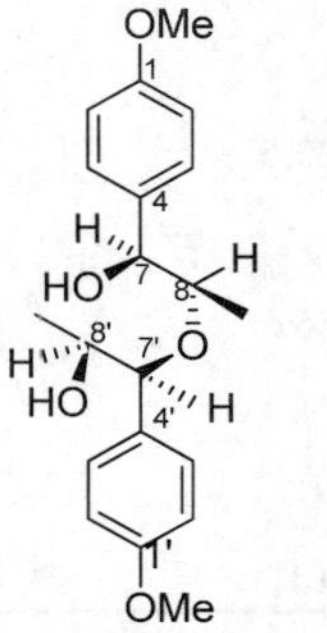 10-5-37 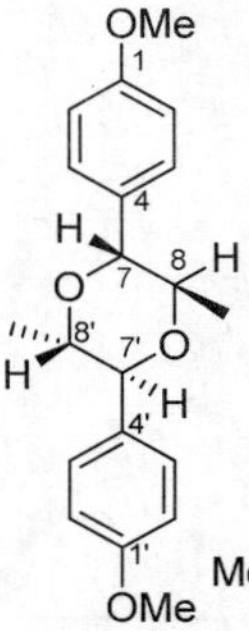 10-5-38 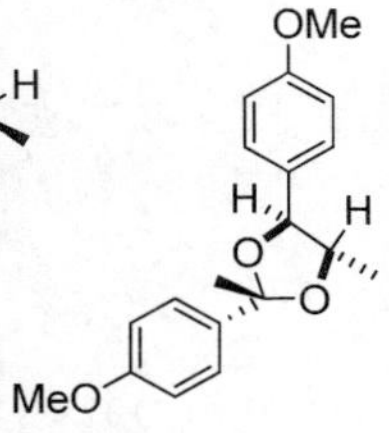 10-5-39 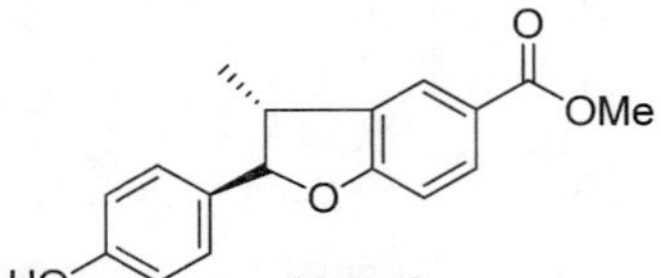 10-5-40 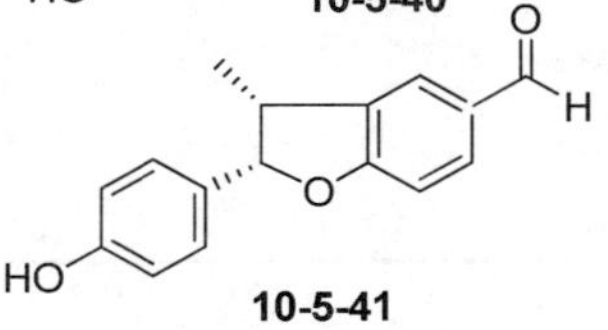 10-5-41

表 10-5-5 化合物 10-5-32~10-5-41 的 ^{13}C NMR 数据

C	10-5-32[8]	10-5-33[2]	10-5-34[2]	10-5-35[2]	10-5-36[2]	10-5-37[2]	10-5-38[2, 8]	10-5-39[2]	10-5-40[10]	10-5-41[10]
1	137.7	158.5	158.0	158.4	158.2	159.1	159.6	159.6	129.3	130.6
2	111.5	114.3	113.7	113.5	113.8	113.7	113.9	114.1	127.8	127.7
3	151.2	133.8	131.7	130.4	129.5	127.7	128.3	130.7	115.4	115.6
4	139.8	129.6	129.7	130.7	130.5	133.0	131.3	127.8	156	156.1
5	122.7	133.8	131.7	130.4	129.5	127.7	128.3	130.7	115.4	127.8
6	119.6	114.3	113.7	113.5	113.8	113.7	113.9	114.1	127.8	115.7
7	75.4	58.9	59.5	59.3	55.5	74.8	84.2	84.6	92.6	93.7
8	136.2	70.3	72.8	68.9	70.0	78.3	76.9	81.3	45.2	44.5
9	117	21.4	22.6	22.2	20.1	15.8	17.3	16.4	17.6	16.8
1'	172	158.2	158.8	158.9	158.8	159.5	159.6	160.4	133.6	133.5
2'.6'	43.6	114.0	113.4	113.4	113.3	113.8	111.3	113.4	124.5	124.5
3',5'	25.9	129.0	128.0	128.0	128.3	128.7	128.3	128.0	133.5	134.4
4'	22.4	135.1	135.3	134.2	132.7	131.8	131.3	130.7	164.7	164.7
3',5'	25.9	129.0	128.0	128.0	128.3	128.7	128.3	128.0	109.5	109.8
2'.6'	43.6	114.0	113.4	113.4	113.3	113.8	111.3	113.4	132.7	133.6
7'			80.4	75.2	76.9	86.9	84.2	104.0	190.9	190.8
1-OMe			55.0	55.2	55.11	55.29	55.3	55.3	50.5	

续表

C	10-5-32[8]	10-5-33[2]	10-5-34[2]	10-5-35[2]	10-5-36[2]	10-5-37[2]	10-5-38[2, 8]	10-5-39[2]	10-5-40[10]	10-5-41[10]
1'-OMe		55.2	55.1	55.2	55.15	55.27	55.3	55.4		
1"	175.2				98.7					
2"	34.0				19.9					
3"	19.0				30.3					
4"	19.0									

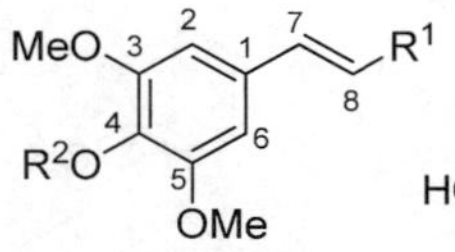

10-5-42 R^1=Me; R^2=Glu
10-5-43 R^1=Me; R^2=Glu-(1→6)-Glu
10-5-44 R^1=CH_2OH; R^2=Glu

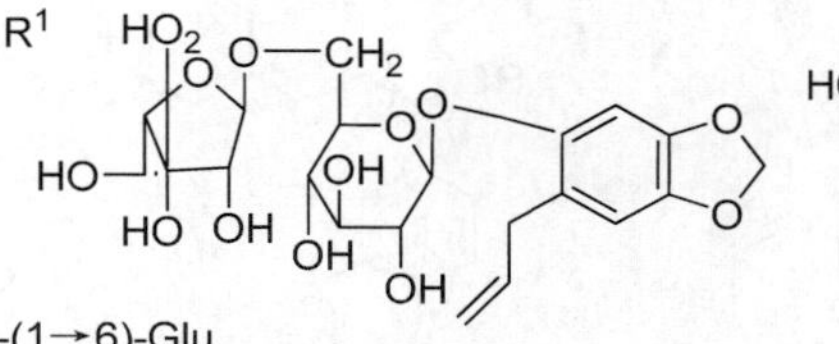

10-5-45

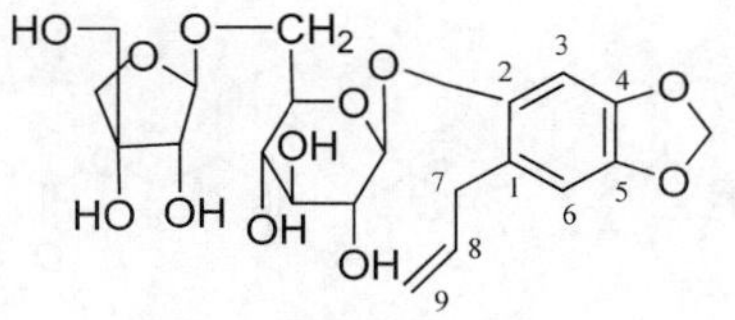

10-5-46

表 10-5-6 化合物 10-5-42~10-5-46 的 ^{13}C NMR 数据[15]

C	10-5-42	10-5-43	10-5-44	10-5-45	10-5-46	C	10-5-42	10-5-43	10-5-44	10-5-45	10-5-46
1	136.4	132.9	136.0	124.2	124.1	2'	75.9	75.9	75.9	75.0	75.0
2	154.4	152.7	154.5	151.0	151.0	3'	78.5	78.6	78.5	78.2	78.0
3	105.5	103.5	105.5	101.0	100.9	4'	71.5	71.7	71.5	71.6	71.8
4	135.5	132.7	135.3	147.6	147.6	5'	78.0	75.7	78.0	76.8	76.7
5	105.0	103.5	105.5	144.3	144.3	6'	62.7	67.5	62.8	69.0	68.3
6	154.4	152.7	154.5	109.9	109.8	1"		103.0		111.0	111.0
7	132.2	130.2	131.3	34.9	34.9	2"		73.4		80.5	85.8
8	126.6	124.3	130.2	138.9	138.9	3"		75.8		78.2	83.2
9	18.6	17.5	63.7	115.6	115.5	4"		68.9		75.0	78.8
10	57.1	57.8	57.1	102.4	102.4	5"		75.5		68.5	62.9
1'	105.6	102.0	105.6	104.3	104.3	6"		64.8			

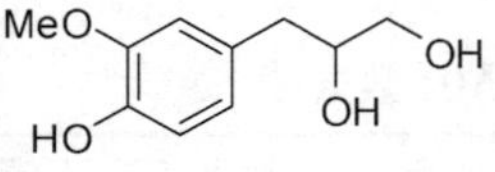

10-5-47 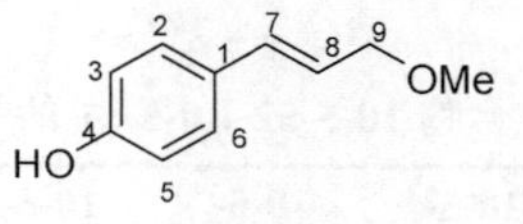　10-5-48 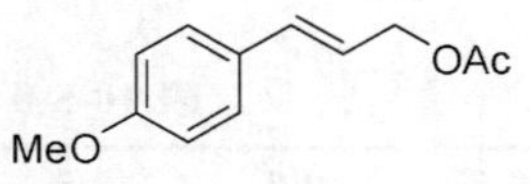　10-5-49

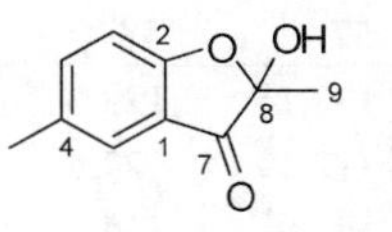

10-5-50 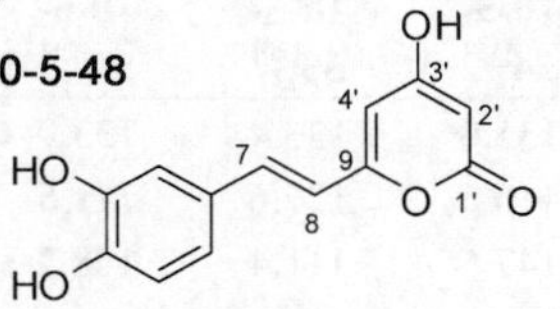　10-5-51

表 10-5-7 化合物 10-5-47~10-5-51 的 ^{13}C NMR 数据

C	10-5-47[7]	10-5-48[17]	10-5-49[2]	10-5-50[6]	10-5-51[18]	C	10-5-47[7]	10-5-48[17]	10-5-49[2]	10-5-50[6]	10-5-51[18]
1	131.4	159.6	129.7	116. 0	127.2	4	145.7	129.0	158.5	151. 5	145.9
2	113.7	114.1	128.8	170.5	111.3	5	115.5	127.9	116.4	124.0	115.9
3	148.0	127.9	116.4	113.5	147.6	6	122.6	114.1	128.8	125.0	120.3

续表

C	10-5-47[7]	10-5-48[17]	10-5-49[2]	10-5-50[6]	10-5-51[18]	C	10-5-47[7]	10-5-48[17]	10-5-49[2]	10-5-50[6]	10-5-51[18]
7	40.4	134.1	134.2	198.0	134.7	3'					163.6
8	74.2	120.9	123.3	103.6	115.1	4'					101.5
9	66.5	65.4	74.4	22.0	159.5	4-Me				22.7	
1'					171.0	OAc		170.9/21.2			
2'					89. 4	OMe	56.1	55.3	58.0		

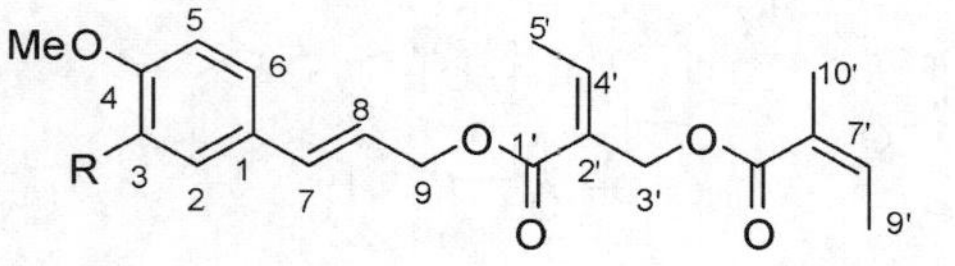

10-5-52 R=OCH_3
10-5-53 R=H

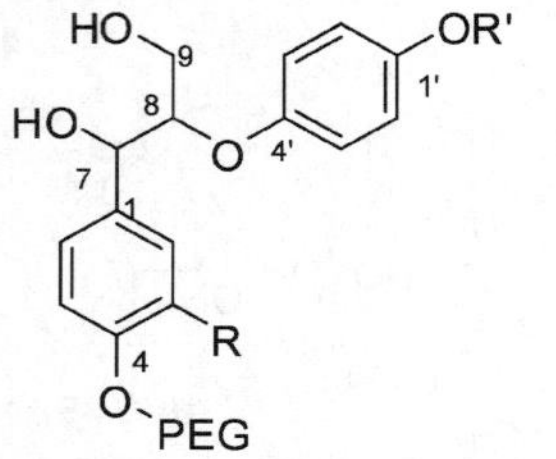

10-5-54 R=OCH_3; R'=H
10-5-55 R=H; R'=CH_3

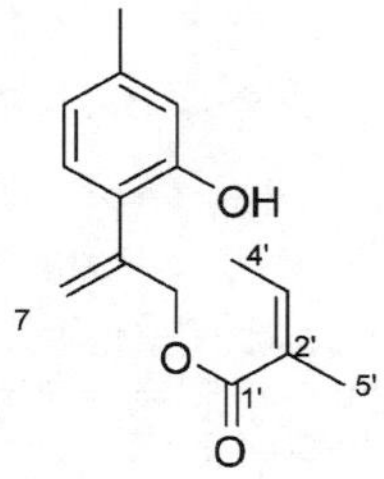

10-5-60

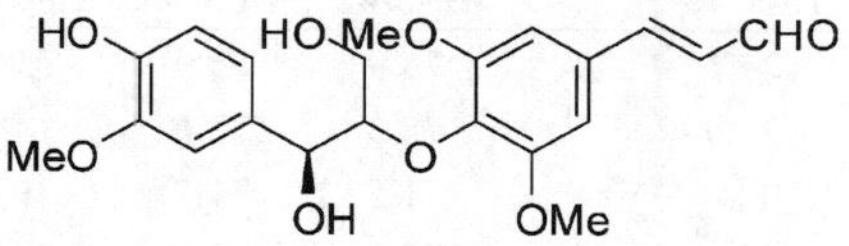

10-5-56

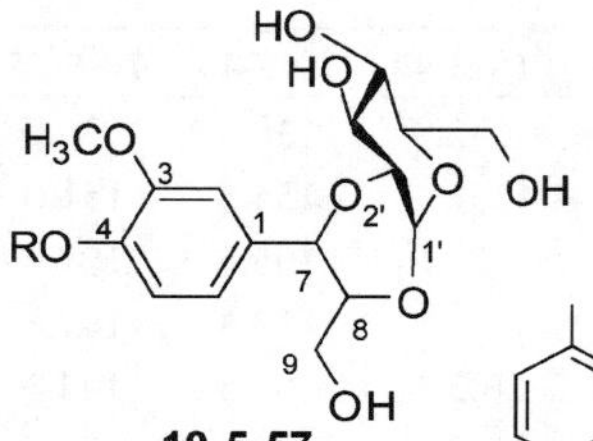

10-5-57

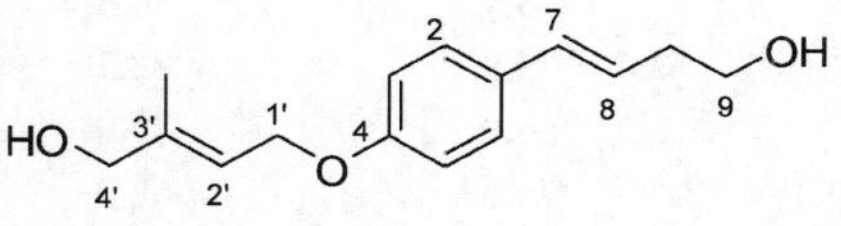

10-5-58

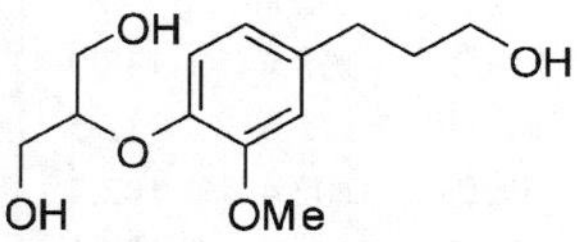

10-5-59

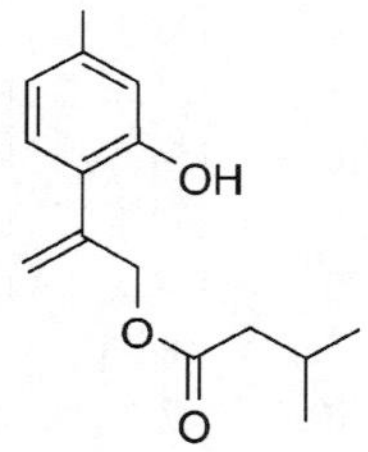

10-5-61

表 10-5-8 化合物 10-5-52~10-5-61 的 ^{13}C NMR 数据

C	10-5-52[6]	10-5-53[18]	10-5-54[19]	10-5-55[20]	10-5-56[21]	10-5-57[22]	10-5-58[23]	10-5-59[24]	10-5-60[6]	10-5-61[6]
1	129.9	129.6	135.0	133.4	133.9	130.1	129.5	137.0	139.9	140.1
2	109.4	128.5	110.6	127.6	111.6	112.5	127.6	120.5	153.4	116.6
3	149.8	114.6	147.5	111.4	148.7	149.0	114.7	120.9	116.7	153.4
4	149.6	129.6	149.3	158.3	147.0	148.0	158.0	144.8	122.5	122.4
5	111.6	154.7	113.5	111.4	115.7	116.1	114.7	150.9	129.2	129.1
6	120.6	128.5	118.9	127.6	120.9	121.9	127.6	112.6	120.9	120.9
7	143.8	144.1	72.5	72.5	74.3	80.2	130.7	33.1	142.0	142.0
8	121.6	121.4	82.0	83.4	87.6	82.7	126.3	30.4	116.3	116.3
9	67.7	65.9	61.3	61.7	61.9	62.1	63.9	63.9	65.6	65.8
1'	168.2	168.0	121.1	154.5	131.4	99.8	64.4	71.6	168.4	173.8
2'	128.4	128.5	129.4	114.4	107.4	80.8	119.8	61.3	127.1	43.3
3'	67.7	65.9	116.3	118.3	154.9	75.1	140.1	61.3	140.1	25.7
4'	144.4	144.6	158.1	151.9	140.0	71.9	67.8		20.5	22.4

续表

C	10-5-52[6]	10-5-53[18]	10-5-54[19]	10-5-55[20]	10-5-56[21]	10-5-57[22]	10-5-58[23]	10-5-59[24]	10-5-60[6]	10-5-61[6]
5'	16.5	16.5	116.3	118.3	154.9	79.8			22.5	22.4
6'	160.4	166.5	129.4	114.6	107.4	62.6				
7'	128.3	129.0			155.2					
8'	138.7	138.8			129.1					
9'	16.5	16.5			196.0					
10'	21.2	21.1					14.0		21.2	21.2
3-OMe	56.5		55.8		56.4	56.5		56.5		
4-OMe	56.5	56.0								
1′-OMe				55.6						
1'-OMe				55.6						

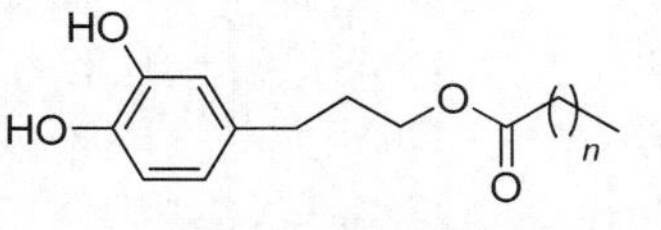

10-5-62 n=12 10-5-64 n=16
10-5-63 n=14 10-5-65 n=18

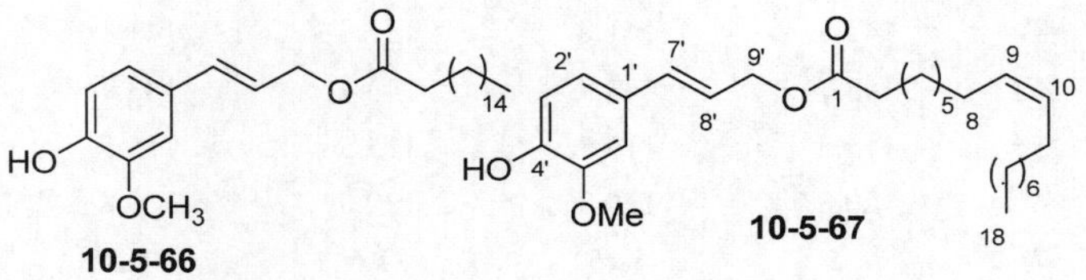

10-5-66

10-5-67

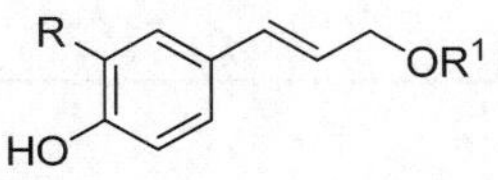

	R	R[1]
10-5-68	H	Palm
10-5-69	H	*cis*-芥酰基
10-5-70	OMe	Palm
10-5-71	OMe	Stea

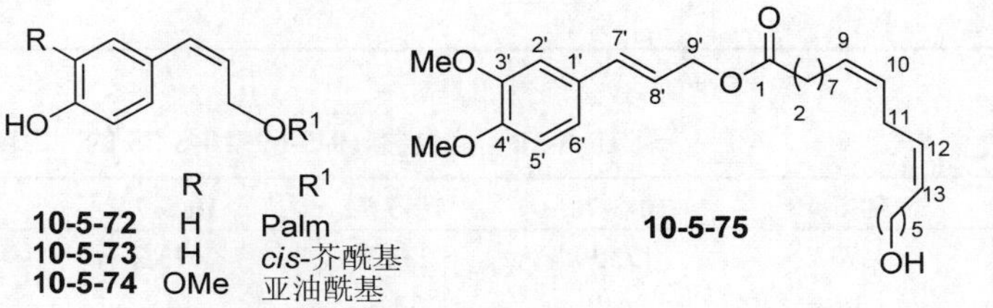

	R	R[1]
10-5-72	H	Palm
10-5-73	H	*cis*-芥酰基
10-5-74	OMe	亚油酰基

10-5-75

表 10-5-9 化合物 10-5-62~10-5-68 的 ^{13}C NMR 数据

C	10-5-62[25]	10-5-63[25]	10-5-64[25]	10-5-65[25]	10-5-66[26]	10-5-67[26]	10-5-68[27]
1	174.2	174.2	174.2	174.2	173.9	174.0	173.2
2	34.4	34.4	34.4	34.4	34.6	34.1	34.1
3	25.1	25.1	25.1	25.1	25.2	25.1	24.9
4	29.7~29.2	29.7~29.2	29.7~29.2	29.7~29.2	29.3~30.0	29.3~30.0	29.9~29.1
5	29.7~29.2	29.7~29.2	29.7~29.2	29.7~29.2	29.3~30.0	29.3~30.0	29.9~29.1
6	29.7~29.2	29.7~29.2	29.7~29.2	29.7~29.2	29.3~30.0	29.3~30.0	29.9~29.1
7	29.7~29.2	29.7~29.2	29.7~29.2	29.7~29.2	29.3~30.0	29.3~30.0	29.9~29.1
8	29.7~29.2	29.7~29.2	29.7~29.2	29.7~29.2	29.3~30.0	27.5	29.9~29.1
9	29.7~29.2	29.7~29.2	29.7~29.2	29.7~29.2	29.3~30.0	130.3	29.9~29.1
10	29.7~29.2	29.7~29.2	29.7~29.2	29.7~29.2	29.3~30.0	127.0	29.9~29.1
11	32.0	29.7~29.2	29.7~29.2	29.7~29.2	29.3~30.0	27.4	29.9~29.1

续表

C	10-5-62[25]	10-5-63[25]	10-5-64[25]	10-5-65[25]	10-5-66[26]	10-5-67[26]	10-5-68[27]
12	22.7	29.7~29.2	29.7~29.2	29.7~29.2	29.3~30.0	29.3~30.0	29.9~29.1
13	14.1	32.0	29.7~29.2	29.7~29.2	29.3~30.0	29.3~30.0	29.9~29.1
14		22.7	29.7~29.2	29.7~29.2	32.1	29.3~30.0	30.9
15		14.1	32.0	29.7~29.2	22.9	29.3~30.0	22.5
16			22.7	29.7~29.2	14.3	32.2	14.3
17			14.1	32.0		22.9	
18				22.7		14.4	
19				14.1			
20							
21							
22							
1'	134.4	134.4	134.4	134.4	114.7	114.7	129.4
2'	115.5	115.5	115.5	115.5	146.1	146.1	130.2
3'	141.8	141.8	141.8	141.8	146.9	146.9	115.9
4'	143.7	143.7	143.7	143.7	120.9	120.9	156.4
5'	115.5	115.5	115.5	115.5	129.1	129.1	115.9
6'	120.8	120.8	120.8	120.8	134.6	134.6	130.2
7'	31.5	31.5	31.5	31.5	121.2	121.2	133.9
8'	30.4	30.4	30.4	30.4	108.6	108.6	130.0
9'	63.6	63.6	63.6	63.6	65.3	65.3	65.6
OMe					56.2	56.2	

表 10-5-10　化合物 10-5-69~10-5-75 的 ^{13}C NMR 数据[27]

C	10-5-69	10-5-70	10-5-71	10-5-72	10-5-73	10-5-74	10-5-75
1	173.2	173.9	173.9	173.2	173.2	173.9	173.6
2	34.1	34.1	33.8	34.1	34.1	33.8	34.6
3	24.9	24.9	24.9	24.9	24.9	24.9	22.9
4	29.8~29.2	29.9~29.1	30.4~29.5	29.9~29.1	29.8~29.2	30.4~29.5	29.3~29.9
5	29.8~29.2	29.9~29.1	30.4~29.5	29.9~29.1	29.8~29.2	30.4~29.5	29.3~29.9
6	29.8~29.2	29.9~29.1	30.4~29.5	29.9~29.1	29.8~29.2	30.4~29.5	29.3~29.9
7	29.8~29.2	29.9~29.1	30.4~29.5	29.9~29.1	29.8~29.2	30.4~29.5	29.3~29.9
8	29.8~29.2	29.9~29.1	27.7	29.9~29.1	29.8~29.2	27.7	27.4
9	29.8~29.2	29.9~29.1	130.1~127.9	29.9~29.1	29.8~29.2	130.1~127.9	130.1
10	29.8~29.2	29.9~29.1	130.1~127.9	29.9~29.1	29.8~29.2	130.1~127.9	128.1
11	29.8~29.2	29.9~29.1	25.8	29.9~29.1	29.8~29.2	25.8	25.9
12	27.3	29.9~29.1	130.1~127.9	29.9~29.1	27.3	130.1~127.9	128.3
13	130.3	29.9~29.1	130.1~127.9	29.9~29.1	130.3	130.1~127.9	130.0
14	130.1	29.9~29.1	27.7	30.9	130.1	27.7	27.4
15	27.3	29.9~29.1	30.4~29.5	22.5	27.3	30.4~29.5	29.8
16	29.8~29.2	30.9	30.4~29.5	14.3	29.8~29.2	30.4~29.5	25.2
17	29.8~29.2	22.7	22.8		29.8~29.2	22.8	33.0
18	29.8~29.2	14.5	14.2		29.8~29.2	14.2	63.3
19	29.8~29.2				29.8~29.2		

续表

C	10-5-69	10-5-70	10-5-71	10-5-72	10-5-73	10-5-74	10-5-75
20	32.0				32.0		
21	23.0				23.0		
22	14.2				14.2		
1'	129.4	127.5	127.5	129.4	129.4	127.5	129.5
2'	130.2	111.7	111.7	130.2	130.2	111.7	109.1
3'	115.9	149.4	149.4	115.9	115.9	149.4	149.3
4'	156.4	150.7	150.7	156.4	156.4	150.7	149.4
5'	115.9	116.3	116.3	115.9	115.9	116.3	113.2
6'	130.2	124.1	124.1	130.2	130.2	124.1	120.2
7'	133.9	132.0	132.0	133.9	133.9	132.0	134.4
8'	130.0	123.9	123.9	130.0	130.0	123.9	121.5
9'	65.6	61.2	61.2	65.6	65.6	61.2	65.3
OMe		55.6	55.6			55.6	56.1

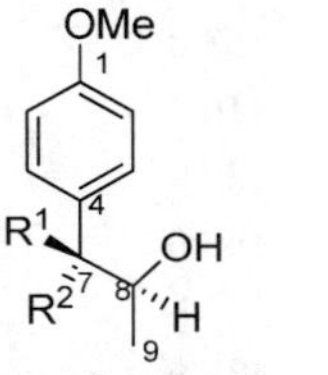

10-5-76 R^1=OH; R^2=H
10-5-77 R^1=H; R^2=OH

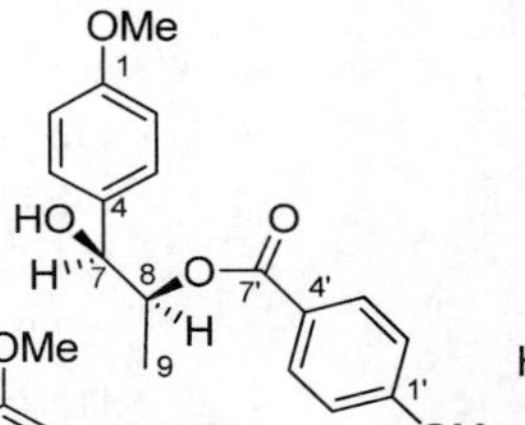

10-5-78

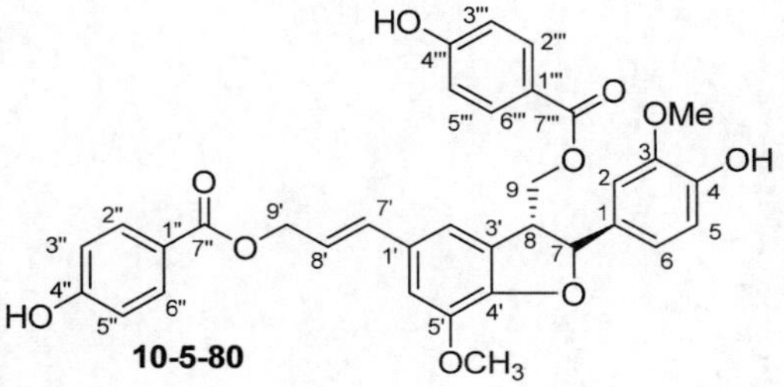

10-5-79

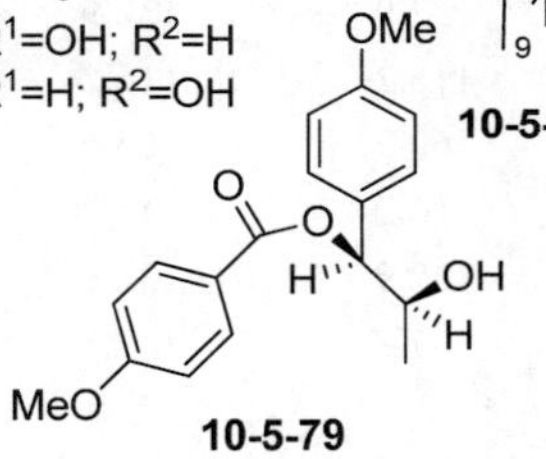

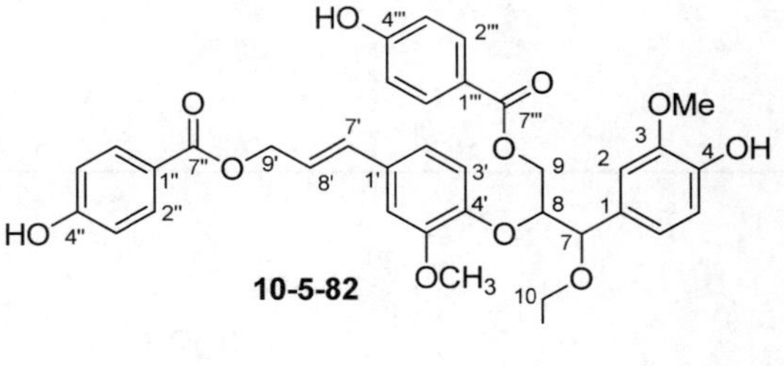

10-5-80

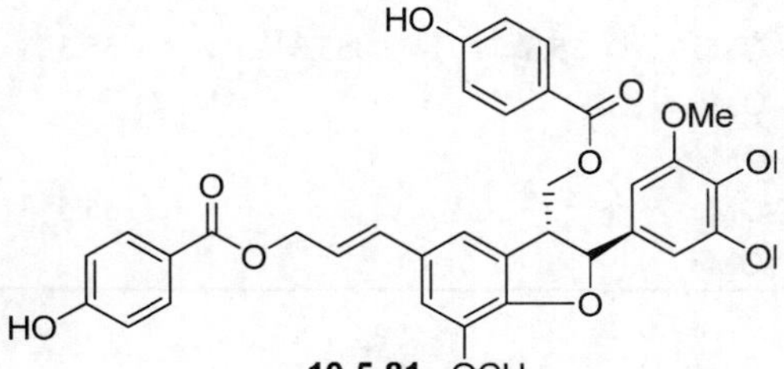

10-5-81

10-5-82

表 10-5-11 化合物 10-5-76~10-5-82 的 ^{13}C NMR 数据

C	10-5-76[2]	10-5-77[2]	10-5-78[2]	10-5-79[2]	10-5-80[28]	10-5-81[28]	10-5-82[28]
1	159.4	159.4	159.6	159.6	133.6	132.8	131.0
2	113.9	113.8	114.0	114.1	110.6	104.4	112.1
3	128.1	128.0	128.3	127.8	149.1	149.4	149.1
4	133.3	132.5	132.3	130.7	147.8	136.6	147.6
5	128.1	128.0	128.3	127.8	116.2	149.4	116.2
6	113.9	113.8	114.0	114.1	120.1	104.4	121.4
7	79.2	77.3	77.0	84.6	90.6	90.9	83.1
8	72.9	71.3	75.1	81.3	51.8	51.6	83.3
9	18.8	17.5	16.6	16.4	66.5	66.5	65.5

续表

C	10-5-76[2]	10-5-77[2]	10-5-78[2]	10-5-79[2]	10-5-80[28]	10-5-81[28]	10-5-82[28]
10							65.7
11							15.6
1'			163.5	160.4	132.2	132.3	132.5
2'			113.7	113.8	112.6	112.6	111.5
3'			131.7	128.0	145.7	145.7	152.1
4'			122.7	130.7	149.6	149.6	150.0
5'			131.7	128.0	129.3	129.1	119.1
6'			113.7	113.8	116.5	116.5	120.9
7'			166.2	104.0	135.3	135.3	135.0
8'					122.3	122.5	123.1
9'					67.1	67.2	66.4
1"					122.5	122.3	123.1
2"					132.8	132.8	132.9
3"					116.2	116.2	116.1
4"					163.7	163.8	163.6
5"					116.2	116.2	116.1
6"					132.8	132.9	132.9
7"					168.1	168.0	168.1
1'''					121.8	121.8	121.9
2'''					132.9	132.9	132.9
3'''					116.2	116.2	116.1
4'''					169.5	163.6	163.6
5'''					116.2	116.2	116.1
6'''					132.9	132.8	167.8
7'''					167.8	167.8	167.8
1-OMe	55.3	55.3	55.3	55.3			
3-OMe					56.3	56.7	56.3
5-OMe						56.7	
3'-OMe			55.5	55.4			
3'-OMe					56.8	56.8	56.4

10-5-83

10-5-84

10-5-85

10-5-86

10-5-87

10-5-88

10-5-89 R^1=H; R^2=H
10-5-90 R^1=β-D-Glu; R^2=H
10-5-91 R^1=H; R^2=β-D-Glu
10-5-92 R^1=CH_3; R^2=β-D-Glu
10-5-93 R^1=CH_3; R^2=H

表 10-5-12 化合物 10-5-83~10-5-88 的 ^{13}C NMR 数据

C	10-5-83[29]	10-5-84[30]	10-5-85[30]	10-5-86[30]	10-5-87[31]	10-5-88[32]
1	132.6	131.9	131.4	134.9	130.0	136.0
2,	105. 2	127.9	130.6	111.9	105.3	111.3
3	153.2	117.1	116.7	149.9	154.3	148.2
4	134.7	158.0	157.4	149.5	135.8	148.7
5	153.2	117.1	116.7	112.1	154.3	111.8
6	105. 2	127.9	130.6	120.3	105.3	119.2
7	131.8	129.0	129.0	74.2	131.2	72.9
8	126.3	129.8	133.2	88.1	135.2	74.1
9	77.7	63.0	59.4	62.3	63.6	71.3
3-OMe	57.8			55.8	57.0	55.9
4-OMe				56.0		56.0
C_2H_5					9.2	
					47.9	
Glu						
1	103.0	102.1	102.1	105.4	105.2	104.1
2	74.7	75.0	75.0	75.6	75.7	74.4
3	77.7	78.5	78.5	78.5	78.3	76.9
4	70.4	71.3	71.3	71.6	71.3	70.5
5	77.0	79.0	79.0	78.8	77.8	77.3
6	61.3	62.4	62.4	62.6	62.5	61.5

表 10-5-13 化合物 10-5-89~10-5-93 的 ^{13}C NMR 数据[30]

C	10-5-89	10-5-90	10-5-91	10-5-92	10-5-93	C	10-5-89	10-5-90	10-5-91	10-5-92	10-5-93
1	135.4	168.5	135.0	136.9	137.3	3-OMe	55.8	55.8	55.8	55.8	55.8
2	111.7	112.1	111.8	111.9	111.8	4-OMe				56.0	56.0
3	148.5	149.8	148.6	149.7	148.8	Glu					
4	147.3	147.0	147.2	149.0	149.1	1		102.4	105.4	106.5	
5	116.1	115.8	116.0	112.3	112.3	2		74.9	75.0	75.3	
6	120.5	119.9	120.3	129.7	119.8	3		78.5	78.4	78.5	
7	74.9	74.6	74.4	74.2	74.7	4		71.2	71.5	71.6	
8	77.9	77.6	76.1	76.0	77.8	5		78.7	78.4	78.5	
9	64.3	64.3	72.3	72.3	64.4	6		62.3	62.5	62.6	

OH RO O-β-D-Glu

10-5-94 R=Me
10-5-95 R=H

MeO OH CH₂OR² HO OH

10-5-96 R=β-D-Glu
10-5-97 R=H

OH R¹O OR²

10-5-98 R¹=Me; R²=H
10-5-99 R¹=Me; R²=β-D-Glu
10-5-100 R¹=β-D-Glu; R²=H
10-5-101 R¹=H; R²=β-D-Glu
10-5-102 R¹=H; R²=H

表 10-5-14　化合物 10-5-94~10-5-102 的 ^{13}C NMR 数据

C	10-5-94	10-5-95	10-5-96	10-5-97	10-5-98	10-5-99	10-5-100	10-5-101	10-5-102
1	135.4	133.7	135.4	135.5	131.6	134.9	138.0	133.2	135.0
2,6	128.5	128.7	111.9	111.8	128.8	128.6	128.8	128.8	129.0
3,5	113.8	115.7	148.4	148.5	113.8	113.9	116.4	115.8	115.8
4	159.1	157.9	147.3	147.3	159.2	159.2	157.3	158.0	158.0
5	113.8	115.7	116.0	116.0	113.8	113.9	116.4	115.8	115.8
6	128.5	128.7	120.8	120.7	128.8	128.6	128.8	128.8	129.0
7	75.7	75.9	75.4	76.2	78.9	74.8	78.0	75.0	78.3
8	80.4	80.5	75.8	76.5	72.1	80.6	72.1	80.9	72.2
9	14.2	14.2	73.3	64.3	19.0	16.2	19.0	16.3	19.0
OMe	55.1		55.8	55.8	55.1	55.1			
Glu									
1	103.8	103.7	105.9			104.2	102.4	102.4	
2	75.1	75.1	75.5			75.8	75.0	75.0	
3	78.6	78.6	78.6			78.8	78.8	78.8	
4	71.9	71.9	71.6			71.6	71.2	71.2	
5	78.5	71.5	78.6			78.6	78.5	78.5	
6	62.9	62.8	62.7			62.8	62.3	62.3	

OH
R^1O
OR^2

10-5-103 R^1=Me; R^2=H(*rel*)
10-5-104 R^1=Me; R^2=H
10-5-105 R^1=Me; R^2=β-D-Glu
10-5-106 R^1=β-D-Glu; R^2=H
10-5-107 R^1=H ; R^2=β-D-Glu
10-5-108 R^1=H; R^2=H

OH
R^1O
OR^2

10-5-109 R^1=Me; R^2=H
10-5-110 R^1=Me; R^2=β-D-Glu
10-5-111 R^1=H; R^2=β-D-Glu
10-5-112 R^1=H; R^2=H

表 10-5-15　化合物 10-5-103~10-5-112 的 ^{13}C NMR 数据[30]

C	10-5-103	10-5-104	10-5-105	10-5-106	10-5-107	10-5-108	10-5-109	10-5-110	10-5-111	10-5-112
1	131.6	131.6	134.8	137.6	133.2	134.6	131.6	134.4	132.8	134.6
2	128.9	128.9	129.3	128.9	129.5	129.4	128.9	129.2	129.4	129.4
3	113.9	113.9	113.9	116.5	115.9	115.9	113.9	114.0	116.0	115.9
4	159.4	159.4	159.5	157.9	158.4	158.3	159.4	159.6	158.6	158.3
5	113.9	113.9	113.9	116.5	115.9	115.9	113.9	114.0	116.0	115.9
6	128.9	128.9	129.3	128.9	129.5	129.4	128.9	129.2	129.4	129.4
1'	79.2	79.2	77.3	79.2	77.6	79.6	79.2	78.8	79.2	79.6
2'	72.5	72.5	81.0	72.4	81.2	72.6	72.5	83.6	83.9	72.6
3'	19.7	19.7	16.9	19.7	17.1	19.8	19.7	18.6	18.8	19.8
	55.1	55.1	55.1				55.1	55.1		
Glu										
1			103.5	102.3	103.5			106.4	106.5	

续表

C	10-5-103	10-5-104	10-5-105	10-5-106	10-5-107	10-5-108	10-5-109	10-5-110	10-5-111	10-5-112
2			74.9	75.0	74.9			75.9	75.9	
3			78.6	78.6	78.6			78.7	78.7	
4			71.7	71.3	71.7			71.6	71.6	
5			78.7	78.8	78.8			787	78.7	
6			62.7	62.3	62.8			62.8	62.8	

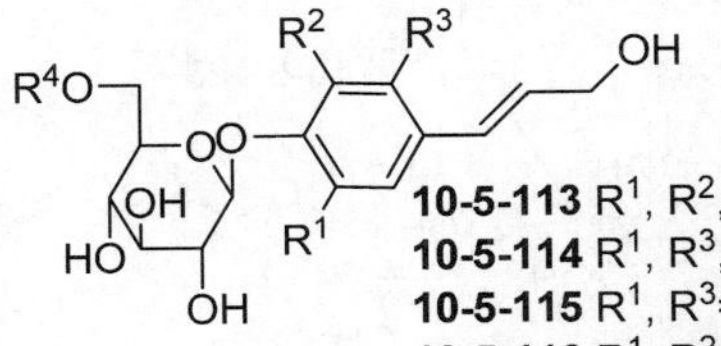

10-5-113 R^1, R^2, R^4=H; R^3=OMe
10-5-114 R^1, R^3, R^4=H; R^2=OMe
10-5-115 R^1, R^3=H; R^2=OMe; R^4=β-D-Glu
10-5-116 R^1, R^2=OMe; R^3,R^4=H
10-5-117 R^1, R^2=OMe; R^3=H; R^4=β-D-Glu

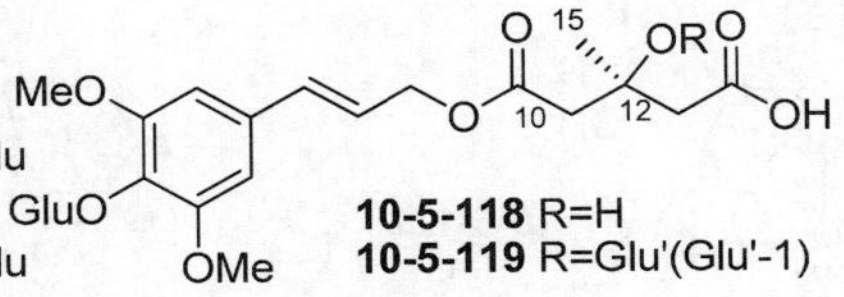

10-5-118 R=H
10-5-119 R=Glu'(Glu'-1)

表 10-5-16 化合物 10-5-113~10-5-119 的 ^{13}C NMR 数据

C	10-5-113[34]	10-5-114[34]	10-5-115[34]	10-5-116[34]	10-5-117[34]	10-5-118[35]	10-5-119[35]
1	161.20	143.1	148.3	135.8	136.1	134.9	134.4
2	97.24	144.7	144.8	154.9	158.2	154.4	153.3
3	155.4	114.3	114.3	106.0	105.3	105.8	105.1
4	118.8	132.8	132.9	136.4	133.9	134.8	134.2
5	127.4	120.3	120.6	106.0	105.3	105.8	105.1
6	107.6	117.2	117.2	154.9	153.8	154.4	153.3
7	131.2	131.1	131.0	131.8	131.2	136.2	134.4
8	129.2	129.8	129.6	130.6	129.2	124.8	124.3
9	61.8	62.1	62.4	64.1	62.5	66.1	66.3
10						180.2	176.7
11						48.0	47.4
12						71.1	78.2
13						47.3	44.3
14						172.9	173.3
15						28.0	24.8
Glu							
1'	104.2	103.1	102.7	105. 9	102.4	105.6	103.8
2'	74.4	74.2	74.3	76.3	74.6	75.8	74.5
3'	75.2	75.1	75.1	78.4	75.1	78.4	77.0
4'	70.2	70.1	70.2	71.9	70.1	14.4	70.3
5'	75.4	75.2	75.4	78.9	75.4	77.8	76.6
6'	62.7	62.4	66.1	63.1	65.2	62.3	61.5
OMe	56.2	56.3	56.3	57.2	56.4	57.3	57.0
Glu							
1"			103.9		103.3	97.2	
2"			74.8		74.8	74.0	
3"			75.2		75.7	76.6	
4"			70.8		70.6	70.0	
5"			75.8		75.8	76.5	
6"			62.9		62.4	61.2	

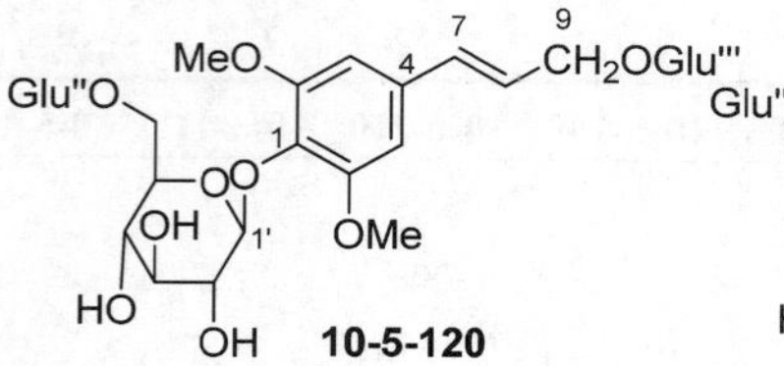

表 10-5-17 化合物 10-5-120~10-5-126 的 ^{13}C NMR 数据

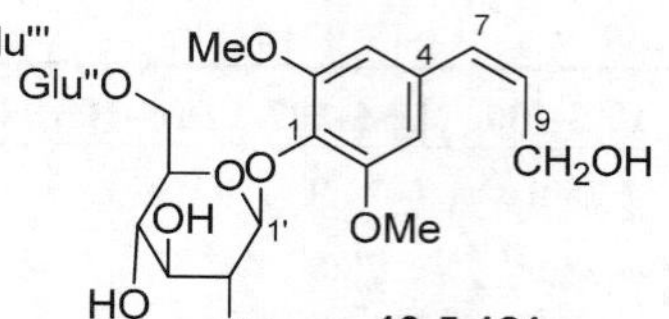

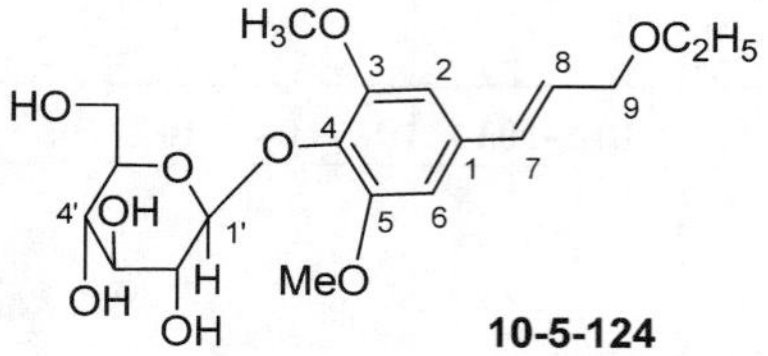

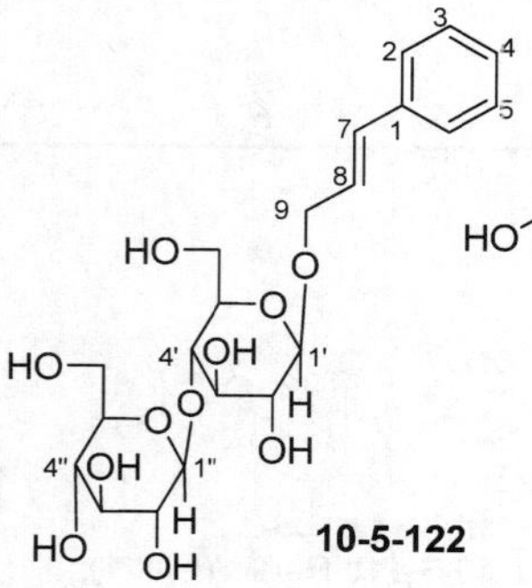

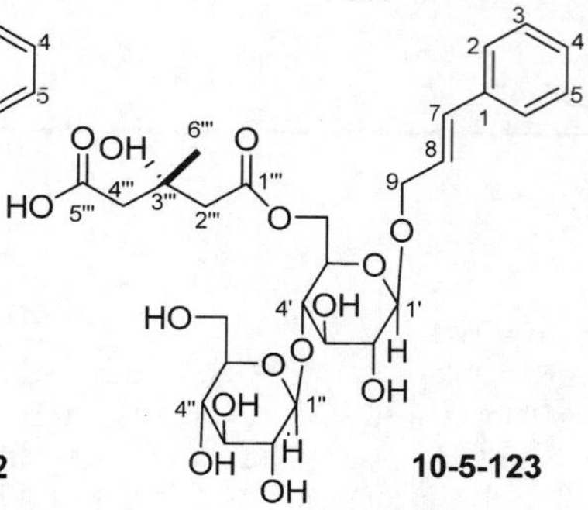

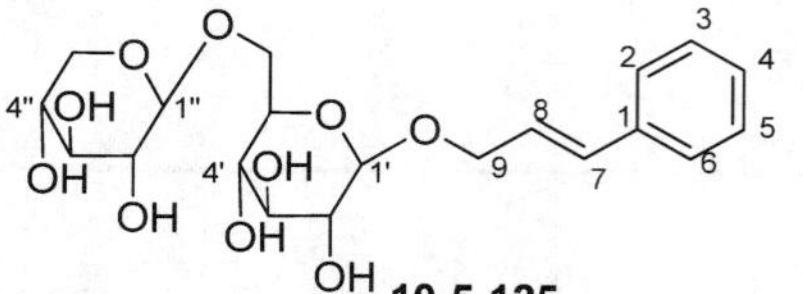

C	10-5-120[36]	10-5-121[36]	10-5-122[37]	10-5-123[37]	10-5-124[38]	10-5-125[39]	10-5-126[39]
1	134.6	134. 5	137.4	137.4	130.7	137.0	101.6
2	153.3	159.2	126.9	126.9	135.2	126.9	128.5
3	105.2	107.5	129.0	128.9	105.3	129.2	114.8
4	133.6	134.5	127.9	127.9	153.3	128.9	159.3
5	105.2	107.5	129.0	128.9	105.3	129.2	114.8
6	153.3	153.9	126.9	126.9	135.2	126.9	128.5
7	133.8	131.4	132.2	132.4	135.2	134.2	133.7
8	126.0	131. 4	126.8	126.9	131.2	125.2	123.3
9	70.8	59.0	69.8	69.9	63.6	70.7	70.8
1'	102.8	102.9	103.6	103.5	105.2	101.6	101.6
2'	70.1~76.6	70.1~76.6	74.8	74.5	75.7	73.4	73.5
3'	70.1~76.6	70.1~76.6	76.8	76.6	78.3	75.9	76.0
4'	70.1~76.6	70.1~76.6	81.2	81.6	71.3	69.7	69.5
5'	70.1~76.6	70.1~76.6	76.5	73.5	77.8	75.1	75.3
6'	68.1	68.2	62.1	64.1	62.5	68.9	68.7
OMe	56.9	57.0			57.0		55.7
OCH_2CH_3					47.9/9.2		
1"	102.7	102.8	104.9	105.2		103.9	104.0
2"	70.1~76.6	70.1~76.6	74.8	74.9		73.2	70.1
3"	70.1~76.6	70.1~76.6	78.4	78.4		76.1	72.6
4"	70.1~76.6	70.1~76.6	71.6	71.9		69.2	72.6
5"	70.1~76.6	70.1~76.6	78.2	78.5		65.5	68.5
6"	61.5	61.4	62.5	62.8			
1'''	101.8			171.6			
2'''	70.1~76.6	70.1~76.6		46.8			
3'''	70.1~76.6	70.1~76.6		70.1			
4'''	70.1~76.6	70.1~76.6		46.5			
5'''	70.1~76.6	70.1~76.6		174.9			
6'''				28.3			

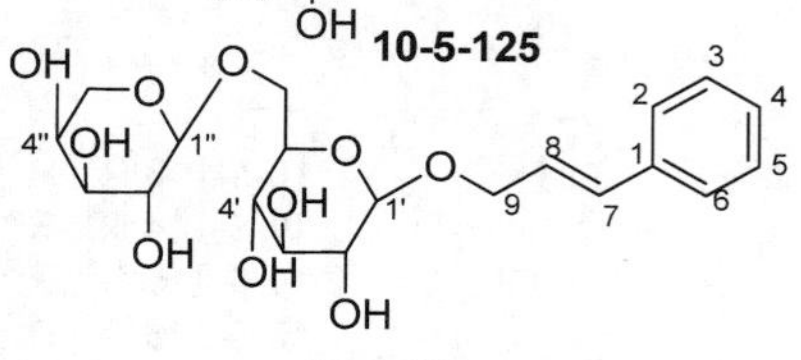

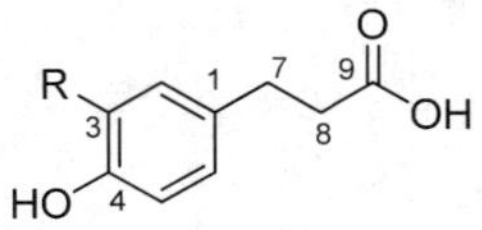

10-5-127 R=OH
10-5-128 R=H

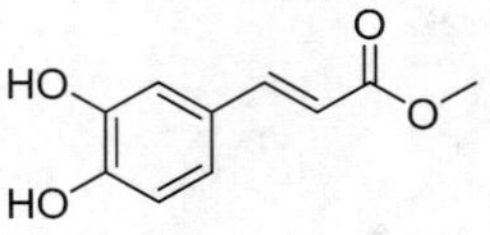

10-5-129

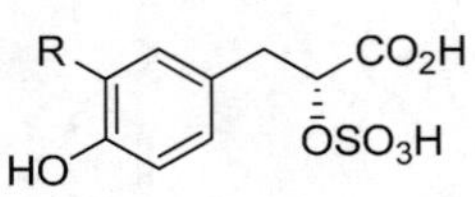

10-5-130 R=H
10-5-131 R=OH

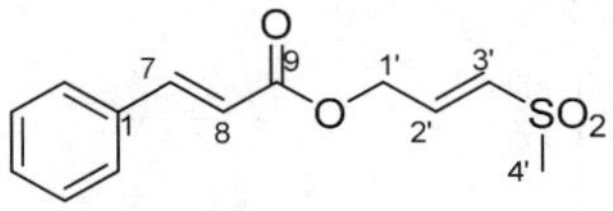

10-5-132

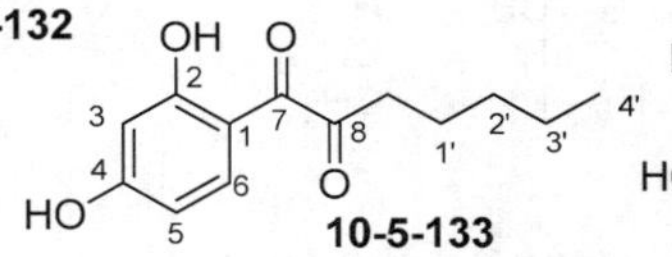

10-5-133

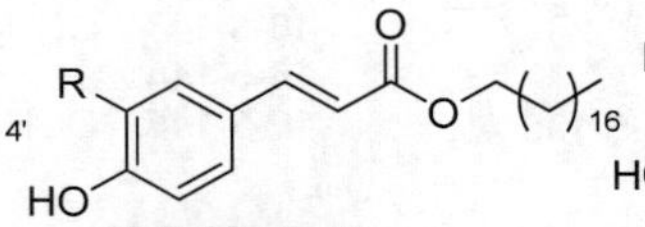

10-5-134 R=H
10-5-135 R=OMe

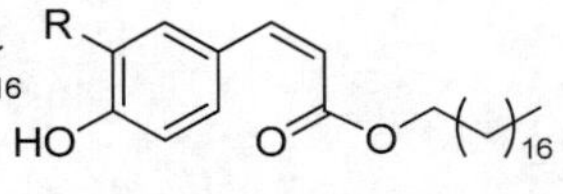

10-5-136 R=H
10-5-137 R=OMe

表 10-5-18 化合物 10-5-127~10-5-132 的 ^{13}C NMR 数据

C	10-5-127[40]	10-5-128[40]	10-5-129[41]	10-5-130[42]	10-5-131[42]	10-5-132[43]
1	133.86	133.63	127.4	128.9	128.8	133.7
2	116.42	130.19	115.2	131.2	117.6	128.0
3	146.2	116.15	146.8	115.4	143.9	128.8
4	144.6	156.1	146.5	154.3	143.0	130.5
5	116.36	116.15	116.5	115.4	116.3	128.8
6	120.5	130.2	122.9	131.2	122.3	128.0
7	31.55	31.7	114.9	37.8	37. 6	146.1
8	37.52	38.6	146.9	80.1	78.3	116.4
9	177.17	179.1	169.8	177.2	175.3	165.5
1'						61.3
2'						141.2
3'						130.0
4'~19'						42.7
OMe			52.0			

表 10-5-19 化合物 10-5-133~10-5-137 的 ^{13}C NMR 数据

C	10-5-133[44]	10-5-134[45]	10-5-135[45]	10-5-136[45]	10-5-137[45]	C	10-5-133[44]	10-5-134[45]	10-5-135[45]	10-5-136[45]	10-5-137[45]
1	109.1	129.2	129.2	128.3	128.3	9		167.5	167.5	167.4	167.4
2	165.1	132.0	132.0	109.3	109.3	1'	65.1	64.6	64.6	64.4	64.4
3	102.3	115.8	115.8	146.7	146.7	2'	29.2	31.9	31.9	31.9	31.9
4	163.1	157.8	157.8	147.9	147.9	3'	17.9	26.0	26.0	26.0	26.0
5	107.7	115.8	115.8	114.7	114.7	4'~19'	12.5	29.7	29.7	29.3	29.3
6	133.1	132.0	132.0	123.0	123.0	20'		14.1	14.1	14.1	14.1
7	186.7	144.3	144.3	144.6	144.6	OMe				55.9	55.9
8	161.3	115.8	115.8	115.7	115.7						

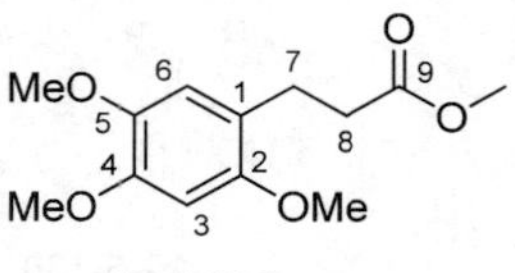

10-5-138

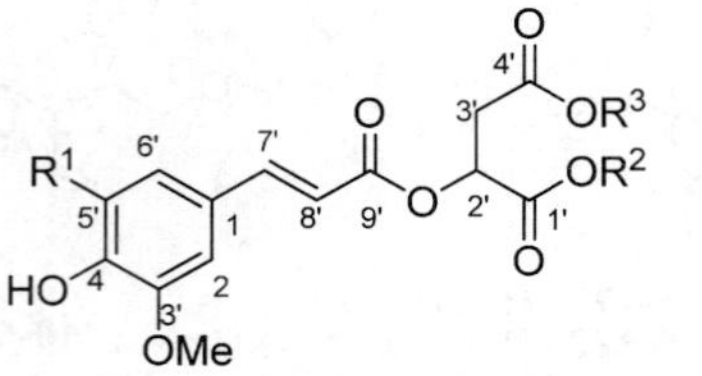

10-5-139

	R¹	R²	R³
10-5-140	H	CH_3	CH_3
10-5-141	OCH_3	CH_3	CH_3
10-5-142	H	CH_3	H
10-5-143	OCH_3	CH_3	H
10-5-144	H	H	CH_3
10-5-145	OCH_3	H	CH_3

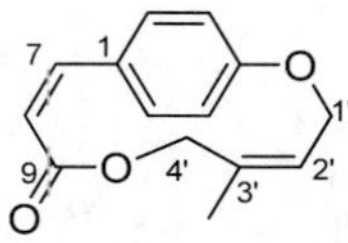

表 10-5-20　化合物 10-5-138~10-5-145 的 ^{13}C NMR 数据

C	10-5-138[46]	10-5-139[55]	10-5-140[47]	10-5-141[47]	10-5-142[47]	10-5-143[47]	10-5-144[47]	10-5-145[47]
1	129.0	126.5	126. 7	125.6	126.3	125.7	126.8	125.7
2	152.6	133.0	108.1	105.1	110.3	106.3	111.5	106.5
3	99.3	115.0	146.7	146.1	148.0	147.7	147.7	148.0
4	149.8	158.0	148.2	137.2	149.4	136.0	148.0	137.5
5	144.0	115.0	115.2	146.1	115.2	147.7	115.6	148.0
6	116.3	133.0	123.6	105.1	122.5	106.3	123.4	106.5
7	26.1	144.2	146.7	147.1	146.4	147.5	146.6	146.8
8	34.9	116.1	113.8	113.2	113.2	113.2	114.1	113.2
9	17.37	166.6	166.5	165.7	168.8	168.5	168.6	168.5
1'		68.5	169.5	169.5	170.6	177.1	175.8	177.1
2'		127.0	67.9	68.1	69.5	70.7	71.6	70.7
3'		132.2	35.9	36.0	37.2	38.9	36.7	38.9
4'		68.8	169.5	169.5	170.6	172.7	173.2	173.2
5'		13.8						
2-OMe	56.5							
3-OMe				56.3		56.3		56.3
4-OMe	56.4							
5-OMe	57.1		55.9	56.3	55.1	56.3	56.9	56.3
1'-OMe			52.0	51.9				
2'-OMe			52.5	52.6			52.6	52.5

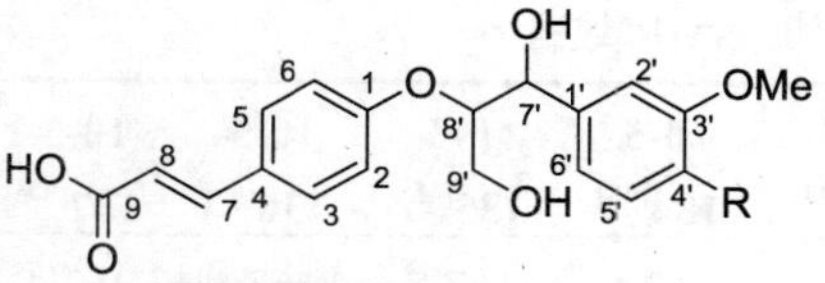

10-5-146 R=H
10-5-147 R=Me

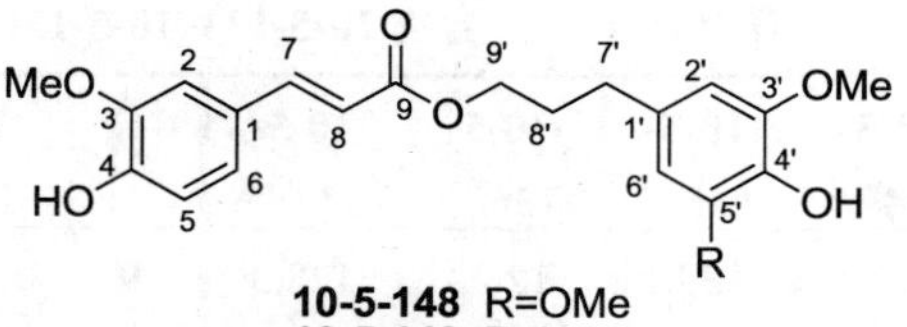

10-5-148 R=OMe
10-5-149 R=H

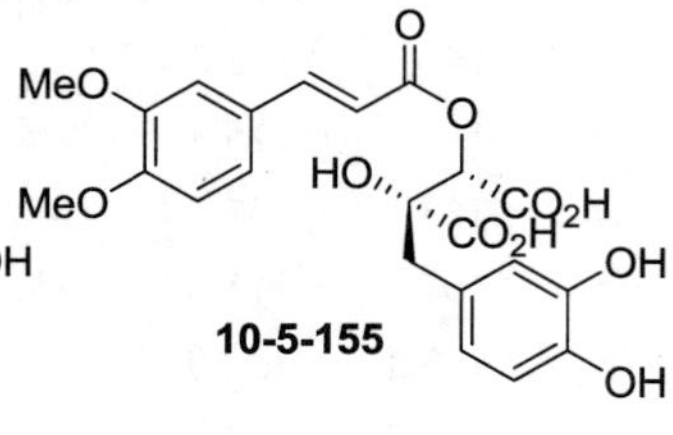

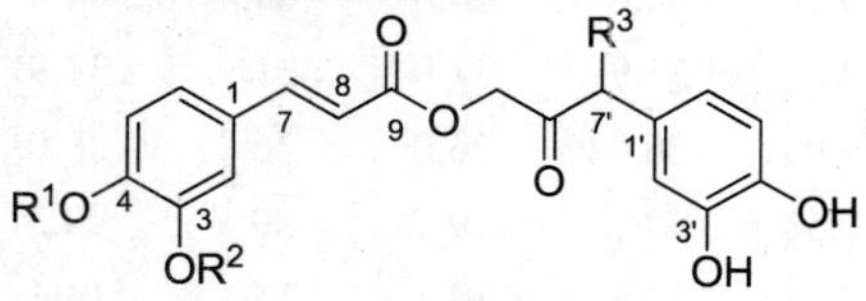

10-5-150 R¹=Me; R²=H; R³=H
10-5-151 R¹=H; R²=H; R³=H
10-5-152 R¹=Me; R²=H; R³=OMe
10-5-153 R¹=H; R²=Me; R³=OMe

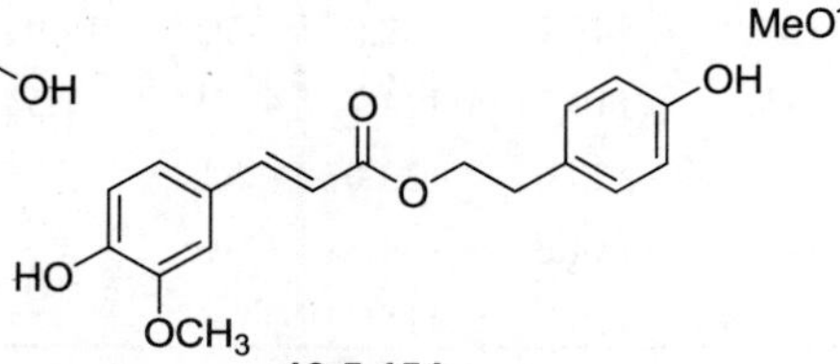

10-5-154

10-5-155

表 10-5-21 化合物 10-5-146~10-5-150 的 ^{13}C NMR 数据

C	10-5-146[48]	10-5-147[48]	10-5-148[49]	10-5-149[49]	10-5-150[50]	C	10-5-146[48]	10-5-147[48]	10-5-148[49]	10-5-149[49]	10-5-150[50]
1	131.4	130.0	127.0	127.0	128.8	5'	116.0	115.9	147.0	114.3	116.5
2	115.6	112.3	109.4	109.4	114.8	6'	120.7	120.7	105.5	121.0	122.0
3	149.4	151.8	146.8	146.8	148.0	7'	74.0	73.9	32.5	32.0	46.3
4	149.5	151.7	148.0	148.0	151.7	8'	86.7	86.3	30.6	30.6	204.5
5	118.0	117.7	114.7	114.7	112.5	9'	61.9	62.0	63.8	63.8	68.5
6	121.4	123.4	123.0	123.0	123.0	3-OMe	56.3	56.4	56.0	55.9	
7	143.3	145.6	144.9	144.8	168.1	4-OMe					56.4
8	121.4	118.3	115.5	115.5	115.2	5-OMe			56.3	56.0	
9	172.6	171.4	167.3	167.3	147.4	3'-OMe		56.7	56.3		
1'	134.0	133.8	132.4	133.0	126.0	4'-OMe					
2'	111.5	11.8	105.5	111.0	117.6	7'-OMe					
3'	149.0	148.9	147.0	143.8	146.6	8'-CO_2H					
4'	147.4	147.2	132.9	146.4	145.7	9'-CO_2H					

表 10-5-22 化合物 10-5-151~10-5-155 的 ^{13}C NMR 数据

C	10-5-151[50]	10-5-152[50]	10-5-153[50]	10-5-154[51]	10-5-155[52]	C	10-5-151[50]	10-5-152[50]	10-5-153[50]	10-5-154[51]	10-5-155[52]
1	127.6	128.8	127.6	128.2	127.4	5'	116.5	116.5	116.6	116.3	114.5
2	116.5	114.8	116.5	111.5	110.2	6'	122.0	120.7	120.0	130.7	121.6
3	150.9	148.0	150.8	149.2	149.5	7'	46.3	88.2	88.2	35.8	40.8
4	149.4	151.7	149.4	149.8	151.7	8'	204.6	203.6	203.7	42.5	78.7
5	111.7	112.5	111.8	116.4	111.3	9'	68.5	66.9	66.9		76.5
6	124.3	123.0	124.4	123.2	122.9	3-OMe	56.4		56.5	56.3	
7	168.3	168.1	168.5	142.0	146.2	4-OMe		56.4			
8	114.5	115.2	114.5	118.7	114.3	5-OMe					
9	147.4	147.4	147.8	169.1	166.6	3'-OMe					55.1
1'	126.0	127.9	127.9	132.1	126.7	4'-OMe					55.0
2'	117.6	115.5	115.5	130.7	117.4	7'-OMe		57.1	57.2		
3'	146.6	147.4	147.4	116.3	114.3	8'-CO_2H					173.5
4'	145.7	147.0	145.0	156.9	143.9	9'-CO_2H					169.5

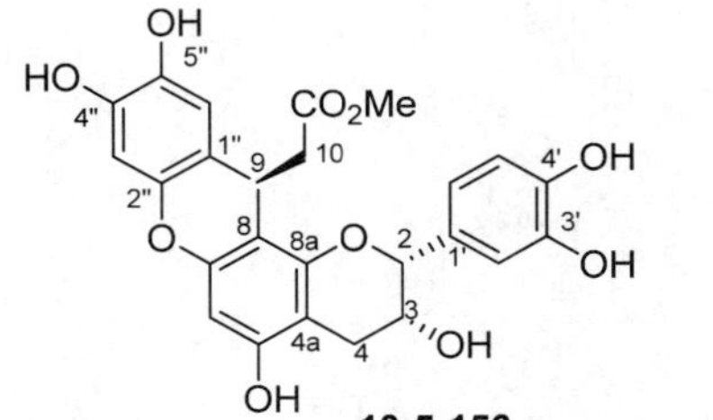

10-5-156

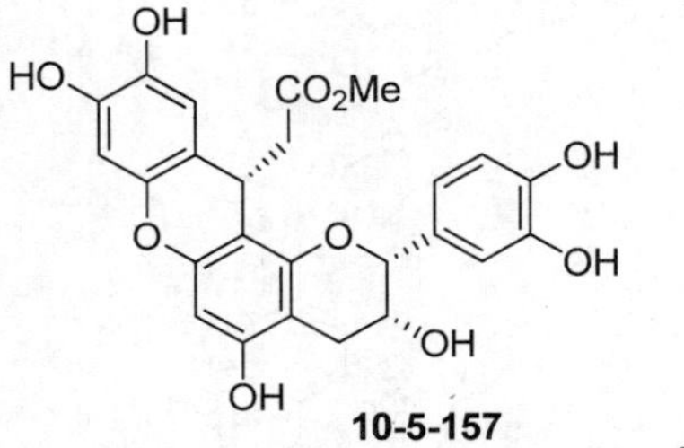

10-5-157

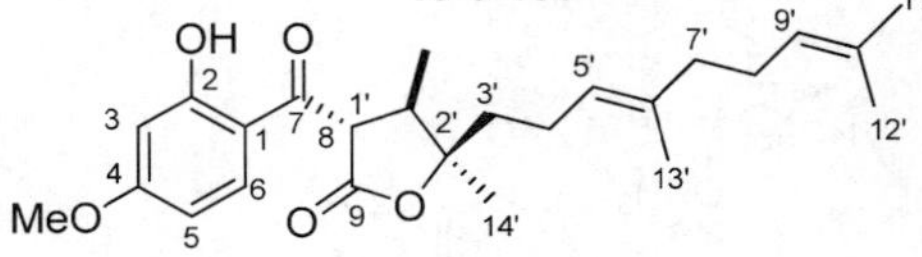

10-5-158

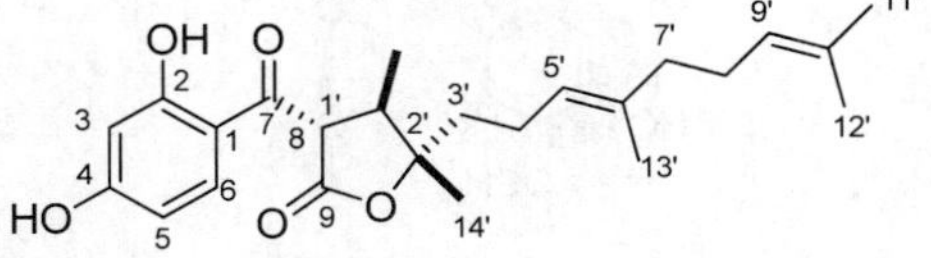

10-5-159

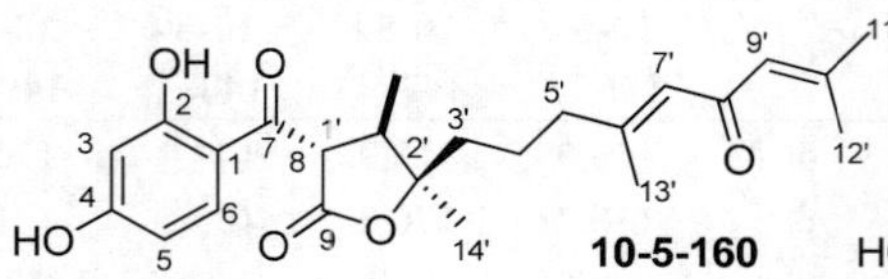

10-5-160 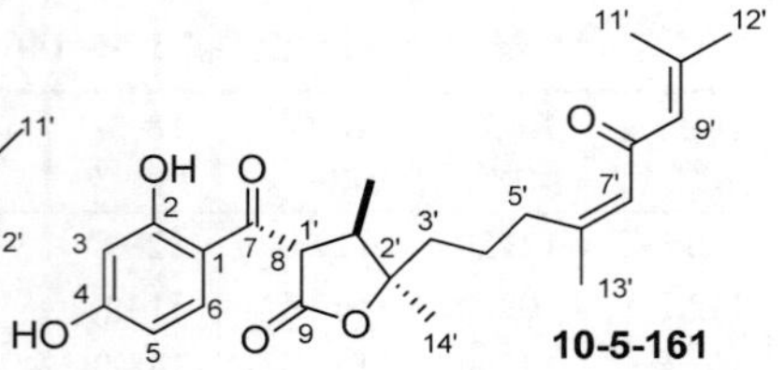 10-5-161

表 10-5-23 化合物 10-5-156~10-5-161 的 ^{13}C NMR 数据

C	10-5-156[53]	10-5-157[53]	10-5-158[44]	10-5-159[44]	10-5-160[44]	10-5-161[44]
1	116.2	115.9	114.1	113.5	114.0	118.5
2	146.6	146.4	164.4	163.7	164.4	165.6
3	104.3	104.4	108.7	103.7	108.5	100.5
4	146.1	145.8	166.0	165.5	166.1	166.3
5	142.3	142.1	109.0	108.1	108.7	107.9
6	115.0	115.2	133.4	133.1	133.3	132.4
7	31.5	31.2	195.5	194.8	195.9	195.2
8	45.3	44.8	54.9	54.1	54.4	54.2
9	174.3	174.7	172.4	171.0	171.7	170.4
1'	132.2	132.1	41.8	43.8	44.4	43.9
2'	115.2	115.1	89.0	87.4	88.0	87.1
3'	146.0	146.1	40.2	34.4	35.0	35.1
4'	145.8	146.0	22.7	21.1	22.0	22.0
5'	116.0	115.0	123.0	41.0	33.6	124.8
6'	119.1	119.2	136.5	156.2	158.3	132.7
7'	79.8	80.1	40.1	125.7	126.7	38.2
8'	67.2	66.9	27.1	191.5	191.9	153.5
9'	29.6	29.5	124.3	125.7	126.4	108.6
10'	156.6	156.5	131.6	155.2	155.5	120.1
11'	95.9	95.8	26.2	27.8	27.8	137.3
12'	152.9	152.9	18.2	20.7	20.8	9.8
13'	104.5	104.5	16.6	19.1	25.4	16.0
14'	103.2	103.0	21.0	23.8	23.8	23.7
15'	153.6	153.4	13.9	12.7	12.6	12.7
OMe	51.8	52.0				55.5

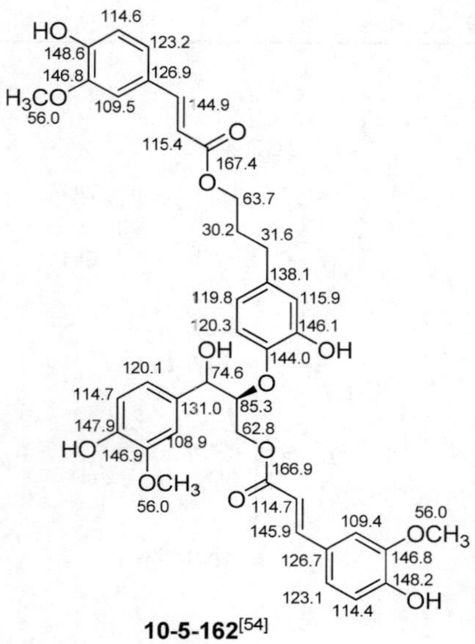

10-5-162[54] 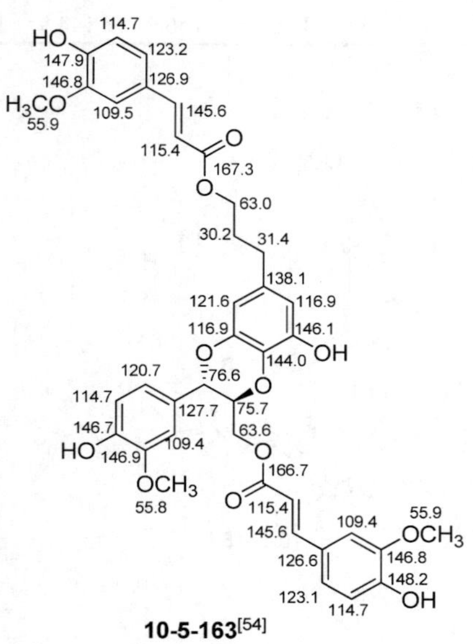 10-5-163[54]

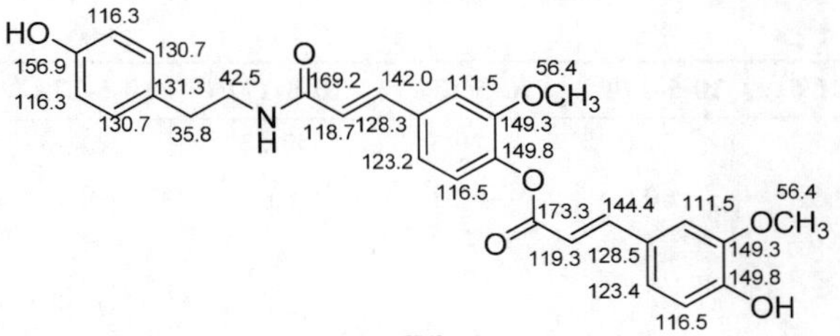

10-5-164[54]

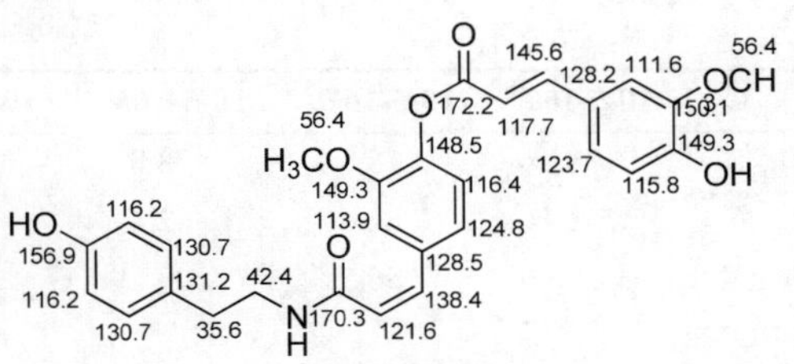

10-5-165[54]

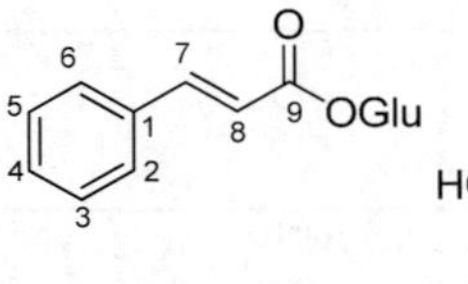

10-5-166

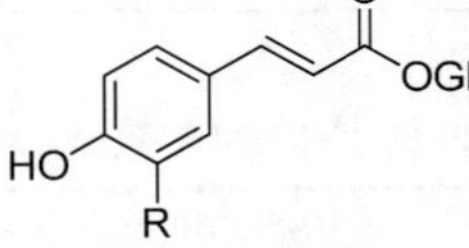

10-5-167 R=OMe
10-5-168 R=H

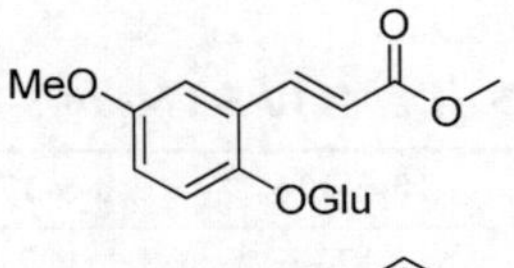

10-5-169

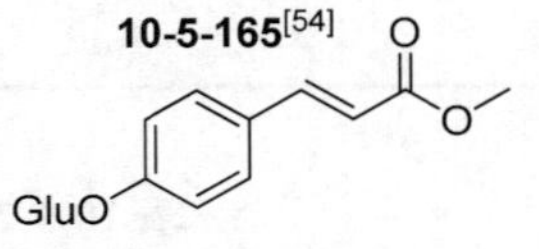

10-5-170

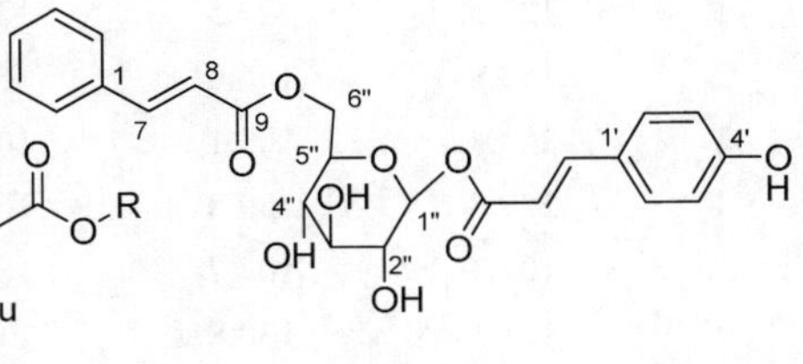

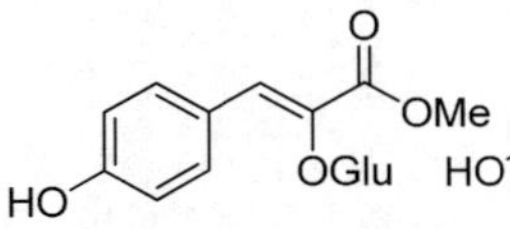

10-5-171

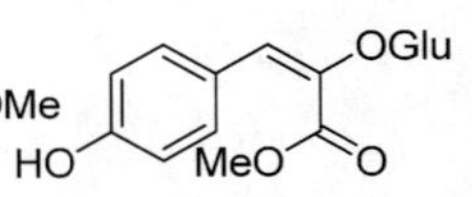

10-5-172

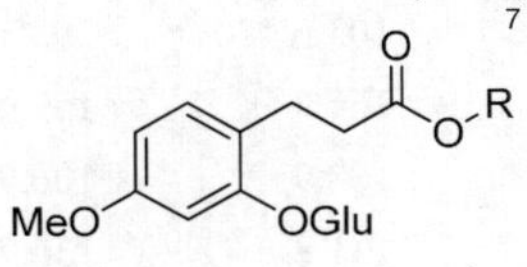

10-5-173 R=H
10-5-176 R=Me

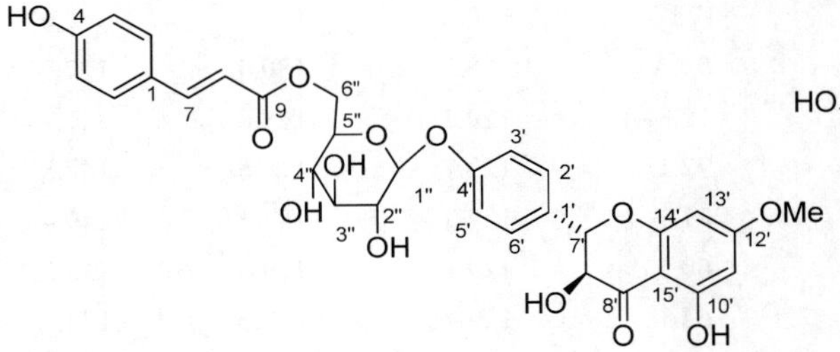

10-5-178

10-5-179

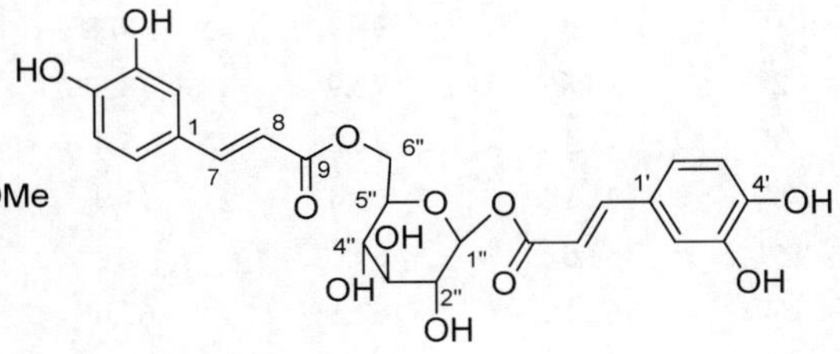

10-5-180

表 10-5-24 化合物 10-5-166~10-5-173 的 ^{13}C NMR 数据

C	10-5-166[56]	10-5-167[57]	10-5-168[57]	10-5-169[58]	10-5-170[58]	10-5-171[59]	10-5-172[59]	10-5-173[60]
1	135.6	127.0	127.6	130.4	127.7	125.9	124.1	123.5
2	130.1	131.4	111.9	112.6	129.9	133.3	132.3	157.7
3	129.4	116.9	151.0	150.1	116.1	116.4	115.2	102.7
4	131.8	161.6	149.4	117.4	159.1	159.2	158.3	160.9
5	129.4	116.9	114.8	151.0	116.1	116.4	115.2	108.6
6	130.1	131.4	124.4	123.5	129.2	133.3	132.3	131.3
7	147.7	167.7	167.7	146.1	115.5	119.1	124.1	26.4
8	118.3	116.9	116.6	116.5	115.5	137.0	136.0	35.2
9	167.1	147.9	148.2	169.2	166.8	160.9	160.3	177.7
1'	96.0	95.8	95.8	102.2	99.9	95.9	95.8	103.2
2'	74.1	74.1	74.1	74.8	73.1	79.6	78.8	78.3
3'	78.9	78.1	78.1	77.8	76.5	74.5	73.8	75.0
4'	71.5	68.3	71.2	71.2	69.6	71.0	70.7	71.5

续表

C	10-5-166[56]	10-5-167[57]	10-5-168[57]	10-5-169[58]	10-5-170[58]	10-5-171[59]	10-5-172[59]	10-5-173[60]
5'	78.0	78.8	78.8	78.2	77.0	79.5	78.8	68.5
6'	62.4	62.4	62.4	62.5	60.6	62.1	61.7	62.6
3-OMe		56.5		56.8				
4-OMe								55.8
OMe				52.1	51.2			52.5

表 10-5-25 化合物 10-5-174~10-5-180 的 ^{13}C NMR 数据

C	10-5-174[60]	10-5-175[60]	10-5-176[60]	10-5-177[60]	10-5-178[61]	10-5-179[61]	10-5-180[62]
1	122.5	122.5	123.6	122.4	126.7	125.5	127..6
2	155.8	156.0	158.1	155.5	131.1	129.8	111.7
3	103.4	103.1	103.6	103.1	116.6	115.6	148.8
4	159.8	159.8	161.3	159.4	160.8	159.4	149.5
5	107.3	107.7	108.9	106.7	116.6	115.6	116.2
6	131.1	130.8	131.8	130.7	131.1	129.8	124.1
7	25.2	25.1	36.8	25.1	146.8	145.5	114.8
8	34.4	34.0	36.0	34.1	114.7	113.7	147.4
9	178.6	173.5	176.4	173.5	160.8	167.6	169.6
1'	99.3	98.9	100.8	99.0	135.2	130.4	127.5
2'	72.8	72.9	78.9	72.8	129.7	128.6	111.7
3'	72.1	72.2	75.4	72.1	129.1	116.6	148.8
4'	71.1	71.4	71.9	71.1	129.7	157.6	149.4
5'	68.5	69.0		68.5	129.1	116.6	116.2
6'	62.1	62.5	63.0	62.1	129.7	128.6	124.1
7'					146.8	82.9	114.7
8'					114.7	77.2	147.1
9'					160.8	196.3	169.7
10'						162.5	
11'						94.1	
12'						168.3	
13'						95.8	
14'						163.3	
15'						101.0	
1''	99.3	98.9	100.8	99.0	95.1	100.6	104.3
2''	72.8	72.9	78.9	72.8	73.8	73.0	74.4
3''	72.1	72.2	75.4	72.1	77.6	76.3	76.9
4''	71.1	71.4	71.9	71.1	70.8	70.1	71.0
5''	68.5	69.0		68.5	75.7	74.0	77.5
6''	62.1	62.5	63.0	62.1	64.2	63.2	66.5
3-OMe			52.5	51.5			
4-OMe	55.8	55.2	56.2	55.4			
Me	20.1	20.1		20.6			

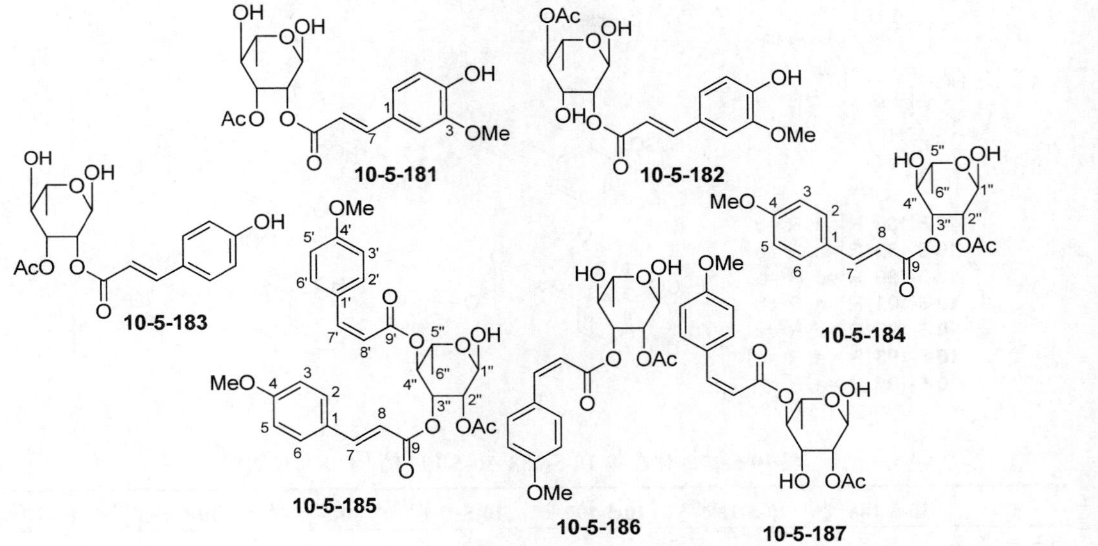

10-5-181 10-5-182 10-5-183 10-5-184 10-5-185 10-5-186 10-5-187

表 10-5-26 化合物 10-5-181~10-5-187 的 ^{13}C NMR 数据

C	10-5-181[63]	10-5-182[63]	10-5-183[63]	10-5-184[64]	10-5-185[64]	10-5-186[64]	10-5-187[64]
1	126.7	129.4	126.2	129.7	127.4	129.5	126.5
2	109.4	111.7	130.7	130.2	130.9	134.1	129.5
3	146.8	149.2	116.3	115.3	114.4	114.3	114.0
4	148.2	150.6	160.7	164.4	162.0	163.3	161.3
5	114.8	116.4	116.3	115.3	114.4	114.3	114.0
6	123.4	124.6	130.7	130.2	130.9	134.1	129.5
7	146.0	146.9	114.4	116.1	115.3	117.3	114.6
8	114.5	115.7	145.9	147.2	146.3	145.3	145.1
9	166.3	167.9	166.6	168.5	167.0	168.2	167.5
1'					127.3		
2'					130.8		
3'					114.3		
4'					161.9		
5'					114.3		
6'					130.8		
7'					115.2		
8'					146.0		
9'	166.3	167.9	166.6		166.8		
OAc	171.3/21.0	171.6/21.4	170.5/20.6	172.4/21.5	170.8/21.8	171.6/21.5	
OMe	56.0	56.7		54.4	55.2	54.3	
OMe'					55.4		
1"	92.4	92.9	92.4	129.7	92.6	93.9	93.8
2"	70.3	74.8	70.9	71.2	71.5	71.0	71.3
3"	72.1	66.9	72.5	71.6	71.2	71.4	68.9
4"	71.5	75.8	71.3	70.9	69.5	71.3	74.3
5"	68.6	68.0	68.6	67.9	67.5	67.9	65.2
6"	17.7	18.3	17.9	16.7	18.0	16.5	17.0

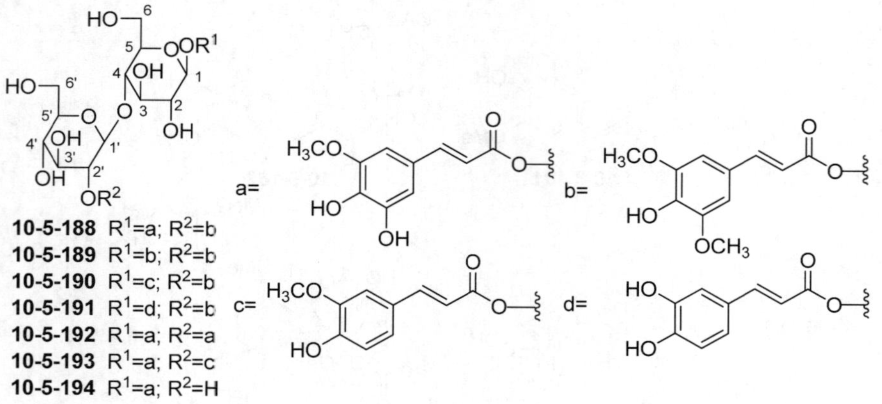

10-5-188 R^1=a; R^2=b
10-5-189 R^1=b; R^2=b
10-5-190 R^1=c; R^2=b
10-5-191 R^1=d; R^2=b
10-5-192 R^1=a; R^2=a
10-5-193 R^1=a; R^2=c
10-5-194 R^1=a; R^2=H

表 10-5-27 化合物 10-5-188~10-5-194 的 ^{13}C NMR 数据

C	10-5-188[65]	10-5-189[65]	10-5-190[65]	10-5-191[65]	10-5-192[65]	10-5-193[65]	10-5-194[65]
β-D-Glu							
1	95.6	95.6	95.6	95.6	95.5	95.6	95.7
2	73.9	74.0	73.9	73.9	73.8	73.9	73.9
3	77.9	78.0	77.9	78.0	77.9	78.0	77.9
4	71.2	71.3	71.3	71.2	71.1	71.2	71.5
5	78.7	78.7	78.7	78.8	78.4	78.6	77.9
6	69.2	69.3	69.3	69.3	69.1	69.2	69.5
6-*β*-D-Glu							
1'	102.6	102.6	102.6	102.6	102.4	102.6	104.5
2'	75.2	75.2	75.2	75.2	75.1	75.2	75.1
3'	76.2	76.3	76.3	76.2	76.4	76.3	77.1
4'	71.6	71.7	71.6	71.6	71.5	71.7	70.9
5'	78.0	78.1	78.1	78.1	77.9	78.0	77.8
6'	62.6	62.6	62.6	62.6	62.5	62.6	62.6
1-Agl							
1''	126.5	126.4	127.5	127.5	126.4	126.5	126.5
2''	110.5	106.9	118.4	115.3	110.5	110.5	110.5
3''	146.8	149.3	149.4	146.8	146.5	146.7	146.7
4''	138.4	139.4	150.9	149.9	138.6	138.6	138.7
5''	149.7	149.3	116.3	116.6	149.7	149.7	149.8
6''	105.1	106.9	124.2	123.2	105.0	105.2	105.3
7''	148.5	148.3	148.2	148.2	148.5	148.5	148.8
8''	114.8	115.1	114.7	114.4	114.8	114.8	114.7
9''	167.4	167.4	167.4	167.5	167.4	167.3	167.6
3''-OMe			56.8				
5''-OMe	56.7	56.8	56.4		56.7	56.7	56.7
2-糖苷配基							
1'''	126.9	126.9	126.9	127.0	126.9	128.0	

续表

C	10-5-188[65]	10-5-189[65]	10-5-190[65]	10-5-191[65]	10-5-192[65]	10-5-193[65]	10-5-194[65]
2'''	106.9	106.9	107.0	107.0	110.6	111.7	
3'''	149.5	149.4	149.3	149.4	149.5	149.3	
4'''	139.4	139.8	139.4	139.4	138.1	150.4	
5'''	149.3	149.4	149.3	149.4	149.7	116.4	
6'''	106.9	106.9	107.0	107.0	105.2	124.3	
7'''	147.3	147.3	147.3	147.4	147.5	147.1	
8'''	116.3	116.3	116.5	116.3	115.9	115.9	
9'''	168.5	168.5	168.5	168.6	168.5	168.6	
3'''-OMe	56.8	56.8	56.8	56.8		56.5	
5'''-OMe	56.8	56.8	56.8	56.9	56.7		

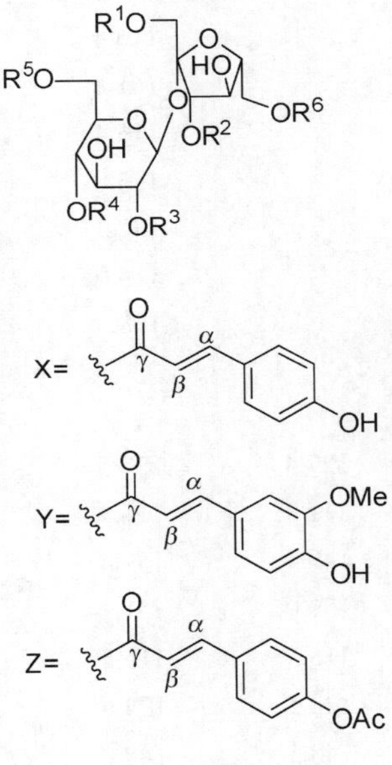

	R1	R2	R3	R4	R5	R6
10-5-195	X	X	Ac	Ac	Ac	X
10-5-196	X	X	Ac	H	Ac	X
10-5-197	H	X	Ac	Ac	Ac	X
10-5-198	Y	X	Ac	H	Ac	X
10-5-199	Y	X	Ac	H	Ac	X
10-5-200	X	X	H	H	Y	X
10-5-201	Y	X	H	H	Y	X
10-5-202	H	X	H	H	Y	X
10-5-203	H	X	H	H	H	X
10-5-204	H	Y	H	Y	H	H
10-5-205	H	Y	H	Y	H	H
10-5-206	H	Y	Ac	Y	Ac	Ac

	R1	R2	R3	R4	R5	R6
10-5-207	H	Y	H	X	H	H
10-5-208	H	Y	Ac	X	Ac	Ac
10-5-209	Ac	X	Ac	H	Ac	X
10-5-210	Ac	H	Ac	Ac	Ac	X
10-5-211	X	Z	Ac	H	Y	X
10-5-212	X	X	H	H	Y	X
10-5-213	X	X	H	H	H	X
10-5-214	X	X	Ac	H	H	X
10-5-215	X	X	H	H	H	X
10-5-216	Y	X	H	H	Ac	X
10-5-217	X	Y	Ac	H	H	X
10-5-218	Y	Y	H	H	H	X

表 10-5-28 化合物 10-5-195~10-5-201 的 ^{13}C NMR 数据

C	10-5-195[66]	10-5-196[66]	10-5-197[66]	10-5-198[66]	10-5-199[66]	10-5-200[67]	10-5-201[67]
β-D-Fru							
1	66.7	65.0	65.4	66.8	66.5	66.2	66.3
2	103.6	103.6	105.5	104.0	103.6	103.4	103.4
3	79.8	79.4	78.9	80.0	79.4	79.1	79.7
4	74.0	73.9	73.6	74.0	73.9	74.0	73.9
5	81.4	81.2	81.3	81.6	81.2	81.0	81.0
6	64.5	65.3	64.4	64.7	65.2	65.5	65.5
α-D-Glu							
1'	90.6	90.7	90.8	90.7	90.7	92.9	92.9
2'	73.9	74.3	74.0	74.0	74.3	72.9	72.9
3'	64.7	72.1	69.5	69.9	71.1	74.9	74.9

续表

C	10-5-195[66]	10-5-196[66]	10-5-197[66]	10-5-198[66]	10-5-199[66]	10-5-200[67]	10-5-201[67]
4'	72.2	71.8	72.3	73.6	71.9	72.2	72.3
5'	69.9	72.1	69.8	70.0	72.1	72.4	72.4
6'	64.0	65.2	64.1	64.1	65.2	65.8	65.7
2'-OAc	172.1	172.5	172.1	172.3	172.5		
	21.0	21.0	20.9	21.0	21.1		
4'-OAc	171.6		171.7	171.6			
	20.6		20.7	20.6			
6'-OAc	172.4	172.8	172.6	172.6	172.8		
	20.8	20.9	20.8	20.8	20.9		
R^1-X 或 Y							
1	127.6	127.8		127.1	127.0	168.5	168.5
2	111.6	111.7		133.8	131.3	115.0	114.9
3	149.3	149.3		116.8	116.8	147.4	147.5
4	150.6	150.6		161.8	161.4	127.6	127.6
5	116.4	116.4		116.4	116.8	111.6	111.6
6	124.3	124.4		133.8	131.3	149.3	149.4
7	148.2	147.2		147.3	147.2	150.7	150.8
8	114.8	114.8		114.6	114.6	116.3	116.3
9	168.1	168.3		168.3	168.3	124.4	124.4
OMe	56.5	56.5				56.4	56.4
R^2-X 或 Y							
1	127.4	127.5	127.4	127.5	127.5	127.1	127.0
2	111.8	119.5	111.8	111.9	111.9	116.8	116.8
3	149.4	149.4	149.4	149.4	149.4	116.8	116.8
4	151.0	150.9	151.0	151.1	150.9	161.5	161.4
5	116.4	116.8	116.5	116.5	116.5	116.8	116.8
6	124.5	124.4	124.5	124.6	124.5	116.8	116.8
7	147.2	148.3	148.3	148.0	148.3	147.9	147.9
8	114.3	114.4	114.5	114.4	114.5	114.3	114.3
9	167.8	168.2	168.0	168.0	168.2	168.5	168.5
OMe	56.4	56.4	56.6	50.6	56.5		56.4
R^5-X 或 Y							
1						127.7	127.7
2						111.5	111.5
3						148.3	149.3
4						150.6	150.6
5						116.4	116.4
6						124.5	124.5
7						147.2	147.2
8						115.3	115.3
9						169.3	169.3
OMe						56.4	56.4

续表

C	10-5-195[66]	10-5-196[66]	10-5-197[66]	10-5-198[66]	10-5-199[66]	10-5-200[67]	10-5-201[67]
R^6-X 或 Y							
1	127.5	127.6	127.7	127.7	127.7	127.1	127.6
2	111.6	111.7	111.6	111.7	111.7	131.2	111.6
3	149.3	149.8	149.4	149.5	149.4	116.8	149.4
4	150.7	150.7	151.7	150.7	150.7	161.3	150.7
5	116.5	116.4	116.5	116.6	116.4	116.8	149.4
6	124.2	124.2	124.2	124.3	124.3	131.2	111.6
7	147.5	147.5	147.2	147.3	147.2	146.8	147.1
8	115.0	115.2	115.2	115.2	115.2	114.8	115.1
9	168.7	168.8	168.8	168.8	168.8	168.9	168.9
OMe	56.4	56.4	56.6	50.5	56.5		56.4

表 10-5-29 化合物 10-5-202~10-5-208 的 ^{13}C NMR 数据

C	10-5-202[67]	10-5-203[67]	10-5-204[28]	10-5-205[28]	10-5-206[28]	10-5-207[28]	10-5-208[28]
β-D-Fru							
1	65.4	65.1	65.3	65.8	64.8	65.8	64.9
2	104.9	105.1	105.8	105.5	105.8	105.7	105.8
3	79.0	79.2	79.4	79.2	78.8	79.4	79.0
4	75.0	15.0	75.0	74.2	74.2	74.4	74.4
5	81.1	81.2	81.9	81.8	81.4	82.0	81.5
6	65.8	66.4	65.6	64.7	65.3	64.7	65.2
α-D-Glu							
1'	92.5	93.2	93.0	92.5	90.7	92.6	90.7
2'	73.1	73.2	73.3	73.1	74.4	73.1	74.4
3'	74.8	75.0	72.9	72.6	70.1	72.6	70.2
4'	72.2	71.5	72.9	72.6	72.5	72.5	72.4
5'	72.4	74.5	72.6	70.3	72.3	70.2	72.3
6'	65.8	62.6	62.4	64.7	62.3	64.7	62.3
2'-OAc					172.3		172.3
					21.0		21.0
6'-OAc				172.8/20.9		172.8/20.9	
R^2-X 或 Y							
1	127.1	127.1	127.6	127.5	127.5	127.6	127.5
2	116.8	116.9	111.7	111.9	111.6	111.6	111.8
3	116.8	116.9	149.4	149.4	149.3	149.4	149.4
4	161.4	161.6	150.9	150.9	151.1	151.0	151.0
5	116.8	116.9	111.6	111.6	111.6	111.6	111.6
6	116.8	116.9	124.4	124.5	124.6	124.5	124.6
7	147.6	147.5	147.9	148.0	148.0	148.0	148.0
8	114.6	114.7	114.9	114.6	114.8	114.7	114.7

C	10-5-202[67]	10-5-203[67]
9	168.5	168.4
R^4-X 或 Y		
1	127.7	
2	111.5	
3	149.3	
4	150.6	
5	116.3	
6	124.6	
7	147.2	
8	115.3	
9	169.3	
OMe	56.4	
R^6-X 或 Y		
1	127.1	127.1
2	131.2	131.3
4	161.3	161.5
5	116.8	116.9
6	131.2	131.3
7	146.8	147.0
8	114.8	114.8
9	168.9	169.1
OMe		

续表

C	10-5-204[28]	10-5-205[28]	10-5-206[28]	10-5-207[28]	10-5-208[28]	C	10-5-204[28]	10-5-205[28]	10-5-206[28]	10-5-207[28]	10-5-208[28]
9	167.9	167.9	168.2	167.9	168.2	OMe	56.4	56.4	56.4		
OMe	56.4	56.4	56.4	56.5	56.4	R^6-X 或 Y					
R^4-X 或 Y						1	127.6	127.4	127.6	127.7	127.6
1	127.5	127.7	127.4	126.8	126.9	2	111.6	111.5	111.6	111.5	111.6
2	111.9	111.5	111.9	131.2	131.3	3	149.2	149.4	149.4	149.4	149.4
3	149.3	149.4	149.4	116.9	116.9	4	150.8	150.7	150.8	150.7	150.8
4	150.7	150.7	150.8	161.3	161.5	5	116.6	116.5	116.5	116.5	116.5
5	116.6	116.5	116.5	116.9	116.9	6	124.3	124.3	124.4	124.3	124.4
6	123.4	123.9	124.1	131.2	131.3	7	147.3	147.2	147.3	147.2	147.1
7	147.5	147.7	147.6	147.4	147.3	8	115.1	115.2	115.1	115.2	115.1
8	114.9	114.6	114.7	114.3	114.4	9	169.0	168.9	169.0	168.9	169.0
9	168.6	168.3	168.4	168.4	168.4	OMe	56.5	56.5	56.5	56.5	56.4

表 10-5-30 化合物 10-5-209~10-5-215 的 ^{13}C NMR 数据

C	10-5-209[68]	10-5-210[68]	10-5-211[69]	10-5-212[69]	10-5-213[70]	10-5-214[70]	10-5-215[70]
β-D-Fru							
1	65.4	63.9	63.80	64.14	66.0	66.2	66.3
2	103.2	103.4	101.12	101.96	103.5	103.7	103.4
3	78.5	77.6	77.64	77.52	79.1	79.5	79.0
4	73.7	75.3	72.65	72.77	74.1	74.2	73.6
5	81.2	79.4	79.82	79.79	81.0	81.0	81.1
6	65.5	63.9	64.55	64.54	66.0	65.7	65.5
OAc	170.3/20.6	170.8/20.5					
α-D-Glu							
1'	90.5	89.5	89.18	91.57	93.5	91.2	93.0
2'	74.0	72.6	73.01	71.64	73.0	74.5	72.8
3'	71.9	69.6	70.79	70.80	74.9	72.2	74.8
4'	71.8	70.9	70.66	73.90	71.5	71.3	72.1
5'	72.1	68.7	70.79	70.86	74.4	74.4	72.0
6'	65.0	62.5	64.49	64.35	62.6	62.3	65.7
2'-OAc	170.9/21.0	171.0/20.6	170.12/20.3			172.6/21.1	
4'-OAc		171.1/20.6					
6'-OAc	171.0/20.8	171.3/20.6					170.3/20.9
R^1-X 或 Y							
1	126.2		126.4~125.7	126.4~125.7	127.0	126.8	127.0
2	111.9		110.1	110.1	131.3	131.6	131.3
3	149.0		149.0	148.9	116.8	117.1	116.8
4	151.4		147.6	147.6	161.2	161.8	161.2

续表

C	10-5-209[68]	10-5-210[68]	10-5-211[69]	10-5-212[69]	10-5-213[70]	10-5-214[70]	10-5-215[70]
5	116.8		114.9	114.1	116.8	116.8	116.8
6	123.0		123.2	123.1	131.3	131.6	131.3
7	147.1		145.9~144.9	145.7~144.8	147.9	148.0	147.9
8	114.0		114.5~113.4	114.7~113.6	114.3	114.0	114.2
9	167.0		166.6~165.9	166.6~165.9	168.5	168.4	168.5
OMe	55.9		55.2				
R^2-X 或 Y							
1					127.0	126.7	127.0
2					131.5	131.3	131.5
3					116.8	117.0	116.8
4					161.4	162.2	161.4
5					116.8	116.8	116.8
6					131.5	131.3	131.5
7					147.2	147.4	147.2
8					114.7	114.3	114.6
9					168.4	168.4	168.4
OMe							
R^6-X 或 Y							
1	126.4	126.9	126.4~125.7	126.4~125.7	127.7	127.5	127.7
2	111.4	109.6	131.0~130.0	129.6	111.7	111.6	111.6
3	149.0	147.2	115.7	115.6	149.3	149.5	149.3
4	151.2	148.6	160.0~159.6	159.9~159.6	150.6	151.5	150.7
5	116.8	115.0	115.7	115.6	116.4	116.5	116.5
6	123.5	123.6	131.0~130.0	129.6	124.3	124.4	124.3
7	146.1	146.6	145.9~144.9	145.7~144.8	147.1	147.3	147.2
8	114.8	114.4	114.5~113.4	114.7~113.6	115.1	114.9	115.1
9	167.4	167.9	166.6~165.9	166.6~165.9	169.0	169.0	168.9
OMe	55.9	55.9	55.2		56.5	56.5	56.5

表 10-5-31 化合物 10-5-216~10-5-218 的 ^{13}C NMR 数据

C	10-5-216[70]	10-5-217[70]	10-5-218[70]	C	10-5-216[70]	10-5-217[70]	10-5-218[70]
β-D-Fru				α-D-Glu			
1	66.1	66.3	66.1	1'	93.5	91.2	93.5
2	103.5	103.7	103.5	2'	73.0	74.4	73.0
3	79.1	79.5	79.1	3'	75.0	72.2	75.0
4	74.1	73.6	74.1	4'	71.6	71.4	71.6
5	81.0	81.0	81.1	5'	74.3	74.3	74.4
6	65.9	65.7	65.9	6'	62.7	62.4	62.7
				2'-OAc		172.6/21.1	

续表

C	10-5-216[70]	10-5-217[70]	10-5-218[70]
R^1-X 或 Y			
1	127.2	126.9	127.3
2	112.0	131.3	111.6
3	149.5	116.8	149.6
4	151.6	161.5	151.5
5	116.6	116.8	116.6
6	124.5	131.3	124.5
7	148.2	147.3	147.4
8	114.3	114.5	114.6
9	168.5	168.3	168.5
OMe	56.4		56.4
R^2-X 或 Y			
1	126.8	127.4	127.1
2	131.3	111.9	112.0
3	116.9	149.4	149.5
4	161.7	151.1	151.8
5	116.9	116.6	116.7
6	131.3	124.5	124.5
7	147.3	148.2	148.3
8	114.5	114.6	114.2
9	168.4	168.4	168.4
OMe		56.5	56.3
R^6-X 或 Y			
1	127.4	127.4	127.7
2	111.6	111.6	111.6
3	149.5	149.4	149.6
4	151.3	150.8	151.5
5	116.5	116.5	116.6
6	124.4	124.4	124.5
7	147.2	147.2	147.6
8	114.8	115.0	114.8
9	169.1	169.0	169.1
OMe	56.4	56.5	56.4

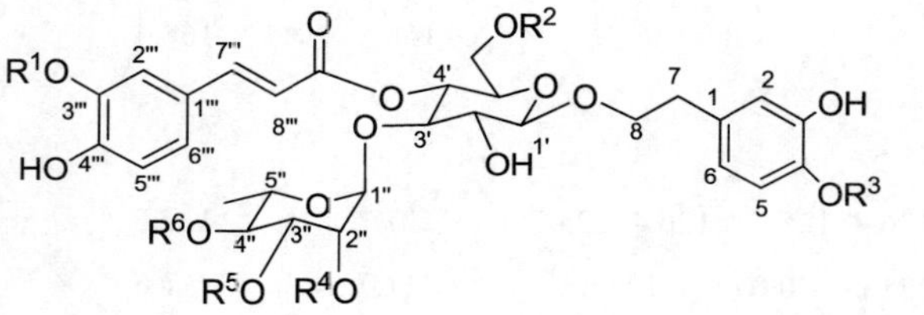

	R^1	R^2	R^3	R^4	R^5	R^6
10-5-219	H	H	H	H	H	H
10-5-220	H	Ac	H	H	H	H
10-5-221	H	H	H	H	H	Ac
10-5-222	Me	H	Me	H	H	H
10-5-223	H	H	H	H	H	Api
10-5-224	Me	H	Me	Ac	Ac	H
10-5-225	Me	H	Me	H	Ac	Ac
10-5-226	Me	H	Me	H	H	Ac
10-5-227	Me	H	Me	H	Ac	H
10-5-228	Me	H	Me	Ac	H	H

表 10-5-32　化合物 10-5-219~10-5-228 的 ^{13}C NMR 数据

C	10-5-219[73]	10-5-220[73]	10-5-221[73]	10-5-222[73]	10-5-223[73]	10-5-224[73]	10-5-225[73]
糖苷配基							
1	131.5	131.3	131.5	132.9	131.4	132.5	132.5
2	117.1	117.0	117.1	112.8	116.6	116.6	116.6
3	144.6	144.4	144.6	147.9	146.0	146.9	146.8
4	146.1	145.9	146.1	147.6	142.0	146.8	146.8
5	116.3	116.3	116.3	117.1	117.1	112.4	112.4
6	121.3	121.2	121.3	121.2	121.3	120.7	120.7
7	72.2	72.3	72.2	72.4	72.3	36.2	361
8	36.5	36.4	36.5	36.5	36.5	72.7	72.6
Ac/Caff							
1'	127.7	127.5	127.5	127.6	127.5	127.3	127.2
2'	115.2	115.2	115.2	111.7	115.2	111.3	111.3
3'	149.7	149.5	149.9	149.4	146.9	148.7	148.7
4'	146.8	146.6	146.9	150.8	149.4	150.2	150.3
5'	116.5	116.5	116.6	116.5	116.3	116.0	116.1
6'	123.2	123.2	123.3	124.4	123.3	124.1	124.1

续表

C	10-5-219[73]	10-5-220[73]	10-5-221[73]	10-5-222[73]	10-5-223[73]	10-5-224[73]	10-5-225[73]
7'	148.0	147.9	148.0	147.9	148.0	147.2	147.2
8'	114.7	114.5	114.5	115.1	114.5	115.0	115.0
C=O	168.3	167.9	168.1	168.3	168.2	166.7	166.7
OMe				56.4		56.3	56.3
Glu							
1"	104.2	104.1	104.1	104.2	104.1	103.6	103.6
2"	76.2	75.9	76.5	76.2	76.5	75.6	75.6
3"	81.6	81.3	79.0	81.5	80.5	80.3	78.4
4"	70.4	70.3	70.3	70.6	70.3	70.0	69.8
5"	76.0	72.8	75.8	76.0	75.8	75.9	76.0
6"	62.4	63.7	62.7	62.4	62.3	62.3	62.2
Rha							
1'''	103.0	102.9	101.6	103.0	102.1	99.5	98.4
2'''	72.3	72.2	72.2	72.1	72.4	70.7	73.4
3'''	72.0	71.9	70.0	72.0	72.3	70.6	67.2
4'''	73.8	73.6	75.4	73.8	80.0	71.4	74.8
5'''	70.6	70.3	67.8	70.4	68.8	69.7	67.7
6'''	18.4	18.4	18.1	18.4	18.7	18.4	18.4
OAc		172.6/20.7	172.6/20.6			170.2/20.7	170.6/20.8
Api						170.4/20.8	170.3/20.6
1''''					111.4		
2''''					78.5		
3''''					79.9		
4''''					74.8		
5''''					65.7		

C	10-5-226[73]	10-5-227[73]	10-5-228[73]	C	10-5-226[73]	10-5-227[73]	10-5-228[73]
糖苷配基				C=O	166.7	167.0	167.0
1	132.5	132.6	132.6	OMe	56.3	56.3	56.3
2	116.6	116.7	116.7	Glu			
3	146.8	146.8	146.8	1"	103.6	103.7	103.7
4	146.8	146.8	146.8	2"	75.6	75.6	75.8
5	112.4	112.4	112.4	3"	78.6	80.3	79.2
6	120.6	120.7	120.7	4"	69.9	70.2	70.2
7	36.1	36.2	36.2	5"	76.2	76.0	76.0
8	72.9	72.4	72.4	6"	62.2	62.3	62.3
Ac/Caff				Rha			
1'	127.2	127.3	127.3	1'''	101.0	99.2	102.2
2'	111.3	111.3	111.3	2'''	71.8	73.2	69.6
3'	148.7	148.7	148.7	3'''	69.7	70.3	73.2
4'	150.3	150.2	150.2	4'''	74.9	73.7	70.6
5'	116.1	116.0	116.0	5'''	67.0	69.7	69.7
6'	124.1	124.2	124.2	6'''	18.0	18.5	18.4
7	147.2	147.2	147.2	OAc	170.8/20.6	170.8/20.9	170.3/21.6
8	115.0	115.2	115.2				

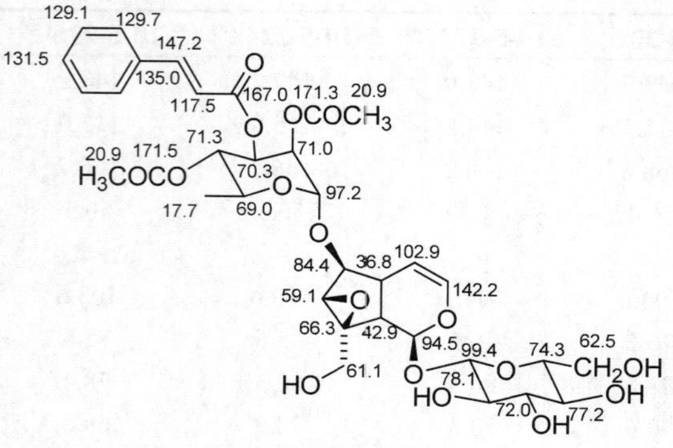

10-5-229[74]

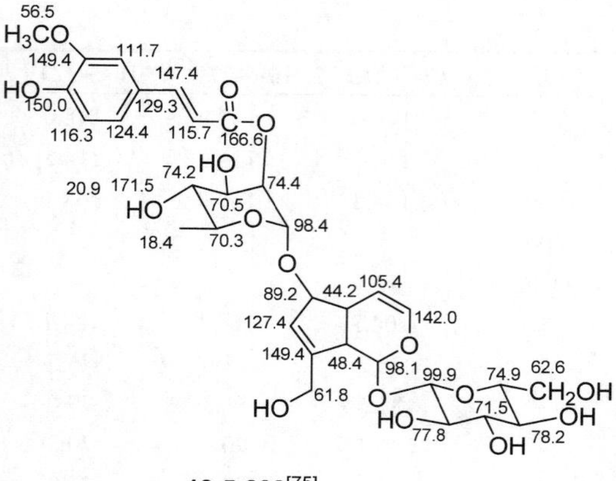

10-5-230[75]

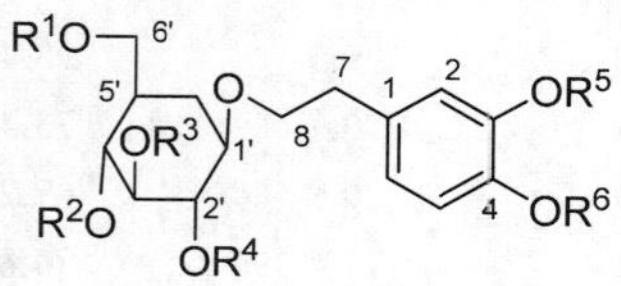

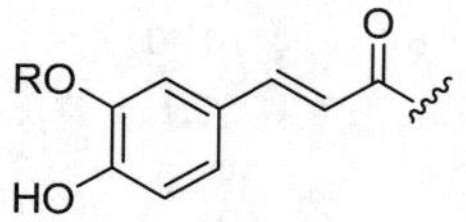

10-5-231

Caff R=H
Feru R=CH_3

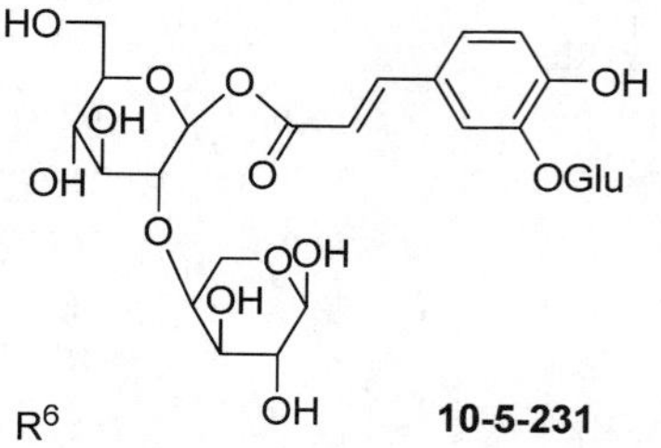

	R^1	R^2	R^3	R^4	R^5	R^6
10-5-232	Ac	Caff	Rha	Api	H	H
10-5-233	Caff	H	Rha	Api	H	H
10-5-234	Feru	H	Rha	Api	H	H
10-5-235	$(Ac)_2$Caff	Ac	$(Ac)_3$Rha	Ac	Ac	Ac
10-5-236	Ac	$(Ac)_2$Caff	$(Ac)_3$Rha	$(Ac)_3$Api	Ac	Ac
10-5-237	$(Ac)_2$Caff	Ac	$(Ac)_3$Rha	$(Ac)_3$Api	Ac	Ac
10-5-238	$(Ac)_2$Feru	Ac	$(Ac)_3$Rha	$(Ac)_3$Api	Ac	Ac
10-5-239	H	Feru	Api	Rha	H	H
10-5-240	Api	Caff	Rha-Ara	H	H	H
10-5-241	Api	$(Ac)_2$Caff	$(Ac)_2$Rha-$(Ac)_3$Ara	Ac	Ac	Ac
10-5-242	H	Caff	Rha-Gal	H	H	H
10-5-243	Ara	Caff	Rha	H	H	H
10-5-244	Ara	Feru	Rha	H	H	Me

表 10-5-33 化合物 10-5-231~10-5-237 的 ^{13}C NMR 数据

C	10-5-231[62]	10-5-232[76]	10-5-233[76]	10-5-234[76]	10-5-235[76]	10-5-236[76]	10-5-237[76]
糖苷配基							
1		131.6	129.0	129.1	129.0	137.6	136.8
2		117.2	115.8	115.5	115.4	123.1	123.8
3		144.6	145.0	145.3	145.2	140.5	140.6
4		146.1	143.6	143.5	143.5	141.8	141.9
5		116.4	116.2	116.2	116.2	123.8	123.3
6		121.3	119.5	119.5	119.5	127.2	127.0
7		36.5	35.0	35.1	35.1	35.4	35.5
8		77.2	70.7	70.3	70.5	69.8	70.0
OMe					55.7		
Caff/Feru							
1'	126.6	127.8	125.4	125.5	125.5	133.2	132.8

续表

C	10-5-231[62]	10-5-232[76]	10-5-233[76]	10-5-234[76]	10-5-235[76]	10-5-236[76]	10-5-237[76]
2'	115.8	115.3	114.7	115.0	110.9	122.9	122.8
3'	147.0	149.8	145.8	145.5	147.9	142.5	142.5
4'	148.7	146.8	148.6	145.0	149.3	143.7	143.8
5'	116.7	116.6	115.5	115.8	115.4	123.9	124.1
6'	122.2	123.3	121.5	121.4	123.4	126.6	126.4
7'	145.5	148.0	145.6	148.4	145.0	143.6	144.2
8'	114.4	114.7	113.3	113.8	114.3	118.6	118.2
9'	165.3	168.3	165.7	166.5	166.6	166.2	165.0
Glu							
1''	96.1	104.1	101.2	101.3	101.3	100.7	101.3
2''	78.8	76.2	78.6	77.6	77.6	77.2	76.4
3''	78.5	82.9	78.5	82.1	82.1	81.6	80.4
4''	71.1	70.5	69.3	70.5	68.6	69.8	69.8
5''	79.5	75.9	70.2	73.5	73.4	72.2	72.0
6''	62.3	62.3	62.4	63.3	63.2	62.5	62.6
Rha							
1'''		102.4	101.7	101.4	101.1	99.6	98.4
2'''		83.0	70.9	70.6	70.5	69.7	69.5
3'''		71.8	70.5	70.5	70.5	68.8	68.8
4'''		74.1	71.5	71.9	71.9	70.5	70.5
5'''		70.4	68.8	68.7	68.6	67.5	67.3
6'''		18.5	18.1	17.8	17.8	17.3	17.2
Api							
1''''			109.4	109.3	109.2		105.3
2''''			76.7	76.6	76.6		75.8
3''''			78.9	79.0	79.0		83.9
4''''			73.7	73.7	73.7		73.1
5''''			63.4	63.7	63.7		63.6
Gal							
		107.5					
		72.9					
		74.9					
		70.5					
		77.0					
		62.9					
Ara							
1'''''	99.6						
2'''''	74.3						
3'''''	76.9						
4'''''	72.2						
5'''''	78.6						
OAc	63.3		170.1/20.6			170.1~167.9/21.1~10.6	170.7~167.9/21.1~10.6

表 10-5-34 化合物 10-5-238~10-5-244 的 ^{13}C NMR 数据

C	10-5-238[76]	10-5-239[76]	10-5-240[77]	10-5-241[78]	10-5-242[79]	10-5-243[80]	10-5-244[80]
糖苷配基							
1	136.8	136.8	131.4	131.4	137.6	131.5	133.0
2	123.3	123.3	116.3	117.1	123.7	116.5	117.1
3	140.6	141.5	144.0	149.5	141.7	146.0	147.7
4	141.9	141.9	145.5	144.5	140.4	144.6	112.8
5	123.8	123.8	117.1	116.3	123.0	117.1	111.7
6	127.0	127.0	121.2	121.3	121.7	121.3	121.3
7	35.5	35.5	36.2	36.5	35.2	36.5	36.6
8	69.7	70.0	72.0	72.3	69.5	72.3	72.0
OMe		56.0					
Caff/Feru							
1'	133.1	133.2	127.6	127.6	132.6	127.6	127.6
2'	122.8	121.5	115.1	115.3	122.8	115.2	111.7
3'	142.4	140.6	146.6	146.7	142.5	146.7	149.4
4'	143.6	151.4	149.1	149.6	143.8	149.8	150.2
5'	123.9	111.2	116.3	116.5	124.0	116.3	116.5
6'	126.6	133.2	123.1	132.2	126.3	123.3	124.5
7'	143.5	144.7	147.8	148.0	144.5	148.3	148.2
8'	118.6	117.7	115.3	114.7	117.7	114.6	114.9
9'	166.1	166.4		168.1	164.9	168.9	168.3
Glu							
1"	101.3	101.4	104.0	104.1	100.3	104.0	104.5
2"	75.5	75.7	75.6	75.9	73.1	76.0	76.2
3"	82.1	82.0	81.5	82.3	76.6	81.6	82.6
4"	70.1	70.7	70.1	71.1	69.4	70.4	70.5
5"	72.1	72.1	75.7	74.3	73.6	74.8	75.0
6"	62.8	62.7	62.1	68.3	66.9	68.9	69.0
Rha							
1'''	98.8	98.8	102.6	101.9	99.2	103.0	103.0
2'''	70.0	68.7	72.2	82.6	76.2	72.4	72.4
3'''	68.8	68.8	72.1	71.7	70.5	72.4	72.4
4'''	70.7	70.1	73.7	74.0	70.7	73.7	72.2
5'''	67.3	67.3	70.2	70.3	66.4	70.4	70.5
6'''	17.0	17.1	18.2	18.4	17.4	114.6	18.4
Api							
1''''	105.2	105.2		110.9	106.4		
2''''	75.9	75.9		78.1	76.0		
3''''	84.0	84.0		80.6	83.8		
4''''	73.2	73.2		75.0	72.4		
5''''	63.7	63.7		65.6	63.1		
Ara							
1'''''				107.3	102.0	104.9	150.1
2'''''				72.7	68.7	72.0	72.2
3'''''				74.2	69.5	74.0	74.1
4'''''				69.8	67.3	69.4	69.5
5'''''				67.3	62.5	66.8	66.8
OAc	170.6~167.9 21.1~10.6	170.6~167.9 21.2~10.6					

参考文献

[1] Susana A, Silvia N, Silvia L, et al. J Nat Prod, 1999, 62: 10.
[2] Lai K, Geoffrey B. J Nat Prod. 1998, 61: 987.
[3] Barbaba V, Emidio V, Maria C, et al. Phytochemistry, 2004, 49: 1381.
[4] Arun K, Ruchi A, Bhupendra P. J Nat Prod, 2002, 65: 764.
[5] Hak K, Kang L, Norberto L, et al. Arch Pharm Res, 2001, 24: 194.
[6] Chen J, Tsai Y, Wang T, et al. J Nat Prod, 2011, website.
[7] Hiroe K, Sanae H, Yayoi K, et al. Phytochemistry, 1999, 52: 1307.
[8] Rachel M, Isabel R, Robert B, et al. J Nat Prod, 2002, 65: 1030.
[9] Yuan T, Zhang C, Yang S, et al. J Nat Prod, 2008, 71: 2012.
[10] Paul B, Patricia S, Massuo K. Phytochemistry, 1999, 52: 339
[11] Judith M, Christian Z, Michael D, et al. Z Matruforsch, 2003, 58: 553.
[12] Liu H, Kent G, Chen M, et al. Phytochemistry, 2006, 67:2658.
[13] Yang R, Yan Z, Lu Y. J Agric Food Chem, 2008, 56: 3024.
[14] Young W, Jinwoong K. Tetrahedron Lett, 2004, 45: 339.
[15] Phan Van K, Chau Van M, Xing C, et al. Arch Pharm Res, 2003, 26: 1014.
[16] Jiang Z, Takashi T, Isao K. Chem Pharm Bull, 1999, 47: 421.
[17] Tramngoc L, Mmaoka S, Ryo Y, et al. J Agric Food Chem, 2003,57: 4924.
[18] Park I, Chung S, Lee K, et al. J Agric Food Chem, 2004, 27: 615.
[19] Luisa P, Antonio M, Aana R , et al. J Nat Prod, 1995, 58 (1): 112.
[20] Ewald S, Kenneth A, Shingo K, et al. Applied and Environmental Microbiology, 1997, 63: 11.
[21] Shuang L, Yun H, Tian J, et al. J Nat Prod, 2008, 71: 1902.
[22] Gilles C, Joseph V, Albert C, et al. Phytochemistry, 1997, 45: 1679.
[23] Chenga M, Lina C, Wang C, et al. J Chinese Chem Soc, 2007, 54: 779.
[24] Raymonde B, Jean M, Alex S, et al. J Agric Food Chem, 2000, 48: 6178.
[25] Alejandro B, Pilar A, Jose Q, et al. J Nat Prod, 1997, 60: 1026.
[26] Lee J, Yoon J, Kim C, et al. Phytochemistry, 2004,65: 3033.
[27] Antonio F, Brigida D, Claudio M, et al. J Agric Food Chem, 2008, 56: 2660.
[28] Chuang C, Zhang L, Huang J, et al. J Nat Prod, 2010, 73: 1428.
[29] Kim M, Hyun T, Lee D, et al. J Agric Food Chem, 2007, 30, 425.
[30] Toru I, Eiko F, Junichi K. Chem Pharm Bull, 2002, 50: 1460.
[31] Lee I, Seo E. Arch Pharm Res, 1990, 13: 365.
[32] Khaled M. Phytochemistry, 2001, 58: 615.
[33]于德泉，杨峻山．分析化学手册 (第七分册)．第 2 版．北京：化学工业出版社, 1999.
[34] Nisar U, Saeed A, Abdul M. Chem Pharm Bull, 1999, 64: 114.
[35] Ihn R, Jeong H. Arch Pharm Res, 1992, 15: 289.
[36] Jin C, Ronald M, Mohsen D. Phytochemistry, 1999, 50: 677.
[37] Toshio M, Itadaki Y, Hisashi M, et al. Chem Pharm Bull, 2009, 57: 1292.
[38] Ihn L and Eun S. Arch Pharm Res, 1990, 13: 365.
[39] Ari T, Minna P, Anha H, et al. Chem Pharm Bull, 2003, 51: 467.
[40] R.W. Owena, R. Haubnera, W Mier, et al. Food Chem Toxicol, 2003, 41: 703.
[41] Toshihiro F, Kazuhiro F, Hiroko F, et al. Chem Pharm Bull, 1999, 47: 96.
[42] Takahiro I, Tatsufumi O, Yuji M, et al. J Nat Prod, 2004, 67: 1764.
[43] Oscar C, Jose L, Armando V. J Nat Prod, 1985, 48: 640.
[44] Tsunetake M, Susumu K. J Nat Prod, 2005, 68: 365.
[45] Fabiana N, Ari J, Patricia S, et al. Phytochemistry, 2000, 55: 575.
[46] Jean R, Kurt H, Andrew M, et al. J Nat Prod, 2000, 64: 424.
[47] M. Soledade C, Zheng Q, Ravi G, et al. Phytochemistry, 2008, 69: 894.
[48] Makoto I, Kenjiro R, Jiro R, et al. J Agric Food Chem, 2003, 51: 7313.
[49] Ma Z, Hano Y, Taro N, et al. Phytochemistry, 2000, 53: 1078.
[50] Chen S, Daniel S, Lu Z, et al. Phytochemistry, 2002, 61: 409.

[51] Faten M, Manfred R. Phytochemistry, 2003, 62: 1179.
[52] Paiboon N, Bei J, Linda E, et al. J Nat Prod, 2006, 69: 314.
[53] Tang W, Hideaki H, Kenichi H, et al. J Nat Prod, 2007, 70: 2010.
[54] Wu P, Chuang T, He C, et al. Bioorg Med Chem, 2004, 12: 2193.
[55] Liu X, Elsa P, Jerry L. Tetrahedron Lett, 1999, 40: 399.
[56] Pierre P, Emile M, Robert F, et al. J Agric Food Chem, 1997, 45: 373.
[57] Beate B, Peter W. J Agric Food Chem, 2001, 49: 2788.
[58] Lumonadio L, John M, Donald W, et al. J Nat Prod, 1993, 56: 1993.
[59] Namboole M, Pelotshweu G , Kabelo M, et al. Phytochemistry, 2003, 64: 1401.
[60] Lionel V, Charles S, Jean D, et al. Chem Pharm Bull, 2000, 48, 1768.
[61] Omar A. Molecules, 2002, 7: 75.
[62] Lidilhone H, Mauro D, Maysa F, et al. Phytochemistry, 2005, 66: 1927.
[63] Li Y, Jiang S, Gao W, et al. Phytochemistry, 2000, 54: 923.
[64] So R, Yong K. Phytochemistry, 2000, 54: 503.
[65] Chena T, Lib J, Xu Q, et al. Phytochemistry, 1997, 63: 4435.
[66] Chena T, Lib J, Xu Q, et al phytochemistry, 1997, 63: 4435.
[67] Midori T, Satoshi K, Mutsuo K, et al. J Nat Prod, 2001, 64: 1305.
[68] Osamu S, Setsuko S, Motoyoshi S. Phytochemistry, 1997, 44: 695.
[69] Michael L, Albert S. J Nat Prod, 1994, 57: 236.
[70] Zhang L, Liao C, Huang H, et al. Phytochemistry, 2008, 69: 1398.
[71] Tripetch K, Ryoji K, Kazuo Y. Phytochemistry, 2002, 59: 565.
[72] Funda N, Tayfun E, Parm A, et al. Turk J Chem, 2003, 27: 295.
[73] Suzana G, Maria A, Franco M. J Nat Prod, 1994, 57: 1703.
[74] Ihsan C, Murat Z, Ahmet B. J Nat Prod, 1993, 56: 606.
[75] A. L. Skaltsounis, E. Tsitsa. J Nat Prod, 1996, 59: 673.
[76] Michael K, Ambrose A, Chen J, et al. J Nat Prod, 1998, 61: 564.
[77] Liu Y, Hildebert W, Rudolf B. Phytochemistry, 1998, 48: 339.
[78] Veronique Seidel, Francine L, Francois B, et al. Phytochemistry, 1997, 44: 691.
[79] Jarmior B, Lutoslawa S. Phytochemistry, 1995, 38: 997.
[80] Elefterios K, Nektarios A, Sofia M, et al. J Nat Prod, 1999, 62: 342. '

第十一章　糖、多元醇和氨基酸类化合物

第一节　单糖类化合物

表 11-1-1　单糖类化合物的编号、名称和测试溶剂

编号	英文名称	中文名称	分子式	测试溶剂	参考文献
11-1-1	α-DL-*erythro*-furanose	α-DL-呋喃赤藓糖	$C_4H_8O_4$	W	[1]
11-1-2	β-DL-*erythro*-furanose	β-DL-呋喃赤藓糖	$C_4H_8O_4$	W	[1]
11-1-3	α-DL-*threo*-furanose	α-DL-呋喃苏阿糖	$C_4H_8O_4$	W	[1]
11-1-4	β-DL-*threo*-furanose	β-DL-呋喃苏阿糖	$C_4H_8O_4$	W	[1]
11-1-5	methyl-α-DL-*erythro*-furanoside	甲基-α-DL-呋喃赤藓糖苷	$C_5H_{10}O_4$	W	[2]
11-1-6	methyl-β-DL-*erythro*-furanoside	甲基-α-DL-呋喃赤藓糖苷	$C_5H_{10}O_4$	W	[2]
11-1-7	methyl-α-DL-*threo*-furanose	甲基-α-DL-呋喃苏阿糖苷	$C_5H_{10}O_4$	W	[2]
11-1-8	methyl-β-DL-*threo*-furanose	甲基-β-DL-呋喃苏阿糖苷	$C_5H_{10}O_4$	W	[2]
11-1-9	α-D-arabinopyranose	α-D-吡喃阿拉伯糖	$C_5H_{10}O_5$	W	[3]
11-1-10	β-D-arabinopyranose	β-D-吡喃阿拉伯糖	$C_5H_{10}O_5$	W	[3]
11-1-11	α-D-lyxopyranose	α-D-吡喃来苏糖	$C_5H_{10}O_5$	W	[4]
11-1-12	β-D-lyxopyranose	β-D-吡喃来苏糖	$C_5H_{10}O_5$	W	[4]
11-1-13	α-D-ribopyranose	α-D-吡喃核糖	$C_5H_{10}O_5$	W	[4]
11-1-14	β-D-ribopyranose	β-D-吡喃核糖	$C_5H_{10}O_5$	W	[5]
11-1-15	α-D-xylopyranose	α-D-吡喃木糖	$C_5H_{10}O_5$	W	[3]
11-1-16	β-D-xylopyranose	β-D-吡喃木糖	$C_5H_{10}O_5$	W	[3]
11-1-17	α-D-arabinofuranose	α-D-呋喃阿拉伯糖	$C_5H_{10}O_5$	W	[4]
11-1-18	β-D-arabinofuranose	β-D-呋喃阿拉伯糖	$C_5H_{10}O_5$	W	[4]
11-1-19	α-D-lyxofuranose	α-D-呋喃来苏糖	$C_5H_{10}O_5$	W	[4]
11-1-20	α-D-ribofuranose	β-D-呋喃来苏糖	$C_5H_{10}O_5$	W	[4]
11-1-21	β-D-ribofuranose	α-D-呋喃核糖	$C_5H_{10}O_5$	W	[4]
11-1-22	methyl-α-D-arabinofuranose	甲基-α-D-呋喃阿拉伯糖	$C_6H_{12}O_5$	W	[3]
11-1-23	methyl-β-D-arabinofuranose	甲基-β-D-呋喃阿拉伯糖	$C_6H_{12}O_5$	W	[3]
11-1-24	methyl-α-D-lyxopyranoside	甲基-α-D-吡喃来苏糖苷	$C_6H_{12}O_5$	W	[5]
11-1-25	methyl-α-D-ribopyranoside	甲基-α-D-吡喃核糖苷	$C_6H_{12}O_5$	W	[5]
11-1-26	methyl-β-D-ribopyranoside	甲基-β-D-吡喃核糖苷	$C_6H_{12}O_5$	W	[5]
11-1-27	methyl-α-D-xylopyranoside	甲基-α-D-吡喃木糖苷	$C_6H_{12}O_5$	W	[6]
11-1-28	methyl-β-D-xylopyranoside	甲基-β-D-吡喃木糖苷	$C_6H_{12}O_5$	W	[6]
11-1-29	methyl-α-D-arabinofuranoside	甲基-α-D-呋喃阿拉伯糖苷	$C_6H_{12}O_5$	W	[2]
11-1-30	methyl-β-D-arabinofuranoside	甲基-β-D-呋喃阿拉伯糖苷	$C_6H_{12}O_5$	W	[2]

续表

编号	英文名称	中文名称	分子式	测试溶剂	参考文献
11-1-31	methyl-α-D-lyxofuranoside	甲基-α-D-呋喃来苏糖苷	$C_6H_{12}O_5$	W	[2]
11-1-32	methyl-β-D-lyxofuranoside	甲基-β-D-呋喃来苏糖苷	$C_6H_{12}O_5$	W	[2]
11-1-33	methyl-α-D-ribofuranoside	甲基-α-D-呋喃核糖苷	$C_6H_{12}O_5$	W	[2]
11-1-34	methyl-β-D-ribofuranoside	甲基-β-D-呋喃核糖苷	$C_6H_{12}O_5$	W	[2]
11-1-35	methyl-α-D-xylofuranoside	甲基-α-D-呋喃木糖苷	$C_6H_{12}O_5$	W	[2]
11-1-36	methyl-β-D-xylofuranoside	甲基-β-D-呋喃木糖苷	$C_6H_{12}O_5$	W	[2]
11-1-37	α-D-allopyranose	α-D-吡喃阿洛糖	$C_6H_{12}O_6$	W	[4]
11-1-38	β-D-allopyranose	β-D-吡喃阿洛糖	$C_6H_{12}O_6$	W	[5]
11-1-39	α-D-altropyranose	α-D-吡喃阿卓糖	$C_6H_{12}O_6$	W	[7]
11-1-40	β-D-altropyranose	β-D-吡喃阿卓糖	$C_6H_{12}O_6$	W	[7]
11-1-41	α-D-galactopyranose	α-D-吡喃半乳糖	$C_6H_{12}O_6$	W	[3]
11-1-42	β-D-galactopyranose	β-D-吡喃半乳糖	$C_6H_{12}O_6$	W	[3]
11-1-43	α-D-glucopyranose	α-D-吡喃葡萄糖	$C_6H_{12}O_6$	W	[3]
11-1-44	β-D-glucopyranose	β-D-吡喃葡萄糖	$C_6H_{12}O_6$	W	[3]
11-1-45	α-D-gulopyranose	α-D-吡喃古罗糖	$C_6H_{12}O_6$	W	[4]
11-1-46	β-D-gulopyranose	β-D-吡喃古罗糖	$C_6H_{12}O_6$	W	[4]
11-1-47	α-D-idopyranose	α-D-吡喃艾杜糖	$C_6H_{12}O_6$	W	[4]
11-1-48	β-D-idopyranose	β-D-吡喃艾杜糖	$C_6H_{12}O_6$	W	[4]
11-1-49	α-D-mannopyranose	α-D-吡喃甘露糖	$C_6H_{12}O_6$	W	[6]
11-1-50	β-D-mannopyranose	β-D-吡喃甘露糖	$C_6H_{12}O_6$	W	[6]
11-1-51	α-D-talopyranose	α-D-吡喃塔罗糖	$C_6H_{12}O_6$	W	[3]
11-1-52	β-D-talopyranose	β-D-吡喃塔罗糖	$C_6H_{12}O_6$	W	[3]
11-1-53	α-D-allofuranose	α-D-呋喃阿洛糖	$C_6H_{12}O_6$	W	[4]
11-1-54	β-D-allofuranose	β-D-呋喃阿洛糖	$C_6H_{12}O_6$	W	[4]
11-1-55	α-D-altrofuranose	α-D-呋喃阿卓糖	$C_6H_{12}O_6$	W	[7]
11-1-56	β-D-altrofuranose	β-D-呋喃阿卓糖	$C_6H_{12}O_6$	W	[7]
11-1-57	α-D-galactofuranose	α-D-呋喃半乳糖	$C_6H_{12}O_6$	W	[4]
11-1-58	β-D-galactofuranose	β-D-呋喃半乳糖	$C_6H_{12}O_6$	W	[4]
11-1-59	α-D-glucofuranose	α-D-呋喃葡萄糖	$C_6H_{12}O_6$	W	[8]
11-1-60	α-D-gulofuranose	α-D-呋喃古洛糖	$C_6H_{12}O_6$	W	[4]
11-1-61	β-D-gulofuranose	β-D-呋喃古洛糖	$C_6H_{12}O_6$	W	[4]
11-1-62	α-D-idofuranose	α-D-呋喃艾杜糖	$C_6H_{12}O_6$	W	[4]
11-1-63	β-D-idofuranose	β-D-呋喃艾杜糖	$C_6H_{12}O_6$	W	[4]
11-1-64	α-D-talofuranose	α-D-呋喃塔罗糖	$C_6H_{12}O_6$	W	[3]
11-1-65	β-D-talofuranose	β-D-呋喃塔罗糖	$C_6H_{12}O_6$	W	[3]
11-1-66	methyl-α-D-allopyranoside	甲基-α-D-吡喃阿洛糖苷	$C_7H_{14}O_6$	W	[4]
11-1-67	methyl-β-D-allopyranoside	甲基-β-D-吡喃阿洛糖苷	$C_7H_{14}O_6$	W	[4]
11-1-68	methyl-α-D-altropyranoside	甲基-α-D-吡喃阿卓糖苷	$C_7H_{14}O_6$	W	[9]
11-1-69	methyl-β-D-altropyranoside	甲基-β-D-吡喃阿卓糖苷	$C_7H_{14}O_6$	W	[4]
11-1-70	methyl-α-D-galactopyranoside	甲基-α-D-吡喃半乳糖苷	$C_7H_{14}O_6$	W	[3]
11-1-71	methyl-β-D-galactopyranoside	甲基-β-D-吡喃半乳糖苷	$C_7H_{14}O_6$	W	[3]
11-1-72	methyl-α-D-glucopyranoside	甲基-α-D-吡喃葡萄糖苷	$C_7H_{14}O_6$	W	[3]

续表

编号	英文名称	中文名称	分子式	测试溶剂	参考文献
11-1-73	methyl-*β*-D-glucopyranoside	甲基-*β*-D-吡喃葡萄糖苷	$C_7H_{14}O_6$	W	[3]
11-1-74	methyl-*α*-D-gulopyranoside	甲基-*α*-D-吡喃古洛糖苷	$C_7H_{14}O_6$	W	[10]
11-1-75	methyl-*β*-D-gulopyranoside	甲基-*β*-D-吡喃古洛糖苷	$C_7H_{14}O_6$	W	[11]
11-1-76	methyl-*α*-D-idopyranoside	甲基-*α*-D-吡喃艾杜糖苷	$C_7H_{14}O_6$	W	[9]
11-1-77	methyl-*α*-D-mannopyranoside	甲基-*β*-D-吡喃甘露糖苷	$C_7H_{14}O_6$	W	[6]
11-1-78	methyl-*β*-D-mannopyranoside	甲基-*α*-D-吡喃甘露糖苷	$C_7H_{14}O_6$	W	[9]
11-1-79	methyl-*α*-D-talopyranoside	甲基-*β*-D-吡喃塔罗糖苷	$C_7H_{14}O_6$	W	[4]
11-1-80	methyl-*α*-D-allofuranoside	甲基-*α*-D-呋喃阿洛糖苷	$C_7H_{14}O_6$	W	[2]
11-1-81	methyl-*β*-D-allofuranoside	甲基-*β*-D-呋喃阿洛糖苷	$C_7H_{14}O_6$	W	[2]
11-1-82	methyl-*α*-D-galactofuranoside	甲基-*α*-D-呋喃半乳糖苷	$C_7H_{14}O_6$	W	[2]
11-1-83	methyl-*β*-D-galactofuranoside	甲基-*β*-D-呋喃半乳糖苷	$C_7H_{14}O_6$	W	[2]
11-1-84	methyl-*α*-D-glucofuranoside	甲基-*α*-D-呋喃葡萄糖苷	$C_7H_{14}O_6$	W	[2]
11-1-85	methyl-*β*-D-glucofuranoside	甲基-*β*-D-呋喃葡萄糖苷	$C_7H_{14}O_6$	W	[2]
11-1-86	methyl-*α*-D-mannofuranoside	甲基-*α*-D-呋喃甘露糖苷	$C_7H_{14}O_6$	W	[2]
11-1-87	methyl-*β*-D-mannofuranoside	甲基-*β*-D-呋喃甘露糖苷	$C_7H_{14}O_6$	W	[2]
11-1-88	*α*-D-fructopyranose	*α*-D-吡喃果糖	$C_6H_{12}O_6$	W	[12]
11-1-89	*β*-D-fructopyranose	*β*-D-吡喃果糖	$C_6H_{12}O_6$	W	[12]
11-1-90	*α*-D-fructofuranose	*α*-D-呋喃果糖	$C_6H_{12}O_6$	W	[12]
11-1-91	*β*-D-fructofuranose	*β*-D-呋喃果糖	$C_6H_{12}O_6$	W	[12]
11-1-92	methyl-*β*-D-fructopyranoside	甲基-*α*-D-吡喃果糖	$C_7H_{14}O_6$	W	[12]
11-1-93	methyl-*α*-D-fructofuranoside	甲基-*α*-D-呋喃果糖	$C_7H_{14}O_6$	W	[12]
11-1-94	methyl-*β*-D-fructofuranoside	甲基-*β*-D-呋喃果糖	$C_7H_{14}O_6$	W	[12]
11-1-95	2-*O*-methyl-*α*-D-glucopyranoside	2-*O*-甲基-*α*-D-吡喃葡萄糖苷	$C_7H_{14}O_6$	W	[13]
11-1-96	2-*O*-methyl-*β*-D-glucopyranoside	2-*O*-甲基-*β*-D-吡喃葡萄糖苷	$C_7H_{14}O_6$	W	[13]
11-1-97	3-*O*-methyl-*α*-D-glucopyranoside	3-*O*-甲基-*α*-D-吡喃葡萄糖苷	$C_7H_{14}O_6$	W	[14]
11-1-98	3-*O*-methyl-*β*-D-glucopyranoside	3-*O*-甲基-*β*-D-吡喃葡萄糖苷	$C_7H_{14}O_6$	W	[14]
11-1-99	4-*O*-methyl-*α*-D-glucopyranoside	4-*O*-甲基-*α*-D-吡喃葡萄糖苷	$C_7H_{14}O_6$	W	[14]
11-1-100	4-*O*-methyl-*β*-D-glucopyranoside	4-*O*-甲基-*β*-D-吡喃葡萄糖苷	$C_7H_{14}O_6$	W	[14]
11-1-101	6-*O*-methyl-*α*-D-glucopyranoside	6-*O*-甲基-*α*-D-吡喃葡萄糖苷	$C_7H_{14}O_6$	W	[14]
11-1-102	6-*O*-methyl-*β*-D-glucopyranoside	6-*O*-甲基-*β*-D-吡喃葡萄糖苷	$C_7H_{14}O_6$	W	[14]
11-1-103	2-*O*-methyl-*α*-D-mannopyranoside	2-*O*-甲基-*α*-D-吡喃甘露糖苷	$C_7H_{14}O_6$	W	[15]
11-1-104	2-*O*-methyl-*β*-D-mannopyranoside	2-*O*-甲基-*β*-D-吡喃甘露糖苷	$C_7H_{14}O_6$	W	[15]
11-1-105	3-*O*-methyl-*α*-D-mannopyranoside	3-*O*-甲基-*α*-D-吡喃甘露糖苷	$C_7H_{14}O_6$	W	[15]
11-1-106	3-*O*-methyl-*β*-D-mannopyranoside	3-*O*-甲基-*β*-D-吡喃甘露糖苷	$C_7H_{14}O_6$	W	[15]
11-1-107	4-*O*-methyl-*α*-D-mannopyranoside	4-*O*-甲基-*α*-D-吡喃甘露糖苷	$C_7H_{14}O_6$	W	[15]
11-1-108	4-*O*-methyl-*β*-D-mannopyranoside	4-*O*-甲基-*β*-D-吡喃甘露糖苷	$C_7H_{14}O_6$	W	[15]
11-1-109	6-*O*-methyl-*β*-D-mannopyranoside	6-*O*-甲基-*α*-D-吡喃甘露糖苷	$C_7H_{14}O_6$	W	[15]
11-1-110	*α*-L-rhamnopyranose	*α*-L-吡喃鼠李糖	$C_6H_{12}O_5$	W	[16]
11-1-111	*β*-L-rhamnopyranose	*β*-L-吡喃鼠李糖	$C_6H_{12}O_5$	W	[16]
11-1-112	methyl-*α*-L-rhamnopyranoside	甲基-*α*-L-吡喃鼠李糖	$C_7H_{14}O_5$	W	[16]
11-1-113	*α*-L-fucopyranose	*α*-L-吡喃岩藻糖	$C_6H_{12}O_5$	W	[16]
11-1-114	*β*-L-fucopyranose	*β*-L-吡喃岩藻糖	$C_6H_{12}O_5$	W	[16]

续表

编号	英文名称	中文名称	分子式	测试溶剂	参考文献
11-1-115	methyl-*α*-L-fucopyranoside	甲基-*α*-L-吡喃岩藻糖	$C_7H_{14}O_5$	W	[16]
11-1-116	methyl-*β*-L-fucopyranoside	甲基-*β*-L-吡喃岩藻糖	$C_7H_{14}O_5$	W	[16]
11-1-117	*α*-D-psicopyranose	*α*-D-吡喃阿洛酮糖	$C_6H_{12}O_6$	W	[17]
11-1-118	*β*-D-psicopyranose	*β*-D-吡喃阿洛酮糖	$C_6H_{12}O_6$	W	[17]
11-1-119	methyl-*β*-D-psicopyranoside	甲基-*β*-D-吡喃阿洛酮糖	$C_7H_{14}O_6$	W	[17]
11-1-120	*α*-D-psicofuranose	*α*-D-呋喃阿洛酮糖	$C_6H_{12}O_6$	W	[17]
11-1-121	*β*-D-psicofuranose	*β*-D-呋喃阿洛酮糖	$C_6H_{12}O_6$	W	[17]
11-1-122	methyl-*α*-D-psicofuranoside	甲基-*α*-D-呋喃阿洛酮糖	$C_7H_{14}O_6$	W	[17]
11-1-123	methyl-*β*-D-psicofuranoside	甲基-*β*-D-呋喃阿洛酮糖	$C_7H_{14}O_6$	W	[17]
11-1-124	6-*O*-methyl-*α*-D-psicofuranoside	6-*O*-甲基-*α*-D-呋喃阿洛酮糖	$C_7H_{14}O_6$	W	[17]
11-1-125	6-*O*-methyl-*β*-D-psicofuranoside	6-*O*-甲基-*β*-D-呋喃阿洛酮糖	$C_7H_{14}O_6$	W	[17]

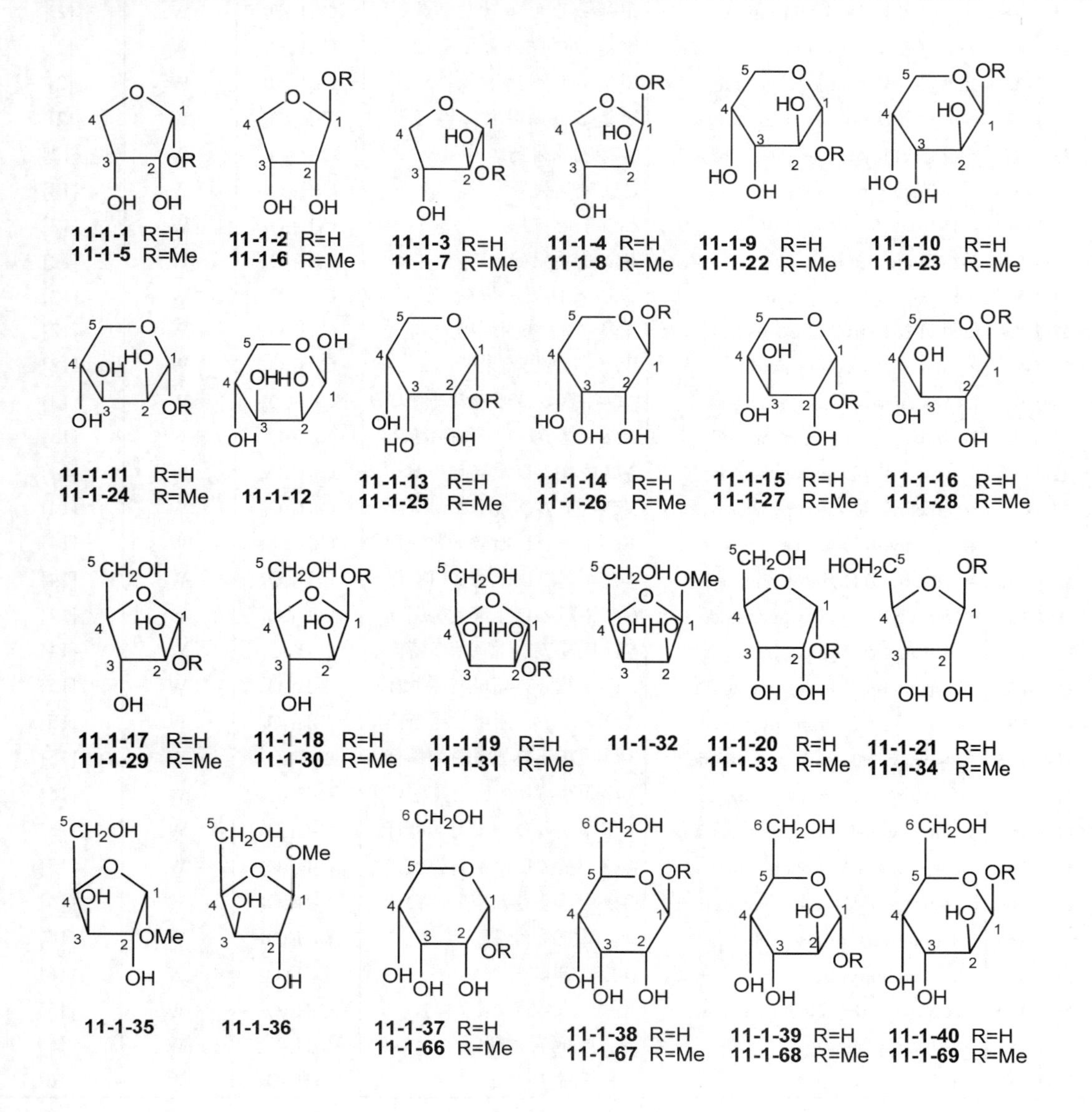

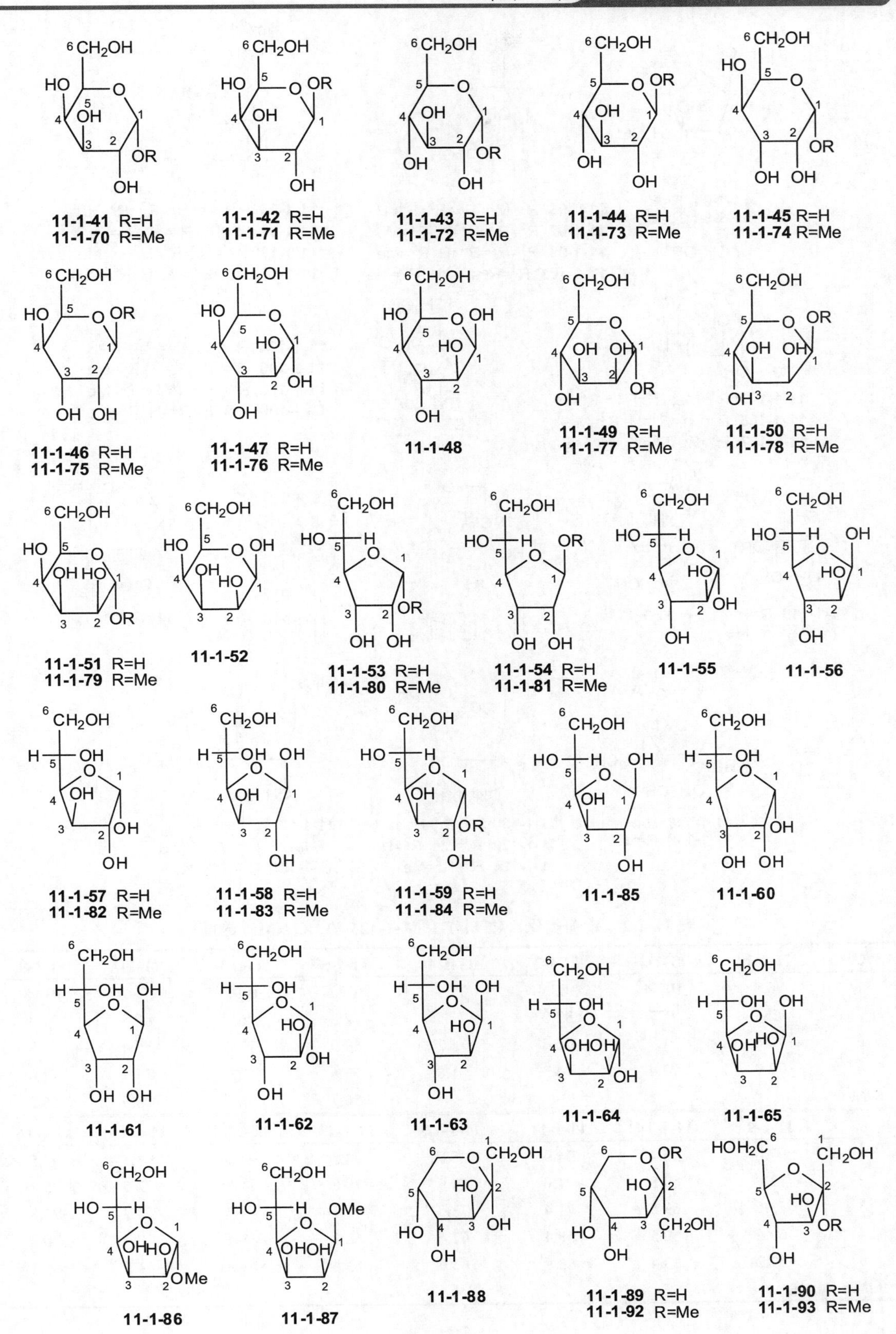
11-1-41 R=H
11-1-70 R=Me
11-1-42 R=H
11-1-71 R=Me
11-1-43 R=H
11-1-72 R=Me
11-1-44 R=H
11-1-73 R=Me
11-1-45 R=H
11-1-74 R=Me
11-1-46 R=H
11-1-75 R=Me
11-1-47 R=H
11-1-76 R=Me
11-1-48
11-1-49 R=H
11-1-77 R=Me
11-1-50 R=H
11-1-78 R=Me
11-1-51 R=H
11-1-79 R=Me
11-1-52
11-1-53 R=H
11-1-80 R=Me
11-1-54 R=H
11-1-81 R=Me
11-1-55
11-1-56
11-1-57 R=H
11-1-82 R=Me
11-1-58 R=H
11-1-83 R=Me
11-1-59 R=H
11-1-84 R=Me
11-1-85
11-1-60
11-1-61
11-1-62
11-1-63
11-1-64
11-1-65
11-1-86
11-1-87
11-1-88
11-1-89 R=H
11-1-92 R=Me
11-1-90 R=H
11-1-93 R=Me

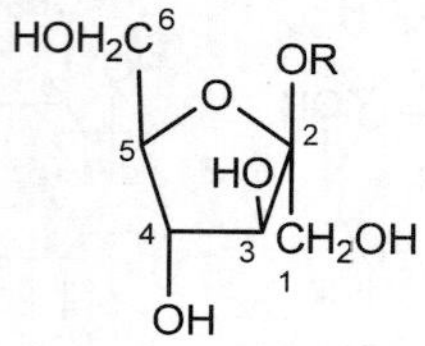

11-1-91 R=H
11-1-94 R=Me

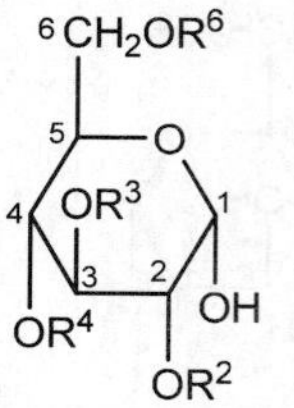

11-1-95 R^1=Me; R^2=R^3=R^4=H
11-1-97 R^1=R^3=R^4=H; R^2=Me
11-1-99 R^1=R^2=R^4=H; R^3=Me
11-1-101 R^1=R^2=R^3=H; R^4=Me

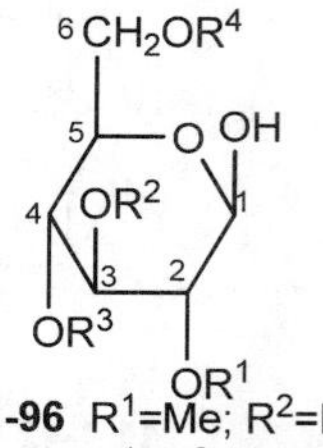

11-1-96 R^1=Me; R^2=R^3=R^4=H
11-1-98 R^1=R^3=R^4=H; R^2=Me
11-1-100 R^1=R^2=R^4=H; R^3=Me
11-1-102 R^1=R^2=R^3=H; R^4=Me

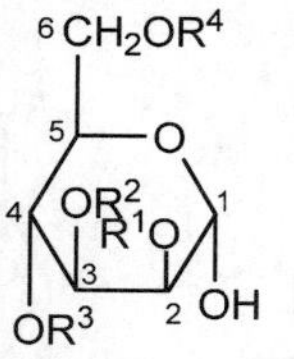

11-1-103 R^1=Me; R^2=R^3 = R^4=H
11-1-105 R^1=R^3=R^4=H; R^2=Me
11-1-107 R^1=R^2=R^4=H; R^3=Me

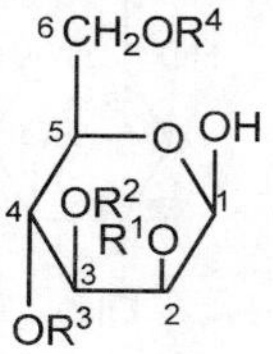

11-1-104 R^1=Me; R^2=R^3=R^4=H
11-1-106 R^1=R^3=R^4=H; R^2=Me
11-1-108 R^1=R^2=R^4=H; R^3=Me
11-1-109 R^1=R^2=R^3=H; R^4=Me

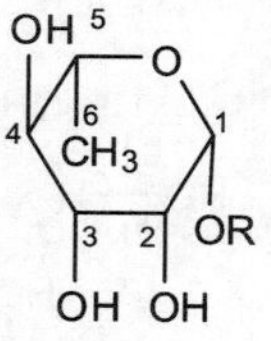

11-1-110 R=H
11-1-112 R=Me

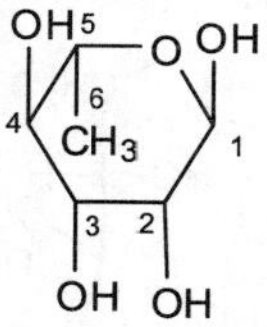

11-1-111

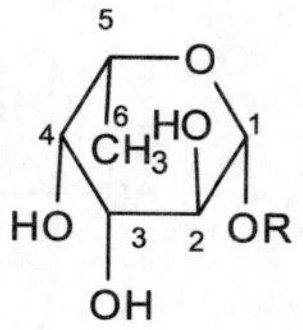

11-1-113 R=H
11-1-115 R=Me

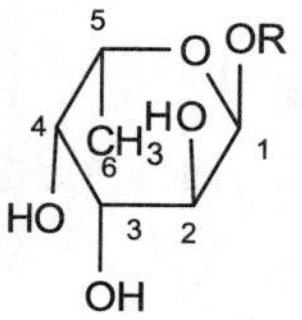

11-1-114 R=H
11-1-116 R=Me

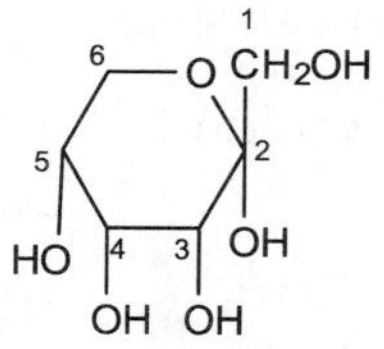

11-1-117

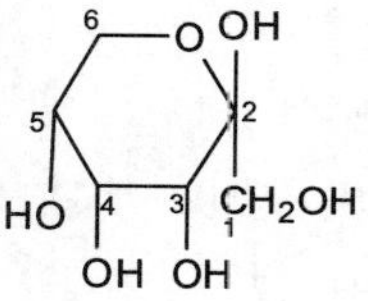

11-1-118 R=H
11-1-119 R=Me

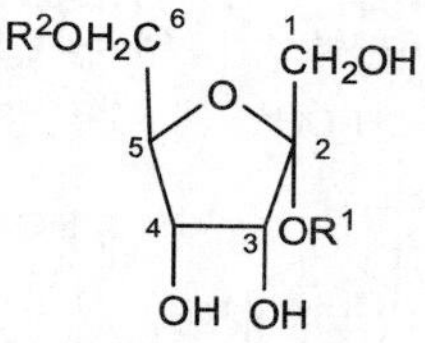

11-1-120 R^1=R^2=H
11-1-122 R^1=Me; R^2=H
11-1-124 R^1=R^2=Me

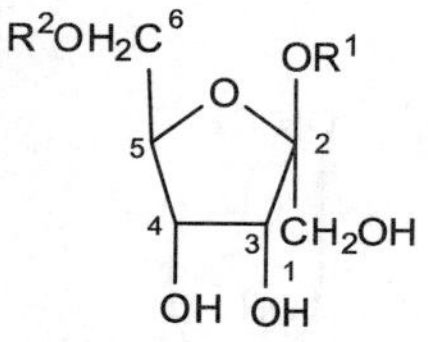

11-1-121 R^1=R^2=H
11-1-123 R^1=Me; R^2=H
11-1-125 R^1=R^2=Me

表 11-1-2　单糖类化合物 11-1-1~11-1-125 的 ^{13}C NMR 数据

C	11-1-1	11-1-2	11-1-3	11-1-4	11-1-5	11-1-6	11-1-7	11-1-8
1	96.8	102.4	103.4	97.9	103.6	109.6	109.4	103.8
2	72.4	77.7	82.0	77.5	72.8	76.4	80.5	77.4
3	70.6	71.7	76.4	76.2	69.9	71.4	76.4	75.8
4	72.9	72.4	74.3	71.8	73.6	72.6	73.7	72.0
OMe					56.7	56.6	55.5	56.2

C	11-1-9	11-1-10	11-1-11	11-1-12	11-1-13	11-1-14	11-1-15	11-1-16
1	97.6	93.4	94.9	95.0	94.3	94.7	93.1	97.5
2	72.9	69.5	71.0	70.9	70.8	71.8	72.5	75.1
3	73.5	69.5	71.4	73.5	70.1	69.7	73.9	76.8
4	69.6	69.5	68.4	67.4	68.1	68.2	70.4	70.2
5	67.2	63.4	63.9	65.0	63.8	63.8	61.9	66.1
OMe								

续表

C	11-1-17	11-1-18	11-1-19	11-1-20	11-1-21	11-1-22	11-1-23	11-1-24
1	101.9	96.0	101.5	97.1	101.7	105.1	101.0	102.0
2	82.3	77.1	77.8	71.7	76.0	71.8	69.4	70.4
3	76.5	75.1	71.9	70.8	71.2	73.4	69.9	71.6
4	83.8	82.2	80.7	83.8	83.3	69.4	70.0	67.7
5	62.0	62.0	61.9	62.1	63.3	67.3	63.8	63.3
OMe						58.1	56.3	55.9

C	11-1-25	11-1-26	11-1-27	11-1-28	11-1-29	11-1-30	11-1-31	11-1-32
1	100.4	103.1	100.6	105.1	109.2	103.1	109.2	103.3
2	69.2	71.0	72.3	74.0	81.8	77.4	77.0	73.2
3	70.4	68.6	74.3	76.9	77.5	75.7	72.2	71.0
4	67.4	68.6	70.4	70.4	84.9	82.9	81.4	82.1
5	60.8	63.9	62.0	66.3	62.4	62.4	61.5	62.7
OMe	56.7	57.0	56.0	58.3	56.0	56.3		
							56.9	56.7

C	11-1-33	11-1-34	11-1-35	11-1-36	11-1-37	11-1-38	11-1-39	11-1-40
1	103.1	108.0	103.0	109.7	93.7	94.3	94.7	92.6
2	71.1	74.3	77.8	81.0	67.9	72.2	71.2	71.6
3	69.8	70.9	76.2	76.0	72.0	72.0	71.1	71.3
4	84.6	83.0	79.3	83.6	66.9	67.7	66.0	65.2
5	61.9	62.9	61.6	62.2	67.7	74.4	72.0	75.0
6					61.6	62.1	61.6	62.5
OMe	55.5	55.3	56.7	56.4				

C	11-1-41	11-1-42	11-1-43	11-1-44	11-1-45	11-1-46	11-1-47	11-1-48
1	93.2	97.3	92.9	96.7	93.6	94.6	93.2	93.9
2	69.4	72.9	72.5	75.1	65.5	69.9	73.6	71.1
3	70.2	73.8	73.8	76.7	71.6	72.0	72.7	68.8
4	70.3	69.7	70.6	70.6	70.2	70.2	70.6	70.6
5	71.4	76.0	72.3	76.8	67.2	74.6	73.6	75.6
6	62.2	62.0	61.6	61.7	61.7	61.8	59.4	62.1
OMe								

C	11-1-49	11-1-50	11-1-51	11-1-52	11-1-53	11-1-54	11-1-55	11-1-56
1	95.0	94.6	95.5	95.0	96.8	101.6	102.2	96.2
2	71.7	72.3	71.7	72.5	72.4	76.1	82.4	77.5
3	71.3	74.1	70.6	69.6		73.3	76.9	76.0
4	68.0	67.8	66.0	69.4	84.3	83.0	84.3	82.1
5	73.4	77.2	72.0	76.5	70.2	71.7	72.5	73.4
6	62.1	62.1	62.4	62.2	63.1	63.3	63.3	63.3

C	11-1-57	11-1-58	11-1-59	11-1-60	11-1-61	11-1-62	11-1-63	11-1-64
1	95.8	101.8	103.8	97.3	101.4	102.5	96.3	101.8
2	77.1	82.2	81.8		78.1	78.6	77.0	76.1
3	75.1	76.6				75.6	75.9	72.7

续表

C	11-1-57	11-1-58	11-1-59	11-1-60	11-1-61	11-1-62	11-1-63	11-1-64
4	81.6	82.8	82.1	80.4	80.3	82.2	81.6	82.7
5		71.5				70.3	71.7	71.6
6	63.3	63.6		62.6	63.2	63.4	63.4	63.7

C	11-1-65	11-1-66	11-1-67	11-1-68	11-1-69	11-1-70	11-1-71	11-1-72
1	97.3	100.0	101.9	101.1	100.4	100.1	104.5	100.0
2	71.6	68.3	72.2	70.0	70.7	69.2	71.7	72.2
3	72.0	72.1	71.4	70.0	70.2	70.5	73.8	74.1
4	83.3	68.0	68.0	64.8	65.6	70.2	69.7	70.6
5		67.3	74.8	70.0	75.6	71.6	76.0	72.5
6	63.8	61.7	62.2	61.3	61.7	62.2	62.0	61.6
OMe		56.3	58.0	55.4	57.7	56.0	58.1	55.9

C	11-1-73	11-1-74	11-1-75	11-1-76	11-1-77	11-1-78	11-1-79	11-1-80
1	104.0	100.4	102.6	101.5	101.9	101.3	102.2	103.8
2	74.1	65.5	69.1	70.9	71.2	70.6	70.7	72.3
3	76.8	71.4	72.3	71.8	71.8	73.3	66.2	69.9
4	70.6	70.4	70.5	70.3	68.0	67.1	70.3	85.9
5	76.8	67.3	74.9	70.8	73.7	76.6	72.1	72.7
6	61.8	62.0	62.1	60.2	62.1	61.4	62.3	63.5
OMe	58.1	56.3	58.1	55.8	55.9	56.9	55.6	56.6

C	11-1-81	11-1-82	11-1-83	11-1-84	11-1-85	11-1-86	11-1-87	11-1-88
1	109.0	103.8	109.9	104.0	110.0	109.7	103.6	65.9
2	75.6	78.2	81.3	77.7	80.6	77.9	73.1	
3	72.7	76.2	78.4	76.6	75.8	72.5	71.2	70.9
4	83.4	83.1	84.7	78.8	82.3	80.5	80.7	71.3
5	73.8	74.5	71.7	70.7	70.7	70.6	71.0	
6	63.9	64.1	63.6	64.2	64.7	64.5	64.4	
OMe	56.4	57.2	55.6	57.0	56.2	57.2	56.8	

C	11-1-89	11-1-90	11-1-91	11-1-92	11-1-93	11-1-94	11-1-95	11-1-96
1	64.7	63.8	63.8	61.8	58.7	60.0	90.1	96.5
2	99.1	105.5	102.6	101.4	109.1	104.7	81.3	84.4
3	68.4	82.9	76.4	69.3	81.0	77.7	72.8	76.6
4	70.5	77.0	75.4	70.5	78.2	75.9	70.5	70.5
5	70.0	82.2	81.6	70.0	84.0	82.1	72.0	76.1
6	64.1	61.9	63.2	64.7	62.1	63.6	61.4	61.5
OMe				49.3	49.1	49.8	58.4	60.9

C	11-1-97	11-1-98	11-1-99	11-1-100	11-1-101	11-1-102	11-1-103	11-1-104
1	93.4	97.2	93.2	97.1	93.3	97.3	91.8	95.0
2	72.6	75.1	73.0	75.8	73.0	75.8	81.6	82.6
3	84.1	86.7	73.9	76.7	74.3	77.2	71.0	74.5
4	70.6	70.4	80.5	80.5	71.4	71.4	68.3	68.0
5	72.8	77.3	71.7	76.1	71.4	75.8	73.3	77.5
6	62.3	62.3	62.1	62.1	72.6	72.6	62.1	62.1
OMe	61.3	61.3	61.6	61.6	60.3	60.3		

续表

C	**11-1-105**	**11-1-106**	**11-1-107**	**11-1-108**	**11-1-109**	**11-1-110**	**11-1-111**	**11-1-112**
1	95.0	94.7	94.9	94.6	94.7	95.0	94.6	101.9
2	67.3	68.1	71.9	72.1	73.2	71.9	72.4	71.0
3	80.8	83.2	71.1	73.9	74.1	71.1	73.8	71.3
4	66.8	66.6	77.9	77.7	67.8	73.3	72.9	73.1
5	73.4	77.3	72.4	76.3	75.8	69.4	73.1	69.4
6	62.0	62.0	61.8	61.9	72.0	18.0	18.0	17.7
OMe								55.8

C	**11-1-113**	**11-1-114**	**11-1-115**	**11-1-116**	**11-1-117**	**11-1-118**	**11-1-119**	**11-1-120**
1	93.3	97.3	100.5	104.8	65.0	65.0	66.1	64.2
2	69.2	72.8	69.0	71.5	99.1	98.4	103.3	104.0
3	70.4	74.0	70.6	74.1	66.4	71.2	70.5	71.2
4	73.0	72.5	72.9	72.4	65.9	71.2	70.8	72.6
5	67.4	71.9	67.5	71.9	69.8	66.7	66.5	84.3
6	16.7	16.7	16.5	16.5	62.2	58.9	58.7	64.2
OMe			56.3	58.3				

C	**11-1-121**	**11-1-122**	**11-1-123**	**11-1-124**	**11-1-125**
1	63.3	61.4	58.2	61.6	60.1
2	106.3	106.2	110.2	106.2	110.8
3	75.6	73.4	75.6	73.3	75.4
4	71.9	71.7	72.8	71.9	73.4
5	84.3	85.7	84.6	83.6	82.9
6	63.6	63.1	64.4	73.7	75.4
OMe		50.2	52.6	20.2(1) 60.2(1)	50.5(1) 58.5(6)

参 考 文 献

[1] Serianni A S, Clark E L, Barker R, Carbohydr Res, 1979, 72: 79.

[2] Ritchie R G S, Cyr N Korsch B, et al. Can J Chem, 1975, 53: 1424.

[3] Pfeffer P E, Valentine K M, Parrish F W. J Am Chem Soc, 1979, 101: 1265.

[4] Bock K, Pedersen C. Adv Carbohyd Chem, 1983, 41, 27.

[5] Bock K, Pedersen C. Acta Chem Scand, Ser B, 1975, 29: 258.

[6] Gorin P A J, Mazurek M. Can J Chem, 1975, 53: 1212.

[7] Bock K, Beck Sommer M. Acta Chem Scand, Ser B, 1980, 34: 389.

[8] Williams C, Allerhand A. Carbohydr Res, 1977, 56: 173.

[9] Perlin A S, Casu B, Koch H J. Can J Chem, 1970, 48: 2596.

[10] Naganawa H, Muraoka Y, Takita T, et al. J Antibiot, Ser A, 1977, 30: 388.

[11] Jacobsen S, Mols O. Acta Chem Scand, Ser B, 1981, 35: 163.

[12] Angyal S J, Bethell G S. Aust J Chem, 1976, 29: 1249.

[13] Bock K, Pedersen C. J Chem Soc, Perkin Trans 2, 1974: 293.

[14] Usui R, Yamaoka N, Matsuda K, et al. J Chem Soc, Perkin Trans 1, 1973: 2425.

[15] Gorin P A J, et al. Carbohydr Res, 1975, 39: 3.

[16] Gorin P A J, et al. Can J Chem, 1975, 53: 1212.
[17] Du Peuhoat P C M H, et al. Carbohydr Res, 1974, 36: 111.

第二节 双糖类化合物

寡糖类化合物（本章涉及二糖至五糖）中的出现单糖结构及代号如下，为节省篇幅，各糖类结构不再一一列出。

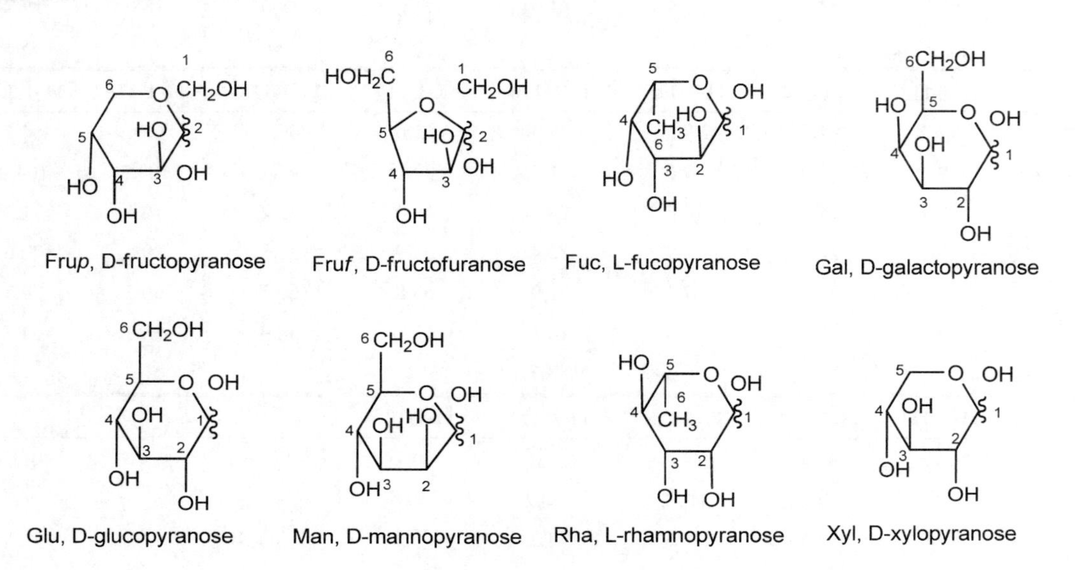

表 11-2-1 双糖类化合物 11-2-1~11-2-123 的名称、分子式及测试溶剂

编号	名称	分子式	测试溶剂	参考文献
11-2-1	α-Glu(1→1)-α-Glu	$C_{12}H_{22}O_{11}$	W	[1]
11-2-2	α-Glu(1→1)-β-Glu	$C_{12}H_{22}O_{11}$	W	[1]
11-2-3	β-Glu(1→1)-β-Glu	$C_{12}H_{22}O_{11}$	W	[1]
11-2-4	α-Glu(1→2)-α-Glu	$C_{12}H_{22}O_{11}$	W	[2]
11-2-5	α-Glu(1→2)-β-Glu	$C_{12}H_{22}O_{11}$	W	[2]
11-2-6	β-Glu(1→2)-α-Glu	$C_{12}H_{22}O_{11}$	W	[2]
11-2-7	β-Glu(1→2)-β-Glu	$C_{12}H_{22}O_{11}$	W	[2]
11-2-8	α-Glu(1→3)-α-Glu	$C_{12}H_{22}O_{11}$	W	[2]
11-2-9	α-Glu(1→3)-β-Glu	$C_{12}H_{22}O_{11}$	W	[2]
11-2-10	β-Glu(1→3)-α-Glu	$C_{12}H_{22}O_{11}$	W	[2]
11-2-11	β-Glu(1→3)-β-Glu	$C_{12}H_{22}O_{11}$	W	[2]
11-2-12	α-Glu(1→4)-α-Glu	$C_{12}H_{22}O_{11}$	W	[3]
11-2-13	α-Glu(1→4)-β-Glu	$C_{12}H_{22}O_{11}$	W	[3]
11-2-14	β-Glu(1→4)-α-Glu	$C_{12}H_{22}O_{11}$	W	[3]
11-2-15	β-Glu(1→4)-β-Glu	$C_{12}H_{22}O_{11}$	W	[3]
11-2-16	α-Glu(1→6)-α-Glu	$C_{12}H_{22}O_{11}$	W	[2]
11-2-17	α-Glu(1→6)-β-Glu	$C_{12}H_{22}O_{11}$	W	[2]

续表

编号	名称	分子式	测试溶剂	参考文献
11-2-18	β-Glu(1→6)-α-Glu	$C_{12}H_{22}O_{11}$	W	[2]
11-2-19	β-Glu(1→6)-β-Glu	$C_{12}H_{22}O_{11}$	W	[2]
11-2-20	β-Gal(1→4)-α-Glu	$C_{12}H_{22}O_{11}$	W	[4]
11-2-21	β-Gal(1→4)-α-Glu	$C_{12}H_{22}O_{11}$	W	[4]
11-2-22	α-Gal(1→6)-α-Glu	$C_{12}H_{22}O_{11}$	W	[5]
11-2-23	α-Gal(1→6)-β-Glu	$C_{12}H_{22}O_{11}$	W	[5]
11-2-24	α-Glu(1→3)-β-Gal	$C_{12}H_{22}O_{11}$	W	[6]
11-2-25	α-Glu(1→4)-β-Gal	$C_{12}H_{22}O_{11}$	W	[6]
11-2-26	β-Glu(1→4)-α-Man	$C_{12}H_{22}O_{11}$	W	[7]
11-2-27	β-Glu(1→4)-β-Man	$C_{12}H_{22}O_{11}$	W	[7]
11-2-28	β-Man (1→4)-α-Glu	$C_{12}H_{22}O_{11}$	W	[7]
11-2-29	β-Man (1→4)-β-Glu	$C_{12}H_{22}O_{11}$	W	[7]
11-2-30	α-Man (1→2)-α-Man	$C_{12}H_{22}O_{11}$	W	[7]
11-2-31	β-Man (1→4)-α-Man	$C_{12}H_{22}O_{11}$	W	[9]
11-2-32	β-Man (1→4)-β-Man	$C_{12}H_{22}O_{11}$	W	[9]
11-2-33	α-Glu(1→2)-β-Fru*f*	$C_{12}H_{22}O_{11}$	W	[1]
11-2-34	β-Fru*f* (2→1)-β-Fru*p*	$C_{12}H_{22}O_{11}$	W	[10]
11-2-35	β-Fru*f* (2→6)-α-Glu	$C_{12}H_{22}O_{11}$	W	[10]
11-2-36	β-Fru*f* (2→6)-β-Glu	$C_{12}H_{22}O_{11}$	W	[10]
11-2-37	β-Gal(1→4)-α-Fru*f*	$C_{12}H_{22}O_{11}$	W	[11]
11-2-38	β-Gal(1→4)-β-Fru*f*	$C_{12}H_{22}O_{11}$	W	[11]
11-2-39	β-Gal(1→4)-β-Fru*p*	$C_{12}H_{22}O_{11}$	W	[11]
11-2-40	α-Glu(1→1)-β-Fru*p*	$C_{12}H_{22}O_{11}$	W	[10]
11-2-41	α-Glu(1→3)-α-Fru*f*	$C_{12}H_{22}O_{11}$	W	[10]
11-2-42	α-Glu(1→3)-β-Fru*f*	$C_{12}H_{22}O_{11}$	W	[10]
11-2-43	α-Glu(1→3)-β-Fru*p*	$C_{12}H_{22}O_{11}$	W	[10]
11-2-44	α-Glu(1→4)-α-Fru*f*	$C_{12}H_{22}O_{11}$	W	[11]
11-2-45	α-Glu(1→4)-β-Fru*f*	$C_{12}H_{22}O_{11}$	W	[11]
11-2-46	α-Glu(1→4)-β-Fru*p*	$C_{12}H_{22}O_{11}$	W	[11]
11-2-47	β-Glu(1→4)-α-Fru*f*	$C_{12}H_{22}O_{11}$	W	[11]
11-2-48	β-Glu(1→4)-β-Fru*f*	$C_{12}H_{22}O_{11}$	W	[11]
11-2-49	β-Glu(1→4)-β-Fru*p*	$C_{12}H_{22}O_{11}$	W	[11]
11-2-50	α-Glu(1→5)-β-Fru*p*	$C_{12}H_{22}O_{11}$	W	[12]
11-2-51	α-Glu(1→6)-α-Fru*f*	$C_{12}H_{22}O_{11}$	W	[12]
11-2-52	α-Glu(1→6)-β-Fru*f*	$C_{12}H_{22}O_{11}$	W	[12]
11-2-53	β-Gal(1→2)-α-Rha	$C_{12}H_{22}O_{10}$	W	[13]
11-2-54	β-Gal(1→2)-β-Rha	$C_{12}H_{22}O_{10}$	W	[13]
11-2-55	β-Gal(1→3)-α-Rha	$C_{12}H_{22}O_{10}$	W	[13]
11-2-56	β-Gal(1→3)-β-Rha	$C_{12}H_{22}O_{10}$	W	[13]
11-2-57	α-Gal(1→4)-α-Rha	$C_{12}H_{22}O_{10}$	W	[14]
11-2-58	α-Gal(1→4)-β-Rha	$C_{12}H_{22}O_{10}$	W	[14]
11-2-59	β-Gal(1→4)-α-Rha	$C_{12}H_{22}O_{10}$	W	[13]

续表

编号	名称	分子式	测试溶剂	参考文献
11-2-60	β-Gal(1→4)-β-Rha	$C_{12}H_{22}O_{10}$	W	[13]
11-2-61	β-Glu(1→2)-α-Rha	$C_{12}H_{22}O_{10}$	W	[13]
11-2-62	β-Glu(1→2)-β-Rha	$C_{12}H_{22}O_{10}$	W	[13]
11-2-63	β-Glu(1→3)-α-Rha	$C_{12}H_{22}O_{10}$	W	[13]
11-2-64	β-Glu(1→3)-β-Rha	$C_{12}H_{22}O_{10}$	W	[13]
11-2-65	β-Glu(1→4)-α-Rha	$C_{12}H_{22}O_{10}$	W	[13]
11-2-66	β-Glu(1→4)-β-Rha	$C_{12}H_{22}O_{10}$	W	[13]
11-2-67	α-Man(1→4)-α-Rha	$C_{12}H_{22}O_{10}$	W	[15]
11-2-68	α-Man(1→4)-β-Rha	$C_{12}H_{22}O_{10}$	W	[15]
11-2-69	β-Man(1→4)-α-Rha	$C_{12}H_{22}O_{10}$	W	[16]
11-2-70	β-Man(1→4)-β-Rha	$C_{12}H_{22}O_{10}$	W	[16]
11-2-71	α-Rha(1→3)-α-Gal	$C_{12}H_{22}O_{10}$	W	[15]
11-2-72	α-Rha(1→3)-β-Gal	$C_{12}H_{22}O_{10}$	W	[15]
11-2-73	β-Rha(1→3)-α-Gal	$C_{12}H_{22}O_{10}$	W	[15]
11-2-74	β-Rha(1→3)-β-Gal	$C_{12}H_{22}O_{10}$	W	[15]
11-2-75	α-Rha(1→4)-α-Gal	$C_{12}H_{22}O_{10}$	W	[17]
11-2-76	α-Rha(1→4)-β-Gal	$C_{12}H_{22}O_{10}$	W	[17]
11-2-77	α-Rha(1→6)-α-Gal	$C_{12}H_{22}O_{10}$	W	[18]
11-2-78	α-Rha(1→6)-β-Gal	$C_{12}H_{22}O_{10}$	W	[18]
11-2-79	α-Rha(1→6)-α-Glu	$C_{12}H_{22}O_{10}$	W	[18]
11-2-80	α-Rha(1→6)-β-Glu	$C_{12}H_{22}O_{10}$	W	[18]
11-2-81	α-Rha(1→2)-α-Rha	$C_{12}H_{22}O_{9}$	W	[19]
11-2-82	α-Rha(1→3)-α-Rha	$C_{12}H_{22}O_{9}$	W	[19]
11-2-83	α-Rha(1→3)-β-Rha	$C_{12}H_{22}O_{9}$	W	[19]
11-2-84	α-Rha(1→4)-α-Rha	$C_{12}H_{22}O_{9}$	W	[20]
11-2-85	α-Xyl(1→2)-α-Xyl	$C_{10}H_{18}O_{9}$	W	[21]
11-2-86	α-Xyl(1→2)-β-Xyl	$C_{10}H_{18}O_{9}$	W	[21]
11-2-87	β-Xyl(1→2)-α-Xyl	$C_{10}H_{18}O_{9}$	W	[21]
11-2-88	β-Xyl(1→2)-β-Xyl	$C_{10}H_{18}O_{9}$	W	[21]
11-2-89	α-Xyl(1→3)-α-Xyl	$C_{10}H_{18}O_{9}$	W	[21]
11-2-90	α-Xyl(1→3)-β-Xyl	$C_{10}H_{18}O_{9}$	W	[21]
11-2-91	β-Xyl(1→3)-α-Xyl	$C_{10}H_{18}O_{9}$	W	[21]
11-2-92	β-Xyl(1→3)-β-Xyl	$C_{10}H_{18}O_{9}$	W	[21]
11-2-93	α-Xyl(1→4)-α-Xyl	$C_{10}H_{18}O_{9}$	W	[21]
11-2-94	α-Xyl(1→4)-β-Xyl	$C_{10}H_{18}O_{9}$	W	[21]
11-2-95	β-Xyl(1→4)-α-Xyl	$C_{10}H_{18}O_{9}$	W	[22]
11-2-96	β-Xyl(1→4)-β-Xyl	$C_{10}H_{18}O_{9}$	W	[22]
11-2-97	β-Gal(1→2)-β-GalOMe	$C_{13}H_{24}O_{11}$	W	[23]
11-2-98	α-Gal(1→4)-α-GalOMe	$C_{13}H_{24}O_{11}$	W	[24]
11-2-99	β-Gal(1→4)-β-GluOMe	$C_{13}H_{24}O_{11}$	W	[25]
11-2-100	β-Glu(1→3)-α-GalOMe	$C_{13}H_{24}O_{11}$	W	[26]
11-2-101	α-Glu(1→2)-β-GluOMe	$C_{13}H_{24}O_{11}$	W	[2]

续表

编号	名称	分子式	测试溶剂	参考文献
11-2-102	β-Glu(1→2)-α-GluOMe	$C_{13}H_{24}O_{11}$	W	[2]
11-2-103	α-Glu(1→4)-β-GluOMe	$C_{13}H_{24}O_{11}$	W	[2]
11-2-104	β-Glu(1→4)-β-GluOMe	$C_{13}H_{24}O_{11}$	W	[27]
11-2-105	β-Glu(1→6)-β-GluOMe	$C_{13}H_{24}O_{11}$	W	[2]
11-2-106	α-Man (1→2)-α-ManOMe	$C_{13}H_{24}O_{11}$	W	[28]
11-2-107	α-Man (1→3)-α-ManOMe	$C_{13}H_{24}O_{11}$	W	[28]
11-2-108	α-Man (1→4)-α-ManOMe	$C_{13}H_{24}O_{11}$	W	[28]
11-2-109	α-Man (1→6)-α-ManOMe	$C_{13}H_{24}O_{11}$	W	[28]
11-2-110	β-Glu (1→4)-α-RhaOMe	$C_{13}H_{24}O_{11}$	W	[17]
11-2-111	α-Rha (1→6)-α-GluOMe	$C_{13}H_{24}O_{10}$	W	[29]
11-2-112	α-Rha (1→2)-α-RhaOMe	$C_{13}H_{24}O_9$	W	[30]
11-2-113	β-Rha (1→2)-α-RhaOMe	$C_{13}H_{24}O_9$	W	[31]
11-2-114	α-Rha (1→3)-α-RhaOMe	$C_{13}H_{24}O_9$	W	[30]
11-2-115	β-Rha (1→3)-α-RhaOMe	$C_{13}H_{24}O_9$	W	[31]
11-2-116	α-Rha (1→4)-α-RhaOMe	$C_{13}H_{24}O_9$	W	[18]
11-2-117	β-Rha (1→4)-α-RhaOMe	$C_{13}H_{24}O_9$	W	[31]
11-2-118	α-Xyl(1→2)-β-XylOMe	$C_{11}H_{20}O_9$	W	[32]
11-2-119	β-Xyl(1→2)-β-XylOMe	$C_{11}H_{20}O_9$	W	[32]
11-2-120	α-Xyl(1→3)-β-XylOMe	$C_{11}H_{20}O_9$	W	[32]
11-2-121	β-Xyl(1→3)-β-XylOMe	$C_{11}H_{20}O_9$	W	[32]
11-2-122	α-Xyl(1→4)-β-XylOMe	$C_{11}H_{20}O_9$	W	[32]
11-2-123	β-Xyl(1→4)-β-XylOMe	$C_{11}H_{20}O_9$	W	[32]

表 11-2-2 双糖类化合物的 ^{13}C NMR 数据

C	**11-2-1**	**11-2-2**	**11-2-3**	**11-2-4**	**11-2-5**	**11-2-6**	**11-2-7**	**11-2-8**
	α-Glu(1→1)-	α-Glu(1→1)-	β-Glu(1→1)-	α-Glu(1→2)-	α-Glu(1→2)-	β-Glu(1→2)-	β-Glu(1→2)-	α-Glu(1→3)-
1	94.0	101.9	100.7	97.1	98.6	104.4	103.2	99.8
2	72.0	72.4	74.2	72.7	72.7	74.2	74.2	72.8
3	73.5	73.8	77.3	74.0	74.0	76.5	76.5	74.1
4	70.6	70.4	71.1	70.7	70.7	70.4	70.4	71.3
5	73.0	73.6	77.3	72.7	72.7	76.5	76.5	72.8
6	61.5	61.6	62.5	61.6	61.6	61.7	61.7	61.8
	α-Glu	β-Glu	β-Glu	α-Glu	β-Glu	α-Glu	β-Glu	α-Glu
1	94.0	104.0	100.7	90.4	97.1	92.4	95.1	93.1
2	72.0	70.3	74.2	76.7	79.5	81.4	82.1	71.3
3	73.5	77.4	77.3	72.7	75.4	72.5	76.5	80.8
4	70.6	70.9	71.1	70.7	70.7	70.4	70.4	70.6
5	73.0	76.8	77.3	72.7	76.7	71.8	76.5	72.2
6	61.5	62.3	62.5	61.6	61.6	61.7	61.7	61.8

C	**11-2-9**	**11-2-10**	**11-2-11**	**11-2-12**	**11-2-13**	**11-2-14**	**11-2-15**	**11-2-16**
	α-Glu(1→3)-	β-Glu(1→3)-	β-Glu(1→3)-	α-Glu(1→4)-	α-Glu(1→4)-	β-Glu(1→4)-	β-Glu(1→4)-	α-Glu(1→6)-
1	99.8	103.2	103.2	100.7	100.7	103.6	103.6	98.5

续表

C	11-2-9	11-2-10	11-2-11	11-2-12	11-2-13	11-2-14	11-2-15	11-2-16
2	72.8	74.1	74.1	72.8	72.8	74.3	74.3	72.4
3	74.1	76.4	76.4	73.9	73.9	76.6	76.6	74.1
4	71.3	70.5	70.8	70.4	70.4	70.6	70.6	70.4
5	72.8	76.4	76.4	73.6	73.6	77.0	77.0	72.9
6	61.8	61.7	61.7	61.6	61.6	61.7	61.7	61.6
	β-Glu	α-Glu	β-Glu	α-Glu	β-Glu	α-Glu	β-Glu	α-Glu
1	97.0	92.7	96.5	92.8	96.8	92.9	96.8	92.9
2	74.1	71.4	74.1	72.3	75.0	72.3	75.0	72.4
3	83.2	83.5	86.0	74.1	77.1	72.4	75.4	74.1
4	70.6	68.9	68.9	78.5	78.2	79.9	79.8	70.4
5	76.6	71.7	76.4	71.0	75.6	71.2	75.8	70.4
6	61.8	61.7	61.7	61.6	61.8	61.0	61.2	66.5

C	11-2-17	11-2-18	11-2-19	11-2-20	11-2-21	11-2-22	11-2-23	11-2-24
	α-Glu(1→6)-	β-Glu(1→6)-	β-Glu(1→6)-	β-Gal(1→4)-	β-Gal(1→4)-	α-Gal(1→6)-	α-Gal(1→6)-	α-Glu(1→3)-
1	98.5	103.0	103.0	103.0	103.0	99.0	99.0	96.6
2	72.4	73.7	73.7	71.1	71.1	69.3	79.3	73.0
3	74.1	76.3	76.3	72.6	72.6	70.3	70.3	74.1
4	70.4	70.3	70.3	68.6	68.6	70.0	70.0	70.7
5	72.9	76.3	76.3	75.4	75.4	71.8	71.8	72.6
6	61.6	61.7	61.7	61.1	61.1	61.9	61.9	61.7
	β-Glu	α-Glu	β-Glu	α-Glu	α-Glu	α-Glu	β-Glu	β-Gal
1	96.8	92.5	96.4	91.9	95.8	93.0	96.9	97.7
2	75.0	72.1	74.7	70.2	73.9	72.3	74.9	71.5
3	76.2	73.7	76.3	71.2	74.5	73.8	76.7	78.8
4	70.4	70.3	70.3	78.4	78.4	70.4	70.3	66.3
5	75.0	71.0	75.3	71.5	74.9	70.9	75.2	76.1
6	66.5	69.4	69.4	60.2	60.2	66.8	66.7	62.2

C	11-2-25	11-2-26	11-2-27	11-2-28	11-2-29	11-2-30	11-2-31	11-2-32
	α-Glu(1→4)-	β-Glu(1→4)-	β-Glu(1→4)-	β-Man(1→4)-	β-Man(1→4)-	α-Man(1→2)-	β-Man(1→4)-	β-Man(1→4)-
1	101.4	104.2	104.2	101.7	101.7	102.5	101.0	101.0
2	73.6	74.7	74.7	75.6	75.6	70.6	71.4	71.4
3	74.0	77.6	77.6	74.6	74.6	70.3	73.7	73.7
4	70.6	71.2	71.2	68.4	68.4	67.2	67.5	67.5
5	73.1	77.1	77.1	78.1	78.1	72.8	77.2	77.2
6	61.4	62.0	62.0	62.2	62.2	61.3	61.9	61.9
	β-Gal	α-Man	β-Man	α-Glu	β-Glu	α-Man	α-Man	β-Man
1	97.9	95.3	95.3	93.5	97.5	92.9	94.6	94.5
2	73.1	71.9	71.9	72.3	72.3	79.4	71.0	71.4
3	73.1	70.6	73.4	73.0	76.2	70.3	69.8	72.5
4	78.6	78.5	78.5	80.5	80.5	67.3	77.6	77.3
5	76.3	72.6	76.5	71.7	75.9	73.6	71.7	75.6
6	61.4	62.2	62.2	62.4	62.4	61.4	61.3	61.3

续表

C	11-2-33	11-2-34	11-2-35	11-2-36	11-2-37	11-2-38	11-2-39	11-2-40
	α-Glu(1→2)-	β-Fruf(2→1)-	β-Fruf(2→6)-	β-Fruf(2→6)-	β-Gal(1→4)-	β-Gal(1→4)-	β-Gal(1→4)-	α-Glu(1→1)-
1	92.9	61.0	61.1	61.1	103.9	103.4	101.5	99.2
2	71.9	104.3	104.6	104.6	71.7	71.7	71.7	72.2
3	73.4	77.2	77.8	77.9	73.7	73.7	73.7	73.7
4	70.0	75.0	75.4	75.5	69.7	69.7	69.7	70.3
4	73.2	81.9	82.0	82.0	76.0	76.0	76.0	72.6
6	61.0	62.7	63.2	63.3	62.1	62.1	62.1	61.3
	β-Fruf	β-Frup	α-Glu	β-Glu	α-Fruf	β-Fruf	β-Frup	β-Frup
1	62.2	64.2	93.0	96.8	63.9	65.1	65.1	69.9
2	104.5	100.0	72.3	74.9	105.6	103.1	98.8	98.6
3	77.3	68.8	73.5	76.5	81.8	76.1	67.2	68.6
4	74.8	70.2	70.6	70.5	86.0	84.9	78.3	70.3
5	82.2	69.8	71.5	75.8	81.4	80.8	67.7	69.8
6	63.2	64.5	61.7	61.7	63.6	63.6	63.9	64.3

C	11-2-41	11-2-42	11-2-43	11-2-44	11-2-45	11-2-46	11-2-47	11-2-48
	α-Glu(1→3)-	α-Glu(1→3)-	α-Glu(1→3)-	α-Glu(1→4)-	α-Glu(1→4)-	α-Glu(1→4)-	β-Glu(1→4)-	β-Glu(1→4)-
1	97.6	99.2	101.7	98.9	99.4	101.5	103.5	103.1
2	72.0	72.2	72.8	72.4	72.4	73.0	74.0	74.0
3	73.7	73.5	73.7	74.0	73.4	74.1	76.7	76.7
4	70.1	70.1	70.1	70.7	70.7	70.9	70.6	70.9
4	75.3	75.1	73.5	73.5	73.5	73.4	76.9	76.9
6	61.1	61.1	61.3	61.7	61.7	61.8	61.8	61.8
	α-Fruf	β-Fruf	β-Frup	α-Fruf	β-Fruf	β-Frup	α-Fruf	β-Fruf
1	61.8	63.1	64.8	63.8	63.8	65.1	63.6	63.6
2	105.0	102.4	98.5	106.3	103.1	99.4	105.9	103.2
3	85.5	81.2	77.4	81.3	76.5	68.2	81.7	76.7
4	73.0	73.1	71.0	83.3	82.4	79.2	86.2	84.9
5	82.3	81.6	69.8	82.2	81.1	70.3	81.7	80.9
6	63.5	63.7	64.1	62.6	63.8	64.5	63.6	63.6

C	11-2-49	11-2-50	11-2-51	11-2-52	11-2-53	11-2-54	11-2-55	11-2-56
	β-Glu(1→4)-	α-Glu(1→5)-	α-Glu(1→6)-	α-Glu(1→6)-	β-Gal(1→2)-	β-Gal(1→2)-	β-Gal(1→3)-	β-Gal(1→3)-
1	101.1	101.5	99.7	99.4	105.9	105.1	105.5	105.5
2	74.0	73.2	72.6	72.6	72.2	72.2	72.4	72.4
3	76.7	74.2	74.2	74.2	73.7	73.7	73.8	73.8
4	70.6	70.9	70.8	70.8	69.7	69.7	69.9	69.9
4	76.9	73.3	73.1	73.1	76.2	76.2	76.3	76.3
6	61.8	61.9	61.8	61.8	62.2	62.2	62.6	62.6
	β-Frup	β-Frup	α-Fruf	β-Fruf	α-Rha	β-Rha	α-Rha	β-Rha
1	65.0	65.1	63.9	63.9	94.1	93.9	95.0	94.5
2	99.1	99.2	105.9	102.9	81.7	82.4	71.9	72.4
3	67.1	69.2	82.9	76.5	71.1	74.2	81.0	83.4
4	78.4	71.2	77.3	75.8	73.6	73.3	72.4	72.4
5	67.7	80.2	81.2	80.1	69.3	73.6	69.5	73.0
6	63.9	63.4	68.0	69.0	18.1	17.9	18.1	18.1

续表

C	11-2-57	11-2-58	11-2-59	11-2-60	11-2-61	11-2-62	11-2-63	11-2-64
	α-Gal(1→4)-	α-Gal(1→4)-	β-Gal(1→4)-	β-Gal(1→4)-	β-Glu(1→2)-	β-Glu(1→2)-	β-Glu(1→3)-	β-Glu(1→3)-
1	100.5	100.5	104.9	104.9	105.3	104.6	105.0	105.0
2	69.2	69.2	72.9	72.9	74.5	74.5	74.7	74.7
3	69.6	69.5	74.0	74.0	77.0	77.0	76.9	76.9
4	69.9	69.9	69.8	69.8	70.5	70.5	70.8	70.8
4	70.0	70.0	76.4	76.4	76.7	76.7	76.9	76.9
6	61.6	61.6	62.1	62.1	61.7	61.7	61.9	61.9
	α-Rha	β-Rha	α-Rha	β-Rha	α-Rha	β-Rha	α-Rha	β-Rha
1	94.3	94.1	95.0	94.6	94.0	93.9	95.0	94.6
2	71.8	72.0	72.0	72.5	82.1	82.4	71.8	72.3[b]
3	69.6	72.4	71.2	74.0	70.9	74.3	81.0	83.5
4	82.1	81.6	82.3	81.9	73.5	73.2[b]	72.5[b]	72.3[b]
5	68.1	72.3	68.1	71.8	69.3	73.8[b]	69.5	73.0
6	17.9	17.9	18.2	18.2	17.9	17.9	18.1	18.1

C	11-2-65	11-2-66	11-2-67	11-2-68	11-2-69	11-2-70	11-2-71	11-2-72
	β-Glu(1→4)-	β-Glu(1→4)-	α-Man(1→4)-	α-Man(1→4)-	β-Man(1→4)-	β-Man(1→4)-	α-Rha(1→3)-	α-Rha(1→3)-
1	104.4	104.4	102.5	102.5	101.8	101.8	103.6	103.6
2	75.1	75.1	71.5	71.5	71.8	71.8	71.3	71.3
3	77.2[b]	77.2[b]	71.6	71.6	74.3	74.3	71.3	71.3
4	76.8	70.8	67.7	67.7	68.0	68.0	73.2	73.2
4	77.0[b]	77.0[b]	74.1	74.1	77.5	77.5	70.4	70.4
6	61.9	61.9	61.9	61.9	62.2	62.2	17.8	17.8
	α-Rha	β-Rha	α-Rha	β-Rha	α-Rha	β-Rha	α-Gal	β-Gal
1	95.0	94.6	94.8	94.6	95.1	94.5	93.6	97.5
2	72.0	72.5	72.2	72.7	72.2	71.8	70.4	72.5
3	71.2	74.0	70.1	72.8	71.2	74.0	78.4	81.8
4	82.5	82.0	82.7	82.3	80.8	80.4	69.8	68.9
5	68.0	71.6	69.0	72.2	68.2	72.8	71.7	76.3
6	18.2	18.2	18.2	18.2	18.3	18.3	62.3	62.1

C	11-2-73	11-2-74	11-2-75	11-2-76	11-2-77	11-2-78	11-2-79	11-2-80
	β-Rha(1→3)-	β-Rha(1→3)-	α-Rha(1→4)-	α-Rha(1→4)-	α-Rha(1→6)-	α-Rha(1→6)-	α-Rha(1→6)-	α-Rha(1→6)-
1	98.1	98.1	103.7	103.7	101.7	101.7	101.9	102.1
2	73.2	73.2	71.7	71.7	71.3	71.3	71.4	71.4
3	73.9	73.9	71.7	71.7	71.5	71.5	71.7	71.7
4	73.2	73.2	73.6	73.6	73.3	73.3	73.5	73.5
4	73.5	73.5	70.4	70.4	69.9	69.9	69.9	69.9
6	17.9	17.9	18.0	18.0	17.9	17.9	17.9	17.9
	α-Gal	β-Gal	α-Gal	β-Gal	α-Gal	β-Gal	α-Glu	β-Glu
1	93.3	97.5	93.9	98.0	93.6	97.8	93.4	97.4
2	68.1	72.3	70.6	71.7	70.2	73.2	72.9	75.5
3	77.1	80.4	78.5	81.9	69.6	74.1	74.1	77.2
4	67.5	66.9	70.0	69.3	70.7	70.0	71.2	71.2
5	71.6	76.1	72.9	76.4	70.3	74.7	71.8	76.1
6	62.3	62.2	62.4	62.2	68.7	68.2	68.5	68.3

续表

C	11-2-81	11-2-82	11-2-83	11-2-84	11-2-85	11-2-86	11-2-87	11-2-88
	α-Rha(1→2)-	α-Rha(1→3)-	α-Rha(1→3)-	α-Rha(1→4)-	α-Xyl(1→2)-	α-Xyl(1→2)-	β-Xyl(1→2)-	β-Xyl(1→2)-
1	102.8	103.1	103.1	102.1	97.8	99.0	105.9	104.9
2	70.9	71.0	71.0	71.2	72.7	72.7	74.3	74.3
3	70.6	71.0	71.0	71.2	74.2	74.2	76.7	76.7
4	72.8	72.9	72.9	72.8	70.7	70.7	70.4	70.4
4	69.8	69.9	69.9	70.0	62.7	62.7	66.2	66.2
6	17.6	17.4	17.4	17.3				
	α-Rha	α-Rha	β-Rha	α-Rha	α-Xyl	β-Xyl	α-Xyl	β-Xyl
1	93.4	94.8	94.2	94.5	90.9	98.2	93.1	96.5
2	79.9	71.5	72.1	71.3	77.1	79.4	81.9	82.9
3	70.9	78.6	81.2	71.5	72.5	75.6	73.0	74.5
4	73.2	72.5	72.1[b]	80.7	70.7	70.0	70.4	70.4
5	69.1	69.3	72.7[b]	67.3	62.1	66.2	61.7	66.2
6	17.4	17.4	17.6	18.3				

C	11-2-89	11-2-90	11-2-91	11-2-92	11-2-93	11-2-94	11-2-95	11-2-96
	α-Xyl(1→3)-	α-Xyl(1→3)-	β-Xyl(1→3)-	β-Xyl(1→3)-	α-Xyl(1→4)-	α-Xyl(1→4)-	β-Xyl(1→4)-	β-Xyl(1→4)-
1	100.0	100.0	104.7	104.7	101.4	101.4	102.7	102.7
2	72.8	72.8	74.6	74.6	72.9	72.9	73.7	73.7
3	74.3	74.3	76.8	76.8	74.2	74.2	76.5	76.5
4	71.1	71.1	70.4	70.4	70.6	70.6	70.1	70.1
4	62.7	62.7	66.3	66.3	62.8	62.8	66.1	66.1
6								
	α-Xyl	β-Xyl	α-Xyl	β-Xyl	α-Xyl	β-Xyl	α-Xyl	β-Xyl
1	93.6	97.9	93.3	97.6	93.2	97.7	92.8	97.3
2	70.8	73.8	72.1	74.9	72.4[b]	75.1	72.3[b]	74.9
3	80.1	82.7	82.9	85.3	72.9[b]	76.1	71.9[b]	74.9
4	70.6	70.6	68.9	68.9	79.3	79.3	77.5	77.3
5	62.4	66.2	62.1	65.5	61.3	65.5	59.8	63.9
6								
OMe								

C	11-2-97	11-2-98	11-2-99	11-2-100	11-2-101	11-2-102	11-2-103	11-2-104
	β-Gal(1→2)-	α-Gal(1→4)-	β-Gal(1→4)-	β-Glu(1→3)-	α-Glu(1→2)-	β-Glu(1→2)-	α-Glu(1→4)-	β-Glu(1→4)-
1	104.1	101.4	103.1[b]	104.5	99.0	105.0	101.1	103.9
2	73.8	69.3[b]	71.2	74.1	73.0	74.4	74.3[b]	74.6
3	73.6	70.0[c]	73.0	76.4[b]	74.2	77.1	74.6	77.2
4	69.5	69.9[c]	68.9	70.1	71.3	71.3	70.9	71.2
4	76.1	71.9	75.5	76.2[b]	73.0	77.1	73.4[b]	77.5
6	61.7	61.5	61.2	61.6	61.9	62.2	62.3	62.4
	β-GalOMe	α-GalOMe	β-GluOMe	α-GalOMe	β-GluOMe	α-GluOMe	β-GluOMe	β-GluOMe
1	103.2	100.4	103.2[b]	100.0	105.0	100.0	104.4	104.5
2	79.3	69.5[b]	73.0	69.6	79.0	81.7	74.6	74.2
3	73.6	71.9	74.9[c]	80.4	75.8	73.3	77.8	75.9

续表

C	11-2-97	11-2-98	11-2-99	11-2-100	11-2-101	11-2-102	11-2-103	11-2-104
4	69.6	79.8	78.9	67.9	70.8	71.3	78.7	80.3
5	75.9	70.1[c]	74.7[c]	71.1	77.1	72.5	76.1	76.4
6	61.7	61.5	60.5	61.9	62.5	62.2	62.3	61.8
OMe	57.7	56.1	57.3		58.9	56.2	58.7	58.9

C	11-2-105	11-2-106	11-2-107	11-2-108	11-2-109	11-2-110	11-2-111	11-2-112
	β-Glu(1→6)-	α-Man (1→2)-	α-Man(1→3)-	α-Man (1→4)-	α-Man (1→6)-	β-Glu (1→4)-	α-Rha (1→6)-	α-Rha (1→2)-
1	104.0	103.0	102.6	101.0	100.3	104.7	101.3	102.9
2	74.0	71.7	70.3	70.7	70.8	75.2	71.1	71.1
3	77.2	71.7	70.6	71.4	71.5[b]	77.3	71.1	70.9
4	71.0[b]	67.8	67.0[b]	70.7	67.7	71.0	72.8	72.9
4	77.2	74.1[b]	73.6[c]	74.0	73.6	77.3	69.5	69.7
6	62.5	61.8[c]	61.1	61.3	61.8	62.1	17.4	17.8
	β-GluOMe	α-ManOMe	α-ManOMe	α-ManOMe	α-ManOMe	α-RhaOMe	α-GluOMe	α-RhaOMe
1	104.5	100.1	101.0	101.8	101.8	102.1	100.1	100.5
2	74.0	79.3	69.8	71.4	70.8	71.4	72.8	79.0
3	71.0[b]	70.8	78.5	70.7	71.5[b]	71.8	73.9	70.9
4	71.2[b]	67.8	66.4[b]	74.5	67.4	82.5	70.4	73.1
5	76.1	73.4[b]	73.0[c]	71.4	71.6[b]	68.3	71.1	69.2
6	70.0	61.9[c]	61.1	61.3	66.5	18.1	68.8	17.7
OMe	58.8	55.7	55.0	55.0	55.7	55.9		

C	11-2-113	11-2-114	11-2-115	11-2-116	11-2-117	11-2-118	11-2-119	11-2-120
	β-Rha (1→2)-	α-Rha (1→3)-	β-Rha (1→3)-	α-Rha (1→4)-	β-Rha (1→4)-	α-Xyl(1→2)-	β-Xyl(1→2)-	α-Xyl(1→3)-
1	99.7	102.9	98.4	103.0	101.6	99.1	103.7	100.1
2	70.8	71.0	69.3	71.7	70.5[b]	72.7	74.7	72.9
3	73.7	71.1	73.8[b]	71.8	73.8[c]	74.2	76.8	74.3
4	73.1	73.0	73.4[b]	73.2	73.4[c]	70.7	70.4	71.0
4	73.5	69.6	73.1[b]	70.6	73.0[c]	62.6	66.3	62.7
6	17.9[b]	17.8	18.0[c]	18.0	17.5[f]			
	α-RhaOMe	α-RhaOMe	α-RhaOMe	α-RhaOMe	α-RhaOMe	β-XylOMe	β-XylOMe	β-XylOMe
1	99.7	101.6	101.8	102.1	101.8	105.4	104.9	105.3
2	78.6	70.8	71.6	71.9	71.7	78.5	81.8	72.7
3	73.7	78.8	78.7	72.4	70.3[b]	75.5	76.4	82.9
4	72.1	72.2	72.1	81.1	83.7	70.7	70.2	70.6
5	69.7	69.4	68.5	68.2	68.0	66.1	65.9	66.2
6	17.7[b]	17.8	17.9[c]	18.7	17.7[f]	58.5	58.1	58.4
OMe	56.0		55.9	55.9	56.0			

C	11-2-121	11-2-122	11-2-123
	β-Xyl(1→3)-	α-Xyl(1→4)-	β-Xyl(1→4)-
1	104.8	101.5	103.1
2	74.6	73.0	74.0
3	76.9	74.4	76.9

续表

C	11-2-121	11-2-122	11-2-123
4	70.4	70.7	70.4
5	66.4	62.9	66.5
6			
	β-XylOMe	β-XylOMe	β-XylOMe
1	104.9	105.2	105.1
2	73.7	74.1	74.0
3	85.3	76.0	75.0
4	69.0	79.4	77.7
5	66.0	65.4	64.1
6	58.4	58.4	58.4

注：同一列中同一化合物相同上角标b、c或 f 标注的数据相互之间可能互换。

参考文献

[1] Coxon B. Dev. Food Carbohydr, 1980, 2: 351.
[2] Usui T, Yamaoka N, Matsuda K, et al. J Chem Soc, Perkin Trans 1, 1973: 2425.
[3] Heyraud A, Rinaudo M, Vignon M. (R.), et al. Biopolymers, 1979, 18: 167.
[4] Voelter W, Bilik V, Breitmaier E. Collect Czech Chem Commun, 1973, 38: 2054.
[5] Morris G A, Hall L D. J Am Chem Soc, 1981, 103: 4703.
[6] Kochetkov K N, Torgov V I, Malysheva N N, et al. Tetrahedron, 1980, 36: 1227.
[7] Usui T, Mizuno T, Kato K, et al. Agric Biol Chem, 1979, 43: 863.
[8] Ogawa T, Yamamoto H. Carbohydr Res, 1982, 104: 271.
[9] Mccleary B V, Taravel F R, Cheetham N W H. Carbohydr Res, 1982, 104: 285.
[10] Munksgaard V, Ph D Thesis, Danmarks Farmaceutiske Hojskole, 1981.
[11] Pfeffer P E, Hicks K B. Carbohydr Res, 1982, 102: 11.
[12] Jarrell H C, Conway T F, Moyna P, et al. Carbohydr Res, 1979, 76: 45.
[13] Colson P, King R R. Carbohydr Res, 1976, 47: 1.
[14] Fugedi P, Liptak A, Nanasi P, et al. Carbohydr Res, 1980, 80: 233.
[15] Torgov V I, Shibeav V N, Shashikov A S, et al. Bioorg Khim, 1980, 6: 1860.
[16] Dmitriev B A, Nikolaev A V, Shashkov A S, et al. Carbohydr Res, 1982, 100: 195.
[17] Kochetkov K N, Dmitriew B A, Nikolaev A V, et al. Bioorg Khim, 1979, 5: 64.
[18] Backinowsky L V, Balan N F, Shashkov A S, et al. Carbohydr Res, 1980, 84: 225.
[19] Pozsgay V, Nanasi P, Neszmelyi A. Chem Commun, 1979: 828.
[20] Liptak A, Nanasi P, Neszmelyi A, et al. Tetrahedron, 1980, 36: 1261.
[21] Petrakova E, Kovac P, Chem Zvesti, 1981, 35: 551.
[22] Gast J C, Atalla R H, Mckelvey R D. Carbohydr Res, 1980, 84: 137.
[23] Eby R, Schuerch C. Carbohydr Res, 1981, 92: 149.
[24] Cox D D, Metzner E K, Cary L W, et al. Carbohydr Res, 1978, 67: 23.
[25] DorMan D E, Roerts J. D. J Am Chem Soc, 1971, 93: 4463.
[26] Wozney Y V, Backinowsky L V Kochetkov N. K, et al. Carbohydr Res, 1979, 73: 282.
[27] Balza F, Cyr N, Hamer G K. et al. Carbohydr Res, 1977, 59: c7.
[28] Ogawa T, Sasajima K. Carbohydr Res, 1981, 97: 205.
[29] Laffite C, Nguyen Phouc Du A M, Winternitz F, et al. Carbohydr Res, 1978, 67: 91.
[30] Liptak A, Neszmelyi A, Wagner H. Tetrahedron Lett, 1979: 741.
[31] Iversen T, Bundle D R. J Org Chem, 1981, 46: 5389.
[32] Kovac P, Hirsch J, Shashkov A S, et al. Carbohydr Res, 1980, 85: 177.

第三节 三糖类化合物

表 11-3-1 多糖类化合物 11-3-1~11-3-52 的名称、分子式及测试溶剂

编号	名称	分子式	测试溶剂	参考文献
11-3-1	α-Glu(1→2)- α-Glu(1→6)- α-Glu	$C_{18}H_{32}O_{16}$	W	[1]
11-3-2	α-Glu(1→2)-α-Glu(1→6)- β-Glu	$C_{18}H_{32}O_{16}$	W	[1]
11-3-3	α-Glu(1→4)-α-Glu(1→4)-α-Glu	$C_{18}H_{32}O_{16}$	W	[2]
11-3-4	α-Glu(1→4)-α-Glu(1→4)-β-Glu	$C_{18}H_{32}O_{16}$	W	[2]
11-3-5	β-Glu(1→4)-β-Glu(1→4)-α-Glu	$C_{18}H_{32}O_{16}$	W	[2]
11-3-6	β-Glu(1→4)-β-Glu(1→4)-β-Glu	$C_{18}H_{32}O_{16}$	W	[2]
11-3-7	α-Glu(1→4)-α-Glu(1→6)-α-Glu	$C_{18}H_{32}O_{16}$	W	[3]
11-3-8	α-Glu(1→4)-α-Glu(1→6)-β-Glu	$C_{18}H_{32}O_{16}$	W	[3]
11-3-9	α-Glu(1→6)-α-Glu(1→4)-α-Glu	$C_{18}H_{32}O_{16}$	W	[3]
11-3-10	α-Glu(1→6)-α-Glu(1→4)-β-Glu	$C_{18}H_{32}O_{16}$	W	[3]
11-3-11	α-Glu(1→6)-α-Glu(1→6)-α-Glu	$C_{18}H_{32}O_{16}$	W	[4]
11-3-12	α-Glu(1→6)-α-Glu(1→6)-β-Glu	$C_{18}H_{32}O_{16}$	W	[4]
11-3-13	β-Glu(1→6)-β-Glu(1→6)-α-Glu	$C_{18}H_{32}O_{16}$	W	[5]
11-3-14	β-Glu(1→6)-β-Glu(1→6)-β-Glu	$C_{18}H_{32}O_{16}$	W	[5]
11-3-15	β-Gal(1→3)-β-Gal(1→4)-α-Glu	$C_{18}H_{32}O_{16}$	W	[6]
11-3-16	β-Gal(1→3)-β-Gal(1→4)-β-Glu	$C_{18}H_{32}O_{16}$	W	[6]
11-3-17	α-Gal(1→6)-β-Man(1→4)-α-Man	$C_{18}H_{32}O_{16}$	W	[7]
11-3-18	α-Gal(1→6)-β-Man(1→4)-β-Man	$C_{18}H_{32}O_{16}$	W	[7]
11-3-19	α-Gal(1→6)-[β-Man(1→4)]-α-Man	$C_{18}H_{32}O_{16}$	W	[7]
11-3-20	α-Gal(1→6)-[β-Man(1→4)]-β-Man	$C_{18}H_{32}O_{16}$	W	[7]
11-3-21	β-Man (1→4)-β-Glu(1→4)-α-Man	$C_{18}H_{32}O_{16}$	W	[8]
11-3-22	β-Man (1→4)-β-Glu(1→4)-β-Man	$C_{18}H_{32}O_{16}$	W	[8]
11-3-23	β-Man (1→4)-β-Man (1→4)-α-Glu	$C_{18}H_{32}O_{16}$	W	[8]
11-3-24	β-Man (1→4)-β-Man (1→4)-β-Glu	$C_{18}H_{32}O_{16}$	W	[8]
11-3-25	α-Man (1→2)-α-Man (1→2)-α-Man	$C_{18}H_{32}O_{16}$	W	[9]
11-3-26	β-Man (1→4)-β-Man (1→4)-α-Man	$C_{18}H_{32}O_{16}$	W	[8]
11-3-27	β-Man (1→4)-β-Man (1→4)-β-Man	$C_{18}H_{32}O_{16}$	W	[8]
11-3-28	α-Glu(1→4)-α-Glu(1→2)-α-Fru*f*	$C_{18}H_{32}O_{16}$	W	[4]
11-3-29	α-Glu(1→2)-[β-Fru*f* (2→1)]-β-Fru*f*	$C_{18}H_{32}O_{16}$	W	[10]
11-3-30	α-Glu(1→2)-[α-Glu(1→3)]-β-Fru*f*	$C_{18}H_{32}O_{16}$	W	[4]
11-3-31	α-Gal(1→6)-α-Glu(1→2)-β-Fru*f*	$C_{18}H_{32}O_{16}$	W	[11]
11-3-32	α-Glu(1→6)-α-Glu(1→2)-β-Fru*f*	$C_{18}H_{32}O_{16}$	W	[4]
11-3-33	α-Glu(1→4)-α-Glu(1→4)-β-Fru*f*	$C_{18}H_{32}O_{16}$	W	[4]
11-3-34	α-Glu(1→4)-α-Glu(1→4)-β-Fru*p*	$C_{18}H_{32}O_{16}$	W	[4]
11-3-35	α-Gal(1→4)-[β-Glu(1→2)]-α-Rha	$C_{18}H_{32}O_{15}$	W	[12]
11-3-36	α-Gal(1→4)-[β-Glu(1→2)]-α-Rha	$C_{18}H_{32}O_{15}$	W	[12]
11-3-37	α-Rha(1→3)-α-Rha (1→6)-α-Gal	$C_{18}H_{32}O_{14}$	W	[13]

续表

编号	名称	分子式	测试溶剂	参考文献
11-3-38	α-Rha(1→3)-α-Rha (1→6)-α-Gal	$C_{18}H_{32}O_{14}$	W	[13]
11-3-39	α-Rha(1→3)-α-Rha (1→2)-α-Rha	$C_{18}H_{32}O_{13}$	W	[14]
11-3-40	α-Rha(1→3)-α-Rha (1→3)-α-Rha	$C_{18}H_{32}O_{13}$	W	[15]
11-3-41	α-Rha(1→3)-α-Rha (1→3)-β-Rha	$C_{18}H_{32}O_{13}$	W	[15]
11-3-42	β-Xyl (1→4)-β-Xyl (1→4)-α-Xyl	$C_{15}H_{26}O_{13}$	W	[16]
11-3-43	β-Xyl (1→4)-β-Xyl (1→4)-β-Xyl	$C_{15}H_{26}O_{13}$	W	[16]
11-3-44	β-Gal(1→2)-β-Gal (1→2)-β-GalOMe	$C_{19}H_{34}O_{16}$	W	[17]
11-3-45	α-Gal(1→4)-β-Gal (1→4)-β-GluOMe	$C_{19}H_{34}O_{16}$	W	[18]
11-3-46	β-Glu(1→3)-[β-Gal (1→6)]-α-GluOMe	$C_{19}H_{34}O_{16}$	W	[19]
11-3-47	β-Xyl (1→2)-β-Xyl (1→4)-β-XylOMe	$C_{16}H_{28}O_{13}$	W	[20]
11-3-48	β-Xyl (1→2)-[β-Xyl (1→4)]-β-XylOMe	$C_{16}H_{28}O_{13}$	W	[20]
11-3-49	α-Xyl (1→3)-β-Xyl (1→4)-β-XylOMe	$C_{16}H_{28}O_{13}$	W	[20]
11-3-50	β-Xyl (1→3)-β-Xyl (1→4)-β-XylOMe	$C_{16}H_{28}O_{13}$	W	[20]
11-3-51	β-Xyl (1→3)-[β-Xyl (1→4)]-β-XylOMe	$C_{16}H_{28}O_{13}$	W	[20]
11-3-52	β-Xyl (1→4)-β-Xyl (1→4)-β-XylOMe	$C_{16}H_{28}O_{13}$	W	[20]

表 11-3-2 三糖类化合物的 ^{13}C NMR 数据

C	**11-3-1**	**11-3-2**	**11-3-3**	**11-3-4**	**11-3-5**	**11-3-6**	**11-3-7**
	α-Glu(1→2)-	α-Glu(1→2)-	α-Glu(1→4)-	α-Glu(1→4)-	β-Glu(1→4)-	β-Glu(1→4)-	α-Glu(1→4)-
1	96.3	96.3	100.9	100.9	103.6	103.6	100.4
2	72.5	72.5	72.8	72.8	74.2	74.2	73.4
3	73.8	73.8	74.0	74.0	76.6	76.6	74.3
4	70.6	70.6	70.5	70.5	70.5	70.5	70.3
5	72.3	72.3	73.7	73.7	77.0	77.0	72.3
6	61.5	61.5	61.6	61.6	61.7	61.7	61.6
	α-Glu(1→6)-	α-Glu(1→6)-	α-Glu(1→4)-	α-Glu(1→4)-	β-Glu(1→4)-	β-Glu(1→4)-	α-Glu(1→6)-
1	97.0	97.0	100.6	100.5	103.4	103.4	98.6
2	76.5	76.5	72.6	72.5	74.0	74.0	72.6
3	72.7	72.7	74.3	74.3	75.1	75.1	73.9
4	70.4	70.4	78.3	78.3	79.5	79.5	78.1
5	73.2	73.2	72.3	72.3	75.9	75.9	70.9
6	61.5	61.5	61.6	61.6	61.0	61.0	61.6
	α-Glu	β-Glu	α-Glu	β-Glu	α-Glu	β-Glu	α-Glu
1	92.9	96.9	92.9	96.8	92.9	96.8	93.1
2	72.7	75.0	72.3	75.1	72.3	75.0	72.6
3	73.7	76.7	74.1	77.1	72.4	75.3	73.9
4	70.4	70.4	78.6	78.4	79.8	79.6	70.3
5	70.8	75.1	71.1	75.6	71.2	75.9	70.6
6	67.1	67.1	61.6	61.8	61.0	61.1	66.8

续表

C	11-3-8	11-3-9	11-3-10	11-3-11	11-3-12	11-3-13	11-3-14
	α-Glu(1→4)-	α-Glu(1→6)-	α-Glu(1→6)-	α-Glu(1→6)-	α-Glu(1→6)-	β-Glu(1→6)-	β-Glu(1→6)-
1	100.4	98.5	98.5	98.4	98.4	102.8	102.8
2	73.4	72.3	72.3	72.1	72.1	73.0	73.0
3	74.3	73.8	73.8	73.7	73.7	75.5	75.5
4	70.3	70.4	70.4	70.1	70.1	69.4	69.4
5	72.3	72.3	72.3	72.5	72.5	74.9	74.9
6	61.6	61.6	61.6	61.1	61.1	60.7	60.7
	α-Glu(1→6)-	α-Glu(1→4)-	α-Glu(1→4)-	α-Glu(1→6)-	α-Glu(1→6)-	β-Glu(1→6)-	β-Glu(1→6)-
1	98.6	100.3	100.3	98.6	98.6	102.8	102.8
2	72.6	73.5	73.5	72.1	72.1	73.0	73.0
3	73.9	73.8	73.8	74.0	74.0	75.6	75.6
4	78.1	70.4	70.4	70.9	70.9	69.6	69.6
5	70.9	70.4	70.4	72.1	72.1	74.9	74.9
6	61.6	66.6	66.6	66.1	66.1	68.5	68.5
	β-Glu	α-Glu	β-Glu	α-Glu	β-Glu	α-Glu	β-Glu
1	97.0	92.5	96.4	92.9	96.8	92.1	95.9
2	75.1	72.3	74.6	72.1	74.7	71.4	74.0
3	77.0	73.8	76.9	73.7	76.7	72.7	75.9
4	70.3	77.7	77.7	70.6	70.2	69.6	69.6
5	75.1	70.8	75.0	72.5	74.9	70.4	70.8
6	66.8	61.6	61.6	66.4	66.4	68.8	68.9

C	11-3-15	11-3-16	11-3-17	11-3-18	11-3-19	11-3-20	11-3-21
	β-Gal(1→3)-	β-Gal(1→3)-	α-Gal(1→6)-	α-Gal(1→6)-	α-Gal(1→6)-	α-Gal(1→6)-	β-Man (1→4)-
1	105.2	105.2	99.2	99.2	99.7	99.6	101.6
2	71.9	71.9	69.3	69.3	69.3	69.3	72.0
3	73.4	73.4	70.2	70.2	70.3	70.3	74.2
4	69.4	69.4	70.1	70.1	70.1	70.1	68.1
5	75.9	75.9	71.8	71.8	72.1	72.1	77.0
6	61.8	61.8	61.9	61.9	62.0	62.0	62.4
	β-Gal(1→4)-	β-Gal(1→4)-	β-Man(1→4)-	β-Man(1→4)-	[β-Man(1→4)]-	[β-Man(1→4)]-	β-Glu(1→4)-
1	103.4	103.4	101.2	101.2	100.7	100.8	104.2
2	71.0	71.0	71.3	71.3	71.4	71.4	74.2
3	82.7	82.7	73.7	73.7	73.7	73.7	77.0
4	69.3	69.3	67.4	67.4	67.5	67.5	86.6
5	75.9	75.9	75.3	75.3	77.3	77.3	76.0
6	61.8	61.8	67.1	67.1	61.8	61.8	62.0
	α-Glu	β-Glu	α-Man	β-Man	α-Man	β-Man	α-Man
1	92.7	96.6	94.6	94.5	94.7	94.6	95.3
2	72.0	74.7	70.9	71.3	71.0	71.4	71.6
3	72.2	75.2	69.8	72.5	69.7	72.5	70.7
4	79.2	79.0	78.1	77.9	77.9	77.5	78.4
5	70.9	75.6	71.6	75.5	70.3	74.1	72.4
6	69.9	61.1	61.4	61.4	67.4	67.3	62.0

续表

C	11-3-22	11-3-23	11-3-24	11-3-25	11-3-26	11-3-27	11-3-28
	β-Man (1→4)-	*β*-Man (1→4)-	*β*-Man(1→4)-	*α*-Man(1→2)-	*β*-Man(1→4)-	*β*-Man (1→4)-	*α*-Glu(1→4)-
1	101.6	101.5	101.5	102.5	101.6	101.6	100.6
2	72.0	72.0	72.0	70.6	71.9	71.9	72.6
3	74.2	74.3	74.3	70.2	74.3	74.3	73.8
4	68.1	68.4	68.4	67.1	68.2	68.2	70.2
5	77.0	77.9	77.9	72.7	77.9	77.9	73.5
6	62.4	62.4	62.4	61.3	62.0	62.0	61.4
	β-Glu(1→4)-	*β*-Man (1→4)-	*β*-Man (1→4)-	*α*-Man(1→2)-	*β*-Man (1→4)-	*β*-Man (1→4)-	*α*-Glu(1→2)-
1	104.2	101.7	101.7	100.8	101.6	101.6	92.8
2	74.2	71.5	71.5	78.8	71.4	71.4	71.7
3	77.0	73.0	73.0	70.2	73.0	73.0	73.8
4	86.6	77.9	77.9	67.3	77.9	77.9	77.7
5	76.0	76.5	76.5	73.5	76.5	76.5	71.9
6	62.0	62.0	62.0	61.3	62.0	62.0	61.0
	β-Man	*α*-Glu	*β*-Glu	*α*-Man	*α*-Man	*β*-Man	*α*-Fru*f*
1	95.3	93.4	97.3	92.7	95.2	95.2	62.3
2	72.0	72.0	75.3	79.6	71.9	71.9	104.5
3	73.6	73.0	76.1	70.2	70.4	73.0	77.4
4	78.4	80.6	80.6	67.3	77.9	77.9	74.9
5	76.0	71.5	75.7	73.5	72.4	76.5	82.2
6	62.4	62.0	62.4	61.3	62.4	62.4	63.2

C	11-3-29	11-3-30	11-3-31	11-3-32	11-3-33	11-3-34	11-3-35
	α-Glu(1→2)-	*α*-Glu(1→2)-	*α*-Gal(1→6)-	*α*-Glu(1→6)-	*α*-Glu(1→4)-	*α*-Glu(1→4)-	*α*-Gal(1→4)-
1	93.7	92.5	99.3	99.0	100.5	100.4	100.5
2	72.4	71.8	69.3	72.3	72.5	72.5	69.3
3	73.8	73.6	70.3	73.8	73.7	73.7	70.1
4	70.5	70.3	70.0	70.3	70.1	70.1	69.9
5	73.6	73.1	71.8	72.6	73.5	73.5	71.4
6	61.4	61.2	61.9	61.3	61.3	61.3	61.5
	[*β*-Fru*f* (2→1)]-	[*α*-Glu(1→3)]-	*α*-Glu(1→2)-	*α*-Glu(1→2)-	*α*-Glu(1→4)-	*α*-Glu(1→4)-	[*β*-Glu(1→2)]-
	61.7	101.0	92.9	92.9	98.9	101.1	104.9
2	104.5	72.2	71.8	71.7	71.8	72.4	74.3
3	77.9	73.9	73.5	73.7	73.9	74.1	76.7
4	75.7	70.4	70.3	70.1	77.6	77.6	70.3
5	82.4	73.0	72.2	72.1	71.6	71.4	76.5
6	63.4	61.4	66.7	66.4	61.3	61.3	61.5
	β-Fru*f*	*β*-Fru*f*	*β*-Fru*f*	*β*-Fru*f*	*β*-Fru*f*	*β*-Fru*p*	*α*-Rha
1	62.2	62.8	62.2	62.2	63.2	64.6	93.4
2	104.9	104.5	104.6	104.6	102.7	99.1	81.9
3	77.9	84.0	77.2	77.1	76.0	67.7	69.4

续表

C	11-3-29	11-3-30	11-3-31	11-3-32	11-3-33	11-3-34	11-3-35
4	75.7	74.0	74.8	74.8	82.2	78.9	81.8
5	82.4	82.0	82.2	82.1	80.8	69.9	68.2
6	63.5	63.0	63.3	63.2	63.5	64.2	17.9

C	11-3-36	11-3-37	11-3-38	11-3-39	11-3-40	11-3-41	11-3-42
	α-Gal(1→4)-	α-Rha(1→3)-	α-Rha(1→3)-	α-Rha(1→3)-	α-Rha(1→3)-	α-Rha(1→3)-	β-Xyl (1→4)-
1	100.5	103.2	103.2	102.7	102.8	102.8	102.7
2	69.3	71.0	71.0	71.0	71.0	71.0	73.6
3	70.1	71.0	71.0	71.2	71.1	71.1	76.5
4	69.9	72.9	72.9	73.0	73.0	73.0	70.0
5	71.4	69.9	69.9	69.7	69.9	69.9	66.1
6	61.5	17.4	17.4	17.8	16.7	16.7	
	[β-Glu(1→2)]-	α-Rha (1→6)-	α-Rha (1→6)-	α-Rha (1→2)-	α-Rha (1→3)-	α-Rha (1→3)-	β-Xyl (1→4)-
1	104.4	101.2	101.2	102.4	102.5	102.5	102.5
2	74.1	70.6	70.6	70.0	70.8	70.9	73.6
3	76.9	79.0	79.0	78.4	79.0	79.0	74.5
4	70.2	72.2	72.2	72.2	72.2	72.2	77.2
5	76.4	69.6	69.6	69.7	69.7	69.7	63.8
6	61.4	17.4	17.4	17.6	17.5	17.5	
	α-Rha	α-Gal	α-Gal	α-Rha	α-Rha	β-Rha	α-Xyl
1	93.3	93.2	97.4	93.4	94.6	94.1	92.8
2	82.5	69.9	72.7	79.6	72.0	71.6	72.2
3	72.4	69.1	73.6	70.8	78.5	81.8	71.8
4	81.4	70.2	69.6	73.4	72.4	72.6	77.2
5	72.4	69.9	74.2	69.1	69.2	73.0	59.7
6	17.9	69.3	67.7	17.6	17.5	17.5	

C	11-3-43	11-3-44	11-3-45	11-3-46	11-3-47	11-3-48	11-3-49
	β-Xyl (1→4)-	β-Gal(1→2)-	α-Gal(1→4)-	β-Glu(1→3)-	β-Xyl (1→2)-	β-Xyl (1→2)-	α-Xyl (1→3)-
1	102.7	104.9	101.3	103.2	105.5	103.9	100.1
2	73.6	72.5	69.5	73.5	75.1	74.8	72.8
3	76.5	73.8	70.1	76.3	76.8	77.2	74.3
4	70.0	69.3	69.9	69.9	70.6	70.8	70.9
5	66.1	76.5	71.9	75.9	66.5	66.8	62.7
6		61.9	61.5	61.1			
	β-Xyl (1→4)-	β-Gal (1→2)-	β-Gal (1→4)-	[β-Gal (1→6)]-	β-Xyl (1→4)-	[β-Xyl (1→4)]-	β-Xyl (1→4)-
1	102.5	103.3	103.9	103.2	101.8	103.6	103.3
2	73.6	81.0	71.8	73.8	82.0	74.4	72.6
3	74.5	73.4	76.3	76.3	76.5	77.2	82.6
4	77.2	69.5	78.3	69.9	70.3	70.8	70.6
5	63.8	75.9	73.8	75.9	66.2	66.8	66.1
6		61.7	61.2	61.1			
	β-Xyl	β-GalOMe	β-GluOMe	α-GluOMe	β-XylOMe	β-XylOMe	β-XylOMe

续表

C	11-3-43	11-3-44	11-3-45	11-3-46	11-3-47	11-3-48	11-3-49
1	97.3	103.4	104.2	99.6	105.2	105.3	105.1
2	74.8	81.1	73.1	70.8	74.2	81.9	74.1
3	74.8	73.4	75.4	82.5	75.1	75.0	75.1
4	77.2	69.5	79.7	68.1	78.0	77.9	77.8
5	63.8	75.9	75.7	71.1	64.1	63.9	64.2
6		61.6	61.0	68.9	58.4	58.4	58.4
OMe		57.9	58.0	55.6			

C	11-3-50	11-3-51	11-3-52
	β-Xyl(1→3)-	β-Xyl(1→3)-	β-Xyl (1→4)-
1	104.8	104.2	103.1
2	74.7	74.2	74.0
3	77.0	76.6	76.9
4	70.5	70.4	70.4
5	66.5	66.3	66.5
6			
	β-Xyl(1→4)-	[β-Xyl (1→4)]-	β-Xyl (1→4)-
1	103.0	102.4	103.0
2	73.8	73.5	74.1
3	84.9	76.6	75.0
4	69.0	70.4	77.7
5	66.2	66.3	64.3
6			
	β-XylOMe	β-XylOMe	β-XylOMe
1	105.1	104.5	105.1
2	74.2	73.6	74.1
3	75.1	80.8	75.0
4	77.7	74.2	77.7
5	64.2	63.4	64.1
6	58.5	58.2	58.3

参考文献

[1] Pozsgay V, Nanasi P, Neszmelyi A. Carbohydr Res, 1979, 75: 310.

[2] Heyraud A, Rinaudo M, Vignon M (R), et al. Biopolymers, 1979, 18: 167.

[3] Usui T, Yamaoka N, Matsuda K, et al. J Chem Soc, Perkin Trans 1, 1973: 2425.

[4] Munksgaard V, Ph D Thesis, Danmarks Farmaceutiske Hojskole, 1981.

[5] Bassieux D, Gagnaire D Y, Vignon M (R). Carbohydr Res, 1977, 56: 19.

[6] Collins J G , Bradbury J H, Trifonoff E, et al. Carbohydr Res, 1981, 92: 136.

[7] Mccleary B V, Taravel F R,Cheetham N W H, Carbohydr Res, 1982, 104: 285.

[8] Usui T, Mizuno T, Kato K, et al. Agric Biol Chem, 1979, 43: 863.

[9] Ogawa T, Yamamoto H. Carbohydr Res, 1982, 104: 271.

[10] Jarrell H C, Conway T F, Moyna P, et al. Carbohydr Res, 1979, 76: 45.

[11] Morris G A, Hall L D. J Am Chem Soc, 1981, 103: 4703.

[12] Fugedi P, Liptak A, Nanasi P, et al. Carbohydr Res, 1980, 80: 233.

[13] Laffite C, Nguyen Phouc Du A M, Winternitz F, et al. Carbohydr Res, 1978, 67: 91.

[14] Pozsgay V, Nanasi P, Neszmelyi A. Chem Commun, 1979: 828.

[15] Pozsgay V, Nanasi P, Neszmelyi A. Carbohydr Res, 1981, 90: 215.

[16] Gast J C, Atalla R H, Mckelvey R D. Carbohydr Res, 1980, 84: 137.

[17] Eby R, Schuerch C. Carbohydr. Res, 1981, 92: 149.

[18] Cox D D, Metzner E K, Cary L W, et al. Carbohydr Res, 1978, 67: 23.

[19] Ogawa T, Kaburagi T. Carbohydr Res, 1982, 103: 53.

[20] Kovac P, Hirsch J, Shashkov A S, et al. Carbohydr Res, 1980, 85: 177.

第四节 四糖类化合物

表 11-4-1 四糖类化合物 11-4-1~11-4-18 的名称、分子式及测试溶剂

编号	名称	分子式	测试溶剂	参考文献
11-4-1	*β*-Glu(1→4)-*β*-Glu(1→3)-*β*-Glu(1→4)-*α*-Glu	$C_{24}H_{42}O_{21}$	W	[1]
11-4-2	*β*-Glu(1→4)-*β*-Glu(1→3)-*β*-Glu(1→4)-*β*-Glu	$C_{24}H_{42}O_{21}$	W	[1]
11-4-3	*β*-Glu(1→4)-*β*-Glu(1→4)-*β*-Glu(1→3)-*α*-Glu	$C_{24}H_{42}O_{21}$	W	[1]
11-4-4	*β*-Glu(1→4)-*β*-Glu(1→4)-*β*-Glu(1→3)-*β*-Glu	$C_{24}H_{42}O_{21}$	W	[1]
11-4-5	*β*-Glu(1→4)-*β*-Glu(1→4)-*β*-Glu(1→4)-*α*-Glu	$C_{24}H_{42}O_{21}$	W	[2]
11-4-6	*β*-Glu(1→4)-*β*-Glu(1→4)-*β*-Glu(1→4)-*β*-Glu	$C_{24}H_{42}O_{21}$	W	[2]
11-4-7	*β*-Glu(1→6)-*β*-Glu(1→6)-*β*-Glu(1→6)-*α*-Glu	$C_{24}H_{42}O_{21}$	W	[3]
11-4-8	*β*-Glu(1→6)-*β*-Glu(1→6)-*β*-Glu(1→6)-*β*-Glu	$C_{24}H_{42}O_{21}$	W	[3]
11-4-9	*β*-Gal(1→3)-*β*-Gal(1→3)-*β*-Gal(1→4)-*α*-Glu	$C_{24}H_{42}O_{21}$	W	[4]
11-4-10	*β*-Gal(1→3)-*β*-Gal(1→3)-*β*-Gal(1→4)-*β*-Glu	$C_{24}H_{42}O_{21}$	W	[4]
11-4-11	*α*-Man(1→2)-*α*-Man(1→2)-*α*-Man(1→2)-*α*-Man	$C_{24}H_{42}O_{21}$	W	[5]
11-4-12	*α*-Gal(1→6)-*α*-Gal(1→6)-*α*-Glu(1→2)-*β*-Fru*f*	$C_{24}H_{42}O_{21}$	W	[6]
11-4-13	*α*-Glu(1→2)-[*β*-Fru*f*(2→1)]-[*β*-Fru*f*(2→1)]-*β*-Fru*f*	$C_{24}H_{42}O_{21}$	W	[7]
11-4-14	*α*-Glu(1→6)-*α*-Glu(1→4)-*α*-Glu(1→2)-*β*-Fru*f*	$C_{24}H_{42}O_{21}$	W	[8]
11-4-15	*β*-Xyl(1→4)-*β*-Xyl (1→4)- *β*-Xyl (1→4)-*α*-Xyl	$C_{20}H_{34}O_{17}$	W	[9]
11-4-16	*β*-Xyl(1→4)-*β*-Xyl (1→4)- *β*-Xyl (1→4)-*β*-Xyl	$C_{20}H_{34}O_{17}$	W	[9]
11-4-17	*β*-Xyl(1→3)-[*β*-Xyl(1→4)]-*β*-Xyl(1→4)-*β*-XylOMe	$C_{21}H_{36}O_{17}$	W	[10]
11-4-18	*β*-Xyl(1→4)-*β*-Xyl(1→4)- *β*-Xyl(1→4)-*β*-XylOMe	$C_{21}H_{36}O_{17}$	W	[11]

表 11-4-2 四糖类化合物 ^{13}C NMR 数据

C	**11-4-1**	**11-4-2**	**11-4-3**	**11-4-4**	**11-4-5**	**11-4-6**
	β-Glu(1→4)-	*β*-Glu(1→4)-	*β*-Glu(1→4)-	*β*-Glu(1→4)-	*β*-Glu(1→4)-	*β*-Glu(1→4)-
1	102.8	102.8	103.5	103.5	103.6	103.6
2	*	*	72.1	72.1	74.2	74.2
3	76.3	76.3	76.4	76.4	76.6	76.6
4	70.3	70.3	70.2	70.2	70.5	70.5
5	77.1	77.1	77.0	77.0	77.1	77.1
6	61.0	61.0	61.0	61.0	61.7	61.7
	β-Glu(1→3)-	*β*-Glu(1→3)-	*β*-Glu(1→4)-	*β*-Glu(1→4)-	*β*-Glu(1→4)-	*β*-Glu(1→4)-
1	104.2	104.2	103.0	103.0	103.4	103.4
2	73.9	73.9	73.2	73.2	74.0	74.0

续表

C	11-4-1	11-4-2	11-4-3	11-4-4	11-4-5	11-4-6
3	75.1	75.1	75.0	75.0	75.1	75.1
4	80.8	80.8	80.7	80.7	79.4	79.4
5	74.9	74.9	74.6	74.6	75.9	75.9
6	60.8	60.8	60.7	60.7	61.0	61.0
	β-Glu(1→4)-	β-Glu(1→4)-	β-Glu(1→3)-	β-Glu(1→3)-	β-Glu(1→4)-	β-Glu(1→4)-
1	102.8	102.8	103.9	103.9	103.4	103.4
2	72.2	72.2	73.8	73.8	74.0	74.0
3	87.8	87.8	75.0	75.0	75.1	75.1
4	68.6	68.6	80.7	80.7	79.4	79.4
5	76.6	76.6	74.6	74.6	75.9	75.9
6	61.2	61.2	60.5	60.5	61.0	61.0
	α-Glu	β-Glu	α-Glu	β-Glu	α-Glu	β-Glu
1	92.2	96.8	92.0	96.6	92.2	96.8
2	71.5	73.2	71.2	73.5	72.3	75.0
3	75.1	75.1	85.2	88.2	72.4	75.3
4	80.8	80.8	68.8	68.8	79.8	79.6
5	74.9	74.9	76.7	76.7	71.2	75.9
6	60.6	60.6	61.8	61.8	61.0	61.1

表 11-4-3 四糖类化合物 11-4-7~11-4-12 ^{13}C NMR 数据

C	11-4-7	11-4-8	11-4-9	11-4-10	11-4-11	11-4-12
	β-Glu(1→6)-	β-Glu(1→6)-	β-Gal(1→3)-	β-Gal(1→3)-	α-Man(1→2)-	α-Gal(1→6)-
1	+	102.6	105.1	105.1	102.5	98.2
2	73.0	73.0	72.1	72.1	70.6	69.8
3	75.6	75.6	73.5	73.5	70.3	68.5
4	69.6	69.6	69.4	69.4	67.2	69.8
5	74.9	74.9	75.9	75.9	72.7	71.1
6	60.9	60.9	61.9	61.9	61.3	61.3
	β-Glu(1→6)-	β-Glu(1→6)-	β-Gal(1→3)-	β-Gal(1→3)-	α-Man(1→2)-	α-Gal(1→6)-
1	102.6	102.7	104.9	104.9	100.9	98.5
2	73.0	73.0	71.1	71.1	78.8	69.7
3	75.6	75.8	82.9	82.9	70.3	68.9
4	69.6	69.6	69.4	69.4	67.3	68.6
5	74.9	74.9	75.9	75.9	73.5	69.5
6	68.8	68.8	61.9	61.9	61.3	66.6
	β-Glu(1→6)-	β-Glu(1→6)-	β-Gal(1→4)-	β-Gal(1→4)-	α-Man(1→2)-	α-Glu(1→2)-
1	102.7	102.7	104.9	104.9	100.9	92.2
2	73.0	73.0	103.5	103.5	79.1	71.4
3	75.6	75.8	71.1	71.1	70.3	73.0
4	69.6	69.6	72.0	72.0	67.3	69.5
5	74.9	74.9	79.2	79.2	73.5	71.2
6	68.8	68.8	71.0	71.0	61.3	66.2

续表

C	11-4-7	11-4-8	11-4-9	11-4-10	11-4-11	11-4-12
OMe			60.9	60.9		
	α-Glu	β-Glu	α-Glu	β-Glu	α-Man	β-Fru*f*
1	92.0	95.9	92.7	96.7	92.7	62.6
2	71.4	74.1	72.0	74.7	79.7	103.9
3	72.7	75.8	72.2	75.4	70.3	77.0
4	69.7	69.7	79.2	79.1	67.3	81.4
5	70.4	74.8	71.0	75.6	73.5	74.4
6	68.9	68.9	60.9	60.9	61.3	62.0

表 11-4-4 四糖类化合物 11-4-13~11-4-18 的 ^{13}C NMR 数据

C	11-4-13	11-4-14	11-4-15	11-4-16	11-4-17	11-4-18
	α-Glu(1→2)-	α-Glu(1→6)-	β-Xyl(1→4)-	β-Xyl(1→4)-	β-Xyl(1→3)-	β-Xyl(1→4)-
1	93.7	98.9	102.7	102.7	104.0	103.1
2	72.4	72.2	73.5	73.5	74.1	74.1
3	73.8	73.9	76.4	76.4	76.6	76.9
4	70.4	70.3	70.0	70.0	70.4	70.4
5	76.7	72.6	66.1	66.1	66.3	66.5
6	61.3	61.3				
	[β-Fru*f*(2→1)]-	α-Glu(1→4)-	β-Xyl (1→4)-	β-Xyl (1→4)-	[β-Xyl(1→4)]-	β-Xyl(1→4)-
1	61.5	100.7	102.5	102.5	102.5	103.0
2	104.4	72.5	73.5	73.5	73.6	74.1
3	77.9	73.9	74.5	74.5	76.6	75.0
4	75.8	70.2	77.2	77.2	70.4	77.6
5	82.3	72.1	63.8	63.8	66.3	64.2
6	63.5	66.7				
	[β-Fru*f*(2→1)]-	α-Glu(1→2)-	β-Xyl (1→4)-	β-Xyl (1→4)-	β-Xyl(1→4)-	β-Xyl(1→4)-
1	62.2	92.7	102.5	102.5	102.4	103.0
2	104.3	71.6	73.5	73.5	73.6	74.1
3	78.7	73.7	74.5	74.5	80.6	75.0
4	75.5	78.0	77.2	77.2	74.3	77.6
5	82.3	71.7	63.8	63.8	63.7	64.2
6	63.5	61.0				
	β-Fru*f*	β-Fru*f*	α-Xyl	β-Xyl	β-XylOMe	β-XylOMe
1	62.1	62.1	92.8	97.3	105.1	105.1
2	104.9	104.4	72.2	74.7	74.1	74.1
3	77.9	77.3	71.8	74.7	75.0	75.0
4	75.1	74.8	77.2	77.2	77.5	77.6
5	82.4	82.1	63.8	63.8	64.0	64.2
6	63.5	63.1				
OMe					58.4	58.5

参考文献

[1] Dais P, Perlin A S. Carbohydr Res, 1982, 100: 103.
[2] Heyraud A, Rinaudo M, Vignon M (R), et al. Biopolymers, 1979, 18: 167.
[3] Bassieux D, Gagnaire D Y, Vignon M (R). Carbohydr Res, 1977, 56: 19.
[4] Collins J G, Bradbury J H, Trifonoff E, et al. Carbohydr. Res., 1981, 92: 136.
[5] Ogawa T, Yamamoto H. Carbohydr Res, 1982, 104: 271.
[6] Doddrell D, AlleRhand A. J Am Chem Soc, 1971, 93: 2779.
[7] Jarrell H C, Conway T F, Moyna P, et al. Carbohydr Res, 1979, 76: 45.
[8] Munksgaard V, Ph D Thesis, Danmarks Farmaceutiske Hojskole, 1981.
[9] Gast J C, Atalla R H, Mckelvey R D. Carbohydr Res, 1980, 84: 137.
[10] Kovac P, Hirsch J, Shashkov A S, et al. Carbohydr Res, 1980, 85: 177.
[11] Kovac P, Hirsch J, Carbohydr Res, 1982, 100: 177.

第五节 五糖类化合物

表 11-5-1 五糖类化合物 11-5-1~11-5-7 的名称、分子式及测试溶剂

编号	名称	分子式	测试溶剂	参考文献
11-5-1	α-Glu(1→4)-α-Glu(1→4)-α-Glu(1→4)-α-Glu(1→4)-α-Glu	$C_{30}H_{52}O_{26}$	W	[1]
11-5-2	α-Glu(1→4)-α-Glu(1→4)-α-Glu(1→4)-α-Glu(1→4)-β-Glu	$C_{30}H_{52}O_{26}$	W	[1]
11-5-3	β-Glu(1→4)-β-Glu(1→4)-β-Glu(1→4)-β-Glu(1→4)-α-Glu	$C_{30}H_{52}O_{26}$	W	[1]
11-5-4	β-Glu(1→4)-β-Glu(1→4)-β-Glu(1→4)-β-Glu(1→4)-β-Glu	$C_{30}H_{52}O_{26}$	W	[1]
11-5-5	β-Xyl(1→4)-β-Xyl(1→4)-β-Xyl(1→4)-β-Xyl (1→4)-α-Xyl	$C_{25}H_{42}O_{21}$	W	[2]
11-5-6	β-Xyl(1→4)-β-Xyl(1→4)-β-Xyl(1→4)-β-Xyl (1→4)-β-Xyl	$C_{25}H_{42}O_{21}$	W	[2]
11-5-7	β-Xyl(1→4)-β-Xyl(1→4)-β-Xyl(1→4)-β-Xyl(1→4)-β-XylOMe	$C_{26}H_{44}O_{21}$	W	[3]

表 11-5-2 五糖类化合物 11-5-1~11-5-7 的 ^{13}C NMR 数据

C	11-5-1	11-5-2	11-5-3	11-5-4	11-5-5	11-5-6	11-5-7
	α-Glu(1→4)-	α-Glu(1→4)-	β-Glu(1→4)-	β-Glu(1→4)-	β-Xyl(1→4)-	β-Xyl(1→4)-	β-Xyl(1→4)-
1	100.8	100.8	103.5	103.5	102.7	102.7	102.9
2	72.8	72.8	74.3	74.3	73.5	73.5	74.0
3	73.9	73.9	76.7	76.7	76.4	76.4	76.8
4	70.5	70.5	70.7	70.7	70.0	70.0	70.4
5	73.7	73.7	77.0	77.0	66.1	66.1	66.5
6	61.6	61.6	61.7	61.7			
	α-Glu(1→4)-	α-Glu(1→4)-	β-Glu(1→4)-	β-Glu(1→4)-	β-Xyl (1→4)-	β-Xyl (1→4)-	β-Xyl (1→4)-
1	100.6	100.6	103.3	103.3	102.5	102.5	102.9
2	72.6	72.6	74.1	74.1	73.5	73.5	74.0
3	74.2	74.2	75.2	75.2	74.5	74.5	74.9
4	78.3	78.3	79.6	79.6	77.2	77.2	77.6
5	72.3	72.3	75.9	75.9	63.8	63.8	64.2
6	61.6	61.6	61.2	61.2			
	α-Glu(1→4)-	α-Glu(1→4)-	β-Glu(1→4)-	β-Glu(1→4)-	β-Xyl (1→4)-	β-Xyl (1→4)-	β-Xyl (1→4)-
1	100.6	100.6	103.3	103.3	102.5	102.5	102.9

续表

C	11-5-1	11-5-2	11-5-3	11-5-4	11-5-5	11-5-6	11-5-7
2	72.6	72.6	74.1	74.1	73.5	73.5	74.0
3	74.2	74.2	75.2	75.2	74.5	74.5	74.9
4	78.4	78.3	79.6	79.6	77.2	77.2	77.6
5	72.3	72.3	75.9	75.9	63.8	63.8	64.2
6	61.6	61.6	61.2	61.2			
	α-Glu(1→4)-	*α*-Glu(1→4)-	*β*-Glu(1→4)-	*β*-Glu(1→4)-	*β*-Xyl (1→4)-	*β*-Xyl (1→4)-	*β*-Xyl (1→4)-
1	100.6	100.5	103.3	103.3	102.5	102.5	102.9
2	72.6	72.6	74.1	74.1	73.5	73.5	74.0
3	74.2	74.2	75.2	75.2	74.5	74.5	74.9
4	78.4	78.3	79.6	79.6	77.2	77.2	77.6
5	72.3	72.3	75.9	75.9	63.8	63.8	64.2
6	61.6	61.6	61.2	61.2			
	α-Glu	*β*-Glu	*α*-Glu	*β*-Glu	*α*-Xyl	*β*-Xyl	*β*-XylOMe
1	92.9	96.8	92.9	96.8	92.8	97.3	105.0
2	72.3	75.0	72.4	75.0	72.2	74.7	74.0
3	74.1	77.1	72.4	75.4	71.8	74.7	74.9
4	78.6	78.4	80.1	79.9	77.2	77.2	77.6
5	71.0	75.6	71.4	75.9	59.7	63.8	64.2
6	61.6	61.8	61.2	61.4			
OMe							58.4

参 考 文 献

[1] Heyraud A, Rinaudo M, Vignon M (R), et al. Biopolymers, 1979, 18: 167.

[2] Gast J C, Atalla R H, Mckelvey R D. Carbohydr Res, 1980, 84: 137.

[3] Kovac P, Hirsch J. Carbohydr Res, 1982, 100: 177.

第六节 多糖类化合物

表 11-6-1 多糖类化合物 11-6-1~11-6-18 的名称、分子式及测试溶剂

编号	中文名称	英文名称	分子式	测试溶剂	参考文献
11-6-1	*α*-(1→4)葡聚糖（直链淀粉）	*α*-(1→4)glucane (amylose)	$(C_6H_{10}O_5)_n$	W (pH=14)	[1]
11-6-2	*α*-(1→4)葡聚糖（直链淀粉）	*α*-(1→4)glucane (amylose)	$(C_6H_{10}O_5)_n$	W (pH=7)	[1]
11-6-3		AG-2 [*α*-1-glune (amylose)]	$(C_6H_{10}O_5)_n$	W	[2]
11-6-4	*α*-(1→4)葡聚糖（支链淀粉）	*α*-(1→4)glucane (amylopectin)	$(C_6H_{10}O_5)_n$	W	[3]
11-6-5	*α*-(1→3)葡聚糖	*α*-(1→3)glucane	$(C_6H_{10}O_5)_n$	W	[1]
11-6-6	*α*-(1→6)葡聚糖	*α*-(1→6)glucane	$(C_6H_{10}O_5)_n$	W (pH=14)	[1]
11-6-7	*α*-(1→6)葡聚糖	*α*-(1→6)glucane	$(C_6H_{10}O_5)_n$	W (pH=7)	[1]
11-6-8	*α*-(1→4)-(1→6)葡聚糖	*α*-(1→4)-(1→6)glucane	$(C_{12}H_{20}O_{10})_n$	W	[4]
11-6-9	*β*-(1→2)-葡聚糖	*β*-(1→2)-glucane	$(C_6H_{10}O_5)_n$	W	[5]

续表

编号	中文名称	英文名称	分子式	测试溶剂	参考文献
11-6-10	*β*-(1→3)-葡聚糖	*β*-(1→3)-glucane	$(C_6H_{10}O_5)_n$	W (pH=7)	[1]
11-6-11	*β*-(1→3)-葡聚糖	*β*-(1→3)-glucane	$(C_6H_{10}O_5)_n$	W (pH=14)	[1]
11-6-12	*β*-(1→4)-葡聚糖（纤维素）	*β*-(1→4)-glucane (cellulose)	$(C_6H_{10}O_5)_n$	W	[3]
11-6-13	*β*-(1→6)-葡聚糖（纤维素）	*β*-(1→6)-glucane (cellulose)	$(C_6H_{10}O_5)_n$	W	[6]
11-6-14	*β*-D-(1→2)-甘露聚糖	*β*-D-(1→2)-mannopyranane	$(C_6H_{10}O_5)_n$	W	[7]
11-6-15	*β*-D-(1→4)-甘露聚糖	*β*-D-(1→4)-mannopyranane	$(C_6H_{10}O_5)_n$	W	[3]
11-6-16	*β*-D-(1→6)-甘露聚糖	*β*-D-(1→6)-mannopyranane	$(C_6H_{10}O_5)_n$	W	[8]
11-6-17	*β*-(1→4)木聚糖	*β*-(1→4)xylan	$(C_5H_8O_4)_n$	W	[9]
11-6-18	*β*-(1→6)甘露聚糖	*β*-(1→6)mannan	$(C_6H_{10}O_5)_n$	W	[9]

表 11-6-2 多糖类化合物 11-6-1~11-6-8 的 ^{13}C NMR 数据

C	11-6-1[1]	11-6-2[1]	11-6-3[2]	11-6-4[3]	11-6-5[1]	11-6-6[1]	11-6-7[1]	11-6-8[4]			
1	102.9	100.9	103.7	102.0	101.3	99.4	99.0		99.5		100.6
2	73.8	72.7	74.7	73.7	72.2	73.1	72.5		72.6		72.6
3	75.4	74.5	76.2	75.2	83.2	75.4	74.5	Glu1	4.3	Glu2	74.3
4	80.6	78.4	80.9	79.8	71.7	71.8	71.3		71.0		78.5
5	72.6	72.4	73.9	73.1	73.7	71.1	70.7		71.0		72.6
6	62.0	61.8	63.2	62.4	62.2	66.8	66.7		67.2		62.1

表 11-6-3 多糖类化合物 11-6-9~11-6-18 的 ^{13}C NMR 数据

C	11-6-9[5]	11-6-10[1]	11-6-11[1]	11-6-12[3]	11-6-13[6]	11-6-14[7]	11-6-15[3]	11-6-16[8]	11-6-17[9]	11-6-18[9]
1	102.7	103.8	104.7	103.4	104.2	103.0	101.7	101.1	102.6	104.8
2	83.1	74.4	74.9	74.3	74.2	81.1	72.2	72.6	72.8	72.9
3	76.1	85.5	88.0	76.1	76.1	73.7	73.8	72.6	74.1	73.8
4	69.3	69.3	69.9	79.9	70.7	69.3	78.8	68.6	75.7	77.6
5	77.0	76.8	77.8	75.4	76.1	77.8	78.8	71.7	64.1	77.6
6	61.4	61.9	62.5	61.5	70.0	62.6	62.1	67.6		66.6

参考文献

[1] Colson P, Jennings H J, Smith I C P J. J Am Chem Soc, 1974, 96: 8081.

[2] Huang Q S, Lv G B, Li Y C, et al. Acta Pharm Sin, 1982, 17: 200.

[3] Philips A J G. Adv. Carbohydr. Chem Biochem, 1981, 38: 13.

[4] Usui T, Yamaoka N, Matsuda K, et al. J Chem Soc, Perkin Trans 1, 1973: 2425.

[5] Gorin P A J, Mazurek M. Can J Chem, 1973, 51: 3277.

[6] Saito H, Ohki T, Takasuka N, et al. Carbohydr. Res. 1977, 58: 293.

[7] Previato J O, Mendonca-Previato L, Gorin P A J. Carbohydr Res, 1979, 70: 172.

[8] Gorin P A J. J Chem Soc, Chem Commun,1975: 509.

[9] Carbonero E R, Sassaki G L, Gorin P A J, et al. FEMS Microbiol Lett, 2002, 206: 175.

第七节 多元醇类化合物

表 11-7-1 多元醇类化合物 11-7-1~11-7-22 的名称、分子式及测试溶剂

编号	中文名称	英文名称	分子式	测试溶剂	参考文献
11-7-1	乙二醇	glycol	$C_2H_6O_2$	W	[1]
11-7-2	1,2-丙二醇	1,2-propanol	$C_3H_8O_2$	W	[1]
11-7-3	1,3-丁二醇	1,3-butanediol	$C_4H_{10}O_2$	W	[1]
11-7-4	1,4-丁二醇	1,4-butanediol	$C_4H_{10}O_2$	W	[1]
11-7-5	丙三醇	glycerol	$C_3H_8O_3$	W	[1]
11-7-6	赤藓糖醇	erythritol	$C_4H_{10}O_4$	W	[1]
11-7-7	D-核糖醇	D-ribitol	$C_5H_{12}O_5$	W	[1]
11-7-8	木糖醇	xylitol	$C_5H_{12}O_5$	W	[1]
11-7-9	D-阿拉伯糖醇	D-arabitol	$C_5H_{12}O_5$	W	[1]
11-7-10	D-甘露糖醇	D-mannitol	$C_6H_{14}O_6$	W	[1]
11-7-11	山梨糖醇	D-sorbitol	$C_6H_{14}O_6$	W	[1]
11-7-12	D-半乳糖醇	D-galactitol	$C_6H_{14}O_6$	W	[1]
11-7-13	青蟹肌醇	syllo-inositol	$C_6H_{12}O_6$	W	[2]
11-7-14	肌-肌醇	myo-inositol	$C_6H_{12}O_6$	W	[2]
11-7-15	D-1-氧-甲基-肌-肌醇	D-1-*O*-methyl-myo-inositol	$C_7H_{14}O_6$	W	[2]
11-7-16	1,3-氧-二甲基-肌-肌醇	1,3- di-*O*-methyl-myo-inositol	$C_8H_{16}O_6$	W	[2]
11-7-17	1,4-氧-二甲基-肌-肌醇	1,4- di-*O*-methyl-myo-inositol	$C_8H_{16}O_6$	W	[2]
11-7-18	1,2-氧-二甲基-肌-肌醇	1,2- di-*O*-methyl-myo-inositol	$C_8H_{16}O_6$	W	[2]
11-7-19	L-手-肌醇	L-chiro-inositol	$C_6H_{12}O_6$	W	[2]
11-7-20	L-2-氧-甲基-手-肌醇	L-2-*O*-methyl-chiro-inositol	$C_7H_{14}O_6$	W	[2]
11-7-21	D-3-氧-甲基-手-肌醇	D-3-*O*-methyl-chiro-inositol	$C_7H_{14}O_6$	W	[2]
11-7-22	表-肌醇	*epi*-inositol	$C_6H_{12}O_6$	W	[2]

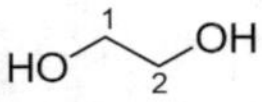

11-7-1 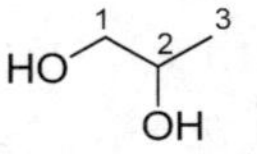 **11-7-2** 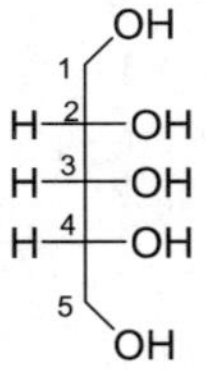 **11-7-7** 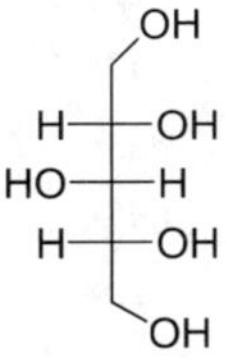 **11-7-8** 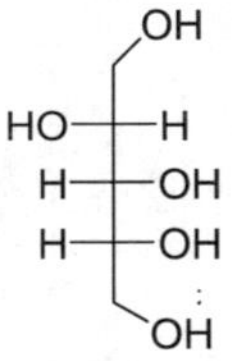 **11-7-9**

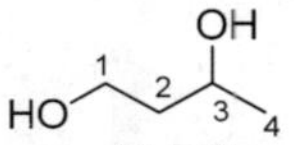

11-7-3 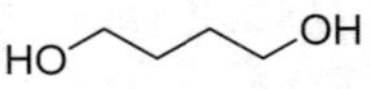 **11-7-4**

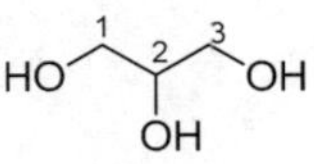

11-7-5 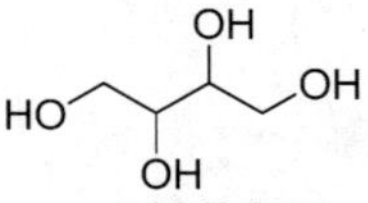 **11-7-6** 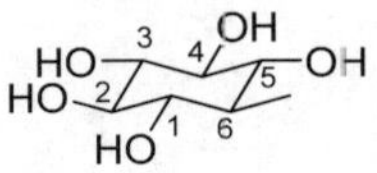 **11-7-10** 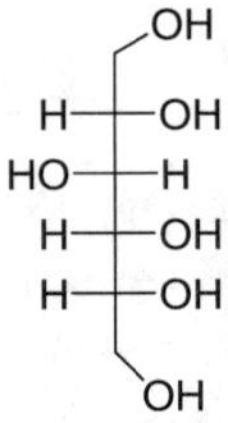 **11-7-11** 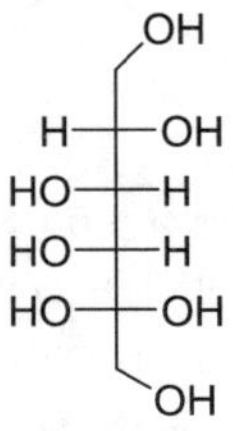 **11-7-12**

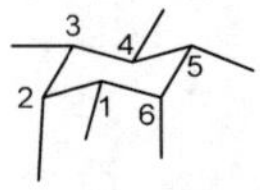

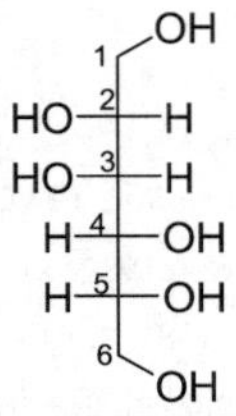

11-7-13 **11-7-22**

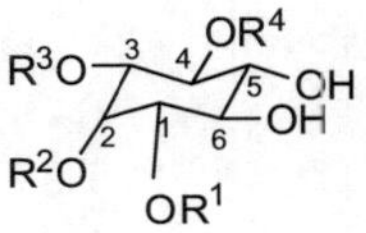

11-7-14 $R^1=R^2=R^3=R^4=H$
11-7-15 $R^1=CH_3$; $R^2=R^3=R^4=H$
11-7-16 $R^1=R^3=CH_3$; $R^2=R^4=H$
11-7-17 $R^1=R^4=CH_3$; $R^2=R^3=H$
11-7-18 $R^1=R^2=CH_3$; $R^3=R^4=H$

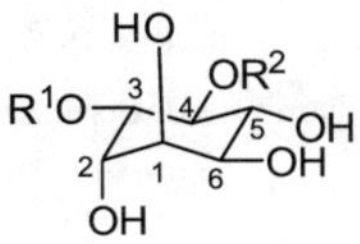

11-7-19 $R^1=R^2=H$
11-7-20 $R^1=CH_3$; $R^2=H$
11-7-21 $R^1=H$; $R^2=CH_3$

表 11-7-2 多元醇类化合物 11-7-1~11-7-10 的 ^{13}C NMR 数据[1]

C	11-7-1	11-7-2	11-7-3	11-7-4	11-7-5	11-7-6	11-7-7	11-7-8	11-7-9	11-7-10
1	67.3	71.6	63.2	65.5	66.9	66.2	65.5	65.9	66.2	76.3
2	67.3	72.7	44.8	31.7	76.4	75.3	75.4	75.2	74.5	75.3
3			69.3	31.7	66.9	75.3	75.6	73.9	71.0	73.6
4				65.5		66.2	75.4	75.2	73.6	73.6
5							65.5	65.9	66.5	75.3
6										76.3

表 11-7-3 多元醇类化合物 11-7-11~11-7-17 的 ^{13}C NMR 数据[2]

C	11-7-11[1]	11-7-12[1]	11-7-13	11-7-14	11-7-15	11-7-16	11-7-17
1	66.1	62.9	73.7	72.4	80.5	80.4	80.3
2	76.1	69.3	73.7	72.2	68.0	63.3	67.8
3	74.6	70.2	73.7	72.4	72.3	80.4	71.7
4	72.9	70.1	73.7	71.1	71.1	71.4	82.2
5	74.5	69.3	73.7	74.3	74.4	74.4	73.7
6	65.8	63.3	73.7	71.1	71.6	71.4	70.5
OMe					56.9	57.4,59.6	59.7,56.7

表 11-7-4 多元醇类化合物 11-7-18~11-7-22 的 ^{13}C NMR 数据[2]

C	11-7-18	11-7-19	11-7-20	11-7-21	11-7-22	C	11-7-18	11-7-19	11-7-20	11-7-21	11-7-22
1	81.0	71.6	67.2	71.7	71.7	5	74.4	70.5	70.4	70.6	71.7
2	78.1	70.5	80.1	69.8	74.5	6	71.8	71.6	71.3	71.7	66.8
3	72.6	72.8	71.9	82.5	70.1	OMe	61.5, 57.4		56.8	59.4	
4	71.4	72.8	72.8	72.1	74.5						

参考文献

[1] Voelter W, Breitmaier E, Jung G. et al. Angew Chem, 1970, 82: 812.
[2] DorMan D E, Angyal S J, and Roberts J D. J Am Chem Soc, 1970, 92: 1351.

第八节 氨基酸及多肽类化合物

表 11-8-1 氨基酸及肽类化合物 11-8-1~11-8-66 的名称、分子式及测试溶剂

编号	中文名称	名称	分子式	测试溶剂	参考文献
11-8-1	甘氨酸	H-Gly-OH	$C_2H_5NO_2$	W	[1]
11-8-2	甘氨酰胺盐酸盐	H-Gly-NH$_2$·HCl	$C_2H_6N_2O$	W	[2]
11-8-3		CH$_3$-Gly-OH	$C_3H_7NO_2$	W	[2]
11-8-4		H-Gly-OC$_2$H$_5$	$C_4H_9NO_2$	D	[2]
11-8-5		Z-Gly-OH	$C_{10}H_{11}NO_4$	D	[2]

续表

编号	中文名称	名称	分子式	测试溶剂	参考文献
11-8-6		*t*-Boc-Gly-OH	$C_7H_{13}NO_4$	D	[2]
11-8-7	L-丙氨酸	H-L-Ala-OH	$C_3H_7NO_2$	W	[1]
11-8-8		Z-DL-Ala-OH	$C_{11}H_{13}NO_4$	D	[2]
11-8-9		*t*-Boc-L-Ala-OH	$C_8H_{15}NO_4$	D	[2]
11-8-10	L-缬氨酸	H-L-Val-OH	$C_5H_{11}NO_2$	W	[1]
11-8-11		H-L-Val-NH_2·HBr	$C_5H_{12}N_2O$	W	[2]
11-8-12		*t*-Boc-L-Val-OH	$C_{10}H_{19}NO_4$	D	[2]
11-8-13	L-亮氨酸	H-L-Leu-OH	$C_6H_{13}NO_2$	W	[1]
11-8-14		*t*-Boc-L-Leu-OH	$C_{11}H_{21}NO_4$	D	[2]
11-8-15	L-异亮氨酸	H-L-Ile-OH	$C_6H_{13}NO_2$	W	[1]
11-8-16		*t*-Boc-L-Ile-OH	$C_{11}H_{21}NO_4$	W	[2]
11-8-17	L-丝氨酸	H-L-Ser-OH	$C_3H_7NO_3$	W	[1]
11-8-18	L-苏氨酸	H-L-Thr-OH	$C_4H_9NO_3$	W	[1]
11-8-19		*t*-Boc-L-Thr(Bz)-OH	$C_{16}H_{23}NO_5$	W	[2]
11-8-20	天冬氨酸	H-Asp(OH)-OH	$C_4H_7NO_4$	D	[2]
11-8-21		Z-Asp(OH)-OH	$C_{12}H_{13}NO_6$	D	[2]
11-8-22		Z-Asp-O	$C_{12}H_{11}NO_5$	D	[2]
11-8-23		Z-Asp(OH)-OC_2H_5	$C_{14}H_{17}NO_6$	D	[2]
11-8-24		H-Asp(OBu)-OH	$C_8H_{15}NO_4$	D	[2]
11-8-25		*t*-Boc-Asp(OBu)-OH	$C_{13}H_{23}NO_6$	D	[2]
11-8-26		*t*-Boc-Asp(OH)-OH	$C_9H_{15}NO_6$	D	[2]
11-8-27		*t*-Boc-L-Asp(OBz)-OH	$C_{16}H_{21}NO_6$	D	[2]
11-8-28	L-谷氨酸	H-L-Glu-OH	$C_5H_9NO_4$	W	[1]
11-8-29		*t*-Boc-L-Glu(OBz)-OH	$C_{17}H_{23}NO_6$	D	[2]
11-8-30		*t*-Boc-L-Glu(OBu)-OH	$C_{14}H_{25}NO_6$	D	[2]
11-8-31	鸟氨酸盐酸盐	H-L-Orn-OH·HCl	$C_5H_{12}N_2O_2$	W	[2]
11-8-32	L-精氨酸	H-L-Arg-OH	$C_6H_{12}N_2O_3$	W	[1]
11-8-33	L-赖氨酸	H-L-Lys-OH	$C_6H_{14}N_2O_2$	W	[1]
11-8-34	L-谷氨酰胺	H-L-Gln-OH	$C_5H_{10}N_2O_3$	W	[2]
11-8-35		Ac-L-Gln-OH	$C_7H_{17}N_2O_4$	D	[2]
11-8-36		*t*-Boc-L-Gln-OH	$C_{10}H_{18}N_2O_5$	D	[2]
11-8-37	L-脯氨酸	H-L-Pro-OH	$C_5H_9NO_2$	W	[1]
11-8-38		*t*-Boc-L-Pro-OH (*cis*)	$C_{10}H_{17}NO_4$	D	[2]
11-8-39		*t*-Boc-L-Pro-OH (*trans*)	$C_{10}H_{17}NO_4$	D	[3]
11-8-40		Ac-L-Pro-OH (*cis*)	$C_7H_{11}NO_3$	D	[2]
11-8-41		Ac-L-Pro-OH (*trans*)	$C_7H_{11}NO_3$	D	[2]
11-8-42	L-组氨酸	H-L-His-OH	$C_6H_9N_3O_2$	D	[1]
11-8-43	L-苯丙氨酸	H-L-Phe-OH	$C_9H_{11}NO_2$	W	[2]
11-8-44		*t*-Boc-L-Phe-OH	$C_{14}H_{19}NO_4$	W	[2]
11-8-45	L-酪氨酸	H-L-Tyr-OH	$C_9H_{11}NO_3$	W	[1]
11-8-46		*t*-Boc-L-Tyr(OBz)-OH	$C_{21}H_{25}NO_5$	D	[2]
11-8-47	L-色氨酸	H-L-Trp-OH	$C_{11}H_{12}N_2O_2$	W	[2]

续表

编号	中文名称	名称	分子式	测试溶剂	参考文献
11-8-48		*t*-Boc-L-Trp-OH	$C_{21}H_{25}NO_5$	D	[2]
11-8-49	L-蛋氨酸	H-L-Met-OH	$C_5H_{11}NO_2S$	W	[1]
11-8-50	半胱氨酸盐酸盐	H-L-CysH-OH · HCl	$C_3H_7NO_2S$	W	[2]
11-8-51		Ac-L-CysH-OH	$C_5H_9NO_3S$	D	[2]
11-8-52		H-L-CysH-OCH₃ · HCl	$C_5H_9NO_2S$	D	[2]
11-8-53		(H-L-CysH-OH)₂ · 2HCl	$C_6H_{12}N_2O_4S_2$	W	[2]
11-8-54		(H-L-CysH-OCH₃)₂ · 2HCl	$C_8H_{16}N_2O_4S_2$	D	[2]
11-8-55		(*t*-Boc-L-Cys-OH)₂	$C_{16}H_{28}N_2O_8S_2$	D	[2]
11-8-56		(Ac-L-Cys-OH)₂	$C_{10}H_{16}N_2O_6S_2$	W	[2]
11-8-57		Z-Gly-DL-Ala-NH-NH₂	$C_{13}H_{18}N_4O_4$	D	[4]
11-8-58		Z-DL-Ala-Gly-NH-NH₂	$C_{12}H_{18}N_4O_3$	D	[4]
11-8-59		Z-L-Asp (*α*-Et)-Gly-OEt	$C_{18}H_{24}N_2O_7$	D	[5]
11-8-60		Boc-L-Val-OH	$C_{15}H_{28}N_2O_5$	D	[2,6]
11-8-61		*β*-Ala-His	$C_8H_{14}N_4O_3$	W	[7]
11-8-62		Z-L-Asp (*α*-OH)-L-Cys (Bz)-Gly-OH	$C_{24}H_{27}N_3O_8S$	D	[2,6]
11-8-63		Z-L-Cys (Bz)-Gly-OEt	$C_{22}H_{26}N_2O_5S$	D	[2,6]
11-8-64		L-Glu (*α*-OH)-L-Cys-Gly-OH	$C_{10}H_{17}N_3O_6S$	D	[8]
11-8-65		H-DL-Leu-DL-Leu-OH	$C_{12}H_{24}N_2O_3$	W	[2,6]
11-8-66		Boc-Pro-Glu (OBz)-Phe-NH₂	$C_{31}H_{40}N_4O_7$	C	[9]

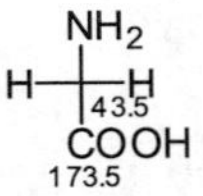

11-8-1[1] 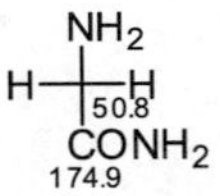 **11-8-2**[2] 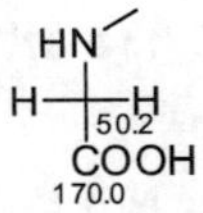 **11-8-3**[2] 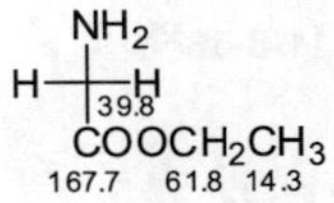 **11-8-4**[2] 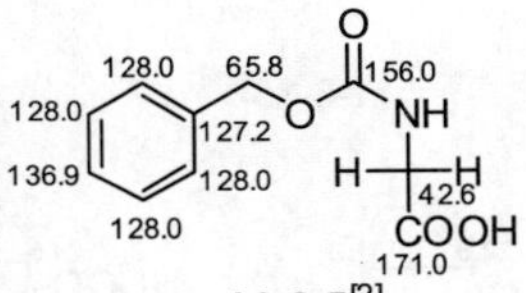 **11-8-5**[2] 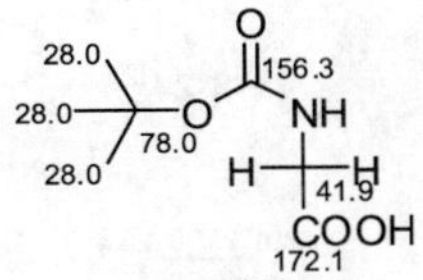 **11-8-6**[2]

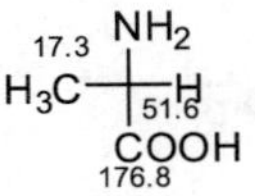

11-8-7[1] 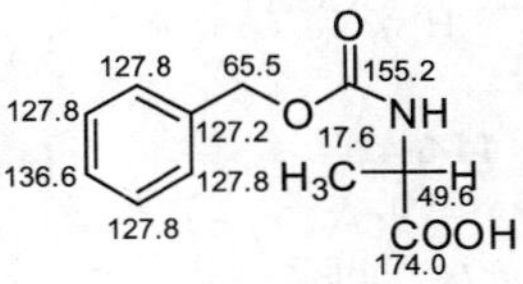 **11-8-8**[2] 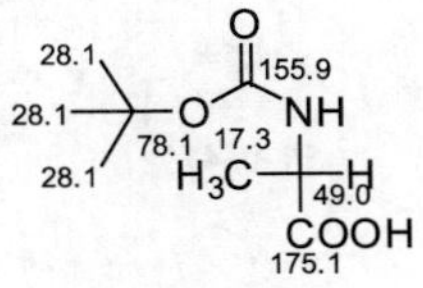 **11-8-9**[2] 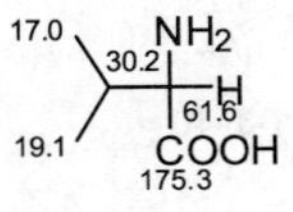 **11-8-10**[1] 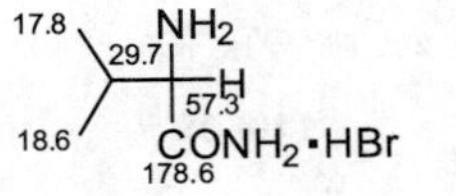 **11-8-11**[2]

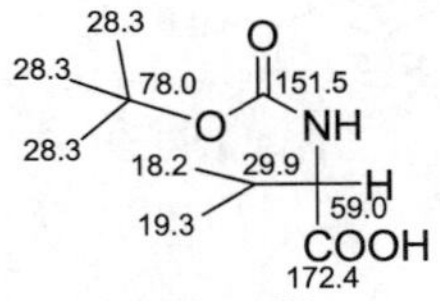

11-8-12[2] 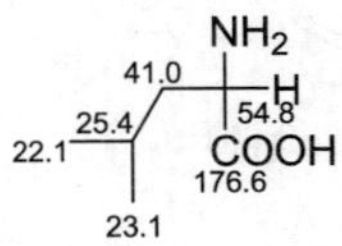 **11-8-13**[1] 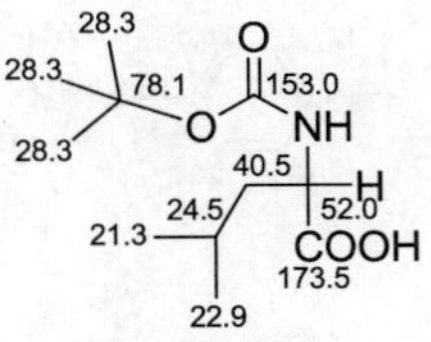 **11-8-14**[2] 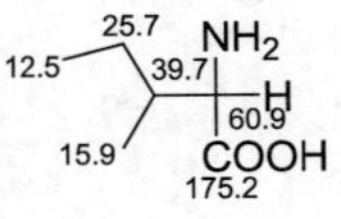 **11-8-15**[1] 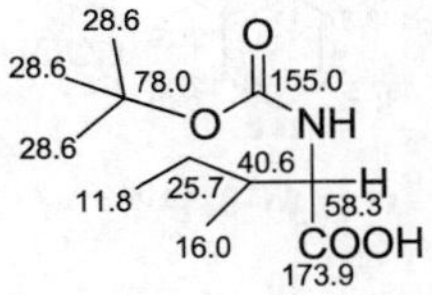 **11-8-16**[2]

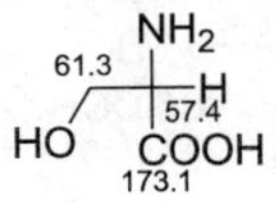

11-8-17[1] 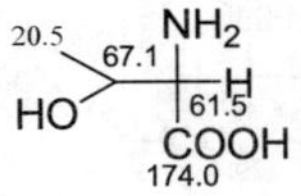 **11-8-18**[1] 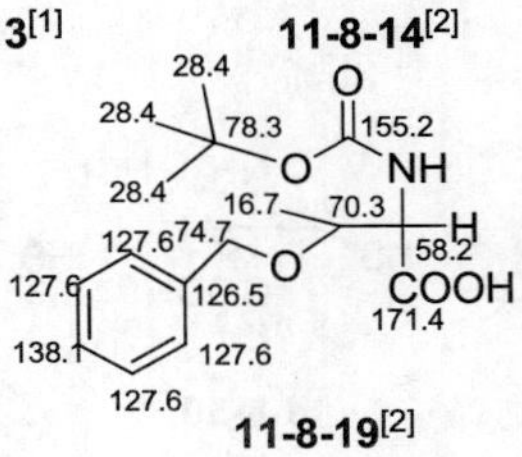 **11-8-19**[2] 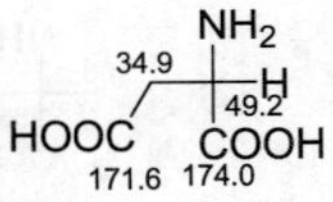 **11-8-20**[2] 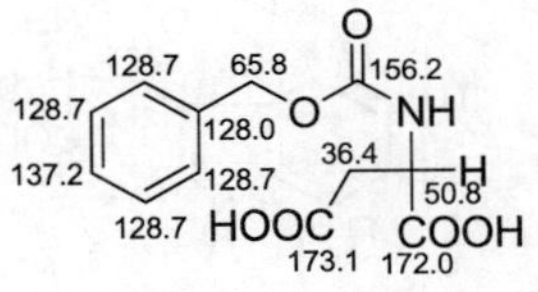 **11-8-21**[2]

11-8-22[2]

11-8-23[2]

11-8-24[2]

11-8-25[2]

11-8-26[2]

11-8-27[2]

11-8-28[1]

11-8-29[2]

11-8-30[2]

11-8-31[2]

11-8-32[1]

11-8-33[1]

11-8-34[2]

11-8-35[2]

11-8-36[2]

11-8-37[1]

11-8-38[2]

11-8-39[3]

11-8-40[2]

11-8-41[2]

11-8-42[1]

11-8-43[2]

11-8-44[2]

11-8-45[1]

11-8-46[2]

11-8-47[2]

11-8-48[2]

11-8-49[1]

11-8-50[2]

11-8-51[2]

11-8-52[2]

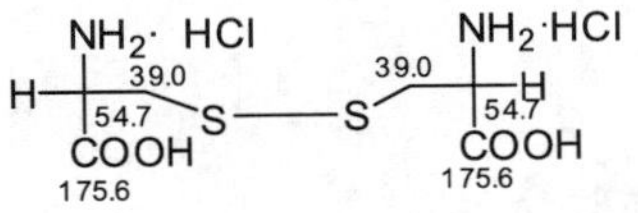

11-8-53[2]

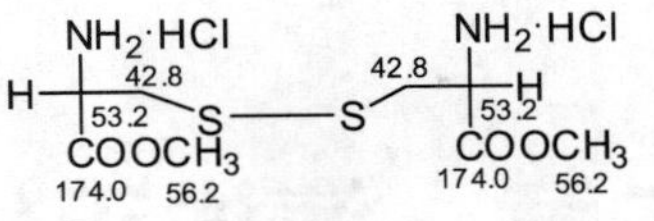

11-8-54[2]

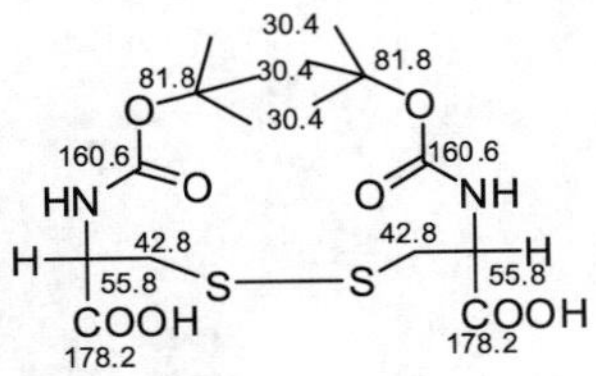

11-8-55[2]

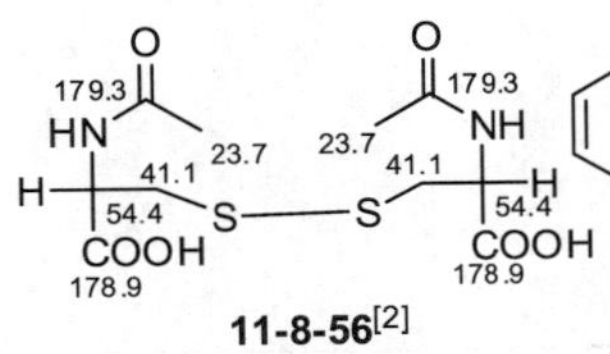

11-8-56[2]

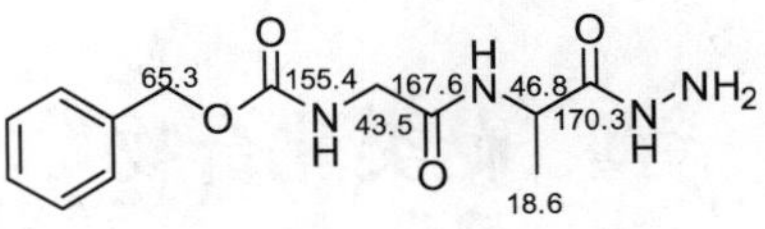

11-8-57[4]

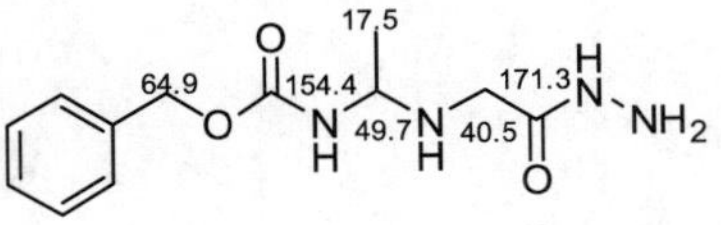

11-8-58[4]

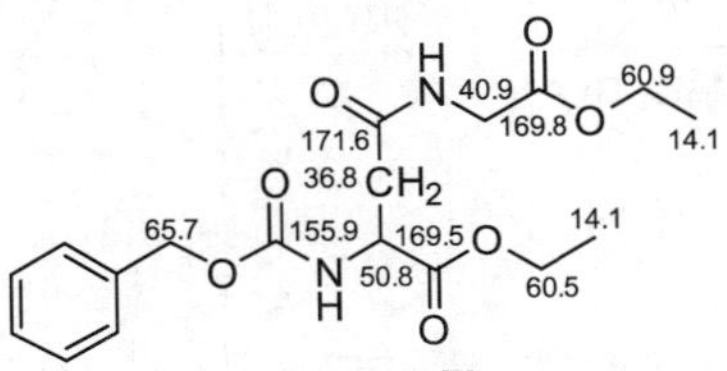

11-8-59[5]

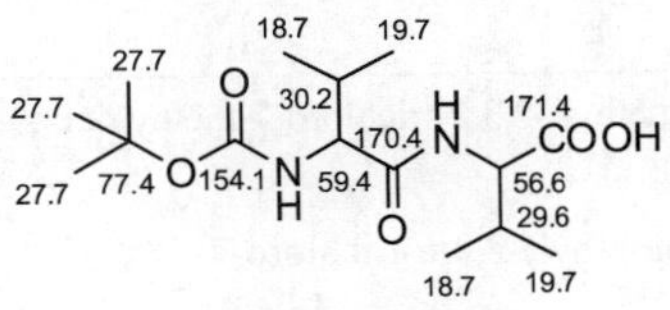

11-8-60[2,6]

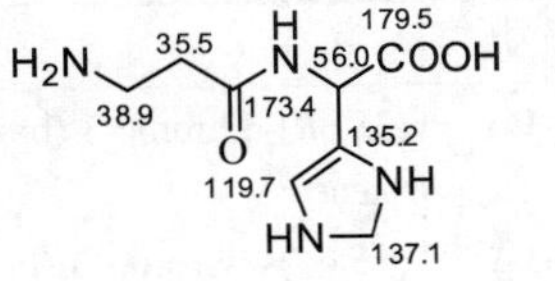

11-8-61[7]

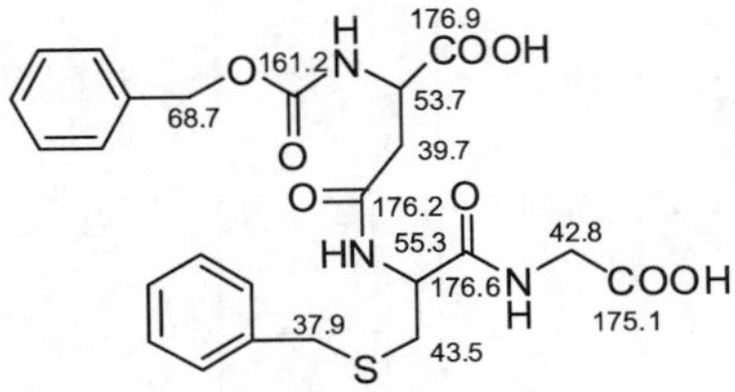

11-8-62[2,6]

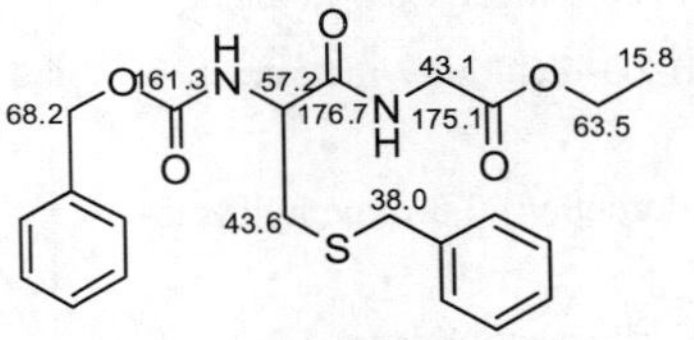

11-8-63[2,6]

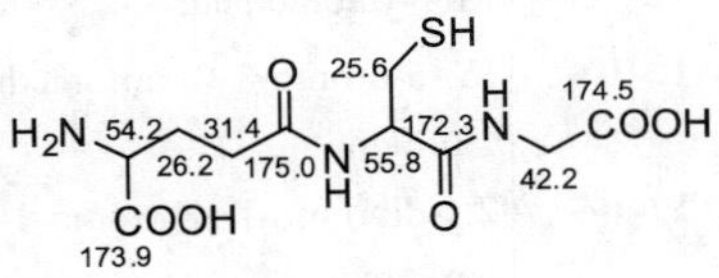

11-8-64[8]

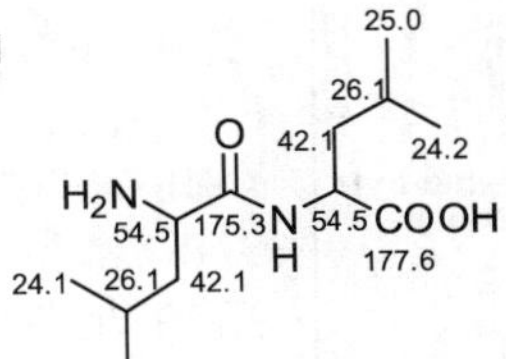

11-8-65[2,6]

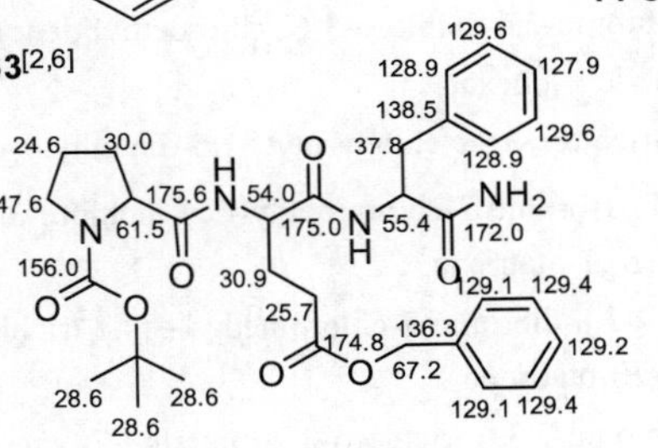

11-8-66[9]

参考文献

[1] Horsley W J, Sternlicht H, Cohen J S. J Am Chem Soc, 1970, 92: 680.
[2] Voelter W, Jung G, Breitmaier E, et al. Z Naturforsch, 1971, 26b: 213.
[3] DorMan D E, Bovey F A. J Org Chem, 1973, 38: 2379.
[4] Breitmair E, Voelter D. C-13NMR Spectr Nat App, Verleg Chemie, 1978: 283.
[5] Voelter W, Zech K, Grimminger W, et al. Chem Ber, 1972, 105: 3650.
[6] Voelter W, Fuchs St, Seuffer R H, et al. Monatsh Chem, 1974, 105: 1110.
[7] Jung G Z. Physiol Chem, 1971, 16: 352.
[8] Jung G, Breitmaier E, Voelter W. Eur J Biochem, 1972, 24: 438.
[9] Jung G, Breitnzaier E, Voelter W, et al. Angew Chem, 1970, 82: 882.

第十二章 海洋天然产物

第一节 萜类化合物

表 12-1-1 萜类化合物的名称、分子式和测试溶剂

编号	名称	分子式	测试溶剂	参考文献
12-1-1	(3*S*,6*R*)-6-bromo-3-(bromomethyl)-2,3,7-trichloro-7-methyloct-1-ene	$C_{10}H_{15}Br_2Cl_3$	C	[1,2]
12-1-2	(3*S*,6*S*)-7-bromo-3-(bromomethyl)-2,3,6-trichloro-7-methyloct-1-ene	$C_{10}H_{15}Br_2Cl_3$	C	[2]
12-1-3	(*S*)-3-(bromomethyl)-2,3,6-trichloro-7-methylocta-1,6-diene	$C_{10}H_{14}BrCl_3$	C	[2]
12-1-4	(*S*)-6-bromo-3-(bromomethyl)-2,3-dichloro-7-methylocta-1,6-diene	$C_{10}H_{14}Br_2Cl_2$	C	[2]
12-1-5	2,4-dibromo-1-(2-bromo-1-chloroethyl)-3,3-dimethylcyclohex-1-ene	$C_{10}H_{14}Br_3Cl$	C	[2]
12-1-6	(*E*)-4-bromo-2,6-dichloro-3-(2-chloroethylidene)-1,1-dimethylcyclohexane	$C_{10}H_{14}BrCl_3$	C	[2]
12-1-7	2,4,5-trichloro-1-(2-chlorovinyl)-1,5-dimethylcyclohexane	$C_{10}H_{14}Cl_4$	C	[3]
12-1-8	(3*R*,4*R*)-1-bromo-7-chloromethyl-3,4-dichloro-3-methyl-1(*E*),5(*E*),7-otatriene	$C_{10}H_{12}BrCl_3$	C	[4]
12-1-9	(3*R*,4*R*)-1,8-dibromo-7-chloromethyl-3,4,7-trichloro-3-methyl-1(*E*),5(*E*)-otatriene	$C_{10}H_{12}Br_2Cl_4$	C	[4]
12-1-10	1,4-dibromo-2,3,6-trichloro-3,7-dimethyl-7-octene	$C_{10}H_{15}Br_2Cl_3$	C	[5]
12-1-11	1,6(*S*)-dibromo-8(*S*)-chloro-1(*E*),3(*Z*)-ochtodiene	$C_{10}H_{13}Br_2Cl$	C	[6]
12-1-12	chondrocole A	$C_{10}H_{14}BrClO$	C	[6]
12-1-13	chondrocole C	$C_{10}H_{14}Br_2O$	C	[6]
12-1-14	1,6(*S*)-dibromo-1(*E*),3(*Z*),8(*Z*)-ochtodien-4(*R*)-ol	$C_{10}H_{14}Br_2O$	C	[6]
12-1-15	1,6(*S*)-dibromo-1(*E*),3(*Z*),8(*Z*)-ochtodien-4(*S*)-ol	$C_{10}H_{14}Br_2O$	C	[6]
12-1-16	2-chloro-1,6(*S*)-dibromo-3(*Z*),8(*Z*)-ochtoden-4(*R*)-ol	$C_{10}H_{15}Br_2ClO$	M	[6]
12-1-17	6(*S*)-bromo-1(*R*),4(*R*)-oxido-2(*Z*)-ochtoden-8(*S*)-ol	$C_{10}H_{15}BrO_2$	M	[6]
12-1-18	6(*S*)-bromo-1(*R*),4(*R*)-oxido-3(*E*),8(*E*)-ochtoden-2(*S*)-ol	$C_{10}H_{15}BrO_2$	M	[6]
12-1-19	6(*S*)-bromo-1(*R*),4(*R*)-oxido-3(*E*),8(*E*)-ochtoden-2(*R*)-ol	$C_{10}H_{15}BrO_2$	C	[6]
12-1-20	1-chloro-2(*E*),4-ochtodien-6(*R*)-ol	$C_{10}H_{15}ClO$	C	[6]
12-1-21	2(*E*),4-ochtodien-1(*R*),6(*R*)-diol	$C_{10}H_{16}O_2$	C	[6]
12-1-22	2(*Z*),4-ochtodien-1(*R*),6(*R*)-diol	$C_{10}H_{16}O_2$	C	[6]
12-1-23	1,3,8-ochtodien-5(*R*),6(*R*)-diol	$C_{10}H_{16}O_2$	C	[6]
12-1-24	1,3,8-ochtodien-5(*S*),6(*S*)-diol	$C_{10}H_{16}O_2$	C	[6]

续表

编号	名称	分子式	测试溶剂	参考文献
12-1-25	1,3-ochtodien-3(*R*),6(*R*)-diol	$C_{10}H_{16}O_2$	C	[6]
12-1-26	1,6(*S*)-dibromo-8(*S*)-chloro-2(*Z*)-ochtodene	$C_{10}H_{15}Br_2ClO$	C	[7]
12-1-27	7-bromochloromethyl-3(*R*),4(*S*),8-trichloro-3-methyl-1,5(*E*), 7(*E*)-octatriene	$C_{10}H_{11}BrCl_4$	C	[7]
12-1-28	*epi*-plocamene D	$C_{10}H_{13}Cl_3$	C	[7]
12-1-29	isomicrocionin-3	$C_{15}H_{22}O$	C	[8]
12-1-30	(−)-microcionin-1	$C_{15}H_{22}O$	C	[8]
12-1-31	(−)-isomicrocionin-1	$C_{15}H_{22}O$	C	[8]
12-1-32	lingshuiolide A	$C_{15}H_{22}O_4$	C	[9]
12-1-33	lingshuiolide B	$C_{15}H_{22}O_4$	C	[9]
12-1-34	lingshuiperoxide	$C_{15}H_{20}O_5$	C	[9]
12-1-35	isodysetherin	$C_{15}H_{20}O_3$	C	[9]
12-1-36	spirolingshuiolide	$C_{15}H_{20}O_3$	C	[9]
12-1-37	axinisothiocyanate M	$C_{16}H_{25}NOS$	C	[10]
12-1-38	axinisothiocyanate N	$C_{16}H_{25}NO_2S$	C	[10]
12-1-39	axinythiocyanate A	$C_{16}H_{25}NS$	C	[10]
12-1-40	axinysone A	$C_{15}H_{22}O_2$	C	[10]
12-1-41	axinysone B	$C_{15}H_{22}O_2$	C	[10]
12-1-42	axinysone C	$C_{15}H_{22}O_3$	C	[10]
12-1-43	axinysone D	$C_{15}H_{24}O_3$	C	[10]
12-1-44	axinysone E	$C_{15}H_{20}O_2$	C	[10]
12-1-45	axinynitrile A	$C_{16}H_{23}N$	C	[10]
12-1-46	axiplyn A	$C_{16}H_{25}NO_3S$	C	[11]
12-1-47	axiplyn B	$C_{16}H_{25}NO_4S$	C	[11]
12-1-48	axiplyn C	$C_{16}H_{25}NOS$	C	[11]
12-1-49	axiplyn D	$C_{16}H_{25}NO_3S$	C	[11]
12-1-50	axiplyn E	$C_{16}H_{25}NO_3S$	C	[11]
12-1-51	halichonadin F	$C_{15}H_{27}N$	C	[12]
12-1-52	axinisothiocyanate A	$C_{16}H_{25}NO_2S$	C	[13]
12-1-53	axinisothiocyanate B	$C_{16}H_{25}NO_2S$	C	[13]
12-1-54	axinisothiocyanate C	$C_{16}H_{25}NO_2S$	C	[13]
12-1-55	axinisothiocyanate D	$C_{16}H_{25}NO_2S$	C	[13]
12-1-56	axinisothiocyanate E	$C_{16}H_{25}NO_2S$	C	[13]
12-1-57	axinisothiocyanate F	$C_{16}H_{25}NO_2$	C	[13]
12-1-58	axinisothiocyanate G	$C_{16}H_{26}NO_2S$	C	[13]
12-1-59	axinisothiocyanate H	$C_{16}H_{25}NO_3S$	C	[13]
12-1-60	axinisothiocyanate I	$C_{16}H_{24}NOS$	C	[13]
12-1-61	axinisothiocyanate J	$C_{16}H_{25}NOS$	C	[13]
12-1-62	axinisothiocyanate K	$C_{16}H_{25}NS$	C	[13]
12-1-63	axinisothiocyanate L	$C_{16}H_{23}NOS$	C	[13]
12-1-64	$\Delta^{9(12)}$-capnellene-8β,15-diol	$C_{15}H_{24}O_2$	C	[14]
12-1-65	$\Delta^{9(12)}$-capnellene-8β,10α,13-triol	$C_{15}H_{24}O_3$	C	[14]

续表

编号	名称	分子式	测试溶剂	参考文献
12-1-66	$\Delta^{9(10)}$-capnellene-12-ol-8-one	$C_{15}H_{22}O_2$	C	[14]
12-1-67	8*β*,10*α*-diacetoxy-$\Delta^{9(12)}$-capnellene	$C_{19}H_{28}O_4$	C	[14]
12-1-68	8*β*-acetoxy-$\Delta^{9(12)}$-capnellene	$C_{17}H_{26}O_2$	C	[14]
12-1-69	nardosinanol A	$C_{15}H_{22}O$	C	[15]
12-1-70	nardosinanol B	$C_{15}H_{20}O_2$	C	[15]
12-1-71	nardosinanol C	$C_{15}H_{22}O_3$	C	[15]
12-1-72	nardosinanol D	$C_{16}H_{26}O_4$	C	[15]
12-1-73	nardosinanol E	$C_{15}H_{22}O_3$	C	[15]
12-1-74	nardosinanol F	$C_{17}H_{26}O_5$	C	[15]
12-1-75	nardosinanol G	$C_{16}H_{22}O_3$	C	[15]
12-1-76	nardosinanol H	$C_{14}H_{24}O_4$	C	[15]
12-1-77	nardosinanol I	$C_{16}H_{22}O_4$	C	[15]
12-1-78	lemnafricanol	$C_{18}H_{24}O_5$	C	[15]
12-1-79	3*β*,9*α*,11-trihydroxy-6-oxodrim-7-ene	$C_{15}H_{24}O_4$	D	[16]
12-1-80	2*α*,9*α*,11-trihydroxy-6-oxodrim-7-ene	$C_{15}H_{24}O_4$	D	[16]
12-1-81	mono(6-strobilactone-B) ester of (*E*,*E*)-2,4-hexadienedioic acid	$C_{20}H_{26}O_5$	D	[16]
12-1-82	(6-strobilactone-B) ester of (*E*,*E*)-6-oxo-2,4-hexadienoic acid	$C_{21}H_{26}O_6$	D	[16]
12-1-83	(6-strobilactone-B) ester of (*E*,*E*)-6,7-dihydroxy-2,4-octadienoic acid	$C_{23}H_{32}O_7$	D	[16]
12-1-84	(6-strobilactone-B) ester of (*E*,*E*)-6,7-dihydroxy-2,4-octadienoic acid	$C_{23}H_{32}O_7$	D	[16]
12-1-85	ustusolate B	$C_{23}H_{34}O_6$	D	[17]
12-1-86	ustusolate C	$C_{21}H_{32}O_6$	D	[17]
12-1-87	ustusolate D	$C_{21}H_{32}O_7$	D	[17]
12-1-88	ustusol C	$C_{16}H_{28}O_4$	D	[17]
12-1-89	ustusolate A	$C_{23}H_{34}O_5$	D	[17]
12-1-90	ustusorane A	$C_{15}H_{18}O_4$	D	[17]
12-1-91	ustusorane B	$C_{15}H_{14}O_3$	D	[17]
12-1-92	ustusorane C	$C_{16}H_{16}O_4$	D	[17]
12-1-93	ustusorane D	$C_{16}H_{18}O_4$	D	[17]
12-1-94	ustusorane E	$C_{15}H_{22}O_4$	D	[17]
12-1-95	ustusorane F	$C_{15}H_{20}O_4$	D	[17]
12-1-96	dysideamine	$C_{21}H_{29}NO_3$	C	[18]
12-1-97	21-dehydroxybolinaquinone	$C_{22}H_{30}O_3$	C	[19]
12-1-98	bolinaquinone	$C_{22}H_{30}O_4$	C	[19]
12-1-99	erectathiol	$C_{15}H_{22}S$	C	[20]
12-1-100	(2*E*,6*E*)-3-isopropyl-6-methyl-10-oxoundeca-2,6-dienal	$C_{15}H_{24}O_2$	C	[20]
12-1-101	cyperusol A1	$C_{15}H_{22}O_3$	C	[21]
12-1-102	cyperusol A2	$C_{15}H_{22}O_3$	C	[21]
12-1-103	cyperusol B1	$C_{15}H_{24}O_2$	C	[21]
12-1-104	cyperusol B2	$C_{15}H_{24}O_2$	C	[21]
12-1-105	cyperusol C	$C_{15}H_{26}O_2$	C	[21]

续表

编号	名称	分子式	测试溶剂	参考文献
12-1-106	cyperusol D	$C_{15}H_{24}O_3$	C	[21]
12-1-107	capillosanol	$C_{15}H_{24}O$	A	[22]
12-1-108	chabranol	$C_{14}H_{24}O_3$	C	[22]
12-1-109	6-hydroxy-1-brasilene	$C_{15}H_{26}O$	C	[23]
12-1-110	epibrasilenol acetate	$C_{17}H_{28}O_2$	C	[23]
12-1-111	6-epi-*β*-snyderol	$C_{15}H_{24}O$	C	[23]
12-1-112	(+)-3*β*-hydroxy-*α*-muurolene	$C_{15}H_{24}O$	M	[24]
12-1-113	(+)-3*β*-acetoxy-*α*-muurolene	$C_{17}H_{26}O_2$	M	[24]
12-1-114	4-bromo-6-((1*S*,2*R*,5*R*)-1,2-dimethylbicyclo[3.1.0]hexan-2-yl) -2-iodo-3-methylphenol	$C_{15}H_{18}BrIO$	C	[25]
12-1-115		$C_{15}H_{17}Br_3O$	C	[25]
12-1-116	5,5'-dibromo-3,3'-bis((1*S*,2*S*,5*R*)-1,2-dimethylbicyclo[3.1.0] hexan-2-yl)-6,6'-dimethylbiphenyl-2,2'-diol	$C_{30}H_{36}Br_2O_2$	C	[25]
12-1-117	4-methyl-1-(6-methylhepta-1,5-dien-2-yl)cyclohex-3-enol	$C_{15}H_{20}$	C	[25]
12-1-118	dibromophenol	$C_{15}H_{18}Br_2O$	C	[25]
12-1-119	(+)-*α*-isobromocuparene	$C_{15}H_{21}Br$	C	[25]
12-1-120	(−)-*α*-bromocuparene	$C_{15}H_{21}Br$	C	[25]
12-1-121	isothiocyanate	$C_{16}H_{25}NS$	C	[26]
12-1-122	isocyanide	$C_{16}H_{25}N$	C	[26]
12-1-123	dehydrotheonelline	$C_{15}H_{22}$	B	[27]
12-1-124	1,4-dimethyl-4-((1*E*,3*E*)-4-((*R*)-4-methylcyclohex-3-enyl) penta-1,3-dienyl)-3-(2-((*R*)-4-methylcyclohex-3-enyl)prop-1-enyl)cyclohex-1-ene	$C_{30}H_{44}$	C	[27]
12-1-125	1,4-dimethyl-4-((1*E*,3*E*)-4-((*S*)-4-methylcyclohex-3-enyl)penta-1,3-dienyl)-3-(2-((*S*)-4-methylcyclohex-3-enyl)prop-1-enyl)cyclohex-1-ene	$C_{30}H_{44}$	C	[27]
12-1-126	1,4-dimethyl-4-((1*E*,3*E*)-4-((*R*)-4-methylcyclohex-3-enyl) penta-1,3-dienyl)-3-(2-((*S*)-4-methylcyclohex-3-enyl)prop-1-enyl)cyclohex-1-ene	$C_{30}H_{44}$	C	[27]
12-1-127	rumphellatin A	$C_{14}H_{23}ClO_2$	C	[28]
12-1-128	5*β*,8*β*-epidioxy-11-hydroxy-6-eudesmene	$C_{15}H_{24}O_3$	C	[29]
12-1-129	5*β*,8*β*-epidioxy-11-hydroperoxy-6-eudesmene	$C_{15}H_{24}O_4$	C	[29]
12-1-130	(3*R*,4*S*,5*R*,7*R*,10*R*)-3,4-epoxy-11-hydroxy-1-pseudoguaiene	$C_{15}H_{24}O_2$	C	[29]
12-1-131	8*β*-hydroxyprespatane	$C_{15}H_{24}O$	C	[29]
12-1-132	8*β*-hydroperoxyprespatane	$C_{15}H_{24}O_2$	C	[29]
12-1-133	iso-echinofuran	$C_{15}H_{18}O$	B	[30]
12-1-134	8,9-dihydro-linderazulene	$C_{15}H_{16}O$	B	[30]
12-1-135	*N*-((1a*S*,4*S*,4a*S*,7*S*,7a*R*,7b*S*)-1,1,4,7-tetramethyldecahydro-1*H*-cyclopropa[*e*]azulen-4a-yl)formamide	$C_{16}H_{27}NO$	C	[31]
12-1-136	(+)-(1*R*,5*S*,6*S*,9*R*)-3-acetyl-1-hydroxy-6-isopropyl-9-methyl-bicyclo[4.3.0]non-3-ene	$C_{15}H_{24}O_2$	A	[32]
12-1-137	(+)-(1*R*,3*S*,4*S*,5*R*,6*S*,9*R*)-3-acetyl-1,4-dihydroxy-6-isopropyl-9-methyl-bicyclo[4.3.0]nonane	$C_{15}H_{26}O_3$	A	[32]

续表

编号	名称	分子式	测试溶剂	参考文献
12-1-138	(+)-(1*R*,3*R*,4*R*,5*R*,6*S*,9*R*)-3-acetyl-1,4-dihydroxy-6-isopropyl-9-methylbicyclo[4.3.0]nonane	$C_{15}H_{26}O_3$	A	[32]
12-1-139	(+)-(1*S*,2*R*,6*S*,9*R*)-1-hydroxy-2-(1-hydroxyethyl)-6-isopropyl-9-methylbicyclo[4.3.0]non-4-en-3-one	$C_{15}H_{22}O_3$	A	[32]
12-1-140	(–)-(5*S*,6*R*,9*S*)-2-acetyl-5-hydroxy-6-isopropyl-9-methylbicyclo[4.3.0]non-1-en-3-one	$C_{15}H_{22}O_3$	A	[32]
12-1-141	(–)-(1*S*,6*S*,9*R*)-4-acetyl-1-hydroxy-6-isopropyl-9-methylbicyclo[4.3.0]non-4-en-3-one	$C_{15}H_{22}O_3$	A	[32]
12-1-142	3*β*-hydroxyaplysin	$C_{15}H_{19}BrO_2$	C	[33]
12-1-143	laurokomurenene A	$C_{15}H_{19}BrO$	C	[33]
12-1-144	laurokomurene B	$C_{15}H_{20}$	C	[33]
12-1-145	(2*S*,3*S*,6*R*,9*S*)-3-bromo-2-chloro-2,3-dihydro-6,9-dihydroxy-*β*-bisabolene[(1*R*,3*S*,4*S*)-4-bromo-3chloro-1-((*S*)-4-hydroxy-6-methylhepta-1,5-dien-2-yl)-4-methylcyclohexanol]	$C_{15}H_{24}BrClO_2$	C	[34]
12-1-146	(2*S**,3*S**,6*R**)-3-bromo-2-chloro-2,3-dihydro-6,10-dihydroxy-bisabolene[(1*R**,3*S**,4*S**)-4-bromo-3-chloro-1-(5-hydroxy-6-methylhepta-1,6-dien-2-yl)-4-methylcyclohexanol]	$C_{15}H_{20}BrClO$	C	[34]
12-1-147	(2*S**,3*S**,6*S**)-3-bromo-2-chloro-2,3-dihydro-6,10-dihydroxy-*β*-bisabolene[(1*S**,3*S**,4*S**)-4-bromo-3-chloro-1-(5-hydroxy-6-methylhepta-1,6-dien-2-yl)-4-methylcyclohexanol]	$C_{15}H_{20}BrClO$	C	[34]
12-1-148	3,7-dihydroxy-dihydrolaurene	$C_{15}H_{22}O_2$	C	[35]
12-1-149	perforenol B	$C_{15}H_{23}BrO$	C	[35]
12-1-150	(1*S**, 2*R**, 6*R**, 8*S**, 9*R**)-8-bromo-2,5,6,9-tetramethyl-tricyclo-[7.2.0.0^{1,6}]undec-4-en-3-one	$C_{15}H_{21}BrO$	C	[35]
12-1-151	5,5'-dibromo-3-((1*S*,2*R*,5*R*)-1,2-dimethylbicyclo[3.1.0]hexan-2-yl)-3'-((1*S*,2*R*,5*S*)-1,2-dimethylbicyclo[3.1.0]hexan-2-yl)-6,6'-dimethylbiphenyl-2,2'-diol	$C_{30}H_{36}Br_2O_2$	C	[35]
12-1-152	*N*-phenethyl-2-formamido-6-axene	$C_{24}H_{36}N_2O$	M	[36]
12-1-153	*N*-phenethyl-2-formamido-6-axene	$C_{24}H_{36}N_2O$	M	[36]
12-1-154	(2*R*,5*R*,10*S*)-2-isothiocyanato-6-axene	$C_{16}H_{25}NS$	C	[36]
12-1-155	2-isothiocyanato-6-axene	$C_{16}H_{25}NS$	C	[36]
12-1-156	haterumadysin A	$C_{17}H_{22}O_3$	C	[37]
12-1-157	haterumadysin B	$C_{17}H_{20}O_3$	C	[37]
12-1-158	haterumadysin C	$C_{17}H_{24}O_5$	C	[37]
12-1-159	haterumadysin D	$C_{17}H_{24}O_5$	C	[37]
12-1-160	spirodysin	$C_{17}H_{24}O_3$	C	[37]
12-1-161	(1a*S*,4*S*,4a*S*,6*R*,7*S*,7a*R*,7b*S*)-1,1,4,7-tetramethyldecahydro-1*H*-cyclopropa[*e*]azulene-4,6,7-triol	$C_{15}H_{26}O_3$	C	[38]
12-1-162	(1a*S*,4a*S*,7a*S*,7b*S*)-4a-hydroperoxy-1,1,7-trimethyl-4-methylene-1a,2,3,4,4a,5,7a,7b-octahydro-1*H*-cyclopropa[*e*]azulene	$C_{15}H_{22}O_2$	C	[38]
12-1-163	4-((1*R*,3*S*)-2,2-dimethyl-3-((1*R*,4*R*,5*S*)-1-methylbicyclo[2.1.0]pentan-5-yl)cyclopropyl)-3-hydroxybutan-2-one	$C_{15}H_{24}O_2$	C	[38]
12-1-164	aplysiadiol	$C_{15}H_{25}Br_2ClO_2$	C	[39]
12-1-165	deschlorobromo caespitol	$C_{15}H_{25}BrO_2$	C	[39]

续表

编号	名称	分子式	测试溶剂	参考文献
12-1-166	deschlorobromo caespitenone	$C_{15}H_{22}O_2$	C	[39]
12-1-167	furocaespitanelactol	$C_{12}H_{16}BrClO_3$	C	[39]
12-1-168	(–)-(1*R*,6*S*,7*S*,10*R*)-1-hydroxycadinan-3-en-5-one	$C_{15}H_{24}O_2$	A	[40]
12-1-169	(+)-(1*R*,5*S*,6*R*,7*S*,10*R*)-cadinan-3-ene-1,5-diol	$C_{15}H_{26}O_2$	A	[40]
12-1-170	(+)-(1*R*,5*R*,6*R*,7*S*,10*R*)-cadinan-3-ene-1,5-diol	$C_{15}H_{26}O_2$	A	[40]
12-1-171	(+)-(1*R*,5*S*,6*R*,7*S*,10*R*)-cadinan-4(11)-ene-1,5-diol	$C_{15}H_{26}O_2$	A	[40]
12-1-172	(+)-(1*R*,5*R*,6*R*,7*R*,10*R*)-cadinan-4(11)-ene-1,5,12-triol	$C_{15}H_{26}O_3$	A	[40]
12-1-173	(–)-(1*R*,4*R*,5*S*,6*R*,7*S*,10*R*)-cadinan-1,4,5-triol	$C_{15}H_{28}O_3$	A	[40]
12-1-174	(–)-(1*R*,6*R*,7*S*,10*R*)-11-oxocadinan-4-en-1-ol	$C_{15}H_{24}O_2$	A	[40]
12-1-175	chamigrenelactone	$C_{15}H_{20}O_4$	C	[41]
12-1-176	hyrtiosenolide A	$C_{16}H_{22}O_4$	D	[42]
12-1-177	hyrtiosenolide B	$C_{16}H_{22}O_4$	D	[42]
12-1-178	(1*Z*,4*Z*)-7*RH*-11-aminogermacra-1(10),4-diene	$C_{15}H_{27}N$	C	[43]
12-1-179	*N*,*N*-11-bis[(1*Z*,4*Z*)-7*RH*-germacra-1(10),4-dienyl]urea	$C_{31}H_{52}N_2O$	C	[43]
12-1-180	(1*R**,6*R**,7*S**,10*S**)-10-isothiocyanatocadin-4-ene	$C_{16}H_{25}NS$	C	[44]
12-1-181	(1*S**,2*S**,5*S**,6*S**,7*R**,8*S**)-13-isothiocyanatocubebane	$C_{16}H_{25}NS$	C	[44]
12-1-182	(8*R**)-8-bromo-10-*epi*-α-snyderol	$C_{15}H_{23}BrO_2$	C	[45]
12-1-183	(8*S**)-8-bromo-α-snyderol	$C_{17}H_{26}O_3$	C	[45]
12-1-184	5-bromo-3-(3-hydroxy-3-methylpent-4-enylidene)-2,4,4-trimethylcyclohexanone	$C_{15}H_{24}Br_2O$	C	[45]
12-1-185	acetic acid 1-methyl-3-(2,2,6-trimethyl-7-oxabicyclo [4.1.0]hept-1-yl)-1-vinyl-allyl ester	$C_{15}H_{24}Br_2O$	C	[45]
12-1-186	4-hydroxy-1,8-*epi*-isotenerone	$C_{15}H_{22}O_2$	C	[46]
12-1-187	9-hydroxy-3-*epi*-perforenone A	$C_{15}H_{22}O_3$	C	[46]
12-1-188	3-*epi*-perforenone A	$C_{15}H_{22}O_2$	C	[46]
12-1-189		$C_{16}H_{25}NS$	C	[47]
12-1-190		$C_{16}H_{25}NS$	C	[47]
12-1-191	ainigmaptilone A	$C_{15}H_{22}O_2$	M	[48]
12-1-192	ainigmaptilone B	$C_{15}H_{20}O_2$	C	[48]
12-1-193	furanoeudesmane	$C_{15}H_{20}O$	C	[49]
12-1-194	nephalbidol	$C_{15}H_{26}O_2$	C	[50]
12-1-195	cladioxazole	$C_{16}H_{27}NO$	C	[51]
12-1-196	isosativenetriol	$C_{15}H_{24}O_3$	M	[52]
12-1-197	drechslerine A	$C_{14}H_{24}O_2$	M	[52]
12-1-198	drechslerine B	$C_{15}H_{22}O_3$	M	[52]
12-1-199	helminthosporol	$C_{15}H_{24}O_2$	C	[52]
12-1-200	drechslerine C	$C_{14}H_{24}O_2$	C	[52]
12-1-201	drechslerine D	$C_{15}H_{22}O_3$	C	[52]
12-1-202	drechslerine E	$C_{16}H_{26}O_3$	C	[52]
12-1-203	drechslerine F	$C_{15}H_{22}O_3$	M	[52]
12-1-204	drechslerine G	$C_{15}H_{24}O_3$	C	[52]
12-1-205	9-hydroxyhelminthosporol	$C_{15}H_{24}O_3$	M	[52]

续表

编号	名称	分子式	测试溶剂	参考文献
12-1-206	itomanol	$C_{15}H_{25}BrO$	C	[53]
12-1-207	perforenone D	$C_{15}H_{22}O$	C	[54]
12-1-208	perforenone	$C_{16}H_{24}O_2$	C	[54]
12-1-209	(1*S*,2*R*,4*R*,5*R*,6*R*,8*S*,9*R*)-4,8-dibromo-2,5,6,9-tetramethyltricyclo[7.2.0.0^{1,6}]undecane-3-one	$C_{15}H_{22}Br_2O$	C	[54]
12-1-210	(1*S*,2*R*,4*R*,5*R*,6*R*,8*S*,9*R*)-4-methoxy-8-bromo-2,5,6,9-tetramethyltricyclo[7.2.0.0^{1,6}]undecane-3-one	$C_{16}H_{25}BrO_2$	C	[54]
12-1-211	(1*S*,2*R*,5*R*,6*R*,8*S*,9*R*)-8-bromo-2,5,6,9-tetramethyltricyclo[7.2.0.0^{1,6}] undecane-3-one	$C_{15}H_{23}BrO$	C	[54]
12-1-212	(1*S*,2*S*,5*R*,6*R*,8*S*,9*R*)-8-bromo-2,5,6,9-tetramethyltricyclo[7.2.0.0^{1,6}]undecane-3-one	$C_{15}H_{23}BrO$	C	[54]
12-1-213	(1*S*,2*S*,4*S*,5*R*,6*R*,8*S*,9*R*)-4,8-dibromo-2,5,6,9-tetramethyltricyclo[7.2.0.0^{1,6}]undecane-3-one	$C_{15}H_{22}Br_2O$	C	[54]
12-1-214	perforenol	$C_{15}H_{23}Br_2ClO$	C	[54]
12-1-215	perforenyl acetate	$C_{17}H_{25}Br_2ClO_2$	C	[54]
12-1-216	oxachamigrene	$C_{15}H_{24}BrClO$	C	[55]
12-1-217	5-acetoxyoxachamigrene	$C_{17}H_{26}ClO_3$	C	[55]
12-1-218	hirsutanol A	$C_{15}H_{18}O_3$	M	[56]
12-1-219	hirsutanol B	$C_{15}H_{18}O_3$	M	[56]
12-1-220	hirsutanoi C	$C_{15}H_{20}O_3$	M	[56]
12-1-221	ent-gloeosteretriol	$C_{15}H_{26}O_3$	M	[56]
12-1-222	hirsutanol D	$C_{15}H_{22}O_2$	C	[56]
12-1-223	(1*R*,3a*R*,5a*S*,9a*S*,9b*S*)-6,6,9a-trimethyldodecahydronaphtho[2,1-*c*]furan-1-ol	$C_{15}H_{26}O_2$	A	[57]
12-1-224	((1*S*,2*S*,4a*S*,8a*S*)-5,5,8a-trimethyldecahydronaphthalene-1,2-diyl)bis(methylene) diacetate	$C_{19}H_{32}O_4$	C	[57]
12-1-225	(1*S*,2*R*,4a*S*,8a*S*)-1-formyl-5,5,8a-trimethyldecahydronaphthalene-2-carboxylic acid	$C_{15}H_{26}O_4$	C	[57]
12-1-226	(1*S*,5a*S*,9a*S*)-1-hydroxy-6,6,9a-trimethyl-4,5,5a,6,7,8,9,9a-octahydronaphtho[2,1-*c*]furan-3(1*H*)-one	$C_{15}H_{22}O_3$	C	[57]
12-1-227	(3*S*,5a*S*,9a*S*)-3-hydroxy-6,6,9a-trimethyl-4,5,5a,6,7,8,9,9a-octahydronaphtho[2,1-*c*]furan-1(3*H*)-one	$C_{15}H_{22}O_3$	C	[57]
12-1-228	10-epimethoxyamericanolide A	$C_{16}H_{20}O_5$	C	[58]
12-1-229	10-epiamericanolide C	$C_{15}H_{18}O_4$	C	[58]
12-1-230	8-epimethoxyamericanolide A	$C_{16}H_{20}O_5$	C	[58]
12-1-231	8-epiamericanolide C	$C_{15}H_{18}O_4$	C	[58]
12-1-232	methoxyamericanolide H	$C_{16}H_{20}O_5$	C	[58]
12-1-233	methoxyamericanolide I	$C_{16}H_{20}O_5$	C	[58]
12-1-234	bebryazulene	$C_{15}H_{18}O$	B	[59]
12-1-235	2-*β*-hydroxy methyl ester of subergorgic acid	$C_{16}H_{24}O_3$	C	[60]
12-1-236	2-*β*-acetoxy methyl ester of subergorgic acid	$C_{18}H_{26}O_4$	C	[60]
12-1-237	2-*β*-hydroxysubergorgic acid	$C_{15}H_{22}O_3$	C	[60]
12-1-238	subergorgic acid	$C_{15}H_{20}O_3$	C	[60]

续表

编号	名称	分子式	测试溶剂	参考文献
12-1-239	subergorgic acid methyl ester	$C_{16}H_{22}O_3$	C	[60]
12-1-240	hodgsonal	$C_{19}H_{28}O_5$	C	[61]
12-1-241	gibberosene G	$C_{20}H_{32}O$	C	[62]
12-1-242	gibberosene D	$C_{22}H_{34}O_4$	C	[62]
12-1-243	gibberosene C	$C_{20}H_{32}O_3$	C	[62]
12-1-244	(1*S*,2*E*,4*R*,6*E*,8*S*,11*S*,12*S*)-11,12-epoxy-2,6-cembrane-4,8-diol	$C_{20}H_{34}O_3$	C	[63]
12-1-245	(1*S*,2*E*,4*R*,6*E*,8*R*,11*S*,12*S*)-11,12-epoxy-2,6-cembrane-4,8-diol	$C_{20}H_{34}O_3$	C	[63]
12-1-246	ehrenberoxide B	$C_{20}H_{34}O_3$	B	[64]
12-1-247	ehrenberoxide C	$C_{20}H_{34}O_3$	B	[64]
12-1-248	11(*S**)-hydroxy-2(*R**),12(*R**),15(*S**),17-diepoxy-(3*E*,7*E*)-1(*S**)-cembra-3,7-diene	$C_{20}H_{32}O_3$	C	[65]
12-1-249	11(*S**)-acetoxy-15(*S**)-hydroxy-17-chloro-2(*R**),12(*R**)-epoxy-(3*E*,7*E*)-1(*S**)-cembra-3,7-diene	$C_{22}H_{35}ClO_4$	C	[65]
12-1-250	(1*E*,3*E*)-11(*S**),12(*S**)-epoxy-8(*S**)-cembra-1,3-diene-6-one	$C_{20}H_{32}O_2$	C	[65]
12-1-251	leptodienone A	$C_{20}H_{30}O_2$	C	[66]
12-1-252	leptodienone B	$C_{20}H_{30}O_2$	C	[66]
12-1-253	sartone E	$C_{20}H_{32}O_2$	C	[67]
12-1-254	7(*S*),8(*S*)-epoxy-13(*R*)-hydroxy-1(*R*)-cembrene-A	$C_{20}H_{32}O_2$	C	[68]
12-1-255	sarcophytol T	$C_{20}H_{34}O_2$	C	[69]
12-1-256	(2*E*,7*E*)-4,11-dihydroxy-1,12-oxidocembra- 2,7-diene	$C_{20}H_{34}O_3$	C	[70]
12-1-257	(3*E*,11*E*)-cembra-3,8(19),11,15-tetraene-7a-ol	$C_{20}H_{32}O$	C	[71]
12-1-258	11,12-epoxy-1(*E*),3(*E*),7(*E*)-cembratrien-15-ol	$C_{20}H_{32}O_2$	C	[72]
12-1-259	3,4:11,12-diepoxy-15-methoxy-1(*E*),7(*E*)-cembradiene	$C_{21}H_{34}O_3$	C	[72]
12-1-260	1(*E*),3(*E*),7(*E*),11(*E*)-cembratetraene-14,15-diol	$C_{20}H_{32}O_2$	C	[72]
12-1-261	3,14-epoxy-1(*E*),7(*E*),11(*E*)-cembra-triene-4,15-diol	$C_{20}H_{32}O_3$	C	[72]
12-1-262	grandilobatin B	$C_{20}H_{32}O_3$	C	[73]
12-1-263	grandilobatin C	$C_{20}H_{32}O_3$	C	[73]
12-1-264	grandilobatin D	$C_{20}H_{32}O_2$	C	[73]
12-1-265	grandilobatin E	$C_{20}H_{32}O_2$	C	[73]
12-1-266	microclavatin	$C_{20}H_{28}O_3$	C	[74]
12-1-267	(1*E*,3*Z*)-11,12-epoxycembra-1,3-dien-6-one	$C_{20}H_{32}O_2$	C	[75]
12-1-268	(1*E*,3*E*)-11,12-epoxycembra-1,3-dien-6-one	$C_{20}H_{32}O_2$	C	[75]
12-1-269	sarcophytolin A	$C_{24}H_{34}O_7$	C	[76]
12-1-270	sarcophytolin D	$C_{21}H_{28}O_5$	C	[76]
12-1-271	(1*E*,3*E*,11*E*)-cembra-1,3,1l-trien-6-one	$C_{20}H_{32}O$	C	[77]
12-1-272	(1*R*,3*R*,11*E*)-1,3,11-cembratrien-6-one	$C_{20}H_{32}O$	C	[77]
12-1-273	(1*E*,3*Z*,11*E*)-1,3,11-cembratrien-6-one	$C_{20}H_{32}O$	C	[77]
12-1-274	sarcrassin E	$C_{21}H_{28}O_5$	C	[78]
12-1-275		$C_{21}H_{32}O_2$	C	[79]
12-1-276		$C_{24}H_{36}O_4$	C	[79]
12-1-277	dihydrosinuflexolide	$C_{20}H_{34}O_5$	M	[80]
12-1-278	sinuflexibilin	$C_{21}H_{36}O_6$	M	[80]

续表

编号	名称	分子式	测试溶剂	参考文献
12-1-279	durumhemiketalolide B	$C_{22}H_{30}O_6$	C	[81]
12-1-280	durumhemiketalolide C	$C_{22}H_{30}O_6$	C	[81]
12-1-281	manaarenolide A	$C_{20}H_{32}O_6$	C	[82]
12-1-282	manaarenolide B	$C_{20}H_{32}O_6$	C	[82]
12-1-283	manaarenolide G	$C_{20}H_{30}O_4$	C	[82]
12-1-284	manaarenolide H	$C_{20}H_{30}O_4$	C	[82]
12-1-285	(7*R*,8*S*)-dihydroxydeepoxy-*ent*-sarcophine	$C_{20}H_{30}O_4$	C	[83]
12-1-286	2-hydroperoxysarcophine	$C_{20}H_{28}O_5$	C	[84]
12-1-287	lobophynins C	$C_{21}H_{30}O_4$	C	[85]
12-1-288		$C_{20}H_{28}O_2$	C	[86]
12-1-289		$C_{22}H_{30}O_5$	C	[87]
12-1-290	lobocrassolide	$C_{22}H_{30}O_4$	C	[88]
12-1-291	presinularolide B	$C_{20}H_{28}O_4$	C	[89]
12-1-292		$C_{20}H_{32}O_5$	C	[90]
12-1-293		$C_{20}H_{30}O_4$	C	[90]
12-1-294		$C_{20}H_{30}O_4$	C	[90]
12-1-295		$C_{20}H_{29}BrO_4$	C	[90]
12-1-296		$C_{20}H_{29}BrO_4$	C	[90]
12-1-297	pachyclavulariolide B	$C_{20}H_{28}O_4$	B	[91]
12-1-298	pachyclavulariolide E	$C_{24}H_{34}O_8$	B	[91]
12-1-299	13-dehydroxysarcoglaucol(2,5,6,9,10,13,14,16-octahydro-4,12,15-trimethylcyclotetradeca[*b*]furan-8-carboxylicacid methyl ester)	$C_{21}H_{30}O_3$	M	[92]
12-1-300	9α-hydroxysarcophine	$C_{20}H_{28}O_4$	C	[93]
12-1-301	9β-hydroxysarcophine	$C_{20}H_{28}O_4$	C	[93]
12-1-302	7β,8α-dihydroxydeepoxysarcophine	$C_{20}H_{30}O_4$	C	[93]
12-1-303	7α,8β-dihydroxydeepoxysarcophine	$C_{20}H_{30}O_4$	C	[93]
12-1-304	lobomichaolide	$C_{24}H_{32}O_7$	C	[94]
12-1-305	sinularolide A	$C_{20}H_{30}O_6$	C	[95]
12-1-306	sinularolide B	$C_{20}H_{28}O_5$	C	[95]
12-1-307	sinularolide C	$C_{20}H_{28}O_5$	C	[95]
12-1-308	flexibolide	$C_{20}H_{30}O_5$	C	[96]
12-1-309	capilloloid	$C_{20}H_{32}O_5$	C	[97]
12-1-310	decaryiols D	$C_{20}H_{34}O_4$	C	[98]
12-1-311	(4*Z*,8*S*,9*S*,12*Z*,14*E*)-9-hydroxy-1-isopropyl-8,12-dimethyl-oxabicyclo[9.3.2]-hexadeca-4,12,14-trien-18-one	$C_{20}H_{30}O_3$	C	[99]
12-1-312	(4*Z*,8*S*,12*Z*,14*E*)-1-isopropyl-8,12-dimethyl-oxabicyclo[9.3.2] hexadeca-4,12,14-triene-9,18-dione, 4*Z*,12*Z*,14*E*-sarcophytolide	$C_{20}H_{28}O_3$	C	[99]
12-1-313	flexilarin A	$C_{22}H_{32}O_6$	C	[100]
12-1-314	flexilarin B	$C_{21}H_{32}O_4$	C	[100]
12-1-315	flexilarin D	$C_{20}H_{28}O_6$	C	[100]
12-1-316	flexilarin E	$C_{20}H_{32}O_6$	C	[100]
12-1-317	flexilarin F	$C_{22}H_{32}O_6$	C	[100]

续表

编号	名称	分子式	测试溶剂	参考文献
12-1-318	flexilarin J	$C_{20}H_{30}O_5$	C	[100]
12-1-319	sinulaflexiolide D	$C_{20}H_{32}O_6$	D	[101]
12-1-320	sinulaflexiolide H	$C_{21}H_{36}O_6$	B	[101]
12-1-321	sinulaflexiolide I	$C_{20}H_{34}O_2$	B	[101]
12-1-322	sinulaflexiolide J	$C_{22}H_{32}O_5$	B	[101]
12-1-323	sinulaflexiolide K	$C_{22}H_{32}O_5$	B	[101]
12-1-324	sinulaflexiolide E	$C_{23}H_{36}O_7$	C	[101]
12-1-325	dendronpholide A	$C_{22}H_{32}O_5$	D	[102]
12-1-326	dendronpholide B	$C_{22}H_{32}O_5$	D	[102]
12-1-327	dendronpholide E	$C_{22}H_{34}O_5$	D	[102]
12-1-328	dendronpholide F	$C_{22}H_{34}O_7$	D	[102]
12-1-329	dendronpholide I	$C_{22}H_{36}O_8$	D	[102]
12-1-330	dendronpholide M	$C_{23}H_{38}O_8$	D	[102]
12-1-331	dendronpholide P	$C_{23}H_{36}O_7$	D	[102]
12-1-332	dendronpholide Q	$C_{24}H_{36}O_8$	D	[102]
12-1-333	dendronpholide R	$C_{22}H_{34}O_6$	D	[102]
12-1-334	sarcophytonolide E	$C_{20}H_{32}O_3$	C	[103]
12-1-335	sarcophytonolide F	$C_{20}H_{30}O_3$	C	[103]
12-1-336	sarcophytonolide G	$C_{20}H_{30}O_3$	C	[103]
12-1-337	sarcophytonolide L	$C_{20}H_{30}O_2$	C	[104]
12-1-338	sarcophytonolide C	$C_{20}H_{30}O_3$	C	[105]
12-1-339	sarcostolide A	$C_{20}H_{26}O_4$	C	[106]
12-1-340	sarcostolide B	$C_{20}H_{26}O_4$	C	[106]
12-1-341	sarcostolide C	$C_{20}H_{26}O_4$	C	[106]
12-1-342	sarcostolide D	$C_{20}H_{26}O_4$	C	[106]
12-1-343	sarcostolide E	$C_{20}H_{26}O_4$	C	[106]
12-1-344	sarcostolide F	$C_{20}H_{26}O_4$	C	[106]
12-1-345	sarcostolide G	$C_{20}H_{28}O_4$	C	[106]
12-1-346	lobophytolide A	$C_{20}H_{28}O_2$	C	[107]
12-1-347		$C_{20}H_{30}O_4$	C	[108]
12-1-348		$C_{20}H_{30}O_4$	C	[108]
12-1-349		$C_{20}H_{30}O_4$	C	[108]
12-1-350	crassocolide G	$C_{20}H_{30}O_4$	C	[109]
12-1-351	crassocolide H	$C_{20}H_{29}ClO_3$	C	[109]
12-1-352	crassocolide M	$C_{20}H_{28}O_4$	C	[109]
12-1-353	sarcocrassocolide C	$C_{20}H_{28}O_4$	C	[110]
12-1-354	sarcocrassocolide D	$C_{22}H_{30}O_6$	C	[110]
12-1-355	planaxool	$C_{22}H_{34}O_6$	C	[111]
12-1-356	succinolide	$C_{20}H_{28}O_4$	C	[112]
12-1-357	12,13-bisepieupalmerin epoxide	$C_{20}H_{30}O_5$	C	[113]
12-1-358	12,13-bisepiuprolide B	$C_{20}H_{30}O_5$	C	[113]
12-1-359	uproeunicin	$C_{20}H_{30}O_5$	M	[113]

续表

编号	名称	分子式	测试溶剂	参考文献
12-1-360	12,13-bisepiuprolide D acetate	$C_{22}H_{32}O_6$	C	[113]
12-1-361	uprolide H	$C_{20}H_{28}O_6$	C	[114]
12-1-362	uprolide I	$C_{20}H_{28}O_6$	C	[114]
12-1-363	uprolide K	$C_{20}H_{28}O_5$	C	[114]
12-1-364	17-dimethylaminolobohedleolide	$C_{22}H_{33}NO_4$	M	[115]
12-1-365	sarcocrassolide	$C_{20}H_{28}O_3$	C	[116]
12-1-366	crassumolide A	$C_{20}H_{28}O_3$	C	[117]
12-1-367	crassocolide D	$C_{20}H_{30}O_4$	C	[118]
12-1-368	crassocolide E	$C_{20}H_{28}O_3$	C	[118]
12-1-369	eupalmerone	$C_{20}H_{28}O_4$	C	[119]
12-1-370	(7*E*,11*E*)-(1*S*,3*S*,4*R*)-3,4,15,17-diepoxycembra-7,11-diene	$C_{20}H_{32}O_2$	C	[119]
12-1-371	(–)-eunicenone	$C_{20}H_{30}O_2$	C	[119]
12-1-372	uprolide D	$C_{20}H_{30}O_5$	C	[120]
12-1-373	durumolide F	$C_{22}H_{32}O_6$	C	[121]
12-1-374	querciformolide A	$C_{22}H_{32}O_7$	C	[122]
12-1-375	querciformolide D	$C_{20}H_{32}O_6$	C	[122]
12-1-376	sinulariolone	$C_{20}H_{30}O_6$	A	[123]
12-1-377	sinulaparvalide A	$C_{20}H_{30}O_6$	P	[124]
12-1-378	sinuladiterpene G	$C_{22}H_{32}O_5$	C	[125]
12-1-379	sinuladiterpene H	$C_{22}H_{32}O_6$	C	[125]
12-1-380	flexibilisolide A	$C_{22}H_{32}O_6$	C	[126]
12-1-381	granosolide C	$C_{23}H_{36}O_7$	C	[127]
12-1-382	sinuladiterpene A	$C_{20}H_{30}O_6$	C	[128]
12-1-383	sinuladiterpene B	$C_{20}H_{30}O_6$	C	[128]
12-1-384	sinuladiterpene D	$C_{22}H_{32}O_6$	C	[128]
12-1-385	sinuladiterpene F	$C_{22}H_{32}O_6$	C	[128]
12-1-386	(+)-7β,8β-dihydroxydeepoxysarcophytoxide	$C_{20}H_{32}O_3$	C	[129]
12-1-387	sarcophytol V	$C_{20}H_{32}O_2$	C	[129]
12-1-388	bipinnatolide K	$C_{20}H_{24}O_8$	C	[130]
12-1-389	1,4-diketo-cembranoid	$C_{21}H_{24}O_8$	C	[131]
12-1-390	leptogorgolide	$C_{23}H_{28}O_{10}$	C	[131]
12-1-391	pukalide	$C_{21}H_{24}O_6$	C	[132]
12-1-392	sethukarailide	$C_{23}H_{28}O_8$	C	[133]
12-1-393	(+)-sarcophytoxide	$C_{20}H_{30}O_2$	C	[134]
12-1-394	sarcophytoxide	$C_{20}H_{30}O_2$	C	[134]
12-1-395		$C_{21}H_{24}O_7$	D	[135]
12-1-396		$C_{24}H_{30}O_9$	B	[135]
12-1-397	calyculaglycoside A	$C_{30}H_{48}O_8$	C	[136]
12-1-398	calyculaglycoside B	$C_{30}H_{48}O_8$	C	[136]
12-1-399	calyculaglycoside C	$C_{30}H_{48}O_8$	C	[136]
12-1-400	bipinnatin K	$C_{23}H_{26}O_9$	C	[137]
12-1-401	bipinnatin N	$C_{25}H_{28}O_{11}$	C	[137]

续表

编号	名称	分子式	测试溶剂	参考文献
12-1-402	bipinnatin P	$C_{20}H_{24}O_6$	C	[137]
12-1-403	(1*S*,3*R*,6*Z*,8*E*,10*S*,13*S*)-1,6,10-trimethyl-3-(prop-1-en-2-yl)-14-oxabicyclo[11.1.0]tetradeca-6,8-dien-5-one	$C_{20}H_{30}O_2$	C	[138]
12-1-404	lophodiol A	$C_{22}H_{26}O_9$	C	[138]
12-1-405	lophodiol B	$C_{22}H_{26}O_9$	C	[138]
12-1-406	bipinnapterolide A	$C_{20}H_{24}O_6$	C	[139]
12-1-407	bipinnatin G	$C_{24}H_{28}O_8$	C	[139]
12-1-408	bipinnatin H	$C_{24}H_{28}O_9$	C	[139]
12-1-409	bipinnatolide F	$C_{20}H_{24}O_7$	C	[139]
12-1-410	bipinnatolide J	$C_{20}H_{24}O_6$	C	[139]
12-1-411	(*E*)-9-hydroxy-2,6,10-trimethyl-3-((*E*)-3-methyl-5-oxopent-3-enyl)undeca-5,10-dien-2-yl acetate	$C_{22}H_{36}O_4$	C	[94]
12-1-412	(*E*)-9-hydroxy-2,6,10-trimethyl-3-((*Z*)-3-methyl-5-oxopent-3-enyl)undeca-5,10-dien-2-yl acetate	$C_{22}H_{36}O_4$	C	[94]
12-1-413	seco-bipinnatin	$C_{20}H_{24}O_6$	C	[130]
12-1-414	7*E*-polymaxenolide	$C_{38}H_{50}O_8$	B	[140]
12-1-415	5-epipolymaxenolide	$C_{38}H_{50}O_8$	B	[140]
12-1-416	polymaxenolide A	$C_{36}H_{48}O_7$	B	[140]
12-1-417	polymaxenolide B	$C_{36}H_{48}O_6$	B	[140]
12-1-418	polymaxenolide C	$C_{36}H_{48}O_6$	B	[140]
12-1-419	scabrolide A	$C_{19}H_{22}O_5$	C	[141]
12-1-420	scabrolide B	$C_{19}H_{22}O_5$	C	[141]
12-1-421	scabrolide C	$C_{20}H_{26}O_6$	C	[141]
12-1-422	scabrolide D	$C_{19}H_{24}O_6$	C	[141]
12-1-423	horiolide		D	[142]
12-1-424	(4*R*,7*S*,13*S*,*E*)-7-ethoxy-11-methyl-4-(prop-1-en-2-yl)-14-oxabicyclo[11.2.1]hexadeca-1(16),10-diene-3,6,9,15-tetraone	$C_{21}H_{26}O_6$	C	[143]
12-1-425	heptacyclic norcembranoid dimer singardin	$C_{38}H_{48}O_{12}$	C	[144]
12-1-426	gyrosanolide A	$C_{19}H_{24}O_6$	C	[145]
12-1-427	gyrosanolide B	$C_{19}H_{24}O_5$	C	[145]
12-1-428	gyrosanolide C	$C_{19}H_{26}O_6$	C	[145]
12-1-429	gyrosanolide D	$C_{19}H_{24}O_5$	C	[145]
12-1-430	gyrosanolide E	$C_{19}H_{24}O_5$	C	[145]
12-1-431	gyrosanolide F	$C_{19}H_{24}O_6$	C	[145]
12-1-432	gyrosanin A	$C_{20}H_{28}O_8$	C	[145]
12-1-433	bisglaucumlide E	$C_{41}H_{60}O_9$	C	[146]
12-1-434	bisglaucumlide F	$C_{43}H_{62}O_{10}$	C	[146]
12-1-435	bisglaucumlide G	$C_{41}H_{60}O_9$	C	[146]
12-1-436	bisglaucumlide H	$C_{41}H_{60}O_9$	C	[146]
12-1-437	bisglaucumlide I	$C_{41}H_{60}O_9$	C	[146]
12-1-438	bisglaucumlide J	$C_{43}H_{62}O_{10}$	C	[146]
12-1-439	bisglaucumlide K	$C_{43}H_{62}O_{10}$	C	[146]

续表

编号	名称	分子式	测试溶剂	参考文献
12-1-440	ximaolide A	$C_{41}H_{62}O_8$	C	[147]
12-1-441	ximaolide B	$C_{41}H_{63}ClO_8$	C	[147]
12-1-442	ximaolide C	$C_{41}H_{63}ClO_8$	C	[147]
12-1-443	ximaolide D	$C_{41}H_{62}O_8$	C	[147]
12-1-444	ximaolide E	$C_{41}H_{62}O_8$	C	[147]
12-1-445	asbestinin 6	$C_{30}H_{48}O_6$	C	[148]
12-1-446	asbestinin 7	$C_{30}H_{48}O_7$	C	[148]
12-1-447	asbestinin 8	$C_{28}H_{44}O_5$	C	[148]
12-1-448	asbestinin 9	$C_{24}H_{36}O_5$	C	[148]
12-1-449	asbestinin 10	$C_{22}H_{32}O_5$	C	[148]
12-1-450	asbestinin 11	$C_{30}H_{48}O_6$	C	[149]
12-1-451	asbestinin 12	$C_{24}H_{36}O_6$	C	[149]
12-1-452	asbestinin 13	$C_{30}H_{48}O_7$	C	[149]
12-1-453	asbestinin 14	$C_{28}H_{44}O_7$	C	[149]
12-1-454	asbestinin 15	$C_{24}H_{36}O_7$	C	[149]
12-1-455	asbestinin 16	$C_{30}H_{46}O_7$	C	[149]
12-1-456	asbestinin 17	$C_{24}H_{36}O_7$	C	[149]
12-1-457	asbestinin 18	$C_{30}H_{48}O_7$	C	[149]
12-1-458	asbestinin 19	$C_{24}H_{34}O_7$	C	[149]
12-1-459	asbestinin 20	$C_{22}H_{34}O_5$	C	[149]
12-1-460	asbestinin 21	$C_{22}H_{34}O_6$	C	[149]
12-1-461	asbestinin 22	$C_{24}H_{38}O_6$	C	[149]
12-1-462	asbestinin 23	$C_{22}H_{34}O_5$	C	[149]
12-1-463	11-acetoxy-4-deoxyasbestinin E	$C_{24}H_{36}O_6$	C	[149]
12-1-464	11-acetoxy-4-deoxyasbestinin F	$C_{22}H_{34}O_5$	C	[149]
12-1-465	4-deoxyasbestinin G	$C_{24}H_{38}O_5$	C	[149]
12-1-466	asbestinin 24	$C_{23}H_{38}O_5$	C	[150]
12-1-467	asbestinin 25	$C_{23}H_{38}O_6$	P	[150]
12-1-468	asbestinin 26	$C_{22}H_{34}O_5$	C	[150]
12-1-469	*seco*-asbestinin B	$C_{22}H_{34}O_6$	C	[150]
12-1-470	*nor*-asbestinin A	$C_{21}H_{32}O_5$	C	[150]
12-1-471	briarellin B	$C_{28}H_{44}O_7$	C	[151]
12-1-472	briarellin E	$C_{28}H_{46}O_6$	C	[151]
12-1-473	briarellin F	$C_{28}H_{44}O_6$	C	[151]
12-1-474	briarellin G	$C_{28}H_{44}O_6$	C	[151]
12-1-475	briarellin H	$C_{28}H_{44}O_7$	C	[151]
12-1-476	briarellin I	$C_{28}H_{46}O_5$	C	[151]
12-1-477	briarellin A	$C_{28}H_{44}O_7$	C	[152]
12-1-478	briarellin C	$C_{32}H_{50}O_8$	C	[152]
12-1-479	briarellin D	$C_{24}H_{36}O_6$	C	[152]
12-1-480	*seco*-briarellin	$C_{20}H_{28}O_6$	C	[152]
12-1-481	pachyclavulariaenone A	$C_{24}H_{34}O_5$	C	[153]

续表

编号	名称	分子式	测试溶剂	参考文献
12-1-482	pachyclavulariaenone B	$C_{22}H_{30}O_5$	C	[153]
12-1-483	pachyclavulariaenone C	$C_{22}H_{32}O_7$	P	[153]
12-1-484	briarellin J	$C_{22}H_{32}O_5$	C	[154]
12-1-485	briarellin K	$C_{22}H_{32}O_6$	C	[154]
12-1-486	briarellin K hydroperoxide	$C_{22}H_{32}O_7$	C	[154]
12-1-487	briarellin D hydroperoxide	$C_{24}H_{36}O_7$	C	[154]
12-1-488	briarellin L	$C_{26}H_{38}O_7$	C	[154]
12-1-489	briarellin M	$C_{22}H_{34}O_7$	C	[154]
12-1-490	briarellin N	$C_{23}H_{36}O_7$	C	[154]
12-1-491	briarellin O	$C_{24}H_{38}O_7$	C	[154]
12-1-492	briarellin P	$C_{25}H_{40}O_7$	C	[154]
12-1-493	polyanthellin A	$C_{22}H_{36}O_4$	C	[154]
12-1-494	briarellin Q	$C_{24}H_{38}O_7$	C	[150]
12-1-495	briarellin R	$C_{24}H_{36}O_5$	C	[150]
12-1-496	*seco*-briarellin R	$C_{24}H_{36}O_8$	C	[150]
12-1-497	sarcodictyin A	$C_{28}H_{36}N_2O_6$	P	[155]
12-1-498	eleuthoside A	$C_{36}H_{49}N_2O_{11}$	C	[155]
12-1-499	eleuthoside B	$C_{36}H_{49}N_2O_{11}$	C	[155]
12-1-500	(*Z*)-sarcodictyin A	$C_{28}H_{36}N_2O_6$	D	[156]
12-1-501	sarcodictyin B	$C_{29}H_{38}N_2O_6$	P	[157]
12-1-502	sarcodictyin C	$C_{28}H_{36}N_2O_7$	P/M	[158]
12-1-503	sarcodictyin D	$C_{30}H_{38}N_2O_8$	M	[158]
12-1-504	sarcodictyin E	$C_{28}H_{36}N_2O_7$	M	[158]
12-1-505	sarcodictyin F	$C_{28}H_{36}N_2O_7$	M	[158]
12-1-506	valdivone A	$C_{25}H_{34}O_5$	C	[159]
12-1-507	valdivone B	$C_{28}H_{34}O_5$	C	[159]
12-1-508	eleutherobin	$C_{35}H_{48}N_2O_{10}$	C	[160]
12-1-509	stylatulide	$C_{26}H_{35}ClO_{10}$	C	[161]
12-1-510	pteroidine	$C_{28}H_{37}ClO_{12}$	C	[161]
12-1-511	12-*O*-benzoyl pteroidine	$C_{33}H_{39}ClO_{12}$	C	[161]
12-1-512	renillafoulin A	$C_{24}H_{32}O_9$	C	[162]
12-1-513	renillafoulin B	$C_{25}H_{34}O_9$	C	[162]
12-1-514	renillafoulin C	$C_{26}H_{36}O_9$	C	[162]
12-1-515	cavernuline	$C_{30}H_{44}O_{10}$	C	[162]
12-1-516	stylatulide lactone	$C_{26}H_{36}O_9$	C	[162]
12-1-517	erythrolide B	$C_{26}H_{31}ClO_{10}$	C	[162]
12-1-518	solenolide A	$C_{28}H_{41}ClO_9$	C	[163]
12-1-519	solenolide B	$C_{24}H_{33}ClO_9$	C	[163]
12-1-520	solenolide C	$C_{24}H_{31}ClO_{10}$	C	[163]
12-1-521	solenolide D	$C_{26}H_{33}ClO_{11}$	C	[163]
12-1-522	solenolide E	$C_{22}H_{29}ClO_7$	C	[163]
12-1-523	solenolide F	$C_{24}H_{34}O_8$	C	[163]

续表

编号	名称	分子式	测试溶剂	参考文献
12-1-524	tubiporein	$C_{28}H_{36}O_{12}$	C	[164]
12-1-525	erythrolide C	$C_{24}H_{29}ClO_9$	C	[165]
12-1-526	erythrolide D	$C_{26}H_{31}ClO_{11}$	C	[165]
12-1-527	erythrolide H	$C_{24}H_{30}O_{10}$	C	[165]
12-1-528	erythrolide E	$C_{24}H_{29}ClO_9$	C	[165]
12-1-529	erythrolide F	$C_{26}H_{31}ClO_{11}$	C	[165]
12-1-530	erythrolide I	$C_{24}H_{29}ClO_{10}$	C	[165]
12-1-531	erythrolide G	$C_{26}H_{33}ClO_{10}$	C	[165]
12-1-532	briareolide A	$C_{28}H_{40}O_{11}$	C	[165]
12-1-533	briareolide B	$C_{26}H_{36}O_{11}$	C	[165]
12-1-534	briareolide C	$C_{28}H_{38}O_{10}$	C	[165]
12-1-535	briareolide D	$C_{26}H_{34}O_{10}$	C	[165]
12-1-536	briareolide E	$C_{28}H_{40}O_{10}$	C	[165]
12-1-537	briareolide F	$C_{26}H_{36}O_{10}$	C	[165]
12-1-538	briareolide G	$C_{28}H_{40}O_9$	C	[165]
12-1-539	briareolide H	$C_{26}H_{34}O_9$	C	[165]
12-1-540	briareolide I	$C_{26}H_{34}O_8$	C	[165]
12-1-541	stecholide A	$C_{28}H_{38}O_{11}$	C	[166]
12-1-542	stechoiide A acetate	$C_{30}H_{40}O_{12}$	C	[166]
12-1-543	stecholide B acetate	$C_{27}H_{36}O_{11}$	C	[166]
12-1-544	stecholide B acetate	$C_{29}H_{38}O_{12}$	C	[166]
12-1-545	stecholide C	$C_{26}H_{34}O_{11}$	C	[166]
12-1-546	stecholide C acetate	$C_{28}H_{36}O_{12}$	C	[166]
12-1-547	16-acetoxystecholide A acetate	$C_{32}H_{42}O_{14}$	C	[166]
12-1-548	16-acetoxystecholide B acetate	$C_{31}H_{40}O_{14}$	C	[166]
12-1-549	16-acetoxystecholide C acetate	$C_{30}H_{38}O_{14}$	C	[166]
12-1-550	11,12-deoxystecholide A acetate	$C_{30}H_{40}O_{11}$	C	[166]
12-1-551	stecholide D	$C_{28}H_{38}O_{11}$	C	[166]
12-1-552	stecholide D butyrate	$C_{32}H_{44}O_{12}$	C	[166]
12-1-553	stecholide E	$C_{26}H_{36}O_9$	C	[166]
12-1-554	stecholide E acetate	$C_{28}H_{38}O_{10}$	C	[166]
12-1-555	stecholide F	$C_{25}H_{34}O_9$	C	[166]
12-1-556	11,12-deoxystecholide E	$C_{26}H_{36}O_8$	C	[166]
12-1-557	3-acetoxystscholide E	$C_{28}H_{38}O_{11}$	C	[166]
12-1-558	11,12-deoxy-11*H*-12-acetoxystecholide E acetate	$C_{30}H_{42}O_{11}$	C	[166]
12-1-559	stecholide G	$C_{26}H_{36}O_8$	C	[166]
12-1-560	stecholide H	$C_{26}H_{36}O_9$	C	[166]
12-1-561	methyl briareolate	$C_{31}H_{46}O_9$	C	[167]
12-1-562	briarein A	$C_{30}H_{39}ClO_{13}$	C	[168]
12-1-563	briarein B	$C_{32}H_{43}ClO_{13}$	C	[168]
12-1-564	briarein C	$C_{30}H_{41}ClO_{12}$	C	[168]
12-1-565	briarein D	$C_{30}H_{39}ClO_{14}$	C	[168]

续表

编号	名称	分子式	测试溶剂	参考文献
12-1-566	briarein E	$C_{28}H_{37}ClO_{13}$	C	[168]
12-1-567	briarein F	$C_{28}H_{37}ClO_{14}$	C	[168]
12-1-568	briarein G	$C_{32}H_{43}ClO_{14}$	C	[168]
12-1-569	briarein H	$C_{30}H_{40}O_{14}$	C	[168]
12-1-570	briarein I	$C_{36}H_{52}O_{14}$	C	[168]
12-1-571	briarein J	$C_{28}H_{37}ClO_{12}$	C	[168]
12-1-572	briarein K	$C_{38}H_{56}O_{14}$	C	[168]
12-1-573	briarein L	$C_{34}H_{46}O_{15}$	C	[168]
12-1-574	briarane methyl ester	$C_{27}H_{36}O_{11}$	C	[168]
12-1-575	solenopodin A	$C_{22}H_{36}O_{4}$	C	[166]
12-1-576	solenopodin B	$C_{20}H_{36}O_{4}$	C	[166]
12-1-577	solenopodin C	$C_{20}H_{34}O_{2}$	C	[166]
12-1-578	solenopodin D	$C_{24}H_{38}O_{5}$	C	[166]
12-1-579	palmonine A	$C_{25}H_{42}O_{7}$	C	[169]
12-1-580	palmonine B	$C_{26}H_{40}O_{7}$	C	[169]
12-1-581	palmonine D	$C_{24}H_{36}O_{6}$	C	[169]
12-1-582	palmonine E	$C_{24}H_{36}O_{6}$	C	[169]
12-1-583	palmonine F	$C_{24}H_{38}O_{6}$	C	[170]
12-1-584	litophynol A	$C_{24}H_{38}O_{5}$	C	[171]
12-1-585	litophynol B	$C_{24}H_{40}O_{6}$	C	[171]
12-1-586	litophynin E	$C_{24}H_{40}O_{5}$	C	[171]
12-1-587	sclerophytin C	$C_{22}H_{36}O_{6}$	C	[171]
12-1-588	litophynin H	$C_{24}H_{38}O_{5}$	C	[171]
12-1-589	litophynin I monoacetate	$C_{26}H_{42}O_{7}$	C	[171]
12-1-590	13-deacetoxyl calicophirin B	$C_{22}H_{34}O_{3}$	C	[172]
12-1-591	6(*Z*)-ophirin	$C_{26}H_{38}O_{7}$	C	[172]
12-1-592	cladiellisin	$C_{20}H_{32}O_{3}$	C	[173]
12-1-593	cladiellaperoxide	$C_{20}H_{32}O_{4}$	C	[173]
12-1-594	australin A	$C_{22}H_{36}O_{6}$	C	[174]
12-1-595	australin B	$C_{26}H_{42}O_{7}$	C	[174]
12-1-596	australin C	$C_{26}H_{42}O_{7}$	C	[174]
12-1-597	australin D	$C_{24}H_{38}O_{6}$	C	[174]
12-1-598	klyxumine A	$C_{24}H_{40}O_{8}$	A	[175]
12-1-599	klyxumine B	$C_{24}H_{40}O_{7}$	B	[175]
12-1-600	epoxycladine A	$C_{24}H_{38}O_{8}$	B	[175]
12-1-601	epoxycladine B	$C_{24}H_{38}O_{8}$	C	[175]
12-1-602	epoxycladine C	$C_{22}H_{34}O_{6}$	C	[175]
12-1-603	epoxycladine D	$C_{24}H_{36}O_{7}$	C	[175]
12-1-604	klysimplexin A	$C_{26}H_{42}O_{7}$	P	[176]
12-1-605	klysimplexin B	$C_{26}H_{40}O_{7}$	B	[176]
12-1-606	klysimplexin C	$C_{26}H_{42}O_{7}$	C	[176]
12-1-607	klysimplexin D	$C_{26}H_{42}O_{8}$	C	[176]

续表

编号	名称	分子式	测试溶剂	参考文献
12-1-608	klysimplexin E	$C_{24}H_{38}O_7$	C	[176]
12-1-609	klysimplexin F	$C_{26}H_{44}O_8$	C	[176]
12-1-610	klysimplexin G	$C_{24}H_{40}O_7$	C	[176]
12-1-611	klysimplexin H	$C_{30}H_{48}O$	C	[176]
12-1-612	simplexin A	$C_{26}H_{42}O_6$	C	[177]
12-1-613	simplexin B	$C_{26}H_{44}O_7$	C	[177]
12-1-614	simplexin C	$C_{32}H_{52}O_{11}$	C	[177]
12-1-615	simplexin D	$C_{34}H_{56}O_{11}$	C	[177]
12-1-616	simplexin E	$C_{33}H_{52}O_{11}$	C	[177]
12-1-617	simplexin F	$C_{28}H_{46}O_{10}$	C	[177]
12-1-618	simplexin G	$C_{28}H_{46}O_{10}$	C	[177]
12-1-619	simplexin H	$C_{28}H_{46}O_9$	C	[177]
12-1-620	simplexin I	$C_{26}H_{42}O_9$	C	[177]
12-1-621	hirsutalin A	$C_{28}H_{44}O_7$	C	[178]
12-1-622	hirsutalin B	$C_{30}H_{46}O_9$	C	[178]
12-1-623	hirsutalin C	$C_{28}H_{44}O_7$	C	[178]
12-1-624	hirsutalin D	$C_{26}H_{40}O_7$	C	[178]
12-1-625	hirsutalin E	$C_{24}H_{40}O_5$	C	[178]
12-1-626	hirsutalin F	$C_{28}H_{44}O_8$	C	[178]
12-1-627	hirsutalin G	$C_{22}H_{34}O_5$	C	[178]
12-1-628	hirsutalin H	$C_{26}H_{42}O_7$	C	[178]
12-1-629	cladielloide A	$C_{26}H_{40}O_7$	C	[179]
12-1-630	cladielloide B	$C_{26}H_{40}O_7$	C	[179]
12-1-631	pachycladin A	$C_{26}H_{44}O_7$	C	[180]
12-1-632	pachycladin B	$C_{26}H_{42}O_7$	C	[180]
12-1-633	pachycladin C	$C_{22}H_{34}O_4$	C	[180]
12-1-634	pachycladin D	$C_{20}H_{30}O_3$	C	[180]
12-1-635	pachycladin E	$C_{22}H_{34}O_5$	C	[180]
12-1-636	klysimplexin sulfoxide A	$C_{27}H_{46}O_6S$	C	[181]
12-1-637	klysimplexin sulfoxide B	$C_{31}H_{52}O_9$	C	[181]
12-1-638	klysimplexin sulfoxide C	$C_{30}H_{48}O_{10}S$	C	[181]
12-1-639	(l*R**,2*R**,3*R**,6*S**,7*S**,9*R**,10*R**,14*R**)-3-acetoxy-6-(3-methylbutanoyloxy)-cladiell-11(17)-en-7-ol	$C_{27}H_{44}O_6$	C	[182]
12-1-640	(l*R**,2*R**,3*R**,6*S**,7*S**,9*R**,10*R**,14*R**)-3-butanoyloxycladiell-11(17)-en-6,7-diol	$C_{24}H_{40}O_5$	C	[182]
12-1-641	(l*R**,2*R**,3*R**,6*S**,9*R**,10*R**,14*R**)-3-acetoxycladiell-7(16),11(17)-dien-6-ol; 3-acetylcladiellisin	$C_{22}H_{34}O_4$	C	[182]
12-1-642	sclerophytin E	$C_{22}H_{36}O_5$	C	[182]
12-1-643	sclerophytin C-6-ethyl ether	$C_{24}H_{40}O_6$	C	[182]
12-1-644	sclerophytin E-6-ethyl ether	$C_{24}H_{40}O_5$	C	[182]
12-1-645	ophirin	$C_{26}H_{38}O_7$	C	[183]
12-1-646	astrogorgin	$C_{28}H_{40}O_9$	C	[183]

续表

编号	名称	分子式	测试溶剂	参考文献
12-1-647	calicophirin A	$C_{26}H_{38}O_8$	C	[184]
12-1-648	calicophirin B	$C_{24}H_{36}O_5$	C	[184]
12-1-649	muricellin	$C_{26}H_{38}O_8$	C	[185]
12-1-650	globostellatic acid A	$C_{32}H_{43}NaO_7$	M	[186]
12-1-651	globostellatic acid B	$C_{32}H_{44}NaO_6$	M	[186]
12-1-652	globostellatic acid C	$C_{33}H_{47}NaO_7$	M	[186]
12-1-653	globostellatic acid D	$C_{31}H_{45}NaO_6$	M	[186]
12-1-654	stellettin C	$C_{32}H_{42}O_5$	B	[187]
12-1-655	stellettin D	$C_{32}H_{42}O_5$	B	[187]
12-1-656	stellettin A	$C_{30}H_{38}O_4$	B	[187]
12-1-657	stellettin B	$C_{30}H_{38}O_4$	B	[187]
12-1-658	methyl ester of stellettin F	$C_{31}H_{42}O_4$	C	[187]
12-1-659	methyl ester of stellettin G	$C_{31}H_{42}O_4$	C	[187]
12-1-660	auroral 1	$C_{25}H_{36}O_4$	C	[188]
12-1-661	auroral 2	$C_{25}H_{36}O_4$	C	[188]
12-1-662	auroral 3	$C_{22}H_{32}O_4$	C	[188]
12-1-663	auroral 4	$C_{22}H_{32}O_4$	C	[188]
12-1-664	29-hydroxystelliferin D	$C_{30}H_{46}O_3$	B	[189]
12-1-665	3-*epi*-29-hydroxystelliferin E	$C_{32}H_{48}O_5$	B	[189]
12-1-666	3-*epi*-29-hydroxystelliferin A	$C_{30}H_{46}O_4$	B	[189]
12-1-667	geoditin A	$C_{29}H_{38}O_4$	M	[190]
12-1-668	geoditin B	$C_{31}H_{42}O_5$	M	[190]
12-1-669	stellettin H	$C_{32}H_{44}O_5$	C	[191]
12-1-670	stellettin I	$C_{32}H_{44}O_5$	C	[191]
12-1-671	isogeoditin A	$C_{29}H_{38}O_4$	C	[192]
12-1-672	13-(*E*)-isogeoditin A	$C_{29}H_{38}O_4$	C	[192]
12-1-673	isogeoditin B	$C_{31}H_{42}O_5$	C	[192]
12-1-674	22,23-dihydrostelletin B	$C_{30}H_{40}O_4$	C	[192]
12-1-675	stellettin J	$C_{30}H_{44}O_3$	C	[193]
12-1-676	stellettin K	$C_{30}H_{42}O_4$	C	[193]
12-1-677	globostellatic acid F	$C_{30}H_{44}O_4$	C	[194]
12-1-678	globostellatin	$C_{30}H_{44}O_4$	C	[194]
12-1-679	globostellatic acid D	$C_{31}H_{46}O_6$	C	[194]
12-1-680	globostellatic acid G	$C_{31}H_{46}O_6$	C	[194]
12-1-681	globostellatic acid H	$C_{32}H_{48}O_6$	C	[194]
12-1-682	globostellatic acid I	$C_{32}H_{48}O_6$	C	[194]
12-1-683	globostellatic acid L	$C_{30}H_{44}O_6$	M	[194]
12-1-684	globostellatic acid M	$C_{30}H_{44}O_6$	M	[194]
12-1-685	jaspolide A	$C_{30}H_{40}O_4$	C	[195]
12-1-686	jaspolide B	$C_{30}H_{40}O_4$	C	[195]
12-1-687	jaspolide C	$C_{20}H_{28}O_3$	C	[195]
12-1-688	jaspolide D	$C_{20}H_{28}O_3$	C	[195]

续表

编号	名称	分子式	测试溶剂	参考文献
12-1-689	jaspolide E	$C_{31}H_{42}O_5$	C	[195]
12-1-690	jaspolide F	$C_{25}H_{34}O_4$	C	[195]
12-1-691	13*Z*,17*Z*-globostellatic acid X methyl ester	$C_{33}H_{46}O_5$	C	[196]
12-1-692	13*Z*,17*E*-globostellatic acid X methyl ester	$C_{33}H_{46}O_5$	C	[196]
12-1-693	13*E*,17*Z*-globostellatic acid X methyl ester	$C_{33}H_{46}O_5$	C	[196]
12-1-694	13*E*,17*E*-globostellatic acid X methyl ester	$C_{33}H_{46}O_5$	C	[196]
12-1-695	globostellatic acid F methyl ester	$C_{33}H_{48}O_7$	C	[196]
12-1-696	13*E*-globostellatic acid B methyl ester	$C_{34}H_{50}O_7$	C	[196]
12-1-697	acetyljaspiferal E	$C_{24}H_{32}O_6$	C	[196]
12-1-698	stellettin L	$C_{28}H_{38}O_4$	C	[197]
12-1-699	stellettin M	$C_{28}H_{38}O_4$	C	[197]
12-1-700	jaspolide G	$C_{59}H_{76}O_9$	C	[198]
12-1-701	jaspolide H	$C_{59}H_{76}O_9$	C	[198]
12-1-702	rhabdastrellin A	$C_{30}H_{40}O_5$	B	[199]
12-1-703	rhabdastrellin B	$C_{30}H_{46}O_5$	A	[199]
12-1-704	rhabdastrellin C	$C_{30}H_{46}O_5$	B	[199]
12-1-705	rhabdastrellin D	$C_{30}H_{44}O_5$	M	[199]
12-1-706	rhabdastrellin L	$C_{30}H_{42}O_4$	B	[199]
12-1-707	rhabdastrellin M	$C_{30}H_{42}O_4$	B	[199]
12-1-708	rhabdastin A	$C_{23}H_{34}O_5$	C	[200]
12-1-709	rhabdastin B	$C_{21}H_{32}O_4$	C	[200]
12-1-710	rhabdastin C	$C_{24}H_{34}O_7$	C	[200]
12-1-711	rhabdastin D	$C_{32}H_{48}O_5$	C	[200]
12-1-712	rhabdastin E	$C_{32}H_{48}O_5$	C	[200]
12-1-713	rhabdastin F	$C_{32}H_{48}O_5$	C	[200]
12-1-714	rhabdastin G	$C_{32}H_{50}O_6$	C	[200]
12-1-715	globostelletin A	$C_{19}H_{28}O_5$	C	[201]
12-1-716	globostelletin B	$C_{20}H_{28}O_4$	C	[201]
12-1-717	globostelletin C	$C_{22}H_{30}O_3$	C	[201]
12-1-718	globostelletin D	$C_{22}H_{30}O_3$	C	[201]
12-1-719	globostelletin E	$C_{22}H_{30}O_4$	C	[201]
12-1-720	globostelletin F	$C_{22}H_{30}O_4$	C	[201]
12-1-721	globostelletin G	$C_{25}H_{34}O_4$	C	[201]
12-1-722	globostelletin H	$C_{27}H_{36}O_4$	C	[201]
12-1-723	thyrsiferol	$C_{30}H_{53}BrO_7$	C	[202]
12-1-724	aplysiol A	$C_{30}H_{53}BrO_8$	C	[202]
12-1-725	aplysiol B	$C_{30}H_{53}BrO_7$	C	[202]
12-1-726	shearinine D	$C_{37}H_{45}NO_6$	C	[203]
12-1-727	shearinine E	$C_{38}H_{47}NO_6$	C	[203]
12-1-728	shearinine F	$C_{37}H_{45}NO_5$	C	[203]
12-1-729	shearinine G	$C_{37}H_{43}NO_6$	C	[203]
12-1-730	shearinine H	$C_{37}H_{45}NO_7$	C	[203]

续表

编号	名称	分子式	测试溶剂	参考文献
12-1-731	shearinine I	$C_{37}H_{45}NO_7$	C	[203]
12-1-732	shearinine J	$C_{37}H_{47}NO_6$	C	[203]
12-1-733	shearinine K	$C_{37}H_{47}NO_4$	C	[203]
12-1-734	adociaquinol	$C_{36}H_{54}O_5S$	D	[204]
12-1-735	adociasulfate 12	$C_{36}H_{54}O_8S_2$	D	[204]
12-1-736	bruguierin A	$C_{48}H_{86}O_4$	D	[205]
12-1-737	bruguierin B	$C_{48}H_{86}O_4$	D	[205]
12-1-738	bruguierin C	$C_{48}H_{86}O_6$	M	[205]
12-1-739	3-*epi*-sodwanone K	$C_{30}H_{50}O_5$	C	[206]
12-1-740	3-*epi*-sodwanone K 3-acetate	$C_{32}H_{52}O_6$	C	[206]
12-1-741	sodwanone T	$C_{30}H_{48}O_4$	C	[206]
12-1-742	10,11-dihydrosodwanone B	$C_{30}H_{42}O_5$	C	[206]
12-1-743	sodwanone U	$C_{30}H_{42}O_5$	C	[206]
12-1-744	sodwanone V	$C_{30}H_{50}O_5$	C	[206]
12-1-745	sodwanone W	$C_{30}H_{50}O_4$	C	[206]
12-1-746	12*R*-hydroxyyardenone	$C_{30}H_{48}O_6$	C	[206]
12-1-747	23(*E*)-25-methoxycycloart-23-en-3*β*-ol	$C_{31}H_{52}O_2$	C	[207]
12-1-748	galaxaurol A	$C_{31}H_{48}O_4$	C	[207]
12-1-749	galaxaurol B	$C_{32}H_{52}O_4$	C	[207]
12-1-750	galaxaurol C	$C_{31}H_{48}O_3$	C	[207]
12-1-751	galaxaurol D	$C_{31}H_{52}O_3$	C/M	[207]
12-1-752	galaxaurol E	$C_{30}H_{50}O_3$	C/D	[207]
12-1-753	yardenone A	$C_{30}H_{48}O_6$	C	[208]
12-1-754	yardenone B	$C_{30}H_{40}O_5$	C	[208]
12-1-755	yardenone	$C_{30}H_{48}O_5$	C	[208]
12-1-756	lanost-9(11)-en-18-oic acid	$C_{47}H_{74}O_{19}$	C/M	[209]
12-1-757	bohadschioside A	$C_{67}H_{110}O_{32}$	C/M	[209]
12-1-758	nobiloside	$C_{47}H_{72}O_{19}$	M	[210]
12-1-759	1-methyl-4-(1-methylethenyl)-3-[1,5,9-trimethyl-1-(4-methyl-5-hexen-1-yl)-4-decen-1-yl]-cyclohexene	$C_{30}H_{52}$	C	[211]
12-1-760	1-methyl-4-(1-methylethenyl)-3-[1,5,9-trimethyl-1-(4-methyl-5-hexen-1-yl)-4,8-decadien-1-yl]-cyclohexene	$C_{30}H_{50}$	C	[211]
12-1-761	capisterone A	$C_{32}H_{49}NaO_8S$	D	[212]
12-1-762	capisterone B	$C_{30}H_{47}NaO_7S$	D	[212]
12-1-763	cucumarioside A2-5	$C_{61}H_{95}NaO_{31}S$	P	[213]
12-1-764	pregn-7-en-20-one	$C_{53}H_{86}O_{24}$	P	[213]
12-1-765	pregn-9(11)-en-20-one	$C_{53}H_{86}O_{24}$	P	[213]
12-1-766	21-oxo-raspacionin	$C_{32}H_{52}O_6$	C	[214]
12-1-767	15-deacetyl-21-dioxo-raspacionin	$C_{30}H_{50}O_5$	C	[214]
12-1-768	4,21-dioxo-raspacionin	$C_{32}H_{50}O_6$	C	[214]
12-1-769	10-acetoxy-4,21-dioxo-28-hydroraspacionin	$C_{34}H_{54}O_8$	C	[214]
12-1-770	10-acetoxy-4-acetyl-oxo-28-hydroraspacionin	$C_{36}H_{58}O_9$	C	[214]

续表

编号	名称	分子式	测试溶剂	参考文献
12-1-771	10-acetoxy-4-acetyl-28-hydroraspacionin	$C_{38}H_{62}O_{10}$	C	[214]
12-1-772	10-acetoxy-28-hydroraspacionin	$C_{36}H_{60}O_9$	C	[214]
12-1-773	10-acetoxy-21-deacetyl-4-acetyl-28-hydroraspacionin	$C_{36}H_{60}O_9$	C	[214]
12-1-774	sipholenol G	$C_{30}H_{52}O_5$	C	[215]
12-1-775	sipholenol D	$C_{30}H_{50}O_4$	C	[215]
12-1-776	sipholenol F	$C_{30}H_{52}O_4$	C	[215]
12-1-777	sipholenol H	$C_{30}H_{52}O_5$	C	[215]
12-1-778	sipholenol A	$C_{30}H_{52}O_4$	C	[215]
12-1-779	sipholenoside A	$C_{36}H_{62}O_8$	C	[215]
12-1-780	sipholenoside B	$C_{36}H_{62}O_8$	C	[215]
12-1-781	martiriol	$C_{30}H_{50}O_7$	C	[216]
12-1-782	pseudodehydrothyrsiferol	$C_{30}H_{52}O_7$	C	[216]
12-1-783	dioxepandehydrothyrsiferol	$C_{30}H_{51}BrO_6$	C	[216]
12-1-784	16-epihydroxydehydrothyrsiferol	$C_{30}H_{51}BrO_8$	C	[216]
12-1-785	armatol A	$C_{30}H_{51}BrO_6$	C	[217]
12-1-786	armatol B	$C_{30}H_{52}Br_2O_6$	C	[217]
12-1-787	armatol C	$C_{30}H_{52}Br_2O_6$	C	[217]
12-1-788	armatol D	$C_{30}H_{52}Br_2O_6$	C	[217]
12-1-789	armatol E	$C_{30}H_{52}Br_2O_6$	C	[217]
12-1-790	armatol F	$C_{30}H_{52}Br_2O_6$	C	[217]
12-1-791	patagonicoside A	$C_{54}H_{86}Na_2O_{29}S_2$	M	[218]
12-1-792	patagonicoside A desulfated analog	$C_{54}H_{88}O_{23}$	M	[218]
12-1-793	diketone	$C_{30}H_{50}O_2$	M	[219]
12-1-794	ectyoplaside A	$C_{46}H_{73}NaO_{18}$	M	[220]
12-1-795	ectyoplaside B	$C_{46}H_{73}NaO_{19}$	M	[220]
12-1-796	muzitone	$C_{30}H_{50}O_6$	C	[221]
12-1-797	sodwanone N	$C_{31}H_{54}O_5$	C	[221]
12-1-798	sodwanone O	$C_{30}H_{50}O_5$	C	[221]
12-1-799	sodwanone P	$C_{31}H_{52}O_5$	C	[221]
12-1-800	sodwanone M	$C_{30}H_{50}O_5$	C	[222]
12-1-801	sodwanone E	$C_{30}H_{50}O_5$	C	[222]
12-1-802	sodwanone K	$C_{30}H_{50}O_5$	C	[222]
12-1-803	sodwanone D	$C_{30}H_{48}O_5$	C	[222]
12-1-804	sodwanone L	$C_{29}H_{48}O_6$	C	[222]
12-1-805	sodwanone F	$C_{30}H_{50}O_6$	C	[222]

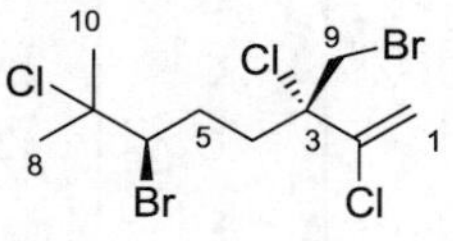

12-1-1 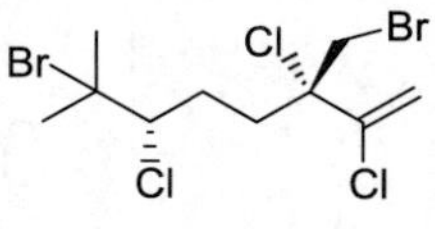 **12-1-2** 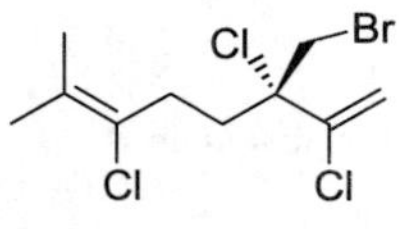 **12-1-3** 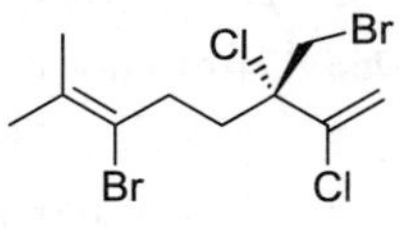 **12-1-4**

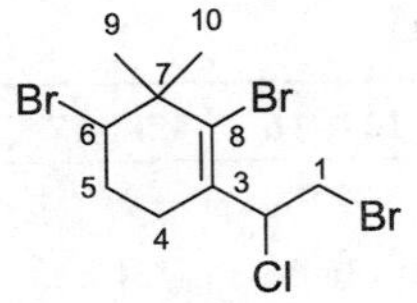

12-1-5 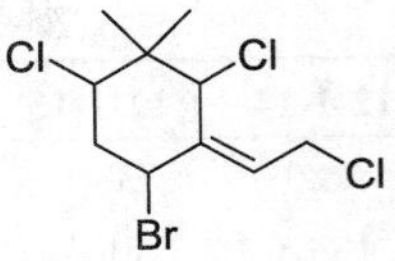 12-1-6 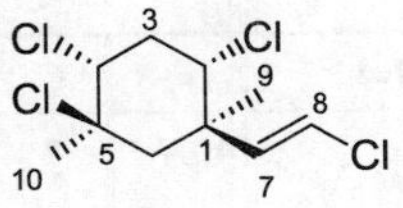 12-1-7 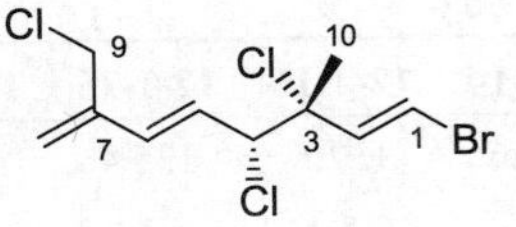 12-1-8

表 12-1-2 化合物 12-1-1~12-1-8 的 ^{13}C NMR 数据[1,2]

C	12-1-1	12-1-2	12-1-3	12-1-4	12-1-5	12-1-6	12-1-7[3]	12-1-8[4]
1	118.5	118.6	118.3	118.3	31.5	37.6	43.7	110.5
2	139.7	139.3	139.6	139.6	61.5	131.8	62.9	137.3
3	73.8	74.0	73.8	73.8	130.9	137.9	39.9	72.2
4	37.8	36.9	36.7	37.2	24.8	50.4	66.6	69.1
5	30.1	30.5	31.0	33.3	29.1	41.3	70.5	126.6
6	64.6	71.1	125.7	118.7	60.5	52.7	52.9	133.6
7	71.6	67.4	125.8	131.8	44.4	41.4	140.2	140.7
8	27.1	27.8	20.2	20.2	134.9	70.0	119.1	121.7
9	38.6	39.1	38.5	38.5	24.6	28.5	18.8	43.9
10	33.1	33.6	21.8	25.2	29.0	20.5	43.7	110.5

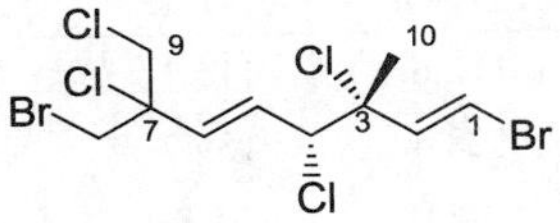

12-1-9 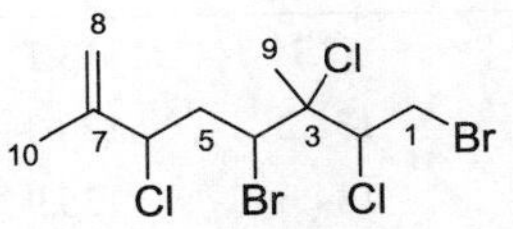 12-1-10 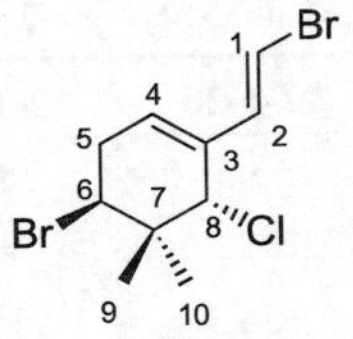 12-1-11 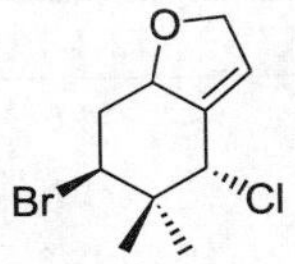 12-1-12

表 12-1-3 化合物 12-1-9~12-1-13 的 ^{13}C NMR 数据[3~6]

C	12-1-9	12-1-10	12-1-11	12-1-12	12-1-13	C	12-1-9	12-1-10	12-1-11	12-1-12	12-1-13
1	110.4	33.5	135.1	75.4	75.3	6	133.5	63.4	54.2	54.4	54.8
2	138.5	69.3	129.8	122.3	124.8	7	68.9	141.2	39.5	41.7	43.6
3	71.4	74.7	135.2	137.6	138.3	8	37.3	117.3	63.1	63.8	55.7
4	67.1	56.9	106.7	80.7	82.6	9	49.6	22.4	19.8	21.0	16.0
5	130.3	39.7	35.9	41.7	41.4	10	110.4	15.8	28.0	27.6	29.1

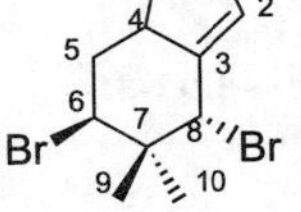

12-1-13 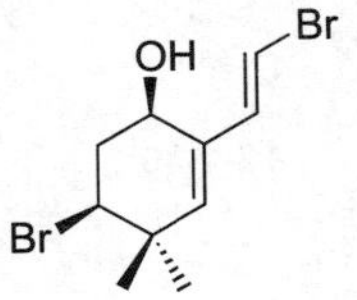 12-1-14 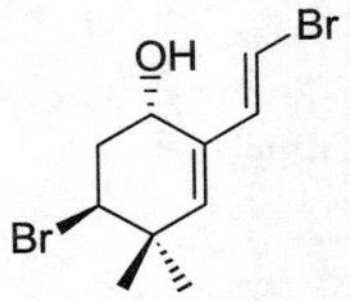 12-1-15 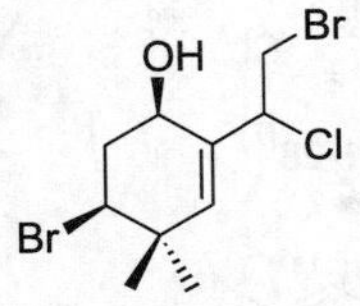 12-1-16 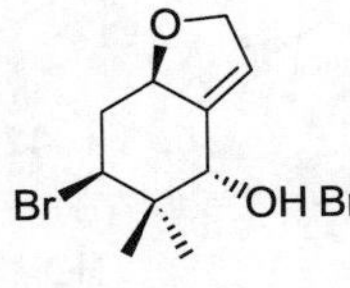 12-1-17 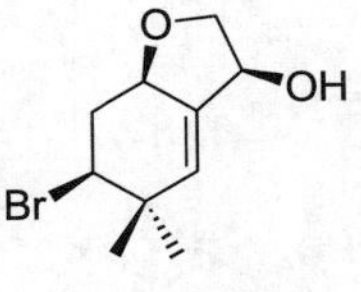 12-1-18

表 12-1-4 化合物 12-1-14~12-1-18 的 ^{13}C NMR 数据[6]

C	12-1-14	12-1-15	12-1-16	12-1-17	12-1-18	C	12-1-14	12-1-15	12-1-16	12-1-17	12-1-18
1	108.0	106.9	40.5	75.5	75.2	2	136.3	136.6	58.0	122.0	70.7

续表

C	12-1-14	12-1-15	12-1-16	12-1-17	12-1-18	C	12-1-14	12-1-15	12-1-16	12-1-17	12-1-18
3	134.6	132.8	135.4	—	140.7	7	38.0	38.1	37.9	—	38.1
4	66.5	65.1	67.1	81.6	76.6	8	138.5	140.6	136.6	74.2	129.6
5	40.0	39.0	33.1	42.0	37.1	9	25.1	23.0	24.3	19.9	25.0
6	57.7	57.0	57.3	56.2	57.2	10	28.7	28.2	28.3	25.7	27.8

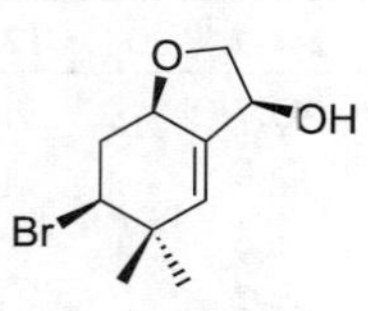

12-1-19 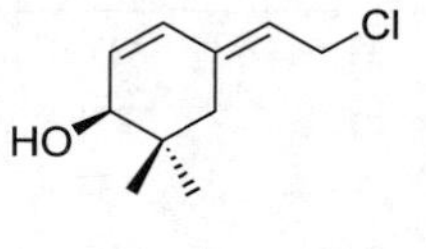　12-1-20 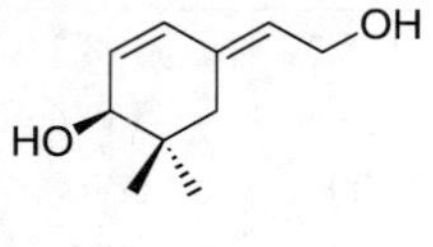　12-1-21 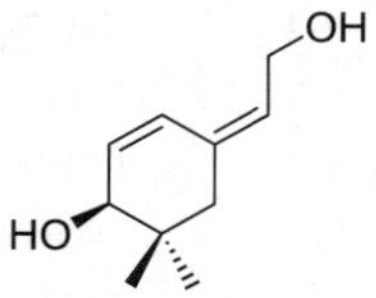　12-1-22

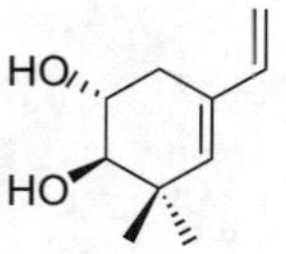

12-1-23 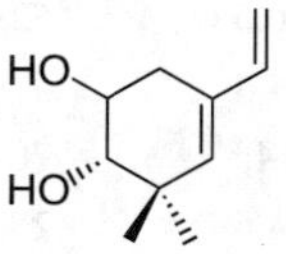　12-1-24 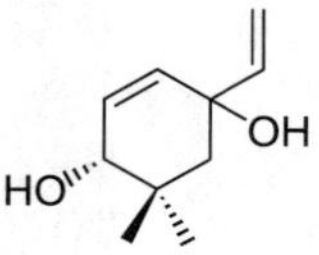　12-1-25 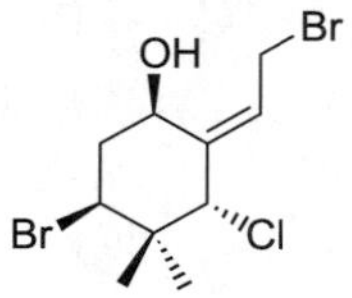　12-1-26

表 12-1-5　化合物 12-1-19~12-1-26 的 ^{13}C NMR 数据[6~7]

C	12-1-19	12-1-20	12-1-21	12-1-22	12-1-23	12-1-24	12-1-25	12-1-26
1	74.6	65.5	58.6	57.7	113.1	112.6	115.1	39.6
2	71.6	131.2	131.2	131.2	120.3	128.4	139.7	125.0
3	138.7	136.3	135.7	134.6	135.9	136.9	75.3	
4	75.1	126.1	128.2	124.0	38.8	33.6	124.8	73.6
5	37.0	129.0	130.2	125.9	71.7	68.2	141.1	42.6
6	57.0	74.2	74.1	74.4	80.1	75.6	73.4	54.9
7	38.0	34.8	34.7	35.2	34.8	34.9	33.8	
8	131.4	36.5	36.3	43.2	138.4	139.7	46.0	68.8
9	24.7	21.3	21.3	20.7	19.0	24.8	29.9	21.5
10	27.7	26.8	26.7	26.5	27.8	27.2	31.8	26.6

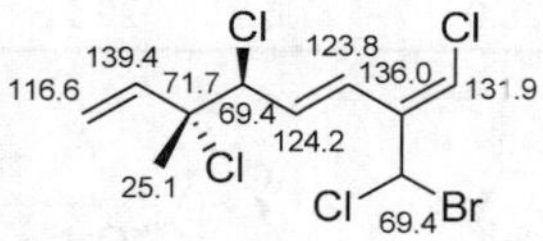

12-1-27[7] 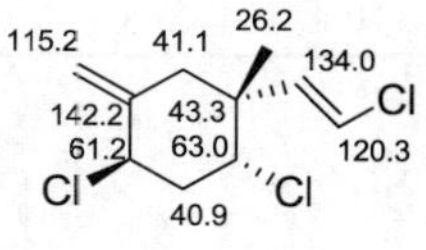　12-1-28[7] 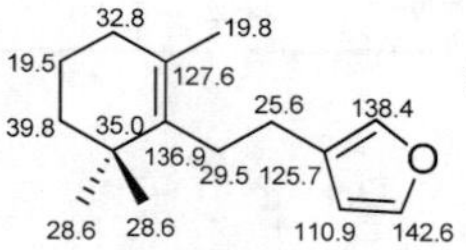　12-1-29[8] 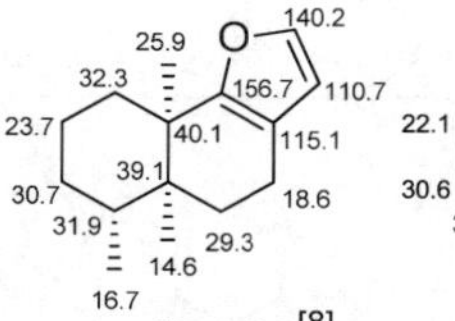　12-1-30[8] 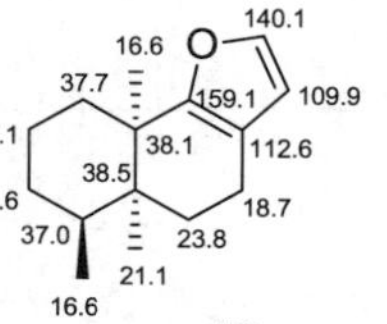　12-1-31[8]

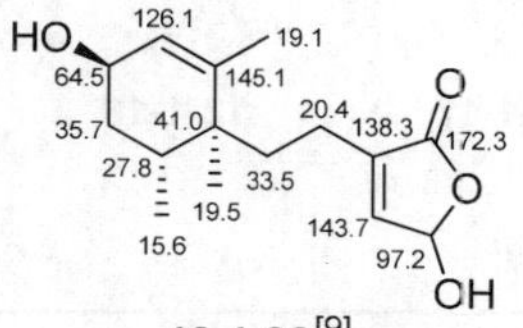

12-1-32[9] 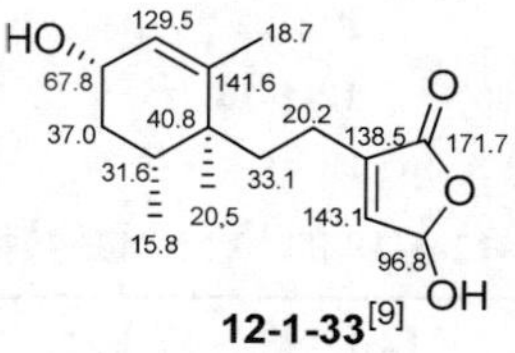　12-1-33[9] 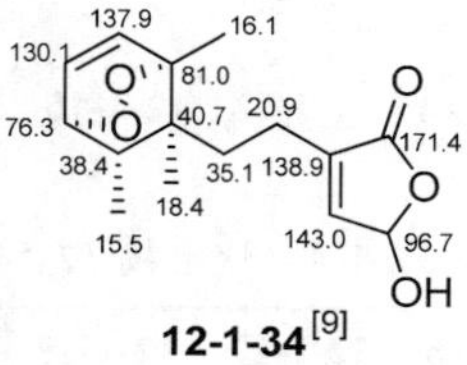　12-1-34[9] 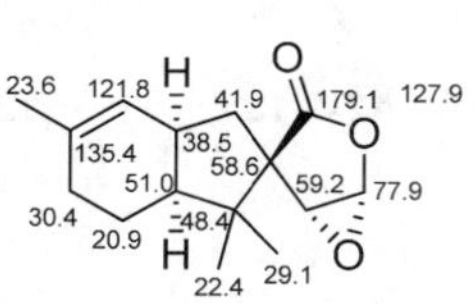　12-1-35[9]

12-1-36 [9]

12-1-37 R=H
12-1-38 R=OH

12-1-39 R^1=H; R^2=OH
12-1-40 R^1=OH; R^2=H
12-1-41 R^1=OOH; R^2=H

12-1-42 [10]

表 12-1-6 化合物 12-1-37~12-1-41 的 ^{13}C NMR 数据[10]

C	12-1-37	12-1-38	12-1-39	12-1-40	12-1-41	C	12-1-37	12-1-38	12-1-39	12-1-40	12-1-41
1	40.0	39.9	69.0	73.2	85.9	9	39.9	39.8	120.5	127.3	130.6
2	18.9	18.8	35.4	32.7	29.4	10	34.4	34.5	168.5	165.2	159.8
3	41.9	41.9	28.4	24.9	23.4	11	151.8	148.8	24.4	25.4	25.4
4	64.9	64.9	38.5	38.8	38.6	12	19.0	18.7	29.7	29.8	29.8
5	47.4	47.5	39.6	39.0	39.0	13	109.4	112.1	16.5	16.1	16.2
6	32.9	27.3	39.8	40.3	40.1	14	18.1	18.2	23.3	24.6	23.3
7	74.4	85.2	35.2	36.4	36.3	15	22.1	21.7	15.9	16.2	16.2
8	31.8	28.1	196.5	197.2	196.7						

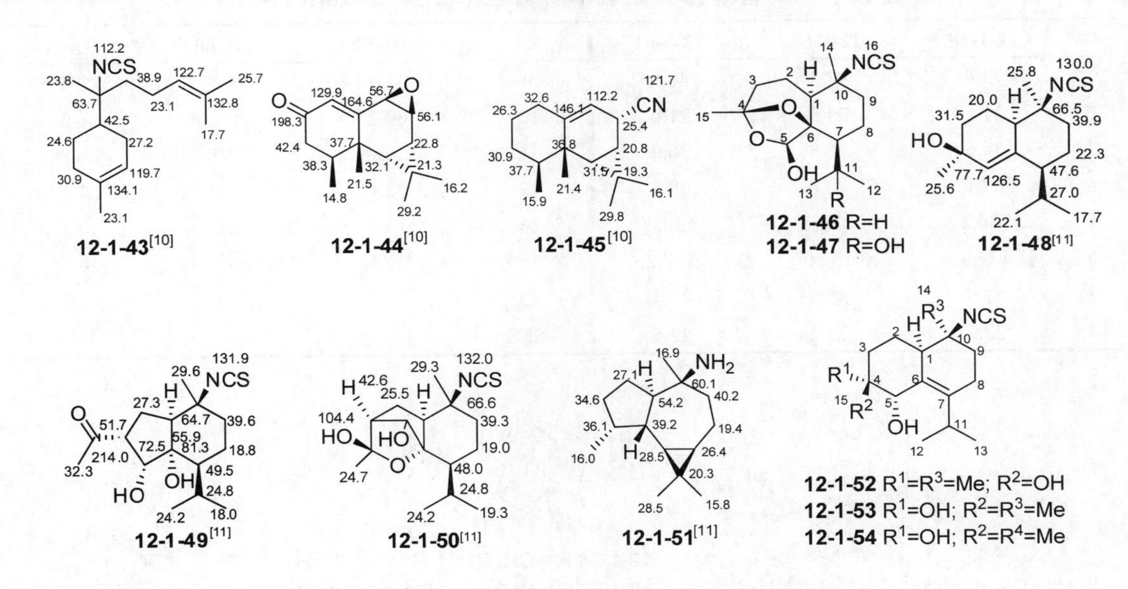

表 12-1-7 化合物 12-1-46~12-1-54 的 ^{13}C NMR 数据[11,13]

C	12-1-46	12-1-47	12-1-52	12-1-53	12-1-54	C	12-1-46	12-1-47	12-1-52	12-1-53	12-1-54
1	49.1	47.1	41.7	42.1	42.9	9	41.4	39.9	34.7	35.2	32.2
2	18.4	18.6	23.5	24.7	25.9	10	64.2	63.8	62.9	62.8	62.5
3	33.6	34.2	32.0	32.8	34.6	11	27.1	79.7	28.7	28.8	28.8
4	106.0	108.1	71.6	72.7	72.7	12	21.1	23.8	21.6	21.5	21.4
5	95.9	99.2	72.5	72.6	73.0	13	24.9	29.4	21.0	20.6	21.0
6	86.6	81.5	127.9	127.7	128.5	14	28.6	28.5	27.3	27.3	25.5
7	50.5	43.9	142.5	140.8	139.3	15	24.2	23.3	26.0	23.7	23.7
8	22.3	23.5	20.9	20.6	21.0	16	133.6	135.4	131.5	130.6	—

12-1-55 $R^1=R^5=OH$; $R^2=R^3=Me$; $R^4=NCS$
12-1-56 $R^1=R^3=Me$; $R^2=R^5=OH$; $R^4=NCS$
12-1-57 $R^1=R^5=OH$; $R^2=R^4=Me$; $R^3=NCS$
12-1-59 $R^1=OH$; $R^2=R^3=Me$; $R^4=NCS$; $R^5=OOH$

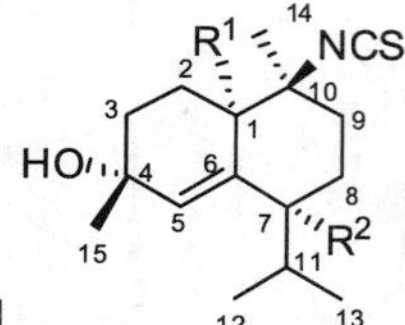

12-1-58 $R^1=OH$; $R^2=H$
12-1-60 R=H; $R^2=OOH$
12-1-61 $R^1=R^2=H$

表 12-1-8　化合物 12-1-55~12-1-57, 12-1-59 的 ^{13}C NMR 数据[13]

C	12-1-55	12-1-56	12-1-57	12-1-59	C	12-1-55	12-1-56	12-1-57	12-1-59
1	43.5	44.0	43.9	45.1	9	36.7	36.7	37.8	36.2
2	21.7	21.0	21.6	22.2	10	65.5	66.6	66.0	64.5
3	36.0	36.5	36.9	36.5	11	29.7	30.4	30.3	31.8
4	69.0	66.2	67.5	69.2	12	16.3	17.0	17.1	16.6
5	131.2	131.5	133.1	133.1	13	15.7	16.3	16.3	16.3
6	139.0	141.1	138.8	133.6	14	26.8	27.1	21.4	26.5
7	74.5	74.0	74.1	86.1	15	28.2	31.5	29.5	28.5
8	33.2	33.2	33.0	25.0	-NCS	130.5	130.9	—	—

表 12-1-9　化合物 12-1-58, 12-1-60 和 12-1-61 的 ^{13}C NMR 数据[13]

C	12-1-58	12-1-60	12-1-61	C	12-1-58	12-1-60	12-1-61
1	72.6	43.1	46.9	9	35.4	34.4	40.4
2	31.1	21.9	21.6	10	69.2	60.1	66.0
3	34.6	36.3	36.2	11	26.9	27.7	26.8
4	69.1	70.0	69.3	12	22.1	18.9	22.1
5	134.2	138.2	130.2	13	17.6	16.2	17.5
6	137.9	132.0	137.2	14	22.1	26.4	26.7
7	41.9	85.6	47.4	15	28.3	27.9	28.2
8	22.2	23.2	22.5	-NCS	129.8	—	—

12-1-62[13]

12-1-63 [13]

12-1-64 $R^1=OH$; $R^2=H$; $R^3=OH$; $R^4=H$
12-1-65 $R^1=H$; $R^2=OH$; $R^3=OH$; $R^4=OH$
12-1-67 $R^1=R^2=H$; $R^3=OAc$; $R^4=OAc$
12-1-68 $R^1=R^2=R^4=H$; $R^3=OAc$

12-1-66 [14]

表 12-1-10　化合物 12-1-64, 12-1-65, 12-1-67 和 12-1-68 的 ^{13}C NMR 数据[14]

C	12-1-64	12-1-65	12-1-67	12-1-68	C	12-1-64	12-1-65	12-1-67	12-1-68
1	47.2	44.5	44.3	43.9	5	48.8	41.5	45.3	48.4
2	36.2	43.9	43.6	41.7	6	41.6	49.5	48.1	42.6
3	39.8	37.5	41.7	40.9	7	39.7	38.2	35.6	36.3
4	53.6	55.5	50.2	53.6	8	75.5	74.2	75.4	76.2

续表

C	12-1-64	12-1-65	12-1-67	12-1-68	C	12-1-64	12-1-65	12-1-67	12-1-68
9	160.2	164.3	151.5	156.3	14	25.7	30.7	31.4	30.2
10	49.1	90.6	95.7	49.5	15	69.9	23.8	24.4	25.5
11	65.2	62.5	65.3	67.7	8-OAc			170.9/21.3	171.9/21.4
12	105.9	111.8	116.4	108.6	10-OAc			169.6/22.0	
13	31.6	71.4	31.9	31.6					

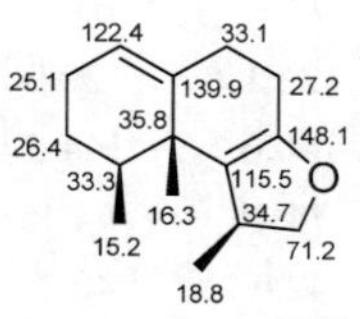

12-1-69 [15] 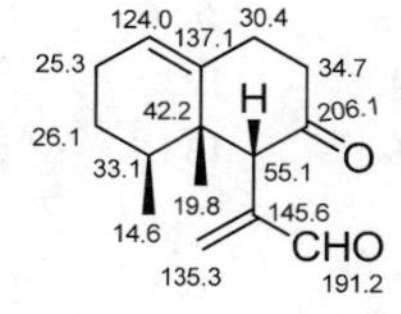　12-1-70 [15] 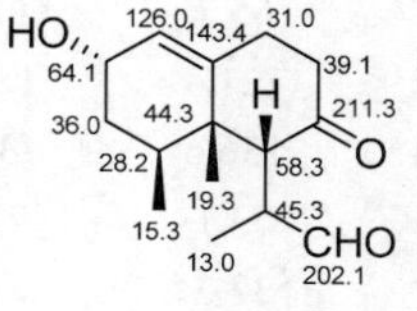　12-1-71 [15] 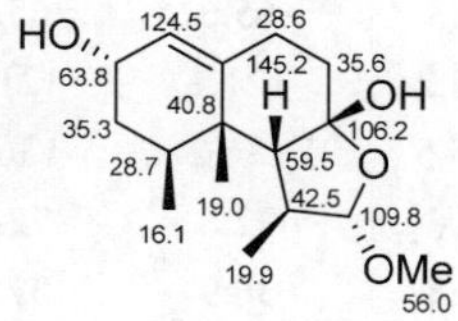　12-1-72 [15] 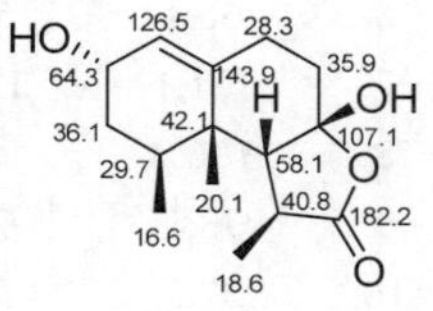　12-1-73 [15]

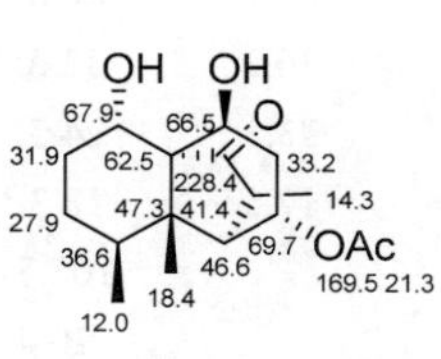

12-1-74 [15] 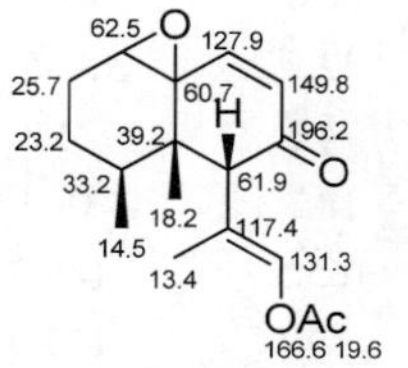　12-1-75 [15] 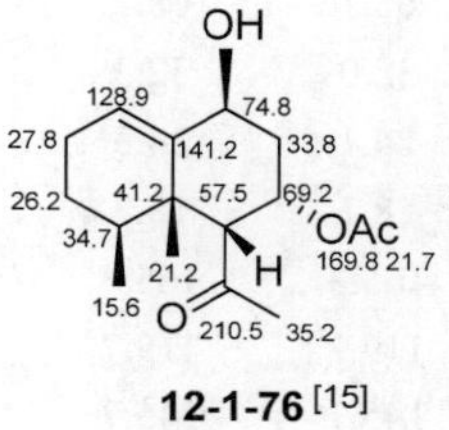　12-1-76 [15] 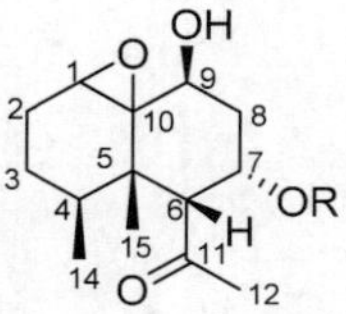　12-1-77 R=H　12-1-78 R=Ac　12-1-79 R^1=H; R^2=OH　12-1-80 R^1=OH; R^2=H

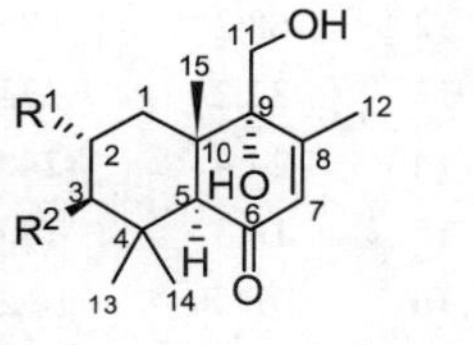

表 12-1-11　化合物 12-1-77~12-1-80 的 ^{13}C NMR 数据[15,16]

C	12-1-77	12-1-78	12-1-79	12-1-80	C	12-1-77	12-1-78	12-1-79	12-1-80
1	56.9	56.7	30.6	41.0	9	75.6	75.4	75.6	74.6
2	20.9	20.8	26.8	62.4	10	62.1	61.7	45.3	46.2
3	24.0	23.9	77.5	51.7	11	211.8	208.3	62.1	61.9
4	30.2	30.9	38.1	33.4	12	35.1	34.3	20.0	19.3
5	39.1	39.4	56.2	54.7	13	—	—	29.8	33.8
6	59.9	56.8	200.5	199.6	14	15.4	15.3	16.3	22.7
7	65.5	68.8	128.8	128.1	15	17.3	17.2	18.7	18.9
8	35.3	31.9	158.8	157.6	OAc		170.1/21.2	30.6	41.0

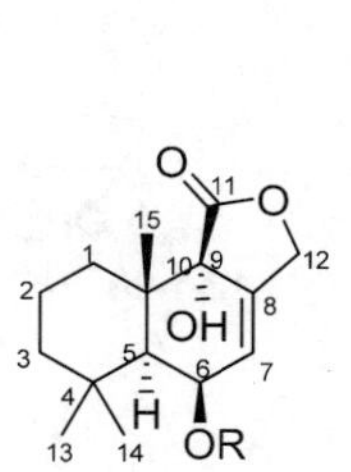

12-1-81 R= 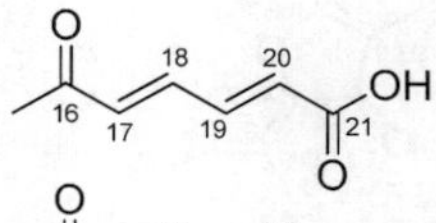　12-1-82 R= 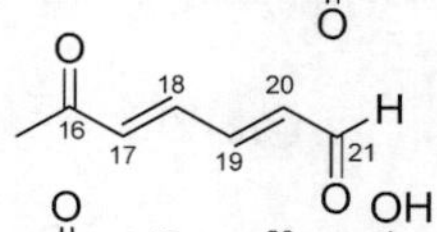　12-1-83　12-1-84 R=　12-1-85 R= 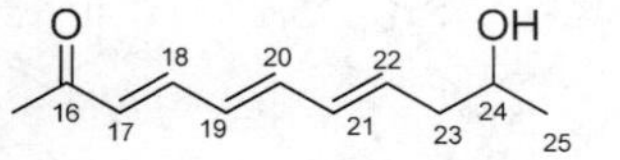　12-1-86 R= 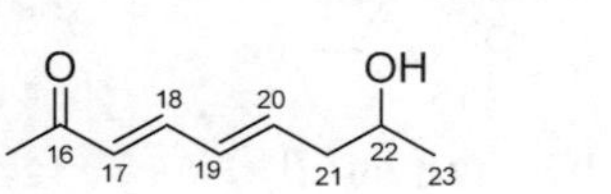　12-1-87 R=

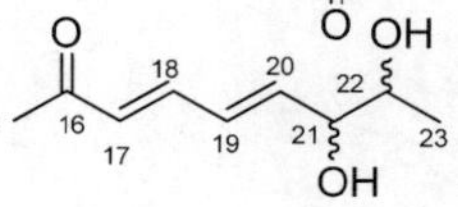

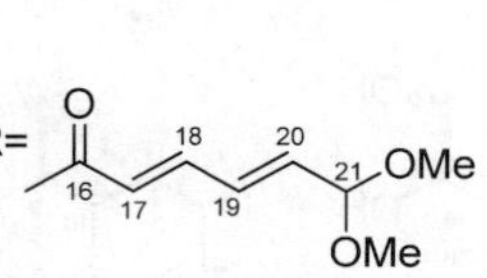

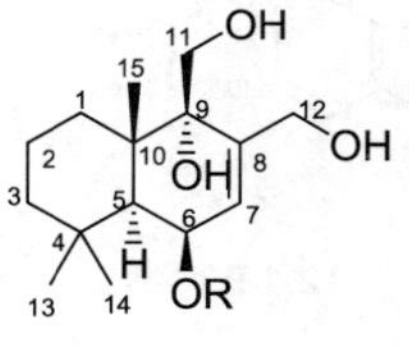

12-1-88 R=Me　12-1-89 R=

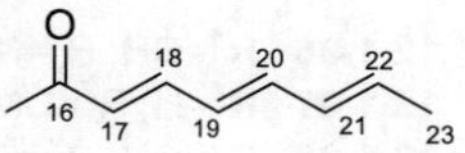

表 12-1-12 化合物 12-1-81~12-1-89 的 ^{13}C NMR 数据[16,17]

C	12-1-81	12-1-82	12-1-83	12-1-84	12-1-85	12-1-86	12-1-87	12-1-88	12-1-89
1	29.6	30.3	29.3	29.4	29.6	29.6	30.3	32.2	31.8
2	17.4	17.7	17.2	17.5	17.4	17.5	17.8	18.2	18.2
3	44.5	44.8	44.2	44.0	44.4	44.5	44.8	43.1	44.1
4	33.3	33.9	32.9	33.1	33.3	33.3	33.9	32.8	33.3
5	44.2	44.7	43.9	44.0	44.2	44.2	44.8	45.7	44.7
6	66.4	67.3	65.6	65.1	65.7	65.8	66.6	77.1	66.2
7	121.1	123.2	121.1	121.2	121.4	121.4	123.5	125.1	120.0
8	136.9	135.5	136.2	136.4	136.6	136.6	135.2	140.6	144.5
9	73.1	74.6	72.8	72.9	73.1	73.2	74.6	74.4	74.1
10	37.3	37.8	36.9	37.0	37.3	37.3	37.9	42.0	40.1
11	174.4	174.7	174.1	174.3	174.4	174.4	174.9	61.9	61.7
12	68.2	68.9	68.1	68.1	68.2	68.3	69.0	61.1	60.6
13	32.2	32.4	31.9	32.0	32.3	32.2	32.5	36.2	32.6
14	24.4	24.8	24.0	24.1	24.3	24.3	24.8	23.3	24.5
15	18.3	18.4	18.1	18.1	18.3	18.3	18.5	17.5	18.3
16	164.8	164.6	165.2	165.3	165.4	165.5	165.8		165.7
17	127.7	129.5	119.7	119.7	119.7	119.1	123.0		120.4
18	142.3	141.2	145.2	145.1	145.7	145.8	143.9		144.8
19	140.3	146.7	126.9	127.1	127.8	129.7	130.9		127.6
20	130.5	137.4	145.9	145.1	142.1	142.9	138.2		141.4
21	166.8	192.8	74.7	74.4	131.3	42.6	101.3		131.3
22			69.4	69.1	138.1	65.5			135.3
23			19.0	18.1	42.5	23.3			18.7
24					65.7				
25					23.2				
OMe							52.8	53.8	

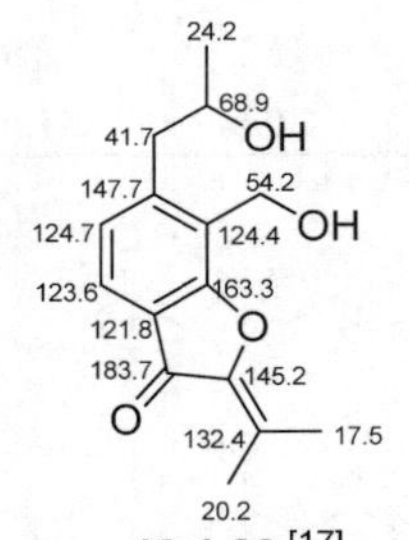

12-1-90 [17]

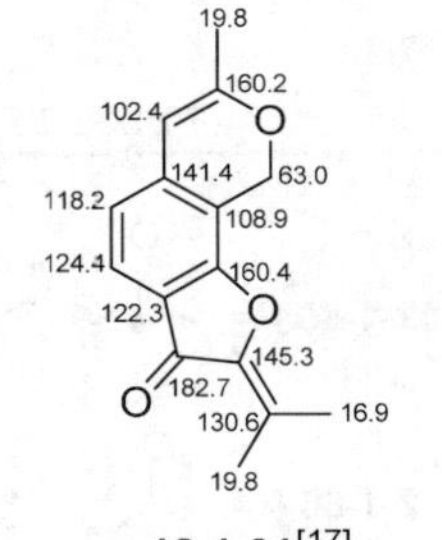

12-1-91 [17]

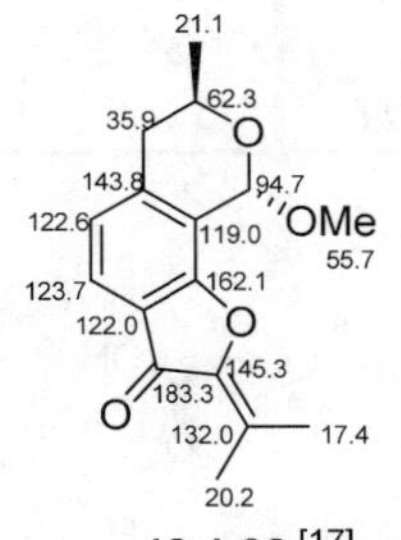

12-1-92 [17]

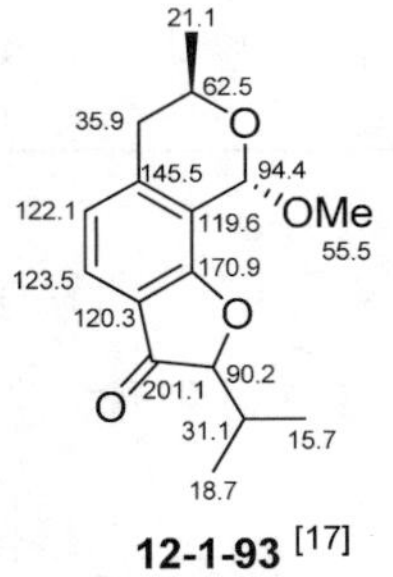

12-1-93 [17]

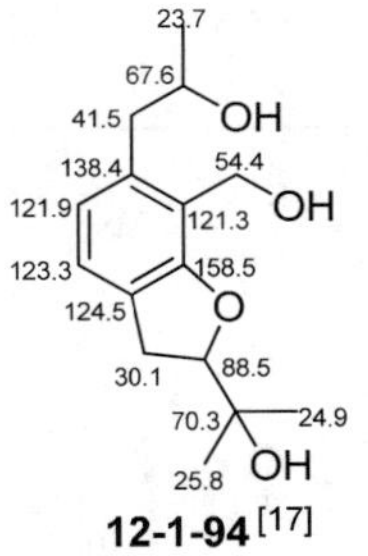

12-1-94 [17]

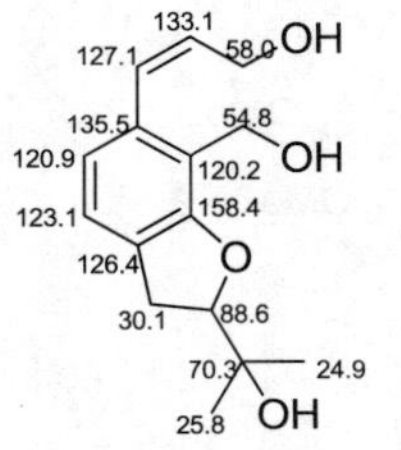

12-1-95 [17]

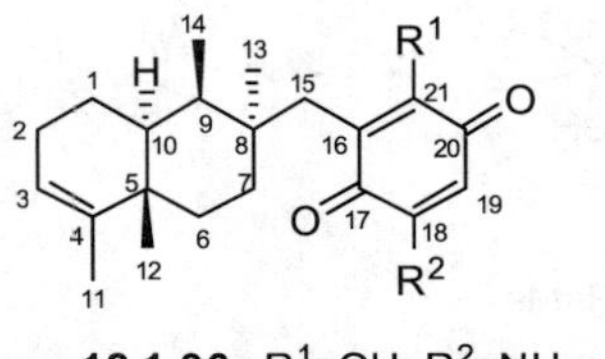

12-1-96 R^1=OH; R^2=NH_2

12-1-97 R^1=H; R^2=OMe

12-1-98 R^1=OH; R^2=OMe

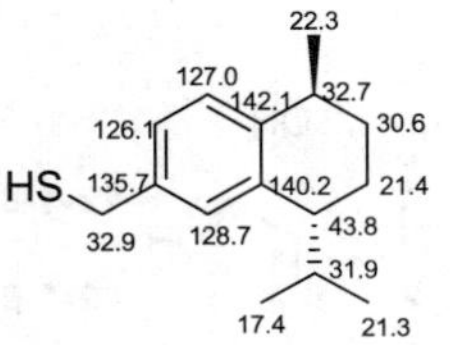

12-1-99 [20]

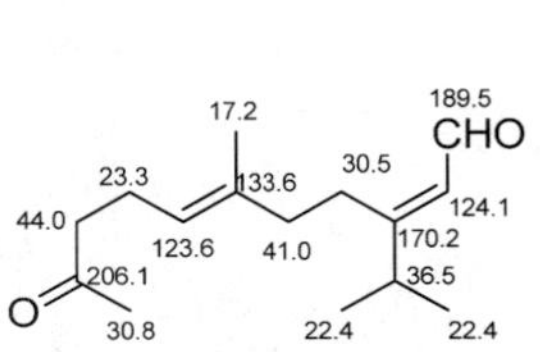

12-1-100 [20]

12-1-105[21]　**12-1-106**[21]　**12-1-101** R^1= OH; R^2=CH_3　**12-1-102** R^1=CH_3; R^2=OH　**12-1-103** R=*S*-OH　**12-1-104** R=*R*-OH

表 12-1-13 化合物 12-1-96~12-1-98 的 ^{13}C NMR 数据[19]

C	12-1-96	12-1-97	12-1-98	C	12-1-96	12-1-97	12-1-98	C	12-1-96	12-1-97	12-1-98
1	24.8	24.5	24.5	9	45.1	44.1	44.8	17	183.4	182.3	182.2
2	26.9	26.6	26.6	10	40.9	40.6	40.6	18	150.4	158.5	161.3
3	120.7	120.6	120.4	11	17.9	17.6	17.6	19	95.9	107.0	102.0
4	144.1	143.5	143.7	12	12.5	19.7	19.7	20	180.1	187.5	182.5
5	38.0	37.7	37.9	13	24.0	23.6	23.8	21	155.7	135.4	152.8
6	32.2	31.9	31.9	14	20.0	12.3	12.2	OMe		56.0	56.0
7	28.9	28.7	28.7	15	34.1	38.0	33.8				
8	39.5	38.0	39.6	16	114.8	145.6	117.7				

表 12-1-14 化合物 12-1-101~12-1-104 的 ^{13}C NMR 数据[21]

C	12-1-101	12-1-102	12-1-103	12-1-104	C	12-1-101	12-1-102	12-1-103	12-1-104
1	143.8	143.5	209.6	209.5	9	36.1	36.0	36.9	37.2
2	207.0	206.8	34.3	34.3	10	71.7	72.1	68.0	68.3
3	51.7	51.6	31.6	31.6	11	148.8	148.8	146.9	147.0
4	75.9	76.2	170.8	170.7	12	110.1	110.3	112.0	111.9
5	174.7	173.5	139.2	139.2	13	19.9	20.5	18.2	18.2
6	28.5	28.4	27.9	27.8	14	27.5	27.3	23.7	23.4
7	43.3	43.6	45.7	46.0	15	26.6	26.4	17.6	17.6
8	27.3	26.5	28.8	29.0					

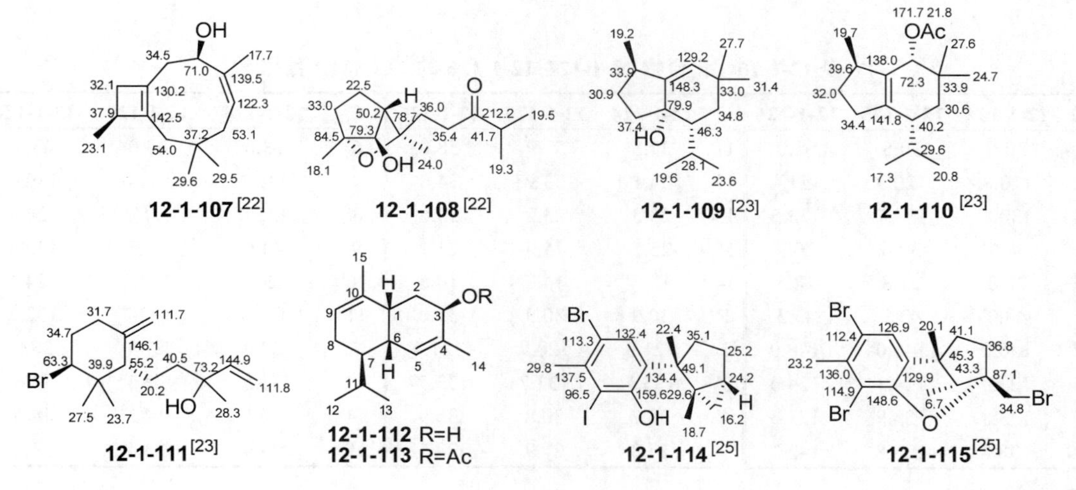

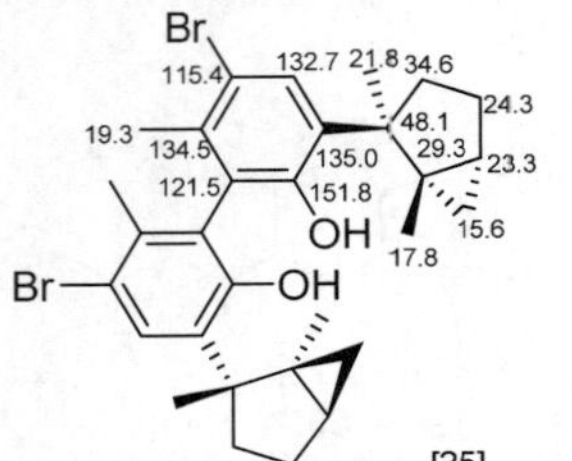

12-1-116[25] 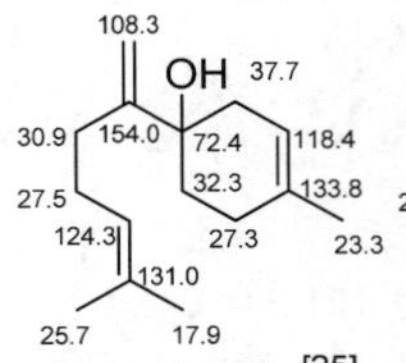　12-1-117[25] 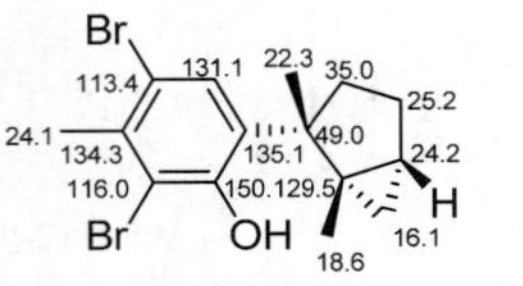　12-1-118[25] 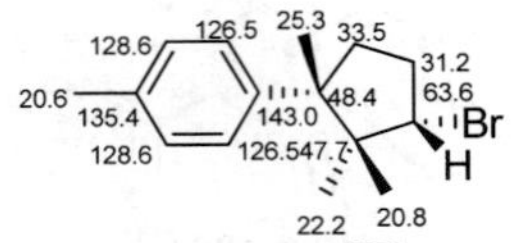　12-1-119[25]

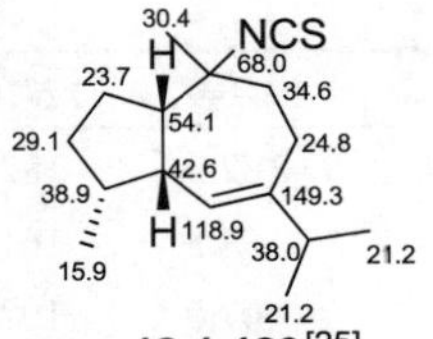

12-1-120[25] 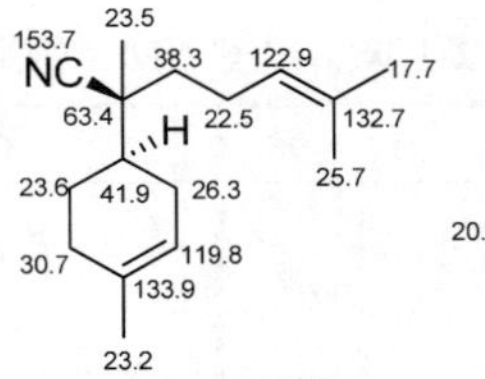　12-1-121[26] 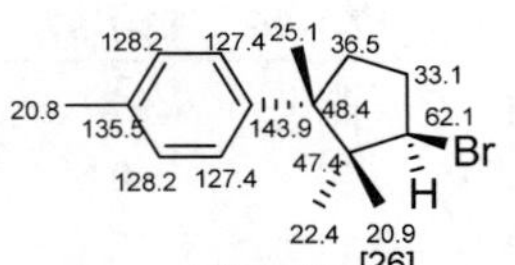　12-1-122[26] 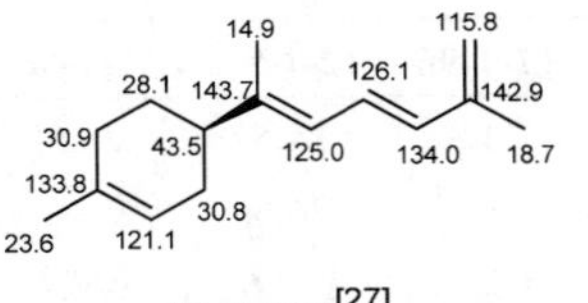　12-1-123[27]

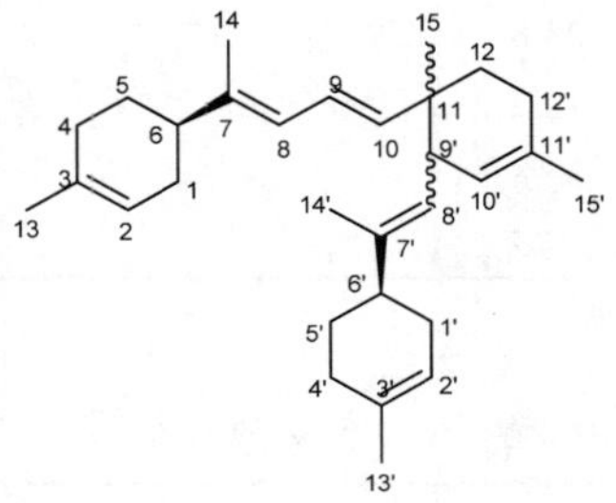

12-1-124 (11*R*,9'*R*)
12-1-125 (11*S*,9'*S*)
12-1-126 (11*R*,9'*S*)

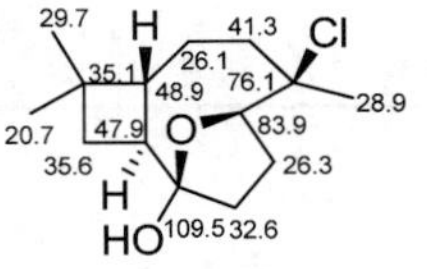

12-1-127 [28]

表 12-1-15　化合物 12-1-112 和 12-1-113 的 ^{13}C NMR 数据[24]

C	12-1-112	12-1-113	C	12-1-112	12-1-113	C	12-1-112	12-1-113
1	35.2	35.8	7	41.0	41.1	13	16.3	16.5
2	35.1	31.9	8	25.5	25.4	14	21.4	20.9
3	68.5	71.7	9	122.6	123.1	15	21.6	21.5
4	136.4	132.9	10	136.9	136.1	OAc		172.8/21.2
5	129.1	132.0	11	28.1	28.2			
6	38.2	38.1	12	21.7	21.6			

表 12-1-16　化合物 12-1-124~12-1-126 的 ^{13}C NMR 数据[27]

C	12-1-124	12-1-125	12-1-126	C	12-1-124	12-1-125	12-1-126	C	12-1-124	12-1-125	12-1-126
1	30.6	30.5	31.0	11	37.8	37.9	38.0	6'	43.0	43.0	43.3
2	120.8	120.9	121.4	12	34.1	33.9	34.0	7'	139.4	139.0	139.6
3	133.6	133.7	133.5	13	23.5	23.5	23.6	8'	125.0	125.3	124.5
4	30.7	30.6	30.9	15	25.5	25.6	21.1	9'	44.6	44.7	43.46
5	28.0	27.8	28.5	14	14.8	14.7	14.8	10'	124.3	124.2	124.8
6	43.0	43.1	43.3	1'	30.9	30.9	31.0	11'	132.7	132.7	132.2
7	140.0	140.0	140.0	2'	121.0	120.9	121.4	12'	27.9	27.9	28.0
8	123.9	124.1	124.6	3'	133.7	133.7	133.57	13'	23.5	23.5	23.6
9	123.8	123.9	123.3	4'	30.7	30.8	30.9	14'	14.5	14.3	14.8
10	138.8	138.8	142.7	5'	27.8	27.9	28.5	15'	23.4	23.4	23.6

12-1-128 R=H
12-1-129 R=OH

12-1-130

12-1-131 R=H
12-1-132 R=OH

表 12-1-17 化合物 12-1-128~12-1-132 的 ^{13}C NMR 数据[29]

C	12-1-128	12-1-129	12-1-131	12-1-132	C	12-1-128	12-1-129	12-1-131	12-1-132
1	35.6	35.6	42.3	42.1	9	41.6	41.0	35.4	29.2
2	21.0	21.0	44.6	45.1	10	35.0	34.9	39.9	39.3
3	29.3	29.7	27.9	27.9	11	70.7	81.8	146.4	143.3
4	32.7	32.7	34.6	34.6	12	28.0	22.7	111.3	114.7
5	81.5	81.6	37.1	37.0	13	28.1	21.0	19.3	19.5
6	124.2	128.9	41.0	41.4	14	25.5	25.4	21.0	20.4
7	149.5	145.7	50.4	47.1	15	16.1	16.1	14.5	14.5
8	71.4	71.0	87.8	100.2					

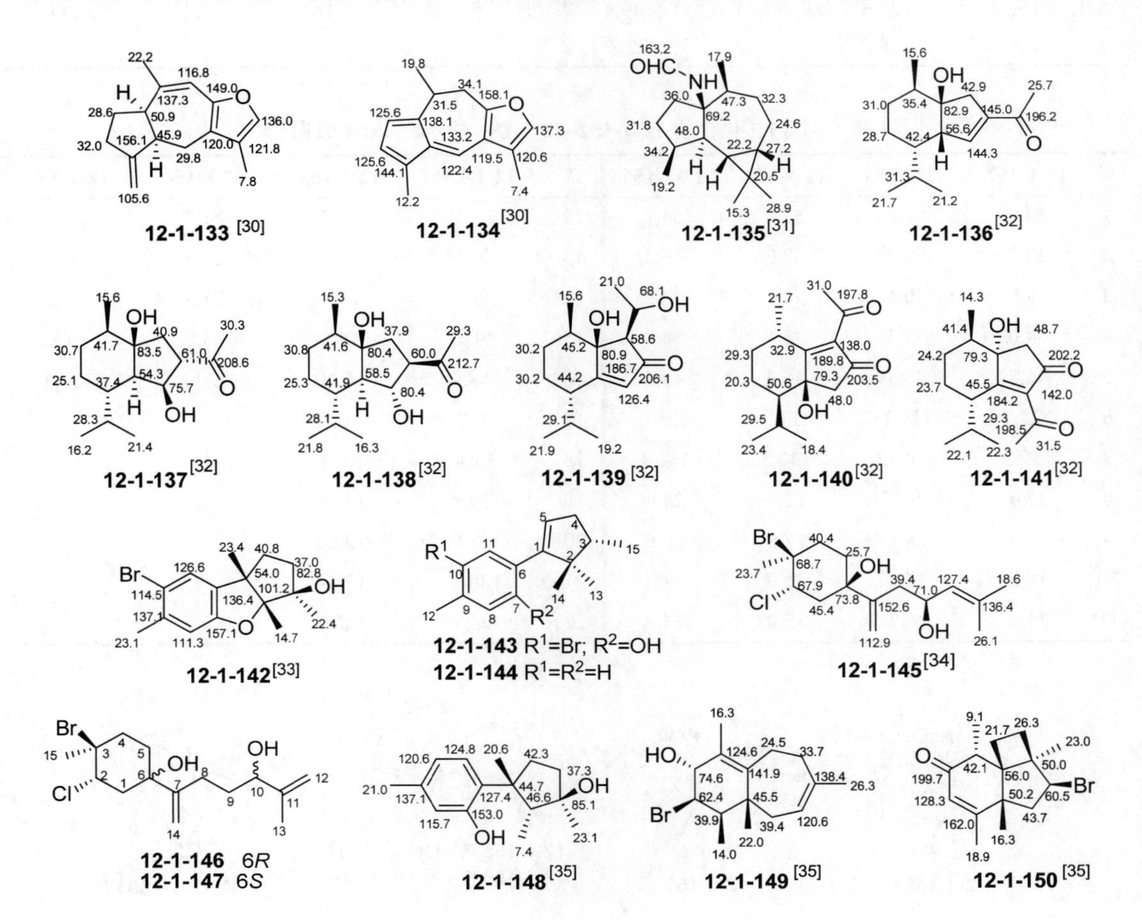

12-1-151[35]

12-1-152 2*S*,5*S*或2*R*,5*R*
12-1-153 2*S*,5*R*或2*R*,5*S*

12-1-154 2*S*,5*R*或2*R*,5*S*
12-1-155 2*R*,5*R*

表 12-1-18 化合物 12-1-143~12-1-147 的 ^{13}C NMR 数据[33,34]

C	12-1-143	12-1-144	12-1-146	12-1-147	C	12-1-143	12-1-144	12-1-146	12-1-147
1	147.5	152.8	45.9	40.1	9	138.1	136.1	34.6	32.9
2	49.5	47.7	67.4	66.7	10	114.4	128.6	75.8	75.0
3	45.0	45.8	68.2	67.5	11	132.0	127.5	147.8	147.7
4	38.5	37.8	44.3	39.9	12	22.8	21.1	111.5	111.4
5	131.1	126.1	34.0	28.6	13	20.6	20.6	18.2	14.6
6	123.4	135.5	75.3	85.6	14	26.2	26.2	109.9	113.1
7	152.5	127.5	154.1	149.4	15	14.3	14.0	23.7	24.0
8	111.1	128.6	27.0	25.2					

表 12-1-19 化合物 12-1-152~12-1-155 的 ^{13}C NMR 数据[36]

C	12-1-152	12-1-153	12-1-154	12-1-155	C	12-1-152	12-1-153	12-1-154	12-1-155
1	53.9	52.4	55.5	54.2	12	20.5	20.5	21.7	21.7
2	59.7	60.2	68.0	68.5	13	20.4	20.4	21.5	21.6
3	39.7	40.4	41.2	42.2	14	26.7	25.9	28.5	27.8
4	34.0	33.3	35.1	34.0	15	14.3	14.5	15.2	15.8
5	45.8	45.8	46.4	46.5	16	158.9	159.0	129.2	129.3
6	128.5	129.7	127.3	128.6	17	40.7	40.8		
7	139.2	138.42	140.5	140.1	18	36.1	36.2		
8	22.4	23.3	22.5	24.4	19	139.4	139.5		
9	27.5	28.1	27.8	28.6	20	128.0	128.0		
10	36.8	37.3	36.9	37.4	21	128.4	128.4		
11	34.7	34.7	35.0	34.9	22	125.7	125.7		

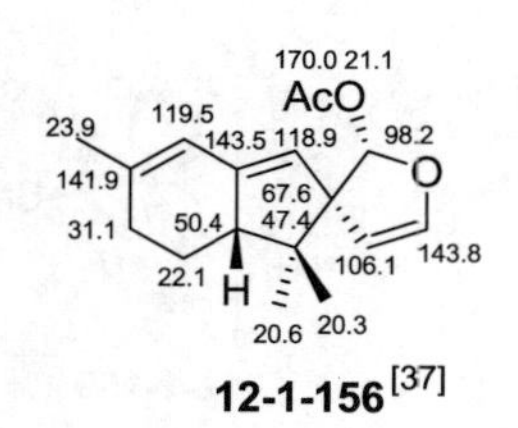

12-1-156[37]

12-1-157[37]

12-1-158 R¹=OOH; R²=H
12-1-159 R¹=H; R²=OOH

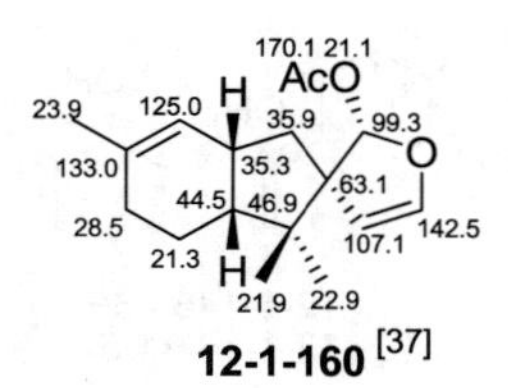

12-1-160[37]

表 12-1-20 化合物 12-1-158 和 12-1-159 的 ^{13}C NMR 数据[37]

C	12-1-158	12-1-159	C	12-1-158	12-1-159	C	12-1-158	12-1-159
1	45.6	45.7	7	32.2	32.0	13	143.5	143.4
2	61.3	61.2	8	21.9	19.3	14	99.1	99.0
3	32.7	32.8	9	49.6	50.2	15	25.0	25.0
4	146.9	148.6	10	19.3	19.3	OAc	169.9/21.2	169.9/21.2
5	121.7	120.4	11	19.6	19.6			
6	83.6	80.1	12	105.8	105.9			

12-1-161[38] 12-1-162[38] 12-1-163[38] 12-1-164[39]

12-1-165[39] 12-1-166[39] 12-1-167[39] 12-1-173[40]

12-1-168 R=O
12-1-169 R=α-H; β-OH
12-1-170 R=β-H; α-OH

12-1-171 R^1=H; R^2=β-OH
12-1-172 R^1=OH; R^2=α-OH

表 12-1-21 化合物 12-1-168~12-1-172 的 ^{13}C NMR 数据[40]

C	12-1-168	12-1-169	12-1-170	12-1-171	12-1-172	C	12-1-168	12-1-169	12-1-170	12-1-171	12-1-172
1	76.8	73.8	74.3	74.0	72.2	9	29.4	31.4	31.3	31.1	31.9
2	40.0	38.0	37.7	39.2	39.0	10	42.6	42.4	42.3	42.6	41.8
3	137.1	120.4	124.3	26.2	30.5	11	15.9	20.2	20.3	108.4	101.0
4	135.9	137.9	134.6	152.3	151.3	12	27.8	27.6	27.6	26.2	82.8
5	201.4	73.4	86.7	73.1	76.7	13	15.7	16.5	16.2	15.3	30.5
6	56.3	52.3	45.4	50.7	60.2	14	21.8	22.6	22.5	21.8	25.3
7	37.2	44.6	44.3	38.3	47.3	15	14.4	15.0	15.0	14.9	13.9
8	23.4	25.2	25.1	24.6	27.0						

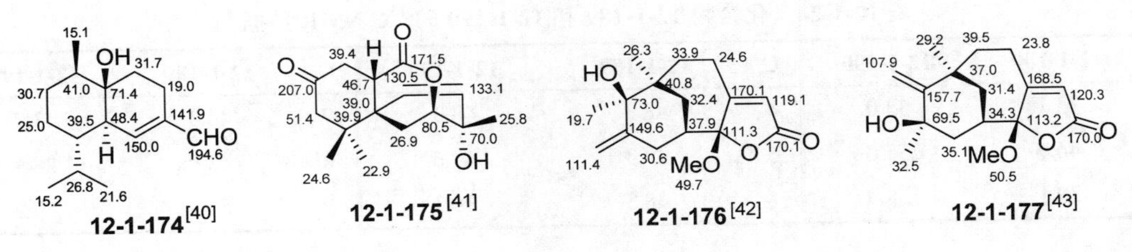

12-1-174[40] 12-1-175[41] 12-1-176[42] 12-1-177[43]

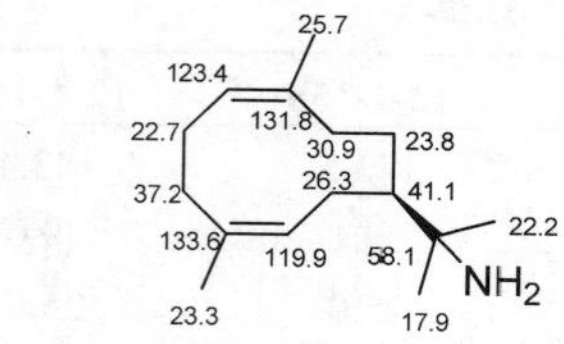

12-1-178[43] 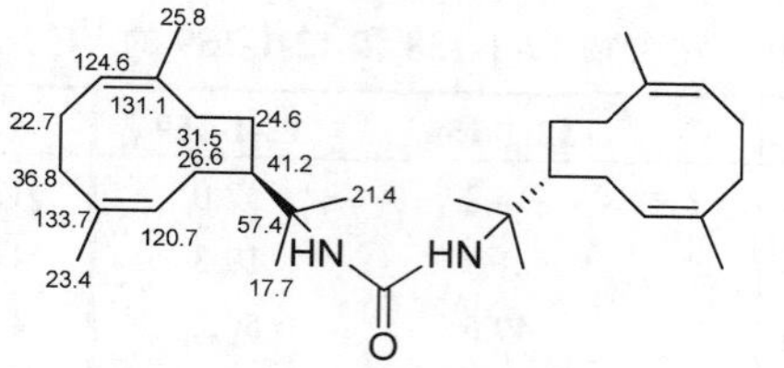　12-1-179[43] 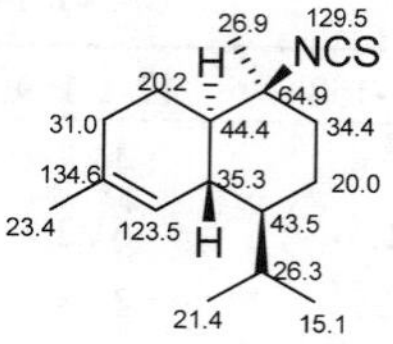　12-1-180[44]

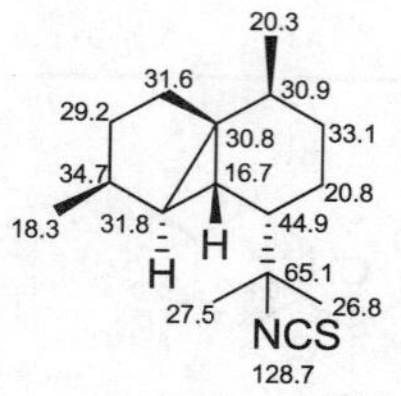

12-1-181[44] 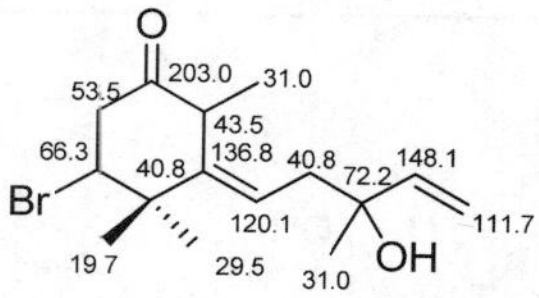　12-1-182[45] 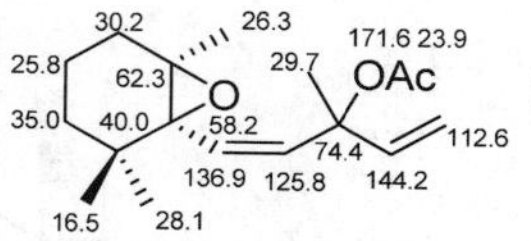　12-1-183[45]

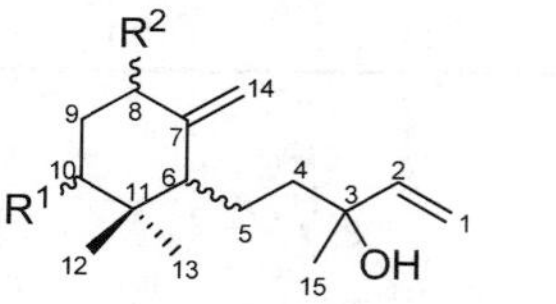

12-1-184 R^1=α-Br; R^2=β-Br
12-1-185 R^1=β-Br; R^2=α-Br

表 12-1-22　化合物 12-1-184 和 12-1-185 的 ^{13}C NMR 数据[45]

C	12-1-184	12-1-185	C	12-1-184	12-1-185	C	12-1-184	12-1-185
1	112.0	112.4	6	47.6	46.9	11	40.3	42.7
2	144.7	143.7	7	147.5	149.2	12	16.5	16.8
3	73.6	70.1	8	74.6	71.5	13	29.2	29.5
4	40.8	39.2	9	42.3	42.7	14	111.9	114.6
5	31.2	29.8	10	63.0	62.9	15	28.1	28.1

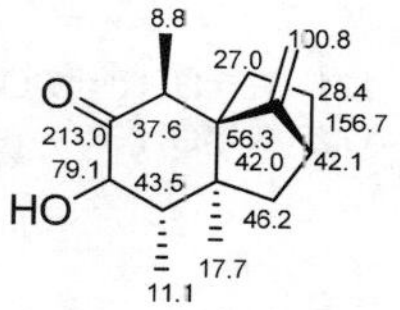

12-1-186[46]

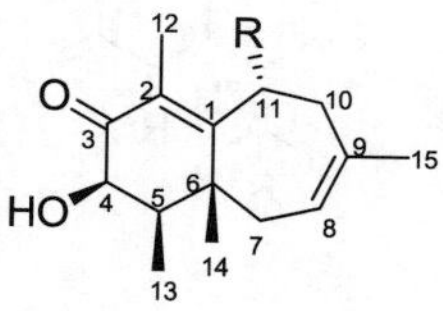

12-1-187 R=OH
12-1-188 R=H

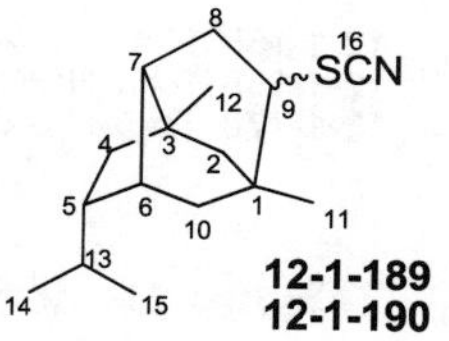

12-1-189 9*S*
12-1-190 9*R*

表 12-1-23　化合物 12-1-187 和 12-1-188 的 ^{13}C NMR 数据[46]

C	12-1-187	12-1-188	C	12-1-187	12-1-188	C	12-1-187	12-1-188
1	128.6	125.6	6	36.8	39.0	11	165.2	165.9
2	200.5	200.1	7	120.8	121.6	12	12.5	10.9
3	73.4	72.7	8	135.4	138.1	13	10.2	9.1
4	42.0	46.2	9	42.4	33.0	14	24.3	24.2
5	45.1	44.1	10	69.0	27.4	15	26.1	26.6

表 12-1-24　化合物 12-1-189 和 12-1-190 的 ^{13}C NMR 数据[47]

C	12-1-189	12-1-190	C	12-1-189	12-1-190	C	12-1-189	12-1-190
1	33.1	33.0	4	48.3	48.3	7	44.3	43.7
2	46.9	55.0	5	49.3	49.6	8	28.9	28.9
3	39.1	38.9	6	38.3	38.3	9	56.5	56.2

续表

C	12-1-189	12-1-190	C	12-1-189	12-1-190	C	12-1-189	12-1-190
10	35.5	27.3	13	29.7	29.6	16	113.5	113.5
11	26.5	26.8	14	21.6	21.6			
12	26.0	26.2	15	21.6	21.5			

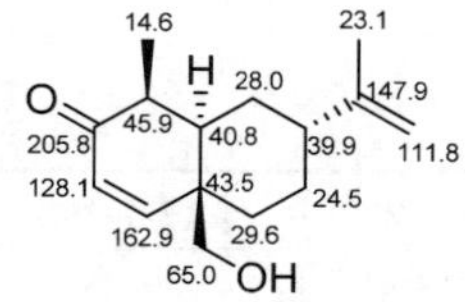

12-1-191[48] 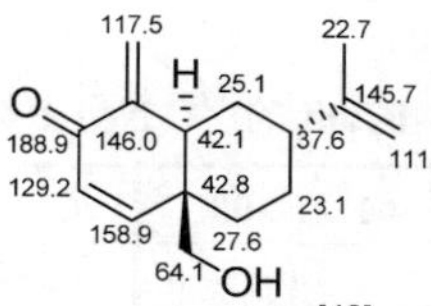　12-1-192[48] 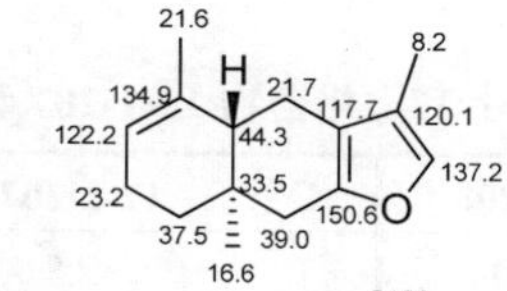　12-1-193[49] 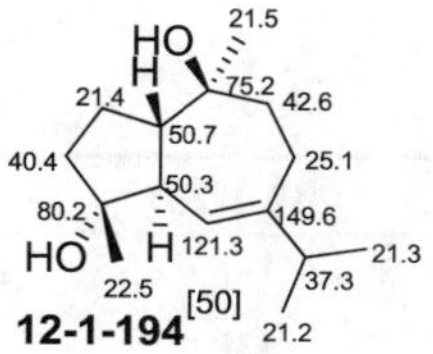　12-1-194[50]

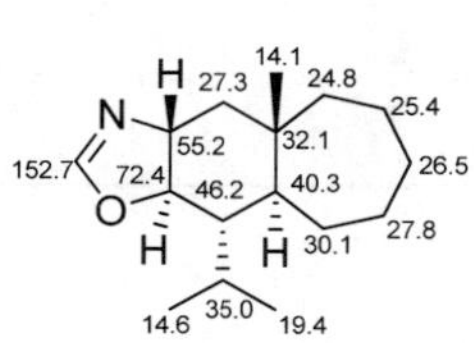

12-1-195[51] 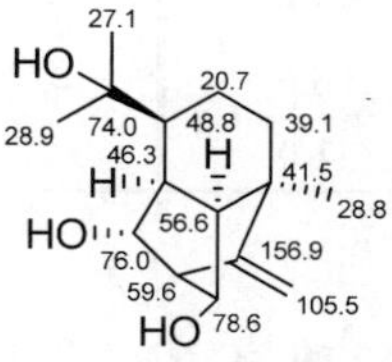　12-1-196[52] 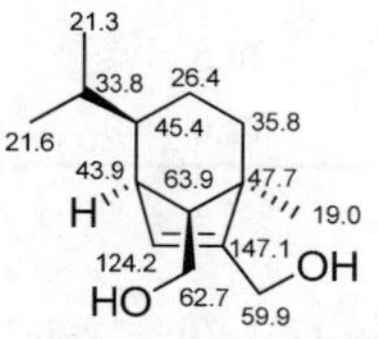　12-1-197[52] 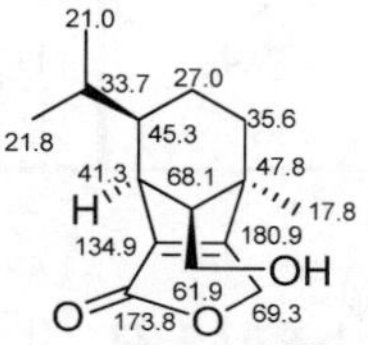　12-1-198[52] 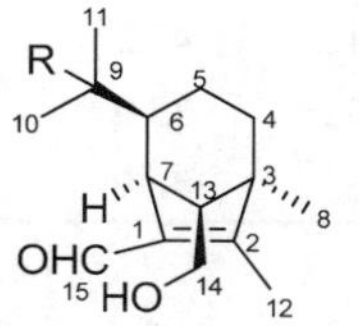　12-1-199 R=H　12-1-205 R=OH

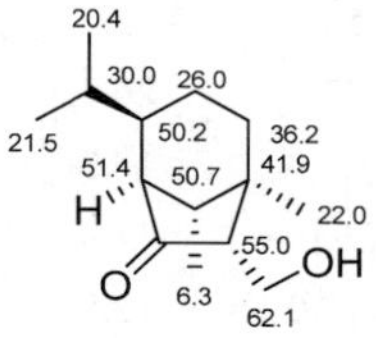

12-1-200[52] 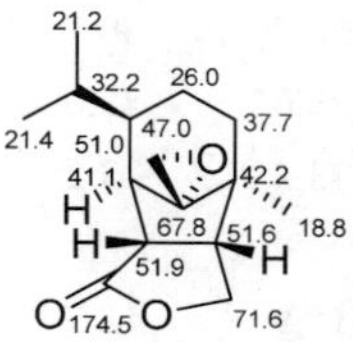　12-1-203[52] 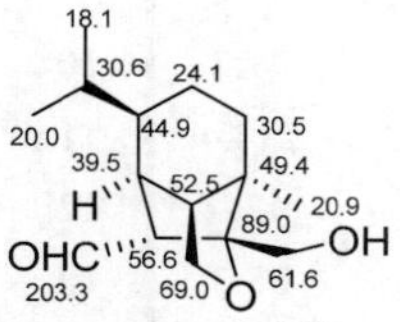　12-1-204[52] 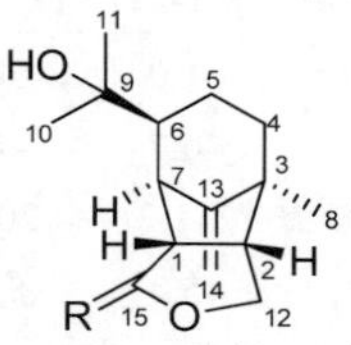　12-1-201 R=O　12-1-202 R=α-H, β-OMe

表 12-1-25　化合物 12-1-199 和 12-1-205 的 ^{13}C NMR 数据[52]

C	12-1-199	12-1-205	C	12-1-199	12-1-205	C	12-1-199	12-1-205
1	137.3	139.1	6	44.9	49.8	11	20.7	28.3
2	165.9	170.7	7	41.3	40.7	12	10.6	11.0
3	50.8	52.2	8	18.4	18.6	13	61.3	64.5
4	34.2	34.9	9	31.8	72.9	14	62.5	61.8
5	25.2	21.8	10	21.7	28.8	15	188.2	192.5

表 12-1-26　化合物 12-1-201 和 12-1-202 的 ^{13}C NMR 数据[52]

C	12-1-201	12-1-202	C	12-1-201	12-1-202	C	12-1-201	12-1-202
1	38.2	36.8	7	52.5	50.5	13	152.6	157.8
2	50.5	52.3	8	19.8	20.2	14	105.8	100.9
3	45.1	44.2	9	72.6	73.2	15	171.6	103.8
4	41.3	41.7	10	29.3	28.9	OMe		54.7
5	21.1	21.5	11	28.6	28.8			
6	49.8	50.9	12	69.5	64.9			

12-1-206[53]

12-1-207 R=H
12-1-208 R=OMe

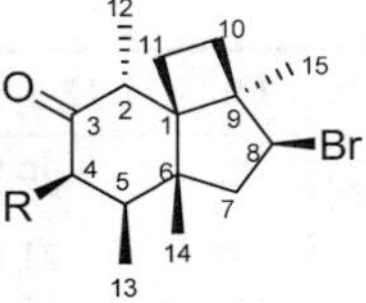

12-1-209 R=Br
12-1-210 R=OMe
12-1-211 R=H

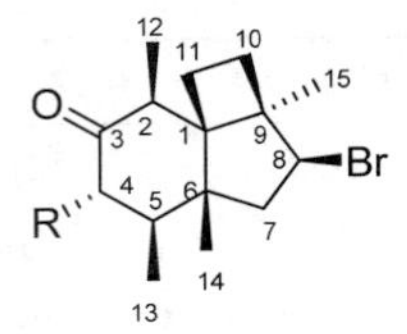

12-1-212 R=H
12-1-213 R=Br

表 12-1-27 化合物 12-1-207 和 12-1-208 的 ^{13}C NMR 数据[54]

C	12-1-207	12-1-208	C	12-1-207	12-1-208	C	12-1-207	12-1-208
1	166.9	167.1	7	32.8	34.8	13	15.8	11.5
2	130.5	128.5	8	119.6	120.0	14	18.8	23.5
3	199.1	196.2	9	137.0	137.5	15	25.2	25.5
4	42.2	84.0	10	33.5	32.8	OMe		59.0
5	33.9	39.4	11	26.5	26.6			
6	46.9	46.7	12	11.0	11.0			

表 12-1-28 化合物 12-1-209~12-1-213 的 ^{13}C NMR 数据[54]

C	12-1-209	12-1-210	12-1-211	12-1-212	12-1-213	C	12-1-209	12-1-210	12-1-211	12-1-212	12-1-213
1	60.3	60.8	61.0	56.7	57.2	9	50.4	50.7	50.3	52.2	51.3
2	39.9	40.8	46.7	40.6	47.2	10	27.0	27.0	27.1	26.1	25.6
3	205.6	212.8	211.2	207.1	214.4	11	23.2	23.2	23.9	18.0	20.4
4	57.2	88.2	45.4	53.9	42.0	12	8.9	8.6	9.0	11.9	13.8
5	39.1	40.9	37.1	43.3	35.3	13	15.5	12.7	17.0	12.8	16.1
6	48.0	47.9	47.5	47.6	46.5	14	14.2	15.1	11.7	14.4	14.5
7	46.8	46.2	44.5	45.7	45.1	15	23.9	23.7	23.9	22.2	22.6
8	61.1	62.2	62.1	59.2	60.6	OMe		58.0			

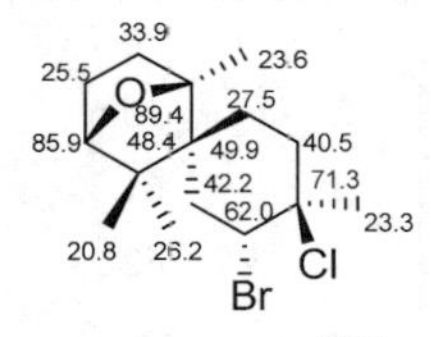

12-1-216 [55]

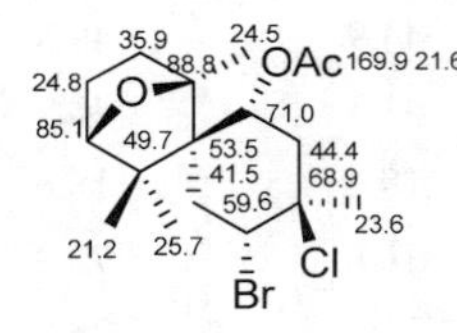

12-1-217 [55]

12-1-214 R=OH
12-1-215 R=OAc

表 12-1-29 化合物 12-1-214 和 12-1-215 的 ^{13}C NMR 数据[54]

C	12-1-214	12-1-215	C	12-1-214	12-1-215	C	12-1-214	12-1-215
1	139.7	142.6	7	46.5	46.3	13	15.2	15.4
2	127.3	124.0	8	59.7	59.7	14	22.2	11.8
3	74.4	75.3	9	74.6	74.4	15	25.7	25.3
4	60.1	54.9	10	44.4	44.5	OAc		170.4/21.1
5	35.4	35.3	11	24.3	24.4			
6	42.1	41.8	12	17.6	17.4			

12-1-220[56] 12-1-221[56] 12-1-222[56] 12-1-218 R=α-OH 12-1-219 R=β-OH

表 12-1-30 化合物 12-1-218 和 12-1-219 的 ^{13}C NMR 数据[56]

C	12-1-218	12-1-219	C	12-1-218	12-1-219	C	12-1-218	12-1-219
1	83.2	87.7	6	189.9	189.9	11	44.1	43.8
2	61.8	61.6	7	116.8	120.3	12	26.6	26.0
3	148.8	148.4	8	173.4	170.7	13	113.5	113.9
4	197.5	197.2	9	76.5	76.1	14	23.0	21.3
5	119.8	121.0	10	42.6	45.5	15	28.8	28.4

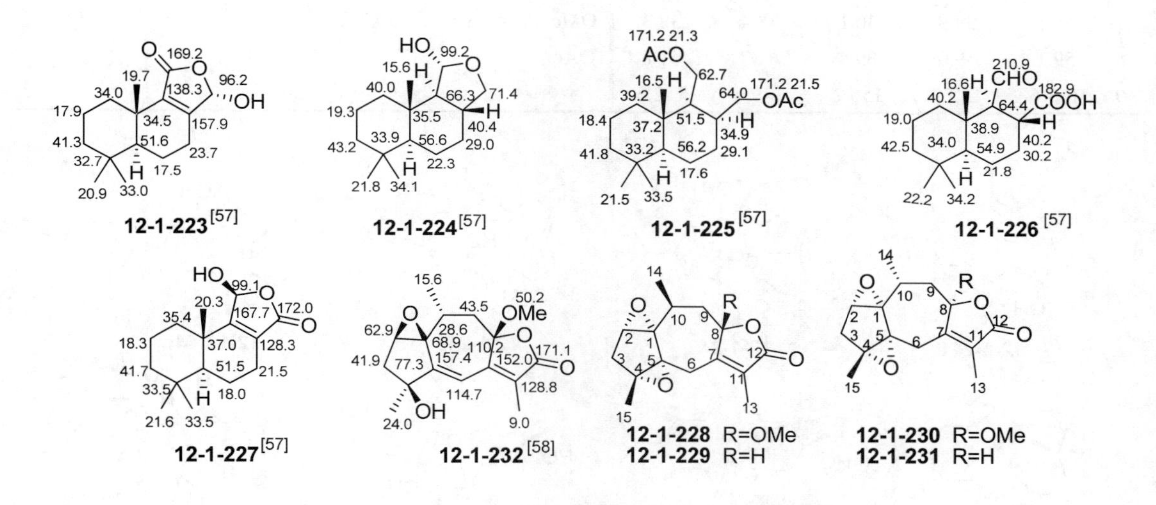

表 12-1-31 化合物 12-1-228~12-1-231 的 ^{13}C NMR 数据[58]

C	12-1-228	12-1-229	12-1-230	12-1-231	C	12-1-228	12-1-229	12-1-230	12-1-231
1	66.5	66.3	66.1	66.3	9	42.5	37.0	42.8	37.1
2	64.7	64.1	64.4	66.7	10	29.5	32.3	28.2	32.2
3	32.5	32.4	32.2	32.3	11	128.9	125.5	128.6	125.1
4	75.7	75.1	74.6	75.8	12	170.6	173.6	170.7	173.7
5	64.5	64.1	63.6	64.9	13	8.6	8.5	8.7	8.9
6	25.4	26.7	26.5	26.4	14	16.1	16.1	15.4	15.2
7	153.8	157.2	154.5	158.1	15	16.8	16.7	17.0	16.9
8	108.8	79.9	109.3	79.5	OMe	50.6		51.0	

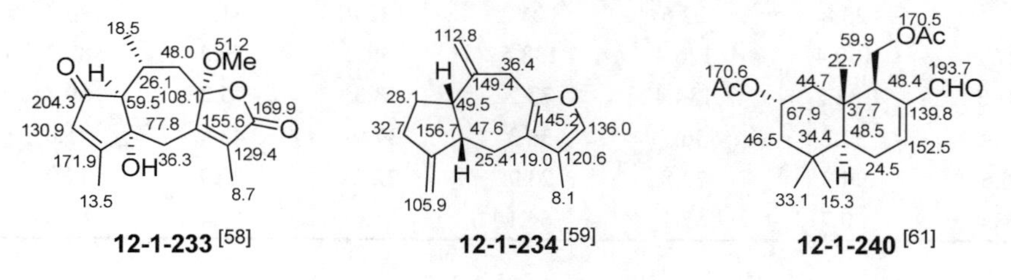

12-1-235 R^1=Me; R^2=H
12-1-236 R^1=Me; R^2=Ac
12-1-237 R^1=R^2=H

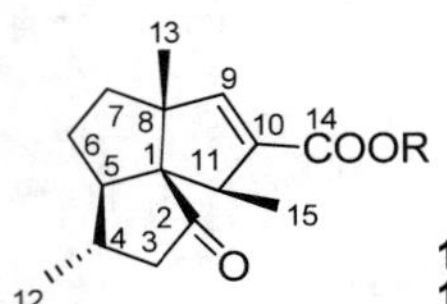

12-1-238 R=H
12-1-239 R=Me

表 12-1-32 化合物 12-1-235~12-1-239 的 ^{13}C NMR 数据[60]

C	12-1-235	12-1-236	12-1-237	12-1-238	12-1-239
1	68.0	66.9	68.2	68.5	68.5
2	76.1	79.2	76.0	217.8	217.7
3	45.7	42.8	45.7	50.0	49.9
4	39.7	39.8	39.7	33.4	33.3
5	63.7	63.9	63.7	62.8	62.7
6	30.0	30.1	30.4	28.4	28.3
7	40.1	39.9	40.1	38.4	38.3
8	59.1	59.0	59.4	61.7	61.8
9	153.6	152.9	156.2	149.6	152.3
10	137.1	137.1	136.2	137.0	136.5
11	50.7	51.4	50.6	51.5	51.6
12	20.4	20.0	20.5	20.0	19.9
13	22.4	21.9	22.3	23.6	23.4
14	165.6	170.3	168.7	165.0	169.5
15	17.6	17.7	17.5	17.9	17.7
OMe	51.3	50.9			52.0
OAc		177.7/21.7			

12-1-241 12-1-242 12-1-243 12-1-244

12-1-245 12-1-246 12-1-247 12-1-248

表 12-1-33 化合物 12-1-241~12-1-248 的 ^{13}C NMR 数据[62~65]

C	12-1-241	12-1-242	12-1-243	12-1-244	12-1-245	12-1-246	12-1-247	12-1-248
1	146.9	149.1	146.0	46.7	47.3	151.5	150.5	47.2
2	118.9	122.6	123.1	131.0	130.1	118.1	120.1	70.2
3	121.4	141.6	60.9	138.1	138.0	123.7	122.5	131.9
4	135.0	73.9	61.3	72.1	72.3	132.9	137.8	136.6
5	38.8	42.3	37.2	47.1	46.8	39.5	40.4	40.0
6	25.0	23.8	22.6	124.2	122.0	31.1	26.7	25.9
7	127.1	130.4	126.4	138.5	139.2	79.2	88.2	124.8
8	131.3	132.2	134.4	73.2	73.3	75.3	69.8	135.7
9	47.9	37.2	36.7	38.3	37.9	43.9	41.0	35.9
10	66.6	24.3	23.8	23.7	22.2	29.9	24.2	29.4
11	128.4	60.7	57.1	64.1	65.6	79.4	80.4	76.3

续表

C	12-1-241	12-1-242	12-1-243	12-1-244	12-1-245	12-1-246	12-1-247	12-1-248
12	140.7	62.5	63.8	61.2	61.2	80.5	73.5	75.5
13	40.0	73.9	68.6	36.0	36.1	38.2	41.6	31.3
14	28.5	117.9	34.7	27.4	27.8	24.6	24.4	18.1
15	34.4	33.9	32.6	33.3	33.2	37.3	35.6	59.1
16	22.6	22.2	22.8	20.1	20.3	21.9	22.4	18.9
17	21.9	21.8	21.6	19.4	19.4	22.2	23.0	52.4
18	17.3	28.2	18.2	26.5	27.3	18.3	17.6	14.9
19	16.8	15.1	14.7	27.8	30.9	21.4	20.4	16.5
20	17.1	15.3	14.7	15.6	15.4	18.6	24.3	19.1
OAc		170.5/20.8						

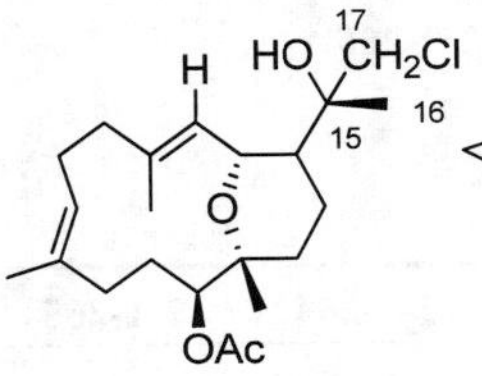

12-1-249 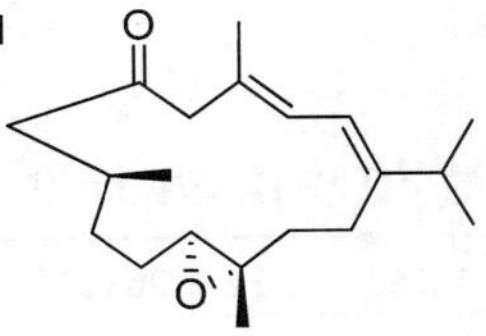 12-1-250 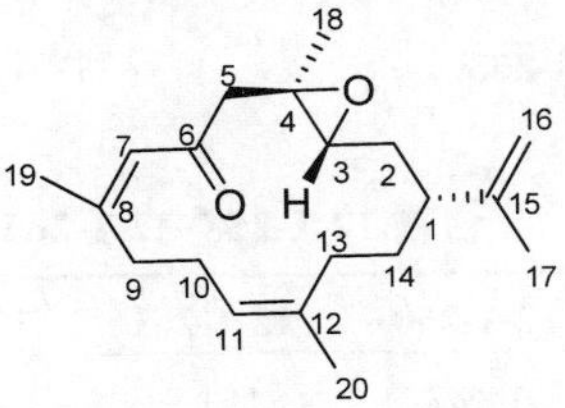 12-1-251 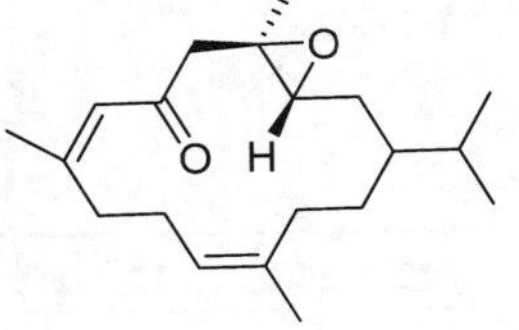 12-1-252

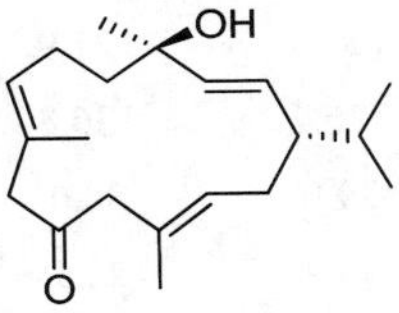

12-1-253 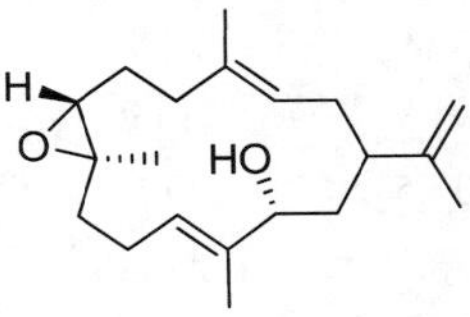 12-1-254 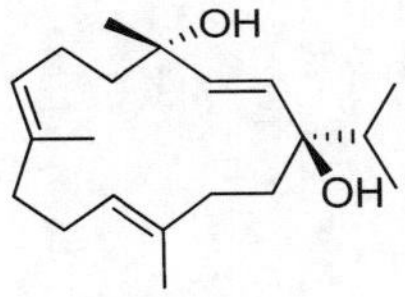 12-1-255 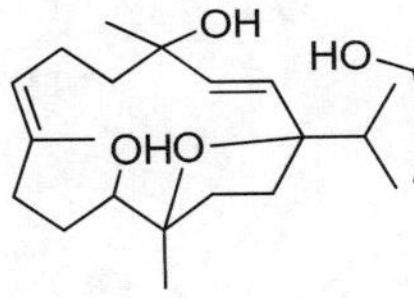 12-1-256 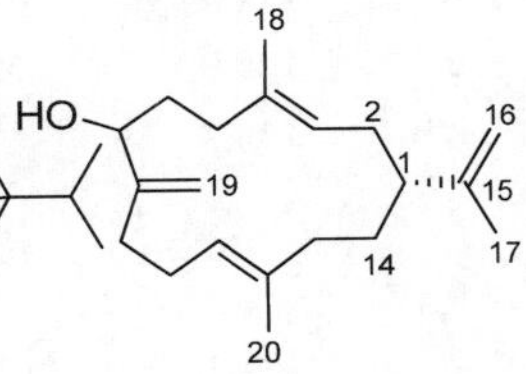 12-1-257

表 12-1-34 化合物 12-1-249~12-1-257 的 ^{13}C NMR 数据[65~70]

C	12-1-249	12-1-250	12-1-251	12-1-252	12-1-253	12-1-254	12-1-255	12-1-256	12-1-257
1	47.2	148.5	42.6	41.6	50.4	40.6	78.7	84.6	44.7
2	68.5	117.9	32.8	33.6	129.9	24.0	33.1	129.0	33.6
3	131.6	125.2	60.6	62.4	136.2	123.1	36.2	137.7	126.5
4	136.8	130.3	58.8	58.6	73.2	135.1	136.4	74.4	133.5
5	38.9	53.4	53.7	54.6	42.6	38.8	126.4	42.9	35.2
6	26.1	210.7	197.7	197.1	23.5	33.5	23.9	28.4	32.1
7	125.7	49.5	126.2	123.7	131.9	63.3	39.0	128.4	68.9
8	134.4	28.7	160.7	160.8	128.3	60.7	133.3	133.6	151.1
9	35.1	33.5	31.4	40.9	53.6	38.0	127.6	29.6	31.6
10	26.6	24.6	25.0	24.3	207.2	24.1	23.3	34.6	25.5
11	77.2	60.5	121.7	123.3	44.8	127.2	44.8	76.2	125.0
12	74.2	61.0	135.6	135.8	130.5	135.8	74.2	88.2	135.5
13	30.0	35.9	34.9	34.9	126.8	75.2	137.6	36.6	39.9
14	18.0	25.1	30.0	30.4	31.0	37.2	129.0	35.2	25.5
15	74.2	32.2	148.1	147.5		147.6	38.7	39.2	147.8
16	20.2	21.3	110.9	111.5	18.3	18.4	16.6	18.4	110.8
17	53.5	23.0	19.1	18.3	21.4	111.0	17.6	17.6	19.0
18	15.0	17.3	19.1	17.2	27.4	16.2	14.7	29.3	15.9
19	16.3	20.3	24.3	19.4	16.7	16.7	14.8	16.7	109.4
20	20.2	18.7	17.5	17.5	24.7	13.0	29.3	20.0	15.3
OAc	171.6/21.6								

12-1-258 12-1-259 12-1-260 12-1-261

12-1-262 12-1-263 12-1-264 12-1-265

表 12-1-35 化合物 12-1-258~12-1-265 的 ^{13}C NMR 数据[72,73]

C	12-1-258	12-1-259	12-1-260	12-1-261	12-1-262	12-1-263	12-1-264	12-1-265
1	146.5	146.9	145.2	151.9	152.5	147.9	146.5	147.0
2	118.8	125.6	120.6	122.6	119.7	122.6	118.7	118.0
3	120.0	59.4	120.4	83.1	59.0	47.8	121.8	121.9
4	133.3	61.7	138.2	74.6	61.9	213.2	136.7	136.8
5					37.5	39.5	39.0	38.0
6					23.1	24.4	25.4	22.1
7	127.1	124.8	124.5	127.5	129.7	127.6	128.9	29.8
8	138.5	135.0	134.3	132.7	130.0	130.5	129.2	156.4
9					53.1	52.9	53.2	126.8
10					208.5	208.2	209.8	202.1
11	60.8	62.3	126.4	130.2	49.2	49.6	49.9	52.4
12	61.1	61.3	132.6	130.9	28.3	29.0	29.1	31.9
13			49.2	45.6	38.0	35.8	37.4	37.1
14			72.3	86.3	25.9	24.1	25.0	26.0
15	73.7	77.3	75.8	70.0	73.8	73.7	73.9	73.9
16	29.7	26.4	34.0	30.8	29.6	29.2	29.7	29.1
17	29.7	25.0	31.9	30.5	29.8	29.4	29.8	29.3
18	18.0	18.0	17.0	23.8	18.0	16.8	17.1	16.5
19	15.0	14.7	15.8	15.9	17.0	17.8	17.2	22.9
20	17.5	16.0	17.3	17.3	21.4	19.4	20.3	20.3
CH_2	38.8	39.9	39.1	39.2				
	38.0	38.2	38.6	38.7				
	36.8	36.8	24.9	25.1				
	24.9	25.0	24.5	21.9				
	24.3	24.5						
	23.5	22.5						
OMe		50.3						

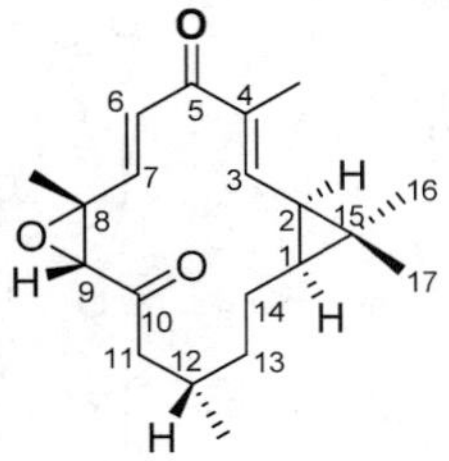

12-1-266 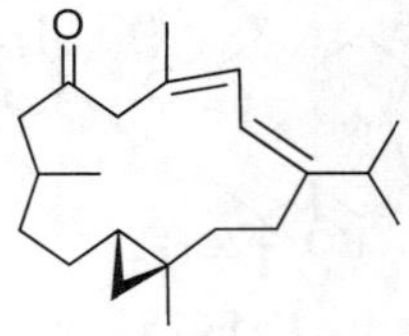 12-1-267 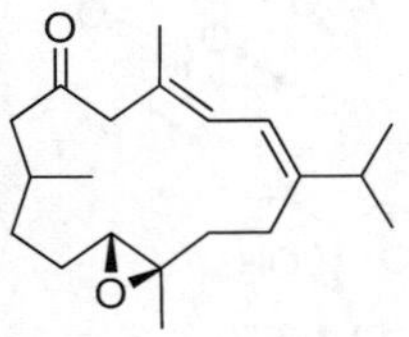 12-1-268 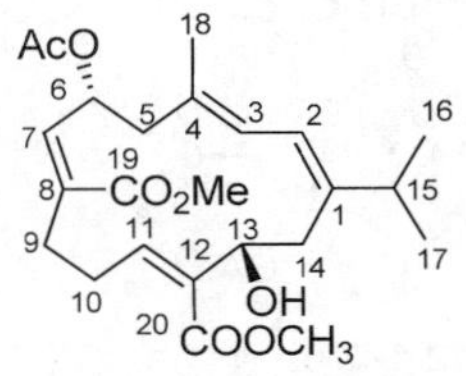 12-1-269

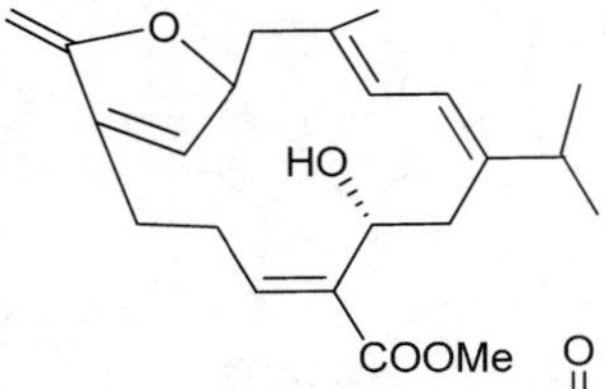

12-1-270 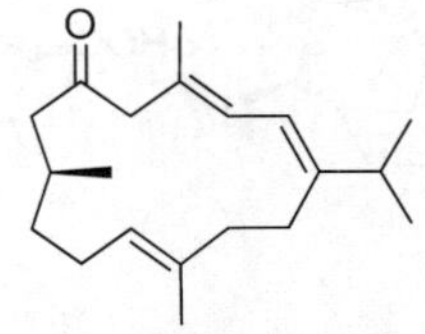 12-1-271 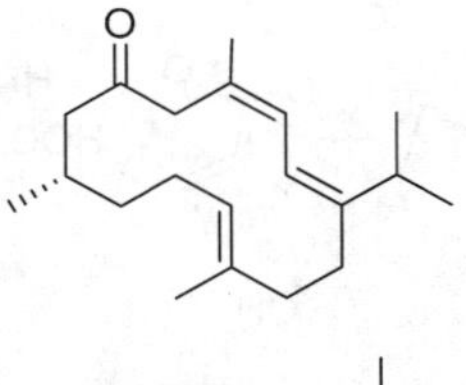 12-1-272

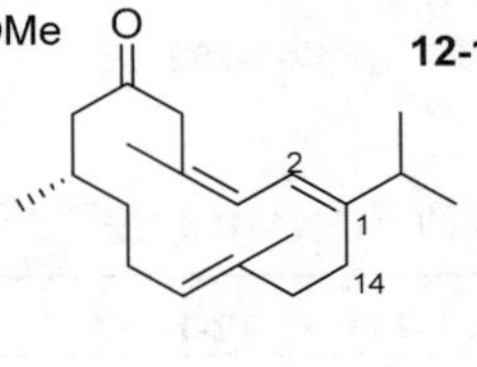

12-1-273 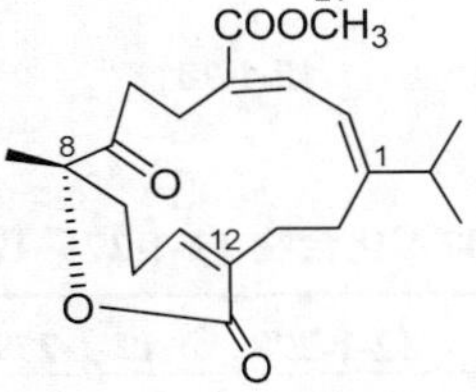 12-1-274 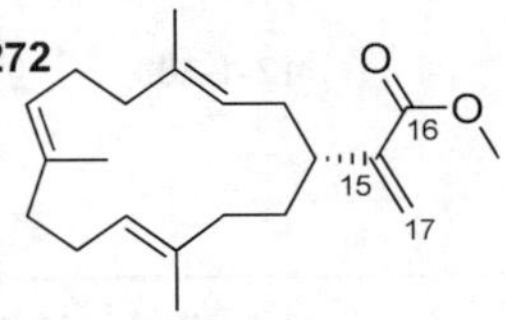 12-1-275

表 12-1-36 化合物 12-1-266~12-1-275 的 ^{13}C NMR 数据[74~79]

C	12-1-266	12-1-267	12-1-268	12-1-269	12-1-270	12-1-271	12-1-272	12-1-273	12-1-274	12-1-275
1	34.0	147.7	148.5	142.6	143.5	148.6	145.3	147.9	155.8	29.6
2	27.5	118.8	117.9	119.8	119.5	118.7	119.4	119.1	118.9	32.8
3	146.0	125.0	125.3	124.9	126.4	126.8	123.6	127.3	136.3	123.5
4	137.3	129.6	130.4	131.3	130.4	128.5	128.8	128.3	129.7	135.4
5	196.4	47.2	53.7	45.3	45.6	54.4	50.5	48.0	20.2	38.9
6	134.8	209.9	210.6	69.3	79.7	211.2	211.0	212.4	33.9	24.9
7	137.6	48.5	49.6	137.1	151.3	48.8	46.0	46.1	209.8	125.8
8	61.6	28.4	28.7	134.7	132.1	28.4	27.6	27.2	87.0	133.4
9	66.2	33.8	33.5	33.5	24.3	37.3	35.8	38.5	33.8	39.5
10	203.9	24.9	24.6	27.2	26.1	24.7	24.6	24.4	27.0	23.8
11	49.5	63.6	61.0	140.0	139.5	125.9	126.2	125.5	143.7	122.3
12	29.8	60.2	60.5	135.1	136.9	136.0	134.2	132.8	131.8	133.9
13	36.3	37.3	35.9	71.2	71.1	37.9	36.9	37.3	32.3	34.2
14	23.8	26.0	25.2	36.9	38.7	29.8	27.2	27.8	31.8	29.2
15	26.6	32.0	32.2	33.5	33.8	33.5	29.4	32.7	22.6	144.7
16	29.1	20.9	21.3	21.2	21.3	21.8	21.2	21.1	22.7	168.0
17	16.2	23.5	23.0	22.6	22.5	229	21.6	23.6	20.5	123.6
18	11.8	25.3	17.3	17.0	17.4	16.4	24.1	23.5	168.8	15.4
19	19.8	20.0	20.3	167.0	173.8	20.0	19.4	20.4	28.8	15.3
20	21.8	16.9	18.7	168.2	167.7	18.1	15.4	16.1	167.1/51.9	17.7
21				170.1						
6-OAc				21.2						
19-OMe				51.6						
20-OMe				51.3						
OMe										51.7

12-1-276　12-1-277　12-1-278　12-1-279

12-1-280　12-1-281　12-1-282　12-1-283

表 12-1-37　化合物 12-1-276~12-1-283 的 ^{13}C NMR 数据[79~82]

C	12-1-276	12-1-277	12-1-278	12-1-279	12-1-280	12-1-281	12-1-282	12-1-283
1	146.0	37.1	36.6	46.0	47.7	38.0	37.7	38.2
2	120.0	32.1	33.7	32.6	35.3	27.2	27.3	27.7
3	126.4	86.2	71.2	82.6	82.6	83.2	82.6	85.1
4	133.0	75.4	75.8	73.7	73.9	73.0	72.9	73.8
5	35.4	39.7	39.5	33.6	34.9	30.7	33.9	38.4
6	25.8	23.3	24.3	21.8	22.4	26.7	25.4	22.1
7	123.9	128.7	128.9	127.8	126.4	85.3	90.4	124.7
8	134.8	135.7	133.9	133.4	133.7	142.5	143.1	133.5
9	38.6	36.5	35.9	39.3	38.3	31.5	24.8	34.1
10	24.6	32.0	27.8	25.1	25.2	24.9	23.5	29.5
11	126.9	73.3	70.7	131.4	130.8	63.6	64.2	77.0
12	130.0	74.8	75.3	127.7	128.0	59.2	59.4	138.8
13	41.9	38.9	34.9	45.9	47.4	34.4	34.3	124.5
14	72.5	28.8	24.4	114.7	115.3	30.3	30.9	29.7
15	28.1	45.7	146.6	139.6	139.3	43.0	43.0	138.8
16	24.8	177.8	169.6	167.7	170.8	174.5	174.5	165.8
17	23.8	15.7	124.3	123.5	124.2	17.1	17.4	125.9
18	61.7	24.9	23.7	67.3	66.9	24.5	24.4	24.7
19	15.7	16.2	16.8	15.3	15.6	114.2	117.2	14.5
20	18.5	24.5	24.1	19.1	18.0	15.7	15.6	11.5
OAc	170.0/21.0			171.7/20.9	171.2/20.9			
OMe	170.5/21.3		52.4					

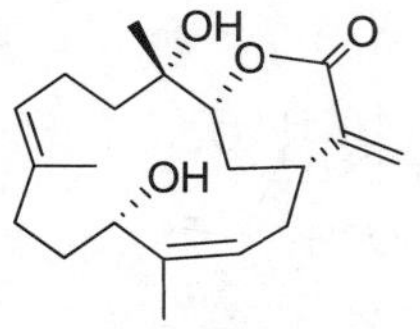

12-1-284 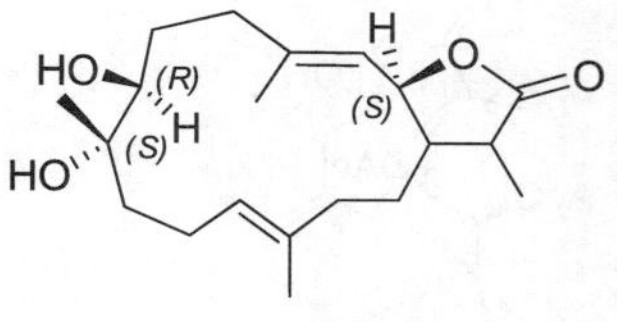 12-1-285 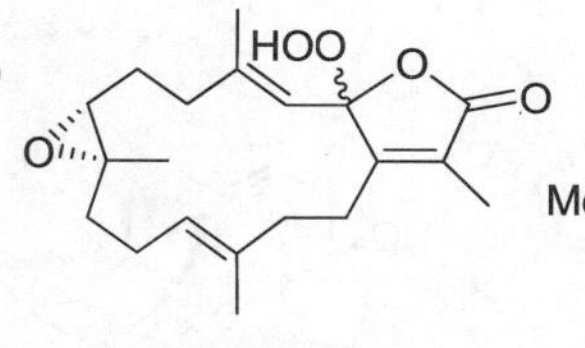 12-1-286 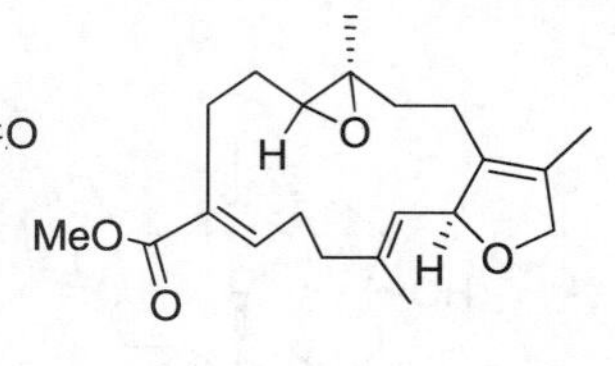 12-1-287

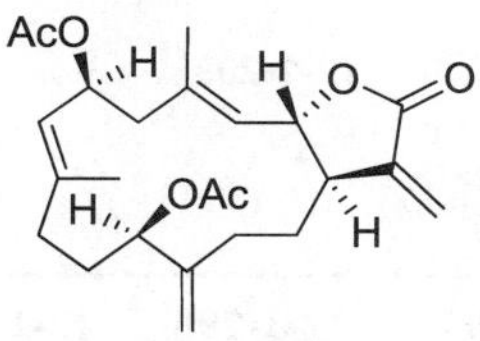

12-1-288 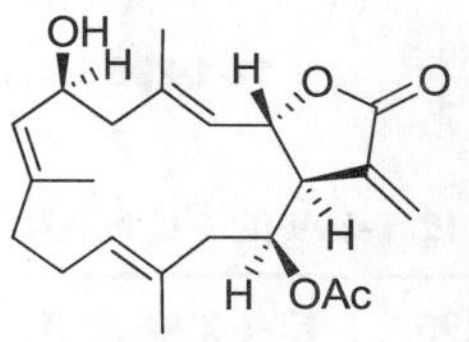 12-1-289 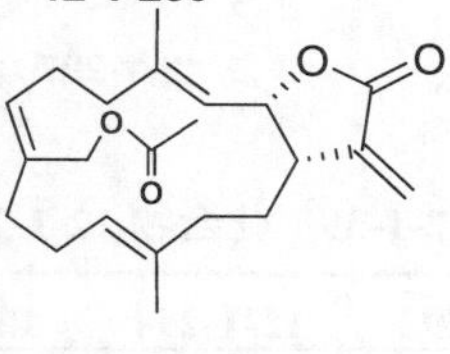 12-1-290 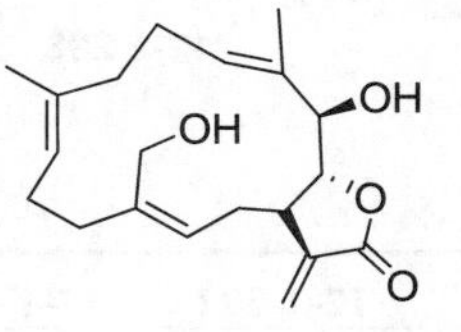 12-1-291

表 12-1-38 化合物 12-1-284~12-1-291 的 ^{13}C NMR 数据[82~89]

C	12-1-284	12-1-285	12-1-286	12-1-287	12-1-288	12-1-289	12-1-290	12-1-291
1	41.2	162.7	151.1	132.4	46.4	42.9	43.2	42.2
2	31.2	79.1	85.0	83.3	73.7	78.0	78.0	83.7
3	84.2	120.9	112.8	127.4	124.7	126.8	120.5	78.9
4	73.7	143.9	147.9	139.5	141.4	141.6	141.7	131.9
5	37.3	35.5	37.2	38.0	43.2	44.9	39.5	131.2
6	22.9	26.7	23.1	25.6	69.5	67.9	24.1	24.2
7	126.6	72.8	63.0	141.6	124.7	125.1	132.1	37.6
8	135.0	75.4	60.2	131.8	139.9	136.0	132.1	134.0
9	35.0	37.1	37.8	25.5	34.9	39.2	36.0	123.6
10	32.0	22.7	22.4	22.9	35.3	23.9	24.1	24.4
11	67.9	125.2	127.5	62.9	77.6	123.8	123.5	34.7
12	140.4	134.8	131.2	61.4	146.5	131.9	134.2	140.3
13	126.3	36.5	34.4	38.6	29.7	36.3	36.3	124.6
14	33.0	26.8	23.2	25.9	71.2	32.6	27.0	33.8
15	139.7	122.8	124.7	129.4	136.4	140.2	138.7	138.5
16	166.0	175.6	170.2	78.1	123.6	122.2	170.7	169.8
17	128.2	8.9	9.0	9.9	169.4	170.4	120.6	123.4
18	25.1	16.5	24.3	14.8	18.9	16.0	15.0	13.2
19	17.0	24.2	17.0	167.9	16.7	15.5	61.7	17.0
20	16.5	15.4	14.8	16.7	114.7	15.4	15.8	60.0
OAc					170.1/20.9 170.2/21.3	170.4/21.4	171.1/20.9	
OMe				51.8				

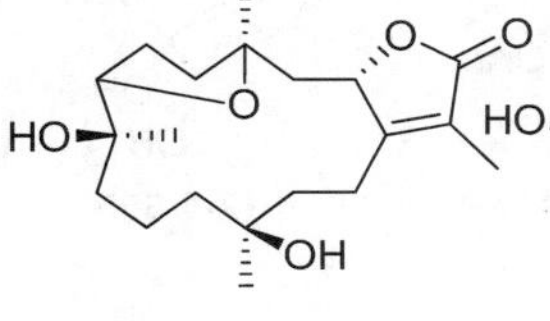

12-1-292 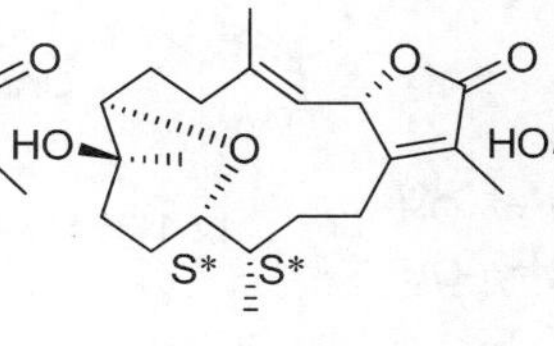 12-1-293 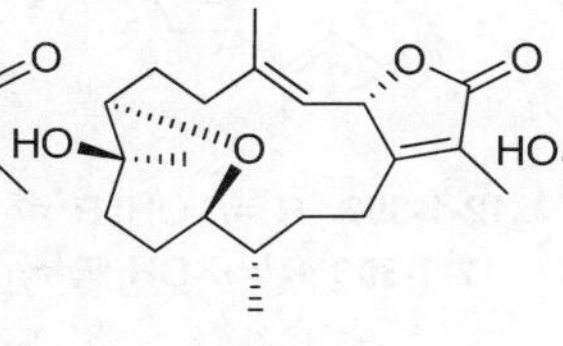 12-1-294 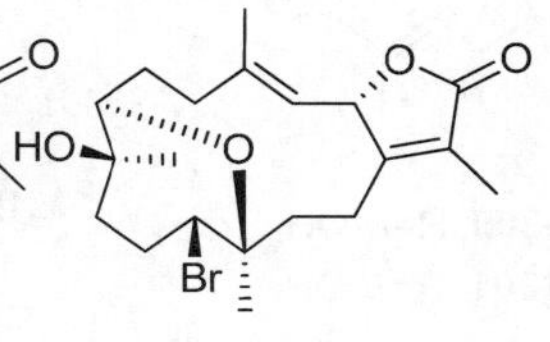 12-1-295

12-1-296　　12-1-297　　12-1-298　　12-1-299

表 12-1-39　化合物 12-1-292~12-1-299 的 ^{13}C NMR 数据[90~92]

C	12-1-292	12-1-293	12-1-294	12-1-295	12-1-296	12-1-297	12-1-298	12-1-299
1	163.9	164.6	163.9	162.5	163.2	160.6	156.6	134.6
2	78.5	80.1	79.9	80.1	80.3	106.5	106.6	85.1
3	44.7	119.3	119.3	118.8	121.0	46.2	46.4	126.8
4	82.1	144.2	143.5	146.0	147.8	128.3	132.4	141.6
5	40.1	37.3	36.2	36.5	35.6	130.1	131.6	39.7
6	20.5	20.0	20.5	24.8	30.0	24.3	25.3	27.1
7	88.7	84.9	83.7	84.1	77.4	37.2	32.4	144.1
8	73.4	69.9	70.2	70.0	69.1	48.9	39.5	131.4
9	36.0	40.2	41.0	40.5	45.6	86.7	85.3	36.4
10	19.3	27.6	27.6	24.7	24.5	25.8	31.4	25.4
11	38.3	82.3	77.8	68.2	59.1	38.1	39.7	124.1
12	73.2	38.0	36.0	80.0	79.0	86.1	82.9	137.2
13	39.2	31.0	31.4	39.6	31.1	49.9	75.4	37.7
14	26.1	24.7	23.0	22.8	24.2	26.8	70.7	26.9
15	123.6	122.3	122.9	124.5	123.8	124.6	128.5	128.3
16	174.5	174.2	176.1	175.5	174.1	170.5	168.4	78.8
17	8.5	8.8	8.8	9.1	8.9	8.1	9.7	9.8
18	28.2	19.3	16.4	17.8	22.9	19.5	19.5	15.1
19	25.0	20.0	20.5	20.3	20.8	20.0	15.9	169.6
20	30.0	17.2	14.6	27.4	22.0	18.1	23.5	15.5
OAc							173.0/20.0	
OMe							168.4/20.0	51.3

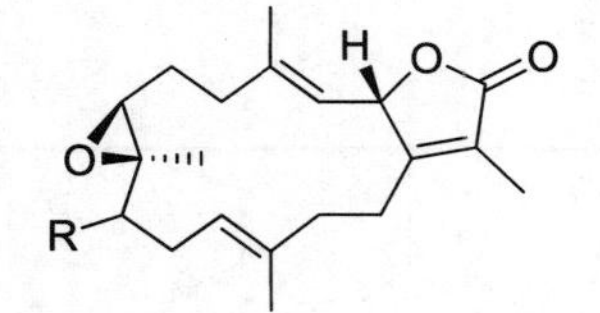

12-1-300 R=α-OH
12-1-301 R=β-OH

12-1-302 R^1=β-OH; R^2=α-OH
12-1-303 R^1=α-OH; R^2=β-OH

12-1-304

12-1-305

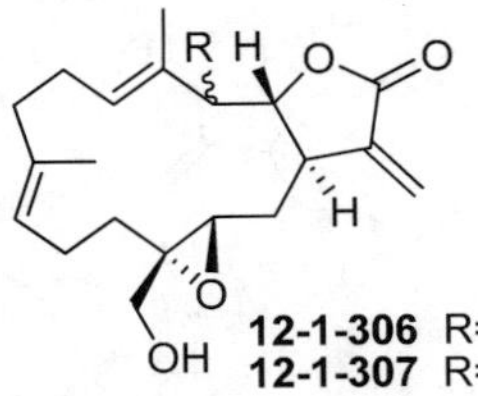

12-1-306 R=β-OH **12-1-307** R=α-OH **12-1-308** 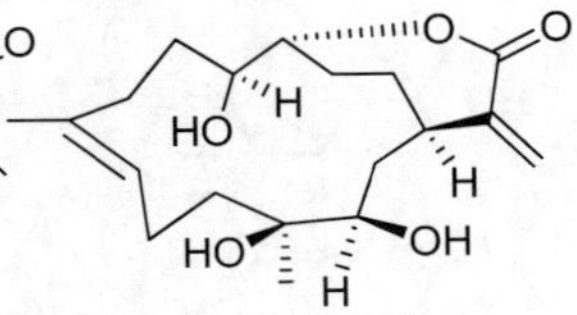 **12-1-309** 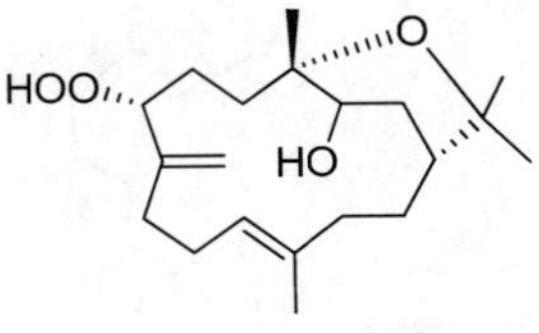 **12-1-310**

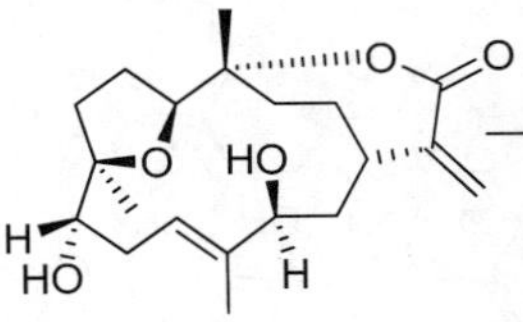

表 12-1-40 化合物 12-1-300~12-1-307 的 ^{13}C NMR 数据[93~95]

C	12-1-300	12-1-301	12-1-302	12-1-303	12-1-304	12-1-305	12-1-306	12-1-307
1	161.7	162.0	163.0	163.2	46.7	38.1	41.4	36.9
2	78.4	78.3	79.1	79.3	76.1	83.2	82.4	81.8
3	120.7	120.7	121.2	120.6	59.6	79.7	80.2	73.4
4	143.8	143.4	143.3	144.2	64.4	132.0	131.7	131.1
5	37.4	37.2	35.3	35.3	23.9	131.2	131.6	127.3
6	24.4	24.5	27.8	26.7	33.4	23.6	24.5	24.3
7	61.5	57.1	72.3	72.5	129.7	37.5	38.5	38.2
8	60.2	61.2	78.0	75.4	127.7	137.3	134.8	134.6
9	78.6	70.7	38.9	36.8	44.6	124.3	124.2	124.0
10	31.6	29.0	24.8	23.5	69.3	21.6	23.6	23.1
11	119.1	118.1	124.0	125.2	128.4	32.5	32.8	32.5
12	138.5	138.7	134.7	134.5	137.5	75.4	62.9	62.6
13	36.6	36.5	36.2	36.4	41.3	71.9	63.2	63.0
14	27.8	27.6	25.8	26.8	67.8	34.9	31.4	32.7
15	123.0	122.5	122.7	122.4	135.4	138.2	138.8	139.7
16	177.4	174.4	174.9	175.1	123.4	169.4	169.4	170.0
17	8.9	8.6	8.9	8.8	170.0	123.5	123.9	122.8
18	16.3	15.8	15.9	16.4	20.5	13.1	12.5	15.2
19	10.7	15.7	26.4	24.2	15.7	17.3	15.6	15.6
20	15.3	15.4	15.7	15.2	15.9	67.5	61.8	61.7
OAc					170.9/21.5			
					170.6/21.1			

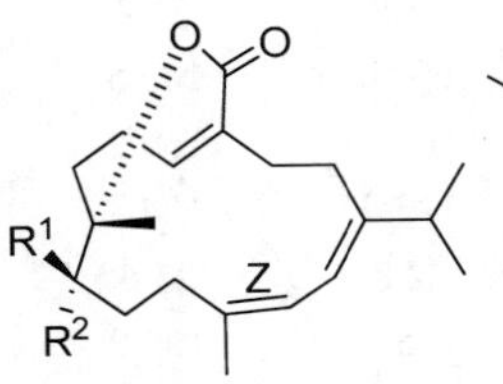

12-1-311 R^1=H; R^2=OH **12-1-312** R^1=R^2=O **12-1-313** 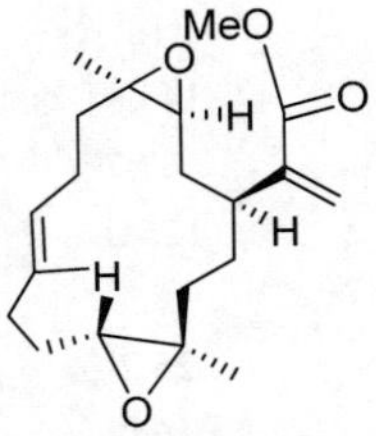 **12-1-314** 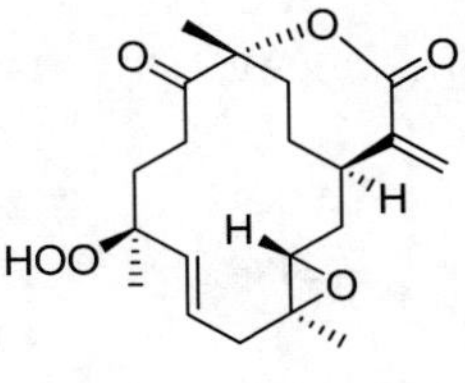 **12-1-315**

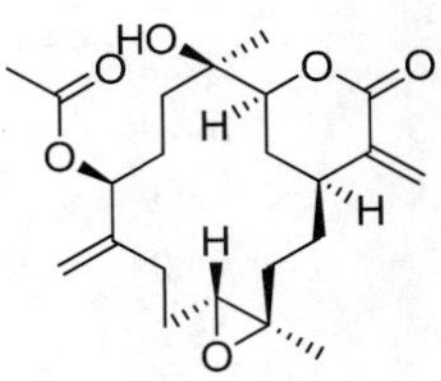

12-1-316 R=β-OAc
12-1-317 R=α-OAc

12-1-318

12-1-319

12-1-320

表 12-1-41 化合物 12-1-308~12-1-312 的 ^{13}C NMR 数据[96~99]

C	12-1-308	12-1-309	12-1-310	12-1-311	12-1-312	C	12-1-308	12-1-309	12-1-310	12-1-311	12-1-312
1	39.2	36.3	34.9	145.2	146.0	12	134.8	74.9	135.3	135.8	137.8
2	33.3	36.2	31.4	27.7	25.7	13	76.8	73.3	36.9	123.5	122.5
3	33.7	31.6	71.3	27.8	27.5	14	28.0	28.6	29.3	119.9	119.6
4	87.4	87.2	75.6	133.7	132.1	15	146.8	142.2	75.9	30.2	31.3
5	85.2	68.4	36.4	140.3	143.6	16	170.1	169.2	25.7	19.9	20.5
6	30.0	30.2	31.2	32.0	34.0	17	123.8	125.0	30.9	23.3	23.0
7	34.6	36.6	91.2	34.3	32.8	18	19.4	22.7	23.8	166.9	166.8
8	85.1	135.6	150.0	82.6	87.3	19	30.2	15.9	110.3	22.3	29.4
9	77.8	127.2	31.0	66.7	211.4	20	11.6	24.1	16.8	27.9	26.7
10	38.0	22.1	34.2	27.3	31.9						
11	128.0	37.9	126.6	34.8	34.0						

表 12-1-42 化合物 12-1-313~12-1-320 的 ^{13}C NMR 数据[100,101]

C	12-1-313	12-1-314	12-1-315	12-1-316	12-1-317	12-1-318	12-1-319	12-1-320
1	34.5	35.2	36.3	34.9	35.0	32.6	36.6	36.8
2	27.0	27.3	27.3	29.3	30.5	29.7	30.9	26.0
3	82.0	60.1	32.8	32.4	32.0	32.8	31.8	37.0
4	72.7	60.2	91.1	87.2	86.7	90.9	89.3	79.0
5	31.0	36.8	210.1	75.1	75.1	72.9	66.4	216.0
6	26.1	22.1	25.6	23.6	25.3	29.2	28.0	33.7
7	73.5	126.5	28.7	35.4	37.2	31.0	31.8	31.6
8	142.1	134.2	84.0	73.4	72.4	151.2	149.9	135.0
9	29.8	36.0	133.7	140.4	138.8	82.9	77.9	124.5
10	23.5	24.5	125.0	124.2	126.1	29.3	25.5	23.5
11	63.8	61.9	42.5	42.5	42.6	37.7	35.5	38.5
12	59.3	60.9	60.7	60.5	60.9	86.0	74.2	60.0
13	34.4	33.0	61.0	60.5	61.3	72.7	72.1	59.5
14	32.2	29.7	31.2	32.0	32.3	37.9	37.2	33.0
15	139.9	142.6	143.8	143.1	143.4	144.6	142.5	142.8
16	167.1	167.3	167.7	168.5	168.4	169.6	169.2	167.5
17	128.9	124.4	125.0	124.8	124.9	123.9	124.8	126.0
18	24.6	17.8	28.7	24.2	26.0	22.8	23.6	25.1
19	111.5	15.3	25.2	33.3	29.3	115.4	109.2	17.1
20	15.6	17.0	16.0	16.7	16.5	19.2	26.3	17.0
OAc	170.0/21.1			171.4/21.1	171.1/20.0			
OMe		52.0						52.5

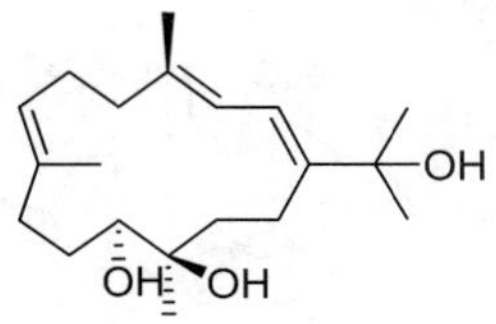

12-1-321

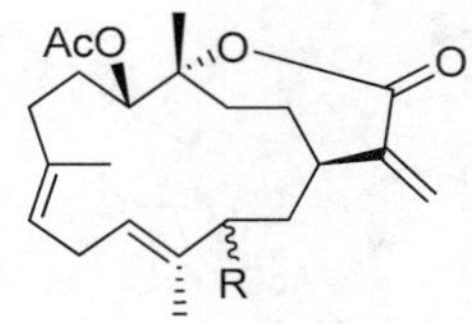

12-1-322 R=β-OH
12-1-323 R=α-OH

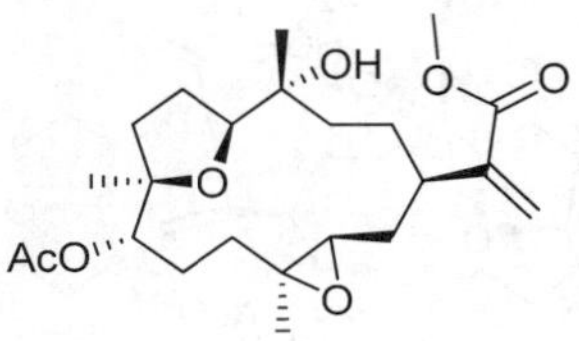

12-1-324

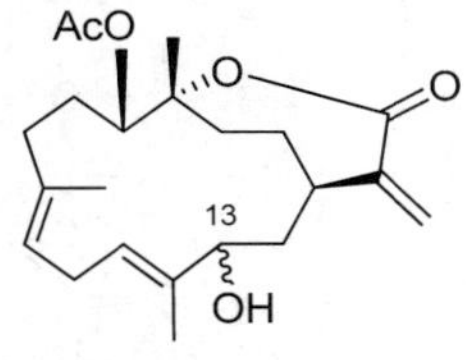

12-1-325 13β
12-1-326 13α

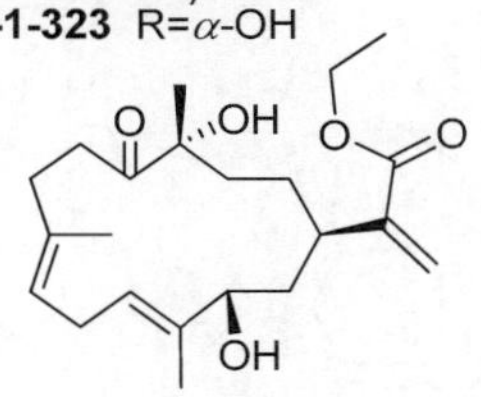

12-1-327

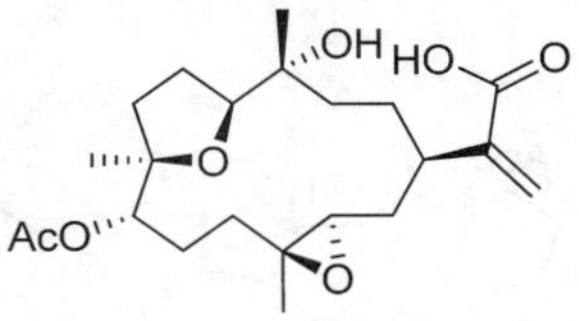

12-1-328

表 12-1-43 化合物 12-1-321~12-1-328 的 ^{13}C NMR 数据[101,102]

C	12-1-321	12-1-322	12-1-323	12-1-324	12-1-325	12-1-326	12-1-327	12-1-328
1	139.4	31.7	31.6	38.3	31.9	32.0	38.5	38.2
2	119.8	29.3	28.1	27.0	28.1	29.4	25.3	26.8
3	122.1	32.7	32.3	36.2	32.1	32.6	39.5	36.4
4	139.3	85.6	85.6	73.4	86.4	86.4	78.8	72.8
5	31.5	71.2	70.6	88.2	71.3	71.8	214.2	88.3
6	25.2	27.3	27.8	27.2	27.9	27.3	33.1	27.8
7	124.2	34.6	33.9	36.3	34.1	34.7	31.7	35.9
8	136.0	132.7	132.7	83.5	133.8	130.1	133.4	83.3
9	35.2	128.0	125.5	75.9	125.2	127.6	122.7	76.1
10	27.6	26.8	25.7	24.7	25.9	26.8	26.5	24.5
11	69.8	129.1	127.2	35.3	126.3	127.8	125.0	34.9
12	76.3	134.7	134.1	60.5	134.7	135.7	135.3	61.3
13	30.5	65.9	76.6	59.3	75.5	64.5	74.4	59.0
14	20.4	39.2	37.5	33.4	38.5	39.5	40.0	32.2
15	74.3	145.2	144.4	144.3	145.5	146.2	143.5	146.0
16	29.1	168.5	168.5	166.9	169.0	168.6	167.2	169.0
17	30.0	124.0	124.5	123.6	124.6	123.9	125.2	124.0
18	23.2	23.5	24.2	25.1	24.9	23.9	24.5	25.4
19	16.2	15.7	16.1	20.7	16.8	16.2	16.4	21.2
20	22.5	16.7	9.2	17.3	10.0	17.5	10.7	17.7
Ac		20.6/170.3	20.7/170.6	170.7	21.4/170.9	21.2/170.3		21.3/171.8
OMe				52.0				
OEt							60.8,14.5	

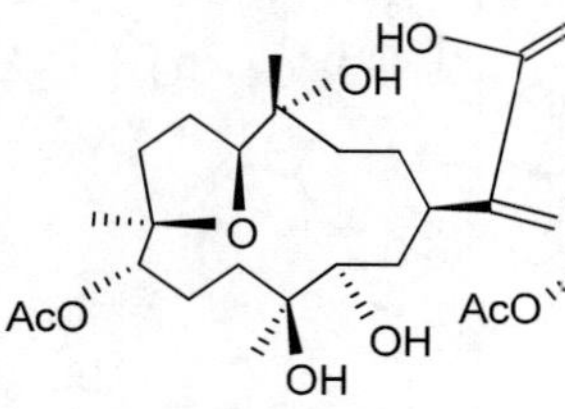

12-1-329 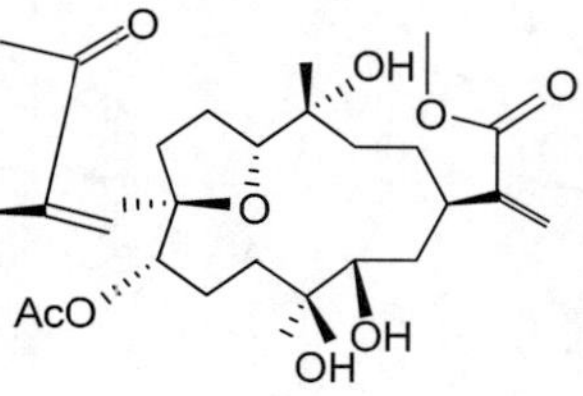　12-1-330 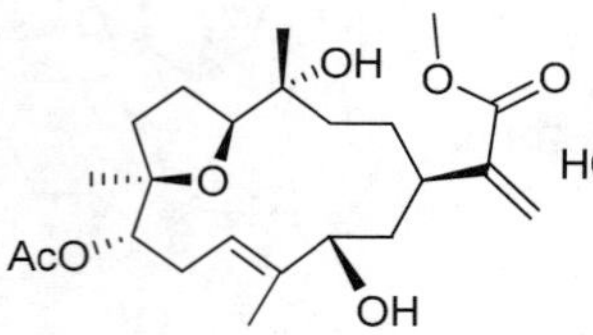　12-1-331 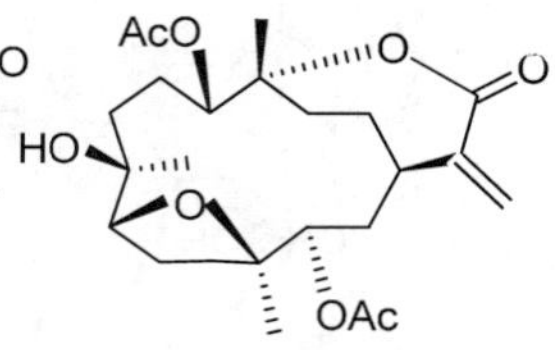　12-1-332

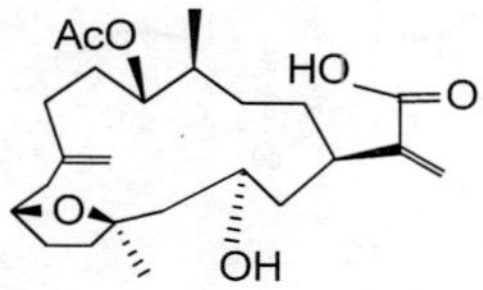

12-1-333 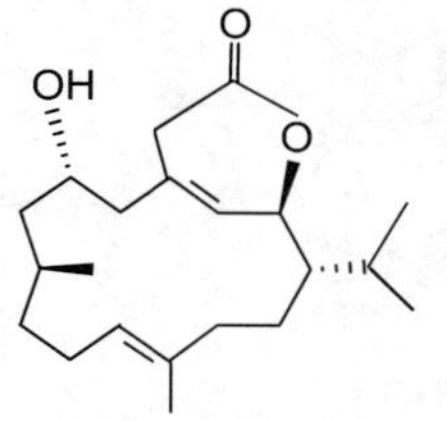　12-1-334 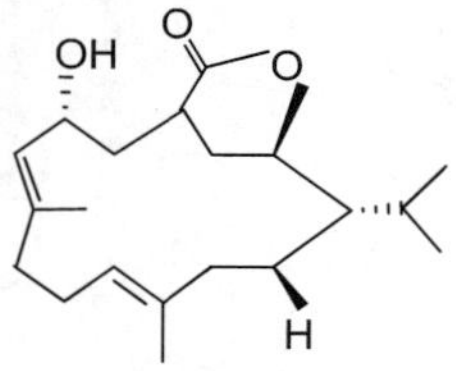　12-1-335 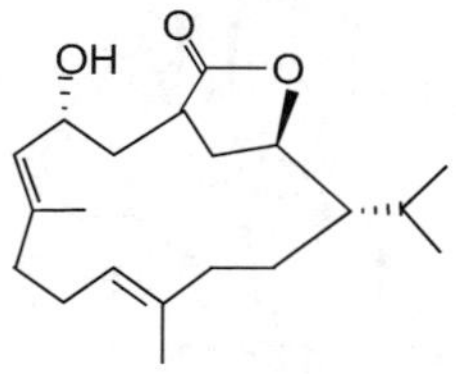　12-1-336

表 12-1-44　化合物 12-1-329~12-1-336 的 ^{13}C NMR 数据[102,103]

C	12-1-329	12-1-330	12-1-331	12-1-332	12-1-333	12-1-334	12-1-335	12-1-336
1	36.1	33.8	37.4	32.4	35.5	45.4	44.9	46.5
2	30.9	31.8	25.5	29.0	29.6	83.5	83.6	84.4
3	34.5	25.3	42.2	33.1	36.3	150.5	151.7	151.7
4	72.8	71.8	72.4	88.3	72.6	130.5	129.3	130.8
5	87.5	89.0	85.9	74.5	79.0	36.8	34.6	33.9
6	29.4	26.2	25.8	25.8	28.8	66.9	66.2	67.5
7	35.8	36.4	36.5	39.5	27.8	43.8	127.4	127.9
8	83.5	82.9	84.2	72.9	147.3	28.5	139.6	137.3
9	77.5	77.9	78.1	84.9	84.9	36.3	38.6	39.3
10	23.1	22.0	29.9	25.2	28.4	24.3	23.8	24.2
11	35.5	38.0	122.2	36.8	36.3	128.1	125.8	125.7
12	71.8	74.2	135.5	85.6	82.4	132.9	133.2	133.5
13	78.0	68.2	74.7	76.2	77.2	39.1	37.2	38.5
14	24.9	22.2	42.2	33.9	24.0	23.4	22.8	23.6
15	141.0	144.5	145.3	144.6	140.1	29.6	28.8	29.2
16	166.4	167.7	167.8	168.2	166.0	18.4	17.7	18.2
17	128.3	123.6	124.8	124.1	130.7	20.0	20.1	20.2
18	25.2	23.9	19.6	24.2	25.0	173.4	173.3	175.1
19	23.6	21.3	19.3	19.0	116.9	20.6	16.2	15.5
20	24.1	26.7	10.4	16.0	20.8	16.3	16.0	15.6
Ac	21.5/171.2	22.1/171.3	21.4/170.2	21.4/170.7	21.3/170.7			
Ac				21.4/170.0				
MeO		52.4	52.1					

12-1-337　12-1-338　12-1-339　12-1-340

12-1-341　12-1-342　12-1-343　12-1-344

表 12-1-45　化合物 12-1-337~12-1-344 的 ^{13}C NMR 数据[104~106]

C	12-1-337	12-1-338	12-1-339	12-1-340	12-1-341	12-1-342	12-1-343	12-1-344
1	45.4	45.8	43.7	46.1	46.1	41.4	44.7	46.4
2	83.3	83.7	82.2	84.3	84.4	82.5	82.5	83.6
3	149.9	151.3	148.5	150.7	150.9	152.7	150.5	149.1
4	132.0	127.4	129.7	130.5	130.9	128.0	128.5	129.1
5	25.5	40.3	41.4	42.3	42.7	41.2	38.8	38.5
6	24.2	205.9	195.6	196.8	195.8	194.5	204.5	205.0
7	123.3	2.37	121.8	126.8	124.4	123.2	46.7	47.9
8	135.6	28.6	160.5	159.0	157.9	158.5	132.8	133.5
9	38.6	35.7	39.1	31.1	40.0	40.0	126.7	124.7
10	25.4	24.3	28.4	28.0	25.8	26.1	129.7	27.3
11	125.6	127.1	138.8	141.0	141.0	141.6	131.5	141.5
12	132.8	133.9	135.8	139.2	139.4	138.4	49.1	139.6
13	37.4	38.7	203.0	200.2	200.8	199.3	210.2	199.9
14	23.2	23.2	38.1	34.2	34.5	31.5	36.9	31.9
15	29.0	29.5	28.9	30.3	30.0	30.9	29.1	29.3
16	18.0	18.4	20.4	21.4	21.3	20.7	20.2	21.0
17	20.1	19.9	18.9	21.1	21.4	20.9	18.8	21.3
18	173.4	172.8	172.4	172.5	173.0	174.0	172.4	171.9
19	15.6	20.7	21.9	24.7	19.0	19.4	25.3	24.3
20	16.2	16.1	21.2	11.8	11.7	11.5	15.3	11.6

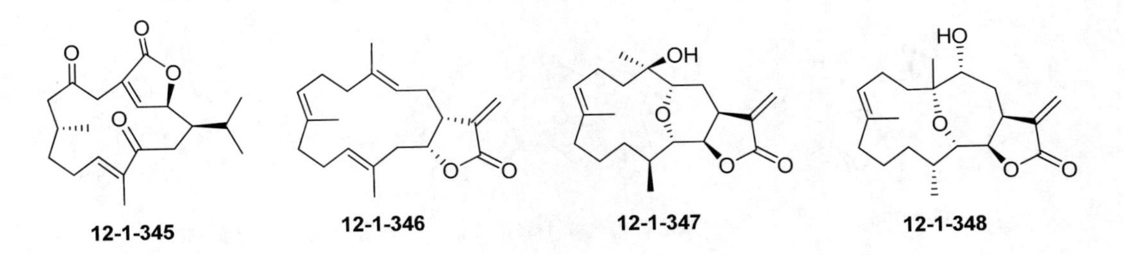

12-1-345　12-1-346　12-1-347　12-1-348

12-1-349　12-1-350　12-1-351　12-1-352

表 12-1-46　化合物 12-1-345~12-1-352 的 ^{13}C NMR 数据[106~109]

C	12-1-345	12-1-346	12-1-347	12-1-348	12-1-349	12-1-350	12-1-351	12-1-352
1	46.5	45.1	38.3	38.3	40.3	45.7	46.0	39.7
2	83.8	27.8	25.3	36.5	29.2	32.9	33.4	34.6
3	148.6	126.4	76.7	74.2	59.7	120.7	120.5	61.7
4	129.2	133.3	73.4	80.0	58.4	138.2	138.7	61.2
5	39.1	38.8	39.0	32.1	38.7	39.1	39.3	37.9
6	205.0	24.3	20.1	23.7	23.3	24.1	24.8	25.2
7	49.8	124.9	128.3	126.4	124.2	124.3	126.6	58.8
8	29.5	136.2	130.9	134.7	135.7	135.0	132.9	60.6
9	34.0	39.1	36.7	40.3	36.7	34.2	35.6	33.6
10	27.3	24.5	29.4	33.6	29.6	28.4	27.7	23.6
11	143.6	121.5	21.6	21.5	23.3	73.5	63.7	131.7
12	138.9	130.5	36.1	35.5	36.7	73.9	73.9	125.2
13	200.3	39.3	79.6	75.0	79.4	44.4	45.9	45.9
14	33.2	80.6	76.7	79.2	79.4	79.0	77.7	80.6
15	29.6	140.4	169.9	169.9	170.4	139.1	139.1	139.2
16	21.0	170.3	137.0	139.6	137.6	170.3	170.1	170.1
17	21.1	120.0	121.2	121.9	122.3	122.1	122.3	123.6
18	171.9	16.5	24.6	21.5	16.4	15.7	15.7	16.4
19	21.7	15.8	15.9	16.3	15.1	17.1	15.8	19.8
20	11.6	15.5	14.8	14.2	14.6	24.6	24.4	16.1

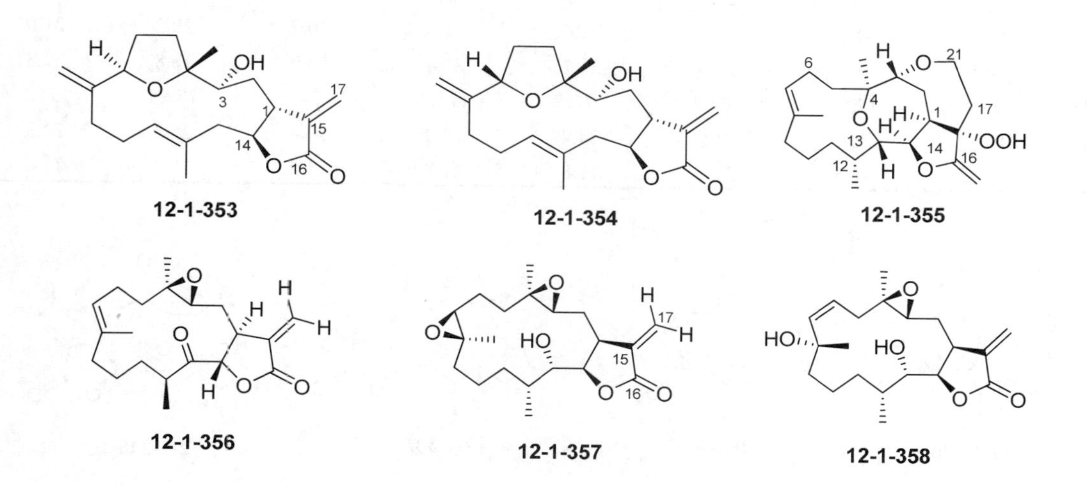

表 12-1-47 化合物 12-1-353~12-1-357 的 ^{13}C NMR 数据[110~113]

C	12-1-353	12-1-354	12-1-355	12-1-356	12-1-357	C	12-1-353	12-1-354	12-1-355	12-1-356	12-1-357
1	41.8	41.4	41.2	39.17	38.9	12	127.6	127.7	41.7	43.58	32.8
2	38.2	40.9	27.9	31.96	30.1	13	46.0	46.2	71.9	207.96	67.4
3	73.3	74.9	74.6	59.75	59.5	14	80.7	81.4	86.4	81.17	77.8
4	84.3	85.7	80.2	60.77	58.4	15	139.1	138.9	102.1	137.11	137.6
5	38.4	38.4	31.6	37.58	37.2	16	168.9	168.6	172.5	168.87	170.2
6	31.9	29.1	22.8	23.48	24.7	17	121.6	122.0	21.5	123.02	124.6
7	79.6	82.4	123.9	125.33	60.3	18	22.3	20.4	21.5	17.32	16.0
8	149.1	147.2	135.1	134.12	60.3	19	110.2	111.3	16.3	15.84	18.7
9	34.1	29.3	39.1	36.08	33.6	20	17.7	17.9	15.1	14.32	13.1
10	28.5	28.1	25.3	23.45	18.6	21			78.3		
11	129.8	127.8	29.1	29.99	31.3						

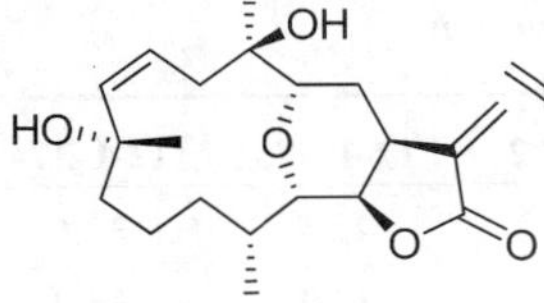

12-1-359 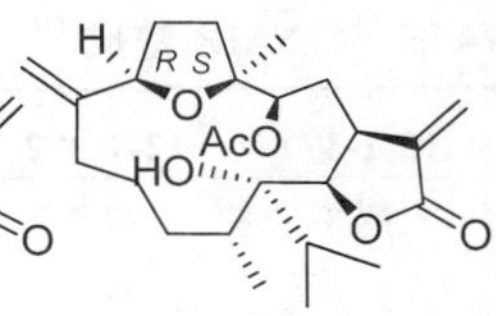 12-1-360 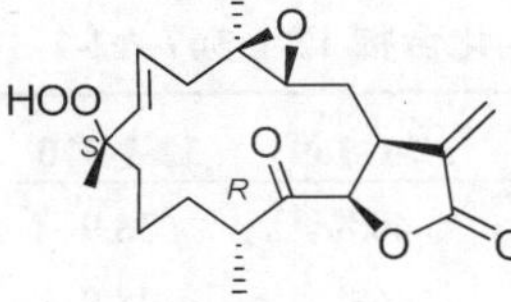 12-1-361 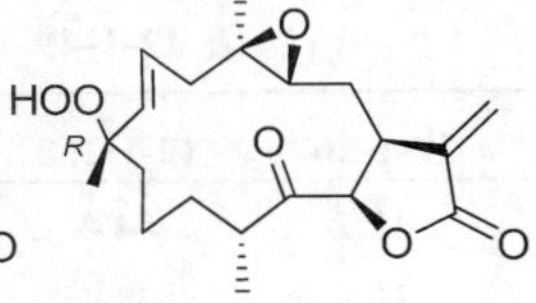 12-1-362

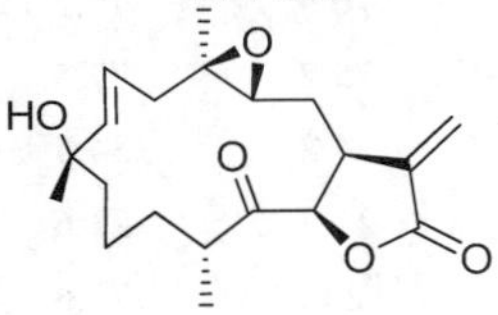

12-1-363 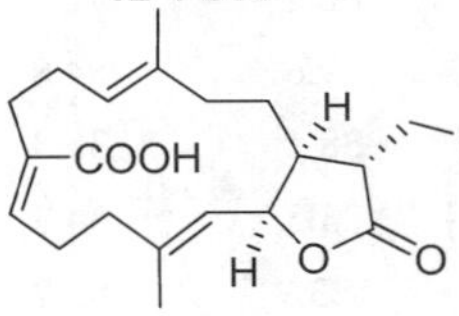 12-1-364 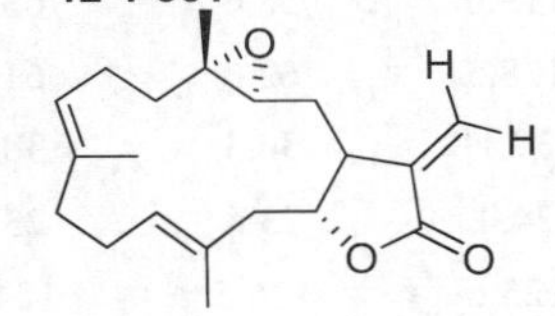 12-1-365 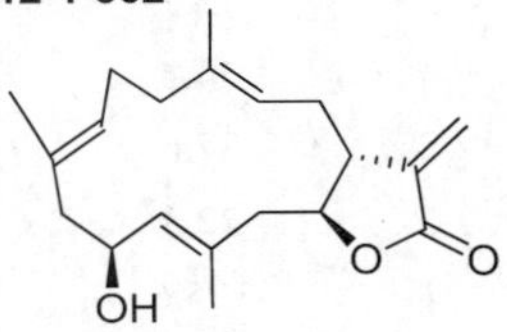 12-1-366

表 12-1-48 化合物 12-1-358~12-1-366 的 ^{13}C NMR 数据[113~117]

C	12-1-358	12-1-359	12-1-360	12-1-361	12-1-362	12-1-363	12-1-364	12-1-365	12-1-366
1	39.2	39.2	38.6	40.6	40.4	40.5	44.0	41.2	45.3
2	30.3	25.8	29.1	29.0	29.3	29.2	80.6	33.4	29.8
3	58.0	78.9	74.6	55.8	56.0	56.0	119.9	60.5	120.8
4	61.3	74.0	84.6	60.0	60.2	60.2	145.0	60.5	136.7
5	42.7	48.2	35.5	38.7	39.1	38.9	40.7	37.5	38.5
6	128.3	124.9	31.7	125.0	126.4	122.6	27.3	23.7	24.6
7	136.2	134.8	84.3	137.6	136.4	141.5	145.1	123.3	125.9
8	84.5	85.2	148.5	85.5	84.2	73.4	131.6	134.9	131.1
9	34.3	36.2	28.4	38.2	37.6	42.4	36.5	38.5	46.7
10	19.6	21.1	28.6	22.1	22.1	22.2	25.9	24.9	66.7
11	30.9	34.7	32.3	30.8	30.3	30.3	124.0	130.0	131.8
12	30.2	33.6	30.3	42.3	42.3	42.5	136.0	129.3	133.2
13	68.0	79.8	67.3	211.4	211.2	211.3	37.2	44.7	47.0
14	78.6	74.4	81.6	79.7	79.8	79.8	27.9	81.3	80.9
15	138.7	138.1	138.6	138.2	138.4	138.2	40.1	138.9	139.1
16	170.1	172.2	169.8	168.9	168.9	169.0	178.9	169.7	170.2
17	124.7	122.0	121.9	123.3	123.3	123.4	57.9	122.9	123.3
18	17.0	22.3	22.0	18.9	18.6	18.7	15.1	17.2	16.2
19	20.5	24.6	114.0	22.5	22.2	29.2	171.0	16.3	17.9
20	13.3	14.8	14.2	18.9	18.9	18.9	16.2	17.3	16.9
OAc			170.3/21.2						
NMe_2							42.6, 45.7		

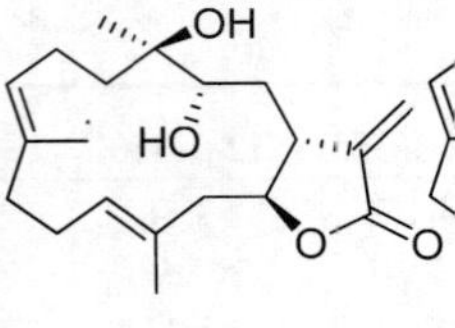

12-1-367 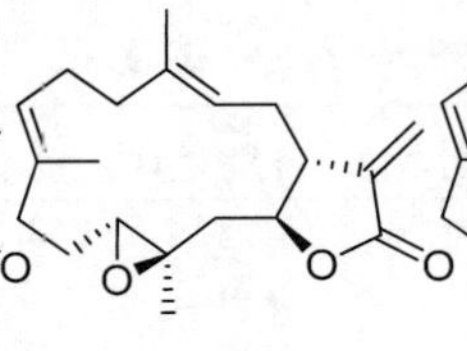　12-1-368 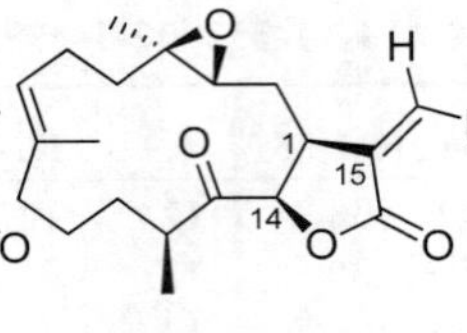　12-1-369 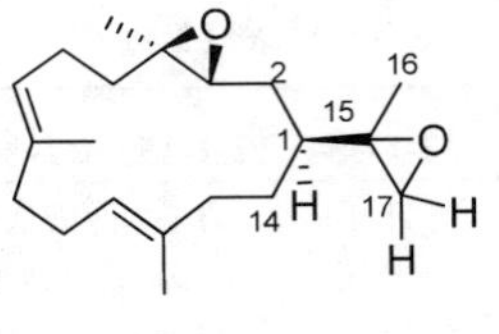　12-1-370

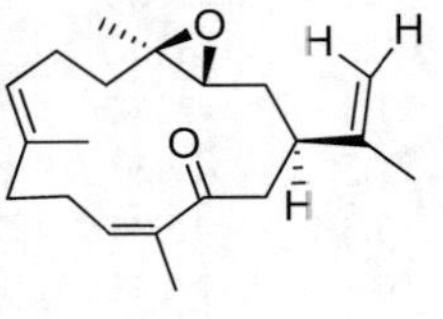

12-1-371 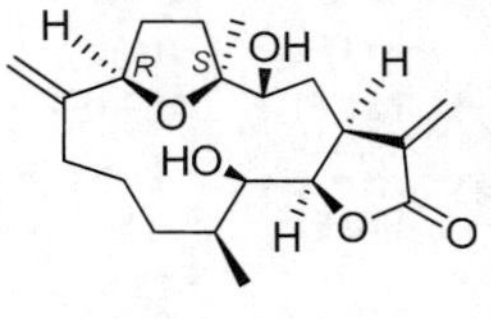　12-1-372 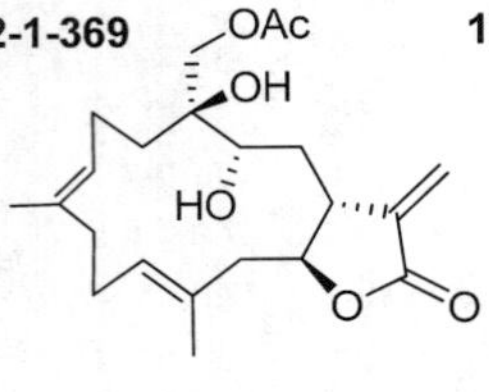　12-1-373 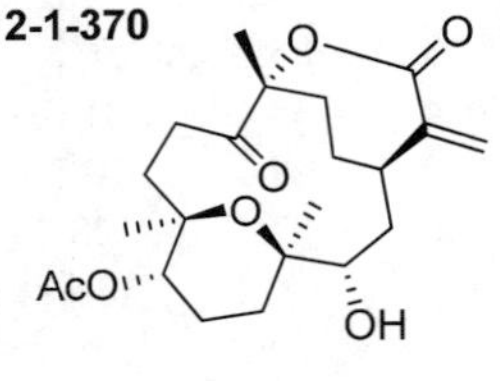　12-1-374

表 12-1-49　化合物 12-1-367~12-1-374 的 ^{13}C NMR 数据[118~122]

C	12-1-367	12-1-368	12-1-369	12-1-370	12-1-371	12-1-372	12-1-373	12-1-374
1	41.7	44.4	40.8	38.9	38.3	37.5	42.5	32.6
2	36.1	28.4	26.4	28.9	31.0	28.7	36.4	38.2
3	75.2	119.6	58.6	63.0	60.4	72.5	70.9	75.2
4	74.2	138.5	62.0	61.0	59.6	84.8	75.2	77.5
5	37.6	39.1	36.3	38.5	38.1	35.3	34.2	34.5
6	22.3	24.4	23.5	23.6	23.5	34.3	21.7	21.6
7	125.6	125.6	126.5	124.4	123.9	83.2	124.2	77.6
8	136.9	133.3	131.2	134.7	135.4	147.9	136.7	75.8
9	38.1	36.6	35.7	39.7	38.9	29.8	37.6	34.1
10	24.2	24.0	25.4	24.3	29.2	28.7	24.9	29.4
11	128.2	61.5	20.0	124.1	134.4	33.1	128.4	210.5
12	130.5	60.5	42.1	132.2	137.3	29.8	130.3	91.2
13	44.9	45.1	208.0	34.3	206.1	69.2	46.1	34.3
14	80.9	80.1	79.1	30.9	44.8	82.2	81.8	31.1
15	139.3	138.0	137.1	59.3	147.2	139.0	139.7	144.8
16	170.3	170.2	169.1	16.6	21.7	169.8	170.2	168.4
17	123.1	121.9	119.2	55.1	110.5	123.0	123.2	124.9
18	25.8	14.8	13.8	16.8	16.6	25.6	67.7	18.8
19	16.8	14.9	13.8	16.5	16.8	115.5	17.0	20.3
20	17.5	17.5	13.8	15.4	20.5	14.7	17.5	29.5
OAc							171.7/20.9	170.2/21.2

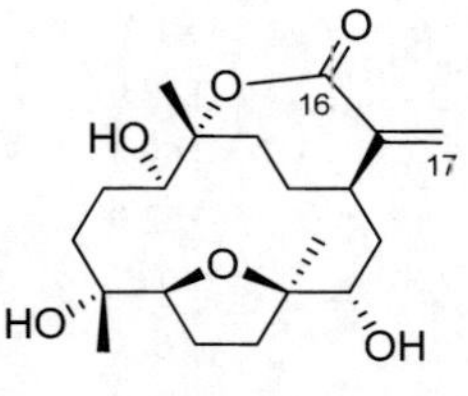

12-1-375 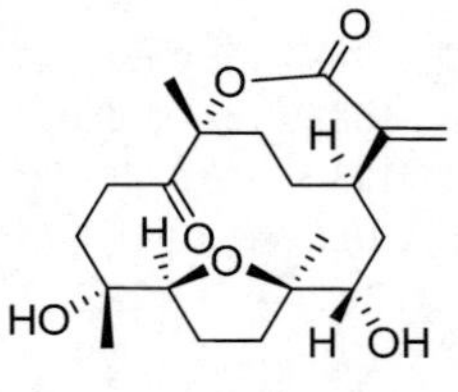　12-1-376 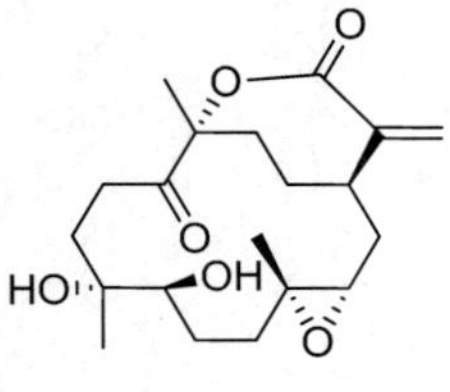　12-1-377 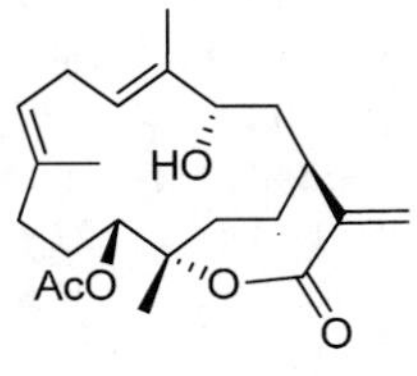　12-1-378

12-1-379　12-1-380　12-1-381　12-1-382 R=β-OH　12-1-383 R=α-OH

表 12-1-50　化合物 12-1-375~12-1-381 的 ^{13}C NMR 数据[122~127]

C	12-1-375	12-1-376	12-1-377	12-1-378	12-1-379	12-1-380	12-1-381
1	33.1	33.1	35.7	31.8	32.0	35.0	37.1
2	37.2	37.9	33.4	39.1	29.2	32.3	31.6
3	75.1	74.5	62.1	66.2	74.1	61.3	59.8
4	87.3	88.0	60.2	129.6	150.5	61.0	61.4
5	37.1	39.0	35.0	129.5	81.3	42.6	42.1
6	25.5	25.8	26.7	26.8	31.7	126.1	123.6
7	85.2	85.4	70.2	127.9	38.0	138.8	138.3
8	74.6	73.7	73.0	134.6	86.1	72.5	73.5
9	40.2	35.5	31.3	34.6	37.6	37.2	38.3
10	27.1	34.5	31.5	27.5	28.6	25.3	24.7
11	73.1	211.0	215.1	71.4	74.4	75.0	79.3
12	91.4	91.5	90.3	86.1	87.4	86.7	74.2
13	33.2	34.8	33.2	33.0	33.8	32.0	36.1
14	29.4	31.3	30.9	29.3	33.3	30.4	26.1
15	144.2	146.5	144.4	145.0	144.7	143.4	141.4
16	169.5	168.4	167.2	169.0	169.2	169.2	165.9
17	124.2	124.0	125.6	124.4	123.7	124.9	123.7
18	15.8	16.9	15.5	16.0	114.6	16.5	18.7
19	19.0	22.7	22.8	16.7	17.9	29.3	28.9
20	23.3	29.6	29.5	23.7	23.8	26.0	24.2
OMe							52.4
OAc				170.7/21.0	170.8/21.1	171.1/21.1	170.6/22.0

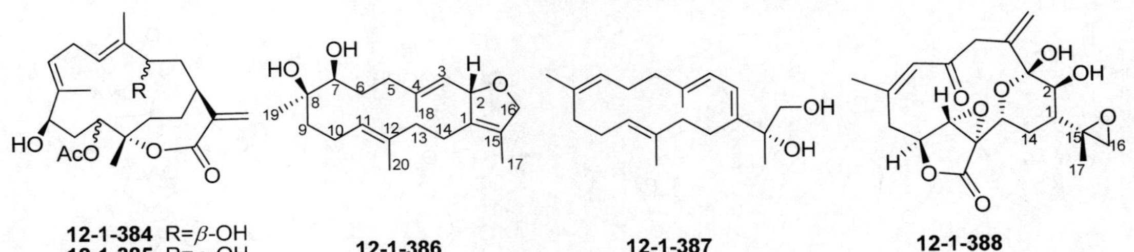

12-1-384 R=β-OH　12-1-385 R=α-OH　12-1-386　12-1-387　12-1-388

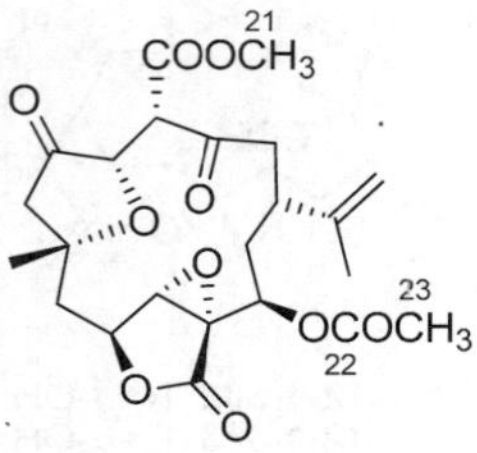

12-1-389 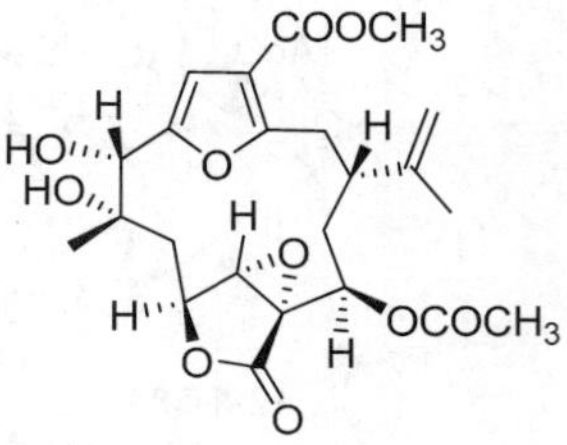　12-1-390 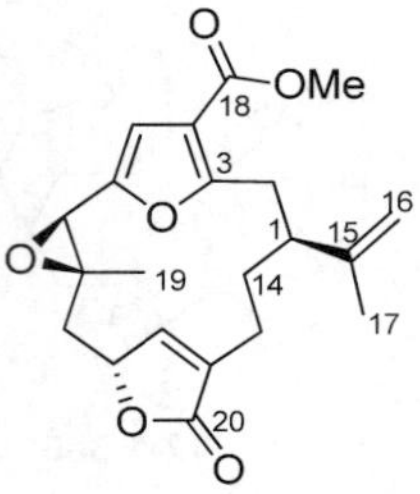　12-1-391 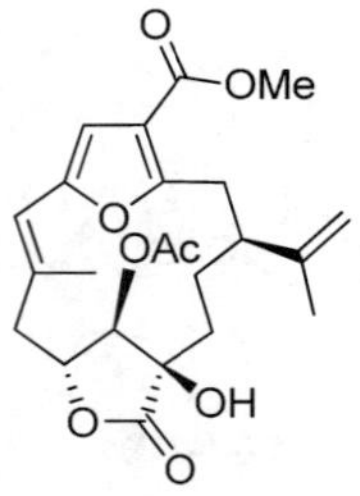　12-1-392

表 12-1-51　化合物 12-1-382~12-1-389 的 ^{13}C NMR 数据[128~131]

C	12-1-382	12-1-383	12-1-384	12-1-385	12-1-386	12-1-387	12-1-388	12-1-389
1	35.7	36.0	31.5	31.8	133.9	143.0	42.0	38.9
2	31.5	32.8	37.3	38.9	85.1	121.5	69.1	45.4
3	61.0	61.4	76.5	66.2	125.1	120.5	97.4	202.4
4	60.2	61.0	134.8	131.8	141.7	138.6	142.6	60.8
5	42.7	42.7	126.6	128.7	36.3	38.8	50.8	76.4
6	126.1	128.3	25.2	26.4	29.8	24.8	198.7	211.1
7	136.0	135.1	126.1	128.6	74.4	125.5	126.1	50.4
8	85.2	85.0	135.5	135.0	75.4	134.1	147.8	80.0
9	33.5	34.0	74.3	75.2	38.3	39.0	33.0	41.8
10	24.0	28.5	36.1	35.5	22.8	24.4	78.2	77.5
11	76.1	75.1	70.6	71.3	125.2	125.5	58.5	66.6
12	90.0	88.7	85.7	85.7	136.6	134.6	58.9	60.3
13	32.1	33.3	32.3	32.7	37.5	41.2	62.6	67.9
14	30.5	31.7	28.4	29.3	23.8	26.4	27.4	34.5
15	143.1	144.2	144.0	144.6	128.2	76.4	57.8	147.0
16	168.8	169.5	168.8	168.8	78.4	69.3	52.0	111.6
17	125.1	124.6	125.1	124.7	10.5	24.6	17.9	19.2
18	16.7	16.4	9.9	16.8	17.6	17.8	119.0	167.5
19	24.7	21.4	9.8	10.2	24.6	15.6	28.9	26.0
20	25.6	26.8	24.4	23.6	16.0	16.0	171.5	168.7
OMe								52.7
OAc			170.9/21.1	170.6/21.0				169.8/20.9

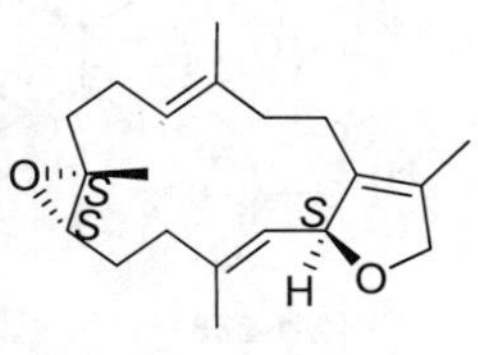

12-1-393 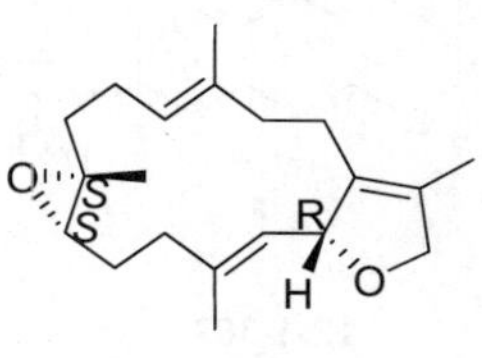　12-1-394 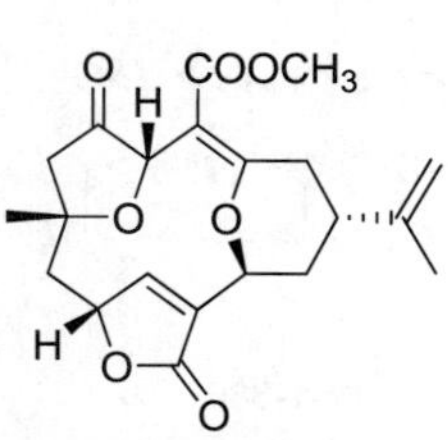　12-1-395 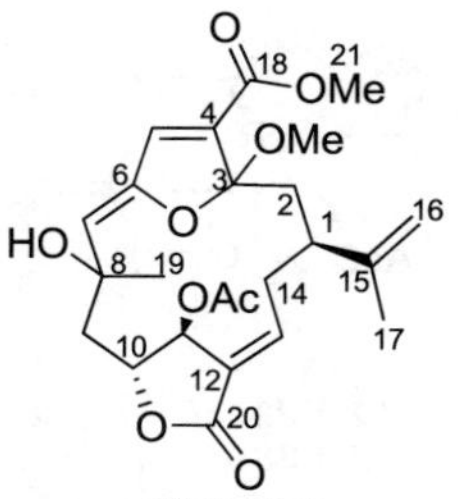　12-1-396

表 12-1-52 化合物 12-1-390~12-1-396 的 ^{13}C NMR 数据[131~135]

C	12-1-390	12-1-391	12-1-392	12-1-393	12-1-394	12-1-395	12-1-396
1	37.6	40.6	43.8	133.5	133.9	36.3	41.3
2	32.7	32.4	28.2	83.8	85.3	32.9	38.9
3	159.8	160.3	160.9	126.4	125.5	171.6	117.3
4	115.0	113.8	116.0	139.2	140.2	111.7	131.6
5	108.9	106.5	109.5	37.6	35.1	75.7	139.7
6	152.6	148.2	149.4	25.4	27.4	211.9	150.6
7	73.5	55.0	148.5	61.9	62.3	48.5	117.6
8	73.9	57.0	133.3	59.8	60.1	79.9	71.4
9	41.1	40.0	43.2	39.7	38.8	41.7	41.1
10	74.7	77.8	78.4	23.5	23.1	79.2	79.3
11	63.3	148.0	75.7	123.7	123.5	152.3	76.5
12	59.0	137.7	72.4	136.7	135.8	134.2	128.4
13	69.2	22.8	31.8	36.7	38.4	74.7	148.4
14	33.0	32.5	21.5	26.0	23.7	28.8	32.8
15	147.3	145.9	146.0	127.5	128.1	147.2	148.1
16	110.9	113.2	112.4	78.4	78.3	110.6	113.1
17	20.7	18.7	20.8	10.1	10.3	21.5	18.7
18	163.8	164.2	163.6	15.6	17.6	167.7	162.3
19	22.7	19.9	18.9	17.0	16.4	28.4	30.8
20	168.8	174.0	173.3	15.2	15.4	171.6	167.5
OMe	51.5	51.3	51.5			51.1	51.3,50.0
OAc	170.6/20.6		169.4/20.8				170.2/20.5

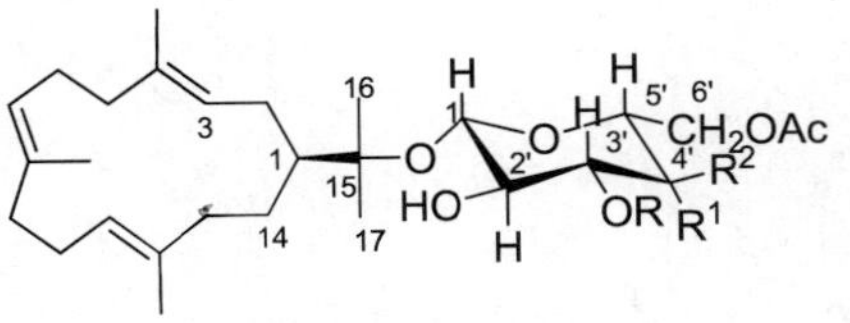

12-1-397 R=Ac; R^1=OH; R^2=H
12-1-398 R=H; R^1=H; R^2=OAc
12-1-399 R=H; R^1=OAc; R^2=H

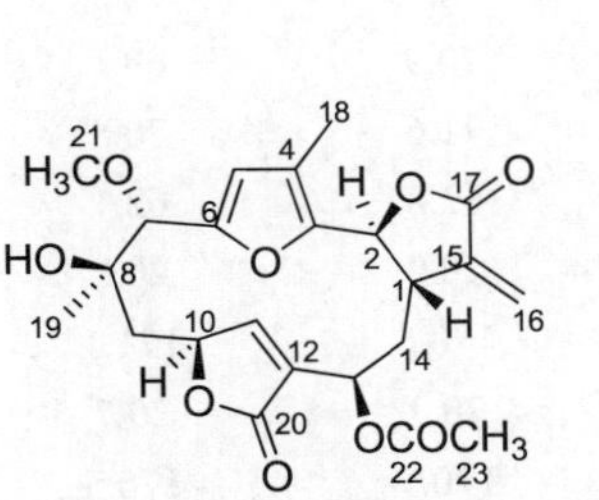

12-1-400

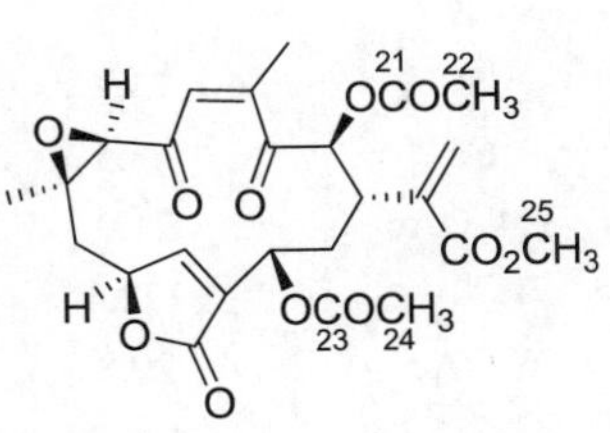

12-1-401

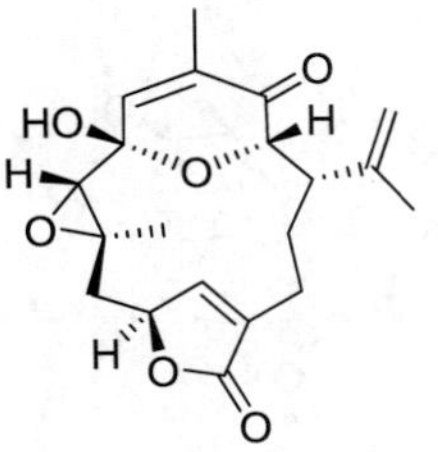

12-1-402

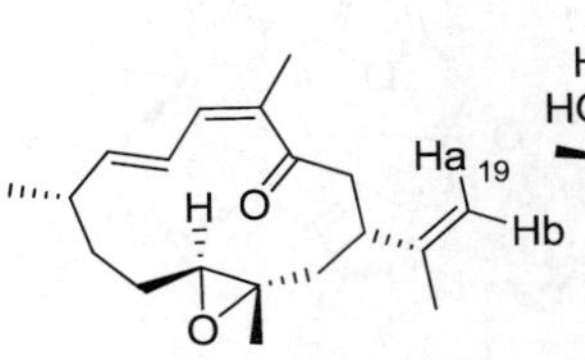

12-1-403

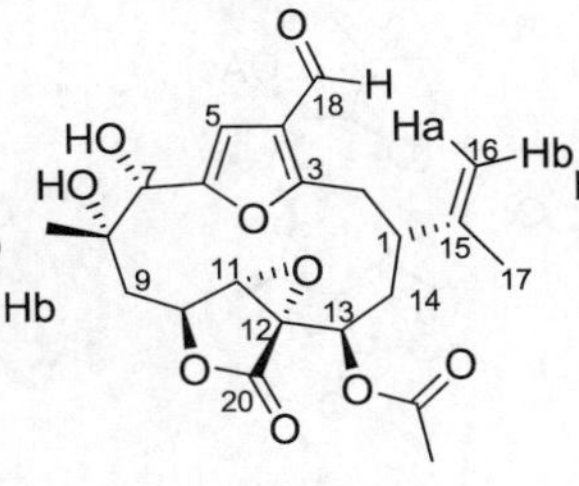

12-1-404

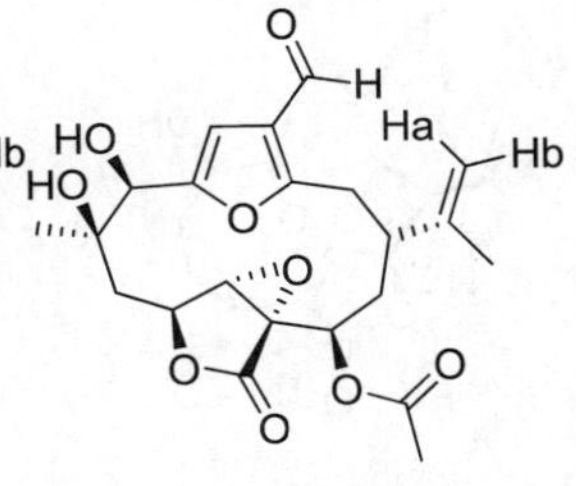

12-1-405

表 12-1-53 化合物 12-1-397~12-1-402 的 ^{13}C NMR 数据[136,137]

C	12-1-397	12-1-398	12-1-399	12-1-400	12-1-401	12-1-402
1	47.8	47.7	47.7	39.2	36.5	46.3
2	28.2	28.2	28.2	74.0	74.4	76.4
3	125.8	125.8	125.8	143.8	201.9	196.8
4	133.5	133.5	133.6	124.3	155.8	135.2
5	38.9	38.8	38.8	111.6	122.2	138.4
6	24.7	24.7	24.7	152.3	195.5	92.8
7	125.7	125.7	125.7	85.5	64.9	65.6
8	133.1	133.1	133.1	72.7	60.6	55.7
9	37.9	37.8	37.8	41.8	39.6	41.5
10	24.0	24.0	24.0	78.4	77.8	78.4
11	125.0	125.1	125.0	156.0	153.8	146.2
12	134.2	134.1	134.1	128.3	130.2	136.7
13	39.4	39.4	39.4	65.7	66.5	24.7
14	28.2	28.3	28.2	32.9	31.6	26.5
15	81.7	81.6	81.6	137.5	139.4	144.2
16	23.8	24.0e	23.8	122.4	128.8	111.6
17	24.8	24.5e	24.8	168.5	166.1	23.6
18	15.6	15.6	15.6	9.7	23.0	14.8
19	15.3	15.3	15.3	19.0	23.1	21.1
20	15.6	15.5	15.6	169.6	168.6	175.1
21				58.0	170.0	
22				170.3	20.9	
23				21.0	169.7	
24					20.6	
25					52.6	
1'	97.1	96.7	97.2			
2'	72.2	74.5	72.0			
3'	78.0	74.7	72.3			
4'	69.7	70.9	69.1			
5'	73.9	71.6	70.8			
6'a	63.5	62.8	62.1			
3',4'-OAc	21.0	20.9	20.8			
	172.4	170.6	171.1			
6'-OAc	20.8	20.7	20.7			
	171.3	170.7	170.5			

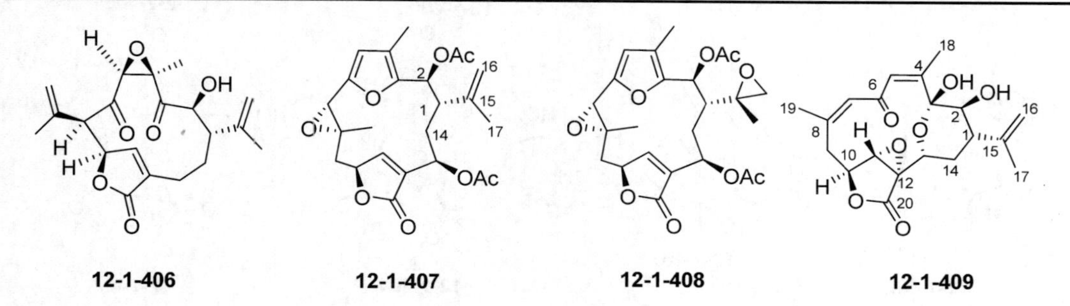

表 12-1-54 化合物 12-1-403~12-1-410 的 ^{13}C NMR 数据[138, 139]

C	12-1-403	12-1-404	12-1-405	12-1-406	12-1-407	12-1-408	12-1-409	12-1-410
1	46.4	37.6	37.4	46.2	42.4	39.4	45.8	55.6
2	46.4	32.3	31.9	77.6	67.9	68.1	74.2	107.3
3	208.0	161.9	162.2	208.5	146.5	146.2	97.5	210.3
4	136.6	123.9	124.3	68.5	121.2	121.3	141.8	36.5
5	132.4	106.6	107.1	64.2	108.9	109.0	131.0	48.3
6	125.3	154.3	151.0	198.2	148.8	149.0	196.1	200.1
7	144.3	73.4	74.3	56.9	55.7	55.6	128.3	127.0
8	36.0	74.0	73.7	79.5	57.0	57.0	148.9	148.9
9	32.9	40.9	41.1	145.9	39.9	39.9	33.4	34.2
10	27.3	74.4	74.1	137.6	77.7	77.8	77.9	79.3
11	61.8	63.3	63.1	20.4	151.1	151.4	59.8	153.1
12	61.4	59.0	59.0	26.3	134.4	134.4	58.8	129.3
13	38.6	69.3	69.4	141.4	68.7	67.5	64.4	70.0
14	29.6	32.9	32.6	118.3	33.9	30.3	30.3	33.8
15	145.5	147.0	148.0	17.1	146.5	56.9	144.1	139.6
16	111.8	111.5	111.7	21.6	113.6	50.5	115.1	112.3
17	18.9	20.6	20.6	137.3	21.3	23.0	19.3	22.6
18	19.8	184.4	184.1	118.3	9.7	9.7	20.8	17.5
19	21.2	22.7	23.3	21.9	19.6	19.6	30.0	29.4
20	16.3	168.6	167.9	173.7	170.2	170.3	171.0	171.7
2-OAc					170.4/20.5	170.1/21.1		
13-OAc		170.4/20.6	170.4/20.6		170.1/20.9	170.3/21.2		

12-1-410

12-1-411

12-1-412

12-1-413

表 12-1-55 化合物 12-1-411~12-1-413 的 ^{13}C NMR 数据[94, 130]

C	12-1-411	12-1-412	12-1-413	C	12-1-411	12-1-412	12-1-413
1	46.6	47.2	52.1	12	164.1	164.8	133.6
2	28.9	29.0	66.6	13	39.9	39.9	22.8
3	123.9	123.6	151.0	14	28.1	28.1	25.7
4	135.3	135.8	121.1	15	85.5	85.4	142.7
5	35.7	35.7	124.7	16	23.4	23.3	117.6
6	33.2	33.2	156.1	17	24.0	24.0	17.6
7	75.5	75.5	177.5	18	16.3	16.3	9.6
8	147.4	147.4	204.4	19	17.6	17.6	30.4
9	111.1	111.0	46.3	20	17.6	22.6	172.9
10	191.3	190.8	76.8	21	170.3	170.3	
11	127.3	128.1	148.0	22	22.6	22.6	

12-1-414 R^1=COOCH$_3$; R^2=OCOCH$_3$

12-1-415 R^1=COOCH$_3$; R^2=OCOCH$_3$

12-1-416 R^1=COOCH$_3$; R^2=OH

12-1-417 R=COOCH$_3$

12-1-418 R=COOCH$_3$

表 12-1-56　化合物 12-1-414~12-1-418 的 ^{13}C NMR 数据[140]

C	12-1-414	12-1-415	12-1-416	12-1-417	12-1-418	C	12-1-414	12-1-415	12-1-416	12-1-417	12-1-418
1	48.9	40.1	40.0	46.2	46.7	20	167.0	167.9	168.8	173.2	172.6
2	42.2	32.3	32.2	40.7	40.5	21	51.3	51.5	51.0	51.0	51.3
3	170.9	166.9	167.0	171.2	171.1	22	170.2	170.9			
4	102.7	101.1	100.7	100.5	101.6	23	21.3	20.5			
5	47.1	44.7	44.7	46.9	46.4	1'	50.6	51.4	51.8	49.7	49.1
6	200.0	201.2	200.9	200.8	200.9	2'	20.1	20.1	20.0	20.4	20.6
7	124.3	125.1	124.6	122.1	125.9	3'	24.7	23.6	23.5	24.0	24.0
8	152.2	151.3	151.8	150.1	149.0	4'	22.5	22.1	22.0	22.5	22.3
9	45.4	41.8	41.8	39.8	45.8	5'	43.6	43.4	43.3	43.8	43.5
10	78.7	82.1	83.9	77.8	77.7	6'	33.9	33.8	33.6	33.9	33.8
11	75.4	75.2	73.0	148.0	146.3	7'	45.0	45.5	45.4	44.0	45.5
12	125.7	124.7	129.9	135.4	135.7	8'	47.7	48.2	48.1	47.9	47.7
13	152.2	152.6	149.1	22.6	22.3	9'	89.1	88.9	88.8	88.6	88.0
14	30.9	29.5	29.2	28.8	27.8	10'	35.4	38.8	38.9	35.8	35.2
15	150.0	147.8	148.0	147.7	147.1	11'	23.8	25.5	25.3	24.4	24.2
16	110.4	110.9	110.8	112.5	112.9	12'	20.2	20.0	19.9	20.0	20.0
17	20.8	22.4	22.5	19.8	19.8	13'	24.3	24.5	24.4	24.4	24.5
18	166.9	169.1	168.8	167.2	167.3	14'	34.3	34.4	34.2	34.4	34.5
19	19.2	22.6	22.3	22.1	19.2	15'	34.9	28.4	28.4	30.1	30.4

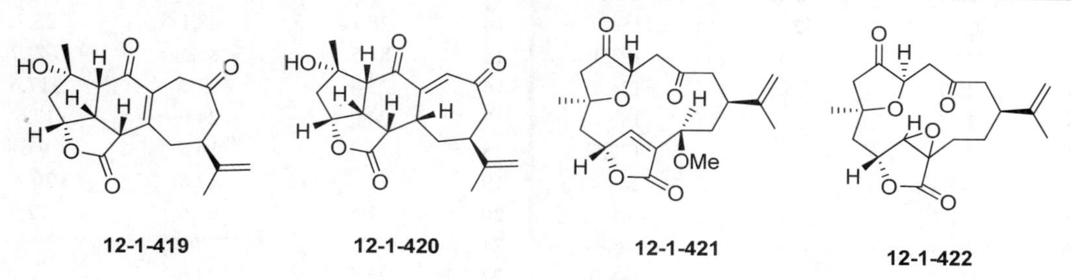

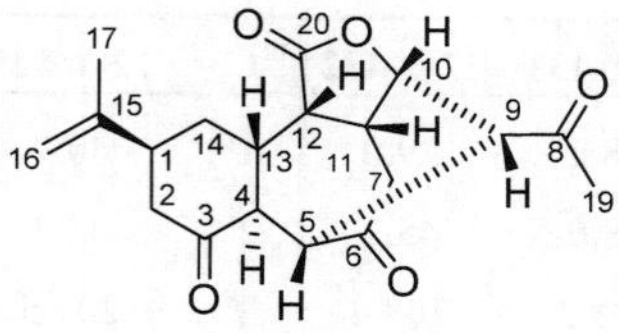

12-1-423 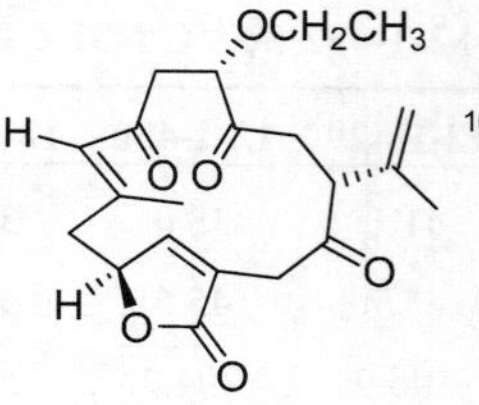 12-1-424 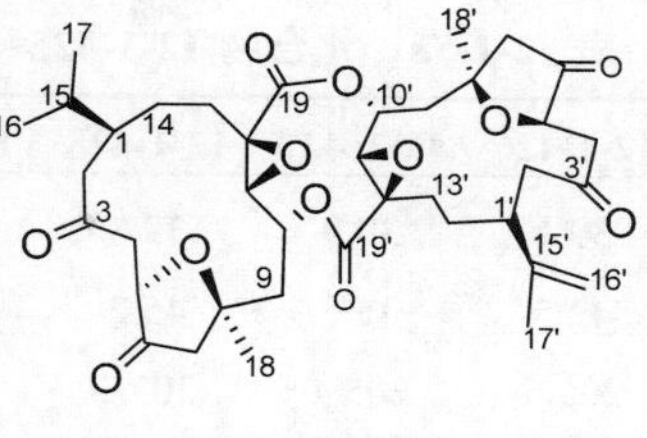 12-1-425 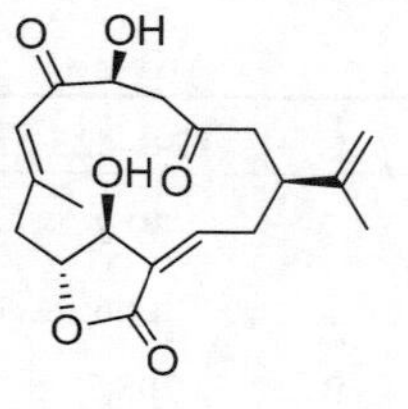 12-1-426

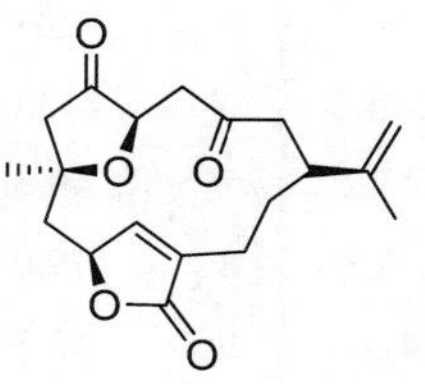

12-1-430 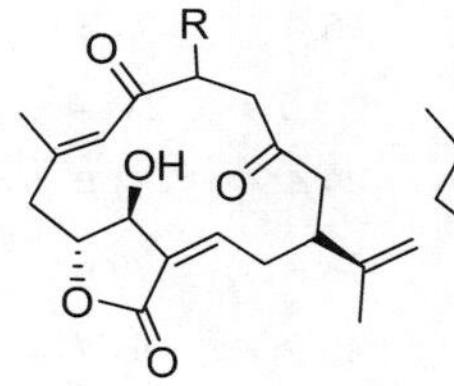 12-1-427 R=*S*-OH 12-1-428 R=*R*-OMe 12-1-429 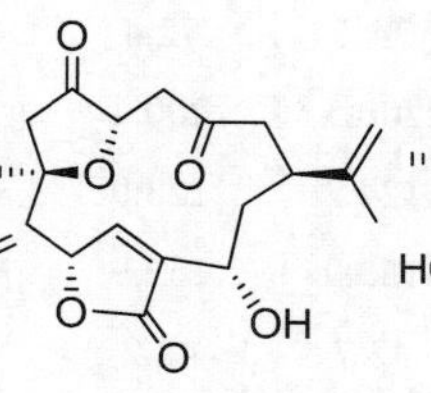 12-1-431 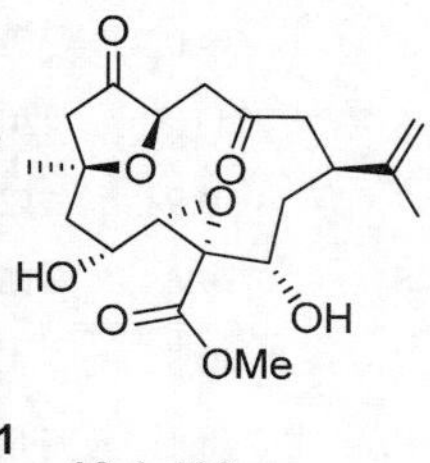 12-1-432

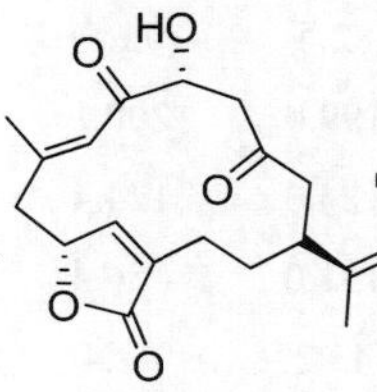

表 12-1-57 化合物 12-1-419~12-1-424 的 ^{13}C NMR 数据[141]

C	12-1-419	12-1-420	12-1-421	12-1-422	12-1-423[142]	12-1-424[143]
1	41.6	38.9	36.9	40.8	39.7	55.8
2	46.3	45.0	50.4	48.3	43.1	44.4
3	208.3	202.2	207.7	207.6	205.1	205.4
4	39.5	130.5	44.2	44.8	49.3	80.3
5	132.7	150.8	77.9	75.0	42.8	45.2
6	193.1	202.5	212.4	213.8	207.9	200.6
7	54.5	62.4	51.1	49.4	35.6	124.6
8	82.9	81.3	79.5	79.1	203.9	151.8
9	47.4	47.4	42.1	42.4	50.2	42.9
10	82.2	79.5	79.4	75.9	76.5	79.6
11	40.9	45.3	154.9	62.7	34.9	150.7
12	44.6	45.3	132.0	60.7	46.0	128.2
13	151.7	41.6	71.3	21.3	34.6	36.9
14	37.2	30.5	35.9	26.4	30.6	205.6
15	147.1	146.4	145.4	145.8	146.7	139.9
16	110.8	112.7	112.9	112.7	111.9	116.3
17	21.3	21.8	18.6	18.7	21.9	20.3
18	26.1	30.0	27.9	25.6		21.5
19	173.7	175.9	178.5	174.0	28.4	173.5
20					175.8	66.1
21						15.2
OMe			56.7			

表 12-1-58　化合物 12-1-425~12-1-432 的 ^{13}C NMR 数据[144,145]

C	12-1-425	12-1-426	12-1-427	12-1-428	12-1-429	12-1-430	12-1-431	12-1-432	C	12-1-425
1	39.8	39.1	39.9	39.8	41.1	38.0	38.2	39.0	1'	40.7
2	49.6	42.5	45.5	45.2	45.7	45.6	48.0	45.1	2'	48.2
3	208.3	205.5	205.4	203.3	206.9	204.9	208.3	208.4	3'	207.5
4	43.8	47.4	47.0	45.1	48.1	45.1	44.3	43.5	4'	44.6
5	78.0	74.1	72.4	82.4	71.5	76.4	77.3	75.4	5'	75.8
6	211.8	200.5	200.4	199.0	200.1	214.5	211.4	214.2	6'	213.6
7	50.9	124.2	123.9	124.0	124.4	49.4	51.0	44.2	7'	49.8
8	79.4	153.9	152.9	151.0	156.4	78.9	79.6	78.8	8'	79.0
9	40.5	42.7	42.2	43.2	42.4	46.5	41.7	41.5	9'	42.3
10	78.1	83.0	83.8	83.2	79.7	78.1	79.1	64.2	10'	75.0
11	63.1	71.4	72.0	71.8	148.3	149.1	153.0	62.7	11'	62.6
12	62.0	131.8	131.5	130.6	134.9	132.9	130.5	65.0	12'	60.6
13	21.3	147.4	147.4	145.0	21.4	19.8	66.9	73.4	13'	21.2
14	25.6	27.2	30.8	29.9	30.3	25.9	39.3	34.3	14'	26.8
15	145.3	145.4	147.3	144.5	145.4	146.5	147.4	148.3	15'	145.8
16	112.9	111.0	110.6	110.3	113.3	111.6	112.1	110.4	16'	112.5
17	18.6	22.4	21.2	23.3	18.8	21.0	19.1	22.2	17'	18.7
18	28.4	23.6	22.5	24.3	22.5	26.6	28.0	27.3	18'	25.5
19	172.2	168.6	167.5	166.2	173.0	173.2	172.8	167.2	19'	172.3
5-OMe				58.1						
19-OMe								52.5		

12-1-433

12-1-434

12-1-435

12-1-436

12-1-437 R=H
12-1-438 R=Ac

12-1-439

表 12-1-59 化合物 12-1-433~12-1-439 的 ${}^{13}C$ NMR 数据[146]

C	12-1-433	12-1-434	12-1-435	12-1-436	12-1-437	12-1-438	12-1-439
1	48.0	47.2	48.1	50.1	47.6	48.1	
2	47.1	46.2	46.9	45.4	49.3	49.3	50.2
3	201.7	202.6	205.0	202.2	199.6	198.9	196.9
4	126.7	124.6	127.0	125.4	125.9	125.5	124.5
5	157.2	158.8	159.3	161.0	156.1	156.6	155.2
6	30.2	39.2	39.6	35.0	30.4	30.7	40.0
7	26.1	26.7	25.1	27.6	26.2	25.9	25.3
8	141.4	140.3	141.4	132.4	141.6	141.6	142.0
9	138.3	134.9	137.9	138.6	137.2	136.9	138.1
10	202.4	204.4	203.6	206.5	200.8	201.3	203.9
11	35.6	37.0	33.2	40.0	34.6	34.6	
12	55.7	53.9	56.1	50.7	55.5	54.8	59.0
13	212.2	211.0	210.7	211.0	214.0	212.6	212.5
14	48.8	48.0	47.4	48.0	45.7	45.6	45.5
15	29.5	29.9	30.4	29.5	28.0	28.1	28.3
16	19.1	18.0	17.3	18.8	18.2	18.4	16.6
17	20.8	20.6	20.5	20.6	21.1	21.4	21.8
18	11.4	21.5	11.6	20.5	11.3	11.2	11.2
19	24.5	20.7	18.7	27.5	24.9	24.9	18.2
20	173.3	173.8	173.2	174.4	173.4	174.0	174.1
21	41.1	40.2	40.6	46.9	40.3	40.9	
22	124.7	125.0	125.7	127.7	125.0	125.0	123.9
23	140.4	134.9	138.1	138.4	140.1	140.4	142.0
24	38.9	38.4	32.7	32.6	39.0	38.5	39.0
25	27.0	26.5	32.2	33.6	26.9	26.5	27.3
26	85.1	85.2	74.6	73.2	85.0	85.1	85.1
27	69.9	69.8	84.8	84.7	69.9	69.8	69.8
28	31.9	31.6	36.4	36.2	31.8	31.5	31.9
29	20.1	20.0	27.4	26.7	20.0	20.0	20.2
30	69.3	69.2	87.6	88.0	69.4	69.2	69.7
31	75.5	75.9	74.7	75.1	75.5	76.0	75.9
32	71.0		76.0	73.2	70.8	74.7	74.7
33	31.5	28.4	32.3	37.4	31.4	28.6	29.2
34	126.0	124.0	126.5	127.7	125.6	125.0	126.3
35	127.6	127.5	129.3	128.1	128.6	126.9	128.5
36	32.3	32.6	32.9	33.1	32.1	31.9	34.3
37	20.0	19.8	19.6	19.2	19.8	19.6	19.7
38	19.9	19.9	19.7	20.8	19.7	19.9	19.9
39	25.6	25.4	19.3	19.5	25.5	25.4	25.7
40	18.9	18.7	21.4	18.1	18.8	18.7	18.8
41	51.2	51.0	51.5	51.1	51.3	51.1	51.4
Ac		170.8/20.9				170.6/20.6	170.5/20.9

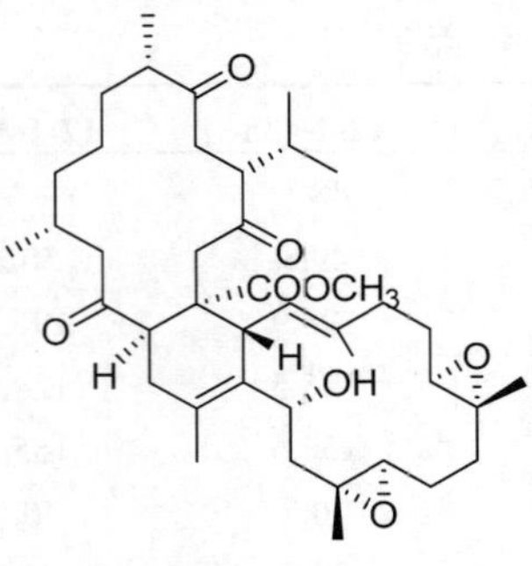

12-1-440 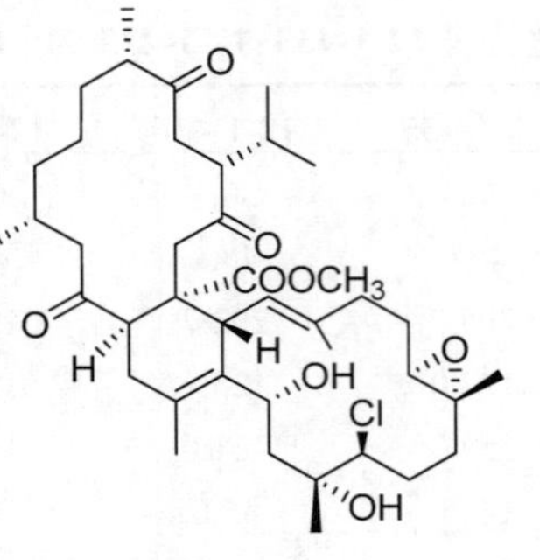 12-1-441 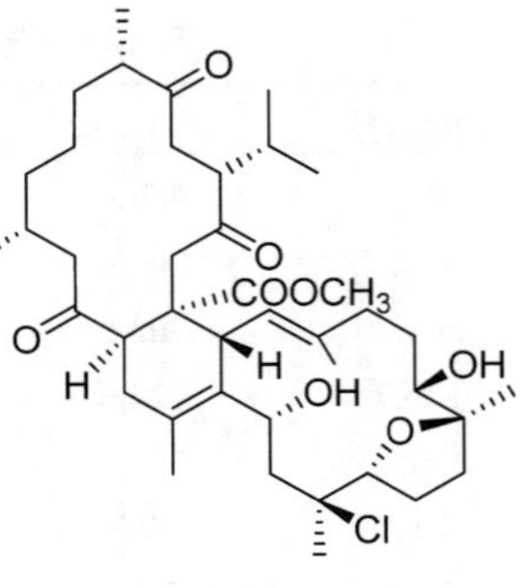 12-1-442

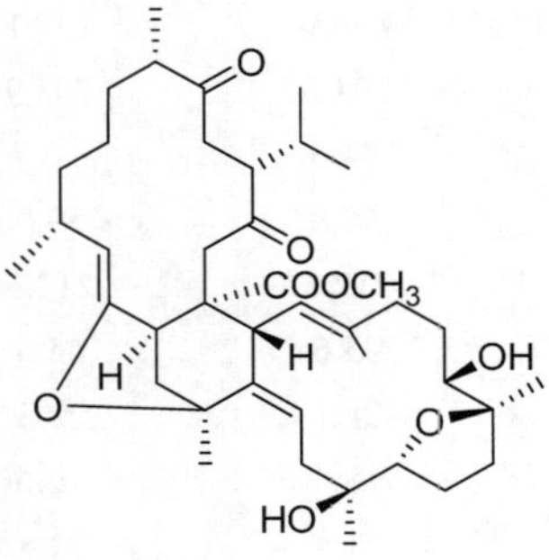

12-1-443 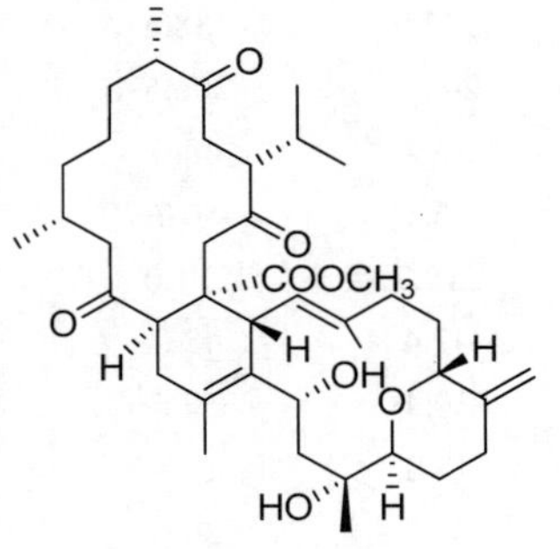 12-1-444

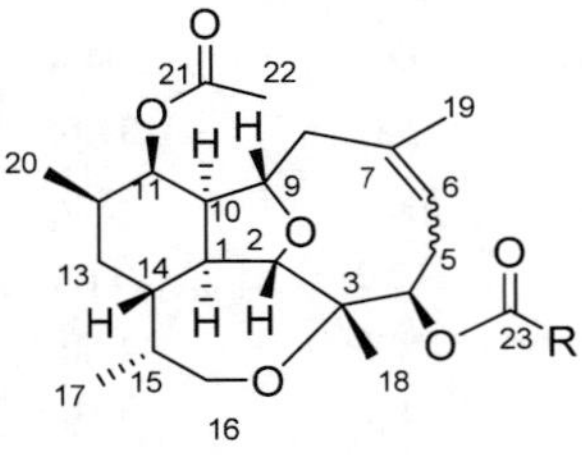

12-1-445 6*E* R=C_7H_{15}
12-1-450 6*Z* R=C_7H_{15}
12-1-451 6*Z* R=CH_3

表 12-1-60 化合物 12-1-440~12-1-444 的 ^{13}C NMR 数据[147]

C	12-1-440	12-1-441	12-1-442	12-1-443	12-1-444	C	12-1-440	12-1-441	12-1-442	12-1-443	12-1-444
1	50.5	50.3	49.5	44.4	49.6	22	126.2	127.9	127.2	124.9	124.5
2	44.8	44.0	43.4	48.2	46.5	23	133.8	135.5	137.4	134.4	140.0
3	213.6	213.4	213.4	148.9	212.3	24	36.4	37.1	36.6	35.9	37.7
4	53.0	53.6	54.1	107.7	51.1	25	26.0	24.7	29.5	26.7	32.5
5	27.2	27.4	27.5	28.9	26.6	26	61.5	59.0	73.7	72.1	78.1
6	37.0	37.3	37.5	39.0	36.6	27	59.3	59.8	85.9	83.8	149.3
7	25.2	25.5	25.6	28.8	24.3	28	36.0	31.7	35.4	36.4	29.2
8	34.0	34.1	34.0	36.2	33.3	29	23.8	27.5	27.9	26.3	25.5
9	48.2	48.1	47.8	49.4	47.5	30	60.7	73.5	89.7	87.3	74.1
10	213.8	213.8	213.9	213.5	213.6	31	59.8	74.6	75.0	73.9	74.1
11	31.9	31.4	31.1	36.0	34.7	32	39.9	44.5	43.2	33.7	40.8
12	50.6	51.1	51.7	54.7	51.0	33	64.8	66.0	66.4	119.9	69.1
13	210.5	209.6	209.1	208.4	212.2	34	132.0	132.4	132.4	140.8	132.8
14	47.5	46.4	45.4	48.4	47.1	35	130.4	128.4	125.7	76.9	130.3
15	28.9	28.9	28.9	30.6	29.1	36	33.0	32.7	32.8	43.3	34.5
16	17.7	17.6	17.5	20.4	18.4	37	18.9	18.3	18.0	22.4	19.8
17	21.2	21.3	21.3	21.0	21.0	38	16.9	15.2	16.3	16.1	18.5
18	17.5	17.6	17.5	18.4	17.2	39	16.2	18.8	20.5	20.2	107.0
19	21.9	22.2	22.3	22.1	21.8	40	18.4	25.8	25.6	22.6	23.2
20	174.7	174.7	174.9	175.6	175.1	41	51.2	51.2	51.0	52.1	51.4
21	43.5	42.6	43.0	37.3	42.4						

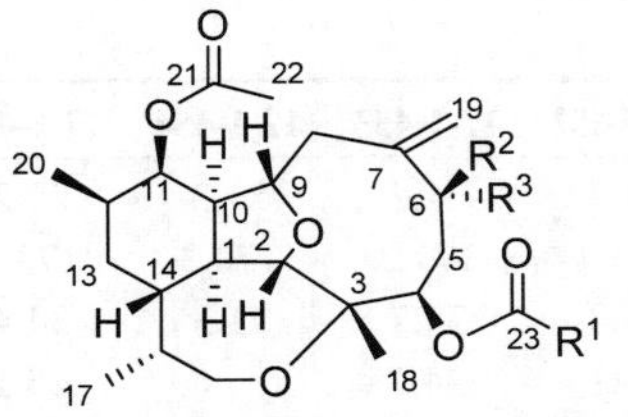

12-1-446 $R^1=C_7H_{15}$; $R^2=OH$; $R^3=H$
12-1-452 $R^1=C_7H_{15}$; $R^2=H$; $R^3=OH$
12-1-453 $R^1=C_5H_{11}$; $R^2=H$; $R^3=OH$
12-1-454 $R^1=CH_3$; $R^2=OH$; $R^3=H$
12-1-455 $R^1=C_7H_{15}$; $R^2,R^3=O$
12-1-456 $R^1=CH_3$; $R^2=H$; $R^3=OH$
12-1-458 $R^1=CH_3$; $R^2,R^3=O$

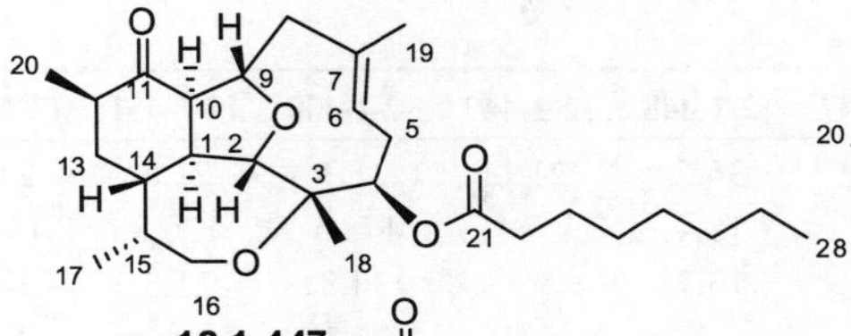

12-1-447

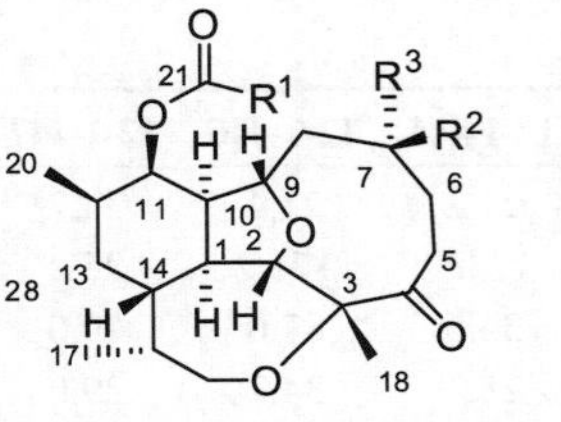

12-1-448 $R^1=C_3H_7$; $R^2,R^3=CH_2$
12-1-449 $R^1=CH_3$; $R^2,R^3=CH_2$
12-1-460 $R^1=CH_3$; $R^2=CH_3$; $R^3=OH$
12-1-461 $R^1=C_3H_7$; $R^2=CH_3$; $R^3=OH$
12-1-462 $R^1=CH_3$; $R^2=CH_3$; $R^3=H$

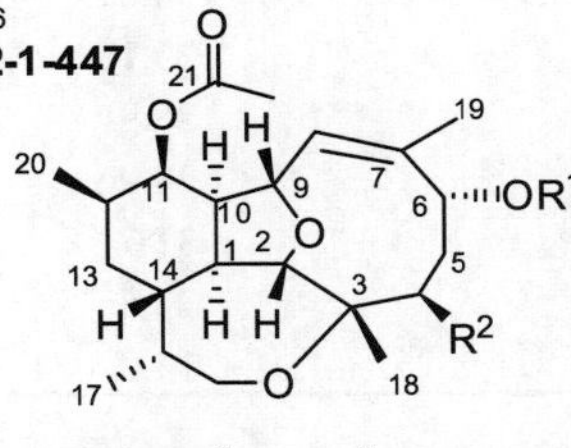

12-1-457 $R^1=H$; $R^2=O(CO)C_7H_{15}$
12-1-463 $R^1=Ac$; $R^2=H$
12-1-468 $R^1=H$; $R^2=H$

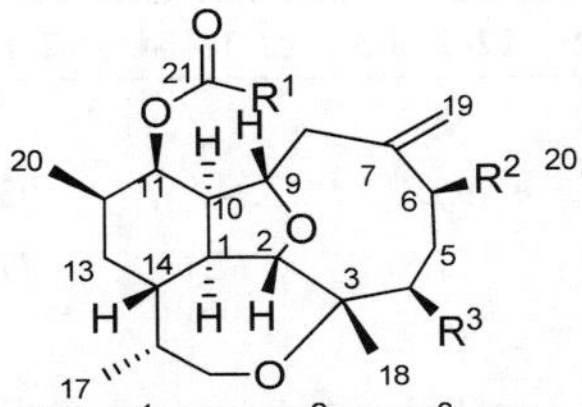

12-1-459 $R^1=CH_3$; $R^2=H$; $R^3=OH$
12-1-464 $R^1=CH_3$; $R^2=OH$; $R^3=H$
12-1-465 $R^1=C_3H_7$; $R^2=OH$; $R^3=H$

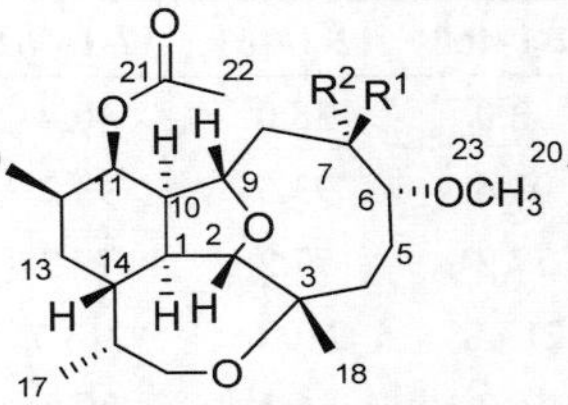

12-1-466 $R^1=CH_3$; $R^2=H$
12-1-467 $R^1=OH$; $R^2=CH_3$

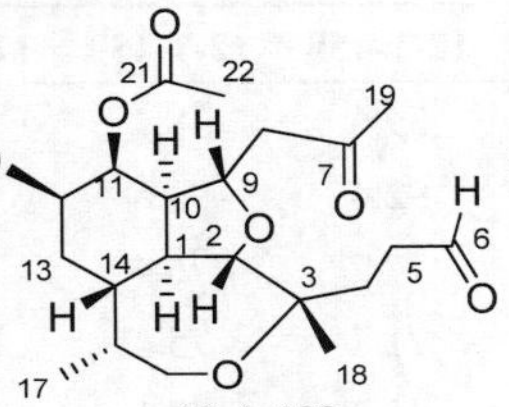

12-1-469

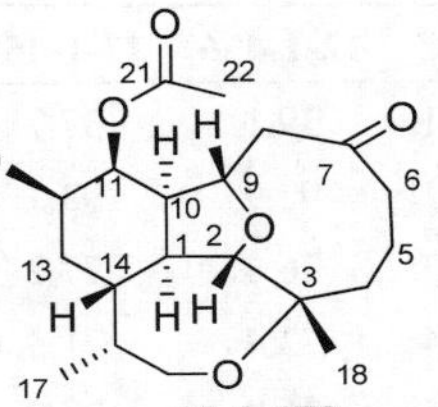

12-1-470

表 12-1-61 化合物 12-1-445~12-1-455 的 ^{13}C NMR 数据[148, 149]

C	12-1-445	12-1-446	12-1-447	12-1-448	12-1-449	12-1-450	12-1-451	12-1-452	12-1-453	12-1-454	12-1-455
1	38.2	38.8	43.1	40.1	40.1	40.7	40.8	39.2	39.2	38.8	39.6
2	94.5	93.5	92.3	93.2	93.2	91.5	91.3	92.9	93.0	93.5	92.4
3	79.0	77.2	79.0	77.3	77.2	76.8	76.7	76.4	76.4	77.2	77.2
4	72.3	69.3	72.6	206.7	206.4	78.8	79.2	72.3	72.3	69.7	71.3
5	29.0	34.7	29.1	37.5	37.6	33.4	33.4	31.2	31.0	34.7	45.2
6	125.0	25.2	125.2	36.0	35.8	126.8	126.7	73.9	73.9	86.9	200.6
7	129.3	144.4	129.1	146.7	146.6	131.5	131.7	147.5	147.5	144.4	145.4
8	44.2	38.3	43.7	41.6	41.5	37.0	36.9	39.0	39.0	38.3	41.4
9	80.8	83.4	75.7	79.9	79.9	81.7	81.7	83.0	83.0	83.4	79.9
10	48.3	47.1	55.5	47.8	47.9	45.0	44.9	45.7	45.7	47.1	48.4
11	73.7	73.5	212.1	72.7	73.1	73.7	73.6	74.0	74.0	73.6	72.9
12	30.9	31.2	40.8	31.1	31.1	31.4	31.3	31.2	31.3	31.3	31.0
13	31.3	31.5	34.7	31.6	31.6	31.4	31.4	31.5	31.5	31.5	31.2
14	37.6	38.3	41.4	37.4	37.3	38.3	38.3	38.4	38.4	38.3	37.6
15	36.7	36.6	36.9	36.7	36.6	37.6	37.6	36.8	36.8	36.7	36.7
16	67.5	67.8	66.7	68.2	68.1	67.7	67.8	67.3	67.3	68.0	67.6
17	11.3	10.9	11.5	11.0	11.0	10.8	10.8	10.8	10.8	10.8	10.9
18	19.6	17.4	19.2	24.1	24.0	19.4	19.3	17.6	17.6	17.4	18.1
19	18.8	117.4	18.8	114.1	114.1	29.5	29.6	115.6	115.6	117.4	115.2
20	18.1	17.3	16.0	18.1	18.0	18.2	18.2	17.5	17.5	17.3	18.3
21	171.4	173.2	173.5	173.6	171.0	171.2	171.3	171.2	171.2	171.2	171.0

续表

C	12-1-445	12-1-446	12-1-447	12-1-448	12-1-449	12-1-450	12-1-451	12-1-452	12-1-453	12-1-454	12-1-455
22	21.2	21.4	34.7	36.5	21.1	21.3	21.6	21.3	21.2	21.3	21.2
23	173.4	171.2	25.2	18.4		173.5	170.8	175.4	171.2	170.3	173.1
24	34.6	87.0	29.0	13.7		34.8	21.3	34.8	34.7	21.3	34.4
25	25.1	34.7	29.0			25.1		25.1	24.7		25.1
26	29.0	29.0	31.7			28.9		28.9	29.0		28.9
27	28.9	28.9	22.6			28.9		28.8	22.3		28.9
28	31.6	31.7	14.1			31.7		31.7	13.9		31.6
29	22.6	22.6				22.6		22.6			22.6
30	14.0	14.1				14.0		14.0			14.0

表 12-1-62 化合物 12-1-456~12-1-465 的 ^{13}C NMR 数据[149]

C	12-1-456	12-1-457	12-1-458	12-1-459	12-1-460	12-1-461	12-1-462	12-1-463	12-1-464	12-1-465
1	39.1	37.7	39.6	38.4	38.0	38.0	40.7	38.3		
2	92.9	93.7	92.4	93.8	93.6	93.5	93.2	93.3	94.0	93.8
3	76.4	77.2	77.2	76.4	77.2	77.2	77.2	77.8	77.1	77.2
4	72.4	71.5	71.7	75.4	210.8	210.6	213.7	32.2		
5	36.9	38.0	45.2	27.1	36.2	36.1	39.3	27.1		
6	73.8	66.8	200.5	29.0	34.0	34.0	35.4	73.7	91.1	91.1
7	147.5	138.4	145.5	148.1	76.3	76.3	37.4	133.6	146.4	146.4
8	39.0	127.3	41.2	38.8	49.3	49.3	42.9	129.2		
9	82.9	82.7	79.9	82.6	78.2	78.1	79.6	82.5	82.5	82.4
10	45.7	50.0	48.4	46.0	47.7	47.7	48.3	50.3	46.7	46.7
11	73.9	73.7	72.9	73.7	72.8	72.5	73.1	73.4	73.6	73.3
12	31.5	31.3	31.1	31.0	31.5	31.5	31.1	31.4	31.3	31.3
13	31.2	31.3	31.2	31.3	31.5	31.5	31.7	31.4	31.7	31.7
14	38.3	38.7	37.7	37.7	38.0	38.2	37.2	37.2	37.9	37.9
15	36.7	36.8	36.8	36.4	36.5	36.5	36.7	36.6	36.6	36.6
16	67.4	68.0	67.8	67.1	68.2	68.2	68.3	67.9	68.2	68.2
17	10.7	11.0	10.9	10.6	10.9	10.9	11.0	10.9	10.9	10.9
18	17.5	18.6	18.2	23.1	22.5	22.4	24.3	22.1	29.7	29.2
19	115.6	17.2	115.2	114.5	27.7	27.6	17.5	18.0	116.1	115.8
20	17.5	17.2	18.4	17.2	17.3	17.3	18.0	17.3	17.4	17.5
21	172.4	171.2	171.1	171.0	170.8	173.4	171.0	171.2	171.2	173.8
22	21.4	21.3	21.2	20.9	21.3	36.7	21.2	21.4	21.3	36.7
23	171.2	172.9	170.4			18.4		170.2		18.5
24	21.2	34.6	21.1			13.6		21.2		13.7
25		25.2								
26		29.1								
27		29.1								
28		31.7								
29		22.6								
30		14.1								

表 12-1-63 化合物 12-1-466~12-1-470 的 ^{13}C NMR 数据[150]

C	12-1-466	12-1-467	12-1-468	12-1-469	12-1-470	C	12-1-466	12-1-467	12-1-468	12-1-469	12-1-470
1	37.7	37.7	37.2	38.0	38.7	13	31.4	31.4	31.4	30.8	31.5
2	94.7	92.5	93.3	92.5	93.9	14	38.2	38.6	38.3	37.7	37.9
3	77.6	77.7	77.8	75.5	76.6	15	36.3	37.1	36.6	36.5	36.7
4	27.6	34.6	32.8	28.3	35.5	16	68.0	67.9	67.8	67.7	67.7
5	25.4	27.0	30.5	38.5	34.4	17	11.0	11.4	10.9	11.2	10.9
6	82.6	85.8	69.7	203.5	48.1	18	22.8	22.6	22.2	23.1	
7	37.2	75.3	137.7	206.8	214.4	19	23.0	24.2	17.2	30.7	24.0
8	38.1	47.6	127.6	48.3	48.2	20	17.0	17.4	17.3	18.7	17.5
9	82.0	79.6	82.6	76.7	80.9	21	171.3	171.0	171.3	171.1	171.3
10	48.0	48.7	50.4	47.9	45.3	22	21.4	21.2	21.4	21.2	21.3
11	73.4	73.4	73.6	72.3	73.8	23	56.5	57.7			
12	31.3	31.7	31.4	31.5	31.1						

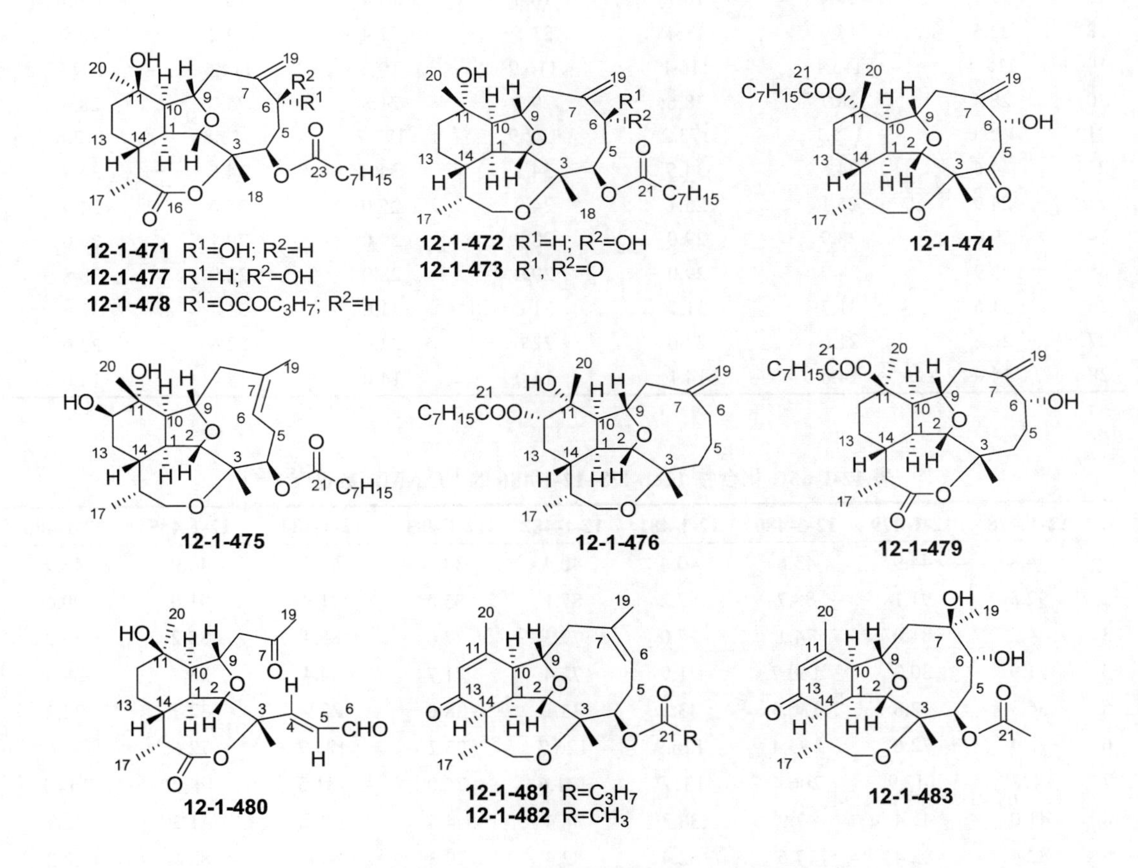

表 12-1-64 化合物 12-1-471~12-1-477 的 ^{13}C NMR 数据[151]

C	12-1-471	12-1-472	12-1-473	12-1-474	12-1-475	12-1-476	12-1-477
1	44.7	39.4	40.1	39.2	39.4	40.1	44.7
2	92.1	92.2	92.1	93.7	87.1	92.7	92.5
3	73.9	76.7	77.2	77.6	76.9	77.2	74.3

续表

C	12-1-471	12-1-472	12-1-473	12-1-474	12-1-475	12-1-476	12-1-477
4	72.7	71.6	72.1	208.6	73.8	37.7	72.2
5	38.2	37.1	45.7	47.3	28.6	29.7	34.8
6	72.0	74.0	200.7	78.9	123.5	36.0	82.9
7	145.4	148.2	146.4	146.5	131.6	146.7	142.3
8	39.8	39.0	42.7	42.2	44.0	42.6	42.2
9	82.9	82.0	80.0	81.0	78.7	79.6	82.4
10	47.4	51.9	53.8	46.4	50.6	49.4	47.6
11	81.4	71.6	71.1	81.1	72.2	71.9	80.5
12	29.9	39.6	38.6	31.7	83.6	76.3	30.3
13	16.3	24.8	24.1	18.5	19.7	32.7	16.4
14	36.9	38.9	38.6	39.0	31.2	37.0	37.5
15	45.6	36.4	36.3	35.6	43.9	35.9	45.2
16	175.9	67.4	67.6	67.6	174.3	68.0	176.0
17	17.9	10.4	10.7	10.3	19.4	10.7	17.5
18	22.6	17.9	18.4	21.5	22.4	24.2	22.5
19	118.4	115.1	116.1	116.9	19.2	114.6	119.7
20	28.4	28.7	28.6	29.2	21.8	25.7	28.8
21	175.0	175.1	173.2	172.9	173.2	173.8	172.8
22	34.6	34.8	34.5	34.1	34.6	34.5	34.4
23	24.9	25.1	25.1	24.9	25.0	25.0	24.9
24	29.0	28.9	29.0	28.9	29.0	29.1	29.0
25	28.9	28.9	29.0	29.0	28.9	28.9	28.8
26	31.6	31.7	31.7	31.6	31.6	31.7	31.6
27	22.6	22.6	22.6	22.6	22.6	22.6	23.0
28	14.0	14.0	14.1	14.0	14.0	14.1	14.0

表 12-1-65　化合物 12-1-478~12-1-486 的 ^{13}C NMR 数据[152~154]

C	12-1-478	12-1-479	12-1-480	12-1-481	12-1-482	12-1-483	12-1-484	12-1-485	12-1-486
1	44.8	44.9	43.6	40.4	40.4	38.5	45.7	44.9	44.9
2	92.5	91.1	88.7	87.2	87.1	85.0	91.9	91.0	90.6
3	74.2	81.0	74.1	77.0	77.3	77.0	85.4	85.2	85.2
4	71.9	30.3	160.7	71.9	72.4	71.7	34.4	28.7	28.5
5	36.3	32.8	130.3	33.1	33.1	38.0	22.9	32.7	28.2
6	72.4	72.6	193.4	126.9	126.7	73.2	129.7	72.6	85.6
7	142.7	147.9	206.4	131.7	131.6	75.0	131.5	147.9	144.1
8	41.0	41.4	47.9	38.3	38.4	44.8	38.5	41.3	42.7
9	82.4	82.4	77.6	82.4	82.4	79.3	80.6	82.5	82.2
10	47.5	47.7	51.1	47.8	47.8	51.8	50.2	47.8	48.0
11	80.6	84.9	80.0	156.4	156.3	156.7	81.4	81.0	80.8
12	30.2	28.7	29.7	126.6	126.5	128.2	30.2	30.4	30.4
13	16.3	16.8	16.1	198.1	197.9	197.2	16.8	16.8	16.8
14	37.5	37.0	36.0	48.5	48.5	49.4	37.4	37.0	37.0

续表

C	12-1-478	12-1-479	12-1-480	12-1-481	12-1-482	12-1-483	12-1-484	12-1-485	12-1-486
15	45.3	45.9	45.6	33.1	33.1	31.2	46.2	45.9	45.9
16	175.9	176.1	175.4	66.0	66.0	64.6	176.2	176.1	176.2
17	17.5	17.5	17.8	19.3	19.3	17.2	17.7	17.5	17.5
18	22.7	20.7	23.6	21.0	21.0	18.5	23.2	20.7	20.5
19	119.5	117.3	31.3	29.1	29.2	26.1	26.5	117.2	118.5
20	28.7	28.9	28.7	21.9	21.9	21.0	28.7	28.9	29.0
21	173.0	172.4		173.3	170.5	170.1	169.8	169.8	169.8
22	34.4	37.4		36.5	21.4	21.0	22.4	22.3	22.4
23	24.8	18.4		18.5					
24	28.8	13.6		13.5					
25	29.0								
26	31.6								
27	22.5								
28	13.6								
29	172.9								
30	36.3								
31	18.3								
32	14.0								

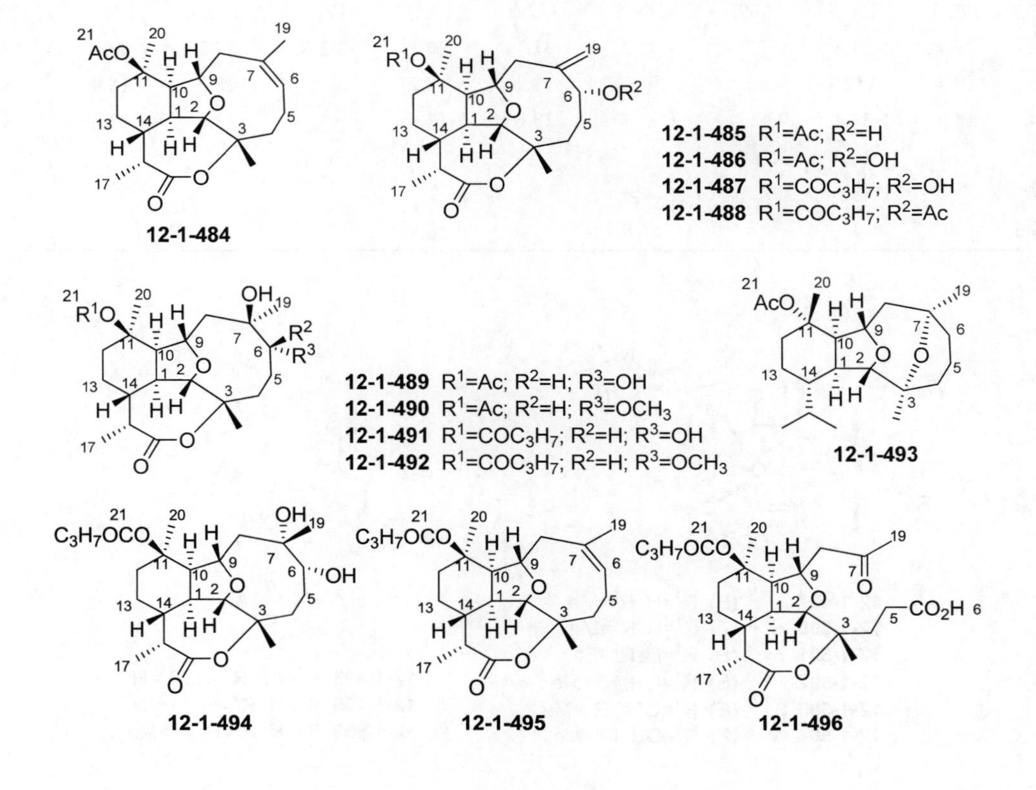

表 12-1-66 化合物 12-1-487~12-1-496 的 ^{13}C NMR 数据[154,155]

C	12-1-487	12-1-488	12-1-489	12-1-490	12-1-491	12-1-492	12-1-493	12-1-494	12-1-495	12-1-496
1	44.9	44.9	44.5	44.5	44.4	44.5	41.6	44.8	45.8	44.3
2	90.7	90.6	94.9	95.4	94.9	95.5	93.7	95.6	91.7	87.9
3	84.9	84.8	86.4	86.4	86.1	86.1	75.5	85.8	85.0	83.4
4	28.5	28.3	35.2	35.9	35.2	36.0	36.2	35.3	34.4	29.9
5	28.2	30.1	30.5	26.3	30.4	26.2	18.1	29.9	22.8	28.7
6	85.5	74.9	78.8	89.3	78.8	89.4	39.6	78.9	130.0	177.0
7	144.1	144.5	76.3	75.5	76.3	75.5	74.3	73.9	131.2	206.6
8	42.7	41.5	46.6	45.8	46.6	45.8	47.5	46.8	38.4	50.0
9	82.2	82.2	78.6	78.8	78.6	78.8	77.2	79.6	80.8	77.8
10	48.0	48.0	54.5	54.5	54.4	54.5	51.0	54.2	49.9	52.4
11	80.8	80.9	81.7	81.7	81.7	81.7	83.1	81.3	81.3	80.4
12	30.3	30.3	30.0	30.0	30.1	30.0	29.7	30.1	30.1	30.1
13	16.7	16.8	16.9	16.9	16.9	16.9	17.5	17.1	16.7	16.2
14	37.0	36.9	38.2	38.4	38.2	38.4	42.3	38.3	37.3	36.1
15	45.8	45.8	46.3	46.2	46.3	46.2	29.6	46.3	46.1	45.8
16	176.0	176.2	176.2	176.2	176.2	176.2	21.7	176.0	176.1	175.8
17	17.4	17.4	17.7	17.6	17.6	17.6	15.5	17.5	17.6	17.6
18	20.5	20.5	23.3	23.3	23.4	23.4	27.5	23.4	23.1	20.7
19	118.5	118.6	22.5	23.2	22.4	23.3	35.6	25.4	26.7	31.3
20	28.9	28.9	28.6	28.7	28.6	28.7	24.0	28.7	28.7	28.8
21	172.3	170.7	169.4	169.5	172.1	172.1	170.3	172.3	172.3	172.7
22	37.4	21.3	22.3	22.3	37.1	37.1	22.5	37.2	37.4	37.2
23	18.4	172.4			18.2	18.2		18.3	18.4	18.5
24	13.5	37.4			13.6	13.6		13.6	13.6	13.7
25		18.4								
26		13.6								
OMe				56.8		56.8				

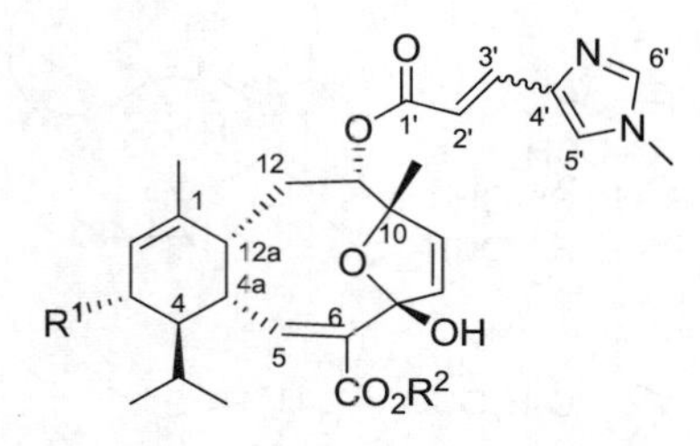

12-1-497 $\Delta^{2',3'}$ (*E*) R^1=H; R^2=Me
12-1-500 $\Delta^{2',3'}$ (*Z*) R^1=H; R^2=Me
12-1-501 $\Delta^{2',3'}$ (*E*) R^1=H; R^2=Et
12-1-502 $\Delta^{2',3'}$ (*E*) R^1=OH; R^2=Me
12-1-503 $\Delta^{2',3'}$ (*E*) R^1=OAc; R^2=Me
12-1-504 $\Delta^{2',3'}$ (*Z*) R^1=OH; R^2=Me

12-1-498 R^1=Ac; R^2=H; R^3=H
12-1-499 R^1=H; R^2=Ac; R^3=H
12-1-508 R^1=H; R^2=H; R^3=Me

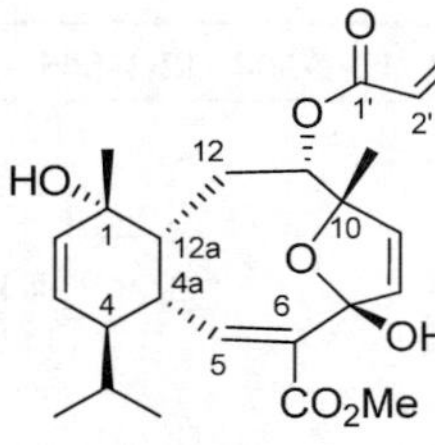

12-1-505 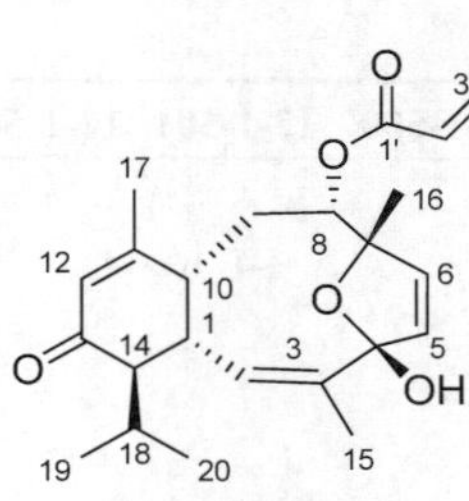　　12-1-506 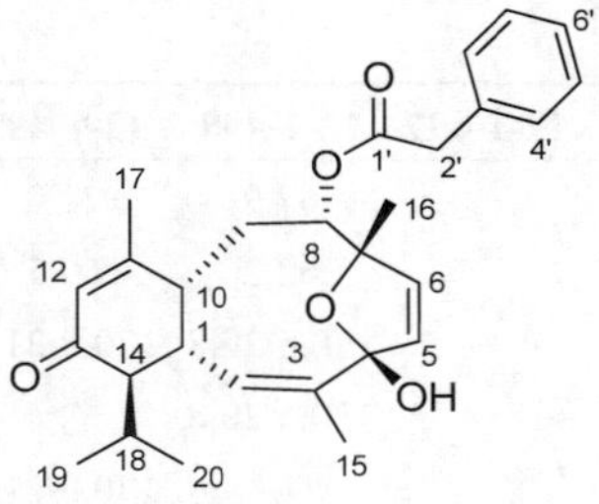　　12-1-507

表 12-1-67　化合物 12-1-497~12-1-505, 12-1-508 的 ^{13}C NMR 数据[155~158]

C	12-1-497	12-1-498	12-1-499	12-1-500	12-1-501	12-1-502	12-1-503	12-1-504	12-1-505	12-1-508
1	134.3	134.1	134.0	133.3	134.2	135.0	138.5	137.1	68.6	134.2
2	121.8	121.3	121.0	121.2	121.6	127.8	121.6	127.0	136.1	121.3
3	24.6	24.4	24.4	23.8	24.4	67.1	71.0	68.3	129.2	24.5
4	42.1	42.1	42.2	41.5	42.0	52.1	—[e]	52.8	47.8	42.4
4a	34.9	34.3	34.3	34.0	34.8	34.1	34.6	34.8	34.8	34.3
5	143.9	137.9	138.0	142.6	143.3	145.7	146.1	147.9	148.3	137.4
6	135.5	133.3	133.3	134.3	135.8	134.2	134.4	133.3	132.2	132.8
7	112.3	112.3	112.0	114.0	112.2	112.5	112.6	112.7	112.7	115.9
8	134.7	133.2	133.2	133.5	134.7	135.1	134.2	134.5	134.9	131.0
9	133.0	132.1	132.0	132.3	132.7	132.6	134.2	134.1	133.9	133.7
10	89.6	90.3	90.3	88.5	89.4	89.7	91.0	91.0	91.3	89.9
11	81.8	81.1	81.1	80.4	81.7	81.1	82.4	81.7	81.7	81.5
12	32.2	31.6	31.6	31.1	32.1	32.5	32.8	33.0	31.3	31.5
12a	39.2	38.7	38.6	38.5	39.1	39.8	40.0	40.8	42.3	38.7
Me_2CH	29.0	29.1	29.1	28.5	28.9	28.8	29.5	29.9	33.3	29.1
Me(Pro-*S*)	20.4	20.5	20.5	21.8	20.2	20.7	21.4	20.9	21.8	20.5
Me(Pro-*R*)	22.2	22.2	22.2	21.9	22.0	22.3	22.4	22.5	22.2	22.2
Me-C(1)	22.1	22.0	21.9	20.3	22.0	21.6	21.8	21.6	29.2	21.9
Me-C(10)	25.9	25.6	24.8	25.3	25.8	25.9	26.0	26.0	25.8	24.3
C-C(6)	168.0			166.7	167.5	168.1	168.5	168.6	169.4	
OMe	51.8			52.7		51.5	52.3	52.2	52.1	49.6
1'	167.2	166.8	166.0	165.4	167.0	167.2	168.4	167.0	169.2	166.7
2'	115.3	115.9	116.0	112.3	115.3	115.4	115.8	114.5	116.1	115.9
3'	138.0	136.4	136.0	138.9	137.9	138.1	138.2	139.2	138.0	136.4
4'	138.3	138.0	138.0	136.1	138.4	138.5	141.3	139.4	141.3	138.4
5'	124.5	122.7	122.0	125.9	124.1	124.4	140.8	137.5	138.5	122.9
6'	140.4	139.2	139.2	138.4	140.1	140.3	125.6	127.8	125.5	139.5
MeN	33.3	33.6	33.6	33.5	32.9	33.1	34.0	34.1	34.0	33.6
$CH_2C(6)$		71.9	71.9							69.1
1''		95.5	95.4							93.4
2''		67.9	71.3							71.8
3''		69.9	66.4							68.1

续表

C	12-1-497	12-1-498	12-1-499	12-1-500	12-1-501	12-1-502	12-1-503	12-1-504	12-1-505	12-1-508
4"		67.9	72.0							69.5
5"		62.2	60.5							62.1
2"-Ac		170.5/20.8	170.0/21.1							171.4/21.0
3"-Ac		170.5/20.8								
4"-Ac			170.0/21.0							
OEt					14.0,60.5					

表 12-1-68 化合物 12-1-506 和 12-1-507 的 ^{13}C NMR 数据[159]

C	12-1-506	12-1-507	C	12-1-506	12-1-507	C	12-1-506	12-1-507
1	37.6	37.6	10	40.9	40.9	19	21.4	21.4
2	127.6	127.6	11	160.0	159.3	20	22.2	22.1
3	135.6	135.6	12	126.3	126.5	1'	165.9	171.0
4	113.0	113.0	13	203.1	202.7	2'	115.7	41.7
5	131.1	131.3	14	59.4	59.4	3'	158.2	133.6
6	134.0	133.7	15	21.7	21.7	4'	27.5	129.1
7	90.2	90.0	16	25.8	25.6	5'	20.3	128.7
8	80.3	81.7	17	22.9	22.7	6'		127.4
9	31.2	31.0	18	26.9	26.9			

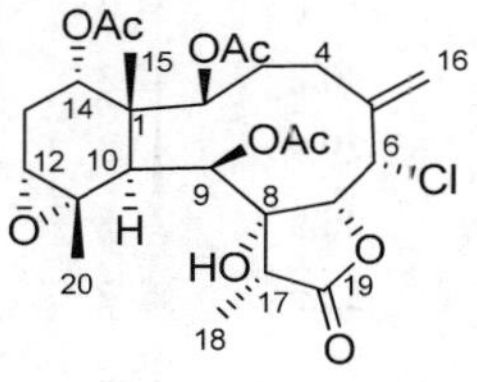

12-1-509 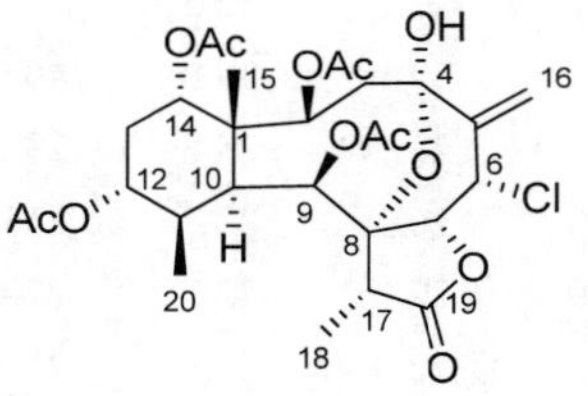　　12-1-510 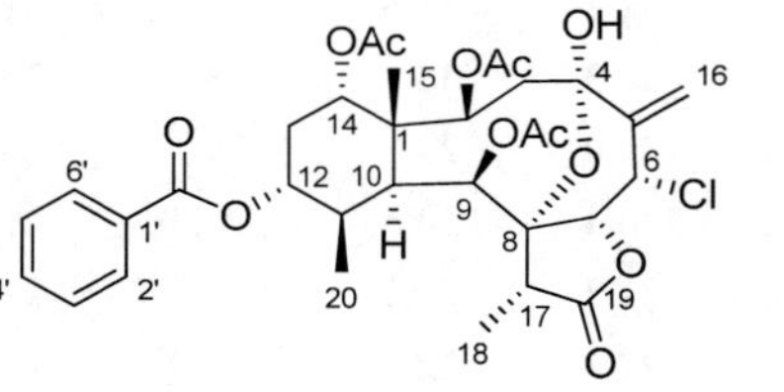　　12-1-511

表 12-1-69 化合物 12-1-509~ 12-1-511 的 ^{13}C NMR 数据[161]

C	12-1-509	12-1-510	12-1-511	C	12-1-509	12-1-510	12-1-511
1	45.3	44.5	44.5	10	51.6	50.2	50.4
2	72.2	73.7	73.8	11	58.9	34.3	34.7
3	28.3	40.7	40.8	12	59.6	73.3	73.4
4	27.6	97.2	97.2	13	33.5	24.4	24.6
5	146.0	137.9	137.7	14	72.3	73.3	73.4
6	54.4	55.4	55.4	15	13.9	15.6	15.9
7	78.0	78.6	78.6	16	121.6	117.7	118.0
8	81.6	81.4	81.4	17	43.1	42.2	42.4
9	81.3	81.8	81.9	18	6.6	6.8	7.3

续表

C	12-1-509	12-1-510	12-1-511	C	12-1-509	12-1-510	12-1-511
19	174.7	174.0	173.7	$\underline{C}H_3COO$	21.1	21.1	20.9
20	22.1	14.8	15.0	$\underline{C}H_3COO$		20.9	
$CH_3\underline{C}OO$	170.8	173.6	169.9	$C_6H_5\underline{C}O_2$			165.5
$CH_3\underline{C}OO$	170.7	169.8	169.9	1'			133.6
$CH_3\underline{C}OO$	170.1	169.8	169.7	2',6'			129.4
$CH_3\underline{C}OO$		169.8		3',5'			128.5
$\underline{C}H_3COO$	21.1	21.6	21.6	4'			129.8
$\underline{C}H_3COO$	21.1	21.1	21.2				

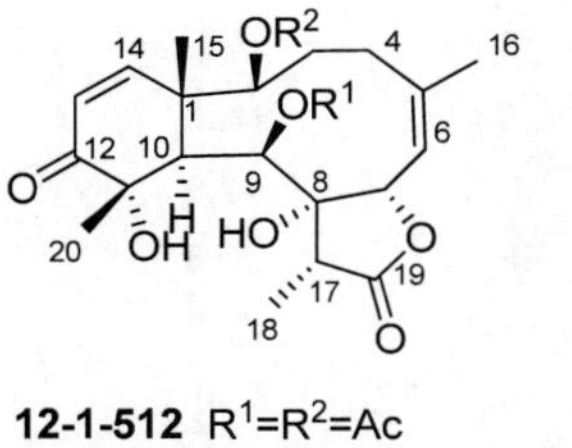

12-1-512 $R^1=R^2=Ac$
12-1-513 $R^1=Ac$; $R^2=C_2H_5CO$
12-1-514 $R^1=Ac$; $R^2=n\text{-}C_3H_7CO$

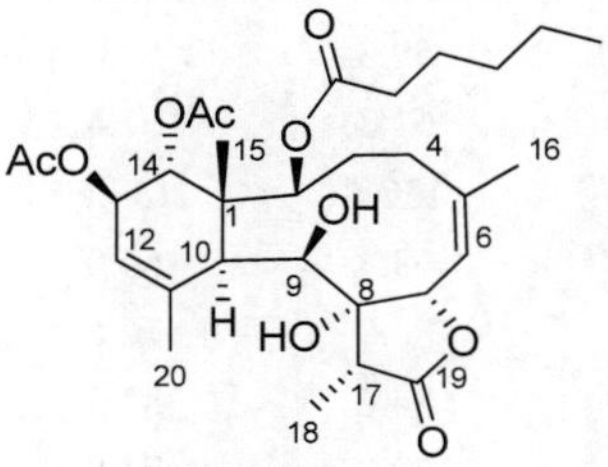

12-1-515

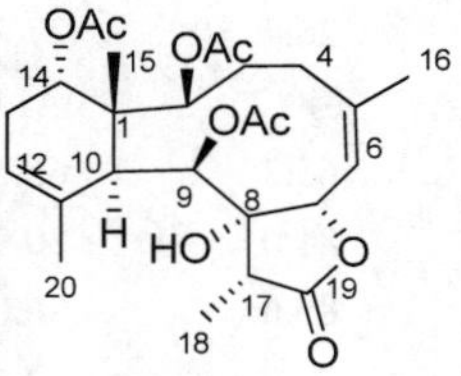

12-1-516

表 12-1-70 化合物 12-1-512~12-1-516 的 ^{13}C NMR 数据[162]

C	12-1-512	12-1-513	12-1-514	12-1-515	12-1-516	C	12-1-512	12-1-513	12-1-514	12-1-515	12-1-516
1	46.6	46.6	46.6	47.1	44.5	14	156.6	156.7	156.7	72.7	74.8
2	79.0	78.7	78.6	70.9	73.5	15	14.1	14.1	14.1	15.9	14.5
3	31.8	31.8	31.8	31.6	28.5	16	28.2	28.2	28.2	27.9	27.5
4	28.3	28.2	28.2	28.9	26.7	17	43.6	43.4	43.5	43.9	43.8
5	143.1	143.3	143.2	140.0	134.7	18	6.7	6.7	6.7	6.9	7.0
6	120.6	120.4	120.4	120.6	120.5	19	176.1	176.2	176.2	173.7	176.6
7	67.7	67.5	67.6	78.4	70.4	20	24.9	24.9	25.0	24.5	24.3
8	81.1	81.0	81.0	82.9	81.8	OCOMe	168.8	168.8	168.8	171.2	171.3
9	78.3	78.3	78.3	68.2	79.1		21.6	21.6	21.6	21.4	21.4
10	43.0	42.9	42.9	41.6	40.3	其它	169.9	173.4	172.6	170.9	170.5
11	76.0	75.9	76.0	147.6	147.0		21.0	27.8	36.4	21.2	169.8
12	199.6	199.6	199.7	117.5	117.7			9.3	18.5		21.4
13	121.9	121.8	121.8	74.9	31.9				13.7		21.2

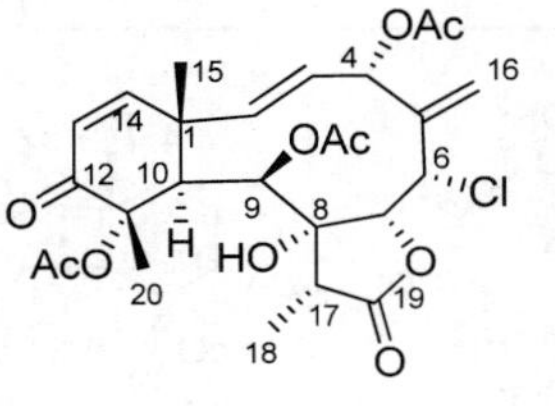

12-1-517

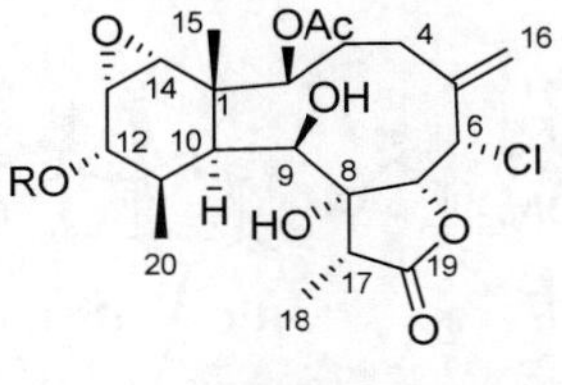

12-1-518 $R=C_5H_{11}CO$
12-1-519 $R=CH_3CO$

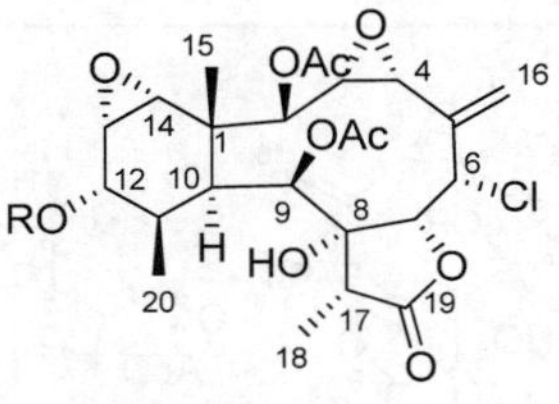

12-1-520 R=H
12-1-521 $R=CH_3CO$

12-1-522　　12-1-523　　12-1-524

表 12-1-71　化合物 12-1-518~12-1-524 的 ^{13}C NMR 数据[163, 164]

C	12-1-518	12-1-519	12-1-520	12-1-521	12-1-522	12-1-523	12-1-524
1	40.3	40.3	39.4	38.3	45.1	44.2	46.9
2	76.7	76.7	77.3	69.3	77.0	77.6	77.5
3	26.4	26.5	59.3	57.0	26.7	23.4	71.4
4	26.4	27.2	61.3	61.4	27.4	24.0	34.6
5	140.2	141.0	137.6	133.5	142.6	142.9	139.8
6	65.3	65.4	63.3	60.0	66.4	120.8	121.5
7	81.0	80.9	80.0	76.6	81.2	82.3	74.3
8	86.0	86.0	84.6	83.9	85.7	85.0	71.7
9	72.0	72.4	70.9	74.9	72.1	71.2	65.3
10	33.6	36.6	38.7	35.9	39.4	35.2	43.9
11	37.3	37.4	39.4	37.3	43.3	35.8	72.4
12	70.3	71.8	70.0	71.7	203.4	70.2	73.1
13	50.4	54.8	58.9	56.6	125.6	122.7	122.8
14	62.4	61.9	61.3	61.0	155.0	141.5	139.8
15	19.5	20.2	17.1	16.5	20.2	20.3	15.4
16	119.2	119.2	118.8	120.8	118.8	24.7	26.9
17	44.7	44.4	45.9	45.5	45.6	42.1	65.0
18	7.1	7.3	6.2	6.2	8.2	6.5	9.8
19	176.8	176.7	177.0	174.2	177.3	178.6	170.4
20	14.1	10.6	9.6	9.7	14.6	13.8	20.8
21	168.9	168.5	172.1	169.0	168.6	168.0	170.1 (C-2Ac)
22	21.0	170.7	171.3	169.6	20.9	170.8	20.6 (C-2Ac)
23	173.4	20.9	22.0	169.9		21.2	170.1 (C-3Ac)
24	34.0	20.9	20.9	21.0		20.8	21.2 (C-3Ac)
25	24.7			21.0			168.8 (C-9Ac)
26	31.4			21.9			21.1 (C-9Ac)
27	22.4						169.7 (C-12Ac)
28	14.0						21.1 (C-12Ac)

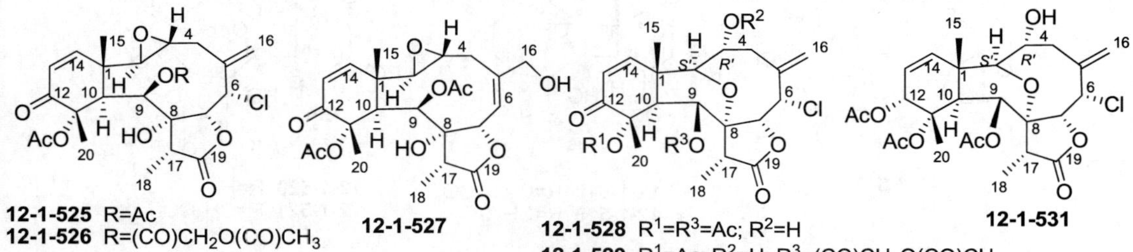

表 12-1-72 化合物 12-1-517,12-1-525~12-1-531 的 ^{13}C NMR 数据[165]

C	12-1-517	12-1-525	12-1-526	12-1-527	12-1-528	12-1-529	12-1-530	12-1-531
1	41.8	40.8	40.7	40.9	36.2	36.2	36.2	35.8
2	144.5	62.2	63.0	63.9	86.2	86.3	86.2	88.0
3	131.5	53.9	53.8	57.5	69.9	70.2	70.0	69.7
4	73.5	36.8	36.9	28.6	41.2	41.3	41.2	41.4
5	141.5	137.5	137.5	147.5	138.3	138.4	138.2	138.7
6	65.7	67.7	67.6	118.3	59.3	59.3	59.3	59.1
7	79.1	78.6	78.7	69.2	85.6	85.5	85.5	85.9
8	81.0	80.0	80.0	81.9	83.1	83.0	82.9	83.3
9	77.6	78.8	78.7	78.7	68.8	69.9	69.8	68.2
10	44.9	41.2	41.4	41.2	41.6	41.8	41.8	41.4
11	80.6	81.5	81.6	81.9	80.6	80.5	80.5	83.3
12	195.5	194.0	194.7	195.2	194.1	194.0	193.9	76.5
13	126.1	124.8	124.3	124.0	124.5	124.6	124.5	120.7
14	154.5	154.0	153.7	154.3	152.4	152.3	152.4	138.3
15	22.9	16.2	16.2	14.4	21.2	20.9	21.1	21.7
16	115.5	118.9	119.0	66.5	123.0	123.0	123.0	122.9
17	48.8	45.5	45.4	43.8	48.9	49.1	49.0	49.6
18	9.3	9.3	9.1	6.9	6.6	6.6	6.6	6.3
19	176.2	175.0	175.5	176.2	174.1	174.0	173.9	174.2
20	20.7	21.3	21.2	21.6	22.3	22.3	22.5	19.4
OAc	169.5	169.4	169.2	171.2	169.9	170.0	169.9	169.8
	21.0	21.2	21.2	21.5	21.1	21.1	21.1	21.2
	169.5	169.2	170.1	169.1	169.9	170.0		169.0
	21.0	21.2	20.2	21.4	21.2	20.3		20.6
	168.9							169.0
	21.0							20.2
O(CO)CH_2			167.0			167.5	172.1	
			60.7			60.5	61.1	

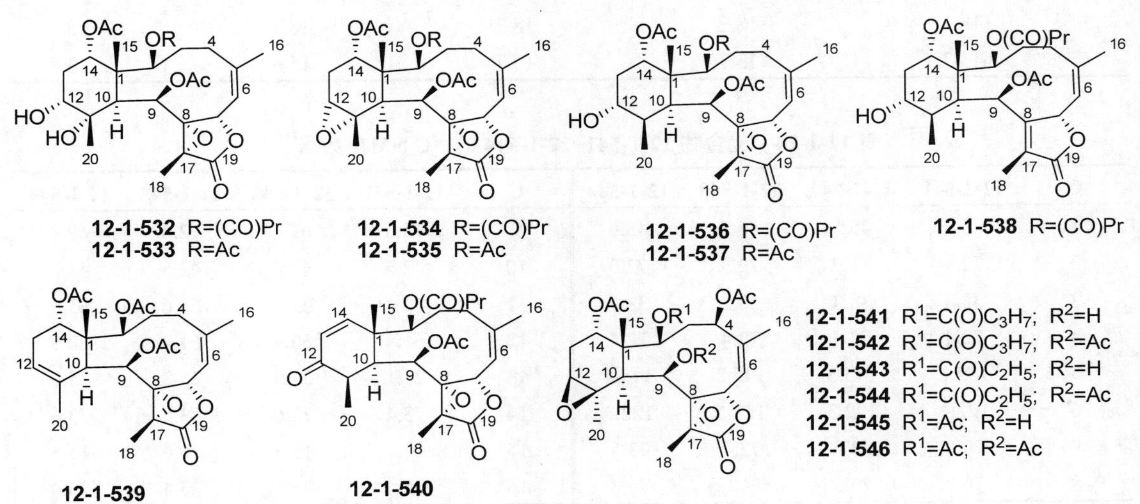

表 12-1-73 化合物 12-1-532~12-1-540 的 ^{13}C NMR 数据[165]

C	12-1-532	12-1-533	12-1-534	12-1-535	12-1-536	12-1-537	12-1-538	12-1-539	12-1-540
1	47.4	47.4	44.4	44.4	46.1	46.1	46.3	46.0	45.0
2	74.3	74.7	73.0	73.5	74.6	75.9	75.7	74.9	74.4
3	31.9	31.4	31.1	31.0	32.3	32.2	32.2	28.6	28.2
4	28.2	28.2	28.2	28.2	28.7	28.7	32.2	27.0	27.1
5	143.6	143.6	144.5	144.6	145.8	145.8	154.2	146.2	144.6
6	118.9	118.9	118.6	118.6	117.8	117.9	114.1	118.2	119.7
7	75.1	75.0	75.3	75.3	75.1	75.1	72.2	74.5	71.3
8	70.6	70.6	69.9	69.9	70.3	70.3	161.6	70.7	63.9
9	67.8	67.8	69.6	69.7	69.5	69.4	78.4	68.8	69.6
10	44.4	44.5	42.3	42.8	41.1	41.1	33.9	43.6	43.6
11	74.6	74.7	59.2	59.2	38.5	38.5	38.7	133.5	43.5
12	73.4	73.9	58.7	58.6	71.3	71.2	71.4	120.8	198.8
13	27.5	27.6	25.9	26.0	30.4	30.4	30.5	32.5	125.6
14	75.7	75.8	72.1	72.1	76.5	76.5	76.8	73.5	153.8
15	14.5	14.5	15.0	15.1	14.3	14.2	14.3	15.1	15.5
16	27.2	27.2	26.9	26.8	27.0	26.9	25.4	26.3	25.1
17	66.0	66.1	64.5	64.4	63.9	63.9	124.1	63.3	62.5
18	10.4	10.5	10.6	10.7	9.8	9.8	11.9	9.8	9.9
19	170.8	170.7	170.5	170.5	170.8	170.9	173.4	170.5	169.9
20	22.6	22.5	24.2	24.2	19.7	19.7	17.5	24.4	17.5
OAc	168.3	168.2	169.2	169.2	169.3	169.3	169.5	170.5	169.9
	21.3	21.3	21.1	21.3	21.4	21.3	21.1	21.4	21.4
	169.8	169.8	170.9	170.9	169.9	170.0	169.7	168.9	
	21.7	21.7	21.3	21.1	21.6	21.4	20.9	21.3	
		170.2		169.8		170.5		171.1	
		21.3		21.1		21.6		21.2	
丁酰氧基	172.6		172.3		172.9		172.6		172.4
	36.3		36.2		36.4		36.2		36.3
	18.1		18.2		18.2		18.2		18.4
	13.7		13.7		13.7		13.6		13.8

表 12-1-74 化合物 12-1-541~12-1-544 的 ^{13}C NMR 数据[166]

C	12-1-541	12-1-542	12-1-543	12-1-544	C	12-1-541	12-1-542	12-1-543	12-1-544
1	45.8	45.5	45.9	45.6	9	72.6	69.8	72.6	69.9
2	72.3	71.9	72.3	72.0	10	42.6	42.2	42.6	42.2
3	38.3	38.3	38.2	38.5	11	62.4	63.5	63.6	63.5
4	72.4	72.4	72.4	72.4	12	61.4	60.9	61.4	60.9
5	145.1	145.3	145.2	145.4	13	25.1	24.9	25.2	25.0
6	122.4	122.3	122.5	122.3	14	73.4	73.6	73.5	73.6
7	73.8	73.5	73.7	73.5	15	16.1	15.5	16.0	15.5
8	70.9	70.3	71.0	70.3	16	25.4	25.4	25.4	25.4

续表

C	12-1-541	12-1-542	12-1-543	12-1-544	C	12-1-541	12-1-542	12-1-543	12-1-544
17	62.4	62.4		62.6	丁酰氧基		13.7		
18	9.4	10.0	9.4	10.0			18.1		
19	171.6	170.7		171.0			36.1		
20	24.5	24.5	24.5	24.5	丙酰氧基				8.8, 27.6
<u>C</u>H$_3$CO	21.1	21.1	21.1	21.1	其它酯基	36.1		27.6	
	21.1	21.1	21.1	21.1		18.2		8.8	
		21.5		21.5		13.7			
酯羰基	173.0	167.4	173.8	167.4					
	170.4	170.3	170.1	170.3					
	170.2	170.1	170.1	170.1					
		167.4		167.4					

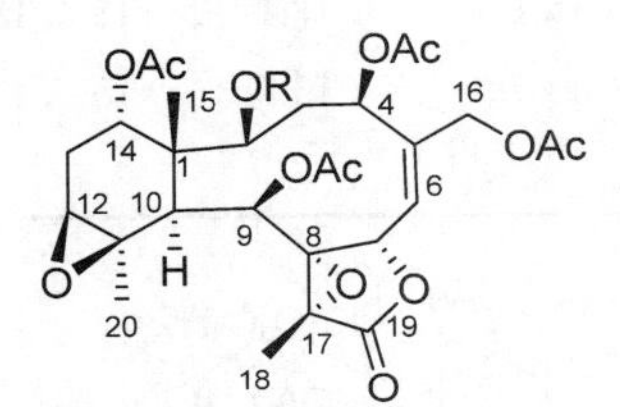

12-1-547 R=C(O)C_3H_7
12-1-548 R=C(O)C_2H_5
12-1-549 R=Ac

12-1-550 R^1=C(O)C_3H_7; R^2=Ac; R^3=OAc
12-1-556 R^1=C(O)C_3H_7; R^2=H; R^3=H

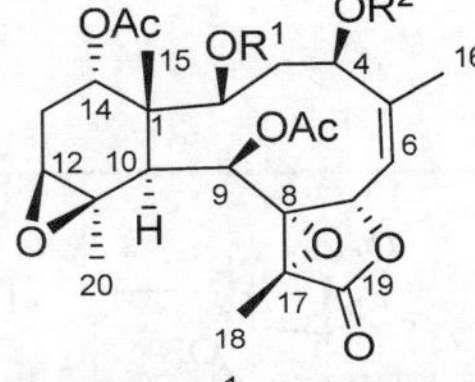

12-1-551 R^1=C(O)C_3H_7; R^2=H
12-1-552 R^1= R^2=C(O)C_3H_7

表 12-1-75 化合物 12-1-545~12-1-552 的 ^{13}C NMR 数据[166]

C	12-1-545	12-1-546	12-1-547	12-1-548	12-1-549	12-1-550	12-1-551	12-1-552
1	45.8	45.5	45.4	45.5	45.4	45.2	45.5	45.5
2	72.7	72.3	71.9	72.0	72.3	71.8	71.1	71.9
3	38.2	38.4	38.7	38.6	38.6	38.4	41.1	38.7
4	72.4	72.3	70.0	70.1	70.0	72.6	73.8	72.2
5	143.2	145.3	142.5	142.6	142.6	145.2	147.8	145.4
6	122.5	122.4	120.9	120.8	120.9	122.3	122.0	122.3
7	73.7	73.5	73.1	73.0	73.0	73.4	72.9	73.5
8	70.9	70.3	70.4	70.4	70.4	70.3	70.4	70.3
9	72.6	69.8	68.9	68.9	68.9	68.3	69.9	69.9
10	42.6	42.2	42.0	42.0	42.1	43.5	42.2	42.2
11	63.6	63.5	63.3	63.3	63.3	133.4	63.5	63.5
12	61.4	60.8	61.2	61.2	61.2	120.8	60.8	60.9
13	25.2	25.0	24.3	24.3	24.2	26.0	25.5	25.0
14	73.4	73.5	73.4	73.4	73.3	73.8	73.3	73.6
15	16.1	15.5	15.7	15.7	15.7	15.1	15.0	15.5
16	25.3	25.4	65.5	65.5	65.5	25.4	25.0	25.0
17		62.6	62.6	62.6	62.6	63.3	62.6	62.6
18	9.0	10.0	10.1	10.0	10.0	9.6	10.0	10.0
19		171.0	170.8	170.8	170.8	170.8	171.1	
20	24.5	24.4	25.1	25.1	25.2	24.7	24.5	24.5

续表

C	12-1-545	12-1-546	12-1-547	12-1-548	12-1-549	12-1-550	12-1-551	12-1-552
$\underline{C}H_3CO$	21.0	21.5	20.9	20.9	20.9	21.6	21.5	21.5
	21.0	21.1	20.9	21.0	20.9	21.3		21.1
	21.0	21.1,21.1	21.6	21.5	21.5			
				20.7	20.7,20.9	21.1		
酯羰基		170.5	169.9	169.8	169.8	172.9	173.0	173.9
		170.4	167.3	167.3	167.3	169.9	170.3	170.6
		170.1	170.0	170.0	169.9	168.7	167.5	
		167.4	173.2	174.0	171.0			
				170.9	170.7			
丁酰氧基			13.7			36.1	36.2	36.1, 36.1
			18.0			18.1	18.1	18.4, 18.1
			36.1			13.7	13.7	13.7, 13.4
丙酰氧基				8.7, 27.5				

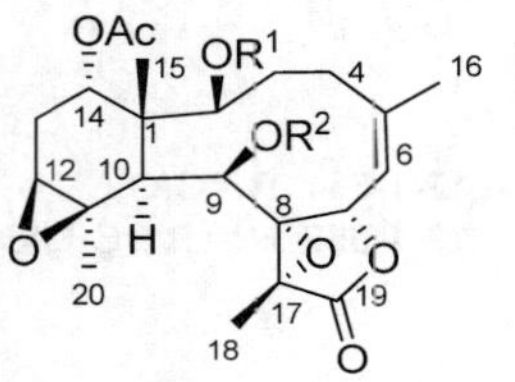

12-1-553 R^1=C(O)C_3H_7; R^2=H
12-1-554 R^1=C(O)C_3H_7; R^2=Ac
12-1-555 R^1=C(O)C_2H_5; R^2=H

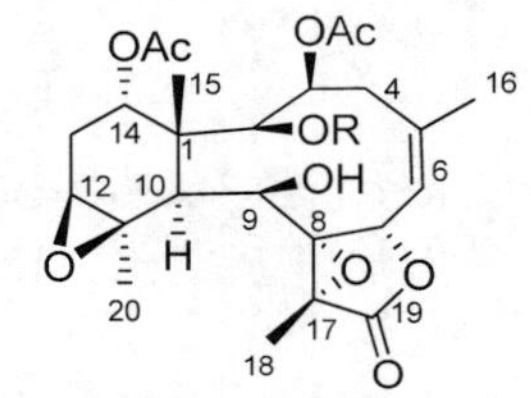

12-1-557 R=C(O)C_3H_7

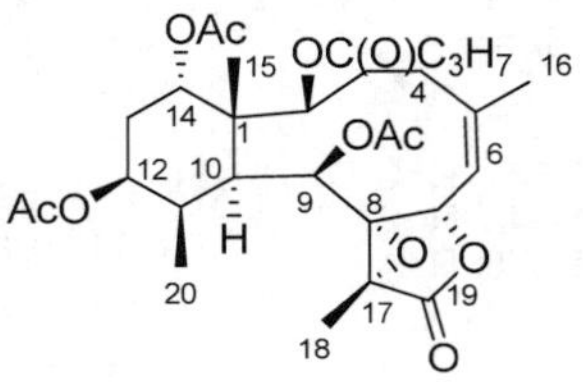

12-1-558

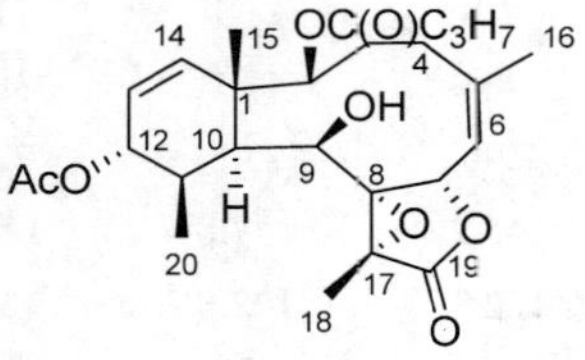

12-1-559

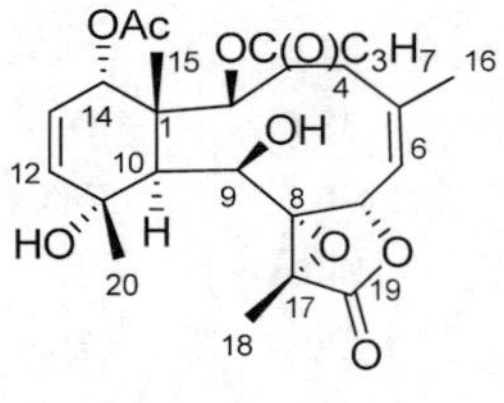

12-1-560

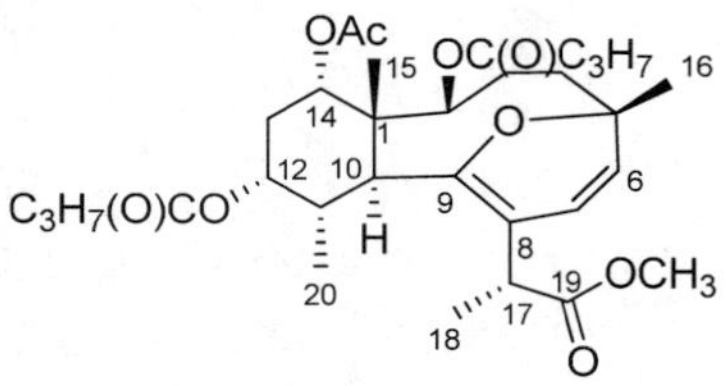

12-1-561

表 12-1-76 化合物 12-1-553~12-1-560 的 ^{13}C NMR 数据

C	12-1-553	12-1-554	12-1-555	12-1-556	12-1-557	12-1-558	12-1-559	12-1-560
1	45.5	45.2	45.5	45.1	45.7	45.8	43.2	45.8
2	75.0	74.5	75.0	74.9	72.8	74.6	82.0	72.9
3	32.7	32.8	32.6	29.4	71.0	28.6	23.1	24.1
4	29.0	28.8	28.9	26.4	35.0	27.3	24.4	24.9
5	146.3	146.4	146.3	146.1	140.6	145.0	142.1	144.0
6	118.2	118.1	118.2	118.4	120.9	118.3	121.0	121.0

续表

C	12-1-553	12-1-554	12-1-555	12-1-556	12-1-557	12-1-558	12-1-559	12-1-560
7	74.4	74.4	74.3	74.6	74.2	74.8	13.7	73.4
8	71.2	70.6	71.1	71.5	71.1	69.0	10.7	71.5
9	72.5	70.5	72.7	70.0	72.5	70.8	68.3	68.4
10	42.4	42.1	42.4	44.2	42.5	41.2	36.3	40.9
11	63.3	63.5	63.8	134.0	64.0	29.7	32.6	72.6
12	62.5	60.8	61.4	120.3	61.3	75.5	70.3	141.3
13	27.4	27.4	27.4	26.9	25.0	31.8	123.4	120.4
14	73.4	73.8	73.9	71.5	73.7	73.7	140.4	81.8
15	15.9	15.4	15.9	16.6	16.3	15.5	19.1	22.4
16	25.2	25.0	25.2	24.6	26.6	25.2	23.9	25.1
17	62.5	62.6	62.5	62.3	63.3	56.7	58.7	61.5
18	9.5	9.5	9.4	9.4	9.4	9.0	9.4	9.7
19	170.6	170.5	170.6	171.1	170.4	170.6	170.8	170.9
20	24.5	24.4	24.4	26.9	24.5	11.1	13.6	27.0
酯羰基	171.8	171.0		172.1	173.2	177.5	172.7	173.1
	173.1	173.1	173.9	173.1	170.3	170.4	169.0	172.1
		167.5			163.2			
<u>C</u>H₃CO	21.2	21.2	21.1	21.3	21.1	21.3	22.3	21.3
		21.5			21.1			
丁（丙）酰氧基	13.6	13.7	8.9	36.4	36.1	36.2	36.1	36.4
	18.2	18.2	27.4	18.3	18.3	18.4	18.3	18.3
	36.3	36.3		13.7	13.7	13.6	13.5	13.7

12-1-562 $R^1=R^2=Ac$
12-1-563 $R^1=COC_3H_7$; $R^2=Ac$
12-1-564 $R^1=COC_3H_7$; $R^2=H$

12-1-565 $R^1=R^2=Ac$
12-1-566 $R^1=Ac$; $R^2=H$
12-1-568 $R^1=COC_3H_7$; $R^2=Ac$

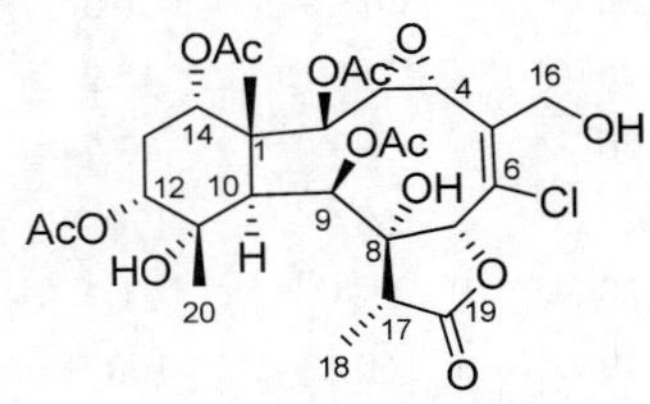

12-1-567

12-1-569 $R^1=Ac$; $R^2=H$; $R^3=OAc$
12-1-570 $R^1=Ac$; $R^2=H$; $R^3=OCOC_7H_{15}$
12-1-571 $R^1=Ac$; $R^2=H$; $R^3=Cl$
12-1-572 $R^1=COC_7H_{15}$; $R^2=H$; $R^3=OCOC_3H_7$
12-1-573 $R^1=COC_3H_7$; $R^2=R^3=OAc$

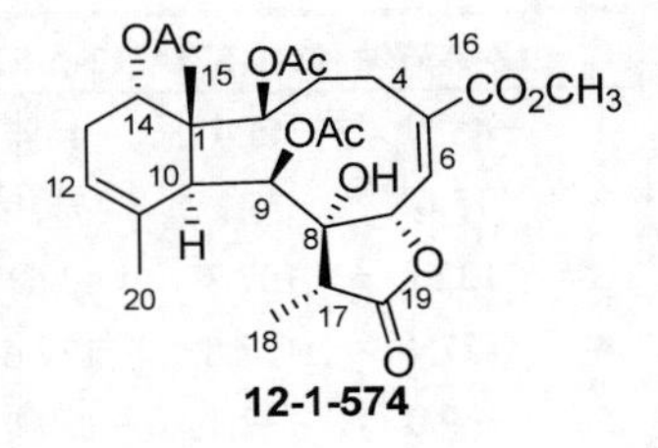

12-1-574

表 12-1-77 化合物 12-1-562~12-1-574 的 ^{13}C NMR 数据[168]

C	12-1-562	12-1-563	12-1-564	12-1-565	12-1-566	12-1-567	12-1-568	12-1-569
1	46.1	46.0	45.8	45.1	44.6	44.9	45.2	45.4
2	71.8	71.5	72.9	71.0	72.7	75.2	71.1	75.3
3	130.6	130.6	130.0	60.3	60.6	59.0	60.2	132.3

续表

C	12-1-562	12-1-563	12-1-564	12-1-565	12-1-566	12-1-567	12-1-568	12-1-569
4	127.8	127.7	128.2	61.2	59.1	59.1	61.2	127.5
5	137.0	137.0	136.7	134.1	133.9	133.6	134.2	139.0
6	64.8	64.8	62.9	63.3	61.6	131.8	63.3	124.0
7	79.4	79.4	78.9	78.3	77.7	75.9	78.3	80.0
8	84.3	84.3	81.2	83.9	81.5	82.0	84.0	81.1
9	83.4	83.3	75.5	82.4	75.7	69.0	82.4	69.1
10	38.5	38.4	38.9	38.4	38.8	38.3	38.4	38.1
11	79.4	79.3	74.7	79.5	74.7	72.5	79.5	76.3
12	70.7	70.4	74.0	70.5	74.2	73.7	70.3	73.8
13	25.8	25.9	26.5	26.0	26.1	26.0	26.1	26.3
14	72.2	72.2	73.0	72.0	72.5	72.1	72.1	72.9
15	16.0	16.0	14.6	16.9	15.0	14.3	16.9	14.1
16	116.2	116.1	116.4	116.2	118.0	76.5	116.1	63.8
17	49.1	49.1	47.6	48.3	47.7	44.4	48.3	44.8
18	10.7	10.6	8.1	10.9	8.4	6.7	10.8	6.6
19	176.5	176.5	175.7	176.0	175.2	174.9	176.0	176.1
20	19.7	19.6	24.5	19.5	25.0	25.8	19.5	25.6
21	168.7	168.3	174.0	168.3	169.2	169.6	168.3	168.8
22	20.8	20.8	36.6	22.0	20.9	21.6	20.9	21.5
23	168.9	171.4	18.3	168.7	169.4	170.6	171.3	172.9
24	20.9	36.3	13.7	21.3	21.2	21.2	36.4	21.3
25	170.3	18.2	170.2	170.2	171.7	173.0	18.2	170.5
26	21.3	13.7	21.2	20.9	21.4	21.3	13.7	21.3
27	168.5	170.2	169.4	168.9	170.4	169.3	170.2	169.5
28	21.4	21.3	21.3	20.9	21.4	21.0	20.9	21.2
29	169.8	168.5	169.8	169.4			168.9	170.3
30	22.0	21.4	21.4	20.8			21.3	20.9
31		169.8					169.4	
32		22.0					22.0	

C	12-1-570	12-1-571	12-1-572	12-1-573	12-1-574
1	45.3	45.4	45.4	45.9	44.0
2	75.6	75.2	75.4	75.1	73.2
3	132.1	127.3	132.1	132.3	26.8
4	127.4	127.8	127.6	127.9	22.4
5	139.0	139.1	139.0	140.5	138.5
6	123.8	131.9	123.9	123.4	133.3
7	80.0	81.1	79.9	80.2	78.1
8	81.0	79.7	81.0	87.9	82.6
9	69.0	69.1	69.1	69.2	70.2
10	37.9	38.1	38.0	39.6	41.0
11	75.3	76.0	76.2	81.8	134.5
12	73.5	73.7	73.4	69.9	120.4
13	26.2	26.3	26.4	25.5	31.4
14	72.9	72.9	72.9	72.5	73.9
15	14.0	14.0	14.2	15.0	14.0
16	63.6	46.1	63.6	63.7	168.5
17	44.7	44.8	44.8	44.6	43.9
18	6.5	6.6	6.6	7.3	6.9
19	176.3	175.9	176.1	175.2	176.0
20	25.0	25.7	25.4	22.5	24.2
21	172.1	172.8	175.5	167.1	170.1
22	21.0	21.5	34.2	21.5	20.9
23	170.4	170.4	24.9	171.7	171.2
24	21.2	21.3	28.9	36.2	21.2

续表

C	12-1-570	12-1-571	12-1-572	12-1-573	12-1-574	C	12-1-570	12-1-571	12-1-572	12-1-573	12-1-574
25	168.7	169.1	29.1	18.2	169.6	32	28.8		21.3	20.9	
26	21.2	21.3	31.6	13.7	21.4	33	28.9		169.6	170.3	
27	169.6	169.5	22.5	170.0	52.6	34	31.5		21.5	20.9	
28	21.4	21.2	14.0	21.3		35	22.4		173.0		
29	173.0		170.6	168.7		36	13.9		36.5		
30	34.0		21.1	21.2		37			18.4		
31	24.8		168.8	169.3		38			13.6		

12-1-575 R=OAc
12-1-577 R=H

12-1-576

12-1-578

表 12-1-78 化合物 12-1-575~12-1-578 的 ^{13}C NMR 数据[166]

C	12-1-575	12-1-576	12-1-577	12-1-578	C	12-1-575	12-1-576	12-1-577	12-1-578
1	42.3	48.1	44.8	42.8	12	28.0	26.4	28.1	28.6
2	132.3	130.9	130.4	130.9	13	18.5	20.9	20.0	19.1
3	131.4	128.9	134.3	130.8	14	35.1	37.2	36.6	35.4
4	33.4	38.6	35.2	35.4	15	24.1	23.1	24.9	22.8
5	25.4	24.5	25.3	30.1	16	21.8	23.4	18.2	143.5
6	65.5	59.3	65.9	73.2	17	27.3	21.0	26.8	21.4
7	59.1	58.1	61.1	118.0	18	28.9	26.1	26.6	28.7
8	44.3	43.1	38.6	40.6	19	21.7	21.5	22.0	21.3
9	71.4	70.4	22.2	72.5	20	14.8	19.5	17.7	19.1
10	50.1	49.0	47.3	50.6	OAc	169.8/21.0	169.6/21.7		170.0/21.6
11	72.4	72.4	73.2	73.2					170.3/21.7

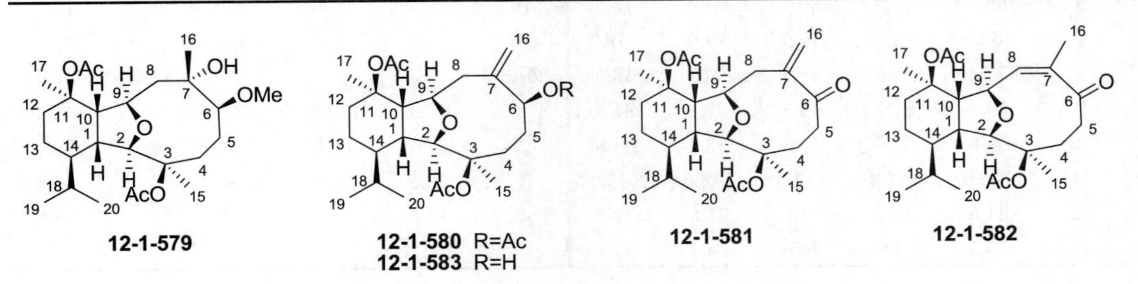

表 12-1-79 化合物 12-1-579~12-1-583 的 ^{13}C NMR 数据[169]

C	12-1-579	12-1-580	12-1-581	12-1-582	12-1-583	C	12-1-579	12-1-580	12-1-581	12-1-582	12-1-583
1	42.3	41.5	42.9	43.1	41.5	4	37.1	29.6	33.4	33.9	29.7
2	92.1	90.3	90.6	91.2	90.4	5	26.7	32.3	35.1	37.5	32.5
3	86.2	84.7	84.3	83.7	84.8	6	90.8	76.4	205.3	205.0	73.7

续表

C	12-1-579	12-1-580	12-1-581	12-1-582	12-1-583	C	12-1-579	12-1-580	12-1-581	12-1-582	12-1-583
7	76.4	146.4	148.3	138.4	150.2	18	29.0	27.5	28.2	28.2	27.5
8	46.9	41.0	41.4	124.9	41.3	19	15.3	15.2	15.0	14.9	15.2
9	75.9	78.8	78.4	77.9	78.8	20	21.8	21.7	21.6	21.6	21.7
10	52.6	45.8	49.2	50.1	45.8	$CH_3\underline{C}O$	170.3	170.2	170.2	170.1	170.2
11	82.2	82.3	81.4	81.5	82.2		169.9	170.0	170.1	170.4	170.0
12	32.4	32.5	33.9	32.9	35.5			170.0			
13	17.5	18.1	17.8	17.9	18.1	$\underline{C}H_3CO$	22.6	22.5	22.2	22.4	22.5
14	42.5	43.0	41.6	41.1	43.0		22.3	22.4	22.5	21.9	22.5
15	23.1	22.4	22.5	22.5	22.5			21.4			
16	23.7	118.4	119.4	19.1	116.8	OMe	56.9				
17	24.8	25.5	25.4	25.5	25.5						

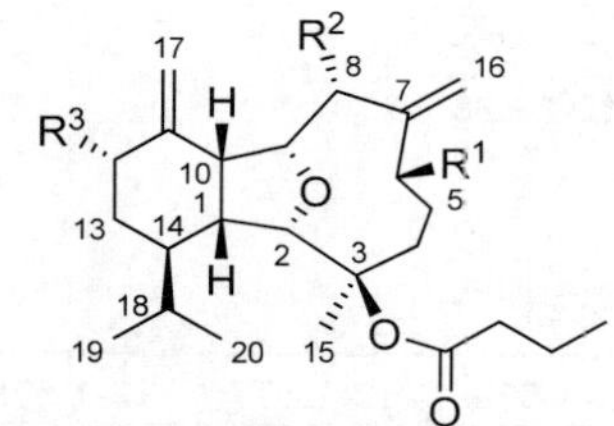

12-1-584 $R^1=R^2=OH$; $R^3=H$
12-1-588 $R^1=R^3=OH$; $R^2=H$

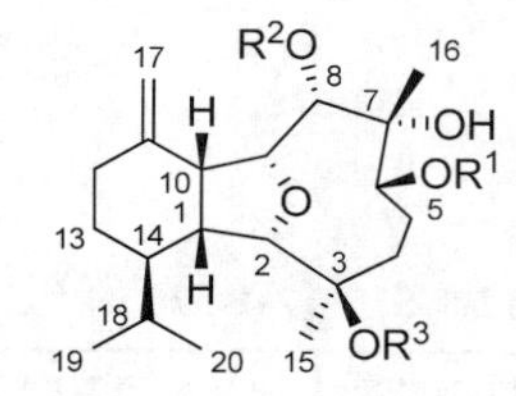

12-1-585 $R^1=R^2=H$; $R^3=CO(CH_2)_2CH_3$
12-1-587 $R^1=R^3=H$; $R^2=Ac$

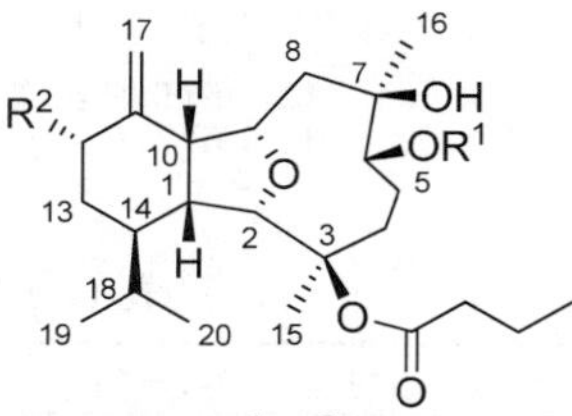

12-1-586 $R^1=R^2=H$
12-1-589 $R^1=H$; $R^2=OAc$

表 12-1-80　化合物 12-1-584~12-1-588 的 ^{13}C NMR 数据[171]

C	12-1-584	12-1-585	12-1-586	12-1-587	12-1-588	C	12-1-584	12-1-585	12-1-586	12-1-587	12-1-588
1	44.0	45.2	45.5	45.0	43.6	14	44.4	43.9	44.0	43.7	35.9
2	91.4	91.9	92.1	91.4	90.2	15	22.2	23.1	23.2	23.0	22.1
3	84.6	86.1	86.5	86.2	84.7	16	118.2	17.6	22.7	17.7	116.6
4	35.2	35.2	36.2	34.5	35.6	17	111.6	110.3	109.4	109.9	116.0
5	28.7	29.6	30.5	29.5	28.5	18	27.5	29.1	29.1	29.0	26.9
6	66.8	77.3	80.2	77.0	72.2	19	15.5	16.1	15.7	16.2	15.5
7	152.1	79.8	76.9	79.6	151.0	20	21.9	22.0	22.0	21.9	21.7
8	77.4	79.7	45.9	79.5	38.5	OAc				169.5/22.7	
9	83.7	81.2	78.3	81.1	81.9	1'	172.6	172.4	172.3		172.2
10	48.0	52.9	53.7	52.5	45.8	2'	37.4	37.4	37.4		37.4
11	146.0	148.8	147.6	148.6	146.6	3'	18.5	18.4	18.4		18.6
12	31.6	31.7	31.5	31.6	71.7	4'	13.6	13.7	13.7		13.6
13	25.3	24.9	24.6	24.8	31.1						

12-1-590

12-1-591

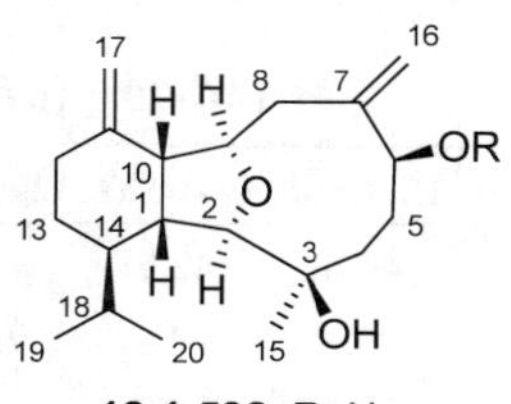

12-1-592 R=H
12-1-593 R=OH

表 12-1-81 化合物 12-1-589~12-1-593 的 ^{13}C NMR 数据[171~173]

C	12-1-589	12-1-590	12-1-591	12-1-592	12-1-593	C	12-1-589	12-1-590	12-1-591	12-1-592	12-1-593
1	44.3	40.5	38.3	44.4	44.4	16	22.7	19.2	28.9	116.6	118.0
2	90.5	87.7	84.3	91.9	91.8	17	115.3	22.3	21.7	111.2	111.3
3	86.4	89.3	86.0	74.1	74.1	18	28.8	28.6	83.6	27.9	27.9
4	35.3	32.4	33.6	35.6	34.8	19	16.0	21.7	25.5	15.2	15.1
5	30.5	22.9	22.5	31.8	29.7	20	21.8	20.2	25.4	21.9	22.0
6	79.4	129.5	130.4	72.9	86.3	OAc	170.3/	169.8/	170.5/		
7	77.2	126.4	130.4	152.2	147.7		21.5	22.9	22.6		
8	45.9	43.8	39.1	39.3	40.0				170.0/		
9	78.9	80.9	79.9	79.7	79.6				22.4		
10	51.5	46.5	45.3	47.7	48.0				169.9/		
11	143.0	132.5	139.4	146.3	146.2				21.3		
12	72.6	121.4	120.8	35.1	31.8	1'	172.2				
13	28.9	22.9	66.3	25.3	25.3	2'	37.4				
14	37.0	38.3	43.2	44.1	44.0	3'	18.4				
15	23.3	22.0	23.8	27.0	27.1	4'	13.7				

12-1-594 **12-1-595** **12-1-596** **12-1-597**

表 12-1-82 化合物 12-1-594~12-1-597 的 ^{13}C NMR 数据

C	12-1-594	12-1-595	12-1-596	12-1-597	C	12-1-594	12-1-595	12-1-596	12-1-597
1	49.4	39.8	44.8	54.5	14	35.7	43.0	35.5	32.9
2	75.8	90.0	91.4	77.7	15	30.2	26.8	23.1	23.6
3	69.5	73.9	86.5	81.3	16	22.9	119.1	23.6	23.0
4	33.5	34.1	35.5	27.6	17	22.4	24.1	113.4	109.3
5	20.2	32.2	29.3	20.5	18	26.9	28.2	28.6	35.9
6	79.9	75.4	84.2	80.4	19	21.6	21.9	21.7	10.0
7	85.6	146.9	75.5	84.8	20	14.4	14.8	15.5	67.4
8	49.8	49.7	46.2	48.1	Ac	22.6	22.7	21.4	
9	212.3	106.5	80.0	210.7		170.7	170.6	171.8	
10	53.6	47.0	51.6	56.7	*n*-Bu		13.7	13.7	13.7
11	83.8	83.7	147.8	147.3			18.5	18.4	18.7
12	32.0	33.7	71.3	31.1			36.5	37.4	37.7
13	19.4	18.0	30.5	26.2			173.5	172.2	172.3

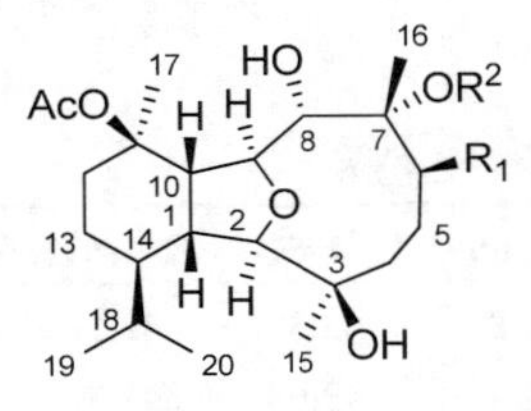

12-1-598 R^1=OAc; R^2=H
12-1-599 R^1=H; R^2=Ac

12-1-600 R^1=Ac; R^2=H
12-1-601 R^1=H; R^2=Ac

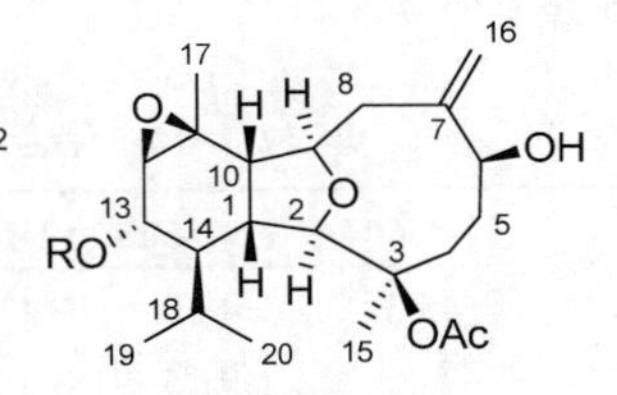

12-1-602 R=H
12-1-603 R=Ac

表 12-1-83 化合物 12-1-598~12-1-603 的 ^{13}C NMR 数据[175]

C	12-1-598	12-1-599	12-1-600	12-1-601	12-1-602	12-1-603
1	42.1	43.5	42.0	43.2	42.3	42.0
2	89.2	92.5	89.7	90.6	88.8	88.8
3	85.7	86.4	86.0	86.8	84.4	84.5
4	34.1	37.8	33.2	34.7	27.4	27.5
5	27.8	19.6	30.6	29.0	29.5	29.3
6	79.6	45.4	77.3	83.0	85.9	86.0
7	85.6	86.2	75.5	75.6	146.2	146.2
8	76.5	78.1	47.0	47.4	41.9	42.0
9	80.8	80.4	77.3	77.8	79.9	80.2
10	45.3	52.5	47.7	48.0	41.8	42.0
11	81.7	84.0	58.9	59.6	58.9	58.1
12	34.0	33.3	60.9	62.2	65.8	62.3
13	18.7	18.7	70.8	71.3	69.7	72.1
14	40.9	43.4	39.8	38.9	43.1	39.4
15	23.4	23.9	22.9	23.3	21.6	21.6
16	23.3	25.5	22.9	22.7	117.2	117.3
17	26.2	26.8	21.9	23.3	24.0	23.8
18	28.0	29.9	29.5	29.0	27.0	26.7
19	21.8	22.4	22.9	23.8	25.0	24.3
20	14.7	16.3	16.2	15.9	16.2	16.3
21	170.4	170.0	169.6	174.5	170.0	169.6
22	22.1	22.5	20.4	22.3	22.5	22.5
23	170.3	170.1	168.1	170.9		170.8
24	22.1	22.8	21.3	21.4		21.5

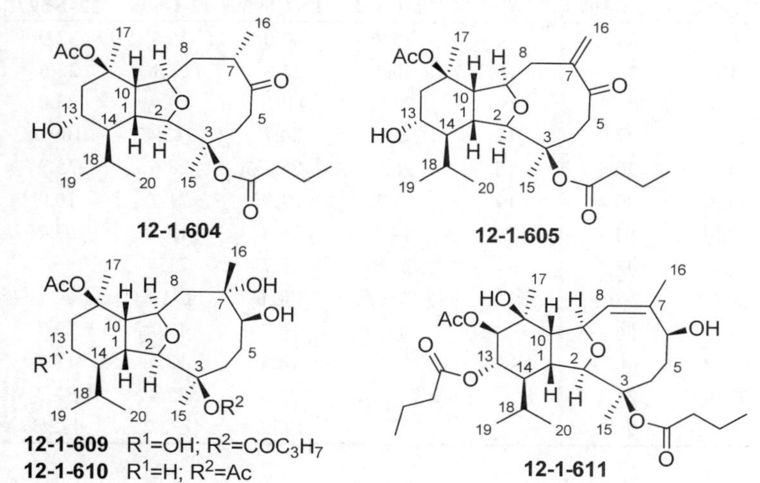

表 12-1-84 化合物 12-1-604~12-1-612 的 ^{13}C NMR 数据[176]

C	12-1-604	12-1-605	12-1-606	12-1-607	12-1-608	12-1-609	12-1-610	12-1-611	12-1-612[177]
1	45.5	45.0	43.0	43.1	43.0	44.2	42.3	42.5	41.5
2	93.0	91.5	91.6	91.5	91.5	93.6	92.0	93.7	90.5
3	84.9	83.9	84.5	84.4	84.8	85.9	86.2	84.3	84.6

续表

C	12-1-604	12-1-605	12-1-606	12-1-607	12-1-608	12-1-609	12-1-610	12-1-611	12-1-612[177]
4	34.2	34.2	29.9	29.9	29.7	36.6	36.2	29.6	29.7
5	35.5	36.1	35.4	29.7	29.7	30.5	30.5	30.8	35.4
6	211.4	200.3	73.5	87.2	73.7	80.6	80.6	71.0	73.7
7	45.0	147.5	150.0	145.5	150.1	77.2	77.2	136.0	150.3
8	42.2	42.1	41.2	41.9	41.3	47.5	47.6	124.9	41.3
9	76.8	78.6	79.2	79.0	79.2	76.1	75.8	79.4	78.8
10	52.0	49.7	45.5	45.3	45.3	52.5	52.4	56.9	46.1
11	84.1	82.6	83.5	83.4	83.4	83.7	82.2	73.0	82.3
12	43.3	43.3	42.2	42.4	42.5	41.9	32.4	76.4	32.3
13	66.1	66.5	66.8	66.8	66.8	66.4	17.6	70.4	18.1
14	50.2	49.7	50.3	49.9	50.2	50.4	42.5	48.0	43.1
15	22.8	23.6	22.7	22.9	22.7	23.5	23.1	24.5	22.6
16	14.4	117.9	117.0	118.2	116.9	22.8	22.8	19.6	116.8
17	25.5	25.9	25.2	25.3	25.2	24.6	24.7	26.6	25.4
18	31.1	30.7	28.4	28.5	28.4	30.5	29.0	30.7	27.5
19	25.5	25.8	24.7	24.8	24.7	24.7	21.8	24.3	21.7
20	16.6	16.8	15.8	15.7	15.8	16.3	15.4	17.4	15.2
3-COC_3H_7	14.3	14.8	13.6	13.6		13.7		14.8	13.6
	19.6	20.0	18.6	18.5		18.7		19.2	18.5
	37.9	37.9	37.4	37.3		37.3		37.4	37.3
	173.4	170.4	172.6	172.6		172.6		170.8	172.7
3-OAc					22.4		22.3		
					169.8		169.8		
11-OAc	22.8	22.8	22.4	22.4	22.4	22.5	22.6		22.5
	170.6	167.6	170.0	169.9	169.9	170.1	170.3		170.1
12-OAc								21.8	
								168.4	
13-COC_3H_7								15.0	
								19.3	
								37.6	
								170.8	

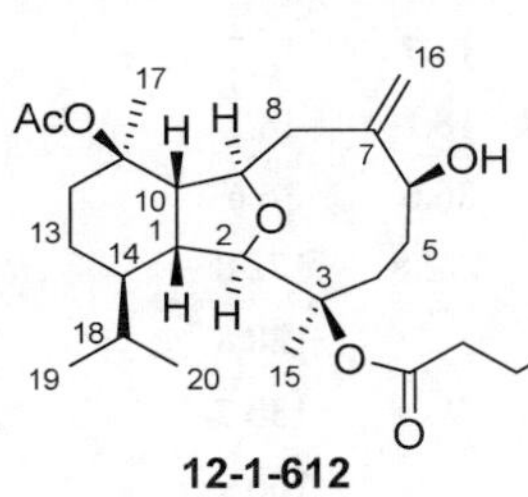

12-1-612

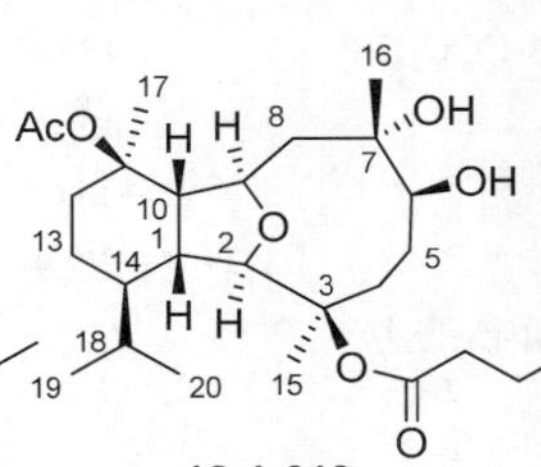

12-1-613

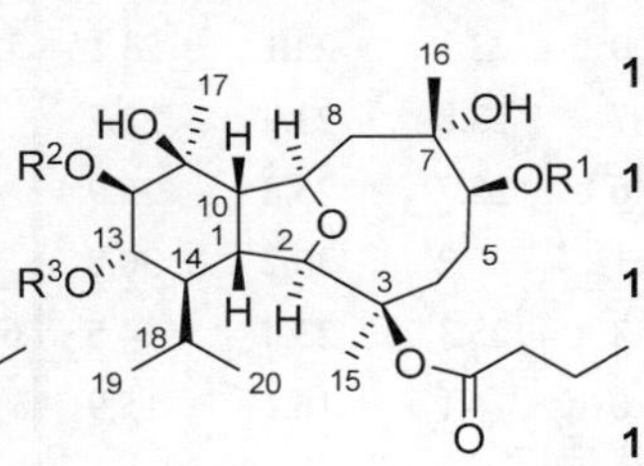

12-1-614 $R^1=R^2=Ac$; $R^3=COC_3H_7$

12-1-615 $R^1=R^3=COC_3H_7$; $R^2=Ac$

12-1-616 $R^1=COCH=CH_2$; $R^2=Ac$; $R^3=COC_3H_7$

12-1-617 $R^1=R^2=Ac$; $R^3=H$

12-1-618 $R^1=H$; $R^2=R^3=Ac$

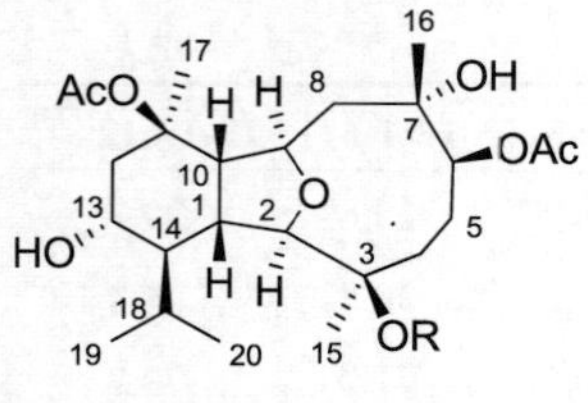

12-1-619 R=COC_3H_7
12-1-620 R=Ac

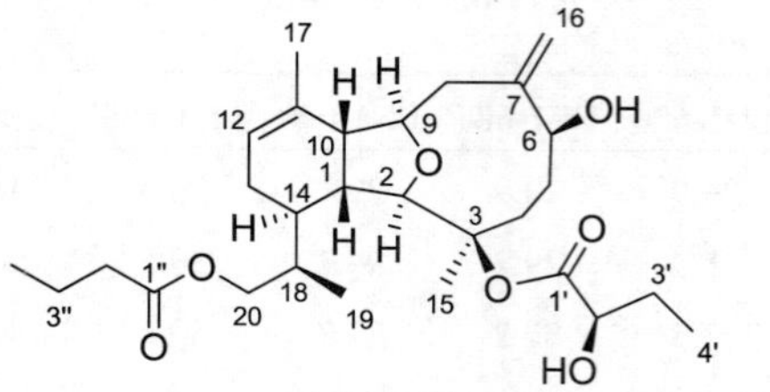

12-1-621

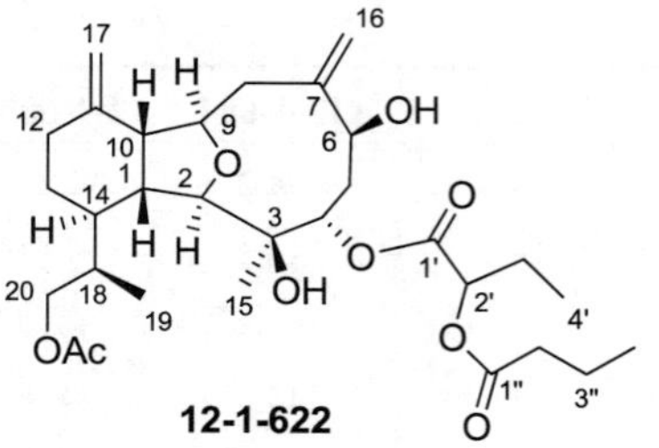

12-1-622

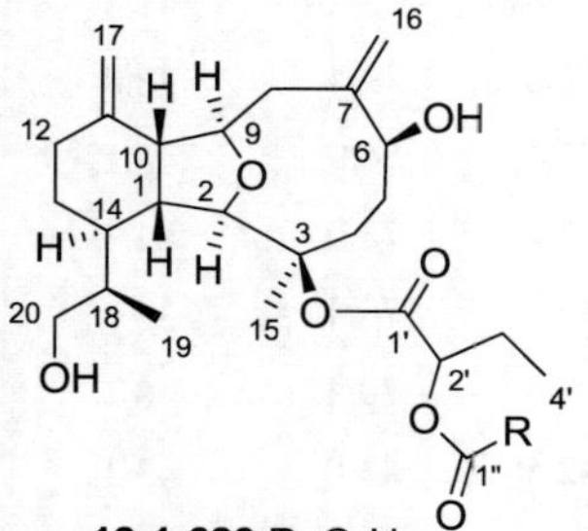

12-1-623 R=C_3H_7
12-1-624 R=CH_3

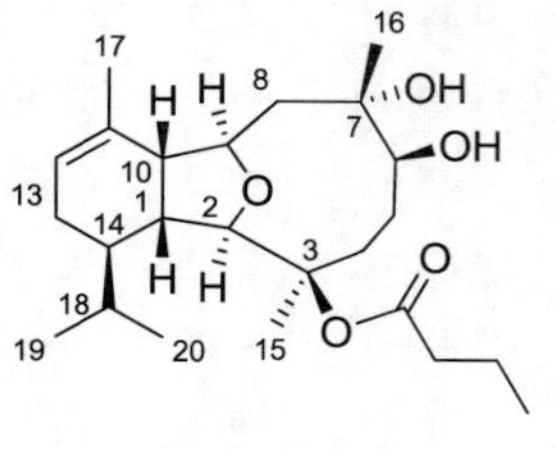

12-1-625

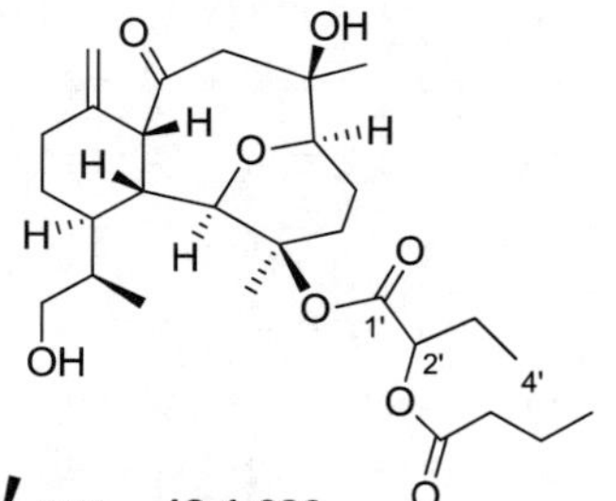

12-1-626

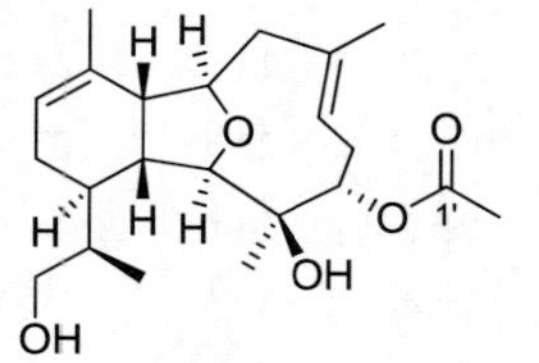

12-1-627

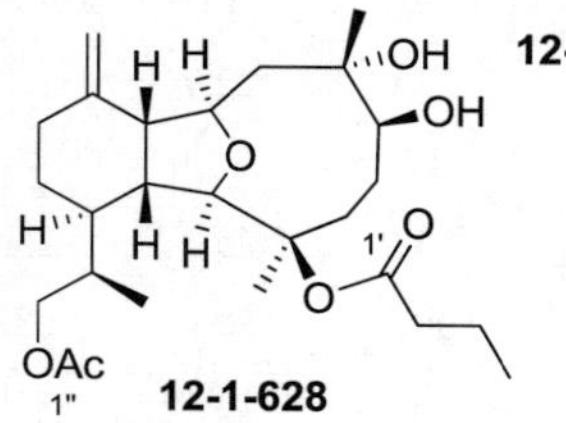

12-1-628

表 12-1-85 化合物 12-1-613~12-1-617 的 ^{13}C NMR 数据[177]

C	12-1-613	12-1-614	12-1-615	12-1-616	12-1-617	C	12-1-613	12-1-614	12-1-615	12-1-616	12-1-617
1	42.2	42.9	43.0	43.0	43.1	3-COC_3H_7	13.6	13.8	13.7	13.8	13.7
2	92.1	92.9	93.0	93.0	92.8		18.6	18.2	18.5	18.3	18.3
3	86.0	85.8	85.9	85.9	85.9		37.3	37.2	37.3	37.3	37.3
4	36.3	35.8	35.9	35.8	35.9		172.6	172.2	172.2	172.2	172.2
5	30.5	29.1	29.1	29.1	29.1	6-OAc		21.4			21.4
6	80.6	84.6	84.5	85.0	84.7			171.9			172.0
7	77.1	75.6	75.7	75.8	75.7	11-OAc	22.5				
8	47.6	47.5	47.5	47.5	47.7		170.1				
9	75.6	75.5	75.5	75.5	75.6	12-OAc		20.7	20.7	20.7	20.9
10	53.1	56.5	56.5	56.5	56.8			169.9	169.9	169.9	171.3
11	82.2	72.6	72.7	72.7	72.7	6-COC_3H_7			13.8		
12	31.9	76.6	76.7	76.7	79.0				18.3		
13	17.6	70.2	70.2	70.2	69.4				36.6		
14	42.6	47.3	47.3	47.3	50.0				174.5		
15	23.1	23.0	23.1	23.1	23.1	13-COC_3H_7		13.6	13.7	13.7	
16	22.8	23.7	23.8	23.9	23.7			18.1	18.1	18.1	
17	24.7	25.6	25.7	25.8	25.9			36.6	36.6	36.6	
18	29.0	30.1	30.2	30.2	30.8			172.9	172.8	172.8	
19	21.8	23.3	23.3	23.4	24.5	6-丙烯酰基				128.8	
20	15.3	16.0	16.1	16.1	15.9					130.7	
										166.9	

表 12-1-86 化合物 12-1-618~12-1-620 的 ^{13}C NMR 数据[177]

C	12-1-618	12-1-619	12-1-620	C	12-1-618	12-1-619	12-1-620
1	44.9	44.2	44.2	18	30.2	30.4	30.4
2	93.3	93.2	93.1	19	23.4	23.8	24.5
3	85.8	85.9	86.0	20	16.0	16.1	16.2
4	36.4	36.0	35.8	3-OAc			22.2
5	30.4	29.1	29.1				169.8
6	80.5	85.0	84.9	6-OAc		21.4	21.4
7	77.0	75.8	75.8			172.0	172.0
8	47.5	47.6	47.5	11-OAc		22.4	22.5
9	75.7	75.9	76.0			169.9	170.1
10	56.8	52.0	51.3	12-OAc	20.6		
11	72.6	83.6	83.6		170.0		
12	76.7	42.0	42.3	13-OAc	21.4		
13	70.5	66.4	66.4		170.2		
14	47.4	50.2	50.1	3-COC_3H_7	13.7	13.6	
15	23.3	23.2	23.1		18.3	18.6	
16	22.7	23.8	23.8		37.2	37.2	
17	25.7	24.7	24.6		172.1	172.5	

表 12-1-87 化合物 12-1-621~12-1-628 的 ^{13}C NMR 数据[178]

C	12-1-621	12-1-622	12-1-623	12-1-624	12-1-625	12-1-626	12-1-627	12-1-628
1	40.5	43.1	43.6	43.7	40.3	54.4	39.5	45.0
2	88.3	91.3	90.6	90.6	86.7	77.4	89.8	92.3
3	86.9	73.6	86.3	86.0	86.1	83.0	77.0	86.3
4	27.0	74.5	28.1	28.1	31.4	27.8	74.1	36.2
5	33.2	41.0	35.4	29.7	30.4	19.6	29.0	30.5
6	73.0	69.9	72.3	86.3	75.9	80.8	123.4	80.3
7	149.8	149.0	150.7	146.3	75.8	85.0	131.5	76.9
8	41.4	38.1	38.9	39.6	46.7	48.1	44.4	45.7
9	82.8	80.3	80.1	79.9	76.9	211.1	81.2	78.4
10	44.5	46.8	47.2	47.5	48.4	56.7	46.8	53.7
11	131.1	145.4	145.5	145.4	132.2	147.2	132.7	147.0
12	122.3	31.7	31.5	31.4	121.9	31.1	121.2	31.2
13	23.4	25.8	25.9	25.9	22.8	26.1	22.1	25.2
14	34.8	39.8	38.8	38.6	39.3	32.8	32.6	38.8
15	21.9	23.4	22.1	22.2	23.4	23.3	22.3	23.3
16	116.3	117.8	116.8	118.0	22.8	23.0	19.1	22.7
17	23.1	111.9	111.7	111.8	21.9	109.5	21.9	109.8
18	32.6	32.7	36.2	36.2	29.0	35.9	36.4	34.1
19	12.2	10.3	10.7	10.6	21.5	9.9	15.7	10.8

续表

C	12-1-621	12-1-622	12-1-623	12-1-624	12-1-625	12-1-626	12-1-627	12-1-628
20	67.8	68.1	66.5	66.5	20.0	67.3	66.3	67.8
1'	174.4	170.2	169.1	169.0	172.5	169.4	171.4	172.2
2'	71.3	73.8	73.7	73.9	37.4	74.2	21.4	37.3
3'	27.9	24.4	24.4	24.4	18.4	24.5		18.4
4'	8.8	9.4	9.6	9.6	13.6	9.7		13.7
1"	173.7	173.6	173.4	170.8		173.6		171.2
2"	36.2	35.7	35.8	20.6		35.7		21.1
3"	18.5	18.3	18.3			18.4		
4"	13.7	13.6	13.6			13.6		
1'''		171.3						
2'''		21.0						

表 12-1-88　化合物 12-1-629 和 12-1-630 的 ^{13}C NMR 数据[179]

C	12-1-629	12-1-630	C	12-1-629	12-1-630	C	12-1-629	12-1-630
1	39.7	40.6	10	44.6	44.7	19	21.3	21.7
2	87.1	88.1	11	132.1	131.1	20	20.5	17.5
3	74.6	74.8	12	122.2	123.1	1'	171.4	170.2
4	74.4	73.8	13	22.8	22.9	2'	74.1	74.3
5	37.2	34.2	14	39.0	39.8	3'	24.3	24.5
6	72.6	83.8	15	22.4	22.8	4'	9.3	9.3
7	147.6	144.2	16	115.2	117.7	Ac	171.1	171.6
8	40.0	41.4	17	22.0	22.8		20.6	20.6
9	81.3	82.4	18	28.8	27.8			

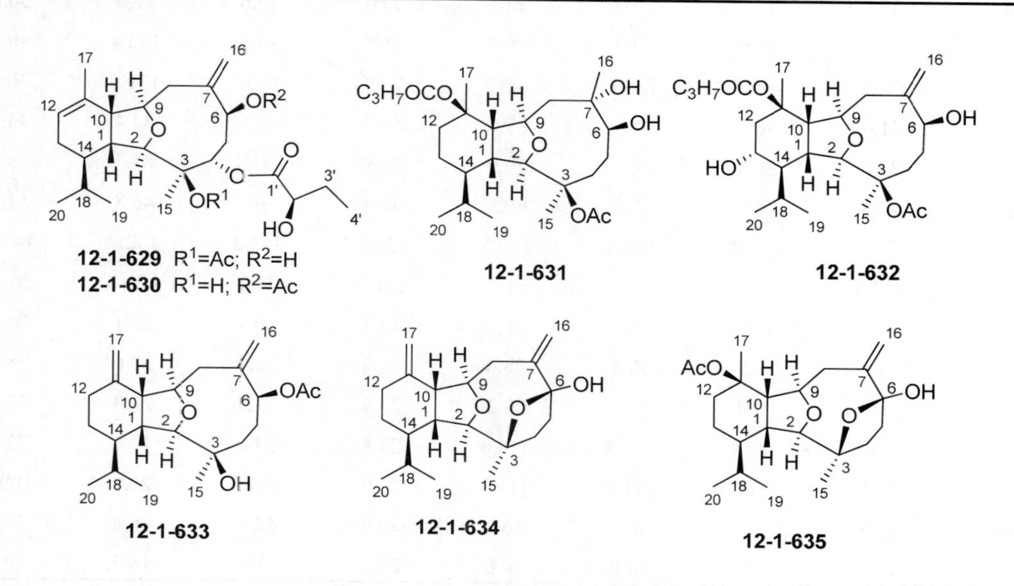

表 12-1-89　化合物 12-1-631~12-1-635 的 ^{13}C NMR 数据[180]

C	12-1-631	12-1-632	12-1-633	12-1-634	12-1-635	C	12-1-631	12-1-632	12-1-633	12-1-634	12-1-635
1	42.4	43.0	44.3	46.4	42.9	14	42.7	50.3	44.3	43.4	42.5
2	92.3	91.7	91.7	91.4	91.4	15	23.3	22.7	26.9	24.4	24.4
3	86.1	84.6	74.0	78.1	87.9	16	22.9	117.1	118.3	115.3	115.3
4	36.4	30.1	34.5	38.7	37.6	17	22.6	25.2	111.2	110.0	24.1
5	30.6	35.5	32.3	37.0	36.6	18	29.1	28.5	27.9	24.4	29.2
6	80.7	73.2	75.4	107.2	107.1	19	15.4	15.9	15.2	15.3	15.3
7	77.3	150.0	148.1	150.7	146.2	20	21.9	24.8	22.1	21.9	21.8
8	47.8	41.3	39.0	40.0	42.2	1'	170.2	170.1	170.7		170.5
9	75.7	79.2	79.8	81.3	78.5	2'	24.8	22.5	21.5		22.6
10	53.2	45.6	48.0	47.6	50.0	1"	172.8	172.7			
11	82.3	82.3	146.4	149.5	78.5	2"	37.4	37.4			
12	32.1	42.2	31.9	31.6	29.5	3"	18.7	18.7			
13	17.7	66.8	25.4	24.9	17.9	4"	13.7	13.7			

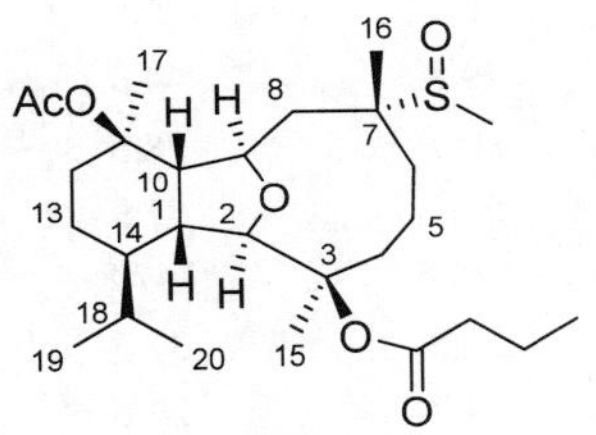

12-1-636 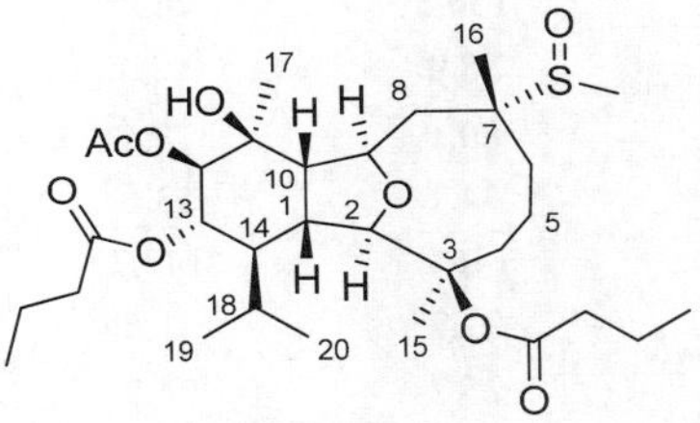　　12-1-637 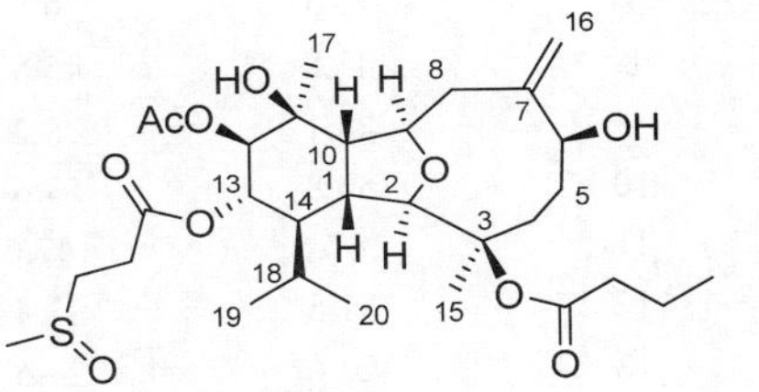　　12-1-638

表 12-1-90　化合物 12-1-636~12-1-638 的 ^{13}C NMR 数据[181]

C	12-1-636	12-1-637	12-1-638	C	12-1-636	12-1-637	12-1-638
1	42.3	43.5	42.3	20	15.1	17.1	16.9
2	92.0	92.6	90.9	3-COC$_3$H$_7$	13.7	15.0	14.7
3	86.7	86.3	84.1		18.7	19.4	19.5
4	38.4	38.9	30.6		37.3	38.1	38.1
5	17.4	18.6	35.9		172.6	171.1	170.7
6	34.5	35.5	72.7	11-OAc	22.5		
7	59.3	59.5	148.7		170.2		
8	42.2	42.3	41.5	12-OAc		21.8	21.7
9	76.1	76.0	78.7			168.4	168.6
10	53.8	58.1	49.8	13-COC$_3$H$_7$		14.0	
11	81.8	72.6	72.9			19.2	
12	32.4	77.2	76.6			37.3	
13	17.4	70.2	72.2			170.4	
14	42.3	47.6	48.2	13-MeSOC$_2$H$_4$CO			39.7
15	23.2	24.3	23.3				28.3
16	20.1	20.7	116.3				49.4
17	25.0	26.8	27.1				168.9
18	28.9	30.9	28.9	7-SOMe	32.0	32.8	
19	21.6	24.3	24.7				

12-1-639 R^1=H; R^2=$COCH_2CHMe_2$; R^3=Ac
12-1-640 R^1=R^2=H; R^3=$COCH_2CH_2CH_3$
12-1-642 R^1=R^2=H; R^3=Ac
12-1-643 R^1=OH; R^2=Et; R^3=Ac
12-1-644 R^1=H; R^2=Et; R^3=Ac

12-1-641

表 12-1-91 化合物 12-1-639~12-1-644 的 ^{13}C NMR 数据[182]

C	12-1-639	12-1-640	12-1-641	12-1-642	12-1-643	12-1-644
1	45.8	45.4	47.2	45.5	45.5	45.3
2	92.1	92.0	90.9	91.9	90.4	92.1
3	86.7	86.4	84.8	86.7	87.0	86.4
4	35.7	36.1	35.6	36.0	36.2	36.6
5	29.3	30.4	28.4	30.6	29.6	27.5
6	84.5	80.1	72.2	79.8	74.6	88.3
7	75.5	76.8	150.8	76.8	78.9	75.9
8	45.8	45.8	38.9	46.0	79.8	44.9
9	78.1	78.2	80.1	78.4	80.7	78.5
10	53.8	53.6	44.1	53.6	53.1	53.9
11	147.6	147.6	146.2	147.7	148.6	147.8
12	31.5	31.4	31.7	31.5	31.3	31.5
13	24.6	24.6	25.2	24.7	24.7	24.6
14	43.8	43.9	44.6	44.0	43.5	44.0
15	22.9	23.2	22.0	23.2	23.0	23.1
16	23.8	22.6	116.5	22.3	17.5	23.8
17	109.5	109.3	111.3	109.4	109.2	109.5
18	29.0	29.0	27.4	29.1	29.1	29.0
19	15.4	15.6	15.5	15.8	16.2	15.5
20	21.9	21.9	21.9	22.0	21.6	21.9
R^2	173.9				64.2	64.6
	43.8				15.6	15.5
	25.8					
	22.4(×2)					
R^3	169.6	172.5	169.8	169.6	169.2	169.9
	22.9	37.3	22.5	22.7	22.5	22.3
		18.3				
		13.7				

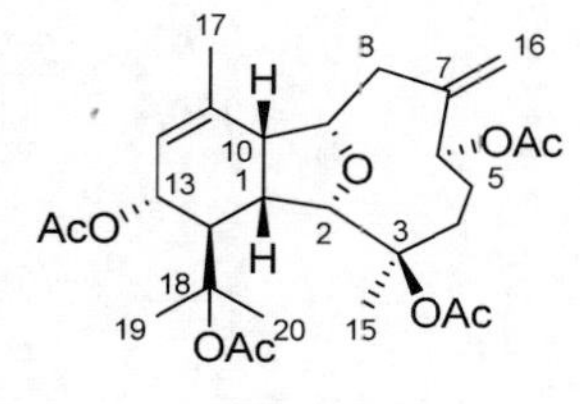

12-1-646

12-1-647

12-1-648 R^1=R^3=OAc; R^2=R^4=H
12-1-645 R^1=R^2=R^3=OAc; R^4=H
12-1-649 R^1=R^2=R^4=OAc; R^3=OH

表 12-1-92 化合物 12-1-645~12-1-649 的 ^{13}C NMR 数据[183~185]

C	12-1-645	12-1-646	12-1-647	12-1-648	12-1-649	C	12-1-645	12-1-646	12-1-647	12-1-648	12-1-649
1	35.9	36.3	35.8	38.8	35.5	15	21.3	22.8	21.4	21.4	22.8
2	87.2	86.7	87.6	87.8	88.3	16	18.3	114.6	18.3	18.7	19.0
3	90.1	85.4	90.2	90.3	77.3	17	21.8	21.9	21.0	21.8	21.8
4	30.8	24.3	30.9	31.5	75.1	18	83.7	83.6	83.8	31.0	77.3
5	22.0	24.9	22.0	22.5	28.7	19	25.4	25.5	25.4	21.0	24.2
6	129.5	76.3	129.8	129.8	124.1	20	25.1	25.4	25.8	21.5	25.2
7	125.9	143.9	125.6	126.1	130.5	$CH_3\underline{C}O$	170.4	170.3	170.3	170.8	170.7
8	45.1	40.4	45.0	44.8	44.6		169.9	170.0	169.7	169.5	170.4
9	80.3	81.2	79.9	81.3	80.6		169.9	169.9	169.5		170.1
10	48.4	46.1	46.8	47.6	48.3			169.9			
11	139.6	139.7	60.4	139.7	139.7	$\underline{C}H_3CO$	22.7	22.5	22.8	22.8	22.6
12	120.6	121.4	58.3	120.3	120.9		22.5	22.5	22.5	22.1	21.5
13	66.3	66.6	67.3	70.2	66.8		21.3	21.3	21.7		21.4
14	43.2	44.9	43.6	42.2	44.4			21.1			

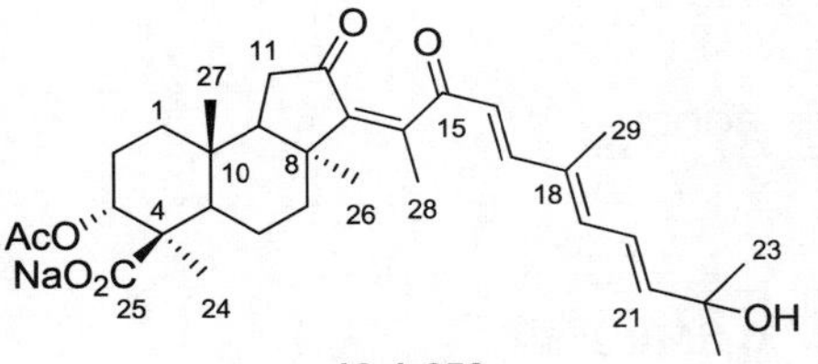

12-1-650

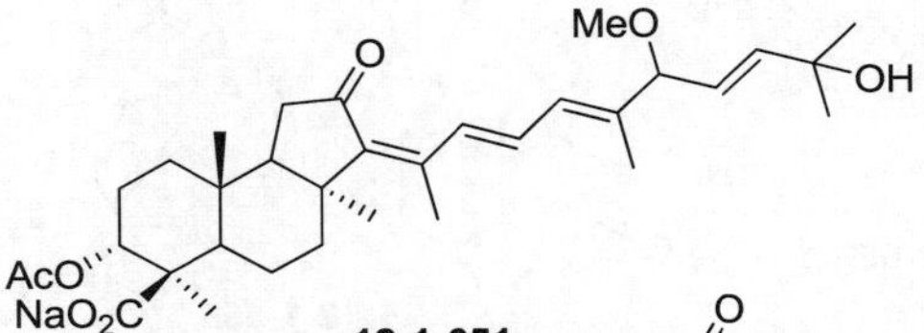

12-1-651

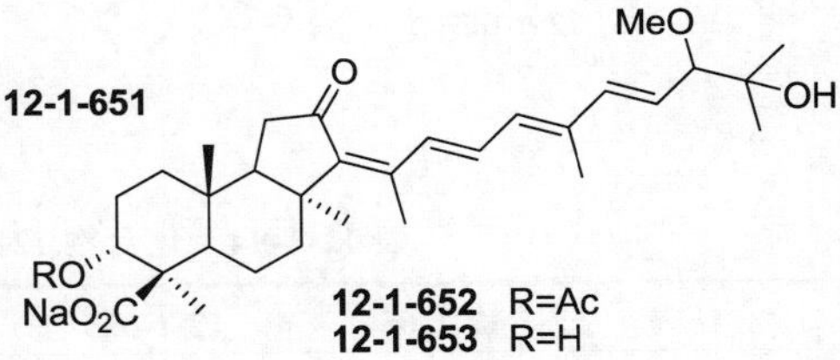

12-1-652 R=Ac
12-1-653 R=H

表 12-1-93 化合物 12-1-650~12-1-653 的 ^{13}C NMR 数据[186]

C	12-1-650	12-1-651	12-1-652	12-1-653	C	12-1-650	12-1-651	12-1-652	12-1-653
1	31.2	30.7	30.5	30.1	14	144.3	143.2	143.3	143.0
2	26.6	26.2	26.2	28.7	15	204.2	133.6	134.2	134.2
3	77.3	76.8	75.6	71.4	16	125.6	133.3	133.5	133.5
4	49.9	48.9	48.1	49.1	17	150.6	128.4	132.9	133.1
5	43.7	43.4	43.7	41.6	18	134.8	142.8	139.4	139.3
6	21.4	21.3	21.4	21.4	19	141.3	87.9	139.8	140.1
7	38.6	41.3	41.1	41.3	20	123.9	126.1	128.7	128.6
8	44.8	46.1	46.1	46.2	21	149.1	142.2	90.9	90.8
9	52.3	51.2	50.9	50.9	22	71.8	70.7	73.9	73.4
10	37.4	36.8	37.2	37.1	23	30.1	30.0	26.0	25.3
11	36.1	37.6	37.6	38.0	24	24.6	24.1	23.7	24.3
12	206.9	210.1	209.7	209.9	25	181.2	180.7	180.3	181.8
13	148.7	147.7	148.1	148.2	26	25.2	26.0	25.7	26.0

续表

C	12-1-650	12-1-651	12-1-652	12-1-653	C	12-1-650	12-1-651	12-1-652	12-1-653
27	21.0	20.8	20.2	20.6	OAc	172.5	172.3	172.0	
28	18.1	14.9	14.7	14.8		21.5	21.1	20.8	
29	12.7	12.8	12.9	13.1	OMe		56.7	57.3	57.2
30	30.1	30.0	25.8	26.7					

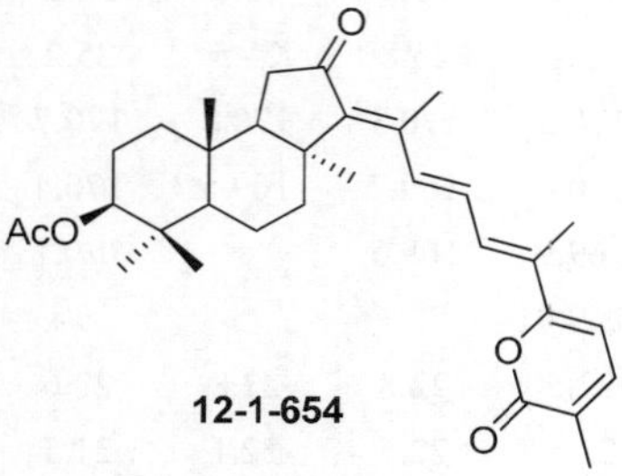

12-1-654

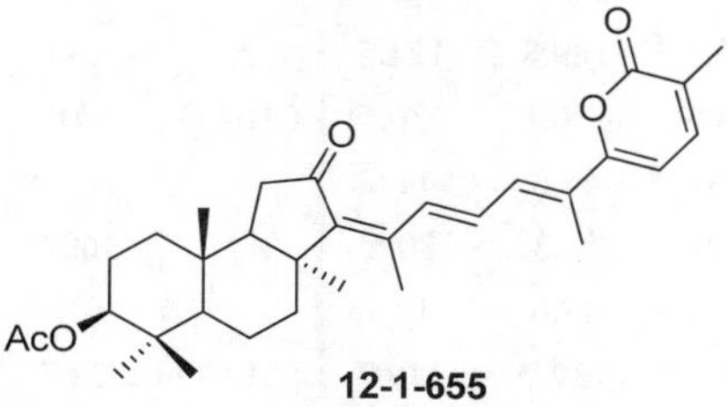

12-1-655

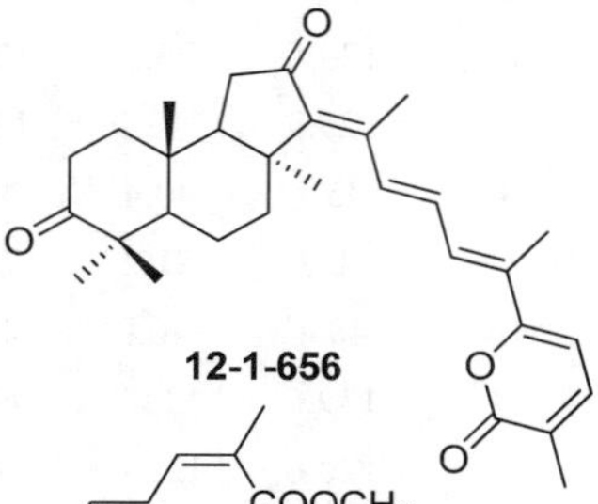

12-1-656

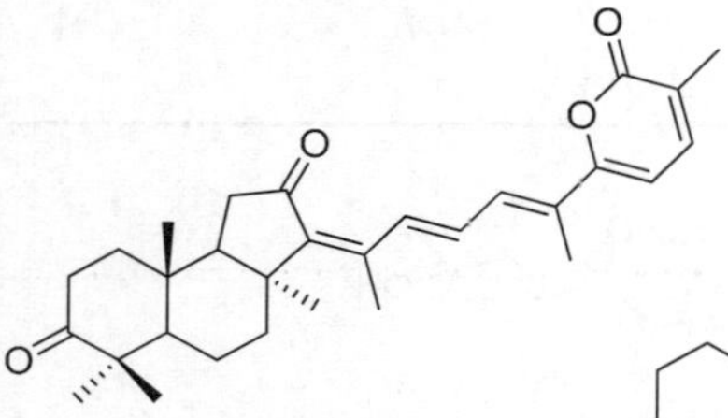

12-1-657

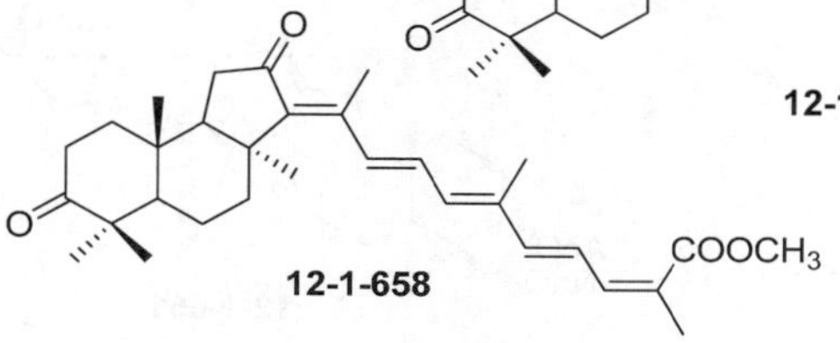

12-1-658

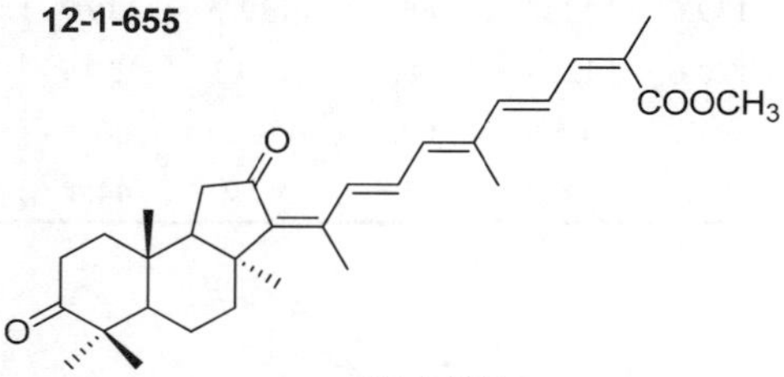

12-1-659

表 12-1-94 化合物 12-1-654~12-1-659 的 ^{13}C NMR 数据[187]

C	12-1-654	12-1-655	12-1-656	12-1-657	12-1-658	12-1-659
1	33.0	33.0	31.2	31.2	31.3	31.3
2	25.5	24.7	33.3	33.3	33.5	33.5
3	80.7	80.6	216.5	216.7	219.2	219.2
4	38.3	38.1	46.6	46.6	46.8	46.9
5	46.7	46.7	45.4	45.4	45.4	45.4
6	18.5	18.4	19.7	19.6	19.8	19.7
7	39.3	38.3	38.2	37.1	38.5	37.2
8	44.9	44.6	45.0	44.7	45.0	44.9
9	49.7	49.9	47.5	47.5	47.8	47.9
10	35.4	35.5	34.6	34.6	34.8	34.8
11	36.6	36.7	36.7	36.7	36.7	36.9
12	206.2	204.7	206.0	204.5	207.0	206.1
13	149.0	148.0	148.2	147.1	146.2	145.7
14	139.3	140.3	139.8	140.7	142.0	142.9
15	137.2	137.2	137.0	137.0	133.7	133.9
16	130.6	130.9	130.7	130.8	132.2	130.9
17	130.2	129.2	130.1	129.4	134.1	135.0

续表

C	12-1-654	12-1-655	12-1-656	12-1-657	12-1-658	12-1-659
18	14.6	15.7	14.5	15.7	14.5	16.0
19	22.2	22.2	23.3	23.2	23.5	23.5
20	128.8	128.3	128.9	128.9	139.4	138.8
21	12.5	12.6	12.5	12.6	13.2	13.1
22	158.7	159.6	158.6	159.6	142.6	143.3
23	102.6	101.7	102.8	101.8	127.2	126.5
24	138.4	138.5	138.6	138.4	141.0	141.5
25	124.7	124.1	124.9	124.2	126.2	125.6
26	161.8	161.9	161.8	161.9	167.9	168.0
27	16.8	16.9	16.9	16.9	21.0	21.0
28	29.3	29.2	29.2	29.0	29.2	29.2
29	17.2	17.2	19.6	19.6	19.4	19.4
30	26.1	25.5	25.9	24.5	25.9	24.7
OAc	170.0	170.0				
	20.8	20.8				
OMe					51.5	51.4

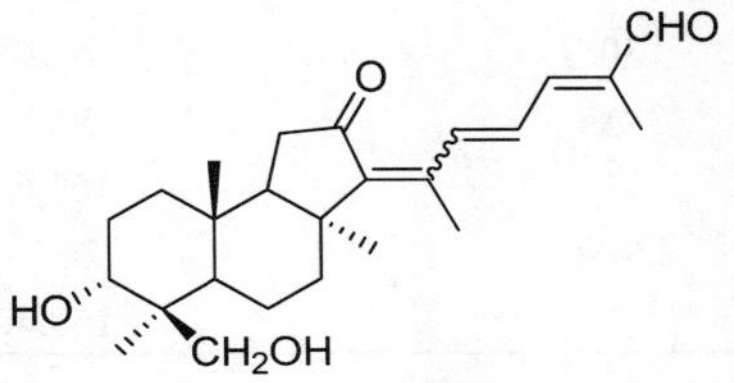

12-1-660 13*Z*
12-1-661 13*E*

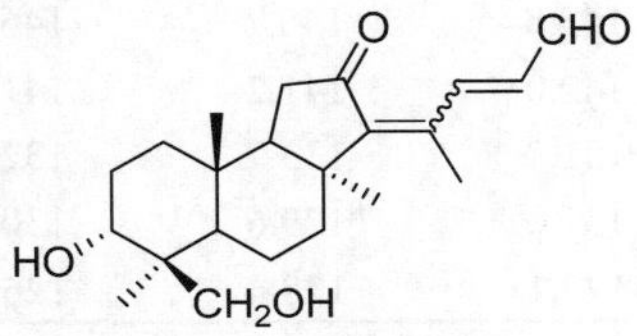

12-1-662 13*Z*
12-1-663 13*E*

表 12-1-95 化合物 12-1-660~12-1-663 的 ^{13}C NMR 数据[188]

C	12-1-660	12-1-661	12-1-662	12-1-663	C	12-1-660	12-1-661	12-1-662	12-1-663
1	28.9	28.9	28.9	28.9	14	139.5	139.7	137.5	138.6
2	26.3	26.3	26.2	26.2	15	140.5	140.5	151.3	151.2
3	71.4	71.4	71.3	71.3	16	128.1	129.5	132.5	133.5
4	43.2	43.2	43.2	43.2	17	148.9	147.6	190.6	191.8
5	41.9	42.0	41.8	41.8	18	139.5	140.4		
6	19.2	19.4	18.3	18.3	19	194.9	194.6		
7	38.4	40.2	38.1	41.8	4-Me	19.9	19.9	19.8	19.8
8	44.8	44.9	44.8	45.2	CH_2OH	67.8	67.8	67.9	67.9
9	50.1	49.9	49.8	49.8	8-Me	24.2	25.9	24.2	26.1
10	34.9	34.9	35.1	35.1	10-Me	24.8	24.8	19.8	19.8
11	36.6	36.7	38.4	35.7	14-Me	15.9	14.4	15.9	14.4
12	206.8	206.8	207.8	207.8	18-Me	9.7	9.9		
13	149.5	150.1	152.3	153.1					

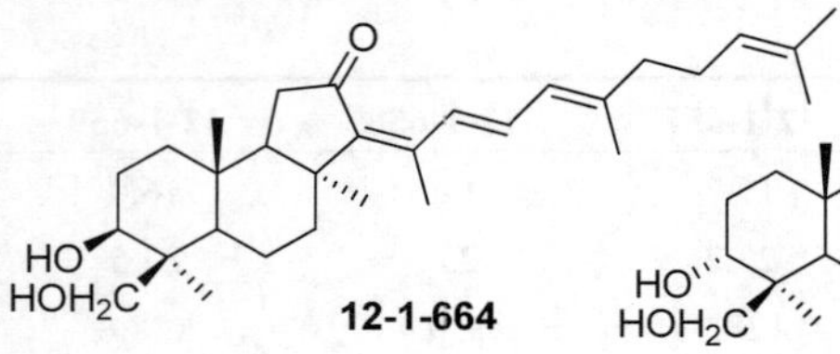

12-1-664 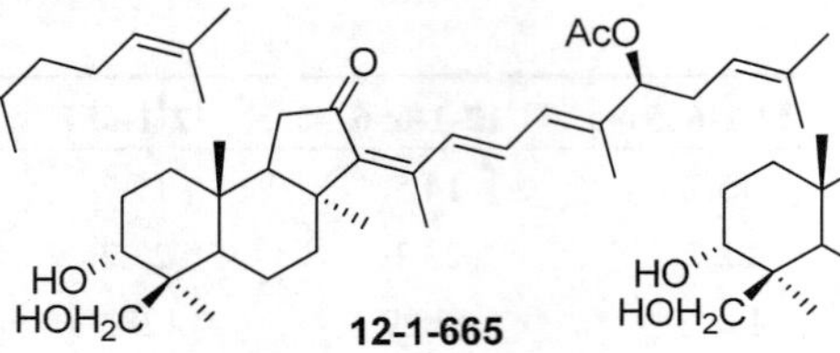　12-1-665 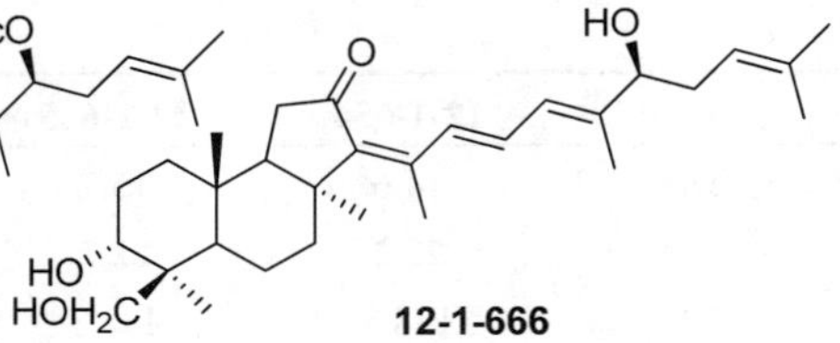　12-1-666

表 12-1-96　化合物 12-1-664~12-1-666 的 ^{13}C NMR 数据[189]

C	12-1-664	12-1-665	12-1-666	C	12-1-664	12-1-665	12-1-666
1	33.0	29.4	29.4	18	15.8	15.8	15.8
2	29.5	24.7	24.7	19	22.5	22.2	22.2
3	80.6	73.8	73.8	20	142.3	139.0	143.7
4	43.7	43.2	43.2	21	17.0	13.6	12.6
5	47.2	42.3	42.3	22	40.5	78.4	77.0
6	18.7	19.2	19.2	23	27.0	32.3	34.7
7	38.6	39.0	39.1	24	124.4	119.6	120.8
8	44.5	44.5	44.5	25	131.6	134.3	134.0
9	50.0	50.1	50.2	26	17.7	17.9	17.9
10	35.2	35.3	35.3	27	25.8	25.8	25.9
11	36.8	36.7	36.8	28	23.8	22.0	22.0
12	206.0	205.0	205.2	29	64.0	65.8	65.8
13	145.8	146.7	146.3	30	24.8	24.2	24.2
14	142.0	141.2	141.7	3-Ac		20.7	20.7
15	131.2	133.7	132.9			169.6	169.6
16	131.0	129.6	130.3	22-Ac		20.7	
17	127.1	128.4	126.7			169.4	

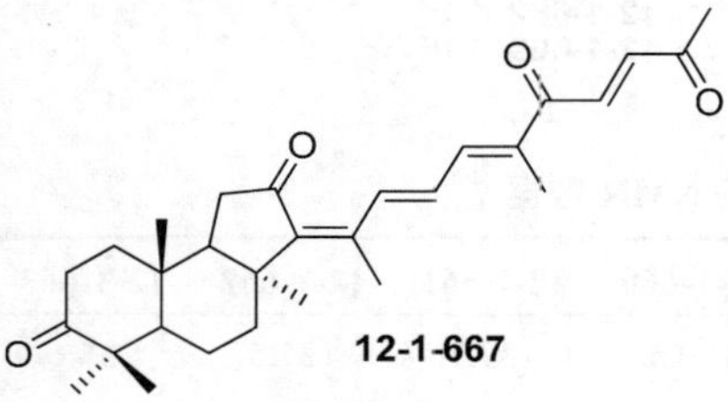

12-1-667 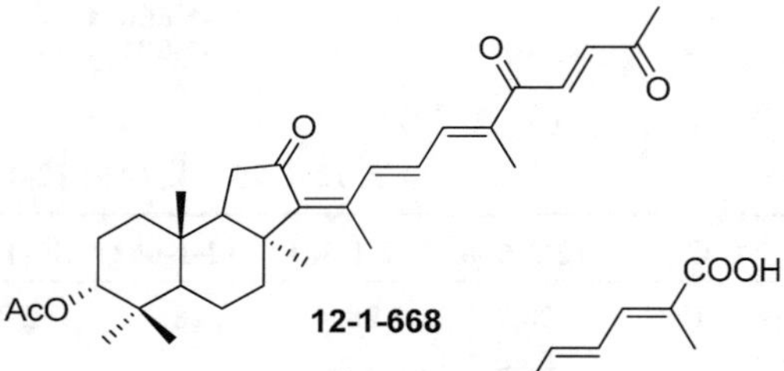　12-1-668 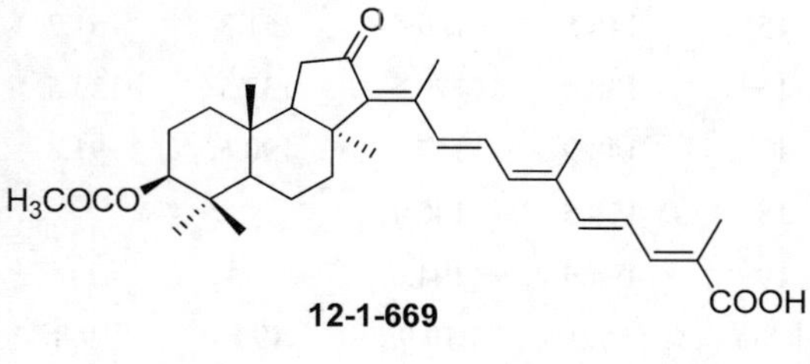　12-1-669 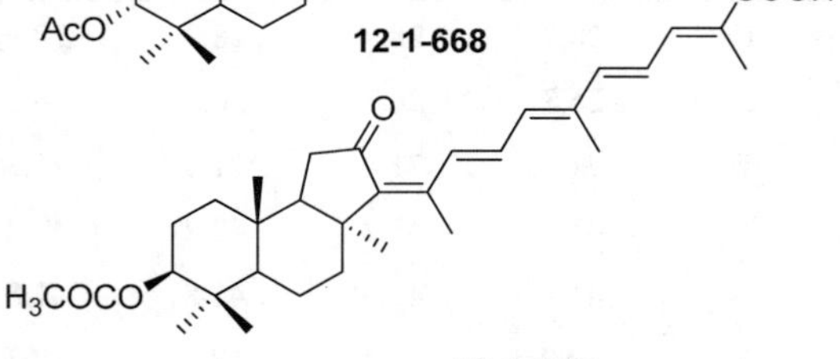　12-1-670

表 12-1-97　化合物 12-1-667 和 12-1-668 的 ^{13}C NMR 数据[190]

C	12-1-667	12-1-668	C	12-1-667	12-1-668	C	12-1-667	12-1-668
1	31.3	33.1	4	46.7	38.1	7	36.9	38.2
2	33.3	25.2	5	45.3	46.7	8	44.9	44.9
3	218.6	80.7	6	19.6	18.4	9	47.7	50.0

续表

C	12-1-667	12-1-668	C	12-1-667	12-1-668	C	12-1-667	12-1-668
10	34.8	35.6	18	15.9	16.0	26	28.7	28.8
11	36.7	36.8	19	23.5	22.5	27	29.2	29.1
12	206.0	206.5	20	140.8	140.3	28	19.3	17.1
13	148.3	149.4	21	12.1	12.2	29	24.5	24.6
14	138.4	138.3	22	190.8	190.9	OAc		170.9
15	140.2	140.5	23	137.1	137.1			21.4
16	128.3	128.7	24	133.6	133.8			
17	141.3	141.5	25	197.8	197.9			

表 12-1-98 化合物 12-1-669 和 12-1-670 的 ^{13}C NMR 数据[191]

C	12-1-669	12-1-670	C	12-1-669	12-1-670	C	12-1-669	12-1-670
1	33.0	33.1	12	207.5	208.4	23	124.6	123.9
2	25.1	25.2	13	147.6	147.2	24	140.4	141.9
3	80.8	80.8	14	141.0	140.8	25	126.2	125.8
4	38.2	39.3	15	134.8	135.1	26	172.5	172.3
5	46.7	46.6	16	131.6	130.2	27	12.6	12.6
6	18.4	18.3	17	135.6	136.4	28	29.0	29.0
7	39.6	38.2	18	14.5	15.9	29	16.9	17.0
8	44.8	44.7	19	23.3	23.3	30	25.9	24.7
9	50.1	50.2	20	138.2	137.7	OAc	21.2	21.2
10	35.5	35.5	21	13.0	12.9		171.0	171.0
11	36.6	36.8	22	144.3	144.8			

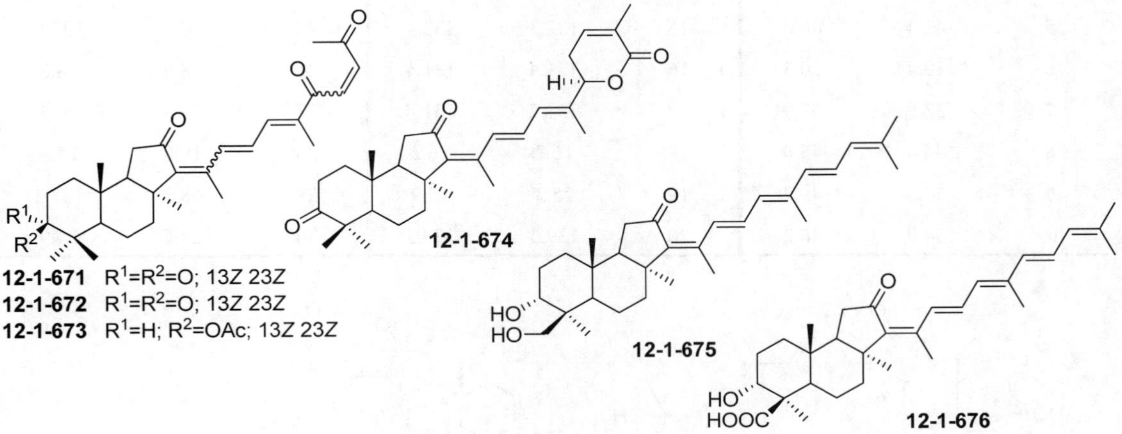

12-1-671 R¹=R²=O; 13Z 23Z
12-1-672 R¹=R²=O; 13Z 23Z
12-1-673 R¹=H; R²=OAc; 13Z 23Z

12-1-674

12-1-675

12-1-676

表 12-1-99 化合物 12-1-671~12-1-674 的 ^{13}C NMR 数据[192]

C	12-1-671	12-1-672	12-1-673	12-1-674	C	12-1-671	12-1-672	12-1-673	12-1-674
1	31.3	31.6	32.8	31.4	3	216.3	218.9	80.3	219.0
2	33.5	33.4	25.3	33.5	4	46.8	46.8	38.1	46.9

续表

C	12-1-671	12-1-672	12-1-673	12-1-674	C	12-1-671	12-1-672	12-1-673	12-1-674
5	45.5	45.5	46.6	45.4	19	23.4	23.5	22.0	23.5
6	19.7	19.7	18.1	19.6	20	140.8	139.4	138.7	136.8
7	37.1	36.6	37.8	37.2	21	12.0	12.0	11.5	13.0
8	44.9	45.1	44.5	44.8	22	195.3	191.0	194.8	82.6
9	47.6	47.7	49.6	47.9	23	137.6	137.5	137.0	28.7
10	34.8	34.8	35.4	34.8	24	134.2	134.6	133.9	138.9
11	37.0	38.6	36.5	36.8	25	197.4	198.0	197.0	128.5
12	205.4	207.5	205.2	206.2	26	29.7	30.0	29.1	165.8
13	148.3	149.3	148.8	145.9	27	29.2	29.3	29.0	17.1
14	140.3	139.4	139.9	142.4	28	19.7	19.7	16.9	29.2
15	139.3	140.3	139.0	133.9	29	24.5	26.2	24.3	19.4
16	129.8	130.7	129.2	129.4	30				24.7
17	140.1	140.3	139.8	128.7	OAc			169.8	
18	15.7	15.5	15.4	16.0				20.6	

表 12-1-100 化合物 12-1-675 和 12-1-676 的 ^{13}C NMR 数据[193]

C	12-1-675	12-1-676	C	12-1-675	12-1-676	C	12-1-675	12-1-676
1	29.1	28.8	11	37.1	37.2	21	13.2	13.2
2	26.4	27.9	12	206.7	206.9	22	135.0	135.0
3	71.8	70.8	13	145.8	145.9	23	126.2	126.2
4	43.3	47.9	14	143.1	143.1	24	126.2	126.2
5	42.4	40.6	15	132.3	132.4	25	137.1	137.0
6	19.4	20.3	16	131.4	131.4	26	18.8	18.8
7	38.8	38.9	17	131.7	131.8	27	26.5	26.5
8	44.8	45.0	18	16.2	16.2	28	19.9	23.8
9	50.3	49.7	19	25.3	19.9	29	68.2	183.3
10	34.9	36.2	20	139.3	139.3	30	24.6	24.9

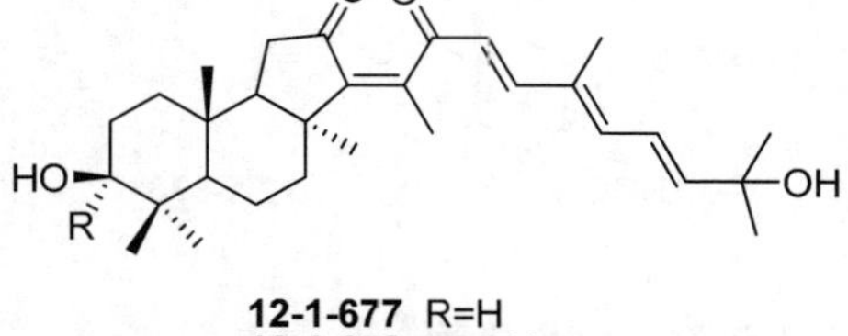

HO R OH

12-1-677 R=H
12-1-678 R=OH

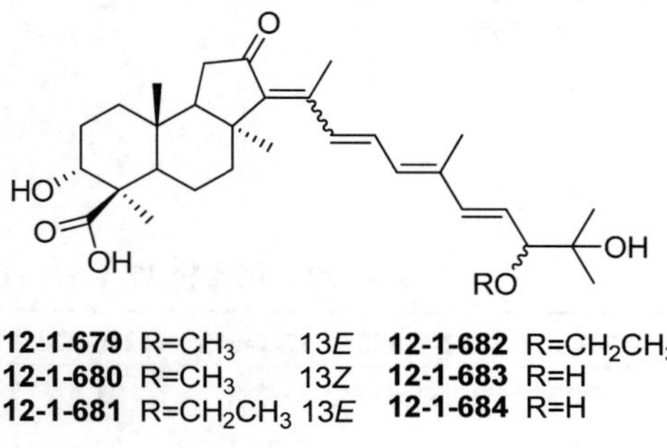

HO O OH RO OH

12-1-679 R=CH_3 13*E*
12-1-680 R=CH_3 13*Z*
12-1-681 R=CH_2CH_3 13*E*
12-1-682 R=CH_2CH_3 13*Z*
12-1-683 R=H 13*E*
12-1-684 R=H 13*Z*

表 12-1-101 化合物 12-1-677~12-1-684 的 ^{13}C NMR 数据[194]

C	12-1-677	12-1-678	12-1-679	12-1-680	12-1-681	12-1-682	12-1-683	12-1-684
1	30.1		30.3	30.3	28.5	28.4	29.9	29.9
2	27.5		28.7	28.7	26.9	26.9	28.5	33.5
3	70.4	79.8	70.7	70.7	70.7	69.8	71.7	71.7
4	47.6	39.8			48.0		49.3	49.3
5	39.9	46.2	40.2	40.2	40.2	39.9	41.5	45.4
6	19.5		20.4	20.4	20.0		21.5	21.4
7	36.7	42.1			40.2		41.0	39.7
8	42.9		45.0	45.0	45.4		46.1	46.0
9	50.1	50.2	49.4	49.4	49.1	49.1	50.8	50.8
10	36.9	35.0	35.9	35.9	37.0		37.0	37.0
11	34.7		36.8	37.2	36.5	36.7	37.6	37.8
12			207.7	207.7	207.7		209.9	208.9
13	146.3	145.2	146.3	146.3	147.2		148.1	147.6
14	142.9	142.5	141.5	141.5	142.0		143.4	143.9
15	204.0	200.2	133.3	133.3	133.3	133.4	133.7	134.0
16	124.5		131.8	130.9	131.6	131.7	133.3	132.0
17	147.7	147.1	132.1	132.1	132.0	131.9	132.5	133.5
18	133.9	134.5	137.7	137.0	138.1	138.0	139.8	139.2
19	138.4	137.0	138.8	138.8	138.2	138.1	137.4	138.0
20	122.4		126.8	127.2	127.8	127.9	131.1	130.3
21	146.2	145.1	89.8	88.8	88.3	88.2	80.4	81.3
22	71.1	70.0	72.5	72.5	73.2	73.2	73.5	72.8
23	29.8		24.1	25.9	26.1	26.0	25.2	25.2
24	23.5		23.5	24.9	23.7		24.4	24.4
25	181.6				182.7	182.6	182.7	182.7
26	24.8		26.2	25.1	25.1	26.1	25.7	24.5
27	19.6		18.8	20.0	19.3	20.0	20.4	20.4
28	17.1		15.1	16.2	14.2	15.9	14.7	16.0
29	12.4		13.5	13.4	13.3	13.3	12.9	12.9
30	29.8		24.9	24.8	24.1	23.9	25.2	25.4
31			56.0	57.0	64.6	65.1		
32					15.2	15.8		

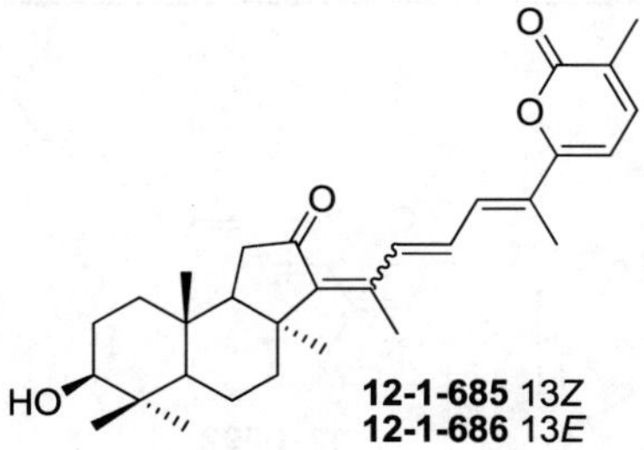

12-1-685 13*Z*
12-1-686 13*E*

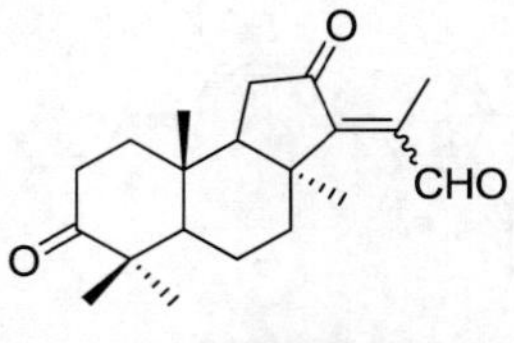

12-1-687 13*E*
12-1-688 13*Z*

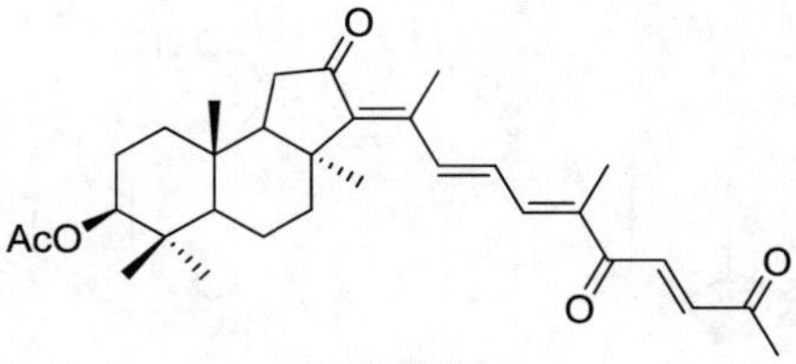

12-1-689

表 12-1-102 化合物 12-1-685~12-1-690 的 ^{13}C NMR 数据[195]

C	12-1-685	12-1-686	12-1-687	12-1-688	12-1-689	12-1-690
1	33.6	33.4	31.4	31.4	33.2	31.4
2	29.0	29.0	33.3	33.3	25.6	33.4
3	79.3	79.2	218.0	218.1	80.8	219.0
4	39.7	39.7	46.9	46.8	38.5	46.9
5	46.5	46.6	45.4	45.4	47.0	45.4
6	18.4	18.4	19.8	19.8	18.7	19.6
7	38.3	39.2	40.3	40.3	39.8	37.1
8	44.7	45.0	45.4	45.3	45.2	44.9
9	50.1	50.1	47.5	47.5	50.0	47.9
10	35.4	35.6	35.0	35.0	35.7	34.8
11	36.7	36.7	36.0	36.0	36.7	36.7
12	206.4	207.9	208.0	208.3	206.4	206.0
13	147.9	148.6	157.5	157.4	150.6	148.0
14	141.1	140.3	138.0	138	138.8	142.0
15	137.0	137.3	194.2	194.2	140.4	139.4
16	129.2	130.5	23.6	23.6	130.5	128.7
17	131.6	130.7	11.3	11.3	139.4	140.7
18	15.9	15.9	29.2	29.2	14.7	15.9
19	22.3	22.3	19.4	19.4	22.4	23.5
20	128.1	128.1	27.9	27.9	139.4	127.8
21	12.8	12.8			12.6	12.8
22	159.5	158.9			190.5	171.0
23	102.4	103.0			133.0	29.2
24	139.7	139.7			137.7	19.4
25	124.0	124.5			196.6	24.5
26	163.1	163.1			28.8	
27	16.4	16.8			29.4	
28	29.1	29.1			17.4	
29	15.9	15.9			26.4	
30	24.7	26.0				
Ac					170.4	
					21.0	

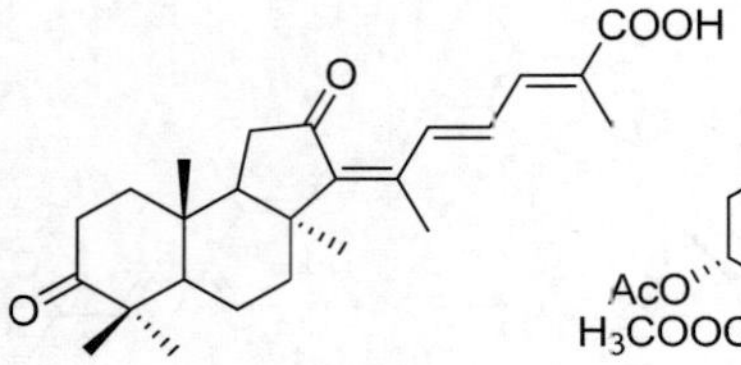

12-1-690

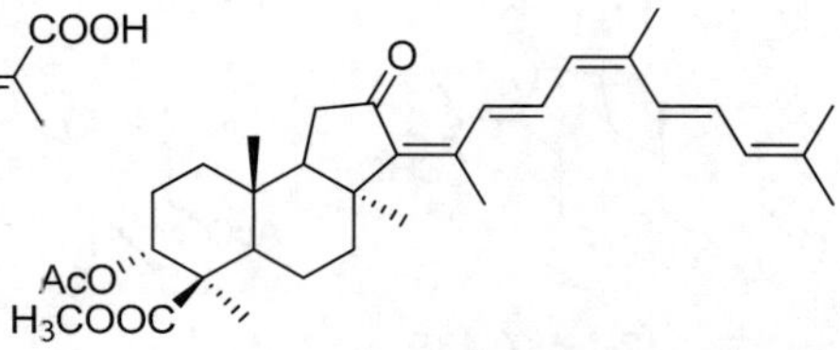

12-1-691

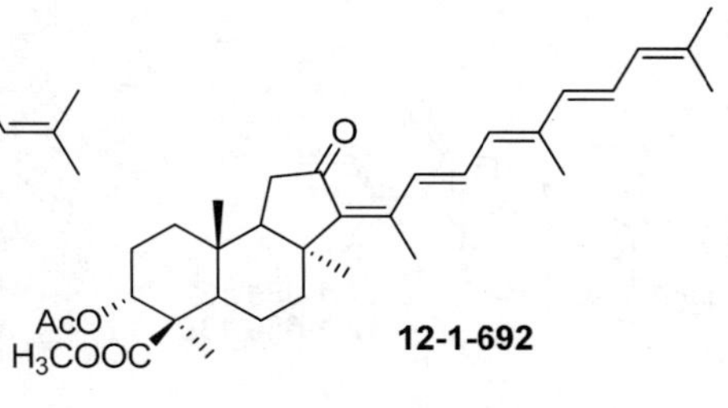

12-1-692

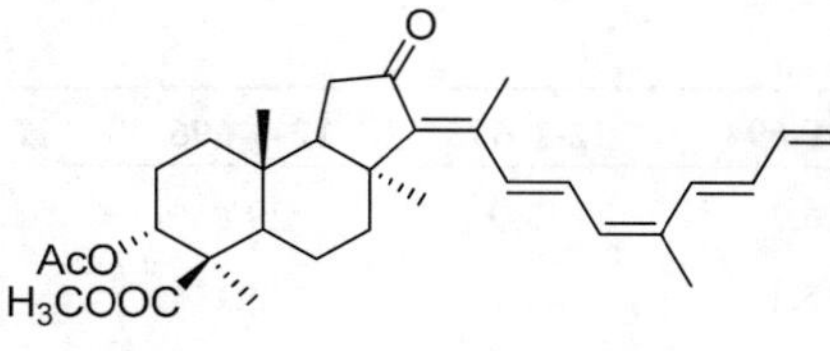

12-1-693

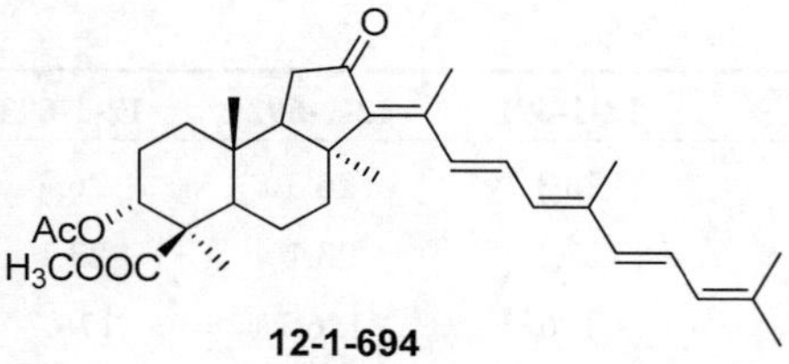

12-1-694

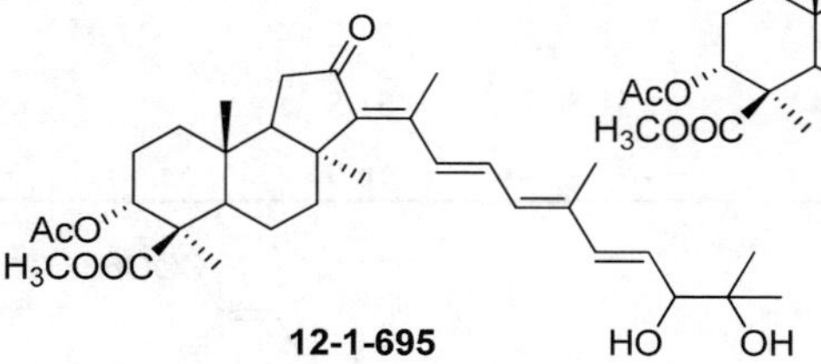

12-1-695

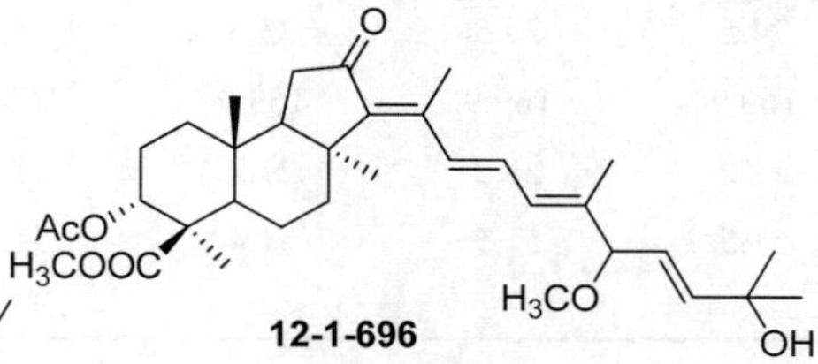

12-1-696

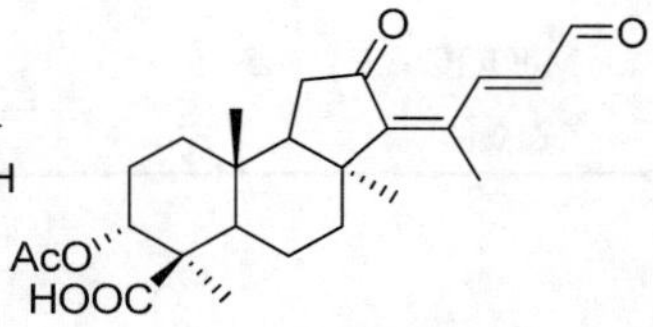

12-1-697

表 12-1-103 化合物 12-1-691~12-1-697 的 ^{13}C NMR 数据[196]

C	12-1-691	12-1-692	12-1-693	12-1-694	12-1-695	12-1-696	12-1-697
1	29.3	29.3	29.3	29.3	29.3	29.3	29.3
2	24.9	24.9	24.9	24.9	24.9	24.9	24.9
3	73.6	73.6	73.6	73.6	73.6	73.6	73.1
4	47.1	47.1	47.1	47.1	47.1	47.1	46.9
5	42.0	42.0	42.1	42.1	42.1	42.1	42.0
6	20.1	20.1	20.2	20.2	20.2	20.1	19.9
7	38.6	38.6	39.8	39.8	39.8	39.8	38.0
8	44.7	44.7	44.7	44.8	44.8	44.7	45.0
9	49.5	49.5	49.4	49.4	49.4	49.4	49.1
10	35.6	35.6	35.6	35.6	35.6	35.6	35.9
11	36.9	36.9	36.8	36.7	36.7	36.7	36.6
12	206.3	206.3	207.3	207.3	207.4	207.5	206.4
13	145.5	145.5	146.0	146.0	146.6	146.4	151.9
14	142.9	142.9	142.1	142.0	141.5	141.6	138.6
15	131.4	132.1	131.3	132.0	133.3	132.6	150.9
16	130.0	131.3	131.2	132.5	131.8	131.5	132.5
17	130.0	131.5	129.2	130.8	132.3	127.1	195
18	16.0	16.0	14.6	14.2	14.5	14.4	16.0
19	19.5	19.5	19.5	19.5	19.5	19.5	19.7
20	137.8	139.2	138.4	139.8	137.7	141.0	23.2
21	20.9	13.0	21.0	13.1	13.2	13.0	180.5
22	126.5	134.8	126.2	134.4	137.2	86.4	24.9
23	127.3	126.0	128.1	126.9	128.6	125.3	
24	126.0	126.0	126.0	125.8	79.8	140.7	
25	137.7	136.9	138.4	137.6	73.1	70.7	
26	18.6	18.6	18.7	18.7	26.5	29.8	

续表

C	12-1-691	12-1-692	12-1-693	12-1-694	12-1-695	12-1-696	12-1-697
27	26.3	26.3	26.4	26.3	23.9	29.8	
28	23.1	23.1	23.1	23.1	23.1	23.1	
29	176	176.7	176.7	176.7	176.6	176.6	
30	24.5	24.5	25.5	25.6	25.6	25.6	
OAc	169.9	169.9	169.9	169.9	169.9	169.9	169.8
	21.2	21.2	21.2	21.2	21.2	21.2	21.2
MeOOC	51.5	51.5	51.5	51.4	51.5	51.5	
OMe						56.0	

12-1-698

12-1-699

表 12-1-104 化合物 12-1-698 和 12-1-699 的 ^{13}C NMR 数据[197]

C	12-1-698	12-1-699	C	12-1-698	12-1-699	C	12-1-698	12-1-699
1	33.4	33.4	11	36.7	36.8	21	13.0	12.9
2	29.1	29.1	12	207.7	206.6	22	144.4	144.9
3	79.3	79.3	13	147.3	147.9	23	124.6	123.8
4	39.2	39.2	14	140.9	141.8	24	140.6	140.8
5	46.7	46.6	15	135.0	135.2	25	126.3	125.7
6	18.6	18.4	16	131.5	130.1	26	172.6	172.6
7	39.7	38.3	17	135.6	136.5	27	12.6	12.6
8	45.0	44.8	18	14.5	15.9	28	29.0	29.0
9	50.2	50.3	19	22.3	22.3	29	15.9	15.9
10	35.6	35.6	20	138.2	137.6	30	26.0	24.7

12-1-700 13'*Z*
12-1-701 13'*E*

表 12-1-105 化合物 12-1-700 和 12-1-701 的 ^{13}C NMR 数据[198]

C	12-1-700	12-1-701	C	12-1-700	12-1-701	C	12-1-700	12-1-701
1	31.3	31.5	4	46.9	46.8	7	36.9	36.6
2	33.3	33.3	5	43.5	43.7	8	46.8	46.1
3	219.2	219.0	6	19.7	19.7	9	45.4	45.4

续表

C	12-1-700	12-1-701	C	12-1-700	12-1-701	C	12-1-700	12-1-701
10	34.7	34.5	27	16.7	16.7	14'	141.2	140.2
11	28.9	29.2	28	29.2	29.2	15'	139.2	139.4
12	215.1	216.3	29	19.4	19.3	16'	129.3	130.7
13	84.6	85.0	30	23.9	24.3	17'	138.6	137.3
14	133.9	133.1	1'	31.5	31.4	18'	15.9	14.5
15	127.1	127.0	2'	33.4	33.5	19'	23.5	23.5
16	37.5	37.5	3'	218.9	218.9	20'	137.1	137.6
17	129.5	129.0	4'	46.8	46.9	21'	12.2	12.3
18	28.1	27.7	5'	46.2	45.5	22'	201.5	201.4
19	24.3	24.3	6'	19.6	19.5	23'	46.4	46.3
20	127.1	127.0	7'	37.1	38.6	24'	44.1	43.5
21	12.6	12.6	8'	45.0	45.6	25'	211.4	211.8
22	159.1	158.6	9'	47.8	47.7	26'	29.9	29.3
23	101.8	102.0	10'	34.8	34.8	27'	29.2	29.2
24	139.5	139.1	11'	34.5	34.9	28'	19.4	19.4
25	124.2	124.5	12'	206.2	207.4	29'	24.6	26.3
26	163.0	163.0	13'	148.0	148.9			

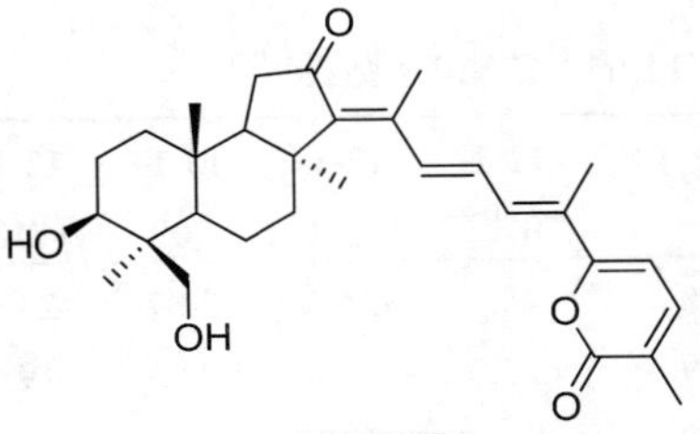

12-1-702

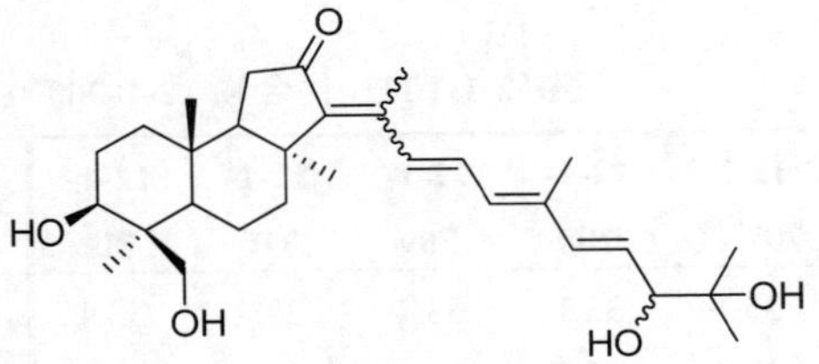

12-1-703 13*Z*
12-1-704 13*E*

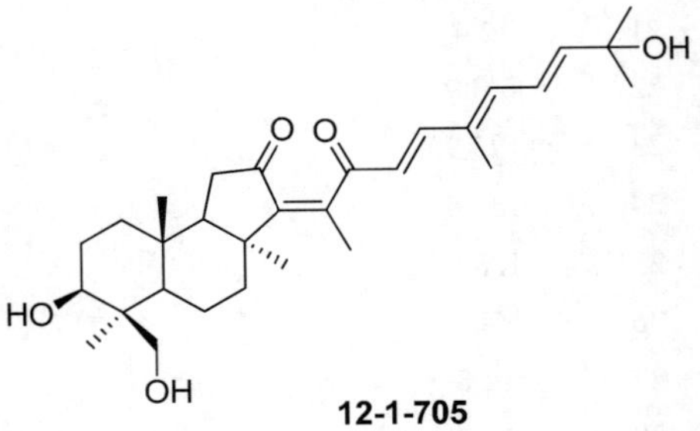

12-1-705

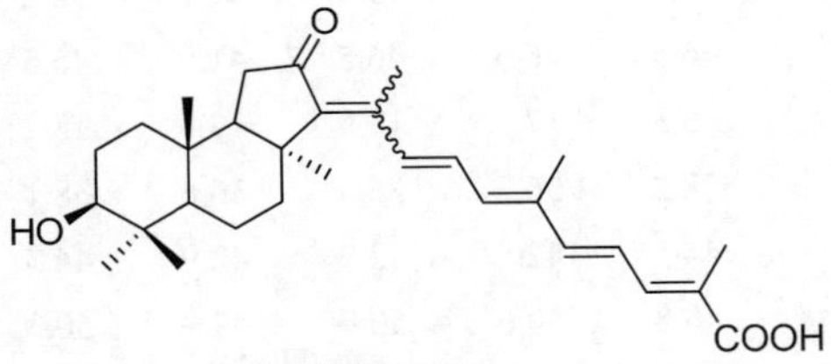

12-1-706 13*E*
12-1-707 13*Z*

表 12-1-106 化合物 12-1-702~12-1-706 的 ^{13}C NMR 数据[199]

C	12-1-702	12-1-703	12-1-704	12-1-705	12-1-706	C	12-1-702	12-1-703	12-1-704	12-1-705	12-1-706
1	32.9	33.7	32.9	34.2	33.4	5	47.1	47.8	47.2	48.3	46.8
2	25.8	29.5	29.2	29.8	29.4	6	18.7	19.7	18.8	20.1	18.7
3	80.4	80.3	80.4	80.8	79.0	7	39.5	39.3	39.8	38.0	40.0
4	43.6	44.1	43.5	44.7	39.2	8	44.7	45.3	44.5	44.3	45.0

续表

C	12-1-702	12-1-703	12-1-704	12-1-705	12-1-706	C	12-1-702	12-1-703	12-1-704	12-1-705	12-1-706
9	49.7	51.0	49.7	52.5	49.9	20	130.4	138.8	137.7	134.5	140.0
10	35.1	37.2	35.0	36.7	35.6	21	12.3	13.1	12.8	12.4	12.8
11	36.4	36.0	36.4	35.6	36.6	22	158.6	136.3	136.3	141.0	143.4
12	206.2	206.6	206.6	206.2	206.1	23	102.5	131.1	129.5	123.6	125.0
13	148.9	147.1	147.2	148.3	148.1	24	138.5	79.8	79.5	148.9	138.7
14	139.2	142.7	140.0	144.0	138.3	25	124.5	73.0	72.5	71.5	128.2
15	137.0	133.5	133.4	203.8	135.4	26	161.8	25.2	23.8	29.8	168.3
16	128.1	131.3	131.5	125.2	131.4	27	16.6	25.9	26.3	29.8	13.1
17	130.0	132.3	132.2	150.3	143.4	28	23.8	24.1	23.6	24.2	16.1
18	14.4	16.1	14.4	17.8	14.5	29	63.9	64.2	63.7	65.2	29.2
19	22.4	22.7	22.2	22.6	22.2	30	25.8	24.9	25.8	25.2	26.1

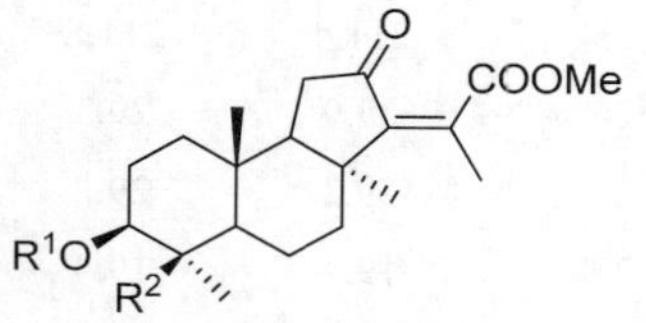

12-1-708 R^1=Ac; R^2=Me
12-1-709 R^1=H; R^2=Me
12-1-710 R^1=Ac; R^2=COOMe

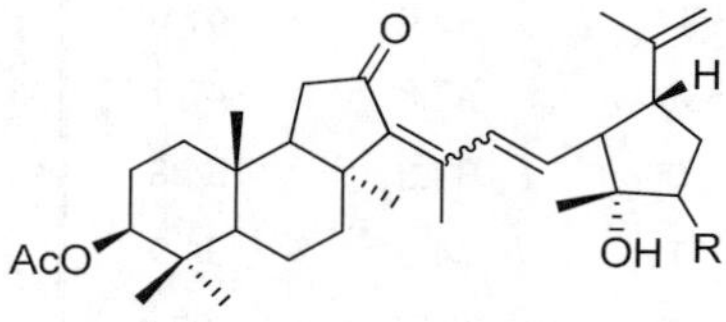

12-1-711 R=*α*-OH 13*Z*
12-1-712 R=*β*-OH 13*Z*
12-1-713 R=*β*-OH 13*E*

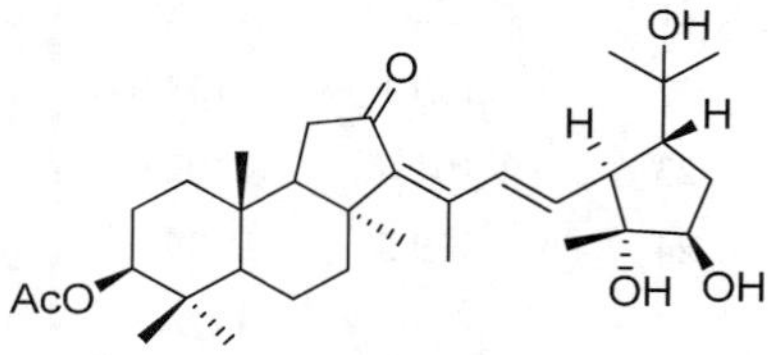

12-1-714

表 12-1-107 化合物 12-1-707~12-1-711 的 ^{13}C NMR 数据[200]

C	12-1-707[199]	12-1-708	12-1-709	12-1-710	12-1-711	C	12-1-707[199]	12-1-708	12-1-709	12-1-710	12-1-711
1	33.1	33.1	33.4	29.4	33.1	18	15.5	24.6	24.7	24.4	16.4
2	29.2	25.0	28.9	24.9	25.1	19	22.0	22.4	22.3	19.6	22.4
3	78.7	80.6	79.2	73.5	80.8	20	138.2	16.6	16.6	16.6	81.1
4	38.8	38.2	39.1	47.1	38.2	21	12.4				21.4
5	46.5	46.6	46.5	41.9	46.6	22	143.9				77.4
6	18.3	17.8	17.9	19.6	18.2	23	123.9				36.1
7	38.2	36.2	36.3	36.6	38.1	24	138.8				47.4
8	44.5	42.8	42.9	42.9	44.3	25	128.0				146.1
9	49.8	50.6	50.7	49.9	50.3	26	168.0				19.4
10	35.4	35.5	35.6	35.7	35.4	27	12.8				111.0
11	36.7	34.6	34.6	34.6	36.6	28	15.9				29.0
12	204.9	203.6	203.8	203.6	206.7	29	29.0				16.9
13	147.4	146.8	146.9	146.6	145.4	30	24.6				24.7
14	140.6	133.9	133.8	134.1	141.9	OAc		21.2/		21.2/	21.2/
15	135.4	171.8	171.8	171.8	132.9			171.0		169.9	171.0
16	129.8	29.0	29.0	23.1	134.3	4-COOMe				51.5	
17	136.3	16.9	15.9	176.5	53.7	14-COOMe		52.4	52.4	52.4	

表 12-1-108 化合物 12-1-712~12-1-714 的 ^{13}C NMR 数据[200]

C	12-1-712	12-1-713	12-1-714	C	12-1-712	12-1-713	12-1-714
1	32.9	32.9	33.0	17	54.7	55.3	52.0
2	25.0	25.0	25.1	18	16.3	14.7	16.4
3	80.8	80.8	80.8	19	22.2	22.0	22.3
4	38.1	38.0	38.2	20	82.1	82.1	81.6
5	46.5	46.6	46.6	21	16.8	17.1	21.1
6	18.1	18.3	18.2	22	79.1	79.2	77.8
7	38.1	39.0	38.2	23	34.2	34.3	31.9
8	44.2	44.2	44.3	24	45.9	46.1	49.8
9	50.1	50.1	50.3	25	145.6	146.0	72.5
10	35.3	35.3	35.4	26	19.7	19.7	29.0
11	36.7	36.5	36.7	27	110.9	110.0	29.1
12	206.9	208.2	206.8	28	28.9	28.9	29.0
13	146.3	146.0	145.4	29	16.7	16.8	16.9
14	141.9	140.8	142.0	30	24.6	25.4	24.8
15	132.7	133.2	131.4	MeCO	21.1	21.1	21.2
16	134.5	136.3	136.8	MeCO	171.3	171.3	171.0

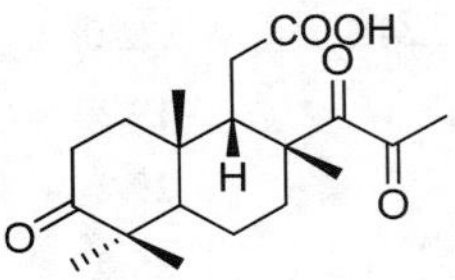

12-1-715 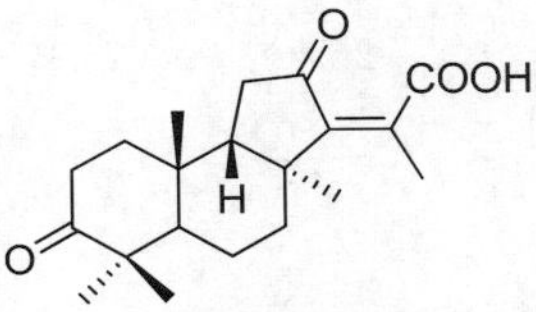 12-1-716 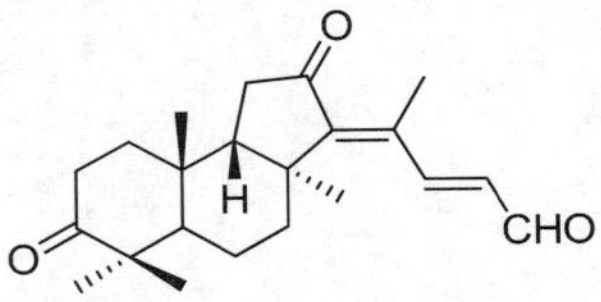 12-1-717

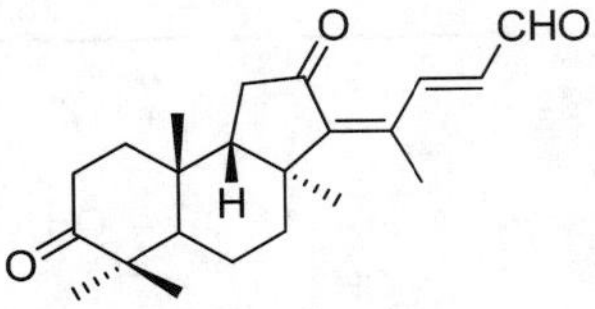

12-1-718 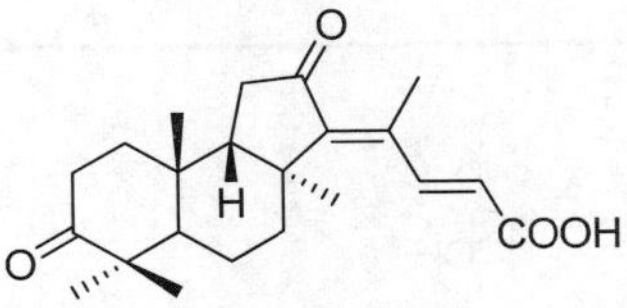 12-1-719 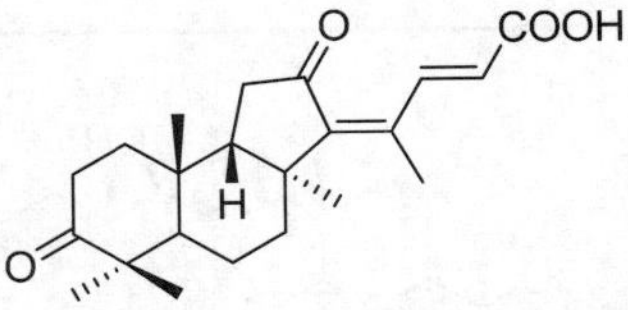 12-1-720

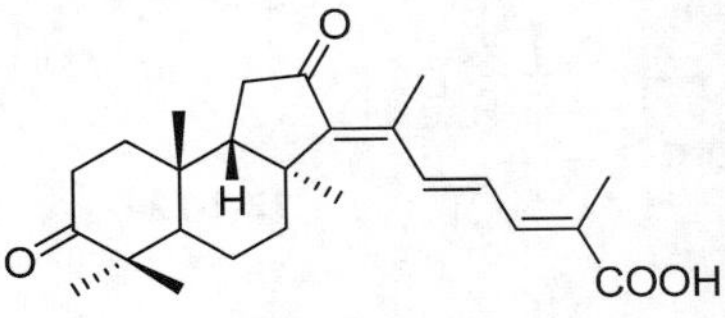

12-1-721 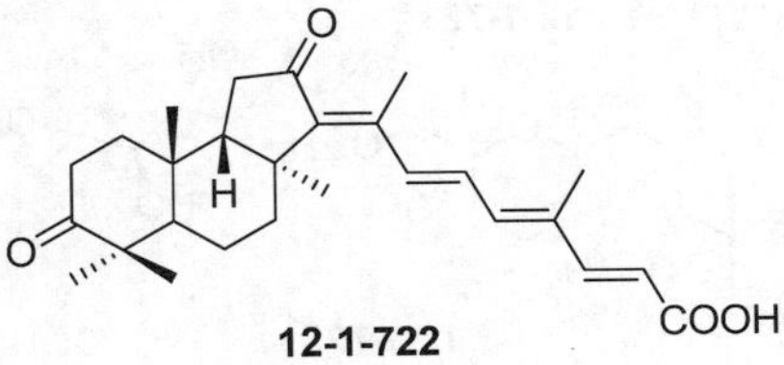 12-1-722

表 12-1-109 化合物 12-1-715~12-1-722 的 ^{13}C NMR 数据[201]

C	12-1-715	12-1-716	12-1-717	12-1-718	12-1-719	12-1-720	12-1-721	12-1-722
1	35.3	31.2	31.3	31.3	31.3	31.3	31.3	31.3
2	34.7	33.3	33.3	33.3	33.3	33.3	33.4	33.4
3	215.8	219.1	219.5	219.5	218.8	218.7	218.9	220.0
4	47.5	46.8	46.8	46.0	46.8	46.8	46.8	46.8
5	46.3	45.3	45.4	45.4	45.4	45.4	45.4	45.4

续表

C	12-1-715	12-1-716	12-1-717	12-1-718	12-1-719	12-1-720	12-1-721	12-1-722
6	20.0	19.1	19.7	19.5	19.6	19.5	19.7	28.5
7	31.1	35.3	36.6	36.6	38.5	36.7	38.6	38.5
8	48.7	40.1	38.7	38.7	45.3	44.9	45.0	45.0
9	47.5	48.2	47.5	47.6	47.5	47.7	47.7	47.8
10	38.2	34.83	34.8	34.8	34.8	34.8	34.8	34.8
11	31.3	34.80	38.7	38.7	36.5	36.4	36.6	36.6
12	178.8	204.3	206.8	206.8	207.1	205.6	207.1	206.0
13	203.3	144.9	152.2	152.2	151.7	151.0	148.5	147.6
14	197.8	136.5	138.0	138.0	137.9	138.5	140.4	141.0
15	26.4	174.4	150.5	150.7	145.5	145.2	139.4	136.8
16	21.8	16.9	133.7	132.1	123.4	121.8	130.1	131.0
17	25.5	23.4	193.1	194.9	170.4	170.5	139.7	139.2
18	21.5	29.2	14.5	15.9	14.3	15.9	14.4	14.5
19	26.3	19.3	23.5	23.5	23.4	23.4	23.4	23.4
20		24.6	29.2	29.0	29.2	29.2	128.8	136.3
21			19.3	19.3	19.3	19.3	12.8	12.8
22			24.2	26.4	26.3	24.3	172.0	150.2
23							19.3	117.1
24							29.2	172.0
25							26.0	29.2
26								19.3
27								26.0

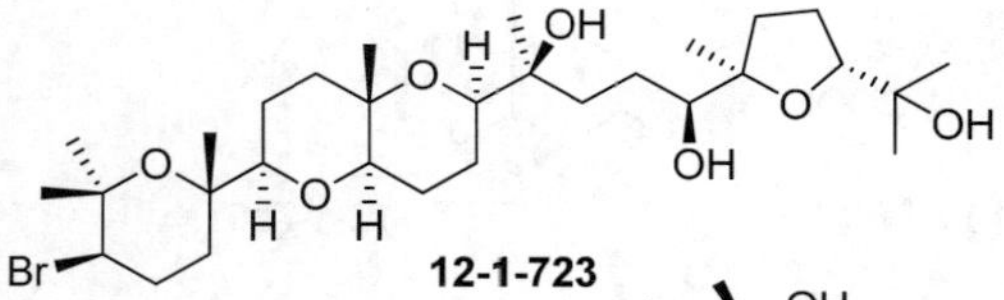

12-1-723

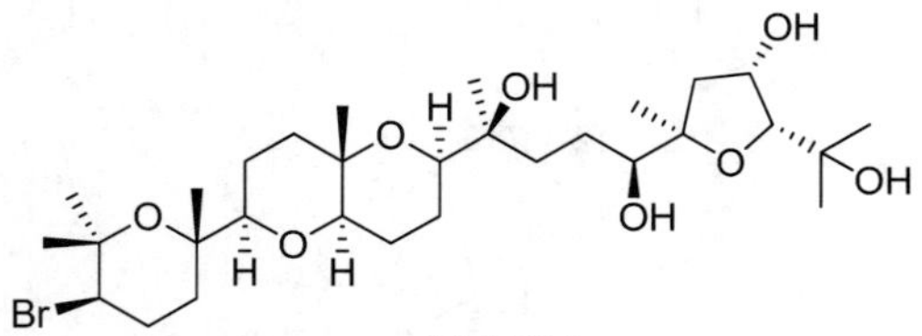

12-1-724

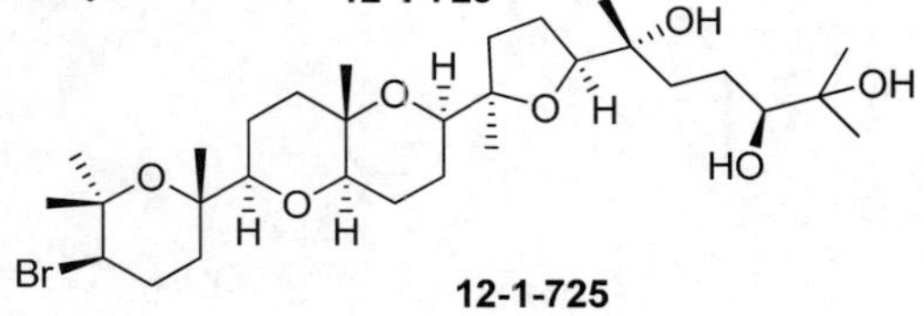

12-1-725

表 12-1-110 化合物 12-1-723~12-1-725 的 ^{13}C NMR 数据[202]

C	12-1-723	12-1-724	12-1-725	C	12-1-723	12-1-724	12-1-725	C	12-1-723	12-1-724	12-1-725
1	23.6	23.7	24.1	5	37.0	37.0	37.1	9	38.5	38.5	38.6
2	74.9	75.0	74.9	6	74.2	75.0	74.4	10	71.9	72.0	71.4
3	59.0	60.0	59.1	7	86.5	86.5	86.5	11	76.3	76.3	76.6
4	28.2	28.2	28.2	8	23.0	23.0	23.0	12	21.1	21.1	21.3

续表

C	12-1-723	12-1-724	12-1-725	C	12-1-723	12-1-724	12-1-725	C	12-1-723	12-1-724	12-1-725
13	25.5	25.5	21.4	19	86.0	86.0	72.3	25	31.0	31.0	31.0
14	76.1	76.1	75.4	20	32.3	41.5 t	33.7	26	20.1	20.1	20.1
15	73.2	73.2	84.3	21	26.6	74.3 d	25.4	27	21.4	21.4	21.2
16	33.5	33.4	35.8	22	87.4	87.0 d	78.4	28	22.9	23.0	23.2
17	20.7	20.7	25.9	23	70.5	72.0	73.1	29, 30	23.4,	24.2,	21.6,
18	77.6	78.8	86.4	24	23.9	24.2	23.7		27.6	29.2	26.7

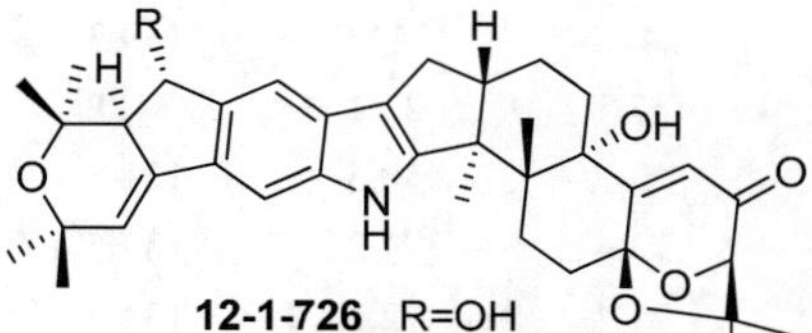

12-1-726 R=OH
12-1-727 R=OMe

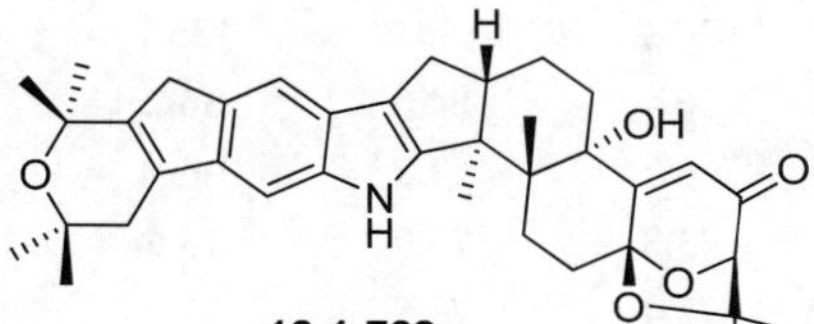

12-1-728

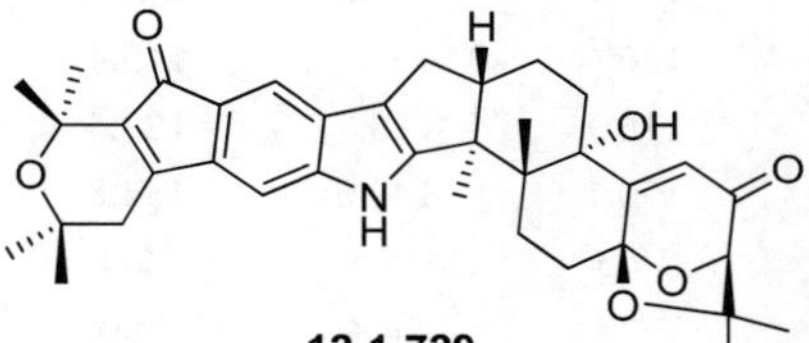

12-1-729

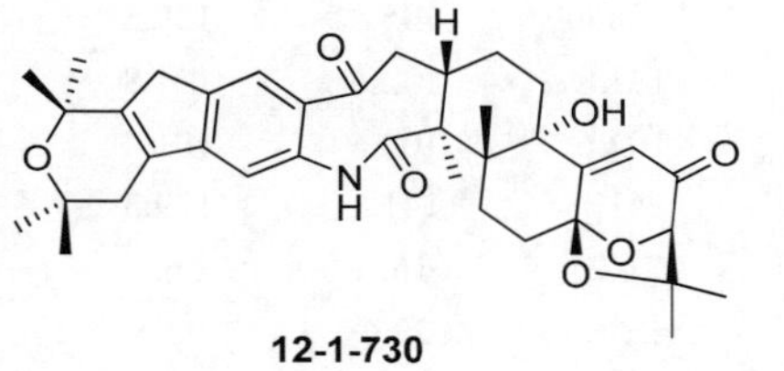

12-1-730

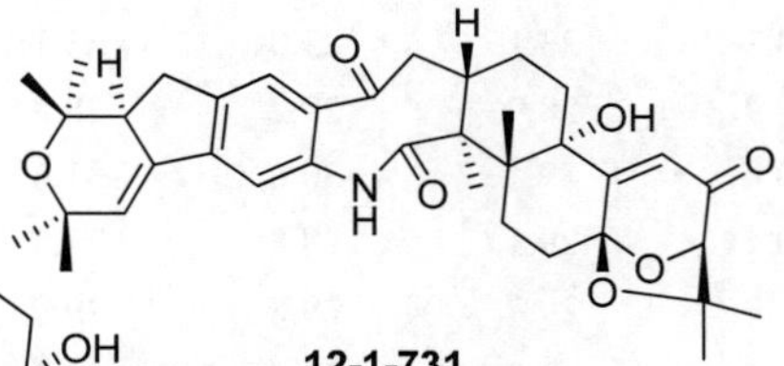

12-1-731

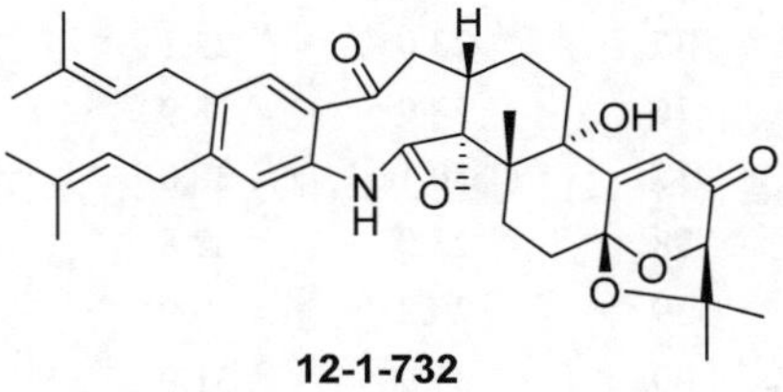

12-1-732

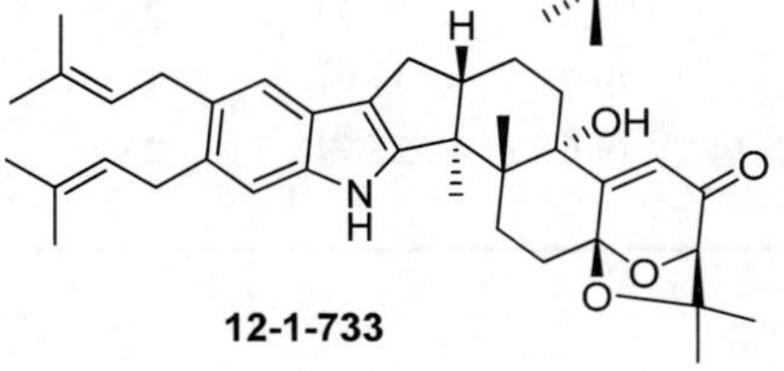

12-1-733

表 12-1-111 化合物 12-1-726~12-1-733 的 ^{13}C NMR 数据[203]

C	12-1-726	12-1-727	12-1-728	12-1-729	12-1-730	12-1-731	12-1-732	12-1-733
2	153.8	153.7	151.0	152.0	177.1	176.8	176.9	151.4
3	51.8	51.7	51.6	51.7	57.5	57.3	57.5	51.4
4	39.9	39.9	39.9	39.9	41.3	41.4	41.4	39.9
5	27.0	27.0	27.0	27.1	27.3	27.3	27.3	26.9
6	28.3	28.3	28.3	28.2	28.3	28.4	28.3	28.3
7	104.4	104.3	104.4	104.3	104.0	104.0	104.0	104.4
9	88.1	88.0	88.0	88.0	87.8	87.9	87.9	87.9
10	197.0	197.0	197.1	196.9	196.8	196.8	196.8	197.1
11	117.8	117.7	117.6	117.8	118.2	118.3	118.2	117.6
12	169.6	169.5	169.8	169.4	169.3	169.3	169.3	169.8

续表

C	12-1-726	12-1-727	12-1-728	12-1-729	12-1-730	12-1-731	12-1-732	12-1-733
13	77.8	77.6	77.7	77.6	77.6	77.6	77.6	77.6
14	33.8	33.9	34.0	33.9	31.8	31.7	31.8	33.9
15	21.1	21.1	21.2	21.0	25.4	25.5	25.4	21.2
16	48.5	48.5	48.4	48.4	34.9	34.6	34.7	48.5
17	27.5	27.6	27.7	27.5	48.5	48.3	48.3	27.6
18	117.6	117.5	117.2	121.1	203.2	203.0	202.7	116.9
19	126.9	126.8	123.0	124.1	130.3	134.2	131.6	123.6
20	113.9	114.5	113.7	115.3	124.1	125.8	129.7	118.4
21	135.2	135.7	135.1	126.5	141.6	144.0	139.3	131.3
22	76.4	84.0	36.2	194.2	37.1	33.1	31.0	31.8
23	60.2	53.5	143.1	136.6	150.6	48.5	121.5	123.8
24	73.8	74.0	73.6	72.1	73.4	74.2	133.5	132.6
26	72.4	72.5	71.4	71.0	71.4	72.6	134.3	131.9
27	120.9	120.8	34.5	34.9	34.2	126.3	121.0	124.3
28	138.6	135.8	139.5	153.1	131.5	137.5	31.2	32.0
29	131.8	132.6	131.8	136.9	136.6	136.2	145.4	139.0
30	102.6	102.6	101.4	103.8	116.7	118.7	127.5	111.4
31	141.1	141.1	139.3	141.4	150.1	144.6	134.8	131.5
32	16.2	16.2	16.1	16.3	17.5	17.5	17.4	16.2
33	23.6	23.6	23.6	23.7	24.4	24.4	24.0	23.6
34	78.8	78.8	78.7	78.8	78.6	78.6	78.6	78.7
35	23.0	23.1	23.1	23.1	23.0	23.1	23.0	23.1
36	28.9	28.9	28.9	28.9	29.2	28.8	28.8	28.8
37	30.1	30.0	30.4	29.1	30.6	31.4	17.98	17.9
38	23.0	22.8	30.4	29.1	28.8	22.4	25.77	25.7
39	29.3	29.9	29.7	29.7	29.8	29.9	17.91	17.9
40	31.9	31.9	29.6	29.7	30.1	29.6	25.74	25.7
OMe		54.3						

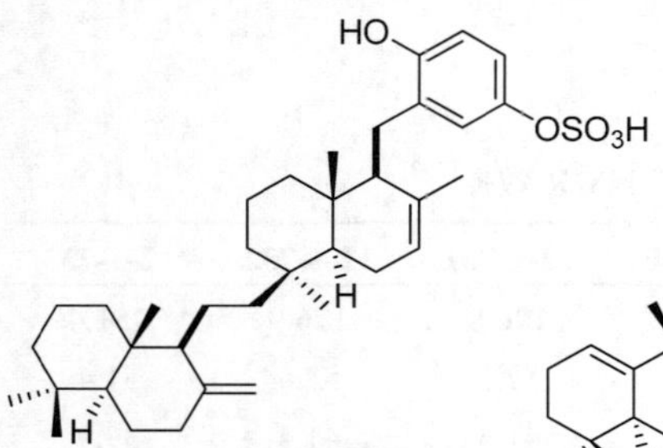

12-1-734

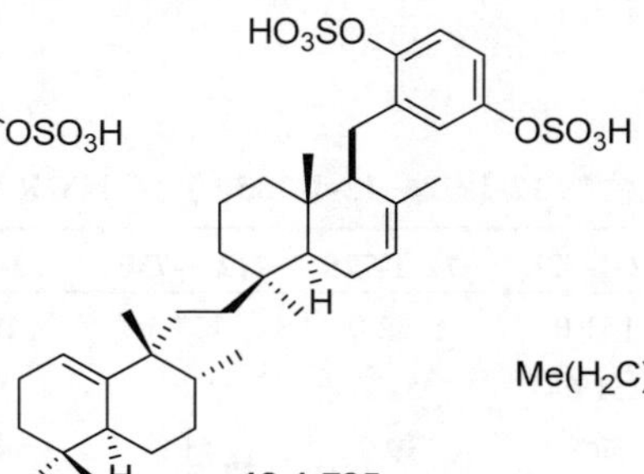

12-1-735

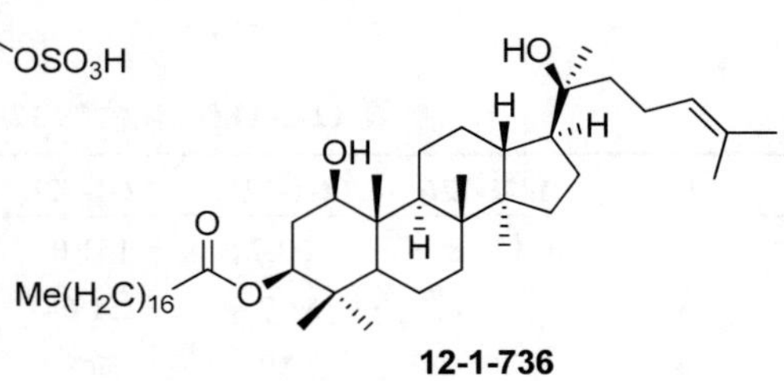

12-1-736

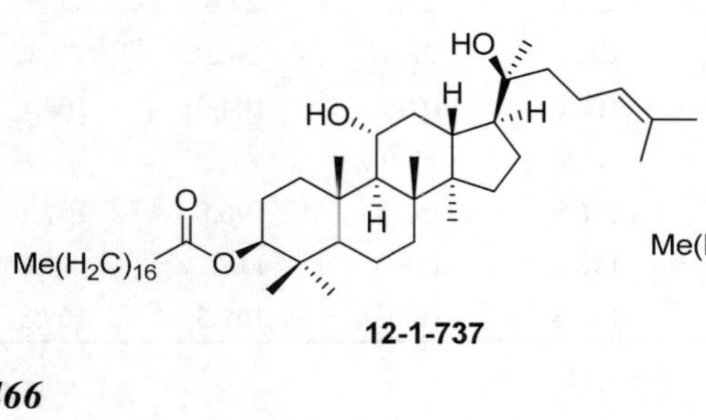

12-1-737

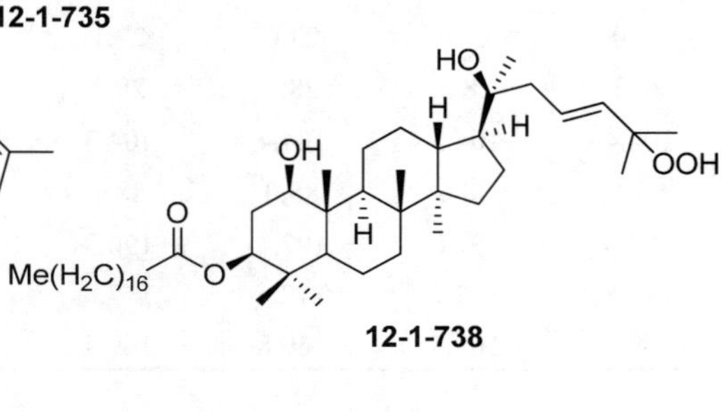

12-1-738

表 12-1-112 化合物 12-1-734 和 12-1-735 的 ^{13}C NMR 数据[204]

C	12-1-734	12-1-735	C	12-1-734	12-1-735	C	12-1-734	12-1-735
1	25.5	28.0	14	57.2	43.6	27	28.8	29.4
2	54.5	56.3	15	148.6	46.3	28	105.4	24.1
3	135.0	136.6	16	37.8	32.7	29	14.4	16.9
4	121.3	122.8	17	24.0	31.5	30	33.4	28.5
5	22.8	24.5	18	54.7	45.1	1'	129.9	139.0
6	52.2	54.1	19	39.3	147.6	2'	146.7	148.4
7	36.4	38.1	20	38.4	117.6	3'	115.2	123.3
8	38.9	40.8	21	18.9	24.3	4'	112.1	119.8
9	18.6	19.8	22	41.6	32.4	5'	149.3	150.5
10	36.8	38.1	23	33.2	32.4	6'	115.6	123.1
11	35.6	36.6	24	21.5	28.6	2'-OH	8.57	
12	31.2	26.7	25	21.8	22.9	5'-OH	8.49	
13	17.6	26.1	26	14.6	15.5			

表 12-1-113 化合物 12-1-736~12-1-738 的 ^{13}C NMR 数据[205]

C	12-1-736	12-1-737	12-1-738	C	12-1-736	12-1-737	12-1-738	C	12-1-736	12-1-737	12-1-738
1	78.5	40.5	78.7	13	41.9	40.9	42.3	25	131.8	132.0	82.4
2	34.5	24.1	34.7	14	50.5	50.3	50.7	26	25.9	25.8	24.5
3	77.1	80.4	77.3	15	31.6	31.0	32.3	27	17.9	17.9	24.9
4	38.1	39.1	38.3	16	27.8	25.2	25.5	28	28.0	28.5	28.2
5	53.8	56.4	54.0	17	50.1	49.9	50.7	29	16.3	16.5	16.5
6	18.1	18.2	18.3	18	15.9	17.0	16.1	30	16.6	16.8	16.8
7	35.1	36.1	35.3	19	12.3	16.9	12.5	1'	173.7	173.9	173.9
8	41.2	41.0	41.4	20	75.6	75.3	75.5	2'	34.9	35.1	35.1
9	51.7	55.9	51.8	21	25.5	26.0	26.0	3'~17'	29.8~	29.8~	30.0~
10	43.7	38.6	43.8	22	41.0	40.8	44.0		29.9	29.9	30.1
11	22.8	71.4	25.1	23	22.9	22.8	127.6	18'	14.3	14.3	14.5
12	25.3	40.3	28.0	24	124.9	124.8	137.7				

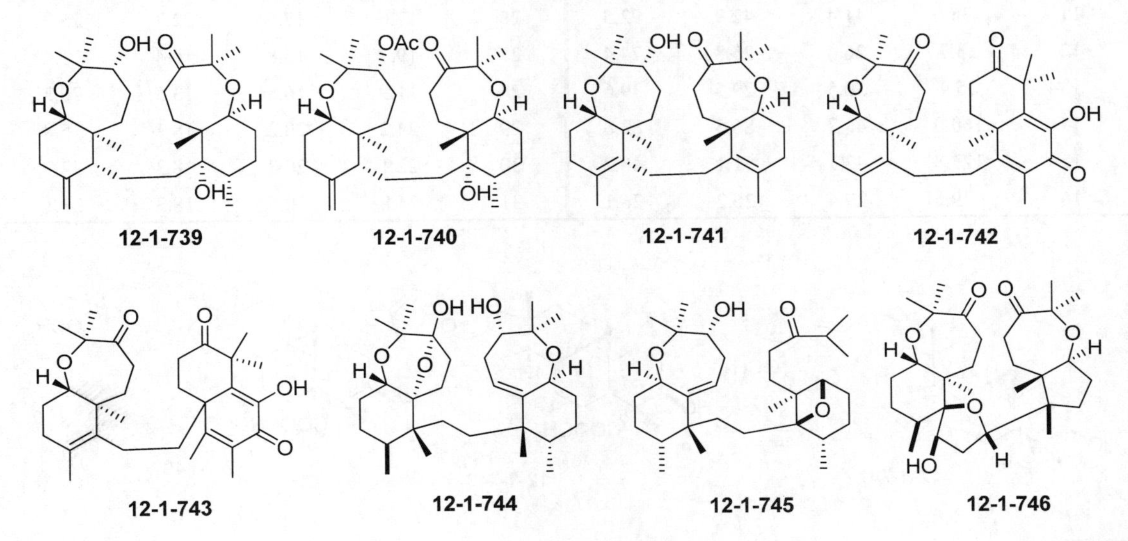

表 12-1-114　化合物 12-1-739~12-1-742 的 ^{13}C NMR 数据[206]

C	12-1-739	12-1-740	12-1-741	12-1-742	C	12-1-739	12-1-740	12-1-741	12-1-742
2	76.5	79.1	77.9	82.7	17	29.8	30.1	27.1	141.9
3	76.2	78.3	77.0	218.0	18	75.9	76.2	79.9	137.6
4	25.8	23.5	25.9	35.6	19	45.0	45.3	42.2	43.0
5	33.5	33.5	32.6	38.1	20	32.4	32.4	37.9	27.0
6	43.2	43.3	43.0	42.3	21	34.9	34.9	35.8	32.5
7	75.4	76.1	74.9	79.7	22	218.0	218.0	218.0	214.0
8	32.6	32.8	27.4	31.1	23	81.4	81.8	82.6	48.1
9	35.3	35.3	32.1	26.9	24	21.0	21.0	21.7	20.8
10	147.0	146.9	126.8	129.0	25	28.7	28.9	29.0	26.4
11	54.7	55.0	137.9	135.5	26	11.8	12.0	18.3	17.9
12	19.7	19.7	29.2	28.6	27	106.9	107.1	20.5	20.8
13	35.9	35.6	29.2	32.2	28	15.8	15.8	20.5	12.5
14	77.8	77.8	137.0	163.4	29	14.1	14.0	17.8	21.6
15	33.2	33.2	127.2	129.5	30	20.0	20.0	20.8	20.5
16	27.9	28.2	32.0	181.4	31	26.5	26.9	26.7	24.3

表 12-1-115　化合物 12-1-743~12-1-746 的 ^{13}C NMR 数据[206]

C	12-1-743	12-1-744	12-1-745	12-1-746	C	12-1-743	12-1-744	12-1-745	12-1-746
2	82.7	77.8	77.5	81.6	17	145.0	36.0	38.0	28.5
3	217.8	104.2	77.8	217.9	18	137.5	71.7	82.0	81.9
4	35.6	23.8	30.4	34.8	19	46.1	149.0	49.5	48.8
5	37.7	32.9	115.3	31.8	20	26.7	116.0	36.1	31.6
6	42.3	88.7	149.0	45.3	21	37.6	30.1	24.8	35.5
7	79.5	71.3	71.9	77.5	22	213.0	78.7	215.0	216.0
8	31.7	26.8	36.1	30.2	23	48.1	78.7	40.6	82.6
9	26.9	28.8	28.7	29.7	24	20.7	18.7	19.5	20.2
10	129.0	33.5	42.2	32.7	25	26.9	24.5	29.8	26.9
11	135.0	41.4	42.9	92.5	26	17.6	17.5	22.7	15.2
12	23.7	26.4	25.8	74.4	27	19.7	15.8	16.4	21.4
13	35.4	30.5	29.6	39.6	28	11.9	16.5	13.5	20.2
14	160.0	43.7	86.5	82.8	29	24.2	20.2	18.1	15.8
15	127.8	42.1	51.1	48.2	30	22.1	20.2	18.3	22.1
16	179.5	29.4	26.2	26.1	31	24.8	30.5	18.3	26.1

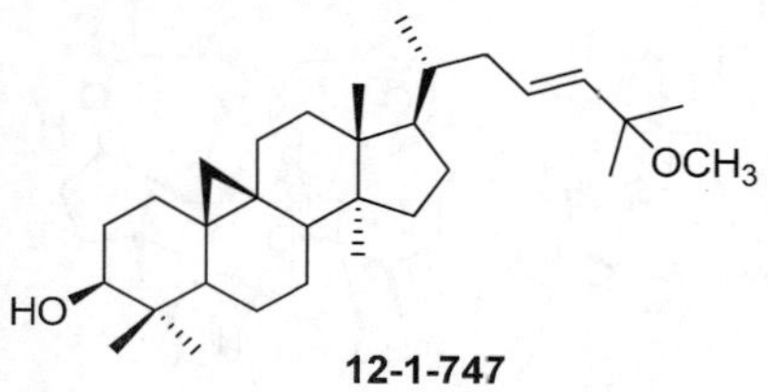

12-1-747

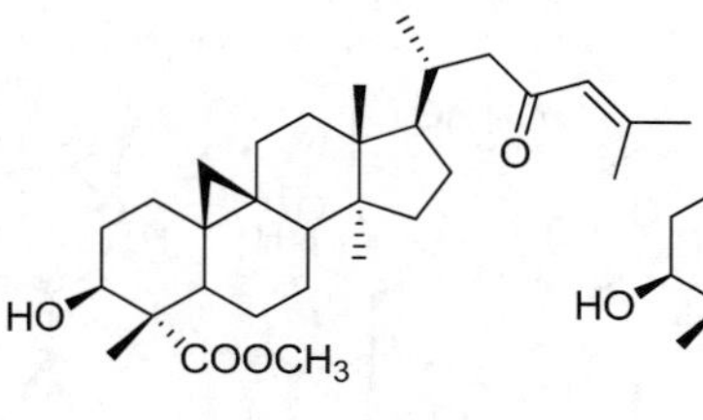

12-1-748

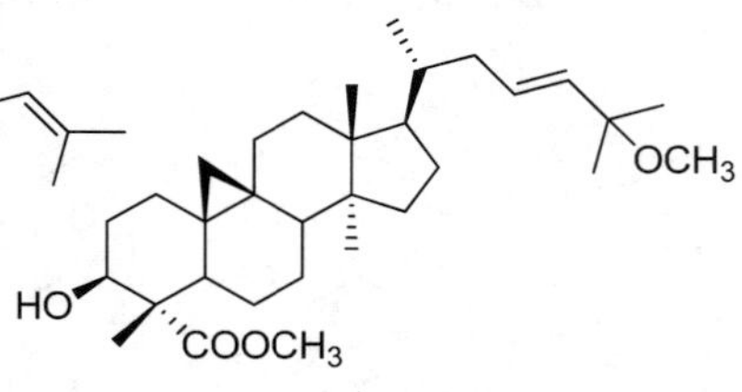

12-1-749

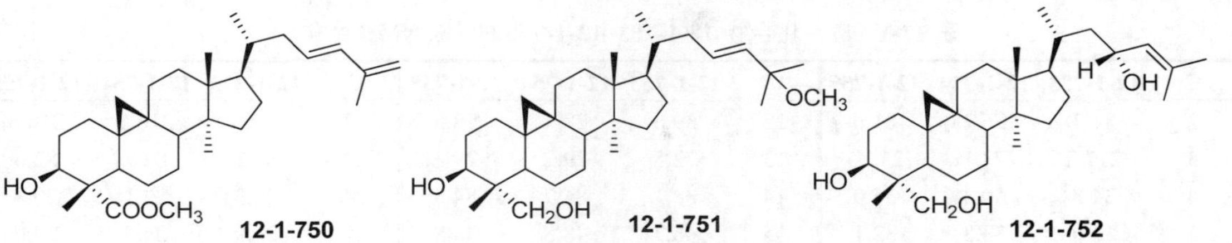

12-1-750　12-1-751　12-1-752

表 12-1-116　化合物 12-1-747~12-1-752 的 ^{13}C NMR 数据[207]

C	12-1-747	12-1-748	12-1-749	12-1-750	12-1-751	12-1-752
1	31.9	32.6	31.4	31.4	31.8	33.7
2	30.4	29.7	29.5	29.5	27.9	32.5
3	78.8	77.3	75.4	75.4	80.0	79.4
4	40.5	48.9	54.8	54.8	49.6	46.1
5	47.1	47.6	44.3	44.3	40.1	43.2
6	21.1	23.0	23.0	23.0	20.4	21.2
7	26.4	26.3	25.5	25.5	25.1	27.1
8	47.9	44.4	47.7	47.7	47.8	49.2
9	20.0	19.9	19.9	19.9	19.8	20.6
10	26.1	25.5	25.0	25.0	25.2	25.6
11	26.0	28.3	26.4	26.4	26.3	27.8
12	32.8	31.4	32.6	32.6	32.6	28.8
13	45.3	45.4	45.3	45.3	44.3	46.1
14	48.8	48.6	48.8	48.8	45.1	49.6
15	35.6	35.4	35.4	35.4	35.4	36.1
16	28.0	29.5	28.0	28.1	26.9	26.3
17	51.9	52.6	51.9	52.1	51.8	53.6
18	18.1	18.0	18.0	18.0	18.0	18.4
19	29.9	29.8	29.8	29.8	30.0	30.3
20	36.3	36.3	36.2	36.7	36.1	40.1
21	18.3	19.2	18.3	18.4	18.2	18.7
22	39.3	51.7	39.3	39.7	39.2	45.2
23	128.7	201.6	128.7	129.5	129.0	65.9
24	136.5	124.3	136.6	134.0	136.0	130.7
25	74.9	154.7	74.9	142.2	75.1	132.2
26	26.2	19.4	26.2	114.0	25.9	18.0
27	25.7	27.6	25.7	18.8	25.9	25.8
28	19.3	19.3	19.2	19.3	18.9	19.5
29	25.4	177.6	177.6	177.6	63.0	63.7
30	14.0	9.2	9.2	9.2	10.6	11.4
OMe	50.3		50.2		50.0	
COOMe		51.8	51.9	51.8		

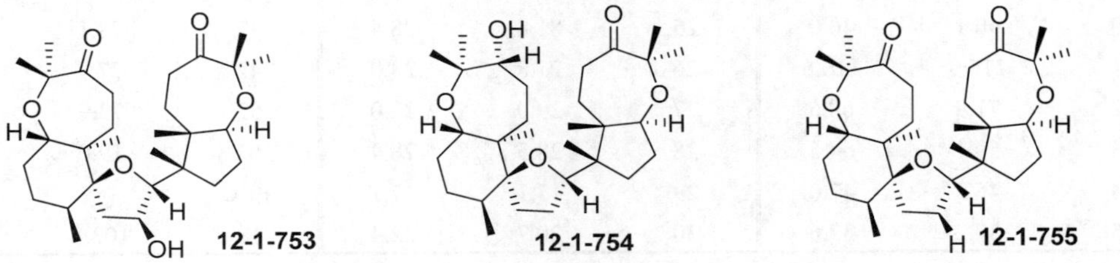

12-1-753　12-1-754　12-1-755

表 12-1-117 化合物 12-1-753~12-1-755 的 ^{13}C NMR 数据[208]

C	12-1-753	12-1-754	12-1-755	C	12-1-753	12-1-754	12-1-755	C	12-1-753	12-1-754	12-1-755
2	81.7	76.2	81.6	12	39.6	28.4	28.5	22	216.5	216.5	216.6
3	217.3	72.1	217.5	13	72.5	29.2	29.3	23	82.7	82.7	82.6
4	34.8	30.3	35.0	14	88.1	84.7	84.8	24	20.3	22.1	20.3
5	32.0	33.3	32.1	15	48.7	48.8	48.8	25	26.9,	24.3	27.0
6	45.4	45.7	45.7	16	27.7	26.0	26.3	26	15.2	16.2	15.2
7	76.5	80.0	77.0	17	28.5	29.2	28.4	27	18.1	18.0	17.8
8	30.1	29.6	30.1	18	82.1	82.0	82.1	28	19.6	21.0	20.9
9	28.4	28.9	28.9	19	48.6	48.2	48.3	29	15.7	15.7	15.7
10	36.0	35.8	35.8	20	31.5	31.4	31.5	30	22.0	21.8	21.9
11	88.3	90.7	90.3	21	35.6	35.6	35.6	31	26.2	26.2	26.2

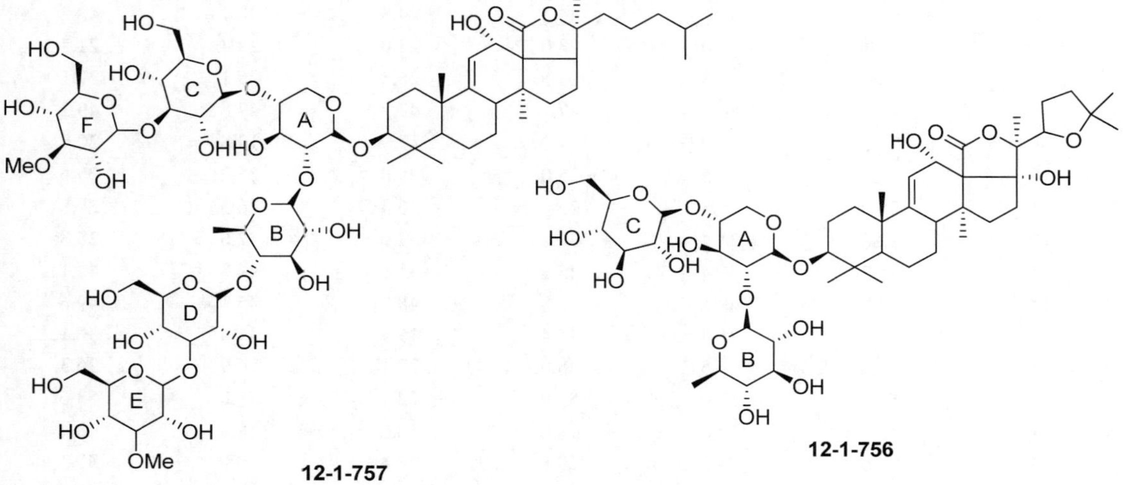

12-1-757

12-1-756

表 12-1-118 化合物 12-1-756 和 12-1-757 的 ^{13}C NMR 数据[209]

C	12-1-756	12-1-757	C	12-1-756	12-1-757	C	12-1-756	12-1-757
1	36.7	36.8	16	35.9	24.5	糖 A		
2	27.4	27.5	17	90.1	47.4	11'	105.8	105.7
3	88.9	89.1	18	174.9	177.7	21'	83.8	84.0
4	40.4	40.4	19	22.9	22.9	31'	76.2	76.1
5	53.1	53.2	20	87.0	85.2	41'	77.9	77.7
6	21.6	21.6	21	19.2	26.8	51'	64.5	64.4
7	28.7	29.0	22	81.0	40.0	糖 B		
8	41.2	40.5	23	28.5	22.7	12'	106.6	106.0
9	154.2	153.5	24	38.8	39.8	22'	77.5	76.7
10	40.1	40.0	25	81.8	28.4	32'	78.1	76.2
11	115.9	116.6	26	27.8	23.0	42'	77.1	88.0
12	71.9	68.5	27	29.0	23.0	52'	73.9	72.1
13	59.1	64.5	28	28.5	28.4	62'	19.0	18.6
14	46.3	47.0	29	17.1	17.1	糖 C		
15	37.2	37.6	30	20.7	22.4	13'	103.8	103.2

续表

C	12-1-756	12-1-757	C	12-1-756	12-1-757	C	12-1-756	12-1-757
23'	74.8	73.4	55'		78.7	糖 F		
33'	78.6	88.3	65'		62.4	14'		106.1
43'	72.0	70.0	糖 E			24'		75.5
53'	79.2	78.3	16'		106.1	34'		88.4
63'	62.9	62.6	26'		75.4	44'		70.8
糖 D			36'		88.4	54'		78.7
15'		105.4	46'		70.9	64'		62.5
25'		74.0	56'		78.7	OMe		61.2
35'		88.4	66'		62.5			
45'		70.3	OMe		61.2			

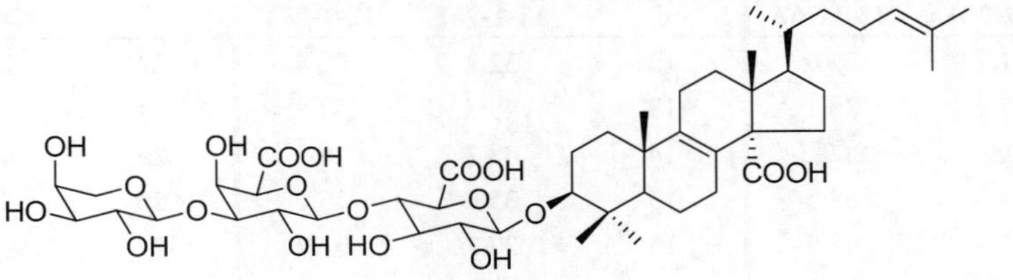

12-1-758

表 12-1-119 化合物 12-1-758 的 ^{13}C NMR 数据[210]

C	12-1-758	C	12-1-758	C	12-1-758	C	12-1-758
糖苷配基		13	47.9	26	26.0	1"	103.9
1a	36.2	14	63.6	27	17.8	2"	70.7
2a	27.3	15a	28.7	28	179.7	3"	83.0
3	90.9	16a	30.1	29	28.2	4"	70.4
4	40.1	17	51.9	30	16.8	5"	74.7
5	51.4	18	18.2	三糖		6"	171.0
6a	19.1	19	20.0	1'	106.5	三糖	
7a	28.6	20	36.7	2'	74.7	1'''	106.1
8	128.6	21	19.0	3'	76.0	2"	72.6
9	141.0	22a	37.0	4'	82.4	3"	73.7
10	38.2	23a	25.6	5'	74.7	4"	69.3
11a	23.1	24	125.9	6'	171.7	5"a	66.8
12a	32.5	25	131.6				

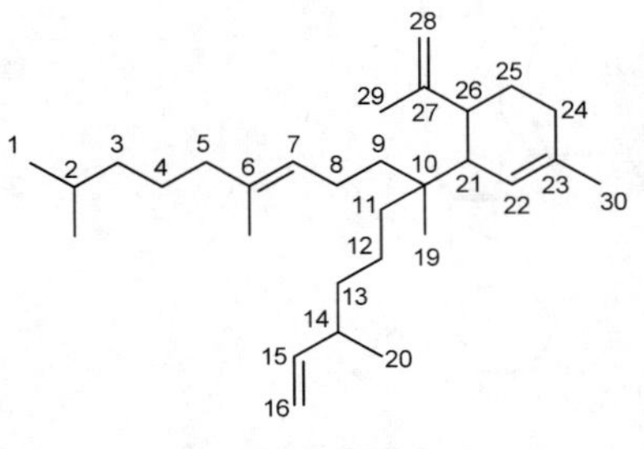

12-1-759

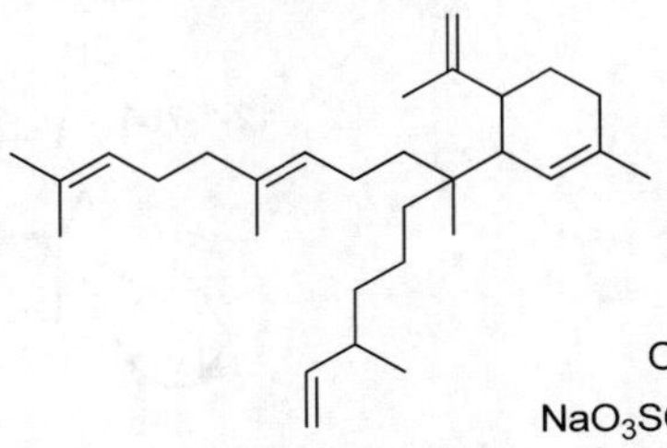

12-1-760

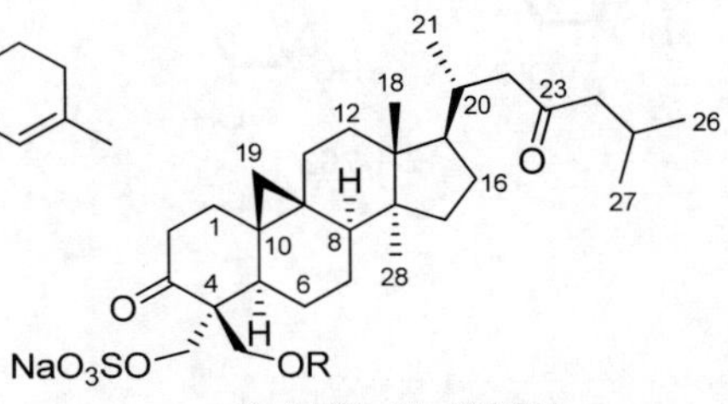

12-1-761 R=-COCH$_3$
12-1-762 R=-H

表 12-1-120 化合物 12-1-759 和 12-1-760 的 ^{13}C NMR 数据[211]

C	12-1-759	12-1-760	C	12-1-759	12-1-760	C	12-1-759	12-1-760	C	12-1-759	12-1-760
1	22.7	25.8	9	37.9	37.8	17	22.7	17.8	24	40.3	40.3
2	28.0	131.1	10	46.6	46.6	18	16.0	16.1	25	28.8	28.8
3	38.8	124.5	11	42.6	42.6	19	21.1	21.1	26	51.9	51.9
4	25.9	26.9	12	22.6	22.6	20	20.3	20.2	27	148.1	148.1
5	40.1	39.8	13	38.1	38.2	21	52.2	52.2	28	109.3	109.3
6	135.2	134.8	14	37.9	37.8	22	126.0	126.0	29	20.0	20.0
7	124.1	124.4	15	145.1	145.1	23	136.0	136.0	30	16.7	16.7
8	26.7	26.8	16	112.3	112.2						

表 12-1-121 化合物 12-1-761 和 12-1-762 的 ^{13}C NMR 数据[212]

C	12-1-761	12-1-762	C	12-1-761	12-1-762	C	12-1-761	12-1-762
1	31.7	32.0	12	32.2	32.4	23	209.7	209.8
2	37.9	38.1	13	44.7	44.8	24	51.4	51.4
3	208.2	209.5	14	48.2	48.3	25	23.8	23.8
4	56.0	58.6	15	35.0	35.0	26	22.2	22.2
5	42.3	42.9	16	27.7	27.7	27	22.3	22.4
6	20.8	21.0	17	51.5	51.5	28	19.0	19.0
7	25.7	25.9	18	17.9	17.9	29	63.8	64.9
8	47.1	47.1	19	29.1	29.4	30	63.3	61.3
9	21.3	21.0	20	32.0	32.0	31	169.6	
10	24.6	25.0	21	19.1	19.1	32	20.4	
11	25.7	25.9	22	49.7	49.7			

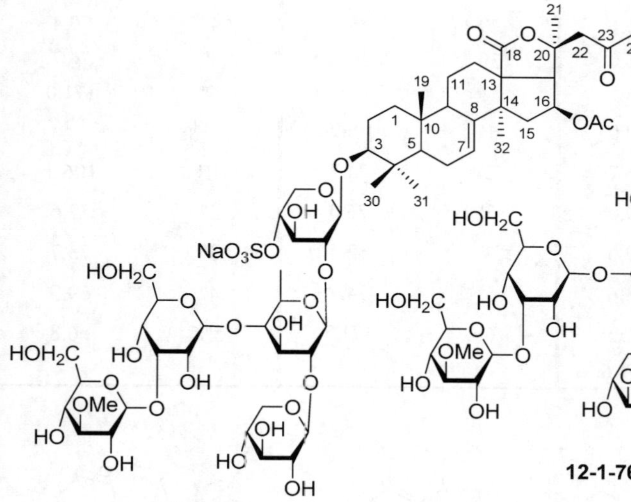

12-1-763

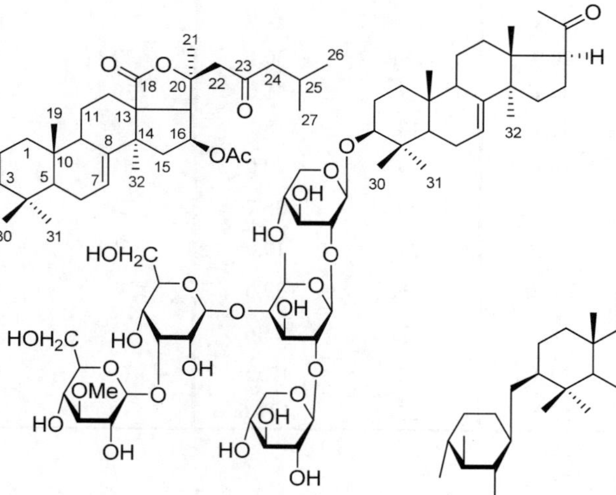

12-1-764

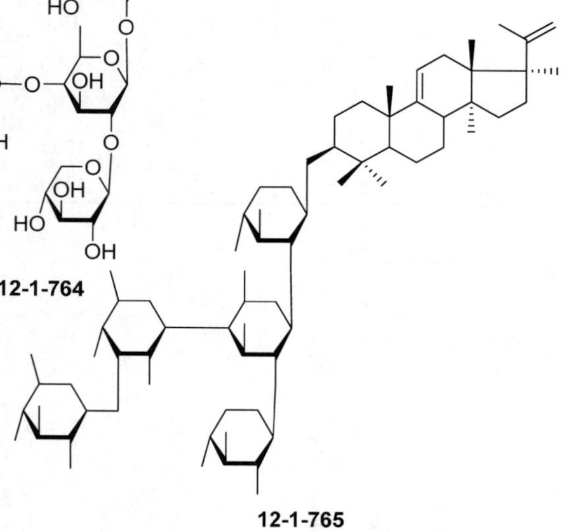

12-1-765

表 12-1-122 化合物 12-1-763~12-1-765 的 ^{13}C NMR 数据[213]

C	12-1-763	12-1-764	12-1-765	C	12-1-763	12-1-764	12-1-765
1	35.4	35.7	36.3	Xyl1 (1-C3)			
2	26.7	27.1	26.9	1	104.6	105.1	105.1
3	88.9	88.8	88.5	2	81.6	83.2	83.2
4	39.3	39.4	39.2	3	75.4	77.7	77.9
5	47.7	48.7	52.8	4	75.9	70.4	70.2
6	23.1	23.2	21.1	5	64.0	66.5	66.9
7	120.3	122.6	28.3	Qui (1-2Xyl1)			
8	145.4	147.3	41.4	1	102.3	102.9	102.9
9	46.9	48.1	149.1	2	82.5	82.6	82.5
10	35.8	35.7	39.7	3	74.9	75.6	75.5
11	22.3	22.4	114.0	4	86.5	86.5	86.6
12	30.9	33.4	35.9	5	70.8	70.9	70.9
13	57.6	44.7	45.9	6	17.8	17.8	17.9
14	47.4	53.1	47.5	Glu (1-4Qui)			
15	43.5	33.3	33.9	1	104.5	104.7	104.6
16	76.0	22.3	21.8	2	73.4	73.5	73.5
17	55.0	61.8	59.7	3	87.7,77.6	87.8	87.8
18	179.2	24.7	16.4	4	70.2	69.5	70.1
19	23.8	22.4	22.2	5	77.6	77.9	77.7
20	82.0	208.7	208.8	6	61.8	61.8	61.8
21	29.4	30.3	30.7	Me-Glu (1-3Glu)			
22	52.6			1	105.4	105.	105.4
23	207.6			2	74.8	74.8	74.8
24	51.4			3	87.7	87.8	87.8
25	24.2			4	70.4	70.2	70.3
26	22.3			5	78.1	78.1	78.1
27	22.1			6	62.0	61.9	62.0
30	17.2	17.3	16.6	OMe	60.6	60.6	60.6
31	28.5	28.6	28.0	Xyl2 (1-2Qui)			
32	31.9	30.3	18.6	1	105.5	105.8	105.8
OAc	169.0/21.1			2	69.5	75.5	75.5
				3	76.4	77.0	77.0
				4	70.4	70.4	70.3
				5	66.4	66.9	66.4

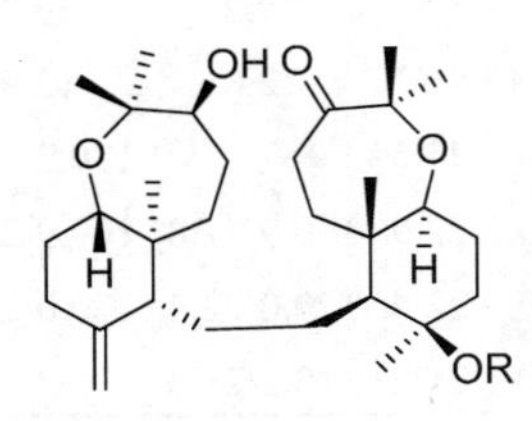

12-1-766 R=Ac

12-1-767 R=H

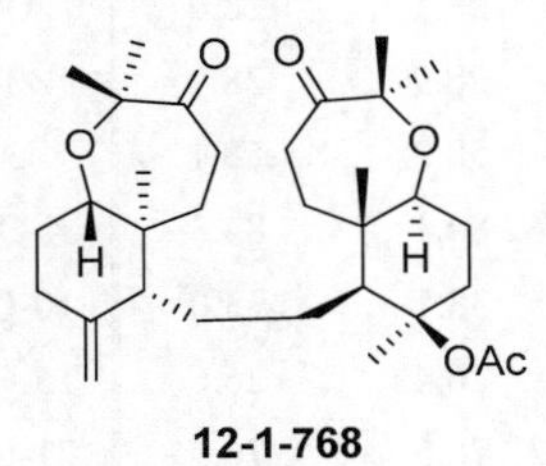

12-1-768

12-1-769

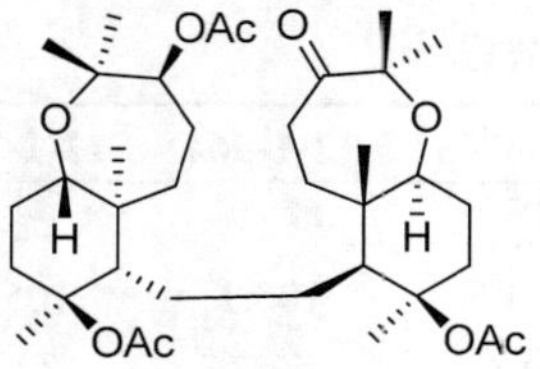

12-1-770

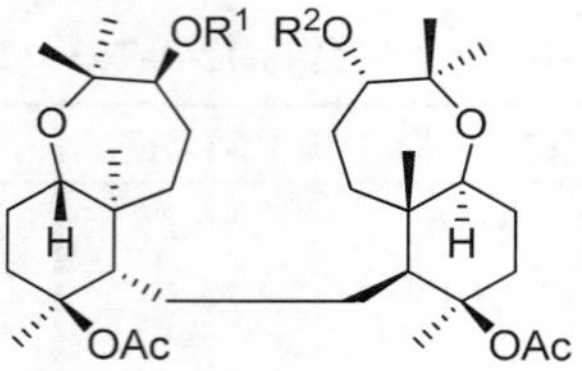

12-1-771 R^1=Ac; R^2=Ac
12-1-772 R^1=H; R^2=Ac
12-1-773 R^1=Ac; R^2=H

表 12-1-123 化合物 12-1-766~12-1-769 的 ^{13}C NMR 数据[214]

C	12-1-766	12-1-767	12-1-768	12-1-769	C	12-1-766	12-1-767	12-1-768	12-1-769
1	43.4	43.6	42.5	42.1	18	80.8	81.4	80.8	80.8
2	33.9	33.9	39.4	40.4	20	82.5	82.3	82.3	82.7
3	26.0	25.9	26.0	34.9	21	218.1	217.6	217.6	217.6
4	78.0	76.7	217.0	217.3	22	35.2	35.1	35.7	34.9
5	77.8	77.7	82.0	82.6	23	39.8	39.7	39.7	39.9
7	75.7	75.8	80.4	80.5	24	42.3	42.5	42.1	42.0
8	33.0	33.0	33.2	30.2	25	12.1	12.1	12.2	12.3
9	35.7	35.7	35.7	35.2	26	29.1	29.0	26.4	26.4
10	147.1	147.1	146.6	86.4	27	21.3	21.2	20.4	20.4
11	53.7	53.6	53.5	55.5	28	107.5	107.3	107.5	19.8
12	27.7	27.6	27.8	27.9	29	25.2	30.5	24.8	24.6
13	25.6	25.9	25.4	28.9	30	20.5	20.3	20.4	26.4
14	57.7	55.3	57.7	57.7	31	26.5	26.5	26.4	20.4
15	84.1	72.2	84.0	83.6	32	12.1	12.1	12.1	12.2
16	32.9	39.0	32.6	32.8	OAc	170.2/		170.1/	169.7/
17	26.5	26.5	26.4	26.4		22.6		20.4	22.8

表 12-1-124 化合物 12-1-770~12-1-773 的 ^{13}C NMR 数据[214]

C	12-1-770	12-1-771	12-1-772	12-1-773	C	12-1-770	12-1-771	12-1-772	12-1-773
1	42.8	42.8	42.9	42.8	20	82.4	77.5	77.9	77.9
2	35.9	35.8	34.6	35.8	21	217.6	77.9	78.9	78.9
3	23.1	23.2	23.2	23.2	22	35.1	23.2	23.2	23.2
4	78.8	78.7	76.9	78.9	23	39.9	35.4	35.4	35.8
5	77.5	77.5	77.9	77.9	24	42.0	42.7	42.7	42.8
7	76.1	76.1	75.7	76.1	25	13.1	13.2	13.3	13.1
8	30.0	30.4	30.3	30.4	26	28.8	28.9	28.9	28.9
9	35.4	35.5	35.4	35.4	27	21.5	21.3	21.4	21.5
10	87.1	87.0	87.1	87.1	28	19.9	19.2	19.7	19.9
11	55.6	55.9	55.2	55.8	29	24.6	24.6	24.6	24.6
12	28.0	28.0	28.1	28.0	30	20.4	21.5	21.3	21.4
13	28.8	28.9	28.9	28.9	31	26.3	28.8	29.2	29.2
14	57.8	58.2	58.2	58.1	32	12.3	12.9	12.8	12.9
15	83.8	84.1	84.1	84.3	4-OAc	170.2/21.3	170.1/21.5		170.2/21.3
16	32.9	33.1	33.1	33.0	10-OAc	169.9/22.9	169.9/22.9	169.9/22.8	169.9/22.9
17	26.5	26.4	26.4	26.6	15-OAc	169.9/22.4	169.9/22.4	170.0/22.4	170.0/22.4
18	80.9	76.5	76.5	76.2	21-OAc		170.1/21.2	170.2/21.3	

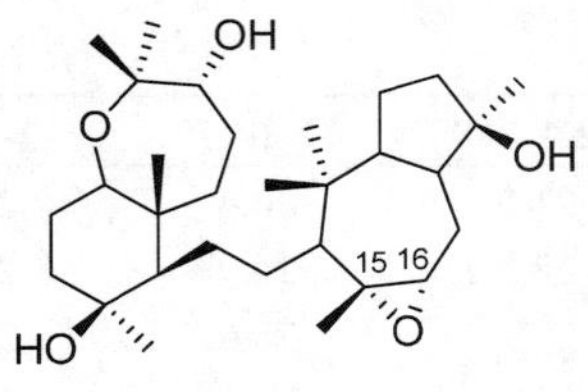

12-1-774 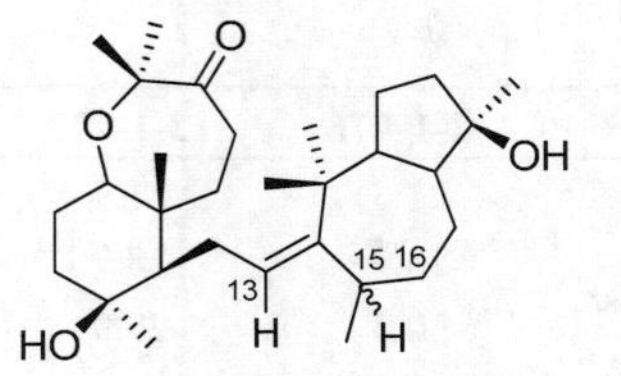 12-1-775 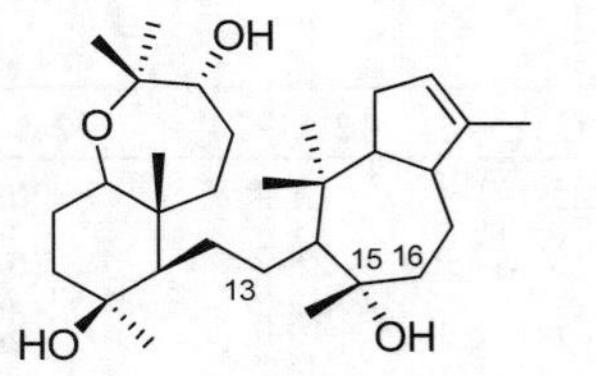 12-1-776

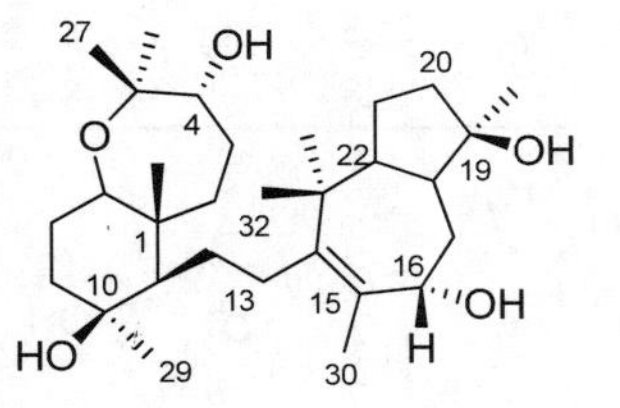

12-1-777 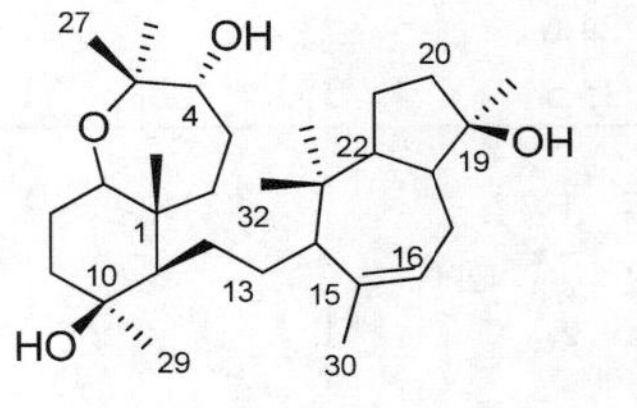 12-1-778 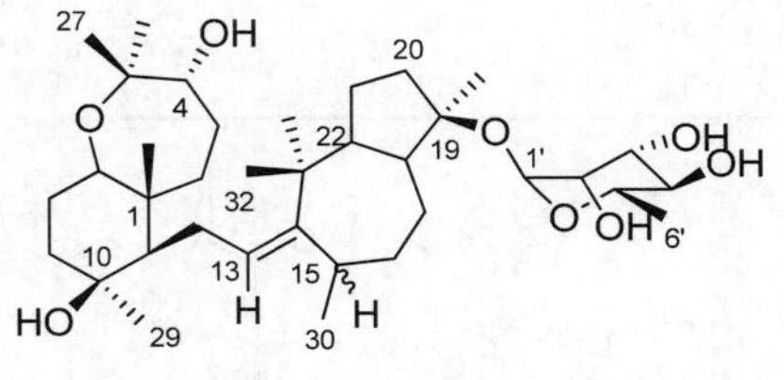 12-1-779

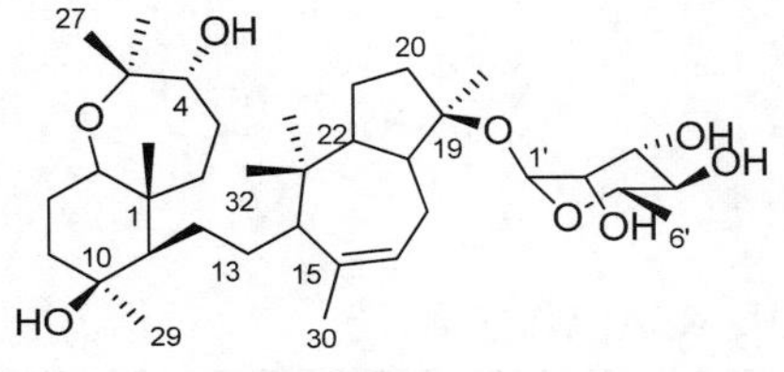

12-1-780 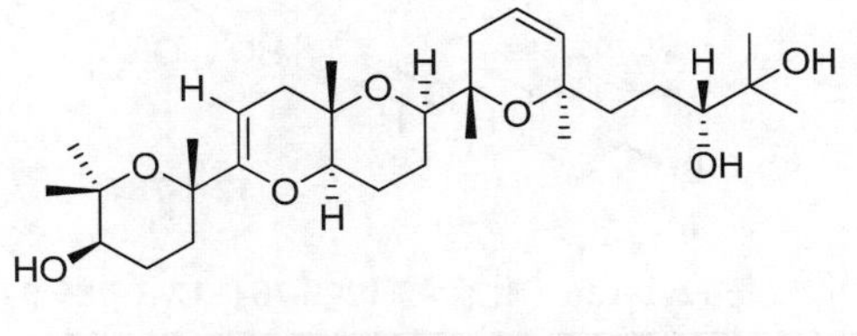 12-1-781

表 12-1-125 化合物 12-1-774~12-1-780 的 ^{13}C NMR 数据[215]

C	12-1-774	12-1-775	12-1-776	12-1-777	12-1-778	12-1-779	12-1-780
1	42.6	42.1	42.8	42.4	42.2	42.3	42.6
2	34.0	40.6	34.4	34.2	33.6	40.8	33.6
3	25.2	35.3	25.3	25.0	24.6	35.2	25.1
4	76.6	217.4	77.0	76.4	75.9	216.3	76.5
5	77.9	82.6	77.8	78.2	78.0	82.4	77.2
7	76.6	81.3	76.4	76.4	76.2	81.3	74.1
8	26.6	26.6	26.7	26.3	26.2	26.4	26.6
9	39.0	40.8	39.2	38.8	38.6	41.4	39.0
10	71.8	72.4	72.4	72.0	71.9	72.8	72.6
11	55.8	58.0	56.6	55.2	55.7	58.1	55.7
12	27.6	33.5	27.5	24.8	26.4	32.8	26.7
13	33.1	132.7	29.6	37.9	33.4	134.1	33.6
14	56.0	140.7	42.0	125.8	57.3	139.7	57.5
15	60.8	33.8	72.9	143.0	142.7	33.8	143.3
16	61.9	32.1	39.7	83.0	120.9	31.7	121.1
17	30.4	21.3	30.5	27.4	24.3	20.8	24.2
18	46.9	50.1	47.1	42.1	48.0	46.2	45.1
19	81.3	73.1	135.6	72.0	81.4	78.9	89.3
20	37.0	37.2	121.7	30.3	36.5	37.0	33.8
21	24.0	24.0	36.2	36.1	24.7	23.8	21.4
22	52.9	50.9	47.6	44.7	52.2	51.3	52.9
23	37.1	33.3	34.7	34.4	35.0	32.7	35.4
24	12.8	12.5	13.3	12.5	12.6	12.7	12.9

续表

C	12-1-774	12-1-775	12-1-776	12-1-777	12-1-778	12-1-779	12-1-780
25	21.2	20.6	21.3	21.1	21.0	20.4	21.3
26	28.9	26.3	28.9	28.7	28.5	24.9	29.1
27	30.0	28.8	30.3	29.9	29.2	28.6	29.5
28	30.4	26.6	28.4	16.7	29.6	25.9	30.1
29	25.3	23.6	21.8	28.3	24.9	22.6	24.9
30	28.1	22.3	24.6	23.2	29.0	23.3	31.8
31	33.4	30.0	35.5	35.3	31.2	28.8	29.8

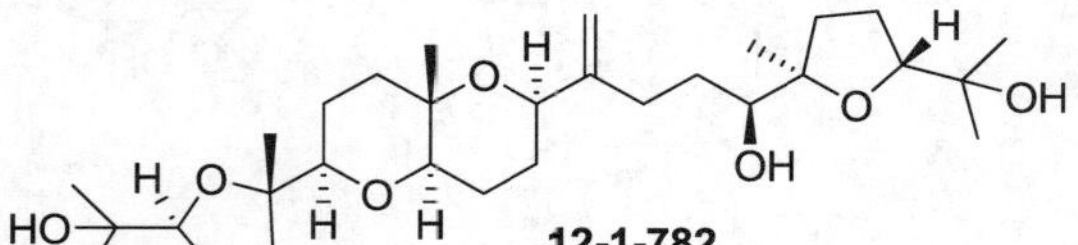

12-1-782

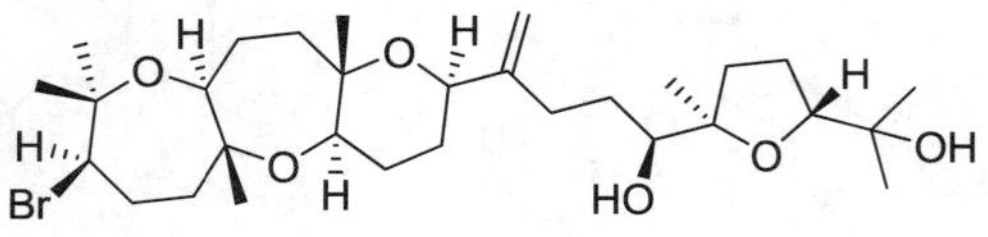

12-1-783

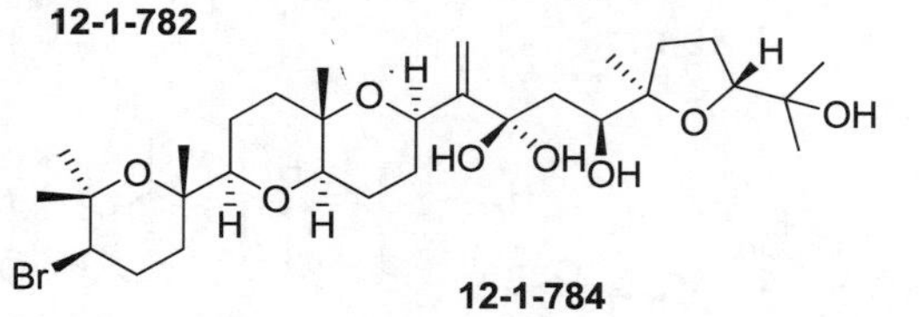

12-1-784

表 12-1-126 化合物 12-1-781~12-1-785 的 ^{13}C NMR 数据[216]

C	12-1-781	12-1-782	12-1-783	12-1-784	12-1-785[217]	C	12-1-781	12-1-782	12-1-783	12-1-784	12-1-785[217]
1	29.7	24.0	24.6	31.0	25.3	16	41.5	29.7	29.8	70.3	38.4
2	85.7	70.6	77.8	75.0	77.7	17	122.2	29.9	30.0	35.9	27.3
3	82.8	86.7	59.5	59.0	59.1	18	141.1	76.2	76.1	73.8	76.4
4	28.1	26.3	31.6	28.2	30.4	19	70.6	86.1	86.1	85.6	80.1
5	35.0	35.2	40.1	37.1	44.3	20	31.4	31.6	31.6	31.9	41.8
6	85.2	84.0	78.9	74.4	72.3	21	25.8	26.5	26.6	26.5	121.9
7	170.5	84.0	76.0	86.8	76.4	22	84.3	87.6	87.6	87.6	136.4
8	98.8	24.5	28.4	22.9	23.4	23	70.6	70.4	70.5	70.4	77.8
9	35.2	38.7	41.1	38.6	33.4	24	24.0	23.9	24.0	24.0	25.9
10	85.9	72.8	78.0	73.5	73.1	25	24.9	27.5	25.4	23.6	25.7
11	84.5	78.9	71.2	79.3	74.9	26	21.2	22.7	20.6	20.1	25.9
12	21.2	21.8	24.3	21.7	26.9	27	29.8	19.4	19.0	19.1	23.4
13	29.1	26.4	26.8	25.9	27.3	28	24.8	109.9	109.8	110.4	25.9
14	85.7	72.5	70.2	70.8	73.5	29	29.7	23.7	23.8	23.5	18.0
15	73.8	151.3	150.5	152.9	77.2	30	28.0	27.7	27.7	27.7	29.3

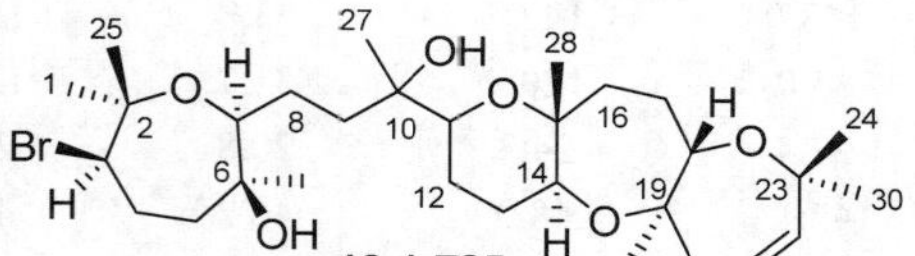

12-1-785

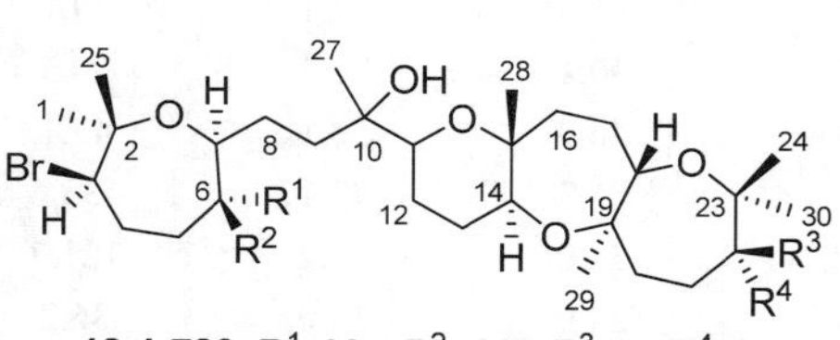

12-1-790

12-1-786 R^1=Me; R^2=OH; R^3=H; R^4=Br
12-1-787 R^1=OH; R^2=Me; R^3=H; R^4=Br
12-1-788 R^1=Me; R^2=OH; R^3=Br; R^4=H
12-1-789 R^1=OH; R^2=Me; R^3=Br; R^4=H

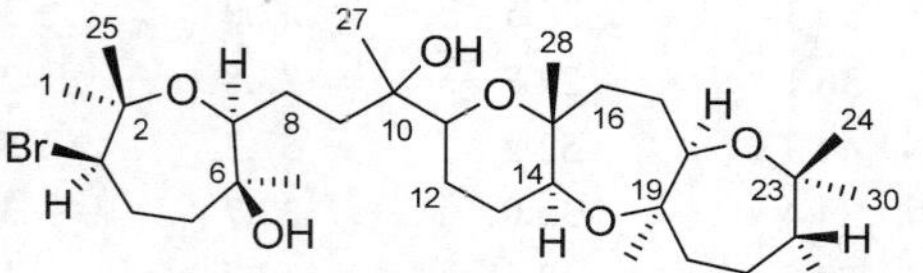

表 12-1-127 化合物 12-1-786~12-1-790 的 ^{13}C NMR 数据[217]

C	12-1-786	12-1-787	12-1-788	12-1-789	12-1-790	C	12-1-786	12-1-787	12-1-788	12-1-789	12-1-790
1	25.3	25.5	25.8	25.8	25.3	16	40.3	40.2	40.2	40.3	35.6
2	78.1	78.1	78.3	78.2	79.1	17	28.7	28.6	28.9	28.8	21.7
3	59.2	60.1	59.7	60.4	59.2	18	77.4	77.5	76.7	76.2	76.6
4	30.4	31.4	30.9	30.2	30.4	19	78.1	78.8	79.4	79.3	79.5
5	44.3	44.3	44.9	45.5	44.3	20	44.7	44.7	40.8	39.6	27.0
6	72.3	72.4	72.8	72.8	72.2	21	31.4	31.4	29.2	31.4	26.2
7	76.5	76.5	76.9	78.8	79.5	22	59.7	59.5	65.6	65.1	59.7
8	23.4	23.3	23.9	23.5	25.1	23	77.8	77.8	77.4	77.6	73.2
9	33.5	33.4	34.0	33.7	33.1	24	25.6	25.3	30.9	30.9	32.6
10	73.2	73.4	73.7	73.7	72.9	25	25.7	25.7	26.6	26.6	27.8
11	75.4	75.5	75.7	75.3	76.6	26	25.0	21.3	24.0	21.3	24.9
12	25.2	25.3	25.7	25.7	24.5	27	23.5	23.5	25.5	23.5	23.4
13	27.1	27.3	27.8	27.5	23.3	28	19.7	19.8	19.6	19.1	14.9
14	70.5	70.5	71.9	71.4	74.5	29	16.6	16.8	17.9	17.4	24.5
15	77.2	77.3	77.7	77.6	73.2	30	24.3	24.3	26.3	26.8	27.8

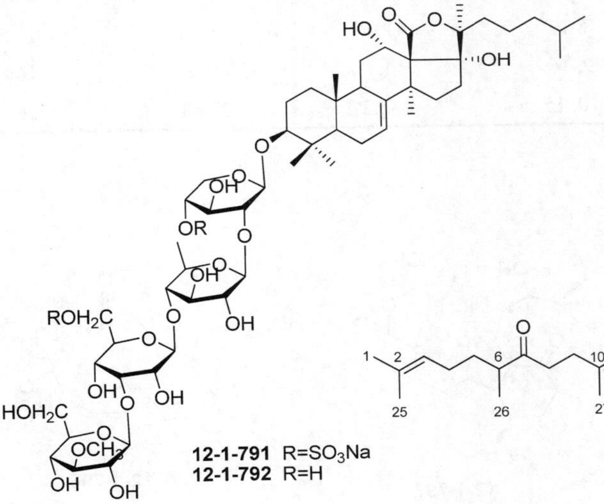

12-1-791 R=SO_3Na
12-1-792 R=H

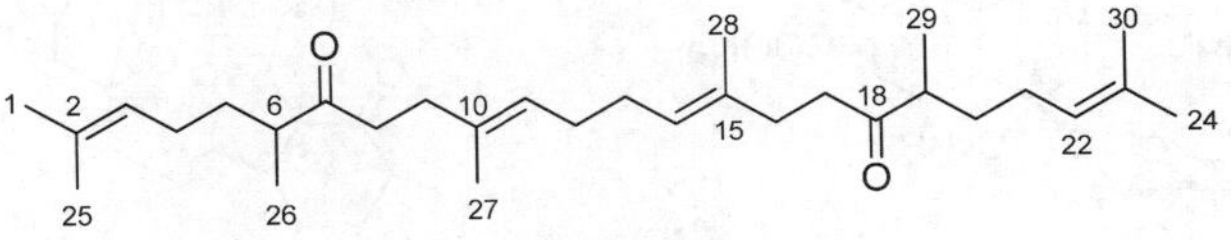

12-1-793

表 12-1-128 化合物 12-1-791 和 12-1-792 的 ^{13}C NMR 数据[218]

C	12-1-791	12-1-792	C	12-1-791	12-1-792	C	12-1-791	12-1-792
1	37.3	37.3	11	35.9	35.9	21	23.0	23.0
2	27.8	27.8	12	73.6	73.6	22	39.2	39.2
3	90.8	90.9	13	60.2	60.2	23	23.0	23.0
4	40.4	40.4	14	52.0	52.0	24	40.7	40.7
5	50.2	50.2	15	35.7	35.7	25	29.0	29.0
6	24.0	24.0	16	36.5	36.5	26	23.0	23.0
7	121.4	121.4	17	90.7	90.7	27	22.9	22.9
8	148.4	148.4	18	178.5	178.5	30	29.3	29.3
9	46.1	46.1	19	24.4	24.4	31	17.7	17.7
10	36.4	36.4	20	88.0	88.0	32	31.2	31.2

续表

C	12-1-791	12-1-792	C	12-1-791	12-1-792	C	12-1-791	12-1-792
1'	105.6	106.0	4''	87.3	86.8	6'''	68.5	62.4
2'	82.7	83.2	5''	72.5	72.5	1''''	105.2	105.3
3'	75.1	77.7	6''	18.0	18.1	2''''	75.4	75.4
4'	77.1	71.1	1'''	104.8	104.7	3''''	87.6	87.6
5'	63.8	66.4	2'''	74.3	74.5	4''''	71.1	71.1
1''	104.8	105.3	3'''	87.1	87.7	5''''	78.0	78.1
2''	76.3	76.5	4'''	70.2	69.9	6''''	62.5	62.5
3''	75.6	76.1	5'''	75.2	77.9	OMe	61.1	61.1

表 12-1-129 化合物 12-1-793 的 ^{13}C NMR 数据[219]

C	12-1-793	C	12-1-793	C	12-1-793
1, 24	25.8	6, 19	46.9	11, 14	125.8
2, 23	133.0	7, 18	217.0	12, 13	29.0
3, 22	125.1	8, 17	41.0	25, 30	17.8
4, 21	26.8	9, 16	34.5	26, 29	16.8
5, 20	34.2	10, 15	135.3	27, 28	16.2

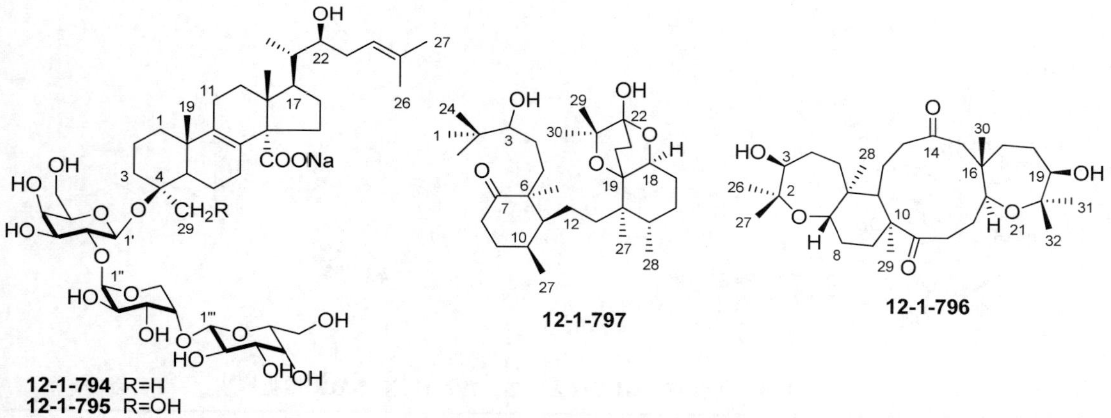

12-1-794 R=H
12-1-795 R=OH

12-1-797

12-1-796

表 12-1-130 化合物 12-1-794 和 12-1-795 的 ^{13}C NMR 数据[220]

C	12-1-794	12-1-795	C	12-1-794	12-1-795	C	12-1-794	12-1-795
1	41.2(CH_2)	41.3(CH_2)	6	24.8(CH_2)	27.4(CH_2)	11	25.4(CH_2)	25.4(CH_2)
2	33.4(CH_2)	33.5(CH_2)	7	30.2(CH_2)	31.1(CH_2)	12	30.1(CH_2)	30.2(CH_2)
3	93.2(CH)	95.0(CH)	8	138.4(C)	140.3(C)	13	46.4(C)	46.4(C)
4	72.0(C)	76.5(C)	9	140.0(C)	140.0(C)	14	62.3(C)	62.1(C)
5	56.3(CH)	50.1 (CH)	10	36.1(C)	36.6(C)	15	32.2(CH_2)	32.2(CH_2)

续表

C	12-1-794	12-1-795	C	12-1-794	12-1-795	C	12-1-794	12-1-795
16	28.0(CH_2)	28.4(CH_2)	27	28.2(CH_3)	28.2(CH_3)	3''	72.9(CH)	72.8(CH)
17	55.2(CH)	55.2(CH)	28	186.5(C)	186.5(C)	4''	81.4(CH)	81.2(CH)
18	14.5(CH_3)	14.6(CH_3)	29	29.1(CH_3)	60.2(CH_2)	5''	66.0(CH_2)	66.2(CH_2)
19	21.9(CH_3)	22.1(CH_3)	1'	109.3(CH)	109.2(CH)	1'''	107.2(CH)	106.6(CH)
20	44.3(CH)	44.3(CH)	2'	81.1(CH)	79.6(CH)	2'''	79.0(CH)	79.0(CH)
21	15.2(CH_3)	15.1(CH_3)	3'	74.7(CH)	74.4(CH)	3'''	78.8(CH)	78.9(CH)
22	76.1(CH)	76.1(CH)	4'	73.7(CH)	73.9(CH)	4'''	73.3(CH)	73.1(CH)
23	38.4(CH_2)	38.4(CH_2)	5'	77.9(CH)	77.9(CH)	5'''	77.4(CH)	77.4(CH)
24	126.2(CH)	126.2(CH)	6'	67.0(CH_2)	66.2(CH_2)	6'''	67.5(CH_2)	67.5(CH_2)
25	136.5(C)	136.4(C)	1''	103.5(CH)	103.4(CH)			
26	21.3(CH_3)	21.3(CH_3)	2''	73.3(CH)	71.0(CH)			

表 12-1-131 化合物 12-1-796~12-1-800 的 ^{13}C NMR 数据[221]

C	12-1-796	12-1-797	12-1-798	12-1-799	12-1-800[222]	C	12-1-796	12-1-797	12-1-798	12-1-799	12-1-800[222]
1		23.0				17	35.7	27.1	27.1	26.9	30.2
2	77.0	72.5	82.6	78.6	78.6	18	21.2	78.2	78.5	78.5	76.3
3	76.1	78.7	218.0	81.3	81.2	19	76.5	75.2	75.0	75.2	46.1
4	25.5	26.0	35.7	23.5	23.4	20	76.0	25.2	25.0	24.8	32.5
5	33.9	30.5	37.8	17.1	16.6	21		28.7	28.4	28.5	35.2
6	41.3	52.8	42.3	42.0	41.2	22	73.0	95.4	95.6	95.7	218.6
7	76.9	213.5	79.9	109.2	108.7	23	30.2	79.0	78.6	78.4	81.9
8	28.9	38.2	26.9	28.1	28.1	24	38.9	26.3	20.7	21.4	21.2
9	30.6	35.4	31.8	26.2	26.2	25	218.0	21.4	23.6	29.1	29.2
10	48.0	33.3	126.7	35.0	34.4	26	21.9	20.2	17.6	18.3	21.4
11	54.1	56.5	137.0	40.3	40.1	27	28.8	18.4	19.9	15.7	14.4
12	18.1	24.8	23.1	30.3	31.3	28	13.8	16.4	17.0	16.9	16.2
13	25.3	38.6	34.6	37.4	32.8	29	15.7	23.8	21.09	21.6	13.9
14	207.0	42.4	42.4	41.6	77.4	30	17.3	26.3	26.1	23.8	20.4
15	53.2	38.2	37.5	36.6	36.0	31	21.6		26.4	26.2	26.9
16	41.2	26.5	26.4	26.4	28.5	32	27.6				

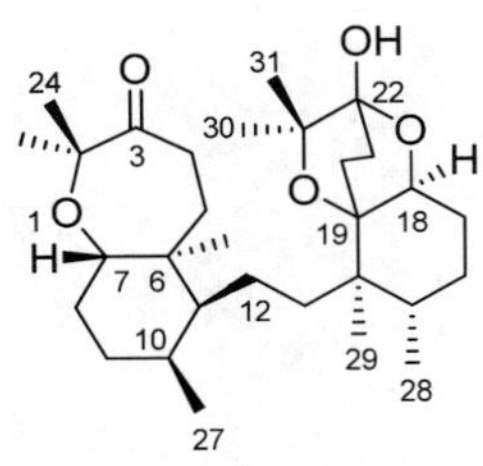

12-1-798 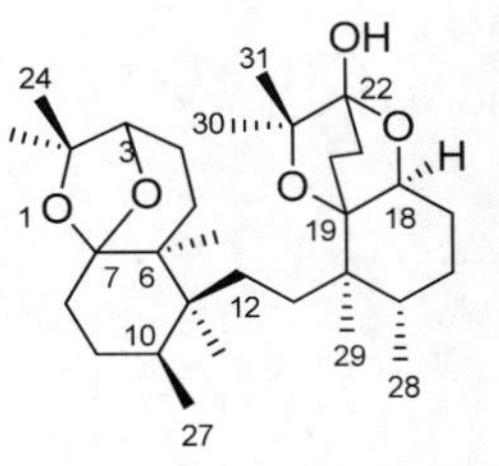　　12-1-799 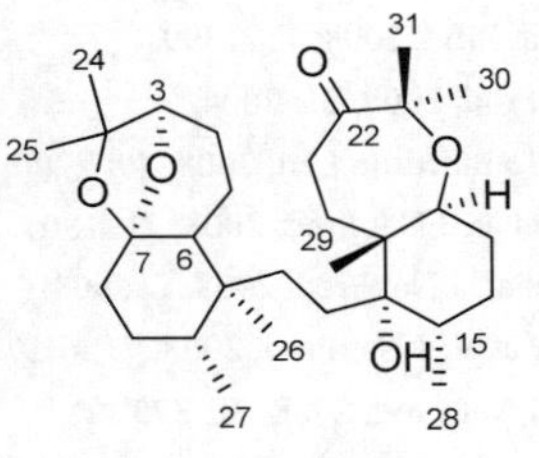　　12-1-800 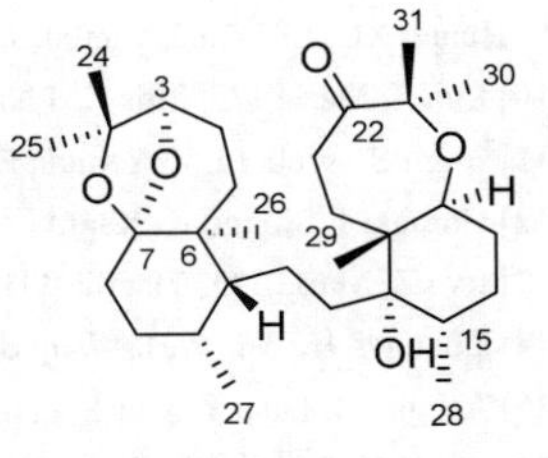　　12-1-801

12-1-802 12-1-803 12-1-804 12-1-805

表 12-1-132 化合物 12-1-801~12-1-805 的 ^{13}C NMR 数据[222]

C	12-1-801	12-1-802	12-1-803	12-1-804	12-1-805	C	12-1-801	12-1-802	12-1-803	12-1-804	12-1-805
2	78.9	81.0	81.8	77.0	76.7	17	30.5	30.2	30.0	31.1	
3	80.6	77.3	218.0	105.5	105.7	18	76.1	76.3	76.1	78.9	
4	29.9	26.0	35.8	24.2	24.2	19	45.5	45.5	45.3	75.8	
5	32.1	33.8	39.3	32.3	32.3	20	32.9	32.9	32.7	22.8	
6	41.3	43.6	42.5	89.9	89.3	21	35.4	35.3	35.7	28.2	
7	110.1	75.9	80.3	71.3	70.6	22	215.8	218.0	217.6	95.4	
8	22.7	32.7	32.5	27.8	26.7	23	81.6	82.2	82.2	78.4	
9	28.0	35.7	35.3	28.8	28.5	24	20.7	21.3	20.3	18.9	
10	29.7	145.0	145.3	39.5	39.2	25	28.2	28.3	26.9	24.4	
11	48.1	54.7	54.2	41.0	40.9	26	16.8	12.2	11.2	18.7	
12	20.5	20.0	20.1	25.3	29.7	27	14.7	107.4	108.3	15.5	
13	35.1	36.2	36.0	33.1	29.9	28	15.5	15.8	15.3	16.4	
14	77.6	78.0	78.0	42.0	42.0	29	14.4	14.3	14.0	11.9	
15	33.3	33.8	33.6	38.2		30	20.4	20.4	20.4	23.5	
16	28.7	28.3	28.2	28.4		31	26.7	28.3	26.6	26.2	

参考文献

[1] Richard W F, John H C, Yoko K, et al. J Med Chem, 1992, 35: 3007.
[2] Richard W F, John H C, Yoko K, et al. J Med Chem, 1994, 37: 4407.
[3] Mohamed A, Georges M A. J Nat Prod, 1989, 52: 829.
[4] Gabriele M K, Anthony D W, Otto S. J Nat Prod, 1990, 53: 1615.
[5] Gabriele M K, Anthony D W, Rocky N. J Nat Prod, 1999, 62: 383.
[6] Valerie J P, Oliver J M, William F. J Org Chem, 1980,45: 3401.
[7] Philip C, Steve N , Hanke F J, et al. J Org Chem, 1984,49: 1371.
[8] Gaspar H, Susana S, Marianna C, et al. J Nat Prod, 2008, 71: 2049.
[9] Huang XC, Li J, Li Z Y, et al. J Nat Prod, 2008, 71: 1399.
[10] Eva Z, Maria J O, Luis C. J Nat Prod, 2008, 71: 2004.
[11] Hagit S, Ayellet L Z, Yehuda B. Tetrahedron Lett, 2008, 49: 2200.
[12] Haruaki I, Shingo K, Kazuki A, et al. J Nat Prod, 2008, 71: 1301.
[13] Eva Z, María J O, Claudia J H, et al. J Nat Prod, 2008, 71: 608.
[14] Chang C H, Wen Z H, Wang SK, et al. J Nat Prod, 2008, 71: 619.
[15] Ashgan B, Dina Y, Mor S, et al. J Nat Prod, 2008, 71: 375.
[16] Liu H B, RuAngelie E, Rainer E, et al. J Nat Prod, 2009, 72: 1585.
[17] Lu Z Y, Wang Y, Miao C D, et al. J Nat Prod, 2009, 72: 1761.
[18] Hideaki S, Masayoshi A, Yoshie Ti, et al. Bioorg Med Chem, 2009, 17: 3968.

[19] Li Y, Zhang Yu, Shen X, et al. Bioorg Med Chem, 2009, 19: 390.
[20] Cheng SY, Huang Y C, Wen Z H, et al.Tetrahedron Lett, 2009, 50: 802.
[21] Xu F M, Toshio M, Hisashi M, et al. J Nat Prod, 2004, 67: 569.
[22] Cheng S Y, Huang K J, Wang S K, et al. Org Lett, 2009, 21: 4830.
[23] Efstathia I, Michela N, Conxita A, et al. J Nat Prod, 2009, 72: 1716.
[24] Sven A, Stefan K, Heike W, et al. J Nat Prod, 2009, 72: 298.
[25] Maria K, Constantinos V, Panagiota P, et al.Tetrahedron, 2007, 63: 7606.
[26] Pinus J, Bronwin L S, John N A H, et al. J Nat Prod, 2007, 70: 1725.
[27] Mao S C, Emiliano M, Guo Y W, et al. Tetrahedron, 2007, 63: 11108.
[28] Sung P J, Chuang L F, Jimmy K, et al. Tetrahedron Lett, 2007, 48: 1987.
[29] Cheng S Y, Dai C F, Duh C Y. J Nat Prod, 2007, 70: 1449.
[30] Emiliano M, Maria L C, Maria P L G, et al. Tetrahedron Lett, 2007, 48: 2569.
[31] Wen Z, Margherita G, Guo Y W, et al. Tetrahedron, 2007, 63: 4725.
[32] Song F H, Xu X L, Li S, et al. J Nat Prod, 2006, 69: 1261.
[33] Mao S C, Guo Y W. J Nat Prod, 2006, 69: 1209.
[34] Danilo D, Rafael F, Leopoldo S, et al. J Nat Prod, 2006, 69: 1113.
[35] Maria K, Helen X, Constantinos V, et al. Tetrahedron, 2006, 62: 182.
[36] Christopher J W, Rachel N S, Freddy C, et al. Tetrahedron, 2006, 62: 10393.
[37] Katsuhiro U, Takashi K, Eric R O S, et al. J Nat Prod, 2006, 69: 1077.
[38] Wang S K, Huang M J, Duh C Y, et al. J Nat Prod, 2006, 69: 1411.
[39] Inmaculada B, Teresa D, Ana R D, et al. Tetrahedron, 2006, 62: 9655.
[40] Song F H, Fan X, Xu X L, et al. J Nat Prod, 2004, 67: 1644.
[41] Enrique D, Ana R D, Mercedes C, et al.Tetrahedron Lett, 2004, 45: 7065.
[42] Diaa T, Abdel N B S, Rob W M S, et al. J Nat Prod, 2004, 67: 1736.
[43] Veena S, Khanit S. et al. J Nat Prod, 2004, 67: 503.
[44] Hidemichi M, Nao So, Hiroaki M, et al. J Nat Prod, 2004, 67: 833.
[45] Gulacütı T, Zeynep A, Sedat I, et al. J Nat Prod, 2003, 66: 1505.
[46] Anthony D W, Eva G, Gabriele M K. et al. J Nat Prod, 2003, 66: 435.
[47] Yasman, Ru A E, Victor W, et al. J Nat Prod, 2003, 66: 1512.
[48] Katrin B I, Bill J B. et al. J Nat Prod, 2003, 66: 888.
[49] Margherita G, Ernesto M, Francesco C, et al. J Nat Prod, 2003, 66: 1517.
[50] Yu S J, KuangY Y, Zeng L M. Acta Chimica Sinica, 2003,61: 1097.
[51] Athar A, Joe A, Parvataneni R. Tetrahedron Lett, 2003, 44: 6951.
[52] Claudia O, Gabriele M Kg, Ulrich Hr, et al. J Nat Prod, 2002, 65: 306.
[53] Minoru S, Yoshinori T, Yasuko M, et al. Phytochemistry, 2002, 60: 861.
[54] Dimitra I, Vassilios R, Christophe P, et al.Tetrahedron, 2002, 58: 6749.
[55] Inmaculada B, Mercedes C, Ana R D, et al. J Nat Prod, 2002, 65: 946.
[56] Sheng G W, Leif M A, Abigail A, et al.Tetrahedron, 1998, 54: 7335.
[57] Montagnac A, Martin M T, Debitus C, et al. J Nat Prod, 1996, 59: 866.
[58] Abimael D R, Anna Br, Jose R M, et al. J Nat Prod, 1998, 61: 451.
[59] Maurice A, Amira R, Yoel K, et al. J Nat Prod, 1998, 61: 1286.
[60] Parameswaran P S, Naik C G, Kamat S Y, et al. J Nat Prod, 1998, 61: 832.
[61] Katrin I, Conxita A, Maria L C, et al.Tetrahedron Lett, 1998, 39: 5635.
[62] Atallah F A, Wen Z H, Su J H, et al. J Nat Prod, 2008, 71: 179.
[63] Ngoc B P, Mark S B, Ronald J Q. J Nat Prod, 2002, 65: 1147.
[64] Cheng S Y, Wang S Ki, Chiou S F, et al. J Nat Prod, 2010, 73: 197.
[65] Wei X M, Abimael D R, Baran P, et al. Tetrahedron, 2004, 60: 11813.
[66] María J O, Eva Z M. Carmen S, et al. J Nat Prod, 2008, 71:1637.
[67] Tetsuo I, Ryozo N, Keita T, et al. J Nat Prod, 1999, 62: 1046.
[68] Abimael D R, Ana L A. J Nat Prod, 1997, 60: 1134.
[69] Gabriele M K, Anthony D W. J Nat Prod, 1998, 61: 494.
[70] Rao C, Satyanarayana C, Srinvasarao D, et al. J Nat Prod, 1993, 56: 2003.

[71] Kamel H Sr, Michael M r, Abdel M G, et al. Chem Biodiver, 2010, 7: 2007.
[72] Chang D, Ho R Su. J Nat Prod, 1996, 59: 595.
[73] Atallah F A, Tai S H, Wen Z H , et al. J Nat Prod, 2008, 71: 946.
[74] Zhang C X, Yan S J, Zhang G W, et al. J Nat Prod, 2005, 68: 1087.
[75] Kelly I M, Stewart M,William F R, et al. J Nat Prod, 2003, 66: 1284.
[76] Lu Y, Lin Y C, Wen Z H, et al. Tetrahedron, 2010, 66: 7129.
[77] Jongheon Shin,William Fenical. J Org Chem, 1991, 56: 1227.
[78] Zhang C X, Li J, Su J Y, et al. J Nat Prod, 2006, 69: 1476.
[79] Mpanzu W, Takaaki F, Yasuhisa K, et al. Chem Pharm Bull, 2010, 58: 1203.
[80] Duh C Y, Wang S K, Tseng H K, et al. J Nat Prod, 1998, 61: 844.
[81] Cheng S Y , Wen Z H , Wang S K, et al. J Nat Prod, 2009, 72: 152.
[82] Su J H, Atallah F A, Sung P J, J Nat Prod, 2006, 69: 1134.
[83] Yao L G, Liu H L, Guo Y W, et al. Helv Chim Acta, 2009, 92: 10851.
[84] Yin S W , Shi Y P , Li X M,et al. Helv Chim Acta, 2006, 89: 567.
[85]Koji Y, Kenjiro R, Tomofumi M, et al. J Nat Prod, 1997, 60: 798.
[86] Makoto I,Yuuki M,Yosuke T, et al. J Nat Prod, 2002, 65: 1441.
[87] Makoto I,Yuuki Mo, Haruko T,et al. J Nat Prod, 2000, 63:1647.
[88] Duh C Y, Wang S K, Huang B T, et al. J Nat Prod, 2000, 63: 884.
[89] Zhang W, Karsten K , Ding J, et al. J Nat Prod, 2008, 71: 961.
[90] Swapnali S S, Paul W S , Mitchell A A , et al. J Nat Prod, 2004, 67: 2017.
[91] Lin X, Brian O P, Michel R, et al. Tetrahedron, 2000, 56: 9031.
[92] Harald G, Stefan K, Markus N, et al. Org Biomol Chem, 2003, 1944.
[93] Khalid A E, Mark T H. J Org Chem, 1998, 63: 7449.
[94] Wang S K, Duh C Y, Wu Y C, et al. J Nat Prod, 1992, 55: 1430.
[95] Li G Q, Zhang YL, Deng Z W, et al. J Nat Prod, 2005, 68: 649.
[96] Ammanamanchi S R A, Kadali S S, Gottumukkala V R, et al. J Nat Prod, 1997, 60: 9.
[97] Su J Y, Yang R L, Kuang Y Y, et al. J Nat Prod, 2000, 63: 1543.
[98] Ernesto F, Adriana R, Orazio T, et al. Tetrahedron, 2009, 65: 2898.
[99] Harald G, Anthony D W, Winfried B, et al. Org Biomol Chem, 2004, 2: 1133.
[100] Lin Y S, Chen C H, Liaw C C, et al. Tetrahedron, 2009, 65: 9157.
[101] Wen T, Ding Y, Deng Z W, et al. J Nat Prod, 2008, 71: 1133.
[102] Ma A Y, Deng Z W, Ofwegen L, et al. J Nat Prod, 2008, 71: 1152.
[103] Jia R, Guo Y W, Ernesto M, et al. J Nat Prod, 2006, 69: 819.
[104] Yan X H, Li Z Y, Guo Y W. Helv Chim Acta, 2007, 90: 819.
[105] Jia R , Guo Y W, Mollo E, et al. Helv Chim Acta, 2005, 88: 1028.
[106] Cheng Y B, Shen Y C, Kuo Y H, et al. J Nat Prod, 2008, 71: 1141.
[107] Chen S H, Guo Y W, Huang H, et al. Helv Chim Acta, 2008, 91: 873.
[108] Isabel M N, Noemí G, Jaime R, et al. Tetrahedron, 2006, 62: 11747.
[109] Huang H C, Chao C H, Kuo Y H, et al. Chem Biodiver, 2009, 6: 1232.
[110] Lin W Y, Su J H, Lu Y, et al. Bio Med Chem, 2010, 18: 1936.
[111] Malam G,. Martin A S, Zektzer A S, et al. J Nat Prod, 1993, 56: 774.
[112] Abimael D R, Hireseh D. J Nat Prod, 1993, 56: 564.
[113] Abimael D R, Ana L A. J Nat Prod, 1998, 61: 40.
[114] Shi Y P, Abimael D R, Charles L B,et al. J Nat Prod, 2002, 65: 1232.
[115] Mohammad A R, Kirk R G, Michael R B. J Nat Prod, 2000, 63: 531.
[116] Duh C Y, Wang S K, Chung S G, et al. J Nat Prod, 2000, 63: 1634.
[117] Chao C H , Wen Z H , Wu Y C, et al. J Nat Prod, 2008, 71: 1819.
[118] Huang H C, Atallah F A, Su J H,et al. J Nat Prod, 2006, 69: 1554.
[119] Abimael D R, Li Y X, Hiresh D, et al. J Nat Prod, 1993, 56: 1101.
[120] Abimael D R, Javier J S, Ivette C P. J Nat Prod, 1995, 58: 1209.
[121] Cheng S Y, Wen Z H, Wang S K ,et al. Bio Med Chem, 2009, 17: 3763.
[122] Lu Y, Huang C Y, Lin Y F, et al. J Nat Prod, 2008, 71: 1754.

[123] Guerrero P P, Read R W, Batle M, et al. J Nat Prod, 1995, 58: 1185.
[124] Li Y, Gao A H, Huang H, et al. Helv Chim Acta, 2009, 92: 1341.
[125] Lo K L , Ashraf T K, Chen M H, et al. Helv Chim Acta, 2010, 93: 1329.
[126] Su J H, Lin Y F, Lu Y, et al. Chem Pharm Bull, 2009, 57: 1189.
[127] Lu Y, Su J H, Huang C Y, et al. Chem Pharm Bull, 2010, 58: 464.
[128] Loa K L, Ashraf T K, KuoY H, et al. Chem Biodiver, 2009, 6: 2227.
[129] Nguyen X, Tran A, Phan V K, et al. Chem Pharm Bull, 2008, 56: 988.
[130] Abimael D R, Shi Y P. J Nat Prod, 2000, 63:1548.
[131] Ana R D, Gina P, Mercedes C, et al. Tetrahedron, 2009, 65: 6029.
[132] Daniela G, Hans M D, Karlheinz S. Chem Biodiver, 2008, 5: 2449.
[133] Venkateswarlu Y, Sridevi K V, Rama Rao M. J Nat Prod, 1999, 62: 756.
[134] Bruce F B, John C C, Andrew H, et al. J Nat Prod, 1987, 50: 650.
[135] Haidy N K, Daneel F, Luis F, et al. J Nat Prod, 2007, 70: 1223.
[136] Shi Y P, Abimael D R, Omayra L P, et al. J Nat Prod, 2001, 64: 1439.
[137] Jeffrey M, Jaime Bz, Abimael D R, et al. J Nat Prod, 2008, 71: 381.
[138] Carmen M S, María J O, Eva Z, et al. J Nat Prod, 2006, 69: 1749.
[139] Abimael D R, Shi J G, Huang S D, et al. J Nat Prod, 1999, 62: 1228.
[140] Haidy N K, Ding Y Q, Li X C, et al. J Nat Prod, 2009, 72: 900.
[141] Sheu J H, Atallah F A, Shiue R Ti, et al. J Nat Prod, 2002, 65: 1904.
[142] Parvataneni R, Potluri V S R,Vallurupalli A, et al. J Nat Prod, 2002, 65: 737.
[143] Abimael D R, Javier J S. J Nat Prod, 1998, 61: 401.
[144] Khalid A E S, Mark T H. J Nat Prod, 1996, 59: 687.
[145] Cheng S Y, Chuang C T, Wen Z H,et al. Bio Med Chem, 2010, 18: 3379.
[146] Tetsuo I, Kanta H, Yukiko Y, et al. J Nat Prod, 2009, 72: 946.
[147] Rui J, Guo Y W, Chen P , et al. J Nat Prod, 2007, 70: 1158.
[148] Rodriguez A D,Cobar O M. Tetrahedron, 1993, 49: 319.
[149] Rodriguez A D, Cobar O M,Martinez N. J Nat Prod, 1994, 57: 1638.
[150] Ospina C A,Rodriguez A D. J Nat Prod, 2006, 69: 1721.
[151] Rodriguez A D,Cobar O M. Chem Pharm Bull, 1995, 43: 1853.
[152] Rodriguez A D,Cobar O M. Tetrahedron, 1995, 51: 6869.
[153] Wang G H, Sheu J H, Chiang M Y, et al. Tetrahedron Lett, 2001, 42: 2333.
[154] Ospina C A, Rodriguez A D, Ortega-Barria E, et al. J Nat Prod, 2003, 66: 357.
[155] Ketzinel S, Rudi A, Schleyer M, et al. J Nat Prod, 1996, 59: 873.
[156] Nakao Y, Yoshida S, Matsunaga S, et al. J Nat Prod, 2003, 66: 524.
[157] D'Ambrosio M, Guerriero A,Pietra F. Helv Chim Acta, 1987, 70: 2019.
[158] D'Ambrosio M, Guerriero A,Pietra F. Helv Chim Acta, 1988, 71: 964.
[159] Lindel T, Jensen P R, Fenical W, et al. J Am Chem Soc, 1997, 119: 8744.
[160] Lin Y, Bewley C A,Faulkner D J. Tetrahedron, 1993, 49: 7977.
[161] Clastres A, Ahond A, Poupat C, et al. J Nat Prod, 1984, 47: 155.
[162] Keifer P A, Rinehart K L, Jr.,Hooper I R. J Org Chem, 1986, 51: 4450.
[163] Groweiss A, Look S A,Fenical W. J Org Chem, 1988, 53: 2401.
[164] Natori T, Kawai H,Fusetani N. Tetrahedron Lett, 1990, 31: 689.
[165] Pordesimo E O, Schmitz F J, Ciereszko L S, et al. J Org Chem, 1991, 56: 2344.
[166] Bloor S J, Schmitz F J, Hossain M B, et al. J Org Chem, 1992, 57: 1205.
[167] Maharaj D, Mootoo B S, Lough A J, et al. Tetrahedron Lett, 1992, 33: 7761.
[168] Rodriguez A D, Ramirez C,Cobar O M. J Nat Prod, 1996, 59: 15.
[169] Ortega M J, Zubia E, He H y, et al. Tetrahedron, 1993, 49: 7823.
[170] Ortega M J, Zubia E,Salva J. J Nat Prod, 1994, 57: 1584.
[171] Miyamoto T, Yamada K, Ikeda N, et al. J Nat Prod, 1994, 57: 1212.
[172] Seo Y, Rho J R, Cho K W, et al. J Nat Prod, 1997, 60: 171.
[173] Yamada K, Ogata N, Ryu K, et al. J Nat Prod, 1997, 60: 393.

[174] Ahmed A F, Wu M-H, Wang G H, et al. J Nat Prod, 2005, 68: 1051.
[175] Chill L, Berrer N, Benayahu Y, et al. J Nat Prod, 2005, 68 (1): 19.
[176] Chen B-W, Wu Y C, Chiang M Y, et al. Tetrahedron, 2009, 65: 7016.
[177] Wu S L, Su J H, Wen Z H, et al. J Nat Prod, 2009, 72: 994.
[178] Chen B-W, Chang S-M, Huang C-Y, et al. J Nat Prod, 2010, 73: 1785.
[179] Chen Y H, Tai C Y, Hwang T-L, et al. Mar. Drugs, 2010, 8: 2936.
[180] Hassan H M, Khanfar M A, Elnagar A Y, et al. J Nat Prod, 2010, 73: 848.
[181] Chen B W, Chao C H, Su J H, et al. Org Biomol Chem, 2010, 8: 2363.
[182] Rao C B, Rao D S, Satyanarayana C, et al. J Nat Prod, 1994, 57: 574.
[183] Fusetani N, Nagata H, Hirota H, et al. Tetrahedron Lett, 1989, 30: 7079.
[184] Ochi M, Yamada K, Shirase K, et al. Heterocycles, 1991, 32: 19.
[185] Seo Y, Cho K W, Chung S, et al. Nat Prod Lett, 2000, 14: 197.
[186] Geonseek R, Shigeki M, Nobuhiro F. J Nat Prod, 1996, 59: 512.
[187] Jinping L M, Tawnya C M, John H C, et al. J Nat Prod, 1996, 59: 1047.
[188] Marie L, Bourguet K, Arlette L, et al. Tetrahedron Lett, 2000, 41: 3087.
[189] Naoya O, Shigeki M, Shun W, et al. J Nat Prod, 2000, 63: 205.
[190] Zhang W H, Tao C. J Nat Prod, 2001, 64: 23.
[191]Deniz T, Gina C M, Gisela P C, et al. J Nat Prod, 2002, 65: 210.
[192] Lv F, Deng Z W, Li J, et al. J Nat Prod, 2004, 67: 2033.
[193] Jason A C, Li M, Hecht S M, et al. J Nat Prod, 2006, 69: 373.
[194] Mostafa F, Ru A Ea, Rainer E, et al. J Nat Prod, 2006, 69: 211.
[195] Tang S A, PeiY H, Fu H Z, et al. Chem Pharm Bull, 2006, 54 : 4.
[196] Shunji A, Mami S, Yasuo W, et al. Bio Med Chem, 2007, 15: 4818.
[197] Lin H W, Wang Z L, Wu J H, et al. J Nat Prod, 2007, 70: 1114.
[198] Tang S A, Deng Z W, Prokschc P, et al. Tetrahedron Lett, 2007, 48: 5443.
[199] Lv F, Xu M J, Deng Z W, et al. J Nat Prod, 2008, 71: 1738.
[200] Miyabi H, Kazuomi T, Toshiyuki H, et al. J Nat Prod, 2010, 73: 1512.
[201] Li J, Xu B, Cui J R, et al. Bio Med Chem, 2010, 18: 4639.
[202] Emiliano M, Margherita G, Giuseppe B, et al. Tetrahedron, 2007, 63: 9970.
[203] Xu M J, Gessner G, Ingrid G, et al. Tetrahedron, 2007, 63: 435.
[204] Lyndon M, John F. J Nat Prod, 2006, 69: 1001.
[205] Sudarat H, Nuntavan B, Tamara K, et al. J Nat Prod, 2006, 69: 421.
[206] Dai J Q, James A F, Zhou Y D, et al. J Nat Prod, 2006, 69: 1715.
[207] Zhang W H, Zhong H M, Che C T. J Asian Nat Prod Res, 2005, 7: 59.
[208] Isabelle C, Christophe L, Corinne F, et al. J Nat Prod, 2003, 66: 25.
[209] Vinod R H, Chan T M, Pu H Y, et al. Bioorg. Med Chem Lett, 2002, 12: 3203.
[210] Kentaro T, Yoichi N, Shigeki M, et al. J Nat Prod, 2002, 65: 411.
[211] Simon T B, Guillaume M, Allard W G, et al. Tetrahedron Lett, 2003, 44: 9103.
[212] Melany P P, Lik T T, Paul R J, et al. Tetrahedron, 2004, 60: 7035.
[213] Sergey A A, Alexandr S A, Alexandra S S, et al. J Nat Prod, 2003, 66: 910.
[214] Maria L C, Gennaro S. Tetrahedron, 2002, 58: 4943.
[215] Yoel K, Tesfamariam Y, Shmuel C. J Nat Prod, 2001, 64: 175.
[216] Claudia P M, Maria L S. Tetrahedron, 2001, 57: 3117.
[217] Ciavatta M L, Solimabi W, Lisette D, et al. Tetrahedron, 2001, 57: 617.
[218] Ana P M, Claudia M, Alicia M S, et al. Tetrahedron, 2001, 57: 9563.
[219] David E W, Akbar T, Raymond J A. J Nat Prod, 1999, 62: 653.
[220] Francesco C, Ernesto F, Orazio T. J Org Chem, 1999, 231.
[221] Amira R, Tesfamariam Y, Michael S, et al. Tetrahedron, 1999, 55: 5555.
[222] Amira R, Maurice A, Emile M G, et al. J Nat Prod, 1997, 60: 700.

第二节 生物碱类化合物

表 12-2-1 生物碱类化合物名称、分子式和测试溶剂

编号	名称	分子式	测试溶剂	参考文献
12-2-1	3-bromomaleimide	$C_4H_2BrNO_2$	D	[1]
12-2-2	3,4-dibromomaleimide	$C_4HBr_2NO_2$	D	[1]
12-2-3	dysibetaine P	$C_{12}H_{18}N_2O_3$	W	[2]
12-2-4	dysibetaine CPa	$C_9H_{15}NO_4$	W	[2]
12-2-5	dysibetaine CPb	$C_9H_{15}NO_4$	W	[2]
12-2-6	calyxamine A	$C_{12}H_{21}NO$	C/F	[3]
12-2-7	calyxamine B	$C_{12}H_{21}NO$	C/F	[3]
12-2-8	convolutamine H	$C_{11}H_{14}Br_3NO_2$	C	[4]
12-2-9	6,7-dibromo-4-hydroxy-2-quinolone	$C_9H_5Br_2NO_2$	D	[5]
12-2-10	cribrostatin 6	$C_{15}H_{14}N_2O_3$	C	[6]
12-2-11	oxocyclostylidol	$C_{11}H_{12}BrN_5O_3$	D	[7]
12-2-12	lophocladine A	$C_{14}H_{10}N_2O$	D	[8]
12-2-13	lophocladine B	$C_{14}H_{11}N_3$	D	[8]
12-2-14	polyandrocarpamine A	$C_{11}H_{11}N_3O_3$	M	[9]
12-2-15	polyandrocarpamine B	$C_{10}H_9N_3O_3$	M	[9]
12-2-16	(–)-8*S*-3-bromo-5-hydroxy-4-methoxyphenylalanine	$C_{10}H_{12}BrNO_4$	W	[10]
12-2-17	(–)-3*S*-8-bromo-6-hydroxy-7-methoxy-1,2,3,4-tetrahydroisoquinoline-3-carboxylic acid	$C_{11}H_{12}BrNO_4$	M	[10]
12-2-18	methyl(–)-3*S*-8-bromo-6-hydroxy-7-methoxy-1,2,3,4-tetrahydroisoquinoline-3-carboxylate	$C_{12}H_{14}BrNO_4$	M	[10]
12-2-19	methyl(–)-3*S*-6-bromo-8-hydroxy-7-methoxy-1,2,3,4-tetrahydroisoquinoline-3-carboxylate	$C_{12}H_{14}BrNO_4$	M	[10]
12-2-20	phenazine-1-carboxylic acid	$C_{13}H_8N_2O_2$	C	[11]
12-2-21	phenazine-1-carboxamide	$C_{13}H_9N_3O$	C	[11]
12-2-22	haiclorensin	$C_{13}H_{28}N_2$	M	[12]
12-2-23	*N*-methyldibromoisophakellin	$C_{12}H_{13}Br_2N_5O$	D	[13]
12-2-24	damirone A	$C_{12}H_{12}N_2O_2$	M	[14]
12-2-25	damirone B	$C_{11}H_{10}N_2O_2$	M	[14]
12-2-26		$C_{11}H_{10}N_2O_2$	D	[14]
12-2-27	mirabilin G	$C_{17}H_{28}N_3^+$	C	[15]
12-2-28	netamine A	$C_{19}H_{35}N_3$	C	[16]
12-2-29	netamine B	$C_{19}H_{35}N_3$	C	[16]
12-2-30	netamine C	$C_{17}H_{32}N_3$	C	[16]
12-2-31	netamine D	$C_{19}H_{35}N_3$	C	[16]
12-2-32	netamine E	$C_{17}H_{29}N_3$	M	[16]
12-2-33	netamine F	$C_{13}H_{19}N_3$	C	[16]
12-2-34	netamine G	$C_{17}H_{27}N_3$	C	[16]
12-2-35	1,8a:8b,3a-didehydro-8*β*-hydroxyptilocaulin	$C_{15}H_{24}N_3O$	C	[17]
12-2-36	1,8a:8b,3a-didehydro-8*α*-hydroxyptilocaulin	$C_{15}H_{24}N_3O$	C	[17]

续表

编号	名称	分子式	测试溶剂	参考文献
12-2-37	aaptamine	$C_{13}H_{12}N_2O_2$	D	[18]
12-2-38	isoaaptamine	$C_{13}H_{12}N_2O_2$	D	[18]
12-2-39	demethyl(oxy)aaptamine	$C_{12}H_8N_2O_2$	D	[18]
12-2-40	8,9,9-trimethoxy-9*H*-benzo[*de*][1,6]naphthyridine	$C_{14}H_{14}N_2O_3$	D	[18]
12-2-41	bisdemethylaaptamine	$C_{11}H_8N_2O_2$	D	[19]
12-2-42	bisdemethylaaptamine-9-*O*-sulfate	$C_{11}H_8N_2O_5S$	D	[19]
12-2-43	lepadiformine A	$C_{19}H_{35}NO$	C	[20]
12-2-44	lepadiformine B	$C_{17}H_{31}NO$	C	[20]
12-2-45	lepadiformine C	$C_{16}H_{29}N$	C	[20]
12-2-46	(+)-neosymbioimine	$C_{21}H_{27}NO_5S$	A	[21]
12-2-47	16b-hydroxycrambescidin 359	$C_{21}H_{33}N_3O_3$	C	[22]
12-2-48	crambescidin 359	$C_{21}H_{33}N_3O_2$	C	[22]
12-2-49	batzelladine K	$C_{15}H_{27}N_3$	M	[22]
12-2-50	batzelladine L	$C_{39}H_{68}N_6O_2$	M	[22]
12-2-51	batzelladine M	$C_{35}H_{58}N_6O_2$	M	[22]
12-2-52	batzelladine N	$C_{37}H_{62}N_6O_2$	M	[22]
12-2-53	(–)-7-*N*-methyldibromophakellin	$C_{12}H_{13}Br_2N_5O$	D	[23]
12-2-54		$C_{14}H_{11}N_3O_2$	D	[24]
12-2-55		$C_{16}H_{15}N_3O$	D	[24]
12-2-56		$C_{13}H_9N_3O$	D	[24]
12-2-57	dysideaproline A	$C_{19}H_{27}Cl_4N_3O_2S$	D	[25]
12-2-58	dysideaproline B	$C_{20}H_{29}Cl_4N_3O_2S$	D	[25]
12-2-59	dysideaproline C	$C_{18}H_{25}Cl_4N_3O_2S$	D	[25]
12-2-60	dysideaproline D	$C_{19}H_{29}Cl_2N_3O_2S$	D	[25]
12-2-61	dysideaproline E	$C_{19}H_{29}Cl_2N_3O_2S$	D	[25]
12-2-62	dysideaproline F	$C_{19}H_{28}Cl_3N_3O_2S$	D	[25]
12-2-63	(–)-spiroleucettadine	$C_{20}H_{23}N_3O_4$	M	[26]
12-2-64	sorbicillinol x	$C_{17}H_{20}N_2O_5$	D	[27]
12-2-65	kealiinine A	$C_{20}H_{21}N_3O_3$	D	[28]
12-2-66	bohemamine B	$C_{14}H_{20}N_2O_3$	D	[29]
12-2-67	bohemamine C	$C_{14}H_{20}N_2O_3$	D	[29]
12-2-68	5-chlorobohemamine C	$C_{14}H_{19}ClN_2O_3$	D	[29]
12-2-69	bohemamine	$C_{14}H_{18}N_2O_3$	D	[29]
12-2-70	lepadin A	$C_{20}H_{33}NO_3$	C	[30]
12-2-71	lepadin B	$C_{18}H_{31}NO$	C	[30]
12-2-72	lepadin C	$C_{20}H_{31}NO_4$	C	[30]
12-2-73	3'-*O*-L-quinovosyl saphenate	$C_{21}H_{22}N_2O$	M/C	[31]
12-2-74	3'-*O*-D-quinovosyl saphenate	$C_{21}H_{22}N_2O$	M/C	[31]
12-2-75	2'-*O*-L-quinovosyl saphenate	$C_{21}H_{22}N_2O$	M/C	[31]
12-2-76	2'-*O*-D-quinovosyl saphenate	$C_{21}H_{22}N_2O$	M/C	[31]
12-2-77	purealidin M	$C_{15}H_{17}Br_2N_5O_4$	D	[32]
12-2-78	purealidin N	$C_{15}H_{16}Br_2N_4O_4$	M	[32]

续表

编号	名称	分子式	测试溶剂	参考文献
12-2-79	purealidin O	$C_{15}H_{21}Br_2N_5O_4$	M	[32]
12-2-80	purpuramine J	$C_{23}H_{28}Br_3N_3O_5$	M	[33]
12-2-81	dispyrin	$C_{18}H_{23}Br_2N_3O_2$	M	[34]
12-2-82	(2*S*)-2-amino-5-{[(*Z*)-3-(4- hydroxyphenyl)-2-methoxy- 2-propenoyl]amino}(imino) methyl] amino}pentanoic acid	$C_{16}H_{22}N_4O_5$	M/W	[35]
12-2-83	(2*S*)-2-amino-6-{[(*E*)-3-(1*H*-imidazol-4-yl) -2-propenoyl]-amino}hexanoic acid	$C_{12}H_{18}N_4O_3$	M/W	[35]
12-2-84	5-{[(*E*)-3-(1*H*-imidazol-4-yl)-2-propenoyl] amino}pentanoic acid	$C_{11}H_{15}N_3O_3$	M/W	[35]
12-2-85	araguspongine K	$C_{28}H_{50}N_2O_4$	C	[36]
12-2-86	araguspongine L	$C_{28}H_{50}N_2O_5$	C	[36]
12-2-87	isonaamine C	$C_{20}H_{23}N_3O_3$	C	[37]
12-2-88	naamine E	$C_{20}H_{23}N_3O_4$	M	[37]
12-2-89	(+)-calcaridine A	$C_{20}H_{23}N_3O_4$	M	[38]
12-2-90	(–)-spirocalcaridine A	$C_{19}H_{21}N_3O_4$	M	[38]
12-2-91	(–)-spirocalcaridine B	$C_{20}H_{23}N_3O_4$	M	[38]
12-2-92	leucosolenamine A	$C_{17}H_{17}N_7O_4$	D	[39]
12-2-93	leucosolenamine B	$C_{18}H_{21}N_8O_3$	D	[39]
12-2-94	naamine F	$C_{20}H_{24}N_3O_3$	D	[40]
12-2-95	naamine G	$C_{21}H_{25}N_3O_4$	D	[40]
12-2-96	hanishin	$C_{11}H_{12}Br_2N_2O_3$	A	[41]
12-2-97	botryllazine A	$C_{24}H_{16}N_2O_5$	M	[42]
12-2-98	botryllazine B	$C_{17}H_{12}N_2O_3$	M	[42]
12-2-99	ma'edamine A	$C_{23}H_{24}{}^{79}Br{}^{81}Br_2N_3O_3$	M	[43]
12-2-100	ma'edamine B	$C_{22}H_{22}{}^{79}Br_2{}^{81}BrN_3O_3$	M	[43]
12-2-101	leucettamine B	$C_{12}H_{11}N_3O_3$	M	[44]
12-2-102		$C_{16}H_{12}N_2O_3$	M	[45]
12-2-103	isonaamine B	$C_{19}H_{21}N_3O_2$	M	[46]
12-2-104	stevensine	$C_{11}H_{10}Br_2N_5O$	D	[47]
12-2-105	spongiacidin A	$C_{11}H_9{}^{79}Br_2N_5O_2$	D	[48]
12-2-106	spongiacidin B	$C_{11}H_{10}{}^{79}BrN_5O_2$	D	[48]
12-2-107	spongiacidin C	$C_{11}H_{10}N_4O_3$	D	[48]
12-2-108	spongiacidin D	$C_{11}H_9BrN_4O_3$	D	[48]
12-2-109	bis(isonaamidinato B)zinc(Ⅱ)	$C_{44}H_{40}N_{10}O_8Zn$	M	[46]
12-2-110	(isonaamidinato B)(isonaamidinato D)zinc(Ⅱ)	$C_{43}H_{38}N_{10}O_8Zn$	M	[46]
12-2-111	purealidin R	$C_{10}H_{10}Br_2N_2O_4$	M	[32]
12-2-112	araplysillin N9-sulfamate	$C_{21}H_{22}Br_4N_3NaO_8S$	M/C	[49]
12-2-113	*N*-[5*S*,10*R*)-7,9-dibromo-10-hydroxy-8-methoxy-1-oxa-2-azaspiro[4,5]deca-2,6,8-triene-3-carboxy]-4-aminobutanoic acid	$C_{14}H_{16}Br_2N_2O_6$	M/C	[49]
12-2-114	purealidin S	$C_{22}H_{27}Br_4N_3O_5$	M	[50]
12-2-115		$C_{24}H_{22}Br_2O_8N_6$	D	[51]
12-2-116	purealidin J	$C_{15}H_{19}Br_2N_5O_4$	D	[32]

续表

编号	名称	分子式	测试溶剂	参考文献
12-2-117	purealidin K	$C_{15}H_{17}Br_2N_5O_5$	D	[32]
12-2-118	purealidin L	$C_{15}H_{21}Br_2N_5O_4$	M	[32]
12-2-119	aurantiomide A	$C_{19}H_{24}N_4O_4$	C	[52]
12-2-120	aurantiomide B	$C_{18}H_{22}N_4O_4$	C	[52]
12-2-121	aurantiomide C	$C_{18}H_{20}N_4O_3$	C	[52]
12-2-122	anacine	$C_{18}H_{22}N_4O_3$	C	[52]
12-2-123	caulibugulone A	$C_{10}H_8N_2O_2$	M/C	[53]
12-2-124	caulibugulone B	$C_{10}H_7ClN_2O_2$	P	[53]
12-2-125	caulibugulone C	$C_{10}H_7BrN_2O_2$	P	[53]
12-2-126	caulibugulone D	$C_{11}H_{10}N_2O_3$	P	[53]
12-2-127	caulibugulone E	$C_{10}H_9N_3O$	P	[53]
12-2-128	caulibugulone F	$C_{12}H_{13}N_3O_2$	P	[53]
12-2-129	secobatzelline A	$C_{10}H_{10}ClN_3O_3$	D	[54]
12-2-130	secobatzelline B	$C_{10}H_9ClN_2O_4$	D	[54]
12-2-131	secobatzelline A diacetate	$C_{14}H_{14}ClN_3O_5$	D	[54]
12-2-132	secobatzelline B diacetate	$C_{14}H_{13}ClN_2O_6$	D	[54]
12-2-133	cribrostatin 3	$C_{30}H_{30}N_2O_{10}$	C	[55]
12-2-134	cribrostatin 5	$C_{16}H_{16}N_2O_4$	C	[55]
12-2-135		$C_{21}H_{23}NO_6$	CD_2Cl_2	[56]
12-2-136	renierone	$C_{17}H_{17}NO_5$	CD_2Cl_2	[56]
12-2-137	cribrostatin 4	$C_{17}H_{18}N_2O_4$	C	[55]
12-2-138	2-deoxy-2-aminokealiiquinone	$C_{21}H_{19}N_3O_5$	D	[57]
12-2-139	naamine C	$C_{21}H_{25}N_3O_4$	D	[57]
12-2-140	naamidine H	$C_{25}H_{27}N_5O_6$	C	[58]
12-2-141	naamidine I	$C_{26}H_{31}N_6O_5$	D	[58]
12-2-142	zyzzyanone A	$C_{20}H_{20}N_3O_3^+$	D	[59]
12-2-143	terreusinone	$C_{18}H_{22}N_2O_4$	D	[60]
12-2-144	ugibohlin	$C_{11}H_{12}Br_2N_5O$	D	[61]
12-2-145	kuanoniamine A	$C_{16}H_7N_3OS$	D	[62]
12-2-146	discorhabdin V	$C_{18}H_{18}BrN_3O_2$	D	[63]
12-2-147	14-bromo-1-hydroxydiscorhabdin V	$C_{18}H_{17}Br_2N_3O_3$	D	[63]
12-2-148	*N*-18-oxime tsitsikammamine A	$C_{18}H_{15}N_3O_3$	D	[63]
12-2-149	*N*-18-oxime tsitsikammamine B	$C_{19}H_{17}N_3O_2$	D	[63]
12-2-150	1-methoxy discorhabdin D	$C_{19}H_{16}N_3O_3S$	D	[63]
12-2-151	1-amino discorhabdin D	$C_{18}H_{16}N_4O_2S$	D	[63]
12-2-152	discorhabdin N	$C_{20}H_{18}N_4O_4S$	D	[63]
12-2-153	discorhabdin G	$C_{18}H_{14}N_3O_2S$	D	[63]
12-2-154	discorhabdin L	$C_{18}H_{14}N_3O_3S$	M	[64]
12-2-155	discorhabdin I	$C_{18}H_{14}N_3O_2S$	M	[64]
12-2-156	discorhabdin W	$C_{36}H_{22}Br_2N_6O_4S_2$	D	[65]
12-2-157	saraine-1	$C_{31}H_{50}N_2O$	C	[66]
12-2-158	saraine-2	$C_{30}H_{50}N_2O$	C	[66]

续表

编号	名称	分子式	测试溶剂	参考文献
12-2-159	tsitsikammamme A	$C_{18}H_{14}N_3O_2^+$	D	[67]
12-2-160	tsitsikammamme B	$C_{19}H_{16}N_3O_2^+$	D	[67]
12-2-161	14-bromo-discorhabdin C	$C_{18}H_{13}Br_3N_3O_2^+$	D	[67]
12-2-162	14-bromo-dihydrodiscorhabdin C	$C_{18}H_{15}Br_3N_3O_2^+$	D	[67]
12-2-163	pircumdatin G	$C_{17}H_{13}N_3O_3$	M	[68]
12-2-164	ileabethoxazole	$C_{21}H_{27}NO_2$	C	[69]
12-2-165	distomadines A	$C_{16}H_{14}N_4O_4$	M	[70]
12-2-166	meridine	$C_{18}H_{19}N_3O_2$	C	[71]
12-2-167	cystodytin J	$C_{19}H_{15}N_3O_2$	C	[72]
12-2-168	sebastianine A	$C_{17}H_9N_3O$	D	[73]
12-2-169	subarine	$C_{19}H_{13}N_3O_3$	C	[74]
12-2-170	neoamphimedine	$C_{19}H_{11}N_3O_2$	C/M	[75]
12-2-171	neoamphimedine Y	$C_{19}H_{15}N_3O_4$	C/M	[76]
12-2-172	neoamphimedine Z	$C_{21}H_{19}N_3O_2$	D	[76]
12-2-173	plakinidine D	$C_{17}H_{12}N_4O$	D	[77]
12-2-174	plakinidine E	$C_{17}H_{11}N_3O_2$	D	[77]
12-2-175	stellettamine	$C_{20}H_{14}N_4S$	C	[78]
12-2-176	*N*-deacetylkuanoniamine C	$C_{18}H_{14}N_4S$	D	[79]
12-2-177	dehydrokuanoniamine B	$C_{23}H_{20}N_4OS$	D	[80]
12-2-178	shermilamine C	$C_{24}H_{22}N_4O_2S$	D	[80]
12-2-179	kuanoniamine B	$C_{23}H_{22}N_4OS$	D	[81]
12-2-180	kuanoniamine D	$C_{20}H_{26}N_4OS$	D	[81]
12-2-181	isodiplamine	$C_{20}H_{17}N_3O_2S$	D	[82]
12-2-182	cystodytin K	$C_{20}H_{17}N_3O_3$	D	[82]
12-2-183	simplakidine A	$C_{24}H_{37}NO_6$	M	[83]
12-2-184	ceratamine A	$C_{17}H_{16}Br_2N_4O_2$	D	[84]
12-2-185	ceratamine B	$C_{16}H_{14}Br_2N_4O_2$	D	[84]
12-2-186	7-[3-bromo-2-(2,3-dibromo-4,5-dihydroxybenzyl)-4,5-dihydroxybenzyl]-3,7-dihydro-1*H*-purine-2,6-dione	$C_{19}H_{13}Br_3N_4O_6$	D	[85]
12-2-187	7-(2,3-dibromo-4,5-dihydroxybenzyl)-3,7-dihydro-1*H*-purine-2,6-dione	$C_{12}H_8Br_2N_4O_4$	D	[85]
12-2-188	9-(3-bromo-2-(2,3-dibromo-4,5-dihydroxybenzyl)-4,5-dihydroxybenzyl)adenine	$C_{19}H_{14}Br_3N_5O_4$	D	[85]
12-2-189	naamidine H	$C_{25}H_{27}N_5O_6$	D	[86]
12-2-190	naamidine I	$C_{26}H_{30}N_6O_5$	D	[86]
12-2-191	diazepinomicin	$C_{28}H_{34}N_2O_4$	D	[87]
12-2-192	fasciospongine A	$C_{30}H_{47}N_3O_5S$	M	[88]
12-2-193	fasciospongine B	$C_{30}H_{47}N_3O_5S$	M	[88]
12-2-194	haterumaimide N	$C_{22}H_{32}ClNO_5$	C	[89]
12-2-195	haterumaimide Q	$C_{22}H_{31}NO_4$	D	[89]
12-2-196	haterumaimide J	$C_{20}H_{32}ClNO_5$	D	[89]

续表

编号	名称	分子式	测试溶剂	参考文献
12-2-197	haterumaimide K	$C_{22}H_{34}ClNO_5$	C	[89]
12-2-198	haterumaimide O	$C_{22}H_{32}ClNO_4$	D	[89]
12-2-199	haterumaimide P	$C_{22}H_{32}ClNO_3$	D	[89]
12-2-200	avinosol	$C_{31}H_{40}N_4O_6$	M	[90]
12-2-201	3'-aminoavarone	$C_{21}H_{29}NO_2$	CD_2Cl_2	[90]
12-2-202	3'-phenethylaminoavarone	$C_{29}H_{37}NO_2$	CD_2Cl_2	[90]
12-2-203	renieramycin J	$C_{30}H_{36}N_2O_{10}$	M	[91]
12-2-204	deoxynorzoanthamine	$C_{29}H_{39}NO_4$	C	[92]
12-2-205	deoxydihydronorzoanthamine	$C_{29}H_{41}NO_4$	C	[92]
12-2-206	villatamine A	$C_{18}H_{29}N$	CD_2Cl_2	[93]
12-2-207	villatamine B	$C_{18}H_{33}N$	C	[93]
12-2-208	nakadomarin A	$C_{26}H_{36}N_2O$	C	[94]
12-2-209	pibocin	$C_{16}H_{19}BrN_2$	P/M	[95]
12-2-210	tetradehydrohalicyclamine A	$C_{32}H_{48}N_2$	M	[96]
12-2-211	22-hydroxyhalicyclamine A	$C_{32}H_{52}N_2O$	M	[96]
12-2-212	ingenamine G	$C_{32}H_{50}N_2O$	M	[97]
12-2-213	ingenamine F	$C_{30}H_{45}N_2$	M	[97]
12-2-214	keramaphidin B	$C_{26}H_{40}N_2$	M	[97]
12-2-215	haliclonacyclamine E	$C_{32}H_{54}N_2$	M	[98]
12-2-216	arenosclerin A	$C_{32}H_{54}N_2O$	M	[98]
12-2-217	arenosclerin B	$C_{32}H_{54}N_2O$	M	[98]
12-2-218	arenosclerin C	$C_{32}H_{54}N_2O$	M	[98]
12-2-219	haliclonacyclamine A	$C_{32}H_{56}N_2$	C	[99]
12-2-220	haliclonacyclamine B	$C_{32}H_{56}N_2$	C	[99]
12-2-221	saraine-1	$C_{31}H_{50}N_2O$	C	[100]
12-2-222	saraine-2	$C_{30}H_{50}N_2O$	C	[100]
12-2-223	saraine-3	$C_{32}H_{50}N_2O$	C	[100]
12-2-224	isosaraine-1	$C_{31}H_{50}N_2O$	C	[100]
12-2-225	isosaraine-2	$C_{30}H_{50}N_2O$	C	[100]
12-2-226	isosaraine-3	$C_{32}H_{50}N_2O$	C	[100]
12-2-227	njaoamine A	$C_{40}H_{56}N_4O_2$	P	[101]
12-2-228	njaoamine B	$C_{41}H_{56}N_4O_2$	P	[101]
12-2-229	njaoamine C	$C_{39}H_{54}N_4O_2$	P	[101]
12-2-230	njaoamine D	$C_{40}H_{56}N_4O$	P	[101]
12-2-231	njaoamine E	$C_{41}H_{55}N_4O$	P	[101]
12-2-232	njaoamine F	$C_{43}H_{56}N_4O$	P	[101]
12-2-233	neopeltolide	$C_{31}H_{46}N_2O_9$	M	[102]
12-2-234	pinnatoxin B	$C_{42}H_{64}N_2O_9$	M	[103]
12-2-235	pinnatoxin C	$C_{42}H_{64}N_2O_9$	M	[103]
12-2-236	zoamide A	$C_{20}H_{26}N_6O_2$	C/D	[104]
12-2-237	zoamide B	$C_{22}H_{24}N_6O_2$	M	[104]
12-2-238	zoamide C	$C_{21}H_{24}N_6O_2$	M	[104]

续表

编号	名称	分子式	测试溶剂	参考文献
12-2-239	zoamide D	$C_{22}H_{26}N_6O_2$	M	[104]
12-2-240	asmarine A	$C_{25}H_{37}N_5O$	C	[105]
12-2-241	asmarine B	$C_{25}H_{37}N_5O$	C	[105]
12-2-242	asmarine C	$C_{26}H_{39}N_5O$	C	[105]
12-2-243	asmarine D	$C_{26}H_{39}N_5O$	C	[105]
12-2-244	asmarine E	$C_{27}H_{41}N_5O_2$	C	[105]
12-2-245	asmarine F	$C_{27}H_{41}N_5O_2$	C	[105]
12-2-246	asmarine G	$C_{26}H_{39}N_5O$	C	[106]
12-2-247	asmarine H	$C_{25}H_{37}N_5$	C	[106]
12-2-248	asmarine I	$C_{25}H_{37}N_5O$	C	[107]
12-2-249	asmarine J	$C_{25}H_{37}N_5$	C	[107]
12-2-250	asmarine K	$C_{25}H_{37}N_5$	C	[107]
12-2-251	cortistatin E	$C_{32}H_{52}N_2O$	C	[108]
12-2-252	cortistatin F	$C_{32}H_{50}N_2O$	C	[108]
12-2-253	cortistatin G	$C_{31}H_{42}N_2O$	C	[108]
12-2-254	cortistatin H	$C_{31}H_{44}N_2O$	C	[108]
12-2-255	cortistatin J	$C_{30}H_{34}N_2O$	C	[109]
12-2-256	cortistatin K	$C_{30}H_{36}N_2O$	C	[109]
12-2-257	cortistatin L	$C_{30}H_{36}N_2O_2$	C	[109]
12-2-258	lokysterolamine A	$C_{31}H_{50}N_2O$	M	[110]
12-2-259	plakinamine F	$C_{31}H_{48}N_2O$	M	[110]
12-2-260	cortistatin E	$C_{32}H_{52}N_2O$	C	[111]
12-2-261	cortistatin F	$C_{32}H_{50}N_2O$	C	[111]
12-2-262	cortistatin G	$C_{31}H_{42}N_2O$	C	[111]
12-2-263	cortistatin H	$C_{31}H_{44}N_2O$	C	[111]
12-2-264	cortistatin J	$C_{30}H_{34}N_2O$	C	[112]
12-2-265	cortistatin K	$C_{30}H_{36}N_2O$	C	[112]
12-2-266	cortistatin L	$C_{30}H_{36}N_2O_2$	C	[112]
12-2-267	lamellarin-ζ	$C_{31}H_{25}NO_8$	C	[113]
12-2-268	lamellarin-η	$C_{30}H_{27}NO_8$	C	[113]
12-2-269	lihouidine	$C_{36}H_{27}N_5O_6$	C	[114]
12-2-270	sventrin	$C_{12}H_{13}Br_2N_5O$	D	[115]
12-2-271	9,10-dihydrokeramadine	$C_{12}H_{16}BrN_5O$	D	[116]
12-2-272	massadine	$C_{22}H_{26}Br_4N_{10}O_5$	M	[117]
12-2-273	konbu'acidin B	$C_{22}H_{21}Br_4ClN_{10}O_3$	D	[118]
12-2-274	carteramine A	$C_{22}H_{21}Br_4ClN_{10}O_3$	D	[119]
12-2-275	nagelamide A	$C_{22}H_{24}Br_4N_{10}O_2$	D	[116]
12-2-276	nagelamide B	$C_{22}H_{24}Br_4N_{10}O_2$	D	[116]
12-2-277	nagelamide C	$C_{22}H_{22}Br_4N_{10}O_2$	D	[116]
12-2-278	nagelamide D	$C_{22}H_{26}Br_4N_{10}O_2$	D	[116]
12-2-279	nagelamide E	$C_{22}H_{26}Br_2N_{10}O_2$	D	[116]
12-2-280	nagelamide F	$C_{22}H_{25}Br_3N_{10}O_2$	D	[116]

续表

编号	名称	分子式	测试溶剂	参考文献
12-2-281	nagelamide G	$C_{22}H_{24}Br_4N_{10}O_2$	D	[116]
12-2-282	nagelamide H	$C_{24}H_{25}Br_4N_{11}O_5S^-$	D	[116]
12-2-283	methylthioadenosine	$C_{27}H_{27}N_7O_7S$	M	[120]
12-2-284	methylsulfinyladenosine	$C_{27}H_{27}N_7O_8S$	M	[120]
12-2-285	anchinopeptolide B	$C_{33}H_{44}N_{10}O_8$	M	[121]
12-2-286	anchinopeptolide C	$C_{33}H_{44}N_{10}O_8$	M	[121]
12-2-287	anchinopeptolide D	$C_{32}H_{42}N_{10}O_8$	M	[121]
12-2-288	cycloanchinopeptolide C	$C_{33}H_{44}N_{10}O_8$	M	[121]
12-2-289	ningalin A	$C_{18}H_9NO_8$	D	[122]
12-2-290	ningalin B	$C_{25}H_{19}NO_8$	D/M	[122]
12-2-291	ningalin C	$C_{32}H_{23}NO_{10}$	D	[122]
12-2-292	ningalin D	$C_{40}H_{27}NO_{12}$	M	[122]
12-2-293	halitulin	$C_{35}H_{40}N_4O_4$	C	[123]
12-2-294	lamellarin B 20-sulfate	$C_{30}H_{24}NO_{12}S$	D	[124]
12-2-295	lamellarin C 20-sulfate	$C_{30}H_{26}NO_{12}S$	D	[124]
12-2-296	lamellarin L 20-sulfate	$C_{28}H_{22}NO_{11}S$	D	[124]
12-2-297	lamellarin G 8-sulfate	$C_{28}H_{22}NO_{11}S$	D	[124]
12-2-298	lamellarin Z	$C_{27}H_{21}NO_8$	D	[124]
12-2-299	lamellarinT 20-sulfate	$C_{30}H_{26}NNaO_{12}S$	D	[125]
12-2-300	lamellarinU 20-sulfate	$C_{29}H_{24}NNaO_{11}S$	D	[125]
12-2-301	lamellarin T	$C_{30}H_{27}NO_9$	D	[125]
12-2-302	lamellarin W	$C_{30}H_{25}NO_9$	D	[125]
12-2-303	lamellarin E	$C_{29}H_{25}NO_9$	D	[126]
12-2-304	lamellarin F	$C_{30}H_{27}NO_9$	D	[126]
12-2-305	lamellarin G	$C_{28}H_{23}NO_8$	D	[126]
12-2-306	lamellarin H	$C_{25}H_{15}NO_8$	D	[126]
12-2-307	convolutarnydine B	$C_{11}H_9Br_2NO_3$	C	[127]
12-2-308	convolutarnydine C	$C_{10}H_8Br_2{}^{35}ClNO_2$	C	[127]
12-2-309	convolutarnydine D	$C_{10}H_7Br_2NO_2$	C	[127]
12-2-310	ancorinolate A	$C_8H_5ClNNa_2O_8S_2$	D	[128]
12-2-311	ancorinolate B	$C_8H_4NNa_2O_8S_2$	D	[128]
12-2-312	ancorinolate C	$C_8H_9ClNNaO_5S$	D	[128]
12-2-313	3,5,6-tribromo-1*H*-indole	$C_8H_4Br_3N$	C	[129]
12-2-314	3,5,6-tribromo-1-methyl-1*H*-indole	$C_9H_6Br_3N$	C	[129]
12-2-315	2,3,6-tribromo-1*H*-indole	$C_8H_4Br_3N$	C	[129]
12-2-316	(6-bromo-1*H*-indol-3-yl) oxoacetic acid methyl ester	$C_{11}H_8BrNO_3$	D	[130]
12-2-317	(1*H*-indol-3-yl)oxoacetic acid methyl ester	$C_{11}H_9NO_3$	D	[130]
12-2-318	(6-hydroxy-1*H*-indol-3-yl) oxoacetic acid methyl ester	$C_{11}H_9NO_4$	D	[130]
12-2-319	(1*H*-indol-3-yl) oxoacetamide	$C_{10}H_8N_2O_2$	D	[130]
12-2-320	(6-bromo-1*H*-indol-3-yl) oxoacetamide	$C_{10}H_7BrN_2O_2$	D	[130]
12-2-321	convolutindole A	$C_{14}H_{17}Br_3N_2O_2$	C	[131]
12-2-322	plakohypaphorine A	$C_{14}H_{17}IN_2O_2$	D	[132]

续表

编号	名称	分子式	测试溶剂	参考文献
12-2-323	plakohypaphorine C	$C_{14}H_{16}I_2N_2O_2$	D	[132]
12-2-324	plakohypaphorine B	$C_{14}H_{16}I_2N_2O_2$	D	[132]
12-2-325	(–)-5-bromo-*N*,*N*-dimethyltryptophan	$C_{13}H_{15}BrN_2O_2$	M	[133]
12-2-326	(+)-5-bromohypaphorine	$C_{14}H_{17}BrN_2O_2$	M	[133]
12-2-327	isobatzelline E	$C_{11}H_7ClN_3O$	D	[134]
12-2-328	batzelline D	$C_{10}H_6ClN_2O_2$	D	[134]
12-2-329	pibocin B	$C_{17}H_{21}BrN_2O$	P	[135]
12-2-330	pibocin	$C_{16}H_{19}BrN_2$	P/M	[136]
12-2-331	coproverdine	$C_{15}H_{11}NO_6$	M	[137]
12-2-332	*bis*-ancorinolate B	$C_{16}H_8N_2Na_3O_{16}S_4$	D	[128]
12-2-333	hyrtiazepine	$C_{20}H_{15}N_3O_4$	M	[138]
12-2-334	methyleudistomidin C	$C_{16}H_{19}BrN_3OS$	D	[139]
12-2-335	2-methyleudistomin D	$C_{12}H_{10}BrN_2O$	M	[139]
12-2-336	2-methyleudistomin J	$C_{12}H_{10}BrN_2O$	M	[139]
12-2-337	kottamide A	$C_{21}H_{24}Br_2N_4O_2$	C	[140]
12-2-338	kottamide B	$C_{21}H_{25}BrN_4O_2$	C	[140]
12-2-339	kottamide C	$C_{21}H_{25}BrN_4O_2$	C	[140]
12-2-340	fasmerianamine A	$C_{26}H_{25}N_4O_6S_2$	M	[141]
12-2-341	fasmerianamine B	$C_{24}H_{23}N_4O_6S_2$	M	[141]
12-2-342	kahakamide A	$C_{22}H_{26}N_2O_9$	D	[142]
12-2-343	kahakamide B	$C_{21}H_{25}N_3O_8$	D	[142]
12-2-344	5,6-dibromo-29-demethylaplysinopsin (*Z*)	$C_{13}H_{10}Br_2N_4O$	D	[143]
12-2-345	5,6-dibromo-29-demethylaplysinopsin (*E*)	$C_{13}H_{10}Br_2N_4O$	D	[143]
12-2-346	1',8-dihydroaplysinopsin	$C_{14}H_{16}N_4O$	M	[144]
12-2-347	6-bromo-1',8-dihydroaplysinopsin	$C_{14}H_{15}BrN_4O$	M	[144]
12-2-348	6-bromo-1'-hydroxy-1',8-dihydroaplysinopsin	$C_{14}H_{15}BrN_4O_2$	M	[144]
12-2-349	6-bromo-1'-methoxy-1',8-dihydroaplysinopsin	$C_{15}H_{17}BrN_4O_2$	M	[144]
12-2-350	6-bromo-1'-ethoxy-1',8-dihydroaplysinopsin	$C_{16}H_{19}BrN_4O_2$	M	[144]
12-2-351	meridianin A	$C_{12}H_{10}N_4O$	D	[145]
12-2-352	meridianin B	$C_{12}H_9BrN_4O$	D	[145]
12-2-353	meridianin C	$C_{12}H_9BrN_4$	D	[145]
12-2-354	meridianin D	$C_{12}H_9BrN_4$	D	[145]
12-2-355	meridianin E	$C_{12}H_9BrN_4O$	D	[145]
12-2-356	tiruchanduramine	$C_{17}H_{18}N_6O$	D	[146]
12-2-357	arborexidines A	$C_{15}H_{17}BrN_2$	C	[147]
12-2-358	eudistomin U	$C_{19}H_{13}N_3$	CD_2Cl_2/M	[148]
12-2-359	isoeudistomin U	$C_{19}H_{15}N_3$	CD_2Cl_2	[148]
12-2-360	caulersin	$C_{21}H_{14}N_2O_3$	D	[149]
12-2-361	hyrtiazepine	$C_{20}H_{15}N_3O_4$	M	[150]
12-2-362	arborescidine B	$C_{16}H_{17}BrN_2$	C	[151]
12-2-363	arborescidine C	$C_{16}H_{19}BrN_2O$	D	[151]
12-2-364	arborescidine D	$C_{16}H_{19}BrN_2O$	D	[151]

续表

编号	名称	分子式	测试溶剂	参考文献
12-2-365	didemnimide A	$C_{15}H_{10}N_4O_2$	D	[152]
12-2-366	didemnimide B	$C_{15}H_9{}^{79}BrN_4O_2$	D	[152]
12-2-367	didemnimide C	$C_{16}H_{12}N_4O_2$	D	[152]
12-2-368	didemnimide D	$C_{16}H_{11}{}^{79}BrN_4O_2$	D	[152]
12-2-369	granulatamide A	$C_{23}H_{34}N_2O$	C	[153]
12-2-370	granulatamide B	$C_{24}H_{34}N_2O$	C	[153]
12-2-371	notoamide A	$C_{26}H_{29}N_3O_5$	A	[154]
12-2-372	notoamide B	$C_{26}H_{29}N_3O_4$	A	[154]
12-2-373	notoamide C	$C_{26}H_{31}N_3O_4$	A	[154]
12-2-374	notoamide D	$C_{26}H_{31}N_3O_4$	A	[154]
12-2-375	echinosulfonic acid A	$C_{21}H_{18}{}^{79}Br_2N_2O_6S$	D	[155]
12-2-376	echinosulfonic acid B	$C_{20}H_{16}{}^{79}Br_2N_2O_6S$	D	[155]
12-2-377	echinosulfonic acid C	$C_{19}H_{14}{}^{79}Br_2N_2O_6S$	D	[155]
12-2-378	echinosulfone A	$C_{17}H_{10}{}^{79}Br_2N_2O_4S$	D	[155]
12-2-379	coscinamide A	$C_{20}H_{14}BrN_3O_2$	D	[156]
12-2-380	coscinamide B	$C_{20}H_{15}N_3O_2$	D	[156]
12-2-381	coscinamide C	$C_{20}H_{14}BrN_3O_3$	D	[156]
12-2-382	(*S*)-6',6''-didebromohamacanthin A	$C_{20}H_{16}N_4O$	D	[157]
12-2-383	(*R*)-6'-debromohamacanthin B	$C_{20}H_{15}BrN_4O$	D	[157]
12-2-384	(*R*)-6',6''-didebromohamacanthin B	$C_{20}H_{16}N_4O$	D	[157]
12-2-385	(*R*)-6''-debromohamacanthin B	$C_{20}H_{15}BrN_4O$	D	[157]
12-2-386	(3*S*,5*R*)-6',6''-didebromo-3,4-dihydrohamacanthin B	$C_{20}H_{18}N_4O$	D	[157]
12-2-387	(*R*)-6''-debromohamacanthin A	$C_{20}H_{15}BrN_4O$	D	[158]
12-2-388	(*R*)-6'-debromohamacanthin A	$C_{20}H_{15}BrN_4O$	D	[158]
12-2-389	hamacanthin A	$C_{20}H_{14}Br_2N_4O$	D	[158]
12-2-390	(*S*)-6''-debromohamacanthin B	$C_{20}H_{15}BrN_4O$	D	[158]
12-2-391	hamacanthin B	$C_{20}H_{15}BrN_4O$	D	[158]
12-2-392	spongotine A	$C_{20}H_{15}BrN_4O$	D	[159]
12-2-393	spongotine B	$C_{20}H_{15}BrN_4O$	D	[159]
12-2-394	spongotine C	$C_{20}H_{14}Br_2N_4O$	D	[159]
12-2-395	nortoprentin A	$C_{19}H_{12}Br_2N_4$	A	[160]
12-2-396	nortoprentin B	$C_{19}H_{13}BrN_4$	A/M	[160]
12-2-397	nortoprentin C	$C_{19}H_{13}BrN_4$	M	[160]
12-2-398	dibromodeoxytopsentin	$C_{20}H_{12}Br_2N_4O$	D	[158]
12-2-399	bromodeoxytopsentin	$C_{20}H_{13}BrN_4O$	D	[158]
12-2-400	isobromodeoxytopsentin	$C_{20}H_{13}BrN_4O$	D	[158]
12-2-401	oxazinin-1	$C_{22}H_{21}N_3O_4$	CD_3CN	[161]
12-2-402	oxazinin-2	$C_{19}H_{18}N_2O_4$	CD_3CN	[161]
12-2-403	oxazinin-3	$C_{19}H_{18}N_2O_3$	CD_3CN	[161]
12-2-404	securamine A	$C_{20}H_{20}BrClN_4O$	C	[162]
12-2-405	securamine B	$C_{20}H_{19}Br_2ClN_4O$	C	[162]
12-2-406	securamine C	$C_{20}H_{18}BrClN_4O_2$	C	[162]

续表

编号	名称	分子式	测试溶剂	参考文献
12-2-407	securamine D	$C_{20}H_{19}ClN_4O_2$	C	[162]
12-2-408	securine A	$C_{20}H_{20}BrClN_4O$	D	[162]
12-2-409	securine B	$C_{20}H_{19}Br_2ClN_4O$	D	[162]
12-2-410	gliocladin C	$C_{22}H_{16}N_4O_3$	A	[163]
12-2-411	10-bromofascaplysin	$C_{18}H_{10}BrN_2O^+$	M	[164]
12-2-412	3,10-dibromofascaplysin	$C_{18}H_9Br_2N_2O^+$	D	[164]
12-2-413	homofascaplysate A	$C_{20}H_{15}N_2O_3^+$	M	[164]
12-2-414	7,14-dibromoreticulatine	$C_{19}H_{13}Br_2N_2O_2^+$	M	[164]
12-2-415	reticulatol	$C_{17}H_{13}N_2O^+$	M	[164]
12-2-416	14-bromoreticulatol	$C_{17}H_{12}BrN_2O^+$	M	[164]
12-2-417	3-bromosecofascaplysin A	$C_{19}H_{14}BrN_2O_3^+$	M	[164]
12-2-418	3-bromosecofascaplysin B	$C_{18}H_{12}BrN_2O_3^+$	M	[164]
12-2-419	hyrtiomanzamine	$C_{18}H_{17}N_4SO_2$	D	[165]
12-2-420	dragmacidonamine A	$C_{19}H_{17}N_4O_4S^+$	D	[166]
12-2-421	dragmacidonamine B	$C_{19}H_{19}N_4O_3S^+$	D	[166]
12-2-422	trypargimine	$C_{15}H_{20}N_5$	D	[167]
12-2-423	1-carboxytrypargine	$C_{16}H_{22}N_5O_2$	D	[167]
12-2-424	penochalasin D	$C_{32}H_{37}N_3O_3$	M	[168]
12-2-425	penochalasin E	$C_{32}H_{38}N_2O_5$	M	[168]
12-2-426	penochalasin F	$C_{32}H_{38}N_2O_5$	M	[168]
12-2-427	12,28-oxamanzamine A	$C_{36}H_{42}N_4O$	C	[169]
12-2-428	12,28-oxa-8-hydroxymanzamine A	$C_{36}H_{42}N_4O_2$	C	[169]
12-2-429	31-keto-12,34-oxa-32,33-dihydroircinal A	$C_{26}H_{36}N_2O_2$	C	[169]
12-2-430	12,34-oxamanzamine E	$C_{36}H_{42}N_4O_2$	C	[170]
12-2-431	8-hydroxymanzamine J	$C_{36}H_{46}N_4O_2$	C	[170]
12-2-432	6-hydroxymanzamine E	$C_{36}H_{45}N_4O_3$	M	[170]
12-2-433	manzamine L	$C_{36}H_{50}N_4O$	C	[171]
12-2-434	manzamine H	$C_{36}H_{50}N_4O$	C	[171]
12-2-435	6-deoxymanzamine X	$C_{36}H_{44}N_4O_2$	CD_2Cl_2	[172]
12-2-436	manzamine J *N*-oxide	$C_{36}H_{46}N_4O_2$	CD_2Cl_2	[172]
12-2-437	3,4-dihydromanzamine A *N*-oxide	$C_{36}H_{44}N_4O_2$	CD_2Cl_2	[172]
12-2-438	manzamine A *N*-oxide	$C_{36}H_{46}N_4O_2$	CD_2Cl_2	[172]
12-2-439	manzamine M	$C_{36}H_{44}N_4O_2$	M	[173]
12-2-440	3,4-dihydromanzamine J	$C_{36}H_{48}N_4O$	C	[173]
12-2-441	3,4-dihydro-6-hydroxymanzamine A	$C_{36}H_{46}N_4O_2$	C	[173]
12-2-442	*N*-methyl-*epi*-manzamine D	$C_{37}H_{50}N_4O$	C	[174]
12-2-443	*epi*-manzamine D	$C_{36}H_{48}N_4O$	C	[174]
12-2-444		$C_{36}H_{48}N_4O_2$	C	[174]
12-2-445	12,28-oxamanzamine E	$C_{36}H_{42}N_4O_2$	C	[175]
12-2-446	12,34-oxa-6-hydroxymanzamine E	$C_{36}H_{42}N_4O_3$	C	[175]
12-2-447	8-hydroxymanzamine B	$C_{36}H_{46}N_4O_2$	C	[175]
12-2-448	granulatimide	$C_{15}H_8N_4O_2$	C	[176]
12-2-449	6-bromogranulatimide	$C_{15}H_7BrN_4O_2$	C	[176]
12-2-450	ZHD-0501	$C_{28}H_{22}N_4O_4$	D	[177]

续表

编号	名称	分子式	测试溶剂	参考文献
12-2-451	staurosporine	$C_{28}H_{26}N_4O_3$	M	[178]
12-2-452	4-*N*-demethylstaurosporine	$C_{27}H_{24}N_4O_3$	M	[178]
12-2-453	3-hydroxystaurosporine	$C_{28}H_{26}N_4O_4$	M	[178]
12-2-454	3-demethoxy-3-hydroxystaurosporine	$C_{27}H_{24}N_4O_3$	M	[178]
12-2-455	3-hydroxy-3-demethoxy-3-hydroxystaurosporine	$C_{27}H_{24}N_4O_4$	M	[178]
12-2-456	11-hydroxy-4-*N*-demethylstaurosporine	$C_{27}H_{24}N_4O_4$	M	[178]
12-2-457	leptosin G	$C_{32}H_{32}N_6O_7S_7$	C	[179]
12-2-458	leptosin G$_1$	$C_{32}H_{32}N_6O_7S_6$	C	[179]
12-2-459	leptosin H	$C_{32}H_{32}N_6O_7S_6$	C	[179]
12-2-460	leptosin K	$C_{34}H_{36}N_6O_6S_4$	C	[180]
12-2-461	leptosin K$_1$	$C_{34}H_{36}N_6O_6S_5$	P	[180]
12-2-462	leptosin K$_2$	$C_{34}H_{36}N_6O_6S_6$	C	[180]
12-2-463		$C_{36}H_{42}N_6O_6S_4$	C	[180]
12-2-464		$C_{38}H_{48}N_6O_6S_4$	C	[180]
12-2-465	(±)-gelliusine A	$C_{30}H_{30}Br_2N_6O$	M	[181]
12-2-466	(±)-gelliusine B	$C_{30}H_{30}Br_2N_6O$	M	[181]
12-2-467	(±)-gelliusine C	$C_{30}H_{30}Br_2N_6O$	M	[182]
12-2-468	(±)-gelliusine D	$C_{20}H_{21}BrN_4O$	M	[182]
12-2-469	(±)-gelliusine E	$C_{20}H_{21}BrN_4O$	M	[182]
12-2-470	(±)-gelliusine F	$C_{20}H_{20}Br_2N_4O$	M	[182]
12-2-471	shearinine D	$C_{37}H_{45}NO_6$	C	[183]
12-2-472	shearinine E	$C_{38}H_{47}NO_6$	C	[183]
12-2-473	shearinine F	$C_{37}H_{45}NO_5$	C	[183]
12-2-474	shearinine G	$C_{37}H_{43}NO_6$	C	[183]
12-2-475	shearinine H	$C_{37}H_{45}NO_7$	C	[183]
12-2-476	shearinine I	$C_{37}H_{45}NO_7$	C	[183]
12-2-477	shearinine J	$C_{37}H_{47}NO_6$	C	[183]
12-2-478	shearinine K	$C_{37}H_{47}NO_4$	C	[183]

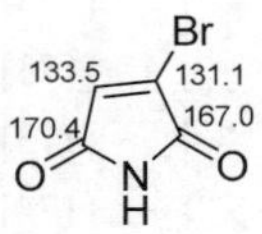

12-2-1[1] 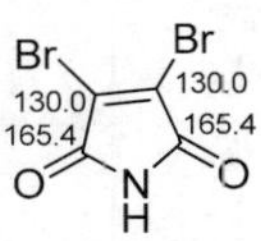 **12-2-2**[1] 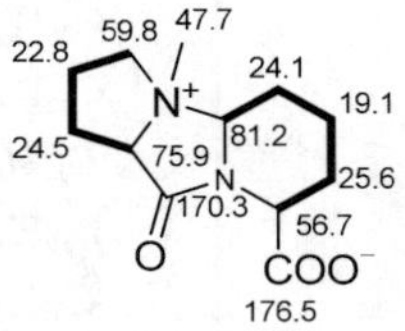 **12-2-3**[2] 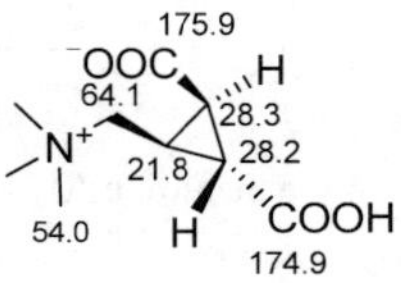 **12-2-4**[2] 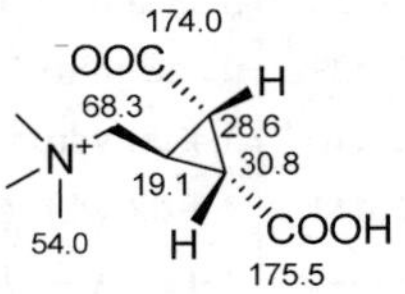 **12-2-5**[2]

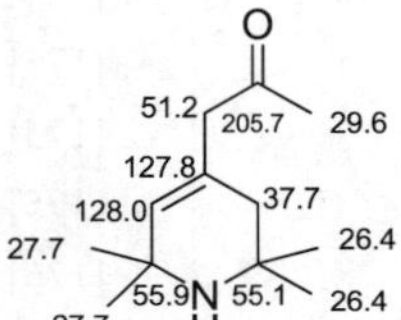

12-2-6[3] 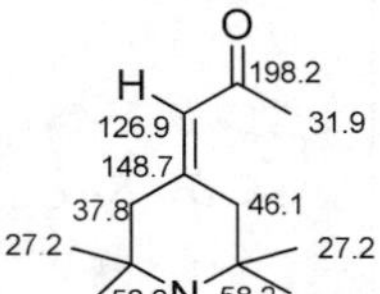 **12-2-7**[3] 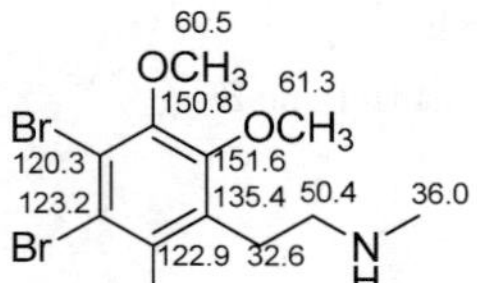 **12-2-8**[4] 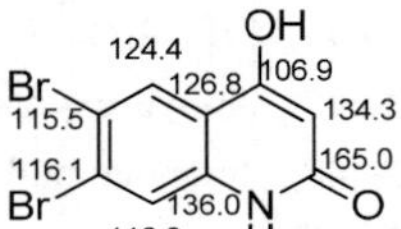 **12-2-9**[5]

12-2-10[6]　12-2-11[7]　12-2-12　12-2-13

表 12-2-2　化合物 12-2-12 和 12-2-13 的 ^{13}C NMR 数据[8]

C	12-2-12	12-2-13	C	12-2-12	12-2-13	C	12-2-12	12-2-13
1	160.9	160.9	6	151.2	151.2	3'	129.6	129.6
3	133.0	133.0	8	150.4	150.4	4'	127.7	127.7
4	115.7	115.7	8a	120.6	120.6	5'	129.6	129.6
4a	141.9	141.9	1'	134.8	134.8	6'	128.8	128.8
5	117.3	117.3	2'	128.8	128.8			

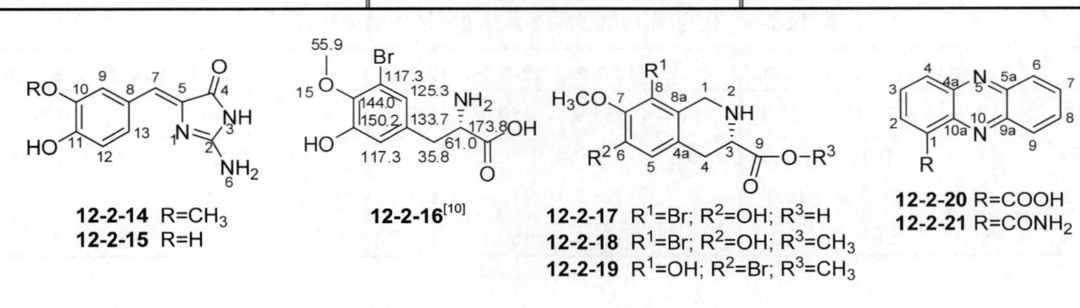

表 12-2-3　化合物 12-2-14 和 12-2-15 的 ^{13}C NMR 数据[9]

C	12-2-14	12-2-15	C	12-2-14	12-2-15	C	12-2-14	12-2-15
2	166.3	165.5	8	127.3	126.9	12	116.7	116.8
4	178.2	176.8	9	114.1	117.6	13	124.5	123.3
5	132.0	130.2	10	149.3	146.8	10-Me	56.6	
7	114.8	115.3	11	149.0	148.1			

表 12-2-4　化合物 12-2-17~12-2-19 的 ^{13}C NMR 数据[10]

C	12-2-17	12-2-18	12-2-19	C	12-2-17	12-2-18	12-2-19
1	46.1	48.3	43.1	7	146.0	145.2	144.1
3	57.2	56.1	56.1	8	117.9	118.0	148.8
4	30.5	31.8	31.5	8a	120.0	125.5	123.3
4a	131.2	131.8	132.0	9	173.1	174.0	174.2
5	117.1	117.1	124.1	OMe	60.8	60.7	61.1
6	152.0	150.7	115.3	COOMe		60.7	61.1

表 12-2-5　化合物 12-2-20 和 12-2-21 的 ^{13}C NMR 数据[11]

C	12-2-20	12-2-21	C	12-2-20	12-2-21	C	12-2-20	12-2-21
1	130.1	130.5	5a	143.4	143.6	9a	141.7	140.3
2	136.2	137.6	6	129.3	128.2	10a	141.0	140.1
3	130.1	130.5	7	131.3	131.9	1-COOH	166.1	
4	134.5	135.3	8	131.9	133.4	1-$CONH_2$		166.8
4a	143.7	143.3	9	130.0	133.4			

12-2-22[12]

12-2-23[13]

12-2-24 R^1=CH_3; R^2=CH_3
12-2-25 R^1=H; R^2=CH_3
12-2-26 R^1=CH_3; R^2=H

表 12-2-6　化合物 12-2-24~12-2-26 的 ^{13}C NMR 数据[14]

C	12-2-24	12-2-25	12-2-26	C	12-2-24	12-2-25	12-2-26	C	12-2-24	12-2-25	12-2-26
2	127.1	127.4	128.6	5a	153.8	159.0	153.7	8a	124.9		124.3
2a	115.6	118.6	116.0	6	93.5	93.1	92.5	8b	124.7		123.9
3	20.3	20.9	19.0	7	171.7	172.4	171.5	N^1-Me	35.9		35.4
4	51.7	53.3	41.1	8	179.3	180.5	177.7	N^5-Me	39.8	38.6	

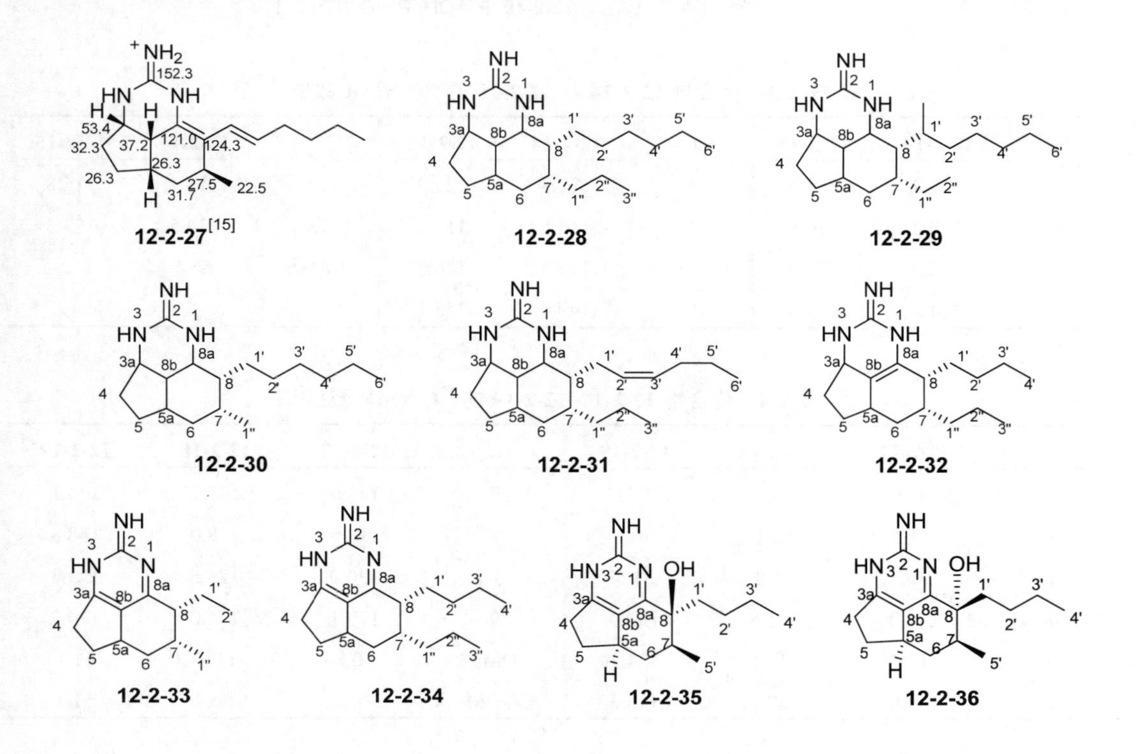

表 12-2-7 化合物 12-2-28~12-2-34 的 ^{13}C NMR 数据[16]

C	12-2-28	12-2-29	12-2-30	12-2-31	12-2-32	12-2-33	12-2-34
2	156.0	156.0	154.9	154.8	155.0	163.0	162.8
3a	53.6	53.7	53.7	53.6	54.3	175.0	174.8
4	33.5	34.3	33.4	33.3	34.4	33.6	34.0
5	30.5	30.2	30.4	30.4	30.8	33.1	32.9
5a	35.3	34.4	35.8	35.4	38.0	37.8	37.3
6	32.5	33.2	35.1	35.1	36.9	39.6	35.9
7	39.3	35.6	34.5	38.9	38.7	33.2	38.5
8	43.4	45.0	45.0	43.6	42.5	47.7	44.0
8a	49.4	49.8	49.8	48.7	129.2	166.0	166.1
8b	35.2	35.2	34.8	34.9	119.8	127.0	126.4
1'	31.7	31.5	34.7	32.2	29.1	22.8	30.5
2'	27.7	27.4	27.5	127.3	27.8	9.5	27.5
3'	29.6	29.3	29.4	132.0	24.7		23.1
4'	35.1	34.5	31.7	29.5	14.9		14.1
5'	22.6	23.1	22.6	22.7			
6'	14.2	22.4	14.0	13.8			
7'		13.8					
1"	40.2	34.8	23.1	40.0	37.7	20.8	36.8
2"	20.4	14.0		20.3	21.7		20.1
3"	14.0			14.1	15.2		14.3

表 12-2-8 化合物 12-2-35 和 12-2-36 的 ^{13}C NMR 数据[17]

C	12-2-35	12-2-36	C	12-2-35	12-2-36	C	12-2-35	12-2-36
2	163.5	163.2	6	35.2	37.4	1'	37.0	36.9
3a	176.4	175.7	7	36.8	42.0	2'	27.1	27.1
4	34.1	33.9	8	75.4	74.2	3'	23.5	23.1
5	33.4	33.2	8a	164.6	163.7	4'	14.0	13.8
5a	38.3	38.0	8b	125.4	125.4	5'	15.1	15.7

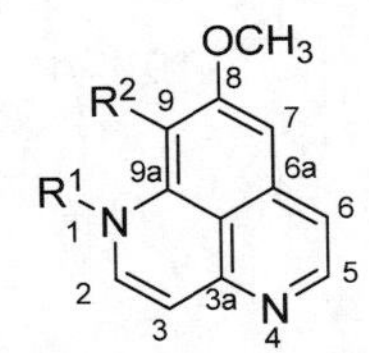

12-2-37 R^1=H; R^2=OCH_3
12-2-38 R^1=CH_3; R^2=OH

12-2-39 R^1=R^2=O
12-2-40 R^1=R^2=OCH_3

12-2-41 R=H
12-2-42 R=SO_3H

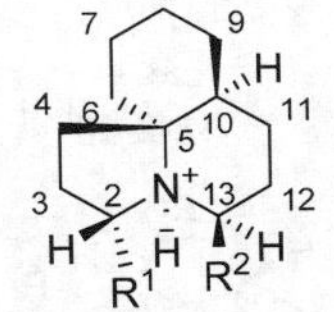

12-2-43 R^1=CH_2OH; R^2=C_6H_{13}
12-2-44 R^1=CH_2OH; R^2=C_4H_9
12-2-45 R^1=H; R^2=C_4H_9

表 12-2-9 化合物 12-2-37~12-2-42 的 ^{13}C NMR 数据[18,19]

C	12-2-37	12-2-38	12-2-39	12-2-40	12-2-41	12-2-42
2	141.8	148.9	148.8	147.1		
3	97.9	97.4	126.5	122.1	141.8	141.8
3a	149.6	149.3	148.1	148.7	97.4	98.3
5	129.6	127.8	157.1	156.5	150.0	149.5

续表

C	12-2-37	12-2-38	12-2-39	12-2-40	12-2-41	12-2-42
6	112.6	113.2	122.1	118.1		
6a	132.6	129.4	136.3	138.6	127.3	129.8
7	100.7	101.5	108.9	99.9	112.4	111.9
8	156.8	153.6	155.8	161.2	128.2	133.2
9	131.3	132.2	177.1	96.0	104.2	105.5
9a	133.6	129.4	147.8	155.2	151.3	156.1
9b	116.2	118.1	117.8	115.9	129.2	124.4
8-OMe	56.5	55.6	56.1	55.9		
9-OMe	60.4			51.1		
1-NMe		46.0				

表 12-2-10 化合物 12-2-43~12-2-45, 12-2-47 和 12-2-48 的 ^{13}C NMR 数据[20]

C	12-2-43	12-2-44	12-2-45	12-2-47	12-2-48	C	12-2-43	12-2-44	12-2-45	12-2-47	12-2-48
1	59.7	59.9		9.7	9.7	12	18.9	19.2	20.0	29.7	29.7
2	64.2	63.5	46.9	29.0	29.0	13	58.5	58.7	55.3	52.2	52.2
3	24.1	24.3	22.4	71.0	71.0	14	29.6	29.5	30.8	35.3	35.3
4	26.2	26.4	27.6	133.1	133.1	15	26.1	28.4	28.3	82.9	82.9
5	77.3	77.2	74.6	130.2	130.2	16	28.8	22.4	22.4	66.3	66.3
6	33.6	33.8	35.5	23.2	23.2	17	31.4	13.8	13.9	25.9	25.9
7	23.0	23.2	23.7	36.9	36.9	18	22.2			25.9	25.9
8	24.7	24.9	25.1	84.1	84.1	19	13.7			66.9	66.9
9	30.4	30.7	29.9	36.5	36.5	20				20.5	20.5
10	36.0	36.2	37.8	53.9	53.9	21				148.2	148.2
11	22.3	22.5	21.0	29.6	29.6						

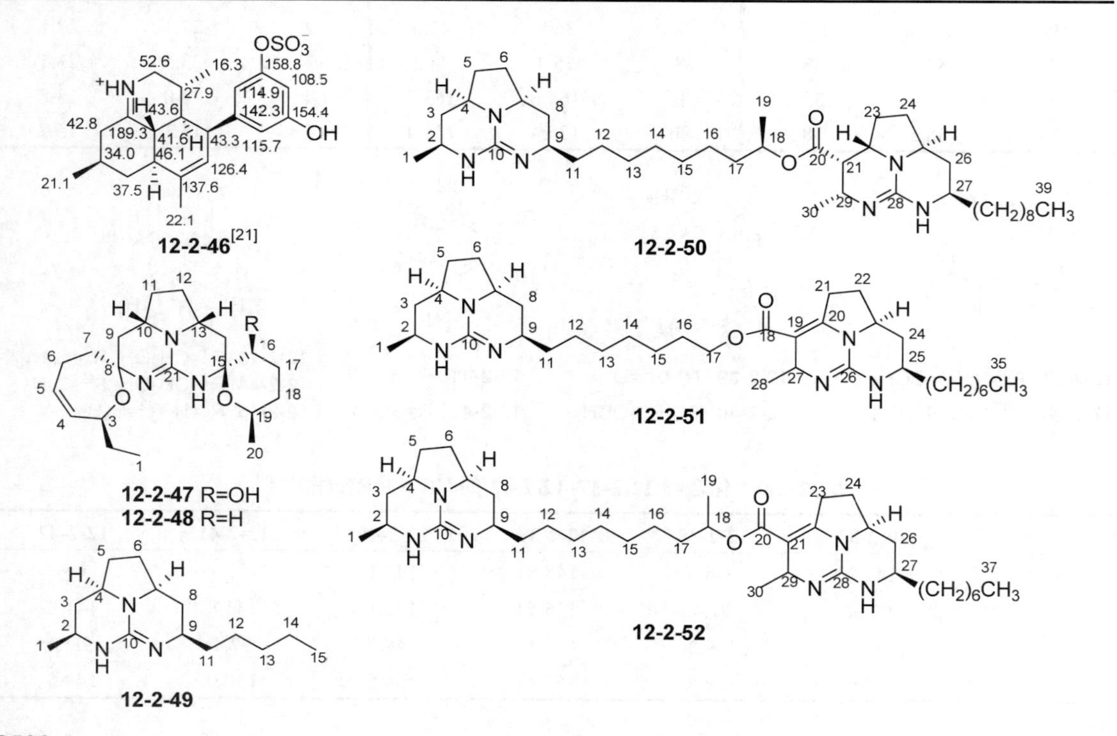

表 12-2-11 化合物 12-2-49~12-2-52 的 ^{13}C NMR 数据[22]

C	12-2-49	12-2-50	12-2-51	12-2-52	C	12-2-49	12-2-50	12-2-51	12-2-52
1	20.8	20.8	20.8	20.9	21		45.6	33.4	103.2
2	47.4	47.3	47.3	47.3	22		57.9	31.5	149.5
3	36.9	37	36.9	36.9	23		29.2	58.7	33.5
4	57.6	57.5	57.6	57.6	24		31.4	33.2	31.6
5	31.2	31.1	31.2	31.2	25		57.3	53.6	58.7
6	31.1	31.1	31.2	31	26		34.2	149.3	33.6
7	57.4	57.4	57.5	57.5	27		53.2	48.6	53.6
8	34.9	34.8	34.9	34.9	28		151.5	24.6	149.2
9	51.7	51.6	51.7	51.7	29		49.9	36.4	48.6
10	151.2	151.1	151.2	150.7	30		18.6	26.1	24.7
11	35.9	35.9	35.9	35.9	31		37.2	30.3	36.3
12	26.2	26.2	26.3	26.3	32		26.2	30.3	26.1
13	32.9	30.5	30.6	30.6	33		30.5	33	30.3
14	23.7	30.5	30.4	30.6	34		30.5	23.8	30.3
15	14.4	30.5	27.2	30.5	35		30.5	14.5	33.7
16		26.5	29.9	26.6	36		30.5		23.8
17		36.8	65.8	37.1	37		33.5		14.6
18		73.4	166.4	72.9	38		23.7		
19		20.5	103.1	20.5	39		14.5		
20		170.4	149.5	166.2					

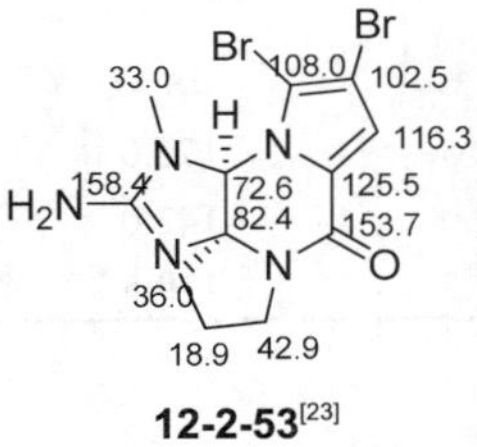

12-2-53[23]

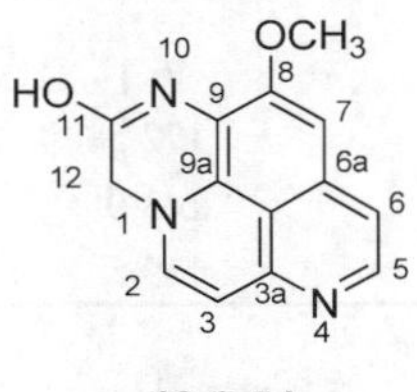

12-2-54

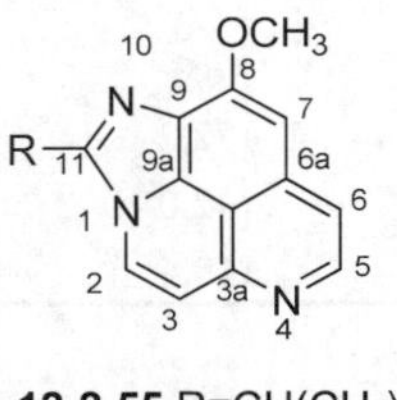

12-2-55 R=$CH(CH_3)_2$

12-2-56 R=H

表 12-2-12 化合物 12-2-54~12-2-56 的 ^{13}C NMR 数据[24]

C	12-2-54	12-2-55	12-2-56	C	12-2-54	12-2-55	12-2-56
2	127.8	127.2	128.1	9a	130.0	128.9	128.2
3	114.9	114.8	115.3	9b	112.1	111.7	111.8
3a	146.9	146.1	146.6	11	146.8	152.0	135.0
5	145.8	145.3	145.9	12	56.9	26.2	
6	116.3	115.9	115.9	13		21.4	
6a	134.3	133.9	135.0	14		21.4	
7	98.8	97.3	97.6	8-OMe	56.6	56.0	56.3
8	156.0	155.6	155.7	9-OMe			
9	125.4	125.1	126.1	1-NMe			

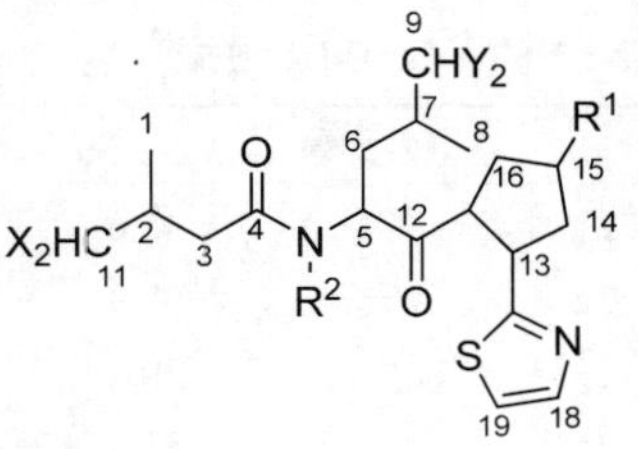

12-2-57 R^1=H; R^2=CH_3; X=Y=Cl
12-2-58 R^1=R^2=CH_3; X=Y=Cl
12-2-59 R^1=R^2=H; X=Y=Cl
12-2-60 R^1=H; R^2=CH_3; X=H; Y=Cl
12-2-61 R^1=H; R^2=CH_3; X=Cl; Y=H
12-2-62 R^1=H; R^2=CH_3; X=Cl; Y_2=ClH

表 12-2-13 化合物 12-2-57~12-2-62 的 ^{13}C NMR 数据[25]

C	12-2-57	12-2-58	12-2-59	12-2-60	12-2-61	12-2-62
1	14.5	15.2	14.2	22.3	14.5	14.5
2	40.19	40.9	40.6	24.7	40.2	40.2
3	35.5	35.9	37.7	41.1	35.6	35.5
4	170.6	171.1	169.9	172.0	170.1	170.8
5	51.7	53.0	48.1	51.2	51.7	51.5
6	31.5	32.4	33.9	31.5	36.8	32.0
7	39.4	40.0			24.0	31.0
8	14.1	14.7	14.7	14.9	23.0	18.0
9	79.2	80.0	79.1	79.1	22.1	50.8
10	30.3	31.0		30.3	30.2	30.2
11	79.2	80.0	79.0	22.3	79.1	79.1
12	168.3	169.4	169.6	168.3	170.1	168.7
13	58.6	60.1	58.4	58.5	58.4	58.5
14	31.53	41.5	33.9	31.5	31.5	31.5
15	24.0	33.7	23.5	23.9	23.9	24.0
15-Me		16.9				
16	46.3	54.7	46.4	46.3	46.4	46.3
17	172.2	173.3	172.5	172.5	172.6	172.4
18	142.0	142.5	143.0	142.0	142.0	145.0
19	119.4	120.1	119.5	119.5	119.5	119.5

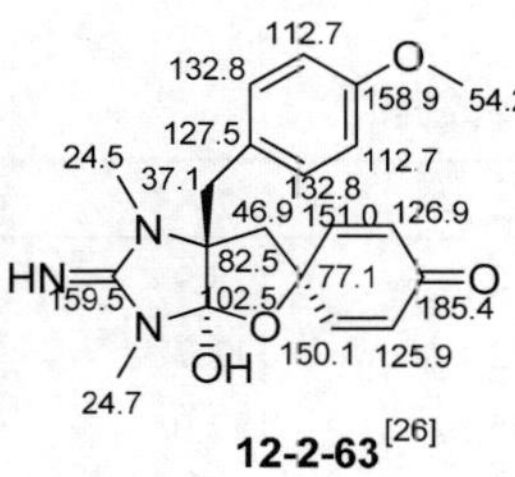

12-2-63[26]

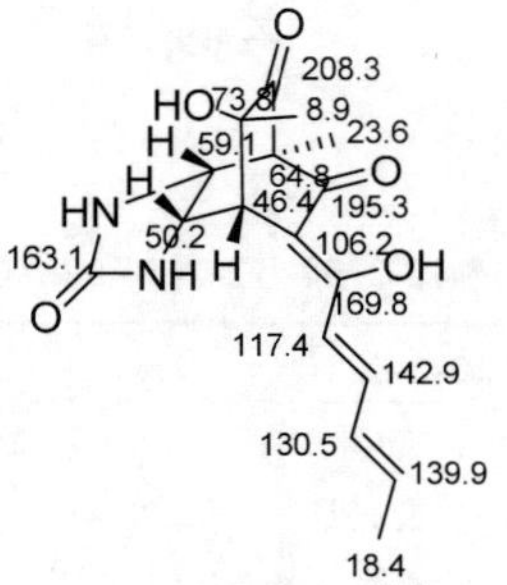

12-2-64[27]

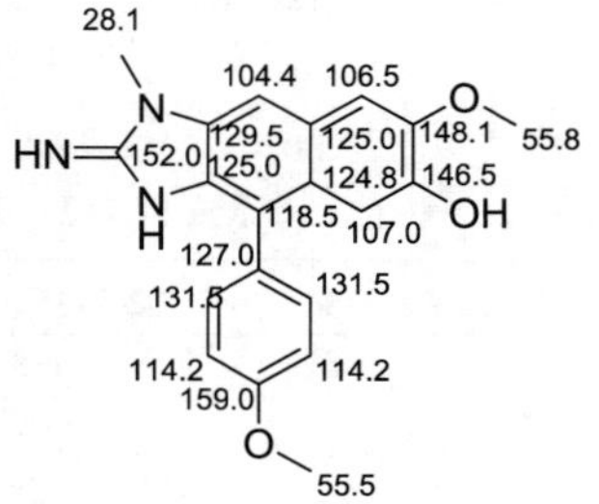

12-2-65[28]

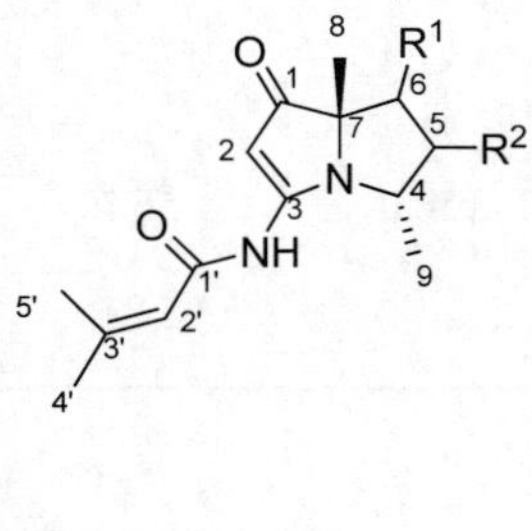

12-2-66 R^1=H; R^2=···OH
12-2-67 R^1=···OH; R^2=H
12-2-68 R^1=···OH; R^2=Cl
12-2-69 R^1=R^2=O

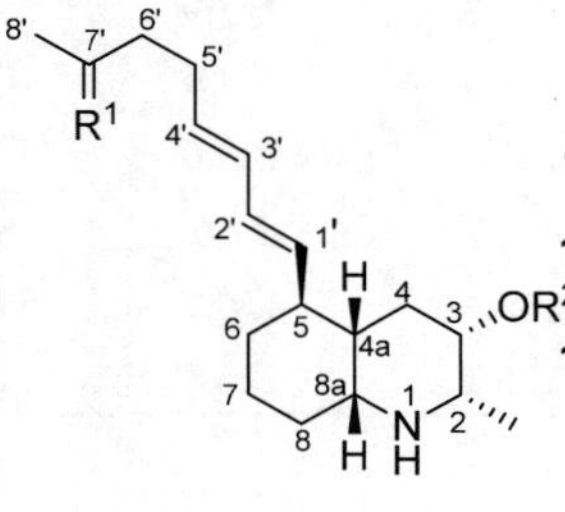

12-2-70 R^1=H_2; R^2= C(=O)-CH_2OH (1'', 2'')
12-2-71 R^1=H_2; R^2=H
12-2-72 R^1=O; R^2= C(=O)-CH_2OH (1'', 2'')

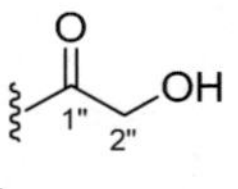

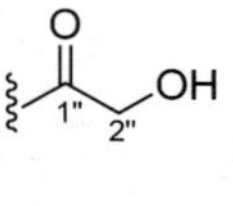

表 12-2-14 化合物 12-2-66~12-2-69 的 ^{13}C NMR 数据[29]

C	12-2-66	12-2-67	12-2-68	12-2-69	C	12-2-66	12-2-67	12-2-68	12-2-69
1	204.6	200.8	200.8	199.0	8	26.1	23.5	24.4	18.8
2	93.1	93.3	94.6	91.7	9	9.8	19.8	17.0	13.9
3	167.7	166.1	166.8	168.6	1'	164.0	163.8	163.8	163.8
4	57.9	53.8	63.8	55.5	2'	117.6	117.7	117.5	117.5
5	72.2	43.1	70.9	63.8	3'	156.4	156.0	156.6	156.7
6	35.6	72.4	78.9	56.0	4'	27.3	27.2	27.3	27.3
7	69.0	78.8	76.9	72.8	5'	20.0	19.9	20.0	20.0

表 12-2-15 化合物 12-2-70~12-2-72 的 ^{13}C NMR 数据[30]

C	12-2-70	12-2-71	12-2-72	C	12-2-70	12-2-71	12-2-72
2	56.5	57.4	57.0	1'	132.9	134.3	134.6
3	68.5	66.6	8.2	2'	132.8	132.3	132.4
4	29.6	32.3	29.7	3'	129.5	129.9	130.9
4a	36.8	37.0	37.1	4'	134.7	134.0	131.5
5	39.3	39.6	39.3	5'	32.2	32.3	26.7
6	28.9	29.0	28.9	6'	31.3	31.4	43.0
7	33.2	33.0	33.4	7'	22.2	22.3	208.1
8	19.4	19.5	19.7	8'	13.9	13.9	30.0
8a	57.2	56.7	57.5	1''	171.1		171.3
9	14.6	14.9	15.2	2''	60.9		61.5

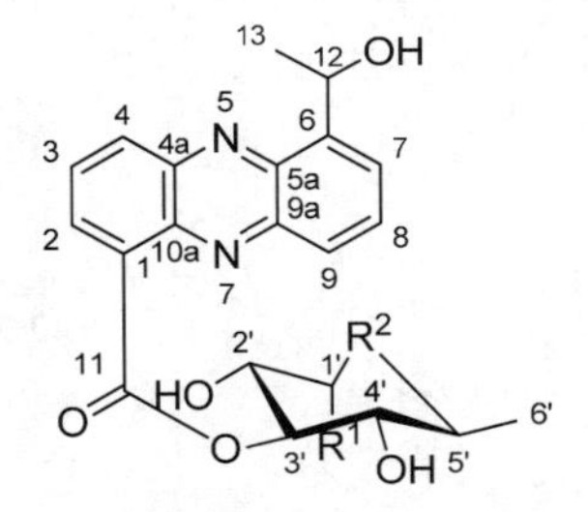

12-2-73 R^1=OH; R^2=H
12-2-74 R^1=H; R^2=OH

12-2-75 R^1=OH; R^2=H
12-2-76 R^1=H; R^2=OH

12-2-77 R=NH_2
12-2-78 R=H

表 12-2-16 化合物 12-2-73~12-2-76 的 ^{13}C NMR 数据[31]

C	12-2-73	12-2-74	12-2-75	12-2-76	C	12-2-73	12-2-74	12-2-75	12-2-76
1	131.3	131.2	130.5	130.7	7	127.4	127.5	127.6	127.3
2	132.5	132.5	133.3	132.9	8	129.5	129.4	129.3	129.3
3	127.2	127.2	121.2	127.3	9	132.0	132.0	132.1	132.1
4	133.2	133.2	134.0	133.8	9a	141.8	141.8	141.6	141.6
4a	139.4	139.4	139.4	139.2	10a	143.0	143.0	142.8	143.9
5a	141.5	141.2	141.4	141.4	11	168.5	168.3	167.3	167.6
6	143.3	143.3	143.7	142.7	12	67.2	67.2	66.9	66.9

续表

C	12-2-73	12-2-74	12-2-75	12-2-76	C	12-2-73	12-2-74	12-2-75	12-2-76
13	23.7	23.7	23.6	23.6	4'	73.9	73.6	75.5	75.0
1'	92.3	96.4	90.6	94.6	5'	67.5	71.8	67.7	67.7
2'	70.9	73.0	76.9	79.1	6'	17.5	17.5	17.7	17.7
3'	79.7	81.5	71.3	72.8					

表 12-2-17 化合物 12-2-77 和 12-2-78 的 ^{13}C NMR 数据[32]

C	12-2-77	12-2-78	C	12-2-77	12-2-78	C	12-2-77	12-2-78
1	152.8	155.0	6	122.0	122.7	11	24.7	25.8
2	107.6	108.8	7	27.0	25.5	12	124.2	132.2
3	152.7	154.3	8	150.3	151.5	13	109.3	117.7
4	105.5	107.4	9	164.7	167.3	14	146.7	134.9
5	132.2	134.6	10	37.6	39.2	3-OMe	60.0	60.8

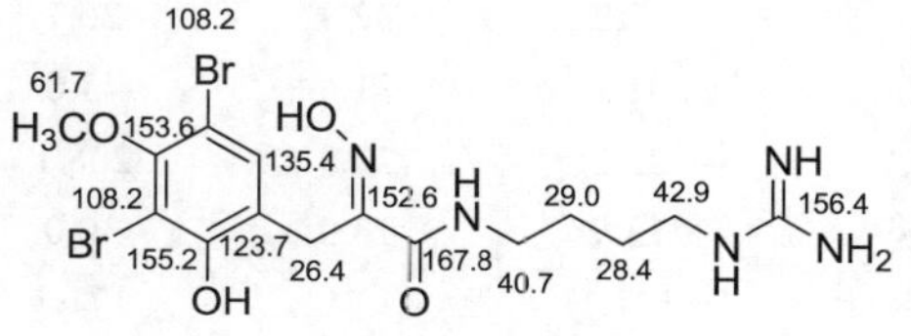

12-2-79[32]

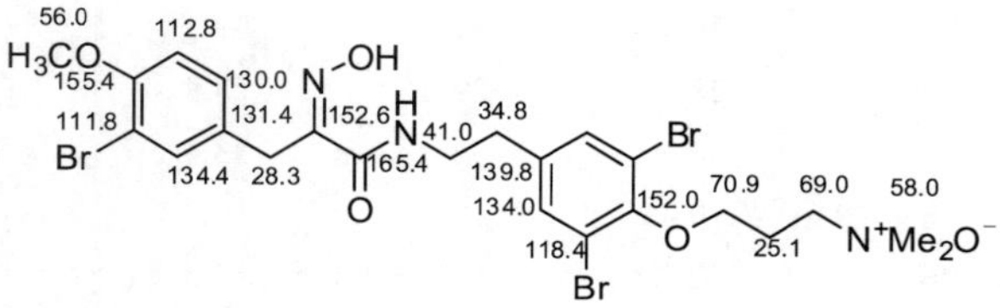

12-2-80[33]

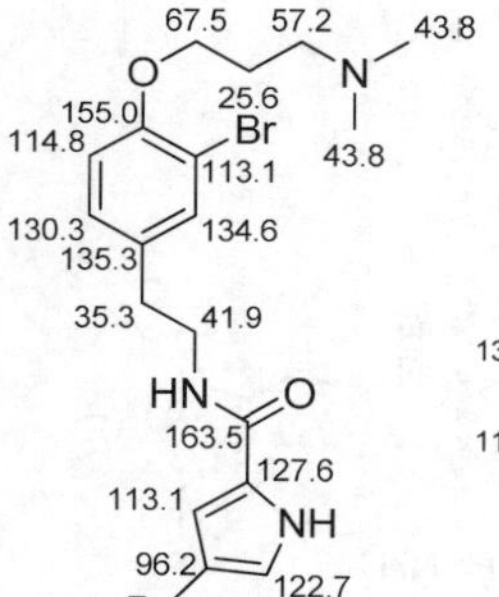

12-2-81[34]

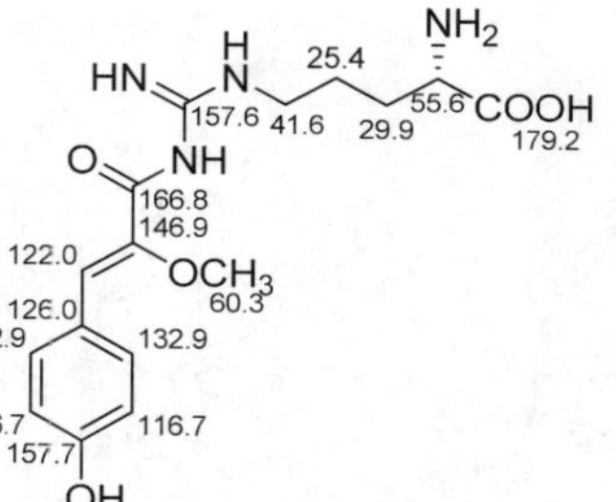

12-2-82[35]

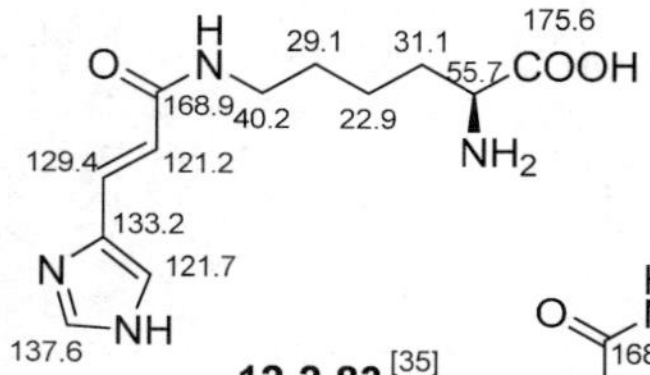

12-2-83[35]

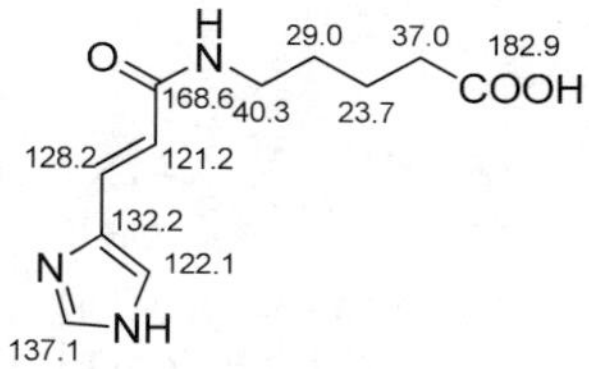

12-2-84[35]

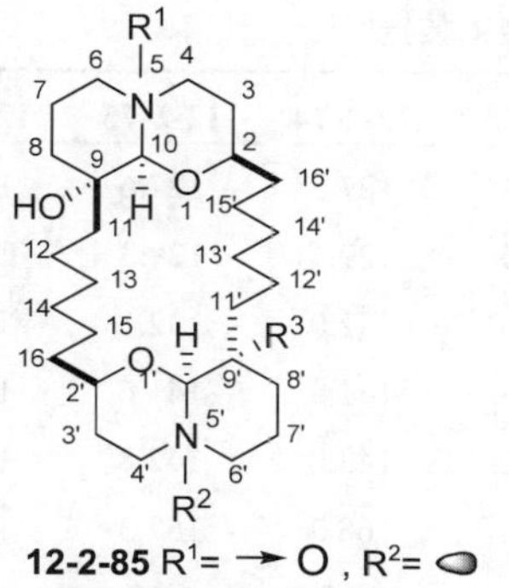

12-2-85 R^1= → O , R^2= ◯

12-2-86 R^1= ◯ , R^2= → O

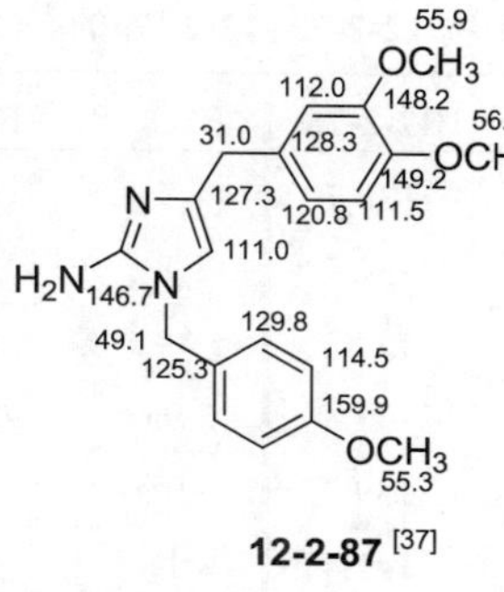

12-2-87[37]

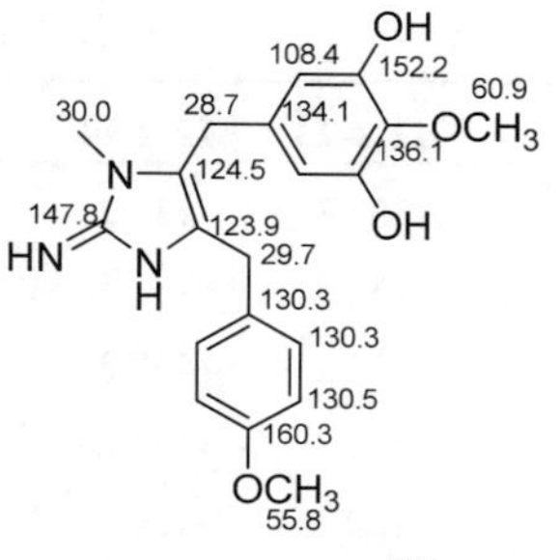

12-2-88[37]

表 12-2-18　化合物 12-2-85 和 12-2-86 的 ^{13}C NMR 数据[36]

C	12-2-85	12-2-86	C	12-2-85	12-2-86	C	12-2-85	12-2-86
2	77.2	76.7	13	31.6	32.2	8'	29.0	23.1
3	31.9	26.3	14	25.6	31.8	9'	40.5	72.7
4	57.3	52.9	15	25.1	25.3	10'	95.6	98.6
6	68.3	44.6	16	35.0	36.5	11'	31.3	38.9
7	16.5	21.3	2'	75.4	77.7	12'	29.0	29.9
8	22.9	22.9	3'	32.4	30.3	13'	30.1	32.7
9	72.5	71.1	4'	54.4	57.4	14'	31.8	31.9
10	98.4	90.6	6'	54.3	68.4	15'	25.1	25.4
11	39.7	40.0	7'	24.8	16.7	16'	35.6	35.5
12	29.5	29.9						

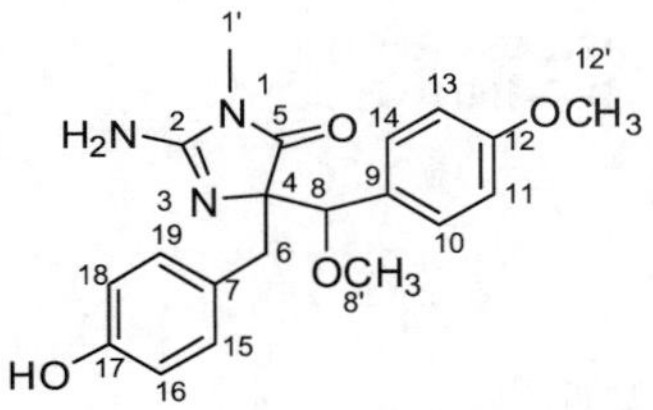

12-2-89

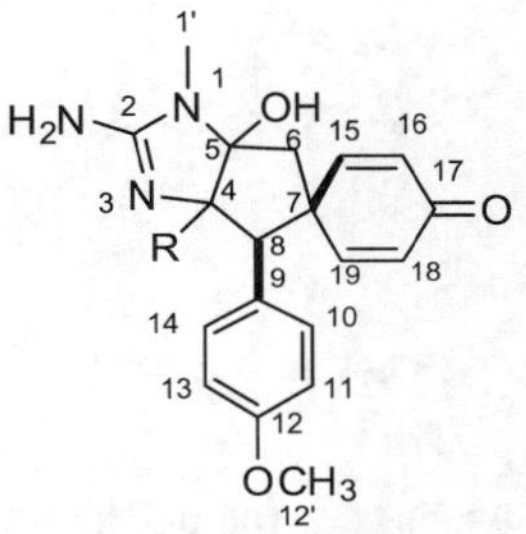

12-2-90 R=OH
12-2-91 R=OCH_3

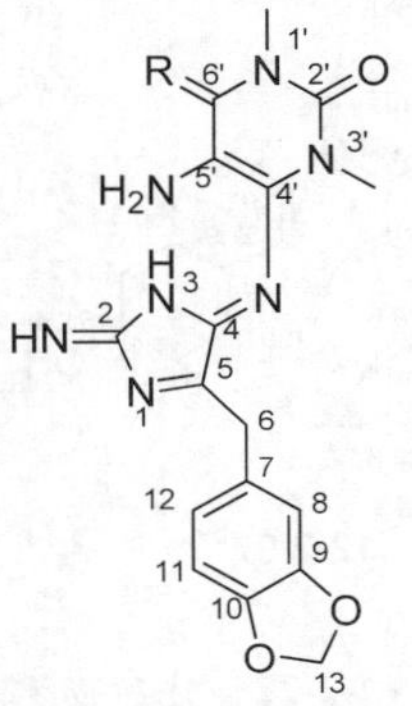

12-2-92 R=O
12-2-93 R=NCH_3

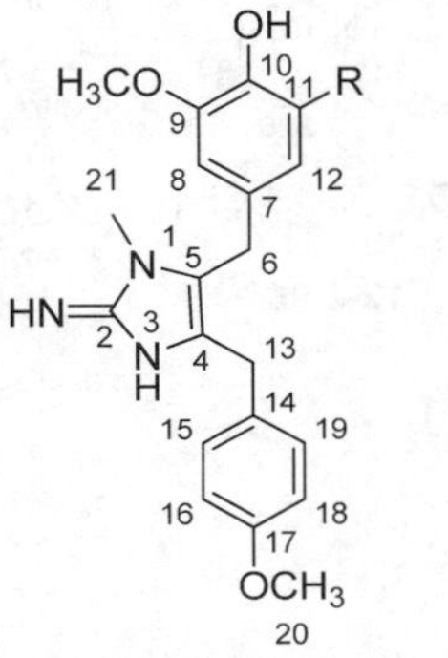

12-2-94 R=H
12-2-95 R=OCH_3

表 12-2-19　化合物 12-2-89~12-2-91 的 ^{13}C NMR 数据[38]

C	12-2-89	12-2-90	12-2-91	C	12-2-89	12-2-90	12-2-91	C	12-2-89	12-2-90	12-2-91
2	158.6	156.2	156.2	10	129.2	131.0	131.0	17	156.6	185.9	185.8
4	73.1	94.8	97.3	11	113.5	113.2	113.1	18	114.7	129.1	129.1
5	174.0	96.6	97.3	12	160.5	159.9	159.6	19	130.7	155.5	149.5
6	37.9	44.6	45.2	13	113.5	113.2	113.1	1'	25.2	24.9	24.8
7	123.2	48.2	48.6	14	129.2	131.0	131.0	4'			50.9
8	84.2	62.6	61.5	15	130.7	149.7	155.3	8'	55.9		
9	126.6	124.9	124.9	16	114.7	129.7	129.8	12'	54.4	54.2	54.2

表 12-2-20　化合物 12-2-92 和 12-2-93 的 ^{13}C NMR 数据[39]

C	12-2-92	12-2-93	C	12-2-92	12-2-93	C	12-2-92	12-2-93
2	160.1	159.7	9	146.8	146.8	4'	146.3	143.8
4	148.1	144.3	10	145.3	145.3	5'	113.7	115.4
5	158.2	155.5	11	107.8	107.9	6'	159.5	145.3
6	38.1	38.2	12	121.9	122.1	1'-NMe	28.9	29.9
7	133.2	133.6	13	100.5	100.6	3'-NMe	28.8	28.7
8	109.7	110	2'	150.8	150.8	6'-NMe		38.1

表 12-2-21　化合物 12-2-94 和 12-2-95 的 ^{13}C NMR 数据[40]

C	12-2-94	12-2-95	C	12-2-94	12-2-95	C	12-2-94	12-2-95
2	145.9	146.2	10		134.2	17	157.8	157.9
3			11		148.1	18	116.0	113.9
4	122.7	122.1	12	127.8	105.5	19	129.0	129.3
5	122.4	121.7	13		27.6	20		55.1
6		27.9	14		130.3	21		29.4
7		127.0	15	129.0	129.3	22		55.8
8	110.3	105.5	16	116.0	113.9	23		55.8
9	147.5	148.1						

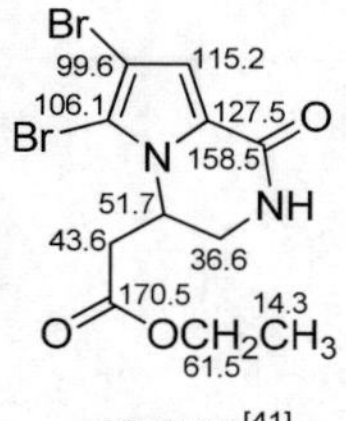

12-2-96[41] 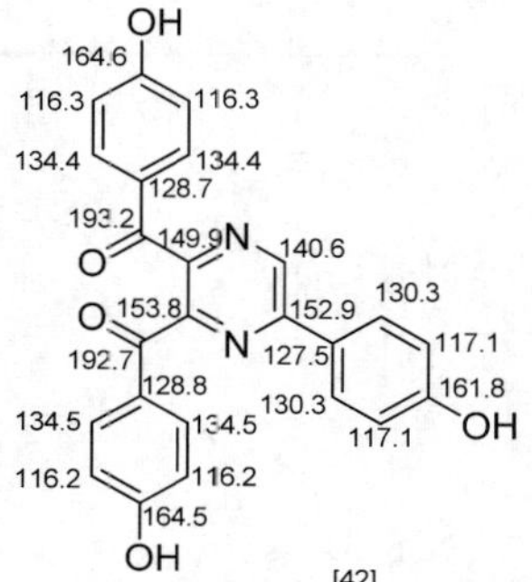　**12-2-97**[42] 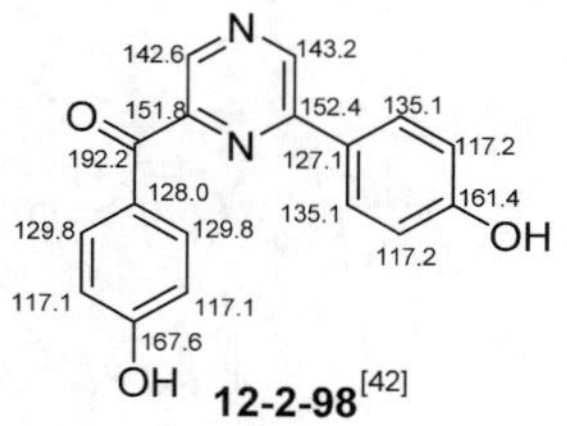　**12-2-98**[42] 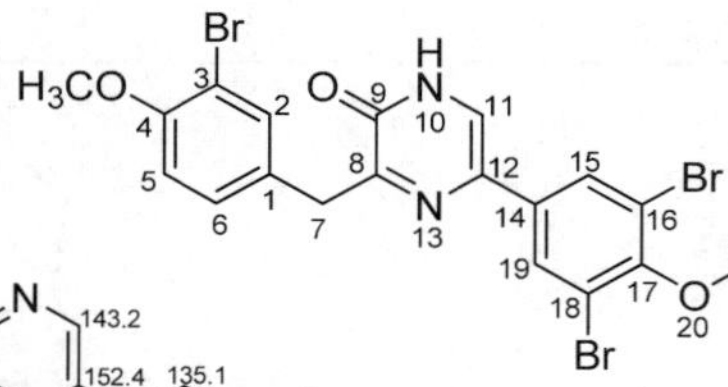　**12-2-99** R=CH_3　**12-2-100** R=H

表 12-2-22　化合物 12-2-99 和 12-2-100 的 ^{13}C NMR 数据[43]

C	12-2-99	12-2-100	C	12-2-99	12-2-100	C	12-2-99	12-2-100
1	132.9	133.0	9	157.7	157.8	18	120.1	120.3
2	136.0	136.1	11	124.3	124.4	19	130.9	131.6
3	113.5	114.0	12	131.5	131.6	21	72.0	72.5
4	156.9	157.0	14	137.5	137.6	22	27.1	34.7
5	113.9	114.0	15	130.9	131.6	23	57.8	49.3
6	131.5	131.6	16	120.1	120.3	OMe	57.5	57.6
7	39.8	39.8	17	153.7	153.6	NMe	44.5	28.6
8	160.8	160.8						

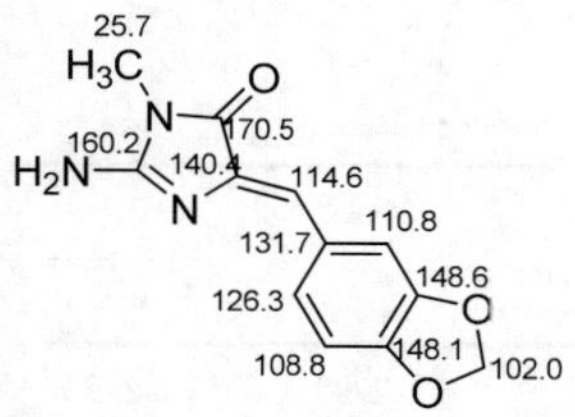

12-2-101[44] 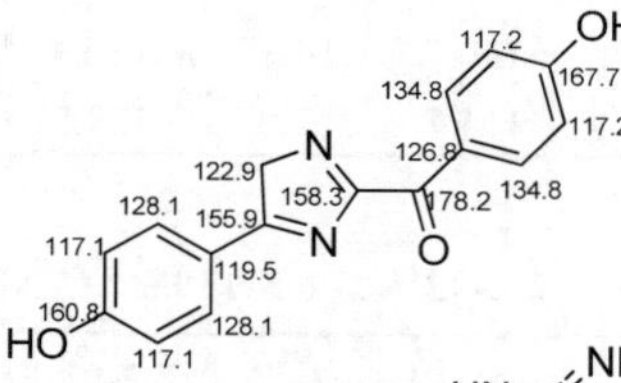　**12-2-102**[45] 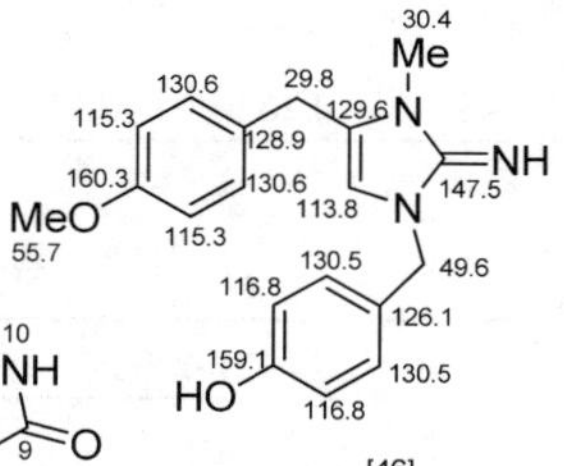　**12-2-103**[46] 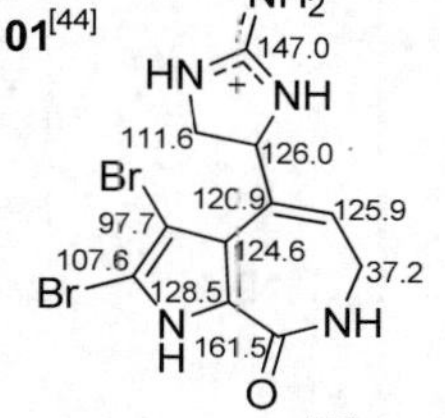　**12-2-104**[47]

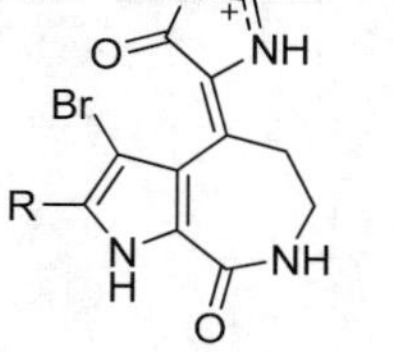

12-2-105 R=Br　**12-2-106** R=H

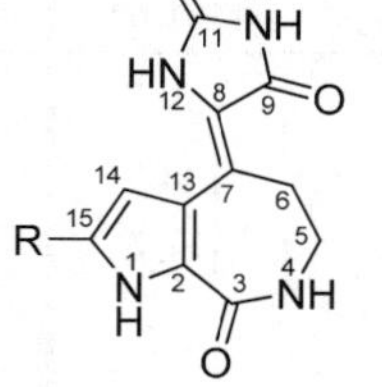

12-2-107 R=H　**12-2-108** R=Br

表 12-2-23 化合物 12-2-105~12-2-108 的 ^{13}C NMR 数据[48]

C	12-2-105	12-2-106	12-2-107	12-2-108	C	12-2-105	12-2-106	12-2-107	12-2-108
2	127.2	126.1	125.5	127.0	9			165.4	165.3
3	163.4	163.4	163.0	162.3	10	154.5	155.1		
5	38.8	41.2	40.2	40.0	12	163.0	164.0	154.4	154.4
6	38.8	40.4	30.7	31.0	13	120.8	119.4	121.4	121.0
7	125.6	125.8	122.5	122.7	14	98.6	98.5	109.8	111.7
8	124.1	123.8	122.8	123.5	15	109.4	123.2	122.2	104.4

12-2-109 R^1=H; R^2=Me
12-2-110 R^1=H; R^2=H

12-2-112[49]

12-2-111[32]

表 12-2-24 化合物 12-2-109 和 12-2-110 的 ^{13}C NMR 数据[46]

C	12-2-109	12-2-110	C	12-2-109	12-2-110	C	12-2-109	12-2-110
2	149.2	149.4	12	49.6	49.6	18	131.1	130.8
2'		149.2	12'			18'		130.9
4	119.0	118.7	13	129.1	129.2	19	130.0	130.0
4'		118.8	13'			19'		
5	137.8	137.5	14	131.2	131.2	20	114.4	114.7
5'		137.8	14'			20'		114.4
7	155.1	155.9	15	116.5	116.5	21	159.3	159.3
7'		155.2	15'			21'		
9	166.4	164.4	16	158.7	158.7	NMe	24.6	24.6
9'		166.5	16'			21-OMe	55.4	55.4
11	163.3	163.9	17	33.1	33.07	21'-OMe		55.3
11'		163.3	17'		33.14			

12-2-113[49]

12-2-114[50]

12-2-115[51]

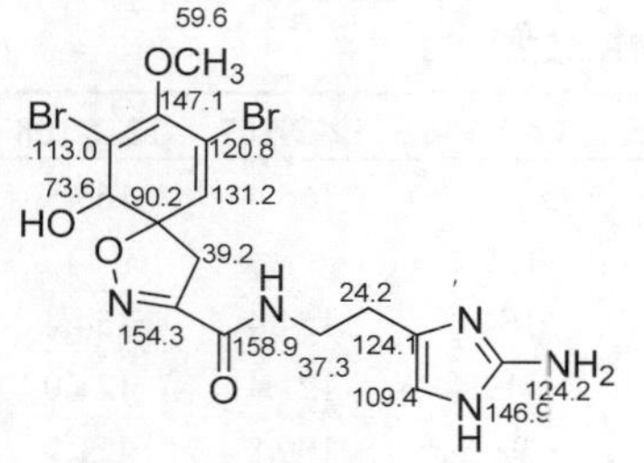

12-2-116[32] 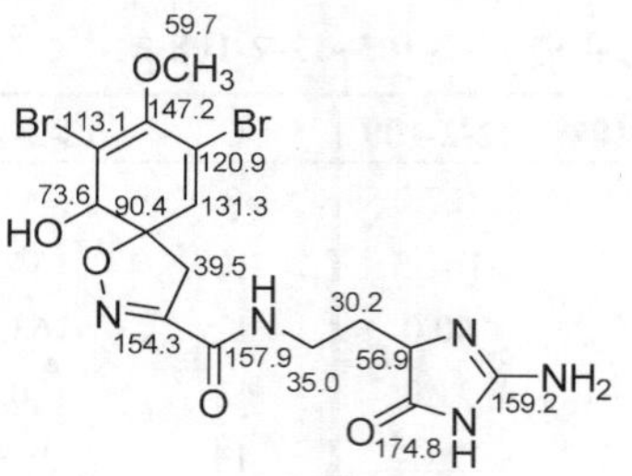　**12-2-117**[32] 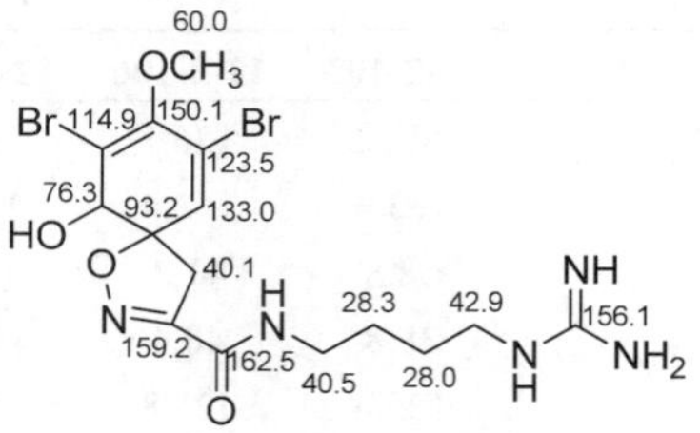　**12-2-118**[32]

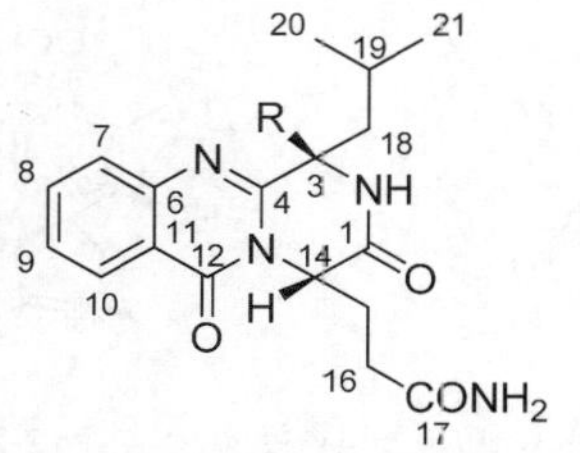

12-2-119 R=OCH_3
12-2-120 R=OH
12-2-121 $\Delta^{3,18}$
12-2-122 R=H

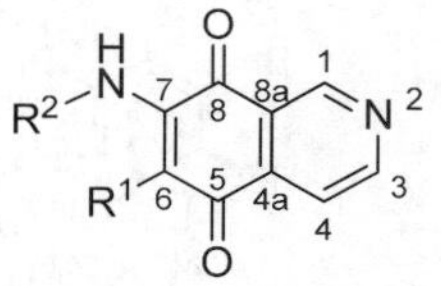

12-2-123 R^1=H; R^2=CH_3
12-2-124 R^1=Br; R^2=CH_3
12-2-125 R^1=Cl; R^2=CH_3
12-2-126 R^1=H; R^2= HN(1')CH2(2')CH2OH

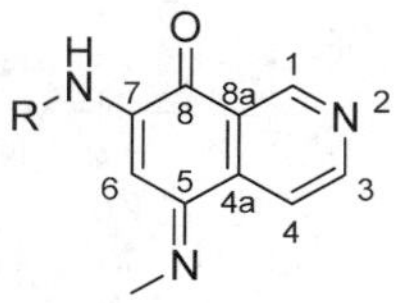

12-2-127 R=H
12-2-128 R= HN(1')CH2(2')CH2OH

表 12-2-25　化合物 12-2-119~12-2-122 的 ^{13}C NMR 数据[52]

C	12-2-119	12-2-120	12-2-121	12-2-122	C	12-2-119	12-2-120	12-2-121	12-2-122
1	170.2	171.3	166.1	168.3	13				
3	87.1	84.1	127.6	54.7	14	55.5	56.9	54.6	54.7
4	147.4	152.0	144.4	150.9	15	28.8	30.7	28.8	29.3
6	146.1	148.2	147.3	147.2	16	32.3	33.1	31.6	32.3
7	127.9	128.8	127.1	126.9	17	174.7	177.4	173.8	174.5
8	134.8	136.1	134.9	134.8	18	40.4	47.7	127.8	47.1
9	127.8	128.7	127.5	127.0	19	24.3	26.0	26.2	24.6
10	126.7	127.6	126.8	126.7	20	23.7	23.9	22.2	23.2
11	120.4	121.6	119.9	119.8	21	23.8	24.0	22.4	21.1
12	160.8	162.5	160.8	160.8	3-OMe	50.5			

表 12-2-26　化合物 12-2-123~12-2-128 的 ^{13}C NMR 数据[53]

C	12-2-123	12-2-124	12-2-125	12-2-126	12-2-127	12-2-128
1	147.4	148.1	148.4	148.3	149.8	149.8
3	155.5	156.1	156.1	156.9	157.4	157.3
4	120.1	118.8	119.2	119.3	118.8	118.8
4a	141.0	138.4	138.2	140.1	136.5	137.2
5	181.1	174.8	173.4	181.5	162.1	159.0
6	100.7			101.0	93.5	90.2
7	150.7	146.4	148.4	149.6	151.7	151.5
8	181.0	180.5	180.1	182.2	179.3	179.3

续表

C	12-2-123	12-2-124	12-2-125	12-2-126	12-2-127	12-2-128
8a	125.8	124.4	123.8	125.6	124.3	123.9
7-NMe	29.3	32.5	33.0		29.6	29.8
1'				45.2		49.1
2'				59.7		59.1

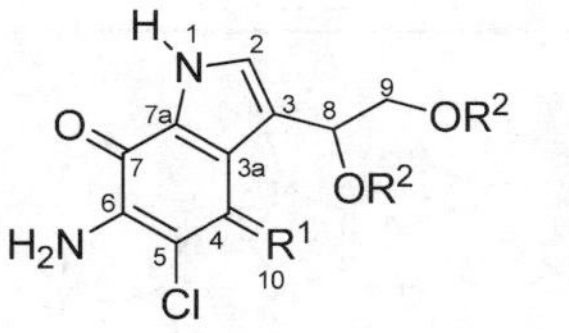

12-2-129 R^1=NH; R^2=H
12-2-130 R^1=O; R^2=H
12-2-131 R^1=NH; R^2=Ac
12-2-132 R^1=O; R^2=Ac

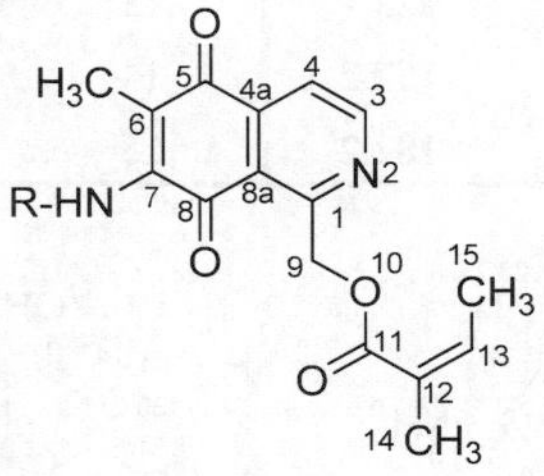

12-2-133 R=H
12-2-134 R=CH_3

表 12-2-27　化合物 12-2-129~12-2-132 的 ^{13}C NMR 数据[54]

C	12-2-129	12-2-130	12-2-131	12-2-132	C	12-2-129	12-2-130	12-2-131	12-2-132
2	125.8	126.3	125.6	126.5	7	169.3	169.5	169.5	169.6
3	127.1	129.0	120.1	121.4	7a	127.1	127.5	127.0	128.0
3a	124.4	122.5	124.0	122.4	8	67.8	67.5	67.5	66.8
4	158.0	175.8	157.2	175.2	9	65.4	66.0	64.9	64.3
5	103.9	104.9	104.1	105.1	8-OAc			169.8/20.6	170.0/20.8
6	141.2	145.9	140.2	145.9	9-OAc			169.4/20.3	170.0/20.6

表 12-2-28　化合物 12-2-133 和 12-2-134 的 ^{13}C NMR 数据[55]

C	12-2-133	12-2-134	C	12-2-133	12-2-134	C	12-2-133	12-2-134
1	156.4	156.4	7	145.9	147.3	13	137.9	137.9
3	154.6	154.5	8	180.8	182.6	14	15.7	15.7
4	118.8	118.8	8a	121.8	121.8	15	20.6	20.6
4a	140.5	140.8	9	65.3	65.5	6-Me	9.0	10.7
5	181.2	182.6	11	167.9	167.9	N-Me		32.8
6	112.8	111.4	12	127.8	127.9			

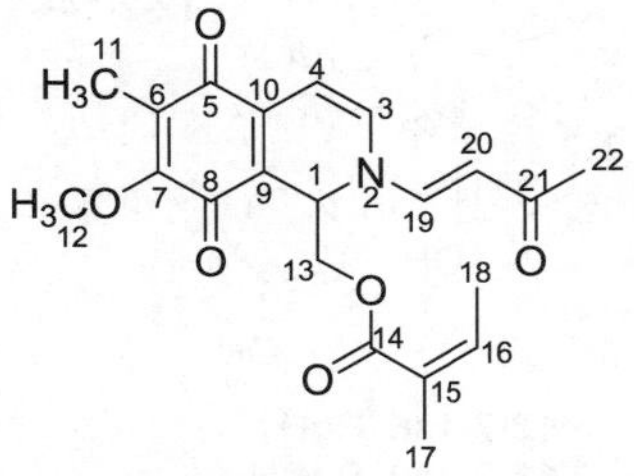

12-2-135 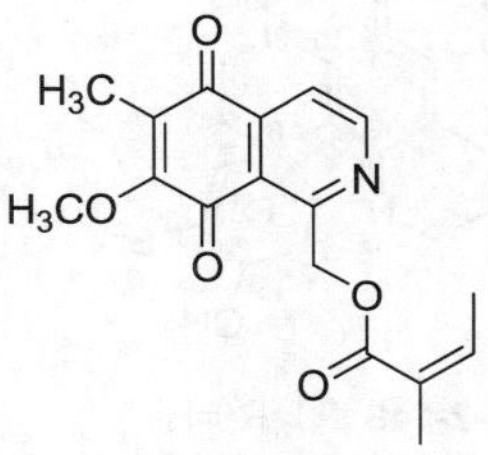　　**12-2-136** 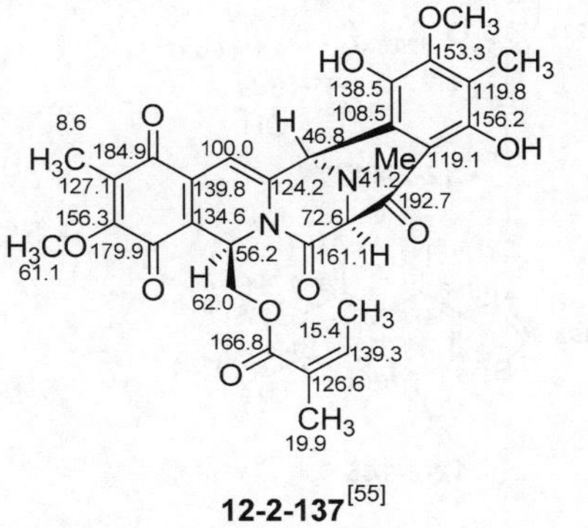　　**12-2-137**[55]

表 12-2-29　化合物 12-2-135 和 12-2-136 的 ^{13}C NMR 数据[56]

C	12-2-135	12-2-136	C	12-2-135	12-2-136	C	12-2-135	12-2-136
1	51.8	159.0	9	120.4	128.3	16	140.2	138.0
3	138.3	154.3	10	136.3	139.4	17	20.7	20.7
4	99.7	118.7	11	8.7	8.0	18	15.9	15.8
5	185.6	184.9	12	61.4	60.9	19	145.9	
6	127.8	123.1	13	61.2	65.7	20	105.7	
7	156.8	157.2	14	167.5	168.0	21	195.9	
8	180.6	182.2	15	127.4	131.1	22	29.1	

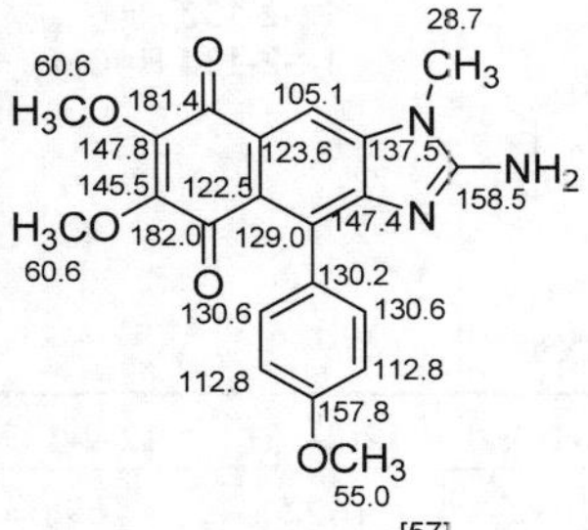

12-2-138[57]

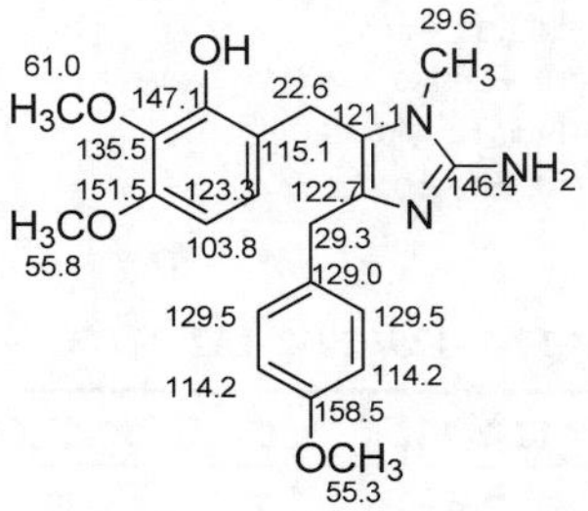

12-2-139[57]

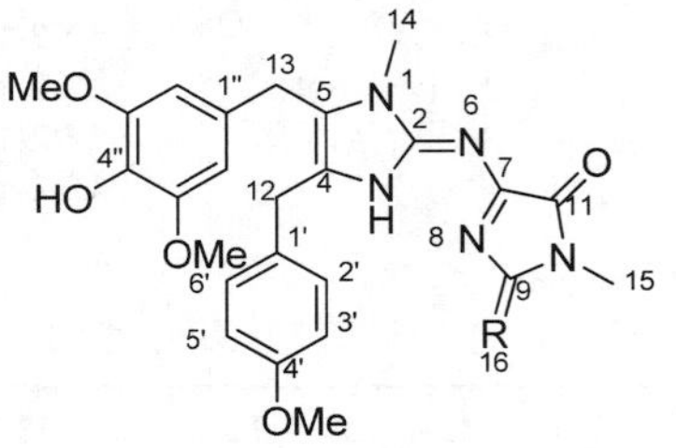

12-2-140　R=O
12-2-141　R=NCH_3

表 12-2-30　化合物 12-2-140 和 12-2-141 的 ^{13}C NMR 数据[58]

C	12-2-140	12-2-141	C	12-2-140	12-2-141	C	12-2-140	12-2-141
2	143.1	147.3	13	29.5	28.1	4'	158.5	157.9
4	127.4	126.4	14	30.6	29.3	1"	120.8	127.7
5	127.7	123.7	15	25.0	25.0	2",6"	104.7	105.6
7	144.9	155.6	16		34.6	3",5"	147.4	148.1
9	153.9	152.0	1'	133.0	130.8	4"	133.9	134.1
11	161.0	164.2	2',6'	129.7	129.7	4'-OMe	55.3	55.0
12	30.5	29.5	3',5'	114.2	113.9	3", 5"-OMe	56.3	55.9

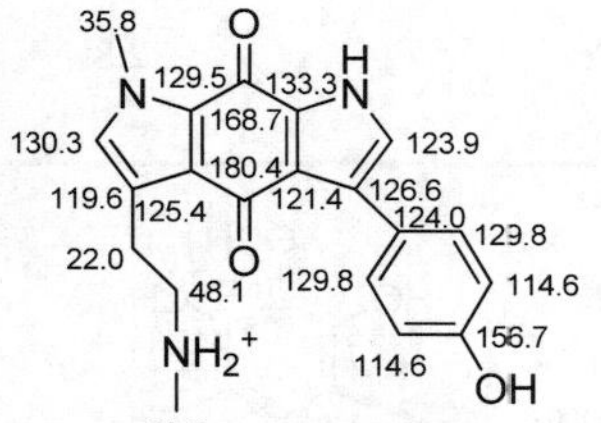

12-2-142[59]

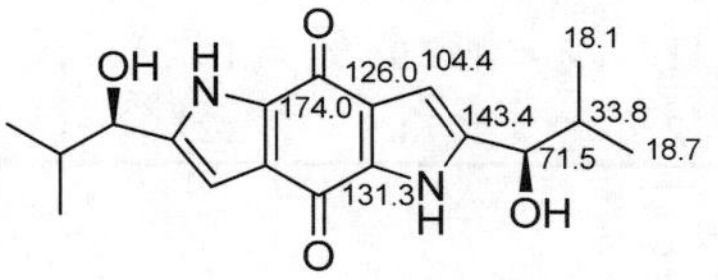

12-2-143[60]

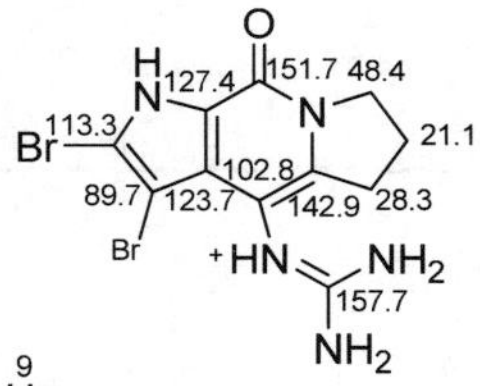

12-2-144[61]

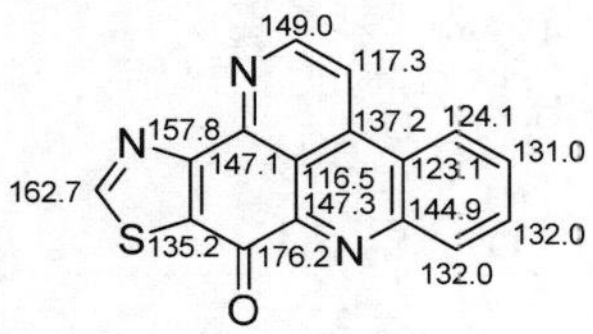

12-2-145[62]

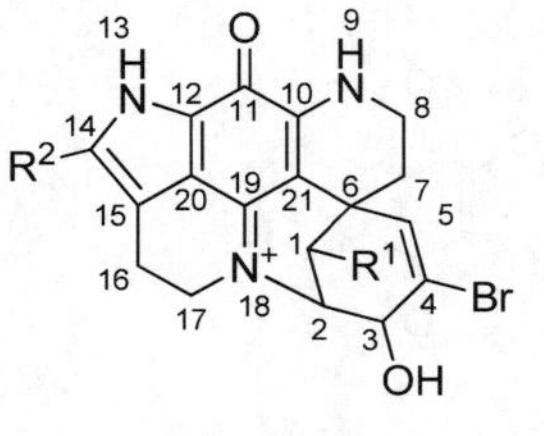

12-2-146　$R^1=R^2=H$
12-2-147　$R^1=OH$; $R^2=Br$

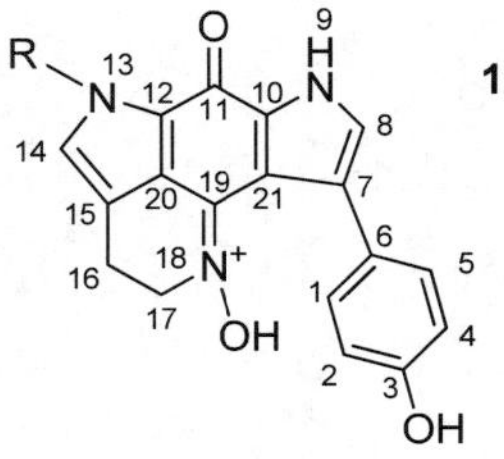

12-2-148　R=H
12-2-149　R=CH_3

表 12-2-31 化合物 12-2-146~12-2-149 的 ^{13}C NMR 数据[63]

C	12-2-146	12-2-147	12-2-148	12-2-149	C	12-2-146	12-2-147	12-2-148	12-2-149
1	34.6	65.4	114.5	114.5	12	122.8		129.4	129.4
2	60.6	66.5	129.7	129.7	14	126.5	118.1	130.3	130.3
3	70.5	70.5	156.6	156.6	15	118.0	123.1	119.8	119.8
4	126.4	126.2	129.7	129.7	16	19.2	18.7	23.5	23.5
5	136.6	134.8	114.5	114.5	17	52.7	53.0	38.7	38.7
6		36.8	126.5	126.5	19	150.0	148.9	180.4	180.4
7	29.1	23.9	121.2	121.2	20	96.6	94.0	123.9	123.9
8	37.7	37.8	123.9	123.9	21	122.6		125.3	125.3
10	146.4	148.3	133.2	133.2	Me	58.3			35.8
11	166.7	165.5	168.6	168.6					

12-2-150 R=OCH_3
12-2-151 R=NH_2
12-2-152 R= NH–CH2–COOH

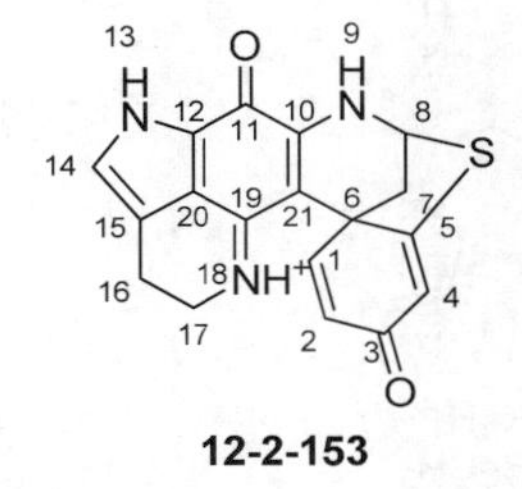
12-2-153

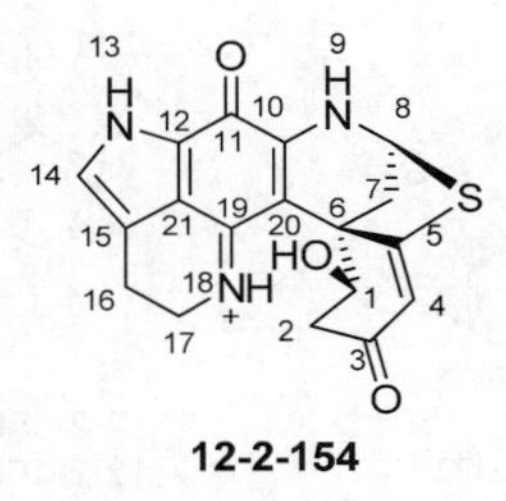
12-2-154

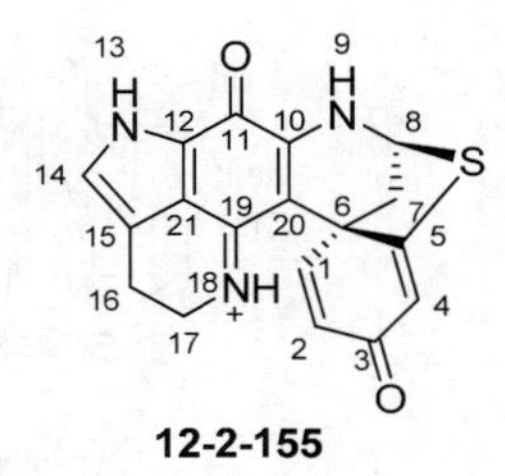
12-2-155

表 12-2-32 化合物 12-2-150~12-2-153 的 ^{13}C NMR 数据[63]

C	12-2-150	12-2-151	12-2-152	12-2-153	C	12-2-150	12-2-151	12-2-152	12-2-153
1	75.8	66.6	56.5	145.0	14	126.9	126.8	126.7	127.3
2	62.1	65.7	63.8	132.5	15	117.6	117.6	117.5	120.3
3	182.5	182.5	182.9	181.0	16	19.1	19.1	19.1	17.6
4	112.8	112.7	113.1	120.0	17	51.0	50.9	51.1	44.6
5	168.9	169.0	168.6	169.6	19	147.4	147.5	147.4	154.1
6	45.9	46.8	45.9	48.3	20	99.3	99.9	100.6	97.1
7	35.6	35.9	36.2	41.9	21	121.0	121.1	121.1	122.9
8	62.1	62.3	62.2	60.3	1'	58.3			
10	146.7	146.7	146.2	151.0	2'			47.8	
11	166.1	166.2	166.3	165.1	3'			173.4	
12	123.6	123.6	123.6	123.5					

表 12-2-33 化合物 12-2-154 和 12-2-155 的 ^{13}C NMR 数据[64]

C	12-2-154	12-2-155	C	12-2-154	12-2-155	C	12-2-154	12-2-155
1	68.5	147.6	3	184.9	183.6	5	171.5	173.3
2	67.8	133.9	4	114.0	120.6	6	48.6	50.4

续表

C	12-2-154	12-2-155	C	12-2-154	12-2-155	C	12-2-154	12-2-155
7	37.4	43.5	12	125.5	125.5	17	52.8	45.8
8	63.7	61.9	14	127.2	127.7	19	150.3	156.9
10	148.5	153.3	15	119.2	121.9	20	101.9	98.4
11	167.4	166.3	16	0.6	19.1	21	122.7	124.3

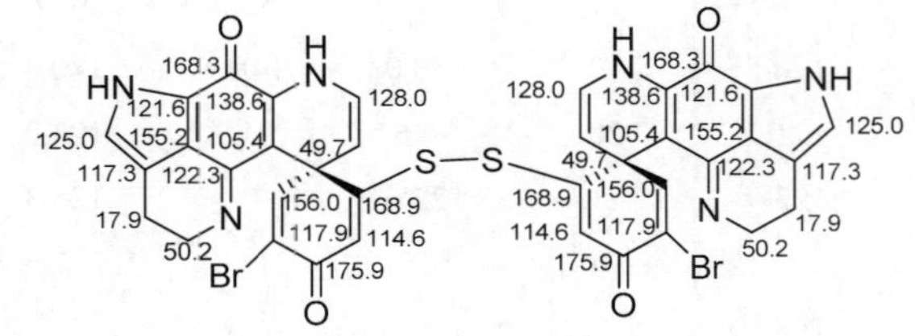

12-2-156[65]

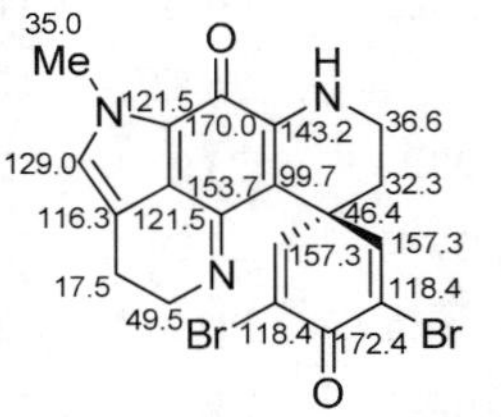

12-2-157[66]

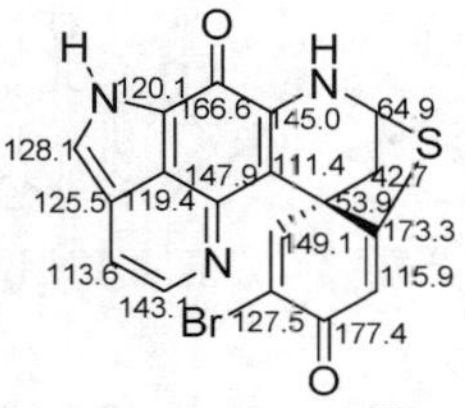

12-2-158[66]

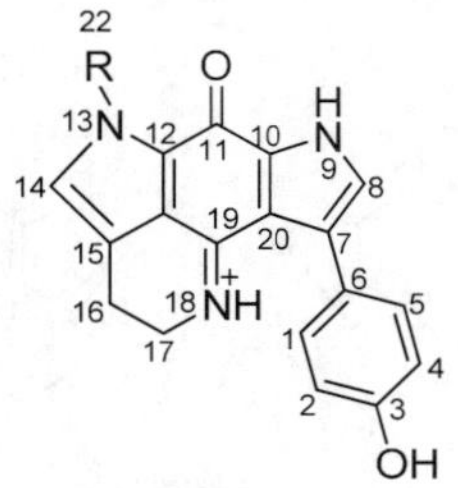

12-2-159 R=H
12-2-160 R=CH_3

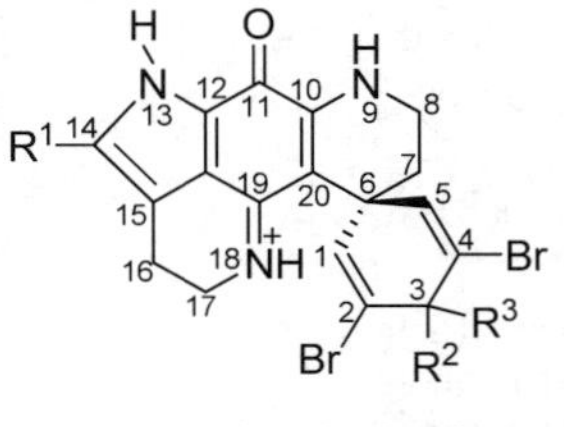

12-2-161 R^1=Br; R^2+R^3=O
12-2-162 R^1=Br; R^2=OH; R^3=H

表 12-2-34 化合物 12-2-159~12-2-162 的 ^{13}C NMR 数据[164]

C	12-2-159	12-2-160	12-2-161	12-2-162	C	12-2-159	12-2-160	12-2-161	12-2-162
1	116.2	116.3	150.9	134.0	12	127.8	126.4	124.1	124.1
2	128.9	129.0	122.6	124.4	14	123.1	128.0	112.5	112.5
3	157.6	157.6	171.2	70.7	15	119.2	118.7	119.8	119.8
4	128.9	129.0	122.6	124.4	16	17.6	17.6	17.5	17.7
5	116.2	116.3	150.9	134.0	17	45.0	44.7	43.4	43.6
6	127.2	127.1	44.5	41.9	19	157.6	156.2	152.0	152.0
7	122.4	122.4	33.5	34.7	20	113.5	113.3	91.7	96.0
8	125.0	125.2	38.3	38.1	21	120.7	120.7	124.2	124.2
10	134.6	134.6	151.5	151.5	22		35.8		
11	166.3	166.8	164.3	164.3					

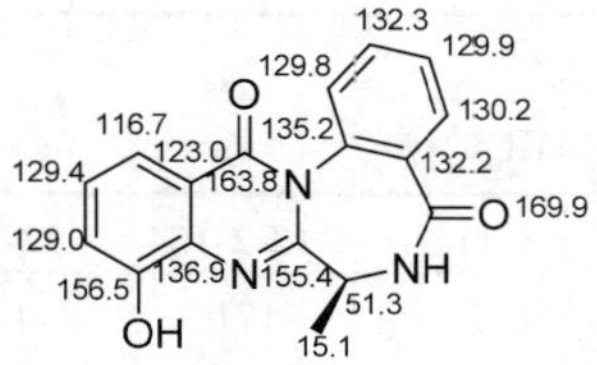

12-2-163[68]

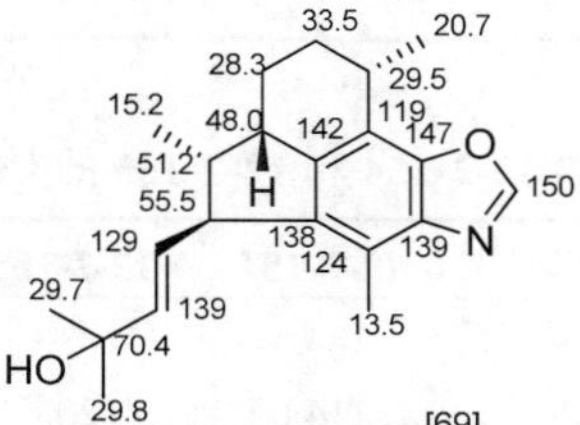

12-2-164[69]

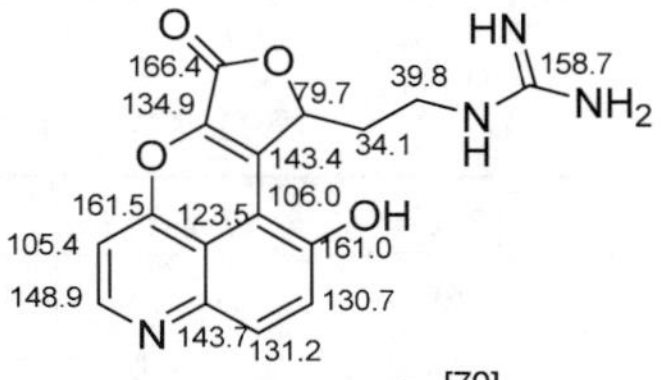

12-2-165[70]

12-2-166[71]　12-2-167[72]　12-2-168[73]

12-2-169[74]　12-2-170[75]　12-2-171 R=H　12-2-172 R=OCH_3

表 12-2-35　化合物 12-2-171 和 12-2-172 的 ^{13}C NMR 数据[76]

C	12-2-171	12-2-172	C	12-2-171	12-2-172	C	12-2-171	12-2-172
1	117.6	116.0	6	141.1	151.3	12a	110.3	104.4
2	135.6	132.0	7a	143.2	140.8	12b	128.4	128.8
3	123.1	120.6	8	149.4	149.7	12c	121.6	121.5
4	124.7	124.0	8a	112.8	107.4	13a	141.0	140.2
4a	113.7	115.0	9	166.4	168.1	14	35.0	35.2
4b	128.6	139.4	11	90.1	89.6	11-OOMe		56.3
5	107.4	110.3	12	67.7	67.6	12-OOMe		54.6

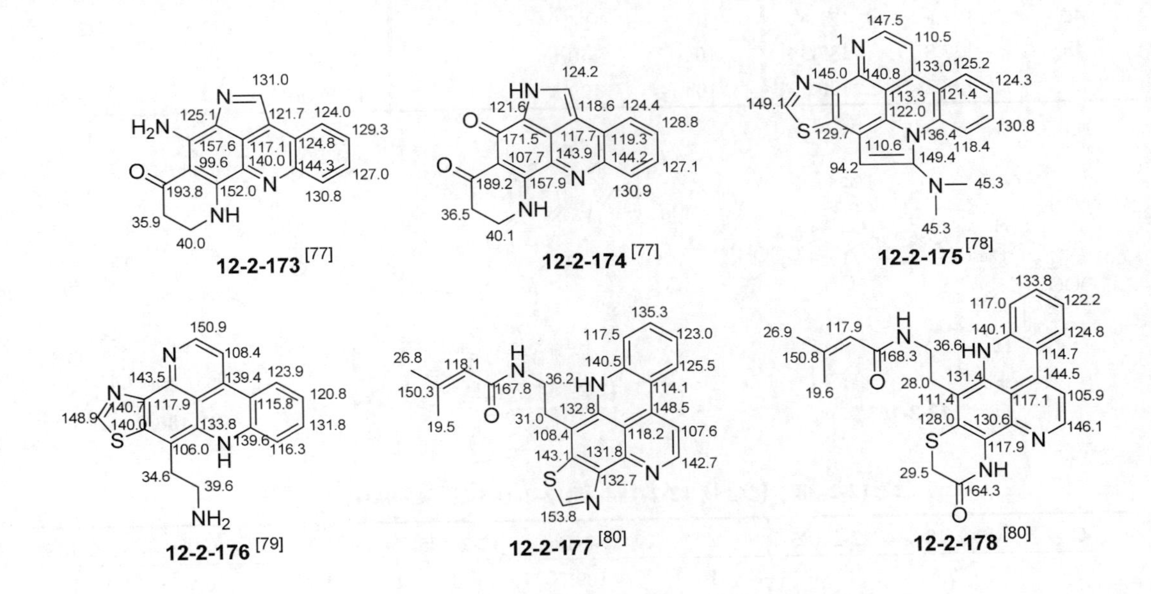

表 12-2-36　化合物 12-2-179 和 12-2-180 的 ^{13}C NMR 数据[81]

C	12-2-179	12-2-180	C	12-2-179	12-2-180	C	12-2-179	12-2-180
2	150.7	150.0	3a	139.1	139.3	4	123.7	124.0
3	108.3	108.6	3b	115.6	115.8	5	120.8	121.0

续表

C	12-2-179	12-2-180	C	12-2-179	12-2-180	C	12-2-179	12-2-180
6	131.6	131.9	11	148.5	149.0	14	36.34	36.7
7	116.1	116.3	12a	140.6	140.0	16	173.0	171.0
7a	139.2	139.3	12b	143.4	143.6	17	44.4	22.5
8a	133.4	133.5	12c	117.6	117.7	18	25.2	
9	104.4	104.6	13	31.0	31.1	19/20	22.0	
9a	139.7	140.6						

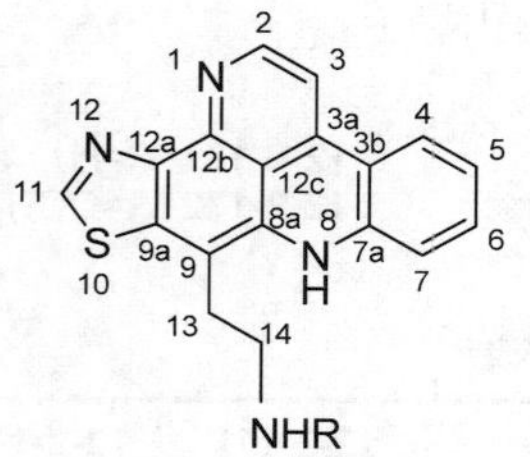

12-2-179 R=

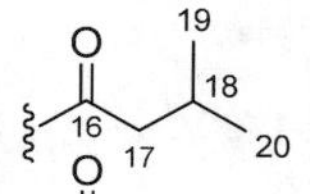

12-2-180 R=

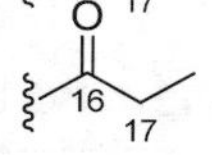

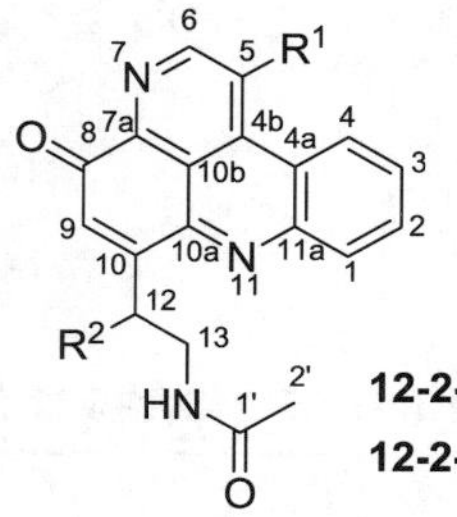

12-2-181 R^1=SCH_3; R^2=H

12-2-182 R^1=H; R^2=OCH_3

表 12-2-37　化合物 12-2-181 和 12-2-182 的 ^{13}C NMR 数据[82]

C	12-2-181	12-2-182	C	12-2-181	12-2-182	C	12-2-181	12-2-182
1	131.7	131.0	6	145.9	149.9	11a	145.1	144.5
2	131.4	131.9	7a	141.7	146.0	12	31.2	76.1
3	129.5	129.7	8	182.6		13	37.8	42.4
4	127.5	124.1	9	131.8	132.0	1'	169.1	169.3
4a	121.8	121.6	10	151.1	150.5	2'	22.5	22.3
4b	132.8	137.3	10a	150.1	146.2	5-SMe	16.4	
5	138.2	120.3	10b	129.3	117.7	12-OMe		56.8

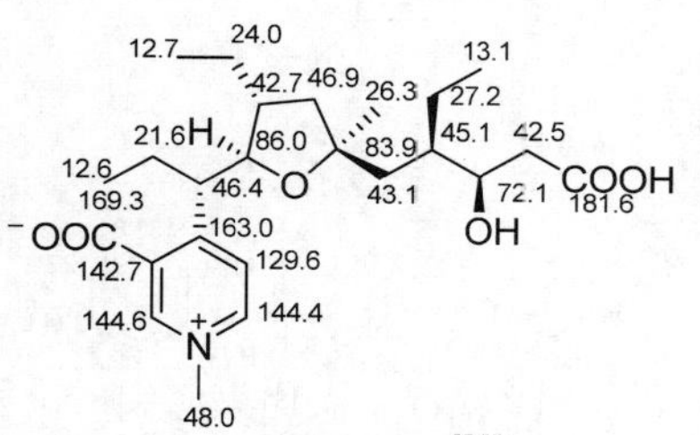

12-2-183[83]

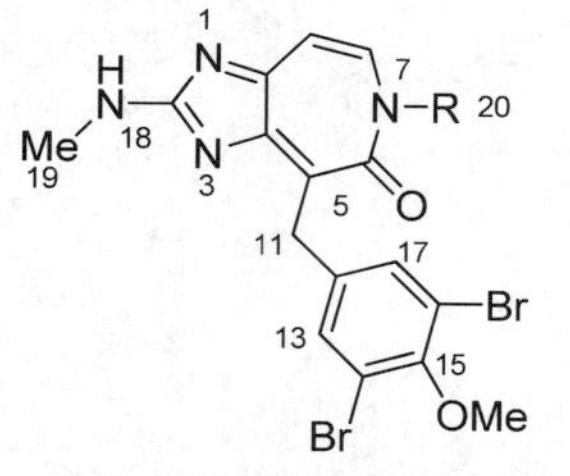

12-2-184 R=CH_3

12-2-185 R=H

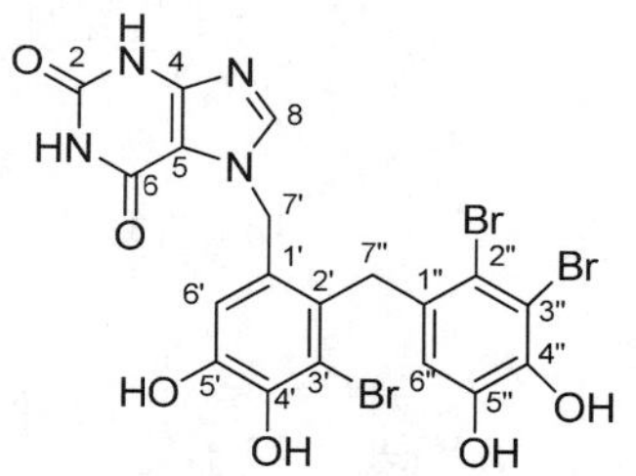

12-2-186

表 12-2-38　化合物 12-2-184 和 12-2-185 的 ^{13}C NMR 数据[84]

C	12-2-184	12-2-185	C	12-2-184	12-2-185	C	12-2-184	12-2-185
2	175.6	175.3	10	169.7	170.8	16	116.7	116.7
4	160.5	161.2	11	35.0	33.9	17	133.2	133.1
5	121.3	121.3	12	140.2	140.1	19	29.2	28.9
6	164.1	164.7	13	133.2	133.1	20	43.7	
8	142.9	137.9	14	116.7	116.7	21	60.3	60.3
9	100.4	101.2	15	151.4	151.4			

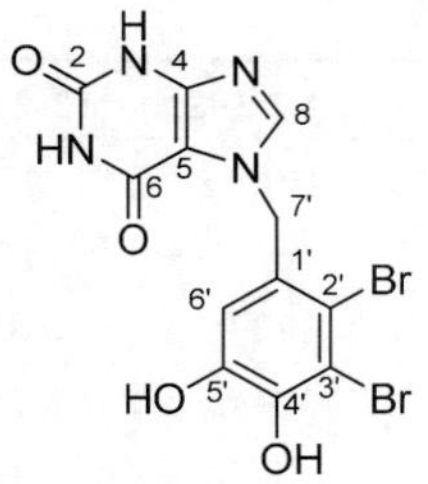

12-2-187

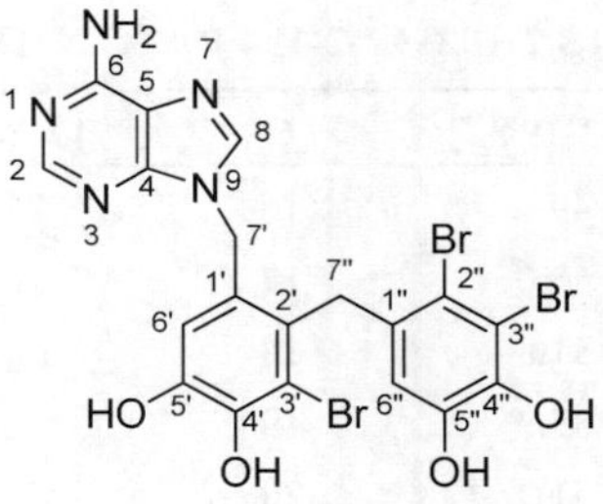

12-2-188

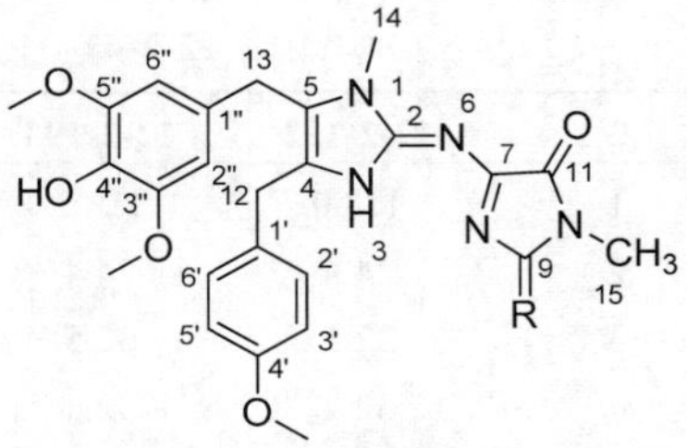

12-2-189
12-2-190

表 12-2-39 化合物 12-2-186~12-2-188 的 ^{13}C NMR 数据[85]

C	12-2-186	12-2-187	12-2-188	C	12-2-186	12-2-187	12-2-188
2	151.0	150.8	152.2	6'	113.7	113.0	114.3
4	149.1	149.8	149.2	7'	46.8	49.8	43.6
5	106.3	106.1	118.4	1"	129.7		129.3
6	155.3	155.0	156.1	2"	114.4		114.2
8	142.5	142.7	140.4	3"	113.0		
1'	127.2	127.6	126.9	4"	142.5		143.1
2'	126.8	113.2	127.2	5"	144.8		
3'	114.6	112.4	115.3	6"	113.6		113.4
4'	142.8	143.8	143.6	7"	38.7		38.3
5'	144.6	144.9					

表 12-2-40 化合物 12-2-189 和 12-2-190 的 ^{13}C NMR 数据[86]

C	12-2-189	12-2-190	C	12-2-189	12-2-190	C	12-2-189	12-2-190
2	143.1	147.3	14	30.6	29.3	3",5"	147.4	148.1
4	127.4	126.4	15	25.0	25.0	4"	133.9	134.1
5	127.7	123.7	1'	133.0	130.8	9-NMe		34.6
7	144.9	155.6	2',6'	129.7	129.7	4'-OMe	55.3	55.0
9	153.9	152.0	3',5'	114.2	113.9	3"-O'Me, 5'OMe	56.3	55.9
11	161.0	164.2	4'	158.5	157.9			
12	30.5	29.5	1'	120.8	127.7			
13	29.5	28.1	2",6"	104.7	105.6			

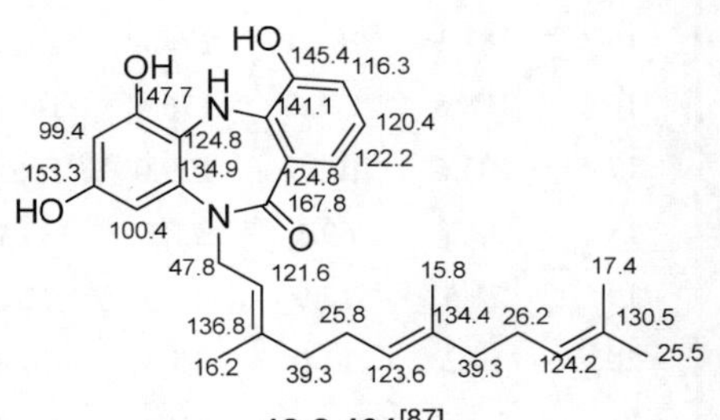

12-2-191[87]

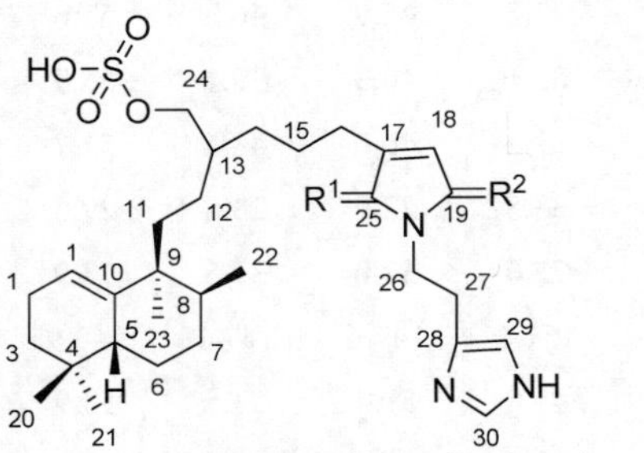

12-2-192 R^1=O; R^2=H_2
12-2-193 R^1=H_2; R^2=O

表 12-2-41 化合物 12-2-192~12-2-194 的 ^{13}C NMR 数据[88]

C	12-2-192	12-2-193	12-2-194[89]	C	12-2-192	12-2-193	12-2-194[89]
1	118.0	118.1	49.1	16	26.8	30.7	176.8
2	24.4	24.4	55.0	17	140.1	164.3	106.1
3	32.5	32.5	51.8	18	138.3	122.0	33.1
4	32.4	32.4	35.9	19	52.5	174.6	22.0
5	45.0	45.0	51.9	20	28.3	28.5	14.8
6	31.6	31.6	29.8	21	28.5	28.2	170.2
7	32.6	32.6	74.5	22	16.9	16.9	21.2
8	46.3	46.3	144.6	23	23.9	23.9	
9	43.8	43.8	51.6	24	71.7	71.5	
10	147.8	147.7	41.5	25	174.0	55.7	
11	29.3	29.5	29.0	26	43.0	42.1	
12	26.2	26.6	68.7	27	26.3	25.3	
13	39.9	39.8	46.8	28	134.7	133.3	
14	32.0	32.1	29.4	29	118.0	118.1	
15	25.9	25.8	179.2	30	135.8	135.2	

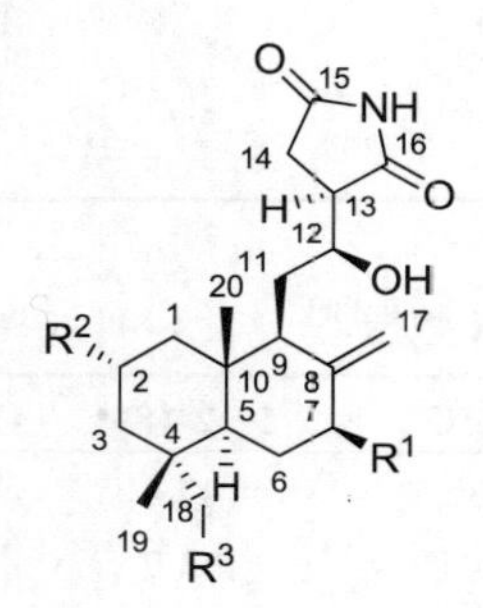

12-2-194 R1=OAc; R2=Cl; R3=H
12-2-195 R1=H; R2=OH; R3=H
12-2-196 R1=H; R2=Cl; R3=OH
12-2-197 R1=H; R2=Cl; R3=OAc

12-2-198 R=Ac
12-2-199 R=H, Δ处饱和

表 12-2-42 化合物 12-2-195~12-2-199 的 ^{13}C NMR 数据[89]

C	12-2-195	12-2-196	12-2-197	12-2-198	12-2-199	C	12-2-195	12-2-196	12-2-197	12-2-198	12-2-199
1	38.0	48.4	49.0	49.2	48.7	12	68.8	68.9	69.2	138.9	20.2
2	18.9	57.3	54.7	54.8	56.8	13	45.3	45.5	46.8	126.7	40.7
3	41.5	45.9	46.2	51.6	51.7	14	28.9	29.0	29.4	33.0	35.0
4	33.1	40.3	39.1	35.9	35.6	15	181.1	181.1	178.8	173.2	181.6
5	52.2	46.0	48.4	51.7	50.8	16	178.8	178.8	176.4	168.9	178.2
6	33.5	22.9	23.6	29.6	33.0	17	103.6	107.7	109.0	106.4	104.2
7	72.0	37.0	37.5	73.9	71.7	18	33.3	69.3	71.7	33.1	32.9
8	151.1	147.6	147.1	143.9	149.8	19	21.5	17.9	18.0	22.0	21.7
9	49.8	51.4	53.5	53.9	53.0	20	14.2	15.0	15.4	14.8	14.5
10	38.7	41.3	41.7	41.2	41.2	21			171.0	169.8	
11	29.5	30.0	29.3	24.7	28.8	22			21.0	21.1	

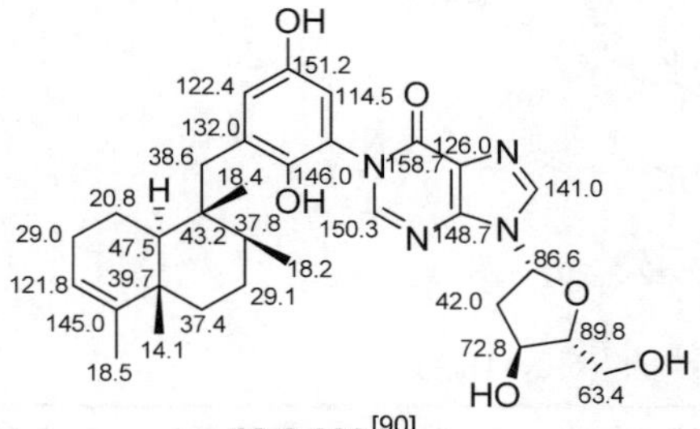

12-2-200[90]

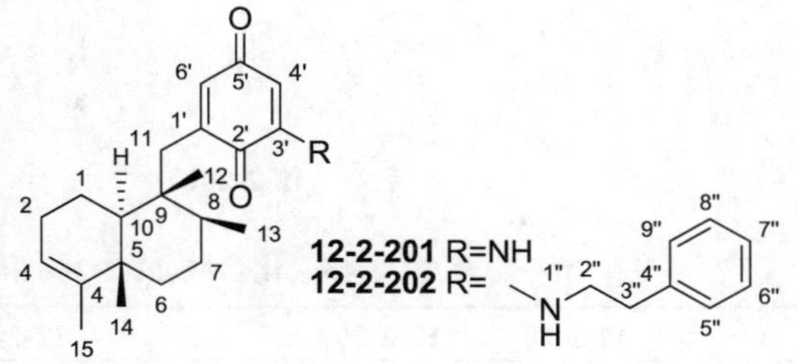

12-2-201 R=NH
12-2-202 R=

表 12-2-43 化合物 12-2-201 和 12-2-202 的 ^{13}C NMR 数据[90]

C	12-2-201	12-2-202	C	12-2-201	12-2-202	C	12-2-201	12-2-202
1	19.8	19.4	11	35.4	35.42	6'	139.3	139.9
2	27.0	16.7	12	18.0	17.7	2''		44.1
3	120.9	120.8	13	17.0	8.8	3''		34.7
4	144.6	144.5	14	20.3	20.1	4''		139.0
5	38.9	38.7	15	18.3	18.0	5''		129.0
6	36.5	36.2	1'	143.0	142.3	6''		129.0
7	27.9	27.6	2'	184.6	184.3	7''		127.2
8	37.1	36.9	3'	150.1		8''		129.0
9	42.6	42.3	4'	102.3	98.0	9''		129.0
10	47.1	46.9	5'	184.6	184.3			

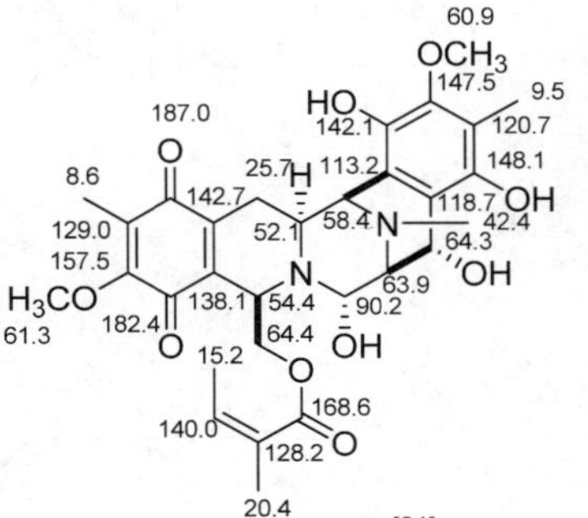

12-2-203[91]

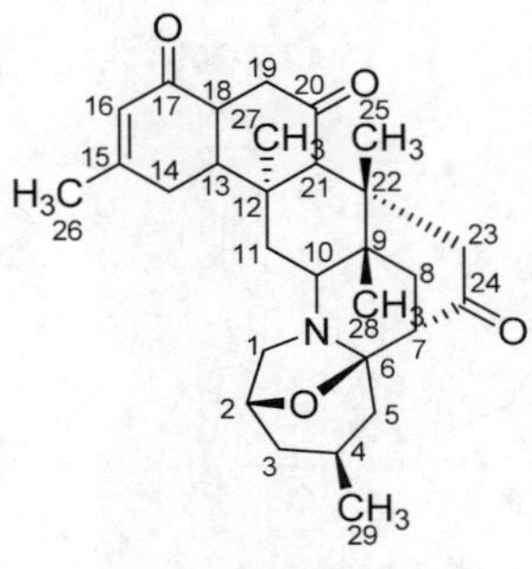

12-2-204

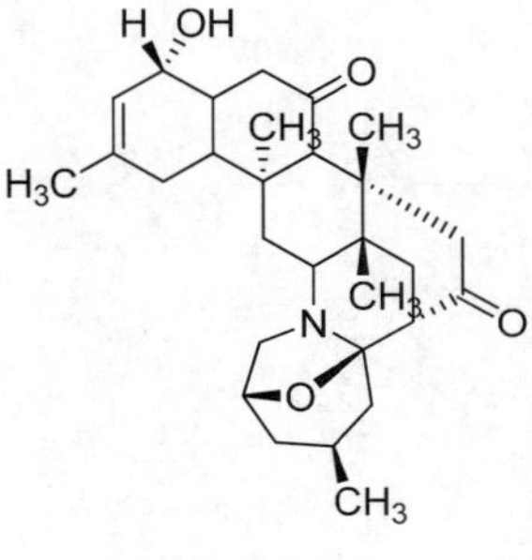

12-2-205

表 12-2-44 化合物 12-2-204 和 12-2-205 的 ^{13}C NMR 数据[92]

C	12-2-204	12-2-205	C	12-2-204	12-2-205	C	12-2-204	12-2-205
1	60.1	60.1	11	36.4	36.1	21	62.2	62.0
2	72.2	71.1	12	41.2	41.2	22	41.1	41.1
3	37.9	37.8	13	53.5	50.8	23	47.1	47.1
4	23.3	23.2	14	31.3	29.4	24	211.5	212.0
5	44.6	44.5	15	160.0	133.0	25	22.7	22.8
6	92.4	92.5	16	125.5	124.8	26	24.2	23.3
7	54.7	54.7	17	198.7	75.2	27	17.7	17.3
8	33.6	33.6	18	45.5	42.5	28	24.0	24.1
9	36.3	36.1	19	43.0	47.5	29	21.7	21.8
10	71.1	71.1	20	209.0	210.0			

12-2-206　　12-2-207

表 12-2-45　化合物 12-2-206 和 12-2-207 的 ^{13}C NMR 数据[93]

C	12-2-206	12-2-207	C	12-2-206	12-2-207	C	12-2-206	12-2-207
2	53.3	52.6	8	89.0	128.3	14	32.8	28.8
3	29.8	21.5	9	81.8	132.4	15	31.6	31.7
4	29.9	29.4	10	108.8	129.5	16	22.6	22.5
5	67.0	67.3	11	142.2	134.2	17	14.0	14.0
6	22.2	29.9	12	129.8	32.5	18	49.3	48.6
7	17.3	29.4	13	138.5	29.2	19	10.4	10.2

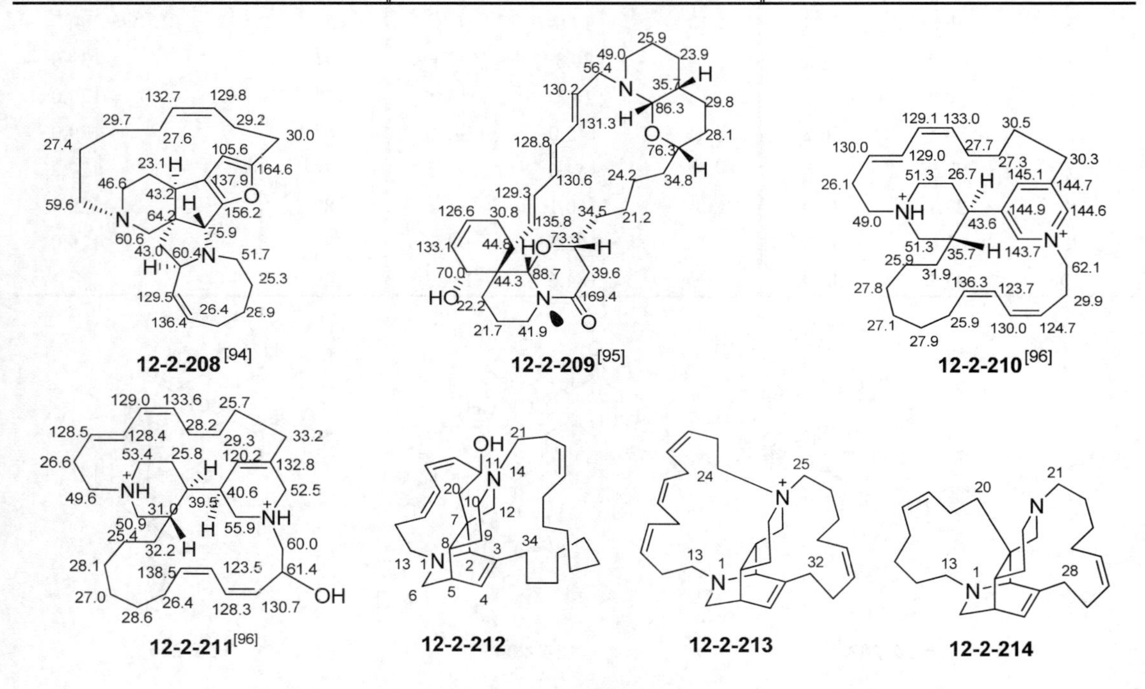

表 12-2-46　化合物 12-2-212~12-2-214 的 ^{13}C NMR 数据[97]

C	12-2-212	12-2-213	12-2-214	C	12-2-212	12-2-213	12-2-214	C	12-2-212	12-2-213	12-2-214
2	62.1	64.2	64.6	14	26.5	28.4	27.1	25	27.5	55.8	132.6
3	144.5	141.4	142.8	15	132.6	128.7	27.5	26	29.0	20.4	133.4
4	124.4	123.3	125.0	16	126.7	128.3	23.8	27	28.9	26.5	26.5
5	37.6	37.6	38.7	17	125.3	26.3	132.8	28	27.9	25.0	37.6
6	56.3	54.8	54.3	18	134.5	127.3	131.0	29	26.2	131.4	
7	44.6	43.6	44.9	19	67.3	128.5	21.6	30	27.7	132.0	
8	40.4	42.4	44.1	20	36.4	25.5	41.8	31	27.5	25.7	
9	24.9	27.0	26.8	21	59.4	127.6	56.9	32	25.2	37.2	
10	50.6	46.9	48.8	22	22.5	130.5	20.9	33	35.1		
12	51.2	50.0	50.8	23	124.4	22.1	27.1	34	37.9		
13	58.0	57.8	55.1	24	134.5	38.8	26.1				

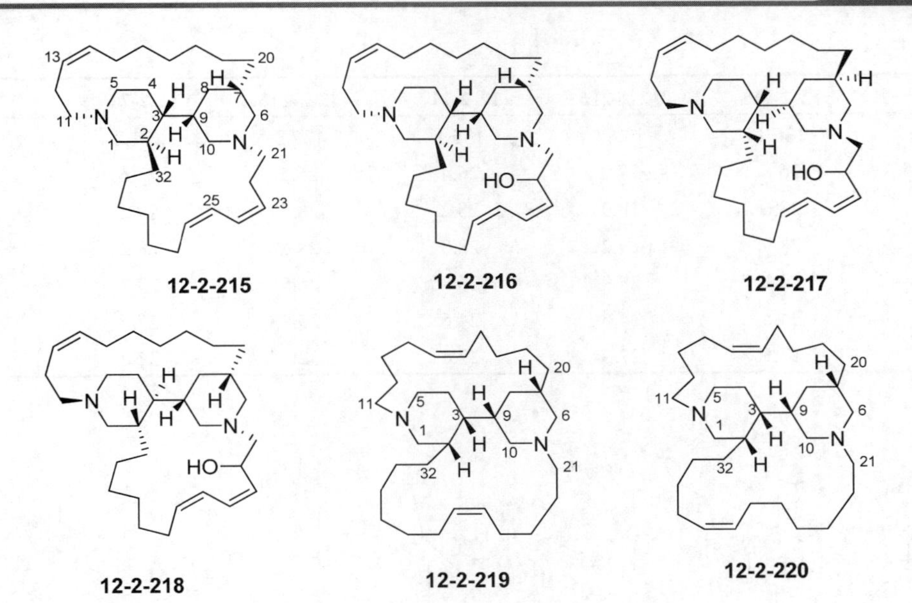

表 12-2-47 化合物 12-2-215~12-2-220 的 ^{13}C NMR 数据[98, 99]

C	12-2-215	12-2-216	12-2-217	12-2-218	12-2-219	12-2-220
1	52.3	52.6	52.1	51.9	52.3	52.3
2	31.6	31.2	29.8	40.6	41.0	40.0
3	39.3	39.1	38.9	36.5	34.1	34.2
4	32.2	32.1	31.5	33.3	36.4	35.8
5	50.4	50.3	48.5	47.9	45.4	45.9
6	58.1	59.3	59.5	58.9	60.3	59.3
7	35.5	35.6	36.0	36.4	37.8	37.8
8	30.8	30.6	30.9	36.2	37.4	37.4
9	41.4	41.8	42.9	42.5	44.5	44.7
10	58.7	59.6	59.7	60.1	59.3	59.6
11	49.4	49.3	48.0	56.2	56.6	57.0
12	23.1	23.2	22.1	20.5	20.4	20.4
13	123.0	123.0	122.2	124.6	27.0	26.9
14	136.2	136.4	134.9	134.4	27.2	27.2
15	28.7	28.6	27.3	27.3	131.0	130.1
16	30.4	30.3	27.5	27.8	130.3	130.7
17	29.0	29.1	29.1	28.6	26.2	27.6
18	32.5	32.5	32.0	28.9	29.0	29.7
19	25.5	25.4	23.9	29.2	26.8	26.6
20	27.4	27.2	26.1	34.0	33.6	33.7
21	56.6	62.5	63.1	62.6	58.2	57.8
22	23.1	62.4	62.9	61.7	21.8	21.4
23	128.7	133.0	134.4	133.2	27.5	25.9
24	127.1	127.4	125.1	127.6	26.7	27.8
25	124.6	124.8	123.8	124.8	129.9	28.4

续表

C	12-2-215	12-2-216	12-2-217	12-2-218	12-2-219	12-2-220
26	136.1	137.3	135.1	137.3	131.3	26.0
27	26.8	27.0	26.4	26.5	27.6	129.5
28	28.6	28.9	28.2	28.5	29.2	129.7
29	28.9	29.2	28.0	28.8	28.2	28.0
30	29.1	28.9	26.8	26.8	29.7	31.1
31	24.6	24.6	24.6	25.9	27.6	27.9
32	27.5	27.8	27.8	32.9	32.3	32.5

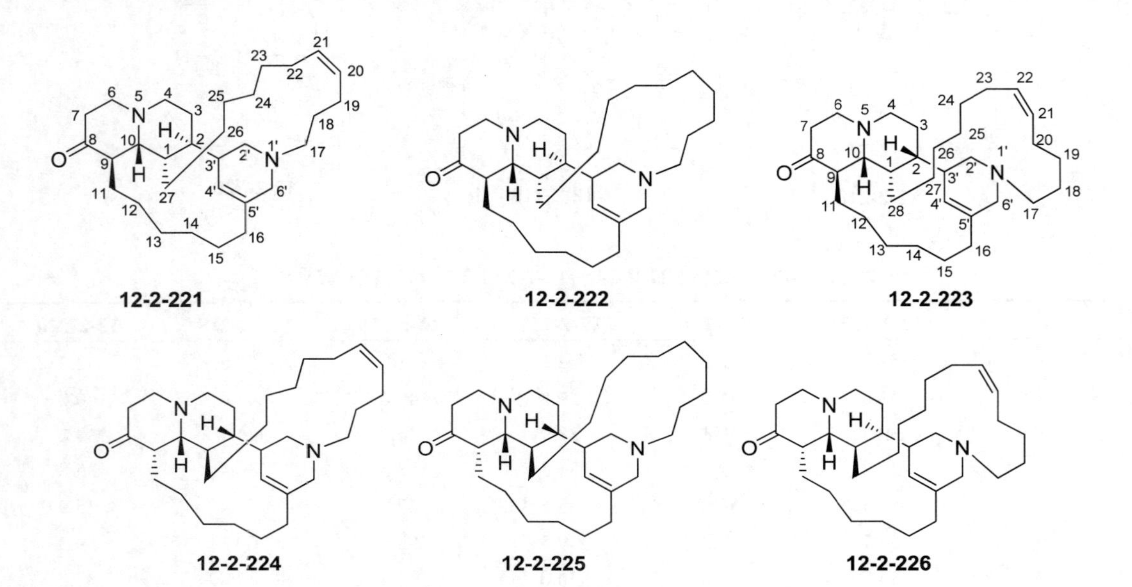

表 12-2-48　化合物 12-2-221~12-2-226 的 ^{13}C NMR 数据[100]

C	12-2-221	12-2-222	12-2-223	12-2-224	12-2-225	12-2-226
1	36.3	34.6	37.5	34.1	36.8	34.1
2	37.2	41.8	37.1	38.5	38.9	35.9
3	24.5	31.8	24.7	31.6	26.2	30.6
4	46.3	53.5	46.1	53.9	46.0	53.7
6	54.6	55.9	55.8	55.9	53.8	55.8
7	38.7	38.0	39.6	38.2	37.8	38.4
8	210.8	212.5	210.8	212.5	211.2	212.2
9	52.9	53.9	52.5	52.9	53.6	52.6
10	68.8	68.7	70.2	67.3	66.7	67.1
11	21.2	28.5	21.4	28.4	22.0	28.3
12	26.3	27.5	26.9	27.8	26.3	27.7
13	24.3	27.2	26.6	28.1	24.3	28.5
14	27.3	25.9	26.6	26.5	27.3	26.8
15	26.3	26.8	26.3	27.3	24.2	27.2
16	31.6	33.6	31.5	33.4	32.9	32.9

续表

C	12-2-221	12-2-222	12-2-223	12-2-224	12-2-225	12-2-226
17	56.6	58.0	57.3	57.1	56.8	56.5
18	26.5	28.3	26.2	23.6	22.8	21.6
19	24.3	25.9	25.6	27.2	26.6	26.3
20	129.3	129.3	25.2	26.7	26.4	26.4
21	130.3	130.8	23.9	26.4	129.6	129.4
22	24.8	24.9	23.6	26.0	131.1	131.7
23	27.1	27.5	23.6	25.4	27.1	26.4
24	29.2	27.2	27.1	25.3	29.2	29.3
25	28.4	29.2	29.1	22.8	28.4	27.2
26	28.3	26.4	37.3	29.8	26.3	27.2
27	36.8	32.8			28.3	26.8
28					37.4	37.5
2'	54.8	55.7	55.6	55.1	53.6	51.3
3'	40.4	42.4	40.6	42.5	40.9	40.5
4'	121.8	119.5	121.7	119.6	121.6	121.3
5'	135.9	138.2	136.2	137.9	135.6	134.6
6'	55.0	54.9	56.5	54.2	54.3	53.5

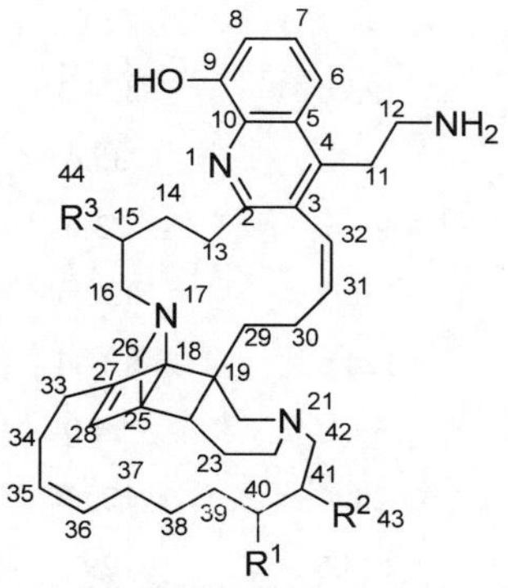

12-2-227 R^1=OH; R^2=CH_3; R^3=H
12-2-228 R^1=OH; R^2=R^3=CH_3
12-2-229 R^1=R^2=R^3=H
12-2-230 R^1=R^3=H; R^2=CH_3

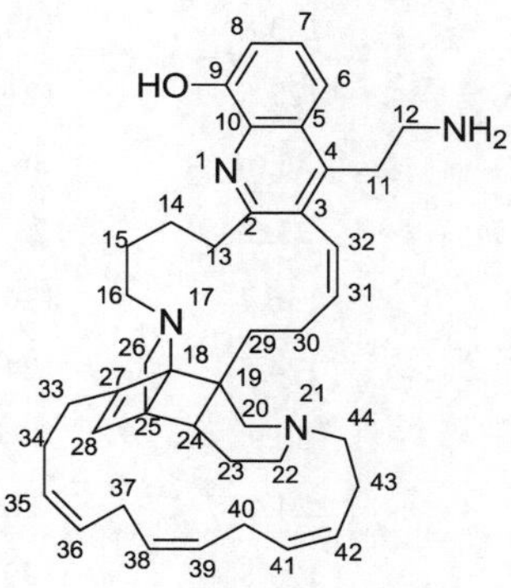

12-2-231

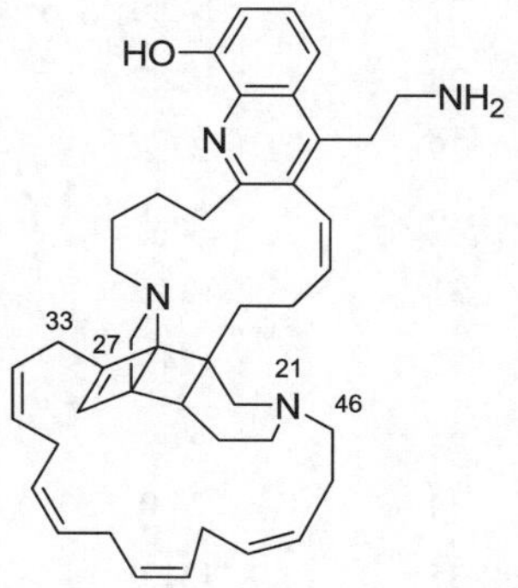

12-2-132

表 12-2-49 化合物 12-2-227~12-2-232 的 ^{13}C NMR 数据[101]

C	12-2-227	12-2-228	12-2-229	12-2-230	12-2-231	12-2-232
2	158.6	158.0	158.1	158.0	158.0	158.0
3	132.0	131.7	131.5	131.5	131.5	131.4
4	142.6	142.2	142.2	142.1	142.1	142.0
5	127.5	127.5	127.0	127.0	126.9	126.9
6	115.0	114.6	114.6	114.5	114.6	114.6
7	128.0	127.1	127.6	127.5	127.6	127.7
8	110.9	110.3	110.5	110.4	110.4	110.5

续表

C	12-2-227	12-2-228	12-2-229	12-2-230	12-2-231	12-2-232
9	154.4	153.8	154.0	153.9	154.0	154.1
10	138.1	137.5	137.6	137.5	137.6	137.6
11	28.8	28.4	28.4	28.3	28.4	28.2
12	39.7	39.3	39.3	39.1	39.3	39.2
13	38.7	35.3	38.3	38.2	38.3	38.3
14	26.1	32.5	25.8	25.6	25.9	25.5
15	27.3	29.4	26.8	26.8	26.8	26.5
16	56.7	65.3	56.3	56.3	56.2	55.8
18	57.4	57.5	56.8	56.8	56.4	55.0
19	44.2	43.6	43.8	43.7	43.5	43.6
20	51.0	50.6	49.7	50.3	49.7	48.3
22	51.9	51.5	49.5	51.0	49.5	50.0
23	23.9	23.3	24.0	23.3	24.3	24.1
24	42.4	42.2	41.5	41.8	41.5	41.5
25	37.1	36.6	36.8	36.6	36.9	37.0
26	57.4	57.3	56.8	56.9	56.8	56.3
27	142.6	143.7	143.8	143.6	142.7	140.9
28	122.2	121.6	122.5	121.9	123.0	124.3
29	37.2	37.0	36.6	36.7	36.4	35.4
30	24.2	23.6	23.5	23.5	23.6	23.6
31	137.2	136.6	136.7	136.6	136.7	136.3
32	124.8	124.5	124.5	124.3	124.6	124.4
33	37.7	37.5	36.9	37.0	36.2	34.0
34	24.0	23.8	24.4	24.0	24.7	125.9
35	131.0	130.5	129.8	129.9	128.6	129.6
36	129.6	129.2	129.7	129.4	128.8	25.7
37	28.0	27.5	26.7	27.0	25.7	127.6
38	27.2	26.7	27.8	28.6	128.2	127.6
39	36.0	35.6	23.8	25.8	127.6	26.1
40	74.9	74.3	25.4	34.1	26.2	128.0
41	32.9	32.5	19.7	26.4	131.9	127.7
42	62.9	64.5	57.5	64.8	123.1	26.1
43	18.3	17.7		18.3	22.2	131.6
44		17.3			57.5	123.9
45						22.6
46						57.4

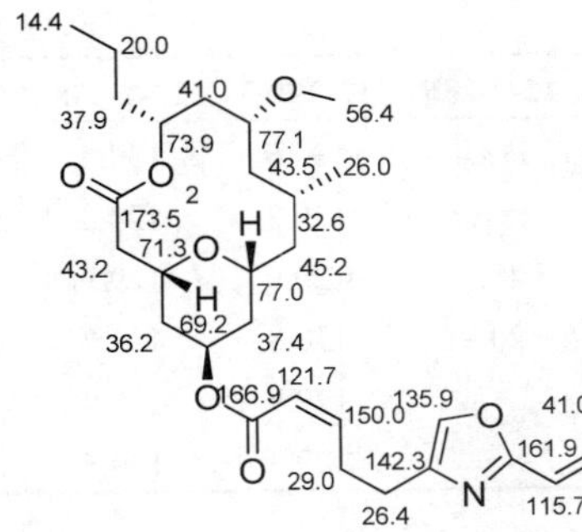

12-2-232[101]

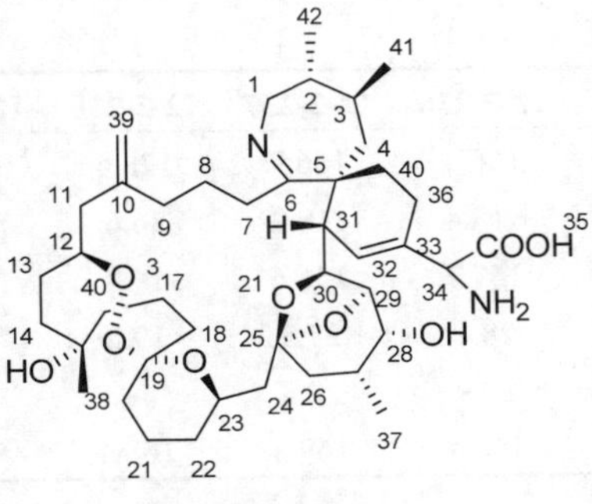

12-2-234 34*S*
12-2-235 34*R*

表 12-2-50 化合物 12-2-234 和 12-2-235 的 ^{13}C NMR 数据[103]

C	12-2-234	12-2-235	C	12-2-234	12-2-235	C	12-2-234	12-2-235
1	50.9	50.9	17	30.3	30.3	30	78.5	78.5
2	38.5	38.3	18	37.9	37.9	31	43.0	43.0
3	34.1	34.0	20	34.4	34.4	32	134.4	135.0
4	34.5	34.5	21	20.3	20.3	34	59.5	60.4
7	34.9	34.9	22	31.2	31.2	36	22.1	21.5
8	20.8	20.8	23	69.8	69.8	37	15.6	15.6
9	32.7	32.7	24	44.0	44.0	38	21.6	21.6
11	45.4	45.4	26	40.5	40.5	39	121.3	121.3
12	68.6	68.6	27	30.0	30.0	40	32.2	32.2
13	28.5	28.5	28	66.0	65.9	41	19.7	19.7
14	34.3	34.4	29	80.6	80.6	42	18.6	18.6

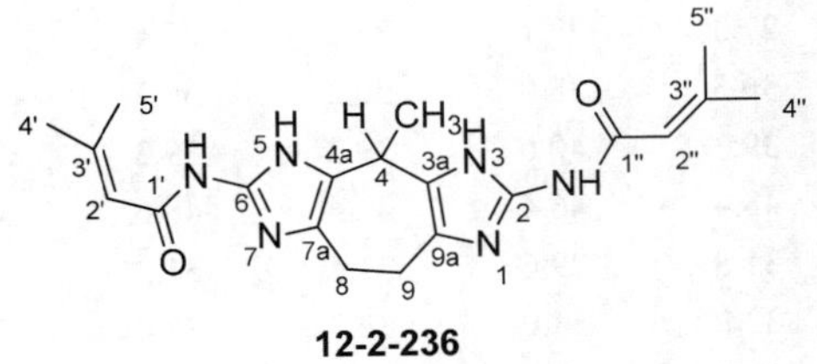

12-2-236

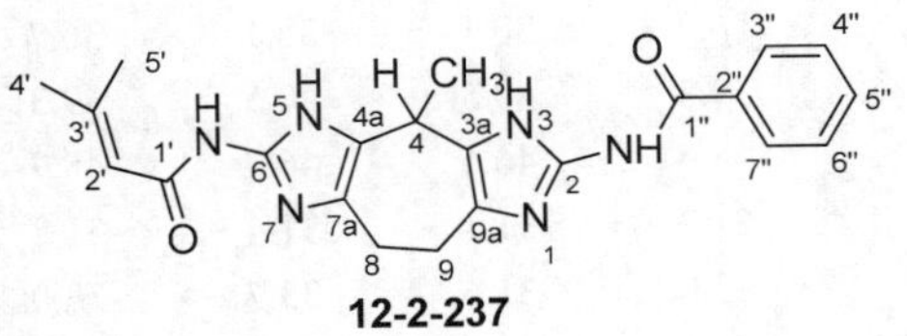

12-2-237

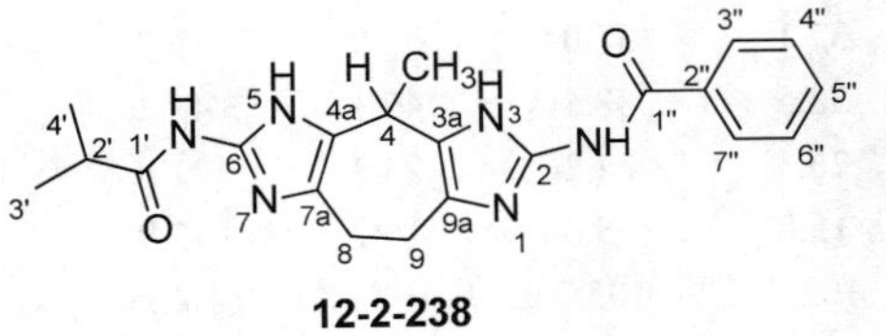

12-2-238

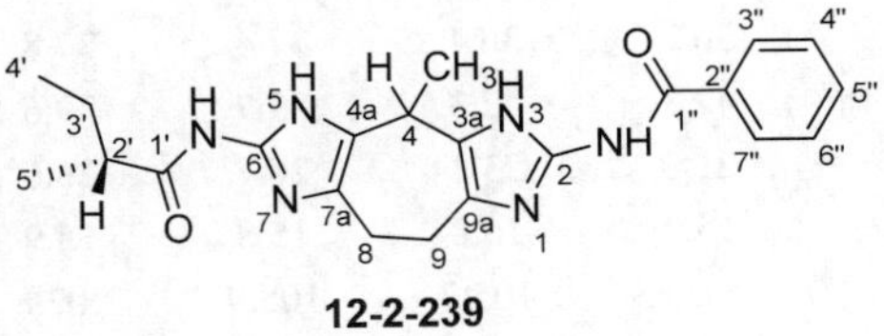

12-2-239

表 12-2-51 化合物 12-2-236~12-2-239 的 ^{13}C NMR 数据[104]

C	12-2-236	12-2-237	12-2-238	12-2-239	C	12-2-236	12-2-237	12-2-238	12-2-239
2	140.1	140.3	141.1	140.8	6	140.1	141.2	140.3	139.9
3a	130.1	130.6	129.7	129.8	7a	126.1	126.5	126.0	127.4
4	32.2	32.6	32.1	32.2	8	25.0	25.4	25.0	24.9
4(Me)	24.9	24.4	24.5	24.6	9	25.0	25.4	25.0	24.9
4a	130.1	130.7	129.6	129.8	9a	126.1	126.7	126.0	127.4

续表

C	12-2-236	12-2-237	12-2-238	12-2-239	C	12-2-236	12-2-237	12-2-238	12-2-239
1'	166.4	166.9	178.4	177.9	2"	118.4	134.5	134.5	134.6
2'	118.4	118.2	36.6	43.8	3"	157.7	129.3	129.3	129.3
3'	157.7	156.6	19.8	28.4	4"	28.1	129.9	129.9	130.0
4'	28.1	27.5	19.8	12.4	5"	20.9	133.8	133.8	133.9
5'	20.9	20.3		17.9	6"		129.9	129.9	130.0
1"	166.4	169.3	168.4	168.4	7"		129.3	129.3	129.3

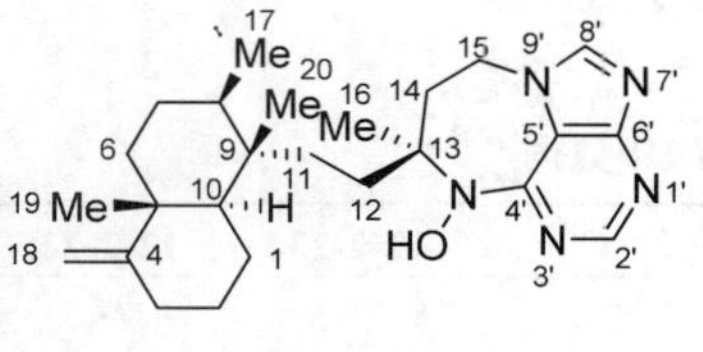

12-2-240
12-2-241 5-*epi*

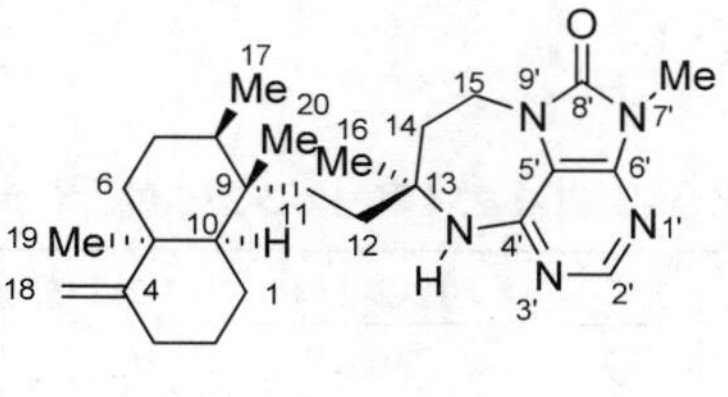

12-2-242
12-2-243 5-*epi*

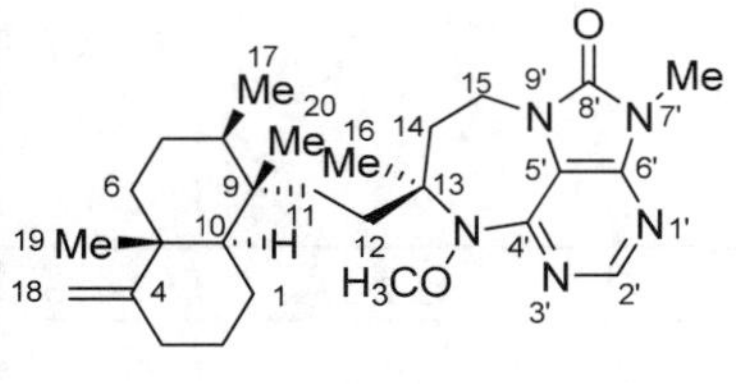

12-2-244
12-2-245 5-*epi*

表 12-2-52 化合物 12-2-240~12-2-248 的 ^{13}C NMR 数据[105~107]

C	12-2-240	12-2-241	12-2-242	12-2-243	12-2-244	12-2-245	12-2-246	12-2-247	12-2-248
1	21.8	21.2	21.3	21.9	22.1	21.2	21.9	21.8	19.8
2	28.6	24.1	24.1	28.6	28.4	24.0	28.4	28.6	23.0
3	33.2	31.7	31.5	32.8	32.9	31.5	33.4	33.2	31.9
4	160.6	153.6	153.4	160.1	160.0	153.1	159.7	160.6	17.2
5	40.1	39.4	39.4	40.0	40.0	39.3	39.8	40.1	26.2
6	37.2	38.1	38.1	37.1	37.1	37.9	36.9	37.2	27.4
7	27.4	27.2	27.2	27.2	27.3	27.1	27.1	27.4	27.6
8	36.7	38.1	38.1	36.7	36.3	38.0	36.2	36.7	35.4
9	39.3	40.5	40.5	39.3	39.3	40.6	39.2	39.3	39.1
10	48.6	46.6	46.7	48.7	48.4	46.4	48.4	48.6	40.8
11	31.2	31.1	31.4	31.2	31.8	29.6	31.5	31.2	35.8
12	33.0	31.6	33.7	33.0	32.9	33.0	32.7	33.0	23.0
13	64.2	65.0	58.2	58.2	66.2	66.3	66.3	64.2	69.4
14	36.7	36.4	37.4	37.8	37.1	37.0	37.9	36.7	35.4
15	42.3	42.3	39.7	39.6	38.5	38.5	42.1	42.3	42.8
16	21.8	23.1	26.7	26.6	26.3	24.2	24.3	21.8	23.6
17	15.9	15.8	15.8	15.9	15.8	15.6	15.7	15.9	14.3
18	102.5	105.7	105.9	102.8	102.7	105.7	102.6	102.5	24.7
19	20.1	32.9	32.9	20.8	20.8	32.0	20.7	20.1	22.2
20	18.3	19.9	19.8	18.3	18.3	19.9	18.2	18.3	19.9
2'	151.7	151.6	151.0	151.0	151.1	151.1	152.9	151.7	145.9
4'	149.0	149.6	142.5	142.5	146.7	146.7	150.5	149.0	145.0
5'	109.3	109.3	102.8	104.7	104.7	104.7	109.9	109.3	109.3
6'	158.7	158.4	146.8	146.3	148.0	148.0	159.5	158.7	155.3
8'	143.1	143.3	151.9	151.9	152.2	152.3	143.0	143.1	144.5
N-OMe					64.8	64.9	64.5		
N(7')-Me			26.8	26.8	26.5	26.5			

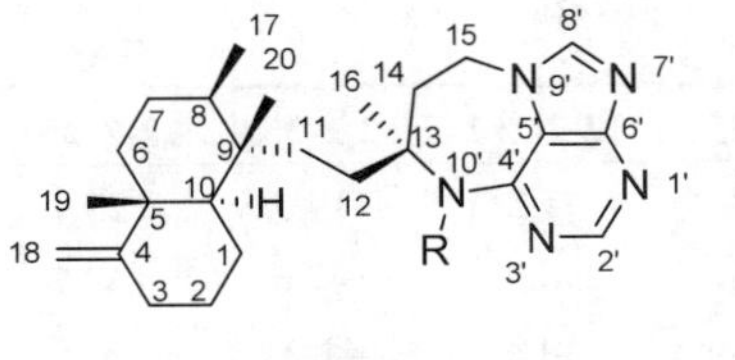

12-2-246 R=OCH_3
12-2-247 R=H
12-2-248 R=OH 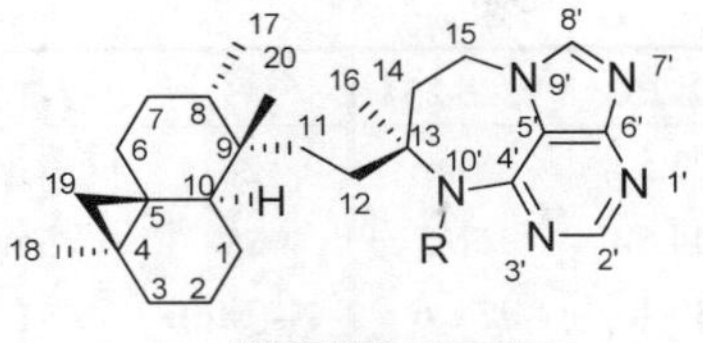
12-2-249 R=H
12-2-250 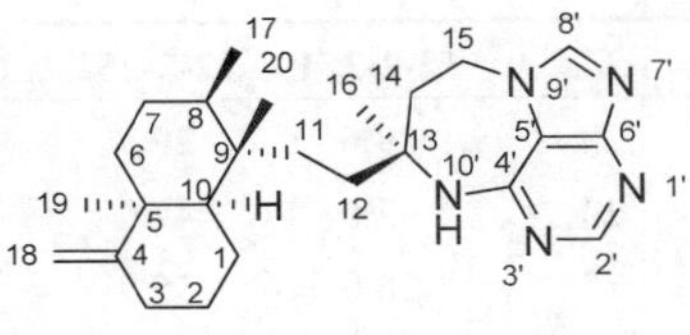

表 12-2-53 化合物 12-2-249 和 12-2-250 的 ^{13}C NMR 数据 [107]

C	12-2-249	12-2-250	C	12-2-249	12-2-250	C	12-2-249	12-2-250
1	19.7	21.2	10	40.0	49.0	19	22.3	33.0
2	23.0	24.0	11	31.7	31.0	20	19.8	30.5
3	31.9	31.7	12	23.0	32.0	2'	146.7	151.7
4	17.2	153.0	13	59.3	56.0	4'	146.1	149.6
5	26.1	39.0	14	34.4	36.0	5'	110.3	109.3
6	27.4	38.2	15	43.5	42.0	6'	156.6	158.0
7	27.6	27.0	16	25.6	16.0	8'	143.0	143.3
8	35.3	38.0	17	14.3	15.8	N-OMe		
9	39.0	40.0	18	24.5	105.0			

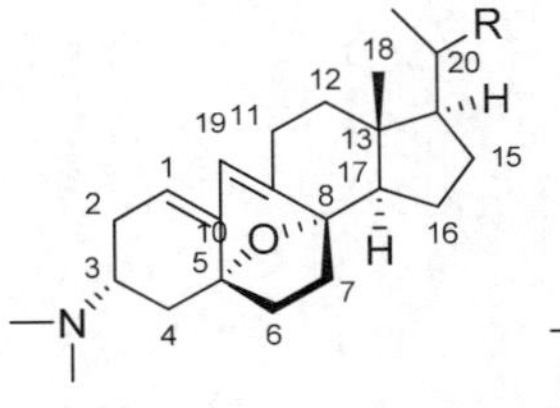

12-2-251 R=S^1
12-2-252 R=S^2
12-2-253 R=S^3 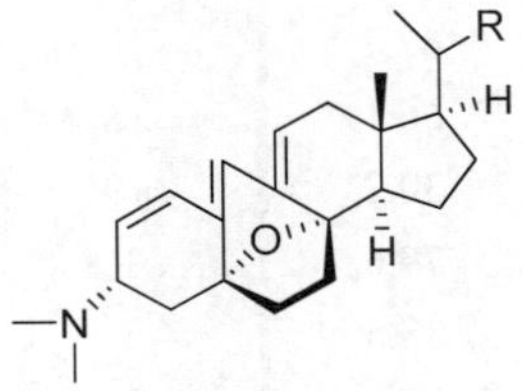
12-2-254 R=S^1

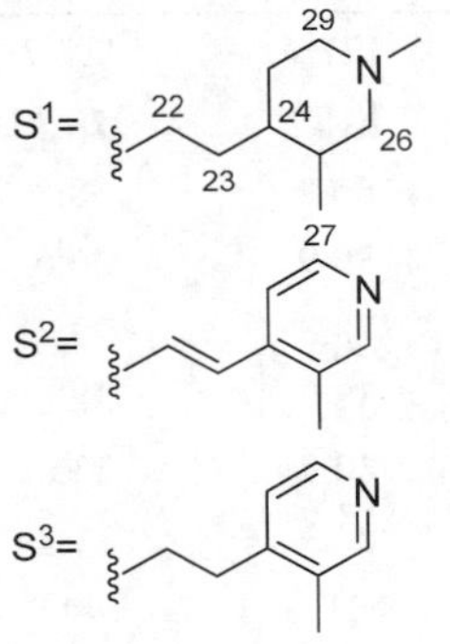

表 12-2-54 化合物 12-2-251~12-2-254 的 ^{13}C NMR 数据[108]

C	12-2-251	12-2-252	12-2-253	12-2-254	C	12-2-251	12-2-252	12-2-253	12-2-254
1	117.5	127.7	117.0	117.4	12	39.4	43.1	39.3	39.4
2	28.6	132.1	27.9	28.4	13	43.6	42.0	43.7	43.7
3	59.1	60.7	59.1	59.0	14	53.9	51.9	53.9	53.9
4	36.5	31.2	36.5	36.7	15	20.5	20.4	20.6	20.5
5	79.2	78.9	79.1	79.2	16	28.2	28.3	28.4	28.1
6	39.2	38.4	39.0	39.1	17	56.8	56.9	56.0	56.3
7	33.3	30.8	33.2	33.2	18	12.0	14.5	12.3	12.0
8	83.4	82.2	83.4	83.3	19	119.0	121.3	119.1	119.0
9	145.7	140.9	145.6	145.5	20	36.3	35.9	40.9	36.1
10	140.5	139.8	140.5	140.5	21	18.7	18.4	20.5	18.9
11	28.8	123.0	28.8	28.8	22	32.3	32.4	142.5	35.7

续表

C	12-2-251	12-2-252	12-2-253	12-2-254	C	12-2-251	12-2-252	12-2-253	12-2-254
23	29.6	29.5	123.5	29.6	28	31.4	31.2	119.5	123.7
24	42.0	42.0	144.5	150.5	29	56.6	56.2	147.6	147.7
25	36.0	35.9	130.1	131.6	N-(Me)$_3$	41.4	40.8	41.0	41.2
26	64.4	64.6	151.2	150.8	N-Me	46.6	46.0		
27	17.4	17.4	16.8	16.2					

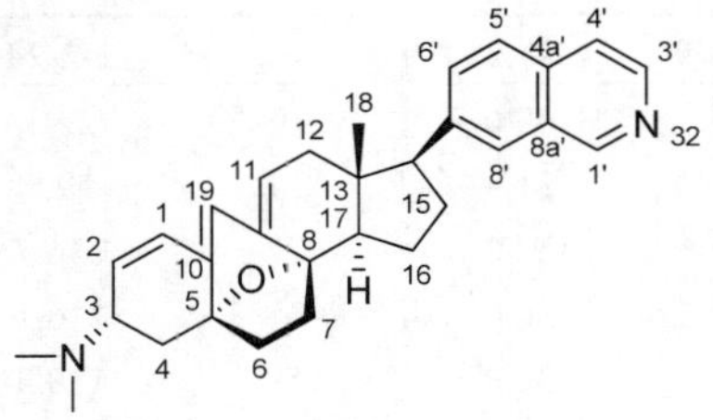

12-2-255

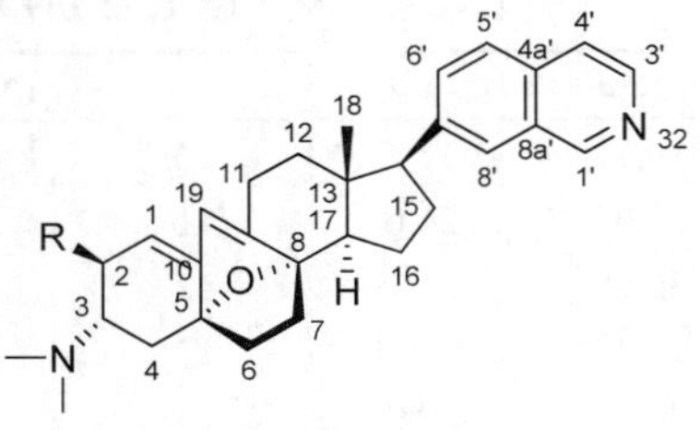

12-2-256 R=H
12-2-257 R=OH

表 12-2-55 化合物 12-2-255~12-2-257 的 ^{13}C NMR 数据[109]

C	12-2-255	12-2-256	12-2-257	C	12-2-255	12-2-256	12-2-257
1	127.7	117.7	120.2	16	26.4	25.9	25.9
2	131.2	28.3	67.7	17	56.9	57.5	57.5
3	60.3	58.8	66.1	18	15.4	12.8	12.8
4	30.9	36.6	30.2	19	121.3	119.7	119.4
5	78.8	79.2	79.6	1'	152.3	152.4	152.3
6	38.0	38.8	38.5	3'	142.4	142.5	142.5
7	30.5	33.0	32.5	4'	120.0	120.1	120.1
8	82.3	83.2	83.7	4a'	134.7	134.6	134.7
9	141.1	144.9	146.8	5'	125.8	125.6	125.7
10	139.6	140.2	140.8	6'	132.0	132.3	132.3
11	122.0	28.4	28.5	7'	140.0	140.0	139.8
12	40.3	37.2	37.1	8'	126.3	126.4	126.4
13	44.8	45.3	45.2	8a'	128.5	128.7	128.5
14	51.7	53.5	53.4	N-(Me)$_3$	40.2	41.1	40.4
15	20.6	20.7	20.6				

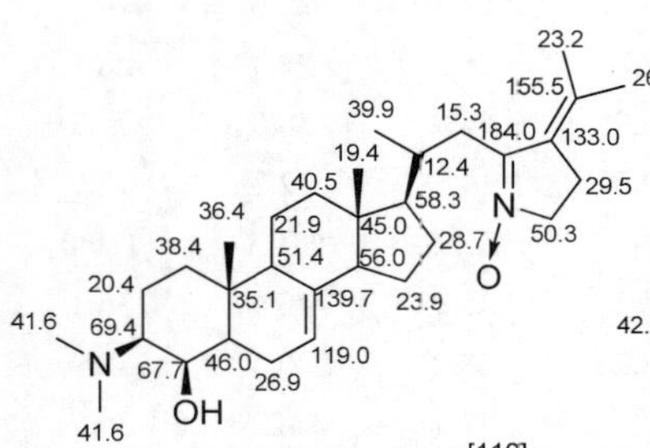

12-2-258 [110]

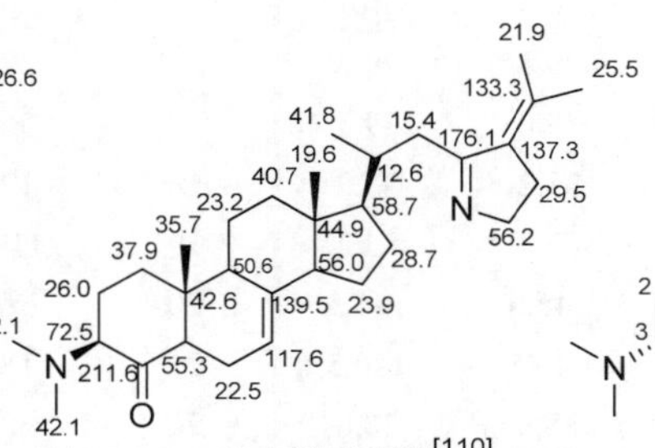

12-2-259 [110]

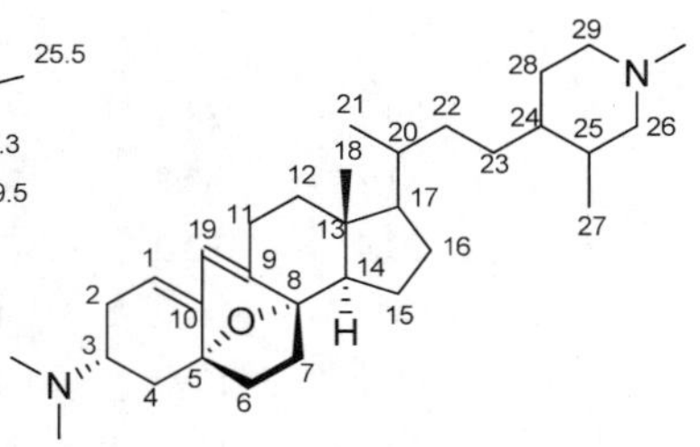

12-2-260

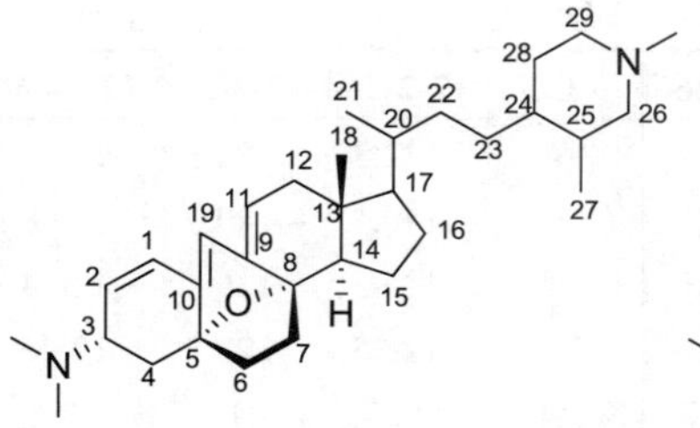

12-2-261 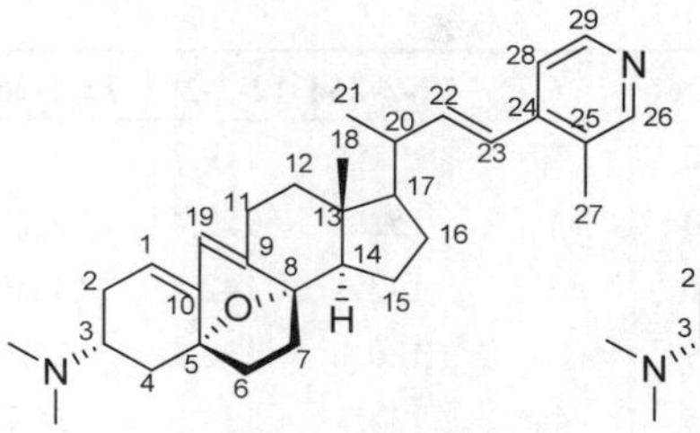　12-2-262 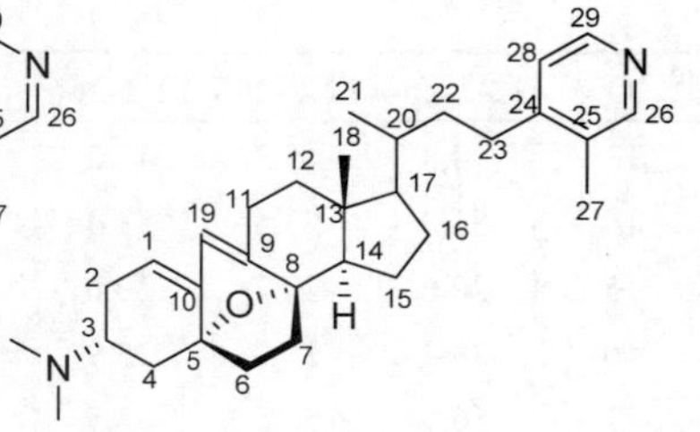　12-2-263

表 12-2-56　化合物 12-2-260~12-2-263 的 ^{13}C NMR 数据[111]

C	12-2-260	12-2-261	12-2-262	12-2-263	C	12-2-260	12-2-261	12-2-262	12-2-263
1	117.5	127.7	117	117.4	17	56.8	56.9	56.4	56.3
2	28.6	132.1	27.9	28.4	18	12.0	14.5	12.3	12.3
3	59.1	60.7	59.1	59.2	19	119.1	121.3	119.1	119.0
4	36.5	31.2	36.5	36.7	20	36.2	35.9	40.9	36.1
5	79.2	78.9	79.1	79.2	21	18.7	18.4	20.5	18.9
6	39.2	38.4	39	39.1	22	32.3	32.4	142.5	35.7
7	33.3	30.8	33.2	33.2	23	29.6	29.5	123.5	29.6
8	83.4	82.2	83.4	83.3	24	42.0	42.0	144.5	150.5
9	145.7	140.9	145.6	145.5	25	36.0	35.9	130.1	131.6
10	140.5	139.8	140.5	140.5	26	64.4	64.6	151.2	150.8
11	28.8	123	28.8	28.8	27	17.4	17.4	16.8	16.2
12	39.4	43.1	39.3	39.4	28	31.4	31.2	119.5	123.7
13	43.6	42.8	43.7	43.7	29	56.6	56.2	147.6	147.7
14	53.9	51.9	53.9	53.9	N-(Me)$_2$	41.4	40.8	41.0	41.2
15	20.5	20.4	20.6	20.5	N-Me	46.6	46.7		
16	28.2	28.3	28.4	28.1					

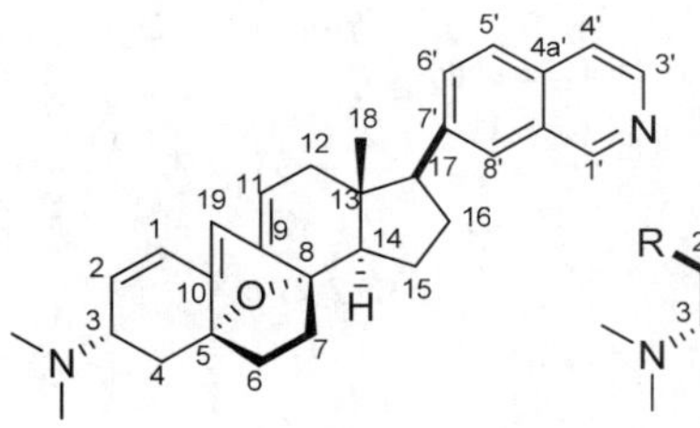

12-2-264 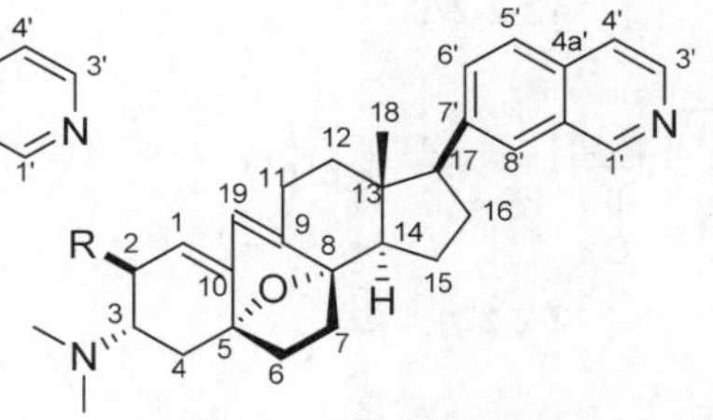　12-2-265 R=H　12-2-266 R=OH　12-2-267 R=OCH$_3$　12-2-268 R=H

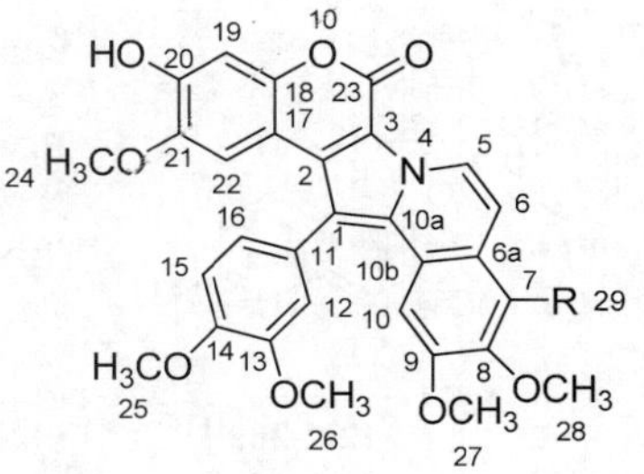

表 12-2-57　化合物 12-2-264~12-2-266 的 ^{13}C NMR 数据[112]

C	12-2-264	12-2-265	12-2-266	C	12-2-264	12-2-265	12-2-266	C	12-2-264	12-2-265	12-2-266
1	127.7	117.7	120.2	5	78.8	79.2	79.6	9	141.1	144.9	146.8
2	131.2	28.3	67.7	6	38.6	38.8	38.5	10	139.6	140.2	140.8
3	60.3	58.8	66.1	7	30.5	33	32.5	11	122.2	28.4	28.5
4	30.9	36.6	30.2	8	82.3	83.2	83.7	12	40.3	37.2	37.1

续表

C	12-2-264	12-2-265	12-2-266	C	12-2-264	12-2-265	12-2-266	C	12-2-264	12-2-265	12-2-266
13	44.8	45.3	45.2	19	121.3	119.7	119.4	6'	132.3	132.3	132.3
14	51.7	53.5	53.4	1'	152.3	152.4	152.3	7'	140.1	140.0	139.8
15	20.6	20.7	20.6	3'	142.4	142.5	142.5	8'	126.3	126.4	126.4
16	26.4	25.9	25.9	4'	120.1	120.1	120.1	8a'	128.5	128.7	128.5
17	56.9	57.5	57.5	4a'	134.7	134.6	134.7	$N-(Me)_2$	40.2	41.1	40.4
18	15.4	12.8	12.8	5'	125.8	125.6	125.7				

表 12-2-58　化合物 12-2-267 和 12-2-268 的 ^{13}C NMR 数据[113]

C	12-2-267	12-2-268	C	12-2-267	12-2-268	C	12-2-267	12-2-268
1	111.6	110.7	10b	133.8	134.3	21	147.0	147.0
2	129.3	129.4	11	128.3	128.3	22	104.6	104.6
3	108.2	107.8	12	114.2	105.2	23	155.5	155.5
5	122.9	123.3	13	149.9	149.0	24	56.3	55.9
6	106.9	112.2	14	149.0	149.9	25	61.1	55.2
6a	119.4	124.8	15	111.9	114.4	26	55.2	56.2
7	148.4	107.4	16	124.0	124.1	27	61.7	56.3
8	153.2	149.1	17	109.8	109.8	28	56.2	55.5
9	142.2	150.1	18	146.3	146.3	29	55.5	
10	101.6	111.9	19	103.6	103.5			
10a	121.3	119.0	20	143.3	143.3			

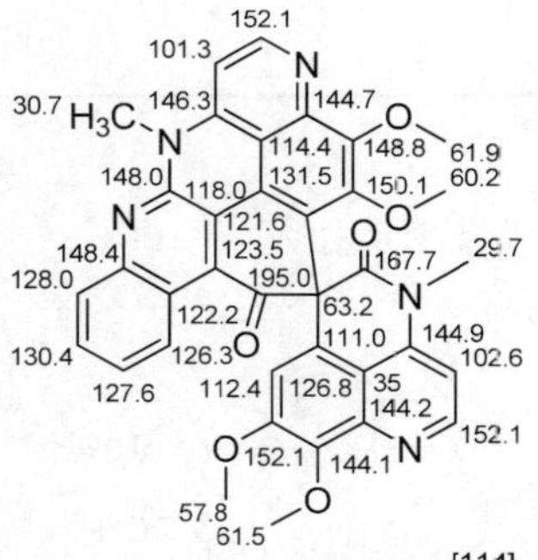

12-2-269[114]

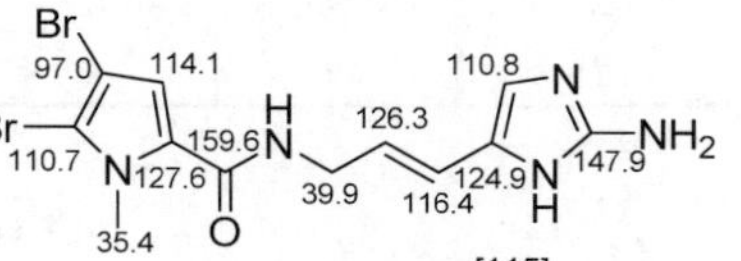

12-2-270[115]

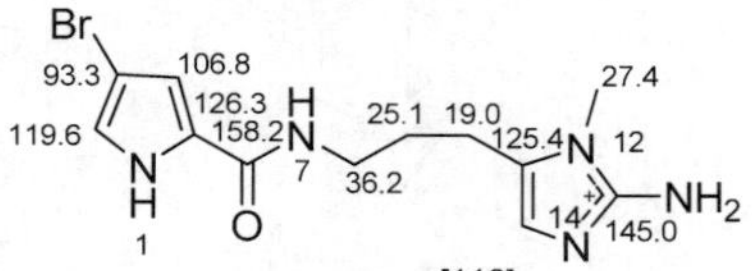

12-2-271[116]

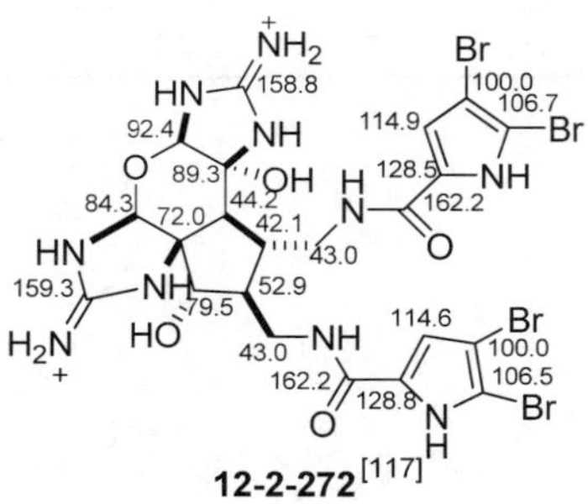

12-2-272[117]

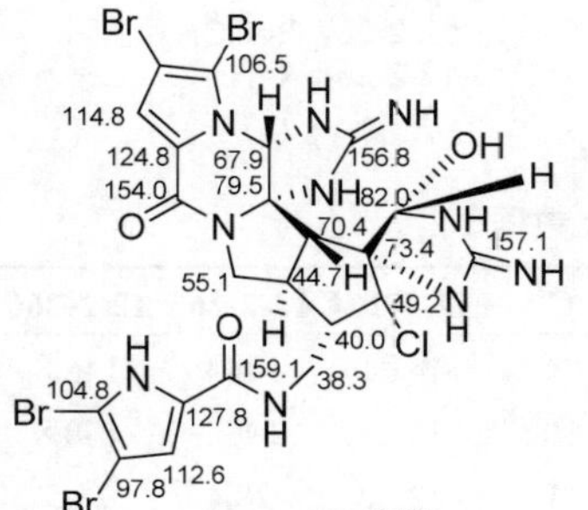

12-2-273[118]

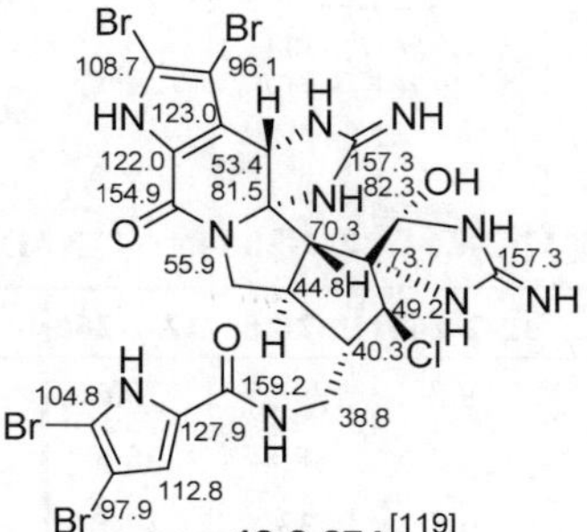

12-2-274[119]

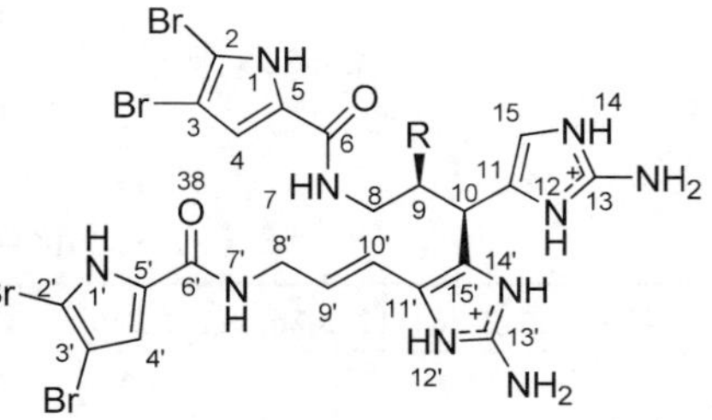

12-2-275 R=H
12-2-276 R=OH

12-2-277 $\Delta^{9(10)}$, $\Delta^{9'(10')}$
12-2-278 9(10), 9'(10') 饱和

12-2-279 X=Y=H
12-2-280 X=Br; Y=H
12-2-281 X=Y=Br

12-2-282

表 12-2-59 化合物 12-2-275~12-2-277 的 ^{13}C NMR 数据[116]

C	12-2-275	12-2-276	12-2-277	C	12-2-275	12-2-276	12-2-277	C	12-2-275	12-2-276	12-2-277
2	104.75	104.67	104.75	6	158.92	159.13	158.75	11	126.19	123.40	123.30
2'	104.62	104.58	104.64	6'	158.71	158.70	158.67	11'	122.22	122.23	116.54
3	97.90	97.88	97.83	8	36.46	48.57	37.40	13	148.03	147.75	148.21
3'	97.85	97.88	97.83	8'	40.59	40.58	37.40	13'	147.37	146.99	148.04
4	112.79	113.04	112.82	9	31.34	69.29	129.39	15	110.03	110.61	112.66
4'	112.68	112.79	112.74	9'	126.39	126.40	125.39	15'	121.43	124.86	116.82
5	128.05	128.00	127.88	10	28.70	34.97	115.85				
5'	127.99	127.95	127.76	10'	116.05	116.22	116.76				

表 12-2-60 化合物 12-2-279~12-2-282 的 ^{13}C NMR 数据[116]

C	12-2-279	12-2-280	12-2-281	12-2-282	C	12-2-279	12-2-280	12-2-281	12-2-282
2	121.25	104.54	104.66	104.76	9	39.12	39.12	39.20	124.71
2'	121.22	121.23	104.62	104.84	9'	32.99	32.99	32.97	32.97
3	94.96	97.82	97.86	97.94	10	29.28	29.22	29.23	130.82
3'	94.93	94.88	97.83	97.97	10'	19.97	19.95	19.71	129.57
4	111.64	112.76	112.75	112.94	11	123.60	123.52	123.59	112.84
4'	111.55	114.40	112.62	113.04	11'	120.52	120.45	120.49	69.72
5	126.68	126.64	127.96	158.75	13	147.50	147.47	147.37	167.31
5'	126.62	127.89	127.92	158.75	13'	147.40	147.38	147.29	148.27
6	159.82	159.76	159.10	159.10	15	111.49	111.48	111.59	177.43
6'	159.81	159.02	159.06	159.06	15'	116.60	116.56	116.43	123.12
8	37.52	37.53	38.61	40.09	2"				40.28
8'	40.30	40.53	40.36	39.33	3"				48.21

12-2-283

12-2-284

表 12-2-61 化合物 12-2-283 和 12-2-284 的 ^{13}C NMR 数据[120]

C	12-2-283	12-2-284	C	12-2-283	12-2-284	C	12-2-283	12-2-284
1	157.2	157.5	10	37.0	55.5	19	116.7	116.6
2	154.1	154.2	11	16.6	39.3	20	133.5	133.5
3	150.5	150.4	12	164.7	164.6	21	59.6	59.5
4	120.3	120.8	13	142.5	143.0	22	167.9	167.4
5	141.4	142.1	14	128.5	127.8	23	114.3	114.5
6	87.7	89.1	15	125.1	125.5	24	138.8	139.0
7	74.9	74.7	16	133.5	133.5	25	133.2	133.1
8	73.9	74.4	17	116.7	116.6	26	125.0	123.1
9	83.4	77.8	18	160.5	160.6	27	139.2	139.2

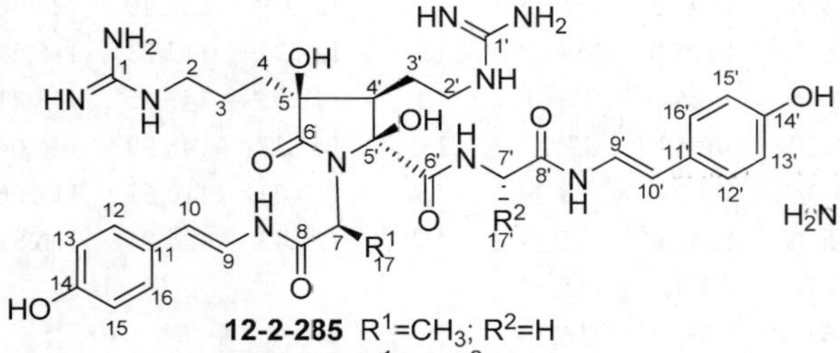

12-2-285 R^1=CH_3; R^2=H
12-2-286 R^1=H; R^2=CH_3
12-2-287 R^1=H; R^2=H

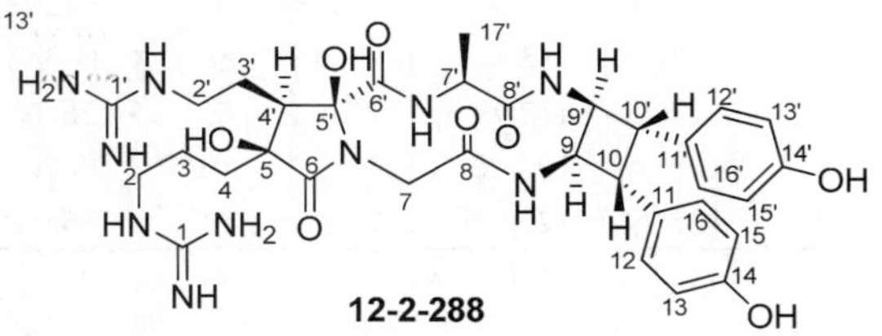

12-2-288

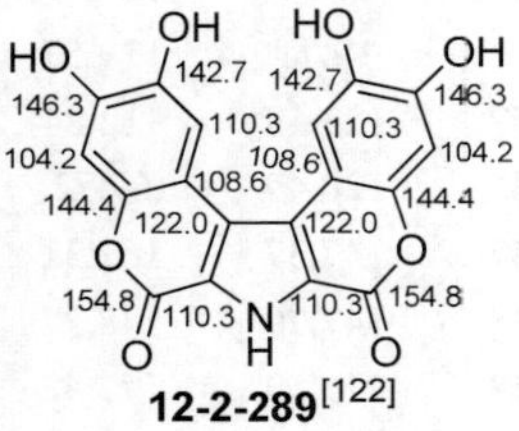

12-2-289[122] 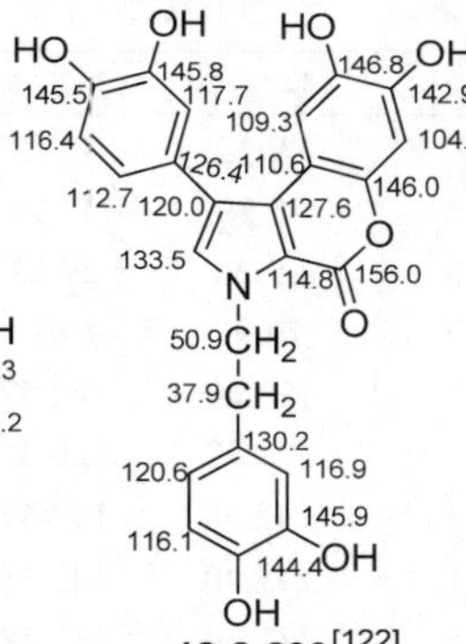 **12-2-290**[122] 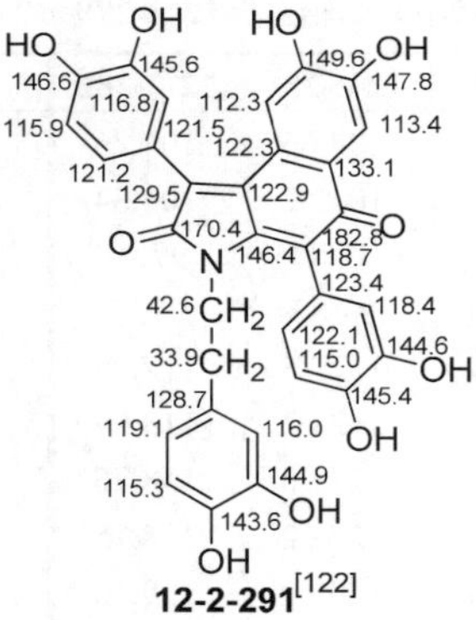 **12-2-291**[122] 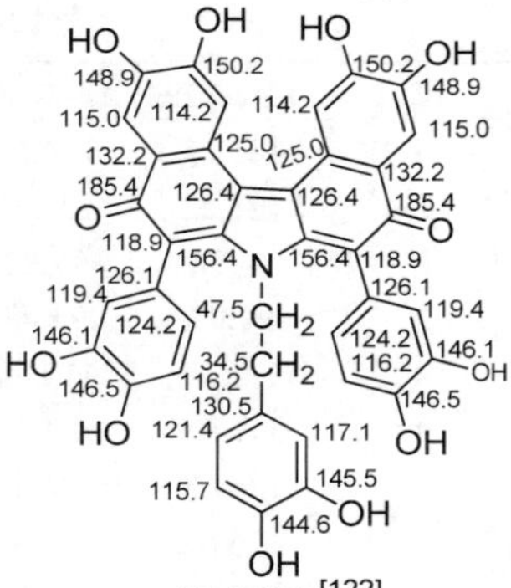 **12-2-292**[122]

表 12-2-62 化合物 12-2-285~12-2-288 的 ^{13}C NMR 数据[149]

C	12-2-285	12-2-286	12-2-287	12-2-288	C	12-2-285	12-2-286	12-2-287	12-2-288
1	157.1	158.4	158.4	158.6	11	127.2	128.8	128.7	127.9
2	41.0	42.3	42.6	42.5	12,16	126.5	127.8	127.7	130.3
3	23.0	24.5	24.5	24.2	13,15	115.8	116.4	116.4	115.9
4	34.1	34.7	34.4	34.8	14	156.4	157.6	157.5	156.8
5	74.8	76.5	76.5	76.5	17	14.2			
6	174.1	177.8	177.7	178.3	1'	157.1	158.5	158.4	158.6
7	51.3	44.9	44.9	44.2	2'	40.3	40.4	40.6	40.6
8	167.6	167.8	167.8	170.2	3'	23.5	24.1	24.1	24.4
9	121.0	121.0	120.8	52.7	4'	45.0	45.9	46.4	44.0
10	112.9	116.0	115.9	47.5	5'	90.4	90.7	90.1	90.6

续表

C	12-2-285	12-2-286	12-2-287	12-2-288	C	12-2-285	12-2-286	12-2-287	12-2-288
6'	170.3	172.5	173.4	173.8	11'	127.2	128.6	128.8	127.9
7'	42.5	51.3	43.3	50.7	12',16'	126.7	127.7	127.7	130.0
8'	166.3	171.9	168.1	173.4	13',15'	115.8	116.4	116.4	115.8
9'	121.0	120.6	120.6	52.7	14'	156.4	157.4	157.6	156.9
10'	111.3	115.6	115.4	48.3	17'		17.6		14.6

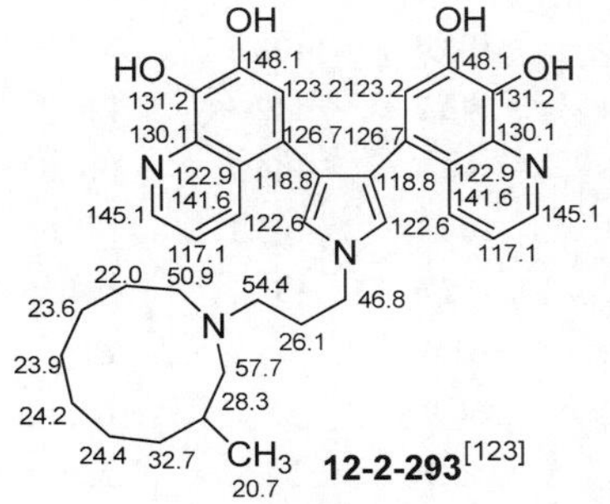

12-2-293[123]

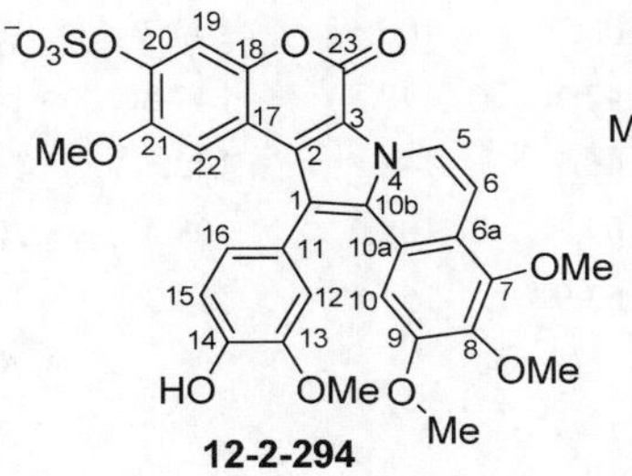

12-2-294

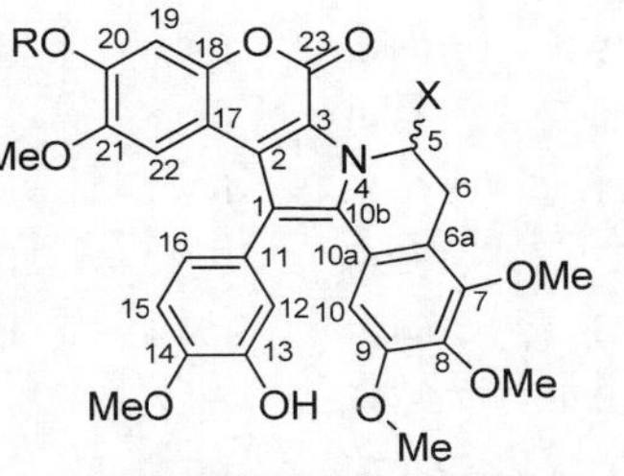

12-2-299 R=SO_3Na; X=H
12-2-301 R=X=H

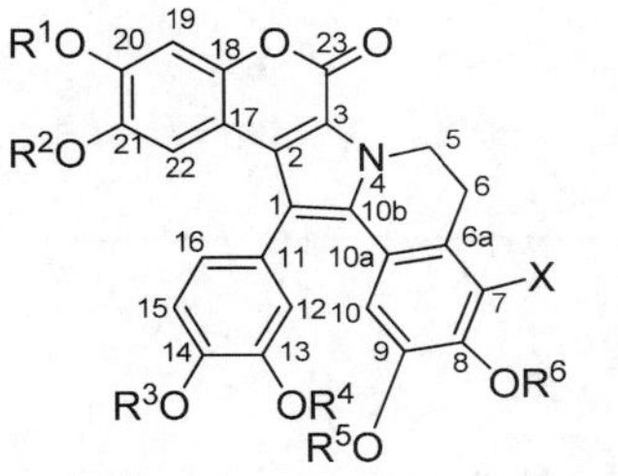

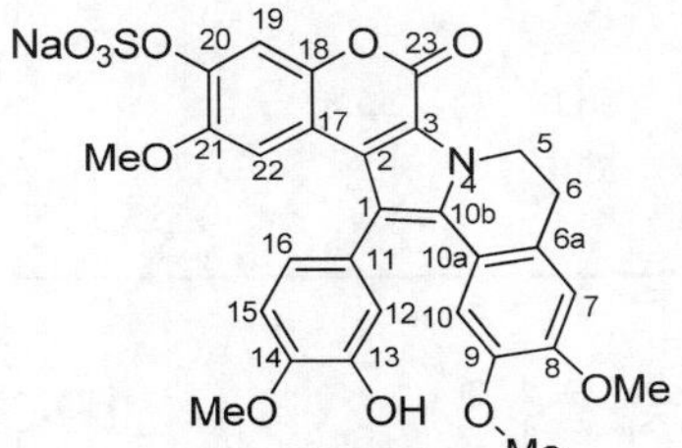

12-2-295 $R^1=SO_3^-$; $R^2=CH_3$; $R^3=H$; $R^4=CH_3$; $R^5=CH_3$; $R^6=CH_3$; $X=OCH_3$
12-2-296 $R^1=SO_3^-$; $R^2=CH_3$; $R^3=CH_3$; $R^4=H$; $R^5=CH_3$; $R^6=H$; X=H
12-2-297 $R^1=CH_3^-$; $R^2=H$; $R^3=CH_3$; $R^4=H$; $R^5=CH_3$; $R^6=SO_3^-$; X=H
12-2-298 $R^1=CH_3^-$; $R^2=H$; $R^3=H$; $R^4=H$; $R^5=CH_3$; $R^6=H$; X=H

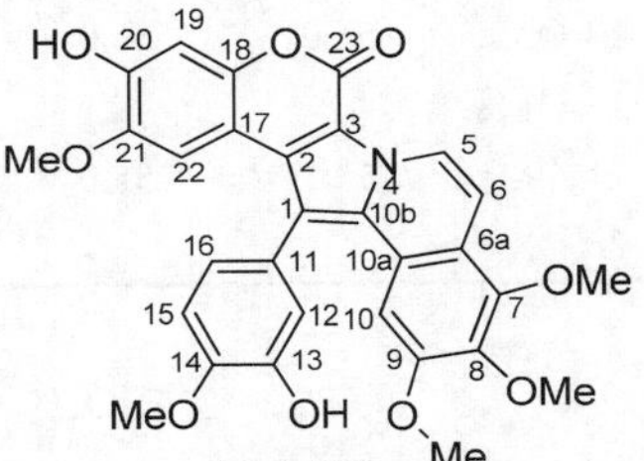

12-2-300

12-2-302

表 12-2-63 化合物 12-2-294~12-2-302 的 ^{13}C NMR 数据[124, 125]

C	12-2-294	12-2-295	12-2-296	12-2-297	12-2-298	12-2-299	12-2-300	12-2-301	12-2-302
1	112.8	116.0	114.2	115.1	114.7	115.7	115.2	114.8	111.9
2	128.3	127.0	126.6	126.6	126.9	126.7	128.1	126.7	128.7
3	107.4	113.2	112.7	112.8	112.4	113.4	113.9	113.1	107.1
5	122.1	41.7	42.0	42.0	41.9	41.7	42.1	42.0	122.1
6	107.4	21.3	27.4	27.7	27.5	21.4	29.9	27.6	106.8
6a	118.4	120.0	127.1	125.8	127.1	120.1	120.1	127.0	118.5
7	148.0	150.2	115.2	120.2	115.2	150.3	150.6	111.8	148.0
8	141.9	141.9	147.0	142.2	147.0	142.0	142.2	148.9	141.8
9	153.1	151.3	145.8	148.5	145.9	151.4	151.8	147.0	153.0
10	101.5	105.2	109.2	109.2	109.3	105.2	105.3	108.6	101.4
10a	120.7	122.3	117.7	121.6	118.0	122.4	123.1	119.2	120.6
10b	133.0	134.8	135.7	135.3	136.0	134.7	135.3	135.4	132.8
11	124.9	125.1	127.0	126.9	125.3	126.9	128.0	127.0	127.0
12	114.8	114.5	117.7	117.4	117.8	117.7	117.4	117.8	118.1

续表

C	12-2-294	12-2-295	12-2-296	12-2-297	12-2-298	12-2-299	12-2-300	12-2-301	12-2-302
13	148.8	148.6	147.5	147.4	146.2	147.6	146.4	147.6	147.7
14	147.0	146.7	147.5	147.6	145.4	147.8	146.4	147.7	148.0
15	116.5	116.4	113.5	113.3	116.7	113.6	111.2	113.5	113.7
16	123.5	123.2	121.3	121.1	121.4	121.5	123.0	121.5	121.9
17	111.5	112.0	112.0	109.9	110.2	112.0	110.2	112.0	108.0
18	145.2	144.6	144.4	144.4	144.6	144.5	145.5	144.6	147.9
19	108.8	108.6	108.7	100.6	100.7	108.9	103.4	108.8	103.7
20	143.4	142.4	142.1	147.8	147.8	142.4	143.2	142.3	146.2
21	146.8	146.7	146.5	142.7	142.8	146.8	146.4	146.7	144.6
22	105.8	105.2	105.1	108.2	108.4	105.1	104.1	105.1	105.6
23	154.2	154.1	153.9	154.2	154.3	154.2	155.6	154.2	154.3
7-OMe	61.6	60.7				60.2	61.0		61.6
8-OMe	60.7	60.4				60.5	60.9	55.6	60.7
9-OMe	54.8	54.8	54.7	54.6	54.7	56.1	55.1	54.5	55.0
13-OMe	56.0	56.0							
14-OMe			56.0	55.8		55.1	56.3	56.0	56.1
21-OMe	55.1	55.0	55.1			54.8	55.5	55.1	54.8
20-OMe				55.8	55.8				

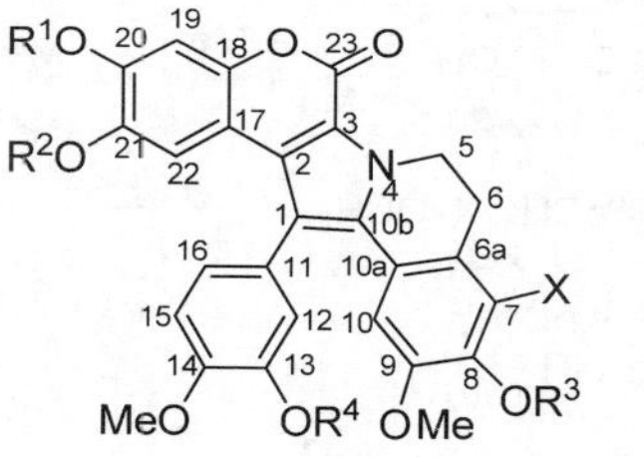

	R^1	R^2	R^3	R^4	X
12-2-303	H	Me	Me	H	OH
12-2-304	H	Me	Me	Me	OH
12-2-305	Me	H	H	H	H

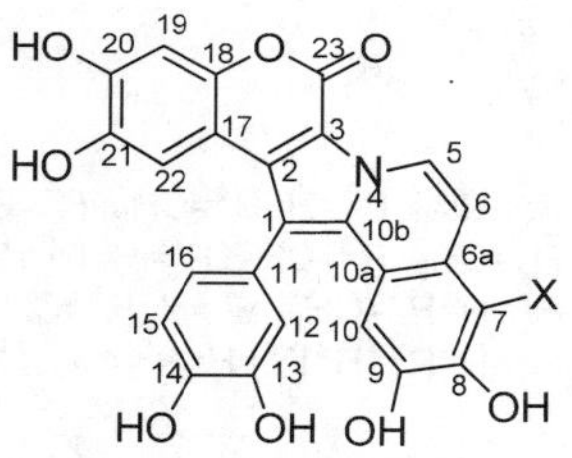

12-2-306

表 12-2-64 化合物 12-2-303~12-2-306 的 ^{13}C NMR 数据[126]

C	12-2-303	12-2-304	12-2-305	12-2-306	C	12-2-303	12-2-304	12-2-305	12-2-306
1	115.0	115.0	114.2	121.0	10b	135.0	135.1	135.9	133.9
2	127.2	127.4	126.7	125.4	11	127.2	127.1	127.1	128.8
3	112.5	112.7	112.4	108.5	12	117.7	114.2	117.6	117.6
5	41.6	41.6	41.9	116.9	13	147.4	149.6	147.3	147.1
6	21.1	21.2	27.4	109.3	14	147.5	148.6	147.3	146.8
6a	114.2	114.2	127.0	123.7	15	113.3	112.7	113.3	112.5
7	147.2	147.2	115.2	112.2	16	121.4	123.0	121.3	121.4
8	136.3	136.3	146.9	146.1	17	108.4	108.4	110.0	106.1
9	150.7	150.7	145.8	145.4	18	146.7	146.9	144.5	145.3
10a	122.2	122.2	117.8	117.7	19	103.5	103.5	100.6	103.2

续表

C	12-2-303	12-2-304	12-2-305	12-2-306	C	12-2-303	12-2-304	12-2-305	12-2-306
20	145.5	145.5	147.7	148.2	9-OMe	54.6	54.5	54.5	
21	144.3	144.4	142.6	142.1	13-OMe		55.8		
22	104.9	104.8	108.2	109.3	14-OMe	56.0	55.8	55.6	
23	154.2	154.2	154.2	154.4	20-OMe			55.7	
8-OMe	60.2	60.2			21-OMe	55.0	54.9		

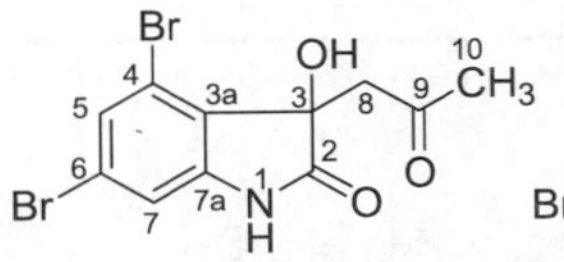

12-2-307 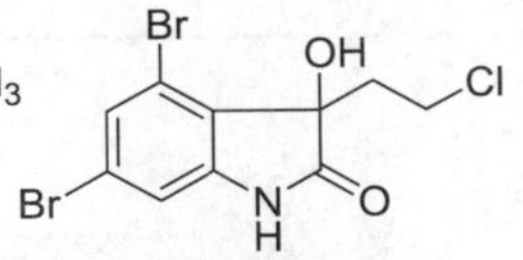 **12-2-308** 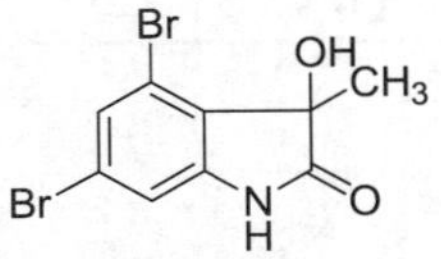 **12-2-309**

表 12-2-65 化合物 12-2-307~12-2-309 的 ^{13}C NMR 数据[127]

C	12-2-307	12-2-308	12-2-309	C	12-2-307	12-2-308	12-2-309
2	177.7	177.8	177.5	7	113.2	13.4	112.8
3	75.0	77.0	74.5	7a	144.2	146.2	132.5
3a	126.7	128.8	127.3	8	47.6	38.8	22.5
4	124.2	124.1	124.2	9	206.0	39.6	
5	129.2	128.9	129.5	10	30.6		
6	119.6	120.9	123.1				

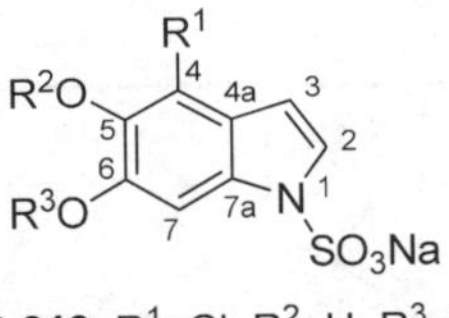

12-2-310 R^1=Cl; R^2=H; R^3=SO_3Na
12-2-311 R^1=R^2=H; R^3=SO_3Na
12-2-312 R^1=Cl; R^2=R^3=H

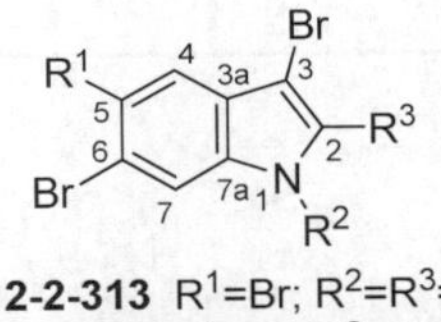

12-2-313 R^1=Br; R^2=R^3=H
12-2-314 R^1=Br; R^2=CH_3; R^3=H
12-2-315 R^1=R^2=H; R^3=Br

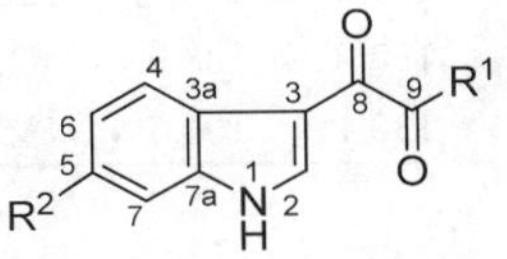

12-2-316 R^1=OCH_3; R^2=Br
12-2-317 R^1=OCH_3; R^2=H
12-2-318 R^1=OCH_3; R^2=OH
12-2-319 R^1=NH_2; R^2=H
12-2-320 R^1=NH_2; R^2=Br

表 12-2-66 化合物 12-2-310~12-2-312 的 ^{13}C NMR 数据[127]

C	12-2-310	12-2-311	12-2-312	C	12-2-310	12-2-311	12-2-312
2	128.8	127.5	125.3	5	141.4	144.2	137.3
3	99.2	100.2	98.3	6	139.0	137.8	143.3
3a	125.6	126.1	120.2	7	108.3	108.7	98.8
4	110.4	105.8	109.1	7a	128.5	128.8	128.1

表 12-2-67 化合物 12-2-313~12-2-315 的 ^{13}C NMR 数据[129]

C	12-2-313	12-2-314	12-2-315	C	12-2-313	12-2-314	12-2-315
2	125.2	129.5	110.6	6	118.7	118.3	117.1
3	91.0	88.7	94.7	7	116.1	114.4	113.6
3a	127.8	128.1	126.6	7a	134.9	136.0	136.2
4	123.7	123.8	120.1	NMe		33.3	
5	116.3	115.7	124.7				

表 12-2-68 化合物 12-2-316~12-2-320 的 ^{13}C NMR 数据[130]

C	12-2-316	12-2-317	12-2-318	12-2-319	12-2-320	C	12-2-316	12-2-317	12-2-318	12-2-319	12-2-320
2	139.5	136.8	134.5	138.1	140.2	7	138.6	112.4	97.7	112.4	115.6
3	112.5	112.7	112.5	112.0	112.0	7a	138.6	138.4	138.5	136.2	140.0
3a	124.8	125.5	118.5	126.1	125.6	8	178.2	178.6		182.9	180.0
4	122.5	121.1	121.4	121.2	122.8	9	164.0	164.9	164.4	165.9	165.9
5	125.3	122.8	112.2	122.4	125.0	OMe	52.4	52.5	51.9		
6	115.5	123.8	154.4	123.3	115.6						

12-2-321[131]

12-2-322 $R^1=R^2=H; R^3=I$
12-2-323 $R^1=H; R^2=R^3=I$
12-2-324 $R^1=R^3=I; R^2=H$

12-2-325
12-2-326 9-$^+N(CH_3)_3$

表 12-2-69 化合物 12-2-322~12-2-326 的 ^{13}C NMR 数据[132, 133]

C	12-2-322	12-2-323	12-2-324	12-2-325	12-2-326	C	12-2-322	12-2-323	12-2-324	12-2-325	12-2-326
2	124.5	125.3	125.5	125.3	125.3	7	77.8	92.3	78.7	112.8	112.7
3	111.1	112.0	111.9	106.6	106.1	7a	137.7	138.5	139.1	135.2	135.2
3a	127.9	128.1	129.7	128.6	128.5	8	25.2	25.6	25.5	23.5	22.5
4	119.0	120.3	126.9	120.3	120.2	9	78.8	77.9	77.1	68.4	76.2
5	120.0	128.9	82.5	112.0	112.0	10	168.8	168.8	168.8	169.7	168.8
6	130.1	100.5	135.4	124.2	124.1						

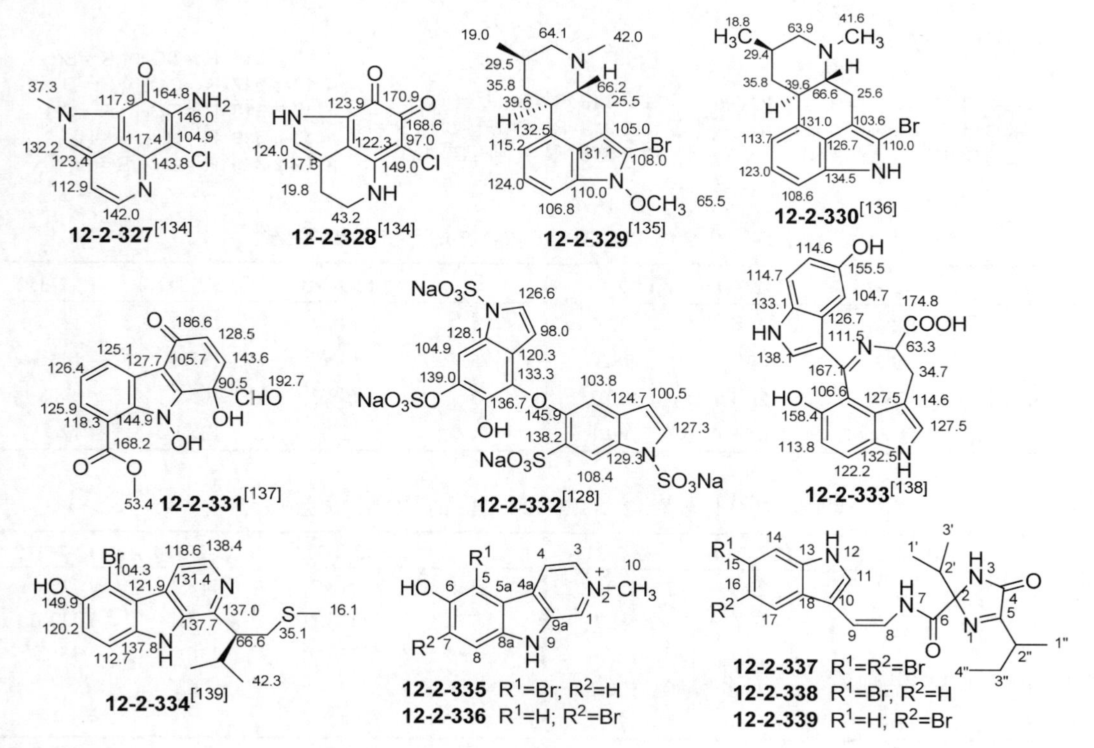

表 12-2-70 化合物 12-2-335 和 12-2-336 的 ^{13}C NMR 数据[139]

C	12-2-335	12-2-336	C	12-2-335	12-2-336	C	12-2-335	12-2-336
1	130.7	130.6	5	101.9	107.0	8	113.1	116.9
3	132.3	132.7	5a	118.8	119.8	8a	138.8	138.2
4	117.9	117.7	6	149.5	149.2	9a	135.1	135.1
4a	130.6	130.8	7	122.4	117.6	10	47.6	47.5

表 12-2-71 化合物 12-2-337~12-2-339 的 ^{13}C NMR 数据[140]

C	12-2-337	12-2-338	12-2-339	C	12-2-337	12-2-338	12-2-339
2	88.5	88.5	88.5	16	115.95	123.8	113.8
4	464.0	164.0	164.0	17	123.7	120.5	112.7
5	176.1	176.0	176.0	18	127.1	125.2	128.0
6	166.0	165.9	165.9	1'	15.5	15.6	15.6
8	120.4	119.9	119.9	2'	35.7	35.6	35.6
9	103.4	104.0	103.9	3'	16.9	16.9	16.9
10	110.8	111.4	110.8	1"	17.0	17.1	17.1
11	123.5	122.2	122.9	2"	34.3	34.3	34.3
13	135.5	136.7	134.6	3"	26.1	26.1	26.1
14	116.0	114.2	112.7	4"	11.3	11.4	11.4
15	118.4	116.7	126.0				

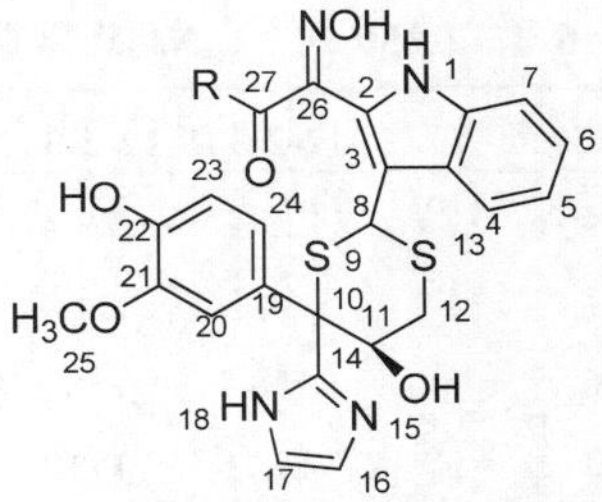

12-2-340 R=OCH$_3$
12-2-341 R=OH

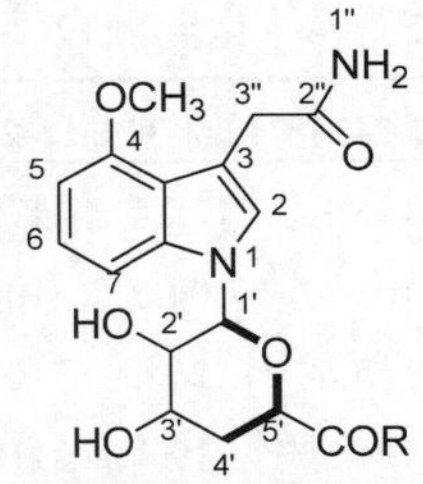

12-2-342 R=OCH$_3$
12-2-343 R=NH$_2$

表 12-2-72 化合物 12-2-340 和 12-2-341 的 ^{13}C NMR 数据[141]

C	12-2-340	12-2-341	C	12-2-340	12-2-341	C	12-2-340	12-2-341
2	133.1	131.3	10	59.3	59.2	22	148.5	148.6
3	94.8	97.2	11	75.3	75.3	23	116.2	116.4
3a	126.2	126.1	12	36.0	36.0	24	121.1	121.0
4	119.7	120.3	14	148.0	147.9	25	56.8	56.6
5	121.1	121.1	16	121.4	121.4	26	155.3	156.0
6	122.7	123.3	17	121.4	121.4	27	161.2	162.0
7	112.5	112.6	19	131.3	131.4	28		54.5
7a	134.3	134.7	20	111.7	111.7			
8	42.3	42.8	21	149.4	149.4			

表 12-2-73 化合物 12-2-342 和 12-2-343 的 ^{13}C NMR 数据[141]

C	12-2-342	12-2-343	C	12-2-342	12-2-343	C	12-2-342	12-2-343
2	122.9	123.5	7	104.0	104.5	5'	69.2	70.5
3	109.4	109.5	7a	138.8	138.5	6'	172.4	173.2
3a	117.6	117.7	1'	78.0	80.7	2"	173.1	173.2
4	154.0	154.1	2'	68.5	68.3	3"	33.8	33.8
5	100.0	100.2	3'	67.0	66.5	4-OMe	55.1	55.2
6	122.3	122.4	4'	33.5	32.1	5'-COOMe	51.5	

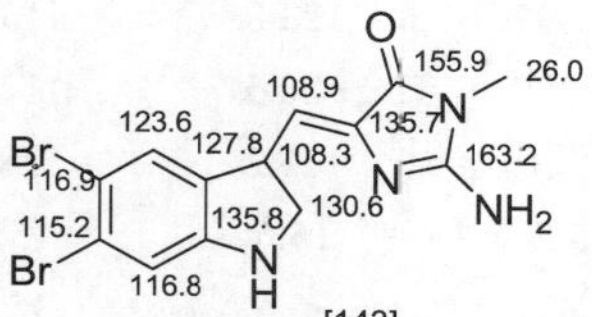

12-2-344[143]

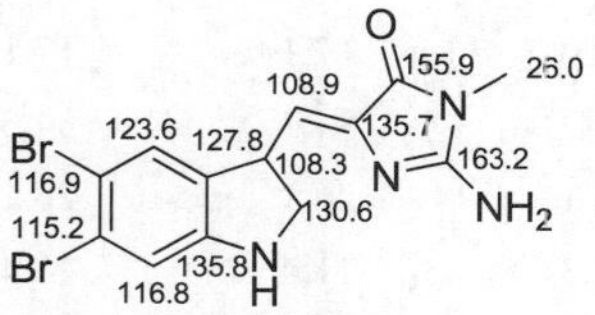

12-2-345[143]

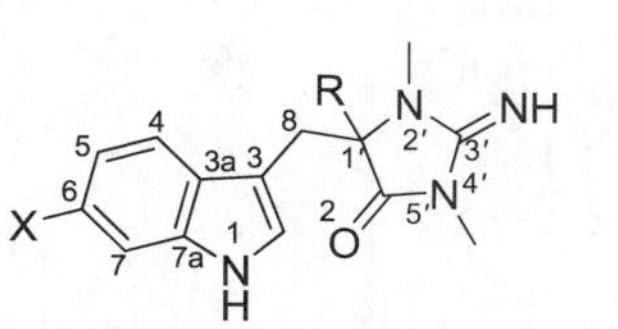

12-2-346 X=R=H
12-2-347 X=Br; R=H
12-2-348 X=Br; R=OH
12-2-349 X=Br; R=OCH_3
12-2-350 X=Br; R=OCH_2CH_3

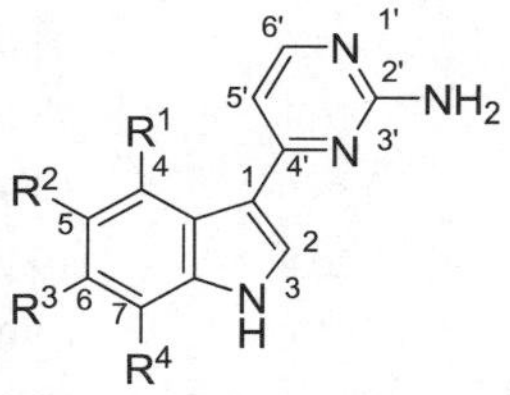

12-2-351 R^1=OH; R^2=R^3=R^4=H
12-2-352 R^1=OH; R^2=R^4=H; R^3=Br
12-2-353 R^1=R^3=R^4=H; R^2=Br
12-2-354 R^1=R^2=R^4=H; R^3=Br
12-2-355 R^1=OH; R^2=R^3=H; R^4=Br

表 12-2-74 化合物 12-2-346~12-2-350 的 ^{13}C NMR 数据[144]

C	12-2-346	12-2-347	12-2-348	12-2-349	12-2-350	C	12-2-346	12-2-347	12-2-348	12-2-349	12-2-350
2	123.8	124.8	125.1	125.4	125.4	8	29.4	29.4	30.1	30.1	30.4
3	106.1	106.5	105.3	104.6	104.7	1'	64.1	64.0	89.0	94.3	93.8
3a	126.8	125.7	125.6	125.6	125.6	3'	158.1	158.1	156.6	157.2	157.0
4	117.7	119.3	119.3	119.4	119.0	5'	172.0	171.8	171.9	169.7	170.0
5	118.7	121.9	122.0	122.1	122.0	2'-NMe	24.7	24.7	25.3	25.6	25.6
6	121.3	114.7	114.8	114.9	114.9	4'-NMe	24.5	24.1	24.6	24.7	24.6
7	111.1	113.9	114.0	114.0	114.0	OMe				52.3	
7a	136.4	137.2	137.1	137.2	137.2	OEt					61.5, 13.7

表 12-2-75 化合物 12-2-351~12-2-355 的 ^{13}C NMR 数据[145]

C	12-2-351	12-2-352	12-2-353	12-2-354	12-2-355	C	12-2-351	12-2-352	12-2-353	12-2-354	12-2-355
2	128.5	129.9	129.3	129.2	129.2	7	102.4	105.3	113.9	114.5	92.6
3	113.8	113.7	113.3	114.8	116.1	7a	139.4	139.7	135.9	138.0	136.9
3a	114.5	114.0	127.1	124.5	115.2	2'	161.9	160.7	163.6	163.6	160.2
4	152.1	153.0	124.6	124.3	152.2	4'	160.6	160.8	162.3	162.3	161.8
5	105.6	108.8	113.4	123.1	107.3	5'	104.5	104.6	105.4	105.4	104.8
6	124.4	116.7	134.7	113.9	126.7	6'	158.5	157.1	157.2	157.2	159.0

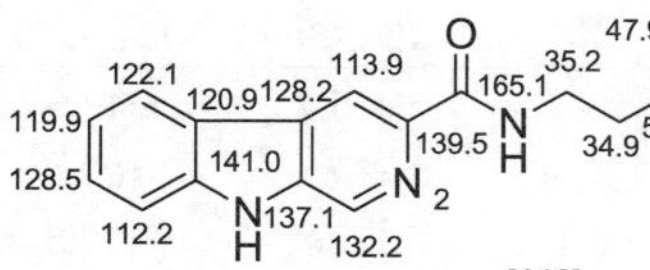

122.1 120.9 128.2 113.9 O 165.1 35.2 47.9 N H 159.2 =NH
119.9 141.0 139.5 N H 34.9 52.9 N H
128.5 112.2 N H 137.1 132.2 N 2

12-2-356[146]

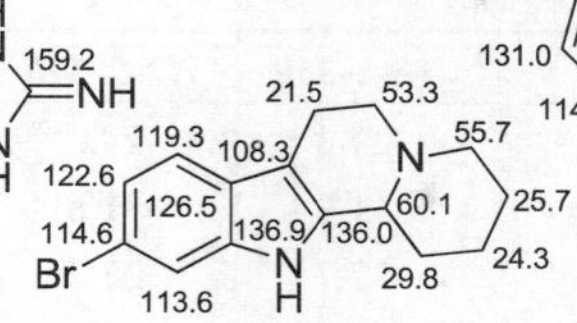

21.5 53.3 119.3 108.3 N 55.7
122.6 126.5 60.1 25.7
114.6 136.9 136.0 24.3
Br 113.6 N H 29.8

12-2-357[147]

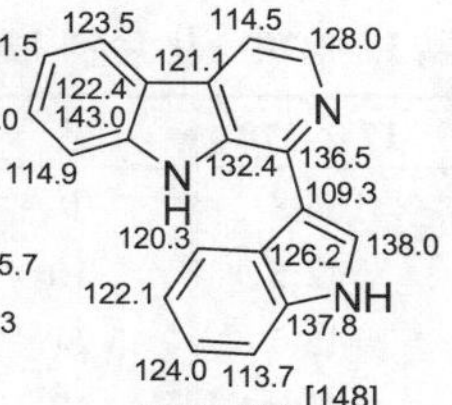

121.5 123.5 114.5 128.0
122.4 121.1
131.0 143.0 N
114.9 N H 132.4 136.5 109.3
120.3 126.2 138.0
122.1 NH 137.8
124.0 113.7

12-2-358[148]

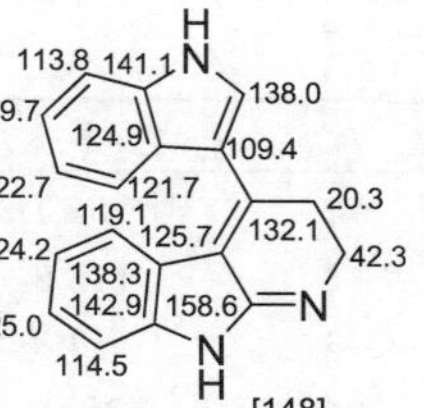

H N
113.8 141.1 138.0
129.7 124.9 109.4
122.7 121.7 20.3
119.1 125.7 132.1
124.2 138.3 42.3
142.9 158.6 N
125.0 114.5 N H

12-2-359[148]

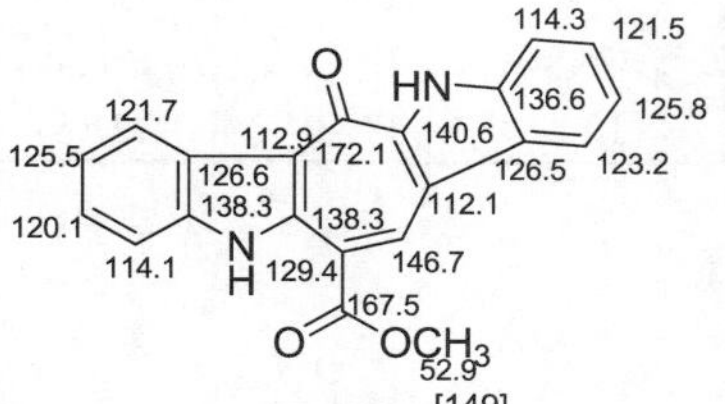

114.3 121.5
O HN 136.6 125.8
121.7 112.9 172.1 140.6
125.5 126.6 126.5 123.2
138.3 138.3 112.1
120.1 N H 129.4 146.7
114.1 167.5
O OCH3 52.9

12-2-360[149]

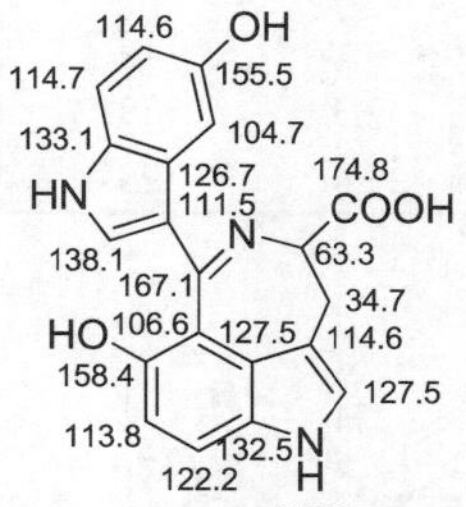

114.6 OH
114.7 155.5
133.1 126.7 104.7 174.8
HN 111.5 N COOH
138.1 167.1 63.3
34.7
HO 106.6 127.5 114.6
158.4 127.5
113.8 132.5 NH
122.2

12-2-361[150]

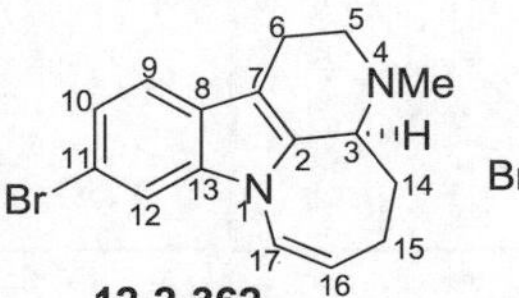

6 5
9 8 7 4 NMe
10 2 3 H
11 13 N 1 14
Br 12 17 15
16

12-2-362

NMe
H
Br N
R^2
R^1

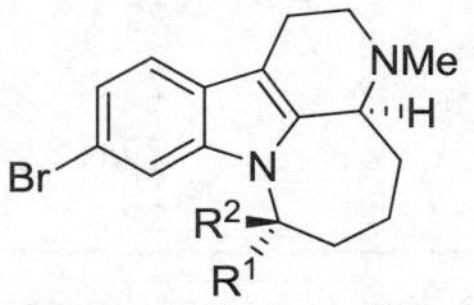

12-2-363 R^1=OH; R^2=H
12-2-364 R^1=H; R^2=OH

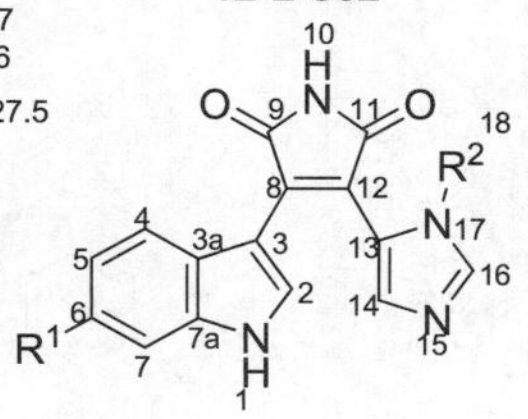

10
O 9 N H 11 O 18
8 12 R^2
4 3a 3 N 17
5 13 16
6 7a 2 14 N 15
R^1 7 N H 1

12-2-365 R^1=H; R^2=H
12-2-366 R^1=Br; R^2=H
12-2-367 R^1=H; R^2=CH_3
12-2-368 R^1=Br; R^2=CH_3

表 12-2-76 化合物 12-2-362~12-2-364 的 ^{13}C NMR 数据[161]

C	12-2-362	12-2-363	12-2-364	C	12-2-362	12-2-363	12-2-364	C	12-2-362	12-2-363	12-2-364
2	138.1	137.5	137.6	9	119.2	119.1	120.0	15	27.7	20.0	21.1
3	62.2	61.2	61.7	10	123.2	122.1	123.2	16	111.1	34.2	34.2
5	52.4	50.2	50.6	11	115.3	114.5	115.2	17	121.6	77.2	80.0
6	20.2	19.5	19.5	12	112.3	111.6	111.3	NMe	42.0	41.0	42.3
7	109.1	108.0	109.4	13	137.0	136.9	137.0				
8	125.7	125.2	125.4	14	29.7	32.1	32.9				

表 12-2-77 化合物 12-2-365~12-2-368 的 ^{13}C NMR 数据[162]

C	12-2-365	12-2-366	12-2-367	12-2-368	C	12-2-365	12-2-366	12-2-367	12-2-368
2	130.7	130.9	131.8	132.5	8		126.3	134.1	133.5
3	104.7	104.9	105.2	105.3	9	172.9	172.3	172.0	172.0
3a	125.6	124.8	125.0	124.0	11	172.8	171.4	171.8	171.8
4	121.7	121.6	119.9	121.6	12		126.9	134.1	120.0
5	119.6	123.3	120.8	123.5	13	125.7	130.4	122.6	122.8
6	121.7	113.7	122.6	115.3	14	119.6	119.9	131.8	132.5
7	112.0	113.7	112.5	115.1	16	136.5	135.9	140.4	140.4
7a	136.5	136.7	136.6	137.6	18			32.3	32.2

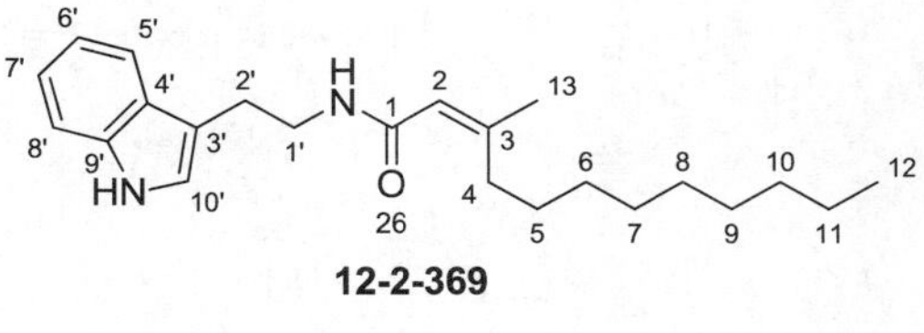

6' 5'
7' 4' 2' N H 2
8' 9' 3' 1' 1 3 13
HN 10' O 4 6 8 10 12
26 5 7 9 11

12-2-369

6' 5'
7' 4' 2' N H 2 13
8' 9' 3' 1' 1 3
HN 10' O 4 5 14
26 6 8 10 12
7 9 11

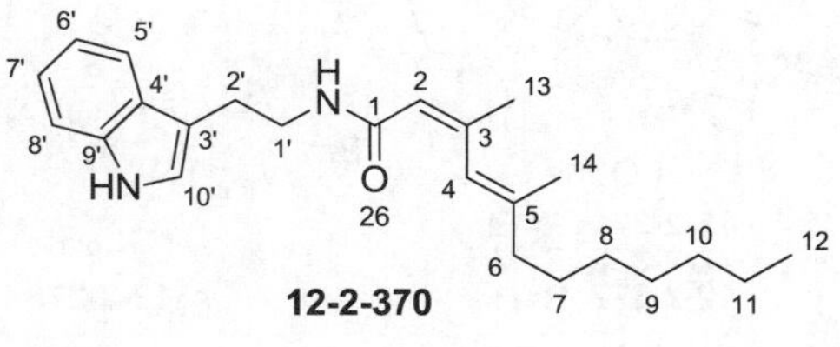

12-2-370

表 12-2-78 化合物 12-2-369 和 12-2-370 的 ^{13}C NMR 数据[163]

C	12-2-369	12-2-370	C	12-2-369	12-2-370	C	12-2-369	12-2-370
1	166.7	166.8	9	29.3	29.2	3'	113.2	113.3
2	118.6	122.5	10	31.9	31.8	4'	127.4	127.4
3	154.8	145.6	11	22.7	22.7	5'	118.8	118.8
4	33.0	122.9	12	14.1	14.1	6'	119.5	119.5
5	28.3	142.3	13	24.7	25.4	7'	122.2	122.2
6	29.8	39.5	14		17.7	8'	111.4	111.1
7	29.6	27.8	1'	39.3	39.5	9'	136.4	136.4
8	29.6	29.3	2'	25.4	25.4	10'	122.0	121.8

12-2-371 R=OH
12-2-372 R=H

12-2-373

12-2-374

表 12-2-79 化合物 12-2-371~12-2-374 的 ^{13}C NMR 数据[164]

C	12-2-371	12-2-372	12-2-373	12-2-374	C	12-2-371	12-2-372	12-2-373	12-2-374
2	178.8	184.0	182.3	92.7	16	30.4	30.4	29.1	29.0
3	60.2	60.6	56.6	89.4	17	69.3	69.3	59.9	62.2
4	126.9	127.4	128.8	124.7	18	174.1	174.1	169.0	173.2
5	110.3	119.6	108.8	108.3	20	31.0	31.0	113.7	111.7
6	154.3	153.7	153.8	155.3	21	57.1	56.8	144.4	146.4
7	106.4	105.8	105.7	106.5	22	46.6	46.4	43.3	45.3
8	138.5	139.2	139.9	146.8	23	23.9	23.8	21.8	24.8
9	120.2	123.5	121.3	124.9	24	20.4	20.3	22.8	25.2
10	34.7	34.8	32.9	36.1	25	118.1	117.6	117.6	117.9
11	66.9	67.1	54.7	60.0	26	130.5	131.2	131.0	129.5
12	170.3	170.0	164.8	166.5	27	76.3	76.6	76.7	76.5
14	44.3	44.3	45.5	45.7	28	27.8	28.03	28.0	27.9
15	25.4	25.4	22.1	24.3	29	28.1	28.02	28.4	28.4

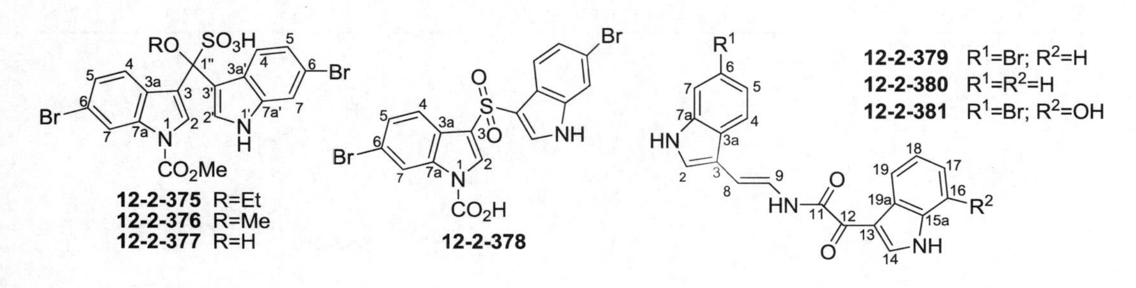

表 12-2-80 化合物 12-2-375~12-2-378 的 ^{13}C NMR 数据[165]

C	12-2-375	12-2-376	12-2-377	12-2-378	C	12-2-375	12-2-376	12-2-377	12-2-378
2	127.5	127.8	126.5	132.7	4'	122.0	122.0	122.0	122.9
3	114.0	114.0	114.1	115.4	5'	121.7	121.8	121.2	123.9
3a	125.6	125.6	124.6	126.2	6'	113.6	113.1	113.6	115.1
4	122.0	121.9	121.9	122.9	7'	114.1	114.1	115.9	114.7
5	122.4	122.5	122.1	124.4	7a'	137.3	137.3	137.3	137.5
6	114.5	114.5	116.8	115.6	1"	79.9	80.3	73.6	
7	116.0	116.0	117.0	116.4	CO_2CH_3	171.5/52.0	171.3/52.1	173.5/51.9	
7a	135.6	135.6	135.7	135.6	CO_2H				183.7
2'	126.1	126.4	125.6	132.9	OCH_2CH_3	59.6/15.4			
3'	113.9	113.2	113.8	114.4	OCH_3		51.9		
3a'	124.5	124.5	124.4	125.3					

表 12-2-81 化合物 12-2-379~12-2-381 的 ^{13}C NMR 数据[209]

C	12-2-379	12-2-380	12-2-381	C	12-2-379	12-2-380	12-2-381	C	12-2-379	12-2-380	12-2-381
2	124.9	124.2	124.9	7a	137.6	136.8	137.6	15a	136.2	136.2	126.1
3	111.9	111.6	111.9	8	109.1	109.9	109.0	16	112.6	112.5	144.2
3a	123.8	124.8	123.8	9	119.2	118.6	119.2	17	123.5	123.4	108.4
4	120.6	119.0	120.6	11	160.4	160.3	160.4	18	122.6	122.6	123.6
5	122.2	119.4	122.2	12	181.0	181.1	180.7	19	121.2	121.2	112.1
6	114.2	121.5	114.2	13	112.2	112.2	112.6	19a	126.1	126.2	128.2
7	114.4	111.9	114.4	14	138.6	138.5	137.5				

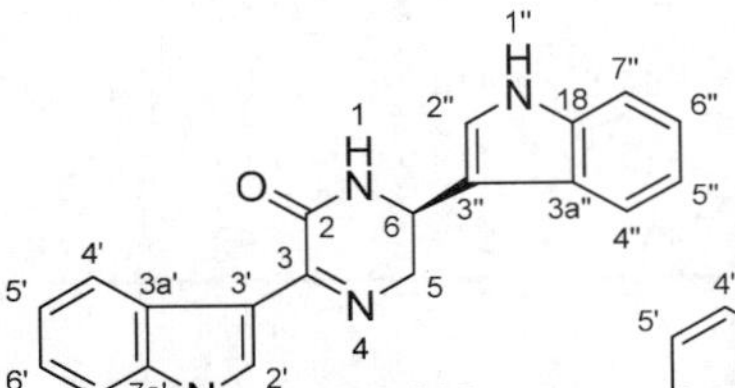

12-2-382

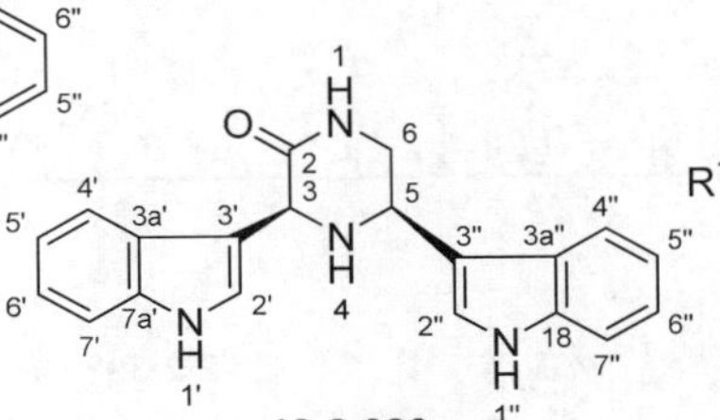

12-2-386

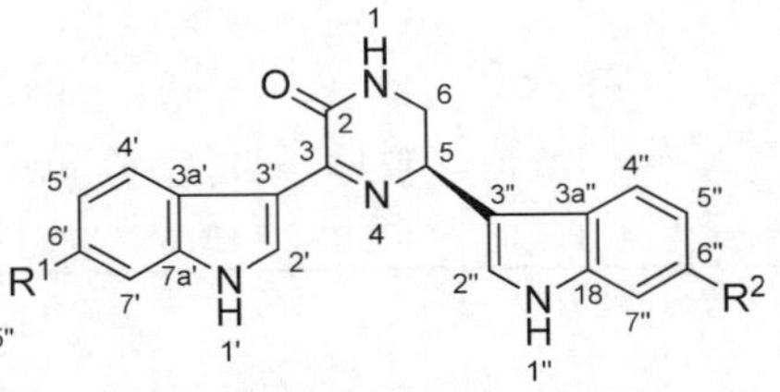

12-2-383 R^1=H; R^2=Br; 5*R*
12-2-384 R^1=H; R^2=H; 5*R*
12-2-385 R^1=Br; R^2=H; 5*R*

表 12-2-82 化合物 12-2-382~12-2-386 的 ^{13}C NMR 数据[167]

C	12-2-382	12-2-383	12-2-384	12-2-385	12-2-386	C	12-2-382	12-2-383	12-2-384	12-2-385	12-2-386
2	157.9	157.5	157.6	157.1	169.7	3'	112.0	111.1	111.1	111.2	114.4
3	157.7	157.3	157.3	157.4	57.8	3a'	125.6	126.0	126.0	125.1	126.6
5	53.7	53.7	53.9	53.9	50.9	4'	123.5	122.5	122.6	124.2	119.1
6	46.5	43.3	43.4	43.4	48.5	5'	121.3	122.1	120.5	123.4	118.4
2'	131.9	132.0	132.0	132.9	124.2	6'	122.5	121.0	122.1	114.8	121.0

续表

C	12-2-382	12-2-383	12-2-384	12-2-385	12-2-386	C	12-2-382	12-2-383	12-2-384	12-2-385	12-2-386
7'	112.2	111.6	111.6	114.4	111.5	4"	119.0	121.3	118.5	118.6	120.0
7a'	136.1	136.2	136.2	137.2	136.3	5"	118.7	122.1	119.1	119.1	118.1
2"	123.8	123.8	122.7	122.8	122.4	6"	121.8	113.9	121.2	121.2	120.7
3"	113.5	115.1	114.7	114.5	114.5	7"	112.4	114.2	111.6	111.7	111.2
3a"	126.0	125.1	126.0	126.0	125.8	7a"	136.4	137.4	136.6	136.6	136.2

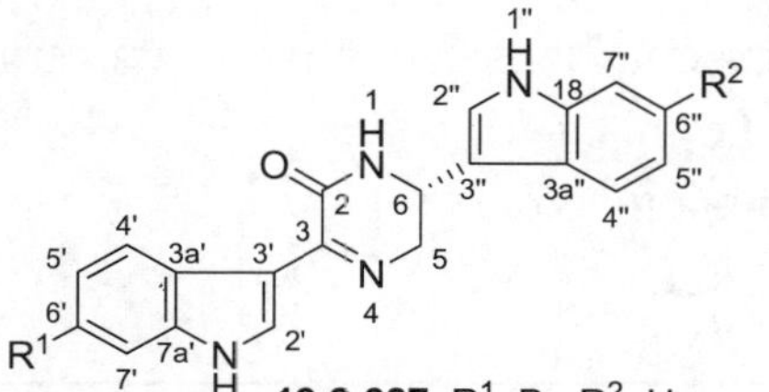

12-2-387 R^1=Br; R^2=H
12-2-388 R^1=H; R^2=Br
12-2-389 R^1=Br; R^2=Br

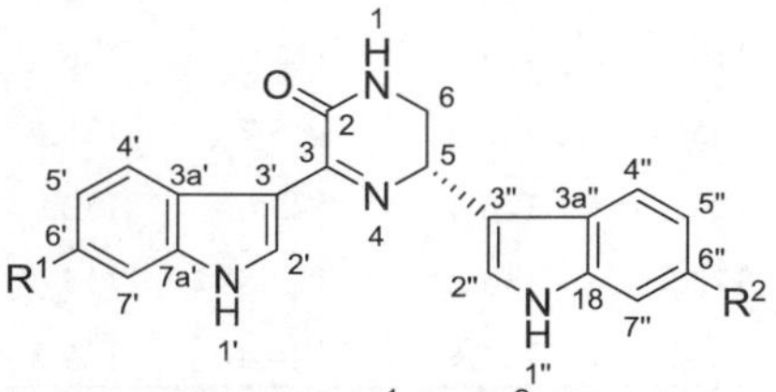

12-2-390 R^1=Br; R^2=H
12-2-391 R^1=Br; R^2=Br

表 12-2-83 化合物 12-2-387~12-2-391 的 ^{13}C NMR 数据[168]

C	12-2-387	12-2-388	12-2-389	12-2-390	12-2-391	C	12-2-387	12-2-388	12-2-389	12-2-390	12-2-391
2	157.3	156.8	157.4	161.4	157.2	7'	116.2	114.5	114.2	115.9	114.1
3	156.7	156.8	157.6	161.1	157.0	7a'	138.2	137.4	137.0	138.0	136.9
5	48.1	47.2	53.4	54.8	53.6	2"	124.1	125.4	124.5	124.7	123.6
6	45.8	45.5	46.1	51.1	43.2	3"	113.2	111.2	113.1	111.9	114.8
2'	143.1	144.2	132.6	140.6	132.7	3a"	125.2	125.2	124.6	124.6	125.0
3'	106.7	106.8	111.0	113.2	111.0	4"	119.0	120.7	120.7	118.1	120.8
3a'	124.1	123.8	125.0	123.9	125.0	5"	118.8	122.0	121.5	119.3	121.4
4'	123.0	121.1	124.1	122.7	124.1	6"	121.7	114.5	114.7	121.8	113.9
5'	125.0	124.3	123.2	126.5	123.3	7"	111.9	114.0	114.2	112.1	114.2
6'	117.0	125.1	114.7	117.1	114.8	7a"	136.6	137.5	137.2	136.8	137.2

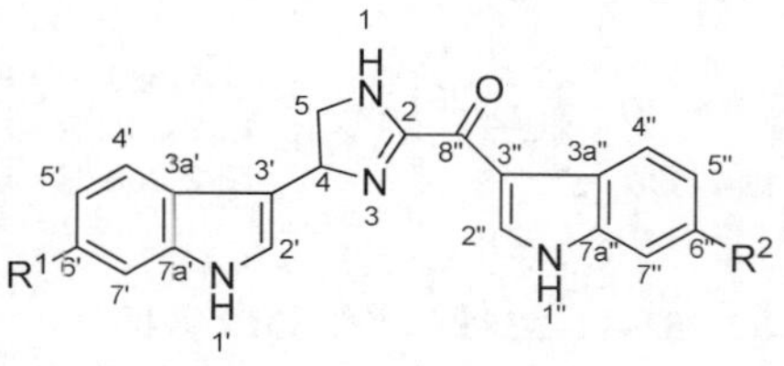

12-2-392 R^1=Br; R^2=H
12-2-393 R^1=H; R^2=Br
12-2-394 R^1=R^2=Br

表 12-2-84 化合物 12-2-392~12-2-394 的 ^{13}C NMR 数据[169]

C	12-2-392	12-2-393	12-2-394	C	12-2-392	12-2-393	12-2-394	C	12-2-392	12-2-393	12-2-394
2	161.6	161.1	161.3	6				3a'	124.7	124.6	124
3	54.3	54.8	54.4	2'	125.8	124.7b	125.9	4'	120	118.1	120.1
5	51.1	51.1	51.2	3'	112.5	111.9	112.5	5'	122.3	119.3	122.3

续表

C	12-2-392	12-2-393	12-2-394	C	12-2-392	12-2-393	12-2-394	C	12-2-392	12-2-393	12-2-394
6'	114.7	121.8	114.7	3"	113.3	113.2	113.2	6"	123.9	117.1	117.1
7'	114.5	112.1	114.8	3a"	124.8	123.9	123.9	7"	113.1	115.9	116
7a'	137.6	136.8	137.7	4"	121.1	122.7	122.8	7a"	137.1	138	138.1
2"	140	140.6	140.8	5"	123.7	126.5	126.7	8"	172.8	173.8	173.2

12-2-395 $R^1=R^2=Br$
12-2-396 $R^1=Br, R^2=H$
12-2-397 $R^1=H, R^2=Br$

12-2-398 $R^1=Br; R^2=Br$
12-2-399 $R^1=Br; R^2=H$
12-2-400 $R^1=H; R^2=Br$

表 12-2-85 化合物 12-2-395~12-2-397 的 ^{13}C NMR 数据[170]

C	12-2-395	12-2-396	12-2-397	C	12-2-395	12-2-396	12-2-397	C	12-2-395	12-2-396	12-2-397
2	143.8	143.8	145.0	4'	123.3	123.2	121.1	3a"	125.1	126.4	125.4
4	133.3	132.9	132.7	5'	123.8	124.1	123.8	4"	122.3	120.8	122.0
5	116.1	118.0	117.3	6'	116.1	116.4	121.2	5"	123.2	120.6	123.6
2'	125.0	125.5	125.0	7a'	115.2	115.5	112.5	6"	115.5	122.8	116.2
3'	108.7	108.9	108.1	2"	138.3	138.6	137.9	7"	115.2	112.6	115.3
3a'	125.1	125.3	126.2	3"	110.7	109.8	110.2	7a"	138.5	138.0	138.9

表 12-2-86 化合物 12-2-398~12-2-400 的 ^{13}C NMR 数据[168]

C	12-2-398	12-2-399	12-2-400	C	12-2-398	12-2-399	12-2-400	C	12-2-398	12-2-399	12-2-400
2	143.3	141.7	142.9	5'	122.4	123.9	120.3	4"	122.8	121.9	123.3
4	114.9	116.9	118.7	6'	113.6	115.7	122.3	5"	124.9	123.7	125.4
5	129.9	131.2	133.1	7'	114.3	115.5	112.3	6"	114.3	124.8	116.2
2'	125.1	127.0	124.8	7a'	137.0	137.9	136.6	7"	115.5	113.4	115.5
3'	105.4	103.6	105.0	2"	137.9	139.1	138.6	7a"	137.0	137.5	137.6
3a'	123.2	123.8	124.6	3"	113.3	114.2	113.8	8"	174.1	172.7	174.1
4'	121.2	121.6	119.7	3a"	124.8	126.3	125.5				

表 12-2-87 化合物 12-2-404~12-2-409 的 ^{13}C NMR 数据[172]

C	12-2-404	12-2-405	12-2-406	12-2-407	12-2-408	12-2-409
2	127.4	127.1	135.9	136.1	130.2	130.3
3	95.1	95.3	101.6	101.2	100.9	103.6
4	115.8	116.0	187.5	188.0	121.1	121.5
6	122.5	121.1	166.6	166.7	125.0	127.6

续表

C	12-2-404	12-2-405	12-2-406	12-2-407	12-2-408	12-2-409
8	145.5	144.8	85.6	85.7	135.6	135.3
9	41.6	41.9	44.0	43.9	40.6	40.8
10	64.9	64.6	59.4	59.5	71.2	70.9
11	48.6	48.3	41.8	41.7	30.8	30.8
12	87.4	87.4	89.2	89.1	132.7	133.9
14	147.0	148.0	147.0	145.7	134.4	134.5
15	109.3	112.2	114.7	111.1	110.9	113.2
16	129.0	122.3	123.1	129.4	120.5	114.1
17	119.9	122.5	124.9	121.9	118.1	119.4
18	123.9	125.0	125.6	124.6	117.5	121.1
19	127.8	126.7	128.0	128.8	128.5	126.0
20	50.0	49.4	45.0	45.3	105.7	106.3
21	34.1	33.8	34.2	34.4	30.7	30.6
22	172.8	172.2	170.3	170.5	169.4	169.1
23	19.0	18.9	17.2	17.3	19.8	19.8
24	31.9	31.8	21.1	21.1	28.7	28.7

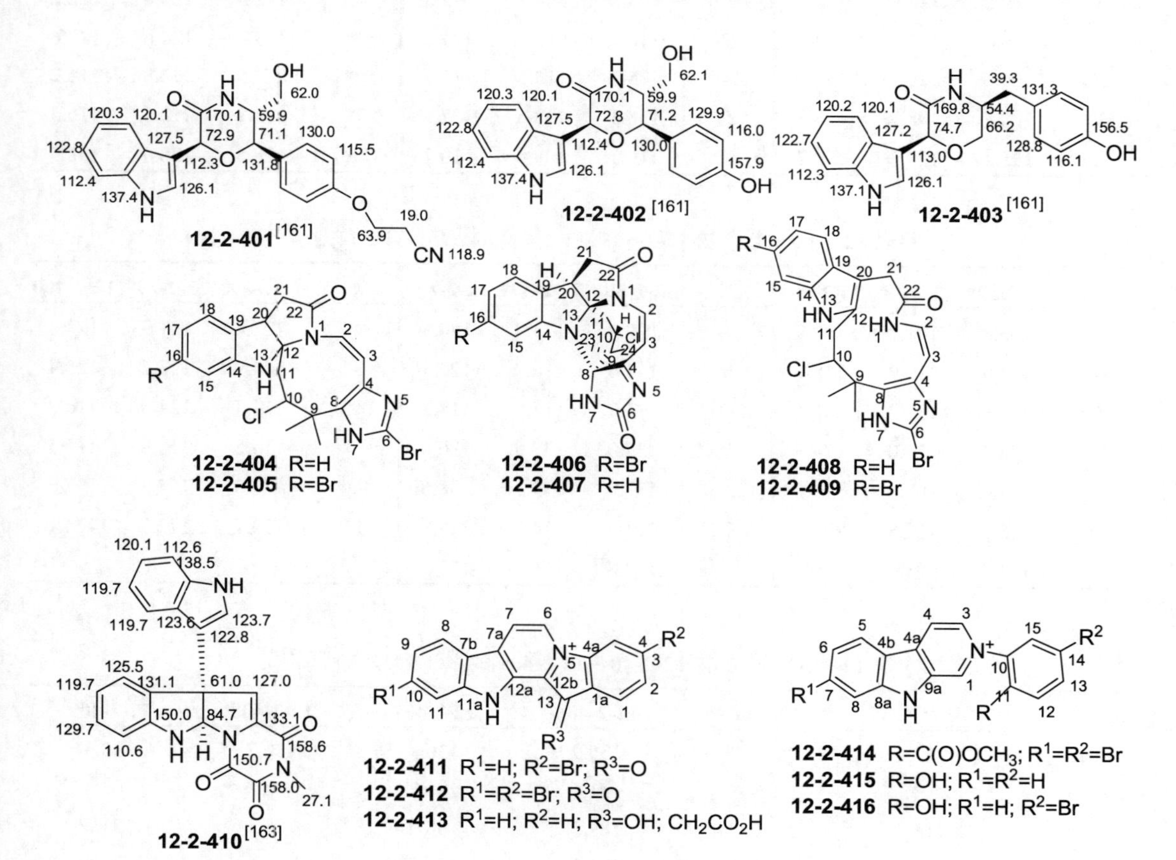

表 12-2-88 化合物 12-2-411~12-2-413 的 ^{13}C NMR 数据[174]

C	12-2-411	12-2-412	12-2-413	C	12-2-411	12-2-412	12-2-413	C	12-2-411	12-2-412	12-2-413
1a	124.1	130.6	139.8	7	119.9	120.7	118.1	11a	147.8	116.5	146.6
1	125.5	127.0	126.0	7a	140.8	140.3	136.4	12a	132.0	131.3	132.4
2	131.4	134.4	131.6	7b	118.8	118.7	121.5	12b	122.7	123.6	146.0
3	136.9	123.3	131.7	8	125.0	126.2	124.5	13	181.6	181.2	80.7
4	115.0	119.5	115.1	9	126.6	126.5	123.4	CH_2COOH			45.3
4a	147.3	148.0	142.3	10	128.8	128.1	133.6	CH_2COOH			176.0
6	126.6	127.6	124.3	11	116.2	147.7	114.1				

表 12-2-89 化合物 12-2-414~12-2-416 的 ^{13}C NMR 数据[174]

C	12-2-414	12-2-415	12-2-416	C	12-2-414	12-2-415	12-2-416	C	12-2-414	12-2-415	12-2-416
1	130.9	130.6	130.5	7	127.1	132.6	132.8	13	134.7	132.0	134.9
3	134.2	133.9	133.8	8	115.8	112.6	112.7	14	127.6	119.9	110.7
4	116.7	116.8	116.8	8a	145.7	145.1	145.2	15	131.2	126.4	129.4
4a	133.8	133.6	133.8	9a	135.0	135.1	134.9	16	163.2		
4b	118.5	119.5	119.5	10	143.5	131.3	132.0	OMe	51.9		
5	124.7	123.1	123.2	11	124.8	151.0	150.0				
6	125.7	122.0	122.1	12	133.2	117.0	118.5				

表 12-2-90 化合物 12-2-417 和 12-2-418 的 ^{13}C NMR 数据[174]

C	12-2-417	12-2-418	C	12-2-417	12-2-418	C	12-2-417	12-2-418	C	12-2-417	12-2-418
1a	127.8	128.3	4a	141.5	141.8	8	120.8	120.8	12a	128.0	127.2
1	132.2	132.5	6	128.0	128.1	9	119.6	119.9	12b	155.8	156.0
2	131.9	131.9	7	101.5	101.4	10	126.9	126.8	13	164.8	165.8
3	126.6	126.2	7a	125.5	125.5	11	112.1	112.0	OMe	51.4	
4	132.1	132.1	7b	122.1	122.0	11a	140.0	139.9			

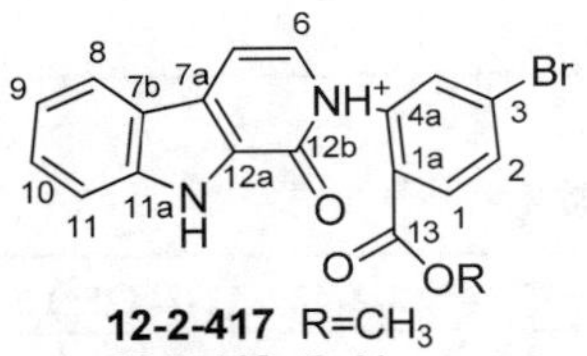

12-2-417 R=CH_3
12-2-418 R=H

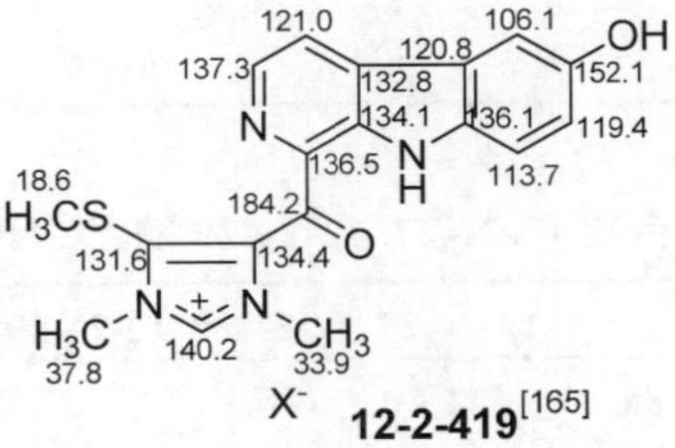

12-2-419[165]

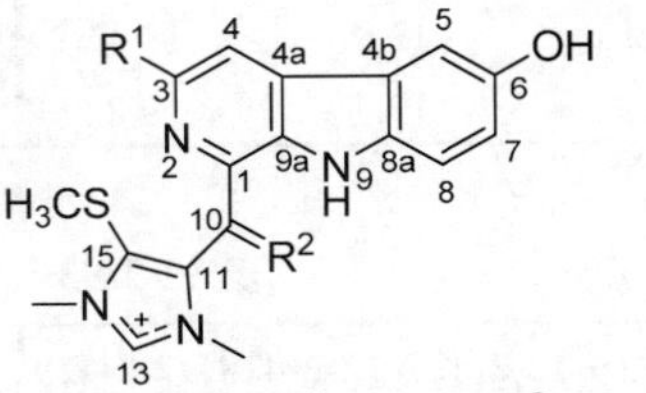

12-2-420 R^1=COOH; R^2=O
12-2-421 R^1=COOH; R^2=H,H

表 12-2-91 化合物 12-2-420 和 12-2-421 的 ^{13}C NMR 数据[176]

C	12-2-420	12-2-421	C	12-2-420	12-2-421	C	12-2-420	12-2-421
1	134.1	142.6	6	152.6	151.9	11	134.8	125.7
3	132.3	135.7	7	119.0	119.1	13	140.4	138.1
4	122.3	119.0	8	114.0	116.0	15	131.9	137.3
4a	132.1	127.5	8a	136.2	135.1	COOH	166.2	166.8
4b	121.1	122.2	9a	133.4	135.7	NMe	34.2/37.8	35.0/36.0
5	106.5	106.0	10	183.9	28.0	SMe	18.6	18.1

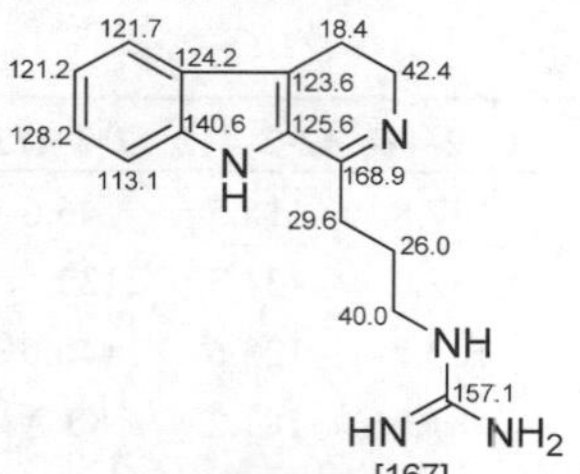

12-2-422 [167]

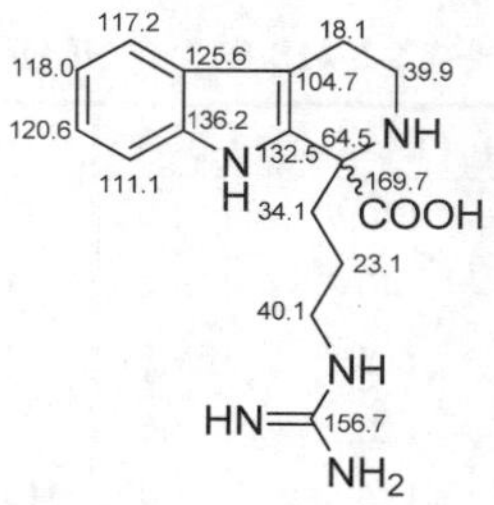

12-2-423 [167]

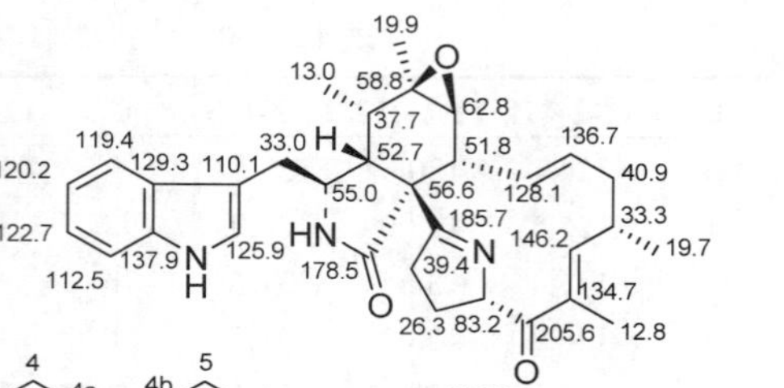

12-2-424 [168]

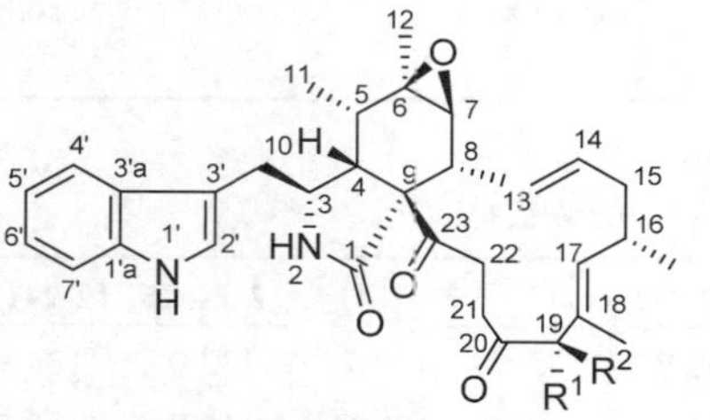

12-2-425 R¹=OH; R²=H
12-2-426 R¹=H; R²=OH

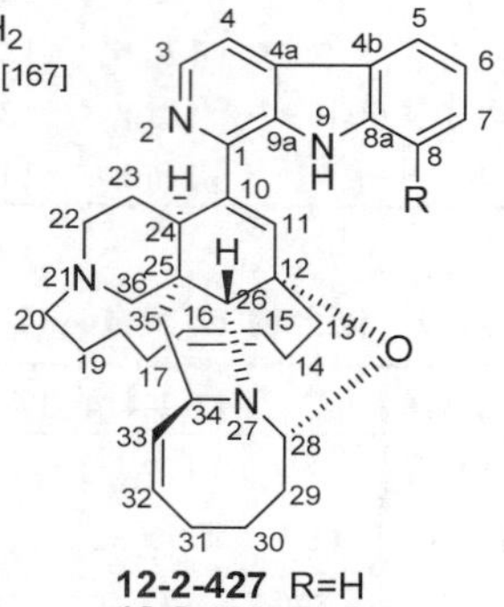

12-2-427 R=H
12-2-428 R=OH

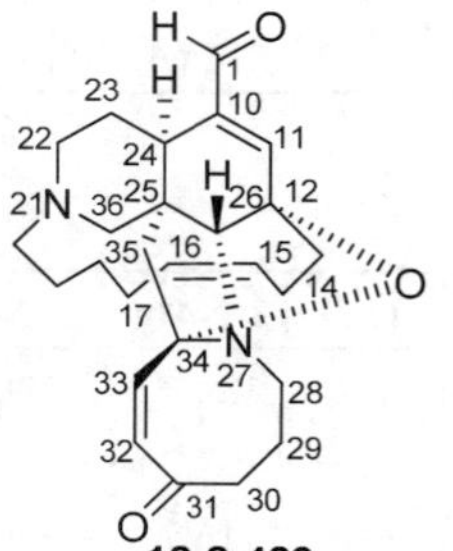

12-2-429

表 12-2-92 化合物 12-2-425 和 12-2-426 的 ^{13}C NMR 数据[178]

C	12-2-425	12-2-426	C	12-2-425	12-2-426	C	12-2-425	12-2-426
1	176.6	176.3	13	128.0	129.9	16-Me	21.6	21.3
3	54.3	54.4	14	135.0	134.3	18-Me	16.5	10.8
4	49.6	49.9	15	42.3	42.9	1'a	137.9	137.8
5	37.8	38.0	16	33.7	33.2	2'	125.8	126.3
6	58.9	58.7	17	134.7	140.6	3'	109.8	109.2
7	63.2	63.1	18	133.3	132.9	3'a	129.1	129.2
8	50.3	50.9	19	82.6	83.1	4'	119.4	119.7
9	65.8	65.5	20	211.3	211.4	5'	120.3	120.3
10	33.4	33.0	21	32.2	35.4	6'	122.6	122.4
11	12.9	13.1	22	37.2	37.3	7'	112.3	112.8
12	19.7	19.8	23	209.6	209.5			

表 12-2-93 化合物 12-2-427~12-2-429 的 ^{13}C NMR 数据[179]

C	12-2-427	12-2-428	12-2-429	C	12-2-427	12-2-428	12-2-429	C	12-2-427	12-2-428	12-2-429
1	142.9	143.7	193.9	8a	141.4	136.3		18	25.7	25.9	25.3
N2				9a	133.6	133.7		19	24.3	24.5	23.3
3	138.8	138.9		10	140.2	142.3	144.5	20	52.5	52.7	59.3
4	113.7	114.3		11	135.1	136.1	151.5	N21			
4a	129.6	129.8		12	77.7	77.8	79.3	22	49.1	49.3	54.4
4b	121.9	122.2		13	41.0	41.0	39.6	23	33.7	34.2	32.1
5	121.6	121.2		14	22.2	22.4	22.6	24	43.0	43.4	39.5
6	120.2	120.5		15	128.2	138.3	129.7	25	42.5	42.3	37.7
7	128.4	113.0		16	133.0	133.7	129.3	26	76.0	76.0	68.0
8	111.7	143.4		17	26.1	23.3	30.0	N27			

续表

C	12-2-427	12-2-428	12-2-429	C	12-2-427	12-2-428	12-2-429	C	12-2-427	12-2-428	12-2-429
28	94.7	95.4	49.8	31	23.3	27.0	201.2	34	60.9	61.3	102.2
29	26.7	26.4	30.0	32	132.8	133.1	30.8	35	48.8	49.0	45.7
30	26.9	26.9	31.4	33	123.9	124.1	29.9	36	68.6	68.8	66.1

12-2-430 **12-2-431** **12-2-432**

表 12-2-94 化合物 12-2-430~12-2-432 的 ^{13}C NMR 数据[180]

C	12-2-430	12-2-431	12-2-432	C	12-2-430	12-2-431	12-2-432	C	12-2-430	12-2-431	12-2-432
1	143.9	144.5	143.6	11	132.7	132.2	137.1	24	46.3	44.8	40.3
3	138.8	138.7	136.5	12	80.5	70.9	70.1	25	38.6	43.8	45.7
4	114.2	112.8	113.4	13	40.3	40.8	41.2	26	67.2	59.7	75.8
4a	129.9	130.5	130.2	14	23.1	22.5	30.1	28	54.1	58.6	53.7
4b	122.0	122.2	122.4	15	129.9	129.8	128.9	29	23.3	29.4	32.5
5	121.8	109.7	105.5	16	129.8	132.2	132.1	30	33.1	29.6	48.4
6	120.4	120.2	151.6	17	25.4	28.6	26.5	31	206.2	272.5	216.6
7	128.8	113.9	18.7	18	30.0	28.4	27.4	32	30.9	128.8	37.4
8	112.3	131.5	113.3	19	30.1	28.8	23.1	33	30.5	131.4	26.5
8a	140.8	136.4	134.8	20	59.3	53.9	53.6	34	101.8	26.6	65.5
9a	133.8	128.4	136.3	22	50.1	50.1	50.2	35	47.4	37.8	47.4
10	142.8	140.9	139.7	23	32.1	33.1	32.4	36	66.3	66.1	67.1

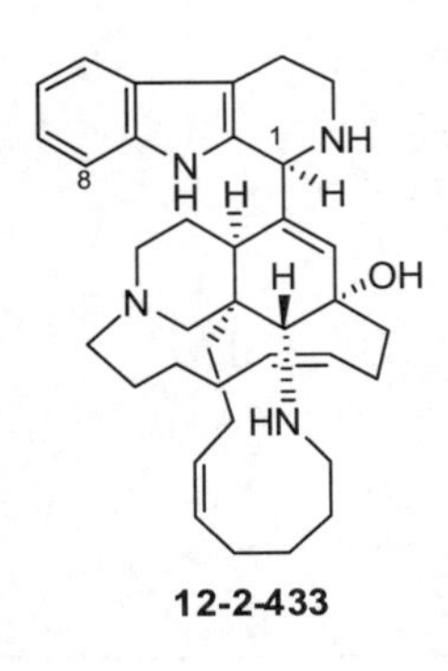

12-2-433

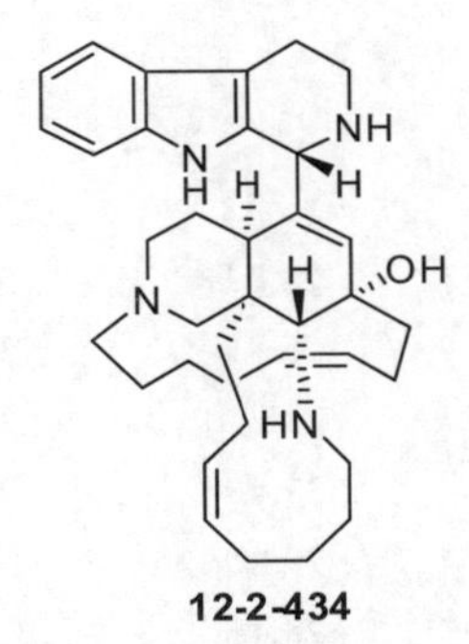

12-2-434

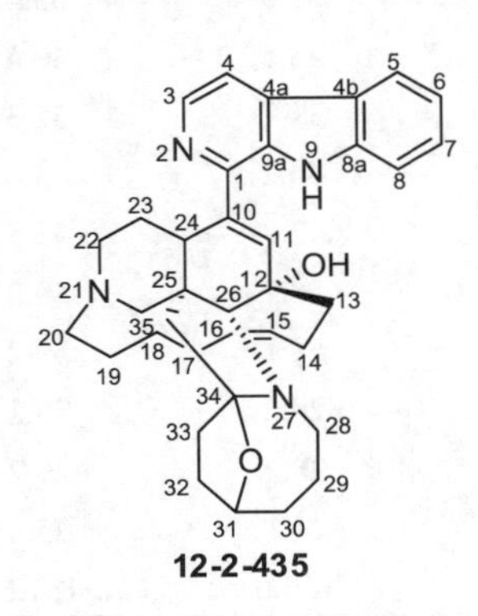

12-2-435

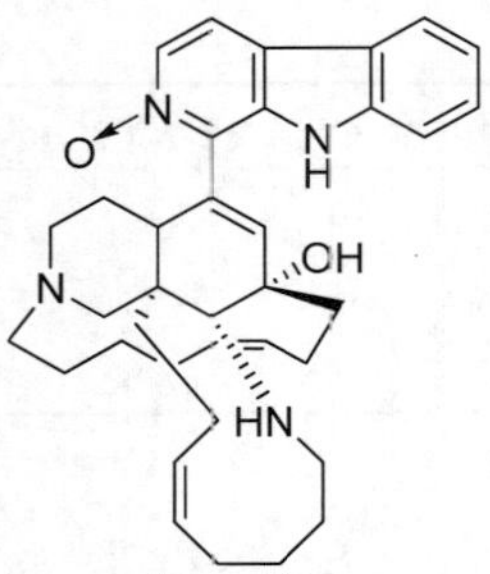

12-2-436 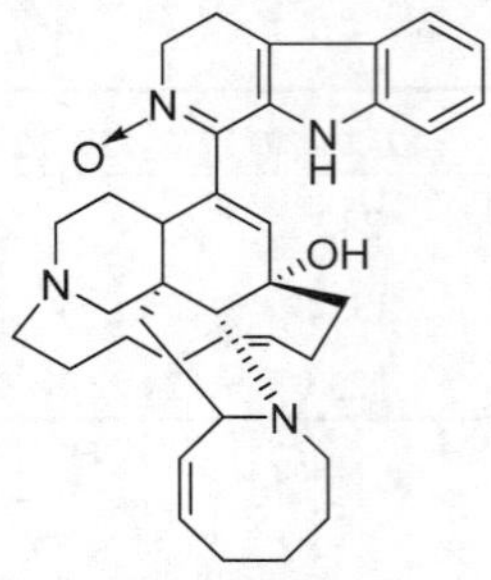　　12-2-437 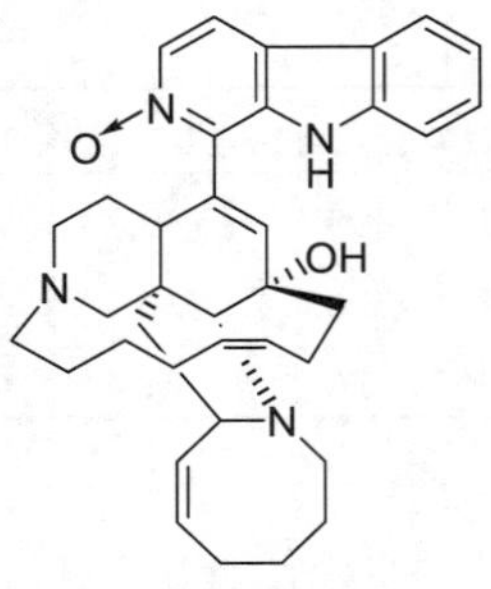　　12-2-438

表 12-2-95　化合物 12-2-433~12-2-438 的 ^{13}C NMR 数据[181, 182]

C	12-2-433	12-2-434	12-2-435	12-2-436	12-2-437	12-2-438
1	56.1	59.9	143.8	135.0	136.6	135.0
3	41.3	43.2	137.8	133.1	61.9	132.9
4	21.7	22.4	113.5	115.3	20.3	115.2
4a	109.7	109.0	129.4	120.3	108.3	120.5
4b	126.6	127.8	122.1	122.5	126.5	122.5
5	117.1	118.0	121.8	121.2	119.1	121.2
6	118.6	119.3	120.3	121.4	121.0	121.3
7	120.6	121.4	129.0	127.8	123.5	127.8
8	110.0	111.0	112.0	111.9	112.0	112.0
8a	134.8	135.5	140.5	141.1	137.8	141.3
9a	132.6	134.2	133.9	136.9	129.9	136.8
10	143.3	143.9	140.0	137.8	134.5	141.3
11	128.6	130.1	138.8	134.6	141.1	140.8
12	68.9	70.1	69.7	70.5	69.9	70.0
13	39.6	40.6	41.9	41.0	41.2	41.3
14	21.0	21.9	22.2	26.5	21.9	22.0
15	128.4	129.4	128.6	131.1	128.8	128.8
16	127.9	129.1	132.6	132.4	132.9	132.9
17	28.1	29.1				
18	27.5	28.6				
19	28.2	29.2				
20	52.8	53.4				
22	48.6	49.6				
23	31.7	32.3				
24	46.2	44.6				
25	42.9	43.5				
26	58.1	59.2	78.8	59.4	75.1	75.3
28	58.1	59.2	55.8	54.8	51.3	51.4
29	28.2	29.2	23.2	29.8	26.0	26.0
30	28.2	29.2	37.4	29.0	26.0	26.0
31	24.1	25.0	79.8	32.9	28.4	28.4
32	130.6	131.6	28.4	130.0	134.8	134.7

续表

C	12-2-433	12-2-434	12-2-435	12-2-436	12-2-437	12-2-438
33	130.0	131.1	41.0	129.5	130.3	130.4
34	25.1	26.2	104.2	25.4	55.0	55.7
35	37.0	37.3	51.9	22.8	44.1	43.9
36	64.9	65.7	67.1	65.8	69.3	69.3

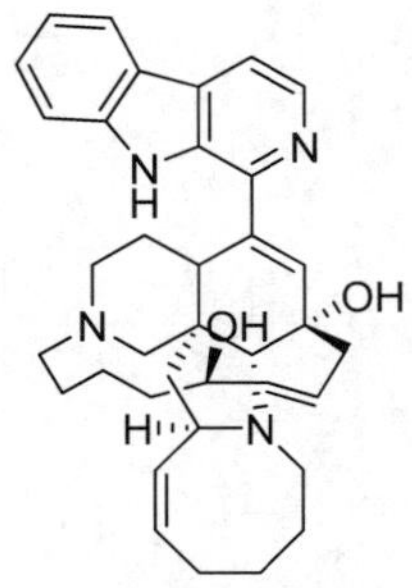

12-2-439 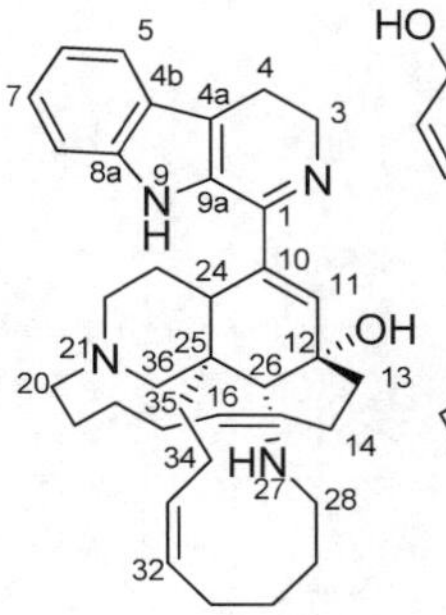　12-2-440 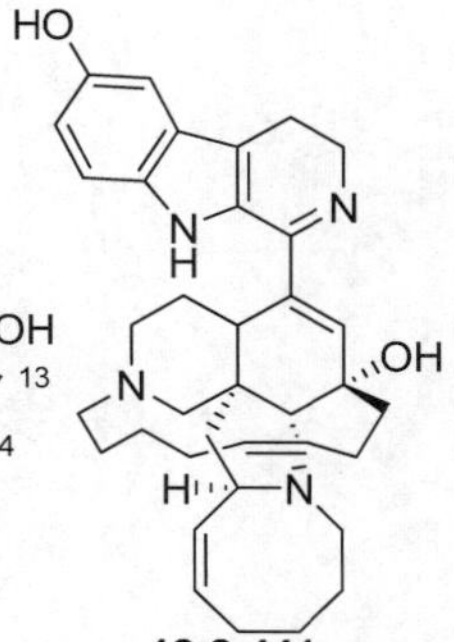　12-2-441 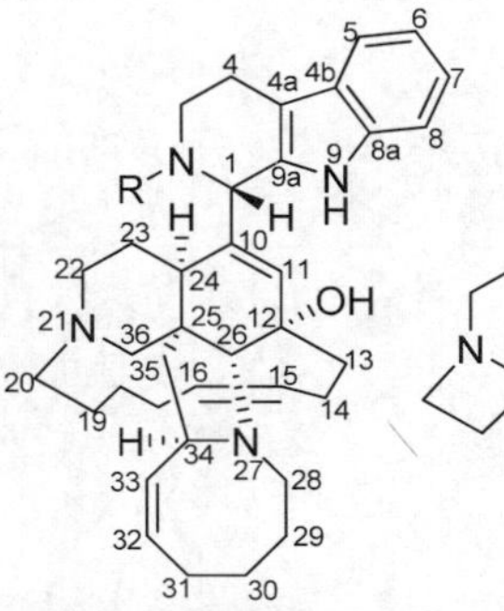　12-2-442 R=Me　12-2-443 R=H　12-2-444

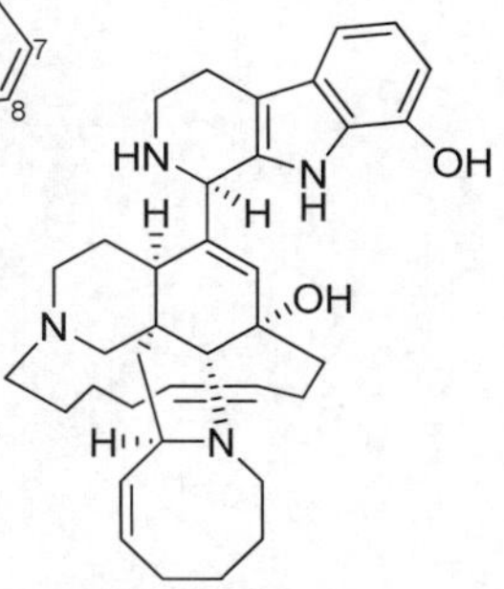

表 12-2-96　化合物 12-2-438~12-2-441 的 ^{13}C NMR 数据[183]

C	12-2-439	12-2-440	12-2-441	C	12-2-439	12-2-440	12-2-441	C	12-2-439	12-2-440	12-2-441
1	145.6	159.8	158.8	11	138.4	133.5	140.2	24	42.2	45.0	38.2
3	139.6	48.8	48.8	12	70.7	70.2	69.9	25	49.1	43.2	46.8
4	115.3	19.1	19.1	13	50.5	40.7	40.3	26	74.7	59.2	75.2
4a	123.5	117.1	116.2	14	128.3	21.9	21.4	28	53.1	59.2	51.2
4b	132.1	125.5	126.0	15	140.6	129.3	128.9	29	34.5	29.1	29.6
5	123.1	119.7	103.4	16	74.4	129.2	132.4	30	27.2	29.1	28.2
6	121.7	120.1	149.8	17	37.2	29.1	25.5	31	30.1	25.0	25.8
7	130.3	124.2	114.5	18	27.4	28.6	26.2	32	136.9	131.0	135.2
8	114.1	112.0	112.9	19	22.5	29.1	25.1	33	131.4	131.4	128.2
8a	135.7	136.1	135.2	20	55.9	53.4	53.4	34	57.3	26.2	55.2
9a	141.3	127.7	128.3	22	55.3	49.5	49.4	35	45.3	37.4	44.6
10	143.5	140.1	138.9	23	33.3	32.3	32.6	36	65.6	65.6	68.9

表 12-2-97　化合物 12-2-442~12-2-444 的 ^{13}C NMR 数据[184]

C	12-2-442	12-2-443	12-2-444	C	12-2-442	12-2-443	12-2-444	C	12-2-442	12-2-443	12-2-444
1	69.2	61.3	60.8	8	111.8	111.9	143.0	15	127.0	127.1	127.6
3	53.0	43.7	43.9	8a	126.7	126.9	125.1	16	132.8	132.7	131.7
4	22.0	22.2	22.3	9a	143.2	132.4	144.8	17	24.8	24.8	24.9
4a	109.4	109.4	110.3	10	143.2	144.0	132.8	18	26.4	26.3	26.4
4b	136.5	136.2	129.5	11	133.3	132.4	132.7	19	24.4	24.4	24.4
5	117.3	117.3	109.5	12	70.9	70.7	70.6	20	53.2	53.3	53.3
6	120.8	120.8	119.9	13	39.6	39.4	39.6	22	49.3	49.1	49.1
7	118.5	118.5	106.8	14	20.6	20.6	20.6	23	33.6	33.9	33.7

续表

C	12-2-442	12-2-443	12-2-444	C	12-2-442	12-2-443	12-2-444	C	12-2-442	12-2-443	12-2-444
24	37.5	37.1	37.5	30	24.3	24.3	24.0	35	42.5	43.0	43.2
25	46.8	46.8	46.7	31	28.3	28.2	28.6	36	71.0	70.8	70.9
26	78.7	78.7	78.9	32	141.8	141.9	142.5	N-Me	44.2		
28	53.3	53.2	53.3	33	124.1	124.0	123.6				
29	26.2	26.2	26.3	34	57.1	57.1	57.5				

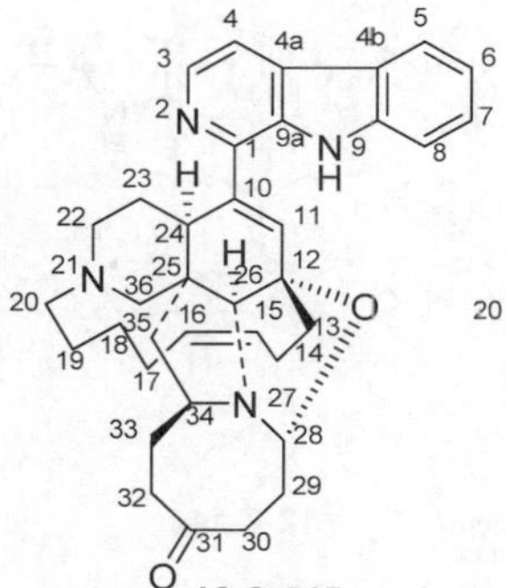

12-2-445 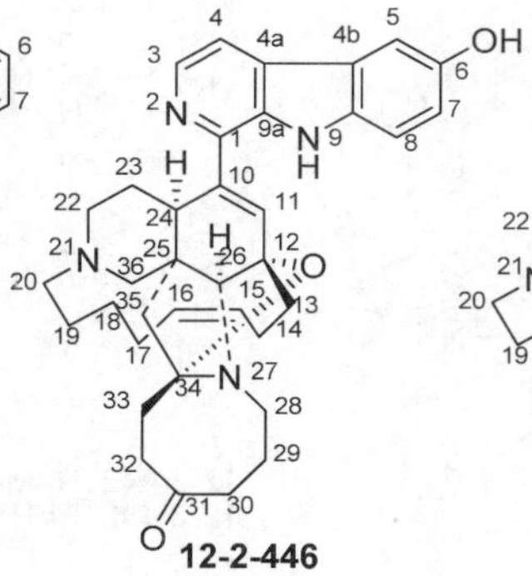　12-2-446 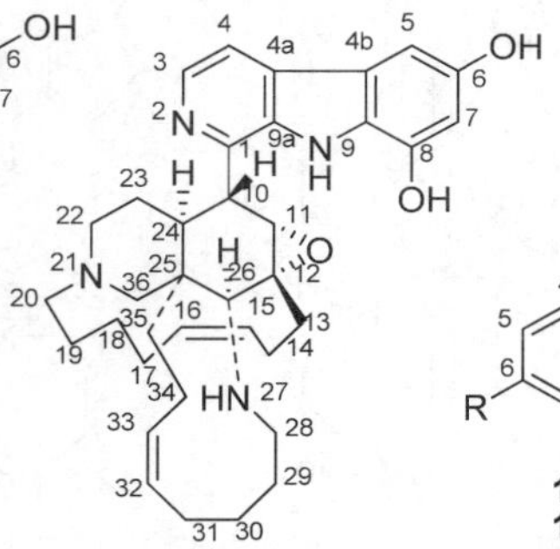　12-2-447 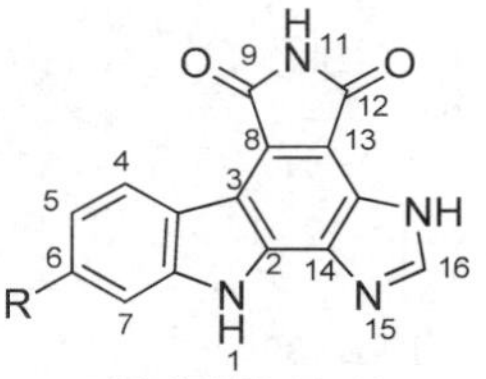　12-2-448 R=H　12-2-449 R=Br

表 12-2-98　化合物 12-2-445~12-2-447 的 ^{13}C NMR 数据[185]

C	12-2-445	12-2-446	12-2-447	C	12-2-445	12-2-446	12-2-447	C	12-2-445	12-2-446	12-2-447
1	143.4	143.9	140.8	11	134.9	132.7	64.9	24	43.3	46.3	46.3
3	139.3	138.8	137.3	12	77.9	80.5	61.5	25	38.8	38.6	43.8
4	114.6	114.2	122.6	13	40.4	40.3	30.4	26	76.5	67.2	57.5
4a	130.2	129.9	115.2	14	22.9	23.1	22.4	28	94.5	54.1	59.5
4b	122.3	122.0	126.3	15	129.2	129.9	128.9	29	26.6	23.3	29.6
5	122.2	121.8	120.2	16	133.4	129.8	129.4	30	37.1	33.1	29.3
6	120.6	150.4	123.6	17	25.9	25.4	29.9	31	204.5	206.2	25.8
7	128.3	128.8	108.3	18	26.2	30.0	29.2	32	30.9	30.9	132.6
8	117.5	112.3	139.9	19	24.4	30.1	29.6	33	30.5	30.5	129.2
8a	141.2	140.8	141.2	20	52.5	59.3	52.9	34	61.1	101.8	38.1
9a	133.5	133.8	133.5	22	49.3	50.1	49.8	35	47.6	47.4	37.6
10	143.1	142.8	44.1	23	32.9	32.1	32.3	36	66.5	66.3	65.5

表 12-2-99　化合物 12-2-448 和 12-2-449 的 ^{13}C NMR 数据[186]

C	12-2-448	12-2-449	C	12-2-448	12-2-449	C	12-2-448	12-2-449
2	135.4	—	6	126.1	120.6	11	171.0	171.4
3	113.0	112.0	7	111.6	114.1	12	109.5	109.9
3a	121.4	118.5	7a	140.4	141.1	13	125.7	—
4	123.8	125.1	8	122.7	122.5	14	133.4	—
5	120.0	122.6	9	169.8	169.3	16	144.5	144.7

注：一表示未观测到。

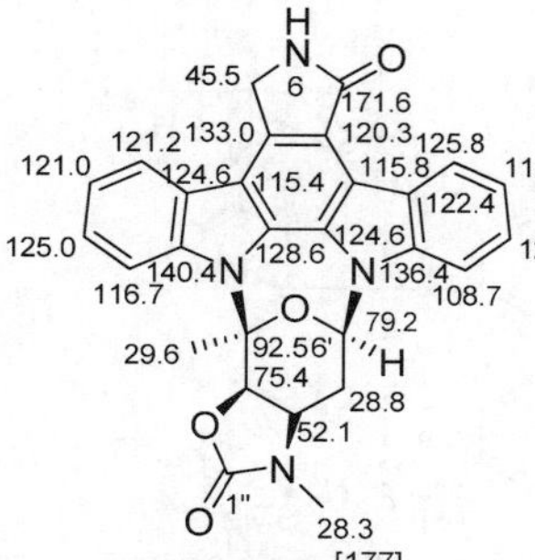

12-2-450[177]

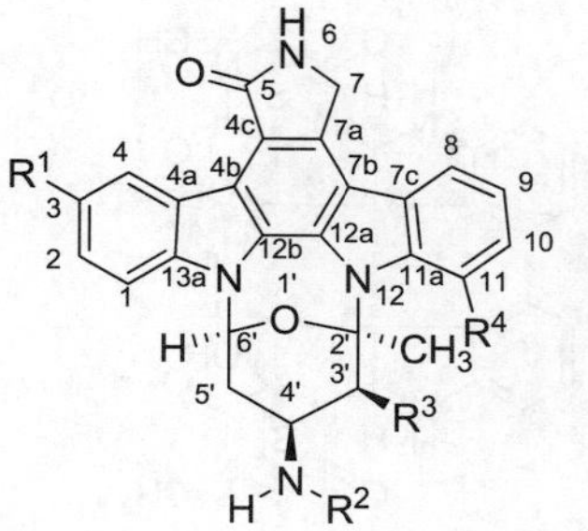

12-2-451 R^1=R^4=H; R^2=CH_3; R^3=OCH_3
12-2-452 R^1=R^2=R^4=H; R^3=OCH_3
12-2-453 R^1=OH; R^2=CH_3; R^3=OCH_3; R^4=H
12-2-454 R^1=R^4=H; R^2=CH_3; R^3=OH
12-2-455 R^1=R^3=OH; R^2=CH_3; R^4=H
12-2-456 R^1=R^2=H; R^3=OCH_3; R^4=OH

表 12-2-100 化合物 12-2-451~12-2-456 的 ^{13}C NMR 数据[188]

C	12-2-451	12-2-452	12-2-453	12-2-454	12-2-455	12-2-456
1	109.4	109.3	109.7	108.9	109.3	109.0
2	126.5	126.6	116.0	126.6	116.0	126.6
3	120.8	120.8	152.0	120.7	152.1	120.9
4	127.2	127.2	111.9	127.0	111.4	127.1
4a	124.5	124.5	125.2	124.3	125.0	124.6
4b	116.9	117.0	116.4	117.3		117.1
4c	120.3	120.3	120.2			
5	175.1	175.1	175.2	175.1		175.1
7	46.9	46.9	46.8	46.9	46.9	47.0
7a	133.8	133.9	133.3	134.3	133.8	134.1
7b	115.8	115.9	115.5		115.6	
7c	125.9	125.9	125.9	125.9	125.9	128.2
8	122.8	122.7	122.6	122.1	122.1	113.6
9	122.0	122.0	121.9	121.4	121.5	122.9
10	126.5	126.6	126.4	126.0	125.7	113.0
11	113.4	113.6	113.3	114.7	114.6	143.6
11a	139.5	139.7	139.4	140.5	140.4	129.1
12a	127.7	131.4	131.5			
12b	131.5	127.5	128.3	126.7	127.2	
13a	137.8	137.9	132.6	137.9	132.7	138.8
2'	94.2	94.2	94.1	95.7	95.6	95.6
3'	81.4	82.5	81.4	70.1	70.1	81.5
4'	55.9	47.9	55.9	55.7	55.7	
5'	28.7	30.3	28.8	27.0	27.0	
6'	82.0	82.0	81.9	82.0	82.0	
2'-Me	28.8	29.0	28.7	29.5	29.4	29.7
3-OMe	62.2	60.8	60.6			60.7
4-NMe	31.3		31.3	31.1	30.8	

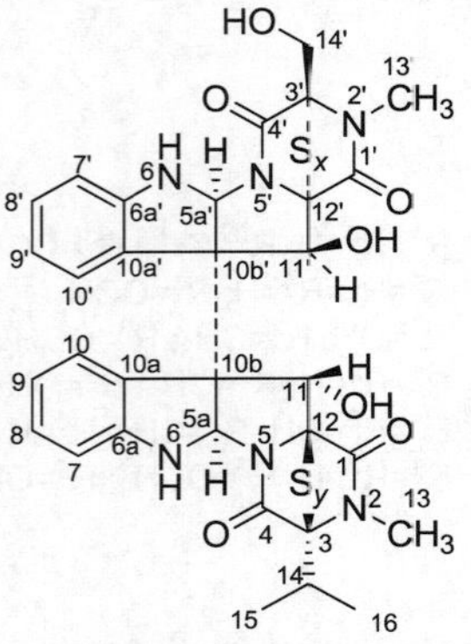

12-2-457 x=4; y=3
12-2-458 x=3; y=3
12-2-459 x=2; y=4

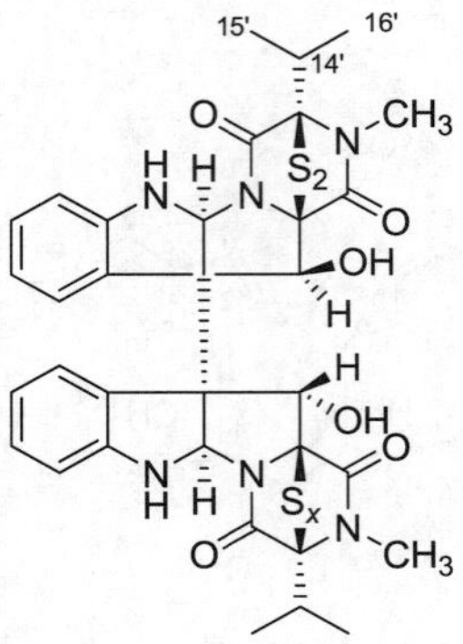

12-2-460 x=2
12-2-461 x=3
12-2-462 x=4

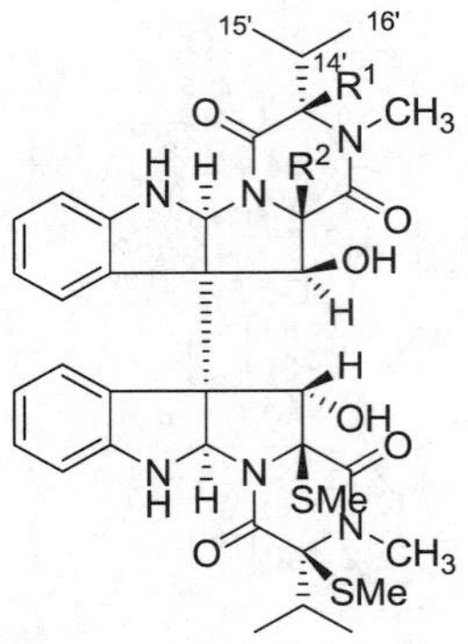

12-2-463 R^1=R^2=–S_2–
12-2-464 R^1=R^2=SMe

表 12-2-101 化合物 12-2-457~12-2-464 的 ^{13}C NMR 数据[189, 190]

C	12-2-457	12-2-458	12-2-459	12-2-460	12-2-461	12-2-462	12-2-463	12-2-464
1	170.1	170.1	168.8	167.4	169.2	167.7	166.0	166.0
3	77.7	77.4	81.6	80.2	81.4	81.8	79.0	79.1
4	165.1	165.1	167.7	160.5	164.1	167.7	165.4	164.4
5a	79.3	79.7	79.2	78.8	78.7	79.3	78.9	79.6
6a	150.9	151.0	148.1	148.0	155.1	148.8	149.1	150.9
7	110.7	110.8	108.6	110.2	109.8	108.9	109.0	108.9
8	131.0	131.0	130.2	130.1	131.0	130.4	129.8	129.7
9	119.3	119.4	118.9	119.7	117.2	119.7	118.6	118.1
10	126.7	126.7	127.4	125.1	128.1	125.6	124.1	125.8
10a	123.5	123.8	127.1	126.3	126.2	126.8	127.0	128.3
10b	60.7	60.6	61.6	65.2	61.8	63.8	63.8	62.3
11	83.2	83.2	83.0	81.8	85.0	83.3	80.8	81.1
12	83.3	83.4	80.0	75.1	85.2	79.9	72.6	72.4
13	28.0	27.9	30.2	27.8	27.7	30.2	30.0	29.8
14	35.5	35.5	36.0	32.2	35.3	36.0	37.7	37.4
15	19.2	19.2	18.3	17.9	18.2	18.3	17.6	17.9
16	18.0	18.1	18.4	18.1	18.2	18.3	17.9	17.8
3-SMe							13.9	13.6
12-SMe							16.4	16.3
1'	168.4	167.7	167.7	166.4	168.0	166.3	166.1	164.8
3'	79.0	80.6	79.2	79.9	80.8	80.3	80.3	76.35
4'	169.3	165.8	164.7	161.0	161.3	161.1	160.8	164.8
5a'	80.5	79.7	83.2	77.0	79.7	77.5	77.5	77.6
6a'	149.8	149.9	149.6	151.1	151.6	151.4	151.5	150.0
7'	109.8	109.7	109.6	109.7	108.7	109.8	109.8	108.5
8'	130.0	130.0	129.7	129.8	120.0	130.0	129.8	129.3
9'	119.0	118.8	119.3	118.9	117.3	119.1	118.8	117.8
10'	130.2	130.3	129.8	127.9	130.7	127.8	127.7	128.0
10a'	122.9	123.2	121.7	123.8	125.5	123.9	124.2	123.1

续表

C	12-2-457	12-2-458	12-2-459	12-2-460	12-2-461	12-2-462	12-2-463	12-2-464
10b'	64.2	65.2	63.3	63.8	63.1	64.5	64.9	60.3
11'	79.0	79.7	78.8	75.7	75.9	75.7	75.4	78.7
12'	80.5	76.3	74.5	77.2	81.8	77.1	77.5	73.3
13'	28.9	28.5	26.4	28.1	27.8	28.3	28.1	29.8
14'	63.6	62.0	60.6	32.3	32.7	32.4	32.4	36.0
15'				18.5	18.4	18.7	18.7	17.8
16'				18.5	18.2	18.7	18.7	17.5
3'-SMe								13.8
12'-SMe								16.3

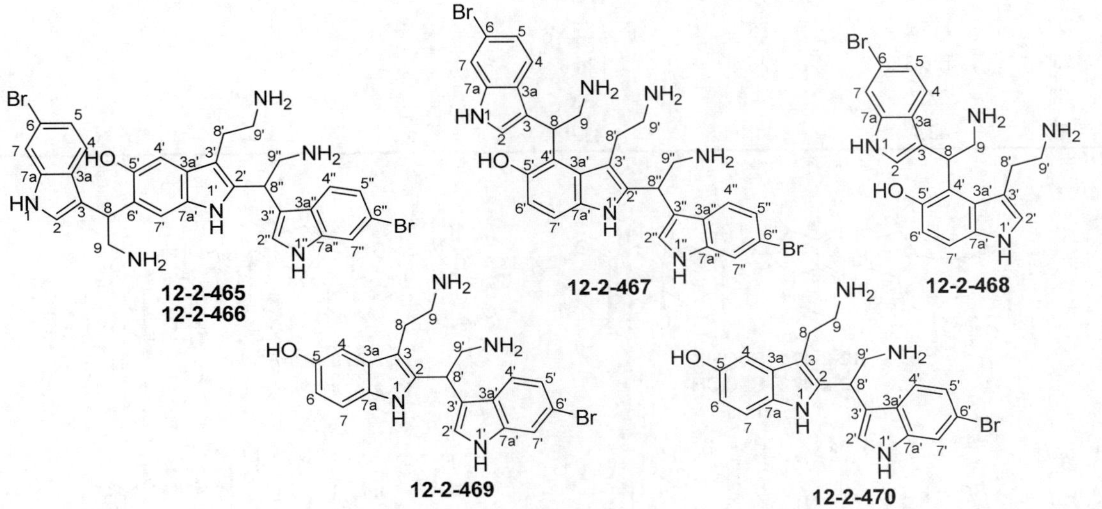

12-2-465
12-2-466

12-2-467

12-2-468

12-2-469

12-2-470

表 12-2-102 化合物 12-2-465~12-2-470 的 ^{13}C NMR 数据[191, 192]

C	12-2-465	12-2-466	12-2-467	12-2-468	12-2-469	12-2-470
2	124.2	124.6	126.5	126.6	135.3	135.8
3	115.6	115.2	114.9	115.4	107.8	108.8
3a	139.2	139.2	139.1	139.1	129.8	138.9
4	121.3	121.3	121.0	120.7	103.1	120.2
5	123.0	123.0	123.5	123.5	152.0	123.5
6	116.3	116.1	116.1	116.1	112.9	116.3
7	115.4	115.2	115.5	115.6	112.9	115.2
7a	127.1	127.1	128.1	127.4	132.5	127.9
8	35.8	36.9	36.9	36.9	23.6	23.3
9	44.7	44.5	43.7	43.8	41.1	41.1
2'	135.6	135.8	137.1	126.5	124.8	124.8
3'	107.6	107.4	107.9	110.1	114.2	113.6
3a'	128.8	129.0	126.5	126.5	139.0	138.6
4'	103.4	103.5	114.6	114.7	120.8	120.6
5'	150.0	150.0	151.5	150.5	123.5	123.6

续表

C	12-2-465	12-2-466	12-2-467	12-2-468	12-2-469	12-2-470
6'	124.4	124.4	113.1	113.2	116.5	116.4
7'	112.4	112.7	114.2	114.2	115.5	115.5
7a'	132.7	132.5	133.5	134.5	126.3	126.2
8'	23.6	23.6	25.6	27.3	34.0	33.8
9'	41.1	41.1	41.7	41.3	44.1	43.9
2''	124.7	124.8	125.1			
3''	114.1	114.1	114.9			
3a''	138.8	138.8	139.0			
4''	120.8	120.8	121.1			
5''	123.4	123.4	123.5			
6''	116.2	116.3	116.4			
7''	115.2	115.4	115.5			
7a''	126.3	126.4	126.3			
8''	33.7	34.0	33.6			
9''	43.9	44.1	43.9			

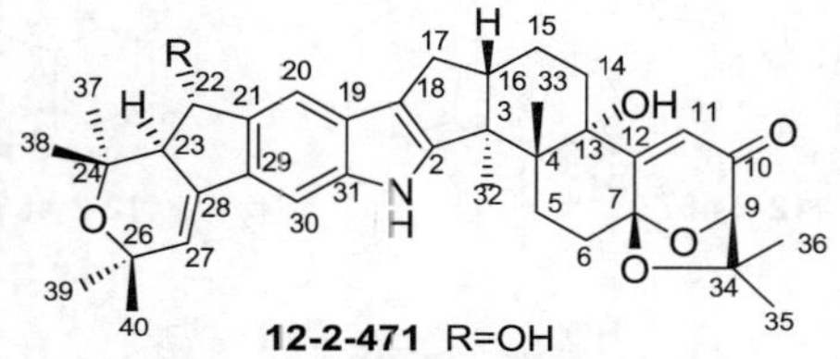

12-2-471 R=OH
12-2-472 R=OCH_3

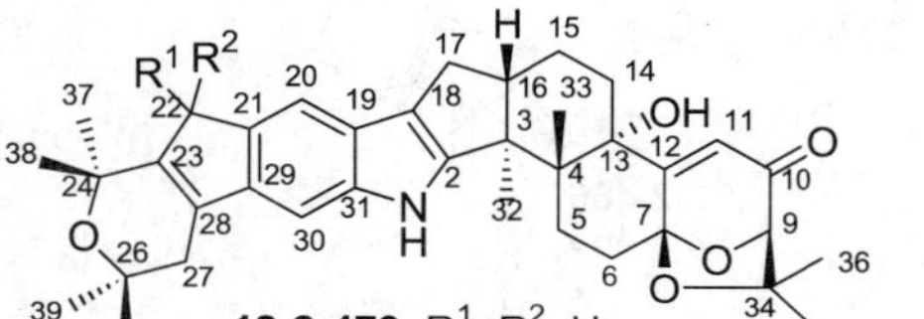

12-2-473 R^1=R^2=H
12-2-474 R^1=R^2=O

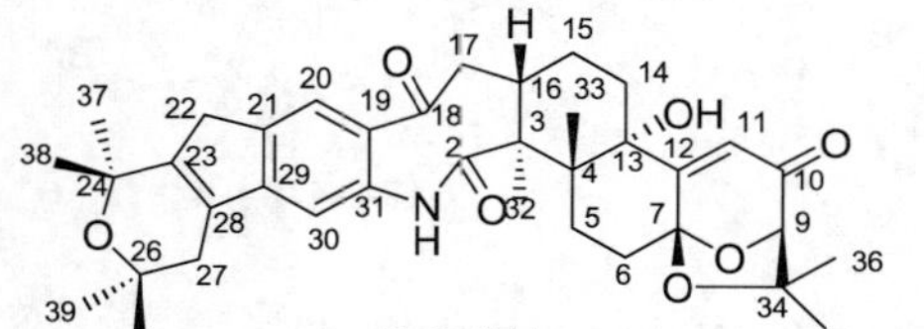

12-2-475

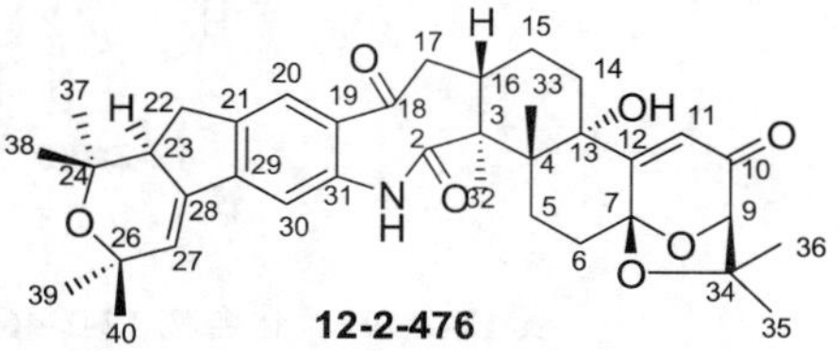

12-2-476

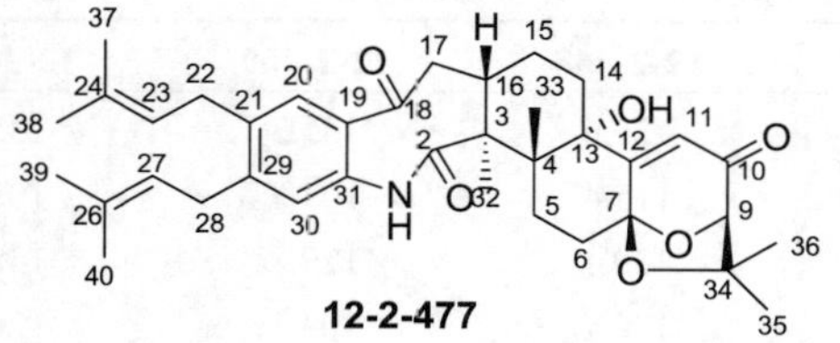

12-2-477

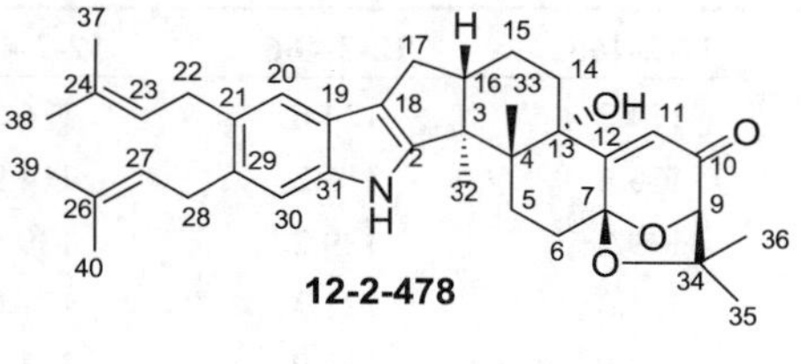

12-2-478

表 12-2-103 化合物 12-2-471~12-2-478 的 ^{13}C NMR 数据[193]

C	12-2-471	12-2-472	12-2-473	12-2-474	12-2-475	12-2-476	12-2-477	12-2-478
2	153.8	153.7	151.0	152.0	177.1	176.8	176.9	151.4
3	51.8	51.7	51.6	51.7	57.5	57.3	57.5	51.4
4	39.9	39.9	39.9	39.9	41.3	41.4	41.4	39.9
5	27.0	27.0	27.0	27.1	27.3	27.3	27.3	26.9
6	28.3	28.3	28.3	28.2	28.3	28.4	28.3	28.3
7	104.4	104.3	104.4	104.3	104.0	104.0	104.0	104.4
9	88.1	88.0	88.0	88.0	87.8	87.9	87.9	87.9

续表

C	12-2-471	12-2-472	12-2-473	12-2-474	12-2-475	12-2-476	12-2-477	12-2-478
10	197.0	197.0	197.1	196.9	196.8	196.8	196.8	197.1
11	117.8	117.7	117.6	117.8	118.2	118.3	118.2	117.6
12	169.6	169.5	169.8	169.4	169.3	169.3	169.3	169.8
13	77.8	77.6	77.7	77.6	77.6	77.6	77.6	77.6
14	33.8	33.9	34.0	33.9	31.8	31.7	31.8	33.9
15	21.1	21.1	21.2	21.0	25.4	25.5	25.4	21.2
16	48.5	48.5	48.4	48.4	34.9	34.6	34.7	48.5
17	27.5	27.6	27.7	27.5	48.5	48.3	48.3	27.6
18	117.6	117.5	117.2	121.1	203.2	203.0	202.7	116.9
19	126.9	126.8	123.0	124.1	130.3	134.2	131.6	123.6
20	113.9	114.5	113.7	115.3	124.1	125.8	129.7	118.4
21	135.2	135.7	135.1	126.5	141.6	144.0	139.3	131.3
22	76.4	84.0	36.2	194.2	37.1	33.1	31.0	31.8
23	60.2	53.5	143.1	136.6	150.6	48.5	121.5	123.8
24	73.8	74.0	73.6	72.1	73.4	74.2	133.5	132.6
26	72.4	72.5	71.4	71.0	71.4	72.6	134.3	131.9
27	120.9	120.8	34.5	34.9	34.2	126.3	121.0	124.3
28	138.6	135.8	139.5	153.1	131.5	137.5	31.2	32.0
29	131.8	132.6	131.8	136.9	136.6	136.2	145.4	139.0
30	102.6	102.6	101.4	103.8	116.7	118.7	127.5	111.4
31	141.1	141.1	139.3	141.4	150.1	144.6	134.8	131.5
32	16.2	16.2	16.1	16.3	17.5	17.5	17.4	16.2
33	23.6	23.6	23.6	23.7	24.4	24.4	24.0	23.6
34	78.8	78.8	78.7	78.8	78.6	78.6	78.6	78.7
35	23.0	23.1	23.1	23.1	23.0	23.1	23.0	23.1
36	28.9	28.9	28.9	28.9	29.2	28.8	28.8	28.8
37	30.1	30.0	30.4	29.1	30.6	31.4	17.98	17.9
38	23.0	22.8	30.4	29.1	28.8	22.4	25.77	25.7
39	29.3	29.9	29.7	29.7	29.8	29.9	17.91	17.9
40	31.9	31.9	29.6	29.7	30.1	29.6	25.74	25.7
OMe		54.3						

参考文献

[1] Tsukamoto S, Tane K, Ohta T, et al. J Nat Prod, 2001, 64: 1576.

[2] Sakai R, Suzuki K, Shimamoto K, et al. J Org Chem, 2004, 69: 1180.

[3] Rodríguez A D, Cóbar O M, Padilla O L, et al. J Nat Prod, 1997, 60: 1331.

[4] Narkowicz C K, Blackman A , Lacey E, et al. J Nat Prod, 2002, 65: 938.

[5] Aoki S, Ye Y, Higuchi K, et al. Chem Pharm Bull,2001, 49: 1372.

[6] Pettit G R, Collins J C, Knight J C, et al. J Nat Prod, 2003, 66: 544.

[7] Grube A, Köck M. J Nat Prod, 2006, 69: 1212.

[8] Gross H, Goeger D E, Hills P, et al. J Nat Prod, 2006, 69: 640.

[9] Davis R A, Aalbersberg W, Meo S, et al. Tetrahedron, 2002, 58: 3263.

[10] Ma M, Zhao J, Wang S, et al. J Nat Prod, 2007, 70: 337.

[11] Jayatilake G S, Thornton M P, Leonard A C, et al. J Nat Prod, 1996, 59: 293.
[12] Heinrich M R, Kashman Y, Spiteller P, et al. Tetrahedron, 2001, 57: 9973.
[13] Assmann M, van Soest R W M, Köck M. J Nat Prod, 2001, 64: 1345.
[14] Stierle D B, Faulkner D J. J Nat Prod, 1991, 54: 1131.
[15] Capon R J, Miller M, Rooney F. J Nat Prod, 2001, 64: 643.
[16] Sorek H, Rudi A, Gueta S, et al. Tetrahedron, 2006, 62: 8838.
[17] Hua H-M, Peng J, Fronczek F R, et al. Bioorg Med Chem, 2004, 12: 6461.
[18] Calcul L, Longeon A, Mourabit A A, et al. Tetrahedron, 2003, 59: 6539.
[19] Herlt A, Mander L, Rombang W, et al. Tetrahedron, 2004, 60: 6101.
[20] Sauviat M P, Vercauteren J, Grimaud N, et al. J Nat Prod, 2006, 69: 558.
[21] Varseev G N, Maier M E. Org Lett, 2007, 9: 1461.
[22] Hua H M, Peng J, Dunbar C, et al. Tetrahedron, 2007, 63: 11179.
[23] Gautschi J T, Whitman S, Holman T R, et al. J Nat Prod, 2004, 67: 1256.
[24] Calcul L, Longeon A, Mourabit A A, et al. Tetrahedron, 2003, 59: 6539.
[25] Harrigan G G, Goetz G H, Luesch H, et al. J Nat Prod, 2001, 64: 1133.
[26] Ralifo P and Crews P, J Org Chem, 2004, 69: 9025.
[27] Cabrera G M, Butler M,. Rodriguez M A,et al. J Nat Prod, 2006, 69: 1806.
[28] Hassan W, Edrada R, Ebel R, et al. J Nat Prod, 2004, 67: 817.
[29] Bugni T S, Woolery M, Kauffman CA, et al. J Nat Prod, 2006, 69: 1626.
[30] Kubanek J, Williams D E, Silva E D, et al.Tetrahedron Lett, 1995, 36: 6189.
[31] Pathirana C, Jensen P J, Dwight R, et al. J Org Chem, 1992, 57: 740.
[32] Kobayashi K H , Sasaki T, et al. Chem Pharm Bull, 1995, 43: 403.
[33] Tabudravu J N, Jaspars M. J Nat Prod, 2002, 65: 1798.
[34] Pina I C, White K N, Cabrera G, et al. J Nat Prod, 2007, 70: 613.
[35] Kehraus S, Gorzalka S, Hallmen C, et al. J Med Chem, 2004, 47: 2243.
[36] Orabi K Y, Sayed K A E, Hamann M T, et al. J Nat Prod, 2002, 65: 1782.
[37] Gross H, Kehraus S, König G M, et al. J Nat Prod, 2002, 65: 1190.
[38] Edrada R A, Stessman C C, Crews P. J Nat Prod, 2003, 66: 939.
[39] Ralifo P, Tenney K, Valeriote F A, et al. J Nat Prod, 2007, 70: 33.
[40] Hassan W, Edrada R, Ebel R, et al. J Nat Prod, 2004, 67: 817.
[41] Mancini I, Guella G , Amade P, et al.Tetrahedron Lett, 1997, 38: 6271.
[42] Durán R, Zubía E, Ortega M J, et al. Tetrahedron, 1999, 55: 13225.
[43] Hirano K, Kubota T, Tsuda M,et al. Tetrahedron, 2000, 56: 8107.
[44] Chan, G W, Mong S, Hemling M E, et al. J Nat Prod, 1993, 56: 116.
[45] Durán R, Zubía E, Ortega M J, et al. Tetrahedron, 1999, 55: 13225.
[46] Fu X, Schmitz F J, Tanner R S, et al. J Nat Prod, 1998, 61: 384.
[47] Albizati K F, Faulkner D J. J Org Chem, 1985, 50: 4163.
[48] Inaba K, Sato H, Tsuda M, et al. J Nat Prod, 1998, 61: 693.
[49] Rogers E W, Molinski T F, J Nat Prod, 2007, 70: 1191.
[50] Tabudravu J N, Jaspars M. J Nat Prod, 2002, 65: 1798.
[51] Nicholas G M, Newton G L, Fahey R C, et al. Org Lett, 2001, 3: 1543.
[52] Xin Z H, Fang Y, Du L, et al. J Nat Prod, 2007, 70: 853.
[53] Milanowski D J, Gustafson K R, Kelley J A, et al. J Nat Prod, 2004, 67: 70.
[54] Gunasekera S P, McCarthy P J, Longley R E, et al. J Nat Prod, 1999, 62: 1208.
[55] Pettit G R, Knight J C, Collins J C, et al. J Nat Prod, 2000, 63: 793.
[56] Edrada R A, Proksch P, Wray V, et al. J Nat Prod, 1996, 59: 973.
[57] Fu X, Barnes J R, Do T, et al. J Nat Prod, 1997, 60: 497.
[58] Vervoort H C, Richards-Gross S E, Fenical W, et al. J Org Chem, 1997, 62: 1486.
[59] Utkina N K, Makarchenko A E, Denisenko V A, et al. Tetrahedron Lett, 2004, 45: 7491.
[60] Lee S M, Li X F, Jiang H, et al. Tetrahedron Lett, 2003,44: 7707.
[61] Goetz G H, Harrigan G G, Likos J. J Nat Prod, 2001, 64: 1581.
[62] Carroll A R, Scheuer P J. J Org Chem, 1990, 55: 4426.

[63] Antunes E M, Beukes D R, Kelly M, et al. J Nat Prod, 2004, 67: 1268.
[64] Reyes F, Martin R, Rueda A, et al. J Nat Prod, 2004, 67: 463.
[65] Lang G, Pinkert A, Blunt J W, et al. J Nat Prod, 2005, 68: 1796.
[66] Guo Y, Madaio A, Trivellone E, et al. Tetrahedron, 1996, 52: 14961.
[67] Hooper G J, Davies-Coleman M T, Kelly-Borges M, et al. Tetrahedron Lett, 1996, 37: 7135.
[68] Dai J R, Carte B K, Sidebottom P J, et al. J Nat Prod, 2001, 64: 125.
[69] Rodríguez I I, Rodrıguez A D, Wang Y, et al. Tetrahedron Lett, 2006, 47: 3229.
[70] Pearce A N, Appleton D R, Babcock R C, et al. Tetrahedron Lett, 2003, 44: 3897.
[71] Niwa H, Watanabe M, Yamada K. Tetrahedron Lett, 1993, 34: 7441.
[72] McDonald L A, Eld redge G S, Barrows L R, et al. J Med Chem, 1994, 37: 3819.
[73] Torres Y R, Bugni T S, Berlinck R G, et al. J Org Chem, 2002, 67: 5429.
[74] Nilar G, Sidebottom P , Carte B K, et al. J Nat Prod, 2002, 65: 1198.
[75] Guzman F S, Carte B, Troupe N,et al. J Org Chem, 1999, 64: 1400.
[76] Thale Z, Johnson T, Tenney K, et al. J Org Chem, 2002, 67: 9384.
[77] Ralifo P, Sanchez L, Gassner N C, et al. J Nat Prod, 2007, 70: 95.
[78] Gunawardana G P, Koehn F W, Lee A Y, et al. J Org Chem. 1992,57: 1523.
[79] Eder C, Schupp P, Proksch P, et al. J Nat Prod, 1998, 61: 301.
[80] McDonald L A, Eld redge G S, Barrows L R, et al. J Med Chem, 1994, 37: 3819.
[81] Carroll A R, Scheuer P J. J Org Chem, 1990, 55: 4426.
[82] Appleton D R, Pearce A, Lambert G, et al. Tetrahedron, 2002, 58: 9779.
[83] Campagnuolo C, Fattorusso C, Fattorusso E, et al. Org Lett, 2003, 5: 673.
[84] Manzo E, Soest R V, Matainaho L, et al. Org Lett, 2003, 5: 4591.
[85] Ma M, Zhao J, Wang S, et al. J Nat Prod, 2007, 70: 337.
[86] Tsukamoto S, Kawabata T, Kato H, et al. J Nat Prod, 2007, 70: 1658.
[87] Charan R D, Schlingmann G., Janso J, et al. J Nat Prod, 2004, 67: 1431.
[88] Yao G, Chang L C. Org Lett, 2007, 9: 3037.
[89] Uddin J, Ueda K, Siwu E R O, et al. Bioorg Med Chem, 2006, 14: 6954.
[90] Diaz-Marrero A R, Austin P, Van Soest R, et al. Org Lett, 2006, 8: 3749.
[91] Oku N, Matsunaga S, Soest R W M, et al. J Nat Prod, 2003, 66: 1136.
[92] Cafieri F, Fattourusso E, Mangoni A,et al. Tetrahedron Lett, 1996, 37: 3587.
[93] Kubanek J, Williams D E, Silva E D, et al. Tetrahedron Lett, 1995, 36: 6189.
[94] Kobayashi J, Watanabe D, Kawasaki N, et al. J Org Chem, 1997, 62: 9236.
[95] Makarieva T N, Ilyin S G, Stonik V A, et al.Tetrahedron Lett, 1999, 40: 1591.
[96] S. Matsunaga, Miyata Y, Soest von R W M, et al. J Nat Prod, 2004, 67: 1758.
[97] Oliveir J a, Grube A, Kock M, et al. J Nat Prod, 2004, 67: 1685.
[98] Torres Y R, Berlinck R G S, Magalhães A, et al. J Nat Prod, 2000, 63: 1098.
[99] Clark R J, Field K L, Charan R L, et al. Tetrahedron, 1998, 54: 8811.
[100] Guo Y, Madaio A, Trivellone E, et al. Tetrahedron, 1996, 52: 14961.
[101] Reyes F, Fernandez R, Urda C, et al. Tetrahedron, 2007, 63: 2432.
[102] Wright A E, Cook Botelho J, Guzman E, et al. J Nat Prod, 2007, 70: 412.
[103] Takada N, Umemura N, Suenaga K, et al. Tetrahedron Lett, 2001, 42: 3491.
[104] Ambrosio M D, Roussis V, Fenical W. Tetrahedron Lett, 1997, 38: 717.
[105] Yosief T, Rudi A , Kashman Y, J Nat Prod, 2000, 63: 299.
[106] Rudi A, Shalom H, Schleye r M, et al. J Nat Prod, 2004, 67: 106.
[107] Rudi A, Aknin M, Gaydou E, et al. J Nat Prod, 2004, 67: 1932.
[108] Watanabe Y, Aoki S, Tanabe D, et al. Tetrahedron, 2007, 63: 4074.
[109] Aoki S, Watanabe Y, Tanabe D, et al. Tetrahedron Lett. 2007, 48: 4485.
[110] Lee H-S, Seo Y, Rho J R., et al. J Nat Prod, 2001: 1474.
[111] Watanabe Y, Aoki S, Tanabe D, et al. Tetrahedron, 2007, 63: 4074.
[112] Aoki S, Watanabe Y, Tanabe D, et al. Tetrahedron Lett, 2007, 48: 4485.
[113] Malla R S, Srinivasulu M, Satyanarayana N, et al. Tetrahedron, 2005, 61: 9242.
[114] Bowden B F, McCool B J, Willis R H, et al. J Org Chem, 2004, 69: 7791.

[115] Assmann S M, Za M K. J Nat Prod, 2001, 64: 467.
[116] Endo T, Tsuda M, Okada T, et al. J Nat Prod, 2004, 67: 1262.
[117] Nishimura S, Matsunaga S, Shibazaki M, et al. Org Lett, 2003, 5: 2255.
[118] Buchanan M S, Carroll A R, Addepalli R, et al. J Org Chem, 2007, 72: 2309.
[119] Kobayashi H, Kitamura K, Nagai K, et al. Tetrahedron Lett, 2007, 48: 2127.
[120] Kehraus S, Gorzalka S, Hallmen C, et al. J Med Chem, 2004, 47: 2243.
[121] Casapullo A, Minale L, Zollo F, et al. J Nar Prod, 1994, 57: 1227.
[122] Kang H, Fenical W. J Org Chem, 1997, 62: 3254.
[123] Kashman Y, Koren-Goldshlager G, Gravalos M D G, et al. Tetrahedron Lett, 1999, 40: 997.
[124] Davis R A, Carroll A R, Pierens G K, et al. J Nat Prod, 1999, 62: 419.
[125] Reddy M V R, Faulkner D J, Venkateswarlu Y, et al.Tetrahedron, 1997, 53: 3457.
[126] Lindquist N, Fenical W, Van Duyne G D, Clardy J. J Org Chem, 1988, 53: 4570.
[127] Zhang H, Kamano Y, Ichihara Y, et al. Tetrahedron, 1995, 51: 5523.
[128] Meragelman K M, West L M, Northcote P T, et al. J Org Chem, 2002, 67: 6671.
[129] Ji N, Li X M, Ding L P, et al. Helv Chim Acta, 2007, 90: 385.
[130] Bao B, Zhang P, Lee Y, et al. Mar Drugs, 2007, 5: 31.
[131] Narkowicz C K, Blackman A , Lacey E, et al. J Nat Prod, 2002, 65: 938.
[132] Campagnuolo C, Fattorusso E, Taglialatela-Scafati O. Eur J Org Chem, 2003: 284.
[133] Segraves N L, Crews P. J Nat Prod, 2005, 68: 1484.
[134] Chang L C, Otero-Quintero S, Hooper J N, et al. J Nat Prod, 2002, 65: 776.
[135] Makarieva T N, Dmitrenok A S, Dmitrenok P S, et al. J Nat Prod, 2001, 64: 1559.
[136] Makarieva T N, Ilyin S G, Stonik V A, et al.Tetrahedron Lett, 1999, 40: 1591.
[137] Urban S, Blunt J W, Munro M H. Nat Prod, 2002, 65: 1371.
[138] Sauleau P, Martin M T, Dau M E, et al. J Nat Prod, 2006, 69: 1676.
[139] Rashid M A, Gustafson K R, Boyd M R. J Nat Prod, 2001, 64: 1454.
[140] Appleton D R, Page M J, Lambert G , et al. J Org Chem, 2002, 67: 5402.
[141] Pearce A N, Babcock R C , Battershill C N, et al. J Org Chem, 2001, 66: 8257.
[142] Schumacher R W, Harriganb B L, Davidsona B S. Tetrahedron Lett, 2001, 42: 5133.
[143] Aoki S, Ye Y, Higuchi K, et al. Chem Pharm Bull, 2001, 49: 1372.
[144] Segraves N L, Crews P. J Nat Prod, 2005, 68: 1484.
[145] Franco L H, Joffe E B, Puricelli L, et al. J Nat Prod, 1998, 61: 1130.
[146] Ravinder K, Reddy A V, Krishnaiah P, et al. Tetrahedron Lett, 2005, 46: 5475.
[147] Chbani M, Pais M, Delauneux J M, et al. J Nat Prod, 1993, 56: 99.
[148] Badre A, Boulanger A, AbouMansour E, et al. J Nat Prod, 1994, 57: 528.
[149] Su J Y, Zhu Y, Zeng L M , et al. J Nat Prod, 1997, 60: 1043.
[150] Sauleau P, Martin M T, Tran M E, et al. J Nat Prod, 2006, 69: 1676.
[151] Chbani M, Païs M, Delauneux J M, et al. J Nat Prod, 1993, 56: 99.
[152] Vervoort H C, Richards-Gross S E, Fenical W, et al. J Org Chem, 1997, 62: 1486.
[153] Reyes F, Martin R, Fernandez R. J Nat Prod, 2006, 69: 668.
[154] Kato H, Yoshida T, Tokue T, et al. Angew Chem, Int Ed, 2007, 46: 2254.
[155] Ovenden S P B, Capon R J. J Nat Prod, 1999, 62: 1246.
[156] Bokesch H R, Pannell L K, McKee T C,et al. Tetrahedron Lett, 2000, 41: 6305.
[157] Bao B, Sun Q, Yao X, et al. J Nat Prod, 2007, 70: 2.
[158] Bao B Q, Sun Q S, Yao X S, et al. J Nat Prod, 2005, 68: 711.
[159] Murai K, Morishita M, Nakatani R, et al. J Org Chem, 2007, 72: 8947.
[160] Bao B, Sun Q, Yao X, et al. J Nat Prod, 2007,70: 2.
[161] Sakemi S, Sun H H. J Org Chem, 1991, 56: 4304.
[161] Ciminiello P, Dell'Aversano C , Fattorusso C, et al. Eur J Org Chem, 2001, 49: 127.
[162] Rahbaek L, Anthoni U, Christophersen C, et al. J Org Chem, 1996, 61: 887.
[163] Overman L E, Shin Y. Org Lett, 2007, 9: 339.
[164] Segraves N L, Robinson S J, Garcia D, et al. J Nat Prod, 2004, 67: 783.
[165] Bourguet-Kondracki M L, Martin M T, Guyot M. Tetrahedron Lett, 1996, 37: 3457.

[166] Pedpradab S, Edrada R, Ebel R, et al. J Nat Prod, 2004, 67: 2113.
[167] van Wagoner R M, Jompa J, Tahir A , et al. J Nat Prod, 1999, 62: 94.
[168] Iwamoto C, Yamada T, Ito Y, et al. Tetrahedron, 2001, 57: 2997.
[169] Matsunaga S, Miyata Y, van Soest R W M, et al. J Nat Prod, 2004, 67: 1758.
[170] Rao V K, Kasanah N, Wahyuono S, et al. J Nat Prod, 2004, 67: 1314.
[171] Tsuda M, Inaba K, Kawasaki N, et al.Tetrahedron,1996, 52: 2319.
[172] Edrada R A, Proksch P, Wray V, et al. J Nat Prod, 1996, 59: 1056.
[173] Watanabe D, Tsuda M, Kobayashi J. J Nat Prod, 1998, 61: 689.
[174] Zhou B N, Slebodnick C, Johnson R K, et al. Tetrahedron, 2000, 56: 5781.
[175] Rao K V, Donia M S, Peng J, et al. J Nat Prod, 2006, 69: 1034.
[176] Britton R, Oliveira J L, Andersen R J. J Nat Prod, 2001, 64: 254.
[177] Han X X, Cu C B, Gui Q Q, et al. Tetrahedron Lett, 2005, 46: 6137.
[178] Schupp P, Eder C, Proksch P, et al. J Nat Prod, 1999, 62: 959.
[179] Takahashi C, Takai Y, Kimura Y, et al. Phytochemistry, 1995, 38: 155.
[180] Takahashi C, Minoura K, Yamada T, et al. Tetrahedron, 1995, 51: 3483.
[181] Matsunaga S, Fusetani N. J Org Chem, 1995, 60: 1177.
[182] Bifulco G, Bruno I, Riccio R, et al. J Nat Prod, 1995, 58: 1254.
[183] Xu M, Gessner G, Groth I, et al. Tetrahedron, 2007, 63: 435.

第三节 酚醌类化合物

表 12-3-1 酚醌类化合物的名称、分子式和测试溶剂

编号	名称	分子式	测试溶剂	参考文献
12-3-1	penicitrinone A	$C_{23}H_{24}O_5$	C	[1]
12-3-2	penicitrinol A	$C_{23}H_{26}O_5$	C	[1]
12-3-3	penicitrinone B	$C_{23}H_{22}O_5$	C	[1]
12-3-4	decarboxydihydrocitrinin	$C_{12}H_{16}O_3$	C	[1]
12-3-5	stoloniferol A	$C_{13}H_{16}O_5$	C	[2]
12-3-6	stoloniferol B	$C_{12}H_{14}O_4$	C	[2]
12-3-7	terprennin	$C_{25}H_{26}O_6$	A	[3]
12-3-8	3-methoxyterprenin	$C_{26}H_{28}O_6$	A	[3]
12-3-9	4'-deoxyterprenin	$C_{25}H_{26}O_5$	A	[3]
12-3-10	3-hydroxy-4-(3-methylbut-2-enyloxy)benzoic acid methyl ester	$C_{13}H_{16}O_4$	C	[4]
12-3-11	monodictysin A	$C_{15}H_{18}O_6$	A	[5]
12-3-12	monodictysin B	$C_{15}H_{18}O_5$	A	[5]
12-3-13	monodictysin C	$C_{16}H_{20}O_6$	A	[5]
12-3-14	monodictyxanthone	$C_{15}H_{10}O_5$	A	[5]
12-3-15	monodictyphenone	$C_{15}H_{12}O_6$	A	[5]
12-3-16	sargachromenol	$C_{27}H_{36}O_4$	C	[6]
12-3-17	sargathunbergol	$C_{27}H_{38}O_6$	C	[6]
12-3-18	fucodiphloretol G	$C_{24}H_{18}O_{12}$	M	[7]
12-3-19	triphloretol A	$C_{19}H_{16}O_8$	M	[7]
12-3-20	metachromin R	$C_{29}H_{37}NO_3$	C	[8]
12-3-21	metachromin S	$C_{26}H_{39}NO_3$	C	[8]
12-3-22	metachromin T	$C_{23}H_{32}O_4$	C	[8]

续表

编号	名称	分子式	测试溶剂	参考文献
12-3-23	isojaspic acid	$C_{27}H_{38}O_3$	C	[9]
12-3-24	avicennone D	$C_{12}H_6O_4$	M	[10]
12-3-25	avicennone E	$C_{12}H_6O_4$	M	[10]
12-3-26	rhyncoside A	$C_{18}H_{26}O_{12}$	D	[11]
12-3-27	rhyncoside B	$C_{19}H_{28}O_{13}$	D	[11]
12-3-28	rhyncoside C	$C_{20}H_{30}O_{13}$	D	[11]
12-3-29	rhyncoside E	$C_{52}H_{62}O_{20}$	D	[11]
12-3-30	rhyncoside F	$C_{52}H_{62}O_{20}$	D	[11]
12-3-31	6-desmethoxyhormothamnione	$C_{20}H_{18}O_7$	D	[12]
12-3-32	6-desmethoxyhormothamnione triacetate	$C_{26}H_{24}O_{10}$	C	[12]
12-3-33	neobalearone	$C_{28}H_{40}O_5$	C	[13]
12-3-34	epineobalearone	$C_{28}H_{40}O_5$	C	[13]
12-3-35	eckol	$C_{18}H_{12}O_9$	D	[14]
12-3-36	eckol hexamethylate	$C_{24}H_{24}O_9$	C	[14]
12-3-37	triphloroethol	$C_{12}H_{10}O_6$	D	[14]
12-3-38	diphloroethol	$C_{18}H_{14}O_9$	D	[14]
12-3-39	6,6'-bieckol	$C_{36}H_{22}O_{18}$	D	[15]
12-3-40	8,8'-bieckol	$C_{36}H_{22}O_{18}$	D	[15]
12-3-41	2-*O*-(2,4,6-trihydroxyphenyl)-6,6'-bieckol	$C_{42}H_{26}O_{22}$	D	[15]
12-3-42	2-phloroeckol	$C_{24}H_{16}O_{12}$	D	[15]
12-3-43	pseudopterosin A	$C_{25}H_{36}O_6$	C	[16]
12-3-44	pseudopterosin B	$C_{27}H_{38}O_7$	C	[16]
12-3-45	pseudopterosin C	$C_{27}H_{38}O_7$	C	[16]
12-3-46	pseudopterosin D	$C_{27}H_{38}O_7$	C	[16]
12-3-47	6-hydroxy-7-methoxy-2-methyl-2-(4-methylpent-3-enyl)-2*H*-1-benzopyran	$C_{17}H_{22}O_3$	C	[17]
12-3-48	2-(3-hydroxy-3,7-dimethyloct-6-enyl)-1,4-benzenediol	$C_{16}H_{24}O_3$	C	[17]
12-3-49	2-(2*E*)-(3-hydroxy-3,7-dimethyloct-2,6-dienyl)-1,4-benzenediol	$C_{16}H_{22}O_3$	C	[17]
12-3-50	avarol	$C_{21}H_{30}O_2$	C	[18]
12-3-51	deacetyl-1,2-disubstituted hydroquinone	$C_{21}H_{30}O_3$	C	[18]
12-3-52	1,2-disubstituted hydroquinone	$C_{23}H_{32}O_4$	C	[18]
12-3-53	mediterraneol A	$C_{22}H_{30}O_4$	C	[19]
12-3-54	rubiflavinone C-1	$C_{22}H_{16}O_5$	C	[20]
12-3-55	*β*-indomycinone	$C_{22}H_{18}O_6$	C	[20]
12-3-56	debromoaplysiatoxin	$C_{32}H_{46}O_9$	A	[21]
12-3-57	oscillatoxin B1	$C_{32}H_{46}O_{10}$	A_3	[21]
12-3-58	30-methyloscillatoxin D	$C_{32}H_{44}O_8$	C	[21]
12-3-59	oscillatoxin	$C_{31}H_{42}O_8$	B	[21]
12-3-60	cyclorenierin B	$C_{21}H_{26}O_3$	C	[22]
12-3-61	cyclorenierin A	$C_{21}H_{26}O_3$	C	[22]
12-3-62	panicein A2	$C_{22}H_{28}O_3$	M	[22]

续表

编号	名称	分子式	测试溶剂	参考文献
12-3-63	renierin A	$C_{21}H_{28}O_3$	M	[22]
12-3-64	(–)-curcuhydroquinone-1-monoacetate	$C_{17}H_{24}O_3$	C	[23]
12-3-65	(–)-curcuhydroquinone	$C_{15}H_{22}O_2$	C	[23]
12-3-66	(–)-curcuphenol acetate	$C_{17}H_{24}O_2$	C	[23]
12-3-67	astrogorgiadiol	$C_{27}H_{44}O_2$	C	[24]
12-3-68	calicoferol C	$C_{28}H_{44}O_2$	C	[24]
12-3-69	calicoferol D	$C_{27}H_{40}O_2$	C	[24]
12-3-70	calicoferol E	$C_{27}H_{42}O_2$	C	[24]
12-3-71	puupehenone	$C_{21}H_{28}O_3$	C	[25]
12-3-72	(+)-(5*S*,8*S*,9*R*,10*S*)-20-methoxypuupehenone	$C_{22}H_{30}O_3$	C	[25]
12-3-73	(+)-(5*S*,8*S*,10*S*)-20-methoxy-9,15-ene-puupehenol	$C_{22}H_{30}O_3$	C	[25]
12-3-74	(+)-(5*S*,8*S*,9*R*,10*S*)-15,20-dimethoxypuupehenol	$C_{23}H_{34}O_4$	C	[25]
12-3-75	eckstolonol	$C_{18}H_{10}O_9$	C	[26]
12-3-76	2-[(2*E*,6*E*,10*E*,14*Z*)-5-oxo-15-hydroxymethyl-3,7,11-trimethylhexadeca-2,6,10,14-tetraenyl]-6-methylhydroquinone	$C_{27}H_{38}O_4$	A	[27]
12-3-77	2-[(2*E*,6*Z*,10*E*,14*Z*)-5-oxo-15-hydroxymethyl-3,7,11-trimethylhexadeca-2,6,10,14-tetraenyl]-6-methylhydroquinone	$C_{27}H_{38}O_4$	A	[27]
12-3-78	2-[(2'*E*,6'*E*,10'*E*)-5'-oxo-13'-hydroxy-3',7',11',15'-tetramethylhexadeca-2',6',10',14'-tetraenyl]-6-methylhydroquinone	$C_{27}H_{38}O_4$	A	[27]
12-3-79	2-[(2*E*,6*Z*,10*E*)-5-oxo-13-hydroxy-3,7,11,15-tetramethylhexadeca-2,6,10,14-tetraenyl]-6-methylhydroquinone	$C_{27}H_{38}O_4$	A	[27]
12-3-80	2-[(2*E*,6*E*,10*E*)-5-oxo-3,7,11,15-tetramethylhexadeca-2,6,10,14-tetraenyl]-6-methylhydroquinone	$C_{27}H_{38}O_3$	A	[27]
12-3-81	2-[(2*E*,6*Z*,10*E*)-5-oxo-3,7,11,15-tetramethylhexadeca-2,6,10,14-tetraenyl]-6-methylhydroquinone	$C_{27}H_{38}O_3$	A	[27]
12-3-82	2-[(2*E*,6*E*)-5-oxo-3,7,11-trimethyldodeca-2,6,10-trienyl]-6-methylhydroquinone	$C_{22}H_{30}O_3$	A	[27]
12-3-83	2-[(2*E*,6*Z*)-5-oxo-3,7,11-trimethyldodeca-2,6,10-trienyl]-6-methylhydroquinone	$C_{22}H_{30}O_3$	A	[27]
12-3-84	5-oxo-cystofuranoquinol	$C_{27}H_{34}O_4$	A	[27]
12-3-85	2,3,6,8-tetrahydroxy-1-methylxanthone	$C_{14}H_{10}O_6$	A	[28]
12-3-86	2,3,4,6,8-pentahydroxy-1-methylxanthone	$C_{14}H_{10}O_7$	A	[28]
12-3-87	3,6,8-trihydroxy-1-methylxanthone	$C_{14}H_8O_7$	A	[28]
12-3-88	brocaenol A	$C_{16}H_{15}O_8$	C	[29]
12-3-89	brocaenol B	$C_{17}H_{14}O_8$	C	[29]
12-3-90	brocaenol C	$C_{16}H_{12}O_8$	M	[29]
12-3-91	komodoquinone B	$C_{19}H_{16}O_7$	C	[30]
12-3-92	komodoquinone A	$C_{27}H_{31}NO_{10}$	D	[30]
12-3-93	panicein B3	$C_{21}H_{24}O_4$	C	[31]
12-3-94	panicein B2	$C_{21}H_{22}O_4$	C	[31]
12-3-95	panicein A hydroquinone	$C_{22}H_{28}O_3$	C	[31]
12-3-96	panicein C	$C_{21}H_{24}O_5$	C	[31]

续表

编号	名称	分子式	测试溶剂	参考文献
12-3-97	luisol A	$C_{16}H_{18}O_7$	D	[32]
12-3-98	luisol B	$C_{13}H_{14}O_6$	D	[32]
12-3-99	parahigginol A	$C_{15}H_{24}O_2$	C	[33]
12-3-100	parahigginol B	$C_{17}H_{24}O_4$	C	[33]
12-3-101	parahigginol C	$C_{17}H_{26}O_3$	C	[33]
12-3-102	parahigginol D	$C_{15}H_{18}O_3$	C	[33]
12-3-103	dimeric terrestrol B	$C_{14}H_{13}ClO_5$	D	[34]
12-3-104	dimeric terrestrol C	$C_{14}H_{14}O_5$	D	[34]
12-3-105	dimeric terrestrol D	$C_{14}H_{13}ClO_5$	D	[34]
12-3-106	dimeric terrestrol E	$C_{14}H_{14}O_5$	D	[34]
12-3-107	trimeric terrestrol A	$C_{22}H_{22}O_7$	D	[34]
12-3-108	dimeric terrestrol F	$C_{14}H_{13}ClO_5$	D	[34]
12-3-109	dimeric terrestrol G	$C_{14}H_{13}ClO_5$	D	[34]
12-3-110	dimeric terrestrol H	$C_{15}H_{16}O_5$	D	[34]
12-3-111		$C_8H_9ClO_3$	D	[34]
12-3-112		$C_8H_{10}O_3$	D	[34]
12-3-113	8'-hydroxyzearalanone	$C_{18}H_{24}O_6$	D	[35]
12-3-114	2'-hydroxyzearalanol	$C_{18}H_{26}O_6$	D	[35]
12-3-115	6-methoxycomaparvin	$C_{18}H_{20}O_6$	C	[36]
12-3-116	6-methoxycomaparvin 5-methyl ether	$C_{19}H_{22}O_6$	C	[36]
12-3-117	halawanone A	$C_{23}H_{22}O_9$	C	[37]
12-3-118	halawanone B	$C_{22}H_{20}O_9$	C	[37]
12-3-119	halawanone C	$C_{21}H_{20}O_7$	C	[37]
12-3-120	halawanone D	$C_{22}H_{22}O_7$	C	[37]
12-3-121	nahocol A	$C_{29}H_{42}O_6$	C	[38]
12-3-122	nahocol A1	$C_{29}H_{42}O_6$	C	[38]
12-3-123	nahocol B	$C_{29}H_{42}O_5$	C	[38]
12-3-124	nahocol C	$C_{29}H_{44}O_4$	C	[38]
12-3-125	nahocol D1	$C_{29}H_{42}O_6$	C	[38]
12-3-126	nahocol D2	$C_{29}H_{42}O_6$	C	[38]
12-3-127	calicoferol F	$C_{28}H_{44}O_2$	C	[39]
12-3-128	calicoferol G	$C_{27}H_{42}O_2$	C	[39]
12-3-129	calicoferol H	$C_{26}H_{40}O_2$	C	[39]
12-3-130	calicoferol I	$C_{27}H_{42}O_3$	C	[39]
12-3-131	rubrolide A	$C_{17}H_8Br_4O_4$	D	[40]
12-3-132	rubrolide B	$C_{17}H_7Br_4ClO_4$	D	[40]
12-3-133	rubrolide C	$C_{17}H_{10}Br_2O_4$	D	[40]
12-3-134	rubrolide D	$C_{21}H_4Br_2O_6$	C	[40]
12-3-135	rubrolide E	$C_{21}H_{16}O_6$	C	[40]
12-3-136	rubrolide G	$C_{29}H_{16}Br_4O_8$	C	[40]
12-3-137	rubrolide H	$C_{29}H_{15}Br_4ClO_8$	C	[40]
12-3-138	neomarinone	$C_{26}H_{32}O_5$	D	[41]

续表

编号	名称	分子式	测试溶剂	参考文献
12-3-139	marinone	$C_{25}H_{28}O_5$	D	[41]
12-3-140	isomarinone	$C_{25}H_{28}O_5$	D	[41]
12-3-141	hydroxydebromomarinone	$C_{25}H_{28}O_6$	D	[41]
12-3-142	methoxydebromomarinone	$C_{26}H_{30}O_6$	D	[41]
12-3-143		$C_{16}H_{12}O_7$	D	[42]
12-3-144		$C_{17}H_{14}O_7$	D	[42]
12-3-145		$C_{17}H_{14}O_8$	D	[42]
12-3-146	sculezonone A	$C_{20}H_{20}O_8$	D	[43]
12-3-147	sculezonone B	$C_{20}H_{20}O_9$	D	[43]
12-3-148	lunatin	$C_{15}H_{10}O_6$	D	[44]
12-3-149	cytoskyrin A	$C_{10}H_8O_6$	D	[44]
12-3-150	aigialomycin A	$C_{19}H_{22}O_8$	C	[45]
12-3-151	aigialomycin B	$C_{19}H_{24}O_8$	C	[45]
12-3-152	aigialomycin C	$C_{19}H_{24}O_7$	C	[45]
12-3-153	aigialomycin D	$C_{18}H_{22}O_6$	D	[45]
12-3-154	aigialomycin E	$C_{18}H_{22}O_6$	D	[45]
12-3-155		$C_{32}H_{38}O_{15}$	M	[46]
12-3-156		$C_{32}H_{38}O_{15}$	M	[46]
12-3-157		$C_{32}H_{38}O_{14}$	M	[46]
12-3-158		$C_{28}H_{32}O_{12}$	M	[46]
12-3-159		$C_{42}H_{48}O_{18}$	M	[46]
12-3-160		$C_{32}H_{38}O_{15}$	M	[46]
12-3-161		$C_{32}H_{40}O_{16}$	M	[46]
12-3-162		$C_{32}H_{40}O_{15}$	M	[46]
12-3-163		$C_{18}H_{24}O_9$	M	[46]
12-3-164		$C_{28}H_{34}O_{13}$	M	[46]
12-3-165		$C_{19}H_{26}O_9$	M	[46]
12-3-166		$C_{33}H_{42}O_{16}$	M	[46]
12-3-167		$C_{33}H_{42}O_{15}$	M	[46]
12-3-168		$C_{33}H_{42}O_{15}$	M	[46]
12-3-169		$C_{26}H_{38}O_5$	C	[47]
12-3-170	3,4-dihydro-2,5,7,8-tetramethyl-2*H*-1-benzopyran-6-ol	$C_{29}H_{48}O_2$	C	[48]
12-3-171	prunolide A	$C_{34}H_{14}Br_8O_9$	D	[49]
12-3-172	prunolide B	$C_{34}H_{16}Br_6O_9$	D	[49]
12-3-173	prunolide C	$C_{34}H_{22}O_9$	D	[49]
12-3-174	aplidioxin A	$C_{15}H_{10}O_6$	C	[50]
12-3-175	aplidioxin B	$C_{14}H_8O_6$	C	[50]
12-3-176	longithorol C	$C_{21}H_{28}O_3$	D	[51]
12-3-177	longithorol D	$C_{22}H_{30}O_3$	D	[51]
12-3-178	longithorol E	$C_{21}H_{26}O_2$	D	[51]
12-3-179	elisabatin A	$C_{20}H_{22}O_3$	C	[52]
12-3-180	elisabatin B	$C_{20}H_{20}O_2$	C	[52]

续表

编号	名称	分子式	测试溶剂	参考文献
12-3-181	euplexide A	$C_{34}H_{48}O_{11}$	C	[53]
12-3-182	euplexide B	$C_{36}H_{50}O_{12}$	C	[53]
12-3-183	euplexide C	$C_{34}H_{48}O_{10}$	C	[53]
12-3-184	euplexide D	$C_{34}H_{48}O_{11}$	C	[53]
12-3-185	euplexide E	$C_{35}H_{50}O_{11}$	C	[53]
12-3-186	parahigginol A	$C_{15}H_{24}O_2$	C	[54]
12-3-187	parahigginol B	$C_{17}H_{24}O_4$	C	[54]
12-3-188	parahigginol C	$C_{17}H_{26}O_3$	C	[54]
12-3-189	parahigginol D	$C_{15}H_{18}O_3$	C	[54]
12-3-190	aspergillone	$C_{21}H_{26}O_4$	C	[55]
12-3-191	aspergillodiol	$C_{21}H_{30}O_4$	C	[55]
12-3-192	aspergillol	$C_{21}H_{28}O_4$	C	[55]
12-3-193	12-acetyl-aspergillol	$C_{23}H_{30}O_5$	C	[55]
12-3-194	hippochromin B	$C_{22}H_{30}O_4$	C	[56]
12-3-195	hamigeran A	$C_{19}H_{23}BrO_5$	C	[57]
12-3-196	hamigeran B	$C_{17}H_{19}BrO_3$	C	[57]
12-3-197	hamigeran C	$C_{20}H_{23}BrO_5$	C	[57]
12-3-198	hortein	$C_{20}H_{12}O_6$	D	[58]
12-3-199	7-hydroxyerogorgiaene	$C_{20}H_{30}O$	C	[59]
12-3-200	bis-7-hydroxyerogorgiaene	$C_{40}H_{58}O_2$	C	[59]

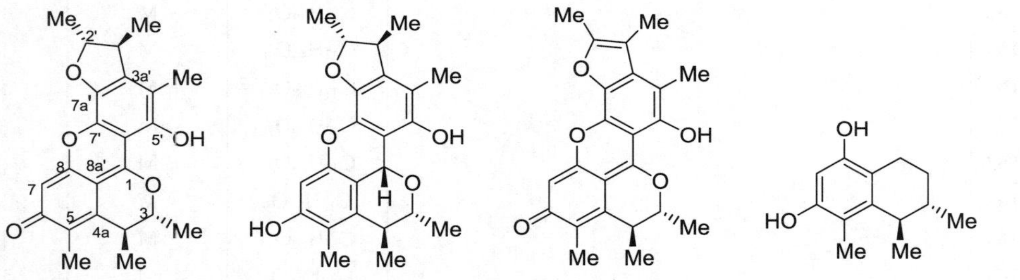

12-3-1 **12-3-2** **12-3-3** **12-3-4**

表 12-3-2 penicitrinone 类化合物的 ^{13}C NMR 数据[1]

C	12-3-1	12-3-2	12-3-3	12-3-4	C	12-3-1	12-3-2	12-3-3	12-3-4
1	155.5	66.9	157.9	59.7	2'	88.0	87.7	156.6	
3	82.3	79.2	82.6	74.4	2'-Me	18.8	20.1	12.2	
3-Me	21.0	22.1	19.0	20.4	3'	44.7	44.3	112.1	
4	35.0	37.6	35.1	35.4	3'-Me	19.1	19.3	10.7	
4-Me	18.9	20.9	19.1	18.0	3a'	139.3	132.3	135.8	
4a	130.8	138.3	131.0	138.5	4'	116.5	115.3	108.4	
5	131.9	117.2	130.9	113.7	4'-Me	11.5	11.5	10.6	
5-Me	10.8	11.0	10.7	10.1	5'	147.4	148.0	146.6	
6	184.4	154.7	183.5	152.9	6'	102.3	105.8	99.4	
7	103.3	100.7	102.5	100.2	7'	135.8	133.2	137.7	
8	158.0	147.0	158.7	149.5	7a'	137.9	138.0	138.2	
8a	100.1	110.3	99.2	113.1					

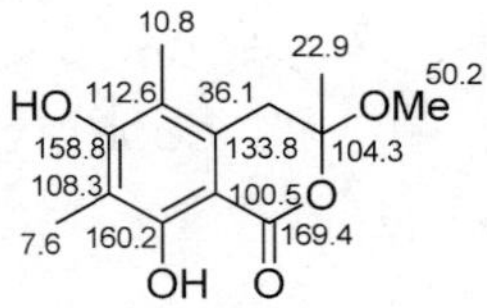

12-3-5[2]

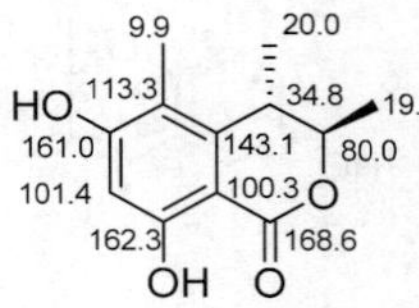

12-3-6[2]

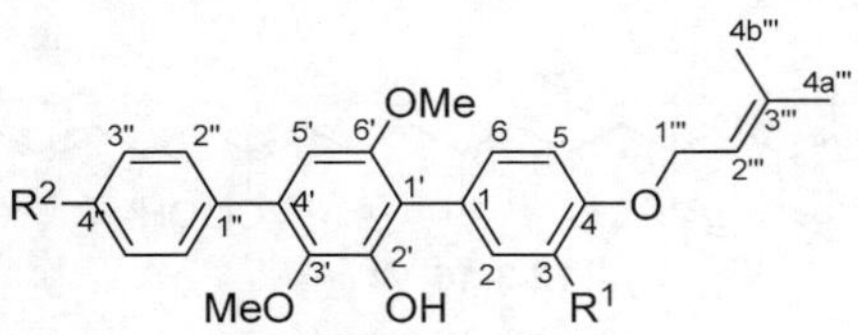

12-3-7 R^1=OH; R^2=OH
12-3-8 R^1=OCH_3; R^2=OH
12-3-9 R^1=OH; R^2=H

表 12-3-3 terprennin 类化合物的 ^{13}C NMR 数据[3]

C	12-3-7	12-3-8	12-3-9	C	12-3-7	12-3-8	12-3-9
1	127.9	127.7	127.9	6'	154.5	154.5	154.7
2	118.9	116.4	119.0	6'-OMe	56.0	56.1	53.2
3	146.7	149.9	147.0	1"	130.4	130.5	139.6
3-OMe		56.1		2"	130.8	130.7	129.8
4	146.2	148.3	146.5	3"	116.0	116.0	129.3
5	112.7	113.8	113.1	4"	157.7	157.8	128.2
6	123.1	124.3	123.2	5"	116.0	116.0	129.3
1'	117.6	117.7	118.6	6"	130.8	130.7	129.8
2'	149.2	149.1	149.4	1'''	66.1	66.1	66.4
3'	140.0	140.1	140.4	2'''	121.4	121.6	121.5
3'-OMe	60.6	60.6	61.0	3'''	137.5	137.4	137.7
4'	133.5	133.6	133.8	4a'''	26.0	25.8	26.0
5'	103.8	104.1	104.4	4b'''	18.3	18.1	18.3

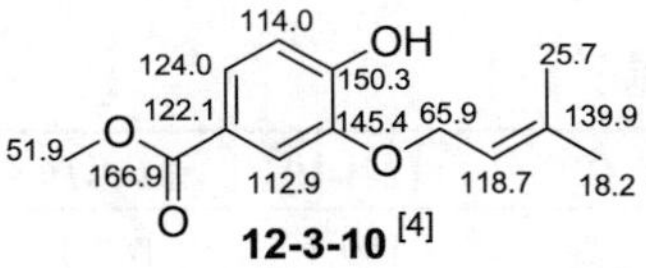

12-3-10 [4]

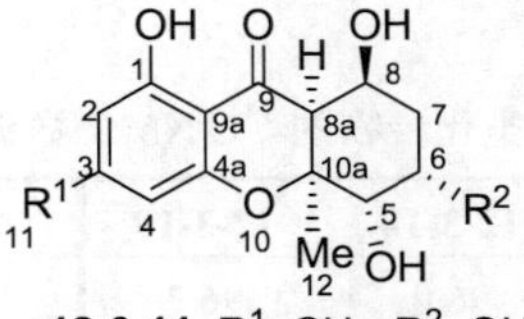

12-3-11 R^1=CH_3; R^2=OH
12-3-12 R^1=H; R^2=CH_3
12-3-13 R^1=OCH_3; R^2=CH_3

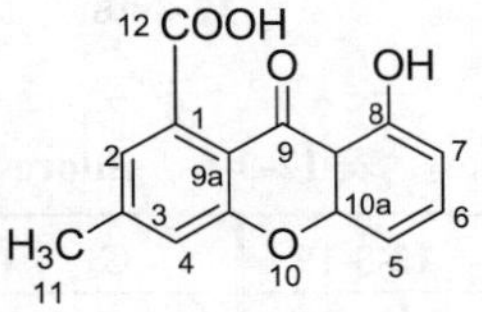

12-3-14

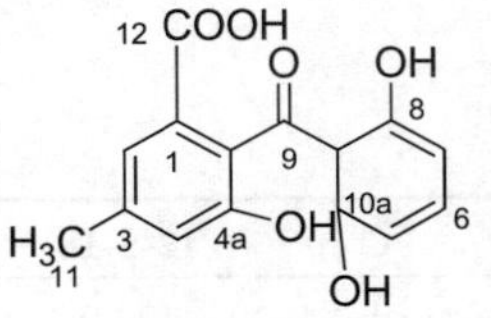

12-3-15

表 12-3-4 monodictysin 类化合物的 ^{13}C NMR 数据[5]

C	12-3-11	12-3-12	12-3-13	12-3-14	12-3-15	C	12-3-11	12-3-12	12-3-13	12-3-14	12-3-15
1	162.4	162.5	164.5	135.7	129.6	8	69.5	69.1	68.8	162.4	162.9
2	109.3	108.5	94.5	125.2	122.4	8a	51.8	52.0	51.7	109.5	112.6
3	150.3	138.3	168.4	148.7	139.5	9	201.4	202.8	200.2	181.9	202.1
4	109.3	108.5	94.8	119.5	121.1	9a	108.6	110.8	105.7	115.5	131.9
4a	160.6	161.3	162.7	157.2	154.1	10a	82.7	81.9	82.1	156.8	162.9
5	75.1	75.4	75.5	107.9	108.0	11	22.3		55.8	21.8	21.1
6	64.6	26.2	26.2	138.1	136.6	12	22.9	23.0	23.2	169.8	167.5
7	34.5	34.6	34.5	111.3	108.0	13		18.1	18.1		

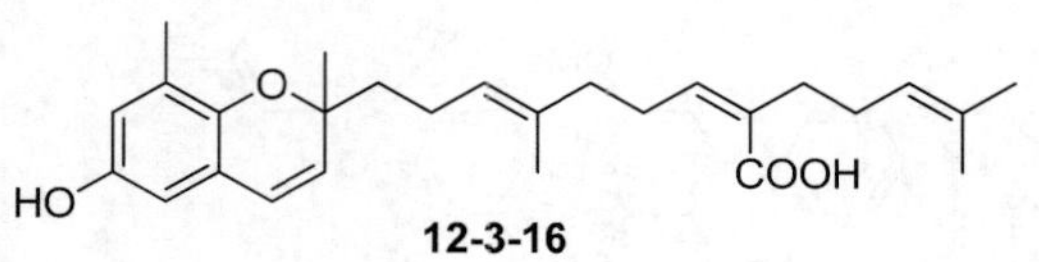

12-3-16 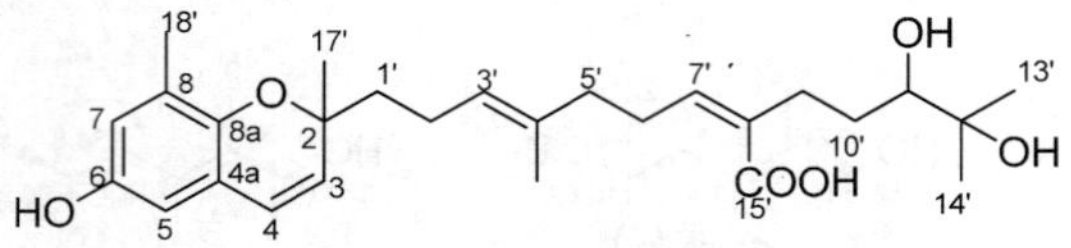　　12-3-17

表 12-3-5　sargachromenol 类化合物的 ^{13}C NMR 数据[6]

C	12-3-16	12-3-17	C	12-3-16	12-3-17	C	12-3-16	12-3-17
2	77.7	77.6	1'	40.8	40.8	10'	27.9	23.6
3	130.5	130.6	2'	22.7	22.7	11'	123.3	85.7
4	122.8	122.8	3'	124.8	124.9	12'	132.1	71.5
4a	121.2	121.1	4'	134.2	134.4	13'	25.7	25.8
5	110.3	110.2	5'	39.1	38.8	14'	17.8	24.6
6	148.5	148.5	6'	28.2	28.0	15'	172.9	165.4
7	117.0	117.0	7'	145.4	147.9	16'	15.6	15.8
8	126.2	126.2	8'	130.4	124.1	17'	26.0	26
8a	144.6	144.7	9'	34.6	28.7	18'	15.8	15.6

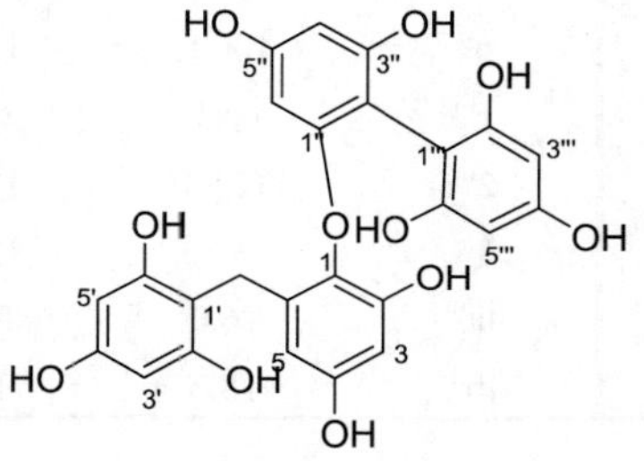

12-3-18 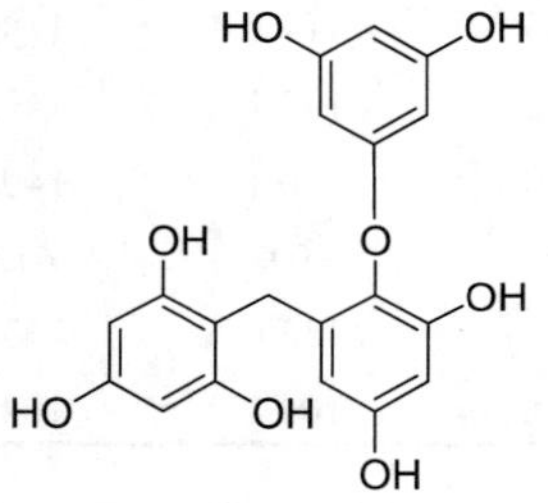　　12-3-19

表 12-3-6　phloretol 类化合物的 ^{13}C NMR 数据[7]

C	12-3-18	12-3-19	C	12-3-18	12-3-19	C	12-3-18	12-3-19
1	124.9	127.5	3'	96.0	96.2	5"	159.5	160.3
2	157.5	152.7	4'	157.9	156.4	6"	94.3	95.4
3	98.0	98.0	5'	96.0	96.2	1'''	101.8	
4	153.7	156.1	6'	152.1	152.1	2'''	156.3	
5	94.5	94.9	1"	159.4	162.4	3'''	96.4	
6	152.0	153.7	2"	102.0	95.4	4'''	159.2	
1'	124.3	124.6	3"	159.2	160.3	5'''	96.7	
2'	152.1	152.1	4"	97.5	97.5	6'''	156.3	

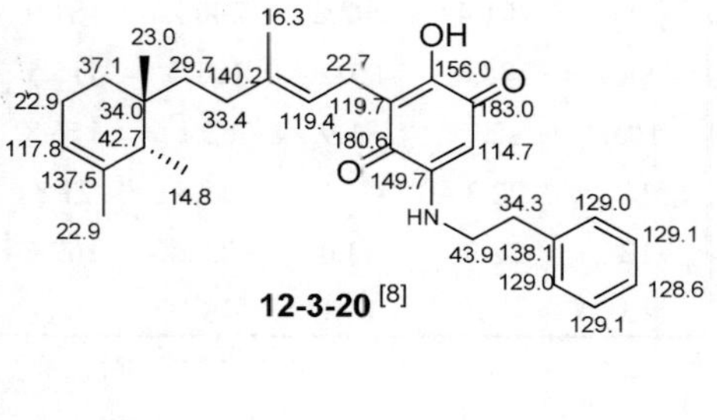

12-3-20[8] 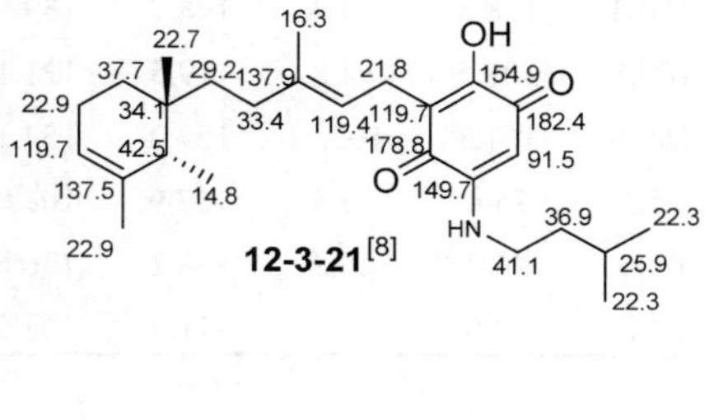　　12-3-21[8]

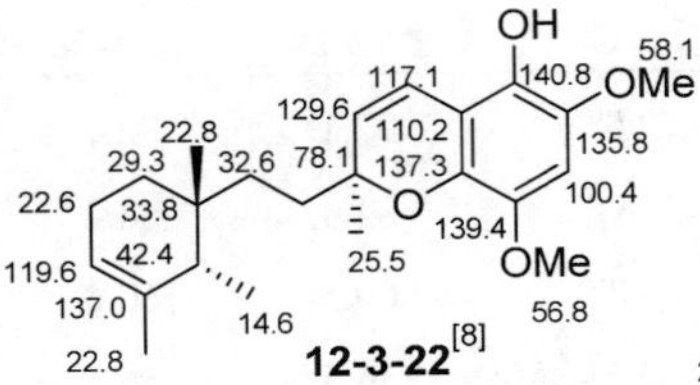

12-3-22[8] 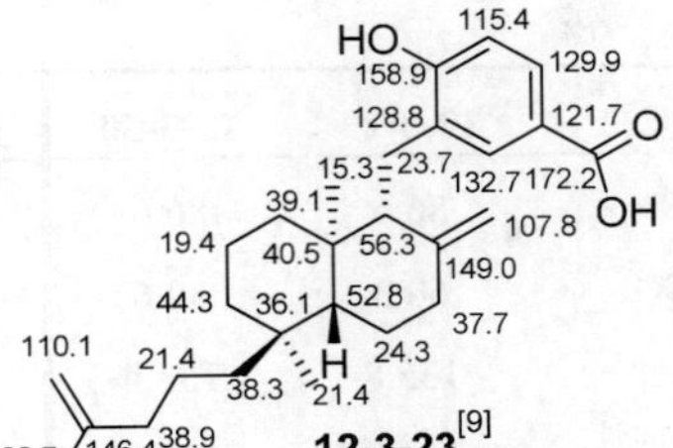　12-3-23[9]

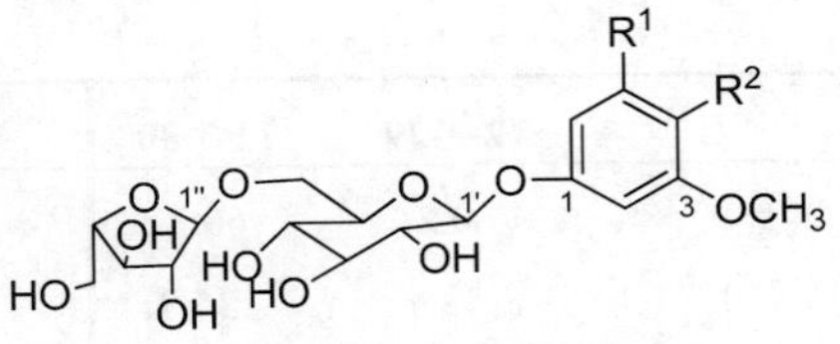

12-3-26 R^1=H; R^2=OH
12-3-27 R^1=OMe; R^2=OH
12-3-28 R^1=R^2=Me

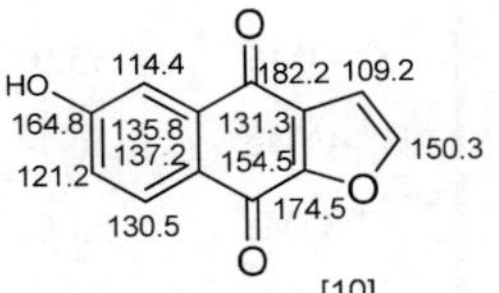

12-3-24[10] 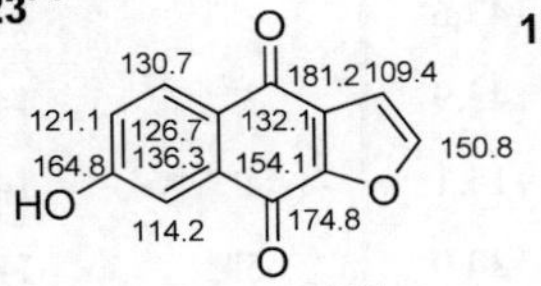　12-3-25[10]

表 12-3-7　rhyncoside 类化合物的 ^{13}C NMR 数据[11]

C	12-3-26	12-3-27	12-3-28	C	12-3-26	12-3-27	12-3-28
1	151.1	150.3	155.2	5'	75.8	75.5	76.7
2	102.8	94.9	95.4	6'	67.7	67.3	68.4
3	148.3	148.3	154.4		Ara	Ara	Ara
4	141.8	130.4	133.7	1"	108.9	108.4	109.6
5	115.8	148.3	154.4	2"	82.6	82.3	83.4
6	108.4	94.9	95.4	3"	77.6	77.3	78.5
Glu				4"	84.3	83.9	85.1
1'	102.0	101.5	102.0	5"	61.8	61.4	62.6
2'	73.7	73.7	74.4	3-OMe	56.0	56.0	57.1
3'	77.0	76.6	77.7	4-OMe			61.4
4'	70.7	70.4	74.5	5-OMe		56.0	57.1

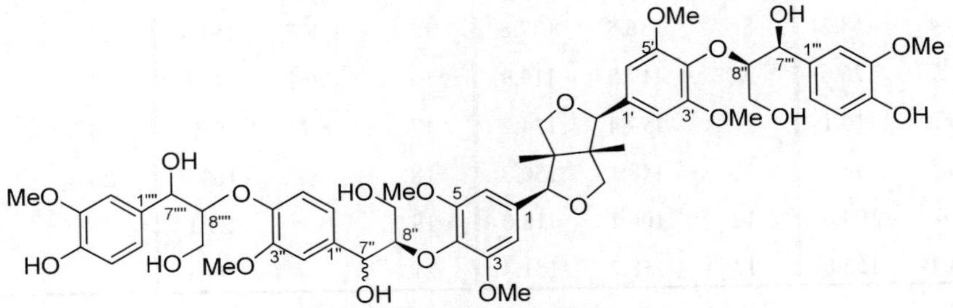

12-3-29　H-7"/H-8"=H-7'''/H-8'''=H-7''''/H-8''''=*erythro*
12-3-30　H-7"/H-8"=*threo*; H-7'''/H-8'''=H-7''''/H-8''''=*erythro*

表 12-3-8　rhyncoside 类化合物的 ^{13}C NMR 数据[11]

C	12-3-29	12-3-30	C	12-3-29	12-3-30	C	12-3-29	12-3-30
1,1'	137.3	137.3	8,8'	54.2	54.2	4"	145.8	145.8
2,2',6,6'	103.7	103.8	9,9'	71.8	71.8	5"	115.1	115.1
3,3',5,5'	153.1	153.1	1"	133.8	133.8	6"	119.8	119.8
4,4'	135.3	137.4	2"	111.3	111.4	7"	72.5	71.4
7,7'	85.6	85.5	3"	147.4	147.5	8"	86.6	87.4

续表

C	12-3-29	12-3-30	C	12-3-29	12-3-30	C	12-3-29	12-3-30
9''	60.2	60.3	8'''	86.6	86.6	7''''	72.1	72.1
1'''	133.4	135.8	9'''	60.3	60.6	8''''	84.4	84.4
2'''	111.6	111.5	1''''	135.8	133.4	9''''	60.5	60.6
3'''	145.9	147.6	2''''	111.8	111.9	3,3',5,5'-OMe	56.5	56.5
4'''	147.6	145.9	3''''	149.6	149.4	3''-OMe	55.9	56.1
5'''	115.1	115.1	4''''	147.3	147.3	3'''-OMe	56.1	56.0
6'''	119.4	120.0	5''''	115.6	115.6	3''''-OMe	55.9	55.9
7'''	72.6	72.6	6''''	119.6	119.5			

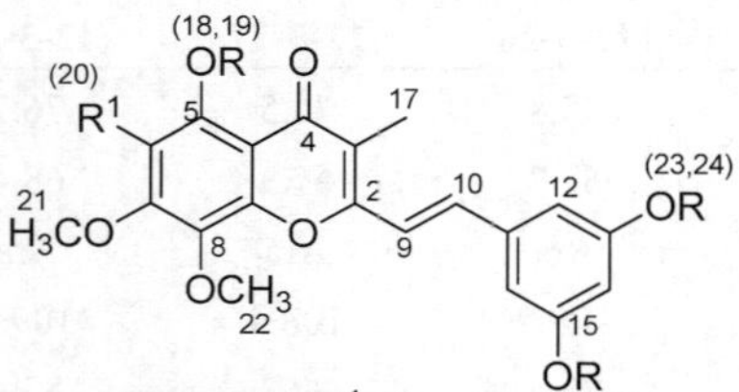

12-3-31 R=R1=H
12-3-32 R=OAc; R1=H

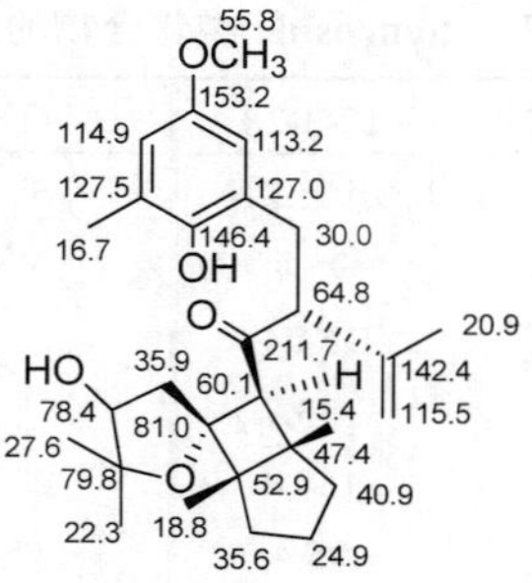

12-3-33[13]

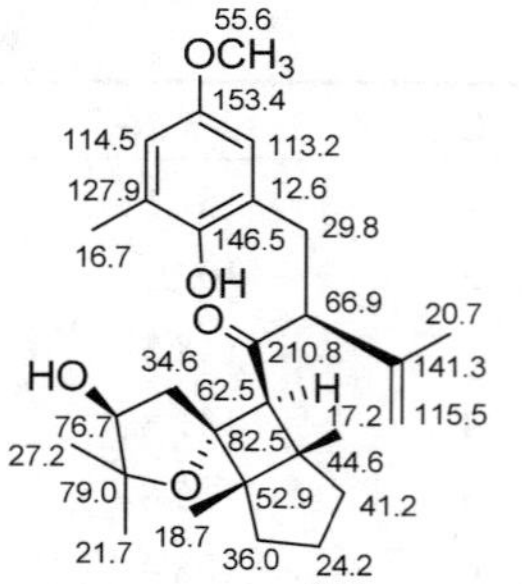

12-3-34[13]

表 12-3-9 hormothamnione 类化合物的 ^{13}C NMR 数据[12]

C	12-3-31	12-3-32	C	12-3-31	12-3-32	C	12-3-31	12-3-32	C	12-3-31	12-3-32
2	157.7	155.2	8	127.8	134.4	14	104.5	116.3	22		61.4
3	114.4	118.2	8a	136.5	137.8	15	158.7	151.4	23		168.9
4	181.7	176.6	9	117.5	119.9	16	106.1	118.0	24		21.1
4a	103.2	110.1	10	137.4	134.2	17	8.1	9.3	25		168.9
5	156.5	145.1	11	148.1	150.3	18		169.9	26		21.1
6	95.4	104.0	12	106.1	118.0	19		21.1			
7	158.2	155.8	13	158.7	151.4	21		56.3			

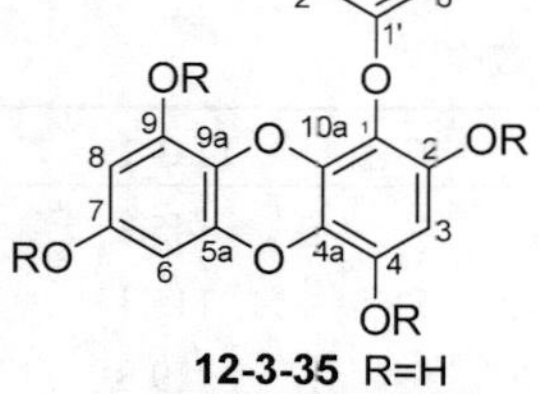

12-3-35 R=H
12-3-36 R=CH_3

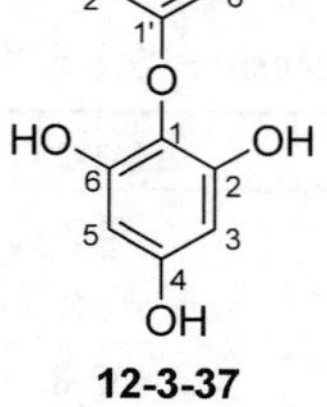

12-3-37

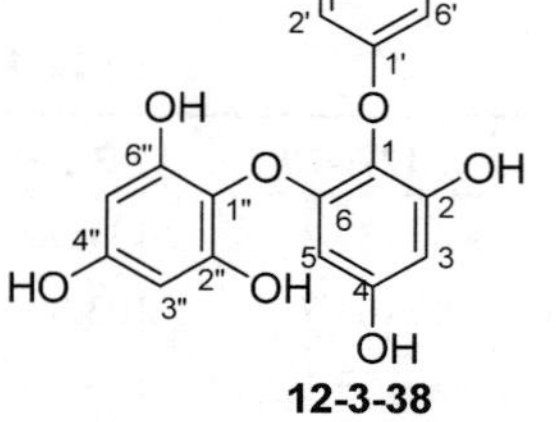

12-3-38

表 12-3-10 eckol 和 phloroethol 类化合物的 ^{13}C NMR 数据[14]

C	12-3-35	12-3-36	C	12-3-37	12-3-38	C	12-3-37	12-3-38
1	123.5	126.1	3'	158.7	161.4	4'	95.9	95.8
2	145.9	148.8	4'	96.4	94.4	5'	158.8	158.8
3	95.4	93.5	5'	158.7	161.4	6'	94.2	93.9
4	141.9	144.6	6'	94.0	94.5	1"	122.5	
4a	122.6	126.8	2-OMe		57.0	2"	151.2	
5a	142.7	142.7	1	123.4	122.9	3"	95.0	
6	94.0	94.2	2	151.2	151.3	4"	154.6	
7	153.0	155.8	3	95.9	95.0	5"	95.0	
8	98.7	96.5	4	154.3	154.6	6"	151.2	
9	146.1	148.8	5	93.0	95.0	4-OMe		56.8
9a	122.9	125.8	6	153.1	151.3	7-OMe		55.6
10a	137.3	137.6	1'	160.8	160.8	9-OMe		56.8
1'	160.4	160.7	2'	94.2	93.9	3'-OMe		55.4
2'	94.0	94.5	3'	158.8	158.8	5'-OMe		55.4

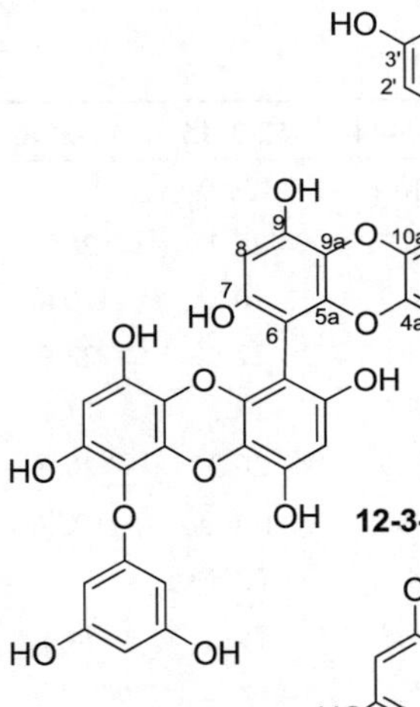

12-3-39

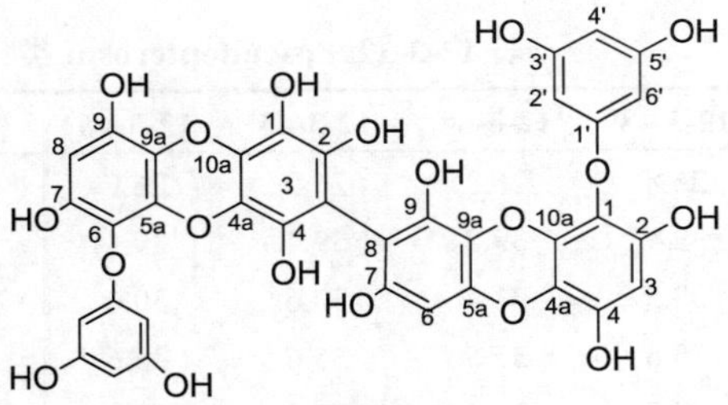

12-3-40

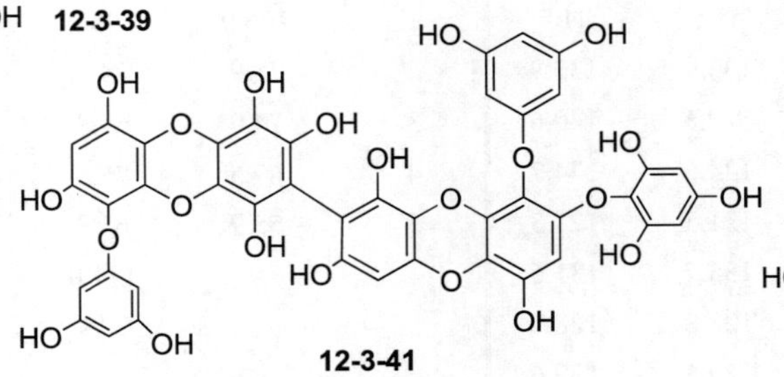

12-3-41

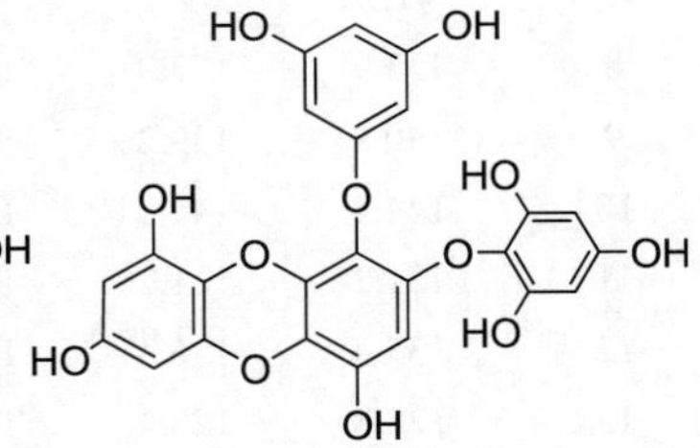

12-3-42

表 12-3-11 bieckol 类化合物的 ^{13}C NMR 数据[15]

C	12-3-39	12-3-40	12-3-41	12-3-42	C	12-3-39	12-3-40	12-3-41	12-3-42
1	123.9	123.5	122.8,123.9	122.9	7	151.2	151.8	151.5, 151.4	153.0
2	146.3	146.2	147.4,146.5	147.6	8	98.1	104.5	98.1, 98.1	98.7
3	98.0	98.4	96.1, 98.0	96.2	9	144.4	144.6	144.6,144.6	146.0
4	141.7	141.9	141.6,141.7	141.5	9a	123.0	123.3	123.0,123.0	122.7
4a	122.4	122.7	122.3,122.3	122.6	10a	137.3	137.3	137.4,137.4	137.3
5a	141.7	141.5	141.5,141.5	142.0	1'	160.4	160.5	160.6,160.5	160.4
6	99.8	94.0	99.9, 99.8	93.9	2',6'	94.0	94.1	94.3, 94.1	94.2

续表

C	12-3-39	12-3-40	12-3-41	12-3-42	C	12-3-39	12-3-40	12-3-41	12-3-42
3',5'	158.7	158.8	158.9,158.9	158.6	2",6"			151.2	151.0
4'	96.3	96.5	96.2, 96.2	96.4	3",5"			95.0	94.9
1"			125.0	124.9	4"			154.8	154.7

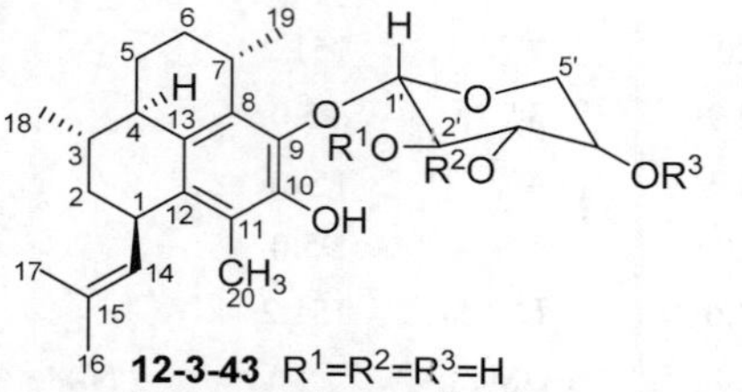

12-3-43 R^1=R^2=R^3=H
12-3-44 R^1=Ac; R^2=R^3=H
12-3-45 R^2=Ac; R^1=R^3=H
12-3-46 R^3=Ac; R^1=R^2=H

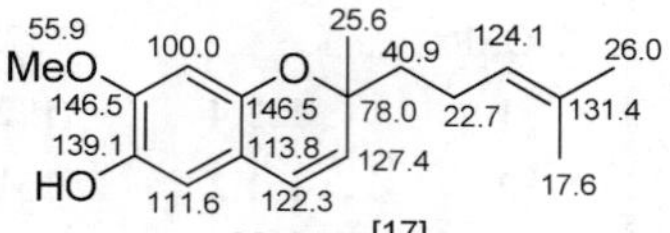

12-3-47[17]

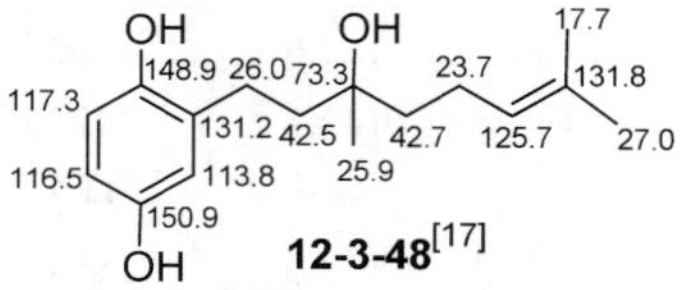

12-3-48[17]

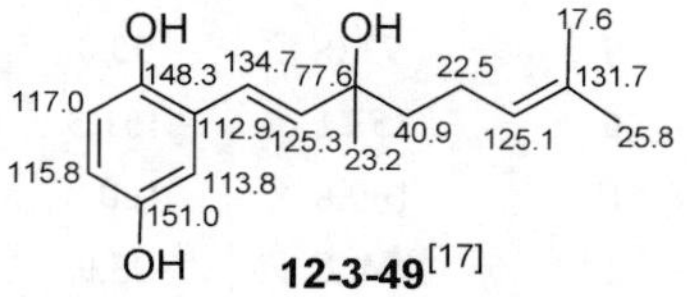

12-3-49[17]

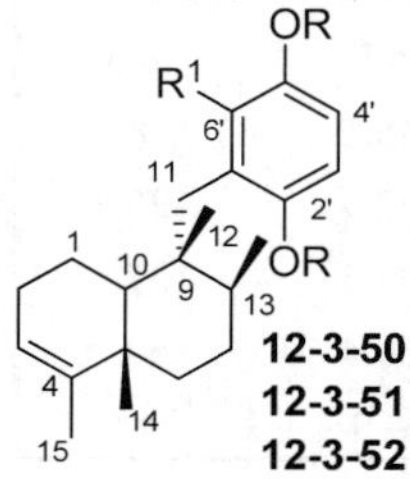

12-3-50 R=R^1=H
12-3-51 R=H; R^1=OH
12-3-52 R=H; R^1=OAc

表 12-3-12 pseudopterosin 类化合物的 ^{13}C NMR 数据[16]

C	12-3-43	12-3-44	12-3-45	12-3-46	C	12-3-43	12-3-44	12-3-45	12-3-46
1	26.8	26.2	26.9	26.9	15	129.6	130.1	129.9	129.6
2	39.4	39.2	39.4	39.4	16	25.6	25.7	25.7	25.7
3	30.5	31.4	30.6	30.6	17	10.9	10.9	10.8	10.8
4	35.6	35.5	35.6	35.6	18	23.0	21.6	22.8	22.9
5	27.5	26.4	27.4	27.5	19	17.6	17.6	17.7	17.7
6	29.3	27.9	29.2	29.3	20	20.9	20.9	20.9	20.9
7	41.7	39.6	41.6	41.7	1'	106.0	103.9	106.0	105.6
8	133.9	133.9	133.9	133.9	2'	75.9	74.0	72.5	
9	140.8	139.2	140.6	140.6	3'	74.0	69.8	79.2	74.3
10	144.4	145.0	144.6	144.7	4'	69.5	75.6	68.8	
11	121.2	121.7	121.3	121.3	5'	65.9	65.8	65.8	63.1
12	135.4	136.3	135.7	135.6			171.0	173.4	170.9
13	128.8	128.4	128.8	128.7			20.9	21.0	20.9
14	129.8	129.3	129.5	129.6					

表 12-3-13 hydroquinone 类化合物的 ^{13}C NMR 数据[18]

C	12-3-50	12-3-51	12-3-52	C	12-3-50	12-3-51	12-3-52
1	19.5	20.4	20.3	7	27.6	28.8	28.6
2	26.4	27.3	27.3	8	36.0	38.8	39.1
3	120.5	120.5	120.6	9	38.2	38.7	38.6
4	144.5	144.0	144.4	10	45.8	49.2	49.8
5	41.8	43.52	42.7	11	35.7	35.8	36.0
6	37.0	35.8	36.0	12	17.1	16.4	16.2

续表

C	12-3-50	12-3-51	12-3-52	C	12-3-50	12-3-51	12-3-52
13	17.5	18.2	18.1	3'	111.1	120.6	119.6
14	19.8	20.1	20.0	4'	111.0	105.8	106.9
15	17.8	18.2	18.1	5'	153.1	131.3	132.1
1'	129.1	113.2	116.2	6'	119.4	155.1	147.0
2'	153.3	153.3	153.6				

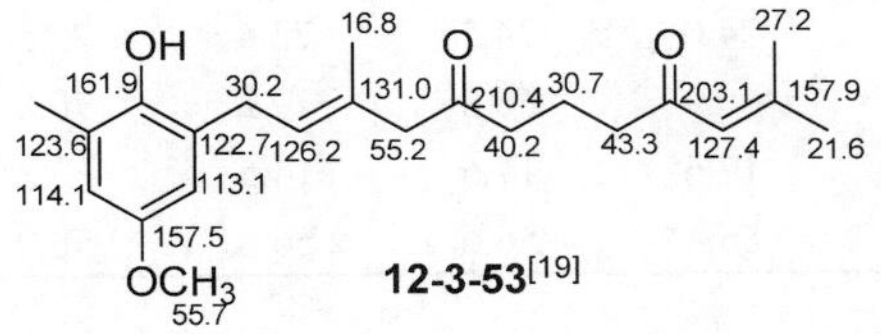

12-3-53[19]

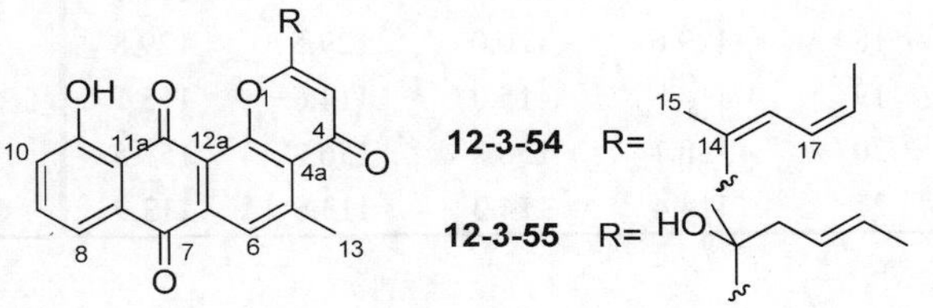

12-3-54 R=

12-3-55 R=

表 12-3-14 rubiflavinone 和 indomycinone 类化合物的 ^{13}C NMR 数据[20]

C	12-3-54	12-3-55	C	12-3-54	12-3-55	C	12-3-54	12-3-55
2	164.4	171.8	7a	132.8	132.3	12b	156.6	156.1
3	109.7	109.6	8	119.5	119.5	13	24.2	24.2
4	179.6	179.2	9	136.6	136.5	14	123.5	73.7
4a	126.8	126.3	10	125.4	125.4	15	12.4	26.1
5	150.1	150.0	11	163.0	162.7	16	131.0	38.2
6	125.6	125.7	11a	117.3	116.8	17	125.6	123.1
6a	136.8	136.0	12	188.0	187.4	18	135.4	129.6
7	182.2	181.8	12a	119.4	119.6	19	14.2	13.0

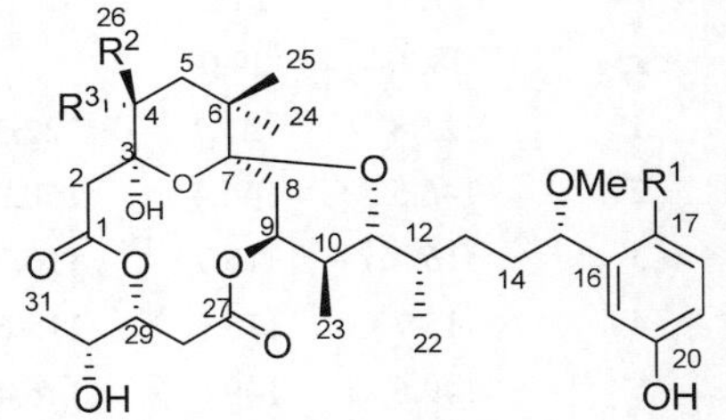

12-3-56 R^1=H; R^2=H; R^3=CH_3
12-3-57 R^1=H; R^2=CH_3; R^3=OH

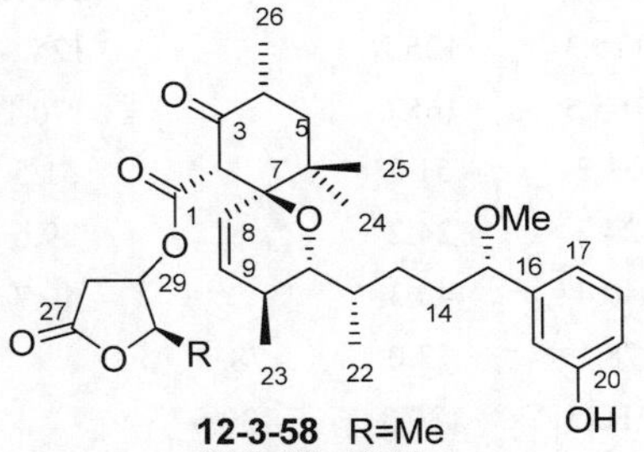

12-3-58 R=Me
12-3-59 R=H

表 12-3-15 oscillatoxin 和 cyclorenierin 类化合物的 ^{13}C NMR 数据[21]

C	12-3-56	12-3-57	12-3-58	12-3-59	C	12-3-56	12-3-57	12-3-58	12-3-59
1	169.0	167.6	168.8	168.9	6	38.8	37.4	40.7	40.1
2	46.7	106.7	64.9	64.3	7	98.6	104.2	81.2	81.2
3	100.6	158.9	205.6	206.9	8	33.4	43.5	134.5	133.9
4	35.5	79.6	41.0	40.6	9	73.1	73.4	125.4	125.8
5	40.9	37.4	43.4	42.9	10	35.2	34.2	30.0	29.9

续表

C	12-3-56	12-3-57	12-3-58	12-3-59	C	12-3-56	12-3-57	12-3-58	12-3-59
11	39.6	73.9	78.5	77.8	22	13.4	11.7	12.6	12.8
12	34.0	34.6	33.6	33.8	23	12.9	13.7	16.5	16.3
13	31.0	30.6	35.9	36.0	24	23.4	23.7	24.5	24.3
14	35.9	31.6	30.7	30.8	25	26.6	25.9	22.3	21.7
15	85.6	85.2	84.2	84.6	26	16.3	23.3	14.2	14.0
16	145.7	140.6	144.0	144.0	27	170.2	170.3	174.6	174.3
17	119.1	118.6	118.7	119.0	28	34.5	34.4	36.5	34.0
18	129.6	130.0	129.5	129.8	29	74.0	74.5	72.4	72.5
19	114.8	115.0	114.6	115.1	30	66.9	66.8	79.2	70.8
20	158.1	158.2	156.2	157.5	31	17.6	17.6	14.5	
21	114.4	114.2	113.6	113.9	OMe	56.4	56.6	56.6	56.0

12-3-60 12α-Me
12-3-61 12β-Me

12-3-62

12-3-63

表 12-3-16 cyclorenierin, panicein 和 renierin 类化合物的 ^{13}C NMR 数据[22]

C	12-3-60	12-3-61	12-3-62	12-3-63	C	12-3-60	12-3-61	12-3-62	12-3-63
1	36.4	36.4		37.4	12	26.2	26.0	26.5	
2	47.4	47.3		48.1	13	24.6	24.6		24.8
3	200.3	200.3		202.3	14	27.3	27.2		27.4
4	125.3	125.2		125.4	15	28.9	29.0		28.9
5	165.6	165.6		170.1	1'	121.8	121.7	122.3	
6	51.2	51.2		51.5	2'	146.5	146.4	150.9	
7	24.3	24.2		29.6	3'	116.7	116.7	116.7	
8	40.4	40.3		40.7	4'	115.7	115.7	115.6	
9	78.1	78.0	78.7		5'	149.6	149.6	146.4	
10	130.3	130.3	130.6		6'	113.1	113.1	113.0	
11	123.4	123.3	123.3						

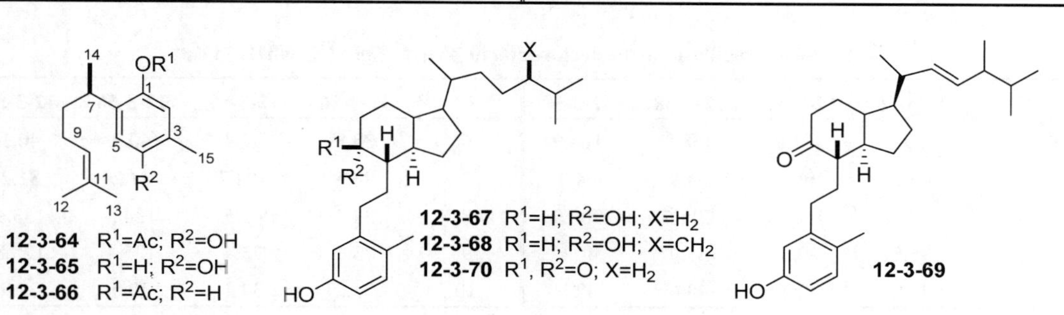

表 12-3-17 curcuhydroquinone 类化合物的 ^{13}C NMR 数据[23]

C	12-3-64	12-3-65	12-3-66	C	12-3-64	12-3-65	12-3-66
1	141.5	146.6	148.2	9	26.0	26.0	26.1
2	124.3	117.8	122.7	10	124.2	124.5	124.3
3	122.0	121.6	136.4	11	131.5	132.1	131.5
4	151.8	147.7	127.1	12	17.7	17.7	17.7
5	113.2	113.2	126.9	13	25.7	25.7	25.8
6	131.6	131.6	135.9	14	21.1	21.1	21.2
7	32.0	31.4	31.9	15	15.4	15.4	20.9
8	37.5	37.3	37.6	OAc	170.1/20.9		169.6/20.9

表 12-3-18 astrogorgiadiol 和 calicoferol 类化合物的 ^{13}C NMR 数据[24]

C	12-3-67	12-3-68	12-3-69	12-3-70	C	12-3-67	12-3-68	12-3-69	12-3-70
1	130.9	131.0	130.9	130.9	15	24.4	24.4	25.1	25.1
2	112.4	112.4	112.4	112.4	16	27.7	27.7	29.6	29.0
3	153.7	153.6	153.5	153.6	17	56.1	55.9	54.8	55.0
4	115.4	115.4	115.6	115.6	18	10.9	11.0	11.7	11.5
5	142.6	141.7	142.5	142.5	19	18.3	18.3	18.3	18.3
6	30.8	30.8	31.0	31.0	20	35.7	35.7	40.1	35.6
7	30.2	30.2	27.6	27.6	21	18.6	18.6	20.9	18.5
8	40.8	40.8	50.4	50.4	22	36.1	34.5	135.2	35.8
9	67.3	67.1	213.0	213.2	23	23.7	30.8	132.5	23.7
10	127.7	127.9	128.0	128.0	24	39.4	156.8	43.0	39.4
11	30.0	30.1	38.2	38.2	25	27.9	33.7	33.1	28.0
12	34.0	34.1	38.3	38.5	26	22.8	21.9	20.1	22.8
13	42.8	42.9	42.6	42.8	27	22.5	21.8	19.6	22.5
14	47.7	47.7	55.2	55.2	28		105.9	18.0	

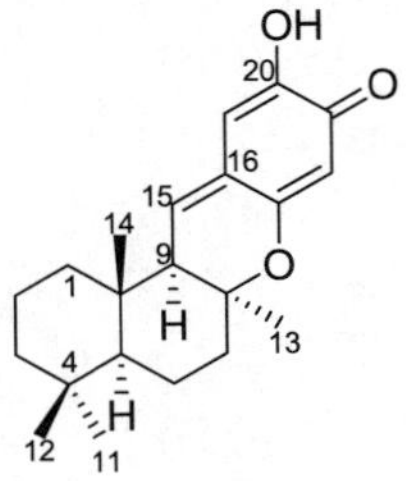

12-3-71 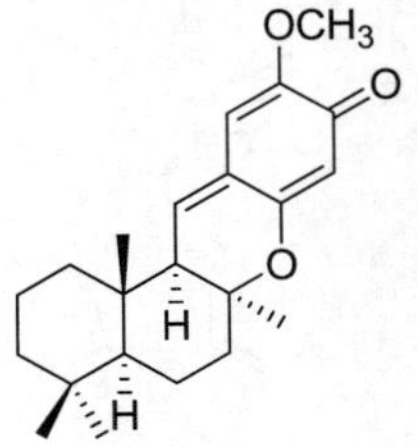　12-3-72 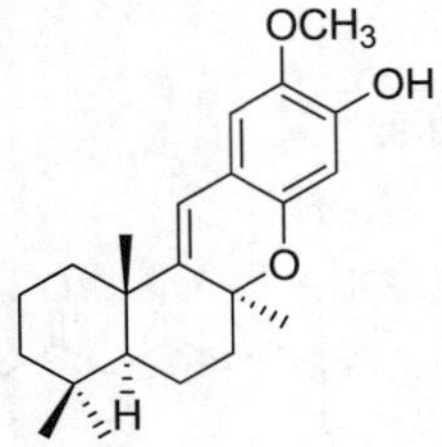　12-3-73 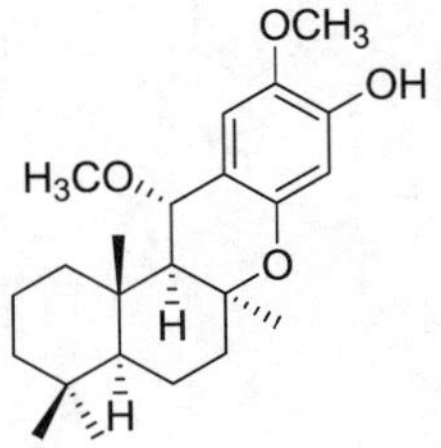　12-3-74

表 12-3-19 puupehenone 类化合物的 ^{13}C NMR 数据[25]

C	12-3-71	12-3-72	12-3-73	12-3-74	C	12-3-71	12-3-72	12-3-73	12-3-74
1	40.0	40.1	39.3	40.0	6	18.4	18.5	19.1	18.4
2	18.1	18.2	17.5	18.6	7	39.2	39.3	31.1	41.0
3	40.7	40.8	42.2	41.9	8	78.8	78.5	76.7	75.1
4	33.3	33.4	33.9	33.4	9	54.8	54.9	149.9	53.6
5	53.8	53.9	44.1	55.3	10	41.6	41.7	38.7	37.1

续表

C	12-3-71	12-3-72	12-3-73	12-3-74	C	12-3-71	12-3-72	12-3-73	12-3-74
11	33.7	33.8	32.9	33.9	18	105.1	105.4	103.6	103.6
12	21.9	22.0	21.3	22.1	19	182.0	182.3	145.6	146.5
13	28.0	28.2	25.1	27.3	20	147.5	151.8	141.1	141.2
14	15.0	15.2	25.6	14.5	21	106.1	108.7	109.0	111.8
15	140.4	138.9	114.1	73.9	22		55.4	56.7	56.4
16	129.3	129.0	116.5	114.5	23				56.2
17	162.8	161.1	146.4	148.6					

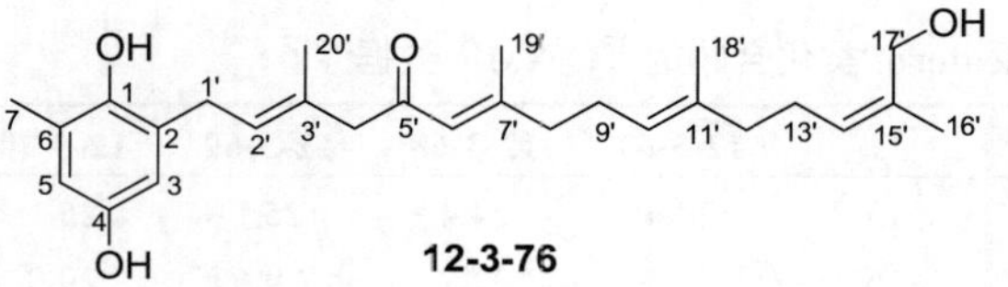

12-3-76

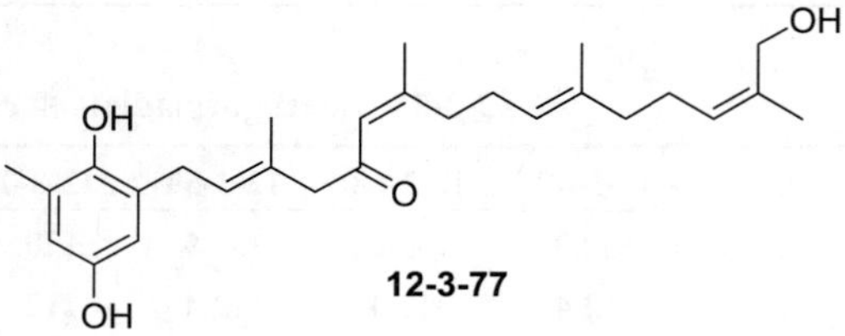

12-3-77

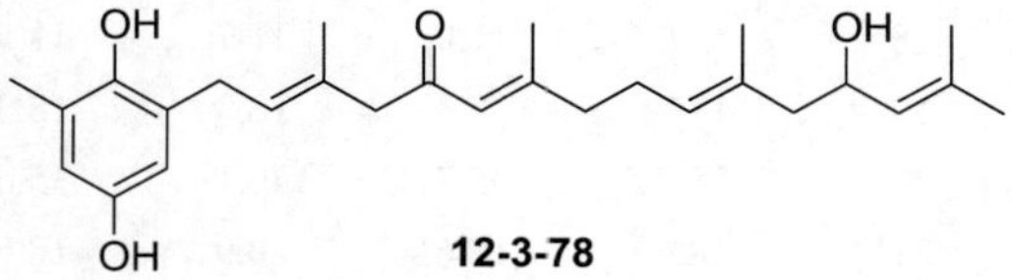

12-3-78

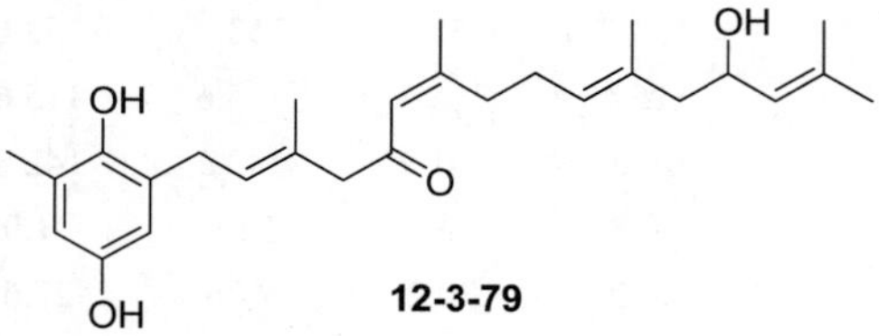

12-3-79

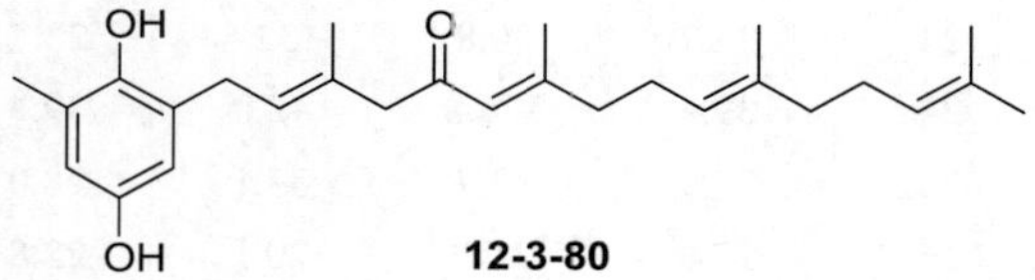

12-3-80

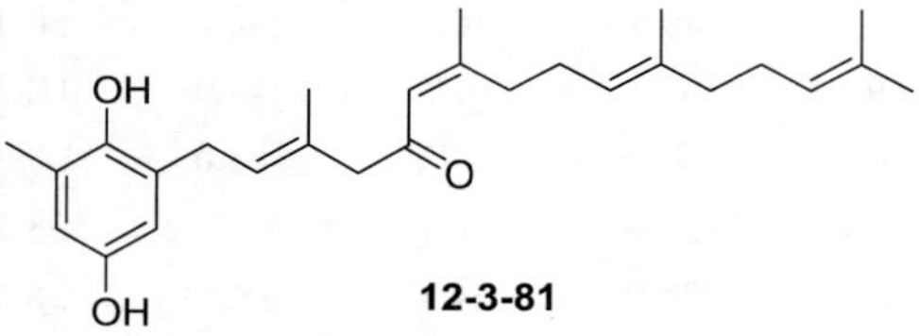

12-3-81

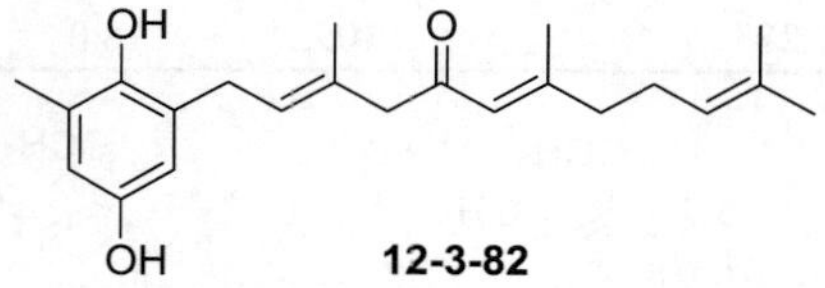

12-3-82

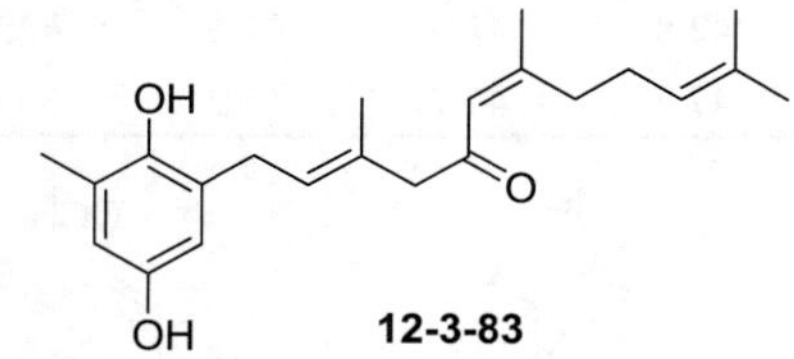

12-3-83

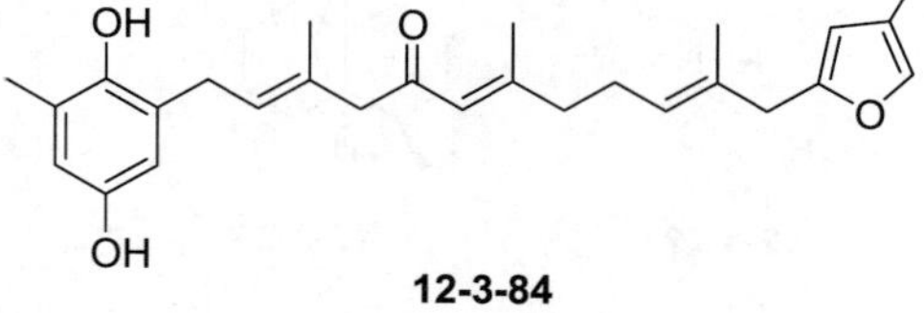

12-3-84

表 12-3-20 化合物 12-3-76~12-3-84 的 ^{13}C NMR 数据[27]

C	12-3-76	12-3-77	12-3-78	12-3-79	12-3-80	12-3-81	12-3-82	12-3-83	12-3-84
1	146.4	146.4	146.4	146.4	146.4	146.4	146.4	146.3	146.4
2	129.5	129.5	129.5	129.6	129.5	129.5	129.5	129.2	129.5
3	114.4	114.5	114.5	114.5	114.5	114.5	114.5	114.3	114.5
4	151.3	151.3	151.3	151.3	151.3	151.3	151.4	151.2	151.3

续表

C	12-3-76	12-3-77	12-3-78	12-3-79	12-3-80	12-3-81	12-3-82	12-3-83	12-3-84
5	115.7	115.7	115.7	115.7	115.7	115.7	115.7	115.4	115.7
6	126.3	126.4		126.3	126.3	126.3	126.4	126.3	126.3
7	16.8	16.8	16.8	16.8	16.8	16.8	16.8	16.6	16.8
1'	29.6	29.5	29.6	29.6	29.6	29.6	29.5	29.4	29.6
2'	128.1	128.1	128.2	128.2	128.1	128.2	128.1	128.0	128.1
3'	131.4	131.4	131.4	131.4	131.4	131.4	131.4	131.2	131.4
4'	55.8	55.8	55.8	55.8	55.8	55.8	55.8	55.6	55.8
5'	199.0	198.7	199.0	198.7	199.0	198.6	199.0	198.5	199.0
6'	123.4	123.9	123.4	124.0	123.4	123.9	123.4	123.8	124.0
7'	158.3	159.3	158.3	159.2	158.3	159.2	158.3	158.9	158.1
8'	41.5	34.2	41.5	34.1	41.5	34.2	41.6	34.2	41.3
9'	26.8	27.3	26.8	27.4	26.7	27.4	26.8	27.4	26.7
10'	124.2	124.8	126.8	127.2	124.1	124.6	124.2	124.7	126.7
11'	136.2	136.0	133.8	133.5	136.4	136.1	132.6	132.2	133.4
12'	40.6	40.7	49.1	49.2	40.4	40.4	25.8	25.5	38.9
13'	26.6	26.8	67.3	67.3	27.4	27.4	17.7	17.5	155.0
14'	126.8	126.9	130.2	130.3	125.0	125.1	19.1	25.3	109.6
15'	136.4	136.4	132.9	132.8	131.7	131.6	16.6	16.4	121.2
16'	21.5	21.5	25.8	25.8	25.8	25.8			138.7
17'	61.0	61.1	18.2	18.2	17.7	17.7			9.8
18'	16.1	16.0	16.6	16.6	16.1	16.0			15.9
19'	19.2	25.6	19.2	25.5	19.2	25.5			19.2
20'	16.6	16.6	16.7	16.6	16.6	16.5			16.6

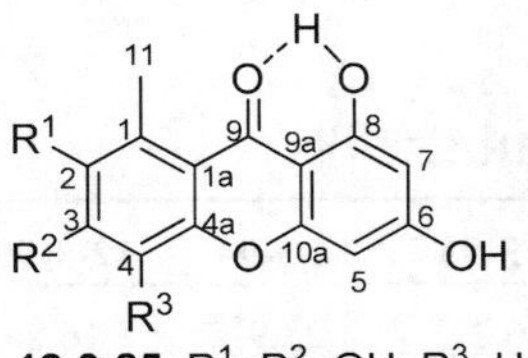

12-3-85 $R^1=R^2=OH$; $R^3=H$
12-3-86 $R^1=R^2=R^3=OH$
12-3-87 $R^1=R^3=H$; $R^2=OH$

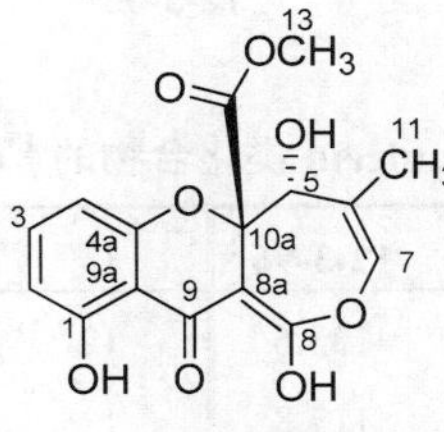

12-3-88

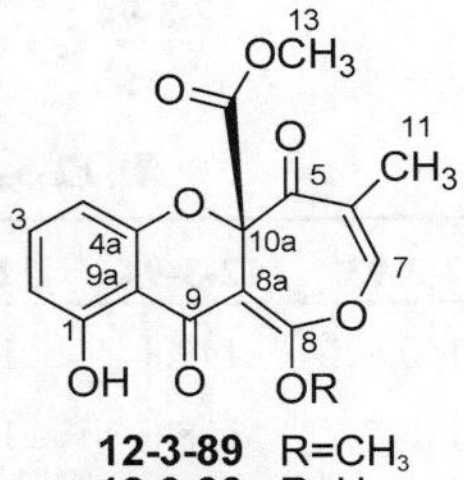

12-3-89 $R=CH_3$
12-3-90 $R=H$

表 12-3-21 xanthone 类化合物的 ^{13}C NMR 数据[28]

C	12-3-85	12-3-86	12-3-87	C	12-3-85	12-3-86	12-3-87	C	12-3-85	12-3-86	12-3-87
1	125.6	111.9	144.4	4a	153.5		160.3	9	183.5	183.0	183.0
1a	12.5	118.0	113.0	5	93.6	93.9	94.0	9a	103.8	104.9	103.8
2	141.8	142.8	116.9	6	165.1	165.5	164.9	10a	158.0	158.4	165.5
3	152.7		158.1	7	98.4	98.6	98.7	11	13.9	13.3	23.4
4	100.9		101.5	8	164.8	165.6	163.6				

表 12-3-22 brocaenol 类化合物的 ^{13}C NMR 数据[29]

C	12-3-88	12-3-89	12-3-90	C	12-3-88	12-3-89	12-3-90
1	160.3	160.8	159.9	8a	103.5	96.8	110.3
2	112.0	113.1	109.6	9	185.2	181.9	186.1
3	135.7	134.8	132.4	9a	108.4	108.5	107.2
4	106.5	105.9	106.1	10a	176.4	85.1	89.5
4a	153.0	152.5	154.5	11	12.9	5.8	4.8
5	71.7	197.2	200.6	12	172.0	165.0	167.9
6	127.9	113.8	113.8	13	53.4	53.8	52.8
7	137.0	172.8	174.1	15		57.0	
8	162.9	164.9	165.4				

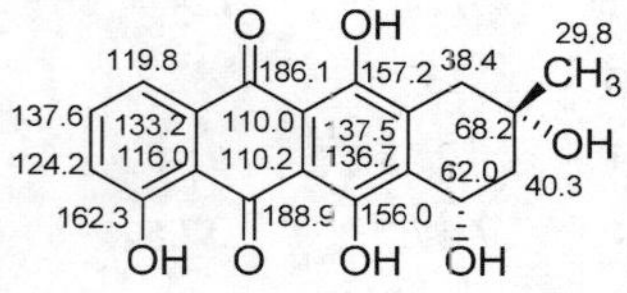

12-3-91 [30]

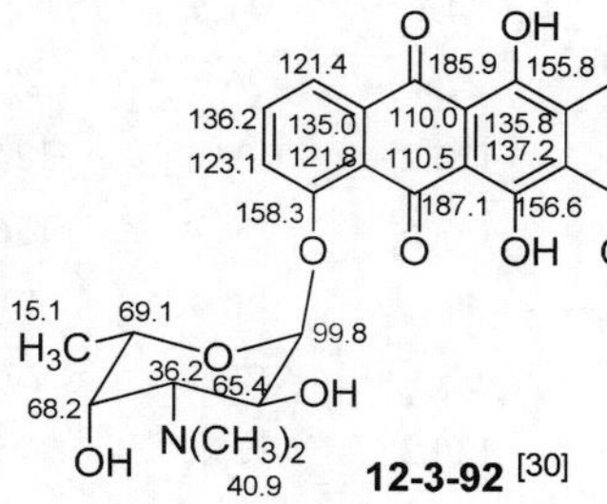

12-3-92 [30]

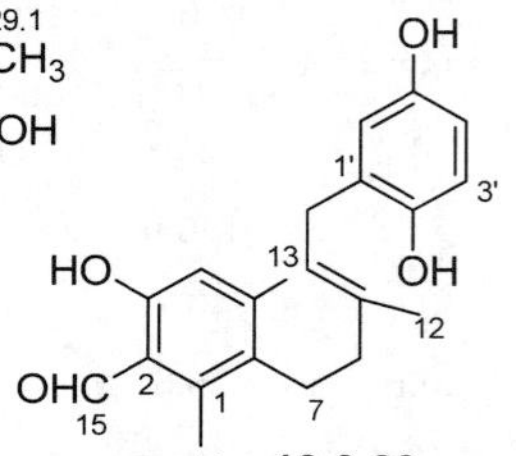

12-3-93

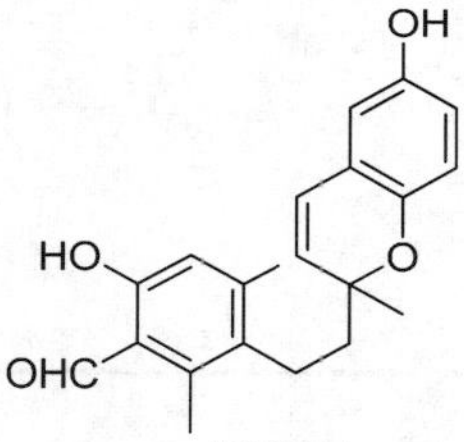

12-3-94

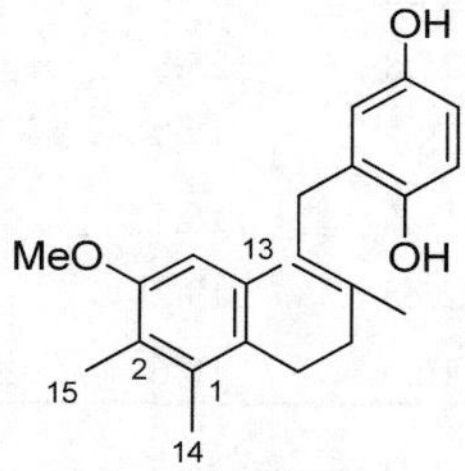

12-3-95

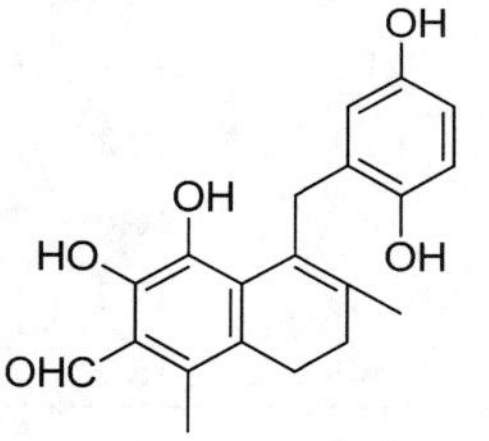

12-3-96

表 12-3-23 panicein 类化合物的 ^{13}C NMR 数据[31]

C	12-3-93	12-3-94	12-3-95	12-3-96	C	12-3-93	12-3-94	12-3-95	12-3-96
1	140.8	140.8	136.3	133.6	12	16.2	23.9	16.2	16.2
2	118.5	118.6	123.2	117.8	13	21.3	21.2	20.4	13.1
3	162.2	162.2	156.4	149.8	14	13.8	13.7	15.7	13.0
4	117.5	117.5	111.2	142.4	15	197.3	197.2	11.9	197.7
5	148.4	148.9	134.4	130.2	1'	129.8	123.0	130.0	129.8
6	132.1	131.9	132.0	132.1	2'	151.0	142.2	151.0	150.9
7	28.7	26.0	29.8	29.0	3'	116.4	117.3	116.4	116.4
8	40.4	41.0	40.8	40.6	4'	113.8	113.7	113.7	113.8
9	136.3	78.0	137.1	136.5	5'	148.9	152.1	148.8	148.8
10	124.5	131.1	123.8	124.3	6'	117.0	116.3	117.0	117.0
11	29.2	124.3	29.0	29.1	OMe			55.8	

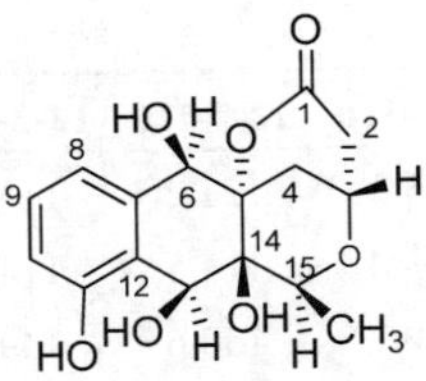

12-3-97 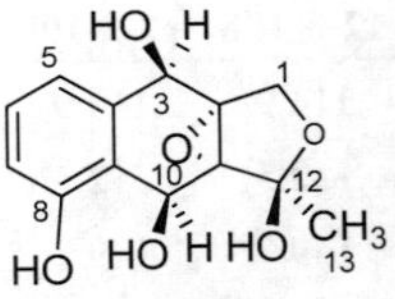　12-3-98 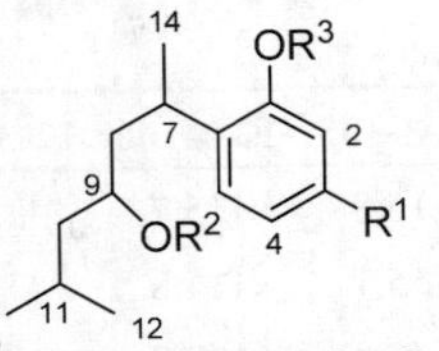　12-3-99 R^1=CH₃; R^2=R^3=H　12-3-100 R^1=CHO; R^2=Ac; R^3=H　12-3-101 R^1=CH₃; R^2=Ac; R^3=H　12-3-102

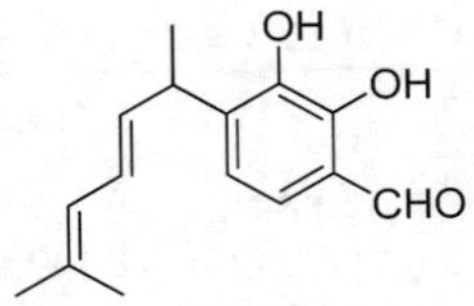

表 12-3-24　luisol 类化合物的 ^{13}C NMR 数据[32]

C	12-3-97	12-3-98	C	12-3-97	12-3-98	C	12-3-97	12-3-98
1	169.0	63.9	7	136.3	115.5	13	67.0	22.7
2	35.3	67.3	8	121.1	156.7	14	71.5	
3	65.1	64.9	9	128.6	120.9	15	68.8	
4	27.6	138.1	10	115.2	63. 1	16	15.6	
5	80.3	121.3	11	156.5	67.4			
6	72.4	128.7	12	121.9	102.1			

表 12-3-25　parahigginol 类化合物的 ^{13}C NMR 数据[33]

C	12-3-99	12-3-100	12-3-101	12-3-102	C	12-3-99	12-3-100	12-3-101	12-3-102
1	153.0	154.5	153.5	141.7	9	68.6	72.1	72.4	126.2
2	117.8	115.6	116.8	148.1	10	47.1	44.0	44.0	124.8
3	128.7	135.4	129.3	118.7	11	24.7	24.7	24.7	134.3
4	121.2	123.1	121.4	123.9	12	21.0	22.5	20.7	18.3
5	126.2	127.5	126.5	118.7	13	23.1	22.7	22.6	25.9
6	136.0	140.5	136.6	140.4	14	22.4	21.9	22.1	19.7
7	27.0	28.6	27.7	35.9	15	21.6	192.0	22.6	196.2
8	46.8	42.5	43.1	133.7	9-OAc		172.1/21.4	172.1/21.5	

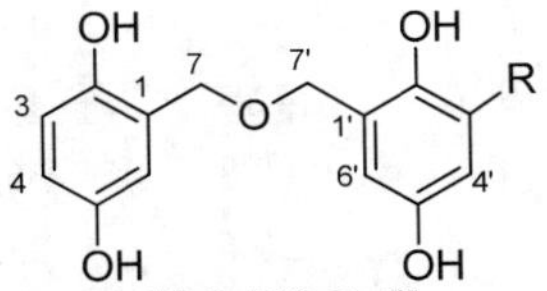

12-3-103 R=Cl　12-3-104 R=H　12-3-105 R=Cl　12-3-106 R=H　12-3-107 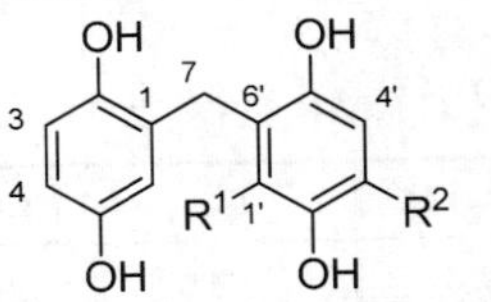　12-3-108 R^1=CH₂OH; R^2=Cl 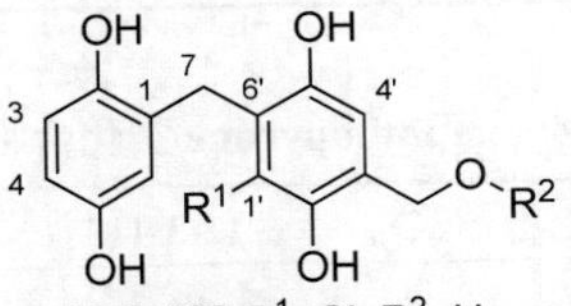　12-3-109 R^1=Cl; R^2=H　12-3-110 R^1=H; R^2=Me　12-3-111 R=Cl　12-3-112 R=H

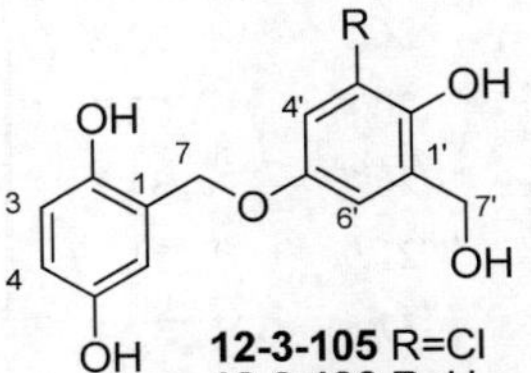

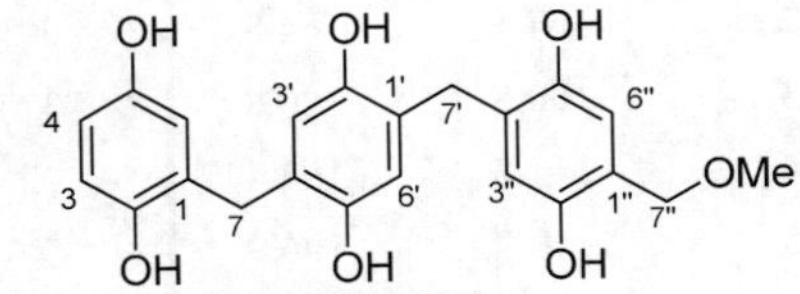

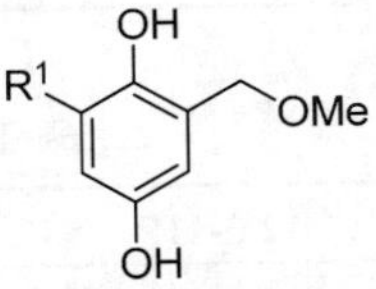

表 12-3-26　terrestrol 类化合物的 ^{13}C NMR 数据[34]

C	12-3-103	12-3-104	12-3-105	12-3-106	12-3-107	12-3-108	12-3-109	12-3-110	12-3-111	12-3-112
1	125.1	125.5	123.6	124.3	127.9	127.4	126.7	127.8	128.8	125.3
2	147.1	147.0	147.2	147.1	147.4	147.1	147.5	147.4	142.4	147.3

续表

C	12-3-103	12-3-104	12-3-105	12-3-106	12-3-107	12-3-108	12-3-109	12-3-110	12-3-111	12-3-112
3	115.5	115.5	115.8	115.7	115.3	114.9	114.9	115.3	121.2	115.7
4	114.4	114.3	115.1	114.8	112.9	112.5	112.5	113.0	114.5	114.6
5	149.7	149.8	149.8	149.8	149.7	149.7	149.7	149.7	150.6	149.8
6	115.0	114.8	115.2	115.0	116.8	114.8	114.6	116.7	114.0	115.2
7	67.1	66.8	65.0	64.8	29.0	24.7	26.8	29.1	69.1	68.9
1'/1"	129.1	125.0	132.7	129.6	122.2	129.0	129.7	122.4		
2'/2"	142.4	147.3	143.2	147.8	147.1	144.3	142.1	147.1		
3'/3"	121.0	116.4	120.6	115.0	116.6	118.3	122.5	116.6		
4'/4"	114.5	124.9	113.0	112.9	126.8	114.5	122.4	126.6		
5'/5"	150.6	147.3	151.8	151.4	147.2	148.7	149.1	147.3		
6'/6"	113.8	116.5	112.8	113.6	114.9	125.0	112.3	114.9		
7'/7"	67.2	28.8	58.8	58.2	68.7	57.0	58.9	68.6		
CH_3					57.5			57.5	57.8	57.7

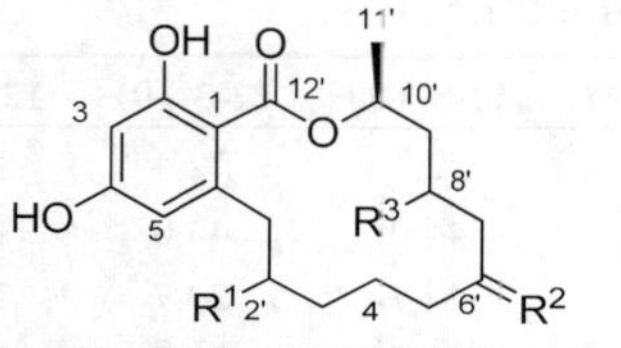

12-3-113 R^1=H; R^2=O; R^3=OH
12-3-114 R^1=OH; R^2=H, OH; R^3=H

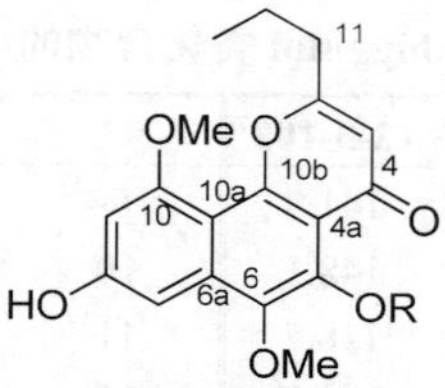

12-3-115 R=H
12-3-116 R=Me

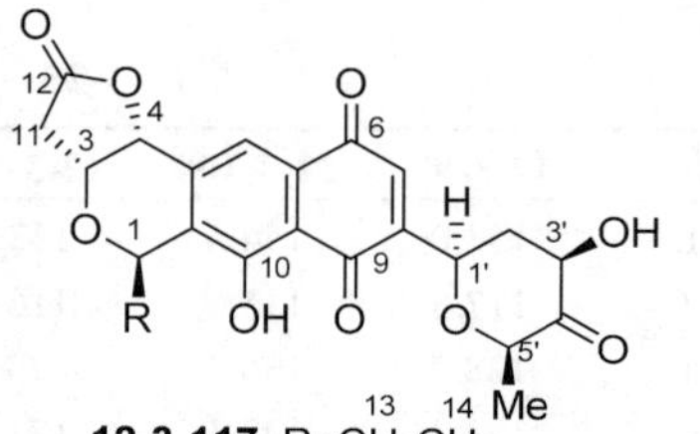

12-3-117 R=CH_2CH_3
12-3-118 R=CH_3

表 12-3-27 zearalanone 类化合物的 ^{13}C NMR 数据[35]

C	12-3-113	12-3-114	C	12-3-113	12-3-114	C	12-3-113	12-3-114
1	104.0	100.0	1'	36.5	32.2	7'	54.2	36.8
2	164.1	164.8	2'	30.8	78.8	8'	63.2	20.7
3	100.8	100.8	3'	26.7	34.2	9'	42.5	40.4
4	162.2	163.4	4'	21.9	21.7	10'	68.8	65.8
5	110.7	106.9	5'	37.5	37.4	11'	20.6	23.6
6	147.1	142.2	6'	209.2	69.5	12'	170.7	169.5

表 12-3-28 naphthopyrone 类化合物的 ^{13}C NMR 数据[36]

C	12-3-115	12-3-116	C	12-3-115	12-3-116	C	12-3-115	12-3-116
2	170.1	167.0	7	96.3	97.4	12	20.0	19.9
3	109.5	111.8	8	104.9	108.4	13	13.7	13.8
4	183.4	178.3	9	96.7	99.0	5-OMe		62.0
4a	147.1	146.9	10	160.2	160.1	6-OMe	60.4	61.4
5	109.3	114.6	10a	136.1	143.6	10-OMe	56.2	56.3
6	134.7	135.2	10b	152.4	153.0			
6a	158.3	158.0	11	36.5	36.0			

12-3-119 R=CH_3
12-3-120 R=CH_2CH_3 (11, 12)

12-3-121 R^1=H,OH; R^2=O
12-3-122 R^1=H,OH; R^2=O
12-3-123 R^1=H,H; R^2=O
12-3-124 R^1=R^2=H
12-3-125 R^1=R^2=H,OH; $\Delta^{11'(10')}E$
12-3-126 R^1=R^2=H,OH; $\Delta^{11'(10')}E$

表 12-3-29　halawanone 类化合物的 ^{13}C NMR 数据[37]

C	12-3-117	12-3-118	12-3-119	12-3-120	C	12-3-117	12-3-118	12-3-119	12-3-120
1	72.2	65.9	162.8		10	157.5		190.6	
2			124.7		10a	135.7		117.4	
3	65.6	67.1	136		11	37.2	37.4	24.1	29.6
4	73.8		118.9		12	174.0			15.1
4a	135.6		133.5		13	24.4	17.9		
5	120.8		183.1		14	10.7			
5a	130.4		124.5		1'	70.0		96.2	
6	183.1		113.1		2'	43.3		37.6	
7	135.2		160.8		3'	72.4		69.1	
8	148.8		125.7	124.7	4'	206.4		78.0	
9	189.2		146.0	152.2	5'	77.2		69.5	
9a	114.3		105.6		6'	14.1		17.8	

表 12-3-30　nacohol 类化合物的 ^{13}C NMR 数据[38]

C	12-3-121/122	12-3-123	12-3-124	12-3-125	12-3-126	C	12-3-121/122	12-3-123	12-3-124	12-3-125	12-3-126
1	127.2	126.9	127.1	127.2	127.1	10'	33.6	32.6	32.9	129.4	128.7
2	148.9	147.6	148	148	148	11'	41.3	44.7	34.2	133.7	133.7
3	119.7	119.7	119	119.7	119.7	12'	214.6	213.8	77.1	80.2	81
4	114.1	114.1	114.1	114.1	114.1	13'	74.3	41.0	69.5	69.3	70.2
5	149.9	150.3	149.9	149.9	149.9	14'	121.1	116	123.3	123.5	123.6
6	117.7	117.8	117.7	117.7	117.7	15'	139.9	135.5	138.5	139	138.5
1'	114.2	114.2	114.2	114.2	114.2	16'	25.9	25.7	26.0	26.0	25.9
2'	143.6	143.6	143.7	143.6	143.6	17'	22.5	22.5	22.5	22.5	22.6
3'	81.7	81.6	81.7	81.7	81.7	18'	15.7	15.7	15.8	15.8	15.8
4'	42.0	42.1	41.9	41.9	41.9	19'	16.1	16.4	14.3	11.9	12.4
5'	22.3	22.3	22.3	22.3	22.4	20'	18.6	18.5	18.5	18.6	18.5
6'	126.4	124.3	124	124.6	124.4	1''	36.4	36.3	36.3	36.3	36.3
7'	134.6	134.9	135.3	134.8	134.8	2''	172.3	172.7	172.4	172.7	172.4
8'	39.4	39.6	39.8	39.1	39.1	OMe	51.8	51.8	51.9	51.8	51.9
9'	25.3	25.5	25.1	26.0	26.0						

12-3-127 R=
12-3-128 R=
12-3-129 R=
12-3-130

表 12-3-31 calicoferol 类化合物的 ^{13}C NMR 数据[39]

C	12-3-127	12-3-128	12-3-129	12-3-130	C	12-3-127	12-3-128	12-3-129	12-3-130
1	131.0	131.0	131.0	131.0	15	24.5	24.5	24.4	37.0
2	112.4	112.4	112.4	112.5	16	28.3	27.7	27.9	72.8
3	153.6	153.5	153.5	153.5	17	56.0	56.1	56.0	60.5
4	115.5	115.4	115.4	115.6	18	11.3	11.1	11.3	12.7
5	142.7	142.7	142.7	142.4	19	18.4	18.4	18.4	18.0
6	30.9	30.9	30.9	31.1	20	40.3	35.6	39.9	29.6
7	30.2	30.3	30.3	27.7	21	21.0	18.6	20.8	18.4
8	40.9	40.9	40.9	50.0	22	135.8	36.1	133.4	36.1
9	67.3	67.2	67.2	212.4	23	131.9	24.7	134.9	24.2
10	127.9	127.9	127.9	128.1	24	43.0	125.1	31.0	39.5
11	29.7	30.2	30.2	38.0	25	33.2	131.0	22.8	28.1
12	34.1	34.1	34.1	38.8	26	20.2	25.8	22.8	22.8
13	42.8	42.9	42.8	42.7	27	19.7	17.7		22.6
14	47.0	47.8	47.8	52.7	28	18.0			

12-3-131 R=R^1=Z=H; X=Y=Br
12-3-132 R=R^1=H; X=Y=Br; Z=Cl
12-3-133 R=R^1=Z=Y=H; X=Br
12-3-134 R=R^1=Ac; Z=X=H; Y=Br
12-3-135 R=R^1=H; Z=X=Y=H

12-3-136 R=Ac; Z=H
12-3-137 R=Ac; Z=Cl

表 12-3-32 rubrolide 类化合物的 ^{13}C NMR 数据[40]

C	12-3-131	12-3-132	12-3-133	12-3-134	12-3-135	12-3-136	12-3-137
1	167.7	163.4	168.2	167.7	168.5	167.60	163.3
2	114.5	117.9	111.3	116.0	114.7	119.8	124.6
3	154.9	147.2	157.7	154.9	157.7	158.5	147.5
4	146.5	145.1	146.3	147.1	147.7	105.4	104.8
5	110.1	111.4	110.5	113.1	112.8	41.9	41.8
1'	123.5	121.0	120.2	130.6	127.9	129.3	128.1

续表

C	12-3-131	12-3-132	12-3-133	12-3-134	12-3-135	12-3-136	12-3-137
2'/6'	132.4	132.8	130.4	132.1	129.7	131.0	131.7
3'/5'	112.1	112.0	115.8	118.7	122.4	119.3	119.1
4'	152.7	152.7	159.9	147.9	152.3	148.8	148.6
1"	127.5	126.9	126.1	130.2	130.0	132.2	131.6
2"/6"	134.2	134.3	134.1	132.1	132.0	134.1	134.1
3"/5"	111.8	111.9	112.3	122.1	122.0	117.5	117.6
4"	151.4	151.8	152.8	151.5	51.2	146.0	146.1
4-OAc						166.6/21.6	166.6/21.6
4'-OAc				167.0/20.5	169.1/21.1	167.0/20.4	166.9/20.5
4"-OAc				169.0/21.1	169.1/21.1	166.8/20.4	167.6/20.4

12-3-138

12-3-139 X=Br; Y=H
12-3-140 X=H; Y=Br

12-3-141 R=OH
12-3-142 R=OMe

表 12-3-33 neomarinone 类化合物的 ^{13}C NMR 数据[41]

C	12-3-138	12-3-139	12-3-140	12-3-141	12-3-142	C	12-3-138	12-3-139	12-3-140	12-3-141	12-3-142
1	153.5	150.2	152.3	153.8	153.8	14	31	29.3	29.1	35.7	33.1
2	180.3	181.9	182	181.7	181.4	15	123.9	19.8	19.7	19.4	19
3	131.5	108.8	107	107.5	107.4	16	138.9	36.8	36.6	39.3	40.4
4	107.9	162.6	159.6	163.4	163.2	17	39.6	82	82.4	83	83.2
5	157.6	106	101.7	106.2	106.1	18	30.5	36.1	35.9	38.4	38.2
6	127.3	162.7	161.8	165.6	165.4	19	25	22	22	20.9	20.9
7	159.9	104.1	107.4	108.5	108.4	20	26.6	123.8	123.8	124	123.7
8	107.9	131	132.1	134.9	134.7	21	32.7	131.1	131.1	131.4	131.2
9	182.7	182.4	182.4	182.5	182.1	22	15.6	25.3	25.3	25.4	25.4
10	120.3	124.5	123.1	125	127.7	23	20.9	17.3	17.3	17.5	17.4
11	15.1	30.4	30.3	116.1	115.5	24	18.7	21.6	21.6	18.6	18.4
12	86.3	119.7	120.1	137.6	134.2	25	19.7	23.4	23.3	30.8	25.2
13	46	135.7	135.3	65.6	70.3	26	8.5				49.4

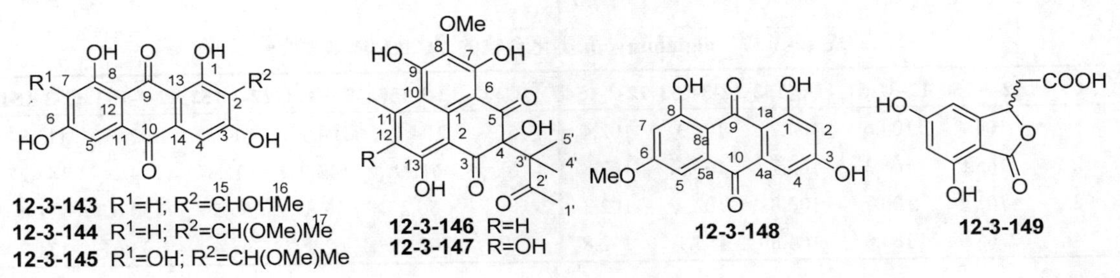

表 12-3-34　anthraquinone 和 congener 的 ^{13}C NMR 数据[42]

C	12-3-143	12-3-144	C	12-3-143	12-3-144	C	12-3-143	12-3-144
1	160.6	162.7	7	108.0	108.1	13	107.9	108.2
2	122.8	120.2	8	164.1	164.2	14	132.9	133.2
3	63.3	163.3	9	188.6	188.9	15	63.2	70.3
4	109.4	108.5	10	181.2	181.3	16	22.2	18.7
5	108.6	108.6	11	134.9	134.9	17		55.9
6	165.0	165.1	12	108.8	108.7			

表 12-3-35　sculezonone 类化合物的 ^{13}C NMR 数据[43]

C	12-3-146	12-3-147	C	12-3-146	12-3-147	C	12-3-146	12-3-147
1	136.6	129.9	8	129.2	128.0	15	59.0	59.1
2	110.1	109.1	9	168.5	169.5	1'	28.8	28.8
3	192.8	192.8	10	114.1	112.1	2'	209.4	209.2
4	84.5	84.5	11	144.2	128.3	3'	55.0	55.0
5	196.9	196.7	12	111.6	137.7	4'	20.2	20.3
6	98.7	98.9	13	172.3	158.2	5'	20.2	20.3
7	161.2	161.0	14	22.5	13.9			

表 12-3-36　lunatin 和 herbaric acid 的 ^{13}C NMR 数据[44]

C	12-3-148	12-3-149	C	12-3-148	12-3-149	C	12-3-148	12-3-149
1	164.4		4a	134.6		8	164.1	154.8
1a	108.3		5	107.4	159.7	8a	109.6	
2	108.1	171.4	5a	134.8		9	188.4	104.5
3	165.9	167.1	6	165.5	101.7	10	181.1	40.4
4	109.3	103.9	7	106.6	78.2	11	56.2	173.0

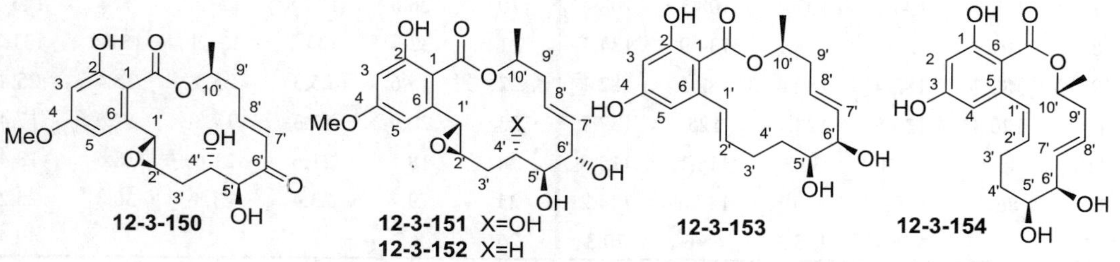

12-3-150

12-3-151 X=OH
12-3-152 X=H

12-3-153

12-3-154

表 12-3-37　aigialomycin 类化合物的 ^{13}C NMR 数据[45]

C	12-3-150	12-3-151	12-3-152	12-3-153	12-3-154	C	12-3-150	12-3-151	12-3-152	12-3-153	12-3-154
1	104.4	104.6	104.2	104.3	102.4	5	104.1	104.1	104.5	107.7	111.8
2	165.5	165.3	165.7	165.5	162.8	6	141.9	142.0	142.3	144.2	143.2
3	101.0	100.7	100.8	102.4	102.3	1'	56.2	56.8	55.5	130.6	131.4
4	165.0	164.8	164.8	163.1	162.8	2'	62.5	62.3	63.4	133.6	131.7

续表

C	12-3-150	12-3-151	12-3-152	12-3-153	12-3-154	C	12-3-150	12-3-151	12-3-152	12-3-153	12-3-154
3'	34.9	33.2	25.8	27.9	26.7	9'	37.8	36.7	36.4	37.9	39.9
4'	71.1	69.8	28.6	28.5	31.8	10'	71.0	71.0	71.6	72.9	72.3
5'	78.4	77.2	72.9	73.1	72.3	COO	170.8	170.8	170.9	172.1	175.8
6'	197.2	74.8	77.1	76.4	77.8	10'-Me	19.0	19.0	18.6	19.1	20.7
7'	129.3	131.4	133.7	135.6	135.5	4-OMe	55.5	55.4 (q)	55.4		
8'	143.6	129.6	128.3	125.4	127.7						

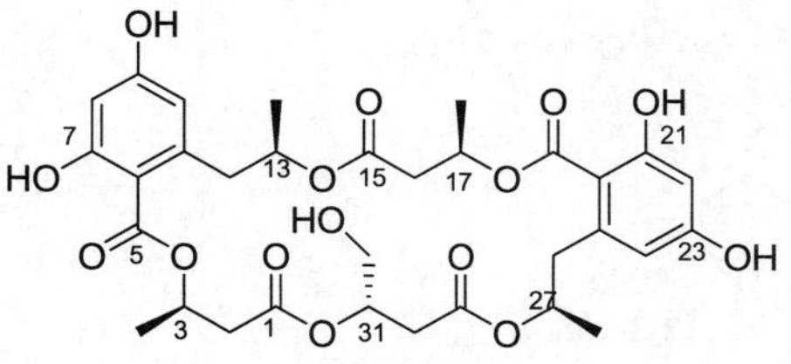

12-3-155

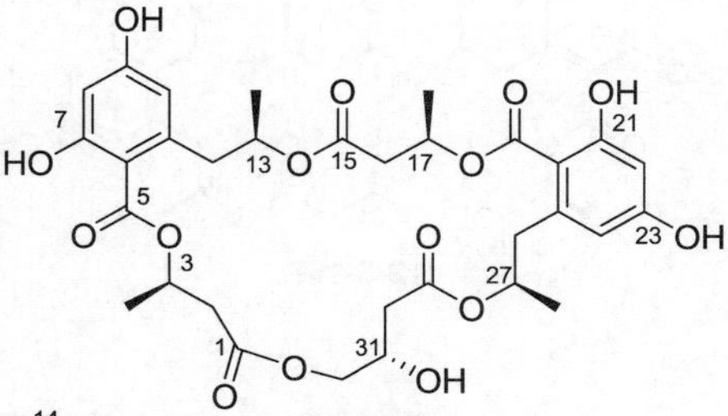

12-3-156

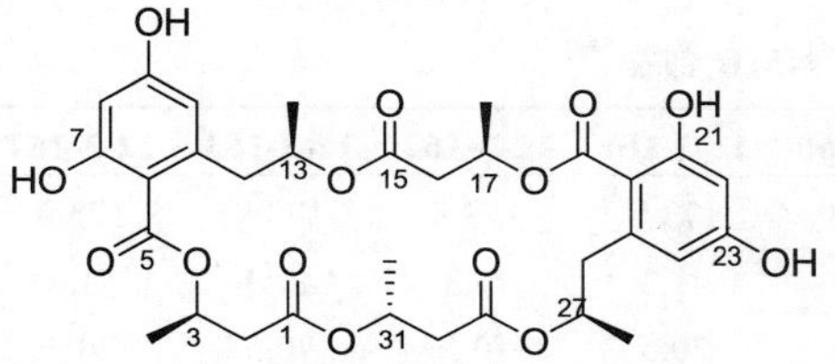

12-3-157

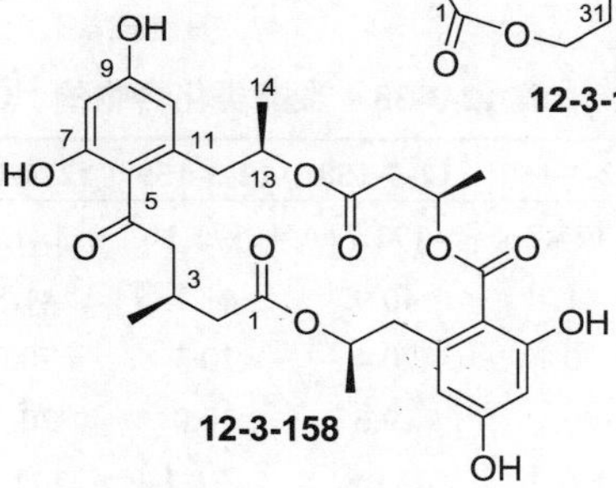

12-3-158

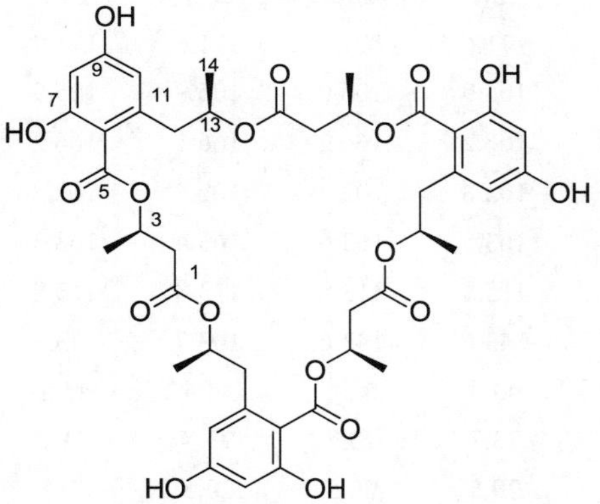

12-3-159

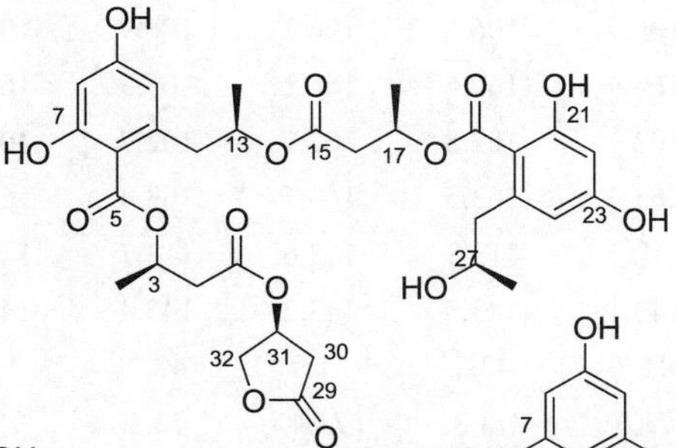

12-3-160

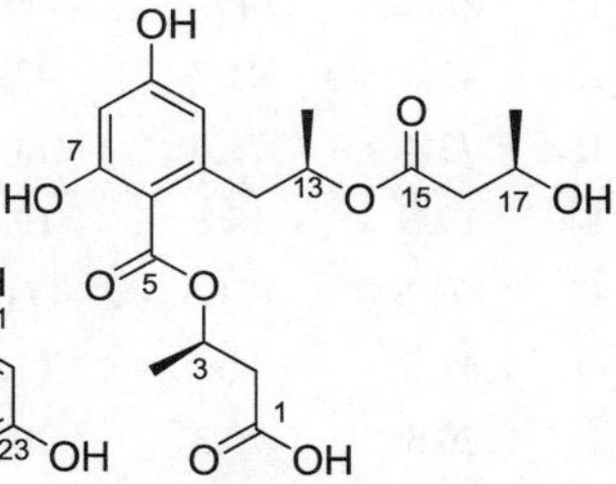

12-3-163

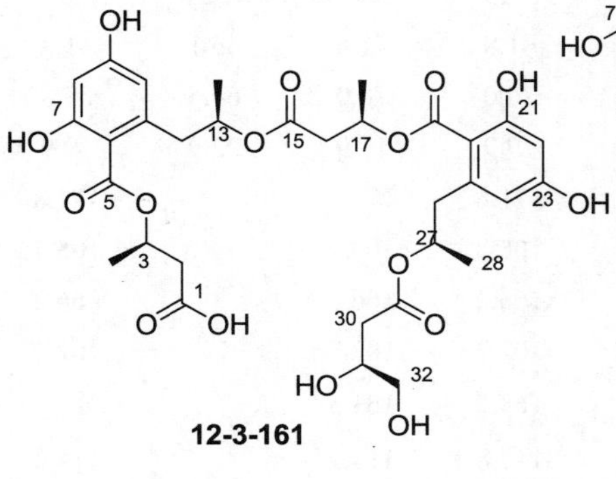

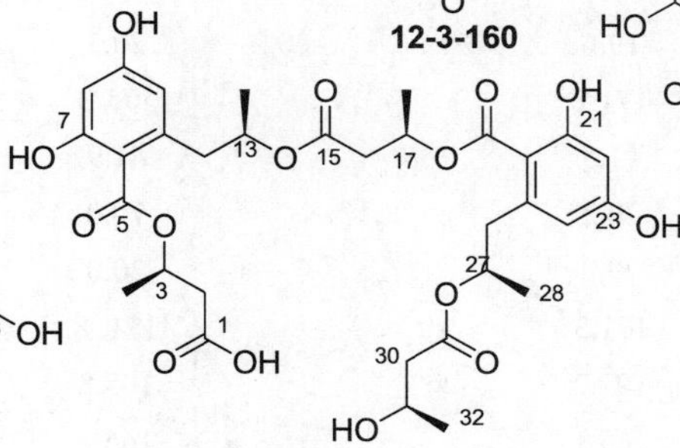

12-3-162

12-3-161

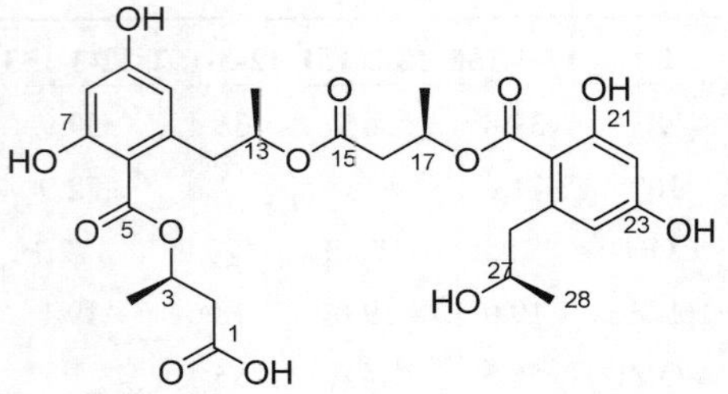

12-3-164

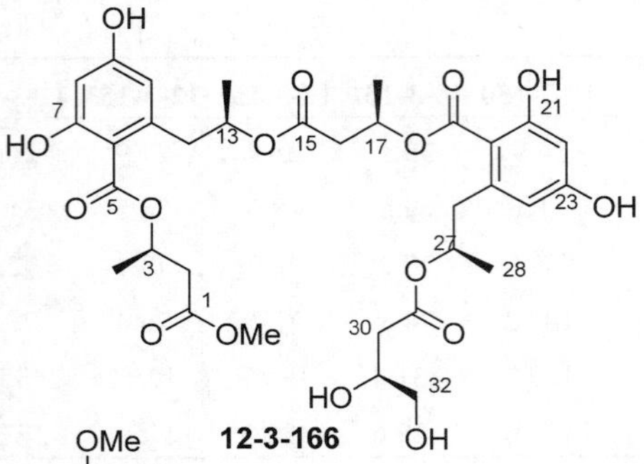

12-3-166

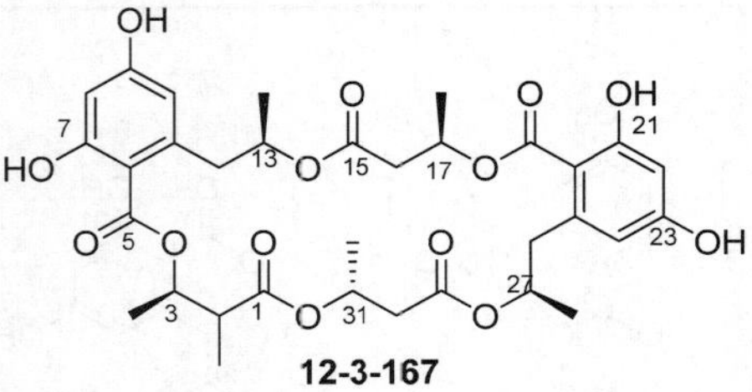

12-3-167

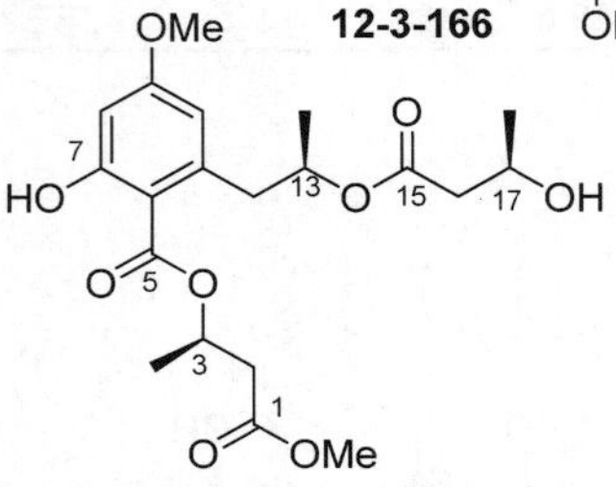

12-3-168

表 12-3-38 聚酯类化合物的 ^{13}C NMR 数据[46]

C	12-3-155	12-3-156	12-3-157	12-3-158	12-3-159	12-3-160	12-3-161	12-3-162	12-3-163	12-3-164
1	171.5	172.0	171.2	171.7	171.1	171.3	173.8	173.8	173.9	173.9
2	41.0	41.1	41.1	40.9	41.7	41.3	41.3	41.3	41.4	41.4
3	70.1	70.3	70.1	70.4	70.3	70.0	70.5	70.5	70.5	70.5
4	20.2	20.1	20.1	19.6	20.0	20.2	20.1	20.1	20.1	20.1
5	171.0	171.5	171.1	171.8	171.2	171.5	171.6	171.6	171.6	171.7
6	106.7	106.9	106.6	106.3	106.9	106.0	105.9	106.0	105.9	105.9
7	165.4	165.4	165.6	166.1	165.3	166.0	166.2	166.2	166.1	166.2
8	102.9	102.7	102.8	102.7	102.7	102.9	102.8	102.8	102.7	102.8
9	163.4	163.3	163.5	163.7	163.4	163.5	163.5	163.5	163.4	163.5
10	113.3	112.5	113.3	112.6	112.7	113.8	113.8	113.8	113.8	113.8
11	143.2	143.1	143.3	143.2	143.4	143.2	143.6	143.6	143.7	143.6
12	42.5	41.7	42.5	41.9	42.1	43.3	43.4	43.6	43.4	43.4
13	73.4	73.6	73.3	73.4	73.3	73.0	73.2	73.2	73.7	73.2
14	19.6	19.8	19.6	20.1	20.2	20.3	20.5	20.5	20.5	20.4
15	171.3	171.5	171.2			171.3	171.2	171.2	172.6	171.3
16	41.6	41.5	41.5			41.9	41.8	41.8	45.1	41.8
17	70.3	70.3	70.2			70.0	70.0	70.0	65.4	69.8
18	20.2	20.1	20.2			20.0	19.9	19.9	22.9	19.9
19	171.3	171.5	171.3			171. 8	171.6	171.6		171.8
20	107.4	107.3	107.2			105.8	105.8	105.7		105.7
21	165.0	165.0	165.1			166.1	166.2	166.3		166.2
22	102.8	102.7	102.7			102.4	102.7	102.7		102.4
23	163.3	163.4	163.3			163.5	163.5	163.5		163.5
24	112.7	112.6	112.7			113.9	113.8	113.9		113.9

续表

C	12-3-155	12-3-156	12-3-157	12-3-158	12-3-159	12-3-160	12-3-161	12-3-162	12-3-163	12-3-164
25	143.1	143.1	143.0			145.2	143.7	143.8		145.2
26	41.9	41.8	42.0			46.9	43.5	43.6		46.8
27	73.9	73.6	73.9			69.4	72.8	72.7		69.4
28	19.8	19.9	19.7			23.6	20.5	20.6		23.6
29	171.4	171.7	171.4			177.3	172.7	172.6		
30	36.7	40.3	41.5			35.3	39.8	45.1		
31	72.7	67.1	69.1			72.2	69.7	65.4		
32	63.6	68.5	19.9			74.7	66.4	22.9		

C	12-3-165	12-3-166	12-3-167	12-3-168	C	12-3-165	12-3-166	12-3-167	12-3-168
1	172.4	172.4	172.4	172.4	18	23.0	20.0	19.9	23.0
2	41.3	41.3	41.2	41.2	19		171.6	171.6	
3	70.3	70.1	70.3	70.4	20		105.8	105.7	
4	20.1	20.1	20.1	20.1	21		166.3	166.4	
5	171.6	171.6	171.6	171.5	22		102.7	102.7	
6	106.2	105.9	105.9	107.4	23		163.5	163.5	
7	166.0	166.2	166.2	165.0	24		113.8	113.9	
8	102.8	102.8	102.8	100.7	25		143.8	143.8	
9	163.6	163.5	163.5	165.8	26		43.6	43.6	
10	113.8	113.8	113.8	112.9	27		72.9	72.7	
11	143.5	143.6	143.6	143.1	28		20.5	20.6	
12	43.3	43.3	43.3	43.2	29		172.7	172.6	
13	72.7	73.2	72.6	72.6	30		39.9	45.1	
14	20.5	20.5	20.5	20.5	31		69.9	65.4	
15	172.6	171.2	171.2	172.6	32		66.5	22.9	
16	45.2	41.9	41.8	45.1	1-OMe	52.3	52.3	52.3	52.3
17	65.4	69.9	70.0	65.4	9-OMe				55.9

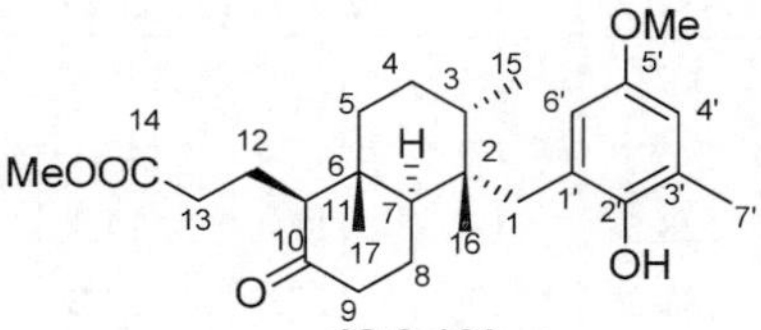

12-3-169

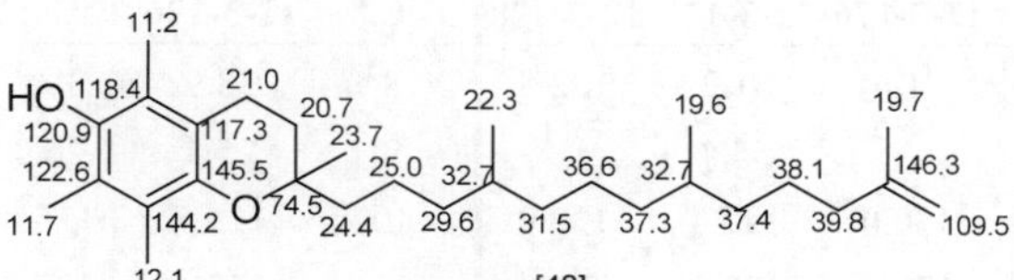

12-3-170[48]

表 12-3-39 化合物 12-3-169 的 ^{13}C NMR 数据[47]

C	12-3-169	C	12-3-169	C	12-3-169	C	12-3-169	C	12-3-169	C	12-3-169
1	35.9	6	42.9	11	63.6	16	20.1	4'	113.3	COOMe	51.4
2	40.8	7	47.7	12	17.5	17	16.9	5'	152.6		
3	35.7	8	24.1	13	33	1'	126.9	6'	114.7		
4	25.5	9	42.5	14	174.3	2'	146.8	7'	16.7		
5	32.6	10	211.8	15	16.1	3'	123.5	5'-OMe	55.5		

12-3-171 X=Br; Y=Br
12-3-172 X=Br; Y=H
12-3-173 X=H; Y=H

12-3-174[50]

12-3-175[50]

表 12-3-40　prunolide 类化合物的 ^{13}C NMR 数据[49]

C	12-3-171	12-3-172	12-3-173	C	12-3-171	12-3-172	12-3-173
1,10	167.3	167.9	168.7	14,32	152.6	158.1	161.4
2,9	116.3	112.9	114.0	17,23	120.0	120.8	120.0
3,8	157.4	161.5	161.1	18,24	132.0	132.2	129.4
4,7	115.3	115.5	116.3	19,25	112.6	109.7	115.8
5,6	136.6	136.8	136.7	20,26	155.5	155.3	158.3
11,29	121.7	120.8	119.3	21,27	112.6	116.9	115.8
12,16,30,34	131.4	132.0	130.4	22,28	132.0	128.4	129.4
13,15,31,33	112.4	112.9	115.8				

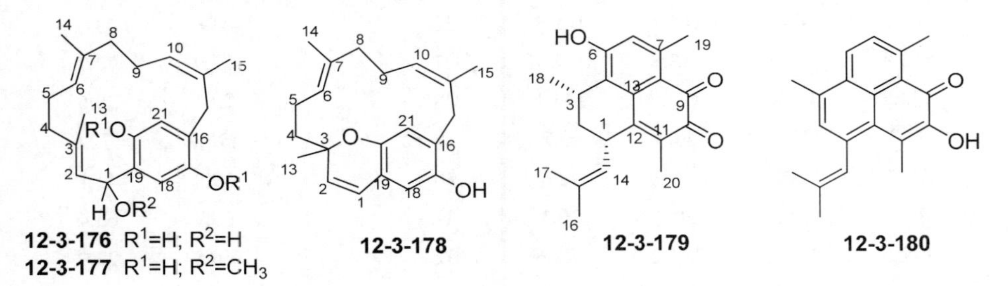

表 12-3-41　化合物 12-3-176~12-3-178 的 ^{13}C NMR 数据[50]

C	12-3-176	12-3-177	12-3-178	C	12-3-176	12-3-177	12-3-178	C	12-3-176	12-3-177	12-3-178
1	71.6	81.2	122.5	8	38.9	38.8	38.7	16	125.7	126.3	125.7
1-OMe		55.4		9	25.4	26.0	26.9	17	147.4	147.1	148.6
2	130.0	127.4	130.9	10	125.7	125.8	128.5	18	112.4	114.3	110.9
3	131.4	133.9	77.1	11	133.1	133.0	131.3	19	127.5	124.8	119.1
4	38.5	38.5	37.2	12	33.2	32.9	32.4	20	147.4	147.4	144.8
5	23.9	23.8	21.3	13	15.3	15.1	25.8	21	117.1	117.2	117.0
6	120.8	121.0	126.4	14	16.4	16.1	16.3				
7	134.1	134.2	133.7	15	27.4	27.3	25.9				

表 12-3-42　化合物 12-3-179 和 12-3-180 的 ^{13}C NMR 数据[50]

C	12-3-179	12-3-180	C	12-3-179	12-3-180	C	12-3-179	12-3-180
1	36.1	131.1	3	26.3	125.7	5	160.5	131.3
2	33.7	131.8	4	130.9	129.4	6	119.2	130.6

续表

C	12-3-179	12-3-180	C	12-3-179	12-3-180	C	12-3-179	12-3-180
7	146.8	147.5	12	153.0	122.9	17	17.6	19.5
8	122.0	124.2	13	133.6	136.1	18	22.2	19.4
9	180.8	179.3	14	125.8	128.6	19	23.8	25.1
10	182.6	147.9	15	132.5	134.7	20	10.8	16.7
11	132.2	141.2	16	25.5	25.7			

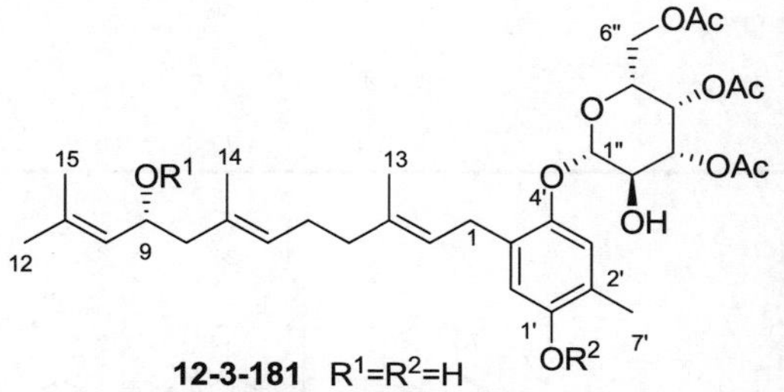

12-3-181 $R^1=R^2=H$

12-3-182 $R^1=Ac$; $R^2=H$

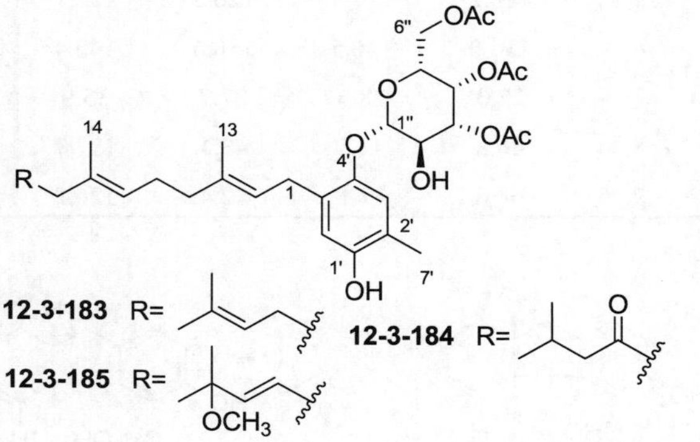

12-3-183 R=

12-3-184 R=

12-3-185 R=

表 12-3-43 elisabatin 类化合物的 ^{13}C NMR 数据[53]

C	12-3-181	12-3-182	12-3-183	12-3-184	12-3-185	C	12-3-181	12-3-182	12-3-183	12-3-184	12-3-185
1	27.9	28.1	28.5	27.6	28.2	5'	130.1	130.2	130.4	10.1	130.3
2	123.5	122.9	122.7	122.7	123.0	6'	115.3	115.8	116.1	115.2	115.9
3	135.6	136.3	136.9	136.0	136.3	7'	15.8	15.9	15.8	15.8	15.8
4	39.1	39.2	39.7	38.9	39.3	1"	103.9	103.4	103.2	103.5	103.4
5	25.3	25.9	26.5	25.5	26.0	2"	68.9	69.1	69.1	69.2	69.1
6	128.8	127.2	124.0	128.5	125.0	3"	72.6	72.5	72.4	72.5	72.5
7	131.8	130.8	135.2	128.6	133.9	4"	67.3	67.2	67.1	67.2	67.2
8	48.1	44.9	39.6	53.3	42.3	5"	70.9	71.0	71.0	70.9	71.0
9	65.6	71.0	26.7	211.8	128.6	6"	61.7	61.7	61.7	61.6	61.7
10	126.4	123.6	124.3	51.4	136.1	OAc	170.4	170.3	170.4	170.4	170.4
11	135.2	137.1	131.4	24.7	75.3		170.3	170.3	170.3	170.3	170.3
12	25.8	25.7	25.7	22.5	26.0		170.2	170.1	170.2	170.2	170.2
13	16.2	16.1	16.2	15.9	16.0		20.8	20.8	20.8	20.7	20.8
14	15.5	16.8	16.0	17.4	16.2		20.7	20.7	20.7	20.7	20.7
15	18.2	18.5	17.7	22.5	26.0		20.7	20.7	20.6	20.6	20.6
1'	150.4	150.1	149.6	150.6	150.0			171.0			
2'	122.4	122.2	121.9	122.2	122.2			21.4			
3'	120.0	119.5	119.2	119.7	119.4	OMe					50.2
4'	148.4	148.4	148.8	148.1	148.6						

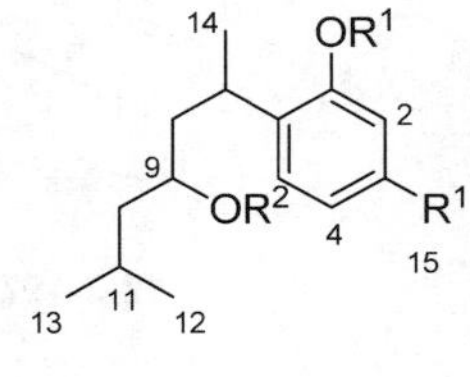

12-3-186 $R^1=CH_3$; $R^2=H$; $R^3=H$

12-3-187 $R^1=CHO$; $R^2=Ac$; $R^3=H$

12-3-188 $R^1=CH_3$; $R^2=Ac$; $R^3=H$

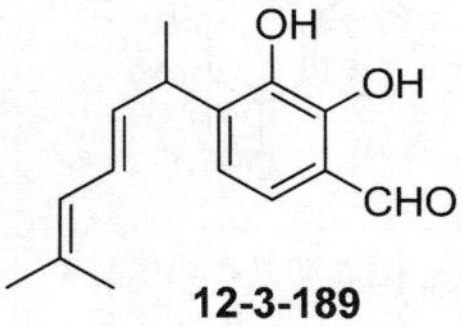

12-3-189

表 12-3-44 parahigginol 类化合物的 ^{13}C NMR 数据[54]

C	12-3-186	12-3-187	12-3-188	12-3-189	C	12-3-186	12-3-187	12-3-188	12-3-189
1	153.0	154.5	153.5	141.7	10	47.1	44.0	44.0	124.8
2	117.8	115.6	116.8	148.1	11	24.7	24.7	24.7	134.3
3	128.7	135.4	129.3	118.7	12	21.0	22.5	20.7	18.3
4	121.2	123.1	121.4	123.9	13	23.1	22.7	22.6	25.9
5	126.2	127.5	126.5	118.7	14	22.4	21.9	22.1	19.7
6	136.0	140.5	136.6	140.4	15	21.6	192.0	22.6	196.2
7	27.0	28.6	27.7	35.9	OMe				
8	46.8	42.5	43.1	133.7	9OAc		21.4	21.5	
9	68.6	72.1	72.4	126.2			172.1	172.1	

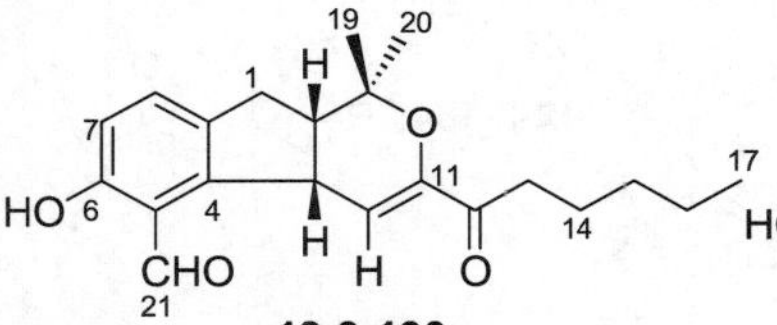

12-3-190

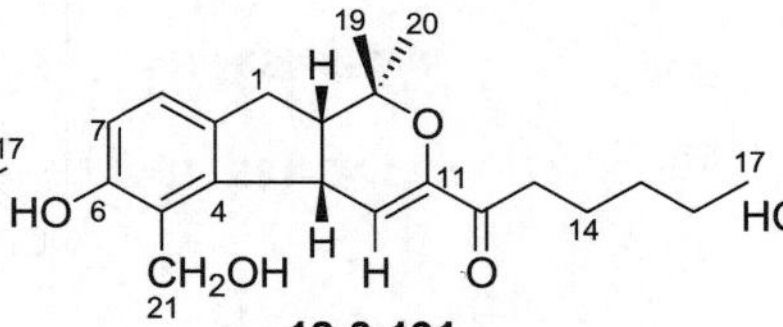

12-3-191

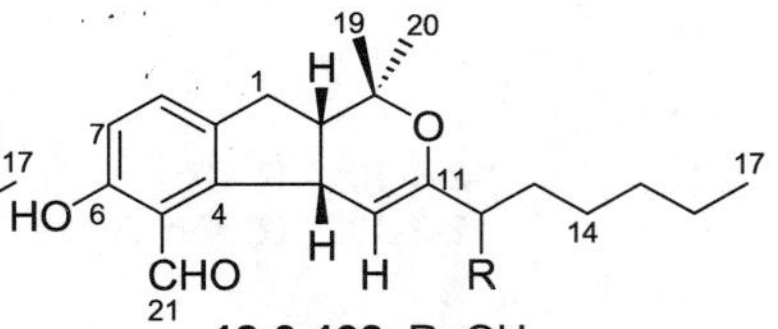

12-3-192 R=OH
12-3-193 R=Ac

表 12-3-45 aspergillol 类化合物的 ^{13}C NMR 数据[55]

C	12-3-190	12-3-191	12-3-192	12-3-193	C	12-3-190	12-3-191	12-3-192	12-3-193
1	31.4	21.7	31.6	31.8	13	37.9	34.9	34.9	31.1
2	48.4	48.6	48.9	48.9	14	23.4	24.7	24.1	24.7
3	38.2	38.5	37.7	37.7	15	31.2	31.7	31.2	31.1
4	147.0	142.5	149.6	149.3	16	22.4	22.5	22.5	22.0
5	116.5	120.0	116.4	116.2	17	13.9	14.0	13.9	13.9
6	161.5	155.0	161.2	161.2	18	76.1	75.0	75.0	75.2
7	116.9	115.1	116.1	116.2	19	27.0	27.0	27.0	27.1
8	134.1	125.1	134.1	134.1	20	24.6	24.7	24.7	24.8
9	133.3	134.0	133.3	133.5	21	194.0	61.0	194.4	194.4
10	106.9	95.6	95.8	97.2					170.1
11	148.5	153.0	153.4	150.2					21.25
12	197.9	72.5	72.5	73.9					

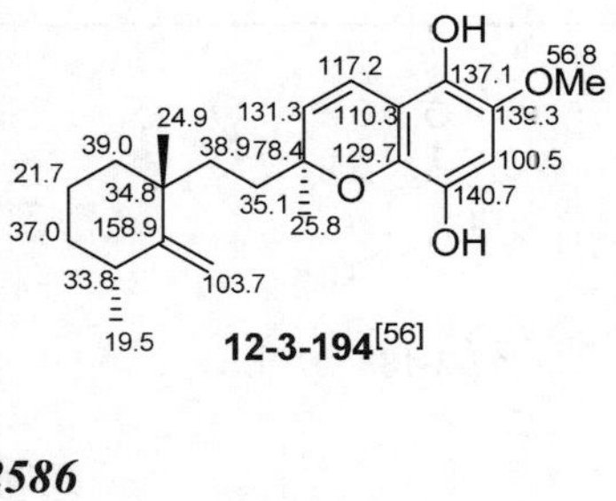

12-3-194[56]

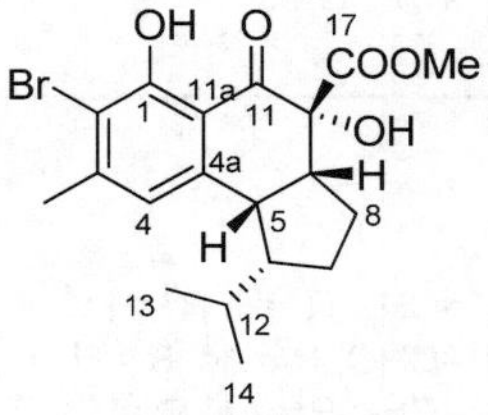

12-3-195

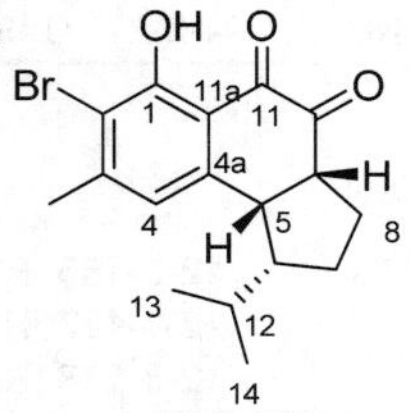

12-3-196

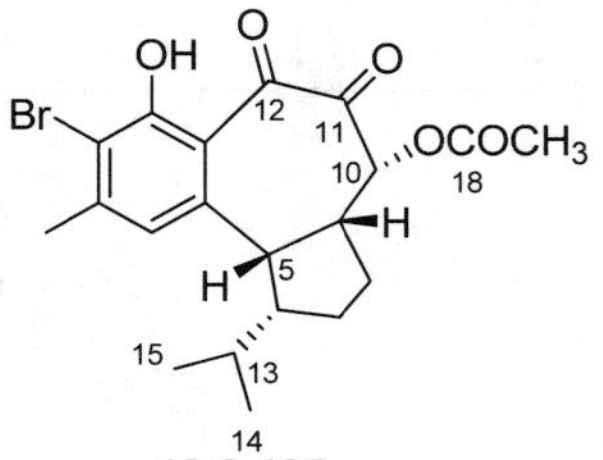

12-3-197

表 12-3-46 hamigeran 类化合物的 ^{13}C NMR 数据[57]

C	12-3-195	12-3-196	12-3-197	C	12-3-195	12-3-196	12-3-197
1	157.6	160.8	160.4	11a	114.7	117.3	
2	110.5	111.6	113.6	12	27.3	28.1	187.4
3	148.3	150.2	148.8	12a			118.3
4	122.4	124.3	128.2	13	23.4	19.7	29.6
4a	142.8	142.8	139.7	14	22.0	23.3	22.1
5	50.0	53.2	59.8	15	24.3	24.3	22.3
6	53.4	51.3	53.2	16	24.6	24.4	28.9
7	26.9	26.8	31.6	17	169.5		24.0
8	34.0	33.8	34.8	OMe	53.1		
9	47.2	57.0	27.6	18			170.0
10	89.3	199.1	81.6	19			20.4
11	198.1	184.4	191.2				

12-3-198 [58]

12-3-199

12-3-200

表 12-3-47 化合物 12-3-199 和 12-3-200 的 ^{13}C NMR 数据[59]

C	12-3-199	12-3-200	C	12-3-199	12-3-200	C	12-3-199	12-3-200
1	32.9	30.1	8	112.7	117.6	15	131.2	131.3
2	31.8	17.8	9	142.4	140.9	16	25.8	25.8
3	21.6	28.1	10	132.2	132.1	17	17.7	17.7
4	40.8	38.9	11	36.9	39.8	18	14.4	16.4
5	129.9	132.0	12	35.2	35.8	19	15.5	16.2
6	120.7	122.0	13	26.3	26.3	20	21.8	21.5
7	151.2	149.6	14	124.9	124.9			

参 考 文 献

[1] Daigo W, Tomoo H, Takeshi I, et al. J Nat Prod, 2006, 60: 279.
[2] Zhi H X, Li T, Zhu T J, et al. Archi Pharm Res, 2007, 30: 816.
[3] Kamigauchi T, Sakazaki R, Nagashima K, et al. J Antibio, 1998, 51: 445.
[4] Shao C L,Guo Z Y, Peng H, et al. Chem Nat Comp, 2007, 43: 377.
[5] Anja K, Stefan K, Clarissa G, et al. J Nat Prod, 2007, 70: 353.
[6] Seo Y W, Ki E P, Nam T J. Bull Korean Chem Soc, 2007, 28: 1831.
[7] Young M H, Jong S B, Jin W H, et al. Bull Korean Chem Soc, 2007, 28: 1595.
[8] Yohei T, Mika Y, Takaaki K, et al. Chem Pharm Bull, 2007, 55: 1731.

[9] Brent K R, Rob W M van S, Crews P. J Nat Prod, 2007, 70: 628.
[10] Li H, Huang X S, Dahse H M, et al. J Nat Prod, 2007, 70: 923.
[11] Bao S Y, Ding Y, Deng Z W, et al. Chem Pharm Bull, 2007, 55: 1175.
[12] Gerwick W H. J Nat Prod, 1989, 52: 252.
[13] Vincenzo A, Mario P, Francesca C, et al. J Nat Prod, 1989, 52: 962.
[14] Yoshiyasu F, Mitsuaki K, Iwao M, et al. Chem Phar Bull, 1989, 37: 349.
[15] Yoshiyasu F, Mitsuaki K, Iwao M, et al. Chem Pharl Bull, 1989, 37: 2438.
[16] Sally A L, William F, Gayle K M, et al. J Org Chem, 1986, 51: 5140.
[17] Aiya S, Takamasa S, Naomi K, et al. J Nat Prod, 1989, 52: 975.
[18] Hirsch S, Rudi A, Kashman Y, et al. J Nat Prod, 1991, 54: 92.
[19] Mohamed F, Jean-Marie A, Gerard J, et al. J Nat Prod, 1991, 54.
[20] Robert W S, Bradley S D, Deborah A M, et al. J Nat Prod, 1995, 58: 613.
[21] Hiroaki T, Takashi G, Ichihara A. Tetrahedron Lett, 1995, 36: 3373.
[22] Marcel J, Paul A H, Laura H M, et al. J Nat Prod, 1995, 58: 609.
[23] Samuel L M,Winston F T, Stewart M, et al. J Nat Prod, 1995, 58: 1116.
[24] Seo Y W, Shin J H, Song J I. J Nat Prod, 1995, 58: 1291.
[25] Ivette C P, Phillip C. J Nat Prod, 2003, 66: 2.
[26] Kang H S, Jung J H, Son B W, et al. Chem Pharm Bull, 2003, 51: 1012.
[27] Katja M F, Anthony D W, Gabriele M K. J Nat Prod, 2003, 66: 968.
[28] Ahmed A L, Gabriele M K, Anthony D W. J Nat Prod, 2003, 66: 706.
[29] Tim S B, Michael G, Jeffrey E J, et al. J Org Chem, 2003, 68: 2014.
[30] Takuya I, Shunji A, Motomasa K. J Nat Prod, 2003, 66: 1373.
[31] Agostino C, Luigi M, Zollo F. J Nat Prod, 1993, 56: 527.
[32] Xing C C, William F. J Nat Prod, 62: 608.
[33] Chen C Y, Chen Y J, Sheu J H, et al. J Nat Prod, 1999, 62: 573.
[34] Chen L, Fang Y H, Zhu T J. J Nat Prod, 2008, 71: 66.
[35] Yang X D, Kong T T, Chen L. Chem Pharm Bull, 2008, 56: 1355.
[36] Florence F, William T A, Jioji N. J Nat Prod, 2008, 71: 106.
[37] Paul W F, Madhavi G, Brdley S D. J Nat Prod, 1998, 61: 1232.
[38] Naoko T, Alya A, Hideyuki H. Phytochemistry, 1998, 48: 1003.
[39] Seo Y W, Cho K W, Chung H S, et al. J Nat Prod, 1998, 61: 1441.
[40] Miao S C, Raymond J A. J Org Chem, 1991, 56: 6275.
[41] Ingo H H, Paaul R J, William F. Tetrahedron Lett, 2000, 41: 2073.
[42] Gernot B, Ru A E, Rainer E, et al. J Nat Prod, 2000, 63: 740.
[43] Kazusei K, Hideyuki S, Yuzuru M, et al. J Nat Prod, 2000, 63: 408.
[44] Raquel J, Gernot B, Ru A E, et al. J Nat Prod, 2002, 65: 730.
[45] Masahiko I, Chotika S, Morakot T. J Org Chem, 2002, 67: 1561.
[46] Gerhard S, Lisa M, Carter G T. Tetrahedron, 2002, 58: 6825.
[47] Enrique D, Mercedes C, Inmaculada B. J Nat Prod, 2002, 65: 1727.
[48] Yorihiro N M, Akio F, Junko T, et al. J Nat Prod, 1999, 62: 1685.
[49] Anthony P C H, Carroll R, Ronald J, et al. J Org Chem, 1999, 64: 2680.
[50] Dietmar F, Bilayet M, Dick V H. J Nat Prod, 1999, 62: 167.
[51] Rohan A, Davis A, Ronald J Q. J Nat Prod, 1999, 62: 1405.
[52] Abimael C R, Rodriguez D, Ileana I R. J Nat Prod, 1999, 62: 997.
[53] Jongheon Y, Cho k W, Surk M, et al. J Org Chem, 1999, 64: 1853.
[54] Chin Y S, Chen Y J, Sheu J H, et al. J Nat Prod, 1999, 62: 573.
[55] Wen J L, Fu H X, Proksche P. Chin Chem Lett, 2001, 12: 435.
[56] Che Y S, Hsieh P W. J Nat Prod, 1997, 60: 93.
[57] Wellington D, Rutledge P S, Bergquist P R. J Nat Prod, 2000, 63: 79.
[58] Brauers R E G, Edrada R, Wray V, et al. J Nat Prod, 2001, 64: 651.
[59] Ramirez A D. J Nat Prod, 2001, 64: 100.

第四节 甾醇类化合物

表 12-4-1 甾醇类化合物的名称、分子式和测试溶剂

编号	名称	分子式	测试溶剂	参考文献
12-4-1	3*β*-hydroxyl-(22*E*,24*R*)-ergosta-5,8,22-triene-7,15-dione	$C_{28}H_{40}O_3$	C	[1]
12-4-2	3*β*-hydroxyl-(22*E*,24*R*)-ergosta-5,8,14,22-tetraen-7-one	$C_{28}H_{40}O_2$	C	[1]
12-4-3	3*β*,15*β*-dihydroxyl-(22*E*,24R)-ergosta-5,8(14),22-trien-7-one	$C_{28}H_{42}O_3$	C	[1]
12-4-4	3*β*,15*α*-dihydroxyl-(22*E*,24*R*)-ergosta-5,8(14),22-trien-7-one	$C_{28}H_{42}O_3$	C	[1]
12-4-5	3*β*-hydroxyl-(22*E*,24*R*)-ergosta-5,8(14),22-triene-7,15-dione	$C_{28}H_{40}O_3$	C	[1]
12-4-6	5*α*,8*α*-epidioxy-23,24(*R*)-dimethylcholesta-6,9(11),22-trien-3*β*-ol	$C_{29}H_{44}O_3$	C	[1]
12-4-7	2*β*-hydroxy-4,7-diketo-A-norcholest-5-en-2-oic acid	$C_{29}H_{44}O_5$	C	[2]
12-4-8	24*S*-ethyl-2*β*-hydroxy-4,7-diketo-A-norcholest-5-en-2-oicacid	$C_{31}H_{48}O_5$	C	[2]
12-4-9	2*β*-hydroxy-4,7-diketo-24*R*-methyl-A-norcholest-5,22(*E*)-dien-2-oic acid	$C_{30}H_{44}O_5$	C	[2]
12-4-10	5*α*,6*α*-epoxy-26,27-dinorergosta-7,22-dien-3*β*-ol	$C_{26}H_{40}O_2$	C	[3]
12-4-11	5*α*,6*α*-epoxycholesta-7,22-dien-3*β*-ol	$C_{27}H_{42}O_2$	C	[3]
12-4-12	5*α*,6*α*-epoxyergosta-7,24(28)-dien-3*β*-ol	$C_{29}H_{46}O_2$	C	[3]
12-4-13	5*α*,6*α*-epoxyergosta-7-dien-3*β*-ol	$C_{28}H_{46}O_2$	C	[3]
12-4-14	5*α*,6*α*-epoxystigmasta-7,22-dien-3*β*-ol	$C_{29}H_{46}O_2$	C	[3]
12-4-15	5*α*,6*α*-epoxystigmast-7-en-3*β*-ol	$C_{29}H_{48}O_2$	C	[3]
12-4-16	spheciosterol sulfate A	$C_{30}H_{47}Na_3O_{13}S_3$	M	[4]
12-4-17	spheciosterol sulfate B	$C_{31}H_{49}Na_3O_{13}S_3$	M	[4]
12-4-18	spheciosterol sulfate C	$C_{32}H_{51}Na_3O_{13}S_3$	M	[4]
12-4-19	11*α*-acetoxy-5*α*-pregn-20-en-3-one	$C_{23}H_{34}O_3$	C	[4]
12-4-20	11*α*-acetoxy-5*α*-pregn-20-en-3*β*-ol	$C_{23}H_{36}O_3$	C	[5]
12-4-21	11*α*-acetoxy-5*α*-pregn-20-en-3*α*-ol	$C_{23}H_{36}O_3$	C	[5]
12-4-22	11*α*-acetoxy-3,3-dimethoxy-5*α*-pregn-20-ene	$C_{25}H_{40}O_4$	C	[5]
12-4-23	pregna-4,20-dien-3-one,11-(acetyloxy)-, (11*α*)-	$C_{23}H_{32}O_3$	C	[5]
12-4-24	griffinisterone A	$C_{28}H_{44}O_3$	C	[6]
12-4-25	griffinisterone B	$C_{28}H_{44}O_3$	C	[6]
12-4-26	griffinisterone C	$C_{27}H_{42}O_3$	C	[6]
12-4-27	griffinisterone D	$C_{28}H_{42}O_3$	C	[6]
12-4-28	griffinisterone E	$C_{27}H_{42}O_3$	C	[6]
12-4-29	griffinisterone F	$C_{27}H_{42}O_3$	C	[7]
12-4-30	griffinisterone G	$C_{28}H_{44}O_3$	C	[7]
12-4-31	griffinisterone H	$C_{27}H_{44}O_3$	C	[7]
12-4-32	griffinisterone I	$C_{27}H_{46}O_3$	C	[7]
12-4-33	griffinipregnone	$C_{23}H_{36}O_3$	C	[7]
12-4-34	parathiosteroid A	$C_{26}H_{37}NO_3S$	C	[8]

续表

编号	名称	分子式	测试溶剂	参考文献
12-4-35	parathiosteroid B	$C_{26}H_{39}NO_3S$	M	[8]
12-4-36	parathiosteroid C	$C_{25}H_{35}NO_3S$	C	[8]
12-4-37	23-keto-cladiellin-A	$C_{27}H_{38}O_4$	C	[9]
12-4-38	nebrosteroid A	$C_{29}H_{48}O_4$	C	[10]
12-4-39	nebrosteroid B	$C_{31}H_{50}O_5$	C	[10]
12-4-40	nebrosteroid C	$C_{31}H_{50}O_5$	C	[10]
12-4-41	nebrosteroid D	$C_{29}H_{48}O_3$	C	[10]
12-4-42	nebrosteroid E	$C_{28}H_{46}O_3$	C	[10]
12-4-43	nebrosteroid F	$C_{28}H_{46}O_4$	C	[10]
12-4-44	nebrosteroid G	$C_{31}H_{52}O_5$	C	[10]
12-4-45	nebrosteroid H	$C_{29}H_{50}O_3$	C	[10]
12-4-46	stoloniferone R	$C_{30}H_{48}O_6$	C	[11]
12-4-47	stoloniferone S	$C_{29}H_{46}O_5$	C	[11]
12-4-48	stoloniferone T	$C_{28}H_{46}O_5$	C	[11]
12-4-49	(25*S*)-24-methylenecholestane-3*β*,5*α*,6*β*-triol-26-acetate	$C_{30}H_{50}O_5$	C	[11]
12-4-50	(3*β*,5*α*,6*β*,25*S*)-ergost-24(28)-ene-3,5,6,26-tetrol	$C_{28}H_{48}O_4$	C	[11]
12-4-51	3*β*-O-sulfated-cholest-5-ene-7*α*-ol	$C_{27}H_{45}NaO_5S$	C	[12]
12-4-52	5-cholestene-3,7*α*-diol	$C_{27}H_{46}O_2$	C	[12]
12-4-53	(*E*)25-O-*β*-D-xylopyranosyl-26,27-dinor-24(*S*)-methyl-22-ene-15*α*-O-sulfated-5*α*-cholesta-3*β*,6*α*-diol	$C_{31}H_{51}NaO_{11}S$	P	[12]
12-4-54	certonardosterol H	$C_{26}H_{44}O_4$	P	[12]
12-4-55	26,27-dinor-24-methyl-5*α*-cholest-22-ene-3*β*,6*α*,15*α*,25-tetrol	$C_{31}H_{52}O_8$	P	[12]
12-4-56	kurilensoside A	$C_{43}H_{73}NaO_{21}S$	M	[13]
12-4-57	kurilensoside B	$C_{44}H_{76}O_{19}$	M	[13]
12-4-58	kurilensoside C	$C_{44}H_{76}O_{19}$	M	[13]
12-4-59	kurilensoside D	$C_{38}H_{66}O_{14}$	M	[13]
12-4-60	cholest-22-ene-3,4,6,7,8,15,24-heptol,6-(hydrogen sulfate), sodium salt (1:1),(3*β*,4*β*,5*α*,6*α*,7*α*15*α*,22*E*,24*R*)-	$C_{27}H_{45}NaO_{10}S$	M	[13]
12-4-61	(3*β*,4*β*,5*α*,6*α*,7*α*,15*β*,24*S*)-cholestane-3,4,6,7,8,15,24-heptol	$C_{27}H_{48}O_7$	M	[13]
12-4-62	24-methylene-27-methylcholestane-3*β*,5*α*,6*β*-triol	$C_{29}H_{50}O_3$	C	[14]
12-4-63	24-methylene-27-methylcholest-5-ene-3*β*,7*α*-diol	$C_{29}H_{48}O_2$	C	[14]
12-4-64	24-methylene-27-methylcholest-5-ene-3*β*,7*β*-diol	$C_{29}H_{48}O_2$	C	[14]
12-4-65	24-methylene-27-methylcholest-5-en-3*β*-ol-7-one	$C_{29}H_{48}O_3$	C	[14]
12-4-66	parguesterol A	$C_{28}H_{44}O_2$	C	[15]
12-4-67	parguesterol B	$C_{28}H_{46}O_3$	C	[15]
12-4-68	eurysterol A	$C_{27}H_{45}NaO_7S$	M	[16]
12-4-69	eurysterol B	$C_{27}H_{43}NaO_7S$	M	[16]
12-4-70	4-acetoxy-plakinamine B	$C_{33}H_{52}N_2O_2$	P	[17]
12-4-71	amaranzole A	$C_{33}H_{52}N_2O_2$	M	[18]
12-4-72	1(2*H*)-naphthalenone; 3,5,6,7,8,8*α*-hexahydro-6-hydroxy-2-[(1*S*,2*R*,3*R*)-3-[(1*S*,2S)-2-hydroxy-1,5-dimethylhexyl]-2-(2-hydroxyethyl)-2-methylcyclopentyl]-8*α*-methyl-, (2*S*,6*S*,8*αS*)-	$C_{27}H_{46}O_4$	C	[19]

续表

编号	名称	分子式	测试溶剂	参考文献
12-4-73	1(2*H*)-naphthalenone; 6-(acetyloxy)-3,5,6,7,8,8*α*-hexahydro-2-[(1*S*,2*R*,3*R*)-3-[(1*S*,2*S*)-2-hydroxy-1,5-dimethylhexyl]-2-(2-hydroxyethyl)-2-methylcyclopentyl]-8*α*-methyl-, (2*S*,6*S*,8*αS*)-	$C_{29}H_{48}O_5$	C	[19]
12-4-74	1(2*H*)-naphthalenone; 6-(acetyloxy)-3,5,6,7,8,8*α*-hexahydro-2-[(1*S*,2*R*,3*R*)-2-(2-hydroxyethyl)-3-[(1*R*,2*S*)-2-hydroxy-1-(hydroxymethyl)-5-methylhexyl]-2-methylcyclopentyl]-8*α*-methyl-, (2*S*,6*S*,8*αS*)-	$C_{29}H_{48}O_6$	C	[19]
12-4-75	1(2*H*)-naphthalenone; 3,5,6,7,8,8*α*-hexahydro-6-hydroxy-2-[(1*S*,2*R*,3*R*)-2-(2-hydroxyethyl)-3-[(1*R*,2*S*)-2-hydroxy-1-(hydroxymethyl)-5-methylhexyl]-2-methylcyclopentyl]-8*α*-methyl-, (2*S*,6*S*,8*αS*)-	$C_{27}H_{46}O_5$	C	[19]
12-4-76	1(2*H*)-naphthalenone; 3,5,6,7,8,8*α*-hexahydro-6-hydroxy-2-[(1*S*,2*R*,3*R*)-3-[(1*S*,2*S*)-2-hydroxy-1,5-dimethyl-4-hexen-1-yl]-2-(2-hydroxyethyl)-2-methylcyclopentyl]-8*α*-methyl-, (2*S*,6*S*,8*αS*)-	$C_{27}H_{44}O_4$	C	[19]
12-4-77	1(2*H*)-naphthalenone; 6-(acetyloxy)-3,5,6,7,8,8*α*-hexahydro-2-[(1*S*,2*R*,3*R*)-3-[(1*S*,2*S*)-2-hydroxy-1,5-dimethyl-4-methylenehexyl]-2-(2-hydroxyethyl)-2-methylcyclopentyl]-8*α*-methyl-,(2*S*,6*S*,8*αS*)-	$C_{30}H_{48}O_5$	C	[19]
12-4-78	1(2*H*)-naphthalenone; 2-[(1*S*,2*R*,3*R*)-3-[(1*R*,2*E*)-1,4-dimethyl-2-penten-1-yl]-2-(2-hydroxyethyl)-2-methylcyclopentyl]-3,5,6,7,8,8*α*-hexahydro-6-hydroxy-8*α*-methyl-, (2*S*,6*S*,8*αS*)-	$C_{26}H_{42}O_3$	M	[19]
12-4-79	3*β*,6*α*,11,20*β*,24-pentahydroxy-9,11-*seco*-5*α*-24-ethyl-cholesta-7,28-dien-9-one	$C_{29}H_{48}O_6$	M	[20]
12-4-80	3-(1',2'-ethandiol)-24-methylcholest-8(9),22*E*-diene-3*β*,5*α*,6*α*,7*α*,11*α*-pentol	$C_{30}H_{50}O_6$	M	[20]
12-4-81	24-methylcholesta-7,22*E*-diene-3*β*,5*α*,6*α*,25-tetrol	$C_{28}H_{46}O_4$	M	[20]
12-4-82	sinugrandisterol A	$C_{28}H_{46}O_3$	C	[21]
12-4-83	sinugrandisterol B	$C_{28}H_{44}O_3$	C	[21]
12-4-84	sinugrandisterol C	$C_{28}H_{46}O_4$	C	[21]
12-4-85	sinugrandisterol D	$C_{28}H_{44}O_4$	C	[21]
12-4-86	methyl spongoate	$C_{28}H_{44}O_3$	C	[21]
12-4-87	22,23-dihydroxycholesta-1,24-dien-3-one	$C_{30}H_{42}O_5$	C	[21]
12-4-88	cholesta-1,24-dien-3-one, 22,23-dihydroxy-,(5*α*)-(9Cl)	$C_{27}H_{42}O_3$	C	[22]
12-4-89	4*α*-methyl-ergosta-7,24(28)-dien-3*β*-ol-23-one	$C_{29}H_{46}O_2$	C	[23]
12-4-90	4*α*-methyl-ergosta-8(14),24(28)-dien-3*β*-ol-23-one	$C_{29}H_{46}O_2$	C	[23]
12-4-91	4*α*-methyl-ergost-24(28)-ene-3*β*,11*β*-diol-23-one	$C_{29}H_{48}O_3$	C	[23]
12-4-92	ergosta-5,25-diene-3*β*,24*S*,28-triol	$C_{28}H_{46}O_3$	P	[23]
12-4-93	ergosta-5,24(28)-diene-3*β*,23*S*-diol	$C_{28}H_{46}O_2$	C	[23]
12-4-94	erectasteroid A	$C_{29}H_{48}O_2$	C	[24]

续表

编号	名称	分子式	测试溶剂	参考文献
12-4-95	erectasteroid B	$C_{29}H_{46}O_3$	C	[24]
12-4-96	erectasteroid C	$C_{30}H_{46}O_4$	C	[24]
12-4-97	erectasteroid D	$C_{29}H_{46}O_4$	C	[24]
12-4-98	erectasteroid E	$C_{29}H_{48}O_4$	C	[24]
12-4-99	erectasteroid F	$C_{30}H_{48}O_4$	C	[24]
12-4-100	erectasteroid G	$C_{28}H_{46}O_3$	M	[24]
12-4-101	erectasteroid H	$C_{28}H_{44}O_3$	M	[24]
12-4-102	(3*β*,7*β*,22*E*)-cholesta-5,22-diene-3,7,19-triol	$C_{27}H_{44}O_3$	M	[24]
12-4-103	(3*β*,7*β*)-cholest-5-ene-3,7,19-triol	$C_{27}H_{46}O_3$	M	[24]
12-4-104	hamigerol A	$C_{56}H_{85}Na_5O_{23}S_5$	C	[25]
12-4-105	chabrolosteroid A	$C_{28}H_{44}O_3$	C	[26]
12-4-106	chabrolosteroid B	$C_{28}H_{42}O_3$	C	[26]
12-4-107	chabrolosteroid C	$C_{28}H_{44}O_3$	C	[26]
12-4-108	hyousterone A	$C_{27}H_{42}O_5$	C	[26]
12-4-109	hyousterone B	$C_{27}H_{42}O_5$	C	[26]
12-4-110	hyousterone C	$C_{27}H_{42}O_6$	C	[26]
12-4-111	hyousterone D	$C_{27}H_{42}O_6$	C	[26]
12-4-112	2-ethoxycarbonyl-2*β*-hydroxy-A-*nor*-ergosta-5,24(28)-dien-4-one	$C_{30}H_{46}O_4$	C	[27]
12-4-113	2-ethoxycarbonyl-24-ethyl-2*β*-hydroxy-A-*nor*-cholest-5-en-4-one	$C_{31}H_{50}O_4$	C	[27]
12-4-114	2-ethoxycarbonyl-2*β*,7*β*-dihydroxy-A-*nor*-ergosta-5,24(28)-dien-4-one	$C_{30}H_{46}O_5$	C	[27]
12-4-115	2-ethoxycarbonyl-2*β*,7*β*-dihydroxy-A-*nor*-cholest-5-en-4-one	$C_{29}H_{46}O_5$	C	[27]
12-4-116	(24*R*,25*R*,27*R*)-5*α*,8*α*-epidioxy-26,27-cyclo-24,27-dimethylcholest-6-en-3*β*-ol	$C_{29}H_{46}O_3$	C	[28]
12-4-117	topsentisterol A3	$C_{29}H_{48}O_3$	C	[29]
12-4-118	topsentisterol B1	$C_{29}H_{48}O_3$	C	[29]
12-4-119	topsentisterol B2	$C_{29}H_{48}O_3$	C	[29]
12-4-120	topsentisterol B3	$C_{29}H_{48}O_3$	C	[29]
12-4-121	topsentisterol B4	$C_{29}H_{48}O_3$	C	[29]
12-4-122	topsentisterol B5	$C_{29}H_{48}O_3$	C	[29]
12-4-123	topsentisterol C1	$C_{29}H_{48}O_3$	C	[29]
12-4-124	topsentisterol C2	$C_{29}H_{48}O_4$	C	[29]
12-4-125	topsentisterol C3	$C_{29}H_{48}O_4$	C	[29]
12-4-126	topsentisterol C4	$C_{29}H_{48}O_3$	C	[29]
12-4-127	topsentisterol D1	$C_{29}H_{48}O_3$	C	[29]
12-4-128	topsentisterol D2	$C_{29}H_{48}O_3$	C	[29]
12-4-129	topsentisterol D3	$C_{28}H_{42}O_2$	C	[29]
12-4-130	topsentisterol E1	$C_{28}H_{42}O_2$	C	[29]
12-4-131	3*β*,11-dihydroxy-5*β*,6*β*-epoxy-24-methylene-9,11-secocholestan-9-one	$C_{28}H_{46}O_4$	C	[30]

续表

编号	名称	分子式	测试溶剂	参考文献
12-4-132	3*β*,11-dihydroxy-24-methylene-9,11-secocholestan-9-one	$C_{28}H_{48}O_3$	C	[30]
12-4-133	gibberoketosterol B	$C_{28}H_{44}O_4$	C	[31]
12-4-134	gibberoketosterol C	$C_{28}H_{44}O_3$	C	[31]
12-4-135	gibberoepoxysterol	$C_{28}H_{46}O_3$	C	[31]
12-4-136	gibberoketosterol	$C_{28}H_{46}O_4$	C	[31]
12-4-137	5*α*,8*α*-epidioxygorgost-6-en-3*β*-ol	$C_{30}H_{48}O_3$	C	[32]
12-4-138	5*α*,8*α*-epidioxygorgosta-6,9(11)-dien-3*β*-ol	$C_{30}H_{46}O_3$	C	[32]
12-4-139	22*α*,28-epidioxycholesta-5,23(*E*)-dien-3*β*-ol	$C_{28}H_{44}O_3$	C	[32]
12-4-140	22*β*,28-epidioxycholesta-5,23(*E*)-dien-3*β*-ol	$C_{28}H_{44}O_3$	C	[32]
12-4-141	stereonsteroid A	$C_{21}H_{34}O_2$	C	[33]
12-4-142	stereonsteroid B	$C_{23}H_{34}O_3$	C	[33]
12-4-143	stereonsteroid C	$C_{29}H_{46}O_7$	C	[33]
12-4-144	stereonsteroid D	$C_{31}H_{48}O_8$	C	[33]
12-4-145	stereonsteroid E	$C_{29}H_{44}O_7$	C	[33]
12-4-146	stereonsteroid F	$C_{29}H_{46}O_6$	C	[33]
12-4-147	stereonsteroid G	$C_{29}H_{46}O_6$	C	[33]
12-4-148	stereonsteroid H	$C_{29}H_{44}O_6$	C	[33]
12-4-149	stereonsteroid I	$C_{26}H_{42}O_5$	P	[33]
12-4-150	krempene A	$C_{22}H_{32}O_2S_2$	C	[34]
12-4-151	krempene B	$C_{21}H_{28}O$	C	[34]
12-4-152	krempene C	$C_{21}H_{32}O_2$	C	[34]
12-4-153	krempene D	$C_{21}H_{30}O_2$	C	[34]
12-4-154	demethylincisterol A1	$C_{20}H_{30}O_3$	C	[35]
12-4-155	demethylincisterol A2	$C_{21}H_{32}O_3$	C	[35]
12-4-156	demethylincisterol A4	$C_{21}H_{32}O_3$	C	[35]
12-4-157	demethylincisterol A3	$C_{22}H_{34}O_3$	C	[35]
12-4-158	incisterot	$C_{21}H_{32}O_3$	C	[35]
12-4-159	homaxisterol A1	$C_{31}H_{52}O_3$	C	[35]
12-4-160	homaxisterol A2	$C_{32}H_{54}O_3$	C	[35]
12-4-161	homaxisterol A3	$C_{32}H_{54}O_3$	C	[35]
12-4-162	homaxisterol A4	$C_{33}H_{56}O_3$	C	[35]
12-4-163	cholesta-8-ene-3*β*,5*α*,6*α*,25-tetrol	$C_{27}H_{46}O_4$	M	[36]
12-4-164	cholesta-8(14)-ene-3*β*,5*α*,6*α*,25-tetrol	$C_{27}H_{46}O_4$	M	[36]
12-4-165	cholesta-8,24-diene-3*β*,5*α*,6*α*-triol	$C_{27}H_{44}O_3$	M	[36]
12-4-166	cholesta-8(14),24-diene-3*β*,5*α*,6*α*-triol	$C_{27}H_{44}O_3$	M	[36]
12-4-167	dysideasterol A	$C_{29}H_{46}O_6$	P	[37]
12-4-168	dysideasterol B	$C_{29}H_{44}O_6$	P	[37]
12-4-169	dysideasterol C	$C_{30}H_{46}O_6$	P	[37]
12-4-170	dysideasterol D	$C_{30}H_{48}O_6$	P	[37]
12-4-171	dysideasterol E	$C_{31}H_{50}O_6$	P	[37]
12-4-172	petrosterol	$C_{29}H_{48}O$	C	[38]
12-4-173	3*β*-hydroxy-24-norchol-5-en-23-oic acid	$C_{23}H_{36}O_3$	C	[38]

续表

编号	名称	分子式	测试溶剂	参考文献
12-4-174	3*β*-hydroxy-26-norcampest-5-en-25-oic acid	$C_{26}H_{42}O_3$	C	[38]
12-4-175	stylisterol A	$C_{28}H_{46}O_3$	C	[39]
12-4-176	stylisterol B	$C_{28}H_{46}O_4$	C	[39]
12-4-177	stylisterol C	$C_{28}H_{46}O_3$	C	[39]
12-4-178	hatomasterol	$C_{28}H_{46}O_3$	C	[39]
12-4-179	hippuristerone J	$C_{35}H_{54}O_{10}$	C	[40]
12-4-180	hippuristerone K	$C_{33}H_{52}O_7$	C	[40]
12-4-181	hippuristerone L	$C_{31}H_{50}O_5$	C	[40]
12-4-182	hippuristerol E	$C_{31}H_{52}O_5$	C	[40]
12-4-183	hippuristerol F	$C_{31}H_{52}O_6$	C	[40]
12-4-184	1*α*,3*β*,5*β*,11*α*-tetrahydroxygorgostan-6-one	$C_{30}H_{50}O_5$	C	[40]
12-4-185	3*β*-acetoxy-1*α*,11*α*-dihydroxygorgost-5-en-18-oic acid	$C_{32}H_{50}O_6$	P	[41]
12-4-186	gorgost-5-en-1*α*,3*β*,11*α*,18-tetrol	$C_{30}H_{50}O_4$	C	[41]
12-4-187	18-acetoxy-1*α*,3*β*,11*α*-trihydroxygorgost-5-ene	$C_{32}H_{52}O_5$	C	[41]
12-4-188	24(*S*)-3*β*-acetoxy-1*α*,11*α*-dihydroxyergost-5-en-18-oic acid	$C_{30}H_{48}O_6$	P	[41]
12-4-189	24(*S*)-ergost-5-ene-1*α*,3*β*,11*α*,18-tetrol	$C_{28}H_{48}O_4$	C	[41]
12-4-190	dissectolide	$C_{29}H_{44}O_3$	C	[41]
12-4-191	(22*E*)-3-*O*-*β*-formylcholesta-5,22-diene	$C_{28}H_{44}O_2$	C	[42]
12-4-192	(22*E*)-3-*O*-*β*-formyl-24-methyl-cholesta-5,22-diene	$C_{29}H_{46}O_2$	C	[42]
12-4-193	2-ethoxycarbonyl-2-*β*-hydroxy-A-*nor*-cholest-5-en-4-one	$C_{29}H_{46}O_4$	C	[42]
12-4-194	(22*E*)-2-ethoxycarbonyl-2-*β*-hydroxy-A-*nor*-cholesta-5,22-dien-4-one	$C_{29}H_{44}O_4$	C	[42]
12-4-195	(22*E*)-2-ethoxycarbonyl-2-*β*-hydroxy-24-methyl-A-*nor*-cholesta-5,22-dien-4-one	$C_{30}H_{46}O_4$	C	[42]
12-4-196	suberoretisteroid A	$C_{29}H_{44}O_6$	C	[43]
12-4-197	suberoretisteroid B	$C_{29}H_{44}O_6$	C	[43]
12-4-198	suberoretisteroid C	$C_{31}H_{46}O_7$	C	[43]
12-4-199	suberoretisteroid D	$C_{29}H_{44}O_7$	C	[43]
12-4-200	suberoretisteroid E	$C_{29}H_{44}O_7$	C	[43]

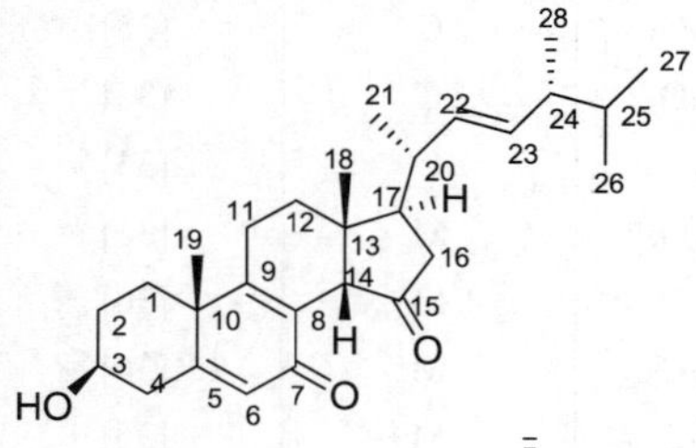

12-4-1

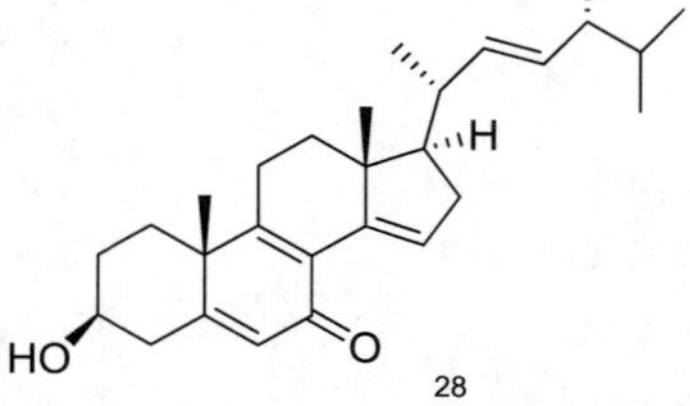

12-4-2

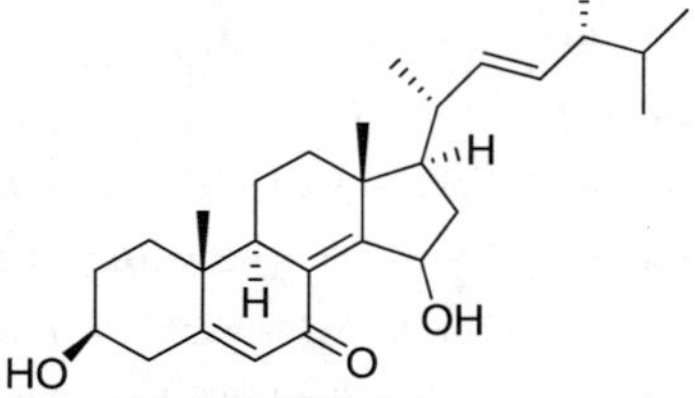

12-4-3 15*β*-OH
12-4-4 15*α*-OH

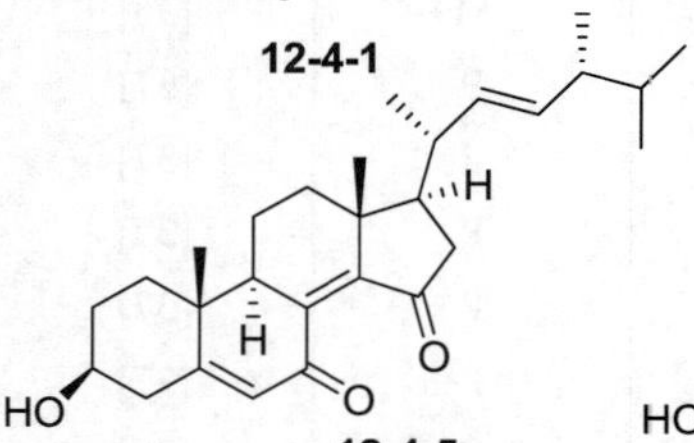

12-4-5

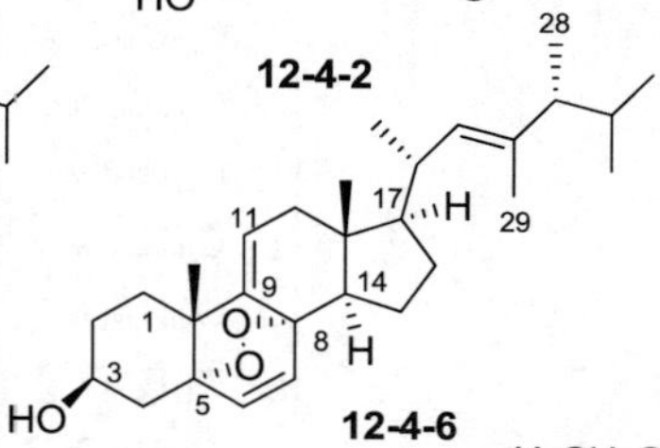

12-4-6

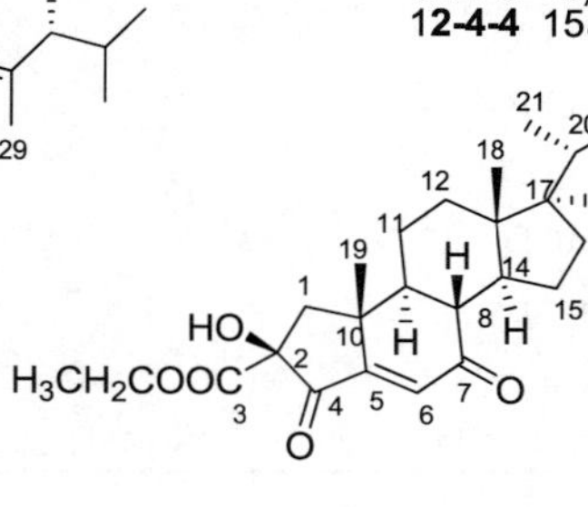

12-4-7 R=H
12-4-8 R=Et
12-4-9 R=Me; $\Delta^{22(23)}$

表 12-4-2 化合物 10-4-1~10-4-5 的 ^{13}C NMR 数据[1]

C	12-4-1	12-4-2	12-4-3	12-4-4	12-4-5	C	12-4-1	12-4-2	12-4-3	12-4-4	12-4-5
1	34.4	35.0	35.1	35.1	35.8	16	37.1	37.7	36.6	35.8	41.1
2	30.4	30.6	31.0	31.1	31.1	17	48.0	55.8	53.2	51.2	50.8
3	71.5	71.9	69.8	69.9	70.0	18	18.4	15.7	19.5	19.7	19.0
4	42.0	41.8	41.6	41.5	41.8	19	23.1	23.2	18.8	18.9	17.6
5	162.2	161.1	169.7	168.4	153.1	20	37.1	38.7	38.5	38.4	39.5
6	125.9	128.2	127.2	127.7	126.7	21	21.5	21.1	21.7	21.6	21.4
7	184.4	185.6	191.1	190.3	172.9	22	136.4	135.2	134.9	134.6	134.1
8	128.2	126.7	127.9	126.2	137.7	23	130.3	132.4	132.7	133.0	133.5
9	158.7	160.3	46.7	47.2	48.4	24	43.4	42.9	42.8	42.9	42.9
10	41.7	41.9	39.6	38.4	40.9	25	33.0	33.1	33.1	33.1	33.0
11	22.1	24.0	19.2	19.3	19.2	26	19.7	19.7	19.7	19.8	19.7
12	33.0	35.9	35.1	35.4	36.0	27	20.1	20.0	20.0	20.0	20.0
13	39.2	45.6	45.5	44.7	43.3	28	17.6	17.6	17.5	17.7	17.6
14	51.7	141.2	170.0	168.6	149.5	29					
15	215.9	127.1	69.9	70.6	204.9						

表 12-4-3 化合物 12-4-6~12-4-9 的 ^{13}C NMR 数据[2]

C	12-4-6[1]	12-4-7	12-4-8	12-4-9	C	12-4-6[1]	12-4-7	12-4-8	12-4-9
1	32.6	46.1	46.3	46.2	17	56.6	54.8	54.9	54.8
2	30.6	79.0	79.2	79.2	18	13.1	12.0	12.2	12.1
3	66.3	171.7	172.0	171.3	19	21.7	19.5	19.8	19.6
4	36.1	202.7	202.9	202.9	20	34.2	35.7	36.3	40.3
5	82.7	158.8	159.0	158.9	21	25.5	18.8	18.9	21.1
6	135.4	125.4	125.6	125.5	22	136.0	36.1	34.0	136.0
7	130.8	202.4	202.6	202.3	23	130.9	23.8	26.4	131.8
8	78.3	46.3	46.5	46.3	24	48.1	39.4	46.1	43.2
9		52.2	52.5	52.4	25	30.7	28.0	29.0	33.3
10	37.9	41.0	41.2	41.1	26	20.0	22.8	19.1	19.7
11	119.8	22.2	22.4	22.3	27	20.3	22.5	19.7	20.2
12	41.2	38.4	38.7	38.5	28	16.9		23.1	18.1
13	43.6	43.9	44.1	44.0	29	13.2		12.3	
14	50.1	50.3	50.6	50.5	CH_2O		63.2	63.4	63.2
15	20.9	25.9	26.6	25.7	CH_3		14.0	14.2	14.0
16	28.0	28.3	28.5	28.5					

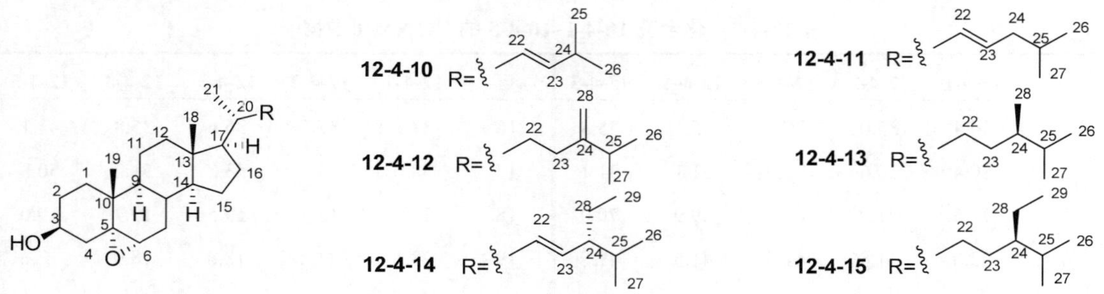

表 12-4-4 化合物 12-4-10~12-4-14 的 ^{13}C NMR 数据[3]

C	12-4-10	12-4-11	12-4-12	12-4-13	12-4-14	C	12-4-10	12-4-11	12-4-12	12-4-13	12-4-14
1	32.9	32.9	32.9	32.9	32.9	16	27.8	28.0	27.8	29.7	28.2
2	30.9	30.9	30.9	30.9	30.9	17	55.9	55.9	56.1	56.1	55.9
3	67.8	67.8	67.8	67.8	67.8	18	12.3	12.3	12.1	12.1	12.3
4	39.5	39.5	39.5	39.4	39.5	19	18.9	18.9	18.9	18.9	18.9
5	75.9	75.9	75.9	75.9	75.9	20	30.1	40.4	36.1	36.6	40.7
6	73.7	73.7	73.7	73.7	73.7	21	20.9	21.1	18.8	19.0	21.4
7	117.6	117.6	117.6	117.5	117.6	22	133.2	137.7	34.6	33.6	137.8
8	144.1	144.0	144.0	144.1	144.1	23	135.3	126.7	31.1	30.7	129.8
9	43.5	43.5	43.5	43.5	43.5	24	30.9	41.9	156.8	39.1	51.3
10	37.2	37.2	37.1	37.1	37.2	25	22.8	28.6	33.8	31.5	31.9
11	22.9	22.9	22.9	22.9	22.9	26	22.8	22.3	21.9	20.2	21.1
12	39.2	39.3	39.4	39.3	39.3	27		22.3	22.0	20.5	20.9
13	43.8	43.8	43.9	43.9	43.8	28			106.1	15.4	25.4
14	54.8	54.8	54.7	54.7	54.8	29					19.0
15	22.1	22.1	22.1	22.1	22.1						

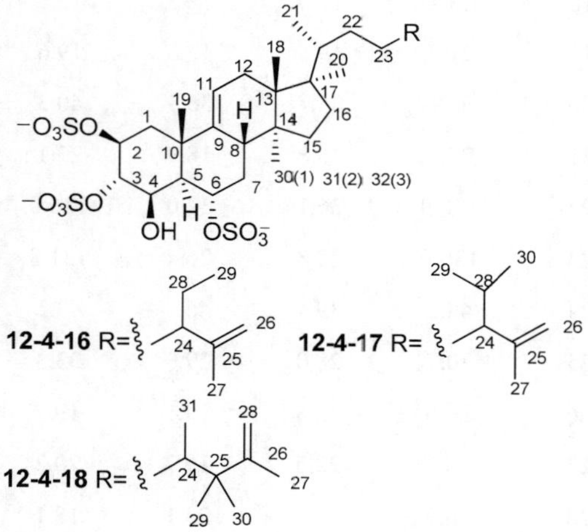

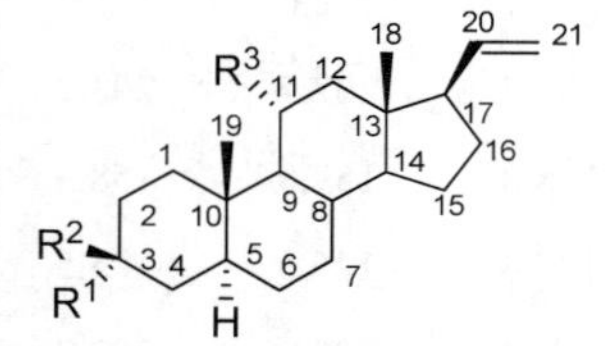

表 12-4-5 化合物 12-4-15~12-4-18 的 ^{13}C NMR 数据[4]

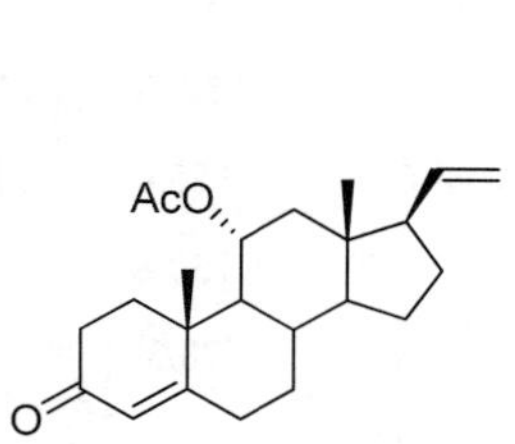

C	12-4-15[3]	12-4-16	12-4-17	12-4-18	C	12-4-15[3]	12-4-16	12-4-17	12-4-18
1	32.9	37.2	37.3	37.2	3	67.8	75.8	75.8	76.1
2	30.9	75.4	75.4	75.5	4	39.5	68.4	68.4	68.3

续表

C	12-4-15[3]	12-4-16	12-4-17	12-4-18	C	12-4-15[3]	12-4-16	12-4-17	12-4-18
5	76.0	47.7	47.7	47.8	19	18.9	25.2	25.2	25.2
6	73.7	75.7	75.7	76.0	20	36.7	36.8	37.6	37.5
7	117.5	35.3	35.2	35.0	21	18.9	18.5	18.9	18.9
8	144.1	41.1	41.1	41.1	22	33.8	34.7	34.6	34.3
9	43.5	146.5	146.4	146.5	23	27.8	30.2	30.3	29.2
10	37.1	39.4	39.7	39.4	24	45.9	50.6	56.8	40.5
11	23.0	117.5	117.4	117.3	25	28.9	148.5	148.4	43.0
12	39.4	38.2	38.1	38.2	26	19.1	112.1	112.6	154.6
13	43.9	45.4	45.4	45.3	27	19.9	17.6	18.8	19.4
14	54.7	47.9	47.9	47.9	28	22.9	27.4	31.1	110.0
15	22.1	34.5	34.5	34.7	29	12.3	12.2	21.6	22.8
16	29.7	28.6	28.7	28.9	30		18.5	20.9	24.2
17	56.1	52.1	52.0	51.9	31			18.6	14.5
18	12.1	14.7	14.7	14.7	32				18.5

表 12-4-6 化合物 12-4-19~12-4-23 的 ^{13}C NMR 数据[5]

C	12-4-19	12-4-20	12-4-21	12-4-22	12-4-23	C	12-4-19	12-4-20	12-4-21	12-4-22	12-4-23
1	39.1	37.5	32.8	35.6	36.5	13	43.6	43.8	43.7	43.7	43.7
2	38.3	31.9	29.0	28.9	34.1	14	54.1	54.2	54.3	54.2	54.0
3	211.3	70.7	66.2	99.7	199.3	15	24.8	24.8	24.7	24.8	24.7
4	45.0	38.6	36.3	35.7	124.7	16	27.3	27.3	27.3	27.3	27.3
5	47.0	44.8	38.7	42.2	145.4	17	55.1	55.2	55.2	55.1	55.0
6	29.4	29.1	29.2	28.8	33.5	18	13.5	13.5	13.5	13.5	13.5
7	31.8	32.2	32.3	32.1	32.0	19	12.0	12.8	11.7	12.1	18.4
8	35.1	35.1	35.1	35.1	35.5	20	138.8	139.0	139	139	138.6
9	56.3	56.6	56.6	56.4	55.8	21	115.3	115.1	115.1	115.1	115.5
10	37.3	37.1	37.9	37.4	39.9	OAc	170.2/22.0	170.3/22..0	170.4/22.0	170.4/22.0	169.9/21.9
11	71.3	71.4	71.4	71.4	71.0	OMe				47.4/47.5	
12	44.2	44.2	44.3	44.2	44.2						

12-4-24 R^1=OH; R^2=A **12-4-25** R^1=OH; R^2=B
12-4-26 R^1=OH; R^2=C **12-4-27** R^1=H; R^2=D
12-4-28 R^1=H; R^2=E

表 12-4-7 griffinisterone 类化合物的 ^{13}C NMR 数据[6]

C	12-4-24	12-4-25	12-4-26	12-4-27	12-4-28	C	12-4-24	12-4-25	12-4-26	12-4-27	12-4-28
1	158.4	158.4	158.4	158.3	158.3	15	23.4	23.4	23.4	23.4	23.5
2	127.4	127.4	127.4	127.4	127.4	16	39.0	39.2	39.1	27.2	27.1
3	200.2	200.2	200.2	200.2	200.2	17	86.1	86.1	86.1	52.5	52.5
4	41.0	41.0	41.0	40.9	40.9	18	14.9	14.9	14.9	12.3	12.3
5	44.2	44.2	44.2	44. 3	44.3	19	13.0	13.0	13.0	13.0	13.0
6	27.6	27.6	27.6	27.5	27.5	20	50.0	50.0	49.9	47.6	47.0
7	31.2	31.2	31.3	31.3	31.2	21	64.4 t	64.4 t	64.4 t	181.7 s	181.2 s
8	35.9	35.9	35.9	35.6	35.6	22	127.1	127.3	132.9	30.8	32.1
9	49.5	49.5	49.5	50.0	49.9	23	138.5	138.6	129.4	32.2	25.0
10	38.9	38.9	38.9	39.0	38.9	24	43.2	43.5	42.1	155.3	38.8
11	21.1	21.1	21.1	21.2	21.2	25	32.9	33.1	28.4	33.6	27.8
12	32 .0	32 .0	32.0	37.5	37.5	26	19.8	19.7	22.2	21.8	22.3
13	47.6	47.6	47.6	42.3	42.3	27	19.9	20.2	22.4	21.9	22.7
14	50.8	50.8	50.8	55.9	55.7	28	17.5	18.1		106.9	

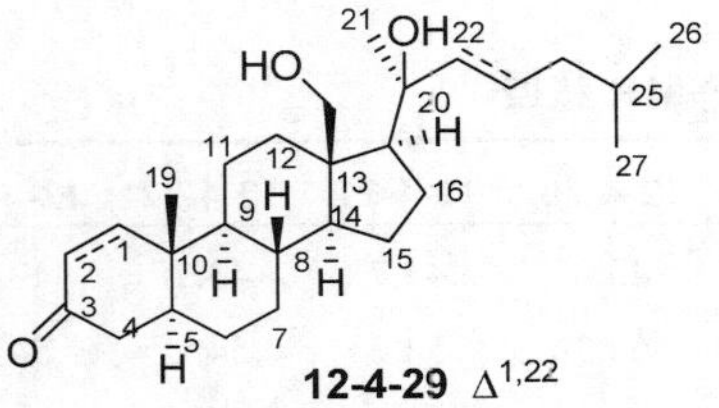

12-4-29 $\Delta^{1,22}$
12-4-31 Δ^{1}
12-4-32

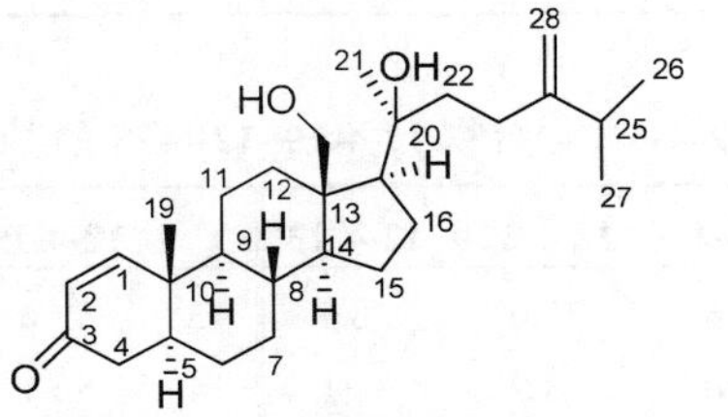

12-4-30

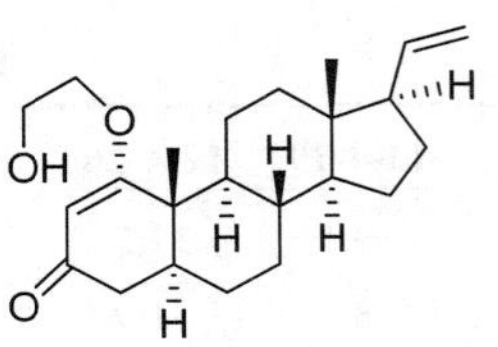

12-4-33

表 12-4-8 griffinisterone 和 griffinipregnone 类化合物的 ^{13}C NMR 数据[7]

C	12-4-29	12-4-30	12-4-31	12-4-32	12-4-33	C	12-4-29	12-4-30	12-4-31	12-4-32	12-4-33
1	158.4	158.3	158.4	38.5	82.8	16	23.4	22.4	22.4	22.4	27.2
2	127.4	127.4	127.4	38.2	41.6	17	59.1	57.6	57.3	57.4	55.3
3	200.2	200.2	200.2	212.1	210.7	18	59.0	59.2	59.1	59.2	12.9
4	41.0	40.9	40.9	44.7	44.8	19	13.0	13.0	13.0	11.5	12.8
5	44.3	44.3	44.3	46.7	40.3	20	74.7	74.9	74.9	75.0	139.7
6	44.3	44.3	44.3	46.7	40.3	21	29.0	26.6	26.8	26.8	
7	31.4	31.4	31.4	31.8	31.5	22	139.4	42.3	44.3	44.3	
8	35.5	35.5	35.5	35.2	35.5	23	125.1	29.4	22.4	22.4	
9	50.1	50.1	50.1	53.9	46.9	24	41.5	155.9	39. 5	39.5	
10	39.0	39.0	39.0	35.7	40.5	25	28.4	33.8	27.9	27.9	
11	20.8	20.8	20.8	21.0	20.7	26	22.3	21.9	22.5	22.5	
12	34.4	34.4	34.4	34.6	37.4	27	22.3	21.9	22.7	22.7	
13	47.5	47.3	47.3	47.2	43.7	28		106.7			
14	56.1	56.0	56.0	55.9	55.4	1'					70.6
15	23.3	23.2	23.2	23.4	24.8	2'					62.2

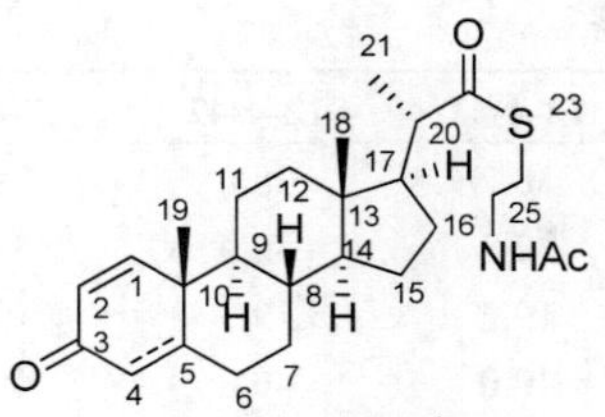

12-4-34 Δ^4
12-4-35

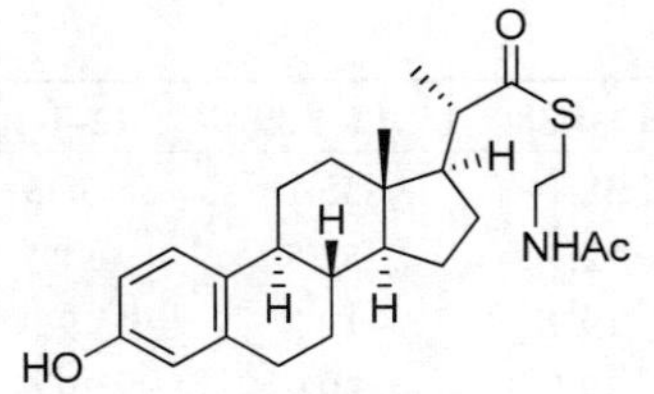

12-4-36

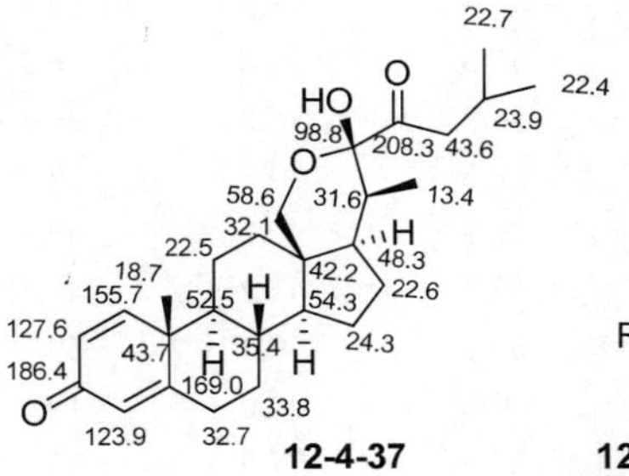

12-4-37

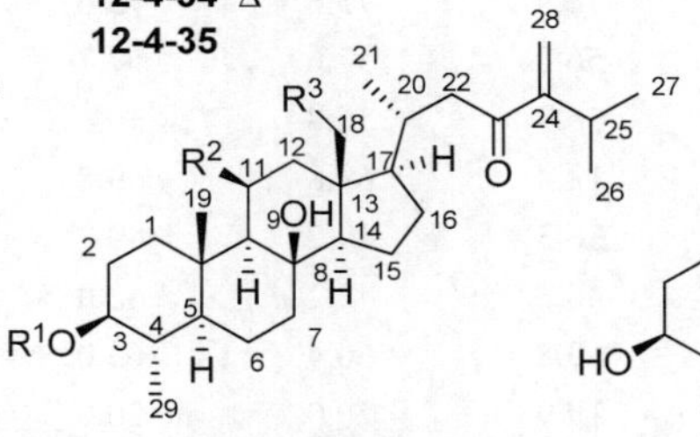

12-4-38 $R^1=R^3=H$; $R^2=OH$
12-4-39 $R^1=Ac$; $R^2=OH$; $R^3=H$
12-4-40 $R^1=R^2=H$; $R^3=OAc$

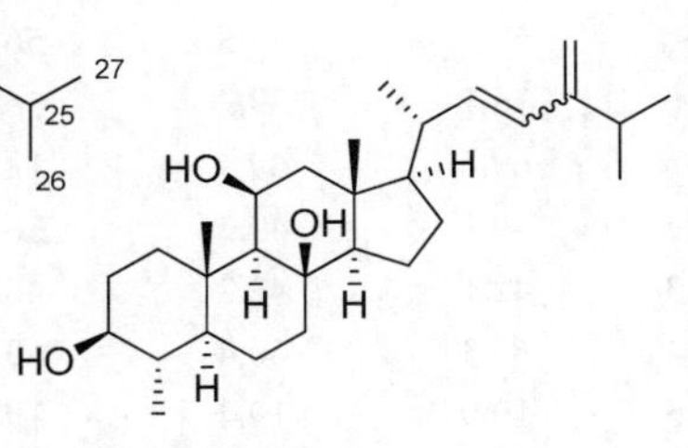

12-4-41 (22*E*)
12-4-42 (22*Z*)

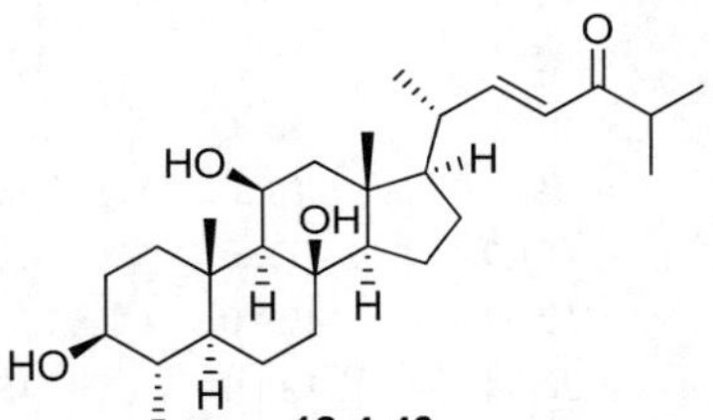

12-4-43

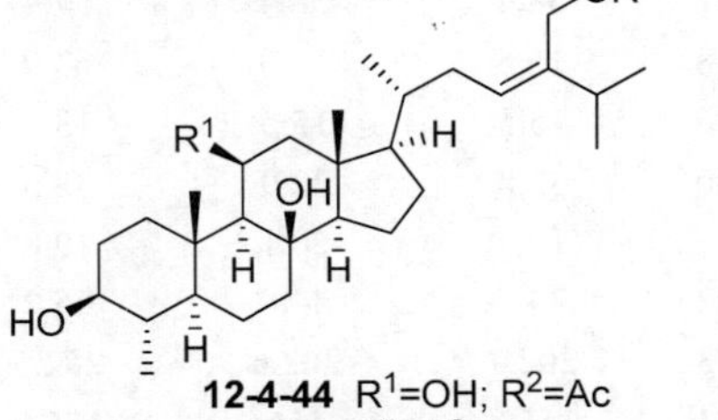

12-4-44 $R^1=OH$; $R^2=Ac$
12-4-45 $R^1=R^2=H$

表 12-4-9 parathiosteroid 类化合物的 ^{13}C NMR 数据[8]

C	12-4-34	12-4-35	12-4-36	C	12-4-34	12-4-35	12-4-36
1	155.7	159.2	125.9	14	54.7	55.1	54.7
2	127.5	125.8	112.4	15	24.4	23.2	23.7
3	186.3	200.7	154.3	16	27.1	26.3	27.0
4	123.8	39.7	114.8	17	52.4	52.2	52.8
5	169.0	43.6	137.5	18	12.2	10.6	11.6
6	32.7	26.6	29.4	19	18.6	11.1	
7	33.5	30.4	28.6	20	51.7	51.1	51.7
8	35.4	35.0	38.8	21	17.7	16.2	17.1
9	52.1	49.4	43.6	22	203.8	202.4	203.6
10	43.5	38.3	131.3	24	28.1	26.9	27.5
11	22.7	20.2	26.5	25	39.8	38.2	38.9
12	39.1	38.9	39.6	27	170.2	171.4	171.9
13	42.9	42.2	42.9	28	23.2	20.5	21.6

表 12-4-10 nebrosteroid 类化合物的 ^{13}C NMR 数据[10]

C	12-4-38	12-4-39	12-4-40	12-4-41	12-4-42	12-4-43	12-4-44	12-4-45
1	37.5	36.7	37.5	37.5	37.5	37.5	37.5	37.4
2	30.2	26.3	30.5	30.2	30.2	30.2	30.2	30.5
3	76.5	78.7	76.6	76.5	76.5	76.5	76.8	76.7

续表

C	12-4-38	12-4-39	12-4-40	12-4-41	12-4-42	12-4-43	12-4-44	12-4-45
4	38.1	35.1	38.5	38.2	38.0	38.2	38.2	38.5
5	52.3	52.5	51.5	52.3	52.4	52.3	52.3	51.5
6	19.2	19.3	19.0	19.2	19.3	19.3	19.3	19.0
7	39.7	39.9	39.6	40.0	40.0	40.1	40.0	39.8
8	75.4	75.5	72.9	75.6	75.6	75.5	75.5	73.5
9	57.5	57.3	56.3	57.6	57.7	57.6	57.6	56.2
10	36.7	39.2	36.3	36.8	36.8	36.8	36.8	36.3
11	69.6	69.9	18.4	69.8	69.8	69.7	69.8	18.2
12	49.1	49.3	36.3	49.2	49.3	49.1	49.2	40.9
13	42.1	42.2	46.3	42.2	42.0	42.3	42.2	43.1
14	60.3	60.4	59.8	60.4	63.0	60.2	60.3	59.3
15	19.9	19.4	19.9	20.0	20.0	20.0	20.0	19.9
16	27.6	27.9	27.9	27.9	27.5	27.6	27.5	27.8
17	58.4	58.4	57.4	58.0	58.6	56.9	58.2	56.8
18	15.5	15.6	63.9	15.7	15.9	15.6	15.6	13.6
19	15.5	15.5	13.5	15.6	15.6	15.7	15.5	13.5
20	32.8	32.9	33.5	39.8	34.0	39.5	36.0	36.2
21	19.3	20.1	19.8	20.1	20.6	19.0	18.3	18.4
22	44.7	44.8	45.2	135.4	138.6	151.9	33.6	33.6
23	202.7	202.6	202.5	129.5	126.3	126.2	128.0	125.7
24	155.8	156	155.8	152.9	151.5	204.4	138.9	145.2
25	27.7	27.7	27.7	29.4	34.9	38.5	33.2	33.1
26	21.9	22.0	21.8	22.0	21.6	18.4	22.0	22.1
27	22.0	22.1	22.1	22.4	21.9	18.5	22.7	22.2
28	120.9	120.9	120.7	109.8	109.9		61.3	59.6
29	15.2	15.3	15.1	15.3	15.2	15.2	15.3	15.1
OAc		21.4	21.2				21.1	
		171.14	171.1				172.2	

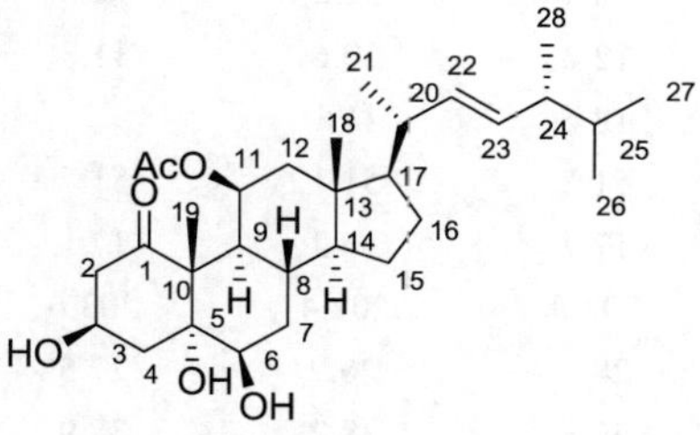

12-4-46

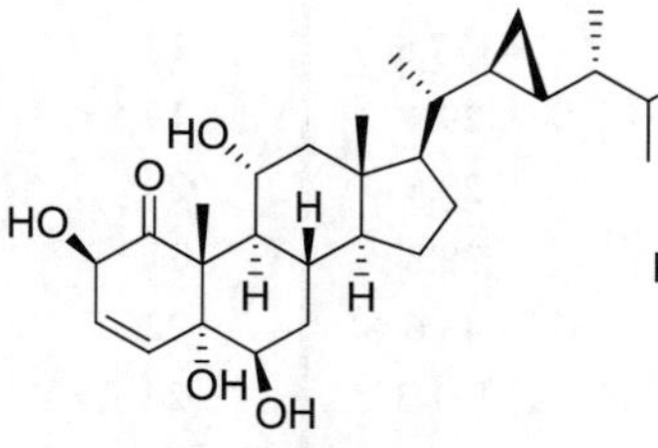

12-4-47

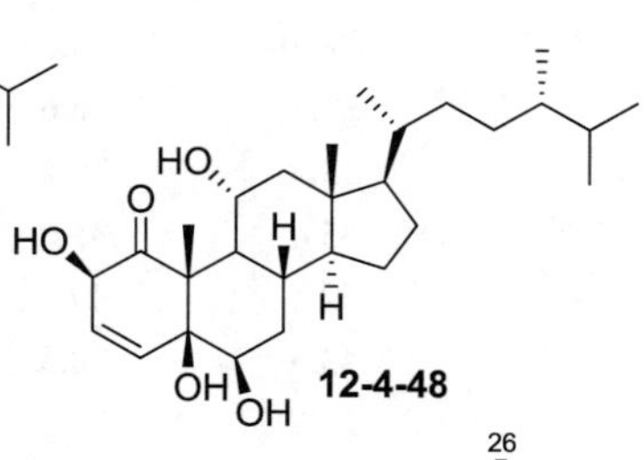

12-4-48

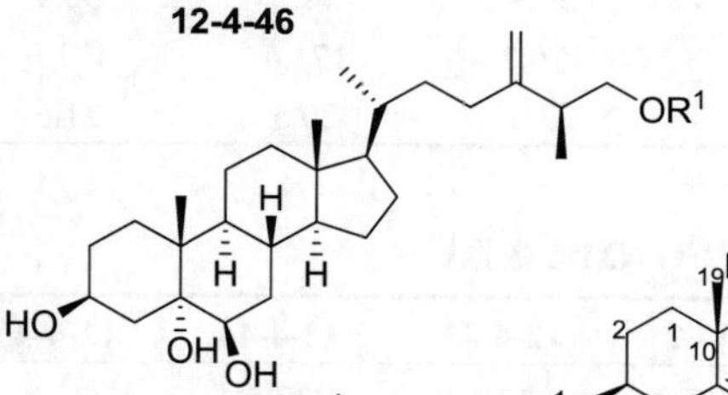

12-4-49 R^1=Ac
12-4-50 R^1=H

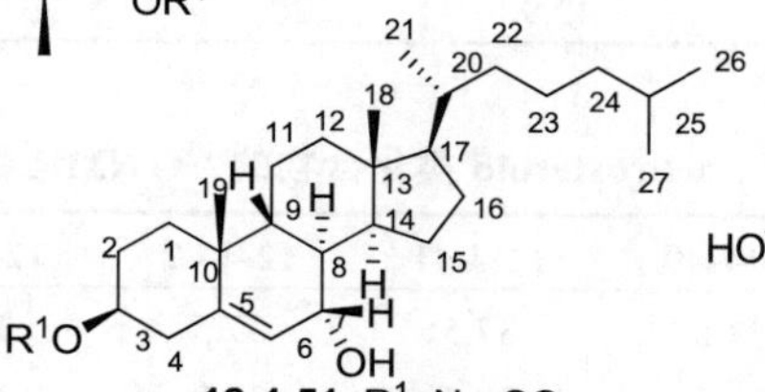

12-4-51 R^1=Na_2SO_3
12-4-52 R^1=H

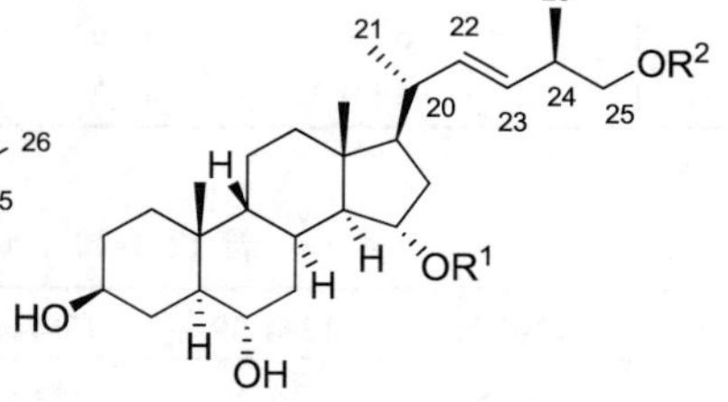

12-4-53 R^1=Na_2SO_3; R^2=β-D-Xyl
12-4-54 R^1=H; R^2=β-D-Xyl
12-4-55 R^1=R^2=H

表 12-4-11 stoloniferone 类化合物的 ^{13}C NMR 数据[11]

C	12-4-46	12-4-47	12-4-48	12-4-49	12-4-50	C	12-4-46	12-4-47	12-4-48	12-4-49	12-4-50
1	209.3	212	209.9	32.6	33.5	16	27.9	28.4	28.3	28.2	29.3
2	39.2	78.5	79.8	30.8	31.7	17	55.9	57.4	56.2	56.0	57.5
3	68.2	126.4	125.4	67.6	68.3	18	12.2	13.0	13.3	12.1	12.6
4	40.0	141.7	143.2	40.1	41.5	19	21.0	20.1	17.1	16.9	17.3
5	76.4	83.9	84.8	76.1	76.8	20	39.9	40.1	36.4	35.6	36.9
6	69.4	66.9	68.9	76.0	76.5	21	20.9	19.2	18.9	18.6	19.2
7	38.5	34.9	33.9	34.4	35.3	22	135.1	25.2	33.8	34.5	35.9
8	30.7	27.7	28.8	30.2	31.6	23	132.3	24.0	30.9	31.3	32.8
9	49.7	50.0	56.9	45.8	46.6	24	42.8	44.9	39.3	151.4	154.0
10	49.7	49.2	52.7	38.3	39.3	25	33.0	32.8	31.7	38.6	43.3
11	72.3	67.0	66.8	21.2	22.3	26	19.6	18.5	20.7	68.1	67.5
12	44.8	48.4	48.8	39.9	41.4	27	19.9	20.7	17.8	17.0	17.2
13	41.6	43.0	42.7	42.8	44.0	28	17.6	15.8	15.7	109.1	109.3
14	54.0	54.0	54.7	55.9	57.5	29		10.5			
15	26.2	24.6	24.5	24.1	25.2	OAc	169.8/21.8			171.2/21.1	

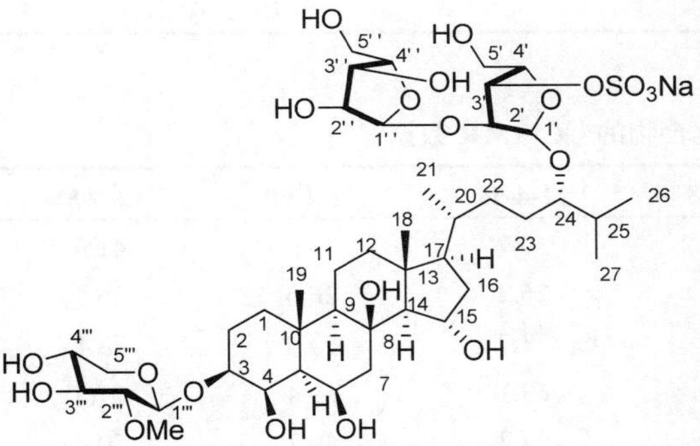

12-4-56

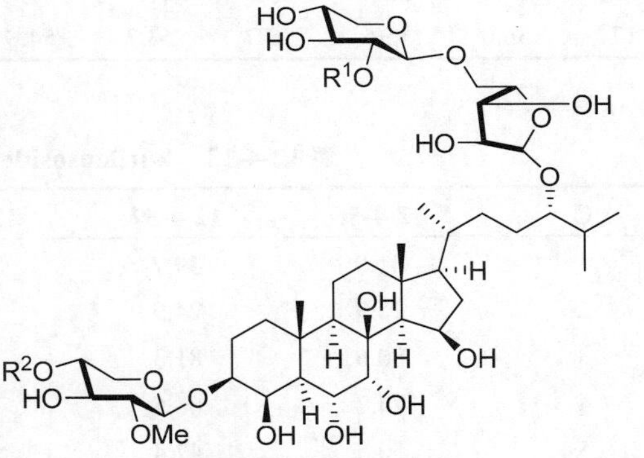

12-4-57 R^1=H; R^2=Me

12-4-58 R^1=Me; R^2=H

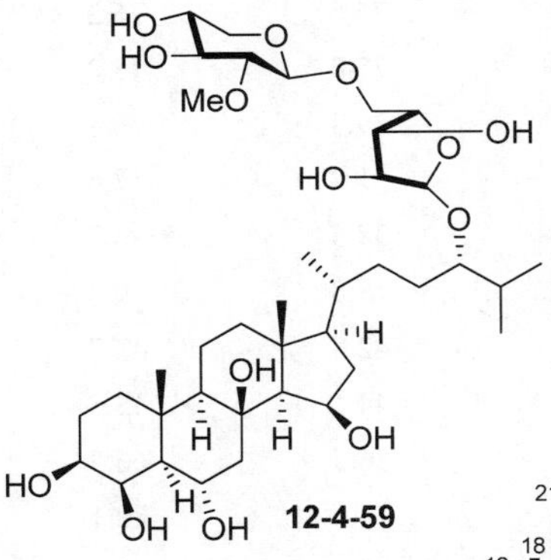

12-4-59

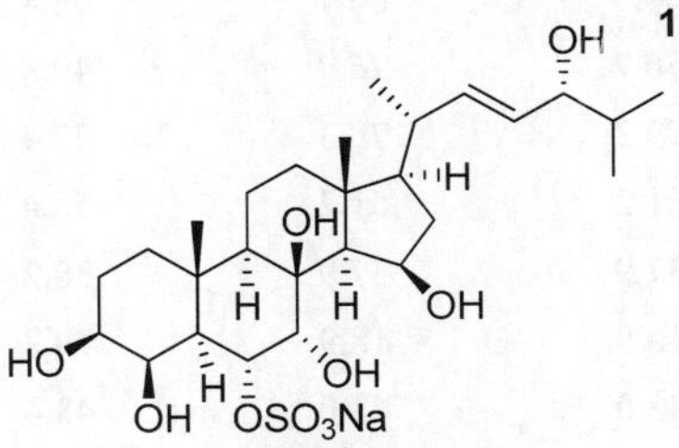

12-4-60

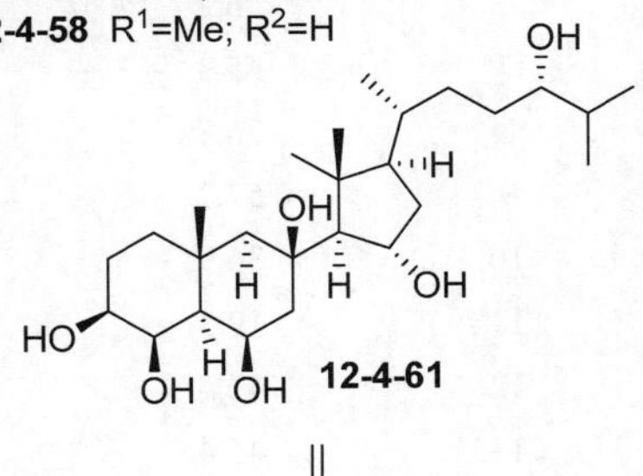

12-4-61

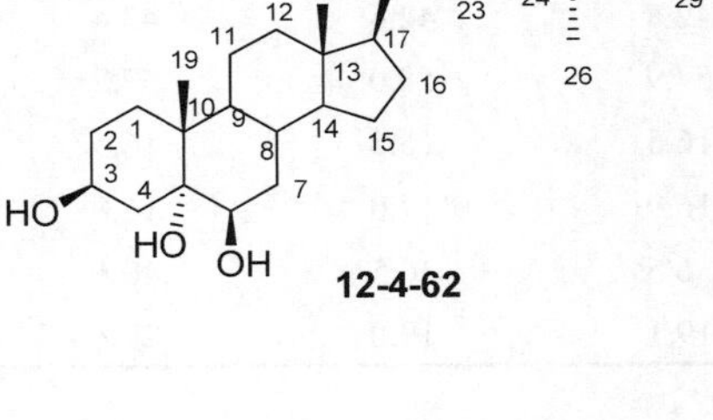

12-4-62

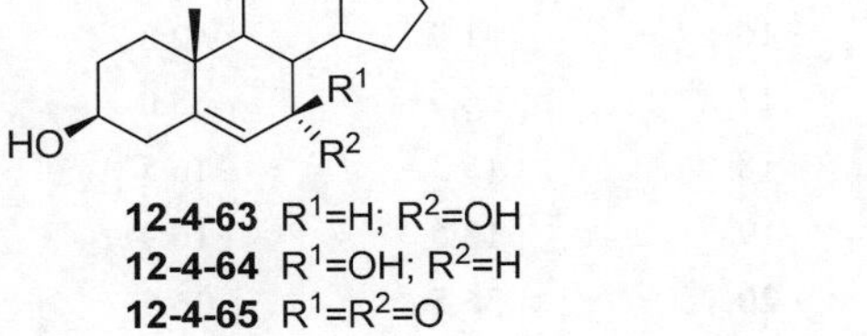

12-4-63 R^1=H; R^2=OH

12-4-64 R^1=OH; R^2=H

12-4-65 R^1=R^2=O

表 12-4-12　化合物 10-4-51~10-4-55 的 ^{13}C NMR 数据[12]

C	12-4-51	12-4-52	12-4-53	12-4-54	12-4-55	C	12-4-51	12-4-52	12-4-53	12-4-54	12-4-55
1	37.1	36.9	38.0	38.1	38.7	18	12.1	11.8	13.5	13.7	13.9
2	29.9	31.5	32.3	32.4	31.9	19	18.9	18.8	13.7	13.8	13.9
3	77.6	73.4	70.9	71.0	71.9	20	36.1	36.1	40.2	40.0	40.9
4	39.4	41.7	33.6	33.7	33.0	21	19.1	19.1	20.8	20.7	21.1
5	141.3	143.5	52.3	52.7	52.8	22	36.7	36.4	137.1	136.7	137.1
6	128.9	125.4	68.9	68.9	70.2	23	29.0	29.6	131.4	130.3	131.6
7	72.3	71.4	41.5	43.2	42.8	24	39.6	39.5	38.3	37.0	40.5
8	40.9	40.9	34.2	34.6	35.3	25	28.3	28.0	75.0	74.3	68.4
9	48.8	48.8	54.2	54.5	55.4	26	22.7	22.5	17.5	17.6	17.3
10	36.6	36.2	36.4	36.5	37.3	27	22.9	22.7			
11	24.1	23.8	21.2	21.4	22.2	Xyl					
12	39.8	39.6	40.2	40.4	41.3	1			105.4	105.1	
13	43.1	42.9	42.7	43.6	44.6	2			74.3	74.7	
14	56.9	56.0	60.7	63.7	63.9	3			77.7	78.4	
15	21.3	21.0	79.7	72.7	74.0	4			71.1	71.1	
16	27.0	26.4	39.0	41.9	41.9	5			66.9	67.1	
17	56.0	55.5	53.7	53.7	54.8						

表 12-4-13　kurilensoside 类化合物的 ^{13}C NMR 数据[13]

C	12-4-56	12-4-57	12-4-58	12-4-59	12-4-60	12-4-61
1	41.0	39.7	39.7	39.7	39.6	41.0
2	25.9	24.9	24.8	26.2	26.6	26.5
3	80.6	81.3	81.2	73.7	73.0	73.1
4	74.7	66.5	66.5	69.1	69.4	77.5
5	50.5	47.4	47.4	57.2	46.7	50.6
6	76.2	66.6	66.7	64.8	76.6	76.2
7	45.3	76.7	76.7	49.8	75.0	45.2
8	76.8	79.3	79.3	77.4	79.4	76.8
9	57.7	51.2	51.2	58.4	51.2	57.6
10	36.9	37.9	37.9	38.2	38.5	36.7
11	19.3	18.9	18.9	19.2	18.8	19.3
12	42.7	43.0	43.0	43.4	42.8	42.7
13	45.4	44.2	44.2	44.4	44.1	45.5
14	66.4	56.6	56.6	62.8	56.5	66.5
15	70.1	71.2	71.2	71.1	71.0	70.1
16	41.9	42.8	42.8	42.6	43.4	41.7
17	56.0	58.0	57.9	58.0	57.7	55.8
18	15.3	16.5	16.5	16.5	16.5	15.3
19	18.6	16.9	16.9	17.0	16.8	18.7
20	36.5	36.5	36.5	36.5	40.6	36.3
21	19.0	19.1	19.1	19.0	20.8	19.0

续表

C	12-4-56	12-4-57	12-4-58	12-4-59	12-4-60	12-4-61
22	33.0	32.9	32.9	32.8	139.3	33.3
23	28.4	28.8	28.7	28.8	130.1	31.5
24	83.8	85.0	84.8	84.9	78.9	78.1
25	31.3	31.9	31.7	31.8	35.3	34.6
26	18.5	18.4	18.4	18.4	18.9	19.5
27	18.1	18.3	18.3	18.3	18.7	17.5
1'	108	109.5	109.3	109.3		
2'	87.9	83.8	83.9	83.9		
3'	83.3	79.2	79.0	79.0		
4'	84.0	83.9	83.0	83.0		
5'	62.8	69.8	70.1	70.1		
1"	109.6	105.4	102.3	105.3		
2"	83.7	74.9	84.7	84.6		
3"	78.6	77.7	77.7	77.2		
4"	85.7	71.2	71.1	71.2		
5"	62.7	67.0	66.8	66.9		
2"-OMe			61.0	61.1		
1'''	102.6	102.3	105.4			
2'''	84.7	84.7	84.6			
3'''	77.6	76.8	77.2			
4'''	71.3	81.0	71.3			
5'''	66.8	64.2	66.9			
2'''-OMe	61.0	61.1	61.1			
4'''-OMe		59.0				

表 12-4-14 化合物 12-4-62~12-4-65 的 ^{13}C NMR 数据[14]

C	12-4-62	12-4-63	12-4-64	12-4-65	C	12-4-62	12-4-63	12-4-64	12-4-65
1	32.5	37.0	36.9	36.4	16	28.2	28.3	28.3	28.5
2	31.1	31.4	31.6	31.2	17	56.4	55.7	56.0	54.7
3	67.7	71.3	71.4	70.5	18	12.2	11.8	11.8	12.0
4	41.0	42.2	41.7	41.8	19	16.8	18.2	18.8	17.3
5	76.3	146.2	143.5	165.2	20	35.9	35.7	35.7	35.7
6	76.2	123.9	125.5	126.1	21	18.8	18.8	19.2	18.9
7	34.8	65.3	73.3	202.3	22	34.9	34.6	34.6	30.4
8	30.4	37.5	40.9	45.4	23	30.8	30.2	30.4	30.4
9	46.1	42.3	48.3	50.0	24	155.4	155.3	155.2	155.2
10	38.5	37.4	36.4	38.3	25	41.8	41.7	41.7	41.7
11	21.3	20.7	21.1	21.2	26	19.8	19.8	19.8	19.8
12	40.2	39.2	39.6	38.7	27	28.4	28.3	28.5	28.3
13	43.0	42.2	43.0	43.2	28	107.2	107.1	107.1	107.2
14	56.2	49.4	55.3	50.2	29	11.9	12.0	12 .0	12.0
15	24.2	24.3	26.4	26.3					

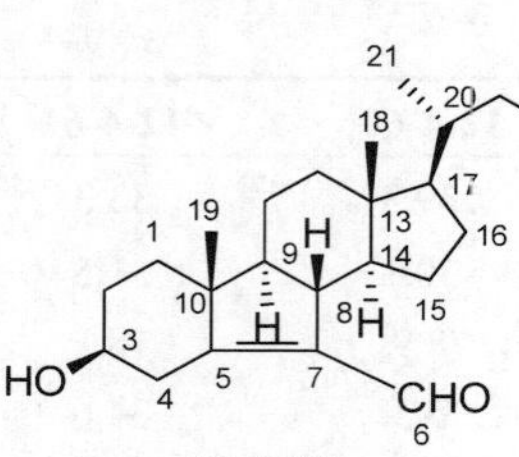

12-4-66 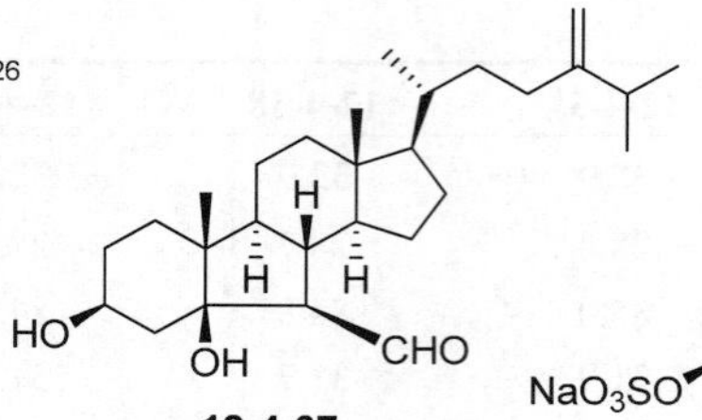　12-4-67 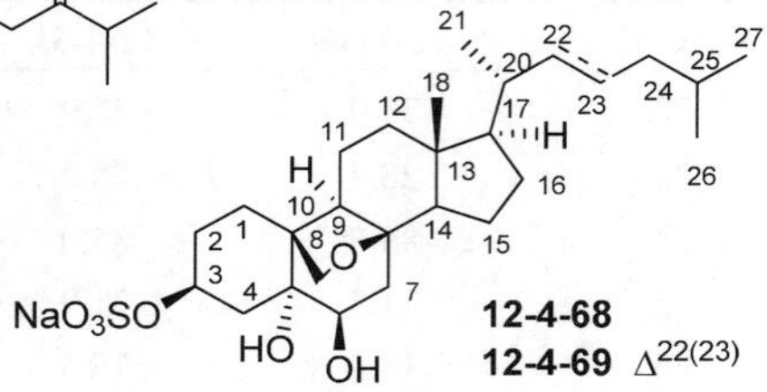　12-4-68　12-4-69 $\Delta^{22(23)}$

表 12-4-15　parguesterol 类化合物的 ^{13}C NMR 数据[15]

C	12-4-66	12-4-67	C	12-4-66	12-4-67	C	12-4-66	12-4-67
1	36.2	26.8	11	20.7	21.6	21	18.9	18.7
2	31.3	28.0	12	39.8	39.7	22	34.7	34.7
3	70.9	67.4	13	45.3	44.8	23	31.1	31.0
4	33.9	44.3	14	54.5	56.2	24	156.8	156.7
5	168.9	84.2	15	26.6	24.6	25	33.8	33.8
6	189.6	204.6	16	28.5	28.3	26	22.0	22.0
7	139.3	63.9	17	55.2	55.6	27	21.9	21.8
8	46.3	40.0	18	12.5	12.5	28	106.0	106.0
9	60.0	50.5	19	15.6	18.4			
10	46.0	45.5	20	35.5	35.6			

表 12-4-16　eurysterol 类化合物的 ^{13}C NMR 数据[16]

C	12-4-68	12-4-69	C	12-4-68	12-4-69	C	12-4-68	12-4-69
1	26.4	26.4	10	50.3	50.3	19	72.2	72.2
2	31.8	31.8	11	21.6	21.6	20	36.7	41.2
3	76.6	76.6	12	40.0	40.0	21	19.3	21.4
4	39.9	39.9	13	42.8	42.7	22	37.2	139.1
5	77.3	77.4	14	54.8	54.9	23	25.0	127.4
6	75.6	75.6	15	21.6	21.6	24	40.7	43.1
7	42.6	42.6	16	28.8	29.3	25	29.2	29.8
8	85.5	85.5	17	57.8	57.6	26	23.0	22.7
9	46.5	46.6	18	12.6	12. 8	27	23.2	22.8

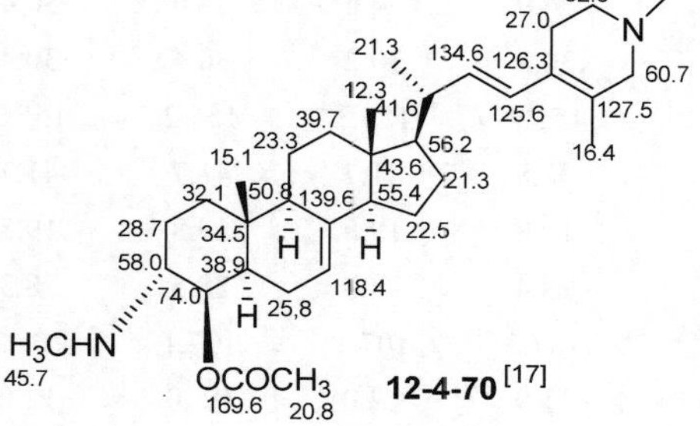

12-4-70 [17]

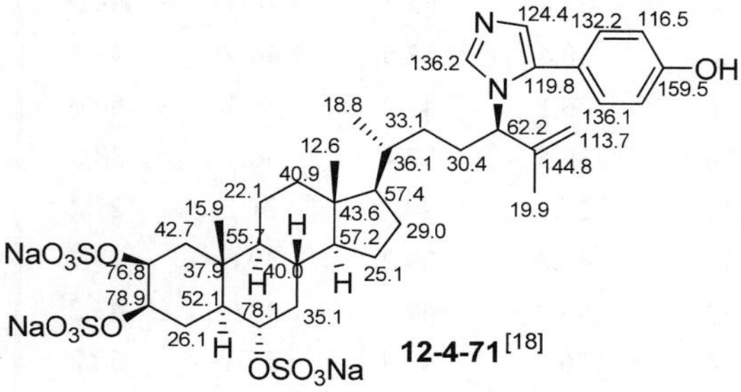

12-4-71 [18]

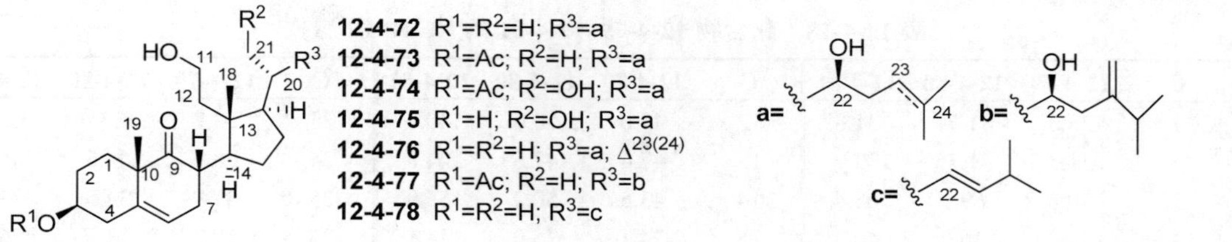

12-4-72 R^1=R^2=H; R^3=a
12-4-73 R^1=Ac; R^2=H; R^3=a
12-4-74 R^1=Ac; R^2=OH; R^3=a
12-4-75 R^1=H; R^2=OH; R^3=a
12-4-76 R^1=R^2=H; R^3=a; $\Delta^{23(24)}$
12-4-77 R^1=Ac; R^2=H; R^3=b
12-4-78 R^1=R^2=H; R^3=c

表 12-4-17 化合物 12-4-72~12-4-78 的 ^{13}C NMR 数据[19]

C	12-4-72	12-4-73	12-4-74	12-4-75	12-4-76	12-4-77	12-4-78
1	31.1	31.1	31.0	31.1	31.1	31.0	31.1
2	30.8	26.9	26.7	30.8	30.8	26.9	30.8
3	71.4	73.2	73.2	71.4	71.5	73.2	71.4
4	40.7	36.7	36.7	40.7	40.7	36.7	40.7
5	140.4	140.4	139.3	140.4	140.4	139.3	140.4
6	121.4	121.4	122.3	121.3	121.4	122.4	121.5
7	32.7	32.7	32.5	32.6	32.7	32.5	33.1
8	43.2	43.2	43.0	43.1	43.1	43.0	43.8
9	217.3	217.3	216.3	216.8	217.2	216.8	217.5
10	48.3	48.3	48.3	48.3	48.3	48.3	48.4
11	59.2	59.2	59.0	58.9	59.2	59.2	59.4
12	40.3	40.3	39.9	39.8	40.3	40.2	40.4
13	45.7	45.7	45.7	45.7	45.7	45.5	45.6
14	41.5	41.5	41.1	41.1	41.8	41.5	42.2
15	24.0	24.0	23.9	23.9	24.1	24.0	24.6
16	27.0	27.0	26.9	26.6	27.0	27.1	24.7
17	45.7	45.7	47.5	47.4	45.8	45.8	49.7
18	16.8	16.8	17.1	17.1	16.8	16.8	17.6
19	22.4	22.4	22.9	23.0	23.0	22.8	22.9
20	42.4	42.4	42.3	42.3	41.3	40.8	37.9
21	11.7	11.7	63	62.9	11.8	11.7	21.8
22	74.1	74.1	75.7	75.7	73.1	70.0	132.3
23	28.0	28.0	29.8	29.9	25.9	36.1	135.9
24	36.2	36.2	36.5	36.5	121.0	153.4	
25	28.1	28.1	28.1	28.1	135.5	33.2	31.0
26	22.9	22.9	22.6	22.5	16.8	21.6	22.6
27	22.9	22.9	22.8	22.9	18.0	22.4	22.7
28						109.9	
3-OAc		170.4/21.3	170.3/21.3			170.4/21.3	

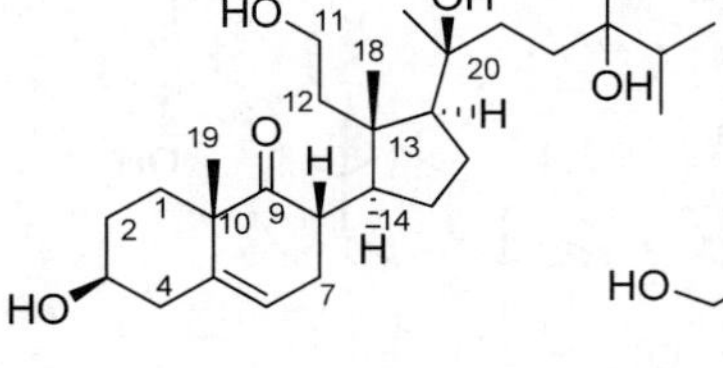

12-4-79

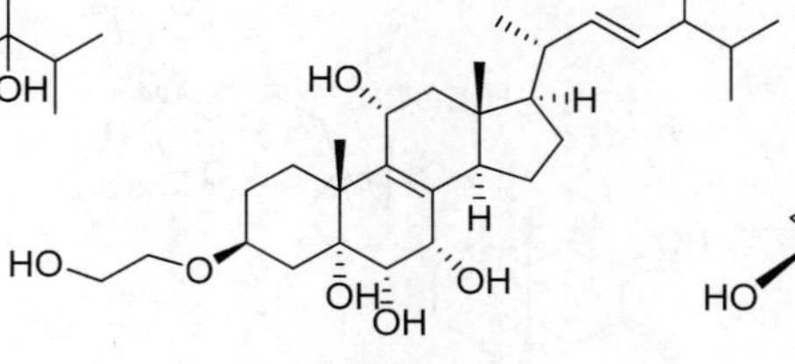

12-4-80

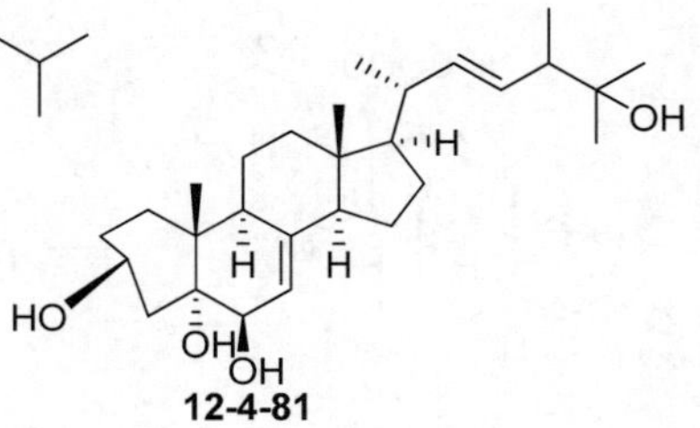

12-4-81

表 12-4-18 化合物 12-4-79~12-4-81 的 ^{13}C NMR 数据[20]

C	12-4-79	12-4-80	12-4-81	C	12-4-79	12-4-80	12-4-81	C	12-4-79	12-4-80	12-4-81
1	33.3	31.71	31.8	12	42.0	50.6	40.8	23	33.2	133.6	131.6
2	31.3	31.75	33.9	13	47.4	47.6	44.8	24	78.6	44.6	44.4
3	70.8	69.1	68.4	14	43.5	50.2	55.9	25	37.7	34.5	73.4
4	33.7	40.0	40.5	15	24.1	25.0	24.1	26	17.2	20. 7	26.0
5	49.9	65.8	76.9	16	27.5	30.3	29.6	27	18.1	20.1	28.7
6	69.7	67.5	74.3	17	53.9	56.5	57.4	28	143.4	18.6	15.9
7	149.9	63.9	119.2	18	19.7	13.5	12.8	29	113.8		
8	136.9	133.5	143.8	19	16.5	23.6	18.9	1'		62.3	
9	206.2	137.1	44.4	20	76.0	42 .0	42.0	2'		73.6	
10	46.1	31.75	38.2	21	27.1	21.3	21.6				
11	59.1	67.0	23.1	22	35.7	137.2	138.7				

12-4-82
12-4-83 $\Delta^{22(23)}$

12-4-84
12-4-85 $\Delta^{22(23)}$

表 12-4-19 sinugrandisterol 类化合物的 ^{13}C NMR 数据[21]

C	12-4-82	12-4-83	12-4-84	12-4-85	C	12-4-82	12-4-83	12-4-84	12-4-85
1	72.6	72.7	72.5	72.5	15	26.6	26.6	27.3	27.3
2	38.3	38.4	38.0	38.0	16	28.5	28.6	28.5	28.6
3	66.0	66.1	63.9	63.9	17	55.3	55.3	55.1	55.1
4	40.9	40.9	41.2	41.2	18	11.8	12.3	11.7	12.0
5	140.0	140.0	66.2	66.2	19	19.2	19.2	16.5	16.5
6	129.0	129.1	67.8	67.8	20	35.7	40.2	35.6	40.2
7	73.0	73.1	74.6	74.6	21	18.8	20.6	18.8	20.7
8	40.8	40.8	37.7	37.7	22	34.7	135.8	34.6	135.8
9	39.5	39.6	39.9	39.9	23	31.0	129.3	31.0	129.3
10	41.4	41.5	38.9	39.0	24	156.8	153.0	156.8	153.0
11	20.2	20.2	21.1	21.1	25	33.8	29.4	33.8	29.3
12	39.3	39.2	39.4	39.3	26	21.9	22.1	21.8	22.1
13	43.0	43.0	43.1	43.1	27	22.0	22.4	22.0	22.4
14	55.8	55.8	55.3	55.3	28	106.0	109.7	106.0	109.7

12-4-86

12-4-87

12-4-88

表 12-4-20 化合物 12-4-86~12-4-88 的 ^{13}C NMR 数据[22]

C	12-4-86	12-4-87	12-4-88	C	12-4-86	12-4-87	12-4-88
1	158.4	129.6	158.5	16	27.6	27.1	27.9
2	127.4	144.9	127.4	17	52.7	52.5	52.6
3	200.1	196.1	200.0	18	12.3	12.0	12.0
4	41.0	37.4	41.0	19	13.0	21.8	13.0
5	44.3	41.4	44.3	20	47.4	46.8	36.8
6	27.1	26.0	27.6	21	176.7	180.6	12.5
7	31.2	25.9	31.2	22	32.2	28.6	77.0
8	35.7	35.1	35.7	23	38.8	146.0	70.3
9	50.0	47.0	49.9	24	25.1	127.1	123.8
10	38.9	38.0	39.0	25	27.8	24.2	138.5
11	21.1	22.3	21.3	26	22.3	23.7	18.6
12	37.3	37.4	39.8	27	22.7	24.0	26.0
13	42.3	42.5	42.5	28	50.9	108.6	
14	55.7	55.3	56.3	29		140.8	
15	23.6	23.6	24.0				

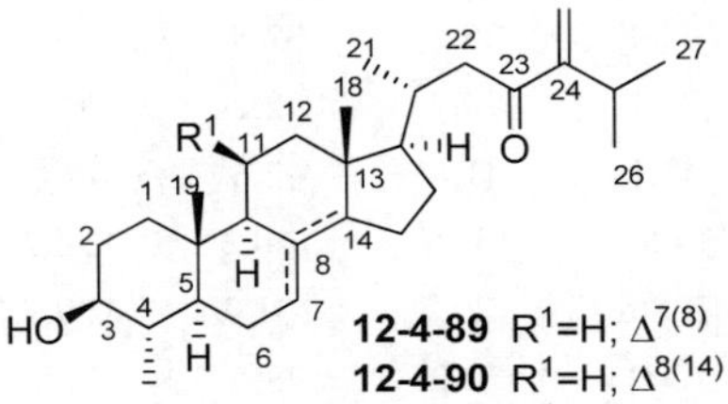

12-4-89 R^1=H; $\Delta^{7(8)}$
12-4-90 R^1=H; $\Delta^{8(14)}$
12-4-91 R^1=H

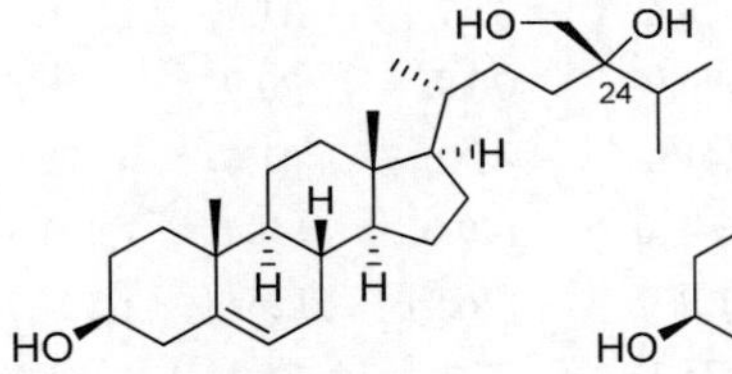

12-4-92

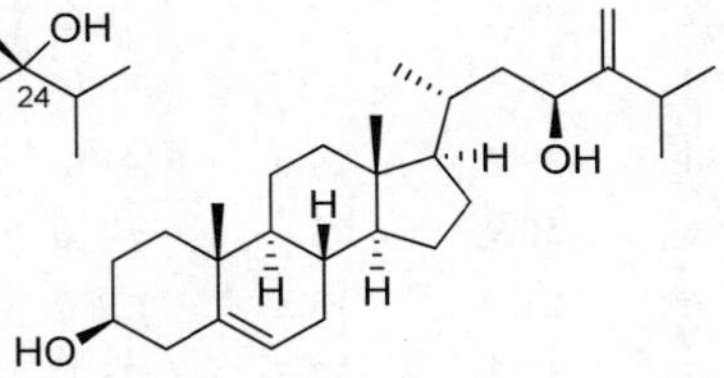

12-4-93

表 12-4-21 化合物 12-4-89~12-4-93 的 ^{13}C NMR 数据[23]

C	12-4-89	12-4-90	12-4-91	12-4-92	12-4-93	C	12-4-89	12-4-90	12-4-91	12-4-92	12-4-93
1	37.0	36.4	38.4	37.9	37.3	16	28.1	27.4	28.4	28.5	28.4
2	31.0	31.2	31.1	32.7	31.7	17	56.4	57.4	56.6	56.3	56.9
3	76.2	76.6	77.1	71.3	71.8	18	11.9	18.3	12.2	12.0	11.8
4	40.3	39.8	36.2	43.6	42.3	19	14.2	13.9	16.6	19.7	19.6
5	46.7	50.7	54.3	142	140.8	20	33.8	32.1	33.5	36.3	34.1
6	26.9	24.9	20.9	121.3	121.7	21	19.8	20.2	19.7	19.1	19.4
7	117.8	29.7	39.9	32.3	31.9	22	45.2	45.2	45.3	29.7	42.7
8	138.9	126.5	29.7	32.2	31.9	23	202.8	202.8	202.8	32.6	74.4
9	49.6	49.5	52.7	50.6	50.1	24	156.1	156.1	156	78.3	159.3
10	34.9	37.5	35.8	40.0	36.5	25	27.8	27.9	27.8	148.8	29.9
11	22.9	20.0	66.8	21.4	21.1	26	21.9	21.9	21.9	111.8	23.6
12	39.5	37.4	39.8	40.1	39.8	27	22.0	22.0	22.0	20.3	23.2
13	43.5	42.9	42.8	42.6	42.5	28	120.7	120.7	120.7	69.2	108.1
14	54.9	141.7	56.3	57.0	56.7	29	15.2	15.3	14.6		
15	21.4	25.7	24.2	24.5	24.3						

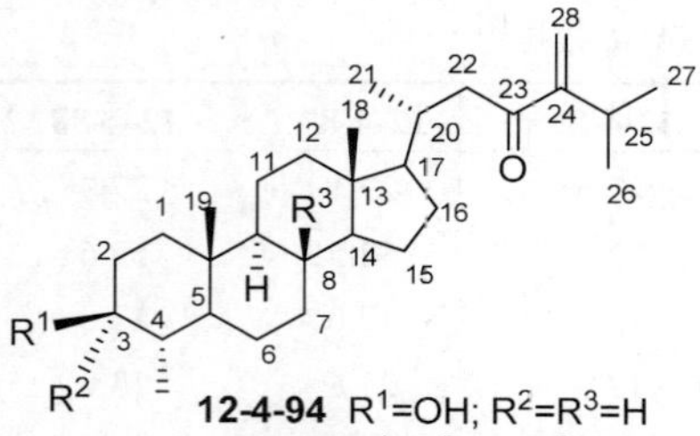

12-4-94 R^1=OH; R^2=R^3=H
12-4-95 R^1=R^2=O; R^3=OH

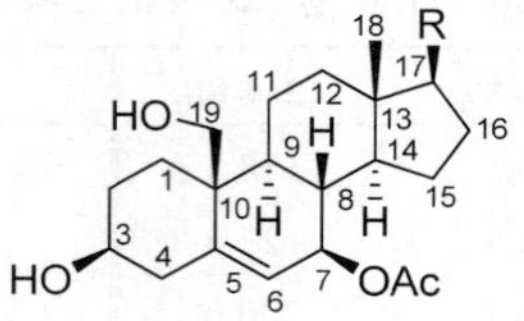

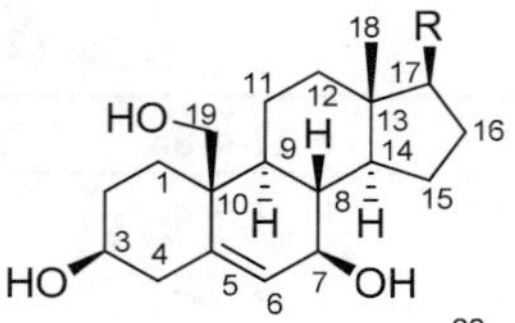

12-4-96 R= 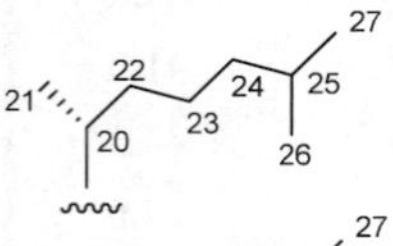
12-4-97 R= 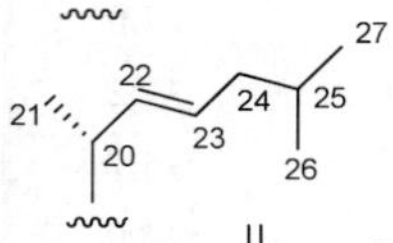
12-4-98 R=

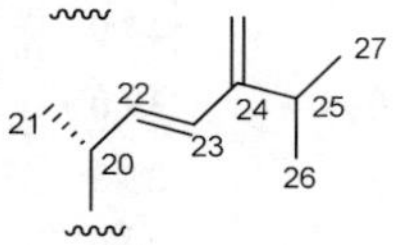

12-4-99 R=OAc
12-4-100 R=OH

12-4-101 R= 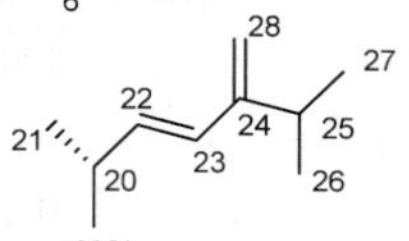
12-4-102 R= 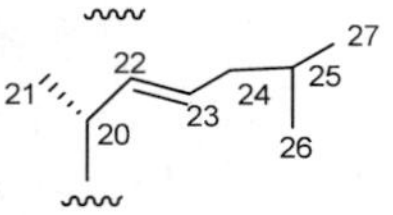
12-4-103 R=

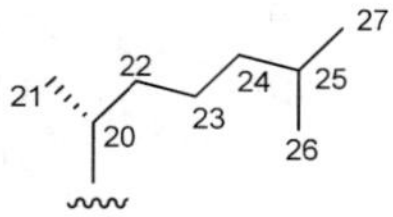

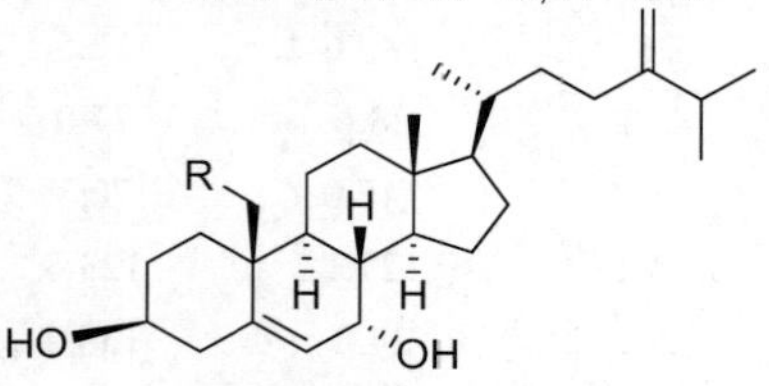

表 12-4-22 erectasteroid 类化合物的 ^{13}C NMR 数据[24]

C	12-4-94	12-4-95	12-4-96	12-4-97	12-4-98	12-4-99	12-4-100	12-4-101	12-4-102	12-4-103
1	36.8	39.8	33.2	33.2	33.2	34.0	34.5	33.1	34.5	33.1
2	31.0	39.4	28.4	31.7	31.7	31.5	32.4	25.9	32.8	25.9
3	76.6	213.7	70.9	70.9	70.9	71.2	72.1	70.7	72.2	70.7
4	39.2	44.6	41.6	41.2	41.6	42.1	43.1	41.4	42.6	41.4
5	50.9	53.6	140.0	140.0	140.0	141.1	142.5	138.7	140.2	138.7
6	21.1	18.5	126.7	126.9	126.7	127.7	128.6	129.7	131.2	129.7
7	32.2	37.5	75.1	75.1	75.1	64.9	65.9	72.0	73.5	72.0
8	34.8	73.5	37.8	37.8	37.8	38.7	40.1	41.1	42.5	41.0
9	54.5	55.8	48.5	48.5	48.4	42.5	44.0	49.2	50.7	49.2
10	36.0	36.6	41.4	41.6	41.4	40.3	43.1	41.1	43.3	41.0
11	28.5	21.3	21.7	21.7	21.6	21.4	22.6	21.6	23.1	21.6
12	40	40.8	39.7	39.6	39.6	39.3	41.1	40.0	41.5	40.2
13	42.7	43.2	43	42.9	43.1	42.3	43.5	42.9	44.3	42.9
14	56.5	59.1	56.5	56.6	56.5	50.2	51.7	57.2	58.8	57.2
15	24.1	18.9	23.8	25.0	25.0	24.2	25.0	28.4	27.4	23.6
16	24.1	27.8	24.9	28.8	28.6	28.2	29.4	31.3	30.2	28.3
17	56.6	57.0	55.4	55.2	55.2	55.6	57.2	55.6	57.0	55.7
18	12.1	13.5	12.1	12.3	12.4	11.7	12.4	11.6	13.0	11.3
19	13.3	13.0	62.8	62.9	62.9	64.7	63.6	62.1	63.6	62.1
20	33.5	32.8	35.7	39.6	40.2	35.7	37.0	40.4	41.7	35.8
21	19.6	19.4	18.7	20.9	20.5	18.7	19.2	19.9	21.7	18.0
22	45.3	45.3	36.1	137.9	135.8	34.6	36.0	135.8	139.7	36.1
23	202.9	202.6	31.7	126.4	129.3	30.8	32.0	129.2	127.6	31.3
24	156	155.9	39.4	41.9	153.1	156.8	157.8	153.1	42.9	39.4
25	27.8	27.8	28.0	28.5	29.3	33.8	34.9	29.3	29.9	27.8
26	21.9	21.9	22.5	22.2	22.4	21.8	22.3	21.5	22.9	21.8

续表

C	12-4-94	12-4-95	12-4-96	12-4-97	12-4-98	12-4-99	12-4-100	12-4-101	12-4-102	12-4-103
27	22.0	22.0	22.8	22.3	22.0	22.0	22.4	21.2	22.8	21.6
28	120.7	120.8			109.7	106.0	106.8	108.8		
29	15.1	11.6								
OAc			171.4	171.4	171.4	170.6				
			21.7	21.7	21.6	21.0				

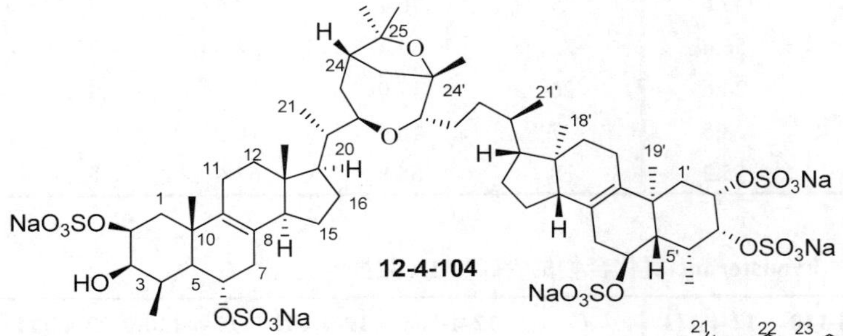

12-4-104

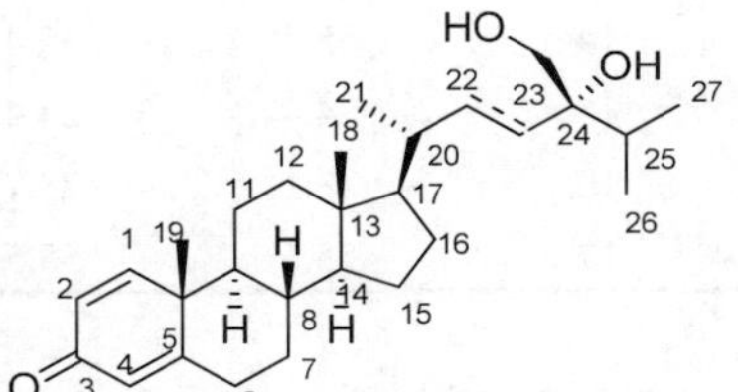

12-4-105

12-4-106 $\Delta^{22(23)}$

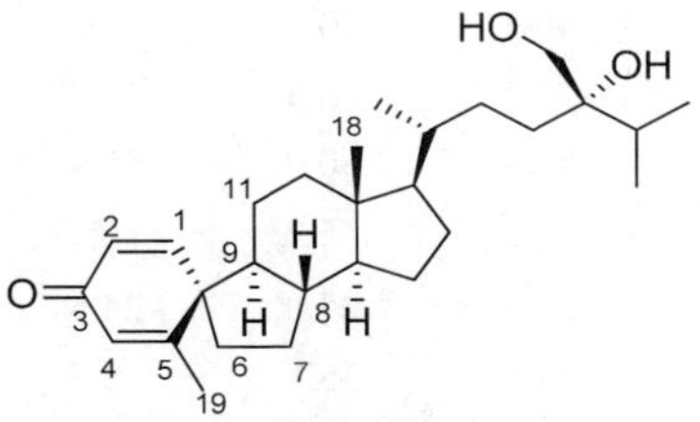

12-4-107

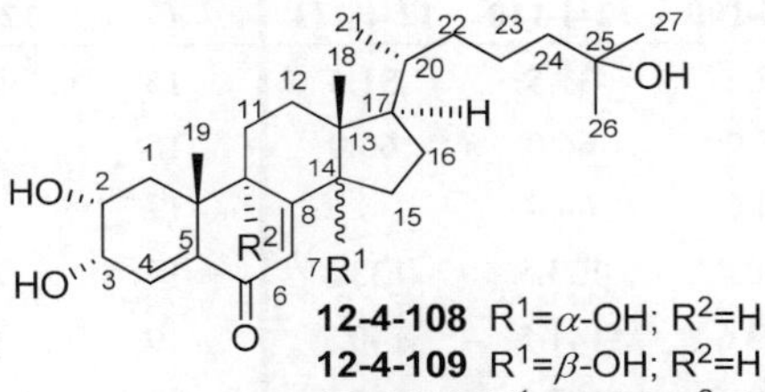

12-4-108 R^1=α-OH; R^2=H
12-4-109 R^1=β-OH; R^2=H
12-4-110 R^1=α-OH; R^2=OH
12-4-111 R^1=β-OH; R^2=OH

表 12-4-23 化合物 12-4-104 的 ^{13}C NMR 数据[25]

C	12-4-104	C	12-4-104	C	12-4-104	C	12-4-104	C	12-4-104	C	12-4-104
1	41.5	11	22.9	21	13.1	3'	80.1	13'	42.9	23'	25.6
2	79.4	12	38.4	22	71.7	4'	30.3	14'	42.9	24'	86.6
3	73.1	13	42.5	23	33.9	5'	49.8	15'	24.6	25'	88.1
4	34.4	14	53.8	24	45.7	6'	74.5	16'	29.6	26'	36.4
5	49.9	15	25.1	25	85.6	7'	37.2	17'	54.0	27'	27.1
6	74.6	16	30.9	26	25.6	8'	126.2	18'	11.1	28'	10.2
7	37.3	17	52.9	27	32.6	9'	137.3	19'	23.3		
8	126.5	18	11.6	28	10.3	10'	39.1	20'	36.2		
9	137.6	19	23.3	1'	40.4	11'	22.7	21'	19.4		
10	39.4	20	43.8	2'	78.4	12'	38.3	22'	36.7		

表 12-4-24 chabrolosteroid 类化合物的 ^{13}C NMR 数据[26]

C	12-4-105	12-4-106	12-4-107	C	12-4-105	12-4-106	12-4-107
1	156.1	156.0	154.8	4	123.7	123.8	128.6
2	127.4	127.5	126.6	5	169.5	169.4	163.2
3	186.5	186.4	186.6	6	32.9	32.9	34.9

续表

C	12-4-105	12-4-106	12-4-107	C	12-4-105	12-4-106	12-4-107
7	33.7	33.6	30.6	18	12.0	12.3	12.2
8	35.5	35.5	56.5	19	18.7	18.7	19.5
9	52.3	52.3	42.5	20	36.1	40.2	36.0
10	43.6	43.6	52.6	21	18.6	20.7	18.7
11	22.8	22.8	22.1	22	28.8	138.5	29.0
12	39.4	39.3	39.3	23	30.3	127.8	30.3
13	42.7	42.6	43.6	24	76.1	77.4	76.1
14	55.4	55.4	56.4	25	32.4	34.0	32.5
15	24.4	24.4	24.6	26	17.0	17.5	16.9
16	28.1	28.7	28.5	27	16.9	16.5	17.0
17	55.6	55.5	55.2	28	65.8	67.6	65.9

表 12-4-25 hyousterone 类化合物的 ^{13}C NMR 数据[27]

C	12-4-108	12-4-109	12-4-110	12-4-111	C	12-4-108	12-4-109	12-4-110	12-4-111
1	38.2	38.2	31.5	31.5	15	30.4	40.5	30.1	41.2
2	65.9	65.9	66.0	66.0	16	26.4	26.3	26.3	33.7
3	64.6	64.6	64.4		17	50.1	55.4	50.0	55.9
4	130.4	130.4	133.5	133.1	18	15.3	17.2	15.7	16.5
5	144.1	143.6	141.5	140.7	19	20.5	20.7	25.0	24.5
6	188.9	188.3	187.8	187.4	20	35.1	33.6	35.1	33.6
7	122.2	123.8	124.0	125.4	21	18.9	20.6	18.9	20.8
8	167.1	170.0	162.2	168.2	22	36.3	34.1	36.4	25.7
9	43.4	45.8	73.5	72.7	23	20.4	21.5	20.5	28.7
10	39.5	40.7	44.9	45.7	24	44.2	44.3	44.2	44.0
11	20.2	20.4	27.6	25.9	25	68.1	68.7	69.0	68.7
12	30.0	40.0	29.3	36.9	26	29.5	29.3	29.5	29.2
13	45.8	48.7	46.0	47.4	27	29.5	29.3	29.5	29.2
14	83.0	83.3	84.9	82.8					

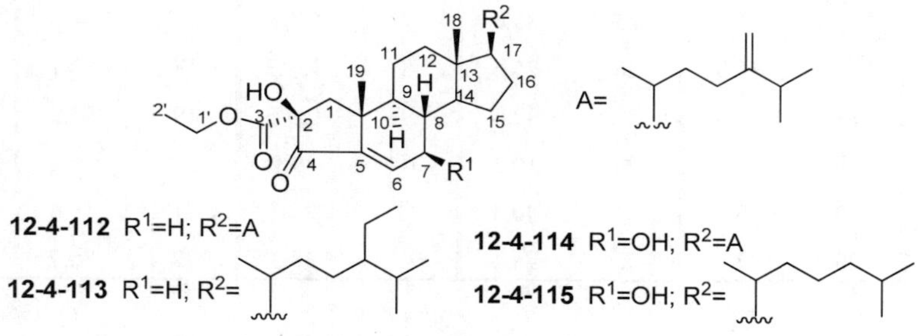

12-4-112 R^1=H; R^2=A

12-4-113 R^1=H; R^2=

12-4-114 R^1=OH; R^2=A

12-4-115 R^1=OH; R^2=

表 12-4-26 化合物 12-4-112~12-4-115 的 ^{13}C NMR 数据[28]

C	12-4-112	12-4-113	12-4-114	12-4-115	C	12-4-112	12-4-113	12-4-114	12-4-115
1	46.7	46.3	46.6	46.6	3	172.8	173.1	172.5	172.6
2	79.8	80.0	79.6	79.5	4	201.0	201.4	201.6	201.4

续表

C	12-4-112	12-4-113	12-4-114	12-4-115	C	12-4-112	12-4-113	12-4-114	12-4-115
5	145.3	145.5	146.6	146.7	19	22.1	22.3	21.9	22.0
6	135.9	135.8	133.6	133.7	20	35.7	36.4	35.7	36.2
7	32.3	32.5	73.1	73.1	21	18.7	18. 8	18.8	18.8
8	32.3	33.4	42.1	42.0	22	34.7	34.6	34.8	35.7
9	49.7	50.1	50.6	50.5	23	31.0	26.5	31.1	23. 9
10	39.9	40.1	39.6	39.5	24	156.8	46.1	156.8	39.5
11	21.8	20.1	22.3	22.2	25	33.8	28.6	33.9	28.0
12	39.4	40.2	39.2	39.2	26	22.1	19.8	22.02	22.8
13	43.0	43.2	43.5	43.4	27	21.8	20.5	22.04	22.6
14	56.3	56.4	55.5	55.6	28	106.0	23.0	106.1	
15	24.3	24.5	26.0	26.0	29		12.8		
16	28.1	28.2	28.3	28.3	1'	62.7	62.9	62.8	62.8
17	56.0	56.4	55.5	55.4	2'	14.1	13.0	14.1	14.1
18	12.0	12.3	12.0	12.0					

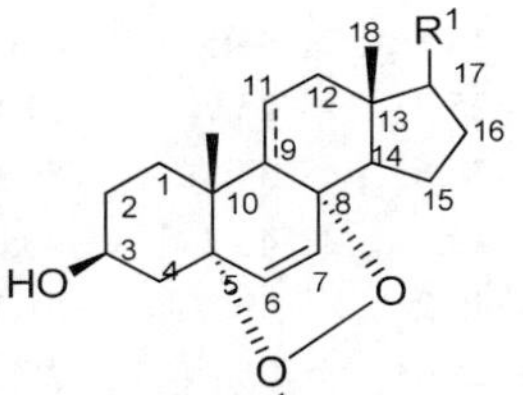

12-4-116 R^1=a
12-4-117 R^1=b, $\Delta^{9(11)}$

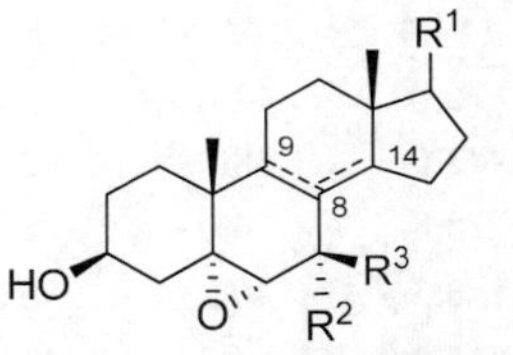

12-4-118 R^1=a; R^2=OH; R^3=H, $\Delta^{8(9)}$
12-4-119 R^1=a; R^2=H; R^3=OH, $\Delta^{8(9)}$
12-4-120 R^1=a; R^2=OH; R^3=H, $\Delta^{8(14)}$
12-4-121 R^1=c; R^2=OH; R^3=H, $\Delta^{8(9)}$
12-4-122 R^1=c; R^2=OH; R^3=H, $\Delta^{8(14)}$

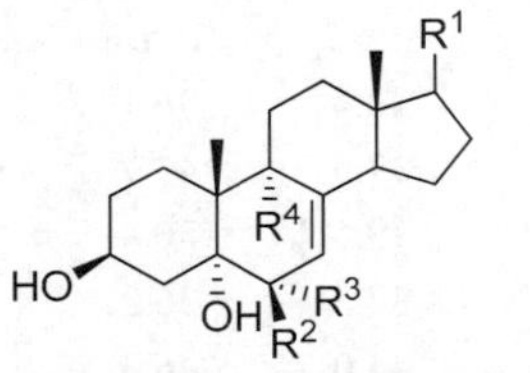

12-4-123 R^1=a; R^2=R^3=O; R^4=OH
12-4-124 R^1=a; R^2=H; R^3=OH; R^4=OH
12-4-125 R^1=c; R^2=OMe; R^3=H; R^4=OH
12-4-126 R^1=a; R^2=OH; R^3=H; R^4=H

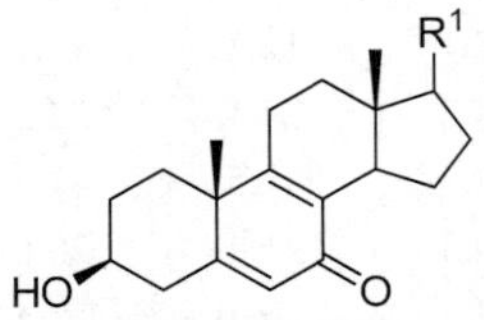

12-4-127 R^1=a
12-4-128 R^1=b
12-4-129 R^1=c

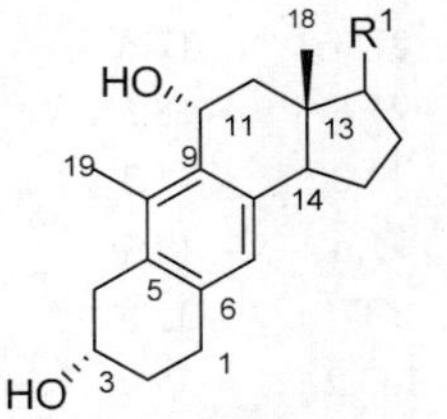

12-4-130 R^1=c

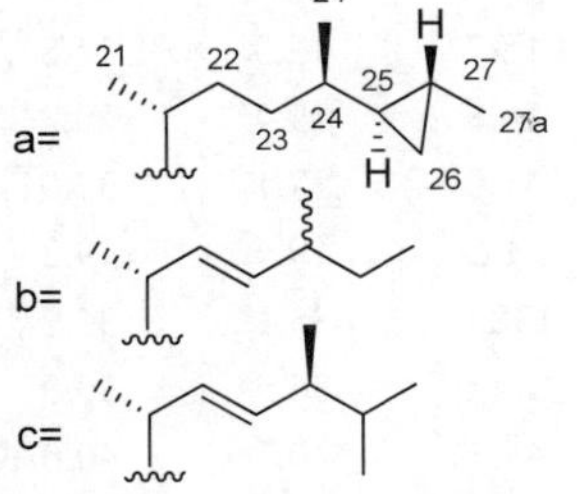

a= b= c=

表 12-4-27 topsentisterol 类化合物的 ^{13}C NMR 数据[29]

C	12-4-116	12-4-117	12-4-118	12-4-119	12-4-120	C	12-4-116	12-4-117	12-4-118	12-4-119	12-4-120
1	35.5	33.8	31.2	31.8	33.2	11	21.0	120.5	24.5	24.5	20.0
2	30.6	31.0	31.6	31.6	31.6	12	40.5	42.0	37.0	37.8	38.0
3	66.6	66.8	69.0	69.0	69.0	13	45.5	44.5	43.0	430.	44.0
4	37.5	36.5	40.0	39.8	40.0	14	52.6	49.5	50.8	53.8	153.0
5	82.5	84.0	65.6	65.0	67.6	15	24.5	24.4	27.5	27.5	25.5
6	136.8	137.5	64.0	62.0	62.4	16	28.8	30.0	30.7	30.7	31.6
7	131.1	132.5	67.6	67.0	65.6	17	57.5	57.0	54.8	55.5	57.8
8	79.0	79.5	128.0	127.2	126.2	18	12.8	20.5	12.0	11.5	18.2
9	52.4	144	135.5	137.0	40.5	19	19.5	21.0	22.6	230.	16.8
10	38.0	39.0	39.0	38.8	37.0	20	34.3	41.0	35.8	37.5	35.6

续表

C	12-4-116	12-4-117	12-4-118	12-4-119	12-4-120	C	12-4-116	12-4-117	12-4-118	12-4-119	12-4-120
21	19.5	21.0	19.5	19.2	19.5	25	28.2	30.5	28.2	28.2	28.2
22	34.6	136.0	34.5	34.4	35.0	26	12.8	13.0	12.2	12.2	12.2
23	36.5	135.0	35.5	35	34.8	27	14.0		13.8	13.5	13.8
24	39.6	39.8	39.8	40.0	39.8	27a	19.5		19.5	19.6	19.5
24'	19.5	20.5	20.2	20.2	20.2						

表 12-4-28 topsentisterol 类化合物的 ^{13}C NMR 数据[29]

C	12-4-121	12-4-122	12-4-123	12-4-124	12-4-125	12-4-126	12-4-127	12-4-128	12-4-129	12-4-130
1	31.0	33.2	27.2	27.8	27.8	31.6	35.8	35.7	35.5	28.5
2	31.5	31.6	30.9	30.6	31.0	31.4	31.3	31.1	31.0	32.0
3	69.0	69.0	67.8	67.8	68.0	68.0	72.7	72.6	72.2	68.4
4	39.8	40.0	37.4	40.5	40.8	40.4	42.8	42.6	42.6	36.5
5	65.5	67.6	80.2	77.8	78.0	76.8	166.3	166.5	166.0	131.6
6	64.0	62.4	200.2	71.0	83.0	74.0	126.6	125.5	126.2	135.4
7	67.5	65.0	120.9	121.6	118.0	119.0	188.5	188.5	188.5	123.5
8	128.0	126.2	165.1	143.0	144.4	144.0	134.6	134.0	134.5	139.4
9	135	40.4	76.1	75.8	76.0	44.0	165.4	165.0	165.0	134.4
10	39.0	37.0	42.7	42.0	42.0	38.0	43.7	43.5	43.5	136.8
11	24.4	19.5	30.4	30.5	28.8	24.0	25.7	25.7	25.7	67.4
12	36.8	37.5	36.2	36.2	36.5	40.2	36.8	36.6	36.3	50.0
13	43.0	44.0	46.3	44.8	45.0	44.5	43.6	43.3	43.2	46.0
14	50.8	153.0	52.8	51.2	51.8	55.7	49.5	49.2	49.2	51.5
15	32.0	25.5	23.4	23.5	24.0	23.2	25.8	25.6	25.8	25.0
16	30.5	28.7	28.5	27.6	27.8	31.5	30.4	30.9	30.4	23.8
17	54.8	57.8	57.7	57.2	57.0	57.1	54.8	54.4	54.5	57.0
18	11.8	18.2	12.3	11.8	11.3	12.6	12.1	12.1	12.1	12.5
19	22.8	16.8	19.4	20.3	21.6	18.5	24.2	24.1	24.2	14.7
20	42.6	41.0	37.1	37.0	42.0	35.3	37.5	41.5	41.5	42.0
21	21.8	21.5	19.4	19.2	21.6	19.4	19.3	21.4	20.6	21.5
22	137.0	138.0	35.1	35.2	137	35.0	34.6	136.0	136.0	137.0
23	133	134.0	34.5	35.0	133.2	35.0	35.1	135	133.2	133.5
24	44.3	44.3	40.1	40.0	44.5	40.0	40.1	39.7	44.2	44.5
24'	18.0	20.5	20.2	20.2	18.0	20.2	20.2	21.0	17.0	18.0
25	34.2	35.4	28.6	28.2	34.5	28.2	28.5	30.6	34.1	34.5
26	19.8	19.8	12.3	13.3	19.8	13.0	12.3	12.1	19.5	20.0
27	19.8	19.8	13.8	13.1	19.8	13.7	13.8		20.2	20.5
27a			20.5	19.5		19.2	19.4			
OMe					57.8					

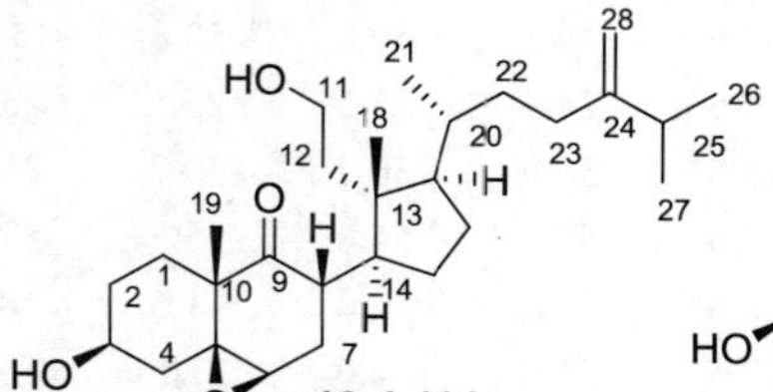

12-4-131

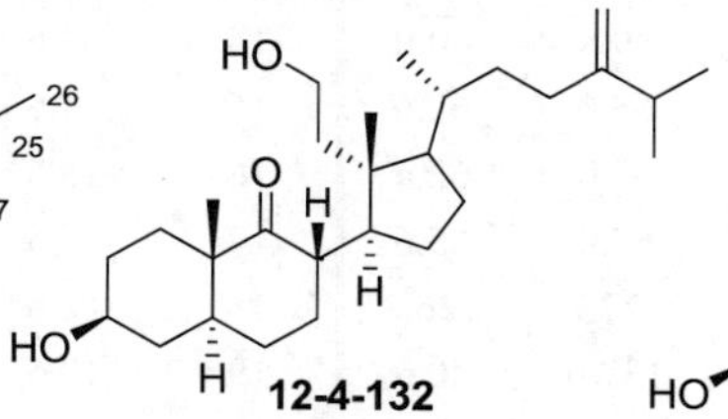

12-4-132

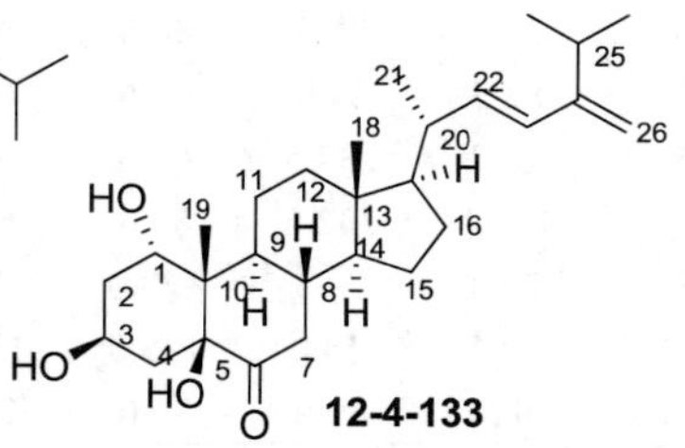

12-4-133

表 12-4-29　化合物 12-4-131 和 12-4-132 的 ^{13}C NMR 数据[30]

C	12-4-131	12-4-132	C	12-4-131	12-4-132	C	12-4-131	12-4-132
1	28.5	31.2	11	58.7	59.5	21	19.5	19.6
2	30.4	31.0	12	40.9	40.8	22	34.0	34.3
3	68.0	70.7	13	45.5	45.7	23	31.6	32.0
4	38.8	36.9	14	45.2	42.3	24	156.6	156.9
5	65.5	46.1	15	22.4	23.8	25	33.7	34.0
6	58.1	28.5	16	25.9	25.8	26	22.0	22.2
7	26.2	33.0	17	49.4	49.5	27	21.8	22.1
8	38.4	44.6	18	18.1	17.5	28	106. 1	106.4
9	214.7	218.0	19	19.6	16.0			
10	46.5	48.6	20	33.9	34.5			

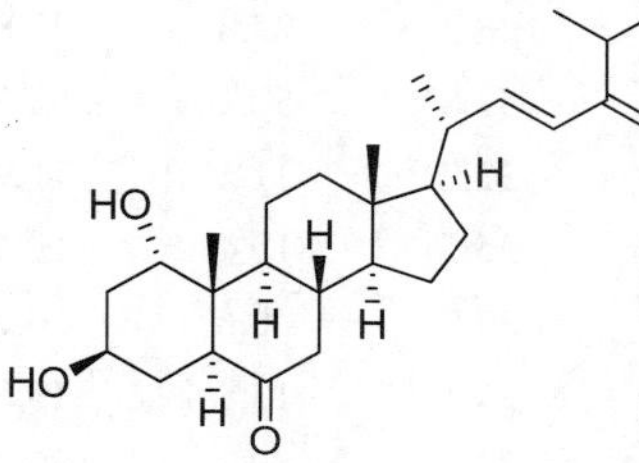

12-4-134 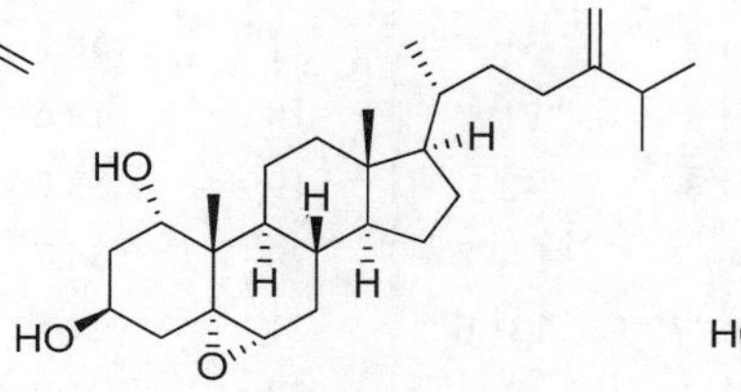　　**12-4-135** 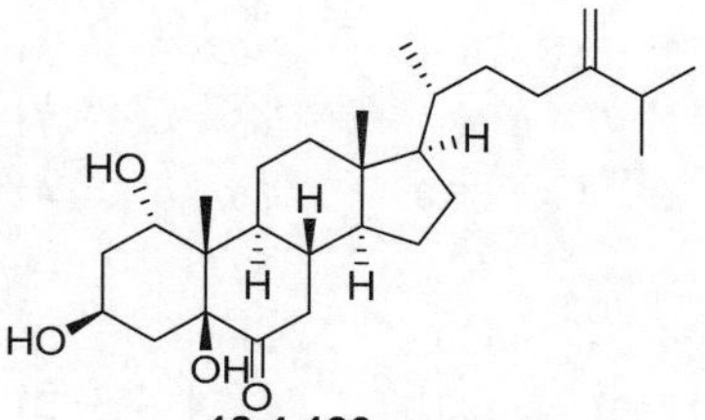　　**12-4-136**

表 12-4-30　gibberoketosterol 类化合物的 ^{13}C NMR 数据[31]

C	12-4-133	12-4-134	12-4-135	12-4-136	C	12-4-133	12-4-134	12-4-135	12-4-136
1	70.8	72.4	73.2	70.7	15	24.2	24.0	24.1	24.2
2	37.6	38.1	39.1	37.5	16	28.0	28.2	28.0	27.7
3	67.7	66.0	64.4	67.7	17	56.1	56.0	55.7	56.0
4	37.3	30.0	39.2	37.3	18	12.2	12.4	11.8	11.9
5	83.7	50.5	64.6	83.7	19	13.4	13.6	16.5	13.4
6	211.3	211.7	56.8	211.5	20	40.2	40.3	35.7	35.6
7	41.0	46.5	28.7	41.0	21	20.4	20.5	18.6	18.5
8	37.4	37.3	29.9	37.4	22	135.5	135.6	34.6	34.5
9	43.4	46.5	36.8	43.3	23	129.5	129.4	30.9	30.9
10	49.2	44.6	38.9	49.1	24	152.9	152.9	156. 8	156.7
11	23.6	20.9	19.9	23.6	25	29.4	29.4	33.8	33.8
12	39.6	39.2	39.1	39.7	26	22.0	22.0	21.8	21.8
13	42.4	43.0	42.4	42.4	27	22.4	22.4	22.0	22.0
14	56.9	56.7	56.8	56.8	28	109.7	109.8	105.9	106.0

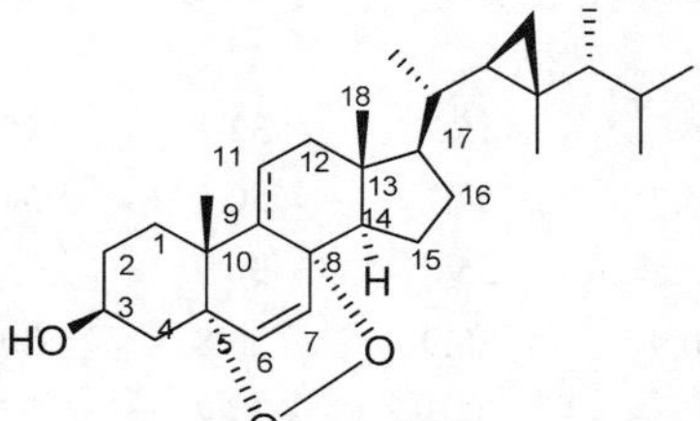

12-4-137
12-4-138 $\Delta^{9(11)}$

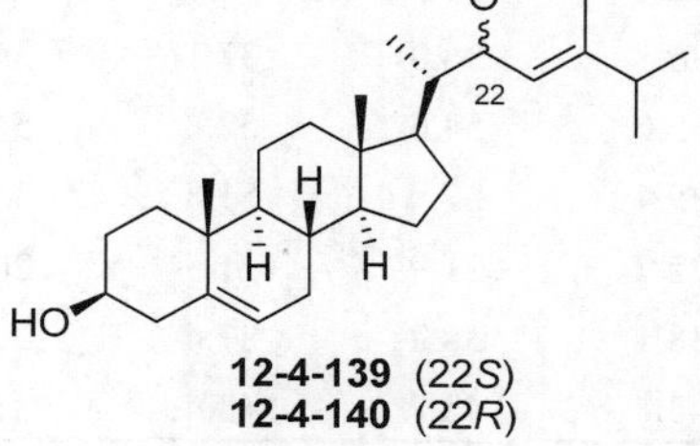

12-4-139 (22*S*)
12-4-140 (22*R*)

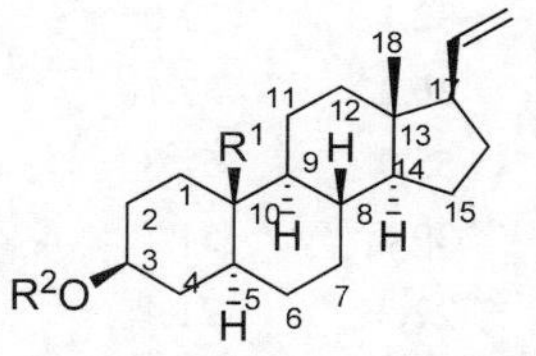

12-4-141 R^1=CH_2OH; R^2=H
12-4-142 R^1=CHO; R^2=Ac

12-4-149

12-4-143 R^1=Me; R^2=Ac; R^3=H; R^4=CH_2OH; (5αH)
12-4-144 R^1=Me; R^2=Ac; R^3=H; R^4=CH_2OAc; (5αH)
12-4-145 R^1=Me; R^2=Ac; R^3=H; R^4=CHO; (5αH)
12-4-146 R^1=R^4=Me; R^2=Ac; R^3=H; (5αH)
12-4-147 R^1=R^4=Me; R^2=H; R^3=Ac; (5αH)
12-4-148 R^1=R^4=Me; R^2=H; R^3=Ac; $\Delta^{5(6)}$

表 12-4-31 化合物 12-4-137~12-4-140 的 ^{13}C NMR 数据[32]

C	12-4-137	12-4-138	12-4-139	12-4-140
1	34.7	34.7	37.2	37.3
2	30.1	30.1	31.8	31.9
3	66.5	65.4	71.8	71.8
4	37.0	36.1	42.3	42.3
5	82.2	82.7	140.7	140.8
6	130.8	130.8	121.7	121.6
7	135.4	135.4	31.7	31.7
8	79.5	78.5	31.9	32.0
9	51.1	142.5	50.0	50.2
10	37.0	37.0	36.5	37.0
11	29.8	119.8	21.1	21.1
12	39.5	41.4	39.5	39.8
13	45.2	44.2	40.0	40.1
14	51.5	51.6	56.5	56.5
15	23.5	23.4	24.3	24.4
16	28.3	28.3	27.8	27.8
17	58.2	57.8	52.1	52.3
18	12.6	12.7	11.5	11.9
19	18.2	25.5	19.4	19.4
20	34.7	34.9	40.6	36.9
21	21.5	21.1	13.3	13.8
22	31.9	31.8	80.3	80.3
23	26.0	25.9	119.8	115.8
24	50.7	50.7	142.1	142.8
25	32.0	32.0	30.1	31.3
26	21.5	21.5	21.3	21.4
27	22.2	22.2	21.1	21.1
28	15.4	15.5	70.8	71.1
29	14.3	14.3		
30	21.3	21.3		

表 12-4-32 stereonsteroid 类化合物的 ^{13}C NMR 数据[33]

C	12-4-141	12-4-142	12-4-143	12-4-144	12-4-145	12-4-146	12-4-147	12-4-148	12-4-149
1	31.3	30.8	31.6	32.1	31.0	37.6	37.6	37.4	37.6
2	32.2	28.5	28.4	29.5	30.4	29.5	29.5	29.7	30
3	71.1	72.8	76.6	77.3	76.9	77.7	77.6	78.2	77.3
4	38.1	35.6	34.6	34.8	36.1	34.5	34.5	38.8	34.7
5	45.1	43.4	44.9	45.0	43.4	44.8	44.9	140.2	44.7
6	28.3	28.3	29.8	28.3	28.4	28.8	28.8	122.2	28.9
7	32.1	32.0	32.1	31.9	32.0	32.2	32.2	32.1	32.3
8	36.2	37.1	36.1	36.0	37.1	35.7	35.7	32.1	35.8
9	55.0	52.8	55.0	54.6	52.8	54.7	54.7	50.5	54.5
10	39.4	51.7	39.4	37.9	51.8	35.8	35.8	36.9	35.5
11	22.7	21.4	22.7	21.9	21.5	20.9	20.9	20.8	20.9
12	38.6	37.4	38.1	38.2	37.4	37.1	37.1	37.4	37.2
13	43.8	43.4	43.8	43.7	43.4	43.7	43.7	43.5	43.7

续表

C	12-4-141	12-4-142	12-4-143	12-4-144	12-4-145	12-4-146	12-4-147	12-4-148	12-4-149
14	56.0	55.8	56.0	55.4	55.8	55.7	55.7	56.0	55.5
15	24.8	24.7	24.8	24.8	24.7	24.9	24.8	24.9	24.8
16	27.2	27.1	27.2	27.2	27.2	27.3	27.3	27.3	27.3
17	55.5	55.3	55.4	56.0	55.4	55.5	55.5	55.4	55.5
18	13.3	12.8	13.2	13.0	12.8	13.0	12.4	12.8	12.9
19	61.0	208.3	60.7	62.8	208.4	12.4	13.0	19.5	12.2
20	139.9	139.5	139.9	139.8	139.6	140	140	139.9	140
21	114.5	114.8	114.6	114.6	114.8	114.5	114.5	114.6	114.6
1'			96.7	97.2	97.3	97	97.2	97.5	102.9
2'			69.3	69.5	70.1	69.5	66.9	66.9	75
3'			69.5	70.1	69.5	70.1	74.1	74.1	78.4
4'			73.7	73.0	73.0	73.1	71.0	71.0	71.1
5'			65.2	65.3	65.4	65.2	65.8	65.9	67.0
6'			16.3	16.3	16.3	16.3	16.1	16.1	
OAc		170.8	171.7	171.3	171.3	171.4	171.1	171.1	
		21.3	20.9	171.3	20.9	20.9	21.3	21.3	
				20.9					
				21.3					

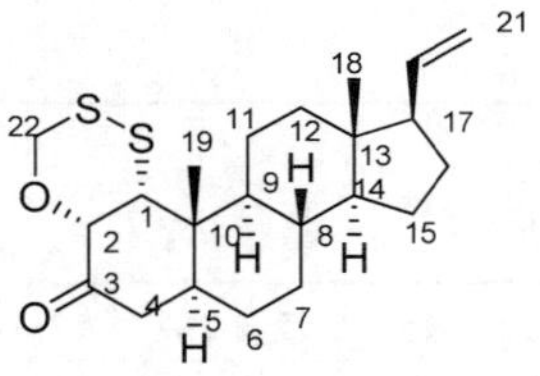

12-4-150 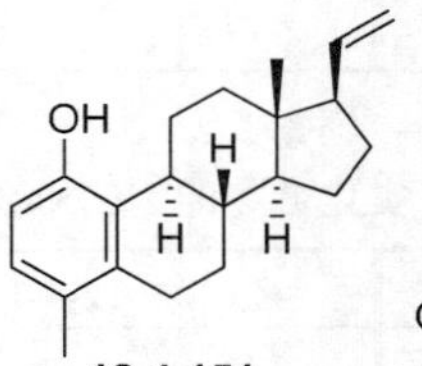 12-4-151 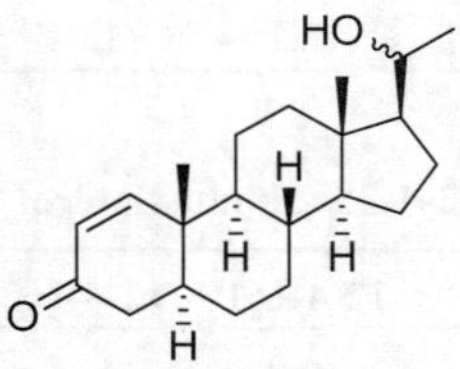 12-4-152 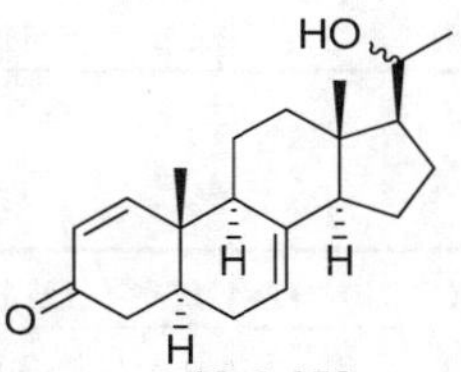 12-4-153

表 12-4-33 krempene 类化合物的 ^{13}C NMR 数据[34]

C	12-4-150	12-4-151	12-4-152	12-4-153	C	12-4-150	12-4-151	12-4-152	12-4-153
1	61.6	152.9	158.5	157.1	12	37.0	38.2	38.7	38.3
2	76.6	112.8	127.3	127.3	13	43.6	44.4	41.9	42.3
3	205.0	127. 4	200.3	200.0	14	55.0	54.8	56.1	55.0
4	44.9	128.7	40.9	40.1	15	24.7	24.3	24.0	23.7
5	40.9	138.7	44.2	39.7	16	28.2	27.3	25.7	25.1
6	27.1	29.2	27.6	28.6	17	55.2	55.5	58.3	58.2
7	31.3	26.3	31.2	118.4	18	12.9	13.5	12.7	12.6
8	35.8	40.1	35.2	138.0	19	15.3	19.3	13.0	12.7
9	54.2	45.1	49.9	45.3	20	139.5	140	70.2	70.3
10	40.2	127.0	38.9	37.4	21	114.8	114.5	23.5	23.7
11	21.1	26.0	20.9	21.3	22	51.4			

12-4-154 R^1=H
12-4-155 R^1=Me (17*S*)
12-4-156 R^1=Me (17*R*)
12-4-157 R^1=Et (17*R*)

12-4-158

12-4-159 R^1=H
12-4-160 R^1=Me (24*S*)
12-4-161 R^1=Me (24*R*)
12-4-162 R^1=Et (24*R*)

表 12-4-34 demethylincisterol 类化合物的 ^{13}C NMR 数据[35]

C	12-4-154	12-4-155	12-4-157	12-4-158	C	12-4-154	12-4-155	12-4-157	12-4-158
1	173.6	173.6	173.6	173.6	13	41.5	41.5	41.5	41.5
2	112.6	112.6	112.6	112.6	14	21.4	21.4	21.4	21.4
3	172.9	172.9	172.9	172.9	15	138.6	137.5	138.9	138.2
4	104.1	104.1	104.1	104.1	16	128.3	133.2	132.2	129.1
5	36.2	36.2	36.2	36.2	17	43.1	43.1	53.2	43.1
6	36.5	36.5	36.5	36.5	18	29.7	29.7	29.7	29.7
7	49.0	49.0	49.0	49.0	19	22.7	22.0	21.5	22.4
8	51.7	51.7	51.7	51.7	20	22.7	21.5	20.0	22.6
9	22.3	22.3	22.3	22.3	21		20.0	27.2	
10	30.2	30.2	30.2	30.2	22			14.0	
11	56.7	56.7	56.7	56.7	OMe				51.1
12	12.1	12.1	12.1	12.1					

表 12-4-35 homaxisterol 类化合物的 ^{13}C NMR 数据[35]

C	12-4-159	12-4-160	12-4-161	12-4-162	C	12-4-159	12-4-160	12-4-161	12-4-162
1	34.0	34.0	34.0	34.0	18	13.3	13.3	13.3	13.3
2	32.1	32.1	32.1	32.1	19	19.4	19.4	19.4	19.4
3	68.1	68.1	68.1	68.1	1'	71.3	71.3	71.3	71.3
4	41.5	41.5	41.5	41.5	2'	34.0	34.0	34.0	34.0
5	77.6	77.6	77.6	77.6	3'	21.0	21.0	21.0	21.0
6	83.0	83.0	83.0	83.0	4'	14.0	14.0	14.0	14.0
7	118.0	118.0	118.0	118.0	20	43.0	43.0	43.1	43.0
8	144.0	144.0	144.0	144.0	21	20.9	21.6	21.7	22.8
9	45.5	45.5	45.5	45.5	22	138.9	137	137.3	139.6
10	38.9	38.9	38.9	38.9	23	126.0	132.9	133.0	131.2
11	24.1	24.1	24.1	24.1	24	44.3	43.8	44.3	53.5
12	41.1	41.1	41.1	41.1	25	34.3	33.4	33.6	34.2
13	45.1	45.1	45.1	45.1	26	20.0[c]	19.6	20.1	21.5
14	56.8	56.8	56.8	56.8	27	20.0[c]	20.5	20.6	20.0
15	24.2	24.2	24.2	24.2	28		18	18.1	27.2
16	31.2	31.2	31.2	31.2	29				14.0
17	58.0	58.0	58.0	58.0					

12-4-163

12-4-164

12-4-165

12-4-166

表 12-4-36 化合物 12-4-163~12-4-166 的 ^{13}C NMR 数据[36]

C	12-4-163	12-4-164	12-4-165	12-4-166	C	12-4-163	12-4-164	12-4-165	12-4-166
1	30.8	32.2	30.8	32.2	15	24.7	26.7	24.7	26.7
2	31.4	31.8	31.4	31.8	16	29.8	28.1	29.8	28.0
3	67.9	68.2	67.8	68.2	17	56.1	58.4	56.0	58.4
4	37.6	39.5	37.6	39.5	18	11.6	18.7	11.6	18.6
5	77.5	77.6	77.5	77.6	19	24.0	17.4	24.1	17.3
6	69.4	71.9	69.4	71.8	20	37.5	35.8	37.2	35.4
7	34.8	34.8	34.8	34.8	21	19.3	19.6	19.2	19.5
8	128.9	125.8	128.9	126	22	37.7	37.6	37.2	37.0
9	133.7	41.6	133.7	41.5	23	21.9	21.9	25.7	25.7
10	43.0	41.1	43.0	41.1	24	45.3	45.3	126.1	126.1
11	24.2	21.1	24.2	21.0	25	71.4	71.5	131.8	131.8
12	37.9	38.8	37.8	38.8	26	29.2	29.3	25.9	25.9
13	43.1	44.1	43.1	44.1	27	29.2	29.1	17.7	17.6
14	52.5	144.5	52.5	144.5					

12-4-167 R^1=

12-4-168 R^1=

12-4-169 R^1=

12-4-170 R^1=

12-4-171 R^1=

表 12-4-37 dysideasterol 类化合物的 ^{13}C NMR 数据[37]

C	12-4-167	12-4-168	12-4-169	12-4-170	12-4-171	C	12-4-167	12-4-168	12-4-169	12-4-170	12-4-171
1	20.0	19.9	19.9	19.9	32.2	3	66.8	66.7	66.7	66.7	66.7
2	31.6	31.6	31.6	531.7	31.6	4	41.2	41.3	41.3	41.4	41.2

续表

C	12-4-167	12-4-168	12-4-169	12-4-170	12-4-171	C	12-4-167	12-4-168	12-4-169	12-4-170	12-4-171
5	74.4	74.4	74.3	74.4	74.4	18	14.0	14.1	14.0	14.0	14.0
6	74.6	74.6	74.6	74.6	74.6	19	61.2	61.2	61.1	61.1	61.1
7	122.7	122.7	122.6	122.6	122.6	20	36.4	40.5	36.0	36.2	36.5
8	141.1	141.0	141.0	141.1	141.1	21	18.7	20.8	18.6	18.5	18.7
9	61.1	61.0	61.0	61.0	61.0	22	36.2	138.3	34.8	33.9	34.1
10	46.0	46.0	46.0	46.0	46.2	23	24.3	126.9	31.4	30.7	26.6
11	54.7	54.6	54.6	54.6	54.6	24	39.9	42.2	156.8	39.3	46.4
12	40.7	40.6	40.6	40.6	40.6	25	28.4	28.8	34.2	31.8	29.6
13	44.4	44.2	44.4	44.4	44.4	26	22.8	22.4	22.1	17.8	19.3
14	47.5	47.6	47.4	47.5	47.5	27	23.1	22.5	22.2	20.5	20.1
15	22.7	22.6	22.6	22.6	22.6	28			106.7	15.7	23.5
16	28.4	29.0	28.3	28.4	28.4	29					12.3
17	56.7	56.5	56.6	56.8	56.8	OAc	171.3/21.1	171.1/21.0	171.1/21.1	171.1/21.1	171.1/21.1

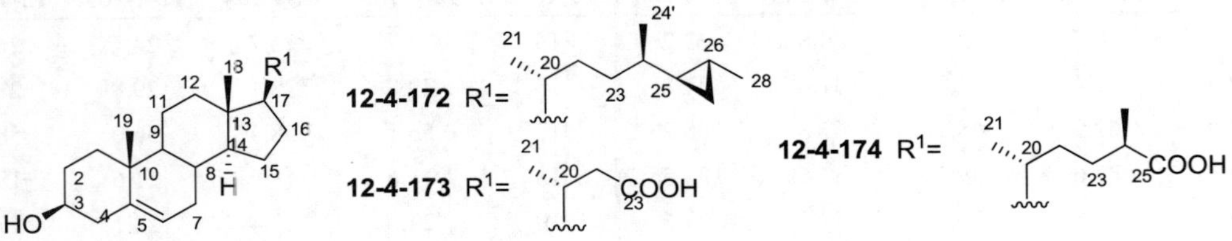

12-4-172 R^1=

12-4-173 R^1=

12-4-174 R^1=

表 12-4-38 化合物 12-4-172~12-4-174 的 ^{13}C NMR 数据[38]

C	12-4-172	12-4-173	12-4-174	C	12-4-172	12-4-173	12-4-174
1	37.5	37.1	37.1	16	24.5	24.1	24.2
2	31.9	31.2	31.2	17	56.3	55.8	55.6
3	72.0	71.4	71.4	18	12.1	11.8	11.7
4	42.5	41.9	41.9	19	19.4	19.3	19.3
5	141.0	140.7	140.7	20	36.1	33.6	35.5
6	122.0	121.4	121.5	21	18.9	19.4	18.5
7	32.1	31.7	31.8	22	33.7	41.3	33.1
8	32.1	31.8	31.8	23	34.1	176.3	29.9
9	50.3	49.9	50.0	24	38.9		39.5
10	36.7	36.4	36.4	24'	20.1		16.6
11	21.3	20.9	21.0	25	27.6		179.8
12	40.0	39.5	39.6	26	13		
13	42.4	42.3	42.2	27	19.4		
14	57.0	56.6	56.6	28	19.4		
15	28.5	28.1	28.0				

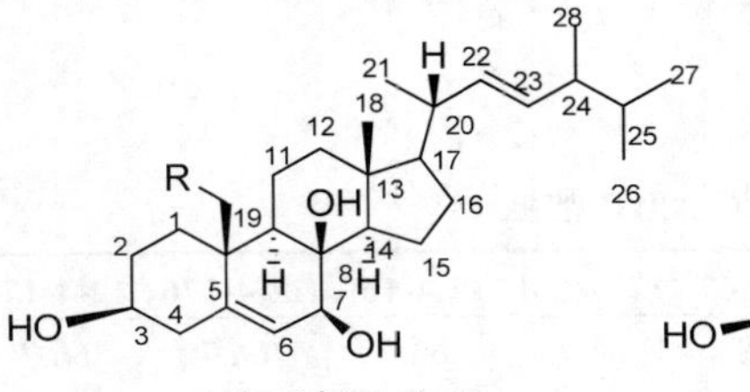

12-4-175 R=H
12-4-176 R=OH

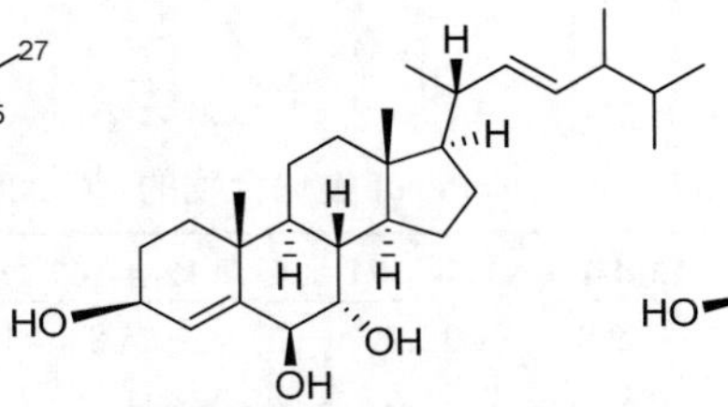

12-4-177

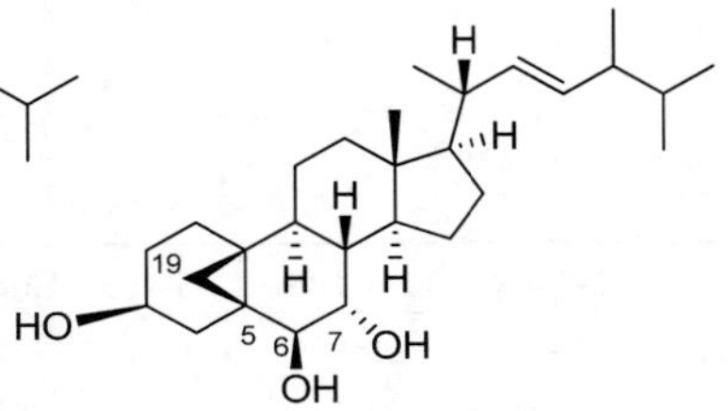

12-4-178

表 12-4-39 stylisterol 类化合物的 ^{13}C NMR 数据[39]

C	12-4-175	12-4-176	12-4-177	12-4-178	C	12-4-175	12-4-176	12-4-177	12-4-178
1	38.6	35.9	37.7	30.0	15	18.8	20.2	24.5	24.4
2	30.8	32.4	29.7	30.6	16	28.1	29.6	29.7	29.7
3	71.9	72.3	68.6	68.4	17	56.4	58.0	57.5	57.7
4	42.1	42.8	133.0	46.4	18	13.1	14.0	12.5	12.7
5	146.8	142.0	145.1	25.4	19	19.6	61.5	22.1	16.8
6	121.0	126.1	79.3	80.8	20	39.7	41.2	41.6	41.6
7	69.6	69.6	72.6	71.6	21	20.7	21.3	21.5	21.5
8	75.2	73.7	36.0	35.2	22	135.7	137.2	137.3	137.2
9	45.8	48.5	46.4	40.3	23	131.9	133.0	132.9	133.0
10	37.2	43.9	38.1	28.2	24	42.8	44.3	44.3	44.3
11	19.2	20.6	21.9	26.3	25	33.1	34.4	34.4	34.4
12	40.0	40.0	40.8	41.0	26	19.9	20.5	20.1	20.5
13	42.4	43.6	43.5	44.2	27	19.3	20.1	20.5	20.1
14	51.7	53.3	51.2	51.0	28	17.6	18.2	18.2	18.2

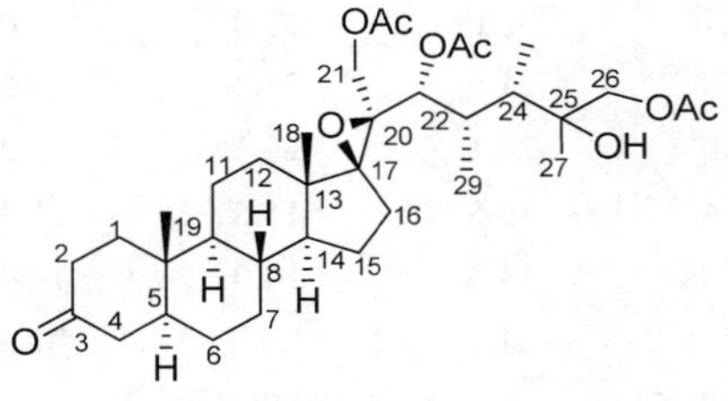

12-4-179

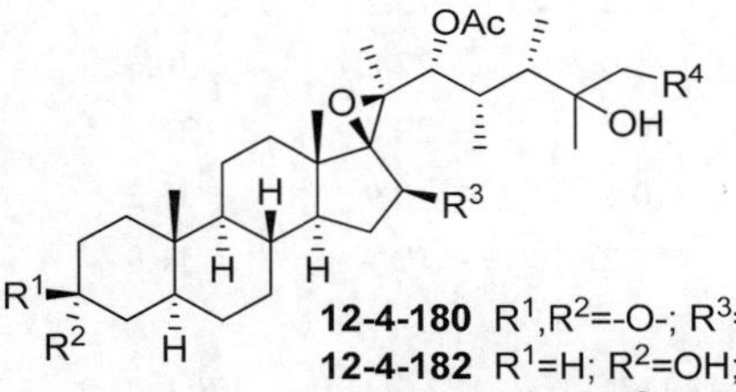

12-4-180 R^1,R^2=-O-; R^3=H; R^4=OAc
12-4-182 R^1=H; R^2=OH; R^3=R^4=H
12-4-183 R^1=H; R^2=OH; R^3=OH; R^4=H

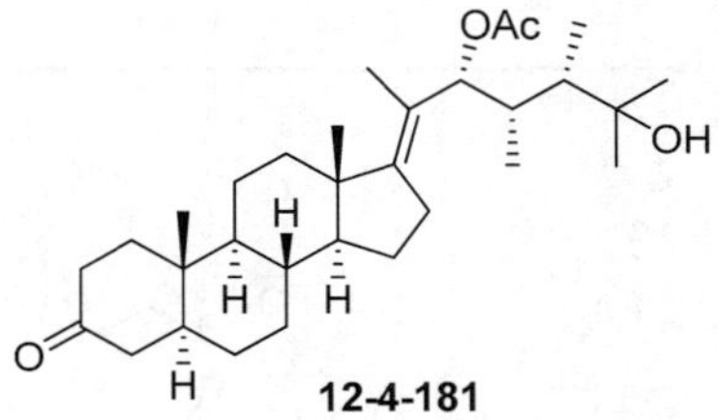

12-4-181

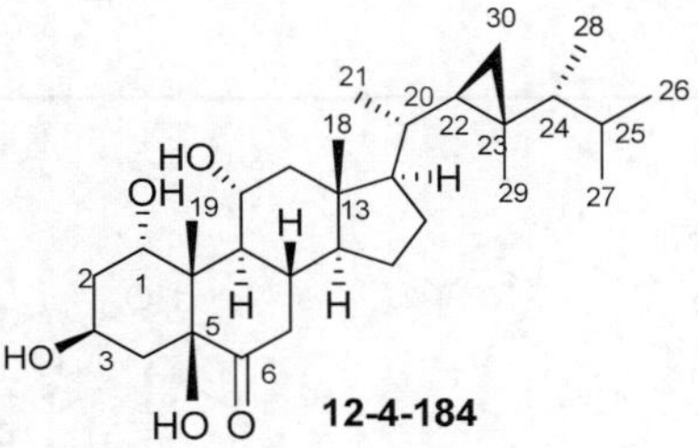

12-4-184

表 12-4-40 hippuristerone 类化合物 12-4-179~12-4-186 的 ^{13}C NMR 数据[40]

C	12-4-179	12-4-180	12-4-181	12-4-182	12-4-183	12-4-184	12-4-185[41]	12-4-186[41]
1	38.4	38.4	38.7	32.2	32.0	70.4	70.0	74.5
2	38.1	38.1	38.5	29.1	28.9	37.4	35.1	38.3
3	211.6	211.9	209.1	66.6	66.5	68.0	70.2	66.4
4	44.6	44.6	45.0	35.9	35.7	37.3	38.7	42.9
5	46.5	46.5	46.6	39.1	38.9	84.0	139.0	138.8
6	28.7	28.7	29.2	28.4	28.3	210.5	124.6	124.4
7	31.5	31.3	31.7	31.8	31.7	41.1	32.5	32.8
8	34.7	35.4	35.2	35.7	34.7	36.0	32.9	32.1
9	53.6	53.2	53.9	54.2	54.1	50.2	48.6	48.2

续表

C	12-4-179	12-4-180	12-4-181	12-4-182	12-4-183	12-4-184	12-4-185[41]	12-4-186[41]
10	35.7	35.6	35.9	36.1	36.1	50.6	43.4	42.2
11	21.4	21.5	21.9	20.9	20.6	66.3	68.0	68.1
12	36.3	36.4	38.9	36.7	36.8	49.0	48.4	46.3
13	41.4	43.8	46.0	43.8	43.1	43.3	56.3	47.9
14	49.3	55.0	53.1	55.2	49.5	55.4	56.1	55.0
15	33.2	23.6	35.2	23.5	33.2	24.5	25.5	24.5
16	70.6	31.3	71.8	30.9	70.1	28.0	30.2	28.4
17	79.3	79.0	155.6	79.3	79.2	57.8	58.0	57.9
18	15.2	15.3	17.3	15.4	15.5	12.7	176.9	61.5
19	11.5	11.4	11.5	11.3	11.1	14.6	19.3	19.3
20	66.8	67.1	125.4	67.3	67.7	35.2	36.5	35.7
21	63.4	17.2	12.9	17.0	16.4	21.0	21.1	21.9
22	75.9	78.4	81.2	78.5	77.7	31.9	31.9	31.9
23	31.6	32.5	34.2	33.4	33.0	25.9	25.7	25.9
24	41.4	38.4	42.5	41.6	41.6	50.7	50.6	50.7
25	74.6	74.3	73.2	73.9	73.7	32.0	32.0	32.0
26	68.3	71.0	27.8	30.6	30.8	21.5	21.4	21.5
27	25.6	20.3	29.8	26.4	26.0	22.1	22.1	22.2
28	10.8	10.8	10.9	11.2	11.4	15.5	15.5	15.3
29	12.6	12.2	12.7	11.9	12.0	14.3	14.0	14.4
30						21.3	21.2	21.3
OAc	171.8/21.1 171.0/21.0 170.5/20.9	170.6/21.0 170.9/21.1	172.5/21.0	170.6/21.1	171.6/21.0		170.0/21.1	

12-4-185 R^1=Ac; R^2=COOH
12-4-186 R^1=H; R^2=CH_2OH
12-4-187 R^1=H; R^2=CH_2OAc

12-4-188 R^1=Ac; R^2=COOH
12-4-189 R^1=H; R^2=CH_2OH

12-4-190

表 12-4-41 化合物 12-4-187~12-4-190 的 ^{13}C NMR 数据[41]

C	12-4-187	12-4-188	12-4-189	12-4-190	C	12-4-187	12-4-188	12-4-189	12-4-190
1	74.5	74.0	74.5	37.3	6	124.4	124.6	124.4	121.2
2	38.3	35.2	38.3	31.6	7	32.6	32.6	32.8	31.8
3	66.4	70.2	66.5	71.9	8	32.0	32.9	32.0	30.7
4	42.2	38.7	42.2	42.3	9	48.3	48.3	48.1	50.7
5	138.7	139.0	138.9	140.9	10	42.9	43.4	42.9	36.7

续表

C	12-4-187	12-4-188	12-4-189	12-4-190	C	12-4-187	12-4-188	12-4-189	12-4-190
11	67.8	68.0	68.0	30.7	22	31.9	33.6	33.8	51.1
12	46.6	48.6	46.1	33.6	23	25.9	30.6	30.3	30.1
13	46.4	55.9	47.5	60.3	24	50.7	39.0	39.1	45.6
14	55.1	56.1	55.1	58.6	25	31.8	31.4	31.5	31.0
15	24.5	25.3	24.2	32.2	26	21.5	17.5	17.6	20.7
16	28.4	29.8	28.3	131.7	27	22.2	20.4	20.5	21.5
17	57.9	56.4	56.1	150.5	28	15.3	15.3	15.4	11.5
18	63.2	177.0	61.4	173.9	29	14.3			15.8
19	19.3	19.3	19.3	19.4	30	21.3			
20	35.5	37.3	36.5	77.7	Ac	171.0/21.1	170.0/21.1		
21	21.4	18.8	19.5	29.7					

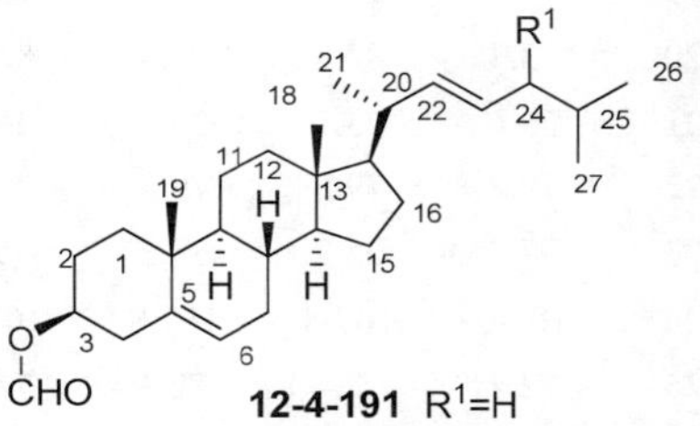

12-4-191 R^1=H
12-4-192 R^1=Me

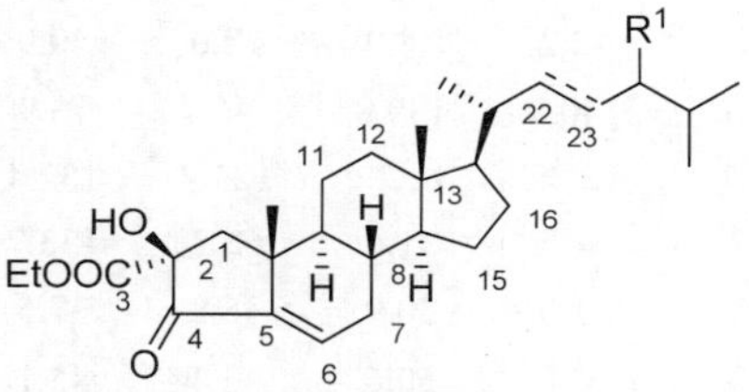

12-4-193 R^1=H
12-4-194 R^1=H; Δ^{22}
12-4-195 R^1=Me; Δ^{22}

表 12-4-42 化合物 12-4-191~12-4-195 的 ^{13}C NMR 数据[42]

C	12-4-191	12-4-192	12-4-193	12-4-194	12-4-195	C	12-4-191	12-4-192	12-4-193	12-4-194	12-4-195
1	37.3	37.3	46.7	46.7	46.7	16	29.0	29.2	28.1	28.5	28.7
2	28.2	28.2	79.8	79.8	79.9	17	56.3	56.4	56.3	56.4	56.3
3	74.4	74.4	172.9	173.2	173.2	18	12.4	12.4	12.0	12.2	12.2
4	38.5	38.5	201.0	201.3	201.5	19	19.7	19.7	22.1	22.7	22.7
5	139.7	139.7	145.2	145.2	145.1	20	40.5	40.6	35.7	40.1	40.2
6	123.0	123.4	135.9	136.0	135.8	21	21.3	21.4	18.7	21.9	21.0
7	32.3	32.3	32.2	32.2	32.2	22	138.5	136.4	36.2	137.9	135.8
8	32.2	32.3	32.4	32.3	32.4	23	126.7	132.3	23.9	126.5	132.1
9	50.4	50.5	49.7	49.7	49.7	24	42.4	43.4	39.3	42.0	43.1
10	36.9	38.4	39.9	39.5	39.9	25	29.0	33.6	28.0	28.6	33.2
11	21.4	21.4	21.8	22.8	22.1	26	22.7	20.0	22.8	22.3	20.1
12	40.0	40.0	39.5	39.3	39.3	27	22.7	20.5	22.5	22.3	19.6
13	42.4	42.6	42.9	42.8	42.8	28		18.4			18.0
14	57.2	57.2	56.1	55.9	55.9	1'			62.7	62.7	62.6
15	24.7	24.7	24.3	24.3	24.4	2'			14.2	14.1	14.1

12-4-196 R^1=H; R^2=Ac; R^3=H
12-4-197 R^1=R^2=H; R^3=Ac
12-4-198 R^1=H; R^2=R^3=Ac
12-4-199 R^1=OH; R^2=H; R^3=Ac

12-4-200

表 12-4-43 suberoretisteroid 类化合物的 ^{13}C NMR 数据[43]

C	12-4-196	12-4-197	12-4-198	12-4-199	12-4-200	C	12-4-196	12-4-197	12-4-198	12-4-199	12-4-200
1	36.9	37.1	36.9	37.0	28.4	16	72.6	72.6	72.6	72.8	72.6
2	27.7	31.6	27.7	31.4	30.5	17	49.4	50.1	50.1	50.4	50.5
3	73.9	71.6	73.8	71.3	67.1	18	14.4	14.4	14.4	14.2	14.6
4	38.0	42.2	38.0	42.0	40.9	19	19.3	19.3	19.3	18.2	14.7
5	139.7	140.9	139.8	146.7	73.9	20	83.3	82.4	82.4	82.5	82.4
6	122.3	121.3	122.2	123.7	132.4	21	23.4	23.7	23.6	23.7	23.7
7	31.7	31.5	31.6	65.3	133.7	22	79.2	79.5	79.5	79.6	79.6
8	31.0	31.0	30.9	36.8	37.5	23	37.2	35.2	35.3	35.3	35.3
9	50.0	50.6	50.6	42.4	45.1	24	107.6	107.8	107.8	107.9	107.8
10	36.6	36.5	36.6	37.5	38.0	25	72.4	72.4	72.3	72.4	72.4
11	20.4	20.5	20.4	20.2	20.6	26	23.4	23.6	23.4	23.4	23.4
12	39.5	39.5	39.4	39.1	39.8	27	24.0	24.0	24.0	24.1	24.1
13	41.6	41.7	41.7	41.6	43.1	3-OAc	170.7/21.4		170.5/21.4		
14	54.8	54.9	54.8	48.0	52.2	22-OAc		170.5/21.1	170.5/21.1	170.5/21.2	170.3/21.1
15	33.4	33.4	33.4	33.4	32.9						

参考文献

[1] Wang F, Fang Y, Zhang M, et al. Steroids, 2008, 73: 19.
[2] Qiu Y, Deng Z, Lin W, et al. Steroids, 2008, 73: 1500.
[3] Xu S, Liao X, Du B, et al. Steroids, 2008, 73: 568.
[4] Whitson L, Bugni S, ChockalingamS, et al. J Nat Prod, 2008, 71: 1213.
[5] Ioannou E, Abdel-Razik F, Alexi X, et al. Tetrahedron, 2008, 64: 11797.
[6] Chao C, Wen Z, Chen I, et al. Tetrahedron, 2008, 64: 3554.
[7] Chao, C, Wen Z, Su J, et al. Steroids, 2008, 73: 1353.
[8] Poza J, Fernandez R, Reyes F, J. et al. Org Chem, 2008, 73: 7978.
[9] Fleury G, Lages G, Barbosa P, et al. J Chem Ecology, 2008, 34: 987.
[10] Huang Y, Wen Z, Wang S, et al. Steroids, 2008, 73: 1181.
[11] Chang C, Wen Z, Wang S, et al. Steroids, 2008, 73: 562.
[12] Liu H, Li J, Zhang, D, et al. J Asian Nat Prod Res, 2008, 10: 521.
[13] Kicha A, Ivanchina V, Kalinovsky I, et al. J Nat Prod ,2008, 71: 793.
[14] Lin H, Wang Z, Wu J, et al. J Nat Prod, 2007, 70: 1114.
[15] Wei X, Rodriguez D, Wang Y, et al. Tetrahedron Lett, 2007, 48: 8851.
[16] Boonlarppradab C, Faulkner D. et al. J Nat Prod, 2007, 70: 846.
[17] Langjae R, Bussarawit S, Yuenyongsawad, S, et al. Steroids, 2007, 72: 682.

[18] Morinaka I, Masuno N, Pawlik, R, et al. Org Lett, 2009, 11: 2477.
[19] Rodriguez B, Maria F, Genzano N, et al. Steroids, 2007, 72: 908.
[20] Qi S, Zhang S, Wang Y, et al. Magnetic Resonance in Chemistry, 2007, 45: 1088.
[21] Ahmed F, Tai S, Wu, Yang C, et al. Steroids, 2007, 72: 368.
[22] Yan X, Lin L, Ding J, et al. Bioorg, Med Chem Lett, 2007, 17(9): 2661.
[23] Ma K, Li W, Fu, Lin W, et al. Steroids, 2007, 72: 901.
[24] Cheng S, Dai C, Duh Y, et al. Steroids, 2007, 72: 653.
[25] Cheng J, Lee J, Sun F, et al. J Nat Prod, 2007, 70: 1195.
[26] Su J, Lin F, Huang H, Dai C, et al.Tetrahedron, 2007, 63 : 703.
[27] Miyata Y, Diyabalanage T, Amsler D, et al. J Nat Prod, 2007, 70: 1859.
[28] Yu S, Deng Z,Proksch P, et al. J Nat Prod, 2006, 69: 1330.
[29] Luo X, Li F, Shinde B, et al. J Nat Prod, 2006, 69: 1760.
[30] Su J, Tseng J, Huang H, et al. J Nat Prod, 2006, 69: 850.
[31] Ahmed F, Hsieh Y, Wen Z, et al. J Nat Prod, 2006, 69: 1275.
[32] Yu S, Deng Z, Lin W, et al. Steroids, 2006, 71: 955.
[33] Wang S, Dai C, Duh C, et al. J Nat Prod, 2006, 69: 103.
[34] Huang X, Deng Z, Lin W, et al. Helv Chim Acta, 2006, 89: 2020.
[35] Mansoor A, Hong J, Lee B, et al. J Nat Prod, 2005, 68: 331.
[36] Sauleau, P, Bourguet-K, Marie-Lise. Steroids, 2005, 70: 954.
[37] Huang X, Guo Y, Mollo E, et al. Helv Chim Acta, 2005, 88: 281.
[38] Mandeau A, Debitus C, Aries M, et al. Steroids, 2005, 70 : 873.
[39] Mitome H, Shirato N, HoshinoA, et al. Steroids, 2005, 70: 63.
[40] Chao C, Huang L, Wu S, et al. J Nat Prod, 2005, 68: 1366.
[41] Jin P, Deng Z, Pei, Lin W, et al. Steroids, 2005, 70: 487.
[42] Li G, Deng Z, Lin W, et al. Steroids, 2005, 70: 13.
[43] Zhang W, Guo Y, Gavagnin M, et al. Helv Chim Acta, 2005, 88: 87.

第五节 肽类化合物

表 12-5-1 肽类化合物的名称、分子式和测试溶剂

编号	名称	分子式	测试溶剂	参考文献
12-5-1	dolastatin B	$C_{46}H_{63}N_7O_{12}$	CD_2Cl_2	[1]
12-5-2	dolastatin G	$C_{57}H_{96}N_6O_{13}$	B	[24]
12-5-3	dolastatin I	$C_{24}H_{32}N_6O_5S$	C	[29]
12-5-4	bistratamide A	$C_{27}H_{34}N_6O_4S_2$	C	[3]
12-5-5	bistratamide B	$C_{27}H_{32}N_6O_4S_2$	C	[3]
12-5-6	bistratamide D	$C_{25}H_{34}N_6O_5S$	C	[13]
12-5-7	patellamide G	$C_{38}H_{50}N_8O_7S_2$	D	[31]
12-5-8	patellamide A	$C_{35}H_{50}N_8O_6S_2$	C	[5]
12-5-9	patellamide B	$C_{38}H_{48}N_8O_6S_2$	C	[5]
12-5-10	patellamide C	$C_{37}H_{46}N_8O_6S_2$	C	[5]
12-5-11	patellamide D	$C_{38}H_{46}N_8O_6S_2$	C	[2]
12-5-12	patellamide F	$C_{37}H_{46}N_8O_6S_2$	M	[17]
12-5-13	lissoclinamide 4	$C_{38}H_{43}N_7O_5S_2$	C	[2]
12-5-14	lissoclinamide 5	$C_{38}H_{41}N_7O_5S_2$	C	[8]
12-5-15	lissoclinamide 6	$C_{38}H_{43}N_7O_5S_2$	C	[8]
12-5-16	lissoclinamide 7	$C_{38}H_{45}N_7O_5S_2$	C	[11]
12-5-17	tawicyclamide A	$C_{39}H_{50}N_8O_5S_3$	B	[12]

续表

编号	名称	分子式	测试溶剂	参考文献
12-5-18	tawicyclamide B	$C_{36}H_{52}N_8O_5S_3$	B	[12]
12-5-19	dehydrotawicyclamide B	$C_{36}H_{50}N_8O_5S_3$	B	[12]
12-5-20	dehydrotawicyclamide A	$C_{39}H_{48}N_8O_5S_3$	B	[12]
12-5-21	phakellistatin 1	$C_{45}H_{61}N_7O_8$	CD_2Cl_2	[14]
12-5-22	phakellistatin 10	$C_{47}H_{69}N_9O_9$	CD_2Cl_2	[18]
12-5-23	phakellistatin 11	$C_{53}H_{67}N_9O_9$	CD_2Cl_2	[18]
12-5-24	phakellistatin 14	$C_{36}H_{53}N_7O_{10}S$	CD_2Cl_2	[46]
12-5-25	theonellamide B	$C_{70}H_{89}BrN_{16}O_{23}$	D/W	[19]
12-5-26	theonellamide C	$C_{69}H_{87}BrN_{16}O_{22}$	D/W	[19]
12-5-27	theonellamide A	$C_{76}H_{99}BrN_{16}O_{26}$	D/W	[19]
12-5-28	theonellamide D	$C_{74}H_{94}Br_2N_{16}O_{26}$	D/W	[19]
12-5-29	theonellamide E	$C_{75}H_{96}Br_2N_{16}O_{27}$	D/W	[19]
12-5-30		$C_{33}H_{41}N_7O_5S_2$	C	[7]
12-5-31		$C_{33}H_{41}N_7O_5S_2$	C	[7]
12-5-32	cycoldidemnamide	$C_{34}H_{43}N_7O_5S_2$	C	[26]
12-5-33	lyngbyabellin A	$C_{29}H_{40}Cl_2N_4O_7S_2$	C	[36]
12-5-34	hectochlorin	$C_{27}H_{34}Cl_2N_2O_9S_2$	C	[42]
12-5-35	keenamide A	$C_{30}H_{48}N_6O_6S$	C	[22]
12-5-36	waiakeamide	$C_{37}H_{49}N_7O_8S_3$	DMF	[23]
12-5-37	cyclotheonamide A	$C_{36}H_{45}N_9O_8$	W	[9]
12-5-38	patellin 2	$C_{37}H_{60}N_6O_7S$	A	[10]
12-5-39	kapakahine B	$C_{49}H_{52}N_8O_6$	M	[15,25]
12-5-40	kapakahine A	$C_{58}H_{72}N_{10}O_9$	CD_3CN	[25]
12-5-41	kapakahine C	$C_{58}H_{72}N_{10}O_{10}$	M	[25]
12-5-42	kapakahine D	$C_{58}H_{72}N_{10}O_{10}$	M	[25]
12-5-43	ulithiacyclamide B	$C_{35}H_{40}N_8O_6S_4$	D	[4,31]
12-5-44	ulithiacyclamide E	$C_{35}H_{44}N_8O_8S_4$	D	[31]
12-5-45	ulithiacyclamide F	$C_{35}H_{42}N_8O_7S_4$	D	[31]
12-5-46	ulithiacyclamide G	$C_{35}H_{42}N_8O_7S_4$	D	[31]
12-5-47	loloatin A	$C_{65}H_{84}N_{12}O_{15}$	D	[33]
12-5-48	loloatin B	$C_{67}H_{85}N_{13}O_{14}$	D	[33]
12-5-49	loloatin C	$C_{69}H_{86}N_{14}O_{14}$	D	[33]
12-5-50	loloatin D	$C_{67}H_{85}N_{13}O_{15}$	D	[33]
12-5-51	callipeltin A	$C_{68}H_{116}N_{18}O_{20}$	M	[20]
12-5-52	onchidin B	$C_{62}H_{96}N_4O_{16}$	C	[21]
12-5-53	majusculamide C	$C_{50}H_{80}N_8O_{12}$	C	[6]
12-5-54	symplostatin 2	$C_{52}H_{74}N_8O_{13}S$	M	[34]
12-5-55	massetolide A	$C_{55}H_{97}N_9O_{16}$	A	[28]
12-5-56	apramide A	$C_{52}H_{80}N_8O_8S$	B	[37]
12-5-57	apramide B	$C_{51}H_{78}N_8O_8S$	B	[37]
12-5-58	apramide C	$C_{52}H_{82}N_8O_8S$	B	[37]
12-5-59	apramide D	$C_{54}H_{82}N_8O_8S$	B	[37]
12-5-60	apramide E	$C_{53}H_{80}N_8O_8S$	B	[37]
12-5-61	apramide F	$C_{54}H_{84}N_8O_8S$	B	[37]

续表

编号	名称	分子式	测试溶剂	参考文献
12-5-62	barangamide A	$C_{54}H_{97}N_{11}O_{12}$	C	[38]
12-5-63	barangamide B	$C_{53}H_{95}N_{11}O_{12}$	C	[38]
12-5-64	barangamide C	$C_{53}H_{95}N_{11}O_{12}$	C	[38]
12-5-65	barangamide D	$C_{53}H_{95}N_{11}O_{12}$	C	[38]
12-5-66	pitipeptolide A	$C_{44}H_{65}N_5O_9$	C	[39]
12-5-67	pitipeptolide B	$C_{44}H_{67}N_5O_9$	C	[39]
12-5-68	antanapeptin A	$C_{41}H_{60}N_4O_8$	C	[40]
12-5-69	antanapeptin B	$C_{41}H_{62}N_4O_8$	C	[40]
12-5-70	antanapeptin C	$C_{41}H_{64}N_4O_8$	C	[40]
12-5-71	antanapeptin D	$C_{40}H_{58}N_4O_8$	C	[40]
12-5-72	salinamide A	$C_{51}H_{69}N_7O_{15}$	C	[41]
12-5-73	salinamide D	$C_{50}H_{67}N_7O_{15}$	C	[41]
12-5-74	salinamide B	$C_{51}H_{70}ClN_7O_{15}$	C	[41]
12-5-75	symplostatin 1	$C_{43}H_{70}N_6O_6S$	CD_2Cl_2	[30]
12-5-76	scleritodermin A	$C_{42}H_{54}N_7NaO_{13}S_2$	D	[44]
12-5-77	dominicin	$C_{43}H_{72}N_8O_9$	P	[47]
12-5-78	trungapeptin A	$C_{40}H_{58}N_4O_8$	C	[48]
12-5-79	trungapeptin B	$C_{40}H_{60}N_4O_8$	C	[48]
12-5-80	trungapeptin C	$C_{40}H_{62}N_4O_8$	C	[48]
12-5-81	malevamide A	$C_{54}H_{80}N_8O_{10}$	C	[35]
12-5-82	malevamide B	$C_{76}H_{124}N_{12}O_{14}$	C	[35]
12-5-83	malevamide C	$C_{79}H_{125}N_{13}O_{16}$	C	[35]
12-5-84	kahalalide R	$C_{77}H_{126}N_{14}O_{17}$	D	[49]
12-5-85	kahalalide S	$C_{77}H_{126}N_{14}O_{18}$	D	[49]
12-5-86	bistratamide E	$C_{25}H_{34}N_6O_4S_2$	D	[43]
12-5-87	bistratamide F	$C_{25}H_{36}N_6O_5S$	D	[43]
12-5-88	guangomide A	$C_{31}H_{46}N_4O_9$	C	[50]
12-5-89	guangomide B	$C_{31}H_{46}N_4O_8$	C	[50]
12-5-90	comoramide A	$C_{34}H_{48}N_6O_6S$	B	[32]
12-5-91	comoramide B	$C_{34}H_{50}N_6O_7S$	B	[32]
12-5-92	isomotuporin A	$C_{40}H_{56}N_5O_{10}$	M	[51]
12-5-93	isomotuporin B	$C_{41}H_{58}N_5O_{10}$	M	[51]
12-5-94	isomotuporin C	$C_{39}H_{54}N_5O_{10}$	M	[51]
12-5-95	isomotuporin D	$C_{39}H_{54}N_5O_9$	M	[51]
12-5-96	dragomabin	$C_{37}H_{51}N_5O_6$	C	[54]
12-5-97	dragonamide B	$C_{33}H_{59}N_5O_5$	C	[54]
12-5-98	carmabin A	$C_{40}H_{57}N_5O_6$	C	[54]
12-5-99	lyngbyastatin 4	$C_{53}H_{68}N_8O_{18}S$	D	[52]
12-5-100	lyngbyastatin 5	$C_{53}H_{68}N_8O_{15}$	D	[55]
12-5-101	lyngbyastatin 6	$C_{54}H_{69}N_8NaO_{18}S$	D	[55]
12-5-102	lyngbyastatin 7	$C_{48}H_{66}N_8O_{12}$	D	[55]

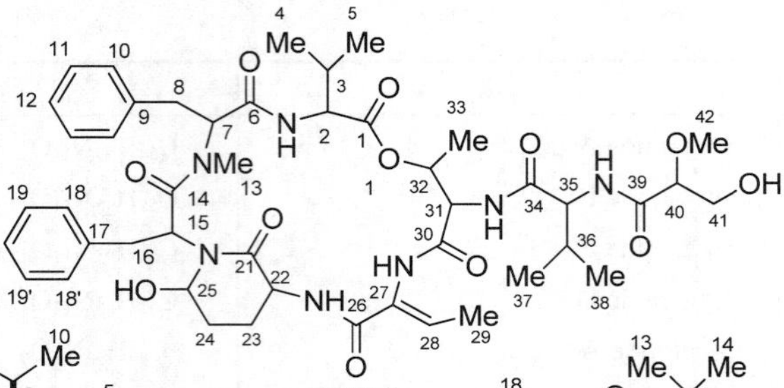

12-5-1

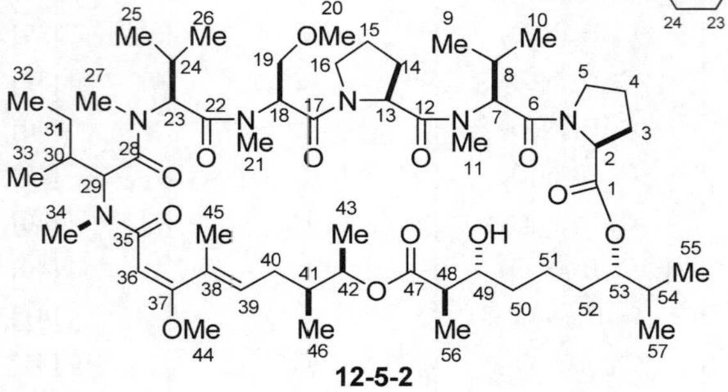

12-5-2

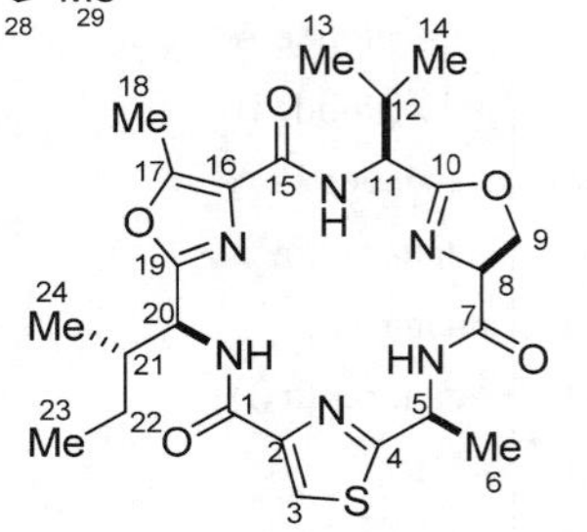

12-5-3

表 12-5-2 dolastatin 类化合物的 ^{13}C NMR 数据[1,24,29]

C	12-5-1	12-5-2	12-5-3	C	12-5-1	12-5-2	12-5-3	C	12-5-1	12-5-2	12-5-3
1	174.4	170.9	159.5	21	171.8	29.8	39.4	41	58.2	38.5	
2	59.1	60.3	149.6	22	49.5	170.7	25.9	42	63.0	74.2	
3	30.9	31.7	123.0	23	22.2	58.9	11.9	43		14.6	
4	19.3	21.9	170.3	24	29.8	27.4	14.5	44		54.9	
5	19.6	46.0	47.0	25	75.8	17.7		45		14.9	
6	171.9	169.2	24.6	26	163.7	20.4		46		13.5	
7	62.4	58.2	170.0	27	129.5	30.8		47		175.5	
8	34.1	27.9	67.6	28	134.1	170.4		48		48.3	
9	137.9	19.0	71.6	29	13.2	57.0		49		74.0	
10	129.7	18.8	169.7	30	169.9	33.3		50		35.7	
11	129.3	29.6	51.9	31	55.4	24.6		51		23.6	
12	127.5	171.2	31.3	32	73.9	11.1		52		32.1	
13	31.6	58.4	16.5	33	21.0	15.9		53		78.5	
14	172.4	27.7	19.0	34	172.5	30.9		54		30.9	
15	51.4	24.2	161.0	35	61.9	167.9		55		19.9	
16	35.2	47.3	128.5	36	29.5	93.4		56		15.2	
17	136.2	166.8	153.5	37	19.4	170.2		57		14.8	
18/18'	129.5	54.8	11.6	38	19.8	133.2					
19/19'	128.6	68.6	160.3	39	172.8	130.4					
20	127.3	58.3	52.9	40	83.4	31.6					

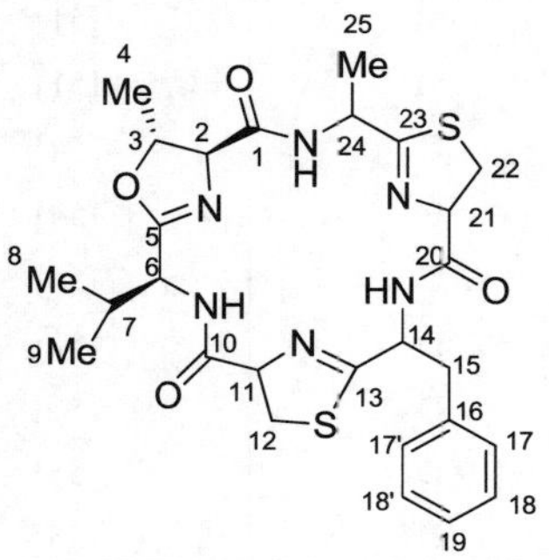

12-5-4

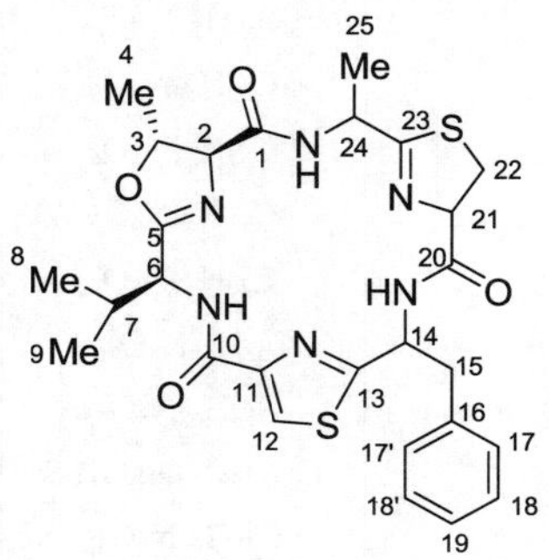

12-5-5

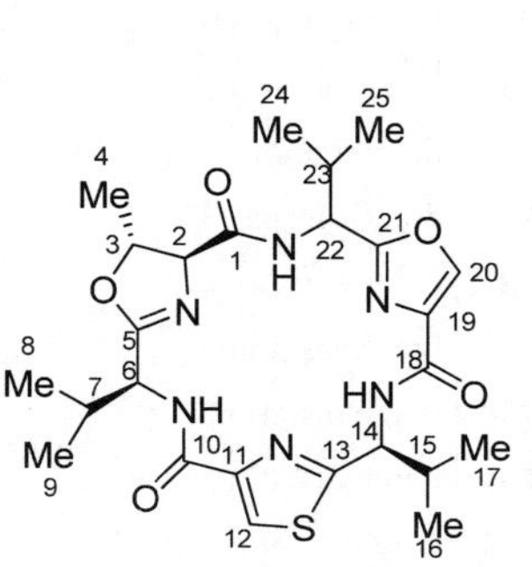

12-5-6

表 12-5-3 bistratamide 类化合物的 ^{13}C NMR 数据[3,13]

C	12-5-4	12-5-5	12-5-6	C	12-5-4	12-5-5	12-5-6	C	12-5-4	12-5-5	12-5-6
1	172.2	170.2	170.5	10	170.1	159.3	160.0	19	127.0	127.2	135.8
2	73.9	73.8	74.1	11	77.6	148.9	148.6	20	175.4	175.6	140.9
3	81.9	80.8	82.5	12	36.1	123.7	123.6	21	78.0	77.9	163.4
4	21.7	21.4	21.8	13	169.6	170.1	167.6	22	36.9	36.5	53.1
5	168.3	168.3	169.4	14	52.6	53.0	56.4	23	168.9	168.0	33.2
6	52.4	51.7	51.9	15	39.2	43.5	34.5	24	48.0	48.1	18.7
7	31.4	31.3	31.2	16	135.2	135.8	18.15	25	21.8	21.8	17.6
8	17.2	15.7	16.3	17/17'	129.5	129.6	17.8				
9	18.9	18.7	19.0	18/18'	128.1	128.6	159.2				

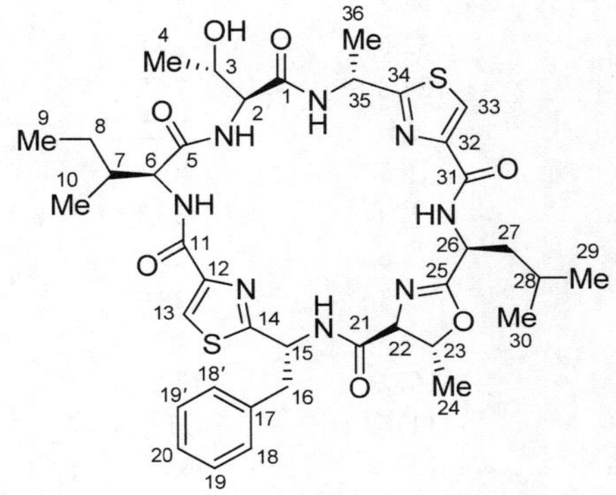

12-5-7

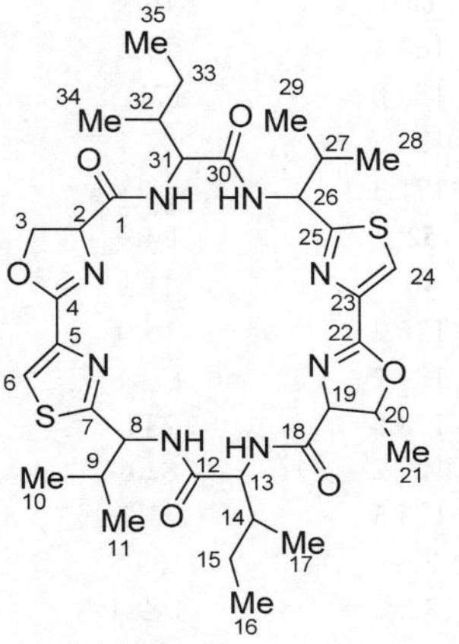

12-5-8

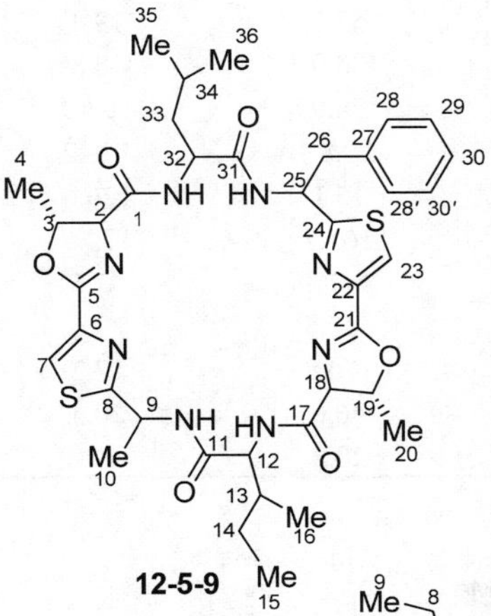

12-5-9

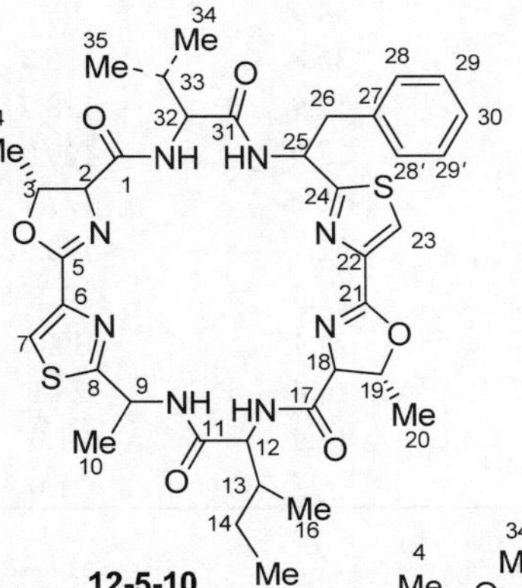

12-5-10

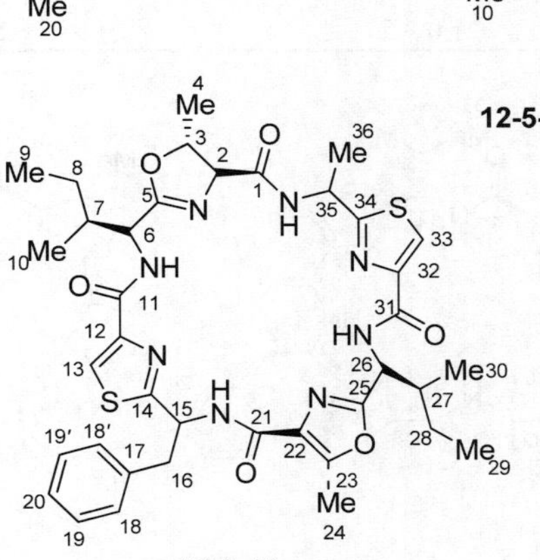

12-5-11

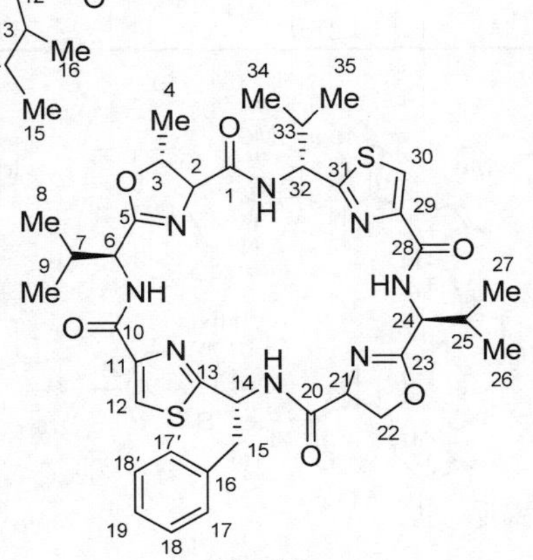

12-5-12

表 12-5-4　patellamide 类化合物的 ^{13}C NMR 数据[2,5, 17,31]

C	12-5-7	12-5-8	12-5-9	12-5-10	12-5-11	12-5-12
1	167.7	169.5	173.3	173.2	173.0	175.5
2	59.7	67.4	73.8	73.6	73.6	73.0
3	66.2	72.2	82.5	82.3	82.4	81.6
4	19.1	169.1	23.2	21.0	21.2	21.1
5	169.5	149.4	168.2	168.0	168.3	170.2
6	54.7	123.0	147.6	147.5	53.2	56.3
7	33.7	160.5	123.6	123.7	33.0	29.3
8	25.9	54.9	161.8	161.8	25.0	19.1
9	10.1	37.1	46.7	46.5	8.8	19.5
10	15.0	19.2	21.0	20.6	15.1	163.7
11	162.1	19.2	173.0	173.0	161.8	148.9
12	148.0	171.5	52.5	52.3	147.8	125.9
13	123.5	52.4	32.9	32.6	123.8	172.5
14	171.3	33.3	25.1	24.8	173.0	54.0
15	52.1	24.9	8.8	8.5	52.2	41.5
16	40.5	11.1	15.0	15.0	40.9	138.0
17/17'	136.2	15.0	172.8	172.6	136.3	130.2
18/18'	129.2	171.8	73.8	73.6	129.3	129.5
19/19'	128.8	73.6	82.1	82.3	128.7	127.9
20	127.2	81.6	21.8	20.8	127.1	175.5
21	173.3	21.7	168.0	167.9	172.6	68.4
22	73.5	168.5	147.2	147.2	73.6	74.7
23	82.4	149.4	123.6	123.5	82.4	171.5
24	21.0	123.0	161.6	161.8	21.1	56.6
25	168.7	160.5	53.3	53.1	168.3	29.3
26	54.4	54.9	40.7	40.7	53.2	19.4
27	40.3	36.8	136.3	136.1	33.0	18.8
28/28'	24.9	17.9	128.7	128.6	24.9	163.0
29/29'	22.6	17.9	129.2	129.1	8.8	148.2
30	22.3	171.5	127.1	127.0	15.1	126.6
31	162.8	52.1	170.8	170.8	161.7	172.5
32	146.9	33.3	47.8	55.8	147.4	57.6
33	123.9	24.7	39.0	27.7	123.6	32.6
34	172.9	10.6	25.1	19.6	170.8	17.2
35	48.0	14.9	21.0	19.1	46.6	20.5
36	21.0		21.0		20.8	

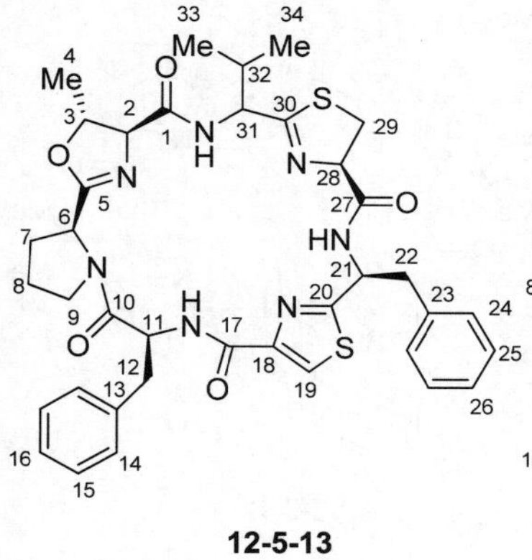

12-5-13 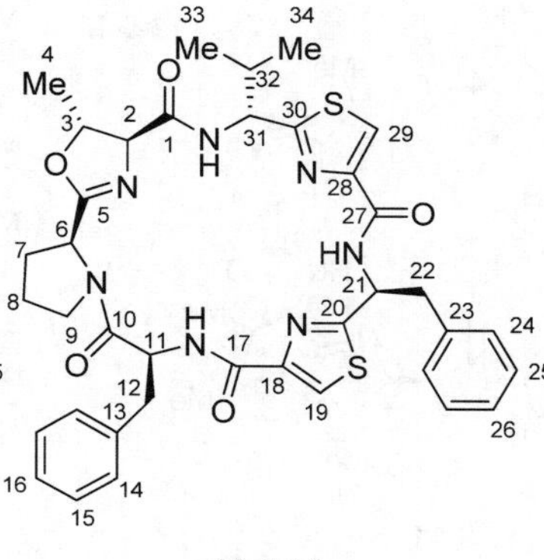　　12-5-14 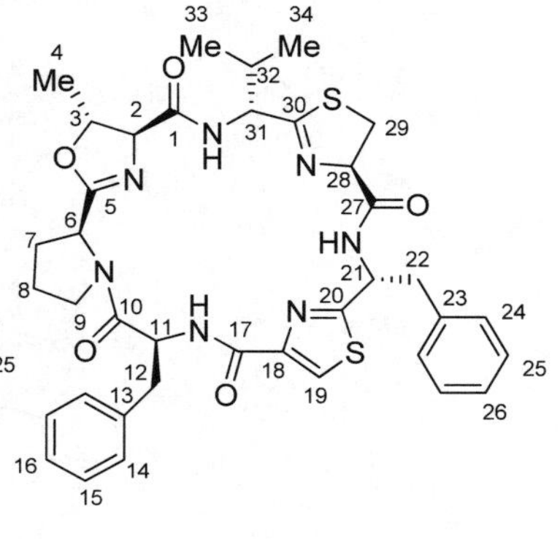　　12-5-15

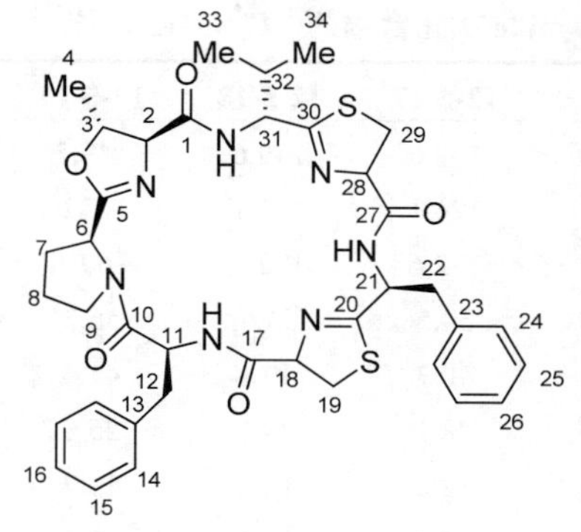

12-5-16

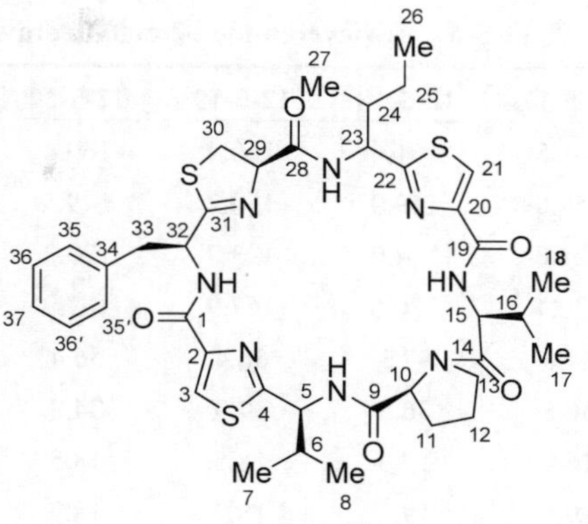

12-5-17

表 12-5-5 lissoclinamide 类化合物的 ^{13}C NMR 数据[2,8,11]

C	12-5-13	12-5-14	12-5-15	12-5-16	C	12-5-13	12-5-14	12-5-15	12-5-16
1	171.3	174.1	172.2	172.1	18	148.3	148.0	148.6	78.1
2	75.2	75.2	75.9	75.7	19	123.0	123.0	124.2	36.2
3	82.3	82.6	81.0	81.1	20	167.8	167.6	170.1	173.0
4	21.8	21.9	21.9	21.7	21	54.3	54.5	52.2	51.7
5	169.2	169.7	169.6	169.7	22	42.4	42.8	41.7	38.9
6	56.7	56.6	56.9	56.4	23	135.9	136.0	135.7	134.8
7	28.5	28.1	29.0	28.7	24	129.9	128.0	128.9	129.5
8	25.3	25.1	25.6	25.3	25	128.6	129.6	129.4	128.4
9	46.9	47.2	47.5	47.1	26	127.2	127.2	127.6	127.0
10	170.4	171.0	169.3	170.8	27	170.5	160.5	182.1	170.8
11	54.1	54.0	52.2	51.9	28	80.1	150.5	79.1	79.7
12	40.4	40.8	38.2	39.4	29	33.9	122.9	36.4	34.8
13	136.1	136.2	135.0	135.7	30	173.8	168.7	172.1	179.8
14	129.9	128.6	128.4	129.7	31	55.4	55.2	56.4	56.4
15	128.6	129.9	129.9	128.6	32	33.2	32.9	31.9	30.7
16	127.2	127.1	126.9	127.4	33	19.4	20.0	19.6	19.7
17	159.6	159.8	159.7	169.5	34	20.0	20.3	15.8	15.9

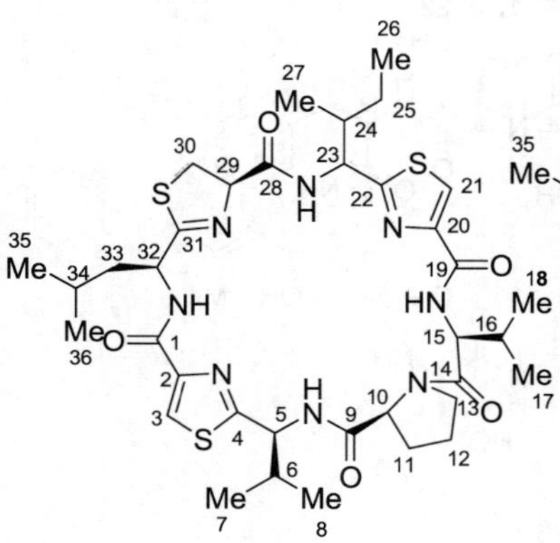

12-5-18

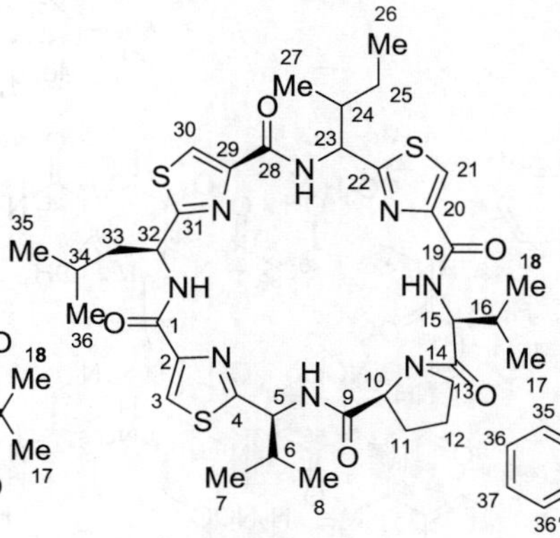

12-5-19

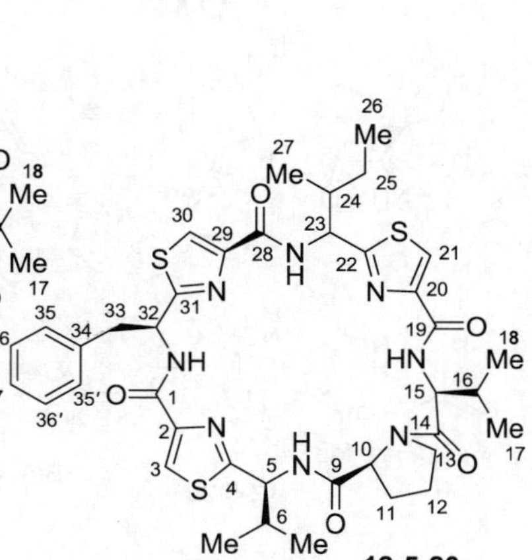

12-5-20

表 12-5-6 tawicyclamide 和 dehydrotawicyclamide 类化合物的 ^{13}C NMR 数据[12]

C	12-5-17	12-5-18	12-5-19	12-5-20	C	12-5-17	12-5-18	12-5-19	12-5-20
1	161.5	161.6	160.4	160.4	20	149.6	149.6	149.5	149.6
2	148.6	149.0	150.2	149.5	21	124.1	124.1	123.6	123.4
3	124.0	124.0	123.2	123.2	22	172.6	172.7	169.1	169.3
4	170.4	170.6	167.9	167.9	23	54.5	54.5	56.2	56.1
5	57.0	57.3	56.4	56.4	24	40.7	40.8	41.4	41.5
6	36.5	36.5	34.9	34.8	25	28.1	28.1	25.3	25.4
7	16.8	17.0	18.5	18.5	26	12.6	12.6	11.7	11.7
8	19.8	19.8	18.7	18.7	27	15.4	15.4	15.1	15.1
9	171.1	171.2	170.5	169.9	28	172.5	172.6	160.5	160.4
10	63.3	63.2	60.7	60.7	29	77.9	78.0	150.9	150.7
11	32.2	32.2	25.4	25.4	30	38.4	38.3	123.6	124.1
12	22.8	22.8	24.7	24.8	31	177.4	178.3	171.1	170.5
13	47.0	46.8	47.5	47.6	32	56.1	53.2	49.6	53.1
14	174.2	174.0	173.3	173.5	33	38.6	41.2	43.9	41.3
15	56.2	56.1	55.5	55.6	34	138.1	25.8	25.2	137.1
16	33.6	33.6	33.1	33.2	35/35'	130.1	22.9	22.0	129.3
17	19.1	19.0	18.3	18.1	36/36'	129.0	23.0	22.3	128.6
18	19.6	19.5	20.0	19.9	37	127.4			127.0
19	160.3	160.3	160.8	160.7					

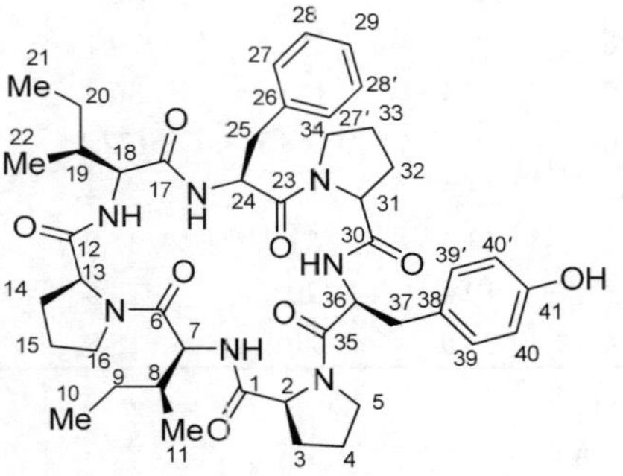

12-5-21

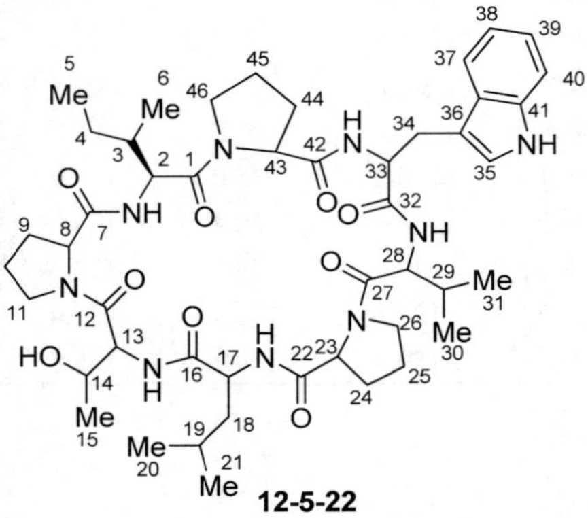

12-5-22

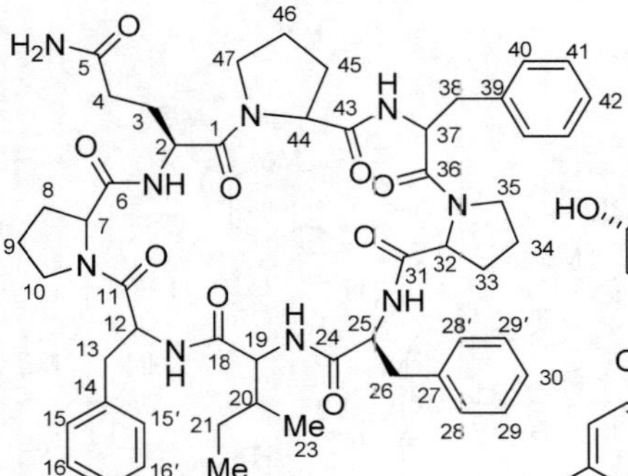

12-5-23

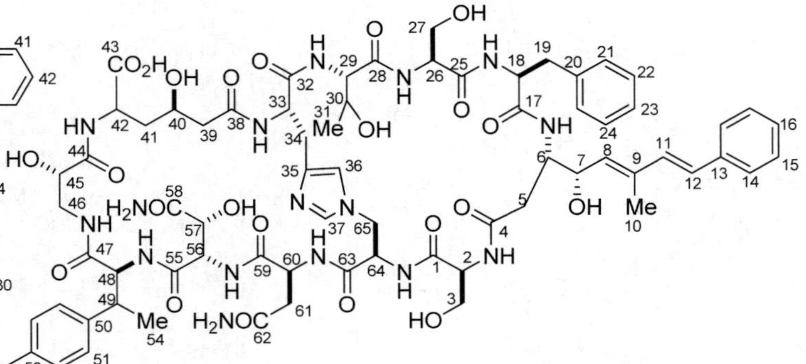

12-5-25

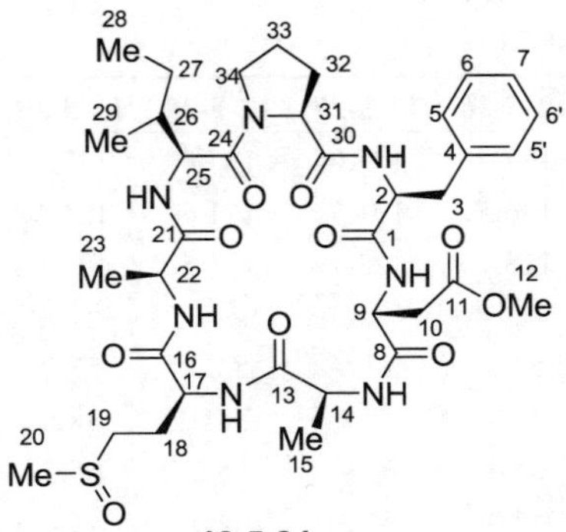

12-5-24

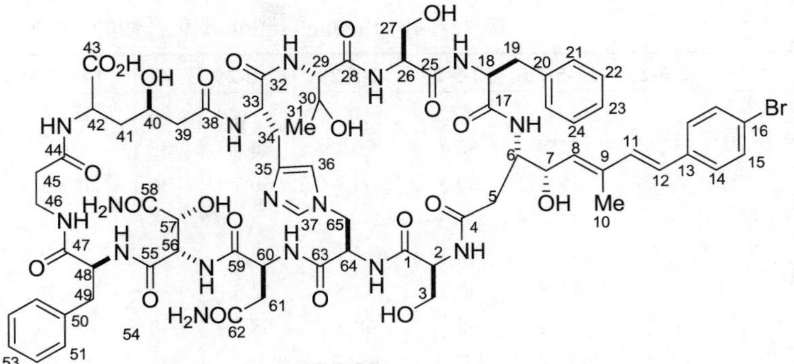

12-5-26

表 12-5-7 phakellistatin 类化合物的 ^{13}C NMR 数据[14,18,46]

C	12-5-21	12-5-22	12-5-23	12-5-24	C	12-5-21	12-5-22	12-5-23	12-5-24
1	171.9	171.7	168.4	172.5	25	38.6	30.4	53.6	38.4
2	62.8	55.8	51.2	58.6	26	135.1	48.3	35.4	172.9
3	29.8	35.7	24.7	37.6	27/27'	129.8	171.0	139.6	48.8
4	26.1	25.6	30.8	137.8	28/28'	129.4	55.2	128.5	16.1
5/5'	62.8	15.1	173.0	129.2	29/29'	128.1	29.4	127.5	170.9
6/6'	171.2	10.6	171.1	128.9	30	171.0	19.5	125.5	58.1
7	55.5	171.0	57.8	27.2	31	60.7	18.8	169.5	36.8
8	40.3	61.4	28.8	172.0	32	31.3	170.6	59.6	25.3
9	26.4	30.4	24.7	49.8	33	21.9	54.8	29.3	11.2
10	12.3	25.2	46.3	36.4	34	47.3	25.7	20.8	15.3
11	15.9	49.0	169.5	173.3	35	171.1	123.8	45.8	171.0
12	170.0	170.6	53.9	52.7	36	54.3	111.3	169.5	61.4
13	61.7	57.4	37.2	172.9	37	36.7	127.9	53.9	31.4
14	32.2	68.9	135.9	53.5	38	129.7	118.7	37.5	21.6
15/15'	22.0	19.3	129.2	16.9	39	130.4	119.6	135.9	46.6
16/16'	46.9	171.6	128.5	170.6	40	115.5	122.3	129.2	
17	169.3	54.8	127.0	53.2	41	155.5	112.1	128.5	
18	57.3	36.4	171.4	25.4	42		136.8	127.0	
19	9.1	25.4	56.6	50.6	43		172.1	171.1	
20	24.9	23.5	36.0	38.4	44		60.5	59.7	
21	11.8	21.1	14.8	170.6	45		29.4	30.0	
22	14.0	171.0	25.1	53.2	46		25.5	21.5	
23	169.7	63.0	10.8	24.7	47		48.2	46.2	
24	54.9	30.0	168.1	50.8					

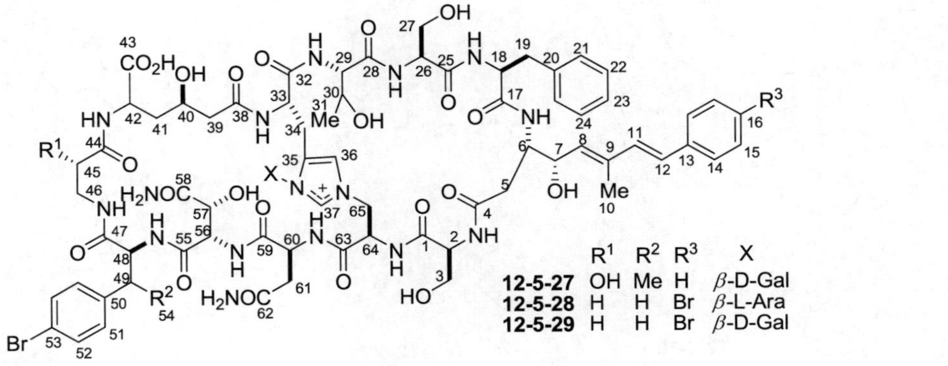

	R^1	R^2	R^3	X
12-5-27	OH	Me	H	β-D-Gal
12-5-28	H	H	Br	β-L-Ara
12-5-29	H	H	Br	β-D-Gal

表 12-5-8　theonellamide 类化合物的 ^{13}C NMR 数据[19]

C	12-5-25	12-5-26	12-5-27	12-5-28	12-5-29	C	12-5-25	12-5-26	12-5-27	12-5-28	12-5-29
1			172.1			34	137.6	137.4	137.0	137.0	137.0
2	55.8	55.7	56.4	56.4	56.4	35	136.6	136.5	131.7	131.6	131.5
3	61.0	61.0	60.8	60.7	60.7	36	118.5	118.7	123.7	123.5	123.6
4			171.9			37			171.3		
5	37.2	37.3	37.1	37.1	37.1	38	52.2	52.5	52.5	53.0	53.0
6	52.4	52.5	52.5	52.5	52.5	39	38.7	38.0	38.9	38.4	38.6
7	68.3	68.4	68.3	68.3	68.3	40	65.6	65.4	65.4	65.5	65.5
8	132.5	133.2	132.5	133.2	133.2	41	44.0	44.0	44.2	44.5	44.4
9	135.8	135.6	135.8	135.6	135.6	42			175.7		
10	13.1	13.0	13.1	13.1	13.0	43			172.0		
11	133.6	134.5	133.6	134.5	134.5	44	69.7	34.8	69.5	34.8	34.9
12	128.1	126.8	128.1	126.8	126.8	45	43.1	36.4	43.3	36.7	36.6
13	137.6	136.5	137.6	136.9	136.9	46			171.2		
14	126.6	128.6	126.6	128.6	128.6	47	58.9	56.0	59.1	55.4	55.4
15	129.2	132.0	129.2	132.0	132.0	48	39.5	37.3	39.7	36.7	36.8
16	127.9	120.6	127.9	120.1	120.1	49			17.3		
17			171.0			50	141.7	136.3	141.6	137.0	137.0
18	54.5	54.6	54.4	54.5	54.5	51	130.5	129.4	130.5	131.6	131.6
19	38.7	38.7	38.9	38.9	38.9	52	131.2	128.7	131.3	131.5	131.5
20	137.2	137.8	137.0	137.1	137.1	53	120.0	126.8	120.0	120.6	120.6
21	129.5	129.5	129.5	129.5	129.5	54					
22	128.7	128.7	128.7	128.7	128.7	55			170.9		
23	127.0	127.0	127.0	127.0	127.0	56	54.5	54.4	54.3	54.2	54.2
24			169.5			57	71.8	72.0	72.1	72.5	72.5
25	56.4	55.3	56.2	56.3	56.2	58			174.2		
26	61.3	61.5	61.6	61.7	61.6	59			170.4		
27			171.8			60	51.0	51.1	51.7	51.5	51.5
28	58.2	58.3	58.5	58.4	58.4	61	37.4	37.1	36.9	36.8	36.7
29	68.3	68.6	68.5	68.6	68.4	62			172.1		
30	21.0	21.1	21.1	21.2	21.1	63			169.3		
31			170.7			64	52.1	52.0	50.9	50.9	50.9
32	55.0	56.5	54.6	54.6	54.6	65	47.5	47.6	50.2	50.0	50.1
33	31.1	30.8	25.9	26.0	25.8						

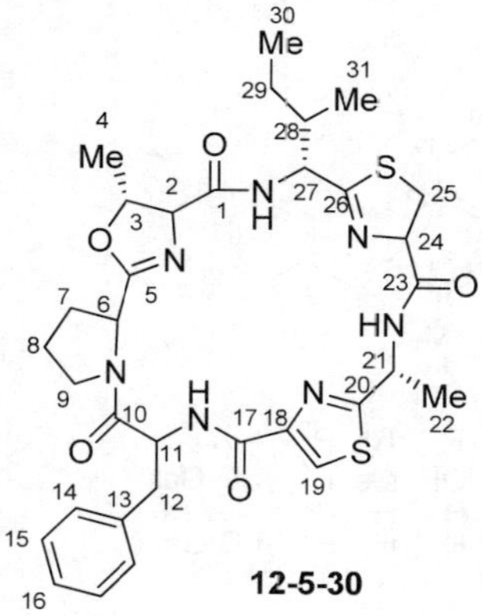

12-5-30 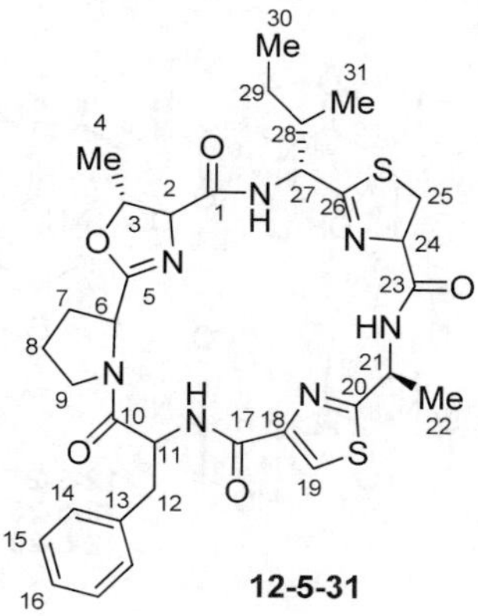　　**12-5-31** 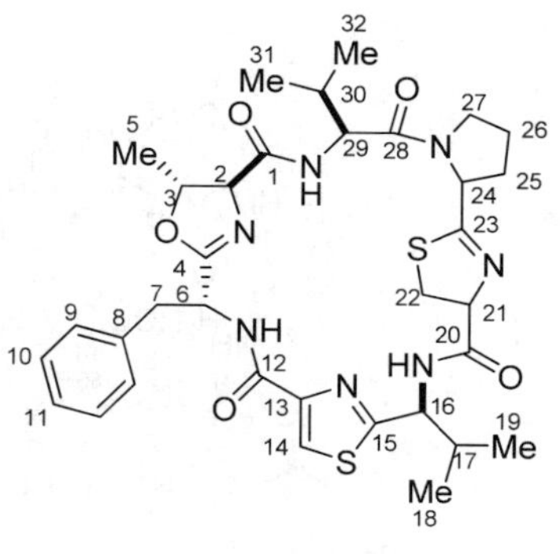　　**12-5-32**

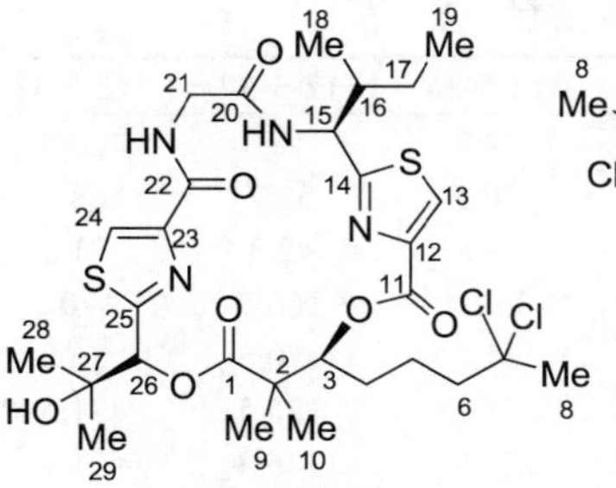

12-5-33 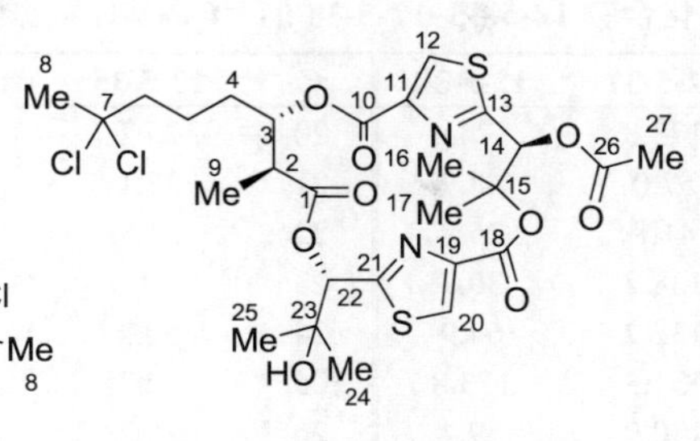　　12-5-34 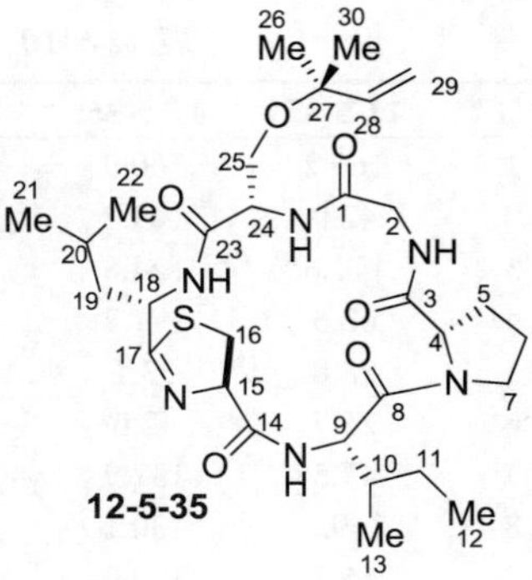　　12-5-35

表 12-5-9　化合物 12-5-30~12-5-34 的 ^{13}C NMR 数据[7,26,36,42]

C	12-5-30	12-5-31	12-5-32	12-5-33	12-5-34	C	12-5-30	12-5-31	12-5-32	12-5-33	12-5-34
1	182.5	174.6	171.1	173.1	173.0	17	171.8	170.6	29.6	25.4	21.9
2	75.6	74.9	73.7	46.6	42.6	18	148.3	148.0	20.7	11.2	160.4
3	80.8	81.6	81.7	78.1	75.1	19	123.6	123.3	19.4	14.9	147.4
4	169.1	169.0	168.9	29.4	30.9	20	159.6	159.1	170.6	168.2	127.7
5	21.6	21.6	21.8	22.3	20.8	21	47.0	47.2	78.2	42.9	165.2
6	56.6	56.3	47.7	49.2	49.3	22	21.9	24.4	36.7	161.0	77.9
7	28.7	28.5	39.0	90.0	90.4	23	171.7	170.5	179.9	148.1	71.6
8	26.5	25.0	135.5	37.1	37.2	24	78.7	78.7	60.2	126.5	26.7
9	47.3	46.8	129.5	24.1	15.0	25	36.2	35.2	30.2	164.6	25.8
10	171.8	170.7	128.3	20.4	161.1	26	169.1	169.9	25.3	77.1	168.7
11	52.0	52.8	1271.	161.5	147.0	27	54.1	53.1	47.6	71.8	20.8
12	37.7	40.2	160.5	146.8	128.5	28	38.4	38.5	170.5	25.8	
13	135.5	135.5	147.8	127.9	166.2	29	25.4	24.9	53.8	27.0	
14	128.2	128.2	124.2	168.5	74.7	30	11.7	10.1	31.1		
15	129.9	129.6	169.7	55.0	81.9	31	14.0	14.7	20.1		
16	126.7	126.9	55.5	40.0	24.4	32			14.7		

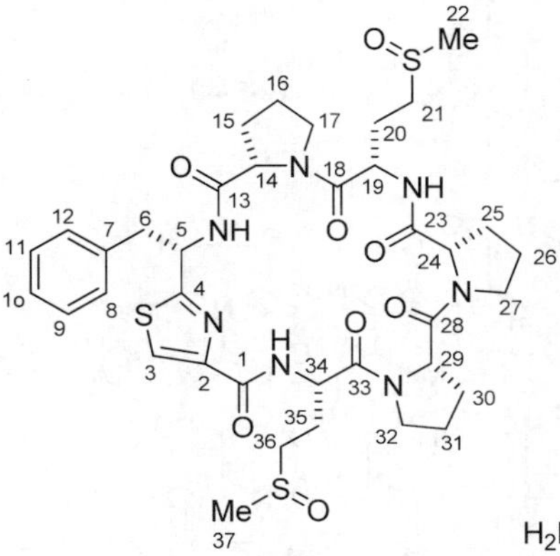

12-5-36 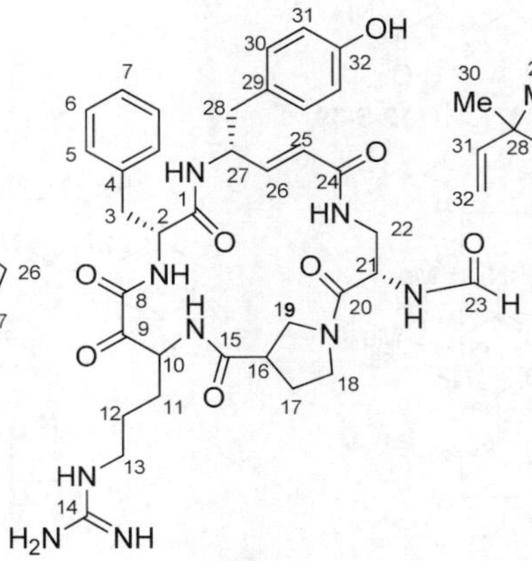　　12-5-37 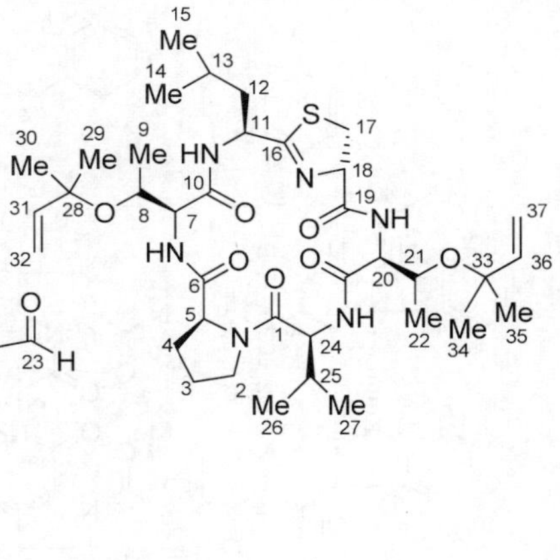　　12-5-38

表 12-5-10　化合物 12-5-35~12-5-38 的 ^{13}C NMR 数据[22,23,9,10,15]

C	12-5-35	12-5-36	12-5-37	12-5-38	C	12-5-35	12-5-36	12-5-37	12-5-38
1	169.2	160.9	173.8	174.4	20	25.2	24.7	173.1	60.9
2	42.9	149.2	57.0	48.9	21	23.1	50.5	51.7	68.4
3	171.6	124.8	41.8	25.8	22	21.3	38.9	42.3	21.2
4	62.5	171.2	138.2	30.7	23	171.0	172.4	166.7	170.2
5	28.8	53.1	132.2	64.9	24	50.8	61.7	170.5	56.8
6	25.7	42.6	131.3	173.8	25	62.3	31.3	125.5	31.5
7	47.5	137.9	130.0	59.4	26	26.2	22.6	146.3	21.1
8	169.7	130.1	174.7	68.1	27	76.9	46.7	55.5	18.0
9	55.2	129.0		21.4	28	142.5	170.7	40.5	76.2
10	37.2	127.4	57.4	171.4	29	114.9	60.1	132.4	28.0
11	16.1	129.0	26.1	50.4	30	25.1	29.1	133.4	28.0
12	22.8	130.1	27.3	44.0	31		25.7	118.5	145.9
13	11.5	171.4	43.7	25.3	32		48.5	157.4	113.3
14	171.1	61.0	159.7	23.2	33		169.5		76.1
15	78.0	28.4	176.2	22.6	34		50.7		26.7
16	36.0	25.0	33.1	170.9	35		26.3		26.3
17	175.8	48.0	27.5	34.2	36		49.8		145.8
18	50.5	173.0	51.6	79.3	37		38.4		113.6
19	42.5	52.1	63.5	170.5					

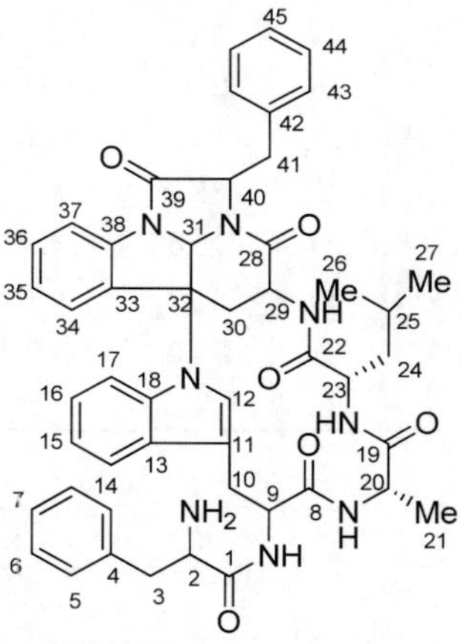

12-5-39

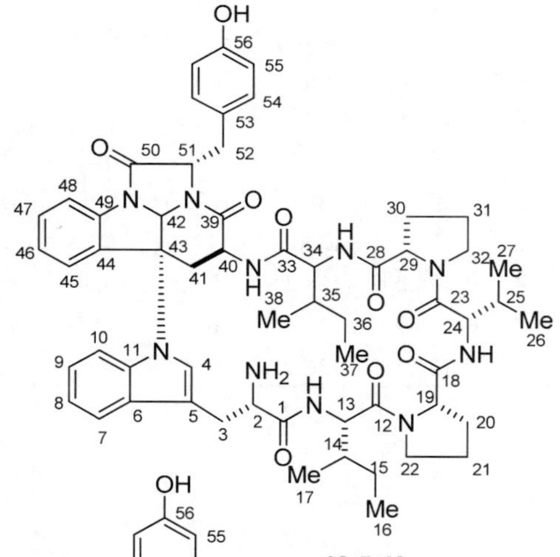

12-5-40

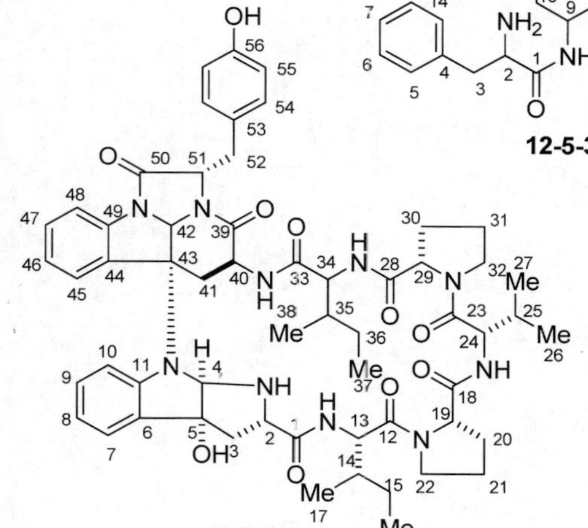

12-5-41

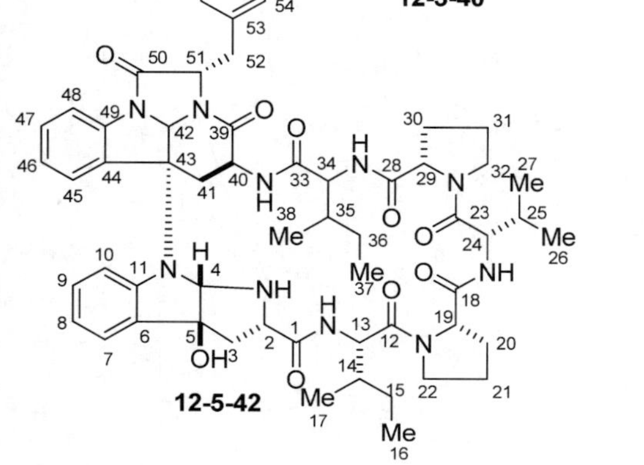

12-5-42

表 12-5-11　kapakahine 类化合物的 ^{13}C NMR 数据[25]

C	12-5-39	12-5-40	12-5-41	12-5-42	C	12-5-39	12-5-40	12-5-41	12-5-42
1	169.2	169.1	173.7	177.0	30	38.9	27.0	29.0	31.5
2	55.8	55.9	61.6	64.7	31	83.4	25.7	25.8	22.4
3	38.4	27.8	46.9	47.1	32	69.3	49.2	49.1	47.2
4	135.6	124.5	87.2	93.2	33	135.5	173.5	172.3	173.8
5	130.7	109.7	89.6	88.3	34	125.2	58.4	58.7	61.4
6	130.3	131.0	132.8	134.5	35	127.1	39.9	39.1	37.6
7	129.1	120.3	125.2	124.0	36	131.6	25.5	26.0	25.4
8	172.4	121.0	119.1	121.1	37	115.9	11.9	11.3	11.7
9	55.4	123.5	130.2	130.2	38	140.6	15.9	15.6	16.6
10	27.7	111.8	108.5	111.9	39	173.1	168.3	169.7	168.6
11	126.4	135.8	148.8	147.6	40	65.8	48.2	48.4	50.3
12	111.9	170.4	173.3	171.4	41	37.6	38.3	37.2	38.1
13	132.2	57.1	58.4	56.1	42	137.3	82.5	80.9	83.3
14	120.0	39.6	37.6	40.2	43	130.9	68.4	65.9	69.4
15	121.1	25.6	26.6	25.7	44	129.7	135.3	136.9	136.1
16	123.0	11.6	11.1	11.7	45	128.6	124.6	127.7	124.7
17	112.2	14.9	15.1	15.2	46		126.8	126.6	126.8
18	135.4	172.5	172.9	172.6	47		131.3	130.2	130.2
19	175.1	62.5	62.7	60.7	48		115.6	115.0	115.1
20	52.5	33.0	30.8	32.3	49		140.3	140.2	141.7
21	17.7	23.1	22.5	22.9	50		172.8	172.7	173.0
22	175.4	47.4	46.7	47.7	51		65.9	67.2	66.4
23	53.8	174.8	174.9	174.8	52		36.5	36.5	36.6
24	40.8	58.5	59.2	59.0	53		127.5	127.2	127.5
25	26.1	30.8	31.3	31.8	54		131.3	131.4	132.4
26	22.7	19.4	19.6	19.2	55		116.2	116.4	116.3
27	23.2	19.5	20.2	19.8	56		157.3	157.9	158.3
28	169.5	171.4	173.1	173.8	57		116.2	116.4	116.3
29	49.4	62.2	62.6	62.9	58		131.3	131.4	132.4

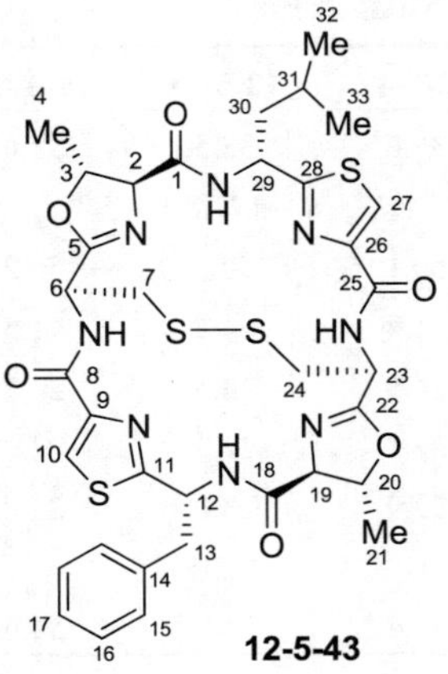

12-5-43 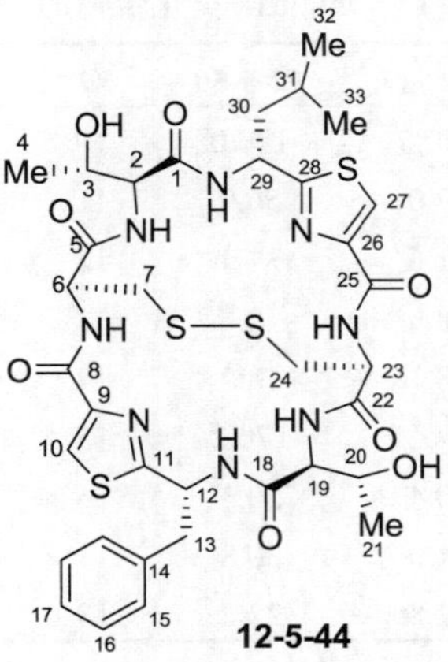　**12-5-44** 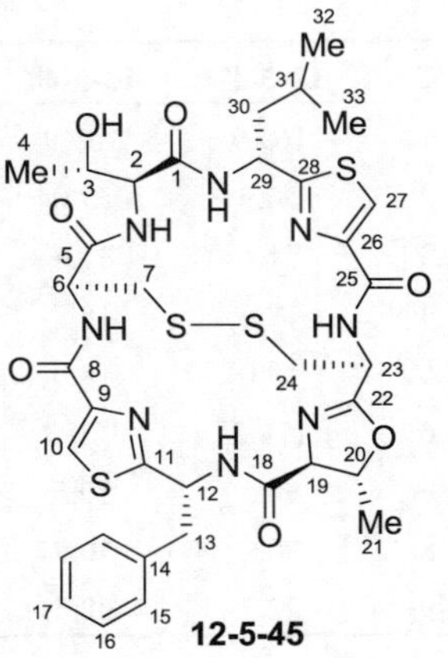　**12-5-45**

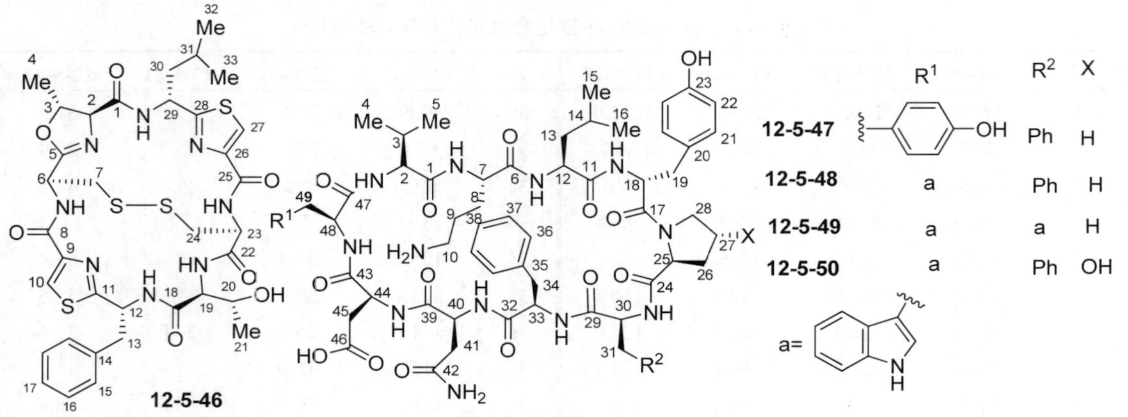

	R^1	R^2	X
12-5-47	4-hydroxyphenyl (drawn as a structure)	Ph	H
12-5-48	a	Ph	H
12-5-49	a	a	H
12-5-50	a	Ph	OH

a= 3-indolyl (drawn as a structure)

12-5-46

表 12-5-12　ulithiacyclamide 类化合物的 ^{13}C NMR 数据[31]

C	12-5-43	12-5-44	12-5-45	12-5-46	C	12-5-43	12-5-44	12-5-45	12-5-46
1	169.9	169.4	169.8	169.7	18	169.9	169.5	169.6	169.4
2	73.4	58.5	59.8	73.0	19	73.6	58.6	73.1	60.1
3	65.2	80.4	59.8	79.2	20	80.4	65.3	79.2	65.3
4	21.3	20.0	19.9	21.0	21	21.4	20.2	20.9	19.5
5	166.6	169.3	168.0	168.0	22	166.5	169.6	168.0	167.9
6	47.6	53.6	51.8	52.1	23	47.6	53.6	49.6	49.7
7	46.1	43.6	44.3	43.0	24	46.1	43.6	43.0	44.3
8	160.0	159.4	159.0	159.0	25	160.0	159.4	160.0	160.0
9	148.0	148.6	147.6	147.4	26	148.4	148.8	147.7	148.1
10	126.2	124.2	124.4	124.0	27	125.8	123.8	125.3	125.2
11	170.6	170.6	168.5	170.1	28	169.0	171.7	172.8	171.5
12	52.1	52.2	52.0	52.1	29	48.5	48.8	48.6	48.5
13	42.1	41.4	42.5	41.2	30	46.3	44.4	44.3	46.6
14	136.4	136.9	136.5	137.1	31	24.6	24.4	24.3	24.2
15	129.6	129.2	129.2	129.2	32	22.2	21.4	20.6	22.5
16	128.5	128.1	128.1	127.9	33	22.6	22.7	22.9	22.2
17	127.0	126.5	126.6	126.3					

表 12-5-13　loloatin 类化合物的 ^{13}C NMR 数据[33]

C	12-5-47	12-5-48	12-5-49	12-5-50	C	12-5-47	12-5-48	12-5-49	12-5-50
1	169.9	169.9	170.0	170.0	10	38.6	38.5	38.6	38.5
2	56.9	57.0	57.0	56.9	11	171.7	171.8		171.8
3	31.4	31.4	31.6	31.4	12	50.1	50.2	50.2	50.1
4	18.6	18.7	18.9	18.6	13	41.4	41.5	41.5	413
5	18.0	18.0	18.1	18.0	14	24.5	24.5	24.7	24.4
6	170.2	170.3		170.2	15	22.1	22.2	22.0	22.1
7	50.5	50.5	50.4	50.3	16	22.9	23.0	23.0	22.8
8	30.9	30.9	31.0	30.8	17		171.5		171.4
9	22.7	22.6	22.8	22.7	18	54.4	54.3	54.6	54.3

续表

C	12-5-47	12-5-48	12-5-49	12-5-50	C	12-5-47	12-5-48	12-5-49	12-5-50
19	34.8	34.7	34.9	34.8	35	137.3	137.4	137.5	137.4
20	125.9	126.0	126.0	126.0	36	129.1	129.2	129.3	129.2
21	130.2	130.2	130.3	129.9	37	127.8	127.6	127.8	127.6
22	114.9	114.9	114.9	114.9	38	126.0	126.0	126.2	126.0
23	156.3	156.2	156.3	156.2	39		170.2		170.2
24	169.2	169.2	169.2	169.2	40	49.0	49.0	49.1	49.0
25	59.6	59.5	59.7	58.2	41	35.1	35.2	36.0	35.2
26	28.4	28.3	28.5	36.7	42	173.1	173.0	173.2	173.0
27	21.9	21.9	22.0	66.4	43	170.3	170.1	170.2	170.1
28	45.7	45.8	45.9	52.7	44	52.1	52.0	52.1	52.0
29	172.2	172.1	171.6	172.1	45	34.9	34.7	34.9	34.5
30	53.4	53.4	52.7	53.4	46	171.4			
31	37.0	37.5	34.9	36.9	47	171.0	171.0	171.0	170.9
32	170.5	170.5	170.5	170.5	48	56.2	55.5	55.6	55.4
33	52.7	52.7	53.4	52.7	49	37.1	28.4	28.3	28.2
34	40.5	39.5	39.5	39.5					

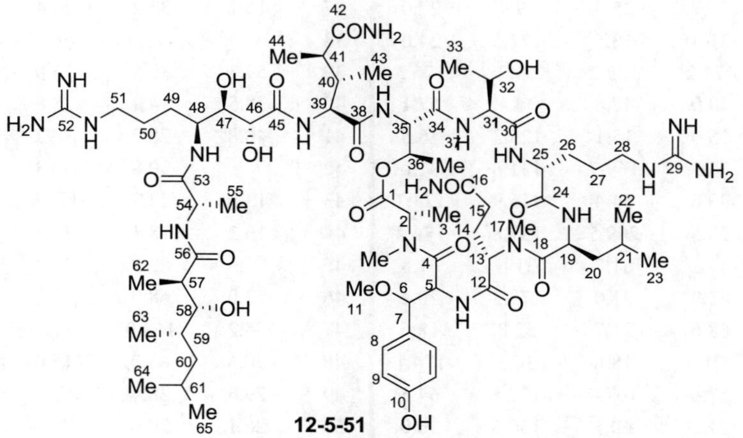

12-5-51

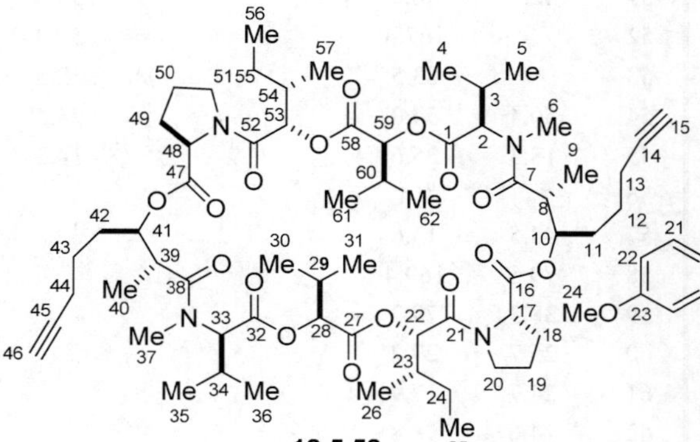

12-5-52

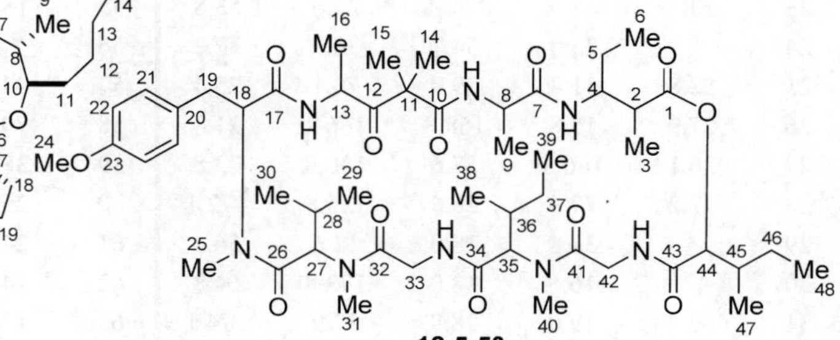

12-5-53

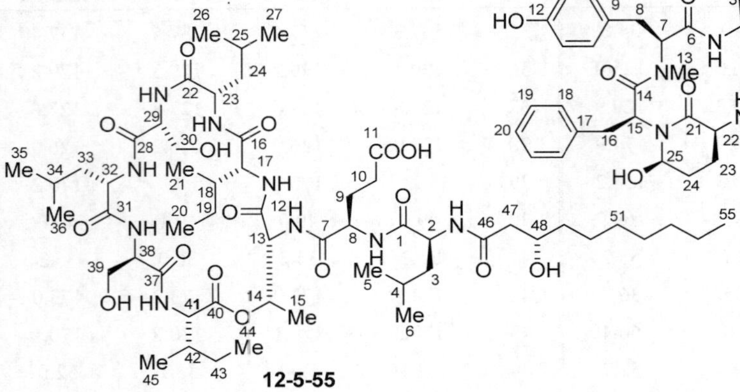

表 12-5-14　化合物 12-5-51~12-5-55 的 ^{13}C NMR 数据[6,20,21,28,34]

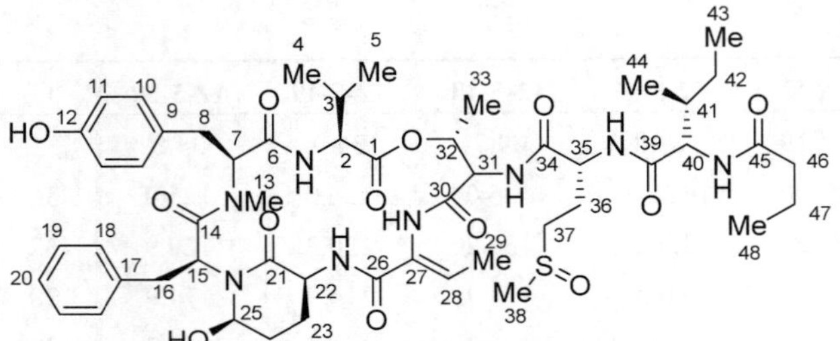

C	12-5-51	12-5-52	12-5-53	12-5-54	12-5-55	C	12-5-51	12-5-52	12-5-53	12-5-54	12-5-55
1		171.9	169.4	175.7	175.5	33	21.0	60.8	40.1	19.7	42.0
2	50.1	59.6	42.0	60.2	53.8	34		29.3	170.5	176.4	25.3
3	13.7	28.2	50.7	31.7	39.0	35	56.5	20.1	60.6	53.7	21.4
4		19.5	9.3	19.5	25.4	36	72.2	19.9	36.9	25.7	23.3
5	53.4	19.7	25.5	19.7	22.0	37	15.1	32.2	24.4	50.9	171.7
6	84.1	31.3	10.5	172.5	24.0	38		175.4	9.6	38.6	57.0
7	129.2	174.2	172.2	63.2	176.5	39	59.3	39.5	15.0	174.0	63.0
8	131.1	40.0	47.8	34.4	57.1	40	38.5	14.4	28.8	59.3	57.0
9	116.2	15.0	15.1	129.3	26.5	41	40.8	78.2	169.6	38.0	36.8
10	158.5	75.3	169.7	131.8	31.0	42		30.8	40.3	16.1	25.1
11	56.9	30.6	54.4	116.9	174.1	43	13.3	23.2	172.0	26.1	16.2
12		23.5	209.5	157.8	174.4	44	16.2	18.1	77.8	11.4	12.2
13	56.7	18.2	51.7	31.6	61.8	45		82.8	32.3	176.1	169.7
14	26.4	83.9	21.0	173.3	70.1	46	72.0	68.9	23.3	38.9	174.7
15	32.4	68.6	21.7	52.8	18.6	47	75.2	168.9	11.2	20.3	44.6
16	30.6	171.4	18.6	36.3	174.1	48	50.6	63.0	15.0	14.1	70.1
17		57.6	167.4	137.7	64.5	49	29.6	28.4			38.3
18		31.5	60.5	130.6	36.0	50	26.1	20.6			26.1
19	49.7	26.2	34.1	129.2	26.7	51	42.2	46.6			30.3
20	39.6	46.7	128.1	127.7	16.6	52		167.3			30.0
21	25.4	168.9	113.7	171.0	10.7	53		83.5			32.5
22	21.6	77.2	129.9	50.6	171.1	54	50.4	34.0			23.3
23	23.5	35.0	158.1	22.6	53.8	55	18.3	25.6			14.3
24		23.0	54.7	30.9	37.2	56		9.4			
25	52.8	11.4	29.9	76.1	25.4	57	44.5	13.6			
26	27.9	15.8	168.8	166.2	21.8	58	79.5	169.4			
27	26.1	166.3	57.6	130.8	23.8	59	38.3	79.2			
28	42.2	77.3	26.5	135.8	172.1	60	25.7	29.2			
29		30.8	18.0	13.6	56.1	61	24.7	17.9			
30		16.6	18.0	173.8	64.8	62	14.6	18.8			
31	63.4	19.0	28.8	57.9	174.1	63	17.7				
32	66.8	173.2	171.5	73.5	55.2	64	21.6				

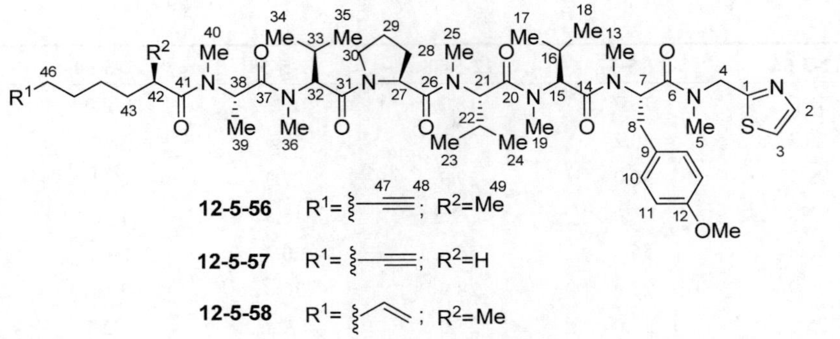

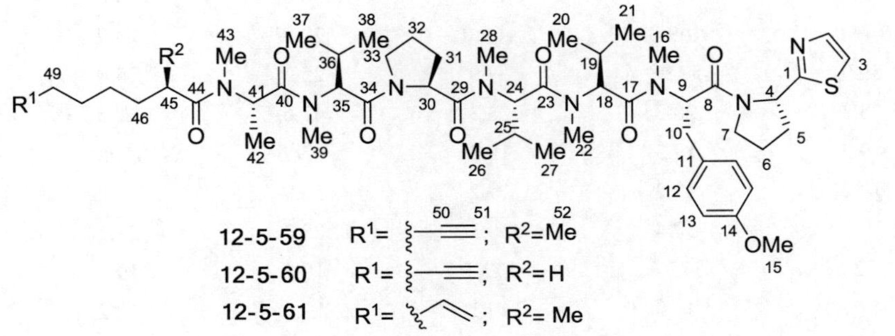

12-5-56 R^1= ≡ (47, 48); R^2=Me (49)

12-5-57 R^1= ≡; R^2=H

12-5-58 R^1= vinyl; R^2=Me

12-5-59 R^1= ≡ (50, 51); R^2=Me (52)

12-5-60 R^1= ≡; R^2=H

12-5-61 R^1= vinyl; R^2= Me

表 12-5-15 apramide 类化合物的 ^{13}C NMR 数据[37]

C	12-5-56	12-5-57	12-5-58	12-5-59	12-5-60	12-5-61
1	166.3	166.3	166.3	171.9	172.0	171.9
2	142.5	142.5	142.5	142.4	142.4	142.4
3	119.9	119.9	119.9	118.9	118.8	118.8
4	49.3	49.3	49.3	58.5	58.5	58.5
5	35.0	35.0	35.0	31.1	31.	31.1
6	169.7	169.7	169.7	24.6	24.6	24.6
7	54.0	54.0	54.0	47.0	47.0	47.0
8	34.7	34.7	34.7	169.3	169.3	169.3
9	129.3	129.2	129.3	55.4	55.4	55.4
10	131.0	131.0	131.0	34.5	34.5	34.5
11	114.1	114.1	114.2	129.2	129.2	129.2
12	159.2	159.2	159.2	130.5	130.5	130.5
13	30.4	30.4	30.4	114.2	114.2	114.2
14	169.2	169.2	169.2	159.2	159.2	159.2
15	58.7	58.7	58.7	54.9	54.9	54.9
16	27.0	27.0	27.0	30.9	30.9	30.9
17	17.6	17.6	17.6	170.2	170.2	170.2
18	19.9	19.9	19.9	58.8	58.8	58.8
19	29.2	29.2	29.2	27.2	27.2	27.2
20	170.0	170.0	170.0	17.7	17.7	17.7
21	58.9	58.9	58.9	20.1	20.1	20.1
22	27.3	27.3	27.3	29.3	29.4	29.3

续表

C	12-5-56	12-5-57	12-5-58	12-5-59	12-5-60	12-5-61
23	18.7	18.7	18.7	169.9	170.0	170.0
24	20.3	20.2	20.3	58.9	58.9	58.9
25	29.9	30.0	29.9	27.3	27.3	27.3
26	172.6	172.5	172.5	18.8	18.8	18.8
27	56.8	56.8	56.8	20.2	20.2	20.2
28	28.9	28.9	28.9	30.0	30.0	30.0
29	25.0	25.0	25.0	172.6	172.5	172.6
30	47.6	47.6	47.6	56.8	56.8	56.8
31	169.0	169.0	169.0	28.9	28.9	28.9
32	59.9	59.98	59.9	25.0	25.0	25.0
33	28.3	28.3	28.3	47.6	47.6	47.6
34	19.2	19.3	19.2	169.0	169.0	169.0
35	19.2	19.2	19.2	59.9	59.98	59.9
36	30.3	30.4	30.3	28.3	28.3	28.3
37	172.6	172.6	172.5	19.2	19.3	19.2
38	49.1	49.0	49.1	19.2	19.2	19.2
39	14.9	14.8	14.9	30.3	30.4	30.3
40	29.9	30.0	29.9	172.6	172.6	172.6
41	175.4	171.7	175.5	49.1	49.0	49.1
42	36.0	33.3	36.1	14.9	14.8	14.9
43	33.8	24.7	34.2	29.0	30.0	29.9
44	26.9	28.6	27.4	175.4	171.7	175.5
45	28.8	28.5	29.3	36.0	33.3	36.1
46	18.5	18.5	34.0	18.1		18.1
47	84.3	84.3	139.0	33.8	24.7	34.2
48	68.9	68.9	114.6	26.9	28.6	27.4
49				28.8	28.5	29.3
50				84.3	84.3	139.0
51				68.9	68.9	114.6
52				18.5		18.5

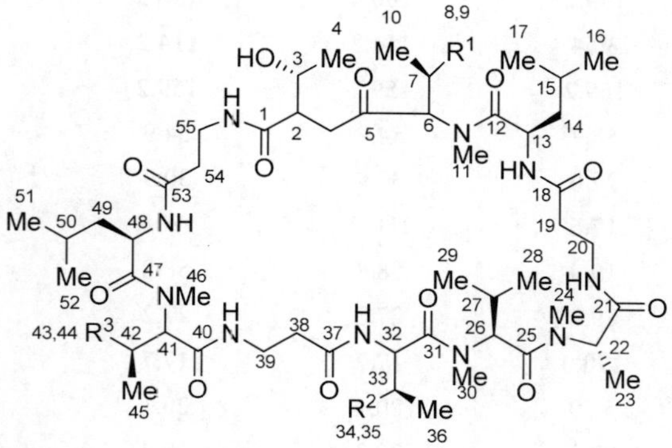

	R^1	R^2	R^3
12-5-62	Et	Et	Et
12-5-63	Et	Et	Me
12-5-64	Et	Me	Et
12-5-65	Me	Et	Et

表 12-5-16 barangamide 类化合物的 ^{13}C NMR 数据[38]

C	12-5-62	12-5-63	12-5-64	12-5-65	C	12-5-62	12-5-63	12-5-64	12-5-65
1	174.5	174.6	174.5	174.5	29	19.1	19.1	19.1	19.1
2	52.7	52.6	52.7	52.6	30	31.3	31.4	31.5	31.4
3	64.6	64.7	64.7	64.8	31	173.6	173.5	173.4	173.6
4	21.9	21.9	21.8	21.8	32	53.3	53.4	54.9	53.3
5	169.3	169.4	169.6	169.2	33	37.6	37.6	31.5	37.6
6	64.7	64.4	64.8	66.1	34	25.6	25.6		25.6
7	32.4	32.4	32.4		35	11.1	11.2	19.1	11.2
8	26.4	26.4	26.4	26.3	36	14.5	14.5	18.5	14.5
9	11.4	11.5	11.4	19.5	37	170.4	170.9	171.3	170.6
10	15.3	15.3	15.3	19.1	38	34.5	34.1	34.1	34.2
11	29.0	29.0	29.0	29.1	39	36.5	36.5	36.7	36.6
12	174.3	174.4	174.3	174.4	40	169.2	169.3	169.4	169.3
13	47.2	47.3	47.2	47.3	41	60.6	61.6	60.6	60.5
14	40.8	40.8	40.8	40.8	42	31.9	26.6	31.8	31.9
15	24.5	24.5	24.5	24.5	43	25.1		25.0	25.1
16	23.3	23.4	23.4	23.4	44	9.7	21.2	9.7	9.7
17	21.2	21.2	21.2	21.2	45	16.8	19.0	16.7	16.8
18	172.7	172.7	172.7	172.8	46	31.7	31.8	31.7	31.8
19	34.7	34.7	34.7	34.7	47	175.7	175.7	175.8	175.7
20	32.8	32.9	32.8	32.9	48	49.1	49.0	49.1	49.1
21	172.4	172.5	172.5	172.4	49	39.5	39.6	39.5	39.5
22	47.6	47.6	47.6	47.6	50	24.3	24.3	24.3	24.3
23	15.8	15.8	15.7	15.8	51	23.4	23.4	23.4	23.4
24					52	21.8	22.0	21.8	21.8
25	172.0	172.0	172.0	172.0	53	171.8	171.8	171.8	171.8
26	62.2	62.2	62.3	62.2	54	34.0	34.1	34.0	34.0
27	27.7	27.7	27.7	27.7	55	39.2	39.2	39.1	39.2
28	19.8	19.8	19.9	19.8					

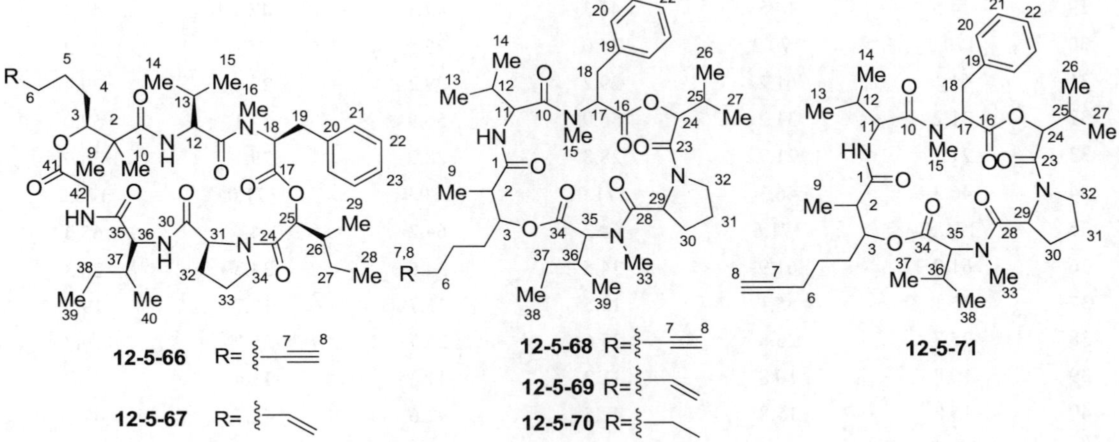

12-5-66 R=

12-5-67 R=

12-5-68 R=

12-5-69 R=

12-5-70 R=

12-5-71

表 12-5-17　pitipeptolide 和 antanapeptin 类化合物的 ^{13}C NMR 数据[39,40]

C	12-5-66	12-5-67	12-5-68	12-5-69	12-5-70	12-5-71
1	175.4	175.5	171.3	171.4	171.6	171.3
2	45.5	45.5	42.5	42.6	42.7	42.5
3	77.2	77.3	76.7	77.2	77.5	76.8
4	28.8	29.4	27.7	28.1	29.0	27.7
5	24.4	25.0	25.2	25.0	26.3	25.2
6	18.0	33.4	18.0	33.3	31.7	18.1
7	83.6	138.1	83.5	138.3	22.7	83.4
8	69.1	115.2	68.9	115.1	14.1	68.8
9	19.4	19.4	14.9	14.7	14.8	14.9
10	22.9	22.9	173.4	173.4	173.6	173.4
11	171.9	171.9	52.4	52.4	52.5	52.5
12	53.3	53.2	31.2	31.1	31.3	31.4
13	29.5	29.6	17.7	17.6	17.7	17.6
14	16.0	16.0	18.8	18.8	19.1	18.9
15	20.3	20.3	30.5	30.5	30.6	30.6
16	172.5	172.5	170.4	170.4	170.6	170.4
17	67.5	65.8	62.4	62.4	62.6	62.6
18	33.9	33.9	35.3	35.3	35.5	35.4
19	137.5	137.6	137.0	136.9	137.1	137.1
20	128.9	128.9	129.3	129.3	129.4	129.4
21	128.6	128.6	128.9	128.9	129.2	129.1
22	126.9	126.9	127.2	127.3	127.3	127.3
23	39.2	39.2	165.6	165.6	165.6	165.6
24	169.5	169.5	77.4	77.6	77.6	77.6
25	78.1	78.2	29.6	29.6	29.9	29.6
26	37.1	37.2	17.9	18.0	18.2	18.2
27	24.9	24.9	18.6	18.6	18.7	18.9
28	11.6	11.6	172.6	172.6	172.8	172.4
29	14.5	14.5	47.3	47.3	47.4	47.4
30	170.3	170.2	25.0	25.5	253	25.2
31	61.1	61.2	29.2	29.2	29.4	29.4
32	31.2	31.2	56.9	56.9	57.1	57.0
33	21.7	21.7	28.8	28.9	29.1	28.9
34	46.3	46.3	171.0	170.9	171.0	170.7
35	171.8	171.6	64.2	64.2	64.4	65.3
36	61.0	61.9	34.5	34.6	34.8	28.3
37	35.1	35.1	15.5	15.7	15.7	19.7
38	25.8	25.8	25.6	25.7	25.9	19.7
39	10.8	10.8	11.2	11.3	11.4	
40	15.8	15.8	42.5	42.6	42.7	42.5
41	170.2	170.1				
42	41.0	41.0				

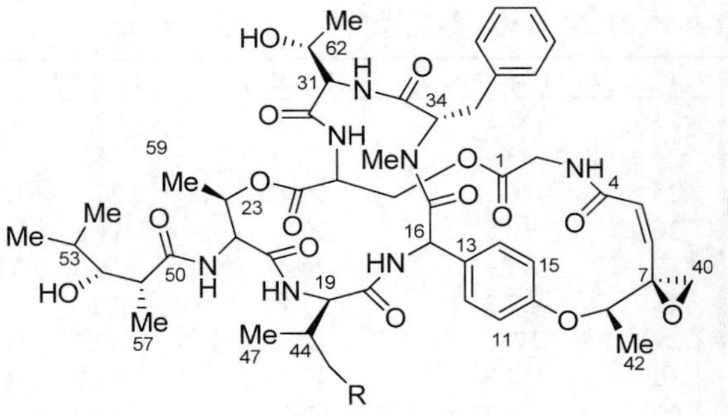

12-5-72 R= Me
12-5-73 R= H

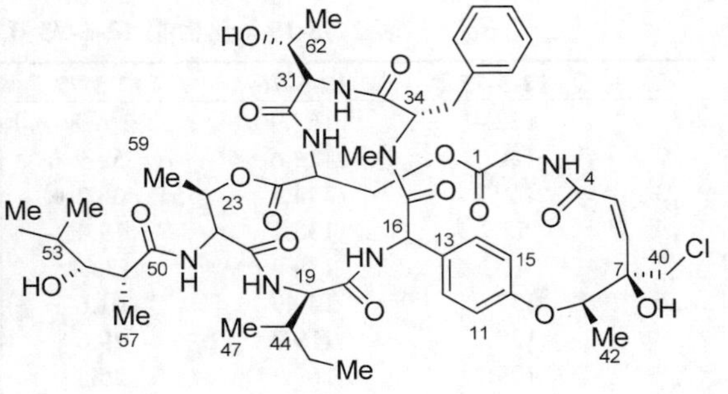

12-5-74

表 12-5-18 salinamide 类化合物的 ^{13}C NMR 数据[41]

C	12-5-72	12-5-73	12-5-74	C	12-5-72	12-5-73	12-5-74	C	12-5-72	12-5-73	12-5-74
1	169.7	169.3	170.2	22	55.6	55.6	56.2	51	41.6	41.5	42.1
2	40.8	40.7	40.7	23	72.4	72.5	73.6	52	79.4	79.6	79.7
4	165.3	165.2	165.2	25	168. 6	168. 5	168.9	53	32.2	32.3	32.4
5	120.1	120.0	123.3	26	52.0	52.0	53.1	54	18.6	18.3	18.5
6	142.9	143.0	146.9	27	65.6	65.6	65.5	55	19.7	19.8	19.9
7	59.6	59.8	81.3	30	169.1	169.0	170.1	57	16.7	16.8	16.7
8	78.9	78.8	80.8	31	61.3	61.3	61.6	59	15.6	15.22	15.8
10	159.3	159.0	160.9	33	168.9	168.9	170.1	62	68.1	68.0	68.9
11	127.7	127.7	128.4	34	68.7	68.4	69.3	63	21.1	21.4	21.4
12	125.4	125.3	123.0	36	169.9	169.4	170.2	66	34.6	34.5	34.8
13	125.0	124.8	124.0	40	55.4	55.4	47.9	67	137.1	136.8	137.7
14	130.8	130.8	131.1	42	14.7	14.8	14.5	68,72	128.8	128.8	128.2
15	120.5	120.6	118.1	44	39.5	32.8	39.8	69,71	128.4	128.4	128.5
16	56.4	56.4	56.6	45	26.1		26.3	70	126.6	126.7	126.4
18	173.6	172.9	173.7	46	11.5	17.7	11.5	73	40.1	40.1	40.0
19	53.6	55.8	54.3	47	14.2	19.3	14.4				
21	167.5	167.3	167.8	50	177.6	177.4	177.9				

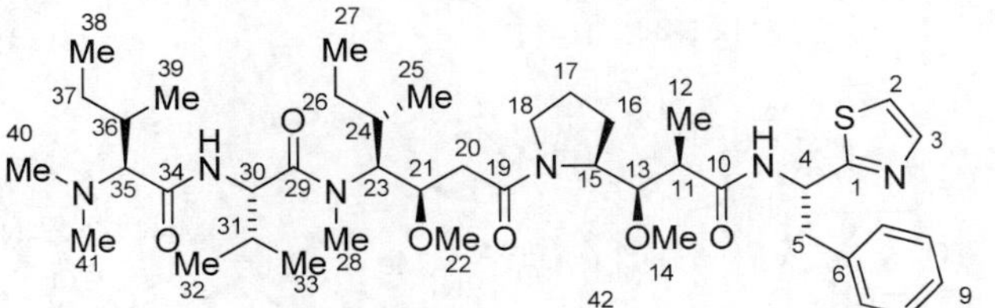

12-5-75

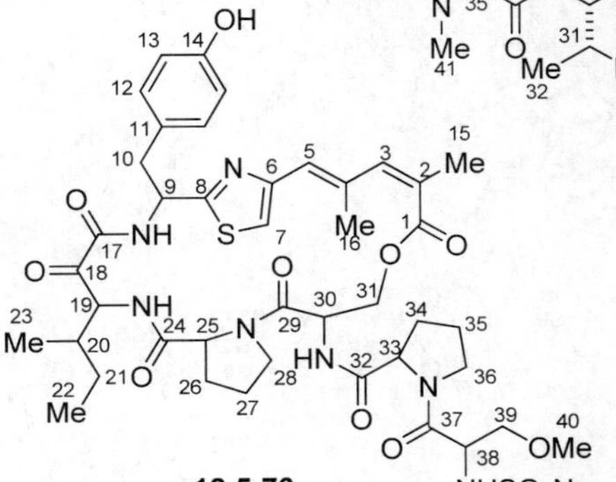

12-5-76

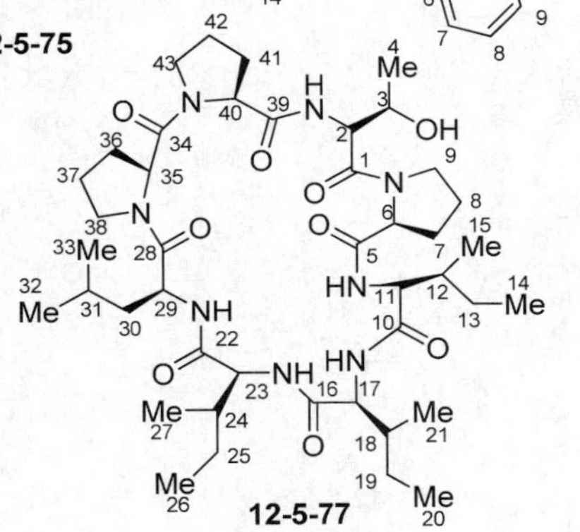

12-5-77

表 12-5-19 化合物 12-5-75~12-5-77 的 ^{13}C NMR 数据[30,44,47]

C	12-5-75	12-5-76	12-5-77	C	12-5-75	12-5-76	12-5-77
1	172.4	167.9	169.8	23	57.2	11.8	62.2
2	142.7	124.6	59.9	24	33.4	171.7	36.1
3	119.2	144.5	66.2	25	26.1	59.1	26.1
4	52.9	135.1	19.4	26	10.8	30.4	11.6
5	41.3	134.2	173.1	27	15.9	24.2	16.0
6	137.6	149.9	61.6	28	32.3	47.1	171.1
7	128.7	119.0	29.6	29	173.4	167.2	49.5
8	129.7	167.2	25.5	30	54.5	49.4	41.7
9	127.0	55.0	47.8	31	31.2	62.5	24.9
10	174.0	37.7	175.8	32	18.3	171.8	22.9
11	44.7	127.8	58.4	33	19.6	59.8	22.6
12	14.5	130.5	35.1	34	174.0	29.6	170.5
13	81.9	115.4	25.9	35	74.5	24.0	60.1
14	60.9	156.2	10.6	36	34.5	46.9	28.3
15	59.7	17.3	16.2	37	26.8	171.9	25.1
16	24.9	14.0	171.6	38	15.0	53.5	48.0
17	25.4	164.2	59.7	39	11.8	73.0	172.1
18	48.0	198.2	36.0	40	42.6	58.6	61.4
19	170.4	58.7	25.6	41	42.6		30.2
20	37.9	36.0	12.2	42			22.2
21	78.7	23.8	17.0	43			46.4
22	58.1	16.3	170.7				

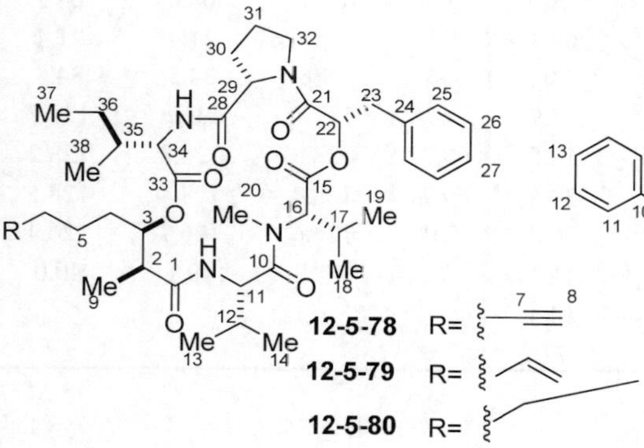

12-5-78 R=
12-5-79 R=
12-5-80 R=

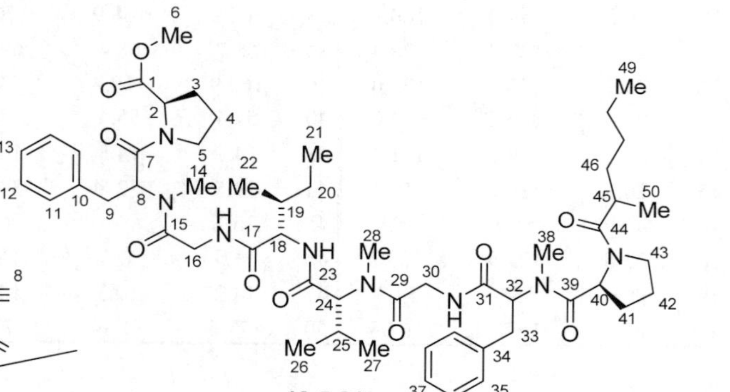

12-5-81

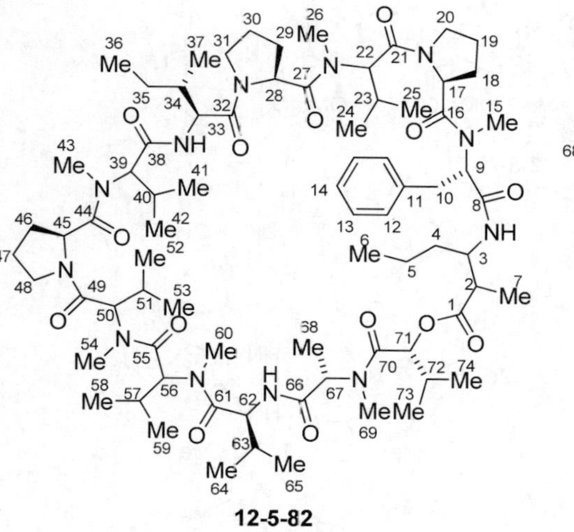

12-5-82

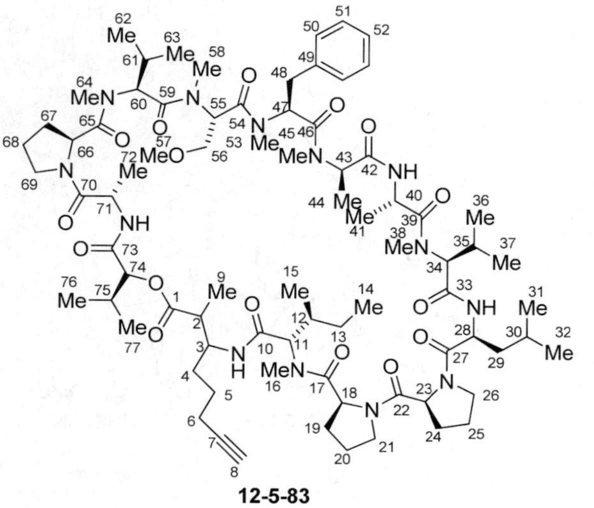

12-5-83

表 12-5-20 trungapeptin 类化合物的 ^{13}C NMR 数据[48]

C	12-5-78	12-5-79	12-5-80	C	12-5-78	12-5-79	12-5-80	C	12-5-78	12-5-79	12-5-80
1	172.7	172.8	172.9	14	19.6	19.7	197	27	127.8	127.7	127.7
2	43.2	43.2	43.1	15	171.6	171.5	171.5	28	170.1	169.9	169.9
3	74.3	74.7	74.7	16	65.4	65.5	65.3	29	60.9	60.9	60.9
4	28.3	29.6	29.7	17	29.3	29.3	29.3	30	30.5	30.5	30.5
5	24.2	24.9	25.7	18	19.9	20.0	20.0	31	21.7	21.7	21.7
6	17.7	33.2	31.4	19	21.1	21.1	21.1	32	46.4	46.4	46.3
7	83.7	138.1	22.5	20	30.4	30.4	30.4	33	170.0	170.0	170.0
8	69.2	115.1	14.0	21	169.0	168.9	168.9	34	57.6	57.4	57.3
9	12.4	12.1	12.0	22	74.8	74.9	75.1	35	34.5	34.6	34.6
10	173.5	173.6	173.6	23	38.1	38.1	38.1	36	25.2	25.2	25.1
11	53.6	53.7	53.7	24	134.0	134.0	134.0	37	10.4	10.5	10.5
12	31.5	31.5	31.5	25	129.7	129.7	129.7	38	15.7	15.7	15.6
13	18.5	18.5	18.6	26	129.1	129.1	129.0				

表 12-5-21 malevamide 类化合物的 ^{13}C NMR 数据[35]

C	12-5-81	12-5-82	12-5-83	C	12-5-81	12-5-82	12-5-83	C	12-5-82	12-5-83
1	172.3	174.3	175.1	27	19.7	173.4	171.5	53	18.8	30.8
2	58.9	42.1	44.7	28	30.0	56.2	58.2	54	30.4	169.9
3	28.8	8.3	14.9	29	170.3	28.9	40.2	55	171.2	54.5
4	24.9	50.9	51.0	30	41.7	25.1	26.3	56	57.8	70.5
5	46.7	30.0	32.1	31	170.1	47.3	21.8	57	27.2	30.1
6	52.1	19.9	26.6	32	62.5	168.9	23.7	58	17.9	60.2
7	167.8	13.7	18.7	33	34.0	54.7	170.7	59	19.6	170.8
8	56.3	169.0	85.3	34	137.2	37.0	63.9	60	30.1	59.8
9	34.9	62.7	70.3	35	129.4	15.5	27.1	61	171.8	27.3
10	138.2	34.0	171.2	36	128.3	24.2	19.0	62	54.3	19.1
11	129.5	138.1	62.0	37	126.6	10.8	19.4	63	30.1	20.8
12	128.7	129.4	32.4	38	29.1	169.3	30.9	64	17.4	31.5
13	126.7	128.8	16.6	39	173.2	61.8	174.2	65	19.5	172.9
14	29.6	126.8	25.4	40	55.0	26.0	47.1	66	170.6	50.2
15	168.0	28.9	11.2	41	28.2	18.4	18.9	67	51.7	29.8
16	41.2	173.0	31.8	42	25.1	20.3	170.1	68	13.3	25.6
17	170.6	54.9	175.1	43	47.4	30.8	53.5	69	30.5	48.3
18	57.9	28.4	57.2	44	175.4	173.2	13.5	70	171.2	171.2
19	36.2	25.2	30.2	45	37.5	56.4	31.0	71	75.4	47.7
20	11.5	48.0	26.3	46	16.6	28.8	171.5	72	30.4	18.2
21	24.6	169.6	48.4	47	33.2	25.2	54.5	73	18.2	169.4
22	15.7	59.1	171.7	48	29.3	47.6	35.5	74	18.4	78.4
23	170.0	27.7	58.7	49	22.6	169.1	138.9	75		31.6
24	63.0	18.5	29.5	50	13.9	59.0	130.9	76		17.3
25	25.5	19.0	26.3	51		27.6	129.6	77		19.5
26	18.4	30.0	48.2	52		18.2	127.8			

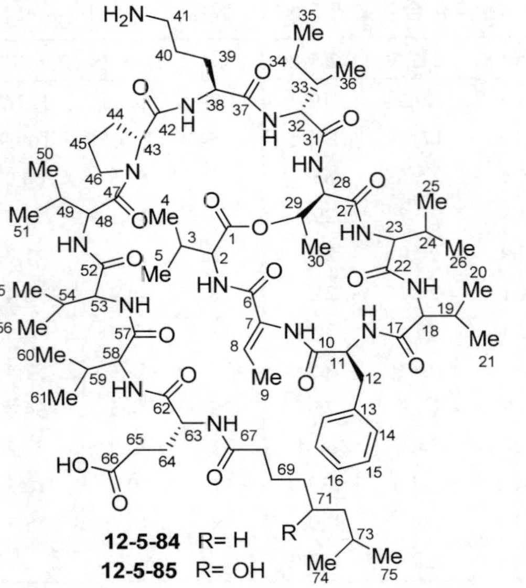

12-5-84 R= H
12-5-85 R= OH

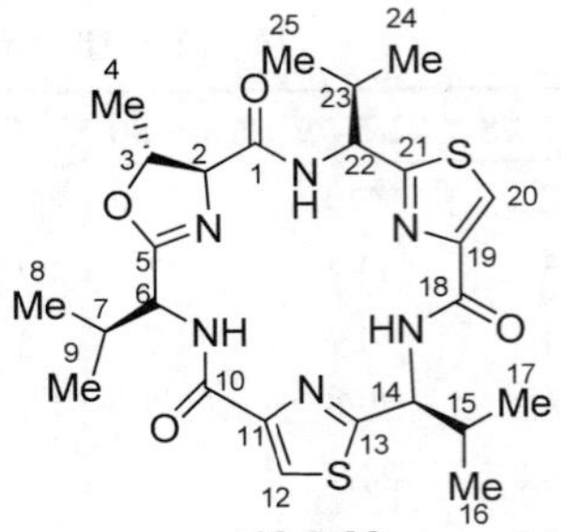

12-5-86

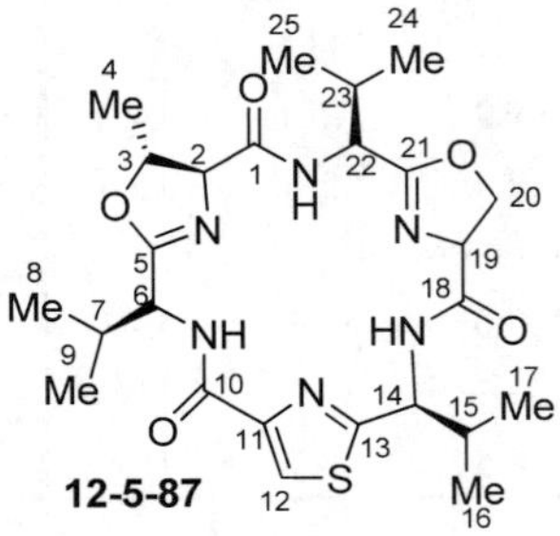

12-5-87

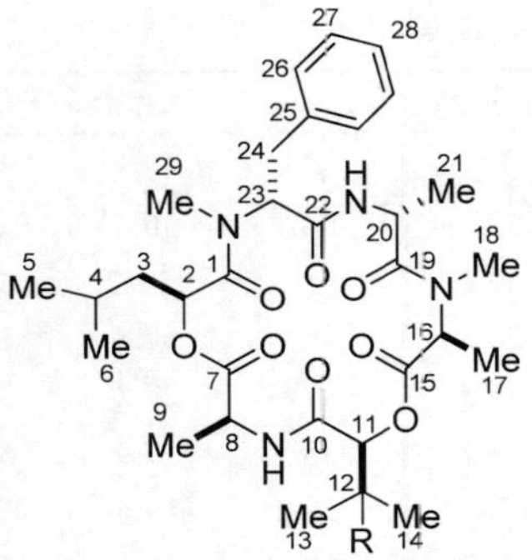

12-5-88 R=OH
12-5-89 R= H

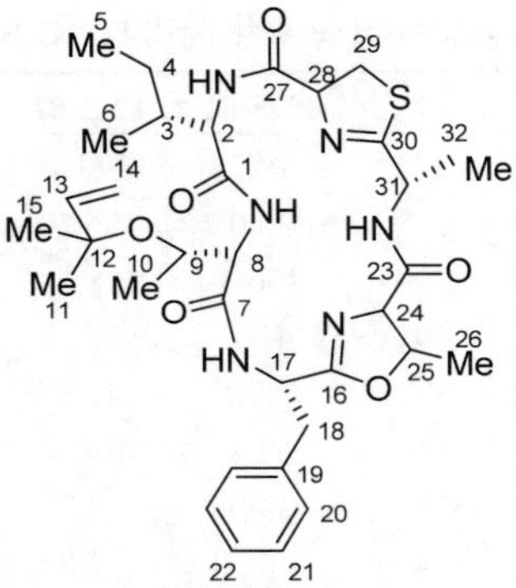

12-5-90

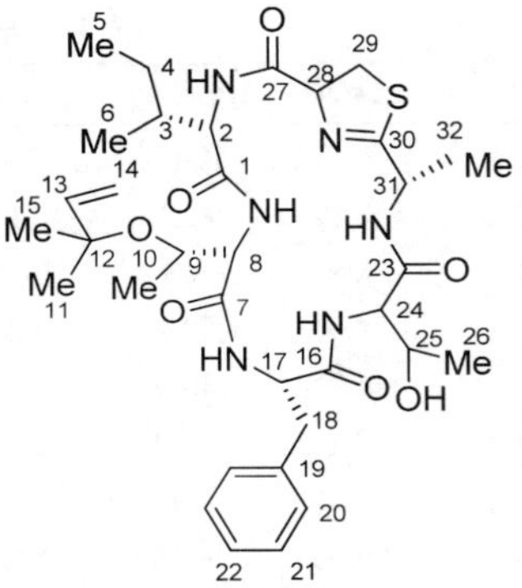

12-5-91

表 12-5-22 malevamide 类化合物的 ^{13}C NMR 数据[49]

C	12-5-84	12-5-85	C	12-5-84	12-5-85	C	12-5-84	12-5-85
1	169.7	169.7	16	126.7	126.7	31	171.3	171.3
2	60.2	60.2	17	172.6	172.8	32	57.2	57.2
3	30.1	30.1	18	55.4	55.4	33	30.2	30.2
4	16.5	16.5	19	31.5	31.5	34	14.6	14.6
5	19.2	19.2	20	19.5	19.5	35	26.0	26.0
6	163.5	163.0	21	18.5	18.5	36	11.8	11.9
7	130.4	131.0	22	170.0	170.0	37	171.5	171.5
8	130.2	130.1	23	59.3	59.3	38	51.1	51.1
9	12.5	12.5	24	31.5	31.5	39	30.9	30.9
10	171.3	171.3	25	18.6	18.9	40	28.5	28.5
11	55.6	55.6	26	19.5	19.1	41	38.3	38.3
12	36.1	36.1	27	168.7	168.5	42	172.6	172.0
13	137.0	137.0	28	56.4	57.1	43	55.6	55.6
14	128.5	128.5	29	70.0	70.0	44	29.7	29.7
15	129.5	129.5	30	17.3	17.3	45	27.2	24.8

续表

C	12-5-84	12-5-85	C	12-5-84	12-5-85	C	12-5-84	12-5-85
46	47.0	47.2	56	19.6	19.6	66	169.4	169.4
47	172.6	170.2	57	171.2	171.2	67	172.5	172.5
48	55.9	59.5	58	51.8	51.9	68	35.1	35.4
49	31.0	31.0	59	30.7	30.7	69	23.6	23.6
50	22.8	19.4	60	22.2	22.2	70	29.5	22.6
51	19.0	19.0	61	22.9	22.9	71	29.5	67.5
52	171.2	171.3	62	170.9	170.9	72	38.3	38.3
53	59.5	59.5	63	56.0	56.0	73	27.3	27.3
54	31.6	31.6	64	28.0	28.0	74	22.5	23.4
55	19.3	19.3	65	38.5	38.5	75	22.5	23.4

表 12-5-23 bistratamide, guangomide 和 comoramide 类化合物的 ^{13}C NMR 数据[32,43,50]

C	12-5-86	12-5-87	12-5-88	12-5-89	12-5-90	12-5-91
1	169.0	169.4	172.4	172.4	170.6	170.6
2	72.7	72.7	70.5	70.3	58.1	58.2
3	81.9	81.7	38.8	38.8	36.5	36.0
4	21.4	21.4	23.8	23.8	24.6	26.0
5	167.6	167.2	22.8	22.9	12.0	12.5
6	51.1	51.3	22.3	22.2	16.2	17.0
7	30.4	30.8	172.6	172.9	170.7	170.7
8	18.9	16.0	47.1	47.0	57.1	58.1
9	16.0	15.9	19.3	19.3	66.7	65.0
10	159.0	158.7	169.8	168.5	15.8	15.8
11	147.3	147.6	76.5	78.0	77.8	77.8
12	124.9	124.6	71.8	30.0	142.7	142.8
13	167.5	167.0	26.7	19.2	115.0	115.0
14	54.7	54.8	24.1	15.8	24.4	25.0
15	34.2	33.7	169.0	169.7	27.7	28.0
16	17.5	17.3	60.5	60.7	168.5	168.6
17	17.9	18.5	13.5	13.6	51.5	53.3
18	158.5	169.5	36.9	36.9	37.2	36.1
19	147.8	66.6	171.3	171.1	135.2	135.2
20	124.7	72.3	46.2	46.3	129.7	129.7
21	167.9	168.6	18.1	18.1	128.3	128.2
22	53.9	51.1	168.5	168.5	126.9	126.9
23	34.3	30.7	56.6	56.5	171.1	171.0
24	18.2	18.7	33.2	33.2	75.8	59.0
25	17.4	17.8	137.1	137.1	82.1	65.5
26			128.6	128.6	21.3	20.0
27			128.4	128.4	176.6	176.6
28			126.6	126.6	48.6	47.0
29			30.2	30.1	18.8	20.1
30					171.0	171.2
31					78.6	79.0
32					34.2	35.0

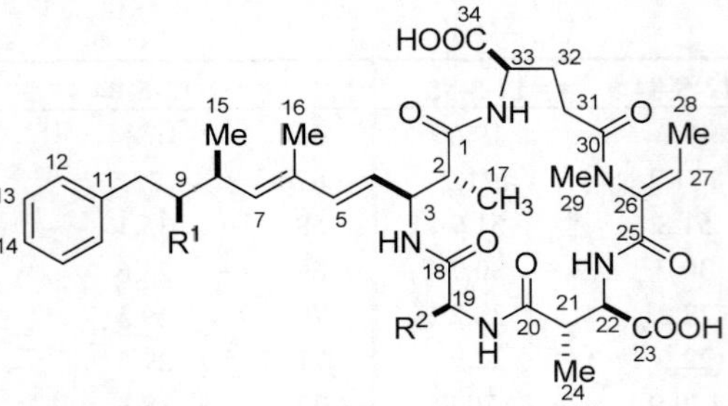

	R^1	R^2
12-5-92	OCH_3	$CH(CH_3)_2$
12-5-93	OCH_3	$CH(CH_3)CH_2CH_3$
12-5-94	OCH_3	CH_2CH_3
12-5-95	H	$CH(CH_3)_2$

表 12-5-24 isomotuporin 类化合物的 ^{13}C NMR 数据[51]

C	12-5-92	12-5-93	12-5-94	12-5-95	C	12-5-92	12-5-93	12-5-94	12-5-95
1	176.1	176.0	176.1	176.1	18	171.3			
2	45.4	45.1	45.3	45.4	19	58.1	58.3	54.8	58.2
3	56.2	55.9	56.2	56.1	20	176.8	176.9	176.8	1765
4	126.2	126.3	126.4	125.7	21	39.8	40.0	40.5	39.7
5	139.4	139.2	139.4	139.6	22	57.7	58.3	57.9	57.7
6	133.9	133.9	133.9	133.8	23	176.7	176.7	176.7	176.7
7	137.4	137.1	137.4	140.9	24	16.9	16.7	16.9	16.8
8	37.9	37.7	37.9	33.4	25	165.7	165.6	165.8	165.7
9	88.5	88.5	88.5	40.6	26	137.2	137.3	137.1	137.2
10	39.1	39.0	39.2	35.0	27	138.1	137.8	138.1	138.1
11	140.6	140.6	140.6	140.4	28	13.4	13.4	135	13.4
12	130.6	130.6	130.6	129.5	29	35.2	35.2	35.4	35.2
13	129.3	129.3	129.4	129.4	30	174.3	173.6	174.4	174.2
14	127.1	127.1	127.3	126.8	31	29.5	29.4	29.6	29.4
15	16.4	16.4	16.6	16.4	32	27.8	27.7	28.0	27.8
16	13.0	13.0	13.2	13.1	33	52.0	52.5	52.1	52.1
17	16.7	16.4	16.7	21.3	34	174.6			

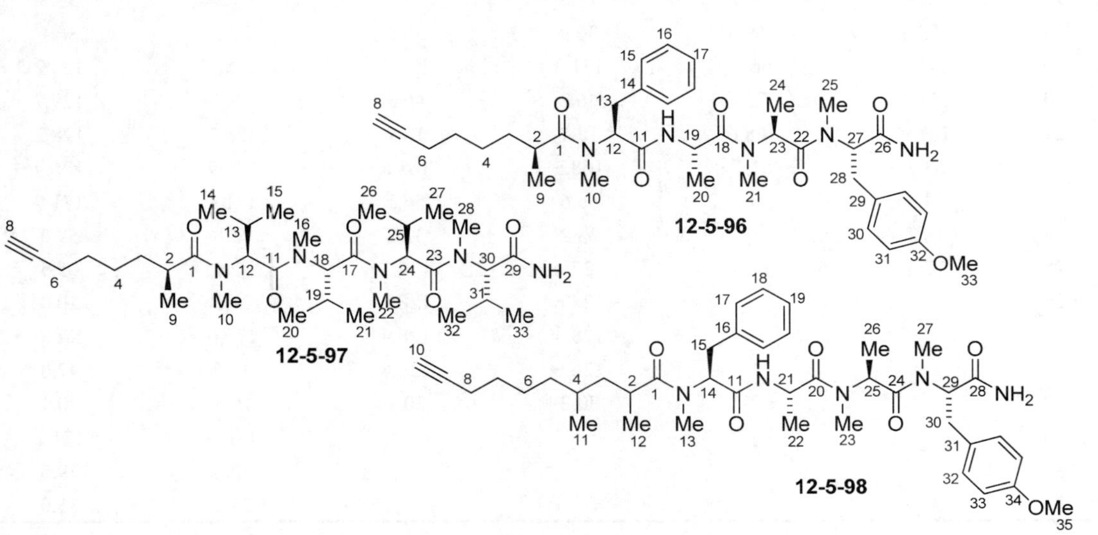

12-5-96

12-5-97

12-5-98

表 12-5-25 化合物 12-5-96~12-5-98 的 ^{13}C NMR 数据[51]

C	12-5-96	12-5-97	12-5-98	C	12-5-96	12-5-97	12-5-98
1	177.8	176.9	178.3	19	45.7	27.4	126.6
2	35.9	36.2	33.6	20	18.2	17.7	128.4
3	33.3	33.6	40.8	21	29.2	19.4	171.3
4	26.3	26.8	30.2	22	172.9	30.3	45.7
5	28.4	28.4	36.4	23	50.2	171.4	18.1
6	18.2	18.3	25.7	24	13.9	58.0	29.2
7	84.4	84.2	28.7	25	31.1	27.2	172.9
8	68.2	68.4	18.3	26	171.7	19.4	50.2
9	17.4	17.6	84.6	27	62.3	18.0	13.9
10	30.8	30.2	68.2	28	33.3	30.6	31.0
11	169.5	171.0	17.0	29	129.6	172.0	171.7
12	57.0	57.8	19.4	30	130.4	62.0	62.3
13	33.6	27.1	30.8	31	114.4	25.4	33.5
14	137.1	19.5	169.5	32	158.7	17.8	129.6
15	128.8	18.0	56.7	33	55.4	19.6	130.4
16	126.6	30.4	33.7	34			114.4
17	128.5	170.4	137.0	35			158.7
18	171.3	58.1	128.8				

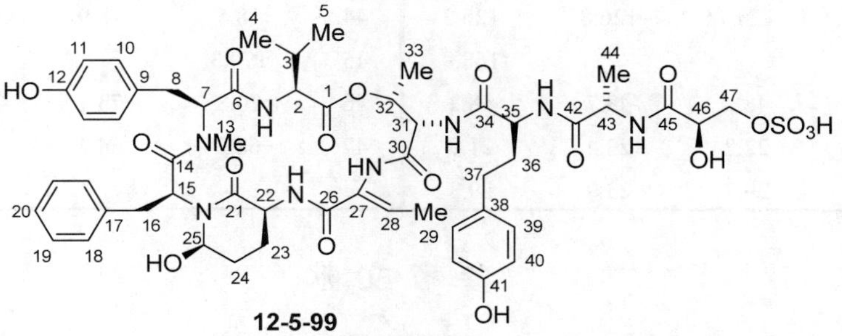

12-5-99

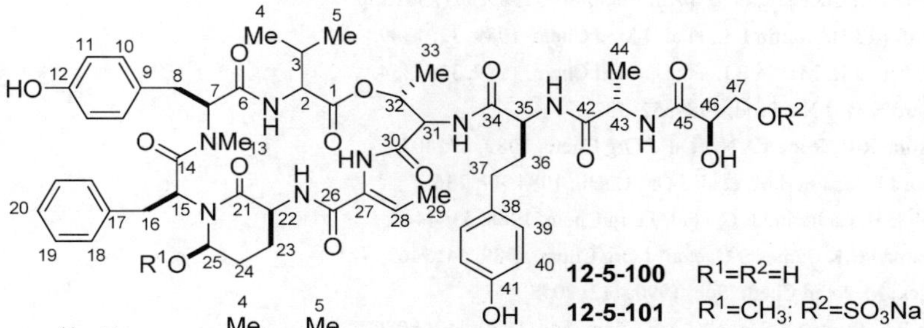

12-5-100 $R^1=R^2=H$

12-5-101 $R^1=CH_3$; $R^2=SO_3Na$

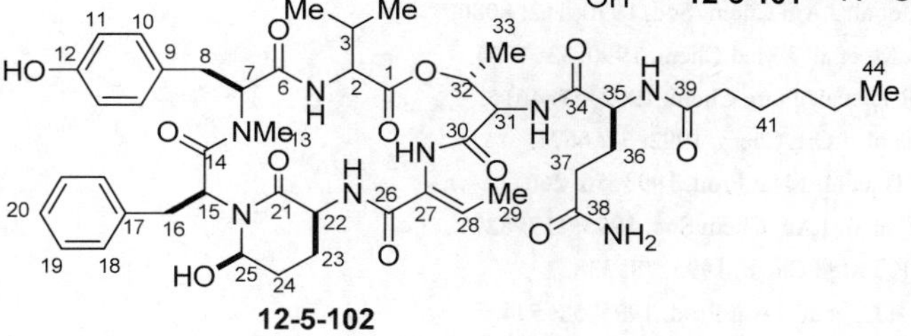

12-5-102

表 12-5-26　lyngbyastatin 类化合物的 ^{13}C NMR 数据[52,55]

C	12-5-99	12-5-100	12-5-101	12-5-102	C	12-5-99	12-5-100	12-5-101	12-5-102
1	172.5			173.9	25	73.5	74.1	83.0	73.8
2	55.8	56.6	56.5	56.1	26	162.5	163.0		162.8
3	30.6	31.1	31.6	30.9	27	129.5	130.2		130.0
4	19.1	19.7	19.7	19.3	28	131.5	132.6	132.5	131.8
5	17.2	17.8	17.6	17.5	29	12.9	13.5	14.1	13.1
6	169.3			169.4	30	173.5			173.0
7	60.8	61.2	61.4	60.8	31	55.4	56.6	56.1	55.7
8	32.9	33.1	32.9	32.8	32	71.6	72.0	72.5	71.8
9	127.3	127.5		127.8	33	17.6	18.3	18.8	18.1
10	130.3	130.8	130.9	130.5	34	172.3			172.7
11	115.1	115.7	115.8	115.3	35	52.0	52.8	52.8	52.2
12	156.0	156.5		156.2	36	30.9	30.9	30.9	26.9
13	30.1	30.8	30.5	30.4	37	30.2	30.8	30.8	31.5
14	170.2	170.8		170.5	38	131.5	132.0		173.8
15	50.1	50.7	50.4	50.3	39	128.8	129.5	129.6	172.5
16	35.0	35.5	35.2	35.3	40	114.9	115.5	115.5	35.1
17	136.5	136.9		136.7	41	155.1	155.8		24.9
18	129.2	129.7	129.7	129.4	42	171.6	172.4		30.9
19	127.5	128.3	128.3	127.5	43	47.5	48.2	47.5	21.9
20	126.0	126.7	126.8	126.3	44	18.5	18.9	18.8	13.9
21	168.5			168.9	45	170.3			
22	48.0	48.6	48.7	48.2	46	70.8	73.1	71.5	
23	22.0	22.2	22.4	21.9	47	68.2	64.4	68.9	
24	29.1	29.7	23.9	29.3					

参 考 文 献

[1] George R P, Yoshiaki K, Cherry L, et al. J Am Chem Soc, 1989, 111: 5015.
[2] Bernard M D, Clifford J H, Martin F L, et al. J Med Chem, 1989, 32: 1349.
[3] Bernard M D, Clifford J H, Martin F L, et al. J Med Chem, 1989, 32: 1354.
[4] David E W, Richard E M. J Nat Prod, 1989, 52: 732.
[5] Chris M I, Augustine R D, Robert A N, et al. J Org Chem, 1982, 47: 807
[6] Daniel C C, Richard E M, Jon S M, et al. J Org Chem, 1984, 49: 236.
[7] John M W, Joseph E B, Catherine E C, et al. J Org Chem, 1988, 53: 4445.
[8] Francis J S, Mohamad B K, James S C, et al. J Org Chem, 1989, 54: 3463.
[9] Nobuhiro F, Shigeki M. J Am Chem. Soc, 1990, 112: 7053.
[10] Mark T Z, Mark P F, Thomas J S, et al. J Am Chem. Soc, 1990, 112: 8080.
[11] Clifford J H, Martin F L, Karen A M, et al. J Med Chem, 1990, 33: 1634.
[12] Leonard A M, Mark P F, Dennis R P, et al. J Org Chem, 1992, 57: 4616.
[13] Mark P F, Gisela P C, Gina B C, et al. J Org Chem, 1992, 57: 6671.
[14] George R P, Zbigniew C, Jozse F B, et al. J Nat Prod, 1993, 56: 260.
[15] Yoichi N, Bryan K S, Wesley Y Y, et al. J Am Chem Soc, 1995, 117: 8271.
[16] Hong Y L, Shigeki M, Nobuhiro F. J Med Chem, 1995, 38: 338.
[17] Mohammad A R, Kirk R G, John H C, et al. J Nat Prod, 1995, 58: 594.

[18] George R P, Rui T, Yoshitatsu I, et al. J Nat Prod, 1995, 58: 961.
[19] Shigeki M, Nobuhiro F. J Org Chem, 1995, 60: 1177.
[20] Angela Z M, Valeria D, Luigi G P, et al. J Am Chem Soc, 1996, 118: 6202.
[21] Rogelio F, Jaime R, Emilio Q, et al J Am Chem Soc, 1996, 118: 11635.
[22] Keena J W, Mark T H. J Nat Prod, 1996, 59: 629.
[23] Christina M S M, Yoichi N, Wesley Y, et al. J Org Chem, 1996, 61: 6302.
[24] Tsuyoshi M, Takashi K, Makoto O, et al. J Org Chem, 1996, 61: 6340.
[25] Bryan K S Y, Yoichi N, Robin B K, et al. J Org Chem, 1996, 61: 7168.
[26] Steven G T, William F. Tetrahedron Lett, 1995, 36: 8355.
[27] Kiyotake S, Tsuyoshi M, Takunobu S, et al. Tetrahedron Lett, 1996, 37: 6771.
[28] Jeff G, Richard L, Todd B, et al. J Nat Prod, 1997, 60: 223.
[29] Hiroki S, Hideo K, Kiyoyuki Y. Tetrahedron, 1997, 53: 8149.
[30] George G H, Hendrik L, Wesley Y Y, et al. J Nat Prod, 1998, 61: 1075.
[31] Xiong F, Trang D, Francis J S, et al. J Nat Prod, 1998, 61: 1547.
[32] Amira R, Maaurice A, Emile M G, et al. Tetrahedron, 1998, 54: 13203.
[33] Jeffery M G, Paul H, Michael T K, et al. J Nat Prod, 1999, 62: 80.
[34] George G H, Hendrik L, Wesley Y Y, et al. J Nat Prod, 1999, 62: 655.
[35] David F H, Wesley Y Y, Paul J S. J Nat Prod, 2000, 63: 461.
[36] Hendrik L, Wesley Y Y, Richard E M, et al. J Nat Prod, 2000, 63: 611.
[37] Hendrik L, Wesley Y Y, Richard E M, et al. J Nat Prod, 2000, 63: 1106.
[38] Michael C R, Ikuko I Q, Toshio I, et al. Tetrahedron, 2000, 56: 9079.
[39] Hendrik L, Ronald P, Wesley Y Y, et al. J Nat Prod, 2001, 64: 304.
[40] Lisa M N, William H G. J Nat Prod, 2002, 65: 21.
[41] Bradley S M, Jacqueline A T, Dieter S, et al. J Org Chem, 1999, 64: 1145.
[42] Brian L M, Karl S W, Alexandre Y, et al. J Nat Prod, 2002, 65: 866.
[43] Lark J P, John D F. J Nat Prod, 2003, 66: 247.
[44] Eric W S, Carmen R S, Marc B. J Nat Prod, 2004, 67: 475.
[45] Nao Y O, Kirk R G, Laura K C, et al. J Nat Prod, 2004, 67: 1407.
[46] George R P, Rui T. J Nat Prod, 2005, 68: 60.
[47] David E W, Brian O P, Hans W B, et al. J Nat Prod, 2005, 68: 327.
[48] Sutaporn B, Wesley Y Y, Namthip S, et al. J Nat Prod, 2006, 69: 1539.
[49] Mohamed A, RuAngelie E, Rainer E, et al. J Nat Prod, 2006, 69: 1547
[50] Taro A, Brandon I M, Akiko A, et al. J Nat Prod, 2006, 69: 1560.
[51] Christopher J W, Joshua H, Karen T, et al. J Nat Prod, 2007, 70: 89.
[52] Susan M, Cliff R, James R R, et al. J Nat Prod, 2007, 70: 124.
[53] Damian W L, Daniel V L, Xi D F, et al. J Nat Prod, 2007, 70: 741.
[54] Kerry L M, Jhonny C, Roger G L, et al. J Nat Prod, 2007, 70: 984.
[55] Kanchan T, Susan M, James R R, et al. J Nat Prod, 2007, 70: 1593.

第六节 大环内酯类化合物

表 12-6-1 大环内酯类化合物的名称、分子式和测试溶剂

编号	名称	分子式	测试溶剂	参考文献
12-6-1	arenicolide A	$C_{45}H_{72}O_{12}$	C	[1]
12-6-2	arenicolide B	$C_{44}H_{70}O_{12}$	C	[1]
12-6-3	arenicolide C	$C_{45}H_{72}O_{12}$	C	[1]
12-6-4	iriomoteolide1a	$C_{29}H_{46}O_7$	C	[2]
12-6-5	iriomoteolide1b	$C_{29}H_{46}O_7$	C	[3]
12-6-6	iriomoteolide1c	$C_{30}H_{48}O_7$	C	[3]
12-6-7	amphidinolide B6	$C_{32}H_{54}O_8$	C	[4]

续表

编号	名称	分子式	测试溶剂	参考文献
12-6-8	amphidinolide B7	$C_{32}H_{52}O_7$	C	[4]
12-6-9	symbiodinolide	$C_{137}H_{232}NNaO_{57}S$	M	[5]
12-6-10	xestodecalactone A	$C_{14}H_{16}O_5$	D	[6]
12-6-11	xestodecalactone B	$C_{14}H_{16}O_6$	D	[6]
12-6-12	xestodecalactone C	$C_{14}H_{16}O_6$	D	[6]
12-6-13	oxalatrunculin B	$C_{20}H_{29}NO_8S$	M	[7]
12-6-14	latrunculins B	$C_{20}H_{29}NO_5S$	M	[7]
12-6-15	neopeltolide	$C_{31}H_{46}N_2O_9$	M	[8]
12-6-16	clavosolide A	$C_{44}H_{72}O_{16}$	C	[9]
12-6-17	clavosolide B	$C_{43}H_{70}O_{16}$	C	[9]
12-6-18	fijianolide A	$C_{30}H_{42}O_7$	B	[10]
12-6-19	fijianolide D	$C_{30}H_{40}O_8$	C	[10]
12-6-20	fijianolide F	$C_{30}H_{42}O_9$	B	[10]
12-6-21	fijianolide H	$C_{31}H_{44}O_8$	B	[10]
12-6-22	fijianolide I	$C_{30}H_{42}O_8$	B	[10]
12-6-23	fijianolide B	$C_{30}H_{42}O_7$	B	[10]
12-6-24	fijianolide E	$C_{30}H_{40}O_8$	B	[10]
12-6-25	fijianolide G	$C_{30}H_{42}O_9$	B	[10]
12-6-26	reidispongiolide A	$C_{54}H_{87}NO_{13}$	C	[11]
12-6-27	reidispongiolide B	$C_{53}H_{85}NO_{13}$	C	[11]
12-6-28	phorbaside A	$C_{33}H_{49}ClO_{10}$	C	[12]
12-6-29	phorbaside B	$C_{41}H_{63}ClO_{14}$	C	[12]
12-6-30	phorboxazole A	$C_{53}H_{71}BrN_2O_{13}$	C	[13]
12-6-31	phorboxazole B	$C_{53}H_{71}BrN_2O_{13}$	C	[13]
12-6-32	solandelactone A	$C_{22}H_{36}O_4$	C	[14]
12-6-33	solandelactone B	$C_{22}H_{36}O_4$	C	[14]
12-6-34	solandelactone C	$C_{22}H_{34}O_4$	C	[14]
12-6-35	solandelactone D	$C_{22}H_{34}O_4$	C	[14]
12-6-36	solandelactone E	$C_{22}H_{34}O_4$	C	[14]
12-6-37	solandelactone F	$C_{22}H_{34}O_4$	C	[14]
12-6-38	solandelactone G	$C_{22}H_{32}O_4$	C	[14]
12-6-39	solandelactone H	$C_{22}H_{32}O_4$	C	[14]
12-6-40	palmerolide A	$C_{33}H_{48}N_2O_7$	D	[15]
12-6-41	marinomycin A	$C_{58}H_{76}O_{14}$	P	[16]
12-6-42	marinomycin B	$C_{58}H_{76}O_{14}$	C	[16]
12-6-43	marinomycin D	$C_{59}H_{78}O_{14}$	C	[16]
12-6-44	marinomycin C	$C_{58}H_{76}O_{14}$	C	[16]
12-6-45	debromophycolide A	$C_{27}H_{36}O_5$	C	[17]
12-6-46	bromophycolide A	$C_{27}H_{37}Br_3O_4$	C	[17]
12-6-47	bromophycolide B	$C_{27}H_{37}Br_3O_4$	C	[17]
12-6-48	bromophycolide C	$C_{27}H_{38}Br_2O_5$	C	[18]
12-6-49	bromophycolide D	$C_{27}H_{37}Br_3O_4$	C	[18]
12-6-50	bromophycolide E	$C_{27}H_{36}Br_2O_4$	C	[18]
12-6-51	bromophycolide F	$C_{27}H_{37}BrO_5$	C	[18]
12-6-52	bromophycolide G	$C_{27}H_{38}Br_2O_5$	C	[18]
12-6-53	bromophycolide H	$C_{27}H_{37}Br_3O_4$	C	[18]
12-6-54	bromophycolide I	$C_{27}H_{38}Br_2O_5$	C	[18]

续表

编号	名称	分子式	测试溶剂	参考文献
12-6-55	topsentolide A1	$C_{20}H_{28}O_3$	M	[19]
12-6-56	topsentolide A2	$C_{20}H_{30}O_3$	M	[19]
12-6-57	topsentolide B1	$C_{20}H_{30}O_4$	M	[19]
12-6-58	topsentolide B2	$C_{20}H_{32}O_4$	M	[19]
12-6-59	topsentolide B3	$C_{20}H_{32}O_4$	M	[19]
12-6-60	topsentolide C1	$C_{21}H_{32}O_4$	M	[19]
12-6-61	topsentolide C2	$C_{21}H_{34}O_4$	M	[19]
12-6-62	exiguolide	$C_{34}H_{48}O_8$	C	[20]
12-6-63	clavosolide A	$C_{44}H_{72}O_{16}$	C	[21]
12-6-64	clavosolide B	$C_{43}H_{70}O_{16}$	C	[21]
12-6-65	clavosolide C	$C_{43}H_{70}O_{16}$	C	[22]
12-6-66	clavosolide D	$C_{43}H_{70}O_{16}$	C	[22]
12-6-67	leiodolide A	$C_{31}H_{45}NO_9$	M	[23]
12-6-68	leiodolide B	$C_{31}H_{44}BrNO_9$	M	[23]
12-6-69	tedanolide C	$C_{31}H_{50}O_{11}$	M	[24]
12-6-70	swinholide A	$C_{78}H_{132}O_{20}$	C	[25]
12-6-71	swinholide I	$C_{78}H_{132}O_{21}$	C	[25]
12-6-72	hurghadolide A	$C_{76}H_{130}O_{20}$	C	[25]
12-6-73	(+)-dolastatin 19	$C_{29}H_{45}BrO_{10}$	CD_3CN	[26]
12-6-74	dolabelide A	$C_{43}H_{72}O_{13}$	P	[27]
12-6-75	dolabelide C	$C_{43}H_{72}O_{13}$	P	[28]
12-6-76	dolabelide D	$C_{39}H_{68}O_{11}$	P	[28]
12-6-77	iejimalide A	$C_{40}H_{57}N_2NaO_{10}S$	C	[29]
12-6-78	iejimalide B	$C_{41}H_{59}N_2NaO_{10}S$	C	[29]
12-6-79	iejimalide C	$C_{40}H_{58}N_2O_7$	M	[30]
12-6-80	sporolide A	$C_{24}H_{23}ClO_{12}$	P	[31]
12-6-81	sporolide B	$C_{24}H_{23}ClO_{12}$	P	[31]
12-6-82	pandangalide 1	$C_{12}H_{20}O_5$	C	[32]
12-6-83	pandangalide 1a	$C_{12}H_{20}O_5$	C	[32]
12-6-84	pandangalide 2	$C_{14}H_{22}O_6S$	M	[33]
12-6-85	swinholide A	$C_{78}H_{132}O_{20}$	C	[34]
12-6-86	ankaraholide A	$C_{90}H_{152}O_{28}$	C	[34]
12-6-87	ankaraholide B	$C_{91}H_{154}O_{28}$	C	[34]
12-6-88	amphidinolide B4	$C_{32}H_{50}O_7$	C	[35]
12-6-89	amphidinolide B5	$C_{32}H_{50}O_7$	C	[35]
12-6-90	amphidinolide B	$C_{32}H_{50}O_8$	C	[35]
12-6-91	amphidinolide H	$C_{32}H_{50}O_8$	C	[35]
12-6-92	amphidinolide H2	$C_{32}H_{50}O_8$	C	[35]
12-6-93	amphidinolide H3	$C_{32}H_{50}O_8$	C	[35]

续表

编号	名称	分子式	测试溶剂	参考文献
12-6-94	zooxanthellamide Cs	$C_{128}H_{220}N_2O_{53}S_2$	W	[36]
12-6-95	hectochlorin	$C_{27}H_{34}Cl_2N_2O_9S_2$	C	[37]
12-6-96	deacetylhectochlorin	$C_{25}H_{32}Cl_2N_2O_8S_2$	C	[37]
12-6-97	biselide A	$C_{25}H_{33}ClO_{10}$	M	[38]
12-6-98	biselide C	$C_{23}H_{31}ClO_9$	M	[38]
12-6-99	biselide D	$C_{25}H_{36}ClNO_{10}$	M	[38]

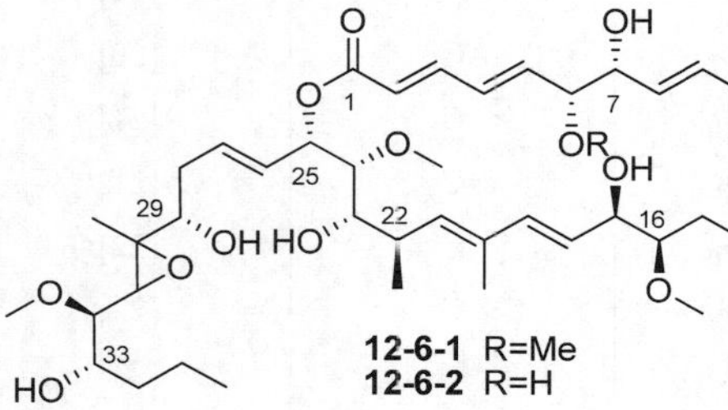

12-6-1 R=Me
12-6-2 R=H

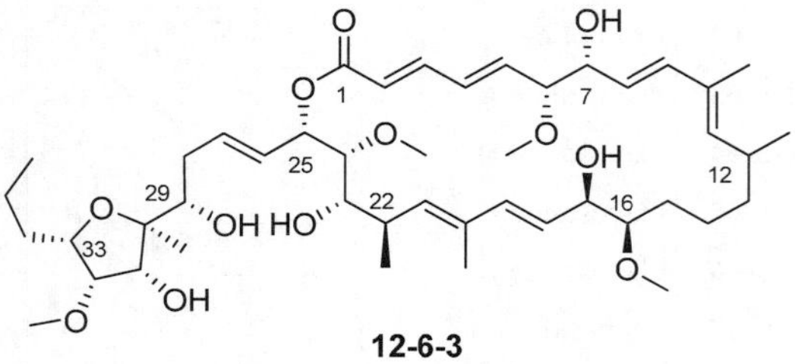

12-6-3

表 12-6-2 arenicolides A~C 的 ^{13}C NMR 数据[1]

C	12-6-1	12-6-2	12-6-3	C	12-6-1	12-6-2	12-6-3	C	12-6-1	12-6-2	12-6-3
1	169.5	166.0	166.0	16	84.6	84.6	84.6	31	60.9	61.0	81.5
2	121.7	121.6	121.7	17	76.0	75.7	76.0	32	82.5	82.5	89.5
3	144.2	144.3	144.2	18	127.0	127.1	127.1	33	71.4	71.4	78.9
4	132.6	130.6	132.4	19	138.2	138.0	138.2	34	34.5	38.7	37.4
5	139.2	140.4	139.1	20	133.4	133.4	133.4	35	19.0	19.0	19.0
6	85.6	75.7	85.6	21	135.3	135.2	135.1	36	14.0	14.0	14.1
7	75.9	77.4	76.0	22	37.9	37.7	38.0	37	56.8		56.8
8	123.0	123.5	123.0	23	75.7	75.6	75.6	38	12.5	12.5	12.5
9	140.6	140.7	140.6	24	81.4	81.3	81.2	39	19.9	20.2	19.9
10	130.4	130.5	130.4	25	78.9	78.6	79.1	40	58.9	58.9	59.0
11	141.4	141.8	141.4	26	131.8	128.8	127.9	41	12.7	12.7	12.7
12	32.8	32.9	32.8	27	128.8	131.8	133.6	42	17.4	17.4	17.4
13	37.5	37.5	37.5	28	36.3	36.3	34.7	43	60.8	60.8	61.0
14	31.3	24.0	24.0	29	74.1	74.2	76.1	44	14.1	14.1	16.9
15	23.9	31.2	31.4	30	60.7	61.0	82.8	45	58.4	58.3	58.2

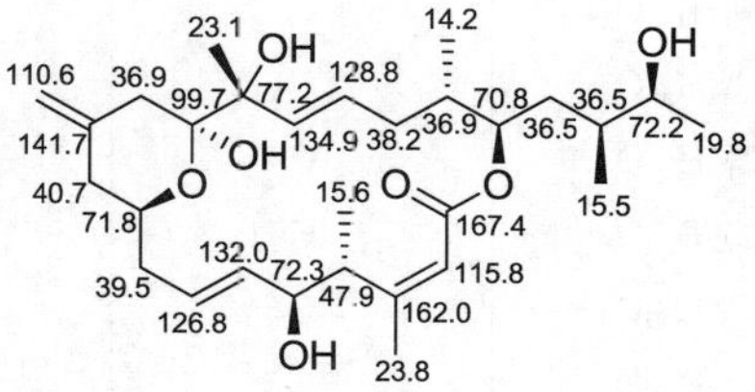

12-6-4 [2]

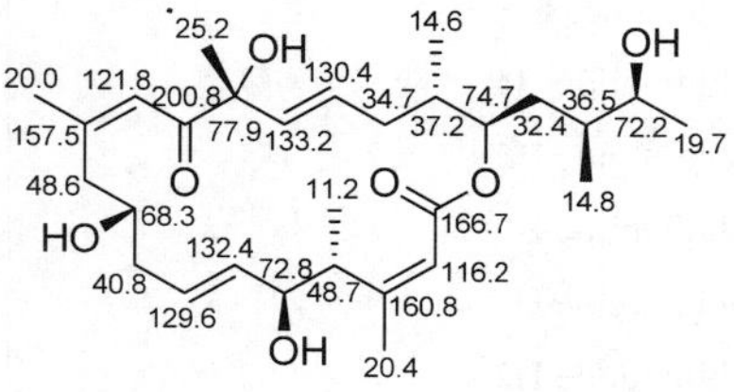

12-6-5 [3]

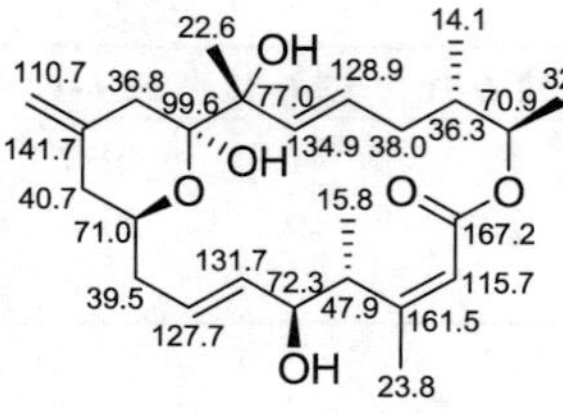

12-6-6[3] 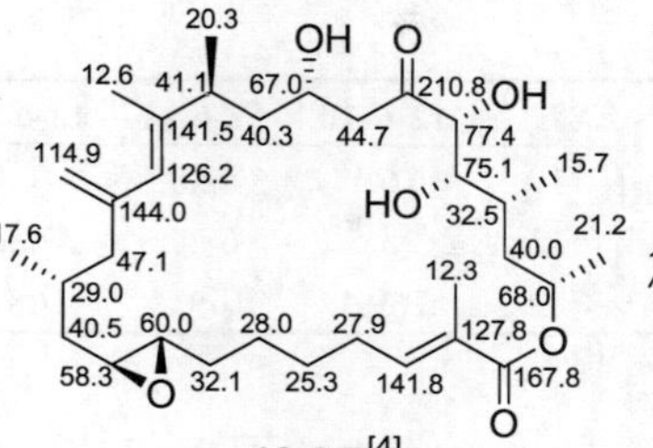　12-6-7[4] 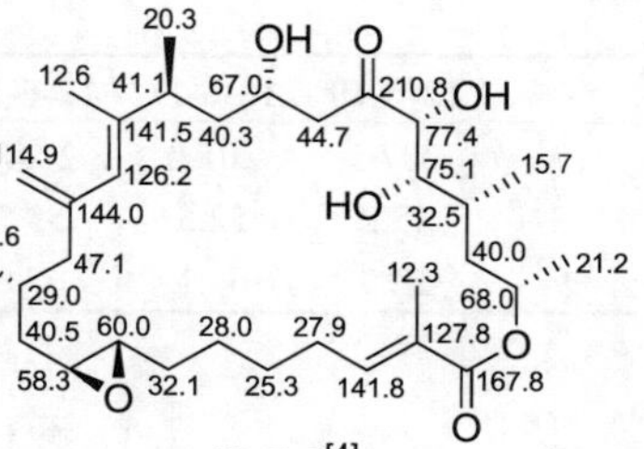　12-6-8[4]

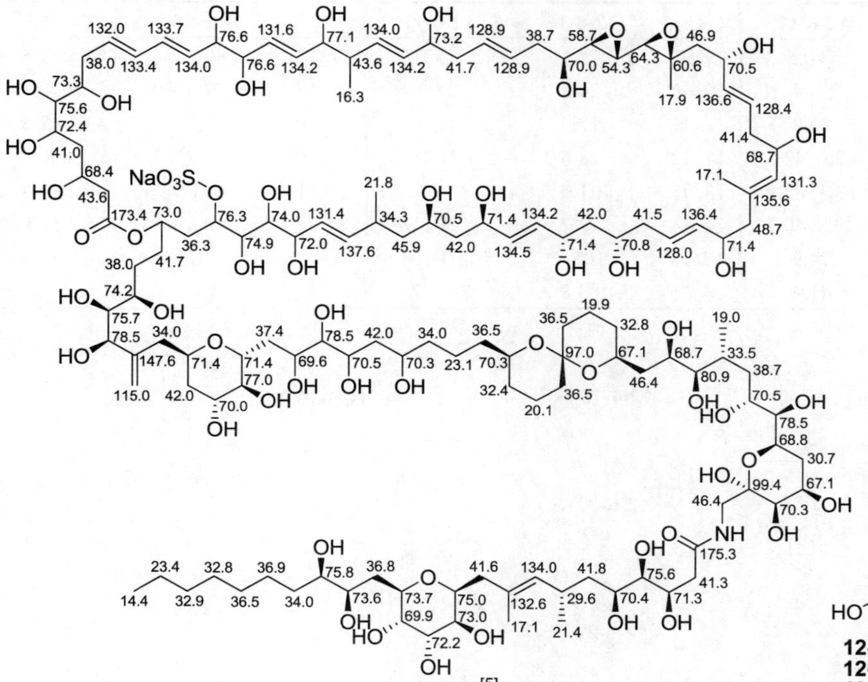

12-6-9[5]

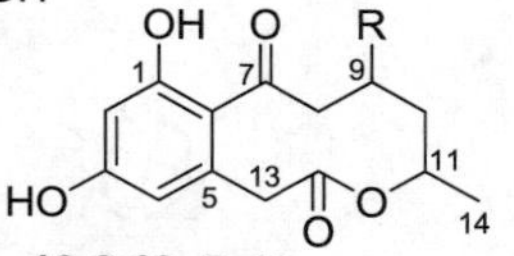

12-6-10 R=H
12-6-11 R=OH; 9,11-*cis*
12-6-12 R=OH; 9,11-*trans*

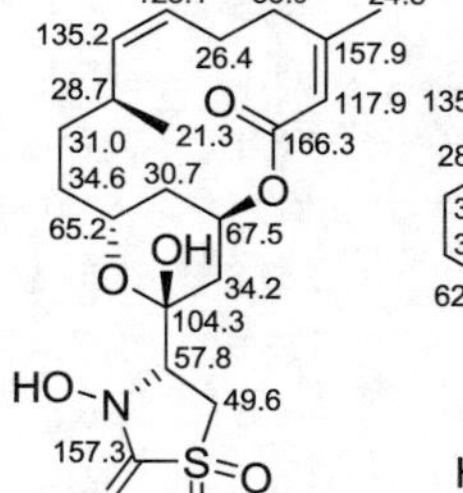

12-6-13[7] 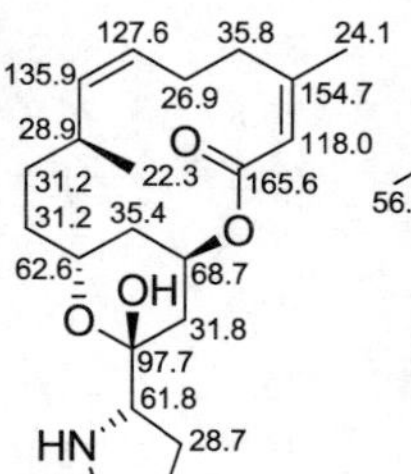　12-6-14[7] 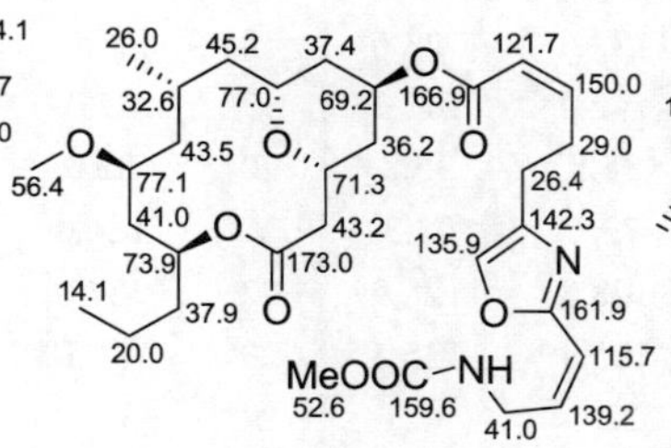　12-6-15[8]

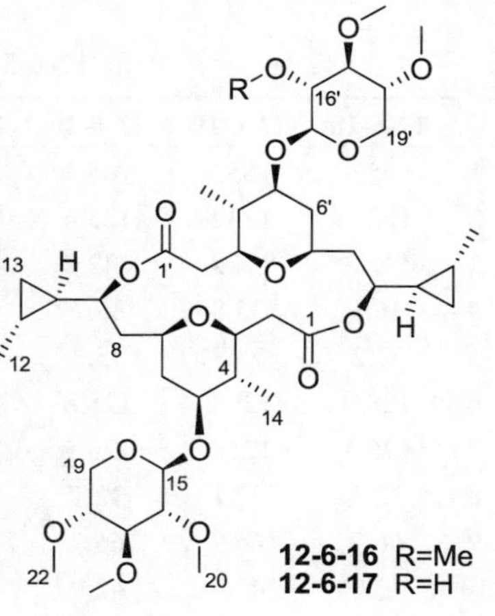

12-6-16 R=Me
12-6-17 R=H

表 12-6-3 xestodecalactones A~C 的 ^{13}C NMR 数据[6]

C	12-6-10	12-6-11	12-6-12	C	12-6-10	12-6-11	12-6-12	C	12-6-10	12-6-11	12-6-12
1	156.9	156.8	157.1	3	158.9	159.1	159.1	5	134.4	135.5	134.4
2	101.3	101.2	101.3	4	109.3	109.9	109.3	6	121.2	119.7	121.2

续表

C	12-6-10	12-6-11	12-6-12	C	12-6-10	12-6-11	12-6-12	C	12-6-10	12-6-11	12-6-12
7	207.5	205.0	204.6	10	36.1	42.0	46.0	13	38.7	37.8	38.7
8	45.2	52.5	55.3	11	73.5	68.2	70.6	14	20.7	19.5	20.77
9	22.3	64.1	67.8	12	169.1	169.2	168.9				

表 12-6-4 clavosolides A 和 B 的 ^{13}C NMR 数据[9]

C	12-6-16	12-6-17	C	12-6-16	12-6-17	C	12-6-16	12-6-17
1, 1'	170.7	170.5	9, 9'	77.1	77.2	17, 17'	85.6	85.6/83.3
2, 2'	39.3	39.4	10, 10'	24.8	25.0	18, 18'	79.4	79.4
3, 3'	77.0	76.9	11, 11'	12.0	12.2	19, 19'	63.2	63.2/62.5
4, 4'	42.6	42.7, 42.5	12, 12'	18.6	18.8	20, 20'	60.7	60.8
5, 5'	83.1	83.1, 82.9	13, 13'	11.0	11.2	21, 21'	60.8	60.2/60.8
6, 6'	40.8	40.8, 40.7	14, 14'	12.7	12.9/13.2	22, 22'	58.5	58.5/58.8
7, 7'	74.8	74.9	15, 15'	105.4	105.3/104.5			
8, 8'	41.1	41.4	16, 16'	83.8	83.8/72.9			

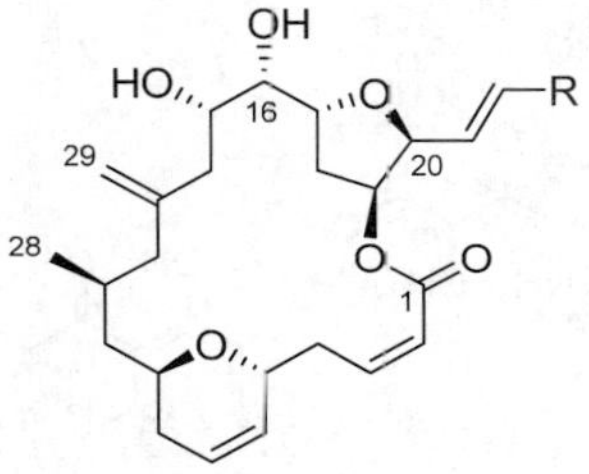

12-6-18 R=

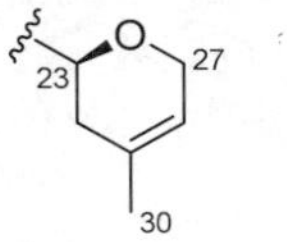

12-6-19 R=

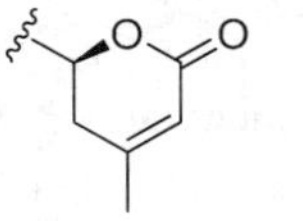

12-6-20 R=

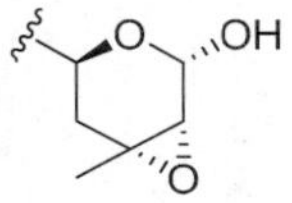

12-6-21 R=

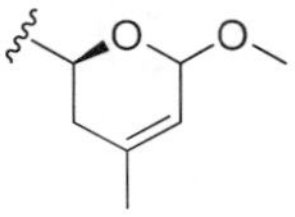

12-6-22 R=

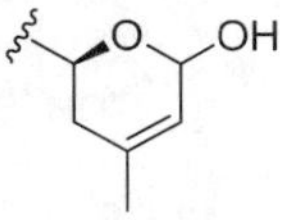

表 12-6-5 fijianolides A, D, F, H, I 的 ^{13}C NMR 数据[10]

C	12-6-18	12-6-19	12-6-20	12-6-21	12-6-22	C	12-6-18	12-6-19	12-6-20	12-6-21	12-6-22
1	165.6	165.3	165.3	165.3	165.3	17	78.3	78.4	78.3	78.2	78.4
2	123.7	123.5	123.6	123.6	123.6	18	35.2	34.2	35.3	35.1	35.1
3	142.2	142.6	142.2	142.2	142.3	19	77.0	76.8	76.9	76.8	77.0
4	36.1	35.8	35.7	35.8	35.8	20	82.0	81.4	81.7	81.9	82.0
5	73.2	73.3	73.2	73.2	73.3	21	126.0	125.5	126.2	125.8	126.2
6	128.9	129.2	128.8	128.8	128.9	22	134.0	130.0	132.5	132.9	133.4
7	125.4	125.3	125.5	125.4	125.5	23	73.5	75.7	64.6	66.6	66.6
8	32.1	32.1	32.1	32.1	32.1	24	36.1	36.2	36.1	36.1	36.1
9	66.7	66.7	66.7	66.7	66.8	25	131.3	155.3	59.3	136.4	136.3
10	43.0	42.9	42.9	42.8	42.8	26	120.5	117.3	59.5	120.8	121.6
11	27.4	27.3	27.3	27.4	27.4	27	65.7	163.7	88.5	96.8	89.0
12	46.0	45.9	45.9	46.0	46.0	28	20.2	20.1	20.1	20.2	20.2
13	146.1	146.0	146.1	146.1	146.1	29	113.4	113.6	113.5	113.3	113.5
14	35.8	35.1	35.7	35.7	35.7	30	23.0	22.2	21.7	22.5	22.7
15	71.5	71.4	71.4	71.3	71.5	OMe				54.9	
16	75.5	76.1	75.7	75.4	75.6						

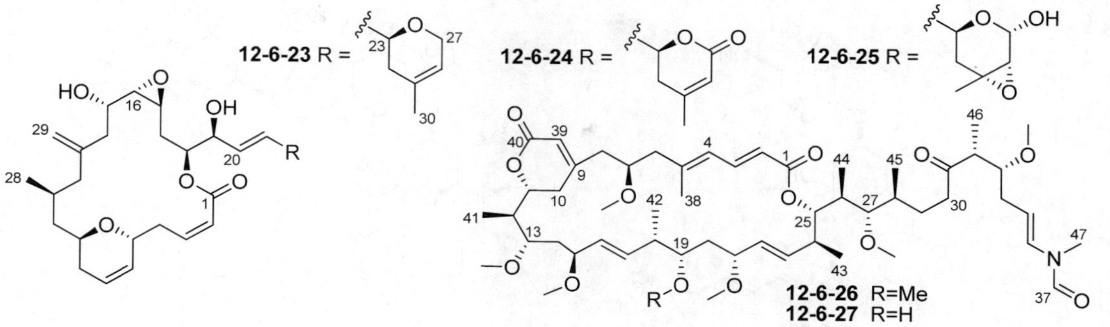

表 12-6-6 fijianolides B, E, G 的 ^{13}C NMR 数据[10]

C	12-6-23	12-6-24	12-6-25	C	12-6-23	12-6-24	12-6-25	C	12-6-23	12-6-24	12-6-25
1	166.3	166.2	166.3	11	30.0	30.0	29.9	21	129.0	129.2	129.2
2	120.8	120.6	121.0	12	46.0	46.4	46.3	22	133.7	130.0	132.5
3	150.7	151.0	150.2	13	146.1	145.8	145.8	23	73.4	75.7	64.4
4	34.1	34.1	34.1	14	35.8	37.6	35.7	24	36.1	34.4	36.1
5	73.3	73.3	73.1	15	67.6	67.4	67.5	25	131.3	155.2	59.3
6	129.3	129.8	129.4	16	60.7	60.8	60.7	26	120.5	117.3	59.5
7	125.4	125.4	125.3	17	51.6	52.1	52.0	27	65.8	163.5	88.4
8	32.1	32.1	32.1	18	33.7	34.2	33.6	28	21.1	20.1	21.0
9	68.0	68.1	68.0	19	72.7	72.4	72.6	29	112.6	122.6	112.5
10	44.0	44.0	43.9	20	73.4	72.5	73.3	30	23.0	22.2	21.7

表 12-6-7 reidispongiolides A,B 的 ^{13}C NMR 数据[11]

C	12-6-26	12-6-27	C	12-6-26	12-6-27	C	12-6-26	12-6-27
1	166.7	166.7	19	80.6	73.2	37	162.1	162.0
2	120.5	120.6	20	36.6	38.7	38	17.9	17.8
3	140.2	140.2	21	78.8	79.8	39	117.4	118.3
4	126.1	125.7	22	130.3	131.4	40	164.0	164.1
5	145.5	145.5	23	138.6	137.2	41	9.8	11.0
6	44.5	44.4	24	40.6	40.6	42	14.0	14.2
7	76.9	78.2	25	75.3	75.5	43	17.4	17.8
8	40.8	40.8	26	36.4	36.5	44	9.9	9.9
9	157.6	157.6	27	87.1	87.2	45	17.5	17.5
10	31.2	30.6	28	34.3	34.4	46	12.7	12.7
11	79.3	78.8	29	23.2	23.3	47	27.5	27.5
12	39.2	39.2	30	40.8	40.8	7-OMe	56.8	56.0
13	77.8	78.3	31	213.5	213.5	13-OMe	55.5	55.6
14	33.4	34.5	32	49.0	48.9	15-OMe	55.6	56.0
15	79.2	78.8	33	82.2	82.7	19-OMe	57.4	
16	129.9	131.0	34	30.6	30.4	21-OMe	57.0	56.9
17	139.2	139.0	35	105.4	105.4	27-OMe	61.5	61.6
18	37.5	41.2	36	130.5	130.3	33-OMe	57.6	56.8

12-6-28

12-6-29

表 12-6-8 phorbasides A-B 的 ^{13}C NMR 数据[12]

C	12-6-28	12-6-29	C	12-6-28	12-6-29	C	12-6-28	12-6-29
1	176.6	176.6	15	111.4	111.5	4'	76.6	76.6
2	47.5	47.5	16	90.6	90.7	5'	67.2	67.5
3	97.7	97.7	17	75.9	76.0	6'	17.7	18.3
4	39.6	39.6	18	11.8	12.2	7'	17.8	19.6
5	79.6	79.7	19	36.9	35.6	2'-OMe	59.2	59.1
6	38.8	38.8	20	19.6	19.6	1"		92.4
7	75.1	75.1	21	16.5	16.5	2"		85.5
8	37.1	37.1	22	6.8	6.8	3"		72.3
9	79.9	79.9	23	12.7	12.8	4"		70.2
10	127.9	127.9	24	12.7	12.6	5"		67.3
11	132.8	133.0	9-OMe	55.5	55.4	6"		18.2
12	46.8	46.8	1'	99.0	99.6	7"		18.1
13	71.2	71.2	2'	84.9	87.0	2"-OMe		58.5
14	140.5	140.0	3'	72.3	70.1			

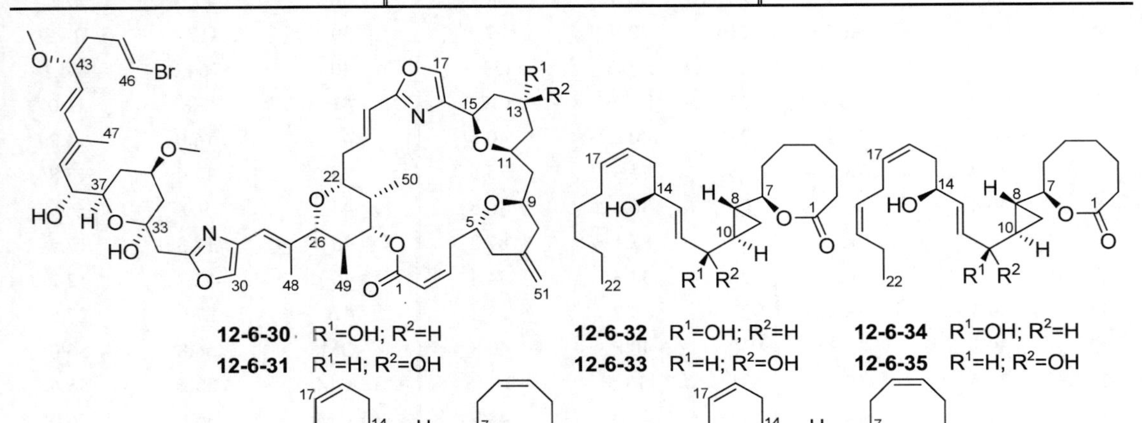

表 12-6-9 phorboxazoles A 和 B 的 ^{13}C NMR 数据[13]

C	12-6-30	12-6-31	C	12-6-30	12-6-31	C	12-6-30	12-6-31
1	165.58	165.58	19	119.29	119.29	37	72.45	72.45
2	120.97	120.97	20	134.07	134.07	38	70.85	70.85
3	144.40	144.40	21	34.32	34.32	39	129.87	129.87
4	30.44	30.44	22	77.98	77.98	40	137.50	137.50
5	73.45	73.45	23	32.50	32.50	41	136.96	136.96
6	36.92	36.92	24	79.28	79.28	42	128.87	128.87
7	141.66	141.66	25	31.67	31.67	43	81.06	81.06
8	38.94	38.94	26	89.15	89.15	44	39.18	39.18
9	69.10	69.10	27	137.94	137.94	45	133.66	133.66
10	41.24	41.24	28	118.47	118.47	46	106.35	106.35
11	68.60	68.60	29	137.48	137.48	47	13.42	13.42
12	38.96	38.96	30	135.89	135.89	48	14.19	14.19
13	64.28	64.28	31	160.03	160.03	49	13.28	13.28
14	34.93	34.93	32	39.71	39.71	50	5.98	5.98
15	66.91	66.91	33	96.61	96.61	51	110.08	110.08
16	142.08	142.08	34	40.40	40.40	35-OMe	55.74	55.74
17	133.71	133.71	35	73.00	73.00	43-OMe	56.34	56.34
18	161.28	161.28	36	33.02	33.02			

表 12-6-10 solandelactones A~I 的 ^{13}C NMR 数据[14]

C	12-6-32	12-6-33	12-6-34	12-6-35	12-6-36	12-6-37	12-6-38	12-6-39
1	176.57	176.55	176.55	176.56	176.99	176.88	176.90	176.84
2	32.66	32.74	32.70	32.75	37.69	37.69	37.71	37.70
3	29.02	29.07	29.05	29.07	24.38	24.41	24.42	24.42
4	24.14	24.16	24.17	24.16	131.73	131.70	131.82	131.76
5	26.44	26.49	26.47	26.49	128.11	127.99	128.10	127.99
6	37.05	37.11	37.07	37.10	34.21	34.30	34.23	34.31
7	81.47	81.58	81.46	81.54	80.87	80.76	80.79	80.70
8	21.43	20.46	21.44	20.47	20.56	19.73	20.60	19.76
9	7.88	8.96	7.87	8.94	7.96	9.02	7.97	8.99
10	23.04	23.22	23.04	23.21	23.31	23.49	23.32	23.49
11	74.60	74.74	74.57	74.71	74.36	74.74	74.37	74.69
12	133.16	133.58	133.07	133.47	133.09	133.91	133.03	133.50
13	131.67	131.64	131.80	131.73	132.72	132.80	132.71	132.83
14	71.42	71.56	71.37	71.50	71.42	71.57	71.40	71.48
15	35.30	35.32	35.30	35.30	35.26	35.29	35.30	35.29
16	124.03	124.04	124.44	124.41	124.08	124.02	124.47	124.39
17	134.01	133.92	126.66	126.60	133.85	133.62	126.66	126.60
18	27.43	27.43	25.73	25.73	27.40	27.82	25.74	25.73
19	29.27	29.26	131.92	131.90	29.24	29.26	131.82	131.93
20	31.49	31.49	132.29	131.32	31.47	31.50	132.24	132.30
21	22.54	22.54	20.60	20.60	22.51	22.53	20.60	20.59
22	14.05	14.04	14.23	14.24	14.02	14.04	14.23	14.24

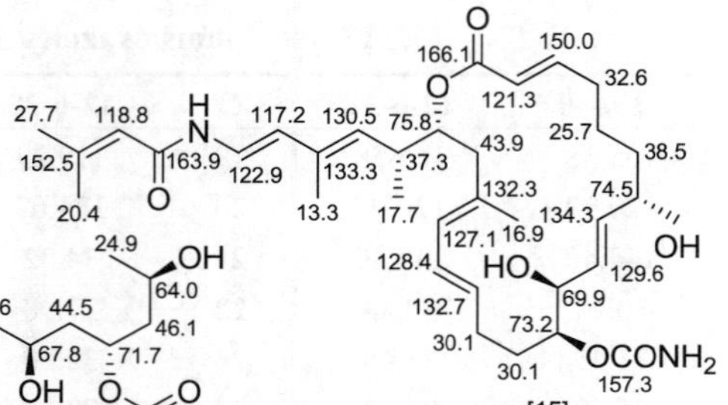

12-6-40[15]

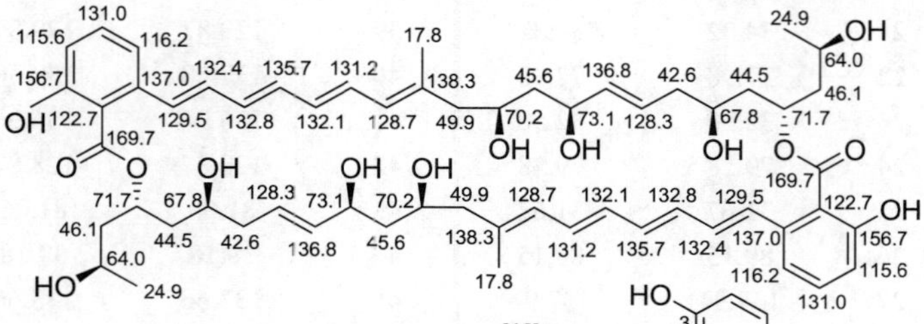

12-6-41[16]

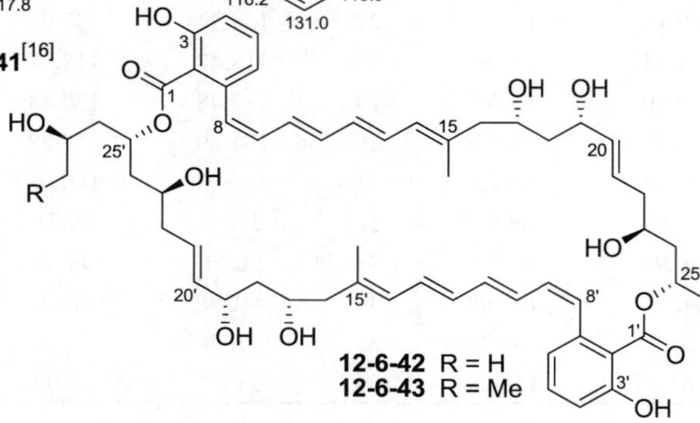

12-6-42 R = H
12-6-43 R = Me

表 12-6-11 marinomycins B, D 的 ^{13}C NMR 数据[16]

C	12-6-42	12-6-43	C	12-6-42	12-6-43	C	12-6-42	12-6-43	C	12-6-42	12-6-43
1	171.6	171.7	16	49.1	49.1	2'	110.8	110.8	17'	70.4	70.4
2	110.8	110.8	17	70.4	70.4	3'	163.4	163.5	18'	44.2	44.2
3	163.4	163.5	18	44.2	44.2	4'	117.2	117.2	19'	71.9	71.8
4	117.2	117.2	19	71.9	71.8	5'	134.5	134.5	20'	135.1	135.1
5	134.5	134.5	20	135.1	135.1	6'	123.1	123.1	21'	128.6	128.6
6	123.1	123.1	21	128.6	128.6	7'	140.8	140.8	22'	41.1	41.1
7	140.8	140.8	22	41.1	41.1	8'	132.8	132.8	23'	66.7	66.8
8	132.8	132.8	23	66.7	66.8	9'	129.8	129.9	24'	43.0	43.9
9	129.8	129.9	24	43.0	43.0	10'	128.2	128.2	25'	73.5	73.7
10	128.2	128.2	25	73.5	73.4	11'	135.1	135.1	26'	46.1	46.1
11	135.1	135.1	26	46.1	46.1	12'	128.4	128.3	27'	65.0	70.0
12	128.4	128.3	27	65.0	64.9	13'	131.8	131.8	28'	23.5	30.4
13	131.8	131.8	28	23.5	23.5	14'	128.5	128.4	29'	17.3	10.5
14	128.5	128.4	29	17.3	17.3	15'	135.7	135.7	30'		17.3
15	135.7	135.7	1'	171.6	171.7	16'	49.1	49.1			

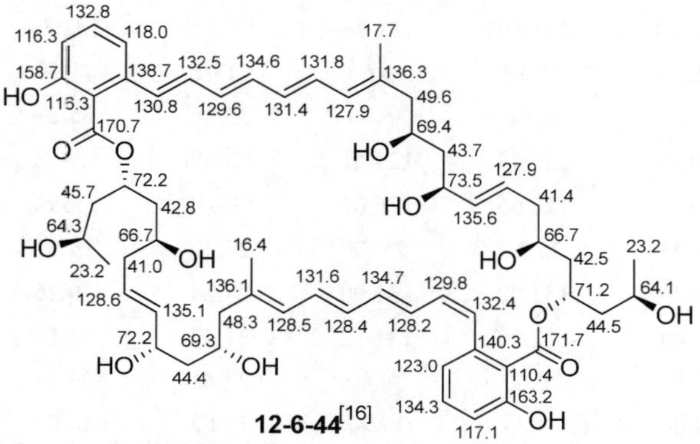

12-6-44[16]

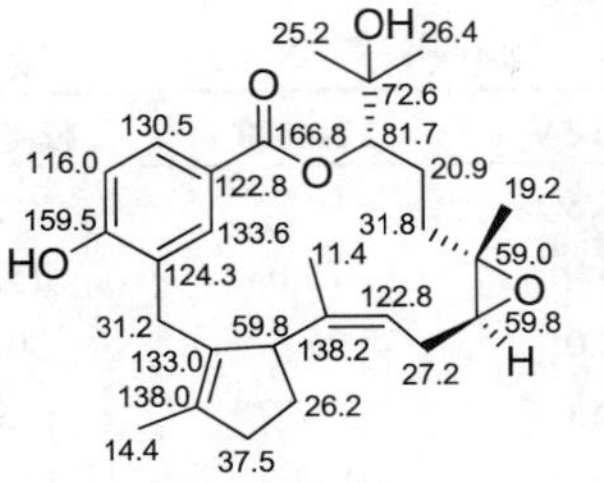

12-6-45[17]

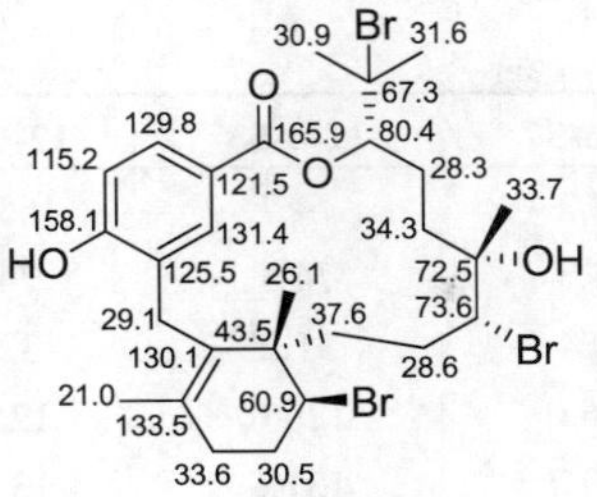

12-6-46[17]

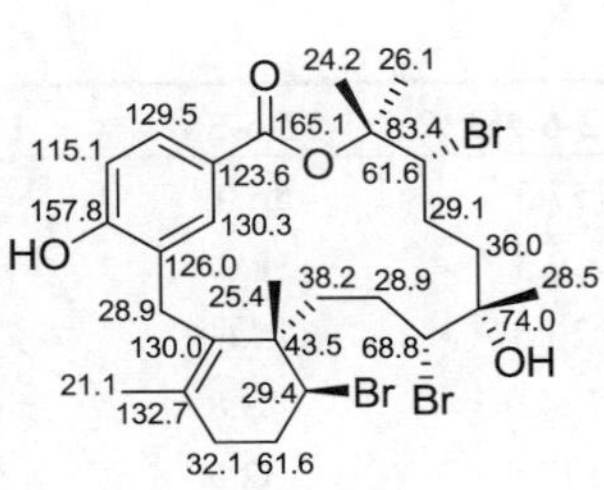

12-6-47[17]

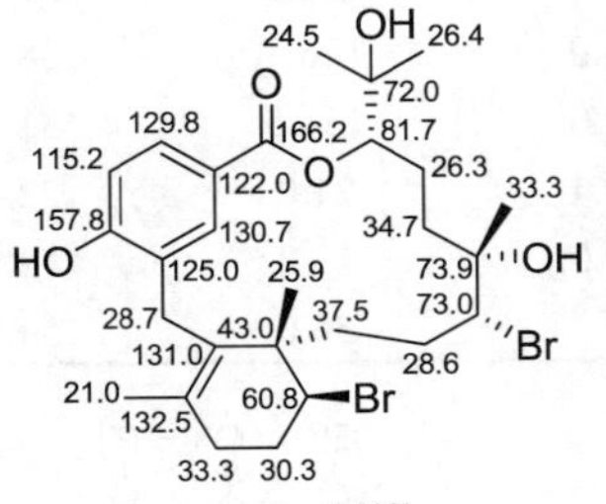

12-6-48[18]

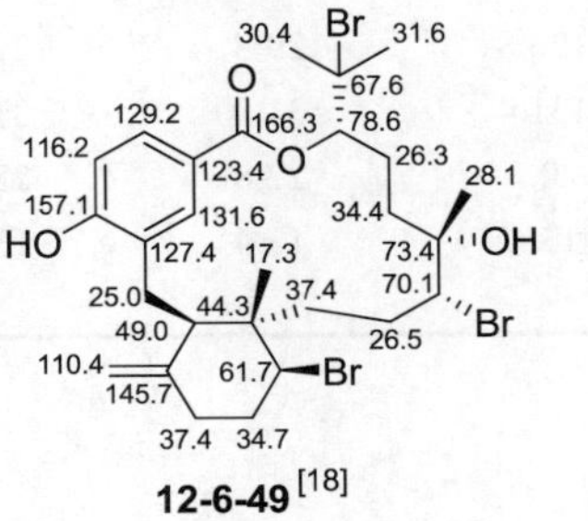

12-6-49[18]

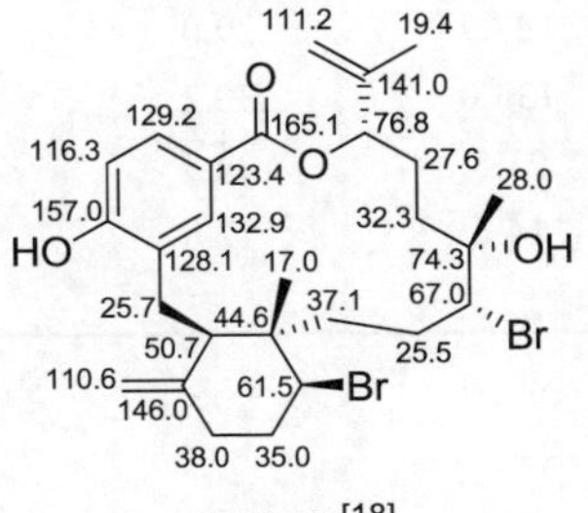

12-6-50[18]

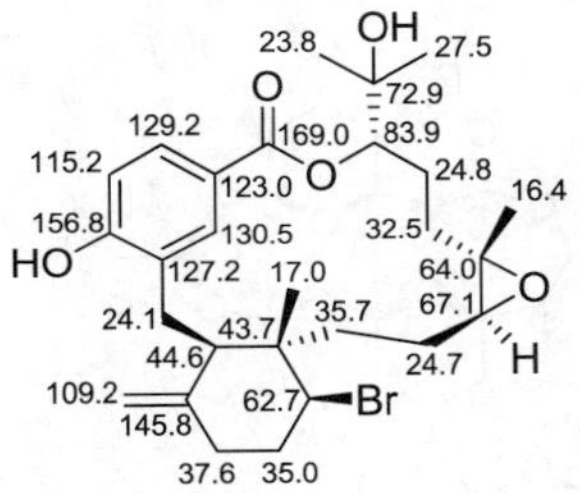

12-6-51[18]

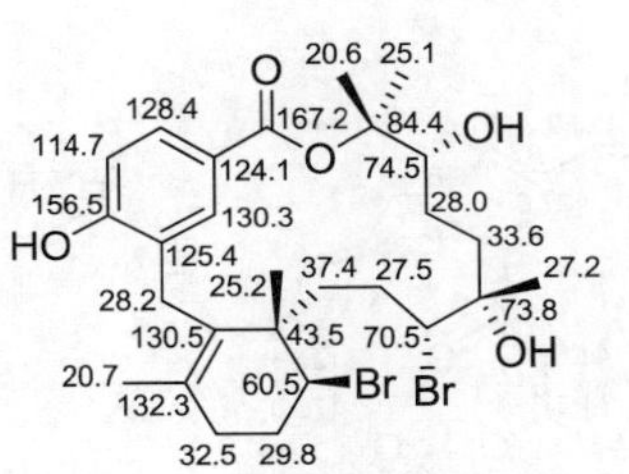

12-6-52[18]

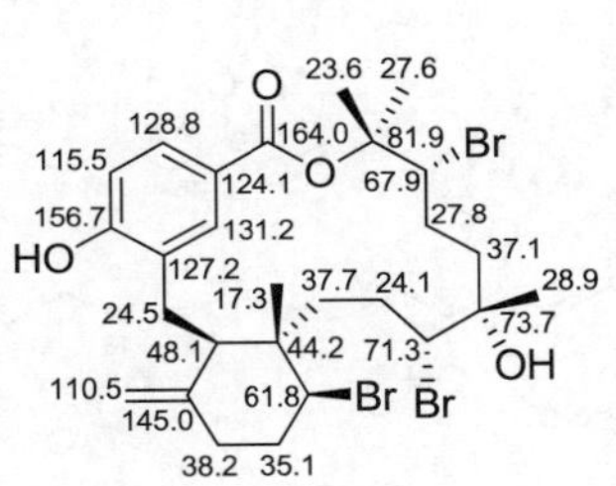

12-6-53[18]

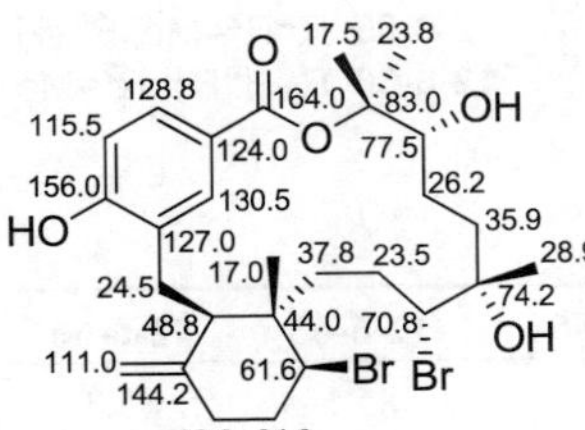

12-6-54[18]

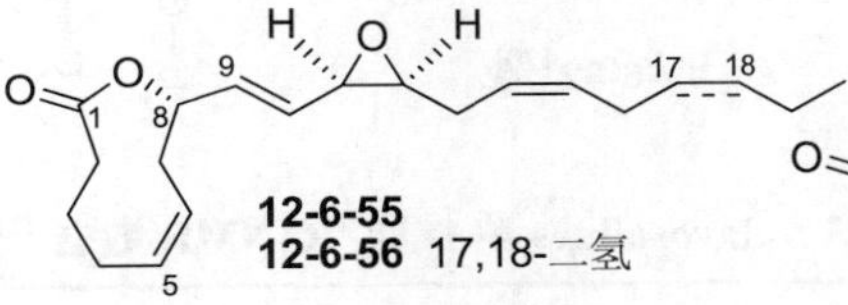

12-6-55
12-6-56 17,18-二氢

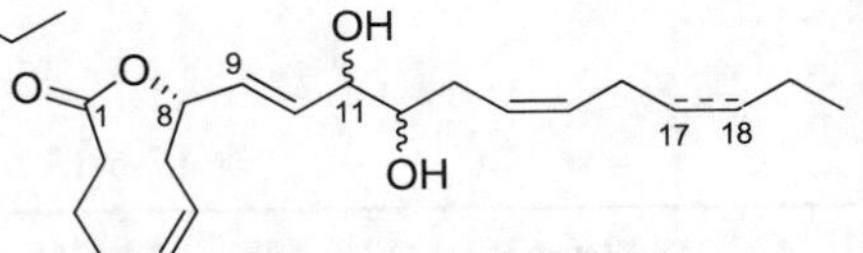

12-6-57 11,12-*threo*，Δ
12-6-58 11,12-*threo*, 17,18-二氢
12-6-59 11,12-*erythro*, 17,18-二氢

表 12-6-12 topsentolides A1,A2, B1~B3, C1,C2 的 ^{13}C NMR 数据[19]

C	12-6-55	12-6-56	12-6-57	12-6-58	12-6-59	12-6-60	12-6-61
1	175.6	174.5	174.5	175.6	174.0	175.0	174.5
2	34.4	33.2	33.2	33.2	33.5	33.2	33.2
3	27.5	26.3	26.5	26.5	26.2	26.3	26.3
4	26.3	25.0	25.3	25.8	25.0	25.0	25.0
5	136.2	134.8	134.9	134.8	135.0	134.9	134.9
6	125.5	124.4	124.9	125.5	124.0	124.7	124.7
7	35.3	34.2	34.4	34.0	34.0	34.2	34.2
8	73.8	72.5	72.8	72.6	72.1	72.7	72.7
9	135.3	133.8	130.8	131.0	132.0	132.8	132.8
10	127.2	126.0	130.8	131.0	129.0	129.0	129.0

续表

C	12-6-55	12-6-56	12-6-57	12-6-58	12-6-59	12-6-60	12-6-61
11	57.3	56.0	74.2	74.7	65.8	84.2	84.5
12	59.3	58.4	74.3	74.5	74.0	73.0	73.6
13	26.6	25.6	30.4	31.2	32.0	26.6	30.4
14	124.9	123.8	126.0	126.0	125.0	124.9	125.4
15	132.0	132.5	129.7	131.5	132.0	132.0	131.5
16	27.1	27.0	25.6	28.0	27.0	27.0	27.0
17	127.9	29.0	126.8	29.8	29.0	126.3	28.7
18	133.0	30.2	131.4	31.0	31.0	131.5	31.5
19	21.5	22.3	20.5	22.8	22.4	21.0	22.4
20	14.6	12.8	13.4	13.4	13.0	13.8	12.8
OMe						56.0	56.0

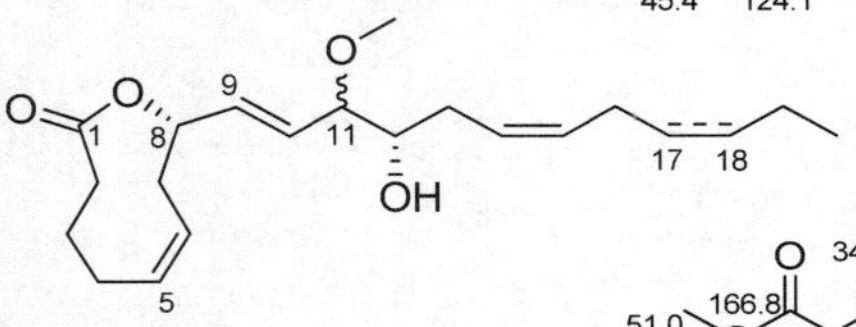

12-6-60
12-6-61 17,18-二氢

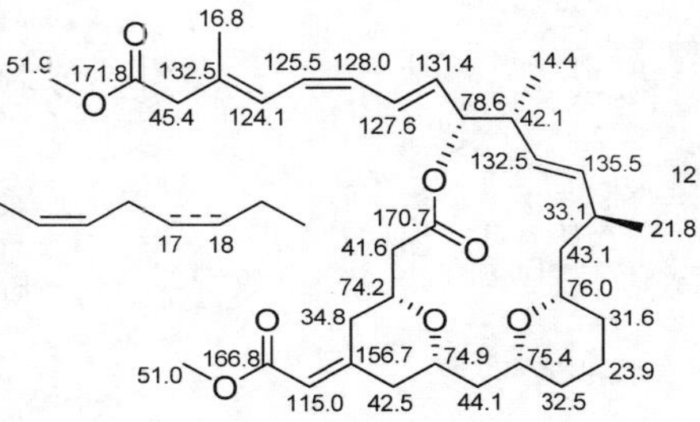

12-6-62[20]

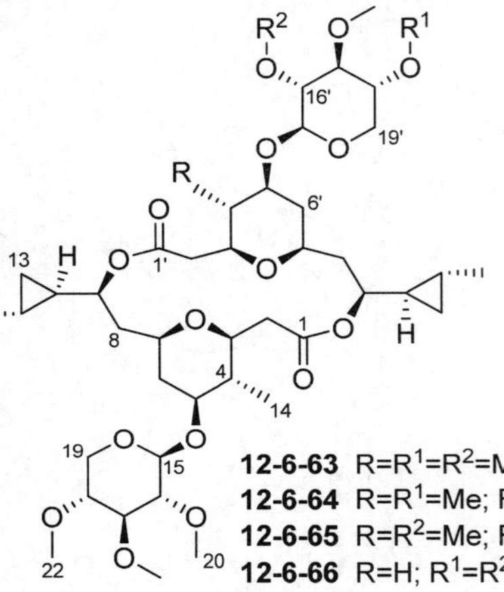

12-6-63 R=R^1=R^2=Me
12-6-64 R=R^1=Me; R^2=H
12-6-65 R=R^2=Me; R^1=H
12-6-66 R=H; R^1=R^2=Me

表 12-6-13 clavosolides A~D 的 ^{13}C NMR 数据[21]

C	12-6-63	12-6-64	12-6-65	12-6-66	C	12-6-63	12-6-64	12-6-65	12-6-66
1	170.7	170.5	171.0		17	85.6	85.6	85.1	85.3
2	39.3	39.4	39.1	38.8	18	79.4	79.4	79.4	79.2
3	77.0	76.9	76.8	76.9	19	63.2	63.2	63.2	63.1
4	42.6	42.7	42.4	42.3	20	60.7	60.8	60.7	60.6
5	83.1	83.1	83.1	83.1	21	60.8	60.2	60.6	60.6
6	40.8	40.8	40.6	40.7	22	58.5	58.5	58.7	58.7
7	74.8	74.9	74.8	75.0	1'	170.7	170.5	171.2	
8	41.1	41.4	41.1	41.0	2'	39.3	39.4	39.1	38.8
9	77.1	77.2	76.8	77.0	3'	77.0	76.9	76.8	71.4
10	24.8	25.0	24.6	24.7	4'	42.6	42.5	42.4	37.8
11	12.0	12.2	11.8	11.8	5'	83.1	82.9	83.1	74.8
12	18.6	18.8	18.4	18.4	6'	40.8	40.7	40.6	39.4
13	11.0	11.2	10.8	10.8	7'	74.8	74.9	74.8	75.0
14	12.7	12.9	12.5	12.5	8'	41.1	41.4	41.1	41.0
15	105.4	105.3	105.4	105.4	9'	77.1	77.2	76.8	77.0
16	83.8	83.8	83.8	83.6	10'	24.8	25.0	24.6	24.7

续表

C	12-6-63	12-6-64	12-6-65	12-6-66	C	12-6-63	12-6-64	12-6-65	12-6-66
11'	12.0	12.2	11.8	11.8	17'	85.6	83.3	84.8	85.2
12'	18.6	18.8	18.4	18.4	18'	79.4	79.4	69.1	79.2
13'	11.0	11.2	10.8	10.8	19'	63.2	62.5	64.5	63.1
14'	12.7	13.2	12.5		20'	60.7		60.2	60.5
15'	105.4	104.5	105.1	102.0	21'	60.8	60.8	60.6	60.6
16'	83.8	72.9	83.1	83.5	22'	58.5	58.8		58.7

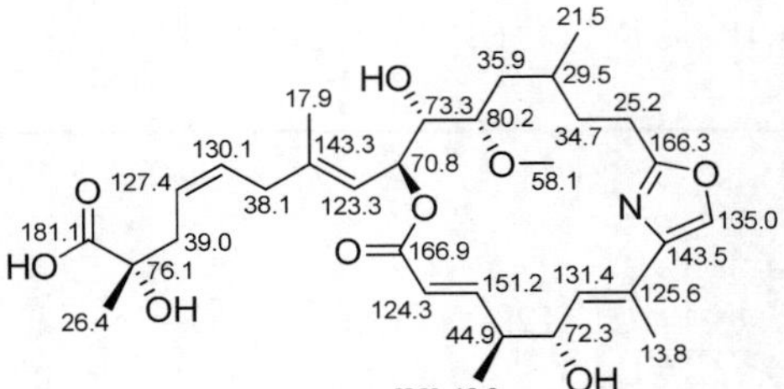

12-6-67[23]

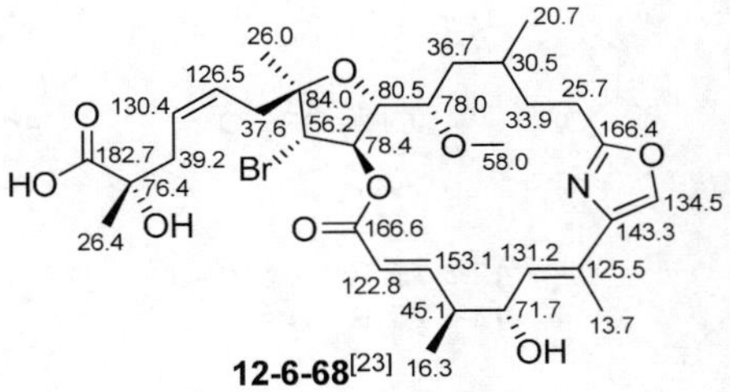

12-6-68[23]

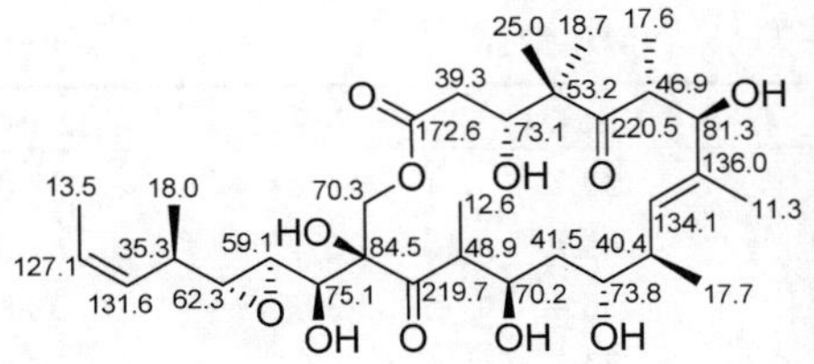

12-6-69[24]

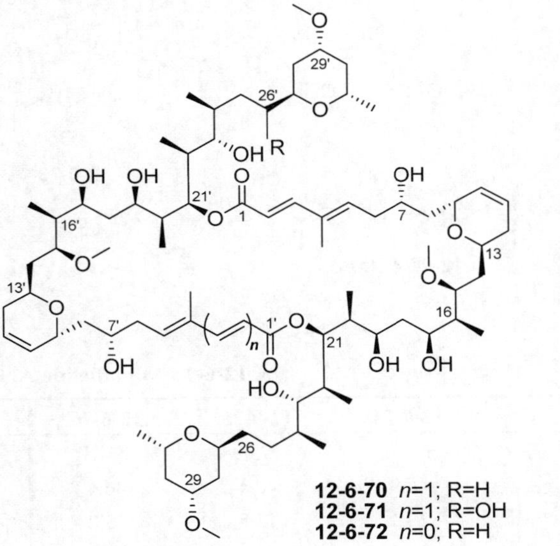

12-6-70 *n*=1; R=H
12-6-71 *n*=1; R=OH
12-6-72 *n*=0; R=H

表 12-6-14 swinholide A, I 及 hurghadolide A 的 ^{13}C NMR 数据[25]

C	12-6-70	12-6-71	12-6-72	C	12-6-70	12-6-71	12-6-72
1/1'	170.0	170.0	170.3/170.4	11/11'	123.2	123.2	122.9/123.7
2/2'	113.2	113.3	113.5/—	12/12'	29.9	29.9	29.7
3/3'	153.2	153.1	153.2/—	13/13'	65.8	65.8	64.6
4/4'	134.2	134.2	134.3/127.5	14/14'	33.8	33.8	34.9
4/4'-Me	12.3	12.2	12.3/12.6	15/15'	75.1	75.2	76.5
5/5'	142.2	142.1	142.6/144.3	15/15'-OMe	57.4	57.4	57.1/57.4
6/6'	37.4	37.4	37.2/37.1	16/16'	41.0	41.3	41.6/41.7
7/7'	66.6	66.6	66.7/66.1	16/16'-Me	9.4	9.3	9.4
8/8'	40.8	40.8	40.8/40.7	17/17'	73.8	73.8	73.8/73.9
9/9'	65.7	65.8	67.6	18/18'	38.4	38.4	37.9/38.0
10/10'	129.8	129.8	129.9/129.7	19/19'	71.3	71.3	70.6/71.1

续表

C	12-6-70	12-6-71	12-6-72	C	12-6-70	12-6-71	12-6-72
20/20'	41.3	40.8	40.3/40.4	26/26'	29.3	29.6/72.0	29.3/29.4
20/20'-Me	9.2	9.2	9.3/9.2	27/27'	71.4	71.4	71.5
21/21'	74.3	74.3	74.6/74.7	28/28'	34.8	34.8/34.9	34.8/38.9
22/22'	37.6	37.6/38.0	37.5/37.7	29/29'	73.2	73.2	73.2
22/22'-Me	9.1	9.1	9.2/9.1	29/29'-OMe	55.2	55.2	55.2
23/23'	76.0	76.0/76.1	75.9/76.7	30/30'	38.8	38.6/42.8	38.7
24/24'	33.2	33.2	33.2	31/31'	64.5	64.5/64.4	64.5
24/24'-Me	17.7	17.7	17.6	31/31'-Me	21.7	21.7/21.8	21.7
25/25'	23.9	23.9/24.1	23.7/24.0				

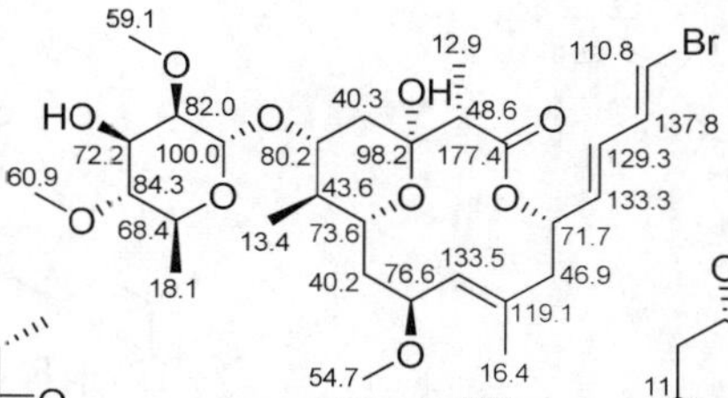

12-6-73[26]

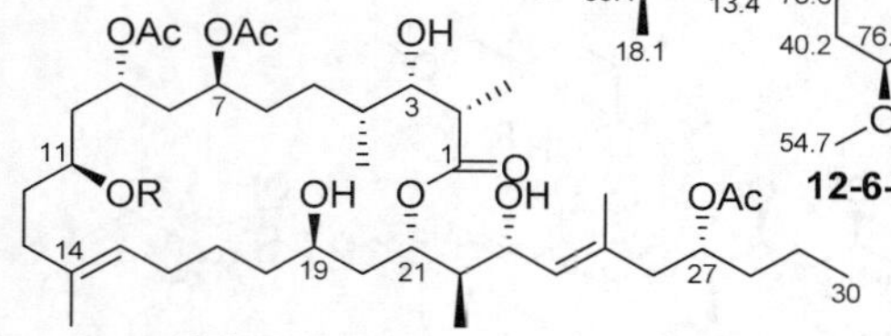

12-6-74 R=Ac

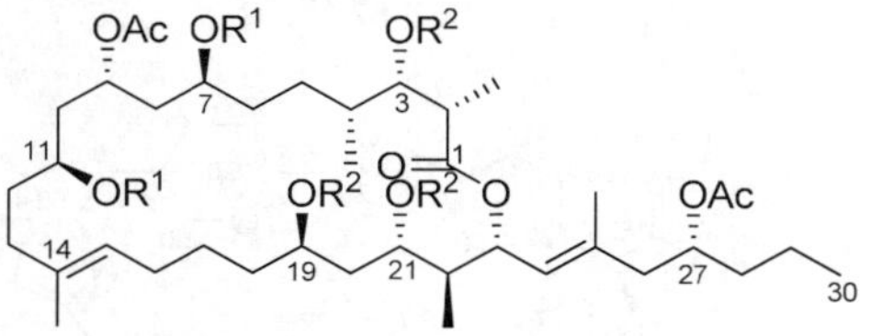

12-6-75 R^1=Ac; R^2=H

12-6-76 R^1=R^2=H

表 12-6-15 dolabelide A, C, D 的 ^{13}C NMR 数据[27]

C	12-6-74	12-6-75	12-6-76	C	12-6-74	12-6-75	12-6-76
1	174.5	173.9	174.1	18	39.7	37.9	38.0
2	46.9	46.4	46.4	19	68.1	67.9	67.9
2-Me	14.1	13.8	13.8	20	36.4	38.8	38.8
3	75.3	74.3	74.1	21	72.7	67.4	67.8
4	34.2	34.1	34.4	22	42.6	43.7	43.9
4-Me	13.2	12.6	13.3	22-Me	10.5	11.0	11.2
5	29.8	29.3	30.4	23	69.5	73.5	73.5
6	32.7	31.8	35.9	24	132.3	127.2	127.2
7	69.9	69.9	67.6	25	133.3	136.7	136.7
8	38.4	37.2	43.0	25-Me	17.1	17.6	17.7
9	68.2	68.0	71.2	26	45.2	44.5	44.6
10	39.2	38.5	42.1	27	72.0	71.8	71.9
11	69.8	70.0	66.2	28	36.3	36.3	36.4
12	31.6	31.7	35.7	29	18.9	18.8	18.9
13	35.4	35.2	35.6	30	14.0	14.0	14.1
14	132.9	132.6	133.9	OAc	20.9/170.7	20.9/170.6	21.4/170.8
14-Me	15.3	15.2	15.7		21.0/170.5	20.9/170.4	21.1/170.5
15	127.1	127.3	126.4		21.1/170.6	21.0/170.4	
16	29.0	28.0	27.8		21.2/170.2	21.1/170.2	
17	27.5	26.9	26.7				

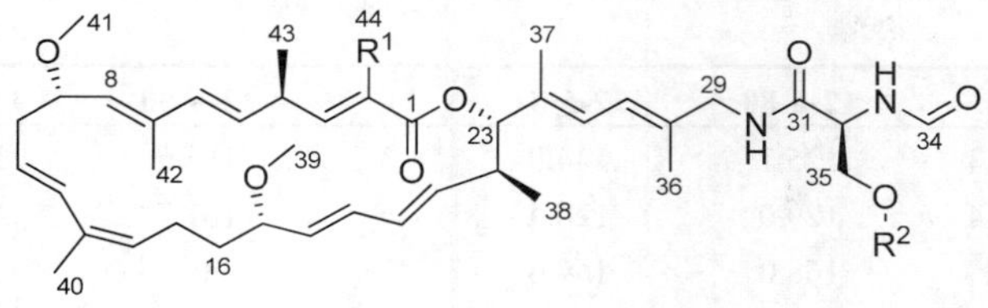

12-6-77 $R^1 = H; R^2 = SO_3Na$
12-6-78 $R^1 = Me; R^2 = SO_3Na$
12-6-79 $R^1 = H; R^2 = H$

表 12-6-16 iejimalides A~D 的 ^{13}C NMR 数据[30]

C	12-6-77	12-6-78	12-6-79	C	12-6-77	12-6-78	12-6-79	C	12-6-77	12-6-78	12-6-79
1	166.09	167.39	167.8	15	22.72	22.76	24.0	31	170.60	170.27	171.0
2	118.96	125.33	120.2	16	34.67	34.71	36.0	32	52.41	52.39	53.5
3	152.24	145.41	152.2	17	79.63	79.52	81.4	34	161.61	161.56	163.9
4	41.73	37.86	41.8	18	132.68	132.87	132.4	35	62.21	62.21	68.0
5	131.75	131.67	132.9	19	131.90	131.99	131.8	36	12.93	14.93	13.4
6	133.77	133.16	133.6	20	129.54	130.76	129.3	37	11.97	11.77	12.3
7	133.72	133.72	134.1	21	135.47	135.69	135.6	38	16.60	16.57	17.2
8	130.51	131.58	130.7	22	40.20	40.62	40.2	39	56.12	56.09	57.0
9	76.64	76.70	73.9	23	82.63	82.72	84.6	40	20.57	20.57	20.2
10	39.69	40.46	41.2	25	131.00	132.93	134.1	41	55.78	55.74	56.1
11	124.55	124.61	126.0	26	125.04	124.99	126.6	42	14.94	12.92	14.3
12	128.45	129.52	129.9	27	121.19	121.20	121.5	43	21.25	21.26	21.7
13	136.54	136.74	137.0	28	134.56	134.56	136.7	44		11.97	
14	128.44	128.37	137.3	29	46.64	46.85	47.7				

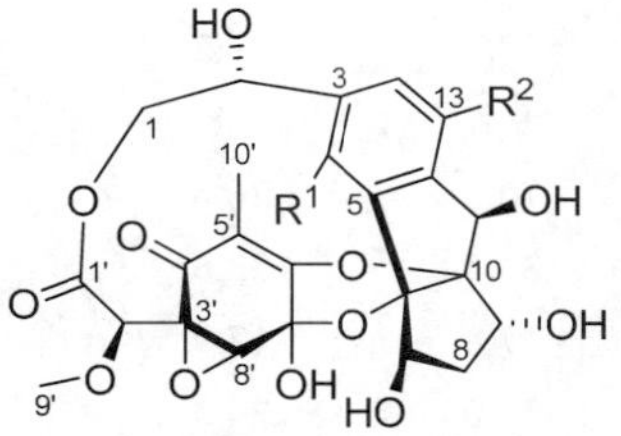

12-6-80 R^1=Cl; R^2=H
12-6-81 R^1=H; R^2=Cl

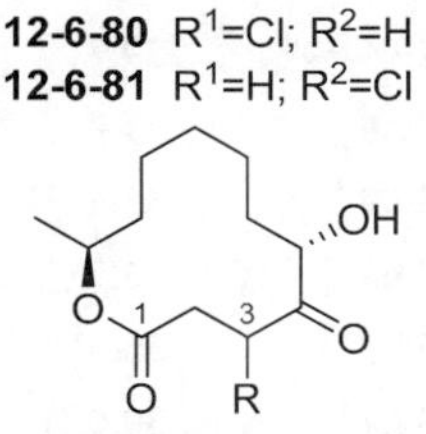

12-6-82 R = OH, 3*S*
12-6-83 R = OH 3*R*
12-6-84

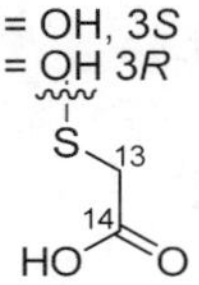

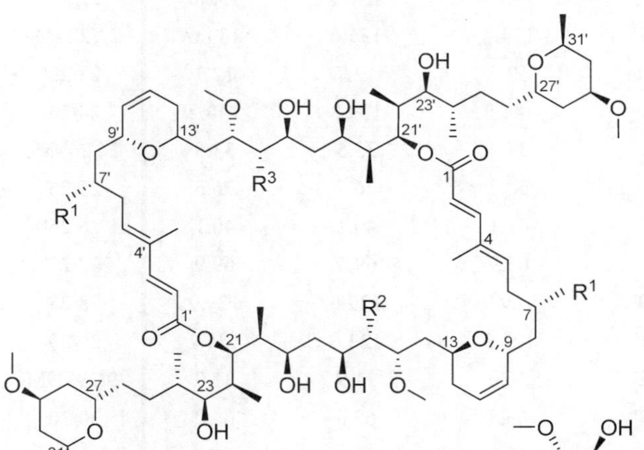

12-6-85 R^1=OH; R^2=R^3=Me
12-6-86 R^1=a; R^2=R^3=H
12-6-87 R^1=a; R^2=R^3=Me

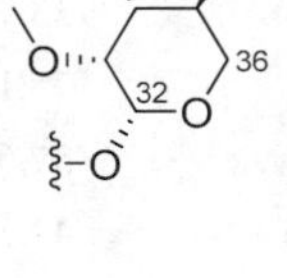

表 12-6-17 sporolides A, B 的 ^{13}C NMR 数据[31]

C	12-6-80	12-6-81	C	12-6-80	12-6-81	C	12-6-80	12-6-81
1	70.3	69.7	3	143.3	147.7	5	138.2	141.0
2	65.4	69.3	4	146.5	123.3	6	95.7	94.4

续表

C	12-6-80	12-6-81	C	12-6-80	12-6-81	C	12-6-80	12-6-81
7	68.3	68.6	13	125.1	144.0	5'	116.6	116.5
8	47.0	47.6	14	129.0	126.4	6'	161.7	161.9
9	74.1	75.4	1'	168.0	167.6	7'	90.3	90.3
10	102.7	102.2	2'	77.4	77.7	8'	59.3	58.9
11	79.8	79.8	3'	59.1	59.3	9'	61.2	60.4
12	130.7	132.6	4'	190.5	190.6	10'	7.8	7.3

表 12-6-18 pandangalides 1, 1a, 2 的 ^{13}C NMR 数据[33]

C	12-6-82	12-6-83	12-6-84	C	12-6-82	12-6-83	12-6-84
1	174.2	172.5	171.9	8	26.6	26.7	29.0
2	42.3	40.5	41.7	9	21.4	22.2	23.7
3	65.6	68.6	43.3	10	32.4	33.2	34.1
4	210.7	212.3	214.9	11	74.5	74.4	74.4
5	76.6	76.1	77.8	12	20.3	19.5	20.0
6	30.4	30.8	32.4	13			34.6
7	19.3	19.8	21.7	14			173.5

表 12-6-19 swinholide A 和 ankaraholides A, B 的 ^{13}C NMR 数据[34]

C	12-6-85	12-6-86	12-6-87	C	12-6-85	12-6-86	12-6-87
1/1'	170.1	170.1	170.1	20/20'-Me	9.4	9.7	9.7
2/2'	113.3	115.0	115.0	21/21'	74.4	74.8	75.3
3/3'	153.3	151.9	152.0	22/22'	37.7	37.2	37.2
4/4'	134.3	134.6	134.6	22/22'-Me	9.2	9.8	9.8
4/4'-Me	12.3	12.7	12.7	23/23'	76.0	76.6	76.6
5/5'	142.3	139.8	140.2	24/24'	33.3	33.6	33.3
6/6'	37.4	33.5	33.5	24/24'-Me	17.8	17.9	17.9
7/7'	66.7	76.7	76.6	25/25'	24.0	24.0	24.0
8/8'	41.1	40.1	40.1	26/26'	29.4	29.7	29.7
9/9'	65.9	69.9	69.9	27/27'	71.4	71.4	71.5
10/10'	129.9	129.6	129.9	28/28'	34.9	35.4	35.4
11/11'	123.3	123.6	124.2	29/29'	73.3	73.7	73.4
12/12'	30.0	31.9	31.9	29/29'-OMe	55.3	55.5	55.7
13/13'	65.8	65.0	65.0	30/30'	38.7	39.0	38.9
14/14'	33.9	39.7	39.7	31/31'	64.6	64.4	64.3
15/15'	75.1	74.7	74.7	31/31'-Me	21.8	22.3	22.0
15/15'-OMe	57.5	57.1	57.1	32/32'		103.0	103.1
16/16'	41.1	43.6	43.6	33/33'		79.6	79.4
16/16'-Me	9.1		9.7	33/33'-OMe		58.8	58.8
17/17'	73.9	69.4	69.3	34/34'		84.0	84.0
18/18'	38.5	41.7	38.6	34/34'-OMe		60.0	60.0
19/19'	71.4	71.6	71.4	35/35'		73.0	73.0
20/20'	40.9	40.7	41.8	36/36'		62.8	62.8

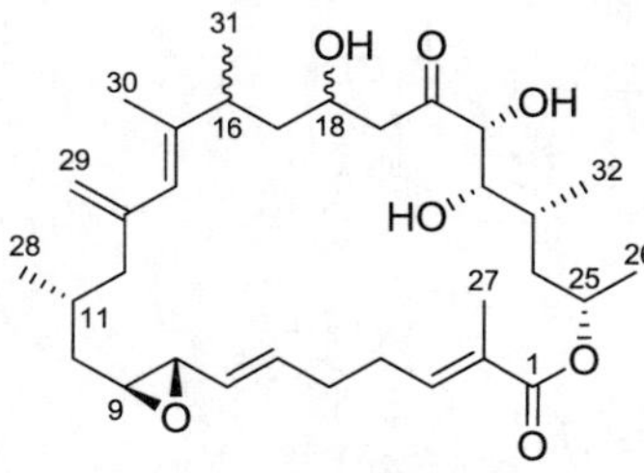

12-6-88 16*S*, 18*S*
12-6-89 16*R*, 18*R*

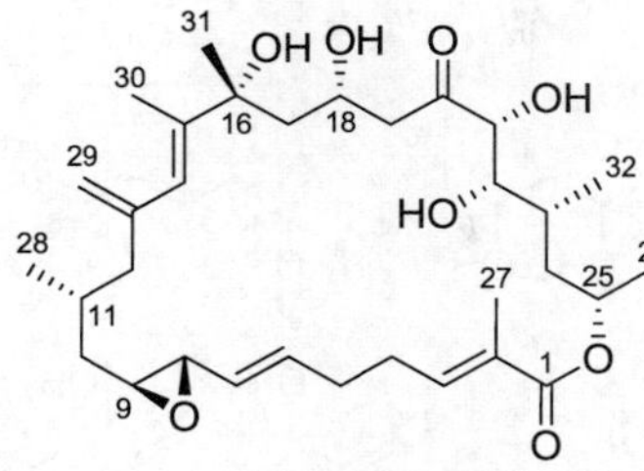

12-6-90

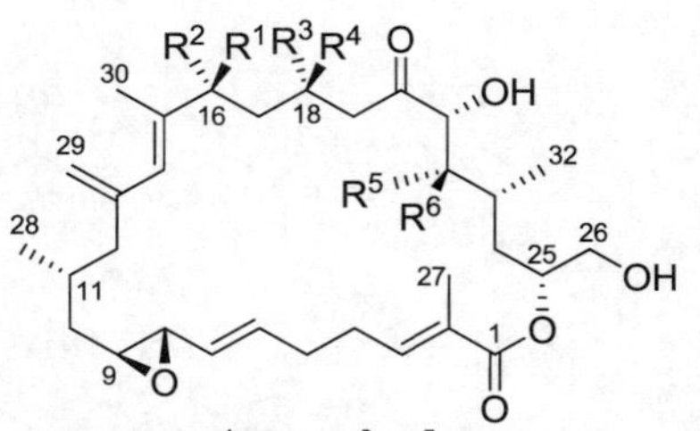

12-6-91 R^1=Me; R^3=R^5=OH; R^2=R^4=R^6=H (16*S*, 18*S*, 22*S*)
12-6-92 R^2=Me; R^4=R^5=OH; R^1=R^3=R^6=H (16*R*, 18*R*, 22*S*)
12-6-93 R^1=Me; R^3=R^6=OH; R^2=R^4=R^5=H (16*S*, 18*S*, 22*R*)

表 12-6-20 amphidinolides B4, B5, B, H, H2, H3 的 ^{13}C NMR 数据[35]

C	12-6-88	12-6-89	12-6-90	12-6-91	12-6-92	12-6-93
1	167.8	167.8	167.7	168.7	168.9	168.8
2	128.5	128.1	128.3	127.9	127.6	128.1
3	139.8	139.4	139.9	141.0	140.8	140.7
4	26.8	26.9	26.8	27.0	26.9	26.8
5	31.2	31.0	30.8	30.9	31.0	30.7
6	135.9	136.1	135.4	135.7	136.1	136.1
7	128.7	129.7	128.5	128.6	129.7	127.9
8	60.6	60.1	60.0	60.3	60.1	60.5
9	59.5	59.9	59.3	59.5	59.8	59.7
10	39.8	40.4	39.4	39.8	40.4	39.6
11	29.4	29.9	29.1	29.1	29.8	29.3
12	47.1	46.7	46.7	47.1	46.6	47.1
13	144.2	144.3	144.4	144.1	144.3	143.9
14	126.5	126.6	124.3	126.1	126.7	125.8
15	141.7	140.6	143.1	141.7	140.6	141.5
16	40.9	40.9	75.9	40.7	40.8	40.9
17	40.8	40.2	45.2	40.9	40.2	40.8
18	67.4	65.9	66.5	67.5	65.9	67.1
19	45.1	43.9	45.9	45.2	43.8	46.6
20	212.9	212.0	212.4	212.2	211.3	215.1
21	77.9	78.8	77.7	77.7	78.4	77.0
22	75.8	76.3	75.5	75.4	76.2	77.2
23	33.2	32.9	33.2	33.0	32.3	30.1
24	39.2	39.4	39.3	33.5	33.9	30.2
25	68.3	73.4	68.3	73.4	73.3	73.7
26	21.2	21.2	21.0	66.1	66.6	66.4
27	12.4	12.5	12.4	12.6	12.7	12.6
28	18.0	19.5	18.2	18.0	19.5	18.2
29	114.8	114.9	114.8	114.7	115.0	114.8
30	13.1	12.3	15.6	13.2	12.3	12.8
31	20.5	20.2	28.3	20.3	20.4	20.8
32	15.8	15.2	15.0	15.6	15.1	16.2

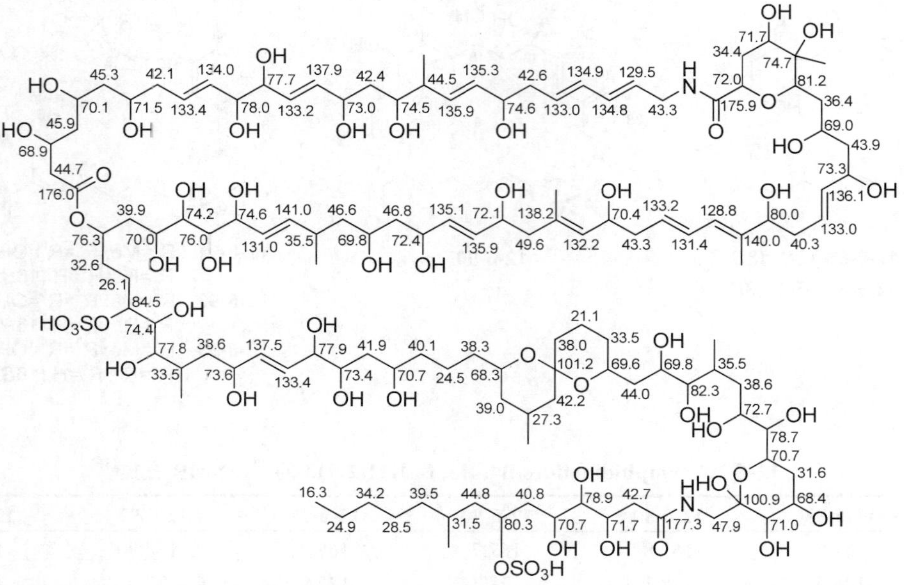

12-6-94[36]

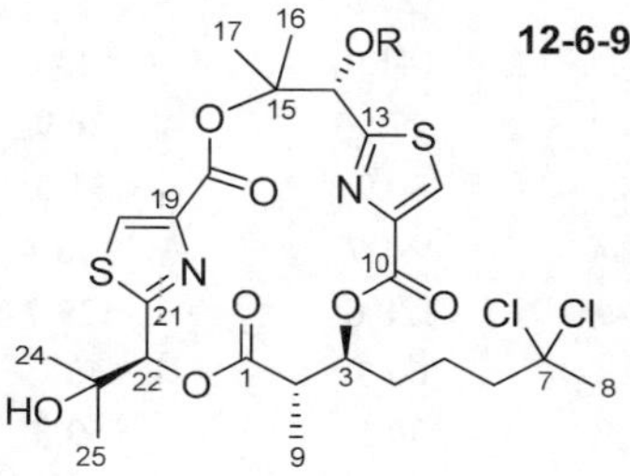

12-6-95 R=COCH3
12-6-96 R=H

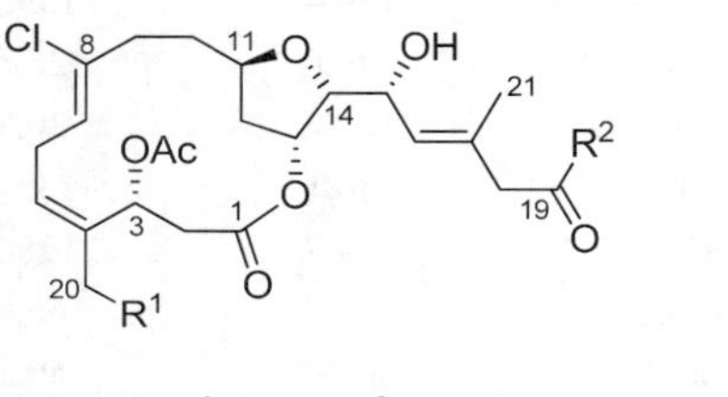

12-6-97 R1=OAC; R2=OH
12-6-98 R1=OH; R2=OH
12-6-99 R1=H; R2=

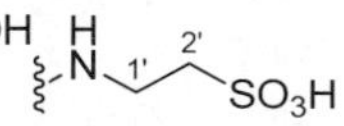

表 12-6-21 hectochlorin, deacetylhectochlorin 的 ^{13}C NMR 数据[37]

C	12-6-95	12-6-96	C	12-6-95	12-6-96	C	12-6-95	12-6-96
1	172.8	174.0	10	160.9	159.2	19	147.3	146.4
2	42.7	42.3	11	146.8	142.9	20	127.6	128.6
3	75.1	76.9	12	128.3	129.0	21	165.0	167.6
4	31.0	30.5	13	166.1	177.5	22	77.9	78.9
5	21.0	20.6	14	74.7	73.8	23	71.6	71.7
6	49.4	49.5	15	82.0	85.7	24	26.8	26.7
7	90.4	90.2	16	24.6	24.3	25	26.1	26.4
8	37.3	37.3	17	22.0	20.1	26	168.5	
9	15.2	15.2	18	160.2	158.6	27	21.0	

表 12-6-22 biselides A, C, D 的 ^{13}C NMR 数据[38]

C	12-6-97	12-6-98	12-6-99	C	12-6-97	12-6-98	12-6-99	C	12-6-97	12-6-98	12-6-99
1	169.4	169.7	169.4	4	135.0	137.9	134.6	7	125.8	126.5	126.9
2	38.7	38.8	38.9	5	133.9	130.9	130.9	8	133.6	133.5	133.2
3	67.8	68.0	68.7	6	27.7	27.4	27.7	9	35.5	35.5	35.5

续表

C	12-6-97	12-6-98	12-6-99	C	12-6-97	12-6-98	12-6-99	C	12-6-97	12-6-98	12-6-99
10	29.0	29.0	29.1	16	130.7	130.7	131.9	22	171.1	171.0	171.2
11	78.1	78.1	78.2	17	135.9	135.0	135.6	23	21.0	21.0	21.0
12	38.8	38.7	38.8	18	45.7	45.7	47.9	1'	172.5		36.8
13	76.7	76.7	76.5	19	175.4	175.4	173.5	2'	20.9		51.3
14	84.5	84.5	84.5	20	65.5	62.5	18.6				
15	66.5	66.5	66.5	21	17.3	17.3	17.4				

参考文献

[1] Williams P G, Miller E D, Asolkar R N, et al. J Org Chem, 2007, 72: 5025.

[2] Tsuda M, Oguchi K, Iwamoto R, et al. J Org Chem, 2007, 72: 4469.

[3] Tsuda M, Oguchi K, Iwamoto R, et al. J Nat Prod, 2007, 70: 1661.

[4] Oguchi K, Tsuda M, Iwamoto R, et al. J Nat Prod, 2007, 70: 1676.

[5] Kita M, Ohishi N, Konishi K, et al. Tetrahedron, 2007, 63: 6241.

[6] Edrada R A, Heubes M, Brauers G, et al, J Nat Prod, 2002, 65: 1598.

[7] Ahmed S A, Odde S, Daga P R, Bowling J J, et al. Org Lett, 2007, 9: 4773.

[8] Wright A E, Cook B J, Linley P, et al. J Nat Prod, 2007, 70: 412.

[9] Rao M R, Faulkner D J. J Nat Prod, 2002, 65: 386.

[10] Johnson T A, Tenney K, Cichewicz R H, et al. J Med Chem, 2007, 50: 3795.

[11] D'Auria M V, Paloma L G, Minale L, et al. Tetrahedron, 1994, 50: 4829.

[12] Skepper C K, MacMillan J B, Zhou G X, et al. J Am Chem Soc, 2007, 129: 4150.

[13] Searle P A, Molinski T F. J Am Chem Soc, 1995, 117: 8126.

[14] Seo Y, Cho K W, Rho J R, et al. Tetrahedron, 2007, 52: 10583.

[15] Diyabalanage T,. Amsler C D, McClintock J B, et al. J Am Chem Soc, 2006, 128: 5630.

[16] Kwon H C, Kauffman C A, Jensen P R, et al. J Am Chem Soc, 2006, 128: 1622.

[17] Kubanek J, Prusak A C, Snell T W, et al. Org Lett, 2005, 7: 5261.

[18] Kubanek J, Prusak A C, Snell T W, et al. J Nat Prod, 2006, 69: 731.

[19] Luo X, Li F, Hong J, et al. J Nat Prod, 2006, 69: 567.

[20] Ohta S,Uy M M, Yanai M, et al. Tetrahedron Lett, 2006, 47: 1957.

[21] Rao M R, Faulkner J D. J Nat Prod, 2002, 65: 386.

[22] Erickson K L, Gustafson K R, Pannell L K, et al. J Nat Prod, 2002, 65: 1303.

[23] Sandler J S, Colin P L, Kelly M, et al. J Org Chem, 2006, 71: 7245.

[24] Chevallier C, Bugni T S, Feng X, et al. J Org Chem, 2006, 71: 2510.

[25] Youssef D T A, Mooberry S L. J Nat Prod, 2006, 69: 154.

[26] Pettit G R, Xu J P, Doubek D L, et al. J Nat Prod, 2004, 67: 1252.

[27] Ojika M, Nagoya T, Yamada K, et al. Tetrahedron Lett, 1995, 36: 7491.

[28] Suenaga K, Nagoya T, Shibata T, et al. J Nat Prod, 1997, 60: 155.

[29] Kobayashi J, Cheng J, Ohta T, et al. J Org Chem, 1988, 53: 6147.

[30] Kikuchi Y, Ishibashi M, Sasaki T, et al. Tetrahedron Lett, 1991, 32: 797.

[31] Buchanan G O, Williams P G, Feling R H, et al. Org Lett, 2005, 7: 2731.

[32] Gesner S, Cohen N, Ilan M, et al. J Nat Prod, 2005, 68: 1350.

[33] Smith C J, Abbanat D, Bernan V S, et al. J Nat Prod, 2000, 63: 142.

[34] Andrianasolo E H, Gross H, Goeger D, et al. Org Lett, 2005, 7: 1375.

[35] Tsuda M, Kariya Y, Iwamoto R, et al. Mar Drugs, 2005, 3: 1.

[36] Onodera K, Nakamura H, Oba Y. Tetrahedron, 2003, 59: 1067.

[37] Suntornchashwej S, Chaichit N, Isobe M, et al. J Nat Prod, 2005, 68: 951.

[38] Teruya T, Suenaga K, Maruyama S, et al. Tetrahedron, 2005, 61: 6561.

第七节 脂肪酸类化合物

表 12-7-1 脂肪酸类化合物的名称、分子式和测试溶剂

编号	名称	分子式	测试溶剂	参考文献
12-7-1	xestospongiene A	$C_{14}H_{20}Br_2O_3$	C	[1]
12-7-2	xestospongiene B	$C_{14}H_{20}Br_2O_3$	C	[1]
12-7-3	xestospongiene C	$C_{14}H_{20}Br_2O_3$	C	[1]
12-7-4	xestospongiene D	$C_{14}H_{20}Br_2O_3$	C	[1]
12-7-5	xestospongiene E	$C_{15}H_{22}Br_2O_3$	C	[1]
12-7-6	xestospongiene F	$C_{15}H_{22}Br_2O_3$	C	[1]
12-7-7	xestospongiene G	$C_{15}H_{22}Br_2O_3$	C	[1]
12-7-8	xestospongiene H	$C_{15}H_{22}Br_2O_3$	C	[1]
12-7-9	xestospongiene I	$C_{14}H_{20}Br_2O_3$	C	[1]
12-7-10	xestospongiene G	$C_{14}H_{20}Br_2O_3$	C	[1]
12-7-11	xestospongiene K	$C_{14}H_{20}Br_2O_3$	C	[1]
12-7-12	xestospongiene L	$C_{14}H_{20}Br_2O_3$	C	[1]
12-7-13	xestospongiene M	$C_{15}H_{22}Br_2O_3$	C	[1]
12-7-14	xestospongiene N	$C_{15}H_{22}Br_2O_3$	C	[1]
12-7-15	xestospongiene T	$C_{18}H_{24}Br_2O_4$	C	[1]
12-7-16	xestospongiene U	$C_{18}H_{24}Br_2O_4$	C	[1]
12-7-17	xestospongiene V	$C_{18}H_{24}Br_2O_4$	C	[1]
12-7-18	xestospongiene W	$C_{18}H_{24}Br_2O_4$	C	[1]
12-7-19	xestospongiene X	$C_{18}H_{24}Br_2O_4$	C	[1]
12-7-20	xestospongiene Y	$C_{18}H_{24}Br_2O_4$	C	[1]
12-7-21	xestospongiene Z1	$C_{17}H_{23}Br_3O_3$	C	[1]
12-7-22	xestospongiene Z2	$C_{17}H_{23}Br_3O_3$	C	[1]
12-7-23	xestospongiene Z3	$C_{17}H_{23}Br_3O_3$	C	[1]
12-7-24	xestospongiene Z4	$C_{17}H_{23}Br_3O_3$	C	[1]
12-7-25	xestospongiene Z5	$C_{17}H_{23}Br_3O_4$	M	[1]
12-7-26	xestospongiene Z6	$C_{17}H_{23}Br_3O_4$	M	[1]
12-7-27	xestospongiene Z7	$C_{17}H_{23}Br_3O_4$	M	[1]
12-7-28	xestospongiene Z8	$C_{17}H_{23}Br_3O_4$	M	[1]
12-7-29	xestospongiene O	$C_{16}H_{26}Br_2O_4$	C	[1]
12-7-30	xestospongiene P	$C_{16}H_{26}Br_2O_4$	C	[1]
12-7-31	xestospongiene Q	$C_{14}H_{22}Br_2O_4$	C	[1]
12-7-32	xestospongiene R	$C_{14}H_{22}Br_2O_4$	C	[1]
12-7-33	xestospongiene S	$C_{15}H_{24}Br_2O_4$	C	[1]
12-7-34	xestospongiene Z	$C_{18}H_{24}Br_2O_5$	C	[1]
12-7-35		$C_{19}H_{23}BrO_2$	B	[2]
12-7-36		$C_{19}H_{23}BrO_2$	B	[2]
12-7-37		$C_{21}H_{23}BrO_2$	B	[2]
12-7-38	taveuniamide A	$C_{19}H_{28}Cl_3NO_3$	C	[3]
12-7-39	taveuniamide B	$C_{19}H_{27}Cl_4NO_3$	C	[3]
12-7-40	taveuniamide C	$C_{19}H_{25}Cl_4NO_3$	C	[3]
12-7-41	taveuniamide D	$C_{19}H_{23}Cl_4NO_3$	C	[3]

续表

编号	名称	分子式	测试溶剂	参考文献
12-7-42	taveuniamide E	$C_{19}H_{22}Cl_3NO_3$	C	[3]
12-7-43	taveuniamide F	$C_{17}H_{26}Cl_3NO$	C	[3]
12-7-44	taveuniamide G	$C_{17}H_{21}Cl_4NO$	C	[3]
12-7-45	taveuniamide H	$C_{17}H_{21}Cl_2NO$	C	[3]
12-7-46	taveuniamide I	$C_{17}H_{20}Cl_3NO$	C	[3]
12-7-47	taveuniamide J	$C_{17}H_{19}Cl_4NO$	C	[3]
12-7-48	taveuniamide K	$C_{17}H_{22}Cl_3NO$	C	[3]

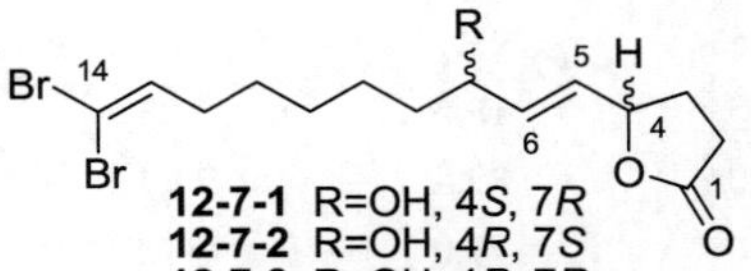

12-7-1 R=OH, 4*S*, 7*R*
12-7-2 R=OH, 4*R*, 7*S*
12-7-3 R=OH, 4*R*, 7*R*
12-7-4 R=OH, 4*S*, 7*S*
12-7-5 R=OMe, 4*R*, 7*S*
12-7-6 R=OMe, 4*S*, 7*R*
12-7-7 R=OMe, 4*R*, 7*R*
12-7-8 R=OMe, 4*S*, 7*S*

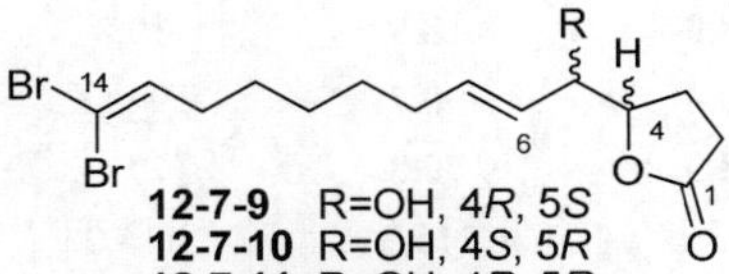

12-7-9 R=OH, 4*R*, 5*S*
12-7-10 R=OH, 4*S*, 5*R*
12-7-11 R=OH, 4*R*, 5*R*
12-7-12 R=OH, 4*S*, 5*S*
12-7-13 R=OMe, 4*R*, 5*S*
12-7-14 R=OMe, 4*S*, 5*R*

表 12-7-2 xestospongiene 类化合物 12-7-1~12-7-14 的 ^{13}C NMR 数据[1]

C	12-7-1 12-7-2	12-7-3 12-7-4	12-7-5 12-7-6	12-7-7 12-7-8	12-7-9 12-7-10	12-7-11 12-7-12	12-7-13 12-7-14
1	176.8	176.9	176.7	176.9	177.4	177.0	177.7
2	28.5	28.7	28.5	28.6	28.6	28.6	28.4
3	28.7	28.9	28.9	28.9	21.3	23.8	22.0
4	79.9	80.0	80.0	80.1	82.3	82.7	81.6
5	127.6	127.7	129.8	129.6	72.8	75.1	83.1
6	136.5	136.7	134.4	134.6	126.3	126.8	124.9
7	71.6	71.7	81.2	81.1	135.2	136.0	137.1
8	37.0	37.0	35.2	35.1	32.2	32.2	32.2
9	25.0	25.0	24.9	24.9	28.5	28.4	28.4
10	28.8	28.5	28.8	28.8	28.4	28.0	28.7
11	27.7	27.7	27.7	27.7	27.6	27.6	27.6
12	32.9	32.9	32.9,	32.9	32.9	32.9	32.9
13	138.7	138.7	138.7	138.7	138.7	138.7	138.7
14	88.7	88.7	88.7	88.7	88.7	88.7	88.7
OMe			56.5	56.5			56.9

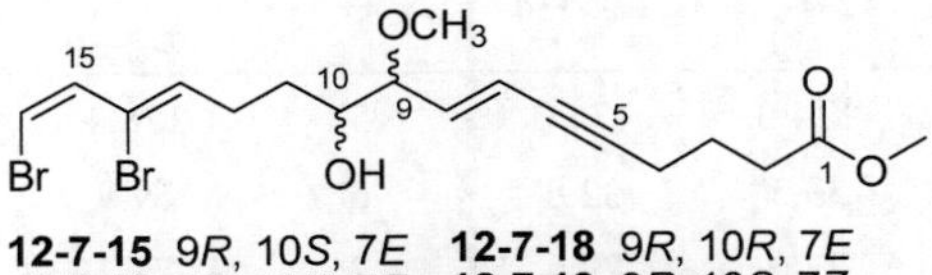

12-7-15 9*R*, 10*S*, 7*E*
12-7-16 9*S*, 10*R*, 7*E*
12-7-17 9*S*, 10*S*, 7*E*
12-7-18 9*R*, 10*R*, 7*E*
12-7-19 9*R*, 10*S*, 7*Z*
12-7-20 9*S*, 10*R*, 7*Z*

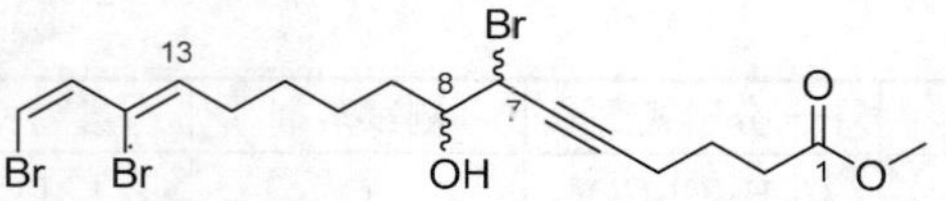

12-7-21 7S, 8S
12-7-22 7R, 8R
12-7-23 7S, 8R
12-7-24 7R, 8S
12-7-25 5R,10S
12-7-26 5S,10R
12-7-27 5R,10R
12-7-28 5S,10S

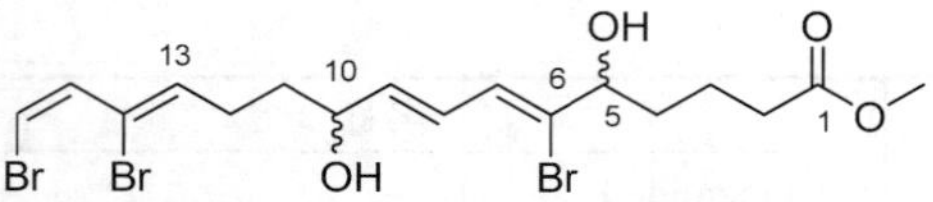

表 12-7-3 xestospongiene 类化合物 12-7-15~12-7-28 的 ^{13}C NMR 数据[1]

C	12-7-15 12-7-16	12-7-17 12-7-18	12-7-19 12-7-20	12-7-21 12-7-22	12-7-23 12-7-24	12-7-25 12-7-26	12-7-27 12-7-28
1	173.6	173.5	173.0	173.5	173.5	174.2	174.2
2	32.8	32.9	32.9	32.8	32.8	33.1	33.0
3	23.8	23.8	23.9	23.5	23.5	20.5	20.5
4	18.9	18.9	19.0	18.5	18.5	34.3	34.2
5	90.4	90.7	94.8	89.0	89.4	75.4	75.4
6	78.9	78.8	77.4	77.0	77.0	131.5	131.5
7	115.1	115.3	115.2	45.8	45.0	127.4	127.4
8	137.7	138.1	137.4	74.6	74.4	126.7	126.6
9	84.9	85.8	81.3	33.3	33.5	140.0	140.0
10	72.5	72.7	72.5	25.2	25.3	70.9	70.9
11	30.9	31.3	30.8	28.4	28.4	35.3	35.2
12	27.6	27.4	27.6	31.1	31.1	27.0	27.0
13	136.1	136.1	136.3	136.5	136.4	135.6	135.6
14	113.8	113.8	113.7	113.5	113.5	113.7	113.7
15	130.9	130.9	130.9	131.0	131.0	130.9	130.9
16	112.6	112.6	112.6	112.5	112.5	112.1	112.1
OMe	51.6	51.6	51.7	51.7	51.7	50.6	50.6
	56.8	56.7	56.6				

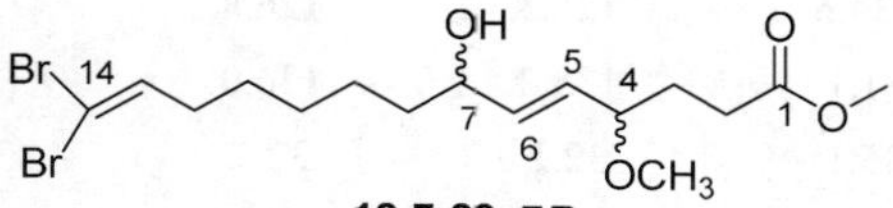

12-7-29 7R
12-7-30 7S

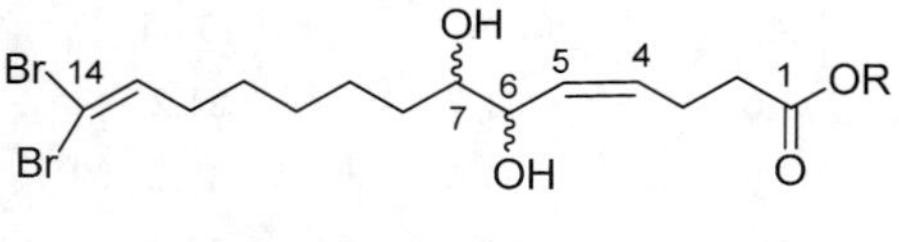

12-7-31 6R, 7S, R = H
12-7-32 6R, 7R, R = H
12-7-33 6R, 7S, R = OMe

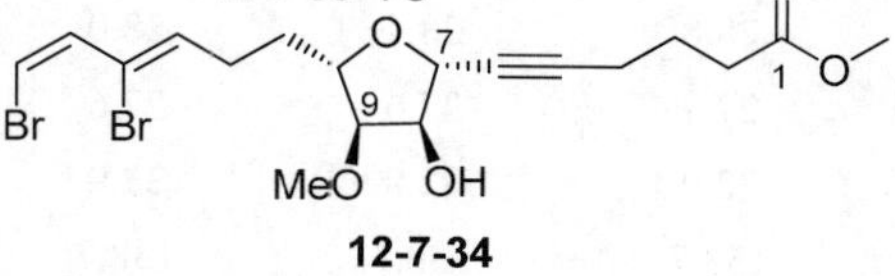

12-7-34

表 12-7-4 xestospongiene 类化合物 12-7-29~12-7-34 的 ^{13}C NMR 数据[1]

C	12-7-29 12-7-30	12-7-31 12-7-32	12-7-33	12-7-34	C	12-7-29 12-7-30	12-7-31 12-7-32	12-7-33	12-7-34
1	177.3	177.3	174.0	174.0	5	128.4	129.6	129.1	86.3
2	33.2	32.9	33.3	32.8	6	69.9	70.6	69.9	78.2
3	23.0	23.0	23.0	23.6	7	73.7	73.0	73.7	73.8
4	132.6	132.9	132.6	18.3	8	31.3	32.4	31.9	75.3

续表

C	12-7-29 12-7-30	12-7-31 12-7-32	12-7-33	12-7-34	C	12-7-29 12-7-30	12-7-31 12-7-32	12-7-33	12-7-34
9	25.4	25.3	25.6	84.2	14	88.7	88.7	88.6	114.0
10	28.9	29.0	29.1	80.4	15				131.0
11	27.7	27.6	27.7	33.1	16				112.9
12	32.9	32.6	32.9	27.6	OMe			51.8	51.6
13	138.6	138.6	138.8	135.6					

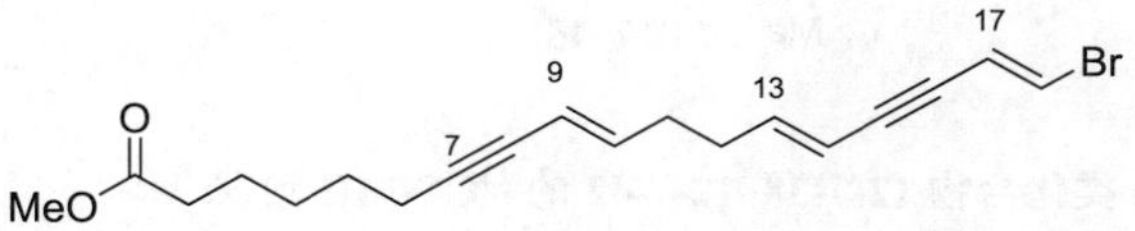

12-7-35 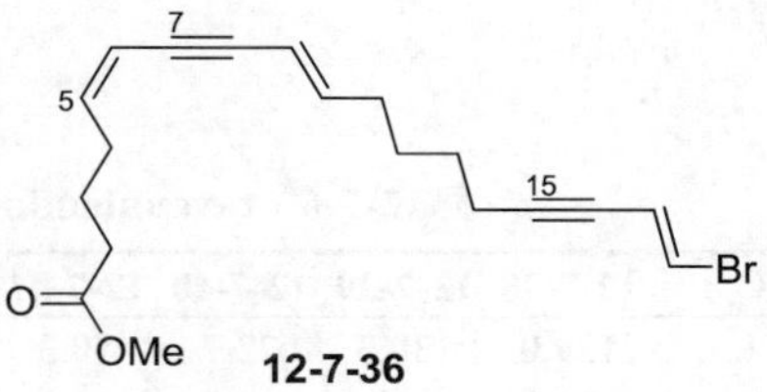　12-7-36 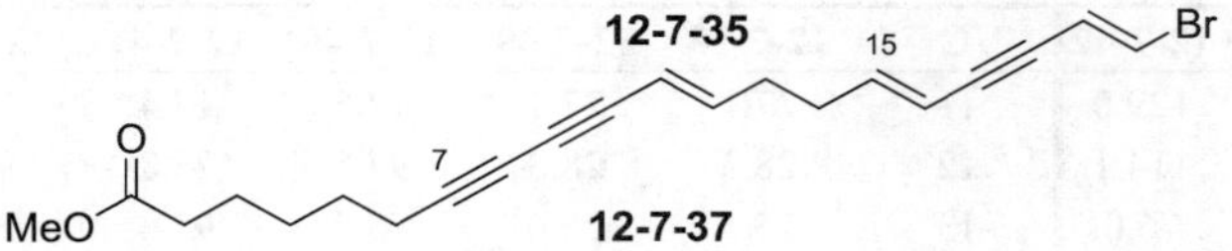　12-7-37

表 12-7-5　化合物 12-7-35~12-7-37 的 ^{13}C NMR 数据[2]

C	12-7-35	12-7-36	12-7-37	C	12-7-35	12-7-36	12-7-37
1	173.1	173.0	173.1	12	32.5	28.0	146.1
2	33.9	33.2	33.7	13	144.3	27.8	32.0
3	24.7	24.3	24.5	14	110.4	19.3	32.0
4	28.5	29.8	28.3	15	91.0	92.6	143.9
5	28.7	141.9	28.0	16	85.4	77.9	110.5
6	19.5	110.7	19.4	17	118.1	118.4	90.9
7	89.4	85.6	84.1	18	118.0	117.4	85.5
8	79.7	93.0	66.5	19			118.0
9	111.8	110.9	74.7	20			118.1
10	141.2	143.7	74.2	OMe	50.9	50.9	50.9
11	32.0	32.6	110.1				

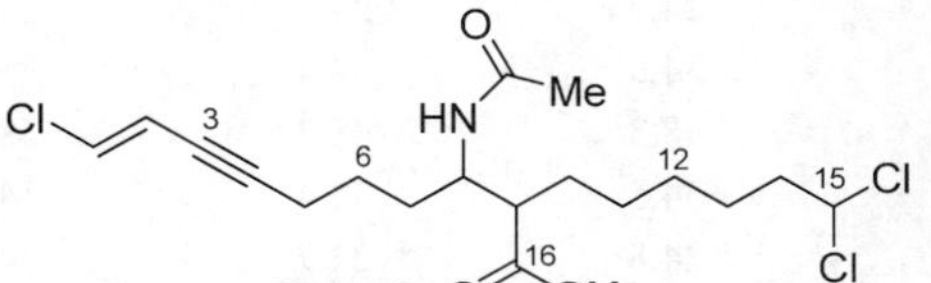

12-7-38 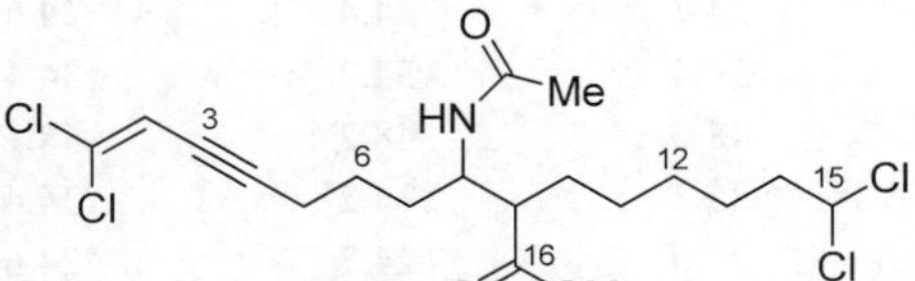　12-7-39 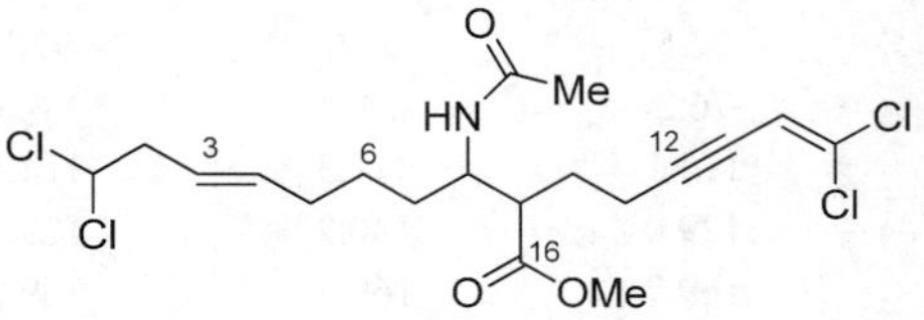　12-7-40 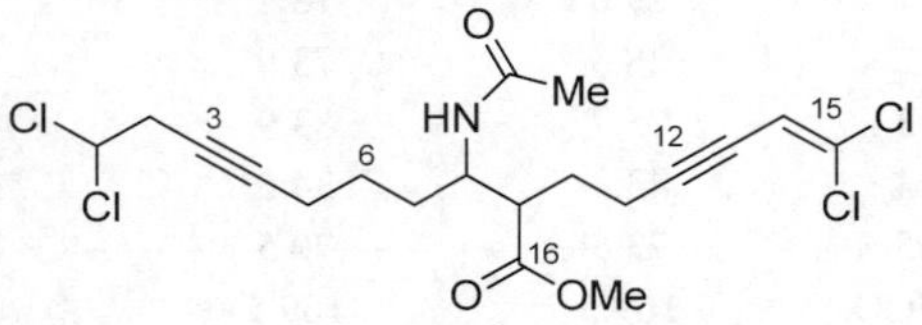　12-7-41 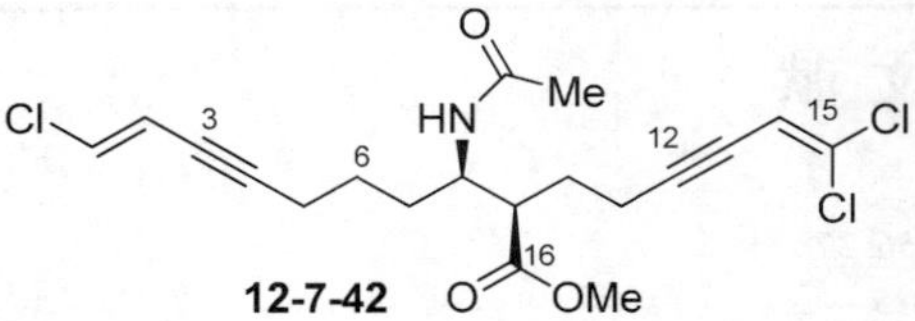　12-7-42 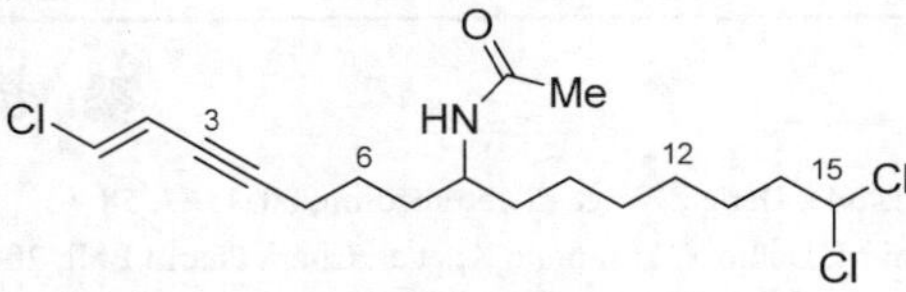　12-7-43

12-7-44　12-7-45　12-7-46　12-7-47　12-7-48

表 12-7-6　taveuniamide 类化合物 12-7-38~12-7-42 的 ^{13}C NMR 数据[3]

C	12-7-38	12-7-39	12-7-40	12-7-41	12-7-42	C	12-7-38	12-7-39	12-7-40	12-7-41	12-7-42
1	129.0	130.3	72.7	70.3	129.0	11	27.1	27.1	17.5	17.4	17.6
2	114.1	111.3	46.3	33.4	114.1	12	28.3	28.3	97.5	75.8	97.4
3	76.2	73.3	123.4	83.7	76.0	13	25.6	25.6	75.9	97.4	76.2
4	92.5	98.8	135.9	73.4	92.4	14	43.4	43.4	111.0	111.0	111.0
5	19.1	19.2	31.8	18.0	19.1	15	73.5	73.4	130.7	130.7	130.9
6	25.0	25.0	25.0	25.0	25.0	16	176.1	175.4	176.0	175.3	175.5
7	33.6	33.4	33.5	33.3	33.4	16-OMe	51.7	51.6	51.7	51.7	51.9
8	48.9	48.8	48.5	48.1	48.1	NHCO	169.9	169.8	169.8	169.8	169.8
9	48.2	48.3	46.5	46.8	46.7	NHCOMe	23.5	23.4	23.4	23.3	23.4
10	30.0	29.9	28.2	28.3	28.4						

表 12-7-7　taveuniamide 类化合物 12-7-43~12-7-48 的 ^{13}C NMR 数据[3]

C	12-7-43	12-7-44	12-7-45	12-7-46	12-7-47	12-7-48
1	128.7	130.2	129.0	130.4	130.2	119.3
2	113.9	111.2	113.9	111.3	111.3	128.9
3	73.5	75.1	75.9	75.3	75.4	125.0
4	92.5	99.2	92.4	89.8	99.0	137.9
5	19.1	19.3	19.0	19.4	19.5	32.7
6	24.7	24.4	24.6	24.7	24.7	25.3
7	34.4	34.2	34.4	34.3	34.4	35.0
8	48.7	48.2	48.1	48.3	48.3	48.7
9	35.2	34.2	34.4	34.5	34.4	34.5
10	25.6	24.7	24.6	24.8	24.7	24.9
11	29.0	18.2	19.0	19.2	19.5	19.3
12	28.3	73.9	92.4	92.5	99.0	92.7
13	25.7	83.9	75.9	76.2	75.4	76.6
14	43.3	34.5	113.9	114.1	111.3	114.5
15	73.5	70.5	129.0	129.0	130.2	129.1
NHCO	169.5	169.5	169.4	169.7	169.7	169.8
NHCOMe	23.2	23.3	23.3	23.5	23.5	23.7

参 考 文 献

[1] Jang W, Liu D, Deng Z W, et al. Tetrahedron, 2011, 67: 58.
[2] Taniguchi M, Uchio Y, Yasumoto K, et al. Chem Pharm Bull, 2008, 56: 378.
[3] Williamson R T, Singh I P, Gerwick W H. Tetrahedron, 2004, 60: 7025.

第十三章　抗　生　素

第一节　糖及糖苷类抗生素

表 13-1-1　糖及糖苷类抗生素的名称、分子式和测试溶剂

编号	中文名称	英文名称	分子式	测试溶剂	参考文献
13-1-1		A-72363 A-1	$C_8H_{14}N_2O_5$	ND_4OD	[1]
13-1-2		A-72363 A-2	$C_8H_{14}N_2O_5$	ND_4OD	[1]
13-1-3		A-72363 B	$C_8H_{14}N_2O_5$	ND_4OD	[1]
13-1-4		A-72363 C	$C_8H_{14}N_2O_5$	ND_4OD	[1]
13-1-5		ABK	$C_{22}H_{44}N_6O_{10}$	W	[2]
13-1-6		3''-AcABK	$C_{24}H_{46}N_6O_{11}$	W	[2]
13-1-7		AMK	$C_{24}H_{43}N_5O_{13}$	W	[2]
13-1-8		3''-AcAMK	$C_{24}H_{45}N_5O_{14}$	W	[2]
13-1-9		DKB	$C_{18}H_{37}N_5O_8$	W	[2]
13-1-10		3-AcDKB	$C_{20}H_{39}N_5O_9$	W	[2]
13-1-11	阿卡波糖	acarbose	$C_{25}H_{43}NO_{18}$	W	[3]
13-1-12	阿卡波糖-7-磷酸盐	acarbose-7-phosphate	$C_{25}H_{43}NO_{21}P$	W	[3]
13-1-13		glucoallosamidin A	$C_{26}H_{46}N_4O_{14}$	W	[4]
13-1-14		glucoallosamidin B	$C_{25}H_{44}N_4O_{14}$	W	[4]
13-1-15		methyl-*N*-demethyl allosamidin	$C_{25}H_{42}N_4O_{14}$	W	[4]
13-1-16		demethylallosamidin	$C_{24}H_{40}N_4O_{14}$	W	[5]
13-1-17		didemethylallosamidin	$C_{23}H_{38}N_4O_{14}$	W	[5]
13-1-18	庆大霉素 C_1	gentamicin C_1	$C_{21}H_{43}N_5O_7$	W	[6]
13-1-19	庆大霉素 C_{1a}	gentamicin C_{1a}	$C_{19}H_{39}N_5O_7$	W	[6]
13-1-20	庆大霉素 C_2	gentamicin C_2	$C_{20}H_{41}N_5O_7$	W	[6]
13-1-21	西索米星	sisomicin	$C_{19}H_{37}N_5O_7$	W	[6]
13-1-22	庆大霉胺 C_1	gentamine C_1	$C_{14}H_{30}N_4O_4$	W	[6]
13-1-23	庆大霉胺 C_{1a}	gentamine C_{1a}	$C_{12}H_{26}N_4O_4$	W	[6]
13-1-24	庆大霉胺 C_2	gentamine C_2	$C_{13}H_{28}N_4O_4$	W	[6]
13-1-25	2-去氧链霉胺	2-deoxystreptamine	$C_6H_{14}N_2O_3$	W	[6]
13-1-26		methyl *β*-garosaminide	$C_8H_{17}NO_4$	W	[6]
13-1-27	阿普拉霉素	apramycin	$C_{21}H_{41}N_5O_{11}$	W	[7]
13-1-28	糖菌素	saccharocin	$C_{21}H_{40}N_4O_{12}$	W	[7]
13-1-29	妥布霉素	tobramycin	$C_{18}H_{37}N_5O_9$	W	[8]
13-1-30	6''-*O*-氨基甲酰基妥布霉素	6''-*O*-carbamoyltobramycin	$C_{19}H_{38}N_6O_{10}$	W	[9]
13-1-31		BU-4794F	$C_{45}H_{58}O_{16}$	M	[10]

续表

编号	中文名称	英文名称	分子式	测试溶剂	参考文献
13-1-32		L-687,781	$C_{47}H_{66}O_{17}$	M	[10]
13-1-33		caloporoside	$C_{40}H_{64}O_{17}$	M	[11]
13-1-34		cororubicin	$C_{48}H_{62}N_2O_{21}$	C	[12]
13-1-35		furanocandin	$C_{45}H_{64}O_{17}$	M	[13]
13-1-36		F-10748C1	$C_{42}H_{62}O_{16}$	M	[14]
13-1-37		F-10748 C2	$C_{42}H_{64}O_{16}$	M	[14]
13-1-38		luminacin A1	$C_{23}H_{32}O_8$	C	[15]
13-1-39		luminacin A2	$C_{23}H_{32}O_8$	C	[15]
13-1-40		luminacin B1	$C_{24}H_{34}O_8$	C	[15]
13-1-41		luminacin B2	$C_{24}H_{34}O_8$	C	[15]
13-1-42		luminacin C1	$C_{25}H_{36}O_9$	C	[15]
13-1-43		luminacin C2	$C_{25}H_{36}O_9$	C	[15]
13-1-44		luminacin D	$C_{24}H_{34}O_8$	C	[15]
13-1-45		luminacin E1	$C_{26}H_{38}O_9$	C	[15]
13-1-46		luminacin E2	$C_{26}H_{38}O_9$	C	[15]
13-1-47		luminacin E3	$C_{26}H_{38}O_9$	C	[15]
13-1-48		luminacin F	$C_{25}H_{36}O_8$	C	[15]
13-1-49		luminacin G1	$C_{25}H_{36}O_8$	C	[15]
13-1-50		luminacin G2	$C_{25}H_{36}O_8$	C	[15]
13-1-51		luminacin H	$C_{25}H_{36}O_8$	C	[15]
13-1-52	小诺霉素	micronomicin	$C_{20}H_{41}N_5O_7$	W	[16]
13-1-53	2-脱氧链霉胺	2-deoxystreptamine	$C_6H_{14}N_2O_3$	W	[17]
13-1-54	*N*-双乙酰基-2-脱氧链霉胺	di-*N*-acetyl-2-deoxystreptamine	$C_{10}H_{18}N_2O_5$	W	[17]
13-1-55	*N*-单乙酰基-2-脱氧链霉胺	mono-*N*-acetyl-2-deoxystrept-amine	$C_8H_{16}N_2O_4$	W	[17]
13-1-56	新毒胺	neamine	$C_{12}H_{26}N_4O_6$	W	[17]
13-1-57	*N*-四乙酰基新毒胺	tetra-*N*-acetylneamine	$C_{20}H_{34}N_4O_{10}$	W	[17]
13-1-58	巴龙霉胺	paromamine	$C_{12}H_{25}N_3O_7$	W	[17]
13-1-59	核糖霉素	ribostamycin	$C_{17}H_{34}N_4O_{10}$	W	[17]
13-1-60	巴龙霉素	paromomycin	$C_{23}H_{45}N_5O_{14}$	W	[18]
13-1-61		MK7924	$C_{34}H_{58}O_{13}$	M	[19]
13-1-62		NK372135A	$C_{20}H_{20}N_2O_2$	C	[20]
13-1-63		saricandin	$C_{44}H_{54}O_{16}$	M	[21]
13-1-64		Sch 484129	$C_{31}H_{54}O_{12}$	P	[22]
13-1-65		Sch 484130	$C_{31}H_{54}O_{12}$	P	[22]
13-1-66		SF2457	$C_{27}H_{38}N_6O_9$	W	[23]
13-1-67	越霉素	destomycin A	$C_{20}H_{37}N_3O_{13}$	W	[24]
13-1-68	芬尼法霉素 A	phenelfamycin A	$C_{51}H_{71}NO_{15}$	A	[25]
13-1-69	芬尼法霉素 B	phenelfamycin B	$C_{51}H_{71}NO_{15}$	A	[25]
13-1-70	芬尼法霉素 C	phenelfamycin C	$C_{58}H_{83}NO_{18}$	A	[25]
13-1-71	芬尼法霉素 E	phenelfamycin E	$C_{65}H_{95}NO_{21}$	A	[25]
13-1-72	芬尼法霉素 F	phenelfamycin F	$C_{65}H_{95}NO_{21}$	A	[25]
13-1-73		unphenelfamycin	$C_{43}H_{65}NO_{14}$	A	[25]

续表

编号	中文名称	英文名称	分子式	测试溶剂	参考文献
13-1-74	井冈羟胺 A	validoxylamine A	$C_{13}H_{25}NO_8$	W	[26]
13-1-75		2-*O*-*β*-D-glucopyranosyl-validoxylamine A	$C_{20}H_{35}NO_{13}$	W	[26]
13-1-76		3-*O*-*β*-D-glucopyranosyl-validoxylamine A	$C_{20}H_{35}NO_{13}$	W	[26]
13-1-77	井冈霉素 A	4-*O*-*β*-D-glucopyranosyl-validoxylamine A	$C_{20}H_{35}NO_{13}$	W	[26]
13-1-78		7-*O*-*β*-D-glucopyranosyl-validoxylamine A	$C_{20}H_{35}NO_{13}$	W	[26]
13-1-79		4'-*O*-*β*-D-glucopyranosyl-validoxylamine A	$C_{20}H_{35}NO_{13}$	W	[26]
13-1-80		5'-*O*-*β*-D-glucopyranosyl-validoxylamine A	$C_{20}H_{35}NO_{13}$	W	[26]
13-1-81		6'-*O*-*β*-D-glucopyranosyl-validoxylamine A	$C_{20}H_{35}NO_{13}$	W	[26]
13-1-82		7'-*O*-*β*-D-glucopyranosyl-validoxylamine A	$C_{20}H_{35}NO_{13}$	W	[26]
13-1-83		ustilipid A	$C_{36}H_{64}O_{13}$	C	[27]
13-1-84		ustilipid B	$C_{34}H_{60}O_{13}$	C	[27]
13-1-85		ustilipid C	$C_{32}H_{58}O_{12}$	C	[27]
13-1-86		ustilipid D1	$C_{32}H_{58}O_{12}$	C	[27]
13-1-87		ustilipid D2	$C_{32}H_{58}O_{12}$	C	[27]
13-1-88		ustilipid E1	$C_{33}H_{58}O_{13}$	C	[27]
13-1-89		ustilipid F1	$C_{30}H_{54}O_{12}$	C	[27]
13-1-90		UCH9	$C_{55}H_{82}O_{24}$	C/M	[28]

13-1-1 **13-1-2** **13-1-3**

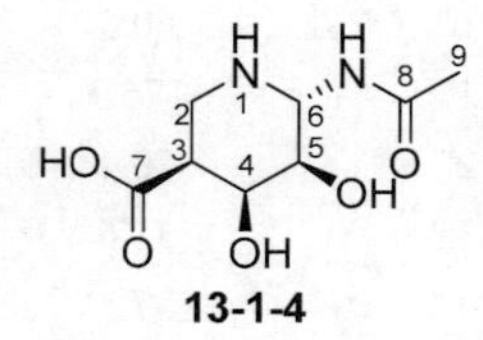

13-1-4

表 13-1-2 13-1-1~13-1-4 的 ^{13}C NMR 数据[1]

C	13-1-1	13-1-2	13-1-3	13-1-4	C	13-1-1	13-1-2	13-1-3	13-1-4
2	41.9	45.4	41.5	38.0	6	63.9	64.3	62.4	62.9
3	49.1	48.1	49.1	48.3	7	180.8	181.3	180.1	180.6
4	70.0	72.1	72.3	70.6	8	22.9	22.8	22.9	23.2
5	69.8	69.8	70.8	68.9	9	175.0	174.2	175.6	175.2

13-1-5 R=H; $R^1=NH_2$; $R^2=H$
13-1-6 $R=COCH_3$; $R^1=NH_2$; $R^2=H$
13-1-7 R=H; $R^1=OH$; $R^2=OH$
13-1-8 $R=COCH_3$; $R^1=OH$; $R^2=OH$

13-1-9 R=H; $R^1=NH_2$; $R^2=H$
13-1-10 $R=COCH_3$; $R^1=NH_2$; $R^2=H$

表 13-1-3 13-1-5~13-1-10 的 ^{13}C NMR 数据[2]

C	13-1-5	13-1-6	13-1-7	13-1-8	13-1-9	13-1-10
1	49.5	49.5	49.6	49.6	50.4	51.0
2	31.1	31.3	30.9	30.8	28.6	30.7
3	49.6	49.7	48.6	48.3	49.5	48.1
4	78.5	78.5	80.0	79.8	77.8	78.6
5	75.6	75.7	73.2	72.7	75.1	76.0
6	80.8	80.6	80.9	80.6	84.6	84.9
1'	95.9	95.9	96.3	95.5	96.0	95.4
2'	49.5	49.5	71.6	71.5	21.3	21.6
3'	21.3	21.3	73.1	73.1	21.3	26.1
4'	26.1	26.2	71.5	71.5	26.2	26.1
5'	66.7	66.7	69.5	69.4	66.8	65.7
6'	43.3	43.3	41.1	41.1	43.4	43.2
1"	98.8	99.2	98.7	99.1	101.4	101.3
2"	68.7	70.4	68.8	70.4	68.8	68.9
3"	55.9	54.7	56.1	54.7	55.7	55.7
4"	66.3	68.3	66.3	68.2	66.2	66.1
5"	72.9	73.4	72.7	73.1	73.8	73.6
6"	60.5	61.2	60.5	61.0	60.7	60.6
1'''	176.3	176.3	176.3	176.3		
2'''	70.4	70.4	70.4	70.3		
3'''	31.6	31.6	31.6	31.5		
4'''	37.7	37.8	37.7	37.7		
Ac		176.0		176.0		174.5
		23.1		23.0		23.0

13-1-11 R=OH
13-1-12 $R=OPO_3H^-$

表 13-1-4　13-1-11 和 13-1-12 的 ^{13}C NMR 数据[3]

C	13-1-11	13-1-12	C	13-1-11	13-1-12
1	58.7	58.9	4''	79.7	79.8
2	75.2	75.7	5''	74.0	74.0
3	75.2	75.6	6''	63.1	63.3
4	74.1	74.3	α-1'''	94.5	94.7
5	143.2	141.0	α-2'''	74.0	74.0
6	124.3	127.4	α-3'''	75.7	76.0
7	64.1	67.2	α-4'''	78.0	80.0
1'	102.5	102.8	α-5'''	73.6	73.5
2'	73.8	73.9	α-6'''	63.3	63.5
3'	75.7	76.0	β-1'''	98.3	98.6
4'	67.1	67.9	β-2'''	76.5	76.8
5'	72.5	72.4	β-3'''	78.7	79.0
6'	20.0	20.1	β-4'''	79.9	80.0
1''	102.3	102.3	β-5'''	77.1	77.4
2''	74.5	75.3	β-6'''	63.1	63.3
3''	75.9	76.1			

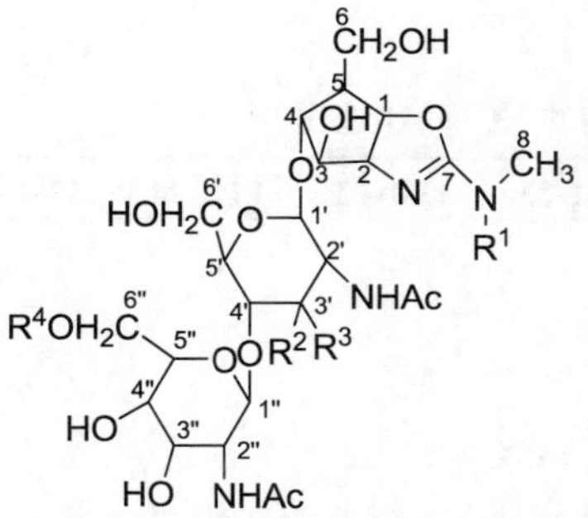

13-1-13 $R^1=CH_3$; $R^2=OH$; $R^3=H$; $R^4=CH_3$
13-1-14 $R^1=H$; $R^2=OH$; $R^3=H$; $R^4=CH_3$
13-1-15 $R^1=H$; $R^2=OH$; $R^3=H$; $R^4=CH_3$

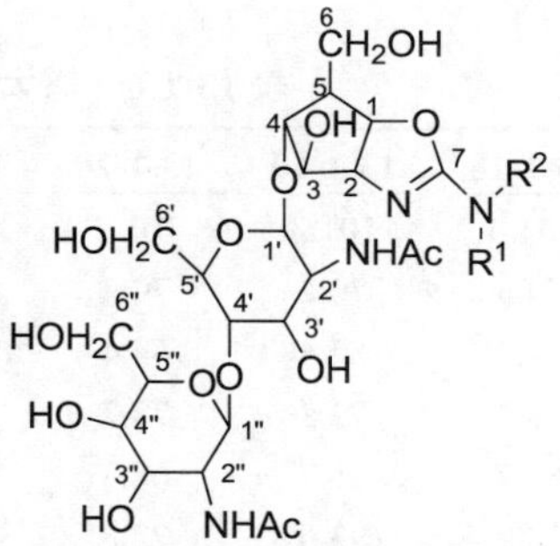

13-1-16 $R^1=CH_3$; $R^2=H$
13-1-17 $R^1=H$; $R^2=H$

表 13-1-5　13-1-13~13-1-17 的 ^{13}C NMR 数据[4, 5]

C	13-1-13	13-1-14	13-1-15	13-1-16[5]	13-1-17[5]	C	13-1-13	13-1-14	13-1-15	13-1-16[5]	13-1-17[5]
1	87.1	87.4	87.6	87.7	87.9	1'	99.9	102.4	100.3	100.1	100.1
2	64.7	64.9	65.0	65.0	65.0	2'	53.2	55.6	53.1	53.1	53.3
3	81.0	80.7	80.8	80.9	80.9	3'	69.7	73.1	69.5	69.7	69.8
4	85.5	85.5	85.5	85.6	85.6	4'	77.5	80.9	77.4	77.5	77.6
5	51.9	52.2	52.3	52.3	52.1	5'	73.2	75.0	73.0	73.2	73.4
6	59.7	60.0	60.0	60.1	60.3	6'	61.5	60.9	61.4	61.6	61.8
7	161.2	162.4	162.4	162.4	163.1	1''	101.2	100.6	101.1	101.2	101.3
8	29.0	38.2	38.0	29.1		2''	53.4	53.3	53.3	53.5	53.6
9	38.0		38.0			3''	70.6	70.6	70.5	70.7	70.9

续表

C	13-1-13	13-1-14	13-1-15	13-1-16[5]	13-1-17[5]	C	13-1-13	13-1-14	13-1-15	13-1-16[5]	13-1-17[5]
4"	67.1	67.3	67.1	67.0	67.2	NAc	174.6/22.6	175.1/22.8	174.1/23.0	174.6/22.7	174.6/22.8
5"	72.7	72.9	72.6	74.2	74.4		174.4/22.6	174.5/22.6	174.1/22.5	174.4/22.7	174.7/22.8
6"	72.0	72.1	71.9	61.6	61.8	OCH_3	59.3	59.3	59.2		

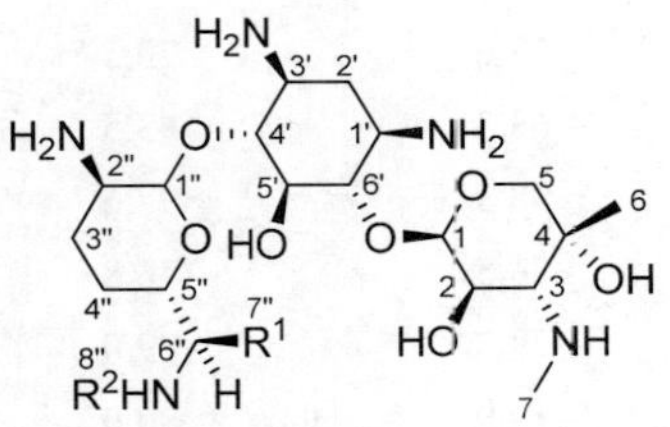

13-1-18 $R^1=R^2=CH_3$
13-1-19 $R^1=R^2=H$
13-1-20 $R^1=CH_3$; $R^2=H$

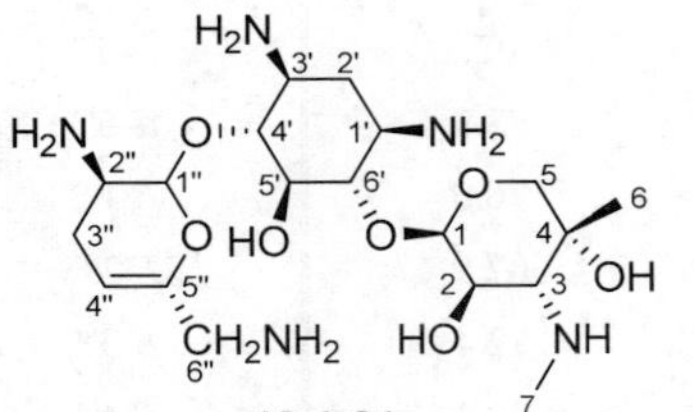

13-1-21

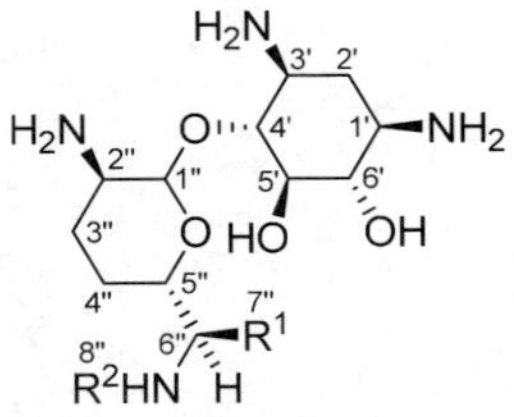

13-1-22 $R^1=R^2=CH_3$
13-1-23 $R^1=R^2=H$
13-1-24 $R^1=CH_3$; $R^2=H$

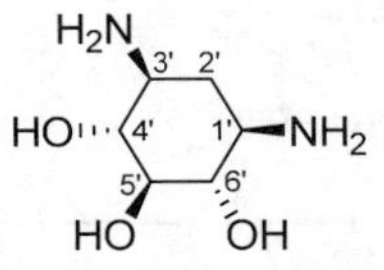

13-1-25

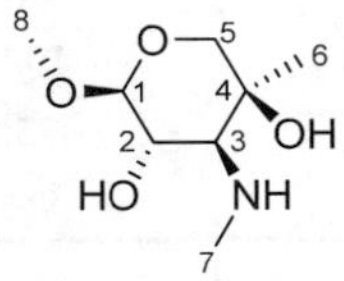

13-1-26

表 13-1-6 庆大霉素及衍生物的 ^{13}C NMR 数据[6]

C	13-1-18	13-1-19	13-1-20	13-1-21	13-1-22	13-1-23	13-1-24	13-1-25	13-1-26
1	101.4	101.3	101.3	101.5	—	—	—	—	100.6
2	70.3	70.2	70.2	70.0	—	—	—	—	70.1
3	64.5	64.4	64.4	64.3	—	—	—	—	64.6
4	73.3	73.3	73.2	73.0	—	—	—	—	73.4
5	68.7	68.7	68.7	68.5	—	—	—	—	68.0
6	22.9	23.0	22.8	22.9	—	—	—	—	22.5
7	38.1	38.0	38.1	37.9	—	—	—	—	38.0
8	—	—	—	—	—	—	—	—	56.0
1'	51.8	51.7	51.8	51.8	51.3	51.3	51.3	51.6	—
2'	36.8	36.7	36.7	36.4	36.7	36.7	36.8	37.0	—
3'	50.9	50.6	50.8	50.4	50.7	50.5	50.6	51.6	—
4'	88.6	88.3	88.7	85.3	88.9	88.3	88.9	78.5	—
5'	75.4	75.4	75.3	75.4	76.7	76.9	76.9	76.6	—
6'	87.9	87.9	87.7	87.8	78.4	78.4	78.4	78.5	—
1"	102.6	102.6	102.6	100.6	102.9	102.3	102.9	—	—
2"	51.1	51.0	51.0	47.6	50.8	50.7	50.8	—	—
3"	27.2	27.1	27.0	25.6	27.3	27.0	27.0	—	—
4"	26.1	28.5	26.0	96.5	26.2	28.5	26.0	—	—
5"	72.8	71.5	74.4	150.4	72.6	71.3	74.3	—	—
6"	58.2	46.1	50.3	43.5	58.0	46.0	50.0	—	—
7"	15.0	—	19.0	—	15.0	—	19.0	—	—
8"	33.7	—	—	—	33.6	—	—	—	—

13-1-27 $R^1=NH_2$; $R^2=H$
13-1-28 $R^1=OH$; $R^2=H$

13-1-29

13-1-30

表 13-1-7 阿普拉霉素和妥布霉素及其衍生物的 ^{13}C NMR 数据[7~9]

C	13-1-27		13-1-28		13-1-29[8]		13-1-30[9]
测定时 pD 值	pD=11	pD=1	pD=11	pD=1	pD=11.9	pD=3.9	
1	51.1	50.7	51.1	50.7	50.5	49.7	51.5
2	36.8	29.1	36.8	29.1	35.9	27.8	36.5
3	50.2	49.5	50.2	49.5	49.7	48.6	50.1
4	87.9	78.6	87.9	78.9	87.0	77.2	87.4
5	76.8	75.9	76.8	75.9	74.7	74.2	75.1
6	78.5	73.2	78.5	73.2	88.4	83.6	88.6
1'	101.6	96.0	101.6	96.0	100.0	94.0	100.7
2'	49.7	48.9	49.7	48.9	49.4	47.9	50.4
3'	32.9	27.8	32.9	27.8	35.3	29.4	35.9
4'	67.9	66.8	67.9	66.8	66.5	64.7	67.1
5'	71.0	70.4	71.0	70.5	74.2	70.4	74.5
6'	66.2	63.5	66.4	63.7	41.9	41.1	42.6
7'	62.3	60.3	62.4	60.3	—	—	—
8'	96.5	93.6	96.5	93.6	—	—	—
N-Me	33.0	31.3	33.2	31.4	—	—	—
1"	95.7	95.3	95.5	95.5	100.0	100.6	100.4
2"	72.0	71.2	71.8	71.2	72.2	68.1	72.6
3"	74.3	70.0	74.3	73.8	54.6	55.0	55.2
4"	53.3	53.2	70.9	70.2	69.8	65.5	70.3
5"	73.6	68.9	73.9	73.2	72.5	72.9	71.0
6"	61.8	61.3	61.7	61.4	60.8	60.0	64.6
$CONH_2$	—	—	—	—	—	—	159.9

表 13-1-8 化合物 13-1-31 和 13-1-32 的 ^{13}C NMR 数据[10]

C	13-1-31	13-1-32	C	13-1-31	13-1-32	C	13-1-31	13-1-32
1	111.9	112.8	5	74.8	75.6	9	116.4	117.4
2	71.8	72.8	6	61.5	62.4	10	161.6	162.4
3	76.3	77.2	7	73.9	74.7	11	100.0	100.9
4	77.7	78.6	8	145.5	146.3	12	154.5	155.4

续表

C	13-1-31	13-1-32	C	13-1-31	13-1-32	C	13-1-31	13-1-32
13	103.0	103.9	6''	40.0	43.0	18''	19.5	—
1'	105.3	106.2	7''	77.6	73.4	1'''	168.4	169.4
2'	72.5	73.4	8''	137.5	136.6	2'''	121.9	121.2
3'	70.4	71.0	9''	143.0	135.4	3'''	141.3	147.9
4'	74.6	75.5	10''	131.5	132.8	4'''	127.6	129.7
5'	74.0	74.8	11''	136.2	132.9	5'''	127.1	144.1
6'	64.9	65.4	12''	31.6	132.0	6'''	25.9	132.2
1''	169.0	169.8	13''	30.4	136.9	7'''	37.5	142.7
2''	121.6	122.5	14''	35.2	36.7	8'''	73.2	36.9
3''	146.0	146.8	15''	37.5	24.4	9'''	31.1	24.1
4''	127.1	132.9	16''	11.7	14.8	10'''	10.4	14.8
5''	141.6	141.9	17''	12.2	—			

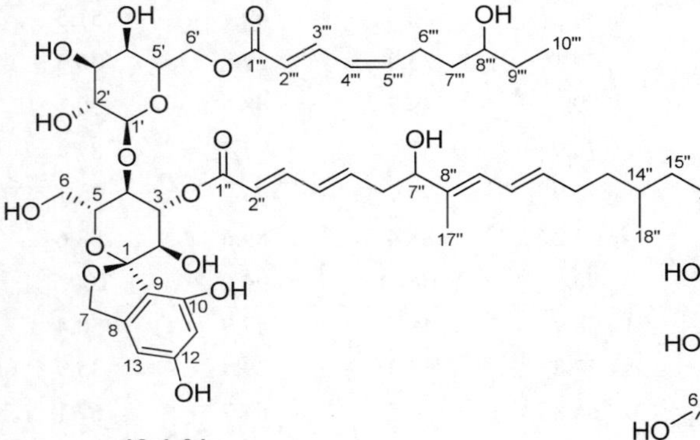

13-1-31

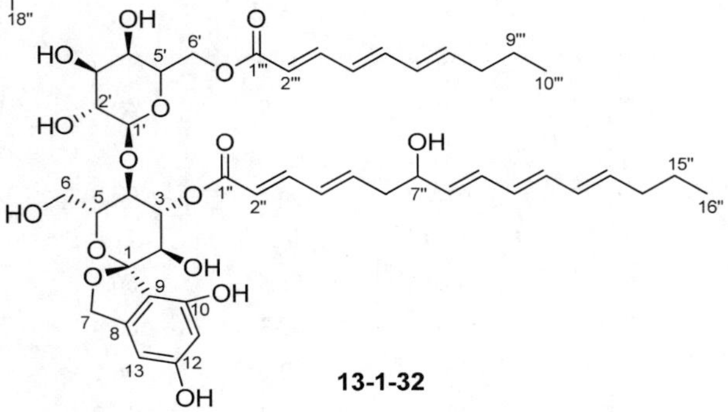

13-1-32

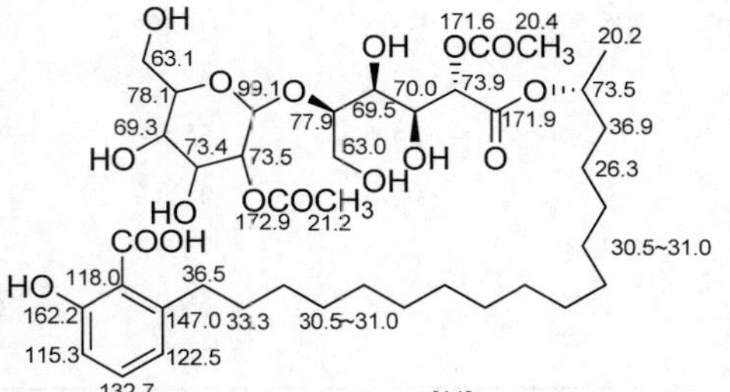

13-1-33[11]

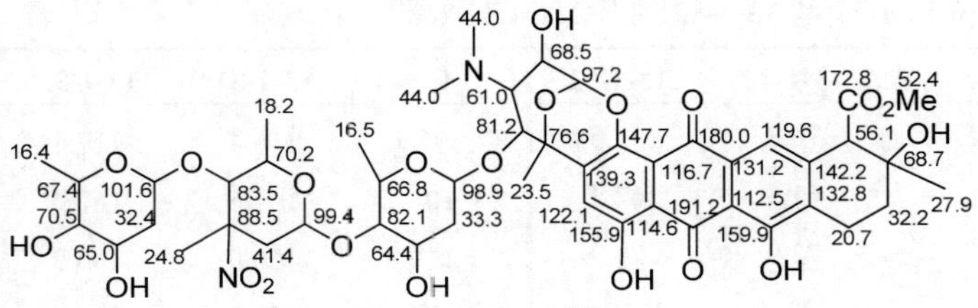

13-1-34[12]

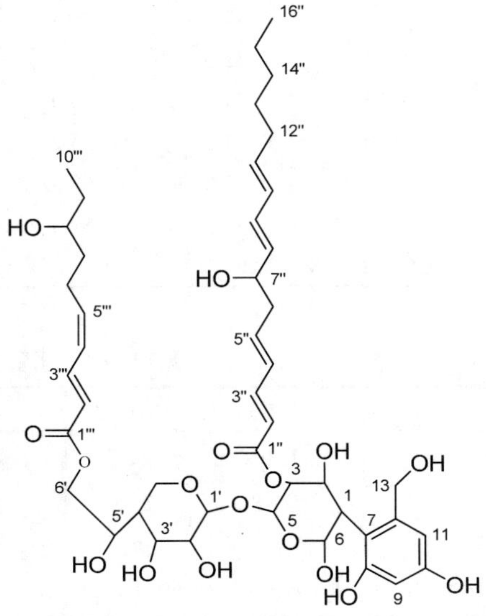

13-1-35

表 13-1-9 化合物 13-1-35 的 ^{13}C NMR 数据[13]

C	13-1-35	C	13-1-35	C	13-1-35	C	13-1-35	C	13-1-35
1	78.6	10	159.4	6'	67.8	9"	132.1	2'''	122.0
2	72.0	11	109.3	1"	168.8	10"	131.0	3'''	141.3
3	78.9	12	143.2	2"	121.4	11"	136.1	4'''	127.8
4	76.4	13	63.7	3"	146.7	12"	33.7	5'''	142.8
5	81.5	1'	110.2	4"	131.9	13"	30.2	6'''	25.7
6	61.2	2'	82.7	5"	141.8	14"	32.6	7'''	37.5
7	114.4	3'	77.7	6"	42.2	15"	23.6	8'''	73.2
8	158.7	4'	84.9	7"	72.6	16"	14.4	9'''	31.2
9	104.4	5'	69.5	8"	134.0	1'''	168.8	10'''	10.4

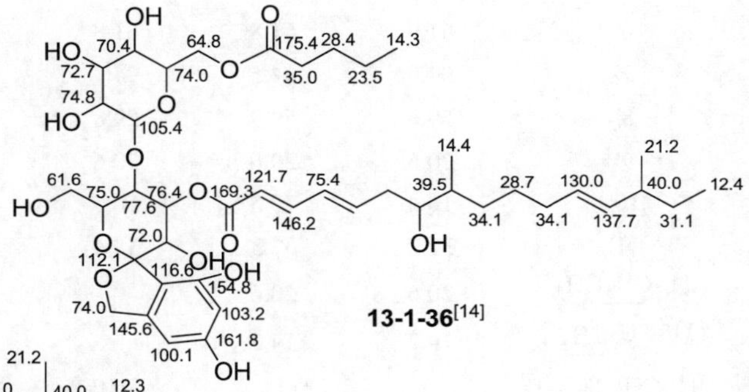

13-1-36[14]

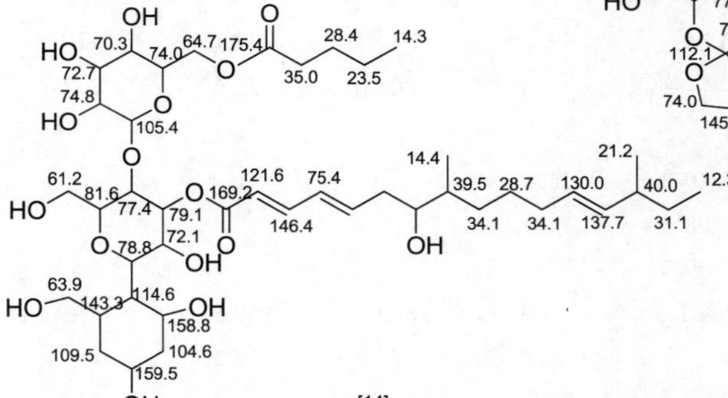

13-1-37[14]

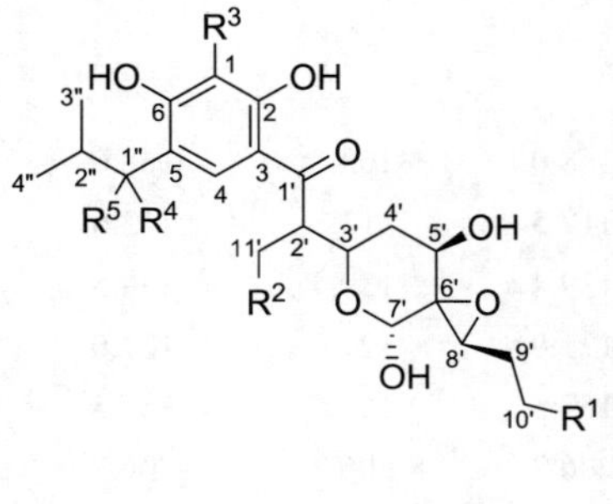

	R^1	R^2	R^3	R^4,R^5
13-1-38	H	CH_2CH_3	H	=O
13-1-39	H	CH_2CH_3	H	=O
13-1-40	H	$CH(CH_3)_2$	H	=O
13-1-41	H	$CH(CH_3)_2$	H	=O
13-1-42	H	CH_2CH_3	CHO	OCH_3,H
13-1-43	H	CH_2CH_3	CHO	OCH_3,H
13-1-44	H	CH_2CH_3	CHO	H,H
13-1-45	H	$CH(CH_3)_2$	CHO	OCH_3,H
13-1-46	H	$CH(CH_3)_2$	CHO	OCH_3,H
13-1-47	H	$CH_2CH_2CH_3$	CHO	OCH_3,H
13-1-48	CH_3	CH_2CH_3	CHO	H,H
13-1-49	H	$CH(CH_3)_2$	CHO	H,H
13-1-50	H	$CH_2CH_2CH_3$	CHO	H,H
13-1-51	H	CH_2CH_3	$COCH_3$	H,H

表 13-1-10　luminacin 组分的 ^{13}C NMR 数据[15]

C	13-1-38	13-1-39	13-1-40	13-1-41	13-1-42	13-1-43	13-1-44
1	105.1	105.4	105.1	105.4	109.2	109.1	109.3
1-CHO					194.4	194.4	194.3
2	169.7	169.9	169.7	169.9	167.9	167.9	168.0
3	111.9①	112.0①	111.9①	112.0①	113.0	113.2	112.5
4	135.6	135.5	135.7	135.5	137.6	137.5	139.4
5	114.9①	114.5①	115.1①	114.6①	120.3	120.3	121.0
6	168.7	169.2	168.7	169.2	167.3	167.4	167.5
1'	207.5	206.5	207.8	206.6	207.2	207.3	206.7
2'	50.0	49.9	48.3	47.7	49.8	49.3	49.4
3'	70.2	69.8	71.0	70.6	69.6	69.8	69.8
4'	37.3	37.3	37.5	37.1	37.1	36.9	37.3
5'	62.5	62.4	62.5	62.5	62.6	62.6	62.4
6'	61.9	61.8	61.8	61.8	61.8	61.8	61.8
7'	94.0	94.5	94.1	94.5	94.5	94.5	94.5
8'	59.8	59.9	59.8	59.8	59.7	59.7	59.8
9'	20.6	20.6	20.6	20.6	20.6	20.7	20.6
10'	10.4	10.5	10.5	10.5	10.5	10.5	10.5
11'	31.2	32.3	38.4	39.2	31.8	32.1	32.1
11'-$\underline{CH_2}CH_3$	20.6	20.6			20.6	20.6	20.6
11'-$CH_2\underline{CH_3}$	14.2	14.2			14.1	14.2	14.2
11'-$\underline{CH}(CH_3)_2$			26.0	26.1			
11'-$CH\underline{(CH_3)_2}$			23.8	23.7			
			21.9	22.0			
1"	209.1	208.9	209.1	208.9	80.6	80.5	37.9
1"-OCH_3					57.2	57.2	
2"	34.9	34.8	34.9	34.8	33.8	33.7	28.3
3",4"	19.7	19.6	19.7	19.6	18.7	18.7	22.3
	19.1	19.3	19.1	19.2	17.6	17.9	22.2
1	109.2	109.2	109.1	109.4	109.4	109.4	109.5
1-CHO	194.4	194.4	194.3	194.3	194.3	194.3	
1-$\underline{CO}CH_3$							205.9
1-$CO\underline{CH_3}$							33.6
2	167.9	167.9	167.8	168.0	168.0	168.0	170.0
3	113.1	113.3	113.1	112.5	112.7	112.6	112.1
4	137.6	137.6	137.4	139.4	139.4	139.5	137.8
5	120.3	120.2	120.3	121.0	121.0	121.0	121.5
6	167.3	167.3	167.3	167.5	167.5	167.5	167.7
1'	207.2	207.2	207.2	206.7	206.7	206.7	206.6
2'	47.6	47.2	49.5	49.4	47.4	49.6	49.3
3'	70.3	70.5	69.7	69.8	70.6	69.8	69.9
4'	36.9	36.6	36.9	37.9	37.1	37.3	37.4

续表

C	13-1-45	13-1-46	13-1-47	13-1-48	13-1-49	13-1-50	13-1-51
5'	62.6	62.7	62.5	62.4	62.5	62.4	62.5
6'	61.7	61.7	61.7	61.5	61.8	61.8	61.8
7'	94.5	94.5	94.5	94.5	94.5	94.5	94.5
8'	59.7	59.7	59.7	58.6	59.8	59.8	59.8
9'	20.6	20.6	20.6	31.2	20.6	20.6	20.6
10'	10.5	10.5	10.5	28.3	10.5	10.5	10.5
10'-CH_3				14.2			
11'	38.7	38.7	29.6	32.1	39.0	29.7	32.2
11'-$\underline{CH_2}CH_3$				22.3			20.5
11'-$CH_2\underline{CH_3}$				13.9			14.2
11'-$\underline{CH}(CH_3)_2$	26.1	26.2			26.2		
11'-$CH\underline{(CH_3)_2}$	23.6	23.6			23.7		
	21.8	21.9			22.0		
11'-$\underline{CH_2}CH_2CH_3$			29.5			29.5	
11'-$CH_2\underline{CH_2}CH_3$			22.8			22.8	
11'-$CH_2CH_2\underline{CH_3}$			13.8			13.8	
1"	80.6	80.7	80.5	37.3	38.0	37.9	38.6
1"-OCH_3	57.2	57.2	57.2				
2"	33.8	33.9	33.8	29.3	28.2	28.3	28.1
3",4"	18.7	18.7	18.6	20.6	22.4	22.4	22.4
	17.5	17.7	17.6	19.9	22.2	22.2	22.3

① 同一列中，碳的归属可以互换。

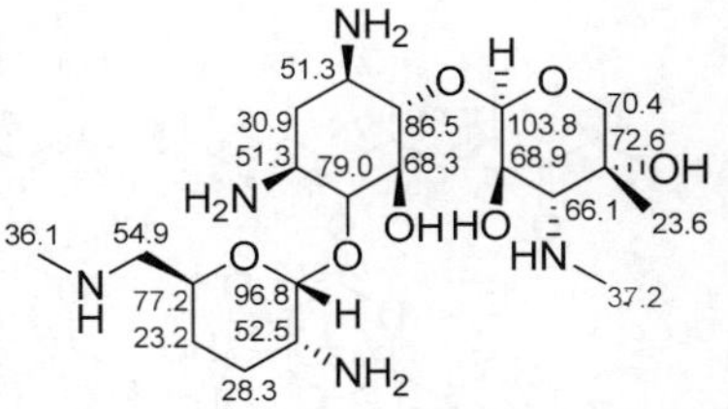

13-1-52[16]

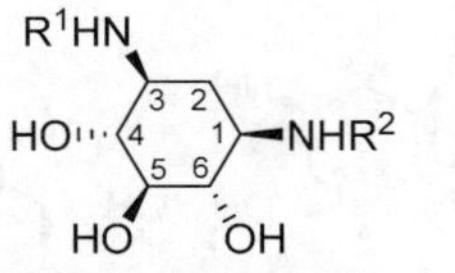

13-1-53 $R^1=R^2=H$
13-1-54 $R^1=R^2=COCH_3$
13-1-55 $R^1=H$; $R^2=COCH_3$

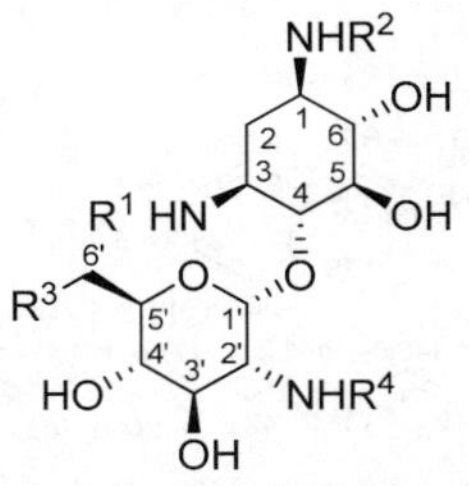

13-1-56 $R^1=R^2=R^4=H$; $R^3=NH_2$
13-1-57 $R^1=R^2=R^4=COCH_3$; $R^3=NHCOCH_3$
13-1-58 $R^1=R^2=R^4=H$; $R^3=OH$

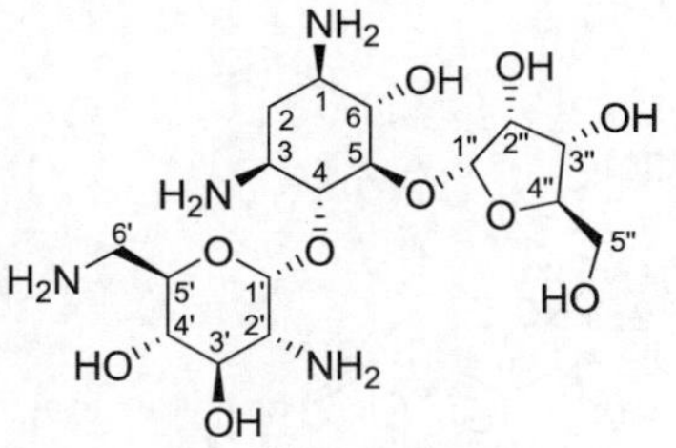

13-1-59

表 13-1-11 链霉胺(streptamine)及相关化合物的 ^{13}C NMR 数据[17]

C	13-1-53	13-1-54	13-1-55	13-1-56	13-1-57	13-1-58	13-1-59
1	51.4	50.7	51.1	51.4	50.5	51.2	51.2
2	36.9	33.6	34.6	36.5	33.8	36.7	36.7
3	51.4	50.7	50.6	50.3	49.7	50.4	51.2
4	78.5	75.2	77.3	87.7	80.4	88.7	83.0
5	76.6	76.8	76.5	76.9	78.0	76.7	85.0
6	78.5	75.2	75.2	78.1	75.6	78.2	78.4
1'	—	—	—	101.5	98.4	101.9	99.8
2'	—	—	—	56.2	54.7	52.2	56.4
3'	—	—	—	74.4	71.5	74.6	74.1
4'	—	—	—	72.4	71.5	70.8	72.3
5'	—	—	—	73.4	71.5	73.8	73.9
6'	—	—	—	42.6	40.8	61.5	42.7
1"	—	—	—	—	—	—	109.1
2"	—	—	—	—	—	—	75.7
3"	—	—	—	—	—	—	70.5
4"	—	—	—	—	—	—	83.4
5"	—	—	—	—	—	—	62.6
<u>C</u>H$_3$CO	—	23.2	25.0	—	23.1×3	—	—
	—		—	—	23.6	—	—
CH$_3$<u>C</u>O	—	174.4	174.6	—	175.6	—	—
	—	—	—	—	175.1	—	—
	—	—	—	—	174.7	—	—
	—	—	—	—	174.1	—	—

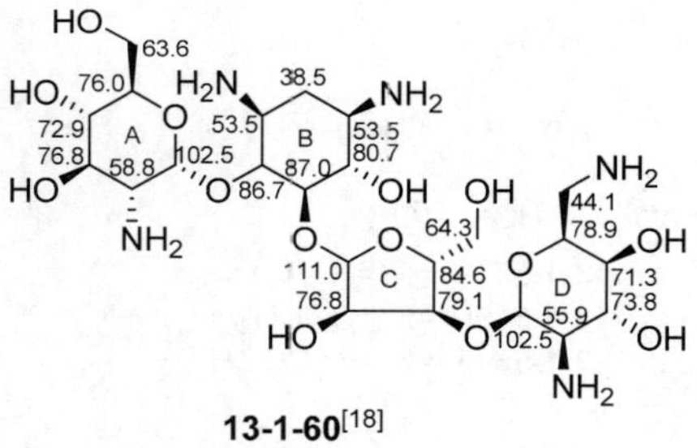

13-1-60[18]

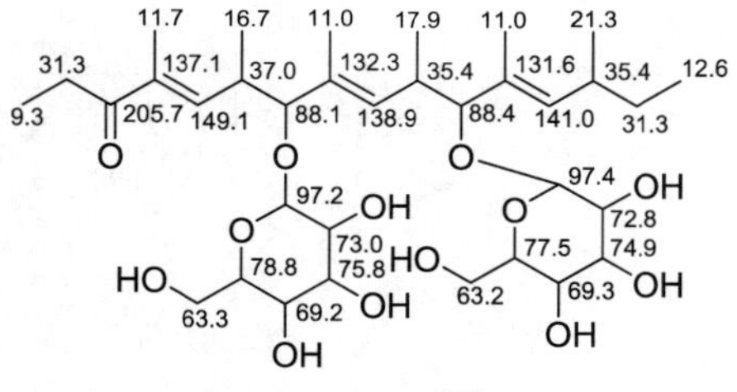

13-1-61[19]

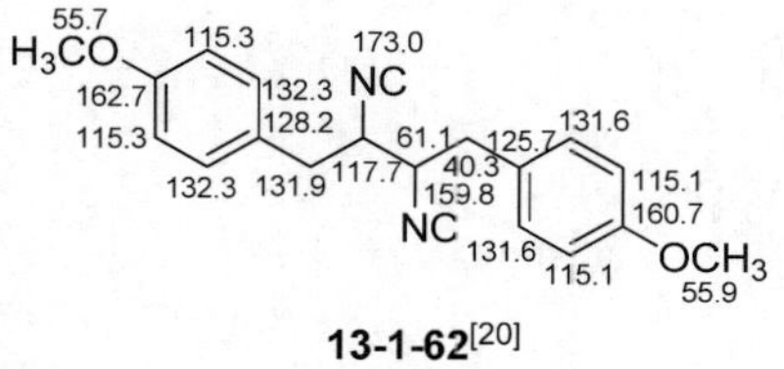

13-1-62[20]

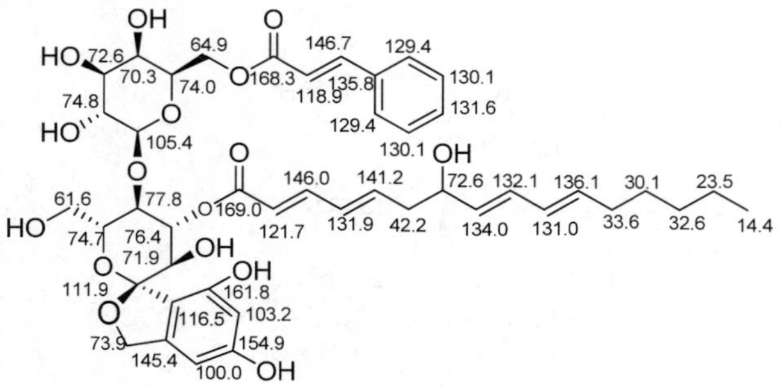

13-1-63[21]

表 13-1-12 化合物 13-1-64 和 13-1-65 的 ^{13}C NMR 数据[22]

C	13-1-64	13-1-65	C	13-1-64	13-1-65	C	13-1-64	13-1-65
1	98.8	100.9	9	167.9	168.5	10'	35.3	35.0
2	74.5	70.6	10	42.9	43.4	11'	79.8	80.3
3	73.9	79.3	11	170.1	170.4	12'	34.4	35.8
4	69.1	66.0	1'	176.0	176.4	13'	25.6	26.0
5	75.7	75.8	2'	34.9	35.4	14'~17'	29.6~34.1	30.0~30.6
6	65.0	65.1	3'	25.7	26.1	18'	32.2	32.5
7	170.8	170.1	4'~8'	29.6~34.1	30.06~30.6	19'	23.0	23.3
8	20.9	21.2	9'	25.6	26.0	20'	14.3	14.6

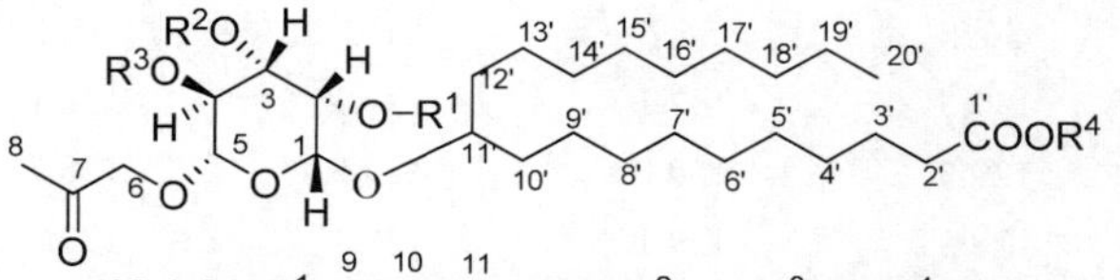

13-1-64 R^1=COCH$_2$COOH; R^2=H; R^3=H; R^4=H

13-1-65 R^1=H; R^2=COCH$_2$COOH; R^3=H; R^4=H

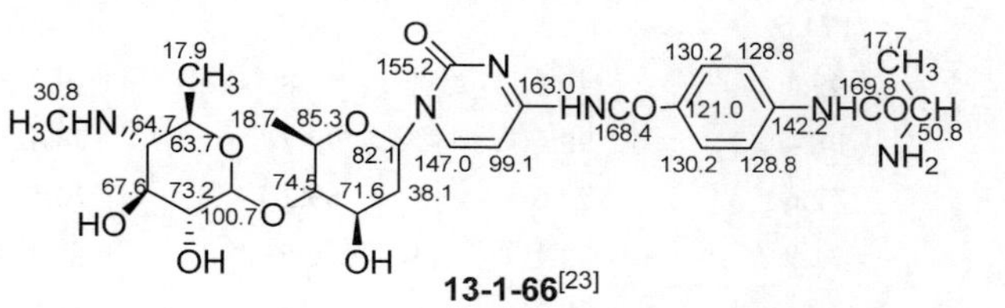

13-1-66[23]

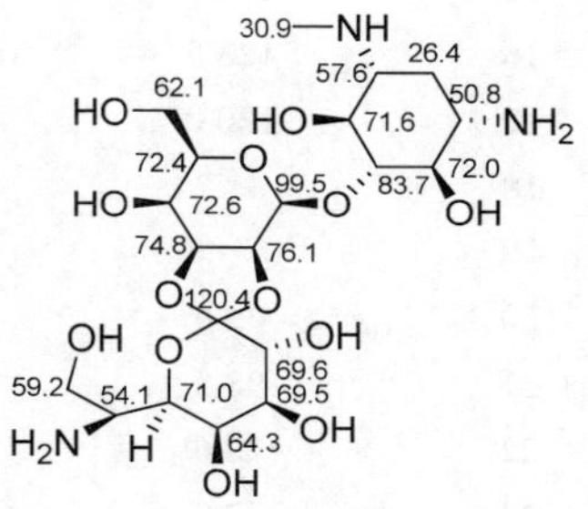

13-1-67[24]

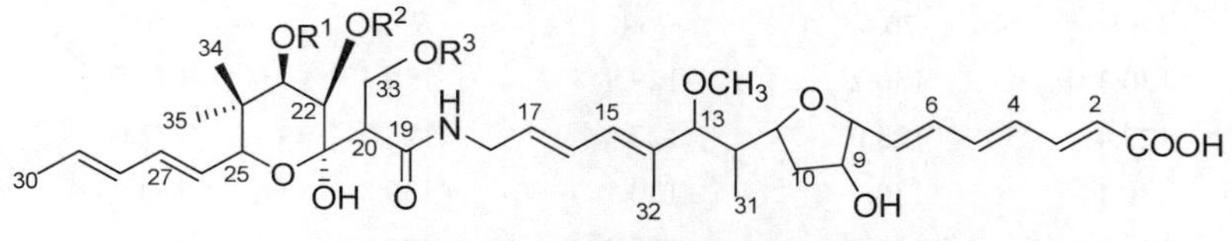

13-1-68 R^1=H; R^2=A; R^3=B　**13-1-71** R^1=H; R^2=A; R^3=D

13-1-69 R^1=A; R^2=H; R^3=B　**13-1-72** R^1=A; R^2=H; R^3=D

13-1-70 R^1=H; R^2=A; R^3=C　**13-1-73** R^1=H; R^2=H; R^3=B

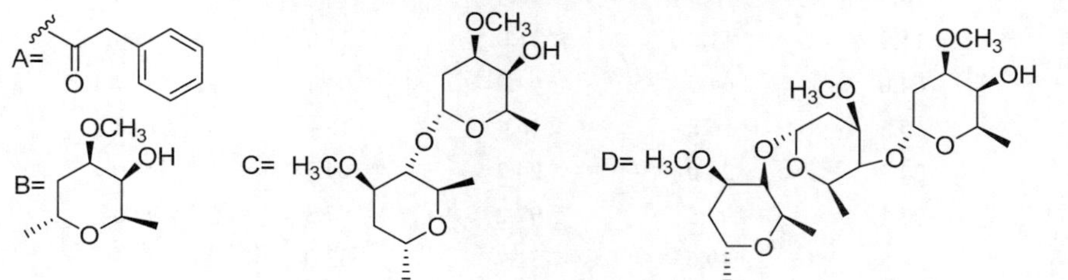

表 13-1-13 phenelfamycins 及其衍生物的 ^{13}C NMR 数据[25]

C	13-1-68	13-1-69	13-1-70	13-1-71	13-1-72	13-1-73
1	167.7	168.1	168.0	167.7	167.8	167.2
2	121.8	121.8	121.8	121.2	121.9	121.2
3	146.5	145.4	145.4	146.5	145.4	144.4

续表

C	13-1-68	13-1-69	13-1-70	13-1-71	13-1-72	13-1-73
4	130.3	130.3	130.3	130.2	130.2	129.4
5	141.9	141.2	141.1	141.9	141.2	140.2
6	131.5	131.5	131.5	131.4	131.4	130.6
7	137.5	137.4	137.4	137.1	137.6	136.5
8	75.0	75.0	75.0	75.1	75.1	74.0
9	84.3	84.2	84.3	84.3	84.2	83.4
10	40.2	40.1	39.6	40.2	40.2	39.2
11	78.0	78.1	78.0	78.0	78.1	77.2
12	40.5	40.6	40.5	40.5	40.6	39.7
13	90.2	90.2	90.2	90.2	90.3	89.3
13-OCH_3	56.2	56.1	56.2	56.2	56.2	55.2
14	136.0	137.0	137.5	137.1	137.1	136.1
15	129.5	129.6	129.5	130.0	129.5	128.7
16	128.5	129.5	128.3	129.1	128.1	127.1
17	130.0	130.4	130.3	130.2	129.7	129.6
18	41.7	41.7	41.6	42.1	42.0	41.0
19	174.8	175.4	174.6	175.0	175.5	174.6
20	49.6	49.7	49.6	49.8	49.8	49.2
21	98.5	99.6	98.4	98.6	99.7	98.4
22	72.6	69.0	72.6	72.6	69.3	70.5
23	72.0	76.5	71.9	72.1	76.6	71.9
24	39.5	38.7	40.1	39.6	38.8	38.6
25	76.8	76.4	76.8	76.8	76.4	75.4
26	130.3	130.2	129.9	130.3	130.5	129.6
27	127.4	128.0	127.4	128.3	127.6	126.1
28	130.1	130.1	130.1	130.3	130.1	129.3
29	126.3	126.4	126.4	126.3	126.4	125.0
30	13.6	13.5	13.5	13.6	13.6	12.6
31	10.5	10.5	10.4	10.5	10.6	9.6
32	11.0	11.0	11.0	11.0	11.0	10.1
33	64.0	64.5	64.0	64.1	64.7	63.8
34	15.3	16.8	15.4	15.4	16.8	14.9
35	24.2	24.0	24.2	24.3	24.0	23.4
1'	97.1	97.5	97.2	97.3	97.6	96.6
2'	30.8	30.6	31.7	32.0	32.1	31.0
3'	75.8	75.8	75.9	75.1	75.1	75.0
3'-OCH_3	55.3	55.3	55.1	55.5	55.5	55.2
4'	67.5	67.7	74.6	74.2	74.3	66.8
5'	66.9	66.9	67.7	67.3	67.3	66.0
6'	17.2	17.2	17.4	17.7	17.8	16.4
1"			100.0	99.4	99.4	
2"			30.2	34.6	34.6	

续表

C	13-1-68	13-1-69	13-1-70	13-1-71	13-1-72	13-1-73
3''			75.8	77.8	77.8	
3''-OCH_3			56.4	57.2	57.2	
4''			67.8	82.7	82.7	
5''			66.9	69.6	69.6	
6''			17.6	18.6	18.6	
1'''				101.1	101.1	
2'''				30.3	30.9	
3'''				75.7	75.7	
3'''-OCH_3				55.2	54.4	
4'''				67.8	67.8	
5'''				67.3	67.4	
6'''				17.4	17.5	
$PhCH_2\underline{CO}$	171.4	171.5	171.5	171.4	171.4	
Ph-$\underline{CH_2}$	41.9	42.0	41.9	41.7	41.7	
Ph	135.4	135.6	135.3	135.4	135.7	
	130.2	130.2	130.3	130.2	130.3	
	129.1	129.1	129.1	129.5	129.1	
	127.6	127.6	127.6	127.5	127.6	

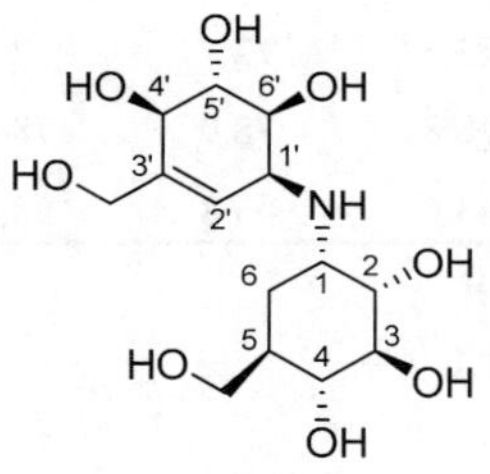

OH HO 4' 5' 6' OH HO 3' 1' 2' NH 6 1 2 OH 5 4 3 HO OH OH

13-1-74

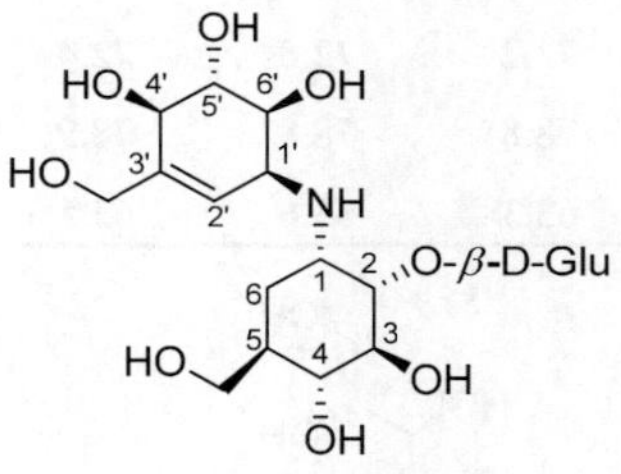

OH HO 4' 5' 6' OH HO 3' 1' 2' NH 1 2 O-β-D-Glu 6 5 4 3 HO OH OH

13-1-75

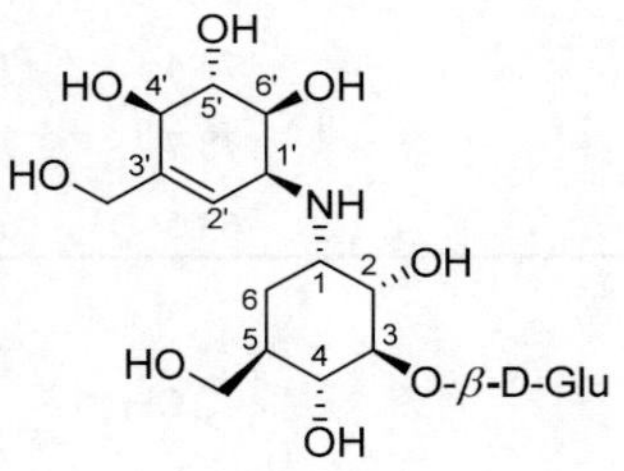

OH HO 4' 5' 6' OH HO 3' 1' 2' NH 1 2 OH 6 5 4 3 HO O-β-D-Glu OH

13-1-76

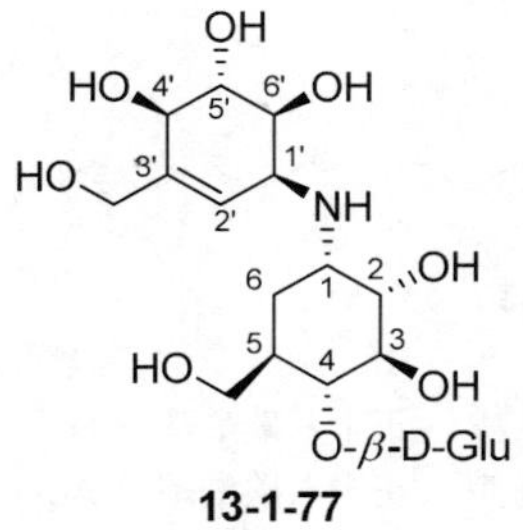

OH HO 4' 5' 6' OH HO 3' 1' 2' NH 6 1 2 OH 5 4 3 HO OH O-β-D-Glu

13-1-77

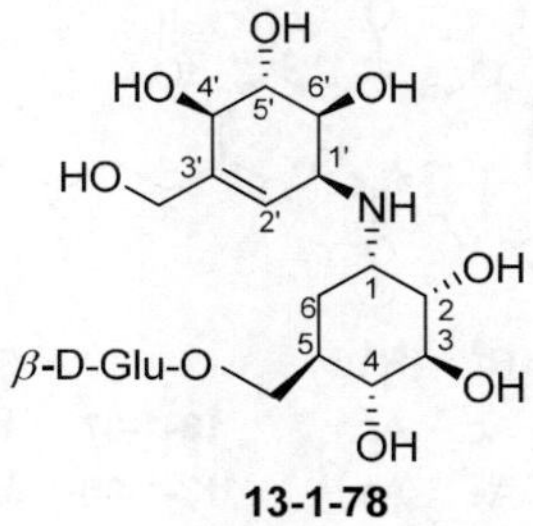

OH HO 4' 5' 6' OH HO 3' 1' 2' NH 1 2 OH 6 5 4 3 β-D-Glu-O OH OH

13-1-78

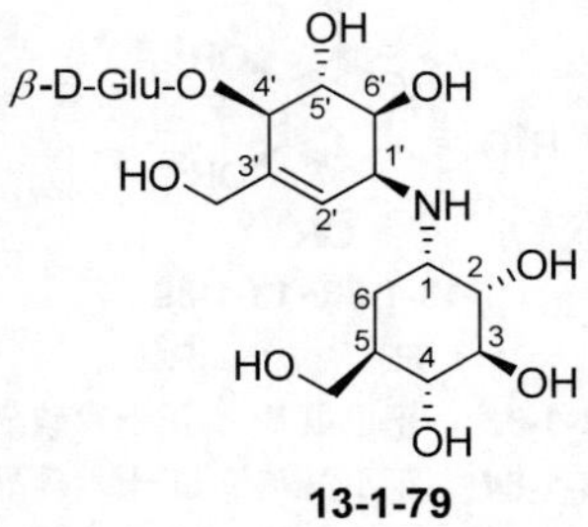

OH β-D-Glu-O 4' 5' 6' OH HO 3' 1' 2' NH 1 2 OH 6 5 4 3 HO OH OH

13-1-79

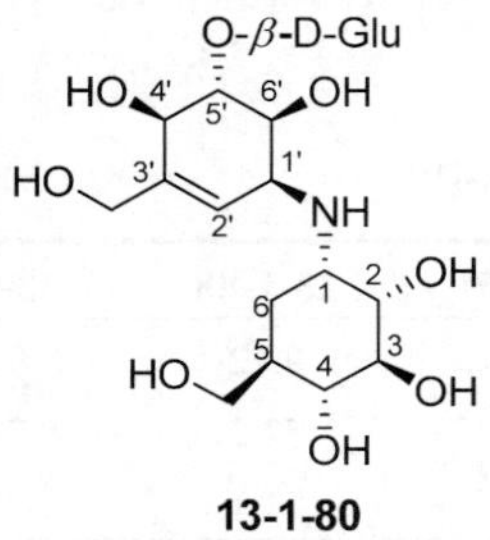

O-β-D-Glu HO 4' 5' 6' OH HO 3' 1' 2' NH 1 2 OH 6 5 4 3 HO OH OH

13-1-80

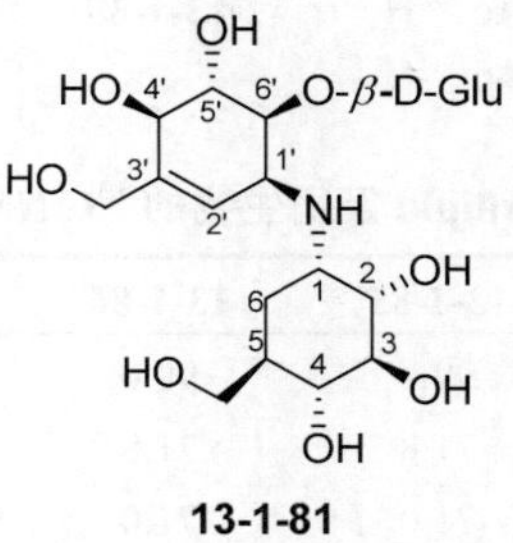

OH HO 4' 5' 6' O-β-D-Glu HO 3' 1' 2' NH 1 2 OH 6 5 4 3 HO OH OH

13-1-81

OH HO 4' 5' 6' OH β-D-Glu-O 3' 1' 2' NH 6 1 2 OH 5 4 3 HO OH OH

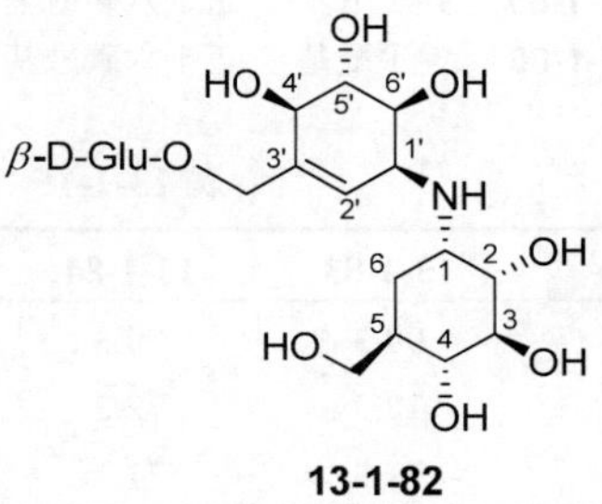

13-1-82

表 13-1-14 井冈霉素及衍生物的 ^{13}C NMR 数据[26]

C	13-1-74	13-1-75	13-1-76	13-1-77	13-1-78	13-1-79	13-1-80	13-1-81	13-1-82
1	56.7	56.6	57.0	56.5	57.0	56.9	56.8	57.1	57.0
2	76.3	86.5	75.5	76.0	76.1	76.2	76.2	76.2	76.1
3	77.1	76.5	87.8	75.5	77.1	77.3	77.3	77.6	77.2
4	76.2	76.0	74.3	87.1	75.8	76.2	76.2	76.1	76.2
5	40.8	40.6	40.8	40.2	39.7	40.9	40.9	40.8	40.9
6	29.7	29.5	29.2	29.7	30.1	29.8	29.8	29.5	29.7
7	65.3	65.3	65.1	64.6	74.0	65.3	65.3	65.3	65.3
1'	55.1	55.0	55.4	55.2	55.3	54.8	55.2	55.6	55.3
2'	126.0	126.4	125.3	126.0	126.0	128.2	126.4	126.4	129.2
3'	141.9	141.4	142.6	142.0	142.1	139.9	141.4	141.7	139.1
4'	74.2	74.0	74.2	74.3	74.3	84.7	72.6	73.9	74.2
5'	76.2	76.5	76.4	76.5	76.6	74.9	85.6	74.5	76.4
6'	72.1	72.0	72.0	72.2	72.3	71.8	71.6	81.8	72.1
7'	64.3	64.6	64.4	64.4	64.4	64.6	64.6	64.6	72.9
1''		106.6	106.0	105.7	105.9	106.3	105.8	106.1	104.9
2''		76.4	76.4	76.2	76.0	76.3	76.4	76.4	76.0
3''		78.5	78.4	78.4	78.5	78.5	78.5	78.5	78.6
4''		72.4	72.3	72.2	72.6	72.4	72.5	72.7	72.5
5''		78.7	78.9	78.8	78.8	78.9	78.8	78.9	78.8
6''		63.5	63.5	63.3	63.6	63.5	63.6	63.8	63.6

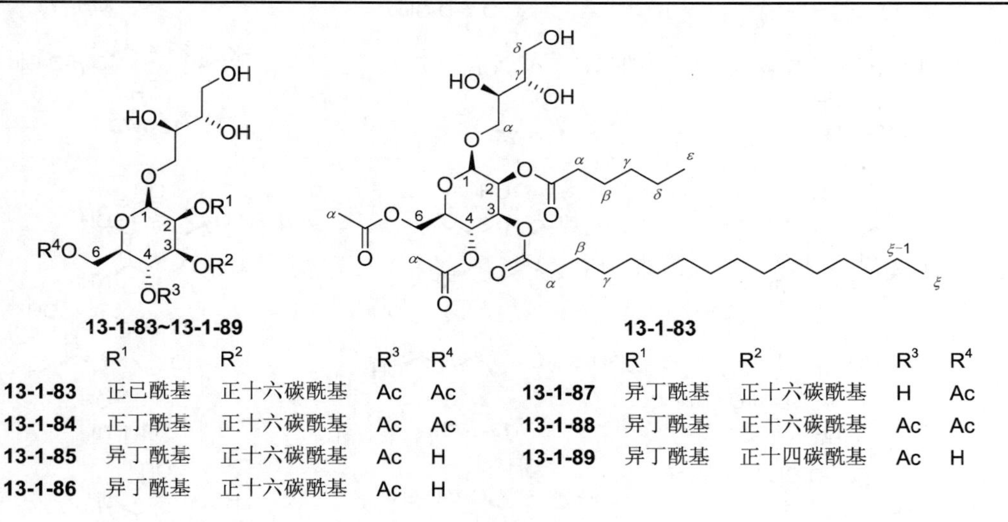

	R¹	R²	R³	R⁴
13-1-83	正己酰基	正十六碳酰基	Ac	Ac
13-1-84	正丁酰基	正十六碳酰基	Ac	Ac
13-1-85	异丁酰基	正十六碳酰基	Ac	H
13-1-86	异丁酰基	正十六碳酰基	Ac	H
13-1-87	异丁酰基	正十六碳酰基	H	Ac
13-1-88	异丁酰基	正十六碳酰基	Ac	Ac
13-1-89	异丁酰基	正十四碳酰基	Ac	H

表 13-1-15 ustilipid 及衍生物的 ^{13}C NMR 数据[27]

C	13-1-83	13-1-84	13-1-85	13-1-86	13-1-87	13-1-88	13-1-89
1	99.3	99.3	99.0	99.0	99.2	99.2	99.0
1α	72.3	72.2	71.8	71.8	72.0	72.2	71.8
1β	71.2	71.1	71.0	71.0	71.1	71.1	71.0

续表

C	**13-1-83**	**13-1-84**	**13-1-85**	**13-1-86**	**13-1-87**	**13-1-88**	**13-1-89**
1γ	71.9	71.9	72.2	72.2	72.0	71.9	72.2
1δ	63.6	63.5	63.3	63.3	63.5	63.5	63.4
2	68.6	68.6	68.7	68.7	68.9	68.7	68.7
2-C'	173.5	173.3	176.9	177.0	176.8	174.2	176.9
2α	34.1	36.0	33.9	33.9	34.1	27.5	34.0
2β	24.7	18.5	19.3	19.3	19.2	9.2	19.3
2γ	31.1	13.5	18.8	18.8	18.8		18.8
2δ	22.3						
2ε	13.9						
3	70.7	70.7	70.9	70.9	73.2	70.1	70.8
3-C'	172.7	172.7	172.8	172.8	173.6	172.7	172.7
3α	34.0	34.0	34.0	34.0	34.0	34.0	33.9
3β	24.7	24.7	24.7	24.7	24.7	24.7	24.7
3γ	29.1	29.1	29.0~29.7	29.0~29.7	29.0~29.7	29.0	29.0
3δ～3ξ–3	29.2~29.7	29.2~29.7	29.0~29.7	29.0~29.7	29.0~29.7	29.2~29.6	29.0~29.7
3ξ–2	31.9	31.9	31.9	31.9	31.9	31.9	31.9
3ξ–1	22.7	22.7	22.6	22.6	22.6	22.6	22.6
3ξ	14.1	14.1	14.1	14.1	14.1	14.1	14.1
4	65.9	65.9	66.3	66.3	65.6	65.9	66.3
4-C'	169.4	169.5	170.1	170.1		169.5	170.1
4α	20.6	20.6	20.7	20.7		20.6	20.7
5	72.5	72.4	74.8	74.8	74.4	72.4	74.8
6	62.4	62.3	61.4	61.4	63.1	62.3	61.4
6-C'	170.8	170.7			171.7	170.8	
6α	20.7	20.7			20.8	20.7	

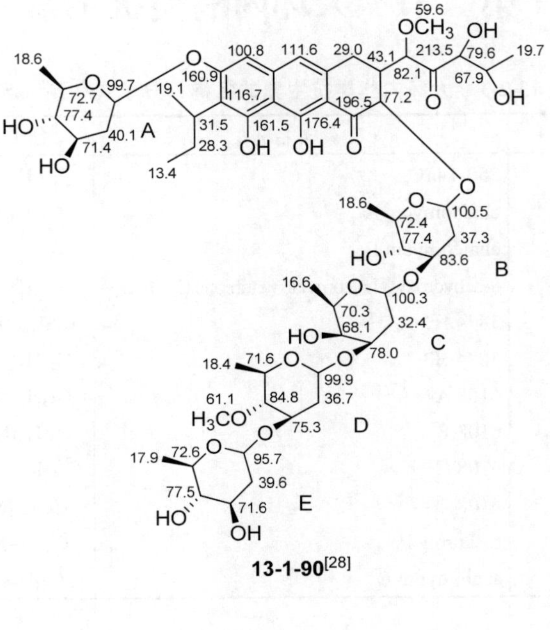

13-1-90[28]

参考文献

[1] Takatsu T, Takahashi M, Kawase Y, et al. J Antibiot, 1996, 49: 54.
[2] Hotta K, Sunada A, Ishikawa J, et al. J Antibiot, 1998, 51: 735.
[3] Goeke K, Drepper A, Pape H. J Antibiot, 1996, 49: 661.
[4] Nishimoto Y, Sakuda S, Takayama S, et al. J Antibiot, 1991, 44: 716.
[5] Zhou Z, Sakuda S, Kinoshita M, et al. J Antibiot, 1993, 46: 1582.
[6] Morton J B, Long R C, Daniels P J L, et al. J Am Chem Soc, 1973, 95: 7464.
[7] Awata M, Satoi S, Muto N, et al. J Antibiot, 1983, 36: 651.
[8] Szilagyi L. Carbohydr Res, 1987, 170: 1.
[9] 吴章秀，王蓓蓓. 抗生素, 1986, 11: 190.
[10] Aoki M, Andoh T, Ueki T, et al. J Antibiot, 1993, 46: 952.
[11] Weber W, Schu P, Anke T, et al. J Antibiot, 1994, 47: 1188.
[12] Ishigami K, Hayakawa Y, Seto H. J Antibiot, 1994, 47: 1219.
[13] Magome E, Harimaya K, Gomi S, et al. J Antibiot, 1996, 49: 599.
[14] Ohyama T, Iwadate-Kurihara Y, Hosoya T, et al. J Antibiot, 2002, 55: 758.
[15] Naruse N, Kageyama-Kawase R, Funahashi Y, et al. J Antibiot, 2000, 53: 579.
[16] 白冰如，王树梅. 第七届全国波谱学学术会议论文摘要集. 1992: 347.
[17] Omoto S, Inouye S, Kojima M, et al. J Antibiot, 1973, 26: 717.
[18] 俞汉钢，刘树勋，宋国强. 化学学报, 1989, 47: 760.
[19] Kumazawa S, Kanda M, Utagawa M, et al. J Antibiot, 2003, 56: 652.
[20] Morino T, Nishimoto M, Itou N, et al. J Antibiot, 1994, 47: 1546.
[21] Chen R H, Tennant S, Frost D, et al. J Antibiot, 1996, 49: 596.
[22] Chu M, Mierzwa R, Xu L, et al. J Antibiot, 2003, 56: 9.
[23] Itoh J, Miyadoh S. J Antibiot, 1992, 45: 846.
[24] Ikeda Y, Kondo S, Kanai F, et al. J Antibiot, 1985, 38: 436.
[25] Hochlowski J, Buytendorp M, Whittern D, et al. J Antibiot, 1988, 41: 1300.
[26] Asano N, Kameda Y, Matsui K. J Antibiot, 1991, 44: 1406.
[27] Kurz M, Eder C, Isert D, et al. J Antibiot, 2003, 56: 91.
[28] Ogawa H, Yamashita Y, Katahira R, et al. J Antibiot, 1998, 51: 261.

第二节 大环内酯类抗生素

表 13-2-1 大环内酯类抗生素的名称、分子式和测试溶剂

编号	中文名称	英文名称	分子式	测试溶剂	参考文献
13-2-1		250-144C	$C_{35}H_{58}O_{12}$	C	[1]
13-2-2	查耳霉素 A	chalcomycin A	$C_{35}H_{56}O_{14}$	C	[1]
13-2-3	查耳霉素 B	chalcomycin B	$C_{41}H_{64}O_{16}$	C	[2]
13-2-4	8-去羟查耳霉素	8-dehydroxyl chalcomycin (antibiotic $C_{35}H_{56}O_{13}$)	$C_{35}H_{56}O_{13}$	C	[1]
13-2-5		3874 H1	$C_{58}H_{86}N_2O_{18}$	M	[3]
13-2-6		3874 H3	$C_{57}H_{87}NO_{18}$	M	[3]
13-2-7		6108 A_1	$C_{33}H_{55}N_3O_9$	M	[4]
13-2-8		6108 B	$C_{31}H_{51}NO_{10}$	C	[4]
13-2-9		6108 C	$C_{34}H_{58}N_2O_{11}S$	M	[4]
13-2-10		6108 D	$C_{34}H_{55}NO_9$	C	[4]
13-2-11	玫瑰霉素	rosaramicin	$C_{31}H_{51}NO_9$	C	[4]
13-2-12	阿扎霉素 B	azalomycin B	$C_{54}H_{88}O_{18}$	D	[5]

续表

编号	中文名称	英文名称	分子式	测试溶剂	参考文献
13-2-13		A82548A	$C_{47}H_{81}NO_{14}$	C	[6]
13-2-14		AH-758	$C_{45}H_{67}NO_{13}$	M	[7]
13-2-15		*N*-acetyl AB-400	$C_{35}H_{50}N_2O_{13}$	P	[8]
13-2-16	*N*-乙酰基匹马菌素	*N*-acetyl pimaricin	$C_{35}H_{49}NO_{14}$	P	[8]
13-2-17		acremonol	$C_{14}H_{18}O_6$	D	[9]
13-2-18		acremodiol	$C_{14}H_{22}O_6$	D	[9]
13-2-19	白环菌素	albocycline	$C_{18}H_{28}O_4$	C	[10]
13-2-20	白环菌素 K3	albocycline K3	$C_{17}H_{28}O_4$	C	[11]
13-2-21	白环菌素 M-1	ALB-M-1	$C_{18}H_{28}O_4$	C	[10]
13-2-22	白环菌素 M-2	ALB-M-2	$C_{18}H_{28}O_5$	C	[10]
13-2-23	白环菌素 M-3	ALB-M-3	$C_{18}H_{30}O_5$	C	[10]
13-2-24	白环菌素 M-4	ALB-M-4	$C_{18}H_{28}O_5$	C	[10]
13-2-25	白环菌素 M-5	ALB-M-5	$C_{18}H_{28}O_5$	C	[10]
13-2-26	白环菌素 M-6	ALB-M-6	$C_{18}H_{30}O_5$	C	[10]
13-2-27	白环菌素 M-7	ALB-M-7	$C_{18}H_{28}O_5$	C	[10]
13-2-28	白环菌素 M-8	ALB-M-8	$C_{18}H_{30}O_6$	C	[10]
13-2-29	两性霉素 A	amphotericin A	$C_{47}H_{75}NO_{17}$	D	[12]
13-2-30	两性霉素 B	amphotericin B	$C_{47}H_{73}NO_{17}$	D	[12]
13-2-31		angolamycin	$C_{46}H_{77}NO_{17}$	C	[13]
13-2-32		angolamycin analogue 1	$C_{46}H_{79}NO_{17}$	C	[13]
13-2-33		angolamycin analogue 2	$C_{46}H_{79}NO_{16}$	C	[13]
13-2-34		antascomicin A	$C_{37}H_{57}NO_9$	D	[14]
13-2-35		antascomicin B	$C_{37}H_{57}NO_{10}$	D	[14]
13-2-36		antascomicin D	$C_{36}H_{55}NO_9$	D	[14]
13-2-37		antascomicin E	$C_{37}H_{57}NO_{10}$	D	[14]
13-2-38	抗霉素 A1a	antimycin A1a	$C_{28}H_{40}N_2O_9$	C	[15]
13-2-39	抗霉素 A1b	antimycin A1b	$C_{28}H_{40}N_2O_9$	C	[15]
13-2-40	抗霉素 A2a	antimycin A2a	$C_{27}H_{38}N_2O_9$	C	[15]
13-2-41	抗霉素 A2b	antimycin A2b	$C_{27}H_{38}N_2O_9$	C	[15]
13-2-42	抗霉素 A3a	antimycin A3a	$C_{26}H_{36}N_2O_9$	C	[15]
13-2-43	抗霉素 A3b	antimycin A3b	$C_{26}H_{36}N_2O_9$	C	[15]
13-2-44	抗霉素 A4a	antimycin A4a	$C_{25}H_{34}N_2O_9$	C	[15]
13-2-45	抗霉素 A4b	antimycin A4b	$C_{25}H_{34}N_2O_9$	C	[15]
13-2-46	抗霉素 A7a	antimycin A7a	$C_{26}H_{36}N_2O_9$	C	[15]
13-2-47	抗霉素 A7b	antimycin A7b	$C_{26}H_{36}N_2O_9$	C	[15]
13-2-48	抗霉素 A8a	antimycin A8a	$C_{27}H_{38}N_2O_9$	C	[15]
13-2-49	抗霉素 A8b	antimycin A8b	$C_{27}H_{38}N_2O_9$	C	[15]
13-2-50		apoptolidin	$C_{58}H_{96}O_{21}$	M	[16]
13-2-51		aspochalasin F	$C_{24}H_{33}NO_4$	C	[17]
13-2-52		aspochalasin G	$C_{24}H_{33}NO_3$	C	[17]
13-2-53		4'-deoleandrosyl-6,8a-*seco*-6,8a-deoxy-avermectin B1a	$C_{41}H_{62}O_{10}$	C	[18]

续表

编号	中文名称	英文名称	分子式	测试溶剂	参考文献
13-2-54		4'-deoleandrosyl-6,8a-*seco*-6,8a-deoxy-5-oxoavermectin B2a	$C_{41}H_{62}O_{11}$	C	[18]
13-2-55		6,8a-*seco*-6,8a-deoxy-2.5-didehydroav-ermectin B2a	$C_{48}H_{72}O_{13}$	C	[18]
13-2-56		4'-deoleandrosyl-6,8a-*seco*-6,8a-deoxy-5-oxoavermectin B1a	$C_{41}H_{60}O_{10}$	C	[18]
13-2-57	24-去甲基巴弗洛霉素	24-demethyl-bafilomycin C_1	$C_{38}H_{58}O_{12}$	C	[19]
13-2-58	巴弗洛霉素 C_1	bafilomycin C_1	$C_{39}H_{60}O_{12}$	M	[20]
13-2-59		bafilomycin C1-amide	$C_{39}H_{61}NO_{11}$	A	[20]
13-2-60	疏螺旋体素	borrelidin	$C_{28}H_{43}NO_6$	—	[21]
13-2-61		BK223-A	$C_{32}H_{38}O_{15}$	A	[22]
13-2-62		BK223-B	$C_{32}H_{38}O_{15}$	A	[22]
13-2-63		BK223-C	$C_{32}H_{38}O_{14}$	A	[22]
13-2-64		brasilinolide B	$C_{59}H_{104}O_{23}$	D	[23]
13-2-65		CJ-12,950	$C_{23}H_{26}N_2O_8$	D	[24]
13-2-66		2,3,8,9-tetrahydrocineromycin B	$C_{17}H_{30}O_4$	C	[25]
13-2-67		5,6-dihydrocineromycin B	$C_{17}H_{28}O_4$	C	[25]
13-2-68		7-*O*-(α-glucosyl)-cineromycin B	$C_{23}H_{36}O_{10}$	A	[25]
13-2-69		7-*O*-(α-glucosyl)-cineromycin -2,3-dihydro-cineromycin B	$C_{23}H_{38}O_{10}$	M	[25]
13-2-70		2,3-dihydrocineromycin B	$C_{17}H_{28}O_4$	C	[26]
13-2-71		dehydrocineromycin B	$C_{17}H_{24}O_4$	C	[26]
13-2-72		oxycineromycin B	$C_{17}H_{26}O_5$	C	[26]
13-2-73	克拉多菌素	coloradocin	$C_{32}H_{38}O_{12}$	C	[27]
13-2-74	结节霉素	nodusmicin	$C_{23}H_{34}O_7$	C	[27]
13-2-75		clonostachydiol	$C_{14}H_{20}O_6$	D	[28]
13-2-76		cremimycin	$C_{35}H_{53}NO_9$	D	[29]
13-2-77	细胞松弛素 E	cytochalasin E	$C_{28}H_{33}NO_7$	C	[30]
13-2-78			$C_{28}H_{33}NO_7$	C	[30]
13-2-79		$\Delta^{6,12}$-isomer of 5,6-dehydro-7-hydroxy-derivative of cytochalasin E	$C_{28}H_{33}NO_7$	C	[30]
13-2-80	胞变霉素	cytovaricin	$C_{47}H_{80}O_{16}$	CD_2Cl_2	[31]
13-2-81	胞变霉素 B	cytovaricin B	$C_{48}H_{82}O_{16}$	M	[32]
13-2-82		decarestrictine E	$C_{11}H_{16}O_5$	C	[33]
13-2-83		decarestrictine F	$C_{10}H_{12}O_4$	C	[33]
13-2-84		decarestrictine G	$C_{10}H_{16}O_5$	C	[33]
13-2-85		decarestrictine H	$C_{10}H_{14}O_4$	C	[33]
13-2-86		decarestrictine I	$C_{10}H_{14}O_4$	C	[33]
13-2-87		decarestrictine J	$C_{10}H_{16}O_4$	C	[33]
13-2-88		decarestrictine K	$C_{10}H_{14}O_4$	C	[33]
13-2-89		decarestrictine L	$C_9H_{16}O_3$	C	[33]
13-2-90		decarestrictine M	$C_{10}H_{16}O_5$	M/D	[33]
13-2-91		11-hydroxyepothilone D	$C_{27}H_{41}NO_6S$	C	[34]

续表

编号	中文名称	英文名称	分子式	测试溶剂	参考文献
13-2-92	罗红霉素	roxithromycin	$C_{41}H_{76}N_2O_{15}$	C	[35]
13-2-93	6-甲氧基罗红霉素	6-methoxy-roxithromycin	$C_{42}H_{78}N_2O_{15}$	C	[35]
13-2-94	6,11-二甲氧基罗红霉素	6,11-dimethoxy-roxithromycin	$C_{43}H_{80}N_2O_{15}$	C	[35]
13-2-95	红霉素	erythromycin	$C_{37}H_{67}NO_{13}$	C	[35]
13-2-96	克拉霉素	clarithromycin	$C_{38}H_{69}NO_{13}$	C	[35]
13-2-97	红霉素 B	erythromycin B	$C_{37}H_{67}NO_{12}$	P	[36]
13-2-98	红霉素 F	erythromycin F	$C_{37}H_{67}NO_{14}$	P	[36]
13-2-99	红霉素 G	erythromycin G	$C_{37}H_{67}NO_{13}$	P	[36]
13-2-100		3-*O*-mycarosylerythronolide B	$C_{28}H_{50}O_{11}$	C	[36]
13-2-101		6-desmethyl erythromycin D	$C_{35}H_{63}NO_{12}$	—	[37]
13-2-102	去甲红霉素 A	norerythromycin A	$C_{36}H_{65}NO_{13}$	C	[38]
13-2-103	去甲红霉素 B	norerythromycin B	$C_{36}H_{65}NO_{12}$	C	[38]
13-2-104	去甲红霉素 C	norerythromycin C	$C_{36}H_{63}NO_{13}$	C	[38]
13-2-105	去甲红霉素 D	norerythromycin D	$C_{36}H_{63}NO_{12}$	C	[38]
13-2-106		deoxy-13-cyclopropyl-erythromycin B	$C_{38}H_{67}NO_{11}$	M	[39]
13-2-107		2'-(*O*-[*β*-D-glucopyranosyl])erythromycin B	$C_{43}H_{77}NO_{17}$	D	[40]
13-2-108		2'-(*O*-[*β*-D-glucopyranosyl])erythromycin A oxime	$C_{43}H_{78}N_2O_{18}$	D	[40]
13-2-109		2'-(*O*-[*β*-D-glucopyranosyl]) azithromycin	$C_{44}H_{82}N_2O_{17}$	D	[40]
13-2-110		2'-(*O*-[*β*-D-galactopyranosyl])-erythromycin B	$C_{43}H_{77}NO_{17}$	D	[40]
13-2-111		fattiviracin Al	$C_{81}H_{150}O_{28}$	M	[41]
13-2-112		fattiviracin FV-4	$C_{68}H_{124}O_{28}$	—	[42]
13-2-113		fattiviracin FV-8	$C_{70}H_{128}O_{28}$	—	[42]
13-2-114		fattiviracin FV-9	$C_{72}H_{128}O_{28}$	—	[42]
13-2-115		fattiviracin FV-10	$C_{74}H_{136}O_{28}$	—	[42]
13-2-116		fattiviracin FV-13	$C_{76}H_{140}O_{28}$	—	[42]
13-2-117		GERI-155	$C_{35}H_{58}O_{14}$	C	[43]
13-2-118		GT32-A	$C_{27}H_{37}NO_3$	D	[44]
13-2-119		GT32-B	$C_{27}H_{37}NO_2$	D	[44]
13-2-120		glucolipsin A	$C_{50}H_{92}O_{14}$	M	[45]
13-2-121		glucolipsin B	$C_{49}H_{90}O_{14}$	M	[45]
13-2-122	日立霉素	hitachimycin	$C_{29}H_{35}NO_5$	C	[46]
13-2-123	交沙霉素	josamycin	$C_{42}H_{69}NO_{15}$	W/D	[47]
13-2-124		8-deoxy-lankolide	$C_{23}H_{42}O_7$	C	[48]
13-2-125		lactimidomycin	$C_{26}H_{35}NO_6$	D	[49]
13-2-126	吉他霉素	kitamycin A	$C_{23}H_{32}N_2O_8$	C	[50]
13-2-127		UK78629	$C_{39}H_{56}O_{10}$	C	[51]
13-2-128		LL-F28429r	$C_{35}H_{50}O_8$	C	[51]
13-2-129		VM44864	$C_{35}H_{50}O_8$	C	[51]
13-2-130	8-乙酰基杆孢菌素 E	8-acetoxyroridin E	$C_{31}H_{40}O_{10}$	C	[52]

续表

编号	中文名称	英文名称	分子式	测试溶剂	参考文献
13-2-131	8-乙酰基杆孢菌素 H	8-acetoxyroridin H	$C_{31}H_{38}O_{10}$	C	[52]
13-2-132	杆孢菌素 L	roridin L	$C_{29}H_{38}O_{9}$	C	[53]
13-2-133	杆孢菌素 M	roridin M	$C_{29}H_{36}O_{9}$	C	[53]
13-2-134	疣孢菌素 M	verrucarin M	$C_{27}H_{30}O_{9}$	C	[53]
13-2-135		oxacyclododecindione	$C_{18}H_{21}ClO_{6}$	CD_3CN	[54]
13-2-136	鲁丝霉素	lucensomycin	$C_{36}H_{53}NO_{13}$	D	[55]
13-2-137		macrosphelide C	$C_{16}H_{22}O_{7}$	C	[56]
13-2-138		macrosphelide D	$C_{16}H_{22}O_{8}$	C	[56]
13-2-139		macrosphelide J	$C_{17}H_{24}O_{9}$	C	[57]
13-2-140		macrosphelideK	$C_{18}H_{26}O_{9}$	C	[57]
13-2-141		macrosphelide L	$C_{16}H_{22}O_{8}$	C	[58]
13-2-142		malolactomycin C	$C_{62}H_{109}N_{3}O_{20}$	M	[59]
13-2-143		malolactomycin D	$C_{61}H_{107}N_{3}O_{20}$	M	[59]
13-2-144		maltophilin	$C_{29}H_{38}N_{2}O_{6}$	D	[60]
13-2-145		mathemycin A	$C_{71}H_{132}N_{2}O_{24}$	M	[61]
13-2-146	密谷菌素 A	megovalicin A	$C_{35}H_{63}NO_{8}$	C	[62]
13-2-147	密谷菌素 B	megovalicin B	$C_{35}H_{59}NO_{8}$	C	[62]
13-2-148	密谷菌素 C	megovalicin C	$C_{35}H_{61}NO_{8}$	C	[62]
13-2-149	密谷菌素 D	megovalicin D	$C_{34}H_{59}NO_{7}$	C	[62]
13-2-150	密谷菌素 G	megovalicin G	$C_{35}H_{61}NO_{7}$	C	[62]
13-2-151	密谷菌素 H	megovalicin H	$C_{35}H_{63}NO_{7}$	C	[62]
13-2-152		migrastatin	$C_{26}H_{37}NO_{7}$	C	[63]
13-2-153		isomigrastatin	$C_{27}H_{39}NO_{7}$	C	[63]
13-2-154	米尔倍霉素α_{20}	milbemycin α_{20}	$C_{36}H_{50}O_{9}$	C	[64]
13-2-155	米尔倍霉素α_{21}	milbemycinα_{21}	$C_{37}H_{52}O_{9}$	C	[64]
13-2-156	米尔倍霉素α_{22}	milbemycinα_{22}	$C_{34}H_{48}O_{9}$	C	[64]
13-2-157	米尔倍霉素α_{23}	milbemycinα_{23}	$C_{35}H_{50}O_{9}$	C	[64]
13-2-158	米尔倍霉素α_{24}	milbemycinα_{24}	$C_{32}H_{46}O_{8}$	C	[64]
13-2-159	米尔倍霉素α_{25}	milbemycinα_{25}	$C_{33}H_{48}O_{8}$	C	[64]
13-2-160	米尔倍霉素α_{26}	milbemycinα_{26}	$C_{31}H_{44}O_{8}$	C	[64]
13-2-161	米尔倍霉素α_{27}	milbemycinα_{27}	$C_{32}H_{46}O_{8}$	C	[64]
13-2-162	米尔倍霉素β_{9}	milbemycin β_{9}	$C_{32}H_{48}O_{8}$	C	[64]
13-2-163	米尔倍霉素β_{10}	milbemycin β_{10}	$C_{33}H_{50}O_{8}$	C	[64]
13-2-164	米尔倍霉素β_{11}	milbemycin β_{11}	$C_{31}H_{46}O_{7}$	C	[64]
13-2-165	米尔倍霉素β_{12}	milbemycin β_{12}	$C_{31}H_{46}O_{6}$	C	[64]
13-2-166	麦新米星 IX	mycinamicin IX	$C_{36}H_{59}NO_{12}$	C	[65]
13-2-167	麦新米星 X	mycinamicin X	$C_{42}H_{70}N_{2}O_{15}S$	M	[66]
13-2-168	麦新米星 XI	mycinamicin XI	$C_{42}H_{70}N_{2}O_{16}S$	M	[66]
13-2-169	麦新米星 XII	mycinamicin XII	$C_{36}H_{59}NO_{13}$	C	[65]
13-2-170	麦新米星 XIII	mycinamicin XIII	$C_{36}H_{59}NO_{13}$	C	[65]
13-2-171	麦新米星 XIV	mycinamicin XIV	$C_{36}H_{59}NO_{12}$	C	[65]
13-2-172	麦新米星 XV	mycinamicin XV	$C_{35}H_{57}NO_{12}$	C	[65]

续表

编号	中文名称	英文名称	分子式	测试溶剂	参考文献
13-2-173	麦新米星XVI	mycinamicin XVI	$C_{37}H_{63}NO_{11}$	C	[65]
13-2-174	麦新米星XVII	mycinamicin XVII	$C_{35}H_{57}NO_{11}$	C	[65]
13-2-175	麦新米星XVIII	mycinamicin XVIII	$C_{29}H_{47}NO_{8}$	C	[65]
13-2-176	枝三烯菌素 I	mycotrienin I	$C_{36}H_{48}N_{2}O_{8}$	C	[67]
13-2-177	枝三烯菌素 II	mycotrienin II	$C_{36}H_{50}N_{2}O_{8}$	C	[67]
13-2-178	34-羟基枝三烯菌素 II	34-hydroxymycotrienin II	$C_{36}H_{50}N_{2}O_{9}$	M	[68]
13-2-179	22-*O*-*β*-D-吡喃葡糖枝三烯菌素 II	22-*O*-*β*-D-glucopyranosylmycotrienin II	$C_{42}H_{60}N_{2}O_{13}$	M	[68]
13-2-180	22-氧甲基枝三烯菌素 II	22-*O*-methylmycotrienin II	$C_{37}H_{52}N_{2}O_{8}$	C	[69]
13-2-181	19-脱氧枝三烯菌素 II	19-deoxymycotrienin II	$C_{36}H_{50}N_{2}O_{7}$	C	[69]
13-2-182	羟基枝三烯菌素 A	hydroxymycotrienin A	$C_{36}H_{48}N_{2}O_{9}$	P	[70]
13-2-183	羟基枝三烯菌素 B	hydroxymycotrienin B	$C_{36}H_{48}N_{2}O_{9}$	P	[70]
13-2-184		YM-47524	$C_{33}H_{44}O_{11}$	C	[71]
13-2-185		YM-47525	$C_{33}H_{46}O_{11}$	C	[71]
13-2-186	奈马克丁	nemadectin	$C_{36}H_{52}O_{8}$	M	[72]
13-2-187		nemadectin analogue 1	$C_{36}H_{53}O_{11}P$	M	[72]
13-2-188		nemadectin analogue 2	$C_{36}H_{52}O_{9}$	M	[72]
13-2-189		nemadectin analogue 3	$C_{36}H_{50}O_{10}$	C	[72]
13-2-190	新如米星 A	neorustmicin A	$C_{21}H_{32}O_{5}$	C	[73]
13-2-191	二氢尼菲霉素	dihydroniphimycin	$C_{59}H_{105}N_{3}O_{18}$	M	[74]
13-2-192	丙二酰尼菲霉素	malonylniphimycin	$C_{62}H_{105}N_{3}O_{21}$	M	[75]
13-2-193		NK154183A	$C_{41}H_{70}O_{13}$	C	[76]
13-2-194		NK154183B	$C_{49}H_{85}NO_{14}$	C	[76]
13-2-195		NK30424A	$C_{30}H_{40}N_{2}O_{10}S$	W	[77]
13-2-196		NK30424B	$C_{30}H_{40}N_{2}O_{10}S$	W	[77]
13-2-197	寡霉素 A	oligomycin A	$C_{45}H_{74}O_{11}$	C	[78]
13-2-198	寡霉素 B	oligomycin B	$C_{45}H_{72}O_{12}$	C	[79]
13-2-199	寡霉素 C	oligomycin C	$C_{45}H_{74}O_{10}$	C	[79]
13-2-200	寡霉素 E	oligomycin E	$C_{45}H_{72}O_{13}$	C	[80]
13-2-201	寡霉素 F	oligomycin F	$C_{45}H_{74}O_{11}$	C	[81]
13-2-202	寡霉素 G	oligomycin G	$C_{44}H_{74}O_{10}$	A	[82]
13-2-203		41-demethylhomooligomycin B	$C_{45}H_{72}O_{12}$	C	[83]
13-2-204		PA-46101 A	$C_{52}H_{70}O_{18}$	C	[84]
13-2-205		PA-46101 B	$C_{61}H_{86}O_{22}$	C	[84]
13-2-206		phomactin E	$C_{20}H_{30}O_{3}$	M	[85]
13-2-207		phomactin F	$C_{20}H_{30}O_{4}$	M	[85]
13-2-208		phomactin G	$C_{20}H_{30}O_{3}$	M	[85]
13-2-209		piceamycin	$C_{27}H_{29}NO_{4}$	D	[86]
13-2-210		*N*-acetylcysteine adduct of piceamycin	$C_{32}H_{38}N_{2}O_{7}S$	D	[86]
13-2-211	波拉霉素 A	polaramycin A	$C_{55}H_{99}N_{3}O_{18}$	M	[87]

续表

编号	中文名称	英文名称	分子式	测试溶剂	参考文献
13-2-212	波拉霉素 B	polaramycin B	$C_{56}H_{101}N_3O_{18}$	M	[87]
13-2-213		phomolide A	$C_{12}H_{16}O_3$	C	[88]
13-2-214		phomolide B	$C_{12}H_{18}O_4$	M	[88]
13-2-215		pyridomacrolidin	$C_{31}H_{35}NO_{10}$	D	[89]
13-2-216		pyridovericin	$C_{21}H_{23}NO_5$	D	[89]
13-2-217		queenslandon	$C_{20}H_{26}O_8$	C	[90]
13-2-218		R176502	$C_{47}H_{67}NO_{13}$	A	[91]
13-2-219		reblastatin	$C_{29}H_{44}N_2O_8$	D	[92]
13-2-220		19-demethylreblastatin	$C_{29}H_{43}N_3O_8$	D	[93]
13-2-221		respirantin	$C_{37}H_{53}N_3O_{13}$	C	[94]
13-2-222	利福布丁	rifabutin	$C_{46}H_{62}N_4O_{11}$	C	[95]
13-2-223		rifabutinol	$C_{46}H_{64}N_4O_{11}$	C	[95]
13-2-224	21-乙酰基利福布丁	21-acetyl-rifabutin	$C_{48}H_{64}N_4O_{12}$	C	[95]
13-2-225		21-acetyl-rifabutionl	$C_{48}H_{66}N_4O_{12}$	C	[95]
13-2-226	25-羟基利福布丁	25-hydroxy-rifabutin	$C_{44}H_{60}N_4O_{10}$	C	[95]
13-2-227		25-hydroxy-rifabutionl	$C_{44}H_{62}N_4O_{10}$	C	[95]
13-2-228	利福霉素 SV	rifabutin SV	$C_{37}H_{45}NO_{12}$	C	[95]
13-2-229	利福平	rifampicin	$C_{43}H_{58}N_4O_{12}$	C	[95]
13-2-230	根霉素	rhizoxin	$C_{35}H_{47}NO_9$	C	[96]
13-2-231		RP 66453	$C_{33}H_{36}N_4O_8$	M	[97]
13-2-232		21-hydroxyrustmicin	$C_{21}H_{32}O_7$	B	[98]
13-2-233		feigrisolide C	$C_{21}H_{36}O_7$	C	[99]
13-2-234		feigrisolide D	$C_{22}H_{38}O_7$	C	[99]
13-2-235	世田霉素	setamycin	$C_{44}H_{65}NO_{13}$	C	[100]
13-2-236		sekothrixide	$C_{28}H_{50}O_6$	C	[101]
13-2-237	螺旋霉素 I	spiramycin I	$C_{43}H_{74}N_2O_{14}$	C	[102]
13-2-238	螺旋霉素III	spiramycinIII	$C_{46}H_{78}N_2O_{15}$	C	[102]
13-2-239	生技霉素 A_0	shengjimycin A_0	$C_{43}H_{71}NO_{15}$	C	[103]
13-2-240	生技霉素 A_1	shengjimycin A_1	$C_{51}H_{86}N_2O_{16}$	C	[104]
13-2-241	生技霉素 $A_2\alpha$	shengjimycin $A_2\alpha$	$C_{50}H_{84}N_2O_{16}$	C	[105]
13-2-242	生技霉素 $A_{2\beta}$	shengjimycin $A_{2\beta}$	$C_{50}H_{84}N_2O_{16}$	C	[105]
13-2-243	生技霉素 B_0	shengjimycin B_0	$C_{50}H_{82}N_2O_{16}$	C	[106]
13-2-244	生技霉素 $B_2\alpha$	shengjimycin $B_2\alpha$	$C_{49}H_{82}N_2O_{16}$	C	[107]
13-2-245	生技霉素 $B_{2\beta}$	shengjimycin $B_{2\beta}$	$C_{49}H_{82}N_2O_{16}$	C	[107]
13-2-246	生技霉素 B_3	shengjimycin B_3	$C_{49}H_{82}N_2O_{16}$	C	[103]
13-2-247	生技霉素 C_2	shengjimycin C_2	$C_{48}H_{80}N_2O_{16}$	C	[103]
13-2-248	生技霉素 E_1	shengjimycin E_1	$C_{48}H_{82}N_2O_{15}$	C	[108]
13-2-249	17-亚甲基螺旋霉素	17-methylenespiramycin	$C_{44}H_{74}N_{14}O_2$	A	[109]
13-2-250		18-deoxy-18-dihydrospiramycin	$C_{43}H_{76}N_{13}O_2$	A	[109]
13-2-251		SNA-4606-1	$C_{52}H_{84}O_{18}$	C/M	[110]

续表

编号	中文名称	英文名称	分子式	测试溶剂	参考文献
13-2-252		sporeamicin A	$C_{37}H_{63}NO_{12}$	C	[111]
13-2-253		sporeamicin B	$C_{36}H_{61}NO_{12}$	C	[112]
13-2-254		sporeamicin C	$C_{36}H_{61}NO_{12}$	C	[113]
13-2-255		sporostatin	$C_{14}H_{14}O_5$	D	[114]
13-2-256		stevastelin D3	$C_{34}H_{57}N_3O_{10}S$	D	[115]
13-2-257		stevastelin E3	$C_{32}H_{57}N_3O_7$	D	[115]
13-2-258		TAN-1323 C	$C_{45}H_{74}O_{14}$	D	[116]
13-2-259		TAN-1323 D	$C_{43}H_{66}O_{13}$	D	[116]
13-2-260		terpestacin	$C_{25}H_{38}O_4$	D	[117]
13-2-261		tetronothiodin	$C_{31}H_{38}O_8S$	W	[118]
13-2-262		thiazinotrienomycin A	$C_{38}H_{49}N_3O_8S$	P	[119]
13-2-263		thiazinotrienomycin B	$C_{38}H_{51}N_3O_8S$	P	[119]
13-2-264		thiazinotrienomycin C	$C_{36}H_{49}N_3O_8S$	P	[119]
13-2-265		thiazinotrienomycin D	$C_{38}H_{49}N_3O_8S$	P	[119]
13-2-266		thiazinotrienomycin E	$C_{38}H_{51}N_3O_8S$	P	[119]
13-2-267		thiazinotrienomycin F	$C_{37}H_{47}N_3O_7S$	P	[120]
13-2-268		thiazinotrienomycin G	$C_{37}H_{49}N_3O_7S$	P	[120]
13-2-269		TMC-135A	$C_{39}H_{49}N_3O_8S$	C	[121]
13-2-270		TMC-135B	$C_{39}H_{49}N_3O_8S$	P	[121]
13-2-271		vicenistatin	$C_{30}H_{48}N_2O_4$	P	[122]
13-2-272		vicenistatin M	$C_{30}H_{47}NO_5$	P	[123]
13-2-273	三烯环菌素 A	trienomycin A	$C_{36}H_{50}N_2O_7$	M	[124]
13-2-274	三烯环菌素 B	trienomycin B	$C_{34}H_{48}N_2O_7$	M	[124]
13-2-275	三烯环菌素 C	trienomycin C	$C_{34}H_{48}N_2O_7$	M	[124]
13-2-276	三烯环菌素 G	trienomycin G	$C_{36}H_{50}N_2O_7$	C	[125]
13-2-277		UK-3A	$C_{25}H_{28}N_2O_7$	B	[126]
13-2-278		urauchimycin A	$C_{22}H_{30}N_2O_8$	C	[127]
13-2-279		urauchimycin B	$C_{22}H_{30}N_2O_8$	C	[127]
13-2-280		vermixocin A	$C_{21}H_{24}O_6$	C	[128]
13-2-281		vermixocin B	$C_{23}H_{26}O_7$	C	[128]
13-2-282		viranamycin A	$C_{41}H_{64}O_{13}$	C	[129]
13-2-283		viranamycin B	$C_{44}H_{73}O_{14}$	C	[129]
13-2-284		VM47704	$C_{39}H_{56}O_{10}$	C	[130]
13-2-285		VM48130	$C_{38}H_{54}O_{10}$	C	[130]
13-2-286		VM48633	$C_{39}H_{54}O_{10}$	C	[130]
13-2-287		VM48641	$C_{36}H_{52}O_9$	C	[130]
13-2-288		VM48642	$C_{40}H_{52}O_{11}$	C	[130]
13-2-289		VM44867	$C_{35}H_{52}O_8$	C	[130]
13-2-290		VM44868	$C_{34}H_{48}O_7$	C	[130]
13-2-291		VM48640	$C_{35}H_{52}O_8$	C	[130]

续表

编号	中文名称	英文名称	分子式	测试溶剂	参考文献
13-2-292		VM54168	$C_{34}H_{48}O_7$	C	[130]
13-2-293		VM54339	$C_{34}H_{46}O_6$	C	[130]
13-2-294	沃特曼内酯 A	wortmannilactone A	$C_{24}H_{34}O_6$	D	[131]
13-2-295	沃特曼内酯 B	wortmannilactone B	$C_{25}H_{36}O_6$	D	[131]
13-2-296	沃特曼内酯 C	wortmannilactone C	$C_{24}H_{34}O_6$	D	[131]
13-2-297	沃特曼内酯 D	wortmannilactone D	$C_{24}H_{36}O_6$	D	[131]
13-2-298		YM-32980A	$C_{33}H_{48}O_6$	M	[132]
13-2-299		YM-32980B	$C_{33}H_{48}O_6$	M	[132]
13-2-300		yokonolide A	$C_{47}H_{83}NO_{14}$	C	[133]
13-2-301		Sch 38511	$C_{22}H_{42}N_2O_5$	C/M	[134]
13-2-302		Sch 38512	$C_{23}H_{44}N_2O_5$	C/M	[134]
13-2-303		Sch 38513	$C_{24}H_{46}N_2O_5$	C/M	[134]
13-2-304		Sch 38518	$C_{25}H_{48}N_2O_5$	C/M	[134]
13-2-305		Sch 38516	$C_{24}H_{46}N_2O_5$	C/M	[135]
13-2-306		Sch 39185	$C_{25}H_{48}N_2O_5$	C/M	[135]
13-2-307		Sch 47918	$C_{20}H_{28}O_3$	C	[136]
13-2-308		Sch 49026	$C_{20}H_{32}$	C	[136]
13-2-309		Sch 49027	$C_{20}H_{30}O_4$	C	[136]
13-2-310		Sch 49028	$C_{20}H_{30}O_4$	C	[136]

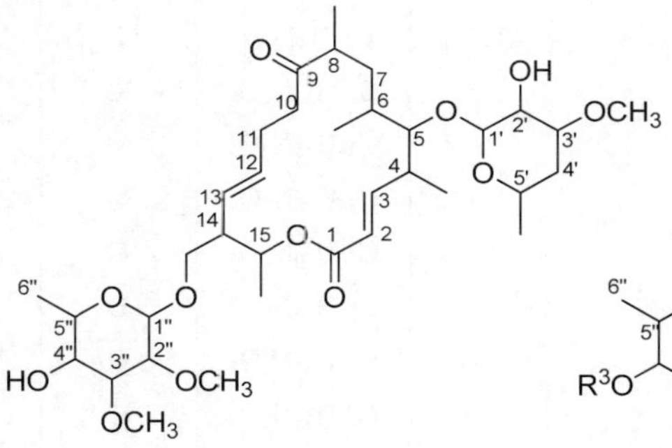

13-2-1

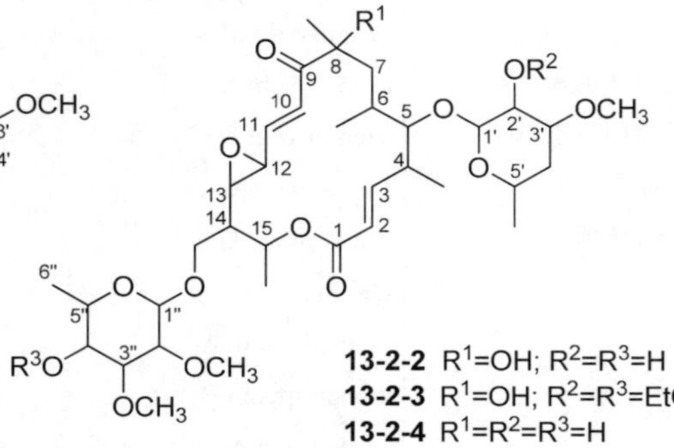

13-2-2 R^1=OH; R^2=R^3=H
13-2-3 R^1=OH; R^2=R^3=EtCO
13-2-4 R^1=R^2=R^3=H

表 13-2-2 **13-2-1~13-2-4 的 ^{13}C NMR 数据**[1]

C	**13-2-1**	**13-2-2**	**13-2-3**[2]	**13-2-4**	C	**13-2-1**	**13-2-2**	**13-2-3**[2]	**13-2-4**
1	165.6	165.3	165.3	165.4	9	213.7	200.1	200.0	200.9
2	121.5	120.7	120.9	120.6	10	38.5	124.9	125.0	125.6
3	150.6	151.5	151.3	151.2	11	26.1	146.4	146.3	143.9
4	40.8	41.6	41.3	41.8	12	132.8	58.7	58.7	59.0
5	86.5	87.8	88.5	86.9	13	128.7	59.0	59.0	58.7
6	34.6	34.0	34.0	34.1	14	50.3	49.6	49.4	49.5
7	32.9	36.7	37.1	32.0	15	69.8	68.7	68.8	68.7
8	44.9	79.3	78.4	44.7	14-CH_2	69.9	66.9	67.1	76.0

续表

C	13-2-1	13-2-2	13-2-3[2]	13-2-4	C	13-2-1	13-2-2	13-2-3[2]	13-2-4
4-CH_3	18.9	19.1	18.2	18.8	5'-CH_3	20.8	20.8	20.8	20.9
6-CH_3	17.2	18.6	19.1	17.0	1"	101.1	100.3	100.8	100.9
8-CH_3	18.5	27.8	27.8	17.6	2"	81.9	81.6	80.1	81.6
15-CH_3	18.9	18.3	18.3	18.4	3"	79.8	79.4	77.6	79.7
1'	103.6	102.9	101.6	103.4	4"	72.7	72.5	74.6	72.7
2'	75.1	74.8	74.2	75.1	5"	70.6	70.4	67.4	70.7
3'	80.3	80.3	78.8	80.5	2"-OCH_3	59.8	58.5	59.4	59.7
4'	36.9	36.7	37.1	36.9	3"-OCH_3	61.7	61.4	61.6	61.7
5'	67.8	67.5	67.7	67.8	5"-CH_3	17.7	17.7	17.4	17.8
6'	—	—	173.2	—	6"	—	—	173.6	—
7'	—	—	27.7	—	7"	—	—	27.6	—
8'	—	—	9.1	—	8"	—	—	9.2	—
3'-OCH_3	56.9	56.8	56.5	56.8					

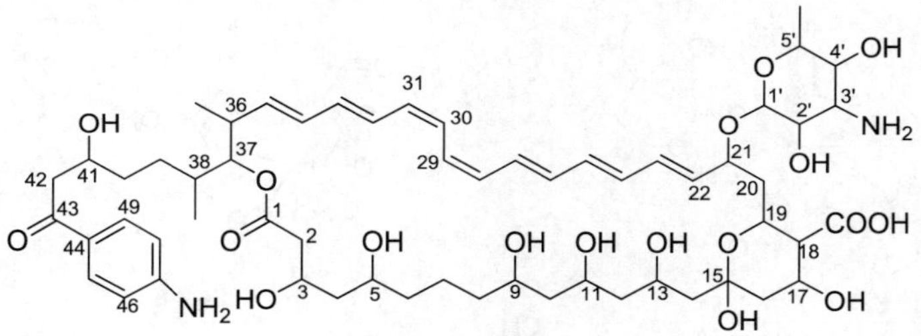

13-2-5

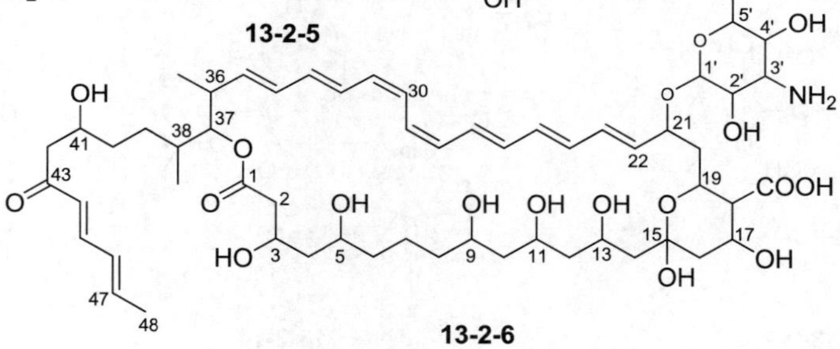

13-2-6

表 13-2-3 13-2-5 和 13-2-6 的 ^{13}C NMR 数据[3]

C	13-2-5	13-2-6	C	13-2-5	13-2-6	C	13-2-5	13-2-6
1	173.3	173.2	10	45.3	45.3	18-CO	180.4	180.4
2	43.8	43.8	11	75.0	74.9	19	67.6	67.7
3	67.1	67.1	12	44.9	44.9	20	39.5	39.8
4	46.9	47.0	13	70.5	70.4	21	79.8	79.9
5	71.8	71.3	14	48.0	48.1	22	137.3	137.7
6	40.5	40.5	15	98.8	98.8	23	130.9	130.9
7	24.5	24.6	16	45.0	45.0	24	136.0	136.1
8	39.8	39.9	17	67.9	68.0	25	133.8	133.8
9	74.6	74.2	18	61.9	61.9	26	135.0	135.0

续表

C	13-2-5	13-2-6	C	13-2-5	13-2-6	C	13-2-5	13-2-6
27	129.1	129.1	36-Me	16.5	16.5	45	132.1	145.7
28	131.9	131.9	37	79.8	79.7	46	114.2	142.3
29	125.6	125.6	38	34.6	34.6	47	155.4	131.6
30	125.6	125.6	38-Me	13.4	13.5	48	—	19.0
31	130.8	130.9	39	31.4	31.1	1'	99.6	100.2
32	128.6	128.6	40	36.0	36.1	2'	71.3	70.9
33	134.1	134.2	41	69.9	69.5	3'	57.1	57.2
34	134.9	134.9	42	46.1	48.4	4'	74.2	73.5
35	138.4	138.4	43	199.9	202.3	5'	74.6	74.6
36	41.7	41.7	44	127.0	129.2	5'-Me	17.9	18.0

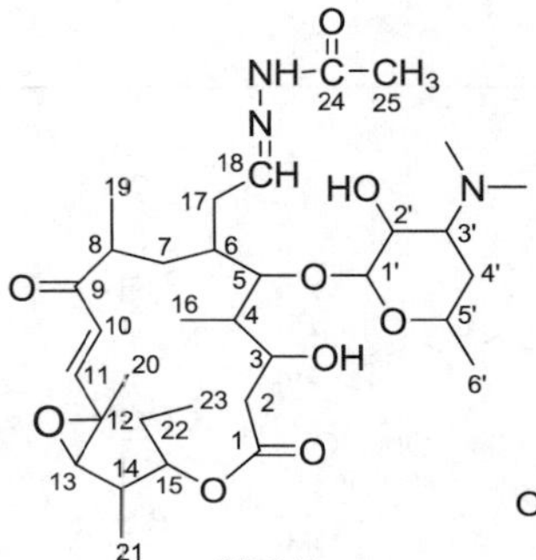

13-2-7

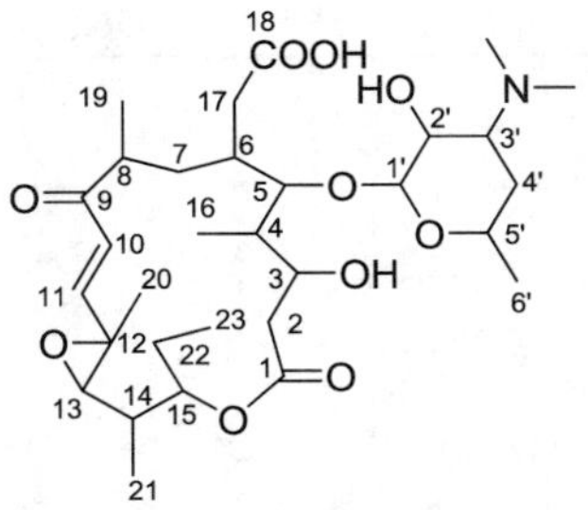

13-2-8

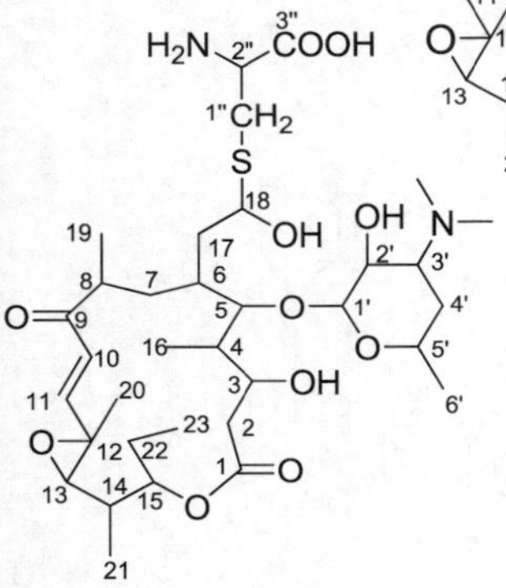

13-2-9

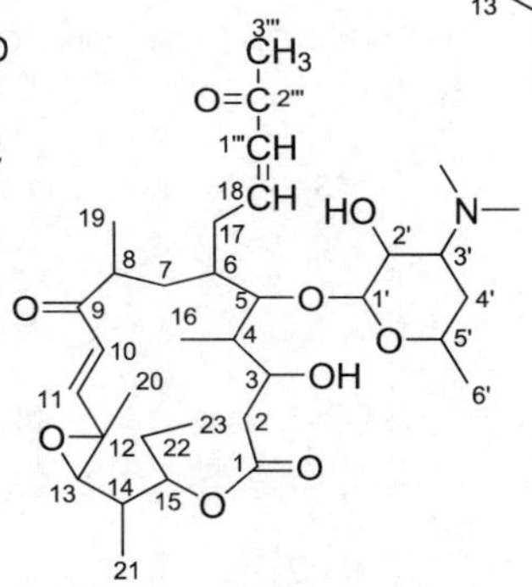

13-2-10

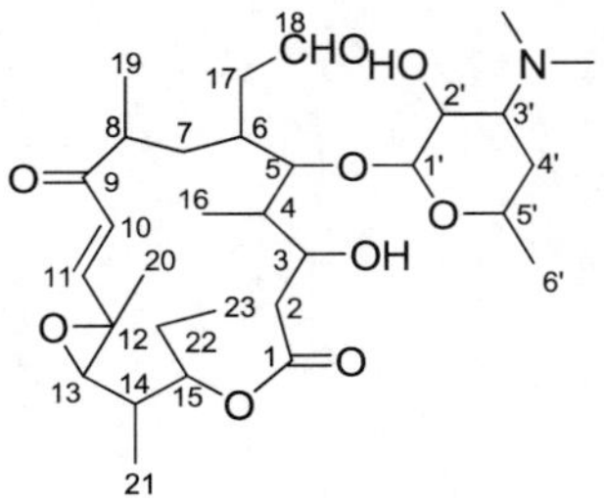

13-2-11

表 13-2-4 13-2-7~13-2-11 的 ^{13}C NMR 数据[4]

C	13-2-7	13-2-8	13-2-9	13-2-10	13-2-11	C	13-2-7	13-2-8	13-2-9	13-2-10	13-2-11
1	173.2	172.4	173.0	173.7	173.1	11	152.1	150.3	151.8	150.5	150.6
2	33.0	40.1	40.7	39.5	39.6	12	60.9	59.7	61.0	59.6	59.6
3	66.9	66.9	66.6	66.9	66.6	13	69.4	68.4	69.6	67.8	67.8
4	42.9	42.7	42.4	40.9	41.1	14	39.1	37.7	39.0	37.8	37.8
5	80.8	83.4	80.4	81.5	81.0	15	77.4	76.2	77.5	76.7	76.6
6	34.9	33.4	35.8	36.0	31.1	16	9.5	8.9	10.1	9.1	8.9
7	32.9	32.1	31.4	32.7	31.7	17	41.3	35.4	36.5	32.2	43.7
8	46.4	45.2	46.4	45.1	45.0	18	152.6	179.1	67.6	148.7	202.7
9	203.1	200.9	202.4	200.6	200.0	19	17.6	17.5	17.8	17.4	17.3
10	124.0	122.7	124.3	122.6	122.5	20	15.1	14.8	15.4	14.9	14.9

续表

C	13-2-7	13-2-8	13-2-9	13-2-10	13-2-11	C	13-2-7	13-2-8	13-2-9	13-2-10	13-2-11
21	14.6	14.5	14.8	14.5	14.5	N-CH_3	40.6	39.7	39.9	40.1	40.2
22	25.5	24.5	25.5	24.7	24.6	24	168.6				
23	9.5	8.9	9.7	9.1	9.0	25	20.9				
1'	104.9	104.3	104.5	104.4	104.1	1''			38.8		
2'	71.8	70.5	70.3	70.3	70.2	2''			69.7		
3'	65.6	65.3	66.3	65.6	65.6	3''			177.0		
4'	31.6	29.6	33.5	28.3	28.4	1'''				132.1	
5'	69.7	68.8	69.5	69.4	69.5	2'''				198.8	
6'	21.4	21.0	22.0	21.3	21.0	3'''				26.5	

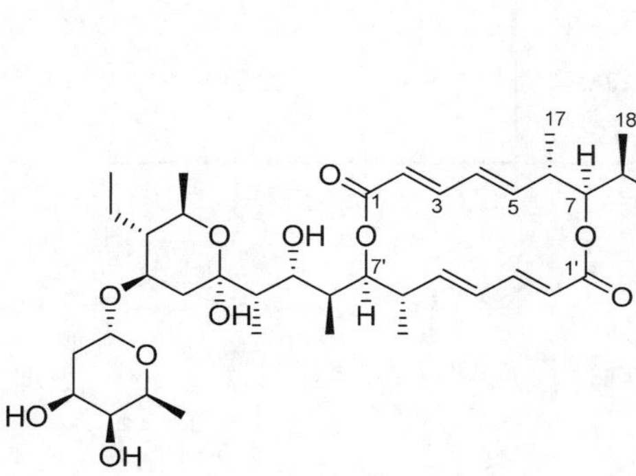

13-2-12

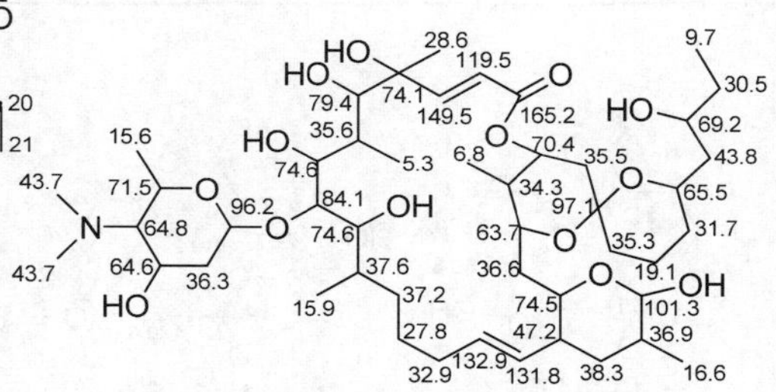

13-2-13[6]

表 13-2-5 阿扎霉素 B 的 ^{13}C NMR 数据[5]

C	13-2-12	C	13-2-12	C	13-2-12	C	13-2-12	C	13-2-12
1,1'	167.2	7,7'	75.9	13,13'	68.6	19,19'	6.9	25,25'	65.0
2,2'	121.3	8,8'	36.3	14,14'	48.1	20,20'	19.1	26,26'	32.7
3,3'	144.9	9,9'	69.5	15,15'	66.4	21,21'	9.5	27,27'	17.1
4,4'	130.7	10,10'	42.8	16,16'	19.1	22,22'	92.7		
5,5'	144.9	11,11'	99.2	17,17'	15.5	23,23'	65.9		
6,6'	41.3	12,12'	37.0	18,18'	8.8	24,24'	70.4		

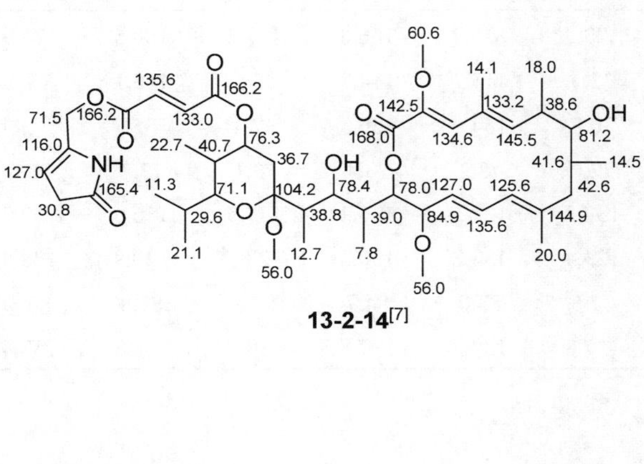

13-2-14[7]

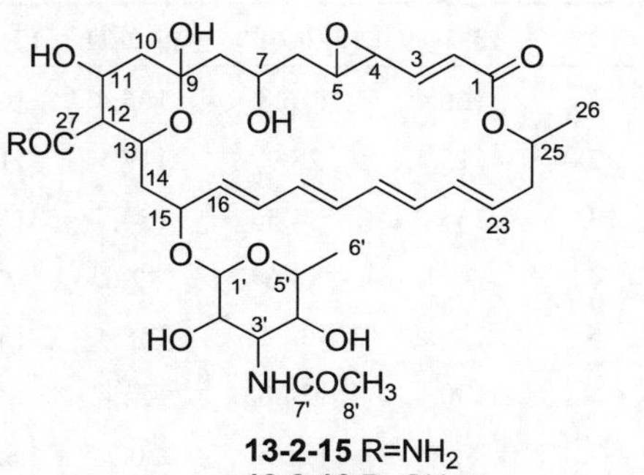

13-2-15 R=NH_2

13-2-16 R=OH

表 13-2-6 化合物 13-2-15 和 13-2-16 的 ^{13}C NMR 数据[8]

C	13-2-15	13-2-16	C	13-2-15	13-2-16	C	13-2-15	13-2-16
1	165.2	165.2	13	66.3	66.5	25	70.1	70.0
2	125.3	125.2	14	37.9	38.3	26	20.4	20.3
3	145.2	145.1	15	75.4	75.4	27	176.7	176.8
4	54.6	54.5	16	134.2	134.0	1'	98.0	98.1
5	59.2	59.1	17	129.1	129.3	2'	71.0	71.0
6	41.9	41.8	18	131.8	132.0	3'	56.4	56.4
7	67.6	67.6	19	132.1	132.2	4'	72.6	72.7
8	47.8	47.7	20	132.6	132.5	5'	74.8	74.6
9	98.3	98.4	21	136.4	136.3	6'	18.9	18.5
10	39.7	39.6	22	137.6	137.8	7'	171.4	171.2
11	66.6	66.8	23	128.8	128.8	8'	23.2	23.1
12	59.5	59.4	24	45.9	45.7			

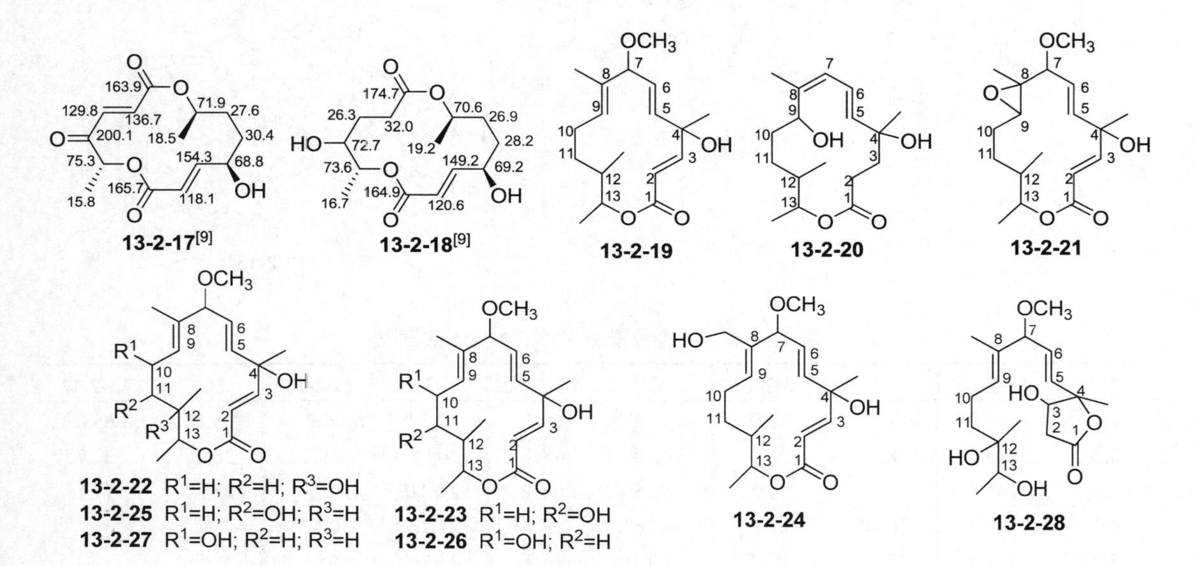

表 13-2-7 ALB 类化合物的 ^{13}C NMR 数据[10]

C	13-2-19	13-2-20[11]	13-2-21	13-2-22	13-2-23	13-2-24	13-2-25	13-2-26	13-2-27	13-2-28
1	166.4	176.8	166.4	166.3	173.5	166.2	166.8	173.2	166.5	174.9
2	115.4	28.9	117.5	115.2	32.3	115.2	114.7	30.5	115.1	38.5
3	155.0	34.5	154.6	154.8	30.8	154.9	156.3	37.4	155.7	72.8
4	73.1	85.6	72.6	73.0	72.0	73.2	73.4	72.1	73.2	88.5
5	136.6	134.1	138.4	135.9	137.2	137.5	136.3	137.5	136.6	132.0
6	130.6	124.8	132.6	131.6	123.4	133.2	130.3	128.7	129.9	128.5
7	85.0	122.6	80.3	85.7	87.5	83.0	84.7	87.8	83.8	86.3
8	136.1	140.9	61.7	135.3	137.8	138.8	137.8	139.7	140.8	133.4

续表

C	13-2-19	13-2-20[11]	13-2-21	13-2-22	13-2-23	13-2-24	13-2-25	13-2-26	13-2-27	13-2-28
9	129.1	81.8	57.7	129.8	128.5	130.2	125.0	129.9	132.4	129.6
10	24.7	30.9	25.1	21.0	32.3	24.5	34.5	65.5	66.4	21.9
11	34.2	32.9	28.9	38.2	71.5	34.2	71.8	40.2	44.2	37.6
12	39.0	37.1	41.7	74.9	41.9	39.5	43.6	34.9	36.4	75.1
13	75.6	79.8	76.4	76.1	73.1	75.4	73.3	71.5	75.6	74.0
OCH_3	56.9		57.7	56.4	55.7	57.0	57.0	55.6	57.4	55.6
4-CH_3	27.0	26.8	26.2	26.4	30.1	26.8	26.4	30.5	26.7	24.4
8-CH_3	13.7	13.9	15.4	13.0	10.5	59.9	8.1	10.9	16.0	11.2
12-CH_3	15.7	17.9	16.1	23.3	12.0	15.9	14.2	13.9	16.8	20.5
13-CH_3	17.9	19.7	18.9	14.0	17.7	18.1	18.3	15.3	17.7	17.6

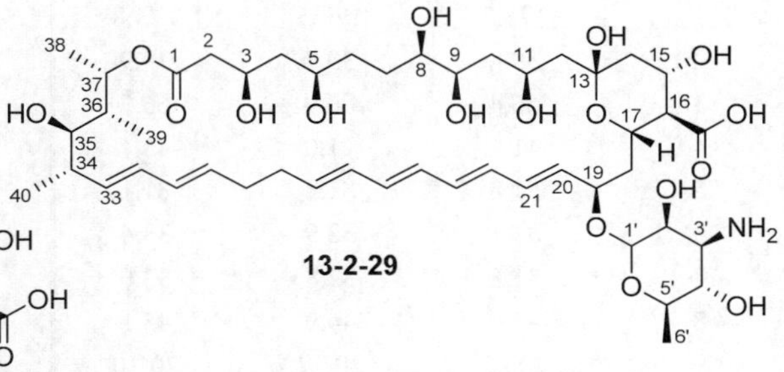

13-2-29

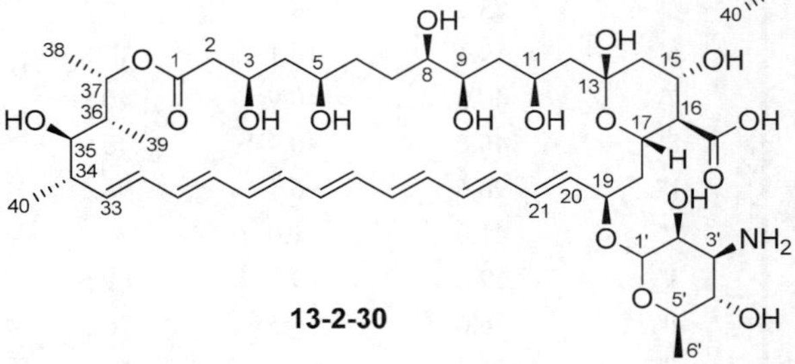

13-2-30

表 13-2-8 两性霉素 A 和 B 的 ^{13}C NMR 数据[12]

C	13-2-29	13-2-30	C	13-2-29	13-2-30	C	13-2-29	13-2-30
2	42.6	42.0	14	44.3	44.0	36	40.2	39.7
3	66.4	66.2	15	66.1	65.4	37	70.4	69.0
4	44.3	43.4	16	58.2	57.6	38	16.8	16.8
5	71.8	69.3	17	65.7	65.2	39	12.2	11.8
6	34.3	34.8	18	37.6	36.8	40	17.0	18.2
7	28.5	29.0	19	75.5	74.6	1'	97.4	—
8	73.2	73.6	20~27	—	—	2'	68.3	68.3
9	68.7	73.6	28	31.8	—	3'	55.9	56.0
10	40.3	39.6	29	31.7	—	4'	70.2	70.5
11	66.7	67.6	30~33	—	—	5'	72.8	72.6
12	46.5	46.4	34	40.8	42.0	6'	18.0	17.8
13	97.0	—	35	76.2	77.0			

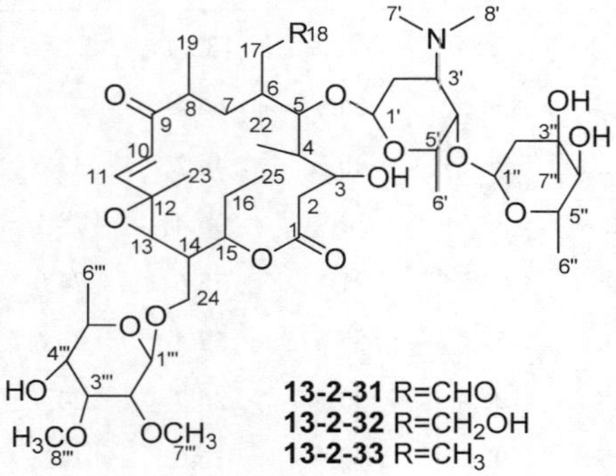

13-2-31 R=CHO
13-2-32 R=CH_2OH
13-2-33 R=CH_3

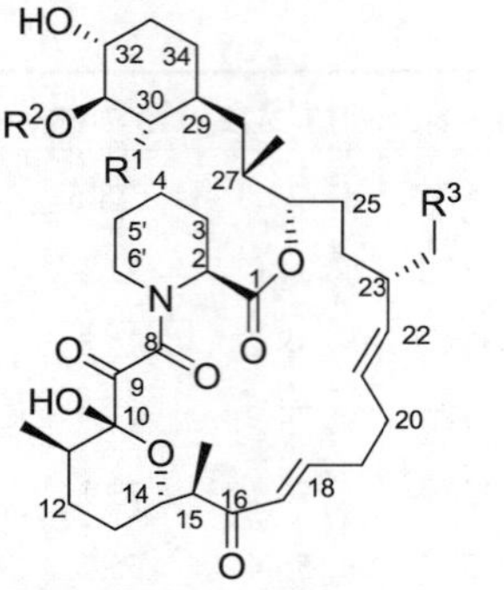

13-2-34 R^1=H; R^2=H; R^3=H
13-2-35 R^1=OH; R^2=H; R^3=H
13-2-37 R^1=H; R^2=H; R^3=OH

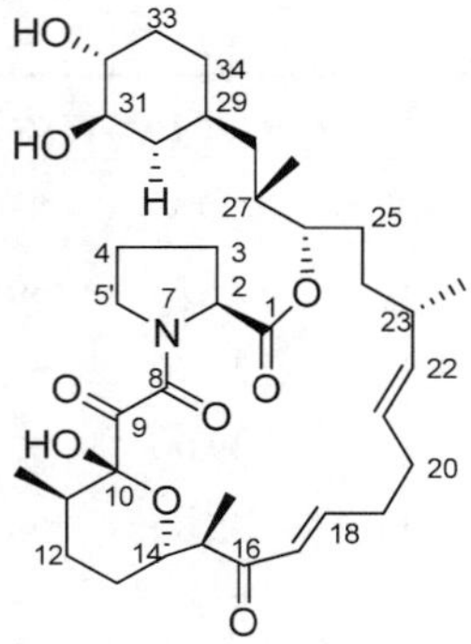

13-2-36

表 13-2-9 angolamycin 及衍生物的 ^{13}C NMR 数据[13]

C	13-2-31	13-2-32	13-2-33	C	13-2-31	13-2-32	13-2-33
1	173.3	173.5	173.8	1'	101.4	102.3	102.3
2	39.8	39.7	39.9	2'	27.8	27.5	27.5
3	66.4	66.9	66.7	3'	64.3	64.3	64.1
4	41.1	41.0	45.1	4'	74.6	75.2	75.2
5	81.8	81.8	81.1	5'	73.1	73.3	73.2
6	31.1	32.9	38.4	6'	19.1	19.1	17.8
7	31.5	32.8	33.0	7'	40.8	40.9	40.9
8	45.0	44.9	45.1	8'	40.8	40.9	40.9
9	200.2	201.2	201.0	1''	96.6	96.7	96.6
10	122.6	123.1	122.9	2''	41.0	41.0	40.9
11	151.3	150.8	150.5	3''	69.8	69.5	69.6
12	59.4	59.4	59.4	4''	76.6	76.5	76.5
13	64.4	64.4	64.4	5''	66.4	66.0	66.0
14	43.6	43.5	43.6	6''	18.4	18.4	18.4
15	74.0	74.0	73.9	7''	25.6	25.4	25.4
16	24.7	24.8	24.7	1'''	101.0	100.9	100.9
17	43.6	43.5	43.6	2'''	81.9	81.9	81.9
18	202.7	60.9	12.0	3'''	79.7	79.7	79.6
19	17.4	17.4	17.5	4'''	72.7	72.7	72.7
22	9.5	9.8	9.9	5'''	70.8	70.8	70.8
23	15.0	15.0	14.9	6'''	17.8	17.8	17.8
24	67.3	67.4	67.3	7'''	59.7	59.7	59.7
25	9.2	9.2	9.2	8'''	61.7	61.7	61.7

表 13-2-10 antascomicins 的 ^{13}C NMR 数据[14]

C	13-2-34	13-2-35	13-2-36	13-2-37	C	13-2-34	13-2-35	13-2-36	13-2-37
1	170.3	170.3	171.6	170.2	5'	24.7	24.6	47.4	24.6
2	51.6	51.8	59.2	51.5	6'	44.2	44.0		44.0
3	26.8	26.8	32.1	26.6	8	167.3	167.3	166.0	167.3
4	21.3	21.2	24.9	21.2	9	199.4	199.4	199.0	199.4

续表

C	13-2-34	13-2-35	13-2-36	13-2-37	C	13-2-34	13-2-35	13-2-36	13-2-37
10	99.6	99.6	100.0	99.6	25	28.9	26.7	28.2	28.4
11	35.1	35.1	34.8	35.0	26	80.3	79.2	80.3	80.2
12	26.3	26.5	26.4	26.3	27	34.1	34.1	33.7	33.6
13	29.2	28.9	29.4	29.1	28	38.1	36.2	39.5	38.1
14	71.0	71.1	70.2	71.0	29	33.2	40.3	33.4	33.1
15	45.7	45.5	45.8	45.6	30	38.4		39.5	38.1
16	202.7	202.6	202.7	202.5	31	74.2	80.1	74.4	74.3
17	131.6	131.6	131.4	131.7	32	74.9	72.4	75.2	75.0
18	147.9	147.9	148.3	147.4	33	32.8	32.3	33.1	32.7
19	31.4	31.5	31.5	31.6	34	32.2	27.2	31.9	32.1
20	31.3	31.4	31.0	31.3	11-CH_3	15.7	15.7	15.8	15.5
21	127.7	127.6	128.0	129.7	15-CH_3	16.0	15.9	16.3	15.7
22	137.4	137.5	137.8	133.5	23-CH_3	21.6	21.5	22.4	
23	38.1	38.0	39.2	46.6	27-CH_3	15.8	16.7	15.6	15.9
24	33.5	33.6	34.0	27.4					

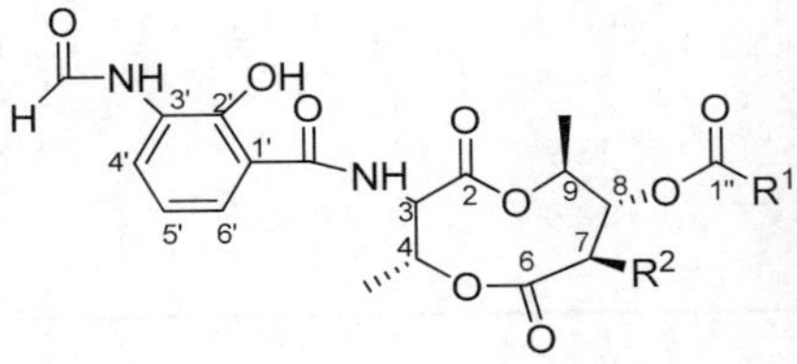

13-2-38 R^1=$CH(CH_3)CH_2CH_3$; R^2=$(CH_2)_5CH_3$
13-2-39 R^1=$CH_2CH(CH_3)_2$; R^2=$(CH_2)_5CH_3$
13-2-40 R^1=$CH(CH_3)_2$; R^2=$(CH_2)_5CH_3$
13-2-41 R^1=$CH_2CH_2CH_3$; R^2=$(CH_2)_5CH_3$
13-2-42 R^1=$CH(CH_3)CH_2CH_3$; R^2=$(CH_2)_3CH_3$
13-2-43 R^1=$CH_2CH(CH_3)_2$; R^2=$(CH_2)_3CH_3$
13-2-44 R^1=$CH(CH_3)_2$; R^2=$(CH_2)_3CH_3$
13-2-45 R^1=$CH_2CH_2CH_3$; R^2=$(CH_2)_3CH_3$
13-2-46 R^1=$CH(CH_3)_2$; R^2=$(CH_2)_2CH(CH_3)_2$
13-2-47 R^1=$CH_2CH_2CH_3$; R^2=$(CH_2)_2CH(CH_3)_2$
13-2-48 R^1=$CH(CH_3)CH_2CH_3$; R^2=$(CH_2)_2CH(CH_3)_2$
13-2-49 R^1=$CH_2CH(CH_3)_2$; R^2=$(CH_2)_2CH(CH_3)_2$

表 13-2-11 antimycins 的 ^{13}C NMR 数据[15]

C	13-2-38, 13-2-39	13-2-40, 13-2-41	13-2-42, 13-2-43	13-2-44, 13-2-45	13-2-46, 13-2-47	13-2-48, 13-2-49
2	170.1	170.1	170.1	170.1	170.1	170.1
3	53.7	53.6	53.7	53.7	53.8	53.7
4	70.9	70.9	70.9	70.9	70.9	71.0
6	172.9	172.9	172.9	172.9	172.9	172.9
7	50.2	50.1	50.1	50.1	50.4	50.4
8	75.4	75.4	75.3	75.4	75.4	75.5
9	74.9	74.9	74.9	74.9	74.9	74.9
4-Me	15.0	15.0	15.0	15.0	15.0	15.0
9-Me	17.8	17.8	17.8	17.8	17.8	17.9
1'	112.6	112.6	112.6	112.6	112.6	112.6
2'	150.6	150.6	150.6	150.7	150.7	150.7
3'	127.5	127.5	127.5	127.5	127.5	127.4
4'	124.8	124.8	124.8	124.8	124.8	124.9

续表

C	13-2-38, 13-2-39	13-2-40, 13-2-41	13-2-42, 13-2-43	13-2-44, 13-2-45	13-2-46, 13-2-47	13-2-48, 13-2-49
5'	118.9	119.0	119.0	119.0	119.0	119.0
6'	120.1	120.1	120.1	120.1	120.1	120.1
HC=O	159.1	159.1	159.1	158.9	159.0	159.0
1'-CONH	169.4	169.4	169.4	169.4	169.4	169.4
α	28.4	28.2	28.1	28.0	26.2	26.4
β	22.4	22.4	22.4	22.4	36.1	36.1
γ	27.0	27.0	29.2	29.2	27.8	27.9
δ	31.4	31.5	13.7	13.7	22.2	22.1
ε	28.9	28.9			22.4	22.2
ζ	13.9	14.0				
R^1	13-2-38	13-2-40	13-2-42	13-2-44	13-2-46	13-2-48
1"	175.2	171.9	175.2	171.6	171.8	175.5
2"	41.3	36.1	41.3	36.1	36.1	41.3
3"	26.5	18.3	26.5	18.4	18.4	26.5
4"	11.7	13.9	11.7	13.7	13.7	11.7
5"	16.7		16.7			16.8
R^1	13-2-39	13-2-41	13-2-43	13-2-45	13-2-47	13-2-49
1"	171.7	175.5	171.7	175.5	175.5	171.6
2"	43.2	34.1	43.2	34.2	34.2	43.3
3"	25.5	18.9	25.5	18.9	18.9	25.5
4"	22.4	18.9	22.4	18.9	19.0	22.4
5"	22.4		22.4			22.4

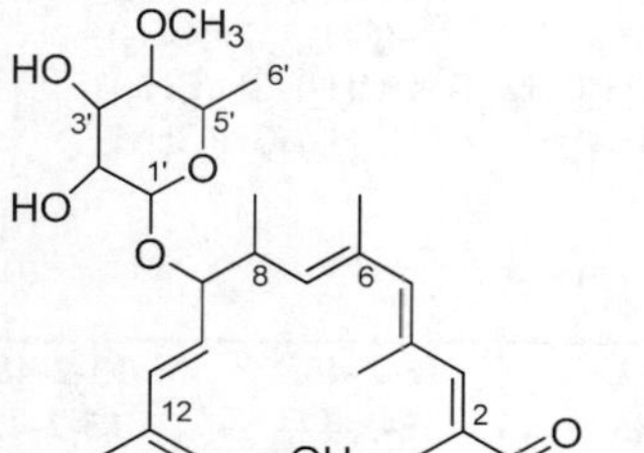

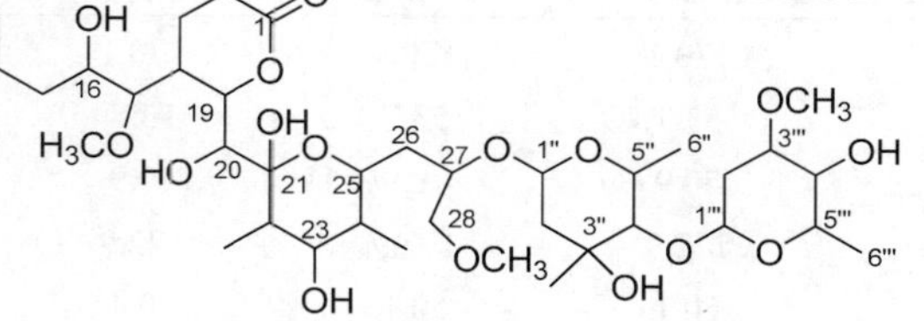

13-2-50[16]

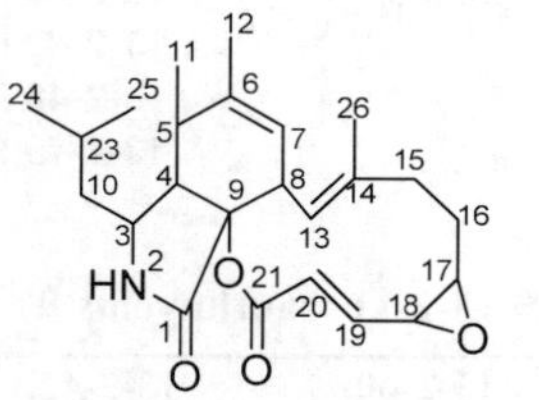

13-2-51

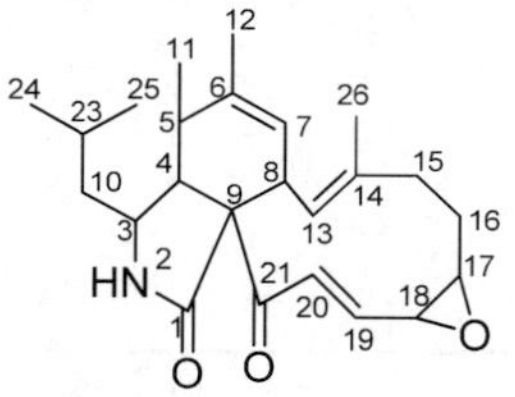

13-2-52

表 13-2-12 apoptolidin 的 ^{13}C NMR 数据[16]

C	13-2-50	C	13-2-50	C	13-2-50	C	13-2-50
1	172.7	4	133.1	7	142.9	10	126.4
2	123.7	5	147.0	8	38.9	11	141.2
3	149.2	6	133.4	9	84.2	12	134.8

续表

C	13-2-50	C	13-2-50	C	13-2-50	C	13-2-50
13	133.3	25	69.4	28-OMe	59.5	5''	67.4
14	24.7	26	37.2	1'	96.0	6''	19.0
15	36.4	27	76.8	2'	73.6	3''-Me	22.9
16	74.6	28	76.8	3'	74.9	1'''	101.9
17	83.8	2-Me	14.2	4'	87.4	2'''	37.2
18	38.4	4-Me	18.0	5'	68.2	3'''	82.0
19	72.4	6-Me	16.6	6'	18.4	4'''	77.1
20	75.4	8-Me	18.4	4'-OMe	61.1	5'''	73.2
21	101.3	12-Me	12.2	1''	99.5	6'''	18.4
22	36.4	22-Me	12.4	2''	45.5	3'''-OMe	57.4
23	73.8	24-Me	5.3	3''	73.0		
24	40.6	17-OMe	61.4	4''	85.8		

表 13-2-13 aspochalasins F, G 的 ^{13}C NMR 数据[17]

C	13-2-51	13-2-52	C	13-2-51	13-2-52	C	13-2-51	13-2-52
1	173.2	174.9	10	47.9	48.3	18	54.2	56.4
3	51.9	50.8	11	13.8	13.4	19	149.8	141.3
4	52.0	49.4	12	19.8	19.8	20	122.8	134.1
5	34.4	35.0	13	123.6	125.2	21	166.4	198.3
6	140.2	140.3	14	139.7	137.0	23	25.1	25.0
7	124.0	125.4	15	33.3	34.4	24	23.6	23.5
8	40.7	44.9	16	25.3	26.4	25	21.3	21.5
9	88.1	66.1	17	59.1	59.3	26	16.0	15.7

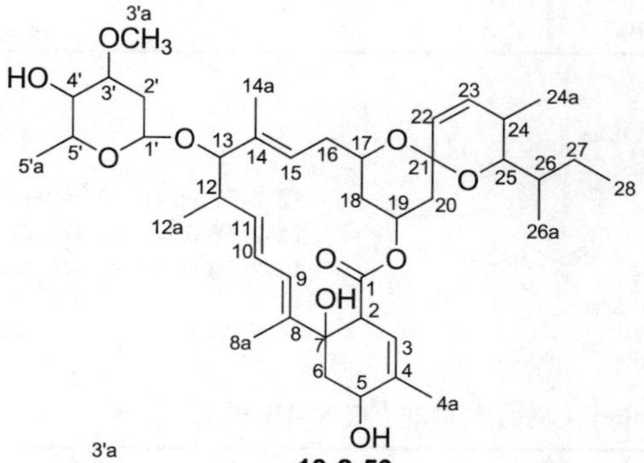

13-2-53

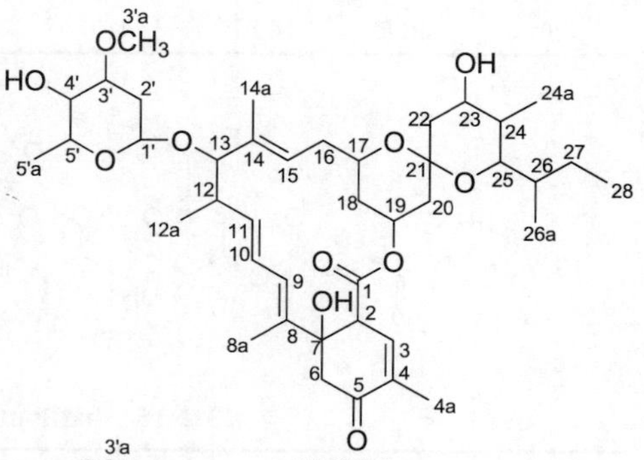

13-2-54

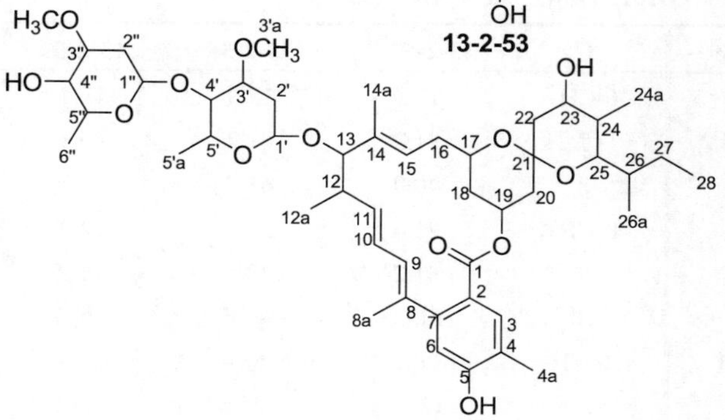

13-2-55

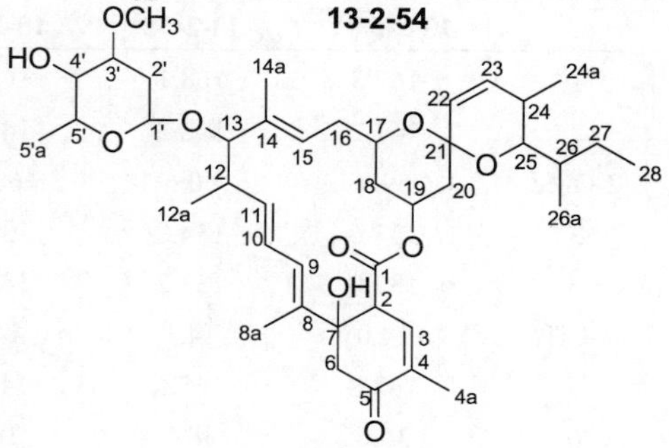

13-2-56

表 13-2-14 奥弗麦菌素衍生物的 ^{13}C NMR 数据[18]

C	13-2-53	13-2-54	13-2-55	13-2-56	C	13-2-53	13-2-54	13-2-55	13-2-56
1	174.1	172.5	169.5	172.7	21	95.7	99.6	99.9	95.7
2	41.2	47.4	122.4	47.4	22	136.2	41.3	41.3	136.2
3	118.4	136.0	132.1	134.5	23	127.9	69.9	70.0	127.7
4	136.2	135.1	134.7	136.4	24	30.6	35.8	35.8	30.6
4a	19.1	15.7	18.4	15.7	24a	16.4	13.7	13.8	16.4
5	68.0	196.3	155.6	196.5	25	74.9	70.9	71.1	75.0
6	48.0	48.7	144.2	48.7	26	35.2	35.2	35.1	35.1
7	76.8	79.2	144.3	79.2	26a	12.9	12.4	12.5	12.9
8	139.2	137.3	123.8	137.3	27	27.5	27.3	27.3	27.5
8a	13.3	14.0	15.3	14.0	28	12.0	11.7	11.6	12.0
9	124.7	125.9	128.5	125.9	1'	95.1	95.0	94.9	95.0
10	126.2	126.0	126.9	126.0	2'	33.9	34.1	34.2	33.8
11	136.7	137.3	135.9	137.1	3'	78.3	78.3	79.3	78.3
12	40.4	40.8	40.9	40.4	3'a	56.8	56.7	56.4	56.8
12a	20.1	19.9	19.7	19.9	4'	76.2	76.2	80.6	76.2
13	83.3	83.3	83.0	83.2	5'	68.5	68.0	67.0	68.0
14	134.5	134.9	134.8	134.9	5'a	17.7	17.7	17.8	17.7
14a	15.6	15.6	15.6	15.7	1"	—	—	98.6	—
15	118.1	117.6	118.0	118.3	2"	—	—	34.5	—
16	34.2	33.9	33.3	34.2	3"	—	—	78.2	—
17	68.6	68.5	68.6	68.8	3"a	—	—	56.8	—
18	36.4	36.2	36.4	36.3	4"	—	—	76.1	—
19	68.5	68.1	68.1	68.5	5"	—	—	67.3	—
20	40.7	40.7	41.0	40.7	5"a	—	—	18.2	—

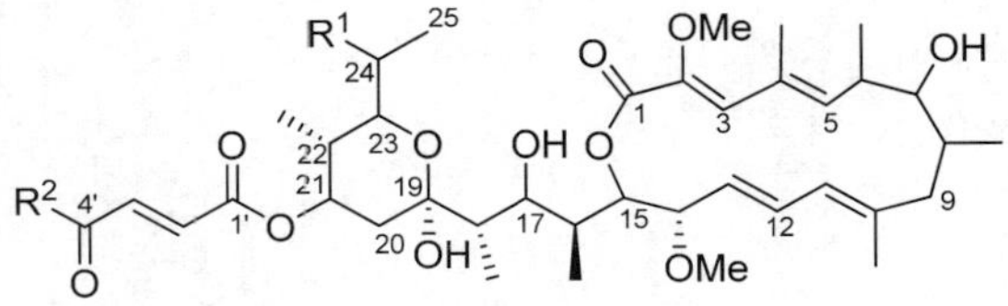

13-2-57 R^1=H; R^2=OH
13-2-58 $R^1=CH_3$; R^2=OH
13-2-59 $R^1=CH_3$; $R^2=NH_2$

表 13-2-15 bafilomycin C_1 及衍生物的 ^{13}C NMR 数据[20]

C	13-2-57[19]	13-2-58	13-2-59	C	13-2-57[19]	13-2-58	13-2-59
1	167.3	168.1	167.7	6-CH_3	17.3	17.9	17.7
2	141.2	142.3	141.8	7	81.2	81.2	80.3
2-OMe	59.9	60.6	60.1	8	40.0	41.7	41.7
3	133.6	134.8	134.1	8-CH_3	21.6	22.5	22.2
4	133.0	133.2	132.7	9	41.2	42.5	42.2
4-CH_3	14.0	14.1	14.1	10	143.0	145.5	144.7
5	142.8	145.6	145.6	10-CH_3	20.1	20.1	20.3
6	36.6	38.5	38.0	11	125.2	125.5	125.1

续表

C	13-2-57[19]	13-2-58	13-2-59	C	13-2-57[19]	13-2-58	13-2-59
12	133.0	134.6	134.3	21	75.1	75.5	75.7
13	127.1	126.9	126.9	22	40.8	39.4	39.0
14	82.2	84.4	83.3	22-CH_3	12.8	12.6	12.5
14-OMe	55.5	55.9	55.6	23	73.5	77.3	76.4
15	76.7	77.7	77.3	24	25.6	29.3	28.7
16	37.3	39.4	38.2	24-CH_3	—	21.8	21.6
16-CH_3	9.7	10.5	10.3	25	10.3	14.7	14.6
17	70.6	72.0	71.5	1'	164.2	167.6	165.3
18	41.7	43.7	42.9	2'	132.8	128.8	130.6
18-CH_3	7.1	7.3	7.4	3'	135.4	143.3	137.8
19	99.0	100.3	99.7	4'	168.7	172.6	165.5
20	39.8	40.5	40.6				

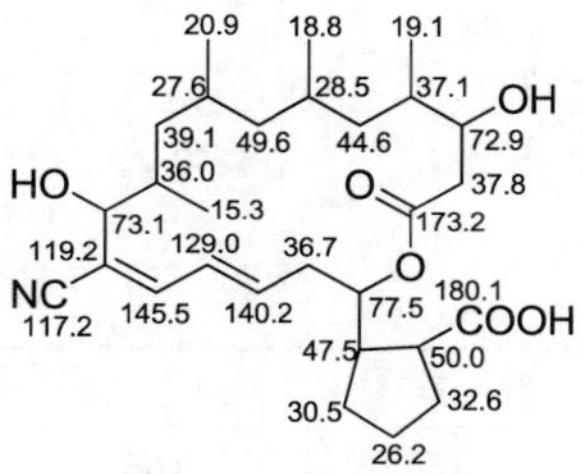

13-2-60[21]

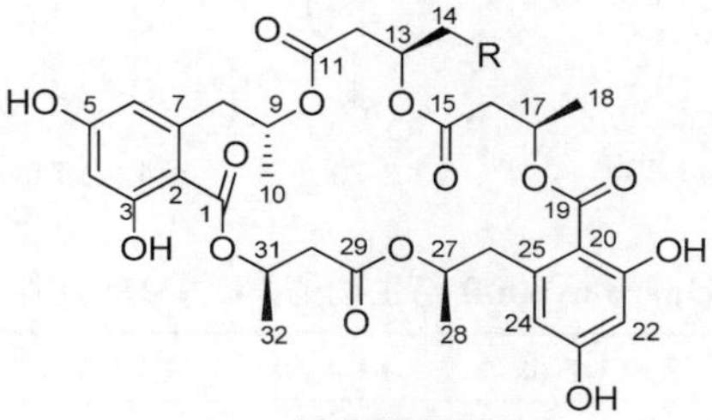

13-2-61 R=OH
13-2-63 R=H

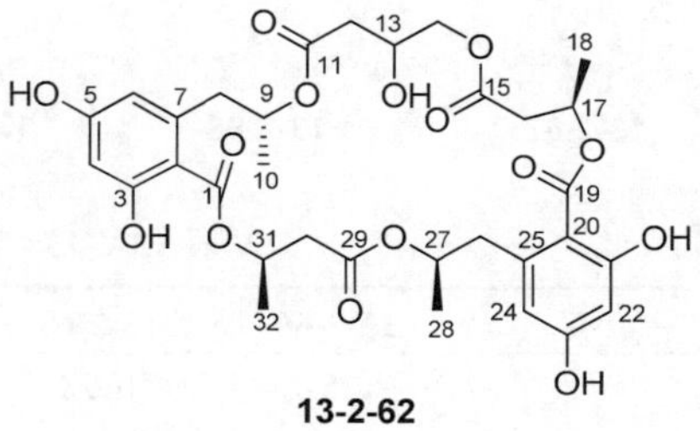

13-2-62

表 13-2-16 BK223 的 ^{13}C NMR 数据[22]

C	13-2-61	13-2-62	13-2-63	C	13-2-61	13-2-62	13-2-63
1	171.3	171.3	171.3	17	69.9	70.2	69.9
2	106.0	106.3	106.0	18	20.1	20.0	20.1
3	163.3	163.0	163.4	19	170.9	171.4	171.0
4	102.7	102.5	102.7	20	105.5	105.8	105.6
5	165.9	165.5	165.9	21	163.2	163.2	163.3
6	112.8	112.7	112.9	22	102.9	102.5	102.8
7	143.3	143.4	143.3	23	166.2	166.1	166.2
8	41.6	41.7	41.7	24	113.6	112.1	113.6
9	73.4	72.7	73.3	25	143.2	143.5	143.2
10	19.6	19.8	19.5	26	42.6	41.4	42.6
11	170.6	171.1	170.3	27	72.5	72.8	72.4
12	36.4	39.9	41.0	28	19.4	19.7	19.5
13	72.3	66.7	68.4	29	170.2	170.5	170.1
14	63.2	68.2	19.9	30	40.9	40.9	40.6
15	170.3	170.7	170.1	31	70.0	70.0	70.0
16	40.5	40.7	41.0	32	20.2	20.0	20.0

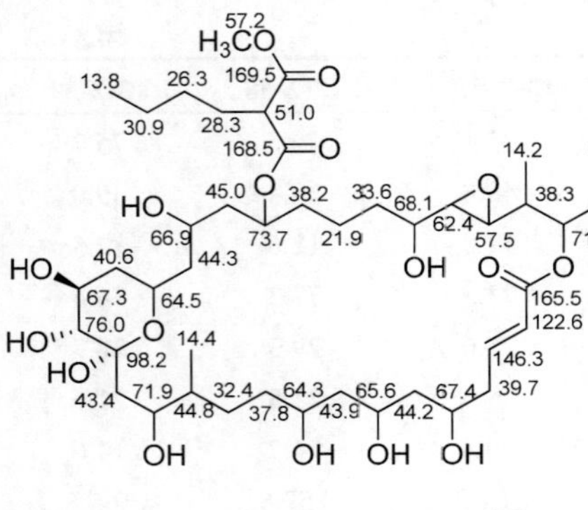

13-2-64[23]

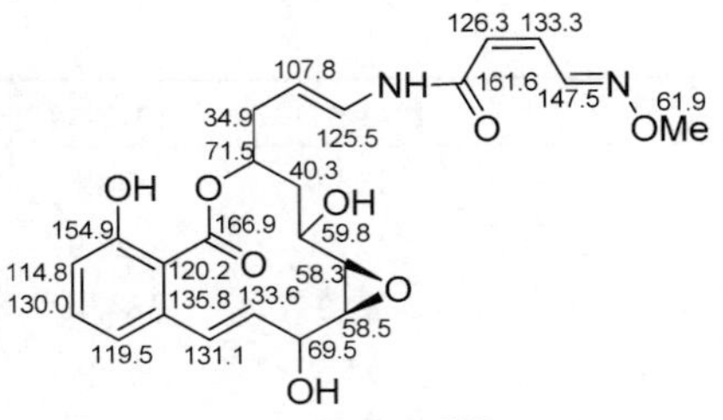

13-2-65[24]

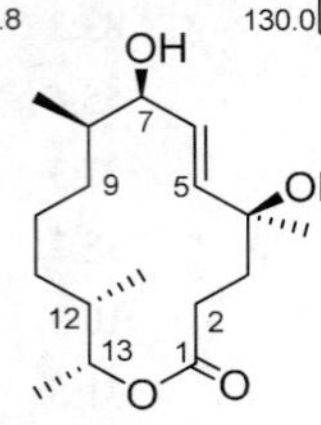

13-2-66

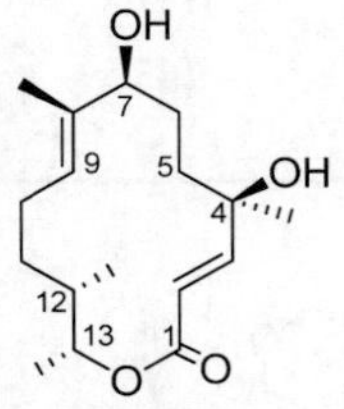

13-2-67 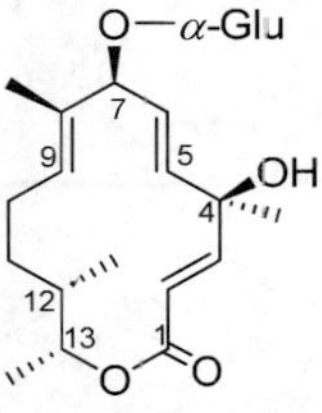 13-2-68 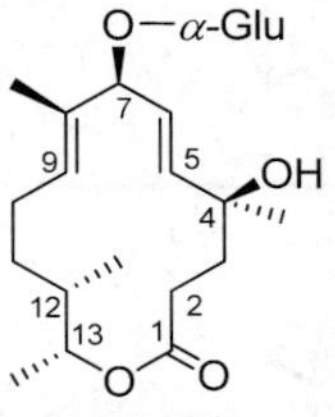 13-2-69 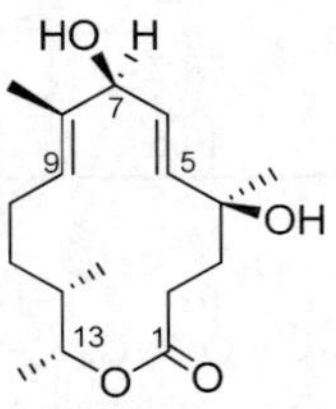 13-2-70 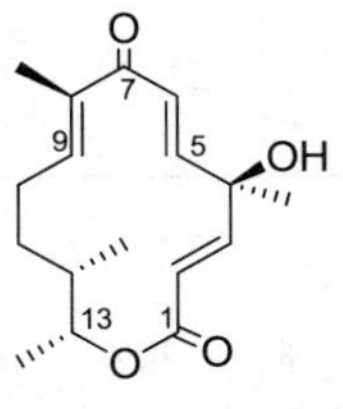 13-2-71 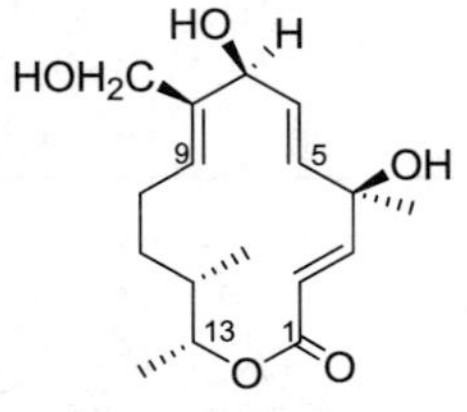 13-2-72

表 13-2-17 cineromycin B 衍生物的 ^{13}C NMR 数据[25]

C	13-2-66	13-2-67	13-2-68	13-2-69	13-2-70[26]	13-2-71[26]	13-2-72[26]
1	175.5	166.1	166.4	175.3	173.9	165.7	166.5
2	31.1	118.9	115.3	30.9	30.5	117.6	114.6
3	35.7	153.8	156.7	37.9	36.9	152.9	155.6
4	72.2	73.1	73.6	73.2	72.3	73.9	73.0
5	137.4	39.0	139.7	139.2	136.4	149.5	136.0
6	130.2	29.7	130.3	129.3	129.4	128.1	132.9
7	77.5	79.6	78.7	84.0	77.9	196.8	72.4
8	39.1	135.2	137.4	137.9	137.6	138.5	139.7
9	30.9	128.8	130.5	128.1	126.4	145.8	132.5
10	23.3	23.8	25.5	24.1	22.5	26.5	24.4
11	33.0	33.2	35.1	33.3	31.6	32.9	34.2
12	39.3	38.1	40.4	36.6	35.9	39.9	39.5
13	75.7	75.5	75.4	74.5	73.2	75.7	75.5
4-CH_3	30.3	28.2	27.2	30.1	29.5	24.4	26.6
8-CH_3	17.5	11.1	15.2	12.5	12.5	11.4	60.0
12-CH_3	16.3	17.2	16.1	15.6	15.3	16.2	16.0
13-CH_3	18.9	19.0	18.4	15.4	15.7	18.3	18.1
1'			96.6	97.5			
2'			73.4	73.6			
3'			75.1	75.1			
4'			72.0	71.8			
5'			73.4	73.8			
6'			62.9	62.6			

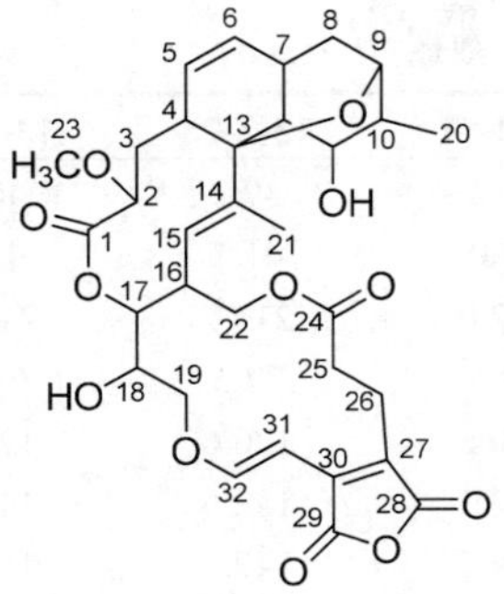

13-2-73

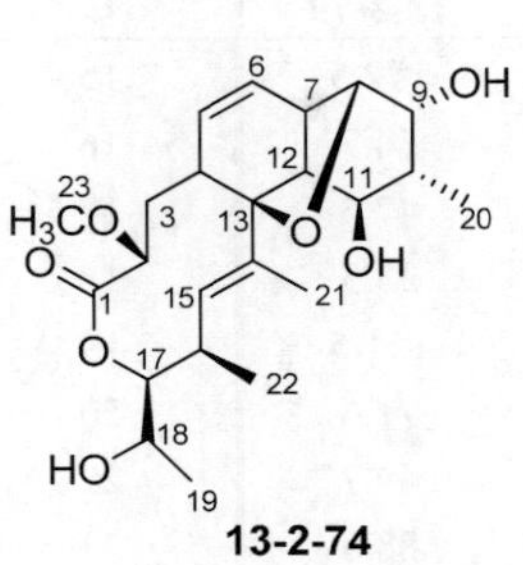

13-2-74

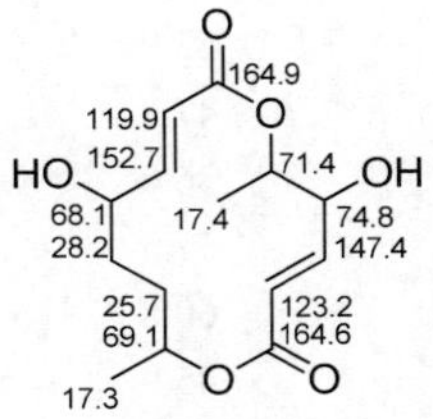

13-2-75[28]

表 13-2-18 coloradoci 和 nodusmicin 的 ^{13}C NMR 数据[27]

C	13-2-73	13-2-74	C	13-2-73	13-2-74	C	13-2-73	13-2-74
1	172.8	174.2	12	37.9	36.5	23	57.2	58.5
2	81.8	83.2	13	75.9	89.8	24	171.0	
3	32.9	36.2	14	141.5	136.8	25	32.9	
4	37.7	44.1	15	121.6	131.2	26	17.8	
5	128.3	133.8	16	36.4	33.9	27	133.7	
6	129.9	129.9	17	72.5	79.9	28	165.5	
7	29.2	39.4	18	65.0	66.0	29	164.1	
8	27.5	86.1	19	71.8	22.8	30	137.3	
9	69.9	72.7	20	15.6	15.0	31	96.3	
10	38.8	51.0	21	14.7	18.6	32	155.6	
11	75.3	75.4	22	63.7	17.1			

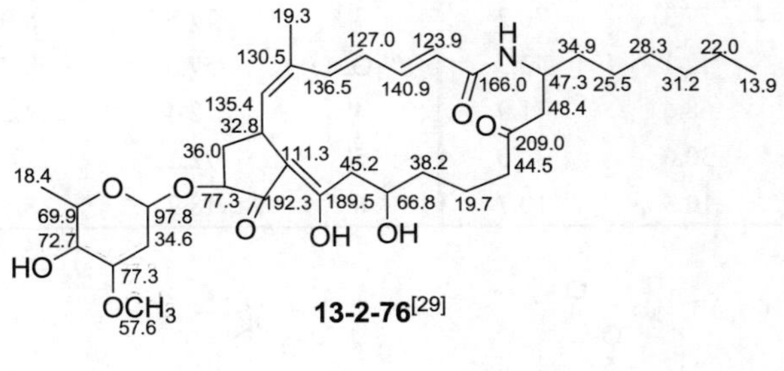

13-2-76[29]

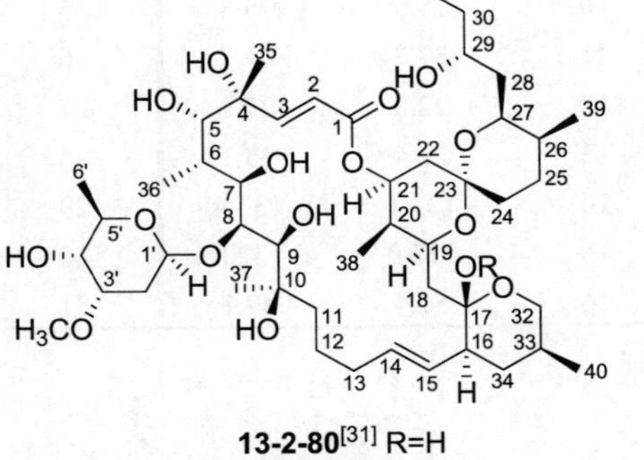

13-2-80[31] R=H
13-2-81[32] R=CH_3

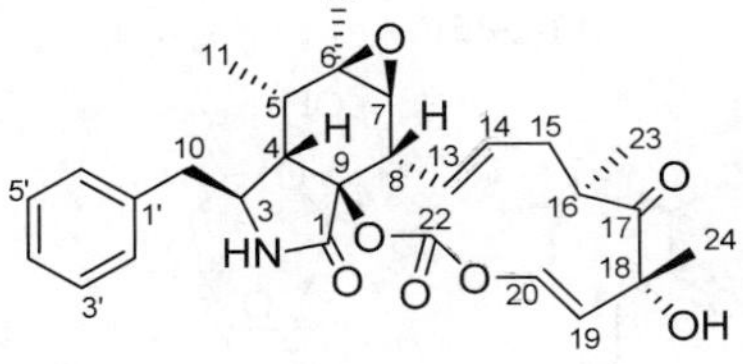

13-2-77

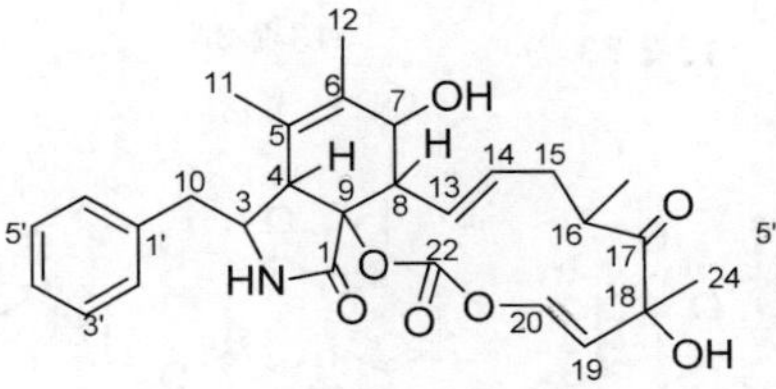

13-2-78

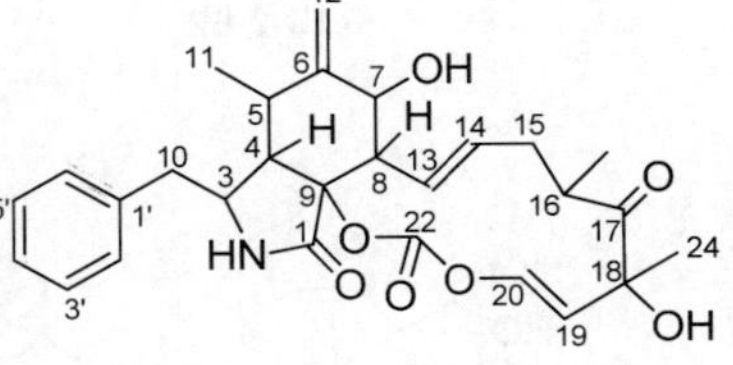

13-2-79

表 13-2-19 细胞松弛素 E 及衍生物的 ^{13}C NMR 数据[30]

C	13-2-77	13-2-78	13-2-79	C	13-2-77	13-2-78	13-2-79
1	170.5	170.1	172.5	15	39.3	39.2	40.8
3	53.9	59.2	54.7	16	41.0	41.1	42.4
4	47.8	48.2	47.5	17	212.0	211.7	213.7
5	36.0	127.4	33.5	18	77.6	77.5	79.0
6	57.5	136.8	151.5	19	120.5	120.6	123.0
7	60.8	70.2	71.6	20	142.3	142.6	142.7
8	45.9	50.1	49.7	22	149.5	149.2	151.3
9	87.4	86.4	88.6	23	20.3	20.4	20.8
10	44.7	44.3	43.8	24	24.5	24.8	24.9
11	13.3	17.9	15.0	1'	136.1	136.8	138.0
12	19.9	14.2	114.6	2', 6'	129.9	129.5	131.8
13	128.7	131.9	130.4	3', 5'	128.7	129.6	129.9
14	131.6	133.7	133.8	4'	127.5	127.4	128.3

表 13-2-20 胞变霉素的 ^{13}C NMR 数据

C	13-2-80[31]	13-2-81[32]	C	13-2-80[31]	13-2-81[32]	C	13-2-80[31]	13-2-81[32]
1	165.3	167.1	17	97.3	101.0	32	66.5	68.1
2	119.7	120.8	17-OMe	—	47.4	33	30.9	31.3
3	150.2	153.3	18	40.0	37.2	34	34.0	36.7
4	75.1	76.8	19	66.7	68.1	35	28.9	26.8
5	79.4	80.4	20	34.7	37.2	36	5.8	7.1
6	36.0	36.7	21	69.8	72.1	37	22.6	24.3
7	67.7	77.5	22	35.6	36.3	38	6.3	5.7
8	85.8	82.7	23	98.6	98.7	39	11.4	11.6
9	74.2	73.8	24	29.4	30.7	40	17.2	17.3
10	75.9	75.8	25	27.2	27.4	1'	100.3	100.7
11	37.7	41.7	26	31.2	31.9	2'	34.2	34.7
12	22.3	25.2	27	77.3	70.2	3'	77.5	78.9
13	22.4	35.1	28	42.1	42.3	3'-OMe	57.5	57.7
14	133.1	133.4	29	68.6	71.9	4'	72.4	74.2
15	133.0	132.8	30	30.6	32.0	5'	72.2	72.0
16	51.4	47.1	31	10.5	10.7	6'	18.2	18.5

13-2-82

13-2-83

13-2-84

13-2-85

13-2-86

13-2-87

13-2-88

13-2-89

13-2-90

表 13-2-21 decarestrictines E ~ M 的 ^{13}C NMR 数据[33]

C	13-2-82	13-2-83	13-2-84	13-2-85	13-2-86	13-2-87	13-2-88	13-2-89	13-2-90
1	165.4	165.6	166.1	166.7	172.9	166.7	165.6	—	171.9
2	52.1	51.4	52.3	51.0	43.2	51.7	53.5	72.0	45.1
3	200.3	198.4	205.3	199.1	82.7	203.0	198.6	69.1	71.1
4	46.2	136.4	41.5	41.1	133.0	39.4	51.4	28.2	40.8
5	77.3	124.7	72.8	121.5	128.1	21.3	69.7	26.9	72.9
6	59.6	53.5	75.2	139.8	93.5	36.8	136.4	67.4	86.9
7	53.2	63.7	30.3	72.7	72.2	69.2	124.6	46.2	76.4
8	36.7	30.5	32.8	48.5	40.4	44.2	30.5	207.9	45.1
9	69.0	69.7	75.1	69.3	74.2	71.7	63.6	30.5	62.1
10	20.6	17.8	20.4	21.3	21.9	20.8	17.7	18.1	24.0

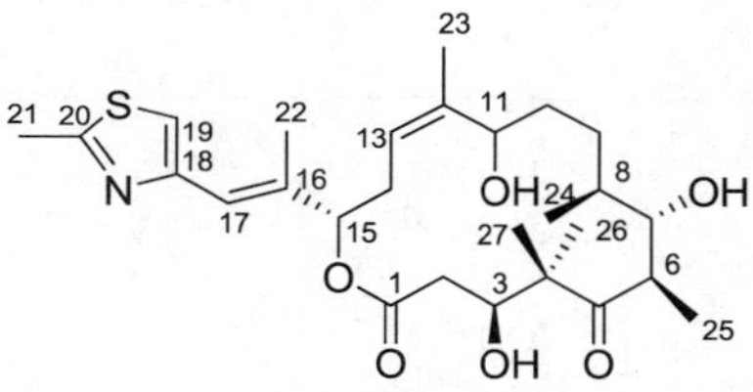

13-2-91[34]

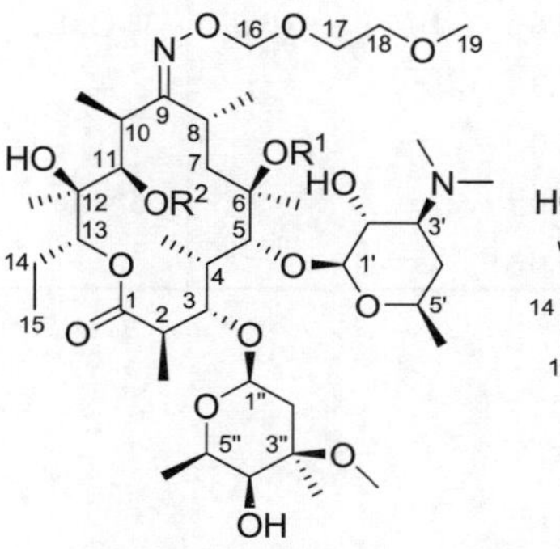

13-2-92 $R^1=R^2=H$
13-2-93 $R^1=CH_3$; $R^2=H$
13-2-94 $R^1=CH_3$; $R^2=CH_3$

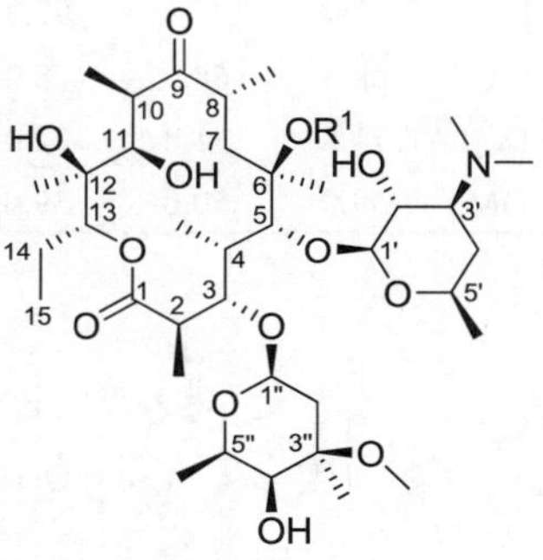

13-2-95 $R^1=H$
13-2-96 $R^1=CH_3$

表 13-2-22 11-hydroxyepothilone D 的 ^{13}C NMR 数据[34]

C	13-2-91	C	13-2-91	C	13-2-91	C	13-2-91
1	170.1	8	36.5	15	77.7	22	16.3
2	39.9	9	26.6	16	138.6	23	22.8
3	71.4	10	31.5	17	118.4	24	11.8
4	54.4	11	69.8	18	151.5	25	14.6
5	221.1	12	140.7	19	115.1	26	17.8
6	40.7	13	120.9	20	165.3	27	16.4
7	74.0	14	30.6	21	18.8		

表 13-2-23 罗红霉素及衍生物、红霉素、克拉霉素的 ^{13}C NMR 数据[35]

C	13-2-92	13-2-93	13-2-94	13-2-95	13-2-96	C	13-2-92	13-2-93	13-2-94	13-2-95	13-2-96
1	175.2	175.5	175.7	176.3	175.9	4-Me	9.1	9.1	9.6	9.2	9.1
2	44.7	45.1	45.0	45.0	45.1	5	83.6	80.3	80.0	84.0	80.8
2-Me	16.1	16.0	16.0	15.9	16.0	6	74.9	78.8	79.5	74.8	78.5
3	80.1	78.4	78.5	80.3	78.5	6-Me	26.8	20.1	—	26.4	19.8
4	38.9	39.1	38.0	39.5	39.3	6-OMe	—	50.9	50.6	—	50.7

续表

C	13-2-92	13-2-93	13-2-94	13-2-95	13-2-96	C	13-2-92	13-2-93	13-2-94	13-2-95	13-2-96
7	37.4	37.5	36.5	38.5	39.4	1'	103.0	102.8	102.0	103.3	102.9
8	26.9	26.9	27.0	44.9	45.3	2'	71.0	71.2	71.0	71.1	71.0
8-Me	18.7	18.7	19.8	18.4	18.0	3'	65.5	65.7	67.0	63.3	65.6
9	172.8	171.5	168.3	221.9	221.1	3'-N(Me)$_2$	40.2	40.3	41.0	40.3	40.3
10	33.0	33.1	34.0	38.1	37.3	4'	28.8	28.7	33.5	29.2	28.6
10-Me	14.7	15.0	15.4	14.7	12.3	5'	68.7	68.7	79.6	68.8	68.8
11	70.3	70.0	—	68.8	69.1	5'-Me	21.3	21.2	21.2	21.4	21.5
12	74.3	74.0	79.5	74.5	74.3	1"	96.1	96.2	96.3	96.5	96.1
12-Me	16.2	16.0	17.3	16.2	16.0	2"	35.0	34.9	35.0	35.0	34.9
13	76.8	76.9	77.8	77.1	76.7	3"	72.7	72.7	72.7	72.7	72.7
14	21.1	21.2	21.8	21.2	21.1	3"-Me	21.5	21.5	21.5	21.4	21.5
15	10.6	10.6	10.6	10.7	10.6	3"-OMe	49.4	49.5	49.3	49.5	49.5
16	97.4	97.9	97.3	—	—	4"	78.0	78.0	77.5	77.9	78.0
17	68.3	68.5	68.0	—	—	5"	65.4	65.6	66.2	65.7	65.8
18	71.8	71.8	72.0	—	—	5"-Me	18.5	18.6	18.6	18.5	18.7
19-OMe	59.0	59.0	59.0	—	—						

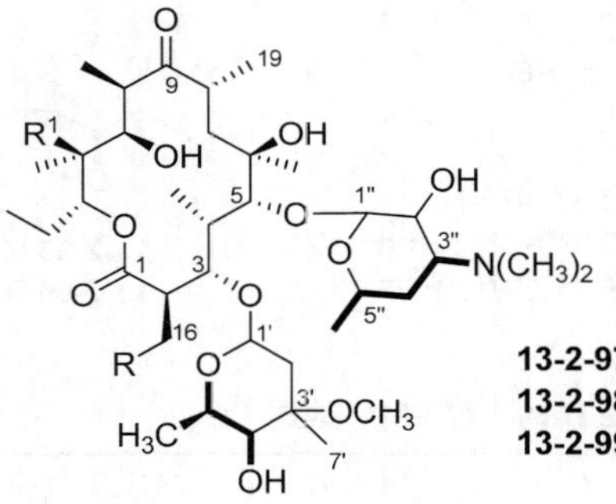

13-2-97 R=R¹=H
13-2-98 R=R¹=OH
13-2-99 R=OH; R¹=H

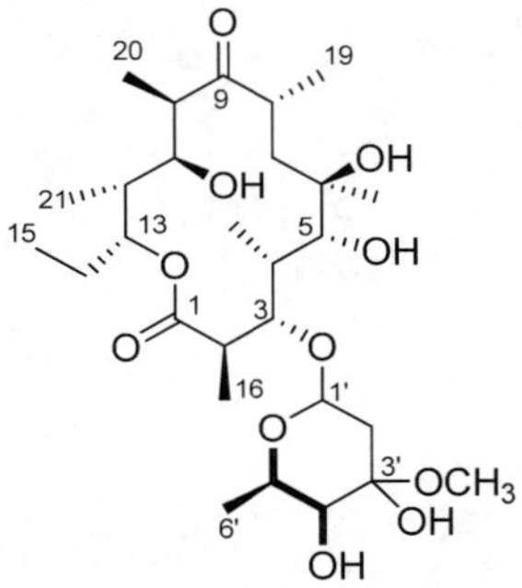

13-2-100

表 13-2-24 erythromycins B、F、G 以及 3-*O*-mycarosylerythronolide B 的 ^{13}C NMR 数据[36]

C	13-2-97	13-2-98	13-2-99	13-2-100	C	13-2-97	13-2-98	13-2-99	13-2-100
1	176.1	175.0	174.9	174.8	13	74.8	77.9	75.1	75.2
2	45.5	55.5	55.5	44.2	14	26.4	22.3	26.7	25.9
3	81.2	79.5	79.5	90.4	15	10.7	11.3	10.9	10.3
4	40.1	40.3	39.7	36.1	16	16.21	62.5	62.5	15.8
5	84.6	84.2	84.3	81.7	17	10.1	10.0	10.1	8.6
6	74.6	74.4	74.3	75.3	18	28.1	27.5	28.3	26.1
7	39.1	39.8	39.	36.8	19	18.4	18.6	18.3	18.2
8	43.5	43.6	43.2	45.5	20	9.4	12.4	9.3	9.4
9	218.2	219.9	218.3	219.4	21	9.7	17.7	9.8	9.1
10	41.4	40.8	41.3	38.8	1'	97.2	96.8	96.7	100.9
11	70.1	70.0	70.1	69.8	2'	35.8	35.8	35.7	41.0
12	41.1	75.7	41.4	39.9	3'	73.5	73.4	73.3	69.8

续表

C	13-2-97	13-2-98	13-2-99	13-2-100	C	13-2-97	13-2-98	13-2-99	13-2-100
4'	78.8	78.7	78.6	76.2	2"	71.9	71.9	71.8	—
5'	66.2	66.3	66.2	67.0	3"	65.7	65.7	65.4	—
6'	19.5	19.5	19.5	17.7	4"	30.5	30.5	30.3	—
7'	21.5	21.5	21.4	25.4	5"	68.4	68.4	68.1	—
8'	49.7	49.6	49.6	—	6"	21.9	21.9	21.9	—
1"	103.8	103.8	103.6	—	7",8"	40.5	40.5	40.4	—

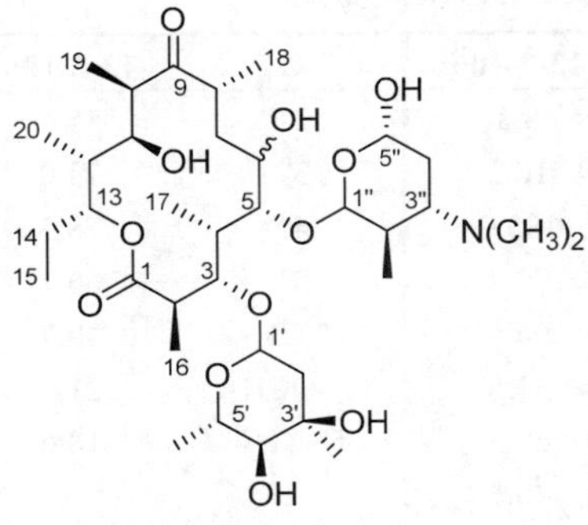

13-2-101[37]

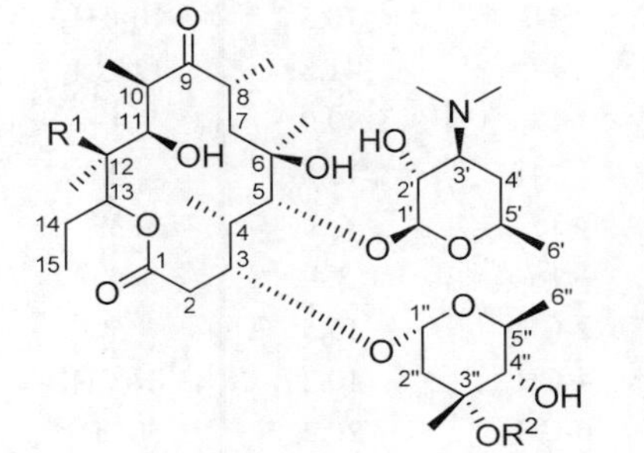

13-2-102 R^1=OH; R^2=CH_3
13-2-103 R^1=H; R^2=CH_3
13-2-104 R^1=OH; R^2=H
13-2-105 R^1=R^2=H

表 13-2-25 化合物 13-2-101 的 ^{13}C NMR 的数据[37]

C	13-2-101	C	13-2-101	C	13-2-101	C	13-2-101	C	13-2-101
1	176.4	8	47.7	15	10.1	2'	40.5	2"	70.2
2	44.8	9	217.5	16	13.6	3'	69.8	3"	65.4
3	82.5	10	41.5	17	9.7	4'	76.3	4"	29.1
4	40.5	11	70.0	18	17.9	5'	66.4	5"	69.5
5	81.8	12	38.7	19	8.5	6'	17.8	6"	21.2
6	74.4	13	75.8	20	9.1	7'	25.4	7"	40.3
7	33.1	14	25.1	1'	100.1	1"	105.6		

表 13-2-26 norerythromycins 的 ^{13}C NMR 数据[38]

C	13-2-102	13-2-103	13-2-104	13-2-105	C	13-2-102	13-2-103	13-2-104	13-2-105
1	170.5	170.9	170.1	170.5	12	74.4	40.0	74.7	39.8
2	36.3	36.6	37.3	37.5	13	77.3	75.0	77.2	75.3
3	76.3	76.6	77.2	78.2	14	21.0	25.7	21.0	25.6
4	36.7	36.7	37.1	37.2	4-CH_3	8.5	8.6	8.5	8.5
5	83.5	83.4	84.0	83.9	6-CH_3	26.5	26.9	26.7	26.9
6	74.5	74.8	74.5	75.1	8-CH_3	18.3	18.4	18.3	18.4
7	38.1	37.7	38.5	38.0	10-CH_3	12.3	9.0	12.1	9.0
8	45.5	45.5	45.5	45.4	12-CH_3	16.2	9.9	16.2	9.7
9	222.0	221.0	222.3	220.9	1'	102.1	102.1	103.8	103.7
10	37.2	37.8	37.4	38.0	2'	70.9	70.9	70.6	70.6
11	68.8	69.2	68.8	69.3	3'	65.6	65.6	65.4	65.5

续表

C	13-2-102	13-2-103	13-2-104	13-2-105	C	13-2-102	13-2-103	13-2-104	13-2-105
4'	28.6	28.6	28.3	28.3	3''	73.0	73.0	69.6	69.6
5'	68.7	68.7	69.4	69.3	4''	78.1	78.1	76.6	76.3
6'	21.3	21.7	21.3	21.3	5''	65.3	65.4	66.5	66.5
$N(CH_3)_2$	40.3	40.3	40.2	40.1	6''	17.9	17.9	18.0	18.0
1''	92.2	92.4	94.6	94.8	3''-CH_3	21.7	21.3	25.6	25.6
2''	35.5	35.5	41.3	41.3	3''-OCH_3	49.3	49.3	—	—

表 13-2-27 deoxy-13-cyclopropyl-erythromycin B 的 ^{13}C NMR 的数据[39]

C	13-2-106	C	13-2-106	C	13-2-106	C	13-2-106
1	177.5	11	70.5	10-CH_3	8.3	2''	35.6
2	45.4	12	41.8	12-CH_3	10.2	3''	73.0
3	80.5	13	79.9	1'	103.9	4''	78.3
4	43.5	14	13.5	2'	70.4	5''	66.1
5	85.7	15	4.8	3'	66.4	3''-CH_3	49.7
6	37.2	16	3.4	4'	31.5	3''-OCH_3	21.8
7	34.7	2-CH_3	15.5	5'	68.2	5''-CH_3	18.6
8	45.4	4-CH_3	10.2	3'-$N(CH_3)_2$	40.2		
9	217.4	6-CH_3	20.2	5'-CH_3	21.3		
10	42.0	8-CH_3	17.2	1''	97.9		

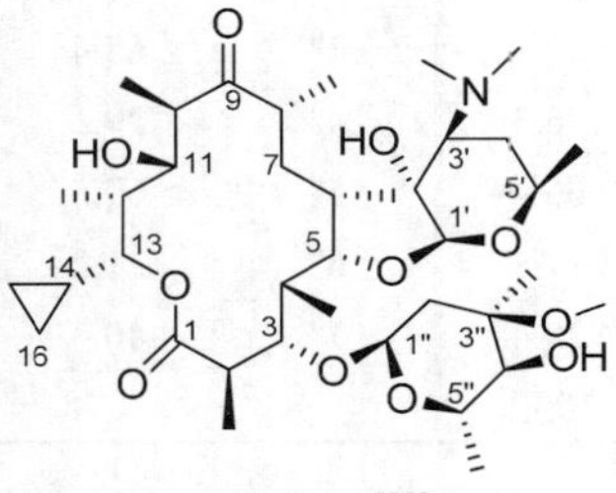

13-2-106[39]

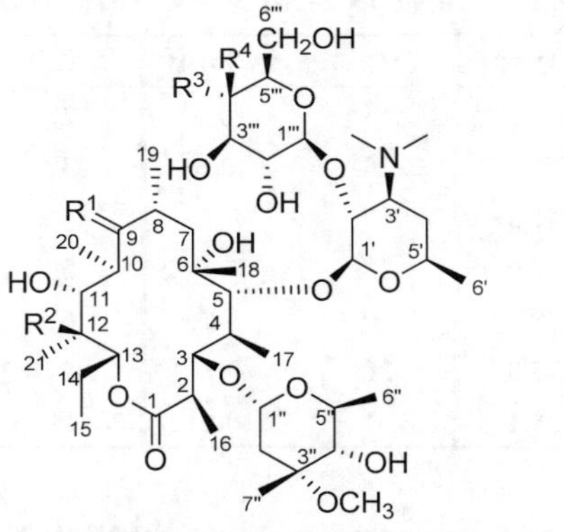

13-2-107 R^1=O; R^2=H; R^3=OH; R^4=H
13-2-108 R^1=NOH; R^2=OH; R^3=OH; R^4=H
13-2-110 R^1=O; R^2=H; R^3= H; R^4=OH

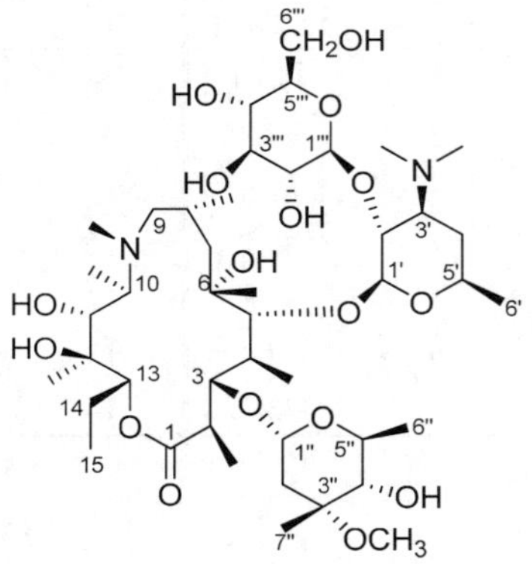

13-2-109

表 13-2-28 红霉素衍生物的 ^{13}C NMR 数据[40]

C	13-2-107	13-2-108	13-2-109	13-2-110	C	13-2-107	13-2-108	13-2-109	13-2-110
1	176.7	176.1	178.7	176.8	8	44.7	35.0	26.5	44.7
2	44.8	45.5	45.3	44.8	9	219.9	170.9	70.2	220.0
3	81.8	79.9	78.1	81.9	10	39.3	26.2	62.4	39.3
4	39.5	40.4	42.5	39.5	11	68.3	67.9	73.6	68.3
5	82.2	82.9	82.3	82.2	12	40.2	75.5	74.2	40.1
6	75.4	75.0	73.7	75.3	13	74.9	77.3	77.3	75.0
7	38.1	39.3	42.2	39.0	14	25.4	25.7	21.3	25.4

续表

C	13-2-107	13-2-108	13-2-109	13-2-110	C	13-2-107	13-2-108	13-2-109	13-2-110
15	10.4	11.2	8.3	10.4	3'	65.5	65.9	65.4	65.5
16	15.3	15.4	21.3	15.3	4'	29.4	30.2	29.4	29.4
17	8.8	9.7	7.3	8.7	5'	69.5	71.7	67.9	69.4
18	27.3	27.5	27.5	27.1	6'	21.4	21.6	22.0	21.3
19	18.5	16.6	16.4	18.5	3'-N(CH$_3$)$_2$	40.5	40.4	40.5	40.4
20	9.1	11.6	11.2	9.0	1"	96.3	96.7	94.1	96.2
21	9.4	17.5	14.5	9.4	2"	35.0	35.6	34.6	34.4
1'	101.1	101.5	100.8	100.9	3"	72.7	73.5	72.9	72.6
2'	79.4	81.9	81.7	79.4					

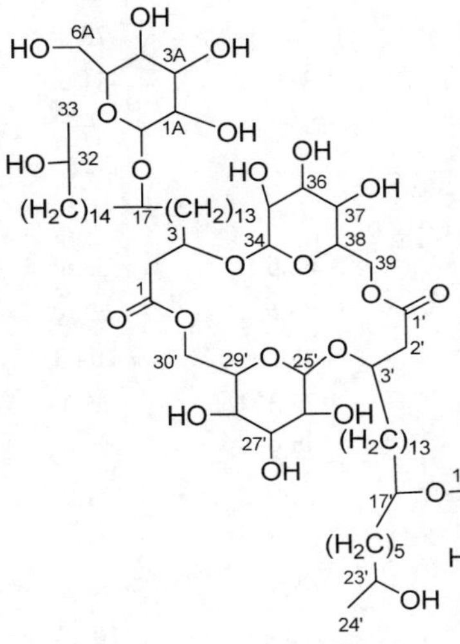

13-2-111[42]

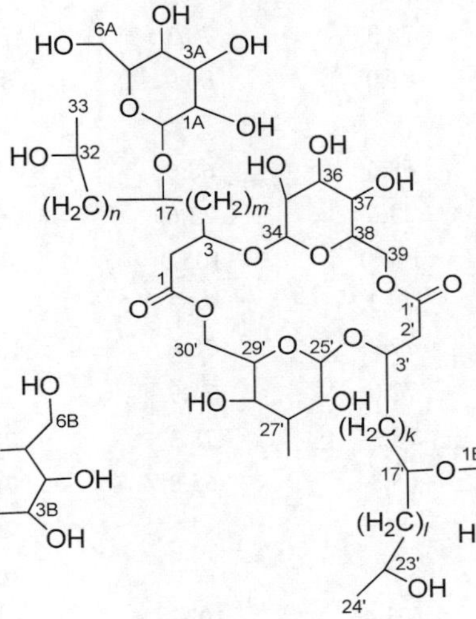

13-2-112 *n*=5; *m*=11; *l*=5; *k*=11
13-2-113 *n*=5; *m*=13; *l*=5; *k*=11
13-2-114 *n*=5; *m*=13; *l*=7; *k*=11
13-2-115 *n*=7; *m*=13; *l*=7; *k*=11
13-2-116 *n*=9; *m*=13; *l*=7; *k*=11

表 13-2-29 fattiviracins 的 ^{13}C NMR 数据[42]

C	13-2-111[41]	13-2-112	13-2-113	13-2-114	13-2-115	13-2-116
1	172.5	173.5	172.5	172.4	172.5	172.4
2	42.2	42.2	42.2	42.2	42.3	42.2
3	78.2	78.2	78.2	78.1	78.2	78.2
15	—	80.5	—	—	—	—
17	80.5	—	80.5	80.5	80.5	80.5
21	—	68.6	—	—	—	—
22	—	23.6	—	—	—	—
23	—	104.0	68.6	68.5	—	—
24	23.6	75.2	23.6	23.6	—	—
25	—	77.7	104.0	103.9	68.6	—
26	—	71.9	75.2	75.1	23.6	—
27	—	78.2	77.7	77.6	103.3	68.6
28	—	65.3	71.8	71.7	75.2	23.6
29	—	—	78.2	78.1	77.7	103.9
30	—	—	66.0	65.2	71.8	75.3

续表

C	13-2-111[41]	13-2-112	13-2-113	13-2-114	13-2-115	13-2-116
31	—	—	—	—	78.2	77.7
32	68.6	—	—	—	65.3	71.8
33	23.6	—	—	—	—	78.2
34	104.0	—	—	—	—	65.2
35	75.3	—	—	—	—	—
37	71.8	—	—	—	—	—
38	78.2	—	—	—	—	—
39	65.2	—	—	—	—	—
1'	173.4	172.5	173.4	173.4	173.4	173.4
2'	42.3	42.4	42.3	42.3	42.4	42.3
3'	78.3	78.3	78.3	78.1	78.2	78.2
15'	—	81.0	80.9	80.9	81.0	81.0
17'	81.0	—	—	—	—	—
21'	—	68.6	68.6	—	—	—
22'	—	23.6	23.6	—	—	—
23'	68.6	104.0	105.0	68.5	68.6	68.6
24'	—	75.3	75.3	23.6	23.6	23.6
25'	104.3	77.9	78.0	104.3	104.0	104.3
26'	—	72.0	71.9	75.2	75.3	75.3
27'	75.3	78.3	78.3	78.0	77.9	77.9
28'	71.9	65.3	65.2	71.9	72.0	71.9
29'	78.3	—	—	78.1	78.2	78.2
30'	65.2	—	—	65.2	65.3	65.2
1A	103.4	103.4	103.4	103.4	103.4	103.4
2A	75.2	75.2	75.1	75.1	75.2	75.2
3A	77.7	77.7	77.7	77.6	77.7	77.7
4A	71.6	71.6	71.6	71.5	71.6	71.6
5A	78.1	78.1	78.0	78.1	78.1	78.0
6A	62.9	62.8	62.8	62.8	62.9	62.9
1B	103.7	103.7	103.7	103.6	103.7	103.7
2B	75.2	75.2	75.2	75.2	75.2	75.3
3B	77.9	77.9	77.9	78.0	77.9	77.9
4B	71.6	71.7	71.6	71.5	71.6	71.6
5B	78.1	78.1	78.0	78.1	78.1	78.0
6B	63.0	62.9	62.9	62.9	62.9	63.0

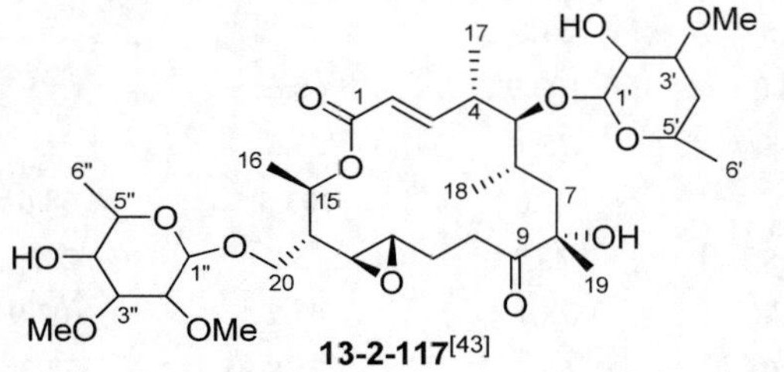

13-2-117[43]

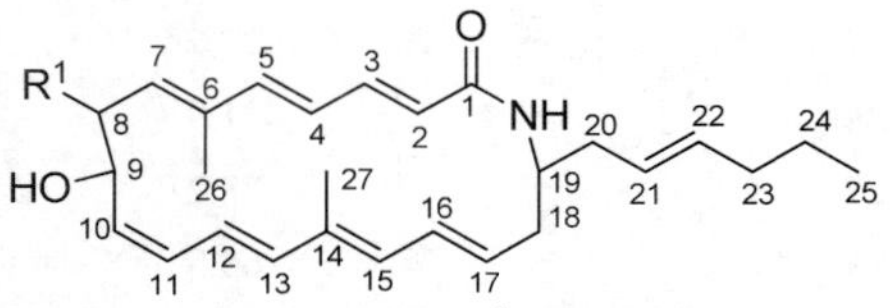

13-2-118 R^1=OH

13-2-119 R^1=H

表 13-2-30 GERI-155 的 ^{13}C NMR 数据[43]

C	13-2-117	C	13-2-117	C	13-2-117	C	13-2-117
1	165.6	10	32.6	19	28.2	1"	100.9
2	121.1	11	27.3	20	67.1	2"	81.9
3	151.4	12	59.3	1'	103.2	3"	79.6
4	41.8	13	58.0	2'	75.0	4"	72.7
5	87.4	14	48.6	3'	80.4	5"	70.8
6	34.3	15	69.8	4'	36.7	6"	17.8
7	37.0	16	18.5	5'	67.8	2"-OMe	59.6
8	79.6	17	18.3	6'	20.9	3"-OMe	61.7
9	212.7	18	18.8	3'-OMe	56.7		

表 13-2-31 GT32 的 ^{13}C NMR 数据[44]

C	13-2-118	13-2-119	C	13-2-118	13-2-119	C	13-2-118	13-2-119
1	166.6	166.6	10	131.3	132.3	19	49.3	49.3
2	123.8	123.9	11	128.5	128.0	20	38.0	38.0
3	139.5	139.7	12	123.8	123.6	21	127.1	127.1
4	124.9	124.0	13	136.3	136.0	22	131.7	131.7
5	142.5	143.1	14	132.9	132.9	23	34.1	34.0
6	131.5	134.8	15	130.3	130.3	24	22.0	22.0
7	138.7	134.1	16	130.7	130.6	25	13.4	13.3
8	72.1	35.9	17	129.9	130.0	26	12.4	11.9
9	69.7	66.7	18	39.8	39.6	27	11.9	11.5

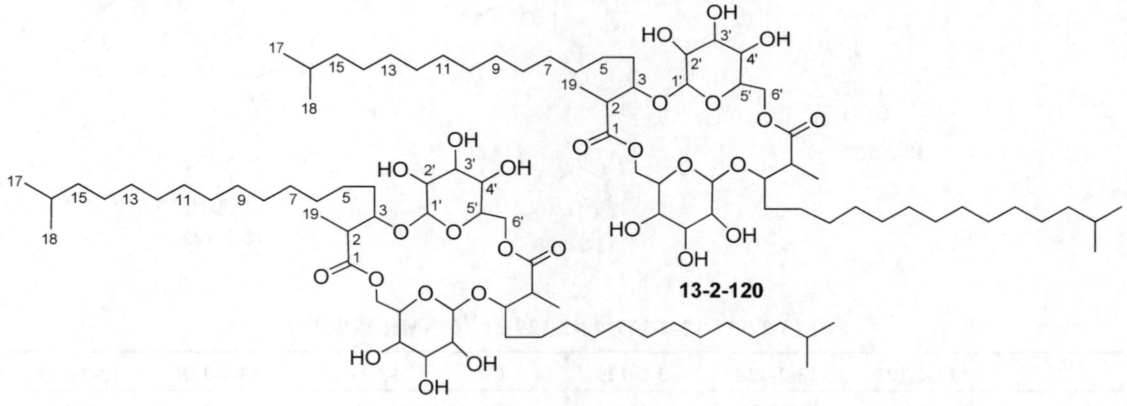

13-2-120

13-2-121

表 13-2-32 glucolipsins 的 ^{13}C NMR 数据[45]

C	13-2-120	13-2-121	C	13-2-120	13-2-121	C	13-2-120	13-2-121
1	175.7	175.7	6	28.6	28.6	11	30.9	
2	46.6	46.6	7	30.5	31.5	12	31.1	31.1
3	78.9	78.9	8	30.9	30.9	13	31.2	31.2
4	36.6	36.6	9	30.9	30.9	14	33.1	33.1
5	25.2	25.2	10	30.9	30.9	15	40.2	40.2

续表

C	13-2-120	13-2-121	C	13-2-120	13-2-121	C	13-2-120	13-2-121
16	29.2	29.2	1'	104.5	104.4	5'	75.4	75.4
17	23.1	23.1	2'	75.6	75.6	6'	66.3	66.3
18	14.5	14.5	3'	78.0	78.0			
19	13.4	13.4	4'	72.4	72.3			

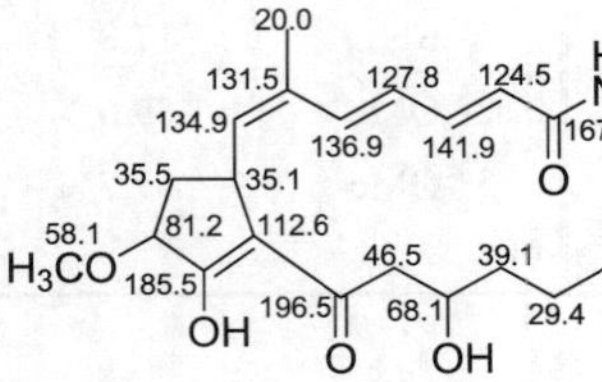

13-2-122[46]

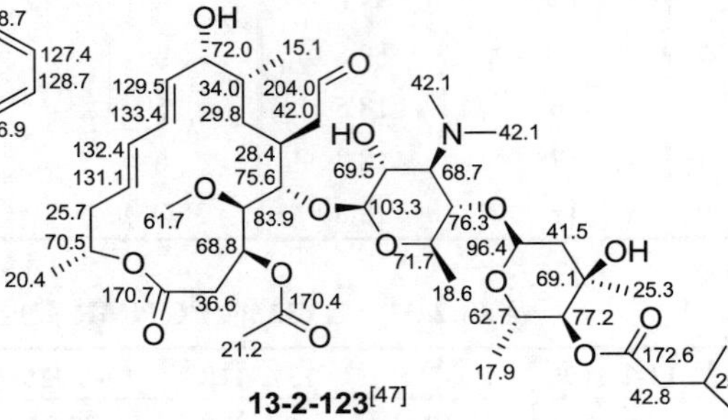

13-2-123[47]

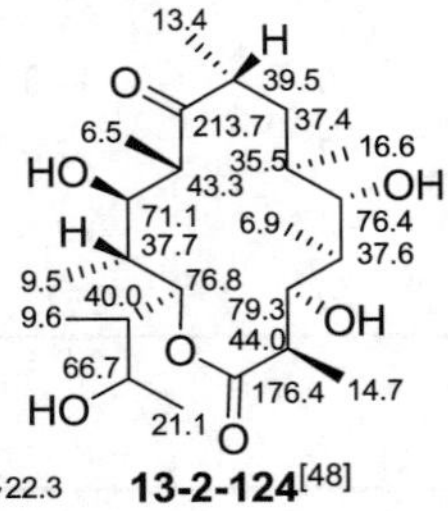

13-2-124[48]

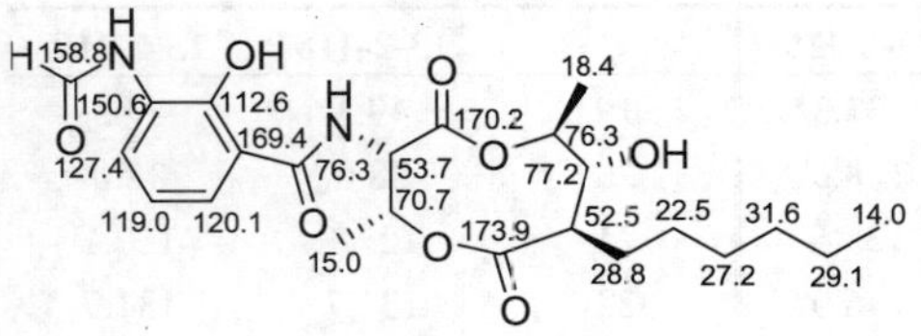

13-2-126[50]

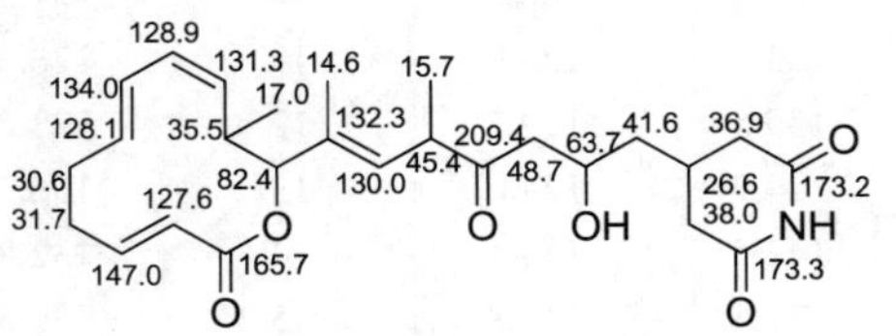

13-2-125[49]

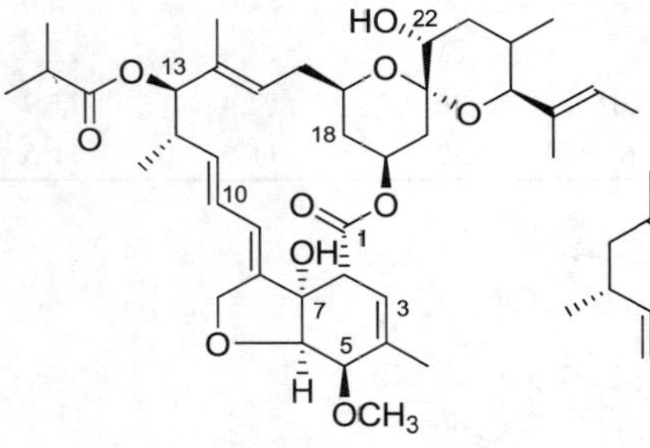

13-2-127

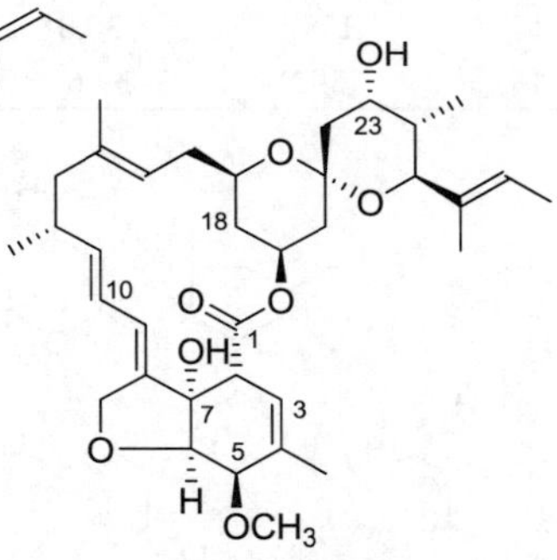

13-2-128

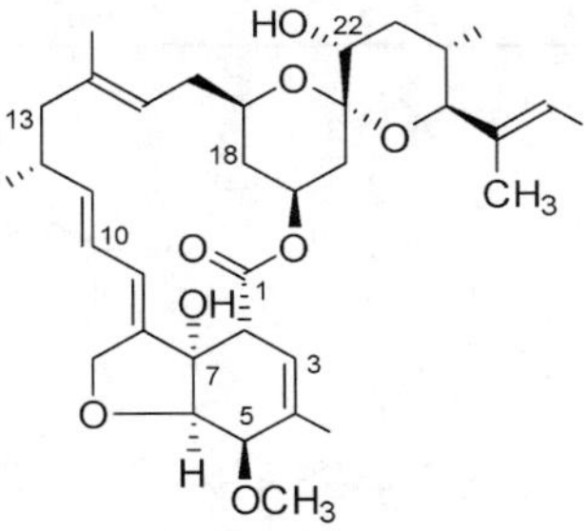

13-2-129

表 13-2-33　13-2-127~13-2-129 的 ^{13}C NMR 数据[51]

C	13-2-127	13-2-128	13-2-129	C	13-2-127	13-2-128	13-2-129
1	173.9	173.5	173.8	8a	68.4	68.1	68.2
2	45.7	45.5	45.6	9	119.4	119.5	119.4
3	118.6	118.4	118.4	10	124.8	123.4	123.5
4	135.9	137.3	135.8	11	137.6	142.3	142.3
4a	20.1	19.8	19.8	12	34.5	35.8	35.9
5	77.0	76.8	76.9	12a	18.8	22.2	22.3
5-OMe	58.0	57.6	57.7	13	83.5	48.4	48.5
6	77.8	77.5	77.5	14	136.2	135.8	137.2
7	80.6	80.3	80.3	14a	11.1	15.4	15.5
8	141.3	139.6	139.7	15	124.1	120.2	120.5

续表

C	13-2-127	13-2-128	13-2-129	C	13-2-127	13-2-128	13-2-129
16	34.6	34.7	34.6	25	82.2	76.6	81.8
17	67.6	68.5	67.9	26	134.1	133.9	134.0
18	36.5	35.9	36.3	26a	11.1	10.7	10.9
19	68.7	67.7	68.6	27	125.9	123.7	123.5
20	37.1	40.6	36.4	28	13.3	13.1	13.1
21	99.0	99.7	98.8	1"	176.4		
22	71.7	40.9	71.5	2"	40.1		
23	36.6	69.2	36.8	3"	19.2		
24	32.2	35.9	32.0	3"a	19.2		
24a	17.6	13.7	17.4				

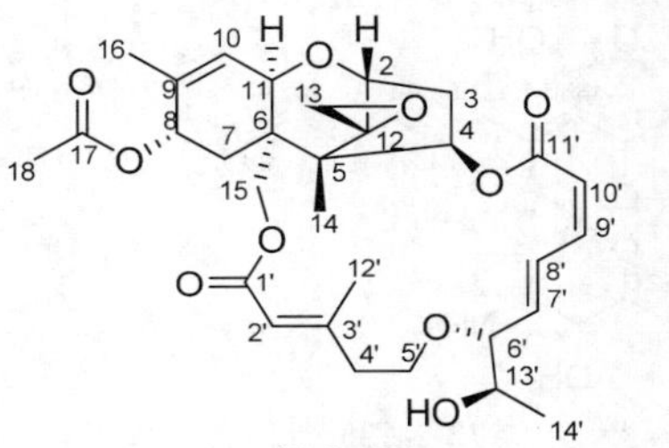

13-2-130 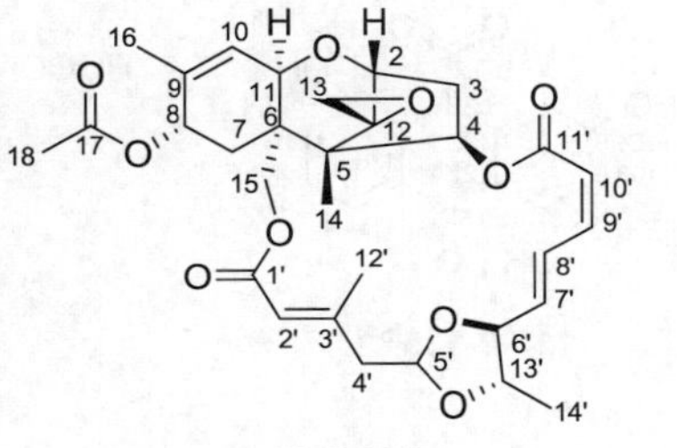　13-2-131

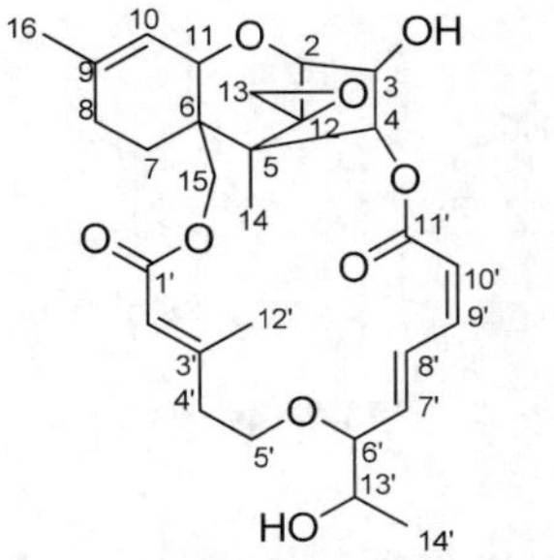

13-2-132 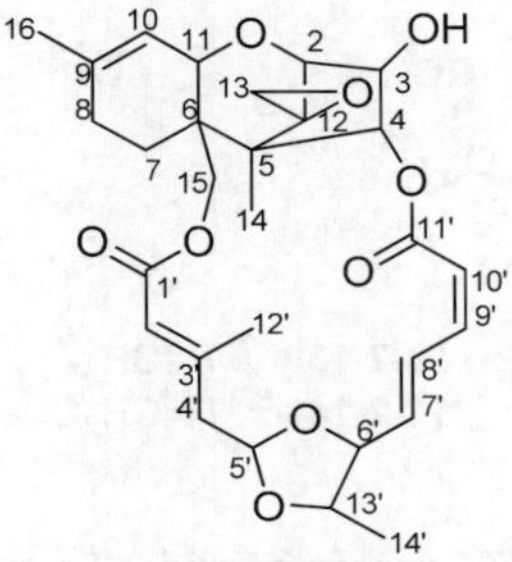　13-2-133 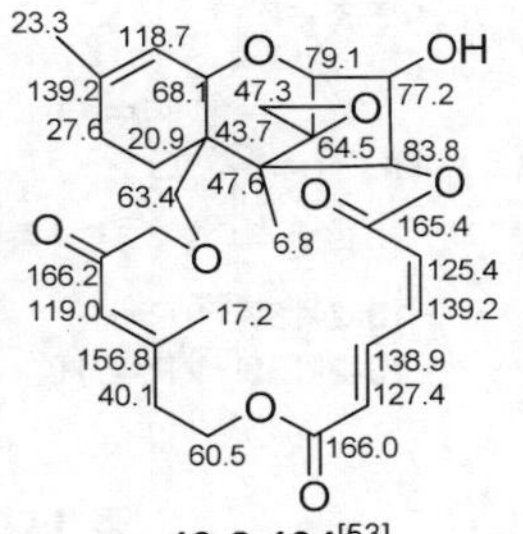　13-2-134[53]

表 13-2-34　roridins 及衍生物的 ^{13}C NMR 数据[53]

C	13-2-130	13-2-131	13-2-132	13-2-133	C	13-2-130	13-2-131	13-2-132	13-2-133
2	79.3	79.2	79.1	77.3	10	124.4	124.4	119.0	118.6
3	35.6	34.9	78.1	77.2	11	67.2	67.4	68.0	68.4
4	74.0	73.7	84.3	82.4	12	65.6	65.6	64.7	64.6
5	48.8	49.3	47.6	49.0	13	48.2	48.1	47.6	47.2
6	42.3	42.4	43.0	43.8	14	7.0	7.5	6.3	7.1
7	27.6	26.6	22.9	20.9	15	64.9	64.7	64.8	63.2
8	69.0	69.0	27.5	27.6	16	20.6	20.7	23.1	23.3
9	136.6	136.6	139.7	140.4	17	171.0	171.1	—	—

续表

C	13-2-130	13-2-131	13-2-132	13-2-133	C	13-2-130	13-2-131	13-2-132	13-2-133
18	21.3	21.1	—	—	8'	126.6	126.3	132.0	125.9
1'	166.1	166.0	167.8	165.9	9'	144.2	143.3	142.0	142.4
2'	116.8	118.9	116.5	118.8	10'	117.8	118.6	119.0	118.9
3'	160.1	155.4	158.1	155.5	11'	166.1	166.4	165.8	166.7
4'	41.4	47.9	39.2	46.9	12'	21.0	18.4	19.5	20.9
5'	70.5	100.9	65.9	101.1	13'	70.9	76.6	69.4	76.6
6'	84.3	82.2	83.0	81.8	14'	18.5	16.7	18.5	16.6
7'	138.7	135.1	135.8	134.9					

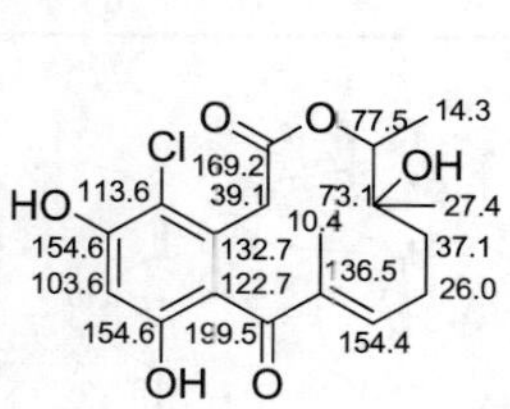

13-2-135[54]

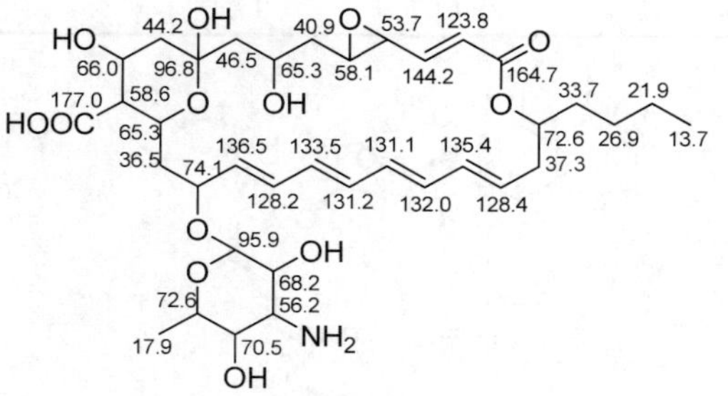

13-2-136[55]

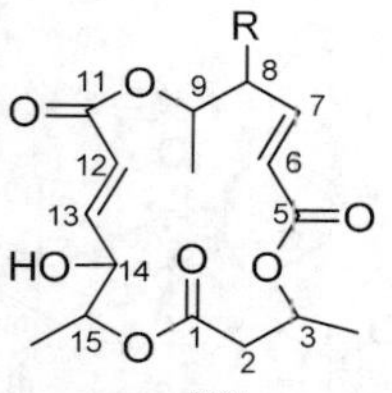

13-2-137[56] R=H
13-2-138[56] R=OH

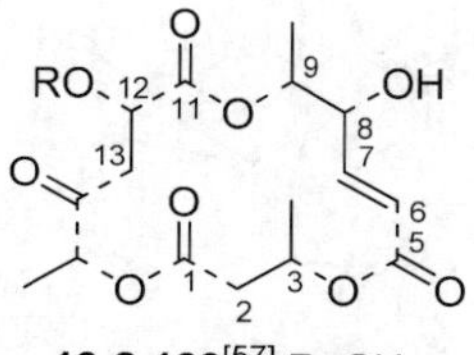

13-2-139[57] R=CH_3
13-2-140[57] R=CH_2CH_3

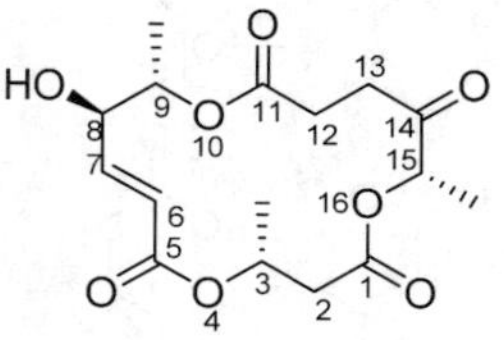

13-2-141[58]

表 13-2-35 macrosphelides 的 ^{13}C NMR 数据

C	13-2-137[56]	13-2-138[56]	13-2-139[57]	13-2-140[57]	13-2-141[58]	C	13-2-137[56]	13-2-138[56]	13-2-139[57]	13-2-140[57]	13-2-141[58]
1	170.0	169.7	169.8	169.7	169.2	12	123.0	126.9	74.7	73.1	33.9
2	40.9	41.5	41.1	41.0	41.3	13	144.9	140.8	42.0	42.7	28.5
3	67.4	69.2	68.5	68.4	67.7	14	72.9	77.7	202.7	202.7	205.2
5	164.8	164.4	164.2	164.2	165.5	15	73.7	68.1	75.4	75.4	75.1
6	124.7	124.3	123.3	123.3	122.9	3-Me	19.5	20.2	20.0	19.9	20.0
7	143.8	145.8	144.3	144.3	144.9	9-Me	20.5	17.8	18.2	18.2	18.0
8	38.8	75.9	74.7	74.7	75.2	12-CH_2				66.9	
9	69.0	72.5	76.6	76.5	76.4	12-Me			58.8	15.0	
11	165.0	164.1	172.8	173.2	174.3	15-Me	17.5	18.3	15.1	15.0	16.3

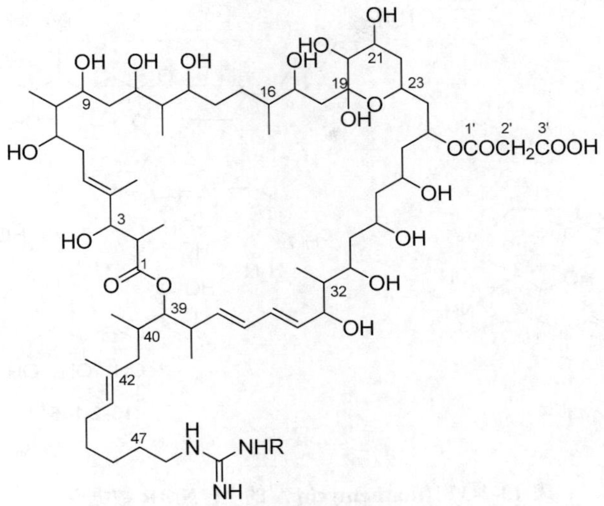

13-2-142 R=CH_3
13-2-143 R=H

表 13-2-36 malolactomycins C、D 的 ^{13}C NMR 数据[59]

C	13-2-142	13-2-143	C	13-2-142	13-2-143	C	13-2-142	13-2-143
1	177.1	177.2	22	41.2	41.1	43	128.2	128.3
2	45.3	45.3	23	65.4	65.4	44	28.7	28.7
3	81.6	81.6	24	41.9	41.9	45	30.4	30.4
4	137.5	137.5	25	70.7	70.6	46	27.3	27.2
5	127.6	127.6	26	44.6	44.7	47	29.9	29.9
6	34.3	34.3	27	65.6	65.6	48	42.6	42.5
7	71.8	71.9	28	46.7	46.7	2-Me	15.4	15.4
8	43.2	43.2	29	66.2	66.2	4-Me	10.7	10.7
9	75.9	75.9	30	43.1	43.1	8-Me	10.0	10.0
10	39.2	39.2	31	71.6	71.5	12-Me	10.3	10.4
11	76.0	75.9	32	45.9	45.9	16-Me	14.7	14.7
12	44.5	44.5	33	73.7	73.7	32-Me	11.0	11.0
13	72.2	72.2	34	135.3	135.3	38-Me	17.9	17.9
14	33.9	33.9	35	131.6	131.6	40-Me	13.9	14.0
15	30.7	30.7	36	131.9	131.8	42-Me	16.0	16.0
16	40.9	40.9	37	137.1	137.1	1'	171.5	171.6
17	72.2	72.3	38	41.2	41.3	2'	45.8	45.8
18	41.4	41.4	39	79.5	79.3	3'	174.0	174.1
19	99.8	99.8	40	33.0	33.0	N=CN_2	158.2	158.6
20	77.1	77.2	41	45.2	45.2	NMe	28.3	
21	69.7	69.7	42	133.8	133.8			

13-2-144[60]

13-2-145[61]

表 13-2-37 mathemycin A 的 ^{13}C NMR 数据[61]

C	13-2-145	C	13-2-145	C	13-2-145	C	13-2-145
1	175.7	19	78.7	37	77.8	26-CH_3	12.2
2	34.0	20	40.7	38	38.5	32-CH_3	12.1
3	30.4	21	69.3	39	80.5	38-CH_3	10.8
4	39.9	22	43.6	40	33.4	40-CH_3	18.3
5	75.4	23	69.7	41	38.5	42-CH_3	22.1
6	35.8	24	43.4	42	31.5	1'	98.1
7	31.4	25	75.2	43	36.7	2'	73.2
8	130.9	26	45.0	44	28.3	3'	72.9
9	135.7	27	72.7	45	31.3	4'	69.3
10	41.8	28	43.4	46	28.4	5'	75.5
11	81.6	29	67.0	47	32.1	6'	63.5
12	137.0	30	44.1	48	42.3	1"	102.7
13	130.2	31	71.0	4-CH_3	14.7	2"	75.1
14	37.4	32	44.8	10-CH_3	16.1	3"	60.1
15	84.3	33	73.6	12-CH_3	13.7	4"	77.1
16	147.0	34	41.2	14-CH_3	18.5	5"	75.1
17	124.1	35	72.2	16-CH_3	12.7	6"	19.1
18	73.2	36	38.6	20-CH_3	12.0		

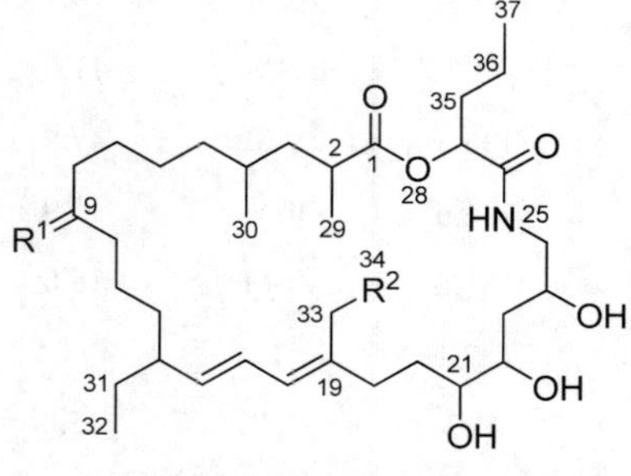

13-2-146 R^1=H; OH; R^2=OCH_3
13-2-148 R^1=O; R^2=OCH_3
13-2-149 R^1=O; R^2=H
13-2-151 R^1=H,H; R^2=OCH_3

13-2-147 R^1=O; R^2=OCH_3
13-2-150 R^1=H,H; R^2=OCH_3

表 13-2-38 megovalicins 的 ^{13}C NMR 数据[62]

C	13-2-146	13-2-147	13-2-148	13-2-149	13-2-150	13-2-151
1	176.1	166.7	176.0	176.0	166.2	176.2
2	37.2	126.2	37.2	37.2	125.2	37.4
3	41.3	149.1	41.0	40.8	149.1	40.8
4	30.4	33.8	30.4	30.5	33.4	30.7
5	36.3	37.0	36.5	36.7	36.8	37.0
6	26.6	27.5	26.5	26.5	26.8	26.6
7	25.8	23.7	23.8	23.8	29.4	29.6
8	37.1	42.5	42.6	42.6	28.9	29.0
9	71.2	212.3	212.3	212.3	29.2	29.3
10	37.5	43.0	43.1	43.1	29.6	29.9
11	23.0	22.3	22.1	21.9	27.2	27.0
12	34.5	34.7	34.7	34.7	35.0	35.1
13	45.3	45.1	45.3	45.0	45.0	45.3
14	140.2	139.6	139.6	137.0	139.8	140.4
15	125.9	125.9	125.9	125.7	124.8	125.4
16	130.7	130.1	130.1	126.8	129.9	130.3
17	134.3	134.7	134.6	135.6	133.7	134.3
18	30.4	30.3	30.2	34.6	30.6	30.9
19	31.1	30.5	30.5	29.7	31.7	31.3
20	73.4	73.5	73.2	73.6	73.7	73.7
21	71.5	71.6	71.7	71.7	71.5	71.6
22	35.8	36.4	36.0	35.6	35.8	35.9
23	68.8	69.0	68.9	69.4	68.8	68.6
24	45.4	45.4	45.4	45.3	45.3	45.4
26	171.2	171.5	171.1	171.5	171.1	171.4
27	73.6	73.9	73.6	74.4	73.8	74.1
29	17.8	12.7	17.5	17.3	12.7	17.2
30	19.9	20.3	19.7	19.7	20.2	19.6
31	28.6	28.4	28.4	28.4	28.5	28.6
32	12.0	11.9	11.9	11.9	11.9	11.9
33	71.1	71.1	71.1	17.0	70.3	70.7
34	58.4	58.3	58.3	—	57.9	58.1
35	34.1	34.1	34.0	34.0	33.9	34.0
36	18.2	18.3	18.2	18.2	18.2	18.3
37	13.7	13.8	13.7	13.7	13.7	13.7

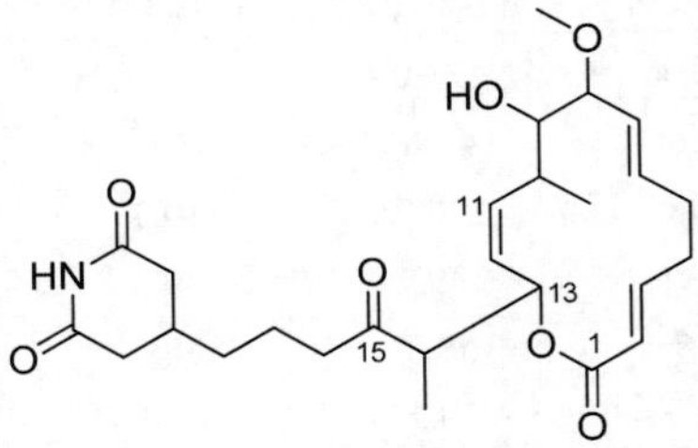

13-2-152

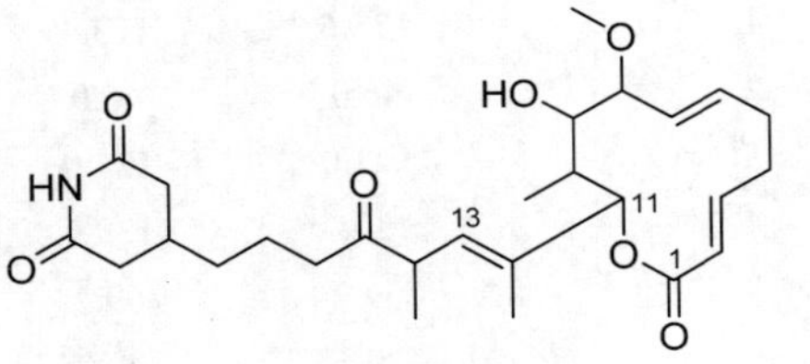

13-2-153

表 13-2-39 13-2-152 和 13-2-153 的 ^{13}C NMR 数据[63]

C	13-2-152	13-2-153	C	13-2-152	13-2-153	C	13-2-152	13-2-153
1	163.9	167.6	10	31.9	38.0	19	30.3	30.0
2	122.1	124.9	11	133.0	82.8	20	37.6	37.8
3	150.0	150.6	12	131.1	134.0	21	172.1	172.2
4	31.0	30.0	13	76.9	127.9	22	13.3	10.5
5	31.9	32.7	14	51.1	45.9	23	25.9	13.3
6	130.5	129.1	15	210.9	210.8	24	13.3	15.7
7	128.0	130.3	16	40.0	39.9	25	37.6	37.8
8	82.5	81.6	17	20.1	20.2	26	172.1	172.2
9	77.9	73.1	18	34.1	34.1	8-OCH$_3$	56.9	57.1

13-2-154 R^1=H; β-OH; R^2=CH_3 (31)
13-2-155 R^1=H; β-OH; R^2=CH_2CH_3 (31, 32)

13-2-156 R^1=H; β-OH; R^2=CH_3
13-2-157 R^1=H; β-OH; R^2=CH_2CH_3

13-2-158 R^1=H; β-OCH_3; R^2=CH_3
13-2-159 R^1=H; β-OCH_3; R^2=CH_2CH_3
13-2-160 R^1=H; β-OH; R^2=CH_3
13-2-161 R^1=H; β-OH; R^2=CH_2CH_3

13-2-162 R^1=H; β-OCH_3; R^2=CH_3; R^3=R^4=OH
13-2-163 R^1=H; β-OCH_3; R^2=CH_2CH_3; R^3=R^4=OH
13-2-164 R^1=H; β-OH; R^2=CH_3; R^3=H; R^4=OH
13-2-165 R^1=H; β-OH; R^2=CH_3; R^3=R^4=H

表 13-2-40 new milbemycins 的 ^{13}C NMR 数据[64]

C	13-2-154	13-2-155	13-2-156	13-2-157	13-2-158	13-2-159
1	173.6	173.4	173.1	173.0	173.4	173.3
2	46.0	46.0	45.6	45.6	45.5	45.5
3	121.0	121.0	120.6	120.7	119.7	119.8
4	139.7	139.6	139.1	139.1	139.4	139.3
5	69.2	69.2	68.9	68.8	69.0	69.0
6	79.6	79.7	79.1	79.1	75.7	76.0
7	80.8	80.8	80.3	80.4	80.4	80.4

续表

C	13-2-154	13-2-155	13-2-156	13-2-157	13-2-158	13-2-159
8	137.1	137.1	136.9	136.9	138.1	138.1
9	121.7	121.6	121.7	121.8	120.9	120.9
10	123.8	123.8	123.3	123.3	123.4	123.4
11	143.5	143.5	143.1	143.2	142.8	142.8
12	37.0	36.4	36.5	35.9	36.5	35.9
13	49.0	48.9	48.5	48.5	48.6	48.5
14	137.4	137.4	136.5	136.5	137.0	137.0
15	121.4	121.3	120.9	120.9	120.4	120.5
16	35.1	35.1	34.7	34.7	34.7	34.7
17	65.2	65.3	64.7	64.8	64.8	64.7
18	37.0	37.1	36.6	36.7	36.6	36.6
19	68.0	67.9	67.5	67.4	67.5	67.4
20	41.6	41.7	41.1	41.3	41.1	41.2
21	98.0	97.8	97.5	97.4	97.5	97.4
22	36.1	36.0	35.6	35.6	35.7	35.6
23	28.1	28.3	27.7	27.8	27.7	27.9
24	36.4	34.7	36.0	34.2	35.9	34.2
25	71.8	76.4	71.3	76.0	71.5	75.7
26	64.9	64.9	64.3	64.3	64.8	64.7
27	69.0	69.0	68.6	68.6	68.3	68.3
28	22.7	22.8	22.3	22.2	22.3	22.3
29	16.0	16.0	15.5	15.5	15.5	15.5
30	18.3	18.2	17.8	17.7	17.9	17.7
31	19.8	26.1	19.3	25.7	19.3	25.7
32		10.6		10.1		10.1
5-OCH_3					57.6	57.6
26-O$\underline{C}$(O)C(CH_3)$CHCH_3$	168.2	168.2				
26-OC(O)$\underline{C}$(CH_3)$CHCH_3$	128.7	128.7				
26-OC(O)C(CH_3)$\underline{C}HCH_3$	138.5	138.4				
26-OC(O)C(CH_3)$CH\underline{C}H_3$	14.9	14.9				
26-OC(O)C($\underline{C}H_3$)$CHCH_3$	12.6	12.6				
26-O$\underline{C}$(O)CH_2CH_3			174.2	174.2		
26-OC(O)$\underline{C}H_2CH_3$			27.5	27.5		
26-OC(O)$CH_2\underline{C}H_3$			9.1	9.1		

C	13-2-160	13-2-161	13-2-162	13-2-163	13-2-164	13-2-165
1	173.2	173.2	174.1	174.1	174.6	174.0
2	45.6	45.6	44.7	44.7	44.4	47.9
3	120.0	120.0	118.6	118.6	118.2	118.2
4	140.0	140.0	136.0	136.0	136.1	136.5
5	68.9	68.9	69.5	69.5	69.9	68.6
6	79.1	79.0	79.3	79.3	71.3	41.0
7	80.4	80.4	76.8	76.8	77.8	76.6
8	139.2	139.1	139.1	139.1	136.7	139.0
9	120.9	120.9	124.1	124.1	124.1	124.6

续表

C	13-2-160	13-2-161	13-2-162	13-2-163	13-2-164	13-2-165
10	123.4	123.3	130.6	130.6	126.3	124.8
11	143.0	143.1	143.7	143.8	140.7	140.8
12	36.5	36.0	36.5	36.0	36.6	36.5
13	48.5	48.5	48.5	48.4	48.8	48.6
14	136.9	136.9	134.5	134.5	135.7	136.2
15	120.5	120.6	120.9	120.8	121.2	120.7
16	34.7	34.7	34.6	34.6	35.7	34.6
17	65.8	65.8	67.5	67.5	67.5	67.6
18	36.5	36.6	36.4	36.5	36.6	36.4
19	67.5	67.4	68.3	68.3	68.1	68.0
20	41.1	41.3	40.9	41.1	40.8	41.1
21	97.6	97.4	97.5	97.3	97.6	97.5
22	35.6	35.7	35.7	35.6	34.4	35.7
23	27.7	27.9	27.7	27.8	27.7	27.7
24	36.0	34.2	36.0	34.4	35.6	36.3
25	71.3	76.0	71.2	75.9	72.6	71.2
26	64.6	64.7	19.2	19.2	19.2	19.0
27	68.5	68.6	57.3	57.3	13.5	13.2
28	22.3	22.3	21.5	21.5	20.5	22.0
29	15.5	15.5	16.0	16.0	15.9	15.9
30	17.8	17.7	17.8	17.7	17.8	17.8
31	19.3	25.7	19.3	25.7	19.3	19.3
32		10.1		10.1		
5-OCH_3			57.7	57.7		
26-OC(O)C(CH_3)$CHCH_3$						
26-OC(O)C(CH_3)$CHCH_3$						
26-OC(O)C(CH_3)$CHCH_3$						
26-OC(O)C(CH_3)$CHCH_3$						
26-OC(O)C(CH_3)$CHCH_3$						
26-OC(O)CH_2CH_3						
26-OC(O)CH_2CH_3						
26-OC(O)CH_2CH_3						

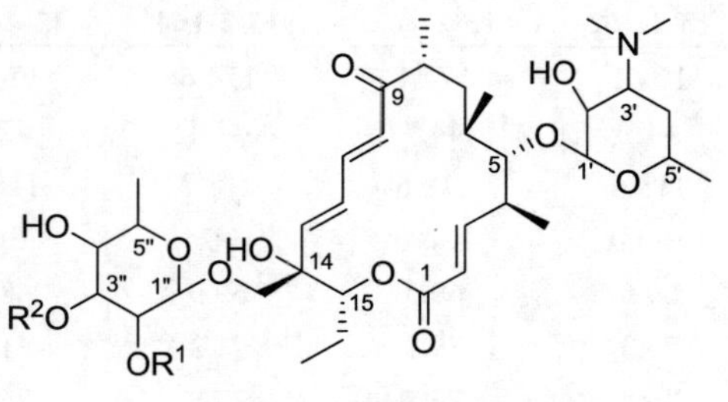

13-2-166 $R^1=CH_3$; $R^2=H$
13-2-172 $R^1=H$; $R^2=H$

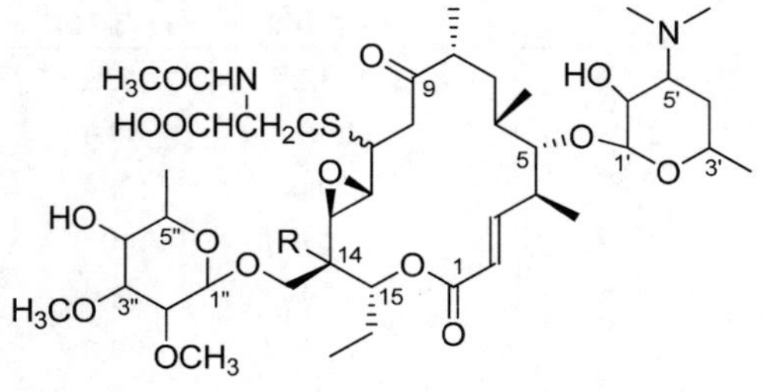

13-2-167 R=H
13-2-168 R=OH

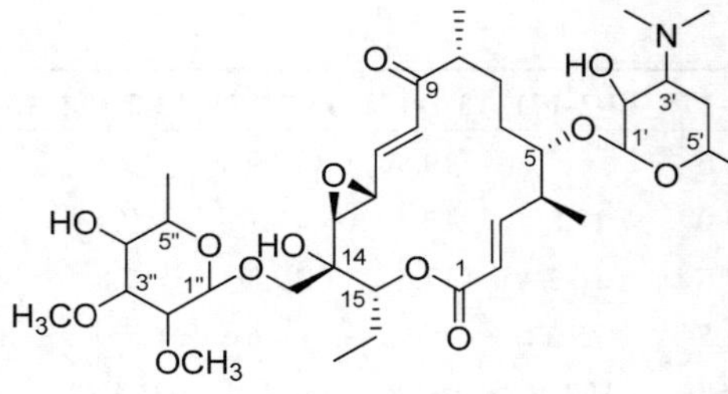

13-2-169 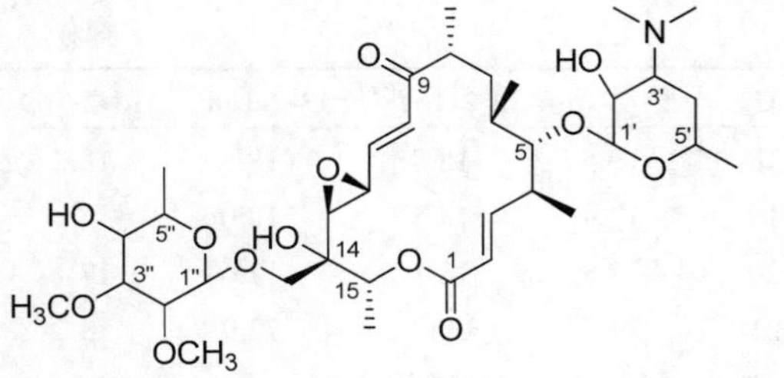 **13-2-170**

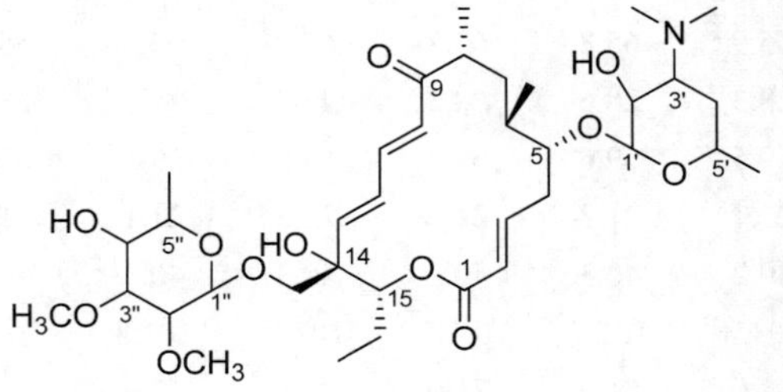

13-2-171 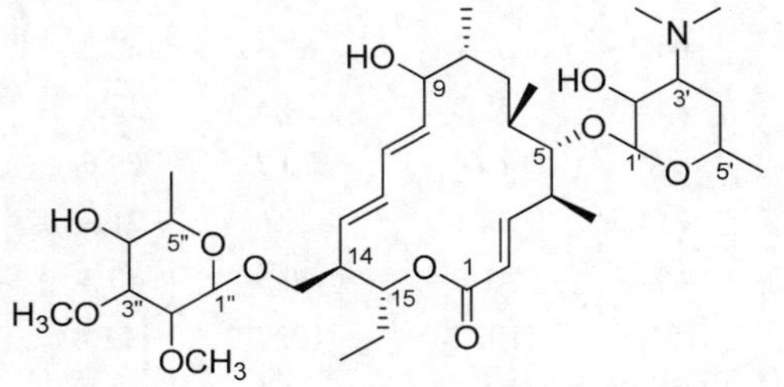 **13-2-173**

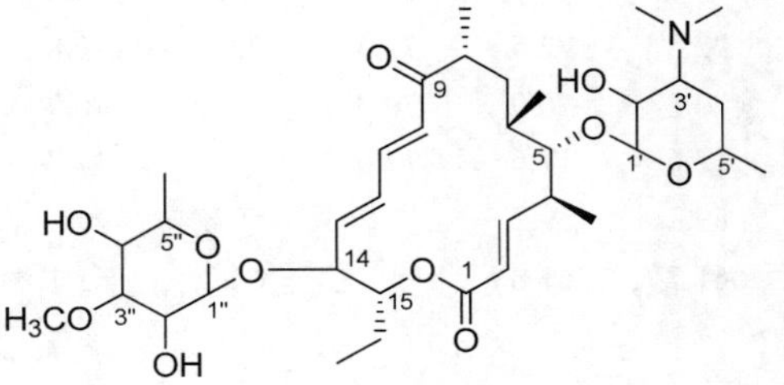

13-2-174 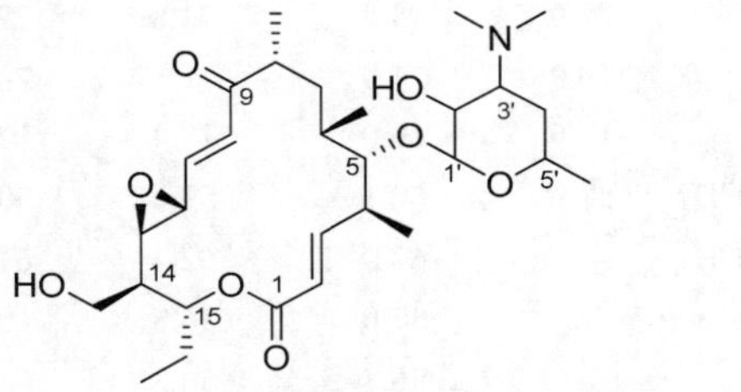 **13-2-175**

表 13-2-41 mycinamicins 的 ^{13}C NMR 数据[65]

C	13-2-166	13-2-167[66]	13-2-168[66]	13-2-169	13-2-170	13-2-171	13-2-172	13-2-173	13-2-174	13-2-175
1	166.4	168.3	167.8	166.1	165.4	166.1	166.6	166.8	165.9	165.7
2	121.1	122.7	122.0	120.2	120.3	123.1	120.7	120.9	120.5	120.1
3	151.9	153.9	153.8	151.8	151.7	145.2	152.1	151.7	152.2	151.9
4	41.3	42.1	41.9	41.0	42.0	32.9	41.3	40.0	41.3	42.0
5	87.9	87.7	87.1	82.5	87.3	80.9	87.7	85.8	87.8	87.5
6	34.4	37.4	36.8	32.2	34.2	33.5	34.1	35.2	34.1	34.3
7	33.2	32.4	31.9	25.8	32.0	32.5	32.7	33.5	29.7	32.0
8	44.8	46.9	46.3	48.3	44.7	44.9	44.8	37.6	44.8	44.7
9	203.4	214.1	213.5	201.5	201.0	204.0	204.4	76.5	203.7	201.0
10	124.6	44.0	43.2	126.8	126.1	124.4	124.0	133.1	124.2	126.0
11	141.3	42.6	41.6	142.9	143.2	141.4	141.5	128.7	141.0	143.5
12	130.6	56.8	58.6	54.1	53.9	130.5	130.9	132.9	130.7	59.5
13	143.3	63.2	58.8	60.5	60.4	143.5	143.5	131.0	140.9	58.5
14	77.6	46.6	74.4	72.5	72.8	77.5	77.7	48.8	83.9	48.8
15	76.1	75.7	77.3	74.7	69.5	75.9	75.8	74.5	74.0	71.9
16	21.6	27.1	23.1	21.4	14.0	21.5	21.5	25.4	24.5	25.0
17	10.4	10.8	11.2	10.1	—	10.4	10.4	9.7	9.7	8.9

续表

C	13-2-166	13-2-167[66]	13-2-168[66]	13-2-169	13-2-170	13-2-171	13-2-172	13-2-173	13-2-174	13-2-175
18	19.5	18.8	18.6	18.2	18.6	—	19.5	18.9	19.4	18.8
19	17.4	18.5	18.0	—	17.0	17.8	17.4	17.1	17.4	17.1
20	17.6	18.1	17.6	17.1	17.5	16.7	17.5	19.3	17.8	17.4
21	74.7	69.2	72.9	73.2	72.5	75.2	75.7	69.6	—	61.5
1'	105.2	106.5	105.9	105.9	105.0	102.4	104.8	104.9	104.8	105.1
2'	70.3	70.3	69.7	70.1	70.4	69.7	70.4	70.4	70.3	70.4
3'	66.2	67.7	67.3	65.7	65.9	65.8	65.8	65.7	65.9	65.9
4'	28.9	35.2	34.5	28.4	28.3	28.6	28.3	28.5	28.5	28.3
5'	69.5	71.4	70.7	69.6	69.5	69.6	69.4	69.5	69.5	69.6
6'	21.2	22.1	21.6	21.3	21.1	21.2	21.1	21.2	21.1	21.2
$N(CH_3)_2$	40.4	41.0	40.5	40.3	40.2	40.3	40.2	40.3	40.3	40.3
1''	101.4	102.7	102.7	101.4	101.3	101.7	101.7	101.1	101.3	
2''	80.3	83.6	83.1	82.0	82.0	81.8	71.0	81.8	72.9	
3''	70.9	82.1	81.4	79.2	79.2	79.2	70.4	79.9	80.6	
4''	72.9	75.4	74.8	72.8	72.8	72.5	72.4	72.7	72.8	
5''	70.9	71.9	71.5	70.9	70.8	70.9	70.7	70.6	70.9	
6''	17.6	19.0	18.4	17.7	17.6	17.6	17.6	17.8	17.7	
2''-OCH_3	58.9	60.1	59.6	59.4	59.3	59.2		59.8	—	
3''-OCH_3		62.9	62.4	61.7	61.7	61.8		61.7	62.1	
1'''		37.0	36.8							
2'''		56.8	56.3							
3'''		177.6	177.0							
4'''		173.5	173.0							
5'''		23.9	23.4							

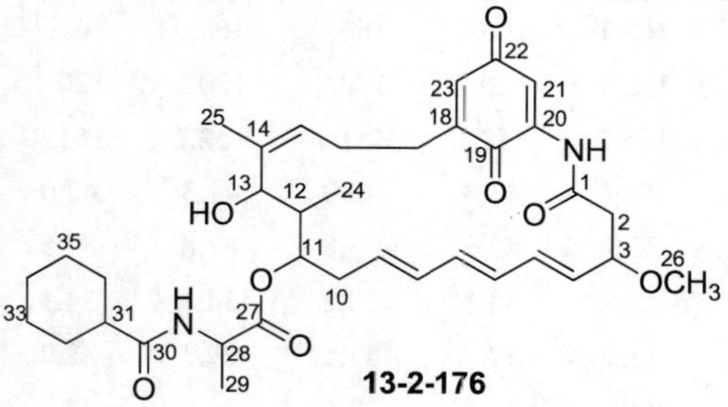

13-2-176

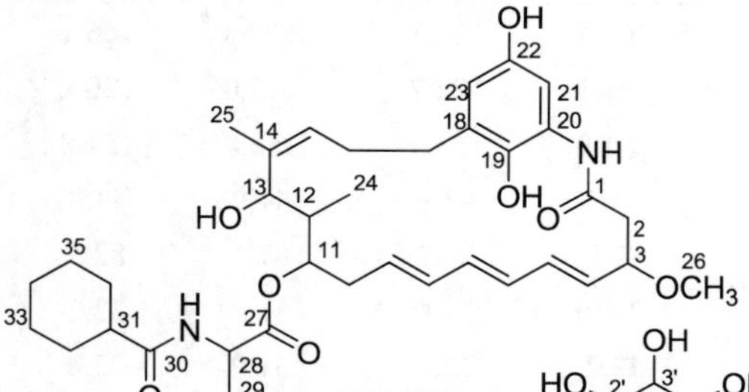

13-2-177

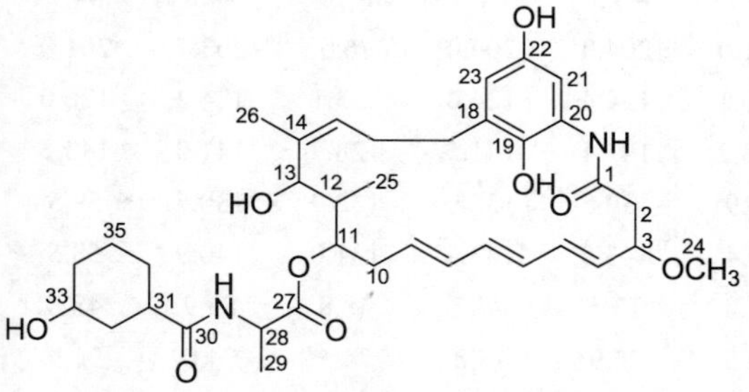

13-2-178

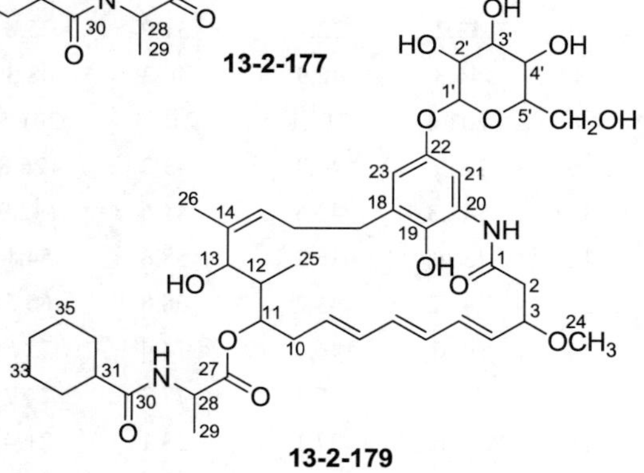

13-2-179

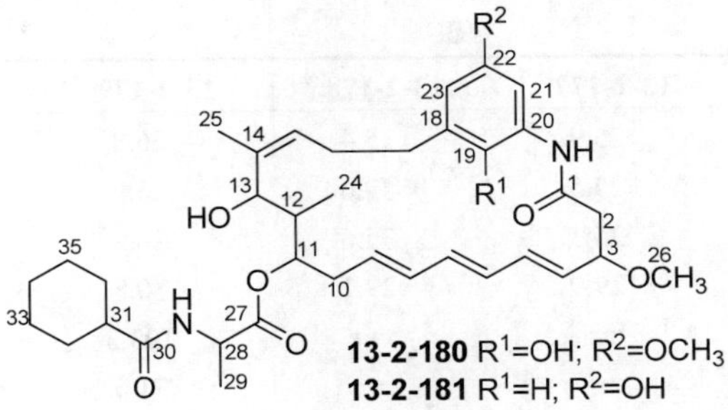

13-2-180 R¹=OH; R²=OCH₃
13-2-181 R¹=H; R²=OH

表 13-2-42 枝三烯菌素及衍生物的 ^{13}C NMR 数据

C	13-2-176[67]	13-2-177[67]	13-2-178[68]	13-2-179[68]	13-2-180[69]	13-2-181[69]
1	169.7	170.3	171.4	171.7	169.7	168.8
2	44.8	43.1	43.6	43.6	43.0	43.6
3	79.2	80.7	81.5	81.6	79.1	78.9
4	131.3	131.1	131.1	131.1	129.4	130.7
5	133.7	135.8	136.4	136.6	134.6	134.1
6	129.5	130.5	130.6	130.7	129.2	129.3
7	133.7	134.8	135.6	135.7	134.4	133.7
8	133.2	133.8	134.7	134.6	133.6	133.4
9	129.3	130.6	130.5	130.5	129.3	129.5
10	33.0	33.6	33.8	33.8	33.8	33.2
11	75.2	75.4	76.5	76.4	75.3	75.5
12	39.9	38.9	39.7	36.9	38.9	39.4
13	68.0	68.1	69.6	69.6	68.4	68.4
14	139.9	139.8	139.5	139.7	138.0	138.2
15	122.5	123.8	124.9	124.8	124.2	124.8
16	25.6	27.0	27.6	27.5	26.5	25.6
17	29.4	32.3	32.5	32.5	32.2	33.2
18	137.9	132.9	133.0	133.2	133.2	144.0
19	188.2	141.7	141.8	144.3	142.2	112.2
20	145.4	127.7	127.2	127.0	125.0	138.4
21	114.5	108.1	108.4	110.5	106.0	105.9
22	182.5	151.3	150.6	150.5	152.5	157.3
22-OCH₃	—	—	—	—	55.8	—
23	133.1	116.4	116.2	118.4	115.1	111.0
24	9.6	9.8	9.8	9.7	9.6	9.9
25	20.5	21.1	20.9	21.0	20.2	20.4
26	56.6	56.7	56.7	56.7	56.6	56.7
27	172.9	173.1	173.7	173.9	173.1	172.9
28	48.5	49.5	50.1	50.2	48.5	48.6
29	17.4	17.2	17.2	17.2	17.8	17.6
30	176.6	176.8	178.6	179.2	176.4	176.7
31	44.9	44.9	44.8	45.9	45.1	44.9
32	29.4	30.0	28.9	30.7	29.4	29.4

续表

C	13-2-176[67]	13-2-177[67]	13-2-178[68]	13-2-179[68]	13-2-180[69]	13-2-181[69]
33	25.6	25.9	35.4	26.8	25.6	25.6
34	25.5	25.5	69.6	26.9	25.6	25.6
35	25.5	26.1	35.6	26.9	25.6	25.6
36	29.3	29.9	29.1	30.8	29.4	29.4
1'	—	—	—	103.3	—	—
2'	—	—	—	71.5	—	—
3'	—	—	—	78.0	—	—
4'	—	—	—	74.9	—	—
5'	—	—	—	78.1	—	—
6'	—	—	—	62.6	—	—

13-2-182

13-2-183

表 13-2-43 hydroxymycotrienins A, B 的 ^{13}C NMR 数据[70]

C	13-2-182	13-2-183	C	13-2-182	13-2-183	C	13-2-182	13-2-183
1	170.5	170.5	13	68.7	74.4	25	20.9	20.9
2	44.8	44.9	14	140.0	135.0	26	56.3	56.2
3	79.8	79.8	15	125.5	127.5	27	173.2	173.3
4	132.2	131.8	16	27.0	27.0	28	49.2	49.0
5	134.4	134.5	17	24.1	23.9	29	17.4	17.6
6	130.1	129.4	18	118.5	118.1	30	176.7	176.6
7	134.1	135.0	19	182.7	182.6	31	44.9	45.0
8	133.6	132.8	20	140.2	140.3	32	30.1	30.0
9	130.6	132.9	21	111.2	111.2	33	25.9	26.0
10	33.0	36.8	22	185.2	185.3	34	26.0	26.1
11	75.4	70.9	23	157.3	157.0	35	26.1	25.9
12	39.5	40.2	24	10.6	11.2	36	29.8	30.0

13-2-184

13-2-185

表 13-2-44 YM-47524 和 YM-47525 的 ^{13}C NMR 数据[71]

C	13-2-184	13-2-185	C	13-2-184	13-2-185	C	13-2-184	13-2-185
2	78.8	78.8	13	47.6	47.6	8'	125.9	126.0
3	34.8	34.8	14	7.5	7.4	9'	144.0	144.1
4	73.7	73.7	15	65.6	65.5	10'	117.4	117.3
5	49.3	49.3	16	20.5	20.4	11'	166.3	166.3
6	42.4	42.3	1'	174.6	174.3	12'	14.6	14.5
7	26.0	26.2	2'	75.7	75.5	13'	70.8	70.8
8	68.0	67.8	3'	37.6	37.4	14'	18.2	18.2
9	136.8	136.7	4'	33.2	33.5	1"	166.1	173.5
10	123.5	123.5	5'	70.3	70.2	2"	121.8	36.0
11	66.6	66.6	6'	84.0	84.0	3"	146.7	18.5
12	65.0	65.1	7'	139.3	139.4	4"	18.1	13.6

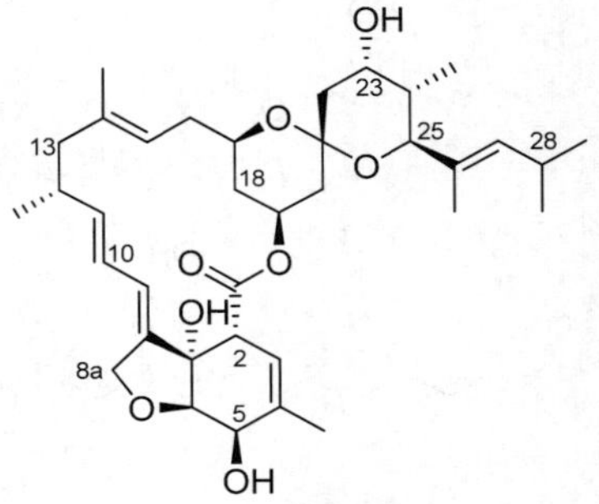

13-2-186

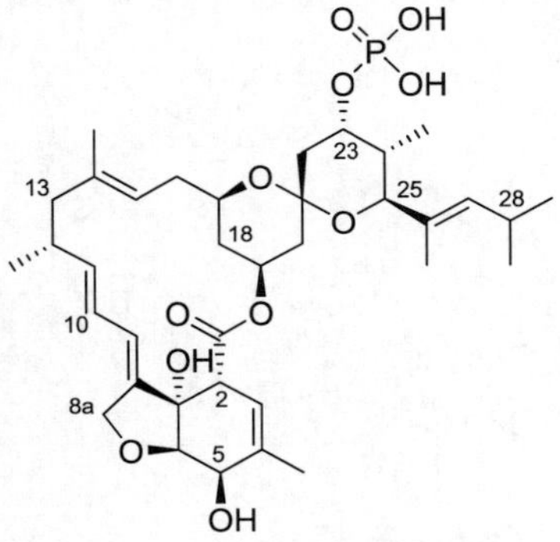

13-2-187

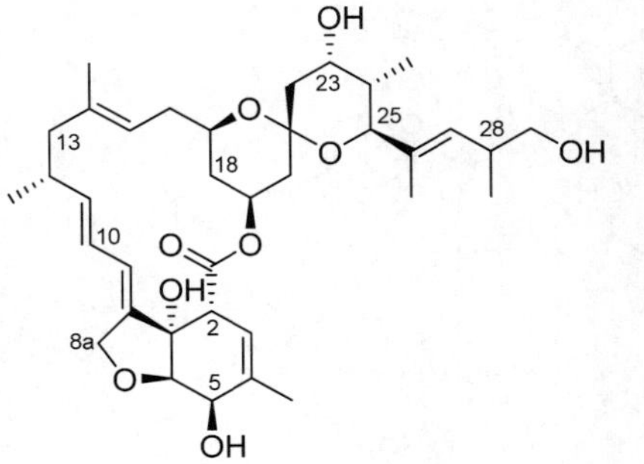

13-2-188

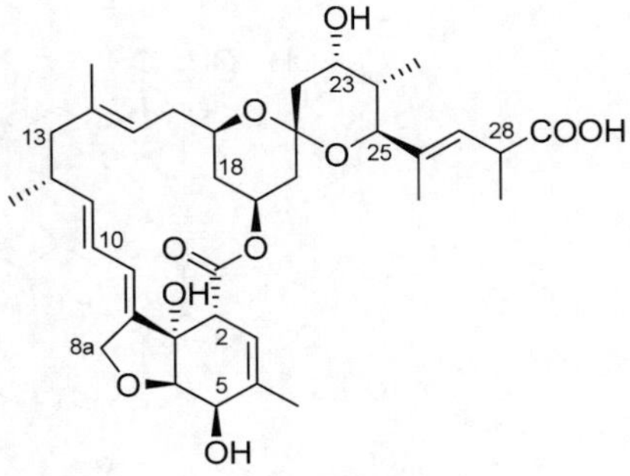

13-2-189

表 13-2-45 nemadectin derivatives 的 ^{13}C NMR 数据[72]

C	13-2-186	13-2-187	13-2-188	13-2-189	C	13-2-186	13-2-187	13-2-188	13-2-189
1	173.6	173.7	173.6	173.8	6	82.4	82.4	82.4	79.5
2	47.1	47.2	47.1	46.0	7	81.9	81.9	81.9	80.5
3	120.3	120.3	120.3	118.3	8	141.5	141.4	141.5	139.6
4	137.2	137.2	137.2	137.7	8a	68.7	68.8	68.7	68.7
4a	19.9	19.9	19.9	20.1	9	121.8	121.9	121.8	120.6
5	69.0	69.0	69.0	67.9	10	125.1	125.1	125.2	123.6

续表

C	13-2-186	13-2-187	13-2-188	13-2-189	C	13-2-186	13-2-187	13-2-188	13-2-189
11	143.5	143.6	143.5	143.2	21	101.2	99.4	101.2	100.0
12	37.3	37.3	37.3	36.3	22	42.3	42.8	42.1	41.1
12a	23.0	23.0	23.0	22.5	23	70.8	76.0	70.8	69.5
13	49.7	49.7	49.6	48.7	24	37.1	36.7	37.0	36.2
14	138.9	138.6	138.9	138.2	24a	14.4	14.1	14.5	13.9
14a	15.9	15.9	15.9	15.8	25	78.2	77.3	78.2	76.5
15	121.9	122.5	121.9	120.4	26	132.5	132.6	135.4	136.6
16	35.8	35.7	35.8	34.9	26a	11.3	11.2	11.7	11.7
17	70.3	69.7	70.3	69.0	27	136.6	138.3	133.7	127.9
18	37.3	37.5	37.3	36.6	28	28.1	28.1	36.5	38.3
19	69.5	70.1	69.5	67.9	28a	23.4	23.4	17.6	17.7
20	42.2	41.0	42.3	40.9	29	23.4	23.4	68.0	178.6

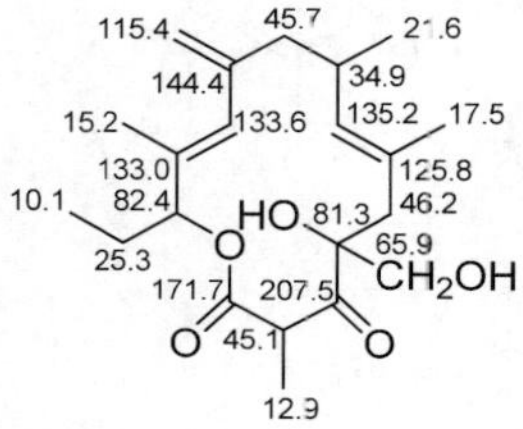

3-2-190[73]

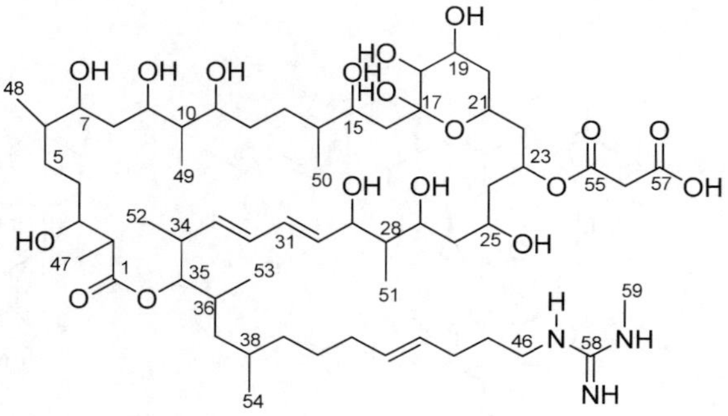

13-2-191

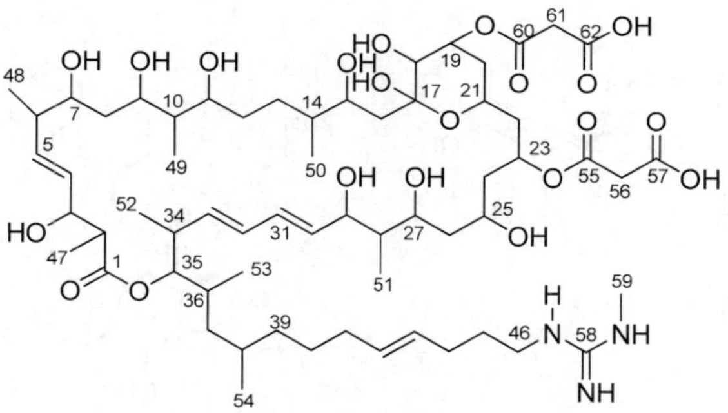

13-2-192

表 13-2-46 尼菲霉素衍生物的 ^{13}C NMR 数据

C	13-2-191[74]	13-2-192[75]	C	13-2-191[74]	13-2-192[75]	C	13-2-191[74]	13-2-192[75]
1	176.8	176.8	7	77.3	76.0	13	37.7	37.6
2	46.9	48.0	8	37.4	39.3	14	30.6	30.6
3	73.0	65.5	9	76.3	75.1	15	65.5	65.8
4	37.4	132.5	10	44.5	45.3	16	41.9	42.0
5	29.4	136.5	11	72.3	72.4	17	99.7	100.0
6	39.9	43.4	12	34.0	33.5	18	77.1	74.2

续表

C	13-2-191[74]	13-2-192[75]	C	13-2-191[74]	13-2-192[75]	C	13-2-191[74]	13-2-192[75]
19	69.7	74.2	34	40.6	40.8	49	10.3	10.6
20	41.2	38.2	35	79.4	79.8	50	11.1	11.3
21	65.4	76.0	36	32.5	32.5	51	20.4	20.4
22	41.5	41.7	37	42.5	42.5	52	17.8	17.9
23	70.7	71.6	38	40.9	40.7	53	14.9	15.0
24	41.5	41.7	39	40.9	40.7	54	14.6	15.1
25	72.3	72.4	40	27.8	27.8	55	171.6	170.0
26	43.7	43.2	41	33.8	33.9	56	40.0	49.9
27	68.9	69.3	42	132.7	133.0	57	174.1	172.2
28	45.2	44.5	43	129.9	129.9	58	158.2	158.3
29	75.9	75.6	44	30.7	30.7	59	28.3	28.3
30	135.4	135.2	45	29.9	29.9	60		169.5
31	132.2	132.0	46	42.0	42.0	61		44.5
32	131.9	131.9	47	13.1	15.0	62		171.8
33	137.0	137.1	48	15.5	17.0			

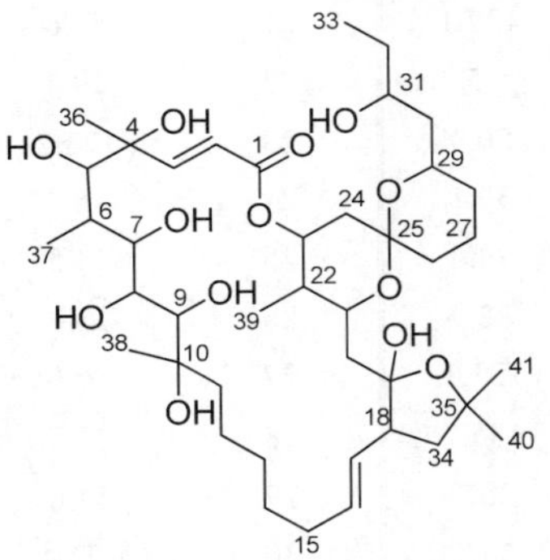

13-2-193

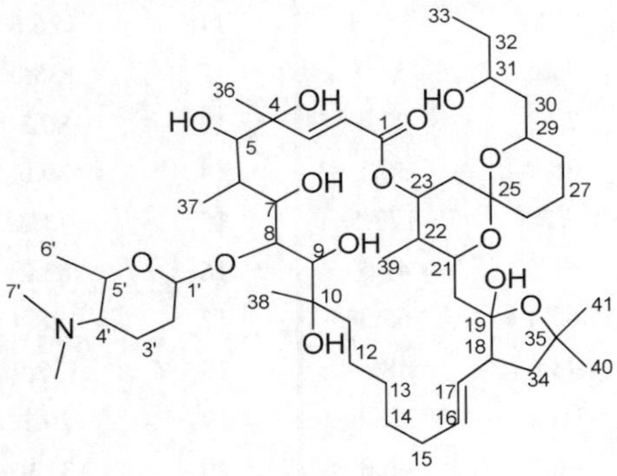

13-2-194

表 13-2-47 13-2-193 和 13-2-194 的 ^{13}C NMR 数据[76]

C	13-2-193	13-2-194	C	13-2-193	13-2-194	C	13-2-193	13-2-194
1	165.0	164.7	12	23.3	23.5	23	69.9	69.5
2	119.8	119.2	13	30.1	30.8	24	39.8	39.9
3	149.4	148.7	14	29.1	29.1	25	98.5	98.1
4	75.4	74.6	15	32.6	35.4	26	34.2	34.0
5	79.9	79.4	16	134.2	133.7	27	19.3	19.2
6	35.3	35.5	17	129.5	129.0	28	30.9	32.4
7	78.2	77.2	18	54.3	54.1	29	65.8	65.5
8	72.7	86.1	19	106.4	106.1	30	44.0	43.9
9	73.8	74.3	20	38.5	38.2	31	68.2	67.9
10	76.2	74.6	21	68.0	67.7	32	29.8	29.6
11	35.5	30.2	22	34.6	34.5	33	10.1	10.0

续表

C	13-2-193	13-2-194	C	13-2-193	13-2-194	C	13-2-193	13-2-194
34	43.4	43.0	39	6.0	5.9	3'		20.2
35	81.8	81.6	40	28.9	28.8	4'		61.8
36	28.3	28.5	41	30.4	30.2	5'		72.3
37	5.4	5.5	1'		98.3	6'		13.3
38	22.1	22.0	2'		29.9	7'		43.3

13-2-195

13-2-196

表 13-2-48 13-2-195 和 13-2-196 的 ^{13}C NMR 数据[77]

C	13-2-195	13-2-196	C	13-2-195	13-2-196	C	13-2-195	13-2-196
1	177.4	177.4	11	126.6	127.1	21	41.6	40.5
2	37.1	37.0	12	135.0	135.4	22	39.4	41.9
3	27.3	27.4	13	80.3	80.9	23	173.2	172.9
4	38.1	38.1	14	39.0	39.1	24	16.0	15.9
5	177.5	177.5	15	73.2	73.4	25	14.5	14.4
6	41.5	41.5	16	83.2	82.9	26	11.6	11.3
7	65.4	65.3	17	128.4	131.1	27	56.6	57.0
8	48.6	48.6	18	137.9	135.7	28	31.7	32.1
9	216.2	216.0	19	29.1	28.7	29	54.6	54.7
10	46.7	46.8	20	31.9	34.1	30	173.4	173.1

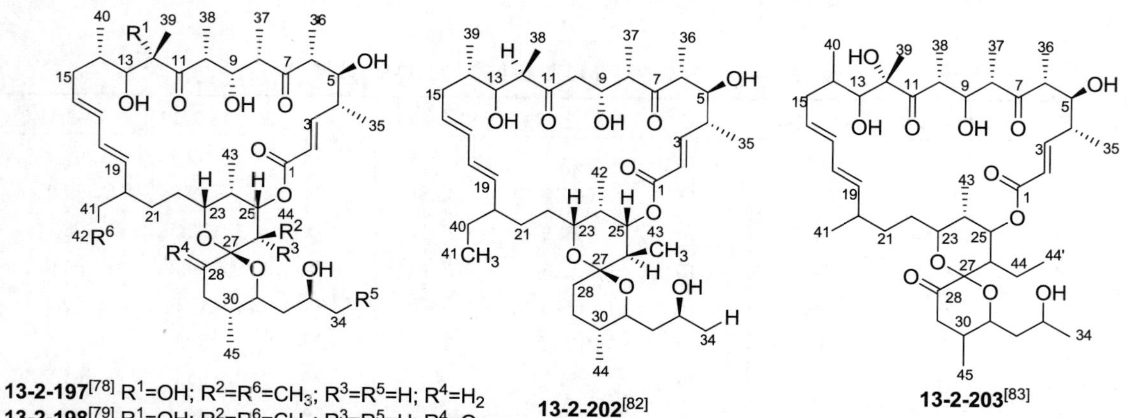

13-2-197[78] R^1=OH; R^2=R^6=CH_3; R^3=R^5=H; R^4=H_2
13-2-198[79] R^1=OH; R^2=R^6=CH_3; R^3=R^5=H; R^4=O
13-2-199[79] R^1=R^3=R^5=H; R^2=R^6=CH_3; R^4=H_2
13-2-200[80] R^1=R^3=OH; R^2=R^6=CH_3; R^4=O; R^5=H
13-2-201[81] R^1=OH; R^2=R^5=CH_3; R^3=R^6=H; R^4=H_2

13-2-202[82]

13-2-203[83]

表 13-2-49 寡霉素及衍生物的 ^{13}C NMR 数据

C	13-2-197[78]	13-2-198[79]	13-2-199[79]	13-2-200[80]	13-2-201[81]	13-2-202[82]	13-2-203[83]
1	165.1	165.1	165.1	165.4	165.1	165.3	165.0
2	122.8	122.3	122.7	122.0	122.8	122.5	122.5
3	148.4	148.9	148.2	150.0	148.4	151.1	149.1
4	40.2	40.1	40.1	40.4	40.2	42.1	40.2
5	73.0	73.0	72.8	73.1	73.0	81.0	73.0
6	46.6	46.5	47.5	45.2	46.6	36.2	46.7
7	220.3	220.0	221.8	219.8	220.4	80.4	220.1
8	42.0	42.0	49.3	46.3	42.0	41.5	45.9
9	72.7	72.7	70.7	72.5	72.6	67.3	72.6
10	45.8	41.9	45.5	42.1	45.7	49.1	41.8
11	220.0	220.2	215.7	220.8	220.0	216.2	220.2
12	83.0	83.1	48.8	83.0	83.1	50.5	83.1
13	72.3	71.9	71.2	72.5	72.2	71.5	72.0
14	33.6	33.5	33.3	33.5	33.5	34.4	33.6
15	38.5	38.1	37.4	38.5	38.5	37.7	38.4
16	129.4	129.9	129.6	129.8	129.4	131.4	129.3
17	132.5	132.2	132.2	132.3	132.4	133.2	132.1
18	130.3	130.6	130.3	130.6	130.3	132.0	130.1
19	137.9	137.1	137.5	137.4	137.8	137.3	138.4
20	46.1	46.0	45.9	45.9	46.1	47.2	34.4
21	31.5	31.1	31.4	31.2	31.5	32.3	33.0
22	31.1	30.9	30.9	30.4	31.0	32.2	30.7
23	69.1	71.1	69.0	70.9	69.1	69.2	70.8
24	35.9	35.7	35.7	35.6	35.9	36.9	35.9
25	76.2	75.8	76.4	74.2	76.3	76.9	76.0
26	37.8	31.1	37.7	74.1	37.8	38.7	36.8
27	99.2	100.1	99.1	97.6	99.2	99.6	101.1
28	26.1	203.1	26.0	207.9	26.1	26.8	203.0
29	26.6	44.0	26.5	45.0	26.6	27.4	43.9
30	30.6	37.0	30.5	38.0	30.7	31.4	36.8
31	67.3	67.1	67.2	68.0	67.3	68.0	67.1
32	42.7	41.7	42.6	41.5	40.3	43.7	41.7
33	64.7	64.5	64.6	64.3	69.7	64.1	64.6
34	24.8	25.0	24.7	25.1	31.2	25.4	25.0
34'	—	—	—	—	9.76	—	—
35	18.0	17.7	17.9	18.0	18.0	18.6	17.8
36	8.4	8.3	8.1	9.1	8.3	4.6	8.4
37	9.3	9.3	9.5	8.6	14.1	9.9	9.5
38	14.2	13.9	13.6	14.0	9.3	13.6	13.9
39	21.1	20.9	13.2	21.2	21.0	13.1	21.0
40	14.5	14.5	12.7	14.4	14.5	29.7	14.5

续表

C	13-2-197[78]	13-2-198[79]	13-2-199[79]	13-2-200[80]	13-2-201[81]	13-2-202[82]	13-2-203[83]
41	28.6	28.7	28.4	28.5	28.6	12.3	21.5
42	12.1	12.0	12.0	12.1	12.1	6.6	
43	6.1	5.8	5.8	8.6	6.1	12.3	5.9
44	11.8	11.6	11.7	21.5	11.8	11.5	21.9
44'	—	—	—	—	—	—	13.1
45	11.3	12.7	11.2	12.7	11.3	—	13.1

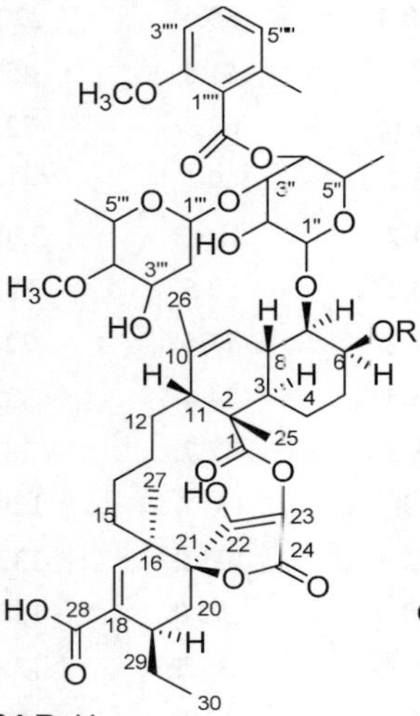

13-2-204 R=H
13-2-205 R=2,4-二-*O*-甲基-3-*C*-甲基-*α*(D 或 L)-鼠李糖

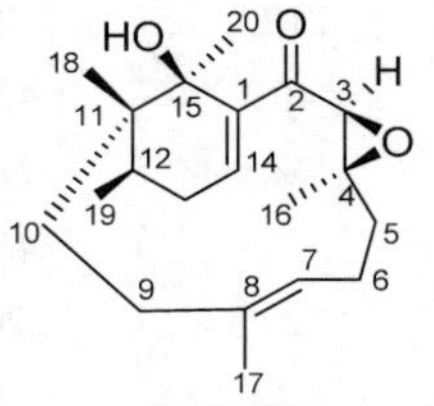

13-2-206 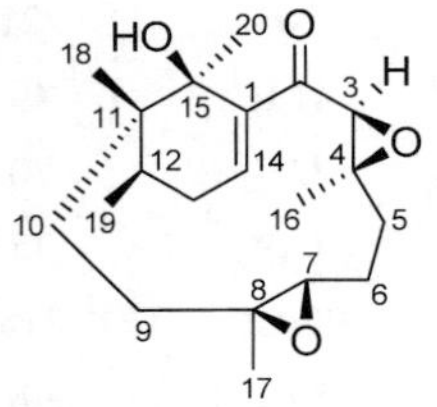 **13-2-207** 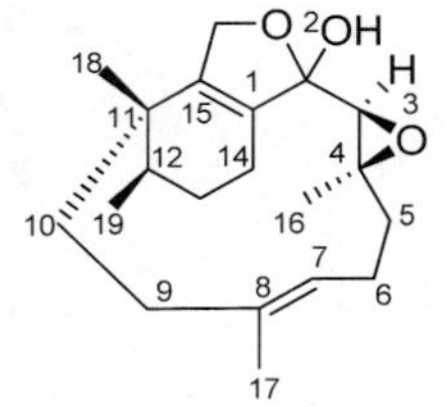 **13-2-208** 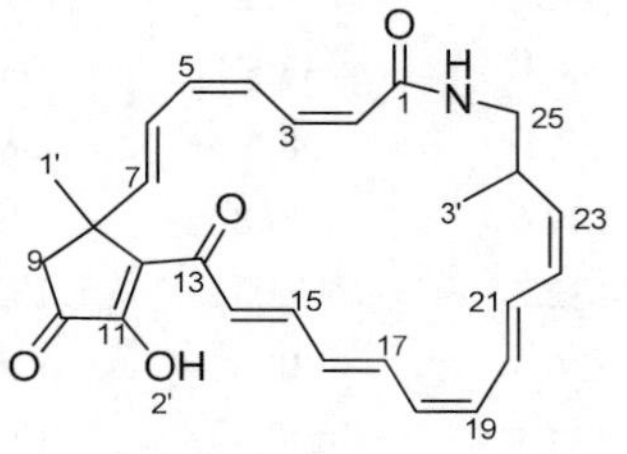 **13-2-209** 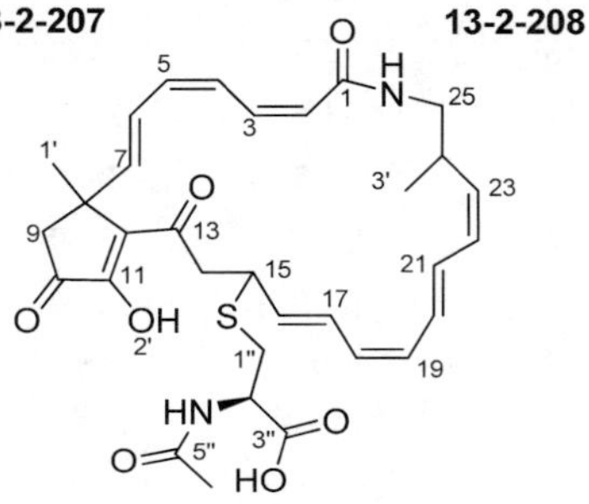 **13-2-210**

表 13-2-50 PA-46101 A、B 的 ^{13}C NMR 数据[84]

C	13-2-204	13-2-205	C	13-2-204	13-2-205	C	13-2-204	13-2-205
糖苷配基			18	131.2	131.2	4'		86.6
1	179.9	179.8	19	34.0	34.1	5'		66.7
2	50.4	50.4	20	27.6	27.7	6'		18.0
3	37.7	37.9	21	82.9	82.9	2'-OCH$_3$		59.0
4	20.0	20.7	22	160.9	160.9	3'-CH$_3$		18.5
5	29.9	31.0	23	116.3	116.4	4'-OCH$_3$		61.6
6	67.6	77.0	24	165.9	165.9	1''	101.9	103.5
7	85.1	85.3	25	15.9	15.9	2''	70.2	70.9
8	36.7	37.4	26	22.4	22.4	3''	80.2	81.1
9	119.7	120.0	27	21.6	21.7	4''	74.0	74.3
10	134.5	134.3	28	171.6	171.5	5''	67.5	67.3
11	54.2	54.2	29	26.4	26.5	6''	17.6	17.8
12	30.4	30.5	30	12.6	12.7	BzO		
13	33.7	33.7	4'''-OCH$_3$	57.4	57.4	COO	167.7	167.8
14	25.7	25.8	糖基			1''''	123.1	123.2
15	34.3	34.4	1'		98.1	2''''	156.3	156.4
16	46.5	46.5	2'		84.9	3''''	108.2	108.3
17	148.1	148.2	3'		73.2	4''''	130.4	130.5

续表

C	13-2-204	13-2-205	C	13-2-204	13-2-205	C	13-2-204	13-2-205
5''''	122.3	122.3	糖基			4'''	82.1	82.1
6''''	136.1	136.1	1'''	99.4	99.7	5'''	68.7	68.8
2''''-OCH_3	55.8	55.9	2'''	36.3	36.3	6'''	17.9	18.0
6''''-CH_3	19.2	19.2	3'''	63.6	63.7			

表 13-2-51 phomactin 的 ^{13}C NMR 数据[85]

C	13-2-206	13-2-207	13-2-208	C	13-2-206	13-2-207	13-2-208
1	149.5	150.6	134.5	11	44.0	43.7	38.6
2	203.2	202.6	109.7	12	40.9	34.3	34.5
3	68.8	68.2	64.9	13	32.9	33.4	29.1
4	64.2	64.4	61.4	14	134.4	133.4	24.1
5	39.2	35.5	35.1	15	74.2	76.5	144.7
6	24.4	25.3	24.4	16	15.3	14.8	21.0
7	121.0	62.5	129.5	17	17.9	16.2	17.0
8	137.8	64.0	135.2	18	19.0	21.1	22.2
9	33.9	38.9	36.1	19	21.1	22	14.9
10	35.0	35.6	33.6	20	26.0	23.2	70.5

表 13-2-52 13-2-209 和 13-2-210 的 ^{13}C NMR 数据[86]

C	13-2-209	13-2-210	C	13-2-209	13-2-210	C	13-2-209	13-2-210
1	164.4	165.8	12	138.6	138.1	23	136.3	136.3
2	122.5	122.8	13	191.8	196.5	24	33.5	31.6
3	132.5	131.1	14	129.2	45.5(×2)	25	43.8	31.3(×2)
4	124.2	123.3	15	142.4	43.9	1'	28.6	25.0
5	133.8	133.9	16	129.8	132.7	3'	17.8	17.9
6	121.3	121.8	17	138.5	127.9	1''		31.3(×2)
7	143.9	143.2	18	127.7	127.6	2''		51.6
8	43.4	41.3	19	134.2	130.1	3''		172.2
9	49.2	48.1	20	127.2	127.6	5''		169.4
10	202.7	204.5	21	132.2	129.5	6''		22.1
11	154.3	156.3	22	129.3	129.3			

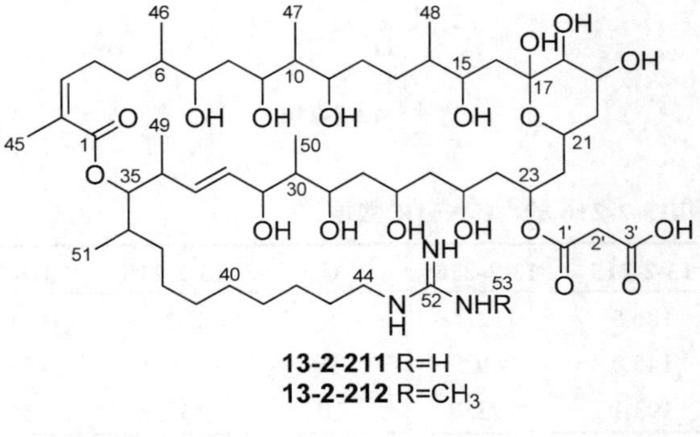

13-2-211 R=H
13-2-212 R=CH_3

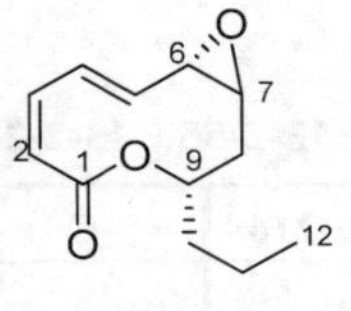

13-2-213

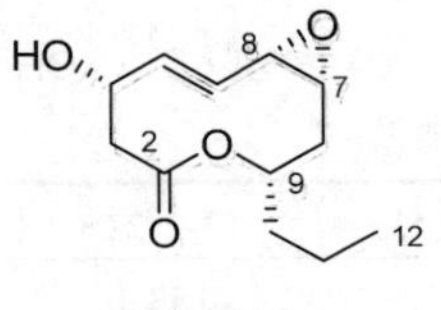

13-2-214

表 13-2-53 波拉霉素 A 和 B 的 ^{13}C NMR 数据[87]

C	13-2-211	13-2-212	C	13-2-211	13-2-212	C	13-2-211	13-2-212
1	169.5	169.6	20	41.2	41.2	39	30.4	30.4
2	128.9	129.0	21	65.4	65.4	40	30.1	30.1
3	144.2	144.2	22	42.0	42.0	41	27.9	27.9
4	27.7	27.7	23	70.6	70.6	42	27.6	27.6
5	32.1	32.1	24	44.7	44.7	43	29.9	30.0
6	40.2	40.2	25	65.6	65.7	44	42.5	42.6
7	77.1	77.1	26	46.5	46.5	45	12.6	12.6
8	37.7	37.8	27	66.2	66.3	46	15.5	15.5
9	76.3	76.4	28	43.6	43.6	47	10.3	10.3
10	44.4	44.3	29	71.8	71.7	48	14.5	14.6
11	72.4	72.4	30	45.8	45.8	49	11.1	11.2
12	34.0	34.0	31	73.4	73.6	50	17.7	17.8
13	30.6	30.7	32	134.3	134.2	51	14.4	14.4
14	40.9	40.9	33	134.1	134.2	52	158.7	158.3
15	72.3	72.3	34	40.7	40.7	53	—	28.3
16	41.5	41.6	35	80.3	80.3	1'	171.8	171.8
17	99.7	99.8	36	35.3	35.4	2'	46.1	46.1
18	77.1	77.2	37	34.9	35.0	3'	174.1	174.1
19	69.7	69.7	38	30.8	30.8			

表 13-2-54 phomolides A 和 B 的 ^{13}C NMR 数据[88]

C	13-2-213	13-2-214	C	13-2-213	13-2-214	C	13-2-213	13-2-214
1	168.0	171.9	5	133.3	137.0	9	75.3	74.1
2	126.2	44.4	6	78.6	79.9	10	38.6	40.2
3	139.0	67.8	7	76.7	77.2	11	18.5	19.3
4	130.2	127.2	8	39.9	42.4	12	13.9	14.3

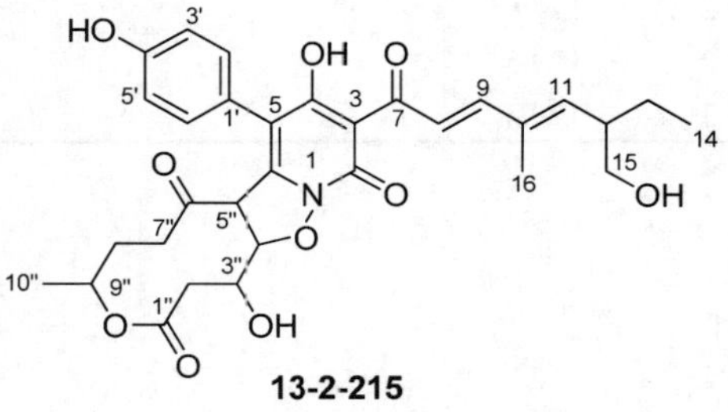

13-2-215

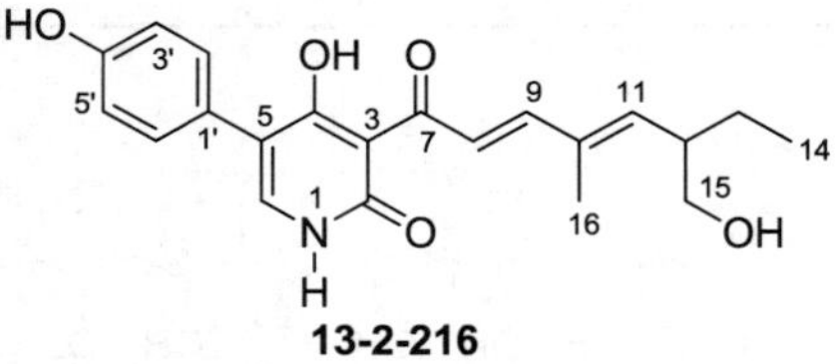

13-2-216

表 13-2-55 13-2-215 和 13-2-216 的 ^{13}C NMR 数据[89]

C	13-2-215	13-2-216	C	13-2-215	13-2-216	C	13-2-215	13-2-216
2	153.1	161.7	5	106.5	112.7	8	122.6	123.1
3	105.6	105.9	6	145.0	140.5	9	149.9	149.3
4	173.7	176.9	7	193.1	193.7	10	134.4	134.5

续表

C	13-2-215	13-2-216	C	13-2-215	13-2-216	C	13-2-215	13-2-216
11	148.1	147.4	3'	115.7	114.9	5"	54.7	—
12	43.6	43.5	4'	157.7	156.7	6"	207.4	—
13	23.9	24.0	5'	115.7	114.9	7"	39.8	—
14	11.6	11.6	6'	131.6	130.0	8"	32.8	—
15	64.0	64.0	1"	168.4	—	9"	71.4	—
16	12.7	12.7	2"	40.7	—	10"	18.5	—
1'	121.5	123.4	3"	67.5	—			
2'	131.6	130.0	4"	87.8	—			

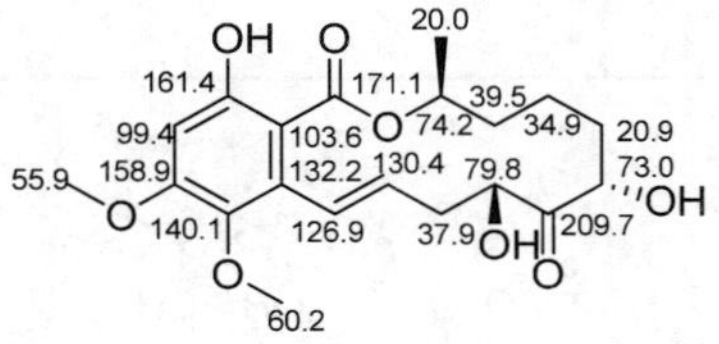

13-2-217[90]

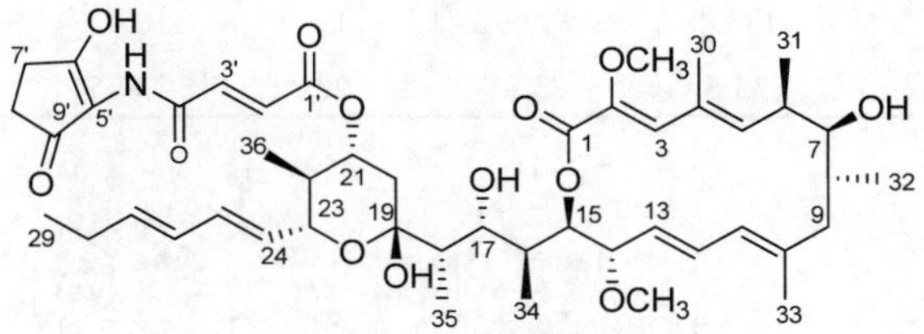

13-2-218

表 13-2-56 R176502 的 ^{13}C NMR 数据[91]

C	13-2-218	C	13-2-218	C	13-2-218	C	13-2-218
1	167.6	13	127.0	25	133.5	2-OCH_3	59.9
2	142.0	14	83.0	26	129.7	14-OCH_3	55.6
3	133.4	15	77.0	27	137.2	1'	168.1
4	132.7	16	38.2	28	26.2	2'	135.0
5	145.6	17	70.8	29	13.7	3'	133.0
6	37.9	18	42.3	30	14.1	4'	165.0
7	80.2	19	100.3	31	17.6	5'	—
8	41.9	20	40.2	32	22.2	6'	—
9	42.3	21	75.1	33	20.3	7'	27.8
10	145.0	22	41.8	34	10.0	8'	37.3
11	125.2	23	75.3	35	7.2	9'	—
12	134.5	24	130.8	36	11.6		

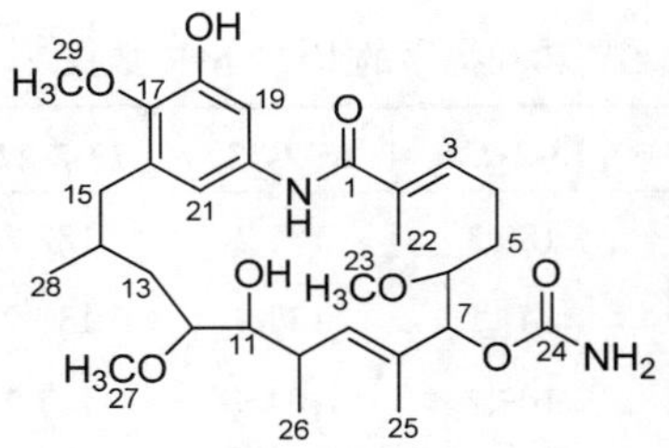

13-2-219

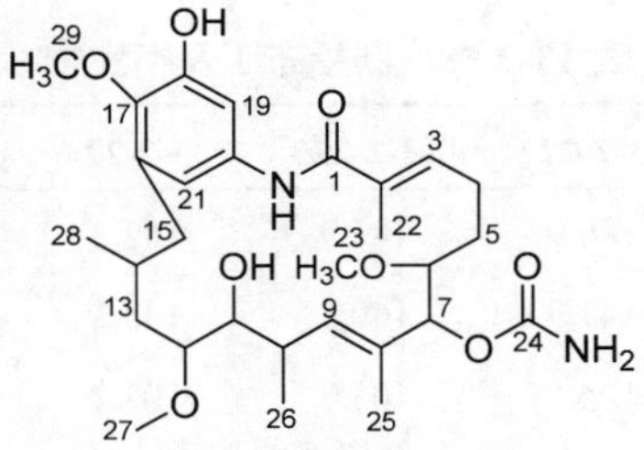

13-2-220

表 13-2-57 13-2-219 和 13-2-220 的 ^{13}C NMR 数据

C	13-2-219[92]	13-2-220[93]	C	13-2-219[92]	13-2-220[93]	C	13-2-219[92]	13-2-220[93]
1	170.1	169.5	11	73.8	73.6	21	114.6	114.0
2	132.2	132.1	12	81.1	80.8	22	13.0	12.5
3	134.6	134.2	13	34.4	34.4	23	58.2	57.7
4	23.6	23.4	14	31.1	30.8	24	156.1	155.8
5	29.8	29.5	15	35.8	35.6	25	11.6	11.4
6	79.6	79.5	16	133.4	133.1	26	15.9	15.4
7	80.6	80.1	17	142.5	142.2	27	56.4	56.0
8	129.7	129.3	18	150.0		28	19.8	19.7
9	133.4	132.9	19	107.2	106.8	29	59.7	59.4
10	33.6	33.3	20	134.5	134.1			

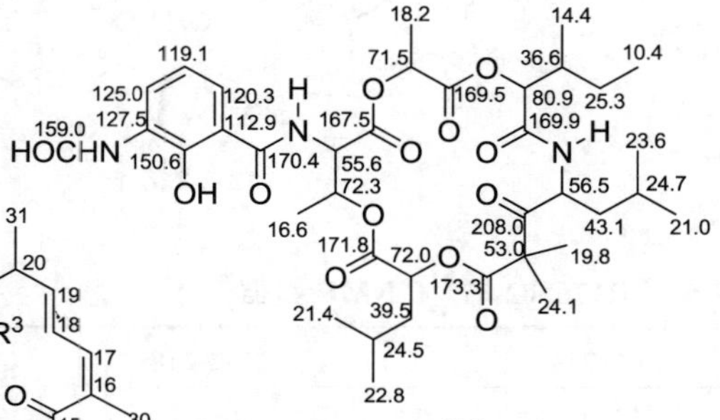

13-2-221[94]

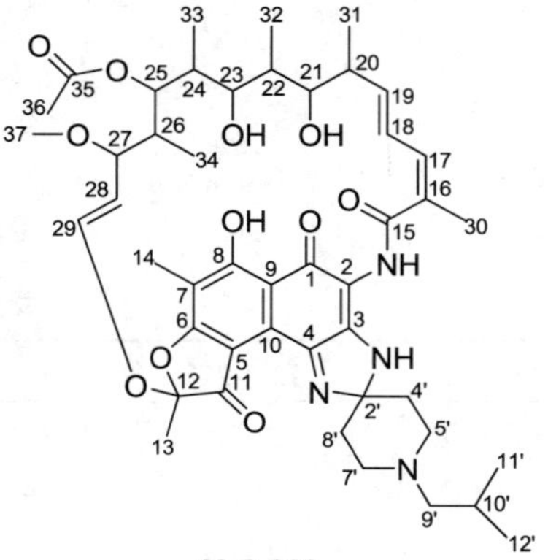

13-2-222

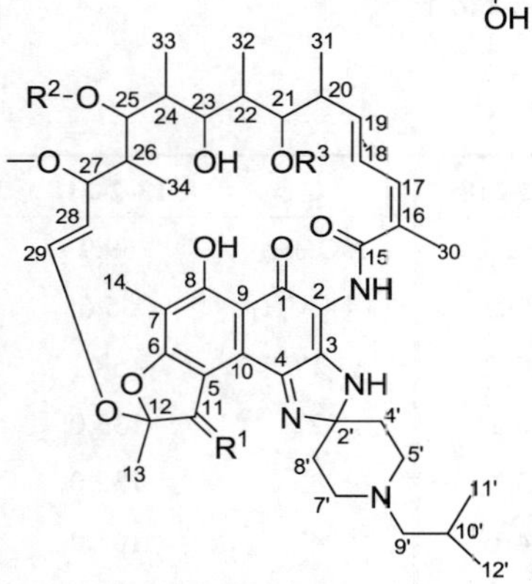

13-2-223 R^1=H,OH; R^2=Ac; R^3=H
13-2-224 R^1=O; R^2=Ac; R^3=Ac
13-2-225 R^1=H,OH; R^2=Ac; R^3=Ac
13-2-226 R^1=O; R^2=H; R^3=H
13-2-227 R^1=H,OH; R^2=H; R^3=H

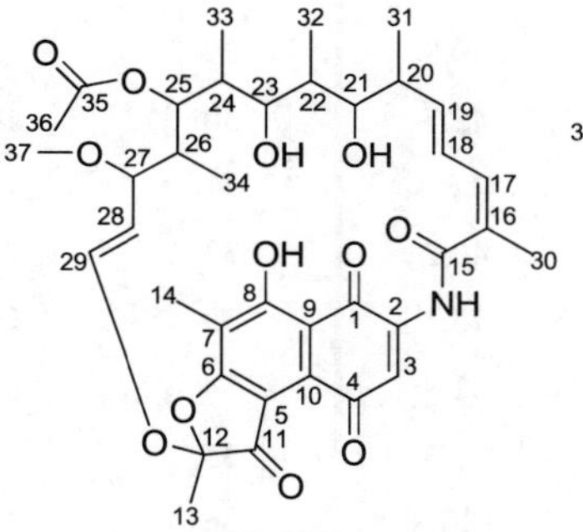

13-2-228

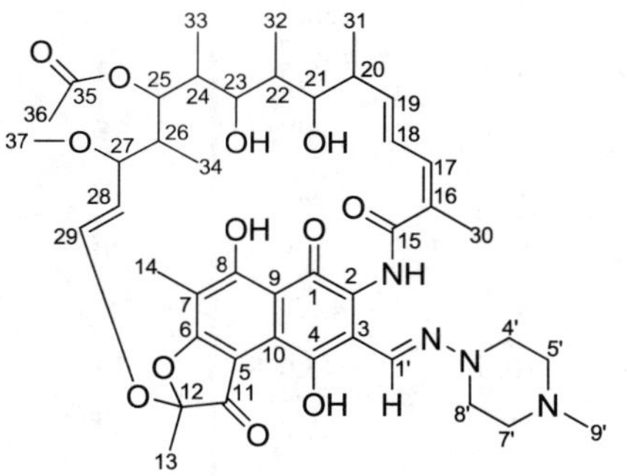

13-2-229

表 13-2-58 利福布丁及衍生物、利福霉素 SV 和利福平的 ^{13}C NMR 数据[95]

C	13-2-222	13-2-223	13-2-224	13-2-225	13-2-226	13-2-227	13-2-228	13-2-229
1	180.9	181.9	182.2	182.7	180.3	181.2	182.2	138.5
2	141.9	140.5	148.1	141.0	141.5	139.9	130.9	120.3
3	104.5	105.7	105.2	106.2	104.2	104.9	117.2	110.7
4	155.0	158.8	155.5	159.9	154.8	158.6	184.8	147.9

续表

C	13-2-222	13-2-223	13-2-224	13-2-225	13-2-226	13-2-227	13-2-228	13-2-229
5	125.1	120.0	126.0	120.9	124.8	120.2	139.0	117.8
6	171.4	159.8	171.9	159.9	170.9	159.3	172.5	174.4
7	114.1	113.0	113.5	113.3	114.5	113.7	115.5	106.0
8	168.1	163.1	168.6	163.5	168.0	162.9	166.8	169.2
9	111.8	108.2	112.3	108.8	111.4	107.5	110.7	112.8
10	108.8	120.6	109.0	120.2	109.4	120.7	110.8	104.5
11	192.4	76.5	192.7	77.1	191.8	75.9	191.8	195.3
12	107.1	111.7	106.8	112.0	107.9	112.9	108.4	108.7
13	21.7	25.0	21.0	21.0	22.7	25.7	22.3	21.4
14	7.4	8.1	7.5	8.2	7.6	8.4	7.5	7.5
15	168.4	168.5	168.1	168.0	168.1	168.1	169.5	169.6
16	131.2	130.2	131.9	131.7	132.4	132.0	130.5	129.3
17	132.8	133.6	132.1	132.5	132.7	133.1	133.8	135.1
18	123.9	123.9	125.8	125.8	123.2	123.0	124.1	123.1
19	140.9	141.7	138.7	139.3	140.8	141.4	142.3	142.7
20	38.0	37.3	37.8	38.2	39.4	39.0	38.9	38.5
21	72.6	73.2	72.5	72.8	71.5	71.4	73.5	70.6
22	33.0	33.3	34.5	34.7	32.7	33.2	32.7	32.3
23	76.8	77.1	75.5	75.7	76.3	76.6	77.5	76.8
24	37.5	37.1	36.8	36.8	38.7	39.1	37.3	37.4
25	73.1	74.1	74.6	74.9	70.7	71.6	73.5	74.3
26	37.7	38.9	39.1	39.4	37.7	38.8	37.4	39.4
27	80.5	77.5	76.9	76.8	85.4	85.2	81.5	76.7
28	115.7	111.5	118.5	113.8	113.9	110.7	115.5	118.5
29	144.0	142.4	141.7	142.4	147.3	147.3	144.8	142.6
30	20.1	20.3	20.4	20.5	20.0	20.1	20.1	20.7
31	17.3	17.5	18.5	18.4	17.0	17.3	16.9	17.8
32	11.1	11.1	12.6	13.0	10.7	10.5	11.4	10.8
33	8.6	8.5	8.6	8.6	8.3	9.1	8.8	8.4
34	10.7	8.7	8.7	8.9	12.0	11.9	11.7	8.9
38	—	—	170.4	170.5	—	—	—	—
39	—	—	21.4	21.3	—	—	—	—
35	172.0	172.4	171.9	172.2	—	—	173.2	172.0
36	20.8	20.7	20.7	20.7	—	—	21.1	20.7
37	56.7	57.3	57.4	57.4	55.9	56.1	56.9	57.0
1'	—	—	—	—	—	—	—	134.6
2'	94.6	92.7	94.8	92.5	94.7	93.1	—	—
4'	35.3	36.3	35.6	35.9	35.3	36.2	—	50.0
5'	51.3	51.4	51.6	51.5	51.4	51.6	—	53.8
7'	51.3	51.4	51.6	51.6	51.4	51.6	—	53.8
8'	36.2	36.2	36.6	36.3	36.1	36.0	—	50.0
9'	66.2	66.2	66.4	66.2	66.3	66.3	—	45.8

续表

C	13-2-222	13-2-223	13-2-224	13-2-225	13-2-226	13-2-227	13-2-228	13-2-229
10'	25.8	25.7	26.0	25.2	25.9	26.6	—	—
11'	20.7	20.7	20.9	20.8	20.8	20.8	—	—
12'	20.7	20.7	20.9	21.0	20.8	20.8	—	—

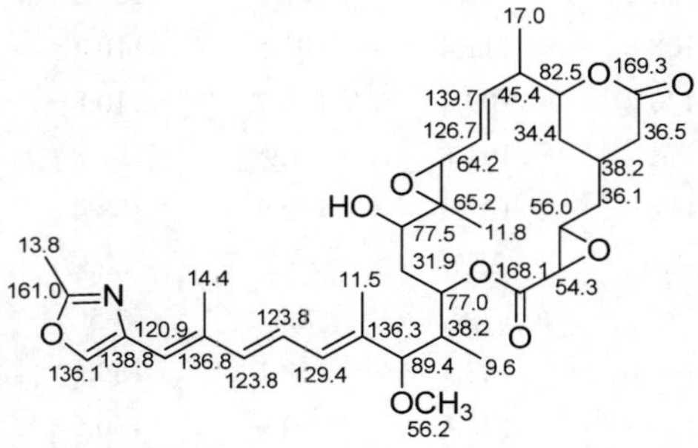

13-2-230[96]

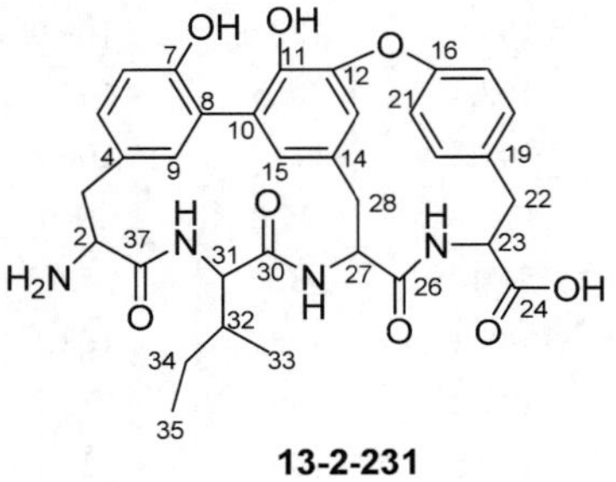

13-2-231

表 13-2-59　RP 66453 的 ^{13}C NMR 数据[97]

C	13-2-231	C	13-2-231	C	13-2-231	C	13-2-231	C	13-2-231
2	54.2	9	137.2	16	164.7	23	55.0	32	37.5
3	37.6	10	131.2	17	125.2	24	177.3	33	16.1
4	125.8	11	144.7	18	135.6	26	173.5	34	27.0
5	132.3	12	154.5	19	135.1	27	60.2	35	11.4
6	117.6	13	121.0	20	131.3	28	41.8	37	171.0
7	155.2	14	137.5	21	127.5	30	173.6		
8	128.6	15	126.7	22	37.8	31	62.0		

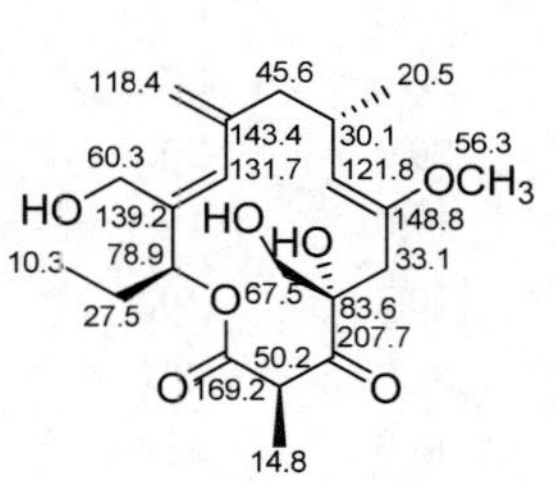

13-2-232[98]

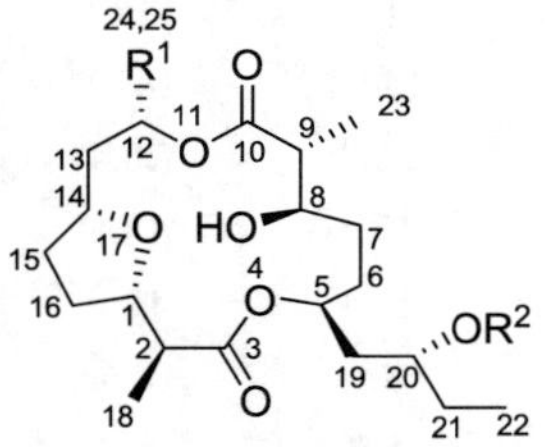

13-2-233 R^1=Me; R^2=H
13-2-234 R^1=Et; R^2=H

表 13-2-60　feigrisolides C、D 的 ^{13}C NMR 数据[99]

C	13-2-233	13-2-234	C	13-2-233	13-2-234	C	13-2-233	13-2-234
1	80.5	80.5	10	174.3	174.6	20	70.4	70.4
2	44.9	44.9	12	68.9	73.1	21	29.9	29.9
3	176.9	176.4	13	42.3	40.2	22	10.0	10.1
5	77.1	77.1	14	76.6	76.7	23	13.6	13.8
6	30.5	28.8	15	31.0	31.0	24	20.3	27.3
7	28.7	30.5	16	29.1	29.3	25	—	9.4
8	81.0	81.0	18	13.4	13.4			
9	45.5	45.5	19	40.5	40.5			

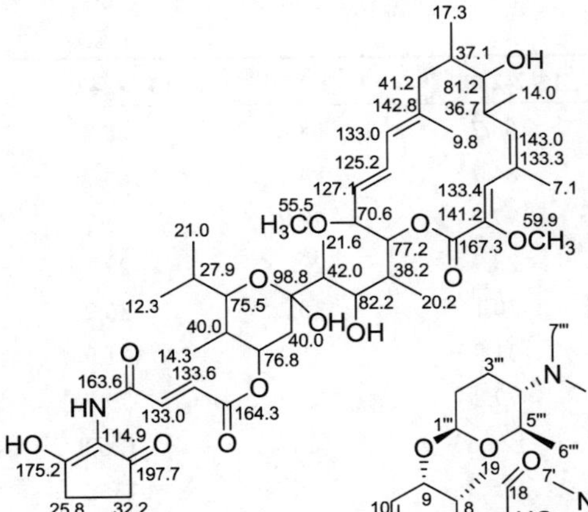

13-2-235[100]

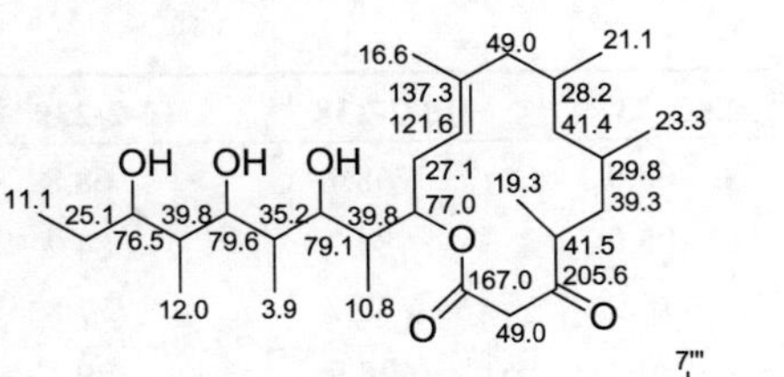

13-2-236[101]

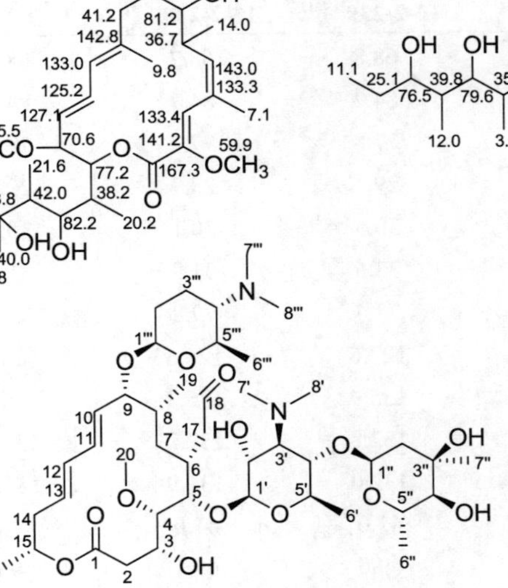

13-2-237

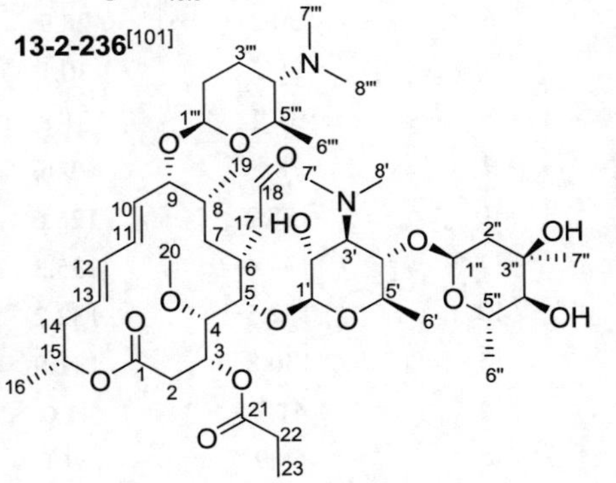

13-2-238

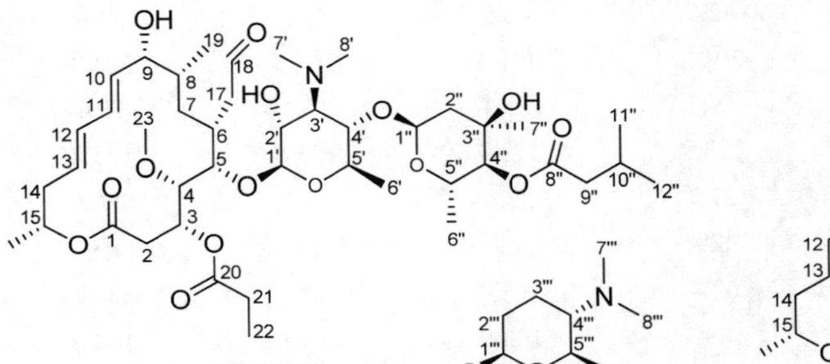

13-2-239

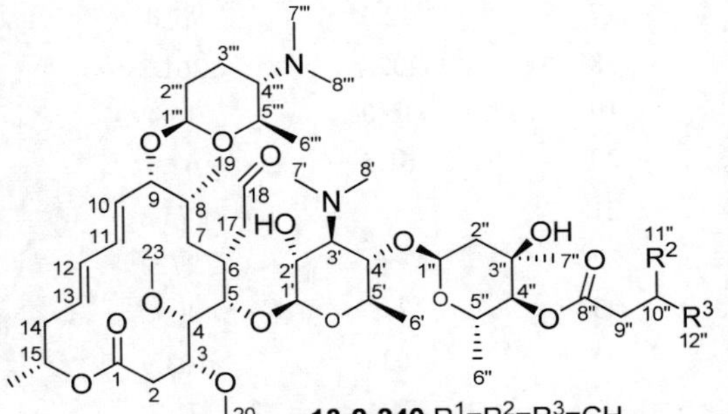

13-2-240 $R^1=R^2=R^3=CH_3$
13-2-241 $R^1=R^2=CH_3$; $R^3=H$
13-2-244 $R^1=H$; $R^2=CH_3$; $R^3=H$
13-2-246 $R^1=CH_3$; $R^2=R^3=H$
13-2-247 $R^1=R^2=R^3=H$

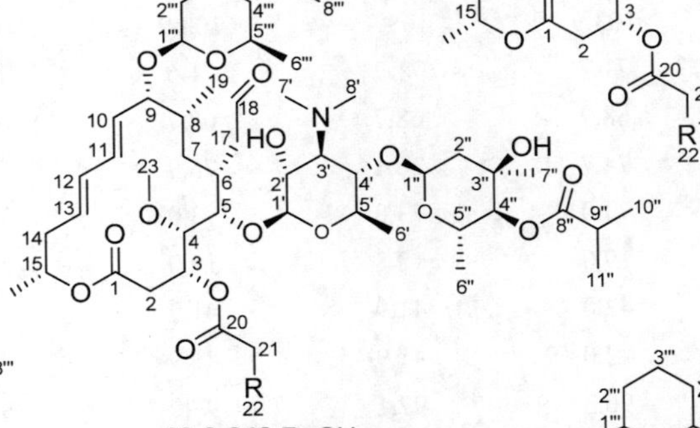

13-2-242 $R=CH_3$
13-2-245 $R=H$

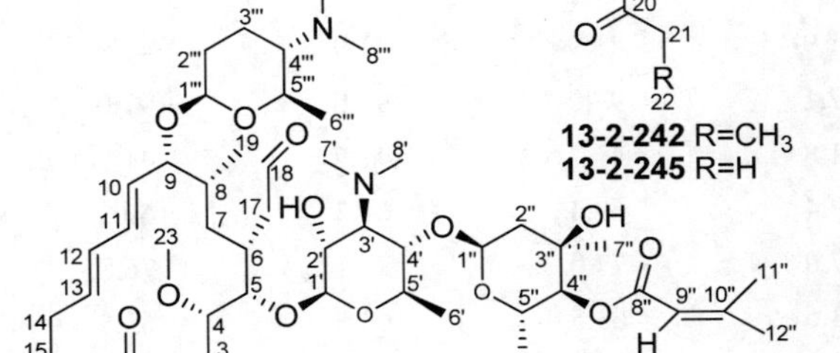

13-2-243

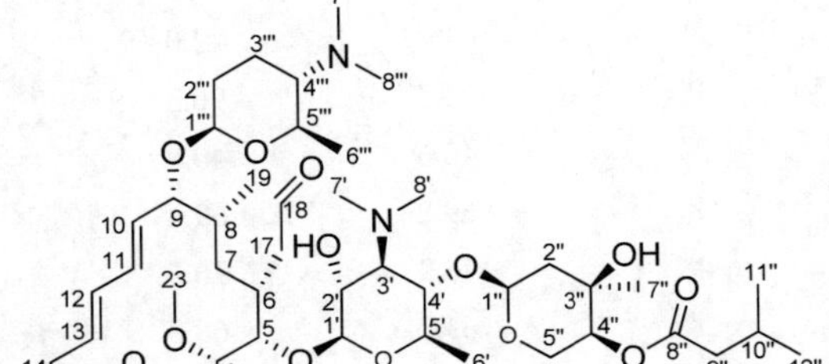

13-2-248

表 13-2-61 螺旋霉素及生技霉素的 ^{13}C NMR 数据

C	13-2-237[102]	13-2-238[102]	13-2-239[103]	13-2-240[104]	13-2-241[105]	13-2-242[105]
1	173.8	169.9	169.9	169.9	169.9	169.9
2	37.5	37.2	37.1	37.3	37.3	37.3

续表

C	13-2-237[102]	13-2-238[102]	13-2-239[103]	13-2-240[104]	13-2-241[105]	13-2-242[105]
3	68.0	68.7	68.8	68.7	68.8	68.8
4	85.0	84.7	84.7	84.7	84.7	84.7
5	78.9	77.7	77.8	77.7	77.7	77.7
6	30.2	28.9	29.1	28.9	29.1	29.1
7	30.5	30.1	30.5	30.1	30.2	30.2
8	31.4	31.8	33.6	31.9	31.9	31.9
9	78.5	79.6	73.4	79.8	79.7	79.7
10	128.2	126.6	127.6	126.6	126.8	126.8
11	134.4	135.3	135.9	135.3	135.3	135.3
12	132.5	132.2	132.8	132.2	132.2	132.2
13	130.8	131.9	132.0	131.9	131.7	131.7
14	41.7	41.0	41.0	41.0	41.0	41.0
15	68.9	69.1	69.0	69.1	69.2	69.2
16	19.9	20.3	20.3	20.3	20.3	20.3
17	42.9	42.4	42.5	42.5	42.6	42.6
18	202.7	201.3	201.2	201.3	201.3	201.3
19	15.0	15.4	14.7	15.4	15.4	15.4
20	61.5	62.4	173.9	173.9	173.8	173.8
21	—	173.8	27.7	27.6	27.7	27.7
22	—	27.6	8.9	8.9	8.9	8.9
23	—	8.9	62.4	62.3	62.3	62.4
1'	103.6	103.9	103.7	103.9	104.0	104.0
2'	71.4	71.7	71.7	71.6	71.6	71.6
3'	68.5	68.7	68.7	68.7	68.8	68.8
4'	74.6	74.7	76.1	75.9	76.0	76.0
5'	72.8	73.0	73.0	73.0	73.0	73.0
6'	18.8	19.0	18.8	19.0	19.0	19.0
7'	41.8	42.0	41.9	41.9	41.9	41.9
8'	41.8	42.0	41.9	41.9	41.9	41.9
1"	96.1	96.3	97.1	97.0	97.0	97.0
2"	40.6	40.8	41.8	41.7	41.7	41.7
3"	69.2	69.4	69.4	69.3	69.3	69.3
4"	76.2	76.3	77.0	77.0	77.1	76.8
5"	65.7	66.0	63.6	63.5	63.5	63.5
6"	18.0	18.2	17.8	17.8	17.8	17.7
7"	25.1	25.4	25.4	25.3	25.3	25.3
8"	—	—	172.9	172.9	173.5	176.7
9"	—	—	43.4	43.3	36.2	34.0
10"	—	—	25.5	25.5	18.6	19.2
11"	—	—	22.4	22.4	13.7	19.2
12"	—	—	22.4	22.4	—	—
1'''	99.9	100.0	—	100.1	100.1	100.1

续表

C	13-2-237[102]	13-2-238[102]	13-2-239[103]	13-2-240[104]	13-2-241[105]	13-2-242[105]
2'''	31.0	31.2	—	31.2	31.2	31.2
3'''	18.2	18.5	—	18.6	18.5	18.6
4'''	64.6	64.8	—	64.9	64.7	64.7
5'''	73.5	73.7	—	73.6	73.7	73.7
6'''	18.7	18.9	—	18.8	18.6	18.6
7'''	40.4	40.6	—	40.6	40.6	40.6
8'''	40.4	40.6	—	40.6	40.6	40.6
1	170.0	169.9	169.9	169.9	169.9	174.2
2	37.2	37.2	37.2	37.3	37.2	37.7
3	69.2	69.4	69.4	68.8	69.2	68.3
4	84.6	84.8	84.8	84.7	84.8	85.2
5	77.8	77.7	77.7	77.9	77.8	79.4
6	29.0	29.0	29.0	29.0	29.0	30.6
7	30.1	30.1	30.1	30.2	30.1	30.7
8	32.1	32.1	32.1	31.9	32.1	31.9
9	79.9	79.9	79.9	79.6	79.8	78.9
10	126.7	126.7	126.7	126.6	126.7	128.7
11	135.4	135.4	135.4	135.2	135.4	134.5
12	132.3	132.3	132.3	132.2	132.3	132.8
13	131.9	131.9	131.9	131.6	131.6	131.0
14	41.1	41.1	41.1	41.0	41.1	41.9
15	69.2	69.2	69.2	69.2	69.2	69.2
16	20.3	20.3	20.3	20.3	20.3	20.1
17	42.5	42.5	42.5	42.6	42.5	43.3
18	201.2	201.2	201.2	201.3	201.2	202.7
19	15.4	15.4	15.4	15.4	15.4	15.3
20	170.8	170.8	170.8	173.8	173.7	—
21	21.2	21.2	21.2	27.7	21.2	—
22	—	—	—	8.9	—	
23	62.4	62.4	62.4	62.3	62.4	61.7
1'	103.6	103.8	103.8	104.0	103.9	103.9
2'	71.7	71.6	71.6	71.7	71.7	72.7
3'	68.6	68.6	68.6	68.8	68.8	68.8
4'	75.9	76.0	76.0	76.0	76.1	76.0
5'	73.1	73.0	73.0	73.0	73.0	73.0
6'	19.1	19.0	19.0	19.0	19.0	18.9
7'	41.9	41.9	41.9	41.9	41.9	41.9
8'	41.9	41.9	41.9	41.9	41.9	41.9
1''	97.1	97.1	97.1	97.0	97.1	97.0
2''	41.7	41.8	41.8	41.7	41.8	41.7
3''	69.4	69.4	69.4	69.3	69.4	69.4
4''	76.2	76.9	77.8	77.2	77.2	77.1

续表

C	13-2-237[102]	13-2-238[102]	13-2-239[103]	13-2-240[104]	13-2-241[105]	13-2-242[105]
5"	63.8	63.6	63.6	63.5	63.5	63.5
6"	17.8	17.7	17.7	17.7	17.8	17.8
7"	25.4	25.3	25.3	25.3	25.3	25.4
8"	166.3	173.5	176.7	174.3	174.4	172.9
9"	115.7	36.2	34.1	27.6	27.6	43.3
10"	131.9	19.1	19.2	9.3	9.3	25.5
11"	27.4	13.6	19.2	—	—	22.4
12"	20.3	—	—	—	—	22.4
1'''	100.3	100.3	100.3	100.3	100.3	100.3
2'''	31.2	31.1	31.1	31.3	31.2	31.3
3'''	18.5	18.6	18.6	18.5	18.6	18.5
4'''	65.0	64.9	64.9	64.9	64.9	64.9
5'''	73.5	73.6	73.6	73.9	73.8	73.8
6'''	18.8	18.8	18.8	18.8	18.8	18.8
7'''	40.7	40.7	40.7	40.7	40.7	40.7
8'''	40.7	40.7	40.7	40.7	40.7	40.7

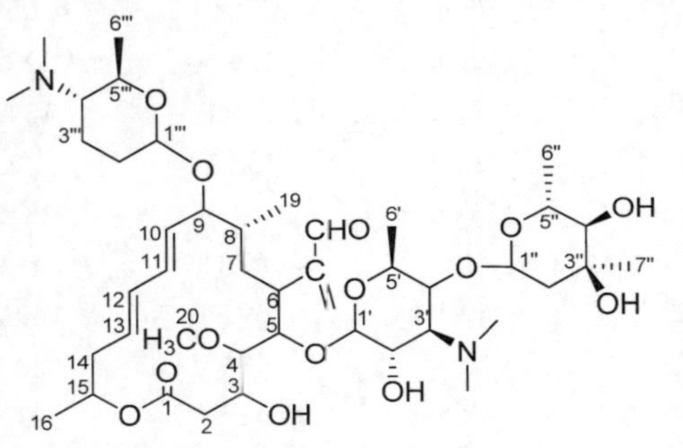

13-2-249

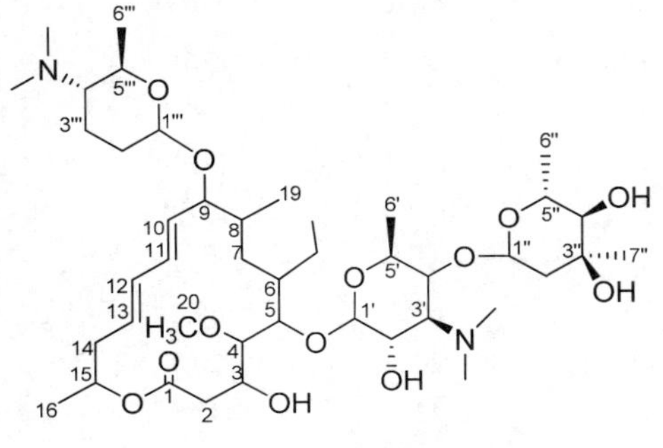

13-2-250

表 13-2-62 螺旋霉素衍生物 13-2-249 和 13-2-250 的 ^{13}C NMR 数据[109]

C	13-2-249	13-2-250	C	13-2-249	13-2-250	C	13-2-249	13-2-250
糖苷配基			16	20.5	20.4	2"	41.5	41.5
1	174.1	174.4	17	147.9	20.8	3"	70.5	70.8
2	39.1	38.8	18	195.7	12.5	4"	78.0	76.8
3	67.5	69.3	19	15.4	15.9	5"	66.4	67.9
4	85.9	86.5	20	61.9	61.7	6"	18.7	18.6
5	80.2	79.7	21	139.4		7"	26.4	26.5
6	34.3	38.0	mycaminose 部分			forosamine 部分		
7	35.3	31.7	1'	104.7	104.1	1'''	99.8	99.9
8	32.2	32.6	2'	71.2	71.7	2'''	31.3	32.2
9	79.2	78.6	3'	68.9	69.6	3'''	19.9	18.6
10	129.4	129.8	4'	76.7	76.5	4'''	66.4	66.2
11	135.1	135.0	5'	71.9	72.9	5'''	73.2	73.1
12	133.7	133.8	6'	19.4	19.4	6'''	19.6	19.6
13	131.8	131.6	3'-N(CH$_3$)$_2$	41.1	42.2	4'''-N(CH$_3$)$_2$	41.0	41.3
14	42.1	42.1	mycarose 部分					
15	69.7	70.2	1"	96.2	95.4			

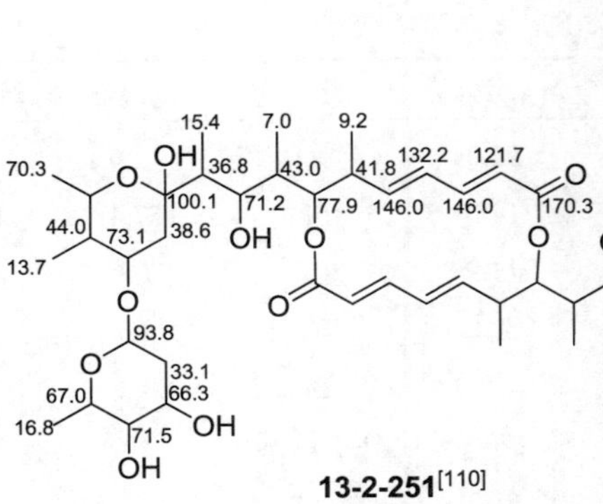

13-2-251[110]

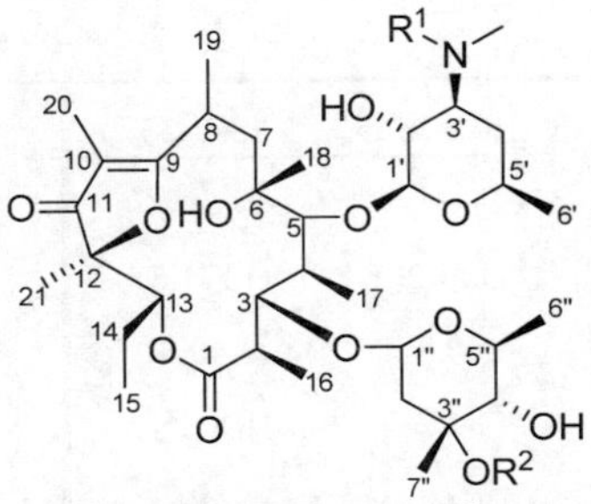

13-2-252 $R^1=CH_3$; $R^2=CH_3$
13-2-253 $R^1=H$; $R^2=CH_3$
13-2-254 $R^1=CH_3$; $R^2=H$

表 13-2-63 sporeamicin A、B、C 的 ^{13}C NMR 数据[111~113]

C	13-2-252[111]	13-2-253[112]	13-2-254[113]	C	13-2-252[111]	13-2-253[112]	13-2-254[113]
1	175.9	175.6	174.9	20	6.0	5.9	5.9
2	46.3	46.3	48.3	21	20.6	20.6	20.1
3	78.6	80.7	79.7	1'	104.8	106.0	105.9
4	43.1	42.5	43.3	2'	70.6	70.5	73.4
5	86.3	87.1	89.3	3'	64.7	65.2	60.2
6	74.8	74.8	74.2	4'	29.1	28.8	36.9
7	41.8	41.6	41.4	5'	69.7	70.1	69.8
8	31.8	31.9	31.2	6'	21.0	21.0	20.8
9	193.0	192.5	192.8	1"	96.6	98.3	97.6
10	108.6	108.7	108.2	2"	35.1	40.6	35.2
11	205.0	204.8	205.1	3"	72.8	69.5	72.8
12	87.1	87.2	87.6	4"	77.5	76.4	77.2
13	77.9	78.0	77.6	5"	66.2	66.4	66.4
14	21.3	21.3	21.0	6"	17.7	18.1	17.5
15	10.7	10.6	10.5	7"	21.5	25.7	21.4
16	14.1	14.1	15.8	$N(CH_3)_2$	40.4	40.4	—
17	10.9	10.9	11.3	NCH_3		—	33.3
18	26.4	26.5	27.0	OCH_3	49.3		49.2
19	21.1	20.8	22.5				

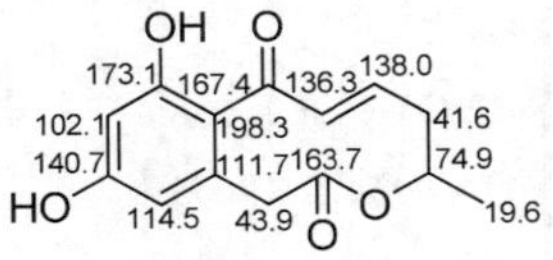

13-2-255[114]

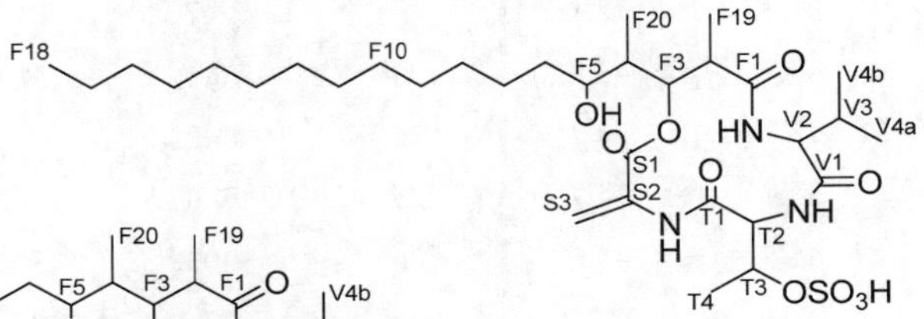

13-2-256

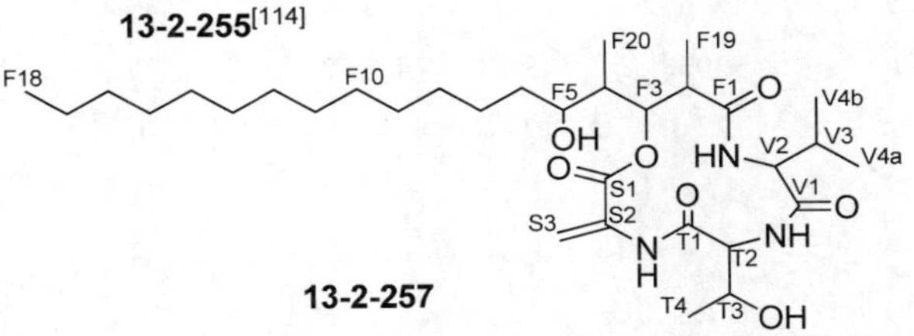

13-2-257

表 13-2-64　stevastelins D3 和 E3 的 ^{13}C NMR 数据[115]

C	13-2-256	13-2-257	C	13-2-256	13-2-257	C	13-2-256	13-2-257
脂肪酸			F17	22.0	22.0	苏氨酸		
F1	171.2	171.5	F18	14.0	14.0	T1	167.4	167.4
F2	40.8	40.6	F19	13.9	13.9	T2	57.3	57.3
F3	81.2	81.6	F20	9.2	9.2	T3	70.6	70.6
F4	39.2	39.2	缬氨酸			T4	19.2	19.2
F5	68.9	68.9	V1	170.1	170.1	O-乙酰基		
F6	34.8	34.8	V2	61.2	61.2	丝氨酸		
F7	25.6	25.7	V3	28.6	28.6	S1	162.1	162.1
F8~15	28.6~29.0(×8)	28.6~29.0(×8)	V4a	18.1	18.1	S2	131.5	131.5
F16	31.2	31.2	V4b	19.0	19.0	S3	109.8	109.8

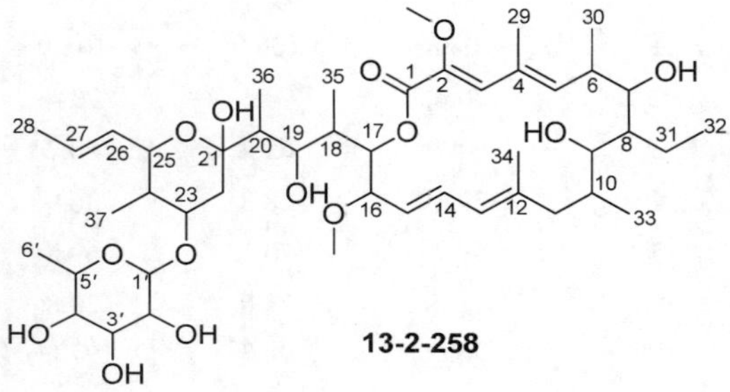

13-2-258

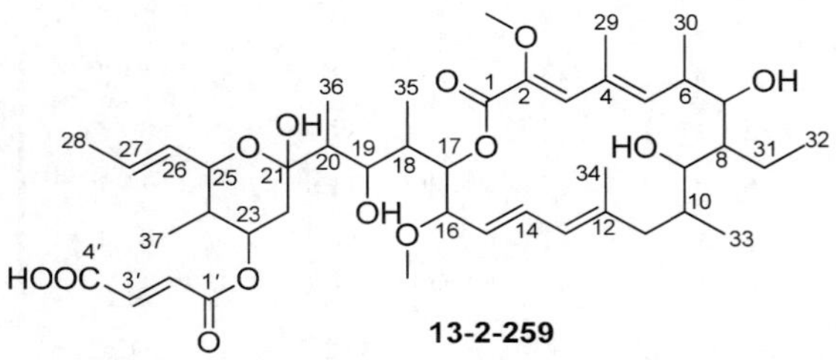

13-2-259

表 13-2-65　TAN-1323 C 和 D 的 ^{13}C NMR 数据[116]

C	13-2-258	13-2-259	C	13-2-258	13-2-259	C	13-2-258	13-2-259
1	164.0	164.2	16	82.0	81.9	31	22.1	22.2
2	141.6	141.6	17	74.3	74.4	32	11.9	11.9
3	129.0	129.2	18	37.9	37.9	33	21.9	22.0
4	129.9	130.0	19	69.3	69.4	34	16.2	16.2
5	141.0	141.1	20	42.3	42.1	35	9.8	9.8
6	34.6	34.7	21	99.3	99.3	36	6.9	6.9
7	72.1	72.1	22	36.7	38.0	37	13.5	13.0
8	43.7	43.8	23	72.1	74.1	2-OMe	58.6	58.6
9	78.2	78.2	24	41.0	40.2	16-OMe	55.1	55.1
10	34.7	34.7	25	74.6	74.4	1'	95.4	164.1
11	45.5	45.6	26	130.8	130.3	2'	71.0	132.6
12	142.1	142.2	27	127.3	127.8	3'	70.7	134.7
13	122.4	122.5	28	17.4	17.4	4'	71.8	165.6
14	132.9	133.0	29	13.9	13.9	5'	68.7	
15	126.6	126.6	30	17.2	17.2	6'	17.8	

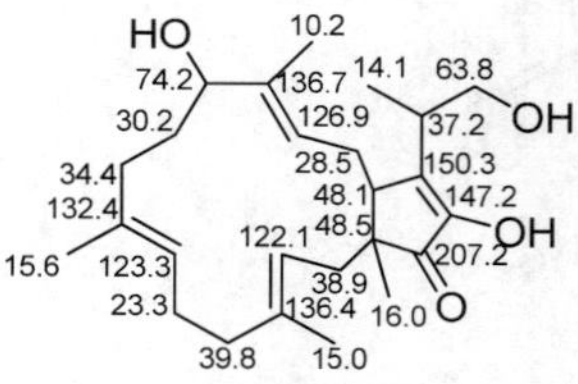

13-2-260[117]

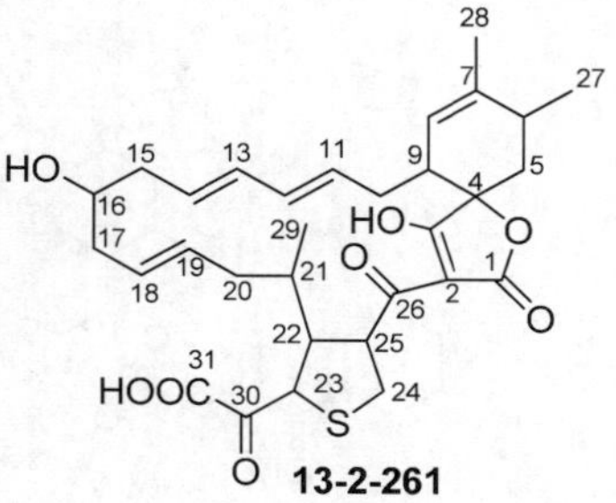

13-2-261

表 13-2-66 tetronothiodin 的 ^{13}C NMR 数据[118]

C	13-2-261	C	13-2-261	C	13-2-261	C	13-2-261	C	13-2-261
1	177.2	8	123.3	15	40.1	22	50.7	29	17.7
2	96.6	9	39.7	16	70.9	23	54.1	30	200.6
3	202.4	10	34.3	17	40.1	24	36.1	31	169.0
4	85.6	11	131.0	18	127.5	25	54.0		
5	38.6	12	130.6	19	131.5	26	195.5		
6	32.0	13	132.5	20	39.3	27	19.7		
7	139.5	14	128.5	21	33.7	28	21.1		

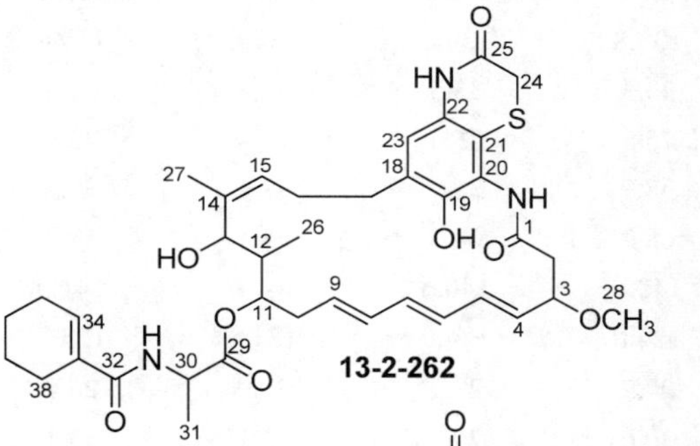

13-2-262

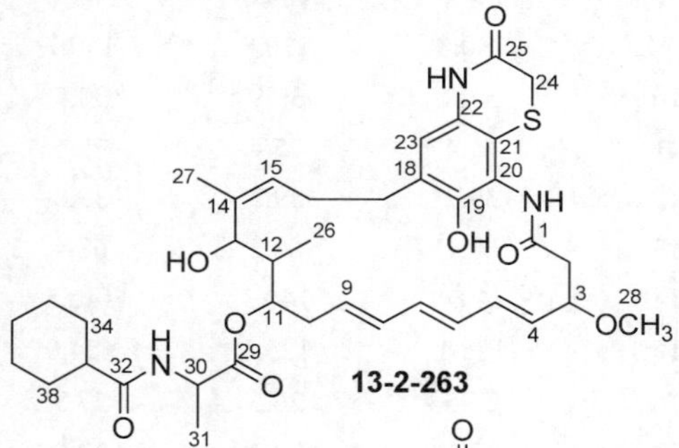

13-2-263

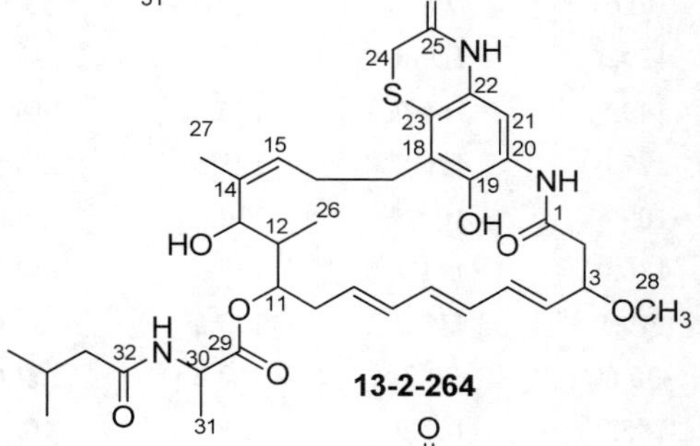

13-2-264

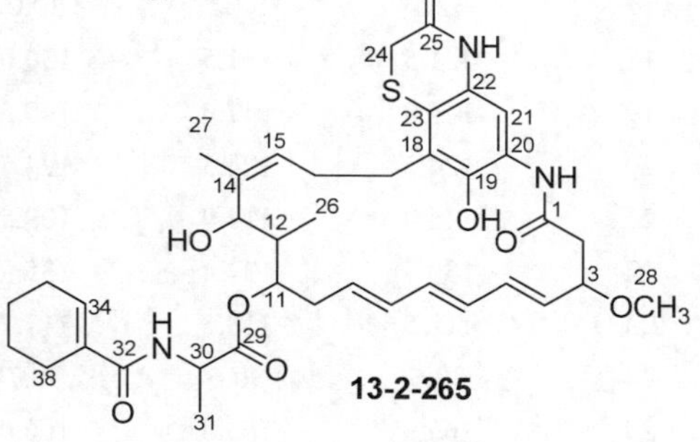

13-2-265

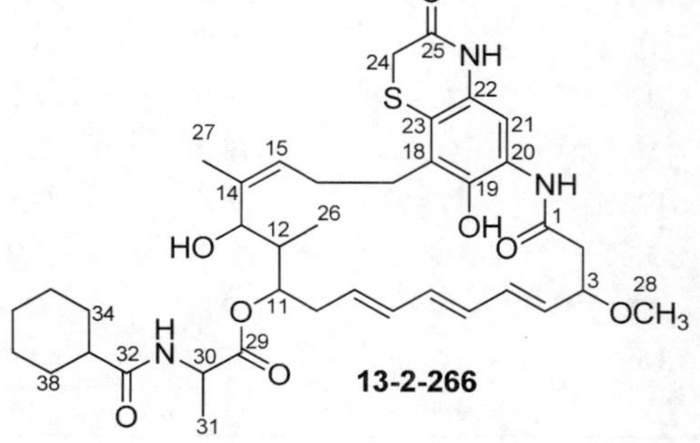

13-2-266

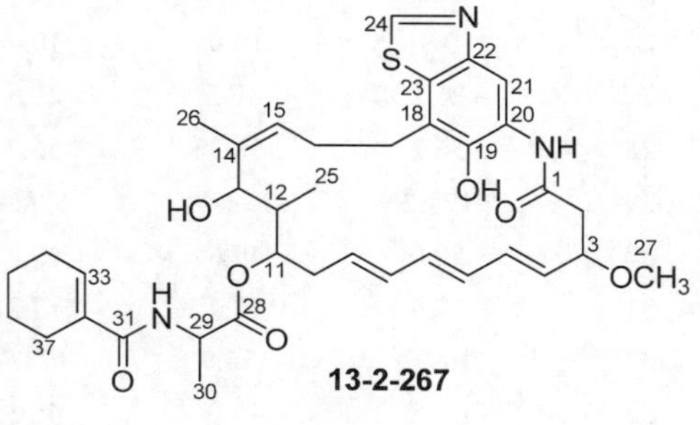

13-2-267

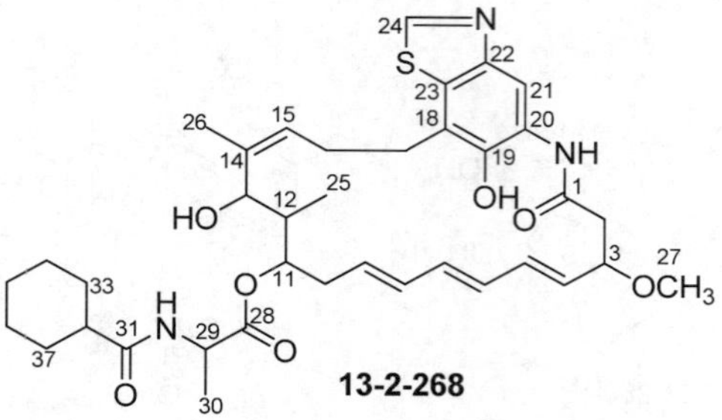

表 13-2-67　thiazinotrienomycins 的 ^{13}C NMR 数据[119]

C	13-2-262	13-2-263	13-2-264	13-2-265	13-2-266	13-2-267[120]	13-2-268[120]
1	171.5	171.5	170.2	170.5	170.5	170.8	170.8
2	42.7	426	43.8	43.8	43.6	43.7	43.7
3	80.7	80.7	80.8	80.9	80.8	80.8	80.7
4	131.5	131.4	131.8	131.9	131.7	131.9	131.7
5	135.7	135.7	135.2	135.2	135.5	135.3	135.5
6	129.9	129.9	130.0	134.7	129.9	130.1	130.1
7	135.2	135.8	134.8	134.8	134.8	134.7	134.7
8	134.0	134.0	133.8	130.0	133.7	133.8	133.8
9	130.8	130.8	130.7	133.8	130.8	130.6	130.6
10	33.8	33.9	33.5	33.3	33.5	33.4	33.5
11	75.4	75.4	75.5	75.5	75.4	75.4	75.4
12	39.2	39.2	39.0	38.9	38.9	39.1	39.2
13	68.1	68.2	68.4	68.2	68.3	68.1	68.2
14	140.4	140.3	140.5	140.6	140.6	141.0	141.0
15	123.1	123.1	124.0	124.0	124.0	123.8	123.8
16	26.5	26.5	27.3	27.2	27.2	26.9	26.9
17	32.1	32.1	30.0	30.0	29.8	33.1	33.1
18	131.5	131.5	130.0	129.3	129.6	133.6	133.6
19	147.0	147.0	149.5	149.5	144.0	146.6	146.7
20	124.5	124.5	124.5	127.0	126.8	128.5	128.5
21	115.0	114.9	109.5	109.6	109.5	114.8	114.8
22	130.9	131.4	135.9	136.0	131.5	147.3	147.3
23	118.5	118.5	117.7	119.1	117.9	133.5	133.6
24	30.6	30.6	30.7	30.6	30.7	152.6	152.6
25	165.9	165.8	166.0	165.9	165.9	10.2	10.2
26	9.9	10.0	10.4	10.2	10.2	21.3	21.2
27	21.2	21.2	21.3	21.4	21.4	56.3	56.2
28	56.2	56.3	56.2	56.2	56.2	173.0	173.2
29	173.2	173.4	173.4	172.9	173.2	49.9	49.6
30	50.0	49.6	49.7	50.0	49.6	17.2	17.3
31	17.3	17.4	17.2	17.1	17.3	169.8	176.9
32	169.7	176.9	173.3	169.9	177.0	131.5	44.9
33	131.5	45.0	45.3	133.8	44.9	134.0	30.1

续表

C	13-2-262	13-2-263	13-2-264	13-2-265	13-2-266	13-2-267[120]	13-2-268[120]
34	133.9	30.1	26.5	134.2	29.2	25.6	26.0
35	25.5	26.0	22.6	25.6	26.1	22.0	26.2
36	21.9	26.1	22.8	21.9	26.2	22.5	26.0
37	22.5	26.2	—	22.5	26.0	24.7	30.0
38	24.7	30.1	—	24.6	29.9		

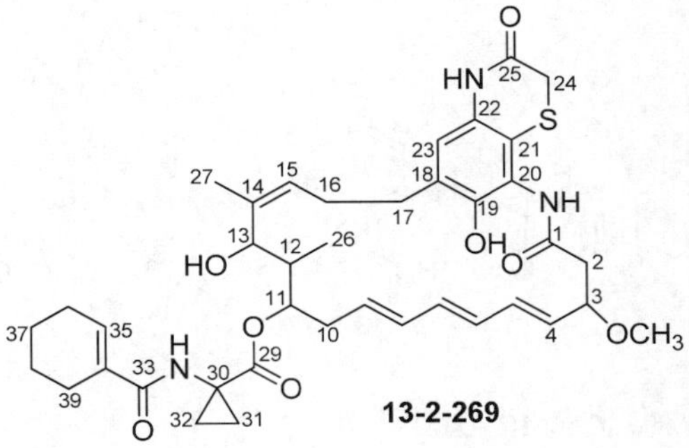

13-2-269 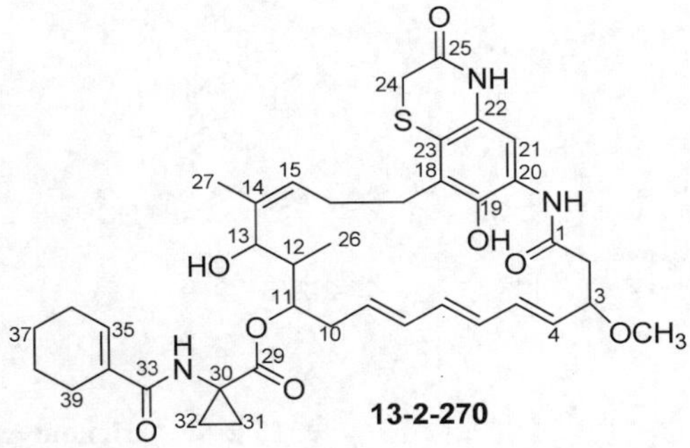　　**13-2-270**

表 13-2-68　TMC-135A 和 TMC-135B 的 ^{13}C NMR 数据[121]

C	13-2-269	13-2-270	C	13-2-269	13-2-270	C	13-2-269	13-2-270
1	171.2	170.6	14	138.8	140.6	27	20.9	21.4
2	42.5	43.5	15	123.3	123.8	28	57.1	56.2
3	79.2	80.8	16	24.6	27.1	29	173.2	172.9
4	129.5	131.6	17	32.1	29.8	30	34.4	34.5
5	135.1	135.4	18	132.3	129.8	31	18.4	17.4
6	129.6	129.9	19	146.5	144.2	32	18.1	17.4
7	134.9	134.8	20	123.0	126.7	33	170.0	171.4
8	133.9	133.7	21	112.8	109.6	34	133.1	134.3
9	130.4	130.8	22	129.6	131.4	35	135.5	134.0
10	34.3	33.4	23	118.4	118.3	36	26.0	25.7
11	76.3	76.2	24	30.2	30.7	37	21.9	22.1
12	39.3	38.9	25	165.6	165.9	38	22.5	22.6
13	68.4	68.0	26	9.9	10.1	39	26.3	24.7

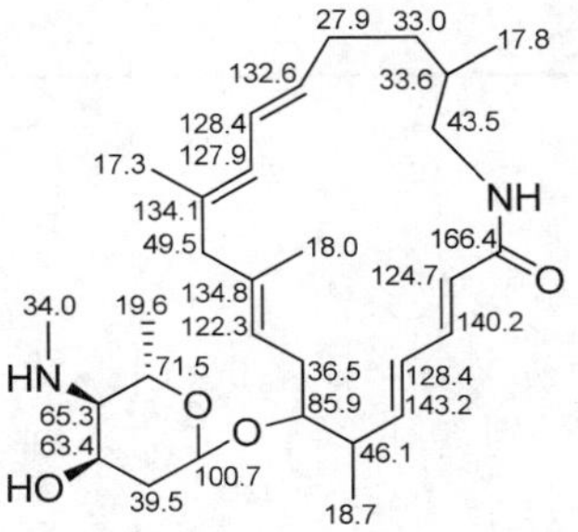

13-2-271[122] 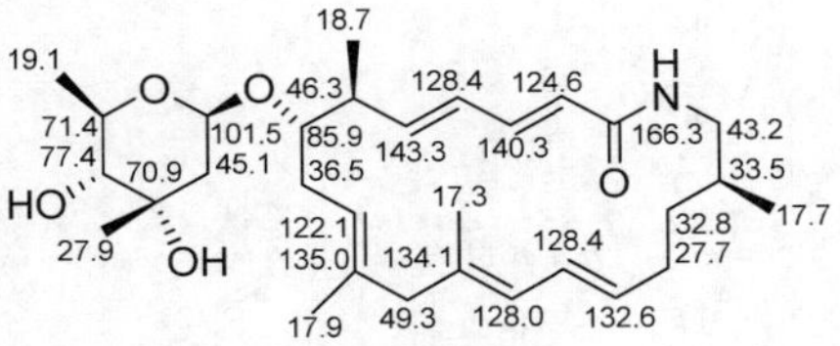　　**13-2-272**[123]

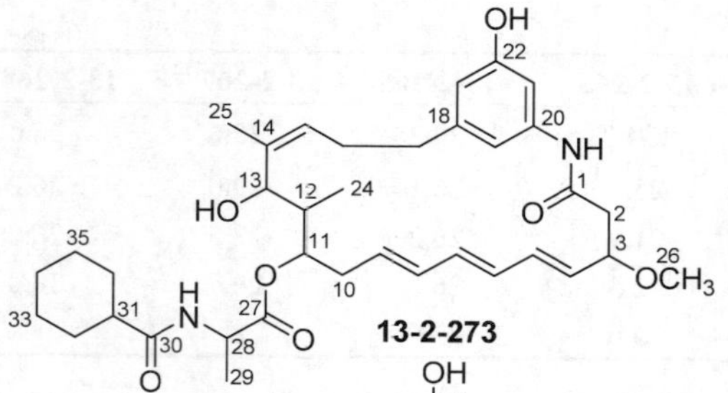

13-2-273

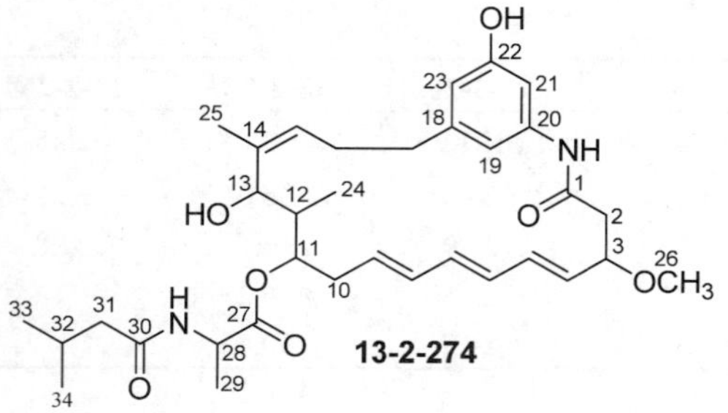

13-2-274

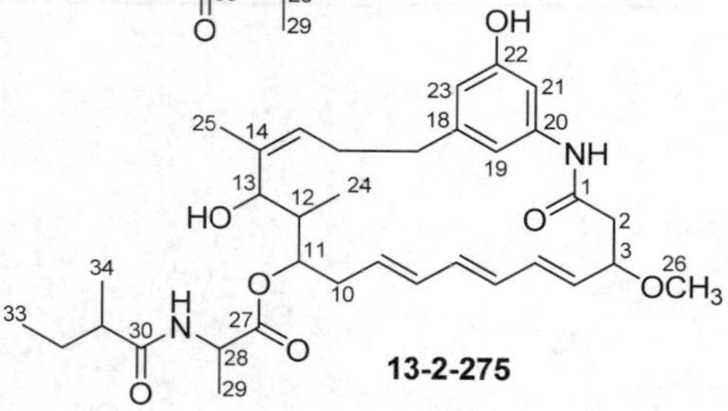

13-2-275

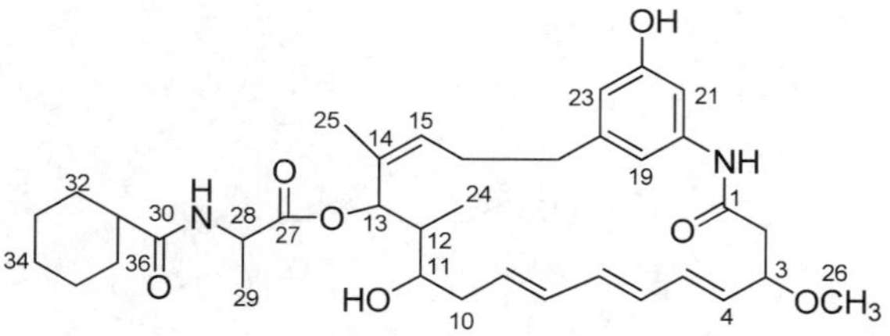

13-2-276

表 13-2-69 trienomycins 的 ^{13}C NMR 数据[124]

C	13-2-273	13-2-274	13-2-275	13-2-276[125]	C	13-2-273	13-2-274	13-2-275	13-2-276[125]
1	170.8	168.9	169.0	168.4	19	112.9	111.2	111.3	111.1
2	22.8	43.6	43.7	44.0	20	140.2	138.3	138.6	138.2
3	81.6	79.1	79.2	79.1	21	107.2	106.1	106.1	105.6
4	132.5	130.7	129.5	130.7	22	158.6	157.3	157.4	157.0
5	135.2	134.0	134.2	134.5	23	113.4	112.3	112.3	112.0
6	131.0	129.4	129.6	128.7	24	10.2	9.9	10.0	10.6
7	135.0	133.8	133.9	134.8	25	20.8	20.3	20.5	20.7
8	134.6	133.4	133.4	132.7	26	56.6	56.7	56.7	56.7
9	130.5	129.4	130.8	131.2	27	173.3	172.9	173.2	173.5
10	33.7	33.3	33.3	36.4	28	50.5	48.7	48.7	48.5
11	76.4	75.6	75.6	71.0	29	17.2	17.6	17.6	17.5
12	40.4	39.6	39.5	40.5	30	179.2	173.3	167.4	176.7
13	69.7	68.5	68.5	75.0	31	45.9	45.4	42.8	44.7
14	139.7	138.3	138.4	134.0	32	30.5	26.1	29.5	29.8
15	125.9	125.0	124.7	126.4	33	26.7	22.4	20.0	25.6
16	30.8	29.3	29.7	29.0	34	26.9	22.4	27.3	25.5
17	37.3	36.3	36.3	35.8	35	26.7	—	—	25.6
18	144.9	144.0	144.1	143.7	36	30.5	—	—	29.0

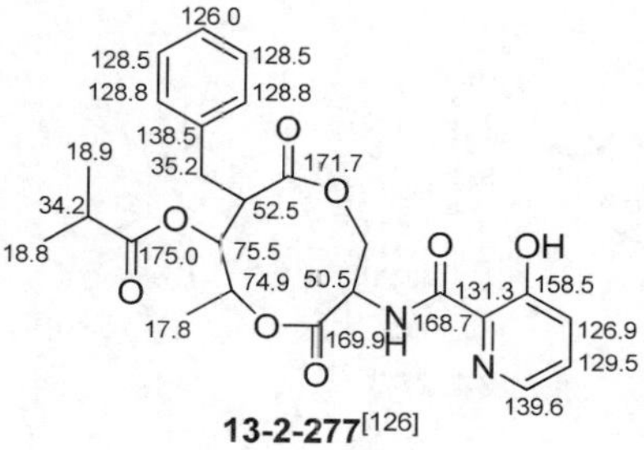

13-2-277[126]

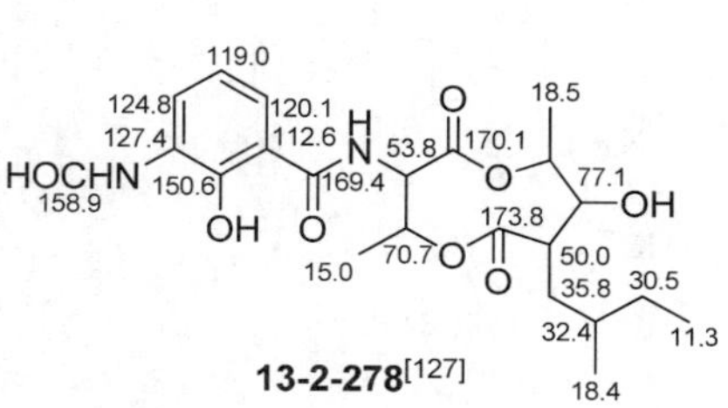

13-2-278[127]

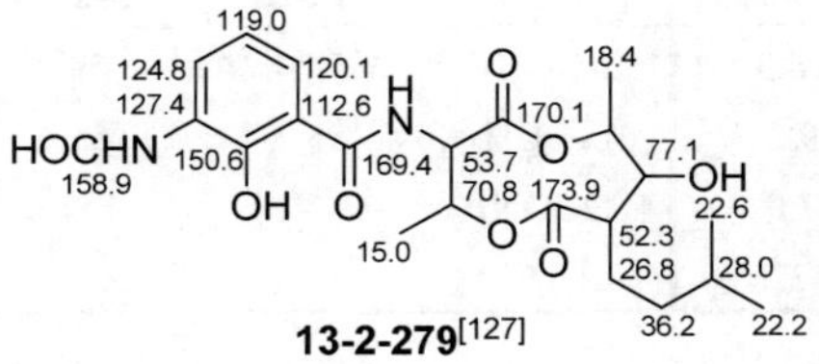

13-2-279[127]

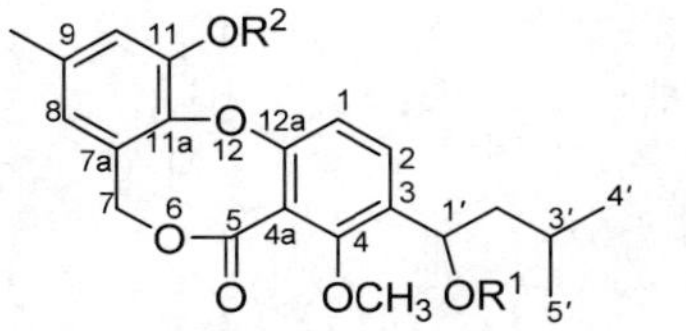

13-2-280 $R^1=R^2=H$

13-2-281 $R^1=COCH_3$; $R^2=H$

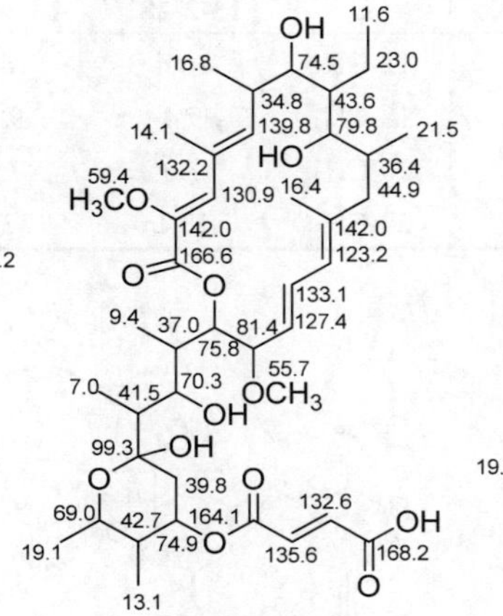

13-2-282

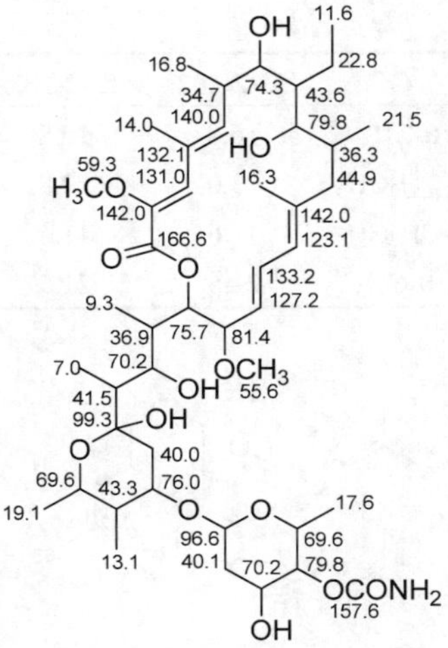

13-2-283

表 13-2-70 vermixocins A 和 B 的 ^{13}C NMR 数据[128]

C	13-2-280	13-2-281	C	13-2-280	13-2-281
1	117.9	117.6	11a	141.3	141.2
2	130.9	130.7	12a	151.7	151.5
3	136.7	134.1	1'	66.5	68.7
4	154.1	154.5	2'	47.7	45.3
4a	119.9	119.9	3'	24.9	24.9
5	168.0	167.1	4'	23.2	23.1
7	69.1	69.0	5'	21.8	21.9
7a	125.7	125.8	4-OCH_3	62.5	62.6
8	120.5	120.7	9-CH_3	20.8	20.8
9	134.9	135.0	11-OCO		
10	117.7	117.7	11-$OCOCH_3$		
11	147.5	147.3	1'-OCO		170.2

表 13-2-71 viranamycins A 和 B 的 ^{13}C NMR 数据[129]

C	13-2-282	13-2-283	C	13-2-282	13-2-283	C	13-2-282	13-2-283
1	166.6	166.6	12	142.0	142.0	23	74.9	76.0
2	142.0	142.0	13	123.2	123.1	24	42.7	43.3
3	130.9	131.0	14	133.1	133.2	25	69.0	69.6
4	132.2	132.1	15	127.4	127.2	26	19.1	19.1
5	139.8	140.0	16	81.4	81.4	1'	164.1	96.6
6	34.8	34.7	17	75.8	75.7	2'	135.6	40.1
7	74.5	74.3	18	37.0	36.9	3'	132.6	70.2
8	43.6	43.6	19	70.3	70.2	4'	168.2	79.8
9	79.8	79.8	20	41.5	41.5	5'		69.6
10	36.4	36.3	21	99.3	99.3	6'		17.6
11	44.9	44.9	22	39.8	40.0	4-CH_3	14.1	14.0

续表

C	13-2-282	13-2-283	C	13-2-282	13-2-283	C	13-2-282	13-2-283
6-CH_3	16.8	16.8	12-CH_3	16.4	16.3	2-OCH_3	59.4	59.3
8-$\underline{CH_2}CH_3$	23.0	22.8	18-CH_3	9.4	9.3	16-OCH_3	55.7	55.6
8-$CH_2\underline{CH_3}$	11.6	11.6	20-CH_3	7.0	7.0	4'-$OCONH_2$		157.6
10-CH_3	21.5	21.5	24-CH_3	13.1	13.1			

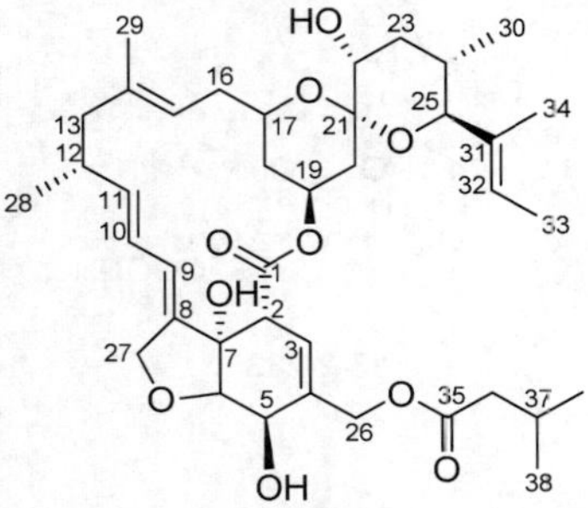

13-2-284

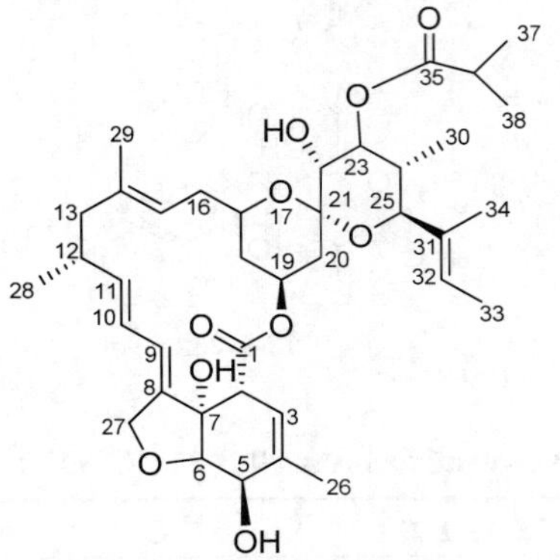

13-2-285

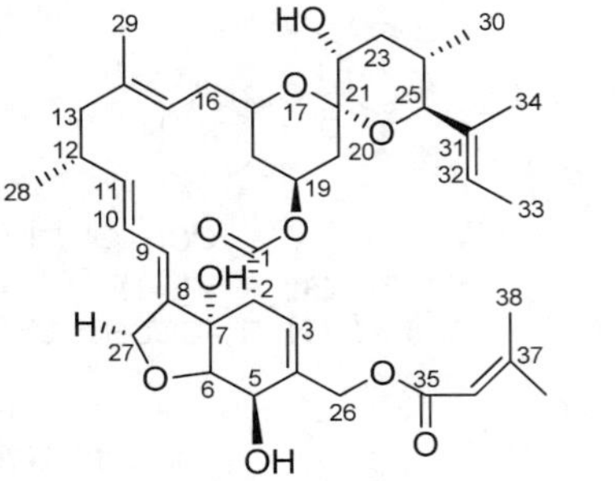

13-2-286

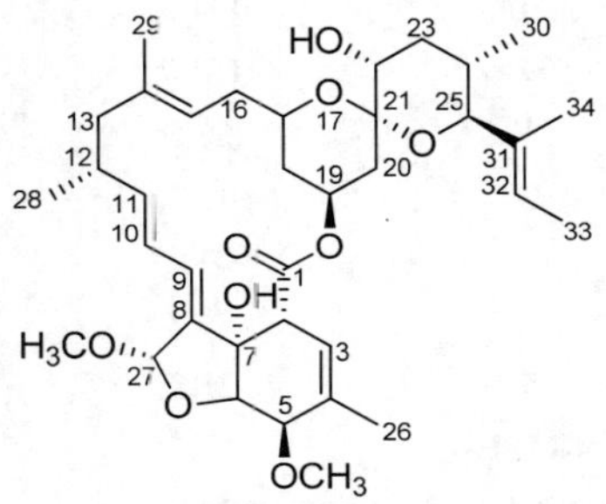

13-2-287

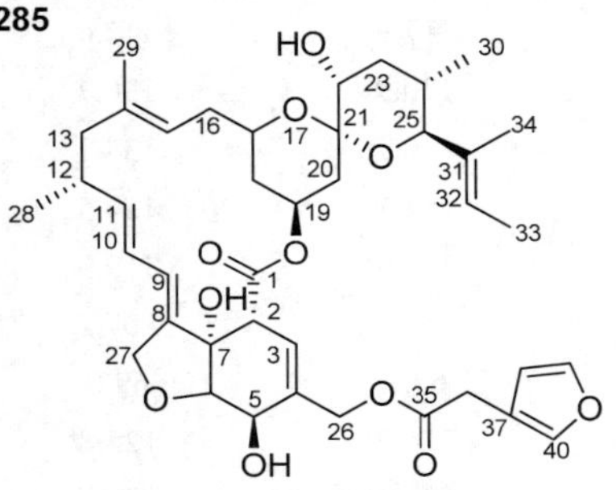

13-2-288

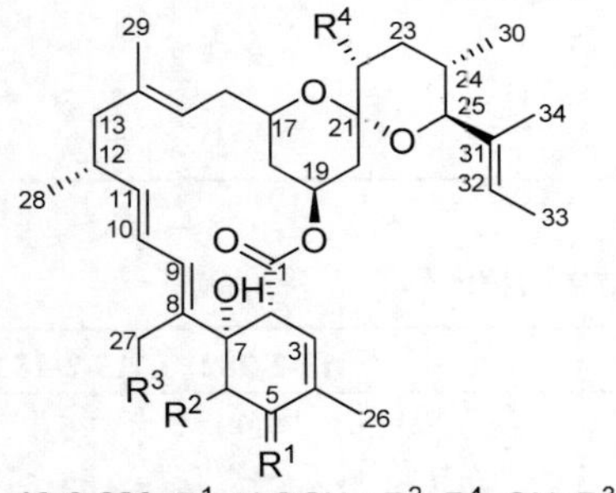

13-2-289 R^1=H,OCH_3; R^2=R^4=OH; R^3=H
13-2-290 R^1=O; R^2=R^4=H; R^3=OH
13-2-291 R^1=OCH_3, H; R^2=H; R^3=R^4=OH

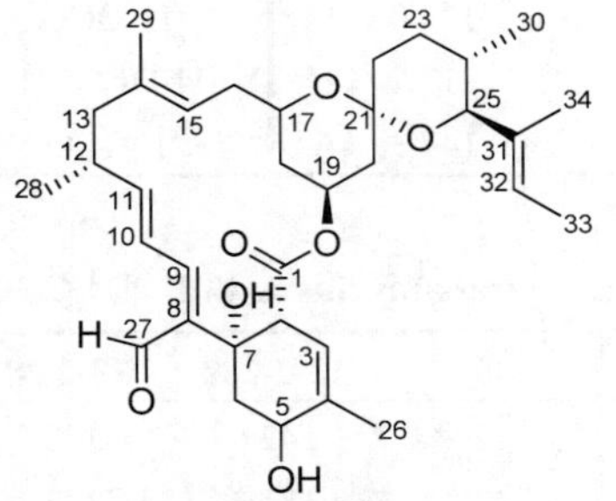

13-2-292

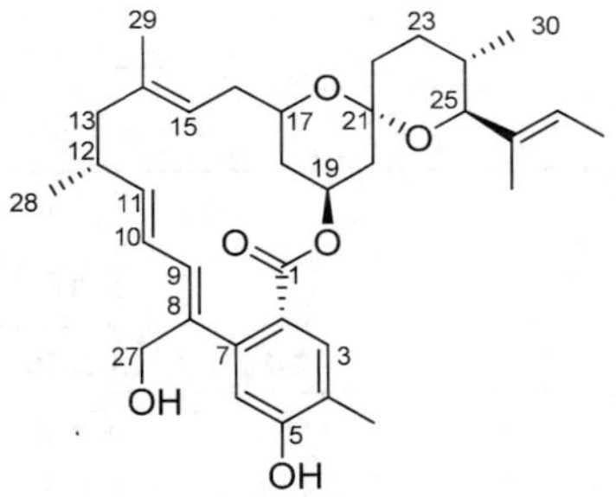

13-2-293

表 13-2-72 13-2-284~13-2-293 的 ^{13}C NMR 数据[130]

C	13-2-284	13-2-285	13-2-286	13-2-287	13-2-288	13-2-289	13-2-290	13-2-291	13-2-292	13-2-293
1	173.0	173.7	173.2	173.7	173.1	174.7	172.3	173.6	174.3	169.1
2	45.5	45.7	45.6	46.6	45.5	44.4	49.9	49.1	48.0	124.1
3	121.7	118.1	121.4	118.4	122.1	118.8	136.3	118.5	117.8	132.1
4	136.4	137.9	136.8	135.6	136.2	134.7	136.8	138.5	137.9	123.6

续表

C	13-2-284	13-2-285	13-2-286	13-2-287	13-2-288	13-2-289	13-2-290	13-2-291	13-2-292	13-2-293
5	64.6	67.7	64.7	76.0	64.7	79.8	196.5	76.8	68.1	156.4
5-OMe				57.2		57.4		56.6		
6	79.0	79.2	79.1	74.2	79.0	69.5	48.0	37.4	41.3	114.4
7	80.3	80.2	80.3	79.9	80.3	77.0	78.0	75.8	74.1	140.7
8	139.1	139.5	139.2	139.6	139.1	136.1	137.6	139.8	139.2	135.4
9	120.5	120.3	120.5	125.4	120.6	125.5	130.4	129.6	147.5	131.8
10	123.3	123.4	123.4	123.9	123.3	124.7	123.5	124.1	121.6	123.7
11	142.9	142.8	142.9	144.3	143.1	140.4	144.8	143.7	152.5	143.1
12	35.9	36.0	36.0	35.9	36.0	35.5	36.3	36.3	36.6	36.0
13	48.4	48.5	48.5	48.6	48.5	48.6	48.3	48.4	48.0	48.6
14	137.1	137.4	137.2	137.3	137.2	137.4	136.0	136.6	135.3	135.8
15	120.5	120.4	120.6	120.6	120.6	120.6	121.0	120.5	121.5	121.7
16	34.6	34.6	34.6	34.6	34.6	34.5	34.5	34.5	34.5	33.8
17	67.9	68.1	68.0	68.0	68.0	68.0	67.4	68.1	67.2	67.5
18	36.4	36.2	36.5	36.5	36.4	36.2	36.6	36.4	36.5	36.7
19	68.8	68.5	68.8	68.7	68.9	68.1	69.5	68.7	68.4	68.9
20	36.3	36.1	36.4	36.4	36.4	36.2	41.0	36.4	40.8	41.2
21	98.8	100.2	98.9	98.9	98.9	98.8	97.6	98.9	97.6	97.8
22	71.5	75.4	71.6	71.6	71.6	71.6	35.6	71.5	35.5	35.6
23	36.8	76.0	36.9	36.9	36.8	36.9	27.6	36.9	27.5	27.6
24	32.0	37.7	32.1	32.1	32.1	32.1	31.5	32.1	31.5	31.5
25	81.9	80.2	81.9	81.9	81.9	81.8	82.4	81.9	82.4	82.3
26	64.1	19.9	63.5	19.7	64.8	19.3	15.6	19.3	19.2	15.5
27	68.4	68.5	68.5	102.3	68.5	13.8	58.0	57.9	189.3	61.4
28	22.2	22.3	22.3	22.3	22.3	21.4	21.7	21.8	21.3	20.9
29	15.5	15.6	15.5	15.6	15.5	16.1	16.0	16.0	16.0	16.0
30	17.4	13.0	17.5	17.5	17.5	17.5	17.7	17.5	17.7	17.7
31	134.0	133.1	134.1	134.1	134.1	134.0	134.8	134.1	134.9	134.9
32	123.6	124.9	123.7	123.6	123.7	123.7	123.0	123.7	122.9	123.0
33	13.1	13.2	13.1	13.1	13.1	13.1	13.0	13.1	13.0	13.0
34	10.9	10.8	10.9	10.9	10.9	10.9	11.0	10.9	10.9	11.0
35	172.9	177.8	166.4		170.9	57.4				
36	43.2	34.3	115.6		30.8					
37	25.6	19.2	157.8		117.1					
38	22.4	19.0	27.5		111.3					
39	22.4		20.3		143.1					
40					140.5					

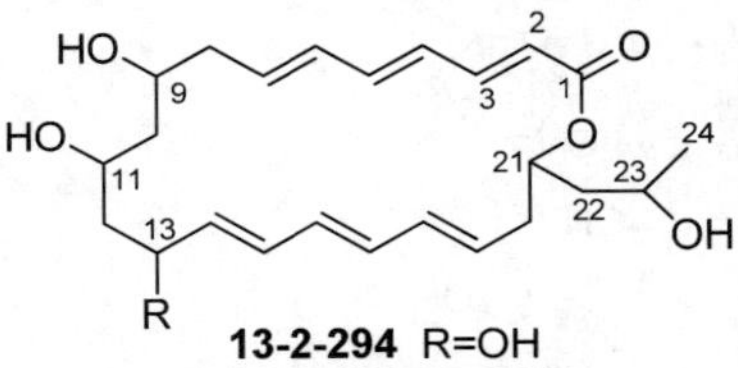

13-2-294 R=OH
13-2-295 R=OCH_3

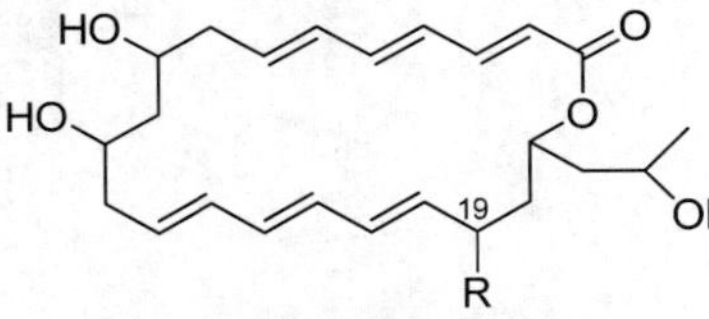

13-2-296 R=OH
13-2-297 R=OCH_3

表 13-2-73 wortmannilactones A~D 的 ^{13}C NMR 数据[131]

C	13-2-294	13-2-295	13-2-296	13-2-297	C	13-2-294	13-2-295	13-2-296	13-2-297
1	165.9	165.7	166.0	165.9	14	137.6	133.3	132.7	133.7
2	120.1·	120.0	120.3	120.2	15	129.1	133.0	132.3	132.2
3	145.2	145.5	144.7	144.9	16	132.1	131.7	130.3	133.3
4	127.8	127.5	128.3	128.3	17	130.5	130.2	129.9	129.7
5	140.9	141.1	140.4	140.6	18	135.7	135.4	137.4	133.0
6	130.7	131.1	132.9	132.9	19	127.2	127.8	70.9	80.8
7	136.7	137.0	135.3	135.5	20	37.2	36.6	43.4	41.5
8	43.3	43.4	39.5	39.5	21	70.0	69.8	69.6	69.8
9	66.3	65.9	66.5	66.4	22	42.8	42.1	44.8	44.8
10	47.6	48.0	40.4	40.3	23	62.8	62.7	62.7	62.7
11	64.8	64.0	67.3	67.1	24	24.3	24.4	24.1	24.2
12	47.1	44.6	40.5	39.8	13-OCH_3	—	55.1	—	55.5
13	68.0	78.9	130.2	130.9					

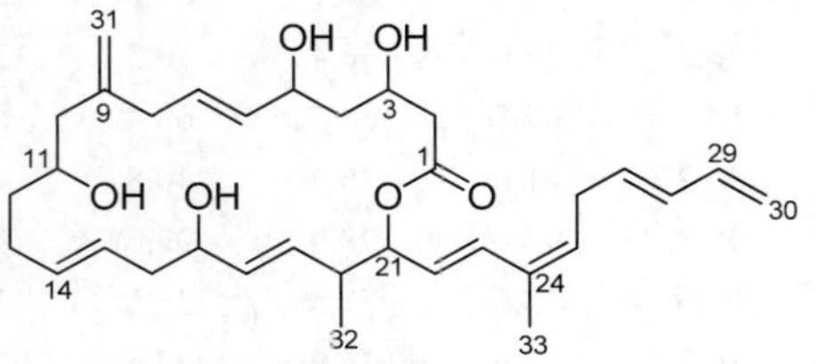

13-2-298

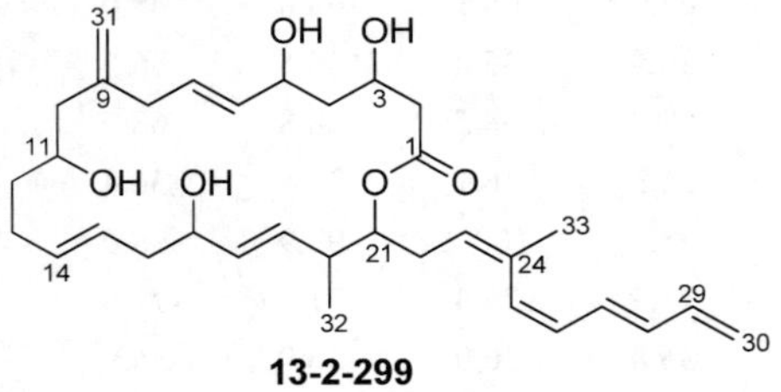

13-2-299

表 13-2-74 YM-32890A 和 YM-32890B 的 ^{13}C NMR 数据[132]

C	13-2-298	13-2-299	C	13-2-298	13-2-299	C	13-2-298	13-2-299
1	172.1	172.5	12	38.1	38.0	23	131.6	125.6
2	44.2	44.5	13	30.0	29.9	24	133.9	136.5
3	66.8	67.0	14	133.6	133.6	25	126.4	130.6
4	45.3	45.2	15	127.3	127.3	26	125.3	130.6
5	71.5	71.5	16	41.4	41.5	27	130.1	131.5
6	135.7	135.7	17	73.7	74.0	28	32.6	136.0
7	131.4	131.6	18	135.1	135.2	29	137.6	138.5
8	40.3	40.3	19	133.9	133.7	30	115.5	118.2
9	146.1	146.2	20	42.7	42.1	31	114.0	113.9
10	44.3	44.5	21	80.0	78.2	32	17.5	17.9
11	68.9	69.0	22	128.5	33.3	33	20.9	24.5

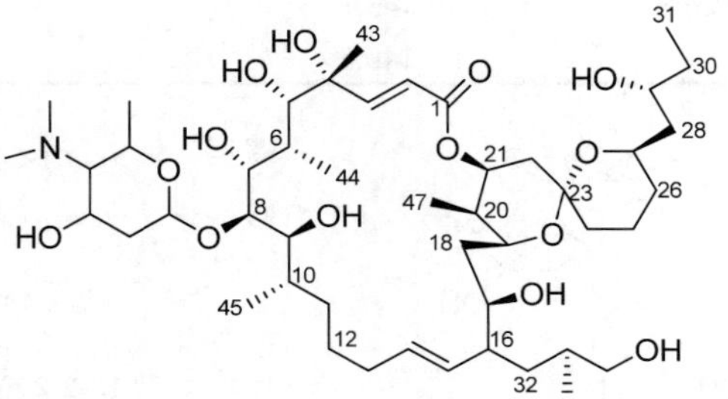

13-2-300

表 13-2-75　yokonolide A 的 ^{13}C NMR 数据[133]

C	13-2-300	C	13-2-300	C	13-2-300	C	13-2-300
1	165.4	13	33.0	25	19.2	37	64.5
2	119.5	14	132.2	26	31.4	38	64.8
3	149.5	15	132.6	27	65.5	39	71.2
4	74.6	16	49.4	28	43.2	40	15.6
5	79.4	17	70.8	29	68.6	41/42	43.7
6	35.7	18	40.3	30	30.5	43	28.4
7	76.6	19	64.5	31	9.7	44	5.2
8	84.0	20	35.1	32	35.5	45	15.9
9	74.6	21	70.3	33	32.8	46	18.7
10	37.5	22	35.5	34	66.1	47	6.6
11	31.3	23	97.2	35	96.1		
12	27.7	24	35.2	36	36.3		

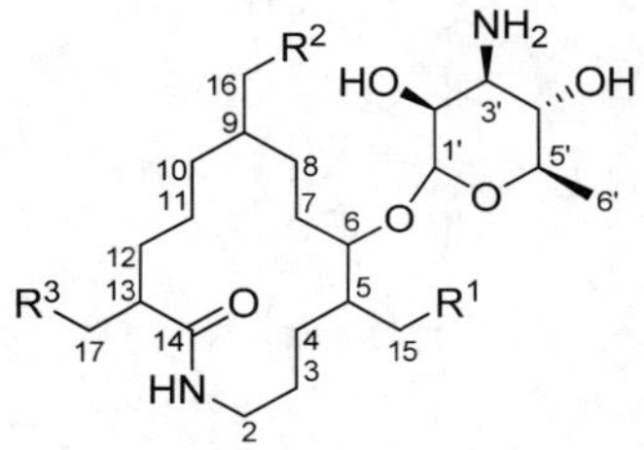

13-2-301 $R^1=R^2=R^3=H$
13-2-302 $R^1=R^2=H$; $R^3=CH_3$
13-2-303 $R^1=H$; $R^2=R^3=CH_3$
13-2-304 $R^1=R^2=R^3=CH_3$

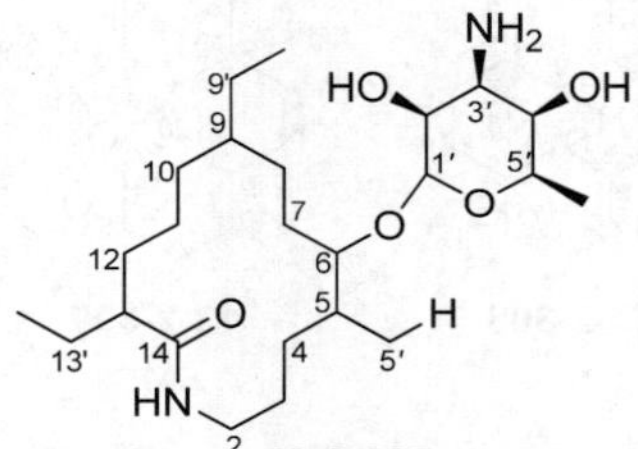

13-2-305

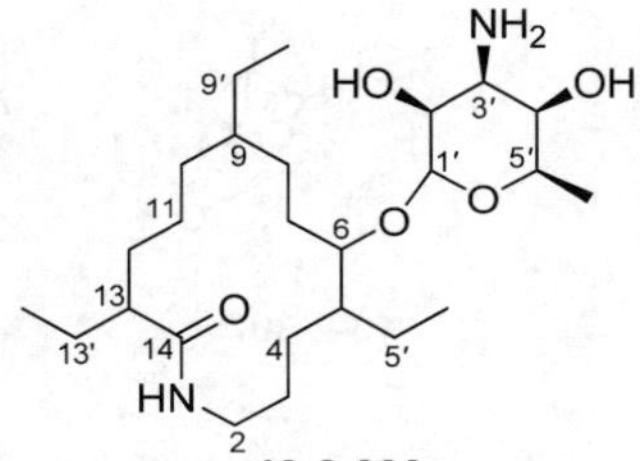

13-2-306

表 13-2-76　13-2-301~13-2-306 的 ^{13}C NMR 数据[135]

C	13-2-301	13-2-302	13-2-303	13-2-304	13-2-305	13-2-306[136]
糖基苷元						
2	38.9	39.1	38.8	39.2	38.2	39.2
3	28.5	28.8	28.3	28.1	27.0	28.1
4	29.9	29.6	22.4	25.5	24.5	25.6
5	36.1	36.4	42.0	41.2	40.3	41.2
6	79.5	79.9	78.3	76.9	38.2	7.6
7	20.4	20.6	22.0	21.7	76.0	21.8
8	25.8	26.0	26.2	22.7	20.7	22.7
9	31.1	29.9	28.6	39.0	24.5	39.2
10	35.4	35.8	36.0	32.5	30.5	32.6
11	24.5	23.2	23.5	25.5	33.5	25.5
12	34.5	32.7	33.2	33.9	24.3	33.9
13	42.6	51.7	49.8	50.7	49.8	50.9
14	178.6	178.9	179.0	178.2	176.8	178.2
15	17.3	17.4	9.2	8.9	8.3	9.0
15-CH_3	—	—	22.0	21.5	19.8	21.6

续表

C	13-2-301	13-2-302	13-2-303	13-2-304	13-2-305	13-2-306[136]
16	18.5	18.6	18.9	12.6	19.8	12.6
16-CH_3	—	—	—	27.6	33.5	27.7
17	13.8	12.6	12.9	12.3	11.5	12.3
17-CH_3	—	27.6	26.2	26.9	26.0	26.9
糖基						
1'	96.1	96.4	98.0	97.5	97.1	97.8
2'	70.7	70.5	70.4	72.9	72.6	70.3
3'	54.3	54.3	55.2	53.8	47.6	48.7
4'	69.3	69.6	70.7	71.0	71.4	69.3
5'	68.4	69.6	69.9	69.8	67.2	67.5
6'	17.2	17.3	17.7	17.7	16.0	16.7

注：测试溶剂为 $CDCl_3$-CD_3OD(1:1)。

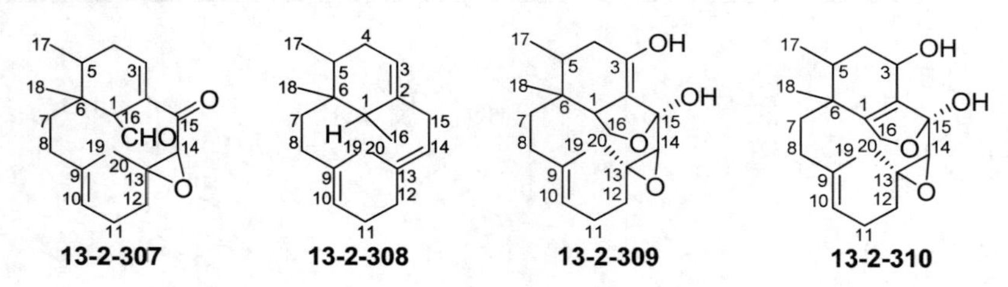

表 13-2-77　化合物 13-2-307~13-2-310 的 ^{13}C NMR 数据[136]

C	13-2-307	13-2-308	13-2-309	13-2-310	C	13-2-307	13-2-308	13-2-309	13-2-310
1	53.0	40.8	63.8	127.2	11	35.0	33.0	35.0	36.5
2	133.3	134.2	132.0	144.0	12	38.1	33.6	38.4	37.3
3	137.9	121.3	148.1	61.0	13	63.3	139.1	60.5	79.2
4	31.0	30.9	32.47	33.0	14	64.2	127.3	66.5	74.0
5	36.0	37.1	30.9	26.5	15	203.0	34.6	108.1	108.4
6	40.2	38.2	38.4	36.9	16	193.7	17.1	69.5	71.6
7	34.4	39.5	34.2	33.6	17	17.4	13.3	16.9	16.3
8	24.7	24.2	23.7	24.9	18	21.8	21.7	21.4	21.6
9	137.9	136.5	134.4	129.1	19	16.0	16.6	20.9	18.9
10	125.0	122.6	129.0	130.4	20	14.4	15.0	14.4	14.5

参考文献

[1] Goo Y, Lee Y, Kim B. J Antibiot, 1997, 50: 85.
[2] Asolkar R N, Maskey R P, Helmke E, et al. J Antibiot, 2002, 55: 893.
[3] Vertesy L, Aretz W, Ehlers E, et al. J Antibiot, 1998, 51: 921.
[4] Funaishi K, Kawamura K, Satoh F, et al. J Antibiot, 1990, 43: 938.
[5] 严淑聆，武济民. 中国抗生素杂志, 2001, 26: 161.
[6] Kirst H, Larsen S, Paschal J, et al. J Antibiot, 1995, 48: 990.
[7] Uyeda M, Kondo K, Ito A, et al. J Antibiot, 1995, 48: 1234.
[8] Canedo L M, Costa L, Criado L M, et al. J Antibiot, 2000, 53: 623.
[9] Berg A, Notni J, Doerfelt H, et al. J Antibiot, 2002, 55: 660.

[10] Harada K E N I, Nishida F, Takagi H, et al. J Antibiot, 1984, 37: 1187.
[11] Takamatsu S, Kim Y, Hayashi M, et al. J Antibiot, 1996, 49: 485.
[12] Aszalos A, Bax A, Burlinson N, et al. J Antibiot, 1985, 38: 1699.
[13] Kadar-Pauncz J, Podanyi B, Horvath G. J Antibiot, 1992, 45: 1231.
[14] Fehr T, Sanglier J J, Schuler W, et al. J Antibiot, 1996, 49: 230.
[15] Barrow C J, Oleynek J J, Marinelli V, et al. J Antibiot, 1997, 50: 729.
[16] Kim J W, Adachi H, Shin-Ya K, et al. J Antibiot, 1997, 50: 628.
[17] Fang F, Ui H, Shiomi K, et al. J Antibiot, 1997, 50: 919.
[18] Pang C H, Matsuzaki K, Ikeda H, et al. J Antibiot, 1995, 48: 60.
[19] Lu C, Shen Y. J Antibiot, 2003, 56: 415.
[20] Moon S, Hwang W, Chung Y, et al. J Antibiot, 2003, 56: 856.
[21] Kuo M, Yurek D, Kloosterman D. J Antibiot, 1989, 42: 1006.
[22] Breinholt J, Jensen G W, Nielsen R I, et al. J Antibiot, 1993, 46: 1101.
[23] Mikami Y, Komaki H, Imai T, et al. J Antibiot, 2000, 53: 70.
[24] Dekker K A, Aiello R J, Hirai H, et al. J Antibiot, 1998, 51: 14.
[25] Schiewe H J, Zeeck A. J Antibiot, 1999, 52: 635.
[26] Schneider A, Sp Th J, Breiding-Mack S, et al. J Antibiot, 1996, 49: 438.
[27] Rasmussen R R, Scherr M H, Whittern D N, et al. J Antibiot, 1987, 40: 1383.
[28] Grabley S, Hammann P, Thiericke R, et al. J Antibiot, 1993, 46: 343.
[29] Igarashi M, Tsuchida T, Kinoshita N, et al. J Antibiot, 1998, 51: 123.
[30] Takamatsu S, Zhang Q, Schrader K K, et al. J Antibiot, 2002, 55: 585.
[31] Kihara T, Ubukata M, Uzawa J, et al. J Antibiot, 1989, 42: 919.
[32] Yamashita N, Shin-Ya K, Kitamura M, et al. J Antibiot, 1997, 50: 440.
[33] Grabley S, Granzer E, utter K, et al. J Antibiot, 1992, 45: 56.
[34] Tang L, Qiu R, Li Y, et al. J Antibiot, 2003, 56: 16.
[35] Bertho G, Ladam P, Gharbi-Benarous J, et al. J Biol Macromol, 1998, 22: 103.
[36] Cevallos A, Guerriero A. J Antibiot, 2003, 56: 280.
[37] Petkovic H, Lill R, Sheridan R, et al. J Antibiot, 2003, 56: 543.
[38] Seto H, Furihata K, Ohuchi M. J Antibiot, 1988, 41: 1158.
[39] Brown M, Dirlam J, Mcarthur H, et al. J Antibiot, 1999, 52: 742.
[40] Sasaki J, Mizoue K, Morimoto S, et al. J Antibiot, 1996, 49: 1110.
[41] Uyeda M, Yokomizo K, Miyamoto Y, et al. J Antibiot, 1998, 51: 823.
[42] Habib E, Yokomizo K, Murata K, et al. J Antibiot, 2000, 53: 1420.
[43] Kim S, Ryoo I, Kim C, et al. J Antibiot, 1996, 49: 955.
[44] Takahashi I, Oda Y, Nishiie Y, et al. J Antibiot, 1997, 50: 186.
[45] Qian-Cutrone J, Ueki T, Huang S, et al. J Antibiot, 1999, 52: 245.
[46] Shibata K, Satsumabayashi S, Sano H, et al. J Antibiot, 1988, 41: 614.
[47] Gharbi-Benarous J, Evrard-Todeschi N, Ladam P, et al. J Chem Soc, Perkin Trans 2, 1999: 529.
[48] Ju J, Goo Y M. J Antibiot, 1997, 50: 690.
[49] Sugawara K, Nishiyama Y, Toda S, et al. J Antibiot, 1992, 45: 1433.
[50] Hayashi K I, Nozaki H. J Antibiot, 1999, 52: 325.
[51] Haxell M, Bishop B, Bryce P, et al. J Antibiot, 1992, 45: 659.
[52] Wagenaar M M, Clardy J. J Antibiot, 2001, 54: 517.
[53] Murakami Y, Okuda T, Shindo K. J Antibiot, 2001, 54: 980.
[54] Erkel G, Belahmer H, Serwe A, et al. J Antibiot, 2008, 61: 285.
[55] 李宁，李文，沙沂等. 波谱学杂志, 2008, 25: 514.
[56] Takamatsu S, Hiraoka H, Kim Y P, et al. J Antibiot, 1997, 50: 878.
[57] Fukami A, Taniguchi Y, Nakamura T, et al. J Antibiot, 1999, 52: 501.
[58] Yamada T, Iritani M, Minoura K, et al. J Antibiot, 2002, 55: 147.
[59] Tanaka Y, Yoshida H, Enomoto Y, et al. J Antibiot, 1997, 50: 194.
[60] Jakobi M, Winkelmann G, Kaiser D, et al. J Antibiot, 1996, 49: 1101.
[61] Mukhopadhyay T, Vijayakumar E, Nadkarni S, et al. J Antibiot, 1998, 51: 582.

[62] Miyashiro S, Yamanaka S, Takayama S, et al. J Antibiot, 1988, 41: 433.
[63] Woo E J, Starks C M, Carney J R, et al. J Antibiot, 2002, 55: 141.
[64] Nonaka K, Tsukiyama T, Okamoto Y, et al. J Antibiot, 2000, 53: 694.
[65] Kinoshita K, Takenaka S, Suzuki H, et al. J Antibiot, 1992, 45: 1.
[66] Kinoshita K, Takenaka S, Hayashi M. J Antibiot, 1991, 44: 1270.
[67] Funayama S, Okada K, Komiyama K, et al. J Antibiot, 1985, 38: 1107.
[68] Sugita M, Hiramoto S, Ando C, et al. J Antibiot, 1985, 38: 799.
[69] Hiramoto S, Ugita M, Ando C, et al. J Antibiot, 1985, 38: 1103.
[70] Hosokawa N, Naganawa H, Hamada M, et al. J Antibiot, 1996, 49: 425.
[71] Sugawara T, Tanaka A, Nagai K, et al. J Antibiot, 1997, 50: 778.
[72] Fang K, Schlingmann G, Enos A, et al. J Antibiot, 2001, 54: 805.
[73] Abe Y, Nakayama H, Shimazu A, et al. J Antibiot, 1985, 38: 1810.
[74] Ivanova V, Gesheva V, Kolarova M. J Antibiot, 2000, 53: 627.
[75] Ivanova V, Gushterova A. J Antibiot, 1997, 50: 965.
[76] Tsuchiya K, Kimura C, Nishikawa K, et al. J Antibiot, 1996, 49: 1281.
[77] Takayasu Y, Tsuchiya K, Aoyama T, et al. J Antibiot, 2001, 54: 1111.
[78] Yang P, Li M, Zhao J, et al. Folia Microbiologica, 2010, 55: 10.
[79] Szilagyi L, Feher K. J Mol Struct, 1998, 471: 195.
[80] Kobayashi K, Nishino C, Ohya J, et al. J Antibiot, 1987, 40: 1053.
[81] Laatsch H, Kellner M, Wolf G. J Antibiot, 1993, 46: 1334.
[82] Enomoto Y, Shiomi K, Matsumoto A, et al. J Antibiot, 2001, 54: 308.
[83] Kim H S, Han S B, Kim H M, et al. J Antibiot, 1996, 49: 1275.
[84] Matsumoto M, Kawamura Y, Yoshimura Y, et al. J Antibiot, 1990, 43: 739.
[85] Sugano M, Sato A, Iijima Y, et al. J Antibiot, 1995, 48: 1188.
[86] Schulz D, Nachtigall J, Riedlinger J, et al. J Antibiot, 2009, 62: 513.
[87] 孟伟, 金文藻. 药学学报, 1997, 32: 352.
[88] Du X, Lu C, Li Y, et al. J Antibiot, 2008, 61: 250.
[89] Takahashi S, Uchida K, Kakinuma N, et al. J Antibiot, 1998, 51: 1051.
[90] Hoshino Y, Ivanova V B, Yazawa K, et al. J Antibiot, 2002, 55: 516.
[91] Laakso J A, Mocek U M, Dun J V, et al. J Antibiot, 2003, 56: 909.
[92] Takatsu T, Ohtsuki M, Muramatsu A, et al. J Antibiot, 2000, 53: 1310.
[93] Stead P, Latif S, Blackaby A P, et al. J Antibiot, 2000, 53: 657.
[94] Urushibata I, Isogai A, Matsumoto S, et al. J Antibiot, 1993, 46: 701.
[95] Santos L, Medeiros M, Santos S, et al. J Mol Struct, 2001, 563: 61.
[96] Iwasaki S, Kobayashi H, Furukawa J, et al. J Antibiot, 1984, 37: 354.
[97] Helynck G, Dubertret C, Frechet D, et al. J Antibiot, 1998, 51: 512.
[98] Harris G, Shafiee A, Cabello M, et al. J Antibiot, 1998, 51: 837.
[99] Tang Y, Sattler I, Thiericke R, et al. J Antibiot, 2000, 53: 934.
[100] Otoguro K, Nakagawa A, Omura S. J Antibiot, 1988, 41: 250.
[101] Kim Y J, Furihata K, Shimazu A, et al. J Antibiot, 1991, 44: 1280.
[102] Ramu K, Shringarpure S, Cooperwood S, et al. Pharm Res, 1994, 11: 458.
[103] 姜威, 孙承航. 中国抗生素杂志, 2002, 27: 387.
[104] Chenghang S, Wei J, Jie H, et al. Actinomycetologica, 1999, 13: 120.
[105] 孙承航, 金文藻. 中国抗生素杂志, 1998, 23: 253.
[106] 姜威, 孙承航, 金文藻. 中国抗生素杂志, 2003, 28: 385.
[107] 姜威, 孙承航. 中国抗生素杂志, 2002, 27: 209.
[108] 孙承航, 姜威. 中国抗生素杂志, 2000, 25: 1.
[109] Liu L, Roets E, Busson R, et al. J Antibiot, 1996, 49: 398.
[110] Nakakoshi M, Kimura K, Nakajima N, et al. J Antibiot, 1999, 52: 175.
[111] Yaginuma S, Morishita A, Ishizawa K, et al. J Antibiot, 1992, 45: 599.
[112] Morishita A, Murofushi S, Ishizawa K, et al. J Antibiot, 1992, 45: 809.
[113] Morishita A, Murofushi S, Ishizawa K, et al. J Antibiot, 1992, 45: 1011.

[114] Kinoshita K, Sasaki T, Awata M, et al. J Antibiot, 1997, 50: 961.
[115] Morino T, Shimada K, Masuda A, et al. J Antibiot, 1996, 49: 1049.
[116] Ishii T, Hida T, Iinuma S, et al. J Antibiot, 1995, 48: 12.
[117] Oka M, Iimura S, Tenmyo O, et al. J Antibiot, 1993, 46: 367.
[118] Ohtsuka T, Kudoh T, Shimma N, et al. J Antibiot, 1992, 45: 140.
[119] Hosokawa N, Naganawa H, Iinuma H, et al. J Antibiot, 1995, 48: 471.
[120] Hosokawa N, Naganawa H, Hamada M, et al. J Antibiot, 2000, 53: 886.
[121] Nishio M, Kohno J, Sakurai M, et al. J Antibiot, 2000, 53: 724.
[122] Shindo K, Kamishohara M, Odagawa A, et al. J Antibiot, 1993, 46: 1076.
[123] Matsushima Y, Nakayama T, Fujita M, et al. J Antibiot, 2001, 54: 211.
[124] Funayama S, Okada K, Iwasaki K, et al. J Antibiot, 1985, 38: 1677.
[125] Kim W G, Song N K, Yoo I D. J Antibiot, 2002, 55: 204.
[126] Ueki M, Kusumoto A, Hanafi M, et al. J Antibiot, 1997, 50: 551.
[127] Imamura N, Nishijima M, Adachi K, et al. J Antibiot, 1993, 46: 241.
[128] Proksa B, Uhrin D, Adamcova J, et al. J Antibiot, 1992, 45: 1268.
[129] Hayakawa Y, Takaku K, Furihata K, et al. J Antibiot, 1991, 44: 1294.
[130] Baker G H, Blanchflower S E, Dorgan R J J, et al. J Antibiot, 1996, 49: 272.
[131] Dong Y, Yang J, Zhang H, et al. J Nat Prod, 2006, 69: 128.
[132] Kamigiri K, Tokunaga T, Sugawara T, et al. J Antibiot, 1997, 50: 556.
[133] Hayashi K, Ogino K, Oono Y, et al. J Antibiot, 2001, 54: 573.
[134] Cooper R, Truumees I, Yarborough R, et al. J Antibiot, 1992, 45: 633.
[135] Hegde V, Patel M, Horan A, et al. J Antibiot, 1992, 45: 624.
[136] Chu M, Truumees I, Gunnarsson I, et al. J Antibiot, 1993, 46: 554.

第三节 醌类抗生素

表 13-3-1 醌类抗生素的名称、分子式和测试溶剂

编号	名称	分子式	测试溶剂	参考文献
13-3-1	变活霉素A	$C_{28}H_{32}O_{11}$	C/M	[1]
13-3-2	变活霉素B	$C_{27}H_{30}O_{10}$	M	[2]
13-3-3	变活霉素C	$C_{27}H_{30}O_{11}$	M	[2]
13-3-4	167-B	$C_{29}H_{21}NO_9$	C	[3]
13-3-5	A83016A	$C_{28}H_{28}N_2O_{10}$	A	[4]
13-3-6	kinamycinc（醌那霉素C）	$C_{24}H_{20}N_2O_{10}$	C	[4]
13-3-7	aclacinomycin（阿克拉霉素）	$C_{42}H_{53}NO_{15}$	C	[5]
13-3-8	aclidinomycin A	$C_{21}H_{25}N_3O_6$	C	[6]
13-3-9	aclidinomycin B	$C_{21}H_{25}N_3O_7$	C	[6]
13-3-10	cetoniacytone A	$C_9H_{11}NO_5$	D	[7]
13-3-11	cetoniacytone B	$C_7H_9NO_4$	M	[7]
13-3-12	2,5-dihydroxy-4-hydroxymethyl acetanilide	$C_9H_{11}NO_4$	D	[7]
13-3-13	2,5-dihydroxy-4-methoxymethyl acetanilide	$C_{10}H_{13}NO_4$	M	[7]
13-3-14	AH-1763 iia	$C_{22}H_{18}O_6$	C	[8]
13-3-15	11-hydroxy aclacinomycin X	$C_{42}H_{52}N_2O_{16}$	C	[9]
13-3-16	acremonidin A	$C_{33}H_{26}O_{12}$	D	[10]
13-3-17	acremonidin B	$C_{31}H_{24}O_{11}$	D	[10]
13-3-18	acremonidin C	$C_{33}H_{26}O_{13}$	D	[10]
13-3-19	alnumycin	$C_{22}H_{24}O_8$	C	[11]

续表

编号	名称	分子式	测试溶剂	参考文献
13-3-20	altromycin E	$C_{46}H_{57}NO_{17}$	C	[12]
13-3-21	altromycin F	$C_{47}H_{59}NO_{17}$	C	[12]
13-3-22	altromycin G	$C_{45}H_{55}NO_{18}$	C	[12]
13-3-23	altromycin H	$C_{20}H_{17}NO_{9}$	C	[12]
13-3-24	altromycin I	$C_{37}H_{43}NO_{12}$	C	[12]
13-3-25	amicenomycin A	$C_{43}H_{56}O_{16}$	M	[13]
13-3-26	amicenomycin B	$C_{43}H_{56}O_{16}$	M	[13]
13-3-27	anthrotainin	$C_{20}H_{17}NO_{9}$	D	[14]
13-3-28	adxanthromycin	$C_{42}H_{40}O_{17}$	D	[15]
13-3-29	asterriquinone CT1	$C_{32}H_{26}N_{2}O_{4}$	D	[16]
13-3-30	asterriquinone CT2	$C_{32}H_{28}N_{2}O_{4}$	D	[16]
13-3-31	asterriquinone CT3	$C_{32}H_{30}N_{2}O_{4}$	D	[16]
13-3-32	asterriquinone CT4	$C_{32}H_{30}N_{2}O_{4}$	D	[16]
13-3-33	asterriquinone CT5	$C_{32}H_{30}N_{2}O_{4}$	D	[16]
13-3-34	asterriquinone SU5228	$C_{29}H_{26}N_{2}O_{4}$	C	[17]
13-3-35	asterriquinone SU5500	$C_{36}H_{36}N_{2}O_{5}$	C	[17]
13-3-36	asterriquinone SU5501	$C_{34}H_{34}N_{2}O_{4}$	C	[17]
13-3-37	asterriquinone SU5503	$C_{35}H_{34}N_{2}O_{6}$	C	[17]
13-3-38	asterriquinone SU5504	$C_{34}H_{34}N_{2}O_{4}$	C	[17]
13-3-39	atramycin A	$C_{25}H_{24}O_{9}$	M	[18]
13-3-40	atramycin B	$C_{25}H_{24}O_{8}$	M	[18]
13-3-41	1,8-*O*-dimethyl-averantin	$C_{22}H_{24}O_{7}$	C	[19]
13-3-42	aureoquinone	$C_{12}H_{10}O_{6}$	D	[20]
13-3-43	avidinorubicin	$C_{60}H_{86}N_{4}O_{22}$	P	[21]
13-3-44	BE-19412A	$C_{28}H_{22}ClNO_{8}$	D	[22]
13-3-45	BE-19412B	$C_{30}H_{26}ClNO_{8}$	D	[22]
13-3-46	BE-24566B	$C_{27}H_{24}O_{7}$	A	[23]
13-3-47	BE-40644	$C_{22}H_{30}O_{4}$	C	[24]
13-3-48	BE-52440A	$C_{34}H_{34}O_{14}S$	C	[25]
13-3-49	BE-52440B	$C_{33}H_{34}O_{13}S$	C	[25]
13-3-50	benaphthamycin	$C_{27}H_{20}O_{10}$	D	[26]
13-3-51	bequinostatin A	$C_{28}H_{24}O_{9}$	D	[27]
13-3-52	bequinostatin B	$C_{27}H_{24}O_{7}$	D	[27]
13-3-53	bhimamycin A	$C_{15}H_{12}O_{5}$	C	[28]
13-3-54	bhimamycin B	$C_{15}H_{10}O_{5}$	C	[28]
13-3-55	bhimamycin C	$C_{17}H_{17}NO_{5}$	M	[28]
13-3-56	bhimamycin D	$C_{22}H_{15}NO_{6}$	B	[28]
13-3-57	bhimamycin E	$C_{13}H_{10}O_{5}$	C	[28]
13-3-58	bhimanone	$C_{13}H_{14}O_{4}$	D	[28]
13-3-59	bhimanone diacetate	$C_{17}H_{18}O_{6}$	D	[28]
13-3-60	CG21-C	$C_{40}H_{50}N_{2}O_{15}$	C/M	[29]
13-3-61	CG1-C	$C_{42}H_{52}N_{2}O_{15}$	C	[29]

续表

编号	名称	分子式	测试溶剂	参考文献
13-3-62	CG15-A	$C_{32}H_{39}NO_{12}$	C/M	[30]
13-3-63	CG15-B	$C_{32}H_{39}NO_{13}$	C/M	[30]
13-3-64	CG17-A	$C_{34}H_{41}NO_{13}$	C	[30]
13-3-65	CG17-B	$C_{34}H_{41}NO_{14}$	C	[30]
13-3-66	CG18-B	$C_{34}H_{43}NO_{12}$	C	[30]
13-3-67	CG19-A	$C_{35}H_{43}NO_{13}$	C	[30]
13-3-68	CG19-B	$C_{35}H_{43}NO_{14}$	C	[30]
13-3-69	CG20-A	$C_{32}H_{39}NO_{12}$	C/M	[30]
13-3-70	CG20-B	$C_{32}H_{39}NO_{13}$	C	[30]
13-3-71	CG21-A	$C_{34}H_{43}NO_{12}$	C	[30]
13-3-72	CG21-B	$C_{34}H_{43}NO_{13}$	C/M	[30]
13-3-73	CG22-A	$C_{33}N_{41}NO_{12}$	C/M	[30]
13-3-74	CG22-B	$C_{33}N_{41}NO_{13}$	C/M	[30]
13-3-75	cinerubin R	$C_{42}H_{51}NO_{15}$	C	[31]
13-3-76	chloroquinocin	$C_{17}H_{15}ClO_5$	D	[32]
13-3-77	chlorogentisylquinone	$C_7H_5ClO_3$	M	[33]
13-3-78	chlorotetracycline（金霉素）	$C_{22}H_{23}ClN_2O_8$	D	[34]
13-3-79	2'-*N*-methyl-8-methoxychlortetracycline（2'-*N*-甲基- 8-甲氧基金霉素）	$C_{24}H_{27}ClN_2O_9$	D	[34]
13-3-80	4a-hydroxy-8-methoxychlortetracycline（4a-羟基-8-甲氧基金霉素）	$C_{23}H_{25}ClN_2O_{10}$	D	[35]
13-3-81	chrysolandol	$C_{17}H_{18}O_{10}$	D	[36]
13-3-82	chrysoqueen	$C_{16}H_{18}O_9$	D	[36]
13-3-83	citreamicin α	$C_{36}H_{31}NO_{12}$	C	[37]
13-3-84	citreamicin ζ	$C_{35}H_{29}NO_{12}$	C	[37]
13-3-85	citreamicinη	$C_{31}H_{23}NO_{11}$	C	[37]
13-3-86	collinone	$C_{27}H_{18}O_{12}$	C	[38]
13-3-87	crisamicin C（克立米星）	$C_{32}H_{22}O_{13}$	D	[39]
13-3-88	1-hydroxycrisamicin A	$C_{32}H_{22}O_{13}$	C	[40]
13-3-89	9-hydroxycrisamicin A	$C_{32}H_{22}O_{13}$	C	[41]
13-3-90	D788-5	$C_{29}H_{33}NO_{11}$	C	[42]
13-3-91	D788-16	$C_{29}H_{33}NO_{10}$	C	[42]
13-3-92	D788-17	$C_{28}H_{31}NO_{10}$	C	[42]
13-3-93	D788-6	$C_{28}H_{31}NO_{11}$	C	[43]
13-3-94	D788-8	$C_{26}H_{27}NO_9$	C	[43]
13-3-95	D788-9	$C_{29}H_{31}NO_{12}$	C	[43]
13-3-96	D788-10	$C_{26}H_{27}NO_{11}$	C	[43]
13-3-97	D788-15	$C_{27}H_{29}NO_{11}$	C	[43]
13-3-98	dactylocyclinone	$C_{23}H_{25}ClN_2O_{10}$	D	[44]
13-3-99	dibefurin	$C_{18}H_{16}O_8$	D	[45]
13-3-100	dioxamycin	$C_{38}H_{40}O_{15}$	M	[46]
13-3-101	dutomycin	$C_{44}H_{54}O_{17}$	D	[47]

续表

编号	名称	分子式	测试溶剂	参考文献
13-3-102	dynemicin O	$C_{29}H_{23}NO_{10}$	D/C	[48]
13-3-103	EI-1507-1	$C_{20}H_{18}O_6$	C	[49]
13-3-104	EI-1507-2	$C_{20}H_{20}O_6$	C	[49]
13-3-105	emodic acid	$C_{15}H_8O_7$	C	[50]
13-3-106	dihydroepiepoformin	$C_7H_{10}O_3$	D	[51]
13-3-107	ericamycin	$C_{28}H_{21}NO_8$	D	[52]
13-3-108	hybrid 4-*O*-methylepemycin	$C_{31}H_{37}NO_{11}$	C/M	[53]
13-3-109	exfoliamycin	$C_{22}H_{26}O_9$	A	[54]
13-3-110	3-*O*-methylexfoliamycin	$C_{23}H_{28}O_9$	C	[54]
13-3-111	anhydroexfoliamycin	$C_{22}H_{24}O_8$	M/C	[54]
13-3-112	fluostatin A	$C_{18}H_{10}O_5$	D	[55]
13-3-113	fluostatin B	$C_{18}H_{14}O_6$	D	[55]
13-3-114	fluostatin C	$C_{26}H_{20}O_9$	A	[55]
13-3-115	fibrostatin A（制纤菌素A）	$C_{18}H_{19}NO_7S$	D	[56]
13-3-116	fibrostatin B（制纤菌素B）	$C_{19}H_{21}NO_8S$	D	[56]
13-3-117	fibrostatin C（制纤菌素C）	$C_{18}H_{19}NO_8S$	D	[56]
13-3-118	fibrostatin D（制纤菌素D）	$C_{18}H_{19}NO_8S$	D	[56]
13-3-119	fibrostatin E（制纤菌素E）	$C_{18}H_{19}NO_8S$	D	[56]
13-3-120	fibrostatin F（制纤菌素F）	$C_{19}H_{21}NO_9S$	D	[56]
13-3-121	6-*O*-demethyl-5-deoxy-fusarubin	$C_{15}H_8O_7$	D	[57]
13-3-122	furaquinocin C	$C_{22}H_{26}O_5$	C	[58]
13-3-123	furaquinocin D	$C_{22}H_{26}O_6$	C	[58]
13-3-124	furaquinocin E	$C_{22}H_{24}O_6$	C	[58]
13-3-125	furaquinocin F	$C_{22}H_{26}O_6$	C	[58]
13-3-126	furaquinocin G	$C_{22}H_{24}O_7$	C	[58]
13-3-127	furaquinocin H	$C_{22}H_{26}O_8$	C	[58]
13-3-128	4'-deacetyl-(–)-griseusin A	$C_{20}H_{18}O_9$	C	[59]
13-3-129	4'-deacetyl-(–)-griseusin B	$C_{20}H_{20}O_9$	C	[59]
13-3-130	3'-*O*-α-D-forosaminyl-(+)-griseusin A	$C_{30}H_{35}NO_{11}$	C	[60]
13-3-131	griseorhodin C	$C_{25}H_{18}O_{13}$	D	[61]
13-3-132	8-methoxygriseorhodin C	$C_{26}H_{20}O_{13}$	D	[61]
13-3-133	7,8-dideoxy-6-oxo-griseorhodin C	$C_{25}H_{16}O_{11}$	D/TFA	[62]
13-3-134	gtri-bb	$C_{33}H_{26}O_{13}$	C	[63]
13-3-135	hatomarubigin A	$C_{20}H_{16}O_5$	C	[64]
13-3-136	hatomarubigin B	$C_{20}H_{16}O_5$	C	[64]
13-3-137	hatomarubigin C	$C_{20}H_{18}O_5$	C	[64]
13-3-138	hatomarubigin D	$C_{41}H_{36}O_{10}$	C	[64]
13-3-139	histomodulin	$C_{28}H_{28}O_{15}$	A	[65]
13-3-140	hibarimicin A	$C_{85}H_{112}O_{37}$	C	[66]
13-3-141	hibarimicin B	$C_{85}H_{112}O_{37}$	C	[66]
13-3-142	hibarimicin C	$C_{83}H_{110}O_{36}$	C	[66]
13-3-143	hibarimicin D	$C_{85}H_{112}O_{38}$	C	[66]

续表

编号	名称	分子式	测试溶剂	参考文献
13-3-144	hibarimicin G	$C_{85}H_{112}O_{39}$	C	[66]
13-3-145	illudin C2	$C_{15}H_{20}O_3$	M	[67]
13-3-146	illudin C3	$C_{15}H_{20}O_3$	M	[67]
13-3-147	IT-62-B	$C_{39}H_{47}NO_{15}$	C	[68]
13-3-148	juglorin（胡桃菌素）	$C_{20}H_{20}O_7$	C	[69]
13-3-149	juglomycin Z	$C_{15}H_{14}O_6$	C	[70]
13-3-150	tetrahydro kalafungin	$C_{16}H_{16}O_6$	C	[71]
13-3-151	K1115 a	$C_{18}H_{14}O_6$	D	[72]
13-3-152	lachnumon B1	$C_{10}H_{11}BrO_4$	C	[73]
13-3-153	lachnumon B2	$C_{10}H_{10}BrClO_4$	C	[73]
13-3-154	mycorrhizin B1	$C_{14}H_{15}BrO_4$	C	[73]
13-3-155	mycorrhizin B2	$C_{14}H_{14}BrClO_4$	C	[73]
13-3-156	lactonamycin Z	$C_{28}H_{27}NO_{13}$	C	[74]
13-3-157	landomycin A	$C_{55}H_{74}O_{22}$	C	[75]
13-3-158	landomycin B	$C_{49}H_{64}O_{20}$	D	[75]
13-3-159	landomycin C	$C_{55}H_{74}O_{21}$	C	[75]
13-3-160	MC-1	$C_{29}H_{35}NO_{10}$	C	[76]
13-3-161	MC-4	$C_{29}H_{35}NO_9$	C	[76]
13-3-162	MC-7	$C_{27}H_{31}NO_{11}$	C/M	[76]
13-3-163	M-3	$C_{22}H_{24}O_6$	C	[77]
13-3-164	M-4	$C_{21}H_{20}O_5$	C	[77]
13-3-165	M-13-1	$C_{21}H_{16}O_5$	C	[77]
13-3-166	malbranicin	$C_{11}H_{12}O_4$	C	[78]
13-3-167	menoxymycin A	$C_{24}H_{27}NO_9$	C	[79]
13-3-168	menoxymycin B	$C_{25}H_{31}NO_9$	C	[79]
13-3-169	misakimycin	$C_{13}H_{12}O_5$	C	[80]
13-3-170	naphterpin	$C_{21}H_{22}O_5$	C	[81]
13-3-171	7-demethyl naphterpin	$C_{20}H_{20}O_5$	C	[82]
13-3-172	naphthablin	$C_{29}H_{36}O_8$	C	[83]
13-3-173	naphthgeranine A	$C_{20}H_{20}O_5$	C/M	[84]
13-3-174	naphthgeranine B	$C_{20}H_{20}O_6$	C	[84]
13-3-175	naphthgeranine C	$C_{20}H_{20}O_7$	C/M	[84]
13-3-176	naphthgeranine D	$C_{20}H_{20}O_8$	M	[84]
13-3-177	naphthgeranine E	$C_{20}H_{16}O_7$	M	[84]
13-3-178	naphthgeranine F	$C_{20}H_{16}O_7$	M	[85]
13-3-179	naphthomevalin	$C_{25}H_{31}ClO_5$	C	[86]
13-3-180	naphthopyranomycin	$C_{25}H_{28}O_9$	C	[87]
13-3-181	2-hydroxyethyl-3-methyl-1,4-naphthoquinone	$C_{13}H_{12}O_3$	C	[88]
13-3-182	naphthoquinone 1	$C_{21}H_{25}NO_6$	C	[89]
13-3-183	naphthoquinone 2	$C_{20}H_{23}NO_6$	A	[89]
13-3-184	naphthoquinone 3	$C_{26}H_{32}N_2O_9S$	A	[89]
13-3-185	naphthoquinone 4	$C_{26}H_{32}N_2O_9S$	A/M	[89]

续表

编号	名称	分子式	测试溶剂	参考文献
13-3-186	naphthoquinone 5	$C_{27}H_{34}N_2O_9S$	C	[89]
13-3-187	neobulgarone A	$C_{32}H_{26}O_8$	C/M	[90]
13-3-188	neobulgarone B	$C_{32}H_{26}O_8$	C/M	[90]
13-3-189	neobulgarone C	$C_{32}H_{25}ClO_8$	C/M	[90]
13-3-190	neobulgarone D	$C_{32}H_{25}ClO_8$	C/M	[90]
13-3-191	neobulgarone E	$C_{32}H_{24}Cl_2O_8$	C/M	[90]
13-3-192	neobulgarone F	$C_{32}H_{24}Cl_2O_8$	C/M	[90]
13-3-193	nocardicyclin A	$C_{30}H_{35}NO_{11}$	D/ M	[91]
13-3-194	nocardicyclin B	$C_{32}H_{37}NO_{12}$	D	[91]
13-3-195	nothramicin	$C_{30}H_{37}NO_{11}$	C	[92]
13-3-196	ochracenomicin A	$C_{19}H_{18}O_6$	C	[93]
13-3-197	ochracenomicin B	$C_{19}H_{20}O_4$	C	[93]
13-3-198	ochracenomicin C	$C_{19}H_{20}O_5$	C	[93]
13-3-199	1-hydroxy oxaunomycin	$C_{26}H_{29}NO_{11}$	C/M	[94]
13-3-200	6-deoxy oxaunomycin	$C_{26}H_{29}NO_9$	C/M	[94]
13-3-201	paulomycin A（保洛霉素A）	$C_{34}H_{46}N_2O_{17}S$	A	[95]
13-3-202	paulomycin A_2（保洛霉素A_2）	$C_{34}H_{46}N_2O_{17}S$	A	[95]
13-3-203	paulomycin B（保洛霉素B）	$C_{33}H_{44}N_2O_{17}S$	A	[95]
13-3-204	paulomycin C（保洛霉素C）	$C_{32}H_{42}N_2O_{17}S$	A	[95]
13-3-205	paulomycin D（保洛霉素D）	$C_{31}H_{40}N_2O_{17}S$	A	[95]
13-3-206	paulomycin E（保洛霉素E）	$C_{29}H_{36}N_2O_{16}S$	A	[95]
13-3-207	paulomycin F（保洛霉素F）	$C_{29}H_{38}N_2O_{16}S$	A	[95]
13-3-208	picufolin	$C_{22}H_{18}O_6$	D	[96]
13-3-209	papyracon A	$C_{14}H_{18}O_5$	C	[97]
13-3-210	papyracon B	$C_{14}H_{20}O_5$	A	[97]
13-3-211	6-*O*-methyl papyracon B	$C_{15}H_{22}O_5$	C	[98]
13-3-212	papyracon C	$C_{14}H_{20}O_5$	A	[97]
13-3-213	6-*O*-methyl papyracon C	$C_{15}H_{22}O_5$	C	[98]
13-3-214	papyracon D	$C_{14}H_{18}O_5$	C	[98]
13-3-215	phosphatoquinone A	$C_{21}H_{24}O_5$	C	[99]
13-3-216	phosphatoquinone B	$C_{21}H_{24}O_4$	C/M	[99]
13-3-217	pluraflavin A	$C_{43}H_{54}N_2O_{14}$	D/M	[100]
13-3-218	pluraflavin B	$C_{43}H_{56}N_2O_{15}$	M	[100]
13-3-219	pluraflavin E	$C_{36}H_{41}NO_{14}$	M	[100]
13-3-220	pradimicin A	$C_{40}H_{44}N_2O_{18}$	D	[101]
13-3-221	pradimicin D	$C_{39}H_{42}N_2O_{18}$	D	[101]
13-3-222	pradimicin E	$C_{38}H_{40}N_2O_{18}$	D	[101]
13-3-223	pradimicin FA-1	$C_{40}H_{44}N_2O_{19}$	D	[102]
13-3-224	pradimicin FA-2	$C_{39}H_{42}N_2O_{19}$	D	[102]
13-3-225	pradimicin FL	$C_{41}H_{46}N_2O_{20}$	D	[103]
13-3-226	pradimicin L	$C_{41}H_{46}N_2O_{19}$	D	[103]
13-3-227	pradimicin FS	$C_{41}H_{46}N_2O_{23}S$	D	[104]

续表

编号	名称	分子式	测试溶剂	参考文献
13-3-228	pradimicin S	$C_{41}H_{46}N_2O_{22}S$	D	[105]
13-3-229	pradimicin M	$C_{24}H_{16}O_{10}$	D	[106]
13-3-230	pradimicin N	$C_{29}H_{25}NO_{12}$	D	[106]
13-3-231	pradimicin O	$C_{29}H_{25}NO_{11}$	D	[106]
13-3-232	pradimicin P	$C_{27}H_{21}NO_{12}$	D	[106]
13-3-233	pradimicin Q	$C_{24}H_{16}O_{10}$	D	[107]
13-3-234	epoxy quinomicin A	$C_{14}H_{10}ClNO_6$	M	[108]
13-3-235	epoxy quinomicin B	$C_{14}H_{11}NO_6$	M	[108]
13-3-236	10-*O*-rhodosaminyl beta-rhodomycinone	$C_{28}H_{33}NO_{10}$	C	[109]
13-3-237	*β*-iso rhodomycinone（*β*-异紫红霉酮）	$C_{28}H_{33}NO_{11}$	C/M	[109]
13-3-238	rubiginone A1	$C_{20}H_{18}O_5$	D	[110]
13-3-239	rubiginone A2	$C_{20}H_{16}O_5$	D	[110]
13-3-240	rubiginone B1	$C_{20}H_{18}O_4$	D	[110]
13-3-241	rubiginone B2	$C_{20}H_{16}O_4 1/3H_2O$	D	[110]
13-3-242	rubiginone C1	$C_{24}H_{24}O_6$	D	[110]
13-3-243	rubiginone C2	$C_{24}H_{22}O_6$	D	[110]
13-3-244	rubiginone D2	$C_{20}H_{16}O_6$	C	[110]
13-3-245	4-*O*-acetyl-rubiginone D2	$C_{22}H_{18}O_7$	C	[110]
13-3-246	rubiginone H	$C_{22}H_{20}O_8$	C	[110]
13-3-247	rubiginone I	$C_{22}H_{20}O_8$	C	[110]
13-3-248	saptomycin D	$C_{35}H_{37}NO_9$	B	[111]
13-3-249	saptomycin E	$C_{33}H_{35}NO_9$	B	[111]
13-3-250	saquayamycin E	$C_{43}H_{50}O_{16}$	C	[112]
13-3-251	saquayamycin F	$C_{43}H_{50}O_{16}$	C	[112]
13-3-252	Sch 45752	$C_{28}H_{22}O_{10}$	C	[113]
13-3-253	Sch 47554	$C_{37}H_{38}O_{13}$	C	[114]
13-3-254	Sch 47555	$C_{37}H_{42}O_{13}$	C	[114]
13-3-255	Sch 50673	$C_{21}H_{14}O_8$	C	[115]
13-3-256	Sch 50676	$C_{20}H_{14}O_5$	C	[115]
13-3-257	scytalol A	$C_{15}H_{18}O_6$	C	[116]
13-3-258	scytalol B	$C_{16}H_{20}O_6$	C	[116]
13-3-259	scytalol C	$C_{17}H_{20}O_6$	C	[116]
13-3-260	scytalol D	$C_{14}H_{16}O_5$	C	[116]
13-3-261	seitomycin	$C_{20}H_{18}O_6$	C	[117]
13-3-262	semicochliodinol A	$C_{27}H_{22}N_2O_4$	D	[118]
13-3-263	semicochliodinol B	$C_{27}H_{22}N_2O_4$	D	[118]
13-3-264	SM 196 A	$C_{20}H_{20}O_5$	C	[119]
13-3-265	SM 196 B	$C_{20}H_{18}O_5$	C	[119]
13-3-266	SO-75R1	$C_{29}H_{34}O_{11}$	C	[120]
13-3-267	spartanamicin A	$C_{42}H_{51}NO_{16}$	C	[121]
13-3-268	spartanamicin B	$C_{42}H_{53}NO_{16}$	C	[121]
13-3-269	sorrentanone	$C_{14}H_{14}O_4$	W	[122]

续表

编号	名称	分子式	测试溶剂	参考文献
13-3-270	steffimycin C（司替霉素C）	$C_{28}H_{30}O_{13}$	D	[123]
13-3-271	8-demethoxy-steffimycin	$C_{27}H_{30}O_{11}$	D	[124]
13-3-272	2'-demethoxy-steffimycin	$C_{27}H_{28}O_{12}$	D	[124]
13-3-273	8,2'-demethoxy-steffimycin	$C_{26}H_{26}O_{12}$	D	[124]
13-3-274	10'-desmethoxy streptonigrin（10'-去甲基链黑菌素）	$C_{24}H_{20}N_4O_7$	D	[125]
13-3-275	TAN-1120	$C_{34}H_{43}NO_{14}$	C	[126]
13-3-276	TAN-1518 A	$C_{39}H_{41}NO_{15}$	D	[127]
13-3-277	TAN-1518 B	$C_{41}H_{45}NO_{15}$	D	[127]
13-3-278	tetrahydrobostrycin	$C_{16}H_{20}O_8$	D/M	[128]
13-3-279	1-deoxytetrahydrobostryin	$C_{16}H_{20}O_7$	D	[128]
13-3-280	WS9761A	$C_{17}H_{16}O_4$	D	[129]
13-3-281	WS9761B	$C_{17}H_{16}O_5$	D	[129]
13-3-282	WS009 A	$C_{24}H_{25}NO_{10}S$	D	[130]
13-3-283	WS009 B	$C_{24}H_{25}NO_{11}S$	D	[130]
13-3-284	XR651	$C_{21}H_{16}O_5$	—	[131]
13-3-285	YM-181741	$C_{19}H_{14}O_5$	C	[132]
13-3-286	variecolorquinone A	$C_{20}H_{18}O_9$	D	[133]
13-3-287	variecolorquinone B	$C_{17}H_{16}O_6$	C	[133]
13-3-288	viridicatumtoxin	$C_{30}H_{31}NO_{10}$	C	[134]
13-3-289	viridicatumtoxin B	$C_{30}H_{29}NO_{10}$	C	[134]
13-3-290	xanthoradone A	$C_{27}H_{22}O_9$	C	[135]
13-3-291	xanthoradone B	$C_{27}H_{22}O_9$	C	[135]

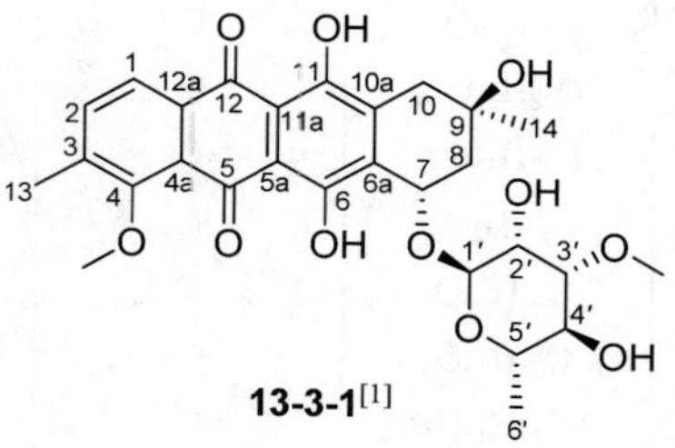

13-3-1[1]

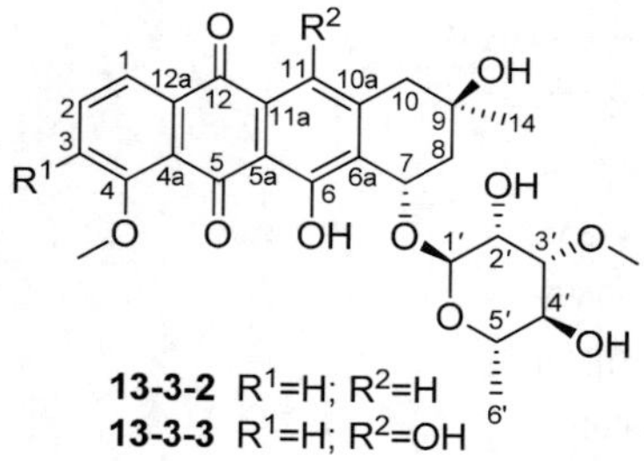

13-3-2 R^1=H; R^2=H
13-3-3 R^1=H; R^2=OH

表 13-3-2 13-3-1~13-3-3 的 ^{13}C NMR 数据[2]

C	13-3-1	13-3-2	13-3-3	C	13-3-1	13-3-2	13-3-3
1	124.4	121.0	120.6	6	158.5	163.1	158.4
2	138.4	137.9	138.0	6a	134.7	133.5	137.2
3	138.4	120.7	120.2	7	74.6	75.1	75.0
4	161.6	163.9	162.6	8	43.8	46.2	44.1
4-OCH$_3$	61.9			9	70.8	71.5	71.3
4a	126.6	133.0	121.6	10	38.7	45.1	38.9
5	188.2	190.6	187.8	10a	136.9	137.4	137.2
5a	112.8	116.5	112.1	11	156.3	121.5	156.4

续表

C	13-3-1	13-3-2	13-3-3	C	13-3-1	13-3-2	13-3-3
11a	112.5	122.3	112.3	2'	68.2	68.9	68.5
12	187.5	184.2	187.4	3'	82.2	83.9	82.7
12a	143.1	147.3	136.4	3'-OCH_3	57.7	57.8	57.4
13	29.4	29.7	29.7	4'	72.4	73.6	73.3
14	16.9	—	—	5'	69.3	70.5	69.6
1'	105.2	105.7	105.8	6'	17.8	18.8	57.4

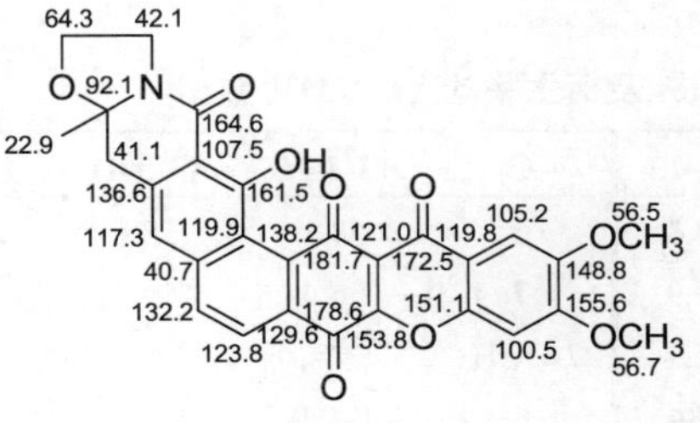

13-3-4[3]

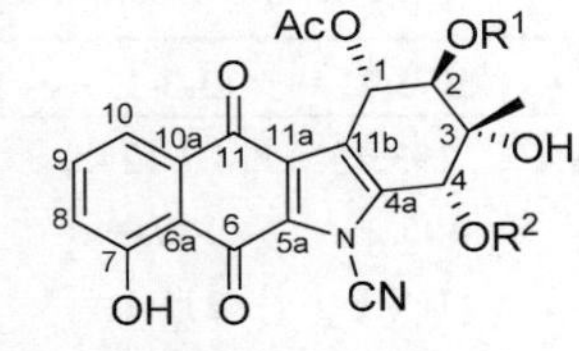

13-3-5 $R^1=R^2=COCH(CH_3)_2$
13-3-6 $R^1=R^2=Ac$

表 13-3-3 化合物 13-3-5 和 13-3-6 的 ^{13}C NMR 数据[4]

C	13-3-5	13-3-6	C	13-3-5	13-3-6	C	13-3-5	13-3-6
1	69.4	68.1	7	162.8	162.0	<u>C</u>OCH₃	170.1	172.0, 171.1, 170.2
2	76.1	75.4	8	124.1	123.7			
3	73.8	73.5	9	137.1	136.2	CO<u>C</u>H₃	20.8	21.1, 21.0, 20.9
3-CH_3	19.8	18.6	10	120.1	119.9			
4	71.3	70.9	10a	135.4	134.2	<u>C</u>OCH(CH₃)₂	177.8, 177.0	176.9
4a	127.4	126.6	11	178.5	178.0	CO<u>C</u>H(CH₃)₂	34.8, 34.6	34.0
5a	132.6	132.5	11a	129.7	128.9	COCH(<u>C</u>H₃)₂	19.1, 19.3, 19.2(×2)	18.8, 19.0
6	184.8	184.0	11b	133.2	130.1			
6a	116.4	115.5	CN	78.7	①			

① 数值文献未给出。

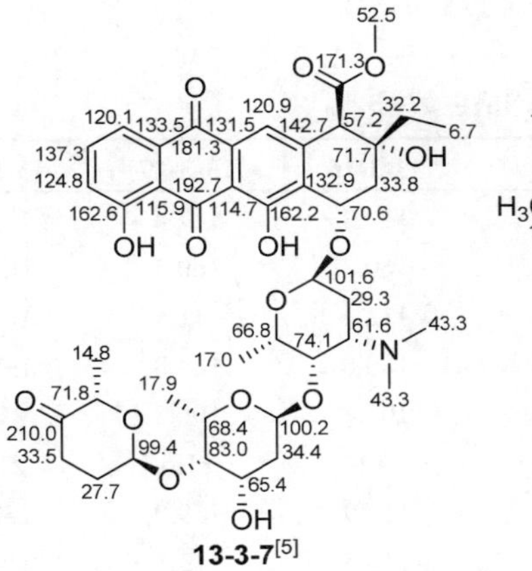

13-3-7[5]

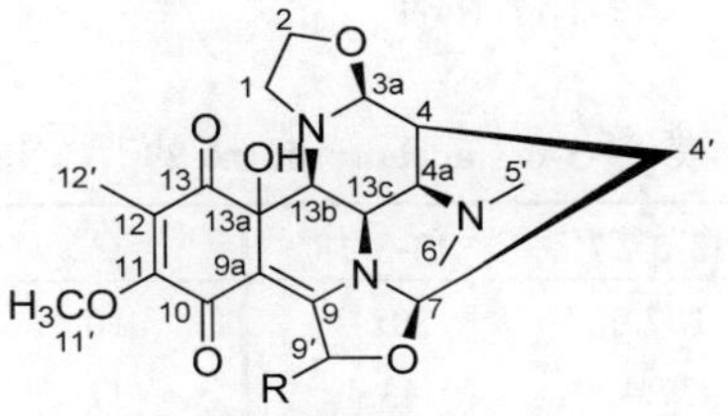

13-3-8 R=H
13-3-9 R=OH

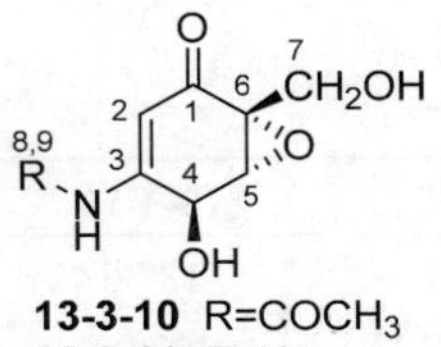

13-3-10 R=$COCH_3$
13-3-11 R=H

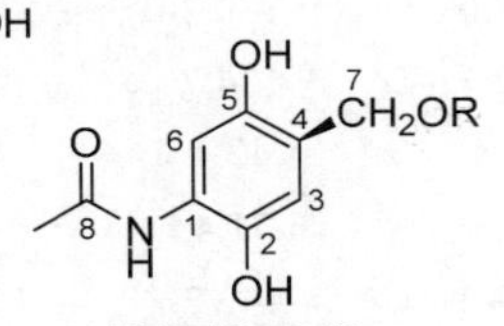

13-3-12 R=H
13-3-13 R=CH_3

表 13-3-4　aclidinomycins 的 ^{13}C NMR 数据[6]

C	13-3-8	13-3-9	C	13-3-8	13-3-9	C	13-3-8	13-3-9
1	48.5	48.5	7	91.6	90.7	12	124.9	126.5
2	65.9	65.9	9	159.0	157.4	12'	9.2	9.5
3a	91.3	91.1	9'	72.6	97.7	13	196.6	195.8
4	37.6	37.6	9a	96.0	96.8	13a	71.4	71.1
4'	19.2	19.1	10	175.4	175.8	13b	56.2	55.2
5'	41.1	40.9	11	162.8	162.4	13c	52.5	52.5
6	63.4	62.9	11'	61.2	61.3			

表 13-3-5　cetoniacytones 及衍生物的 ^{13}C NMR 数据[7]

C	13-3-10	13-3-11	13-3-12	13-3-13	C	13-3-10	13-3-11	13-3-12	13-3-13
1	194.6	193.4	124.7/124.8	127.3	6	58.1	58.6	108.6	110.4
2	106.8	95.2	140.0	141.9	7	56.4	59.4	58.0	70.6
3	151.6	167.1	115.1	117.9	7-OCH$_3$	—	—	—	58.2
4	63.6	65.6	124.8/124.8	122.4	8	170.9	—	168.8	172.0
5	57.1	59.1	146.2	149.4	9	24.4	—	23.6	23.6

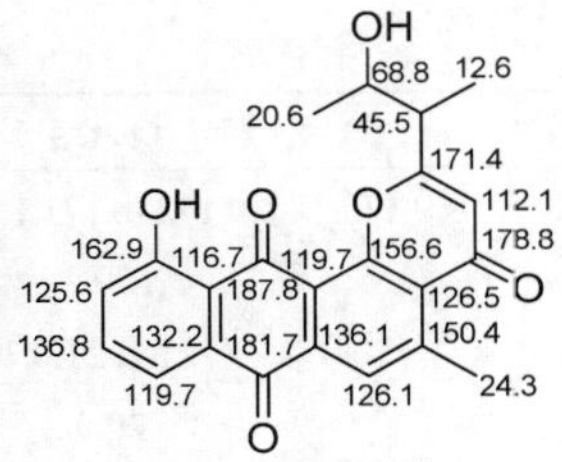

13-3-14[8]

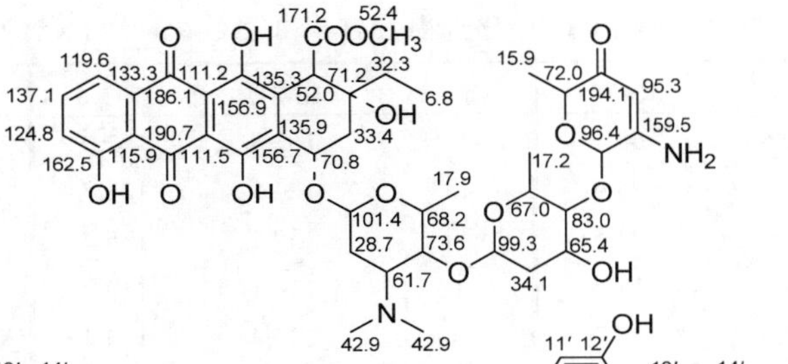

13-3-15[9]

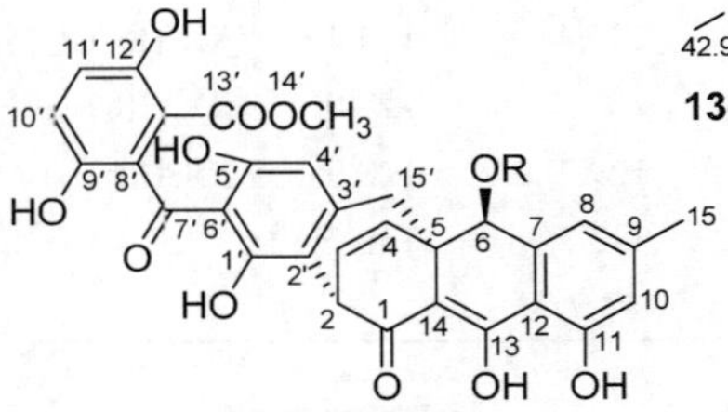

13-3-16 R=Ac
13-3-17 R=H

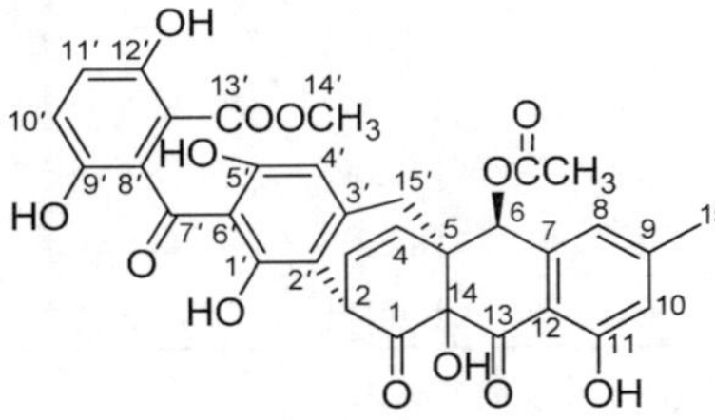

13-3-18

表 13-3-6　acremonidins 的 ^{13}C NMR 数据[10]

C	13-3-16	13-3-17	13-3-18	C	13-3-16	13-3-17	13-3-18
1	187.6	187.0	202.7	10	119.2	117.4	117.4
2	37.9	37.4	43.4	11	160.8	160.5	162.7
3	132.0	130.2	128.7	12	112.4	111.6	109.9
4	132.7	134.7	134.6	13	183.8	184.8	195.5
5	41.4	42.4	46.7	14	105.8	106.2	81.5
6	72.8	71.4	70.1	15	21.9	21.6	21.8
7	137.0	142.7	139.5	1'	159.9	159.0	159.0
8	123.5	122.1	117.7	2'	113.5	113.8	114.7
9	147.6	147.1	149.4	3'	146.0	146.3	145.0

续表

C	13-3-16	13-3-17	13-3-18	C	13-3-16	13-3-17	13-3-18
4'	109.8	109.5	108.6	12'	151.4	151.0	151.1
5'	158.8	158.4	159.6	13'	112.8	112.5	112.3
6'	109.0	108.6	108.9	14'	168.0	167.8	167.7
7'	201.0	199.9	199.8	15'	34.2	34.4	31.5
8'	131.4	131.2	131.0	OCH_3	52.4	52.0	52.0
9'	145.9	145.5	145.6	$\underline{C}OCH_3$	170.0	—	171.0
10'	122.4	122.2	122.1	$CO\underline{C}H_3$	21.1	—	20.9
11'	118.0	117.6	118.2				

表 13-3-7 alnumycin 的 ^{13}C NMR 数据[11]

C	13-3-19	C	13-3-19	C	13-3-19	C	13-3-19
1	73.0	6	184.7	10a	122.5	3'	70.9
3	158.6	7	135.6	11	34.9	4'	62.7
4	100.0	8	144.3	12	18.1	5'	81.4
4a	139.7	9	186.9	13	13.8	6'	62.8
5	114.4	9a	113.0	14	20.4		
5a	131.5	10	157.1	1'	94.0		

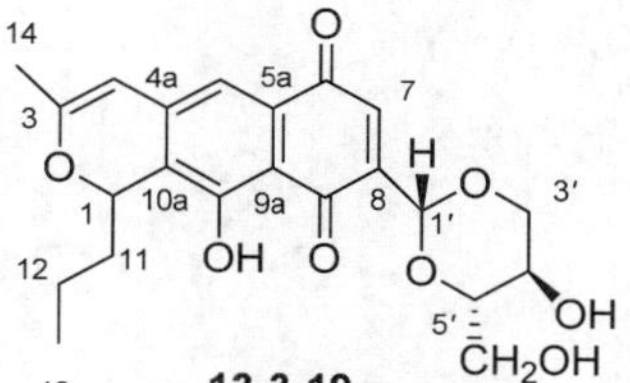

13-3-19

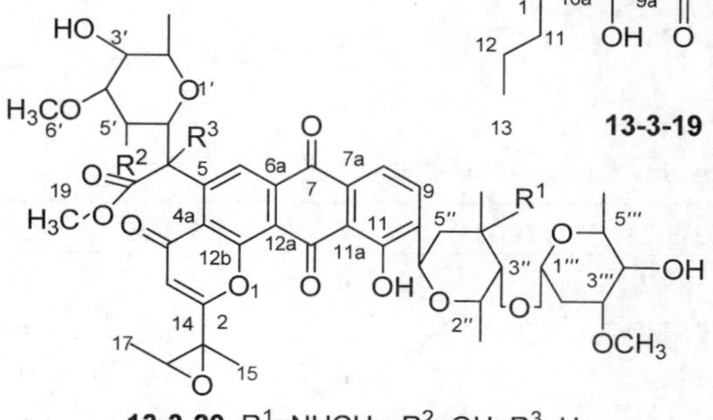

13-3-20 R^1=$NHCH_3$; R^2=OH; R^3=H
13-3-21 R^1=$N(CH_3)_2$; R^2=OH; R^3=H
13-3-22 R^1=NH_2; R^2=OH; R^3=OH

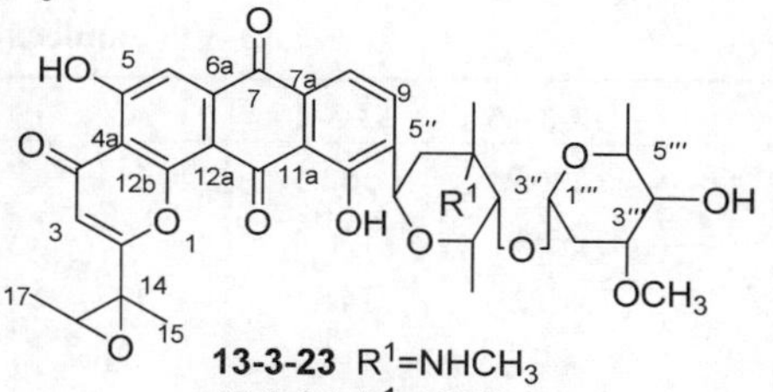

13-3-23 R^1=$NHCH_3$
13-3-24 R^1=$N(CH_3)_2$

表 13-3-8 altromycins 的 ^{13}C NMR 数据[12]

C	13-3-20	13-3-21	13-3-22	13-3-23	13-3-24	C	13-3-20	13-3-21	13-3-22	13-3-23	13-3-24
2	165.7	165.7	167.5	169.3	169.3	7	181.5	181.4	181.2	180.8	180.8
3	111.3	111.3	111.1	109.1	109.1	7a	130.5	130.5	130.5	130.6	130.4
4	178.5	178.6	180.2	182.4	182.5	8	119.5	119.5	119.8	119.4	119.5
4a	126.3	126.3	126.6	113.3	113.3	9	133.3	133.5	133.7	132.4	132.8
5	148.2	148.2	149.3	166.7	166.7	10	141.0	140.9	140.7	140.2	140.9
6	124.1	124.0	122.5	110.0	110.0	11	159.3	159.3	159.4	159.1	159.1
6a	136.9	136.9	137.2	139.8	139.9	11a	115.9	115.9	115.9	115.6	115.4

续表

C	13-3-20	13-3-21	13-3-22	13-3-23	13-3-24	C	13-3-20	13-3-21	13-3-22	13-3-23	13-3-24
12	187.5	187.4	186.9	186.2	186.3	2"	70.3	70.8	70.0	70.0	70.7
12a	120.8	120.8	121.8	112.3	112.4	3"	77.8	82.8	76.0	77.3	82.8
12b	156.1	156.1	156.8	156.6	156.6	4"	54.9	58.1	51.7	56.1	58.1
13	48.3	48.2	80.9			5"	40.4	44.8	44.9	38.5	44.8
14	59.8	59.7	59.8	60.0	60.0	6"	62.2	62.3	62.3	63.6	62.3
15	20.0	19.9	19.6	19.6	19.7	2"-CH_3	14.7	13.6	14.1	15.4	13.6
16	62.5	62.5	62.7	62.7	62.7	4"-CH_3	24.2	14.1	32.6	22.6	14.0
17	13.5	13.4	13.3	13.2	13.2	4"-$NHCH_3$	28.1			27.2	
18	170.4	170.4	170.5			4"-$N(CH_3)_n$		40.4			40.3
19	52.3	52.3	52.6			1‴	93.4	94.5	93.3	94.5	94.5
2'	74.3	74.2	73.8			2‴	30.9	31.1	30.8	31.1	31.1
3'	68.8	68.8	69.0			3‴	74.9	75.0	74.8	75.0	75.0
4'	81.5	81.4	80.2			4‴	72.2	72.2	72.2	71.5	72.2
5'	68.0	67.9	68.0			5‴	65.4	65.1	65.4	66.6	65.0
6'	73.9	74.0	73.7			6‴	17.8	17.7	17.8	17.5	17.7
2'-CH_3	14.7	14.6	14.0			3‴-OCH_3	55.9	56.2	56.0	56.4	56.1
4'-OCH_3	57.1	57.1	58.0								

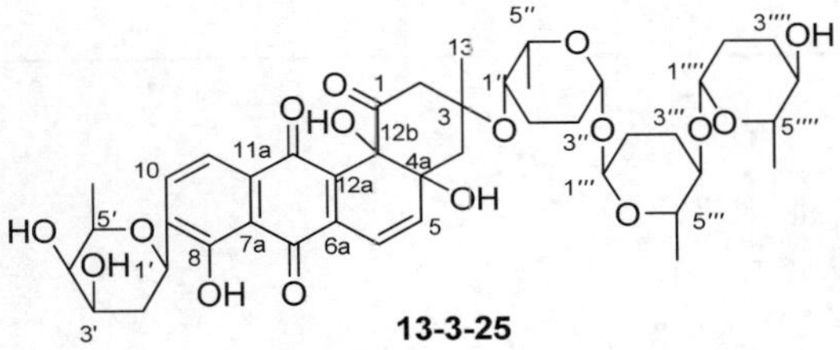

13-3-25 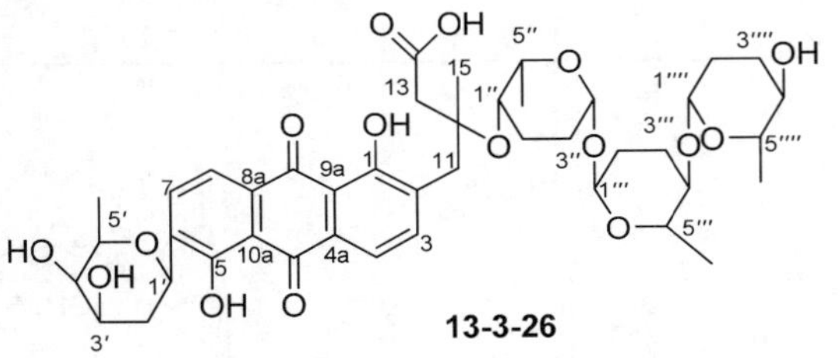　　13-3-26

表 13-3-9　amicenomycins 的 ^{13}C NMR 数据[13]

C	13-3-25	13-3-26	C	13-3-25	13-3-26	C	13-3-25	13-3-26
1	206.2	162.5	11a	139.7		4"	68.1	68.1
2	52.3	136.4	12	183.9	79.5	5"	68.0	68.2
3	80.2	141.1	12a	139.8		6"	17.6	17.6
4	46.7	119.4	12b	78.7		1‴	96.9	97.0
4a	77.2	132.9	13	25.2	46.9	2‴	24.7	24.8
5	147.5	159.8	14		175.3	3‴	31.2	31.4
6	117.7	139.9	15		23.3	4‴	81.0	81.2
7	189.7	134.9	1'	72.3	73.0	5‴	75.5	75.8
7a	115.2		2'	32.2	32.3	6‴	18.6	18.8
8	158.2	120.2	3'	76.0	76.2	1⁗	104.4	104.4
8a		133.2	4'	71.4	71.6	2⁗	32.1	32.2
9	132.0	189.3	5'	76.3	76.3	3⁗	31.9	32.0
9a		116.6	6'	17.7	17.8	4⁗	72.0	72.2
10	135.1	189.4	1"	96.6	97.5	5⁗	77.1	77.2
10a		116.6	2"	32.7	32.6	6⁗	18.6	18.7
11	120.1	39.4	3"	26.6	26.7			

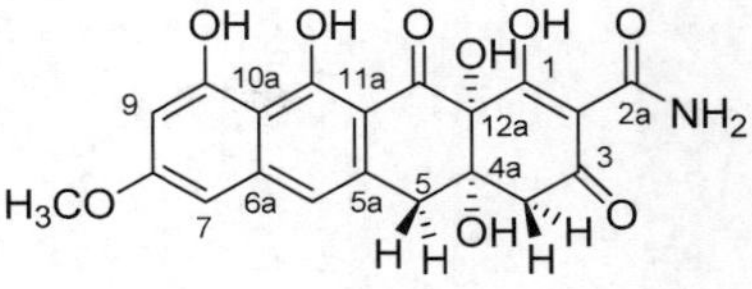

13-3-27

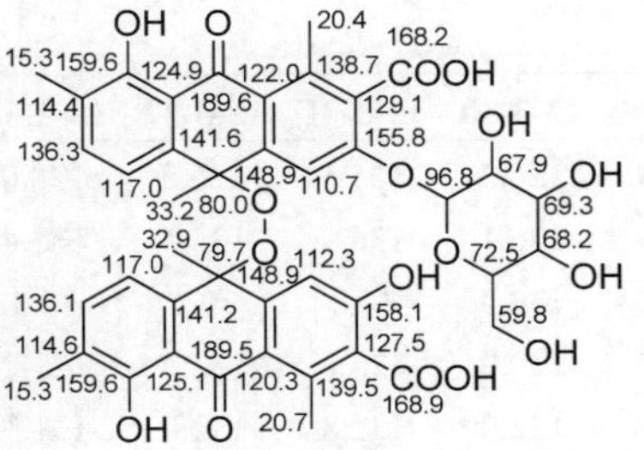

13-3-28[15]

表 13-3-10 anthrotainin 的 ^{13}C NMR 数据[14]

C	13-3-27	C	13-3-27	C	13-3-27	C	13-3-27
1	192.1	4a	72.3	7	99.5	10a	108.2
2	98.0	5	37.9	8	163.2	11	166.7
2a	173.5	5a	135.4	8-OCH_3	55.6	11a	106.8
3	194.3	6	117.5	9	101.1	12	196.6
4	42.1	6a	141.4	10	159.3	12a	82.1

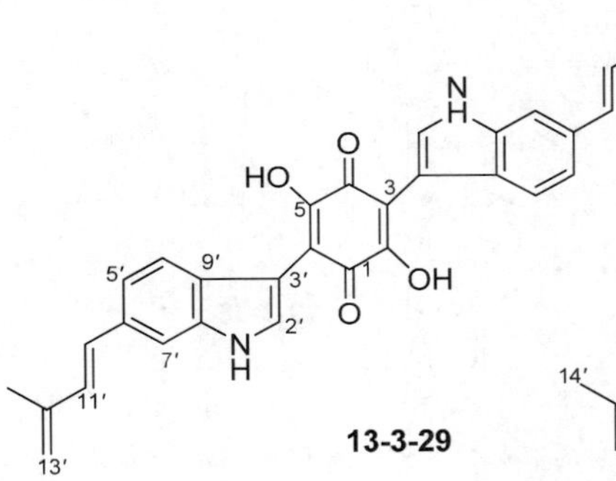

13-3-29

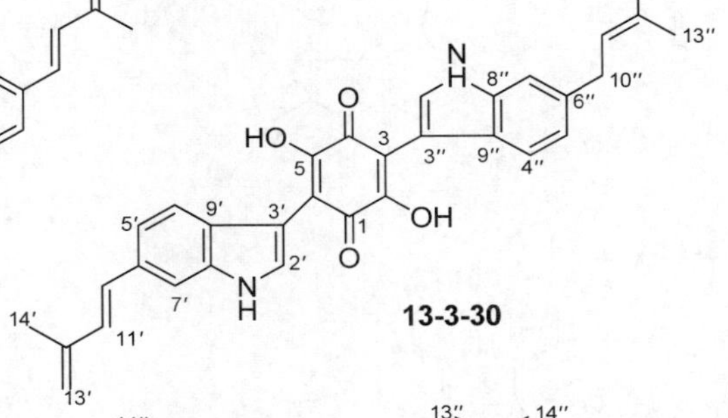

13-3-30

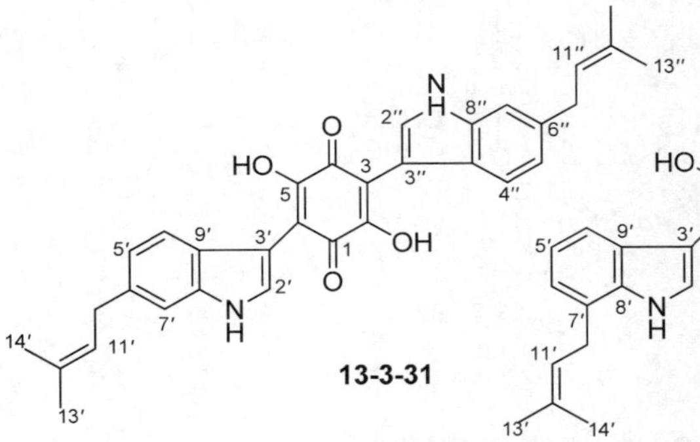

13-3-31

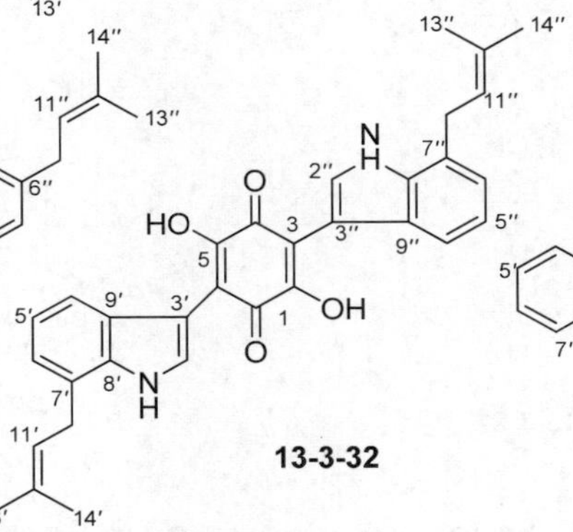

13-3-32

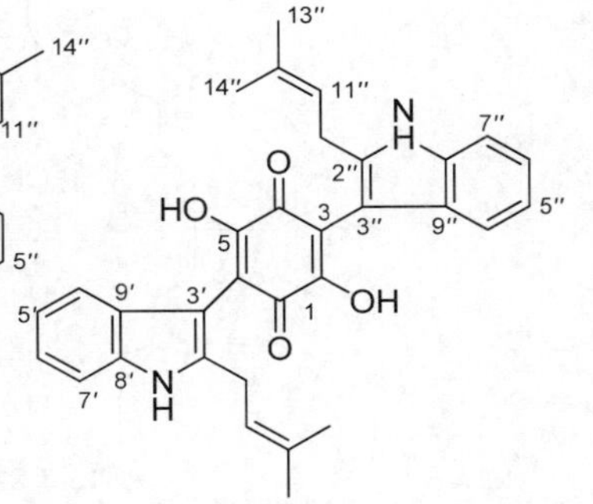

13-3-33

表 13-3-11 asterriquinons 的 ^{13}C NMR 数据[16]

C	13-3-29	13-3-30	13-3-31	13-3-32	13-3-33	C	13-3-29	13-3-30	13-3-31	13-3-32	13-3-33
3	111.0	111.0	111.7	1112	110.5	4'	121.8	121.8	122.3	119.2	119.3
6	111.0	111.3	111.7	111.2	110.5	5'	117.3	117.3	120.5	118.9	118.2
2'	128.4	128.4	127.6	127.1	137.6	6'	130.1	130.1	135.0	120.0	119.9
3'	104.8	104.7	105.3	104.8	104.2	7'	110.1	110.1	111.2	124.3	110.5

续表

C	13-3-29	13-3-30	13-3-31	13-3-32	13-3-33	C	13-3-29	13-3-30	13-3-31	13-3-32	13-3-33
8'	126.3	126.3	125.5	126.5	128.0	5"	117.3	119.8	120.5	118.9	118.2
9'	136.1	136.1	136.9	134.4	135.4	6"	130.1	134.2	135.0	120.0	119.9
10'	130.2	130.2	34.8	29.1	26.3	7"	110.1	110.4	111.2	124.3	110.5
11'	128.9	129.0	125.2	122.3	121.2	8"	126.3	124.6	125.5	126.5	128.0
12'	142.0	142.0	131.8	132.0	131.9	9"	136.1	136.1	136.9	134.4	135.4
13'	116.7	116.3	26.4	25.6	25.4	10"	130.2	33.9	34.8	29.1	26.3
14'	18.6	18.6	18.5	17.7	17.5	11"	128.9	124.3	125.2	122.3	121.2
2"	128.4	127.0	127.6	127.1	137.6	12"	142.0	131.0	131.8	132.0	131.9
3"	104.8	104.2	105.3	104.8	104.2	13"	116.7	25.6	26.4	25.6	25.4
4"	121.8	121.4	122.3	119.2	119.3	14"	18.6	17.7	18.5	17.7	17.5

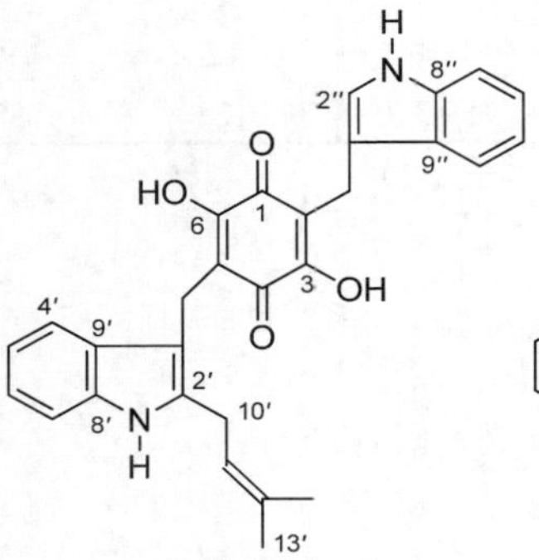

13-3-34

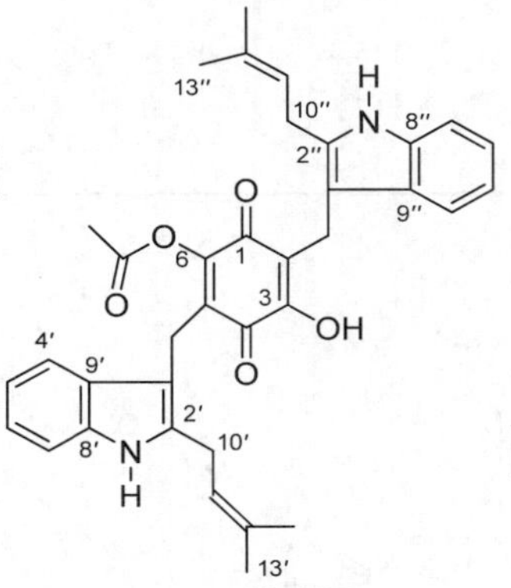

13-3-35

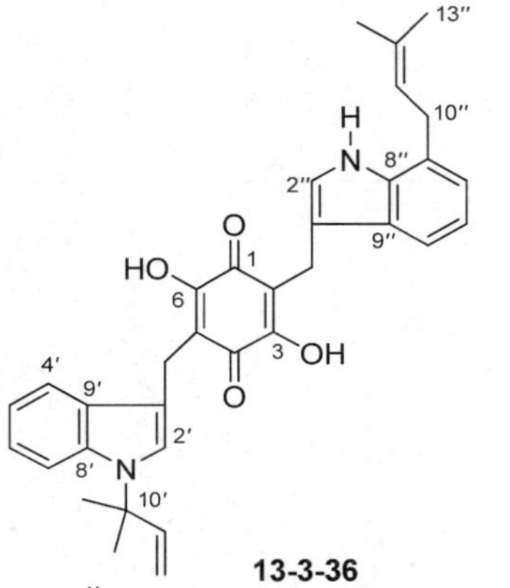

13-3-36

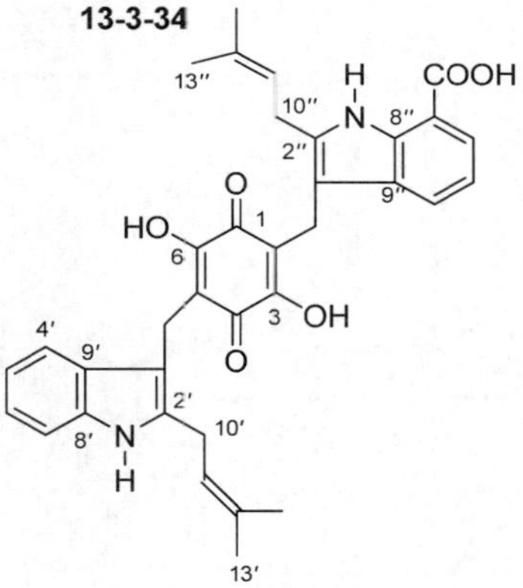

13-3-37

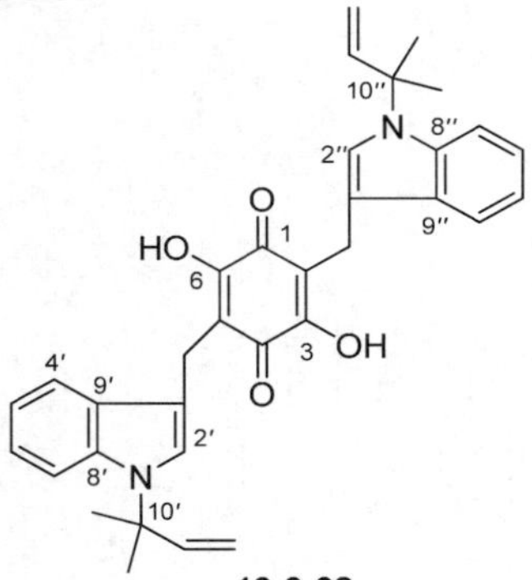

13-3-38

表 13-3-12 asterriquinone SU 的 ^{13}C NMR 数据[17]

C	13-3-34	13-3-35	13-3-36	13-3-37	13-3-38	C	13-3-34	13-3-35	13-3-36	13-3-37	13-3-38
2 或 5		150.1			155.5	3"	105.2	101.6	102.7	95.9	103.5
3	119.5	120.1	120.1	116.9	120.0	4'	122.0	120.9	122.0	122.8	121.9
6	120.3	120.1	120.1	117.2	120.3	4"	122.3	120.6	122.4	135.0	121.9
2'	138.8	136.4	138.8	—	128.8	5'	119.3	120.0	120.0	117.0	121.5
2"	128.8	136.1	128.7	—	128.8	5"	119.5	120.0	120.0	130.2	121.5
3'	102.2	100.9	101.0	97.5	103.3	6'	120.3	120.1	120.4	116.0	120.4

续表

C	13-3-34	13-3-35	13-3-36	13-3-37	13-3-38	C	13-3-34	13-3-35	13-3-36	13-3-37	13-3-38
6"	120.7	120.5	120.4	130.6	120.3	12'	136.3	135.5	136.7	135.0	114.5
7'	111.8	111.0	111.5	114.8	114.4	12"		135.5	114.5	135.0	114.5
7"	111.6	111.0	128.4	130.5	114.2	13'	18.5	18.4	18.4	17.9	28.5
8'	127.3	128.0	128.2	—	127.1	13"		18.3	28.4	18.0	28.5
8"	128.2	128.0	126.4	—	128.2	14'	26.4	26.2	26.2	26.7	26.2
9'	136.6	136.4	135.8	—	136.8	14"		26.1	28.4	26.7	26.2
9"	132.0	135.7	135.6	—	137.2	MeCO		20.8			
10'	27.3	27.2	27.2	26.3	60.1	MeCO		170.3			
10"		27.3	60.1	26.3	60.1	COOH				163.8	
11'	121.8	122.0	144.2	122.8	144.1	OMe					60.2
11"		122.3	121.6	122.8	144.3						

注：—表示未观测到。

表 13-3-13 atramycins 的 ^{13}C NMR 数据[18]

C	13-3-39	13-3-40	C	13-3-39	13-3-40	C	13-3-39	13-3-40
1	200.2	201.1	7	188.7	182.0	12b	128.2	136.0
2	48.8	48.5	7a	122.1	122.9	1'	100.3	100.5
3	31.6	32.2	8	157.9	157.5	2'	71.9	71.9
3-CH_3	21.5	21.5	9	123.1	123.3	3'	72.0	72.1
4	39.3	39.0	10	136.9	136.2	4'	73.7	73.8
4a	154	151.4	11	121.6	121.7	5'	71.5	71.4
5	122.1	134.6	11a	138.7	138.8	5'-CH_3	18.0	18.0
6	165.3	130.4	12	185.9	185.6			
6a	119.2	136.2	12a	138.9	136.2			

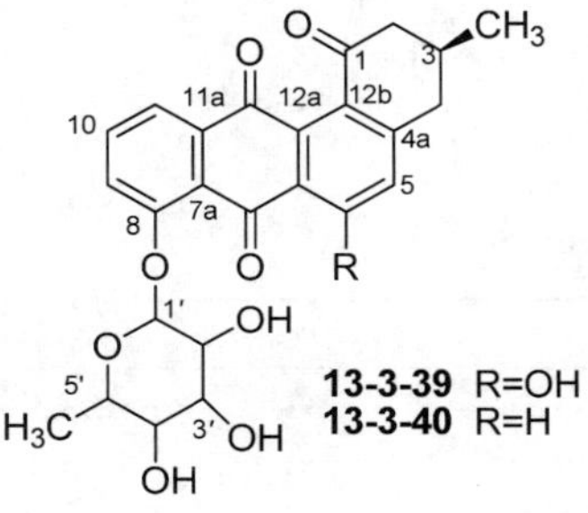

13-3-39 R=OH
13-3-40 R=H

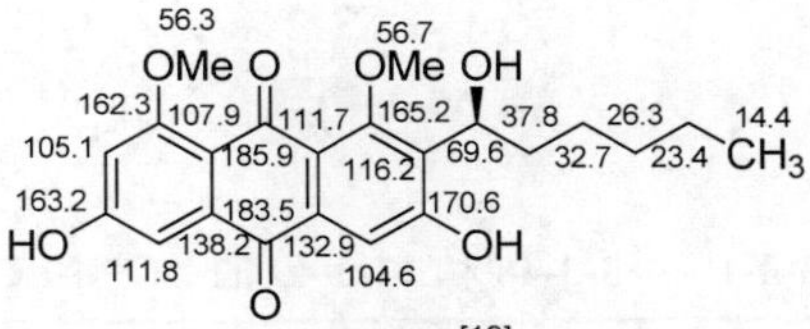

13-3-41[19]

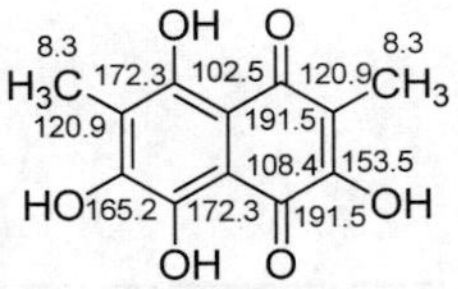

13-3-42[20]

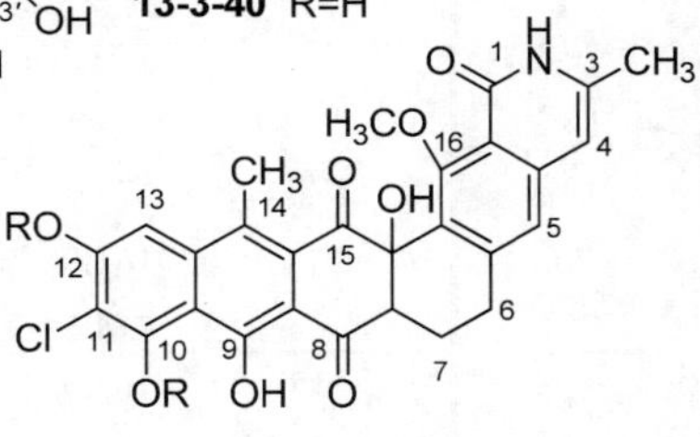

13-3-44 R=H
13-3-45 R=CH_3

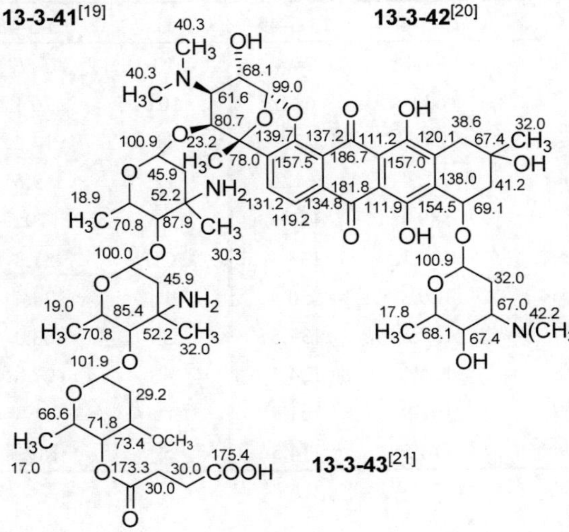

13-3-43[21]

表 13-3-14 13-3-44 和 13-3-45 的 ^{13}C NMR 数据[22]

C	13-3-44	13-3-45	C	13-3-44	13-3-45	C	13-3-44	13-3-45
1	160.1	160.0	8a	108.6	110.6	15	199.0	199.3
3	139.7	139.7	9	161.5	160.6	15a	75.6	75.5
4	102.0	101.8	9a	108.1	115.0	15b	127.3	127.3
4a	140.8	140.7	10	154.6	155.9	16	158.6	158.4
5	121.7	121.6	11	107.6	118.5	16a	115.4	115.3
5a	142.3	142.2	12	157.8	157.0	3-CH_3	18.4	18.3
6	24.5	24.4	13	101.9	102.5	10-OCH_3		61.2
7	16.6	16.6	13a	137.4	138.1	12-OCH_3		56.6
7a	53.6	54.1	14	125.1	125.0	14-CH_3	14.6	14.9
8	200.2	201.1	14a	129.5	130.6	16-OCH_3	62.5	62.4

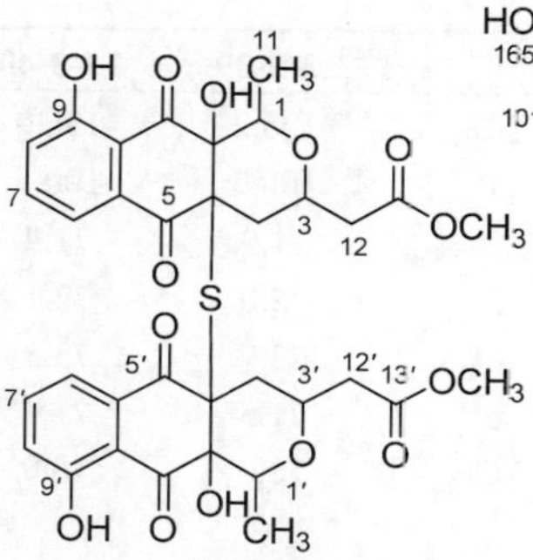

13-3-48

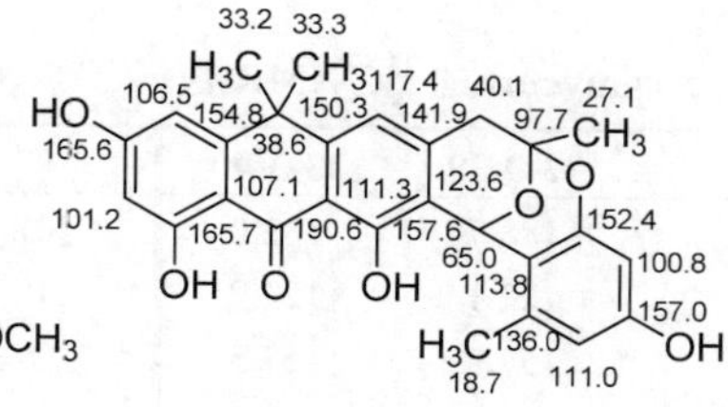

13-3-46[22]

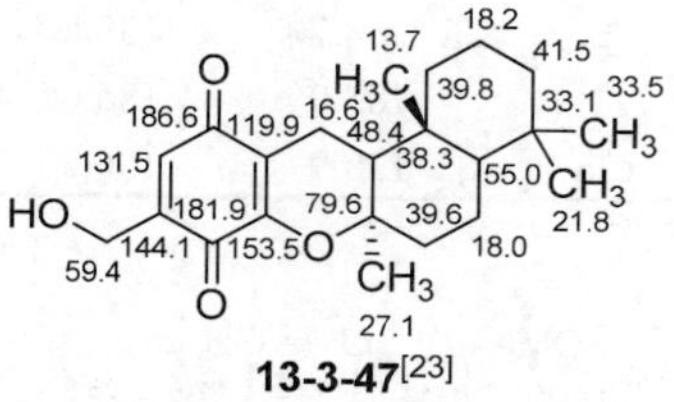

13-3-47[23]

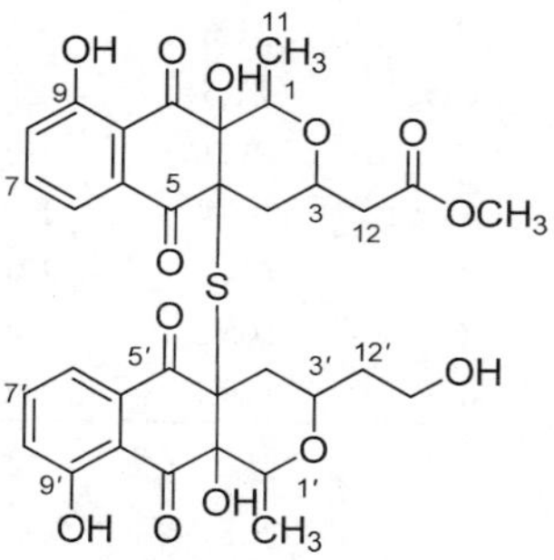

13-3-49

表 13-3-15 13-3-48 和 13-3-49 的 ^{13}C NMR 数据[25]

C	13-3-48	13-3-49	C	13-3-48	13-3-49	C	13-3-48	13-3-49
1	74.4	74.4	10	195.7	195.8	5'a	133.1	133.3
3	63.0	63.0	10a	76.1	76.1	6'	120.3	119.5
4	27.8	27.8	11	14.2	14.2	7'	137.5	137.3
4a	61.3	61.2	12	39.6	39.6	8'	124.1	124.1
5	189.4	189.5	13	170.6	170.6	9'	161.9	161.9
5a	133.1	133.1	OCH_3	51.8	51.8	9'a	114.5	114.7
6	120.3	120.4	1'	74.4	74.2	10'	195.7	195.9
7	137.5	137.5	3'	63.0	65.3	10'a	76.1	76.2
8	124.1	124.1	4'	27.8	28.7	11'	14.2	14.6
9	161.9	161.9	4'a	61.3	61.3	12'	39.6	36.9
9a	114.5	114.5	5'	189.4	189.3	13'	170.6	60.4

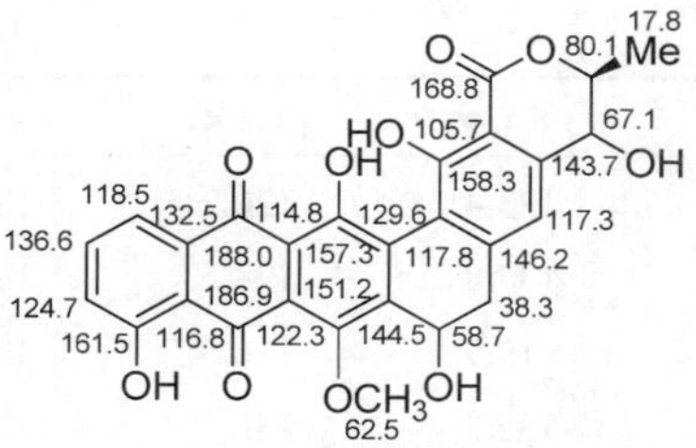

13-3-50[26]

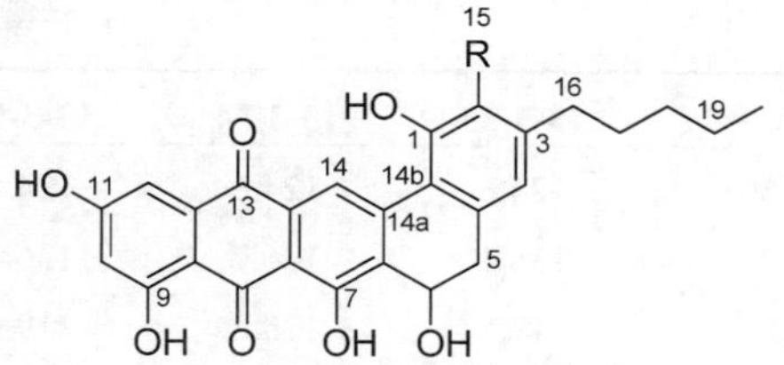

13-3-51 R=COOH
13-3-52 R=H

表 13-3-16 benastatin A 和 bequinostatins 的 ¹³C NMR 数据[27]

C	13-3-51	13-3-52	C	13-3-51	13-3-52	C	13-3-51	13-3-52
1	161.6	155.9	8	189.3	188.2	14a	139.9	137.4
2	112.8	114.9	8a	109.1	108.0	14b	117.4	116.1
3	147.5	144.9	9	164.4	164.7	15	173.3	—
4	122.7	121.0	10	107.8	107.8	16	35.5	34.9
4a	141.8	140.3	11	165.6	168.1	17	31.1	30.1
5	37.2	37.1	12	108.8	110.4	18	31.6	31.0
6	56.8	57.1	12a	135.3	135.2	19	22.0	22.0
6a	131.2	131.4	13	181.3	182.0	20	13.9	13.9
7	158.5	158.5	13a	131.5	131.5	21	—	—
7a	113.1	113.2	14	119.9	119.8	22	—	—

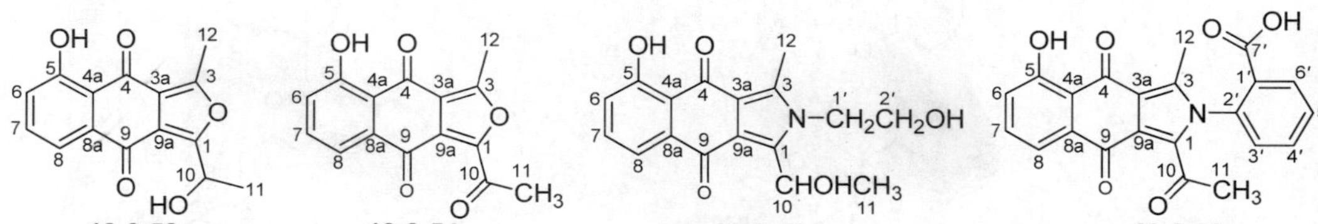

13-3-53　13-3-54　13-3-55　13-3-56

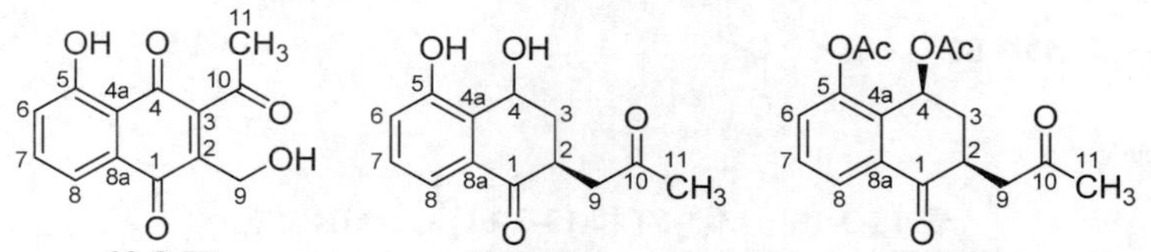

13-3-57　13-3-58　13-3-59

表 13-3-17 bhimamycins 的 ¹³C NMR 数据[28]

C	13-3-53	13-3-54	13-3-55	13-3-56	13-3-57	13-3-58	13-3-59
1	163.9	148.9	147.4	134.2	183.1	199.0	197.3
2	—	—	—	—	153.7	37.2	37.9
3	158.1	161.9	140.6	141.4	119.9	36.5	33.5
3a	117.1	118.6	118.1	117.2	—	—	—
4	186.6	186.0	188.2	187.5	184.3	58.9	62.4
4a	117.6	116.9	118.8	117.6	113.0	130.9	131.2
5	162.8	162.9	163.9	163.2	161.4	155.2	148.6

续表

C	13-3-53	13-3-54	13-3-55	13-3-56	13-3-57	13-3-58	13-3-59
6	124.6	124.6	124.6	123.7	123.4	120.2	128.1
7	136.1	136.7	136.4	135.6	137.8	128.5	130.2
8	119.5	120.2	119.9	119.3	119.9	116.5	124.9
8a	135.2	135.8	137.1	136.3	132.3	132.1	133.7
9	180.6	178.3	182.4	179.9	38.1	43.2	43.0
9a	116.9	123.2	117.7	122.1	—	—	—
10	63.9	187.2	64.1	192.9	203.5	206.7	206.4
11	21.2	29.4	23.4	30.7	30.1	30.0	30.3
12	13.7	14.4	11.9	11.8	—	—	—
1'	—	—	47.9	128.5	—	—	—
2'	—	—	61.9	137.3	—	—	—
3'	—	—	—	129.5	—	—	—
4'	—	—	—	133.2	—	—	—
5'	—	—	—	129.4	—	—	—

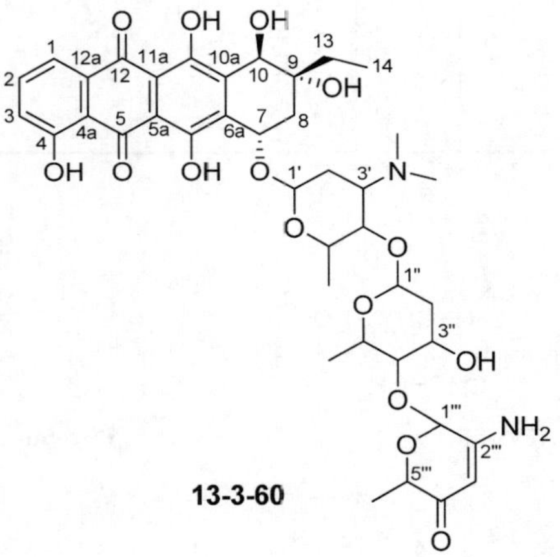

13-3-60

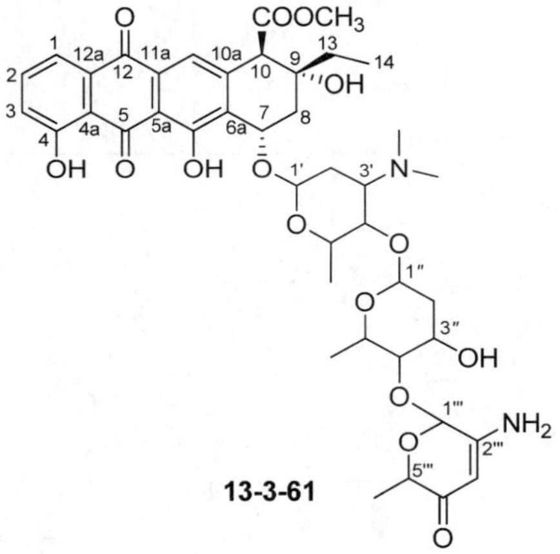

13-3-61

表 13-3-18 13-3-60 和 13-3-61 ^{13}C NMR 数据[29]

C	13-3-60①	13-3-61②	C	13-3-60①	13-3-61②	C	13-3-60①	13-3-61②
1	119.8	120.2	8	32.7	33.8	15	—	171.3
2	137.2	137.4	9	72.2	71.7	16	—	52.5
3	124.9	124.8	10	66.2	57.1	1'	101.5	101.5
4	162.5	162.6	10a	138.7	142.6	2'	29.2	29.7
4a	116.2	115.9	11	157.2	121.0	3'	61.7	61.6
5	191.0	192.7	11a	111.7	131.4	4'	74.2	74.0
5a	112.3	114.7	12	186.5	181.4	5'	68.5	68.3
6	156.6	162.2	12a	133.6	133.5	6'	17.9	17.9
6a	135.0	132.9	13	30.3	32.2	3'-NMe_2	43.3	43.2
7	70.6	70.7	14	6.5	6.7	1''	99.4	99.4

续表

C	13-3-60①	13-3-61②	C	13-3-60①	13-3-61②	C	13-3-60①	13-3-61②
2"	34.0	34.2	6"	17.0	17.4	4'''	195.1	194.1
3"	65.5	65.4	1'''	95.0	94.9	5'''	72.2	72.9
4"	82.4	83.3	2'''	161.3	158.4	6'''	15.9	15.6
5"	67.0	66.7	3'''	95.1	97.5			

① 测试溶剂为 C/M。② 测试溶剂为 C。

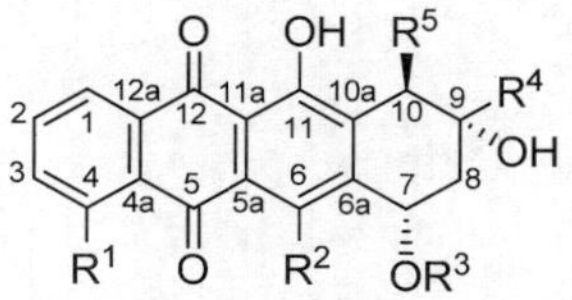

化合物	R^1	R^2	R^3	R^4	R^5	化合物	R^1	R^2	R^3	R^4	R^5
13-3-62	OH	OH	DN-R	CH_2CH_3	OH	**13-3-69**	OH	OH	DN-R	$CH(OH)CH_3$	H
13-3-63	OH	OH	DN-dF	CH_2CH_3	OH	**13-3-70**	OH	OH	DN-dF	$CH(OH)CH_3$	H
13-3-64	OH	OH	DN-R	CH_2CH_3	$COOCH_3$	**13-3-71**	OH	OH	RN-R	CH_2CH_3	OH
13-3-65	OH	OH	DN-dF	CH_2CH_3	$COOCH_3$	**13-3-72**	OH	OH	RN-dF	CH_2CH_3	OH
13-3-66	OH	H	RN-dF	CH_2CH_3	OH	**13-3-73**	OH	OH	mDN-R	CH_2CH_3	OH
13-3-67	OCH_3	OH	DN-R	CH_2CH_3	$COOCH_3$	**13-3-74**	OH	OH	mDN-dF	CH_2CH_3	OH
13-3-68	OCH_3	OH	DN-dF	CH_2CH_3	$COOCH_3$						

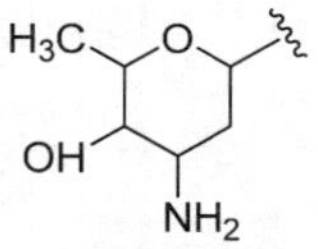

柔红糖胺(DN) 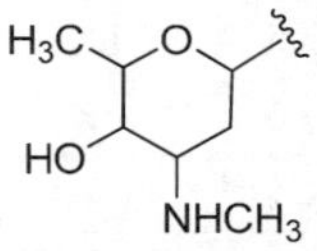　甲基柔红糖胺(mDN) 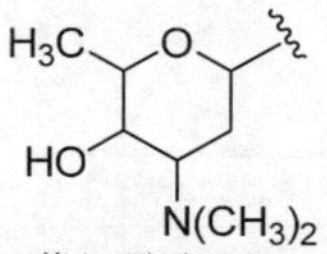　紫红霉胺(RN) 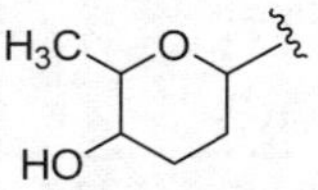　玫红糖(R) 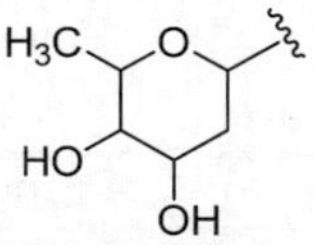　2-脱氧岩藻糖(dF)

表 13-3-19　13-3-62~13-3-74 的 ^{13}C NMR 数据[30]

C	13-3-62①	13-3-63②	13-3-64③	13-3-65③	13-3-66③	13-3-67③	13-3-68③	13-3-69④	13-3-70③
1	119.5	119.5	119.6	119.6	119.6	119.8	119.7	119.4	119.4
2	136.9	136.9	137.1	137.1	137.0	135.7	135.7	136.8	136.8
3	124.6	124.6	124.8	124.8	125.3	118.4	118.4	124.5	124.5
4	162.2	162.2	162.7	162.7	162.9	161.1	161.0	162.2	162.2
4a	115.8	115.8	116.1	116.1	116.1	120.9	120.8	115.9	116.0
5	190.5	190.6	190.8	190.8	187.6	187.2	187.0	190.3	190.5
5a	111.9	111.9	111.6	111.6	132.1	112.2	112.1	110.9	111.0
6	156.3	156.3	156.9	156.9	120.6	155.8	155.7	156.4	156.4
6a	134.7	134.6	135.9	135.9	143.1	136.2	136.1	134.6	134.5
7	70.6	70.5	70.9	70.9	73.9	70.9	70.9	69.7	69.7
8	32.4	32.3	33.4	33.4	33.7	33.5	33.5	34.0	33.9
9	71.9	71.9	71.2	71.2	72.1	71.2	71.2	71.7	71.6
10	65.8	65.6	52.0	52.1	66.2	51.9	51.8	32.7	32.7
10a	138.6	138.5	135.4	135.4	134.0	133.2	133.2	137.9	137.8
11	157.0	157.0	156.9	156.9	162.3	156.7	156.6	156.8	156.7

续表

C	13-3-62①	13-3-63②	13-3-64③	13-3-65③	13-3-66③	13-3-67③	13-3-68③	13-3-69④	13-3-70③
11a	111.3	111.3	111.3	111.3	115.4	111.6	111.5	111.1	110.2
12	186.0	186.3	186.3	186.2	187.8	186.9	186.6	186.0	186.1
12a	133.2	133.3	133.5	133.4	133.1	135.6	135.4	133.3	133.4
13	30.0	29.9	32.3	32.3	30.4	32.3	32.3	73.1	72.9
14	6.3	6.1	6.8	6.8	6.7	6.8	6.7	16.6	16.5
15	—	—	171.4	171.4	—	171.6	171.6	—	—
16	—	—	52.4	52.4	—	52.3	52.3	—	—
4-OMe	—	—	—	—	—	56.7	56.6	—	—
1'	101.4	101.3	101.8	101.8	99.4	101.7	101.5	100.6	100.8
2'	33.9	33.7	34.2	34.3	29.5	34.1	33.9	33.7	33.7
3'	46.3	46.2	46.8	46.7	61.4	46.7	46.6	46.4	46.3
4'	81.6	81.9	81.6	81.9	74.2	81.5	81.5	81.4	81.9
5'	68.0	67.9	68.2	68.1	68.5	68.1	68.0	68.1	68.1
6'	17.1	17.0	17.4	17.4	17.9	17.4	17.4	17.1	17.1
3'-NMe_2	—	—	—	—	43.3	—	—	—	—
1"	100.2	100.8	100.1	100.5	99.2	100.0	—	—	—
2"	23.9	32.3	23.9	33.0	33.0	23.9	100.5	100.2	100.5
5"							32.8	23.9	32.4
3"	25.4	65.1	25.7	65.7	65.9	25.7	65.5	25.5	65.2
4"	66.8	70.5	67.3	71.1	71.5	67.3	71.0	66.9	70.6
5"	67.8	67.1	67.6	66.8	67.1	67.5	67.0	67.8	67.1
6"	16.6	16.5	17.1	16.8	16.7	17.0	16.8	16.7	16.6

C	13-3-71③	13-3-72④	13-3-73①	13-3-74①	C	13-3-71③	13-3-72④	13-3-73①	13-3-74①
1	119.7	119.6	119.5	119.5	14	6.6	6.4	6.2	6.5
2	137.1	137.0	136.9	137.0	15	—	—	—	—
3	125.0	124.7	124.6	124.7	16	—	—	—	—
4	162.8	162.3	162.1	162.3	4-OMe	—	—	—	—
4a	116.1	115.9	115.7	115.9	1'	101.6	101.4	101.5	101.5
5	190.9	190.7	190.4	190.7	2'	29.7	29.0	31.0	31.1
5a	112.2	112.0	111.8	112.0	3'	61.7	61.5	54.0	54.1
6	156.9	156.5	156.3	156.3	4'	73.9	73.8	77.1	77.5
6a	135.1	134.9	134.6	134.6	5'	68.6	68.4	68.0	68.0
7	70.4	70.4	70.7	70.7	3'-NHMe	17.9	17.7	17.2	17.3
8	33.0	32.5	32.4	32.5	3'-NMe_2	—	—	32.1	32.3
9	71.8	71.9	71.9	71.9	1"	43.2	43.1	—	—
10	66.7	66.1	65.7	65.8	2"	98.6	99.0	100.0	100.6
10a	138.6	138.5	138.5	138.5	5"	23.8	32.5	23.9	32.3
11	157.3	156.5	157.0	157.0	3"	25.8	65.5	25.0/28.0	65.2
11a	111.6	111.4	111.2	111.4	4"	66.7	71.1	66.6	70.5
12	186.4	186.1	185.9	186.1	5"	67.7	66.2	67.9	67.1
12a	133.4	133.3	133.1	133.3	6"	17.1	16.5	16.6	16.7
13	30.5	30.2	30.0	30.0					

① 测试溶剂 C/M=10∶1。② 测试溶剂 C/M=6∶1。③ 测试溶剂 C。④ 测试溶剂 C/M=20∶1。

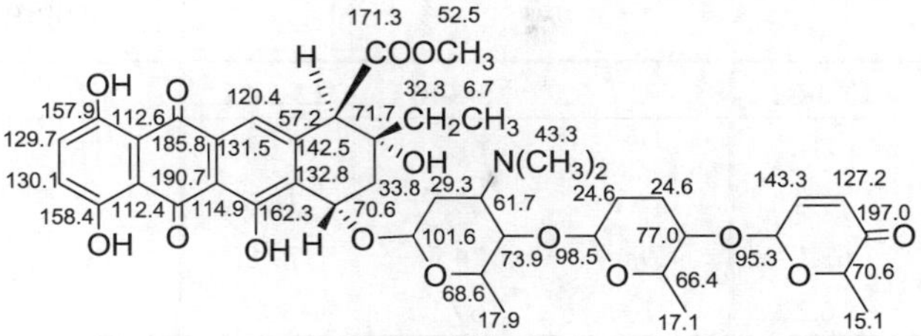

13-3-75[31]

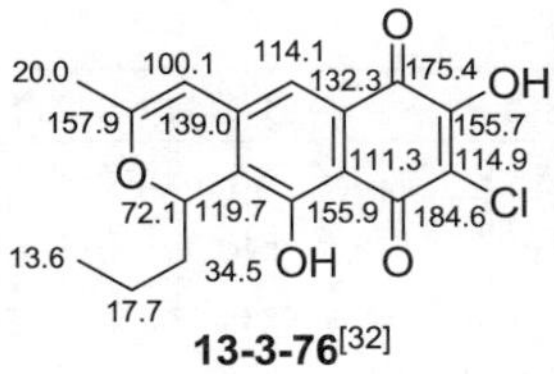

13-3-76[32]

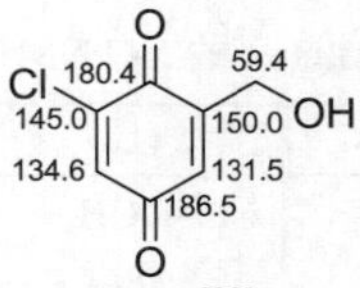

13-3-77[33]

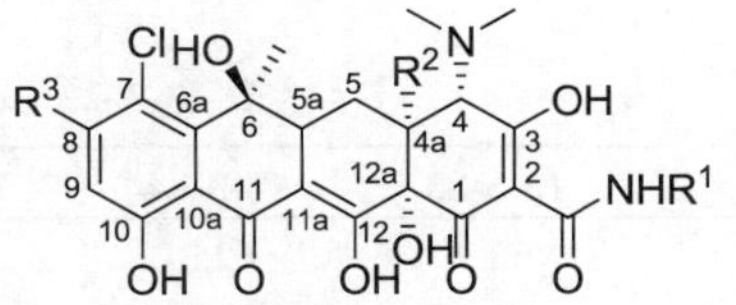

13-3-78 R^1=H; R^2=H; R^3=H
13-3-79 R^1=CH_3; R^2=H; R^3=OCH_3
13-3-80 R^1=H; R^2=OH; R^3=OCH_3

表 13-3-20 金霉素及衍生物的 ^{13}C NMR 数据[35]

C	13-3-78	13-3-79	13-3-80	C	13-3-78	13-3-79	13-3-80
1	193.4	193.1	193.1	7	121.2	108.6	108.6
2	95.6	96.5	96.2	8	139.7	163.2	163.1
2-CO	172.1	169.9	172.7	8-OCH_3	—	56.9	56.9
3	187.3	186.3	186.4	9	118.9	100.0	100.0
4	68.1	68.0	70.0	10	160.7	161.8	161.6
$N(CH_3)_2$	41.0①	41.5①	40.7	10a	117.0	111.6	111.6
4a	34.9	34.8	76.9	11	193.4	190.6	189.7
5	27.1	26.9	31.4	11a	106.1	105.4	104.3
5a	42.0①	42.3①	42.3	12	175.7	174.1	173.6
6	70.4	73.3	73.0	12a	73.2	73.6	73.5
6-CH_3	25.0	20.4	20.1	$NHCH_3$	—	26.5	—
6a	143.6	148.5	148.6				

① 标注的峰被溶剂$(CD_3)_2SO$掩盖，表中数据为氘代水-二氧六环中测定值。

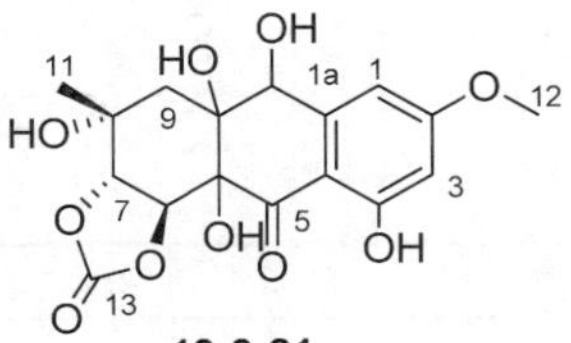

13-3-81

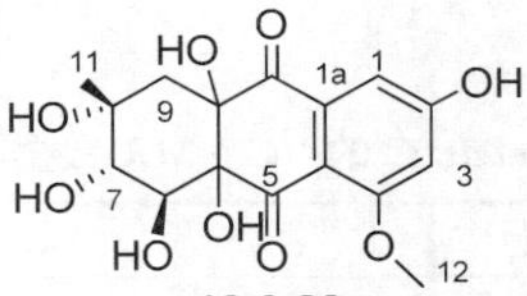

13-3-82

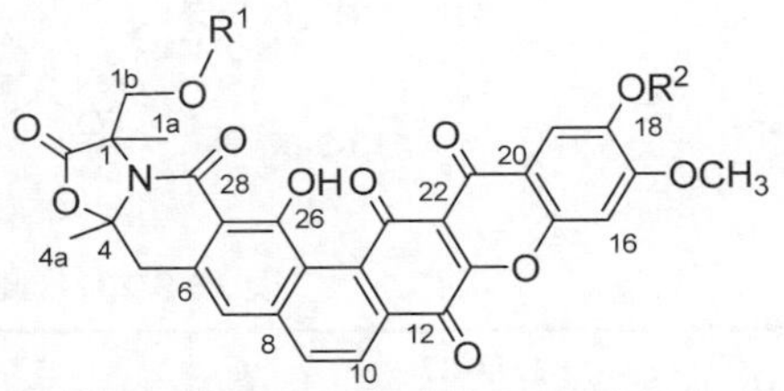

13-3-83 R^1=$COCH_2CH(CH_3)_2$; R^2=CH_3
13-3-84 R^1=$COCH_2CH(CH_3)_2$; R^2=H
13-3-85 R^1=H; R^2=CH_3

表 13-3-21 chrysoqueen 和 chrysolandol 的 ^{13}C NMR 数据[36]

C	13-3-81	13-3-82	C	13-3-81	13-3-82	C	13-3-81	13-3-82
1	105.8	107.0	2	166.1	164.8	4	164.4	164.7
1a	146.1	135.6	3	99.3	104.1	4a	108.0	115.5

续表

C	13-3-81	13-3-82	C	13-3-81	13-3-82	C	13-3-81	13-3-82
5	198.2	193.7	8	68.6	72.8	11	26.8	27.2
5a	78.2	79.8	9	33.6	31.6	12	55.7	55.8
6	73.9	63.1	9a	74.2	79.8	13	154.5	
7	81.4	76.2	10	69.1	197.5			

表 13-3-22 citreamicins 的 ^{13}C NMR 数据[37]

C	13-3-83	13-3-84	13-3-85	C	13-3-83	13-3-84	13-3-85
1	62.3	62.3	63.4	17-OCH$_3$	56.8	56.5	56.7
1a	20.2	20.0	19.0	18	148.7	146.3	148.6
1b$_1$	65.0	64.9	65.8	18-OCH$_3$	56.5	56.1	
2	171.5	171.6	171.9	19	104.9	108.4	104.4
4	93.4	93.4	93.9	20	119.5	119.6	119.3
4a	25.8	25.6	25.3	21	172.1	171.7	173.0
5a	41.9	41.7	41.4	22	120.8	120.1	120.2
6	134.8	134.6	135.2	23	181.2	181.4	180.0
7	117.7	117.7	117.6	24	137.7	137.5	137.3
8	140.7	140.5	140.3	25	119.9	119.7	119.2
9	132.2	132.2	132.2	26	162.1	161.6	161.4
10	124.4	124.2	123.9	27	107.3	107.1	107.4
11	129.7	129.7	129.6	28	165.8	165.5	165.8
12	178.1	178.0	177.7	1'	171.5	172.8	
13	153.4	153.5	153.8	2'	42.9	42.8	
15	150.8	150.2	150.8	3'	25.5	25.4	
16	100.4	100.2	100.7	3'a	22.35	22.2	
17	155.5	154.7	155.6	4'	22.38	22.2	

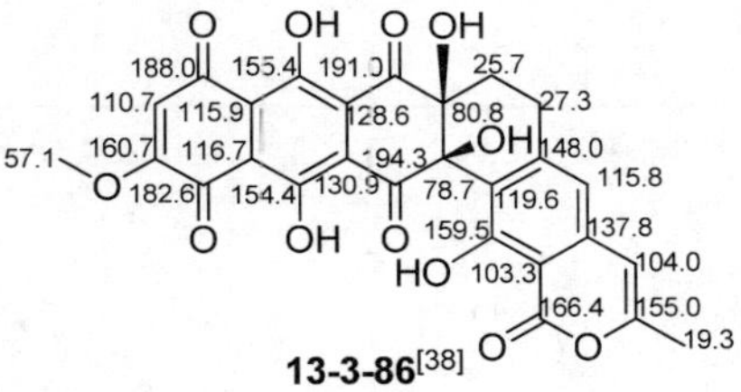

13-3-86[38]

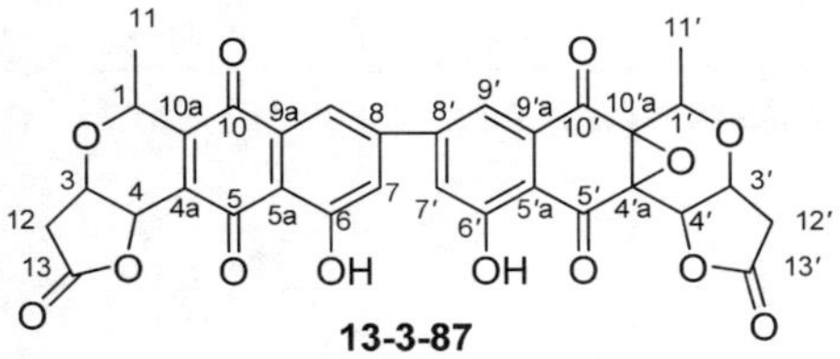

13-3-87

表 13-3-23 crisamicin C 的 ^{13}C NMR 数据[39]

C	13-3-87	C	13-3-87	C	13-3-87	C	13-3-87
1	66.1	5	186.3	8	144.8	10a	149.5
1'	64.2	5'	191.0	8'	144.7	10'a	63.8
3	66.7	5a	114.5	9	117.0	11	14.2
3'	64.9	5'a	114.6	9'	117.0	11'	18.0
4	68.6	6	160.3	9a	132.3	12	36.5
4'	69.6	6'	160.4	9'a	132.4	12'	36.3
4a	134.4	7	122.1	10	181.6	13	174.9
4'a	60.8	7'	122.4	10'	187.9	13'	175.0

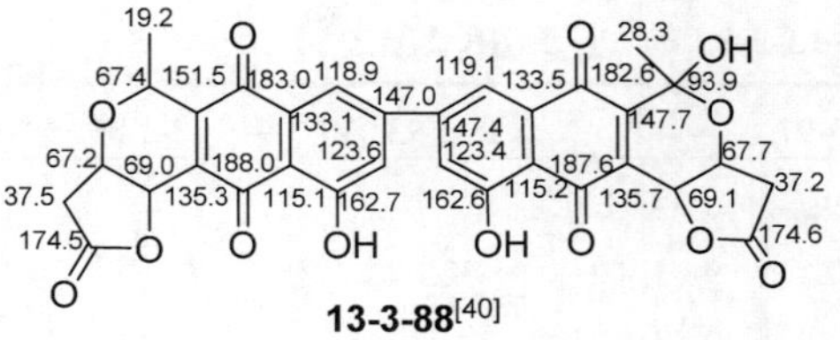

13-3-88[40]

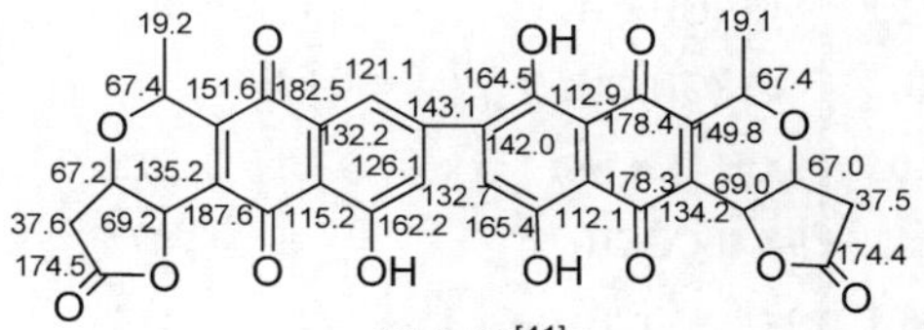

13-3-89[41]

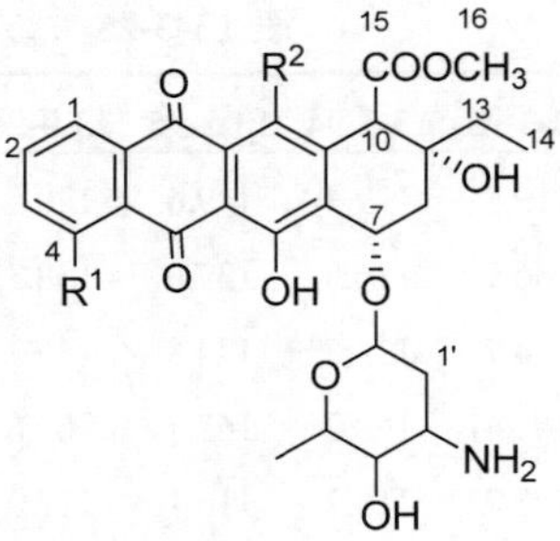

13-3-90 R^1=OCH_3; R^2=OH
13-3-91 R^1=OCH_3; R^2= H
13-3-92 R^1=OH; R^2=H

表 13-3-24 13-3-90~13-3-92 的 ^{13}C NMR 数据[42]

C	13-3-90	13-3-91	13-3-92	C	13-3-90	13-3-91	13-3-92
1	119.7	120.2	120.1	11a	111.5	132.1	131.2
2	135.6	135.9	137.3	12	186.5	182.3	181.2
3	118.4	118.3	124.7	12a	135.5	135.7	133.4
4	161.0	160.9	162.5	13	32.2^a	32.1	32.0
4a	120.9	120.7	115.7	14	6.7	6.6	6.6
5	187.0	188.6	192.6	15	171.5	171.4	171.2
5a	112.1	115.7	114.6	16	52.2	52.3	52.4
6	155.7	162.1	162.0	4-OCH_3	56.6	56.6	
6a	136.1	131.3	132.8	1'	101.4	101.4	101.4
7	71.1	71.2	71.0	2'	32.3^a	32.5	32.4
8	33.4	33.8	33.7	3'	46.3	46.2	46.2
9	71.2	71.7	71.6	4'	70.4^b	70.7^c	70.5^d
10	51.9	57.0	57.1	5'	67.0^b	66.9^c	66.9^d
10a	133.2	141.0	142.6	6'	16.8	16.9	16.8
11	156.6	119.5	120.9				

注：标注 a、b、c、d 的化学位移可以互换。

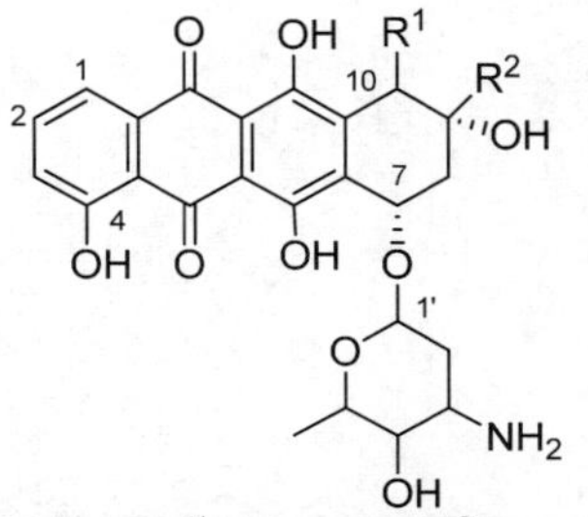

13-3-93 R^1=$COOCH_3$; R^2=CH_2CH_3
13-3-95 R^1= $COOCH_3$; R^2=CH_2COCH_3
13-3-96 R^1=COOH; R^2=CH_3
13-3-97 R^1=$COOCH_3$; R^2=CH_3

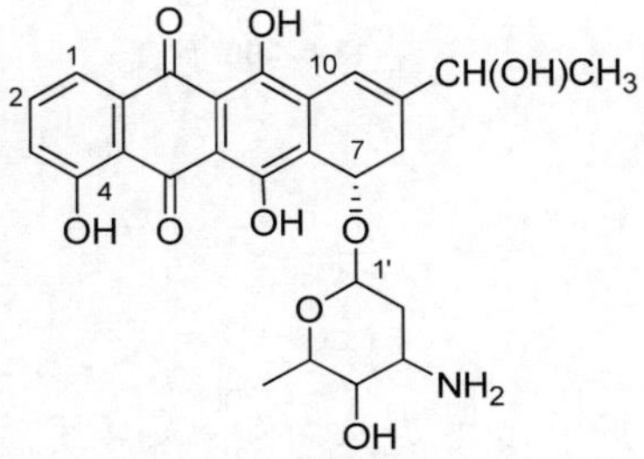

13-3-94

表 13-3-25 13-3-93~13-3-97 的 ^{13}C NMR 数据[43]

C	13-3-93	13-3-94	13-3-95	13-3-96	13-3-97	C	13-3-93	13-3-94	13-3-95	13-3-96	13-3-97
1	119.5	119.4	119.6	120.5	119.7	9-CH_3				28.6	27.8
2	136.9	136.5	137.0	138.3	137.1	9-$\underline{C}H_2CH_3$	32.1				
3	124.7	124.5	124.8	125.7	124.9	9-$CH_2\underline{C}H_3$	6.7				
4	162.4	162.2	162.7	163.6	162.8	9-$\underline{C}H(OH)CH_3$		70.3			
4a	115.7	116.2	116.1	117.0	116.1	9-$CH(OH)\underline{C}H_3$		21.2			
5	190.3	189.7	190.8	192.0	190.9	9-$\underline{C}H_2COCH_3$			50.8		
5a	111.3	112.2	111.5	112.5	111.7	9-$CH_2\underline{C}OCH_3$			207.6		
6	156.7①	155.9	156.7①	157.5①	156.8①	9-$CH_2CO\underline{C}H_3$			32.2		
6a	135.8	134.6	135.9	136.8①	135.7	10-COOH				173.8	
7	70.9	64.4	70.3①	72.3	70.6	10-$\underline{C}OOCH_3$	171.2		170.6		171.5
8	33.2	30.9	35.5	38.3	36.6	10-$COO\underline{C}H_3$	52.3		52.3		52.5
9	71.1	149.3	70.4①	69.2	69.4	1'	101.6	97.6	101.5	101.4	101.3
10	52.0	112.2	51.5	53.9	52.8	2'	32.6	32.4	32.5	29.5	32.2
10a	135.2	130.1	134.5	137.1①	135.2	3'	46.2	46.2	46.3	49.0②③	46.3
11	156.7①	154.8	157.0①	158.0①	156.9①	4'	70.5	69.7	70.7	67.9③	70.4
11a	111.0	111.0	111.3	112.2	111.3	5'	67.1	66.8	69.0	67.9③	67.1
12	185.7	186.3	186.2	187.4	186.2	6'	16.8	16.7	16.9	16.9	16.9
12a	133.1	133.4	133.4	134.6	133.5						

① 相似的化学位移值可以互换。② 因为存在溶剂干扰，所得化学位移值不准确。③ 化学位移值由 ^{1}H-^{13}H COSY 测得。

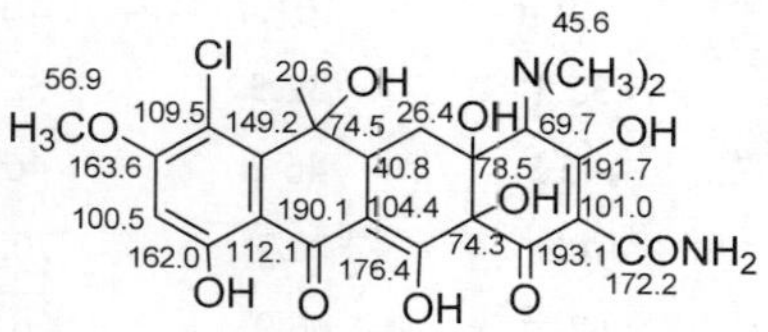

13-3-98[44]

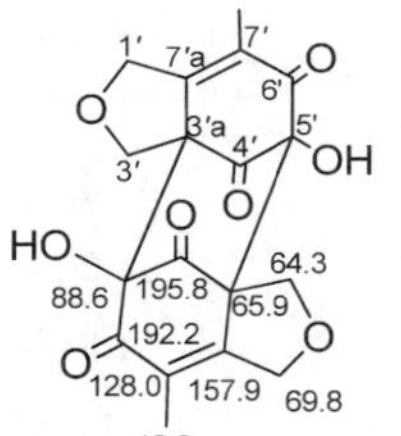

13-3-99[45]

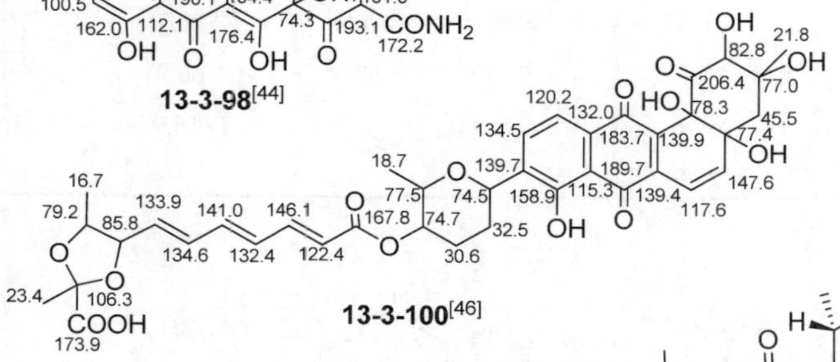

13-3-100[46]

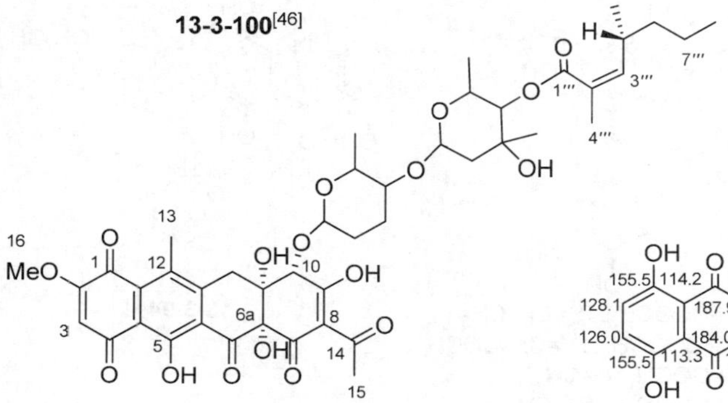

13-3-101

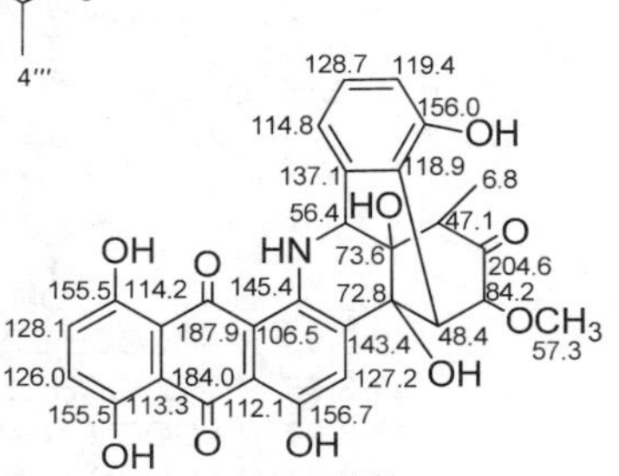

13-3-102[48]

表 13-3-26 dutomycin 的 ^{13}C NMR 数据[47]

C	13-3-101	C	13-3-101	C	13-3-101	C	13-3-101
1a	132.6[a]	8	110.5[c]	1'	102.0	6"	20.9[d]
1	181.3	9	190.0	2'	29.2	7"	20.5[d]
2	161.0[b]	10	79.8	3'	30.0	1'''	167.2
3	108.6	11a	75.2	4'	73.9	2'''	124.9
4	190.5	11	34.7	5'	73.2	3'''	16.5
4a	113.6[c]	12a	150.5	6'	17.2	4'''	149.8
5	161.5[b]	12	131.2[a]	1"	100.1	5'''	33.2
5a	123.1	13	16.5	2"	36.7	6'''	25.5
6	192.4	14	200.0	3"	68.6	7'''	39.5
6a	80.8	15	26.4	4"	74.2	8'''	20.6
7	195.2	16	56.8	5"	62.6	9'''	14.1

注：上角标相同的字母 a~d 标注的信号可以互换。

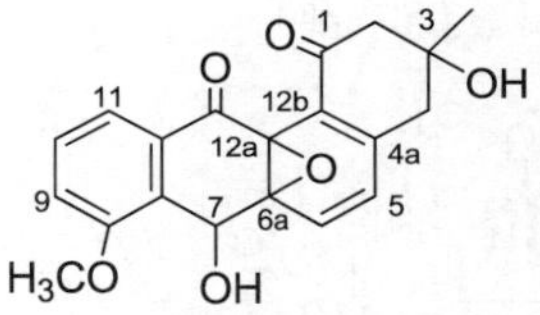

13-3-103 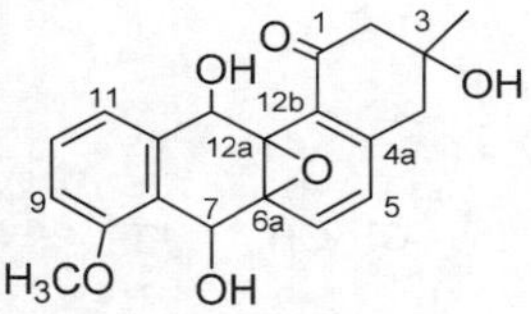　13-3-104

表 13-3-27 EI-1507-1 与 EI-1507-2 的 ^{13}C NMR 数据[49]

C	13-3-103	13-3-104	C	13-3-103	13-3-104	C	13-3-103	13-3-104
1	192.8	200.5	6	132.8	138.8	10	130.6	130.4
2	51.8	53.4	6a	65.7	63.1	11	119.4	122.9
3	70.7	72.0	7	63.6	64.0	11a	133.2	136.0
3-CH_3	28.5	29.4	7a	127.2	122.8	12	193.1	69.9
4	44.4	45.8	8	156.7	157.3	12a	61.3	64.3
4a	146.6	150.7	8-OCH_3	56.0	55.8	12b	127.7	128.9
5	132.2	131.5	9	114.9	111.2			

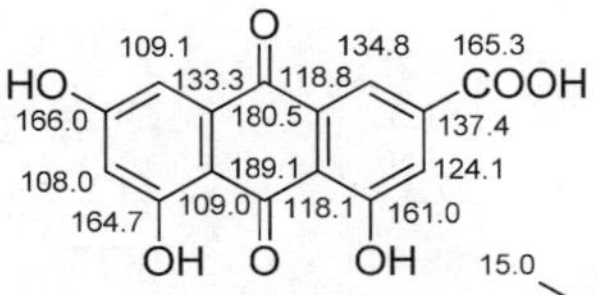

13-3-105[50] 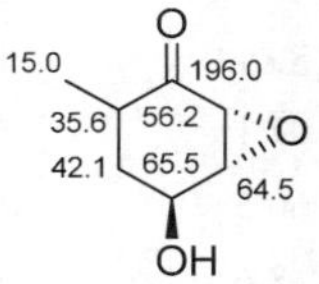　13-3-106[51] 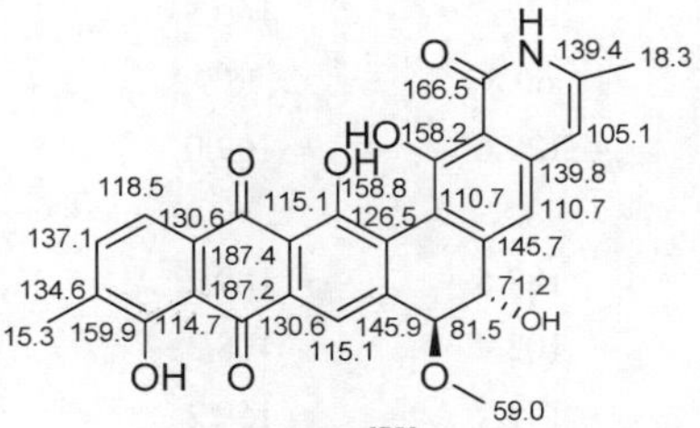　13-3-107[52] 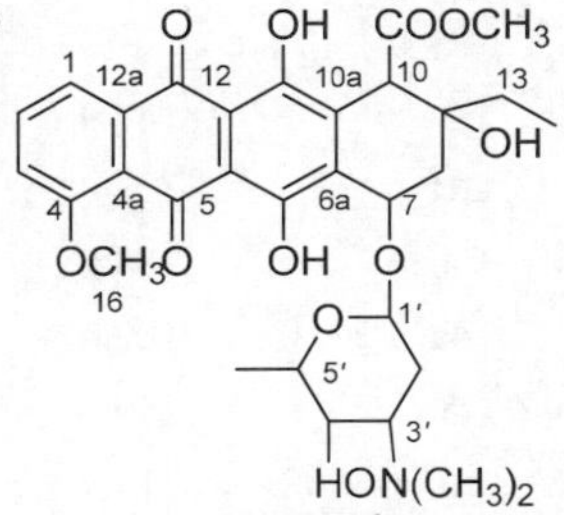　13-3-108

表 13-3-28 hybrid 4-*O*-methylepemycin D 的 ^{13}C NMR 数据[53]

C	13-3-108	C	13-3-108	C	13-3-108	C	13-3-108
1	119.8	6	156.8	11a	112.2	2'	28.5
2	135.8	6a	136.3	12	186.7	3'	59.8
3	118.4	7	71.3	12a	135.6	4'	65.9
4	161.1	8	33.4	13	32.3	5'	66.5
4-OCH_3	56.7	9	71.4	14	6.7	6'	17.0
4a	121.0	10	52.0	15	171.5	3'-$N(CH_3)_2$	41.9
5	187.3	10a	133.3	16	52.4		
5a	111.6	11	155.8	1'	101.6		

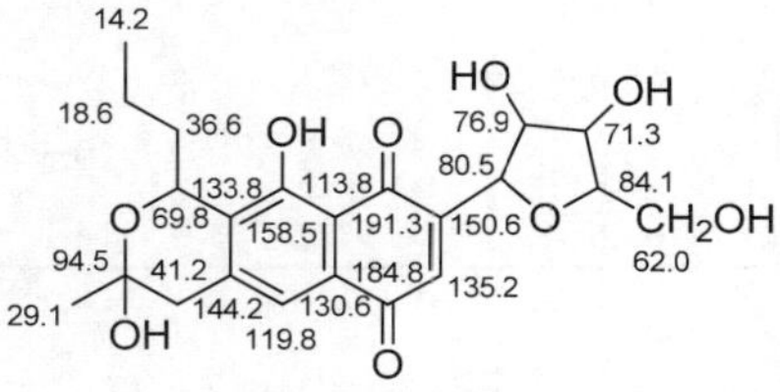

13-3-109[54]

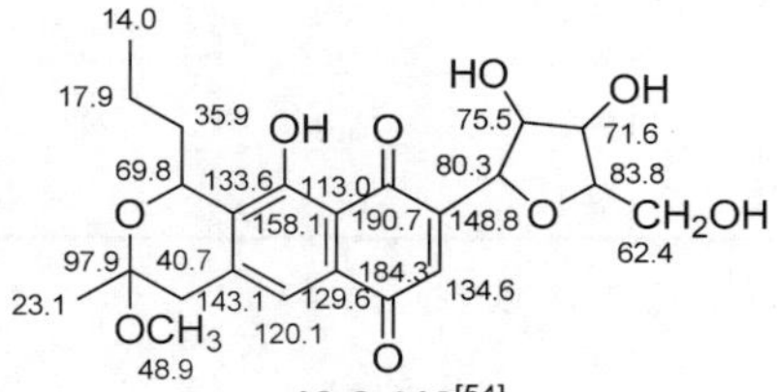

13-3-110[54]

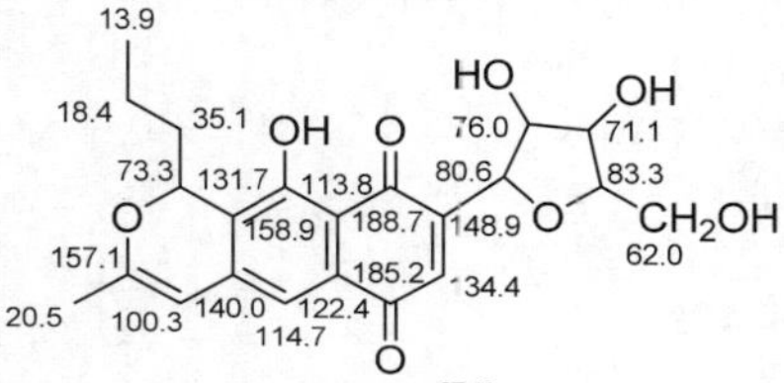

13-3-111[54]

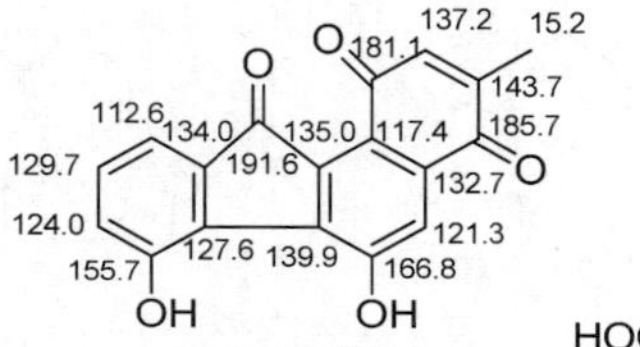

13-3-112[55]

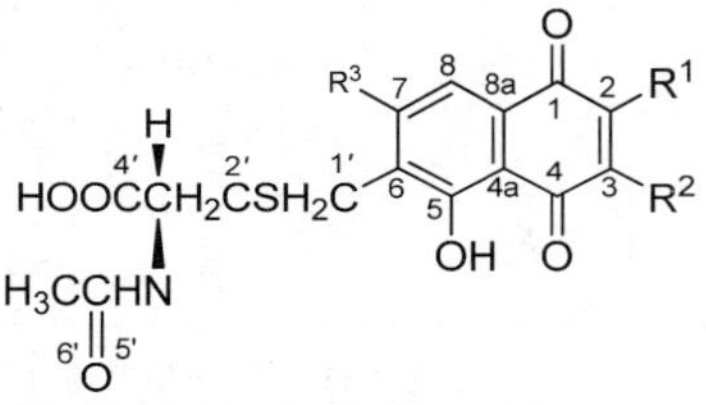

13-3-113[55]

13-3-114[55]

13-3-115 R^1=H; R^2=CH_3; R^3=OCH_3
13-3-116 R^1=R^3=OCH_3; R^2=CH_3;
13-3-117 R^1=R^3=OCH_3; R^2=H;
13-3-118 R^1=OCH_3; R^2=CH_3; R^3=OH
13-3-119 R^1=H; R^2=CH_2OH; R^3=OCH_3
13-3-120 R^1=R^3=OCH_3; R^2=CH_2OH

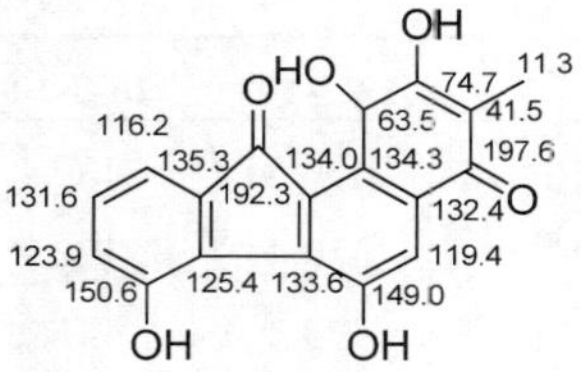

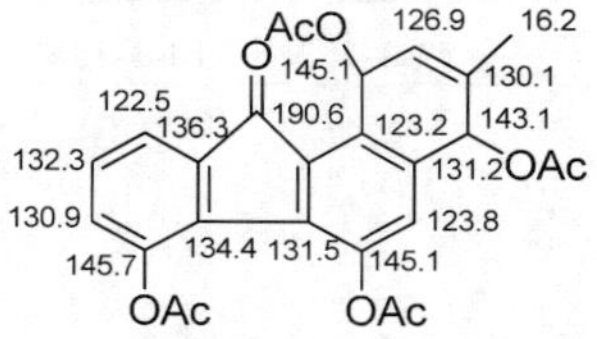

表 13-3-29 制纤菌素(fibrostatins)的 ^{13}C NMR 数据[56]

C	13-3-115	13-3-116	13-3-117	13-3-118	13-3-119	13-3-120
1	183.2	179.2	178.2	179.6	183.2	180.3
2	135.2	157.5	160.5	157.4	131.9	158.5
R^1	—	60.8	56.9	60.8	—	61.6
3	147.9	129.6	109.0	130.2	151.5	130.5
R^2	15.4	8.5	—	8.6	57.2	51.2
4	188.8	189.5	189.7	189.1	188.4	189.3
4a	109.4	108.4	108.3	107.1	109.6	108.5
5	159.6	159.1	159.2	160.5	159.7	159.3
6	119.9	120.3	121.0	118.6	120.0	120.9
7	162.3	161.7	161.6	161.5	162.4	161.8
R^3	56.5	56.4	56.4	—	56.5	56.5

续表

C	13-3-115	13-3-116	13-3-117	13-3-118	13-3-119	13-3-120
8	101.7	102.1	102.1	107.4	102.0	102.2
8a	131.7	130.9	130.5	130.7	131.5	131.1
1'	22.8	22.8	22.9	23.3	22.8	23.0
2'	33.5	33.5	33.6	33.7	33.6	33.5
3'	51.9	51.9	51.9	52.2	52.0	52.1
4'	172.0	172.2	172.1	172.3	172.1	172.2
5'	169.1	169.2	169.2	169.5	169.2	169.4
6'	22.4	22.5	22.4	22.6	22.5	22.5

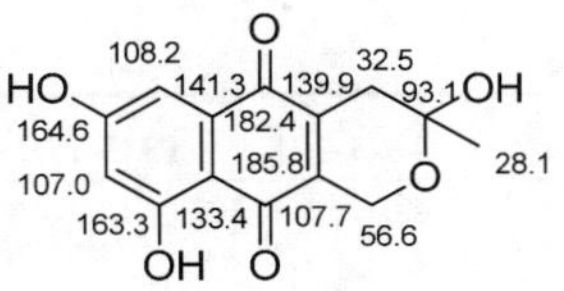

13-3-121[57]

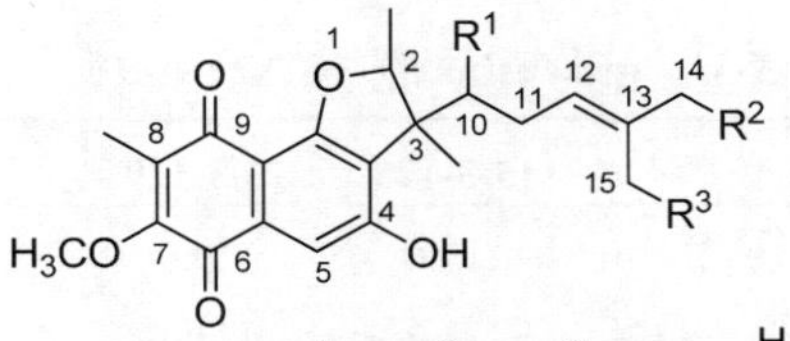

13-3-122 R^1=H; R^2=H; R^3=H
13-3-123 R^1=OH; R^2=H; R^3=H
13-3-125 R^1=H; R^2=OH; R^3=H
13-3-127 R^1=OH; R^2=OH; R^3=OH

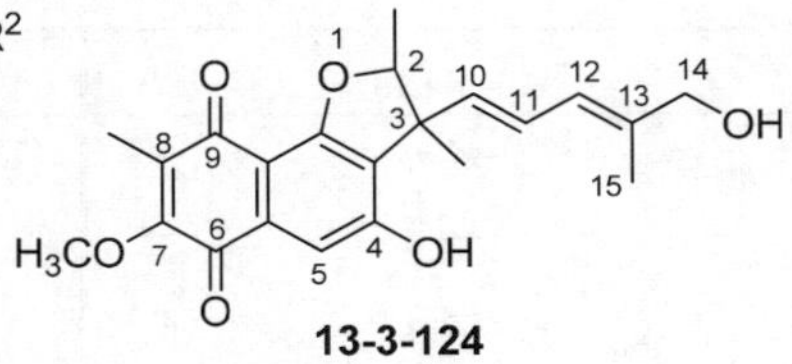

13-3-124

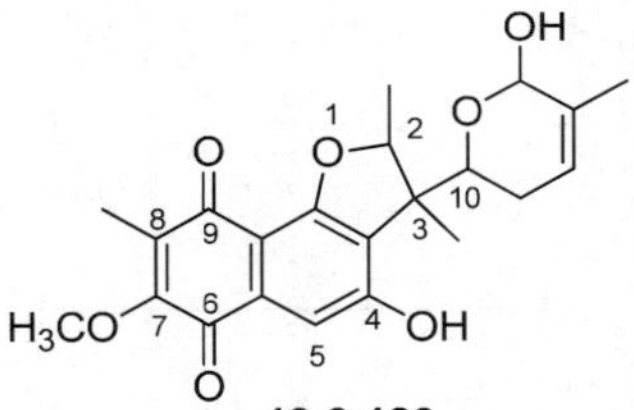

13-3-126

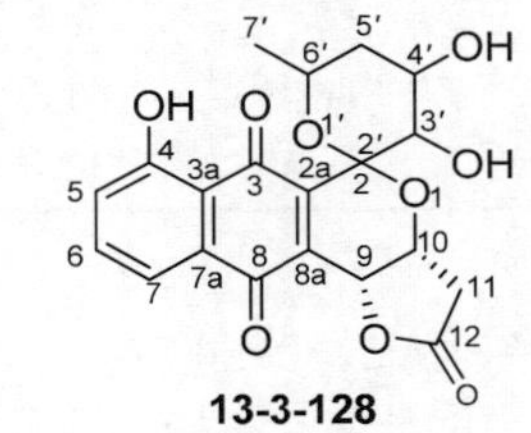

13-3-128

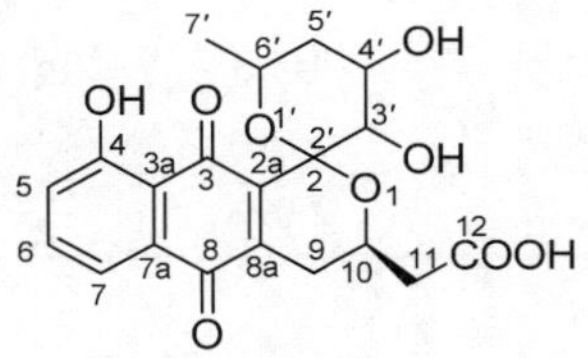

13-3-129

表 13-3-30 furaquinocins 的 ^{13}C NMR 数据[58]

C	13-3-122	13-3-123	13-3-124	13-3-125	13-3-126	13-3-127
2	91.7	88.9	93.4	93.0	89.1	90.3
2-CH_3	13.6	16.0	15.8	13.9	16.2	16.1
3	46.6	52.3	50.5	48.0	51.4	53.3
3-CH_3	22.7	18.9	22.8	23.6	19.3	19.6
3a	127.9	124.6	127.7	128.7	124.9	125.4
4	158.0	158.5	161.0	161.1	158.2	159.6
5	109.6	110.8	110.2	110.1	110.4	111.0
5a	133.1	134.0	135.3	135.0	133.7	134.4
6	181.3	180.7	182.3	182.3	180.8	181.6
7	157.0	156.9	158.7	158.8	156.9	157.6
7-OCH_3	60.7	60.6	61.4	61.4	60.7	61.1
8	134.1	133.6	134.1	134.1	132.0	134.3
8-CH_3	9.4	9.3	9.6	9.3	9.3	9.7
9	184.2	183.7	185.6	185.8	183.7	184.6
9a	109.3	109.1	109.8	114.0	109.3	109.2

续表

C	13-3-122	13-3-123	13-3-124	13-3-125	13-3-126	13-3-127
9b	161.6	160.5	162.8	162.9	160.4	161.6
10	23.8	73.1	134.3	24.9	68.5	72.8
11	35.0	32.1	127.8	36.0	26.1	32.2
12	124.1	118.7	125.6	126.8	122.2	126.4
13	131.6	138.2	138.5	136.2	134.0	141.6
14	25.6	26.0	68.7	69.2	92.8	65.7
15	17.6	18.2	14.4	14.1	18.8	58.2

表 13-3-31 griseusins 的 ^{13}C NMR 数据[59]

C	13-3-128	13-3-129	C	13-3-128	13-3-129	C	13-3-128	13-3-129
2	98.7	99.2	7	119.6	119.0	12	173.1	173.0
2a	142.9	146.5	7a	131.2	131.4	3'	67.8	68.1
3	187.4	187.6	8	181.7	183.1	4'	68.3	69.2
3a	115.4	115.2	8a	138.4	139.4	5'	39.1	39.2
4	162.1	161.9	9	68.4	28.1	6'	62.7	61.5
5	125.5	125.1	10	66.4	63.6	7'	20.7	20.8
6	137.0	136.2	11	36.5	39.5			

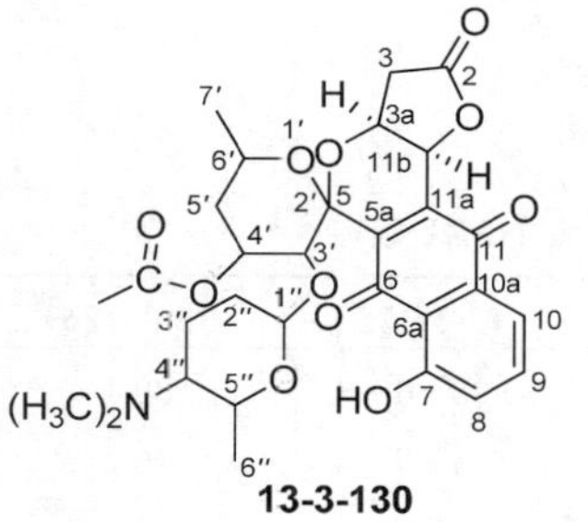

13-3-130

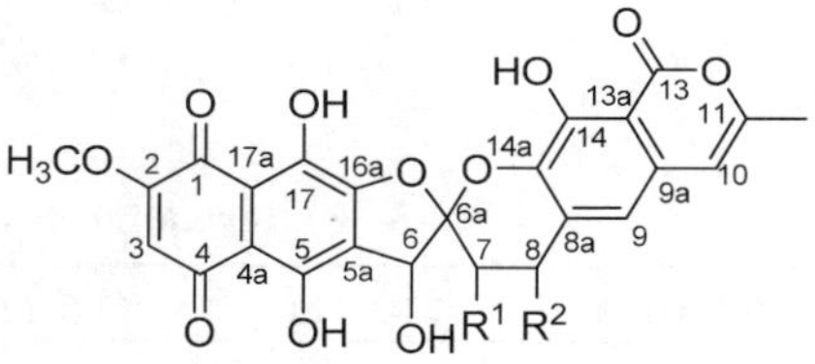

13-3-131 R^1=OH; R^2=OH
13-3-132 R^1=OH; R^2=OCH_3
13-3-133 R^1=H; R^2=H

表 13-3-32 3'-*O*-*α*-D-forosaminyl-(+)-griseusin A 的 ^{13}C NMR 数据[60]

C	13-3-130	C	13-3-130	C	13-3-130	C	13-3-130
2	173.8	8	125.6	3'	69.7	1"	93.7
3	37.1	9	137.1	4'	64.6	2"	29.7
3a	65.7	10	119.8	4'-OCO$\underline{C}H_3$	21.1	3"	13.6
5, 2'	96.1	10a	131.0	4'-O$\underline{C}$OCH$_3$	170.4	4"	65.7
5a	143.7	11	181.8	5'	36.0	4"-N(CH$_3$)$_2$	40.3
6	187.2	11a	138.2	6'	63.0	5"	68.0
6a	115.3	11b	68.2	7'	20.6	6"	18.2
7	162.3						

表 13-3-33 griseorhodins 的 ^{13}C NMR 数据[61]

C	13-3-131	13-3-132	13-3-133[62]	C	13-3-131	13-3-132	13-3-133[62]
1	179.6	180.4	179.1	8a	122.6	130.3	130.9
2	160.4	160.4	160.4	9	116.8	117.0	114.9
2-OCH_3	57.0	57.0	57.1	9a	136.8	130.6	131.7
3	110.0	110.2	110.2	10	103.9	103.8	103.7
4	185.5	185.9	185.1	11	111.8	152.1	152.6
4a	106.8	106.6	106.4	11-CH_3	18.6	18.7	18.6
5	157.3	154.8	157.2	13	165.8	165.6	165.7
5a	130.4	124.6	118.7	13a	132	105.3	104.5
6	73.7	73.6	190.5	14	152.1	148.8	148.5
6a	105	111.3	112.8	14a	146.5	137.0	137.4
7	66.5	62.1	20.3	16a	148.8	146.6	146.5
8	67.3	76.5	23.8	17	154.8	156.5	158.7
8-OCH_3	—	57.7	—	17a	114.2	114.1	113.6

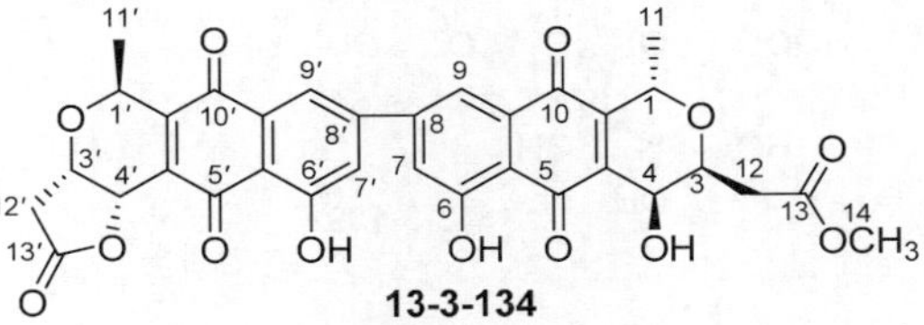

13-3-134

表 13-3-34 GTRI-BB 的 ^{13}C NMR 数据[63]

C	13-3-134	C	13-3-134	C	13-3-134	C	13-3-134
1	67.5	9	118.2	1'	66.7	8'	146.3
3	67.7	9a	132.2	3'	66.5	9'	117.9
4	59.9	10	181.8	4'	68.3	9'a	132.5
4a	140.5	10a	148.2	4'a	134.6	10'	182.5
5	186.9	11	17.7	5'	188.4	10'a	150.9
5a	114.4	12	35.5	5'a	114.6	11'	18.5
6	162	13	171.4	6'	161.9	12'	36.8
7	122.8	14	51.9	7'	122.4	13'	173.8
8	146.4						

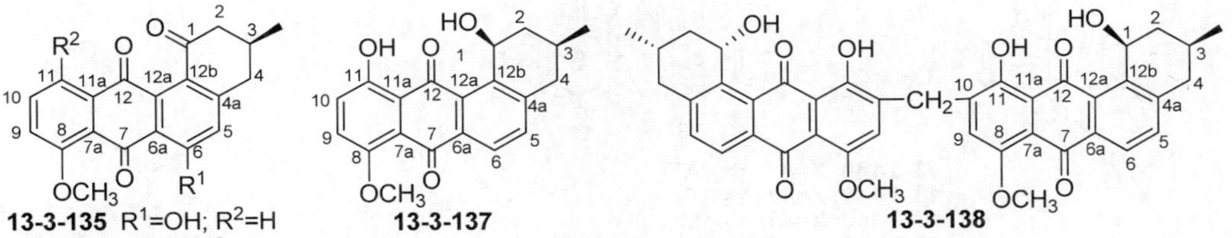

13-3-135 R^1=OH; R^2=H
13-3-136 R^1=H; R^2=OH

13-3-137

13-3-138

表 13-3-35 hatomarubigins 的 ^{13}C NMR 数据[64]

C	13-3-135	13-3-136	13-3-137	13-3-138	C	13-3-135	13-3-136	13-3-137	13-3-138
1	197.7	199.5	66.8	66.8	9	117.4	122.9	123.7	125.0
2	47.5	47.6	40.0	40.0	10	136.3	126.4	126.6	136.9
3	30.2	29.7	27.5	27.5	11	119.9	156.3	157.4	156.0
4	38.6	38.2	40.3	40.3	11a	137.4	116.7	117.1	116.8
4a	152.2	149.1	145.4	145.3	12	184.5	187.8	192.8	193.1
5	120.9	133.7	136.3	136.3	12a	137.8	132.8	130.9	130.9
6	163.6	129.4	126.9	126.8	12b	128.1	135.9	142.5	142.5
6a	117.7	135.2	136.1	136.1	3-CH_3	21.3	21.5	21.5	21.5
7	188.4	180.9	181.8	181.4	8-OCH_3	56.6	57.0	57.0	57.0
7a	119.8	118.6	118.5	117.3	10-CH_2				31.3
8	160.3	154.0	153.8	153.4					

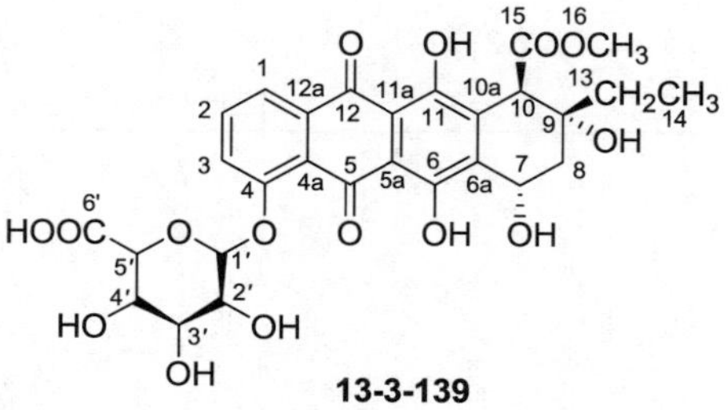

13-3-139

表 13-3-36 histomodulin 的 ^{13}C NMR 数据[65]

C	13-3-140	C	13-3-140	C	13-3-140	C	13-3-140
1	120.5	5a 或 11a	110.9	9	71.1	16	52.2
2	136.0	5a 或 11a	111.8	10	51.2	1'	99.9
3	122.4	6 或 11	154.6	10a	132.2	2'或 3'	71.2
4	158.0	6 或 11	155.8	12a	138.8	2'或 3'	73.0
4a	120.8	6a	134.7	13	32.3	4'	75.8
5 或 12	186.4	7	60.7	14	6.8	5'	75.5
5 或 12	183.4	8	34.7	15	170.8	6'	170.0

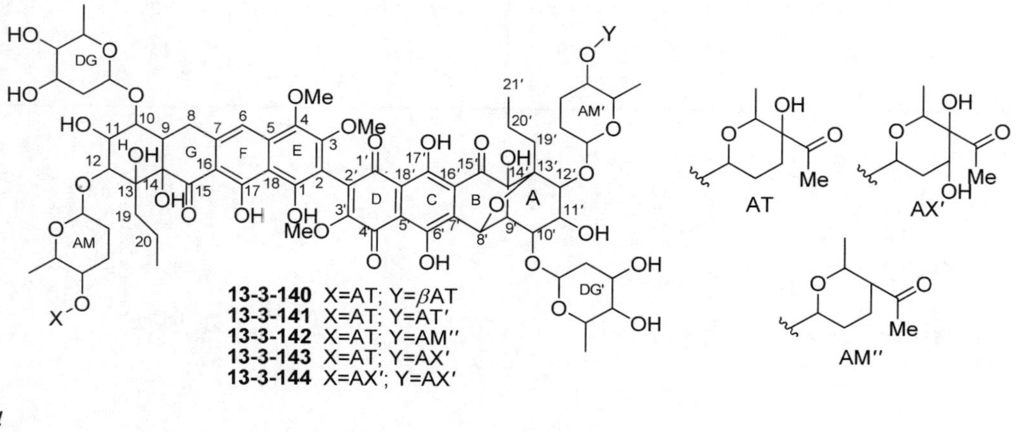

13-3-140 X=AT; Y=βAT
13-3-141 X=AT; Y=AT'
13-3-142 X=AT; Y=AM''
13-3-143 X=AT; Y=AX'
13-3-144 X=AX'; Y=AX'

表 13-3-37 hibarimicins 的 ^{13}C NMR 数据[66]

C	13-3-140	13-3-141	13-3-142	13-3-143	13-3-144	C	13-3-140	13-3-141	13-3-142	13-3-143	13-3-144
1	152.1	152.1	152.1	152.1	152.0	1'	187.8	187.8	187.8	187.8	187.8
2	107.9	107.9	107.9	107.9	107.9	2'	125.5	125.6	125.7	125.6	125.5
3	153.3	153.3	153.4	153.3	153.3	3'	158.4	158.4	158.4	158.4	158.4
4	138.6	138.6	138.6	138.6	138.5	4'	184.8	184.8	184.8	184.8	184.8
5	135.5	135.4	135.5	135.4	135.4	5'	116.3	116.3	116.3	116.3	116.3
6	112.0	112.0	112.0	112.0	112.0	6'	150.9	150.9	150.9	150.0	150.0
7	139.4	139.3	139.3	139.4	139.3	7'	148.0	148.0	148.0	147.9	147.9
8	27.8	27.8	27.8	27.8	27.8	8'	67.9	67.9	67.9	67.9	67.9
9	44.5	44.5	44.5	44.5	44.5	9'	55.8	55.8	55.8	55.8	55.7
10	76.2	76.2	76.2	76.2	76.2	10'	77.0	77.0	77.2	77.0	77.0
11	70.8	70.8	70.8	70.7	70.7	11'	75.3	75.3	75.4	75.3	75.3
12	86.6	86.6	86.6	86.6	86.6	12'	85.4	85.4	85.4	85.5	85.5
13	79.4	79.4	79.5	79.4	79.4	13'	82.7	82.7	82.8	82.7	82.6
14	77.2	77.2	77.2	77.2	77.1	14'	85.7	85.7	85.7	85.7	85.7
15	203.4	203.4	203.5	203.5	203.4	15'	195.6	195.5	195.6	195.5	195.5
16	110.6	110.5	110.6	110.6	110.5	16'	124.9	124.8	124.9	124.8	124.8
17	164.4	164.3	164.4	164.3	164.3	17'	157.2	157.2	157.3	157.2	157.2
18	108.4	108.4	108.4	108.4	108.3	18'	113.0	113.0	113.0	113.0	113.0
19	37.1	37.1	37.1	37.1	37.1	19'	34.2	34.3	34.2	34.3	34.3
20	18.0	18.0	18.0	18.0	18.0	20'	16.6	16.6	16.6	16.6	16.6
21	15.1	15.1	15.2	15.1	15.1	21'	14.9	14.9	14.9	14.9	14.9
3-OMe	60.9	60.9	60.9	60.9	60.9	3'-OMe	60.8	60.8	60.8	60.8	60.8
4-OMe	61.2	61.1	61.2	61.1	61.1	DG1'	99.0	99.0	99.0	99.0	98.9
DG1	98.6	98.6	98.6	98.7	98.7	DG2'	35.3	35.3	35.3	35.3	35.3
DG2	34.8	34.8	34.9	34.8	34.8	DG3'	67.1	67.1	67.2	67.1	67.1
DG3	67.3	67.3	67.3	67.3	67.3	DG4'	72.6	72.6	72.6	72.6	72.6
DG4	72.8	72.8	72.9	72.8	72.8	DG5'	65.0	65.0	65.1	65.0	65.0
DG5	65.2	65.2	65.2	65.2	65.1	DG6'	17.7	17.7	17.7	17.7	17.7
DG6	17.9	17.9	17.9	17.9	17.8	AM1'	103.3	103.2	103.3	103.1	103.1
AM1	103.3	103.2	103.3	103.2	103.1	AM2'	30.5	30.4	30.5	30.3	30.3
AM2	30.5	30.5	30.6	30.5	30.5	AM3'	29.9	29.5	29.9	29.7	29.7
AM3	29.5	29.4	29.5	29.4	29.7	AM4'	79.4	78.9	79.5	79.9	79.9
AM4	78.8	78.8	78.8	78.8	79.7	AM5'	75.1	75.2	75.2	74.9	74.9
AM5	75.4	75.4	75.5	75.4	75.1	AM6'	18.1	18.1	18.1	18.1	18.1
AM6	18.1	18.1	18.1	18.1	18.1	Y1'	103.0	98.9	103.0	100.1	100.1
X1	99.0	98.9	99.0	99.0	100.1	Y2'	29.6	24.8	30.9	31.7	31.7
X2	24.8	24.8	24.9	24.8	31.7	Y3'	31.9	27.8	31.2	69.8	69.8
X3	27.8	27.8	27.8	27.8	69.7	Y4'	77.0	78.6	71.4	79.4	79.3
X4	78.6	78.6	78.6	78.6	79.3	Y5'	75.8	66.7	75.8	62.8	62.8
X5	66.8	66.8	66.8	66.8	62.8	Y6'	15.2	14.6	18.1	14.3	14.3
X6	14.7	14.6	14.7	14.6	14.3	Y7'	210.4	210.6		201.0	201.0
X7	210.6	210.6	210.6	210.6	210.0	Y8'	28.6	25.0		27.5	27.5
X8	25.1	25.0	25.1	25.1	27.5						

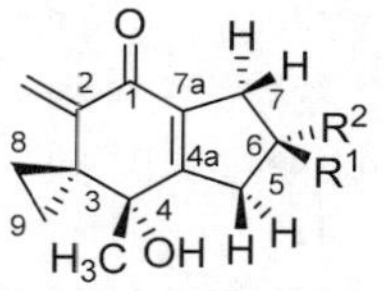

13-3-145 $R^1=CH_3$; $R^2=CH_2OH$
13-3-146 $R^1=CH_2OH$; $R^2=CH_3$

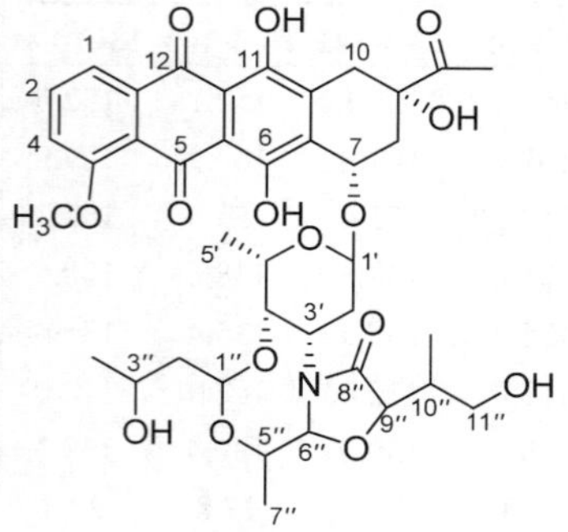

13-3-147

表 13-3-38 illudins 的 ^{13}C NMR 数据[67]

C	13-3-145	13-3-146	C	13-3-145	13-3-146	C	13-3-145	13-3-146
1	188.2	188.1	4-CH_3	25.1	24.9	6-CH_2OH	70.3	70.1
2	149.3	148.9	4a	173.1	173.1	7	43.9	43.5
2-CH_2	116.9	116.9	5	40.3	40.2	7a	135.6	135.3
3	33.9	33.7	6	43.4	42.9	8	5.2	5.2
4	70.7	70.5	6-CH_3	25.7	25.8	9	13.4	13.2

表 13-3-39 IT-62-B 的 ^{13}C NMR 数据[68]

C	13-3-147	C	13-3-147	C	13-3-147	C	13-3-147
1	119.8	8	35.1	4-OCH_3	56.6	4"	24.0
2	135.7	9	76.6	1'	100.7	5"	80.4
3	118.4	10	33.4	2'	28.8	6"	91.0
4	161.0	10a	134.6	3'	50.4	7"	17.8
4a	121.0	11	155.9	4'	79.2	8"	173.2
5	187.0	11a	111.2	5'	69.5	9"	80.2
5a	111.4	12	186.6	6'	17.2	10"	38.0
6	156.4	12a	135.6	1"	106.5	11"	64.2
6a	134.1	13	212.2	2"	45.6	12"	12.4
7	69.7	14	24.9	3"	64.4		

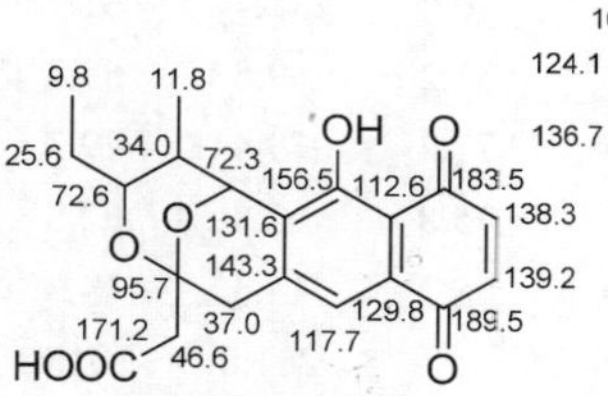

13-3-148[69] 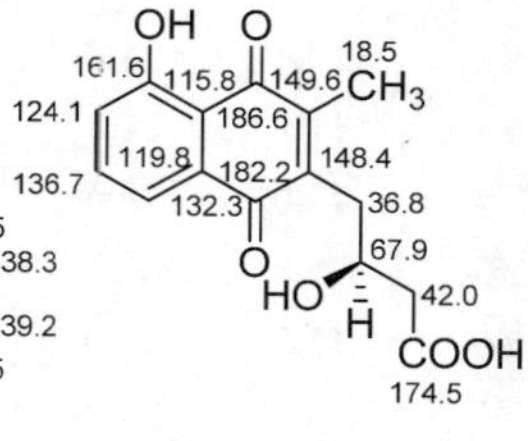　**13-3-149**[70] 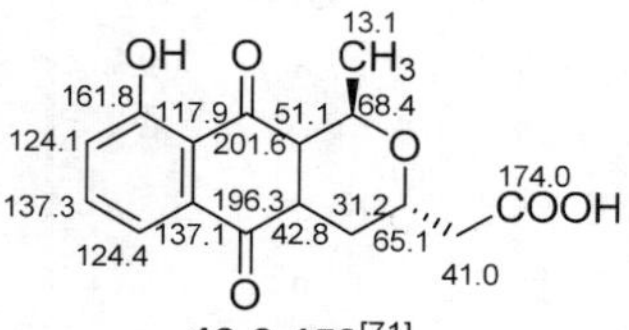　**13-3-150**[71] 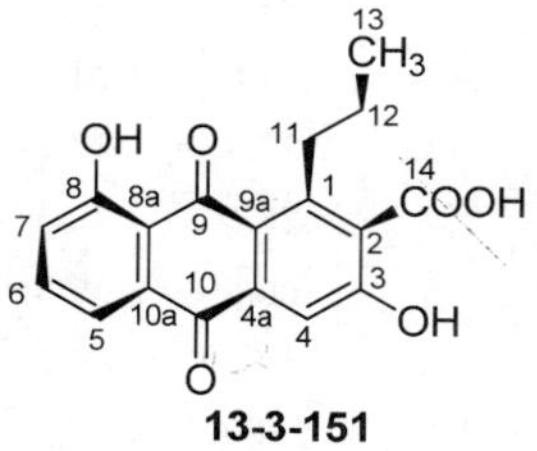　**13-3-151**

表 13-3-40 K1115 A 的 ^{13}C NMR 数据[72]

C	13-3-151	C	13-3-151	C	13-3-151	C	13-3-151
1	146.1	5	118.7	9	189.6	12	24.1
2	131.2	6	136.5	9a	122.1	13	15.2
3	160.0	7	124.9	10	182.5	14	168.6
4	113.0	8	162.0	10a	132.8		
4a	137.1	8a	117.4	11	34.7		

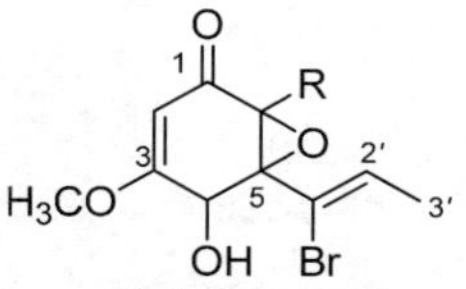

13-3-152 R=H
13-3-153 R=Cl

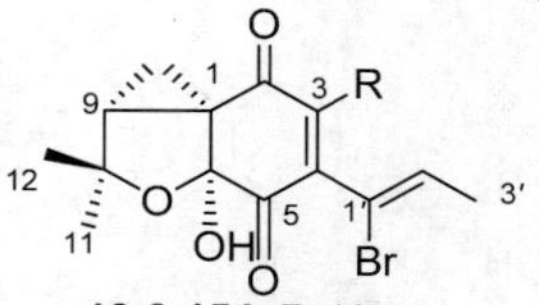

13-3-154 R=H
13-3-155 R=Cl

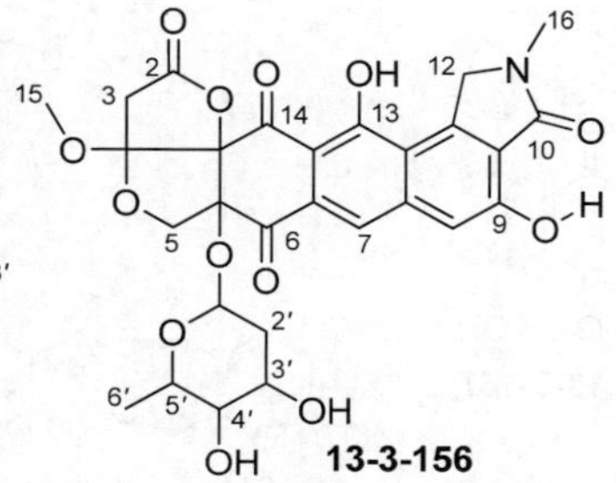

13-3-156

表 13-3-41 lachnumons 的 ^{13}C NMR 数据[73]

C	13-3-152	13-3-153	C	13-3-152	13-3-153	C	13-3-152	13-3-153
1	192.4	183.3	5	65.8	68.7	3'	16.8	16.4
2	98.2	97.5	6	60.6	80.8	3-OCH_3	56.5	56.8
3	172.2	171.1	1'	120.6	116.5			
4	66.5	65.4	2'	132.3	131.4			

表 13-3-42 mycorrhizins 的 ^{13}C NMR 数据[73]

C	13-3-154	13-3-155	C	13-3-154	13-3-155	C	13-3-154	13-3-155
1	43.1	42.3	6	101.0	99.6	12	29.1	29.3
2	192.3	185.1	8	82.8	82.6	1'	119.4	112.3
3	137.9	145.0	9	44.8	46.2	2'	139.9	133.6
4	146.2	146.4	10	14.8	15.4	3'	19.4	17.2
5	191.7	189.7	11	25.0	24.7			

表 13-3-43 lactonamycin Z 的 ^{13}C NMR 数据[74]

C	13-3-156	C	13-3-156	C	13-3-156	C	13-3-156
2	170.7	7	120.9	12a	142.8	16	29.2
3	35.1	7a	141.8	12b	116.7	1'-eq	96.3
3a	112.8	8	112.9	13	164.1	2'-ax	37.1
5	73.8	9	157.6	13a	109.1	3'-eq	66.6
5a	86.4	9a	121.1	14	192.1	4'-ax	72.1
6	189.4	10	168.9	14a	90.0	5'-ax	65.4
6a	130.3	12	55.0	15	52.8	6'-eq	17.3

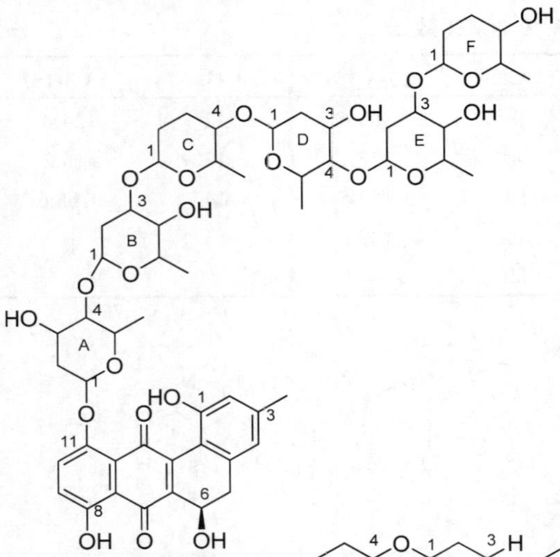

13-3-157

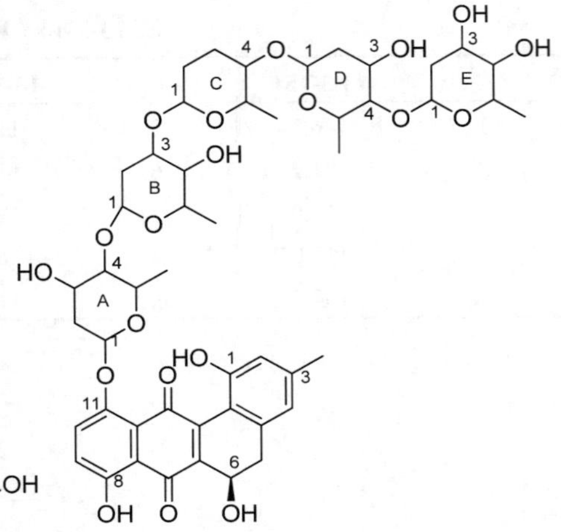

13-3-158

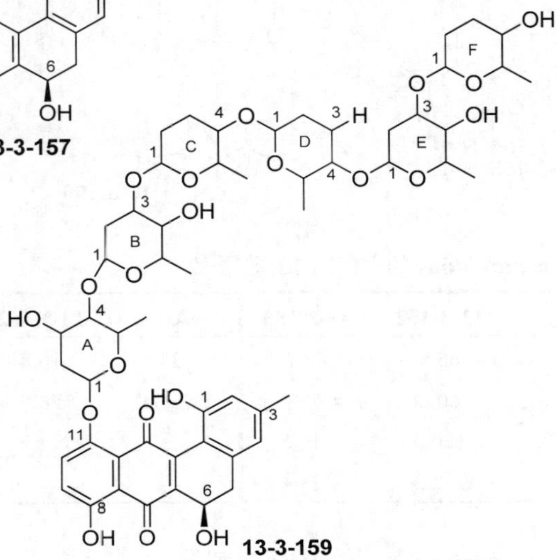

13-3-159

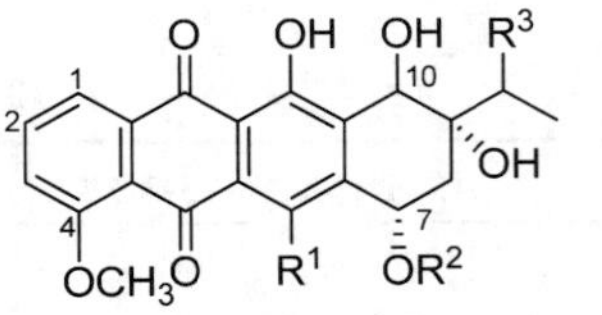

13-3-160 R^1=OH; R^2=RN; R^3=H
13-3-161 R^1=H; R^2=RN; R^3=H
13-3-162 R^1=OH; R^2=DN; R^3=OH
RN=紫红霉胺 DN=柔红糖胺

表 13-3-44 landomycins 的 ^{13}C NMR 数据[75]

C	13-3-157	13-3-158	13-3-159	C	13-3-157	13-3-158	13-3-159
1	155.1	155.0	155.1	12a	146.7	141.7	146.8
2	119.0	119.3	120.1	12b	113.2	115.4	113.3
3	143.6	141.0	143.7	13	21.1	21.0	21.2
4	126.7	124.5	126.8	A1	99.5	97.7	99.6
4a	136.6	138.2	136.8	A2	37.5	38.1	37.6
5	37.0	38.4	37.1	A3	72.2	73.2	72.3
6	62.0	57.3	65.6	A4	87.8	86.3	87.8
6a	138.7	140.2	138.8	A5	70.3	68.6	70.8
7	182.8	180.9	182.9	A6	17.8	17.7	17.8
7a	114.8	113.1	114.9	B1	100.8	100.1	100.8
8	150.6	149.2	150.7	B2	37.0	35.7	36.3
9	123.7	120.8	123.7	B3	75.3	71.8	75.4
10	132.4	128.3	132.6	B4	80.2	75.5	80.4
11	159.5	155.2	159.6	B5	69.2	70.0	69.2
11a	120.0	115.4	119.1	B6	17.8	17.6	17.8
12	190.9	187.8	192.7	C1	97.7	92.1	97.7

续表

C	13-3-157	13-3-158	13-3-159	C	13-3-157	13-3-158	13-3-159
C2	25.4	24	25.5	E2	37.1	36.6	37.2
C3	25.0	23.9	25.1	E3	75.3	70.1	75.2
C4	75.7	73.8	75.6	E4	80.4	76.3	80.5
C5	67.7	65.2	67.8	E5	69.6	69.6	71.8
C6	17.0	16.8	17.0	E6	17.8	17.6	18.1
D1	101.4	100.6	103.5	F1	97.4		97.3
D2	38.2	38.5	30.7	F2	24.4		24.6
D3	72.3	71.8	30	F3	24.0		24.1
D4	88.4	87.0	80.7	F4	67.7		67.6
D5	70.8	68.2	74.4	F5	67.0		67.1
D6	17.8	17.8	16.9	F6	17.9		18.3
E1	100.9	99.8	100.9				

表 13-3-45　MC-1，MC-4 和 MC-7 的 ^{13}C NMR 数据[76]

C	13-3-160	13-3-161	13-3-162	C	13-3-160	13-3-161	13-3-162
1	119.8	119.5	119.6	11	156.2	161.4	155.9
2	135.8	135.2	135.8	11a	112.0	114.8	111.9
3	118.5	118.7	118.5	12	186.7	188.3	186.6
4	161.1	160.6	160.9	12a	135.8	135.1	134.9
4a	120.8	121.3	120.6	13	30.4	30.2	70.7
5	187.1	181.2	187.0	14	6.6	6.6	16.3
5a	112.4	133.7	112.4①	4-OMe	56.6	56.5	56.5
6	156.6	120.2	155.6①	1'	101.3	99.3	100.6
6a	135.4	143.4	135.2	2'	28.6	28.9	31.3
7	71.0	74.4	70.0	3'	59.6	59.4	46.4
8	32.9	33.8	28.6	4'	65.9	65.9	68.7
9	71.9	72.2	72.7	5'	66.4	66.4	67.4
10	66.5	67.0	66.4	6'	17.0	17.0	16.0
10a	136.5	131.7	135.9	3'-NMe_2	41.9	41.9	—

① 相似的化学位移值可以互换。

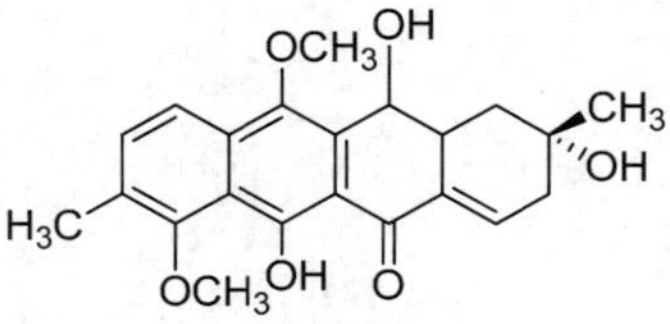

13-3-163 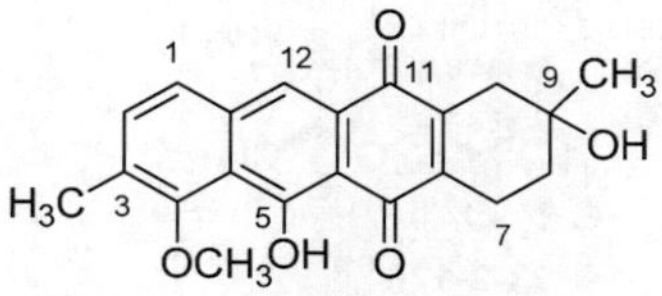　　13-3-164 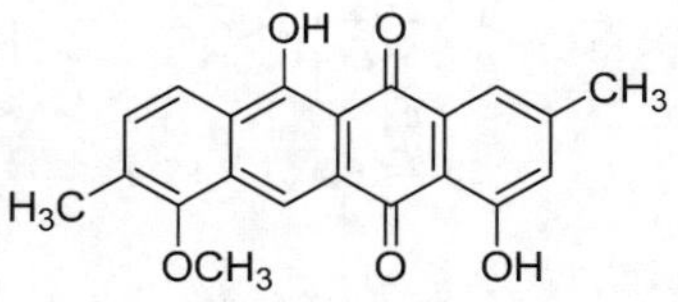　　13-3-165

表 13-3-46　13-3-163~13-3-165 的 ^{13}C NMR 数据[77]

C	13-3-163	13-3-164	13-3-165	C	13-3-163	13-3-164	13-3-165
1	117.1	126.8	120.5	3	129.7	133.1	133.4
2	134.9	134.7	132.9	4	157.4	157.3	156.1

续表

C	13-3-163	13-3-164	13-3-165	C	13-3-163	13-3-164	13-3-165
4-OMe	61.6	61.8	62.1	10	40.5	37.5	120.2
4a	120.3	108.9	131.0	10a	41.8	144.3	133.8
5	163.5	163.8	116.1	11		183.5	187.2
5a	108.9	122.0	127.6	11a	127.7	127.1	109.0
6	190.8	188.5	187.4	12	143.9	122.0	164.1
6a	132.9	145.4	115.2	12-OMe	61.5		
7	138.2	21.0	163.3	12a	133.4	137.1	128.3
8	40.8	33.8	124.2	13	15.9	16.3	16.4
9	69.2	67.9	148.5	14	27.5	29.7	22.3

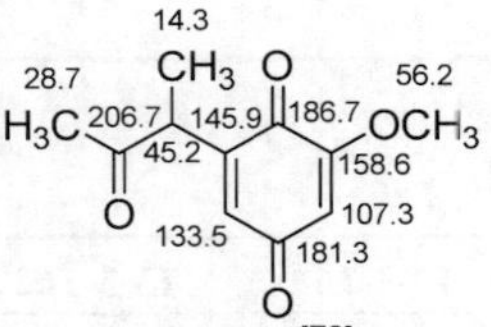

13-3-166[78]

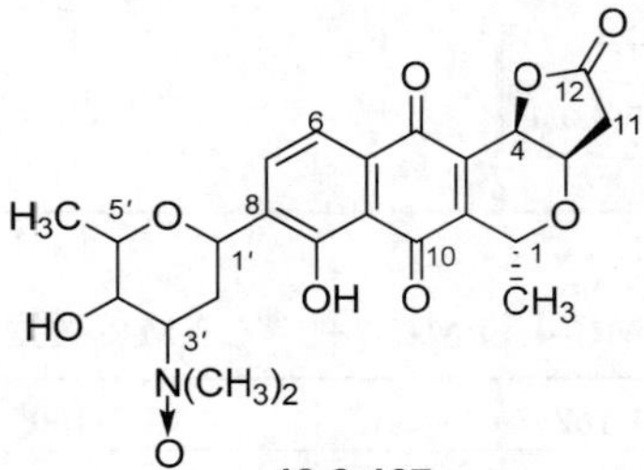

13-3-167

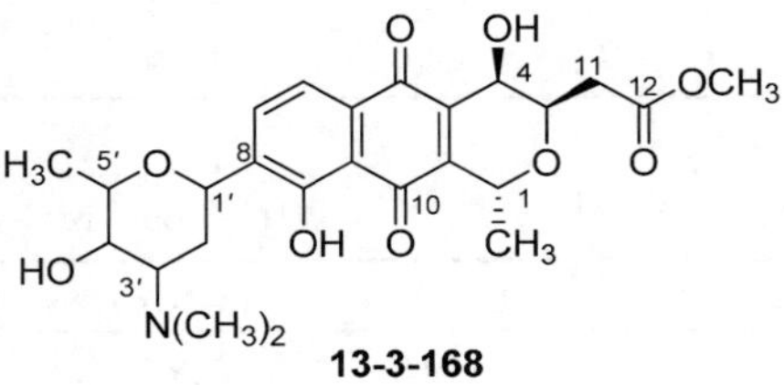

13-3-168

表 13-3-47 menoxymycins 的 ^{13}C NMR 数据[79]

C	13-3-167①	13-3-168②	C	13-3-167①	13-3-168②	C	13-3-167①	13-3-168②
1	66.2	67.1	8	136.9	138.1	12-OMe		51.8
3	68.5	67.6	9	157.8	157.5	1'	72.9	72.0
4	66.4	59.3	9a	114.3	114.2	2'	29.7	28.3
4a	135.4	141.2	10	188.4	189.3	3'	75.9	66.8
5	181.1	182.7	10a	149.6	146.7	4'	71.3	71.3
5a	130.4	130.3	11	36.9	35.5	5'	77.8	77.4
6	119.8	119.2	12	173.9	171.9	6'	18.5	17.6
7	133.8	133.2	1-Me	17.8	17.7	3'-Me$_2$	58.4,52.7	40.0

① 测试溶剂为 C。② 测试溶剂为 C/M(10:1)。

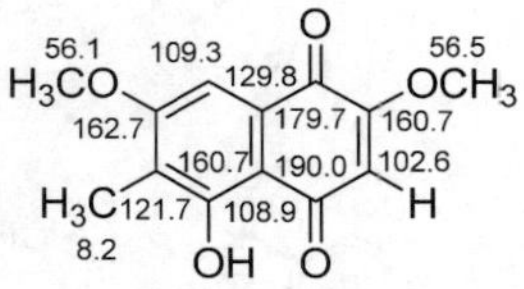

13-3-169[80]

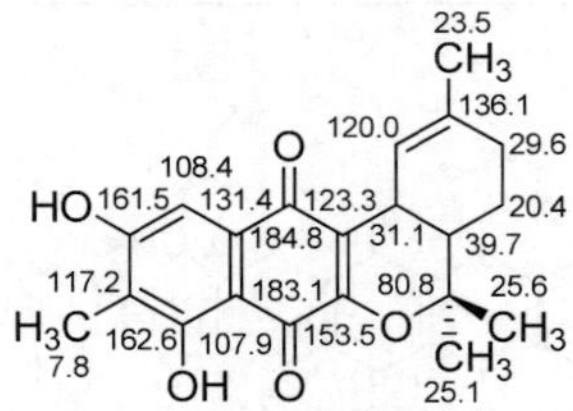

13-3-170[81]

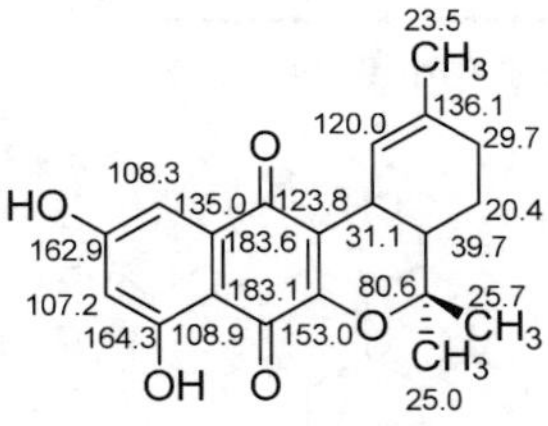

13-3-171[82]

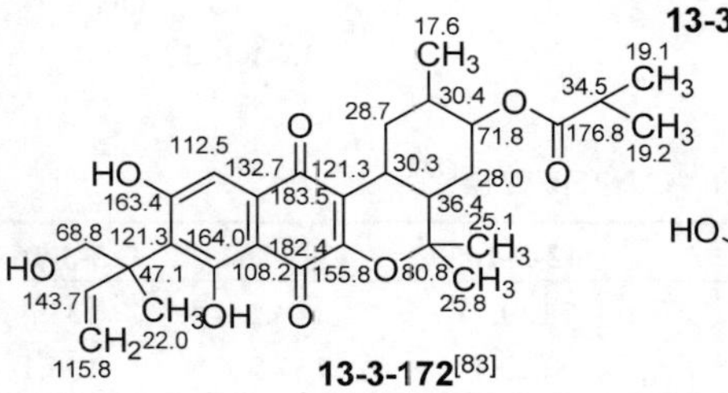

13-3-172[83]

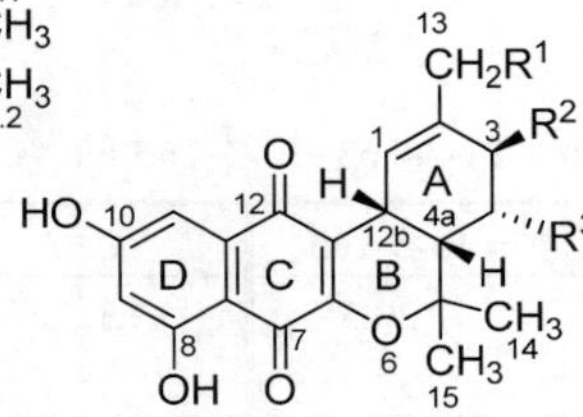

13-3-173 R^1=H; R^2=H; R^3=H
13-3-174 R^1=OH; R^2=H; R^3=H
13-3-175 R^1=OH; R^2=OH; R^3=H
13-3-176 R^1=OH; R^2=OH; R^3=OH

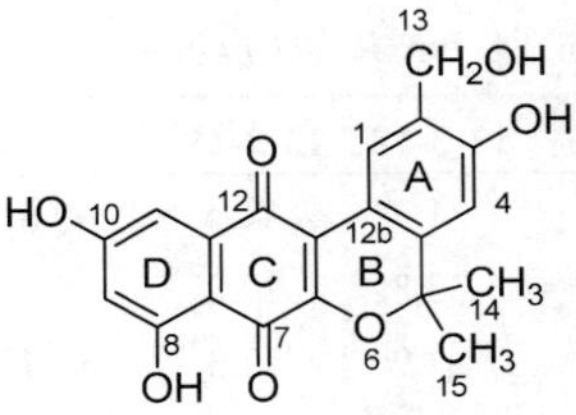

13-3-177 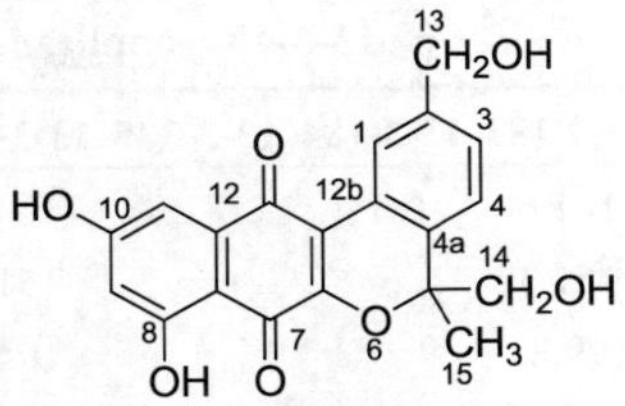 **13-3-178**

表 13-3-48 naphthgeranines 的 ^{13}C NMR 数据[84]

C	13-3-173	13-3-174	13-3-175	13-3-176	13-3-177	13-3-178[85]
1	119.7	122.7	126.0	126.0	129.4	126.7
2	135.7	138.6	138.6	138.2	120.8	134.2
3	29.3	25.4	64.0	69.1	152.7	129.0
4	20.1	19.9	28.5	70.4	110.6	124.9
4a	39.4	39.9	34.4	39.4	140.5	142.6
5	80.4	80.9	80.7	81.2	81.9	85.1
6a	152.8	153.7	154.1	155.7	158.7	156.2
7	182.5	182.6	182.3	184.0	183.7	183.5
7a	107.5	108.1	107.7	108.8	108.9	106.0
8	165.2	164.3	165.4	167.1	167.7	168.4
9	106.3	107.1	106.8	107.2	107.6	108.0
10	164.0	164.2	164.3	165.6	165.5	165.8
11	108.8	109.1	109.0	109.6	110.5	116.6
11a	134.5	134.4	134.4	136.3	136.1	135.5
12	184.0	183.9	184.1	184.5	184.1	184.0
12a	123.3	122.9	121.3	123.7	117.1	117.9
12b	30.8	30.8	30.9	30.2	128.5	127.0
13	23.1	66.8	65.6	65.0	60.9	65.1
14	24.5	24.9	24.7	25.9	27.6	67.7
15	25.1	25.7	25.4	27.0	27.6	23.1

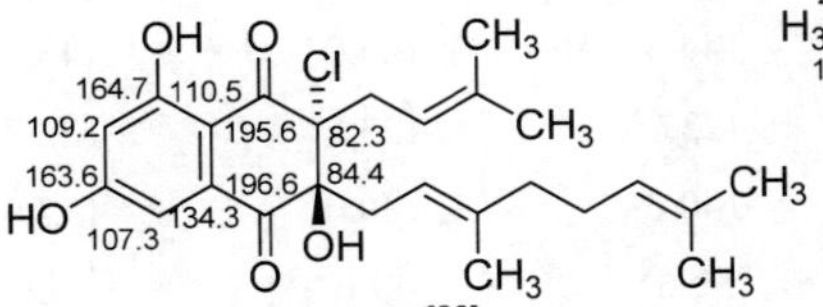

13-3-179[86] 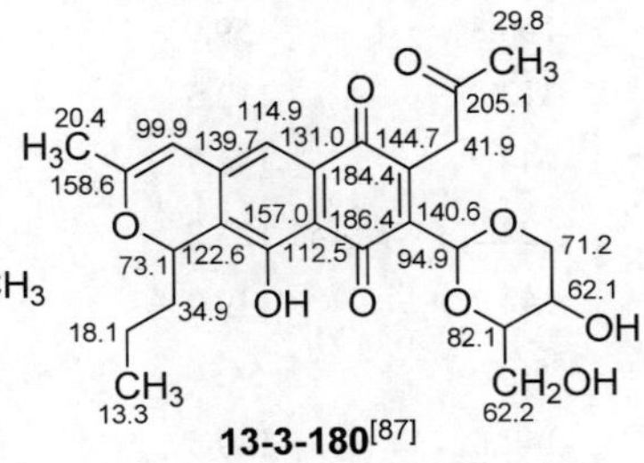 **13-3-180**[87] 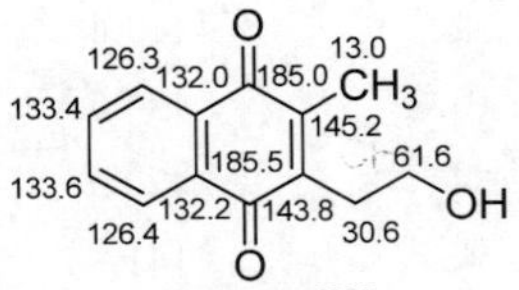 **13-3-181**[88]

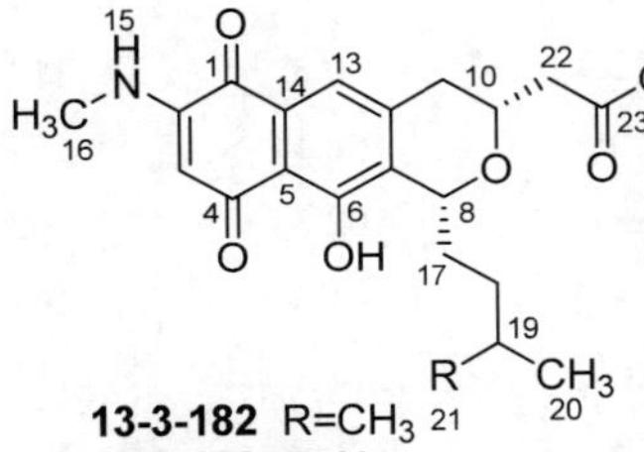

13-3-182 R=CH_3
13-3-183 R=H

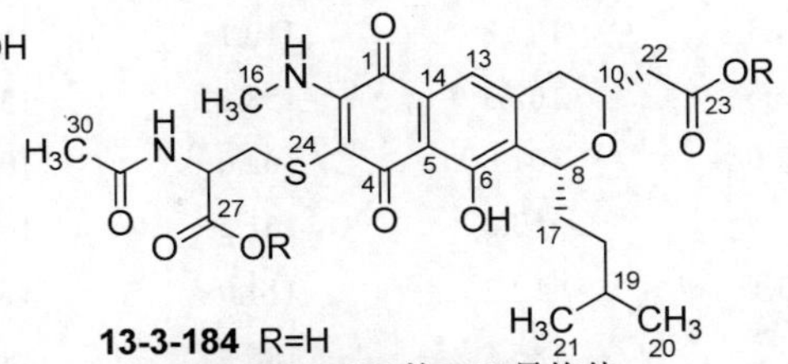

13-3-184 R=H
13-3-185 **13-3-184**的C-26异构体
13-3-186 R=CH_3

表 13-3-49 naphthoquinones 的 ^{13}C NMR 数据[89]

C	13-3-182	13-3-183	13-3-184	13-3-185	13-3-186	C	13-3-182	13-3-183	13-3-184	13-3-185	13-3-186
1	180.9	181.6	181.4	181.8	180.0	17	31.8	34.4	32.6	32.6	31.7
2	149.7	151.3	—	—	151.2	18	33.8	27.8	34.7	34.7	33.6
3	99.4	99.2	—	—	104.1	19	27.9	23.3	28.7	28.8	28.0
4	189.1	189.6	—	—	187.6	20	22.3	14.3	22.7	22.7	22.4
5	112.6	113.4	113.6	113.7	112.5	21	22.8		23.2	23.1	22.9
6	158.4	158.7	158.8	158.2	158.2	22	40.3	40.8	40.8	41.0	40.4
7	135.5	135.6	135.6	135.0	136.3	23	175.5	172.1	172.1	173.9	171.4
8	74.9	75.1	75.3	75.3	74.6	25			37.7	38.3	39.2
10	69.1	70.5	70.5	70.6	69.3	26			53.1	54.4	51.9
11	35.5	36.0	36.0	36.1	35.5	27			172.2	173.0	170.9
12	141.1	142.7	143.0	142.9	142.2	29			170.5	171.2	170.6
13	119.2	119.5	119.8	119.8	120.0	30			22.6	22.7	23.0
14	128.1	129.4	—	126.9	127.4	23-OMe					51.9
16	29.2	29.5	34.2	33.9	33.8	27-OMe					52.7

注：—表示未观测到。

13-3-187
13-3-188 **13-3-187**的非对映异构体

13-3-189
13-3-190 **13-3-189**的非对映异构体

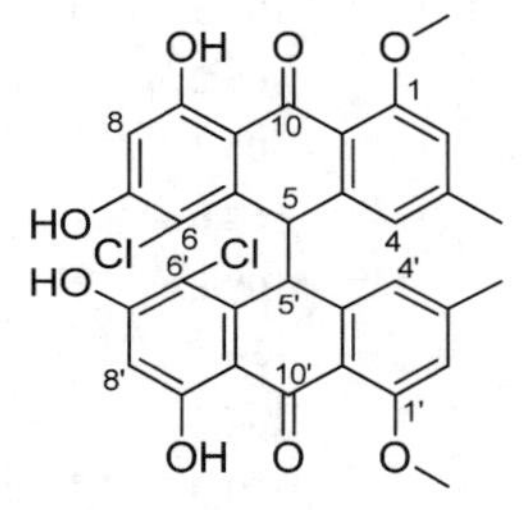

13-3-191
13-3-192 **13-3-191**的非对映异构体

表 13-3-50 neobulgarones 的 ^{13}C NMR 数据[90]

C	13-3-187	13-3-188	13-3-189	13-3-190	13-3-191	13-3-192
1	160.1	160.3	159.9	160.4	159.6	159.8
2	112.4	112.2	112.5	112.6	113.0	112.4
3	144.6	144.7	144.7	144.5	144.2	145.1
4	122.5	122.2	123.2	123.3	123.5	122.7
4a	141.3	142.7	139.0	140.0	139.0	137.6
5	56.7	56.7	54.2	53.6	49.0	50.8
5a	143.4	142.0	140.5	139.0	140.0	141.6
6	107.3	107.8	110.1	110.2	110.8	112.9
7	162.6	162.3	158.5	158.3	158.1	157.8
8	102.0	101.8	102.6	102.8	102.3	102.7
9	163.9	163.5	161.5	161.4	161.3	161.6
9a	113.1	112.2	114.0	114.0	114.3	113.5
10	186.8	186.6	186.5	186.4	185.8	185.6
10a	118.6	119.0	117.6	117.8	119.1	119.3

续表

C	13-3-187	13-3-188	13-3-189	13-3-190	13-3-191	13-3-192
1-OMe	56.1	56.0	55.9	56.2	56.2	56.0
3-Me	21.8	21.7	21.5	21.5	21.3	21.9
1'	160.1	160.3	160.0	159.8	159.6	159.8
2'	112.4	112.2	112.5	111.9	113.0	112.4
3'	144.6	144.7	144.0	145.3	144.2	145.1
4'	122.5	122.2	123.5	121.2	123.5	122.7
4'a	141.3	142.7	139.4	144.9	139.0	137.6
5'	56.7	56.7	51.5	51.6	49.0	50.8
5'a	143.4	142.0	144.8	139.3	140.0	141.6
6'	107.3	107.8	106.4	109.4	110.8	112.9
7'	162.6	162.3	163.2	161.6	158.1	157.8
8'	102.0	101.8	101.8	101.9	102.3	102.7
9'	163.9	163.5	163.3	163.5	161.3	161.6
9'a	113.1	112.2	113.5	111.9	114.3	113.5
10'	186.8	186.6	186.6	186.0	185.8	185.6
10'a	118.6	119.0	118.5	120.2	119.1	119.3
1'-OMe	56.1	56.0	55.9	55.9	56.2	56.0
3'-Me	21.8	21.7	21.4	22.2	21.3	21.9

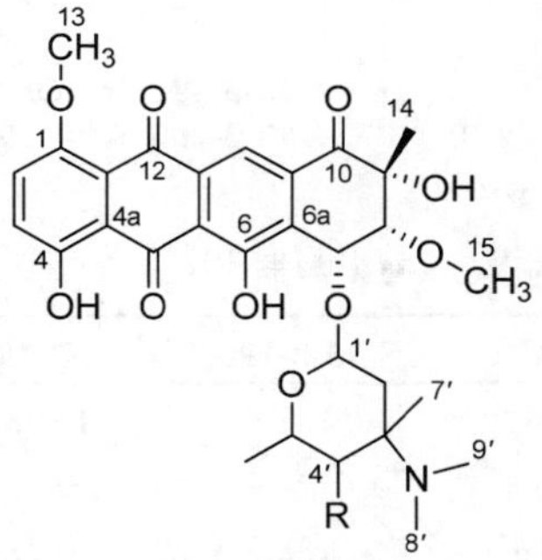

13-3-193 R=OH
13-3-194 R=OCOCH$_3$

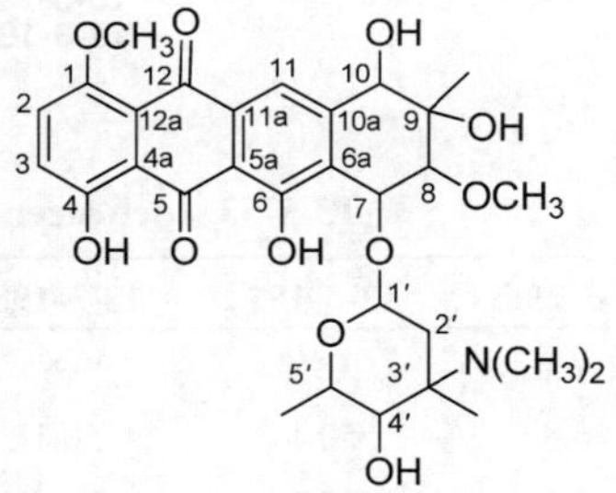

13-3-195

表 13-3-51 nocardicyclins 的 ^{13}C NMR 数据[91]

C	13-3-193	13-3-194	C	13-3-193	13-3-194	C	13-3-193	13-3-194
1	156.6	154.5	7	74.0	72.0	13	57.3	56.8
2	126.6	125.8	8	87.9	86.3	14	24.0	23.5
3	128.7	126.9	9	77.6	75.9	15	60.2	59.6
4	158.8	156.4	10	199.8	198.7	1'	102.2	99.6
4a	116.5	115.6	10a	137.4	135.7	2'	34.0	32.9
5	193.5	191.8	11	117.0	114.9	3'	66.1	62.7
5a	119.5	134.9	11a	136.3	118.4	4'	69.5	69.4
6	162.9	160.8	12	180.8	178.9	5'	66.3	64.2
6a	133.1	131.0	12a	119.1	118.1	6'	17.4	17.1

续表

C	13-3-193	13-3-194	C	13-3-193	13-3-194	C	13-3-193	13-3-194
7'	14.9	14.5	9'	36.3	36.0	2"		20.8
8'	37.2	37.1	1"		170.6			

表 13-3-52 nothramicin 的 ^{13}C NMR 数据[92]

C	13-3-195	C	13-3-195	C	13-3-195	C	13-3-195
1	154.8	6	162.4	10a	147.1	3'-CH_3	12.0
1-OCH_3	57.1	6a	127.0	11	121.6	3'-$N(CH_3)_2$	36.3
2	124.4	7	72.5	11a	134.7	4'	70.2
3	126.8	8	87.2	12	180.4	5'	64.1
4	157.4	8-OCH_3	59.7	12a	119.1	6'	17.9
4a	115.7	9	69.6	1'	101.4		
5	192.6	9-CH_3	23.2	2'	35.2		
5a	114.8	10	75.0	3'	56.0		

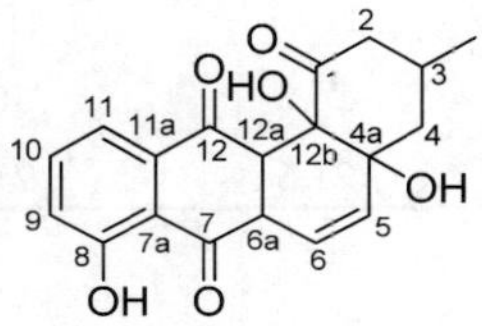

13-3-196

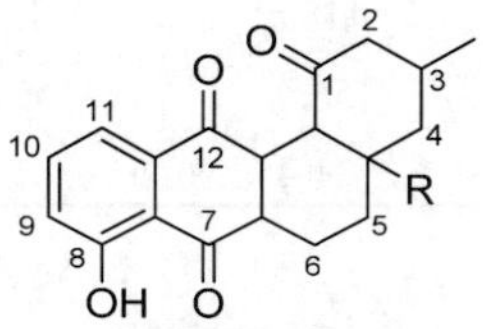

13-3-197 R=H
13-3-198 R=OH

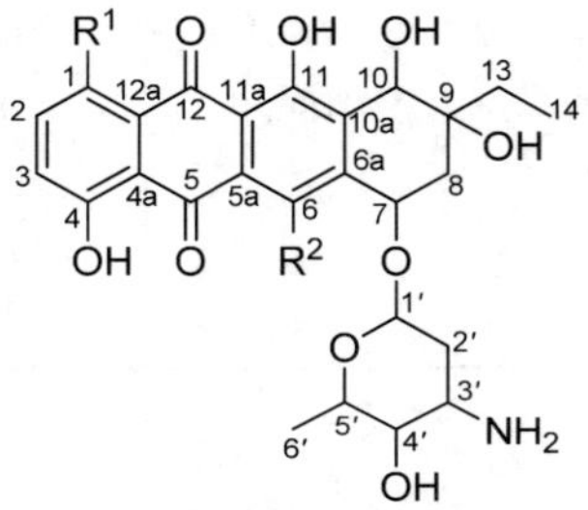

13-3-199 R^1=OH; R^2=OH
13-3-200 R^1=H; R^2=H

表 13-3-53 ochracenomicins 的 ^{13}C NMR 数据[93]

C	13-3-196	13-3-197	13-3-198	C	13-3-196	13-3-197	13-3-198
1	206.8	209.5	209.5	8	161.8	161.3	161.3
2	46.5	50.1	50.1	9	124.9	123.3	123.3
3	30.5	35.5	35.5	10	138.7	136.8	136.8
4	41.2	41.7	41.7	11	119.6	117.9	117.9
4a	78.8	42.5	42.5	11a	131.7	136.7	136.7
5	146.4	31.6	31.6	12	182.3	196.2	196.2
6	117.2	24.8	24.8	12a	138.3	48.8	48.8
6a	138.7	49.1	49.1	12b	75.8	52.6	52.6
7	187.9	203.7	203.7	3-Me	21.6	22.4	22.4
7a	114.6	117.2	117.2				

表 13-3-54 oxaunomycins 的 ^{13}C NMR 数据[94]

C	13-3-199	13-3-200	C	13-3-199	13-3-200	C	13-3-199	13-3-200
苷元部分			2	129.7	137.1	4	157.8	162.7
1	157.8	119.7	3	129.7	125.2	4a	113.0	116.2

续表

C	13-3-199	13-3-200	C	13-3-199	13-3-200	C	13-3-199	13-3-200
5	189.6	187.7	10a	138.4	134.2	16		
5a	112.5	132.1	11	157.0	162.4	daunosamine 部分		
6	156.7	120.4	11a	112.0	115.4	1'	101.6	98.9
6a	135.0	143.5	12	189.6	187.9	2'	32.5	33.5
7	71.0	73.7	12a	113.0	133.3	3'	46.5	46.4
8	33.1	33.8	13	30.3	30.3	4'	70.5	70.6
9	72.3	72.6	14	6.5	6.6	5'	67.9	68.0
10	66.1	66.6	15			6'	16.8	16.9

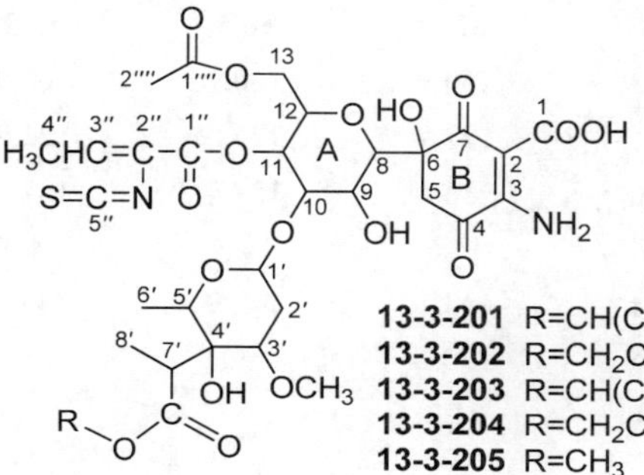

13-3-201 R=CH(CH_2CH_3)CH_3
13-3-202 R=$CH_2CH(CH_3)_2$
13-3-203 R=$CH(CH_3)_2$
13-3-204 R=CH_2CH_3
13-3-205 R=CH_3

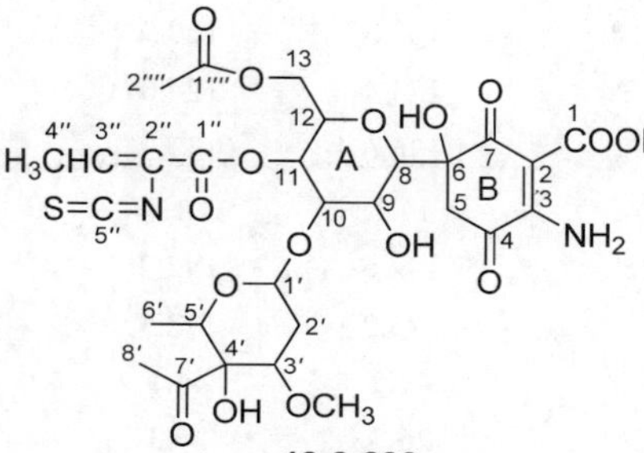

13-3-206

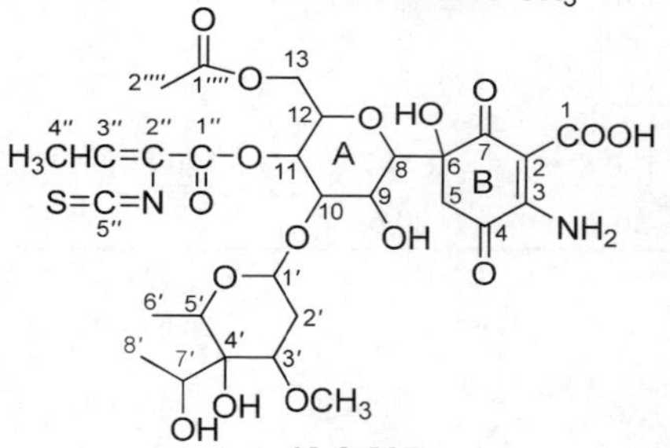

13-3-207

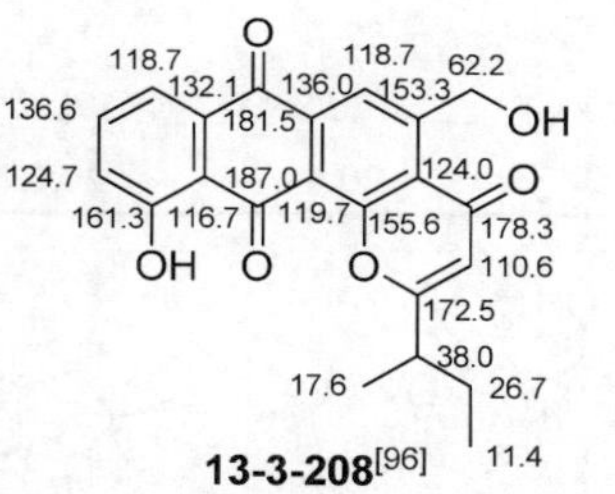

13-3-208[96]

表 13-3-55 paulomycins 的 ^{13}C NMR 数据[95]

C	13-3-201	13-3-202	13-3-203	13-3-204	13-3-205	13-3-206	13-3-207
1	169.4	170.0	169.4	169.2	169.1	170.0	169.1
2	100.7	99.7	100.1	100.1	99.9	100.6	100.1
3	159.4	160.0	159.4	158.1	158.0	159.8	158.9
4	198.5	200.0	198.4	197.4	197.3	199.0	198.9
5	48.0	48.6	48.0	47.8	47.6	48.9	48.4
6	78.2	78.9	78.1	78.7	78.5	78.8	78.7
7	188.4	189.0	188.4	187.8	187.6	189.1	189.1
8	78.3	78.5	78.1	78.6	78.5	78.8	78.6
9	69.2	70.1	69.3	69.1	69.0	70.0	69.9
10	76.2	76.5	75.9	77.7	77.1	77.0	76.5
11	70.7	71.5	70.7	71.2	71.3	71.5	71.8
12	72.3	72.9	72.2	72.5	72.3	72.8	72.8

续表

C	13-3-201	13-3-202	13-3-203	13-3-204	13-3-205	13-3-206	13-3-207
13	62.3	62.7	62.2	61.8	61.7	62.8	62.4
1'	99.0	99.5	98.9	100.0	98.5	99.6	99.2
2'	30.6	30.6	30.3	30.6	30.4	29.7	27.4
3'	74.4	75.0	74.4	76.4	74.4	76.2	75.8
4'	73.6	74.2	73.7	73.4	73.2	82.8	74.6
5'	67.2	68.3	67.6	68.9	68.7	69.1	68.8
6'	15.3	15.8	15.2	15.2	14.9	14.7	14.7
7'	69.9	70.7	70.0	69.6	69.6	212.1	71.5
8'	15.4	16.1	15.4	15.6	15.6	27.2	19.2
3'-OCH_3	56.6	57.2	56.6	57.8	52.6	56.5	55.8
1"	160.3	160.9	160.3	160.3	160.1	160.9	160.9
2"	123.4	124.0	123.3	123.1	122.9	124.0	123.9
3"	136.6	137.3	136.7	136.6	136.4	137.4	137.4
4"	14.1	14.7	14.1	14.7	14.6	14.3	14.0
5"	142.6	142.7	142.5	143.1	143.1	142.9	143.1
1'''	175.2	172.5	175.7	173.5	170.2	—	—
2'''	41.5	44.1	34.2	28.0	21.2	—	—
3'''	26.7	26.3	18.8	9.2	—	—	—
4'''	11.4	22.7	18.9	—	—	—	—
5'''	16.7	22.6	—	—	—	—	—
1''''	170.2	170.8	170.2	170.8	170.7	170.8	169.1
2''''	20.0	20.6	20.0	20.7	20.6	20.6	20.6

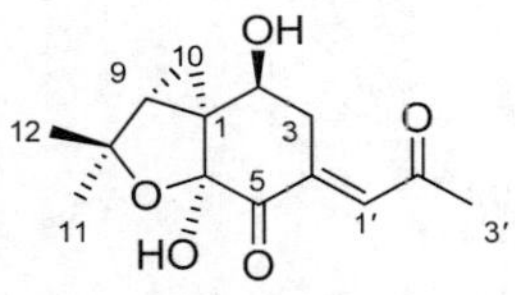

13-3-209

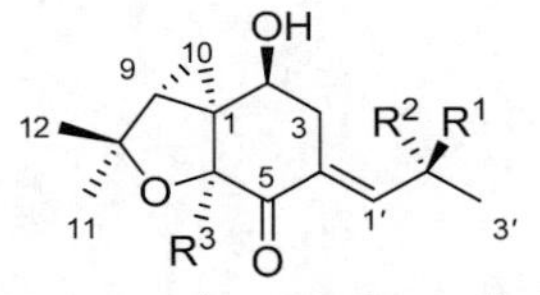

13-3-210 R^1=OH; R^2=H; R^3=OH
13-3-211 R^1=OH; R^2=H; R^3=OCH_3
13-3-212 R^1=H; R^2=OH; R^3=OH
13-3-213 R^1=H; R^2=OH; R^3=OCH_3

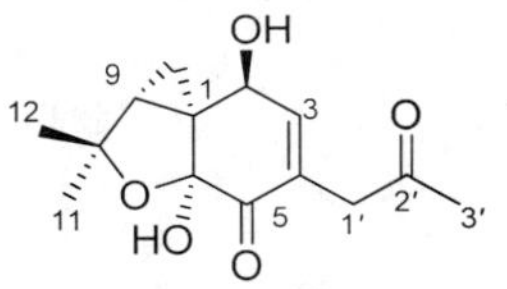

13-3-214

表 13-3-56 papyracons 的 ^{13}C NMR 数据

C	13-3-209[97]	13-3-210[97]	13-3-211[98]	13-3-212[97]	13-3-213[98]	13-3-214[98]
1	40.2	41.1	40.9	41.1	40.4	37.2
2	63.9	64.7	67.8	64.0	65.8	63.7
3	35.5	34.6	32.0	35.0	32.8	153.2
4	142.3	131.8	131.8	131.4	131.9	131.6
5	196.8	196.5	194.2	196.6	195.3	194.5
6	101.0	102.4	104.2	102.2	103.9	99.0
8	83.2	81.6	83.4	81.5	83.1	81.3
9	31.2	31.2	32.0	30.9	31.1	31.5
10	10.6	10.5	14.8	9.7	12.6	7.0

续表

C	13-3-209[97]	13-3-210[97]	13-3-211[98]	13-3-212[97]	13-3-213[98]	13-3-214[98]
11	25.1	25.4	25.0	25.4	24.7	24.6
12	29.8	30.0	29.1	30.1	29.0	29.0
1'	131.8	145.9	143.5	146.7	143.8	43.5
2'	199.6	64.3	63.8	64.4	64.1	205.1
3'	32.2	23.1	22.6	22.7	22.3	30.2
OCH_3			52.1		52.0	

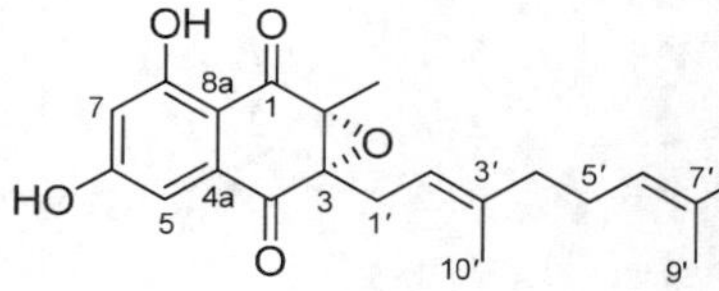

13-3-215 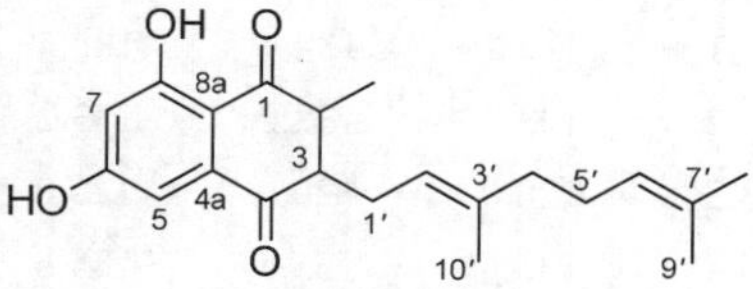 **13-3-216**

表 13-3-57 phosphatoquinones 的 ^{13}C NMR 数据[99]

C	13-3-215	13-3-216	C	13-3-215	13-3-216	C	13-3-215	13-3-216
1	196.0	188.9	7	108.8	107.7	4'	39.7	39.9
2	64.9	144.0	8	164.5	164.7	5'	26.4	26.7
3	67.2	144.6	8a	108.9	109.1	6'	123.9	124.2
4	191.3	184.5	9	11.5	12.2	7'	131.6	131.7
4a	134.3	134.2	1'	25.7	25.7	8'	25.6	25.1
5	108.2	108.8	2'	116.3	119.3	9'	16.5	17.7
6	163.2	164.0	3'	139.3	137.7	10'	17.7	16.4

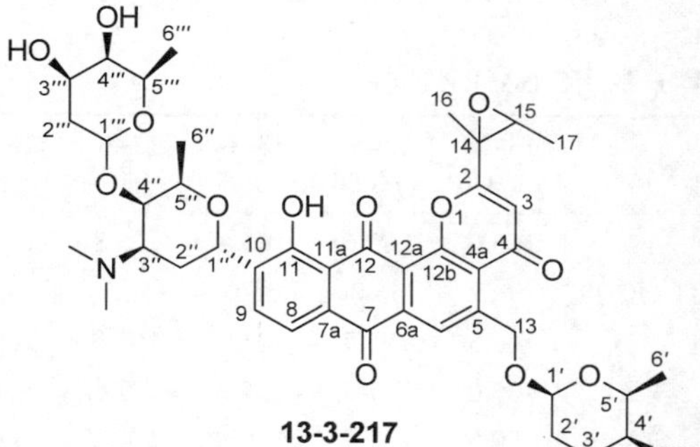

13-3-217 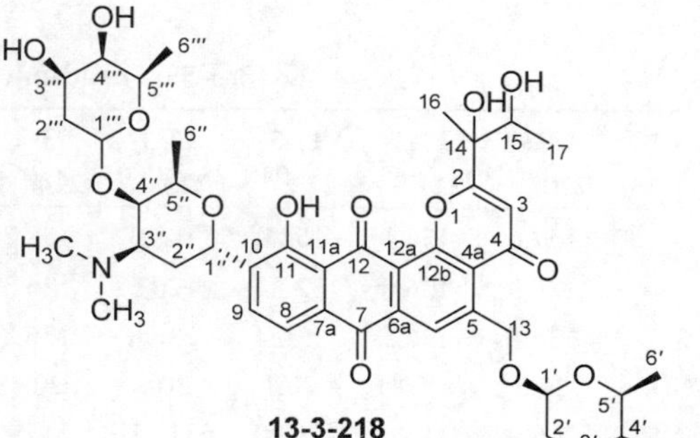 **13-3-218**

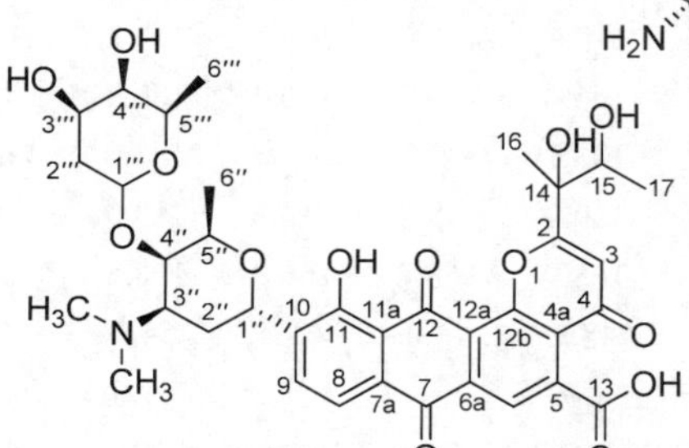

13-3-219

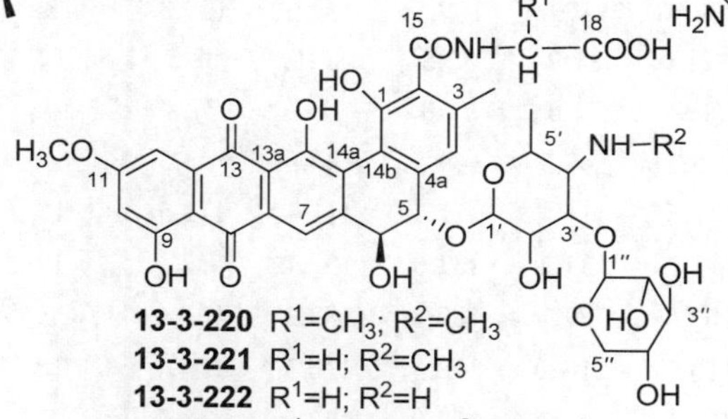

13-3-220 $R^1=CH_3$; $R^2=CH_3$
13-3-221 $R^1=H$; $R^2=CH_3$
13-3-222 $R^1=H$; $R^2=H$
13-3-223 $R^1=CH_2OH$; $R^2=CH_3$
13-3-224 $R^1=CH_2OH$; $R^2=H$

表 13-3-58 pluraflavins 的 ^{13}C NMR 数据[100]

C	13-3-217①	13-3-217②	13-3-218	13-3-219	C	13-3-217①	13-3-217②	13-3-218	13-3-219
2	165.6	168.4	176.4	176.5	1'	96.6	98.9	98.7	
3	110.4	112.0	111.1	110.3	2'	35.5	37.2	37.2	
4	177.6	180.2	181.3	178.4	3'	56.3	58.3	58.4	
4a	124.3	126.1	126.0	124.7	3'-Me	23.7	24.6	24.4	
5	148.2	150.4	150.4	149.6	4'	68.6	71.2	71.1	
6	119.0	121.3	121.0	121.2	5'	68.2	70.4	70.4	
6a	136.3	138.3	138.1	138.9	6'	16.68	17.2	17.2	
7	181.1	182.7	182.7	182.4	1"	68.2	70.2	70.1	70.3
7a	131.2	133.2	133.2	133.2	2"	24.8	28.0	27.7	27.4
8	118.3	120.0	120.0	120.0	3"	62.2	65.2	65.1	64.9
9	134.4	135.6	135.5	135.6	3"-NMe	42.1	43.2	43.3	42.5
10	135.8	137.4	137.4	137.0		39.2	41.6	41.4	
11	159.4	161.1	161.0	161.3	4"	71.9	75.1	75.0	75.2
11a	116.4	118.1	118.0	118.0	5"	70.2	72.6	72.6	72.3
12	187.4	189.1	189.2	189.2	6"	17.5	18.1	17.2	18.2
12a	120.4	122.0	121.9	121.6	1'''	98.9	101.4	101.4	101.4
12b	155.5	157.7	157.4	156.9	2'''	32.1	33.4	33.4	33.4
13	68.5	70.8	70.8	175.3	3'''	64.2	66.6	66.6	66.6
14	59.4	61.2	77.7	77.7	4'''	70.1	72.0	72.0	72.0
15	61.6	63.7	72.6	72.6	5'''	67.0	69.5	69.5	69.5
16	19.3	20.2	23.9	23.8	6'''	16.9	17.5	17.5	17.5
17	12.9	13.7	17.0	17.1					

① 测试溶剂为 DMSO-d_6。② 测试溶剂为 CD_3OD。

表 13-3-59 pradimicin A~F 的 ^{13}C NMR 数据

C	13-3-220[101]	13-3-221[101]	13-3-222[101]	13-3-223[102]	13-3-224[102]	C	13-3-220[101]	13-3-221[101]	13-3-222[101]	13-3-223[102]	13-3-224[102]
1	157.6	158.1	158.0	158.0	158.2	11	166.0	165.6	165.8	165.8	165.8
2	126.9	126.0	127.1	126.3	126.3	11-OCH_3	56.2	55.8	56.0	56.1	56.2
3	136.5	136.5	136.4	136.8	136.8	12	106.3	105.7	106.0	106.0	106.1
3-CH_3	20.0	20.0	20.1	20.3	20.4	12a	138.0	137.8	137.9	137.9	138.0
4	116.9	116.6	117.0	117.1	117.2	13	180.5	179.9	180.0	180.2	180.1
4a	137.7	137.4	137.5	137.6	137.8	13a	119.3	118.9	119.1	119.2	119.3
5	82.7	81.9	82.5	82.1	82.5	14	166.4	165.7	166.4	166.2	166.2
6	71.9	71.6	71.8	71.7	71.8	14a	133.1	132.7	133.3	133.0	133.1
6a	143.7	143.3	143.5	143.5	143.5	14b	119.0	118.7	118.8	119.0	119.1
7	111.6	111.4	111.2	111.4	111.5	15	168.9	168.7	168.9	168.5	168.6
7a	132.2	131.7	131.9	132.1	132.1	17	48.2	41.0	41.4	54.9	55.0
8	187.5	187.1	187.3	187.3	187.4	17-CH_2OH				61.6	61.7
8a	110.5	110.2	110.3	110.3	110.4	18	174.6	171.1	171.6	172.2	172.3
9	164.1	163.7	163.9	163.6	163.7	1'	104.5	104.0	104.4	104.2	104.3
10	104.4	104.0	104.2	104.1	104.2	2'	70.2	70.0	69.7	69.9	69.7

续表

C	13-3-220[101]	13-3-221[101]	13-3-222[101]	13-3-223[102]	13-3-224[102]	C	13-3-220[101]	13-3-221[101]	13-3-222[101]	13-3-223[102]	13-3-224[102]
3'	80.4	80.9	79.8	80.5	79.1	1"	105.3	105.0	105.1	105.2	105.1
4'	63.4	63.1	54.3	63.1	54.3	2"	73.8	73.5	73.5	73.6	73.5
4'-NCH_3	36.6	36.6		36.4		3"	76.1	75.8	76.0	75.8	75.9
5'	67.9	68.2	67.7	67.8	67.3	4"	69.6	69.3	69.4	69.3	69.4
6'	16.4	16.2	16.4	16.3	16.4	5"	66.0	65.7	65.8	65.9	65.9

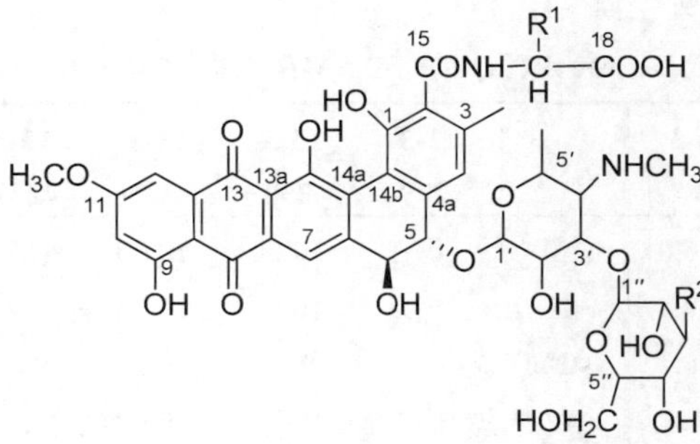

13-3-225 $R^1=CH_2OH$; $R^2=OH$
13-3-226 $R^1=CH_3$; $R^2=OH$
13-3-227 $R^1=CH_2OH$; $R^2=OSO_3H$
13-3-228 $R^1=CH_3$; $R^2=OSO_3H$

表 13-3-60 pradimicinS、L、FS、FL 的 ^{13}C NMR 数据

C	13-3-225[103]	13-3-226[103]	13-3-227[104]	13-3-228[105]	C	13-3-225[103]	13-3-226[103]	13-3-227[104]	13-3-228[105]
1	151.8	151.5	151.2	151.8	14	153.8	157.2	156.8	157.7
2	126.3	127.3	127.1	127.6	14a	128.4	126.1	125.7	126.5
3	137.1	137.2	137.3	137.3	14b	115.7	115.7	114.0	115.8
3-CH_3	19.5	19.0	19.2	19.3	15	167.4	166.7	167.0	167.1
4	118.2	118.5	119.4	119.0	17	54.8	47.5	54.8	47.4
4a	137.8	137.5	137.6	137.6	17-CH_3		16.8		17.0
5	81.3	80.8	80.6	80.9	17-CH_2OH	61.2		61.2	
6	71.4	71.3	71.3	71.6	18	171.5	173.6	171.5	174.0
6a	146.1	147.4	147.7	147.7	1'	104.5	103.8	103.8	104.0
7	114.1	114.1	115.5	114.4	2'	70.9	69.5	69.4	69.6
7a	131.1	131.2	131.2	131.4	3'	70.8	79.7	79.8	80.1
8	184.5	184.9	184.8	185.1	4'	63.8	62.9	63.2	63.3
8a	110.0	110.0	110.0	110.1	4'-NCH_3	36.3	35.8	35.9	36.1
9	164.2	164.5	164.6	164.7	5'	67.4	67.2	67.2	67.3
10	105.7	106.6	106.8	106.6	6'	16.0	16.0	15.9	16.2
11	165.8	165.9	165.9	166.0	1"		104.3	104.2	104.2
11-OCH_3	56.0	56.2	56.2	56.4	2"		72.5	71.9	72.0
12	106.8	107.3	107.5	107.5	3"		75.9	82.0	82.3
12a	135.5	134.4	134.2	134.6	4"		69.9	68.8	68.8
13	185.6	186.9	187.3	186.8	5"		76.9	76.5	76.6
13a	116.8	117.2	116.2	116.0	6"		60.8	60.6	60.6

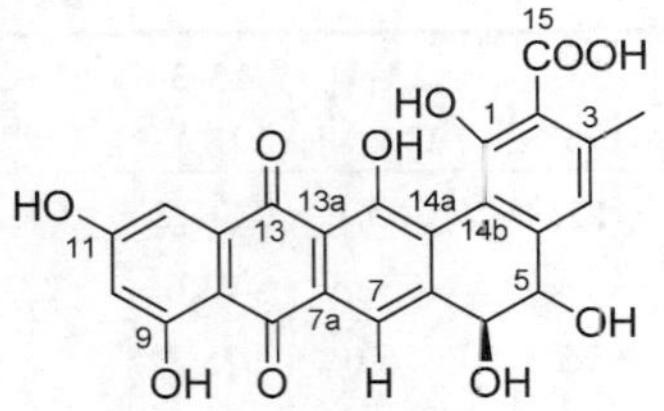

13-3-229

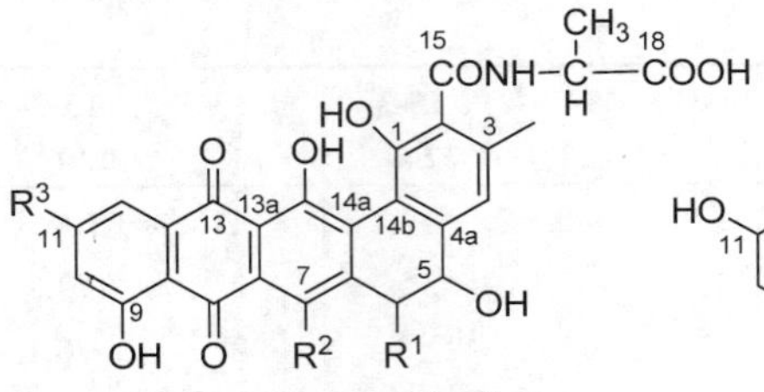

13-3-230 R^1=OH; R^2=R^3=OCH_3
13-3-231 R^1=H; R^2=R^3=OCH_3
13-3-232 R^1=R^2=R^3=OH

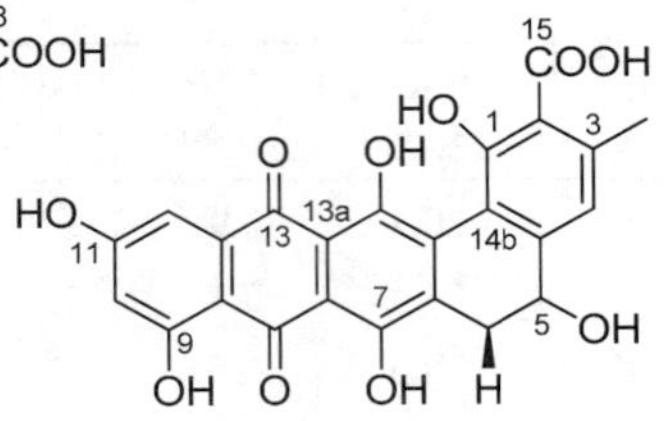

13-3-233

表 13-3-61 pradimicin M、N、O、P、Q 的 ^{13}C NMR 数据[106]

C	13-3-229	13-3-230	13-3-231	13-3-232	13-3-233[107]	C	13-3-229	13-3-230	13-3-231	13-3-232	13-3-233[107]
1	159.8	151.8	151.9	152.0	156.0	10	107.7	107.4	107.0	108.4	108.2
2	112.0	127.7	126.5	127.7	118.4	11	165.5	165.4	165.2	164.4	164.5
3	142.8	137.4	137.3	137.5	140.2	11-OCH_3		56.3	56.1		
3-CH_3	23.7	18.7	19.0	18.6	21.6	12	108.8	106.4	106.0	108.6	108.5
4	119.8	123.8	117.6	123.7	118.3	12a	135.0	133.7	133.9	134.7	134.9
4a	138.9	139.6	142.7	139.7	137.0	13	181.0	188.0	186.9	186.4	185.7
5	69.9	71.2	66.1	71.0	66.2	13a	113.3	115.4	115.1	110.8	110.6
6	61.8	63.8	31.5	62.8	30.7	14	158.5	155.2	155.7	154.0	155.0
6a	145.7	144.1	143.0	137.8	146.1	14a	130.5	130.8	130.6	132.4	131.6
7	119.6	153.7	151.5	155.3	153.9	14b	116.0	115.4	114.5	115.2	115.3
7a	131.5	121.7	121.6	112.4	111.2	15	173.7	167.2	167.0	167.0	171.5
7-OCH_3		62.5	60.8			17		47.8	47.5	47.6	
8	189.0	185.2	185.3	187.6	187.5	17-CH_3		16.9	16.8	16.8	
8a	108.9	111.0	110.9	109.2	109.1	18		173.9	173.7	173.7	
9	164.4	164.6	164.3	165.4	165.5						

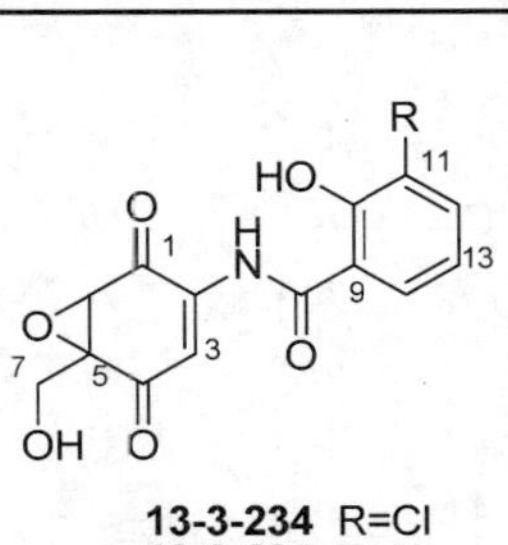

13-3-234 R=Cl
13-3-235 R=H

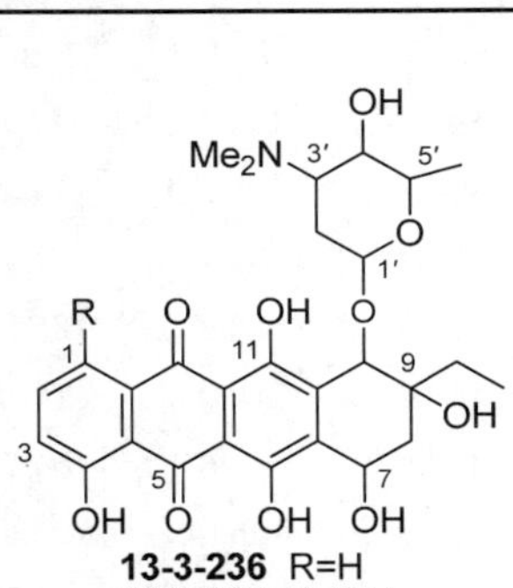

13-3-236 R=H
13-3-237 R=OH

表 13-3-62 epoxyquinomicis 的 ^{13}C NMR 数据[108]

C	13-3-234	13-3-235	C	13-3-234	13-3-235	C	13-3-234	13-3-235
1	189.0	190.0	3	116.8	116.4	5	62.4	62.4
2	141.4	141.7	4	194.5	194.6	6	56.5	56.5

续表

C	13-3-234	13-3-235	C	13-3-234	13-3-235	C	13-3-234	13-3-235
7	57.6	57.7	10	154.3	158.1	13	121.6	121.3
8	166.6	167.1	11	123.9	117.9	14	131.0	132.5
9	121.5	119.3	12	135.7	135.8			

表 13-3-63 13-3-236 和 13-3-237 的 ^{13}C NMR 数据[109]

C	13-3-236	13-3-237	C	13-3-236	13-3-237	C	13-3-236	13-3-237
1	119.8	157.7	7	62.6	62.2	13	30.8	30.7
2	137.3	129.6①	8	34.2	33.9	14	6.5	6.3
3	124.8	129.4①	9	72.0	71.9	1'	97.1	96.9
4	162.7	157.7	10	70.6	70.6	2'	29.2	28.7
4a	116.0	112.6①	10a	137.4	136.5	3'	59.7	59.9
5	191.0	189.3①	11	157.8	156.7	4'	66.2	66.2
5a	112.1①	112.2①	11a	112.0①	112.0	5'	66.6	66.8
6	155.9	156.0	12	186.1	189.1①	6'	17.2	16.9
6a	138.3	138.3	12a	133.5	112.6①	3'-NMe_2	42.0	41.8

① 同一列中标注的碳的信号可以互换。

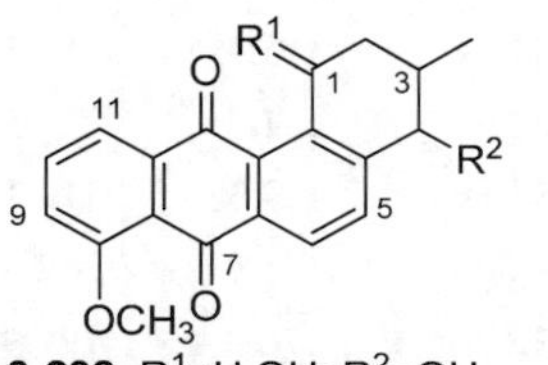

13-3-238 R^1=H,OH; R^2=OH
13-3-239 R^1=O; R^2=OH
13-3-240 R^1=H, OH; R^2=H
13-3-241 R^1=O; R^2=H
13-3-242 R^1=H,OH; R^2=$OCOCH(CH_3)_2$
13-3-243 R^1=O; R^2= $OCOCH(CH_3)_2$

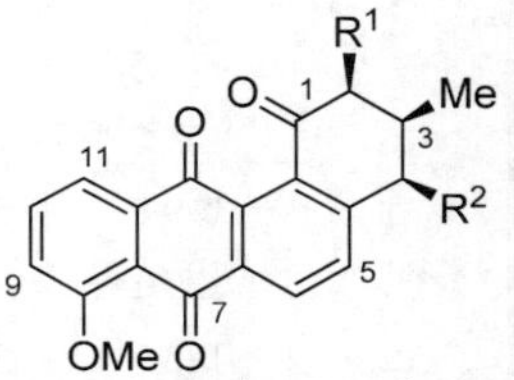

13-3-244 R^1=OH; R^2=OH
13-3-245 R^1=OH; R^2=OAc

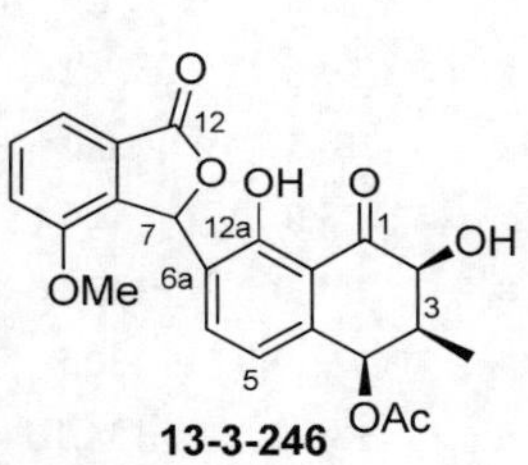

13-3-246

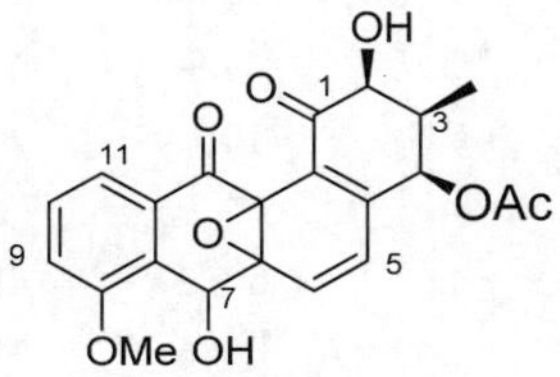

13-3-247

表 13-3-64 rubiginoneA1~C2 的 ^{13}C NMR 数据[110]

C	13-3-238	13-3-239	13-3-240	13-3-241	13-3-242	13-3-243
1	64.3	196.9	64.8	198.0	63.5	195.9
2	38.3	44.5	40.8	46.9	37.1	43.4
3	35.1	37.8	27.0	30.4	33.4	34.9
3-CH_3	18.9	18.2	21.7	21.0	18.9	17.6
4	72.7	71.6	38.8	46.9	74.2	73.0
4a	148.6	152.6	144.4	149.5	142.3	146.1
5	132.0	131.1	134.1	133.6	130.9	131.2
6	125.4	129.0	125.2	128.9	125.9	129.5
6a	134.8	133.7	134.5	134.4	135.5	134.2
7	181.2	180.1	181.2	180.2	181.0	179.9
7a	119.9	120.0	119.9	119.9	119.9	119.9
8	159.1	159.5	159.1	159.5	159.2	159.6

续表

C	13-3-238	13-3-239	13-3-240	13-3-241	13-3-242	13-3-243
8-OCH_3	56.3	56.4	56.3	56.4	56.3	56.4
9	118.0	118.4	118.0	118.4	118.1	118.5
10	135.3	135.7	135.4	135.8	135.4	135.9
11	118.9	118.4	118.9	118.4	118.9	118.5
11a	137.1	134.7	137.2	134.5	137.1	135.4
12	186.2	183.7	186.4	183.8	185.8	183.4
12a	131.2	133.6	132.3	134.3	131.6	134.1
12b	141.4	136.8	141.6	136.0	142.1	136.8
4-OCOCH($\underline{C}H_3$)$_2$					18.7	18.8
					18.5	18.7
4-OCO$\underline{C}$H					32.5	33.2
4-O$\underline{C}$O					176.2	175.7

表 13-3-65 rubiginone D2，H，I 的 ^{13}C NMR 数据[110]

C	13-3-244	13-3-245	13-3-246	13-3-247	C	13-3-244	13-3-245	13-3-246	13-3-247
1	199.5	198.4	203.6	195.9	8	159.8	159.9	154.4	156.6
2	73.3	73.3	72.0	71.9	8-OCH_3	56.4	56.5	55.7	55.9
3	44.8	42.6	39.6	41.2	9	117.5	117.4	115.4	115.2
3-CH_3	10.7	9.9	10.5	10.0	10	135.7	135.7	131.5	130.5
4	72.7	73.2	73.0	72.6	11	119.6	119.6	117.3	119.1
4a	148.2	143.8	139.0	143.2	11a	137.1	137.3	135.7	132.4
5	134.6	135.4	121.9	130.8	12	183.7	183.6	170.3	191.9
6	131.2	131.6	136.6	134.1	12a	134.9	135.6	160.5	60.7
6a	136.0	136.7	125.0	66.2	12b	132.1	133.0	114.3	128.5
7	180.8	180.6	75.6	63.1	4-OAc		21.1	21.2	21.0
7a	120.1	120.4	128.4	127.1			169.9	169.9	170.4

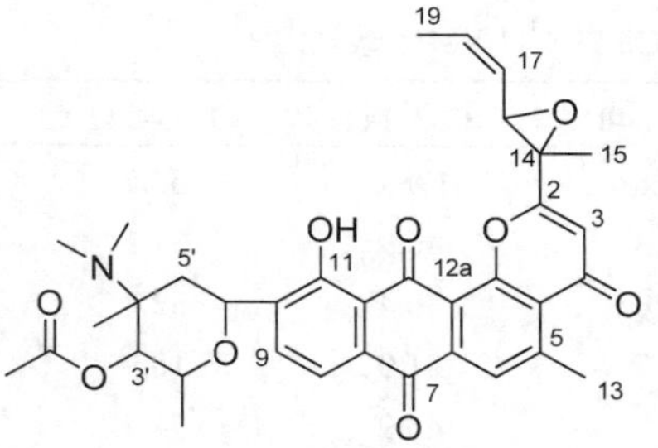

13-3-248

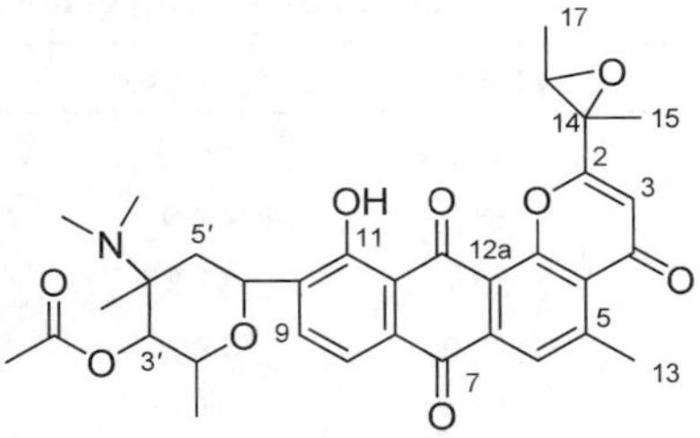

13-3-249

表 13-3-66 saptomycins 的 ^{13}C NMR 数据[111]

C	13-3-248	13-3-249	C	13-3-248	13-3-249	C	13-3-248	13-3-249
2	167.1	167.8	4a	126.6	126.7	6a	136.2	136.2
3	109.9	109.5	5	149.7	149.8	7	181.3	181.3
4	178.4	178.3	6	125.8	125.9	7a	131.1	131.1

续表

C	13-3-248	13-3-249	C	13-3-248	13-3-249	C	13-3-248	13-3-249
8	119.4	119.4	13	24.0	24.0	3'	76.9	76.9
9	133.6	133.6	14	59.1	57.4	4'	58.0	58.0
10	140.7	140.7	15	14.4	13.6	5'	43.0	43.0
11	159.4	159.4	16	61.6	61.7	6'	64.1	64.1
11a	116.3	116.3	17	124.1	13.8	2'-CH_3	14.7	14.7
12	188.0	188.1	18	133.4	—	4'-CH_3	13.8	13.8
12a	119.9	119.9	19	13.7	—	4'-$N(CH_3)_2$	39.7	39.7
12b	156.3	156.3	2'	70.8	70.8	3-OAc	169.7/20.7	169.6/20.6

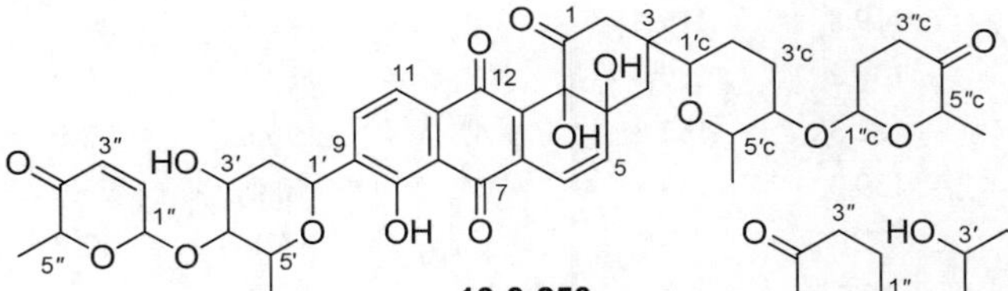

13-3-250

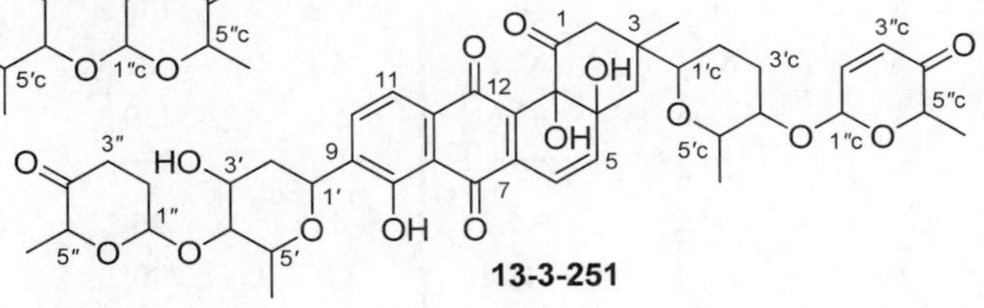

13-3-251

表 13-3-67 saquayamycins 的 ^{13}C NMR 数据[112]

C	13-3-250	13-3-251	C	13-3-250	13-3-251	C	13-3-250	13-3-251
1	204.8	204.9	11	119.7	119.7	5'	71.6	72.0
2	50.2	50.2	11a	130.5	130.5	6"	15.2	14.8
3	82.5	82.5	12	182.2	182.3	1'c	92.6	92.5
3-CH_3	25.5	25.5	12a	77.5	77.5	2'c	24.8	24.7
4	44.6	44.6	1'	71.1	71.1	3'c	24.7	24.6
4a	80.0	80.0	2'	38.9	38.8	4'c	74.7	76.2
5	145.6	145.5	3'	71.3	71.2	5'c	67.2	67.0
6	117.5	117.5	4'	89.4	88.7	6'c	17.2	17.2
6a	138.8	138.8	5'	74.4	74.5	1"c	99.1	95.3
7	188.2	188.2	6'	18.4	18.3	2"c	28.4	143.1
7a	114.0	114.0	1"	95.2	99.7	3"c	33.6	127.3
8	158.1	158.1	2"	142.1	28.1	4"c	211.0	196.8
9	138.2	138.4	3"	127.3	33.4	5"c	71.1	70.7
10	133.6	133.6	4"	195.2	209.3	6"c	14.9	15.2

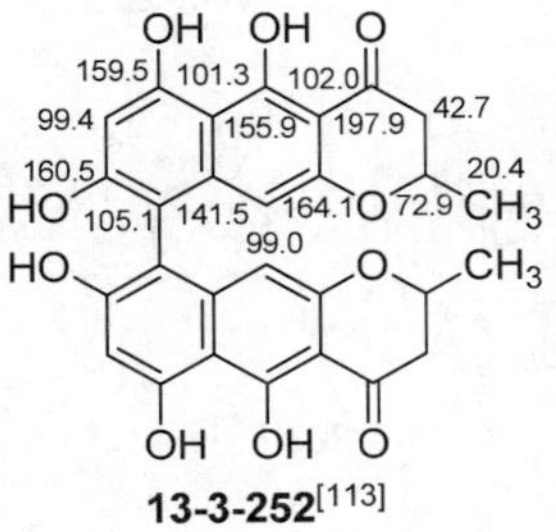

13-3-252[113]

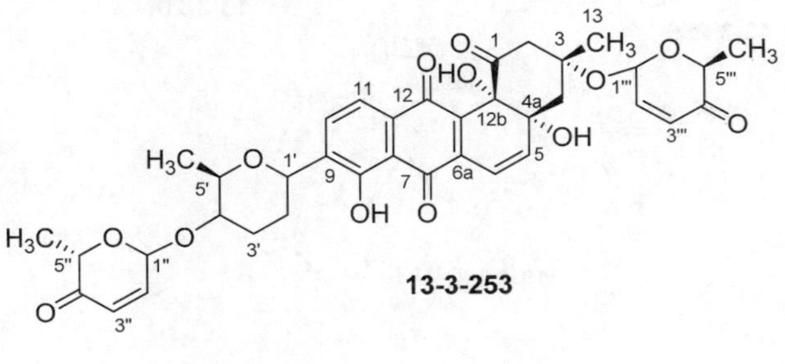

13-3-253

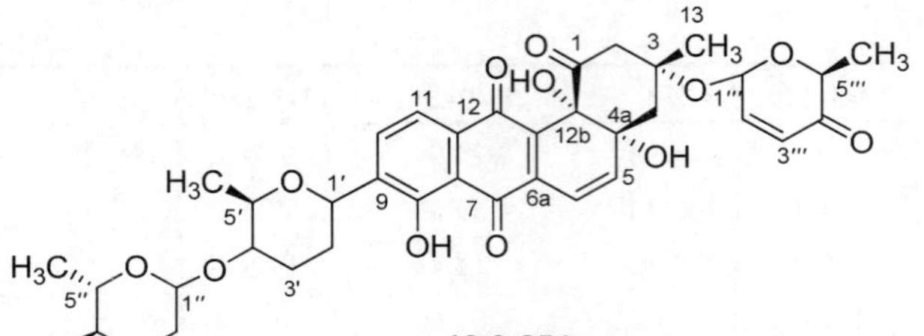

13-3-254

表 13-3-68 13-3-253 和 13-3-254 ^{13}C NMR 数据[114]

C	13-3-253	13-3-254	C	13-3-253	13-3-254	C	13-3-253	13-3-254
苷元			10	133.6	133.7	1''	94.9	98.1
1	204.1	204.1	11	119.8	119.8	2''	142.9	27.6
2	50.2	50.2	11a	130.2	130.1	3''	127.4	30.0
3	82.7	82.8	12	182.3	182.3	4''	196.8	72.0
4	42.6	42.6	12a	139.3	139.8	5''	70.4	73.0
4a	79.2	79.3	12b	77.1	77.4	6''	15.1	17.8
5	145.2	145.2	13	26.5	26.5			
6	117.5	117.4	1'	70.7	69.8	1'''	88.7	88.7
6a	138.8	138.7	2'	31.5	31.6	2'''	142.9	142.9
7	188.0	188.1	3'	31.8	31.9	3'''	127.4	127.6
7a	113.8	113.8	4'	80.8	79.1	4'''	196.8	196.9
8	158.0	158.3	5'	76.7	77.4	5'''	70.4	70.6
9	138.4	138.4	6'	18.5	18.5	6'''	15.1	15.1

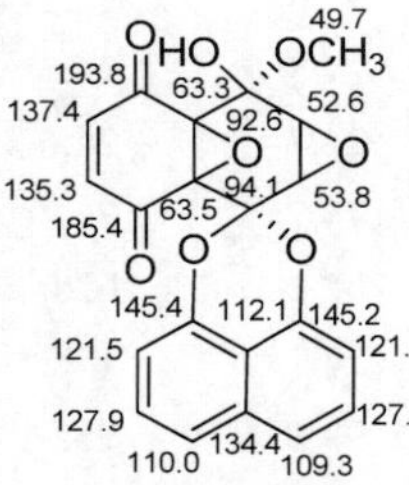

13-3-255[115]

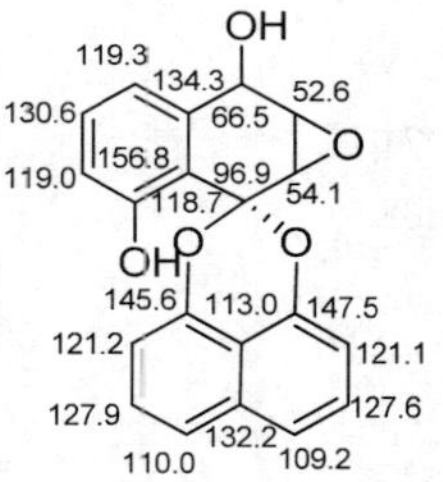

13-3-256[116]

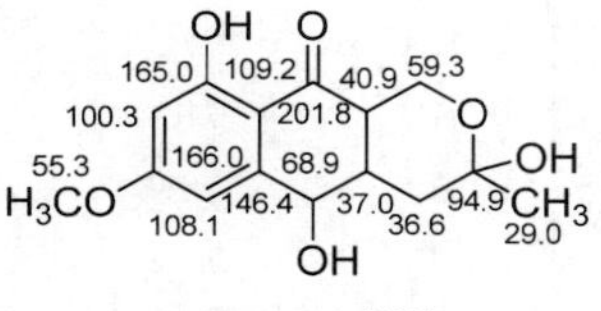

13-3-257[116]

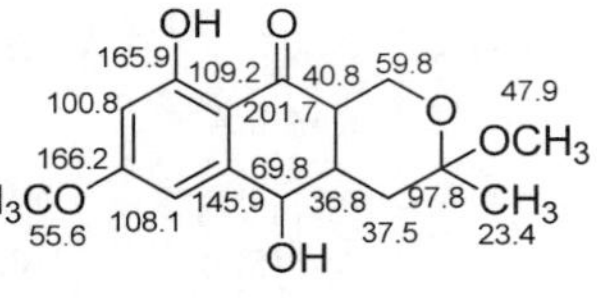

13-3-258[116]

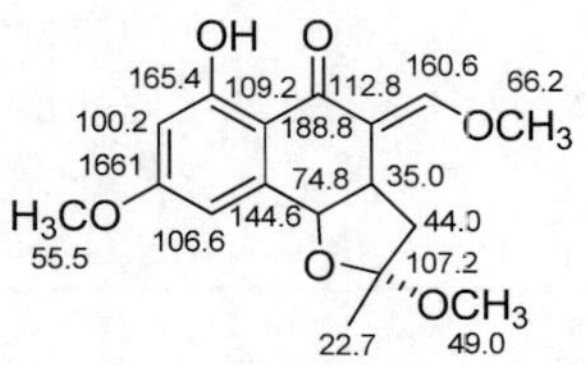

13-3-259[116]

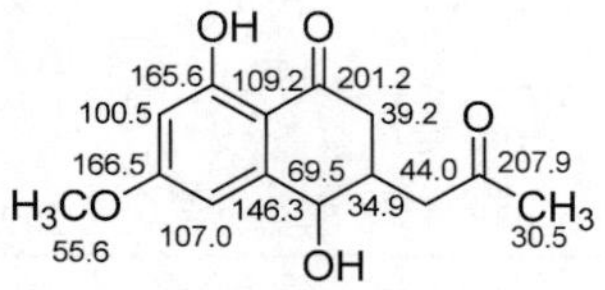

13-3-260[116]

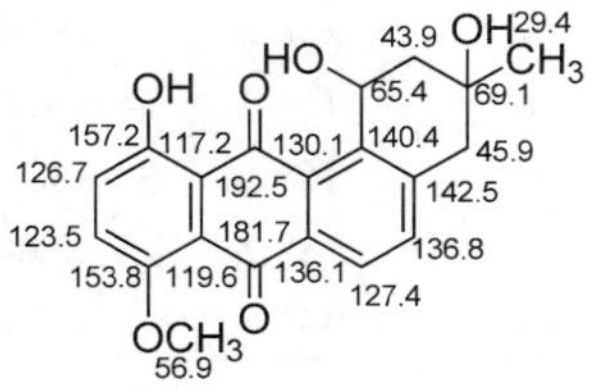

13-3-261[117]

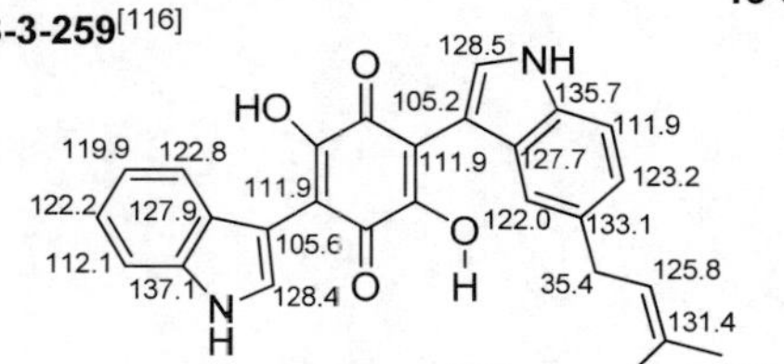

13-3-262[118]

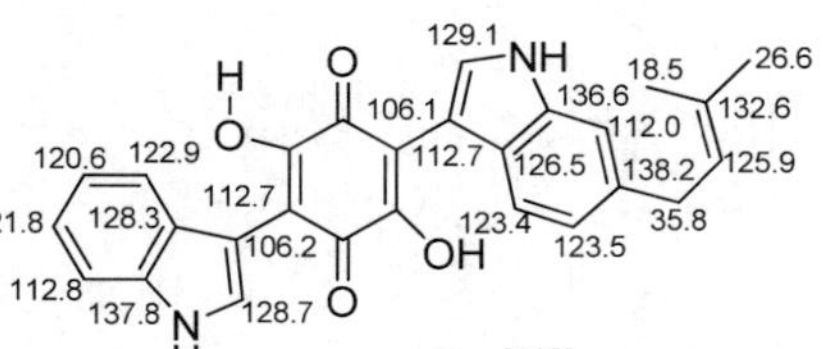

13-3-263[118]

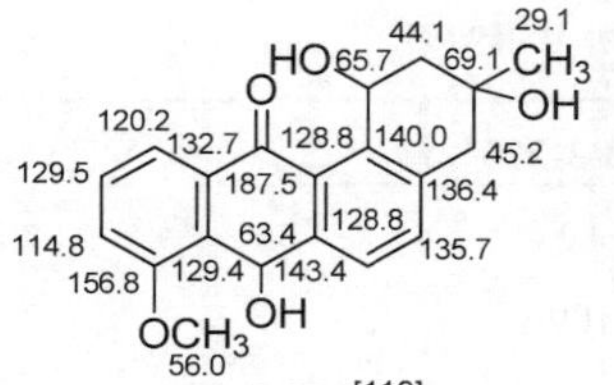

13-3-264[119]

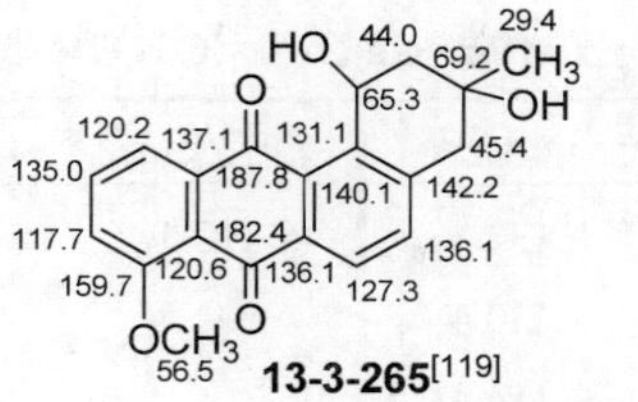

13-3-265[119]

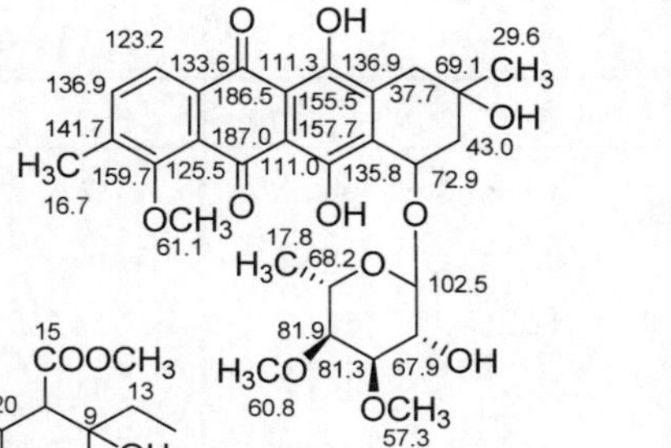

13-3-266[120]

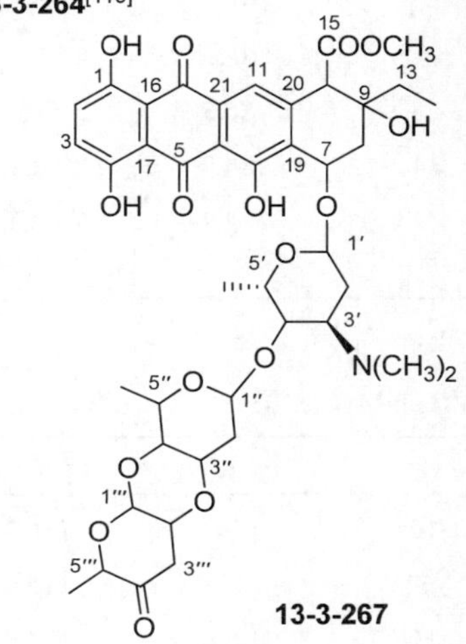

13-3-267

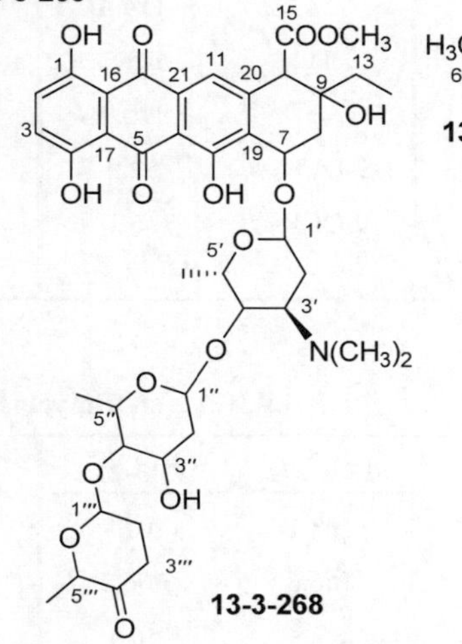

13-3-268

表 13-3-69 spartanamicins ^{13}C NMR 数据[121]

C	13-3-267	13-3-268	C	13-3-267	13-3-268	C	13-3-267	13-3-268
1	157.8	157.8	15	171.3	171.3	$N(CH_3)_2$	43.2	43.3
2	129.7	157.8	16	112.5	112.5	1"	99.1	100.1
3	130.1	130.1	17	112.4	112.4	2"	27.0	33.8
4	158.4	158.4	18	114.8	114.8	3"	67.3	68.4
5	190.6	190.5	19	131.5	131.5	4"	68.3	82.9
6	162.3	162.3	20	142.5	142.5	5"	66.9	71.6
7	65.3	65.3	21	132.8	132.8	6"	16.0	17.9
8	33.8	34.3	OCH_3	52.5	52.5	1'''	91.5	99.4
9	71.7	71.8	1'	101.6	101.7	2'''	63.0	27.7
10	57.2	57.2	2'	29.3	29.2	3'''	39.7	33.5
11	120.4	120.4	3'	61.5	61.6	4'''	208.3	210.1
12	185.8	185.6	4'	74.1	74.0	5'''	77.9	71.7
13	32.2	32.2	5'	70.6	70.7	6'''	16.2	14.8
14	6.7	6.7	6'	17.9	17.0			

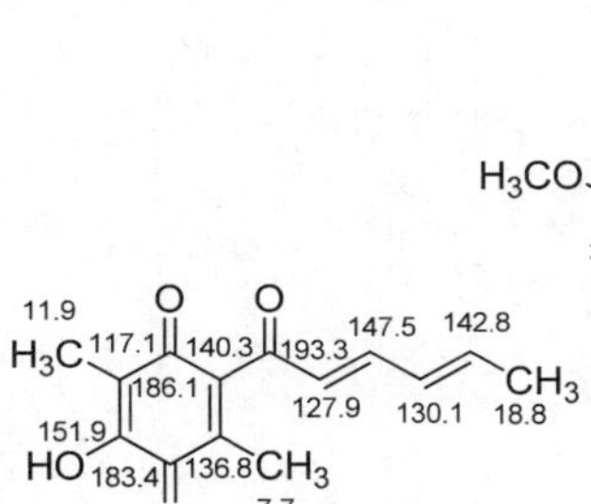

13-3-269[122]

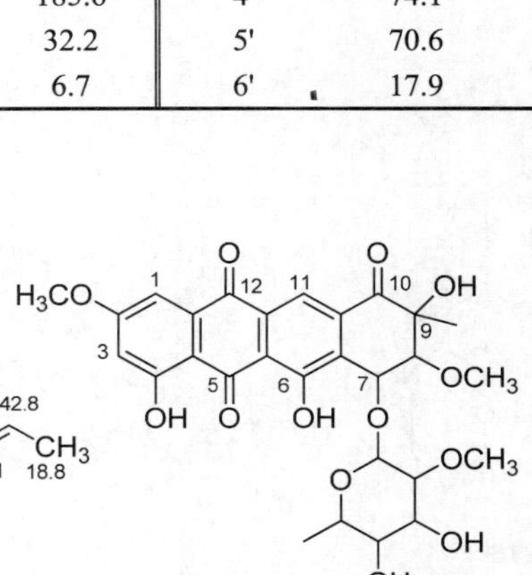

13-3-270

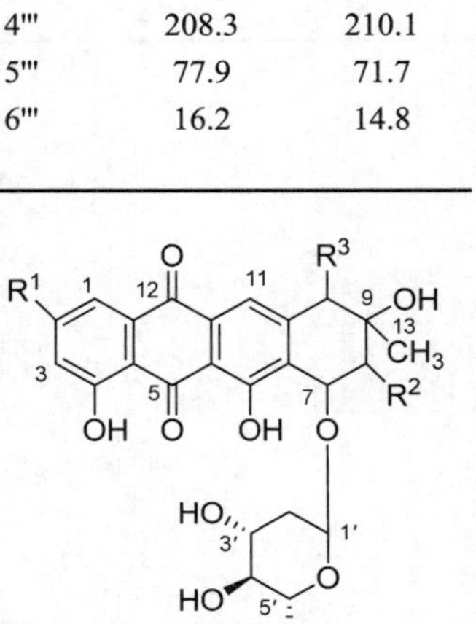

13-3-271 $R^1=R^3=OCH_3$; R^2=H,H;
13-3-272 $R^1=R^3=OCH_3$; R^2==O;
13-3-273 $R^1=OCH_3$; R^2=H,H; R^3=OH

表 13-3-70 steffimycin C 的 ^{13}C NMR 数据[123]

C	13-3-270	C	13-3-270	C	13-3-270	C	13-3-270
10	42.1	12a	132.8	5'-OCH_3	19.4	7	75.3
5	191.2	6a	130.4	1	109.1	3'	71.8
12	181.2	5a	114.4	3	107.9	9	70.2
2	167.6	11	121.2	1'	102.1	5'	70.0
4	165.8	4a	110.9	8	86.3	2'-OCH_3	61.4
6	163.3	2-OCH_3	59.9	4'	84.0	8-OCH_3	60.3
10a	147.9	9-OCH_3	26.1	2'	82.7	4'-OCH_3	60.0
11a	135.9						

表 13-3-71 steffimycins ^{13}C NMR 数据[124]

C	13-3-271	13-3-272	13-3-273	C	13-3-271	13-3-272	13-3-273
1	107.6	108.1	107.7	10a	146.5	136.3	146.6
2	166.1	166.6	166.2	11	113.2	115.0	113.2
2-OMe	56.4	56.5	56.4	11a	134.7	134.9	134.9
3	106.6	106.1	106.6	12	180.9	180.7	181.0
4	164.4	164.5	164.4	12a	131.5	135.0	131.5
4a	110.5	110.3	109.9	13	28.4	25.8	28.6
5	190.2	189.8	190.3	1'	100.2	100.4	103.5
5a	120.1	118.3	120.1	2'	80.9	80.8	70.7
6	161.2	160.6	161.2	2'-OMe	58.5	58.6	—
6a	131.3	132.8	131.5	3'	72.1	72.0	72.0
7	69.4	69.8	70.7	4'	72.5	72.2	71.8
8	43.1	41.4	43.1	5'	70.5	70.5	70.6
9	67.3	69.7	67.4	6'	17.9	17.9	17.9
10	44.4	199.3	44.4				

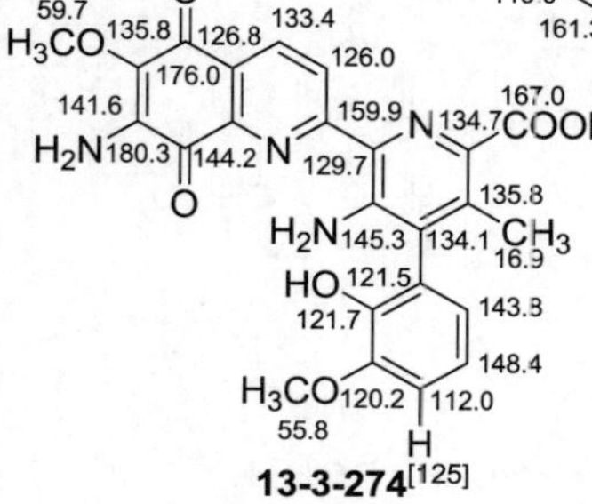

13-3-274[125]

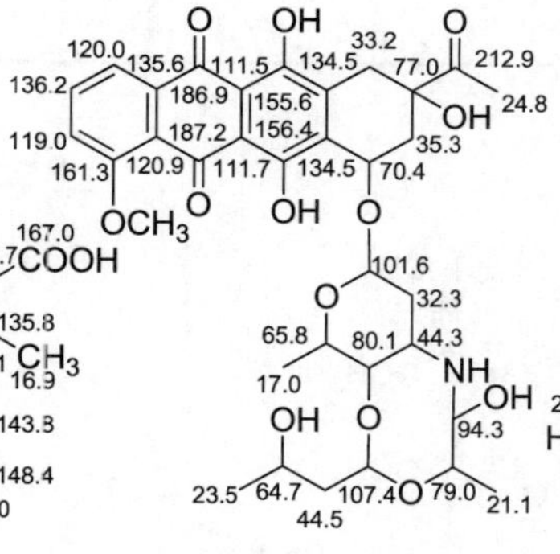

13-3-275[126]

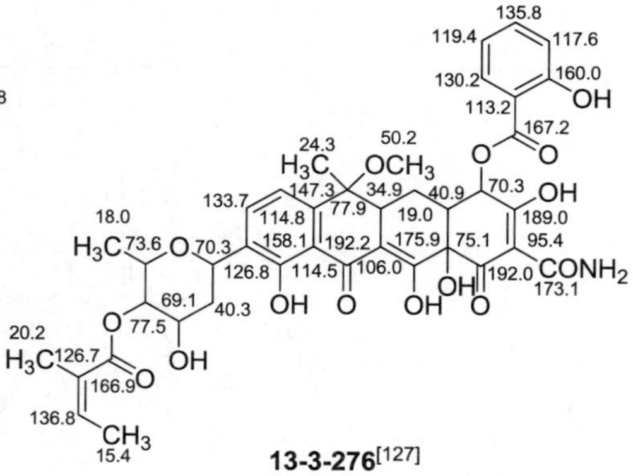

13-3-276[127]

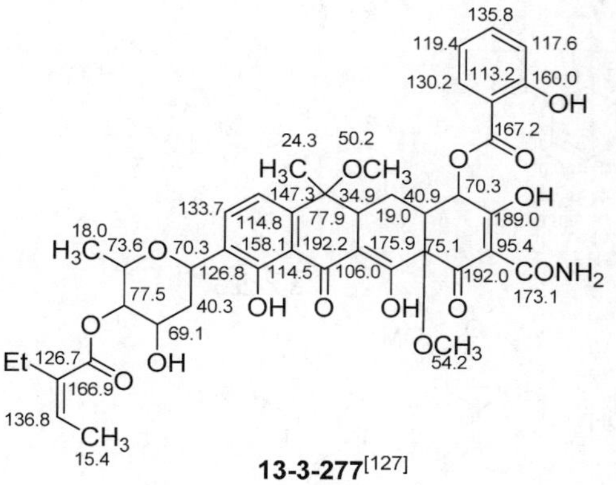

13-3-277[127]

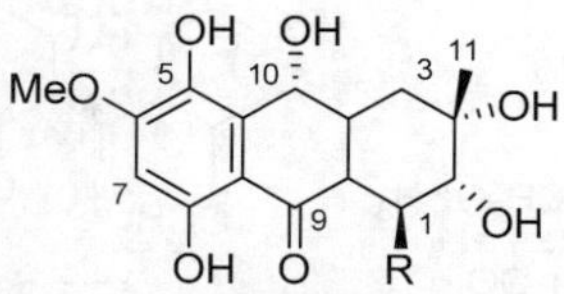

13-3-278 R=OH
13-3-279 R=H

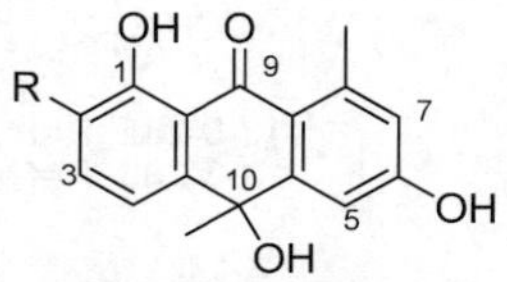

13-3-280 R=CH_3
13-3-281 R=CH_2OH

表 13-3-72 13-3-278 和 13-3-279 的 ^{13}C NMR 数据[128]

C	13-3-278	13-3-279	C	13-3-278	13-3-279	C	13-3-278	13-3-279
1	69.7	29.2	6	155.6	155.5	9a	52.1	45.8
2	77.9	73.2	7	99.2	99.2	10	71.8	71.9
3	70.0	69.4	8	157.2	157.5	10a	127.7	127.3
4	39.6	40.7	8a	108.1	107.6	11	27.1	26.9
4a	39.6	40.7	9	203.8	202.7	12	56.0	55.9
5	137.5	137.6						

表 13-3-73 13-3-280 和 13-3-281 的 ^{13}C NMR 数据[129]

C	13-3-280	13-3-281	C	13-3-280	13-3-281	C	13-3-280	13-3-281
1	159.6	158.3	6	162.0	162.0	10	69.6	69.6
2	123.6	128.4	7	118.6	118.6	10a	155.8	155.8
3	136.0	132.9	8	144.1	144.1	1'	15.0	57.2
4	115.0	115.0	8a	119.0	119.0	1"	39.4	39.3
4a	148.2	148.9	9	189.5	189.5	1'''	24.0	24.1
5	110.6	110.6	9a	113.9	113.7			

表 13-3-74 WS009s 的 ^{13}C NMR 数据[130]

C	13-3-282	13-3-283	C	13-3-282	13-3-283	C	13-3-282	13-3-283
1	193.6	194.1	6a	61.9	62.0	12	190.9	189.0
2	122.9	123.0	7	196.5	194.7	12a	78.8	79.3
3	159.3	159.3	7a	115.6	115.0	12b	75.9	76.9
3-CH_3	23.8	23.7	8	160.3	160.9	1'	171.6	171.4
4	42.2	43.2	9	124.6	124.3	2'	51.8	51.5
4a	75.9	75.9	10	136.3	136.5	3'	32.2	32.7
5	29.0	35.2	11	119.2	119.3	$COCH_3$	22.4	22.3
6	19.6	67.9	11a	131.6	131.5	$COCH_3$	169.5	169.3

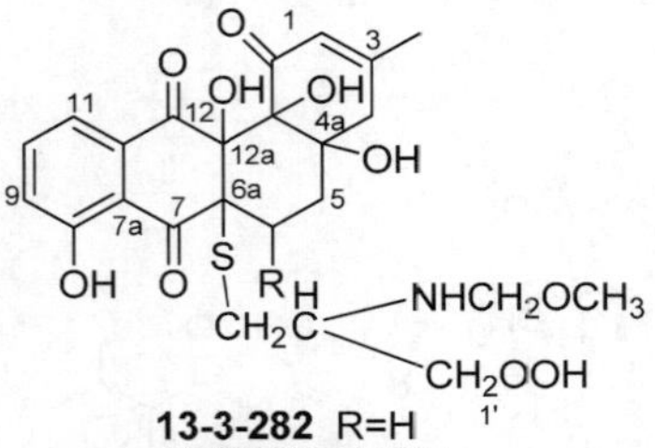

O 1 3 O OH 12 OH 11 4a OH 12a 9 7 6a 5 7a OH O S R H NHCH2OCH3 CH2C CH2OOH 1'

13-3-282 R=H
13-3-283 R=OH

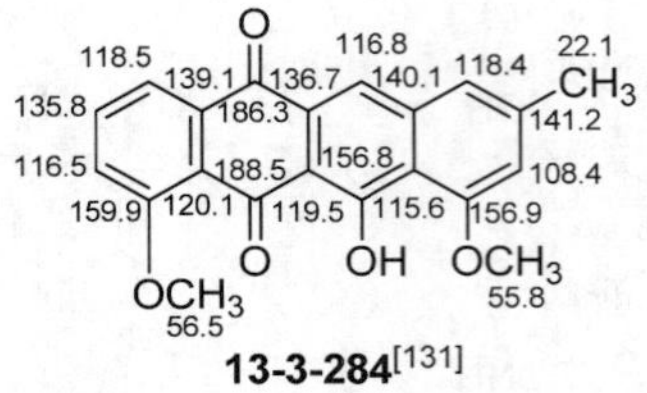

118.5 139.1 116.8 118.4 22.1 CH_3 135.8 186.3 136.7 140.1 141.2 116.5 156.8 108.4 188.5 159.9 120.1 119.5 115.6 156.9 OH OCH_3 56.5 OCH_3 55.8

13-3-284[131]

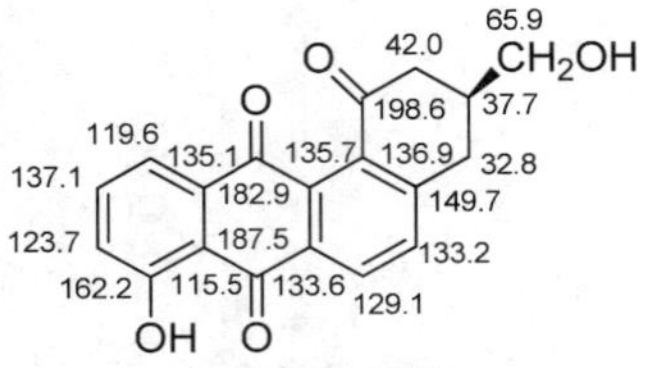

42.0 65.9 CH_2OH 198.6 37.7 119.6 135.1 135.7 136.9 32.8 137.1 182.9 149.7 187.5 123.7 133.2 162.2 115.5 133.6 129.1 OH

13-3-285[131]

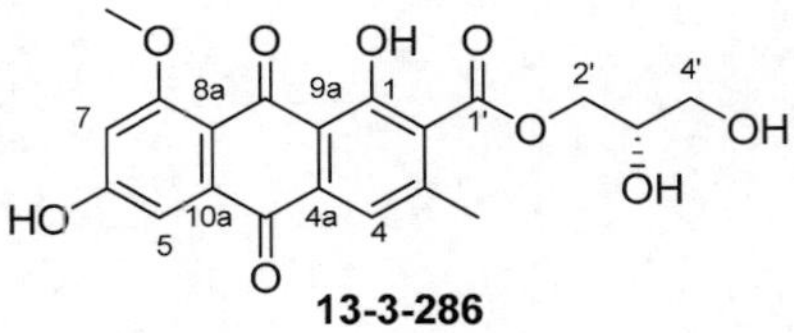

O OH O 8a 9a 1 1' 2' 4' OH 7 O OH HO 10a 4a 5 4 O

13-3-286

O OMe 14 1 7 O 9 HO OMe 13 11 3 5 O

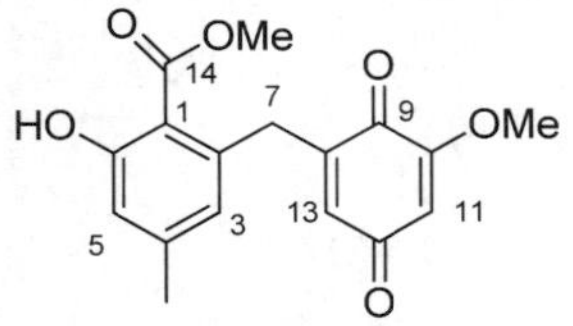

13-3-287

表 13-3-75 variecolorquinones 的 ^{13}C NMR 的数据[133]

C	13-3-286	13-3-287	C	13-3-286	13-3-287	C	13-3-286	13-3-287
1	158.8	109.1	8a	113.0		3-CH_3	19.9	
2	129.4	138.4	9	186.5	181.7	8-OCH_3	56.8	
3	143.3	125.4	9a	115.1		4-Me		21.6
4	119.6	146.1	10	182.2	158.6	10-OMe		56.4
4a	132.6		10a	137.1		14-OMe		52.2
5	107.1	117.7	11			1'	164.0	
6	166.3	163.6	12			2'	67.3	
7	105.0	34.9	13			3'	69.7	
8	165.2	147.7	14			4'	63.0	

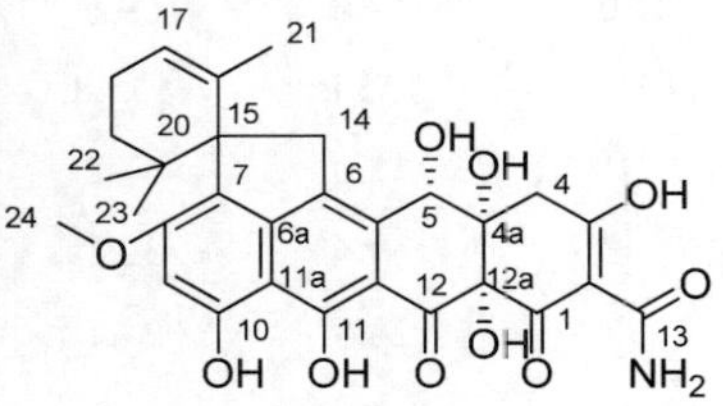

17 21 20 15 14 OH OH 22 7 6 5 4a 4 OH 24 23 6a 11a 12 12a 1 13 10 11 OH OH O OH O NH_2

13-3-288

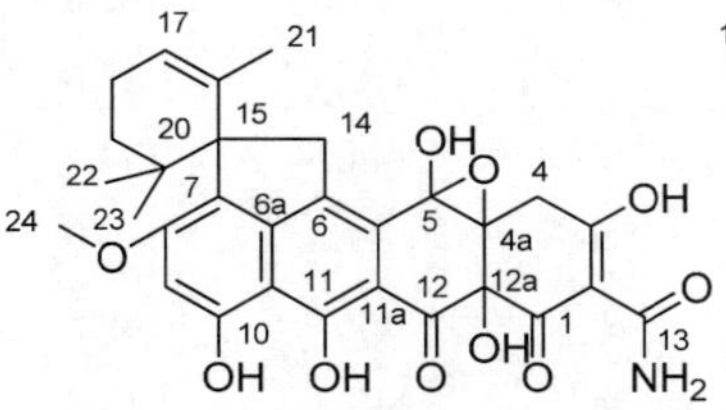

17 21 20 15 14 OH 22 7 6a 6 5 O 4 4a OH 24 23 11 11a 12 12a 1 13 10 OH OH O OH O NH_2

13-3-289

14 3 5 7 2 O 9 OH 9' O 1' 13 11 O OH OH R^2 5' 3' R^1 12' O 11'

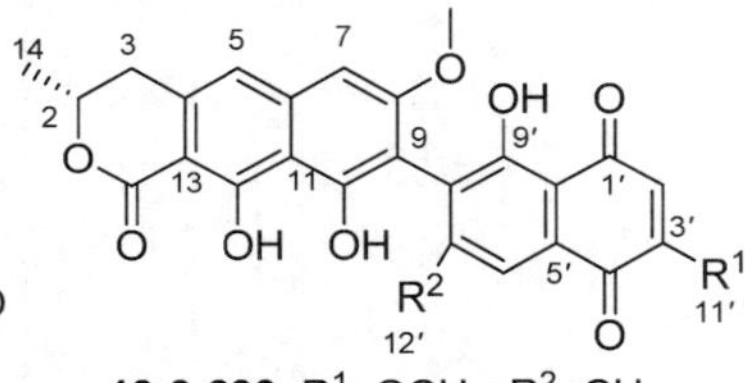

13-3-290 R^1=OCH_3; R^2=CH_3
13-3-291 R^1=CH_3; R^2=OCH_3

表 13-3-76 viridicatumtoxins 的 ^{13}C NMR 数据[134]

C	13-3-288	13-3-289	C	13-3-288	13-3-289	C	13-3-288	13-3-289
1	190.4	188.6	8	161.0	161.2	15	60.1	60.6
2	99.8	99.9	9	100.0	102.5	16	136.7	135.7
3	193.0	192.9	10	158.2	158.4	17	121.6	121.9
4	40.5	42.1	10a	122.9	127.2	18	22.6	22.8
4a	71.7	77.8	11	166.2	165.3	19	34.1	34.1
5	71.9	116.4	11a	105.2	106.6	20	38.8	38.4
5a	137.3	144.8	12	195.5	195.1	21	21.4	21.0
6	124.0	116.9	12a	80.4	80.7	22	24.2	24.3
6a	147.3	146.0	13	172.6	172.9	23	25.7	25.5
7	105.9	106.8	14	41.4	44.5	24	55.7	55.7

表 13-3-77 xanthorandones 的 ^{13}C NMR 的数据[135]

C	13-3-290	13-3-291	C	13-3-290	13-3-291	C	13-3-290	13-3-291
1	171.5	171.5	10	154.7	155.2	4'	179.8	185.0
2	76.8	76.6	11	108.4	108.4	5'	129.8	133.0
3	34.7	34.7	12	162.7	162.8	6'	121.3	163.2
4	133.5	133.3	13	99.7	99.5	7'	147.2	163.6
5	116.1	116.1	14	20.7	20.7	8'	130.6	110.3
6	140.0	140.3	15	56.0	56.0	9'	159.7	161.1
7	98.1	98.1	1'	190.6	189.0	10'	112.0	116.1
8	160.3	160.8	2'	109.6	135.8	11'	56.6	16.4
9	109.0	106.4	3'	160.9	148.3	12'	20.5	56.5

参 考 文 献

[1] 金文藻, 陈健, 张玉彬等. 中国抗生素杂志, 1990, 15: 399.
[2] 张玉彬, 金文藻. 中国抗生素杂志, 1991, 16: 157.
[3] Malkina N, Dudnik Y, Lysenkova L, et al. J Antibiot, 1994, 47: 342.
[4] Smitka T, Bonjouklian R, Perun T, et al. J Antibiot, 1992, 45: 581.
[5] 张海澜, 王定恩. 微生物学报, 1991, 31: 247.
[6] Gang S, Ohta S, Chiba H, et al. J Antibiot, 2001, 54: 304.
[7] Schloerke O, Krastel P, Mueller I, et al. J Antibiot, 2002, 55: 635.
[8] Uyeda M, Yokomizo K, Ito A, et al. J Antibiot, 1997, 50: 828.
[9] Kim H, Hong Y, Kim Y, et al. J Antibiot, 1996, 49: 355.
[10] He H, Bigelis R, Solum E H, et al. J Antibiot, 2003, 56: 923.
[11] Bieber B, Nuske J, Ritzau M, et al. J Antibiot, 1998, 51: 381.
[12] Brill G M, Jackson M, Whittern D N, et al. J Antibiot, 1994, 47: 1160.
[13] Kawamura N, Sawa R, Takahashi Y, et al. J Antibiot, 1995, 48: 1521.
[14] Wong S U I M, Kullnig R, Dedinas J, et al. J Antibiot, 1993, 46: 214.
[15] Nakano T, Koiwa T, Takahashi S, et al. J Antibiot, 2000, 53: 12.
[16] Mocek U, Schultz L, Buchan T, et al. J Antibiot, 1996, 49: 854.
[17] Alvi K A, Pu H, Luche M, et al. J Antitiot., 1999, 52: 215.
[18] Fujioka K, Furihata K, Shimazu A, et al. J Antibiot, 1991, 44: 1025.
[19] Maskey R P, Grun-Wollny I, Laatsch H. J Antibiot, 2003, 56: 459.
[20] Berg A, Goerls H, Doerfelt H, et al. J Antibiot, 2000, 53: 1293.
[21] Aoki M, Shirai H, Nakayama N, et al. J Antibiot, 1991, 44: 635.
[22] Tsukamoto M, Nakajima S, Arakawa H, et al. J Antibiot, 1998, 51: 908.
[23] Kojiri K, Nakajima S, Fuse A, et al. J Antibiot, 1995, 48: 1506.
[24] Torigoe K, Wakasugi N, Sakaizumi N, et al. J Antibiot, 1996, 49: 314.
[25] Tsukamoto M, Nakajima S, Murooka K, et al. J Antibiot, 2000, 53: 687.
[26] Ritzau M, Vettermann R, Fleck W F, et al. J Antibiot, 1997, 50: 791.
[27] Aoyagi T, Aoyama T, Kojima F, et al. J Antibiot, 1992, 45: 1385.
[28] Fotso S, Maskey R P, Gruen-Wollny I, et al. J Antibiot, 2003, 56: 931.
[29] Johdo O, Yoshioka T, Naganawa H, et al. J Antitiot, 1996, 49: 669.
[30] Johdo O, Tone H, Okamoto R, et al. J Antibiot, 1993, 46: 1219.
[31] Nakata M, Saito M, Inouye Y, et al. J Antibiot, 1992, 45: 1599.
[32] He H, Yang H Y, Luckman S W, et al. J Antibiot, 2002, 55: 1072.
[33] Uchida R, Tomoda H, Arai M, et al. J Antibiot, 2001, 54: 882.
[34] Patel M, Gullo V P, Hegde V R, et al. J Antibiot, 1987, 40: 1408.
[35] Patel M, Gullo V P, Hegde V R, et al. J Antibiot, 1987, 40: 1414.

[36] Bojanova I. J Antibiot, 2002, 55: 914.
[37] Carter G, Nietsche J A, Williams D R, et al. J Antibiot, 1990, 43: 504.
[38] Martin R, Sterner O, Alvarez M A, et al. J Antibiot, 2001, 54: 239.
[39] Russell W L, Pandey R C, Schaffner C P, et al. J Antibiot, 1988, 41: 149.
[40] Yeo W H, Lee O K, Yun B S, et al. J Antibiot, 1998, 51: 82.
[41] Yeo W H, Yun B S, Back N I, et al. J Antibiot, 1997, 50: 546.
[42] Yoshimoto A, Johdo O, Nishida H, et al. J Antibiot, 1993, 46: 1758.
[43] Yoshimoto A, Fujii S, Johdo O, et al. J Antibiot, 1993, 46: 56.
[44] Tymiak A A, Ax H A, Bolgar M S, et al. J Antibiot, 1992, 45: 1899.
[45] Brill G M, Premachandran U, Karwowski J P, et al. J Antibiot, 1996, 49: 124.
[46] Sawa R, Matsyda N, Uchida T, et al. J Antibiot, 1991, 44: 396.
[47] Xuan L, Xu S, Zhang H, et al. J Antibiot, 1992, 45: 1974.
[48] Miyoshi-Saitoh M, Morisaki N, Tokiwa Y, et al. J Antibiot, 1991, 44: 1037.
[49] Tsukuda E, Tanaka T, Ochiai K, et al. J Antibiot, 1996, 49: 333.
[50] Alvi K, Nair B, Gallo C, et al. J Antibiot, 1997, 50: 264.
[51] Kuo M, Yurek D, Mizsak S, et al. J Antibiot, 1995, 48: 888.
[52] Kondo S, Ikeda Y, Ikeda D, et al. J Antibiot, 1998, 51: 232.
[53] Miyamoto Y, Ohta S, Johdo O, et al. J Antibiot, 2000, 53: 828.
[54] Potterat O, Z Hner H, Volkmann C, et al. J Antibiot, 1993, 46: 346.
[55] Akiyama T, Nakamura K, Takahashi Y, et al. J Antibiot, 1998, 51: 586.
[56] Ohta K, Kasahara F, Ishimaru T, et al. J Antibiot, 1987, 40: 1239.
[57] Parisot D, Devys M, Barbier M. J Antibiot, 1991, 44: 103.
[58] Ishibashi M, Funayama S, Anraku Y, et al. J Antibiot, 1991, 44: 390.
[59] Igarashi M, Chen W, Tsuchida T, et al. J Antibiot, 1995, 48: 1502.
[60] Maruyama M, Nishida C, Takahashi Y, et al. J Antibiot, 1994, 47: 952.
[61] Yang J, Fan S, Pei H, et al. J Antibiot, 1991, 44: 1277.
[62] Panzone G, Trani A, Ferrari P, et al. J Antibiot, 1997, 50: 665.
[63] Yeo W H, Yun B S, Kim Y S, et al. J Antibiot, 2002, 55: 511.
[64] Hayakawa Y, Sang-Chul H, Yoon J K I M, et al. J Antibiot, 1991, 44: 1179.
[65] Komatsu Y, Takahashi O, Hayashi H. J Antibiot, 1998, 51: 85.
[66] Hori H, Igarashi Y, Kajiura T, et al. J Antibiot, 1998, 402.
[67] Lee I K, Jeong C Y, Cho S M, et al. J Antibiot, 1996, 49: 821.
[68] Kawauchi T, Sasaki T, Yoshida K I, et al. J Antibiot, 1997, 50: 297.
[69] Hamaguchi K, Iwakiri T, Imamura K, et al. J Antibiot, 1987, 40: 717.
[70] Fiedler H P, Kulik A, Sch¨¹z T C, et al. J Antibiot, 1994, 47: 1116.
[71] Kakinuma S, Ikeda H, Takada Y, et al. J Antibiot, 1995, 48: 484.
[72] Naruse N, Goto M, Watanabe Y, et al. J Antibiot, 1998, 51: 545.
[73] Stadler M, Anke H, Sterner O. J Antibiot, 1995, 48: 158.
[74] H Ltzel A, Dieter A, Schmid D G, et al. J Antibiot, 2003, 56: 1058.
[75] Henkel T, Rohr J, Beale J M, et al. J Antibiot, 1990, 43: 492.
[76] Johdo O, Tone H, Okamoto R, et al. J Antibiot, 1992, 45: 1837.
[77] Maeda A, Nagai H, Yazawa K, et al. J Antibiot, 1994, 47: 976.
[78] Chiung Y M, Fujita T, Nakagawa M, et al. J Antibiot, 1993, 46: 1819.
[79] Hayakawa Y, Ishigami K, Shin-Ya K, et al. J Antibiot, 1994, 47: 1344.
[80] Imai S, Fujioka K, Furihata K, et al. J Antibiot, 1993, 46: 1323.
[81] Shin-Ya K, Imai S, Furihata K, et al. J Antibiot, 1990, 43: 444.
[82] Shin-Ya K, Shimazu A, Hayakawa Y, et al. J Antibiot, 1992, 45: 124.
[83] Umezawa K, Masuoka S, Ohse T, et al. J Antibiot, 1995, 48: 604.
[84] Wessels P, G Hrt A, Zeeck A, et al. J Antibiot, 1991, 44: 1013.
[85] Volkmann C, Hartjen U, Zeeck A, et al. J Antibiot, 1995, 48: 522.

[86] Henkel T, Zeeck A. J Antibiot, 1991, 44: 665.
[87] Shindo K, Kawai H. J Antibiot, 1992, 45: 584.
[88] Fukami A, Nakamura T, Kawaguchi K, et al. J Antibiot, 2000, 53: 1212.
[89] Kulanthaivel P, Perun Jr T, Belvo M D, et al. J Antibiot, 1999, 52: 256.
[90] Eilbert F, Anke H, Sterner O. J Antibiot, 2000, 53: 1123.
[91] Tanaka Y, Graefe U, Yazawa K, et al. J Antibiot, 1997, 50: 822.
[92] Momose I, Kinoshita N, Sawa R, et al. J Antibiot, 1998, 51: 130.
[93] Igarashi M, Sasao C, Yoshida A, et al. J Antibiot, 1995, 48: 335.
[94] Yoshimoto A, Johdo O, Tone H, et al. J Antibiot, 1992, 45: 1609.
[95] Argoudelis A, Baczynskyj L, Haak W, et al. J Antibiot, 1988, 41: 157.
[96] Kim J, Shin-Ya K, Eishima J, et al. J Antibiot, 1996, 49: 947.
[97] Stadler M, Anke H, Rudong S, et al. J Antitiot, 1995, 48: 154.
[98] Shan R, Stadler M, Sterner O, et al. J Antibiot, 1996, 49: 447.
[99] Kagamizono T, Hamaguchi T, Ando T, et al. J Antibiot, 1999, 52: 75.
[100] Vertesy L, Barbone F P, Cashmen E, et al. J Antibiot, 2001, 54: 718.
[101] Sawada Y, Nishio M, Yamamoto H, et al. J Antibiot, 1990, 43: 771.
[102] Sawada Y, Hatori M, Yamamoto H, et al. J Antibiot, 1990, 43: 1223.
[103] Saitoh K, Sawada Y, Tomita K, et al. J Antibiot, 1993, 46: 387.
[104] Saitoh K, Suzuki K, Hiranbo M, et al. J Antibiot, 1993, 46: 398.
[105] Saitoh K, Tsuno T, Kakushima M, et al. J Antibiot, 1993, 46: 406.
[106] Sawada Y, Tsuno T, Yamamoto H, et al. J Antibiot, 1990, 43: 1367.
[107] Sawada Y, Tsuno T, Ueki T, et al. J Antibiot, 1993, 46: 507.
[108] Tsuchida T, Umekita M, Kinoshita N, et al. J Antibiot, 1996, 49: 326.
[109] Johdo O, Yoshioka T, Takeuchi T, et al. J Antibiot, 1997, 50: 522.
[110] Oka M, Kamei H, Hamagishi Y, et al. J Antibiot, 1990, 43: 967.
[111] Abe N, Enoki N, Nakakita Y, et al. J Antibiot, 1991, 44: 908.
[112] Sekizawa R, Iinuma H, Naganawa H, et al. J Antibiot, 1996, 49: 487.
[113] Hegde V, Miller J, Patel M, et al. J Antibiot, 1993, 46: 207.
[114] Chu M, Yarborough R, Schwartz J, et al. J Antibiot, 1993, 46: 861.
[115] Chu M, Truumees I, Patel M, et al. J Antibiot, 1995, 48: 329.
[116] Thines E, Anke H, Sterner O. J Antibiot, 1998, 51: 387.
[117] Abdelfattah M, Maskey R, Asolkar R, et al. J Antibiot, 2003, 56: 539.
[118] Fredenhagen A, Petersen F, Tintelnot-Blomley M, et al. J Antibiot, 1997, 50: 395.
[119] Grabley S, Hammann P, Huetter K, et al. J Antibiot, 1991, 44: 670.
[120] Mikami Y, Yazawa K, Ohashi S, et al. J Antibiot, 1992, 45: 995.
[121] Nair M, Mishra S, Putnam A, et al. J Antibiot, 1992, 45: 1738.
[122] Miller R, Huang S. J Antibiot, 1995, 48: 520.
[123] Brodasky T, Mizsak S, Hoffstetter J. J Antibiot, 1985, 38: 849.
[124] Kunnari T, Tuikkanen J, Hautala A, et al. J Antibiot, 1997, 50: 496.
[125] Liu W, Barbacid M, Bulgar M, et al. J Antibiot, 1992, 45: 454.
[126] Nozaki Y, Hida T, Iinuma S, et al. J Antibiot, 1993, 46: 569.
[127] Horiguchi T, Hayashi K, Tsubotani S, et al. J Antibiot, 1994, 47: 545.
[128] Xu J, Nakazawa T, Ukai K, et al. J Antibiot, 2008, 61: 415.
[129] Hori Y, Abe Y, Nakajima H, et al. J Antibiot, 1993, 46: 1901.
[130] Miyata S, Ohhata N, Murai H, et al. J Antibiot, 1992, 45: 1029.
[131] Bahl S, Martin S, Rawlins P, et al. J Antibiot, 1997, 50: 169.
[132] Taniguchi M, Nagai K, Watanabe M, et al. J Antibiot, 2002, 55: 30.
[133] Wang W, Zhu T, Tao H, et al. J Antibiot, 2007, 60: 603.
[134] Zhang C, Yu H, Kim E, et al. J Antibiot, 2008, 61: 633.
[135] Yamazaki Y. J Antibiot, 2009, 62: 435.

第四节　氨基酸及多肽类抗生素

表 13-4-1　氨基酸及多肽类抗生素的名称、分子式和测试溶剂

编号	名称	分子式	测试溶剂	参考文献
13-4-1	amphistin	$C_{13}H_{21}N_5O_6$	W	[1]
13-4-2	ampullosporin A	$C_{77}H_{128}N_{19}O_{19}$	D	[2]
13-4-3	ampullosporin B	$C_{76}H_{125}N_{19}O_{19}$	D	[3]
13-4-4	aurantimycin A	$C_{38}H_{64}N_8O_{14}$	C	[4]
13-4-5	aurantimycin B	$C_{38}H_{62}N_8O_{14}$	C	[4]
13-4-6	aurantimycinC	$C_{38}H_{60}N_8O_{14}$	C	[4]
13-4-7	bacillopeptin A	$C_{46}H_{72}N_{10}O_{16}$	D	[5]
13-4-8	bacillopeptin B	$C_{47}H_{74}N_{10}O_{16}$	D	[5]
13-4-9	bacillopeptin C	$C_{48}H_{76}N_{10}O_{16}$	D	[5]
13-4-10	BE-32030A	$C_{39}H_{61}N_5O_{10}$	D	[6]
13-4-11	BE-32030B	$C_{41}H_{65}N_5O_{10}$	D	[6]
13-4-12	BE-32030C	$C_{43}H_{67}N_5O_{10}$	D	[6]
13-4-13	BE-32030D	$C_{39}H_{61}N_5O_{11}$	D	[6]
13-4-14	BE-32030E	$C_{41}H_{63}N_5O_{11}$	D	[6]
13-4-15	1'-*N*-acetyl-bellenamine	$C_9H_{20}N_4O_2$	W	[7]
13-4-16	cephaibol A	$C_{83}H_{128}N_{16}O_{20}$	D	[8]
13-4-17	cephaibol A2	$C_{84}H_{130}N_{16}O_{20}$	D	[8]
13-4-18	cephaibol B	$C_{84}H_{130}N_{16}O_{20}$	D	[8]
13-4-19	cephaibol C	$C_{82}H_{126}N_{16}O_{20}$	D	[8]
13-4-20	cephaibol D	$C_{81}H_{124}N_{16}O_{20}$	D	[8]
13-4-21	cephaibol E	$C_{82}H_{126}N_{16}O_{20}$	D	[8]
13-4-22	cyclothialidine B	$C_{25}H_{33}N_5O_{11}S$	W	[9]
13-4-23	cyclothialidine C	$C_{26}H_{35}N_5O_{11}S$	W	[9]
13-4-24	cyclothialidine D	$C_{24}H_{31}N_5O_{11}S$	W	[9]
13-4-25	cyclothialidine E	$C_{26}H_{33}N_5O_{11}S$	W	[9]
13-4-26	depsidomycin	$C_{38}H_{65}N_9O_9$	A	[10]
13-4-27	diperamycin	$C_{38}H_{64}N_8O_{14}$	C	[11]
13-4-28	diketopiperazine of *N*-methyltyrosine（甲基酪氨酸二酮哌嗪）	$C_{20}H_{22}N_2O_4$	M	[12]
13-4-29	[Phe^3, *N*-MeVal^5]destruxinB	$C_{35}H_{53}N_5O_7$	C	[13]
13-4-30	enniatin D	$C_{34}H_{59}N_3O_9$	C	[14]
13-4-31	enniatin E	$C_{35}H_{61}N_3O_9$	C	[14]
13-4-32	enniatin F	$C_{36}H_{63}N_3O_9$	C	[14]
13-4-33	epoxomicin	$C_{28}H_{50}N_4O_7$	C	[15]
13-4-34	feglymycin	$C_{95}H_{97}N_{13}O_{30}$	D	[16]
13-4-35	Nitropeptin(硝肽菌素)	$C_{11}H_{19}N_3O_7$	W	[17]
13-4-36	fusaricidin A	$C_{41}H_{74}N_{10}O_{11}$	D	[18]
13-4-37	fusaricidin B	$C_{42}H_{76}N_{10}O_{11}$	D	[19]
13-4-38	fusaricidin C	$C_{45}H_{74}N_{10}O_{12}$	D	[19]
13-4-39	fusaricidin D	$C_{46}H_{76}N_{10}O_{12}$	D	[19]
13-4-40	glomecidin	$C_{27}H_{37}N_7O_7$	M	[20]

续表

编号	名称	分子式	测试溶剂	参考文献
13-4-41	*β*-cyanoglutamic acid（*β*-氰基谷氨酸）	$C_6H_8N_2O_4$	W	[21]
13-4-42	glycinocin A	$C_{57}H_{90}N_{12}O_{19}$	D	[22]
13-4-43	glycopeptide carrying a 3-oxazolin-5-one ring aglycones	$C_{59}H_{45}Cl_2N_7O_{17}$	D	[23]
13-4-44	JBIR-25	$C_{22}H_{24}N_2O_{10}$	M	[24]
13-4-45	11,11'-acetonide JBIR-25	$C_{25}H_{28}N_2O_{10}$	M	[24]
13-4-46	helioferin A	$C_{57}H_{104}N_{10}O_{12}$	C	[25]
13-4-47	helioferin B	$C_{58}H_{106}N_{10}O_{12}$	C	[25]
13-4-48	IC202B	$C_{23}H_{44}N_6O_8$	D	[26]
13-4-49	IC202C	$C_{23}H_{44}N_6O_7$	D	[26]
13-4-50	IC101	$C_{39}H_{66}N_8O_{13}$	P	[27]
13-4-51	MR-387A	$C_{25}H_{36}N_4O_7$	W	[28]
13-4-52	MR-387B	$C_{25}H_{36}N_4O_6$	W	[28]
13-4-53	nerfilin Ⅰ	$C_{28}H_{37}N_3O_5$	D	[29]
13-4-54	nerfilin Ⅱ	$C_{28}H_{39}N_3O_5$	D	[29]
13-4-55	nigerloxin	$C_{13}H_{15}NO_5$	D	[30]
13-4-56	nikkomycin Lx	$C_{20}H_{25}N_5O_9$	—	[31]
13-4-57	peptaibolin	$C_{31}H_{51}N_5O_6$	D	[32]
13-4-58	PF1022A	$C_{52}H_{76}N_4O_{12}$	M	[33]
13-4-59	phebestin	$C_{24}H_{31}N_3O_5$	D	[34]
13-4-60	phepropeptin A	$C_{37}H_{58}N_6O_6$	C	[35]
13-4-61	phepropeptin B	$C_{40}H_{56}N_6O_6$	C	[35]
13-4-62	phepropeptin C	$C_{38}H_{60}N_6O_6$	C	[35]
13-4-63	phepropeptin D	$C_{41}H_{58}N_6O_6$	C	[35]
13-4-64	phoenistatin	$C_{29}H_{40}N_4O_6$	C	[36]
13-4-65	pipalamycin	$C_{39}H_{66}N_8O_{12}$	C	[37]
13-4-66	pneumocandin A_0	$C_{51}H_{82}N_8O_{17}$	M	[38]
13-4-67	pneumocandin A_1	$C_{51}H_{82}N_8O_{16}$	M	[38]
13-4-68	pneumocandin A_2	$C_{51}H_{82}N_8O_{15}$	M	[38]
13-4-69	pneumocandin A_3	$C_{51}H_{82}N_8O_{14}$	M	[38]
13-4-70	pneumocandin A_4	$C_{51}H_{82}N_8O_{13}$	M	[38]
13-4-71	pneumocandin B_0	$C_{50}H_{80}N_8O_{17}$	M	[38]
13-4-72	pneumocandin B_2	$C_{50}H_{80}N_8O_{15}$	M	[38]
13-4-73	pneumocandin C_0	$C_{50}H_{80}N_8O_{17}$	M	[38]
13-4-74	pneumocandin D_0	$C_{50}H_{80}N_8O_{18}$	M	[39]
13-4-75	promothiocin A	$C_{36}H_{37}N_{11}O_8S_2$	D	[40]
13-4-76	promothiocin B	$C_{42}H_{43}N_{13}O_{10}S_2$	D	[40]
13-4-77	roseocardin	$C_{31}H_{53}N_5O_7$	C	[41]
13-4-78	rotihibin A	$C_{35}H_{63}N_{11}O_{13}$	M	[42]
13-4-79	RP-1776	$C_{75}H_{94}N_{12}O_{20}$	D	[43]
13-4-80	RPI-856 A	$C_{43}H_{61}N_7O_{13}$	D	[44]
13-4-81	RPI-856 B	$C_{43}H_{61}N_7O_{13}$	D	[44]
13-4-82	RPI-856 C	$C_{39}H_{56}N_6O_{10}$	D	[44]
13-4-83	RPI-856 D	$C_{39}H_{56}N_6O_{10}$	D	[44]
13-4-84	Sch 20562	$C_{63}H_{96}N_{12}O_{21}$	D	[45]

续表

编号	名称	分子式	测试溶剂	参考文献
13-4-85	Sch 378161	$C_{56}H_{86}N_{10}O_{14}$	D	[46]
13-4-86	Sch 217048	$C_{57}H_{88}N_{10}O_{14}$	D	[46]
13-4-87	Sch 218157	$C_{57}H_{89}N_{11}O_{12}$	D	[47]
13-4-88	Sch 40832	$C_{84}H_{104}N_{18}O_{26}S_5$	D	[48]
13-4-89	Sch 466457	$C_{80}H_{140}N_{20}O_{20}$	D	[49]
13-4-90	Sch 643432	$C_{95}H_{167}O_{24}N_{24}$	D	[50]
13-4-91	SW-163A	$C_{34}H_{42}N_2O_{12}$	D	[51]
13-4-92	SW-163B	$C_{33}H_{40}N_2O_{12}$	D	[51]
13-4-93	thioxmaycin	$C_{52}H_{48}N_{16}O_{15}S_4$	D	[52]
13-4-94	thioactin	$C_{43}H_{40}N_{14}O_{11}S_4$	D	[52]
13-4-95	TMC-89A	$C_{21}H_{36}N_4O_9$	W	[53]
13-4-96	TMC-89B	$C_{21}H_{36}N_4O_9$	W	[53]
13-4-97	topostatin	$C_{36}H_{58}N_4O_{11}S$	P	[54]
13-4-98	tylopeptin A	$C_{73}H_{120}N_{18}O_{19}$	D	[55]
13-4-99	efrapeptin J	$C_{81}H_{139}N_{18}O_{16}$	M	[56]
13-4-100	ustiloxin A	$C_{28}H_{43}N_5O_{12}S$	W	[57]
13-4-101	ustiloxin B	$C_{26}H_{39}N_5O_{12}S$	W	[57]
13-4-102	ustiloxin C	$C_{23}H_{34}N_4O_{10}S$	W	[57]
13-4-103	ustiloxin D	$C_{23}H_{34}N_4O_8$	W	[57]
13-4-104	ustiloxin F	$C_{21}H_{30}N_4O_8$	W	[58]
13-4-105	vancomycin（万古霉素）	$C_{66}H_{75}Cl_2N_9O_{24}$	D	[59]
13-4-106	CDP-1	$C_{66}H_{74}Cl_2N_8O_{25}$	D	[60]
13-4-107	aglucovancomycin（无糖万古霉素）	$C_{53}H_{52}Cl_2N_8O_{17}$	D	[60]
13-4-108	*N*-methylaglucovancomycin（*N*-甲基无糖万古霉素）	$C_{54}H_{54}Cl_2N_8O_{17}$	D	[61]
13-4-109	*N*-demethylvancomycin（*N*-去甲万古霉素）	$C_{65}H_{73}Cl_2N_9O_{24}$	D	[62]
13-4-110	verticilide	$C_{44}H_{76}N_4O_{12}$	C	[63]
13-4-111	vinylamycin	$C_{26}H_{43}N_3O_6$	D	[64]
13-4-112	AM4299 A	$C_{15}H_{26}N_2O_6$	W	[65]
13-4-113	AM4299 B	$C_{16}H_{27}N_3O_7$	W	[65]
13-4-114	YM-170320	$C_{37}H_{62}N_4O_9$	M	[66]
13-4-115	asterobactin	$C_{34}H_{55}N_7O_{13}$	C	[67]
13-4-116	lipohexin	$C_{40}H_{70}N_6O_9$	C	[68]
13-4-117	protactin（催乳素）	$C_{32}H_{48}N_6O_8$	D	[69]
13-4-118	cyclo(*N*-methyl-L-valyl-D-lactyl-*N*-methyl-L-valyl-D-lactyl-*N*-methyl-L-valyl-D-lactyl)	$C_{27}H_{45}N_9O_3$	C	[70]
13-4-119	cyclo(*N*-methyl-L-isoleucyl-D-hydroxyisovaleryl-*N*-methyl-L-isoleucyl-D-lactyl-*N*-methyl-L-isoleucyl-D-lactyl)	$C_{32}H_{55}N_9O_3$	C	[70]

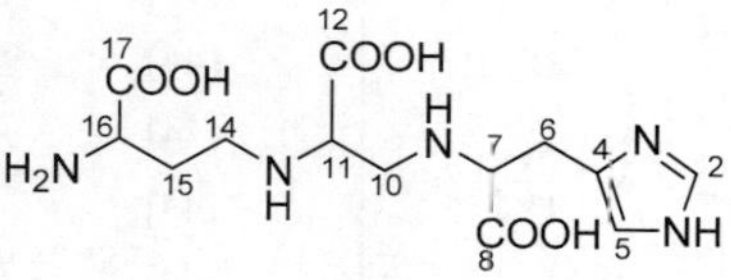

13-4-1

Ac-L-Trp1-L-Ala2-Aib3-Aib4-L-Leu5-Aib6-L-Gln7-X-L-Gln11-L-Leu12-Y-L-Gln14-L-Leuol15

13-4-2 X=Aib8-Aib9-Aib10; Y=Aib13

13-4-3 X=L- Aib8-Aib9- Ala10; Y=Aib13

表 13-4-2 amphistin 的 ^{13}C NMR 数据[1]

C	13-4-1	C	13-4-1	C	13-4-1	C	13-4-1
2	137.3	7	65.3	12	176.5	17	176.9
4	133.8	8	180.1	14	46.6		
5	119.5	10	49.8	15	30.9		
6	30.7	11	63.8	16	55.6		

表 13-4-3 ampullosporins 的 ^{13}C NMR 数据

残基	C	13-4-2[2]	13-4-3[3]	残基	C	13-4-2[2]	13-4-3[3]
Ac	CH_3		22.6	Aib8	α	55.8	55.6
	CO	170.6	170.6		β_1	25.7	22.6
Trp1	α	54.8	54.8		β_2	22.7	25.8
	β	27.2	27.1		CO	175.3	175.4
	2'	123.7	123.7	Aib9	α	55.8	55.5
	3'		109.9		β_1	26.5	22.4
	3'a		127.2		β_2	22.1	26.6
	4'	118.2	118.2		CO	175.2	176.2
	5'	118.1	118.1	Aib10(A)	α	55.7	51.7
	6'	120.9	120.9	Ala10(B)			
	7'	111.3	111.3		β	26.6	16.4
	7'a		136.1		CO	176.1	174.9
	CO	173.1	173.2	Gln11	α	55.6	55.2
Ala2	α	50.6	50.6		β	26.5	26.2
	β	16.0	16.0		γ	32.0	31.9
	CO	174.2	174.3		δ	173.6	173.4
Aib3	α	55.8	55.7		CO	173.9	173.4
	β_1	25.7	22.3	Leu12	α	53.2	52.9
	β_2	22.3	25.7		β	38.8	38.9
	CO	174.9	174.0		γ	24.2	24.1
Aib4	α	55.7	55.6		δ_1	21.0	21.1
	β_1	26.8	22.4		δ_2	22.7	22.5
	β_2	22.5	26.8		CO	173.4	172.9
	CO	176.6	176.6	Aib13	α	53.4	56.1
Leu5	α	54.6	54.6		β_1	26.0	24.4
	β	38.9	38.9		β_2	24.0	25.4
	γ	24.6	24.5		CO	174.0	173.9
	δ_1	21.4	21.4	Gln14	α	53.4	53.3
	δ_2	22.4	22.3		β	27.1	27.1
	CO	174.1	174.1		γ	31.7	31.7
Aib6	α	55.8	55.8		δ	174.0	173.9
	β_1	26.6	23.2		CO	171.0	170.8
	β_2	22.4	26.6	Leuol15	α	48.8	48.7
	CO	175.8	175.8		β	39.7	39.8
Gln7	α	56.0	56.2		β'	64.0	63.9
	β	26.1	26.0		γ	24.0	23.9
	γ	31.1	31.0		δ_1	21.8	21.8
	δ	173.2	173.0		δ_2	23.6	23.5
	CO	173.4	173.6				

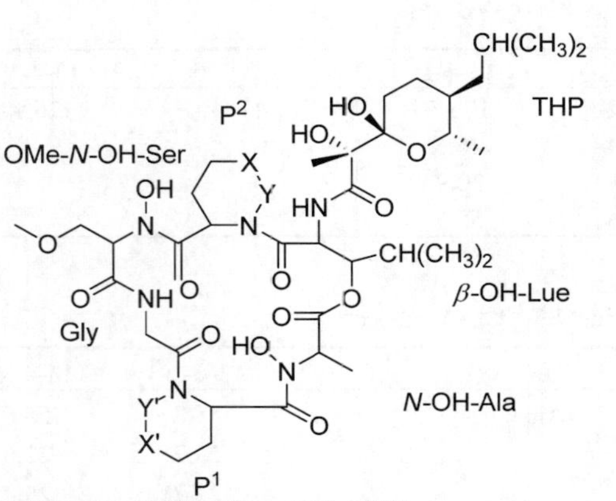

13-4-4 X—Y=X'—Y'=—CH$_2$—NH—
13-4-5 X—Y=—CH$_2$—NH—; X'—Y'=—CH=N—
13-4-6 X—Y=X'—Y'=—CH=NH—

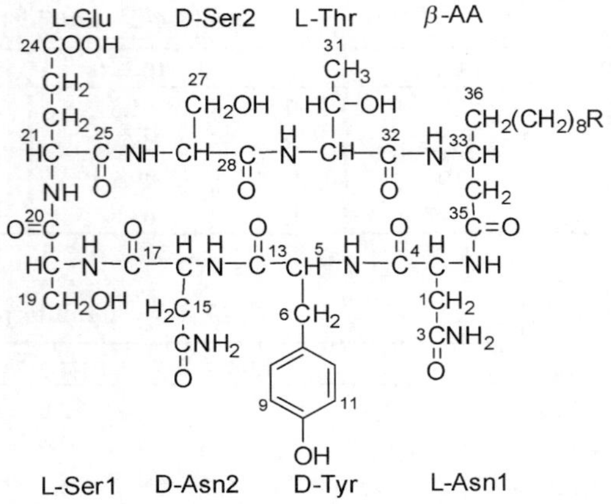

13-4-7 R=CH$_2$CH$_3$
13-4-8 R=CH(CH$_3$)$_2$
13-4-9 R=CH$_2$CH(CH$_3$)$_2$

表 13-4-4 aurantimycins 的 ^{13}C NMR 数据[4]

C	13-4-4	13-4-5	13-4-6	C	13-4-4	13-4-5	13-4-6
N-OH-Ala				C-5	46.9	47.1	144.1
C-1	169.1	168.9	169.1	*β*-OH-Leu			
C-2	52.4	53.5	53.4	C-1	171.8	170.9	170.0
C-3	12.6	12.9	13.0	C-2	45.9	46.4	47.4
P^2				C-3	78.7	78.9	79.9
C-1	170.3	170.7	170.6	C-4	29.6	29.9	30.3
C-2	48.5	49.0	50.7	C-5	17.9	18.1	18.6
C-3	23.0	17.1	17.3	C-6	19.4	19.8	19.3
C-4	20.1	19.3	19.5	THP			
C-5	46.6	144.6	144.	C-2	71.3	71.7	71.8
Gly				C-3	39.5	39.8	39.9
C-1	171.9	171.5	171.7	C-4	24.4	24.2	24.2
C-2	41.3	42.2	42.2	C-5	27.1	27.4	27.5
OMe-*N*-OH-Ser				C-6	98.6	98.8	99.0
C-1	167.8	168.3	168.1	C-7	76.4	77.0	77.0
C-2	57.2	57.5	57.0	7-CH$_3$	21.4	22.0	22.3
C-3	67.3	67.4	67.7	C-8	175.8	176.0	176.0
O-CH$_3$	58.5	58.8	59.0	C-1'	40.8	41.0	41.1
P^1				C-2'	23.9	24.0	24.7
C-1	173.5	172.9	170.3	C-3'	21.3	21.5	21.6
C-2	49.1	50.6	50.1	C-4'	24.0	24.2	24.3
C-3	24.5	24.6	18.3	C-1''	19.1	19.4	19.3
C-4	21.3	21.3	19.7				

表 13-4-5 bacillopeptins 的 ^{13}C NMR 数据[5]

C	13-4-7	13-4-8	13-4-9	C	13-4-7	13-4-8	13-4-9
L-Asn1				3	171.5	171.6	171.5
1	50.1	50.1	50.1	4	171.8	172.0	171.7
2	36.7	37.1	37.0	D-Tyr			

续表

C	13-4-7	13-4-8	13-4-9	C	13-4-7	13-4-8	13-4-9
5	55.4	55.3	55.2	27	61.1	61.0	60.9
6	35.5	35.6	35.5	28	170.5	170.5	170.5
7	128.0	128.1	128.1	L-Thr			
8, 12	129.9	130	129.9	29	58.7	58.9	58.8
9, 11	114.9	114.9	114.9	30	65.7	65.6	65.7
10	155.6	155.7	155.6	31	19.9	20.0	19.9
13	171.3	171.4	171.4	32	169.3	169.3	169.3
D-Asn2				β-氨基酸			
14	50.6	50.5	50.4	33	46.1	46.0	46.0
15	36.7	36.8	36.8	34	40.5	40.3	40.4
16	171.5	171.6	171.6	35	170.9	170.8	170.8
17	171.3	171.4	171.3	36	33.8	33.7	33.7
L-Ser1				37	25.2	25.3	25.2
18	55.1	55.3	55.3	38~42	28.6	28.6	28.6
19	61.0	61.0	60.9		28.6	28.9	28.9
20	170.1	170.1	170.0		28.9	29.0	29.0
L-Glu					29.0	29.0	29.2
21	53.3	53.8	53.5			29.3	
22	27.0	27.2	26.9	43	29.0	26.7	29.2
23	31.5	32.8	31.9	44	31.2	38.4	26.7
24	175.3	176.0	175.4	45	22.0	27.3	38.4
25	171.9	172.7	171.8	46	13.9	22.4	27.3
D-Ser2				47		22.4	22.4
26	55.2	55.3	55.2	48			22.4

① **13-1-85** 和 **13-1-86** 为 3α 位的立体异构体。

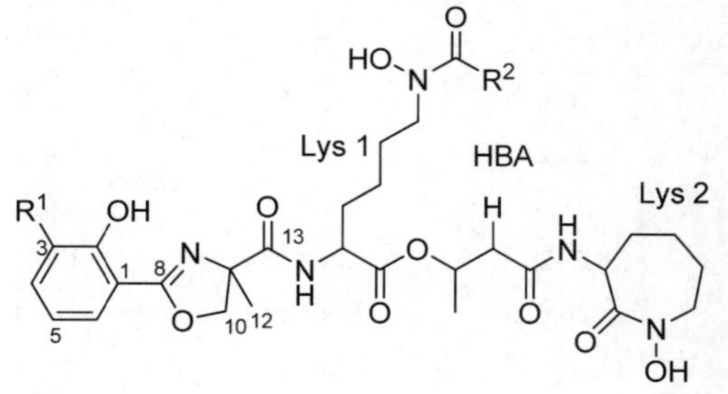

13-4-10 R^1=H; R^2=$(CH_2)_{10}CH_3$
13-4-11 R^1=H; R^2=$(CH_2)_{12}CH_3$
13-4-12 R^1=H; R^2=$(CH_2)_5CH=CH(CH_2)_7CH_3$
13-4-13 R^1=OH; R^2=$(CH_2)_{10}CH_3$
13-4-14 R^1=OH; R^2=$(CH_2)_3CH=CH(CH_2)_7CH_3$

表 13-4-6 BE-32030s 的 ^{13}C NMR 数据[6]

C	13-4-10	13-4-11	13-4-12	13-4-13	13-4-14
1	110.0	110.0	110.0	110.3	110.3
2	159.0	159.0	159.0	148.1	148.1
3	116.6	116.6	116.6	145.7	145.7
4	133.9	133.9	133.9	119.3	119.4
5	118.9	118.9	118.9	118.6	118.6
6	128.0	128.0	128.0	117.9	117.9

续表

C	13-4-10	13-4-11	13-4-12	13-4-13	13-4-14
8	164.0	164.0	164.0	164.6	164.6
10	73.7	73.8	73.8	73.6	73.7
11	74.6	74.6	74.6	74.6	74.7
12	25.8	25.8	25.8	25.8	25.8
13	172.7	172.7	172.8	172.8	172.8
Lys 1					
C=O	170.9	170.9	170.9	170.9	170.9
α	52.3	52.3	52.3	52.2	52.3
β	29.8	29.8	29.8	29.8	29.9
γ	22.5	22.6	22.6	22.5	22.6
δ	25.8	25.8	25.8	25.8	25.8
ε	46.8	46.8	46.8	46.8	46.8
Lys 2					
C=O	168.7	168.7	168.7	168.7	168.7
α	50.7	50.7	50.7	50.7	50.7
β	30.5	30.5	30.5	30.5	30.5
γ	26.9	27	27	26.9	26.9
δ	25.5	25.5	25.5	25.5	25.5
ε	52.3	52.3	52.3	52.3	52.3
3-羟基丁酸(3HBA)					
C=O	167.9	168	168	167.9	168
α	41.2	41.3	41.3	41.2	41.2
β	68.6	68.6	68.6	68.6	68.6
γ	19.3	19.3	19.3	19.3	19.3
脂肪酸					
1'	172.6	172.6	172.6	172.6	172.6
2'	31.6	31.6	31.6	31.6	31.6
3'	24.2	24.2	24.2	24.2	24.2
4'	28.6~29.1	28.6~29.1	28.4	28.6~29.1	26.3
5'	28.6~29.1	28.6~29.1	28.6~29.1	28.6~29.1	129.1
6'	28.6~29.1	28.6~29.1	26.5	28.6~29.1	130.1
7'	28.6~29.1	28.6~29.1	129.5	28.6~29.1	26.6
8'	28.6~29.1	28.6~29.1	129.6	28.6~29.1	28.6~29.1
9'	28.6~29.1	28.6~29.1	26.6	28.6~29.1	28.6~29.1
10'	31.2	28.6~29.1	28.6~29.1	31.2	28.6~29.1
11'	22.0	28.6~29.1	28.6~29.1	22.0	28.6~29.1
12'	13.9	31.2	28.6~29.1	13.9	31.2
13'		22.0	28.6~29.1		22.0
14'		13.9	31.2		13.9
15'			22.0		
16'			13.9		

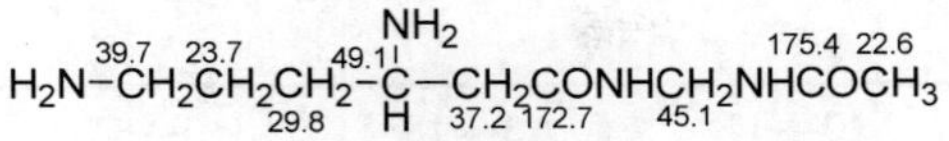

$H_2N-CH_2CH_2CH_2-CH(NH_2)-CH_2CONHCH_2NHCOCH_3$

39.7 23.7 49.1 175.4 22.6
29.8 37.2 172.7 45.1

13-4-15[7]

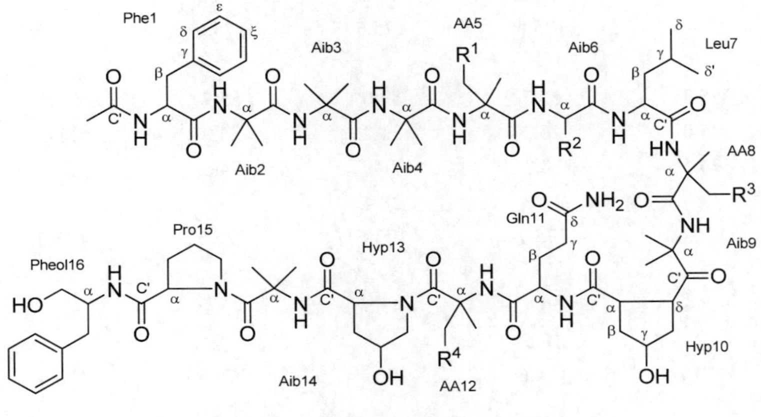

Phe1 Aib2 Aib3 Aib4 AA5 Aib6 Leu7 AA8 Aib9 Hyp10 Gln11 AA12 Hyp13 Aib14 Pro15 Pheol16

13-4-16 R^1=H; R^2=H; R^3=CH_3; R^4=CH_3
13-4-17 R^1=H; R^2=CH_3; R^3=CH_3; R^4=CH_3
13-4-18 R^1=CH_3; R^2=H; R^3=CH_3; R^4=CH_3
13-4-19 R^1=H; R^2=H; R^3=CH_3; R^4=H
13-4-20 R^1=H; R^2=H; R^3=H; R^4=H
13-4-21 R^1=H; R^2=H; R^3=H; R^4=CH_3

表 13-4-7 cephaibols 的 ^{13}C NMR 数据[8]

C	13-4-16	13-4-17	13-4-18	13-4-19	13-4-20	13-4-21
Ac-Me	22.3	22.3	22.3	22.2	22.3	22.3
C'	170.4	170.2	170.4	170.3	170.3	170.4
Phe1						
Cα	55.1	54.9	54.1	55.0	55.1	55.1
Cβ	36.4	36.4	36.3	36.3	36.3	36.4
Cγ	137.4	137.5	137.4	137.4	137.4	137.4
Cδ	129.2	129.1	129.1	129.1	129.1	129.2
Cε	128.1	128.0	128.1	128.1	128.1	128.1
Cξ	126.4	126.3	126.4	126.4	126.4	126.4
C'	172.4	172.1	172.4	172.4	172.4	172.4
Aib2						
Cα	55.8	55.7	55.8	55.8	55.8	55.8
CβMe1	23.6	24.4	23.7	23.5	23.5	25.4
CβMe2	25.4	24.6	25.2	25.3	25.5	23.5
C'	174.9	174.6	174.8	174.8	174.9	174.9
Aib3						
Cα	55.9	55.8	56.0	55.9	55.9	55.9
CβMe1	24.0	25.4	24.1	24.0	24.0	24.1
CβMe2	24.6	23.1	24.8	24.6	24.5	24.6
C'	175.1	175.4	175.1	175.1	175.0	175.1
Aib4						
Cα	55.9	55.8	56.0	55.9	55.9	55.9

续表

C	13-4-16	13-4-17	13-4-18	13-4-19	13-4-20	13-4-21
CβMe1	25.0	25.9	24.8	24.9	25.0	25.1
CβMe2	24.6	23.1	24.8	24.6	24.5	24.5
C'	175.6	175.6	175.5	175.6	175.6	175.6
AA5						
Cα	55.9	55.7	59.0	55.9	55.9	55.9
CβMe1	25.0	26.2	21.2	24.9	24.8	24.9
CβMe2/γMe	24.5	23.2	7.49	24.6	24.7	24.5
Cβ			28.4			
C'	175.6	175.7	175.6	175.5	175.5	175.6
AA6						
Cα	43.4	50.7	43.3	43.4	43.3	43.4
Cβ		16.5				
C'	170.7	174.6	170.7	170.6	170.4	170.4
Leu7						
Cα	53.2	53.5	53.1	53.0	52.6	52.7
Cβ	39.4	39.3	39.4	39.4	39.3	39.2
Cγ	24.1	24.2	24.1	24.1	24.1	24.1
Cδ	22.6	22.6	22.6	22.6	22.7	22.7
Cδ	21.6	21.3	21.6	21.6	21.6	21.6
C'	171.8	171.8	171.7	171.7	171.6	171.7
AA8						
Cα	59.3	59.3	59.4	59.3	59.2	59.2
CβMe1	21.9	22.4	21.8	21.9	25.5	25.3
CβMe2/γMe	7.3	7.2	7.3	7.3	25.0	25.7
Cβ	27.6	26.6	27.9	27.9	—	—
C'	176.1	176.1	176.1	176.0	175.8	175.8
Aib9						
Cα	56.2	56.2	56.2	56.2	56.2	56.2
CβMe1	23.2	23.1	23.2	23.2	23.3	23.3
CβMe2	25.7	25.7	25.8	25.5	25.5	25.7
C'	173.4	173.4	173.4	173.6	173.6	173.5
Hyp10						
Cα	61.0	61.0	61.0	61.1	61.1	61.0
Cβ	36.8	37.0	36.8	36.8	36.6	36.7
Cγ	69.0	68.9	68.9	68.9	69.0	69.0
Cδ	56.1	56.3	56.1	56.2	56.1	56.0
C'	171.8	171.9	171.8	171.7	171.7	171.8
Gln11						
Cα	52.4	52.4	52.4	52.0	52.0	52.5
Cβ	26.7	26.7	26.7	26.2	26.2	26.6
Cγ	31.4	31.4	31.4	31.2	31.3	31.5
Cδ	173.1	173.0	173.0	173.1	173.1	173.1
C'	172.1	172.2	172.1	172.0	172.0	172.1
AA12						

续表

C	13-4-16	13-4-17	13-4-18	13-4-19	13-4-20	13-4-21
Cα	58.5	58.5	58.5	55.9	55.9	58.5
CβMe1	20.4	20.3	20.4	23.8	23.8	20.4
CβMe2/γMe	7.0	7.0	7.0	25.7	25.8	7.0
Cβ	28.1	28.0	28.1			28.1
C'	172.8	172.8	172.8	172.3	172.3	172.8
Hyp13						
Cα	60.6	60.5	60.6	60.5	60.5	60.5
Cβ	37.3	37.3	37.3	37.2	37.3	37.3
Cγ	69.0	69.0	69.0	69.0	69.0	69.0
Cδ	56.5	56.5	56.4	56.3	56.3	56.5
C'	172.8	172.8	172.8	172.7	172.8	172.8
Aib14						
Cα	55.7	55.6	55.6	55.7	55.7	55.6
CβMe1	23.5	23.5	23.5	23.4	23.5	23.5
CβMe2	25.7	25.7	25.7	25.6	25.6	25.7
C'	171.7	171.7	171.7	171.7	171.7	171.7
Pro15						
Cα	61.8	61.8	61.8	61.8	61.8	61.8
Cβ	28.3	28.3	28.3	28.3	28.4	28.3
Cγ	24.8	24.8	24.8	24.6	24.8	24.8
Cδ	47.4	47.4	47.4	47.4	47.4	47.4
C'	170.7	170.7	170.7	170.6	170.7	170.7
Phe16						
Cα	52.6	52.6	52.6	52.5	52.5	52.6
Cβ	36.4	36.4	36.4	36.3	36.3	36.4
Cγ	139.5	139.5	139.5	139.5	139.5	139.5
Cδ	129.3	129.3	129.3	129.3	129.3	129.3
Cε	127.9	127.9	127.9	127.9	127.9	127.9
Cξ	125.7	125.6	125.6	125.6	125.6	125.6
CH_2—OH	63.4	63.4	63.3	63.3	63.3	63.4

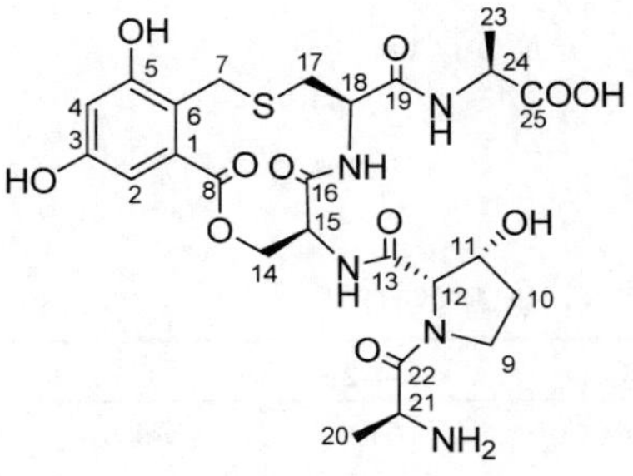

13-4-22

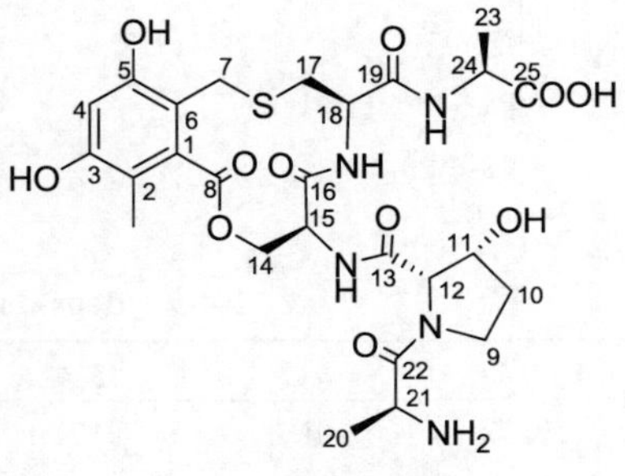

13-4-23

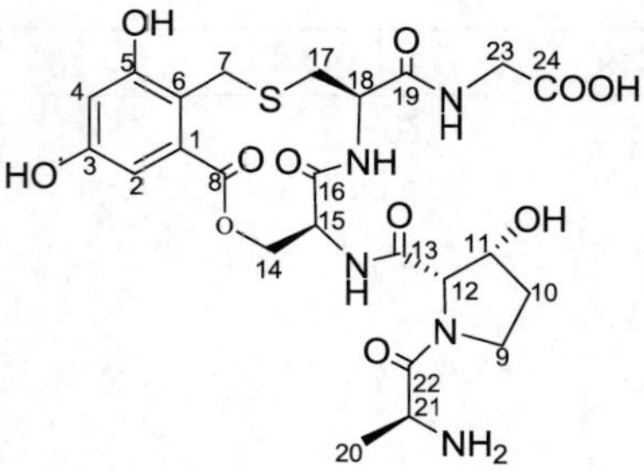

13-4-24 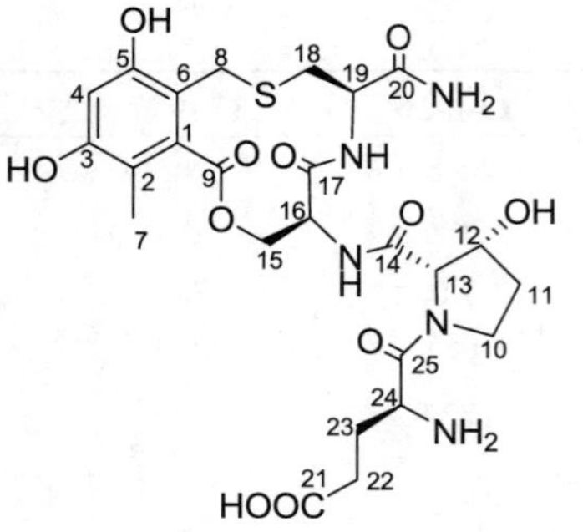 **13-4-25**

表 13-4-8 cyclothialidines 的 ^{13}C NMR 数据[9]

C	13-4-22	13-4-23	13-4-24	13-4-25	C	13-4-22	13-4-23	13-4-24	13-4-25
1	134.2	137.3	134.3	137.4	13	173.5	174.0	173.9	174.1
2	113.3	116.5	113.5	117.5	14	68.2	66.6	68.2	66.4
2-CH_3		14.7		14.5	15	57.2	58.0	57.2	58.1
3	158.6	160.5	158.6	157.5	16	174.0	173.6	174.3	173.8
4	109.9	108.5	110.2	107.6	17	36.3	35.6	36.4	35.1
5	159.1	158.6	159.1	156.4	18	56.3	55.5	56.6	54.7
6	117.5	112.4	117.8	114.0	19	174.2	173.7	174.3	177.7
7	31.0	30.5	31.2	29.2	20	17.9	21.0	18.0	183.6
8	171.4	173.4	171.7	172.7	21	50.6	50.0	50.7	35.8
9	48.0	47.8	48.2	48.2	22	172.3	178.3	172.6	30.4
10	35.8	35.5	35.7	35.6	23	19.0	20.2	46.3	54.3
11	73.5	73.4	74.0	73.5	24	51.5	54.1	179.1	174.1
12	66.2	66.7	66.6	67.1	25	178.7	182.5		

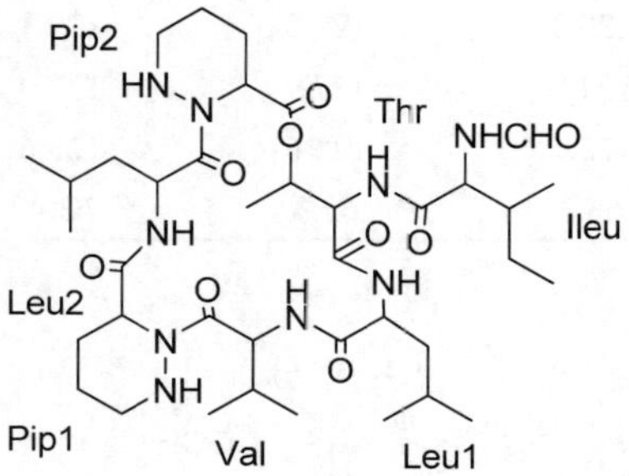

13-4-26 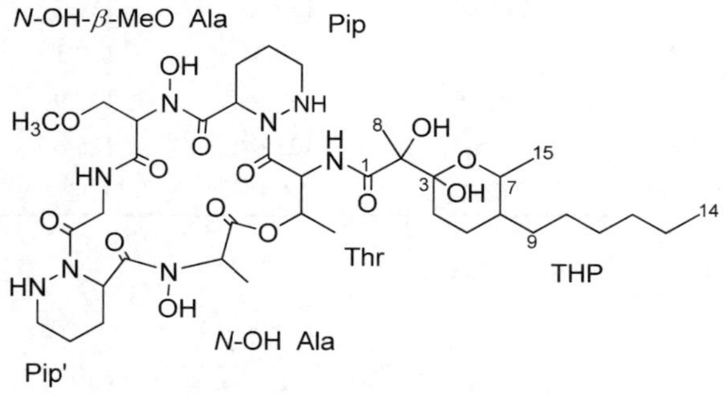 **13-4-27**

表 13-4-9 depsidomycin 的 ^{13}C NMR 数据[10]

C	13-4-26	C	13-4-26	C	13-4-26	C	13-4-26
Leu 2 CO	175.4	Ileu	171.1	Thr CO	167.4	Val α	56.3
Val CO	175.3	Pip 2 CO	169.3	CHO	161.8	Thr α	55.9
Leu 1 CO	174.8	Pip 1 CO	167.9	Thr β	71.4	Ileu α	55.5

续表

C	13-4-26	C	13-4-26	C	13-4-26	C	13-4-26
Pip 1 α	53.1	Leu 1 β	41.1	Leu 1 CH_3	24.1	Val CH_3	20.1
Pip 2 α	51.6	Ileu β	38.5	Leu 2 CH_3	23.8	Val CH_3	19.9
Leu 1 α	51.2	Val β	29.4	Pip 2 β	23.4	Ileu β-CH_3	14.7
Leu 2 α	49.6	Ileu γ	27.0	Pip 1 γ	23.0	Thr CH_3	13.9
Pip 1 δ	48.0	Leu 2 γ	26.8	Pip 2 γ	21.4	Ileu CH_3	12.1
Pip 2 δ	47.8	Leu 1 γ	25.9	Leu 2 CH_3	21.3		
Leu 2 β	41.4	Pip 1 β	25.1	Leu 1 CH_3	20.8		

表 13-4-10 diperamycin 的 ^{13}C NMR 数据[11]

C	13-4-27	C	13-4-27	C	13-4-27	C	13-4-27
Thr		Cδ	46.8	*N*-OH-MeO Ala		7	71.2
Cα	48.5	C=O	172.9	Cα	57.2	8	21.6
Cβ	71.8	Pip'		Cβ	67.8	9	26.2
Cγ	15.9	Cα	48.8	CH_3O	59.1	10	31.7
C=O	170.8	Cβ	23.6	C=O	168.3	11①	29.8
Gly		Cγ	20.5	THP		12①	31.8
Cα	41.8	Cδ	46.9	1	176.0	13①	22.7
C=O	172.6	C=O	172.3	2	76.9	14	14.1
Pip		*N*-OH Ala		3	99.2	15	19.5
Cα	49.2	Cα	53.1	4	27.3		
Cβ	24.5	Cβ	12.6	5	24.1		
Cγ	21.1	C=O	169.1	6	41.9		

① 碳的化学位移根据经验数据获得。

13-4-28[12]

13-4-29

表 13-4-11 [Phe^3, *N*-MeVal^5]destruxin B 的 ^{13}C NMR 数据[13]

C	13-4-29	C	13-4-29	C	13-4-29	C	13-4-29
Leu		δ-Me	23.3^a	δ	47.1	C2, C6	128.7
CO	169.9	Pro		Phe		C3, C5	128.7
α	73.3	CO	172.0	CO	173.6	C4	127.2
β	38.7	α	60.9	α	53.8	β	35.5
γ	24.7	β	32.2	β	35.0	*N*-MeVal 1	
δ-Me	20.5^a	γ	22.0	γ-C1	136.3	CO	169.7

续表

C	13-4-29	C	13-4-29	C	13-4-29	C	13-4-29
α	57.5	*N*-Me	29.6	β	27.7	β-Ala	
β	27.6	*N*-MeVal 2		γ-Me	19.5[c]	CO	174.0
γ-Me	18.8[b]	CO	168.6	γ-Me	19.7[c]	α	35.3
γ-Me	20.2[b]	α	66.5	*N*-Me	29.0		

注：标注 a、b、c 碳的 NMR 归属可以互换。

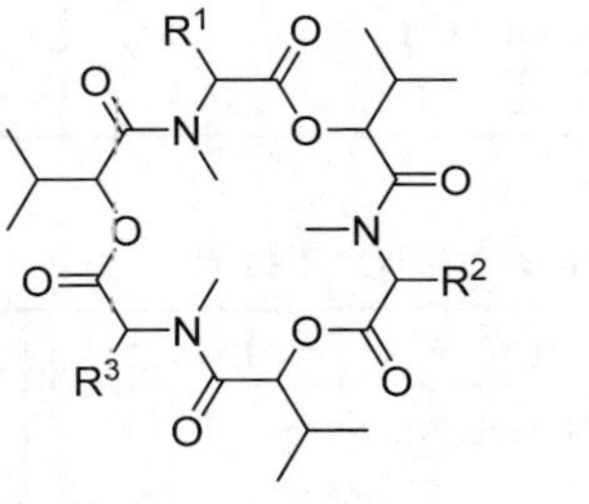

13-4-30 $R^1=R^2=CH(CH_3)_2$; $R^3=CH_2CH(CH_3)_2$
13-4-31 $R^1=CH(CH_3)_2$; $R^2=CH_2CH(CH_3)_2$; $R^3=CH_2CH(CH_3)CH_2CH_3$
和 $R^1=CH(CH_3)_2$; $R^2=CH_2CH(CH_3)CH_2CH_3$; $R^3=CH_2CH(CH_3)_2$
13-4-32 $R^1=CH_2CH(CH_3)_2$; $R^2=R^3=CH_2CH(CH_3)CH_2CH_3$

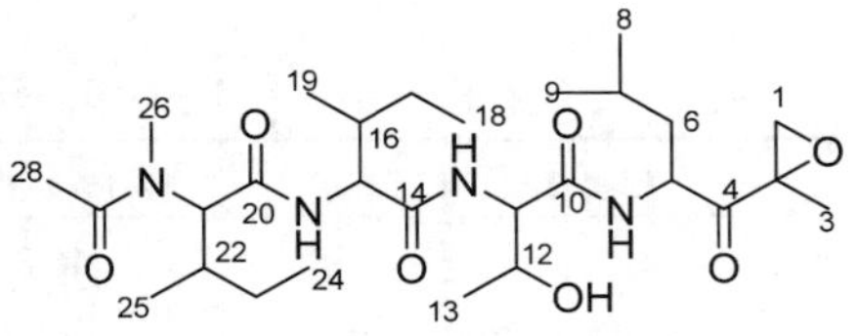

13-4-33

表 13-4-12 enniatins 的 ^{13}C NMR 数据[14]

C		13-4-30	13-4-31	13-4-32
Val	α-CH	61.4, 63.1	61.2, 63.1	
	β-CH	27.6, 27.8	27.7, 27.9	
	γ-CH_3	19.9, 20.3	19.2, 19.6, 19.9, 20.3	
Leu	α-CH	57.0	57.7	57.3
	β-CH_2	37.9	37.9	37.9
	γ-CH	25.3	25.3	25.3
	δ-CH_3	21.5, 23.3	21.5, 23.3	21.4, 23.3
Ile	α-CH		59.9, 61.2	59.9, 61.2
	β-CH		33.5, 33.7	33.8
	γ-CH_2		25.1, 25.4	25.1, 25.5
	γ-CH_3		15.8, 16.1	15.8, 16.1
	δ-CH_3		10.5, 10.8	10.7, 10.8
Hiv	α-CH	75.0, 75.3, 77.2	74.9, 75.1, 75.3	75.0, 75.1, 77.2
	β-CH	29.7, 29.8, 30.0	29.7, 29.8, 30.0	29.7, 29.8, 30.3
	γ-CH_3	18.28, 18.33, 18.4, 18.6, 18.7, 18.9	18.26, 18.34, 18.38, 18.42, 18.5, 18.6, 18.7, 18.94, 18.97	18.28, 18.33, 18.4, 18.7, 19.0
	N-CH_3	31.7, 32.8, 33.6	31.6, 31.7, 32.4, 32.9	31.6, 32.4, 33.7
	N-CO	169.4	169.4, 169.7	169.3, 169.4, 169.8
	O-CO	170.4, 170.5, 170.8	170.4, 170.5, 170.72, 170.75	170.5, 170.7

表 13-4-13 epoxomicin ^{13}C NMR 的数据[15]

C	13-4-33	C	13-4-33	C	13-4-33	C	13-4-33	C	13-4-33
1	52.4	4	208.3	7	25.1	10	170.8	13	17.8
2	59.2	5	50.6	8	23.3	11	56.4	14	171.7
3	16.8	6	39.5	9	21.1	12	66.5	15	58.0

续表

C	13-4-33	C	13-4-33	C	13-4-33	C	13-4-33	C	13-4-33
16	36.2	19	11.1	22	31.9	25	10.5	28	22.1
17	24.7	20	170.6	23	24.6	26	32.1		
18	15.5	21	61.5	24	15.6	27	172.1		

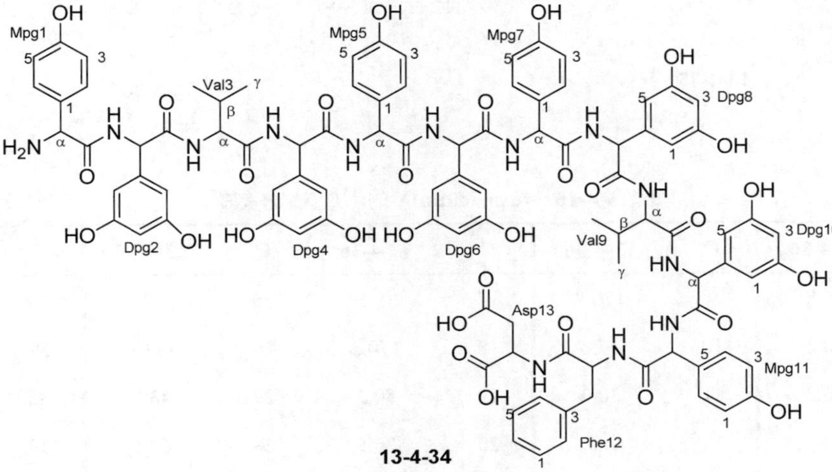

13-4-34

表 13-4-14 feglymycin 的 ^{13}C NMR 数据[16]

C	13-4-34	C	13-4-34	C	13-4-34	C	13-4-34
Mpg1		α	54.7	β	35.9	4	156.2
α	54.6	1	128.3	COOH	171.3	CO	169.2
1	123.9	2,6	127.8	COOH	171.9	Phel2	
2,6	129.2	3,5	114.5	Dpg8		α	53.5
3,5	115.3	4	156.2	α	55.9	β	37.3
4	157.9	CO	169.2	1	140.7	1	137.2
CO	166.6	Dpg6		2,6	105.1	2,6	129.1
Dpg2		α	55.5	3,5	157.6	3,5	127.8
α	56.2	1	140.2	4	101.3	4	126.0
1	140.4	2,6	105.2	CO	169.0	CO	170.0
2,6	105.5	3,5	157.6	Dpg10		Val3	
3,5	157.7	4	101.3	α	55.5	α	56.8
4	101.6	CO	168.6	1	140.6	β	31.2
CO	168.6	Mpg7		2,6	105.4	γ	18.9
Dpg4		α	54.8	3,5	157.7	γ	17.0
α	55.5	1	128.3	4	101.4	CO	169.8
1	140.7	2,6	127.8	CO	168.6	Val9	
2,6	105.2	3,5	114.5	Mpg11		α	56.6
3,5	157.6	4	156.2	α	55.2	β	31.2
4	101.3	CO	169.1	1	128.1	γ	17.4
CO	168.6	Asp13		2,6	128.0	γ	18.9
Mpg5		α	48.4	3,5	114.5	CO	170.0

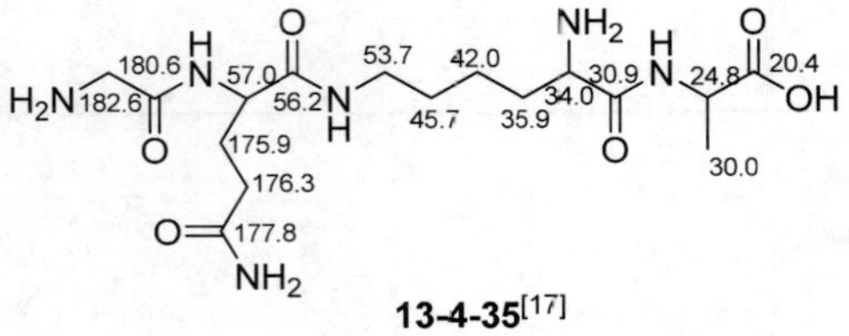

13-4-35[17]

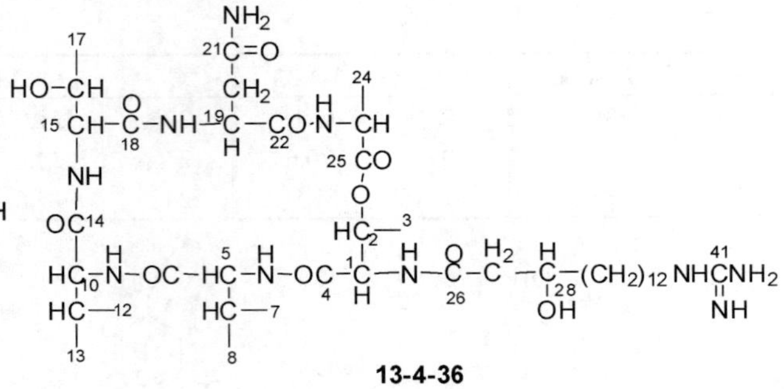

13-4-36

表 13-4-15 fusaricidin A 的 ^{13}C NMR 数据[18]

C	13-4-36	C	13-4-36	C	13-4-36	C	13-4-36	C	13-4-36
1	56.8	9	170.8	17	19.5	25	170.5	33	29.0
2	70.2	10	57.8	18	170.2	26	171.9	37	
3	16.2	11	30.0	19	50.3	27	43.0	38	26.0
4	168.3	12	18.0	20	36.5	28	67.5	39	28.3
5	56.9	13	19.2	21	172.4	29	36.7	40	40.6
6	31.4	14	172.9	22	169.6	30	25.2	41	156.7
7	18.2	15	60.2	23	47.7	31	28.5		
8	19.0	16	65.6	24	17.2	32	28.9		

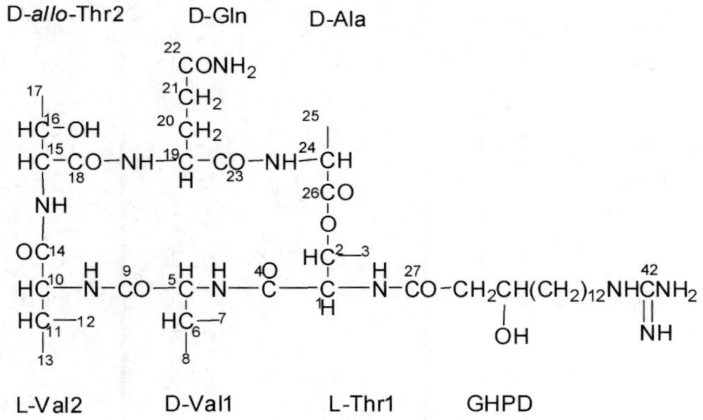

13-4-37

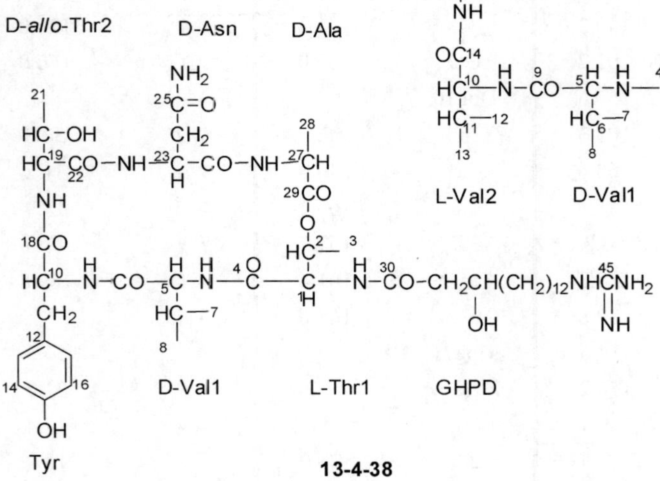

13-4-38

表 13-4-16 fusaricidin B 的 ^{13}C NMR 数据[19]

C		13-4-37	C		13-4-37	C		13-4-37
L-Thr	1	56.7		14	172.2	GHPD	27	171.9
	2	70.1	D-*allo*-Thr2	15	59.4		28	43.2
	3	16.4		16	65.6		29	67.4
	4	168.1		17	19.6		30	36.7
D-Val1	5	56.7		18	170.3		31	25.2
	6	31.5	D-Gln	19	52.7		32~37	28.9
	7	17.9		20	26.1		38	28.5
	8	19.0		21	31.8		39	25.9
	9	171.0		22	174.2		40	28.3
L-Val2	10	58.4		23	170.4		41	40.6
	11	29.5	D-Ala	24	47.8		42	156.6
	12	18.2		25	17.1			
	13	19.2		26	170.5			

表 13-4-17 fusaricidin C 的 ^{13}C NMR 数据[19]

C	13-4-38	C	13-4-38	C	13-4-38	C	13-4-38
Thr		10	54.0	21	19.7	30	171.8
1	56.8	11	36.9	22	170.4	31	43.0
2	70.1	12	127.5	Asn		32	67.4
3	16.3	13	130.0	23	50.4	33	36.7
4	168.4	14	114.6	24	36.1	34	25.1
Val		15	155.7	25	172.4	35~40	28.9
5	57.3	16	114.6	26	169.5	41	28.5
6	30.9	17	130.0	Ala		42	25.9
7	18.1	18	172.9	27	47.6	43	28.3
8	18.5	D-*allo*-Thr		28	17.5	44	40.6
9	170.1	19	60.3	29	170.3	45	156.5
Tyr		20	65.7	GHPD			

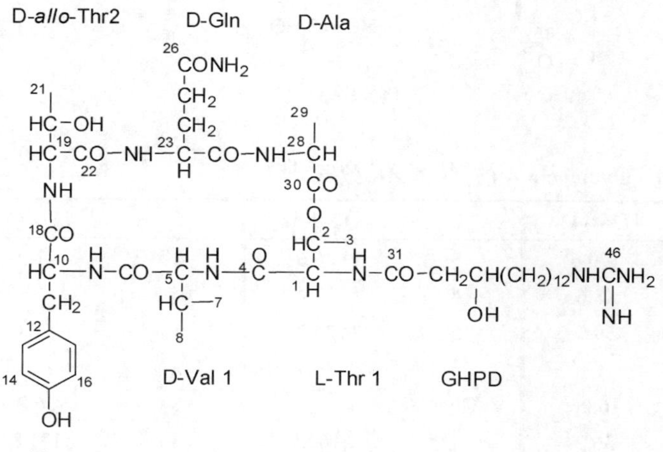

13-4-39

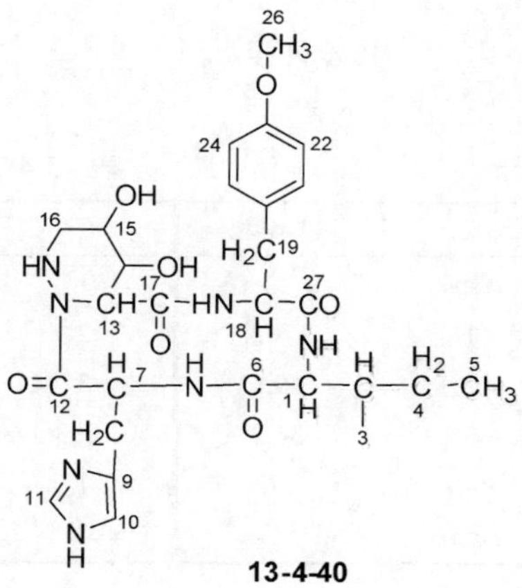

13-4-40

表 13-4-18 fusaricidin D 的 ^{13}C NMR 数据[19]

C	13-4-39	C	13-4-39	C	13-4-39	C	13-4-39
Thr		10	54.4	21	19.9	GHPD	
1	56.6	11	36.9	22	170.4	31	171.8
2	70.0	12	127.5	Gln		32	43.1
3	16.5	13	130.0	23	52.9	33	67.4
4	168.2	14	114.6	24	25.9	34	36.7
Val		15	155.9	25	31.7	35	25.1
5	57.2	16	114.6	26	174.2	36~41	28.9
6	30.9	17	130.0	27	172.3	42	28.5
7	17.9	18	172.9	Ala		43	25.9
8	18.6	*allo*-Thr		28	47.7	44	28.3
9	170.2	19	59.7	29	17.5	45	40.6
Tyr		20	65.7	30	170.4	46	156.5

表 13-4-19 glomecidin 的 ^{13}C NMR 数据[20]

C	13-4-40	C	13-4-40	C	13-4-40	C	13-4-40
1	60.4	8	32.3	14	78.3	20	129.6
2	37.8	9	121.2	15	73.9	21, 25	130.9
3	16.2	10	117.8	16	52.8	22, 24	115.2
4	26	11	137.3	17	177	23	160.2
5	11.6	12	172.5	18	63.6	26	55.7
6	173.1	13	63.6	19	30.8	27	174.8
7	52.8						

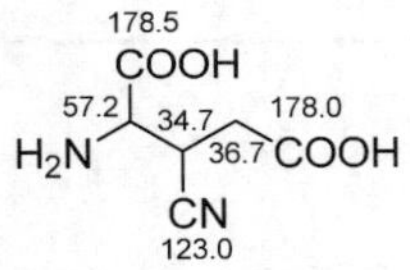

13-4-41[21]

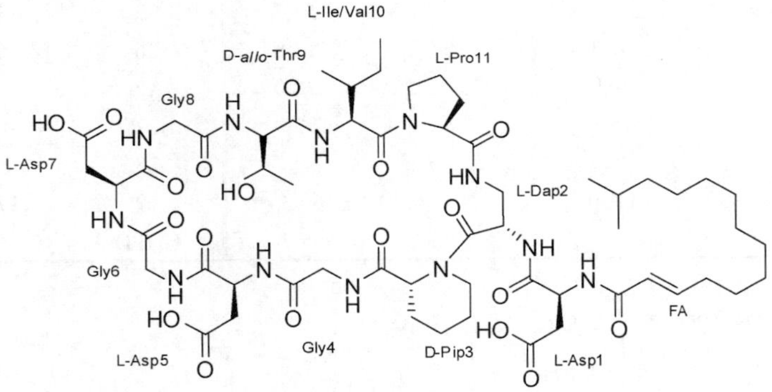

13-4-42

表 13-4-20 glycinocin A 的 ^{13}C NMR 数据[22]

C	13-4-42	C	13-4-42	C	13-4-42	C	13-4-42
Asp1		1	170.6	3	26.6	2	41.9
1	170.4	2	48.6	4	20.4	Asp5	
2	49.6	3	39.9	5	24.7	1	170.0
3	36.2	Pip3		6	39.9	2	49.5
4	172	1	168.6	Gly4		3	36.2
Dap2		2	56.2	1	169.6	4	171.8

续表

C	13-4-42	C	13-4-42	C	13-4-42	C	13-4-42
Gly6		Thr9		5	10.5	4	31.4
1	169.0	1	169.8	Pro11		5	27.9
2	42.3	2	58.6	1	170.7	6	28.8
Asp7		3	66.8	2	59.7	7~10	29.0~29.2
1	171.1	4	19.6	3	29.4	11	26.9
2	50.3	Ile10		4	24.6	12	38.6
3	36.1	1	170.8	5	47.2	13	27.5
4	171.8	2	54.4	FA		14,15	22.5
Gly8		3	36.2	1	165.1		
1	169.4	3-Me	14.8	2	124.1		
2	42.2	4	24.3	3	143.3		

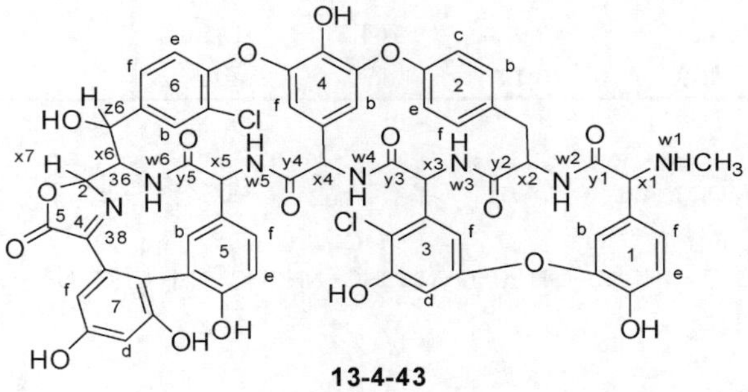

13-4-43

表 13-4-21 glycopeptide 衍生物的 ^{13}C NMR 数据[23]

C	13-4-43	C	13-4-43	C	13-4-43	C	13-4-43
x1	62.2	2d	154.6	4c	149.3	6a	140.7
y1	168.2	2e	122.0	4d	133.8	6b	127.6
1-CH_3	30.8	2f	131.1	4e	149.3	6c	125.5
1a	120.4	x3	55.1	4f	103.7	6d	149.1
1b	122.4	y3	167.0	x5	57.3	6e	124.6
1c	141.7	3a	137.2	y5	170.9	6f	126.9
1d	150.1	3b	112.5	5a	125.9	x7/Oxa-C4	164.1
1e	118.2	3c	154.6	5b	132.3	y7/Oxa-C5	163.4
1f	127.8	3d	105.5	5c	123.8	7a	132.3
x2	57.2	3e	155.5	5d	154.6	7b	117.3
y2	169.0	3f	104.1	5e	115.2	7c	155.7
z2	36.3	x4	55.9	5f	123.2	7d	104.9
2a	132.5	y4	168.3	x6	52.5	7e	157.8
2b	131.7	4a	124.9	y6/Oxa-C2	99.7	7f	107.9
2c	123.0	4b	106.4	z6	70.5		

13-4-44

13-4-45

表 13-4-22 13-4-44 和 13-4-45 的 ^{13}C NMR 数据[24]

C	13-4-44	13-4-45	C	13-4-44	13-4-45	C	13-4-44	13-4-45
1,1'	130.0	130.2	6,6'	127.3	128.5	11,11'	69.5	78.8
2,2'	115.0	115.3	7,7'	29.2	30.3	12	—	25.5
3,3'	155.8	157.0	8,8'	151.4	152.3	13	—	28.2
4,4'	115.0	115.3	9,9'	164.2	165.0			
5,5'	130.0	130.2	10,10'	66.9	61.5			

13-4-46

13-4-47

表 13-4-23 heliofenins 的 ^{13}C NMR 数据[25]

C	13-4-46	13-4-47	C	13-4-46	13-4-47	C	13-4-46	13-4-47
MOA①			4	27.3	27.3	8	14.0	13.9
1	177.9	177.9	5	29.3	29.2	9	17.0	17.1
2	38.0	37.9	6	31.6	31.6	Pro		
3	33.9	33.8	7	22.5	22.5	1	173.9	173.8

续表

C	13-4-46	13-4-47	C	13-4-46	13-4-47	C	13-4-46	13-4-47
2	62.3	62.3	3	16.3	16.2	6	15.3	15.4
3	29.5	29.5	Aib1			Aib2		
4	25.3	25.3	1	176.2	176.2	1	174.0	174.1
5	47.6	47.6	2	56.6	56.5	2	56.5	56.8
AHMOD②			3	23.0	22.9	3	22.9	23.6
1	175.0	173.8	3'	27.3	27.2	3'	26.4	26.3
2	55.2	55.3	Ile1			Aib3		
3	35.4	35.5	1	173.1	172.8	1	175.1	174.8
4	27.3	27.4	2	60.6	60.8	2	56.7	56.9
5	42.1	41.9	3	35.9	35.8	3	22.5	24.1
6	64.9	64.9	4	25.8	25.6	3'	26.8	27
7	48.9	48.9	5	11.4	11.5	AMAE③/AAE④		
8	213.8	213.2	6	15.6	15.6	1	60.7	58.7
9	37.0	37.0	Ile2			2	51.2	59.3
10	7.5	7.4	1	173	172.5	1'	54.0	63.1
11	20.7	20.7	2	60.6	60.5	2'	44.3	43.5
Ala			3	35.4	35.4	3'	18.7	18.6
1	174.2	174.1	4	26.2	25.9	$N-CH_3$		42.5
2	52.0	51.8	5	11.1	11.3			

① MOA=2-甲基辛酸。② AHMOD=2-氨基-4-甲基-6-羟基-8-氧癸酸。③ AMAE=2-[(2'-氨丙基)-甲氨基]-乙醇。④ AAE=2- (2'-氨丙基)-氨基乙醇。

13-4-48

13-4-49

表 13-4-24 13-4-48 和 13-4-49 的 ^{13}C NMR 数据[26]

C	13-4-48	13-4-49	C	13-4-48	13-4-49	C	13-4-48	13-4-49	C	13-4-48	13-4-49
2	38.4	39.5	10	30.0	30.0	17	47.1	47.1	25	28.4	28.6
3	26.8	28.9	11	171.3	171.4	19	172.0	171.9	26	23.0	23.6
4	22.9	23.0	13	38.7	38.4	20	27.6	27.6	27	26.3	24.3
5	25.7	25.8	14	28.8	28.8	21	30.0	30.0			28.7
6	46.8	46.9	15	23.5	23.5	22	171.4	171.4	28	75.4	150.2
8	171.9	171.9	16	26.0	26.0	24	38.0	38.2			149.4
9	27.6	27.6									

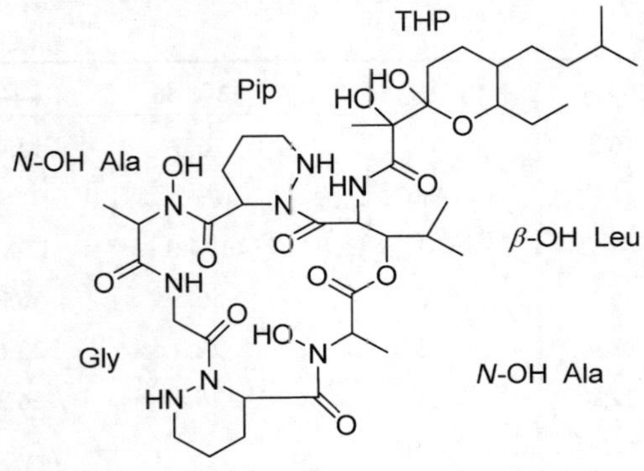

13-4-50

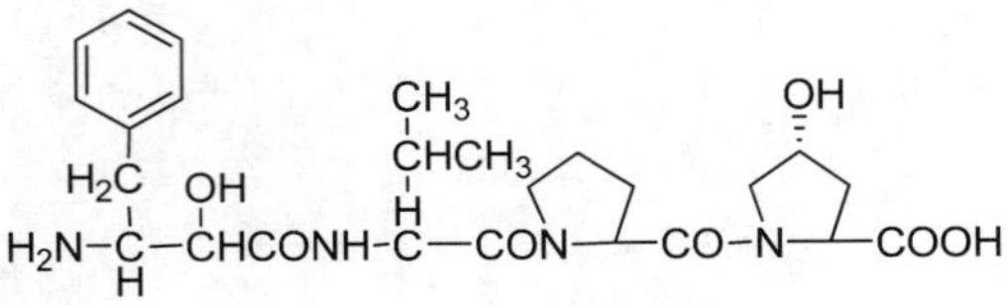

13-4-51

表 13-4-25 13-4-50 的 ^{13}C NMR 数据[27]

C	13-4-50	C	13-4-50	C	13-4-50	C	13-4-50
β-OH Leu		δ	47.6	THP		5'	22.3
α	47.2	Pip'		2	75.9	1"	25.7
β	80.0	α	49.1	3	39.6	1"-CH_3	11.0
γ	30.7	β	24.5	4	25.0	羰基碳 COX	
δ	18.7	γ	20.9	5	28.1		170
δ'	20.1	δ	46.7	6	99.8		170.2
Gly		N-OH Ala		7	77.3		170.3
α	42.5	α	54.1	7-CH_3	21.5		170.5
Pip		β	12.3	1'	29.3		173.1
α	49.1	N-OH Ala'		2'	35.7		174.0
β	25.6	α	54.1	3'	28.3		177.8
γ	21.9	β	14.3	4'	23.0		

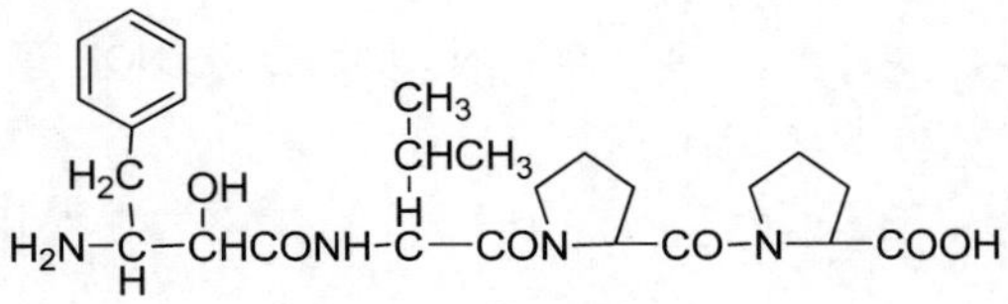

13-4-52

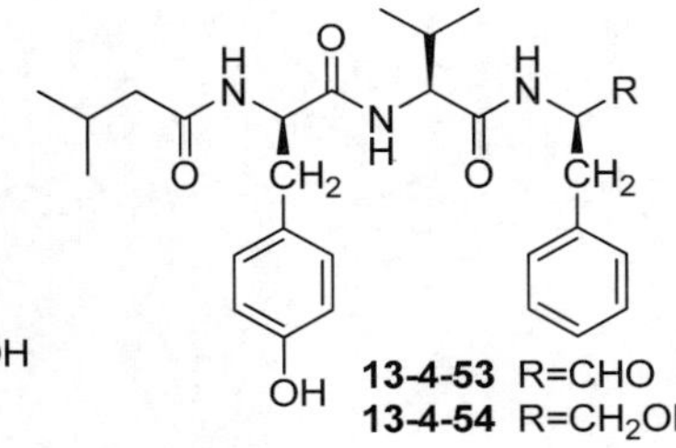

13-4-53 R=CHO
13-4-54 R=CH_2OH

表 13-4-26 13-4-51 和 13-4-52 的 ^{13}C NMR 数据[28]

C	13-4-51	13-4-52	C	13-4-51	13-4-52	C	13-4-51	13-4-52
AHPA			Ph-*m*	129.2	130.3	CH_3	17.3	19.2
CO	171.2	172.1	Ph-*p*	127.8	127.8	Pro		
2-CH	69.5	70.6	Val			CO	172.3	173.2
3-CH	56.8	55.6	CO	171.9	172.3	α-CH	58.8	57.8
4-CH_2	36.7	35.9	α-CH	54.5	53.6	β-CH_2	27.8	29.0
Ph-*i*	133.4	136.8	β-CH	29.7	30.7	γ-CH_2	23.3	25.4
Ph-*o*	129.0	130.2	γ-CH_3	18.1	18.4	δ-CH_2	48.2	48.4

续表

C	13-4-51	13-4-52	C	13-4-51	13-4-52	C	13-4-51	13-4-52
Hyp			γ-CH	69.1		α-CH		59.9
CO	172.7		δ-CH_2	50.4		β-CH_2		30.1
α-CH	58.8		Pro			γ-CH_2		25.7
β-CH_2	38.3		CO		177.8	δ-CH_2		48.4

表 13-4-27 nerfilins 的 ^{13}C NMR 数据[29]

C	13-4-53	13-4-54	C	13-4-53	13-4-54	C	13-4-53	13-4-54
异戊酰基			ε-CH	114.7	114.7	α-CH	59.7	52.2
CH_3	22.1	22.1	ζ-C	155.6	155.7	β-CH_2	33.3	36.3
CH	25.5	25.5	C=O	171.5	171.4	γ-C	137.6	139.0
CH_2	44.5	44.5	缬氨酰基			δ-CH	129.1	129.0
C=O	171.5	171.4	CH_3	17.7	18.0	ε-CH	128.2	128.0
酪氨酰基				19.1	19.1	ζ-CH	126.3	125.8
α-CH	54.0	54.1	CH	30.7	30.8	CH_2		62.4
β-CH_2	36.3	36.3	α-CH	57.3	57.8	CHO	200.1	
γ-C	128.2	128.0	C=O	171.5	170.2			
δ-CH	130.0	129.9	苯丙氨醇（醛）					

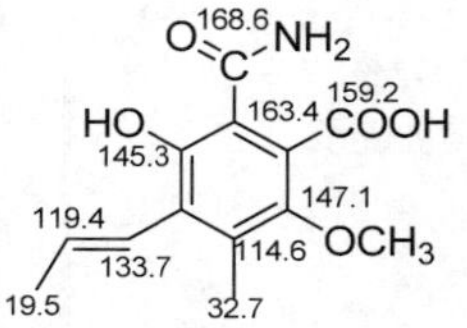

13-4-55[30]

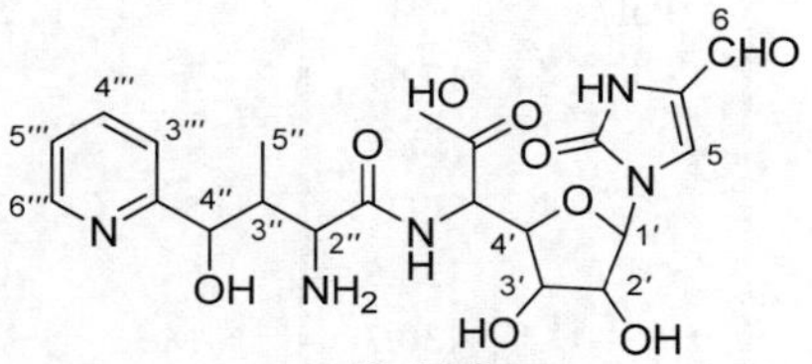

13-4-56

表 13-4-28 nikkomycin Lx 的 ^{13}C NMR 数据[31]

C	13-4-56	C	13-4-56	C	13-4-56	C	13-4-56	C	13-4-56
1	127.8	1'	90.2	5'	60.1	3''	47.7	3'''	125.1
3	157.1	2'	76.5	6'	177.1	4''	78.3	4'''	142.2
5	129.2	3'	73.8	1''	172.4	5''	10.0	5'''	126.9
6	183.9	4'	87.8	2''	60.1	2'''	163.2	6'''	151.5

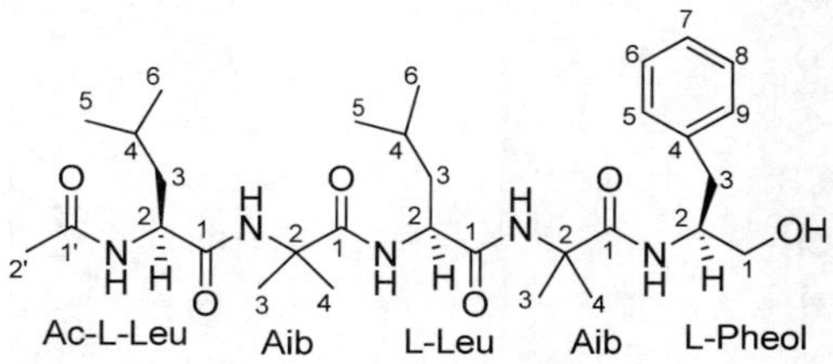

Ac-L-Leu Aib L-Leu Aib L-Pheol

13-4-57

Lac1 Meleu2 Phl3 MeLeu8 MeLeu4 Phl7 MeLeu6 Lac5

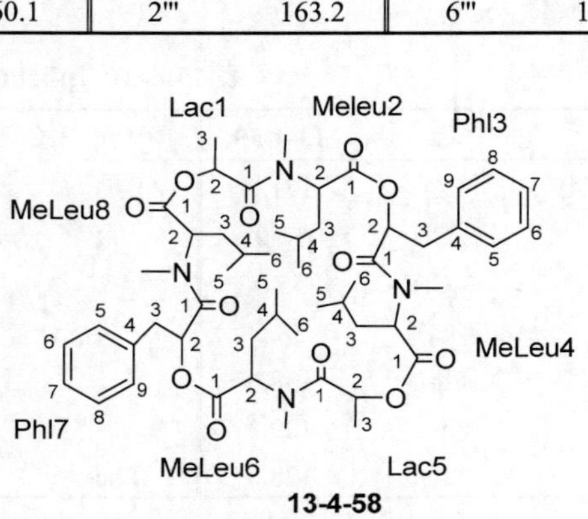

13-4-58

表 13-4-29　peptaibolin 的 ^{13}C NMR 数据[32]

C	13-4-57	C	13-4-57	C	13-4-57	C	13-4-57
Ac-L-Leu		Aib		4	24.2	1	62.8
1'	170.8	1	174.9	5	21.3	2	52.7
2'	22.4	2	55.9	6	22.9	3	36.4
1	172.9	3	25.2	Aib		4	139.5
2	53.0	4	25.2	1	173.5	5	129.1
3	39.6	L-Leu		2	56.0	6	127.9
4	24.1	1	171.7	3	25.2	7	125.7
5	22.7	2	52.8	4	24.6	8	127.9
6	21.8	3	39.2	L-Pheol		9	129.1

表 13-4-30　PF1022A 的 ^{13}C NMR 数据[33]

C	13-4-58	C	13-4-58	C	13-4-58	C	13-4-58	C	13-4-58
Lac1		4	136.2	6	129.7	MeLeu4		4	26.1
1	174.4	5	130.7	7	128.3	1	170.8	5	23.5
2	69.9	6	129.7	8	129.7	2	55.5	6	21.4
3	17.2	7	128.2	9	130.7	3	37.9	N-Me	31.1
Lac5		8	129.7	MeLeu2		4	25.6	MeLeu8	
1	173.4	9	130.7	1	172.4	5	23.6	1	172.1
2	68.4	Phl7		2	58.6	6	21.6	2	55.4
3	17.5	1	172.1	3	38.9	*N*-Me	31.3	3	37.4
Phl3		2	72.3	4	26.2	MeLeu6		4	25.2
1	172.4	3	39.0	5	23.6	1	171.0	5	23.5
2	72.5	4	136.5	6	21.7	2	55.7	6	21.0
3	38.6	5	130.7	N-Me	29.9	3	38.6	N-Me	32.0

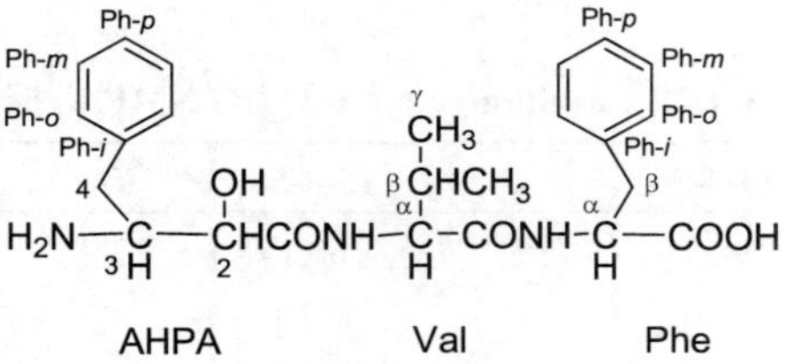

AHPA　Val　Phe

13-4-59

表 13-4-31　phebestin 的 ^{13}C NMR 数据[34]

	C	13-4-59		C	13-4-59		C	13-4-59
APHA	CO	171.9		Ph-*p*	126.2		α-CH	54.0
	2-CH	71.0	Val	CO	170.4		β-CH_2	36.9
	3-CH	55.0		α-CH	57.3		Ph-*i*	138.0
	4-CH_2	38.5		β-CH	30.8		Ph-*o*	129.1
	Ph-*i*	138.6		γ-CH_3	19.2		Ph-*m*	128.0
	Ph-*o*	129.3		CH_3	17.8		Ph-*p*	126.1
	Ph-*m*	128.3	Phe	CO	172.9			

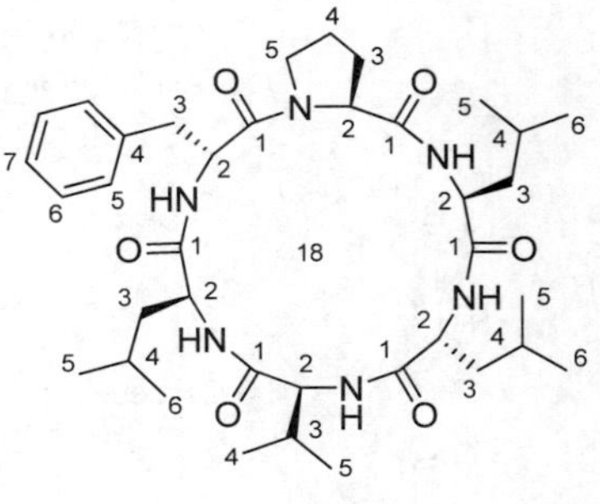

13-4-60

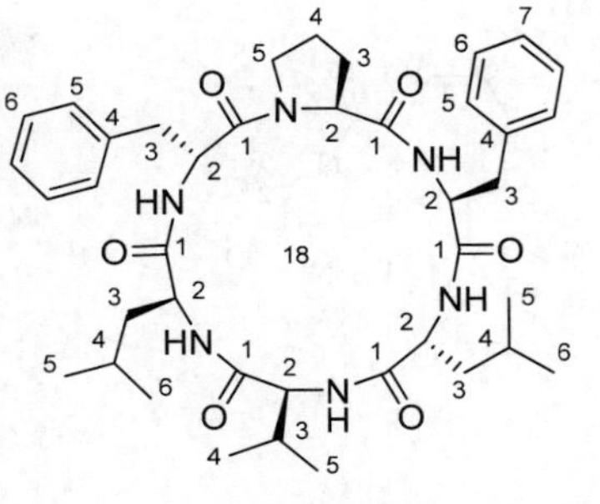

13-4-61

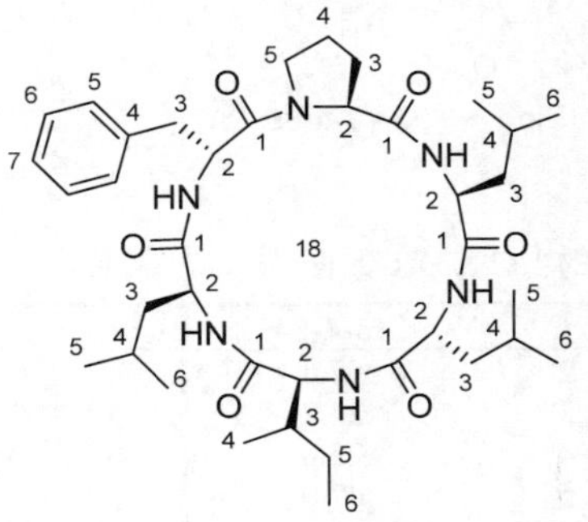

13-4-62

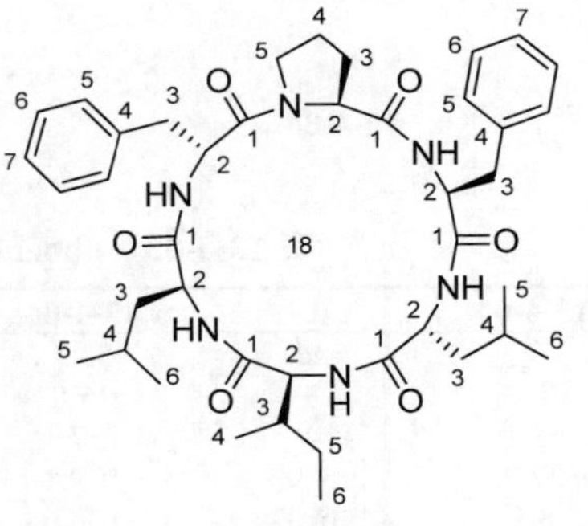

13-4-63

表 13-4-32 phepropeptins 的 ^{13}C NMR 数据[35]

	C	13-4-60	13-4-61	13-4-62	13-4-63		C	13-4-60	13-4-61	13-4-62	13-4-63
1	1	173.1	173.3	173.1	173.2		2	50.9	53.7	50.9	53.7
	2	50.8	50.9	50.9	50.9		3	38.3	35.1	38.4	35.2
	3	39.8	39.8	40.0	40.0		4	25.1	137.8	24.8	137.8
	4	24.8	24.9	25.1	24.9		5	21.5	129.1	21.4	129.1
	5	22.3	22.6	22.3	22.6		6	23.1	128.4	23.1	128.4
	6	22.7	22.7	22.7	22.7		7		126.6		126.6
2	1	171.0	170.9	171.2	171.0	5	1	171.7	171.4	171.7	171.4
	2	54.3	54.5	54.6	54.6		2	51.8	52.1	51.7	51.9
	3	36.7	36.7	36.7	36.7		3	37.5	37.7	37.5	37.7
	4	135.5	135.5	135.5	135.5		4	24.5	24.5	24.5	24.5
	5	129.3	129.3	129.2	129.3		5	22.4	22.4	22.2	22.3
	6	128.7	128.7	128.7	128.6		6	22.8	22.7	22.8	22.7
	7	127.4	127.4	127.4	127.4	6	1	171.8	172.0	171.7	171.7
3	1	171.8	171.9	171.9	171.9		2	59.5	59.4	59.0	59.0
	2	60.9	60.6	60.9	60.6		3	29.2	29.3	36.0	36.0
	3	29.3	29.0	29.3	29.0		4	17.3	17.3	24.8	24.8
	4	24.2	23.4	24.3	23.4		5	19.5	19.5	11.7	11.7
	5	47.0	46.8	47.0	46.9		6			16.0	16.0
4	1	173.9	173.0	173.9	173.0						

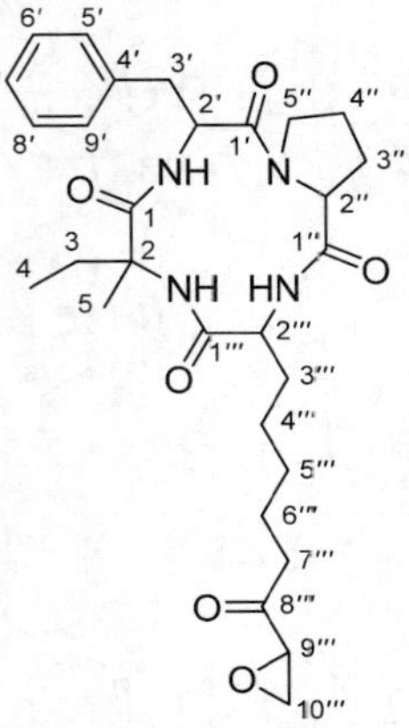

C15 酰基链

13-4-64 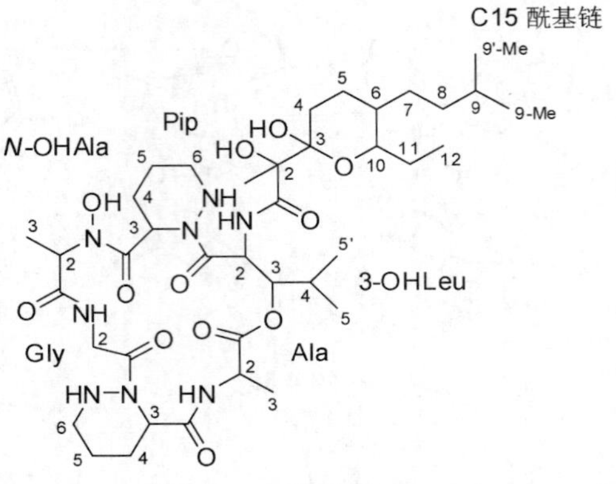　　**13-4-65**

表 13-4-33　phoenistatin 的 ^{13}C NMR 数据[36]

C	13-4-64	C	13-4-64	C	13-4-64	C	13-4-64
Iva		2'	53.3	2''	57.8	4'''	25.3
1	175.6	3'	35.8	3''	24.7	5'''	22.8
2	63.1	4'	137.1	4''	25.0	6'''	28.8
3	27.9	5',9'	129.1	5''	47.0	7'''	36.3
4	8.4	6',8'	128.6	Aoe		8'''	207.5
5	22.4	7'	126.7	1'''	174.2	9'''	53.4
Phe		Pro		2'''	54.4	10'''	46.1
1'	172.8	1''	171.8	3'''	28.7		

表 13-4-34　pipalamycin 的 ^{13}C NMR 数据[37]

C	13-4-65	C	13-4-65	C	13-4-65	C	13-4-65
Ala		2	43.6	CO	171.2	5	24.1
CO	171.7	N-OH Ala		2	55.0	6	38.6
2	47.2	CO	171.0	3	78.0	7	28.9
3	16.2	2	55.8	4	29.9	8	35.4
Pip1		3	14.2	5	15.5	9	28.3
CO	169.1	Pip2		5'	19.5	9-Me	22.2
3	52.4	CO	172.4	酰基链		9'-Me	23.0
4	23.8	3	51.6	CO	177.4	10	75.5
5	21.0	4	24.0	2	76.9	11	25.0
6	47.5	5	21.1	2-Me	20.6	12	8.9
Gly		6	46.1	3	99.1		
CO	172.3	3-OHLeu		4	27.9		

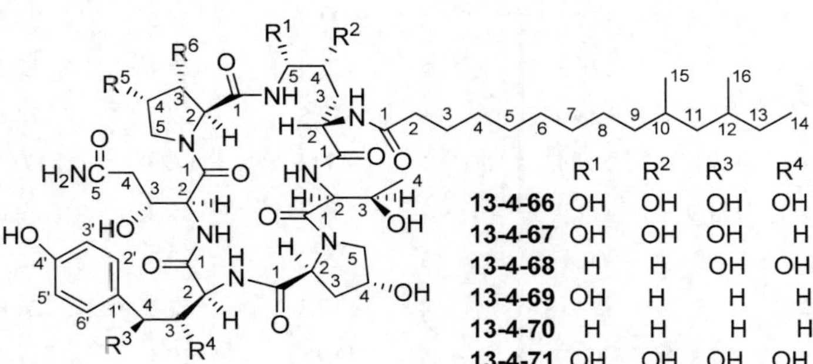

	R^1	R^2	R^3	R^4	R^5	R^6
13-4-66	OH	OH	OH	OH	CH_3	OH
13-4-67	OH	OH	OH	H	CH_3	OH
13-4-68	H	H	OH	OH	CH_3	OH
13-4-69	OH	H	H	H	CH_3	OH
13-4-70	H	H	H	H	CH_3	OH
13-4-71	OH	OH	OH	OH	H	OH
13-4-72	H	H	OH	OH	H	OH
13-4-73	OH	OH	OH	OH	OH	H
13-4-74	OH	OH	OH	OH	OH	OH

表 13-4-35 pneumocandins 的 ^{13}C NMR 数据[38]

C	13-4-66	13-4-67	13-4-68	13-4-69	13-4-70	13-4-71	13-4-72	13-4-73	13-4-74[39]
DiOHTyr									
1	172.5	173.1	172.3	173.4	173.6	172.5	172.6	172.5	172.6
2	56.4	52.7	56.7	54.5	55.2	56.3	56.7	56.3	56.3
3	76.9	42.4	76.8	35.4	33.9	76.9	76.8	76.9	76.9
4	75.8	72.6	75.9	33.1	32.9	75.8	75.9	75.8	75.8
1'	133.0	136.1	133.1	133.0	133.0	133.0	133.1	133.0	133.0
2',6'	129.6	128.5	129.6	130.5	130.5	129.6	129.6	129.6	129.6
3',5'	116.2	116.2	116.2	116.2	116.3	116.2	116.2	116.2	116.2
4'	158.5	158.0	158.5	156.8	156.8	1568.5	158.5	158.5	158.5
3-OHGln									
1	169.0	169.4	169.7	169.0	170.2	169.1	169.6	169.2	169.4
2	55.6	55.5	55.7	55.3	55.7	55.6	55.6	56.1	55.3
3	70.7	70.9	70.6	71.0	70.7	70.7	70.7	70.9	70.8
4	39.5	39.9	39.9	39.8	40.1	39.4	39.9	39.4	39.3
5	177.2	176.8	176.8	176.9	176.4	177.2	176.8	177.3	177.2
3-OHMePro/DiOH Pro									
1	172.7	172.6	172.4	172.6	172.2	172.9	172.4	172.9	173.2
2	70.2	70.1	70.3	70.1	70.3	69.8	69.9	60.7	66.1
3	75.9	75.8	76.1	76.1	76.0	74.3	74.3	38.5	75.9
4	39.1	39.1	39.0	39.1	39.0	34.8	34.5	71.0	71.9
5	53.0	53.0	52.9	53.0	52.8	47.0	46.9	57.9	54.4
4-CH_3	11.1	11.2	11.2	11.2	11.2				
DiOHOrn									
1	174.6	174.6	175.2	175.4	175.2	174.5	175.3	174.5	174.6
2	51.4	51.6	52.9	52.2	53.0	51.4	52.9	51.2	51.3
3	34.8	34.9	27.7	26.8	28.1	34.5	27.6	34.9	34.9
4	70.6	70.6	24.3	30.7	24.6	70.6	24.3	70.6	70.6
5	74.0	74.3	37.9	71.9	38.3	73.9	37.9	73.8	73.8
DMM									
1	175.8	175.9	176.1	176.0	176.3	175.8	176.1	175.7	175.8
2	36.7	36.7	36.7	36.8	36.7	36.7	36.7	36.7	36.7
3	27.0	27.0	27.0	27.1	27.0	27.0	27.0	27.0	27.0
4	30.3	30.3	30.3	30.3	30.3	30.3	30.3	30.3	30.3
5	30.6	30.6	30.5	30.6	30.5	30.6	30.5	30.6	30.6
6	30.7	30.8	30.7	30.8	30.7	30.8	30.8	30.8	30.8
7	31.2	31.3	31.1	31.2	31.1	31.2	31.1	31.2	31.2
8	28.0	28.0	28.0	28.1	28.0	28.1	28.0	28.1	28.1
9	38.1	38.1	38.0	38.1	38.0	38.1	38.1	38.1	38.1
10	31.3	31.2	31.2	31.3	31.2	31.2	31.2	31.3	31.3
11	45.9	45.9	45.9	45.9	45.9	45.9	45.9	45.9	45.9
12	32.9	32.9	32.9	32.9	32.9	32.9	32.9	32.9	32.9
13	30.3	30.3	30.3	30.4	30.3	30.3	30.4	30.3	30.3
14	11.6	11.6	11.6	11.6	11.6	11.6	11.6	11.6	11.6
15	20.7	20.7	20.7	20.7	20.7	20.7	20.7	20.7	20.7
16	20.2	20.2	20.2	20.2	20.2	20.2	20.2	20.2	20.2

续表

C	13-4-66	13-4-67	13-4-68	13-4-69	13-4-70	13-4-71	13-4-72	13-4-73	13-4-74[39]
Thr									
1	172.7	172.6	172.9	172.6	172.7	172.7	172.9	174.6	172.6
2	58.4	58.4	58.4	58.3	58.6	58.3	58.4	58.3	58.3
3	68.2	68.7	68.0	68.9	68.2	68.2	68.1	68.2	68.2
4	19.7	19.6	19.8	19.8	19.8	19.7	19.8	19.7	19.7
4-OHPro									
1	173.4	173.6	173.5	174.0	173.6	173.4	173.6	173.4	172.4
2	62.5	62.2	62.4	62.2	62.1	62.5	62.5	62.4	62.5
3	38.5	38.7	38.6	38.5	38.5	38.5	38.6	38.5	38.5
4	71.3	71.3	71.3	71.3	71.2	71.3	71.3	71.3	71.3
5	57.1	57.1	57.2	57.0	57.1	57.1	57.2	57.1	57.1

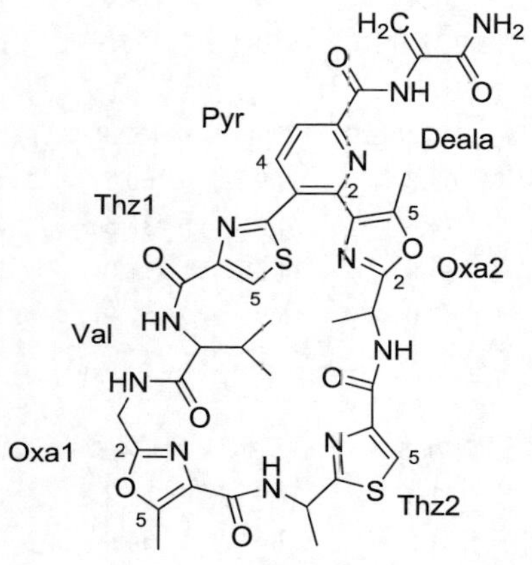

13-4-75

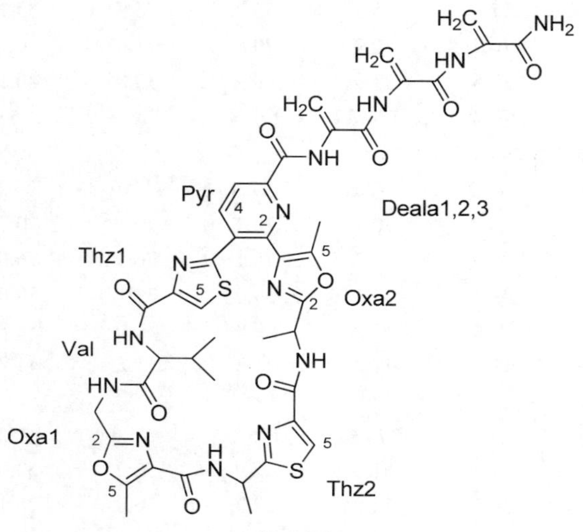

13-4-76

表 13-4-36 promothiocins 的 ^{13}C NMR 数据[40]

C	13-4-75	13-4-76	C	13-4-75	13-4-76	C	13-4-75	13-4-76
Thz1			C=O	160.1	160.2	C-3	130.3	130.5
C-2	163.7	163.5	Thz2			C-4	141.2	141.1
C-4	149.0	149.0	α-CH	45.2	45.2	C-5	120.6	120.8
C-5	126.9	127.0	β-CH_3	19.8	19.7	C-6	149.0	148.8
C=O	159.7	159.7	C-2	171.8	171.7	C=O	161.2	161.5
Val			C-4	148.5	148.5	Deala 1		
α-CH	57.4	57.5	C-5	125.0	125.1	α-C	133.6	133.5
β-CH	31.2	31.2	C=O	159.8	159.9	β-CH_2	102.4	104.6
γ-CH_3	18.3	18.3	Oxa2			C=O	164.9	162.9
γ-CH_3	19.4	19.4	α-CH	43.1	43.2	Deala 2		
C=O	170.6	170.7	β-CH_3	18.0	18.1	α-C		136.9
Oxa1			C-2	161.8	162.0	β-CH_2		112.2
CH_2	35.2	35.2	C-4	132.3	132.3	C=O		162.2

续表

C	13-4-75	13-4-76	C	13-4-75	13-4-76	C	13-4-75	13-4-76
C-2	158.5	158.5	C-5	149.2	149.1	Deala 3		
C-4	128.6	128.6	5-CH_3	11.5	11.5	α-C		134.6
C-5	152.6	152.7	Pyr			β-CH_2		104.3
5-CH_3	11.2	11.3	C-2	148.0	148.0	C=O		165.1

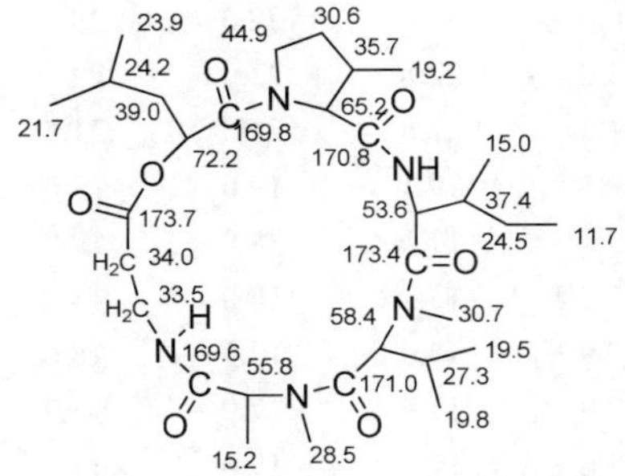

13-4-77[41]

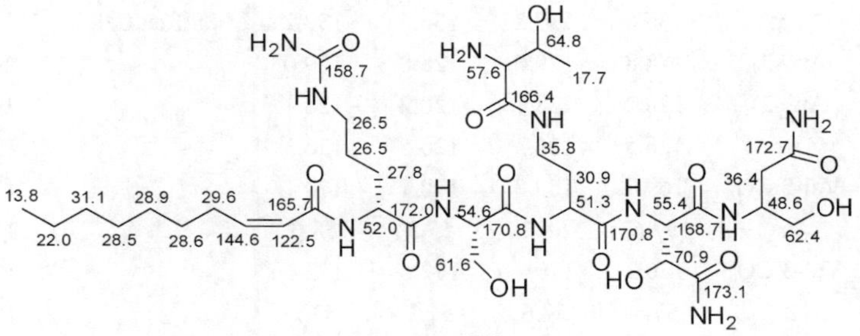

13-4-78[42]

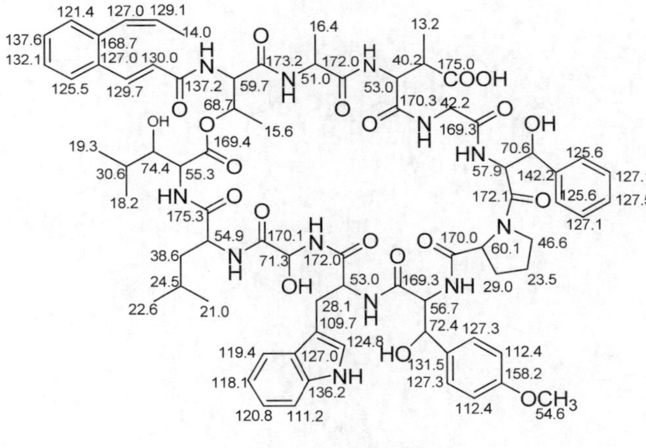

13-4-79[43]

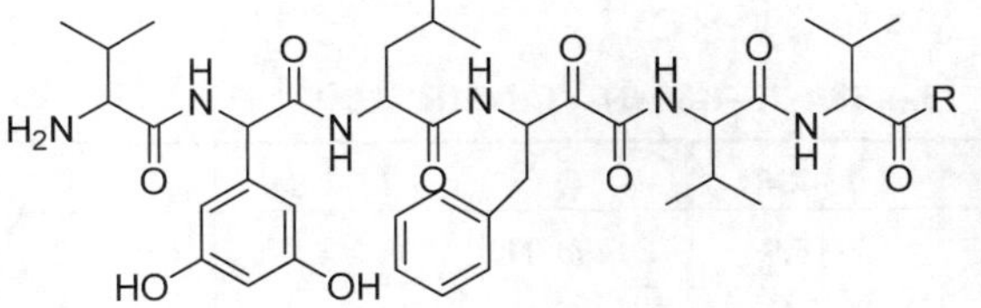

13-4-80 R= L-Asp
13-4-81 R= L-Asp
13-4-82 R= OH
13-4-83 R=OH

表 13-4-37 化合物 13-4-80~13-4-83 的 ^{13}C NMR 数据[44]

C	13-4-80	13-4-81	13-4-82	13-4-83	C	13-4-80	13-4-81	13-4-82	13-4-83
Val-1 CO	167.1	167.2	167.1	167.3	Ar	139.1	139.1	139.1	139.1
α	56.8	57.1	56.8	56.8	Ar(×2)	105.8	106.1	105.8	105.8
ADPAA CO	168.9	168.9	168.9	168.8	Ar	101.9	102.3	101.9	101.9
α	56.1	56.5	56.1	56.2	Leu CO	171.7	171.5	171.7	171.5
Ar(×2)	158.2	158.3	158.2	158.1	α	50.3	51.0	50.3	50.6

续表

C	13-4-80	13-4-81	13-4-82	13-4-83	C	13-4-80	13-4-81	13-4-82	13-4-83
β	41.4	41.7	41.3	41.6	COOH	171.5	171.3	—	—
γ	23.9	23.9	23.8	23.8	α	48.5	48.6	—	—
AOPBA CO	159.7	160.4	159.7	160.1	β	36.2	36.0	—	—
α-CO	195.8	195.6	195.8	195.6	Val β	30.8	30.6	30.9	30.6
β	54.7	55.3	54.6	55.4		30.5	30.6	30.0	30.0
γ	35.2	35.5	35.2	35.3		30.0	30.0	29.6	29.7
Ar	136.6	137.2	136.5	137.2	Val,Leu CH_3	23.0	22.8	23.0	22.9
Ar(×2)	128.8	129.0	128.8	129.0		21.5	21.6	21.5	21.5
Ar(×2)	128.2	128.1	128.2	128.1		19.1	19.1	19.0	19.0
Ar	126.5	126.3	126.5	126.3		19.0	19.0	18.9	19.0
Val-2 CO	169.7	169.8	170.1	170.1		17.9	18.2	18.0	18.2
α	57.6	58.2	57.3	58.0		17.9	18.0	17.9	18.0
Val-3 CO	170.3	170.4	172.5	172.6		17.9	17.9	17.9	17.9
α	57.4	57.6	57.3	57.2		17.6	17.5	17.6	17.5
Asp COOH	172.2	171.9	—	—					

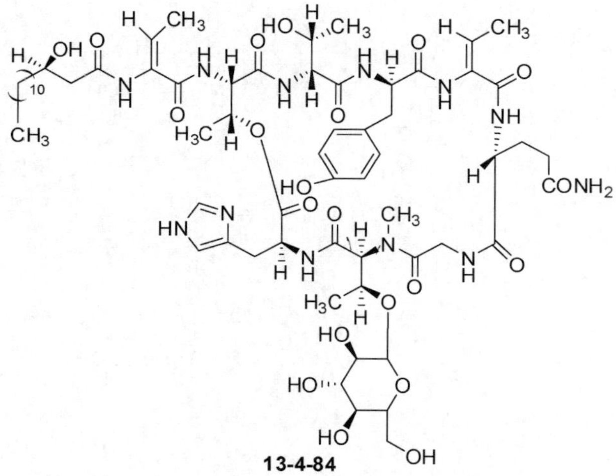

13-4-84

表 13-4-38　13-4-84 的 ^{13}C NMR 数据[45]

C	13-4-84	C	13-4-84	C	13-4-84	C	13-4-84
D-Hma		14	13.9	D-*allo*-Thr		2	54.7
2	43.8	E-Aca 2		2	60.8	3	36.3
3	67.5	3	121.8	3	67.5	1'	128.1
4	37.0		122.5	4	19.6	2'	130.3
5~9	29.1	4	13.2	D-Gln		3'	115.1
10	31.3	L-Thr		2	54.5	4'	156.0
11	28.7	2	59.2	3	26.9	*N*-Mc-L-*allo*-Thr	
12	25.0	3	71.4	4	30.2/31.5	2	52.4
13	22.1	4	15.9	D-Tyr		3	71.3

续表

C	13-4-84	C	13-4-84	C	13-4-84	C	13-4-84
4	15.2	3		α-D-Glu		4,5	70.1,70.5
N-CH_3	31.5/32.0	2'	135.5	1	95.0	6	60.8
L-His		4'	115.1	2	71.6		
2	52.4	5'	131.3	3	73.5		

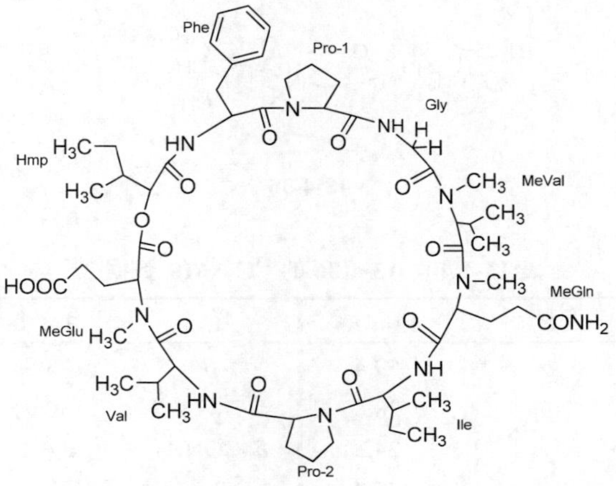

13-4-85

表 13-4-39 13-4-85 的 ^{13}C NMR 数据[46]

C	13-4-85	C	13-4-85	C	13-4-85	C	13-4-85
HMP		α	59.4	β	23.8	ε	43.1
CO	167.9	β	29.1	γ	30.8	Val	
α	74.5	γ	24.7	δ-$CONH_2$	173.1	CO	172.3
β	35.6	δ	47.0	*N*-Me	29.1	α	54.1
γ-Me	13.8	Gly		Ile		β	31.1
γ-CH_2	25.3	CO	170.4	CO	170.2	γ-Me	17.7
δ-Me	11.4	α	41.0	α	52.5	γ-Me	19.1
Phe		Val		β	36.1	MeGlu	
CO	169.7	CO	169.7	γ-Me	16.0	CO	169.4
α	52.2	α	57.0	γ-CH_2	22.3	α	61.9
β	36.3	β	27.3	δ-Me	11.3	β	23.8
γ-C1	137.4	γ-Me	17.9	Pip		γ	30.2
C2,C6	129.2	γ-Me	19.1	CO	170.2	δ-COOH	174.0
C3,C5	128.4	*N*-Me	28.1	α	52.4	*N*-Me	38.4
C4	126.4	MeGln		β	27.1		
Pro		CO	168.4	γ	19.4		
CO	170.6	α	58.9	δ	24.4		

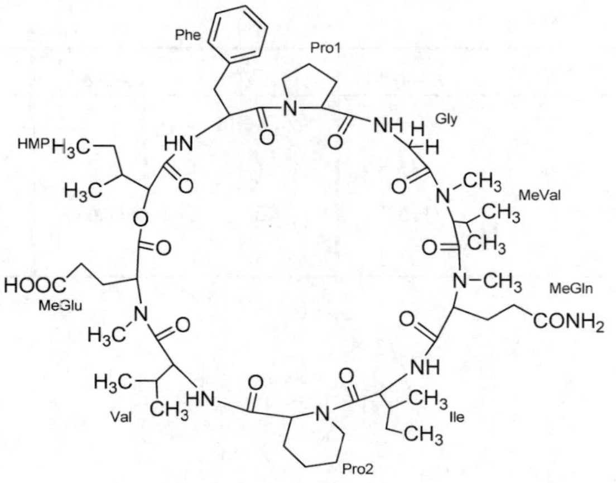

13-4-86

表 13-4-40　13-4-86 的 ^{13}C NMR 数据[46]

C	13-4-86	C	13-4-86	C	13-4-86	C	13-4-86
HMP		α	59.4	β	23.8	ε	
CO	167.9	β	28.8	γ	30.9	Val	
α	74.9	γ	24.3	δ-$CONH_2$	173.1	CO	172.5
β	35.8	δ	47.0	NMe	29.2	α	53.7
γ-Me	14.4	Gly		Ile		β	31.5
γ-CH_2	25.4	CO	170.7	CO	170.1	γ-Me	17.8
δ-Me	11.4	α	40.2	α	53.7	γ-Me	19.3
Phe		Val		β	37.7	MeGlu	
CO	169.8	CO	169.8	γ-Me	14.9	CO	169.4
α	52.1	α	57.1	γ-CH_2	23.6	α	62.0
β	36.2	β	27.0	δ-Me	11.1	β	23.9
γ-C1	137.5	γ-Me	17.8	Pip		γ	30.2
C2,C6	129.2	γ-Me	19.0	CO	168.1	δ-COOH	173.9
C3,C5	128.2	NMe	28.2	α	59.5	NMe	38.4
C4	126.3	MeGln		β	29.7		
Pro		CO	168.1	γ	24.9		
CO	171.5	α	58.9	δ	47.6		

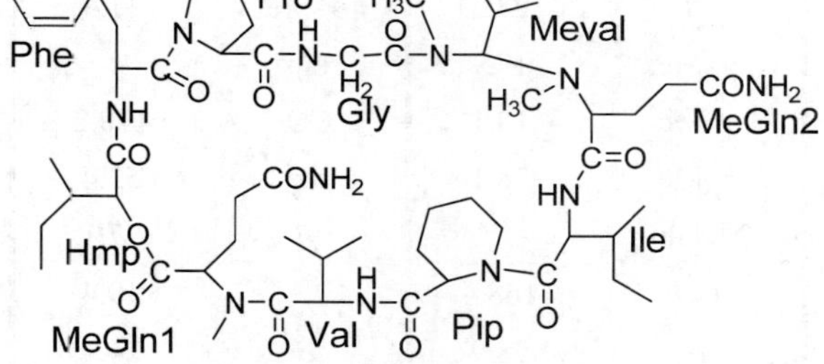

13-4-87

表 13-4-41 13-4-87 的 ^{13}C NMR 数据[47]

C	13-4-87	C	13-4-87	C	13-4-87	C	13-4-87
MeGln1		γ	19.4	MeVal		CO	169.7
CO	169.5	δ	24.4	CO	169.7	α	52.2
α	62.0	ε	43.1	α	57.0	β	36.3
β	23.9	Ile		β	27.3	γ-C1	137.4
γ	30.7	CO	170.2	γ-Me	17.9	2, 6	129.2
δ-CONH$_2$	173.4	α	52.5	γ-Me	19.1	3, 5	128.4
NMe	38.5	β	36.1	NMe	28.1	C4	126.4
Val		γ-Me	16.0	Gly		Hmp	
CO	172.2	γ-CH$_2$	22.3	CO	170.4	CO	168.0
α	54.2	δ-Me	11.3	α	41.1	α	74.4
β	31.0	MeGln		Pro		β	35.6
γ-Me	17.7	CO	168.4	CO	170.6	γ-Me	13.8
γ-Me	19.2	α	58.9	α	59.4	γ-CH$_2$	25.3
Pip		β	23.8	β	29.1	δ-Me	11.4
CO	170.2	γ	30.8	γ	24.7		
α	52.4	δ-CONH$_2$	173.1	δ	47.0		
β	27.0	NMe	29.1	Phe			

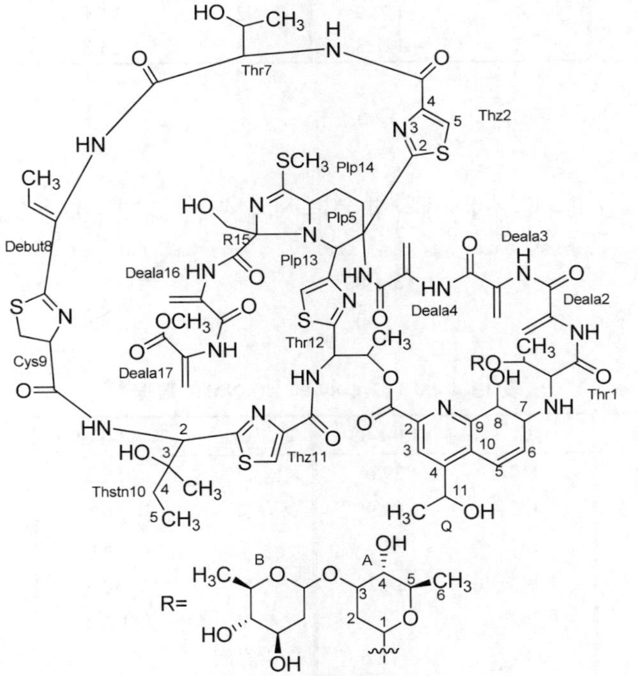

13-4-88

表 13-4-42 13-4-88 的 ^{13}C NMR 数据[48]

C	13-4-88	C	13-4-88	C	13-4-88	C	13-4-88
Deala2		2	133.4	Deala3		2	132.9
CO	161.1s	3	100.2	CO	163.0	3	102.1

续表

C	13-4-88	C	13-4-88	C	13-4-88	C	13-4-88
Deala4		4	78.9	Q		4	33.8
CO	168.9	5	34.8	CO	170.5	5	59.3
2	138.1	Thstn10		2	143.5	6	63.0
3	103.4	2	54.6	3	122.7	R15	
Thz6		3	75.1	4	153.6	CO	162.3
CO	161.8	4	30.7	5	122.8	2	92.3
2	169.2	CH_3	7.6	6	130.1	3	64.0
4	146.7	$3CH_3$	23.6	7	59.5	4	178.0
5	124.3	Thz11		8	67.9	SCH_3	12.1
Thr7		CO	162.1	9	154.6	3-OH	
CO	166.6	2	167.2	10	127.6	Deala16	
2	55.6	4	149.7	11	64.3	CO	160.3
3	66.5	5	125.1	CH_3	22.5	2	134.2
CH_3	19.2	Thr12		Thr1		3	103.5
Debut8		2	55.4	CO	164.0	Deala17	
2	128.4	3	72.0	2	66.4	CO	165.7
3	132.7	CH_3	18.9	3	70.7	2	131.4
CH_3	15.0	Thz13		CH_3	17.4	3	110.8
Cys9		2	169.0s	Pip		OCH_3	52.4
CO	171.7	4	152.9	2	71.6		
2	170.7	5	122.3	3	23.8		

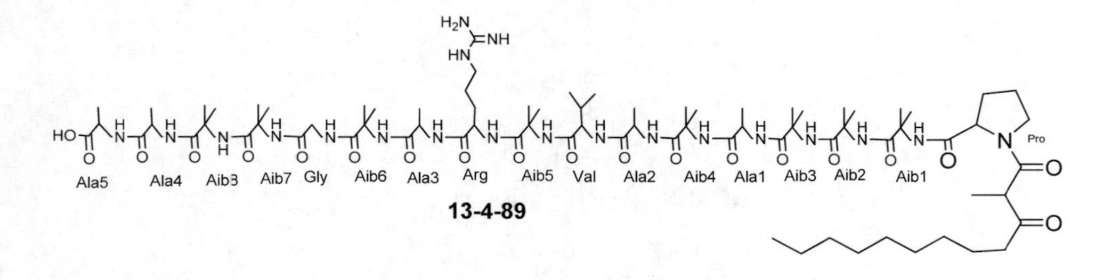

13-4-89

表 13-4-43　13-4-89 的 ^{13}C NMR 数据[49]

C	13-4-89	C	13-4-89	C	13-4-89	C	13-4-89
MOTDA		11"	29.6	2'	56.2	Ala3	173.9
1"	170.5	12"	31.9	3'	36.5		54.1
2"	52.0	13"	24.3	4'	25.0		17.1
2"-CH_3	13.0	14"	14.1	5'	38.3	Ala4	174.5
3"	211.9	脯氨酸		6'	157.8		51.2
4"	40.8	1'	172.6	丙氨酸			16.7
5"	29.3	2'	57.1	Ala1	174.0	Ala5	175.5
6"	23.6	3'	29.4		53.1		51.0
7"	29.2	4'	25.1		22.4		16.5
8"	29.4	5'	47.6	Ala2	175.3	甘氨酸	
9"	29.5	精氨酸			52.0	1'	174.2
10"	29.5	1'	174.2		17.0	2'	39.7

续表

C	13-4-89	C	13-4-89	C	13-4-89	C	13-4-89
缬氨酸			56.7		28.0		56.6
1'	172.2		26.9	Aib5	175.7		28.0
2'	65.5		26.9		57.1		28.0
3'	27.3	Aib3	177.0		28.1	Aib8	176.4
4'	19.1		56.2		28.1		56.5
4'	20.1		27.0	Aib6	175.7		27.3
AIB			27.0		57.0		27.3
Aib1	175.5	Aib4	175.5		28.1		
	56.8		56.9		28.1		
Aib2	175.8		28.0	Aib7	176.4		

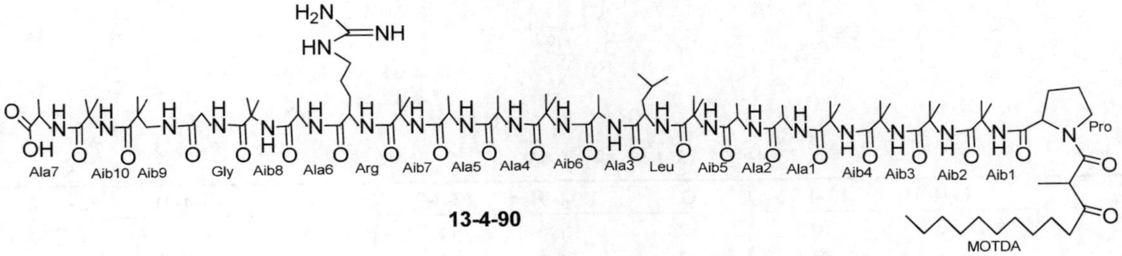

13-4-90

表 13-4-44 13-4-90 的 ^{13}C NMR 数据[50]

C	13-4-90	C	13-4-90	C	13-4-90	C	13-4-90
MOTDA		3'	35.0		22.8	2'	50.8
1"	170.1	4'	24.5	Ala4	174.2	3'	24.3
2"	52.8	5'	47.5		50.0	4'	24.1
2"-CH_3	12.5	精氨酸			22.6	5'	16.5
3"	206.5	1'	171.5	Ala5	175.4	6'	16.4
4"	40.7	2'	52.1		49.2	AIB	
5"	27.8	3'	35.2		17.0	Aib1	172.3
6"	22.0	4'	28.8	Ala6	176.0		55.9
7"	28.4	5'	35.6		50.0		24.1
8"	29.4(t)	6'	156.6		21.6		24.1
9"	28.6	丙氨酸		Ala7	169.3	Aib2	172.0
10"	28.9	Ala1	173.8		49.6		55.9
11"	28.9		50.0		17.0		22.9
12"	31.2		22.7	甘氨酸			22.9
13"	24.9	Ala2	175.2	1'	174.1	Aib3	175.6
14"	13.8		49.2	2'	35.7		55.6
脯氨酸			16.5	Leu			23.6
1'	171.2	Ala3	171.1	1'	171.7		23.4
2'	50.2		50.1	NH		Aib4	171.6

续表

C	13-4-90	C	13-4-90	C	13-4-90	C	13-4-90
	55.8	Aib6	172.6		25.8		24.9
	25.6		55.9	Aib8	174.9		24.8
	25.5		26.6		55.7	Aib10	175.1
Aib5	173.1		26.4		25.1		55.8
	55.9	Aib7	173.3		25.0		24.6
	25.4		55.8	Aib9	174.1		24.3
	25.2		26.2		55.9		

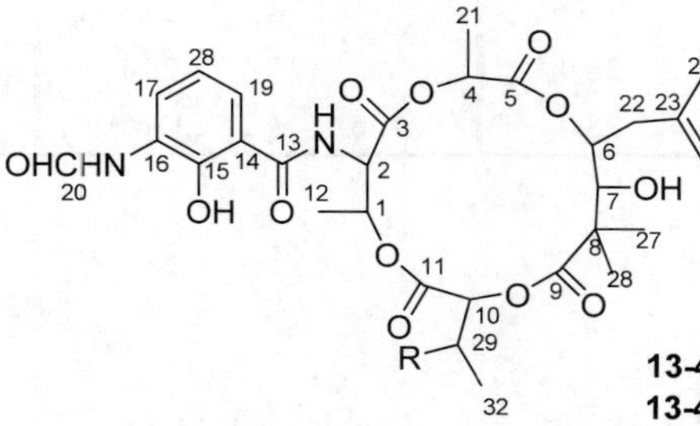

13-4-91 R=CH_2CH_3
13-4-92 R=CH_3

表 13-4-45 13-4-91 和 13-4-92 的 ^{13}C NMR 数据[51]

C	13-4-91	13-4-92	C	13-4-91	13-4-92	C	13-4-91	13-4-92
1	70.5	70.5	12	15.5	15.7	23	137.6	137.6
2	55.1	55.1	13	170.1	170.0	24	129.1	129.1
3	167.3	167.4	14	114.4	114.4	25	128.2	128.2
4	68.8	68.8	15	150.7	151.7	26	126.3	126.3
5	168.8	168.8	16	127.0	127.3	27	22.0	22.1
6	72.1	72.1	17	124.9	124.4	28	26.0	26.0
7	77.5	77.4	18	117.9	116.9	29	35.5	29.6
8	45.3	45.3	19	123.4	123.4	30a	24.2	
9	174.9	174.9	20	160.4	160.2	31	10.2	17.6
10	74.3	75.5	21	17.1	17.1	32	14.0	17.9
11	168.0	167.8	22a	38.6	38.5			

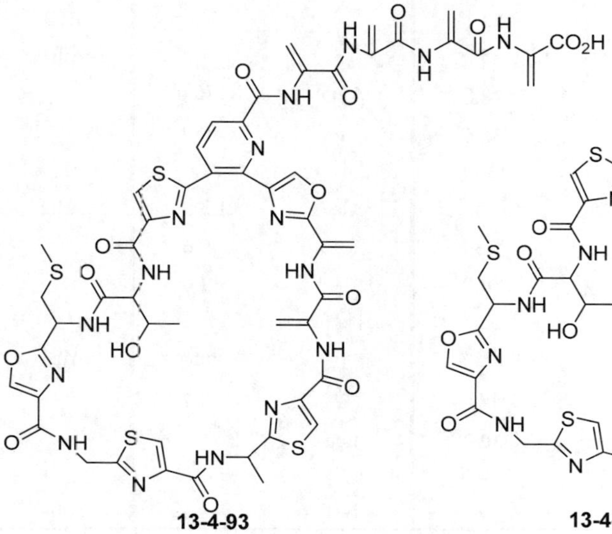

13-4-93 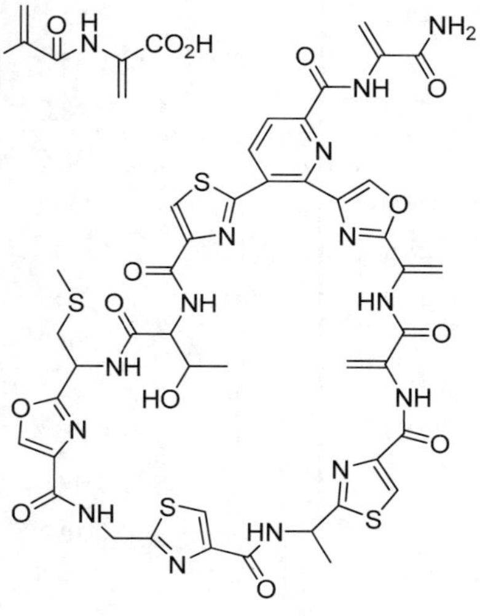 **13-4-94**

表 13-4-46 13-4-93 和 13-4-94 的 ^{13}C NMR 数据[52]

C	13-4-93	13-4-94	C	13-4-93	13-4-94	C	13-4-93	13-4-94
噻唑 1			CH-5	124.7	124.7	CH-4	141.2	141.2
C-2	163.3	163.3	CO	160.0	160.0	CH-5	121.5	121.4
C-4	149.4	149.6	噻唑 3			C-6	146.7	146.6
CH-5	127.3	127.3	αCH	46.5	46.5	CO	161.4	161.1
CO	160.2	160.2	βCH_3	20.6	20.6	去氢丙氨酸 2		
苏氨酸			C-2	172.9	172.9	αC	134.0	133.6
αCH	59.0	59.1	C-4	147.8	147.8	βCH_2	105.9	102.9
βCH_2	66.3	66.3	CH-5	126.0	126.0	CO	162.6	164.8
γCH_3	20.3	20.3	CO	158.8	158.8	去氢丙氨酸 3		
CO	169.9	169.9	去氢丙氨酸 1			αC	136.3	
噁唑 1			αC	133.6	133.6	βCH_2	110.5	
αCH	46.8	46.8	βCH_2	104.4	104.5	CO	162.9	
βCH_2	35.3	35.2	CO	162.6	162.6	去氢丙氨酸 4		
δCH_3	15.0	15.0	噁唑 2			αC	136.1	
C-2	162.6	162.6	αC	129.1	129.1	βCH_2	109.2	
C-4	135.3	135.3	βCH_2	110.5	111.2	CO	162.9	
CH-5	142.4	142.4	C-2	158.1	158.1	去氢丙氨酸 5		
CO	160.0	160.0	C-4	139.0	139.0	αC	133.1	
噻唑 2			CH-5	140.4	140.2	βCH_2	110.1	
αCH_2	39.5	39.5	吡啶			CO	164.8	
C-2	168.7	168.7	C-2	149.3	149.4			
C-4	148.8	148.7	C-3	130.2	130.2			

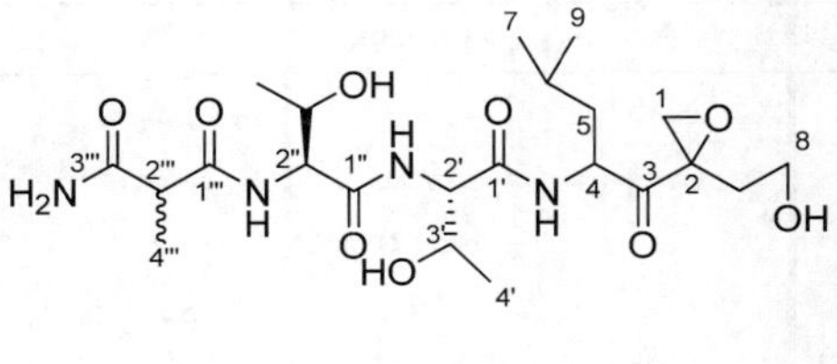

13-4-95 2'''*R*
13-4-96 2'''*S*

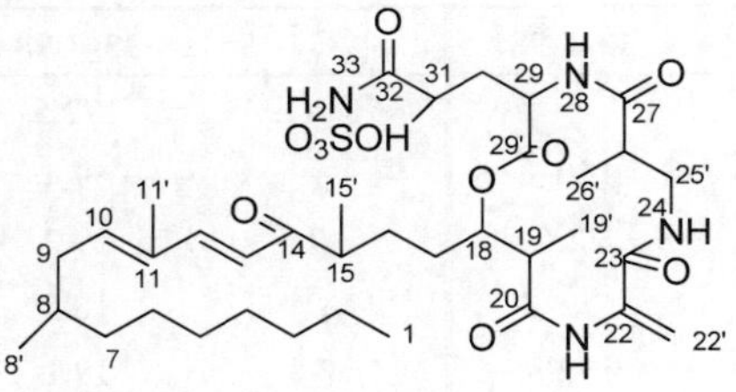

13-4-97

表 13-4-47 13-4-95 和 13-4-96 的 ^{13}C NMR 数据[53]

C	13-4-95	13-4-96	C	13-4-95	13-4-96	C	13-4-95	13-4-96
1	47.9	47.9	8	59.7	59.7	2''	57.4	57.8
2	62.9	62.9	9	20.8	20.8	3''	66.7	66.2
3	206.7	206.6	1'	169.8	169.9	4''	18.7	19.0
4	50.4	50.4	2'	57.7	57.9	1'''	170.1	170.7
5	37.0	37.0	3'	66.6	66.6	2'''	46.2	45.9
6	24.4	24.3	4'	18.7	18.8	3'''	172.2	172.9
7	23.1	23.1	1''	169.4	169.7	4'''	14.7	14.6

表 13-4-48　化合物 13-4-97 的 ^{13}C NMR 数据[54]

C	13-4-97	C	13-4-97	C	13-4-97	C	13-4-97
1	14.3	9	26.8	16	28.1	25	42.6
2	22.9	10	143.7	17	30.1	26	41.7
3	32.1	11	133.7	18	76.9	26'	14.8
4	29.9	11'	12.4	19	44.8	27	175.1
5	27.1	12	147.8	19'	15.2	29	50.1
6	37.1	13	123.3	20	173.8	29'	172.3
7	36.4	14	203.7	22	139.2	30	34.3
8	32.7	15	44.3	22'	114.6	31	75.1
8'	19.6	15'	16.7	23	165.5	32	174.8

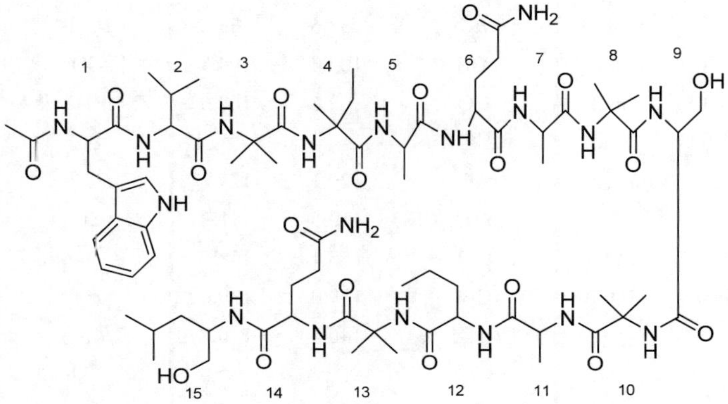

13-4-98

表 13-4-49　tylopeptin A 的 ^{13}C NMR 数据[55]

C	13-4-98	C	13-4-98	C	13-4-98	C	13-4-98
Ac		C=O	172.5	Ala5		α	55.5
C-1	170.5	α	59.4	C=O	175.2	β	24.1
C-2	22.6	β	29.2	α	51.0	γ	26.0
Trp1		γ	18.5	β	16.4	Ser9	
C=O	172.8	δ	19.1	Gln6		C=O	171.7
α	54.6	Aib3		C=O	173.3	α	60.2
β	27.0	C=O	175.0	α	54.9	β	60.4
2	123.3	α	55.8	β	27.2	Aib10	
3	110.0	β	23.3	γ	31.4	C=O	175.4
4	118.0	γ	23.9	C=O	173.2	α	55.6
5	120.5	Iva4		Ala7		β	26.1
6	118.2	C=O	176.5	C=O	173.9	γ	25.9
7	111.3	α	58.4	α	51.3	Ala11	
8	136.2	β	25.5	β	16.0	C=O	174.4
9	127.2	γ	7.2	Aib8		α	51.1
Val2		δ	22.5	C=O	175.6	β	16.4

续表

C	13-4-98	C	13-4-98	C	13-4-98	C	13-4-98
Leu12		Aib13		α	53.3	β	48.7
C=O	173.2	C=O	173.8	β	27.0	γ	39.5
α	53.3	α	56.1	γ	31.5	δ	22.7
β	39.2	β	23.1	C=O	173.3	$\delta1$	21.6
γ	26.1	γ	23.8	Leuol15			
δ	22.7	Gln14		α	48.7		
ε	23.4	C=O	170.9	$\beta1$	63.9		

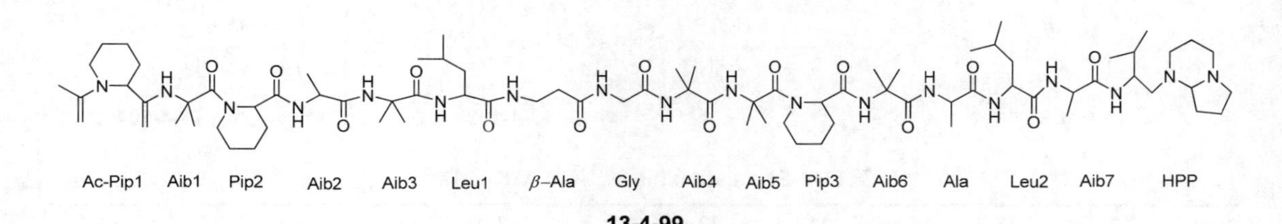

13-4-99

表 13-4-50 efrapeptin J 的 ^{13}C NMR 数据[56]

C	13-4-99	C	13-4-99	C	13-4-99	C	13-4-99
Ac-Pip		4	24.2	Aib		4	26.1
1	173.3	Aib1		1	175.8	5	23.5
2	54.1	1	177.7	2	58.4	6	21.4
3	27.4	2	58.0	3	28.0	Aib	
4	21.5	3	27.9	4	25.3	1	177.1
5	26.0	4	23.3	Pip		2	58.1
6	45.8	Leu		1	173.5	3	26.7
Me<u>CO</u>	173.8	1	175.4	2	57.0	4	25.0
<u>Me</u>CO	21.7	2	54.3	3	26.5	HPP	
Aib		3	40.9	4	21.2	2	45.3
1	176.2	4	26.3	5	25.8	3	20.0
2	58.1	5	23.9	6	44.7	4	43.5
3	27.6	6	21.6	Aib		6	55.6
4	25.4	β-Ala		1	177.3	7	19.1
Pip2		1	174.9	2	58.3	8	31.9
1	173.6	2	37.0	3	28.3	8a	166.8
2	56.8	3	37.2	4	23.9	9	57.7
3	26.3	Gly		Ala		10	46.0
4	21.4	1	171.5	1	177.6	11	42.0
5	25.8	2	45.4	2	53.3	12	25.8
6	45.3	Aib1①		3	17.0	13	23.7
Aib2		1	177.4	Leu		14	21.5
1	178.2	2	58.1	1	174.7		
2	58.1	3	26.7	2	55.7		
3	27.1	4	24.2	3	40.8		

① 可互换。

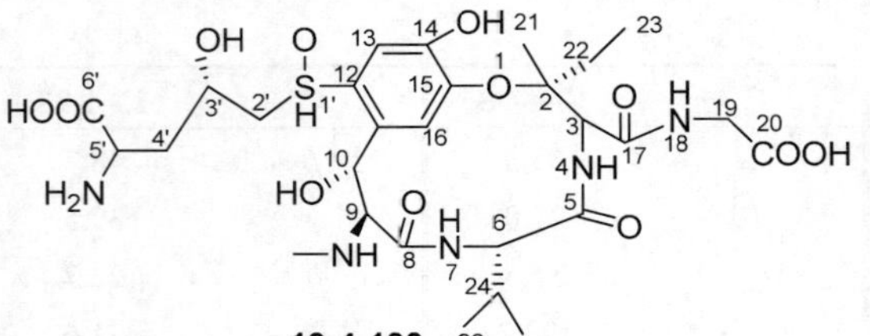

13-4-100

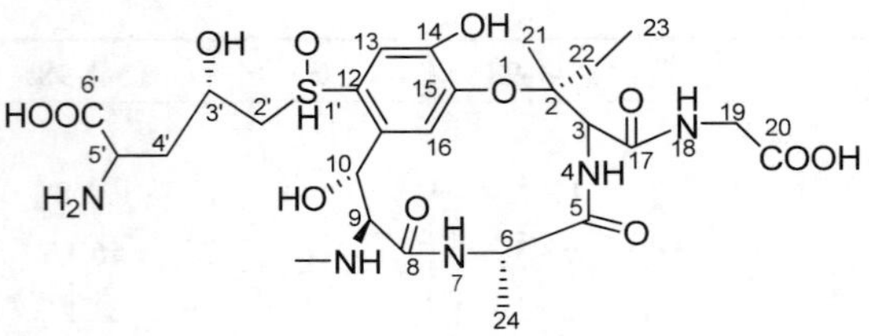

13-4-101

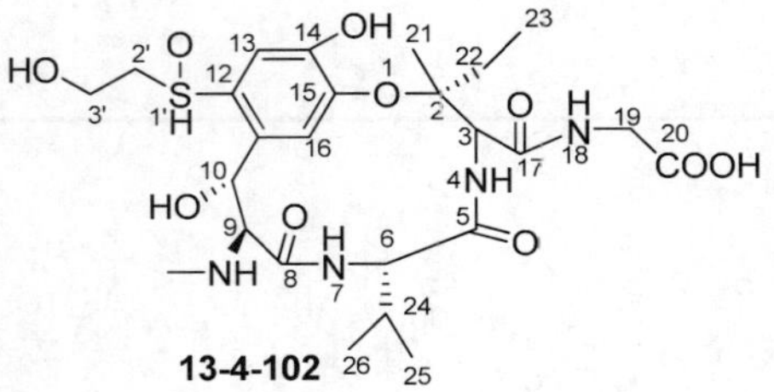

13-4-102

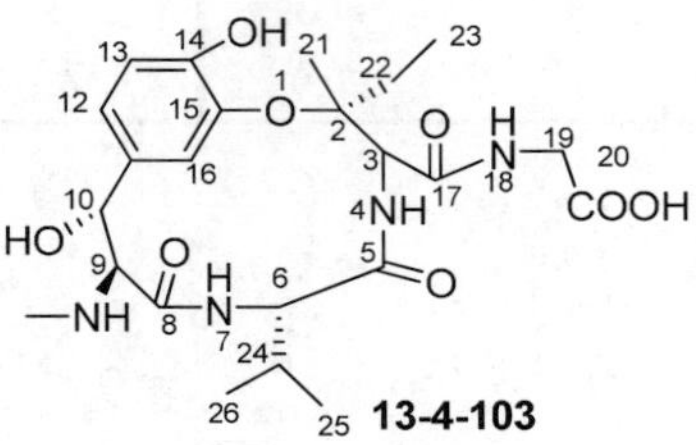

13-4-103

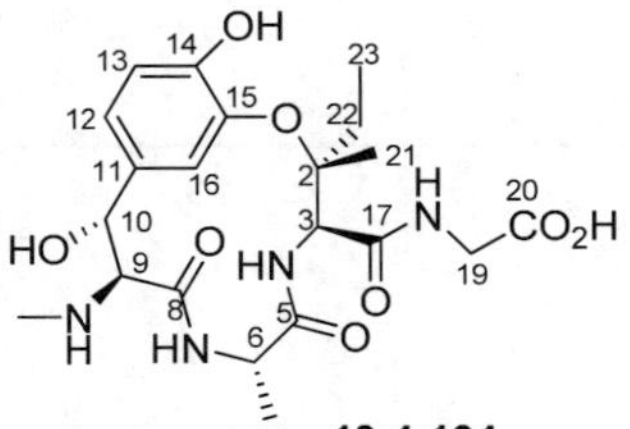

13-4-104

表 13-4-51 ustiloxins 的 ^{13}C NMR 数据[57]

C	13-4-100	13-4-101	13-4-102	13-4-103	13-4-104[58]	C	13-4-100	13-4-101	13-4-102	13-4-103	13-4-104[58]
2	87.2	84.5	85.7	85.6	86.2	17	170.3	170.6	169.6	163.6	170.9
3	59.6	60.3	58.3	59.1	60.3	19	43.8	44.2	40.2	41.5	44.2
5	171.0	172.7	170.9	170.0	173.1	20	176.3	176.9	171.9	178.0	176.9
6	60.1	50.0	48.4	59.9	49.7	21	21.1	22.2	20.8	21.1	22.0
8	166.4	169.4	164.9	163.3	171.9	22	32.1	31.7	29.8	32.2	31.6
9	66.7	68.2	65.0	68.7	71.1	23	7.8	8.4	6.7	7.8	8.4
9-NCH_3	32.1	33.0	30.6	32.4	33.6	24	28.7	15.7	14.2	28.9	15.8
10	73.9	74.7	72.1	72.8	74.4	25	17.9			17.8	
11	128.0	129.0	127.3	127.8	132.5	26	18.3			18.2	
12	136.4	137.1	136.9	118.8	123.2	2'	64.8	65.1	59.2		
13	114.4	114.4	112.7	107.6	118.8	3'	63.8	64.2	54.4		
14	152.2	153.2	151.7	153.4	150.7	4'	36.7	37.1			
15	146.0	146.3	144.3	142.4	142.7	5'	52.7	53.2			
16	124.2	124.6	123.3	123.9	124.0	6'	174.4	174.8			

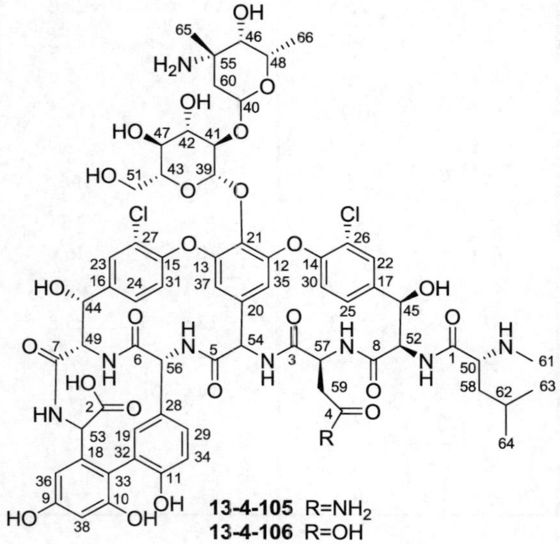

13-4-105 R=NH_2
13-4-106 R=OH

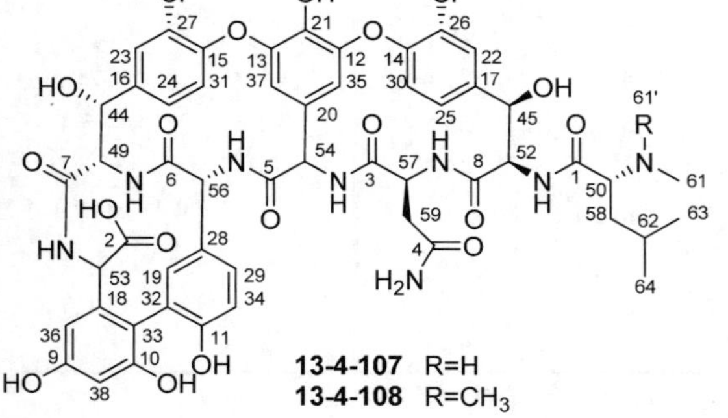

13-4-107 R=H
13-4-108 R=CH_3

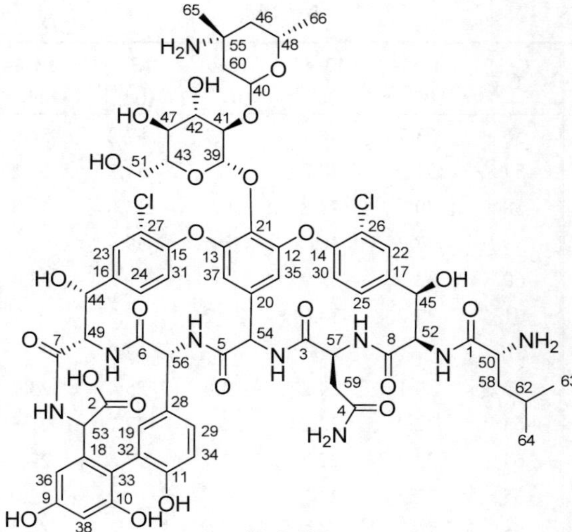

13-4-109

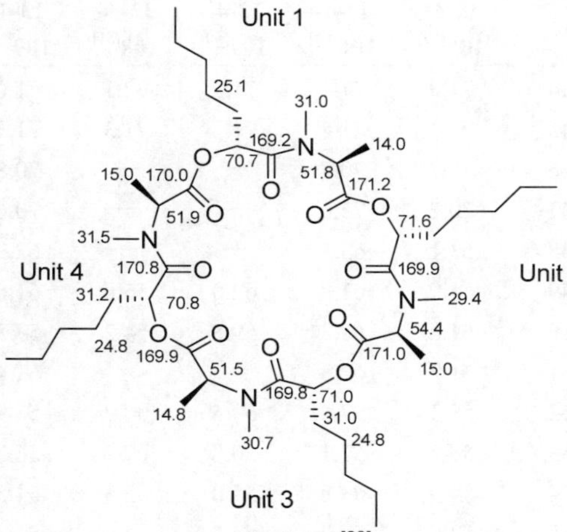

Unit 1
Unit 2
Unit 3
Unit 4
13-4-110[63]

表 13-4-52 万古霉素及衍生物的 ^{13}C NMR 数据

C	13-4-105[59]	13-4-106[60]	13-4-107[60]	13-4-108[61]	13-4-109[62]	C	13-4-105[59]	13-4-106[60]	13-4-107[60]	13-4-108[61]	13-4-109[62]
1	173.4	172.7	172.6	173.0	173.9	23	127.3	127.4	128.2	128.0	127.3
2	172.5	172.0	171.6	172.5	172.1	24	127.3	127.2	127.5	127.8	127.1
3	171.1	166.3	166.0	171.1	167.2			127.0	126.8		
4	170.6	173.4	170.0	171.0	171.3	25	127.2	127.2	127.5	127.6	126.0
5	169.5	168.9	168.1	170.8	169.2			127.0	126.8		
		168.4	167.5			26	127.1	126.4	126.2	127.5	126.0
6	169.1	168.9	168.1	169.7	169.2	27	126.2	126.1	126.2	126.8	126.0
		168.4	167.5			28	126.2	127.1	127.5	126.6	126.7
7	167.6	167.2	167.0	168.3	167.4	29	125.4	125.3	125.5	126.0	125.3
8	167.1	170.5	169.3	168.1	170.2	30	124.2	124.2	124.5	125.0	123.9
		170.8				31	123.3	123.0	123.1	123.8	122.9
9	157.1	157.0	157.1	157.6	157.1	32	121.6	121.7	121.7	122.1	121.6
10	156.4	156.3	156.4	157.0	156.3	33	118.0	117.8	118.0	118.5	117.8
11	155.0	154.8	154.9	155.5	154.9	34	116.2	116.3	116.4	116.7	116.3
12	152.1	150.8	147.9	151.0	151.1	35	107.1	107.0	109.4	107.3	107.3
13	151.3	152.4	148.5	149.4	151.9				107.3		
14	149.8	148.8	150.2	148.0	150.0	36	105.8	106.5	106.2	106.2	106.0
15	148.3	148.4	149.6	147.8	148.3	37	104.6	104.7	106.5	104.9	104.8
16	142.4	142.2	141.9	142.6	142.2				104.5		
17	139.8	140.6	139.3	140.0	139.4	38	102.3	102.5	102.8	102.8	102.5
18	136.2	136.2	136.1	136.7	136.2	39	101.2	100.5			100.7
19	135.6	135.6	135.8	136.1	135.4	40	97.6	96.8			96.3
20	134.5	137.0	134.2	134.4	134.4	41	78.0	77.7			77.7
21	131.9	131.6	128.9	129.3	131.9	42	77.0	76.9			76.7
22	128.6	127.4	128.5	128.7	128.3	43	76.7	77.3			77.3

续表

C	13-4-105[59]	13-4-106[60]	13-4-107[60]	13-4-108[61]	13-4-109[62]	C	13-4-105[59]	13-4-106[60]	13-4-107[60]	13-4-108[61]	13-4-109[62]
44	71.5	71.4	71.5	72.1	71.0	56	53.7	54.1	53.9	57.2	54.0
45	71.1	71.4	71.5	71.3	71.3	57	51.0	48.2	51.3	51.3	51.2
46	70.7	70.7	—	—	70.8	58	40.7	41.8	39.7	35.8	42.3
47	70.2	73.0	—	—	70.6	59	37.2	36.7	38.6	39.3	
48	63.1	63.2	—	—	62.9	60	33.3	33.9			33.0
49	61.9	61.8	62.0	55.0	61.6	61	33.2	34.0	31.2	42.2	
50	61.8	62.3	59.8	54.2	53.3	61'				42.2	
51	61.2	61.3			61.4	62	24.1	24.2	23.9	25.4	23.7
52	58.3	57.4	59.5	58.7	58.9	63	22.9	22.2	22.4	22.7	21.5
53	56.7	57.1	56.8	67.1	56.7	64	22.5	22.8	22.9	23.8	22.6
54	54.9	53.8	55.0	62.3	54.8	65	22.2	22.7			22.0
55	53.9	53.0	54.5	—	54.2	66	16.8	16.3			16.3

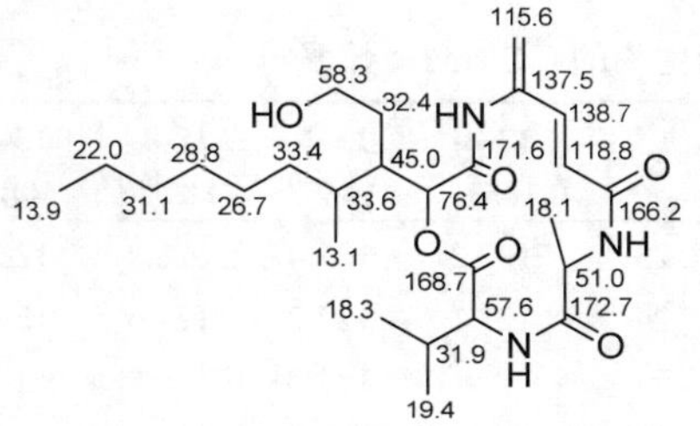

13-4-111[64]

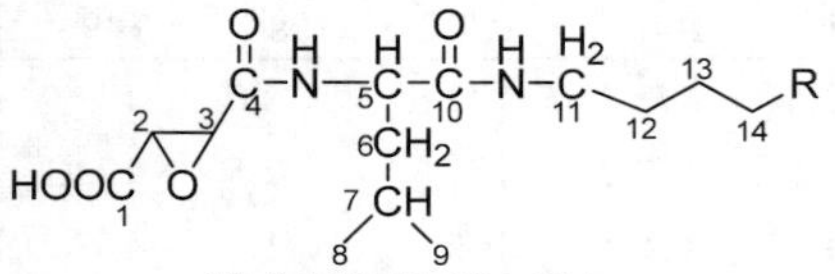

13-4-112 R=CH_2OH
13-4-113 R=$CH(NH_2)COOH$

表 13-4-53 13-4-112 和 13-4-113 的 ^{13}C NMR 数据[65]

C	13-4-112	13-4-113	C	13-4-112	13-4-113	C	13-4-112	13-4-113
1	174.7	174.6	7	25.3	25.4	13	23.0	22.8
2	55.3	55.3	8	21.7	21.7	14	31.8	31.0
3	53.8	53.9	9	23.3	23.1	15	62.6	55.6
4	170.7	170.7	10	175.0	175.1	16		175.6
5	53.7	53.7	11	40.1	39.9			
6	40.8	40.8	12	29.0	29.0			

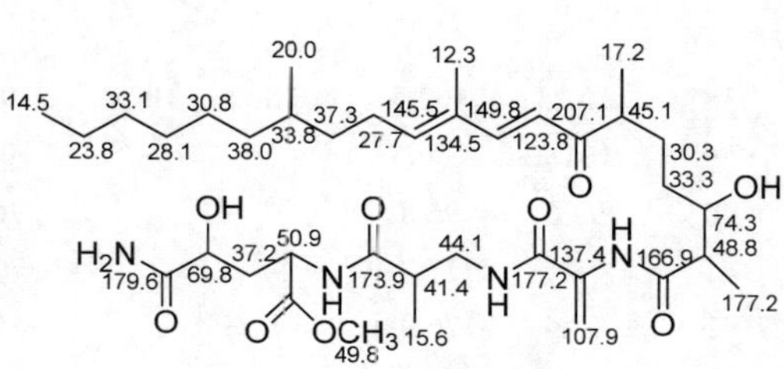

13-4-114[66]

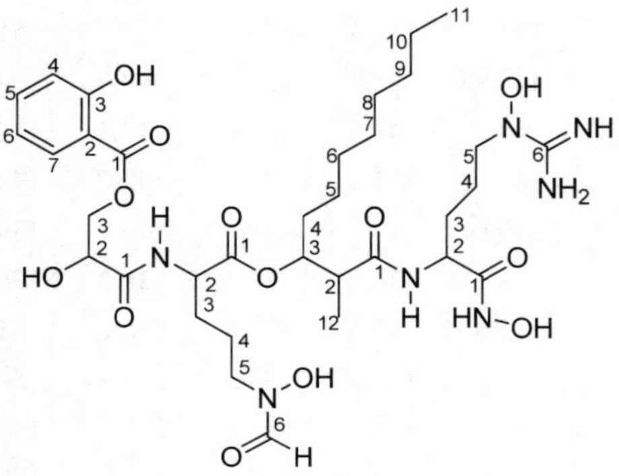

13-4-115

表 13-4-54 13-4-115 的 ^{13}C NMR 数据[67]

C	13-4-115	C	13-4-115	C	13-4-115	C	13-4-115
水杨酸		2	66.8	1	171.0	11	14.1
1	170.2	3	71.1	2	44.6	12	13.2
2	109.9	*N*5-羟基-*N*5-甲酰鸟氨酸		3	76.5	*N*5-羟基精氨酸-*N*1-羟基酰胺	
3	165.2	1	170.5	4	26.7	1	165.2
4	129.1	2	53.4	5	29.5	2	49.9
5	115.7	3	29.4	6	29.7	3	32.3
6	135.8	4	25.2	7	29.7	4	29.5
7	122.2	5	47.9	8	29.7	5	53.5
2,3-二羟基丙酸		6	153.2	9	29.7	6	163.8
1	169.8	2-甲基羟基十一酸		10	25.5		

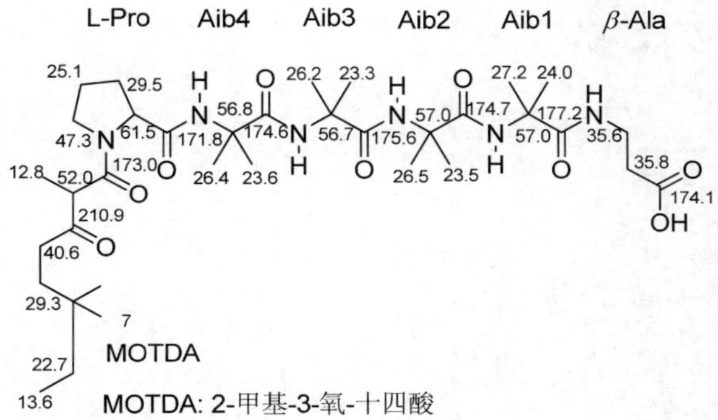

L-Pro Aib4 Aib3 Aib2 Aib1 *β*-Ala

MOTDA

MOTDA: 2-甲基-3-氧-十四酸

13-4-116[68]

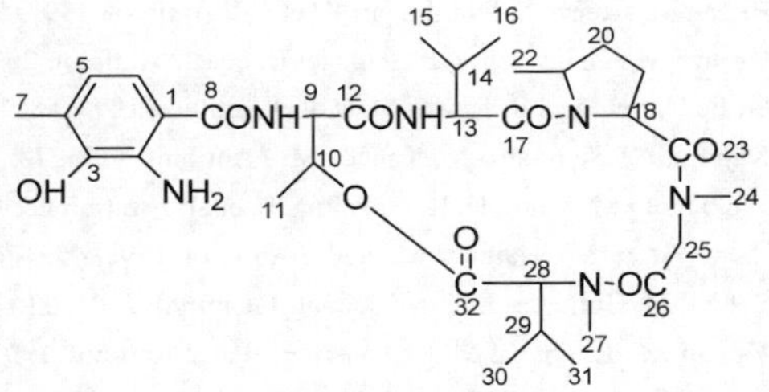

13-4-117[69]

表 13-4-55 protactin 的 ^{13}C NMR 数据[69]

C	13-4-117	C	13-4-117	C	13-4-117	C	13-4-117
1	139.6	9	53.7	17	170.8	25	51.3
2	127.3	10	72.6	18	56.7	26	167.1
3	142.1	11	16.6	19	29.7	27	38.5
4	112.9	12	169.4	20	30.8	28	69.5
5	117.3	13	57.8	21	53.5	29	26.4
6	118.4	14	26.4	22	18.8	30	18.8
7	16.5	15	18.8	23	172.9	31	21.0
8	168.5	16	18.8	24	34.4	32	168.1

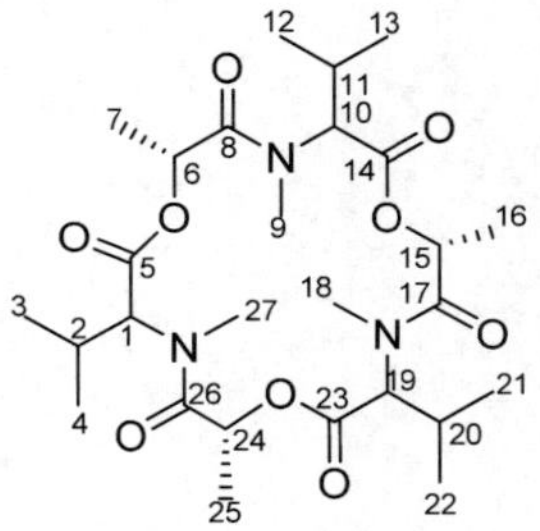

13-4-118

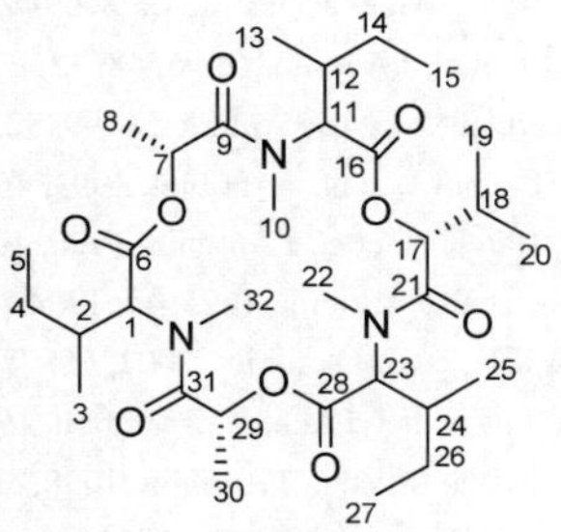

13-4-119

表 13-4-56 13-4-118 和 13-4-119 的 ^{13}C NMR 数据[70]

C	13-4-118	13-4-119	C	13-4-118	13-4-119	C	13-4-118	13-4-119
1	63.1	60.5	12	20.1	34.1	23	169.8	59.5
2	27.8	32.3	13	18.5	16.7	24	66.3	34.7
3	18.5	15.3	14	169.8	24.9	25	16.5	16.0
4	20.1	25.0	15	66.3	10.6	26	169.2	24.4
5	169.8	10.3	16	16.5	170.6	27	32.9	11.4
6	66.3	170.1	17	169.2	74.0	28		169.8
7	16.5	66.1	18	32.9	29.9	29		67.5
8	169.2	16.8	19	63.1	18.4	30		15.8
9	32.9	169.0	20	27.8	18.0	31		169.2
10	63.1	31.6	21	20.1	169.1	32		35.6
11	27.8	65.1	22	18.5	31.2			

参 考 文 献

[1] Arai N, Shiomi K, Takamatsu S, et al. J Antibiot, 1997, 50: 808.
[2] Ritzau M, Heinze S, Dornberger K, et al. J Antibiot, 1997, 50: 722.
[3] Kronen M, Kleinw Chter P, Schlegel B, et al. J Antibiot, 2001, 54: 175.
[4] Gr Fe U, Schlegel R, Ritzau M, et al. J Antibiot, 1995, 48: 119.
[5] Kajimura Y, Sugiyama M, Kaneda M. J Antibiot, 1995, 48: 1095.
[6] Tsukamoto M, Murooka K, Nakajima S, et al. J Antibiot, 1997, 50: 815.
[7] Ikeda Y, Gomi S, Hamada M, et al. J Antibiot, 1992, 45: 1763.
[8] Schiell M, Hofmann J, Kurz M, et al. J Antibiot, 2001, 54: 220.
[9] Yamaji K, Masubuchi M, Kawahara F, et al. J Antibiot, 1997, 50: 402.
[10] Isshiki K, Sawa T, Naganawa H, et al. J Antibiot, 1990, 43: 1195.
[11] Matsumoto N, Momose I, Umekita M, et al. J Antibiot, 1998, 51: 1087.
[12] Alvarez M, Houck D, White C, et al. J Antibiot, 1994, 47: 1195.
[13] Kim H S, Jung M H, Ahn S, et al. J Antibiot, 2002, 55: 598.
[14] Tomoda H, Nishida H, Huang X, et al. J Antibiot, 1992, 45: 1207.
[15] Hanada M, Sugawara K, Kaneta K, et al. J Antibiot, 1992, 45: 1746.
[16] Vertesy L, Aretz W, Knauf M, et al. J Antibiot, 1999, 52: 374.
[17] Ohba K, Nakayama H, Furihata K, et al. J Antibiot, 1987, 40: 709.
[18] Kajimura Y, Kaneda M. J Antibiot, 1996, 49: 129.
[19] Kajimura Y, Kaneda M. J Antibiot, 1997, 50: 220.
[20] Kunihiro S, Kaneda M. J Antibiot, 2003, 56: 30.
[21] Naruse N, Yamamoto S, Yamamoto H, et al. J Antibiot, 1993, 46: 685.
[22] Kong F, Carter G T. J Antibiot, 2003, 56: 557.
[23] Panzone G, Ferrari P, Kurz M, et al. J Antibiot, 1998, 51: 872.
[24] Motohashi K, Gyobu Y, Takagi M, et al. J Antibiot, 2009, 62: 703.
[25] Gr Fe U, Ihn W, Ritzau M, et al. J Antibiot, 1995, 48: 126.
[26] Iijima M, Someno T, Ishizuka M, et al. J Antibiot, 1999, 52: 775.
[27] Ueno M, Amemiya M, Someno T, et al. J Antibiot, 1993, 46: 1658.
[28] Chung M C, Chun H K, Han K H, et al. J Antibiot, 1996, 49: 99.
[29] Hirao T, Tsuge N, Imai S, et al. J Antibiot, 1995, 48: 1494.
[30] Rao K, Divakar S, Babu K N, et al. J Antibiot, 2002, 55: 789.
[31] Bormann C, Lauer B, Kalmanczhelyi A, et al. J Antibiot, 1999, 52: 582.
[32] H¨lsmann H, Heinze S, Ritzau M, et al. J Antibiot, 1998, 51: 1055.
[33] Sasaki T, Takagi M, Yaguchi T, et al. J Antibiot, 1992, 45: 692.

[34] Nagai M, Kojima F, Naganawa H, et al. J Antibiot, 1997, 50: 82.
[35] Sekizawa R, Momose I, Kinoshita N, et al. J Antibiot, 2001, 54: 874.
[36] Masuoka Y, Shin-Ya K, Furihata K, et al. J Antibiot, 2001, 54: 187.
[37] Uchihata Y, Ando N, Ikeda Y, et al. J Antibiot, 2002, 55: 1.
[38] Hensens O D, Liesch J M, Zink D L, et al. J Antibiot, 1992, 45: 1875.
[39] Morris S A, Schwartz R E, Sesin D F, et al. J Antibiot, 1994, 47: 755.
[40] Yun B, Hidaka T, Furihata K, et al. J Antibiot, 1994, 47: 510.
[41] Tsunoo A, Kamijo M, Taketomo N, et al. J Antibiot, 1997, 50: 1007.
[42] Fukuchi N, Furihata K, Nakayama J, et al. J Antibiot, 1995, 48: 1004.
[43] Toki S, Agatsuma T, Ochiai K, et al. J Antibiot, 2001, 54: 405.
[44] Asano T, Matsuoka K, Hida T, et al. J Antibiot, 1994, 47: 557.
[45] Afonso A, Hon F, Brambilla R. J Antibiot, 1999, 52: 383.
[46] Hegde V, Puar M, Dai P, et al. J Antibiot, 2001, 54: 125.
[47] Chu M, Chan T, Das P, et al. J Antibiot, 2000, 53: 736.
[48] Puar M, Chan T, Hegde V, et al. J Antibiot, 1998, 51: 221.
[49] Hegde V R, Silver J, Patel M, et al. J Antibiot, 2001, 54: 74.
[50] Hegde V, Silver J, Patel M, et al. J Antibiot, 2003, 56: 437.
[51] Takahashi K, Tsuda E, Kurosawa K. J Antibiot, 2001, 54: 867.
[52] Yun B S I K, Hidaka T, Furihata K, et al. J Antibiot, 1994, 47: 969.
[53] Koguchi Y, Nishio M, Suzuki S, et al. J Antibiot, 2000, 53: 967.
[54] Suzuki K, Nagao K, Monnai Y, et al. J Antibiot, 1998, 51: 991.
[55] Lee S J, Yun B S, Cho D H, et al. J Antibiot, 1999, 52: 998.
[56] Hayakawa Y, Hattori Y, Kawasaki T, et al. J Antibiot, 2008, 61: 365.
[57] Koiso Y, Li Y, Iwasaki S, et al. J Antibiot, 1994, 47: 765.
[58] Koiso Y, Morisaki N, Yamashita Y, et al. J Antibiot, 1998, 51: 418.
[59] Pearce C M, Williams D H. J Chem Soc, Perkin Trans 2, 1995: 153.
[60] Bongini A, Feeney J, Williamson M P, et al. J Chem Soc, Perkin Trans 2, 1981: 201.
[61] 郭兆霞，阮林高，李航等. 中国抗生素杂志, 2010, 35: 281.
[62] 凌大奎，周玉，陈苏. 药学学报, 1986, 21: 208.
[63] Kazuro Shiomi R M, Atsuo Kakei Y Y, Rokuro Masuma H H, et al. J Antibiot, 2010, 63: 77.
[64] Igarashi M, Shida T, Sasaki Y, et al. J Antibiot, 1999, 52: 873.
[65] Morishita A, Ishikawa S, Ito Y, et al. J Antibiot, 1994, 47: 1065.
[66] Sugawara T, Tanaka A, Tanaka K, et al. J Antibiot, 1998, 51: 435.
[67] Nemoto A, Hoshino Y, Yazawa K, et al. J Antibiot, 2002, 55: 593.
[68] Heinze S, Ritzau M, Ihn W, et al. J Antibiot, 1997, 50: 379.
[69] Hanada M, Sugawara K, Nishiyama Y, et al. J Antibiot, 1992, 45: 20.
[70] Krause M, Lindemann A, Glinski M, et al. J Antibiot, 2001, 54: 797.

第五节 氮杂环类抗生素

表 13-5-1 氮杂环类抗生素的名称、分子式、测试溶剂和参考文献

编号	名称	分子式	测试溶剂	参考文献
13-5-1	0231A	$C_{22}H_{19}NO_4$	C	[1]
13-5-2	1100-50	$C_{31}H_{56}N_6O_{15}P_2$	NaOD/M	[2]
13-5-3	A-500359 A	$C_{24}H_{33}N_5O_{12}$	W	[3]
13-5-4	A-500359 C	$C_{24}H_{31}N_5O_{12}$	W	[3]
13-5-5	A-500359 D	$C_{24}H_{33}N_5O_{11}$	W	[3]
13-5-6	A-500359 G	$C_{22}H_{29}N_5O_{12}$	W	[3]
13-5-7	A-500359 E	$C_{18}H_{23}N_3O_{12}$	D	[4]

续表

编号	名称	分子式	测试溶剂	参考文献
13-5-8	A-500359 F	$C_{17}H_{21}N_3O_{12}$	W	[4]
13-5-9	A-500359F amide	$C_{17}H_{22}N_4O_{11}$	W	[4]
13-5-10	A-500359 H	$C_{16}H_{19}N_3O_{12}$	W	[4]
13-5-11	A-500359 M-1	$C_{23}H_{33}N_5O_{12}S_2$	W	[4]
13-5-12	A-500359 M-2	$C_{23}H_{31}N_5O_{12}S$	W	[4]
13-5-13	A-500359 M-3	$C_{22}H_{28}N_4O_{13}$	W	[5]
13-5-14	A-500359 J	$C_{16}H_{21}N_3O_{13}$	W	[5]
13-5-15	A58365-3	$C_{14}H_{17}NO_6$	W	[6]
13-5-16	A58365-4	$C_{20}H_{23}NO_{11}$	C	[6]
13-5-17	actiketal	$C_{15}H_{15}NO_5$	C	[7]
13-5-18	4-methyl aeruginoic acid（4-甲基酚噻唑酸）	$C_{11}H_{11}NO_3S$	M	[8]
13-5-19	aestivophoenin A	$C_{31}H_{32}N_2O_7$	A	[9]
13-5-20	aestivophoenin B	$C_{36}H_{40}N_2O_7$	A	[9]
13-5-21	aestivophoenin C	$C_{29}H_{36}N_2O_6$	A	[10]
13-5-22	aflastatin A	$C_{62}H_{115}NO_{24}$	D	[11]
13-5-23	aflastatin B	$C_{61}H_{113}NO_{24}$	D	[11]
13-5-24	methylated hydroxyl akalone	$C_{10}H_{15}N_5O_2$	D	[12]
13-5-25	altersetin	$C_{24}H_{33}NO_4$	D	[13]
13-5-26	antiostatin A1	$C_{20}H_{24}N_2O_2$	A	[14]
13-5-27	antiostatin B4	$C_{26}H_{36}N_4O_3$	A	[14]
13-5-28	5-*N*-acetyl ardeemin	$C_{28}H_{28}N_4O_3$	C	[15]
13-5-29	15b-*β*-hydroxy-5-*N*-acetyl ardeemin	$C_{28}H_{28}N_4O_4$	C	[15]
13-5-30	aspergillin PZ	$C_{24}H_{35}NO_4$	D	[16]
13-5-31	aspochalasin E	$C_{24}H_{37}NO_5$	D	[17]
13-5-32	bassiatin	$C_{15}H_{19}NO_3$	C	[18]
13-5-33	BE-13793C	$C_{20}H_{11}N_3O_4$	D	[19]
13-5-34	benzoxazomycin	$C_{36}H_{48}N_2O_8$	P	[20]
13-5-35	BE-54238A	$C_{22}H_{23}NO_6$	D	[21]
13-5-36	BE-54238B	$C_{22}H_{21}NO_6$	D	[21]
13-5-37	BU-4514N	$C_{27}H_{42}N_2O_5$	M/W/DCl	[22]
13-5-38	carbazoquinocin C	$C_{20}H_{23}NO_2$	D	[23]
13-5-39	carbazoquinocin D	$C_{21}H_{25}NO_2$	D	[23]
13-5-40	carbazomadurin A	$C_{22}H_{27}NO_3$	—	[24]
13-5-41	carbazomadurin B	$C_{23}H_{29}NO_3$	—	[24]
13-5-42	carbazomycin A（咔唑霉素 A）	$C_{16}H_{17}NO_2$	C	[25]
13-5-43	carbazomycin B（咔唑霉素 B）	$C_{15}H_{15}NO_2$	C	[25]
13-5-44	carbazomycin C（咔唑霉素 C）	$C_{16}H_{17}NO_3$	A	[26]
13-5-45	carbazomycin D（咔唑霉素 D）	$C_{17}H_{19}NO_3$	A	[26]
13-5-46	carbazomycin G（咔唑霉素 G）	$C_{15}H_{15}NO_3$	D	[27]
13-5-47	carbazomycin H（咔唑霉素 H）	$C_{16}H_{17}NO_4$	D	[27]
13-5-48	caprazamycin B	$C_{53}H_{87}N_5O_{22}$	D/W	[28]

续表

编号	名称	分子式	测试溶剂	参考文献
13-5-49	chrysogenamide A	$C_{28}H_{37}N_3O_2$	D	[29]
13-5-50	chloramphenicol（氯霉素）	$C_{11}H_{12}Cl_2N_2O_5$	D	[30]
13-5-51	thiamphenicol（硫霉素）	$C_{12}H_{15}Cl_2NO_5S$	A	[30]
13-5-52	DL-*threo*-1-(1-methyl-4-nitro-pyrrole-2-yl)-2-dichloroacetamid-opropane-1,3-diol	$C_{10}H_{13}Cl_2N_3O_5$	D	[30]
13-5-53	DL-*threo*-1-(1-methylsulfonylpyrrole-3-yl)-2-dichloroacetamidopropane-1,3-diol	$C_{10}H_{14}Cl_2N_2O_5S$	A	[30]
13-5-54	circumdatin I	$C_{17}H_{13}N_3O_4$	D	[31]
13-5-55	cissetin	$C_{23}H_{33}NO_4$	C	[32]
13-5-56	clitocybin A（杯伞菌素 A）	$C_{14}H_{11}NO_4$	M	[33]
13-5-57	lincomycin（林可霉素）	$C_{18}H_{34}N_2O_6S$	W	[34]
13-5-58	clindamycin（克林霉素）	$C_{18}H_{33}ClN_2O_5S$	W	[34]
13-5-59	clindamycin phosphate（克林霉素磷酸酯）	$C_{18}H_{34}ClN_2O_8PS$	W	[35]
13-5-60	CJ-13136	$C_{20}H_{25}NO$	C	[36]
13-5-61	CJ-13217	$C_{21}H_{27}NO$	C	[36]
13-5-62	CJ-13536	$C_{22}H_{29}NOS$	C	[36]
13-5-63	CJ-13564	$C_{21}H_{27}NO_2$	C	[36]
13-5-64	CJ-13567	$C_{20}H_{25}NO_2$	C	[36]
13-5-65	CJ-15696	$C_{19}H_{19}NO_3$	A	[37]
13-5-66	CJ-16169	$C_{19}H_{21}NO_3$	A	[37]
13-5-67	CJ-16170	$C_{19}H_{21}NO_3$	A	[37]
13-5-68	CJ-16173	$C_{19}H_{19}NO_4$	A	[37]
13-5-69	CJ-16171	$C_{19}H_{19}NO_3$	A	[37]
13-5-70	CJ-16174	$C_{19}H_{21}NO_4$	A	[37]
13-5-71	CJ-16196	$C_{19}H_{21}NO_4$	A	[37]
13-5-72	CJ-16197	$C_{19}H_{21}NO_4$	A	[37]
13-5-73	CJ-16264	$C_{23}H_{31}NO_5$	B	[38]
13-5-74	CJ-16367	$C_{24}H_{33}NO_5$	B	[38]
13-5-75	CJ-17572	$C_{21}H_{31}NO_4$	C	[39]
13-5-76	CJ-17665	$C_{26}H_{27}N_3O_4$	M	[40]
13-5-77	CJ-21058	$C_{23}H_{33}NO_4$	MeCN-d_3	[41]
13-5-78	clavamycin A（棒霉素 A）	$C_{16}H_{22}N_4O_9$	D	[42]
13-5-79	clavamycin B（棒霉素 B）	$C_{13}H_{22}N_4O_8$	D	[42]
13-5-80	clavamycin C（棒霉素 C）	$C_{13}H_{22}N_4O_8$	W	[42]
13-5-81	collismycin A	$C_{13}H_{13}N_3O_2S$	C	[43]
13-5-82	collismycin B	$C_{13}H_{13}N_3O_2S$	C	[43]
13-5-83	cystothiazole A	$C_{20}H_{26}N_2O_4S_2$	C	[44]
13-5-84	cytoblastin	$C_{28}H_{34}N_4O_4$	A	[45]
13-5-85	diheteropeptin	$C_{28}H_{42}N_4O_6$	C	[46]
13-5-86	dioxolamycin（二噁霉素）	$C_{11}H_{15}NO_6$	C/M	[47]

续表

编号	名称	分子式	测试溶剂	参考文献
13-5-87	duocarmycin A（倍癌霉素 A）	$C_{26}H_{25}N_3O_8$	C	[48]
13-5-88	duocarmycin B_1（倍癌霉素 B_1）	$C_{26}H_{26}BrN_3O_8$	C	[49]
13-5-89	duocarmycin B_2（倍癌霉素 B_2）	$C_{26}H_{26}BrN_3O_8$	C	[49]
13-5-90	duocarmycin C_1（倍癌霉素 C_1）	$C_{26}H_{26}ClN_3O_8$	D	[49]
13-5-91	duocarmycin C_2（倍癌霉素 C_2）	$C_{26}H_{26}ClN_3O_8$	C	[49]
13-5-92	ED2487-1	$C_{32}H_{57}N_5O_{16}P_2$	M	[50]
13-5-93	epiderstatin（抑表皮素）	$C_{15}H_{20}N_2O_4$	C	[51]
13-5-94	epolactaene	$C_{21}H_{27}NO_6$	M	[52]
13-5-95	epostatin	$C_{23}H_{33}N_3O_5$	D	[53]
13-5-96	F-1839-3	$C_{23}H_{31}NO_5$	C	[54]
13-5-97	F-1839-4	$C_{24}H_{33}NO_6$	C	[54]
13-5-98	F-1839-5	$C_{24}H_{33}NO_6$	C	[54]
13-5-99	F-1839-6	$C_{23}H_{31}NO_5$	C	[54]
13-5-100	F-1839-7	$C_{25}H_{35}NO_6$	C	[54]
13-5-101	F-1839-8	$C_{28}H_{39}NO_7$	C	[54]
13-5-102	F-1839-9	$C_{23}H_{32}O_4$	C	[54]
13-5-103	F-1839-10	$C_{29}H_{41}NO_6$	C	[54]
13-5-104	fiscalin A	$C_{26}H_{27}N_5O_4$	D/C/M	[55]
13-5-105	fiscalin B	$C_{23}H_{22}N_4O_2$	C	[55]
13-5-106	fiscalin C	$C_{27}H_{29}N_5O_4$	C	[55]
13-5-107	fluoroindolocarbazole A	$C_{27}H_{21}F_2N_3O_7$	D	[56]
13-5-108	fluoroindolocarbazole B	$C_{26}H_{19}F_2N_3O_7$	D	[56]
13-5-109	fluoroindolocarbazole C	$C_{26}H_{19}F_2N_3O_7$	D	[56]
13-5-110	formobactin	$C_{38}H_{57}N_5O_{10}$	D	[57]
13-5-111	fosfadecin	$C_{13}H_{17}N_5Na_2O_{10}P_2$	W	[58]
13-5-112	fosfocytocin	$C_{12}H_{18}N_4Na_2O_{13}P_2$	W	[58]
13-5-113	fleephilone	$C_{24}H_{27}NO_7$	C	[59]
13-5-114	harziphilone	$C_{15}H_{18}O_4$	C	[59]
13-5-115	fusaperazine A	$C_{13}H_{16}N_2O_3S_2$	D	[60]
13-5-116	fusaperazine B	$C_{18}H_{24}N_2O_4S$	D	[60]
13-5-117	(5*Z*)-fusarin C (3)	$C_{23}H_{29}NO_7$		[61]
13-5-118	gilvusmycin	$C_{38}H_{34}N_6O_8$	D	[62]
13-5-119	haematocin	$C_{24}H_{26}N_2O_6S_2$	C	[63]
13-5-120	halxazone	$C_{14}H_{11}NO_4$	C/M	[64]
13-5-121	harzianic acid	$C_{19}H_{27}NO_6$	M	[65]
13-5-122	herquline B	$C_{19}H_{26}N_2O_2$	C	[66]
13-5-123	1-demethyl-hyalodendrin tetrasulfide	$C_{15}H_{20}N_2O_3S_2$	C	[67]
13-5-124	bisdethiodi(methylthio) -1-demethyl-hyalodendrin	$C_{13}H_{14}N_2O_3S_4$	C	[67]
13-5-125	indocarbazostatin	$C_{28}H_{21}N_3O_7$	A	[68]
13-5-126	3-(dimethylaminomethyl)-1-(1,1-dimethyl-2-propenyl)indole	$C_{16}H_{22}N_2$	M	[69]

续表

编号	名称	分子式	测试溶剂	参考文献
13-5-127	IT-143-A	$C_{29}H_{43}NO_4$	C	[70]
13-5-128	IT-143-B	$C_{28}H_{41}NO_4$	C	[70]
13-5-129	JBIR-54	$C_{14}H_{22}NO_2$	C	[71]
13-5-130	jenamidine A	$C_{13}H_{18}N_2O_3$	M	[72]
13-5-131	jenamidine B	$C_{13}H_{18}N_2O_4$	M	[72]
13-5-132	jenamidine C	$C_{13}H_{18}N_2O_4$	M	[72]
13-5-133	*N*-methyl-3'-amino-3'-deoxy derivative of K-252a	$C_{28}H_{24}N_4O_4$	D	[73]
13-5-134	6-alkylated derivative of K-252c	$C_{24}H_{21}N_3O_2$	D	[74]
13-5-135	kobutimycin A	$C_{19}H_{25}NO_5$	C	[75]
13-5-136	kobutimycin B	$C_{20}H_{27}NO_5$	C	[75]
13-5-137	KSM-2690B	$C_{36}H_{51}N_3O_9$	D	[76]
13-5-138	lanopylin A_1	$C_{22}H_{41}N$	C	[77]
13-5-139	lanopylin B_1	$C_{22}H_{41}N$	C	[77]
13-5-140	lateritin	$C_{15}H_{19}NO_3$	C	[78]
13-5-141	lavanduquinocin	$C_{26}H_{31}NO_3$	D	[79]
13-5-142	magnesidin A	$C_{16}H_{22}MgNO_4^+$	C	[80]
13-5-143	melanostatin（促黑素抑制素）	$C_{19}H_{25}N_5O_5$	W	[81]
13-5-144	melanoxadin	$C_8H_{11}NO_3$	C	[82]
13-5-145	melanoxazal	$C_8H_9NO_3$	C	[83]
13-5-146	michigazone, 4-demethoxy	$C_{14}H_{11}NO_4$	C	[84]
13-5-147	NBRI23477 A	$C_{15}H_{21}Cl_2NO_5$	D	[85]
13-5-148	NBRI23477 B	$C_{15}H_{21}NO_5$	D	[85]
13-5-149	neocarazostatin A	$C_{22}H_{27}NO_4$	M	[86]
13-5-150	neocarazostatin B	$C_{22}H_{27}NO_4$	M	[86]
13-5-151	neocarazostatin C	$C_{23}H_{29}NO_4$	M	[86]
13-5-152	NeoC-1027 chromophore I	$C_{43}H_{46}ClN_3O_{13}$	M	[87]
13-5-153	NK374200	$C_{12}H_{19}N_7O_3$	D	[88]
13-5-154	oxasetin	$C_{21}H_{29}NO_4$	D	[89]
13-5-155	penicillin G (Na^+) [青霉素 G(Na^+)]	$C_{16}H_{17}N_2NaO_4S$	W	[90]
13-5-156	penicillin G (K^+) [青霉素 G(K^+)]	$C_{16}H_{17}N_2KO_4S$	Solid	[91]
13-5-157	penicillin V（青霉素 V）	$C_{16}H_{18}N_2O_5S$	Solid	[92]
13-5-158	ampicillin（氨苄西林）	$C_{16}H_{19}N_3O_4S$	W	[90]
13-5-159	oxacillin（苯唑西林）	$C_{19}H_{18}N_3NaO_5S$	W	[93]
13-5-160	cloxacillin [邻氯青霉素(氯唑西林)]	$C_{19}H_{18}ClN_3NaO_5S$	W	[93]
13-5-161	flucloxacillin（氟氯西林）	$C_{19}H_{17}ClFN_3NaO_5S$	W	[93]
13-5-162	dicloxacillin（双氯青霉素）	$C_{19}H_{17}Cl_2N_3NaO_5S$	W	[93]
13-5-163	methicillin（甲氧苯青霉素）	$C_{17}H_{20}N_2O_6S$	W	[93]
13-5-164	nafcillin（萘夫西林）	$C_{21}H_{22}N_2O_5S$	W	[93]
13-5-165	phosmidosine	$C_{16}H_{24}N_7O_8P$	W	[94]
13-5-166	phosmidosine B	$C_{15}H_{22}N_7O_8P$	W	[94]

续表

编号	名称	分子式	测试溶剂	参考文献
13-5-167	phthoxazolin B	$C_{16}H_{22}N_2O_4$		[95]
13-5-168	phthoxazolin D	$C_{16}H_{22}N_2O_4$		[95]
13-5-169	epicorazines C	$C_{24}H_{28}N_2O_6S_2$	D	[96]
13-5-170	*N*-oxide piericidin B_1	$C_{26}H_{39}NO_5$	C	[97]
13-5-171	piericidin B_5	$C_{27}H_{41}NO_4$	C	[98]
13-5-172	*N*-oxide piericidin B_5	$C_{27}H_{41}NO_5$	C	[98]
13-5-173	3'-rhamnopiericidin A_1	$C_{31}H_{47}NO_8$	C	[99]
13-5-174	13-hydroxygluco piericidin A	$C_{31}H_{47}NO_{10}$	C	[100]
13-5-175	pyralomicin 1a	$C_{20}H_{19}Cl_2NO_7$	DMF-d_7	[101]
13-5-176	pyralomicin 1b	$C_{20}H_{19}Cl_2NO_7$	DMF-d_7	[101]
13-5-177	pyralomicin 1c	$C_{19}H_{17}Cl_2NO_7$	DMF-d_7	[101]
13-5-178	pyralomicin 1d	$C_{19}H_{16}Cl_2NO_7$	DMF-d_7	[101]
13-5-179	pyralomicin 2a	$C_{19}H_{19}Cl_2NO_8$	DMF-d_7	[101]
13-5-180	pyralomicin 2b	$C_{19}H_{19}Cl_2NO_8$	DMF-d_7	[101]
13-5-181	pyralomicin 2c	$C_{18}H_{17}Cl_2NO_8$	DMF-d_7	[101]
13-5-182	pyridindolol K1（吡叼菌素，吡啶叼哚醇 K1）	$C_{18}H_{18}N_2O_5$	C	[102]
13-5-183	pyridindolol K2（吡叼菌素，吡啶叼哚醇 K2）	$C_{16}H_{16}N_2O_4$	M	[102]
13-5-184	pyridazomycin（哒酮霉素）	$C_{10}H_{17}ClN_4O_4$	W	[103]
13-5-185	pyrisulfoxin A	$C_{13}H_{13}N_3O_3S$	C	[104]
13-5-186	pyrisulfoxin B	$C_{13}H_{11}N_3O_2S$	C	[104]
13-5-187	pyrizinostatin	$C_{11}H_{15}N_5O_4$	C	[105]
13-5-188	(2*R*-*trans*)-2-butyl-5-hepty-lpyrrolidine	$C_{15}H_{21}NO_2$	C	[106]
13-5-189	glucosyl-questiomycin	$C_{18}H_{18}N_2O_7$	P	[107]
13-5-190	quinocitrinine A	$C_{16}H_{18}N_2O_2$	P	[108]
13-5-191	quinolactacin A1	$C_{16}H_{18}N_2O_2$	C	[109]
13-5-192	quinolactacin A2	$C_{16}H_{18}N_2O_2$	C	[109]
13-5-193	ent-8,8a-dihydro-ent- ramulosin（8,8a-二氢枝盘孢菌素）	$C_{10}H_{16}O_3$	M	[110]
13-5-194	RK-1409B	$C_{27}H_{23}N_3O_4$	C/M	[111]
13-5-195	salfredin A_3	$C_{18}H_{19}NO_9 \cdot 7/10H_2O$	D	[112]
13-5-196	salfredin A_4	$C_{15}H_{15}NO_7 \cdot 1/10H_2O$	D	[112]
13-5-197	salfredin A_7	$C_{16}H_{17}NO_7 \cdot 3/10H_2O$	D	[112]
13-5-198	salfredin C_2	$C_{15}H_{13}NO_8 \cdot 2/10H_2O$	D	[112]
13-5-199	salfredin C_3	$C_{16}H_{15}NO_8$	D	[112]
13-5-200	salfredin B_{11}	$C_{13}H_{12}O_4$	C	[112]
13-5-201	SB 212021	$C_{15}H_{10}N_2O_5$	M	[113]
13-5-202	SB 212305	$C_{20}H_{17}N_3O_8S$	M	[113]
13-5-203	SB-217452	$C_{16}H_{24}N_6O_9S$	W/D	[114]
13-5-204	Sch 52900	$C_{31}H_{30}N_6O_7S_4$	C	[115]
13-5-205	Sch 52901	$C_{31}H_{30}N_6O_6S_4$	C	[115]

续表

编号	名称	分子式	测试溶剂	参考文献
13-5-206	Sch 56396	$C_{17}H_{20}N_2O_3S$	D/C	[116]
13-5-207	Sch 575948	$C_{18}H_{32}N_6O_2$	D	[117]
13-5-208	SF2738A	$C_{13}H_{13}N_3O_2S$	C	[118]
13-5-209	SF2738B	$C_{13}H_{14}N_2O_2S$	C	[118]
13-5-210	SF2738C	$C_{13}H_{13}N_3O_2S$	C	[118]
13-5-211	SMTP-2	$C_{25}H_{37}NO_7$	D	[119]
13-5-212	SMTP-3	$C_{26}H_{35}NO_7$	D	[120]
13-5-213	SMTP-4	$C_{32}H_{39}NO_6$	D	[120]
13-5-214	SMTP-5	$C_{29}H_{41}NO_6$	D	[120]
13-5-215	SMTP-6	$C_{34}H_{40}N_2O_6$	D	[120]
13-5-216	SMTP-4D	$C_{32}H_{39}NO_6$	D	[121]
13-5-217	SMTP-5D	$C_{29}H_{41}NO_6$	D	[121]
13-5-218	SMTP-6D	$C_{34}H_{40}N_2O_6$	D	[121]
13-5-219	SMTP-7D	$C_{51}H_{68}N_2O_{10}$	D	[121]
13-5-220	SMTP-8D	$C_{52}H_{70}N_2O_{10}$	D	[121]
13-5-221	SMTP-7	$C_{51}H_{68}N_2O_{10}$	D	[122]
13-5-222	SMTP-8	$C_{52}H_{70}N_2O_{10}$	D	[122]
13-5-223	sparoxomycin A_1	$C_{13}H_{19}N_3O_6S_2$	D	[123]
13-5-224	SQ-02-S-L1	$C_{56}H_{74}N_2O_{12}$	D	[124]
13-5-225	SQ-02-S-L2	$C_{31}H_{44}N_2O_7$	D	[124]
13-5-226	SQ-02-S-V1	$C_{30}H_{41}NO_7$	D	[124]
13-5-227	SQ-02-S-V2	$C_{25}H_{35}ClN_2O_4$	D	[124]
13-5-228	stachyflin	$C_{23}H_{31}NO_4$	D	[125]
13-5-229	acetylstachyflin	$C_{25}H_{33}NO_5$	D	[125]
13-5-230	staplabin	$C_{28}H_{39}NO_6$	D	[126]
13-5-231	4'-*N*-methyl-5'-hydroxy staurosporine（4'-*N*-甲基-5'-羟基十字孢碱）	$C_{29}H_{28}N_4O_4$	C	[127]
13-5-232	5'-hydroxystaurosporine（5'-羟基十字孢碱）	$C_{28}H_{26}N_4O_4$	C	[127]
13-5-233	3'-demethoxy-3'-hydroxy-staurosporine	$C_{27}H_{24}N_4O_3$	D	[128]
13-5-234	sterenin A	$C_{23}H_{25}NO_7$	M	[129]
13-5-235	sterenin B	$C_{26}H_{27}NO_{10}$	M	[129]
13-5-236	sterenin C	$C_{21}H_{21}NO_6$	M	[129]
13-5-237	sterenin D	$C_{23}H_{23}NO_8$	M	[129]
13-5-238	*N*-methyl streptothricin（*N*-甲基链丝菌素）	$C_{32}H_{60}N_{12}O_{10}$	W	[130]
13-5-239	5-hydroxy-9-methyl streptimidone（5-羟基-9-甲基链霉戊二酰亚胺）	$C_{17}H_{25}NO_5$	C	[131]
13-5-240	triedimycinA	$C_{38}H_{55}N_3O_{10}$	C	[132]
13-5-241	triedimycin B	$C_{37}H_{53}N_3O_9$	C	[132]
13-5-242	4-thiouridine	$C_9H_{12}N_2O_5S$	D	[133]
13-5-243	thiomarinol	$C_{30}H_{44}N_2O_9S_2$	D	[134]

续表

编号	名称	分子式	测试溶剂	参考文献
13-5-244	TMC-169	$C_{24}H_{35}NO_3$	C	[135]
13-5-245	TMC-205	$C_{14}H_{15}NO_2$	—	[136]
13-5-246	TMC-260	$C_{17}H_{27}NO_5$	D	[137]
13-5-247	trachyspic acid	$C_{20}H_{28}O_9$	D	[138]
13-5-248	trehalamine	$C_7H_{12}N_2O_5$	W	[139]
13-5-249	5-membered aminocyclitol of trehalamine	$C_6H_{13}NO_5$	W	[139]
13-5-250	5-formyloxymethyl uridine	$C_{11}H_{14}N_2O_8$	W	[140]
13-5-251	VM 55594	$C_{28}H_{35}N_3O_3$	C	[141]
13-5-252	VM 54158	$C_{28}H_{35}N_3O_4$	C	[141]
13-5-253	VM54159	$C_{28}H_{35}N_3O_4$	C	[142]
13-5-254	VM55598	$C_{20}H_{29}N_3O_3$	C	[142]
13-5-255	VM55599	$C_{23}H_{29}N_3O$	D/C	[143]
13-5-256	VM55595	$C_{28}H_{35}N_3O_3$	C	[143]
13-5-257	VM55596	$C_{28}H_{35}N_3O_6$	C/M	[143]
13-5-258	watasemycin A	$C_{16}H_{20}N_2O_3S_2$	C	[144]
13-5-259	watasemycin B	$C_{16}H_{20}N_2O_3S_2$	C	[144]
13-5-260	WF-16775A1	$C_{15}H_{21}Cl_2NO_5$	M	[145]
13-5-261	WF-16775A2	$C_{15}H_{20}Cl_3NO_5$	M	[145]
13-5-262	XML-1	$C_{34}H_{38}N_4O_{10}S_2$	C	[146]
13-5-263	XML-2	$C_{34}H_{38}N_4O_{10}S_2$	C	[146]
13-5-264	XML-4	$C_{34}H_{38}N_4O_{10}S_2$	C	[146]
13-5-265	XPL-1	$C_{44}H_{54}N_4O_{10}S_2$	C	[146]
13-5-266	XR330	$C_{20}H_{18}N_2O_3$	C	[147]
13-5-267	yatakemycin	$C_{35}H_{29}N_5O_8S$	P	[148]
13-5-268	30-demethyl ydicamycin	$C_{46}H_{72}N_4O_{10}$	M	[149]
13-5-269	14,15-dehydro-8-deoxyl ydicamycin	$C_{47}H_{72}N_4O_9$	M	[149]
13-5-270	30-demethy-8-deoxyl ydicamycin	$C_{46}H_{72}N_4O_9$	M	[149]
13-5-271	8-deoxyl ydicamycin	$C_{47}H_{74}N_4O_9$	M	[149]
13-5-272	YM-30059	$C_{19}H_{25}NO_2$	C	[150]
13-5-273	ZG-1494α	$C_{32}H_{43}NO_4$	D	[151]
13-5-274	methyl 2-(2'-hydroxyphenyl) -2-oxazoline-4-carboxylate	$C_{11}H_{11}NO_4$	C	[152]
13-5-275	2-chloro-6,8-dihydroxy-7-ethyl-9*H*-pyrrolo[2,1-*b*] [1,3] benzoxazine-9-one	$C_{14}H_{12}ClNO_4$	A	[153]
13-5-276	2-chloro -6,8-dihydroxy -7-propyl-9*H*-pyrrolo[2,1-*b*] [1,3] benzoxazine-9-one	$C_{13}H_{10}ClNO_4$	A	[153]
13-5-277	1,2-dichloro-6,8-dihydroxy-7-propyl-9*H*-pyrrolo [2,1-*b*][1,3] benzoxazine-9-one	$C_{14}H_{11}Cl_2NO_4$	A	[153]

续表

编号	名称	分子式	测试溶剂	参考文献
13-5-278	2-chloro -8-hydroxy -6-methoxy-7-propyl-9*H*-pyrrolo [2,1-*b*][1,3] benzoxazine-9-one	$C_{15}H_{14}ClNO_4$	C	[153]
13-5-279	2-bromo -6,8-dihydroxy -7-propyl-9*H*-pyrrolo[2,1-*b*][1,3] benzoxazine-9-one	$C_{14}H_{12}BrNO_4$	A	[153]
13-5-280	7-butyl-2-chloro -6,8-dihydroxy-9*H*-pyrrolo[2,1-*b*][1,3] benzoxazine-9-one	$C_{15}H_{14}ClNO_4$	A	[153]
13-5-281	(8*S*)-3 -(2-hydroxypropyl)-cyclohexanone	$C_9H_{16}O_2$	C	[110]
13-5-282	(2*R*,4*R*)-4-hydroxy-2-(l,3-pentadienyl)-piperidine	$C_{10}H_{17}NO$	C/M	[110]

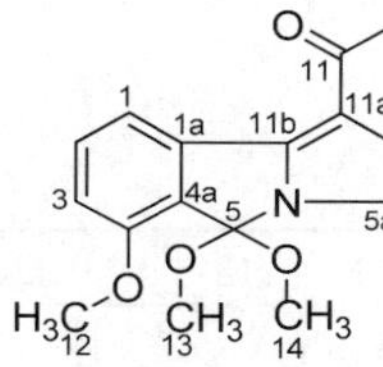

13-5-1

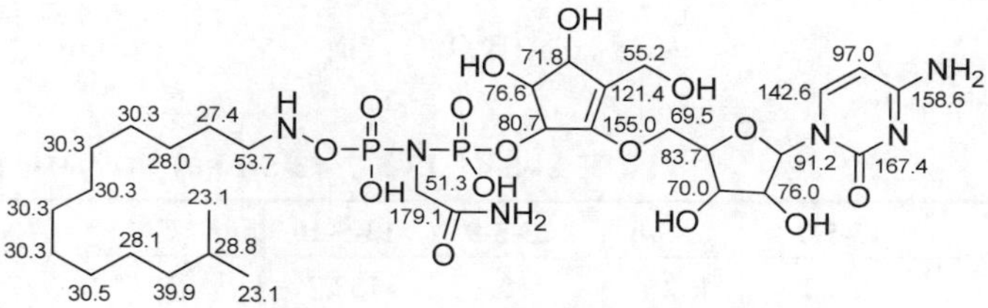

13-5-2[2]

表 13-5-2 13-5-1 和 13-5-2 的 ^{13}C NMR 数据[1]

C	13-5-1	C	13-5-1	C	13-5-1	C	13-5-1
1	118.2	5	114.2	8a	109.4	11b	146.1
2	133.8	6a	130.3	9	137.8	12	55.9
3	113.6	6	114.2	10	132.4	13	52.6
4	155.7	7	135.3	11	181.6	14	52.6
4a	125.2	8	124.0	11a	124.5	15	22.1

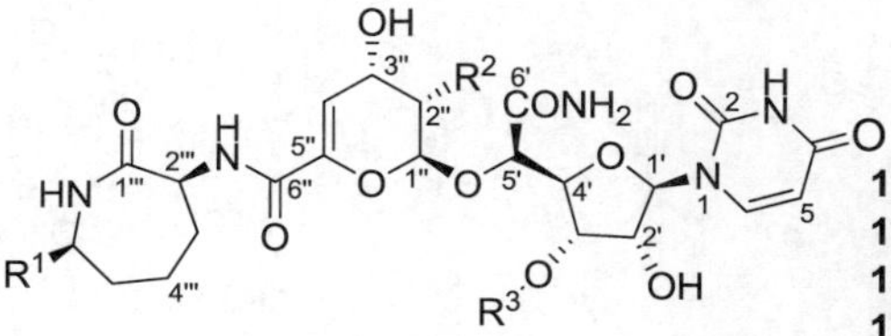

13-5-3 $R^1=R^3=CH_3$; $R^2=OH$
13-5-4 $R^1=CH_3$; $R^2=OH$; $R^3=H$
13-5-5 $R^1=R^3=CH_3$; $R^2=H$
13-5-6 $R^1=R^3=H$; $R^2=OH$

表 13-5-3 13-5-3~13-5-6 的 ^{13}C NMR 数据[3]

C	13-5-3	13-5-4	13-5-5	13-5-6	C	13-5-3	13-5-4	13-5-5	13-5-6
2	152.4	151.4	152.4	152.2	1'	90.4	89.7	90.7	90.5
4	166.1	166.4	166.3	166.9	2'	74.6	73.8	74.7	74.5
5	102.9	101.9	103.0	102.7	3'	81.1	69.4	80.9	70.2
6	142.0	141.0	142.0	141.8	3'-OCH_3	58.8	—	58.8	—

续表

C	13-5-3	13-5-4	13-5-5	13-5-6	C	13-5-3	13-5-4	13-5-5	13-5-6
4'	83.6	83.1	83.8	83.9	6''	161.9	161.7	162.4	162.6
5'	79.2	76.7	77.7	77.5	1'''	175.3	175.8	175.5	177.6
6'-$CONH_2$	173.5	173.5	173.6	174.3	2'''	53.5	52.6	53.6	53.3
1''	101.3	100.1	99.5	100.9	3'''	32.1	29.4	32.3	30.5
2''	68.8	65.3	35.8	66.1	4'''	28.4	26.8	28.6	28.2
3''	63.6	61.9	60.7	62.7	5'''	37.9	35.4	38.0	28.4
4''	109.3	109.1	112.3	109.9	6'''	50.1	48.9	50.2	42.2
5''	144.4	141.8	144.1	142.6	6'''-CH_3	22.2	21.0	22.3	—

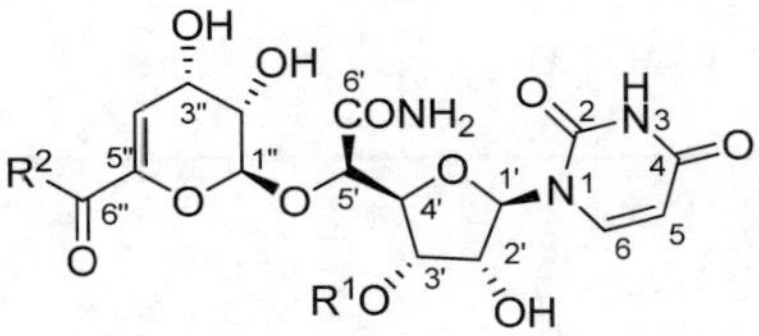

13-5-7 $R^1=CH_3$; $R^2=OCH_3$
13-5-8 $R^1=CH_3$; $R^2=OH$
13-5-9 $R^1=CH_3$; $R^2=NH_2$
13-5-10 $R^1=H$; $R^2=OH$

表 13-5-4 13-5-7~13-5-10 的 ^{13}C NMR 数据[4]

C	13-5-7	13-5-8	13-5-9	13-5-10	C	13-5-7	13-5-8	13-5-9	13-5-10
2	150.3	152.1	152.1	152.2	5'	75.4	76.3	75.7	77.0
4	163.1	167.0	167.0	167.0	6'-$CONH_2$	170.1	173.9		174.2
5	101.2	102.7	102.7	102.9	1''	99.2	100.0	99.8	100.3
6	139.8	141.9	141.9	141.9	2''	64.9	65.5	65.3	65.8
1'	89.0	91.2	91.3	90.3	3''	61.5	62.7	62.7	62.8
2'	72.1	72.7	72.6	74.6	4''	114.2	114.8	110.8	113.9
3'	78.2	78.8	78.7	70.3	5''	139.2	140.7	142.3	141.2
3'-OCH_3	57.3	58.6	58.6	—	6''	161.8	165.4	166.0	165.9
4'	81.3	82.4	82.3	84.2	6''-CH_3	52.0			

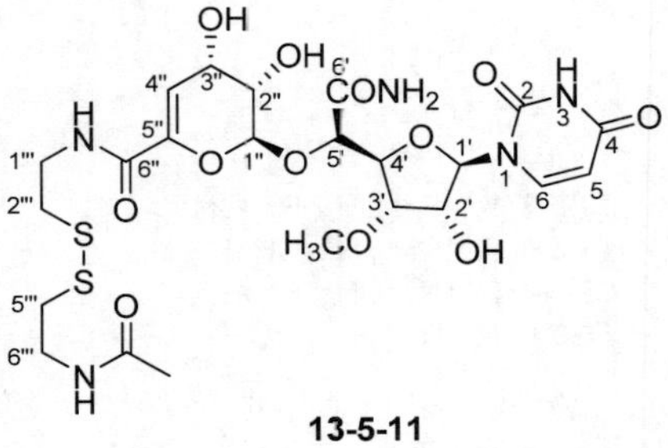

13-5-11

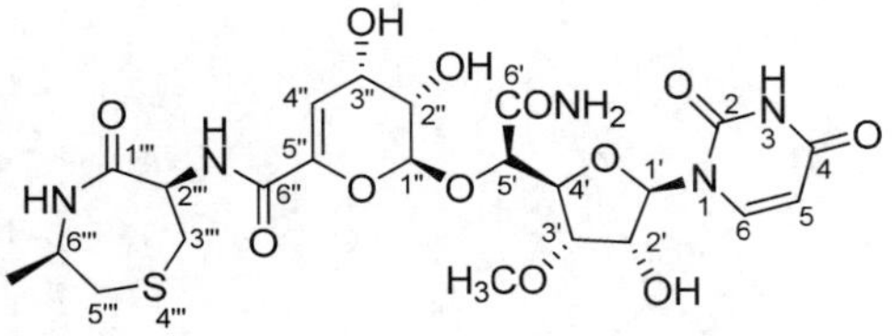

13-5-12

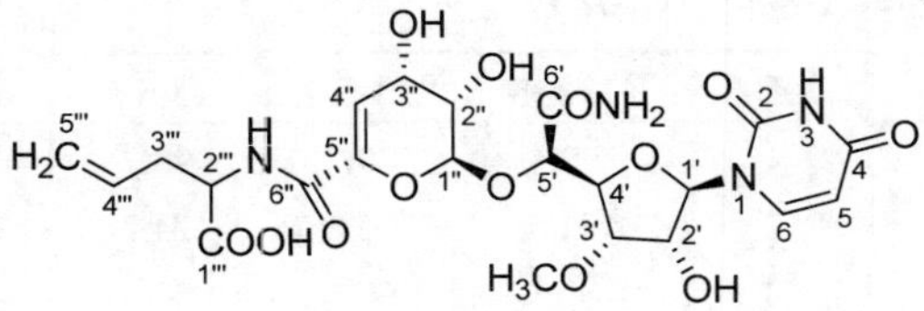

13-5-13

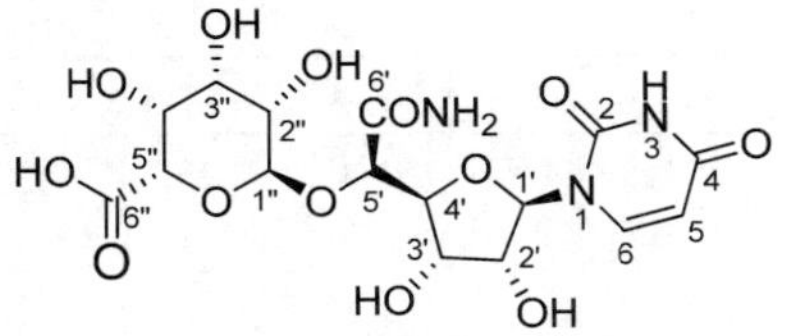

13-5-14

表 13-5-5 13-5-11~13-5-14 的 ^{13}C NMR 数据[4]

C	13-5-11	13-5-12	13-5-13[5]	13-5-14[5]
2	152.1	152.1	152.0	151.0
4	167.0	166.9	166.8	165.9
5	102.7	102.7	102.6	101.7
6	141.9	141.9	141.5	141.6
1'	91.2	91.1	90.6	90.7
2'	72.6	72.7	72.6	73.0
3'	78.7	78.9	78.9	68.8
3'-OCH_3	58.7	58.6	58.6	—
4'	82.3	82.4	82.4	82.8
5'	75.8	76.5	75.7	75.4
6'-$CONH_2$	173.9	173.8	173.6	172.6
1"	99.9	100.3	99.8	99.2
2"	65.4	65.7	65.3	68.9
3"	62.7	62.7	62.6	64.4
4"	110.2	110.6	109.9	69.7
5"	142.4	142.3	142.2	71.4
6"	163.7	162.3	162.3	171.9
1'''	39.0	174.5	177.6	
2'''	37.4	55.9	55.4	
3'''		30.0	37.1	
4'''		—	134.0	
5'''	37.4	36.3	119.0	
6'''	38.9	53.2		
6'''-Ac-CO	175.1/22.7			
6'''-CH_3		21.3		

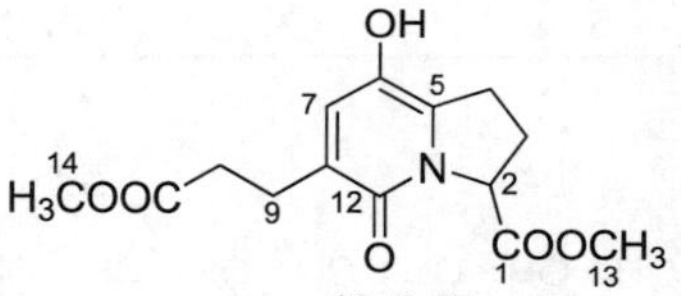

13-5-15

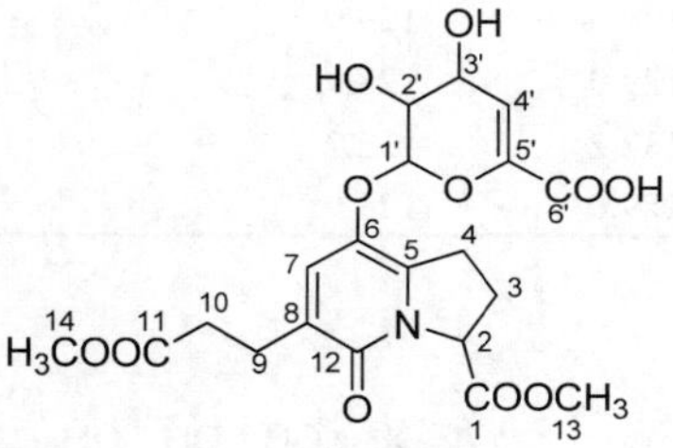

13-5-16

表 13-5-6 A58365 的 ^{13}C NMR 数据[6]

C	13-5-15	13-5-16
1	173.2	170.6
2	63.9	62.1
3	26.7	26.7
4	28.4	27.1
5	136.1	132.1
6	141.5	135.3
7	136.5	133.8
8	129.3	128.5
9	25.9	25.8
10	33.2	32.5
11	176.7	173.5
12	161.3	158.9
13	54.2	52.5
14	53.0	51.3
1'	101.6	
2'	70.1	
3'	66.2	
4'	112.9	
5'	141.9	
6'	166.1	

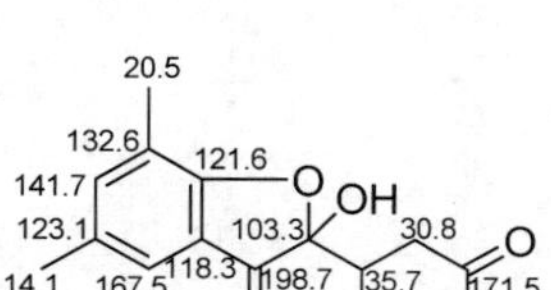

13-5-17[7]

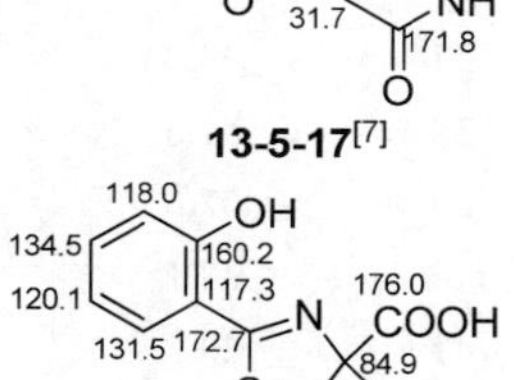

13-5-18[8]

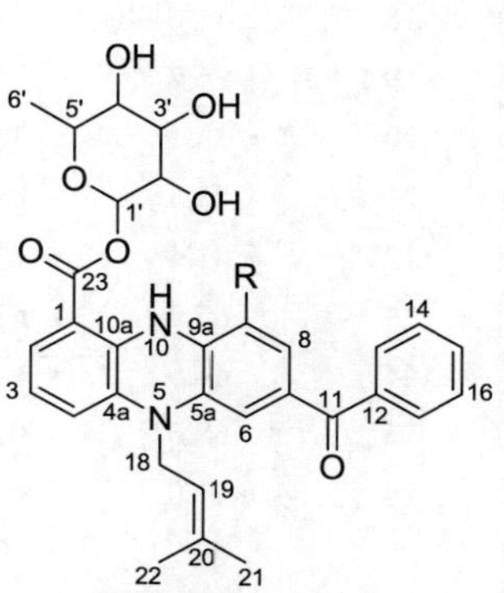

13-5-19 R=H
13-5-20 R=异戊烯基

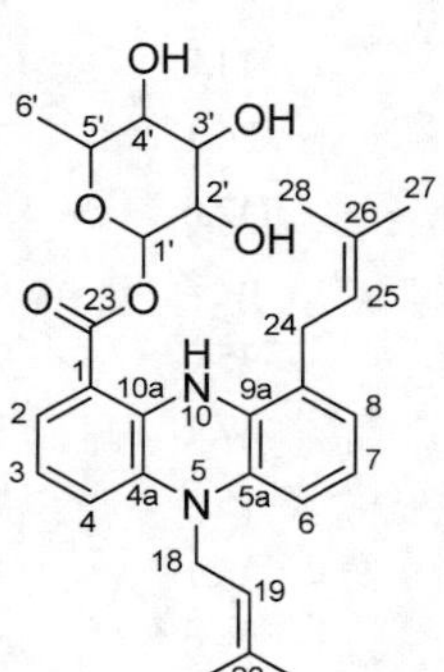

13-5-21

表 13-5-7 aestivophoenins 的 ^{13}C NMR 数据[9]

C	13-5-19	13-5-20	13-5-21[10]	C	13-5-19	13-5-20	13-5-21[10]
1	109.7	109.6	108.5	17	129.9	129.9	
2	122.3	122.0	121.7	18	44.6	44.8	44.7
3	121.6	121.6	120.3	19	119.5	119.6	120.7
4	115.4	115.0	114.5	20	137.5	137.4	136.7
4a	136.7	136.7	137.0	21	25.8	25.7	25.7
5a	135.5	135.3	135.5	22	18.0	18.0	18.1
6	112.9	111.4	110.6	23	166.8	167.1	167.1
7	132.4	131.5	122.9	24	—	29.3	29.5
8	127.2	127.4	122.9	25	—	120.6	121.5
9	112.8	123.8	124.9	26	—	135.8	134.7
9a	139.1	136.7	131.5	27	—	25.8	25.8
10a	140.5	140.5	142.6	28	—	18.1	18.1
11	194.5	194.6		1'	95.4	95.4	95.4
12	139.7	139.7		2'	70.9	70.9	70.9
13	129.9	129.9		3'	72.3	72.2	72.3
14	129.0	128.9		4'	73.2	73.2	73.2
15	132.2	132.2		5'	72.1	72.1	72.1
16	129.0	128.9		6'	18.2	18.2	18.2

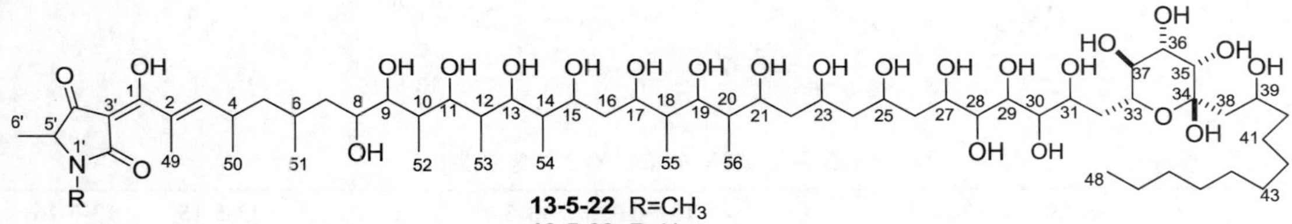

13-5-22 R=CH_3
13-5-23 R=H

表 13-5-8 aflastatins 的 ^{13}C NMR 数据[11]

C	13-5-22	13-5-23	C	13-5-22	13-5-23	C	13-5-22	13-5-23
1	191.5	195.7	15	74.5	74.5	29	69.4	69.4
2	135.2	—	16	34.9	34.8	30	72.5	72.5
3	139.3	139.3	17	70.4	70.4	31	68.6	68.6
4	29.9	29.9	18	41.6	41.6	32	35.8	35.8
5	44.8	44.8	19	76.2	76.2	33	70.2	70.2
6	26.1	26.3	20	38.1	38.1	34	71.2	71.2
7	42.8	42.6	21	73.5	73.5	35	70.7	70.7
8	67.2	67.0	22	41.6	41.6	36	73.0	73.0
9	75.0	75.0	23	67.9	67.9	37	98.4	98.6
10	37.1	37.0	24	44.5	44.5	38	41.6	41.6
11	75.8	75.9	25	68.6	68.6	39	67.5	67.4
12	38.1	38.1	26	41.0	41.0	40	38.1	38.1
13	78.9	78.9	27	69.7	69.6	41	24.9	24.9
14	38.1	38.1	28	74.3	74.3	42	29.2	29.2

续表

C	13-5-22	13-5-23	C	13-5-22	13-5-23	C	13-5-22	13-5-23
43	29.0	29.1	50	21.5	21.4	2'	173.4	—
44	29.0	29.1	51	20.8	20.8	3'	98.1	—
45	28.7	28.7	52	8.7	8.7	4'	192.6	196.1
46	31.3	31.3	53	12.8	12.8	5'	59.4	54.3
47	22.1	22.1	54	6.4	6.5	6'	15.9	18.6
48	13.9	14.0	55	10.6	10.5	7'	26.3	—
49	13.3	13.2	56	5.8	5.8			

注：—表示由于信号变宽未检测到。

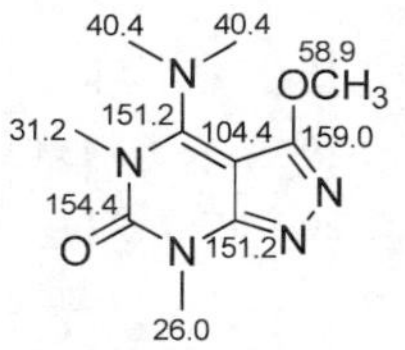

13-5-24[12]

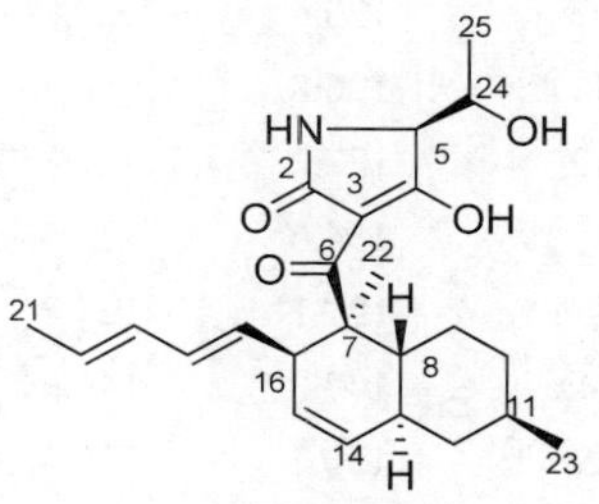

13-5-25

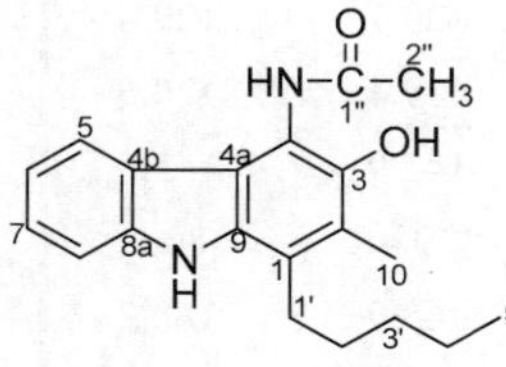

13-5-26

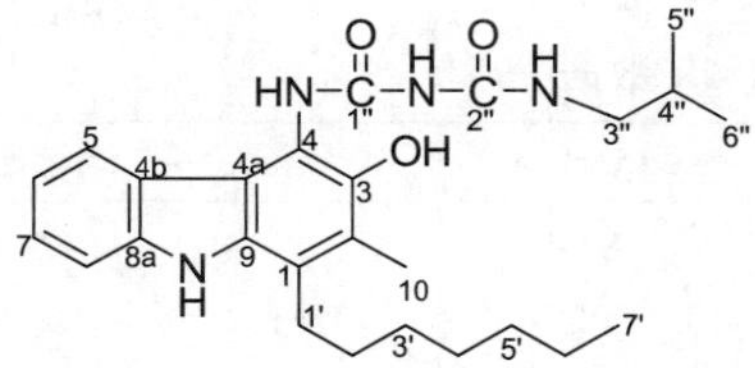

13-5-27

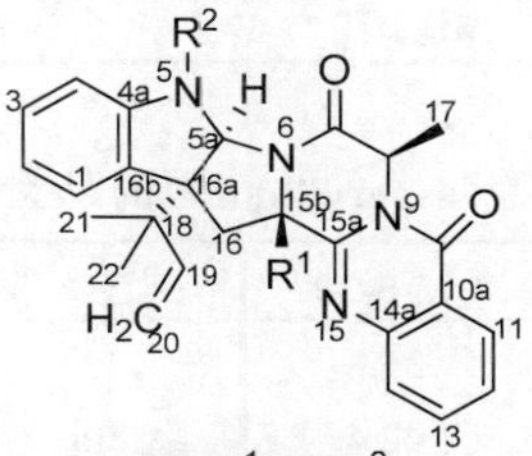

13-5-28 R^1=H; R^2=Ac
13-5-29 R^1=OH; R^2=Ac

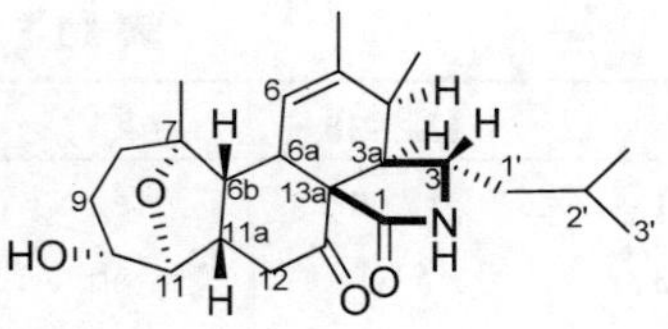

13-5-30

表 13-5-9 altersetin 的 ^{13}C NMR 数据[13]

C	13-5-25	C	13-5-25	C	13-5-25	C	13-5-25
2	179.8	8	39.0	14	130.6	20	128.3
3	99.7	9	27.9	15	126.2	21	18.1
4	191.5	10	35.6	16	44.2	22	13.8
5	66.8	11	33.1	17	131.1	23	22.7
6	198.6	12	42.0	18	131.6	24	65.9
7	48.6	13	38.4	19	131.6	25	21.0

表 13-5-10 antiostatins 的 ^{13}C NMR 数据[14]

C	13-5-26	13-5-27	C	13-5-26	13-5-27	C	13-5-26	13-5-27
1	123.3	123.7	4a	115.5	115.7	7	125.8	126.0
2	125.8	126.0	4b	123.8	123.7	8	111.8	112.1
3	144.3	143.9	5	122.8	122.6	8a	141.4	141.8
4	118.3	117.6	6	119.2	119.7	9	135.1	135.3

续表

C	13-5-26	13-5-27	C	13-5-26	13-5-27	C	13-5-26	13-5-27
10	14.6	13.3	5'	13.0	33.2	3"		48.3
1'	30.0	29.7	6'		23.8	4"		30.1
2'	30.1	31.1	7'		14.9	5"		20.7
3'	33.1	31.0	1"	172.1	155.9	6"		20.7
4'	23.5	30.6	2"	23.7	156.8			

表 13-5-11 ardeemins 的 ^{13}C NMR 数据[15]

C	13-5-28	13-5-29	C	13-5-28	13-5-29	C	13-5-28	13-5-29
1	124.4	124.9	10a	120.4	120.8	16a	60.9	59.3
2	124.5	124.6	11	126.8	126.9	16b	132.2	133.5
3	129.1	129.8	12	127.2	127.7	17	17.0	18.6
4	119.4	120.6	13	134.6	134.6	18	40.3	40.6
4a	142.9	142.6	14	127.1	127.7	19	143.0	142.8
5a	79.4	80.0	14a	147.0	146.9	20	114.5	115.1
7	165.9	168.2	15a	150.2	150.3	21	22.4	22.0
8	53.4	54.6	15b	58.2	89.3	22	23.1	22.4
10	159.6	159.9	16	37.3	44.2	Ac	169.9/23.5	170.3/23.6

表 13-5-12 aspergillin PZ 的 ^{13}C NMR 数据[16]

C	13-5-30	C	13-5-30	C	13-5-30	C	13-5-30
1	173.1	6a	35.8	11	83.4	2'	24.0
3	51.1	6b	42.4	11a	38.7	2'-Me	21.4
3a	51.6	7	81.4	12	42.6	3'	23.9
4	34.3	8	34.7	13	211.6	4β-Me	13.4
5	138.7	9	24.7	13a	63.9	5-Me	19.9
6	127.5	10	65.2	1'	48.1	7α-Me	23.3

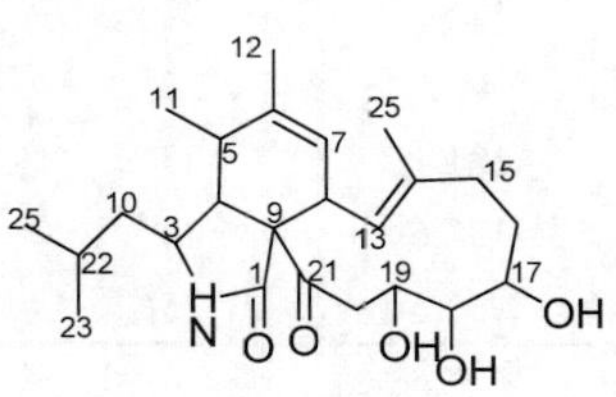

13-5-31 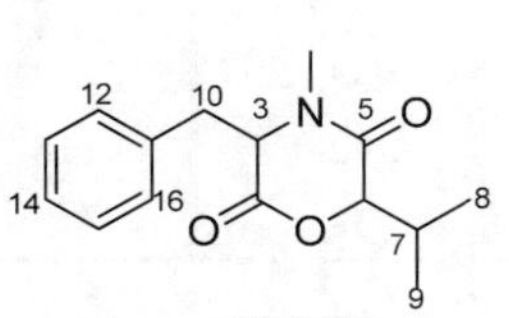 13-5-32 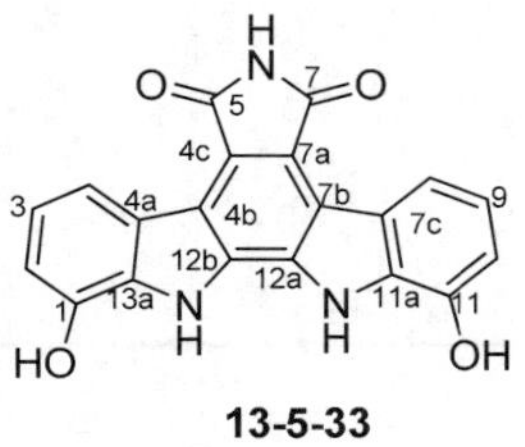 13-5-33

表 13-5-13 aspochalasin E 的 ^{13}C NMR 数据[17]

C	13-5-31	C	13-5-31	C	13-5-31	C	13-5-31
1	174.4	5	34.9	8	43.0	11	13.0
3	49.8	6	139.0	9	67.2	12	19.4
4	51.7	7	125.4	10	48.7	13	124.1

续表

C	13-5-31	C	13-5-31	C	13-5-31	C	13-5-31
14	135.7	17	70.5	20	43.8	23	23.4
15	38.0	18	78.4	21	210.9	24	21.7
16	29.4	19	67.7	22	23.9	25	15.5

表 13-5-14 bassiatin 的 ^{13}C NMR 数据[18]

C	13-5-32	C	13-5-32	C	13-5-32	C	13-5-32
2	167.3	7	29.7	11	134.1	N-CH_3	32.4
3	62.8	8	18.6	12, 16	129.8		
5	165.5	9	15.1	13, 15	129.2		
6	81.3	10	37.1	14	128.2		

表 13-5-15 BE-13793C 的 ^{13}C NMR 数据[19]

C	13-5-33	C	13-5-33	C	13-5-33	C	13-5-33
1	143.3	4b	115.5	7b	115.5	11	143.3
2	110.9	4c	119.7	7c	123.0	11a	130.0
3	120.6	5	171.2	8	115.2	12a	128.7
4	115.2	7	171.2	9	120.6	12b	128.7
4a	123.0	7a	119.7	10	110.9	13a	130.0

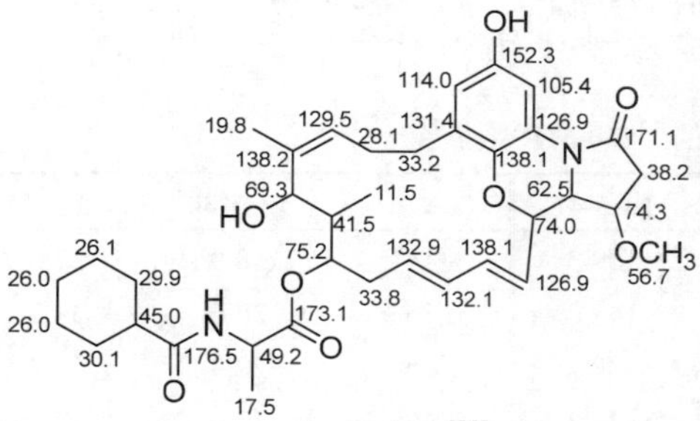

13-5-34[20]

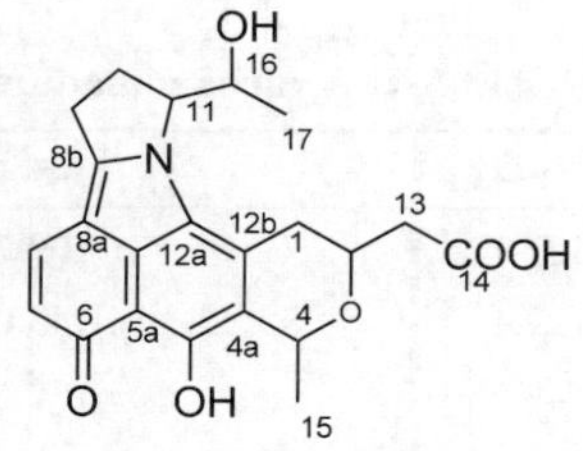

13-5-35

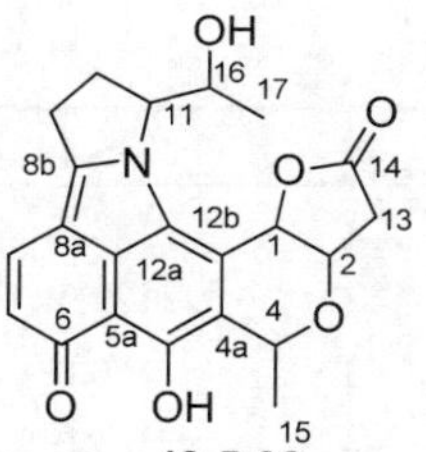

13-5-36

表 13-5-16 BE-54238s 的 ^{13}C NMR 数据[21]

C	13-5-35	13-5-36	C	13-5-35	13-5-36	C	13-5-35	13-5-36
1	30.0	71.6	7	121.4	121.7	12a	121.8	123.1
2	62.8	65.7	8	134.9	135.9	12b	127.1	119.9
4	67.2	66.4	8a	103.6	103.6	13	40.4	36.8
4a	119.5	120.7	8b	154.6	156.0	14	172.1	175.0
5	155.4	154.3	9	24.7	24.8	15	19.5	18.5
5a	109.6	110.9	10	27.5	27.5	16	68.7	68.9
6	184.7	185.4	11	64.2	64.0	17	20.3	20.1

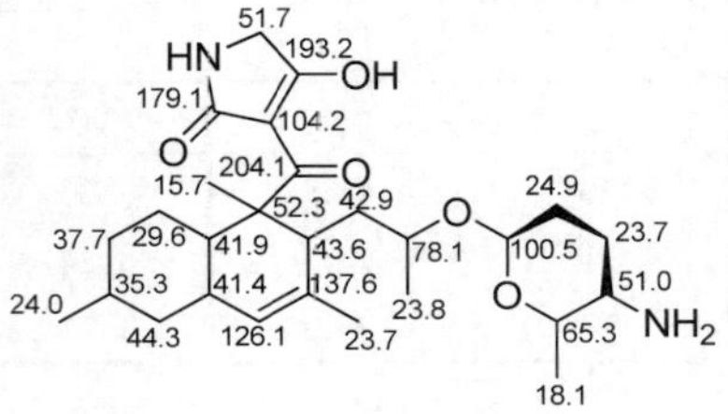

13-5-37[22]

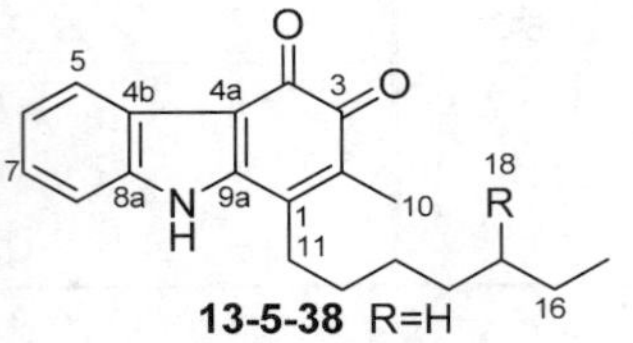

13-5-38 R=H
13-5-39 R=CH_3

表 13-5-17 carbazoquinocins 的 ^{13}C NMR 数据[23]

C	13-5-38	13-5-39	C	13-5-38	13-5-39	C	13-5-38	13-5-39
1	142.2	142.3	6	123.9	123.9	12	28.5	28.8
2	133.1	133.1	7	124.1	124.1	13	29.0	26.6
3	183.5	183.5	8	113.4	113.4	14	28.6	35.8
4	172.7	172.7	8a	137.2	137.1	15	31.2	33.8
4a	111.0	111.0	9a	145.7	145.6	16	22.0	28.9
4b	125.7	125.6	10	11.4	11.4	17	13.9	11.2
5	120.2	120.2	11	28.0	28.1	18		19.1

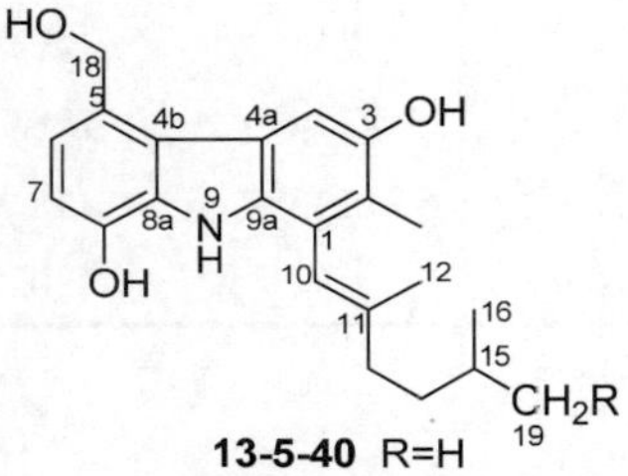

13-5-40 R=H
13-5-41 R=CH_3

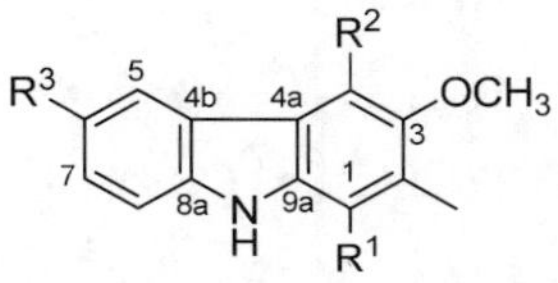

13-5-42 $R^1=CH_3$; $R^2=OCH_3$; $R^3=H$
13-5-43 $R^1=CH_3$; $R^2=OH$; $R^3=H$
13-5-44 $R^1=CH_3$; $R^2=OH$; $R^3=OCH_3$
13-5-45 $R^1=CH_3$; $R^2=OCH_3$; $R^3=OCH_3$

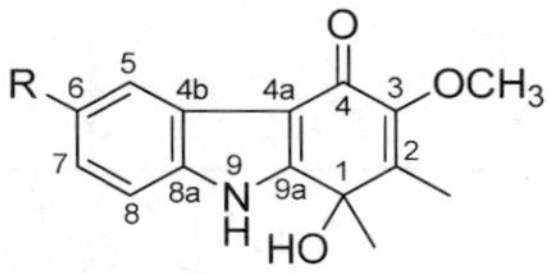

13-5-46 R=H
13-5-47 R=OCH_3

表 13-5-18 carbazomadurins 的 ^{13}C NMR 数据[24]

C	13-5-40	13-5-41	C	13-5-40	13-5-41	C	13-5-40	13-5-41
1	122.4	122.1	7	109.7	109.3	14	38.0	35.3
2	122.4	122.1	8	143.0	142.7	15	28.6	34.7
3	150.0	149.7	8a	130.6	130.2	16	22.9	11.4
4	107.0	106.6	9a	133.7	133.3	17	13.6	13.2
4a	121.5	121.1	10	120.4	120.1	18	63.8	63.4
4b	123.6	123.2	11	142.8	142.5	19	22.9	29.7
5	128.4	128.1	12	18.0	17.7	20		19.1
6	118.9	118.5	13	37.8	37.1			

表 13-5-19 咔唑霉素的 ^{13}C NMR 数据

C	13-5-42[25]	13-5-43[25]	13-5-44[26]	13-5-45[26]	13-5-46[27]	13-5-47[27]
1	113.5	109.3	109.8	114.5	67.3	67.2
2	128.7	127.0	127.9	129.0	154.3	154.4
3	144.4	138.5	139.0	144.5	147.6	147.5
4	145.9	142.0	143.6	146.6	177.5	177.4

续表

C	13-5-42[25]	13-5-43[25]	13-5-44[26]	13-5-45[26]	13-5-46[27]	13-5-47[27]
4a	114.4	109.3	110.8	115.0	108.4	108.3
4b	122.8	123.3	124.7	123.8	123.8	124.4
5	122.5	122.7	106.2	105.9	121.5	102.3
6	119.4	119.5	154.0	154.4	120.5	155.0
7	125.0	124.7	113.9	114.5	122.9	112.4
8	110.3	110.0	111.5	112.0	112.0	112.7
8a	139.4	139.3	135.6	135.9	136.4	131.1
9a	136.4	136.8	138.9	138.7	140.8	140.6
1-CH_3	13.6	13.1	13.4	13.7	27.9	27.9
2-CH_3	12.6	12.7	12.8	12.7	10.1	10.1
3-OCH_3	61.1	61.4	61.3	61.0	59.2	59.1
4-OCH_3	60.5			60.6		
6-OCH_3			56.0	56.0		55.2

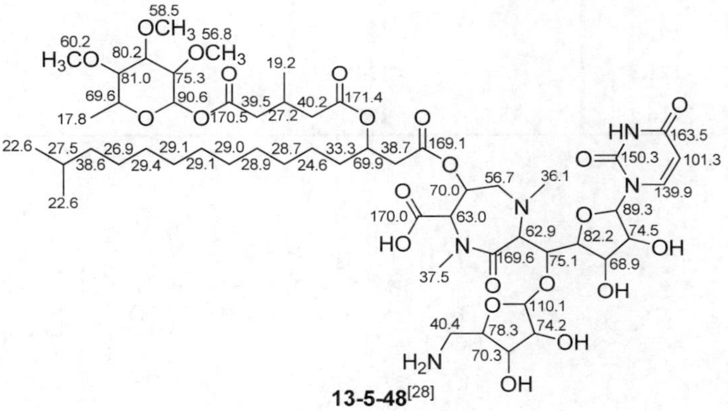

13-5-48[28]

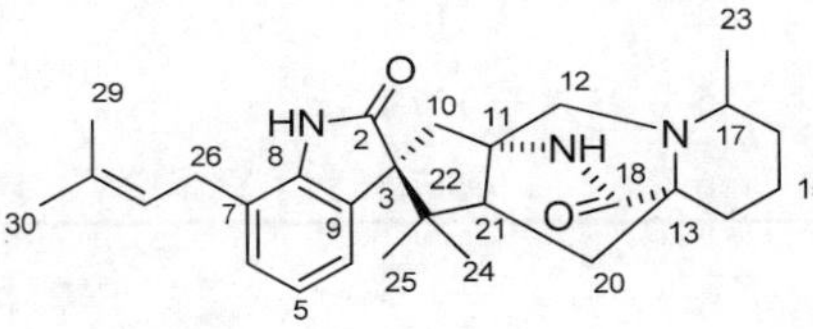

13-5-49

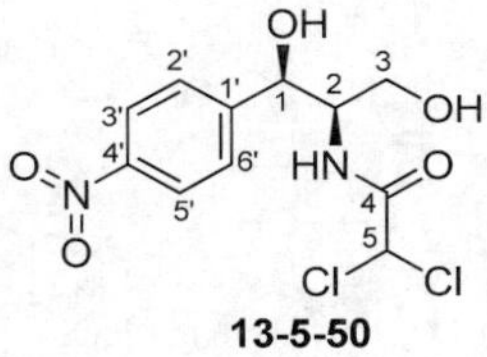

13-5-50

表 13-5-20 chrysogenamide 的 ^{13}C NMR 数据[29]

C	13-5-49	C	13-5-49	C	13-5-49	C	13-5-49
2	183.1	9	129.9	16a	34.3	24	22.7
3	62.3	10a	39.9	17	58.7	25	20.1
4	123.6	11	60.4	18	172.3	26	28.4
5	120.8	12a	64.9	20a	35.2	27	121.9
6	127.7	13	58.7	21	46.1	28	132.3
7	122.1	14a	20.7	22	46.5	29	25.5
8	140.4	15a	31.8	23	21.5	30	17.7

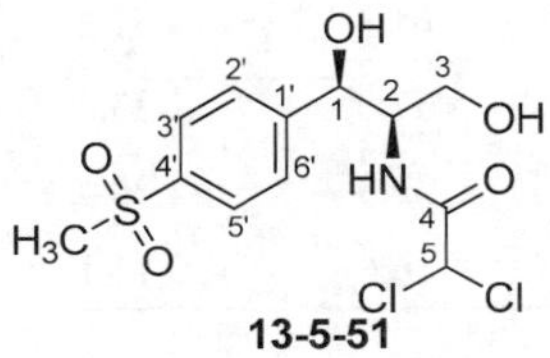

13-5-51 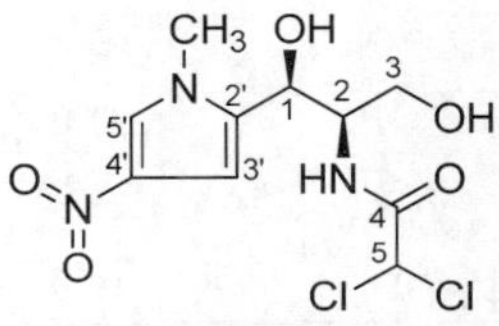 13-5-52 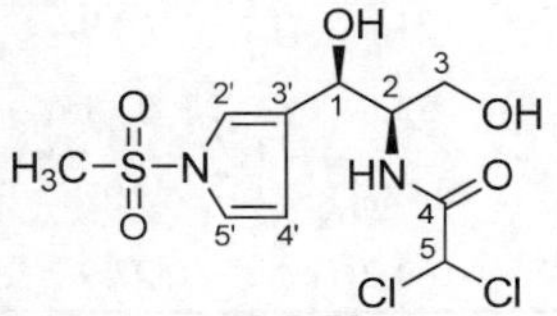 13-5-53 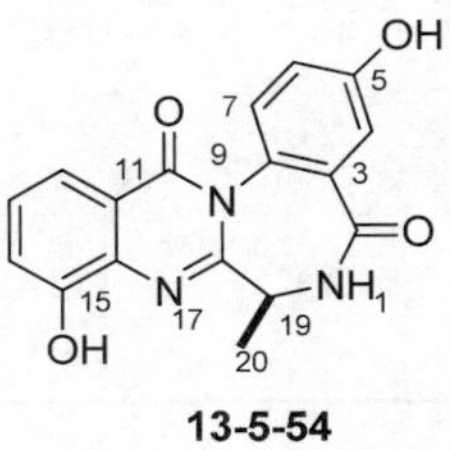 13-5-54

表 13-5-21　氯霉素、硫霉素及衍生物的 ^{13}C NMR 数据[30]

C	13-5-50①	13-5-51②	13-5-52①	13-5-53②	C	13-5-50①	13-5-51②	13-5-52①	13-5-53②
1	70.8	70.7	64.6	67.6	2'	123.7	127.8	128.9	113.5
2	57.9	58.1	55.3	55.6	3'	127.8	127.9	104.0	135.9
3	61.7	61.8	61.9	62.6	4'	151.0	140.3	135.1	111.6
4	166.1	166.1	164.9	104.6	5'	127.8	127.9	124.7	123.5
5	66.9	67.0	67.4	64.9	6'	123.7	127.8	—	—
1'	148.0	150.0			*S*-CH_3	—	44.1	35.3	43.1

① 测试溶剂为 D。② 测试溶剂为 A。

表 13-5-22　circumdatin I 的 ^{13}C NMR 数据[31]

C	13-5-54	C	13-5-54	C	13-5-54	C	13-5-54
2	166.6	7	130.0	13	127.8	19	49.6
3	132.4	8	124.5	14	119.1	20	14.9
4	114.1	10	161.2	15	152.8		
5	157.2	11	121.8	16	134.8		
6	117.8	12	116.5	18	155.1		

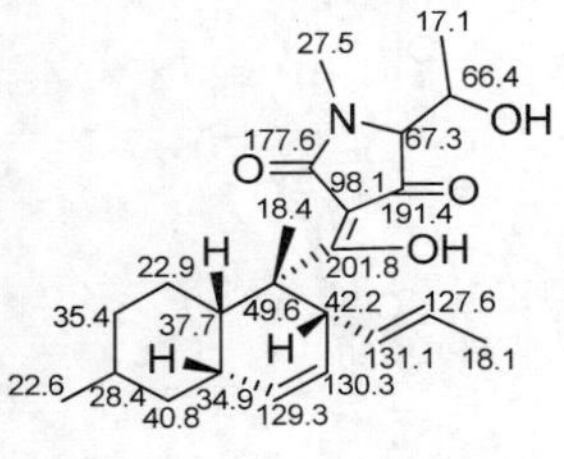

13-5-55[32]

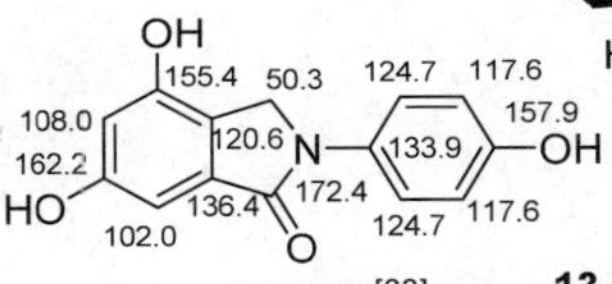

13-5-56[33]

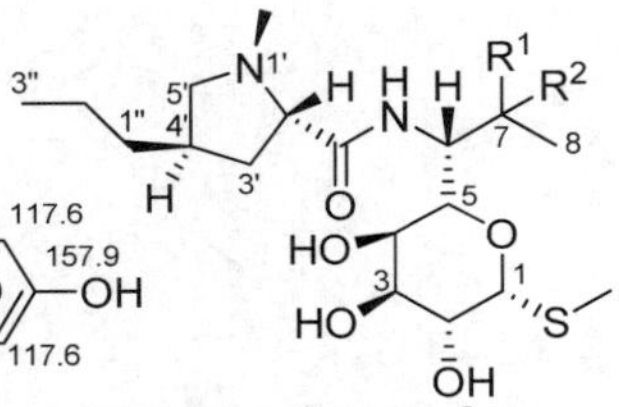

13-5-57　R^1=OH; R^2=H
13-5-58　R^1=H; R^2=Cl

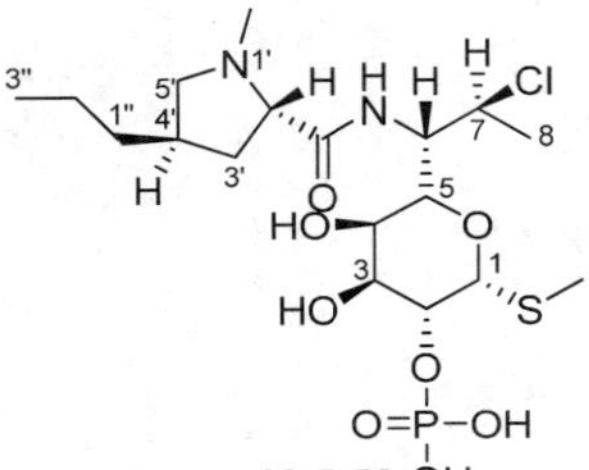

13-5-59

表 13-5-23　林可霉素及衍生物 ^{13}C NMR 数据[34]

C	13-5-57	13-5-58	13-5-59[35]	C	13-5-57	13-5-58	13-5-59[35]
1	91.0	90.6	86.3	8-Me	18.5	24.5	21.8
1-SMe	15.8	15.5	12.7	1'-Me	43.3	43.4	40.7
2	70.5	70.5	71.8	2'	71.2	71.1	68.3
3	73.1	73.2	69.7	3'	38.4	38.7	35.6
4	71.2	70.9	68.2	4'	39.3	39.3	36.4
5	71.8	71.8	68.9	5'	64.2	64.3	61.2
6	53.2	55.8	53.1	1"	37.0	37.0	33.8
6-CO	172.4	172.4	169.1	2"	23.3	23.3	20.4
7	69.3	60.7	57.9	3"	16.0	16.0	13.1

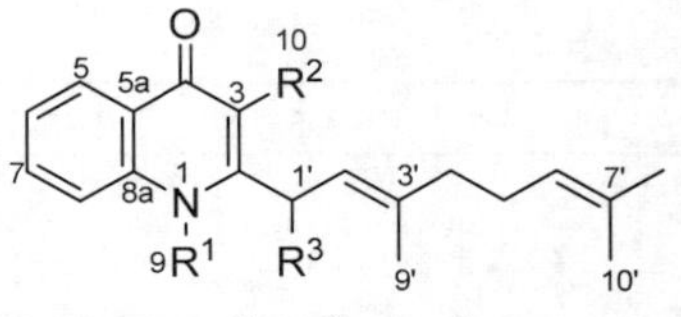

13-5-60 R^1= R^3=H; R^2=CH_3
13-5-61 R^1=R^2=CH_3; R^3=H
13-5-62 R^1=CH_2SCH_3; R^2=CH_3; R^3=H
13-5-64 R^1=CH_3; R^2=H; R^3=OH

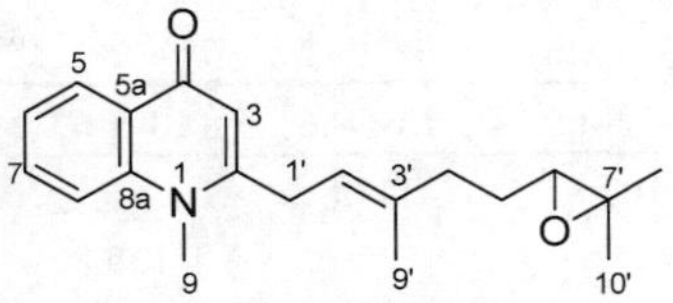

13-5-63

表 13-5-24 13-5-60~13-5-64 的 ^{13}C NMR 数据[36]

C	13-5-60	13-5-61	13-5-62	13-5-63	13-5-64	C	13-5-60	13-5-61	13-5-62	13-5-63	13-5-64
2	145.9	150.6	149.8	150.3	155.6	1'	30.6	30.6	30.1	30.6	70.0
3	115.6	117.4	118.2	117.4	111.0	2'	116.6	118.3^b	118.6^b	118.7^b	123.0^a
4	177.9	177.2	177.4	177.2	178.4	3'	138.3	139.0	139.5	138.4	141.7
4a	123.8	124.9	124.9	124.9	125.5	4'	39.6	39.4	39.4	36.3	39.6
5	123.4^a	122.8^a	123.6^a	122.8^a	123.6^a	5'	26.4	26.4	26.3	27.4	6.1
6	126.4^a	127.0^a	127.2^a	127.0^a	125.9^a	6'	123.1^a	123.7^a	123.2^a	63.9	123.2^a
7	131.1	131.5	131.6	131.5	132.0	7'	132.5	131.9	131.9	58.2	132.0
8	116.6	115.0^b	115.6^b	115.0^b	115.2	8'	25.8	25.7	25.7	24.8	25.7
8a	143.6	141.1	140.3	141.1	141.7	9'	16.5	16.5	16.5	16.6	17.0
9		34.8	49.6	11.7	35.0	10'	17.8	17.7	17.7	18.7	17.7
10	10.2	11.6	11.5	34.9							

注：同一列中相同的 a 或 b 标注的数据可以互换。

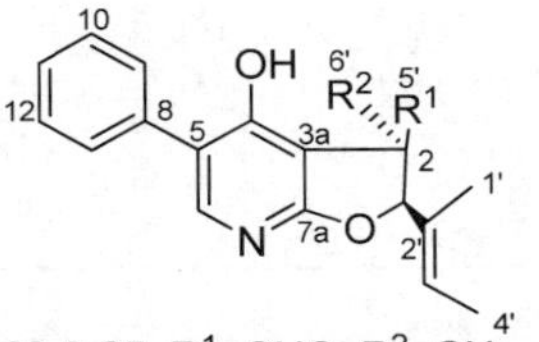

13-5-65 R^1=CHO; R^2=CH_3
13-5-66 R^1=CH_2OH; R^2=CH_3
13-5-70 R^1=CH_2OH; R^2=CH_2OH

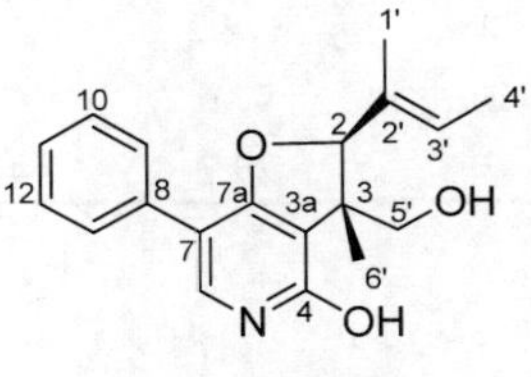

13-5-67

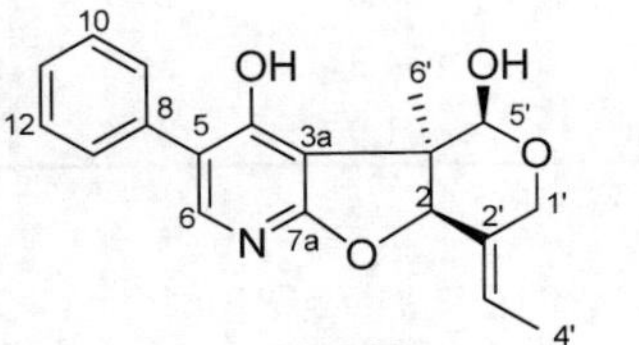

13-5-68

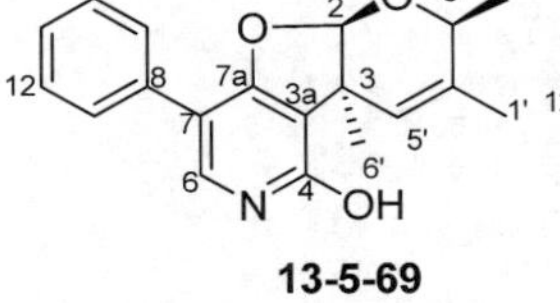

13-5-69

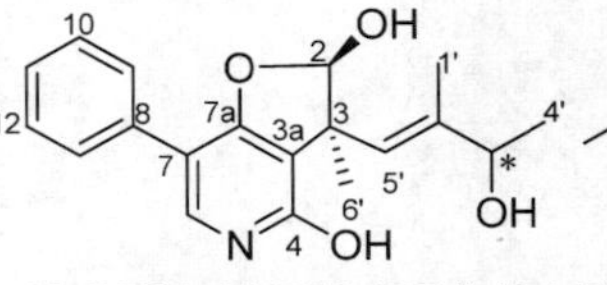

13-5-71和13-5-72 (C3'位差向异构)

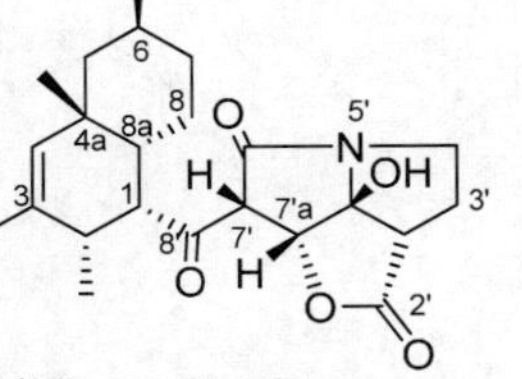

13-5-73

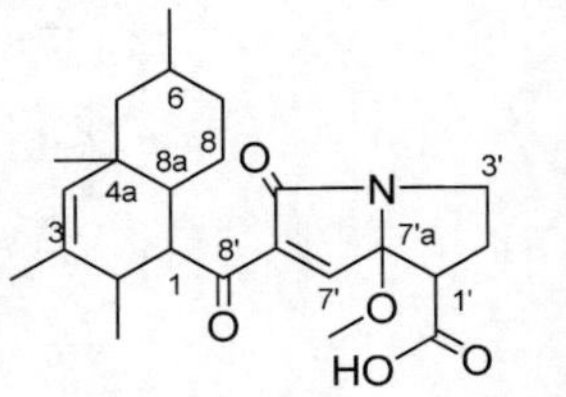

13-5-74

表 13-5-25 13-5-65~13-5-72 ^{13}C NMR 数据[37]

C	13-5-65	13-5-66	13-5-67	13-5-68	13-5-69	13-5-70	13-5-71	13-5-72
2	—	95.3	95.2	112.8	92.3	90.2	111.2	111.5
3	59.2	50.4	52.0	43.0	53.2	56.3	49.8	49.7
3a	—	—	117.1	116.8	—	—	117.3	117.4
4	—	—	166.8	164.6	—	162.6	164.3	164.4

续表

C	13-5-65	13-5-66	13-5-67	13-5-68	13-5-69	13-5-70	13-5-71	13-5-72
5	107.8	111.8			—	—	—	—
6	—	—	135.8	135.9	144.2	148.9	135.6	135.7
7	—	—	111.6	110.5	—	—	110.8	110.9
7a	—	—	163.3	161.3	—	—	161.7	161.8
8	—	137.3	134.8	135.6	137.3	137.8	135.2	135.2
9	130.8	130.6	128.9	128.8	130.5	130.5	128.9	128.9
10	129.9	129.3	129.8	129.8	129.1	129.20	129.7	129.72
11	128.8	128.0	128.5	128.3	127.9	127.7	128.3	128.3
1'	13.5	13.4	14.4	19.5	64.1	13.5	13.0	12.9
2'	131.8	133.7	133.1	134.8	132.2	133.9	143.3	143.3
3'	125.5	125.3	124.23	68.1	124.5	124.4	74.2	74.3
4'	13.5	13.5	13.6	19.9	13.5	13.6	22.9	22.8
5'	201.2	67.2	70.1	124.7	100.4	63.9	128.9	128.9
6'	20.7	25.7	17.5	23.7	22.3	62.0	22.9	22.8

表 13-5-26　13-5-73 和 13-5-74 的 ^{13}C NMR 数据[38]

C	13-5-73	13-5-74	C	13-5-73	13-5-74	C	13-5-73	13-5-74
1	63.6	59.2	8a	39.0	44.0	4'	41.8	
2	29.7	29.7	2 -CH_3	21.0	21.3	5'		169.6
3	133.1	134.6	3 -CH_3	21.6	22.1	6'	167.9	141.0
4	131.4	130.2	4a-CH_3	29.1	30.4	7'	63.7	151.8
4a	37.0	37.5	6-CH_3	22.3	22.6	7'a	81.2	98.3
5	48.9	50.5	1'		51.2	7'b	100.9	
6	28.8	29.1	2'	174.2	29.2	8'	209.8	199.9
7	34.3	35.5	2'a	47.6		1'-COOH		172.7
8	31.9	31.4	3'	29.7	41.2	7'a-O-CH_3		50.8

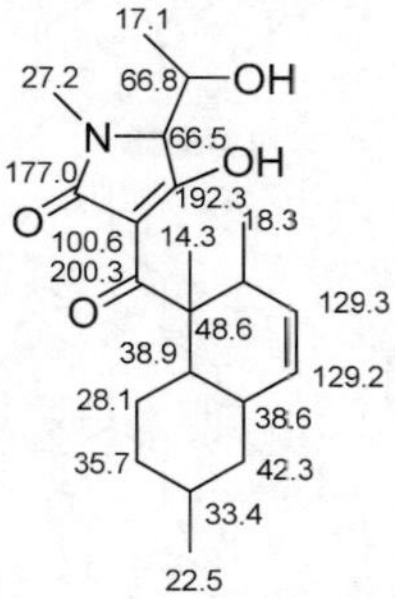

13-5-75[39]

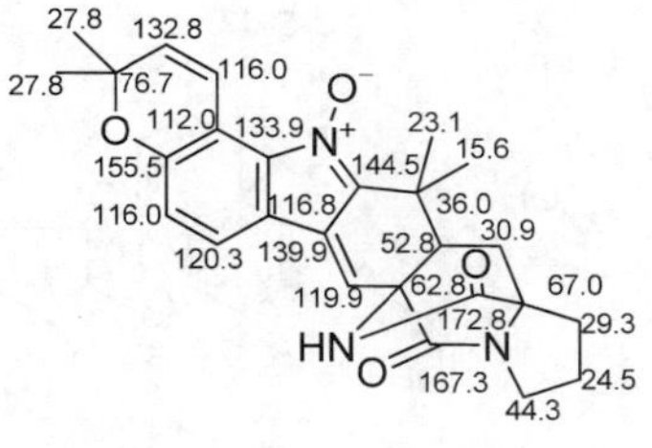

13-5-76[40]

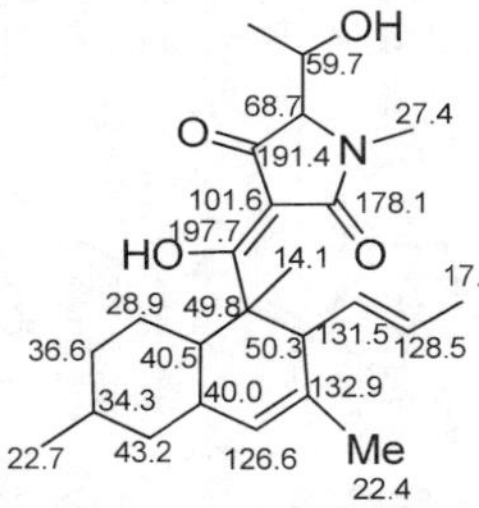

13-5-77[41]

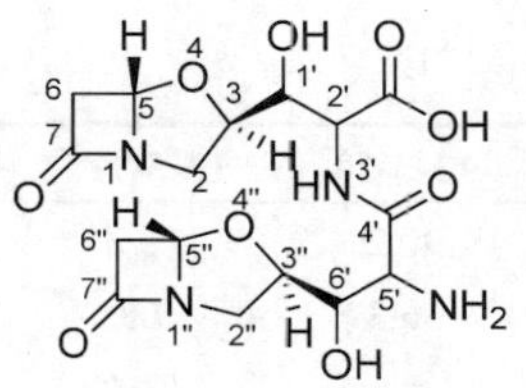

13-5-78

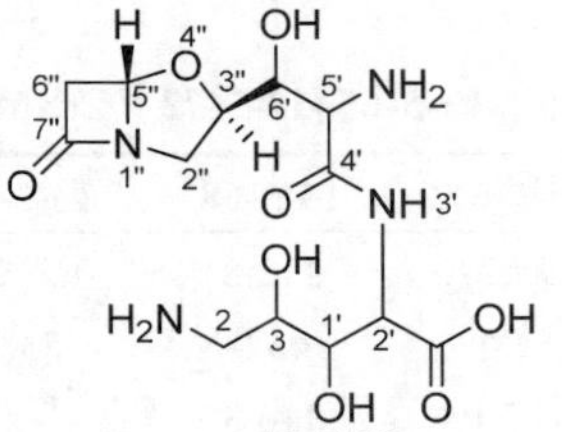

13-5-79

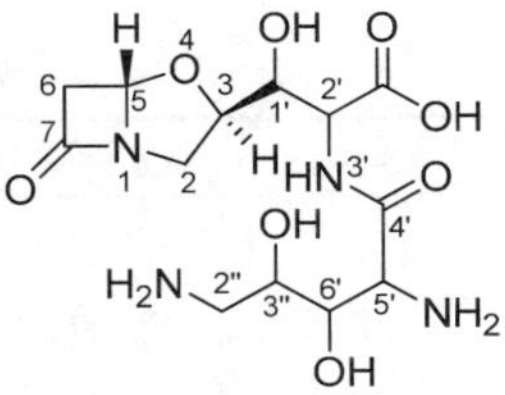

13-5-80

表 13-5-27 棒霉素及衍生物的 ^{13}C NMR 数据[42]

C	13-5-78	13-5-79	13-5-80	C	13-5-78	13-5-79	13-5-80	C	13-5-78	13-5-79	13-5-80
2	46.5	41.8	50.3	2'	55.4	55.5	58.8	3"	81.4	81.3	70.4
3	82.6	68.4	84.6	2'-COOH	173.2	174.0		5"	83.7	83.8	
5	83.4		87.4	4'	172.6	172.5		6"	44.6	44.7	
6	44.4		47.2	5'	56.5	56.5	59.1	7"	178.1	178.0	
7	178.1			6'	71.6	71.6	76.2				
1'	71.1	72.6	74.7	2"	47.5	47.7	45.2				

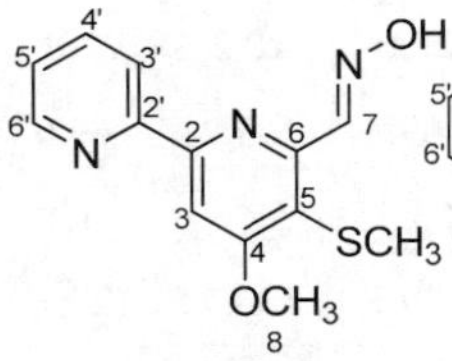

13-5-81 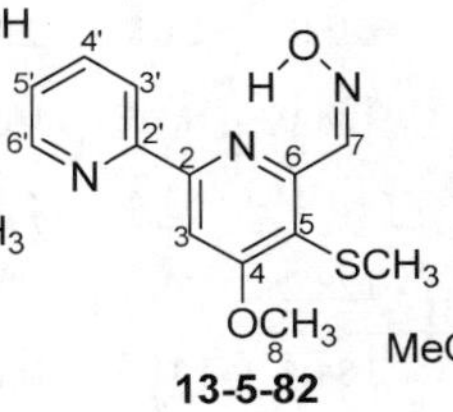 13-5-82 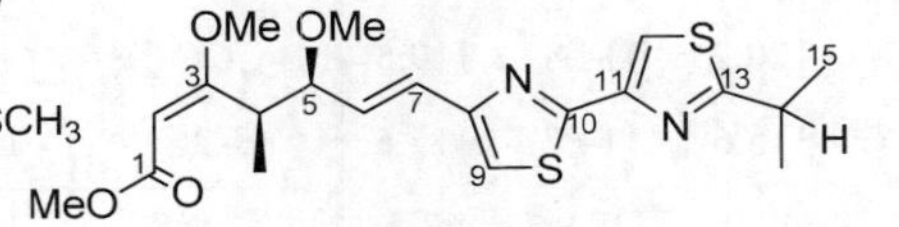 13-5-83 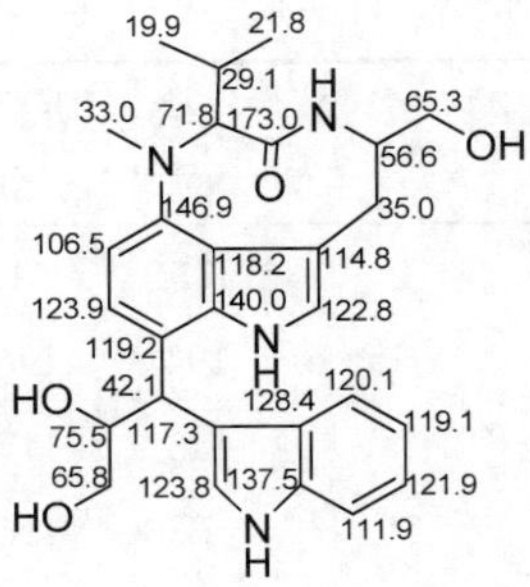 13-5-84[45]

表 13-5-28 collismycins 的 ^{13}C NMR 数据[43]

C	13-5-81	13-5-82	C	13-5-81	13-5-82	C	13-5-81	13-5-82
2	157.4	154.8	7	147.6	140.2	4'	137.2	137.5
3	103.7	104.9	8	56.4	56.7	5'	124.3	124.9
4	167.4	168.2	9	18.5	18.4	6'	148.9	149.5
5	122.1	121.0	2'	155.2	153.1			
6	152.6	152.5	3'	121.9	121.0			

表 13-5-29 cystothiazole A 的 ^{13}C NMR 数据[44]

C	13-5-83	C	13-5-83	C	13-5-83	C	13-5-83
1	167.7	4	39.8	7	125.4	12	115.1
1-OMe	50.8	4-Me	14.1	8	154.3	13	178.6
2	91.1	5	84.4	9	114.9	14	33.3
3	176.7	5-OMe	57.0	10	162.6	14-Me	23.1
3-OMe	55.5	6	131.8	11	148.6	15	23.1

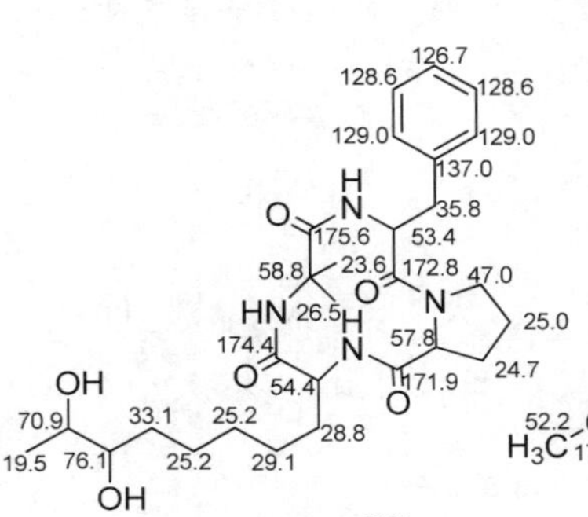

13-5-85[46] 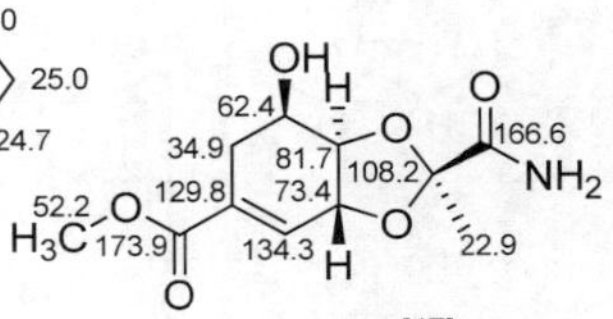 13-5-86[47] 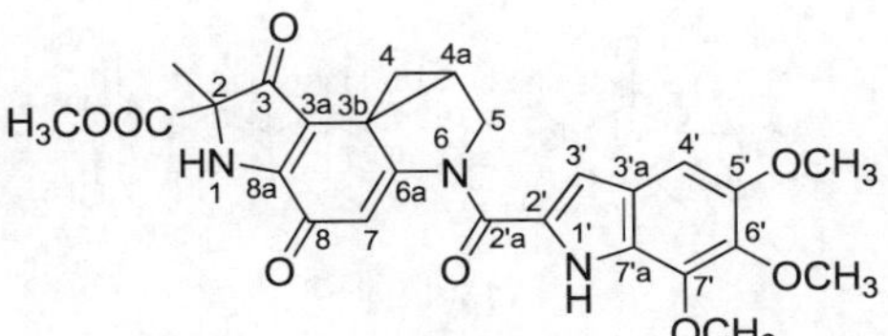 13-5-87

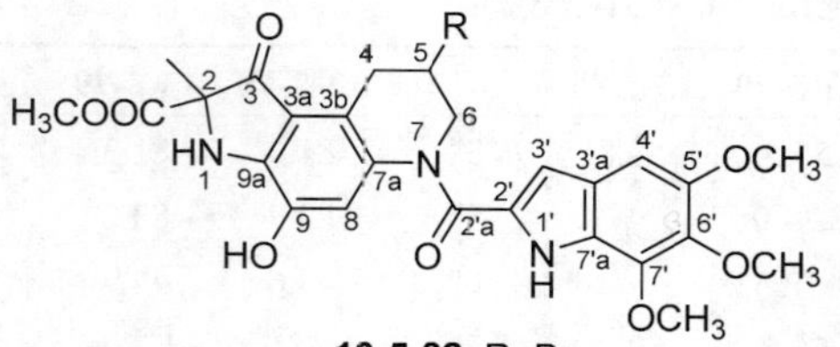

13-5-88 R=Br
13-5-90 R=Cl

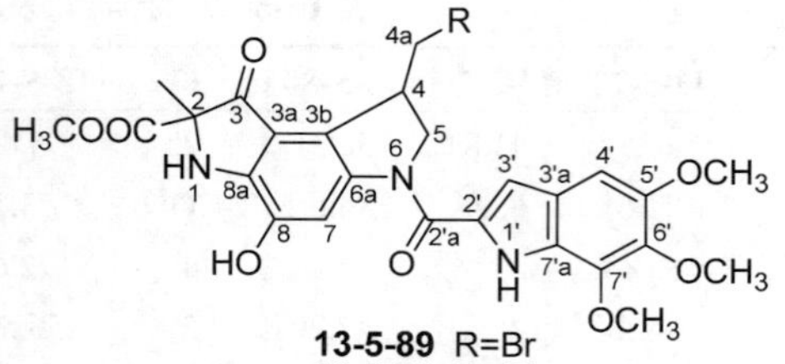

13-5-89 R=Br
13-5-91 R=Cl

表 13-5-30 duocarmycins 的 ^{13}C NMR 数据[49]

C	13-5-87[48]	13-5-88	13-5-89	13-5-90	13-5-91	C	13-5-87[48]	13-5-88	13-5-89	13-5-90	13-5-91
2	71.3	71.1	71.2	70.1	71.2	2-CH₃	22.0	21.8	22.0	20.2	22.0
3	194.8	196.8	196.6	197.8	196.6	2-<u>C</u>OOCH₃	168.0	169.7	169.5	169.2	169.6
3a	113.2	117.1	120.2	114.8	119.5	2-COO<u>C</u>H₃	53.4	53.4	53.4	52.6	53.4
3b	22.3	116.6	115.6	114.7	115.6	2'	128.2	129.1	129.1	130.7	129.1
4	30.6	33.9	42.0	32.9	42.3	2'a	164.4	164.5	160.5	163.3	160.5
4a	21.1		35.6		46.4	3'	108.2	108.3	107.9	106.6	107.9
5	55.3	44.8	56.1	54.7	55.0	3'a	123.3	123.1	123.5	122.7	123.5
6		53.0		51.2		4'	97.7	97.9	98.0	97.9	98.0
6a	165.1		137.6		137.7	5'	150.6	150.2	150.1	149.1	150.4
7	112.0		112.5		112.5	6'	141.3	140.4	140.9	139.5	140.9
7a		128.9		128.4		7'	138.9	138.9	138.7	139.0	138.7
8	179.7	118.2	150.4	117.2	150.1	7'a	126.6	126.1	126.0	125.4	126.0
8a	161.2		144.2		144.2	5'-OCH₃	56.3	56.3	56.4	55.9	56.4
9		151.7		152.2		6'-OCH₃	61.5	61.5	61.5	60.9	61.5
9a		141.6		141.2		7'-OCH₃	61.2	61.2	61.2	61.0	61.2

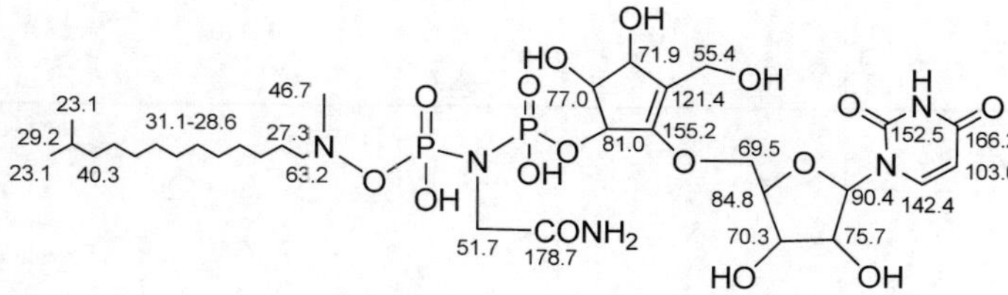

13-5-92[50]

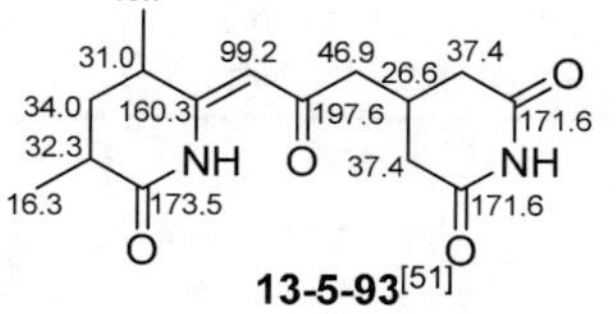

13-5-93[51]

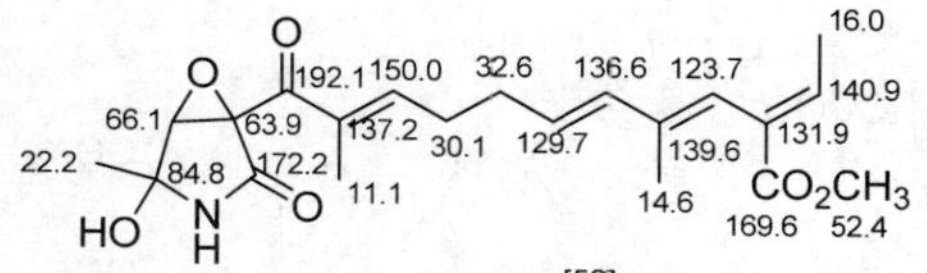

13-5-94[52]

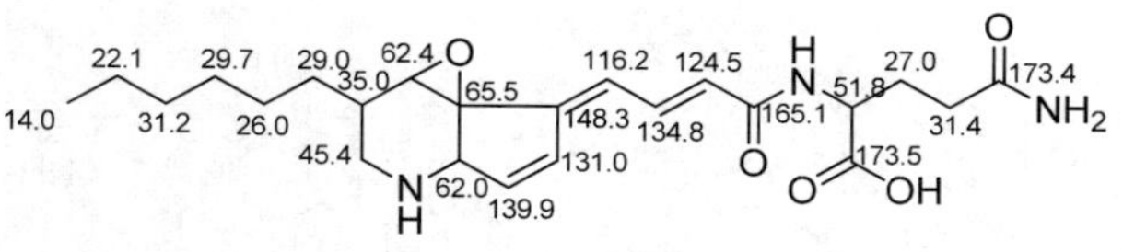

13-5-95[53]

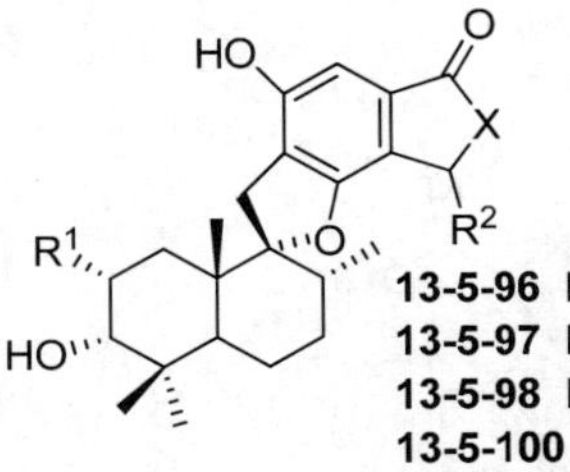

13-5-96 R^1=OH; R^2=H; X=NH
13-5-97 R^1=OH; R^2=OCH_3; X=NH
13-5-98 R^1=OH; R^2=OCH_3; X=NH
13-5-100 R^1=OH; R^2=H; X=NCH_2CH_2OH
13-5-101 R^1=OH; R^2=H; X=$N(CH_2)_3COOCH_3$
13-5-103 R^1=H; R^2=H; X=$N(CH_2)_4COOCH_3$

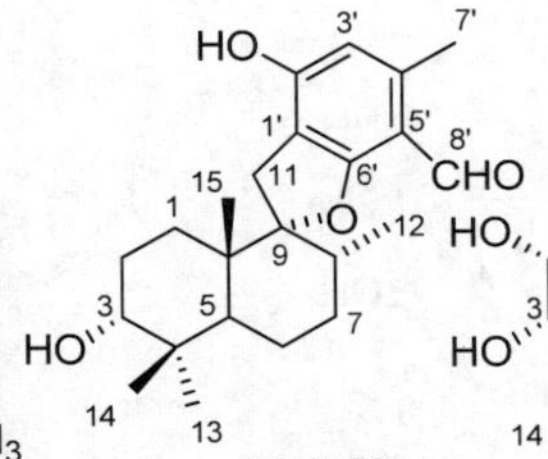

13-5-99 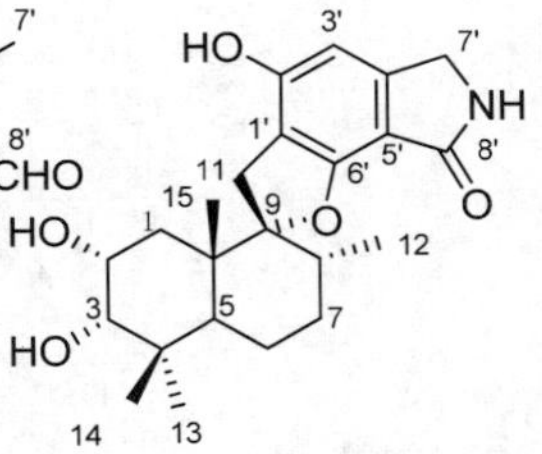　**13-5-102**

表 13-5-31　13-5-96~13-5-103 的 ^{13}C NMR 数据[54]

C	13-5-96	13-5-97	13-5-98	13-5-99	13-5-100	13-5-101	13-5-102	13-5-103
1	33.5	33.6	33.6	33.9	33.9	33.3	24.7	24.8
2	66.1	66.2	66.1	66.3	66.3	67.1	25.9	26.1
3	78.7	78.8	78.7	79.2	79.1	79.1	74.6	74.9
4	38.5	38.6	38.4	38.7	38.7	38.7	38.1	38.2
5	39.6	39.7	39.5	39.6	39.9	39.6	40.4	40.5
6	20.8	20.9	20.9	21.1	21.2	21.1	21.3	21.3
7	31.2	31.3	31.1	30.4	31.6	31.4	31.5	31.7
8	36.8	36.9	36.7	37.3	37.1	37.1	37.2	37.4
9	98.2	98.7	98.6	99.1	98.5	98.5	98.4	98.8
10	43.5	43.7	43.6	43.5	43.9	43.9	42.7	42.8
11	32.7	32.4	32.4	32.0	33.0	32.5	31.4	32.8
12	15.5	15.6	15.5	15.6	15.8	15.9	15.8	15.9
13	29.1	29.1	29.0	29.0	29.4	29.0	29.1	29.1
14	22.1	22.2	22.1	22.4	22.4	22.4	22.6	22.7
15	16.8	16.9	16.9	17.1	17.2	17.3	16.1	16.2
1'	117.5	118.3	118.3	113.5	117.5	117.9	111.6	117.7
2'	155.1	156.5	156.5	158.3	155.4	153.9	159.9	155.5
3'	101.9	102.4	102.6	102.3	101.9	102.8	111.8	101.9
4'	135.0	135.8	135.5	147.6	135.9	134.2	141.8	135.5
5'	115.1	114.3	114.3	106.7	113.2	113.3	111.2	112.8
6'	156.7	157.7	157.6	159.4	156.7	156.4	168.9	157.0
7'	172.2	170.9	170.7	45.7	169.1	170.0	21.8	168.7
8'	42.9	83.4	83.6	171.2	48.5	48.2	187.8	47.2
8-OCH_3		51.4	51.9					
9'					46.0	42.5		42.0
10'					60.5	24.2		27.9
11'						31.8		22.4
12'						173.9		33.5
13'						52.1		173.5
14'								51.2

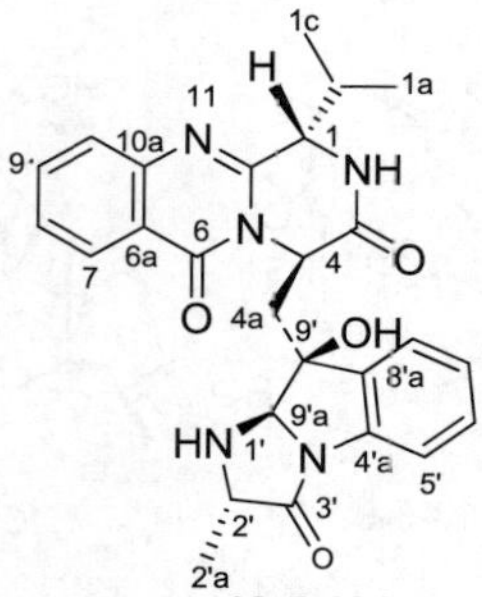

13-5-104 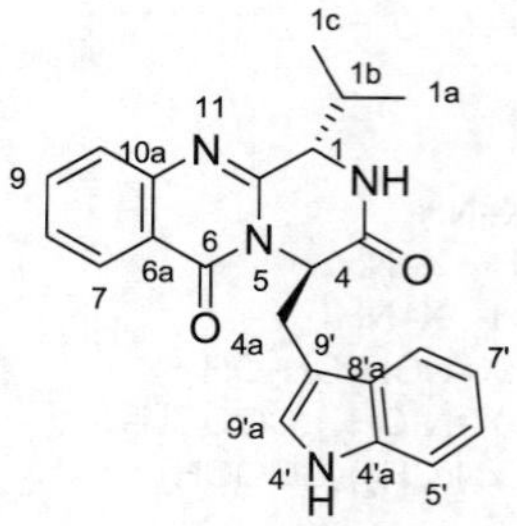 13-5-105 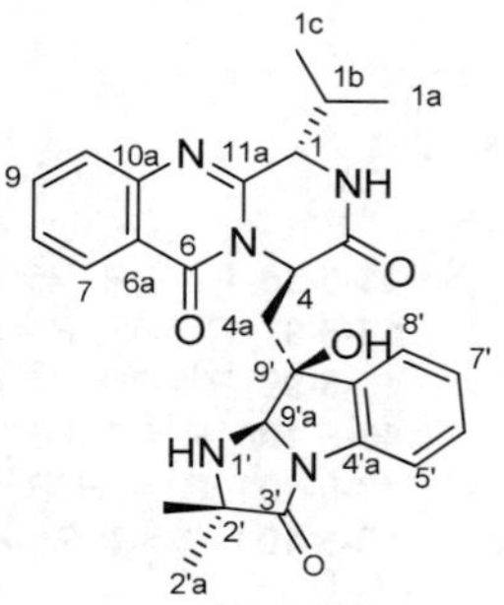 13-5-106

表 13-5-32 fiscalins 的 ¹³C NMR 数据[55]

C	13-5-104	13-5-105	13-5-106	C	13-5-104	13-5-105	13-5-106
1	60.4	58.4	48.6	4a	40.1	27.6	40.0
3	172.4	170.2	170.8	2'	62.9		65.4
4	54.4	57.1	51.8	2'a	18.0		25.4
6	163.9	161.6	161.3	2'b			26.4
6a	122.2	120.7	120.9	3'	177.0		175.9
7	128.4	127.4	127.7	4'a	139.1	127.8	138.0
8	129.1	127.7	128.0	5'	117.3	119.2	116.3
9	136.8	135.3	135.5	6'	127.5	120.5	125.8
10	129.2	127.7	128.1	7'	132.2	123.1	130.8
10a	149.4	147.7	147.5	8'	126.4	111.6	124.7
11a	152.2	151.0	149.8	8'a	139.2	136.6	138.5
1a	20.0	19.0	19.8	9'	76.3	109.7	74.5
1b	31.2	29.8	29.0	9'a	84.4	124.2	78.9
1c	16.5	14.9	15.6				

表 13-5-33 fluoroindolocarbazoles 的 ¹³C NMR 数据[56]

C	13-5-107	13-5-108	13-5-109	C	13-5-107	13-5-108	13-5-109
1	170.8	99.0	170.9	10	117.8	161.9	115.0
2	170.7	161.9	170.8	11	116.6	98.5	114.6
3	161.8	109.0	157.0	11a	108.8	141.7	113.3
4	161.7	126.2	157.0	12a	108.6	130.2	113.2
4a	143.1	117.8	138.6	12b	98.8	128.8	109.1
4b	141.5	118.2	137.2	13	98.3	—	—
4c	130.1	121.0	130.7	13a	84.4	143.3	109.1
5	128.7	171.0	129.2	1'	77.2	84.8	84.8
7	126.0	171.1	121.7	2'	77.2	73.2	78.7
7a	125.9	119.4	121.4	3'	76.2	76.5	76.5
7b	120.9	116.6	121.3	4'	73.2	67.6	73.2
7c	119.4	118.3	119.6	5'	59.9	78.7	67.6
8	118.2	126.0	117.9	6'	58.5	58.4	58.3
9	118.1	108.8	116.6				

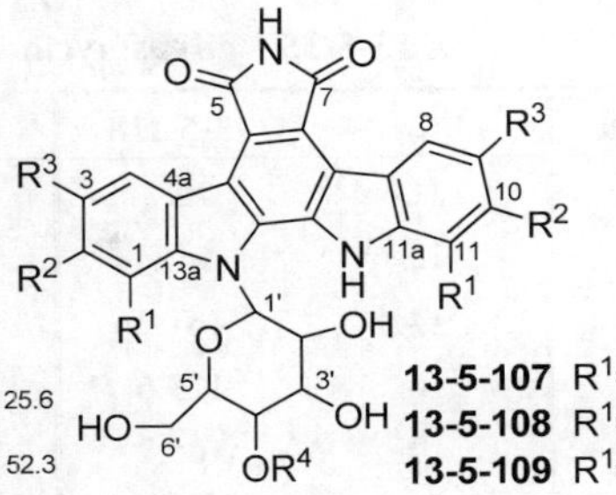

13-5-107 R¹=H; R²=F; R³=H; R⁴=CH₃
13-5-108 R¹=H; R²=F; R³=H; R⁴=H
13-5-109 R¹=H; R²=H; R³=F; R⁴=H

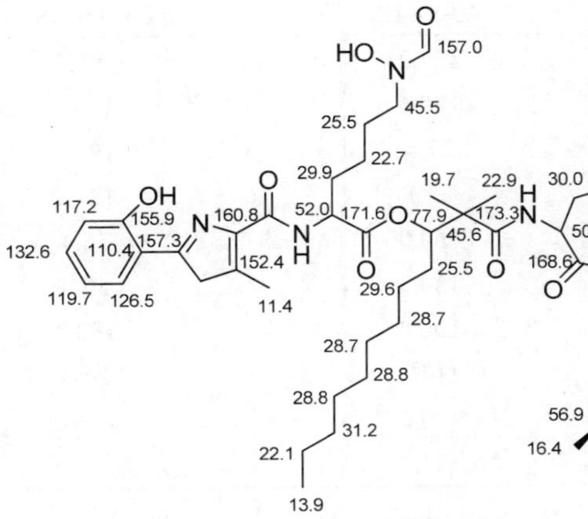

13-5-110[57]

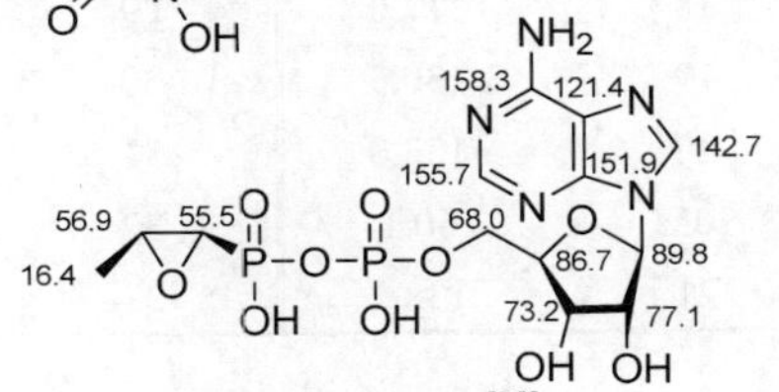

13-5-111[58]

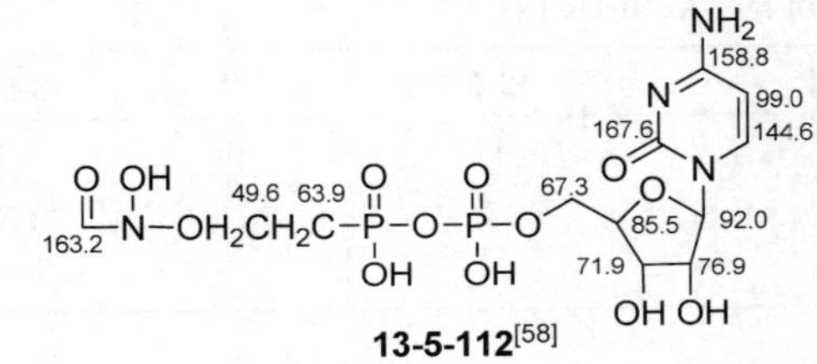

13-5-112[58]

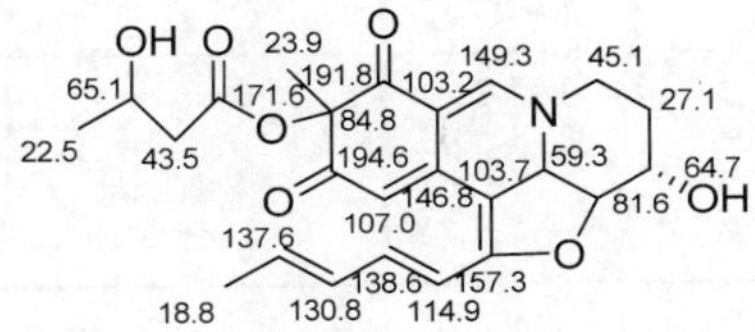

13-5-113[59]

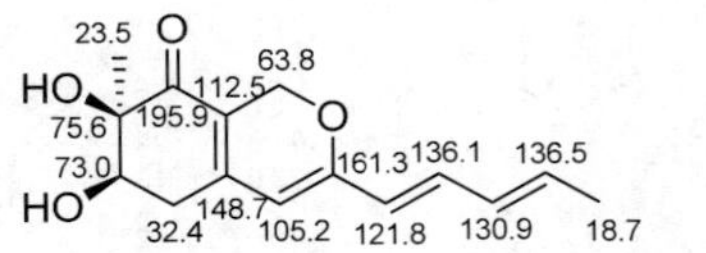

13-5-114[59]

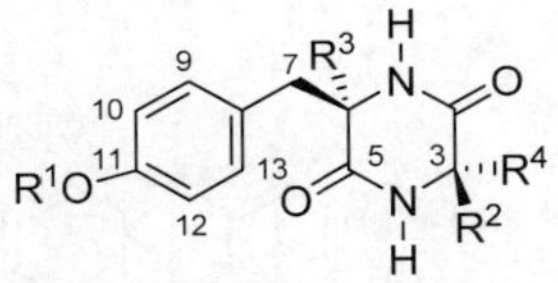

13-5-115 R^1=H; R^2=H; R^3=R^4=SMe
13-5-116 R^1=异戊二烯基; R^2= SMe; R^3=OMe; R^4=H

表 13-5-34 fusaperazines 的 ^{13}C NMR 数据[60]

C	13-5-115	13-5-116	C	13-5-115	13-5-116	C	13-5-115	13-5-116
2	165.0	165.3	10	114.6	114.3	17		18.0
3	57.8	57.4	11	156.1	157.6	18		25.5
5	164.5	163.7	12	114.6	114.3	3-SMe	14.9	10.3
6	65.4	87.7	13	131.5	131.9	6-SMe	13.2	
7	42.1	42.2	14		64.2	6-OMe		50.2
8	125.1	126.3	15		120.1			
9	131.5	131.9	16		136.9			

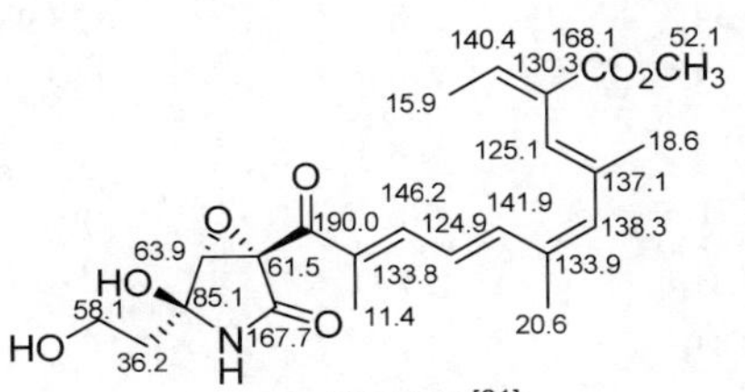

13-5-117[61]

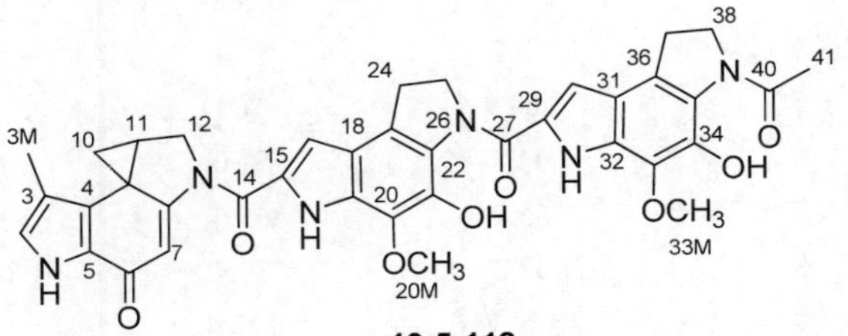

13-5-118

表 13-5-35　gilvusmycin 的 ^{13}C NMR 数据[62]

C	13-5-118	C	13-5-118	C	13-5-118	C	13-5-118
2	123.3	11	20.7	22	127.2	33M	59.9
3	112.8	12	54.5	23	120.6	34	138.2
3M	9.4	14	161.2	24	27.4	35	127.0
4	126.7	16	129.6	25	53.1	36	121.1
5	128.8	17	105.7	27	160.0	37	26.4
6	176.2	18	117.6	29	130.3	38	50.8
7	110.4	19	130.3	30	106.4	40	169.3
8	160.5	20	133.0	31	117.2	41	24.0
9	31.4	20M	60.1	32	130.6		
10	21.0	21	138.2	33	132.4		

表 13-5-36　haematocin 的 ^{13}C NMR 数据[63]

C	13-5-119	C	13-5-119	C	13-5-119	C	13-5-119
1	164.9	4	134.0	7	128.0	10	14.3
2	74.1	5	120.0	8	75.4	11	170.4
3	40.1	6	125.1	9	64.3	12	21.3

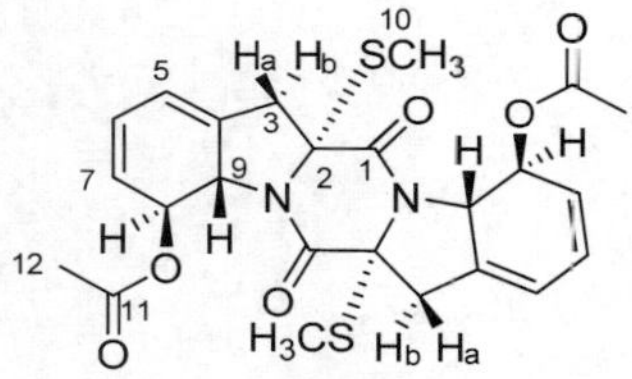

13-5-119

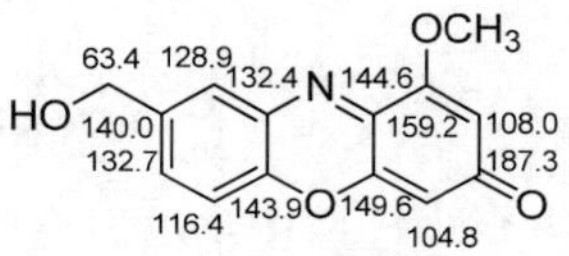

13-5-120[64]

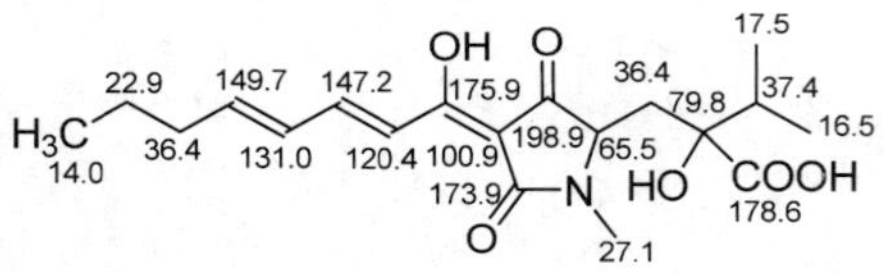

13-5-121[65]

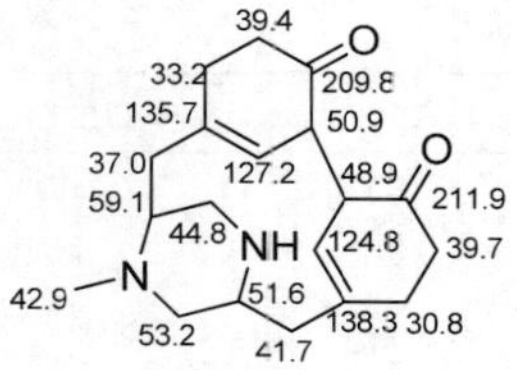

13-5-122[66]

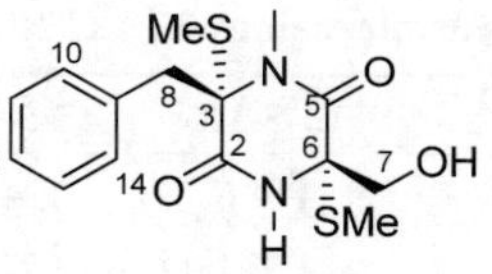

13-5-123

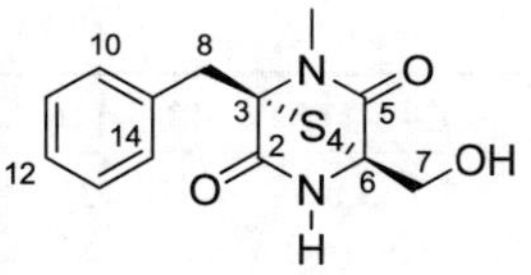

13-5-124

表 13-5-37　hyalodendrins 的 ^{13}C NMR 数据[67]

C	13-5-123	13-5-124	C	13-5-123	13-5-124
2	164.9	168.0	10, 14	128.8	128.9
3	75.7	78.1	11, 13	130.0	129.4
5	164.9	168	12	128.0	127.9
6	64.8	71.0	N-CH$_3$	30.3	30.3
7	65.2	65.4	3-SCH$_3$	14.4	
8	42.3	39.4	6-SCH$_3$	13.5	
9	133.7	133.4			

表 13-5-38 indocarbazostatin 的 ^{13}C NMR 数据[68]

C	13-5-125	C	13-5-125	C	13-5-125	C	13-5-125
1	110.5	5	—	10	117.5	2'-Me	23.5
2	128.5	7	—	11	114.7	3'	86.3
3	122.1	7a	—	11a	139.8	4'	45.2
4	126.8	7b	118.1	12a	—	5'	87.2
4a	123.5	7c	126.2	12b	129.6	1"	—
4b	118	8	111.5	13a	135.2	2"	63.5
4c	—	9	153.5	2'	104.4	3"	13.7

注：一表示未检测到。

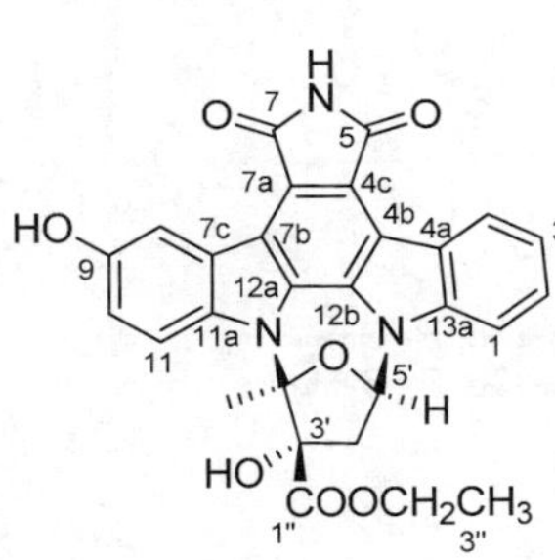

13-5-125

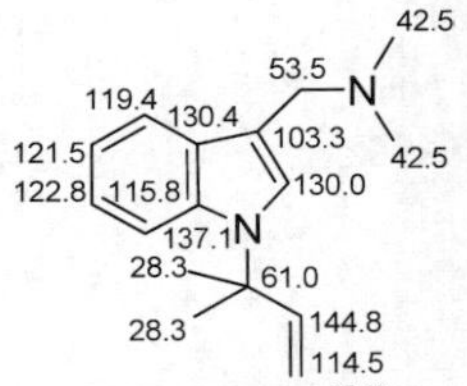

13-5-126[69]

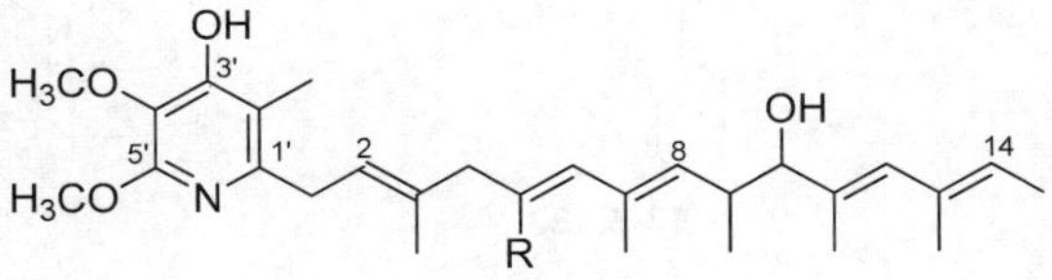

13-5-127 R=CH_3
13-5-128 R=H

表 13-5-39 13-5-127 和 13-5-128 的 ^{13}C NMR 数据[70]

C	13-5-127	13-5-128	C	13-5-127	13-5-128	C	13-5-127	13-5-128
1	34.5	34.4	11	134.2	134.1	13-CH_3	16.6	16.6
2	123.6	122.2	12	132.5	132.6	1'	150.9	150.8
3	133.9	134.8	13	133.1	133	2'	111.9	111.9
4	51.1	43.1	14	124.5	124.6	3'	154.0	154.0
5	134.5	126.8	15	13.6	13.6	4'	127.8	127.8
6	130.1	135.7	3-CH_3	15.8	16.6	5'	153.5	153.5
7	135.7	136.0	5-CH_3	17.3		2'-CH_3	10.4	10.4
8	131.5	133.0	7-CH_3	17.6	13.2	4'-OCH_3	60.6	60.6
9	37.2	37.1	9-CH_3	17.5	17.5	5'-OCH_3	53.1	53.0
10	83.2	83.3	11-CH_3	12.6	12.5			

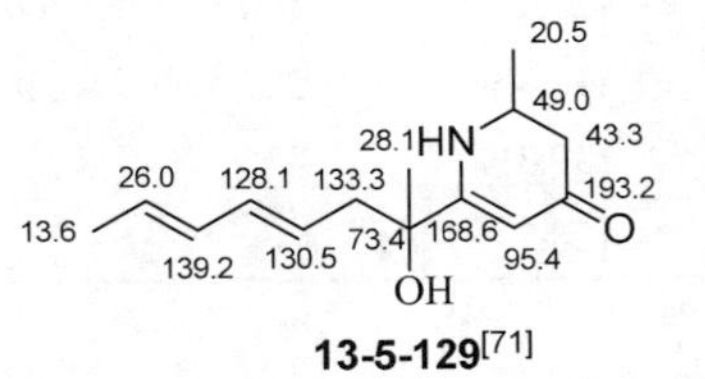

13-5-129[71]

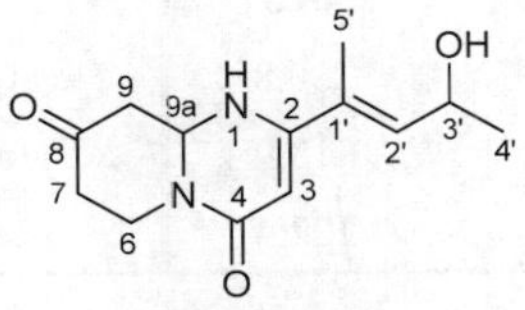

13-5-130

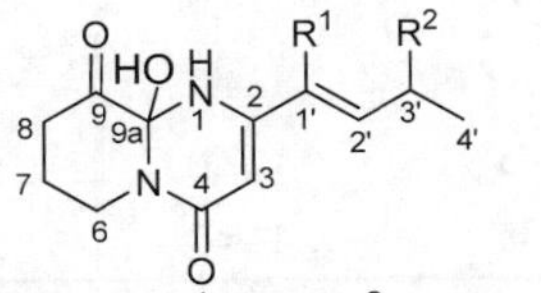

13-5-131 $R^1=CH_3$; $R^2=OH$
13-5-132 $R^1=CH_2OH$; $R^2=H$

表 13-5-40 jenamidines 的 ^{13}C NMR 数据[72]

C	13-5-130	13-5-131	13-5-132	C	13-5-130	13-5-131	13-5-132
2	169.8	170.2	168.4	4	173.5	172.3	171.5
3	93.8	90.6	90.4	6	49.3	49.2	48.5

续表

C	13-5-130	13-5-131	13-5-132	C	13-5-130	13-5-131	13-5-132
7	28.8	27.6	27.8	2'	143.6	143.8	146.9
8	204.7	33.6	33.6	3'	65.3	65.3	22.4
9	27.5	202.5	202.4	4'	22.7	22.6	13.6
9a	70.7	97.1	97.0	5'	12.9	12.9	57.0
1'	131.6	131.7	133.7				

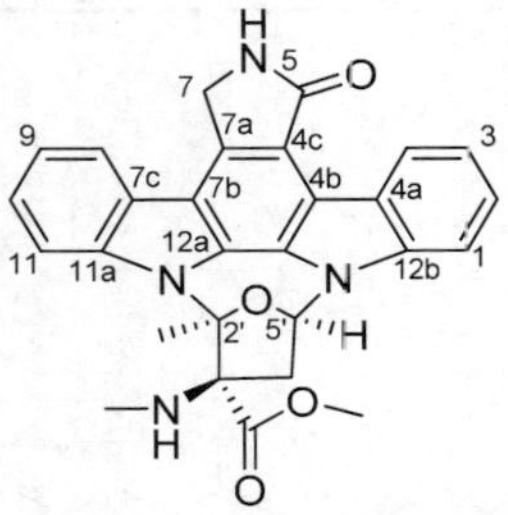

13-5-133

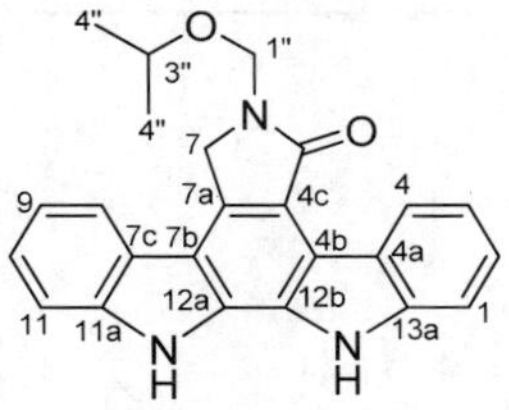

13-5-134

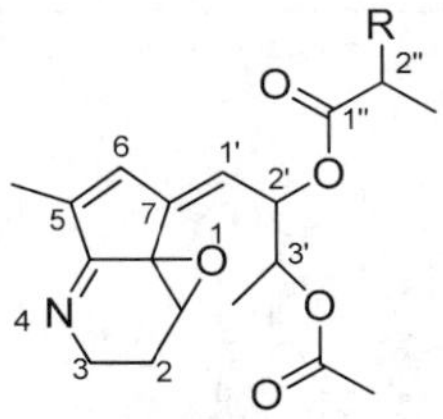

13-5-135 R=CH_3
13-5-136 R=C_2H_5

表 13-5-41 13-5-133 的 ^{13}C NMR 数据[73]

C	13-5-133	C	13-5-133	C	13-5-133	C	13-5-133
1	109.0	5	171.7	10	125.2	3'	78.0
2	125.4	7	45.5	11	114.7	4'	40.1
3	119.5	7a	132.9	11a	139.6	5'	85.7
4	125.6	7b	114.6	12a	128.4	2'-CH_3	23.8
4a	122.5	7c	124.0	12b	124.1	3'-C=O	172.8
4b	115.9	8	121.3	13a	136.8	N-CH_3	32.2
4c	119.6	9	120.5	2'	100.4	1"	52.8

表 13-5-42 13-5-134 的 ^{13}C NMR 数据[74]

C	13-5-134	C	13-5-134	C	13-5-134	C	13-5-134
1	112.0	4c	117.6	8	121.1	12b	125.5
2	125.1	5	170.0	9	120.0	13a	139.1
3	119.0	7	48.6	10	125.1	1"	69.5
4	124.9	7a	130.8	11	111.4	3"	68.0
4a	122.6	7b	113.9	11a	139.3	4"	22.3
4b	115.5	7c	122.4	12a	128.2		

表 13-5-43 kobutimycins 的 ^{13}C NMR 数据[75]

C	13-5-135	13-5-136	C	13-5-135	13-5-136	C	13-5-135	13-5-136
1a	60.6	60.6	5	144.4	144.4	7a	55.3	55.2
2	22.2	22.2	5-CH_3	11.9	11.9	2'	68.4	68.3
3	44.0	44.0	6	143.1	143.1	3'	70.9	71.0
4a	171.2	171.2	7	140.1	140.1	4'	14.5	14.5

续表

C	13-5-135	13-5-136	C	13-5-135	13-5-136	C	13-5-135	13-5-136
1'	118.4	118.5	1"	175.5	175.1	2"-CH_3	19.0	
3'-OC(=O)	170.5	170.5	2"	34.0	41.1	2"-CH_2		26.6
3'-OC(=O)-CH_3	21.0	21.0	3"	18.7	16.6	2"-CH_2CH_3		11.5

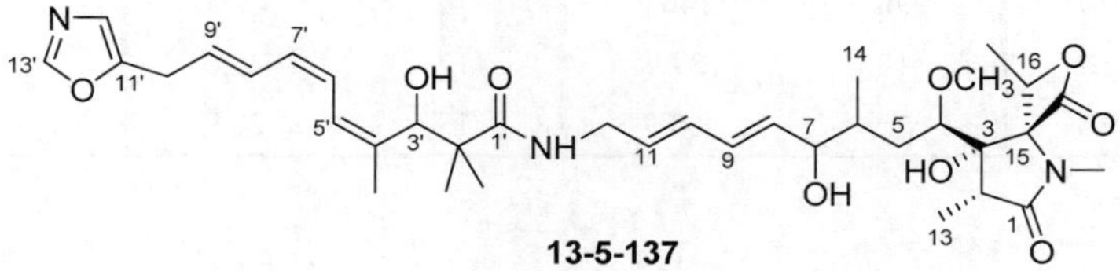

13-5-137

表 13-5-44　13-5-137 的 ^{13}C NMR 数据[76]

C	13-5-137	C	13-5-137	C	13-5-137	C	13-5-137
1	174.3	10	130.2	2'	45.8	11'	150.4
2	43.5	11	129.8	3'	73.1	12'	121.9
3	80.6	12	40.3	4'	139.8	13'	151.2
4	82.6	13	9.7	5'	123.3	14'	24.6
5	32.0	14	16.0	6'	124.3	15'	21.4
6	36.6	15	83.4	7'	127.0	16'	19.8
7	75.1	16	77.2	8'	127.9	16-CH_3	16.79
8	134.4	17	170.0	9'	128.8	NCH_3	25.9
9	129.7	1'	175.9	10'	28.18	OCH_3	55.9

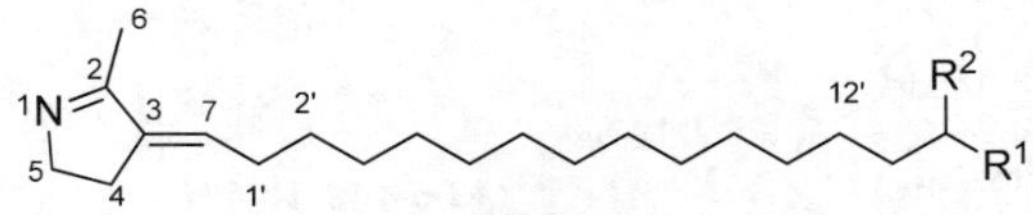

13-5-138 $R^1=CH_3$; $R^2=CH_3$
13-5-139 $R^1=H$; $R^2=CH_2CH_3$

表 13-5-45　lanopylins 的 ^{13}C NMR 数据[77]

C	13-5-138	13-5-139	C	13-5-138	13-5-139	C	13-5-138	13-5-139
2	171.7	171.7	7	126.3	126.2	12'	27.4	
3	143.2	143.2	1'	30.5	30.5	13'	39.1	
4	26.8	26.8	2'	29.0	29.0	14'	28.0	31.9
5	57.8	57.8	3'~11'	29.4-30.0		15'	22.7	22.7
6	15.9	15.9	3'~13'		29.4-29.7	16'	22.7	14.1

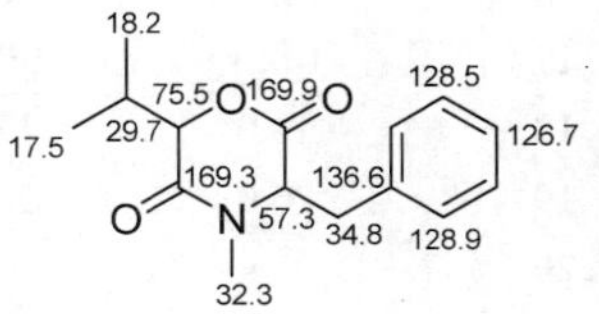

13-5-140[78] 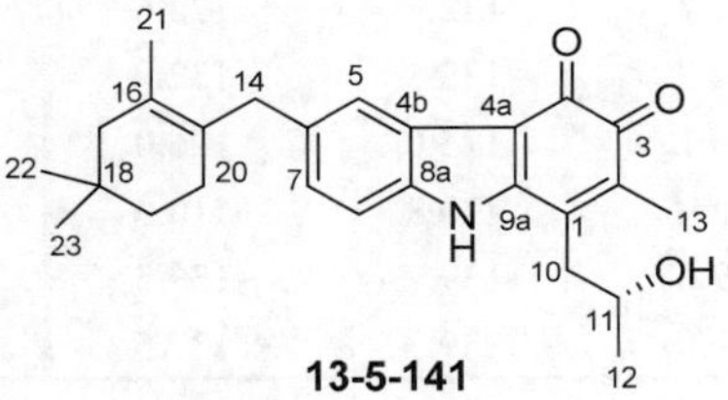　　**13-5-141**

表 13-5-46 lavanduquinocin 的 ${}^{13}C$ NMR 数据[79]

C	13-5-141	C	13-5-141	C	13-5-141	C	13-5-141
1	140.1	6	136.7	12	23.7	19	35.4
2	134.3	7	124.5	13	12.1	20	26.8
3	183.9	8	113.4	14	38.4	21	19.6
4	172.5	9a	136.0	15	127.3	22, 23	28.1
4a	110.7	9b	146.7	16	125.6		
4b	126.2	10	37.7	17	45.6		
5	119.4	11	65.9	18	28.9		

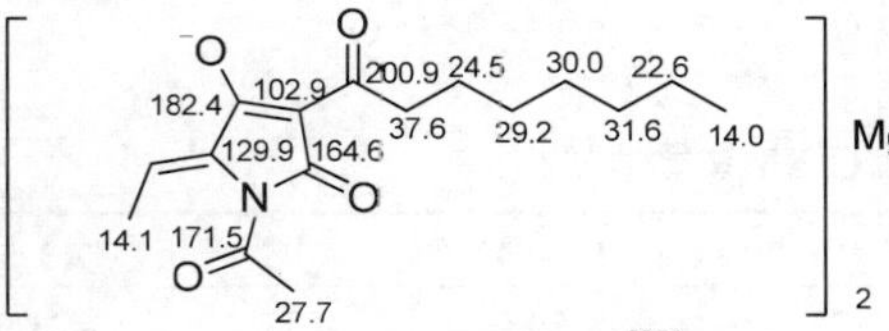

13-5-142[80]

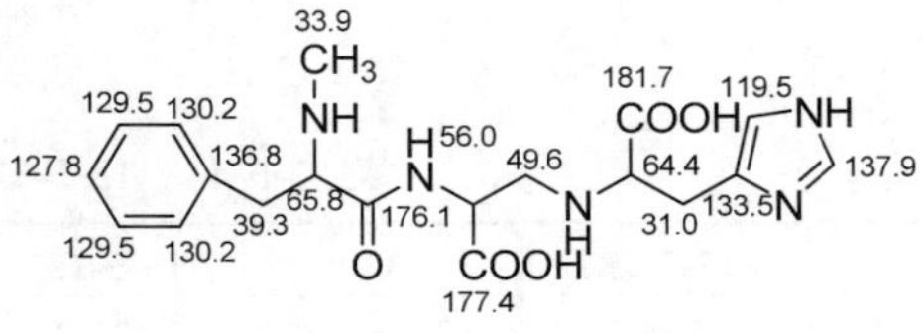

13-5-143[81]

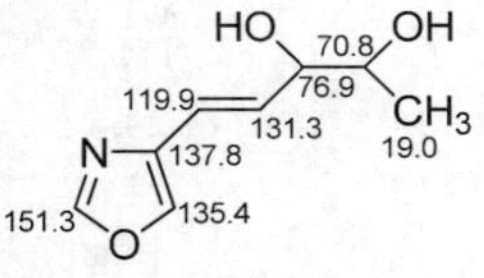

13-5-144[82]

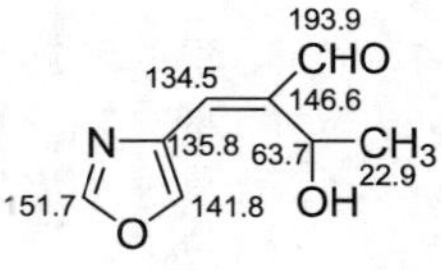

13-5-145[83]

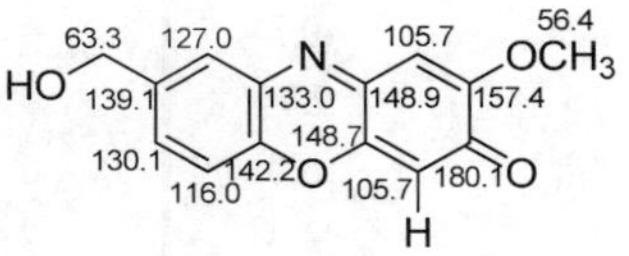

13-5-146[84]

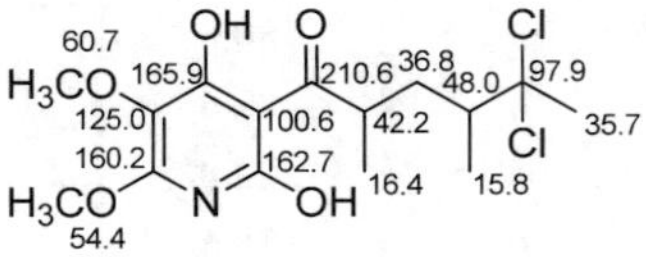

13-5-147[85]

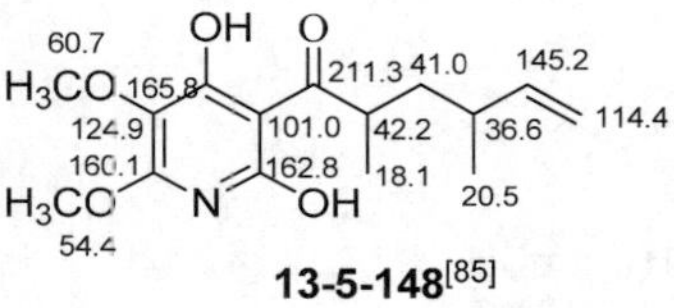

13-5-148[85]

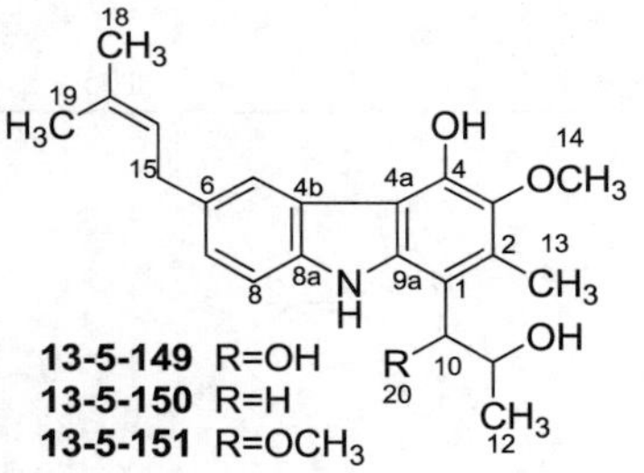

13-5-149 R=OH
13-5-150 R=H
13-5-151 R=OCH_3

表 13-5-47 neocarazostatins 的 ${}^{13}C$ NMR 数据[86]

C	13-5-149	13-5-150	13-5-151	C	13-5-149	13-5-150	13-5-151
1	114.8	112.0	111.2	10	76.5	38.6	86.6
2	127.7	127.6	126.1	11	71.4	69.0	70.5
3	139.5	139.7	139.5	12	19.9	23.0	19.2
4	145.0	144.6	146.0	13(2-CH_3)	13.2	13.1	13.2
4a	112.6	111.5	112.2	14(3-OCH_3)	61.4	61.3	61.4
4b	124.0	124.7	123.8	15	35.5	35.5	35.4
5	122.7	122.7	122.6	16	126.1	126.1	126.1
6	132.8	132.8	132.9	17	132.1	132.0	132.0
7	126.1	125.0	126.0	18	18.0	17.9	17.9
8	110.9	110.8	110.9	19	26.0	26.0	26.0
8a	139.6	139.7	139.5	20	—	—	56.9
9a	138.0	139.3	137.5				

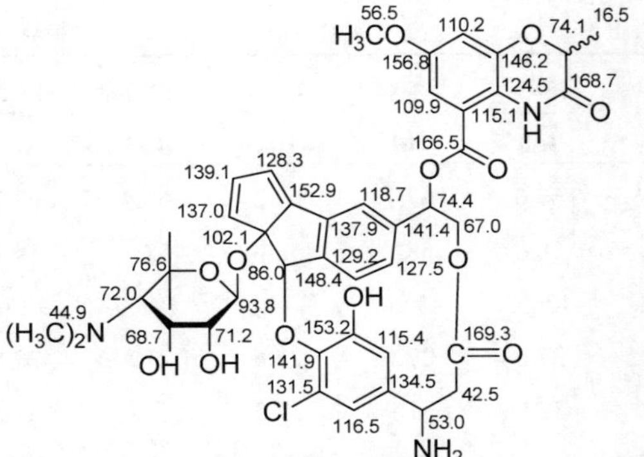

13-5-152[87]

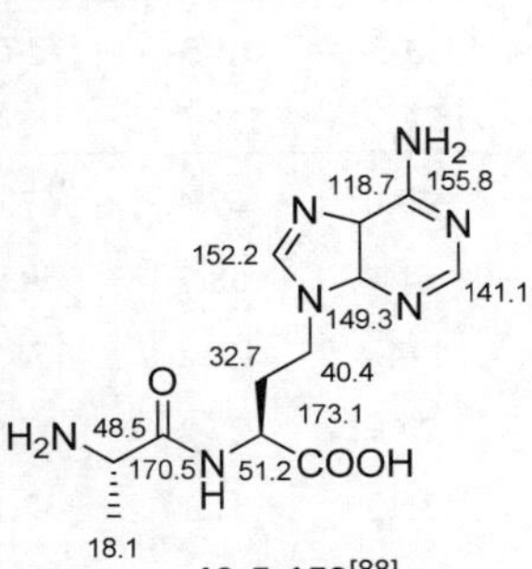

13-5-153[88]

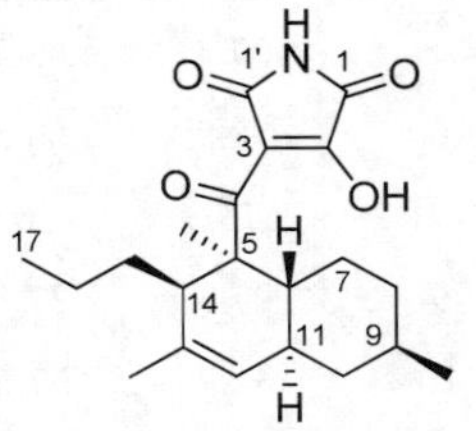

13-5-154

表 13-5-48 oxasetin 的 ^{13}C NMR 数据[89]

C	13-5-154	C	13-5-154	C	13-5-154	C	13-5-154
1	171.7	6	40.6	11	38.6	16	21.1
2	164.2	7	27.1	12	124.8	17	14.5
3	106.3	8	35.6	13	134.1	1'	166.5
4	200.2	9	32.9	13-Me	22.8		
5	51.7	9-Me	22.4	14	45.1		
5-Me	15.5	10	42.0	15	33.6		

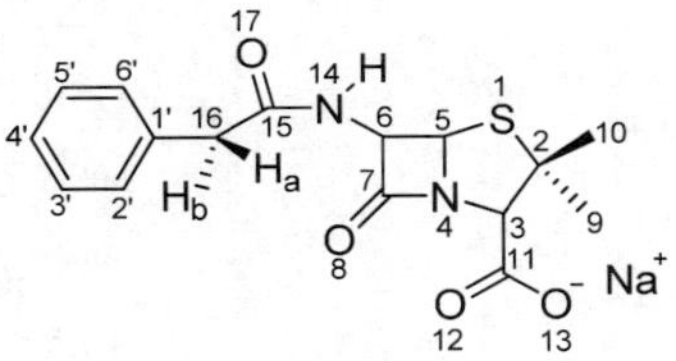

13-5-155

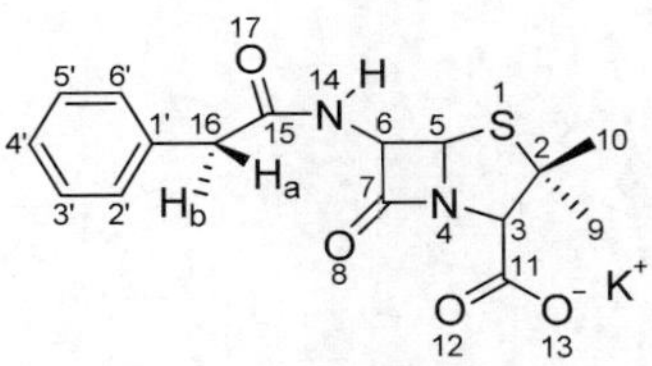

13-5-156

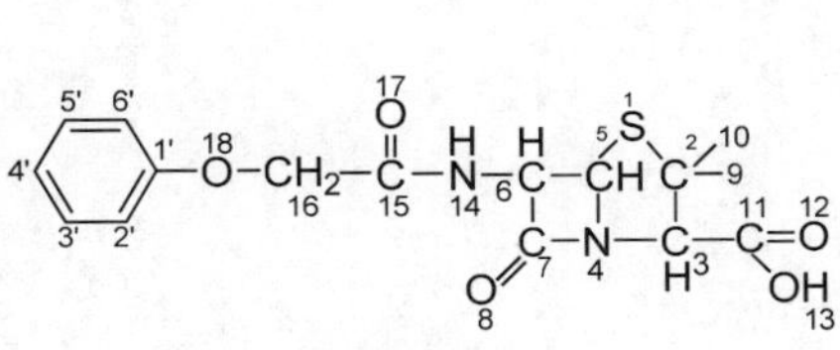

13-5-157

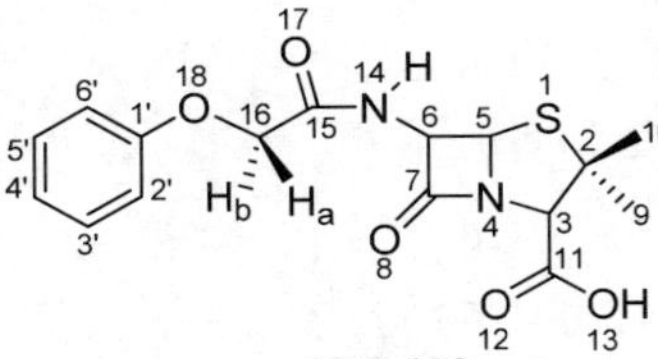

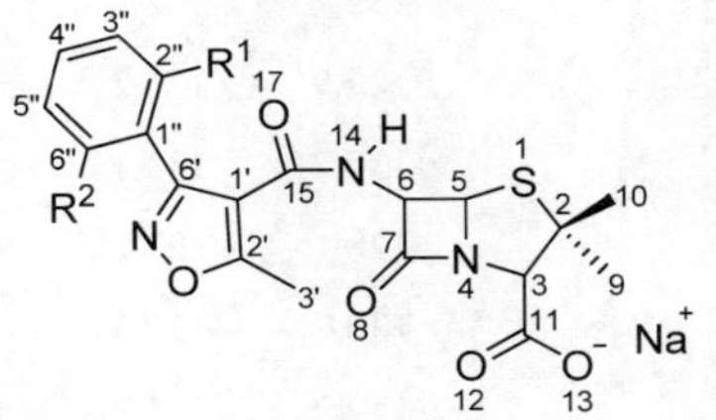

13-5-159 R^1=H; R^2=H
13-5-160 R^1=Cl; R^2=H
13-5-161 R^1=Cl; R^2=F
13-5-162 R^1=Cl; R^2=Cl

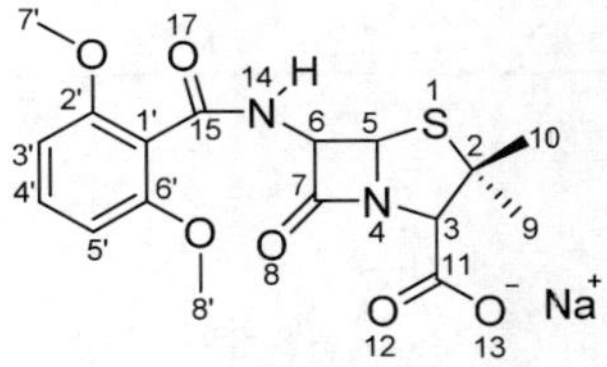

13-5-158

13-5-163

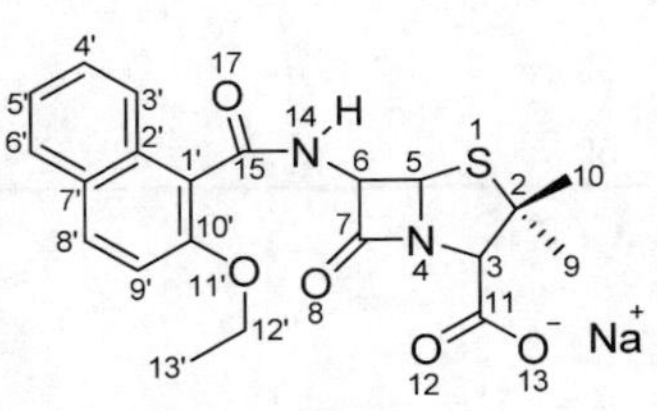

13-5-164

表 13-5-49 青霉素及衍生物的 ^{13}C NMR 数据[93]

C	13-5-155[90]	13-5-156[91]①	13-5-157[92]①	13-5-158[90]	13-5-159	13-5-160	13-5-161	13-5-162	13-5-163	13-5-164
2	65.2	65.2	62.5	65.1	66.0	65.7	65.7	65.9	65.5	66.7
3	73.9	74.9	69.0	74.0	74.5	74.2	74.1	74.3	74.4	74.5

续表

C	13-5-155[90]	13-5-156[91]①	13-5-157[92]①	13-5-158[90]	13-5-159	13-5-160	13-5-161	13-5-162	13-5-163	13-5-164
5	67.4	68.2	69.0	67.4	67.4	67.0	67.1	67.2	67.4	67.7
6	58.9	60.5	61.1	58.7	59.2	58.6	58.7	58.6	58.7	59.0
7	175.3	176.1	174.4	175.5	175.4	175.5	175.7	174.9	175.5	175.3
9	27.3	27.1	27.9	27.2	27.8	27.6	27.5	27.6	27.5	27.8
10	31.7	37.6	35.3	31.1	32.1	32.0	31.9	32.5	31.0	31.5
11	174.7	172.9	167.3	175.4	175.4	175.5	175.7	176.5	175.9	175.7
15	174.1	172.3	169.8	176.3	162.3	160.0	154.9	157.7	158.1	154.4
16	48.2	43.3	69.0	58.9						
1'	135.3	136.4	157.3	140.1	111.8	112.5	112.9	112.1	169.5	119.5
2'	130.0	128.7	118.6	130.0	164.3	163.5	162.9	162.2	(a)	132.0
3'	129.7	128.7	130.8	127.9	13.3	13.4	13.3	13.7	105.9	128.9
4'	128.2	130.6	123.0	129.4					133.4	124.9
5'	129.7	128.7	130.8	127.9					105.9	(a)
6'	130.0	130.6	112.6	130.0	175.4	175.5	175.7	175.3	(a)	(a)
7'									57.1	129.3
8'									57.1	133.0
9'										115.6
10'										169.9
12'										66.0
13'										15.5
1"					132.2	133.6	126.6	134.4		
2"					129.9	134.2	(a)	136.4		
3"					130.7	133.1	127.4	130.2		
4"					128.1	127.1	134.5	126.7		
5"					130.7	129.1	117.1	130.2		
6"					129.2	132.2	161.6	136.4		

① 固体。

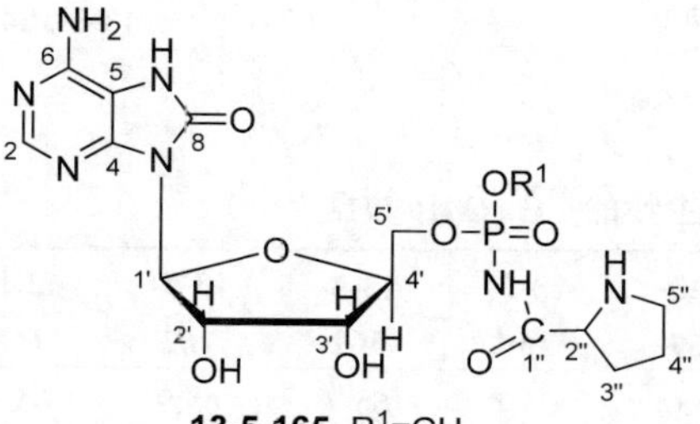

13-5-165 $R^1=CH_3$
13-5-166 $R^1=H$

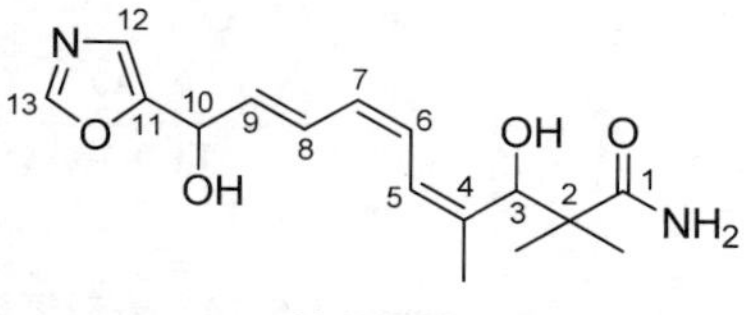

13-5-167

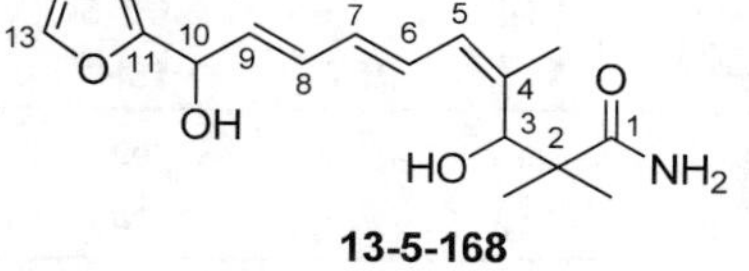

13-5-168

表 13-5-50 phosmidosines 的 ^{13}C NMR 数据[94]

C	13-5-165	13-5-166	C	13-5-165	13-5-166	C	13-5-165	13-5-166
2	153.5	153.8	2'	73.0	73.1	3"	32.2	32.3
4	149.8	150.0	3'	64.9	63.6	4"	26.2	26.4
5	107.1	107.0	4'	84.4	84.9	5"	48.7	49.1
6	149.1	149.4	5'	67.7	68.1	OMe	55.4	
8	155.5	155.5	1"	179.1				
1'	88.7	88.8	2"	72.2	72.5			

表 13-5-51 phthoxazolins 的 ^{13}C NMR 数据[95]

C	13-5-167	13-5-168	C	13-5-167	13-5-168	C	13-5-167	13-5-168
1	180.4	180.4	7	127.4	131.2	13	150.4	151.3
2	44.8	44.8	8	126.8	132.2	2-CH_3	21.6	21.6
3	74.9	75.3	9	133.1	131.7	2-CH_3	25.7	25.7
4	140.7	140.0	10	66.1	66.1	4-CH_3	19.2	19.0
5	124.0	129.2	11	153.9	151.3			
6	125.7	129.7	12	122.8	122.7			

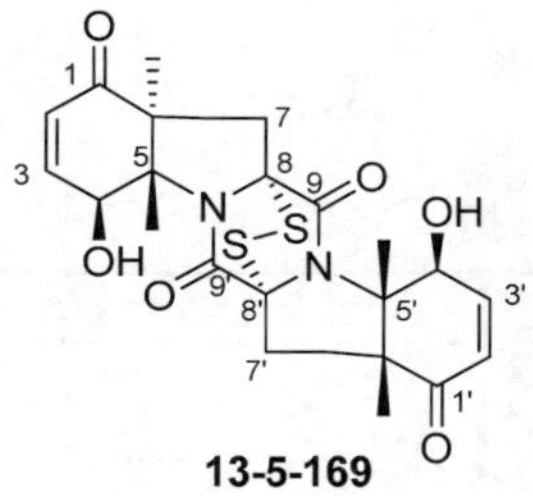

13-5-169

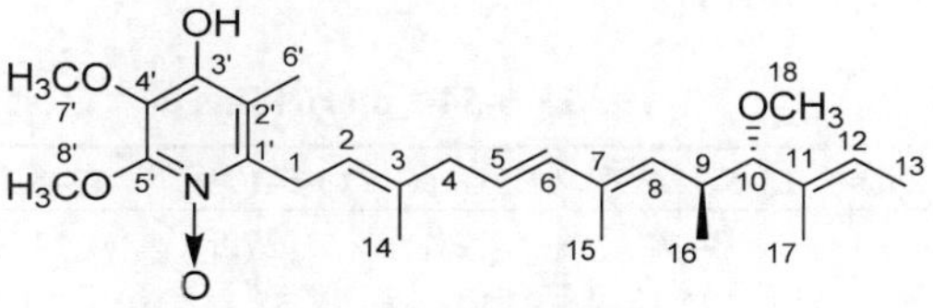

13-5-170

表 13-5-52 picorazines C 的 ^{13}C NMR 数据[96]

C	13-5-169①	13-5-169②	C	13-5-169①	13-5-169②	C	13-5-169①	13-5-169②
1	194.8	193.7	7	29.7	30.6	4'	65.8	72.8
2	128.6	129.2	8	75.3	75.6	5'	63.7	66.7
3	151.1	150.6	9	162.3	163.9	6'	46.3	46.9
4	70.5	71.0	1'	208.3	204.6	7'	32.4	30.6
5	68.2	69.3	2'	43.6	42.8	8'	76.1	76.4
6	48.1	48.9	3'	65.8	68.9	9'	164.0	164.5

① 测试溶剂为 D；② 测试溶剂为 C。

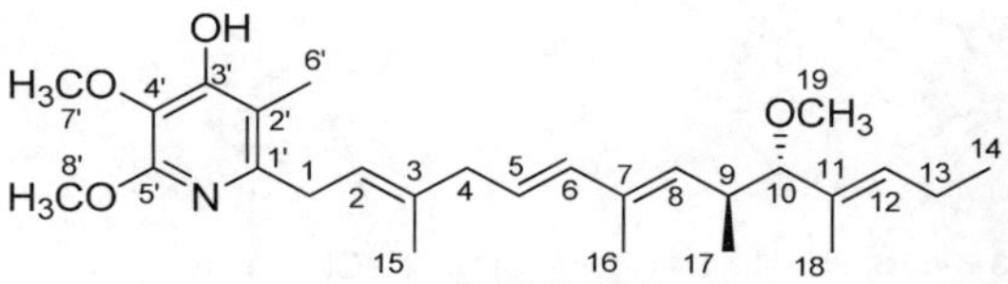

13-5-171

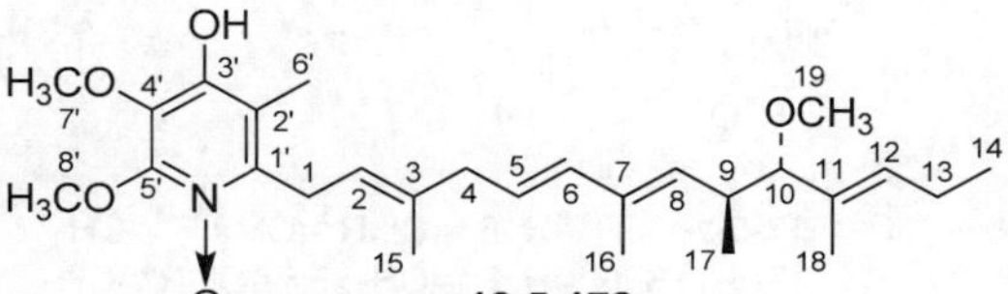

13-5-172

表 13-5-53 piericidins 的 ^{13}C NMR 数据

C	13-5-170[97]	13-5-171[98]	13-5-172[98]	C	13-5-170[97]	13-5-171[98]	13-5-172[98]
1	27.1	34.4	27.1	15	12.9	16.6	16.4
2	118.9	121.8	118.7	16	17.7	12.9	12.9
3	136.7	135.2	136.9	17	10.4	17.7	17.6
4	43.2	43.1	43.2	18	526.2	10.4	10.5
5	124.8	125.1	124.7	19		56.1	56.1
6	136.6	136.4	136.6	1'	145.7	150.9	145.6
7	133.3	133.3	133.3	2'	117.5	112.0	117.6
8	135.2	135.0	135.2	3'	159.0	154.0	158.7
9	35.4	35.4	35.3	4'	135.0	127.8	135.2
10	92.7	92.7	92.6	5'	151.5	153.5	151.8
11	134.0	132.3	132.2	6'	11.3	10.5	11.3
12	124.3	132.2	132.2	7'	61.0	60.6	60.9
13	13.0	20.9	20.8	8'	60.9	53.1	60.9
14	16.5	14.1	14.1				

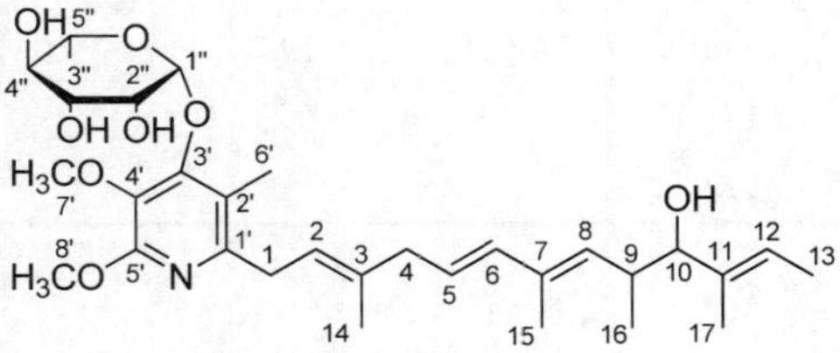

13-5-173

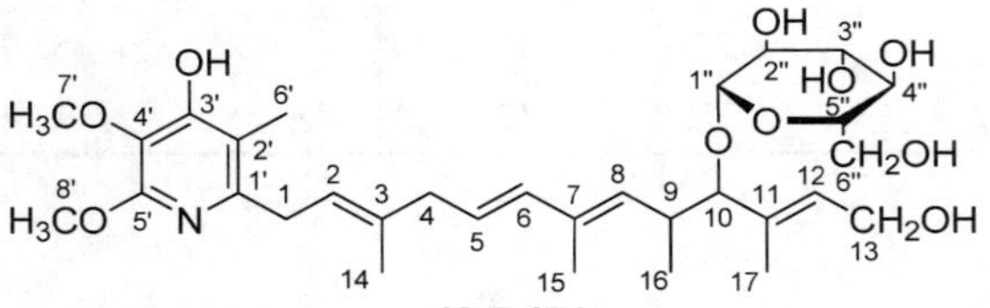

13-5-174

表 13-5-54 piericidins 的 ^{13}C NMR 数据

C	13-5-173[99]	13-5-174[100]	C	13-5-173[99]	13-5-174[100]	C	13-5-173[99]	13-5-174[100]
1	34.5	34.7	12	127.5	123.5	6'	10.5	10.6
2	122.2	122.1	13	58.1	13.1	7'	60.6	60.5
3	134.8	135.0	14	13.1	13.2	8'	53.1	53.3
4	43.0	43.0	15	16.6	16.6	1"	103.5	101.8
5	126.5	126.6	16	17.0	17.4	2"	74.0	70.9
6	135.5	135.7	17	11.6	10.6	3"	76.2	71.7
7	134.3	135.0	1'	150.9	151.1	4"	70.6	
8	133.9	133.2	2'	112.3	117.4	5"	76.3	
9	35.0	36.9	3'	154.2	155.8	6"	62.4	
10	92.9	82.8	4'	127.9	133.2			
11	138.6	136.0	5'	153.7	154.7			

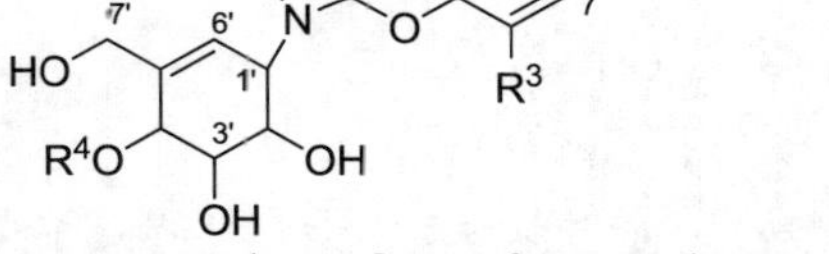

13-5-175 R^1=H; R^2=Cl; R^3=CH_3; R^4=CH_3
13-5-176 R^1=H; R^2=CH_3; R^3= Cl; R^4=CH_3
13-5-177 R^1=H; R^2=Cl; R^3=CH_3; R^4=H
13-5-178 R^1=Cl; R^2=Cl; R^3=CH_3; R^4=H

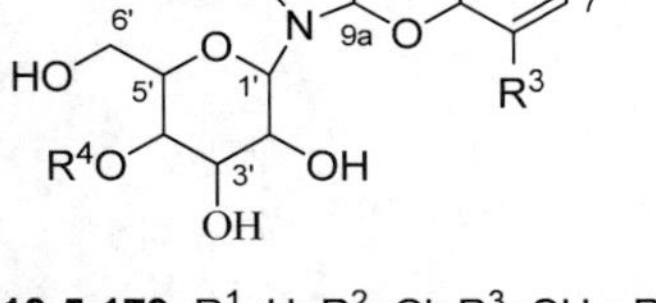

13-5-179 R^1=H; R^2=Cl; R^3=CH_3; R^4=CH_3
13-5-180 R^1=H; R^2=CH_3; R^3=Cl; R^4=CH_3
13-5-181 R^1=H; R^2=Cl; R^3=CH_3; R^4=H

表 13-5-55 pyralomicin1s 的 ^{13}C NMR 数据[101]

C	13-5-175	13-5-176	13-5-177	13-5-178	C	13-5-175	13-5-176	13-5-177	13-5-178
2	119.8	119.5	119.8	117.2	8a	151.4	148.1	151.4	151.2
3	99.7	99.9	99.7	102.6	9a	150.2	149.8	150.2	148.8
3a	105.2	105.3	105.2	103.6	1'	60.7	61.0	61.2	62.3
4	177.5	177.6	177.5	177.2	2'	119.4	118.3	117.3	117.0
4a	110.1	109.8	110.1	110.1	3'	143.5	144.0	145.1	145.2
5	155.5	158.9	155.5	155.5	4'	82.8	82.9	73.7	73.7
6	114.2	122.1	114.3	114.5	4'-OCH_3	59.4	59.4		
6-CH_3		14.4			5'	76.8	76.7	78.0	77.8
7	135.6	135.8	135.9	136.1	6'	73.0	72.8	72.9	73.1
8	117.8	109.8	117.9	117.9	7'	61.8	61.7	61.9	61.9
8- CH_3	14.8		14.7	14.6					

表 13-5-56 pyralomicin 2 型化合物的 ^{13}C NMR 数据[101]

C	13-5-179	13-5-180	13-5-181	C	13-5-179	13-5-180	13-5-181
2	119.1	119.0	119.1	8- CH_3	14.9		14.8
3	100.6	100.8	100.5	8a	151.5	148.3	151.5
3a	105.5	105.6	105.5	9a	150.4	149.9	150.4
4	177.7	177.8	177.7	1'	86.0	86.0	86.3
4a	110.1	109.9	110.1	2'	71.9	71.5	71.8
5	155.4	158.8	155.4	3'	77.9	78.0	78.0
6	114.3	122.2	114.3	4'	79.8	80.2	70.9
6-CH_3		14.4		4'-OCH_3	60.5	60.5	
7	135.9	136.0	135.9	5'	79.6	79.9	81.0
8	118.0	109.9	117.9	6'	61.4	62.0	62.0

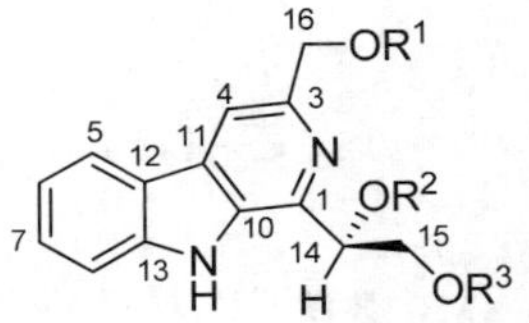

13-5-182 R^1=-$COCH_3$; R^2=H; R^3=-$COCH_3$
13-5-183 R^1=-$COCH_3$; R^2=H; R^3=H

表 13-5-57 pyridindolol K 型化合物的 ^{13}C NMR 数据[102]

C	13-5-182①	13-5-183②	C	13-5-182①	13-5-183②	C	13-5-182①	13-5-183②
1	140.1	145.1	8	112.0	113.1	15	70.4	67.0
3	143.3	144.1	10	132.4	134.7	16	67.4	68.4
4	113.7	114.3	11	130.4	131.6	17	171.0	172.7
5	121.8	122.5	12	121.2	112.0	18	21.1	20.9
6	120.3	120.7	13	140.8	142.8	19	172.9	
7	128.8	129.6	14	71.6	76.1	20	21.1	

① 测试溶剂为 C。② 测试溶剂为 M。

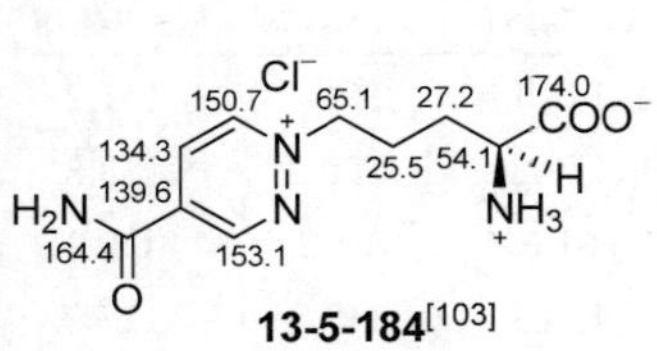

13-5-184[103]

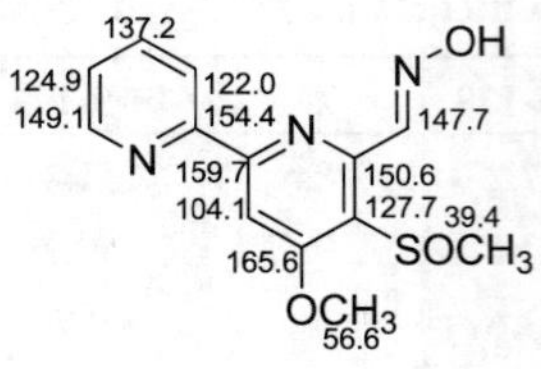

13-5-185[104]

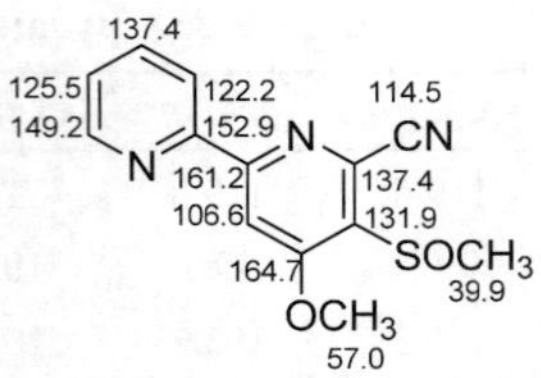

13-5-186[104]

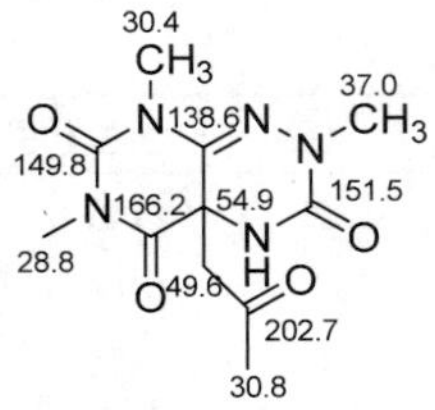

13-5-187[105]

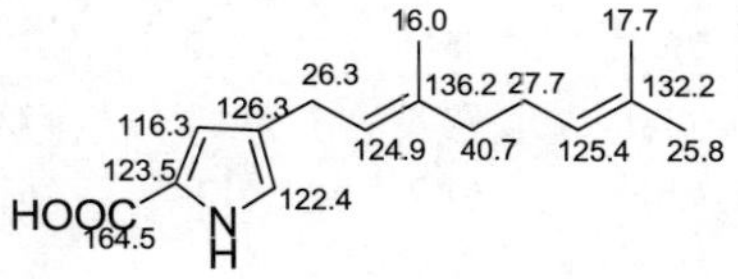

13-5-188[106]

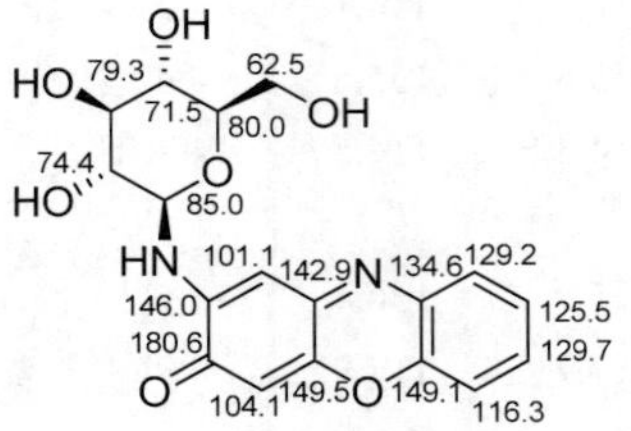

13-5-189[107]

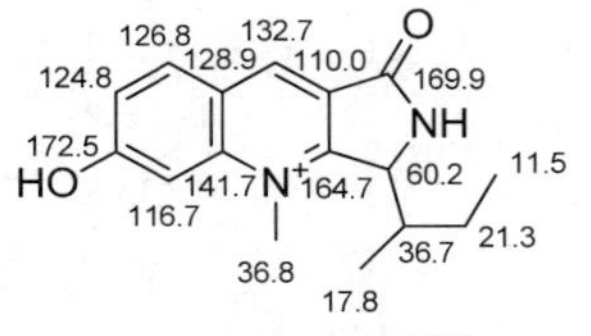

13-5-190[108]

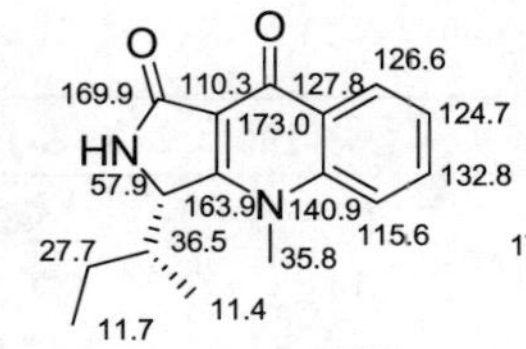

13-5-191[109]

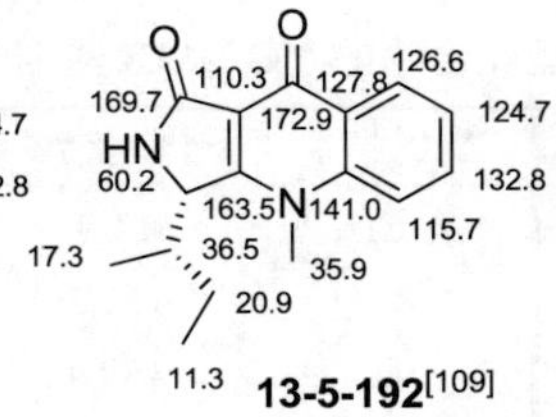

13-5-192[109]

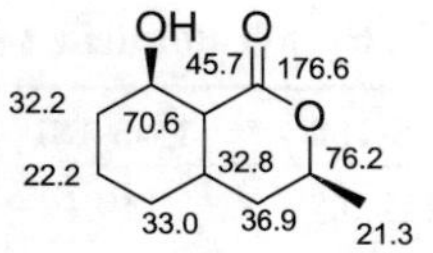

13-5-193[110]

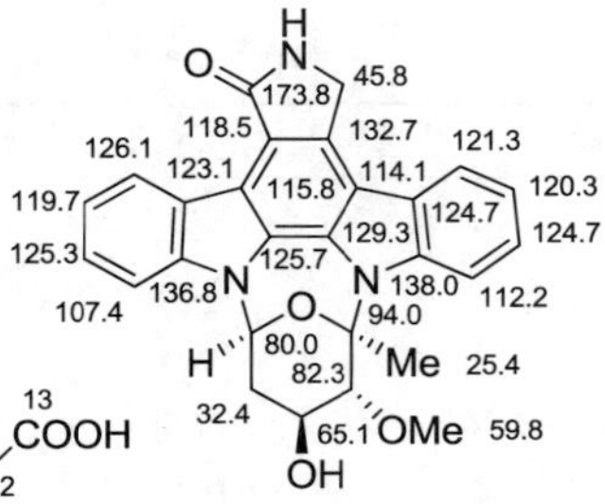

13-5-194[111]

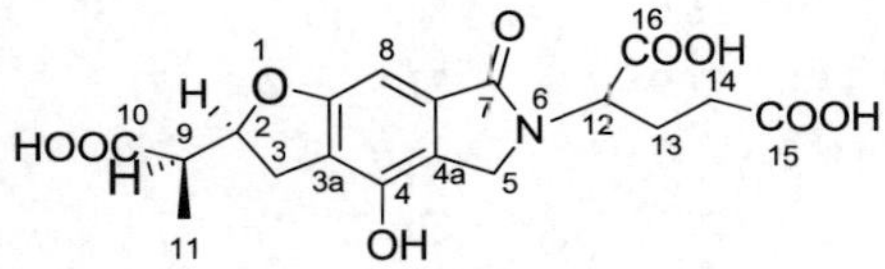

13-5-195

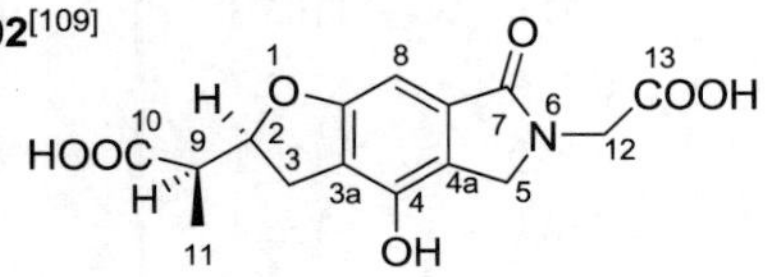

13-5-196

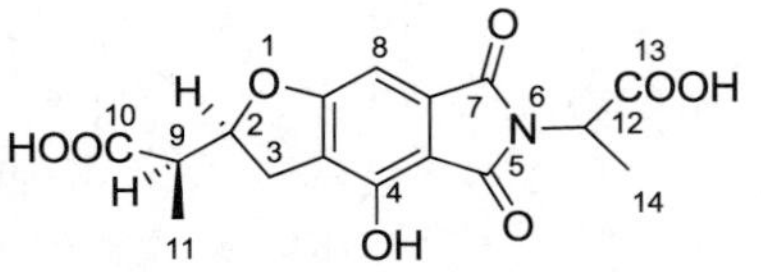

13-5-197

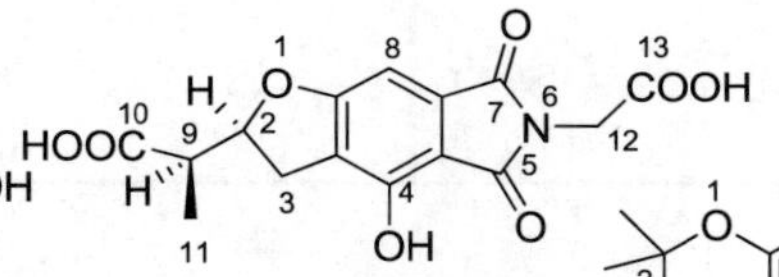

13-5-198

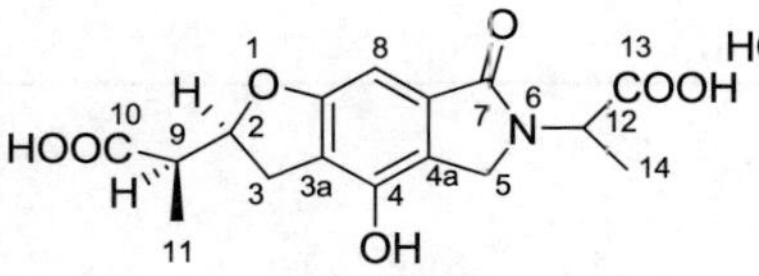

13-5-199

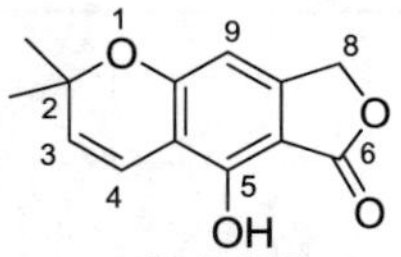

13-5-200

表 13-5-58 salfredins 的 ^{13}C NMR 数据[112]

C	13-5-195	13-5-196	13-5-197	13-5-198	13-5-199	13-5-200
1	12.2	11.9	12.6	11.9	11.8	28.1
2	30.9	24.1	15.8	30.4	14.9	28.1
3	43.7	30.2	31.2	38.0	30.5	70.5
4	44.1	30.6	44.4	43.7	43.8	77.9
5	48.0	43.9	44.9	85.4	46.5	102.3
6	84.3	44.7	49.6	97.5	85.6	103.8
7	94.6	53.1	84.5	109.1	97.6	108.8
8	117.1	84.2	94.8	119.8	109.2	115.2
9	121.9	94.8	117.2	134.8	120.0	129.0
10	133.4	117.2	122.1	152.1	135.0	147.0

续表

C	13-5-195	13-5-196	13-5-197	13-5-198	13-5-199	13-5-200
11	148.9	121.9	133.7	165.6	152.5	152.1
12	161.1	133.2	149.1	165.7	166.0	160.7
13	168.1	148.8	161.2	166.6	166.1	172.6
14	171.1	161.2	168.1	169.1	166.9	
15	175.0	168.8	173.5	174.2	171.7	
16		172.4	175.0		174.7	
17		173.9				
18		174.9				

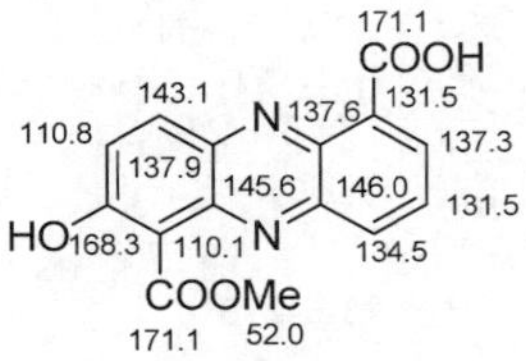

13-5-201[113]

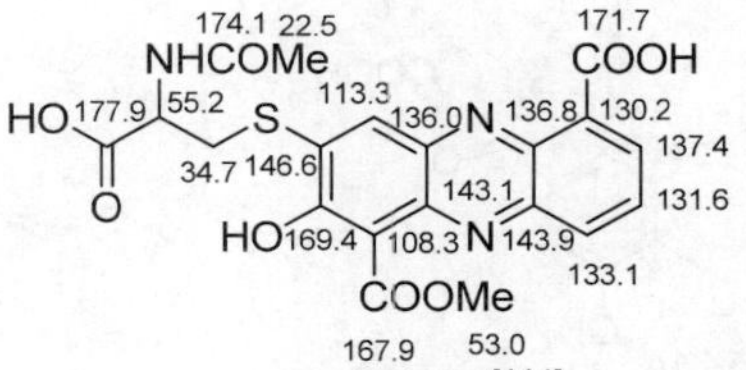

13-5-202[114]

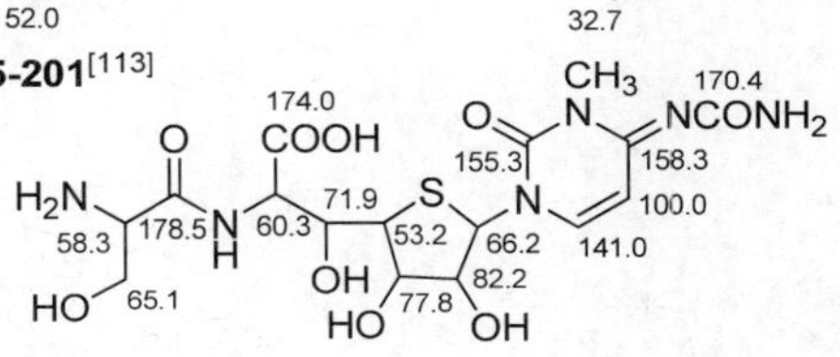

13-5-203[114]

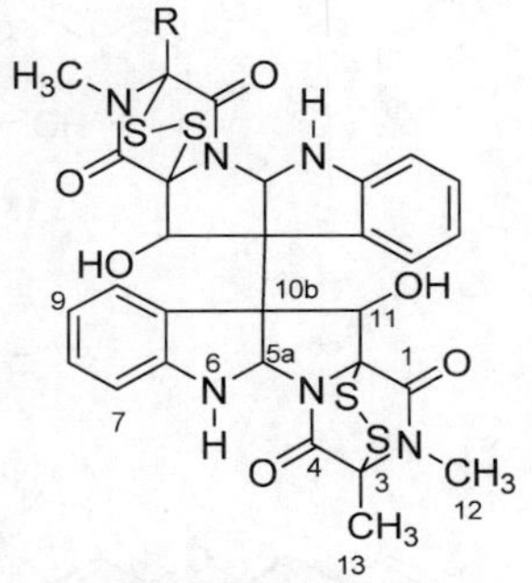

13-5-204 R=CH(OH)CH$_3$

13-5-205 R=CH$_2$CH$_3$

表 13-5-59 13-5-204 和 13-5-205 的 ^{13}C NMR 数据[115]

C	13-5-204	13-5-205	C	13-5-204	13-5-205
1,1'	162.0, 161.4	162.0, 161.0	9, 9'	120.0, 119.9	120.0, 119.9
3,3'	76.7, 76.3	76.7, 76.3	10, 10'	129.6	129.5
4,4'	166.6, 165.7	166.7, 165.8	10a, 10'a	129.5, 129.4	128.9
5,5'	81.7	81.54	10b, 10'b	65.8, 65.8	65.3, 65.2
5a,5'a	81.7	81.54	11, 11'	82.6, 82.6	82.7, 82.5
6,6'	148.8	148.2	11a, 11'a	73.1	72.4
6a,6'a	148.8	148.2	12, 12'	27.1, 28.5	27.5, 26.7
7,7'	110.3	110.3	13, 13'	17.4, 66.8	17.0, 24.1
8,8'	128.1, 128.0	127.7	14'	19.6	9.4

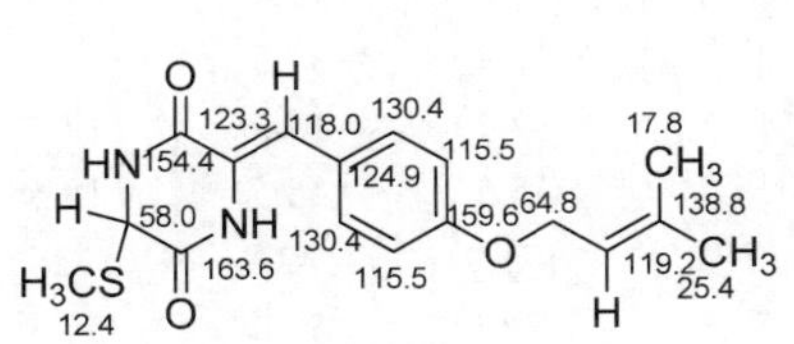

13-5-206[116]

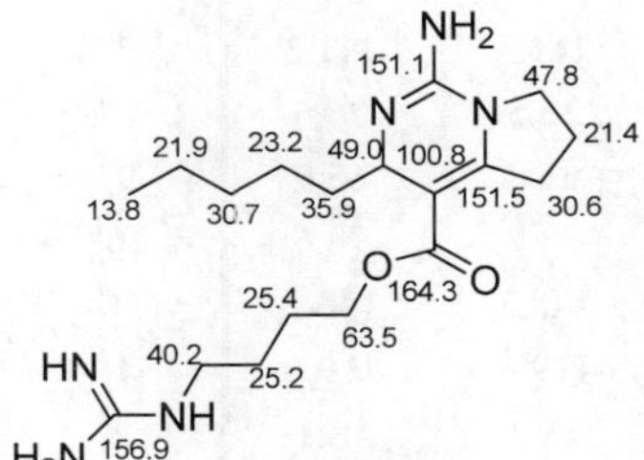

13-5-207[117]

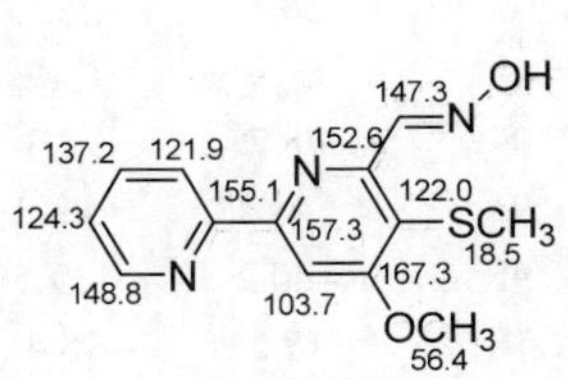

13-5-208[118]

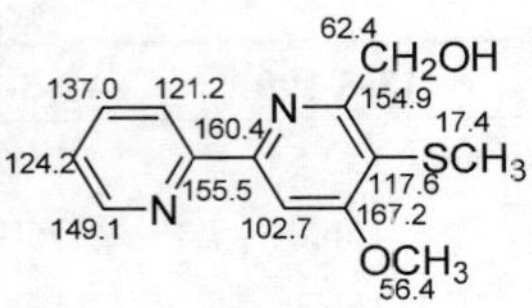

13-5-209[118]

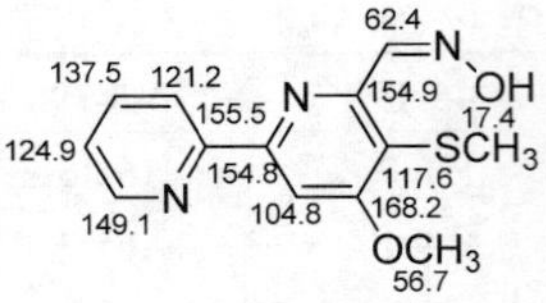

13-5-210[118]

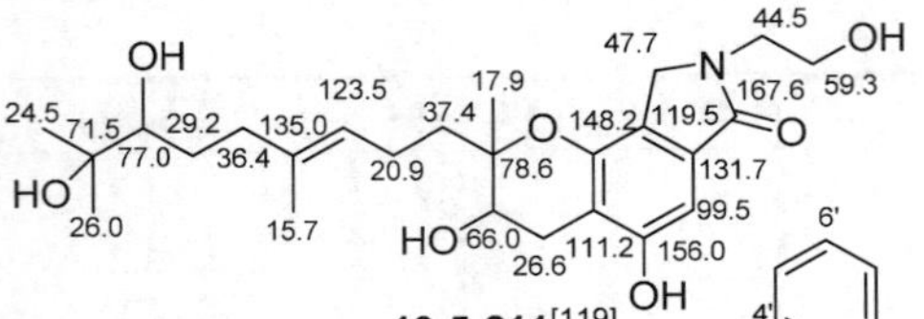

13-5-211[119]

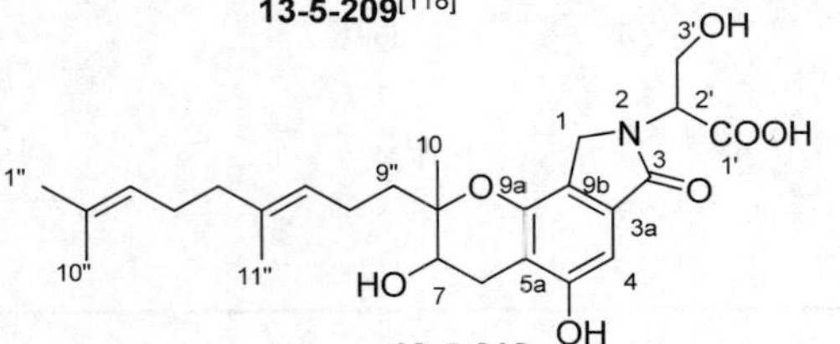

13-5-212

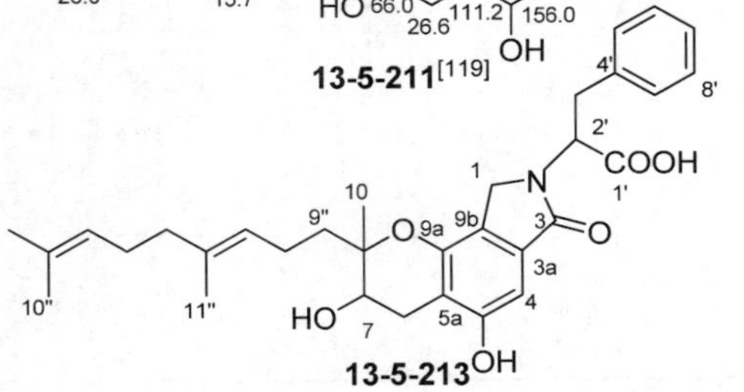

13-5-213

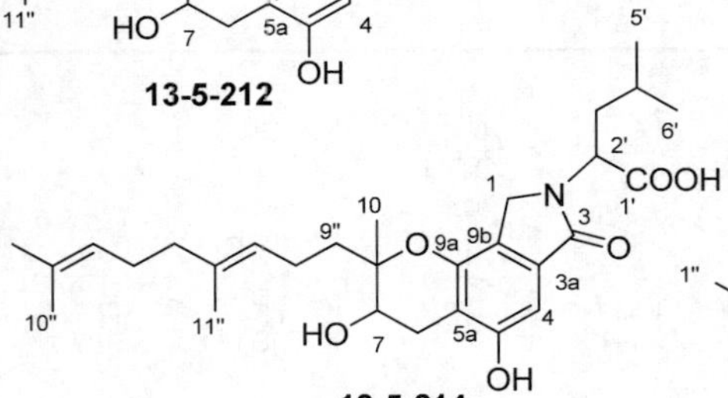

13-5-214

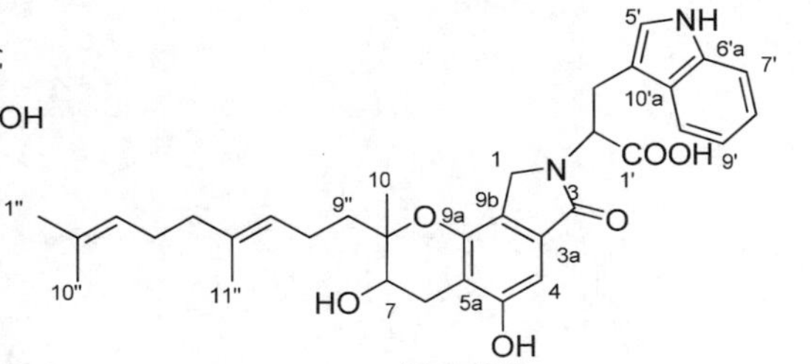

13-5-215

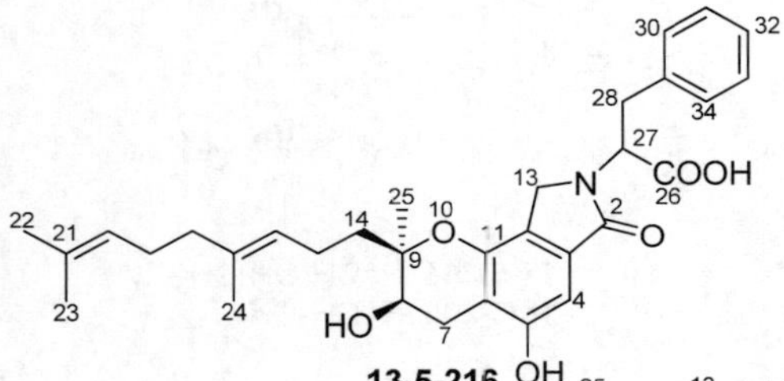

13-5-216

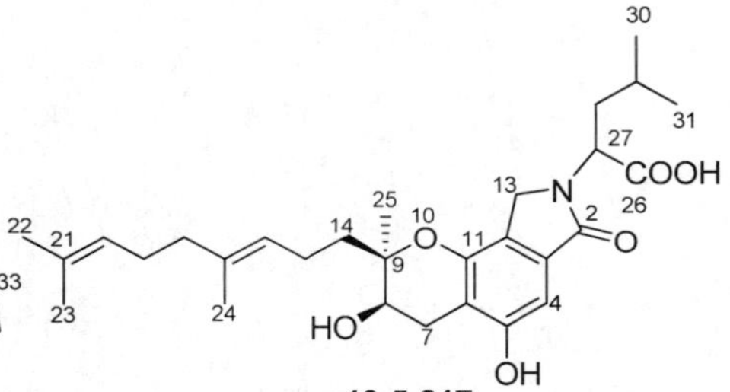

13-5-217

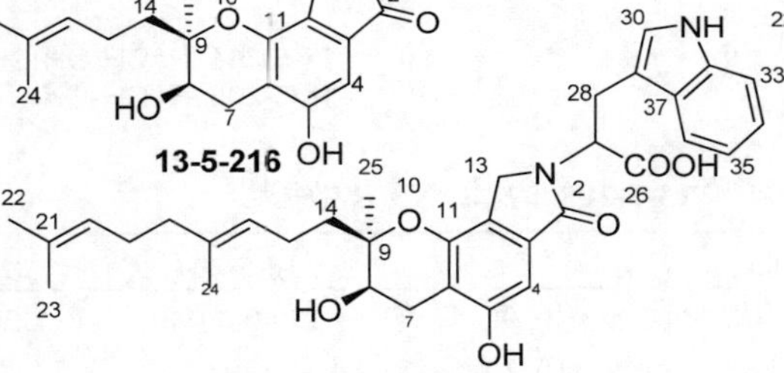

13-5-218

表 13-5-60 13-5-212~13-5-215 ^{13}C NMR 数据[120]

C	13-5-212	13-5-213	13-5-214	13-5-215	C	13-5-212	13-5-213	13-5-214	13-5-215
1	45.1	44.6	43.8	44.0	2"	130.7	130.5	130.5	130.5
3	168.5	168.1	168.1	168.0	3"	124.1	124.0	124.0	124.0
3a	131.1	130.7	131.0	131.4	4"	26.2	26.1	26.0	26.1
4	99.5	99.5	99.6	99.5	5"	38.5	39.0	39.0	39.1
5	156.1	156.1	156.1	156.0	6"	134.4	134.3	134.2	134.3
5a	111.5	111.6	111.5	111.3	7"	124.2	124.1	124.1	124.1
6	26.7	26.5	26.5	26.6	8"	21.0	21.0	21.0	21.0
7	65.9	65.7	65.8	65.9	9"	37.2	36.9	37.0	37.1
8	78.7	78.3	78.7	78.6	10"	17.5	17.4	17.3	17.4
9a	148.4	148.3	148.3	148.2	11"	15.7	15.5	15.5	15.5
9b	120.2	119.5	119.6	119.6	1'	171.2	171.9	172.9	172.7
10	18.2	18.4	18.3	18.1	2'	56.3	54.7	51.8	54.5
1"	25.5	25.3	25.3	25.3	3'	60.0	34.5	37.7	25.5

续表

C	13-5-212	13-5-213	13-5-214	13-5-215	C	13-5-212	13-5-213	13-5-214	13-5-215
4'		137.6	24.5	110.7	8'		128.2		120.8
5'		128.3	22.8	122.3	9'		128.3		118.1
6'		128.2	20.8		10'				118.0
6'a				136.0	10'a				127.0
7'		126.2		111.2					

表 13-5-61 13-5-216~13-5-218 ^{13}C NMR 数据[121]

C	13-5-216	13-5-217	13-5-218	C	13-5-216	13-5-217	13-5-218
2	168.1	168.2	168.2	21	130.6	130.6	130.5
3	130.7	130.8	130.9	22	25.5	25.4	25.0
4	99.5	99.6	99.5	23	17.5	17.5	17.4
5	156.1	156.1	156.1	24	15.6	15.6	15.4
6	111.7	111.6	111.7	25	18.3	18.2	18.0
7	26.7	26.7	26.6	26	172.0	173.0	172.2
8	65.9	66.0	65.9	27	54.5	51.7	53.9
9	78.8	78.8	78.7	28	34.6	37.7	25.3
11	148.2	148.3	148.3	29	137.6	24.7	109.9
12	119.5	119.6	119.6	30	128.3	22.9	122.5
13	44.6	43.9	44.0	31	128.2	20.9	
14	37.1	37.0	37.1	32	126.3		136.0
15	21.1	21.2	20.9	33	128.2		111.3
16	124.1	124.3	124.1	34	128.3		120.1
17	134.3	134.1	134.2	35			118.3
18	39.2	39.2	*Ca*39.1	36			117.8
19	26.2	26.2	26.1	37			126.9
20	124.0	124.0	124.0				

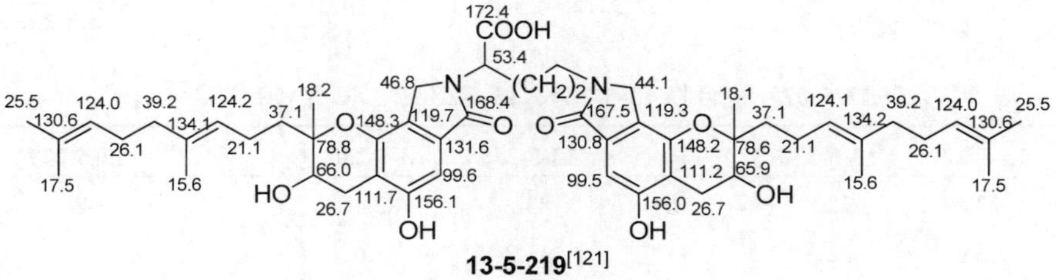

13-5-219[121]

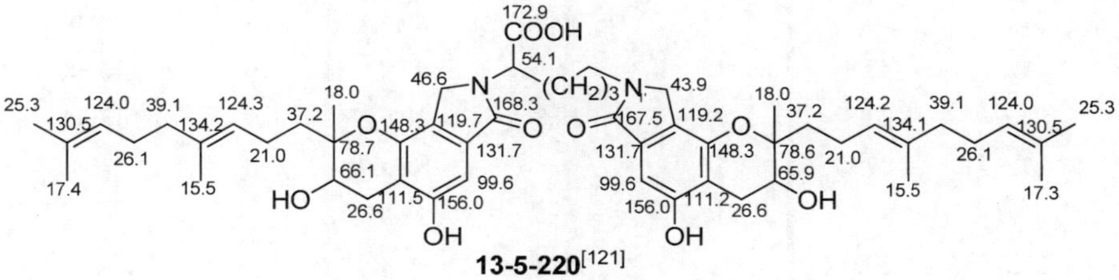

13-5-220[121]

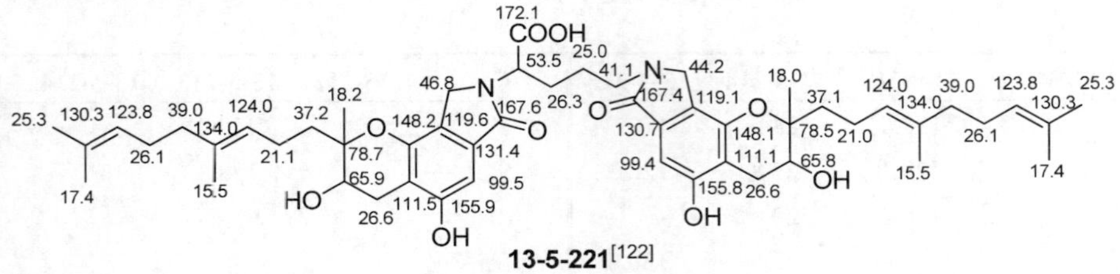

13-5-221[122]

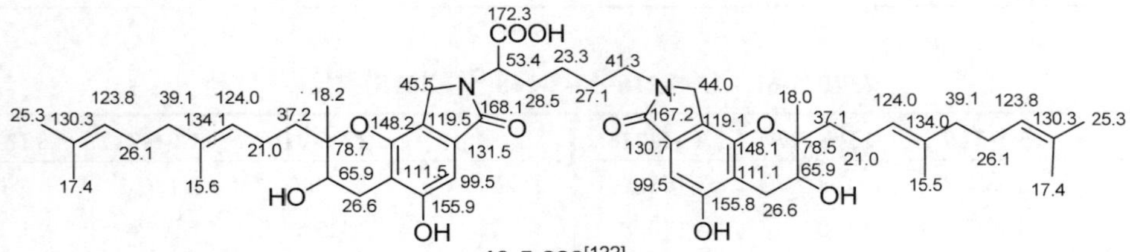

13-5-222[122]

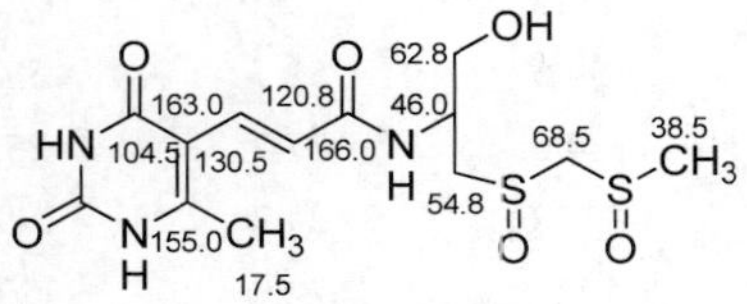

13-5-223[123]

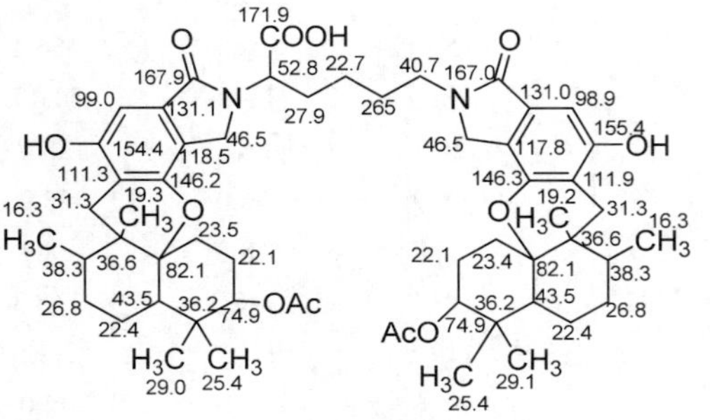

13-5-224[124]

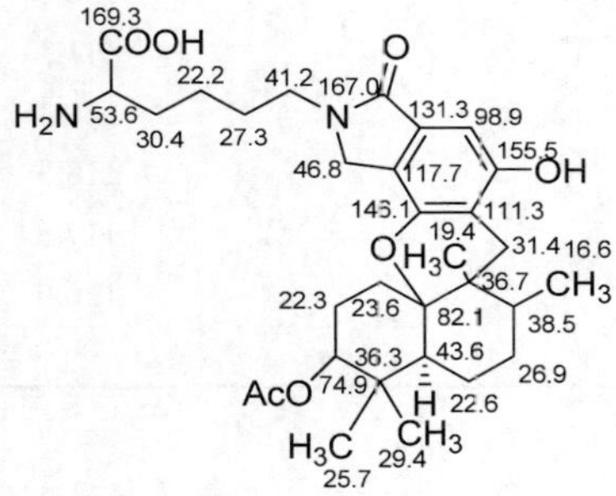

13-5-225[124]

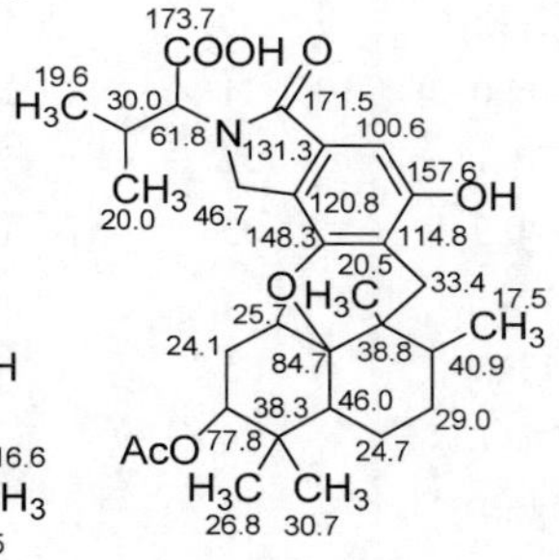

13-5-226[124]

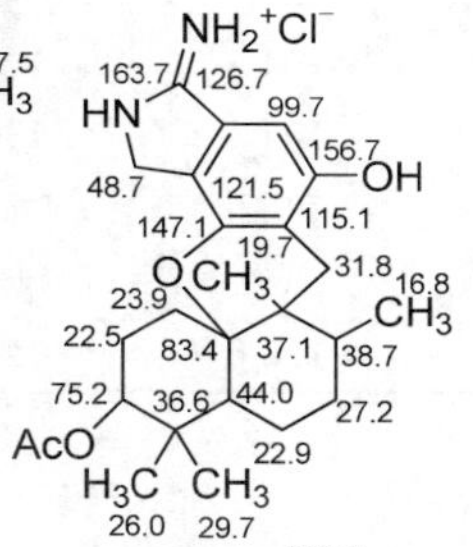

13-5-227[124]

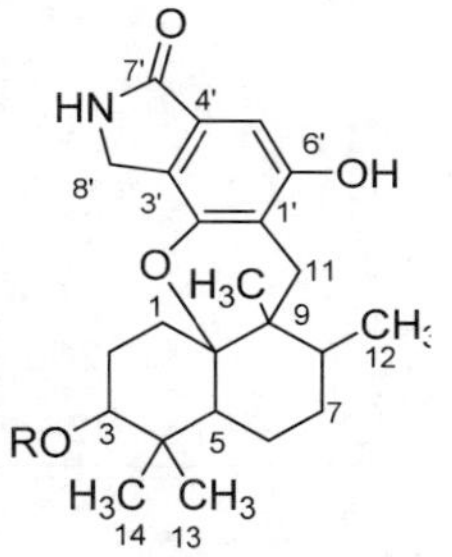

13-5-228 R=H
13-5-229 R=Ac

表 13-5-62 化合物 13-5-229、13-5-230 的 ^{13}C NMR 数据[125]

C	13-5-229	13-5-230	C	13-5-229	13-5-230	C	13-5-229	13-5-230
1	23.4	23.8	10	83.2	82.4	2'	147.1	146.8
2	25.6	22.5	11	31.8	31.6	3'	120.7	120.6
3	72.1	75.2	12	16.9	16.7	4'	131.5	131.6
4	37.3	36.5	13	30.0	29.4	5'	99.0	99.1
5	44.2	43.8	14	26.9	25.9	6'	155.8	155.8
6	23.3	22.8	15	19.8	19.6	7'	170.4	170.3
7	27.5	27.1	16	—	169.6	8'	42.4	42.3
8	39.0	38.7	17	—	20.9			
9	37.0	37.0	1'	111.9	111.8			

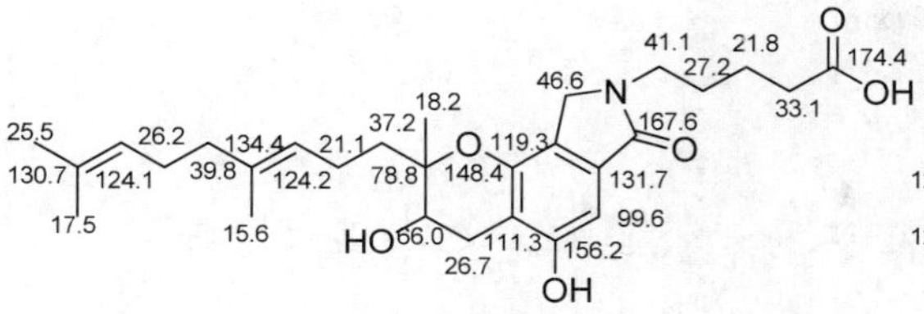

13-5-230[126]

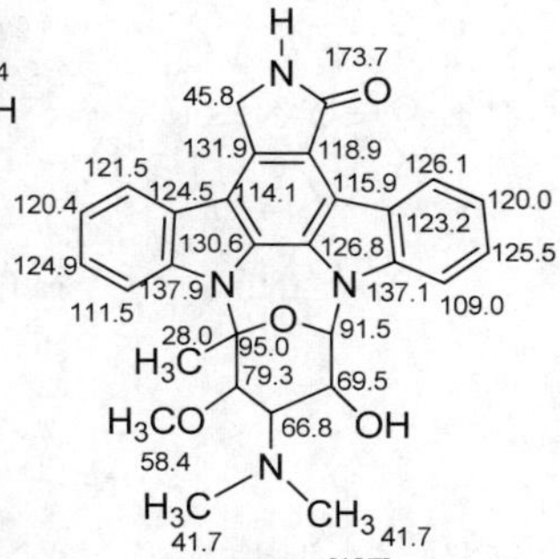

13-5-231[127]

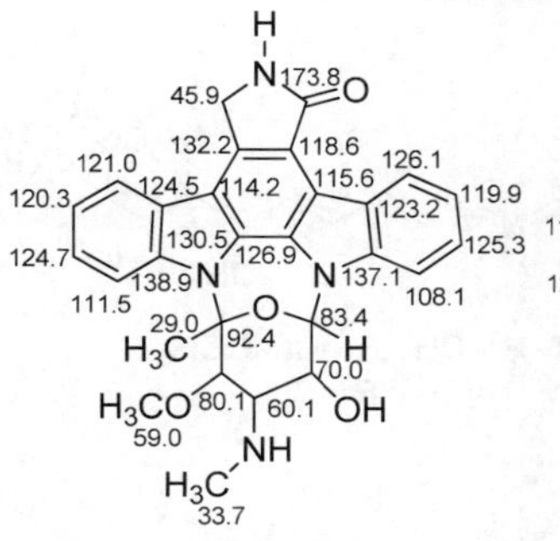

13-5-232[127]

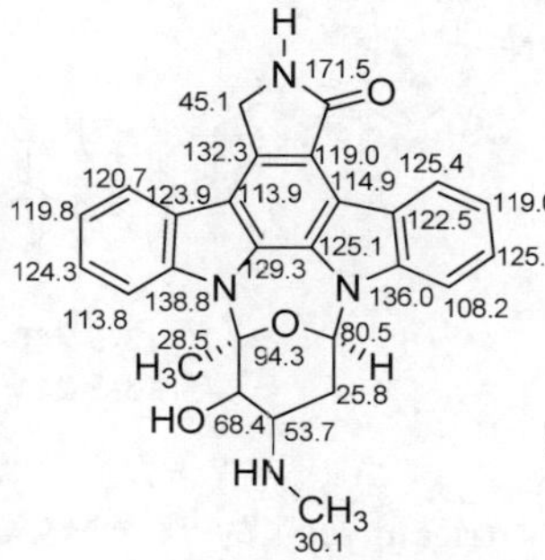

13-5-233[128]

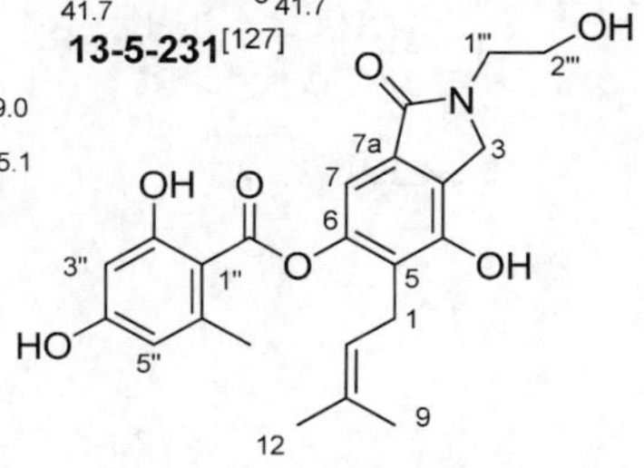

13-5-234

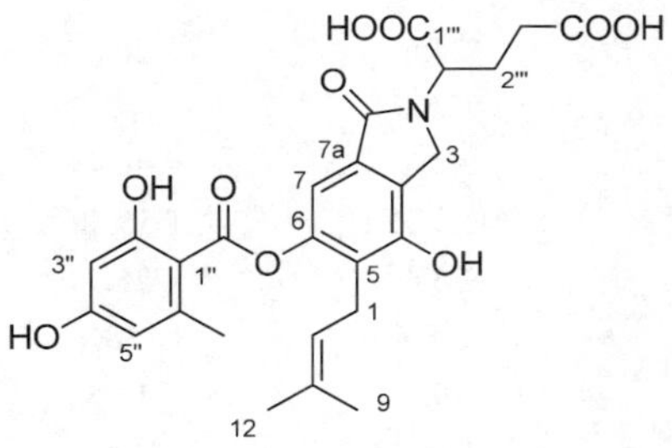

13-5-235

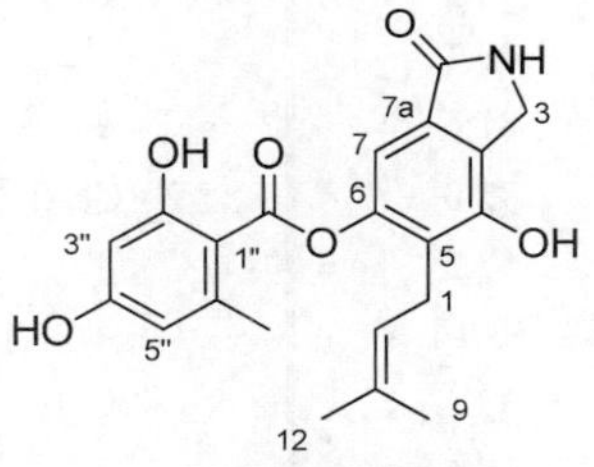

13-5-236

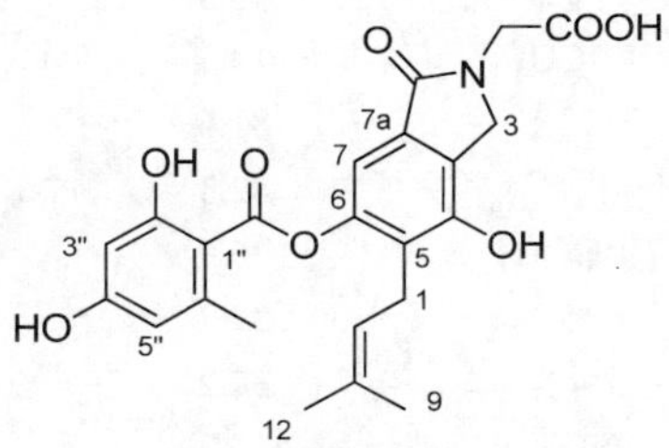

13-5-237

表 13-5-63 sterenins 的 ^{13}C NMR 数据[129]

C	13-5-234	13-5-235	13-5-236	13-5-237	C	13-5-234	13-5-235	13-5-236	13-5-237
1	170.7	171.3	173.4	170.8	1"	105.3	105.3	105.3	105.3
3	50.9	46.9	45.0	50.3	2"	167.1	167.1	167.1	167.1
3a	127.2	127.5	129.3	127.5	3"	102.0	102.0	102.0	102.0
4	152.4	152.4	152.6	152.4	4"	164.9	164.9	164.9	164.9
5	127.1	127.3	127.3	127.3	5"	113.1	113.1	113.1	113.1
6	151.3	151.4	151.4	151.4	6"	145.1	145.1	145.1	145.1
7	110.1	110.4	110.2	110.4	7"	171.8	171.8	171.8	171.8
7a	132.7	132.0	132.5	132.1	8"	24.7	24.7	24.7	24.7
1'	24.7	24.8	24.7	24.8	1'''	46.5	55.5		45.1
2'	122.7	122.7	122.7	122.7	2'''	61.3	26.3		172.8
3'	133.3	133.3	133.3	133.3	3'''		31.9		
4'	17.9	17.9	17.9	17.9	4'''		176.3		
5'	25.9	25.9	25.9	25.9	5'''		173.9		

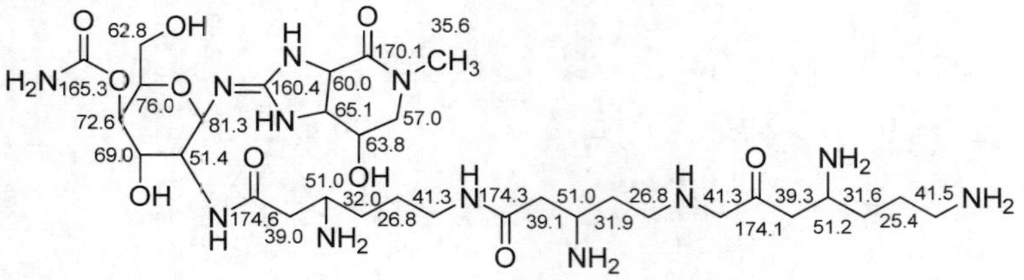

13-5-238[130]

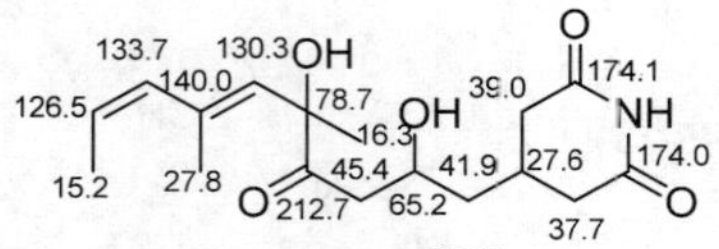

13-5-239[131]

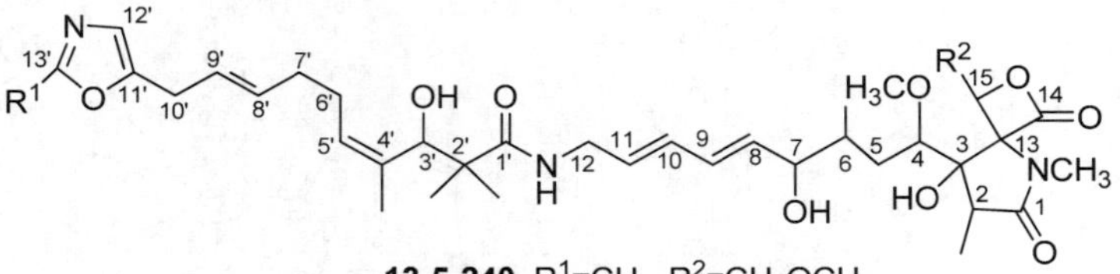

13-5-240 $R^1=CH_3$; $R^2=CH_2OCH_3$

13-5-241 $R^1=CH_3$; $R^2=CH_3$

表 13-5-64 triedimycins 的 ^{13}C NMR 数据[132]

C	13-5-240	13-5-241	C	13-5-240	13-5-241
1	175.0	175.1	16-OCH_3	59.6	
2	43.3	43.1	*N*-CH_3	26.6	26.6
2-CH_3	10.3	10.1	1'	178.0	178.1
3	81.6	81.6	2'	44.6	44.7
4	82.3	82.0	2'-$(CH_3)_2$	21.5, 26.1	21.56, 26.1
4-OCH_3	56.9	57.3	3'	75.6	75.7
5	32.7	33.14	4'	138.4	138.4
6	37.2	37.1	4'-CH_3	19.5	19.5
6-CH_3	17.3	17.6	5'	124.8	124.8
7	76.9	77.0	6'	123.7	123.7
8	134.1	134.2	7'	128.0	128.0
9	131.1	131.2	8'	128.1	128.1
10	131.6	131.6	9'	129.0	129.1
11	129.6	129.7	10'	29.1	29.2
12	41.2	41.2	11'	150.1	150.1
13	86.2	84.3	12'	122.6	122.6
14	168.9	169.7	13'	160.7	160.8
15	78.3	77.5	13'-CH_3	13.9	13.9
16	70.5	16.8			

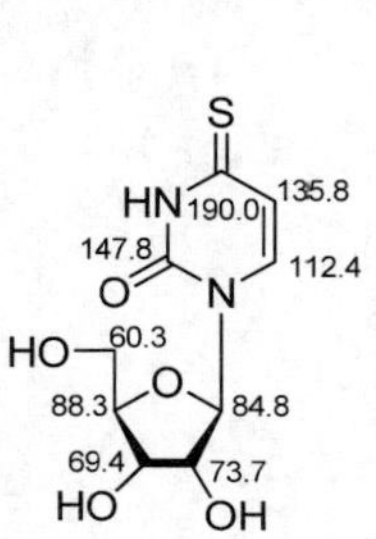

13-5-242[133]

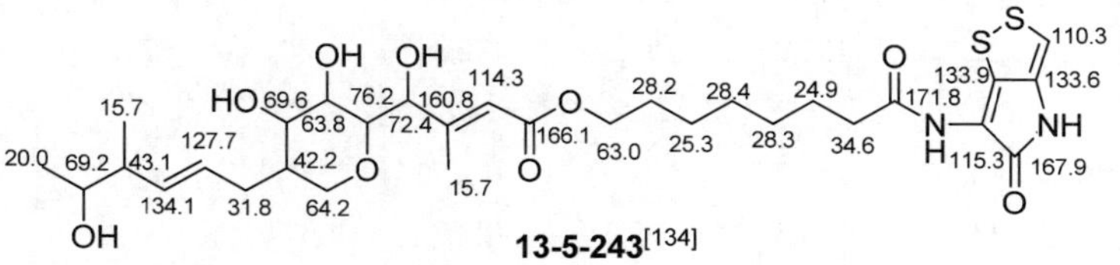

13-5-243[134]

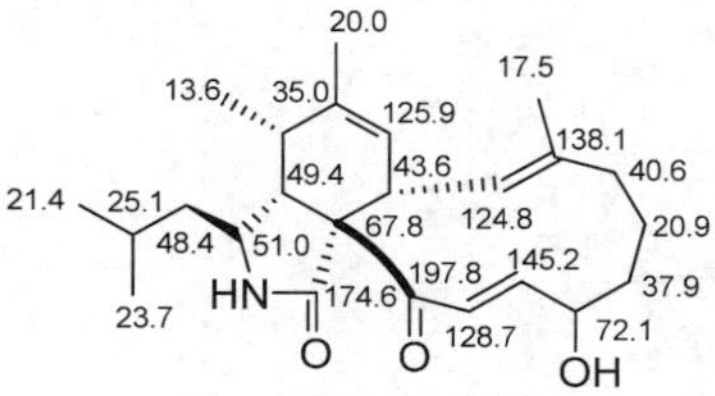

13-5-244[135]

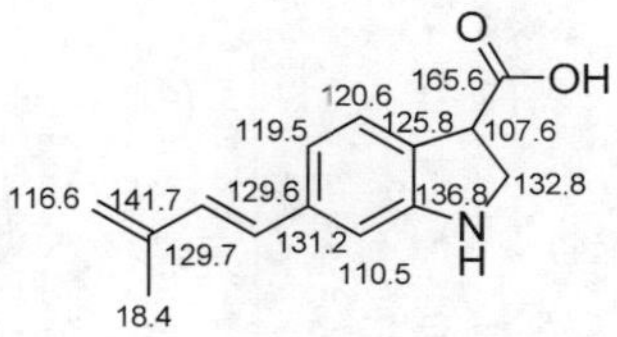

13-5-245[136]

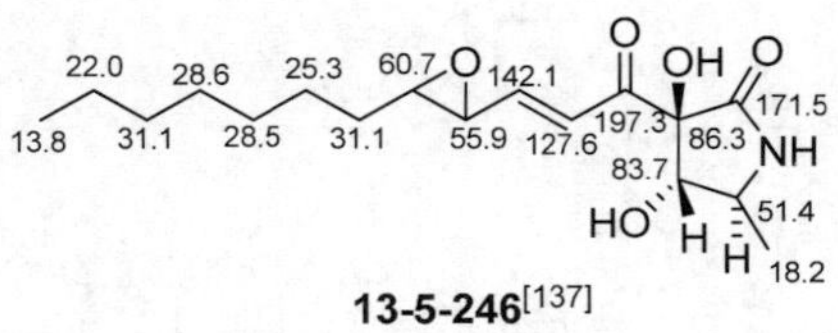

13-5-246[137]

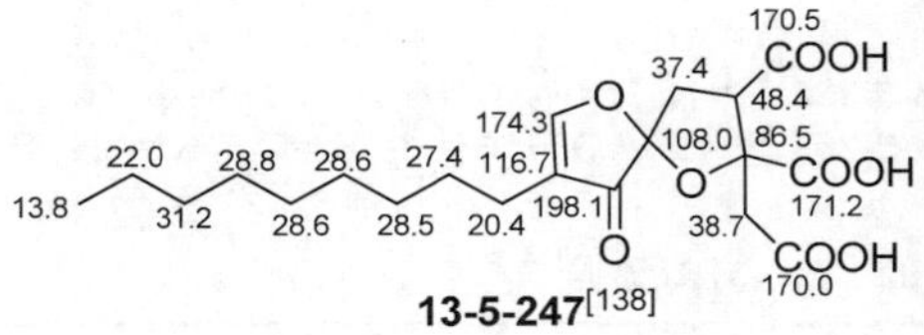

13-5-247[138]

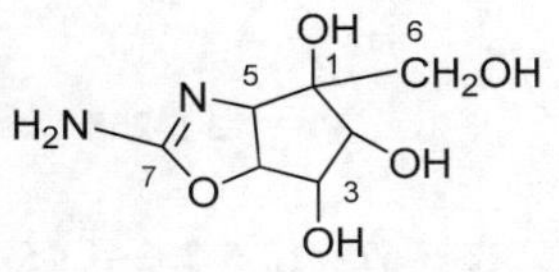

13-5-248

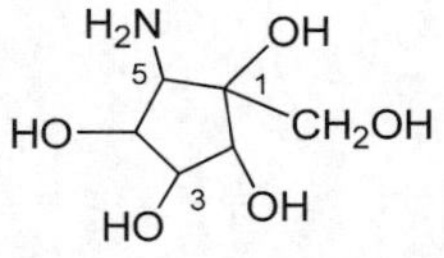

13-5-249

表 13-5-65 trehalamines 的 ^{13}C NMR 数据[139]

C	13-5-248	13-5-249	C	13-5-248	13-5-249	C	13-5-248	13-5-249
1	85.6	79.4	4	90.4	73.6	7	164.9	
2	83.0 或 83.3	81.7	5	76.7	57.8			
3	83.0 或 83.3	81.5	6	64.9	61.0			

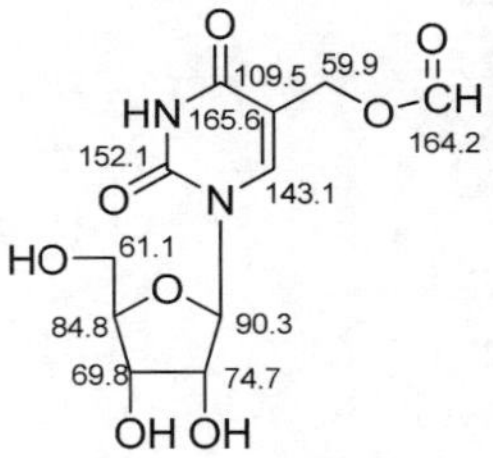

13-5-250[140]

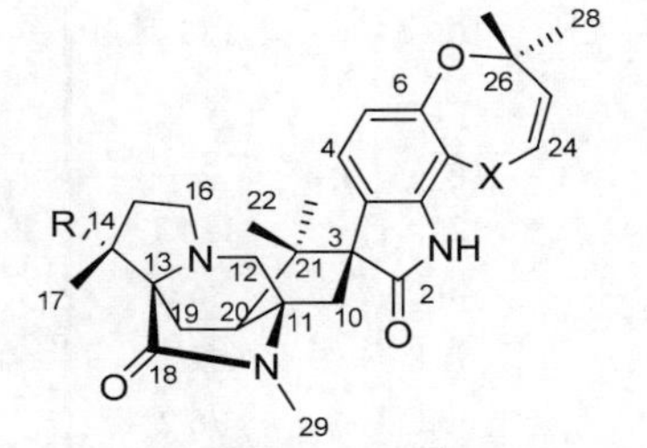

13-5-251 R=H; X=不存在
13-5-252 R=OH; X=不存在
13-5-253 R=H; X=–O–

表 13-5-66 13-5-251~13-5-253 的 ^{13}C NMR 数据[141]

C	13-5-251	13-5-252	13-5-253[142]	C	13-5-251	13-5-252	13-5-253[142]
2	185.7	184.3	182.5	16	53.3	51.9	53.4
3	62.8	62.6	62.9	17	13.2	19.1	13.1
4	125.5	125.6	120.5	18	172.4		172.2
5	109.5	109.6	117.3	19	27.7	22.2	27.7
6	153.0	153.1	146.0	20	52.4	51.7	52.1
7	105.6	105.3	135.2	21	46.2	46.4	46.3
8	137.5	137.1	132.3	22	20.6	20.4	20.8
9	121.6	121.3	125.4	23	23.9	22.2	24.0
10	37.3	37.1	37.5	24	116.3	116.1	139.0
11	65.2	65.3	65.2	25	131.2	131.3	115.1
12	60.0	59.2	60.1	26	76.4	76.4	79.8
13	67.7	71.4	67.7	27	27.9	27.9	30.0
14	40.3	78.0	40.3	28	27.8	27.8	29.8
15	30.3	38.1	30.2	29	25.5	25.9	25.5

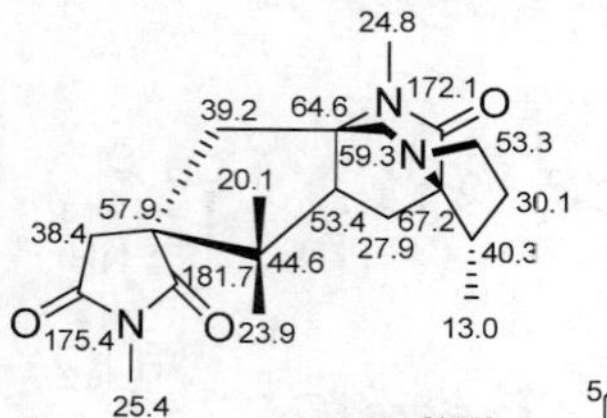

13-5-254[142]

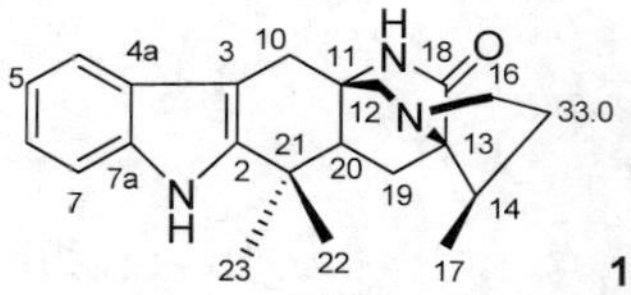

13-5-255

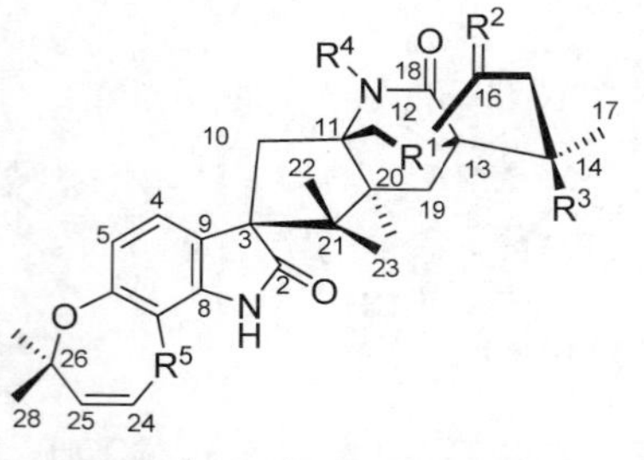

13-5-256 R^1=N; R^2=H_2; R^3=H; R^4=H; R^5=不存在
13-5-257 R^1=N^+—O—; R^2=H_2; R^3=OH; R^4=CH_3; R^5=O

表 13-5-67　13-5-255~13-5-257 的 ^{13}C NMR 数据[143]

C	13-5-255	13-5-256	13-5-257	C	13-5-255	13-5-256	13-5-257
2	141.2	184.9	182.2	15	33.0	30.3	39.1
3	104.0	62.5	62.9	16	53.5	52.8	69.4
4	117.7	125.6	120.5	17	17.4	13.1	22.2
4a	126.8			18	174.8	174.3	167.7
5	119.0	109.4	117.7	19	26.8	27.6	14.5
6	121.3	153.0	146.4	20	46.7	53.4	51.0
7	110.6	105.4	135.4	21	34.2	46.2	46.8
7a	136.5			22	23.9	20.6	21.1
8		137.5	132.4	23	30.5	24.1	23.3
9		121.8	124.1	24		116.3	138.9
10	30.0	40.0	36.0	25		131.2	115.2
11	55.6	61.8	62.8	26		76.3	79.9
12	58.8	60.2	76.2	27		28.0	29.9
13	66.3	68.2	83.8	28		27.8	29.7
14	30.2	39.9	77.9	29			27.1

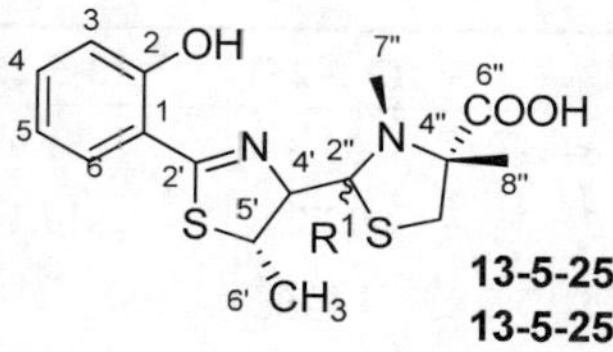

13-5-258 R^1=···H
13-5-259 R^1=—H

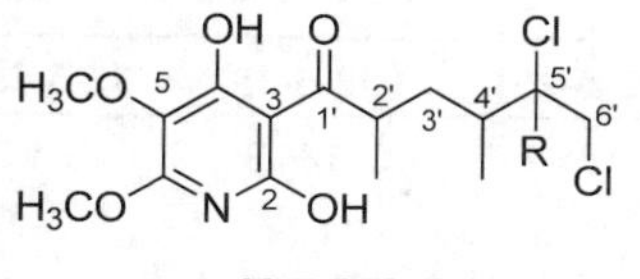

13-5-260 R=H
13-5-261 R=Cl

表 13-5-68　watasemycins 的 ^{13}C NMR 数据[144]

C	13-5-258	13-5-259	C	13-5-258	13-5-259	C	13-5-258	13-5-259
1	116.4	116.4	2'	174.3	171.9	5"	40.1	39.3
2	159.0	159.2	4'	83.5	78.3	6"	174.4	177.2
3	117.1	117.2	5'	46.1	46.1	7"	39.0	32.6
4	133.7	133.1	6'	17.0	17.6	8"	18.6	22.4
5	119.2	118.7	2"	73.5	71.1			
6	130.6	130.4	4"	76.2	73.8			

表 13-5-69 13-5-260 和 13-5-261 的 ^{13}C NMR 数据[145]

C	13-5-260	13-5-261	C	13-5-260	13-5-261	C	13-5-260	13-5-261
2	166.6	166.6	5-OCH$_3$	61.2	61.5	4'	34.2	43.2
3	100.8	100.5	6-OCH$_3$	55.7	55.9	5'	67.3	97.9
4	162.6	162.5	1'	211.3	210.9	6'	47.1	54.1
5	124.7	124.7	2'	41.7	42.4	2'-CH$_3$	17.9	16.8
6	160.1	160.0	3'	39.2	36.1	4'-CH$_3$	13.2	14.9

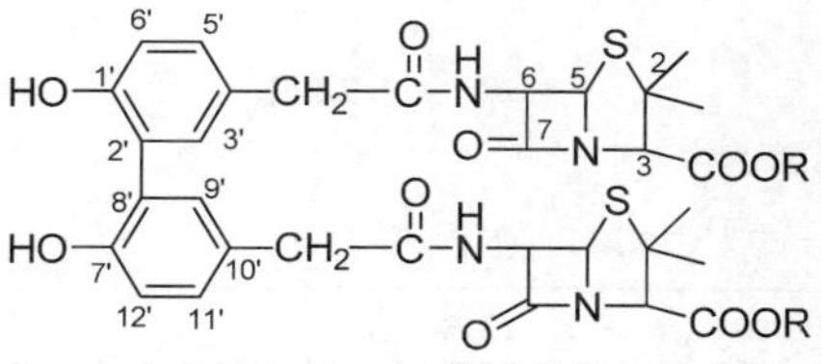

13-5-262 R=CH_3
13-5-265 R=$CH_2OCOC(CH_3)_3$

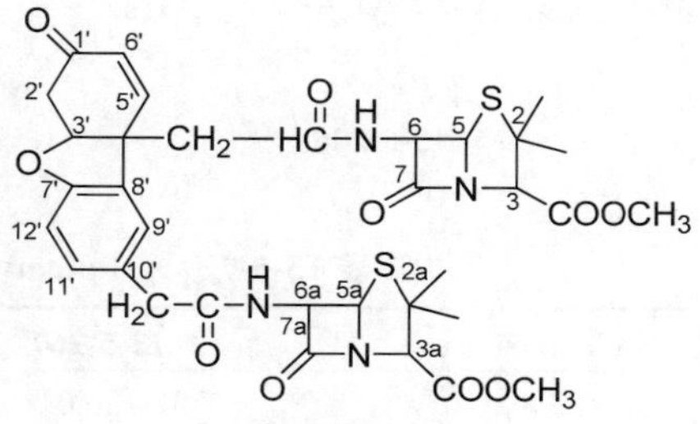

13-5-263

表 13-5-70 13-5-262~13-5-264 的 ^{13}C NMR 数据[146]

C	13-5-262	13-5-263	13-5-264	C	13-5-262	13-5-263	13-5-264
2,2a	64.8	64.7,65.2	64.7	3'	132.6	85.9	125.9
2,2a-(CH$_3$)$_2$	26.8,31.7	26.9,27.1	26.9,27.0	4'	125.6	47.0	129.5
		31.3,31.7	31.7,31.8	4'-CH$_2$	42.3	42.6	42.6
3,3a	70.4	70.3,70.6	70.4	5'	130.5	146.1	130.6
5,5a	68.0	67.7,68.0	68.0	6'	117.7	124.1	116.9
6,6a	58.8	58.5,58.6	58.7	7'	152.6	157.9	143.7
7,7a	171.2	167.9,170.5	170.1,170.2	8'	126.6	131.5	118.7
3,3a-CO	173.6	173.2,173.7	173.5	9'	132.6	131.1	131.2
COOCH$_3$	52.4	52.3,52.5	52.5	10'	125.6	127.2	126.3
CONH	168.1	168.0	168.1	10'-CH$_2$	42.3	43.1	42.5
1'	152.6	195.0	155.9	11'	130.5	127.8	131.2
2'	126.6	38.6	146.9	12'	117.7	111.1	119.8

表 13-5-71 13-5-265 的 ^{13}C NMR 数据[146]

C	13-5-265	C	13-5-265	C	13-5-265
2,2a	64.7	COOCH$_2$	79.9	5,5a	68.0
2,2a-(CH$_3$)$_2$	26.7,31.4	COOCH$_2$OCO	176.8	6,6a	58.8
3,3a	70.0	COOCH$_2$OCOC	38.8		
3,3a-CO	166.3	COOCH$_2$OCOC(CH$_3$)$_3$	26.9		

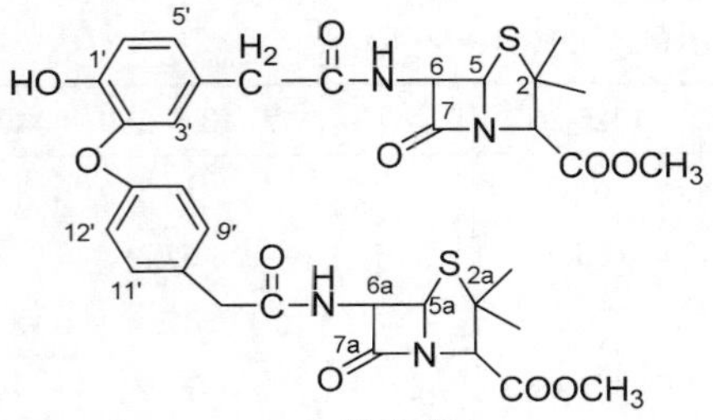

13-5-264

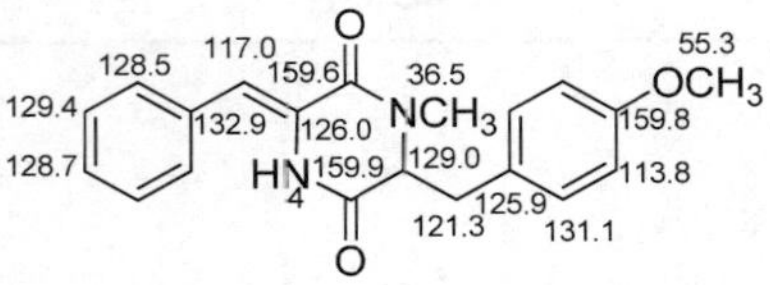

13-5-266[147]

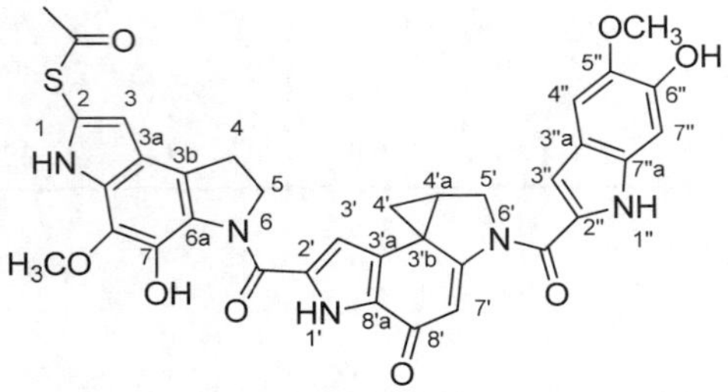

13-5-267

表 13-5-72 yatakemycin 的 ^{13}C NMR 数据[148]

C	13-5-267	C	13-5-267	C	13-5-267	C	13-5-267
2	133.4	8a	136.0	4'a	24.0	3''a	122.4
3	107.8	2-S$\underline{C}$OCH$_3$	183.5	5'	55.6	4''	94.5
3a	118.6	2-SCO$\underline{C}$H$_3$	11.1	6'a	161.9	5''	150.4
3b	122.0	8-OCH$_3$	60.5	7'	112.9	6''	144.8
4	28.2	2'	130.4	8'	178.5	7''	106.6
5	53.9	3'	107.6	8'a	132.7	7''a	133.1
6a	128.9	3'a	130.5	2'-CO	161.9	2''-CO	161.9
7	140.5	3'b	31.6	2''	129.2	5''-OCH$_3$	55.9
8	134.5	4'	26.2	3''	107.6		

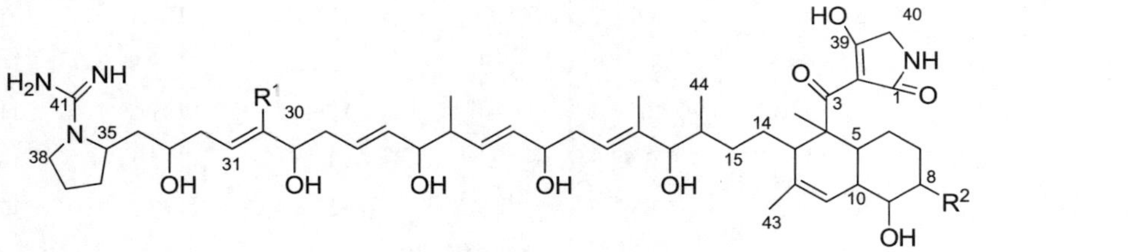

13-5-268 R^1=H; R^2=OH
13-5-270 R^1=H; R^2=H
13-5-271 R^1=CH$_3$; R^2=H

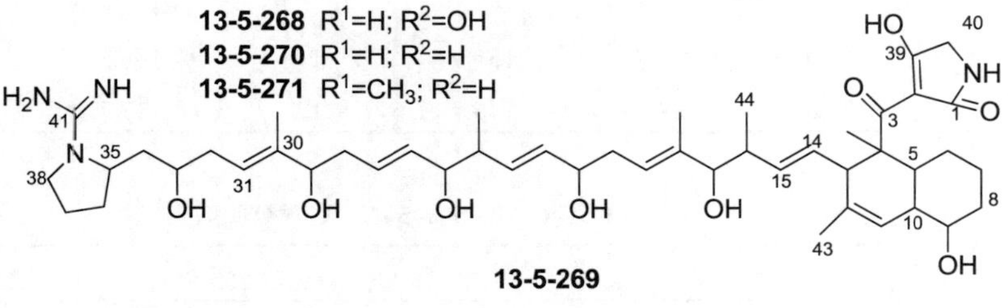

13-5-269

表 13-5-73 13-5-268~13-5-271 的 ^{13}C NMR 数据[149]

C	13-5-268	13-5-269	13-5-270	13-5-271	C	13-5-268	13-5-269	13-5-270	13-5-271
1	180.9	181.0	181.0	181.0	4	54.4	53.8	55.4	55.3
2	102.9	102.8	103.3	103.3	5	33.5	34.3	34.6	34.6
3	204.0	203.8	204.5	204.5	6	23.4	21.7	22.1	22.1

续表

C	13-5-268	13-5-269	13-5-270	13-5-271	C	13-5-268	13-5-269	13-5-270	13-5-271
7	29.6	24.7	25.3	25.3	28	42.1	39.2	42.1	39.2
8	71.1	30.7	31.6	31.6	29	73.1	78.3	73.1	78.3
9	75.6	72.9	72.8	72.8	30	136.9	140.4	136.9	140.4
10	43.8	44.0	44.0	44.0	31	128.0	123.0	128.0	123.0
11	120.2	122.7	121.5	121.5	32	41.5	37.4	41.5	37.4
12	141.2	137.7	140.4	140.4	33	69.9	70.2	69.9	70.2
13	45.0	49.7	44.9	44.9	34	41.7	41.6	41.7	41.6
14	29.9	133.3	29.8	29.8	35	57.5	57.5	57.6	57.5
15	37.9	137.6	37.4	37.4	36	32.1	32.2	32.2	32.2
16	37.9	42.0	38.0	37.9	37	24.1	24.1	24.1	24.1
17	83.7	83.2	83.8	83.8	38	48.2	47.2	48.2	48.2
18	139.7	139.2	139.7	139.7	39	192.5	192.8	192.9	192.7
19	124.1	124.1	124.1	124.1	40	50.7	50.7	50.7	50.7
20	36.7	36.7	36.8	36.8	41	17.8	19.4	17.5	17.5
21	73.7	73.6	73.7	73.7	42	23.4	23.9	23.4	23.4
22	134.3	134.4	134.4	134.4	43	17.1	18.5	16.0	17.0
23	134.9	134.9	134.9	134.9	44	11.9	12.1	11.9	11.9
24	43.9	44.0	44.0	44.0	45	16.4	16.6	16.5	16.7
25	77.5	77.6	77.6	77.6	46		12.0		12.0
26	134.7	134.3	134.8	134.3	47	155.8	155.8	155.8	155.8
27	129.5	129.9	129.5	129.9					

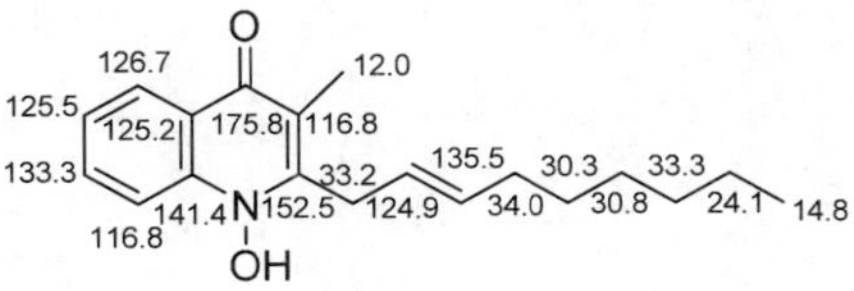

13-5-272[150]

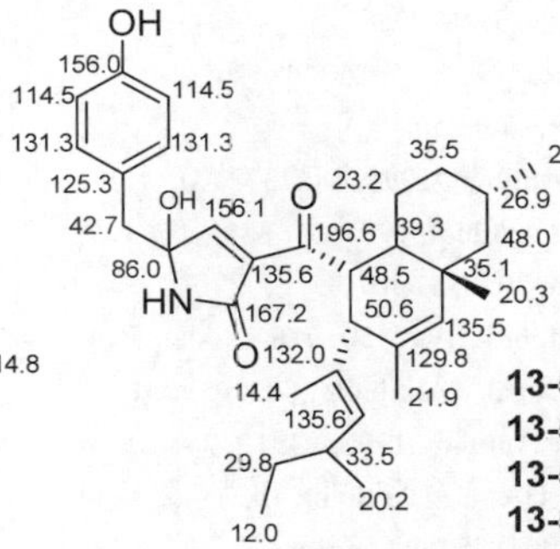

13-5-273[151]

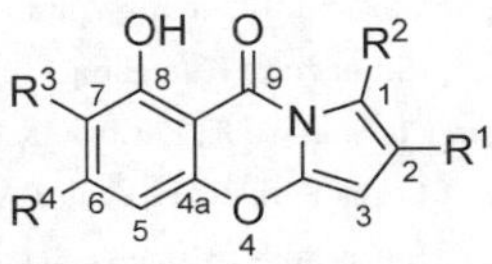

13-5-275 R^1=Cl; R^2=H; R^3=Pr; R^4=OH
13-5-276 R^1=Cl; R^2=H; R^3=Et; R^4=OH
13-5-277 R^1=Cl; R^2=Cl; R^3=Pr; R^4=OH
13-5-278 R^1=Cl; R^2=H; R^3=Pr; R^4=OCH_3
13-5-279 R^1=Br; R^2=H; R^3=Pr; R^4=OH
13-5-280 R^1=Cl; R^2=H; R^3=Bu; R^4=OH

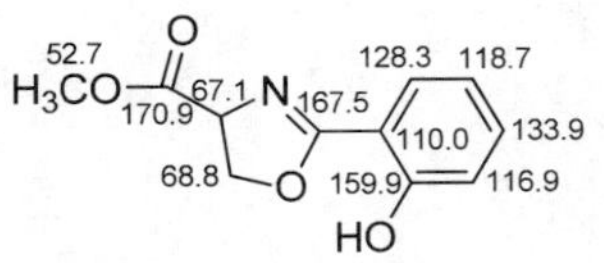

13-5-274[152]

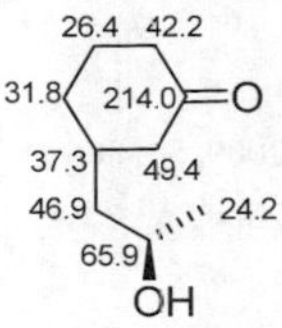

13-5-281[110]

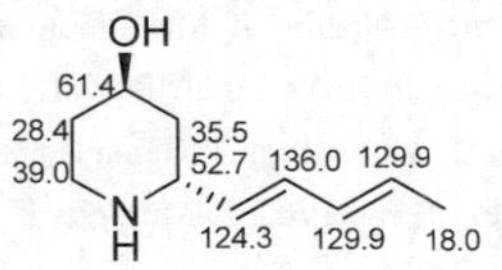

13-5-282[110]

表 13-5-74 13-5-275~13-5-280 的 ^{13}C NMR 数据[153]

C	13-5-275	13-5-276	13-5-277	13-5-278	13-5-279	13-5-280
1	104.8	104.9	104.4	104.1	107.3	104.1
2	118.7	118.7	116.6	118.4	n.o.	118.5

续表

C	13-5-275	13-5-276	13-5-277	13-5-278	13-5-279	13-5-280
3	90.8	90.8	90.0	89.6	92.6	90.5
3a	142.0	142.1	141.4	140.8	142.7	140.7
4a	154.2	154.4	154.0	153.8	154.6	153.2
5	94.3	94.5	94.4	90.4	94.8	93.8
6	164.4	164.6	166.2	164.8	167.0	161.2
6-O-CH_3				55.9		
7	112.9	114.5	113.2	113.6	113.2	111.7
8	160.8	160.6	161.0	160.0	160.5	160.2
8a	93.4	93.5	93.2	93.4	n.o.	93.6
9	159.3	159.4	160.5	158.4	159.3	158.4
1'	24.8	16.2	24.9	24.0	24.8	30.7
2'	22.5	13.5	22.6	21.9	22.5	22.6
3'	14.3		14.3	13.9	14.3	21.8
4'						13.8

参考文献

[1] Kleinwaechter P, Schlegel B, Groth I, et al. J Antibiot, 2001, 54: 510.
[2] Takatsu T, Horiuchi N, Ishikawa M, et al. J Antibiot, 2003, 56: 306.
[3] Muramatsu Y, Muramatsu A, Ohnuki T, et al. J Antibiot, 2003, 56: 243.
[4] Muramatsu Y, Miyakoshi S, Ogawa Y, et al. J Antibiot, 2003, 56: 259.
[5] Ohnuki T, Muramatsu Y, Miyakoshi S, et al. J Antibiot, 2003, 56: 268.
[6] Mynderse J, Fukuda D, Hunt A. J Antibiot, 1995, 48: 425.
[7] Sonoda D, Osada H, Uzawa J, et al. J Antibiot, 1991, 44: 160.
[8] Ryoo I, Song K, Kim J, et al. J Antibiot, 1997, 50: 256.
[9] Shin-Ya K, Shimizu S, Kunigami T, et al. J Antibiot, 1995, 48: 1378.
[10] Kunigami T, Shin-Ya K, Furihata K, et al. J Antibiot, 1998, 51: 880.
[11] Ono M, Sakuda S, Ikeda H, et al. J Antibiot, 1998, 51: 1019.
[12] Izumida H, Adachi K, Mihara A, et al. J Antibiot, 1997, 50: 916.
[13] Hellwig V, Grothe T, Mayer-Bartschmid A, et al. J Antibiot, 2002, 55: 881.
[14] Mo C J U N, Shin-Ya K, Furihata K, et al. J Antibiot, 1990, 43: 1337.
[15] Hochlowski J E, Mullally M M, Spanton S G, et al. J Antibiot, 1993, 46: 380.
[16] Zhang Y, Wang T, Pei Y, et al. J Antibiot, 2002, 55: 693.
[17] Naruse N, Yamamoto H, Murata S, et al. J Antibiot, 1993, 46: 679.
[18] Kagamizono T, Nishino E, Matsumoto K, et al. J Antibiot, 1995, 48: 1407.
[19] Kojiri K, Kondo H, Yoshinari T, et al. J Antibiot, 1991, 44: 723.
[20] Hosokawa N, Naganawa H, Hamada M, et al. J Antibiot, 2000, 53: 886.
[21] Tsukamoto M, Nakajima S, Murooka K, et al. J Antibiot, 2000, 53: 26.
[22] Toda S, Yamamoto S, Tenmyo O, et al. J Antibiot, 1993, 46: 875.
[23] Tanaka M, Shin-Ya K, Furihata K, et al. J Antibiot, 1995, 48: 326.
[24] Kotoda N, Shin-Ya K, Furihata K, et al. J Antibiot, 1997, 50: 770.
[25] Sakano K I, Nakamura S. J Antibiot, 1980, 33: 961.
[26] Naid T, Kitahara T, Kaneda M, et al. J Antibiot, 1987, 40: 157.
[27] Kaneda M, Naid T, Kitahara T, et al. J Antibiot, 1988, 41: 602.
[28] Igarashi M, Nakagawa N, Doi N, et al. J Antibiot, 2003, 56: 580.
[29] Lin Z, Wen J, Zhu T, et al. J Antibiot, 2008, 61: 81.
[30] Zolek T, Paradowska K, Krajewska D, et al. J Mol Struct, 2003, 646: 141.

[31] Zhang D, Yang X, Kang J S, et al. J Antibiot, 2008, 61: 40.
[32] Boros C, Dix A, Katz B, et al. J Antibiot, 2003, 56: 862.
[33] Kim Y H, Cho S M, Hyun J W, et al. J Antibiot, 2008, 61: 573.
[34] Verdier L, Bertho G, Gharbi-Benarous J, et al. Bioorg Med Chem, 2000, 8: 1225.
[35] 袁金伟，陈晓岚，屈凌波等. 波谱学杂志, 2008, 25: 523.
[36] Dekker K A, Inagaki T, Gootz T D, et al. J Antibiot, 1998, 51: 145.
[37] Sakemi S, Bordner J, Decosta D L, et al. J Antibiot, 2002, 55: 6.
[38] Sugie Y, Hirai H, Kachi-Tonai H, et al. J Antibiot, 2001, 54: 917.
[39] Sugie Y, Dekker K A, Inagaki T, et al. J Antibiot, 2002, 55: 19.
[40] Sugie Y, Hirai H, Inagaki T, et al. J Antibiot, 2001, 54: 911.
[41] Sugie Y, Inagaki S, Kato Y, et al. J Antibiot, 2002, 55: 25.
[42] King H D, Langh Rig J, Sanglier J J. J Antibiot, 1986, 39: 510.
[43] Shindo K, Yamagishi Y, Okada Y, et al. J Antibiot, 1994, 47: 1072.
[44] Ojika M, Suzuki Y, Tsukamoto A, et al. J Antibiot, 1998, 51: 275.
[45] Kumagai H, Iijima M, Dobashi K, et al. J Antibiot, 1991, 44: 1029.
[46] Masuoka Y, Shin-Ya K, Furihata K, et al. J Antibiot, 1997, 50: 1058.
[47] Zhu B, Morioka M, Nakamura H, et al. J Antibiot, 1984, 37: 673.
[48] Takahashi I, Takahashi K, Ichimura M, et al. J Antibiot, 1988, 41: 1915.
[49] Ogawa T, Ichimura M, Katsumata S, et al. J Antibiot, 1989, 42: 1299.
[50] Takeuchi H, Asai N, Tanabe K, et al. J Antibiot, 1999, 52: 971.
[51] Osada H, Sonoda T, Kusakabe H, et al. J Antibiot, 1989, 42: 1599.
[52] Kakeya H, Takahashi I, Okada G, et al. J Antibiot, 1995, 48: 733.
[53] Akiyama T, Harada S, Kojima F, et al. J Antibiot, 1998, 51: 253.
[54] Sakai K, Watanabe K, Masuda K, et al. J Antibiot, 1995, 48: 447.
[55] Wong S, Musza L, Kydd G, et al. J Antibiot, 1993, 46: 545.
[56] Lam K, Schroeder D, Veitch J, et al. J Antibiot, 2001, 54: 1.
[57] Murakami Y, Kato S, Nakajima M, et al. J Antibiot, 1996, 49: 839.
[58] Katayama N, Tsubotani S, Nozaki Y, et al. J Antibiot, 1990, 43: 238.
[59] Qian-Cutrone J, Huang S, Chang L, et al. J Antibiot, 1996, 49: 990.
[60] Usami Y, Aoki S, Hara T, et al. J Antibiot, 2002, 55: 655.
[61] Eilbert F, Thines E, Arendholz W, et al. J Antibiot, 1997, 50: 443.
[62] Tokoro Y, Isoe T, Shindo K. J Antibiot, 1999, 52: 263.
[63] Suzuki Y, Takahashi H, Esumi Y, et al. J Antibiot, 2000, 53: 45.
[64] Katoh H, Shin-Ya K, Furihata K, et al. J Antibiot, 2002, 55: 508.
[65] Sawa R, Mori Y, Iinuma H, et al. J Antibiot, 1994, 47: 731.
[66] Enomoto Y, Shiomi K, Hayashi M, et al. J Antibiot, 1996, 49: 50.
[67] Nilanonta C, Isaka M, Kittakoop P, et al. J Antibiot, 2003, 56: 647.
[68] Ubukata M, Tamehiro N, Matsuura N, et al. J Antibiot, 1999, 52: 921.
[69] Lam Y, Dai P, Borris R, et al. J Antibiot, 1994, 47: 724.
[70] Urakawa A, Sasaki T, Yoshida K E N I, et al. J Antibiot, 1996, 49: 1052.
[71] Mukai A, Nagai A, Inaba S, et al. J Antibiot, 2009, 62: 705.
[72] Hu J F, Wunderlich D, Thiericke R, et al. J Antibiot, 2003, 56: 747.
[73] Cai Y, Fredenhagen A, Hug P, et al. J Antibiot, 1996, 49: 1060.
[74] Cai Y, Fredenhagen A, Hug P, et al. J Antibiot, 1996, 49: 519.
[75] Kanbe K, Naganawa H, Okami Y, et al. J Antibiot, 1992, 45: 1700.
[76] Otani T, Yoshida K, Kubota H, et al. J Antibiot, 2000, 53: 1397.
[77] Sakano Y, Shibuya M, Matsumoto A, et al. J Antibiot, 2003, 56: 817.
[78] Hasumi K, Shinohara C, Iwanaga T, et al. J Antibiot, 1993, 46: 1782.
[79] Shin-Ya K, Shimizu S, Kunigami T, et al. J Antibiot, 1995, 48: 574.
[80] Imamura N, Adachi K, Sano H. J Antibiot, 1994, 47: 257.
[81] Ishihara Y, Oka M, Tsunakawa M, et al. J Antibiot, 1991, 44: 25.
[82] Hashimoto R, Takahashi S, Hamano K, et al. J Antibiot, 1995, 48: 1052.

[83] Takahashi S, Hashimoto R, Hamano K, et al. J Antibiot, 1996, 49: 513.
[84] Kunigami T, Shin-Ya K, Furihata K, et al. J Antibiot, 1996, 49: 312.
[85] Kawada M, Momose I, Someno T, et al. J Antibiot, 2009, 62: 243.
[86] Kato S, Shindo K, Kataoka Y, et al. J Antibiot, 1991, 44: 903.
[87] Otani T, Yoshida K I, Sasaki T, et al. J Antibiot, 1999, 52: 415.
[88] Morino T, Nishimoto M, Masuda A, et al. J Antibiot, 1995, 48: 1509.
[89] He H, Janso J E, Yang H Y, et al. J Antibiot, 2003, 55: 821.
[90] Mondelli R, Ventura P. J Chem Soc, Perkin Trans 2, 1977: 1749.
[91] Mifsud N, Elena B, Pickard C J, et al. Phys Chem Chem Phys, 2006, 8: 3418.
[92] Antzutkin O N, Lee Y K, Levitt M H. J Magn Reson, 1998, 135: 144.
[93] Blanpain P C, Nagy J B, Laurent G H, et al. J Med Chem, 1980, 23: 1283.
[94] Matsuura N, Onose R, Osada H. J Antibiot, 1996, 49: 361.
[95] Shiomi K, Arai N, Shinose M, et al. J Antibiot, 1995, 48: 714.
[96] Kleinwaechter P, Dahse H, Luhmann U, et al. J Antibiot, 2001, 54: 521.
[97] Nishioka H, Sawa T, Isshiki K, et al. J Antibiot, 1991, 44: 1283.
[98] Nishioka H, Sawa T, Takahashi Y, et al. J Antibiot, 1993, 46: 564.
[99] Kimura K. J Antibiot, 1991, 43: 1341.
[100] Mori H, Funayama S, Sudo Y, et al. J Antibiot, 1990, 43: 1329.
[101] Kawamura N, Sawa R, Takahashi Y, et al. J Antibiot, 1995, 48: 435.
[102] Kim Y P I L, Takamatsu S, Hayashi M, et al. J Antibiot, 1997, 50: 189.
[103] Grote R, Chen Y, Zeeck A, et al. J Antibiot, 1988, 41: 595.
[104] Tsuge N, Furihata K, Shin-Ya K, et al. J Antibiot, 1999, 52: 505.
[105] Aoyagi T, Hatsu M, Imada C, et al. J Antibiot, 1992, 45: 1795.
[106] Kato S, Shindo K, Kawai H, et al. J Antibiot, 1993, 46: 892.
[107] Igarashi Y, Takagi K, Kajiura T, et al. J Antibiot, 1998, 51: 915.
[108] Kozlovsky A, Zhelifonova V, Antipova T, et al. J Antibiot, 2003, 56: 488.
[109] Kim W G, Song N K, Yoo I D. J Antibiot, 2001, 54: 831.
[110] Maul C, Sattler I, Zerlin M, et al. J Antibiot, 1999, 52: 1124.
[111] Koshino H, Osada H, Amano S, et al. J Antibiot, 1992, 45: 1428.
[112] Matsumoto K, Nagashima K, Kamigauchi T, et al. J Antibiot, 1995, 48: 439.
[113] Gilpin M L, Fulston M, Payne D, et al. J Antibiot, 1995, 48: 1081.
[114] Stefanska A L, Fulston M, Houge-Frydrych C S V, et al. J Antibiot, 2000, 53: 1346.
[115] Chu M, Truumees I, Rothofsky M, et al. J Antibiot, 1995, 48: 1440.
[116] Chu M, Truumees I, Mierzwa R, et al. J Antibiot, 1997, 50: 1061.
[117] Yang S, Chan T, Pomponi S, et al. J Antibiot, 2003, 56: 970.
[118] Gomi S, Amano S, Sato E, et al. J Antibiot, 1994, 47: 1385.
[119] Kohyama T, Hasumi K, Hamanaka A, et al. J Antibiot, 1997, 50: 172.
[120] Hasumi K, Ohyama S, Kohyama T, et al. J Antibiot, 1998, 51: 1059.
[121] Hu W, Kitano Y, Hasumi K. J Antibiot, 2003, 56: 832.
[122] Hu W, Ohyama S, Hasumi K. J Antibiot, 2000, 53: 241.
[123] Ubukata M, Morita T, Uramoto M, et al. J Antibiot, 1996, 49: 65.
[124] Minagawa K, Kouzuki S, Tani H, et al. J Antibiot, 2002, 55: 239.
[125] Minagawa K, Kouzuki S, Yoshimoto J, et al. J Antibiot, 2002, 55: 155.
[126] Shinohara C, Hasumi K, Hatsumi W, et al. J Antibiot, 1996, 49: 961.
[127] Hernandez L M C, Blanco J a D E L a F, Baz J P, et al. J Antibiot, 2000, 53: 895.
[128] Hoehn P, Ghisalba O, Moerker T, et al. J Antibiot, 1995, 48: 300.
[129] Ito-Kobayashi M, Aoyagi A, Tanaka I, et al. J Antibiot, 2008, 61: 128.
[130] Kim B, Lee J, Lee Y, et al. J Antibiot, 1994, 47: 1333.
[131] Chatterjee S, Vijayakumar E, Blumbach J, et al. J Antibiot, 1995, 48: 271.
[132] Ikeda Y, Kondo S, Naganawa H, et al. J Antibiot, 1991, 44: 453.

[133] Nishikiori T, Hiruma S, Kurokawa T, et al. J Antibiot, 1992, 45: 1376.
[134] Shiozawa H, Kagasaki T, Kinoshita T, et al. J Antibiot, 1993, 46: 1834.
[135] Kohno J, Nonaka N, Nishio M, et al. J Antibiot, 1999, 52: 575.
[136] Sakurai M, Kohno J, Nishio M, et al. J Antibiot, 2001, 54: 628.
[137] Sakurai M, Hoshino H, Kohno J, et al. J Antibiot, 2003, 56: 787.
[138] Shiozawa H, Takahashi M, Takatsu T, et al. J Antibiot, 1995, 48: 357.
[139] Ando O, Nakajima M, Hamano K, et al. J Antibiot, 1993, 46: 1116.
[140] Isshiki K, Sawa T, Naganawa H, et al. J Antibiot, 1990, 43: 584.
[141] Blanchflower S E, Banks R M, Everett J R, et al. J Antibiot, 1991, 44: 492.
[142] Banks R M, Blanchflower S E, Everett J R, et al. J Antibiot, 1997, 50: 840.
[143] Blanchflower S E, Banks R M, Everett J R, et al. J Antibiot, 1993, 46: 1355.
[144] Sasaki T, Igarashi Y, Saito N, et al. J Antibiot, 2002, 55: 249.
[145] Otsuka T, Takase S, Terano H, et al. J Antibiot, 1992, 45: 1970.
[146] Agematu H, Tsuchida T, Kominato K, et al. J Antibiot, 1993, 46: 141.
[147] Bryans J, Charlton P, Chicarelli-Robinson I, et al. J Antibiot, 1996, 49: 1014.
[148] Igarashi Y, Futamata K, Fujita T, et al. J Antibiot, 2003, 56: 107.
[149] Furumai T, Eto K, Sasaki T, et al. J Antibiot, 2002, 55: 873.
[150] Kamigiri K, Tokunaga T, Shibazaki M, et al. J Antibiot, 1996, 49: 823.
[151] West R R, Ness J V a N, Varming A M, et al. J Antibiot, 1996, 49: 967.
[152] Sasaki T, Otani T, Yoshida K E N I, et al. J Antibiot, 1997, 50: 881.
[153] Trew S J, Wrigley S K, Pairet L, et al. J Antibiot, 2000, 53: 1.

第六节 氧杂环抗生素

表 13-6-1 氧杂环抗生素的名称、分子式、测试溶剂和参考文献

编号	名称	分子式	测试溶剂	参考文献
13-6-1	A-75943	$C_{15}H_{23}NO_4$	M	[1]
13-6-2	AGI-7	$C_{11}H_8O_5$	D	[2]
13-6-3	A83016F	$C_{37}H_{55}NO_{10}$	A	[3]
13-6-4	A83016F diacetate	$C_{41}H_{59}NO_{12}$	A	[3]
13-6-5	abierixin（奥布菌素）	$C_{40}H_{68}O_{11}$	A	[4]
13-6-6	nigericin（尼日利亚菌素）	$C_{40}H_{68}O_{11}$	A	[4]
13-6-7	AGI-B4	$C_{16}H_{14}O_7$	A	[5]
13-6-8	acaterin	$C_{13}H_{22}O_3$	P	[6]
13-6-9	acetomycin（醋霉素）	$C_{10}H_{14}O_5$	A	[7]
13-6-10	acremolactone A	$C_{26}H_{34}O_8$	M	[8]
13-6-11	actinoplaone A（游放线酮 A）	$C_{28}H_{25}ClN_2O_{10}$	A	[9]
13-6-12	actinoplaone B（游放线酮 B）	$C_{28}H_{24}ClNO_{10}$	A	[9]
13-6-13	actinoplaone C（游放线酮 C）	$C_{28}H_{26}N_2O_{10}$	A	[10]
13-6-14	actinoplaone D（游放线酮 D）	$C_{28}H_{25}NO_{10}$	A	[10]
13-6-15	actinoplaone E（游放线酮 E）	$C_{31}H_{29}ClN_2O_{10}$	A	[10]
13-6-16	actinoplaone F（游放线酮 F）	$C_{32}H_{29}ClN_2O_{11}$	A	[10]
13-6-17	actinoplaone G（游放线酮 G）	$C_{32}H_{30}N_2O_{11}$	A	[10]
13-6-18	actofunicone	$C_{21}H_{22}O_9$	M	[11]

续表

编号	名称	分子式	测试溶剂	参考文献
13-6-19	allantofuranone	$C_{19}H_{16}O_5$	A	[12]
13-6-20	agrocybolacton	$C_{15}H_{20}O_4$	A	[13]
13-6-21	anguinomycin C	$C_{31}H_{46}O_4$	A	[14]
13-6-22	anguinomycin D	$C_{32}H_{48}O_4$	A	[14]
13-6-23	antibiotic K-41	$C_{48}H_{82}O_{18}$	A	[15]
13-6-24	27C6	$C_{41}H_{68}O_{15}$	A	[15]
13-6-25	aranochlor A	$C_{23}H_{32}ClNO_5$	A	[16]
13-6-26	aranochlor B	$C_{23}H_{32}ClNO_5$	A	[16]
13-6-27	aranorosinol A	$C_{23}H_{35}NO_6$	A	[17]
13-6-28	aranorosinol B	$C_{26}H_{39}NO_7$	C/B	[17]
13-6-29	*N*-acetyl-aureothamine	$C_{24}H_{27}NO_5$	A	[18]
13-6-30	azaphilone 1	$C_{19}H_{25}ClO_4$	A	[19]
13-6-31	azaphilone 2	$C_{19}H_{26}O_4$	A	[19]
13-6-32	azaphilone 5	$C_{21}H_{23}ClO_5$	A	[19]
13-6-33	azaphilone 6	$C_{23}H_{23}ClO_5$	A	[19]
13-6-34	BE-14348B	$C_{16}H_{14}O_5$	A	[20]
13-6-35	BE-14348C	$C_{16}H_{14}O_5$	A	[20]
13-6-36	BE-14348D	$C_{16}H_{13}ClO_5$	A	[20]
13-6-37	BE-14348E	$C_{16}H_{13}ClO_5$	A	[20]
13-6-38	benesudon	$C_{16}H_{24}O_5$	M	[21]
13-6-39	7-methoxy-2,3-dimethyl-benzofuran-5-ol	$C_{11}H_{12}O_3$	A	[22]
13-6-40	benzofuran	$C_{10}H_{12}O_3$	M	[23]
13-6-41	butyrolactol A	$C_{28}H_{46}O_9$	D	[24]
13-6-42	isochromophilone Ⅶ	$C_{21}H_{25}ClO_6$	A	[25]
13-6-43	isochromophilone Ⅷ	$C_{21}H_{27}ClO_5$	A	[25]
13-6-44	cedarmycin A	$C_{13}H_{20}O_4$	A	[26]
13-6-45	cedarmycin B	$C_{12}H_{18}O_4$	A	[26]
13-6-46	ceramidastin	$C_{26}H_{34}O_{11}$	D	[27]
13-6-47	cineromycin B_8	$C_{12}H_{18}O_5$	M	[28]
13-6-48	cineromycin B_9	$C_{11}H_{14}O_6$	A	[28]
13-6-49	CJ-12954	$C_{24}H_{34}O_6$	A	[29]
13-6-50	CJ-13014	$C_{24}H_{34}O_6$	A	[29]
13-6-51	CJ-13015	$C_{24}H_{34}O_6$	A	[29]
13-6-52	CJ-13102	$C_{26}H_{38}O_7$	A	[29]
13-6-53	CJ-13104	$C_{26}H_{38}O_5$	A	[29]
13-6-54	CJ-13108	$C_{24}H_{36}O_5$	A	[29]
13-6-55	CJ-14258	$C_{25}H_{38}O_6$	M	[30]
13-6-56	CJ-15544	$C_{25}H_{34}O_6$	M	[30]
13-6-57	cochleamycin A	$C_{21}H_{26}O_6$	A	[31]
13-6-58	cochleamycin B	$C_{21}H_{26}O_5$	A	[31]
13-6-59	corynecandin	$C_{41}H_{60}O_{16}$	M	[32]
13-6-60	CP-120509	$C_{45}H_{76}O_{17}$	A	[33]

续表

编号	名称	分子式	测试溶剂	参考文献
13-6-61	CP-80219	$C_{47}H_{78}O_{14}$	A	[34]
13-6-62	CP-82009	$C_{49}H_{84}O_{17}$	A	[35]
13-6-63	CP-84657	$C_{45}H_{78}O_{14}$	A	[36]
13-6-64	CP-91243	$C_{50}H_{84}O_{18}$	A	[37]
13-6-65	CP-91244	$C_{52}H_{88}O_{18}$	A	[37]
13-6-66	cinatrin A 1a	$C_{18}H_{26}O_8$	D	[38]
13-6-67	cinatrin A 1b	$C_{19}H_{28}O_8$	D	[38]
13-6-68	cinatrin B 2a	$C_{18}H_{28}O_8$	D	[38]
13-6-69	cinatrin B 2b	$C_{19}H_{30}O_8$	D	[38]
13-6-70	cinatrin C1 3a	$C_{18}H_{30}O_8$	D	[38]
13-6-71	cinatrin C1 3b	$C_{19}H_{32}O_8$	D	[38]
13-6-72	cinatrin C2 4a	$C_{18}H_{30}O_8$	D	[38]
13-6-73	cinatrin C2 4b	$C_{19}H_{32}O_8$	D	[38]
13-6-74	cinatrin C3 5a	$C_{18}H_{30}O_8$	D	[38]
13-6-75	cinatrin C3 5b	$C_{19}H_{32}O_8$	D	[38]
13-6-76	cuevaene A	$C_{21}H_{22}O_5$	A	[39]
13-6-77	cuevaene B	$C_{21}H_{24}O_7$	A	[39]
13-6-78	cyclophostin	$C_8H_{13}O_6P$	A	[40]
13-6-79	cytogenin	$C_{11}H_{10}O_5$	CD_3CN	[41]
13-6-80	cymbimicin A	$C_{59}H_{92}N_2O_{14}$	D	[42]
13-6-81	cymbimicin B	$C_{58}H_{86}N_2O_{13}$	B	[42]
13-6-82	D329C	$C_{38}H_{42}O_{18}$	P	[43]
13-6-83	dactylfungin A	$C_{41}H_{64}O_9$	M	[44]
13-6-84	dactylfungin B	$C_{41}H_{64}O_9$	M	[44]
13-6-85	decarestrictine L	$C_9H_{16}O_3$	A	[45]
13-6-86	decarestrictine M	$C_{10}H_{16}O_5$	D	[45]
13-6-87	dechlorogeodin, dihydrobis	$C_{17}H_{16}O_7$	A	[46]
13-6-88	EI-2128-1	$C_{23}H_{35}NO_6$	A	[47]
13-6-89	epoxyquinol	$C_{20}H_{20}O_8$	A	[48]
13-6-90	erabulenol A	$C_{20}H_{20}O_6$	A	[49]
13-6-91	erabulenol B	$C_{30}H_{30}O_{10}$	A	[49]
13-6-92	scleroderolide	$C_{18}H_{18}O_6$	A	[49]
13-6-93	F390C	$C_{16}H_{14}O_7$	CD_3CN	[50]
13-6-94	FD-211	$C_{13}H_{16}O_4$	A	[51]
13-6-95	FD-294	$C_{47}H_{56}O_{20}$	A	[52]
13-6-96	FE35A	$C_{30}H_{31}NO_9$	D	[53]
13-6-97	FE35B	$C_{31}H_{31}NO_{10}$	D	[53]
13-6-98	feigrisolide A	$C_{10}H_{18}O_4$	A	[54]
13-6-99	feigrisolide B	$C_{11}H_{20}O_4$	A	[54]
13-6-100	fistupyrone	$C_{10}H_{14}O_3$	A	[55]
13-6-101	flagranone A	$C_{26}H_{32}O_7$	A	[56]
13-6-102	flagranone B	$C_{18}H_{18}O_8$	A	[56]

续表

编号	名称	分子式	测试溶剂	参考文献
13-6-103	gelastatin A	$C_{14}H_{16}O_4$	M	[57]
13-6-104	gelastatin B	$C_{14}H_{16}O_4$	M	[57]
13-6-105	griseofulvin（灰黄霉素）	$C_{17}H_{17}ClO_6$	D	[58]
13-6-106	epigriseofulvin（表灰黄霉素）	$C_{17}H_{17}ClO_6$	D	[58]
13-6-107	isogriseofulvin（异灰黄霉素）	$C_{17}H_{17}ClO_6$	D	[58]
13-6-108	4'-demethoxy isogriseofulvin（4'-去甲氧基异灰黄霉素）	$C_{16}H_{15}ClO_5$	D	[58]
13-6-109	dehydrogriseofulvin（脱氢灰黄霉素）	$C_{17}H_{15}ClO_6$	D	[58]
13-6-110	griseulin	$C_{19}H_{19}NO_5$	A	[59]
13-6-111	harziphilone	$C_{15}H_{18}O_4$	A	[60]
13-6-112	fleephilone	$C_{25}H_{29}NO_7$	A	[60]
13-6-113	kijimicin	$C_{37}H_{64}O_{11}$	A	[61]
13-6-114	kodaistatin A	$C_{35}H_{34}O_{11}$	D	[62]
13-6-115	kynapcin-13	$C_{12}H_{10}O_7$	M	[63]
13-6-116	kynapcin-28	$C_{19}H_{12}O_{10}$	M	[63]
13-6-117	lachnumfuran A	$C_{14}H_{18}O_4$	A	[64]
13-6-118	lachnumlactone A	$C_{14}H_{18}O_5$	A	[64]
13-6-119	laccaridione A	$C_{22}H_{24}O_6$	A	[65]
13-6-120	laccaridione B	$C_{23}H_{26}O_6$	A	[65]
13-6-121	leptomycin A（细霉素 A）	$C_{32}H_{46}O_6$	A	[66]
13-6-122	leptomycin B（细霉素 B）	$C_{33}H_{48}O_6$	A	[66]
13-6-123	MH-031	$C_7H_8O_4$	M	[67]
13-6-124	2-demethylmonensin A	$C_{35}H_{60}O_{11}$	A	[68]
13-6-125	2-demethylmonensin B	$C_{34}H_{58}O_{11}$	A	[68]
13-6-126	monensin	$C_{36}H_{62}O_{11}$	A	[69]
13-6-127	monensin M_1	$C_{36}H_{64}O_{11}$	A	[69]
13-6-128	monensin M_2	$C_{36}H_{64}O_{12}$	A	[69]
13-6-129	monensin M_3	$C_{36}H_{64}O_{12}$	A	[69]
13-6-130	mevinolin hydroxylated derivative	$C_{19}H_{24}O_4$	A	[70]
13-6-131	nafuredin	$C_{22}H_{32}O_4$	A	[71]
13-6-132	NK10958P	$C_{18}H_{30}O_4$	A	[72]
13-6-133	novobiocin	$C_{31}H_{38}N_2O_{11}$	M	[73]
13-6-134	2"-(*O*-carbamyl)-novobiocin	$C_{32}H_{39}N_3O_{11}$	M	[73]
13-6-135	7'-demethyl novobiocin	$C_{30}H_{34}N_2O_{11}$	M	[74]
13-6-136	5"-demethylnovobiocin	$C_{30}H_{34}N_2O_{11}$	M	[74]
13-6-137	5-hydroxy-3,4,7-5-hydroxy-3,4,7-triphenyl-2,6-benzofurandione	$C_{26}H_{16}O_4$	A	[75]
13-6-138	obscurolide A_1	$C_{15}H_{17}NO_5$	A	[76]
13-6-139	obscurolide A_2	$C_{15}H_{17}NO_4$	A	[76]
13-6-140	obscurolide A_3	$C_{15}H_{19}NO_4$	A	[76]
13-6-141	obscurolide A_4	$C_{16}H_{21}NO_4$	A	[76]
13-6-142	obscurolide $B_{2\alpha}$	$C_{15}H_{17}NO_4$	A	[77]

续表

编号	名称	分子式	测试溶剂	参考文献
13-6-143	obscurolide $B_{2\beta}$	$C_{15}H_{17}NO_4$	A	[77]
13-6-144	obscurolide B_3	$C_{15}H_{19}NO_4$	A	[77]
13-6-145	obscurolide B_4	$C_{16}H_{21}NO_4$	A	[77]
13-6-146	obscurolide $C_{2\alpha}$	$C_{15}H_{19}NO_5$	A	[77]
13-6-147	obscurolide $C_{2\beta}$	$C_{15}H_{19}NO_5$	A	[77]
13-6-148	obscurolide C	$C_{16}H_{21}NO_5$	A	[77]
13-6-149	obscurolide D	$C_{15}H_{17}NO_4$	A	[77]
13-6-150	octacyclomycin	$C_{52}H_{88}O_{19}$	A	[78]
13-6-151	okilactomycin（冲酯霉素）	$C_{24}H_{32}O_6$	A	[79]
13-6-152	pannorin	$C_{14}H_{10}O_5$	D	[80]
13-6-153	patulodin	$C_{23}H_{26}O_8$	A	[81]
13-6-154	pentenocin A	$C_7H_{10}O_5$	D	[82]
13-6-155	pentenocin B	$C_7H_{10}O_4$	D	[82]
13-6-156	phellinsin A	$C_{18}H_{14}O_8$	M	[83]
13-6-157	phosphazomycin C_1	$C_{30}H_{48}NO_{10}P$	M	[84]
13-6-158	phosphazomycin C_2	$C_{30}H_{48}NO_{10}P$	M	[84]
13-6-159	pintulin	$C_{14}H_{12}O_5$	-	[85]
13-6-160	PI-200	$C_{17}H_{26}O_2$	A	[86]
13-6-161	PI-201	$C_{17}H_{28}O_3$	A	[86]
13-6-162	polyozellin	$C_{22}H_{14}O_{10}$	D/A	[87]
13-6-163	PM-94128	$C_{22}H_{34}N_2O_6$	A	[88]
13-6-164	pteridic acid A	$C_{21}H_{32}O_5$	A	[89]
13-6-165	pteridic acid B	$C_{21}H_{32}O_5$	A	[89]
13-6-166	pyrenocine D（棘壳孢素 D）	$C_{11}H_{12}O_4$	A	[90]
13-6-167	pyrenocine E（棘壳孢素 E）	$C_{12}H_{16}O_5$	A	[90]
13-6-168	rasfonin	$C_{25}H_{38}O_6$	A	[91]
13-6-169	reductoleptomycin A	$C_{32}H_{48}O_5$	A	[92]
13-6-170	rhamnosyllactone A	$C_{20}H_{26}O_{11}$	M	[93]
13-6-171	rhamnosyllactone B_1	$C_{15}H_{22}O_8$	M	[93]
13-6-172	rhamnosyllactone B_2	$C_{15}H_{22}O_8$	M	[93]
13-6-173	2-(1-propen-1-yl)-4-hydroxymethyl-3-furanylcarbonyl *α*-L-rhamnopyranoside（2-丙烯基-4-羟甲基-3-呋喃羰基-3-*α*-L-鼠李吡喃糖苷）	$C_{15}H_{20}O_8$	M	[93]
13-6-174	3-indolylcarbonyl *α*-L 3-rhamnopyranoside（吲哚羰基-*α*-L-鼠李吡喃糖苷）	$C_{15}H_{17}NO_6$	M	[93]
13-6-175	Ro 09-1469	$C_{22}H_{39}N_9O_6$	W	[94]
13-6-176	Ro 09-1470	$C_{19}H_{31}NO_4$	A	[94]
13-6-177	Ro 09-1545	$C_{23}H_{37}NO_5$	A	[94]
13-6-178	S-632-C	$C_{17}H_{25}NO_4$	A	[95]
13-6-179	Sch 419560	$C_{18}H_{30}O_3$	A	[96]
13-6-180	Sch 57404	$C_{27}H_{36}O_9$	A	[97]
13-6-181	SF2487	$C_{42}H_{66}NaO_{12}$	A	[98]

续表

编号	名称	分子式	测试溶剂	参考文献
13-6-182	sesquicillin	$C_{29}H_{42}O_5$	A	[99]
13-6-183	spirobenzofuran	$C_{15}H_{18}O_4$	D	[100]
13-6-184	spirofungin	$C_{29}H_{42}O_7$	A	[101]
13-6-185	sterin A（硬脂酸精 A）	$C_{16}H_{20}O_6$	M	[102]
13-6-186	sterin B（硬脂酸精 B）	$C_{12}H_{14}O_3$	M	[102]
13-6-187	stresgenin B	$C_{11}H_{13}NO_5$	A	[103]
13-6-188	strobilurin M（嗜球果伞素 M）	$C_{26}H_{34}O_6$	A	[104]
13-6-189	strobilurin O（嗜球果伞素 O）	$C_{26}H_{34}O_7$		[105]
13-6-190	sultriecin	$C_{23}H_{33}NaO_8S$	D	[106]
13-6-191	tetrodecamycin	$C_{18}H_{22}O_6$	A	[107]
13-6-192	TMC-256A 1	$C_{15}H_{12}O_5$	D	[108]
13-6-193	TMC-256C 1	$C_{15}H_{12}O_5$	D	[108]
13-6-194	V214w	$C_{11}H_{12}O_5$	A	[109]
13-6-195	waol B	$C_{14}H_{20}O_5$	—	[110]
13-6-196	xanthoepocin	$C_{30}H_{24}O_{14}$	P	[111]
13-6-197	xanthofusin	$C_8H_8O_4$	A	[112]
13-6-198	xerulinic acid	$C_{18}H_{12}O_4$	D	[113]
13-6-199	Y-05460M-A	$C_{21}H_{32}N_2O_6$	A	[114]
13-6-200	YM-202204	$C_{37}H_{58}O_9$	M	[115]
13-6-201	4-hydroxymethyl-5-hydroxy-2*H*-pyran-2-one	$C_6H_6O_4$	D	[116]
13-6-202	5-hydroxy-2-oxo-2*H*-pyran-4-yl methyl acetate	$C_8H_8O_5$	D	[116]
13-6-203	(5*R*)-dihydro-5-pentyl-4'-methyl-4'-hydroxy-2(3*H*)-furanone	$C_{10}H_{18}O_3$	M	[117]
13-6-204	(*Z*)-4-hydroxy-4-methyl-2-(l-hexenyl)-2-butenolide	$C_{11}H_{16}O_3$	A	[118]
13-6-205	(*Z*)-4-hydroxymethyl-2-(l-hexenyl)-2-butenolide	$C_{11}H_{16}O_3$	A	[118]
13-6-206	CJ-19784	$C_{18}H_{15}BrO_7$	C	[119]
13-6-207	inostamycin B	$C_{37}H_{66}O_{11}$	C	[120]
13-6-208	inostamycin C	$C_{37}H_{68}O_9$	C	[120]
13-6-209	trachyspic acid	$C_{20}H_{28}O_9$	D	[121]
13-6-210	musacin A	$C_{11}H_{18}O_6$	M	[122]
13-6-211	musacin B	$C_{13}H_{18}O_7$	M	[122]
13-6-212	musacin D	$C_8H_{10}O_3$	C	[122]
13-6-213	musacin E	$C_8H_{12}O_3$	C	[122]
13-6-214	musacin F	$C_8H_{12}O_4$	M	[122]

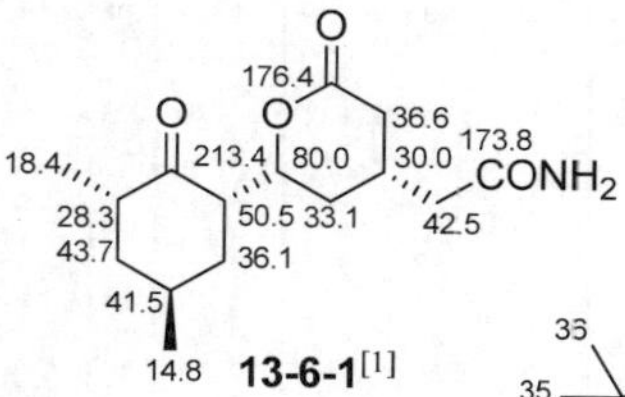

13-6-1[1]

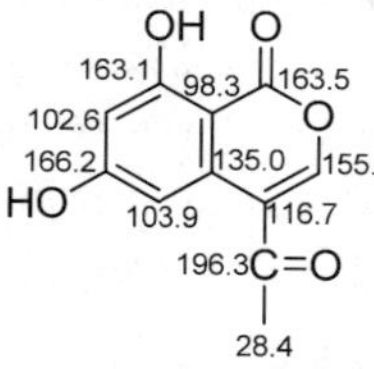

13-6-2[3]

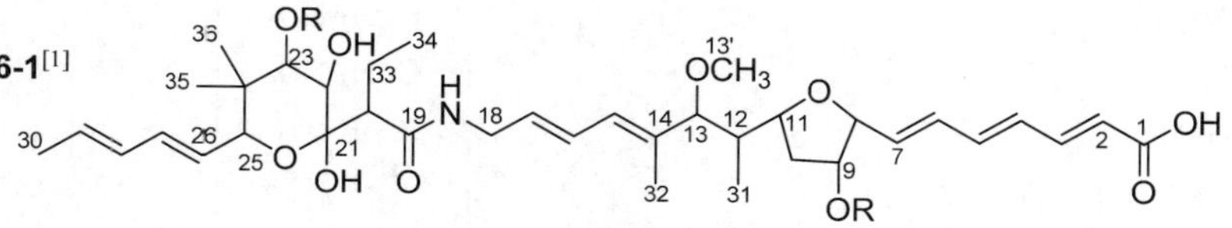

13-6-3 R=H
13-6-4 R=Ac

表 13-6-2 A83016Fs 的 ^{13}C NMR 数据[3]

C	13-6-3	13-6-4	C	13-6-3	13-6-4	C	13-6-3	13-6-4
1	167.9	167.7	14	136.7	136.5	28	130.4	130.3
2	121.7	122.1	15	129.7	130.0	29	125.8	126.3
3	145.6	145.4	16	127.7	127.8	30	13.6	13.6
4	131.6	132.0	17	130.9	131.1	31	10.5	10.7
5	141.3	140.7	18	41.6	41.5	32	11.0	11.0
6	130.3	131.0	19	176.8	176.8	33	20.9	20.9
7	137.5	135.7	20	51.7	51.3	34	12.3	12.2
8	84.3	82.2	21	100.4	100.7	35	24.5	24.2
9	75.2	77.3	22	71.2	68.7	36	15.9	16.9
10	40.3	37.6	23	73.2	76.6	9-<u>C</u>OCH$_3$	—	170.5
11	78.2	78.7	24	39.5	38.7	9-CO<u>C</u>H$_3$	—	20.9
12	40.6	40.6	25	76.4	76.5	23-<u>C</u>OCH$_3$	—	170.7
13	90.3	90.3	26	130.8	130.2	23-CO<u>C</u>H$_3$	—	20.9
13'	56.1	56.1	27	126.9	127.6			

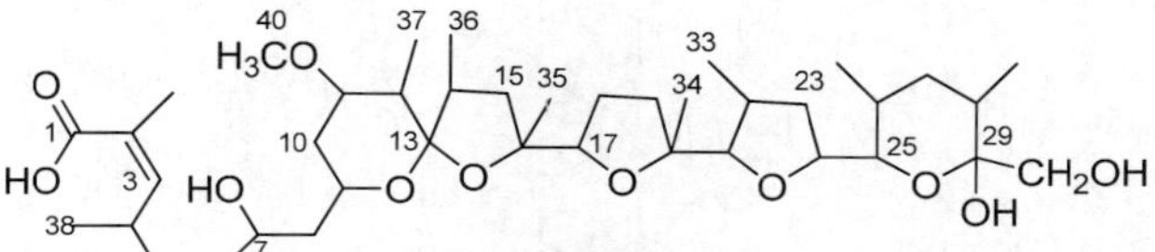

13-6-5

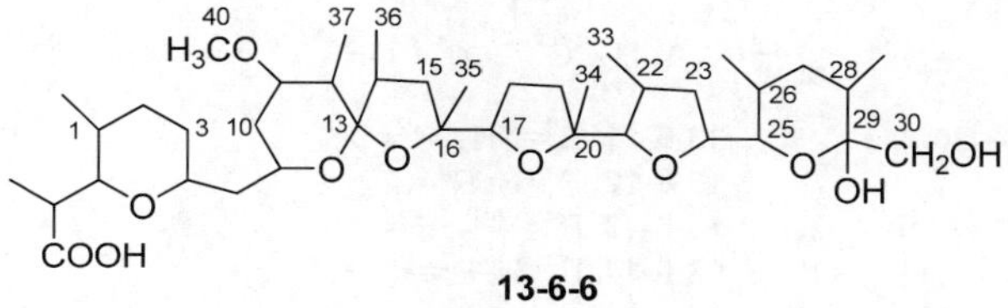

13-6-6

表 13-6-3 nigericin 和 abierixin 的 ^{13}C NMR 数据[4]

C	13-6-5	C	13-6-5	C	13-6-5	C	13-6-5
1-COO	177.5	7-CHO	69.0	22-CH	35.4	32-CH$_3$	17.3
13-COO	108.2	30-CH$_2$OH	68.3	10-CH$_2$	32.6	31-CH$_3$	16.4
29-COO	97.0	9-CHO	60.4	23-CH$_2$	32.2	33-CH$_3$	16.3
21-CHO	85.3	40-OCH$_3$	57.4	26-CH	31.8	COO	172.1
20-CO	83.4	2-CH	44.2	19-CH$_2$	30.7	═CH	149.7
16-CO	82.4	15-CH$_2$	42.5	4-CH	37.9	═C	125.9
17-CHO	81.5	14-CH	39.0	35-CH$_3$CO	27.5	13-COO	108.3
11-CHO	79.3	27-CH$_2$	37.4	5-CH$_2$	26.1	29-COO	97.3
25-CHO	78.0	28-CH	37.2	18-CH$_2$	25.7	21-CHO	86.5
24-CHO	74.5	12-CH	36.9	6-CH$_2$	23.4	20-CO	84.1
3-CHO	72.9	8-CH$_2$	35.8	34-CH$_3$CO	22.7	16-CO	84.1

续表

C	13-6-5	C	13-6-5	C	13-6-5	C	13-6-5
17-CHO	81.8	$-CH_2$	40.3	-CH	34.4	33-CH_3	15.9
11-CHO	78.3	14-CH	39.6	-CH	33.3	39-CH_3	15.0
25-CHO	77.3	12-CH	36.9	10-CH_2	32.9	36-CH_3	13.2
24-CHO	76.3	8-CH_2	36.8	23-CH_2	32.3	37-CH_3	12.9
7-CHO	71.4	22-CH	35.5	35-CH_3CO	27.3	38-CH_3	12.2
30-CH_2OH	67.7	$-CH_2$	35.2	18-CH_2	25.2	39-CH_3	15.6
9-CHO	65.5	$-CH_2$	35.0	6-CH_2	23.0	36-CH_3	13.2
40-OCH_3	58.0	-CH	34.8	34-CH_3CO	19.9	37-CH_3	13.1
15-CH_2	42.3	$-CH_2$	34.4	32-CH_3	17.4	38-CH_3	10.8

13-6-7[5]

13-6-8[6]

13-6-9[7]

13-6-10[8]

13-6-11 $R^1=NH_2$; $R^2=Cl$
13-6-12 $R^1=H$; $R^2=Cl$
13-6-13 $R^1=NH_2$; $R^2=H$
13-6-14 $R^1=H$; $R^2=H$

13-6-15

13-6-16

13-6-17

表 13-6-4 游放线酮(actinoplaones)的 ^{13}C NMR 数据[10]

C	13-6-11[9]	13-6-12[9]	13-6-13	13-6-14	13-6-15	13-6-16	13-6-17
1	163.3	165.9	164.9	167.6	158.7	158.2	158.7
3	138.6	135.1	140.9	139.5	135.9	135.4	138.2
3-CH_3	16.5	17.4	19.4	19.1	16.5	16.6	19.2
4	110.6	111.1	105.9	106.1	112.2	111.9	106.4
5	134.2	136.1	137.0	138.0	134.6	134.3	136.8
6	112.1	111.5	114.1	114.4	112.3	112.1	114.3
7	141.5	142.0	141.2	141.4	141.4	141.9	141.3

续表

C	13-6-11[9]	13-6-12[9]	13-6-13	13-6-14	13-6-15	13-6-16	13-6-17
8	36.9	37.1	36.9	37.0	37.2	37.0	36.9
9	73.6	72.1	73.0	72.8	73.0	72.7	73.0
11	91.0	90.6	91.1	91.0	91.1	91.0	91.1
13	130.7	130.2	130.9	130.7	131.0	130.8	130.8
14	130.0	130.0	130.1	130.0	130.1	129.9	130.0
15	111.9	111.4	112.5	112.4	112.1	111.7	111.0
16	115.2	115.0	113.9	114.1	115.5	116.1	114.8
17	157.4	158.0	157.6	158.2	159.7	158.8	159.4
18	109.0	109.5	110.2	110.1	110.3	109.8	110.6
19	150.6	150.8	150.7	150.6	150.8	150.9	150.8
20	110.8	110.6	111.0	111.0	111.1	111.0	112.3
21	143.9	143.7	143.8	143.7	144.0	144.0	143.9
23	162.8	162.3	162.9	162.8	163.0	162.9	162.9
24	78.3	78.3	78.5	78.5	78.4	78.3	78.5
24-OCH_3	59.9	59.7	60.0	59.9	60.0	59.9	59.9
25	68.1	68.0	68.3	68.3	68.2	68.1	68.2
26	26.9	26.8	27.1	27.0	27.0	26.9	27.0
27	69.6	69.7	69.7	69.8	69.6	69.6	69.7
27-OCH_3	58.3	58.6	58.5	58.5	58.4	58.4	58.4
28	117.2	117.4	117.3	117.4	117.3	117.3	117.3
29	181.9	181.7	182.1	182.0	182.1	182.0	182.1
2'	—	—	—	—	180.9	174.5	174.1
2'-CH_3	—	—	—	—	20.5	15.1	15.0
3'	—	—	—	—	25.0	196.9	197.2
4'	—	—	—	—	—	25.7	25.7

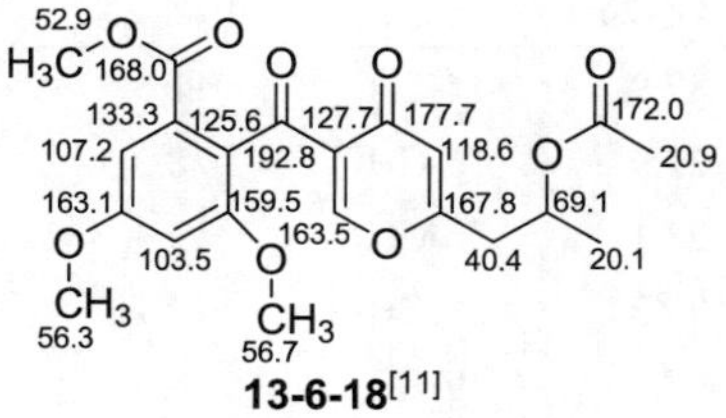

13-6-18[11]

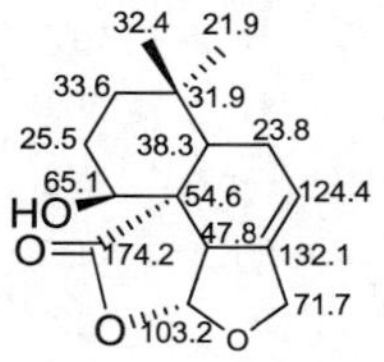

13-6-19[12]

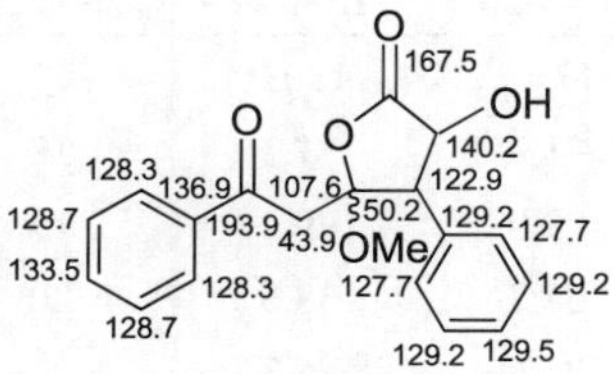

13-6-20[13]

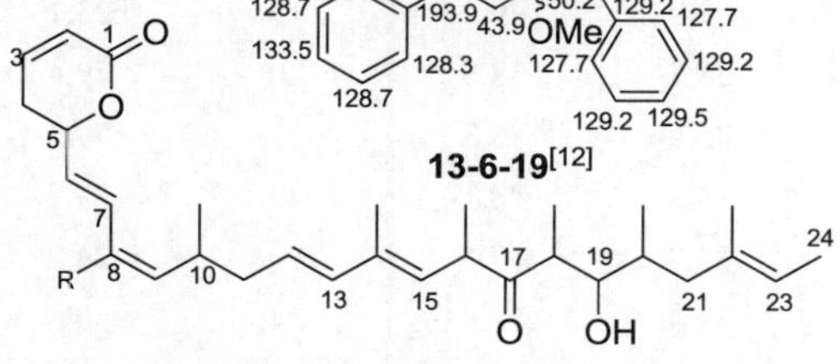

13-6-21 R=CH_3
13-6-22 R=CH_2CH_3

表 13-6-5 anguinomycins 的 ^{13}C NMR 数据[14]

C	13-6-21	13-6-22	C	13-6-21	13-6-22	C	13-6-21	13-6-22
1	163.9	164.0	3	144.7	144.7	5	78.5	78.8
2	121.5	121.6	4	29.9	30.0	6	125.3	124.7

续表

C	13-6-21	13-6-22	C	13-6-21	13-6-22	C	13-6-21	13-6-22
7	130.6	129.9	16	45.5	45.6	8-CH_3	20.2	
8	129.3	135.4	17	215.5	215.6	8-$\underline{C}H_2CH_3$		26.3
9	138.9	137.1	18	46.5	46.5	8-$CH_2\underline{C}H_3$		13.4
10	32.1	32.1	19	74.2	74.3	10-CH_3	20.6	20.7
11	40.6	40.7	20	33.1	33.1	14-CH_3	12.9	13.0
12	127.5	127.6	21	44.0	44.1	16-CH_3	16.1	16.2
13	135.3	135.4	22	133.9	133.9	18-CH_3	12.2	12.2
14	136.1	136.1	23	120.3	120.4	20-CH_3	13.9	14.0
15	128.3	128.3	24	13.2	13.4	22-CH_3	15.2	15.2

13-6-23

13-6-24

表 13-6-6 13-6-23 和 13-6-24 的 ^{13}C NMR 数据[15]

C	13-6-23	13-6-24	C	13-6-23	13-6-24	C	13-6-23	13-6-24
1	178.9	180.0	17	83.7	82.9	14-CH_3	11.5	11.8
2	71.9	71.3	18	25.6	25.9	16-CH_3	28.5	28.4
3	99.0	99.2	19	23.1	23.1	26-CH_3	13.4	17.6
4	38.7	38.6	20	79.4	79.3	28-CH_3	12.7	11.2
5	85.6	85.8	21	79.3	78.7	29-CH_3	26.9	25.5
6	78.3	78.1	22	29.2	29.6	5-OCH_3	61.0	61.1
7	66.7	67.5	23	24.2	24.5	6-OCH_3	50.8	50.9
8	32.4	31.8	24	80.8	83.3	11-OCH_3	59.3	58.6
9	61.4	61.7	25	74.4	74.5	15-OCH_3	60.2	60.1
10	31.1	31.0	26	39.1	36.4	1'	102.7	—
11	79.8	79.8	27	82.9	145.4	2'	30.5	—
12	36.9	37.0	28	47.0	136.8	3'	27.3	—
13	106.9	107.4	29	98.4	200.3	4'	80.4	—
14	46.2	46.9	4-CH_3	12.1	12.1	4'-OCH_3	56.8	—
15	94.7	94.5	6-CH_3	11.0	10.8	5'	74.5	—
16	83.3	84.6	12-CH_3	12.6	12.8	5'-OCH_3	18.3	—

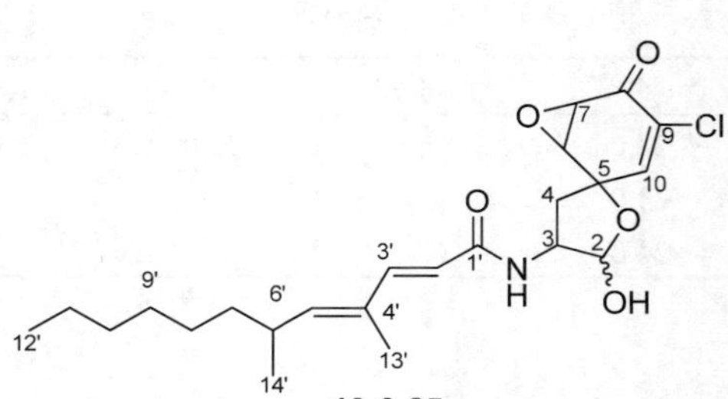

13-6-25

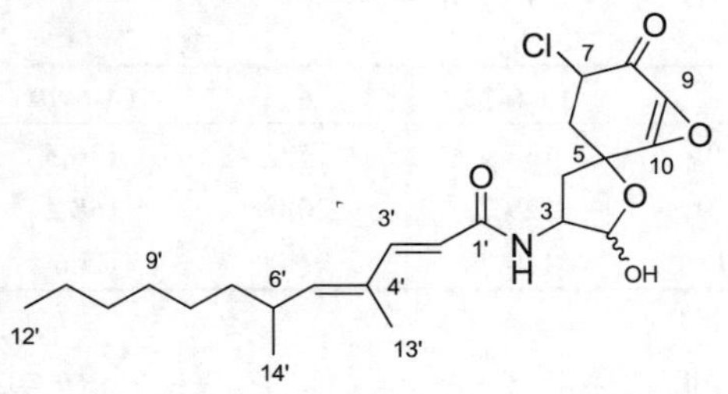

13-6-26

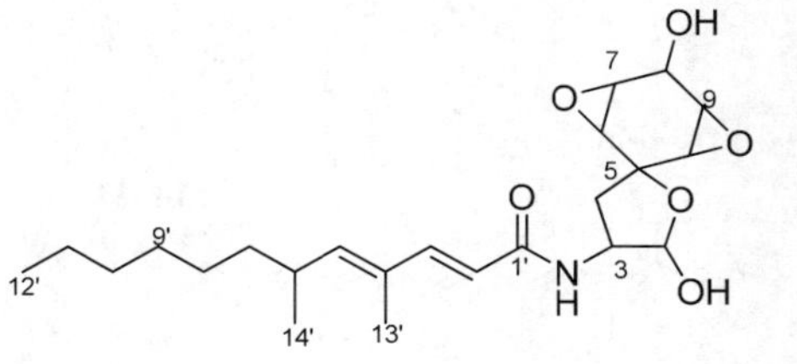

13-6-27

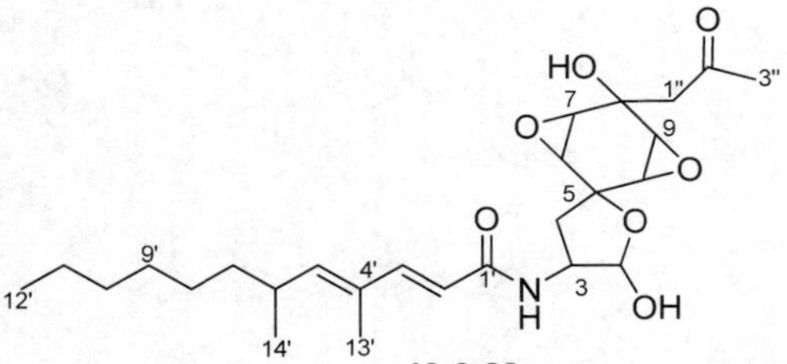

13-6-28

表 13-6-7 aranochlors 的 ^{13}C NMR 数据[16]

C	13-6-25	13-6-26	C	13-6-25	13-6-26	C	13-6-25	13-6-26
2	96.5	96.4	10	143.4	52.5	8'	27.5	27.4
3	52.0	51.6	1'	167.1	167.0	9'	29.4	29.3
4	39.1	38.1	2'	116.8	116.7	10'	31.9	31.8
5	80.0	78.9	3'	147.7	147.7	11'	22.7	22.8
6	58.3	144.8	4'	130.8	130.7	12'	14.1	14.0
7	53.0	127.4	5'	148.9	148.8	13'	12.6	12.4
8	186.4	186.2	6'	33.3	33.2	14'	20.6	20.4
9	128.0	56.9	7'	37.3	37.2			

表 13-6-8 aranorosinols 的 ^{13}C NMR 数据[17]

C	13-6-27	13-6-28	C	13-6-27	13-6-28	C	13-6-27	13-6-28
2	96.6	96.6	1'	167.3	166.9	10'	31.8	32.0
3	52.7	52.4	2'	118.0	117.9	11'	22.8	22.8
4	37.4	37.0	3'	146.7	146.9	12'	14.1	14.1
5	80.5	79.0	4'	131.2	131.1	13'	12.6	12.6
6	61.4	59.6	5'	147.7	147.7	14'	20.6	20.5
7	57.2	58.2	6'	33.3	33.3	1''		47.4
8	64.2	66.4	7'	37.4	37.4	2''		210.4
9	57.0	57.5	8'	27.5	27.6	3''		31.5
10	60.1	58.7	9'	29.5	29.6			

表 13-6-9 *N*-acetylaureothamine 的 ^{13}C NMR 数据[18]

C	13-6-29	C	13-6-29	C	13-6-29	C	13-6-29
2	162.1	5	120.0	8	38.3	11	126.7
3	100.0	6	155.2	9	137.8	12	134.4
4	180.7	7	73.2	10	70.2	13.0	130.1

续表

C	13-6-29	C	13-6-29	C	13-6-29	C	13-6-29
14.0	133.5	17.0	136.5	22.0	17.5	25.0	55.3
15,19	129.7	20.0	168.2	23.0	9.4		
16,18	119.7	21.0	24.6	24.0	6.9		

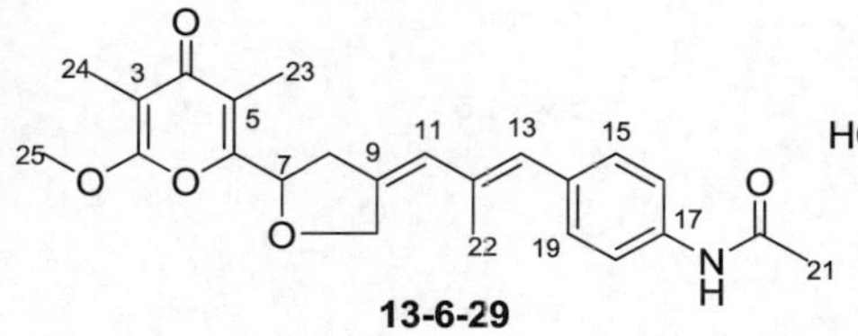

13-6-29 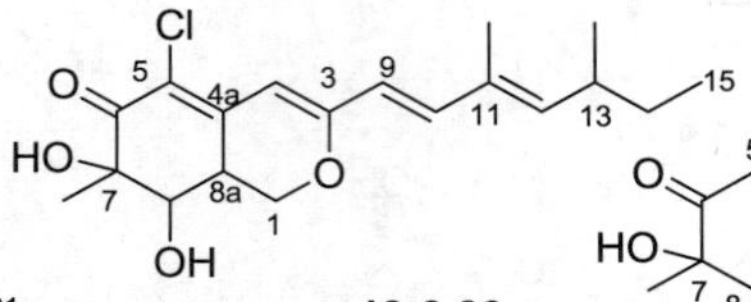　13-6-30 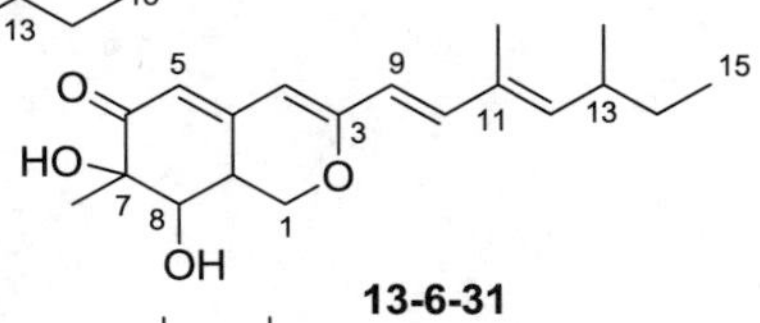　13-6-31 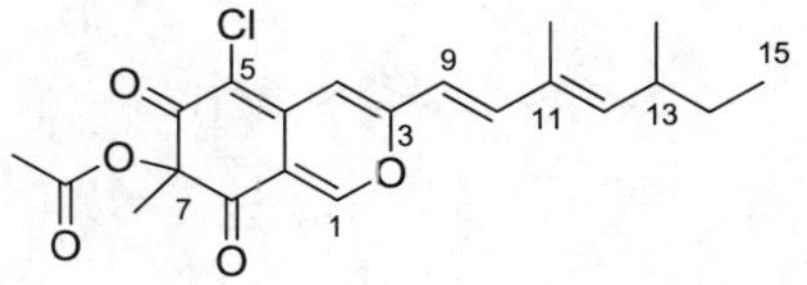　13-6-32 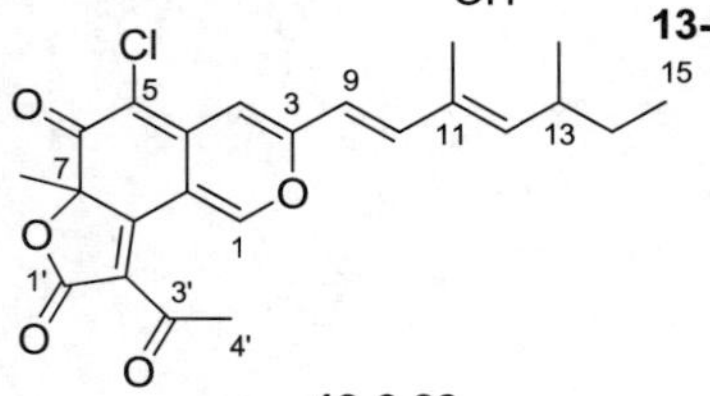　13-6-33

表 13-6-10　zaphilones 的 ^{13}C NMR 数据[19]

C	13-6-30	13-6-31	13-6-32	13-6-33	C	13-6-30	13-6-31	13-6-32	13-6-33
1	68.8	68.8	152.6	151.9	13	35.0	34.8	35.1	35.1
3	164.1	161.8	158.1	158.0	14	30.2	30.0	30.1	29.8
4	101.6	104.6	106.4	105.5	15	11.9	11.7	11.9	11.8
4a	146.6	151.8	138.6	139.4	16	12.4	12.2	12.3	12.2
5	118.2	115.2	114.7	110.2	17	20.2	20.2	20.1	20.0
6	189.1	196.1	191.7	194.1	18	21.1	20.6	22.5	26.1
7	75.1	73.2	84.6	87.4	7-OCOCH$_3$			170.0	
8	73.6	74.3	185.9	163.6	7-OCOCH$_3$			20.0	
8a	37.7	36.7	111.0	108.7	1'				167.7
9	119.1	118.9	115.8	115.6	2'				123.7
10	142.1	140.5	142.8	143.5	3'				182.9
11	132.4	132.0	132.0	131.9	4'				29.9
12	147.2	146.0	148.7	149.2					

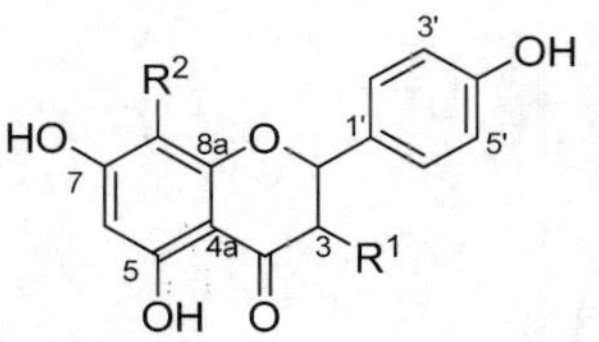

13-6-34 R^1=CH$_3$; R^2=H 2(*S*), 3(*S*)
13-6-35 R^1=CH$_3$; R^2=H 2(*S*), 3(*R*) 和 2(*R*), 3(*S*)外消旋混合物
13-6-36 R^1=CH$_3$; R^2=Cl 2(*S*), 3(*S*)
13-6-37 R^1=CH$_3$ R^2=Cl 2(*S*),3(*R*) 和 2(*R*), 3(*S*)外消旋混合物

表 13-6-11　14348B、C、D、E 的 ^{13}C NMR 数据[20]

C	13-6-34	13-6-35	13-6-36	13-6-37	C	13-6-34	13-6-35	13-6-36	13-6-37
2	81.7	85.6	82.3	86.2	5	165.7	165.3	163.3	162.9
3	46.3	45.5	45.8	45.3	6	97.1	96.8	97.4	97.1
4	201.6	199.5	201.6	199.7	7	167.2	167.3	162.6	162.6
4a	101.7	102.5	102.2	102.9	8	95.7	95.6	100.0	99.8

续表

C	13-6-34	13-6-35	13-6-36	13-6-37	C	13-6-34	13-6-35	13-6-36	13-6-37
8a	163.8	164.1	158.6	159.0	3', 5'	116.0	116.2	116.1	116.2
1'	129.0	130.0	128.5	129.5	4'	158.0	158.8	158.1	159.0
2', 6'	128.1	129.9	128.0	130.0	3-CH_3	10.3	10.3	10.2	10.3

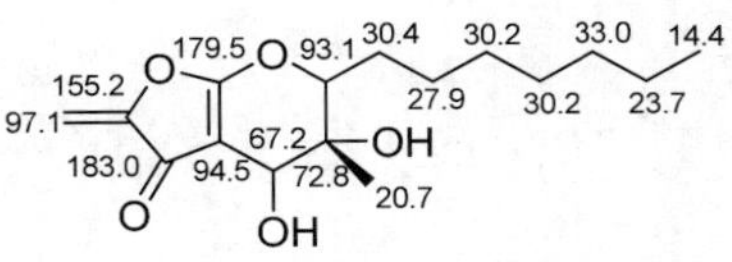

13-6-38[21]

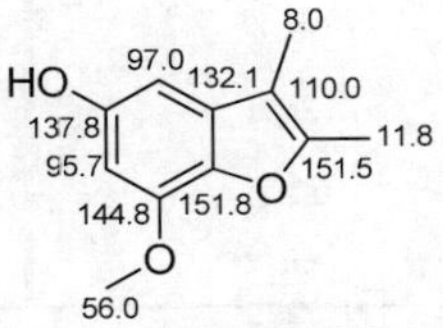

13-6-39[22]

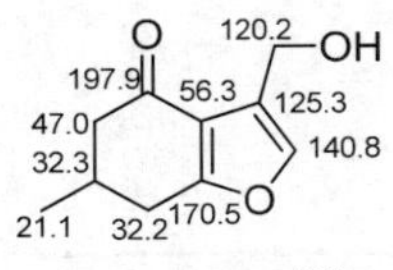

13-6-40[23]

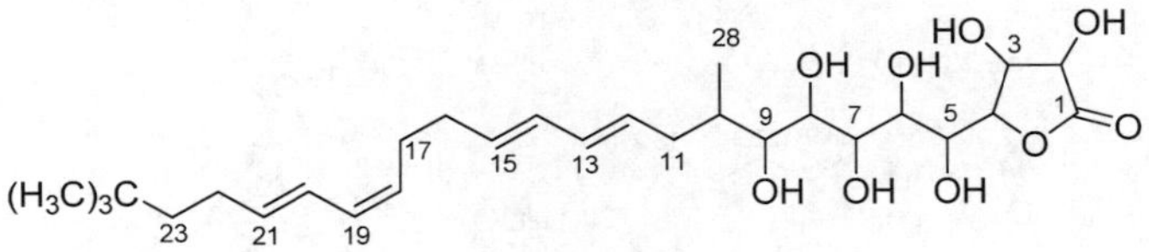

13-6-41

表 13-6-12 butyrolactol A 的 ^{13}C NMR 数据[24]

C	13-6-41	C	13-6-41	C	13-6-41	C	13-6-41
1	174.8	8	69.2	15	130.8	22	27.6
2	74.2	9	72.6	16	32.1	23	43.2
3	72.5	10	35.6	17	27.0	24	30.1
4	79.5	11	35.9	18	128.6	25	29.2
5	66.4	12	131.4	19	129.0	26	29.2
6	68.3	13	131.4	20	125.2	27	29.2
7	68.4	14	130.8	21	135.8	28	15.7

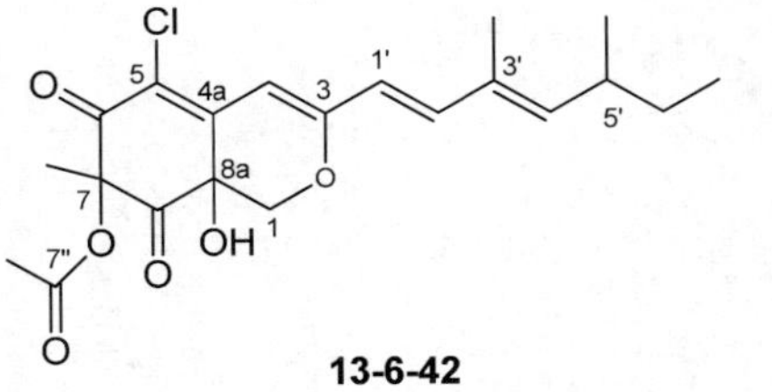

13-6-42

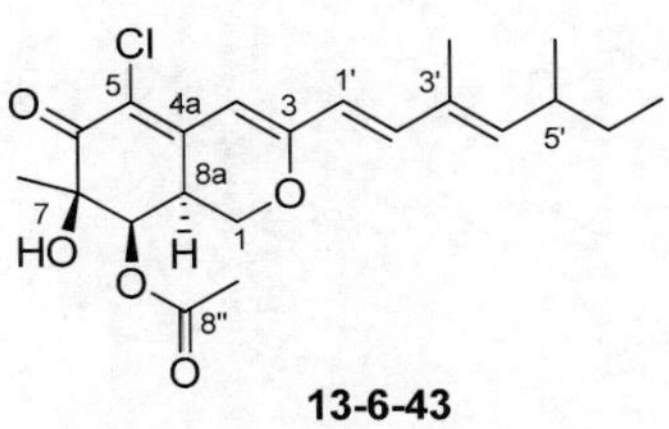

13-6-43

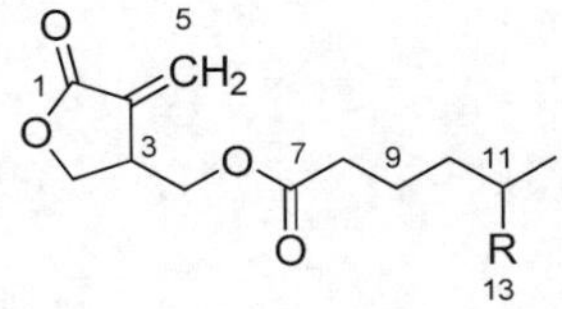

13-6-44 R=CH_3
13-6-45 R=H

表 13-6-13 isochromophilones 的 ^{13}C NMR 数据[25]

C	13-6-42	13-6-43	C	13-6-42	13-6-43	C	13-6-42	13-6-43
1	70.1	67.3	7''	169.7		3'	132.2	132.2
3	162.2	162.6	7''-CH_3	19.9		3'-CH_3	12.4	12.4
4	100.2	101.8	8	197.1	74.2	4'	148.1	147.5
4a	143.9	144.6	8''		170.5	5'	35.0	35.0
5	121.0	115.9	8''-CH_3		20.6	5' -CH_3	20.2	20.2
6	185.5	192.0	8a	68.0	36.8	6'	30.1	30.1
7	83.5	76.0	1'	118.2	118.6	6'-CH_3	11.9	11.9
7-CH_3	23.4	24.6	2'	142.9	142.2			

表 13-6-14 cedarmycins 的 ^{13}C NMR 数据[26]

C	13-6-44	13-6-45	C	13-6-44	13-6-45
1	169.8	169.9	8	34.3	34.0
2	134.6	134.6	9	22.8	24.6
3	38.1	38.1	10	38.3	31.3
4	68.1	68.1	11	27.7	22.3
5	124.1	124.1	12	22.5	13.9
6	64.7	64.7	13	22.5	—
7	173.5	173.5			

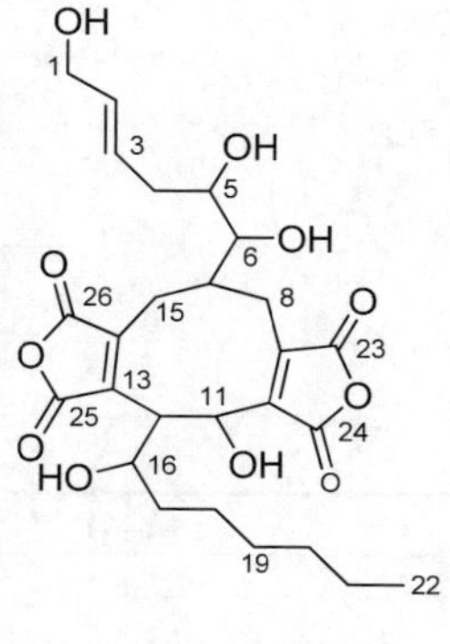

13-6-46

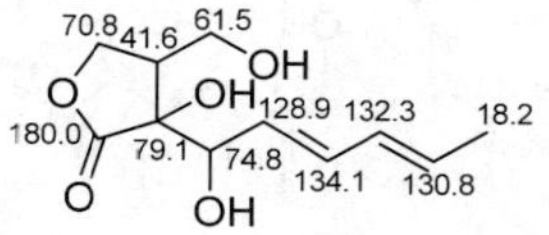

13-6-47[28]

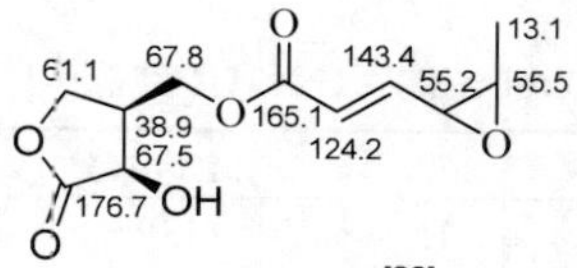

13-6-48[28]

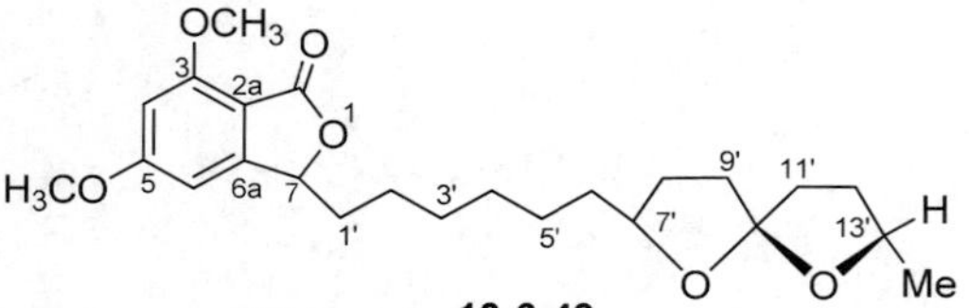

13-6-49

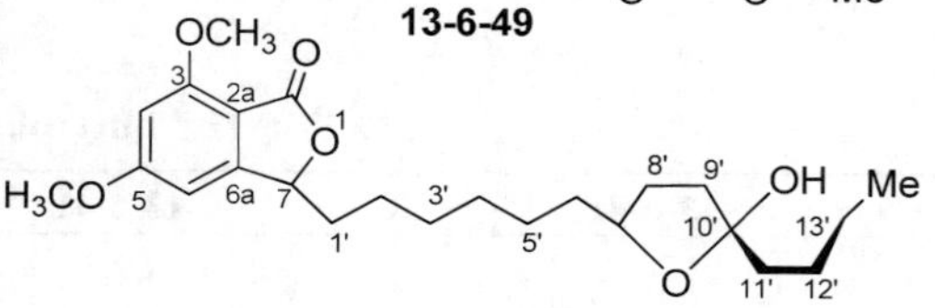

13-6-50

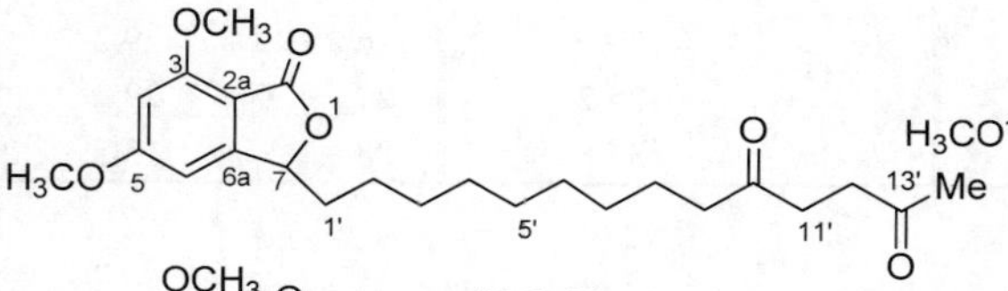

13-6-51

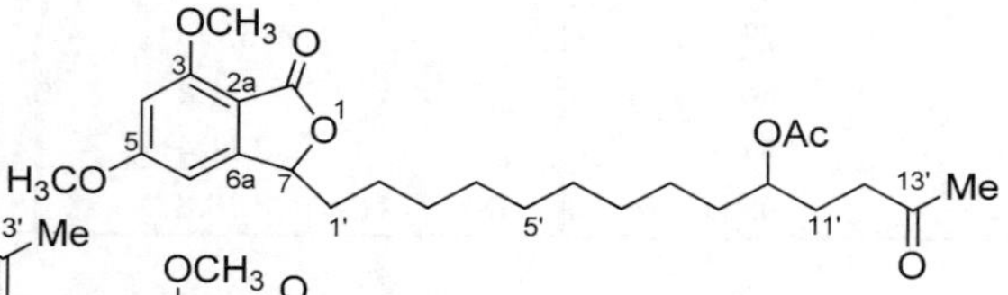

13-6-52

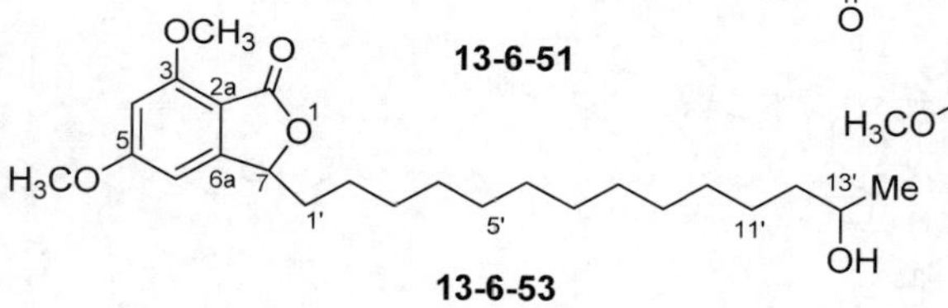

13-6-53

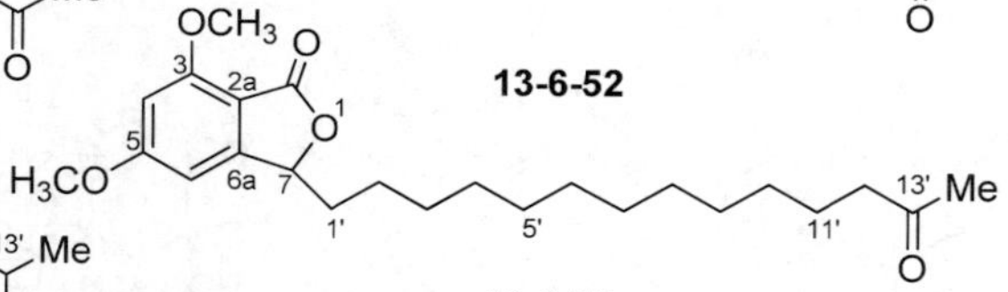

13-6-54

表 13-6-15 ceramidastin 的 ^{13}C NMR 数据[27]

C	13-6-46	C	13-6-46	C	13-6-46	C	13-6-46
1	61.7	8	24.1	15	31.8	21	22.0
2	132.5	9	143.8	16	68.8	22	13.5
3	126.5	10	142.5	17	35.5	23	165.8
4	35.8	11	63.0	18	25.7	24	163.0
5	71.5	12	47.0	19	28.0	25	167.0
6	78.0	13	138.4	20	31.0	26	166.4
7	36.0	14	148.0				

表 13-6-16 13-6-49~13-6-54 的 ^{13}C NMR 数据[29]

C	13-6-49	13-6-50	13-6-51	13-6-52	13-6-53	13-6-54
2	168.5	168.5	168.6	168.5	168.5	168.4
2a	106.9	106.9	106.7	106.9	106.9	106.8
3	159.6	159.6	159.5	159.6	159.6	159.5
3-OMe	56.0	56.0	55.9	55.9	56.0	55.9
4	98.6	98.6	98.6	98.6	98.6	98.5
5	166.6	166.6	166.6	166.6	166.6	166.6
5-OMe	55.9	55.9	55.9	55.9	55.9	55.8
6	97.3	97.3	97.3	97.4	97.4	97.4
6a	155.2	155.2	155.2	155.2	155.2	155.1
7	79.9	79.9	80.0	79.9	79.9	79.9
1'	34.8	34.8	34.8	34.8	34.8	34.7
2'	24.6	24.6	24.6	24.6	24.6	24.5
3'	29.4	29.4	29.2	29.3	29.3	29.2
4'	29.3	29.3	29.2	29.3	29.4	29.3
5'	25.9	25.7	29.2	29.3	29.5	29.3
6'	37.3	35.6	29.2	29.3	29.6	29.3
7'	79.9	78.1	29.1	29.2	29.6	29.4
8'	30.7	30.2	23.7	25.2	29.6	29.4
9'	36.5	35.7	42.7	34.2	29.6	29.4
10'	114.2	114.7	209.7	73.5	29.6	29.0
11'	36.1	35.6	36.8	27.9	25.7	23.7
12'	32.6	32.2	36.0	39.5	39.3	43.7
13'	75.8	74.0	207.4	208.0	68.2	209.3
14'	23.0	21.1	29.9	29.9	23.4	29.7

13-6-55

13-6-56

表 13-6-17 13-6-55 和 13-6-56 的 ^{13}C NMR 数据[30]

C	13-6-55	13-6-56	C	13-6-55	13-6-56	C	13-6-55	13-6-56
1	40.2	40.9	9	51.5	51.6	17	26.3	25.8
2	29.8	30.1	10	27.3	32.6	18	29.2	29.0
3	140.2	141.3	11	37.8	126.9	19	22.5	22.9
4	141.2	139.1	12	46.5	140.3	20	23.1	22.9
5	49.3	45.2	13	48.0	52.1	1'	109.3	111.9
6	42.5	43.0	14	95.5	99.7	2'	82.2	86.3
7	30.1	29.2	15	98.8	80.8	3'	87.0	208.5
8	38.6	38.8	16	20.4	18.2	4'	70.3	81.3

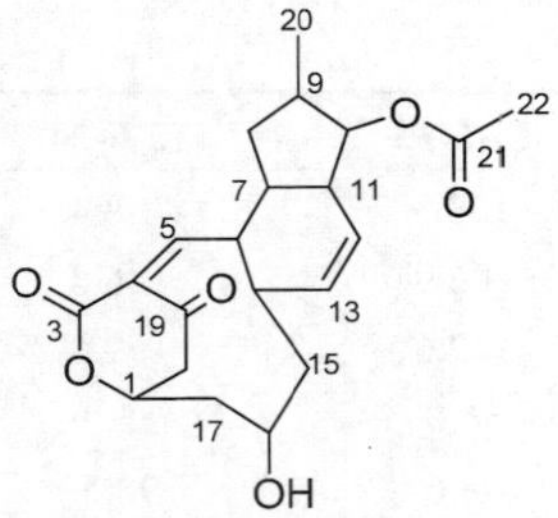

13-6-57 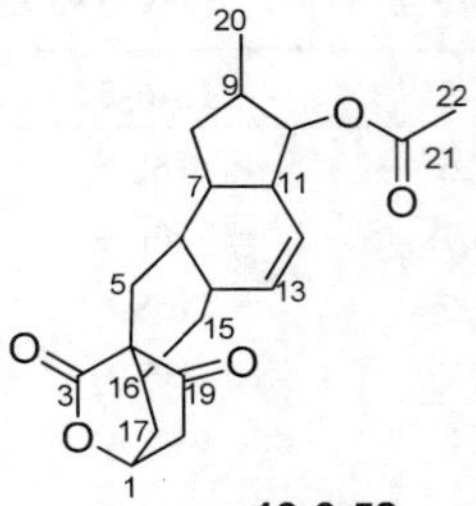 **13-6-58** 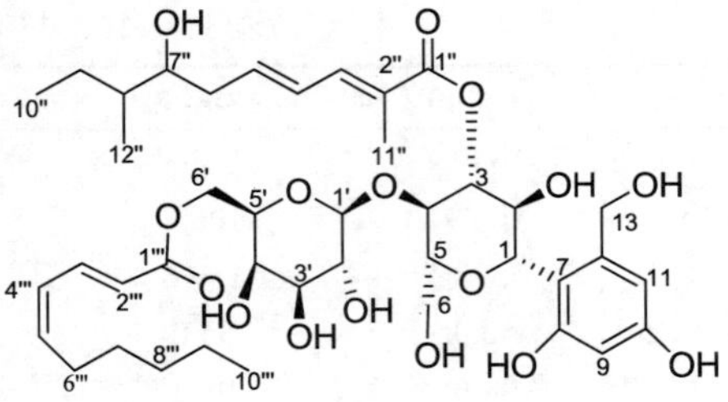 **13-6-59**

表 13-6-18 cochleamycins 的 ^{13}C NMR 数据[31]

C	13-6-57	13-6-58	C	13-6-57	13-6-58	C	13-6-57	13-6-58
1	72.8	73.0	9	35.5	35.5	16	66.5	30.3
3	165.7	169.9	10	82.2	82.6	17	45.6	33.3
4	136.1	60.4	11	42.5	42.8	18	41.1	41.3
5	154.0	24.7	12	128.6	130.2	19	194.2	203.1
6	40.6	31.9	13	128.6	129.3	20	13.9	14.1
7	35.6	39.4	14	34.5	29.0	21	170.9	170.8
8	34.9	35.5	15	42.5	38.2			

表 13-6-19 corynecandin 的 ^{13}C NMR 数据[32]

C	13-6-59	C	13-6-59	C	13-6-59	C	13-6-59
1	78.7	12	143.1	4"	129.0	3'''	141.4
2	72.1	13	63.7	5"	141.4	4'''	127.5
3	79.2	1'	105.2	6"	39.6	5'''	143.3
4	77.1	2'	74.7	7"	75.0	6'''	29.2
5	81.5	3'	72.6	8"	41.2	7'''	30.1
6	61.1	4'	70.0	9"	27.1	8'''	32.5
7	114.5	5'	73.8	10"	12.2	9'''	23.5
8	158.7	6'	64.1	11"	13.1	10'''	14.4
9	104.5	1"	170.1	12"	13.8		
10	159.3	2"	126.9	1'''	168.5		
11	109.4	3"	140.0	2'''	121.7		

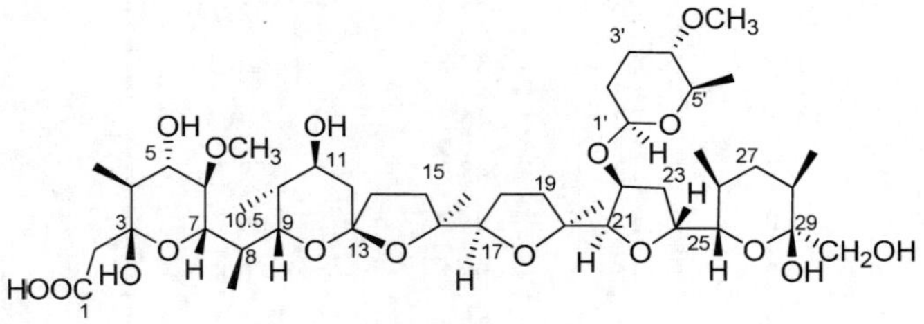

13-6-60

表 13-6-20 CP-120509 的钠盐 ^{13}C NMR 数据[33]

C	13-6-60	C	13-6-60	C	13-6-60	C	13-6-60
1	178.5	13	106.8	25	74.8	26-Me	16.7
2	45.0	14	39.2	26	31.6	28-Me	16.2
3	97.8	15	33.5	27	35.3	29-CH_2OH	65.0
4	45.3	16	84.4	28	36.0	1'	103.3
5	75.2	17	82.4	29	97.7	2'	30.5
6	82.4	18	28.4	4-Me	12.3	3'	26.9
7	67.6	19	32.2	6-OMe	60.2	4'	79.8
8	33.9	20	83.4	8-Me	10.8	5'	74.6
9	68.6	21	87.2	10-Me	10.5	4'-OMe	56.8
10	34.5	22	80.8	16-Me	27.3	5'-Me	18.4
11	69.8	23	33.2	20-Me	24.7		
12	33.2	24	78.0				

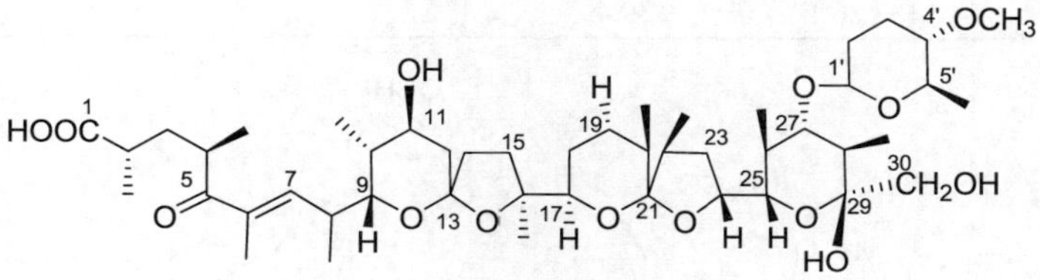

13-6-61

表 13-6-21 CP-80219 钠盐的 ^{13}C NMR 数据[34]

C	13-6-61	C	13-6-61	C	13-6-61	C	13-6-61
1	183.7	13	106.8	25	72.2	20-CH_3	13.2①
2	40.3	14	39.8	26	39.5	22-CH_3	15.0
3	41.6	15	32.5	27	82.2	26-CH_3	13.2①
4	37.8	16	86.3	28	44.2	28-CH_3	12.4①
5	206.2	17	80.4	29	99.5	1'	102.9
6	133.6	18	18.6	30	65.4	2'	30.5
7	144.9	19	26.8	2-CH_3	19.7	3'	27.4
8	36.0	20	30.0	4-CH_3	14.3	4'	80.3
9	69.9	21	110.8	6-CH_3	11.2	5'	74.7
10	36.0	22	35.7	8-CH_3	16.8	4'-OCH_3	56.8
11	70.8	23	29.8	10-CH_3	10.0	5'-CH_3	18.3
12	34.1	24	78.9	16-CH_3	26.8		

① 碳的 NMR 归属可互换。

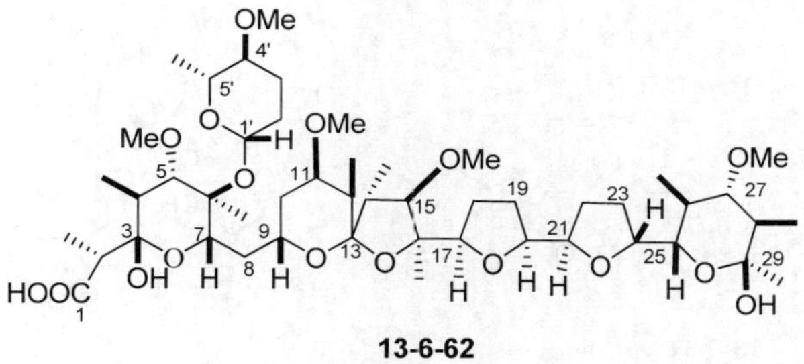

13-6-62

表 13-6-22 CP-82009 钠盐的 ^{13}C NMR 数据[35]

C	13-6-62	C	13-6-62	C	13-6-62	C	13-6-62
1	180.8	14	46.1	27	84.7	26-Me	13.1
2	45.2	15	94.7	28	46.3	27-OMe	59.9
3	99.6	16	83.3	29	98.4	28-Me	12.7
4	40.7	17	79.1	2-Me	11.5	29-Me	26.6
5	88.8	18	25.6	4-Me	12.0	1'	96.6
6	80.2	19	23.0	5-OMe	61.7	2'	31.9
7	67.5	20	79.3	6-Me	10.0	3'	27.7
8	32.5	21	83.5	11-OMe	58.9	4'	80.2
9	61.6	22	29.2	12-Me	12.5	5'	74.3
10	31.1	23	24.2	14-Me	11.5	4'-OMe	56.8
11	79.8	24	80.2	15-OMe	60.2	5'-Me	18.5
12	36.9	25	74.0	16-Me	28.4		
13	106.7	26	39.4				

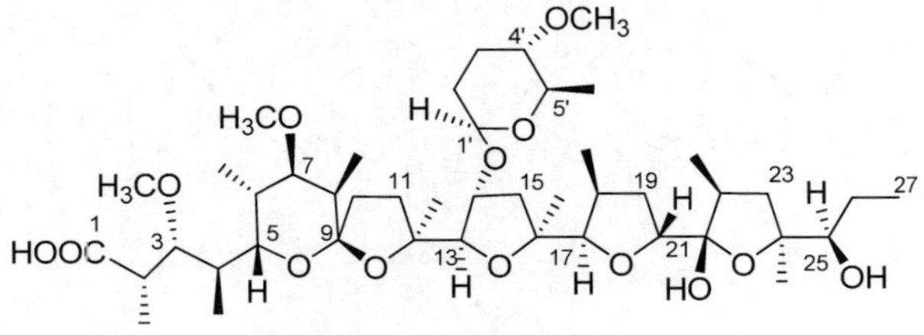

13-6-63

表 13-6-23 CP-84657 钠盐的 ^{13}C NMR 数据[36]

C	13-6-63	C	13-6-63	C	13-6-63	C	13-6-63
1	183.2	8	35.0	17	84.7	25	74.4
2	44.1	8-CH_3	12.9	18	34.9	26	26.0
2-CH_3	16.3	9	109.9	18-CH_3	15.2	27	10.6
3	82.3	10	35.5	19	35.2	1'	98.9
3-OCH_3	57.6	11	31.2	20	78.5	2'	30.7
4	36.3	12	85.6	21	105.7	3'	26.9
4-CH_3	10.0	12-CH_3	28.4	22	38.9	4'	80.0
5	65.3	13	86.0	22-CH_3	13.3	4'-OCH_3	56.8
6	30.6	14	74.9	23	35.3	5'	74.6
6-CH_3	11.0	15	36.7	24	86.5	5'-CH_3	18.1
7	87.2	16	83.1	24-CH_3	24.9		
7-OCH_3	60.2	16-CH_3	20.9				

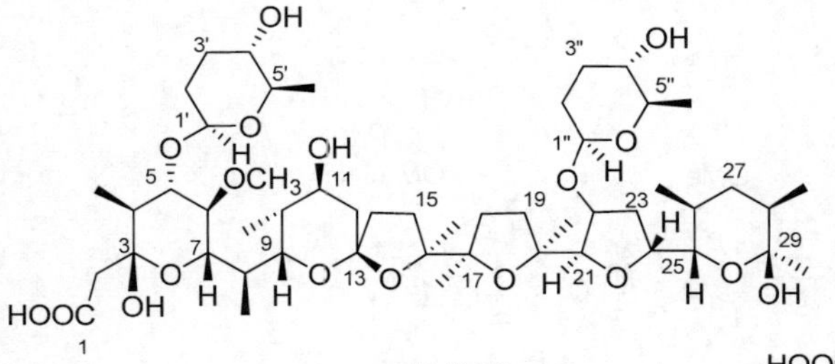

13-6-64

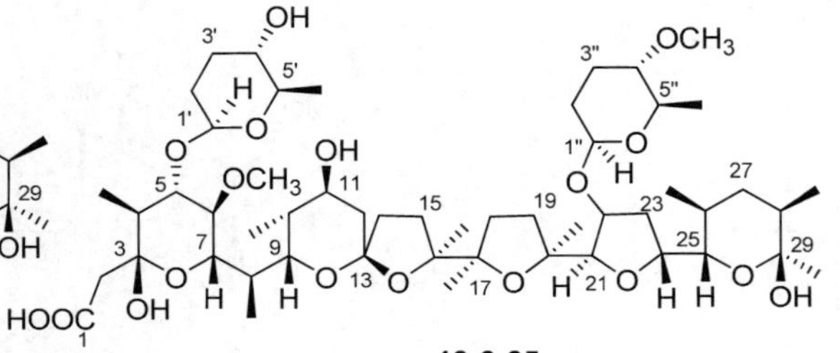

13-6-65

表 13-6-24 CP-91243 和 CP-91244 的钠盐 ^{13}C NMR 数据[37]

C	13-6-64	13-6-65	C	13-6-64	13-6-65	C	13-6-64	13-6-65
1	179.3	179.2	18	26.9	26.8	20-CH_3	23.1	23.2
2	45.0	45.5	19	32.2	32.2	26-CH_3	17.2	17.4
3	97.9	97.9	20	84.1	84.1	28-CH_3	16.7	17.2
4	44.5	44.6	21	86.9	86.9	29-CH_3	26.0	26.0
5	81.7	81.6	22	80.9	80.8	1'	102.4	102.4
6	82.3	82.4	23	32.3	32.4	2'	31.1	31.4
7	67.5	67.3	24	79.9	80.2	3'	31.2	31.5
8	33.2	33.4	25	73.3	72.9	4'	71.0	71.5
9	67.7	67.6	26	32.9	33.1	5'	75.6	75.6
10	33.6	33.5	27	36.3	36.4	5'-CH_3	17.8	18.0
11	69.9	70.0	28	39.6	39.8	1''	103.3	103.1
12	33.6	33.7	29	96.9	96.8	2''	30.9	30.5
13	107.3	107.4	6-OCH_3	59.7	59.6	3''	30.7	26.9
14	38.8	38.8	4-CH_3	12.2	12.3	4''	70.5	79.8
15	33.3	33.4	8-CH_3	10.8	11.0	5''	75.9	74.5
16	84.7	84.5	10-CH_3	10.2	10.3	4''-OCH_3		56.8
17	82.2	82.2	16-CH_3	27.3	27.5	5''-CH_3	17.9	18.3

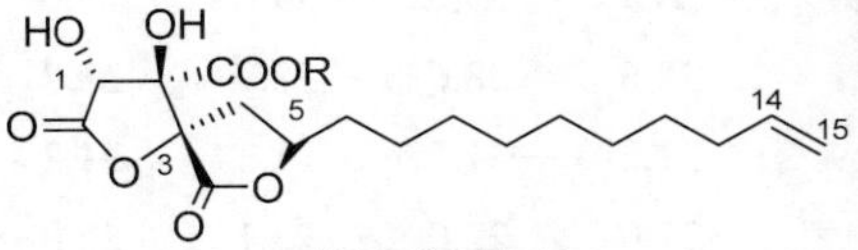

13-6-66 R=H
13-6-67 R=CH_3

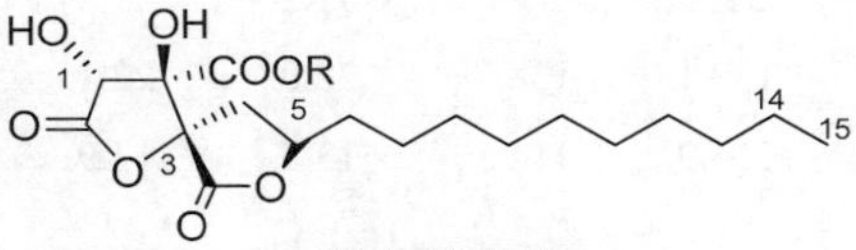

13-6-68 R=H
13-6-69 R=CH_3

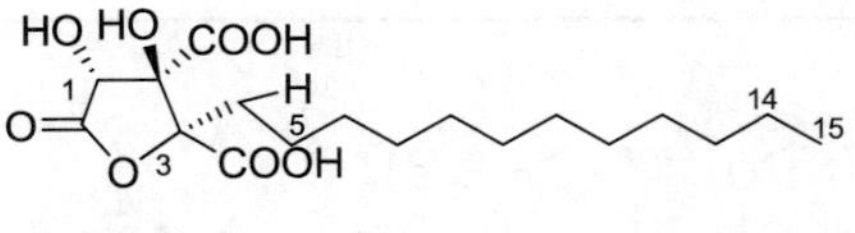

13-6-70

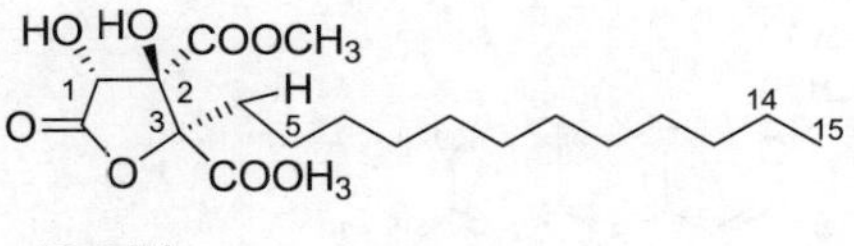

13-6-71

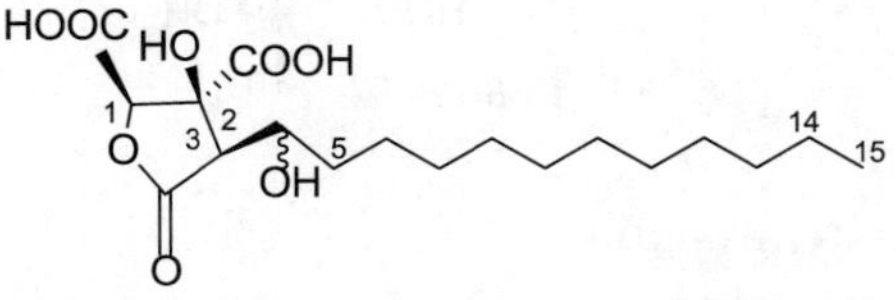

13-6-72

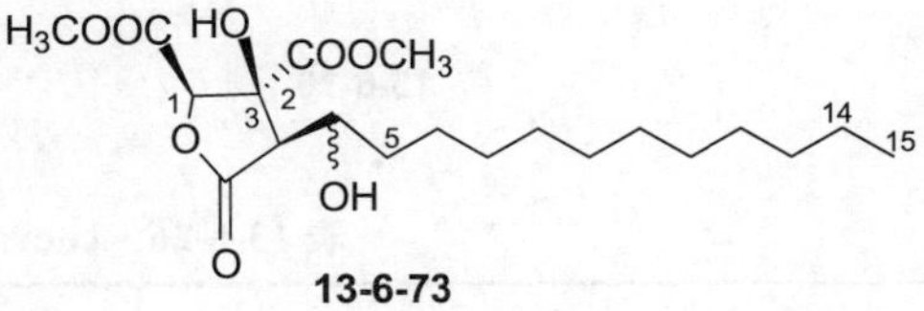

13-6-73

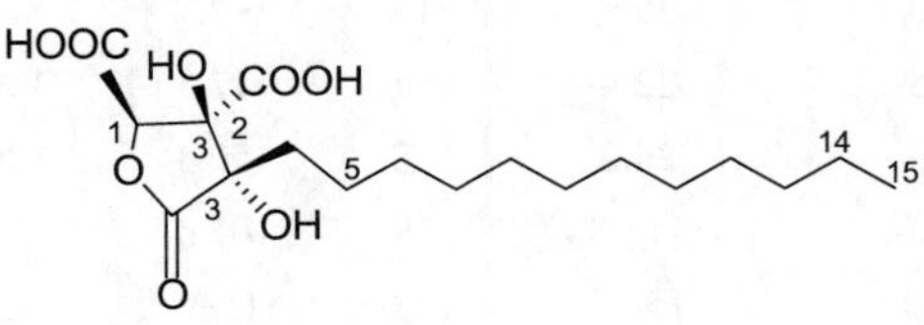

13-6-74

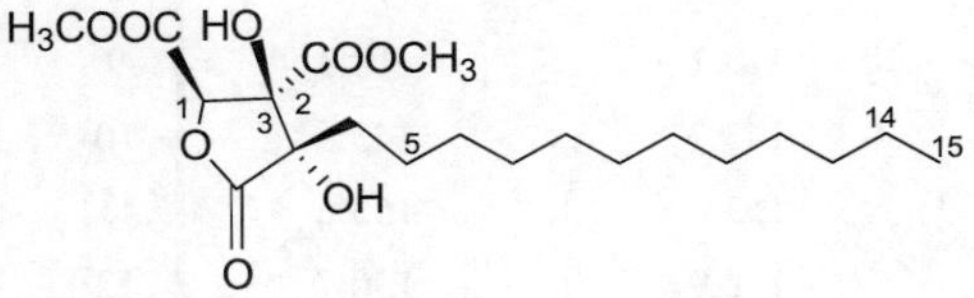

13-6-75

表 13-6-25　cinatrins ^{13}C NMR 数据[38]

C	13-6-66	13-6-67	13-6-68	13-6-69	13-6-70	13-6-71	13-6-72	13-6-73	13-6-74	13-6-75
1	72.8	73.0	72.6	73.2	73.1	73.0	81.0	81.1	79.4	79.6
1-CO	172.8	172.1	172.4	172.6	173.6	172.6	166.4	165.8	167.5	166.9
2	83.8	84.2	83.6	84.4	84.0			52.4		52.3
2-CO	169.9	168.7	169.5	169.1	170.4	84.3	80.4	81.0	81.3	82.4
2-COOCH$_3$		52.8		53.0	52.8	168.8	171.7	170.8	170.4	169.4
3	84.3	84.2	84.1	84.4	86.5	52.8		53.1		52.7
3-CO	172.7	172.0	172.3	172.4	170.6	86.8	53.6	53.7	78.7	78.8
4	36.2	35.9	36.2	36.0	30.8	168.9	173.2	172.8	174.6	174.4
5	77.3	77.2	77.1	77.4	23.5	52.3				
6	34.4	34.3	34.3	34.4	28.7	30.7	66.8	66.8	30.5	30.4
7	24.4	24.3	24.4	24.4	28.8	23.4	33.3	33.3	21.0	21.0
8	28.6	28.5	28.5	28.6	29.2	28.5	25.0	25.0	29.6	29.6
9	28.8	28.7	28.7	28.8	29.0	28.7	28.8	28.9	28.9	29.0
10	28.7	28.6	28.8	28.9	29.0	28.9	29.0	29.0	29.0	29.0
11	28.5	28.4	28.9	29.0	29.0	28.9	29.0	29.0	29.0	29.0
12	28.2	28.2	28.6	28.7	28.7	28.9	29.0	29.0	29.0	29.0
13	33.2	33.1	31.2	31.3	31.3	28.9	29.0	29.0	29.0	29.0
14	139.1	138.7	22.0	22.1	22.1	28.6	28.6	28.7	28.7	28.7
15	114.9	114.5	13.9	13.9	13.9	31.2	31.2	31.3	31.2	31.3
						22.0	22.0	22.1	22.0	22.1
						13.9	13.9	13.9	13.9	13.9

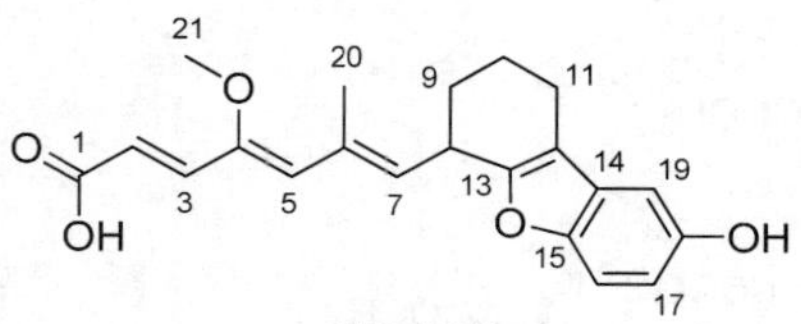

13-6-76

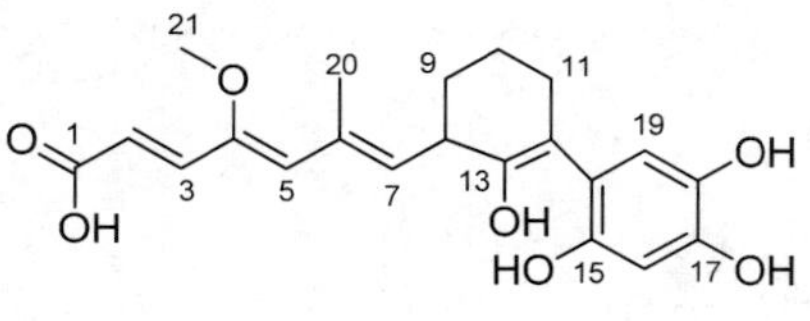

13-6-77

表 13-6-26　cuevaenes 的 ^{13}C NMR 数据[39]

C	13-6-76	13-6-77	C	13-6-76	13-6-77	C	13-6-76	13-6-77
1	170.5	171.0	8	33.5	33.5	15	153.7	149.7
2	118.1	118.3	9	31.0	30.9	16	117.7	112.6
3	143.7	143.6	10	22.5	22.4	17	112.3	149.8
4	153.4	153.6	11	24.3	24.2	18	150.3	149.6
5	130.9	130.7	12	115.6	115.8	19	105.3	106.1
6	133.0	133.2	13	156.1	156.8	20	15.3	15.4
7	140.8	140.2	14	130.3	129.2	21	60.7	60.6

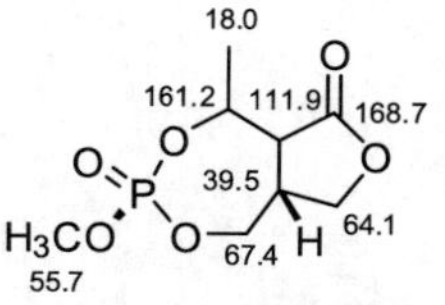

13-6-78[40]

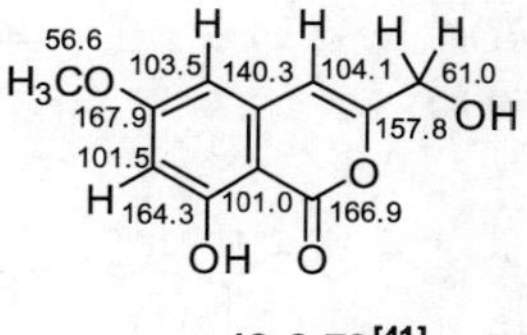

13-6-79[41]

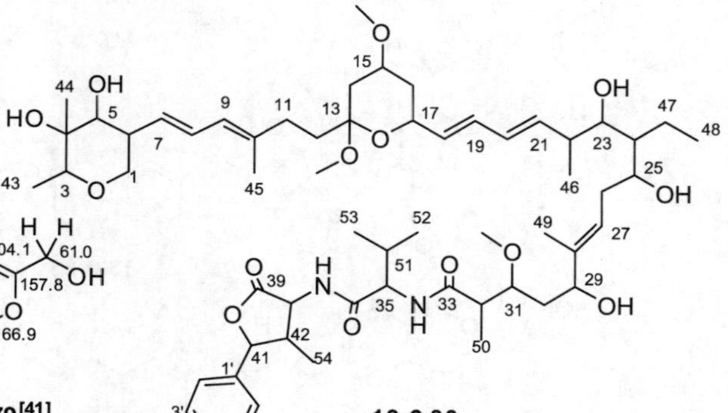

13-6-80

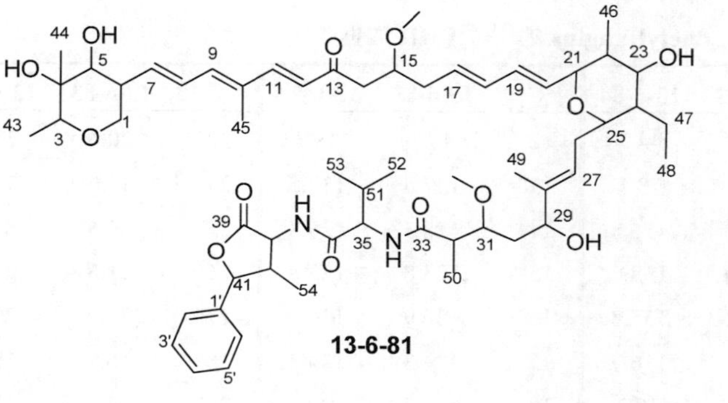

13-6-81

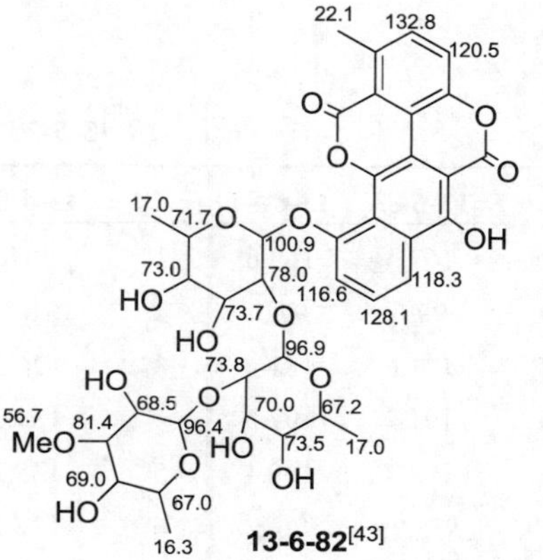

13-6-82[43]

表 13-6-27 cymbimicins 的 ^{13}C NMR 数据[42]

C	13-6-80	13-6-81	C	13-6-80	13-6-81	C	13-6-80	13-6-81
1	66.1	65.6	20	129.6	132.7	41	84.0	84.0
3	72.9	73.0	21	138.3	77.0	42	44.3	44.2
4	70.5	70.4	22	40.0	41.4	43	14.5	14.5
5	75.3	74.9	23	75.7	67.4	44	18.9	18.8
6	43.5	43.7	24	47.3	46.8	45	16.9	12.6
7	130.2	138.5	25	71.9	74.9	46	19.1	14.7
8	128.3	128.5	26	32.6	31.0	47	19.8	19.4
9	125.1	140.3	27	122.0	120.5	48	12.2	11.3
10	137.1	132.7	28	139.6	139.8	49	12.5	12.2
11	35.5	147.2	29	72.5	72.5	50	12.8	12.8
12	34.5	125.8	30	37.9	36.8	51	30.9	30.9
13	101.1	198.5	31	79.2	79.2	52	18.7	18.6
13-OCH_3	47.2		31-OCH_3	57.8	57.8	53	19.6	19.6
14	38.6	44.9	32	43.3	43.4	54	13.4	13.4
15	73.2	77.1	33	174.2	174.1	1'	138.2	138.2
15-OCH_3	55.2	56.5	34			2'/6'	127.1	127.1
16	36.5	37.9	35	58.1	58.1	3'/5'	129.1	129.1
17	69.5	129.9	36	172.0	171.9	4'	129.3	129.2
18	131.5	132.7	38	56.1	56.1			
19	131.3	131.5	39	174.0	173.9			

注：^{13}C 的相对位移 D=39.9。

13-6-83

13-6-84

表 13-6-28 dactylfungins 的 ^{13}C NMR 数据[44]

C	13-6-83	13-6-84	C	13-6-83	13-6-84	C	13-6-83	13-6-84	C	13-6-83	13-6-84
2	167.5	169.6	1"	45.4	44.7	12"	48.7	48.7	23"	20.6	20.9
3	99.6	97.7	2"	78.2	78.1	13"	137.5	137.5	24"	13.0	13.0
4	171.6	181.4	3"	126.3	126.8	14"	128.3	128.3	25"	66.6	66.7
5	101.9	107.6	4"	139.0	138.6	15"	123.8	123.8	26"	21.6	21.6
6	172.4	169.1	5"	135.2	135.3	16"	136.9	136.9	27"	20.9	20.9
1'	75.7	76.5	6"	137.1	136.7	17"	134.3	134.3	28"	16.8	16.8
2'	73.4	73.2	7"	40.2	40.2	18"	139.5	139.5	29"	13.6	13.5
3'	74.2	74.6	8"	41.0	41.0	19"	35.6	35.6	30"	21.2	21.2
4'	36.4	36.2	9"	29.3	29.3	20"	31.6	31.6			
5'	78.3	78.1	10"	46.0	46.1	21"	12.4	12.4			
6'	65.6	65.5	11"	29.7	29.8	22"	22.8	22.5			

13-6-85[45]

13-6-86[45]

13-6-87

表 13-6-29 dihydrobis dechlorogeodin 的 ^{13}C NMR 数据[46]

C	13-6-87	C	13-6-87	C	13-6-87	C	13-6-87
2	85.4	6	153.2	3'	196.7	1'-COOCH$_3$	52.5
3	194.2	7	109.8	4'	104.2	5'-OCH$_3$	56.9
3a	107.0	7a	155.7	5'	169.5		
4	171.8	1'	47.4	6-CH$_3$	23.0		
5	104.1	2'	35.5	1'-CO	170.1		

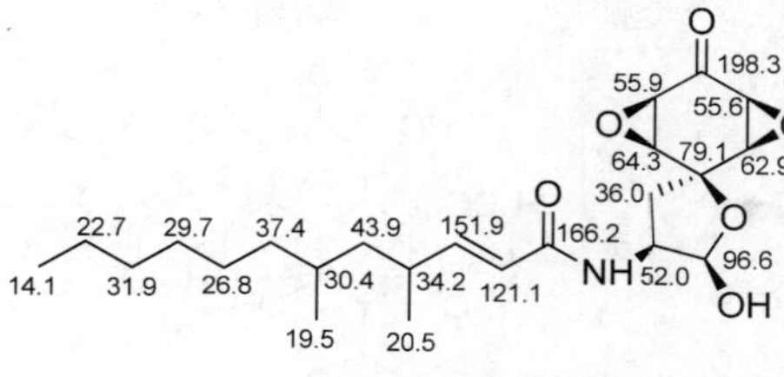

13-6-88[47]

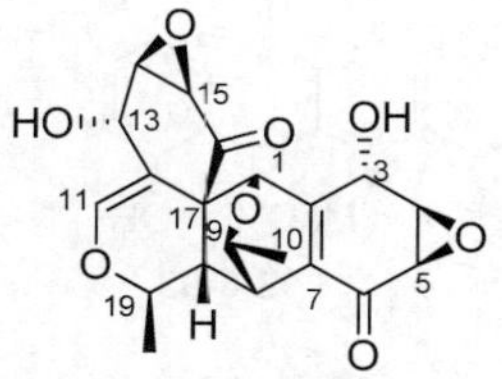

13-6-89

表 13-6-30 epoxyquinol B ^{13}C NMR 的数据[48]

C	13-6-89	C	13-6-89	C	13-6-89	C	13-6-89
1	73.1	8	36.7	15	52.5	22	31.9
2	150.0	9	70.5	16	198.8	23	24.6
3	63.7	10	20.0	17	51.5	24	15.6
4	56.2	11	149.8	18	41.8	25	10.5
5	52.5	12	105.7	19	74.4	26	32.1
6	190.8	13	68.3	20	19.4	27	172.1
7	132.8	14	54.6	21	61.5	28	22.1

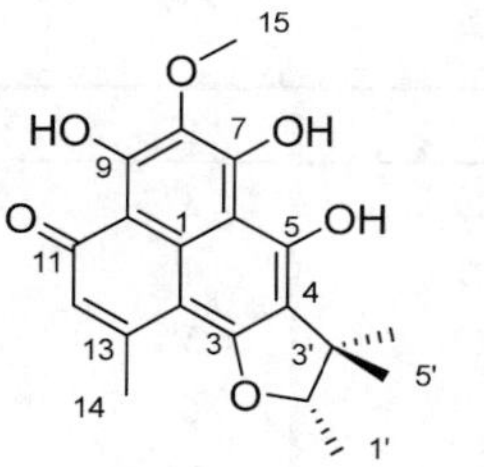

13-6-90

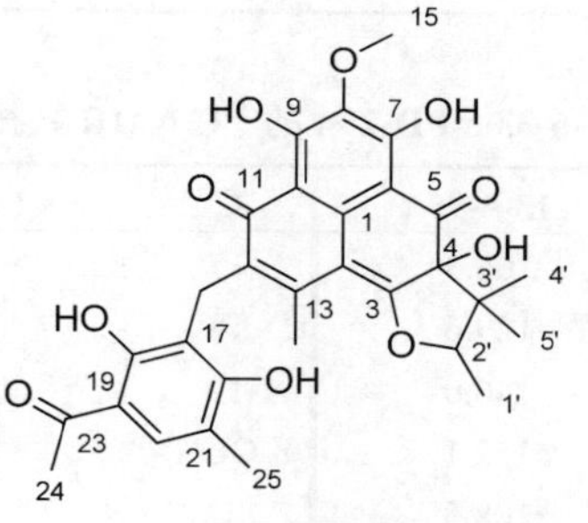

13-6-91

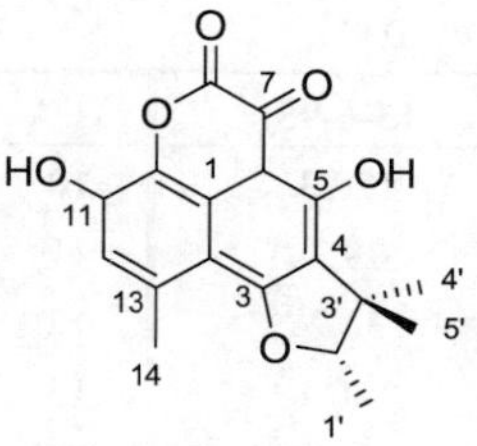

13-6-92

表 13-6-31 erabulenols 和 scleroderolide 的 ^{13}C NMR 数据[49]

C	13-6-90	13-6-91	13-6-92	C	13-6-90	13-6-91	13-6-92
1	126.8	138.7	122.1	16	—	19.6	—
2	111.6	105.5	108.7	17	—	112.5	—
3	160.6	179.8	169.6	18	—	162.3	—
4	118.4	79.6	119.3	19	—	102.2	—
5	157.4	196.1	167.4	20	—	130.6	—
6	98.0	112.5	107.3	21	—	117.9	—
7	155.1	161.6	170.1	22	—	161.9	—
8	133.6	130.6	155.8	23	—	202.5	—
9	177.3	162.7	—	24	—	26.1	—
10	109.3	109.0	129.8	25	—	16.2	—
11	171.7	185.8	144.6	1'	14.07	19.0	14.7
12	120.5	151.6	117.2	2'	92.39	96.5	92.8
13	146.3	131.3	137.1	3'	43.14	43.7	43.1
14	25.33	21.2	22.4	4'	21.06	16.0	20.6
15	60.51	60.7	—	5'	25.09	24.3	25.6

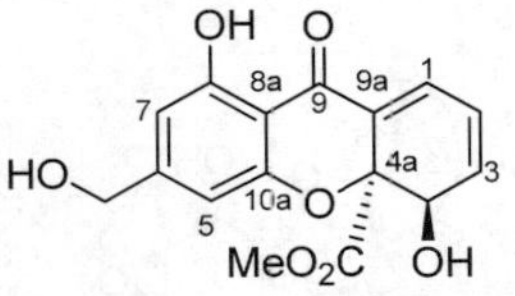

13-6-93

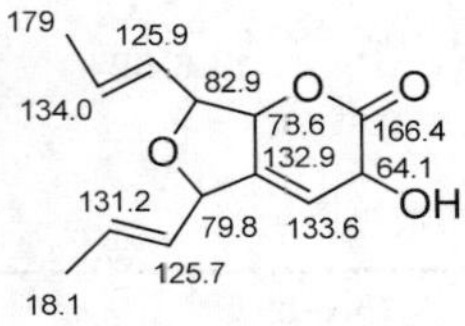

13-6-94[51]

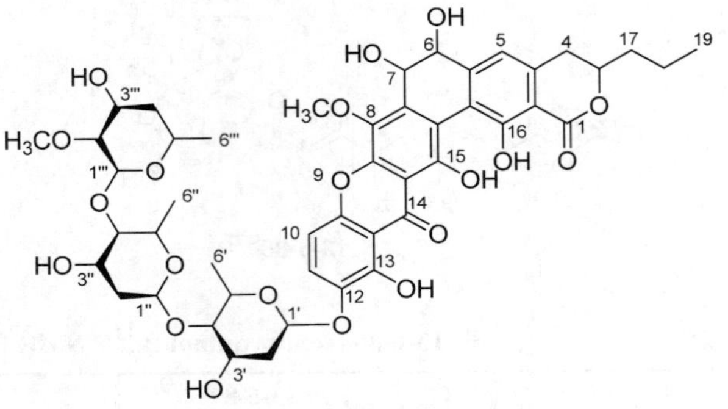

13-6-95

表 13-6-32　F390C 的 ^{13}C NMR 数据[50]

C	13-6-93	C	13-6-93	C	13-6-93	C	13-6-93
1	133.5	4a	84.3	8	163.8	10a	159.9
2	126.2	5	105.8	8a	107.0	6-CH_2OH	64.0
3	134.3	6	156.1	9	184.5	4a-$\underline{C}O_2Me$	170.3
4	65.8	7	108.0	9a	127.9	4a-$CO_2\underline{Me}$	54.0

表 13-6-33　FD-294 的 ^{13}C NMR 数据[52]

C	13-6-95	C	13-6-95	C	13-6-95	C	13-6-95
1	170.3	10	106.3	17	36.9	3''	69.4
3	79.3	11	129.6	18	18.1	4''	87.9
4	33.2	12	140.0	19	13.7	5''	70.9
4a	140.1	13	152.1	8-OCH_3	62.9	6''	17.6
5	113.3	13a	108.5	1'	99.6	1'''	101.2
5a	144.7	14	186.2	2'	38.6	2'''	35.3
6	73.2	14a	107.8	3'	69.5	3'''	80.4
7	74.0	15	153.8	4'	88.7	4'''	75.2
7a	138.9	15a	112.0	5'	70.9	5'''	72.3
8	136.9	15b	115.4	6'	17.6	6'''	17.8
8a	148.9	16	159.0	1''	101.1	3'''-OCH_3	56.5
9a	151.3	16a	108.6	2''	38.1		

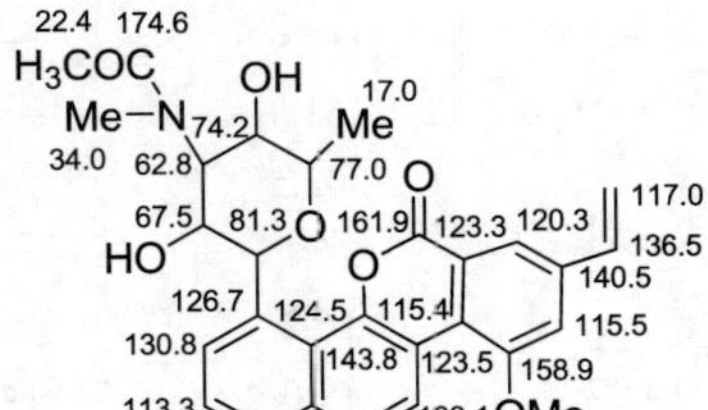

13-6-96[53]

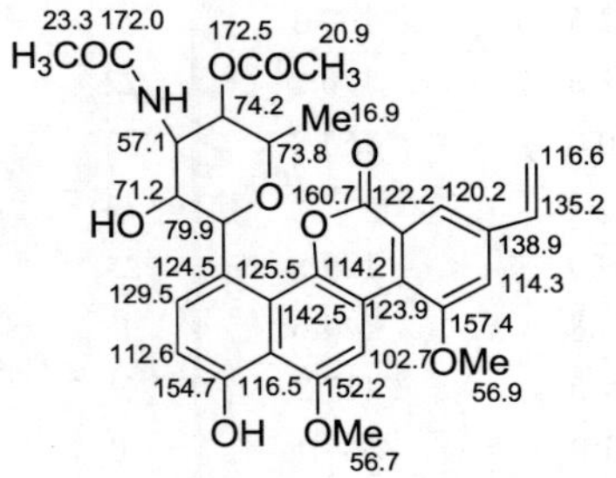

13-6-97[53]

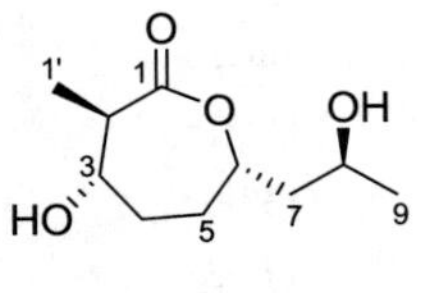

13-6-98

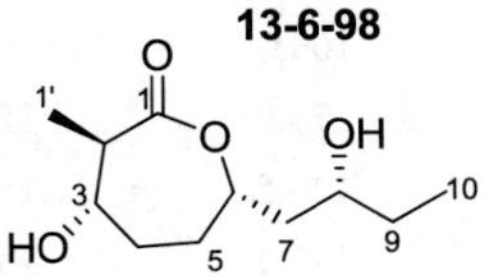

13-6-99

表 13-6-34 feigrisolides 的 ^{13}C NMR 数据[54]

C	13-6-98	13-6-99	C	13-6-98	13-6-99	C	13-6-98	13-6-99
1	177.5	177.6	5	39.5	30.6	9	23.1	29.9
2	45.3	45.3	6	77.1	77.3	10	—	10.0
3	81.1	81.0	7	42.9	40.7	1'	13.7	13.7
4	29.1	29.1	8	65.2	70.4			

13-6-100[55]

13-6-101

13-6-102

表 13-6-35 flagranones 的 ^{13}C NMR 数据[56]

C	13-6-101	13-6-102	C	13-6-101	13-6-102	C	13-6-101	13-6-102
1	190.9	190.3	6	55.8	56.1	4'	132.9	131.5
2	143.2	143.7	1'	64.3	64.6	5'	127.7	154.5
3	132.5	132.3	2'	120.7	130.4	6'	124.7	193.5
4	189.6	189.4	3'	141.5	140.0	7'	142.5	—
5	61.6	61.2	3'-Me	13.4	13.4	7'-Me	16.9	—

13-6-103

13-6-104

表 13-6-36 gelastatins 的 ^{13}C NMR 数据[57]

C	13-6-103	13-6-104	C	13-6-103	13-6-104	C	13-6-103	13-6-104
2	167.2	167.0	1'	27.9	27.6	3"	139.7	140.7
3	126.9	127.7	2'	34.0	34.0	4"	132.5	133.1
4	137.0	143.4	3'	176.6	176.5	5"	134.5	135.0
5	129.6	128.0	1"	133.0	134.1	6"	18.6	18.7
6	72.2	68.0	2"	125.1	125.4			

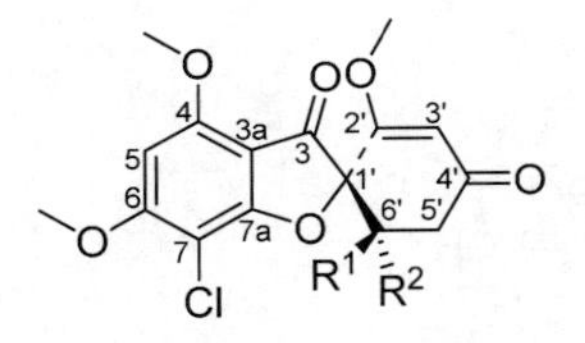

13-6-105 R^1=CH_3; R^2=H
13-6-106 R^1=H; R^2=CH_3

13-6-107 R=OCH_3
13-6-108 R=H

13-6-109

表 13-6-37 灰黄霉素及衍生物的 ^{13}C NMR 数据[58]

C	13-6-105	13-6-106	13-6-107	13-6-108	13-6-109	C	13-6-105	13-6-106	13-6-107	13-6-108	13-6-109
3	191.2	192.3	190.3	189.4	188.0	3'	104.7	105.8	99.2	125.8	103.5
3a	104.1	105.1	104.0	103.8	103.5	4'	195.6	195.7	178.8	154.1	185.6
4	157.6	157.3	157.4	157.5	158.3	5'	39.5	40.1	32.3	30.6	128.9
5	91.2	91.2	90.8	91.1	91.7	6'	35.4	34.2	34.3	36.1	146.8
6	169.6	169.6	169.7	168.5	168.4	6'-Me	13.8	13.2	13.9	14.1	15.6
7	95.3	95.6	95.1	95.1	95.8	4-OMe	57.5	57.4	57.2	57.4	57.7
7a	164.5	164.2	164.0	164.1	164.8	6-OMe	56.6	56.5	56.5	56.5	56.7
1'	90.1	89.4	94.3	95.1	88.2	2'-OMe	57.1	56.8	—	—	56.7
2'	170.3	167.9	188.0	189.4	167.5						

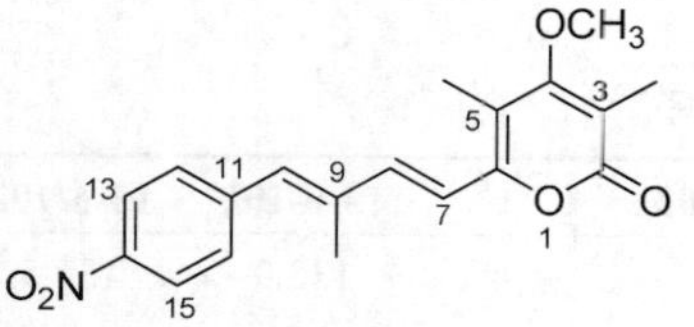

13-6-110

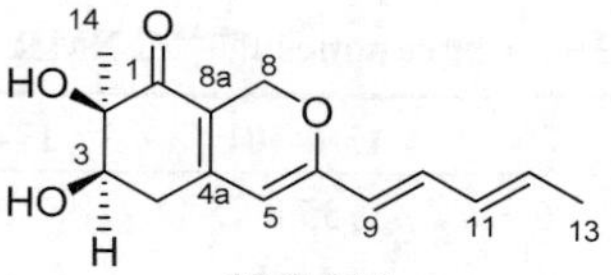

13-6-111

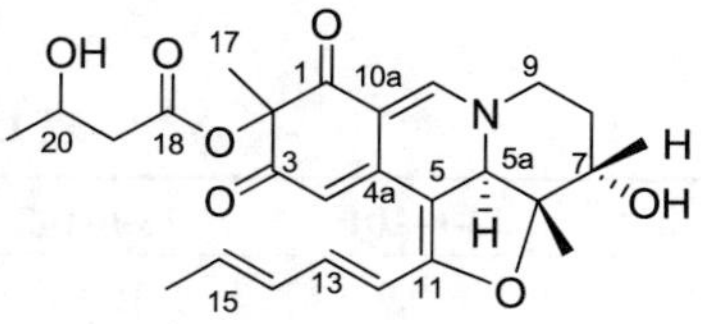

13-6-112

表 13-6-38 griseulin 的 ^{13}C NMR 数据[59]

C	13-6-110	C	13-6-110	C	13-6-110	C	13-6-110
2	165.35	7	131.36	12	130.42	3a	9.4
3	94.16	8	136.52	13	124.25	5a	14.96
4	166.28	9	139.08	14	146.88	9a	19.82
5	103.67	10	127.69	15	124.23	OCH_3	56.86
6	160.24	11	144.5	16	130.4		

表 13-6-39 harziphilone 和 fleephilone 的 ^{13}C NMR 数据[60]

C	13-6-111	13-6-112	C	13-6-111	13-6-112	C	13-6-111	13-6-112
1	195.9	191.8	6	161.3	81.6	11	130.9	157.3
2	75.6	84.8	7	—	64.7	12	136.5	114.9
3	73.0	194.6	8	63.8	27.1	13	18.7	138.6
4	32.4	107.0	8a	112.5	—	14	23.5	130.8
4a	148.7	146.8	9	121.8	45.1	15	—	137.6
5	105.2	103.7	10	136.1	149.3	16	—	18.8
5a	—	59.3	10a	—	103.2	17	—	23.9

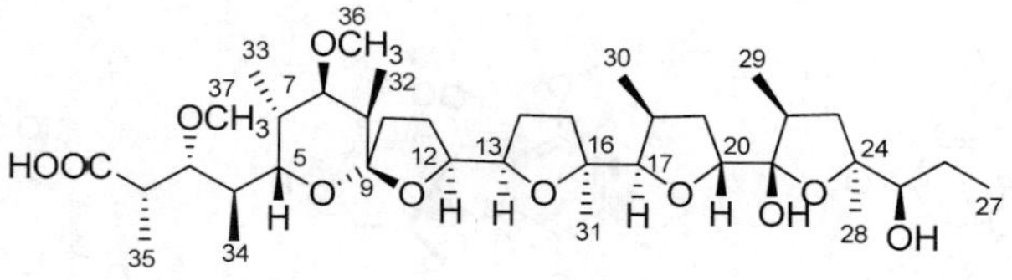

13-6-113

表 13-6-40 kijimicin 的 ^{13}C NMR 数据[61]

C	13-6-113	C	13-6-113	C	13-6-113	C	13-6-113
1	182.9	11	24.9	20	77.9	29	13.4
2	44.0	12	75.9	21	106.1	30	15.7
3	82.3	13	76.3	22	39.0	31	20.9
4	36.0	14	22.8	23	35.4	32	12.0
5	66.6	15	29.1	24	86.5	33	10.7
6	31.0	16	84.4	25	74.6	34	10.2
7	87.2	17	84.5	26	26.1	35	16.4
8	33.8	18	35.1	27	10.8	36	60.3
9	108.8	19	35.4	28	25.0	37	57.7
10	33.1						

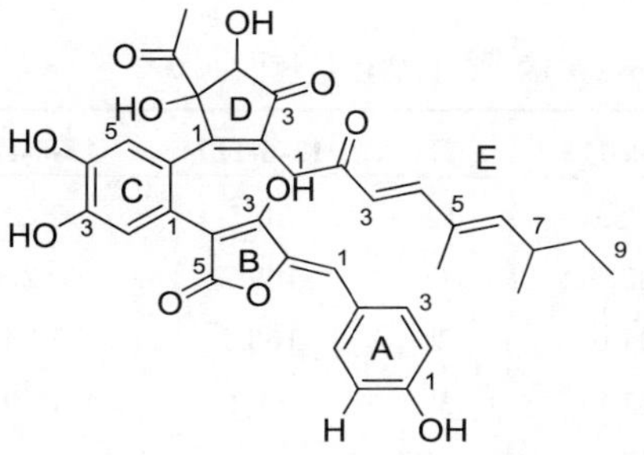

13-6-114

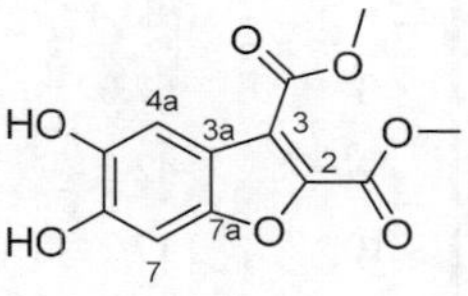

13-6-115

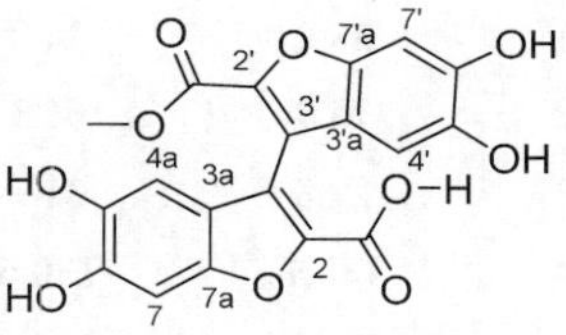

13-6-116

表 13-6-41 kodaistatin A 的 ^{13}C NMR 数据[62]

C	13-6-114	C	13-6-114	C	13-6-114	C	13-6-114
A1	158.5	C1	120.0	D4	84.5	E5	131.6
A2	115.8	C2	117.8	D5	89.7	E5-Me	12.1
A3	132.0	C3	146.2	D6	207.7	E6	148.7
A4	123.7	C4	145.4	D7	27.7	E7	34.2
B1	107.6	C5	113.5	E1	36.9	E7-Me	19.9
B2	140.7	C6	122.7	E2	194.1	E8	29.4
B3	165.0	D1	161.6	E3	122.6	E9	11.6
B4	100.8	D2	137.2	E4	147.2		
B5	170.3	D3	200.0				

表 13-6-42 kynapcins 的 ^{13}C NMR 数据[63]

C	13-6-115	13-6-116	C	13-6-115	13-6-116	C	13-6-115	13-6-116
2	142.5	146.0	5	145.4	144.2	2'		145.7
3	118.6	114.4	6	148.9	146.5	3'		113.5
3a	116.5	117.2	7	98.0	97.7	3'a		117.5
4	105.0	106.0	7a	149.1	148.7	4'		105.6

续表

C	13-6-115	13-6-116	C	13-6-115	13-6-116	C	13-6-115	13-6-116
5'		144.3	2-C=O	158.5	164.1	2'-OCH_3		51.3
6'		146.5	2'-C=O		163.0	3-OCH_3	52.7	
7'		97.6	3-C=O	162.9	162.9			
7'a		148.6	2-OCH_3	52.6				

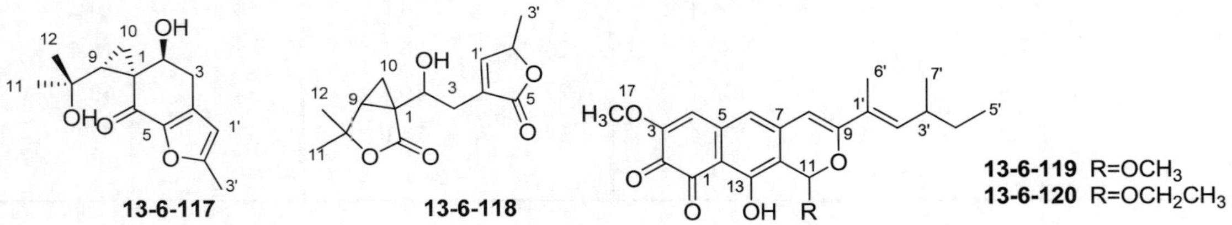

13-6-117 13-6-118 13-6-119 R=OCH_3 13-6-120 R=OCH_2CH_3

表 13-6-43 lachnumfuran A 和 lachnumlactone A 的 ^{13}C NMR 数据[64]

C	13-6-117	13-6-118	C	13-6-117	13-6-118	C	13-6-117	13-6-118
1	38.0	34.8	6	186.4	175.6	12	30.7	29.2
2	75.9	67.3	8	67.0	82.1	1'	109.2	152.8
3	29.8	31.2	9	42.2	31.6	2'	160.5	78.4
4	138.1	130.6	10	17.2	13.8	3'	14.2	18.9
5	146.9	174.7	11	30.5	23.8			

表 13-6-44 laccaridiones 的 ^{13}C NMR 数据[65]

C	13-6-119	13-6-120	C	13-6-119	13-6-120	C	13-6-119	13-6-120
1	178.9	178.8	9	161.8	157.8	1'	127.1	127.2
2	176.9	177.0	11	94.6	93.4	2'	140.8	140.7
3	152.0	152.0	12	112.8	113.7	3'	34.8	34.8
4	113.7	113.7	13	164.0	164.0	4'	30.1	30.1
5	157.0	158.0	14	110.9	111.0	5'	11.9	11.9
6	118.6	118.7	15	55.4	64.1	6'	12.8	12.8
7	144.2	42.1	16		15.2			
8	99.9	99.9	17	55.7	5.7			

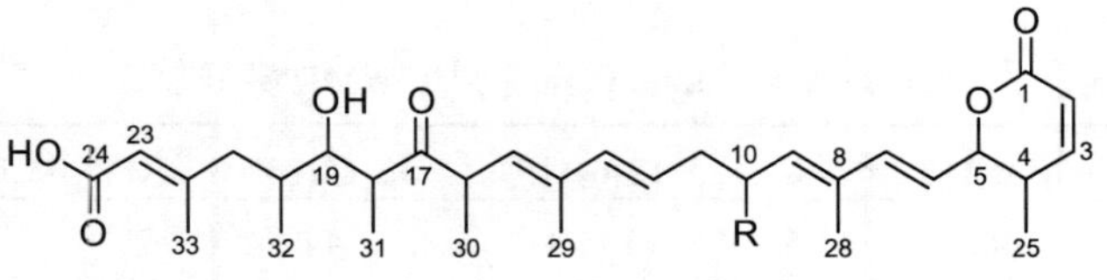

13-6-121 R=CH_3
13-6-122 R=CH_2CH_3

表 13-6-45 leptomycins 的 ^{13}C NMR 数据[66]

C	13-6-121	13-6-122	C	13-6-121	13-6-122	C	13-6-121	13-6-122
1	164.4	164.4	12	128.3	128.2	23	117.1	117.1
2	120.0	120.0	13	135.3	135.3	24	171.3	171.3
3	151.6	151.6	14	136.5	136.5	25	12.3	12.3
4	33.5	33.6	15	128.0	128.0	26	20.5	26.6
5	81.3	81.5	16	45.6	45.7	27	—	13.5
6	123.3	122.8	17	215.3	214.9	28	13.0	13.0
7	129.6	130.2	18	47.0	47.0	29	18.5	18.5
8	135.5	135.6	19	73.8	74.2	30	13.0	13.0
9	138.7	136.9	20	33.5	33.6	31	18.5	20.9
10	32.3	32.2	21	45.7	45.7	32	13.6	13.6
11	40.8	40.9	22	160.9	160.9	33	16.0	16.0

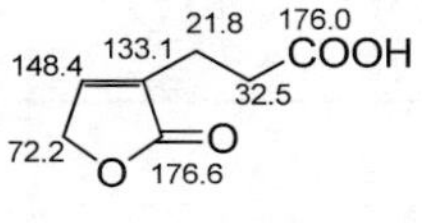

13-6-123[67]

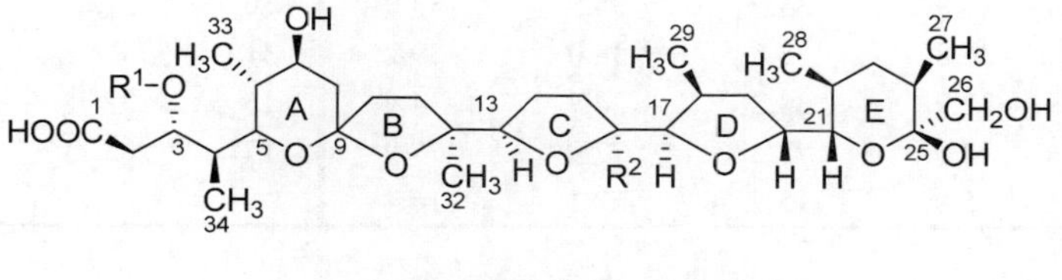

13-6-124 $R^1=CH_3$; $R^2=CH_2CH_3$
13-6-125 $R^1=CH_3$; $R^2=CH_3$

表 13-6-46 2-demethylmonensins 的 ^{13}C NMR 数据[68]

C	13-6-124	13-6-125	C	13-6-124	13-6-125	C	13-6-124	13-6-125
1	177.9	172.9	13	82.5	82.5	25	98.2	97.1
2	39.1	39.1	14	27.3	27.4	26	64.9	65.5
3	77.5	77.2	15	29.9	29.7	27	16.1	15.2
4	39.2	39.1	16	85.8	85.4	28	16.7	16.3
5	68.1	67.2	17	84.9	86.4	29	14.6	14.1
6	35.2	35.5	18	34.3	34.4	30	30.6	—
7	70.4	70.8	19	33.2	32.3	31	8.2	24.5
8	33.2	33.6	20	76.4	76.8	32	27.5	27.6
9	107.0	107.8	21	74.5	74.1	33	10.6	10.5
10	39.2	38.5	22	31.8	32.7	34	10.6	10.3
11	33.4	32.5	23	35.6	35.7	35	—	—
12	85.1	84.4	24	36.4	37.4	36	56.5	56.7

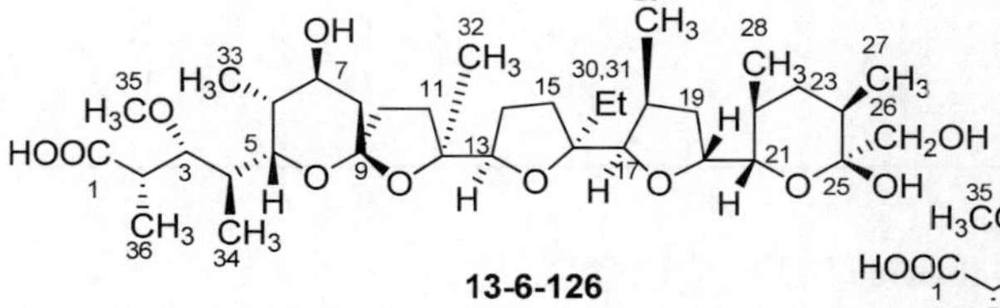

13-6-126

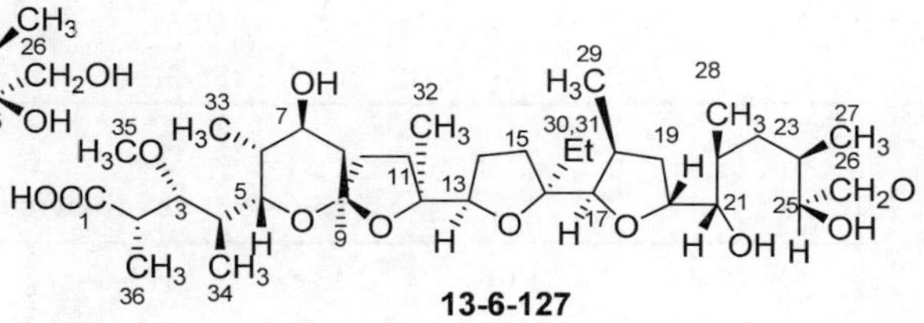

13-6-127

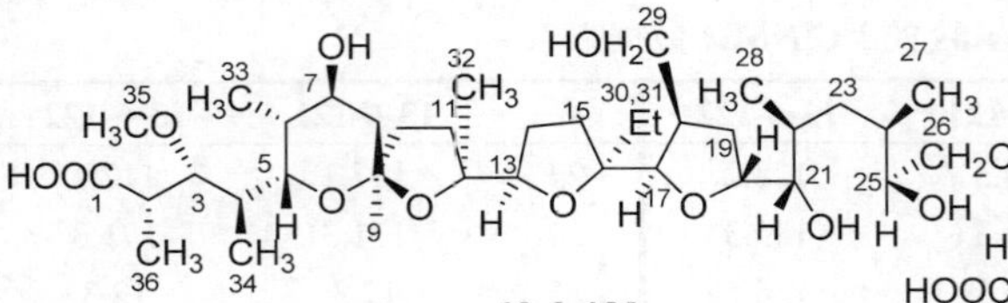

13-6-128

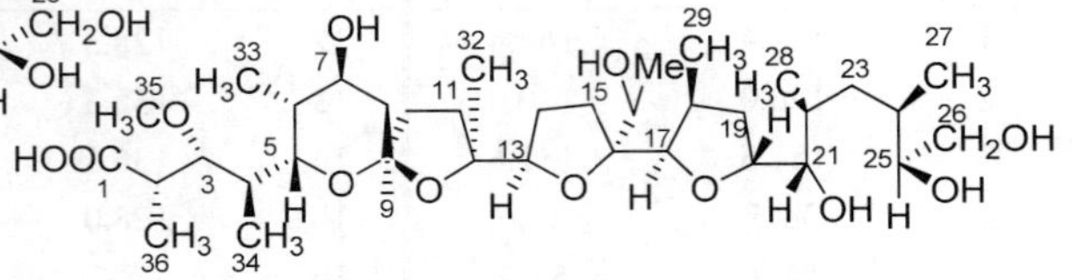

13-6-129

表 13-6-47　monensin derivatives 的 ^{13}C NMR 数据[69]

C	13-6-126	13-6-127	13-6-128	13-6-129	C	13-6-126	13-6-127	13-6-128	13-6-129
25	97.2	76.6	76.9	76.8	18	34.6	35.1	44.6	35.7
26	68.0	64.3	64.5	64.5	19	31.6	33.2	29.4	33.6
27	16.4	17.6	17.5	17.7	20	77.4	77.9	79.8	78.0
24	35.8	34.9	34.5	34.9	30	31.2	30.3	25.3	86.2
23	36.8	38.5	38.0	39.2	31	8.6	8.2	7.5	18.2
22	32.9	34.2	34.7	34.4	15	32.7	30.9	31.9	28.4
21	74.0	77.4	77.9	77.9	(17)	(85.1)	(85.5)	(83.5)	(71.1)
29	15.8	15.7	62.1	16.4					

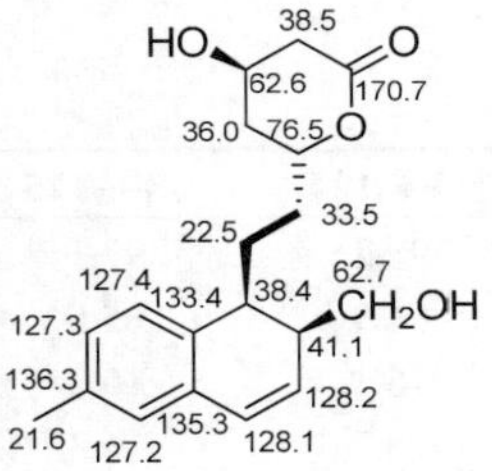

13-6-130[70]

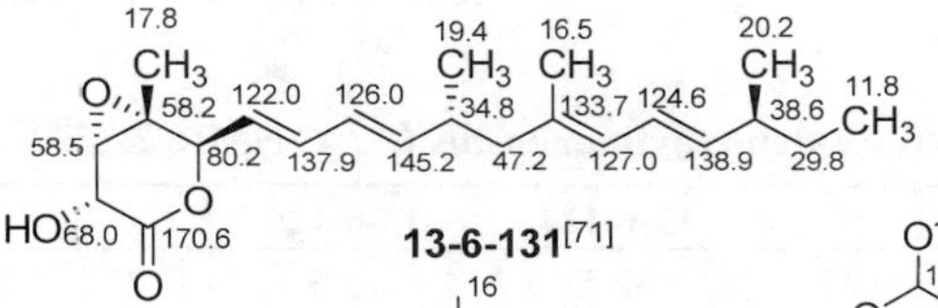

13-6-131[71]

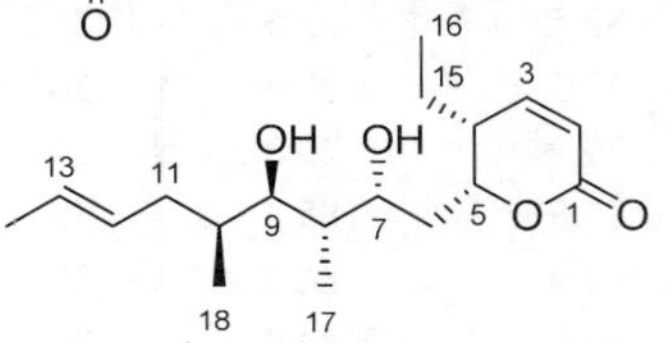

13-6-132

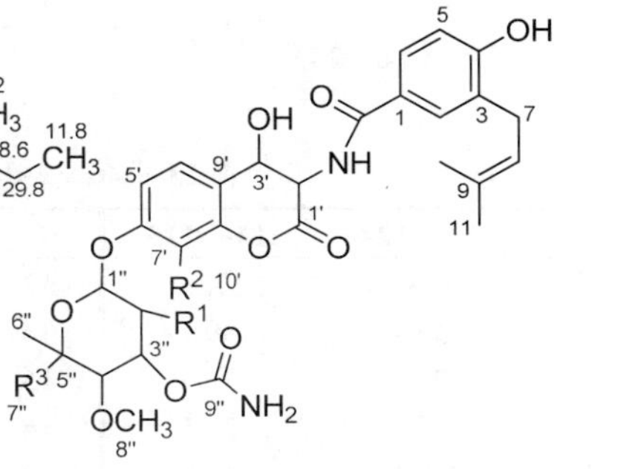

13-6-133 R^1=OH; R^2=CH_3; R^3=CH_3
13-6-134 R^1=$CONH_2$; R^2=CH_3; R^3=CH_3
13-6-135 R^1=OH; R^2=H; R^3=CH_3
13-6-136 R^1=OH; R^2=CH_3; R^3=H

表 13-6-48　NK10958P 的 ^{13}C NMR 数据[72]

C	13-6-132	C	13-6-132	C	13-6-132	C	13-6-132
1	165.0	6	34.7	11	37.5	15	20.8
2	120.7	7	77.4	12	129.4	16	11.0
3	151.0	8	39.8	13	126.9	17	12.2
4	39.1	9	69.5	14	18.0	18	12.2
5	77.2	10	35.3				

表 13-6-49　novobiocins 的 ^{13}C NMR 数据

C	13-6-133[73]	13-6-134[73]	13-6-135[74]	13-6-136[74]	C	13-6-133[73]	13-6-134[73]	13-6-135[74]	13-6-136[74]
1	123.6	124.2	124.3	124.3	2	129.6	129.8	130.8	130.8

续表

C	13-6-133[73]	13-6-134[73]	13-6-135[74]	13-6-136[74]	C	13-6-133[73]	13-6-134[73]	13-6-135[74]	13-6-136[74]
3	127.6	127.3	129.9	129.9	6'	157.1	156.0	161.3	158.3
4	158.1	158.4	160.9	160.9	7'	113.0	113.0	103.9	115.5
5	114.6	114.3	115.6	115.6	8'	150.4	150.6	154.0	151.8
6	127.6	127.3	128.5	128.5	9'	110.3	110.2	112.4	112.9
7	28.2	28.1	29.2	29.2	10'	8.3	8.2		8.5
8	122.5	122.6	123.2	123.2	1"	96.7	95.9	100.1	99.6
9	131.7	131.5	133.9	133.9	2"	69.0	68.3	70.7	70.3
10	17.7	17.7	17.9	17.9	3"	70.7	70.0	72.9	75.5
11	25.5	25.6	26.0	26.0	4"	81.6	81.1	82.6	81.4
12	167.0	166.6	169.8	169.8	5"	78.3	78.3	80.1	70.2
1'	160.7	160.6	163.3	163.5	6"	22.8	23.0	23.5	18.2
2'	101.9	101.7	103.6	103.5	7"	28.5	27.7	28.9	
3'	158.8	159.1	158.3	158.3	8"	61.0	60.9	61.9	61.0
4'	121.9	121.9	126.4	123.2	9"	156.5	155.7	159.1	159.1
5'	110.3	110.7	115.0	112.1	10"		156.7		

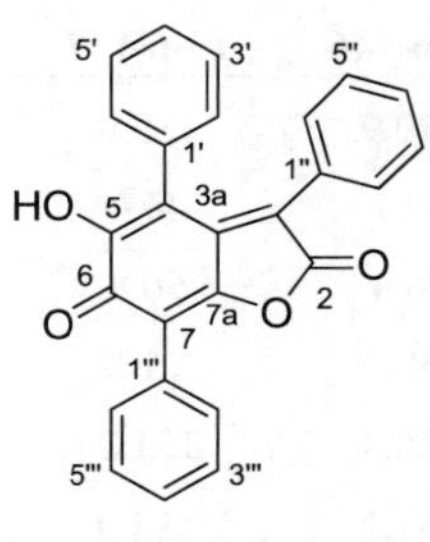

13-6-137

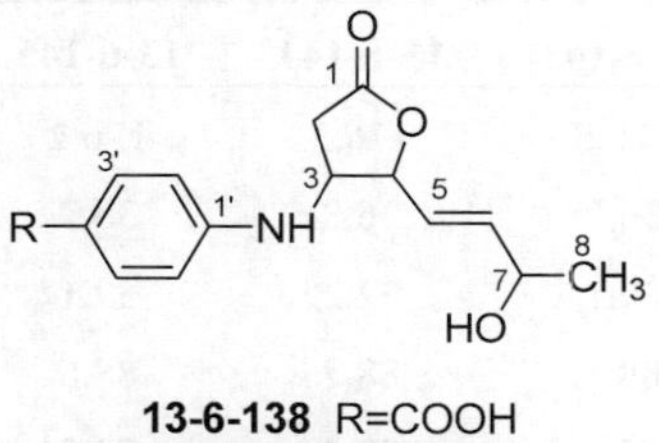

13-6-138 R=COOH
13-6-139 R=CHO
13-6-140 R=CH_2OH
13-6-141 R=CH_2OCH_3

表 13-6-50 13-6-137 的 ^{13}C NMR 数据[75]

C	13-6-137	C	13-6-137	C	13-6-137	C	13-6-137
2	167.0	7a	146.9	1"	118.9	2'''	130.5
3	131.1	1'	131.4	2"	129.8	3'''	128.3
3a	138.9	2'	116.7	3"	127.5	4'''	129.1
4	114.0	3'	127.8	4"	129.4	5'''	128.3
5	157.5	4'	128.1	5"	127.5	6 '''	130.5
6	180.8	5'	127.8	6"	129.8		
7	114.9	6'	129.5	1'''	128.6		

表 13-6-51 obscurolides As 的 ^{13}C NMR 数据[76]

C	13-6-138	13-6-139	13-6-140	13-6-141	C	13-6-138	13-6-139	13-6-140	13-6-141
1	175.1	175.0	175.6	175.5	3	55.5	55.4	55.9	55.9
2	35.3	35.3	35.4	35.5	4	85.4	85.3	85.5	85.5

续表

C	13-6-138	13-6-139	13-6-140	13-6-141	C	13-6-138	13-6-139	13-6-140	13-6-141
5	125.1	1125.0	125.4	125.4	2',6'	112.8	113.3	113.9	113.7
6	140.6	140.8	140.0	140.2	3',5'	132.4	132.7	129.1	130.2
7	67.3	67.3	67.3	67.4	4'	119.9	128.0	132.4	128.3
8	23.6	23.7	23.7	23.7	7'	174.1	190.3	64.6	74.9
1'	151.9	153.3	147.0	147.5	8'				57.5

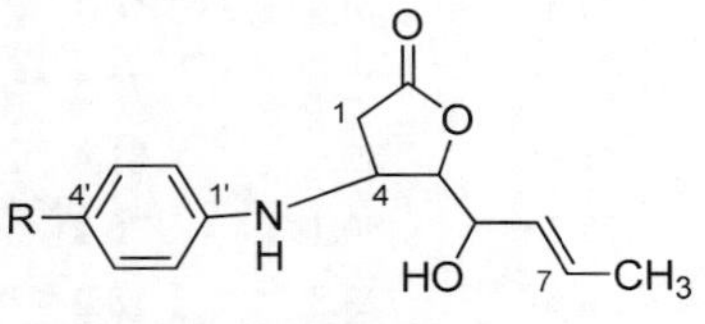

13-6-142 R=CHO
13-6-143 R=CHO
13-6-144 R=CH_2OH
13-6-145 R=CH_2OCH_3

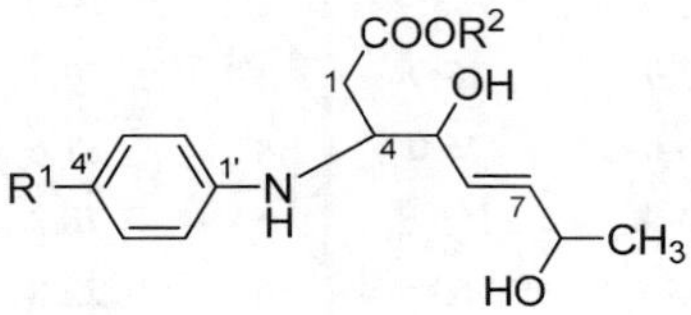

13-6-146 R^1=CHO; R^2=H
13-6-147 R^1=CHO; R^2=H
13-6-148 R^1=CHO; R^2=CH_3

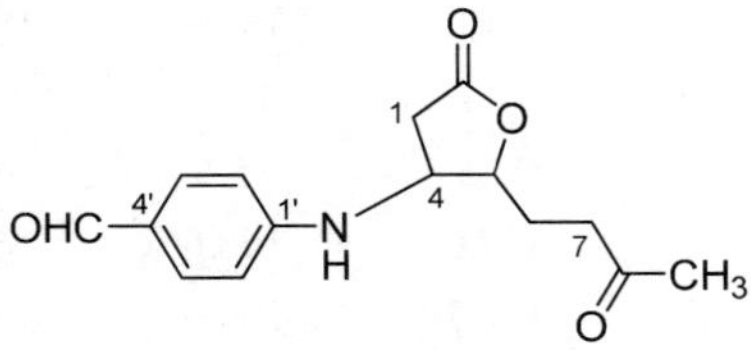

13-6-149

表 13-6-52 obscurolide B ~ D 系列的 ^{13}C NMR 数据[77]

C	13-6-142	13-6-143	13-6-144	13-6-145	13-6-146	13-6-147	13-6-148	13-6-149
1	175.7	175.5	176.3	176.2	179.9	180.0	172.8	174.8
2	36.5	36.7	36.8	36.7	39.7	40.4	35.3	35.8
3	51.7	50.1	52.2	52.1	56.4	56.8	55.2	54.7
4	88.4	88.3	88.7	88.6	74.4	75.2	73.1	84.8
5	73.2	72.7	73.4	73.3	130.4	131.2	129.2	28.3
6	129.1	128.9	128.7	128.7	137.2	138.0	137.6	39.3
7	130.9	130.6	131.2	131.2	68.8	69.7	67.8	206.5
8	17.9	18.0	17.9	17.9	23.4	24.0	23.9	30.5
1′	153.3	153.0	147.0	148.8	155.8	156.4	154.2	153.3
2',6'	113.2	113.2	113.9	113.8	113.5	114.0	113.2	113.2
3',5'	132.7	132.6	129.1	130.2	133.6	134.2	132.5	132.6
4'	128.0	127.9	132.3	128.3	126.5	127.1	127.2	128.1
7'	190.2	190.2	64.7	75.0	192.1	192.7	188.9	190.2

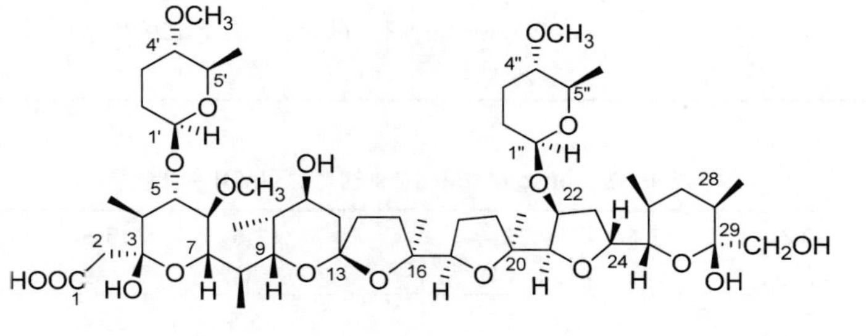

13-6-150

表 13-6-53 octacyclomycin 的 ^{13}C NMR 数据[78]

C	13-6-150	C	13-6-150	C	13-6-150	C	13-6-150
1	178.7	10-CH_3	10.6	21	87.2	2'	31.1
2	45.3	11	69.9	22	80.8	3'	27.3
3	98.1	12	33.6	23	33.2	4'	80.5
4	44.8	13	106.9	24	78.1	4'-OCH_3	56.9
4-CH_3	12.6	14	39.2	25	74.8	5'	74.4
5	82.1	15	33.3	26	31.7	5'-CH_3	18.3
6	82.8	16	84.4	26-CH_3	16.7	1"	103.3
6-OCH_3	60.3	16-CH_3	27.3	27	35.3	2"	30.6
7	67.9	17	82.5	28	36.1	3"	26.9
8	34.6	18	28.5	28-CH_3	16.2	4"	79.9
8-CH_3	10.9	19	32.3	29	97.7	4"-OCH_3	56.8
9	68.8	20	83.5	29-CH_2OH	65.1	5"	74.7
10	33.7	20-CH_3	24.7	1'	102.4	5"-CH_3	18.4

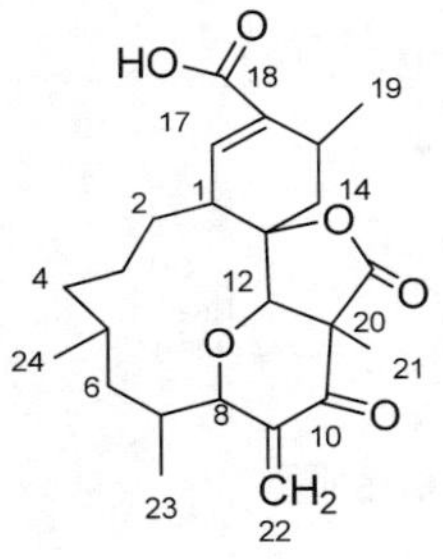

13-6-151

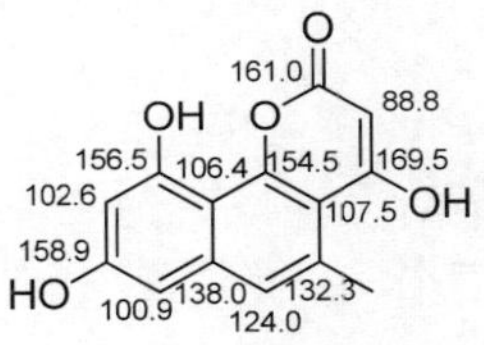

13-6-152[80]

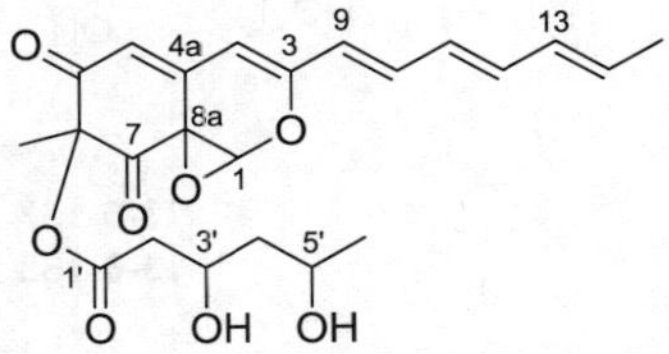

13-6-153

表 13-6-54 okilactomycin 的 ^{13}C NMR 数据[79]

C	13-6-151	C	13-6-151	C	13-6-151	C	13-6-151
1	42.0	7	34.4	13	84.8	19	19.9
2	32.0	8	82.1	14	33.5	20	171.2
3	23.2	9	141.9	15	27.0	21	25.4
4	37.4	10	191.9	16	132.9	22	121.3
5	30.0	11	52.0	17	141.2	23	20.2
6	44.8	12	83.5	18	172.2	24	23.4

表 13-6-55 patulodin 的 ^{13}C NMR 数据[81]

C	13-6-153	C	13-6-153	C	13-6-153	C	13-6-153
1	81.0	7	85.1	11	128.6	2'	41.7
3	154.5	7-CH_3	22.0	12	139.9	3'	69.6
4	104.2	8	196.8	13	131.5	4'	44.1
4a	146.0	8a	54.4	14	134.8	5'	68.1
5	119.5	9	122.0	15	18.6	6'	23.6
6	192.2	10	137.2	1'	171.1		

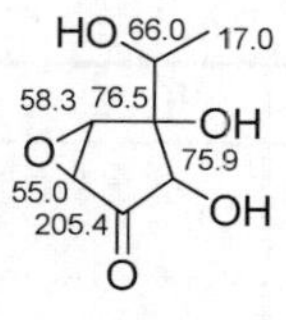

13-6-154[82]

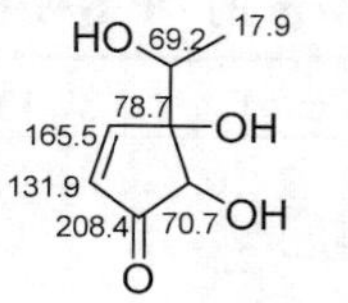

13-6-155[82]

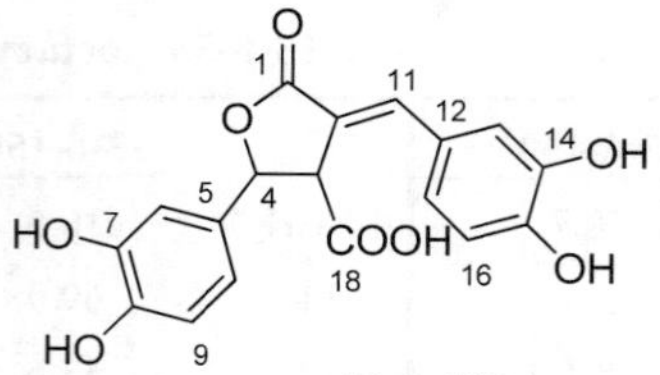

13-6-156

表 13-6-56 phellinsin A 的 ^{13}C NMR 数据[83]

C	13-6-156	C	13-6-156	C	13-6-156	C	13-6-156
1	174.8	6	113.4	11	140.9	15	149.6
2	121.6	7	146.8	12	127.2	16	116.6
3	56.7	8	146.9	13	118.1	17	125.5
4	83.7	9	116.5	14	146.6	18	176.0
5	133.3	10	118.3				

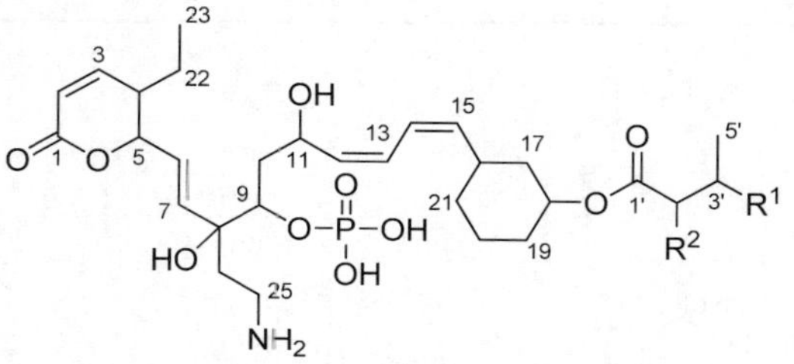

13-6-157 $R^1=CH_3$; $R^2=H$
13-6-158 $R^1=H$; $R^2=CH_3$

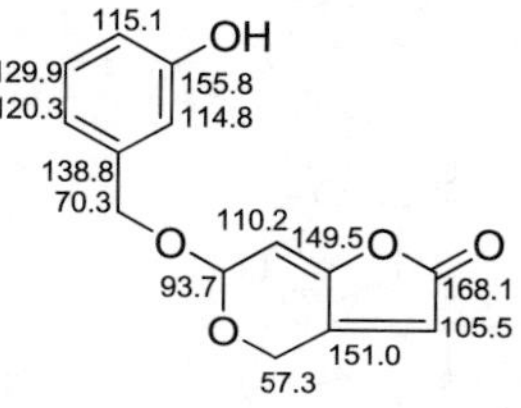

13-6-159[85]

表 13-6-57 phosphazomycins 的 ^{13}C NMR 数据[84]

C	13-6-157	13-6-158	C	13-6-157	13-6-158	C	13-6-157	13-6-158
1	166.4	166.4	11	64.8	64.8	21	33.1	33.1
2	121.2	121.2	12	135.4	135.4	22	22.7	22.7
3	152.7	152.7	13	124.3	124.3	23	11.4	11.4
4	40.6	40.6	14	123.8	123.8	24	34.5	34.5
5	82.4	82.4	15	138.2	138.2	25	37.2	37.2
6	127.7	127.7	16	36.2	36.2	1'	174.3	178.0
7	137.5	137.5	17	39.5	39.5	2'	44.7	42.5
8	77.8	77.8	18	74.0	74.0	3'	27.0	28.0
9	78.7	78.7	19	32.5	32.5	4'	22.7	11.9
10	40.6	40.6	20	24.5	24.5	5'	22.7	17.1

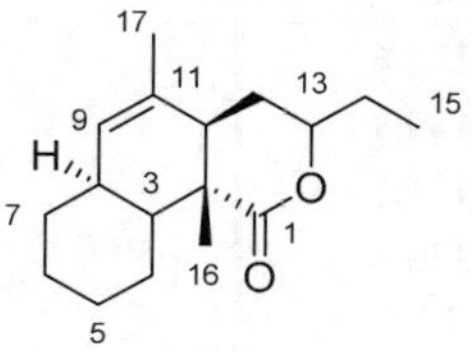

13-6-160

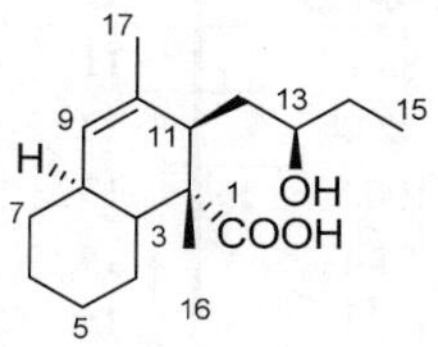

13-6-161

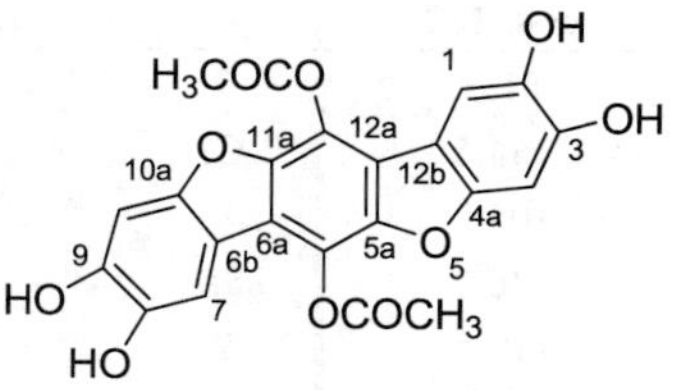

13-6-162

表 13-6-58 13-6-160 和 13-6-161 的 ^{13}C NMR 数据[86]

C	13-6-160	13-6-161	C	13-6-160	13-6-161	C	13-6-160	13-6-161
1	177.8	184.2	7	29.5	31.5	13	82.0	75.0
2	46.1	50.4	8	35.4	34.7	14	29.2	30.4
3	39.9	40.6	9	128.8	124.7	15	9.2	10.2
4	26.6	23.6	10	133.2	137.3	16	17.6	20.6
5	24.5	26.3	11	41.5	39.9	17	19.8	22.8
6	23.1	22.6	12	26.8	38.1			

表 13-6-59 polyozellin 的 ^{13}C NMR 数据[87]

C	13-6-162	C	13-6-162	C	13-6-162
1	106.2	6b	113.5	12a	116.9
2	142.8	7	106.2	12b	113.5
3	146.6	8	142.8	6-Ac	168.0
4	98.8	9	146.6		20.4
4a	150.7	10	98.8	12-Ac	168.0
5a	137.6	10a	150.7		20.4
6	130.8	11a	137.6		
6a	116.9	12	130.8		

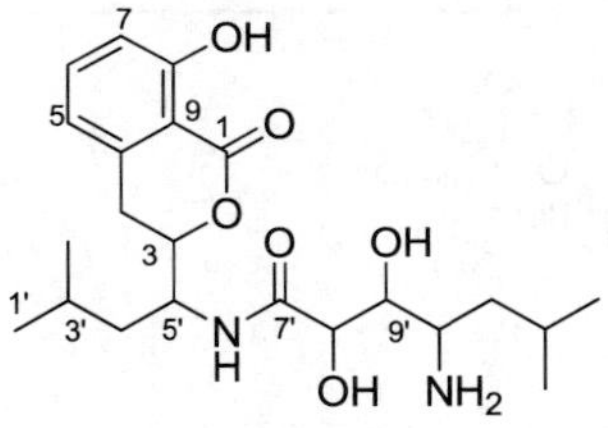

13-6-163 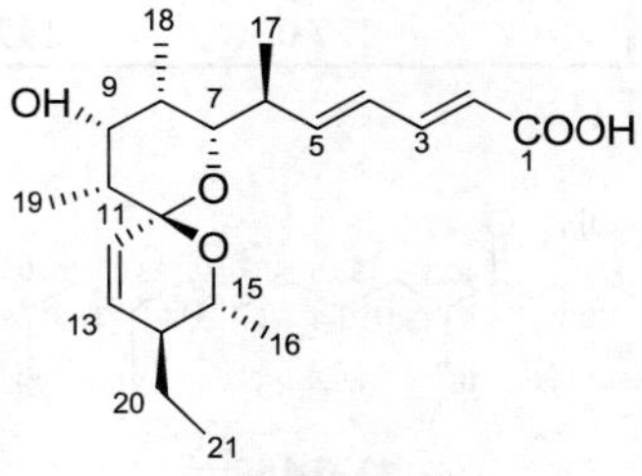 13-6-164 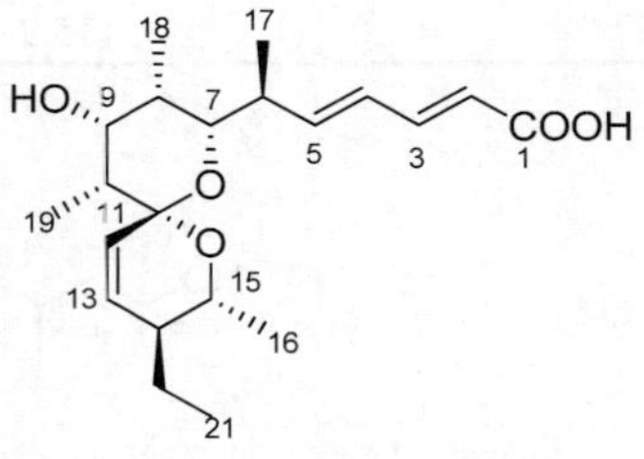 13-6-165

表 13-6-60 PM-94128 的 ^{13}C NMR 数据[88]

C	13-6-163	C	13-6-163	C	13-6-163	C	13-6-163
1	169.5	8	162.1	4'	40.4	11'	44.2
3	81.0	9	108.0	5'	48.5	12'	23.5
4	30.2	10	139.4	7'	175.2	13'	24.0
5	118.2	1'	23.0	8'	74.8	14'	20.9
6	136.4	2'	21.8	9'	73.6		
7	116.1	3'	24.8	10'	55.0		

表 13-6-61 pteridic acids 的 ^{13}C NMR 数据[89]

C	13-6-164	13-6-165	C	13-6-164	13-6-165	C	13-6-164	13-6-165
1	172.0	171.9	5	150.1	149.3	9	72.5	74.3
2	118.4	118.3	6	38.5	38.4	10	40.9	40.7
3	147.5	147.6	7	74.5	75.6	11	96.9	97.9
4	126.8	127.4	8	36.2	36.2	12	127.5	134.0

续表

C	13-6-164	13-6-165	C	13-6-164	13-6-165	C	13-6-164	13-6-165
13	130.3	123.4	16	22.9	19.5	19	12.5	11.5
14	40.4	42.3	17	15.2	15.3	20	26.2	23.3
15	71.6	68.1	18	4.5	4.9	21	11.9	9.9

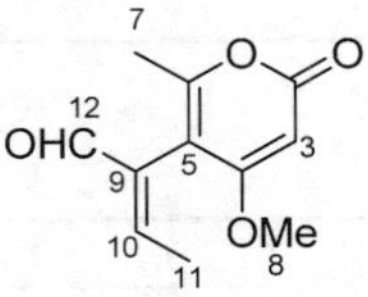

13-6-166

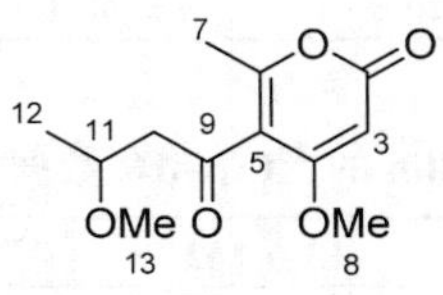

13-6-167

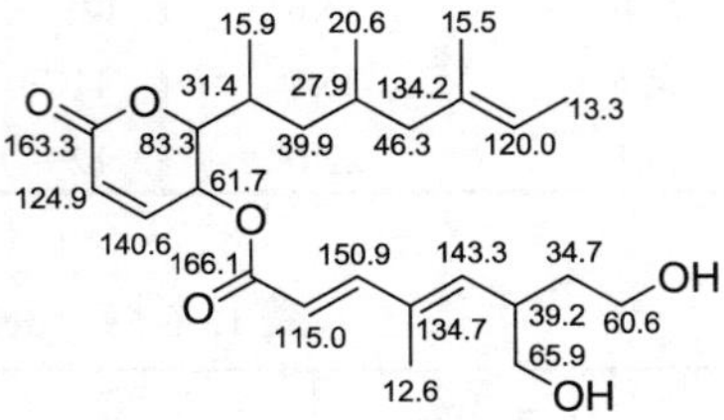

13-6-168[91]

表 13-6-62 pyrenocines 的 ^{13}C NMR 数据[90]

C	13-6-166	13-6-167	C	13-6-166	13-6-167	C	13-6-166	13-6-167
2	164.4	163.5	6	160.2	162.7	10	154.3	51.6
3	87.7	87.6	7	17.9	18.9	11	16.2	73.7
4	169.4	168.4	8	56.2	56.4	12	191.9	18.3
5	105.0	115.9	9	137.0	199.5	13		56.2

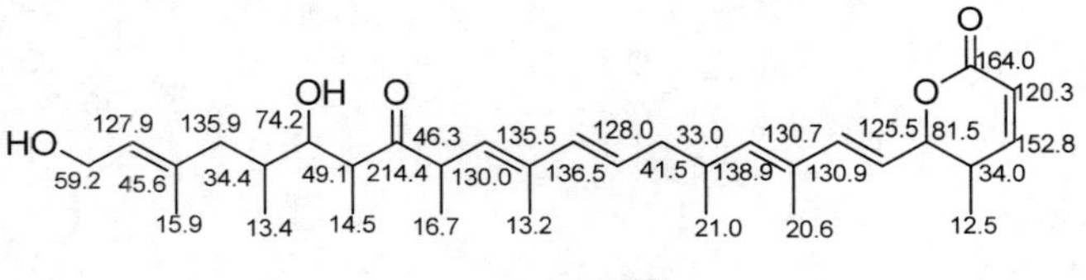

13-6-169[92]

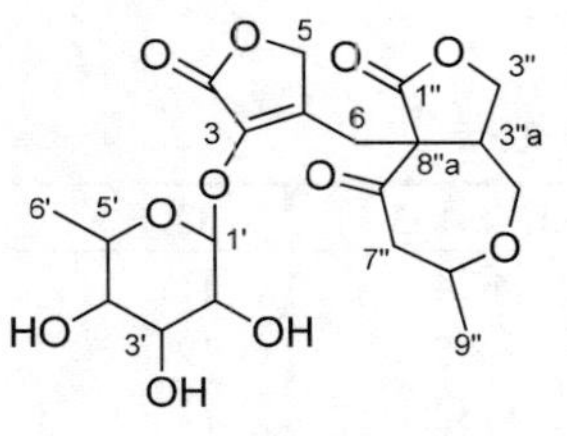

13-6-170

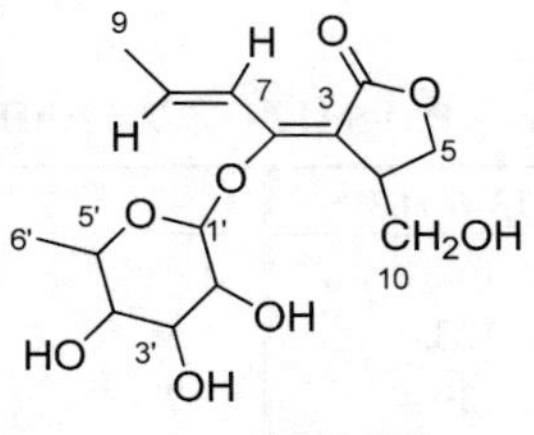

13-6-171

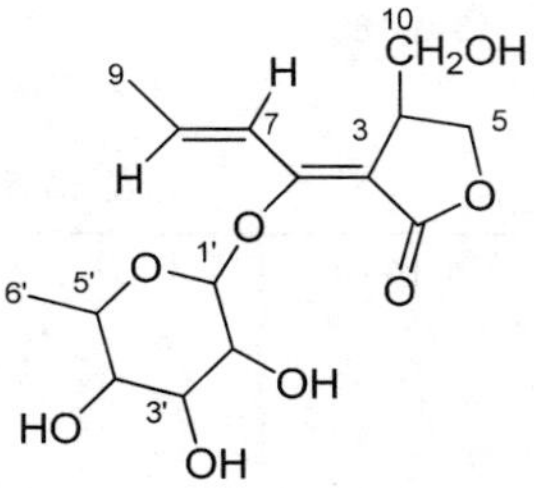

13-6-172

表 13-6-63 rhamnosyllactone A 的 ^{13}C NMR 数据[93]

C	13-6-170	C	13-6-170	C	13-6-170	C	13-6-170
2	169.8	1'	100.5	6'	18.0	6"	72.5
3	140.0	2'	71.4	1"	176.6	7"	46.9
4	141.1	3'	72.0	3"	69.1	8"	203.8
5	71.4	4'	73.3	3"a	45.2	8"a	63.9
6	29.3	5'	72.0	4"	65.0	9"	20.7

表 13-6-64 rhamnosyllactone B_1，B_2 的 ^{13}C NMR 数据[93]

C	13-6-171	13-6-172	C	13-6-171	13-6-172	C	13-6-171	13-6-172
2	173.1	171.4	7	123.1	125.9	2'	71.9	72.0
3	110.8	109.9	8	137.3	138.9	3'	72.2	72.0
4	42.6	43.0	9	18.7	18.7	4'	73.4	73.5
5	69.4	69.1	10	63.3	64.2	5'	72.5	72.5
6	163.8	161.2	1'	102.5	104.2	6'	18.1	18.0

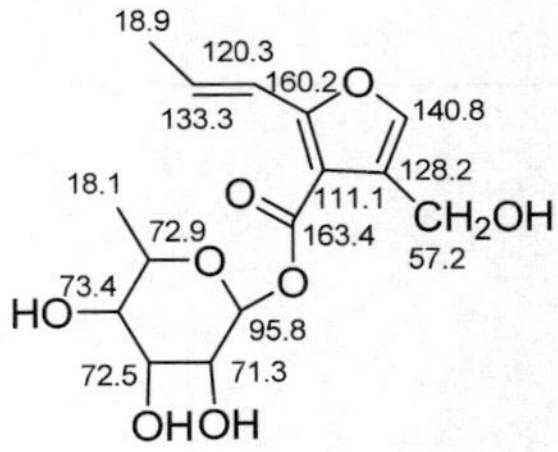

13-6-173[93]

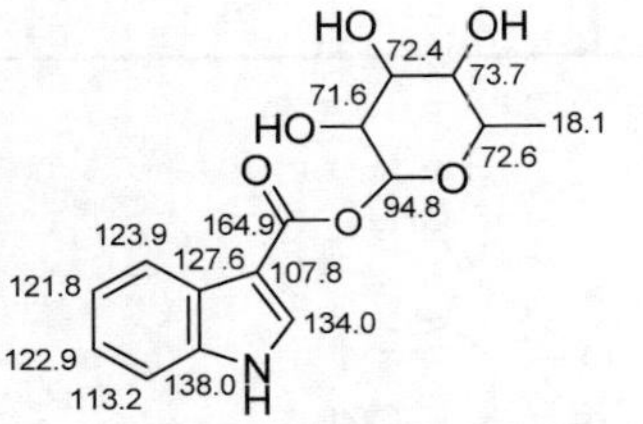

13-6-174[93]

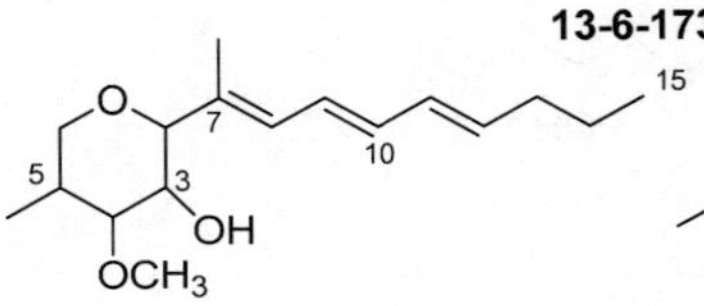

13-6-175

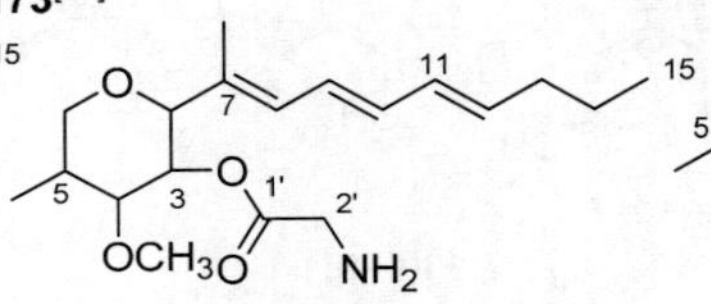

13-6-176

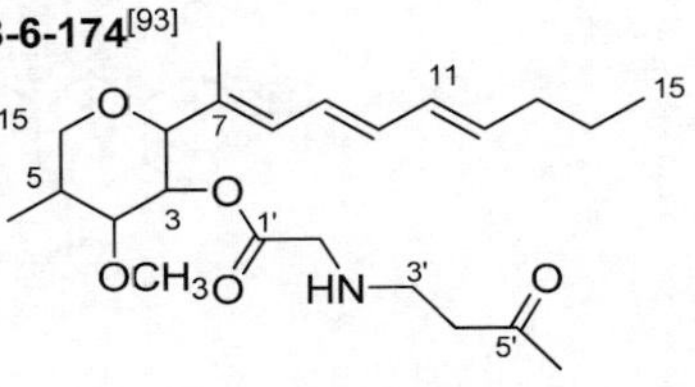

13-6-177

表 13-6-65 13-6-175~13-6-177 的 ^{13}C NMR 数据[94]

C	13-6-175	13-6-176	13-6-177	C	13-6-175	13-6-176	13-6-177
2	86.7	85.3	85.4	14	22.4	22.4	22.4
3	67.6	69.9	69.2	15	13.7	13.7	13.7
4	84.1	81.6	81.5	1'		171.7	171.5
5	31.8	32.4	32.5	2'		42.9	51.0
6	71.0	70.8	70.8	3'			43.9
7	133.4	134.3	133.0	4'			44.0
8	129.8	129.8	129.7	5'			208.0
9	125.8	125.8	126.0	6'			30.1
10	134.2	134.3	134.0	4-OCH_3	56.0	56.4	56.3
11	130.7	130.7	130.6	5-CH_3	10.9	10.8	10.8
12	135.6	135.9	135.7	7-CH_3	12.2	11.8	11.7
13	34.9	34.9	34.9				

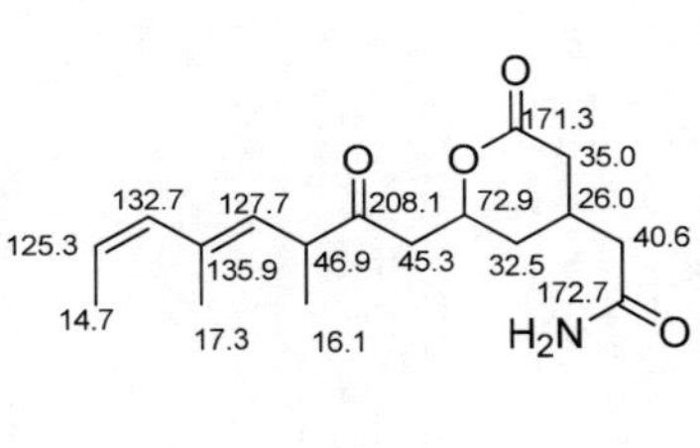

13-6-178[95]

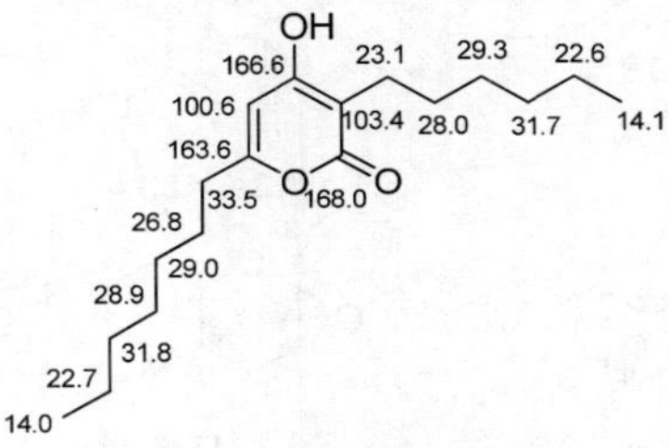

13-6-179[96]

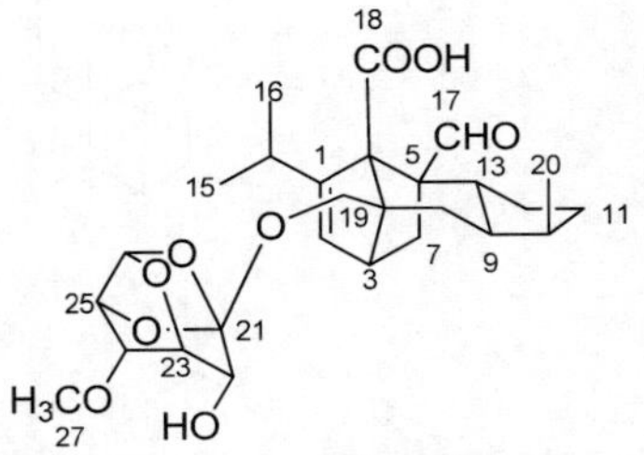

13-6-180

表 13-6-66 Sch57404 的 ^{13}C NMR 数据[97]

C	13-6-180	C	13-6-180	C	13-6-180	C	13-6-180
1	147.8	8	29.0	15	22.5	22	78.5
2	131.6	9	41.6	16	21.2	23	80.0
3	46.5	10	31.4	17	204.8	24	67.0
4	29.7	11	32.3	18	177.5	25	74.7
5	59.2	12	26.5	19	67.1	26	100.7
6	65.4	13	42.0	20	17.5	27	57.8
7	72.0	14	28.1	21	118.7		

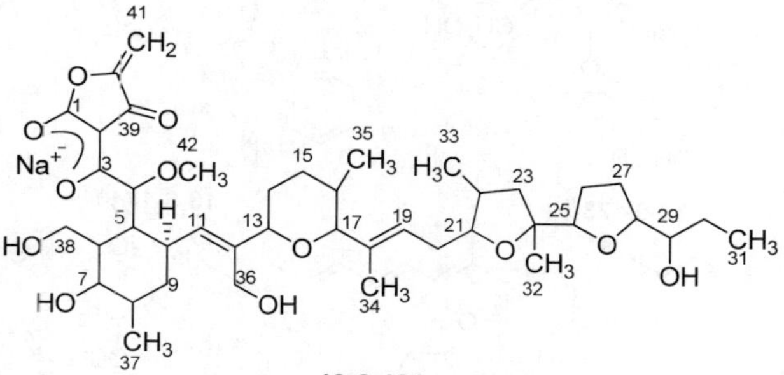

13-6-181

表 13-6-67 SF2487 的 ^{13}C NMR 数据[98]

C	13-6-181	C	13-6-181	C	13-6-181	C	13-6-181
1	171.2	12	135.9	23	44.5	33	16.2
2	96.2	13	85.0	24	82.4	34	10.4
3	196.0	14	32.3	25	82.9	35	17.3
4	83.3	15	31.3	26	25.2	36	55.9
5	37.2	16	31.2	27	22.8	37	17.8
6	43.5	17	92.1	28	81.3	38	65.6
7	76.3	18	134.5	29	70.5	39	180.2
8	35.9	19	131.1	30	28.2	40	153.5
9	34.9	20	32.2	31	10.5	41	90.1
10	36.1	21	83.3	32	25.6	42	58.9
11	137.6	22	40.2				

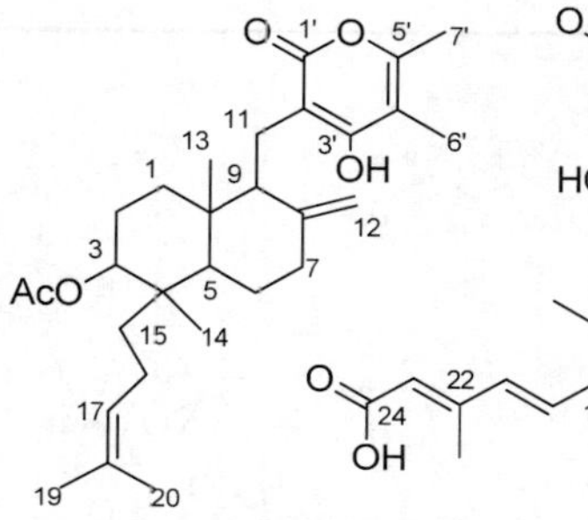

13-6-182

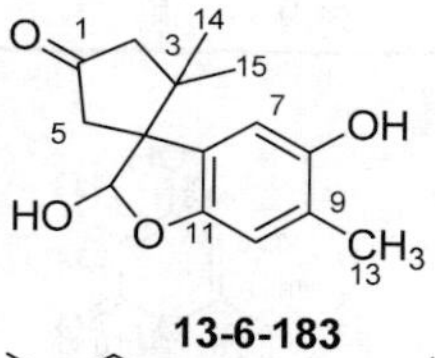

13-6-183

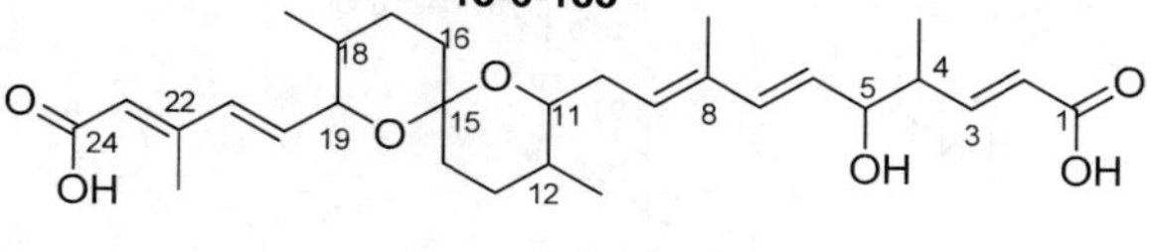

13-6-184

表 13-6-68 sesquicillin 的 ^{13}C NMR 数据[99]

C	13-6-182	C	13-6-182	C	13-6-182	C	13-6-182
1	33.8	8	149.0	15	37.8	2'	103.0
2	24.0	9	56.5	16	21.8	3'	164.3
3	72.6	10	37.6	17	124.4	4'	106.0
4	40.0	11	22.2	18	131.4	5'	155.7
5	39.3	12	111.0	19	25.7	6'	9.9
6	22.6	13	22.8	20	17.5	7'	17.2
7	30.9	14	18.0	1'	165.0	3-Ac	170.7/21.2

表 13-6-69 spirobenzofuran 的 ^{13}C NMR 数据[100]

C	13-6-183	C	13-6-183	C	13-6-183	C	13-6-183
1	216.2	5	42.7	9	123.7	13	16.3
2	51.9	6	126.5	10	150.3	14	23.0
3	41.1	7	111.2	11	111.0	15	24.5
4	59.1	8	148.9	12	102.1		

表 13-6-70 spirofungin A 的 ^{13}C NMR 数据[101]

C	13-6-184	C	13-6-184	C	13-6-184	C	13-6-184
1	171.4	8	133.4	14	36.1	21	136.7
2	121.2	8-Me	12.7	15	95.7	22	154.5
3	153.0	9	130.4	16	36.3	22-Me	14.5
4	42.5	10	33.1	17	23.5	23	118.5
4-Me	14.3	11	74.8	18	33.1	24	171.8
5	76.3	12	34.9	18-Me	17.3		
6	125.4	12-Me	17.6	19	78.5		
7	137.8	13	27.8	20	135.4		

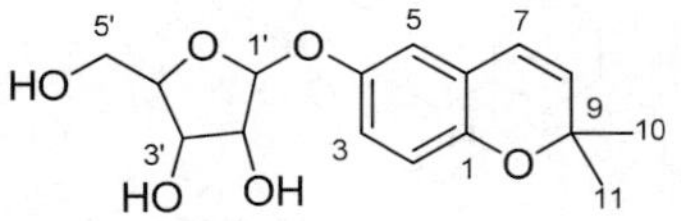

13-6-185 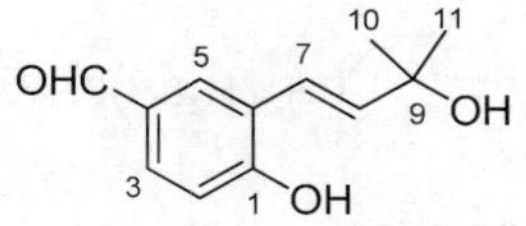　　13-6-186 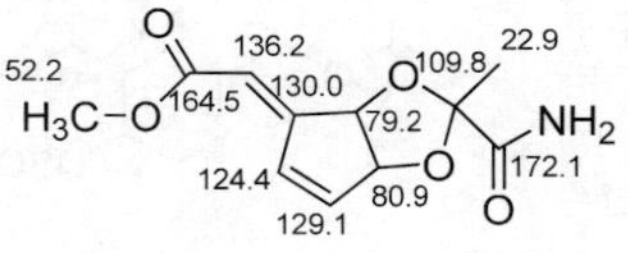　　13-6-187[103]

表 13-6-71 sterin As 的 ^{13}C NMR 数据[102]

C	13-6-185	13-6-186	C	13-6-185	13-6-186	C	13-6-185	13-6-186
1	148.8	161.7	7	122.1	120.8	1'	102.1	
2	117.0	116.5	8	131.9	139.9	2'	72.0	
3	118.3	131.2	9	76.1	71.3	3'	70.8	
4	150.3	129.5	10	27.5	29.7	4'	85.6	
5	115.6	130.1	11	27.5	29.7	5'	62.6	
6	122.1	126.1	CHO		192.8			

13-6-188

13-6-189

表 13-6-72 strobilurin M 的 ^{13}C NMR 数据[104]

C	13-6-188	C	13-6-188	C	13-6-188	C	13-6-188
1	114.6	8	124.9	15	61.9	1''	57.7
2	141.7	9	129.9	16	51.6	2''	120.6
3	142.7	10	130.3	1'	65.0	3''	136.8
4	116.8	11	110.9	2'	99.0	4''	17.7
5	120.3	12	158.8	3'	31.4	5''	25.7
6	131.7	13	167.9	4'	17.2		
7	130.8	14	23.6	5'	16.4		

表 13-6-73 strobilurin O 的 ^{13}C NMR 数据[105]

C	13-6-189	C	13-6-189	C	13-6-189	C	13-6-189
1	122.4	8	125.7	15	61.9	22	69.6
2	146.7	9	129.8	16	51.6	23	62.1
3	150.6	10	130.9	17	68.1	24	57.6
4	120.7	11	110.8	18	83.5	25	24.7
5	121.5	12	158.9	19	80.5	26	18.9
6	133.8	13	167.8	20	27.5		
7	130.3	14	23.7	21	21.4		

13-6-190

13-6-191

表 13-6-74 sultriecin 的 ^{13}C NMR 数据[106]

C	13-6-190	C	13-6-190	C	13-6-190	C	13-6-190
1	163.4	7	131.9	13	123.0	19	28.4
2	120.9	8	36.8	14	123.5	20	30.8
3	146.9	9	71.0	15	129.7	21	21.9
4	61.6	10	40.1	16	125.6	22	13.9
5	81.4	11	66.8	17	136.5	23	8.7
6	126.8	12	135.2	18	32.4		

表 13-6-75 tetrodecamycin 的 ^{13}C NMR 数据[107]

C	13-6-191	C	13-6-191	C	13-6-191	C	13-6-191
1	164.6	6	194.5	11	20.9	16	32.7
2	100.8	7	53.1	12	39.7	17	17.6
3	164.6	8	42.8	13	69.0	18	13.6
4	148.4	9	23.5	14	78.6		
5	96.4	10	25.7	15	92.0		

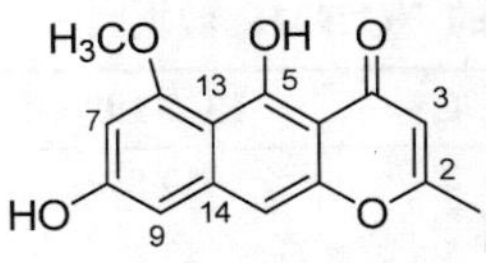

13-6-192

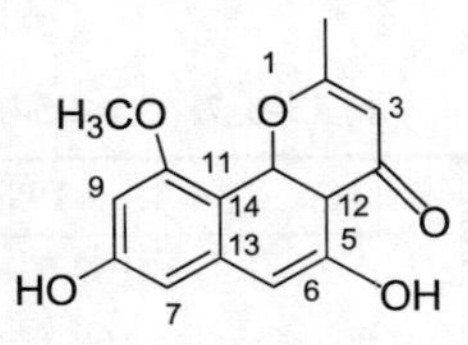

13-6-193

表 13-6-76 13-6-192 和 13-6-193 的 ^{13}C NMR 数据[108]

C	13-6-192	13-6-193	C	13-6-192	13-6-193	C	13-6-192	13-6-193
2	168.3	167.4	8	159.9	159.9	14	140.8	103.0
3	106.5	109.6	9	101.0	97.3	2-CH_3	20.0	19.9
4	183.5	182.0	10	99.7	159.0	6-OCH_3	55.6	
5	162.5	155.4	11	152.4	155.4	10-OCH_3		55.8
6	160.5	104.1	12	102.8	107.4			
7	97.4	101.0	13	106.5	140.7			

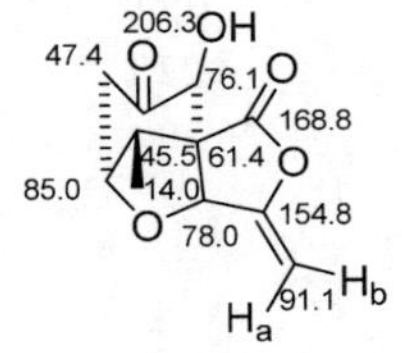

13-6-194[109]

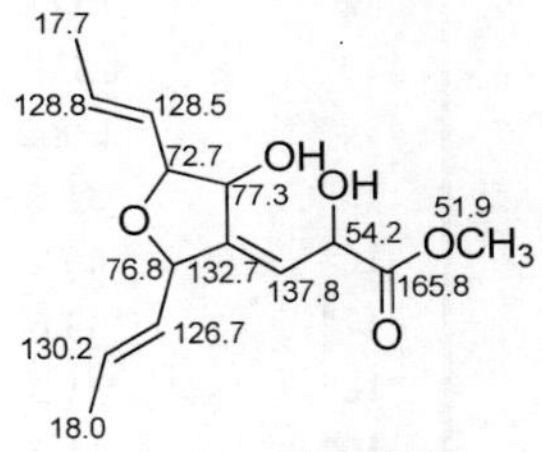

13-6-195[110]

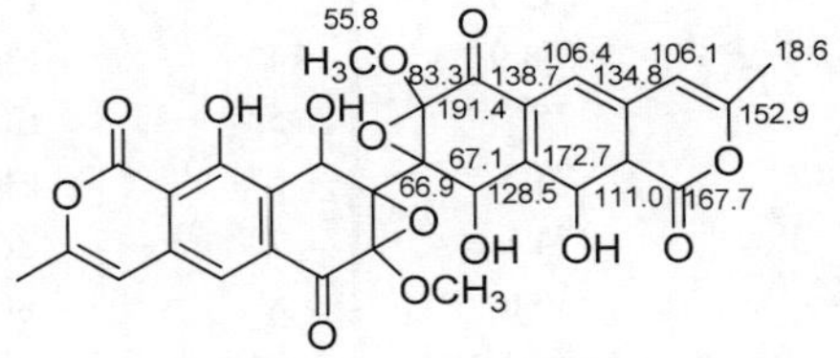

13-6-196[111]

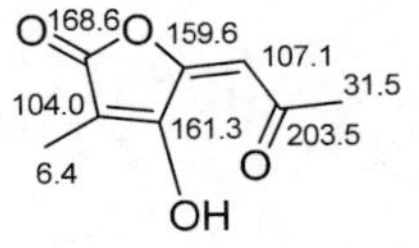

13-6-197[112]

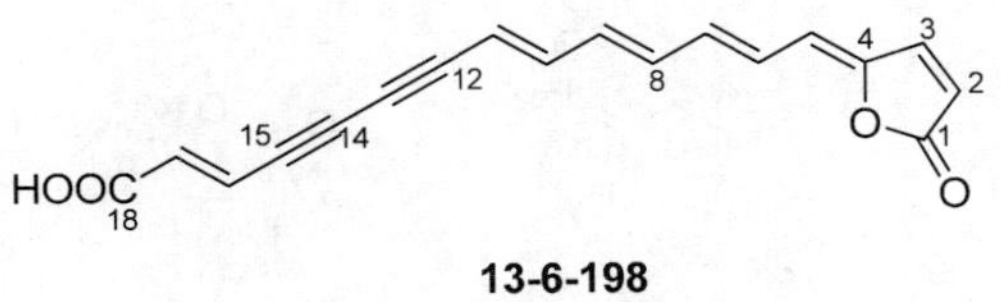

13-6-198

表 13-6-77 xerulinic acid 的 ^{13}C NMR 数据[113]

C	13-6-198	C	13-6-198	C	13-6-198	C	13-6-198
1	169.1	6	128.4	11	110.4	16	122.0
2	118.8	7	138.1	12	85.7	17	135.7
3	144.3	8	137.5	13	77.5	18	166.1
4	149.6	9	134.8	14	80.9		
5	114.5	10	146.4	15	81.1		

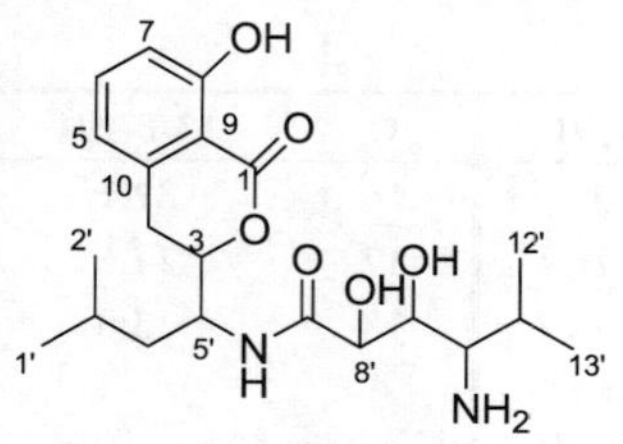

13-6-199

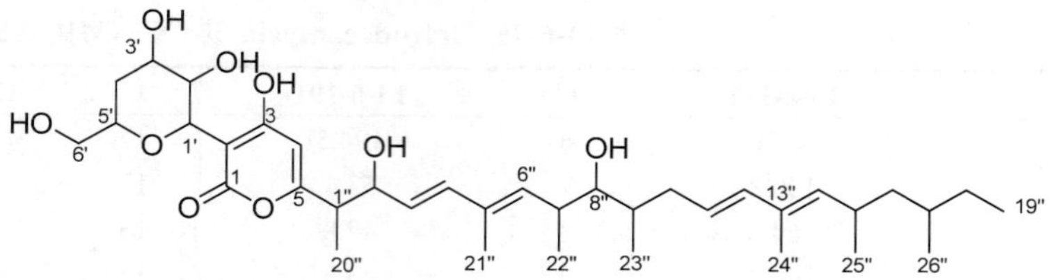

13-6-200

表 13-6-78　Y-05460M-A 的 ^{13}C NMR 数据[114]

C	13-6-199	C	13-6-199	C	13-6-199	C	13-6-199
1	169.8	8	162.0	4'	39.8	11'	27.5
3	81.2	9	108.1	5'	49.3	12'	20.1
4	30.1	10	139.5	7'	173.4	13′	18.9
5	118.4	1'	23.2	8'	72.1		
6	136.5	2'	21.7	9'	69.7		
7	116.2	3'	24.6	10'	61.6		

表 13-6-79　YM-202204 的 ^{13}C NMR 数据[115]

C	13-6-200	C	13-6-200	C	13-6-200	C	13-6-200
1	167.2	6'	65.7	10"	37.0	20"	15.3
2	100.4	1"	46.5	11"	126.7	21"	13.0
3	170.9	2"	76.0	12"	137.9	23"	16.4
4	102.3	3"	127.7	13"	133.3	24"	13.0
5	168.9	4"	139.3	14"	138.2	25"	22.1
1'	75.7	5"	133.8	15"	31.3	26"	19.6
2'	73.5	6"	136.1	16"	46.2		
3'	74.1	7"	36.7	17"	33.6		
4'	36.6	8"	80.3	18"	31.3		
5'	78.4	9"	38.8	19"	11.7		

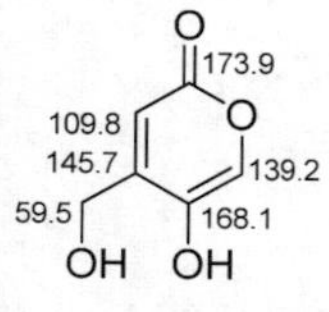

13-6-201[116]

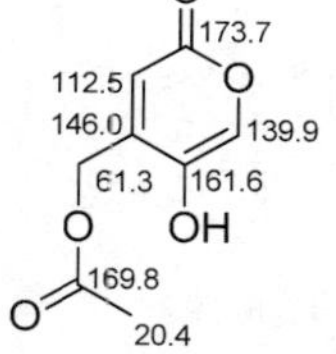

13-6-202[116]

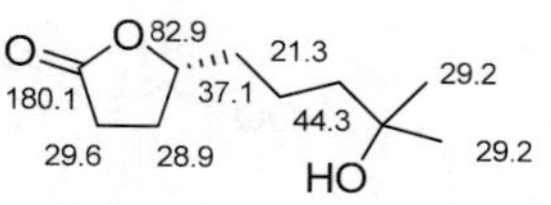

13-6-203[117]

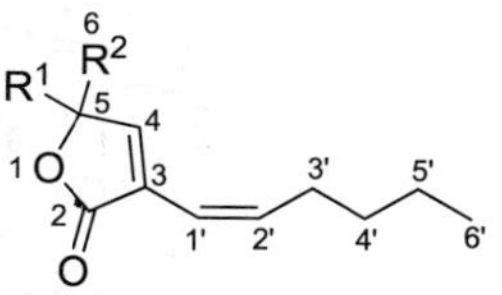

13-6-204 R^1=OH; R^2=CH_3
13-6-205 R^1=CH_2OH; R^2=H

表 13-6-80　13-6-204 和 13-6-205 的 ^{13}C NMR 数据[118]

C	13-6-204	13-6-205	C	13-6-204	13-6-205	C	13-6-204	13-6-205
2	145.4	173.0	6	34.8	62.9	4'	31.0	30.8
3	129.6	130.3	1'	115.6	116.2	5'	22.2	22.2
4	145.4	144.0	2'	141.9	140.6	6'	13.7	13.8
5	104.0	81.7	3'	29.6	29.4			

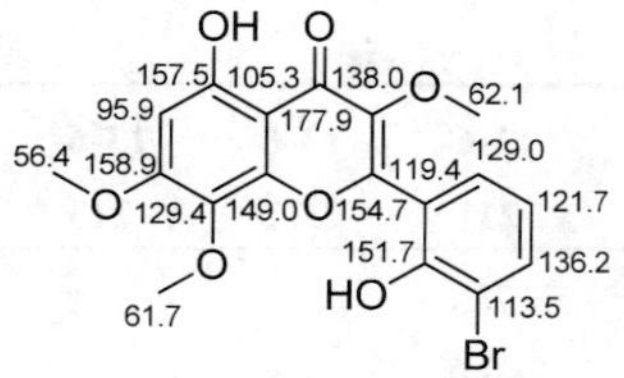

13-6-206[119]

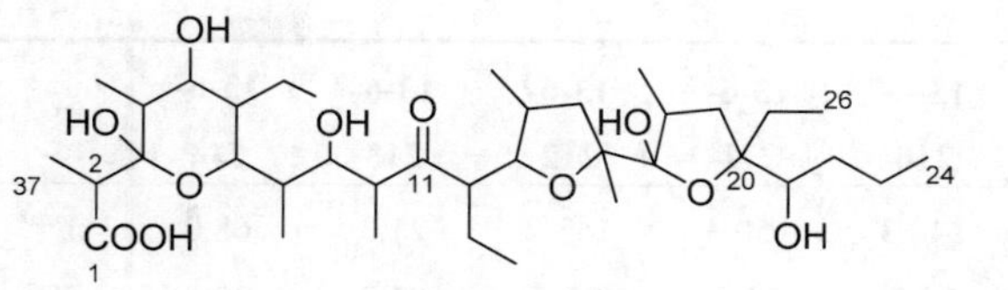

13-6-207

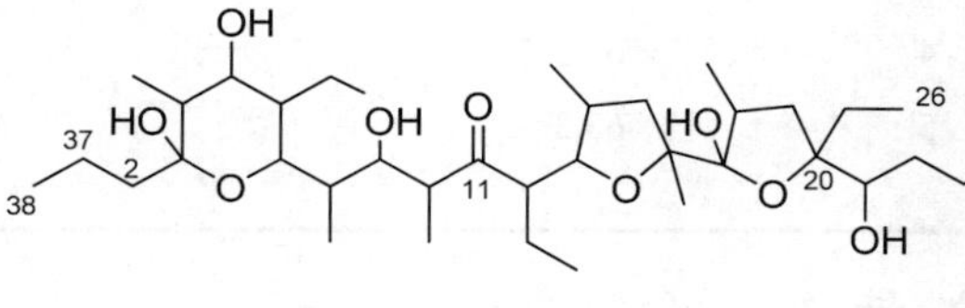

13-6-208

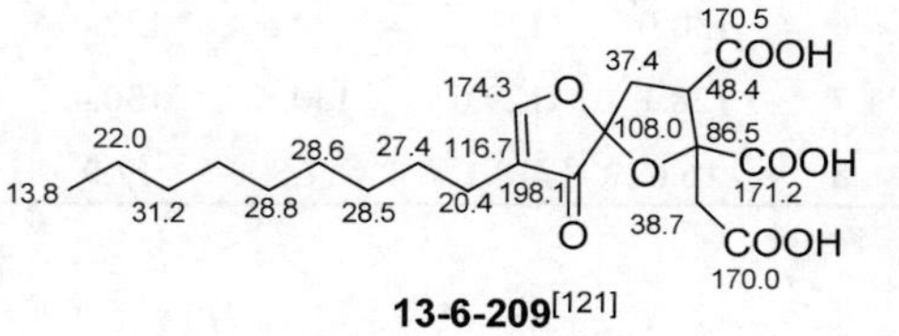

13-6-209[121]

表 13-6-81 inostamycin B、C 的 ^{13}C NMR 数据[120]

C	13-6-207	13-6-208	C	13-6-207	13-6-208	C	13-6-207	13-6-208
1	179.5		14	33.9	35.2	28	24.2	24.3
2-CH	43.3		15	42.1	42	29	14.2	15
2-CH_2		41.6	16	82.9	83.9	30	14.6	16.5
3	100.6	100.2	17	107.6	107.4	31	12.7	12.5
4	38.6	38.9	18	38.9	38	32	13.5	13.7
5	71.6	71.5	19	35.6	36.7	33	4.6	4.7
6	36.8	36.6	20	88.7	88.3	34	20	18.9
7	75.8	75.1	21	73.8	70.9	35	11.2	10.8
8	33.1	32.8	22	33.6	34	36	13.1	13.7
9	78	78.1	23	19.4	19.4	37-CH_2		15.9
10	48.2	47.5	24	14.1	14.1	37-CH_3	12.8	
11	210.8	213.3	25	30.8	30.4	38		13.8
12	54.1	55.2	26	7.5	7.4			
13	82.3	84.2	27	12.1	13.7			

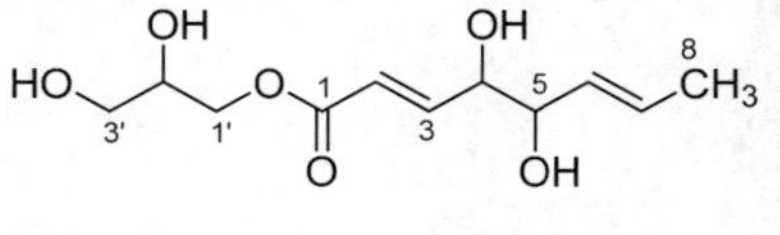

13-6-210

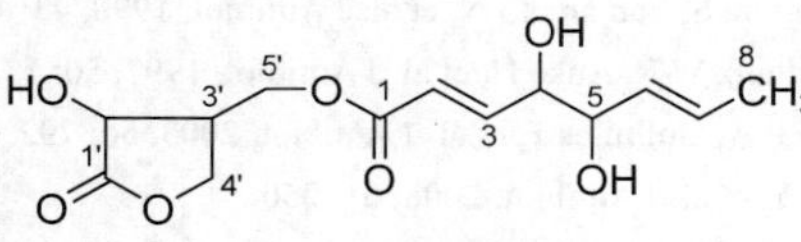

13-6-211

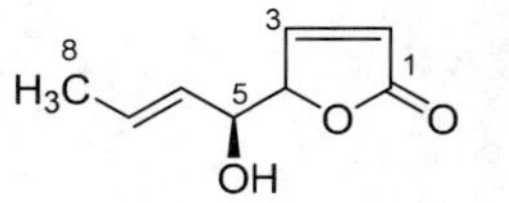

13-6-212

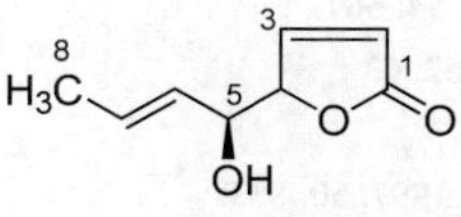

13-6-213

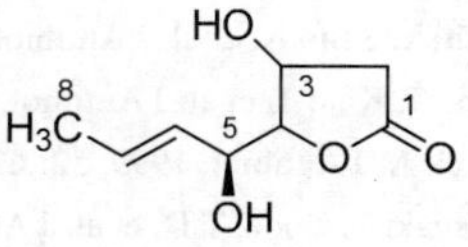

13-6-214

表 13-6-82 musacins 的 ^{13}C NMR 数据[122]

C	13-6-210	13-6-211	13-6-212	13-6-213	13-6-214	C	13-6-210	13-6-211	13-6-212	13-6-213	13-6-214
1	166.6	167.7	172.9	177.4	179.1	2	120.6	121.6	122.9	28.5	39.5

续表

C	13-6-210	13-6-211	13-6-212	13-6-213	13-6-214	C	13-6-210	13-6-211	13-6-212	13-6-213	13-6-214
3	148.3	150.3	153.2	21.3	68.0	1'	65.2	178.6	—	—	—
4	73.8	75.2	85.7	82.3	92.4	2'	69.8	69.9	—	—	—
5	75.0	76.4	72.1	72.9	72.7	3'	62.6	45.0	—	—	—
6	130.0	131.5	127.5	127.4	130.0	4'	—	68.2	—	—	—
7	128.1	129.6	130.8	130.4	130.0	5'	—	63.3	—	—	—
8	16.6	18.1	17.8	17.9	18.1						

参考文献

[1] Morishita T, Sato A, Ando T, et al. J Antibiot, 1998, 51: 531.
[2] Lee J H, Park Y J, Kim H S, et al. J Antibiot, 2001, 54: 463.
[3] Smitka T, Bonjouklian R, Perun T, et al. J Antibiot, 1992, 45: 433.
[4] David L, Ayala H L, Tabet J C. J Antibiot, 1985, 38: 1655.
[5] Kim H S, Park I Y, Park Y J, et al. J Antibiot, 2002, 55: 669.
[6] Naganuma S, Sakai K, Hasumi K, et al. J Antibiot, 1992, 45: 1216.
[7] Uhr H, Zeeck A, Clegg W, et al. J Antibiot, 1985, 38: 1684.
[8] Sassa T, Kinoshita H, Nukina M, et al. J Antibiot, 1998, 51: 967.
[9] Kobayashi K, Nishino C, Ohya J, et al. J Antibiot, 1988, 41: 502.
[10] Kobayashi K, Nishino C, Ohya J, et al. J Antibiot, 1988, 41: 741.
[11] Arai M, Tomoda H, Okuda T, et al. J Antibiot, 2002, 55: 172.
[12] Schuffler A, Kautz D, Liermann J C, et al. J Antibiot, 2009, 62: 119.
[13] Berg A, Doerfelt H, Kiet T T, et al. J Antibiot, 2002, 55: 818.
[14] Hayakawa Y, Sohda K Y, Shin-Ya K, et al. J Antibiot, 1995, 48: 954.
[15] Hoshi M, W. Shimotohno K, Endo T, et al. J Antibiot, 1997, 50: 631.
[16] Mukhopadhyay T, Bhat R, Roy K, et al. J Antibiot, 1998, 51: 439.
[17] Roy K, Vijayakumar E. J Antibiot, 1992, 45: 1592.
[18] Taniguchi M, Watanabe M, Nagai K, et al. J Antibiot, 2000, 53: 844.
[19] Pairet L, Wrigley S, Chetland I, et al. J Antibiot, 1995, 48: 913.
[20] Kondo H, Nakajima S, Yamamoto N, et al. J Antibiot, 1990, 43: 1533.
[21] Thines E, Arendholz W R, Anke H, et al. J Antibiot, 1997, 50: 13.
[22] Schlegel B, H Rtl A, Gollmick F, et al. J Antibiot, 2003, 56: 792.
[23] Du X, Lu C, Li Y, et al. J Antibiot, 2008, 61: 250.
[24] Kotake C, Yamasaki T, Moriyama T, et al. J Antibiot, 1992, 45: 1442.
[25] Yang D J, Tomoda H, Tabata N, et al. J Antibiot, 1996, 49: 223.
[26] Sasaki T, Igarashi Y, Saito N, et al. J Antibiot, 2001, 54: 567.
[27] Inoue H, Someno T, Kato T, et al. J Antibiot, 2009, 62: 63.
[28] Schiewe H, Zeeck A. J Antibiot, 1999, 52: 635.
[29] Dekker K A, Inagaki T, Gootz T D, et al. J Antibiot, 1997, 50: 833.
[30] Saito T, Aoki F, Hirai H, et al. J Antibiot, 1998, 51: 983.
[31] Shindo K, Kawai H. J Antibiot, 1992, 45: 292.
[32] Gunawardana G, Rasmussen R R, Scherr M, et al. J Antibiot, 1997, 50: 884.
[33] Dirlam J P, Bordner J, Chang S P, et al. J Antibiot, 1992, 45: 1544.
[34] Dirlam J P, Presseau-Linabury L, Koss D A. J Antibiot, 1990, 43: 727.
[35] Dirlam J P, Belton A M, Bordner J, et al. J Antibiot, 1992, 45: 331.
[36] Dirlam J P, Belton A M, Bordner J, et al. J Antibiot, 1990, 43: 668.
[37] Dirlam J, Cullen W, Huang L, et al. J Antibiot, 1991, 44: 1262.

[38] Tanaka K, Itazaki H, Yoshida T. J Antibiot, 1992, 45: 50.
[39] Schlegel B, Groth I, Grafe U. J Antibiot, 2000, 53: 415.
[40] Kurokawa T, Suzuki K, Kayaoka T, et al. J Antibiot, 1993, 46: 1315.
[41] Kumagai H. J Antibiot, 1990, 43: 1505.
[42] Fehr T, Quesniaux V, Sanglier J J, et al. J Antibiot, 1997, 50: 893.
[43] Uchida H, Nakakita Y, Enoki N, et al. J Antibiot, 1993, 46: 1611.
[44] Xaio J, Kumazawa S, Yoshikawa N, et al. J Antibiot, 1993, 46: 48.
[45] Grabley S, Granzer E, Hutter K, et al. J Antibiot, 1992, 45: 56.
[46] Tanaka Y, Matsuzaki K, Zhong C L, et al. J Antibiot, 1996, 49: 1056.
[47] Koizumi F, Agatsuma T, Ando K, et al. J Antibiot, 2003, 56: 891.
[48] Kakeya H, Onose R, Yoshida A, et al. J. Antibiot, 2002, 55: 829.
[49] Tabata N, Tomoda H, Omura S. J Antibiot, 1998, 51: 624.
[50] Sato S, Nakagawa R, Fudo R, et al. J Antibiot, 1997, 50: 614.
[51] Nozawa O, Okazaki T, Sakai N, et al. J Antibiot, 1995, 48: 113.
[52] Kondo K, Eguchi T, Kakinuma K, et al. J Antibiot, 1998, 51: 288.
[53] Yamashita N, Shin-Ya K, Furihata K, et al. J Antibiot, 1998, 51: 1105.
[54] Tang Y, Sattler I, Thiericke R, et al. J Antibiot, 2000, 53: 934.
[55] Igarashi Y, Ogawa M, Sato Y, et al. J Antibiot, 2000, 53: 1117.
[56] Anderson M, Rickards R, Lacey E. J Antibiot, 1999, 52: 1023.
[57] Lee H, Chung M, Lee C, et al. J Antibiot, 1997, 50: 357.
[58] Levine S G, Hicks R E, Gottlieb H E, et al. J Org Chem, 1975, 40: 2540.
[59] Nair M G, Chandra A, Thorogood D L. J Antibiot, 1993, 46: 1762.
[60] Qian-Cutrone J, Huang S, Chang L, et al. J Antibiot, 1996, 49: 990.
[61] Takahashi Y, Nakamura H, Ogata R, et al. J Antibiot, 1990, 43: 441.
[62] Vertesy L, Burger H J, Kenja J, et al. J Antibiot, 2000, 53: 677.
[63] Kim S I, Park I H, Song K S. J Antibiot, 2002, 55: 623.
[64] Shan R, Stadler M, Sterner O, et al. J Antibiot, 1996, 49: 447.
[65] Berg A, Reiber K, D Rfelt H, et al. J Antibiot, 2000, 53: 1313.
[66] Hamamoto T, Uozumi T, Beppu T. J Antibiot, 1985, 38: 533.
[67] Itoh Y, Shimura H, Ito M, et al. J Antibiot, 1991, 44: 832.
[68] Pospisil S, Sedmera P, Havlicek V. J Antibiot, 1996, 49: 935.
[69] Vaufrey F, Delort A, Jeminet G, et al. J Antibiot, 1990, 43: 1189.
[70] Jekkel A, Konya A, Ilkoy E, et al. J Antibiot, 1997, 50: 750.
[71] Ui H, Shiomi K, Yamaguchi Y, et al. J Antibiot, 2001, 54: 234.
[72] Tsuchiya K, Kobayashi S, Nishikiori T, et al. J Antibiot, 1997, 50: 259.
[73] Kuo M, Yurek D, Chirby D, et al. J Antibiot, 1991, 44: 1096.
[74] Sasaki T, Igarashi Y, Saito N, et al. J Antibiot, 2001, 54: 441.
[75] H Rtl A, Stelzner A, Ritzau M, et al. J Antibiot, 1998, 51: 528.
[76] Hoff H, Drautz H, Fiedler H P, et al. J Antibiot, 1992, 45: 1096.
[77] Ritzau M, Philipps S, Zeeck A, et al. J Antibiot, 1993, 46: 1625.
[78] Funayama S, Nozoe S, Tronquet C, et al. J Antibiot, 1992, 45: 1686.
[79] Imai H, Suzuki K, Morioka M, et al. J Antibiot, 1987, 40: 1475.
[80] Ogawa H, Hasumi K, Sakai K, et al. J Antibiot, 1991, 44: 762.
[81] Sakuda S, Otsubo Y, Yamada Y. J Antibiot, 1995, 48: 85.
[82] Matsumoto T, Ishiyama A, Yamaguchi Y, et al. J Antibiot, 1999, 52: 754.
[83] Hwang E I, Yun B S, Kim Y K, et al. J Antibiot, 2000, 53: 903.
[84] Tomiya T, Uramoto M, Isono K. J Antibiot, 1990, 43: 118.
[85] Mikami A, Okazaki T, Sakai N, et al. J Antibiot, 1996, 49: 985.
[86] Kishimura Y, Kawashima A, Kagamizono T, et al. J Antibiot, 1992, 45: 892.
[87] Hwang J S, Song K S, Kim W G , et al. J Antibiot, 1997, 50: 773.
[88] Canedo L M, Puentes J L F, Baz J P, et al. J Antibiot, 1997, 50: 175.
[89] Igarashi Y, Iida T, Yoshida R, et al. J Antibiot, 2002, 55: 764.

[90] Amagata T, Minoura K, Numata A. J Antibiot, 1998, 51: 432.
[91] Tomikawa T, Shin-Ya K, Furihata K, et al. J Antibiot, 2000, 53: 848.
[92] Hosokawa N, Ilnuma H, Naganawa H, et al. J Antibiot, 1993, 46: 676.
[93] Hu J F, Wunderlich D, Sattler I, et al. J Antibiot, 2000, 53: 944.
[94] Matsukuma S, Ohtsuka T, Kotaki H, et al. J Antibiot, 1992, 45: 151.
[95] Urakawa A, Otani T, Yoshida K, et al. J Antibiot, 1993, 46: 1827.
[96] Chu M, Mierzwa R, Xu L, et al. J Antibiot, 2002, 55: 215.
[97] Coval S, Puar M, Phife D, et al. J Antibiot, 1995, 48: 1171.
[98] Hatsu M, Sasaki T, Miyadoh S, et al. J Antibiot, 1990, 43: 259.
[99] Engel B, Erkel G, Anke T, et al. J Antibiot, 1998, 51: 518.
[100] Kleinwaechter P, Schlegel B, Doerfelt H, et al. J Antibiot, 2001, 54: 526.
[101] H Ltzel A, Kempter C, Metzger J W, et al. J Antibiot, 1998, 51: 699.
[102] Yun B, Cho Y, Lee I, et al. J Antibiot, 2002, 55: 208.
[103] Akagawa H, Takano Y, Ishii A, et al. J Antibiot, 1999, 52: 960.
[104] Dafemer M, Anke T, Hellwig V, et al. J Antibiot, 1998, 51: 816.
[105] Hosokawa N, Momose I, Sekizawa R, et al. J Antibiot, 2000, 53: 297.
[106] Ohkuma H, Naruse N, Nishiyama Y, et al. J Antibiot, 1992, 45: 1239.
[107] Tsuchida T, Sawa R, Iinuma H, et al. J Antibiot, 1994, 47: 386.
[108] Sakurai M, Kohno J, Yamamoto K, et al. J Antibiot, 2002, 55: 685.
[109] Roll D M, Tischler M, Williamson R T, et al. J Antibiot, 2002, 55: 520.
[110] Nozawa O, Okazaki T, Morimoto S, et al. J Antibiot, 2000, 53: 1296.
[111] Igarashi Y, Kuwamori Y, Takagi K, et al. J Antibiot, 2000, 53: 928.
[112] Breinholt J, Demuth H, Lange L, et al. J Antibiot, 1993, 46: 1013.
[113] Kuhnt D, Anke T, Besl H, et al. J Antibiot, 1990, 43: 1413.
[114] Sato T, Nagai K, Suzuki K, et al. J Antibiot, 1992, 45: 1949.
[115] Nagai K, Kamigiri K, Matsumoto H, et al. J Antibiot, 2002, 55: 1036.
[116] Lin A, Lu X, Fang Y, et al. J Antibiot, 2008, 61: 245.
[117] Maul C, Sattler I, Zerlin M, et al. J Antibiot, 1999, 52: 1124.
[118] Pascale G, Sauriol F, Benhamou N, et al. J Antibiot, 1997, 50: 742.
[119] Watanabe S, Hirai H, Kato Y, et al. J Antibiot, 2001, 54: 1031.
[120] Odai H, Shindo K, Odagawa A, et al. J Antibiot, 1994, 47: 939.
[121] Shiozawa H, Takahashi M, Takatsu T, et al. J Antibiot, 1995, 48: 357.
[122] Schneider A, Sp Th J, Breiding-Mack S, et al. J Antibiot, 1996, 49: 438.

第七节 萜类抗生素

表 13-7-1 萜类抗生素的名称、分子式、测试溶剂和参考文献

编号	名称	分子式	测试溶剂	参考文献
13-7-1	AB5046A	$C_{10}H_{14}O_4$	C	[1]
13-7-2	AB5046B	$C_8H_{10}O_4$	C	[1]
13-7-3	A-108835	$C_{32}H_{50}O_8S$	M	[2]
13-7-4	A-108836	$C_{31}H_{50}O_6S$	M	[2]
13-7-5	andrastin C	$C_{28}H_{40}O_6$	M	[3]
13-7-6	andrastin D	$C_{26}H_{36}O_5$	M	[3]
13-7-7	anicequol	$C_{30}H_{48}O_6$	C/M	[4]
13-7-8	arisugacin C	$C_{27}H_{32}O_6$	C	[5]

续表

编号	名称	分子式	测试溶剂	参考文献
13-7-9	arisugacin D	$C_{29}H_{36}O_8$	C	[5]
13-7-10	arisugacin E	$C_{27}H_{34}O_6$	C	[5]
13-7-11	arisugacin F	$C_{27}H_{34}O_5$	C	[5]
13-7-12	arisugacin G	$C_{27}H_{32}O_5$	C	[5]
13-7-13	arisugacin H	$C_{29}H_{36}O_9$	C	[5]
13-7-14	ATCC 20928 A	$C_{23}H_{30}O_5$	CD_3CN	[6]
13-7-15	colletoic acid	$C_{15}H_{24}O_3$	D	[7]
13-7-16	cinnatriacetin A	$C_{23}H_{20}O_5$	M	[8]
13-7-17	cinnatriacetin B	$C_{23}H_{20}O_5$	M	[8]
13-7-18	CJ-14258	$C_{25}H_{38}O_6$	M	[9]
13-7-19	CJ-15544	$C_{25}H_{34}O_6$	M	[9]
13-7-20	cladosporide B	$C_{25}H_{38}O_3$	C	[10]
13-7-21	cladosporide C	$C_{25}H_{40}O_3$	C	[10]
13-7-22	cladosporide D	$C_{25}H_{38}O_3$	C	[11]
13-7-23	coniosetin	$C_{25}H_{35}NO_4$	D/M	[12]
13-7-24	drimane sesquiterpene ester 1	$C_{23}H_{30}O_5$	D	[13]
13-7-25	drimane sesquiterpene ester 2	$C_{23}H_{32}O_4$	C	[13]
13-7-26	drimane sesquiterpene ester 3	$C_{23}H_{32}O_5$	C	[13]
13-7-27	drimane sesquiterpene ester 4	$C_{23}H_{32}O_4$	C	[13]
13-7-28	drimane sesquiterpene ester 5	$C_{21}H_{28}O_5$	C	[13]
13-7-29	drimane sesquiterpene ester 6	$C_{23}H_{30}O_5$	C	[13]
13-7-30	eupenifeldin	$C_{33}H_{40}O_7$	C/D	[14]
13-7-31	F-12509A	$C_{21}H_{28}O_4$	C	[15]
13-7-32	fusarielin A	$C_{25}H_{38}O_4$	D	[16]
13-7-33	fusarielin B	$C_{25}H_{40}O_5$	D	[16]
13-7-34	fusarielin C	$C_{25}H_{38}O_3$	D	[16]
13-7-35	fusarielin D	$C_{25}H_{36}O_4$	D	[16]
13-7-36	Fudecalone	$C_{15}H_{22}O_3$	C	[17]
13-7-37	F-1839-3	$C_{23}H_{31}NO_5$	C	[18]
13-7-38	F-1839-4	$C_{24}H_{33}NO_6$	C	[18]
13-7-39	F-1839-5	$C_{24}H_{33}NO_6$	C	[18]
13-7-40	F-1839-6	$C_{23}H_{31}NO_5$	C	[18]
13-7-41	F-1839-7	$C_{25}H_{35}NO_6$	C	[18]
13-7-42	F-1839-8	$C_{28}H_{39}NO_7$	C	[18]
13-7-43	F-1839-9	$C_{29}H_{41}NO_6$	C	[18]
13-7-44	F-1839-10	$C_{23}H_{32}O_4$	C	[18]
13-7-45	germicidin	$C_{11}H_{16}O_3$	C	[19]
13-7-46	gibberellin A_1（赤霉素 A_1）	$C_{19}H_{24}O_6$	C	[20]
13-7-47	gibberellin A_3（赤霉素 A_3）	$C_{19}H_{22}O_6$	C	[20]

续表

编号	名称	分子式	测试溶剂	参考文献
13-7-48	gibberellin A_9（赤霉素 A_9）	$C_{19}H_{24}O_4$	C	[20]
13-7-49	gibberellin A_{14}（赤霉素 A_{14}）	$C_{20}H_{28}O_5$	C	[20]
13-7-50	gibberellin A_{37}（赤霉素 A_{37}）	$C_{20}H_{26}O_5$	C	[20]
13-7-51	gibberellin A_{52}（赤霉素 A_{52}）	$C_{20}H_{26}O_7$	C	[20]
13-7-52	GR135402	$C_{34}H_{48}O_9$	CD_3CN	[21]
13-7-53	hexacyclinol	$C_{23}H_{28}O_7$	C	[22]
13-7-54	desoxyhypnophilin	$C_{15}H_{20}O_2$	C	[23]
13-7-55	6,7-epoxy-4(15)-hirsutene-5-ol	$C_{15}H_{22}O_2$	C	[23]
13-7-56	hongoquercin A	$C_{23}H_{32}O_4$	M	[24]
13-7-57	hongoquercin B	$C_{25}H_{34}O_6$	C	[24]
13-7-58	JBIR-27	$C_{15}H_{22}O_3$	M	[25]
13-7-59	JBIR-28	$C_{15}H_{20}O_4$	M	[25]
13-7-60	mR304A	$C_8H_{11}NO_4$	M	[26]
13-7-61	malfilanol A	$C_{15}H_{24}O_3$	C	[27]
13-7-62	malfilanol B	$C_{16}H_{26}O_3$	C	[27]
13-7-63	melleolide K（黄蜜环酯 K）	$C_{23}H_{27}ClO_6$	C	[28]
13-7-64	melleolide L（黄蜜环酯 L）	$C_{23}H_{27}ClO_7$	C	[28]
13-7-65	melleolide M（黄蜜环酯 M）	$C_{23}H_{29}ClO_7$	C	[28]
13-7-66	memnobotrin A	$C_{25}H_{33}NO_5$	A	[29]
13-7-67	memnobotrin B	$C_{27}H_{37}NO_6$	A	[29]
13-7-68	memnoconol	$C_{23}H_{32}O_6$	A	[29]
13-7-69	memnoconone	$C_{22}H_{28}O_5$	A	[29]
13-7-70	Mer-f3	$C_{16}H_{24}O_6$	C	[30]
13-7-71	Mer-NF5003B	$C_{23}H_{32}O_6$	C/M	[31]
13-7-72	Mer-NF5003E	$C_{23}H_{32}O_5$	C/M	[31]
13-7-73	Mer-NF5003F	$C_{23}H_{30}O_5$	C/M	[31]
13-7-74	Mer-NF8054A	$C_{28}H_{44}O_4$	M	[32]
13-7-75	Mer-NF8054X	$C_{28}H_{42}O_5$	M	[32]
13-7-76	phenylpyropene A	$C_{33}H_{38}O_{10}$	C	[33]
13-7-77	phenylpyropene B	$C_{30}H_{36}O_7$	C	[33]
13-7-78	pyridoxatin	$C_{15}H_{21}NO_3$	M	[34]
13-7-79	pyripyropene E	$C_{27}H_{33}NO_5$	C	[35]
13-7-80	pyripyropene F	$C_{28}H_{35}NO_5$	C	[35]
13-7-81	pyripyropene G	$C_{27}H_{33}NO_6$	C	[35]
13-7-82	pyripyropene H	$C_{28}H_{35}NO_6$	C	[35]
13-7-83	pyripyropene I	$C_{34}H_{43}NO_{10}$	C	[35]
13-7-84	pyripyropene J	$C_{33}H_{41}NO_{10}$	C	[35]
13-7-85	pyripyropene K	$C_{33}H_{41}NO_{10}$	C	[35]
13-7-86	pyripyropene L	$C_{33}H_{41}NO_{10}$	C	[35]
13-7-87	pyripyropene M	$C_{32}H_{39}NO_9$	C	[36]

续表

编号	名称	分子式	测试溶剂	参考文献
13-7-88	pyripyropene N	$C_{31}H_{39}NO_8$	C	[36]
13-7-89	pyripyropene O	$C_{29}H_{35}NO_7$	C	[36]
13-7-90	pyripyropene P	$C_{30}H_{37}NO_7$	C	[36]
13-7-91	pyripyropene Q	$C_{30}H_{37}NO_8$	C	[36]
13-7-92	pyripyropene R	$C_{30}H_{37}NO_7$	C	[36]
13-7-93	phenylpyropene C	$C_{28}H_{34}O_5$	C	[37]
13-7-94	RPR113228	$C_{30}H_{49}O_9P$	D	[38]
13-7-95	scabronine J	$C_{21}H_{30}O_4$	M	[39]
13-7-96	S19159	$C_{30}H_{44}O_5$	M	[40]
13-7-97	Sch 575867	$C_{32}H_{53}NaO_{13}S_3$	M	[41]
13-7-98	Sch 601324	$C_{32}H_{53}O_9S^-$	D	[42]
13-7-99	hydroxysordarin（羟基粪壳菌素）	$C_{27}H_{40}O_9$	C	[43]
13-7-100	neosordarin（新粪壳菌素）	$C_{36}H_{50}O_{11}$	C	[43]
13-7-101	Sch 420789	$C_{27}H_{36}O_6$	C	[44]
13-7-102	(*8S*)-3-(2-hydroxypropyl)-cyclohexanone	$C_9H_{16}O_2$	C	[45]
13-7-103	*ent*-8,8a-dihydroramulosin	$C_{10}H_{16}O_3$	C	[45]
13-7-104	*seco*-4,23-hydroxyoleane-12-en-22-one-3-carboxylic acid	$C_{30}H_{48}O_5$	M	[45]
13-7-105	12-hydroxy-6-*epi*-albrassitriol	$C_{15}H_{26}O_4$	M	[46]
13-7-106	6-*epi*-albrassitriol	$C_{15}H_{26}O_3$	A	[46]
13-7-107	methyl 7*α*-acetoxydeacetylbotryoloate	$C_{18}H_{30}O_7$	—	[47]
13-7-108	7*α*-acetoxydeacetylbotrycnedial	$C_{17}H_{24}O_5$	—	[47]
13-7-109	7*α*-hydroxybotryenalol	$C_{17}H_{26}O_5$	—	[47]
13-7-110	7,8-dehydronorbotryal	$C_{14}H_{20}O_2$	—	[47]
13-7-111	7*α*-acetoxydehydrobotrydienal	$C_{17}H_{20}O_4$	—	[47]
13-7-112	7*α*-acetoxy-15-methoxy-10-*O*-methyldeacetyl-dihydrobotrydial	$C_{19}H_{32}O_7$	—	[47]
13-7-113	3*α*-hydroxy-3,5-dihydromonacolin L	$C_{19}H_{32}O_5$	M	[48]

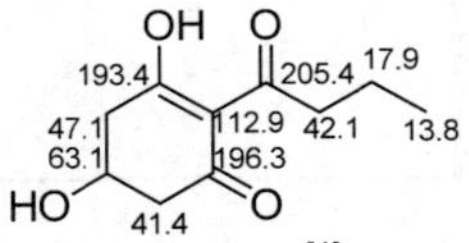

13-7-1[1]

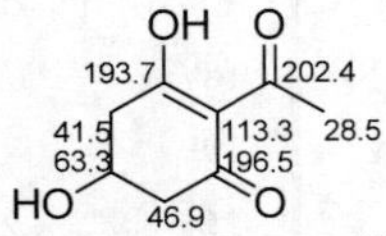

13-7-2[1]

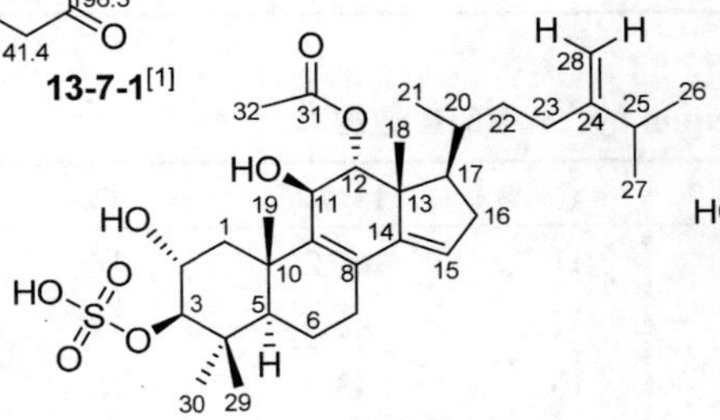

13-7-3

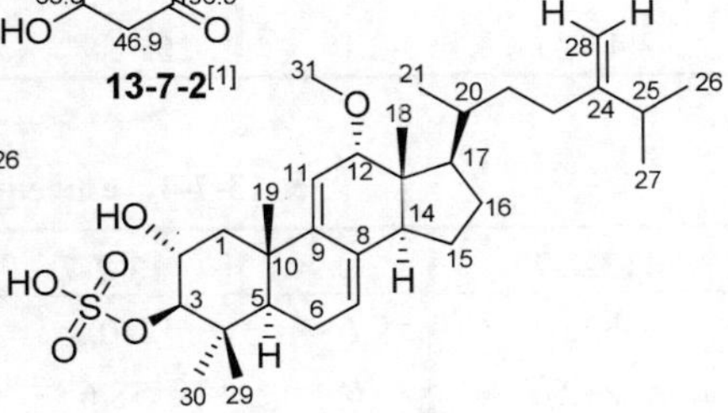

13-7-4

表 13-7-2 13-7-3 和 13-7-4 的 ^{13}C NMR 数据[2]

C	13-7-3	13-7-4	C	13-7-3	13-7-4	C	13-7-3	13-7-4
1	44.4	45.3	12	79.9	81.4	23	32.0	32.1
2	69.0	68.9	13	48.1	46.8	24	157.5	157.8
3	91.9	91.5	14	148.5	46.2	25	34.9	34.9
4	40.9	40.6	15	122.0	23.8	26	22.5	22.5
5	51.9	50.3	16	36.3	29.1	27	22.3	22.3
6	19.3	24.4	17	50.4	47.6	28	107.0	106.9
7	27.9	125.2	18	17.1	12.2	29	17.9	18.0
8	126.7	136.4	19	23.5	23.6	30	29.3	29.3
9	139.5	151.5	20	34.5	37.0	31	172.1	55.9
10	38.9	39.3	21	18.7	18.1	32	21.0	—
11	69.4	117.4	22	35.7	35.9			

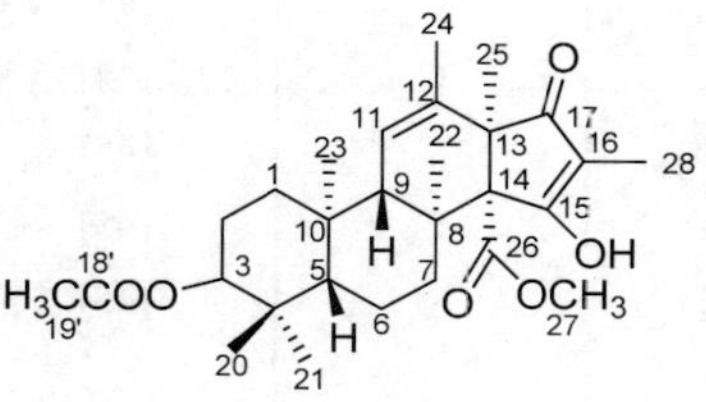

13-7-5

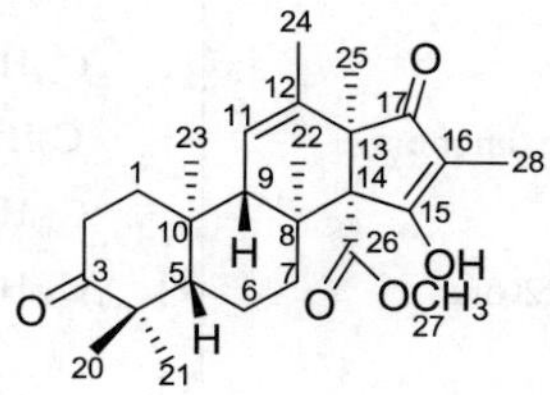

13-7-6

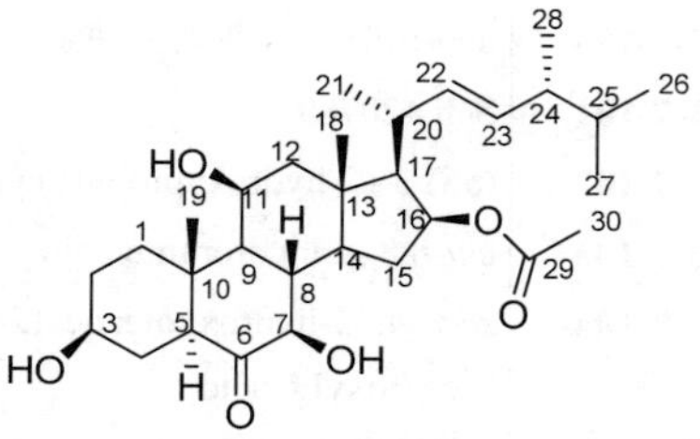

13-7-7

表 13-7-3 andrastins 的 ^{13}C NMR 数据[3]

C	13-7-5	13-7-6	C	13-7-5	13-7-6	C	13-7-5	13-7-6
1	34.4	39.9	11	126.1	125.7	21	22.0	21.6
2	23.5	34.8	12	136.4	136.9	22	18.1	18.0
3	79.6	219.5	13	58.1	58.1	23	17.3	16.8
4	37.7	48.6	14	68.8	68.8	24	19.8	19.9
5	50.3	55.6	15	188.0	186.6	25	16.1	16.1
6	18.8	20.2	16	114.4	114.6	26	172.0	171.9
7	34.0	33.6	17	201.7	201.1	27	52.0	52.1
8	38.1	37.7	18'	172.5		28	6.3	6.3
9	54.4	54.0	19'	21.1				
10	43.4	43.1	20	28.2	26.6			

表 13-7-4 anicequol 的 ^{13}C NMR 数据[4]

C	13-7-7	C	13-7-7	C	13-7-7	C	13-7-7
1	35.6	6	210.3	11	67.2	16	75.2
2	29.5	7	78.6	12	48.1	17	59.8
3	69.3	8	42.2	13	43.0	18	14.7
4	28.5	9	55.8	14	55.2	19	15.0
5	54.4	10	40.4	15	36.1	20	34.0

续表

C	13-7-7	C	13-7-7	C	13-7-7	C	13-7-7
21	20.6	24	42.7	27	19.6	29	170.0
22	134.8	25	32.7	28	17.6	30	21.0
23	132.6	26	19.2				

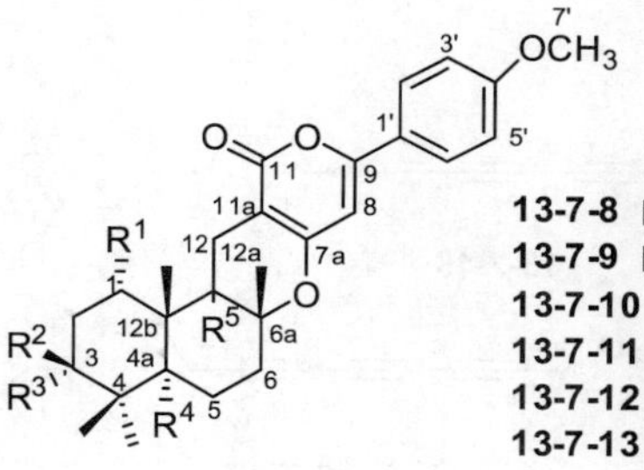

13-7-8 R^1=H; R^2=R^3=O; R^4=OH; R^5=H
13-7-9 R^1=H; R^2=H; R^3=$OCOCH_3$; R^4=OH; R^5=OH
13-7-10 R^1=H; R^2=H; R^3=OH; R^4=OH; R^5=H
13-7-11 R^1=H; R^2=OH; R^3=H; R^4=H; R^5=H
13-7-12 R^1=H; R^2=R^3= O; R^4=H; R^5=H
13-7-13 R^1=OH; R^2=H; R^3=$OCOCH_3$; R^4=OH; R^5=OH

表 13-7-5 arisugacins 的 ^{13}C NMR 数据[5]

C	13-7-8	13-7-9	13-7-10	13-7-11	13-7-12	13-7-13
1	32.7	21.5	26.3	37.5	37.9	73.0
2	33.6	22.7	24.8	27.2	33.8	29.4
3	215.5	79.0	77.7	78.5	216.0	77.2
3-OAc		168.6				169.7
		21.3				21.4
4	52.9	41.9	41.0	38.8	47.3	42.2
4α-Me	21.4	22.8	23.7	28.1	26.6	22.9
4β-Me	23.4	24.5	23.8	15.5	21.3	25.2
4a	79.1	81.5	77.2	55.0	54.7	81.3
5	25.8	25.1	25.6	19.4	20.6	25.4
6	33.5	29.1	33.3	40.4	39.8	29.0
6a	79.8	81.5	80.5	80.5	80.2	80.6
6a-Me	20.4	24.8	21.2	20.7	20.5	24.6
7a	163.5	163.3	163.9	163.5	163.5	163.3
8	96.7	96.9	97.0	96.7	96.6	96.6
9	158.4	158.2	158.1	158.3	158.5	158.7
11	164.6	165.1	164.9	164.7	164.5	164.9
11a	98.4	97.8	98.7	98.4	98.2	96.9
12	17.2	25.9	17.2	17.2	17.3	26.0
12a	43.5	76.5	42.8	51.6	51.0	79.3
12b	40.7	43.3	41.1	36.9	36.7	44.5
12b- Me	18.6	21.2	18.7	15.1	14.7	22.2
1'	124.0	124.2	124.2	124.0	124.0	124.0
2'	127.0	127.0	127.0	127.0	127.0	127.0
3'	114.2	114.2	114.2	114.2	114.2	114.2

续表

C	13-7-8	13-7-9	13-7-10	13-7-11	13-7-12	13-7-13
4'	161.5	161.4	161.4	161.5	161.5	161.5
5'	114.2	114.2	114.2	114.2	114.2	114.2
6'	127.0	127.0	127.0	127.0	127.0	127.0
7'	55.4	55.4	55.4	55.4	55.4	55.4

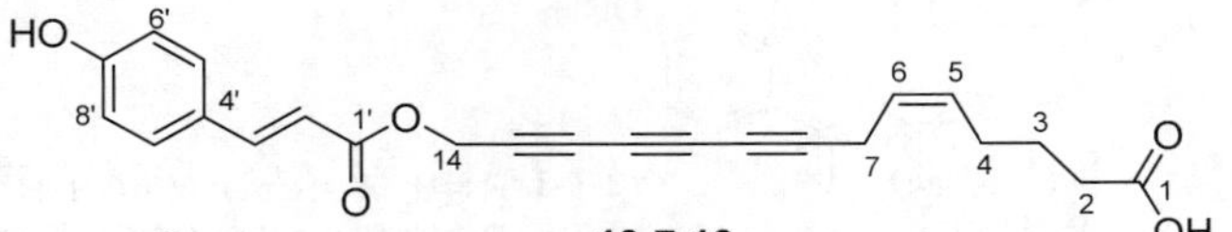

13-7-14[6]

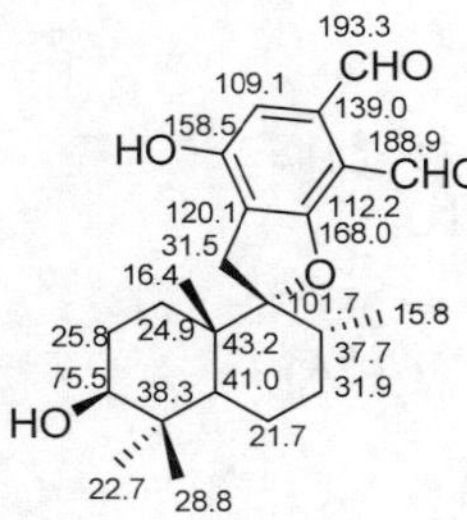

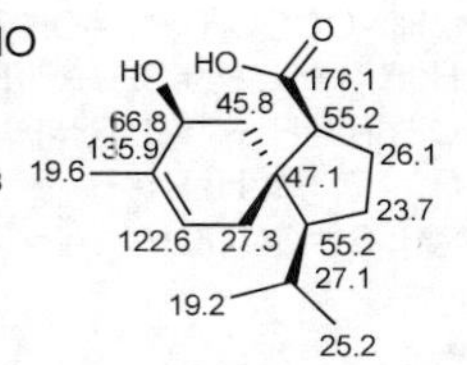

13-7-15[7]

13-7-16

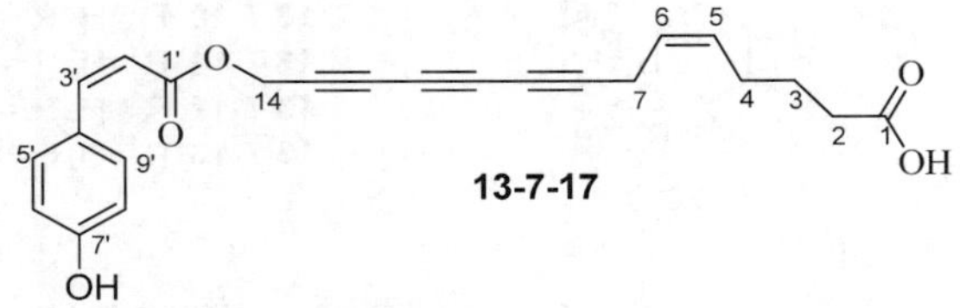

13-7-17

表 13-7-6 cinnatriacetins 的 ^{13}C NMR 数据[8]

C	13-7-16	13-7-17	C	13-7-16	13-7-17	C	13-7-16	13-7-17
1	177.4	177.3	8	80.4	80.4	1'	167.9	166.9
2	34.2	34.1	9	72.7	72.7	2'	113.9	115.0
3	25.6	25.5	10	71.4	71.4	3'	147.7	146.4
4	27.4	27.4	11	65.3	65.3	4'	126.9	127.3
5	133.2	133.2	12	64.7	64.7	5', 9'	131.4	133.8
6	123.6	123.6	13	59.7	59.7	6', 8'	116.8	115.8
7	18.1	18.1	14	52.9	52.6	7'	161.5	160.3

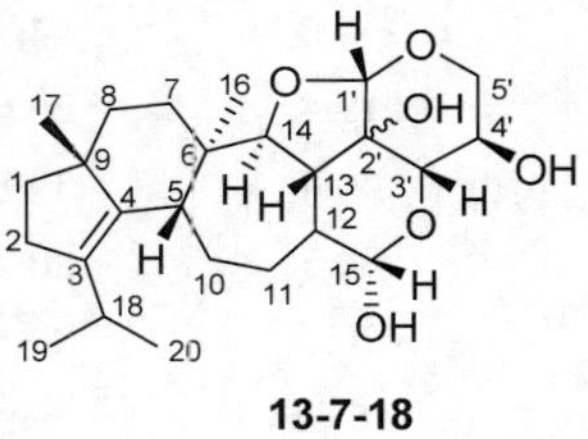

13-7-18

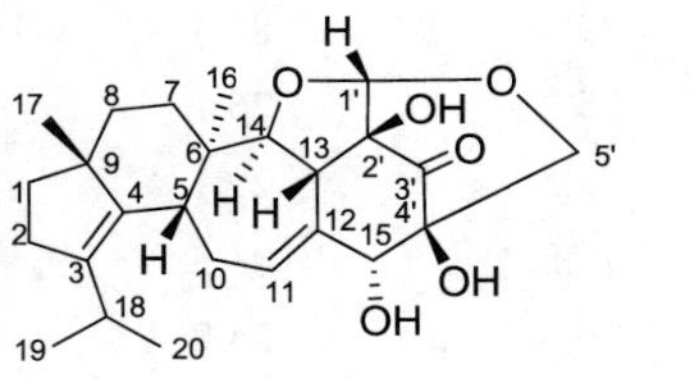

13-7-19

表 13-7-7 13-7-18 和 13-7-19 的 ^{13}C NMR 数据[9]

C	13-7-18	13-7-19	C	13-7-18	13-7-19	C	13-7-18	13-7-19
1	40.2	40.9	10	27.3	32.6	19	22.5	22.9
2	29.8	30.1	11	37.8	126.9	20	23.1	22.9
3	140.2	141.3	12	46.5	140.3	1'	109.3	111.9
4	141.2	139.1	13	48.0	52.1	2'	82.2	86.3
5	49.3	45.2	14	95.5	99.7	3'	87.0	208.5
6	42.5	43.0	15	98.8	80.8	4'	70.3	81.3
7	30.1	29.2	16	20.4	18.2	5'	66.4	68.7
8	38.6	38.8	17	26.3	25.8			
9	51.5	51.6	18	29.2	29.0			

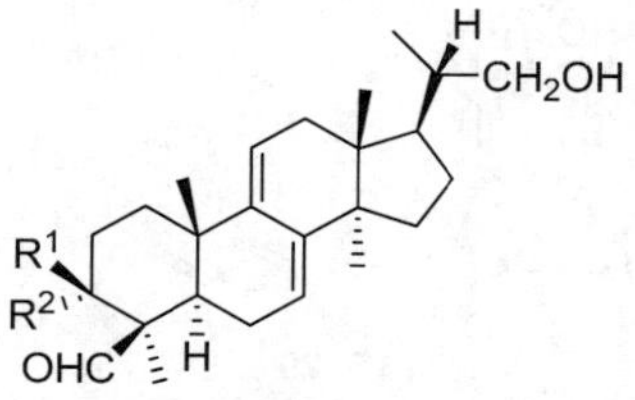

13-7-20 R1=OH; R2=H
13-7-22 R1=H; R2= OH

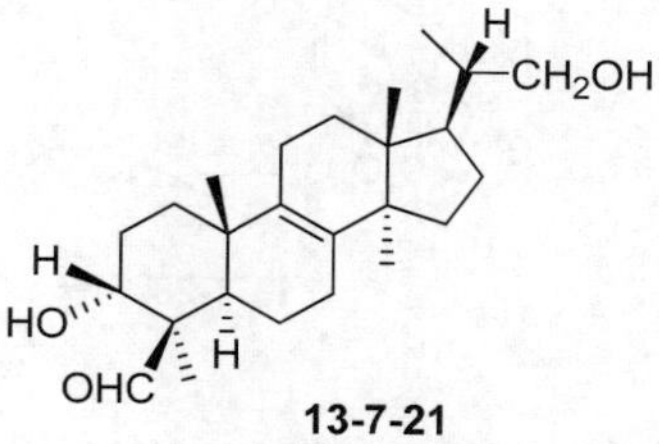

13-7-21

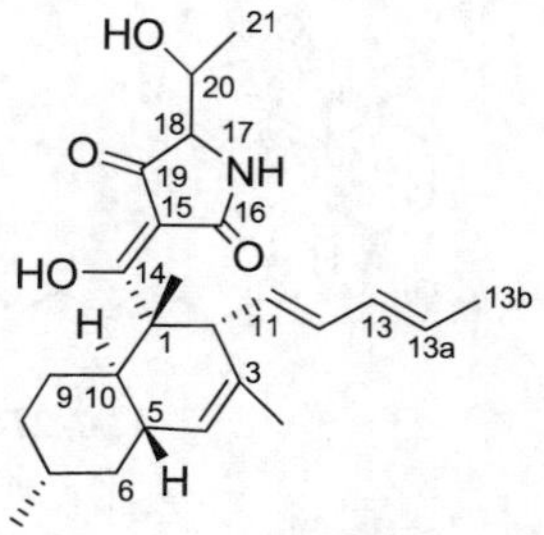

13-7-23

表 13-7-8 cladosporides ^{13}C NMR 数据[10-11]

C	13-7-20	13-7-21	13-7-22[11]	C	13-7-20	13-7-21	13-7-22[11]
1	35.7	30.2	29.9	14	50.0	49.7	50.1
2	28.6	26.5	26.4	15	31.6	31.0	31.6
3	77.0	69.1	69.3	16	27.3	27.6	27.3
4	52.4	52.4	51.9	17	47.2	46.7	47.2
5	50.6	45.2	43.8	18	15.8	15.9	15.8
6	22.6	17.8	21.9	19	22.4	18.1	21.8
7	119.4	26.4	119.4	20	39.2	39.5	39.2
8	143.4	133.7	143.6	21	16.6	16.8	16.6
9	143.0	134.5	142.9	22	68.1	68.2	68.1
10	37.3	37.3	37.3	28	25.4	24.3	25.4
11	118.1	21.2	117.7	29	19.4	19.6	19.8
12	37.7	30.8	37.7	30	208.1	204.9	205.0
13	43.8	44.6	43.8				

表 13-7-9 coniosetin 的 ^{13}C NMR 数据[12]

C	13-7-23①	13-7-23②	C	13-7-23①	13-7-23②	C	13-7-23①	13-7-23②
1	48.9	51.2	7-Me	22.4	23.1	13b	17.7	18.2
1-Me	13.3	14.3	8	35.4	37.2	14	198.2	201.3
2	48.5	50.6	9	27.6	29.5	15	99.5	101.5
3	131.0	133.2	10	39.3	41.4	16	179.5	181.5
3-Me	22.0	22.7	11	130.4	132.1	18	66.6	68.2
4	125.9	127.3	12	132.0	134.0	19	191.1	193.5
5	38.6	40.7	13	131.3	132.7	20	65.7	68.1
6	42.1	44.1	13a	127.8	129.1	21	20.7	20.7
7	32.9	35.0						

① 测试溶剂 D。② 测试溶剂 M。

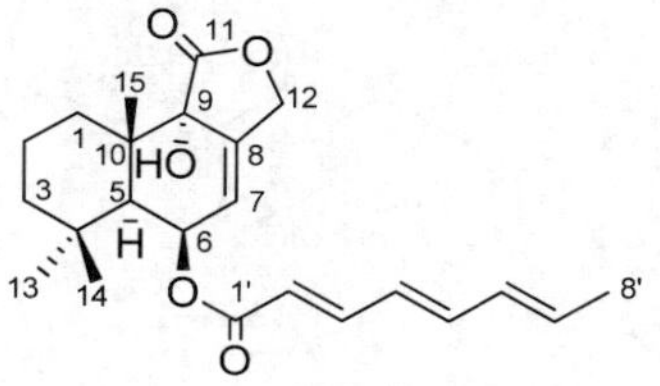

13-7-24

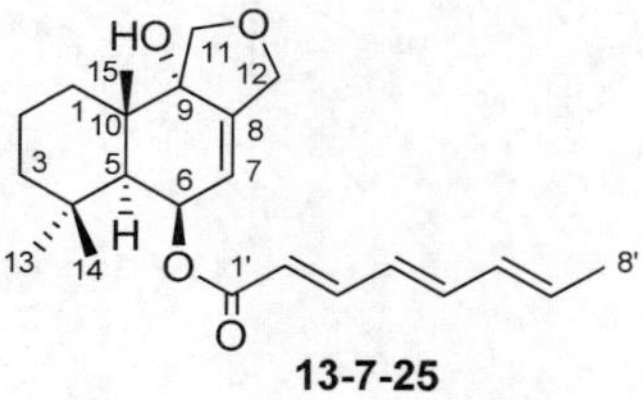

13-7-25

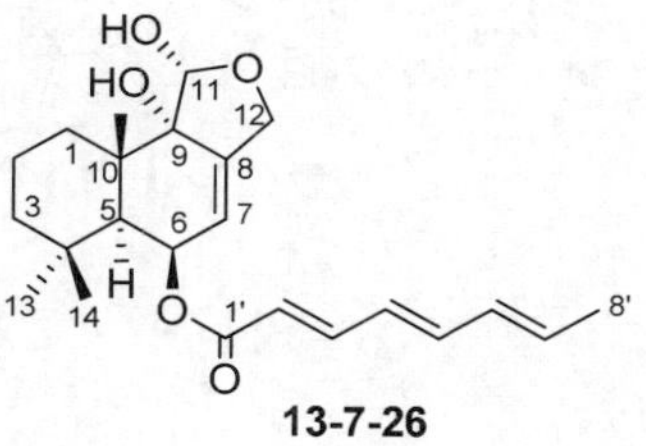

13-7-26

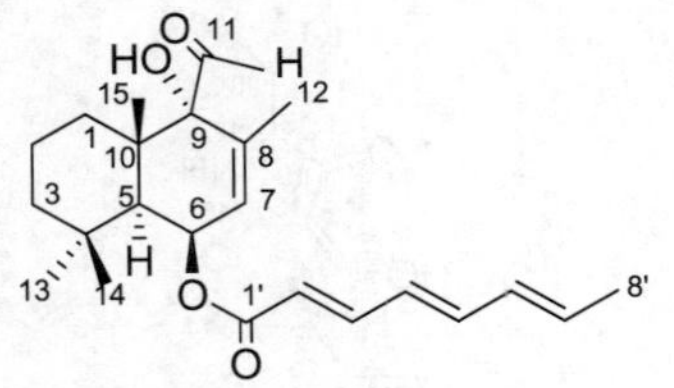

13-7-27 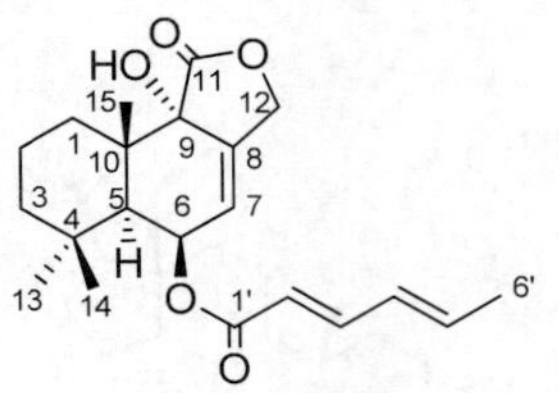　　13-7-28 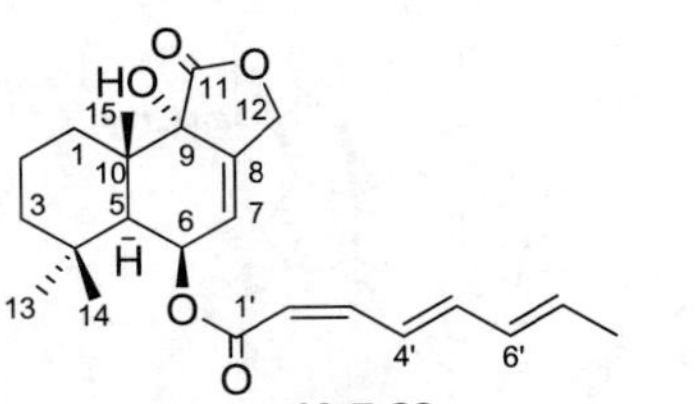　　13-7-29

表 13-7-10　drimane sesquiterpene esters 的 ^{13}C NMR 数据[13]

C	13-7-24	13-7-25	13-7-26	13-7-27	13-7-28	13-7-29
1	29.4	31.8	33.3	33.1	30.2	30.2
2	17.3	18.4	19.4	17.8	17.7	17.6
3	44.3	44.1	46.3	44.2	44.7	44.8
4	33.2	33.6	34.9	33.8	33.7	33.7
5	44.1	45.1	47.1	44.6	44.7	44.7
6	65.7	66.4	68.7	66.6	66.1	65.6
7	121.3	127.0	121.2	126.3	123.8	124.1
8	136.5	141.0	143.9	133.8	134.7	134.5
9	73.0	74.7	78.5	82.0	74.6	74.6
10	37.2	40.5	39.9	41.7	37.7	37.7
11	174.2	62.3	99.5	205.4	174.7	174.4
12	68.1	66.1	67.9	18.8	68.8	68.8
13	32.0	32.6	33.6	32.6	32.3	30.7
14	24.1	24.6	25.5	24.6	24.5	24.4
15	18.2	18.3	19.7	20.6	18.5	18.4
1'	165.2	166.3	168.4	166.2	166.2	165.4
2'	119.5	119.9	120.0	120.3	118.6	115.6
3'	145.4	145.3	147.3	145.0	145.8	146.0
4'	127.3	127.4	128.9	127.4	129.6	126.1
5'	141.7	141.3	143.4	141.1	140.1	142.6
6'	131.1	131.1	132.8	131.1	18.3	131.8
7'	135.5	135.2	136.8	135.0		135.5
8'	18.2	18.1	18.9	18.3		18.3

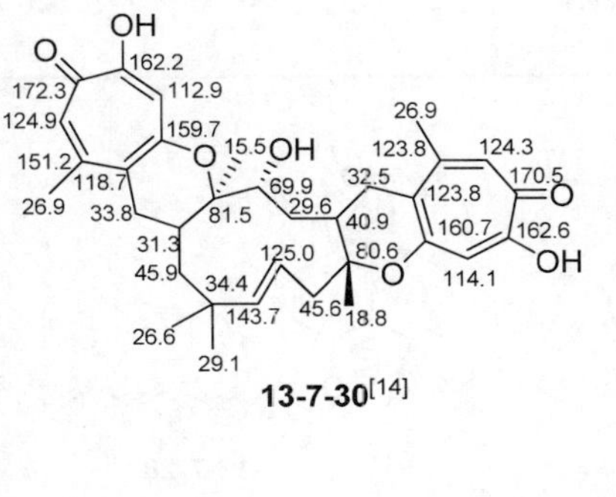

13-7-30[14] 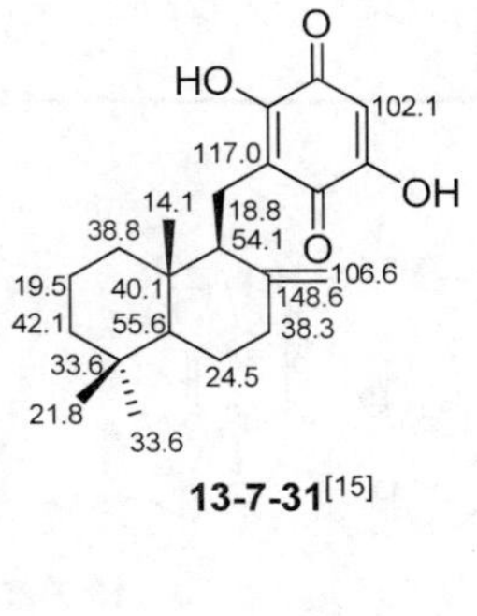　　13-7-31[15] 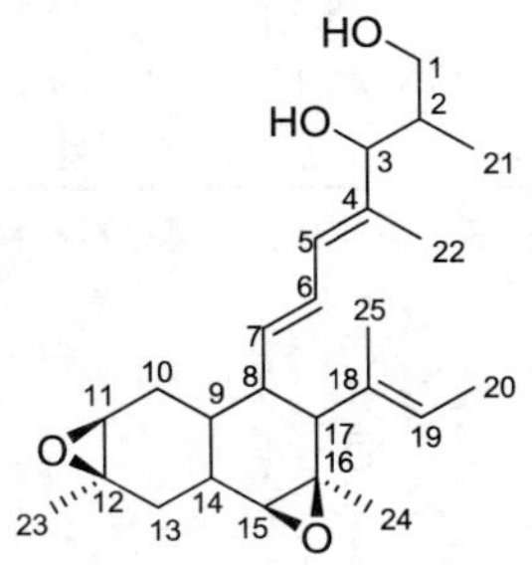　　13-7-32

13-7-33　　13-7-34　　13-7-35

表 13-7-11　fusarielins 的 ^{13}C NMR 数据[16]

C	13-7-32	13-7-33	13-7-34	13-7-35	C	13-7-32	13-7-33	13-7-34	13-7-35
1	63.8	63.8	63.8	64.3	14	33.5	36.8	33.9	33.6
2	38.4	38.4	38.4	38.4	15	61.8	63.6	126.0	61.9
3	78.9	79.0	78.9	204.2	16	60.2	60.4	134.4	60.3
4	137.6	137.8	137.3	133.7	17	52.9	53.6	53.9	52.8
5	125.2	125.6	125.3	144.7	18	133.1	133.8	134.0	133.0
6	126.5	126.4	126.4	127.4	19	124.0	124.0	122.0	124.6
7	134.3	135.8	134.9	138.1	20	13.2	13.5	13.2	13.4
8	42.8	43.5	47.5	43.5	21	13.7	14.0	13.7	13.7
9	32.3	29.8	33.2	32.6	22	11.5	11.8	11.4	11.6
10	30.0	34.4	29.7	30.1	23	22.4	27.8	22.5	22.6
11	58.8	72.8	58.3	58.6	24	21.5	22.0	21.6	21.6
12	57.7	70.5	57.5	57.9	25	17.8	18.0	17.8	17.8
13	35.3	39.0	37.4	35.4					

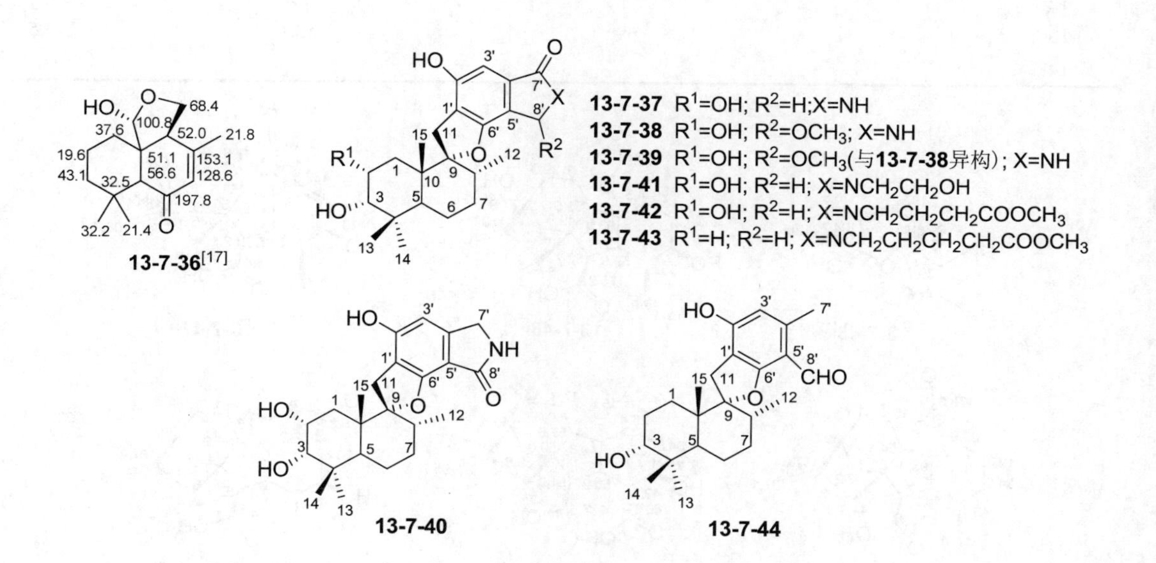

表 13-7-12 13-7-37~13-7-44 的 ^{13}C NMR 数据[18]

C	13-7-37	13-7-38	13-7-39	13-7-40	13-7-41	13-7-42	13-7-43	13-7-44
1	33.5	33.6	33.6	33.9	33.9	33.3	24.7	24.8
2	66.1	66.2	66.1	66.3	66.3	67.1	25.9	26.1
3	78.7	78.8	78.7	79.2	79.1	79.1	74.6	74.9
4	38.5	38.6	38.4	38.7	38.7	38.7	38.1	38.2
5	39.6	39.7	39.5	39.6	39.9	39.6	40.4	40.5
6	20.8	20.9	20.9	21.1	21.2	21.1	21.3	21.3
7	31.2	31.3	31.1	30.4	31.6	31.4	31.5	31.7
8	36.8	36.9	36.7	37.3	37.1	37.1	37.2	37.4
9	98.2	98.7	98.6	99.1	98.5	98.5	98.4	98.8
10	43.5	43.7	43.6	43.5	43.9	43.9	42.7	42.8
11	32.7	32.4	32.4	32.0	33.0	32.5	31.4	32.8
12	15.5	15.6	15.5	15.6	15.8	15.9	15.8	15.9
13	29.1	29.1	29.0	29.0	29.4	29.0	29.1	29.1
14	22.1	22.2	22.1	22.4	22.4	22.4	22.6	22.7
15	16.8	16.9	16.9	17.1	17.2	17.3	16.1	16.2
1'	117.5	118.3	118.3	113.5	117.5	117.9	111.6	117.7
2'	155.1	156.5	156.5	158.3	155.4	153.9	159.9	155.5
3'	101.9	102.4	102.6	102.3	101.9	102.8	111.8	101.9
4'	135.0	135.8	135.5	147.6	135.9	134.2	141.8	135.5
5'	115.1	114.3	114.3	106.7	113.2	113.3	111.2	112.8
6'	156.7	157.7	157.6	159.4	156.7	156.4	168.9	157.0
7'	172.2	170.9	170.7	45.7	169.1	170.0	21.8	168.7
8'	42.9	83.4	83.6	171.2	48.5	48.2	187.8	47.2
8-OCH$_3$		51.4	51.9					
9'					46.0	42.5		42.0
10'					60.5	24.2		27.9
11'						31.8		22.4
12'						173.9		33.5
13'						52.1		173.5
14'								51.2

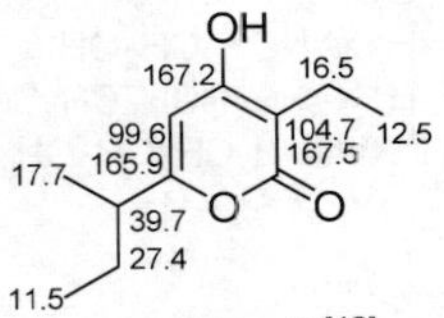

13-7-45[19]

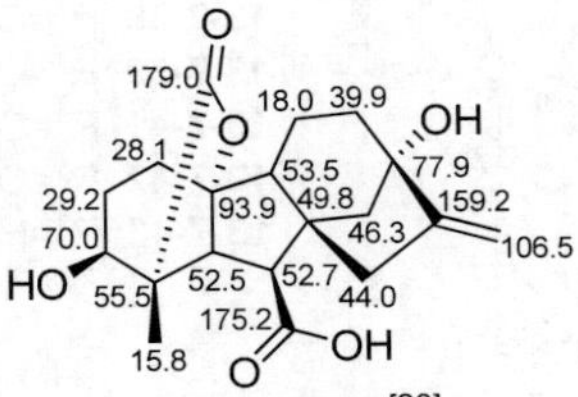

13-7-46[20]

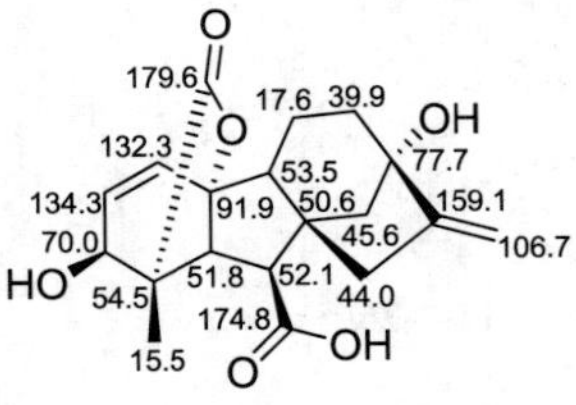

13-7-47[20]

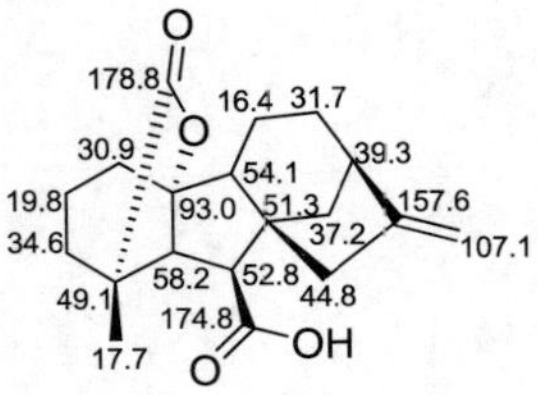

13-7-48[20]

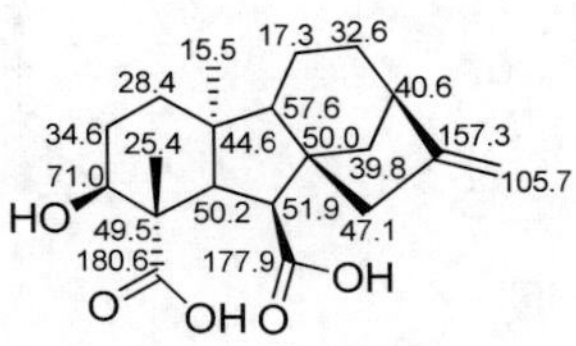

13-7-49[20]

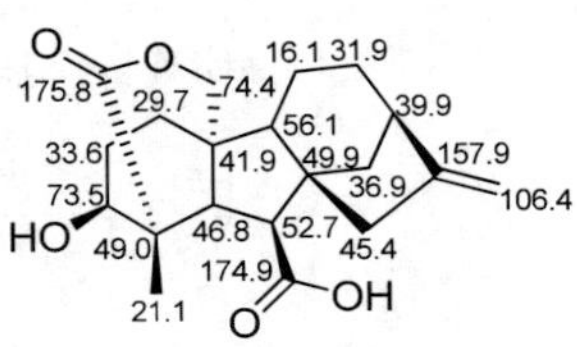

13-7-50[20]

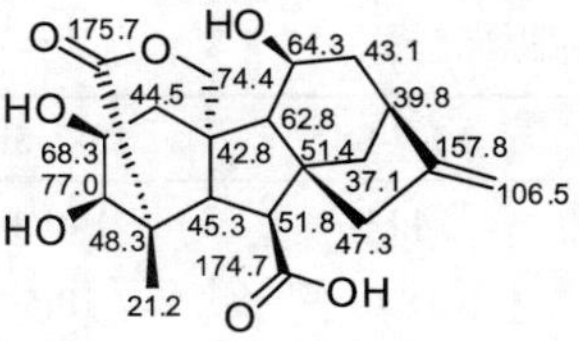

13-7-51[20]

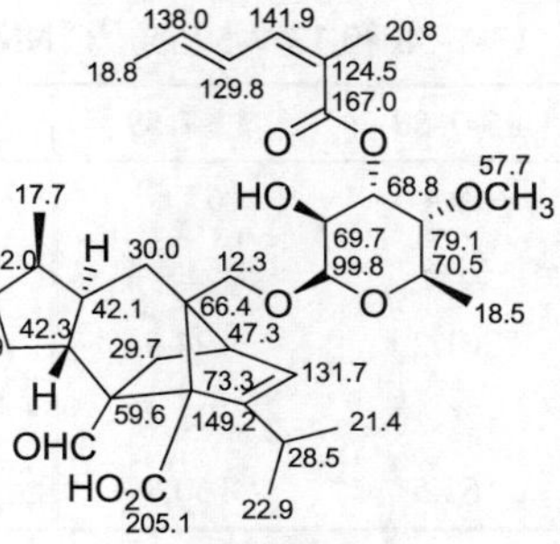

13-7-52[21]

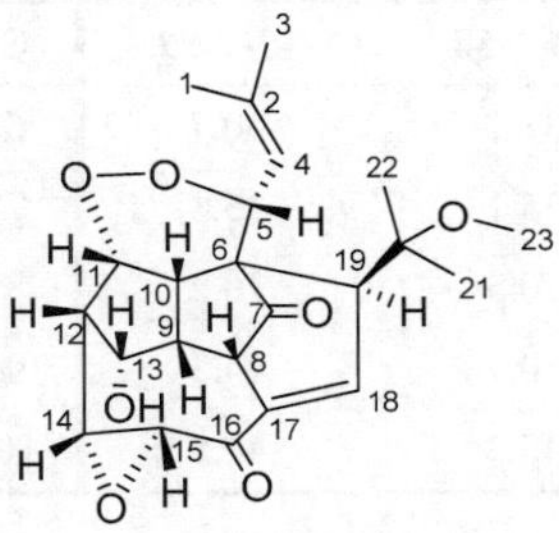

13-7-53

表 13-7-13 hexacyclinol 的 ^{13}C NMR 数据[22]

C	13-7-53	C	13-7-53	C	13-7-53	C	13-7-53
1	18.6	7	202.9	13	72.7	19	40.9
2	142.2	8	53.1	14	61.0	20	77.3
3	26.1	9	54.5	15	53.2	21	26.6
4	120.7	10	47.8	16	192.8	22	24.7
5	75.8	11	71.5	17	132.5	23	49.1
6	60.5	12	40.4	18	139.6		

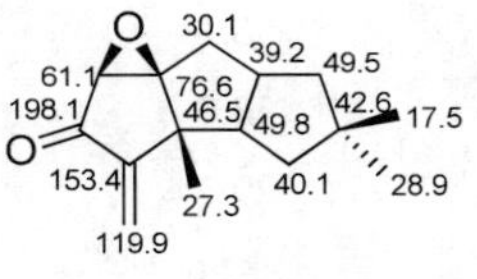

13-7-54[23]

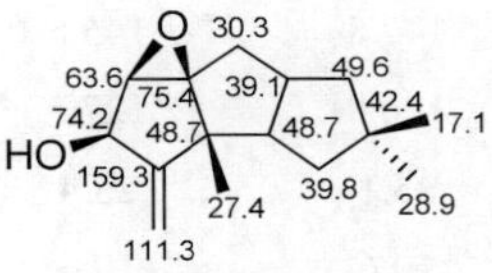

13-7-55[23]

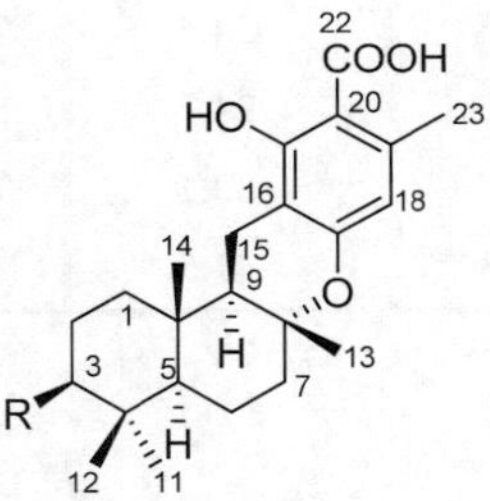

13-7-56 R=H
13-7-57 R=OAc

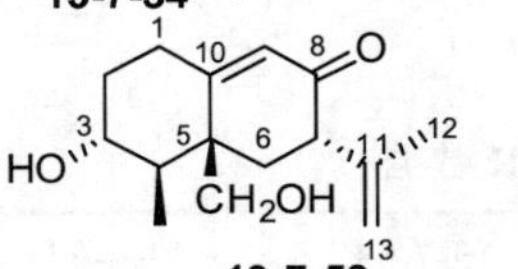

13-7-58

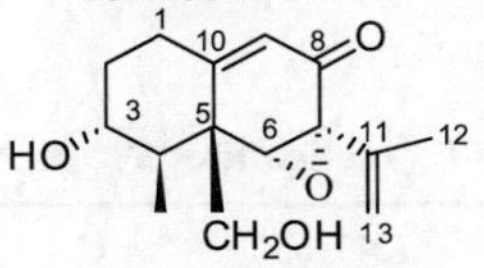

13-7-59

表 13-7-14 hongoquercins 的 ^{13}C NMR 数据[24]

C	13-7-56	13-7-57	C	13-7-56	13-7-57	C	13-7-56	13-7-57
1	40.5	37.1	10	38.1	37.8	19	141.3	141.6
2	19.6	23.5	11	33.9	28.1	20	111.0	107.8
3	43.1	80.6	12	22.1	21.3	21	163.1	163.9
4	34.1	36.7	13	21.1	20.7	22	177.1	176
5	57.6	55.2	14	15.4	15.0	23	23.7	24.1
6	20.8	19.3	15	18.0	16.8	24		171.1
7	42.3	40.7	16	108.1	102.7	25		16.7
8	78.1	78.0	17	156.3	158.7			
9	53.6	51.3	18	111.3	112.7			

表 13-7-15　13-7-58 和 13-7-59 的 ^{13}C NMR 数据[25]

C	13-7-58	13-7-59	C	13-7-58	13-7-59	C	13-7-58	13-7-59
1	31.7	30.7	6	40.4	67.6	11	144.0	140.4
2	35.1	35.1	7	51.6	63.4	12	18.6	18.5
3	70.5	70.2	8	201.2	194.5	13	113.7	112.5
4	50.7	44.3	9	126.1	123.8	14	64.7	61.0
5	45.3	47.8	10	167.5	160.8	15	10.0	10.6

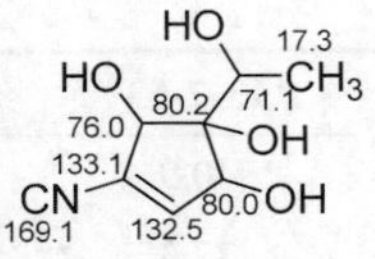

13-7-60[26]

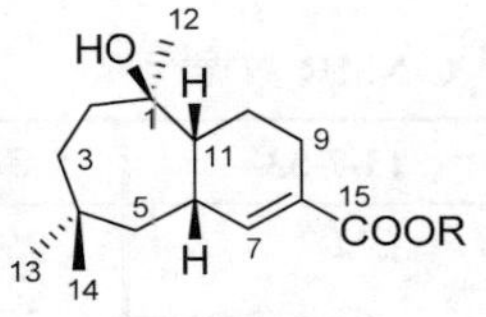

13-7-61 R=H
13-7-62 R=CH_3

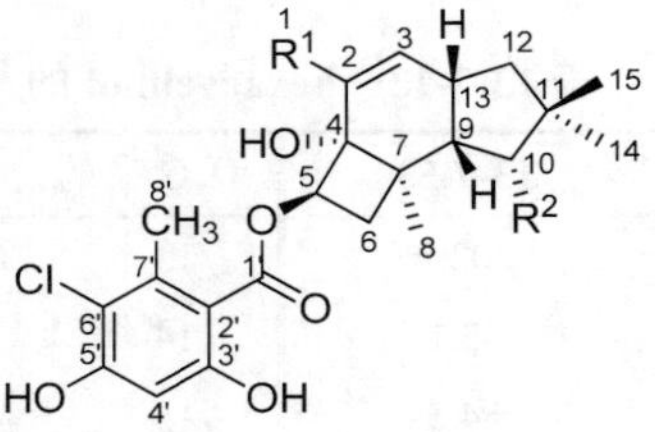

13-7-63 R^1=CHO; R^2=H
13-7-64 R^1=CHO; R^2=OH
13-7-65 R^1=CH_2OH; R^2=OH

表 13-7-16　malfilanols 的 ^{13}C NMR 数据[27]

C	13-7-61	13-7-62	C	13-7-61	13-7-62	C	13-7-61	13-7-62
1	74.2	74.0	6	31.4	31.2	11	48.3	48.4
2	34.5	34.5	7	147.8	145.5	12	30.1	30.0
3	34.2	34.2	8	126.9	127.5	13	32.0	32.0
4	32.7	32.7	9	25.1	25.4	14	29.3	29.2
5	41.3	41.5	10	19.6	19.6	15	172.6	168.1

表 13-7-17　melleolides 的 ^{13}C NMR 数据[28]

C	13-7-63	13-7-64	13-7-65	C	13-7-63	13-7-64	13-7-65
1	196.0	195.7	65.7	13	40.3	36.1	35.0
2	137.3	137.3	132.5	14	31.5	23.3	23.8
3	158.6	158.7	135.8	15	31.0	28.2	29.2
4	74.9	74.2	76.2	1'	169.9	169.8	170.1
5	77.8	76.2	77.2	2'	107.0	106.9	107.1
6α	33.1	32.8	33.0	3'	162.7	162.7	162.5
7	37.6	35.5	36.6	4'	102.1	102.1	102.1
8	21.2	20.8	21.2	5'	156.1	156.2	156.3
9	44.1	47.3	46.8	6'	113.8	113.8	114.1
10α	41.6	80.6	82.5	7'	139.0	139.0	139.3
11	37.9	42.6	42.5	8'	20.0	19.9	19.7
12α	46.5	43.1	44.6				

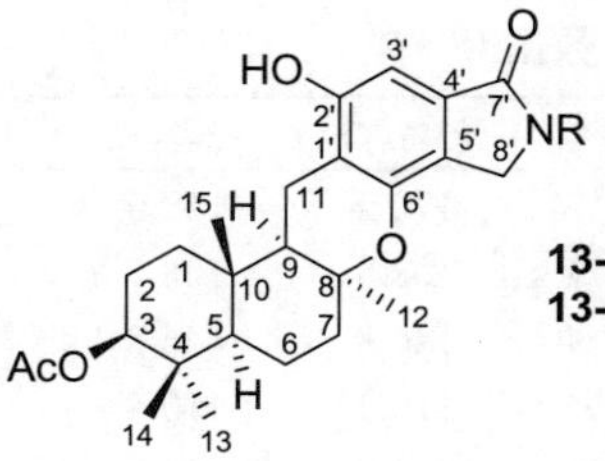

13-7-66 R=H
13-7-67 R=CH_2CH_2OH

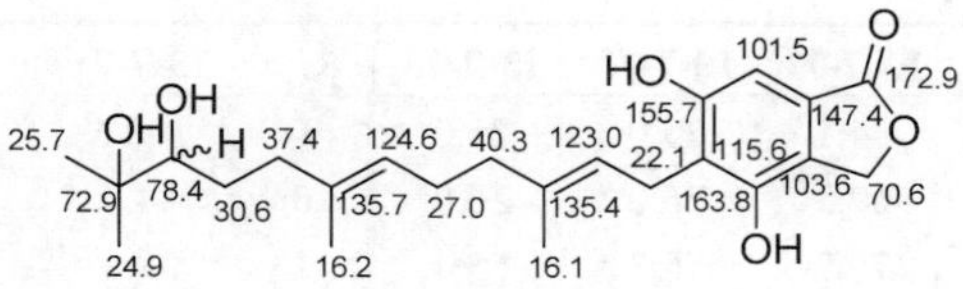

13-7-68[29]

表 13-7-18 memnobotrins 的 ^{13}C NMR 数据[29]

C	13-7-66	13-7-67	C	13-7-66	13-7-67	C	13-7-66	13-7-67
1	38.4	38.4	10	38.8	38.7	4'	132.3	132.5
2	24.1	24.1	11	18.9	18.8	5'	123.6	121.6
3	80.9	80.9	12	27.2	27.2	6'	151.3	151.0
4	38.3	38.3	13	17.2	17.1	7'	171.8	169.6
5	54.8	54.7	14	28.7	28.6	8'	43.0	49.2
6	18.5	18.5	15	14.6	14.6	9'	—	46.0
7	40.8	40.8	1'	114.7	114.4	10'	—	61.2
8	76.3	76.4	2'	156.3	156.2	Ac	21.0	21.0
9	49.0	49.0	3'	100.6	100.6	Ac	170.8	170.8

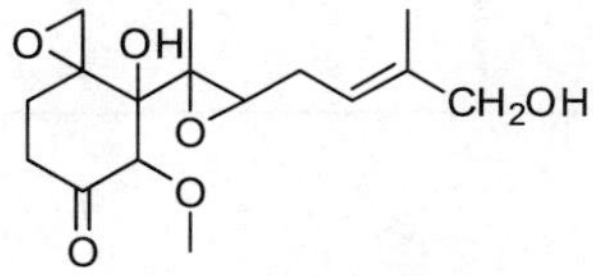

13-7-70

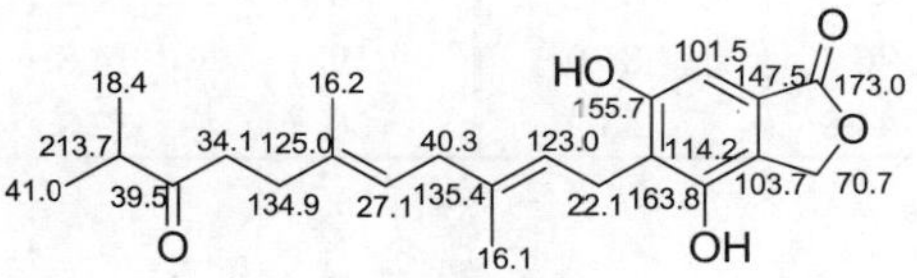

13-7-69[29]

表 13-7-19 13-7-70 的 ^{13}C NMR 数据[30]

C	13-7-70	C	13-7-70	C	13-7-70	C	13-7-70
1	78.5	5	30.2	9	26.5	13	13.9
2	86.0	6	60.5	10	119.0	14	51.4
3	206.5	7	60.3	11	138.3	15	14.4
4	36.6	8	56.5	12	68.2	OMe	59.2

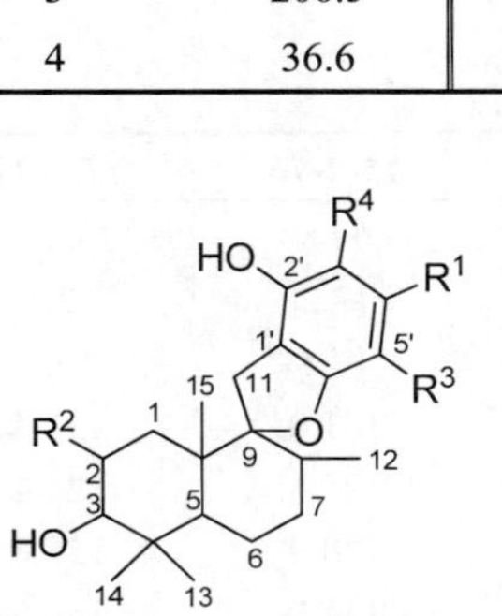

13-7-71 $R^1=CH_2OH$; $R^2=OH$; $R^3=CHO$; $R^4=H$
13-7-72 $R^1=CH_2OH$; $R^2=H$; $R^3=CHO$; $R^4=H$
13-7-73 $R^1=CHO$; $R^2=H$; $R^3=CHO$; $R^4=H$

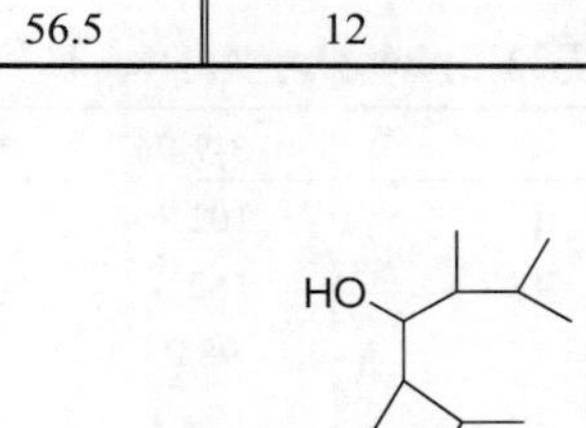

13-7-74

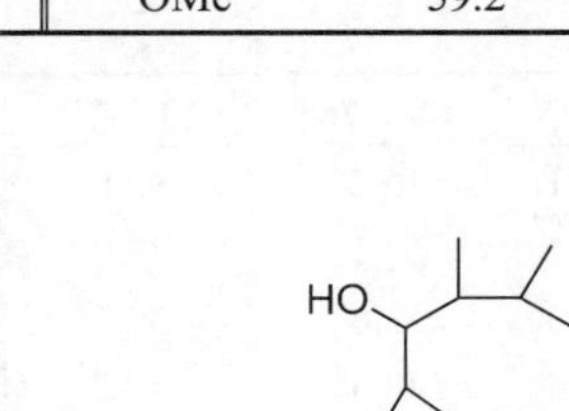

13-7-75

表 13-7-20　13-7-71~13-7-73 的 ^{13}C NMR 数据[31]

C	13-7-71	13-7-72	13-7-73	C	13-7-71	13-7-72	13-7-73	C	13-7-71	13-7-72	13-7-73
1	34.1	25.0	25.0	9	100.6	100.4	101.3	2'	170.2	169.6	168.3
2	67.3	26.0	26.0	10	44.7	43.2	43.2	3'	108.8	108.5	109.0
3	79.7	75.3	75.4	11	31.8	31.3	31.5	4'	146.8	146.8	139.6
4	39.5	38.3	38.4	12	15.9	16.0	15.9	5'	110.3	110.4	119.8
5	40.9	40.9	40.9	13	22.6	22.8	22.8	6'	161.5	160.0	159.2
6	21.9	21.7	21.7	14	29.3	29.0	29.0	7'	190.2	188.8	188.4
7	32.4	32.1	32.0	15	17.5	16.4	16.4	8'	64.2	64.0	192.7
8	38.1	37.8	37.8	1'	113.0	112.6	112.1				

表 13-7-21　13-7-74 和 13-7-75 的 ^{13}C NMR 数据[32]

C	13-7-74	13-7-75	C	13-7-74	13-7-75	C	13-7-74	13-7-75
1	32.1	33.5	11	32.7	212.8	21	10.8	10.5
2	31.3	31.2	12	36.5	54.6	22	47.8	47.9
3	68.5	67.8	13	52.7	56.0	23	73.1	72.7
4	46.0	45.3	14	154.0	153.3	24	44.3	44.4
5	74.5	74.5	15	30.7	30.4	25	31.7	31.7
6	131.4	133.3	16	25.9	26.3	26	21.5	21.5
7	126.6	125.1	17	56.5	55.7	27	21.7	21.7
8	127.6	128.0	18	36.5	38.5	28	10.2	10.1
9	76.7	81.0	19	14.8	15.1			
10	44.8	43.9	20	37.8	38.3			

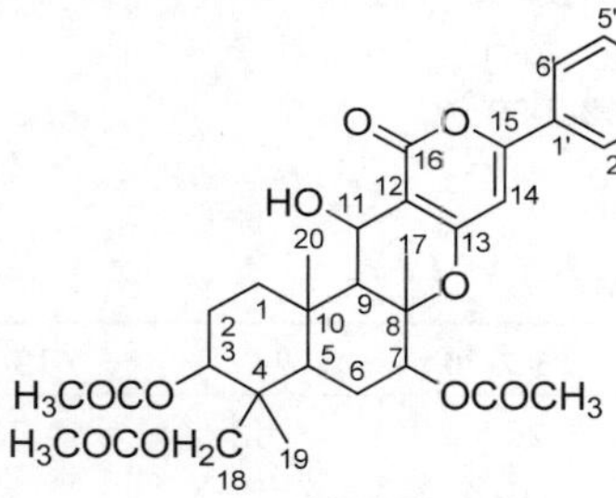

13-7-76

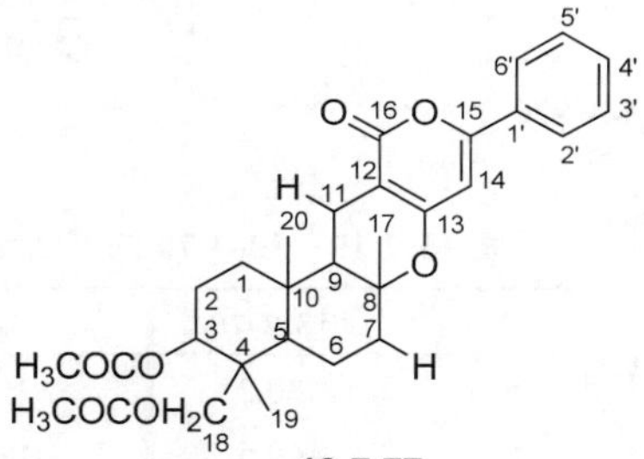

13-7-77

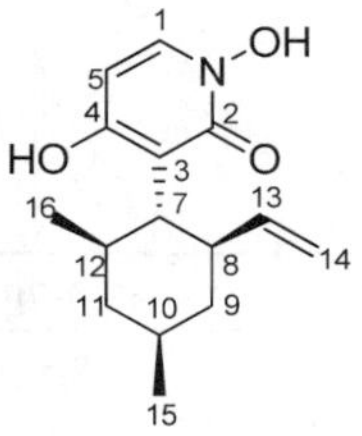

13-7-78

表 13-7-22　phenylpyropenes 的 ^{13}C NMR 数据[33]

C	13-7-76	13-7-77	C	13-7-76	13-7-77	C	13-7-76	13-7-77
1	36.2	36.8	12	102.1	99.3	18	64.8	65.1
2	22.7	22.9	13	162.5	163.2	19	13.2	13.1
3	73.6	73.7	14	98.2	98.2	20	17.5	15.6
4	40.3	40.5	15	159.9	158.3	1'	131.0	131.4
5	45.4	47.6	3-OCOCH_3	21.1	21.2	2'	125.6	125.4
6	25.2	19.0	3-O$COCH_3$	170.5	170.5	3'	128.9	128.8
7	77.8	40.0	7-O$COCH_3$	170.0		4'	131.0	130.5
8	82.9	80.4	18-OCOCH_3	20.8	20.9	5'	128.9	128.8
9	54.7	51.6	18-O$COCH_3$	170.9	170.9	6'	125.6	125.4
10	37.8	36.7	16	164.4	164.5			
11	60.3	17.3	17	16.2	20.7			

表 13-7-23 pyridoxatin 的 ^{13}C NMR 数据[34]

C	13-7-78（主要）	13-7-78（次要）	C	13-7-78（主要）	13-7-78（次要）	C	13-7-78（主要）	13-7-78(次要）
2	160.4	162.7	8	44.0	45.2	14	113.0	113.0
3	115.0	115.3	9	43.7	43.7	15	23.1	23.1
4	163.9	163.2	10	33.0	33.0	16	21.0	21.0
5	99.0	99.9	11	45.9	45.9			
6	132.7	132.7	12	33.0	34.1			
7	47.5	48.1	13	144.7	144.7			

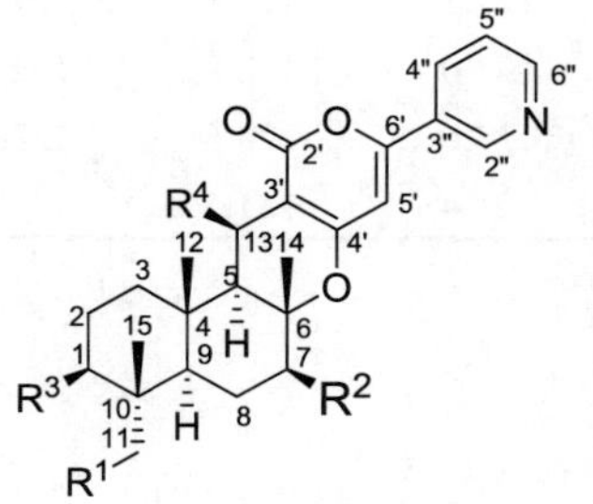

13-7-79 R^1=H; R^2=H; R^3=$OCOCH_3$; R^4=H
13-7-80 R^1=H; R^2=H; R^3=$OCOCH_2CH_3$; R^4=H
13-7-81 R^1=H; R^2=H; R^3=$OCOCH_3$; R^4=OH
13-7-82 R^1=H; R^2=H; R^3=$OCOCH_2CH_3$; R^4=OH
13-7-83 R^1=$OCOCH_2CH_3$; R^2=$OCOCH_2CH_3$; R^3=$OCOCH_2CH_3$; R^4=OH
13-7-84 R^1=$OCOCH_3$; R^2=$OCOCH_2CH_3$; R^3=$OCOCH_2CH_3$; R^4=OH
13-7-85 R^1=$OCOCH_2CH_3$; R^2=$OCOCH_3$; R^3=$OCOCH_2CH_3$; R^4=OH
13-7-86 R^1=$OCOCH_2CH_3$; R^2=$OCOCH_2CH_3$; R^3=$OCOCH_3$; R^4=OH

表 13-7-24 pyripyropenes 的 ^{13}C NMR 数据[35]

C	13-7-79	13-7-80	13-7-81	13-7-82	13-7-83	13-7-84	13-7-85	13-7-86
1	80.1	79.8	80.3	80.8	73.3	73.2	73.3	73.5
2	23.5	23.5	23.3	23.4	22.7	22.7	22.7	22.7
3	37.1	37.1	36.8	36.8	36.2	36.1	36.2	36.2
4	37.7	37.8	38.1	38.1	37.9	37.8	37.9	37.8
5	51.4	51.4	56.1	56.1	54.8	54.6	54.8	54.7
6	80.8	80.8	82.2	82.3	83.4	83.3	83.2	83.3
7	40.2	40.2	41.4	41.4	77.5	77.5	77.7	77.4
8	19.2	19.2	19.5	19.5	25.3	25.2	25.2	25.2
9	55.0	55.0	55.6	55.6	45.5	45.3	45.5	45.4
10	36.7	36.8	37.8	37.8	40.5	40.4	40.5	40.4
11	18.1	28.1	28.3	28.3	64.7	64.8	64.6	64.7
12	15.1	15.1	17.0	17.0	17.5	17.4	17.4	17.4
13	17.3	17.3	60.4	60.5	60.3	60.1	60.2	60.1
14	20.7	20.7	22.1	22.2	16.3	16.3	16.3	16.3
15	16.6	15.1	16.6	16.6	13.3	13.2	13.3	13.2
1-CH_3	21.1	9.3	21.3	9.3	9.2	9.1	9.1	21.1
1-CH_2	—	28.0	—	28.0	27.9	27.8	27.8	—
1-CO	170.8	174.2	170.9	174.2	173.8	173.8	173.7	170.4
7-CH_3	—	—	—	—	9.2	9.1	21.2	9.1
7-CH_2	—	—	—	—	27.9	27.8	—	27.8
7-CO	—	—	—	—	173.3	173.4	170.0	173.3
11-CH_3	—	—	—	—	9.2	20.8	9.1	9.1
11-CH_2	—	—	—	—	27.6	—	27.5	27.5
11-CO	—	—	—	—	174.2	170.9	174.2	174.2

续表

C	13-7-79	13-7-80	13-7-81	13-7-82	13-7-83	13-7-84	13-7-85	13-7-86
2'	163.9	164.0	164.2	164.2	164.0	163.9	163.9	163.9
3'	100.2	100.3	103.3	103.3	102.9	102.9	102.9	102.9
4'	162.8	162.8	162.7	162.7	162.2	162.2	162.1	162.2
5'	99.3	99.4	99.6	99.6	99.4	99.4	99.4	99.4
6'	155.6	155.6	157.1	157.1	157.4	157.2	157.3	157.3
2"	146.6	146.6	146.8	146.8	146.9	146.7	146.8	146.8
3"	127.6	127.6	127.3	127.4	127.2	127.1	127.1	127.1
4"	132.7	132.8	132.9	133.0	133.0	133.0	132.9	132.9
5"	123.5	123.6	123.6	123.6	123.6	123.6	123.6	123.6
6"	151.0	151.0	151.4	151.4	151.6	151.4	151.5	151.5

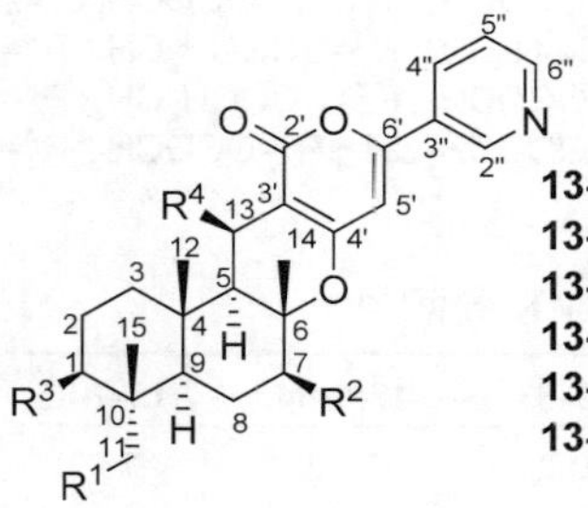

13-7-87 R^1=$OCOCH_3$; R^2=$OCOCH_2CH_3$; R^3=$OCOCH_3$; R^4=H
13-7-88 R^1=$OCOCH_2CH_3$; R^2=H; R^3=$OCOCH_2CH_3$; R^4=OH
13-7-89 R^1=$OCOCH_3$; R^2=H; R^3=$OCOCH_3$; R^4=H
13-7-90 R^1=$OCOCH_2CH_3$; R^2=H; R^3=$OCOCH_3$; R^4=H
13-7-91 R^1=$OCOCH_2CH_3$; R^2=H; R^3=$OCOCH_3$; R^4=OH
13-7-92 R^1=$OCOCH_3$; R^2=H; R^3=$OCOCH_2CH_3$; R^4=H

表 13-7-25 pyripyropenes 的 ^{13}C NMR 数据[36]

C	13-7-87	13-7-88	13-7-89	13-7-90	13-7-91	13-7-92
1	73.4	73.6	73.7	73.7	73.9	73.4
2	22.9	22.8	22.9	22.9	22.8	22.9
3	36.6	36.5	36.8	36.9	36.5	36.8
4	36.6	38.0	36.7	36.7	38.0	36.7
5	50.3	56.2	51.5	51.6	56.2	51.5
6	82.0	82.1	80.7	80.7	82.1	80.7
7	77.2	41.1	39.9	40.4	41.1	39.9
8	25.0	19.2	19.0	19.0	19.2	19.0
9	45.1	48.2	47.7	47.7	48.2	47.7
10	40.3	40.7	40.5	40.6	40.6	40.6
11	64.8	65.0	65.1	64.8	65.0	65.1
12	15.6	17.5	15.6	15.6	17.5	15.6
13	16.9	60.4	17.3	17.3	60.4	17.3
14	15.3	22.1	20.7	20.7	22.1	20.7
15	13.3	13.1	13.1	13.1	13.1	13.1
1-CH_3	21.1	9.3	21.2	21.2	21.2	9.2
1-CH_2	—	27.6	—	—	—	27.9
1-CO	170.4	173.8	170.4	170.5	170.5	173.8
7-CH_3	9.20	—	—	—	—	—
7-CH_2	27.9	—	—	—	—	—

续表

C	13-7-87	13-7-88	13-7-89	13-7-90	13-7-91	13-7-92
7-CO	173.3	—	—	—	—	—
11-CH_3	20.8	9.2	20.9	9.3	9.3	20.9
11-CH_2	—	27.6	—	27.6	27.6	—
11-CO	171.0	173.9	170.9	174.2	174.2	170.9
2'	163.7	164.1	164.0	163.9	164.2	164.0
3'	99.8	103.0	100.2	100.2	103.3	100.2
4'	162.2	162.3	162.7	162.7	162.7	162.7
5'	99.2	99.5	99.3	99.3	99.5	99.3
6'	155.9	157.2	155.8	155.7	157.2	155.7
2"	146.7	146.8	146.7	146.6	146.8	146.6
3"	127.4	127.0	127.5	127.6	127.3	127.5
4"	132.8	133.0	132.8	132.8	132.9	132.8
5"	123.6	123.6	123.6	123.6	123.6	123.6
6"	151.2	151.5	151.1	151.1	151.5	151.1

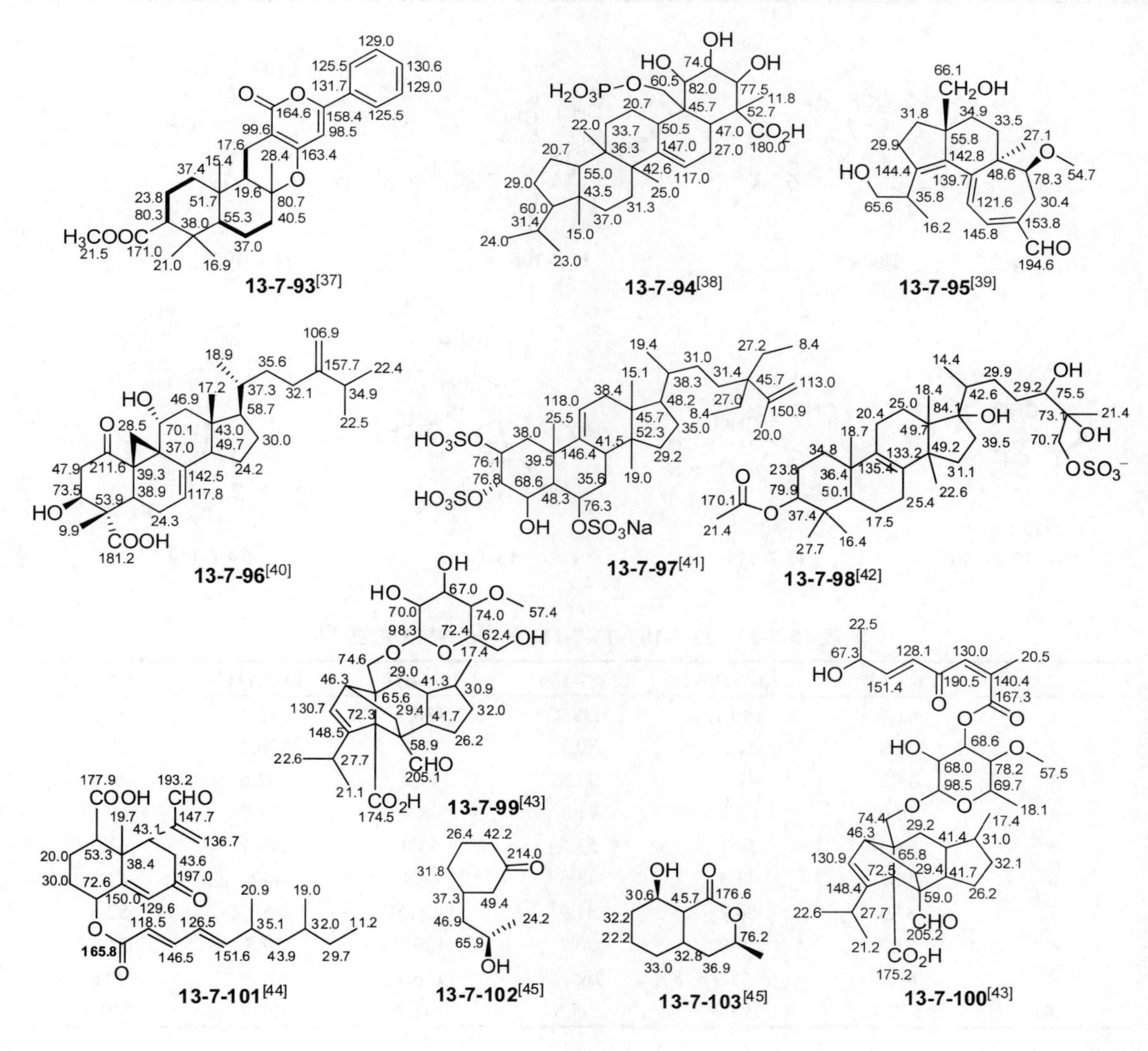

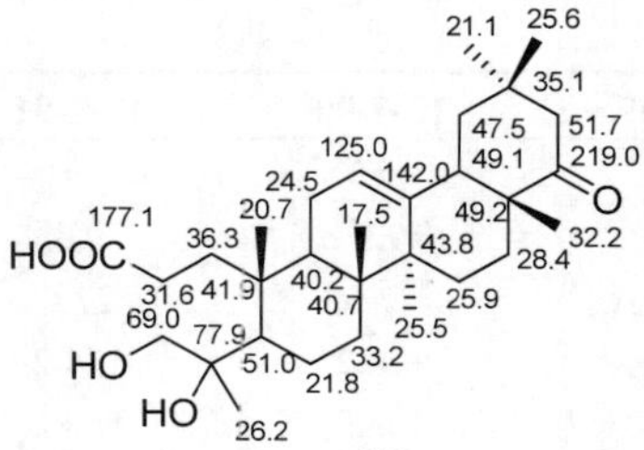

13-7-104[45]

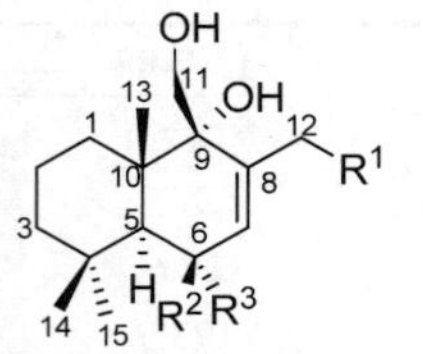

13-7-105 R^1=OH; R^2=OH; R^3=H
13-7-106 R^1=H; R^2=OH; R^3=H

表 13-7-26 13-7-105 和 13-7-106 的 ^{13}C NMR 数据[46]

C	13-7-105	13-7-106	C	13-7-105	13-7-106	C	13-7-105	13-7-106
1	33.6	33.2	6	65.5	65.4	11	63.4	62.8
2	19.8	19.5	7	131.0	129.4	12	64.7	20.5
3	45.6	45.2	8	140.8	137.7	13	19.4	18.9
4	35.1	34.8	9	76.6	75.4	14	25.3	25.3
5	47.5	47.2	10	41.6	41.2	15	33.5	33.4

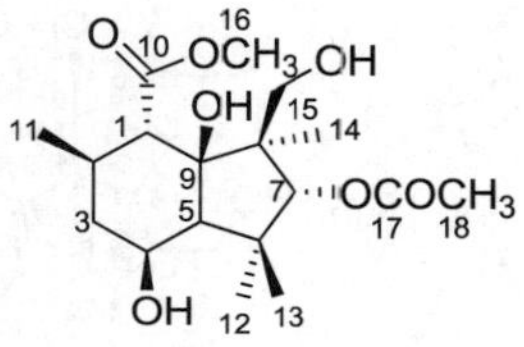

13-7-107 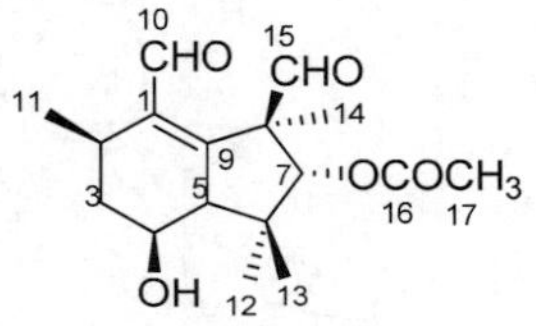　13-7-108 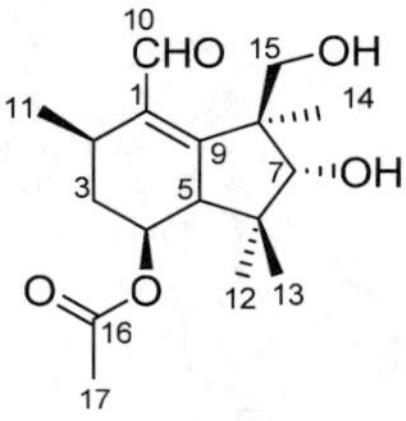　13-7-109

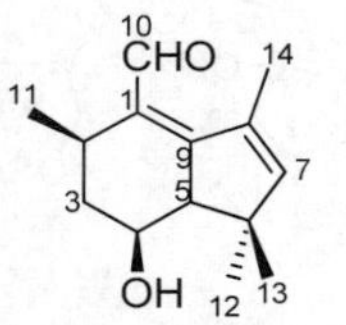

13-7-110 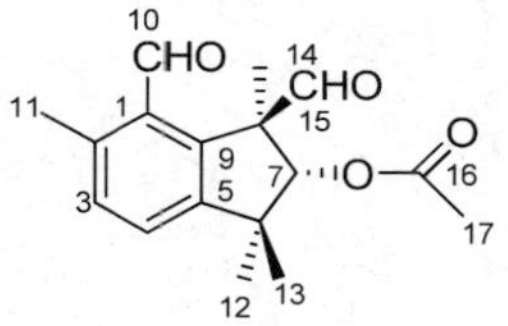　13-7-111 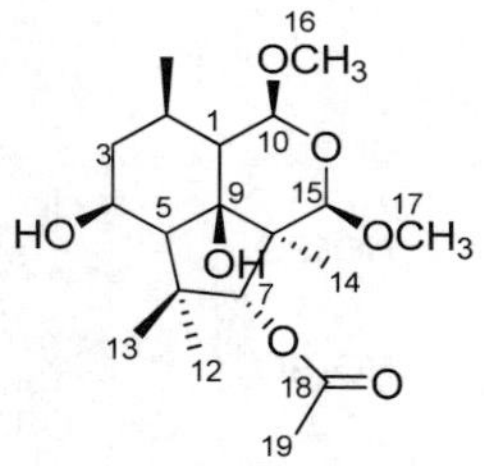　13-7-112 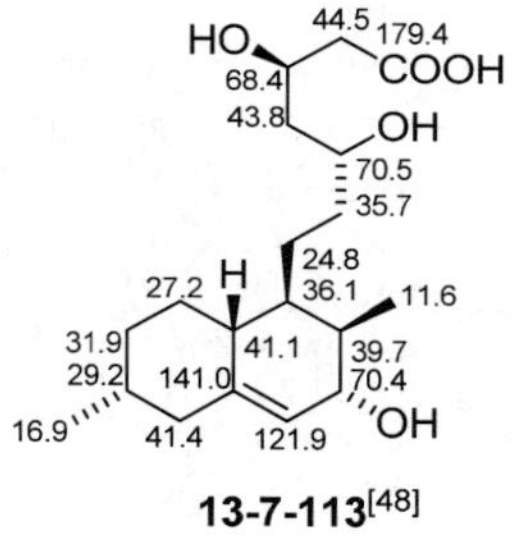　13-7-113[48]

表 13-7-27 13-7-107~13-7-112 的 ^{13}C NMR 数据[47]

C	13-7-107	13-7-108	13-7-109	13-7-110	13-7-111	13-7-112
1	62.4	140.1	139.3	136.7	142.4	55.2
2	30.8	31.5	30.3	31.2	128.7	29.1
3	44.2	42.3	37.8	43.2	132.6	44.2
4	70.0	68.3	71.5	68.9	128.7	69.5
5	68.3	58.1	55.5	63.0	149.1	63.2
6	40.3	43.5	43.6	46.4	44.6	41.1
7	83.5	84.2	81.9	158.5	85.1	82.5
8	52.2	59.0	50.7	136.7	59.5	51.0
9	86.5	158.9	165.9	166.1	142.0	82.6
10	175.4	193.7	194.8	191.7	190.7	100.6

续表

C	13-7-107	13-7-108	13-7-109	13-7-110	13-7-111	13-7-112
11	21.2	21.2	21.0	22.1	19.1	20.2
12	21.0	17.6	16.7	24.0	26.2	20.9
13	35.7	28.7	27.6	28.5	28.0	34.4
14	14.8	18.7	22.1	19.2	15.3	12.0
15	65.6	200.5	70.6	—	201.8	102.0
16	51.9	172.5	172.2	—	170.8	55.4
17	172.8	20.3	21.4	—	20.6	56.8
18	20.9	—	—	—	—	170.6
19	—	—	—	—	—	21.1

参考文献

[1] Igarashi M, Tetsuka Y, Mimura Y, et al. J Antibiot, 1993, 46: 1843.
[2] Brill G , Kati W, Montgomery D, et al. J Antibiot, 1996, 49: 541.
[3] Uchida R, Shiomi K, Inokoshi J, et al. J Antibiot, 1996, 49: 1278.
[4] Igarashi Y, Sekine A, Fukazawa H, et al. J Antibiot, 2002, 55: 371.
[5] Otaguro K, Shiomi K, Yamaguchi Y, et al. J Antibiot, 2000, 53: 50.
[6] Stefanelli S, Sponga F, Ferrari P, et al. J Antibiot, 1996, 49: 611.
[7] Aoyagi A, Ito-Kobayashi M, Ono Y, et al. J Antibiot, 2008, 61: 136.
[8] Tsuge N, Mori T, Hamano T, et al. J Antibiot, 1999, 52: 578.
[9] Saito T, Aoki F, Hirai H, et al. J Antibiot, 1998, 51: 983.
[10] Hosoe T, Okamoto S, Nozawa K, et al. J Antibiot, 2001, 54: 747.
[11] Hosoe T, Okamoto S, Nozawa K, et al. J Antibiot, 2001, 54: 747.
[12] Segeth M P, Bonnefoy A, Broenstrup M, et al. J Antibiot, 2003, 56: 114.
[13] Hayes M A, Wrigley S K, Chetland I, et al. J Antibiot, 1996, 49: 505.
[14] Mayerl F, Gao Q, Huang S, et al. J Antibiot, 1993, 46: 1082.
[15] Kono K, Tanaka M, Ogita T, et al. J Antibiot, 2000, 53: 459.
[16] Kobayashi H, Sunaga R, Furihata K, et al. J Antibiot, 1995, 48: 42.
[17] Tabata N, Tomoda H, Masuma R, et al. J Antibiot, 1995, 48: 53.
[18] Sakai K, Watanabe K, Masuda K, et al. J Antibiot, 1995, 48: 447.
[19] Petersen F, Z Hner H, Metzger J, et al. J Antibiot, 1993, 46: 1126.
[20] Mander L N. Chemical reviews, 1992, 92: 573.
[21] Kinsman O, Chalk P, Jackson H, et al. J Antibiot, 1998, 51: 41.
[22] Schlegel B, Haertl A, Dahse H M, et al. J Antibiot, 2002, 55: 814.
[23] Abate D, Abraham W R. J Antibiot, 1994, 47: 1348.
[24] Roll D, Manning J, Carter G. J Antibiot, 1998, 51: 635.
[25] Motohashi K, Hashimoto J, Inaba S, et al. J Antibiot, 2009, 62: 247.
[26] Lee C H, Koshino H, Chung M C, et al. J Antibiot, 1995, 48: 1168.
[27] Wakana D, Hosoe T, Wachi H, et al. The Journal of Antibiotics, 2009, 62: 217.
[28] Momose I, Sekizawa R, Hosokawa N, et al. J Antibiot, 2000, 53: 137.
[29] Hinkley S F, Fettinger J C, Dudley K, et al. J Antibiot, 1999, 52: 988.
[30] Kuboki H, Tsuchida T, Wakazono K, et al. J Antibiot, 1999, 52: 590.
[31] Kaneto R, Dobashi K, Kojima I, et al. Journal of antibiotics, 1994, 47: 727.
[32] Sakai K, Chiba H, Kaneto R, et al. J Antibiot, 1994, 47: 591.
[33] Kwon O E, Rho M C, Song H Y, et al. J Antibiot, 2002, 55: 1004.
[34] Teshima Y, Shin-Ya K, Shimazu A, et al. J Antibiot, 1991, 44: 685.
[35] Tomoda H, Tabata N, Yang D J, et al. J Antibiot, 1995, 48: 495.
[36] Tomoda H, Tabata N, Yang D a J U N, et al. J Antibiot, 1996, 49: 292.
[37] Rho M C, Lee H S, Chang K, et al. J Antibiot, 2002, 55: 211.

[38] Pyl D V a N D E R, Cans P, Debernard J J, et al. J Antibiot, 1995, 48: 736.
[39] Ma B J, Ruan Y. J Antibiot, 2008, 61: 86.
[40] Sato T, Hanada T, Arioka M, et al. J Antibiot, 1998, 51: 1047.
[41] Yang S, Chan T, Pomponi S, et al. J Antibiot, 2003, 56: 186.
[42] Yang S, Buevich A, Chan T, et al. J Antibiot, 2003, 56: 419.
[43] Davoli P, Engel G, Werle A, et al. J Antibiot, 2002, 55: 377.
[44] Puar M, Barrabee E, Hallade M, et al. J Antibiot, 2000, 53: 837.
[45] Maul C, Sattler I, Zerlin M, et al. J Antibiot, 1999, 52: 1124.
[46] Grabley S, Thiericke R, Zerlin M, et al. J Antibiot, 1996, 49: 593.
[47] Qin X D, Shao H J, Dong Z J, et al. J Antibiot, 2008, 61: 556.
[48] Nakamura T, Komagata D, Murakawa S, et al. J Antibiot, 1990, 43: 1597.

第八节 苯类抗生素

表 13-8-1 苯类抗生素的名称、分子式、测试溶剂和参考文献

编号	名称	分子式	测试溶剂	参考文献
13-8-1	amidepsine E	$C_{30}H_{31}NO_{11}$	D	[1]
13-8-2	amidepsine F	$C_{35}H_{39}NO_{16}$	M	[2]
13-8-3	amidepsine G	$C_{34}H_{37}NO_{16}$	M	[2]
13-8-4	amidepsine H	$C_{37}H_{41}NO_{17}$	M	[2]
13-8-5	amidepsine I	$C_{36}H_{39}NO_{17}$	M	[2]
13-8-6	amidepsine J	$C_{31}H_{33}NO_{11}$	M	[2]
13-8-7	amidepsine K	$C_{25}H_{22}O_{10}$	M	[2]
13-8-8	aquastatin A	$C_{36}H_{52}O_{12}$	C/M	[3]
13-8-9	asterric acid	$C_{17}H_{16}O_{8}$	M	[4]
13-8-10	ascotricins A	$C_{27}H_{34}O_{11}$	D	[5]
13-8-11	ascotricins B	$C_{29}H_{38}O_{11}$	D	[5]
13-8-12	azicemicin A	$C_{23}H_{25}NO_{9}$	C	[6]
13-8-13	bagremycin A	$C_{15}H_{13}NO_{3}$	D	[7]
13-8-14	BE-40665D	$C_{22}H_{21}O_{7}Br$	C	[8]
13-8-15	benastatin A	$C_{30}H_{28}O_{7}$	D	[9]
13-8-16	benastatin C	$C_{29}H_{28}O_{5}$	D	[9]
13-8-17	benzastatin H	$C_{18}H_{26}N_{2}O_{2}$	M	[10]
13-8-18	benzastatin I	$C_{18}H_{26}N_{2}O_{2}$	M	[10]
13-8-19	benzophomopsin A	$C_{12}H_{12}O_{3}$	C	[11]
13-8-20	BU-4704	$C_{19}H_{14}N_{2}O_{5}S$	D	[12]
13-8-21	citrinin hydrate 1a	$C_{13}H_{16}O_{6}$	M	[13]
13-8-22	citrinin hydrate 1b	$C_{13}H_{16}O_{6}$	M	[13]
13-8-23	citrinamide A	$C_{22}H_{29}N_{3}O_{6}$	C	[14]
13-8-24	citrinamide B	$C_{25}H_{35}N_{3}O_{8}$	C	[14]
13-8-25	CJ-12 371	$C_{20}H_{16}O_{4}$	D	[15]
13-8-26	CJ-12 372	$C_{20}H_{16}O_{5}$	D	[15]
13-8-27	CJ-12 373	$C_{17}H_{24}O_{6}$	M	[16]
13-8-28	CJ-21 164	$C_{38}H_{37}ClO_{14}$	A / M	[17]

续表

编号	名称	分子式	测试溶剂	参考文献
13-8-29	CRM-51005	$C_{15}H_{20}O_3$	C	[18]
13-8-30	curtisian A	$C_{31}H_{24}O_{10}$	M	[19]
13-8-31	curtisian B	$C_{33}H_{28}O_{10}$	M	[19]
13-8-32	curtisian C	$C_{36}H_{38}O_{15}$	M	[19]
13-8-33	curtisian D	$C_{35}H_{32}O_{11}$	M	[19]
13-8-34	cysfluoretin	$C_{25}H_{27}O_8NS$	A	[20]
13-8-35	exophillic acid	$C_{38}H_{56}O_{12}$	P	[21]
13-8-36	F-11334-A1	$C_{11}H_{16}O_4$	M	[22]
13-8-37	F-11334-A2	$C_{11}H_{14}O_3$	M	[22]
13-8-38	F-11334-A3	$C_{11}H_{14}O_3$	M	[22]
13-8-39	F-11334-B1	$C_{11}H_{14}O_3$	M	[22]
13-8-40	F-11334-B2	$C_{12}H_{16}O_3$	M	[22]
13-8-41	funalenone	$C_{18}H_{26}O_6$	D	[23]
13-8-42	FR191512	$C_{38}H_{38}O_{16}$	M	[24]
13-8-43	GERI-BP002-A	$C_{23}H_{32}O_2$	—	[25]
13-8-44	gibbestatin B	$C_{22}H_{26}O_6$	M	[26]
13-8-45	gibbestatin C	$C_{28}H_{30}O_7$	M	[26]
13-8-46	GTRI-02	$C_{13}H_{14}O_4$	D	[27]
13-8-47	karalicin	$C_{14}H_{20}O_6$	C	[28]
13-8-48	kynapcin-12	$C_{22}H_{18}O_8$	M	[29]
13-8-49	MK4588	$C_{19}H_{16}N_2O_3$	C	[30]
13-8-50	monamidocin	$C_{15}H_{22}N_4O_4$	D	[31]
13-8-51	NFAT-133	$C_{17}H_{24}O_3$	M	[32]
13-8-52	NFAT-68	$C_{18}H_{23}NO_6$	M	[32]
13-8-53	niduloic acid	$C_{15}H_{16}O_5$	C	[33]
13-8-54	nidulal	$C_{15}H_{16}O_5$	C	[33]
13-8-55	NP25301	$C_{11}H_{11}NO_4$	C	[34]
13-8-56	NP25302	$C_{14}H_{20}N_2O_2$	C	[34]
13-8-57	9-hydroxyoudemansin A	$C_{16}H_{20}O_4$	C	[35]
13-8-58	oudemansin X	$C_{18}H_{24}O_5$	M	[36]
13-8-59	6-hydroxypiperitol	$C_{20}H_{20}O_7$	C	[37]
13-8-60	panosialin D	$C_{22}H_{36}Na_2O_8S_2$	M	[38]
13-8-61	panosialin wA	$C_{21}H_{34}Na_2O_8S_2$	M	[38]
13-8-62	panosialin wB	$C_{21}H_{34}Na_2O_8S_2$	M	[38]
13-8-63	panosialin wC	$C_{22}H_{36}Na_2O_8S_2$	M	[38]
13-8-64	panosialin wD	$C_{22}H_{37}NaO_5S$	M	[38]
13-8-65	phaffiaol	$C_{25}H_{44}O_3$	C	[39]
13-8-66	phenamide	$C_{14}H_{20}N_2O_3$	D	[40]
13-8-67	prenylterphenyllin	$C_{25}H_{26}O_5$	C	[41]
13-8-68	4"-deoxyprenylterphenyllin	$C_{25}H_{26}O_4$	C	[41]
13-8-69	4"-deoxyisoterprenin	$C_{25}H_{26}O_5$	C	[41]
13-8-70	4"-deoxyterprenin	$C_{25}H_{26}O_5$	C	[41]

续表

编号	名称	分子式	测试溶剂	参考文献
13-8-71	RES-1214-1	$C_{17}H_{16}O_8$	M	[42]
13-8-72	RES-1214-2	$C_{17}H_{15}ClO_8$	D	[42]
13-8-73	resorcinin	$C_{23}H_{40}O_2$	C	[43]
13-8-74	resorstatin	$C_{17}H_{28}O_2$	C	[44]
13-8-75	rousselianone A	$C_{19}H_{18}O_7$	C	[45]
13-8-76	sattabacin	$C_{13}H_{18}O_2$	C	[46]
13-8-77	hydroxysattabacin	$C_{13}H_{18}O_3$	C	[46]
13-8-78	sattazolin	$C_{15}H_{19}NO_2$	C	[46]
13-8-79	methylsattazolin	$C_{16}H_{21}NO_2$	C	[46]
13-8-80	spectomycin A_1	$C_{20}H_{20}O_7$	C	[47]
13-8-81	spectomycin A_2	$C_{19}H_{18}O_7$	C	[47]
13-8-82	spectomycin B_1	$C_{38}H_{34}O_{14}$	A	[47]
13-8-83	stipiamide	$C_{32}H_{45}NO_3$	A	[48]
13-8-84	*N*-butylbenzenesulphonamide, *N*-丁基苯磺胺（磺酰胺）	$C_{10}H_{15}NO_2S$	M	[49]
13-8-85	hydroxystrobilurin A（羟基嗜球果 A）	$C_{16}H_{18}O_4$	C	[50]
13-8-86	TMC-49A	$C_{13}H_{19}NO_2$	C	[51]
13-8-87	TMC-52A	$C_{20}H_{30}N_4O_6$	D	[52]
13-8-88	TMC-52B	$C_{20}H_{30}N_4O_6$	D	[52]
13-8-89	TMC-52C	$C_{20}H_{30}N_4O_5$	D	[52]
13-8-90	TMC-52D	$C_{20}H_{30}N_4O_5$	D	[52]
13-8-91	trichostain D	$C_{23}H_{32}N_2O_8$	D	[53]
13-8-92	trichostain RK	$C_{18}H_{24}N_2O_2$	C	[54]
13-8-93	thielavin F（梭孢壳素 F）	$C_{30}H_{32}O_{10}$	P	[55]
13-8-94	thielavin G（梭孢壳素 G）	$C_{30}H_{32}O_{10}$	P	[55]
13-8-95	thielavin H（梭孢壳素 H）	$C_{28}H_{28}O_{10}$	P	[55]
13-8-96	thielavin I（梭孢壳素 I）	$C_{29}H_{30}O_{10}$	P	[55]
13-8-97	thielavin J（梭孢壳素 J）	$C_{28}H_{30}O_8$	P	[55]
13-8-98	thielavin K（梭孢壳素 K）	$C_{30}H_{32}O_{10}$	P	[55]
13-8-99	thielavin L（梭孢壳素 L）	$C_{33}H_{38}O_{12}$	P	[55]
13-8-100	thielavin M（梭孢壳素 M）	$C_{29}H_{30}O_{10}$	P	[55]
13-8-101	thielavin N（梭孢壳素 N）	$C_{29}H_{30}O_{10}$	P	[55]
13-8-102	thielavinO（梭孢壳素 O）	$C_{31}H_{34}O_{10}$	P	[55]
13-8-103	thielavin P（梭孢壳素 P）	$C_{30}H_{32}O_{10}$	P	[55]
13-8-104	viridomycin F	$C_{21}H_{14}N_3O_9Fe$	A	[56]
13-8-105	WF14861	$C_{20}H_{30}N_4O_6$	M	[57]
13-8-106	WF-2421	$C_{19}H_{20}N_2O_8$	D	[58]
13-8-107	tetrachloropyrocatechol	$C_6H_2Cl_4O_2$	固	[59]
13-8-108	tetrachloropyrocatechol methyl ether	$C_7H_4Cl_4O_2$	固	[59]
13-8-109	3,5-dichloro-asterric acid	$C_{18}H_{17}ClO_8$	D	[60]
13-8-110	3-chloro-asterric acid	$C_{18}H_{16}Cl_2O_8$	D	[60]
13-8-111	benzo[j]fluoranthen-3-one, (6b*S*,7*R*,8*S*)-4,9-dihydroxy-7,8-dimethoxy-1,6b,7,8-tetrahydro-2*H*	$C_{21}H_{18}O_5$	C	[61]

续表

编号	名称	分子式	测试溶剂	参考文献
13-8-112	benzo[*j*]fluoranthen-3-one, (6b*R*,7*R*,8*S*)-7-methoxy-4,8,9-trihydroxy-1,6b,7,8-tetrahydro-2*H*	$C_{21}H_{18}O_5$	C	[61]
13-8-113	benzo[*j*]fluoranthen-3-one, (6b*S*,7*R*,8*S*)-7-methoxy-4,8,9-trihydroxy-1,6b,7,8-tetrahydro-2*H*	$C_{21}H_{16}O_5$	C	[61]
13-8-114	benzo[*j*]fluoranthen-3,8-dione, (6b*S*,7*R*)-4,9-dihydroxy-7-methoxy-1,2,6b,7-tetrahydro	$C_{22}H_{20}O_5$	C	[61]
13-8-115	5,7-dimethoxy-6-hydroxy-2*H*-1,4-benzothiazin-3(4*H*)-one	$C_{10}H_{11}NO_4S$	D	[62]
13-8-116	*N*-acetamido-4-hydroxyl benzylamine	$C_9H_{11}NO_2$	D	[62]
13-8-117	*N*-(2'-phenylethyl) propionamide	$C_{11}H_{15}NO$	A	[63]
13-8-118	*N*-(2'-phenylethyl) isobutyramide	$C_{12}H_{17}NO$	C	[63]
13-8-119	*N*-(2'-phenylethyl) isovaleramide	$C_{13}H_{19}NO$	C	[63]
13-8-120	*N*-(2'-phenylethyl) hexanamide	$C_{14}H_{21}NO$	C	[63]
13-8-121	2-methyl-*N*-(2'-phenylethyl) butyramide	$C_{13}H_{19}NO$	A	[63]
13-8-122	sulfoalkylresorcinol	$C_{23}H_{40}O_6S$	D	[64]
13-8-123	1,3-dihydroxy-5-(12-hydroxyheptadecyl)benzene	$C_{23}H_{40}O_3$	D	[64]
13-8-124	acremonidin D	$C_{33}H_{28}O_{14}$	D	[65]
13-8-125	acremonidin E	$C_{16}H_{14}O_7$	D	[65]
13-8-126	MF-EA-705α	$C_{20}H_{22}O_2$	C	[66]
13-8-127	MF-EA-705β	$C_{20}H_{24}O_2$	C	[66]
13-8-128	resomycin A	$C_{23}H_{40}O_2$	CD_2Cl_2	[67]
13-8-129	nocardione A	$C_{13}H_{10}O_4$	C	[68]
13-8-130	nocardione B	$C_{14}H_{12}O_4$	C	[68]

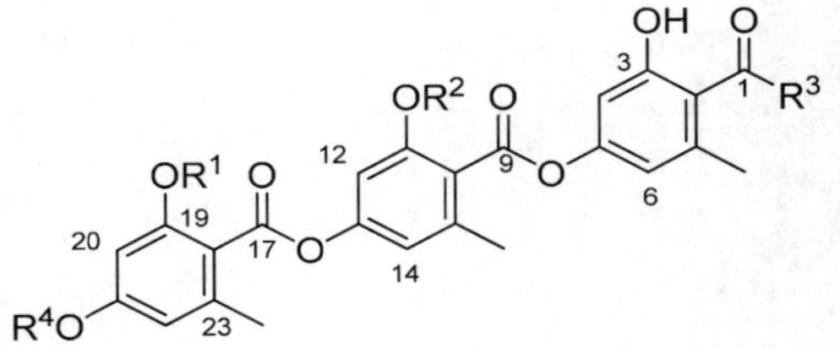

13-8-1 R^1=CH_3; R^2=CH_3; R^3=Ala; R^4=CH_3
13-8-2 R^1=CH_3; R^2=Glu; R^3=Ala; R^4=CH_3
13-8-3 R^1=H; R^2=Glu; R^3=Ala; R^4=CH_3
13-8-4 R^1=CH_3; R^2=AcGlu; R^3=Ala; R^4=CH_3
13-8-5 R^1=H; R^2= AcGlu; R^3=Ala; R^4=CH_3
13-8-6 R^1=CH_3; R^2=H; R^3=Val; R^4=CH_3
13-8-7 R^1=H; R^2=H; R^3=OH; R^4=CH_3

表 13-8-2 amidepsines 的 ^{13}C NMR 数据[2]

C	13-8-1[1]	13-8-2	13-8-3	13-8-4	13-8-5	13-8-6	13-8-7
1	166.5	—	—	—	170.5	—	—
2	123.7	123.5	123.5	123.5	123.8	123.9	117.5
3	155.2	156.5	156.5	156.5	156.7	155.1	158.5
4	106.4	107.5	107.5	107.5	107.7	106.5	107.2
5	150.4	153.0	153.0	152.5	152.9	150.6	152.1
6	113.2	115.5	115.5	115.5	115.7	113.3	114.2
7	137.6	139.0	140.0	140.0	139.6	137.5	139.5

续表

C	13-8-1[1]	13-8-2	13-8-3	13-8-4	13-8-5	13-8-6	13-8-7
7-CH_3	18.9	19.4	19.1	19.0	19.4	19.0	20.9
9	165.6	—	—	—	166.8	—	—
10	120.1	123.0	123.0	122.5	123.1	118.6	118.0
11	157.3	156.0	156.4	156.0	156.2	156.2	156.4
11-OCH_3	56.5						
12	103.5	108.5	109.0	108.0	108.5	107.1	107.2
13	152.4	154.0	153.0	153.8	153.1	152.2	152.1
14	115.5	116.0	118.5	118.5	118.7	114.1	114.5
15	137.3	140.0	139.0	140.0	138.8	137.9	138.0
15-CH_3	18.8	19.8	19.2	19.0	19.4	19.0	19.2
17	165.4	—	—	—	166.3	—	—
18	114.3	108.0	106.2	116.0	106.7	114.5	106.7
19	161.7	160.2	—	160.2	170.8	158.3	159.1
19-OCH_3	55.4	56.4	—	56.5	—	56.1	—
20	96.3	100.0	99.9	97.0	113.9	96.4	99.0
21	158.4	163.5	166.1	163.5	166.0	161.8	162.2
21-OCH_3	56.1	55.7	55.9	56.5	55.9	55.4	56.0
22	107.2	111.5	111.5	108.0	112.0	107.3	108.1
23	138.2	144.0	144.0	139.0	144.4	137.9	139.5
23-CH_3	19.6	19.4	24.0	20.0	24.2	20.0	20.9
24	174.0	179.8	176.0	176.0	176.2	—	—
25	47.9	52.0	49.7	49.5	49.5	57.6	—
26	17.0	17.0	17.0	17.5	17.5	29.6	—
27		—	—	—	—	18.2,19.2	—
27-NH		ND	ND	ND	ND	—	—
1'		102.5	102.5	100.5	100.5	—	—
2'		74.0	74.0	74.6	74.6	—	—
3'		70.6	70.5	76.0	76.1	—	—
4'		78.7	78.7	71.0	71.3	—	—
5'		78.5	78.5	78.5	78.5	—	—
6'		62.0	62.0	62.0	62.3	—	—
7'		—	—	171.5	171.9	—	—
8'		—	—	20.5	21.0	—	—

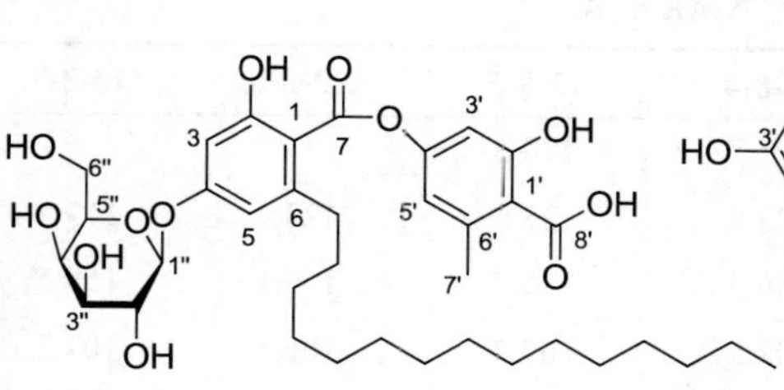

13-8-8

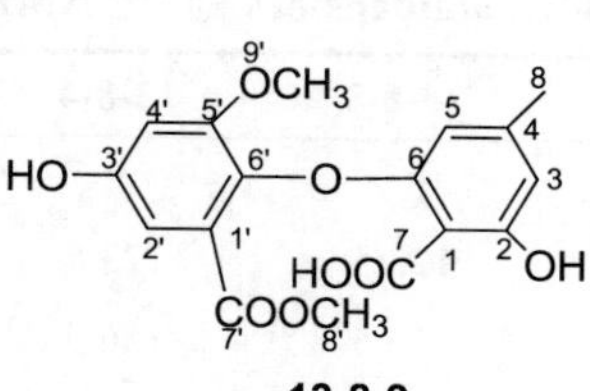

13-8-9

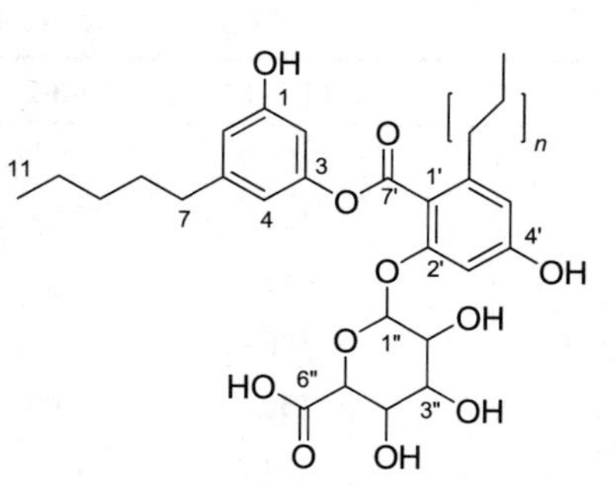

13-8-10 n=1
13-8-11 n=2

表 13-8-3 aquastatin A 的 ^{13}C NMR 数据[3]

C	13-8-8	C	13-8-8	C	13-8-8
1	110.7	3'	105.9	1"	99.9
2	161.7	4'	153.3	2"	70.4
3	101.3	5'	111.6	3"	73.0
4	163.9	6'	143.8	4"	68.2
5	107.8	7'	23.3	5"	75.0
6	147.8	8'	172.9	6"	60.6
7	168.8	6-长键	36.4, 31.8, 31.4,		
1'	115.7		29.4~28.9, 13.4		
2'	164.1				

表 13-8-4 asterric acid 的 ^{13}C NMR 数据[4]

C	13-8-9	C	13-8-9	C	13-8-9	C	13-8-9
1	104.8	6	161.1	3'	136.7	8'	52.7
2	164.3	7	167.6	4'	109.3	9'	56.8
3	111.8	8	21.9	5'	155.3		
4	145.4	1'	127.0	6'	156.7		
5	106.3	2'	106.2	7'	167.6		

表 13-8-5 ascotricins 的 ^{13}C NMR 的数据[5]

C	13-8-10	13-8-11	C	13-8-10	13-8-11	C	13-8-10	13-8-11
1	158.2	158.0	11	14.0	13.9	10'	13.8	30.5
2	106.7	106.6	1'	114.0	113.9	11'	—	21.9
3	151.5	151.4	2'	156.3	156.0	12'	—	13.8
4	112.1	112.1	3'	100.3	99.8	1"	100.9	100.0
5	144.5	144.6	4'	159.6	159.5	2"	70.1	69.8
6	112.7	112.7	5'	109.5	109.3	3"	73.4	73.0
7	35.0	35.0	6'	141.8	142.2	4"	69.8	69.7
8	30.3	30.2	7'	166.1	166.0	5"	75.1	73.8
9	30.9	30.8	8'	34.9	32.3	6"	170.7	169.5
10	22.0	21.9	9'	24.0	31.1			

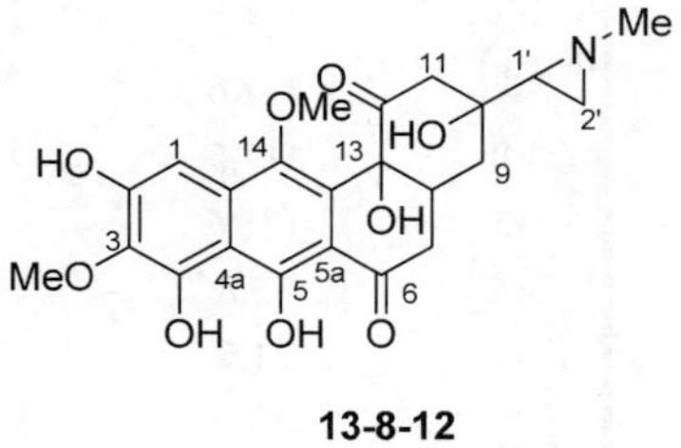

13-8-12

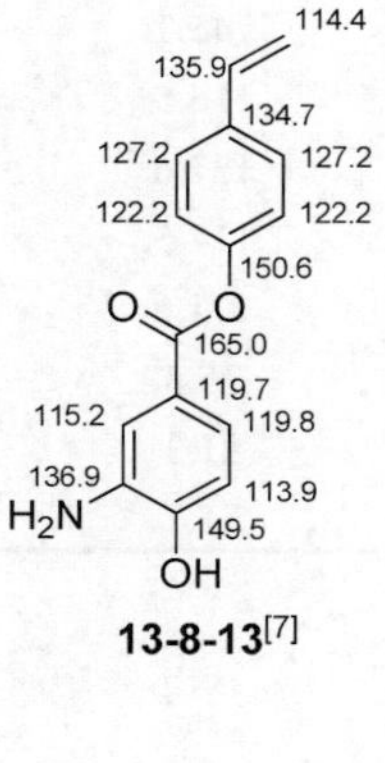

13-8-13[7]

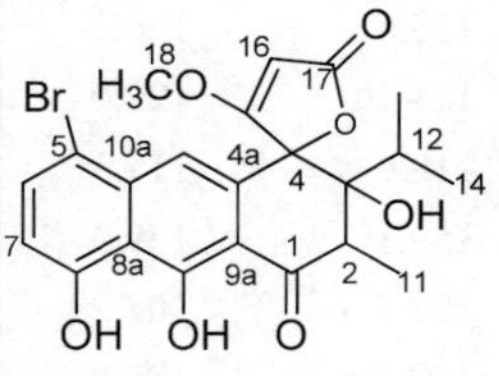

13-8-14

表 13-8-6 azicemicin A 的 ^{13}C NMR 数据[6]

C	13-8-12	C	13-8-12	C	13-8-12	C	13-8-12
1	98.3	5a	105.7	11	47.2	1'	44.0
2	154.2	6	200.7	12	206.5	2'	31.7
3	133.5	7	37.5	13	75.5	N-Me	46.9
4	150.7	8	41.1	13a	123.9	3-OMe	60.9
4a	110.2	9	41.5	14	143.9	14-OMe	62.3
5	164.6	10	70.8	14a	131.5		

表 13-8-7 BE-40665D 的 ^{13}C NMR 数据[8]

C	13-8-14	C	13-8-14	C	13-8-14	C	13-8-14
1	204.7	6	136.1	10	116.3	15	181.4
2	46.0	7	113.4	10a	135.8	16	93.1
3	79.2	8	157.9	11	8.5	17	169.6
4	86.8	8a	115.1	12	35.4	15-OCH_3	59.9
4a	134.1	9	164.5	13	17.4		
5	111.5	9a	108.6	14	18.3		

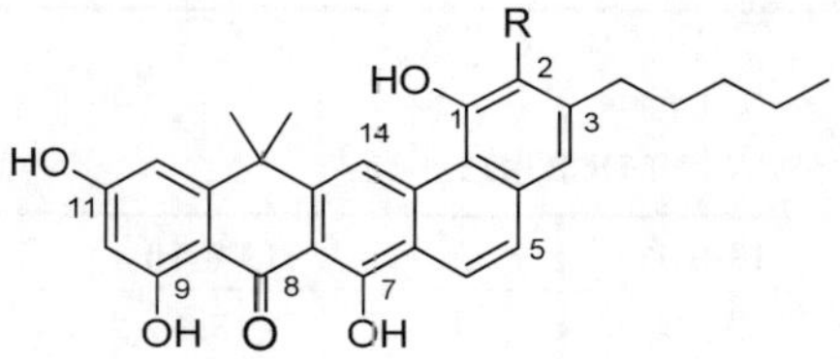

13-8-15 R=COOH
13-8-16 R=H

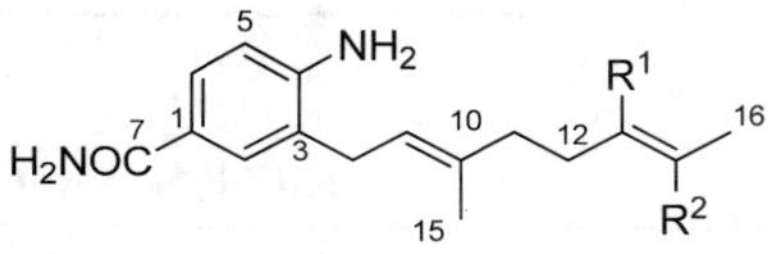

13-8-17 R^1=CH_2OH; R^2=Me
13-8-18 R^1=Me; R^2=CH_2OH

表 13-8-8 benastatins 的 ^{13}C NMR 数据[9]

C	13-8-15	13-8-16	C	13-8-15	13-8-16	C	13-8-15	13-8-16
1	169.2	156.9	10	100.9	101.0	19	22.2	21.9
2	114.3	114.1	11	165.6	165.8	20	14.0	13.9
3	146.4	143.5	12	106.8	106.9	21	34.4	34.3
4	116.8	119.2	12a	155.1	154.9	22	34.4	34.3
4a	136.4	136.0	13	39.0	40.4	13a	145.7	145.8
5	126.5	126.7	13a	145.7	145.8	14	116.5	116.5
6	121.1	120.0	14	116.5	116.5	14a	137.6	135.8
6a	118.9	119.5	14a	137.6	135.8	14b	117.5	116.2
7	159.3	159.3	14b	117.5	116.2	15	171.6	
7a	107.7	108.2	15	171.6		16	35.8	34.9
8	189.2	189.8	16	35.8	34.9	17	31.3	30.2
8a	106.9	106.8	17	31.3	30.2			
9	165.0	165.1	18	31.7	30.9			

表 13-8-9 benzastatins 的 ^{13}C NMR 数据[10]

C	13-8-17	13-8-18	C	13-8-17	13-8-18	C	13-8-17	13-8-18
1	122.5	122.4	7	172.5	172.6	13	132.7	133.5
2	130.0	129.8	8	30.6	30.5	14	130.2	128.8
3	125.1	125.4	9	121.8	122.6	15	19.9	16.2
4	150.5	150.7	10	138.4	138.0	16	16.0	15.9
5	114.6	114.8	11	39.1	39.7	17	61.5	18.6
6	127.6	127.6	12	30.2	33.5	18	20.5	61.8

13-8-21

13-8-19[11]

13-8-20[12]

13-8-22

表 13-8-10 citrinin hydrates 的 ^{13}C NMR 数据[13]

C	13-8-21	13-8-22	C	13-8-21	13-8-22	C	13-8-21	13-8-22
1	96.6	96.3	6	111.9	110.0	11	178.2	178.3
2	112.7	112.1	7	143.9	142.4	12	11.6	9.8
3	158.1	158.8	8	38.2	36.3	13	19.8	20.9
4	102.2	102.8	9	71.1	74.8			
5	161.4	161.2	10	20.8	22.2			

13-8-23

13-8-24

表 13-8-11 citrinamides 的 ^{13}C NMR 数据[14]

C	13-8-23	13-8-24	C	13-8-23	13-8-24	C	13-8-23	13-8-24
1	140.9	141.0	11	173.5	172.8	23	142.4	142.5
2	121.0	121.1	12	32.5	32.0	24	114.7	114.7
3	135.2	135.3	13	27.8	27.1	25	24.7	24.7
4	122.5	122.5	14	52.4	52.5	26	24.7	24.7
5	130.7	130.7	16	171.6	170.9	27	—	66.4
6	121.7	121.7	17	22.8	22.9	28	—	69.6
7	202.7	202.9	18	173.2	171.7	29	—	63.1
8	39.1	39.2	21	176.4	176.0			
9	35.2	34.8	22	46.7	46.8			

表 13-8-12　13-8-25 和 13-8-26 的 ^{13}C NMR 数据[15]

C	13-8-25	13-8-26	C	13-8-25	13-8-26	C	13-8-25	13-8-26
1	61.0	61.5	8	155.4	147.7	5'	120.2	119.7
2	27.7	27.6	9	126.4	127.3	6'	127.6	127.6
3	25.4	26.9	10	135.5	120.4	7'	109.1	108.9
4	100.0	101.0	1'	147.8	147.9	8'	147.5	147.7
5	117.5	149.2	2'	109.1	108.8	9'	113.0	112.7
6	128.5	116.8	3'	127.6	127.6	10'	133.7	133.8
7	116.1	117.4	4'	120.2	119.7			

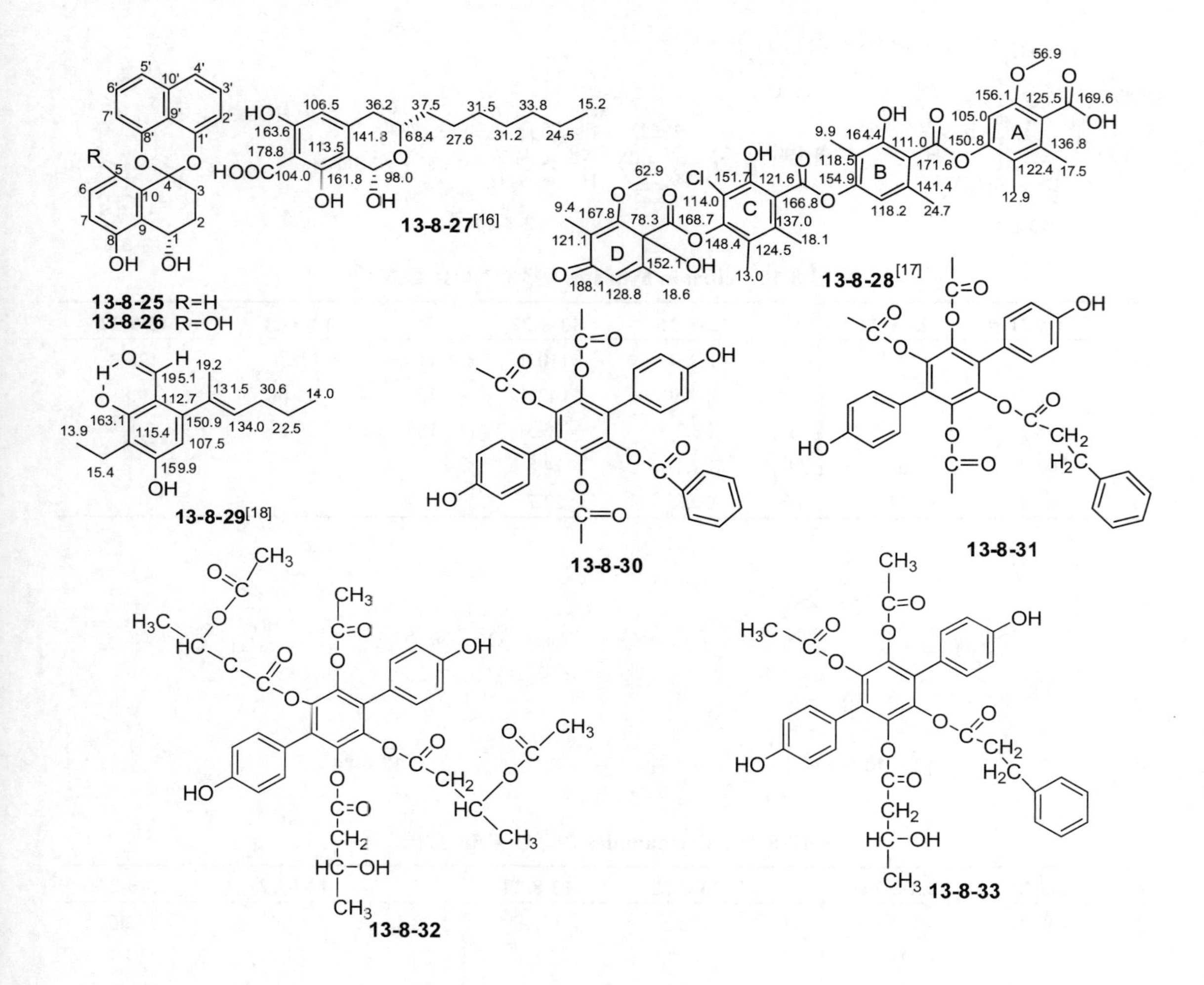

表 13-8-13　curtisians 的 ^{13}C NMR 数据[19]

C	13-8-30	13-8-31	13-8-32	13-8-33
对羟基丙苯基(1)				
1	123.1	122.9	123.2	123.3
2,6	131.7	131.5	132.1	132.0
3,5	116.1	115.8	116.2	116.1

续表

C	13-8-30	13-8-31	13-8-32	13-8-33
4	158.5	158.1	159.0	158.4
对羟基丙苯基(2)				
1	123.0	122.9	123.2	123.3
2,6	131.7	131.5	132.1	132.0
3,5	116.0	115.9	116.2	116.1
4	158.4	158.1	159.0	158.4
Ac(1)	169.4/20.1	169.4/20.1	169.5/20.1	169.5/20.0
Ac(2)	169.4/20.1	169.4/20.2		169.5/20.0
Ac(3)	169.4/20.1	169.4/20.2		
苯甲酰基				
1	129.2			
2,6	130.8			
3,5	129.6			
4	135.0			
CO	165.0			
苯丙酰基				
α-CH_2		35.7		36.0
β-CH_2		30.9		31.2
1		140.8		141.5
2,6		128.9		129.2
3,5		129.2		129.5
4		127.0		127.3
CO		171.1		171.7
3-羟基丁酰基				
1			170.1	170.1
2			44.2	44.0
3			65.0	65.0
4			23.0	23.1
乙酰基丁酰基(1)				
1			168.9	
2			40.3	
3			68.1	
4			19.5	
Ac			172.1/21.0	
3-乙酰基丁酰基(2)				
1			168.9	
2			40.3	
3			68.1	
4			19.5	
Ac			172.1/21.0	
六取代的苯基				
	131.3	131.2(×2)	131.7(×2)	131.6(×2)
	131.5	140.1(×4)	140.0～	140.5
	134.1		140.5(×4)	140.6(×3)
	140.4(×3)			

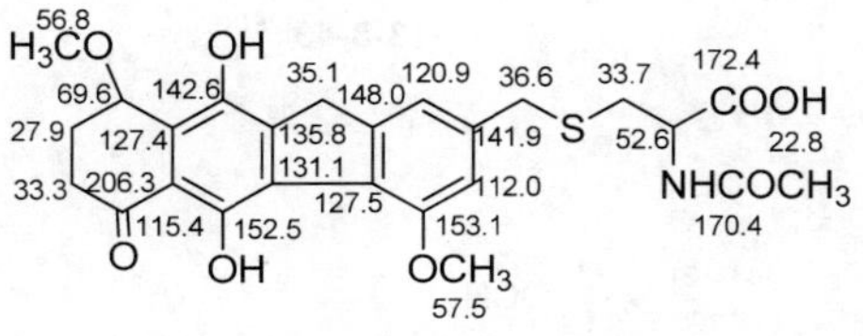

13-8-34[20]

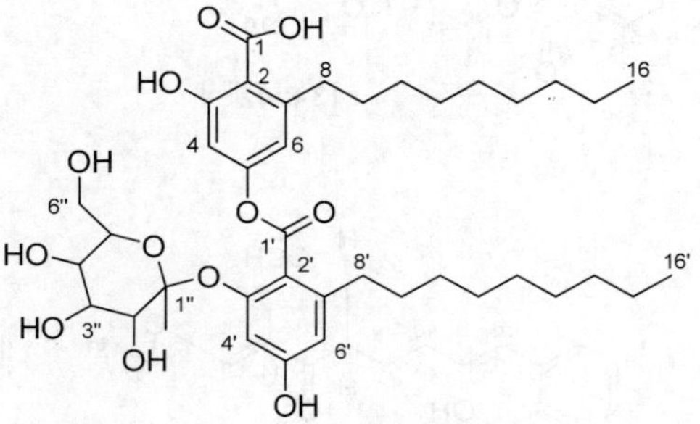

13-8-35

表 13-8-14 exophillic acid ^{13}C NMR 的化学位移[21]

C	13-8-35	C	13-8-35	C	13-8-35	C	13-8-35
1	175.1	11	30.4	5'	162.2	15'	23.4
2	114.6	12	30.4	6'	111.8	16'	14.8
3	164.7	13	30.4	7'	144.5	1"	103.3
4	109.5	14	32.8	8'	34.8	2"	75.4
5	155.5	15	23.4	9'	32.4	3"	79.2
6	116.0	16	14.7	10'	30.0	4"	71.5
7	148.8	1'	167.4	11'	30.4	5"	79.4
8	36.8	2'	115.6	12'	33.4	6"	62.8
9	32.8	3'	158.5	13'	30.4		
10	30.7	4'	102.2	14'	32.8		

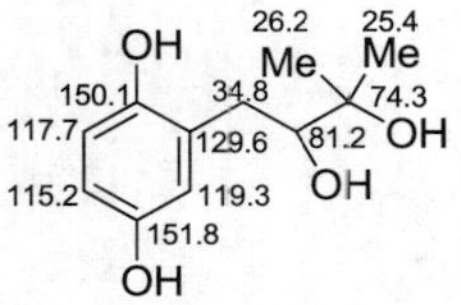

13-8-36[22]

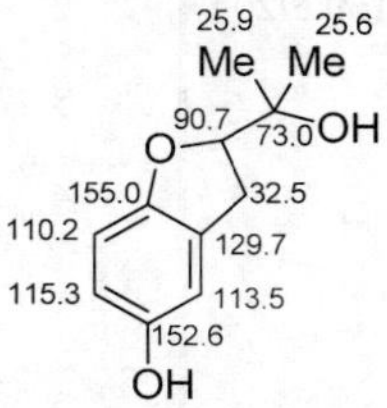

13-8-37[22]

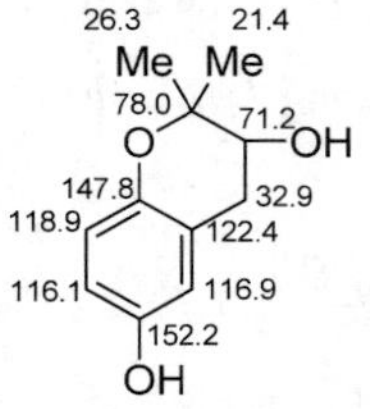

13-8-38[22]

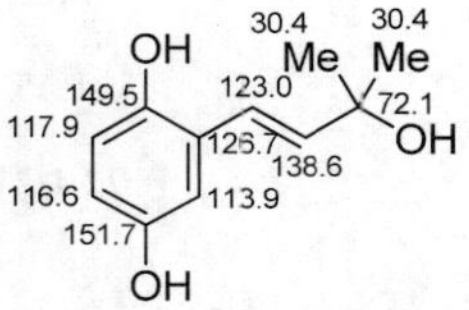

13-8-39[22]

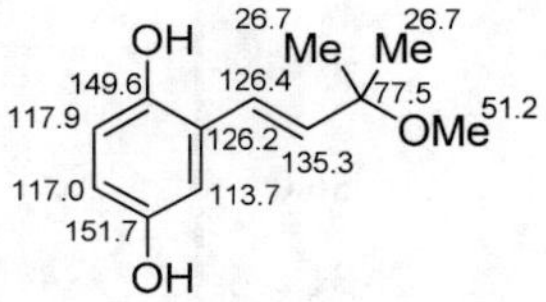

13-8-40[22]

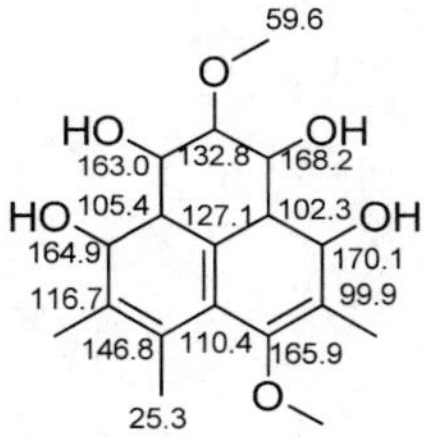

13-8-41[23]

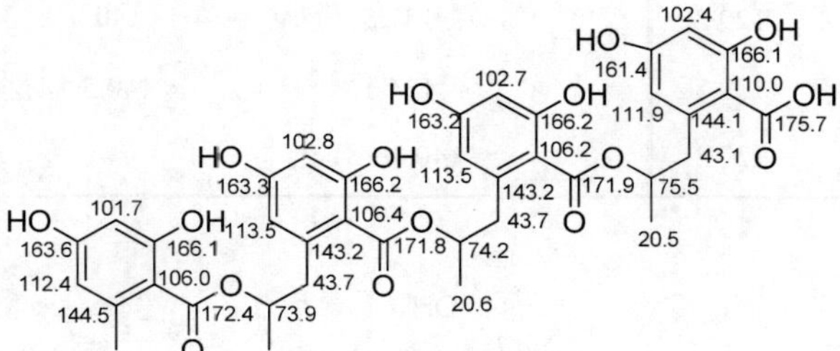

13-8-42[24]

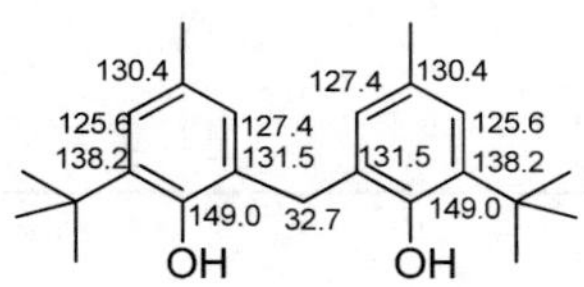

13-8-43[25]

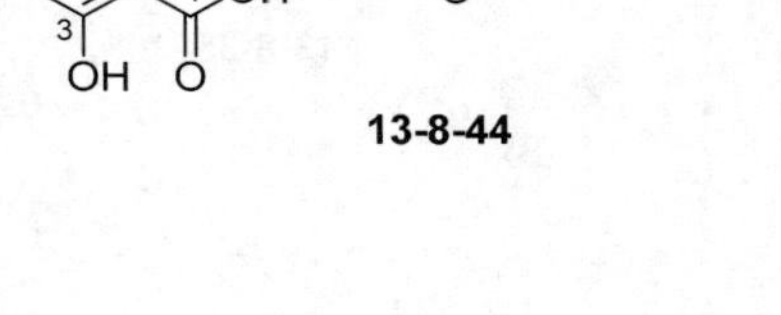

13-8-44

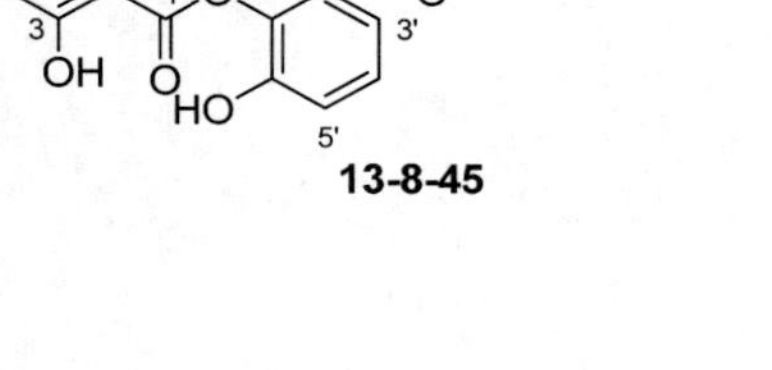

13-8-45

表 13-8-15 gibbestatins 的 ^{13}C NMR 数据[26]

C	13-8-44	13-8-45	C	13-8-44	13-8-45	C	13-8-44	13-8-45
1	177.8	177.3	11	129.7	128.8	21	17.1	17.2
2	118.4	119.1	12	57.9	57.7	22	57.2	57.2
3	162.5	161.8	13	202.9	202.9	1'		143.4
4	116.8	116.5	14	141.6	139.9	2'		133.9
5	132.5	132.2	15	140.3	143.4	3'		116.5
6	118.4	118.2	16	56.8	58.4	4'		133.9
7	142.1	141.1	17	57.6	70.5	5'		113.4
8	135.8	135.6	18	17.8	20.1	6'		151.1
9	129.8	129.4	19	12.3	12.7			
10	136.7	137.6	20	80.0	79.4			

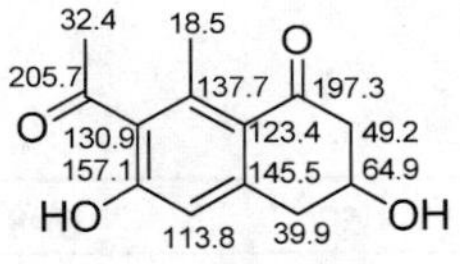

13-8-46[27]

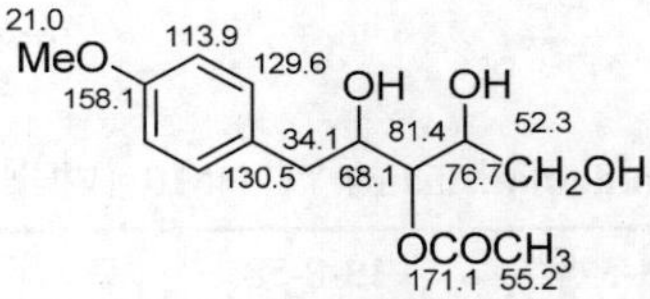

13-8-47[28]

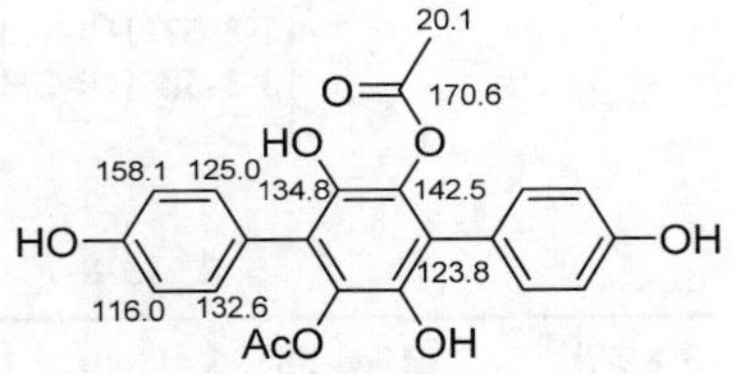

13-8-48[29]

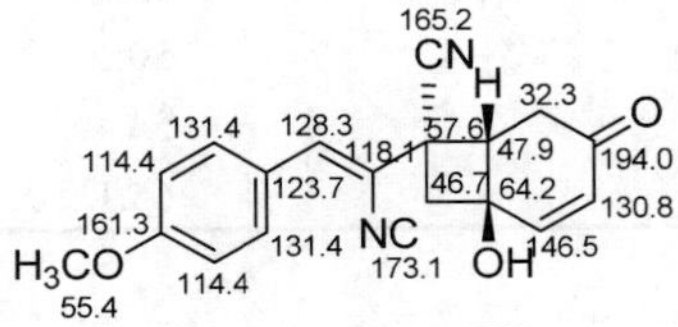

13-8-49[30]

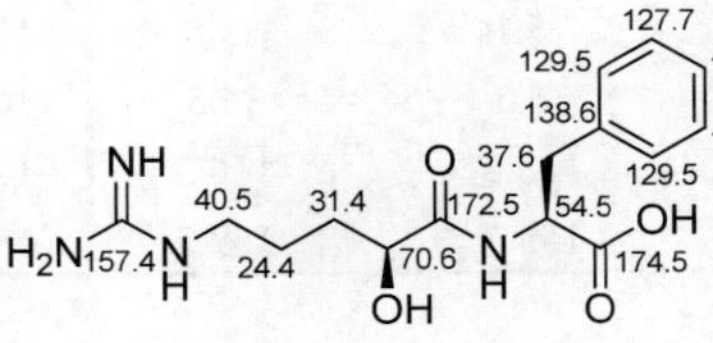

13-8-50[31]

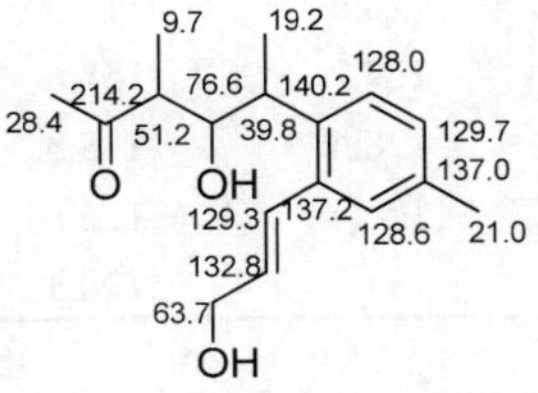

13-8-51[32]

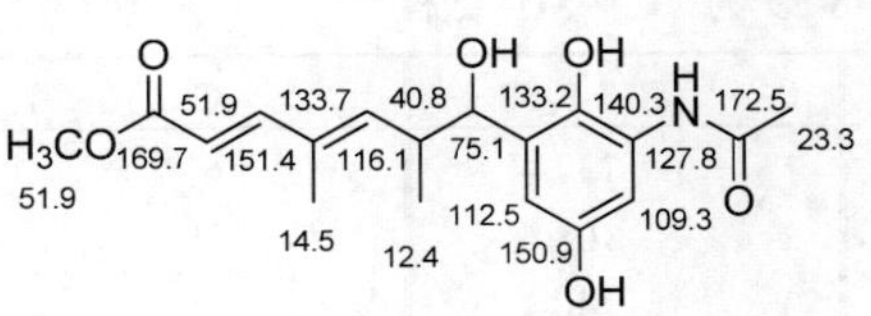

13-8-52[32]

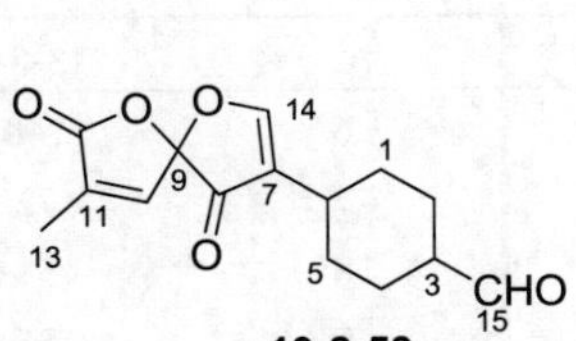

13-8-53

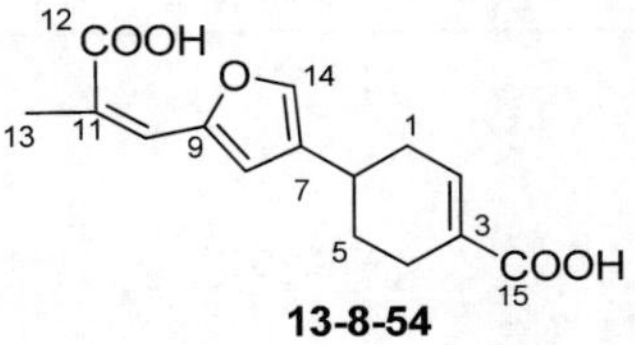

13-8-54

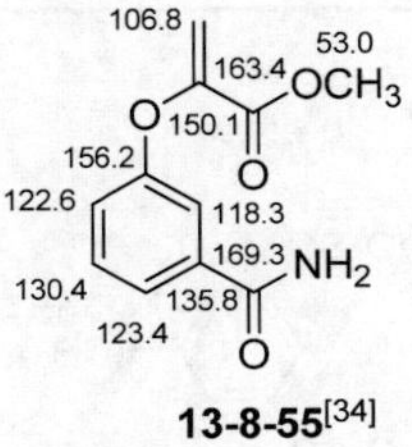

13-8-55[34]

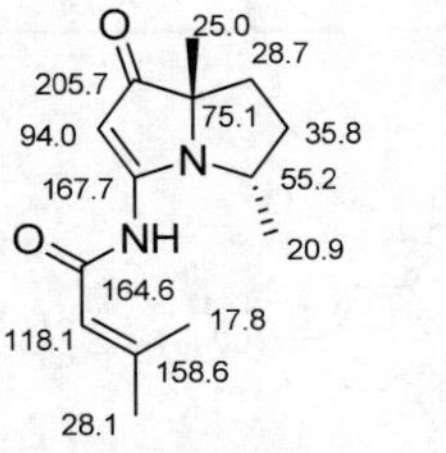

13-8-56[34]

表 13-8-16 nidulals 的 ^{13}C NMR 数据[33]

C	13-8-53	13-8-54	C	13-8-53	13-8-54	C	13-8-53	13-8-54
1	30.0	32.4	6	31.6	29.5	11	135.9	125.3
2	25.6	139.0	7	123.5	131.6	12	170.2	170.6
3	49.5	130.0	8	194.8	112.4	13	10.9	21.5
4	25.6	23.7	9	102.6	150.8	14	172.2	138.1
5	29.9	28.6	10	139.0	123.8	15	203.8	169.5

13-8-57 R^1=H; R^2=H
13-8-58 R^1=CH_3; R^2=OCH_3

13-8-59

表 13-8-17 oudemansins 的 ^{13}C NMR 数据[36]

C	13-8-57[35]	13-8-58	C	13-8-57[35]	13-8-58	C	13-8-57[35]	13-8-58
1	126.4	126.8	7	130.0	131.1	13	169.3	166.7
2	128.4	113.3	8	131.7	125.9	14	13.1	15.1
3	127.2	158.6	9	75.1	83.8	15	61.5	60.8
4	128.4	113.3	10	36.5	34.5	16	51.4	50.1
5	126.4	126.8	11	113.3	110.3	17		54.4
6	137.3	128.3	12	159.7	159.2	18		55.1

表 13-8-18 13-8-59 的 ^{13}C NMR 数据[37]

C	13-8-59	C	13-8-59	C	13-8-59	C	13-8-59
1	115.0	6	140.9	1'	132.4	6'	119.0
2	106.1	7	72.5	2'	108.6	7'	72.3
3	148.1	8	53.2	3'	146.8	8'	52.9
4	150.8	9	85.5	4'	145.5	9'	85.3
5	99.5	OCH_2O	101.2	5'	114.3	3'-OCH_3	56.0

13-8-60 **13-8-61** **13-8-62**

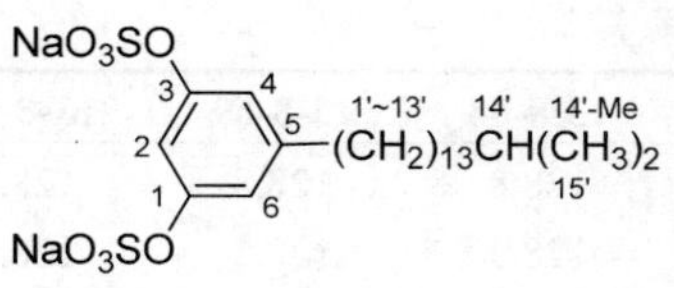

13-8-63 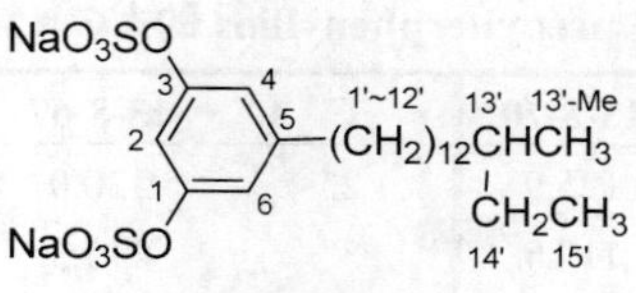　　13-8-64 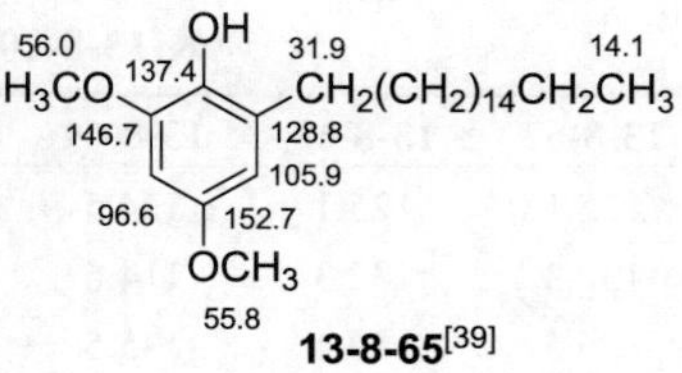　　13-8-65[39]

表 13-8-19　panosialins 的 ^{13}C NMR 数据[38]

C	13-8-60	13-8-61	13-8-62	13-8-63	13-8-64
苯基					
1	151.5	159.2	159.1	159.2	158.8
2	112.0	107.3	107.3	107.3	107
3	151.5	155	155	155	154.7
4	119.1	113.9	113.9	113.2	113.6
5	146.2	146.3	146.3	146.3	146
6	119.1	113.2	113.2	113.9	112.9
烷基部分					
1'	35.3	37.2	37.2	37.2	36.9
2'	30.9	32.7	32.7	32.7	32.4
3'	29.3~30.0	30.7~31.3	30.7~31.1	30.7~31.3	30.6~31.1
4'	29.3~30.0	30.7~31.3	30.7~31.1	30.7~31.3	30.6~31.1
5'	29.3~30.0	30.7~31.3	30.7~31.1	30.7~31.3	30.6~31.1
6'	29.3~30.0	30.7~31.3	30.7~31.1	30.7~31.3	30.6~31.1
	29.3~30.0	30.7~31.3	30.7~31.1	30.7~31.3	30.6~31.1
7'	29.3~30.0	30.7~31.3	30.7~31.1	30.7~31.3	30.6~31.1
8'	29.3~30.0	30.7~31.3	30.7~31.1	30.7~31.3	30.6~31.1
9'	29.3~30.0	30.7~31.3	30.7~31.1	30.7~31.3	30.6~31.1
10'	29.3~30.0	30.7~31.3	30.7~31.1	30.7~31.3	30.6~31.1
11'	27.0	28.8			28.2
12'	36.5	40.6		28.8	37.8
13'	34.2	29.5	33.4	40.5	35.7
13'-Me	19.0	23.3			19.6
14'	29.4	23.3	24.2	29.5	30.4
14''-Me				23.3	
15'	11.1		14.7	23.3	11.7

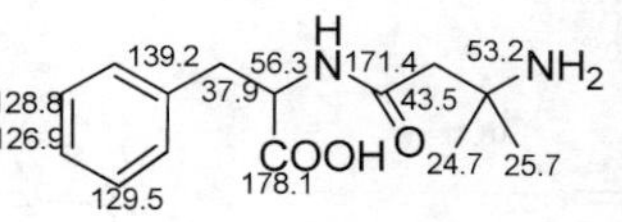

13-8-66[40]

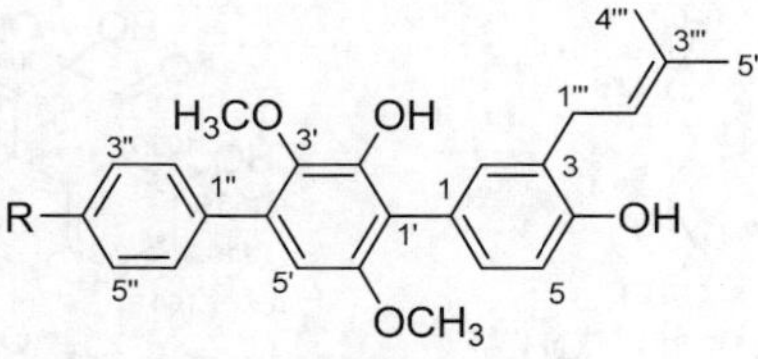

13-8-67 R=OH
13-8-68 R=H

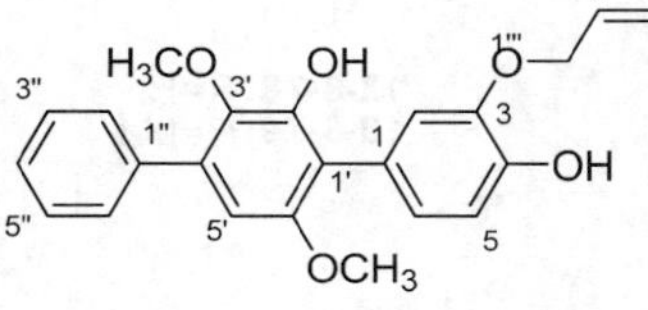

13-8-69 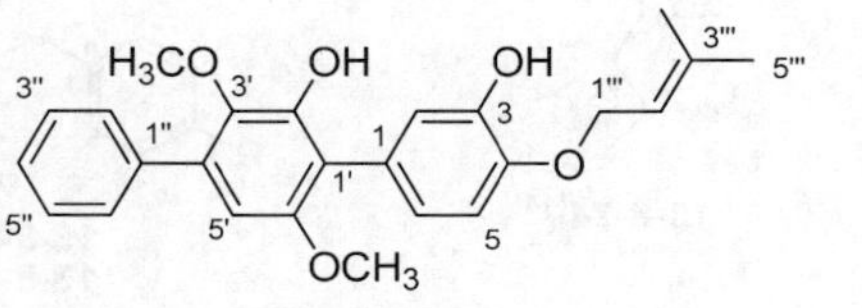　　13-8-70

表 13-8-20 prenylterphenyllins 的 ^{13}C NMR 数据[41]

C	13-8-67	13-8-68	13-8-69	13-8-70	C	13-8-67	13-8-68	13-8-69	13-8-70
1	125.1	125.1	124.5	125.9	2"	130.0	128.8	128.8	128.7
2	132.3	132.3	114.6	117.0	3"	115.3	128.5	128.5	128.4
3	126.5	126.4	145.5	145.5	4"	155.3	127.6	127.5	127.4
4	153.6	153.7	145.2	145.2	5"	115.3	128.5	128.5	128.4
5	115.6	115.6	114.2	111.5	6"	120.0	128.8	128.8	128.8
6	129.8	129.9	123.7	122.2	1'''	29.8	30.0	65.7	65.6
1'	116.4	116.8	116.9	116.6	2'''	121.8	121.8	119.3	119.4
2'	147.2	147.2	147.3	147.2	3'''	134.6	134.7	138.7	138.7
3'	138.7	138.8	138.8	138.8	4'''	17.9	17.9	18.2	17.9
4'	132.3	132.7	132.8	132.8	5'''	25.8	25.8	25.8	25.8
5'	103.7	103.9	104.0	103.8	3'-OCH_3	60.5	60.7	60.9	60.7
6'	153.4	153.5	153.5	153.4	6'-OCH_3	56.0	56.0	56.0	56.0
1"	130.4	138.1	138.1	138.1					

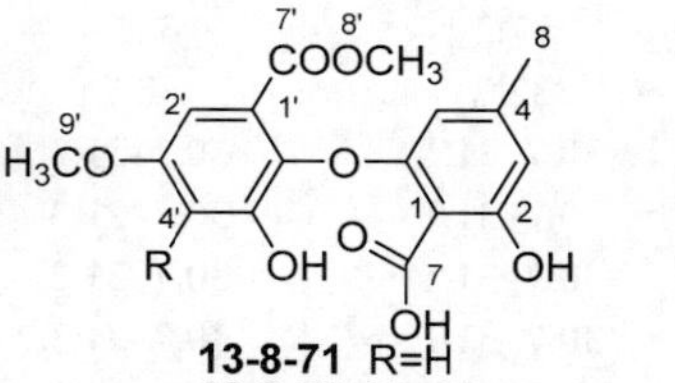

13-8-71 R=H
13-8-72 R= Cl

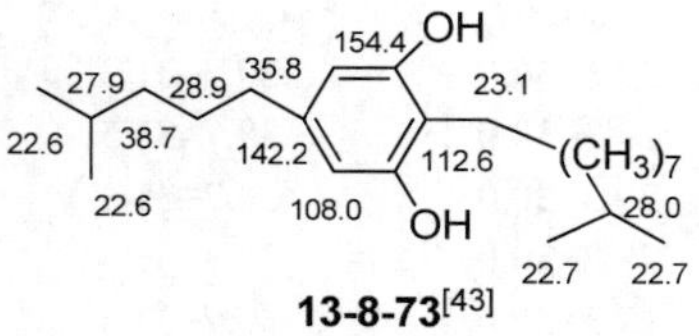

13-8-73[43]

表 13-8-21 13-8-71 和 13-8-72 的 ^{13}C NMR 数据[42]

C	13-8-71	13-8-72	C	13-8-71	13-8-72	C	13-8-71	13-8-72
1	102.3	105.0	7	172.7	170.4	5'	153.2	148.2
2	164.1	159.8	8	22.1	21.3	6'	135.7	136.0
3	112.6	110.7	1'	126.2	123.0	7'	167.0	164.6
4	147.7	143.4	2'	108.0	103.1	8'	52.9	52.2
5	106.3	105.2	3'	159.2	152.4	9'	56.3	56.4
6	160.2	157.8	4'	108.4	114.1			

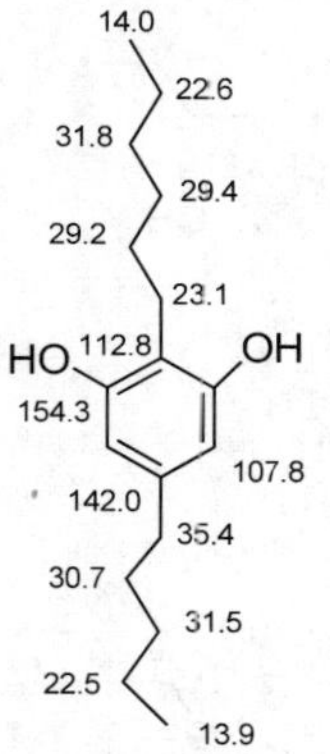

13-8-74[44]

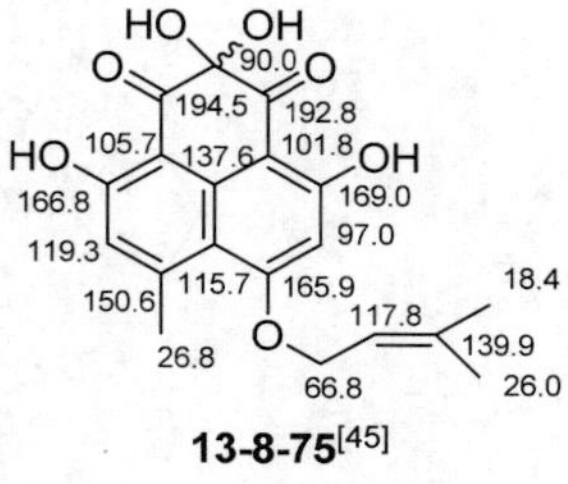

13-8-75[45]

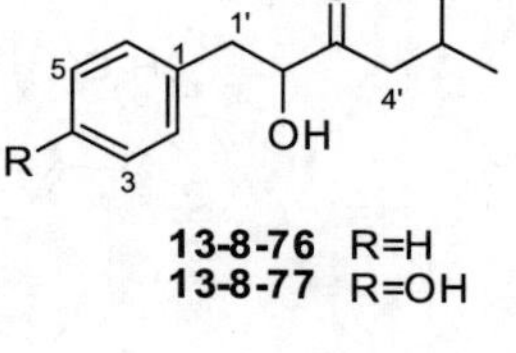

13-8-76 R=H
13-8-77 R=OH

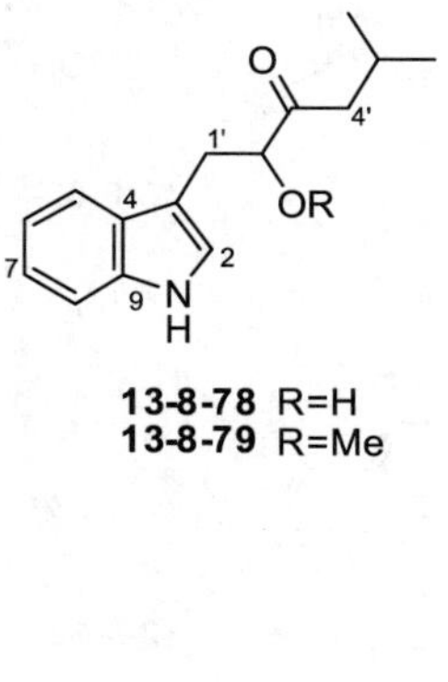

13-8-78 R=H
13-8-79 R=Me

表 13-8-22 13-8-76~13-8-79 的 ^{13}C NMR 数据[46]

C	13-8-76	13-8-77	13-8-78	13-8-79	C	13-8-76	13-8-77	13-8-78	13-8-79
1	136.6	128.1	—	—	1'	40.0	39.1	29.7	27.8
2	129.2	130.4	122.9	122.9	2'	77.4	77.6	76.9	87.2
3	128.5	115.4	110.5	111.1	3'	211.2	211.4	211.8	212.3
4	126.8	154.8	127.4	127.4	4'	47.4	47.4	47.3	47.3
5	128.5	115.4	118.6	118.7	5'	24.5	24.6	24.4	23.6
6	129.2	130.4	119.5	119.4	6'	22.6	22.6	22.5	22.6
7			122.1	122.0	7'	22.2	22.5	22.5	22.6
8			111.2	111.1	OMe				58.2
9			136.1	136.1					

13-8-80 [47]

13-8-81[47]

13-8-82[47]

13-8-83[48]

13-8-84[59]

13-8-85[50]

13-8-86[51]

13-8-87 R^1=OH; R^2 =$NH(CH_2)_3NH(CH_2)_4NH_2$

13-8-88 R^1=OH; R^2 =$NH(CH_2)_4NH(CH_2)_3NH_2$

13-8-89 R^1= H; R^2 =$NH(CH_2)_3NH(CH_2)_4NH_2$

13-8-90 R^1= H; R^2 =$NH(CH_2)_4NH(CH_2)_3NH_2$

表 13-8-23 13-8-87~13-8-90 的 ^{13}C NMR 数据[52]

C	13-8-87	13-8-88	13-8-89	13-8-90	C	13-8-87	13-8-88	13-8-89	13-8-90
1	41.6	39.4	41.6	39.6	6	28.2	28.2	28.2	28.2
2	26.8	26.6	26.7	26.6	7	38.8	41.2	38.8	41.2
3	25.5	47.2	25.5	47.2	8	176.0	175.5	176.0	175.4
4	49.7	50.1	49.7	50.1	9	58.4	58.4	58.2	58.2
5	47.7	25.6	47.7	25.6	10	172.3	172.3	172.4	172.3

续表

C	13-8-87	13-8-88	13-8-89	13-8-90	C	13-8-87	13-8-88	13-8-89	13-8-90
11	55.6	55.6	55.6	55.6	15	130.8	130.9	139.0	139.1
12	57.2	57.2	57.2	57.2	16,20	133.4	133.4	132.0	132.0
13	176.4	176.4	176.4	176.3	17,19	118.4	118.4	131.7	131.6
14	38.7	38.9	39.5	39.4	18	157.4	157.4	130.1	130.1

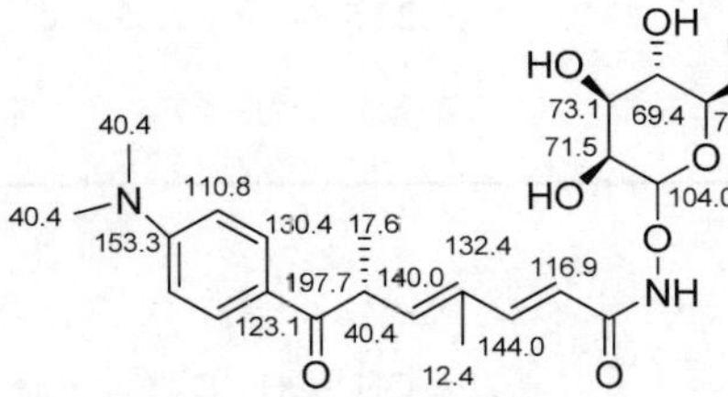

13-8-91[53]

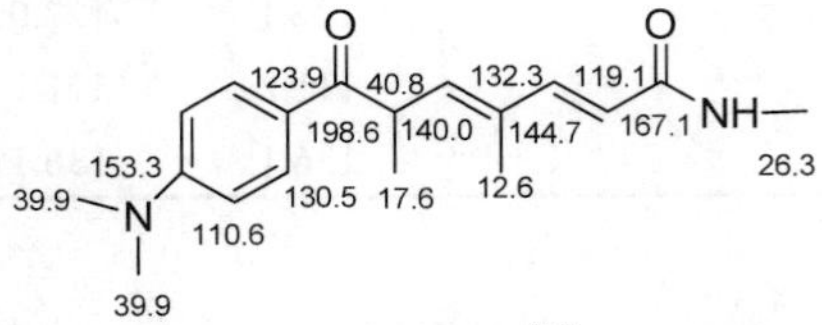

13-8-92[54]

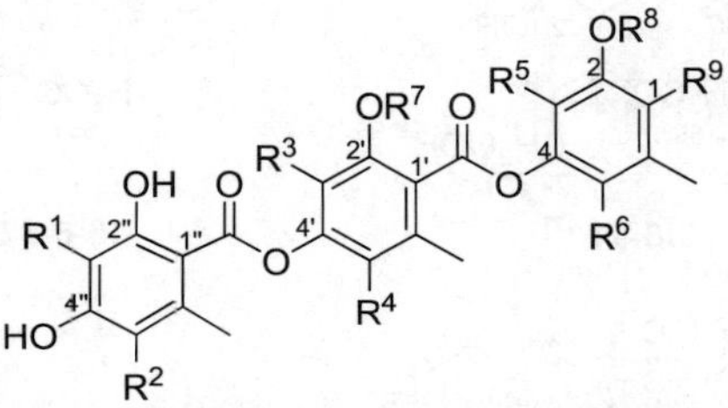

13-8-93 R^1=CH_3; R^2=H; R^3=CH_3; R^4=CH_3; R^5=H; R^6=CH_3; R^7=CH_3; R^8=CH_3; R^9=CO_2H
13-8-94 R^1=CH_3; R^2=H; R^3=H; R^4=CH_3; R^5=CH_3; R^6=CH_3; R^7=CH_3; R^8=CH_3; R^9=CO_2H
13-8-95 R^1=H; R^2= H; R^3=CH_3; R^4=CH_3; R^5=CH_3; R^6=CH_3; R^7=H; R^8= H; R^9=CO_2H
13-8-96 R^1=CH_3; R^2=H; R^3=CH_3; R^4=CH_3; R^5=CH_3; R^6=CH_3; R^7=H; R^8=H; R^9=CO_2H
13-8-97 R^1=CH_3; R^2=H; R^3=CH_3; R^4=CH_3; R^5=CH_3; R^6= H; R^7=CH_3 ; R^8=H; R^9= H
13-8-98 R^1=CH_3; R^2= H; R^3=CH_3; R^4=CH_3; R^5=CH_3; R^6=CH_3; R^7=CH_3; R^8= H; R^9=CO_2H
13-8-99 R^1=CH_3 ; R^2= H; R^3=CH_3; R^4=CH_3; R^5=CH_3; R^6=CH_3; R^7=CH_3; R^8=H; R^9= $CO_2CH_2CH(OH)CH_2OH$
13-8-100 R^1=H; R^2= H; R^3=CH_3; R^4=CH_3; R^5=CH_3; R^6=CH_3; R^7=CH_3 ; R^8=H; R^9=CO_2H
13-8-101 R^1=CH_3; R^2= H; R^3=CH_3; R^4=CH_3; R^5=H ; R^6=CH_3; R^7=H; R^8=CH_3; R^9=CO_2H
13-8-102 R^1=CH_3; R^2= CH_3; R^3=CH_3; R^4=CH_3; R^5=CH_3; R^6=CH_3; R^7=CH_3; R^8=H; R^9=CO_2H
13-8-103 R^1=CH_3 ; R^2=CH_3; R^3=CH_3 ; R^4=CH_3; R^5=CH_3 ; R^6=CH_3; R^7= H; R^8= H; R^9=CO_2H

表 13-8-24 thielavins 的 ^{13}C NMR 数据[55]

C	13-8-93	13-8-94	13-8-95	13-8-96	13-8-97	13-8-98	13-8-99	13-8-100	13-8-101	13-8-102	13-8-103
1	125.9	130.9	115.2	115.2	113.0	115.0	118.7	115.1	122.9	115.3	115.1
2	154.7	153.9	159.9	155.3	164.3	159.7	155.1	159.7	156.2	159.9	156.2
3	103.5	122.6	118.3	115.7	117.0	116.6	117.5	116.6	104.9	116.9	118.2
4	149.7	149.1	152.1	149.7	153.1	151.8	151.2	151.9	149.9	152.1	151.7
5	121.8	126.1	120.8	119.4	116.0	120.7	121.5	120.7	122.5	120.9	120.6
6	132.9	132.4	138.3	135.6	141.0	138.1	135.3	138.1	137.6	138.3	138.1
1'	127.0	122.2	116.7	117.5	127.6	126.4	127.1	127.2	116.2	127.4	117.6
2'	154.2	156.0	156.3	156.5	154.7	154.9	154.9	154.9	160.1	155.1	159.8
3'	122.2	104.8	117.8	117.8	122.7	122.6	122.7	122.7	116.7	122.9	116.5

续表

C	13-8-93	13-8-94	13-8-95	13-8-96	13-8-97	13-8-98	13-8-99	13-8-100	13-8-101	13-8-102	13-8-103
4'	149.2	151.1	151.6	151.4	150.2	150.2	150.7	149.4	151.2	150.7	151.9
5'	125.9	122.6	122.1	121.8	126.4	127.2	126.4	126.5	120.8	126.7	122.0
6'	134.4	137.4	135.8	135.6	133.4	133.9	133.9	133.9	138.3	134.1	135.7
1"	102.7	103.6	105.0	103.2	103.2	103.0	103.1	104.9	103.8	106.0	105.8
2"	164.6	164.7	166.4	165.0	165.1	165.0	165.0	166.1	164.9	161.2	161.1
3"	109.9	110.2	102.3	110.3	110.4	110.2	110.3	102.2	110.3	110.4	110.2
4"	162.8	163.0	165.2	163.1	163.3	163.1	163.2	165.0	163.1	160.8	160.6
5"	112.0	112.2	113.4	112.4	112.6	112.4	112.4	113.2	112.4	118.2	118.0
6"	140.5	140.8	144.3	140.9	141.1	140.9	140.9	144.0	140.9	137.7	137.6
1-CO	170.3①	171.1①	175.8①		176.2①	175.6①	170.3①	175.6①	171.2①	175.8①	175.6①
2-OCH$_3$	55.5	62.2							56.1		
3-CH$_3$	11.9	10.6	10.7	18.4	9.8	10.7	10.7	10.4		10.7	10.8
5-CH$_3$	16.9	13.2	13.7	12.9		13.4	13.1	13.4	12.6	13.6	13.3
6-CH$_3$	166.7①	17.1	18.9	20.0	24.2	18.7	17.9	18.7	17.7	18.9	19.4
1'-CO	62.0	166.4①	168.9①	169.2①	166.9①	166.5①	166.5①	166.5①	166.5①	166.7①	168.7①
2'-OCH$_3$	9.9	56.0			62.6	62.3	62.3	62.3		62.5	
3'-CH$_3$	12.5		10.8	19.7	10.4	10.4	10.3	10.4	10.7	10.6	10.6
5'-CH$_3$	16.5	12.5	13.3	13.1	13.1	13.0	13.1	13.1	13.6	13.4	13.1
6'-CH$_3$	170.3①	17.5	18.4	10.5	17.1	17.3	17.3	17.3	18.9	17.5	18.3
1"-CO	8.3	171.1①	169.9①	170.8①	170.9①	170.7①	170.7①	169.6①	171.2①	170.9①	170.8①
3"-CH$_3$	8.3	8.7		8.7	8.9	8.7	8.7		8.9	10.1	9.9
5"-CH$_3$										13.2	13.5
6"-CH$_3$	24.6	24.7	24.6	25.0	25.1	25.0	25.0	24.4	24.9	19.6	18.7

① 由于没有相关的HMBC，碳的归属并不明确。

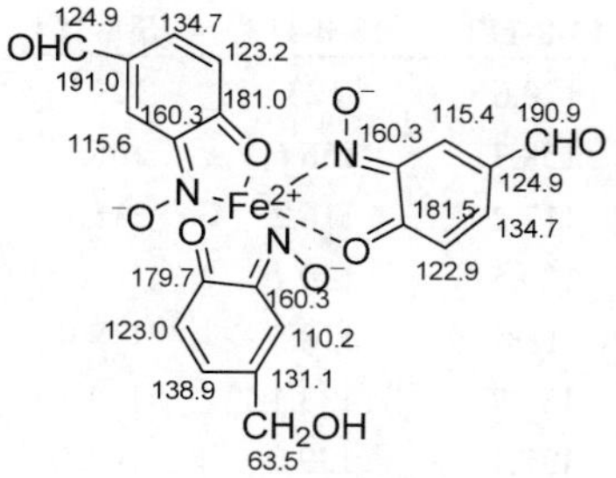

13-8-104[56]

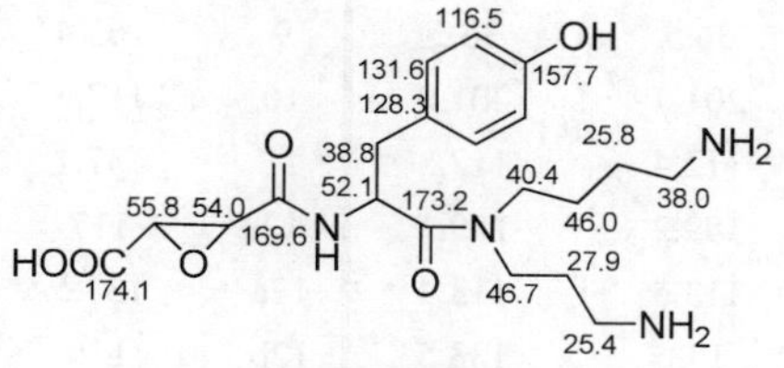

13-8-105[57]

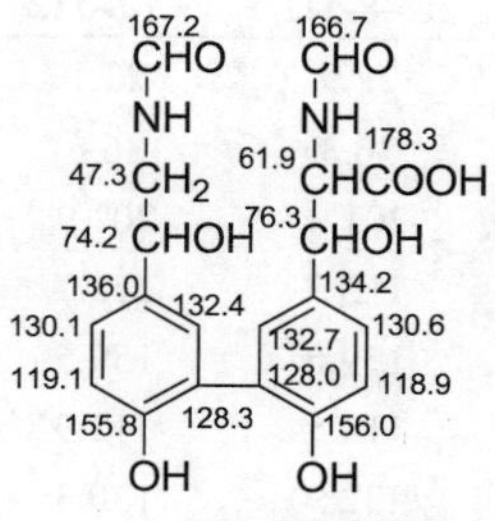

13-8-106[58]

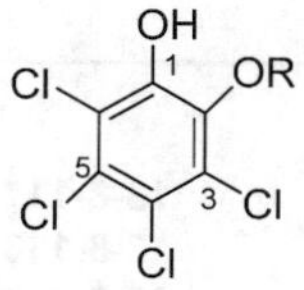

13-8-107 R=H

13-8-108 R=CH_3

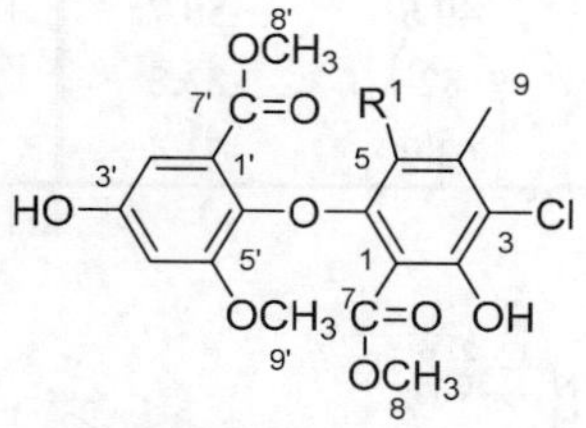

13-8-109 R^1=H

13-8-110 R^1=Cl

表 13-8-25　13-8-107 和 13-8-108 的 ^{13}C NMR 数据[59]

C	13-8-107	13-8-108	C	13-8-107	13-8-108	C	13-8-107	13-8-108
1	140.1	146.0	4	123.8	128.3	2-OMe	—	61.3
2	140.1	143.4	5	123.8	126.4			
3	118.9	123.9	6	118.9	119.4			

表 13-8-26　asterric acids 的 ^{13}C NMR 数据[60]

C	13-8-109	13-8-110	C	13-8-109	13-8-110	C	13-8-109	13-8-110
1	108.4	112.5	7	166.7	163.8	4'	104.9	104.7
2	152.4	149.2	8	52.3	52.1	5'	153.3	152.8
3	113.8	115.6	9	20.4	18.1	6'	155.3	154.7
4	139.5	135.7	1'	125.4	124.4	7'	165.0	164.5
5	106.4	115.5	2'	107.6	104.7	8'	52.1	51.9
6	155.3	149.0	3'	133.4	135.1	9'	56.1	56.1

13-8-111 R=H
13-8-114 R=CH_3

13-8-112

13-8-113

13-8-115[62]

表 13-8-27　13-8-111~13-8-114 的 ^{13}C NMR 数据[61]

C	13-8-111	13-8-112	13-8-113	13-8-114	C	13-8-111	13-8-112	13-8-113	13-8-114
1	22.9	23.1	22.8	23.1	8a	114.3	120.6	123	122.7
2	36.3	36.6	36.5	36.5	9	163.4	158.3	156.6	155.5
3	201.3	201.9	201.7	201.8	10	117.6	117.2	116.2	115.1
3a	112.7	112.7	112.4	112.2	11	137.1	129.5	130.1	129.8
4	159.6	159.5	159.2	159.1	12	117	118	118.5	118.9
5	114.5	112.9	113.5	113.4	12a	137.5	131.7	133.1	134.4
6	132.9	130.3	133	133.5	12b	136	138.2	139.9	140.5
6a	134	132.1	132.9	133.5	12c	133.8	131	131.3	131.3
6b	55.2	53.9	49.6	50.7	12d	150.1	151.7	150.9	150.5
7	85	81.1	82	83.8	1'	60.6	61.8	58.1	57.8
8	204.1	70.8	63.9	71.4	2'				58.9

13-8-116[62]

13-8-117 R^1=H; R^2=Me
13-8-118 R^1=Me; R^2=Me
13-8-119 R^1=H; R^2=*i*-Pr
13-8-120 R^1=H; R^2=*n*-Bu
13-8-121 R^1=Me; R^2=Et

表 13-8-28 13-8-117~13-8-121 的 ^{13}C NMR 数据[63]

C	13-8-117	13-8-118	13-8-119	13-8-120	13-8-121	C	13-8-117	13-8-118	13-8-119	13-8-120	13-8-121
1	174.0	174.0	172.9	173.3	176.3	2'	36.5	35.7	35.7	35.7	36.6
2	41.4	35.6	46.1	36.7	41.2	1"	140.5	140.5	138.9	138.5	140.6
3	10.2	19.6	26.2	31.4	27.9	2"	129.1	128.6	128.6	128.6	129.1
4	—	19.6	22.4	26.5	12.2	3"	129.5	128.8	128.7	128.7	129.5
5	—	—	22.4	22.4	18.1	4"	126.9	126.5	126.5	126.5	126.8
6	—	—	—	13.9	—	5"	129.5	128.8	128.7	128.7	129.5
1'	41.3	40.5	40.6	40.6	43.1	6"	129.1	128.6	128.6	128.6	129.1

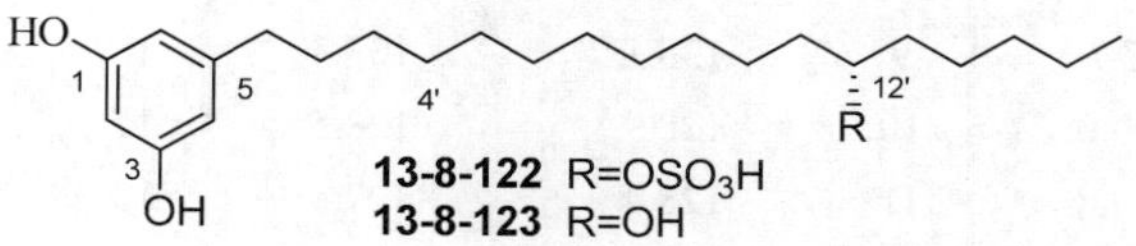

13-8-122 R=OSO_3H
13-8-123 R=OH

表 13-8-29 13-8-122 和 13-8-123 的 ^{13}C NMR 数据[64]

C	13-8-122	13-8-123	C	13-8-122	13-8-123	C	13-8-122	13-8-123
1	158.2	158.1	3'	29.2	29.1	11'	33.8	37.1
2	100.0	99.9	4'	29.0	29.0	12'	76.2	69.5
3	158.2	158.1	5'	29.0	28.9	13'	33.8	37.1
4	106.3	106.3	6'	29.0	28.9	14'	24.2	24.9
5	144.2	144.1	7'	29.0	28.9	15'	31.5	31.4
6	106.3	106.3	8'	28.9	28.8	16'	22.1	22.1
1'	35.3	35.2	9'	28.6	28.6	17'	13.9	13.9
2'	30.7	30.6	10'	24.5	25.2			

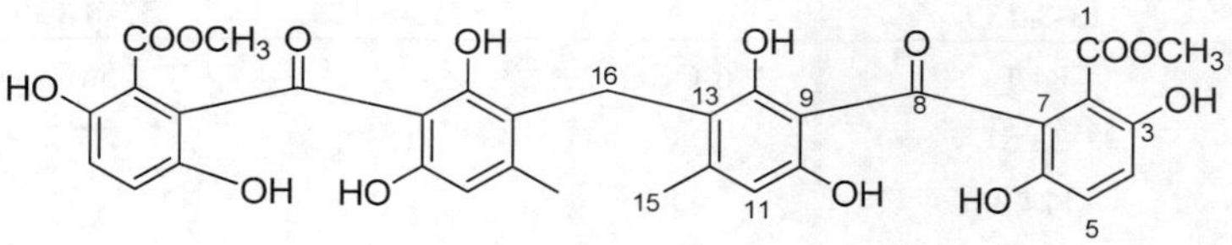

13-8-124

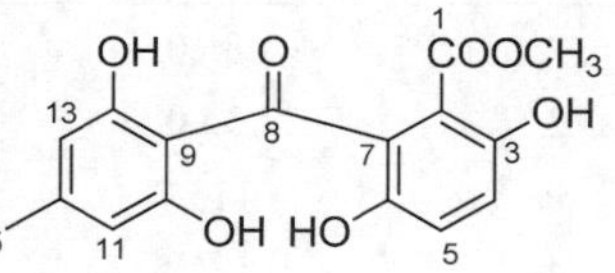

13-8-125

表 13-8-30 acremonidins 的 ^{13}C NMR 数据[65]

C	13-8-124	13-8-125	C	13-8-124	13-8-125	C	13-8-124	13-8-125
1	168.0	168.1	7	131.4	131.2	13	116.7	107.5
2	112.0	112.4	8	200.0	199.4	14	161.0	161.6
3	151.3	151.2	9	108.6	109.0	15	20.2	21.7
4	117.2	117.5	10	157.7	161.6	16	20.5	—
5	122.2	122.2	11	108.1	107.5	OCH_3	51.8	51.9
6	145.5	145.7	12	147.0	147.6			

13-8-126 13-8-127

表 13-8-31 13-8-126 和 13-8-127 的 ^{13}C NMR 数据[66]

C	13-8-126	13-8-127	C	13-8-126	13-8-127	C	13-8-126	13-8-127
1	177.0	177.2	8	139.5	140.4	15	130.8	127.3
2	37.7	37.7	9	138.1	138.3	16	130.1	134.4
3	123.4	123.0	10	128.9	128.5	17	137.6	21.8
4	134.6	134.8	11	128.4	127.4	18	117.2	14.4
5	130.3	129.8	12	136.7	136.0	19	21.2	21.2
6	130.6	131.0	13	125.5	130.0	20	26.2	25.6
7	128.3	127.6	14	134.2	135.4			

13-8-128[67] 13-8-129 13-8-130

表 13-8-32 nocardiones 的 ^{13}C NMR 数据[68]

C	13-8-129	13-8-130	C	13-8-129	13-8-130
2	85.0	84.1	6-OCH$_3$		56.2
3	34.0	33.5	7	123.8	117.3
3a	115.7	114.3	8	138.0	135.8
4	175.5	175.5	9	118.0	116.7
5	185.9	180.2	9a	128.0	129.5
5a	114.0	1144.6	9b	169.6	169.3
6	165.0	161.8	10	22.5	21.9

参 考 文 献

[1] Tomoda H, Yamaguchi Y, Tabata N, et al. J Antibiot, 1996, 49: 929.

[2] Junji Inokoshi Y T, Ryuji Uchida R M. J Antibiot, 2009, 63: 9.

[3] Hamano K, Kinoshita-Okami M, Minagawa K, et al. J Antibiot, 1993, 46: 1648.

[4] Ohashi H, Akiyama H, Nishikori K, et al. J Antibiot, 1992, 45: 1684.

[5] Yonesu K, Ohnuki T, Ono Y, et al. J Antibiot, 2009, 62: 359.

[6] Tsuchida T, Iinuma H. J Antibiot, 1993, 46: 1772.

[7] Bertasso M, Holzenk Mpfer M, Zeeck A, et al. J Antibiot, 2001, 54: 730.

[8] Tsukamoto M, Nakajima S, Murooka K, et al. J Antibiot, 1999, 52: 178.

[9] Aoyama T, Kojima F, Yamazaki T, et al. J Antibiot, 1993, 46: 712.
[10] Kim W G , Ryoo I J, Park J S, et al. J Antibiot, 2001, 54: 513.
[11] Shiono Y, Nitto A, Shimanuki K, et al. J Antibiot, 2009, 62: 533.
[12] Tsunakawa M, Ohkusa N, Kobaru S, et al. J Antibiot, 1993, 46: 687.
[13] Kadam S, Poddig J, Humphrey P, et al. J Antibiot, 1994, 47: 836.
[14] Takashi Fukuda Y H, Yasunari Sakabe H T. J Antibiot, 2008, 61: 550.
[15] Sakemi S, Inagaki T, Kaneda K, et al. J Antibiot, 1995, 48: 134.
[16] Inagaki T, Kaneda K, Suzuki Y, et al. J Antibiot, 1998, 51: 112.
[17] Kim Y J, Nishida H, Pang C H, et al. J Antibiot, 2002, 55: 121.
[18] Oh W, Lee H, Kim B Y, et al. J Antibiot, 1997, 50: 1083.
[19] Yun B S, Lee I K, Kim J P, et al. J Antibiot, 2000, 53: 114.
[20] Aoyama T, Zhao W, Kojima F, et al. J Antibiot, 1993, 46: 1471.
[21] Ondeyka J, Zink D, Dombrowski A, et al. J Antibiot, 2003, 56: 1018.
[22] Tanaka M, Nara F, Yamasato Y, et al. J Antibiot, 1999, 52: 827.
[23] Inokoshi J, Shiomi K, Masuma R, et al. J Antibiot, 1999, 52: 1095.
[24] Nishihara Y, Tsujii E, Takase S, et al. J Antibiot, 2000, 53: 1333.
[25] Kim Y, Lee H, Son K, et al. J Antibiot, 1996, 49: 31.
[26] Hayashi K, Nozaki H. J Antibiot, 1999, 52: 917.
[27] Yeo W H, Yun B S, Kim S S, et al. J Antibiot, 1998, 51: 952.
[28] Lampis G , Deidda D, Maullu C, et al. J Antibiot, 1996, 49: 260.
[29] Lee H J, Rhee I K, Lee K B, et al. J Antibiot, 2000, 53: 714.
[30] Itoh J, Takeuchi Y, Gomi S, et al. J Antibiot, 1990, 43: 456.
[31] Kamiyama T, Umino T, Itezono Y, et al. J Antibiot, 1995, 48: 1221.
[32] Burres N S, Premachandran U, Hoselton S, et al. J Antibiot, 1995, 48: 380.
[33] Erkel G , Becker U, Anke T, et al. J Antibiot, 1996, 49: 1189.
[34] Zhang Q, Schrader K K, Elsohly H N, et al. J Antibiot, 2004, 56: 763.
[35] Kleinwaechter P, Schlegel B, Dornberger K, et al. J Antibiot, 1999, 52: 332.
[36] Anke T, Werle A, Bross M, et al. J Antibiot, 1990, 43: 1010.
[37] Chung Y I N M E I, Hayashi H, Matsumoto H, et al. J Antibiot, 1994, 47: 487.
[38] Yamada H, Shiomi K. J Antibiot, 1995, 48: 205.
[39] Jinno S, Hata K, Shimidzu N, et al. J Antibiot, 1998, 51: 508.
[40] Makkar N S, Nickson T E, Tran M, et al. J Antibiot, 1995, 48: 369.
[41] Wei H, Inada H, Hayashi A, et al. J Antibiot, 2007, 60: 586.
[42] Ogawa T, Ando K, Aotani Y, et al. J Antibiot, 1995, 48: 1401.
[43] Imai S, Noguchi T, Seto H. J Antibiot, 1993, 46: 1232.
[44] Kato S, Shindo K, Kawai H, et al. J Antibiot, 1993, 46: 1024.
[45] Xiao J I N Z, Kumazawa S, Tomita H, et al. J Antibiot, 1993, 46: 1570.
[46] Lampis G , Deidda D, Maullu C, et al. J Antibiot, 1995, 48: 967.
[47] Staley A, Rinehart K. J Antibiot, 1994, 47: 1425.
[48] Kim Y, Furihata K, Yamanaka S, et al. J Antibiot, 1991, 44: 553.
[49] Kim K, Kang J, Moon S, et al. J Antibiot, 2000, 53: 131.
[50] Engler M, Anke T, Klostermeyer D, et al. J Antibiot, 1995, 48: 884.
[51] Koguchi Y, Asai Y, Suzuki S I, et al. J Antibiot, 1998, 51: 107.
[52] Isshiki K, Nishio M, Sakurai N, et al. J Antibiot, 1998, 51: 629.
[53] Hayakawa Y, Nakai M, Furihata K, et al. J Antibiot, 2000, 53: 179.
[54] Ueki M, Teruya T, Nie L, et al. J Antibiot, 2001, 54: 1093.
[55] Sakemi S, Hirai H, Ichiba T, et al. J Antibiot, 2002, 55: 941.
[56] Omura S, Enomoto Y, Shinose M, et al. J Antibiot, 1999, 52: 61.
[57] Otsuka T, Muramatsu Y, Niikura K, et al. J Antibiot, 1999, 52: 542.
[58] Nishikawa M, Tsurumi Y, Murai H, et al. J Antibiot, 1991, 44: 130.
[59] Daferner M, Anke T, Hellwig V, et al. J Antibiot, 1998, 51: 816.
[60] Lee H E E J, Lee J H, Hwang B Y, et al. J Antibiot, 2002, 55: 552.

[61] Wrigley S K, Ainsworth A M, Kau D A, et al. J Antibiot, 2001, 54: 479.
[62] Beutler J A, Chmurny G N, Clark P, et al. J Antibiot, 1990, 43: 107.
[63] Maskey R P, Asolkar R N, Kapaun E, et al. J Antibiot, 2002, 55: 643.
[64] Kanoh K, Adachi K, Matsuda S, et al. J Antibiot, 2008, 61: 192.
[65] He H, Bigelis R, Solum E H, et al. J Antibiot, 2003, 56: 923.
[66] Qureshi A, Mauger J B, Cano R J, et al. J Antibiot, 2001, 54: 1100.
[67] Imai S, Fujioka K, Furihata K, et al. J Antibiot, 1993, 46: 1319.
[68] Otani T, Sugimoto Y, Aoyagi Y, et al. J Antibiot, 2000, 53: 337.

第九节　烷烃类抗生素

表 13-9-1　烷烃类抗生素的名称、分子式、测试溶剂和参考文献

编号	名称	分子式	测试溶剂	参考文献
13-9-1	2-(3-carboxy-2-hydroxypropyl)-3-methyl-2-cyclopentenone	$C_{10}H_{14}O_4$	M	[1]
13-9-2	5-(2-hydroxyethyl)- 2-furanacetic acid	$C_8H_{10}O_4$	M	[1]
13-9-3	(*E*)-4-oxonon-2-enoic acid	$C_9H_{14}O_3$	C	[2]
13-9-4	3,4,5,6-tetrahydro-6-hydroxy-mycomycin	$C_{13}H_{14}O_3$	C	[3]
13-9-5	methyl-6-hydroxytrideca-7,8-diene-10,12-diynoate	$C_{14}H_{16}O_3$	M	[3]
13-9-6	methyl 6-hydroxytridecanoate	$C_{14}H_{28}O_3$	C	[3]
13-9-7	*cis*-2-amino-1-hydroxy cyclobutane-1-acetic acid	$C_6H_{11}NO_3$	W	[4]
13-9-8	azoxybacilin	$C_5H_{11}N_3O_3$	W	[5]
13-9-9	arthrinic acid	$C_{32}H_{54}O_9$	M	[6]
13-9-10	dictyopanine A	$C_{25}H_{34}O_5$	C	[7]
13-9-11	dictyopanine B	$C_{25}H_{32}O_6$	C	[7]
13-9-12	dictyopanine C	$C_{27}H_{34}O_6$	C	[7]
13-9-13	enacyloxin Ⅱa	$C_{33}H_{45}Cl_2NO_{11}$	M	[8]
13-9-14	enacyloxin Ⅳa	$C_{33}H_{46}Cl_2NO_{11}$	M	[8]
13-9-15	exophilin A	$C_{30}H_{56}O_{10}$	C/M	[9]
13-9-16	epopromycin A	$C_{21}H_{36}N_2O_6$	D	[10]
13-9-17	epopromycin B	$C_{21}H_{38}N_2O_6$	D	[10]
13-9-18	*cis*-fumagillin	$C_{27}H_{36}O_7$	C	[11]
13-9-19	glisoprenin C	$C_{45}H_{84}O_8$	C	[12]
13-9-20	glisoprenin D	$C_{45}H_{84}O_7$	C	[12]
13-9-21	haplofungin A	$C_{33}H_{60}O_9$	D	[13]
13-9-22	haplofungin B	$C_{33}H_{60}O_9$	D	[13]
13-9-23	haplofungin C	$C_{34}H_{62}O_9$	D	[13]
13-9-24	haplofungin D	$C_{31}H_{56}O_9$	D	[13]
13-9-25	haplofungin E	$C_{35}H_{64}O_9$	D	[13]
13-9-26	haplofungin F	$C_{33}H_{60}O_{10}$	D	[13]
13-9-27	haplofungin G	$C_{32}H_{58}O_9$	D	[13]
13-9-28	haplofungin H	$C_{33}H_{60}O_{10}$	D	[13]
13-9-29	irpexan	$C_{36}H_{62}O_7$	C	[14]

续表

编号	名称	分子式	测试溶剂	参考文献
13-9-30	14,15-irpexanoxide	$C_{36}H_{62}O_8$	C	[14]
13-9-31	14,15-dihydroxyirpexan	$C_{36}H_{64}O_9$	C	[14]
13-9-32	14-acetoxy-15-hydroxyirpexan	$C_{38}H_{66}O_{10}$	C	[14]
13-9-33	14-acetoxy-22,23-dihydro-15,23-dihydroxyirpexan	$C_{38}H_{68}O_{11}$	C	[14]
13-9-34	manumycinA（手霉素 A）	$C_{31}H_{38}N_2O_7$	C	[15]
13-9-35	manumycin E（手霉素 E）	$C_{31}H_{36}N_2O_7$	A	[16]
13-9-36	manumycin F（手霉素 F）	$C_{32}H_{36}N_2O_7$	A	[16]
13-9-37	manumycin G（手霉素 G）	$C_{29}H_{32}N_2O_7$	A	[16]
13-9-38	mycestericin A	$C_{21}H_{39}NO_6$	M	[17]
13-9-39	mycestericin B	$C_{21}H_{41}NO_6$	M	[17]
13-9-40	mycestericin D	$C_{21}H_{39}NO_5$	M	[17]
13-9-41	mycestericin E	$C_{21}H_{39}NO_5$	M	[17]
13-9-42	16-methyl-oxazolomycin（16-甲基噁唑霉素）	$C_{37}H_{53}N_3O_9$	D	[18]
13-9-43	10',11'-epoxyoligosporon	$C_{24}H_{32}O_7$	C	[19]
13-9-44	4',5'-dihydro-oligosporon	$C_{24}H_{34}O_6$	C	[19]
13-9-45	hydroxyoligosporon	$C_{24}H_{32}O_7$	C	[19]
13-9-46	sch 528647	$C_{26}H_{34}O_6$	A	[20]
13-9-47	sch 60057	$C_{45}H_{84}O_6$	D	[21]
13-9-48	sch 60059	$C_{51}H_{96}O_{13}$	D	[21]
13-9-49	sch 60061	$C_{45}H_{88}O_7$	D	[21]
13-9-50	sch 60063	$C_{51}H_{94}O_{11}$	D	[21]
13-9-51	sch 60065	$C_{51}H_{96}O_{12}$	D	[21]
13-9-52	sch 66878	$C_{75}H_{144}O_{13}$	D	[21]
13-9-53	sch 64879	$C_{51}H_{94}O_{12}$	D	[21]
13-9-54	sphingofungin E	$C_{21}H_{39}NO_7$	M	[22]
13-9-55	sphingofungin F	$C_{21}H_{39}NO_6$	M	[22]
13-9-56	streptenol A	$C_{10}H_{18}O_3$	C	[23]
13-9-57	streptenol B	$C_{10}H_{20}O_3$	C	[23]
13-9-58	streptenol C	$C_{10}H_{16}O_3$	C	[23]
13-9-59	streptenol D	$C_{10}H_{18}O_3$	M	[23]
13-9-60	terrein-α-D-glucoside	$C_{14}H_{22}O_8$	M	[24]
13-9-61	terrein	$C_8H_{10}O_3$	M	[24]
13-9-62	TMC-171A	$C_{41}H_{72}O_{15}$	D	[25]
13-9-63	TMC-171B	$C_{41}H_{72}O_{15}$	D	[25]
13-9-64	TMC-171C	$C_{41}H_{72}O_{15}$	D	[25]
13-9-65	TMC-154	$C_{41}H_{72}O_{14}$	D	[25]
13-9-66	WA8242B	$C_{40}H_{76}N_2O_7$	M	[26]
13-9-67	YM-47515	$C_{17}H_{29}NO_4$	M	[27]

续表

编号	名称	分子式	测试溶剂	参考文献
13-9-68	YF-0200R-A	$C_{12}H_{20}O_4$	C	[28]
13-9-69	YF-0200R-B	$C_{12}H_{20}O_5$	C	[28]
13-9-70	aerocyanidin（气花青素）	$C_{15}H_{25}NO_4$	C	[29]

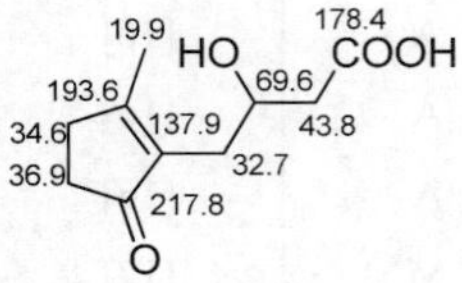

13-9-1[1] 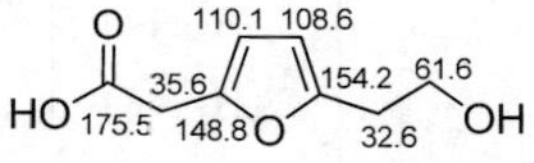　**13-9-2**[1] 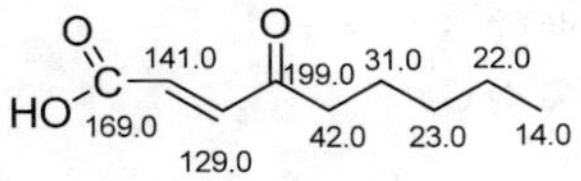　**13-9-3**[2]

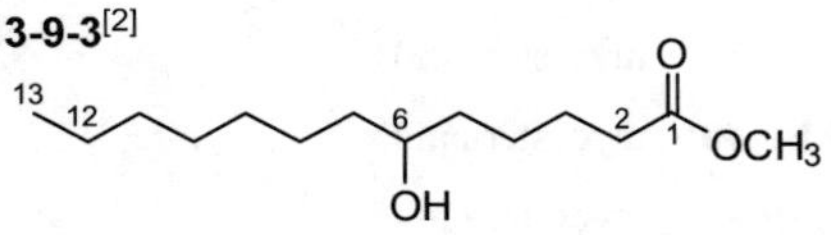

13-9-4 R=H
13-9-5 R=CH3

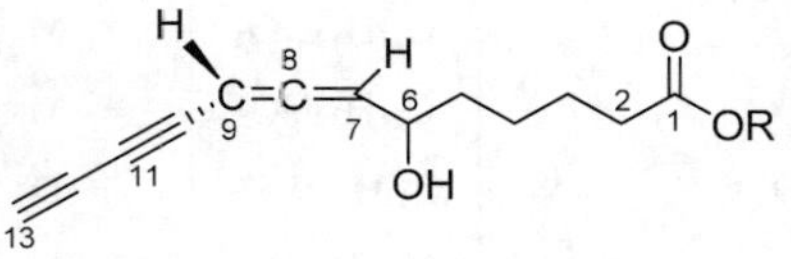

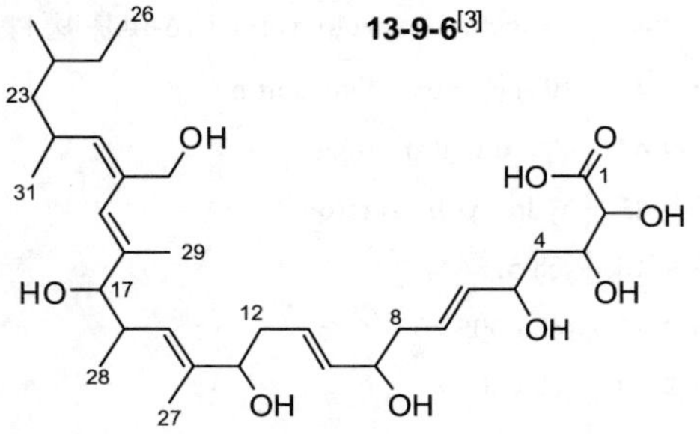

13-9-6[3]

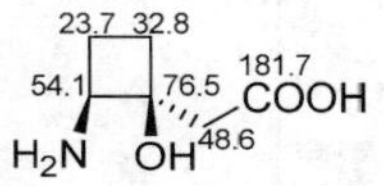

13-9-7[4] 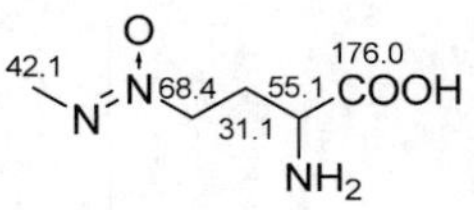　**13-9-8**[5]

13-9-9

表 13-9-2　13-9-4~13-9-6 的 ^{13}C NMR 数据[3]

C	13-9-4	13-9-5	13-9-6	C	13-9-4	13-9-5	13-9-6	C	13-9-4	13-9-5	13-9-6
1	179.0	175.9	174.2	6	69.2	70.3	71.7	11	74.7	75.0	31.8
2	33.8	34.7	34.0	7	98.5	99.1	37.5	12	68.0	68.6	22.6
3	24.4	25.8	24.9	8	213.4	214.7	25.7	13	71.0	72.8	14.1
4	24.6	26.0	25.2	9	77.2	76.7	29.3	OCH3	—	52.0	51.5
5	36.6	37.8	37.0	10	68.2	68.9	29.6				

表 13-9-3　arthrinic acid 的 ^{13}C NMR 数据[6]

C	13-9-9	C	13-9-9	C	13-9-9	C	13-9-9
1	176.6	9	73.7	18	141.8	25b	—
2	75.1	10	136.9	19	126.6	26	12.2
3	71.8	11	129.5	20	136.9	27	12.1
4a	40.7	12	39.2	21	135.7	28	20.3
4b		13	79.2	22	32.6	29	13.6
5	72.0	14	139.1	23a	46.6	30	67.4
6	136.8	15	132.0	23b	—	31	24.0
7	129.5	16	37.5	24	33.8	32	21.8
8	40.7	17	84.0	25a	31.6		

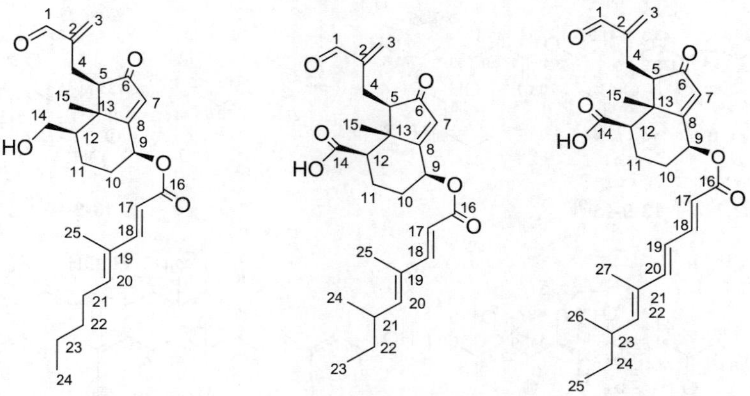

13-9-10　　13-9-11　　13-9-12

表 13-9-4　13-9-10~13-9-12 的 ^{13}C NMR 数据[7]

C	13-9-10	13-9-11	13-9-12	C	13-9-10	13-9-11	13-9-12	C	13-9-10	13-9-11	13-9-12
1	193.1	193.0	193.1	10	30.4	29.7	30.1	19	131.4	131.4	123.4
2	148.0	147.7	147.7	11	20.1	20.0	20.0	20	149.1	150.8	147.1
3	136.1	136.3	132.4	12	50.2	53.3	52.2	21	20.1	34.9	132.4
4	43.2	43.1	43.2	13	38.5	38.3	38.3	22	29.3	29.9	145.6
5	42.9	43.1	43.1	14	63.0	177.6	177.0	23	29.9	11.5	35.0
6	197.2	196.9	196.8	15	18.9	19.6	19.5	24	11.9	20.0	30.1
7	128.7	129.4	129.5	16	166.1	172.2	165.7	25	12.4	12.8	11.9
8	161.1	159.0	158.9	17	115.0	114.4	118.7	26	—	—	20.2
9	73.7	72.5	72.4	18	150.7	152.4	146.5	27	—	—	12.4

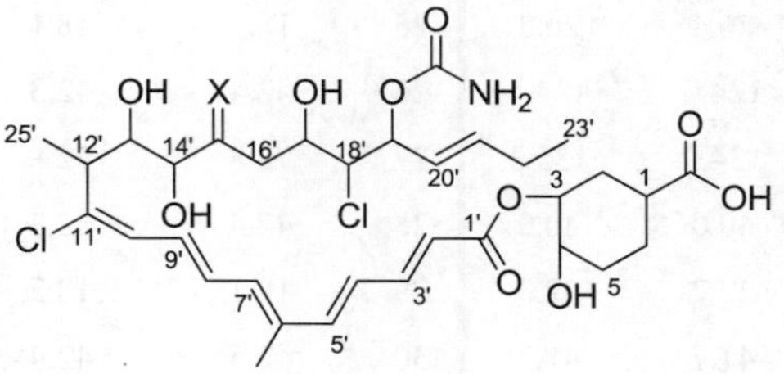

13-9-13 X=O
13-9-14 X=H, OH

表 13-9-5　enacyloxin 及衍生物的 ^{13}C NMR 数据[8]

C	13-9-13	13-9-14	C	13-9-13	13-9-14	C	13-9-13	13-9-14
1-COOH	181.0	181.0	5'	146.5	146.6	16'	44.6	40.4
1	40.1	39.0	6'	137.4	137.2	17'	66.9	69.6
2	32.9	32.5	7'	136.9	137.0	18'	67.9	67.6
3	73.5	73.2	8'	131.5	131.3	19'	75.5	75.8
4	70.8	70.6	9'	131.6	131.8	19'-OCONH$_2$	158.6	158.8
5	29.7	29.5	10'	128.4	127.9	20'	126.1	126.2
6	28.2	27.7	11'	140.6	142.0	21'	139.2	139.0
1'	168.6	168.5	12'	47.5	47.5	22'	26.3	26.3
2'	121.5	121.3	13'	74.0	72.3	23'	13.5	13.6
3'	146.7	146.8	14'	78.8	74.2	24'	12.7	12.6
4'	127.2	127.1	15'	211.7	69.6	25'	16.2	16.2

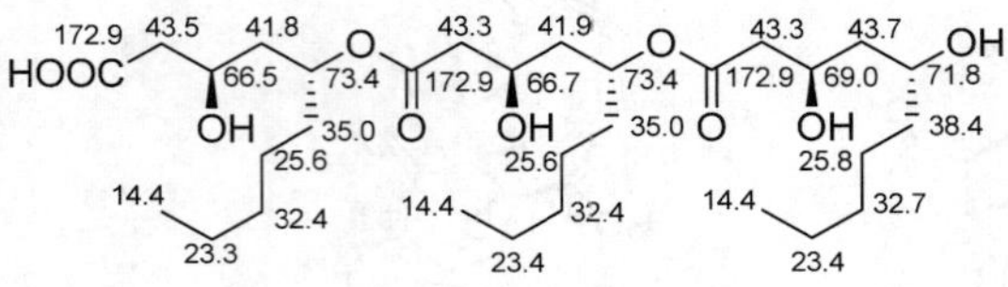

13-9-15[9]

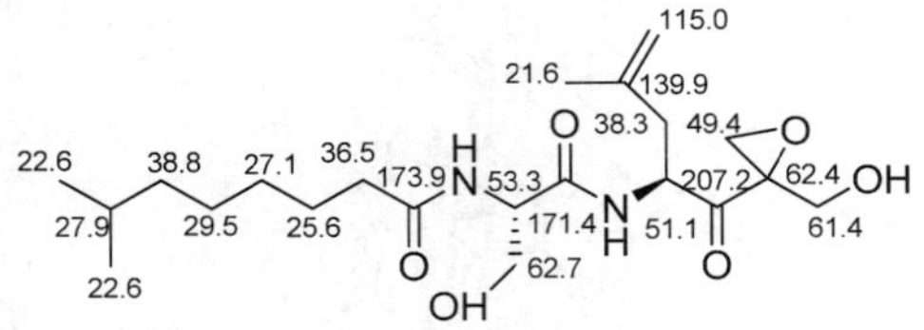

13-9-16[10]

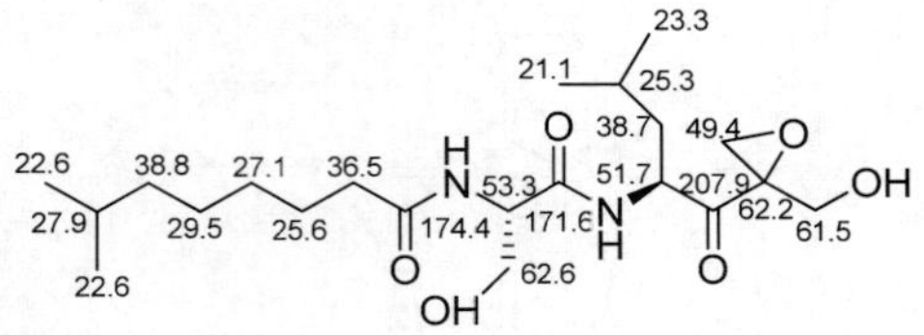

13-9-17[10]

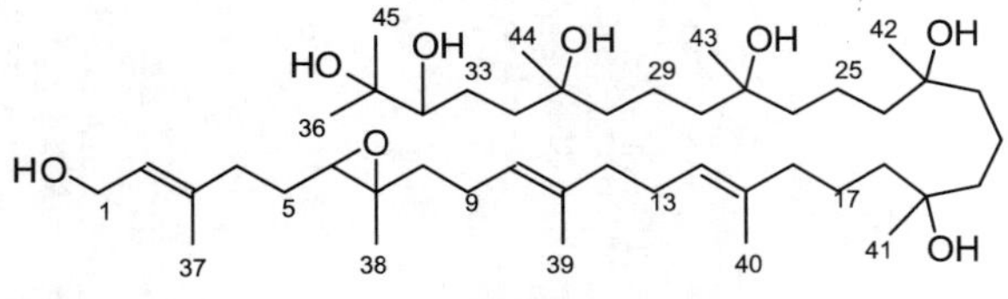

13-9-19[12]

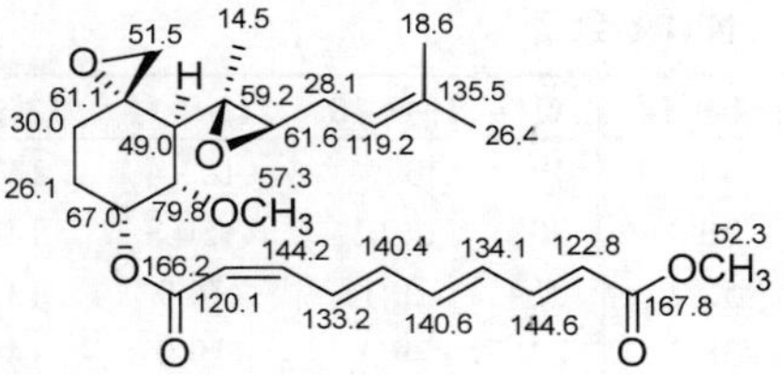

13-9-18[11]

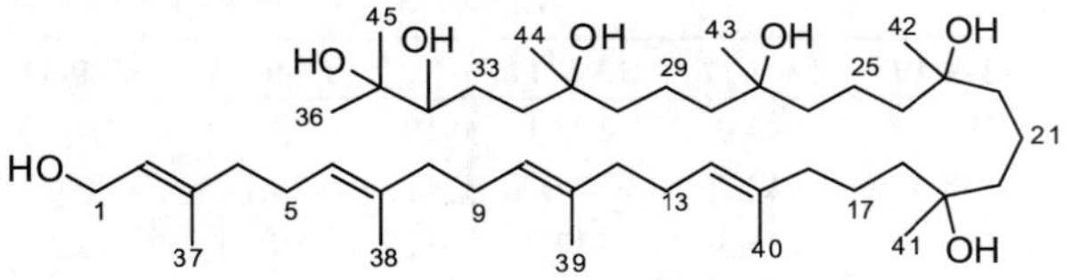

13-9-20[12]

表 13-9-6 glisoprenin 的 ^{13}C NMR 数据[12]

C	13-9-19	13-9-20	C	13-9-19	13-9-20	C	13-9-19	13-9-20	C	13-9-19	13-9-20
1	59.1	59.3	13	26.4	26.3	25	18.1	18.1	37	16.2	16.3
2	124.2	123.4	14	124.3	124.5	26	42.4	42.3	38	16.5	15.9
3	138.2	139.4	15	134.9	135.3	27	72.8	72.8	39	15.9	16.0
4	36.2	39.5	16	40.0	40.0	28	42.4	42.3	40	15.8	16.0
5	27.0	26.3	17	22.2	22.3	29	18.1	18.2	41	26.8	26.8
6	63.3	123.8	18	41.7	41.7	30	42.5	42.4	42	26.9	27.0
7	60.9	134.7	19	72.6	72.7	31	72.8	72.8	43	27.0	27.2
8	38.8	39.7	20	42.2	42.3	32	38.8	38.7	44	27.2	27.2
9	23.8	26.5	21	18.1	18.2	33	25.8	25.8	45	23.6	23.5
10	123.6	124.2	22	42.2	42.2	34	78.9	78.9			
11	135.4	134.9	23	72.8	72.8	35	73.1	73.1			
12	39.6	39.7	24	42.2	42.2	36	26.4	26.6			

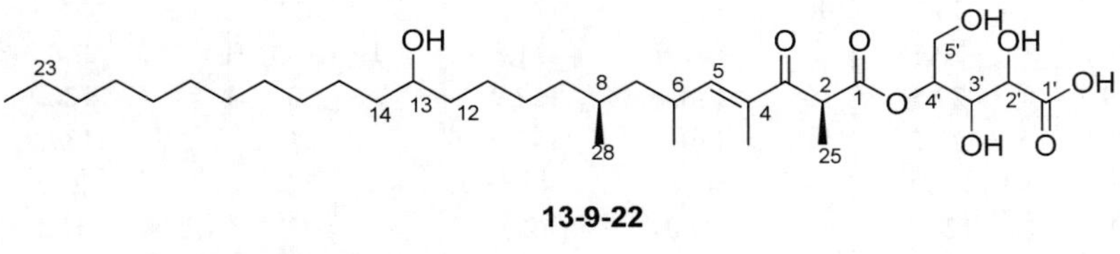

13-9-22

13-9-21 R^1=H; R^2=H; R^3=H; *n*=2
13-9-23 R^1=CH_3; R^2=H; R^3=H; *n*=2
13-9-24 R^1=H; R^2=H; R^3=H; *n*=1
13-9-25 R^1=H; R^2=H; R^3=H; *n*=3
13-9-26 R^1=H; R^2=H; R^3=OH; *n*=2
13-9-27 R^1=CH_3; R^2=H; R^3=H; *n*=1
13-9-28 R^1=H; R^2=OH; R^3=H; *n*=2

表 13-9-7 haplofungins 的 ^{13}C NMR 数据[13]

C	13-9-21	13-9-22	13-9-23	13-9-24	13-9-25	13-9-26	13-9-27	13-9-28
1	172.1	172.8	170.2	172.7	172.7	172.6	175.7	172.0
2	47.6	49.9	45.8	48.2	48.4	47.7	48.2	47.6
3	200.9	198.6	197.8	201.6	201.5	201.0	201.6	200.9
4	135.6	135.1	133.4	136.2	136.5	135.9	136.1	135.5
5	153.3	151.5	150.9	153.9	153.9	153.3	153.9	153.3
6	33.0	32.2	31.0	33.6	33.6	33.1	33.6	33.0
7	45.6	44.9	43.6	46.2	46.2	45.6	46.2	45.5
8	32.1	31.4	30.1	32.1	32.7	32.2	32.7	32.1
9	38.0	37.7	36.2	38.0	38.0	38.1	38.9	38.2
10	28.3	28.0	26.5	29.0	28.9	28.4	28.9	23.9
11	26.9	27.0	25.6	27.9	27.9	27.2	27.9	34.1
12	38.8	39.0	37.2	39.2	39.2	33.8	39.2	76.1
13	75.6	71.6	69.5	73.2	73.2	76.2	73.2	76.2
14	38.6	39.1	37.2	39.1	39.2	76.2	39.1	33.8
15	27.2	27.3	25.2	27.6	27.6	33.7	27.6	27.2
16	30.6	30.1	28.8	31.3	31.3	24.0	31.3	30.5
17	31.0	30.4	29.2	31.7	31.5	30.9	31.5	30.9
18	30.9	30.6	29.1	31.6	31.5	30.9	31.6	30.9
19	30.9	30.5	29.1	31.6	31.5	30.9	31.7	30.9
20	30.9	30.5	29.1	33.9	31.5	30.9	33.9	30.9
21	30.9	30.8	29.1	24.6	31.5	30.9	24.6	30.9
22	33.2	32.6	31.3	15.3	31.5	33.3	12.6	33.2
23	23.9	28.4	22.1	15.6	31.5	26.4	15.6	24.5
24	14.6	14.8	14.1	15.2	33.9	14.7	15.3	14.6
25	15.0	15.7	14.0	20.8	24.6	15.0	20.9	15.0
26	12.0	12.5	11.3	21.2	15.3	12.0	21.2	12.0
27	20.1	20.3	19.3	—	15.6	20.2	—	20.1
28	20.5	20.6	19.9	—	12.7	20.6	—	20.6
29	—	—	—	—	20.8	—	—	—
30	—	—	—	—	21.2	—	—	—
1'	176.7	178.0	173.3	177.4	177.1	176.6	172.6	176.5
2'	71.6	72.4	70.4	72.1	72.2	71.6	72.5	71.5
3'	71.4	74.5	69.4	72.0	72.0	71.1	72.0	71.3
4'	75.5	70.3	73.7	76.1	76.1	75.5	75.8	75.4
5'	61.7	69.3	59.3	62.3	62.4	61.7	62.3	61.7
5'-OCH_3	—	—	51.6	—	—	—	49.3	—

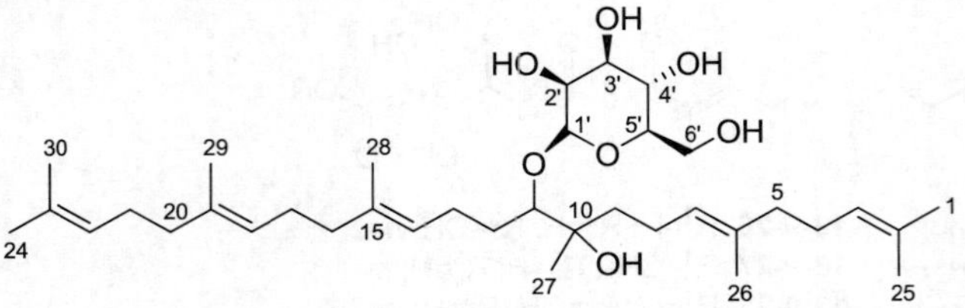

13-9-29

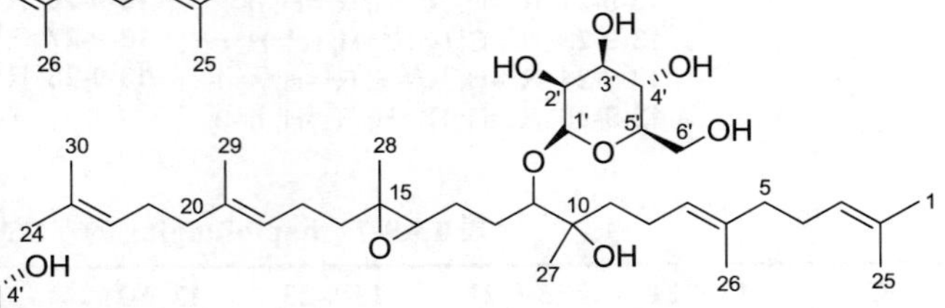

13-9-30

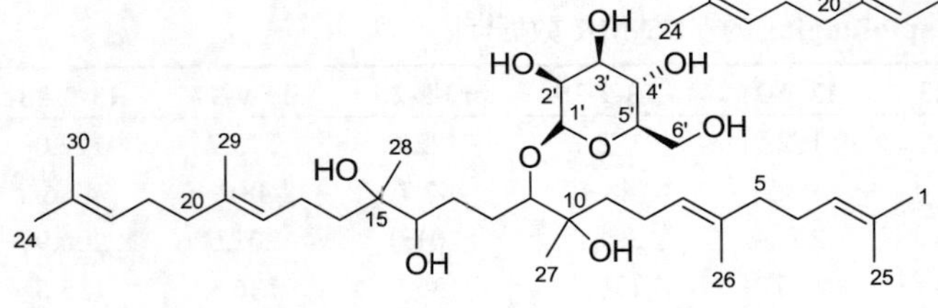

13-9-31

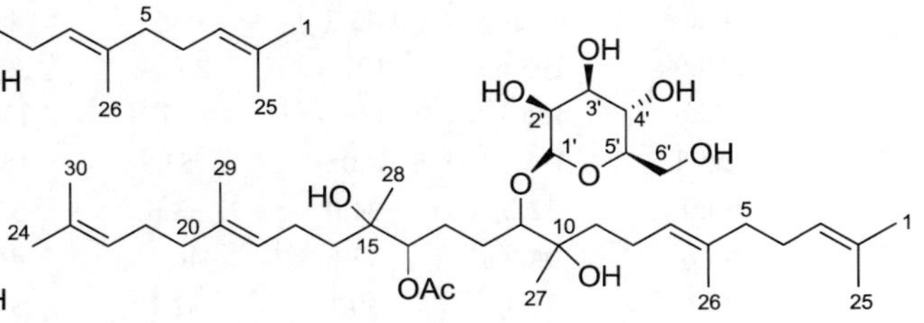

13-9-32

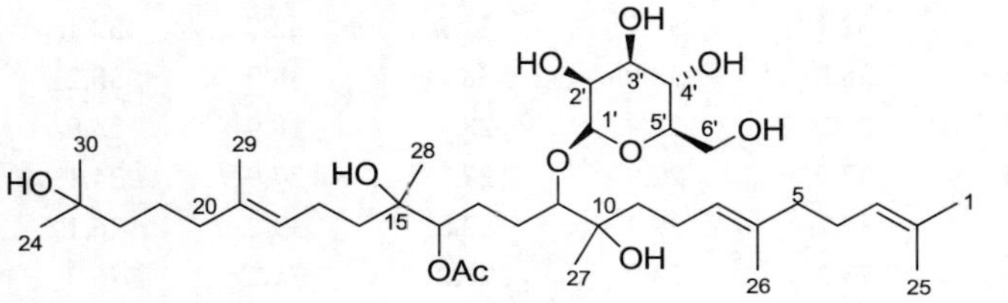

13-9-33

表 13-9-8 irpexans 的 ^{13}C NMR 数据[14]

C	13-9-29	13-9-30	13-9-31	13-9-32	13-9-33	C	13-9-29	13-9-30	13-9-31	13-9-32	13-9-33
1	25.3	25.7	25.5	25.4	25.7	20	39.7	39.7	39.8	39.8	39.8
2	131.2	131.3	131.3	131.3	131.2	21	26.8	26.7	26.8	26.7	22.5
3	124.3	124.2	124.3	124.4	124.4	22	124.4	124.4	124.2	124.3	43.3
4	26.8	26.8	26.8	26.8	26.8	23	131.2	131.4	131.2	131.2	71.3
5	39.7	39.8	39.6	39.7	39.8	24	25.3	25.7	25.4	25.4	29.2
6	136.1	135.7	135.6	135.6	136.6	25	17.6	17.7	17.6	17.7	17.7
7	124.7	124.6	124.5	124.6	124.7	26	16.0	16.0	16.1	16.0	16.0
8	21.8	21.8	21.7	21.8	21.8	27	23.6	23.9	23.7	23.7	23.8
9	35.3	35.5	35.9	35.3	35.5	28	16.0	16.7	22.5	22.5	22.6
10	74.1	73.9	73.8	73.8	74.0	29	16.0	16.0	16.1	16.0	16.0
11	88.5	87.2	87.9	88.0	88.1	30	17.6	17.7	17.7	17.7	29.2
12	31.6	28.5	27.3	27.3	27.1	1'	100.5	100.1	101.0	100.9	101.0
13	25.6	26.0	25.9	25.7	25.3	2'	71.2	71.1	71.2	71.3	71.1
14	124.0	63.4	76.5	77.5	77.4	3'	73.8	73.9	74.0	74.0	74.0
15	134.0	60.6	74.2	74.0	73.9	4'	66.5	66.2	66.3	66.2	66.5
16	39.7	38.7	38.7	38.8	38.8	5'	76.3	76.2	76.2	76.3	76.4
17	26.6	23.7	21.8	21.8	21.9	6'	60.8	60.7	61.5	60.9	61.6
18	123.3	123.4	123.9	123.9	124.1	14-Ac				171.0	171.0
19	135.1	135.0	135.0	135.0	135.0					21.0	21.0

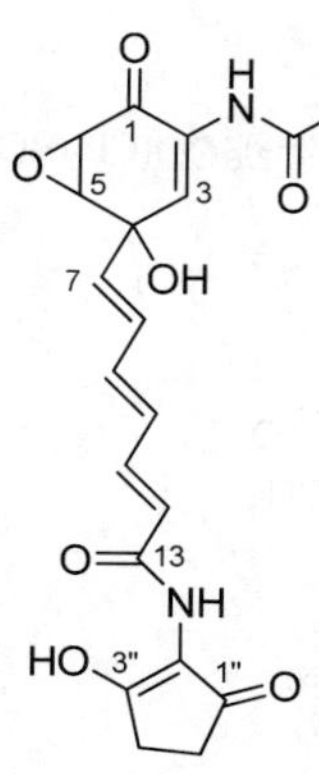

13-9-34

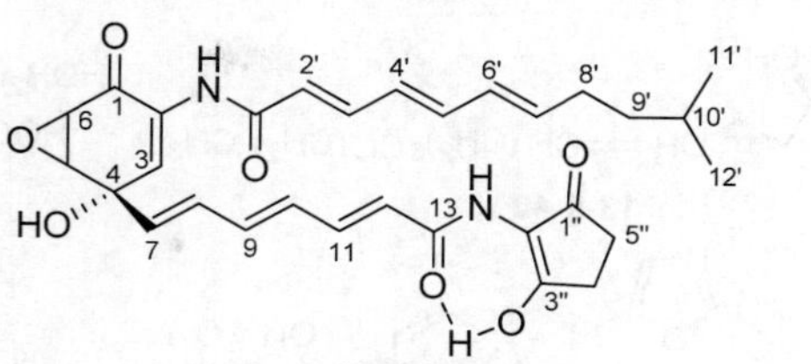

13-9-35

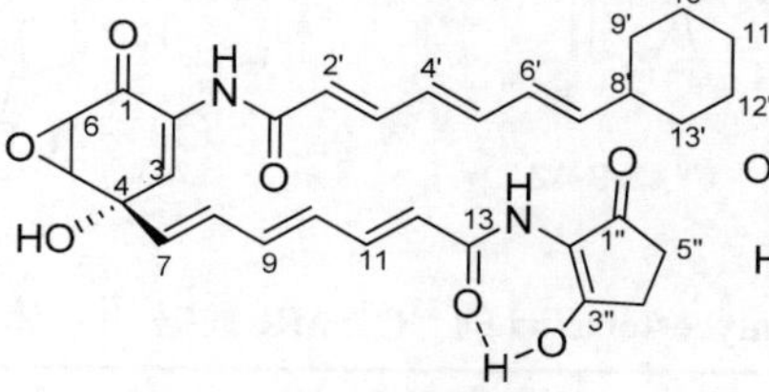

13-9-36

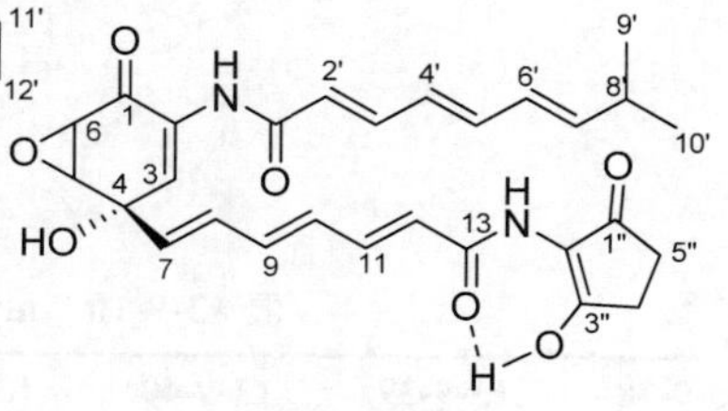

13-9-37

表 13-9-9 manumycins 的 ^{13}C NMR 数据[16]

C	13-9-34[15]	13-9-35	13-9-36	13-9-37	C	13-9-34[15]	13-9-35	13-9-36	13-9-37
1	188.9	189.9	190.0	189.9	4'	129.9	128.9	129.3	129.2
2	128.1	129.2	129.3	129.2	5'	142.7	141.4	141.9	141.6
3	126.3	128.9	128.2	128.1	6'	32.9	130.9	128.7	128.2
4	71.3	71.9	72.0	71.9	7'	37.1	140.6	146.0	147.1
5	57.5	57.8	57.9	57.8	8'	29.8	38.8	41.9	32.1
6	52.9	53.4	53.3	53.4	9'	22.8	31.4	33.4	22.3
7	136.5	139.5	139.6	139.5	10'	14.1	28.2	26.8	22.3
8	131.5	131.4	131.5	131.4	11'	14.0	22.6	26.6	
9	139.6	140.7	140.8	140.7	12'	16.5	22.6	26.8	
10	131.7	132.2	132.4	132.2	13'	20.7		33.4	
11	143.4	143.8	143.9	143.8	1"	197.3	196.8①	196.8①	196.8①
12	121.6	122.9	123.0	122.9	2"	115.0	115.7	115.8	115.8
13	165.5	167.1	167.2	167.1	3"	174.0	172.9①	172.9①	172.9①
1'	168.8	165.6	165.7	165.6	4"	25.7	26.0	26.1	26.0
2'	128.4	124.1	124.1	124.1	5"	32.2	32.9	32.8	32.9
3'	140.2	142.8	143.0	142.8					

① 信号在 C-A 混合溶液中测得。

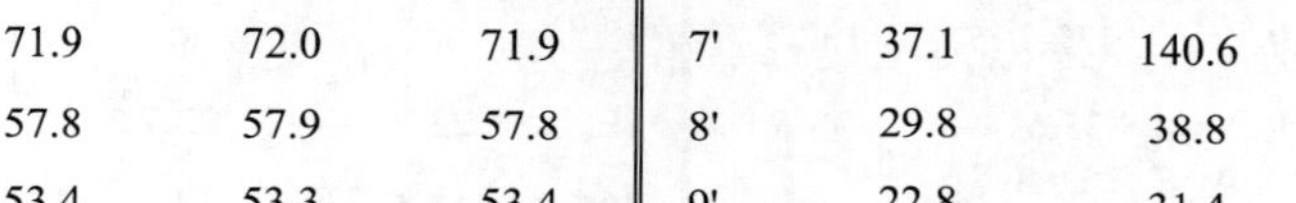

13-9-38

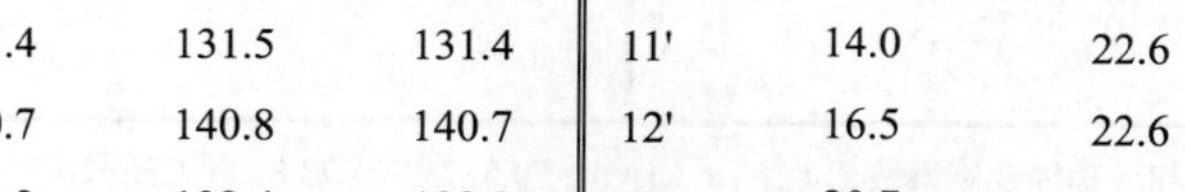

13-9-39

HOH$_2$C NH$_2$ OH HOOC CH=CH(CH$_2$)$_6$CO(CH$_2$)$_5$CH$_3$

13-9-40

HOH$_2$C NH$_2$ OH HOOC CH=CH(CH$_2$)$_6$CO(CH$_2$)$_5$CH$_3$

13-9-41

13-9-42

表 13-9-10 mycestericins 的 ^{13}C NMR 数据[17]

C	13-9-38	13-9-39	13-9-40	13-9-41	C	13-9-38	13-9-39	13-9-40	13-9-41
1	173.5	—	—	—	12	c	e	f	g
2	71.3	71.4	64.7	62.5	13	132.4	e	43.5	43.6
3	a	d	71.0	71.8	14	a	d	214.4	214.5
4	a	d	f	g	15	b	e	43.5	43.6
5	b	e	f	g	16	b	e	f	g
6	127.0	126.8	130.6	130.6	17	b	e	f	g
7	c	134.9	132.1	132.3	18	b	e	f	g
8	b	e	33.6	33.6	19	23.7	23.7	23.6	23.6
9	b	e	f	g	20	14.5	14.5	14.4	14.4
10	b	e	f	g	21	65.2	65.1	64.7	62.5
11	b	e	f	g					

注：表中字母a～g代表的相应基因及碳谱数据如下：a. CHOH: 70.5, 73.7 或 73.8。b. CH$_2$: 26.7, 30.0, 30.4, 33.1, 33.2, 33.6, 38.5 或 38.7。c. HC=CH: 134.6 或 134.7。d. CHOH: 70.4,72.5 或 73.7。e. CH$_2$: 26.8, 30.4, 30.6, 30.8, 33.1, 33.8, 38.5 或 38.7。f. CH$_2$: 24.9, 30.0, 30.1, 30.2, 30.3, 30.6, 32.7 或 32.8。g.>CH$_2$: 24.9, 30.0, 30.1, 30.2, 30.6 或 32.8。

表 13-9-11 16-methyl-oxazolomycin 的 ^{13}C NMR 数据[18]

C	13-9-42	C	13-9-42	C	13-9-42	C	13-9-42	C	13-9-42
1	174.2	9	130.0	17	170.2	8'	129.1	16'	20.9
2	44.7	10	131.5	1'	176.2	9'	129.8	16-CH$_3$	17.9
3	81.8	11	134.0	2'	46.7	10'	29.4	NCH$_3$	27.1
4	83.7	12	42.2	3'	74.4	11'	151.1	OCH$_3$	57.1
5	33.1	13	20.8	4'	141.0	12'	122.9		
6	37.9	14	17.2	5'	124.6	13'	152.1		
7	76.4	15	84.7	6'	125.5	14'	22.6		
8	129.5	16	78.4	7'	128.2	15'	26.1		

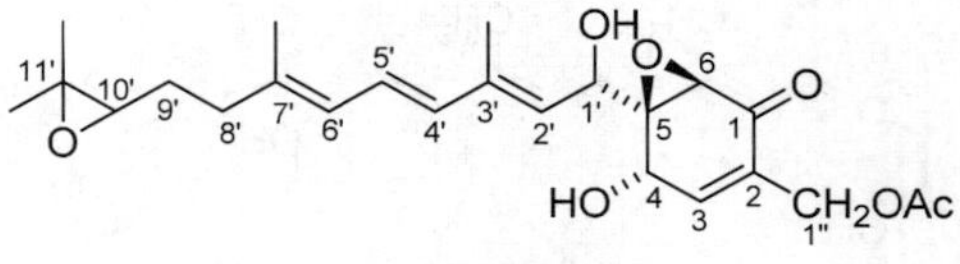

13-9-43

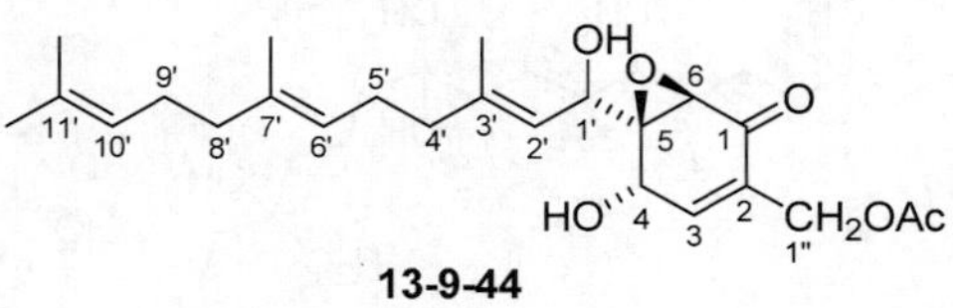

13-9-44

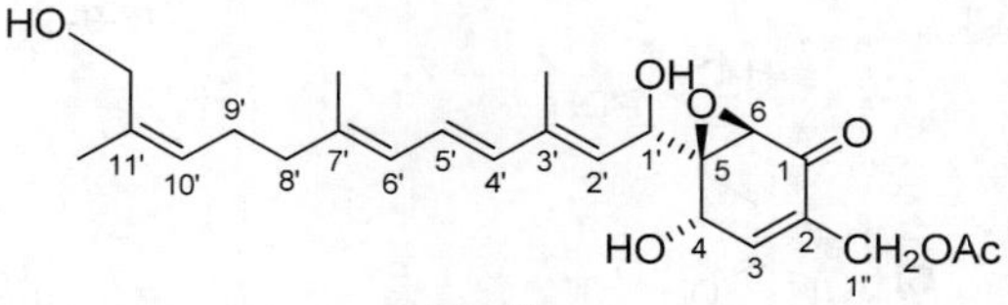

13-9-45

表 13-9-12 oligosporon 衍生物的 ^{13}C NMR 数据[19]

C	13-9-43	13-9-44	13-9-45	C	13-9-43	13-9-44	13-9-45	C	13-9-43	13-9-44	13-9-45
1	192.6	192.4	192.3	3'-Me	17.0	13.2	13.3	11'	131.4	134.8	58.5
2	131.8	131.7	131.9	4'	39.6	133.8	133.8	11'-Me	17.7		18.8
3	141.1	141.2	141.0	5'	26.1	126.6	126.7	11'-CH_2OH		61.6	
4	63.9	63.8	64.0	6'	123.3	125.2	125.3	12'	25.7	21.3	24.9
5	67.6	67.6	67.6	7'	135.9	140.2	139.9	1"	60.4	60.4	60.3
6	57.2	57.3	57.2	7'-Me	16.1	17.0	16.9	Ac-CO	170.5	170.5	170.4
1'	67.5	67.6	67.6	8'	39.6	40.1	36.8	Ac-Me	20.8	20.8	20.9
2'	119.8	124.7	124.5	9'	26.6	26.0	27.3				
3'	144.0	140.3	140.4	10'	124.2	127.7	63.9				

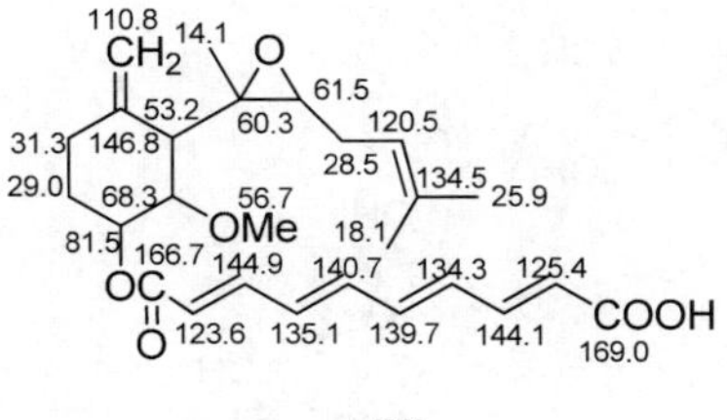

13-9-46[20]

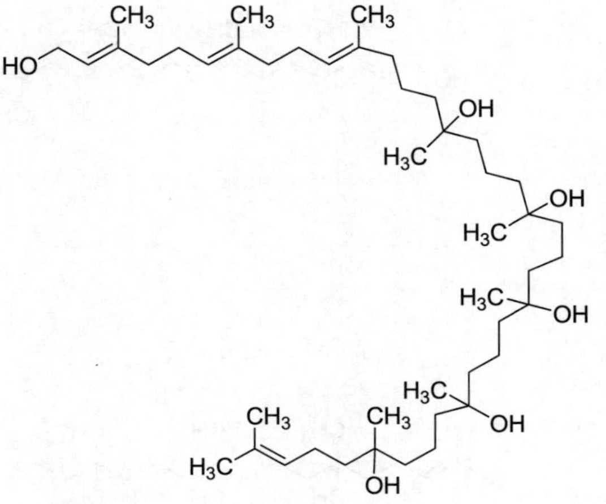

13-9-47

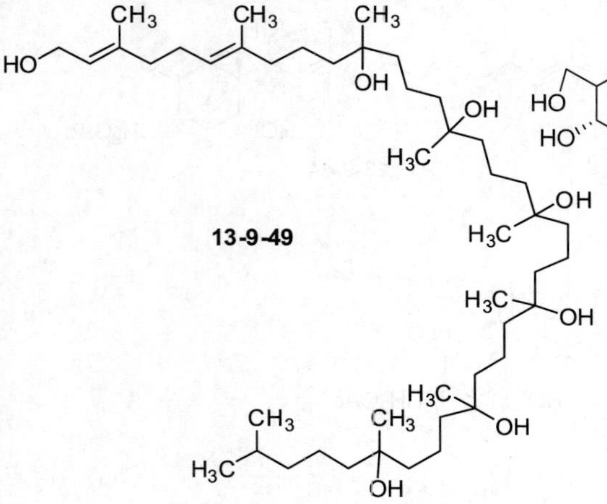

13-9-49

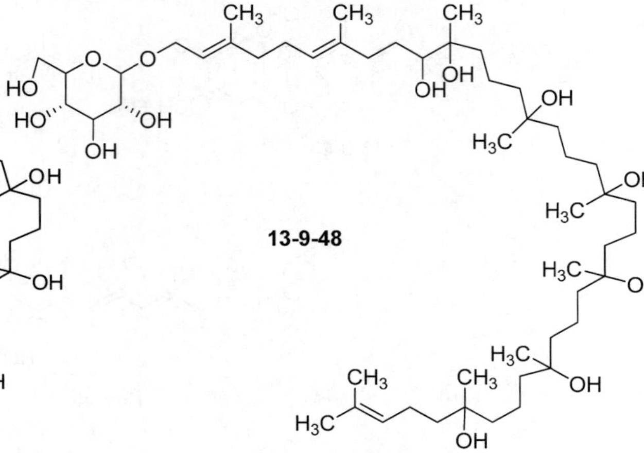

13-9-48

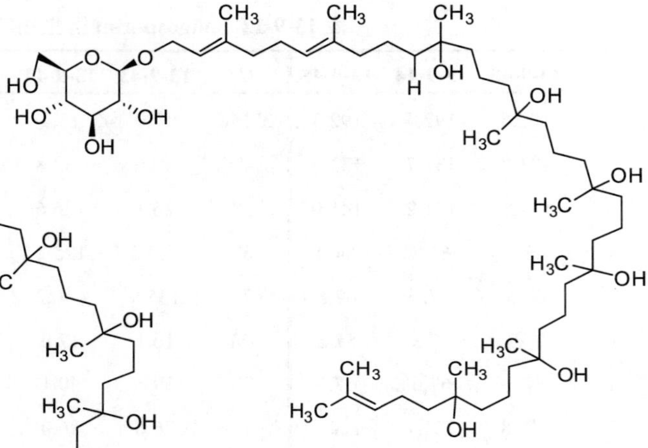

13-9-50

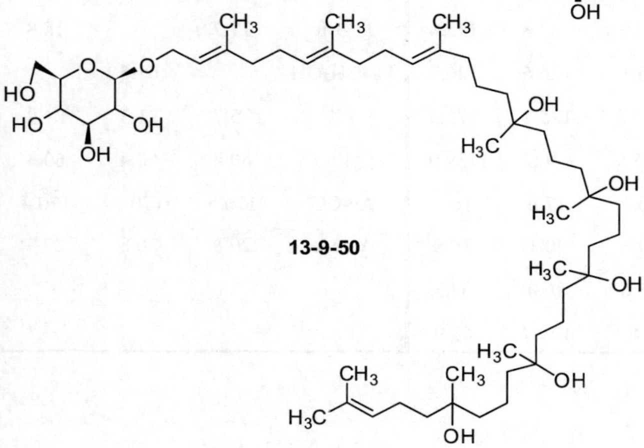

13-9-51

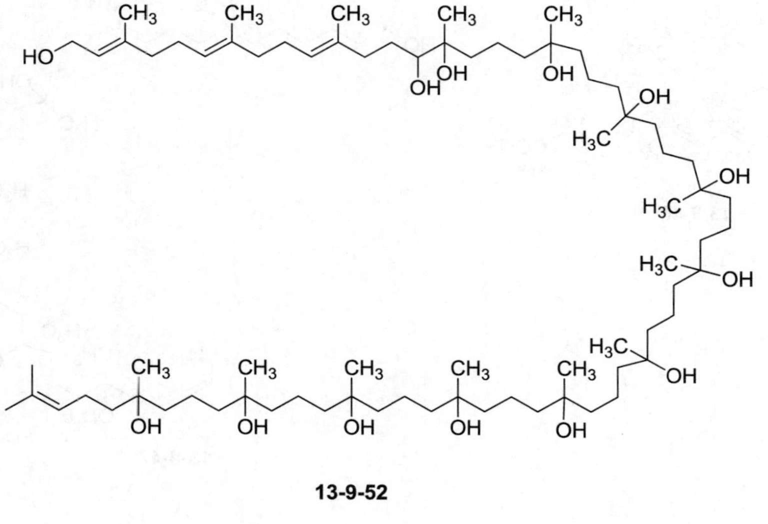

13-9-52

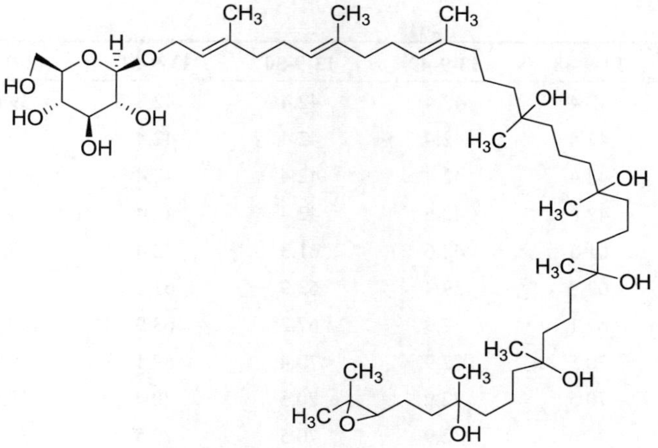

13-9-53

表 13-9-13 13-9-47~13-9-53 的 ^{13}C NMR 数据[21]

C	13-9-47	13-9-48	13-9-49	13-9-50	13-9-51	13-9-52	13-9-53
1	15.9	15.6	15.9	15.6	15.6	16.0	15.5
2	16.0	15.7	16.2	15.7	16.0	16.1	15.7
3	16.3	16.0	17.8	16.0	17.3	16.1	16.0
4	17.6	17.9	18.2	17.4	17.9	16.4	17.9
5	18.1	17.9	18.3	17.9	17.9	18.2	17.9
6	18.2	17.9	18.3	17.9	17.9	18.2	18.6
7	18.2	21.6	18.3	21.7	21.6	18.2	21.6
8	22.2	24.6	22.1	22.2	22.2	22.4	24.7
9	22.7	25.2	22.8	25.4	25.3	23.6	25.1
10	25.7	25.8	25.8	25.8	25.3	25.9	25.8
11	26.3	26.0	25.9	26.0	25.7	26.4	26.0
12	26.4	26.0	26.8	26.8	26.8	26.4	26.0
13	26.8	26.7	27.0	26.8	26.8	26.6	26.6
14	26.9	26.8	27.1	26.8	26.8	26.6	26.7
15	26.9	26.8	27.1	26.8	26.8	26.7	26.8
16	26.9	26.9	27.2	26.8	26.8	26.7	26.9
17	27.1	38.6	39.4	26.9	38.8	26.7	36.2
18	39.6	38.6	39.9	39.0	38.6	26.9	38.9
19	39.6	39.0	41.2	39.0	38.8	26.9	39.1
20	39.6	39.3	41.8	39.2	39.6	27.0	39.1
21	40.0	40.2	41.8	39.2	40.0	27.0	39.3
22	41.6	40.2	42.1	41.0	40.0	27.1	40.0
23	41.7	40.9	42.1	41.5	40.0	27.1	40.0
24	42.3	42.3	42.3	42.3	41.0	27.3	40.9
25	42.3	42.4	42.3	42.3	42.4	27.3	42.0
26	42.3	42.4	42.3	42.3	42.2	38.8	42.1
27	42.4	42.4	42.3	42.3	42.3	38.8	42.3

续表

C	13-9-47	13-9-48	13-9-49	13-9-50	13-9-51	13-9-52	13-9-53
28	42.4	42.4	42.4	42.4	42.3	39.6	42.4
29	42.4	42.4	42.4	42.4	42.4	39.6	42.4
30	42.5	42.4	42.4	42.4	42.4	39.6	42.4
31	42.5	42.8	42.6	42.4	42.4	39.6	42.4
32	59.3	61.3	42.6	61.3	42.4	39.8	61.3
33	72.7	63.8	59.4	63.9	61.3	39.8	63.8
34	72.8	67.1	72.9	67.2	63.9	39.8	67.1
35	72.8	70.5	72.9	70.4	67.1	39.8	70.1
36	72.8	70.5	72.9	70.5	70.4	39.8	70.4
37	72.8	70.6	72.9	70.5	70.5	39.8	70.5
38	123.5	70.6	72.9	70.6	70.5	39.8	70.6
39	123.9	70.6	72.9	70.6	70.6	39.8	70.6
40	124.4	70.6	124.1	70.6	70.6	40.1	70.6
41	124.4	71.6	124.4	73.7	70.6	40.1	73.7
42	131.7	73.7	124.5	77.5	70.6	40.1	77.4
43	134.8	77.5	131.8	98.7	73.8	41.8	82.3
44	135.2	78.3	134.9	120.4	77.4	41.8	84.1
45	139.5	98.6	139.7	123.6	98.6	42.2	98.6
46		120.4		123.7	120.4	42.2	120.4
47		123.6		125.0	123.4	42.2	123.6
48		123.6		129.9	125.0	42.3	123.6
49		134.5		134.5	129.9	42.3	134.4
50		134.6		134.6	134.8	42.4	134.5
51		139.5		139.5	139.4	42.4	139.4
52						42.4	
53						42.5	
54						42.5	
55						59.4	
56						72.9	
57						72.9	
58						73.0	
59						73.0	
60						73.0	
61						73.1	
62						73.1	
63						73.1	
64						73.1	
65						73.2	
66						73.2	
67						78.9	
68						123.5	
69						124.0	

续表

C	13-9-47	13-9-48	13-9-49	13-9-50	13-9-51	13-9-52	13-9-53
70						124.3	
71						124.6	
72						134.8	
73						135.0	
74						135.4	
75						139.6	

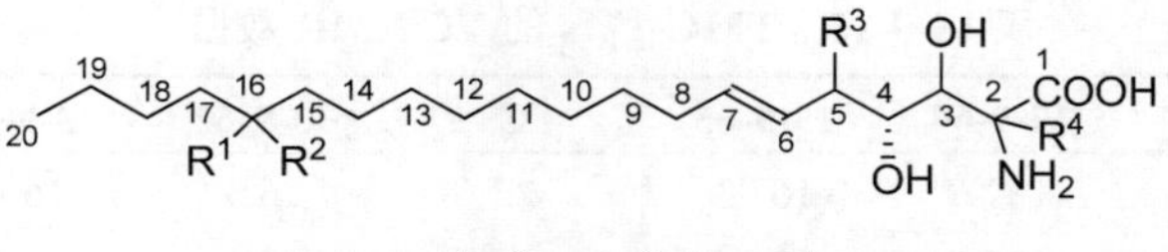

13-9-54 R^1,R^2=O; R^3=OH; $R^4=CH_2OH$
13-9-55 R^1,R^2=O; R^3=OH; $R^4=CH_3$

表 13-9-14 sphingofungins 的 ^{13}C NMR 数据[22]

C	13-9-54	13-9-55	C	13-9-54	13-9-55	C	13-9-54	13-9-55	C	13-9-54	13-9-55
1	174.2	175.3	6	130.2	130.2	12	24.9	24.9	18	30.2	30.2
CH_2OH	65.0	21.8	7	135.7	135.7	13	43.5	43.5	19	32.8	30.2
2	71.8	66.2	8	33.4	33.5	14	214.6	214.6	20	14.3	14.4
3	70.3	72.5	9	30.2	32.8	15	43.5	43.5			
4	76.2	76.2	10	23.6	25.6	16	24.9	24.9			
5	75.6	75.7	11	30.0	30.0	17	30.1	30.0			

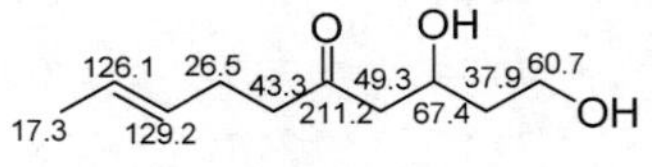

13-9-56[23] 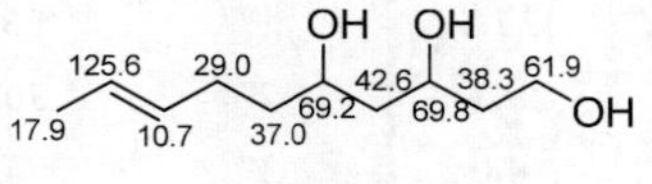　**13-9-57**[23] 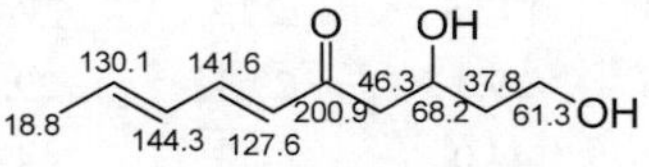　**13-9-58**[23]

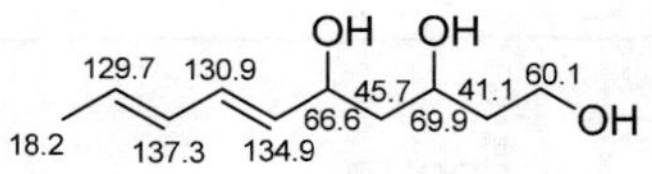

13-9-59[23] 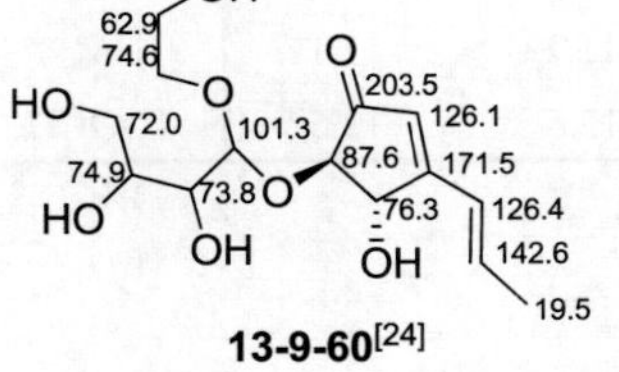　**13-9-60**[24] 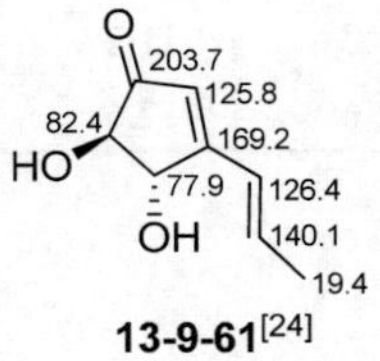　**13-9-61**[24]

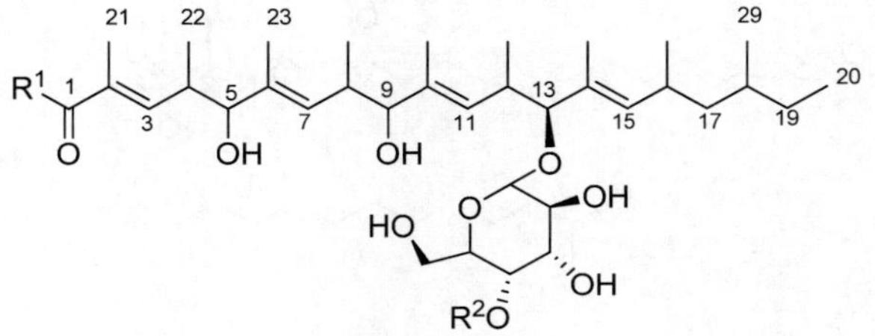

13-9-62 R¹ = (2'-O-linked hexitol; 1'-OH, 5', 6' labelled), R² = H
13-9-63 R¹ = (hexitol), R² = H
13-9-64 R¹ = (hexitol, O-linked at terminal CH₂), R² = H
13-9-65 R¹ = (pentitol, O-linked at terminal CH₂), R² = CH₃

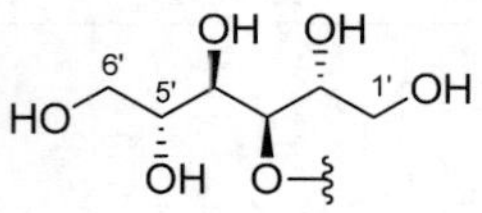

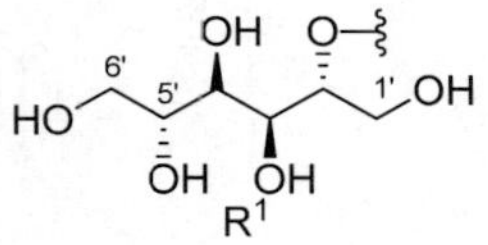

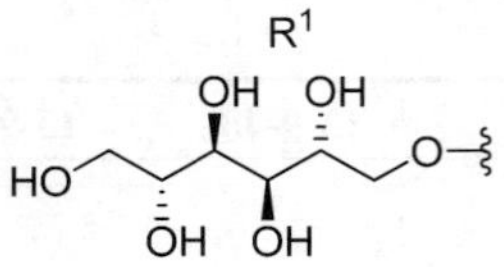

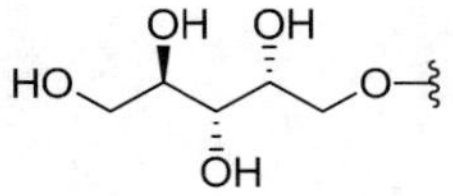

表 13-9-15　TMC-171s 的 ¹³C NMR 数据[25]

C	13-9-62	13-9-63	13-9-64	13-9-65	C	13-9-62	13-9-63	13-9-64	13-9-65
1	167.2	166.8	167.6	167.3	22	16.5	16.4	16.5	16.4
2	126.5	126.8	126.6	126.4	23	11.0	11.0	11.1	11.2
3	146.7	146.3	146.4	146.5	24	17.4	17.4	17.4	17.4
4	36.9	36.8	36.9	36.9	25	11.0	11.1	11.1	11.2
5	80.8	80.8	80.8	80.7	26	17.1	17.1	17.1	17.1
6	136.0	136.0	136.0	136.0	27	11.2	11.2	11.2	11.2
7	131.3	131.4	131.3	131.3	28	21.7	21.7	21.7	21.7
8	36.0	36.0	36.0	36.0	29	18.7	18.7	18.7	18.7
9	81.1	81.1	81.1	81.1	1'	63.0	59.8	67.2	66.0
10	135.5	135.4	135.5	135.5	2'	70.3	74.4	68.5	67.4
11	130.7	130.7	130.6	130.5	3'	72.5	67.1	69.5	71.0
12	33.7	33.7	33.8	33.8	4'	69.3	69.9	69.3	71.2
13	85.6	85.6	85.6	85.7	5'	70.7	70.9	71.1	63.5
14	129.8	129.8	129.8	129.8	6'	63.5	63.6	63.8	
15	137.5	137.5	137.5	137.5	1"	96.1	96.1	96.1	96.1
16	29.3	29.3	29.3	29.3	2"	70.9	70.9	70.9	70.3
17	44.0	44.0	44.0	44.0	3"	74.1	74.1	74.1	73.9
18	32.0	32.0	32.0	32.0	4"	67.3	67.3	67.3	77.1
19	29.8	29.8	29.8	29.8	5"	77.6	77.6	77.6	76.3
20	11.2	11.2	11.2	11.1	6"	61.3	61.3	61.3	60.8
21	12.6	12.6	12.5	12.5	4"-OCH₃				59.6

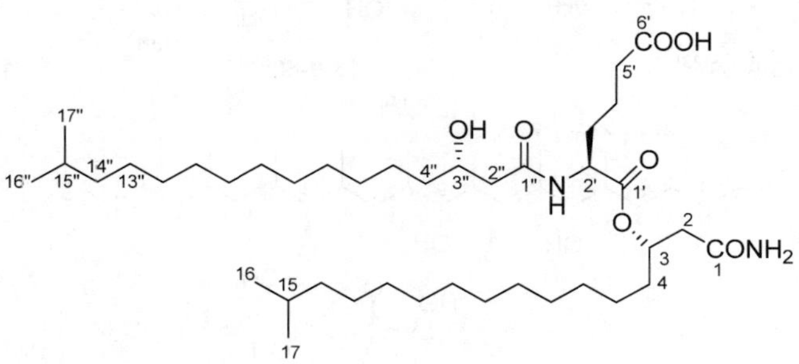

13-9-66

表 13-9-16 WA8242B 的 ^{13}C NMR 数据[26]

C	13-9-66	C	13-9-66	C	13-9-66	C	13-9-66
1	175.3	12,12"	31.1	2'	53.8	1"	174.4
2	41.3	13,13"	28.6	3'	31.9	2"	44.4
3	73.7	14,14"	40.3	4'	22.4	3"	69.8
4	35.3	15,15"	29.2	5'	34.4	4"	38.1
5	26.2	16,17,16",17"	23.0	6'	177.2	5"	26.6
6~11,6"~11"	30.5~30.8	1'	173.1				

13-9-67

表 13-9-17 YM-47515 的 ^{13}C NMR 数据[27]

C	13-9-67	C	13-9-67	C	13-9-67	C	13-9-67
1	178.7	5	30.7~30.4	9	30.7~30.4	13	70.1
2	35.8	6	30.7~30.4	10	30.7~30.4	14	66.1
3	26.5	7	30.7~30.4	11	25.9	15	67.1
4	30.7~30.4	8	30.7~30.4	12	35.8	16	22.3

13-9-68 R=H
13-9-69 R=OH

13-9-70[29]

表 13-9-18 YF-0200R-A 和 YF-0200R-B 的 ^{13}C NMR 数据[28]

C	13-9-68	13-9-69	C	13-9-68	13-9-69	C	13-9-68	13-9-69	C	13-9-68	13-9-69
1	170.4	170.9	4	129.1	129.9	7	36.6	38.1	10	22.4	67.0
2	120.0	120.6	5	144.8	145.5	8	71.0	68.6	11	32.9	41.5
3	146.2	146.9	6	29.7	30.2	9	37.5	45.9	12	62.4	60.2

参考文献

[1] Zhang S W, Xuan L J. J Antibiot, 2008, 61: 43.
[2] Pfefferle C, Kempter C, Metzger J, et al. J Antibiot, 1996, 49: 826.
[3] Schlingmann G , Milne L, Pearce C, et al. J Antibiot, 1995, 48: 375.
[4] Ayer S, Isaac B, Luchsinger K, et al. J Antibiot, 1991, 44: 1460.
[5] Fujiu M, Sawairi S, Shimada H, et al. J Antibiot, 1994, 47: 833.
[6] Bloor S. J Antibiot, 2008, 61: 515.
[7] Doerfelt H, Schlegel B, Graefe U. J Antibiot, 2000, 53: 839.
[8] Watanabe T, Izaki K, Takahashi H. J Antibiot, 1992, 45: 575.
[9] Doshida J, Hasegawa H, Onuki H, et al. J Antibiot, 1996, 49: 1105.
[10] Tsuchiya K, Kobayashi S, Nishikiori T, et al. J Antibiot, 1997, 50: 261.

[11] Hwang E I, Yun B S, Kim Y K, et al. J Antibiot, 2000, 53: 903.
[12] Thines E, Eilbert F, Anke H, et al. J Antibiot, 1998, 51: 117.
[13] Ohnuki T, Yano T, Takatsu T. J Antibiot, 2009, 62: 551.
[14] Silberborth S, Erkel G , Anke T, et al. J Antibiot, 2000, 53: 1137.
[15] Zeeck A, Schr Der K, Frobel K, et al. J Antibiot, 1987, 40: 1530.
[16] Shu Y Z, Huang S, Wang R R, et al. J Antibiot, 1994, 47: 324.
[17] Sasaki S, Hashimoto R, Kiuchi M, et al. J Antibiot, 1994, 47: 420.
[18] Ryu G , Hwang S, Kim S. J Antibiot, 1997, 50: 1064.
[19] Anderson M, Jarman T, Rickards R. J Antibiot, 1995, 48: 391.
[20] Chu M, Mierzwa R, He L, et al. J Antibiot, 2001, 54: 1096.
[21] Hegde V, Dai P, Chu M, et al. J Antibiot, 1997, 50: 983.
[22] Horn W, Smith J, Bills G , et al. J Antibiot, 1992, 45: 1692.
[23] Grabley S, Hammann P, Kluge H, et al. J Antibiot, 1991, 44: 797.
[24] Arakawa M, Someno T, Kawada M, et al. J Antibiot, 2008, 61: 442.
[25] Kohno J, Asai Y, Nishio M, et al. J Antibiot, 1999, 52: 1114.
[26] Yoshimura S, Otsuka T, Takase S, et al. J Antibiot, 1998, 51: 655.
[27] Sugawara T, Tanaka A, Imai H, et al. J Antibiot, 1997, 50: 944.
[28] Sato T, Nagai K, Shibazaki M, et al. J Antibiot, 1994, 47: 566.
[29] Parker W L, Rathnum M L, Johnson J H, et al. J Antibiot, 1988, 41: 454.

化合物名称索引

英文名称索引

A

0231A 2865
1100-50 2865
167-B 2765
250-144C 2692
27C6 2916
3874 H1 2692
3874 H3 2692
6108 A_1 2692
6108 B 2692
6108 C 2692
6108 D 2692
A-108835 2960
A-108836 2960
A-500359 A 2865
A-500359 C 2865
A-500359 D 2865
A-500359 E 2865
A-500359 F 2866
A-500359 G 2865
A-500359 H 2866
A-500359 J 2866
A-500359 M-1 2866
A-500359 M-2 2866
A-500359 M-3 2866
A-500359F amide 2866
A58365-3 2866
A58365-4 2866
A-72363 A-1 2675
A-72363 A-2 2675
A-72363 B 2675
A-72363 C 2675
A-75943 2915
A82548A 2693
A83016A 2765
A83016F 2915
A83016F diacetate 2915
aaptamine 2486
AB5046A 2960
AB5046B 2960
abeokutone 916
abierixin 2915
abieta-7,13-diene-12α-methoxy-18-oic acid 842
17(15→16)-*abeo*-20-*nor*-abieta-12,16-epoxy-7,17-dihydroxy-5(10),6,15-pentaen-11,14-dion-18(1)-olide 845
17(15→16)-*abeo*-20-*nor*-abieta-12,16-epoxy-7-hydroxy-5(10),6,8,12,15-pentaen-11,14-dion-18(1)olide 845
19-*nor*-abieta-4(18),8, 11,13-tetraen-7-one 845
8,11,13,15-abietatetraen-19-oic acid 844
ABK 2675
abutiloside L 1967
abutiloside M 1967
abutiloside N 1967
abutiloside O 1962
abyssinin Ⅱ 1658
Ac-L-CysH-OH 2361
Ac-L-Gln-OH 2360
2'-*O*-Ac heraclenol 1566
Ac-L-Pro-OH (*cis*) 2360
Ac-L-Pro-OH (*trans*) 2360
3"-AcABK 2675
acacetin 1630
acacetin-7-rutinoside 1632
acacioside A 1201
acacioside B 1201
acacioside C 1201
3"-AcAMK 2675
acanfolioside 1465
acanjaposide D 1203
acanjaposide E 1203
acanjaposide F 1203
acanjaposide G 1203
acanjaposide H 1203
acanjaposide I 1203
acankoreoside C 1303
acankoreoside C 1303
acankoreoside D 1303
acankoreoside E 1302
acankoreoside F 1303
acankoreoside G 1303
acankoreoside H 1303
acankoresoide A 1303
acankoresoide B 1303
acanthopanaxoside B 1201
acanthopanaxoside C 1201
acanthopanaxoside E 1201
acantrifoic acid A 1300
acantrifoside A 1303
acantrifoside C 1302
acantrifoside C 1303
acantrifoside E 2286
acantrifoside F 2287
acarbose 2675
acarbose-7-phosphate 2675
acarogobien A 2234
acarogobien B 2234
acaterin 2915
3-AcDKB 2675
N-acetamido-4-hydroxyl-benzylamine 2983
2'-acetamido-3'-phenyl propyl-2-benzamido-3-phenyl-propionate 17
acetate of ligucyperonol 623
acetate of ligudentatol 623
acetate of ligujapone 623
acetate of tetrahydroligujapone 623
acetic acid 2148

acetic acid 1-methyl-3-(2,2,6-trimethyl-7-oxabicyclo[4.1.0]hept-1-yl)-1-vinyl-allyl ester 568
acetic acid 1-methyl-3-(2,2,6-trimethyl-7-oxabicyclo[4.1.0]hept-1-yl)-1-vinyl-allyl ester 2369
acetomycin 2915
11,11'-acetonide JBIR-25 2823
3,18-acetonide of foliol 916
8-acetonyldihydroavicine 152
8-acetonyldihydronitidine 152
10-acetoxy-4-acetyl-28-hydroraspacionin 2384
7β-acetoxy-10-O-acetyl-8α-hydroxydecapetaloside 444
10-acetoxy-4-acetyl-oxo-28-hydroraspacionin 2383
13-acetoxy-12-acetylalcyopterosin D 626
(1R,3R,4R,5S,6S)-1-acetoxy-8-angeloyloxy-3,4-epoxy-5-hydroxybisabola-7(14),10-dien-2-one 561
9α-acetoxyandalucin 631
9α-acetoxyartecanin 631
14-acetoxyartemisiifolin-6α-O-acetate 566
14-acetoxyartemisiifolin-6α,15-di-O-acetate 566
acetoxyaurapten 1544
(+)-7α-acetoxybacchotriciuneatin D 740
14-acetoxybadrakemin 1544
2α-acetoxybrevifoliol 848
8β-acetoxy-O[1]-benzoyl-O[1]-deacetyl-8-deoxoevonine 290
6α-acetoxy-9β-benzoyloxy-1β-cinnamoyloxy-8β-butanoyloxy-β-dihydroagarofuran 623
6α-acetoxy-9β-benzoyloxy-1β-cinnamoyloxy-8β-(2-methylbutanoyloxy)-β-dihydroagarofuran 623
14b-acetoxy-3b-benzoyloxy-7b,9α,15b-trihydroxy-jatropha-5E,11E-diene 748
7β-(acetoxy)-6β-(benzoyloxy)-3α-[(E)-3,4,5-trimethoxy-cinnamoyloxy]tropane 53
acetoxy bis-butenolide 537
5α-acetoxy-1β,8α-bis-cinnamoyl-4α-hydroxydihydroagarofuran 1078
(2R,3S)-2-acetoxy-2,3-bis(3,4-dimethoxybenzyl)-γ-butyrolactone 1401
(7'R,8'S,8S)-2'-acetoxy-3,4:4',5'-bis(methylenedioxy)-7-oxo-2,7'-cyclolignan 1466
3-acetoxy-E-γ-bisabolene 562
8β-acetoxy-9α,13α,15,16-bisepoxy-15-hydroxy-7-oxo-labdan-6β-19-olide 736
acetoxy butenolide 537
8β-acetoxy-$\Delta^{9(12)}$-capnellene 2366
2β-acetoxy-19-carboxymethyl-cleroda-3,13-dien-15-oic acid 739
6-acetoxycedrodorin 1142
trans-2'-acetoxychalcone 1751
(17Z)-19-acetoxycheilantha-13(24),17-diene-1β,6α-diol 969
2β-acetoxy-4α-chloro-1β, 8-diangeloyloxy-3β,10-dihydroxy-11-methoxybisabol-7(14)-en 561
2β-acetoxy-4α-chloro-1β,8-diangeloyloxy-3β,10-dihydroxy-bisabol-7(14), 11(12)-diene 561
2β-acetoxy-4α-chloro-1β,8-diangeloyloxy-3β-hydroxy-10, 11-isopropoxybisabol-7(14)-ene 561
2β-acetoxy-4α-chloro-1β,8-diangeloyloxy-3β,10,11-trihydroxy-bisabol-7(14)-ene 561
12β-acetoxycholestan-3,4-dione 1944
(lR*,2R*,3R*,6S*,9R*,10R*,14R*)-3-acetoxycladiell-7(16),11(17)-dien-6-ol 2380
16-acetoxy-cleroda-3,13-dien-15,16-olide 739
18-acetoxy-cis-cleroda-3-en-15-oic acid 737
(12Z)-6-acetoxy-5,10-trans-cleroda-3,12,14-trien-20-oic acid 739
16-acetoxycoleon U 11-acetate 844
14-acetoxycolladonin 1545
3β-acetoxycostic acid 621
6α-(4-acetoxy-7Z-coumaryloxy)eudesm-4(14)-ene 621
9α-acetoxycumambrin A 631
9α-acetoxycumambrin B 631
1α-acetoxycycloart-24-ene-2α,3β-diol 992
3β-acetoxycycloart-24-ene-1α,2α-diol 992
(23Z)-3β-acetoxycycolart-23-en-25-ol 993
(24RS)-3β-acetoxycyloart-25-en-24-ol 993
10-acetoxy-21-deacetyl-4-acetyl-28-hydroraspacionin 2384
7α-acetoxydeacetylbotrycnedial 2963
7α-acetoxydehydrobotrydienal 2963
11-acetoxy-4-deoxyasbestinin E 2376
11-acetoxy-4-deoxyasbestinin F 2376
11-acetoxy-4-deoxyusbestinin E 746
11-acetoxy-4-deoxyusbestinin F 746
11β-acetoxydihydrocedrelone 1079
2β-acetoxy-1β,8-diangeloyloxy-4,10-dichloro-3β,11-dihydroxy-bisabol-7(14)-ene 561
1β-acetoxy-2β,8-diangeloyloxy-3β,10-dihydroxy-4α-chloro-11-expoxybisabol-7(14)-ene 562
1β-acetoxy-2β,8-diangeloyloxy-3β,10-dihydroxy-4α-chloro-11-methoxybisabol-7(14)-ene 562
1β-acetoxy-2β,8-diangeloyloxy-3β-hydroxy-4α-chloro-10,11-expoxybisabol-7(14)-ene 562
1β-acetoxy-2β,10-diangeloyloxy-3β,8,11-trihydroxy-4α-chlorobisabol-7(14)-ene 562
1β-acetoxy-2β,8-diangeloyloxy-3β,10,11-trihydroxy-4α-chlorobisabol-7(14)-ene 562
6α-acetoxy-1β,8β-dibenzoyloxy-9β-hydroxy-β-dihydroagarofuran 623
3-acetoxy-8,14-dien-8,30-seco-khayalactone 1144
(5S,6R,8R,9R,10S,13S,15R,16R)-6-acetoxy-9,13:15,16-diepoxy-15,16-dimethoxylabdane 736
(5S,6R,8R,9R,10S,13S,15R,16S)-6-acetoxy-9,13:15,16-diepoxy-15,16-dimethoxylabdane 736
(5S,6R,8R,9R,10S,13S,15S,16R)-6-acetoxy-9,13:15,16-diepoxy-15,16-dimethoxylabdane 736
(5S,6R,8R,9R,10S,13S,15S,16S)-6-acetoxy-9,13:15,16-diepoxy-15,16-dimethoxylabdane 736
(1R,3S,4S,6R,7S,8S,11R,12R)-6-acetoxy-3,4:7,8-diepoxy-12-hydroxydolabellane 748
(5S,6R,8R,9R,10S,13R,15R)-6-acetoxy-9,13:15,16-diepoxy-15-methoxylabdane 736
(5S,6R,8R,9R,10S,13R,15S)-6-acetoxy-9,13:15,16-diepoxy-15-methoxylabdane 736
(5S,6R,8R,9R,10S,13S,15R)-6-acetoxy-9,13:15,16-diepoxy-15-methoxylabdane 736
(5S,6R,8R,9R,10S,13S,15S)-6-acetoxy-9,13:15,16-diepoxy-15-methoxylabdane 736
(2R)-3β-acetoxycatechin tetramethyl ether 1776
14-acetoxy-22,23-dihydro-15,23-dihydroxyirpexan 3003
(22S)-3β-acetoxy-11,22-dihydroxy-9,11-seco-cholest-5-en-9-one 1948
3α-acetoxy-6β,25-dihydroxy- 20(S), 24(S)-epoxydammarane 1084
(22S)-3β-acetoxy-11,22-dihydroxy-9,11-seco-ergosta-5,24(28)-dien-9-one 2130
ent-1α-acetoxy-7β,14α-dihydroxy-kaur-16-en-15-on 913
ent-11α-acetoxy-7β,14α-dihydroxy-16-kauren-15-one 913
24(S)-3β-acetoxy-1α,11α-dihydroxyergost-5-en-18-oic-acid 2594
(25S)-26-acetoxy-3β,5α-dihydroxyergost-24(28)-en-6-one 2118

(25*R*)-26-acetoxy-3β,5α-dihydroxyergost-24(28)-en-6-one 2118
3β-acetoxy-1α,11α-dihydroxygorgost-5-en-18-oic acid 2594
ent-18-acetoxy-16α,17-dihydroxykauran-19-oic acid 917
11α-acetoxy-3,3-dimethoxy-5α-pregn-20-ene 2589
3β-acetoxy-(20*S*,22*E*,24*RS*)-20,24-dimethoxydammar-22-en-25-ol 1083
3β-acetoxy-(20*R*,22*E*,24*RS*)-20,24-dimethoxydammar-22-en-25-ol 1083
11α-acetoxy-3,3-dimethoxy-5α-pregn-20-ene 1981
(3*E*)-6-acetoxy-3,11-dimethyl-7-methylidendodeca-1,3,10-triene 536
3β-acetoxydinorerythrosuamide 353
3β-acetoxydinorerythrosuamide 848
10-acetoxy-4,21-dioxo-28-hydroraspacionin 2383
3β-acetoxy-12,19-dioxo-13(18)-oleanene 1197
(1*R*,6*R*,11*R*,12*R*)-6-acetoxydolabella-3*E*,7*E*,12-triene 748
(–)-3α-acetoxyepicatechin tetramethyl ether 1776
16-acetoxy-7,8-epoxy-3,12-dolabelladien-13-one 748
6-acetoxy-7,8-epoxy-3,12-dolabelladien-13-one 748
(1*R*,3*S*,4*S*,6*R*,11*R*,12*R*)-6-acetoxy-3,4-epoxy-12-hydroxydolabell-7*E*-en-16-al 748
(1*R*,3*S*,4*S*,6*R*,11*R*,12*R*)-6-acetoxy-3,4-epoxy-12-hydroxydolabell-7*E*-ene 748
3β-acetoxy-11α,12α-epoxy-16-oxo-14-taraxerene 1198
4-acetoxy-1β,5β-epoxy-10α*H*-xantha-11(13)-en-12,8β-olide 569
14-acetoxy-4α,5β-epoxyartemisiifolin-6α-*O*-acetate 566
6α-acetoxy-14β,15β-epoxyazadirone 1144
(8*E*)-4α-acetoxy-12α,13α-epoxycembra-1(15),8-diene 719
12β-acetoxy-24,25-epoxycholest-4-en-3-one 1944
23-acetoxy-24,25-epoxycholest-4-en-3-one 1944
(3*S*)-3-acetoxyeremophil-7(11),9(10)-dien-8-one 627
(3*S*)-3-acetoxyeremophil-1(2),7(11),9(10)-trien-8-one 627
3β-acetoxyeriocasin D 842
3β-acetoxy-11α-ethoxy-1β-hydroxyolean-12-ene 1199
16-acetoxy-7α-ethoxyroyleanone 1916
6β-acetoxyfuranoeremophilan-10β-ol 628
7-*O*-(6'-acetoxy-β-D-glucopyranosyl)-8-hydroxycoumarin 1544
(–)-9-acetoxygymnomitr-8(12)-ene 692
15-acetoxy-1(10)-*ent*-halimen-18,2β-olide 737
12β-acetoxyharrisonin 978
15-acetoxyheliangin 564
3β-acetoxy-22,23,24,25,26,27-hexanordammaran-20-one 1084
12-acetoxyhomoaerothionin diacetate 17
3β-acetoxyhop-17(21)-ene 1340
acetoxyhydrohalimic acid 737
2-*O*-(3'-acetoxyhydroxybutanoyl)lycorine 157
(20*S*)-3β-acetoxy-20-hydroperoxy-30-norlupane 1302
10-acetoxy-28-hydroraspacionin 2384
11(*S**)-acetoxy-15(*S**)-hydroxy-17-chloro-2(*R**),12(*R**)-epoxy-(3*E*,7*E*)-1(*S**)-cembra-3,7-diene 2371
8α-acetoxy-3β-hydroxy-11(α*H*),13-dihydrocostunolide 563
2α-acetoxy-4α-hydroxy-1β-guai-11(13),10(14)-dien-12,8α-olide 631
ent-18-acetoxy-16α-hydroxy-17-isobutyryloxykauran-19-oic acid 917
ent-18-acetoxy-17-hydroxy-16β*H*-kauran-19-oic acid 917
ent-20-acetoxy-11α-hydroxy-16-kauren-15-one 913
2-acetoxy-3-hydroxy-labda-8(17),12(*E*)-14-triene 734
3-acetoxy-2-hydroxy-labda-8(17),12(*E*)-14-triene 734
rel-3*S*,5*S*,8*R*,9*R*,10*S*)-3-acetoxy-9-hydroxy-13(14)-labden-15,16-olide 734
3β-acetoxy-1β-hydroxy-11α-methoxyolean-12-ene 1199
3α-acetoxy-16α-hydroxy-24-methylene-5α-lanost-8-en-21-oic acid 986
8-(4-acetoxy-3-hydroxy-2-methylenebutanoyl)-6,8,15-trihydroxy-1,3,11(13)-elematrien-12-oic acid ester 568
15-acetoxy-9-hydroxy-presilphiperfolan-4-oic acid 693
3β-acetoxy-1β-(2-hydroxy-2-propoxy)-11α-hydroxyolean-12-ene 1199
1α-acetoxy-2α-hydroxy-6β,9β,15-tribenzoyloxy-β-dihydroagarofuran 624
2α-acetoxy-1α-hydroxy-6β,9β,15-tribenzoyloxy-β-dihydroagarofuran 624
3-acetoxy-2'-hydroxy-4,4'-trimethoxychalcone 1753
8α-*O*-(4-acetoxy-5-hydroxyangeloyl)-11β,13-dihydrocnicin 564
3β-acetoxy-16β-hydroxybetulinic acid 1299
3β-acetoxy-16β-hydroxybetulinic acid methyl ester 1299
3α-acetoxy-25-hydroxycholest-4-en-6-one 1945
(1*R*,6*R*,11*R*,12*R*)-6-acetoxy-12,16-hydroxydolabella-3*E*,7*E*-diene 747
(1*R*,6*R*,11*R*,12*R*)-6-acetoxy-12-hydroxydolabella-3*E*,7*E*-diene 747
14-acetoxy-15-hydroxyirpexan 3003
1α-acetoxy-6α-hydroxyjungermannenone C 920
ent-18-acetoxy-11α-hydroxykaur-16-en-15-one 913
ent-18-acetoxy-14α-hydroxykaur-16-en-15-one 913
ent-7β-acetoxy-11α-hydroxykaur-16-en-15-one 913
ent-(16*S*)-18-acetoxy-7β-hydroxykauran-15-one 917
19-acetoxy-13-hydroxylabada-8(17),14-diene 733
3α-acetoxy-30-hydroxylup-20(29)-en-28-oic acid 1300
3α-acetoxy-27-hydroxylup-20(29)-en-28-oic acid methyl ester 1300
3α-acetoxy-28-hydroxylup-20(29)-ene 1300
28-acetoxy-15α-hydroxymansumbinone 1078
12-acetoxy-5-hydroxynerolidol 536
12-acetoxy-11β-hydroxypetuniasterone D 7-acetate 2120
12-acetoxy-11β-hydroxypetuniasterone M 7-acetate 2120
20-acetoxy-8-hydroxyserrulat-14-en-19-oic acid 747
20-acetoxy-8-hydroxyserrulat-14-en-19-oic acid 921
ent-18-acetoxy-17-isobutyryloxy-16β*H*-kauran-19-oic acid 917
ent-11α-acetoxykaur-16-en-18-oic acid 915
15-acetoxy-labd-8(17)-en-18-oic acid 733
22α-acetoxylchiisanogenin 1301
(+)-3β-acetoxyleucocyanidin- 3',4',5,7-tetramethyl ether 1777
2(*R*)-*trans*-3-acetoxyl-3',4',5,5',7-pentamethoxy-flavanone 1724
(20*S*)-3β-acetoxylupan-29-oic acid 1302
3α-acetoxy-lup-20(29)-ene 1300
3α-acetoxylup-20(29)-en-24-oic acid 1300, 1301
3β-acetoxylup-20(29)-en-17-ol 1301
1α-acetoxyluvungin A 1081
10-acetoxymajoroside 448
3α-acetoxy-maoesin A 847
8α-(4'-acetoxymethacryloyloxy)-3α,9β-dihydroxy-1(10)*E*,4-*Z*,11(13)-germacratrien-12,6α-olide 564
1-acetoxy-3-methoxy-9,10-anthraquinone 1901
3β-acetoxy-12-methoxy-13-methyl-podocarpa-8,11,13-trien-7-one 845
7α-acetoxy-15-methoxy-10-*O*-methyldeacetyl-dihydrobotrydial 2963
2-acetoxy-6-methoxy-3,3,14-trimethyl-3,14-dihydro-7*H*-benzo[*b*]pyrano[3,2-*h*]acridin-7-one 280

2'-acetoxy-4'-methoxychalcone 1751
2-acetoxy-2'-methoxychalcone 1752
2'-acetoxy-4-methoxychalcone 1752
3β-acetoxy-7β-methoxycucurbita-5,23(E)-dien-25-ol 986
29-acetoxy-3β-methoxyserrat-14-en-21α-ol 1348
(1R*,2R*,3R*,6S*,7S*,9R*,10R*,14R*)-3-acetoxy-6-(3-methylbutanoyloxy)-cladiell-11(17)-en-7-ol 2380
2-β-acetoxy methyl ester of subergorgic acid 2370
1-acetoxy-5-methyl-2-[(2'E,7'Z)-3',7',11'-trimethyl-2',7'-dodecadien-9'-onyl]-4-hydroxybenzene 538
8α-(2'E)-(2'-acetoxymethyl-2'-butenoyloxy)-3',9β-dihydroxy-1(10)E,4Z,11(13)-germacratrien-12,6α-olide 565
4-acetoxymethyl-1-methyl-2-quinolone 79
(+)-3β-acetoxy-α-muurolene 2367
3β-acetoxynorerythrosuamide 353, 848
11β-acetoxyobacunol 1145
11β-acetoxyobacunyl acetate 1145
3β-acetoxy-20,21,22,23,24,25,26,27-octanordammaran-20-one 1084
10-acetoxyoleoside dimethyl ester 451
5-acetoxyoxachamigrene 2370
(8R)-8-acetoxypatchoulol 692
(8S)-8-acetoxypatchoulol 692
(9R)-9-acetoxypatchoulol 692
12α-acetoxypetuniasterone M 2120
(+)-1-acetoxypinoresinol-4'-β-D-glucoside 1452
(+)-1-acetoxypinoresinol 4'-β-D-glucoside pentaacetate 1452
(+)-1-acetoxypinoresinol monomethyl ether-4'-β-D-glucoside 1452
(+)-1-acetoxypinoresinol monomethyl ether-4'-β-D-glucoside tetraacetate 1452
4-acetoxy-plakinamine B 2590
19-acetoxypregaleopsin 736
3β-acetoxy-5α-pregna-7,20-dien-6-one 1980
11α-acetoxy-5α-pregn-20-en-3β-ol 1980, 2589
11α-acetoxy-5α-pregn-20-en-3α-ol 1980, 2589
11α-acetoxy-5α-pregn-20-en-3-one 1983, 2589
8-acetoxyroridin E 2695
8-acetoxyroridin H 2696
13-acetoxysparteine 167
(25R)-3β-acetoxy-5α-spirostan-6-one 2066
19-acetoxyspongia-13(16),14-dien-3-one 846
19-acetoxyspongia-13(16),14-diene 846
3α-acetoxyspongia-13(16),14-diene 846
3β-acetoxyspongia-13(16),14-diene 846
16-acetoxystecholide A acetate 2378
16-acetoxystecholide B acetate 2378
16-acetoxystecholide C acetate 2378
3-acetoxystscholide E 2378
3β-acetoxy-20-taraxasten-22-one 1280
(20S)-3β-acetoxy-12β,16β-tetrahydroxydammar-23-ene 1083
(2R,3S)-3β-acetoxy-3',4',5',7-tetramethoxy-3-flavanol 1776
(2R,3S,4R)-3β-acetoxy-3',4',5',7-tetramethoxy-4-flavanol 1777
3-acetoxy-3',4',5',7-tetramethoxyflavone 1676
acetoxytoonacilin 1177
1α-acetoxy-6β,9β,15-tribenzoyloxy-β-dihydroagarofuran 624
3β-acetoxy-6β,7α,12-trihydroxy-17(15→16);18(4→3)-bis-abeo-abieta-4(19),8,12,16-tetraene-11,14-dione 845
(22S)-3β-acetoxy-11,21,22-trihydroxy-9,11-seco-cholest-5-en-9-one 1948
(12α)-2α-acetoxy-5α,9α,10β-trihydroxy-3,11-cyclotax-4(20)-en-13-one 849
(20S,22R)-15α-acetoxy-5α,6β,14α-trihydroxy-1-oxowitha-2,16,24-trienolide 2128
(20S)-3β-acetoxy-12β,16β-trihydroxydammar-24-ene 1083
3β-acetoxy-16β,20(S),25-trihydroxydammar-23-ene 1083
3β-acetoxy-16β,20(S),25-trihydroxydammar-23-ene 1085
18-acetoxy-1α,3β,11α-trihydroxygorgost-5-ene 2594
3-O-acetoxyverticinone 363
11β-acetoxywalsuranolide 1079
7β-acetoxywithanolide D 2121
N-acetyl AB-400 2693
7-O-acetylabelioside B 453
7-O-acetyl-10-O-acetoxyloganin 448
6'-O-acetyl-10-acetoxyoleoside dimethyl ester 451
acetyl alkannin 1892
2'-O-acetylactein 996
6-O-acetylajugol 441
N-acetyl-aureothamine 2916
10-O-acetyl-1,4-cineole 409
acetylakhdarenol 842
12-acetylalcyopterosin D 626
2'-acetylangelicin 1560
28-O-acetyl-21-O-(4-O-angeloyl)-6-deoxy-β-glucopyranosyl-3-O-[β-glucopyranosyl(1→2)-O-[β-glucopyranosyl(1→4)]-β-glucuronopyranosyl] protoaescigenin 1201
4α-acetyl-2β-angeloyl-5α,10-diisobutyryl-1β,3α,8,11-tetrahydroxybisabolene 562
4α-acetyl-2β-angeloyl-5α,8-diisobutyryl-1β,3α,10,11-tetrahydroxybisabolene 562
4-O-acetyl-anthecotulide 537
3-O-acetyl-anthothecanolide 1142
5-N-acetyl-ardeemin 2866
3-O-acetyl-aromadendrin 1723
4-O-acetyl-artemisyl 401
12-acetyl-aspergillol 2562
acetylation of daphneligin 1429
acetylation of (+)-4-hydroxy-2,6-di(3,4-dimethoxy)phenyl-3,7-dioxabicyclo[3.3.0]octane 1451
1'-N-acetyl-bellenamine 2822
12-O-acetyl-3-O-benzoyl-2-epi-ingol 8-tiglate 852
12-O-acetyl-20-O-benzoyl-(8,14,18-orthoacetate)-dihydrosarc-ostin-3-O-β-D-glucopyranosyl-(1→4)-β-D-glucopyranosyl-(1→4)-β-D-thevetopyranosyl-(1→4)-O-β-D-oleandropyranosyl-(1→4)-O-β-D-cymaropyranoside 2032
12-O-acetyl-20-O-benzoyl-(14,17,18-orthoacetate)-dihydrosarcostin-3-O-β-D-glucopyranosyl-(1→4)-β-D-glucopyranosyl-(1→4)-β-D-thevetopyranosyl-(1→4)-O-β-D-oleandropyranosyl(1→4) -O-β-D-cymaropyranoside 2035
12-O-acetyl-20-O-benzoyl-(8,14,18-orthoacetate)-dihydrosarcostin-3-O-β-D-glucopyranosyl-(1→4)-β-D-glucopyranosyl-(1→4)-β-D-thevetopyranosyl- (1→4)-O-β-D-oleandropyranosyl-(1→4)-O-β-D-cymaropyranosyl-(1→4)-O-β-D-cymaropyranoside 2045
12-O-acetyl-20-O-benzoyl-(14,17,18-orthoacetate)-dihydrosarcostin-3-O-β-D-glucopyranosyl-(1→4)-β-D-thevetopyranosyl-(1→4)-O-β-D-oleandropyranosyl-(1→4)-O-β-D-cymaropyranoside 2017
12-O-acetyl-20-O-benzoyl-(14,17,18-orthoacetate)-dihydrosarcostin-3-O-β-D-glucopyranosyl-(1→4)-β-D-thevetopyranosyl-(1→4)-O-β-D-oleandropyranosyl-(1→4)-O-β-D-cymaropyranosyl-(1→4) -O-β-D-cymaropyranoside 2033
12-O-acetyl-20-O-benzoyl-(8,14,18-orthoacetate)-dihydrosarcostin-3-O-β-D-glucopyranosyl-(1→4)-β-D-thevetopyranosyl-(1→4)-O-β-D-oleandropyranosyl-(1→4)-O-β-D-cyma-

ropyranoside 2017
12-O-acetyl-20-O-benzoyl-(8,14,18-orthoacetate)-dihydrosarcostin-3-O-β-D-glucopyranosyl-(1→4)-β-D-thevetopyranosyl-(1→4) -O-β-D-oleandropyranosyl-(1→4)-O-β-D-cymaropyranosyl-(1→4)-O-β-D-cymaropyranoside 2032
12-O-acetyl-20-O-benzoyl-(14,17,18-orthoacetate)-dihydrosarcostin-3-O-β-D-thevetopyranosyl-(1→4)-O-β-D-oleandropyranosyl-(1→4)-O-β-D-cymaropyranoside 2004
12-O-acetyl-20-O-benzoyl-(8,14,18-orthoacetate)-dihydrosarcostin-3-O-β-D-thevetopyranosyl-(1→4)-O-β-D-oleandropyranosyl-(1→4)-O-β-D-cymaropyranoside 2004
12-β-O-acetyl-20-O-benzoyl-tomentogenin-β-glucopyranosyl-(1→4)-6-deoxy-3-O-methyl-β-allopyranosyl-(1→4)-β-oleandropyranosyl-(1→4)-β-cymaropyranoside 2020
12-β-O-acetyl-20-O-benzoyl-tomentogenin-β-glucopyranosyl-(1→4)-6-deoxy-3-O-methyl-β-allopyranosyl-(1→4)-β-cymaropyranosyl-(1→4)-β-oleandropyranosyl-(1→4)-β-cymaropyranoside 2032
12-β-O-acetyl-20-O-benzoyl-tomentogenin-β-glucopyranos yl-(1→6)-β-glucopyranosyl-(1→4)-β-oleandropyranosyl-(1→4)-β-cymaropyranoside 2020
12-β-O-acetyl-20-O-benzoyl-tomentogenin-β-glucopyranosyl-(1→4)-β-glucopyranosyl-(1→4)-β-oleandropyranosyl-(1→4)-oleandropyranoside 2020
12-β-O-acetyl-20-O-benzoyl-tomentogenin-β-glucopyranosyl-(1→4)-β-glucopyranosyl-(1→4)-β-thevetopyranosyl-(1→4)-oleandropyranoside 2020
12-β-O-acetyl-20-O-benzoyl-tomentogenin-β-glucopyrano syl-(1→4)-β-oleandropyranosyl-(1→4)-β-cymaropyranoside 1997
12-β-O-acetyl-20-O-benzoyl-tomentogenin-β-glucopyranosyl-(1→4)-β-thevetopyranosyl-(1→4)-β-oleandropyranosyl-(1→4)-β-cymaropyranoside 2020
12-O-acetyl-7-O-benzoylingol 3,8-ditiglate 852
12-O-acetyl-3-O-benzoylingol 8-tiglate 852
12-O-acetyl-8-O-benzoylingol 3-tiglate 852
12-β-O-acetyl-20-O-benzoyl-tomentogenin-6-deoxy-3-O-methyl-β-allopyranosyl-(1→4)-β-oleandropyranosyl-(1→4)-β-cymaropyranoside 1997
14-acetylbikhaconine 301
acetylbinankadsurin A 1508
2β-O-acetyl-bornyl 429
2α-O-acetyl-bornyl 429
12β-O-acetylboucerin-β-D-glucopyranosyl-(1→4)-β-D-thevetopyranosyl-(1→4)-β-D-cymaropyranosyl-(1→4)-β-D-cymaropyranoside 2013
13α-acetylbrevifoliol 850
14-acetylbrowniine 310
12-acetyl-13-n-butanoxyalcyopterosin D 626
12-acetyl-4-n-butanoylalcyopterosin O 626
20-O-acetylcalogenin-3-O-β-D-glucopyranosyl-(1→4)-β-D-3-O-methylfucopyranoside 1988
18-acetylcammaconine 314
3,8-acetyl-5-carboxy preplocamene C 401
3β-acetyl-5β-card-20(22)-enolid-5-en-7-one 1939
3β-acetyl-5β-card-20(22)-enolide-5,16-dien-7-one 1939
6-acetyl-trans-carveyl 411
7β-acetylcatuabine E 54
7α-O-acetyl-cholaniic acid methyl ester 2060
12α-O-acetyl-cholaniic acid methyl ester 2060
25-O-acetylcimigenol-3-O-β-D-galactopyranoside 996
25-O-acetylcimigenol-3-O-β-D-glucopyranoside 996
3-acetylcladiellisin 2380
8-O-acetylclandonoside 442
24-O-acetyl-25-O-cinnamoylvulgaroside 969
8-O-acetyl-6'-O-(p-coumaroyl)harpagide 441
8-O-acetyl-6-O-trans-p-coumaroylshanzhiside 446
2'-O-acetyl-4'-O-cis-p-coumaroylswertiamarin 451
2'-O-acetyl-4'-O-trans-p-coumaroylswertiamarin 451
25-O-acetyl-cucurbitacin L 2-O-β-glucopyranoside 989
N-acetylcysteine adduct of piceamycin 2697
3β-acetyl-20S,24R-dammar-25-ene-24-hydroperoxy-20-ol 1081
acetyldelcosine 310
acetyldeschloroelatol 625
2'-O-acetyl-27-deoxyactein 996
13-O-acetyl-9-deoxyglanduline 323
14-O-acetyl-9-deoxyglanduline 323
6'-O-acetyldiderroside 451
β-D-(1-O-acetyl-3,6-O-diferuloyl)fructofuranosyl-α-D-2',6'-O-diacetylglucopyranoside 2291
13-acetyl-9-dihydrobaccatin Ⅲ 850
(+)-(1R,3S,4S,5R,6S,9R)-3-acetyl-1,4-dihydroxy-6-isopropyl-9-methylbicyclo[4.3.0]nonane 2367
(+)-(1R,3R,4R,5R,6S,9R)-3-acetyl-1,4-dihydroxy-6-isopropyl-9-methylbicyclo[4.3.0]nonane 2368
(+)-(1R,3R,4R,5R,6S,9R)-3-acetyl-1,4-dihydroxy-6-isopropyl-9-methylbicyclo[4.3.0]nonane 625
(+)-(1R,3S,4S,5R,6S,9R)-3-acetyl-1,4-dihydroxy-6-isopropyl-9-methylbicyclo[4.3.0]nonane 625
3β-acetyl-6β-dihydroxy-21αH-24-norhopa-4(23),22(29)-diene 1339
3β-acetyl-11α,28-dihydroxy-16-oxo-12-oleanene 1199
3β-acetyl-16α,28α-dihydroxy-13β,28-oxydooleanane 1196
(15S)-18-acetyl-15-dimethyl malonate-1,3,5,6,14,15-hexahydroindolo-[15,18-a]quinolizin-15-yl 215
acetylelatol 625
12-O-acetyl-2-epi-ingol 3,8-dibenzoate 852
15-O-acetyl-15-epi-(4E)-jatrogrossidentadion 852
3-acetyl-24-epi-polacandrin 1080
8-O-acetyl-1-epi-shanzhigenin methyl ester 441
14-O-acetyl-(14E)-5,6-epoxy-jatogrossidentadion 852
3-acetyleriocasin C 842
24-O-acetyldahurinol-3-O-β-D-xylopyranoside 995
6'-acetyldeacetylasperuloside 446
2α-O-acetyl-fenchol 431
β-D-(1-O-acetyl-3,6-O-feruloyl)fructofuranosyl-α-D-2',6''-O-triacetylglucopyranoside 2291
2'-O-acetyl-4'-O-cis-feruloylswertiamarin 451
2'-O-acetyl-4'-O-trans-feruloylswertiamarin 451
acetylgaertneroside 449
14-acetylgenicunine B 317
10-O-acetylgeniposidic acid 446
13-O-acetylglanduline 323
6a-O-(6-O-acetyl-β-D-glucopyranosyl)-15,16-dihydroxy-cleroda-3,13(14)-dien 739
6α-O-(6-O acetyl-β-D-glucopyranosyl)-15,16-epoxyclerода-3,13(16),14-trien 740
6a-O-(6-O-acetyl-β-D-glucopyranosyl)-15,16,18-trihydroxy-cleroda-3,13(14)-dien 739
8-acetylheterophyllisine 315
3β-acetyl-14β-hydroxy-16-ene-5β-card-20(22)-enolide 1937
3β-acetyl-16α-hydroxy-13β,28-epoxyoleanane 1196
(−)-(1S,6S,9R)-4-acetyl-1-hydroxy-6-isopropyl-9-methylbicyclo[4.3.0]non-4-en-3-one 2368
(−)-(5S,6R,9S)-2-acetyl-5-hydroxy-6-isopropyl-9-methylbicyclo[4.3.0]non-1-en-3-one 2368

(−)-(1*S*,6*S*,9*R*)-4-acetyl-1-hydroxy-6-isopropyl-9-methylbicyclo[4.3.0]non-4-en-3-one 626
(−)-(5*S*,6*R*,9*S*)-2-acetyl-5-hydroxy-6-isopropyl-9-methylbicyclo[4.3.0]non-1-en-3-one 626
(+)-(1*R*,5*S*,6*S*,9*R*)-3-acetyl-1-hydroxy-6-isopropyl-9-methylbicyclo[4.3.0]non-3-ene 2367
(+)-(1*R*,5*S*,6*S*,9*R*)-3-acetyl-1-hydroxy-6-isopropyl-9-methylbicyclo[4.3.0]non-3-ene 625
3*β*-acetyl-1*β*-hydroxy-menthone 408
3-*O*-acetyl-8-hydroxy-L-menthyl 408
3*β*-acetyl-28-hydroxy-16-oxo-12-oleanene 1199
10-*O*-acetyl-8*α*-hydroxydecapetaloside 444
3*α*-acetyl-6*α*-hydroxyl-9*α*-*O*-glucopyranosyl-tetra-*O*-acetyl-*α*-langionoside A 407
3-*β*-acetyl-1-*α*-hydroxyl-L-menthyl 408
acetyl-4*β*-hydroxyl-L-menthyl 408
18-acetyl-18-hydroxymethyl-1,4,20-pregnatrien-3-one 1981
3*β*-acetyl-16*α*-hydroxyoleanane-13*β*,28-olide 1196
6''-acetylhyperin 1677
acetylincensole 718
acetylincensole-oxide 718
12-*O*-acetylingol 3,8-dibenzoate 852
12-*O*-acetylingol 3,8-ditiglate 852
4'-acetyl-3'-isobutyryl-3'-hydroxymarmesin 1564
N-acetylisodemecolcine 15
2*α*-*O*-acetyl-*neo*-isomenthol 409
7*α*-acetyl-isopimara-8(14),15-dien-18-yland methyl malonate 841
3-*O*-acetyl-isothujyl 429
3-*O*-acetyl-*neo*-isothujyl 429
15-*O*-acetyl japodagrone 749
acetyljaspiferal E 2382
1-*O*-acetylkhayanolide A 1141
7-*O*-acetyllaciniatoside Ⅳ 452
7-*O*-acetyllaciniatoside Ⅴ 452
9-*O*-acetyl-lavandulyl 401
acetylloganic 4'-*O*-acetylloganic acid 445
3'-*O*-acetylloganic acid 445
6'-*O*-acetylloganic acid 445
3-acetyl-loliolide 412
7-acetyl-lyratol 402
7-*O*-acetyl-lyratyl 402
acetylmagnovatin A 1404
acetylmagnovatin B 1404
3-acetylmaoecrystal S 919
2''-*O*-acetylmartynoside 2292
3''-*O*-acetylmartynoside 2292
4''-*O*-acetylmartynoside 2292
acetylmartynoside A 2292
acetylmartynoside B 2292
3-*O*-acetyl-L-menthane 408
2-acetyl-6-methoxy-3,3,14-trimethyl-3,14-dihydro-7*H*-benzo[*b*]pyrano[3,2-*h*]acridin-7-one 280
6-*O*-acetyl-7-*O*-(*E*)-*p*-methoxycinnamoyl-myxopyroside 448
6-*O*-acetyl-7-*O*-(*Z*)-*p*-methoxycinnamoyl-myxopyroside 448
(7*R*,8*S*,7'*R*,8'*R*)-(+)-7'-acetyl-5'-methoxypicropodophyllin 1489
3-*O*-acetyl-7-*O*-methylaromadendrin 1723
12-*β*-*O*-acetyl-20-*O*-methylbutyryl-tomentogenin-6-deoxy-3-*O*-methyl-*β*-allopyranosyl-(1→4)-*β*-oleandropyranosyl-(1→4)-*β*-cymaropyranoside 1997
12-*β*-*O*-acetyl-20-*O*-methylbutyryl-tomentogenin-*β*-glucopyranosyl-(1→4)-6-deoxy-3-*O*-methyl-*β*-allopyranosyl-(1→4)-*β*-oleandropyranosyl-(1→4)-*β*-cymaropyranoside 2020
12-*β*-*O*-acetyl-20-*O*-methylbutyryl-tomentogenin-*β*-glucopyranosyl-(1→4)-6-deoxy-3-*O*-methyl-*β*-allopyranosyl-(1→4)-*β*-cymaropyranosyl-(1→4)-*β*-oleandropyranosyl-(1→4)-*β*-cymaropyranoside 2032
12-*β*-*O*-acetyl-20-*O*-methylbutyryl-tomentogenin-*β*-glucopyranosyl-(1→6)-*β*-glucopyranosyl-(1→4)-*β*-oleandropyranosyl-(1→4)-*β*-cymaropyranoside 2020
12-*β*-*O*-acetyl-20-*O*-methylbutyryl-tomentogenin-*β*-glucopyranosyl-(1→6)-*β*-glucopyranosyl-(1→4)-*β*-oleandropyranosyl-(1→4)-*β*-cymaropyranoside 2020
12-*β*-*O*-acetyl-20-*O*-methylbutyryl-tomentogenin-*β*-glucopyranosyl-(1→4)-*β*-oleandropyranosyl-(1→4)-*β*-cymaropyranoside 1997
10-*O*-acetylmonotropein 446
8-*O*-acetylmussaenoside 447
10-*O*-acetyl-myrtenol 431
1-*O*-acetylnorpluviine 264
3*α*-*O*-acetyl-*trans*-nopinol 432
3*β*-acetyl-16-oxo-13*β*,28-epoxyoleanane 1196
1*β*,5*β*,6*α*,7*α*-3*α*-acetyloxy-11*α*-angeloyloxy-4*α*-hydroxyguaia-3(4),10(14)-dien-6,7-olide 631
1-[9-(acetyloxy)-6,6a-dihydro-2,3-dimethoxy-8-prenyl [1]benzopyrano-[3,4-*b*][1]benzopyran-12-yl]-ethanone 1866
9*α*-acetyloxy-14,15-dihydroxy -8*β*-angeloyloxy-acanthospermolide 565
9*α*-acetyloxy-14,15-dihydroxy -8*β*-(2-methylbutanoyloxy)-acanthospermolide 565
(1*S**,4*R**,8*S**,10*R**)-13-acetyloxy-1,4-epoxy-1,10-dihydroxy-8-isobutyryloxygermacra-5*E*,7(11)-dien-6,12-olide 564
1(10)*E*-(3*S*,4*R*,5*R*,7*S*,8*S*)-14-acetyloxy-3,4-epoxy-5-hydroxy-15-isovaleroyloxygermacra-1(10),11(13)-dien-8,12-olide 566
1(10)*E*-(3*S*,4*R*,5*R*,7*S*,8*S*)-14-acetyloxy-3,4-epoxy-5-hydroxy-15-senecioyloxygermacra-1(10),11(13)-dien-8,12-olide 566
1(10)*E*-3*Z*-(5*R*,7*S*,8*S*)-14-acetyloxy-5-hydroxy-15-isovaleroyloxy-germacra-1(10),3,11(13)-trien-8,12-olide 566
9*α*-acetyloxy-14-hydroxy-8*β*-(2-methylbutanoyloxy)-acanthospermolide 565
(1*α*,6*β*,14*α*,16*β*)-4-[(acetyloxy)methyl]-19,20-didehydro-7,8-dihydroxy-1,6,14,16-tetramethoxy-aconitane-7,8-diol-20-oxide 314
(1*α*,6*β*,14*α*,16*β*)-4-[(acetyloxy)methyl]-17,20-didehydro-8-hydroxy-1,6,14,16-tetramethoxy-aconitan-7-on-20-oxide 314
(1*α*,6*β*,14*α*,16*β*)-4-[(acetyloxy)methyl]-19, 20-didehydro-1,6,14,16-tetramethoxy-aconitane-7,8-diol 314
(1*α*,6*β*,14*α*,16*β*)-4-[(acetyloxy)methyl]-7,8-dihydroxy-1,6,14,16-tetramethoxy-aconitan-19-one 314
(1*α*,6*β*,14*α*,16*β*)-4-[(acetyloxy)methyl]-20- ethyl-7,8-dihydroxy-1,6,14,16-tetramethoxy-aconitan-19-one 313
(1*α*,6*β*,14*α*,16*β*,20*S*)-4-[(acetyloxy)methyl]-20-ethyl-1,6,14,16-tetramethoxy-aconitane-7,8-diol-20-oxide 313
9*α*-acetyloxy-8*β*-(2-methylbutanoyloxy)-14-oxo-(4*Z*)-acanthospermolide 565
9*α*-acetyloxy-14-oxo-8*β*-isobutyloxy-acanthospermolide 565
3*α*-acetyloxy-5*α*-pregn-17(20)-*cis*-en-16-one 1984
16*β*-acetyloxy-pregna-4,17(20)-*trans*-dien-3-one 1985
3*α*-acetyloxy-5*α*-pregnan-16-one 1980
20*S*-acetyloxy-4-pregnene-3,16-dione 1985
cis-(±)-6'-(acetyloxy)-2',3',8',8'a-tetrahydro-5'-methoxy-1'-

methyl-[2-cyclohexene-1,7'(1'*H*)-cyclopent[*ij*]isoquinolin]-4-one 111
trans-(±)-6'-(acetyloxy)-2',3',8',8'a-tetrahydro-5'-methoxy-1'-methyl-[2-cyclohexene-1,7'(1'*H*)-cyclopent[*ij*]isoquinolin]-4-one 111
1*β*,5*β*,6*R*,7*R*-3*R*-acetyloxy-11*α*-tigloyloxy-4*α*-hydroxyguaia-3(4),10(14)-dien-6,7-olide 631
N-acetylpachypodanthine 115
10-*O*-acetylpatrinoside 440
3''-*O*-acetylpatrinoside 440
7-*O*-acetyl-perilla 411
(7*R*,8*S*,7'*R*,8'*R*)-(+)-7'-acetylpicropodophyllin 1489
N-acetylpimaricin 2693
3-*O*-acetyl-*trans*-pinocarvel 431
7-acetyl-piperitone 411
6'-*O*-acetylplumieride-*p*-*E*-coumarate 449
15-*O*-acetyl-1,4,20-pregnatrien-3-one 1981
2-acetylpyrrole 28
3-*O*-acetyl rhoiptelic acid 1280
21-acetyl-rifabutin 2698
21-acetyl-rifabutionl 2698
4-*O*-acetyl-rubiginone D2 2771
3-*O*-acetyl-sabinol 429
3-*O*-acetyl-santolina 402
6-*O*-acetylscandoside 446
14-*O*-acetylsenbusine A 311
8-*O*-acetyl-santolinyl 401
4'-acetyl-3'-senecioyl-3'-hydroxymarmesin 1564
6-acetyl-1,2,12,12a-tetrahydro-8,9-dimethoxy-2-(1-methylethenyl)-[1]benzopyrano[3,4-*b*]furo[2,3-*h*][1]benzopyrane 1866
8-*O*-acetylshanzhigenin methyl ester 441
8-*O*-acetylshanzhiside 446
acetylstachyflin 2871
3-*O*-acetylswietenilide 1142
6-*O*-acetylswietenilide 1142
3-*O*-acetyltaxifolin 1724
acetyltaxinine B 850
α-*O*-acetyl-terpinyl 410
6-acetyl-tetrahydrolinalyl 401
acetyltetrahydroquinoline 82
6-acetyl-teucrin F 742
19-acetylteupolin Ⅳ 742
acetylursolic acid 1280
4''-*O*-acetylverbascoside 2292
6'''-*O*-acetylverbascoside 2292
trans-4-acetyl-verbenol 431
3-*O*-acetylverticine 362
N-acetylvinerine 223
acetylvoachalotine 197
25-*O*-acetylvulgaroside 969
achilleol A 975
aclacinomycin 2765
$(Ac\text{-}L\text{-}Cys\text{-}OH)_2$ 2361
aclidinomycin A 2765
aclidinomycin B 2765
acnistin A 2133
acnistin E 2133
acnistin E 3-OMe 2133
aconine 308
aconitine 299
aconosine 292
acotoxicine 292
acotoxinine 306
acovenosigenin A 3-*O*-*β*-D-digitoxopyranoside 1933
acovenosigenin A 3-*O*-(*β*-D-glucopyranosyl) 1933
acremodiol 2693
acremolactone A 2915
acremonidin A 2765
acremonidin B 2765
acremonidin C 2765
acremonidin D 2983
acremonidin E 2983
acremonol 2693
acridocarpusic acid A 1200
acridocarpusic acid B 1200
acridocarpusic acid C 1200
acridocarpusic acid D 1200
acridocarpusic acid E 1200
acridone 279
acrifoline hemiketal 165
acrifoline ketone 165
acromycine 279
acronycine 279
actaealactone 1403
actiketal 2866
actiniarin A 715
actiniarin B 715
actiniarin C 715
actinidine 289
actinoplaone A 2915
actinoplaone B 2915
actinoplaone C 2915
actinoplaone D 2915
actinoplaone E 2915
actinoplaone F 2915
actinoplaone G 2915
actofunicone 2915
ent-12*α*-actoxyverticilla-4(18),9,13-triene 746
acubinine B 67
aculeatiside A 2098
aculeatiside B 2098
(–)-(7*R*,8'*R*,8*R*)-acuminatolide 1431
(–)-(7*R*,8*R*,8*R*)-acuminatolide 1451
(+)-(7*S*,8*R*,8*R*)-acuminatolide 1451
acuminatuside 442
acutissimalignan A 1489
acutissimalignans B 1404
acutissimatriterpene A 1080
acutissimatriterpene B 1080
acutissimatriterpene C 1080
acutissimatriterpene D 1080
acutissimatriterpene E 1080
acutotrine 566
acutotrinol 566
acutotrinone 566
acutumidine 26
acutumine 26
adenine 374
adenolin B 918
adenolin D 919
adenophyllone 1892
adinoside A 450
adinoside B 450
adinoside C 450
adinoside D 453
adinoside E 453
adlumine 130
adociaquinol 2383
adociaquinone A 1892
adociaquinone B 1892
adociasulfate 12 2383

adonixanthin 1367
adonixanthin diglucoside 1368
adxanthromycin 2766
aegyptinone A 1892
aegyptinone B 1892
aerocyanidin 3004
aeruginosol C 985
aescuflavoside 1682
aescuflavoside A 1682
aestivophoenin A 2866
aestivophoenin B 2866
aestivophoenin C 2866
aethiopione 1892
aethioside A 1967
aethioside B 1967
aethioside C 1967
aflastatin A 2866
aflastatin B 2866
aflavarin 1616
africa-1,5-diene 693
african-1-ene 693
1-africanen-6-ol 693
afzelin 1676
AG-2 2356
agallochaol K 848
agallochaol L 848
agallochaol M 848
agallochaol N 848
agallochaol O 915
agallochaol P 915
agariblazeispirol A 2128
agariblazeispirol B 2128
agariblazeispirol C 2128
agastaquinone 844
agastenol 1429
agastinol 1429
agelasine K 739
agelasine L 739
aggregatin D 1892
AGI-7 2915
AGI-B4 2915
aglacin A 1464
aglacin B 1464
aglacin C 1464
aglacin D 1464
aglacin E 1464
aglacin F 1464
aglacin G 1464
aglacin H 1464
aglacin I 1464
aglacin J 1464
aglacin K 1428
agladupol A 1081
agladupol B 1081
agladupol C 1081
agladupol D 1081
agladupol E 1081
aglaiabbreviatin A 1080
aglaiabbreviatin B 1084
aglaiabbreviatin C 1085
aglaiabbreviatin D 1080
aglaiabbreviatin E 1079
aglaiabbreviatin F 1085
aglasilvinic acid 1078
(*E*)-aglawone 1984
aglucovancomycin 2824
aglycone-alangionoside E 408
aglycones olivil 1429
agnucastoside A 446
agnucastoside B 446
agnucastoside C 445
agonodepside A 2221
agonodepside B 2221
agroclavine 252
agrocybolacton 2916
AH-1763 iia 2765
AH-758 2693
aigialomycin A 2561
aigialomycin B 2561
aigialomycin C 2561
aigialomycin D 2561
aigialomycin E 2561
ailanquassin A 1177
ailanthone 1175
ailantinol A 1175
ailantinol B 1175
ailantinol E 1177
ailantinol F 1177
ailantinol G 1177
ainigmaptilone A 2369
ainigmaptilone B 2369
aiphanol 2246
ajacine 305
ajaconine 319
ajmaline 200
ajugacumbin H 740
ajugamacrin A 741
ajugamarin A1 740
ajugorientin 742
akagerinelactone 232
akhdardiol 841
akhdardiol 841
H-L-Ala-OH 2360
β-Ala-His 2361
alangionoside A 407
alangionoside C 407
alangionoside D 407
alangionoside E 408
alangionoside F 408
alangionoside G 408
alangionoside H 408
alangionoside I 408
alangionoside J 407
alangionoside K 407
alangionoside L 408
alangionoside M 408
alangionoside B 408
alangisesquin A 1500
alangisesquin B 1500
alangisesquin C 1500
alangisesquin D 1500
alatoside 441
(–)-albanone 692
(–)-albene 692
(–)-albenone 692
albiflorin-1 1545
albiziasaponin A 1197
albiziasaponin B 1197
albiziasaponin C 1197
albiziatrioside A 1201
ALB-M-1 2693
ALB-M-2 2693

ALB-M-3 2693
ALB-M-4 2693
ALB-M-5 2693
ALB-M-6 2693
ALB-M-7 2693
ALB-M-8 2693
alboatisin A 920
alboatisin B 920
alboatisin C 920
albocycline 2693
albocycline K3 2693
albopilosin B 915
albopilosin C 915
albopilosin D 915
albopilosin E 917
albopilosin F 917
albopilosin G 915
albopilosin H 914
albopilosin I 914
albopilosin J 918
alborosin 969
alboside Ⅰ 445
alboside Ⅱ 445
alboside Ⅲ 445
alboside Ⅳ 451
alcyopterosin P 626
6-aldehydo-isoophiopogonone A 1847
6-aldehydo-isoophiopogonone B 1847
(*Z*)-aldosecologanin 452
α-alectoronic acid 2235
alertenone 696
aleuritolic acid 3-*p*-hydroxycinnamate 1198
algoane 624
alismaketone-A 23-acetate 1079
alismalactone 23-acetate 1084
alisol J-23-acetate 1079
alisol K-23-acetate 1079
alisol L-23-acetate 1079
alisol M-23-acetate 1079
alisol N-23-acetate 1079
alisol H 1079
alisol I 1079
alisol O 990
alisol P 990
alisolide 990
alizarin 1901
6-alkylated derivative of K-252c 2869
(all-*E*,3*S*,5*R*,8*S*)-cryptoflavin 1369
(all-*E*,3*R*,3'*R*,6'*R*)-lutein 1369
(all-*E*,3*S*,5*R*,6*R*,3'*S*,5'*R*,8'*R*)-neochrome 1369
all-*trans*-(8*S*,6'*R*)-peridinin-5,8-furanoxide 1368
allantofuranone 2916
allanxanthone A 1809
(−)-alloaromadendrane-4*β*,10*α*,13,15-tetrol 693
α-allocryptopine 128
α-D-allofuranose 2328
β-D-allofuranose 2328
allomatridine 167
α-D-allopyranose 2328
β-D-allopyranose 2328
7,9-*O*-*β*-D-allosyl-cerberidol 413
9-*O*-*β*-D-allosyl-cerberidol 413
9-*O*-*β*-D-allosyl-cyclocerberidol 413
9-*O*-*β*-D-allosyl-epoxycerberidol 413
alloxanthin 1367
(−)-allo-yohimbane 189
allybenzene 2285
2-allyl acid 2148
1-allyl-4-chlorobenzene 2286
(1*S*,5*R*,6*R*,7*S*)-3-allyl-1,5-dimethoxy-6-methyl-7-(3,4,5-trimethoxyphenyl)bicyclo[3.2.1]oct-3-ene-2,8-dione 1528
(6*R*,7*S*)-3-allyl-1,5-dimethoxy-6-methyl-7-(3,4,5-trimethoxyphenyl)bicyclo[3.2.1]oct-3-ene-2,8-dione 1528
(2*R*,3*S*)-7-allyl-3-(3,4-dimethoxyphenyl)-5- methoxy-2-methyl-2,3-dihydrobenzo[*b*][1,4]dioxine 1524
(*R*)-*N*-allyl-*N*-formyl-2-[(1*S*,3*S*,4*R*)-4-methyl-2-oxo-3-(3-oxobutyl)-cyclohexyl]propanamide 570
2-allyl-2-((*E*)-hex-2-en-3-yl)malononitrile 2173
(4*S*,6*S*,7*R*)-3-allyl-4-hydroxy-1,5-dimethoxy-7-methyl-6-(3,4,5-trimethoxyphenyl)bicyclo[3.2.1]oct-2-en-8-one 1528
(2*R*,3*S*)-7-allyl-5-methoxy-2-methyl-3-(3,4,5-trimethoxy-phenyl)-2,3-dihydrobenzo[*b*][1,4]dioxine 1524
1-allyl-4-methy lbenzene 2286
1-allyl-4,5-methylenedioxyphenol-2-*O*-*β*-D-apiofuranosyl-(1→6)-*O*-*β*-D-glucopyranoside 2287
1-allyl-4,5-methylenedioxyphenol-2-*O*-*α*-L-arabinofuranosyl-(1→6)-*O*-*β*-D-glucopyranoside 2287
alnetin 1630
alnumycin 2765
aloe-emodin 1900
aloeemodin-1-*O*-*β*-D-glucopyranoside 1902
aloeemodin-8-*O*-*β*-D-glucopyranoside 1902
aloesaponarin I 1900
alopecuquinone 1884
aloperine 165
alpindenoside A 735
alpindenoside B 735
alpindenoside C 735
alpindenoside D 735
alpinetin 1657
alpinoside 446
alpinoside A 2038
alpinoside B 2022
alpinoside C 2038
alstolucine A 253
alstolucine B 253
alstolucine C 253
alstolucine D 253
alstolucine E 253
(−)-alstophylline 245
altersetin 2866
altertoxin Ⅰ 1917
altertoxin Ⅱ 1917
altertoxin Ⅲ 1917
altissinone 1429
β-D-altrofuranose 2328
α-D-altrofuranose 2328
altromycin E 2766
altromycin F 2766
altromycin H 2766
altromycin I 2766
altromycin G 2766
β-D-altropyranose 2328
α-D-altropyranose 2328
AM4299 A 2824
AM4299 B 2824
amarantholidol A 536
amarantholidol A glycoside 536
amarantholidol B 536
amarantholidol C 536
amarantholidol D 536

amarantholidoside Ⅰ 536
amarantholidoside Ⅱ 536
amarantholidoside Ⅲ 536
amarantholidoside Ⅳ 536
amarantholidoside Ⅴ 536
amarantholidoside Ⅵ 536
amarantholidoside Ⅶ 536
amaranthus-saponin Ⅰ 1201
amaranthus-saponin Ⅱ 1201
amaranthus-saponin Ⅲ 1201
amaranthus-saponin Ⅳ 1201
amaranzole A 353, 2590
amarolide 1177
amarouciaxanthin B 1367
Amarouciaxanthin 3-ester 1369
ambiguine P 232
ambiguine Q 232
ambocin 1739
(–)-ambrox 736
ambylone 1081
amentoflavone 1870
americanin A 1524
americanin tri-*O*-acetate 1524
americanoic acid A methyl ester 1524
americanolide D 630
americanolide E 630
americanolide F 630
amicenomycin A 2766
amicenomycin B 2766
amidepsine E 2980
amidepsine F 2980
amidepsine G 2980
amidepsine H 2980
amidepsine I 2980
amidepsine J 2980
amidepsine K 2980
6-amine-2-chloro-9*H*-purine 376
6-amine- *N,N* -diethyl-9*H*-purine 376
6-amine- *N,N* -dimethyl-9*H*-purine 376
6-amine-2-fluoro-9*H*-purine 376
2-amine-6-methyl-9*H*-purine 376
6-amine-2-methyl-9*H*-purine 376
6-amine-*N*-methyl-9*H*-purine 376
6-amine-7-methyl-7*H*-purine 379
6-amine-9-methyl-9*H*-purine 379
4-amine-7-methyl-7*H*-pyrrolo[2, 3-*d*]pyrimidine 377
2-amine-6-(methylthio)-9*H*-purine 376
6-amine-2-(methylthio)-9*H*-purine 376
2-amine-9*H*-purine 376
6-amine-9*H*-purine 376
4-amine-7*H*-pyrrolo[2,3-*d*]pyrimidine 377
4-amino-8-carboxylic acid-6-hydroxyquinoline 106
4-amino-7-[3',4'-dihydroxy-5'-(hydroxymethyl)-tetrahydro-furan-2-yl]-5-caboxamide-7*H*-pyrrolo[2,3-*d*]pyrimidine 378
1-amino discorhabdin D 2488
1-amino essien 2171
α-[(1*R*)-1-aminoethyl]-benzenemethanol 14
3'-aminoavarone 2490
cis-2-amino-1-hydroxy cyclobutane-1-acetic acid 3002
(2*S*)-2-amino-5-{[(*Z*)-3-(4-hydroxyphenyl)-2-methoxy- 2-propenoyl]amino}(imino)methyl]amino}pentanoic acid
(2*S*)-2-amino-6-{[(*E*)-3-(1*H*-imidazol-4-yl) -2-propenoyl]-amino}hexanoic acid 2487
3α-amino-14β-hydroxypregnan-20-one 349
4-amino-6-hydroxyquinoline-8-carboxylic acid 79
(1*Z*,4*Z*)-7*RH*-11-aminogermacra-1(10),4-diene 2369
(1*Z*,4*Z*)-7α*H*-11-aminogermacra-1(10),4-diene 563
5-aminoisoquinoline 105
2-aminophenol 2212
AMK 2675
ammirol 1599
amoenolide L 738
amoenolide M 738
amoenolide M diacetate 738
amorphigenin 1865
amotsangin A 1145
amotsangin B 1145
amotsangin C 1145
amotsangin D 1145
amotsangin E 1145
amotsangin F 1145
amotsangin G 1145
ampelopsin 1724
ampelopsin A 2260
2(*R*)-*trans*-ampelopsin pentamethyl ether 1724
amphiacric acid A 738
amphiacric acid B 738
amphiacrolide E 738
amphiacrolide F 738
amphiacrolide G 737
amphiacrolide G diacetate 737
amphiacrolide H diacetate 737
amphiacrolide I 738
amphiacrolide I acetate 738
amphiacrolide O 738
amphiacrolide O triacetate 738
amphiacrolide P 738
amphiacrolide P triacetate 738
amphibine D 382
amphibine E 382
amphidinolide B 2653
amphidinolide B4 2653
amphidinolide B5 2653
amphidinolide B6 2651
amphidinolide B7 2652
amphidinolide H 2653
amphidinolide H2 2653
amphidinolide H3 2653
amphistin 2822
amphotericin A 2693
amphotericin B 2693
ampicillin 2869
amplexicoside A 1991
amplexicoside B 1991
amplexicoside C 1991
amplexicoside D 1991
amplexicoside E 1991
amplexicoside F 1992
amplexicoside G 1986
ampullosporin A 2822
ampullosporin B 2822
amurensin 1679
amurensin E 2277
amurensin F 2277
amurensin I 2277
amurensin J 2277
amurensin K 2277
amurensin L 2277
amurensioside A 2025
amurensioside B 2025

amurensioside C 2025
amurensioside D 2030
amurensioside E 2030
amurensioside F 2046
amurensioside G 2046
amurensioside H 2048
amurensioside I 2048
amurensioside J 2042
amurensioside K 2042
(–)-amuronine 111
amygdalin 397
n-amyl alcohol 2161
amylopectin 2356
amylose 2356
anabasine 67
anacine 2488
anagyrine 165
dl-anagyrine 167
ananixanthone 1809
ananosic acid B 987
ananosic acid C 987
anastomosine 846
anatabine 67
anchinopeptolide B 2492
anchinopeptolide C 2492
anchinopeptolide D 2492
ancistrocladine 139
ancistroealaine A 139
ancistroealaine B 139
ancistroheynine A 139
ancorinolate A 2492
ancorinolate B 2492
bis-ancorinolate B 2493
ancorinolate C 2492
andrastin C 2960
andrastin D 2960
androstan-3*β*-acetyl-5-en-17*β*-ol 1931
androstan-17-acetyl-1-methyl-2-ene 1931
androstan-17-acetyl-2-methyl-2-ene 1931
androstan-17-acetyl-3-methyl-2-ene 1931
androstane-3*β*,17*β*-diacetyl-5-ene 1931
androstane-3*β*,17*α*-diacetyl-5-ene 1931
androstane-4,6-dien-3-one 1930
androstane-3,5-dien-7-one 1931
androstane-1,4,-diene-3,17-dione 1930
androstane-1,4-diene-3,11,17-trione 1930
androstane-4-diene-3,11,17-trione 1930
androstane-3*β*,17*β*-diol-5(6)-en-7-one 1931
androstan-4-ene-3,17-dione 1930
androstan-5(6)-ene-7,17-dione 1930
androstan-11*α*-ol 1928
androstan-11*β*-ol 1928
androstan-12*α*-ol 1928
androstan-12*β*-ol 1928
androstan-15*α*-ol 1928
androstan-15*β*-ol 1928
androstan-16*α*-ol 1928
androstan-4*β*-ol 1928
androstan-1*α*-ol 1929
androstan-1*β*-ol 1929
androstan-16*β*-ol 1929
androstan-17*β*-ol 1929
androstan-17*α*-ol 1929
androstan-2*α*-ol 1929
androstan-2*β*-ol 1929
androstan-3*α*-ol 1929
androstan-4*α*-ol 1929
androstan-6*β*-ol 1929
androstan-3*β*-ol 1930
androstan-17*β*-ol-4,6-dien-3-one 1930
androstan-17*β*-ol-3,5-dien-7-one 1931
androstan-17*β*-ol-3,5-diene-3,7-dione 1931
androstan-17*β*-ol-4-en-3-one 1930
androstan-17*β*-ol-5(6)-en-7-one 1930
androstan-11-one 1927
androstan-12-one 1927
androstan-15-one 1927
androstan-16-one 1927
androstan-1-one 1927
androstan-3-one 1927
androstan-4-one 1927
androstan-17-one 1928
androstan-6-one 1928
anemoclemoside A 1198
anemoclemoside B 1198
(1'*R*,2'*R*)-anethole alycol 2288
threo-anethole alycol 2288
(1'*R*,2'*R*)-anethole alycol 2'-*O*-*β*-D-glucopyranoside 2288
erythro-anethole glycol 2287
threo-anethole glycol 2287
(1'*R*,2'*R*)-anethole glycol 2288
erythro-anethole glycol 2288
(1'*R*,2'*S*)-anethole glycol 2'-*O*-*β*-D-glucopyranoside 2288
(1'*S*,2'*R*)-anethole glycol 2'-*O*-*β*-D-glucopyranoside 2288
(1'*S*,2'*S*)-anethole glycol 2'-*O*-*β*-D-glucopyranoside 2288
angelicin 1560
angelmarin 1561
angelol B 1544
angelol B 1545
angelol C 1544
angelol D 1544
angelol G 1544
angelol K 1544
angelol L 1544
angeloside 441
8*α*-angeloxy-14,15-dihydroxy-3(4),11(13)-germacradien-6,12-olide 566
8*α*-angeloxy-2*β*,10*β*-dihydroxy-4*β*-methoxymethyl-2,4-epoxy-6*βH*,7*αH*,11*β*-1(5)-guaien-12,6*α*-olide 571
angeloylbinankadsurin 1508
9-*O*-angeloyl-8,10-dehydrothymol 2287
21-*O*-(4-*O*-angeloyl)-6-deoxy-*β*-glucopyranosyl-3-*O*- [*β*-glucopyranosyl(1→2)-*O*-[*β*-glucopyranosyl(1→4)]-*β*-glucuronopyranosyl] protoaescigenin 1201
3-angeloyl-3-detigloylruageanin B 1142
7-angeloyl-dihydroxyheliotridane 45
9-angeloyl-dihydroxyheliotridane 45
2*β*-angeloyl-5*α*,8-diisobutyryl-1*β*,3*α*,4*α*,9,10,11-hexahydroxybisabolene 562
2*β*-angeloyl-5*α*,8-diisobutyryl-1*β*,3*α*,4*α*,10, 11-pentahydroxy bisabolene 562
22-angeloyl-21-epoxyangeloylbarringtogenol 1198
angeloylgomisin P 1506
2'-angeloyl-9-isovaleryloxy-8,9-dihydrooroselol 1561
(1*S*,5*S*,6*R*,7*R*,8*S*,10*S*)-5-angeloyloxy-1,8-dihydroxy-2-oxoxantha-3,11-dien-6,12-olide 569
(3'*S*)-3'-angeloyl-4'-oxo-khellactone 1600
11*α*-angeloyloxy-1*β*,2*β*-epoxy-3*β*-angeloyloxy-5*β*,6*α*,7*α*,10*α*Me-eudesm-4(15)-en-6,12-olide 622
(1*S*,5*S*,6*R*,7*R*,8*R*,9*S*,10*S*)-5-angeloyloxy-8,9-epoxy-1-hydro-

xy-2-oxoxantha-3,11-dien-6,12-olide 569
3β-angeloyloxy-1β,2β-epoxy-5β,6α,7α,10αMe,11αMe-eudesm-4(15)-en-6,12-olide 622
11α-angeloyloxy-1β,2β-epoxy-3β-3-methylbutanoate-5β,6α,7α,10αMe-eudesm-4(15)-en-6,12-olide 623
11α-angeloyloxy-1β,2β-epoxy-3β-senecioyloxy-5β,6α,7α,10αMe-eudesm-4(15)-en-6,12-olide 622
6α-angeloyloxy-10β-furanoeremophil-1-one 628
8α-angeloyloxy-4β-hydroxy-5β-isobutyryloxy-9-oxo-germacran-7β,12α-olide 565
(1*S*,5*S*,6*R*,7*S*,10*S*)-5-angeloyloxy-1-hydroxy-2-oxoxantha-3,11-dien-6,12-olide 569
1α-angeloyloxy-8β-hydroxy-remophil-7(11),9-dien-8α,12-olide 628
3β-angeloyloxy-8-oxoeremophi-6(7)-ene-12,15-dioicacid methyl ester 628
3β-angeloyloxycostic acid 621
1β,5β,6*R*,7*R*-11αangeloyloxyguaia-3(4),10(14)-dien-6,7-olide 631
1'-angeloyloxymyristicin 2286
7-angeloyl-turneforcidine 45
angeloylzygadenine 367
angolamycin 2693
angolamycin analogue 1 2693
angolamycin analogue 2 2693
angoroside A 2292
angoroside C 2292
anguinomycin C 2916
anguinomycin D 2916
angulatin D 623
angustifolin A 1508
angustifolin B 1508
angustifolin C 1508
angustifoliside C 452
anhydroaconitine 303
11-anhydroalisol F 990
25-anhydroalisol F 990
anhydroaplysiadiol 747
25-anhydrocimicigenol-3-*O*-β-D-(2'-*O*-acetyl)xylopyranoside 996
anhydrodeoxydihydroartemisinin 570
anhydroecgonine methyl ester 54
anhydroecgonine methyl ester *N*-oxide 54
anhydroexfoliamycin 2768
anhydrolycodoline 165
anhydromarmesin 1564
1,2-anhydroniveusin A 564
anhydronupharamine 168
anhydronupharamine 67
anicequol 2960
anisocoumarin A 1545
anisocoumarin D 1564
anisocoumarin E 1545
anisocoumarin H 1545
anisodamine 52
anisodorin 1 846
anisodorin 2 846
anisodorin 3 846
anisodorin 4 846
Anisodorin 5 846
ankaraholide A 2653
ankaraholide B 2653
annaxanthone B 1809
annoglabasin C 917
annoglabasin D 917
annoglabasin E 917
annoglabasin F 917
annomosin A 963
annomuricatin A 382
annomuricatin B 382
annosquamosin A 382
annosquamosin C 917
annosquamosin D 917
annosquamosin E 917
annosquamosin F 917
annosquamosin G 917
annotine *N*-oxide 165
annuolide H 632
anoectochine 232
anoectosterol 1947
anolignan A 1400, 1429
anolignan B 1400
anopterimine 325
anopterine 325
anorldianine 27-*N*-oxide 382
antadiosbulbin A 738
antadiosbulbin B 738
antanapeptin A 2625
antanapeptin B 2625
antanapeptin C 2625
antanapeptin D 2625
antascomicin A 2693
antascomicin B 2693
antascomicin D 2693
antascomicin E 2693
anthecotuloide 537
anthecularin 632
anthemolide C 631
anthemolide D 631
anthothecanolide 1142
anthranoyllycoctonine 305
anthraquinone-2-carboxylic acid 1901
anthriscifolcine A 292
anthriscifolcine B 292
anthriscifolcine C 292
anthriscifolcine D 292
anthriscifolcine E 292
anthriscifolcine F 292
anthriscifolcine G 292
anthriscifoldine A 317
anthriscifoldine B 294
anthriscifoldine C 294
anthrotainin 2766
antibiotic K-41 2916
antidesmone 80
antiepilepsirine 67
antimycin A1a 2693
antimycin A1b 2693
antimycin A2a 2693
antimycin A2b 2693
antimycin A3a 2693
antimycin A3b 2693
antimycin A4a 2693
antimycin A4b 2693
antimycin A7a 2693
antimycin A7b 2693
antimycin A8a 2693
antimycin A8b 2693
(–)-antioquine 146
antiostatin A1 2866
antiostatin B4 2866

antipathine A 232
antiquorineA 844
aoibaclyin 989
apaensin 1567
aparisthman 743
apelopsin C 2271
apigenin 1630
apigenin-7-*O*-*β*-D-(4",6"-*p*,*p*'-dihydroxy-*μ*-truxinyl)-glucopyranoside 1634
apigenin-4',7-dimethyl ether 1630
apigenin-7-*O*-*β*-D-glucopyranoside 1630
apiin 1630
3'-*O*-[*β*-D-apiofuranosyl-(1→6)-*β*-D-glucopyranoside]heraclenol 1566
8-*O*-[*β*-D-apiofuranosyl-(1→6)-*β*-D-glucopyranoside]-8-hydroxybergapten 1567
8-*O*-[*β*-D-apiofuranosyl-(1→6)-*β*-D-glucopyranoside]xanthotoxol 1566
6-*O*-*β*-D-apiofuranosylmussaenosidic acid 446
apiole 2286
28-*O*-*β*-D-apiosyl(1→2)-*β*-D-glucopyranosylhederagenin 1202
3-*O*-*β*-D-apiosyl(1→3)[*α*-L-rhamnopyranosyl(1→2)]-*β*-D-glucopyranosylhederagenin 1202
2'-*O*-apiosylgardoside 445
apiumetin 1566
aplidioxin A 2561
aplidioxin B 2561
aplysiadiol 2368
aplysiadiol 747
aplysin-9-ene 625
(+)-aplysinillin 17
aplysinol 625
aplysiol A 2382
aplysiol B 2382
apochrysanthenone 432
apocynin 2213
apometzgerin 1630
β-apopicropodophylli 1490
apopinane 432
apoptolidin 2693
apoverbenone 432
apramide A 2624
apramide B 2624
apramide C 2624
apramide D 2624
apramide E 2624
apramide F 2624
apramycin 2675
apteniol A 1531
apteniol B 1531
apteniol C 1531
apteniol D 1531
apteniol E 1531
apterin 1561
aquastatin A 2980
aquaticoside A 445
aquaticoside B 445
aquaticoside C 445
aquilegioside K 992
aquilegioside L 992
α-D-arabinofuranose 2327
β-D-arabinofuranose 2327
3-*O*-*α*-L-arabinofuranosyl(1→3)[*α*-L-rhamnopyranosyl (1→2)-*β*-Larabinopyranosylhederagenin 1202
3-*O*-*α*-L-arabinofuranosyl(1→3) [*α*-L-rhamnopyranosyl-(1→2])-*β*-D-xylopyranosylhederagenin 1202
α-D-arabinopyranose 2327
β-D-arabinopyranose 2327
3-*O*-[*α*-L-arabinopyranosyl-(1→2)-*α*-L-arabinopyranosyl-(1→6)-2-acetamido-2-deoxy-*β*-D-glucopyranosyl]echinocystic acid 1201
3-*O*-[*α*-L-Arabinopyranosyl (1→2)-*α*-L-arabinopyranosyl-(1→6)-2-acetamido-2-deoxy-*β*-D-glucopyranosyl]oleanolic acid 1201
3-*O*-*α*-L-arabinopyranosyl(1→3)-*α*-L-arabinopyranosyl-hederagenin 1202
3-*O*-*α*-L-arabinopyranosyl cimigenol 15-*O*-*β*-D-glucopyranoside 996
3*β*-[(*α*-L-arabinopyranosyl)oxy]-23-hydroxyurs-12,19(29)-dien-28-oic acid-28-*β*-D-glucopyranosyl ester 1280
3*β*-[(*α*-L-arabinopyranosyl)oxy]-19*α*-hydroxyurs-12-en-28-oic acid 28-(6-*O*-galloyl-*β*-D-glucopyranosyl) ester 1281
3*β*-[(*α*-L-arabinopyranosyl)oxy]-20*β*-hydroxyursan-28-oic acid *δ*-lactone 1282
3*β*-[(*α*-L-arabinopyranosyl)oxy]urs-12,18-dien-28-oic acid 1280
3*β*-[(*α*-L-arabinopyranosyl)oxy]urs-12,19(29)-dien-28-oic acid28-*β*-D-glucopyranosyl ester 1280
3-*O*-[*α*-L-arabinopyranosyl-(1→2)-*β*-D-xylopyra-nosyl]-25-*O*-*β*-D-glucopyranosyl-3*β*,6*α*,16*β*,25-tetrahydroxy-20(*R*),24(*S*)-epoxycycloartane 996
3-*O*-[*α*-L-arabinopyranosyl-(1→2)-*β*-D-xylopyranosyl]-16-*O*-hydroxyacetoxy-23-*O*-acetoxy-3*β*,6*α*,16*β*,23*α*,25-pentahydroxy-20(*R*),24(*S*)-epoxycycloartane 996
3-*O*-[*α*-L-arabinopyranosyl-(1→2)-*β*-D-xylopyranosyl]-3*β*,6*α*, 16*β*,23*α*,25-pentahydroxy-20(*R*),24(*S*)-epoxycycloartane 996
3-*O*-[*α*-L-arabinopyranosyl-(1→2)-*β*-D-xylopyranosyl]-3*β*,6*α*,16*β*,23*α*,25-tetrahydroxy-20(*R*),24(*R*)-16*β*,24:20,24-diepoxycycloartane 997
D-arabitol 2358
araguspongine K 2487
araguspongine L 2487
(+/–)-araliopsine 84
aranochlor A 2916
aranochlor B 2916
aranorosinol A 2916
aranorosinol B 2916
araplysillin N9-sulfamate 2487
arborenin 1280
arborescidine B 2493
arborescidine C 2493
arborescidine D 2493
arborescoside 448
arborexidine A 2493
arborinine 279
arborinine 280
arborside D 448
archangelin 1565
arctigenin 1400
arctigenin 4'-*O*-glucoside 1401
arcusangeloside 450
arecolin 67
arecoline 67
arenain 67
arenarin A 383
arenicolide A 2651
arenicolide B 2651

arenicolide C 2651
arenosclerin A 2490
arenosclerin B 2490
arenosclerin C 2490
H-L-Arg-OH 2360
argentatin E 989
argentatin G diacetate 993
argentatin H diacetate 994
argenteanol B 993
argenteanol C 993
argenteanol D 992
argenteanol E 993
argenteanone C 992
argenteanone D 993
argenteanone E 993
argentinic acid A methyl ester 1080
argentinic acid B methyl ester 1081
argentinic acid C methyl ester 1081
argentinic acid D methyl ester 1081
argentinic acid E methyl ester 1081
argentinic acid F methyl ester 1081
argentinic acid G methyl ester 1081
argentinic acid H methyl ester 1081
argentinic acid I methyl ester 1081
argutane A 66
argutane B 66
argutin A 740
argutin B 740
argutin C 740
argutin D 740
argutin E 740
argutin F 740
argutin G 740
argutin H 740
argutosine A 627
argutosine B 627
argutosine C 627
arisantetralone A 1467
arisantetralone B 1467
arisantetralone C 1467
arisantetralone D 1467
aristelegin B 1428
aristelegin A 1403
aristolactam Ⅰ 20
(–)-aristoligol 1466
(–)-aristoligone 1467
aristolochic acid Ⅰ 20
aristolochic acid Ⅱ 20
aristololactam Ⅱ 20
(–)-aristotetralone 1466
arisugacin C 2960
arisugacin D 2961
arisugacin E 2961
arisugacin F 2961
arisugacin G 2961
arisugacin H 2961
arlycone of dehydrodiconiferyl alcohol-4-*O*-*β*-D-glucopyranoside 1500
armaosigenin 2287
armatin A 627
armatin B 627
armatin C 627
armatin D 627
armatin E 627
armatol A 2384
armatol B 2384
armatol C 2384
armatol D 2384
armatol E 2384
armatol F 2384
armenin C 1519
arnamial 694
arnebiabinone 1892
aromadendrane-4*β*,10*α*-diol 693
10(14)-aromadendrene-4*β*,15-diol 693
aromadendrin 1723
artabonatine B 114
artabotrol 630
artarborol 624
artekeiskeanin A 1545
artekeiskeanol A 1545
artekeiskeanol B 1545
artekeiskeanol C 1545
artekeiskeanol D 1545
artemeseole 412
artemicapin D 1616
artemitin 1675
arthrinic acid 3002
articulatin 1677
articulin 741
articulin acetate 741
artobiloxanthone 1810
artocarbene 2246
artocarpin 1633
artochamin A 1633
artochamin B 1633
artochamin C 1633
artochamin D 1633
artochamin E 1633
artogomezianol 2260
artoindonesianin N 2246
artoindonesianin O 2246
artonin E 1633
artselaenin A 441
artselaenin B 441
artselaenin C 449
asaconmarin B 1545
asaolaside 453
asarinol D 412
γ-asarone 2286
asbestinin 6 2376
asbestinin 7 2376
asbestinin 8 2376
asbestinin 9 2376
asbestinin 10 2376
asbestinin 11 2376
asbestinin 12 2376
asbestinin 13 2376
asbestinin 14 2376
asbestinin 15 2376
asbestinin 16 2376
asbestinin 17 2376
asbestinin 18 2376
asbestinin 19 2376
asbestinin 20 2376
asbestinin 21 2376
asbestinin 22 2376
asbestinin 23 2376
asbestinin 24 2376
asbestinin 25 2376
asbestinin 26 2376

nor-asbestinin A 2376
seco-asbestinin B 2376
asbestinin-7 746
asbestinin-11 746
asbestinin-12 746
asbestinin-13 746
asbestinin-14 746
asbestinin-15 746
asbestinin-16 746
asbestinin-17 746
asbestinin-18 746
asbestinin-19 746
asbestinin-20 746
asbestinin-21 746
asbestinin-22 746
asbestinin-23 746
aschantin 1451
ascherxanthone A 1811
ascotricin A 2980
ascotricin B 2980
asebotoxin Ⅲ 920
asebotoxin Ⅴ 920
asebotoxin Ⅷ 920
asiaticumine A 157
asiaticumine B 157
(–)-asimilobine 114
(–)-asimilobine-2-*O*-*β*-D-glucoside 114
asmarine A 2491
asmarine B 2491
asmarine C 2491
asmarine D 2491
asmarine E 2491
asmarine F 2491
asmarine G 2491
asmarine H 2491
asmarine I 2491
asmarine J 2491
asmarine K 2491
Z-L-Asp(*α*-Et)-Gly-OEt 2361
Z-Asp-O 2360
H-Asp(OBu)-OH 2360
Z-L-Asp (*α*-OH)-L-Cys (Bz)-Gly-OH 2361
Z-Asp(OH)-OC$_2$H$_5$ 2360
H-Asp(OH)-OH 2360
Z-Asp(OH)-OH 2360
asparagamine A 46
asperamide B 2184
asperamide A 2183
asperdiol 719
asperdiol acetate 719
aspergillin PZ 2866
aspergillodiol 2562
aspergillol 2562
aspergillone 2562
asperiamide B 2187
asperiamide C 2184
asperuloide A 450
asperuloide B 450
asperuloide C 450
asperulosidic acid ethyl ester 448
aspidophylline B 205
aspidospermine 205
aspochalasin E 2866
aspochalasin F 2693
aspochalasin G 2693
asterbatanoside F 1203
asterbatanoside G 1203
asterbatanoside H 1203
asterbatanoside I 1203
asterbatanoside K 1203
asteriaceramide A 2187
asteriacerebroside G 2183
asterinic acid 1367
asterobactin 2824
asterric acid 2980
asterriquinone CT1 1884, 2766
asterriquinone CT2 1884, 2766
asterriquinone CT3 1884, 2766
asterriquinone CT4 1884, 2766
asterriquinone CT5 1884, 2766
asterriquinone SU5228 2766
asterriquinone SU5500 2766
asterriquinone SU5501 2766
asterriquinone SU5503 2766
asterriquinone SU5504 2766
asteryunnanoside A 1201
asteryunnanoside B 1201
asteryunnanoside C 1201
asteryunnanoside D 1201
asteryunnanoside E 1203
asteryunnanoside H 1201
(2*R*,3*R*)-astilbin 1724
(2*R*,3*S*)-astilbin 1724
astramembranoside A 997
astramembranoside B 994
astrapteridiol 985
astrapteridone 985
astrapterocarpan 1856
astrapterocarpan-7-*O*-*β*-D-glucopyranoside 1856
astrasieversianin Ⅸ 997
astrasieversianin ⅩⅤ 997
astrogorgiadiol 2559
astrogorgin 2380
astropaquinone A 1891
astropaquinone B 1891
astropaquinone C 1891
atalaphyllidine 279
ATCC 20928 A 2961
atidine 321
atidine diacetate(ester) 321
ent-atisane-3*β*,16*α*,17-triol 920
atisine 319
atisine azomethine acetate 321
atramycin A 2766
atramycin B 2766
atranone A 720
atranone B 720
atranone C 720
atranorin 2220, 2221
atriplicosaponin A 1201
atriplicosaponin B 1201
atropine 52
atropurpuran 962
atrotosterone A 2113
atrotosterone B 2113
atrotosterone C 2120
atrovirisidone 2234
atuntzensin A 844
aurantiamide acetate 383
auranticin A 2234
auranticin B 2234
aurantimycin A 2822

aurantimycin B 2822
aurantimycin C 2822
aurantio-obtusin-6-*O*-*β*-Dglucopyranoside 1902
aurantiomide A 2488
aurantiomide B 2488
aurantiomide C 2488
aurelianolide A 2066
aurelianolide B 2066
aurentiacin 1752
aureoquinone 2766
aureusidin tetramethyl ether 1840
auricularic acid (cleistanth-13,15-dien-18-oic acid) 848
auriculatoside A 840
auriculatoside B 840
auriculin 1776
Z-aurone 1839
E-aurone 1840
auronyl-6-benzoate 1840
auropolin 742
auroral 1 2381
auroral 2 2381
auroral 3 2381
auroral 4 2381
australin A 2379
australin B 2379
australin C 2379
australin D 2379
australone B 1872
austrodorin A 848
austrodorin B 848
avarol 2558
cis-avicennin 1600
avicennone D 2558
avicennone E 2558
aviculin 1465
avidinorubicin 2766
avinosol 2490
aviprin 1565
ax-bicyclo[2.2.1]hept-5-ene-2-carboxylic acid 2150
ax-bicyclo[2.2.1]heptan-2-ol 2162
ax-4-*tert*-butylcyclohexanol 2162
ax-cyclohexanol 2162
ax-3,3-dimethylbicyclo[2.2.1]heptan-2-ol 2163
ax-5-methylbicyclo[2.2.1]heptan-2-ol 2163
axillarin 1684
axillarin-7-glucoside 1683
axinisothiocyanate A 2365
axinisothiocyanate B 2365
axinisothiocyanate C 2365
axinisothiocyanate D 2365
axinisothiocyanate E 2365
axinisothiocyanate F 2365
axinisothiocyanate G 2365
axinisothiocyanate H 2365
axinisothiocyanate I 2365
axinisothiocyanate J 2365
axinisothiocyanate K 2365
axinisothiocyanate L 2365
axinisothiocyanate M 2365
axinisothiocyanate N 2365
axinynitrile A 2365
axinysone A 2365
axinysone B 2365
axinysone C 2365
axinysone D 2365
axinysone E 2365
axinythiocyanate A 2365
axiplyn A 2365
axiplyn B 2365
axiplyn C 2365
axiplyn C 618
axiplyn D 2365
axiplyn D 618
axiplyn E 2365
axiplyn E 618
ayanin 1675
ayapin (6,7-methylenedioxycoumarin) 1547
1-aza-7, 8, 9,10-tetramethoxy-4-methyl-2-oxo-1,2-dihydro-anthracene 158
azadirachtin 1177
azadirachtin O 1143
azadirachtin P 1143
azadirachtin Q 1143
azadiradionolide 1079
azadironolide 1079
azalomycin B 2692
azaphilone 1 2916
azaphilone 2 2916
azaphilone 5 2916
azaphilone 6 2916
azicemicin A 2980
azitine 321
azorellanol 921
azoxybacilin 3002

B

BAC-4 2188
bacchalineol-18-acetate 740
bacchalineol-18,19-diacetate 740
bacchasalicylic acid 739
bacciferin A 632
bacciferin B 632
bacillopeptin A 2822
bacillopeptin B 2822
bacillopeptin C 2822
bacobitacin A 989
bacobitacin B 989
bacobitacin C 989
bacobitacin D 989
baeomycesic acid 2220
bafilomycin C1 2694
bafilomycin C1-amide 2694
bagremycin A 2980
baicalein 1630
baicalein 6,7-dimethylether 1630
baicalin 1630
baigene C 1563
baimonidine 362
baiyunol 734
balagyptin 2004
balanophonin 1500
(7*S*,8*R*)-balanophonin 4-*O*-*β*-D-glucopyranoside 1500
baleabuxidine 359
baleabuxidine diacetate 359
baleabuxine 359
(+/–)-balfourodine 84
balfourolone 84
ballodiolic acid 738
ballotenic acid 740
ballotetroside 2287, 2292
baloic acid 1281

bandunamide 383
bangangxanthone A 1808
bangangxanthone B 1807
bannaxanthone A 1808
bannaxanthone C 1807
bannaxanthone D 1810
bannaxanthone E 1810
bannaxanthone F 1810
baogongteng A 54
baohuoside Ⅱ 1679
barangamide A 2625
barangamide B 2625
barangamide C 2625
barangamide D 2625
barbatic acid 2222
barbatin A 741
barbatin B 741
barbatin C 740
baseonemoside A 2017
baseonemoside B 2042
baseonemoside C 2017
bassiatin 2866
batatasin-Ⅲ 2246
batatasin-Ⅲ diacetate 2246
batzelladine K 2486
batzelladine L 2486
batzelladine M 2486
batzelladine N 2486
batzelline D 2493
bauhinione 1911
bazzanenoxide 624
BE-13793C 2866
BE-14348B 2916
BE-14348C 2916
BE-14348D 2916
BE-14348E 2916
BE-19412A 2766
BE-19412B 2766
BE-24566B 2766
BE-32030A 2822
BE-32030B 2822
BE-32030C 2822
BE-32030D 2822
BE-32030E 2822
BE-40644 2766
BE-40665D 2980
BE-52440A 2766
BE-52440B 2766
BE-54238A 2866
BE-54238B 2866
bearline 296
bebryazulene 2370
beccaridiol 1279, 1280
beesioside A 997
beesioside B 997
beesioside C 997
beesioside D 997
beesioside E 997
beesioside F 997
beesioside G 996
beesioside H 996
beesioside J 997
beesioside K 997
beesioside L 997
beesioside M 997
beesioside N 997
beesioside P 994
belamcandaquinone A 1885
belamcandaquinone B 1885
belamcandaquinone C 1885
belamcandaquinone D 1885
belamcandaquinone E 1885
belamcandaquinone F 1885
belamcandaquinone G 1885
belamcandaquinone H 1885
belamcandaquinone I 1885
bellidiastroside C_2 1203
bellidifolin 1807
benaphthamycin 2766
benastatin A 2980
benastatin C 2980
benesudon 2916
benzastatin H 2980
benzastatin I 2980
1-[2-(benzimidazol-2-yl)ethoxy]-2,6-bis(*p*-chlorophenyl)piperidin-4-one oxime 67
1-[2-(benzimidazol-2-yl)ethoxy]-2,6-bis(*p*-methoxyphenyl)-piperidin-4-one oxime 67
1-[2-(benzimidazol-2-yl)ethoxy]-2,6-diphenylpiperidin-4-one oxime 66
benzo[1,2-*b*;4,5-*b*']dithiophen-4,8-quinone 1885
benzo[*j*]fluoranthen-3,8-dione, (6b*S*,7*R*)-4,9-dihydroxy-7-methoxy-1,2,6b,7-tetrahydro 2983
benzo[j]fluoranthen-3-one, (6b*S*,7*R*,8*S*)-4,9-dihydroxy-7,8-dimethoxy-1,6b,7,8-tetrahydro-2*H* 2982
benzo[*j*]fluoranthen-3-one, (6b*R*,7*R*,8*S*)-7-methoxy-4,8,9-trihydroxy-1,6b,7,8-tetrahydro-2*H* 2983
benzo[*j*]fluoranthen-3-one, (6b*S*,7*R*,8*S*)-7-methoxy-4,8,9-trihydroxy-1,6b,7,8-tetrahydro-2*H* 2983
benzofuran 2916
benzophomopsin A 2980
1-[2-(benzoxazol-2-yl)ethoxy]-2,6-bis(*p*-chlorophenyl)-pipe ridin-4-one oxime 67
1-[2-(benzoxazol-2-yl)ethoxy]-2,6-bis(*p*-methoxyphenyl)piperidin-4-one oxime 67
1-[2-(benzoxazol-2-yl)ethoxy]-2,6-diphenylpiperidin-4-one oxime 67
benzoxazomycin 2866
6-*O*-α-L-(2"-*O*-benzoyl,3"-*O*-*trans*-*p*-coumaroyl)rhamnopyranosylcatalpol 443
benzoyl acid 2212
(+)-*N*-benzoylbuxahyrcanine 359
2-benzoyl-coumaran-3-one 1840
10-*O*-benzoyldeacetylasperulosidic acid 446
O^9-benzoyl-O^9-deacetylevonine 290
6-benzoyl-8,9-dihydro-5-hydroxy-8-(1-hydroxy-1-methylet hyl)-4-phenyl-2*H*-furo[2,3-*h*]-1-benzopyran-2-one 1562
(–)-6-benzoyl-3,4-dihydro-3,4,5-trihydroxy-2,2-dimethyl-10-phenyl-2*H*,8*H*-benzo[1,2-*b*:3,4-*b*']dipyran-8-one 1600
10-*O*-benzoylglobularigenin 441
benzoylgomisin P 1506
benzoylgomisin U 1507
9-benzoyl-6-hydroxy-5-methoxy-4-phenylnodakenetin 1567
9-benzoyl-5-methoxy-4-phenylnodakenetin 1567
2-benzoyl-6-methoxy-3,3,14-trimethyl-3,14-dihydro-7*H*-benzo[*b*]pyrano[3,2-*h*]acridin-7-one 280
16-benzoyloxy-20-deoxyingenol 5-benzoate 920
12β-benzoyloxy-8β,14β-dihydroxypregn-20-one-3-*O*-[β-D-oleandropyranosyl-(1→4)-β-cymaropyranoside] 1990
6β-benzoyloxy-3α-[(4-hydroxy-3,5-dimethoxybenzoyl)oxy]-tropane 52
6β-benzoyloxy-3α-(4-hydroxy-3,5-dimethoxybenzoyloxy)-

tropane hydrochloride 52
6β-(benzoyloxy)-3α-hydroxytropane 53
12β-benzoyloxy-20-isovaleroylosy-8β,14β-dihydroxypregn-3-O-[β-D-glucopyranosyl-(1→6)-β-D-glucopyranosyl-(1→4)-β-D-(3-O-methyl-6-deoxy)-galactopyranoside] 1995
3α-benzoyloxy-D:A-*friedo*-oleanan-27,16α-lactone 1271
6β-(benzoyloxy)-3α-[(*E*)-3,4,5-trimethoxycinnamoyloxy] tropan-7β-ol 53
6β-(benzoyloxy)-3α-[(*E*)-3,4,5-trimethoxycinnamoyloxy] tropane 53
6β-(benzoyloxy)-3α-[(*Z*)-3,4,5-trimethoxycinnamoyloxy] tropane 53
E-ω-benzoyloxyferulenol 538
12-*O*-benzoylphorbol 13-nonanoate 921
12-*O*-benzoylpteroidine 2377
1'-*O*-benzoylrutaretin 1566
N-{(2*R*,9b*R*)-4-benzyl-9b-hydroxy-2-methyl-3,5-dioxodecahydrofuro[3,2-*g*]indolizin-2-yl}-9-hydroxy-7-methyl-4,6,6a,7,8,9-hexahydroindolo[4,3-*fg*]quinoline-9-carboxamide 232
N-benzyl tricyclic pyridone 168
trans-3-benzylidene-4-chromanone 1848
bequinostatin A 2766
bequinostatin B 2766
berbamine 146
berberine 128
berbine 121
berchemol-4-*O*-β-D-glucoside 1429
bergapten 1564
bergapten dimer 1616
bergapten-8-yl sulfate 1567
bergaptol 1565
bergaptol rutinoside 1564
bersimoside Ⅱ methyl ester 1202
betaine 23
betulatriterpene C 3-acetate 1084
betulifol A 2259
betulifol B 2259
betulin 3-caffeate 1300
betulinaldehyde 1298
bhimamycin A 2766
bhimamycin B 2766
bhimamycin C 2766
bhimamycin D 2766
bhimamycin E 2766
bhimanone 2766
bhimanone diacetate 2766
bhubaneswin 1615
3'(*S*),4'(*R*)-biangeloyloxy-3',4'-dihydroxanthyletin 1598
biapigenin 1870
bicoloridine 315
bicoumanigrin 1616
bicoumol 1615
(8*R*,8'*R*,8"*R*,8'''*R*,9*R*,9"*S*)-bicubebin A 1432
bicusposide A 995
bicusposide B 995
bicusposide C 996
bicyclo[4.1.0]hepta-2,4-diene-7-carboxylic acid 2150
bicyclo[2.2.1]heptane 2174
bicyclo[2.2.1]heptan-1-ol 2174
bicyclo[2.2.1]hept-5-en-2-ol 2163
bicyclo[2.2.1]hept-5-en-2-ol 2163
bicyclo[2.2.1]heptan-2-yl acetate 2150
bicyclo[3.2.1]oct-2-ene 2174
bidebiline E 115
bidentatin 742
bidwillon A 1746
6,6'-bieckol 2558
8,8'-bieckol 2558
biforin 1892
bifurcanol 715
bikhaconine 311
bilagrewin 1524
bilobetin 1870
binankadsurin A 1508
bincatriol 739
biochanin A 1738
biochanin A-8-*C*-β-D-apiofuranosyl-(1→6)- *O*-β-D-glucopyranoside 1739
biochanin B 1738
bioperine 67
bipinnapterolide A 2375
bipinnatin G 2375
bipinnatin H 2375
bipinnatin K 719, 2374
bipinnatin L 719
bipinnatin M 719
bipinnatin N 719, 2374
bipinnatin O 719
bipinnatin P 719, 2375
bipinnatin Q 719
bipinnatolide F 2375
bipinnatolide J 2375
bipinnatolide K 2374
seco-bipinnatin 2375
bisabol-1,4-diol 559
(+)-7(14),10-bisaboladien-1-ol-4-one 560
(1*S*,6*R*)-2,7(14),10-bisabolatrien-1-ol-4-one 560
1α,5α-bisacetoxy-8-angeloyloxy-3β,4β-epoxy-bisabola-7(14),10-dien-2-one 561
2,6-bis-(4-acetoxy-3-methoxyphenyl)-3,7-dioxabicyclo[3.3.0] octane-4,8-dione 1452
4,12-bis(acetyl)alcyopterosin O 626
1β,9β-bis(benzoyloxy)-2β,6*R*,12-triacetoxy-8β-(β-nicotinoyloxy)-β-dihydroagarofuran 623
bis-biforin 1892
4,12-bis-*n*-butanoylalcyopterosin O 626
bis-butenolide 537
bisdehydroneostemoninine 27
bisdehydrostemoninine 27
bisdehydrostemoninine A 27
bisdehydrostemoninine B 27
bisdemethylaptamine 2486
bisdemethylaptamine-9-*O*-sulfate 2486
bisdethiodi(methylthio)-1-demethyl-hyalodendrin 2868
2,6-bis-(3,4-dimethoxyphenyl)-3,7-dioxabicyclo[3.3.0] octane-4,8-dione 1452
biselide A 2654
biselide C 2654
biselide D 2654
12,13-bisepieupalmerin 718
12,13-bisepieupalmerin acetate 718
12,13-bisepieupalmerin epoxide 2373
12,13-bisepiuprolide B 2373
12,13-bisepiuprolide D acetate 2374
9α,13α,15,16-bisepoxy-15α-hydroxy-3-oxolabdan-6β,19-olide 735
9α,13α,15,16-bisepoxy-15β-hydroxy-3-oxolabdan-6β,19-olide 735
biseselin 1616
bis-fisetinidol-(4α→6,4α→8)-catechin 3-gallate 1779
10-bisfoliamenthoylcatalpol 443
N,*N*-11-bis[(1*Z*,4*Z*)-7*RH*-germacra-1(10),4-dienyl]urea 2369

bisglaucumlide E 2375
bisglaucumlide F 2375
bisglaucumlide G 2375
bisglaucumlide H 2375
bisglaucumlide I 2375
bisglaucumlide J 2375
bisglaucumlide K 2375
bishassinidin 1616
bishomodeoxyharringtonine 26
bishomoisomandapamate 851
7,7'-bis-(4-hydroxy-3,5-dimethoxyphenyl)-8,8'-dihydroxymethyl-tetrahydrofuran-4-*O*-*β*-glucopyranoside 1430
2,3-bis[(4-hydroxy-3,5-dimethoxyphenyl)-methyl]-1,4-butanediol 1404
bis-12-(11-hydroxycoronaridinyl) 236
bis-7-hydroxyerogorgiaene 2562
bis(isonaamidinato B)zinc(Ⅱ) 2487
bismagdalenic acid dimethyl ester 963
7,8-*trans*-8,8'-*trans*-7',8'-*cis*-7,7'-bis(5-methoxy-3,4-methylene-dioxyphenyl)-8-acetoxymethyl-8'-hydroxymethyltetrahydrofuran 1430
(2*R*,3*R*)-2,3-bis(5-methoxy-3,4-methylenedioxybenzyl) butane-1,4-diol 1400
(2*S*,3*S*)-2,3-bis(5-methoxy-3,4-methylenedioxybenzyl)-butane-1,4-diol monoacetate 1403
(2*S*,3*S*)-2,3-bis(5-methoxy-3,4-methylenedioxybenzyl)-butyrolactone 1401
(2*S*,3*S*)-2,3-bis(5-methoxy-3,4-methylenedioxybenzyl)-butane-1,4-diol diacetate 1404
7,8-*trans*-8,8'-*trans*-7',8'-*cis*-7,7'-bis(5-methoxy-3,4-methylenedioxyphenyl)-8-hydroxymethyl-8'-acetoxymethyltetrahydrofuran 1430
8*R*,7'*R*,8'*R*-4,5:3',4'-bis(methylenedioxy)-2,7'-cyclolignan 1465
rel-(8*R*, 8'*R*)-3,4:3',4'-bis(methylenedioxy)-7,7'-dioxolignan 1403
rel-(8*S*,8'*S*)-bis(3,4-methylenedioxy)-8,8'-neolignan 1400
2,6-bis(methylthio)-9*H*-purine 376
bismurrangatin 1616
bisnicalaterine A 198
bis-norinfuscaic acid 743
bisosthenon 1616
bisosthenon B 1616
bisparasin 1616
bispicropodophyllin glucoside 1489
bisrubescensin D 963
bistratamide A 2623
bistratamide B 2623
bistratamide D 2623
bistratamide E 2625
bistratamide F 2625
trans-2,3-bis(3,4,5-trimethoxybenzyl)-1,4-butanediol diacetate 1400
bitucarpin A 1856
BK223-A 2694
BK223-B 2694
BK223-C 2694
blancoxanthone 1809
blazeispirol I 2127
blazeispirol U 2130
blazeispirol V 2130
blazeispirol V1 2130
blazeispirol X 2130
blazeispirol Y 2130
blazeispirol Z1 2130
blumenol A 407
blumenol C 407, 413
blumeoside A 446
blumeoside B 450
blumeoside C 446
blumeoside D 450
t-Boc-L-Ala-OH 2360
t-Boc-Asp(OBu)-OH 2360
t-Boc-L-Asp(OBz)-OH 2360
t-Boc-Asp(OH)-OH 2360
(*t*-Boc-L-Cys-OH)$_2$ 2361
t-Boc-L-Gln-OH 2360
t-Boc-L-Glu(OBu)-OH 2360
t-Boc-L-Glu(OBz)-OH 2360
t-Boc-Gly-OH 2360
t-Boc-L-Ile-OH 2360
t-Boc-L-Leu-OH 2360
t-Boc-L-Phe-OH 2360
Boc-Pro-Glu (OBz)-Phe-NH$_2$ 2361
t-Boc-L-Pro-OH (*cis*) 2360
t-Boc-L-Pro-OH (*trans*) 2360
t-Boc-L-Thr(Bz)-OH 2360
t-Boc-L-Trp-OH 2361
t-Boc-L-Tyr(OBz)-OH 2360
t-Boc-L-Val-OH 2360
Boc-L-Val-OH 2361
boehmeriasin A 164
boehmeriasin B 164
bohadschioside A 2383
bohemamine 2486
bohemamine B 2486
bohemamine C 2486
boldine 114
boletunone A 570
boletunone B 570
bolinaquinone 2366
bombamalone A 618
bombamalone C 618
bombamalone D 618
bonabiline A 52
bonabiline B 52
bonafousine 237
bonanniol A 1725
bonanniol B 1725
bonanniol D 1726
bonanniol E 1726
bonaroside 2184
borneol 429
borrelidin 2694
botryllazine A 2487
botryllazine B 2487
botryorhodine A 2233
botryorhodine B 2233
botryorhodine C 2233
botryorhodine D 2233
boucergenin 1982
boucerin-*β*-D-glucopyranosyl-(1→4)-6-deoxy-3-*O*-methyl-*β*-D-allopyranosyl-(1→4)-*β*-D-cymaropyranosyl-(1→4)-*β*-D-cymaropyranoside 2013
bouceroside AⅡ 2010
bouceroside-ADC 2000
bouceroside-ADO 2000
bouceroside AI 2020
bouceroside-ANC 1995
bouceroside-ANO 1995
bouceroside BⅡ 2010
bouceroside-BDC 2002

bouceroside-BDO 2002
bouceroside BI 2020
bouceroside-BNC 1997
bouceroside-BNO 1997
bouceroside-CNC 1997
bouceroside-CNO 1997
boucheoside 447
brachystemidine F 25
brachystemidine G 25
bractatin 1810
bracteoside 1683
braehystemin A 383
brasilamide A 625
brasilamide B 625
brasilamide C 625
brasilamide D 625
brasilinolide B 2694
brasilixanthone A 1810
brasimarin A 1598
brasimarin C 1600
brasixanthone A 1809
brasixanthone B 1809
brasixanthone C 1809
brasixanthone D 1809
brassicolene 749
brevifolincarboxylic acid 2214
brevipsidone A 2235
brevipsidone B 2235
brevipsidone C 2235
brevipsidone D 2235
brevisamide 17
brevitaxin 850
briaexcavatin M 744
briaexcavatin N 744
briaexcavatin O 744
briaexcavatin P 744
briaexcavatolide O 744
briaexcavatolide P 744
briaexcavatolide Q 744
briaexcavatolide R 744
briaexcavatolide X 743
briaexcavatolide Y 743
briaexcavatolide Z 743
briarane methyl ester 2379
briarein A 744, 2378
briarein B 744, 2378
briarein C 744, 2378
briarein D 744, 2378
briarein E 744, 2379
briarein F 744, 2379
briarein G 744, 2379
briarein H 744, 2379
briarein I 744, 2379
briarein J 2379
briarein K 744, 2379
briarein L 744, 2379
seco-briarellin 2376
briarellin A 2376
briarellin B 2376
briarellin C 2376
briarellin D 2376
briarellin D hydroperoxide 2377
briarellin E 2376
briarellin F 2376
briarellin G 2376
briarellin H 2376
briarellin I 2376
briarellin J 2377
briarellin K 2377
briarellin K hydroperoxide 2377
briarellin L 2377
briarellin M 2377
briarellin N 2377
briarellin O 2377
briarellin P 2377
briarellin Q 2377
briarellin R 2377
seco-briarellin R 2377
briareolide A 2378
briareolide B 2378
briareolide C 2378
briareolide D 2378
briareolide E 2378
briareolide F 2378
briareolide G 2378
briareolide H 2378
briareolide I 2378
briaviodiol A 719
brisbagenin-1-*O*-{α-L-rhamnopyanosyl-(1→2)-*O*-[α-L-rhamnopyanosyl-(1→3)]-4-*O*-acetyl-α-L-arabinopyranoside} 2089
brisbagenin-1-*O*-{α-L-rhamnopyranosyl-(1→3)-4-*O*-acetyl-α-L-arabinopyranoside} 2075
britanlin A 693
britanlin B 693
britanlin C 693
brocaenol A 2559
brocaenol B 2559
brocaenol C 2559
(*S*)-6-bromo-3-(bromomethyl)-2,3-dichloro-7-methylocta-1,6-diene 2364
(3*S*,6*R*)-6-bromo-3-(bromomethyl)-2,3,7-trichloro-7-methyloct-1-ene 2364
(3*S*,6*S*)-7-bromo-3-(bromomethyl)-2,3,6-trichloro-7-methyloct-1-ene 2364
9-bromo-camphor 430
(2*S**,3*S**,6*S**)-3-bromo-2-chloro-2,3-dihydro-6,10-dihydroxy-β-bisabolene[(1*S**,3*S**,4*S**)-4-bromo-3-chloro-1-(5-hydroxy-6-methylhepta-1,6-dien-2-yl)-4-methylcyclohexanol] 2368
(2*S**,3*S**,6*R**)-3-bromo-2-chloro-2,3-dihydro-6,10-dihydroxy-bisabolene[(1*R**,3*S**,4*S**)-4-bromo-3-chloro-1-(5-hydroxy-6-methylhepta-1,6-dien-2-yl)-4-methylcyclohexanol] 2368
(2*S**,3*S**,6*R**)-3-bromo-2-chloro-2,3-dihydro-6,10-dihydroxy-β-bisabolene[(1*R**,3*S**,4*S**)-4-bromo-3-chloro-1-(5-hydroxy-6-methylhepta-1,6-dien-2-yl)-4-methylcyclohexanol] 561
(2*S**,3*S**,6*S**)-3-bromo-2-chloro-2,3-dihydro-6,10-dihydroxy-β-bisabolene[(1*S**,3*S**,4*S**)-4-bromo-3-chloro-1-(5-hydroxy-6-methylhepta-1,6-dien-2-yl)-4-methylcyclohexanol] 561
(2*S*,3*S*,6*R*,9*S*)-3-bromo-2-chloro-2,3-dihydro-6,9-dihydroxy-β-bisabolene{(1*R*,3*S*,4*S*)-4-bromo-3-chloro-1-[(*S*)-4-hydroxy-6-methylhepta-1,5-dien-2-yl]-4-methylcyclohexanol} 561
(2*S*,3*S*,6*R*,9*S*)-3-bromo-2-chloro-2,3-dihydro-6,9-dihydroxy-β-bisabolene[(1*R*,3*S*,4*S*)-4-bromo-3chloro-1-((*S*)-4-hydroxy-6-methylhepta-1,5-dien-2-yl)-4-methylcyclohexanol] 2368
(3*R*,4*R*)-1-bromo-7-chloromethyl-3,4-dichloro-3-methyl-1(*E*),5(*E*),7-otatriene 2364

(*E*)-6-bromo-2'-demethylaplysinopsin 178
9-(3-bromo-2-(2,3-dibromo-4,5-dihydroxybenzyl)-4,5-dihydroxybenzyl)adenine 2489
7-[3-bromo-2-(2,3-dibromo-4,5-dihydroxybenzyl)-4,5-dihydroxybenzyl]-3,7-dihydro-1*H*-purine-2,6-dione 2489
(*E*)-4-bromo-2,6-dichloro-3-(2-chloroethylidene)-1,1-dimethylcyclohexane 2364
2*α*-bromo-3*α*,8-dichloro-5(10),7-diene-plocamene B 412
(*E*)-8-bromo-3,7-dichloro-2,6-dimethylocta-1,5-diene 401
6-bromo-1',8-dihydroaplysinopsin 2493
14-bromo-dihydrodiscorhabdin C 2489
1-bromo-dihydropinol 410
4-bromo-5,6-dihydropyran-2-one 2151
2-bromo-6,8-dihydroxy-7-propyl-9*H*-pyrrolo[2,1-*b*][1,3]benzoxazine-9-one 2873
7-bromo-1,4-dimethyl-9*H*-carbazole 187
4-bromo-6-((1*S*,2*R*,5*R*)-1,2-dimethylbicyclo[3.1.0]hexan-2-yl)-2-iodo-3-methylphenol 2367
2-bromo-1,1-dimethylcyclopropane 2173
(–)-5-bromo-*N*,*N*-dimethyltryptophan 2493
14-bromo-discorhabdin C 2489
(8*R**)-8-bromo-10-*epi*-*α*-snyderol 2369
(8*R**)-8-bromo-10-*epi*-*β*-snyderol 568
4-bromo-1,10-epoxylaur-11-ene 625
1-bromo essien were 2171
6-bromo-1'-ethoxy-1',8-dihydroaplysinopsin 2493
2-*β*-bromo-foeniculoside Ⅸ 410
2-*α*-bromo-foeniculoside Ⅸ 410
3-*β*-bromo-foeniculoside Ⅸ 410
3-*α*-bromo-foeniculoside Ⅸ 410
6-bromo-1'-hydroxy-1',8-dihydroaplysinopsin 2493
(–)-3*S*-8-bromo-6-hydroxy-7-methoxy-1,2,3,4-tetrahydroisoquinoline-3-carboxylic acid 2485
(–)-8*S*-3-bromo-5-hydroxy-4-methoxyphenylalanine 2485
5-bromo-3-(3-hydroxy-3-methylpent-4-enylidene)-2,4,4-trimethylcyclohexanone 2369
5-bromo-3-(3-hydroxy-3-methylpent-4-enylidene)-2,4,4-trimethylcyclohexanone 568
(3*Z*,6*E*)-1-bromo-2-hydroxy-3,7,11-trimethyldodeca-3,6,10-triene 536
14-bromo-1-hydroxydiscorhabdin V 2488
(6-bromo-1*H*-indol-3-yl) oxoacetamide 2492
(6-bromo-1*H*-indol-3-yl) oxoacetic acid methyl ester 2492
6''-bromo-isoarboreol 1452
6-bromo-1'-methoxy-1',8-dihydroaplysinopsin 2493
5-bromo-8-methoxy-1-methyl-*β*-carboline 249
3-bromo-4-methylfuran-2,5-dione 2151
2-bromo-3-methylmaleic acid 2149
6(*S*)-bromo-1(*R*),4(*R*)-oxido-2(*Z*)-ochtoden-8(*S*)-ol 2364
6(*S*)-bromo-1(*R*),4(*R*)-oxido-3(*E*),8(*E*)-ochtoden-2(*R*)-ol 2364
6(*S*)-bromo-1(*R*),4(*R*)-oxido-3(*E*),8(*E*)-ochtoden-2(*S*)-ol 2364
3-bromo-pinol 411
6-bromo-9*H*-purine 376
(8*S**)-8-bromo-*α*-snyderol 2369
(8*S*)-8-bromo-*β*-snyderol 568
(1*S**, 2*R**, 6*R**, 8*S**,9*R**)-8-bromo-2,5,6,9-tetramethyltricycloundec-4-en-3-one 692
(1*S**, 2*R**, 6*R**, 8*S**, 9*R**)-8-bromo-2,5,6,9-tetramethyltricyclo-[7.2.0.0^{1,6}]undec-4-en-3-one 2368
(1*S* ,2*R*, 5*R* ,6*R* ,8*S* ,9*R*)-8-bromo-2,5,6,9-tetramethyltricyclo-[7.2.0.0^{1,6}] undecane-3-one 2370
(1*S* ,2*S* ,5*R* ,6*R*,8*S*,9*R*)-8-bromo-2,5,6,9-tetramethyltricyclo-[7.2.0.0^{1,6}]undecane-3-one 2370
(*Z*)-3-bromoacrylic acid 2148
5*β*-bromo-camphor 430
5*α*-bromo-camphor 430
7-bromochloromethyl-3(*R*),4(*S*),8-trichloro-3-methyl-1,5(*E*),7(*E*)-octatriene 2365
(–)-*α*-bromocuparene 2367
bromocyclohexane 2173
bromodeoxytopsentin 2494
10-bromofascaplysin 2495
6-bromogranulatimide 2495
(+)-5-bromohypaphorine 2493
3-bromomaleimide 2485
(*S*)-3(bromomethyl)but-3-en-2-ol 2162
2-(bromomethyl)oct-1-ene 2173
(*S*)-3-(bromomethyl)-2,3,6-trichloro-7-methylocta-1,6-diene 2364
15-bromoparguer-7-en-16-ol 920
15-bromoparguer-9(11)-en-16-ol 920
2-bromophenol 2212
bromophycolide A 2652
bromophycolide B 2652
bromophycolide C 2652
bromophycolide D 2652
bromophycolide E 2652
bromophycolide F 2652
bromophycolide G 2652
bromophycolide H 2652
bromophycolide I 2652
3-bromoprop-1-ene 2171
4-bromopyrrole-2-carboxyhomoarginine 29
14-bromoreticulatol 2495
3-bromosecofascaplysin A 2495
3-bromosecofascaplysin B 2495
broussochalcone A 1753
broussochalcone B 1753
broussoflavonol A 1684
broussoflavonol B 1683
broussoflavonol C 1684
broussoflavonol F 1683
broussoflavonol G 1684
broussonol B 1683
broussonol E 1683
browniine 310
bruceanol A 1175
bruceanol D 1175, 1176
bruceanol E 1176
bruceanol F 1176
bruceanol G 1176
bruceanol H 1176
bruceantin 1176
bruceantinol B 1176
bruceantinoside A 1176
bruceantinoside B 1176
bruceine B 1176
bruceine C 1176
bruceine D 1176
bruceine E 1176
bruceine J 1176
bruceol 1600
bruceoside A 1176
bruceoside D 1176
bruceoside E 1176
bruceoside F 1176
brucine 213
brucine *N*-oxide 213
bruguierin A 1082, 2383

bruguierin B 1082, 2383
bruguierin C 1082, 2383
brunneogaleatoside 447
brusatol 1176
bryonioside A 987
bryonioside B 987
bryonioside C 987
bryonioside D 987
bryonioside E 987
bryonioside F 987
bryonioside G 987
BU-4514N 2866
BU-4704 2980
BU-4794F 2675
buceracidin A 1726
buchanaxanthone 1807
buchenavianine 1634
buddledone A 567
buddledone B 567
buddleoglucoside 1632
budelphine 312
budmunchiamine G 392
buergeriside A1 2291
buergeriside B1 2291
buergeriside B2 2291
buergeriside C1 2291
bufotenine 5-*O*-*β*-D-glucopyranoside N^{12}-oxide 249
bugbanoside C 994
bugbanoside D 995
bugbanoside E 995
bugbanoside F 996
(*S*)-bulbocapnine 114
bulbophyllanthrone acetate 1911
bullatine B 308
bullatine C 308
bungone A 1911
bungone B 1911
buplerol 1401
burchellin 1519
bursehernin 1401
burselignan 1466
(+)-burseran 1428
burttinone 1659
busalicifol 1428
busalicifol acetate 1428
busaliol 1428
busaliol triacetate 1428
(*E*)-but-2-en-1-ol 2161
(*Z*)-but-2-en-1-ol 2161
but-3-en-1-ol 2161
but-3-en-2-one 2171
but-3-yn-1-ol 2161
but-3-yn-2-ol 2161
but-2-yne-1,4-diol 2161
buta-1,2-diene 2171
butan-2-ol 2161
(*E*)-*N*-(butan-2-ylidene)methanamine 2172
n-butane 2170
butane-1,4-diol 2161
butane-1-thiol 2171
2*R*,3*S*-butane-1,2,3-triol 2161
2*S*,3*S*-butane-1,2,3-triol 2161
1,3-butanediol 2358
1,4-butanediol 2358
12-*n*-butanoylalcyopterosin D 626
(1*R**,2*R**,3*R**,6*S**,7*S**,9*R**,10*R**,14*R**)-3-butanoyloxyclad-iell-11(17)-en-6,7-diol 2380
butein 1751
butene 2171
3-*O*-(2''-butenoyl)-11-*O*-(3'-hydroxybutanoyl)hamayne 157
butin 1657
3*β*-butoxy-3,4-dihydroaucubin 442
12-*n*-butoxy-3*β*-hydroxyambroxide 737
13-*t*-butoxycarbonyl-pyrocrassicauline A 300
14-*t*-butoxycarbonylbikhaconine 301
n-butyl alcohol 2161
7-butyl-2-chloro -6,8-dihydroxy-9*H*-pyrrolo[2,1-*b*][1,3] benzoxazine-9-one 2873
tert-butyl-2-chloroacetate 2149
tert-butyl-2,2-dichloroacetate 2149
tert-butyl-2,2-dichloroacetate 2149
6-*O*-butyl-*epi*-aucubin 442
(2*R*-*trans*)-2-butyl-5-heptylpyrrolidine 2870
butyl isoligustrosidate 452
n-butyl orsellinate 2213
sec-butyl orsellinate 2213
tert-butyl orsellinate 2213
butyl rosmarinate 2221
2-butyl (7*E*)-tetradecenoate 2149
2-butyl (7*Z*)-tetradecenoate 2149
3-*tert*-butyl-2,2,4,4-tetramethylpentan-3-ol 2162
6-*O*-butylaucubin 442
N-butylbenzenesulphonamide 2982
1-*tert*-butylbicyclo[2.2.1]heptane 2174
tert-butylcyclohexane 2173
butyldimethylphosphine 2172
3-butylheptan-2-one 2172
butyraxanthone A 1808
butyraxanthone B 1810
butyraxanthone D 1807
butyric acid 2148
butyrolactol A 2916
2-butyroxy-6-methoxy-3,3,14-trimethyl-3,14-dihydro-7*H*-benzo-[*b*]pyrano[3,2-*h*]acridin-7-one 280
2-butyryl-6-methoxy-3,3,14-trimethyl-3,14-dihydro-7*H*-benzo[*b*]pyrano[3,2-*h*]acridin-7-one 280
(+)-buxamine F 358
buxhyrcamine 358
buxmicrophylline J 359
buxmicrophyllines K 358
byakangelicin 1566, 1567
bzeispirol Z 2127

C

caaverine 114
cabenegrin A-I 1855
caberine 200
cacalol 628
cacalone 628
cadina-1(10)-ene 618
1(10),4-cadinadiene 618
(+)-(1*R*,5*R*,6*R*,7*S*,10*R*)-cadinan-3-ene-1,5-diol 2369
(+)-(1*R*,5*S*,6*R*,7*S*,10*R*)-cadinan-3-ene-1,5-diol 2369
(+)-(1*R*,5*S*,6*R*,7*S*,10*R*)-cadinan-4(11)-ene-1,5-diol 2369
(+)-(1*R*,5*R*,6*R*,7*R*,10*R*)-cadinan-4(11)-ene-1,5,12-triol 2369
(–)-(1*R*,4*R*,5*S*,6*R*,7*S*,10*R*)-cadinan-1,4,5-triol 2369
caeruleoside A 453
caeruleoside B 453
caesaldecan 848
caesaljapin 848

caespitane 562
caespitenone 562
caespitol 562
caffeic acid 2214
caffeic acid methyl ester 2289
caffeine 374
caffeotannic acid 2214
caffeoyl glycerol 2214
3*β*-*O*-*trans*-caffeoyl-2*α*-hydroxyolean-12-en-28-oic acid 1198
28-caffeoyl-lupane-20(29)-en-27-oic acid 1301
3*β*-caffeoyl-lupane-20(29)-en-28-oic acid 1301
5-*O*-caffeoyl quinic acid butyl ester 2214
1-*O*-*trans*-caffeoyl-20-*O*-*trans*-sinapoyl gentiobiose 2291
6-*O*-caffeoylajugol 441
10-*O*-caffeoylaucubin 442
10-*O*-*trans*-*p*-caffeoylcatalpol 443
10-*O*-*E*-caffeoylgeniposidic acid 446
2'-caffeoylmussaenosidic acid 445
6'-*O*-*trans*-caffeoylnegundoside 445
ent-17-caffeoyloxykaur-15-en-3-one 915
3*α*-(*E*)-caffeoyloxyolean-12-en-30-oic acid 1198
3'-*O*-caffeoylsweroside 451
N-*trans*-caffeoyltyramine 1467
28-*O*-*trans*-caffeyol-3*β*-hydroxy-20(29)-lupen-27-oic acid 1300
(–)-cagayanone A 1466
(–)-cagayanone B 1466
cajanin 1738
calanolide D 1600
calanolide F 1600
calanone 1600
calanquinone A 1910
calanquinone B 1910
calanquinone C 1911
calcaratarin A 734
calcaratarin B 734
calcaratarin C 734
calcaratarin D 734
(+)-calcaridine A 2487
calcicolin A 913
caldaphnidine H 264
caldariellaquinone 1885
calendulaglycoside A 6'-*O*-*n*-butyl ester 1204
calendulaglycoside A 6'-*O*-methyl ester 1204
calendulaglycoside B 6'-*O*-*n*-butyl ester 1204
calendulaglycoside C 6'-*O*-*n*-butyl ester 1204
calicoferol C 2559
calicoferol D 2559
calicoferol E 2559
calicoferol F 2560
calicoferol G 2560
calicoferol H 2560
calicoferol I 2560
calicophirin A 2381
calicophirin B 2381
callipeltin A 2624
callistephin 1801
calliterpenone 917
callynormine A 383
calogenin-3-*O*-*β*-D-glucopyranosyl-(1→6)-*β*-D-glucopyranosyl-(1→4)-*β*-D-3-*O*-methylfucopyranoside-20-*O*-*β*-D-glucopyranoside 2015
calogenin-3-*O*-*β*-D-glucopyranosyl-(1→6)-*β*-D-glucopyranosyl-(1→4)-*β*-D-3-*O*-methylfucopyranoside-20-*O*-*α*-L-rhamnopyranosyl- 1→6)-*β*-D-glicopyranosyl-(1→6)-*β*-D-glucopyranoside 2049
caloporoside 2676
calvasterol A 2116
calvasterol B 2116
calycanthine 82
calycinine A 265
calycopterin 1675
calycopterin-4'-methyl ether 1675
calycosin 1738
calyculaglycoside A 720, 2374
calyculaglycoside B 720, 2374
calyculaglycoside C 720, 2374
calyculaglycoside D 720
calyculaglycoside E 720
calydaphninone 334
calystegine B_4 68
calystegine C_2 68
calyxamine A 2485
calyxamine B 2485
calyxin B 1754
calyxin C 1660
calyxin D 1660
camaldulenic acid 1199
camaldulensic acid 1280
camaldulic acid 1281
camaracinic acid 1197
camaranoic acid 1197
camarilic acid 1197
camelliol C 975
camelliol C acetate 975
cammaconine 312
(*Z*)-campherene-2*β*,13-diol 629
2*R*-(*Z*)-campherene-2,13-diol 629
γ-campholenol 412
camphor 429
camptothecin 84
canadine 152
cananodine 570
candicandiol 915
candicine 23
candidamide A 2185
candidamide B 2187
canellin D 1519
cangoronine E-1 290
cannogenol 3-*O*-*β*-D-glucopyranosyl-(1→4)-*O*-*β*-D-boivinopyranoside 1934
canthaxanthin 1367
canthin-6-one 249
cantleyanone A 1810
cantleyanone B 1810
cantleyanone C 1810
cantleyanone D 1810
cantleyoside-dimethyl-acetal 452
canusesnol A 620
canusesnol B 620
canusesnol C 620
canusesnol D 621
canusesnol E 621
canusesnol F 621
canusesnol H 621
canusesnol I 621
canusesnol J 621
canusesnol K 621
caparratriene 536
capaurine 122

capilliposide D 1197
capilloloid 2372
capillosanol 2367
capisterone A 2383
capisterone B 2383
capitellataquinone A 1902
capitellataquinone B 1902
capitellataquinone C 1902
capitellataquinone D 1902
$\Delta^{9(12)}$-capnellene-8β,15-diol 2365
$\Delta^{9(10)}$-capnellene-12-ol-8-one 2366
$\Delta^{9(12)}$-capnellene-8β,10α,13-triol 2365
(–)-cappadoside 1402
capparin A 178
capparin B 178
caprariolide A 570
caprariolide B 570
caprariolide C 570
caprariolide D 570
caprazamycin B 2866
capreoylbinankadsurin 1508
caproic acid 2148
capsaicin 17
β-capsanthin 1367
capsorubin 1367
capsorubin 3,6-epoxide 1367
carabrone 633
caracurine V 253
carajuflavone 1630
caratuberside C 2000
caratuberside D 2000
caratuberside E 1995
caratuberside F 2023
caratuberside G 2013
1-carbaldehyde-2-hydroxyindoline 177
3-carbaldehyde-1*H*-indole 177
1-carbaldehyde-indoline 177
6"-*O*-carbamoyltobramycin 2675
2"-(*O*-carbamyl)-novobiocin 2918
9*H*-carbazole 186
carbazomadurin A 2866
carbazomadurin B 2866
carbazomycin A 2866
carbazomycin B 2866
carbazomycin C 2866
carbazomycin D 2866
carbazomycin G 2866
carbazomycin H 2866
carbazoquinocin C 2866
carbazoquinocin D 2866
11-carboethoxyisosophoramine 167
β-carboline 248
28-*nor*-4α-carbomethoxy-11β-acetoxy-12α-(2-methyl-butanoyloxy)-14,15-deoxyhavanensin-1,7-diacetate 1143
18-*nor*-4α-carbomethoxy-llβ-acetoxy-12α-(2-methyl-butanoyloxy)-14,15-deoxyhavanensin-l-acetate 1143
28-*nor*-4α-carbomethoxy-7-deoxy-7-oxo-11β-aceto-12α-(2-methylbutanoyloxy)-14,15-deoxyhavanensin-1-acetate 1143
16α-carbomethoxy-15,20β-dihydrocleavamine 220
28-*nor*-4α-carbomethoxy-11β-hydroxy-12α-(2-methyl-butanoyloxy)-14,15-deoxyhavanensin- 1-acetate 1143
16β-carbomethoxycleavamine 220
11-carbomethoxylinderazulene 630
α-carbomethoxypyrrole 28
5-carbonitrile-4-amino-7*H*-pyrrolo[2,3-*d*]pyrimidine-7-[3',4'-dihydroxy-5'-(hydroxylmethyl)-tetrahydrofuran-2-yl] 378
6-carbonitrile-9*H*-purine 376
15-carboxamido-3-demethoxy-2,3-methylenedioxy-erythroculine 158
2β-carboxyl,3β-hydroxyl-norlupA (1)-20(29)-en-28-oic acid 1302
2-(3-carboxy-2-hydroxypropyl)-3-methyl-2-cyclopenten-one 3002
(±)-16β-carboxy methyl ester-15,20α-dihydro-cleavamine 220
(+)-12-carboxy-11*Z*-sarcophytoxide 719
19-*O*-β-D-carboxyglucopyranosyl-12-*O*-β-glucopyranosyl-11,16-dihydroxyabieta-8,11,13-triene 843
3α-carboxyl-*trans*-pinocarvel 432
5-carboxylic acid-6-[2-(1,3-dihydro-1-hydroxy-4,5-dimethoxy-3-oxo-2*H*-isoindol-2-yl)ethyl]-1,3-benzodioxole 127
8-carboxylic acid-6-hydroxyquinoline 106
2-carboxylic acid-1*H*-indole 177
5-carboxylicacid-6-[2-(1,3-dihydro-1,4,5-trimethoxy-3-oxo-2*H*-isoindol-2-yl)ethyl]-1,3-benzodioxole 127
4β-carboxymethyl-(–)-epicatechin 1777
4β-carboxymethyl-(–)-epicatechin methyl ester 1777
8-carboxymethyl-*p*-hydroxycinnamic acid ethyl ester 2214
8-carboxymethyl-*p*-hydroxycinnamic acid methyl ester 2214
1-carboxytrypargine 2495
5β-card-20(22)-enolid-3-one-4-ene 1939
cardiodine 323
cardivin A 566
cardivin B 566
cardivin C 566
cardivin D 566
cardnerine 197
3-carene 429
3,5-carenone 429
carenone 562
carinatol 1500
carinol 1402
carissanol 1431
carmabin A 2625
carnosol 844
β-carotene 1367, 1368
ψ,ψ-carotene 1369
β,β-carotene dication 1369
β,ε-carotene-3,3'-diol 1367
carotenoid 1 1368
carptoxin 1943
carpusin 1840
carteramine A 2491
carthamin 1872
carthamogenin 1402
carumbelloside Ⅵ 2010
carumbelloside Ⅰ 1986
carumbelloside Ⅱ 1986
carvacrol 411
carvone 411
4'-caryboxy-5,6-dihydro-1'*H*,3'*H* -pyrimido[3,4,9-*cd*]purine-2,6(1*H*)-dione 374
caryophllusin A 382
caryoptosidic acid 446
caseanigrescen A 738
caseanigrescen B 738
caseanigrescen C 738
caseanigrescen D 738
caseargrewiin E 738

caseargrewiin F 738
caseargrewiin G 738
caseargrewiin H 738
caseargrewiin I 738
caseargrewiin J 738
caseargrewiin K 738
caseargrewiin L 738
cassinicine 66
castanolide 747
casteloside B 1175
casticin 1675
catacerebroside A 2186
catacerebroside B 2186
catacerebroside C 2186
(+)-catechin 1775
(2*R*)-catechin-4',7-dimethyl ether 1776
(+)-catechin-(4→8)-(–)-epicatechin 1778
(+)-catechin-3-*O*-gallate 1777
(2*R*)-catechin-4'-methyl ether 1776
catechin-4*α*-ol 1777
(2*R*)-catechin tetramethyl ether 1776
(+)-catechin-4',5,7-trimethyl ether 1777
catechol 2212
ent-(–)-catharanthine 201
catharanthine 201
catiguanin A 2290
catiguanin B 2290
catuabine A 54
catuabine B 52
catuabine D 54
catuabine E 54
catuabine F 54
catuabine G 54
caudatin-3-*O*-*β*-D-glucopyranosyl-(1→4)-*α*-L-cymaropyranosyl-(1→4)-*β*-D-oleandropyranosyl-(1→4)-*β*-D-cymaropyranosyl-(1→4)-*β*-D-cymaropyranoside 2038
caudatin3-*O*-*β*-D-glucopyranosyl(1→4)-*β*-D-cymaropyranosyl-(1→4)-*β*-D-oleandropyranosyl-(1→4)-*β*-D-oleandropyranosyl-(1→4)-*β*-D-cymaropyranosyl-(1→4)-*β*-D-cymaropyranoside 2054
caudatin-3-*O*-*β*-D-glucopyranosyl-(1→4)-*β*-D-oleandropyranosyl-(1→4)-*β*-D-cymaropyranosyl-(1→4) -*β*-D-cymaropyranoside 2028
caudatin3-*O*-*β*-D-glucopyranosyl(1→4)-*β*-D-oleandropyranosyl-(1→4)-*β*-D-cymaropyranosyl-(1→4)-*β*-D-oleandropyranosyl-(1→4)-*β*-D-cymaropyranosyl-(1→4)-*β*-D-cymaropyranosid 2054
caudatin3-*O*-*β*-D-glucopyranosyl(1→4)-*α*-L-oleandropyranosyl-(1→4)-*β*-D-cymaropyranosyl-(1→4)-*β*-D-oleandropyranosyl-(1→4)-*β*-D-cymaropyranosyl-(1→4)-*β*-D-cymaropyranoside 2054
caudatin-3-*O*-*β*-D-glucopyranosyl-(1→4)-*β*-D-oleandropyranosyl-(1→4)-*β*-D-oleandropyranosyl-(1→4)-*β*-D-cymaropyranosyl-(1→4)-*β*-D-cymaropyranoside 2038
caudatin3-*O*-*β*-D-glucopyranosyl(1→4)-*β*-D-oleandropyranosyl-(1→4)-*β*-D-oleandropyranosyl-(1→4)-*β*-D-oleandropyranosyl-(1→4)-*β*-D-cymaropyranosyl-(1→4)-*β*-D-cymaropyranoside 2054
caudatoside A 447
caudatoside B 447
caudatoside C 447
caudatoside D 447
caudatoside E 447
caudatoside F 447
caudicifolin 844
caulersin 2493
caulibugulone A 2488
caulibugulone B 2488
caulibugulone C 2488
caulibugulone D 2488
caulibugulone E 2488
caulibugulone F 2488
caulophine 23
cavernuline 2377
cavidilinine 84, 158
cavidine 121
cavidine 128
CDP-1 2824
cedarmycin A 2916
cedarmycin B 2916
cedeodarin 1724
cedphiline 1177
cedrediprenone 1755
α-cedren-12-ol 694
α-cedren-3*β*-ol 694
cedreprenone 1755
cedrin 1724
cedrodorin 1142
cedronin 981
cedronolactone A 1176
cedronolactone B 1177
cedronolactone C 1177
cedronolactone D 1177
cedronolactone E 1177
cedrusin 1500
cedrusin acetate 1500
cedrusin-4-*O*-*β*-D-glucopyranoside 1500
cedrusin-4-*O*-*β*-D-glucopyranoside acetate 1500
celangulatin C 624
celangulatin D 624
celangulatin E 624
celangulatin F 624
celastrine A 623
celastrine B 623
celebixanthone 1807
cellulose 2357
celogenamide A 383
(3*E*,11*E*)-cembra-3,8(19),11,15-tetraene-7a-ol 2371
(–)-(1*R*,2*E*,4*Z*,7*E*,11*E*)-cembra-2,4,7,11-tetrene 720
(1*E*,3*E*,11*E*)-cembra-1,3,1l-trien-6-one 2371
1(*E*),3(*E*),7(*E*),11(*E*)-cembratetraene-14,15-diol 2371
(1*E*,3*Z*,11*E*)-1,3,11-cembratrien-6-one 2371
(1*R*,3*R*,11*E*)-1,3,11-cembratrien-6-one 2371
centabractein 1683
centaureidin 1675
centaurein 1677
cephaeline 136
cephaibol A 2822
cephaibol A2 2822
cephaibol B 2822
cephaibol C 2822
cephaibol D 2822
cephaibol E 2822
cephalezomine A 26
cephalezomine B 26
cephalezomine C 27
cephalezomine D 27
cephalezomine E 26
cephalezomine F 26
cephalezomine G 27

cephalezomine H 27
cephalezomine J 26
cephalezomine K 26
cephalezomine L 26
cephalezomine M 29
cephalocyclidin A 266
cephalomannine 23
cephalotaxine 26
cephalotaxine *α*-*N*-oxide 27
cephalotaxine *β*-*N*-oxide 27
ceramidastin 2916
ceramide(2*S*,3*S*,4*R*,8*E*)-2-[(2'*R*,15'*E*)-2'-hydroxy-tetracoseno-ilamino]-8-octadecene-1,3,4-triol 2186
ceratamine A 2489
ceratamine B 2489
cerberalignan B 1429
cerberalignan C 1428
cerberalignan J 1429
cerberalignan K 1466
cerberalignan L 1466
cerberalignan M 1428
cerberalignan N 1429
cerberidol 413
cerebroside A 2184
cerebroside B 2184
cereotagalol A 1082
cereotagalol B 1082
cereotagaloperoxide 1082
cericerene 968
(2*Z*,6*Z*,10*E*)-cericerene-15,24-diol 968
cericerene-15,24-diol 968
cericerol Ⅱ 968
ceriferic acid (Me) 968
ceriferic acid I (Me) 968
ceriferol 968
ceriferol I 968
certonardosterol H 2590
cervicol 694
cespitularin R 746
cespitularin S 746
cetoniacytone A 2765
cetoniacytone B 2765
cevadine 367
CG15-A 2767
CG15-B 2767
CG17-A 2767
CG17-B 2767
CG18-B 2767
CG19-A 2767
CG19-B 2767
CG1-C 2766
CG20-A 2767
CG20-B 2767
CG21-A 2767
CG21-B 2767
CG21-C 2766
CG22-A 2767
CG22-B 2767
CH_3-Gly-OH 2359
chabamide 67
chabranol 2367
chabrolidione A 570
chabrolidione B 570
chabrolosteroid A 2592
chabrolosteroid B 2592
chabrolosteroid C 2592
chaetoglobosin U 232
chalcomoracin 1771
chalcomycin A 2692
chalcomycin B 2692
chalcone 1751
chalepensin 1563
chamaedrine 382
chamaedrone 80
chamaedrydiol 1280
chamaepitin 742
chamalignolide 1401
β-chamigrene-10-ol 625
β-chamigrenealcohol 625
chamigrenelactone 2369
chamobtusin A 397
changweikangic acid A 619
changweikangic acid B 619
chaparrin 1175
Δ^5-chaparrinone 1175
chaplophytin B 84
chasmanine 308
chasnarolide 1403
chatancin 848
(17*Z*)-cheilantha-13(24),17-diene-6*α*,19-diol 969
(17*Z*)-cheilantha-13(24),17-diene-1*β*,6*α*,19-triol 969
cheilanthenediol 969
cheilanthenetriol 969
cheilanthifoline 128
chelerythrine 152
chelidonine 152
chelonanthoside 451
(−)-chenopodanol 633
cherimolacyclopeptide D 382
cherimolacyclopeptide E 383
oherimolacyclopeptide F 383
chiapenine ES-Ⅱ 67
chiisanogenin 1301
chiisunoside 1301
chilenine 126
chilianthin A 1466
chilianthin B 1466
chilianthin C 1466
chilianthin D 1466
chiloscypha-2,7-dione 625
chiloscypha-2,7,9-trione 625
chionaeoside C 1200
chionaeoside D 1200
L-chiro-inositol 2358
chitosenine 223
chitranane 1892
chlomultin A 630
chlomultin B 622
chlomultin C 618
chlomultin D 618
chloramphenicol 2867
chlorantene B 622
chlorantene C 622
chlorantene D 622
chlorantene G 620
chloranthatone 567
5-*exo*-cloride-fenchone 431
7-*anti*-cloride-fenchone 431
8-cloride-fenchone 431
1-chlorine essien were 2171
chloriolin B 694
chloriolin C 694

3α-chloro-9a-acetoxy-4β,10α-dihydroxy-1β,2β-epoxy-5α,7α-guai-11(13)-en-12,6α-olide 631
3-chloro-asterric acid 2982
5-chloroatranorin 2220, 2221
1-chlorobicyclo[2.2.1]heptane 2174
5-chlorobohemamine C 2486
(*Z*)-3-chlorobut-2-endic acid 2148
2β-chloro-1,8-cineole 410
2α-chloro-1,8-cineole 410
3β-chloro-1,8-cineole 410
3α-chloro-1,8-cineole 410
4-chloro-1,8-cineole 410
3β-chlorodehydrocostuslactone 631
5-chloro-4-*O*-demethylbarbatic acid 2220
3'-chloro-3'-deoxyisobyakangelicin 1567
4α-chloro-2β,10-diacetoxy-1β,8-diangeloyloxy-11-methoxy-3β-hydroxybisabol-7(14)-ene 561
4α-chloro-1β,8-diangeloyloxy-10,11-epoxy-2β-hydroxybisabol-7(14)-ene 562
2-chloro-1,6(*S*)-dibromo-3(*Z*),8(*Z*)-ochtoden-4(*R*)-ol 2364
1-chloro-1-diene-1,8-cineole 410
9-chloro-8,9-dihydroepithuriferic acid 1468
1-chloro-dihydropinol 410
1,3-chloro-dihydropinol 410
9-chloro-8,9-dihydrothuriferic acid 1468
3α-chloro-4β,10α-dihydroxy-1β,2β-epoxy-5α,7α-guai-11(13)-en-12,6α-olide 631
2-chloro-6,8-dihydroxy-7-ethyl-9*H*-pyrrolo[2,1-*b*][1,3]benzoxazine-9-one 2872
2-chloro-6,8-dihydroxy -7-propyl-9*H*-pyrrolo[2,1-*b*][1,3] benzoxazine-9-one 2872
3-chloro-8,9-dimethoxygeibalansine 83, 158
(6*R*)-2-chloro-6-[(1*S*)-1,5-dimethylhex-4-en-1-yl]-3-methylcyclohex-2-en-1-one 561
6-chloro-2-ethyl-9*H*-purine 376
chlorogentisylquinone 2767
2-chloro-8-hydroxy -6-methoxy-7-propyl-9*H*-pyrrolo [2,1-*b*] [1,3] benzoxazine-9-one 2873
threo-3-chloro-1-(4-hydroxy-3-methoxyphenyl)propane-1,2-diol 2286
2β-chloro-isocamphanol 430
2α-chloro-isomenthol 409
3α-chloro-isomenthol 409
8-chloro-isomenthol 409
1α-chloro-isomenthol 409
1β-chloro-isomenthol 409
2α-chloro-menthone 408
3α-chloro-menthone 408
2α-chloro-menthyl 408
3α-chloro-menthyl 408
8-chloro-menthyl 408
2-chloro-6-methoxy-9*H*-purine 376
4-chloro-3-methoxybicyclo[2.2.0]hexane-1-carboxylic acid 2173
(*E*)-*N*-(chloro-*N*-methylamino) but-3-en-2-one 2172
chlorocyclohexane 2173
(2*Z*,6*S*)-3-chloromethyl-1-methoxylocta-2,7(10)-dien-6-ol 401
1-chloro-2(*E*),4-ochtodien-6(*R*)-ol 2364
5-chloropenta-1,3-diyne 2172
2-chlorophenol 2212
3-chloro-pinol 411
4β-chloro-piperitone 409
3-chloroprop-1-ene 2171
2-chloro-9*H*-purine 376
6-chloro-9*H*-purine 376
chloroquinocin 2767
2-chlorosamaderine A 981
chlorosmaridione 1917
chlorostereone 694
chlorotuberoside 447
chlorotetracycline 2767
(+/–)-choisyine 84
cholaniic acid methyl ester 2060
(22*S*)-cholesta-5,24-diene-3β,11α,16β,22-tetrol-16-*O*-(2,3-di-*O*-acetyl-α-L-rhamnopyranoside) 1950
(22*S*)-cholesta-5,24-diene-3β,11α,16β,22-tetrol-16-*O*-α-L-rhamnopyranoside 1950
cholesta-8(14),24-diene-3β, 5α,6α-triol 1944
cholesta-8,24-diene-3β, 5α,6α-triol 1944
(3β,7β,22*E*)-cholesta-5,22-diene-3,7,19-triol 2592
cholesta-8(14),24-diene-3β,5α,6α-triol 2593
cholesta-8,24-diene-3β,5α,6α-triol 2593
cholesta-22-ene-3β,5β,8β,16β,15α,25,26-heptol 1943
cholesta-22-ene-3β,5β,16β,20β,15α,26-hexol 1943
cholesta-22-ene-3β,5β,8β,16β,15α,26-hexol 1943
cholesta-22-ene-3β,5β,16β,15α,26-pentol 1943
cholesta-8(14)-ene-3β,5α,6α,25-tetrol 2593
cholesta-8-ene-3β,5α,6α,25-tetrol 2593
(3β,4β,5α,6α,7α,15β,24*S*)-cholestane-3,4,6,7,8,15,24-heptol 2590
5α-cholest-8,24-dien-3β-ol 1947
5-cholestene-3,7α-diol 2590
cholest-22-ene-3,4,6,7,8,15,24-heptol,6-(hydrogen sulfate), sodium salt (1:1),(3β,4β,5α,6α,7α15α,22*E*,24*R*)- 2590
(22*S*)-cholest-5-ene-1β,3β,16β,22,26-pentol 1945
cholest-8(14)-ene-3β, 5α,6α,25-tetrol 1944
cholest-8-ene-3β, 5α,6α,25-tetrol 1944
(22*S*)-cholest-5-ene-1β,3β,16β,22-tetrol 1945
(22*S*)-cholest-5-ene-3β,11α,16β,22-tetrol-16-*O*-[2-*O*-acetyl-3-*O*-(*p*-methoxybenzoyl)-α-L-rhamnopyranoside] 1950
(22*S*)-cholest-5-ene-3β,11α,16β,22-tetrol-16-*O*-[2-*O*-acetyl-3-*O*-(3,4,5-trimethoxybenzoyl)-α-L-rhamnopyranoside] 1950
(22*S*)-cholest-5-ene-3β,11α,16β,22-tetrol-16-*O*-(2,3-di-*O*-acetyl-α-L-rhamnopyranoside) 1950
(22*S*)-cholest-5-ene-1β,3β,6β,22β-tetrol-1,3-di-α-L-rhamnopyranoside 16-*O*-β-D-glucopyranoside 1960
(22*S*)-cholest-5-ene-1β,3β,16β,22-tetrol-16-*O*-β-D-glucopyranoside 1950
(22*S*)-cholest-5-ene-1β,3β,16β,22-tetrol-16-*O*-[*O*-β-D-glucopyranoside-(1→3)-β-D-glucopyranoside] 1954
(22*S*)-cholest-5-ene-3β,11α,16β,22-tetrol-16-*O*-α-L-rhamnopyranoside 1950
(22*S*)-cholest-5-ene-1β,3β,16β,22-tetrol-1-*O*-α-L-rhamnopyranoside-16-*O*-β-D-glucopyranoside 1954
(3β,7β)-cholest-5-ene-3,7,19-triol 2592
cholesta-1,24-dien-3-one, 22,23-dihydroxy-,(5α)-(9Cl) 2591
chondrocole A 2364
chondrocole C 2364
chromenol 538
chrozophorogenin C 747
chrozophoroside A 747
chrozophoroside A1 747
chrozophoroside B 747
chrysin 1630
chrysochlamic acid 715
chrysoeriol 1630
chrysoeriol-6-*C*-β-L-boivinopyranoside 1630
chrysoeriol 6-*C*-β-boivinopyranosyl-7-*O*-β-D-glucopyranoside 1631

chrysoeriol-7-*O*-[4"-*O*-(*E*)-coumaroyl]-*β*-glucopyranoside 1634
chrysogenamide A 2867
chrysolandol 2767
chrysophanol 1900
chrysophanol-8-*O*-*β*-D-(6'-galloyl)-glucopyranoside 1902
chrysophanol-1-*O*-*β*-D-glucopyranoside 1902
chrysophanol-8-*O*-*β*-D-glucopyranoside 1902
chrysophyllin A 1519
chrysophyllon Ⅲ A 1500
chrysophyllon Ⅲ B 1500
chrysophyllon Ⅰ A 1519
chrysophyllon Ⅰ B 1519
chrysophyllon Ⅱ A 1519
chrysophyllon Ⅱ B 1519
chrysoqueen 2767
chrysosplenol D 1675
chuanbeinone 363
chushizisin G 1431
chushizisin H 1431
chushizisin I 1452
cichoriin 1545
cilinaphthalide A 1490
cilinaphthalide B 1490
cimicifine A 359
cimicifugic acid G 2290
cimifoetiside Ⅵ 995
cimifoetiside Ⅶ 995
cimigenol-3-*O*-*β*-D-galactopyranoside 996
cimilactone A 995
cimilactone B 995
cimipronidine 23, 29
cimiracemate A 2290
cimiracemate B 2290
cimiracemate C 2290
cimiracemate D 2290
cimiracemoside I 996
cimiracemoside J 996
cimiracemoside K 996
cimiracemoside L 994
cimiracemoside M 994
cimiracemoside N 996
cimiracemoside O 996
cimiracemoside P 996
cinatrin A 1a 2917
cinatrin A 1b 2917
cinatrin B 2a 2917
cinatrin B 2b 2917
cinatrin C1 3a 2917
cinatrin C1 3b 2917
cinatrin C2 4a 2917
cinatrin C2 4b 2917
cinatrin C3 5a 2917
cinatrin C3 5b 2917
cincholic acid 3*β*-*O*-*β*-D-fucopyranoside 1199
cinchonain Ⅰa 1778
cinchonain Ⅰb 1778
cinchonidine 85
1,4-cineole 409
1,8-cineole 409
cineromycin B_8 2916
cineromycin B_9 2916
cinerubin R 2767
5-cinnamoyl-9-acetyltaxicin-I 848
5-cinnamoyl-10-acetyltaxicin-I 848
cinnamoyl alkannin 1892
1-*O*-cinnamoyl-6-*O*-coumaroyl-*β*-D-glucopyranoside 2290
cinnamoyl-*α*-D-glucopyranoside 2290
1*β*-*O*-*E*-cinnamoyl-6*α*-hydroxy-9-*epi*-polygodial 619
1*β*-*O*-*E*-cinnamoyl-6*α*-hydroxyisodrimeninol 619
1*β*-*O*-*E*-cinnamoyl-5*α*-hydroxypolygodial 619
10-*O*-(*E*)-cinnamoyl-2-oxo-6-deoxyneoanisatin 632
10-*O*-(*Z*)-cinnamoyl-2-oxo-6-deoxyneoanisatin 632
6-*O*-*α*-L-(4"-*O*-*trans*-cinnamoyl)rhamnopyranosyl-catalpol 442
21-*O*-*trans*-cinnamoylacacic acid 1201
10-*O*-*E*-cinnamoylgeniposidic acid 446
6-cinnamoylhernandine 66, 143
8-*O*-cinnamoylmussaenosidic acid 446
8-cinnamoylmyoporoside 441
8-*O*-cinnamoylneoline 306
3*α*-[(*Z*)-cinnamoyloxy]tropane 53
1*β*-*O*-*E*-cinnamoylpolygodial 619
25-*O*-cinnamoylvulgaroside 969
cinnamyl-(6'-*O*-*β*-xylopyranosyl)-*O*-*β*-D-glucopyranoside 2289
cinnatriacetin A 2961
cinnatriacetin B 2961
2'*R*-cipadesin A 1142
2'*S*-cipadesin A 1142
cipadesin A 1143
cipadesin B 1142, 1143
cipadesin C 1144
cipadesin D 1144
cipadesin E 1144
cipadesin F 1144
cipadessalide 1145
circinadine A 299
circinadine B 311
circumdatin I 2867
cirsilineol 1631
cirsiliol 1631
cirsimaritin 1631
cissetin 2867
citpressine Ⅰ 280
citpressine Ⅱ 280
citracridone Ⅰ 279
citracridone Ⅱ 279
citreamicin α 2767
citreamicin ζ 2767
citreamicinη 2767
citreorosein 1900
citrifolinin A 448
citrifolinoside A 449
citrinamide A 2980
citrinamide B 2980
citrinin hydrate 1a 2980
citrinin hydrate 1b 2980
citronellol 401
citrumarin B 1617
citrusarin A 1562
citrusarin B 1562
citrusinine Ⅰ 280
citrusinol 1683
CJ-12 371 2980
CJ-12 372 2980
CJ-12 373 2980
CJ-12,950 2694
CJ-12954 2916
CJ-13014 2916

CJ-13015 2916
CJ-13102 2916
CJ-13104 2916
CJ-13108 2916
CJ-13136 2867
CJ-13217 2867
CJ-13536 2867
CJ-13564 2867
CJ-13567 2867
CJ-14258 2916, 2961
CJ-15544 2916, 2961
CJ-15696 2867
CJ-16169 2867
CJ-16170 2867
CJ-16171 2867
CJ-16173 2867
CJ-16174 2867
CJ-16196 2867
CJ-16197 2867
CJ-16264 2867
CJ-16367 2867
CJ-17572 2867
CJ-17665 2867
CJ-19784 2920
CJ-21 164 2980
CJ-21058 2867
cladiellaperoxide 745, 2379
cladiellisin 745, 2379
cladielloide A 2380
cladielloide B 2380
cladimarin A 1616
cladimarin B 1616
cladioxazole 2369
cladocalol 1279
cladonioidesin 2222
cladosporide B 2961
cladosporide C 2961
cladosporide D 2961
clandonensine 441
clandonosid 442
clandonoside Ⅱ 442
clarithromycin 2695
clathridimine 374
clathrin A 538
claudimerin A 1616
claudimerin B 1616
clausarin 1598
clausenal 177
clausenalene 177
clausenine 177
clausenol 177
clauslactone E 1545
clauslactone F 1545
clauslactone G 1545
clauslactone H 1545
clauslactone I 1545
clauslactone J 1545
clausmarin A 1600
clauszoline N 179
clavamycin A 2867
clavamycin B 2867
clavamycin C 2867
clavatine 166
clavonoline 168
clavosolide A 2652
clavosolide A 2653
clavosolide B 2652, 2653
clavosolide C 2653
clavosolide D 2653
(−)-cleavamine 220
(+)-cleavamine 220
clemaphenol A 1451
3α-cleoamblynol A 1081
cleoamblynol A 1081
cleoamblynol B 1081
cleroda-3,13-(*E*)-dien-15-al-17-oic acid 739
cleroda-3,13-(*Z*)-dien-15-al-17-oic acid 739
cleroda-3,13-(*E*)-dien-15,17-dial 739
cleroda-3,13-(*Z*)-dien-15,17-dial 739
(−)-cleroda-7,13*E*-dien-15-oic methyl ester 739
3,14-clerodadien 6α-*O*-β-D-quinovopyranosyl-13α-*O*-β-D-glucopyranoside 739
ent-cleroda-3,13(16),14-triene 739
cleroda-3,13(16),14-trien-17-al 739
(12*Z*)-5,10-*trans*-cleroda-3,12,14-trien-20-oic acid] 739
cleroda-3,13(16)-14-trien-17-oic acid 739
clerodendroside A 1631
clerosterol 2142
clindamycin 2867
clindamycin phosphate 2867
clitocybin A 2867
clonostachydiol 2694
6-*exo*-cloride-fenchone 431
2β-clorideoride-isobornyl 429
cloxacillin 2869
cnidilin 1567
cnidimarin 1616
cnidimonal 1616
cocaine 52
seco-coccinic acid A 990
seco-coccinic acid B 990
seco-coccinic acid C 990
seco-coccinic acid D 990
seco-coccinic acid E 990
seco-coccinic acid F 990
coccinilactone A 991
cochinchinenin B 1771
cochinchinenin C 1771
cochinchinenone 1771
cochinchinone B 1808
cochinine A 1657
cochleamycin A 2916
cochleamycin B 2916
cochlearenine 322
codeine 143
codonopsinine 28
coetsoidin A 919
coetsoidin A 919
coetsoidin B 913
coetsoidin G 918
coixol 397
colchamine 15
colchiceine 14
colchicine 14
colchicoside galactopyranoside 15
colebrin A 2143
colebrin B 2141
colebrin C 2144
colebrin D 2144
colebrin E 2144
coleon U 11-acetate 844
colletoic acid 2961

collinone 2767
collismycin A 2867
collismycin B 2867
colocasinol A 1452
colocynthoside A 989
colocynthoside B · 989
coloradocin 2694
colossolactone Ⅰ 985
colossolactone Ⅱ 985
colossolactone Ⅲ 986
colossolactone Ⅳ 991
colossolactone Ⅴ 991
colossolactone Ⅵ 991
colossolactone Ⅶ 991
columbamine 152
columbianetin acetate 1562
columbianetin propionate 1561
Columbianin 1561
columbianine 312
communin A 1659
communin B 1659
comoramide A 2625
comoramide B 2625
compound 1 737
concneorine 52
condaline A 382
conferinoside 2289
confluentic 2221
coniferin 2289
Z-coniferyl linoleate 2287
E-coniferyl stearate 2287
coniferylalcohol-4-*O*-farnesyl ether 537
coniferylaldehyde 2214
coniine 67
coniosetin 2961
connatusin A 694
connatusin B 694
consolidine 309
constrictosine 128
contigoside B 1677
convolutamine H 2485
convolutarnydine B 2492
convolutarnydine C 2492
convolutarnydine D 2492
convolutindole A 2492
coproverdine 2493
cordatolide A 1600
cordatolide E 1598, 1600
cordialin A 1085
cordianol A 1085
cordianol B 1085
cordianol C 1085
cordianol D 1085
cordianol E 1080
cordianol F 1085
cordianol G 1080
cordianol H 1080
cordianol I 1085
cordiaquinone A 1892
cordiaquinone J 1892
cordiaquinone K 1892
cordiaquinone L 1892
cordiaquinone M 1892
cordigone 1429
cordobic acid 18-acetate methyl ester 733
cordycepin 374
corlumine 130
coronaridine 201
cororubicin 2676
cortistatin E 2491
cortistatin F 2491
cortistatin G 2491
cortistatin H 2491
cortistatin J 2491
cortistatin K 2491
cortistatin L 2491
(±)-corydaine 134
(+)-corydaline 121, 152
corydaturtschine A 152
corydaturtschine B 152
corydine 114
corymbiferin-3-*O*-*β*-D-glucopyranoside 1808
corynanthine 189
corynecandin 2916
corynesidone A 2233
corynesidone B 2234
corynoline 121, 152
corypalline 128
corysamine 121
corytuberine 114
coscinamide A 2494
coscinamide B 2494
coscinamide C 2494
(+)-costaricine 146
coumaperine 67
coumarin 1545
6-*O*-*cis*-*p*-coumaroyl-8-*O*-acetylshanzhiside methyl ester 447
6-*O*-*trans*-*p*-coumaroyl-8-*O*-acetylshanzhiside methyl ester 447
11-*O*-*trans*-*p*-coumaroyl amarolide 1177
6'-*O*-(*p*-coumaroyl)antirrinoside 441
6-*O*-*cis*-*p*-coumaroyl-7-deoxyrehmaglutin A 449
6-*O*-*trans*-*p*-coumaroyl-7-deoxyrehmaglutin A 449
(1-*O*-*p*-coumaroyl-3,6-*O*-diferuloyl)-*β*-D-fructofuranosyl-(2→1)-(2-*O*-acetyl)-*α*-D-glucopyranoside 2292
6-*O*-*cis*-*p*-coumaroyl-8-*epi*-kingiside 451
6'-*O*-*trans*-*p*-coumaroyl-8-*epi*-kingiside 451
2'-*O*-coumaroyl-8-*epi*-tecomoside 444
8-*O*-(*p*-coumaroyl)-1(10)*E*,4(5)*E*-humuladien-8-ol 567
8-*O*-(*p*-coumaroyl)-5*β*-hydroperoxy-1(10)*E*,4(15)-humuladien-8*α*-ol 567
3-(*E*)-coumaroyl-28-palmitoylbetulin 1300
10-*O*-*cis*-*p*-coumaroylasystasioside E 444
10-*O*-*trans*-*p*-coumaroylasystasioside E 444
6-*O*-*p*-coumaroylaucubin 442
10-*O*-*cis*-*p*-coumaroylcatalpol 443
6-*O*-*cis*-*p*-coumaroylcatalpol 443
2''-*trans*-*p*-coumaroyldihydropenstemide 440
10-*O*-*trans*-coumaroyleranthemoside 444
10-*O*-*E*-*p*-coumaroylgeniposidic acid 446
(23*E*)-coumaroylhederagenin 1198
(23*Z*)-coumaroylhederagenin 1198
(3*Z*)-coumaroylhederagenin 1198
6'-*O*-*cis*-*p*-coumaroylloganin 446
6'-*O*-*trans*-*p*-coumaroylloganin 446
10-*cis*-(*p*-coumaroyloxy)oleoside dimethyl ester 452
10-*trans*-(*p*-coumaroyloxy)oleoside dimethyl ester 452
3*α*-(*E*)-coumaroyloxyolean-12-en-30-oic acid 1198
7*β*-coumaroyloxyugandoside 444
7-*O*-*p*-coumaroylpatrinoside 440

2'-*O*-coumaroylplantarenaloside 444
4'-*O*-*trans*-*p*-coumaroylswertiamarin 451
(*E*)-*p*-coumaryl alcohol -γ-*O*-methyl ether 2287
coumaryl *E*-*p*-coumaryl 13-*cis*-docosenoate 2287
Z-*p*-coumaryl 13-*cis*-docosenoate 2287
E-*p*-coumaryl palmitate 2287
Z-*p*-coumaryl palmitate 2287
6α-(7*Z*-coumaryloxy)eudesm-4(14)-ene 621
coumurrayin toddalenone 1547
coussaric acid 1281
cowagarcinone A 1809
cowagarcinone B 1807
cowagarcinone C 1807
cowagarcinone D 1809
cowagarcinone E 1808
cowaxanthone B 1808
cowaxanthone C 1810
CP-120509 2916
CP-80219 2917
CP-82009 2917
CP-84657 2917
CP-91243 2917
CP-91244 2917
craiobiotoxinⅠⅨ 920
crambescidin 359 2486
crassicauline A lactam 303
crassiflorone 1892
crassocolide D 2374
crassocolide E 2374
crassocolide G 2373
crassocolide H 2373
crassocolide M 2373
crassumolide A 2374
cremastrine 45
cremimycin 2694
crenulatoside A 537
crenulatoside B 537
crenulatoside C 537
crenulatoside D 537
crescentin Ⅰ 449
crescentin Ⅱ 449
crescentin Ⅲ 449
crescentin Ⅳ 449
crescentin Ⅴ 449
crescentoside A 449
crescentoside B 449
crescentoside C 444
o-cresol 2212
cribrarione C 1890
cribrostatin 3 2488
cribrostatin 4 2488
cribrostatin 5 2488
cribrostatin 6 2485
criophylline 237
crisamicin C 2767
crispatenine 568
cristanine A 157
cristanine B 157
CRM-51005 2981
CRM646-A 2222
CRM646-B 2222
crocin 1367
crotalic acid 1339
crotobarin 848
crotogoudin 848
crotomacrine 738
crotonadiol 733
crotonkinin A 915
crotonkinin B 915
crustinic acid 2222
cryptocapsin 1367
cryptolepine 249
cryptopine 128
cryptostictinolide 2235
cryptotanshinone 845, 1911, 1916
cstanins C 565
cstanins D 565
cstanins E 565
cstanins F 565
cubebenone 692
(8*R*,8'*R*,9*R*)-cubebin 1400
(8*R*,8'*R*,9*S*)-cubebin 1400
cubebin(β) 1428
cubebin(α) 1428
(8*S*,8'*R*,9*S*)-cubebin 1432
cubebin dimethyl ether 1404
cucumariaxanthin A 1368
cucumariaxanthin C 1368
cucumarioside A2-5 2383
cucumerin A 1634
cucumerin B 1634
cucurbita-5,23(*E*)-diene-3β,7β,25-triol 986
cucurbita-5,24-diene-3,7,23-trione 986
(23*E*)-cucurbita-5,23,25-triene-3β,7β-diol 986
cucurbita-5(10),6,23(*E*)-triene-3β,25-diol 989
(23*E*)-cucurbita-5,23,25-triene-3,7-dione 986
cucurbitacin B 2-sulfate 986
cucurbitacin G 2-*O*-β-D-glucopyranoside 987
cucurbitacin J 2-*O*-β-glucopyranoside 989
cucurbitacin K 2-*O*-β-glucopyranoside 989
cucurbitacin L 2-*O*-β-glucopyranoside 989
cucurbitaglycoside A 989
cucurbitaglycoside B 989
cucurbitaxanthin A 1367
cucurbitaxanthin B 1367
cudraflavone A 1633
cudraxanthone A 1810
cudraxanthone F 1808
cudraxanthone G 1808
cudraxanthone I 1809
cuevaene A 2917
cuevaene B 2917
cularine 108
trans-*o*-cumaric acid 2214
cuminyl 411
(–)-curcuhydroquinone 2559
(–)-curcuhydroquinone-1-monoacetate 2559
(+)-(*S*)-*ar*-curcumene 560
curcumol 629
(–)-curcuphenol acetate 2559
curcuzederone 567
curessoiropolone A 412
curine 146
curtisian A 2981
curtisian B 2981
curtisian C 2981
curtisian D 2981
cusculine 280
cuspanine 280
cussoracoside A 918
cussoracoside B 916

cussoracoside C 916
cussoracoside D 916
cussoracoside E 916
cussoracoside F 916
cussosaponin A 1303
cussosaponin B 1303
cussosaponin C 1303
cussosaponin D 1303
cussosaponin E 1303
cussovantoside A 918
cussovantoside B 918
cussovantoside C 918
cussovantoside D 918
cyanidin 1800
cyanidin-3-*O*-*β*-D-sambubioside 1800
cyanidin-3-*O*-(2-*O*-*β*-D-xylopyranosyl)-*β*-D-glucopyranoside 1800
cyanidin-3-*O*-(6-*O*-*trans*-*p*-coumaroyl-*β*-D-glucoside)-5-*O*-(6-*O*-malonyl-*β*-D-glucoside) 1802
cyanidin-3-*O*-*β*-galactopyranoside 1800
cyaniding-3-glucoside 1800
cyanidin-3-*O*-*β*-rutinoside 1800
cyanogenic glycoside of geniposidic acid 448
β-cyanoglutamic acid 2823
cyclanoline 120
cycleanine 146
(−)-cycleapeltine 146
9,11-cyclic-(5*E*)-jatrogrossidentadione 852
cyclization of (7*S*,8*S*)-demethylcarolignan E in HOAc 2290
cyclo(*N*-methyl-L-isoleucyl-D-hydroxyisovaleryl-*N*-methyl-L-isoleucyl-D-lactyl-*N*-methyl-L-isoleucyl-D-lactyl) 2824
cyclo(*N*-methyl-L-valyl-D-lactyl-*N*-methyl-L-valyl-D-lactyl-*N*-methyl-L-valyl-D-lactyl) 2824
cyclo-olivil 1466
cyclo(-pro-tyr) 383
cycloaltilisin 1633
cycloanchinopeptolide C 2492
(24*RS*)-cycloart-25-en-3*β*,24-diol 993
cycloart-24-en-1*α*,2*α*,3*β*-triol 992
cycloart-24-ene-1*α*,3*β*-diol 992
cycloart-24-ene-3*β*,28-diol 992
(23*E*)-cycloart-23-ene-3*β*,25-diol 993
cycloart-23(*Z*)-ene-3*β*,25-diol 993
(24*R*)-cycloart-25-ene-3*β*,24-diol-3*β*-*trans*-ferulate 993
(24*S*)-cycloart-25-ene-3*β*,24-diol-3*β*-*trans*-ferulate 993
cycloart-23*Z*-ene-3*β*,25-diol-3*β*-*trans*-ferulate 993
cycloart-23-ene-3*β*,25,28-triol 993
cycloartan-23*E*-ene-1*α*,2*α*,3*β*,25-tetrol 993
cycloartobiloxanthone 1810
cycloascauloside A 997
(14*β*,16*α*,3*R*,4*α*)-2,20-cycloaspidospermidine-17,18-didehydro-14-carboxylic acid methyl ester 204
(2*α*,14*β*,14*α*,3*R*,4*α*,20*R*)-2,20-cycloaspidospermidine 17,18-didehydro-14-carboxylicacid methyl ester 204
cycloatalaphylline A 157
cycloatalaphylline A 280
cyclobaleabuxine 356
cyclobuxidine F 356
cyclobuxine D 358
cyclobuxoxazine A 356
cyclocanaliculatin 1892
cyclocerberidol 413
β-cyclocitral 412
21,25-cyclodammar-20(22)-ene-3*β*,24*α*-diol 1080
cycloethuliacoumarin 1600
cyclogaleginoside D 997
cyclogalgravin 1465
(−)-cyclogalgravin 1466
cyclohex-3-enecarbaldehyde 2174
cyclohexamine 2173
cyclohexane 2173
cyclohexanamine 2173
cyclohexane-1,4-diol 2163
8-(2'-cyclohexanone)-7,8-dihydrochelerythrine 152
cyclohexene 2174
(cyclohexylamino)(cyclohexylimino)[5*R*-(5*α*,6*α*)]-5,6,7,8-tetrahydro-7-methylidene-8-oxo-5-(3,4,5-trimethoxyphenyl) naphtho[2,3-*d*][1,3]-dioxole-6-carboxylate 1467
cyclohopanediol 1340
cyclohopenol 1340
cycloisobrachycoumarinone epoxide 1563
cyclolinopeptide F 383
cyclolinopeptide G 383
cyclolinopeptide H 383
cyclolinopeptide I 383
cyclomammeisin 1562
cyclomegistine B 84
cyclomorusin 1633
cyclomulberrin 1633
9,12-cyclomulin-13-ol 921
(+)-cycloolivil-4'-*O*-*β*-D-glucopyranoside 1466
cyclopamine 370
cycloparvifloralone 625
cycloparviflorolide 625
cyclopassifloic acid B 994
cyclopassifloic acid C 994
cyclopassifloic acid E 994
cyclopassifloic acid F 994
cyclopassifloside Ⅸ 994
cyclopassifloside Ⅹ 994
cyclopassifloside Ⅺ 994
cyclopassifloside Ⅶ 994
cyclophostin 2917
cycloposine 370
cyclopropamine 2173
ent-cyclopropanecuparenol 692
cyclopropene 2174
cycloprotobuxine F 356
cyclopyrrhoxanthin 1368
cyclorenierin A 2558
cyclorenierin B 2558
cyclorivulobirin A 1616
cyclorivulobirin B 1616
cyclorivulobirin C 1616
cyclorolfoxazine 356
cyclostachine A 28
cyclotheonamide A 2624
cyclothialidine B 2822
cyclothialidine C 2822
cyclothialidine D 2822
cyclothialidine E 2822
cycloviolaxanthin 1367
cyclovirobuxeine A 356
cyclovirobuxine D 358
cycloxobuxidine F 356
cycoldidemnamide 2624
cylindrictone A 1078
cylindrictone B 1078
cylindrictone C 1078
cylindrictone D 1078
cylindrictone E 1078

cylindrictone F 1078
3β-[β-D-cymaropyranosyl-(1→4)-β-D-thevetopyranosyl-(1→4)-β-D-cymaropyranosyl-(1→4)-β-D-cymaropyranosyl-oxy]-12β-tigloyoxy-14β-hydroxypregn-5-en-20-one 2028
cymbimicin A 2917
cymbimicin B 2917
cymbinodin A 1911
cymbinodin A acetate 1911
ρ-cymene 411
cynaforroside K 2046
cynaforroside L 2046
cynaforroside M 2046
cynaforroside N 2048
cynaforroside O 2048
cynaforroside P 2040
cynaforroside Q 1993
cynanchogenin 3-O-β-D-glucopyranosyl(1→4)-β-D-cymaropyranosyl-(1→4)-β-D-cymaropyranosyl-(1→4)-β-D-oleandropyranosyl-(1→4)-β-D- oleandropyranosyl-(1→4)-β-D-cymaropyranosyl-(1→4)-β-D-cymaropyranoside 2042
cynanchogenin-3-O-β-D-glucopyranosyl-(1→4)-β-D-cymaropyranosyl-(1→4)-β-D-oleandropyranosyl-(1→4)-β-D-cymaropyranosyl-(1→4)-β-D-cymaropyranoside 2038
cynanchogenin3-O-β-D-glucopyranosyl(1→4)-β-D-cymaropyranosyl-(1→4)-β-D-oleandropyranosyl-(1→4)-β-D-oleandropyranosyl-(1→4)-β-D-cymaropyranosyl-(1→4)-β-D-cymaropyranoside 2054
cynanchogenin-3-O-β-D-glucopyranosyl(1→4)-β-D-oleandropyranosyl-(1→4)-β-D-cymaropyranosyl-(1→4)-β-D-oleandropyranosyl-(1→4)-β-D-cymaropyranosyl-(1→4)-β-D-cymaropyranoside 2054
cynanchogenin-3-O-β-D-glucopyranosyl(1→4)-α-L-oleandropyranosyl-(1→4)-β-D-cymaropyranosyl-(1→4)-β-D-oleandropyranosyl-(1→4)-β-D-cymaropyranosyl-(1→4)-β-D-cymaropyranoside 2054
cynanchogenin-3-O-β-D-glucopyranosyl-(1→4)-β-D-oleandropyranosyl-(1→4)-β-D-oleandropyranosyl-(1→4)-β-D-cymaropyranosyl-(1→4)-β-D-cymaropyranoside 2038
cynanoside A 2006
cynanoside B 2017
cynanoside C 2006
cynanoside D 2017
cynanoside E 1992
cynanoside F 2017
cynanoside G 1992
cynanoside H 1992
cynanoside I 2017
cynanoside J 1992
cynascyroside A 2006
cynascyroside B 2028
cynascyroside C 2028
cypanoside K 2028
cypanoside L 2032, 2040
cypanoside M 2006
cypanoside N 2028
cypanoside O 2028
cypanoside P_1 2006
cypanoside P_2 2030
cypanoside P_3 2006
cypanoside P_4 2030
cypanoside P_5 2030
cypanoside Q_1 2028
cypanoside Q_2 2006
cypanoside Q_3 2028
cypanoside R_1 2006
cypanoside R_2 2006
cypanoside R_3 2008
(+)-α-cyperone 623
β-cyperone 623
cyperusol A1 2366
cyperusol A2 2366
cyperusol B1 570, 2366
cyperusol B2 570, 2366
cyperusol C 2366
cyperusol D 2367
5α-cyprinol 1943
cypripediquinone A 1911
Z-L-Cys (Bz)-Gly-OEt 2361
cysfluoretin 2981
$(H\text{-}L\text{-}CysH\text{-}OCH_3)_2 \cdot 2HCl$ 2361
$H\text{-}L\text{-}CysH\text{-}OCH_3 \cdot HCl$ 2361
$(H\text{-}L\text{-}CysH\text{-}OH)_2 \cdot 2HCl$ 2361
H-L-CysH-OH • HCl 2361
cystodimine A 82
cystodimine B 82
cystodytin J 2489
cystodytin K 2489
cystothiazole A 2867
cytisine 167
cytoblastin 2867
cytochalasin E 2694
cytochalasin Z10 28
cytochalasin Z11 28
cytochalasin Z12 28
cytochalasin Z13 28
cytochalasin Z14 28
cytochalasin Z15 28
cytochalasin Z16 28
cytochalasin Z17 28
cytogenin 2917
cytoskyrin A 2561
cytovaricin 2694
cytovaricin B 2694

D

D329C 2917
D788-10 2767
D788-15 2767
D788-16 2767
D788-17 2767
D788-5 2767
D788-6 2767
D788-8 2767
D788-9 2767
dactylfungin A 2917
dactylfungin B 2917
dactylocyclinone 2767
dactyloquinone A 1916
dactyloquinone B 1916
daechuine S3 381
daedaleanic acid A 990
daedaleanic acid B 988
daedaleanic acid C 988
daedaleaside A 991
daemonorol E 1775
dahuribirin A 1615
dahuribirin B 1615
dahuribirin C 1615

dahuribirin D 1615
dahuribirin E 1615
dahuribirin F 1615
dahuribirin G 1615
daidzein 1738
daidzein-7,4'-*O*-diglucoside 1739
daidzein-7-*O*-*α*-D-glucopyranosyl-(1→4)-*O*-*β*-D-glucopyranoside 1739
daidzein-7-*O*-*β*-D-glucopyranosyl-(1→4)-*O*-*β*-D-glucopyranoside 1739
daidzin 1738
dalbin 1866
dalparvin A 1746
dalparvin B 1746
dalparvin C 1746
dalparvone 1738
damascenone 407
β-damascenone 413
damirone A 2485
damirone B 2485
20*S*,24*R*-dammar-25-ene-24-hydroperoxy-3*β*,20-diol 1081
(20*S*)-dammar-23-ene-3*β*-20,25,25-tetrol 1084
(20*R*)-dammar-25-ene-3*β*,20,21,24*ξ*-tetrol 1085
(20*R*)-dammara-13(17),24-dien-3-one 1078
(20*S*)-dammara-13(17),24-dien-3-one 1078
dammara-17*Z*, 21-diene 1084
danilol 619
danshenxinkun A 1911
danshenxinkun B 1911
danshexinkun A 845
daphmacropodine 265
daphmacropodine 328
daphneligin 1429
daphnenoside 2288
daphnetin 1545
daphnezomine A 326
daphnezomine B 326
daphnezomine C 328
daphnezomine D 328
daphnezomine E 328
daphnezomine F 335
daphnezomine G 335
daphnezomine H 331
daphnezomine J 331
daphnezomine K 331
daphnezomine L 326
daphnezomine N 326
daphnezomine Q 335
daphnezomine R 327
daphnezomine S 331
daphnezomine T 265, 331
daphnezomine U 265, 335
daphnezomine V 265, 328
daphnicyclidin A 264
daphnicyclidin B 264
daphnicyclidin C 264
daphnicyclidin D 264, 334
daphnicyclidin E 264
daphnicyclidin F 264
daphnicyclidin G 264
daphnicyclidin H 264, 335
daphnicyclidin J 264
daphnicyclidin K 29
daphnilactone A 265, 327
daphnilongeranin A 265, 334
daphnilongeranin B 265, 334
daphnilongeranin C 265, 334
daphnilongeranin D 266, 328
daphnilongerine 265
daphnioldhanin D 66, 328
daphnioldhanin E 66, 328
daphnioldhanin F 66, 328
daphnioldhanin G 66, 328
daphnioldhanine H 265, 328
daphnioldhanine I 265, 328
daphnioldhanine I trifluoroacetate 328
daphnioldhanine J 265, 334
daphnioldhanine K 265, 327
daphnipaxianine A 265, 334
daphnipaxianine B 265, 334
daphnipaxianine C 265, 334
daphnipaxianine D 265, 327
daphniphylline 265, 328
daphnodorin A 1872
daphnodorin B 1872
daphnodorin C 1872
daphnodorin D_1 1871
daphnodorin D_2 1871
daphnodorin E 1871
daphnodorin F 1871
daphnodorin G 1871
daphnodorin H 1871
daphnodorin I 1872
daphnodorin M pentamethyl ether 1872
daphnodorin N pentamethyl ether 1872
daphnogirin A 1871
daphnogirin B 1871
daphnoretin 1615
daphsaifnin 1615
daphynicyclidin L 264, 334
darutigenol 841
dasymachaline-*α*-*N*-oxide 114
datumetine 52
daturilin 2133
dauricoside 121
dauricumidine 26
dauricumine 26
davidiol A 2271
davidiol B 2271
davidiol C 2277
davisioside 442
de-*O*-ethylsalvonitin 747
21-de(2-hydroxyethyl)-7-deoxoatidine 321
de-*N*-methyl-*O*-noracronycine 279
2-deacetoxy-decinnamoyl taxinine J 849
1-deacetoxy-8-deoxyalgoane 624
7-deacetoxy-7*α*,11*α*-dihydroxygedunin 1143
7-deacetoxy-7*α*,11*β*-dihydroxygedunin 1143
16-deacetoxy-7*β*-hydroxyfusidic acid 990
8-deacetoxy-8-isopentoxycrassicauline A 301
12-deacetoxyactaeaepoxide 3-*O*-*β*-D-xylopyranoside 995
1-deacetoxyalgoane 624
8-deacetoxyl-8-benzoyloxycrassicauline A 301
13-deacetoxyl calicophirin B 2379
2-deacetoxytaxinine B 849
2-deacetoxytaxinine J 849
12-deacetoxytoonacilin 1143
7-deacetoxyyanuthone A 537
12-deacetyl-aplysillin 846
9-deacetyl-9-benzoyl-10-debenzoylbrevifoliol 850
O-deacetyl-*O*-benzoyl-10-methoxypicratidine 245
8-*O*-deacetyl-8-*O*-*t*-butoxycarbonylcrassicauline A 301

O^{20}-deacetyl-5-de(acetyloxy)-4,5-didehydro-2-deoxy-yuzurimine methanesulfonate (ester) 332
8-*O*-deacetyl-8-*O*,13-di-*t*-butoxycarbonylcrassicauline A 301
15-deacetyl-21-dioxoraspacionin 2383
deacetyl-1,2-disubstituted hydroquinone 2558
8-*O*-deacetyl-8-*O*-ethylcrassicauline A 301
4'-deacetyl-(−)-griseusin A 2768
4'-deacetyl-(−)-griseusin B 2768
O-deacetyl-10-methoxy-*O*-veratroylpicratidine 245
6-deacetyl-teucrolivin A 742
deacetylalpinoside 446
deacetylcolchicine 15
1-deacetylforskolin A 735
7-deacetylforskolin A 735
16-deacetylgeyerline 296
deacetylhectochlorin 2654
deacetylhirtin 1143
deacetylisocolchicine 15
deacetylkhayanolide E 1142
N-deacetylkuanoniamine C 2489
N-deacetyllappaconitine 305
7-deacetylnimolicinol 1144
12-deacetyloxy-23-*epi*-26-deoxyactein 996
12-deacetyloxy-15α-hydroxy-23-*epi*-26-deoxyactein 996
deacetylpseudaconitine 299
11*S*-deacetylpseudolaric acid 749
deacetylpseudolaric acid A 749
deacetylpseudolaric acid A 2,3-dihydroxypropyl ester 749
deacetylpseudolaric acid B 2,3-dihydroxypropyl ester 749
deacetylpseudolaric acid A *O*-β-D-glucopyranoside 749
N-deacetylranaconitine 305
3-deacetylsalannin 982
11-deacetylscutalpin D 742
6-*O*-deacetylsecomahoganin 1143
N-deacetylshermilamine B 82
2-deacetyltaxachitriene A 850
2-deacetyltaxinine A 848
deacetyltomentoside Ⅰ 995
8-deacetylyunaconitine 299
deacetylzeylanidine 567
deacylmetaplexigenin 3-*O*-β-D-oleandropyranosyl-(1→4)-β-D-oleandropyranosyl-(1→4)-β-D-cymaropyranosyl-(1→4)-3-*O*-β-D-cymaropyranoside 2028
debenzoyl-7-deoxo-1*R*,7*R*-dihydroxytashironin 694
debenzoyl-7-deoxo-7*R*-hydroxy-3-oxotashironin 694
debenzoyl-7-deoxo-7*R*-hydroxytashironin 694
2-debenzoyl-2-tigloyl-10-deacetylbaccatin Ⅲ 849
debromoaplysiatoxin 2558
debromoepiaplysinol 625
(*R*)-6''-debromohamacanthin A 236, 2494
(*S*)-6''-debromohamacanthin B 236
(*R*)-6''-debromohamacanthin B 2494
(*S*)-6''-debromohamacanthin B 2494
debromophycolide A 2652
(*2E,8E*)-deca-2,8-dien-4,6-diyne-1,10-diol 2161
(*E*)-deca-2-en-4,6-diyne-1,8-diol 2161
(7aα,10aα,10bα)-decahydro-1*H*,8*H*-benzo[*ij*]quinolizin-8-one 166
cis-cis-decahydro-1*H*,5*H*-benzo[*ij*]quinolizine 166
trans-trans-decahydro-1*H*,5*H*-benzo[*ij*]quinolizine 166
decahydro-6a,10b-dimenthyl-4a*H*-naphtho[1,2-*e*][1,3]oxazin-3(10b*H*)-one 2151
decahydro-2,3-dimethylnaphthalene 2173
decahydro-2,4a-dimethylnaphthalene 2173
(7aα,10aα,10bβ)-decahydro-8,10-dioxo-1*H*, 10b*H*-benzo[*ij*]quinolizine-10b-carboxylicacid methyl ester 166
decahydro-4a-methylnaphthalene 2173
decahydro-1-methylnaphthalene 2174
(7aα,10β,10aα,10bβ)-decahydro-10-(2-oxo-propyl)-1*H*,8*H*-benzo[*ij*]quinolizin-8-one 166
trans-decahydroquinoline 80
(2*S*, 4*R*)-decahydro-1,1,4-trimethylmaphthalen-2-ol 2163
decahydronaphthalene 2173
decamethylrabdosiin 1468
decane 2170
(+)-3'-decanoyl-*cis*-khellactone 1600
(+)-4'-decanoyl-*cis*-khellactone 1600
(+)-decanoyllomatin 1599
decarboxydihydrocitrinin 2557
decarestrictine E 2694
decarestrictine F 2694
decarestrictine G 2694
decarestrictine H 2694
decarestrictine I 2694
decarestrictine J 2694
decarestrictine K 2694
decarestrictine L 2694, 2917
decarestrictine M 2694, 2917
decaryiols D 2372
dechlorinated dauricumine 26
dechloroacutumine 26
dechlorodauricumine 26, 158
dechlorogeodin, dihydrobis 2917
decuroside Ⅵ 1564
(+)-*trans*-decursidinol 1598
(−)-*cis*-decursidinol 1600
decussatin 1807
decussine 232
N-deethyl-*N*-acetyllappaconitine 307
N-deethyl-5''-bromolappaconitine imine 307
N-deethyl-*N*-19-didehydrosachaconitine 317
N-deethyl-*N*-methyl-12-*epi*-napelline 319
N-deethyl-*N*,8,9-triacetyllappaconitine 307
N-deethylcrassicauline A 303
N-deethylcrassicauline A imine 303
N-deethyllappaconitine 307
N-deethyllappaconitine imine 307
deguelin 1865
dehydroabietic acid 843
14,15-dehydroajugareptansin 742
dehydroazukisaponin Ⅴ methyl ester 1202
dehydrobrowniine 312
dehydrobruceantino 1177
dehydrocavidine 128
dehydrocheilanthifoline 128
dehydrocineromycin B 2694
dehydrocorydaline 121
18,19-dehydrocorynoxinic acid 223
18,19-dehydrocorynoxinic acid B 223
8,9-dehydrocurcuphenol 560
dehydrodaphnigraciline 265
dehydrodaphnigraciline 327
dehydrodecodine 165
6a,12a-dehydrodeguelin 1866
3-dehydrodeoxyandrographolide 734
14,15-dehydro-8-deoxylydicamycin 2872
5,6-dehydrodesepoxyharperforin C2 1177
dehydrodiconiferyl alcohol dibenzoate 1500
(−)-dehydrodiconiferyl alcohol-4-*O*-β-D-glucopyranoside 1500
(+)-dehydrodiconiferyl alcohol-4-*O*-β-D-glucopyr-

anoside 1500
dehydrodiconiferyl alcohol 4-*O*-*β*-D-glucopyranoside acetate 1500
dehydrodiscretamine 128
14,15-dehydroepivincadine 219
dehydroevodiamine 248
dehydrogaertneroside 449
1,2-dehydrogeissoschizoline 205
14-dehydrogenicunine B 317
13,18-dehydroglaucarubinone 1175
dehydroglaucine 114
dehydroglyasperin C 1795
dehydroglyasperin D 1795
dehydrogriseofulvin 2918
dehydrohomopumiliotoxin 165
5-dehydro-3-hydro-7*β*-hydroxy-6-oxoeurycolactone E 981
dehydrokuanoniamine B 2489
3,4-dehydrolarreatricin 1430
9,11-dehydromanogenin-3-*O*-{*β*-D-glucopyranosyl-(1→2)-*O*-*β*-D-glucopyranosyl-(1→4)-*β*-D-galactopyranoside} 2095
9,11-dehydromanogenin-3-*O*-*β*-D-glucopyranosyl-(1→2)-*α*-L-rhamnopyranosyl-(1→4)-*β*-D-xylopyranosyl-(1→3)]-*β*-D-glucopyranosyl-(1→4)-*β*-D-galactopyranoside} 2108
9,11-dehydromanogenin-3-*O*-{*β*-D-glucopyranosyl-(1→2)-*O*-[*β*-D-xylopyranosyl-(1→3)]-*O*-*β*-D-glucopyranosyl-(1→4)-*β*-D-galactopyranoside} 2103
dehydromethoxygaertneroside 449
5,6-dehydromultiflorine 168
7,8-dehydronorbotryal 2963
1,2-dehydro-3-oxo-*β*-gurjunene 693
4,5-dehydro-6-oxo-18-norgrindelic acid 736
dehydro-*β*-peltatin methyl ether 1489
dehydrooxoperezinone-6-methyl ether 1891
dehydropachymic acid 985
dehydropodophyllotoxin 1489
dehydroprotochiisanogenin 1301
dehydrorotenone 1866
2,3-dehydrosalvipisone 1892
7-dehydrosarcophytin 848
8-dehydrostaurosporine 231
dehydrotawicyclamide A 2624
dehydrotawicyclamide B 2624
dehydrotheasinensin AQ 1779
dehydrotheonelline 2367
dehydrotomatine 339
6a,12a-dehydro-*α*-toxicarol 1866
dehydrotumulosic acid 985
dehydroulmudiol 1279
dehydrovincine 213
dehydrovoachalotine 187
6-dehydroxy-13-*epi*-yosgadensonol 968
3,3'-dehydroxy-5-methoxy stilbene 2245
3,3'-dehydroxy-5-methoxy stilbenediacetate 2245
21-dehydroxybolinaquinone 2366
4'-dehydroxycabenegrin A-1 1855
9-dehydroxyforskolin A 735
8-dehydroxyl chalcomycin 2692
11-dehydroxymogroside Ⅲ 987
13-dehydroxysarcoglaucol 2372
13-dehydroxystecholide J 744
6-dehydroxyyosgadensonol 968
delafrine 363
delafrinone 363
delaumonone A 1176
delaumonone B 1176
delavine 363
delcorine 294
delcosine 310
deliseic acid 2222
delphatine 310
delphinidin-3-*O*-*β*-galactopyranoside 1800
delphinidin-3-*O*-*β*-D-glucopyranoside 1801
delphinidin-3-*O*-*β*-rutinoside 1801
delphinifoline 312
delphisine 309
delsemine 305
delsine 312
delsoline 309
deltaline 294
deltamine 294
demecolceine 15
3'-demethoxy-3'-hydroxy-staurosporine 2871
3-demethoxy-3-hydroxystaurosporine 2496
4'-demethoxy isogriseofulvin 2918
8-demethoxy-10-*O*-methylhostasine 224
2'-demethoxy-steffimycin 2772
8,2'-demethoxy-steffimycin 2772
8-demethoxy-steffimycin 2772
8-demethoxyhostasine 224
demethoxykanugin 1676
11-demethoxyl-12-methoxyloxynitidine 152
5-demethoxyniranthin 1403
6-demethoxynobiletin 1633
10-demethoxystegane 1507
1-demethoxyyunaconitine 303
30-demethy-8-deoxyl ydicamycin 2872
4-demethyl-1-acetylcolchicine 14
24-demethyl-bafilomycin C_1 2694
(7*S*,8*S*)-demethyl carolignan E 2290
6-*O*-demethyl-5-deoxy fusarubin 2768
(14*R*,18*R*)-11-demethyl-19,20-dihydro-epivincine 213
(14*S*)-11-demethyl-19,20-dihydro-epivincine 213
22-*O*-demethyl-22-*O*-b-d-glucopyranosylisocorynoxeine 223
1-demethyl-hyalodendrin tetrasulfide 2868
10-*O*-demethyl-17-*O*-methyl isoarnottianamide 152
9-*O*-demethyl-7-*O*-methyllycorenine 224
7-demethyl naphterpin 2769
7'-demethyl novobiocin 2918
demethyl(oxy)aaptamine 2486
30-demethyl ydicamycin 2872
N-demethylacronycine 279
demethylallosamidin 2675
4'-*O*-demethylancistrocladinium A 139
6-*O*-demethylancistroealaine A 139
(*E*)-2'-demethylaplysinopsin 178
3'-*O*-demethylated-(7*R*)-7-hydroxytaxiresinol 1431
1-demethylaurantio-obtusin-2-*O*-*β*-D-glucopyranoside 1902
4-*O*-demethylbarbatic acid 2220
demethylbroussin 1776
O-demethylbuchenavianine 1634
1-demethylcolchicine 14
3-demethylcolchicine 14
31-demethylcyclobuxoviridine 358
demethylcyclomikuranine 358
4'-demethyldehydropodophyllotoxin 1489
4'-demethyldeoxypodophyllotoxi 1490
4'-demethyldesoxypicropodophyllotoxin 1489
4'-demethyldesoxypodophyllotoxin 1489
5'-*O*-demethyldioncophylline A 139
3',4'-*O*,*O*-demethylenehinokinin 1401
5'-*O*-demethylhamatine 139

5'-*O*-demethylhamatinine 139
N-demethylholacurtine 350
41-demethylhomooligomycin B 2697
demethylincisterol A1 2593
demethylincisterol A2 2593
demethylincisterol A3 2593
demethylincisterol A4 2593
4'-demethylisopodophyllotoxin 1489
1-demethylkadsuphilin 1508
demethylmacrosporine I 1901
4-*O*-demethylmanassantin 1430
2-demethylmonensin A 2918
2-demethylmonensin B 2918
5-*O*-demethylnobiletin 1633
5''-demethylnovobiocin 2918
18-demethylparaensidimerin C 85
demethylpiperitol 1451
N-demethylpuqietinone 346
19-demethylreblastatin 2698
4-*N*-demethylstaurosporine 2496
4'-*O*-demethylsuchilactone 1402
7-demethyltylophorine *N*-oxide 264
N-demethylvancomycin 2824
demissidine 340
denbinobin 1911
dendridine A 237
dendronpholide A 2373
dendronpholide B 2373
dendronpholide E 2373
dendronpholide F 2373
dendronpholide I 2373
dendronpholide M 2373
dendronpholide P 2373
dendronpholide Q 2373
dendronpholide R 2373
dendroside A 693
deniagenin 1982
deniculatin 1988
denicunine 1988
densiflorol B 1911
dentatin 1598
dentatin A 631
dentatin B 631
dentatin C 631
denudadione A 1528
denudadione B 1528
denudadione C 1528
denudanolide A 1528
denudanolide B 1528
denudanolide C 1528
denudanolide D 1528
denudatin A 1518
denudatin B 1518
(–)-denudatin B 1519
denudatine 319
4'-deoleandrosyl-6,8a-*seco*-6,8a-deoxy-5-oxoavermectin B1a 2694
4'-deoleandrosyl-6,8a-*seco*-6,8a-deoxy-5-oxoavermectin B2a 2694
4'-deoleandrosyl-6,8a-*seco*-6,8a-deoxyavermectin B1a 2693
2-deoxo-8-*O*-acetyl pumilin 632
2-deoxo-5-deoxy-8-*O*-acetyl-17,18-epoxy pumilin 632
deoxoibolutein e 232
11,12-deoxy-11*H*-12-acetoxystecholide E acetate 2378
2-deoxy-2-aminokealiiquinone 2488
14-deoxy-ε-caeslpin 848
deoxy-13-cyclopropyl-erythromycin B 2695
6-deoxy-7-demethylmangostanin 1810
4-deoxy-7β,16α-diacetoxywithanolide D 2121
6,8a-*seco*-6,8a-deoxy-2.5-didehydroavermectin B2a 2694
7-deoxy-7,14-didehydrosydonic acid 560
7-deoxy-7,8-didehydrosydonic acid 560
18-deoxy-18-dihydrospiramycin 2698
12-deoxy-7,7-dimethoxy-6-ketoroyleanone 844
2'-deoxy-2'-(2,3-epoxy-3-methylbutanoyl)bruceol 1598
2'-deoxy-2'-(2-hydroperoxy-3-methyl-3-butenyl)bruceol 1598
12-deoxy-6-hydroxy-6,7-dehydroroyleanone 844
2'-deoxy-2'-(2-hydroxy-3-methyl-2-butanoyl)bruceol 1598
6-deoxy-9α-hydroxycedrodorin 1142
8-deoxy-lankolide 2695
2'-deoxy-2'-(3-methyl-2-butenoyl)bruceol 1598
6-deoxy oxaunomycin 2770
12-deoxy-salvipisone 1891
2'-deoxy-2'-(1,2,3-trihydroxy-3-methylbutyl)bruceol 1598
5-deoxyabyssinin Ⅱ 1658
26-deoxyactein 996
5-deoxyantirrhinoside 441
4-deoxyasbestinin G 2376
4-deoxyasbestinin G 746
deoxybruceol 1600
3-deoxycapsanthin 1367
deoxycastoramine 168
deoxycollatolic acid 2235
16-deoxycucurbitacin B 986
1-deoxydiacetyltaxine B 848
(+)-*S*-deoxydihydroglyparvin 17
deoxydihydronorzoanthamine 2490
deoxygaudichaudione A 1810
deoxyharringtonine 26
19-deoxyicetexone 851
19-deoxyisocetexone 851
4''-deoxyisoterprenin 2981
6-deoxyjacareubin 1808
4''-deoxykanokoside A 440
4''-deoxykanokoside C 440
8-deoxyl ydicamycin 2872
18-deoxyleucopaxillone A 986
6-deoxymanzamine X 2495
6-deoxymelittoside 442
2'-deoxymeranzin hydrate 1545
8-deoxymerrilliortholactone 627
(+)-*N*-deoxymilitarinone A 68
19-deoxymycotrienin Ⅱ 2697
deoxynorzoanthamine 2490
deoxynupharamine 168
deoxyobacunone 978
12-deoxyphorbol 13-(3*E*,5*E*-decadienoate) 921
deoxypicropodophyllin 1490
deoxypicropodophyllotoxin 1489
deoxypodophyllotoxin 1489
4''-deoxyprenylterphenyllin 2981
5-deoxyprotobruceol Ⅰ hydroperoxy regioisomer 1599
5-deoxyprotobruceol Ⅰ regioisomer 1599
5-deoxyprotobruceol Ⅱ hydroperoxy regioisomer 1599
3-deoxypseudoanisatin 626
deoxypumiloside 82
deoxyrotenone 1866
6-deoxysalviphlomone 844
3-deoxysappanone B 1847
11,12-deoxystecholide A acetate 2378
11,12-deoxystecholide E 2378
deoxystictic acid 2235

2-deoxystreptamine 2675
2-deoxystreptamine 2676
4'-deoxyterprenin 2557.
4"-deoxyterprenin 2981
1-deoxytetrahydrobostryin 2772
(+)-*S*-deoxytetrahydroglyparvin 17
deoxyyuzurimine 331
depressin 749
depressine 451
depresteroside 452
depsidomycin 2822
des-*p*-hydroxybenzoylkisasagenol B 449
desacetylhookerioside 448
desacylkondurangogenin C 1982
deschlorobromo-caespitenone 562, 2369
deschlorobromo-caespitol 2368
deschlorobromo-caespitol 562
deserpidine 189
desertorin A 1615
desertorin B 1615
desfurano-desacetylnimbin-17-one 1349
desfurano-6α-hydroxyazadiradione 1144
desmanthin-1 1679
10'-desmethoxy streptonigrin 2772
α-desmethoxycubebinin 1400
β-desmethoxycubebinin 1400
(−)-3-desmethoxycubebinin(α) 1428
(−)-3-desmethoxycubebinin(β) 1428
6-desmethoxyhormothamnione 2558
6-desmethoxyhormothamnione triacetate 2558
desmethoxymatteucinol 1657
6-desmethyl erythromycin D 2695
(−)-13aα-6-*O*-desmethylantofine 263
desmethylicaritin 1682
desmethylpraecansone B 1754
(−)-13aα-6-*O*-desmethylsecoantofine 264
6'-desmethylthalifaboramine 147
7-desmethyltylophorine 264
desmethylxanthohumol 1753
desmethylxanthohumol B 1754
desmodianone A 1747
desmodianone B 1746
desmosdumotin B 1634
desmosdumotin D 1751
desmosflavone 1630
8-desoxygartanin 1808
desoxyhypnophilin 2962
6*S*,10*R*,11*R*-10-desoxyiridal 975
desoxyvanilloin diacetate 2246
destomycin A 2676
destruxin A_1 383
destruxin Ed_1 383
detetrahydroconidendrin 1490
dextrobursehernin 1401
dextromethorphan 143
ent-1α,7β-diacetoxy-14α-hydroxykaur-16-en-15-one 913
diacetate anisocoumarin D 1564
diacetate asarinol D 412
2',4-diacetoxy-5'-(3-acetoxypropyl)-3,3'-dimethoxystilbene 2246
8β,10α-diacetoxy-$\Delta^{9(12)}$-capnellene 2366
9α,10β-diacetoxy-5α-cinnamoyloxytaxa-4(20),11-dien-13α-ol 849
11β,19-diacetoxy-l-deacetyl-l-epidihydronomilin 1144
14α,15b-diacetoxy-3b,7b-dibenzoyloxy-17-hydroxy-9-oxo-2b*H*,13b*H*-jatropha-5*E*,11*E*-diene 748
4,4'-diacetoxy-3,3'-dimethoxy-9,9'-epoxylignan 1428
2',4-diacetoxy-3,3'-dimethoxy-5'-methyl -*cis*-stilbene 2246
2',4-diacetoxy-3,3'-dimethoxy-*cis*-stilbene 2246
2',4-diacetoxy-3,3'-dimethoxy-*trans*-stilbene 2246
19,20-diacetoxy-7,8-epoxy-3,12,13-dolabellatriene 748
ent-(16*S*)-1α,14α-diacetoxy-7β-hydroxy-17-methoxykauran-15-one 917
3α,11α-diacetoxy-25-hydroxycholest-4-en-6-one 1945
(1*R*,6*R*,11*R*,12*R*)-6,16-diacetoxy-12-hydroxydolabella-3*E*,7*E*-diene 747
6α,14-diacetoxy-15-hydroxyeleman-8α,12-olide 568
(1*S*,4*R*,5*S*,6*S*,7*S*,10*R*)-1,15-diacetoxy-4-hydroxyeudesm-11 (13)-en-6,12-olide 622
ent-1α,14α-diacetoxy-7β-hydroxykaur-16-en-15-one 913
ent-11α,18-diacetoxy-7β-hydroxykaur-16-en-15-one 914
(6*S*,7*R*,8*S*)-8,15-diacetoxy-14-hydroxymelampa-1(10),4,11 (13)-trien-12,6-olide 563
15,17-diacetoxy-*ent*-isocopal-l2-en-16-al 846
1α,6α-diacetoxy-*ent*-kaura-9(11),16-dien-12,15-dione 914
6α,15β-diacetoxy-*ent*-kaura-9(11),16-dien-12-one 915
6α,15β-diacetoxy-*ent*-kaura-9(11),16-diene 915
16(*R*)-1α,6β-diacetoxy-*ent*-9(11)-kauren-12,15-dione 917
3α,21β-diacetoxy-11α-methoxy-urs-12-ene 1200
3α,21β-diacetoxy-11α-methoxy-urs-12-ene 1280
2',4-diacetoxy-4'-methoxychalcone 1752
trans-2,2'-diacetoxy-4'-methoxychalcone 1752
6α,14-diacetoxy-15-oxo-(*Z*)1(10),(*Z*)4-germacradien-8α,12-olide 566
15,16-diacetoxy-11-oxo-*ent*-isocopal-l2-ene 846
(6*S*,7*R*,8*S*)-8,15-diacetoxy-14-oxomelampa-1(10),4,11(13)-trien-12,6-olide 563
5α,6α,10β-diacetoxy-4(20),11-taxadiene 849
1α,2α-diacetoxy-6β,9β,15-tribenzoyloxy-β-dihydro-agarofuran 623
(3*E*,7*E*)-2α,10β-diacetoxy-5α,13α,20-trihydroxy-3,8-seco-taxa-3,7,11-trien-9-one 850
(3*E*,5*E*,9*E*)-8,11-diacetoxy-3,7,11-trimethyldodeca-1,3,5,9-tetraene 536
18-*O*-α-L-2',5'-diacetoxyarabinofuranosyl-5α-hydroxy-*ent*-ros-15-ene 846
3β,16β-diacetoxybetulinic acid 1299
3β,16β-diacetoxybetulinic acid methyl ester 1299
2,2'-diacetoxychalcone 1752
(1*S**,2*Z*,6*E*,10*R**,11*S**,12*S**,13*S**,14*R**)-12,13-diacetoxycladiella-2,6-dien-11-ol 746
3',5'-diacetoxyeriosemaone B 1659
(1*R*,6*S*,7*S*,10*R*)-1,15-diacetoxyeudesma-4,11(13)-dien-6,12-olide 622
(1*S*,5*S*,6*S*,7*S*,10*R*)-1,15-diacetoxyeudesma-3,11(13)-dien-6,12-olide 622
4,8-diacetoxyeudesmin 1452
2',4'-diacetoxyflemichin D 1659
(1*R*,2*R*)-*ent*-1,2-diacetoxyisopimara-8(14),15-diene 842
1α,6α-diacetoxyjungermannenone C 920
3,5-diacetoxyl-4',7,8-trimethoxyflavanol 1675
5,4'-diacetoxylupinifolinol 1725
3,5-diacetoxymundulinol 1725
4,8-diacetoxypinoresinol diacetate 1452
3β,19-diacetoxyspongia-13(16),14-diene 846
7β,16α-diacetoxywithanolide D 2121
3",4"-di-*O*-acetylafzelin 1677
diacetylakhdartriol 841
2,3-di-*O*-acetylanthothecanolide 1142
1,4-diacetyl-artemisia 401
2β,3β-*O*-diacetyl-camphor 430

2α,3α-O-diacetyl-camphor 430
2α,3β-O-diacetyl-camphor 430
2β,3α-O-diacetyl-camphor 430
2,9-O-diacetyl-camphor 430
2α,3α-diacetylcativic acid methyl ester 732
2,9-diacetyl-2-debutyrylstecholide H 744
11,13-O-diacetyl-9-deoxyglanduline 323
di-N-acetyl-2-deoxystreptamine 2676
diacetyleleganodiol 562
diacetyleleganolactone B 566
N,N'-diacetylephedradine C 394
1,3-diacetyl-24-epi-polacandrin 1080
3β,16α-di-O-acetyl-13β,28-epoxyoleanane 1196
4, 4'-diacetyl ferulenoloxyferulenol 1617
3β,28-di-O-acetyl-16α-hydroxy-12-oleanene 1199
8α,10α-di-O-acetyl-lactarorufin A 633
8,12-O-diacetylingol 3,7-dibenzoate 852
8,12-O-diacetylingol 3,7-ditiglate 852
diacetyl nimbidiol 848
4β,11-O-diacetyl-nopol 432
2",3"-diacetylisovalerosidate 440
Z-4',6-diacetyloxyaurone 1839
(–)diacetyl-syringaresinol 1451
6α,12-diacetylteucrolin B 741
diacetylteukotschyn 742
2,6-diacetylteumarin 742
2",3"-diacetylvalerosidate 440
24,25-O-diacetylvulgaroside 969
1,2-diacyl-sn-glycero-3-phospho(N-acetylethanolamine) 2187
1,2-diacyl-sn-glycero-3-phospho(N-ethoxycarbonyl-ethanolamine) 2187
diadinochrome A 1369
2,6-diamine-9H-purine 376
21β, 22α-O-diangeloyl barringtogenol C 1199
21β, 22α-O-diangeloyl camelliagenin D 1199
21β, 22α-O-diangeloyl protoaescigenin 1199
2α,8-diangeloyloxy-3β,4β,10,11-diepoxy-1α-hydroxybisabol-7(14)-ene 562
2β,8-diangeloyloxy-3α,4α,10,11-diepoxy-1α-hydroxybisabol-7(14)-ene 562
1β,8-diangeloyloxy-3β,4β,10,11-diepoxybisabol-7(14)-ene 562
1α,8-diangeloyloxy-10,11-dihydroxy-3β,4β-epoxybisabol-7(14)-en-2-one 562
1β,8-diangeloyloxy-3β,4β-epoxy-2β,10,11-trihydroxybisabol-7(14)-ene 562
((9Z,9"Z)-6,6"-diapocarotene-6,6"-dioate 1369
diarctigenin 1403
(+)-diasyringaresinol 1451
diatoxanthin 1367
diazaanthraquinone 1 1917
diazaquinomycin C 1917
diazepinomicin 2489
dibefurin 2767
6-O-α-L-(2"-O-,3"-O-dibenzoyl, 4"-O -cis-p-coumaroyl) rhamnopyranosylcatalpol 442
6-O-α-L-(2"-O-,3"-O-dibenzoyl,4"-O-trans-p-coumaroyl) rhamnopyranosylcatalpol 443
6-O-α-L-(2"-O-,3"-O-dibenzoyl)rhamnopyranosylcatalpol 443
8,14-dibenzoylbikhaconine 301
13,16-dibenzoyloxy-20-deoxyingeno-3-benzoate 921
3α,6β-dibenzoyloxytropane 52
dibothrioclinin Ⅰ 1617
dibothrioclinin Ⅱ 1617
5,5'-dibromo-3,3'-bis((1S,2S,5R)-1,2-dimethylbicyclo[3.1.0]hexan-2-yl)-6,6'-dimethylbiphenyl-2,2'-diol 2367
2,4-dibromo-1-(2-bromo-1-chloroethyl)-3,3-dimethylcyclohex-1-ene 2364
1,6(S)-dibromo-8(S)-chloro-1(E),3(Z)-ochtodiene 2364
(3R,4R)-1,8-dibromo-7-chloromethyl-3,4,7-trichloro-3-methyl-1(E),5(E)-otatriene 2364
1,6(S)-dibromo-8(S)-chloro-2(Z)-ochtodene 2365
5,6-dibromo-29-demethylaplysinopsin (E) 2493
5,6-dibromo-29-demethylaplysinopsin (Z) 2493
dibromodeoxytopsentin 2494
2α,5β-dibromo-3α,8-dichloro-7-diene-plocamene C 412
7-(2,3-dibromo-4,5-dihydroxybenzyl)-3,7-dihydro-1H-purine-2,6-dione 2489
5,5'-dibromo-3-((1S,2R,5R)-1,2-dimethylbicyclo[3.1.0]hexan-2-yl)-3'-((1S,2R,5S)-1,2-dimethylbicyclo[3.1.0]hexan-2-yl)-6,6'-dimethylbiphenyl-2,2'-diol 2368
3,10-dibromofascaplysin 2495
(Z)-2,3-dibromo-3-formylacrylic acid 2148
N-[5S,10R)-7,9-dibromo-10-hydroxy-8-methoxy-1-oxa-2-azaspiro[4,5]deca-2,6,8-triene-3-carboxy]-4-aminobutanoic acid 2487
6,7-dibromo-4-hydroxy-2-quinolone 2485
3,4-dibromomaleimide 2485
dibromophenol 2367
7,14-dibromoreticulatine 2495
1,6(S)-dibromo-1(E),3(Z),8(Z)-ochtodien-4(R)-ol 2364
1,6(S)-dibromo-1(E),3(Z),8(Z)-ochtodien-4(S)-ol 2364
(1S ,2R ,4R ,5R , 6R ,8S ,9R)-4,8-dibromo-2,5,6,9-tetramethyltricyclo[7.2.0.$0^{1,6}$]undecane-3-one 2370
(1S ,2S ,4S ,5R ,6R ,8S ,9R)-4,8-dibromo-2,5,6,9-tetramethyltricyclo[7.2.0.$0^{1,6}$]undecane-3-one 2370
1,4-dibromo-2,3,6-trichloro-3,7-dimethyl-7-octene 2364
3,5-di-tert-butyl-4-hydroxybenzonitrile 2212
2,6-di-tert-butyl-4-methoxyphenol 2212
2,6-di-tert-butylphenol 2212
1,6-di-O-caffeoyl-β-D-glucopyranose 2290
2,3-dicarboxy-6,7-dihydroxy-1-(3',4'-dihydroxy)-phenyl-1,2-dihydronaphthalene 1465
2,3-dicarboxy-6,7-dihydroxy-1-(3',4'-dihydroxy)-phenyl-1,2-dihydronaphthalene-10-methyl ester 1465
2,3-dicarboxy-6,7-dihydroxy-1-(3',4'-dihydroxy)-phenyl-1,2-dihydronaphthalene-9,5"-O-shikimic acid ester 1466
2,3-seco-dicarboxylpregn-17-en-16-one 1984
dicentrine 114
3,5-dichloro-asterric acid 2982
5,5'-dichloroatranorin 2221
5α,8-dichloro-9-bromo-ochtodane 412
(E)-2,3-dichlorobut-2-endic acid 2148
(Z)-2,3-dichlorobut-2-endic acid 2148
(3Z,4E,7R)-6,7-dichloro-3-(chloromethylene)-7-methyl-nona-4,8-dien-2-one 2173
2β,3α-dichloro-1,8-cineole 410
2β,6α-dichloro-1,8-cineole 410
3α,5β-dichloro-1,8-cineole 410
3β,6β-dichloro-1,8-cineole 410
3α,6β-dichloro-1,8-cineole 410
3α,6α-dichloro-1,8-cineole 410
3β,6α-dichloro-1,8-cineole 410
3,3-dichloro-1,8-cineole 410
5α,8-dichloro-2(9),7-diene-plocamene 412
1,2-dichloro-6,8-dihydroxy-7-propyl-9H-pyrrolo[2,1-b][1,3]benzoxazine-9-one 2872
(Z)-2,3-dichloro-3-formylacrylic acid 2148
1,4-dichloro-2-methoxybicyclo[2.2.0]hexane 2173

3,7-dichloro-pinol 411
2,6-dichloro-9*H*-purine 376
dichotomoside A 1531
dichotomoside B 1531
dichotomoside C 1531
dichotomoside D 1531
dichrocepholide A 631
dichrocepholide B 631
dichrocepholide C 631
diclodone 143
dicloxacillin 2869
(1,3-*O*-di-*p*-coumaroyl-6-*O*-feruloyl)-β-D-fructofuranosyl-(2→1)-(6-*O*-acetyl)-α-D-glucopyranoside 2291
dicranostigmine 115
dictamdiol A 1145
dictamdiol B 1145
dictamnine 82, 84
dictamnusine 1145
dictyocarpine 294
dictyocarpinine 294
dictyoceratin A 620
dictyopanine A 3002
dictyopanine B 3002
dictyopanine C 3002
dictyotin D methyl ether 747
7,13-dideacetyl-9,10-debenzoyltaxchinin C 850
7,9-dideacetyltaxayuntin 850
(3*S*,5*R*)-6',6''-didebromo-3,4-dihydrohamacanthin B 2494
(*S*)-6',6''-didebromohamacanthin A 2494
(*R*)-6',6''-didebromohamacanthin B 2494
15b,16-didehydro-5-*N*-acetylardeemin 232
16,19-didehydro-14-carboxylic acid methyl ester-ibogamine 202
didehydro-3'-demethoxy-6-*O*-demethylguaiacin 1465
7,8-didehydrocimigenol-3-*O*-β-D-galactopyranoside 996
11,11'-didehydro-7,7'-dihydroxy-taxodione 963
1'2'-didehydro-7,8-dimethoxy-platydesmine 83
1', 2'-didehydro-7,8-dimethoxy-platydesmine 158
(16α,17α,18α,3*R*,20α)-2,14-didehydro-17,18-epoxy-aspidospermidine-14-carboxylic acid methyl ester 204
(16α,17β,18β,3*R*,20α)-2,14-didehydro-17,18-epoxy-aspidospermidine-14-carboxylic acid methyl ester 204
4,20-didehydrogelsedine 223
1,8a:8b,3a-didehydro-8α-hydroxyptilocaulin 2485
1,8a:8b,3a-didehydro-8β-hydroxyptilocaulin 2485
(6*R*,10*S*,11*S*)-17,29-didehydroiridal 975
(18β,19α)-16,17-didehydro-18-methyl-oxayohimban-16-carboxylic acid methyl ester 194
(3α,15α,19α)-16,17-didehydro-18-methyl-oxayohimban-16-carboxylic acid methyl ester 194
(15α,19α)-16,17-didehydro-18-methyl-oxayohimban-16-carboxylicacid methyl ester 194
16,17-didehydro-18-methyl-oxayohimban-16-carboxylicacid methyl ester 194
(11*E*)-1,2-didehydrostemofoline 28
(11*Z*)-1,2-didehydrostemofoline 28
1,2-didehydrostemofoline-*N*-oxide 28
14,15-didehydrovincadine 220
3,4-didehydroxy-3-deoxycapsanthin 1368
4,10-didehydroxy-7-hydroxydeacetyldihydrobotrydial-1(10),5(9)-diene 626
1,16-didemethoxy-$\Delta^{15,16}$-yunaconitine 300
didemethylallosamidin 2675
6, 4'-*O*-didemethylancistrocladinium A 139
6, 5'-*O*,*O*-didemethylancistroealaine A 139
N,*O*-didemethylbuchenavianine 1634
6,3'-di-*O*-demethylisoguaiacin 1465
3,6-didemethylisotylocrebrine 264
didemnimide A 2494
didemnimide B 2494
didemnimide C 2494
didemnimide D 2494
12,16-dideoxy-aegyptinone B 1892
7,8-dideoxy-6-oxo-griseorhodin C 2768
diderroside methyl ester 451
didymochlaenone A 1532
didymochlaenone B 1532
(23*R*,24*R*)-16β,23:16α,24-diepoxy-12β-acetoxy-cycloart-7-en-3β,15α,25-triol 3-*O*-β-D-xylopyranoside 996
1α,2α,3α,4α-diepoxy-8α-angeloyloxy-10β-hydroxy-(6β*H*,7α,11β)-12,6α-guaianolide 632
(4*R*,5*R*,8*R*)-4,5:8,13-diepoxycaryophyllane 624
(4*R*,5*R*,8*S*)-4,5:8,13-diepoxycaryophyllane 624
(4*R*,5*R*,8*R*)-4,5:8,13-diepoxycaryophyllan-7-one 624
(7*E*,11*E*)-(1*S*,3*S*,4*R*)-3,4,15,17-diepoxycembra-7,11-diene 718, 2374
3β,4β: 15,16-diepoxy-13(16),14-clerodadiene 741
(23*R*,24*R*)-16β,23:16α,24-diepoxy-cycloart-7-en-3β,12β,15α,25-tetrol 3-*O*-β-D-xylopyranoside 996
(23*R*,24*S*)-16β,23:16α,24-diepoxy-cycloart-7-en-3β,11β,25-triol 3-*O*-β-D-xylopyranoside 995
(23*R*,24*S*)-16β,23:16α,24-diepoxy-cycloartane-3β,12β,25-triol 3-*O*-β-D-xylopyranoside 995
(23*R*,24*R*)-16β,23:16α,24-diepoxy-cycloartane-3β,15α,25-triol 3-*O*-β-D-xylopyranoside 996
(20*S*,22*S*,23*R*,24*S*)-14β,22:22,25-diepoxy-des-A-ergosta-5,7,9-triene-5,23-diol 2130
1β,10α:4α,5β-diepoxy-6β,8β-diacetoxy glechoman-olide 565
1β,10α:4α,5β-diepoxy-6β,8α-diacetoxy glechoman-olide 566
(1α, 6β, 11β, 14α)-1,7:6, 20-diepoxy-6,11-dihydroxy-6,7-*seco*-*ent*-kaur-16-ene-7,15-dione-14-acetate 847
1β(2α),5α(6β)-diepoxy-1α,11-dimethyl-7β(15),9β(12)-diether-10β-acetyl-tricyclo[10.2.1.0]pentadeca-8(11)-ene-12,15-dione 566
1β(2α),5α(6β)-diepoxy-1α,11-dimethyl-7β(15),9β(12)-diether-9α-hydroxy-10β-acetyl-tricyclo[10.2.1.0]pentadec-8(11)-ene-12,15-dione 567
1β,10β:4α,5α-diepoxy-7(11)-enegermacr-8α,12-olide 566
(9*S*,10*S*:13*S*,14*S*)-*ent*-9,10:13,14-diepoxy-5-*epi*-verticillol 746
1*S**,4*R**,5*S**,6*R**,7*S**,10*S**-1(5),6(7)-diepoxy-4-guaiol 629
3,4:11,12-diepoxy-15-methoxy-1(*E*),7(*E*)-cembradiene 2371
(20*S*,22*R*,23*R*,24*S*)-14β,22:22,25-diepoxy-5-methoxy-des-A-ergosta-5,7,9,11-tetraen-23-ol 2127
(20*S*,22*R*,23*R*,24*S*)-14β,22:22,25-diepoxy-5-methoxy-des-A-ergosta-5,7,9,11-tetraene-19,23-diol 2127
(20*S*,22*S*,23*R*,24*S*)-14β,22:22,25-diepoxy-5-methoxy-des-A-ergosta-5,7,9-triene-11α,23-diol 2130
(20*S*,22*S*,23*R*,24*S*)-14β,22:22,25-diepoxy-5-methoxy-des-A-ergosta-5,7,9-trien-23-ol 2130
2,9,15,16-diepoxy-neocleroda-3,13(16),14-trien-18-oic acid 741
1β,2β:11α,13-diepoxy-3β-senecioyloxy-5β,6α,7α,10αMe-eudesm-4(15)-en-6,12-olide 622
3β,4β,10,11-diepoxy-1β,2β,8-triangeloyloxybisabol-7(14)-ene 562
20(*S*),22(*R*),23(*R*),24(*S*)-16β:23β,23α:24α-diepoxy-3β,22β,25-trihydroxy-9,19-cyclolanostane 3-*O*-β-D-xylpyranoside 995
1β,4β,4α,5β-diepoxy-10α,11α*H*-xantha-12,8β-olide 569
(9*S*,10*S*:13*S*,14*S*)-*ent*-9,10:13,14-diepoxyverticillol 746

diethyl malonate 2150
diethyl succinate 2150
8,14-*O*-diethylbikhaconine 301
dieunicellin A 745
dieunicellin B 745
dieunicellin C 746
dieunicellin D 745
dieunicellin E 745
diffracatic acid 2220
diffratione A 2234
2,2-difluorine propionic acid 2148
3,3-difluoro-5*α*-androstan-17*β*-ol 1927
5*α*,5*β*-difluro-camphor 430
digalloyltyrosine 2223
digitoxigenin *α*-L-cymaroside 1937
digitoxigenin-3*β*-*O*-digitoxoside 1941
digitoxigenin-16-ene-3-*β*-D-gentiobiosyl-(1→4)-*α*-L-cymaropyranoside 1940
digitoxigenin-16-ene-*β*-D-glucopyranosyl-(1→4)-*α*-L-cymaroside 1940
digitoxigenin 3-*O*-*β*-D-gentiobioside 1933
digitoxigenin *β*-D-gentiobiosyl-(1→4)-*β*-D-cymaroside 1937
digitoxigenin *β*-D-gentiobiosyl-(1→4)-*α*-L-cymaroside 1937
digitoxigenin 3-*O*-*β*-D-glucopyranosyl-(1→4)-[2-*O*-acetyl-*α*-L-thevetopyranoside] 1934
digitoxigenin 3-*O*-*β*-D-glucopyranosyl-(1→4)-*α*-L-acofriopyranoside 1934
digitoxigenin 3-*O*-[*O*-*β*-D-glucopyranosyl-(1→6)-*O*-*β*-D-glucopyranosyl-(1→4)-3-*O*-acetyl-*β*-D-digitoxopyranoside 1934
digitoxigenin 3-*O*-*β*-D-glucopyranosyl-(1→6)-*O*-*β*-D-glucopyranosyl-(1→4)-*O*-*β*-D-digitoxopyranoside 1934
digitoxigenin 3-*O*-[*O*-*β*-D-glucopyranosyl-(1→6)-*O*-*β*-D-glucopyranosyl-(1→4)-*O*-*β*-D-digitoxopyranosyl-(1→4)-*O*-*β*-D-cymaropyranoside 1934
3,12-*O*-*β*-D-diglucopyranosyl-11,16-dihydroxyabieta-8,11,13-triene 843
5,6-*O*-*β*-D-diglucopyranosyl-6-hydroxyangelicin 1561
(12*R*,12"*R*)-diheraclenol 1617
diheteropeptin 2867
7,8-dihydroactaeaepoxide 3-*O*-*β*-D-xylopyranoside 995
dihydroalangionoside A 406
dihydroalangionoside G 406
dihydroalangionoside I 406
7,20-dihydroanastomosine 851
1',8-dihydroaplysinopsin 2493
dihydroartemisinic acid 618
dihydroartemisinic acid-(tertiary)hydroperoxide 618
dihydroatisine 321
dihydroatisine diacetate 321
dihydrobergapten 1564
16,19-dihydrobutanedioate-ibogamine 201
dihydrocaffeic acid 2214
dihydrocaffeic acid 2289
5-*α*-dihydrocalogenin-3-*O*-*β*-D-glucopyranosyl-(1→4)-*β*-D-3-*O*-methylfucopyranoside-20-*O*-*β*-D-glucopyranoside 1995
3",4"-dihydrocapnolactone 1547
dihydrocarinatinol 1500
dihydrocarvone 412
dihydrochalcone 1403
dihydrochelonanthoside 451
2,3-dihydrocineromycin B 2694
5,6-dihydrocineromycin B 2694
4*β*-dihydrocleavamine 220
(–)-dihydroclusin diacetate 1400
dihydroconiferyl ferulate 2289
4'-dihydroconsabatine 52
6*β*-dihydrocornic acid 445
6*α*-dihydrocornic acid 445
dihydrocoumarin 1545
dihydrocudraflavone B 1633
(+)-(*S*)-dihydro-*ar*-curcumene 560
1,2-dihydrodanshinone Ⅰ 1911
dihydrodehydrodiconiferyl alcohol 1500
dihydrodehydrodiconiferyl alcohol acetate 1500
(+)-dihydrodehydrodiconiferyl alcohol-4-*O*-*β*-D-glucopyranoside 1500
(+)-dihydrodehydrodiconiferyl alcohol-9-*O*-*β*-D-glucopyranoside 1500
(+)-dihydrodehydrodiconiferyl alcohol-4-*O*-*α*-L-rhamnopyranoside 1500
dihydrodendranthenmoside A 406
11*β*,13-dihydrodeoxymikanolide 566
7,8-dihydrodiadinoxanthin 1368
2, 3-dihydro-6,15-di-*O*-methyl-constrictosine 128
2,3-dihydro-4',4'''-di-*O*-methylamentoflavone 1871
(2*R*,3*R*)-2,3-dihydro-3,5-dihydroxy-7-methoxyflavone 1724
(11*β*)-21,23-dihydro-11,21-dihydroxy-23-oxoobacunone 978
(11*β*)-21,23-dihydro-11,23-dihydroxy-21-oxoobacunone 978
12*R*-12,13-dihydro-12,13-dihydroxy-xanthorrizol 560
12*S*-12,13-dihydro-12,13-dihydroxy-xanthorrizol 560
5,8-dihydro-9,10-dimethoxy-6*H*-benzo[*g*]-1,3-benzodioxolo[5,6-*a*]quinolizin-8-yl 122
5,8-dihydro-9,10-dimethoxy-7,13-dimethyl-6*H*-benzo[*g*]-1,3-benzodioxolo[5,6-*a*]quinolizinium 122
5,12b-dihydro-9,10-dimethoxy-1,3-dioxolo[4,5-*g*]isoindolo[1,2-*a*]isoquinolin-8(6*H*)-one 127
1-[12,12a-dihydro-8,9-dimethoxy-2-(1-methylethyl)[1]benzopyrano[3,4-*b*]furo[2,3-*h*][1]benzopyran-6-yl]-ethanone 1866
3,12-dihydro-6,11-dimethoxy-3,3,12- trimethyl-5-(3-methyl-2-butenyl)-7*H*-pyrano[2,3-*c*]acridin-7-one 280
(1*R*,2*S*)-1,2-dihydro-2,3-dimethyl-7-hydroxy-6-methoxy-1-(3-methoxy-4-hydroxyphenyl)-naphthalene 1465
4-[[3-(4,5-dihydro-5,5-dimethyl-4-oxo-2-furanyl)-butyl]oxy]-7*H*-furo[3,2-*g*][1]benzopyran-7-one 1564
3-(7,8-dihydro-[1,3]dioxolo[4,5-*g*]isoquinolin-5-yl)-3-hydroxy-6,7-dimethoxyisobenzofuran-1(3*H*)-one 130
7,8-dihydro-[1,3]dioxolo[4,5-*g*]isoquinolin-5(6*H*)-one 105
(7,8-dihydro-[1,3]dioxolo[4,5-*g*]isoquinolin-5-yl) (3,4-dimethoxy-2-methylphenyl)methanone 108
7', 8'-dihydro-1,1'-disinomenine 144
7',8'-dihydro-1,1'-disinomenine 66
dihydroelliptone 1865
dihydroepiepoformin 2768
dihydroepiquinine 85
(7'*S*,8'*S*)-1,6-dihydro-4,7'-epoxy-1-methoxy-3',4'-methylenedioxy-6-oxo-3,8'-lignan 1519
(7'*S*,8'*S*)-1,6-dihydro-4,7'-epoxy-1,3',4',5'-tetramethoxy-6-oxo-3,8'-lignan 1519
16,17-dihydro-12b,16b-epoxynapelline 319
20,22-dihydro-22,23-epoxywalsuranolide 1079
dihydroeucomin 1847
3,9-dihydroeucomnalin 1847
dihydroeucomol 1848
dihydroevocarpine 79
dihydroferearin C 1519
8*β*,9*α*-dihydroganoderic acid J 990

(±)-2,3-dihydroglaziovine 111
(±)-5,6-dihydroglaziovine 111
16,17-dihydro-1,3,5,6,14,15-hexahydroindolo[15,16-*a*] quinolizine-16-carboxylate 178
(2*S*)-2,3-dihydrohinokiflavone 1871
18-dihydro-19-hydroxy-cericeroic acid methyl ester 968
1,2-dihydro-3β-hydroxy-7-deacetoxy-7-oxogedunin 1143
rel-(2'*R*,3'*R*)-7,8-dihydro-3'-hydroxy-4',5'-dimethoxy-6-methyl-spiro{1,3-dioxolo[4,5-*g*]isoquinoline-5(6*H*),2'-(2*H*) inden}-1'(3'*H*)-one 134
rel-(1'*R*,8*R*)-3',4'-dihydro-8-hydroxy-6',7'-dimethoxy-2'-methyl-spiro{7*H*-indeno[4,5-*d*]-1,3-dioxole-7,1'(2'*H*)-isoquinolin}-6(8*H*)-one 134
rel-(1'*R*,8*S*)-3',4'-dihydro-8-hydroxy-6',7'-dimethoxy-2'-methyl-spiro{7*H*-indeno[4,5-*d*]-1,3-dioxole-7,1'(2'*H*)-isoquinolin}-6(8*H*)-one 134
(2*R*,3*R*)-2,3-dihydro-5-hydroxy-7,4'-dimethoxyflavone 1657
2,3-dihydro-7-hydroxy-2*S**,3*R**-dimethyl-2-[4,8-dimethyl-3 (*E*),7-nonadien-6-onyl]-furo[3,2-*c*]coumarin 538
2,3-dihydro-7-hydroxy-2*R**,3*R**-dimethyl-2-[4,8-dimethyl-3(*E*),7-nonadien-6-onyl]furo[3,2-*c*]coumarin 1563
2,3-dihydro-7-hydroxy-2*R**,3*R**-dimethyl-2-[4,8-dimethyl-3(*E*),7-nonadien-6-onyl]furo[3,2-*c*]coumarin 538
2,3-dihydro-7-hydroxy-2*R**,3*R**-dimethyl-2-[4,8-dimethyl-3(*E*),7-nonadienyl]-furo[3,2-*c*]coumarin 538
2,3-dihydro-7-hydroxy-2*S**,3*R**-dimethyl-2-[4,8-dimethyl-3(*E*),7-nonadienyl]-furo[3,2-*c*]coumarin 538
2,3-dihydro-7-hydroxy-2*R**,3*R**-dimethyl-2-[4,8-dimethyl-3(*E*),7-nonadienyl]-furo[3,2-*c*]courmarin 1562
2,3-dihydro-7-hydroxy-2*S**,3*R**-dimethyl-2-[4,8-dimethyl-3(*E*),7-nonadienyl]-furo[3,2-*c*]courmarin 1562
2,3-dihydro-7-hydroxy-2*S**,3*R**-dimethyl-3-[4,8-dimethyl-3(*E*),7-nonadienyl]-furo[3,2-*c*]courmarin 1563
2,3-dihydro-7-hydroxy-2*R**,3*R**-dimethyl-3-[4,8-dimethyl-3(*E*),7-nonadienyl]-furo[3,2-*c*]courmarin 1563
2,3-dihydro-7-hydroxy-2*S**,3*R**-dimethyl-2-[4,8-dimethyl-3(*E*),7-nonadienyl-6-onyl]-furo[3,2-*c*]courmarin 1562
2,3-dihydro-7-hydroxy-2*R**,3*R**-dimethyl-2-[4-methyl-5-(4-methyl-2-furyl)-3(*E*)-pentenyl]-furo[3,2-*c*]coumarin 538
2,3-dihydro-7-hydroxy-2*S**,3*R**-dimethyl-2-[4-methyl-5-(4-methyl-2-furyl)-3(*E*)-pentenyl]-furo[3,2-*c*]coumarin 538
2,3-dihydro-7-hydroxy-2*R**,3*R**-dimethyl-2-[4-methyl-5-(4-methyl-2-furyl)-3(*E*)-pentenyl]-furo[3,2-*c*]courmarin 1562
2,3-dihydro-7-hydroxy-2*S**,3*R**-dimethyl-2-[4-methyl-5-(4-methyl-2-furyl)-3(*E*)-pentenyl]-furo[3,2-*c*]courmarin 1562
2,3-dihydro-7-hydroxy-2*S**,3*R**-dimethyl-3-[4-methyl-5-(4-methyl-2-furyl)-3(*E*)-pentenyl]-furo[3,2-*c*]courmarin 1563
16,17-dihydro-17b-hydroxy isomitraphylline 223
(1*R*,3*R*,5*S*)-5-[4'-[(3*R*)-3,4-dihydro-6-hydroxy-8-methoxy-1,3-dimethyl-7-isoquinolinyl]-1,1'-dihydroxy-8,8'-dimethoxy6,6'-dimethyl[2,2'-binaphthalen]-4-yl]-1,2,3,4-tetrahydro-1,3-dimethyl-6,8-isoquinolinediol 137
3,12-dihydro-6-hydroxy-11-methoxy-3,3-dimethyl-5-(3-methyl-2-butenyl)-7*H*-pyrano[2,3-*c*]acridin-7-one 279
3,12-dihydro-6-hydroxy-11-methoxy-3,3,12-trimethyl-5-(3-methyl-2-butenyl)-7*H*- pyrano[2,3-*c*]acridin-7-one 279
(4*R**,5*R**)-dihydro-5-[(1*R**,2*S**)-2-hydroxy-2-methyl-5-oxo-3-cyclopenten-1-yl]-3-methylene-4-(3-oxobutyl)-2(3*H*)-furanone 569
(4*R**,5*S**)-dihydro-5-[(1*R**,2*S**)-2-hydroxy-2-methyl-5-oxo-3-cyclopenten-1-yl]-3-methylene-4-(3-oxobutyl)-2(3*H*)-furanone 570
(4*S**,5*R**)-dihydro-5-[(1*R**,2*S**)-2-hydroxy-2-methyl-5-oxo-3-cyclopenten-1-yl]-3-methylene-4-(3-oxobutyl)-2(3*H*)-furanone 569
(4*S**,5*S**)-dihydro-5-[(1*R**,2*S**)-2-hydroxy-2-methyl-5-oxo-3-cyclopenten-1-yl]-3-methylene-4-(3-oxobutyl)-2(3*H*)-furanone 569
8,9-dihydro-8-(1-hydroxy-1-methylethyl)-6-(3-methyl-2-butenyloxy)-2*H*-furo[2,3-*h*]-1-benzopyran-2-one 1562
21,23-dihydro-23-hydroxy-21-oxodeacetylnomilin 1144
(+)-3,4-dihydro-3-[(4-hydroxy-phenyl)methyl]-2*H*-1-benzopyran-7-ol 1847
11β*H*-11,13-dihydro-14-hydroxyartemisiifolin-6α-*O*-acetate 566
11β,13-dihydro-15-hydroxyhypocretenolide 629
11β,13-dihydro-15-hydroxyhypocretenolide-β-glucopyranoside 629
8,8a-dihydro-8-hydroxyl-gambogenic acid 1811
3,4-dihydro-6-hydroxymanzamine A 2495
16,17-dihydro-17b-hydroxymitraphylline 223
8,8a-dihydro-8-hydroxymorellic acid 1811
2,3-dihydro-3-[(15-hydroxyphenyl)methyl]-5,7-dihydroxy-6,8-dimethyl-4*H*-1-benzopyran-4-one 1847
2,3-dihydro-3-[(15-hydroxyphenyl)methyl]-5,7-dihydroxy-6-methyl-8-methoxy-4*H*-1-benzopyran-4-one 1847
(+)-5(6)-dihydro-6-hydroxyterrecyclic acid A 696
16,19-dihydroibogamine-14-carboxylic acid methyl ester 202
2",3"-dihydroisocryptomerin 1871
dihydroisotanshinone Ⅰ 1911
1,2-dihydro-2α-isopropyl-8,9-dimethoxy-[1]benzopyrano[3,4-*b*]furo[2,3-*h*][1]benzopyran-6(12*H*)-one 1866
5,6-dihydro-2-isopropyl-4*H*-pyrrolo[1, 2-*b*]pyrazole 46
2',3'-dihydro-jatamansin 1599
dihydrojavanicin Z 1177
dihydrokaempferide 1723
dihydrokaempferol 1723, 1725
(2*R*,3*R*)-dihydrokaempferol-4',7-dimethyl ether 1723
9,10-dihydrokeramadine 2491
8,9-dihydro-linderazulene 630, 2367
dihydrolycopodine 168
3,4-dihydromanzamine A *N*-oxide 2495
3,4-dihydromanzamine J 2495
2,3-dihydro-7-methoxy-2*S**,3*R**-dimethyl-2-[4,8-dimethyl-3 (*E*),7-nonadien-6-onyl]-furo[3,2-*c*]coumarin 538
2,3-dihydro-7-methoxy-2*R**,3*R**-dimethyl-2-[4,8-dimethyl-3 (*E*),7-nonadienyl]-furo[3,2-*c*]coumarin 538
2,3-dihydro-7-methoxy-2*S**,3*R**-dimethyl-2-[4,8-dimethyl-3 (*E*),7-nonadienyl]-furo[3,2-*c*]coumarin 538
2,3-dihydro-7-methoxy-2*S**,3*R**-dimethyl-3-[4,8-dimethyl-3 (*E*),7-nonadienyl]-furo[3,2-*c*]courmarin 1563
2,3-dihydro-7-methoxy-2*R**,3*R**-dimethyl-2-[4,8-dimethyl-3(*E*),7-nonadienyl]-furo[3,2-*c*]courmarin 1562
2,3-dihydro-7-methoxy-2*S**,3*R**-dimethyl-2-[4,8-dimethyl-3(*E*),7-nonadienyl]-furo[3,2-*c*]courmarin 1562
2,3-dihydro-7-methoxy-2*S**,3*R**-dimethyl-2-[4,8-dimethyl-3(*E*),7-nonadienyl-6-onyl]-furo[3,2-*c*]courmarin 1563
2,3-dihydro-7-methoxy-2*S**,3*R**-dimethyl-2-[4-methyl-5-(4-methyl-2-furyl)-3(*E*)-pentenyl]-furo[3,2-*c*]coumarin 538
2,3-dihydro-7-methoxy-2*S**,3*R**-dimethyl-2-[4-methyl-5-(4-methyl-2-furyl)-3(*E*)-pentenyl]-furo[3,2-*c*]courmarin 1563
cis-7,8-dihydro-5-methoxy-7,8-dimethyl-10-(3-methylbut-2-enyl)-4-phenyl-2*H*,6*H*-benzo[1,2-*b*:5,4-*b*']dipyran-2,6-dione 1600
trans-7,8-dihydro-5-methoxy-7,8-dimethyl-10-(3-methylbut-2-enyl)-4-phenyl-2*H*,6*H*-benzo[1,2-*b*:5,4-*b*']dipyran-2,6-dione 1600
3,4-dihydro-3α-methoxypaederoside 446
3,4-dihydro-3β-methoxypaederoside 446
(+)-5(6)-dihydro-6-methoxyterrecyclic acid A 696
dihydro-4-methyl-5-methylene-furan-2(3*H*)-one 2151
dihydro-4-methyl-5-methylene-furan-2(3*H*)-one 2151

3,4-dihydro-6-*O*-methylcatalpol 444
dihydro-5-methylenefuran-2(3*H*)-one 2151
11*β*,13-dihydromikamicranolide 566
(+)-dihydromorin 1724
dihydromorin 1724
dihydromultiflorin 168
dihydromyricetin 1724
(3*S*,5*R*,6*R*,3'*S*,5'*R*,6'*S*)-13-*cis*-7',8'-dihydroneownthin-20'-al-3'-*β*-lactoside 1368
(3*S*,5*R*,6*R*,3'*S*,5'*R*,6'*S*)-13-*cis*-7',8'-dihydroneownthin-20'-al-3'-*β*-lactoside octaacetate 1368
(3*S*,5*R*,6*R*,3'*S*,5'*R*,6'*S*)-13-*cis*-7',8'-dihydroneownthin-20'-al-3'-*β*-lactoside heptaacetate 1368
22,23-dihydronimocinol 1144
dihydroniphimycin 2697
2",3"-dihydroochnaflavone 1871
dihydroochraceolide A 1302
4',5'-dihydro-oligosporon 3003
dihydrooroselone 1560
7,9-dihydro-1-(3'-oxobutyl)-1*H*-purine-6,8-dione 374
8*α*,14-dihydro-7-oxohelioscopinolide A 844
(8*S*)-7,8-dihydro-6-oxotingenol 1271
(8*S*)-7,8-dihydro-7-oxo-tingenone 1271
dihydropalustrine 392
dihydropandine 205
2,3-dihydro-4',5,5",7,7"-pentahydroxy-6,6"-dimethyl-[3'-*O*-4'"]-biflavone 1871
(5*R*)-dihydro-5-pentyl-4' -methyl-4'-hydroxy-2(3*H*)-furanone 2920
9,10-dihydrophenanthrinic acid, 9,10-dione-3,4-methylenedioxy-8-methoxy 1911
$\Delta^{\alpha,\beta}$-dihydropiperine 17
2*α*,3*β*-dihydro-5-pregnan-16-one 1981
3,9-dihydropunctatin 1848
6',7'-dihydropycnanthine 205
3,6-dihydropyren-1-ol 2214
dihydroquercetin 1723
2*R*,3*R*-dihydroquercetin 1724
(2*R*,3*R*)-dihydroquercetin-4',7-dimethyl ether 1723
(2*R*,3*S*)-dihydroquercetin-4',7-dimethyl ether 1723
(2*R*,3*R*)-dihydroquercetin-4'-methyl ether 1724
dihydroquinidine 85
dihydroquinine 85
dihydrorameswaralide 851
ent-8,8a-dihydroramulosin 2963
ent-8,8a-dihydro-*ent*- ramulosin 2870
7,8-dihydroroseoside A 407, 413
7,8-dihydroroseoside I 407, 413
dihydrorotenone 1865
dihydrorotenonic acid 1866
5*β*,6-dihydrosamaderine A 981
3,4*β*-dihydrosamaderine C 981
5,6-dihydrosarconidine E 349
dihydrosibiricine 134
dihydrosinapyl ferulate 2289
dihydrosinuflexolide 2371
10,11-dihydrosodwanone B 1350, 2383
8,9-dihydrosoyacerebroside 1 2183
22,23-dihydrostelletin B 2381
8*β*,14*α*-dihydroswietenolide 1142
11*β*,13-dihydrotamaulipin A *β*-D-glucoside 565
dihydrotanshinone Ⅰ 845, 1911
11*β*,13-dihydrotaraxinic acid 565
(2*R*,3*S*,3a*S*)-1',4'-dihydro-3,4,5,5'-tetramethoxy-4'-oxo-2',7-epoxy-1',8-lignan 1519
(2*S*,3*S*,3a*R*)-1',4'-dihydro-3,4,3',5'-tetramethoxy-4'-oxo-2',7-epoxy-1',8-lignan 1519
3,4-dihydro-2,5,7,8-tetramethyl-2*H*-1-benzopyran-6-ol 2561
dihydroteuin 742
dihydrotoxicarol 1866
1,2-dihydro-1,8,10-trihydroxy-2-(2-hydroxypropan-2-yl)-9-(3-methylbut-2-enyl)furo[3,2-*a*]xanthen-11-one 1810
(6a*R*,12a*S*)-6a,12a-dihydro-4,11,12a-trihydroxy-9-methoxy-[1]benzopyrano[3,4-*b*][1]benzopyran-12(6*H*)-one 1866
3,4-dihydro-3,6,8-trihydroxy-naphthalen-1(2*H*)-one 2213
(2*S*,3*S*,3a*R*)-1',4'-dihydro-3,4,5'-trimethoxy-4'-oxo-2',7-epoxy-1',8-lignan 1519
(7*R*,8*R*,1'*S*)-$\Delta^{8'}$-1',6'-dihydro-l',3,4-trimethoxy-6'-oxo-7-*O*-4',8',3'-lignan 1519
(+)-(7*S*,9*R*)-dihydro-*ar*-turmerol 560
(+)-(7*S*,9*S*)-dihydro-*ar*-turmerol 560
(+)-(*S*)-dihydro-*ar*-turmerone 560
dihydroumbellulone 429
dihydroveatchine diacetate 318
19,20*α*-dihydrovoachalotine acetate 197
1",2"-dihydroxanthohumol C 1754
7*β*,15-dihydroxyabietatriene 843
3*β*,12-dihydroxyabieta-8,11,13-triene-1-one triptobenzene O 843
11,14-dihydroxy-8,11,13-abietatrien-7-one 843
3*β*,5*α*-dihydroxy-6*β*-acetoxy-5*β*-card-20(22)-enolide 1936
1*β*,2*α*-dihydroxy-3*β*-acetoxy-9(11),12-diene 1281
1*α*,12*β*-dihydroxy-6*α*-acetoxy-*ent*-kaura-9(11),16-dien-15-one 914
1*β*,2*α*-dihydroxy-3*β*-acetoxy-11-oxo-urs-12-ene 1280
(1*R*,4*S*,5*S*,6*S*,7*S*,10*R*)-1,4-dihydroxy-15-acetoxyeudesm-11(13)-en-6,12-olide 622
(1*S*,4*S*,5*S*,6*S*,7*S*,10*R*)-1,4-dihydroxy-15-acetoxyeudesm-11(13)-en-6,12-olide 622
2*α*,20*β*-dihydroxy-3*β*-acetoxyurs-9(11),12-diene 1281
14*β*-dihydroxy-3*β*-acetyl-5*β*-card-20(22)-enolide 1933
3*β*,14*β*-dihydroxy-12*β*-acetyl-5*β*-card-20(22)-enolide 1933
3*β*,5*α*-dihydroxy-6*α*-acetyl-5*β*-card-20(22)-enolide 1936
3*β*-12-dihydroxy-13-acetyl-4(18),8,11,13-podocarpatetraene 848
5,6*β*-dihydroxyadoxoside 448
9*α*,15-dihydroxyafricanane 693
3*β*,6*β*-dihydroxyambroxide 737
10*α*,15-dihydroxyamorph-4-en-3-one 618
10*α*,11-dihydroxyamorph-4-ene 618
2*α*,3*α*-dihydroxyandrostan-16-one-2*β*,9-hemiketal 1927
6*α*,7*α*-dihydroxyannonene 740
7*α*,20-dihydroxyannonene 740
16*β*,17-dihydroxyaphidicolan-18-oic acid 920
2,7-dihydroxyapogeissoschizine 213
2,7-dihydroxyapogeissoschizine 246
ent-3*β*,(13*S*)-dihydroxyatis-16-en-14-one 920
ent-16*α*,17-dihydroxyatisan-3-one 920
4',6-dihydroxyaurone-4-*O*-rutinoside 1840
4,6-dihydroxyauronol 1840
3*S**-(2,4-dihydroxybenzoyl)-4*R**,5*R**-dimethyl-5-[4,8-dimethyl-3(*E*),7(*E*)-nonadien-1-yl]tetrahydro-2-furanone 539
3*S**-(2,4-dihydroxybenzoyl)-4*R**,5*R**-dimethyl-5-[4-methyl-5-(4-methyl-2-furyl)-3(*E*)-penten-1-yl]tetrahydro-2-furanone 539
3*S**-(2,4-dihydroxybenzoyl)-4*R**,5*S**-dimethyl-5-[4-methyl-5-(4-methyl-2-furyl)-3(*E*)-penten-1-yl]tetrahydro-2-furanone 539
6'-*O*-(2,3-dihydroxybenzoyl)sweroside 451
6'-*O*-(2,3-dihydroxybenzoyl)swertiamarin 451

2-O-(3,4-dihydroxybenzoyl)-2,4,6-trihydroxyphenylacetic acid 2222
2-O-(3,4-dihydroxybenzoyl)-2,4,6-trihydroxyphenylm ethylacetate 2221
2-(3,4-dihydroxybenzoyloxy)-4,6-dihydroxybenzoic acid 2221
2'-(2,3-dihydroxybenzoyloxy)-7-ketologanin 447
2α,6β-dihydroxybetulinic acid 1282
7,7'-dihydroxy-3,8'-bicoumarin 1616
11,11'-dihydroxy-[12,12'-biibogamine]-16,16'-dicarboxylicaci d dimethyl ester 201
(1R,7R)-1,12-dihyroxybisabola-3,10-diene 560
(1R,7S)-1,12-dihyroxybisabola-3,10-diene 560
4,13-dihydroxy-bisabol-1-one 561
5β,6β-dihydroxyboschnaloside 444
3,11-O-(3',3''-dihydroxybutanoyl)hamayne 157
11,3'-O-(3',3''-dihydroxybutanoyl)hamayne 158
3,3'-O-(3',3''-dihydroxybutanoyl)hamayne 158
3,12-dihydroxycadalene 618
4β,14-dihydroxy-6α,7β-1(10)-cadinene 618
(+)-(7S,10S)-3,12-dihydroxycalamenene 618
2β,3α-dihydoxy-camphor 430
2β,3β-dihydoxy-camphor 430
2α,3α-dihydoxy-camphor 430
2α,3β-dihydoxy-camphor 430
2,3-dihydroxycanthaxanthin 1368
6α,8α-dihydroxycarapin 1142
3β,11α-dihydroxy-5β-card-20(22)-enolid-5-en-7-one 1939
3β,17α-dihydroxy-5β-card-20(22)-enolid-5-en-7-one 1939
6β,11α-dihydroxy-5β-card-20(22)-enolid-3-one-4-ene 1939
3β,12β,14β-dihydroxy-5β-card-20(22)-enolide 1933
3β,14β-dihydroxy-5β-card-20(22)-enolide 1933
2α,3α-dihydroxycativic acid 732
2,2'-dihydroxychalcone 1751
trans-2',4'-dihydroxychalcone 1751
3α,7α-dihydroxy-cholaniic acid methyl ester 2060
3α,12α-dihydroxy-cholaniic acid methyl ester 2061
3β,12α-dihydroxy-cholaniic acid methyl ester 2061
3α,12α-dihydroxy-cholaniic acid methyl ester 2061
3β,12β-dihydroxy-cholaniic acid methyl ester 2061
3β,7α-dihydroxy-cholaniic acid methyl ester 2061
3α,7β-dihydroxy-cholaniic acid methyl ester 2061
3β,7β-dihydroxy-cholaniic acid methyl ester 2061
7α,12α-dihydroxy-cholaniic acid methyl ester 2061
7β,12α-dihydroxy-cholaniic acid methyl ester 2061
7α,12β-dihydroxy-cholaniic acid methyl ester 2061
7β,12β-dihydroxy-cholaniic acid methyl ester 2062
(22S)-16β,22-dihydroxy-cholest-5-ene-3β-yl-O-α-L-rhamno-pyranosyl-(1→4)-β-D-glucopyranoside 1954
16(S), 22(S)-dihydroxycholest-4-en-3-one 1947
22,23-dihydroxycholesta-1,24-dien-3-one 2591
(16S, 20S)-16,20-dihydroxycholestan-3-one 1942
3R*,4R*-dihydroxyclerod-13E-en-15-al 738
3R*,4R*-dihydroxyclerod-13Z-en-15-al 738
(21,24RS)-dihydroxycycloart-25-en-3-one 994
4,7-dihydroxy-cyclocitral 412
(20S)-3β,20-dihydroxydammar-24-en-29-aldehyde-21-carboxylic acid-3-O-{[α-L-rhamno-pyranosyl(1→2)]{[β-D-glucopyranosyl (1→2)][α-L-rhamnopyranosyl(1→6)]-β-D-glucopyranosyl(1→3)}-α-L-arabinopyranosyl}-21-O-β-D-glucopyranoside 1086
3β,20S-dihydroxydammar-24-en-21,28-dioic acid 3-O-{[α-L-rhamnopyranosyl(1→2)][α-L-rhamnopyranosyl(1→6)-β-D-glucopyranosyl-(13)]-α-L-arabinopyranosyl}-21-O-β-D-glucopyranoside 1082
(20S)-3β,20-dihydroxydammar-24-en-21,29-dioic acid-3-O-[α-L-arabinopyranosyl]-21-O-β-D-glucopyranoside 1086
(20S)-3β,20-dihydroxydammar-24-en-21,29-dioic acid-21-O-[β-D-glucopyranoside(1→2)][α-L-rhamnopyranosyl-(1→6)]- β-D-glucopyranoside 1086
(20S)-3β,20-dihydroxydammar-24-en-21,29-dioic acid-3-O-{[β-D-glucopyranosyl(1→3)]-α-L-arabinopyranosyl}-21-O- β-D-glucopyranoside 1086
3β,20S-dihydroxydammar-24-en-21,28-dioic acid 3-O-[β-D-glucopyranosyl(1→3)-α-L-arabinopyranosyl]-21-O-β-D-glucopyranoside 1082
(20S)-3β,20-dihydroxydammar-24-en-21,29-dioic acid-3-O-{[α-L-rhamnopyranosyl(1→6)-β-D-glucopyranosyl-(1→3)] -α-L-arabinopyranosyl}-21-O-β-D-glucopyranoside 1086
3β,20S-dihydroxydammar-24-en-21,28-dioic acid 3-O-{[α-L-rhamnopyranosyl(1→2)][β-D-glucopyranosyl(1→3)]-α-L-arabinopyranosyl}-21-O-β-D-glucopyranoside 1082
(11R,20R)-11,20-dihydroxy-24-dammaren-3-one 1078, 1079
7,10-dihydroxydeacetyldihydrobotrydial-1(10)-ene 626
(7R,8S)-dihydroxydeepoxy-ent-sarcophine 2372
1,6-dihydroxy-3-deoxyminwanensin 627
7α,8β-dihydroxydeepoxysarcophine 2372
7β,8α-dihydroxydeepoxysarcophine 2372
7α, 8β-dihydroxydeepoxysarcophine 719
(+)-7β,8β-dihydroxydeepoxysarcophytoxide 2374
7,10-dihydroxydehydrodihydrobotrydial 626
4β,9β-dihydroxy-5β,8α-di(isobutyryloxy)-3-oxo-germacran-7β,12α-olide 565
6α,11-dihydroxy-12,13-diacetoxyelem-1,3-diene 567
14β-dihydroxy-3β,123β-diacetyl-5β-card-20(22)-enolide 1933
7β,16β-dihydroxy-1,23-dideoxyjessic acid 993
6α ,8-dihydroxy-1-diene-piperitol 411
3α,6α-dihydroxy-1-diene-piperitol 411
(2E,4R)-4,7-dihydroxy-3,7-diethyl-2-octenyl-O-β-D-glucopyranoside 402
1β,2α-dihydroxy-dihydrocarvol 412
1β,2-dihydroxy-dihydrocarvol 412
2β,3β-dihydroxy-11β,13-dihydrodeoxymikanolide 566
3,7-dihydroxy-dihydrolaurene 2368
3,7-dihydroxy-dihydrolaurene 624
(−)-cis-1,2-dihydroxy-1,2-dihydromedicosmine 82
2',6'-dihydroxy-3',4'-dimethoxy-chalcone; pashanone 1752
3,4'-dihydroxy-3',4-dimethoxy-6,7'-cyclolignan 1465
1,5-dihydroxy-3,6-dimethoxy-2,7-diprenylxanthone 1809
4,4'-dihydroxy-3,3'-dimethoxy-9,9'-epoxylignan 1428
4',5-dihydroxy-6,7-dimethoxy-homoisoflavanone 1847
4',5-dihydroxy-7,8-dimethoxy-homoisoflavanone 1847
3',7-dihydroxy-4',5-dimethoxy-homoisoflavanone 1848
4',5-dihydroxy-2',3'-dimethoxy-7-(5-hydroxyoxychromen-7-yl)-isoflavanone 1747
2',4-dihydroxy-4',6'-dimethoxy-3'-methylchalcone 1753
2',4-dihydroxy-4',6'-dimethoxy-3'-methylchalcone 1753
5,4'-dihydroxy-3,3'-dimethoxy-stilbene 2245
3,8-dihydroxy-1,4-dimethoxy-xanthone 1807
2',4'-dihydroxy-3',6'-dimethoxychalcone 1752
(2R,3S)-(+)-3',5-dihydroxy-4', 7-dimethoxydihydroflavonol 1724
(−)-4',7-dihydroxy-5,3'-dimethoxyflavan-3-ol 1776
(2S)-3',5'-dihydroxy-7,4'-dimethoxyflavanone 1657
4',5-dihydroxy-6,7-dimethoxyflavone 1631
5,8-dihydroxy-4',7-dimethoxyflavone 1631
5,6-dihydroxy-4',7-dimethoxyflavone 1632
3,5-dihydroxy-4',7-dimethoxyflavone 1674

2',5-dihydroxy-7,8-dimethoxyflavone; panicoin 1632
4',5-dihydroxy-6,7-dimethoxyflavonol-3-*O*-β-D-galactoside 1677
rac-(8α,8'β)-4,4'-dihydroxy-3,3'-dimethoxylignan-9, 9'-diyl diacetate 1402
(+)-10,11-dihydroxy-1,2-dimethoxynoraporphine 109
trans-(+)-3,14α-dihydroxy-6,7-dimethoxyphenanthroindolizidine 264
trans-6,7-dihydroxy-1-(3,4-dimethoxyphenyl)-1,2-dihydronaphthalene-2,3-dicarboxylic acid 1467
17α,20α-dihydroxy-3,3-dimethoxypregnan-16-one 2β, 19-hemiketal 1979
3β,11α-dihydroxy-4α,14α-dimethyl-5α-ergosta-8,24(28)-dien-7-one 988
3β,7α-dihydroxy-4α,14α-dimethyl-5α-ergosta-8,24(28)-dien-11-one 988
9-[(6',7'-dihydroxy-3',7'-dimethyl-2'-octenyl)oxy]-7*H*-furo[3,2-*g*][1]benzopyran-7-one 1566
5,4'-dihydroxy-8-(3,3-dimethylally)-2"-hydroxymethyl-2"-methylpyrano[5,6:6,7]-isoflavone 1739
5,4'-dihydroxy-8-(3,3-dimethylally)-2"-methoxyisopropylfurano[4,5:6,7]-isoflavone 1739
2',4'-dihydroxy-3'-(γ, γ-dimethylallyl)-dihydrochalcone 1771
2,4-dihydroxy-3,6-dimethylbenzoic acid 2213
3,6-dihydroxy-2,4-dimethylbenzoic acid 2213
2',4'-dihydroxy-4'-(1,1-dimethylethyl)-3,4-(methylenedioxy)-chalcone 1752
8-(2,3-dihydroxy-1,1-dimethylpropyl)-5-methoxypsoralen 1567
3,3'-dihydroxy-5,6,5',6'-diseco-β,β-carotene-5,6,5',6'-tetraone 1369
(*R*)-7,8-dihydroxy-α-dunnione 1891
(*E*)-4,4'-dihydroxy-7-en-8,8'-lignan 1404
3β,11α-dihydroxy-5α,6α-epoxy-card-20(22)-enolide 1941
3β,17α-di-β-hydroxy-5α,6α-epoxy-card-20(22)-enolide 1941
(17*R*,20*S*,24*R*)-17,25-dihydroxy-20,24-epoxy-14(18)-malabaricen-3-one 1080
(17*S*,20*R*,24*R*)-17,25-dihydroxy-20,24-epoxy-14(18)-malabaricen-3-one 1080
3β,11-dihydroxy-5β,6β-epoxy-24-methylene-9,11-secocholestan-9-one 2592
6β,11α-dihydroxy-6,7-*seco*-6,20-epoxy-1α,7-olide-*ent*-kaur-16-en-15-one 847
3β,6β-dihydroxy-11α,12α-epoxyolean-28,13β-olide 1196
1β,8α-dihydroxyeremophil-7(11),9-dien-8β,12-olide 627
3β,5α-dihydroxy-(22*E*,24*R*)-ergost-22-en-6β-yl oleate 2118
3β,5α-dihydroxy-(22*E*,24*R*)-ergosta-7,22-dien-6β-yl oleate 2123
1β,3α-dihydroxyeudesma-5,11(13)-dien-12-oic acid 620
4,8-dihydroxyeudesmin 1452
1β,9β-dihydroxy-4r*H*-eudesma-5,11(13)-dien-12-oic acid 620
(2*S*)-4',7-dihydroxyflavan 1776
2',5-dihydroxyflavanone-4',7-di-*O*-β-D-glucoside 1658
3β,11α-dihydroxy-24-formylluplup-20(29)-en-28-oic acid 1299
11,14-dihydroxygelsenicine 223
1,4-dihydroxy-germacra-5*E*-10(14)-diene 562
(3*R*,6*R*,7*S*)-3,6-dihydroxygermacra-4(5)*E*,10(14)-dien-1-one 563
11,16-dihydroxy-12-*O*-β-D-glucopyranosyl-17(15→16),18(4→3)-*abeo*-4-carboxy-3,8,11,13-abietatetraen-7-one 845
(3*S*,6*R*)-2,3-dihydroxy-6-*O*-β-D-glucopyranosyl-linalol 402
(25*R*)-2α,3β-dihydroxy-26β-D-glucopyranosyloxy-22-methoxy-5α-furost-9-en-12-one-3-*O*-{*O*-β-D-glucopyranosyl-(1→2)-*O*-[β-D-xylopyranosyl-(1→3)]-*O*-β-D-glucopyranosyl-(1→4)-β-D-galactopyranoside} 1975
(25*R*)-2α,3β-dihydroxy-26β-D-glucopyranosyloxy-22-methoxy-5α-furostan-12-one-3-*O*-{*O*-β-D-glucopyranosyl-(1→2)-*O*-[β- D-xylopyranosyl-(1→3)]-*O*-β-D-glucopyranosyl-(1→4)-β-D-galactopyranoside} 1965
3α,8α-dihydroxy-1α,5α,6β,11β-guaia-4(15),10(14)-dien-12,6-olide 8-*O*-2-hydroxymethylacrylate 632
3α,8α-dihydroxy-1α,5α,6β,11β-guaia-4(15),10(14)-dien-12,6-olide 8-*O*-2-methylacrylate 632
dihydroxyheliotridane 45
2-*N*-(2',3'-dihydroxy-hexacosanoylamino)-hexadecane-1,3,4-triol 2183
4β,9α-dihydroxy-20-hexadecanoate-13α-dodecanoate-1, 6-tiglia-dien-3-one 921
5,7-dihydroxy-3,6,8,3',4',5'-hexamethoxyflavone 1676
1,3-dihydroxy-2-hexanoylamno-(4*E*)-heptadecene 2187
3',4'-dihydroxyhomoisoflavanone 1847
(1*R*,2*R*)-*ent*-1,2-dihydroxyisopimara-8(14),15-diene 842
3α,7β-dihydroxy-6β-(3-hydroxy-2-methyl-3-phenyl-propionyloxy)tropane 53
9-(3',4'-dihydroxy-5'-(hydroxy-methyl)-tetrahydrofuran-2-yl)-1-methyl-1*H*-purin-6(9*H*)-one 379
9-(3',4'-dihydroxy-5'-(hydroxy-methyl)-tetrahydrofuran-2-yl)-1-methyl-1*H*-purine-6(9*H*)-thione 380
7-(3',4'-dihydroxy-5'-(hydroxy-methyl)-tetrahydrofuran-2-yl)-1*H*-purin-6(7*H*)-one 379
9-(3',4'-dihydroxy-5'-(hydroxy-methyl)-tetrahydrofuran-2-yl)-1*H*-purine-6(9*H*)-thione 379
7-[3',4'-dihydroxy-5'-(hydroxy-methyl)-tetrahydrofuran-2-yl]-3*H*-pyrrolo[2,3-*d*]pyramidin-4(7*H*)-one 378
7-[3',4'-dihydroxy-5'-(hydroxy-methyl)-tetrahydrofuran-2-yl]-3*H*-pyrrolo[2,3-*d*]pyrimidine-4(7*H*)-thione 378
7-(3',4'-dihydroxy-5'-(hydroxy-methyl)-tetrahydrofuran-2-yl)-1*H*-purine-6(7*H*)-thione 379
3β,5β-dihydroxy-6β-[(4-hydroxybenzoyl)oxy]-21α*H*-24-norhopa-4(23),22(29)-diene 1339
2,4-dihydroxy-6-(4-hydroxybenzoyloxy)benzoic acid 2221
5,7-dihydroxy-3-(4'-hydroxybenzyl)-chroman-4-one 1847
3α,25-dihydroxy-24-(2-hydroxyethyl)-tirucall-8-en-21-oic acid 1082
1,3-dihydroxy-5-(12-hydroxyheptadecyl)benzene 2983
9-[3',4'-dihydroxy-5'-(hydroxyl-methyl)-tetrahydrofuran-2-yl]-1*H*-purin-6(9*H*)-one 379
6-(2',3'-dihydroxy-4'-hydroxylmethyl-tetrahydro-furan-1'-yl) cyclopenta-dien[*c*] pyrrole-l,3-diol 29
2,5-dihydroxy-4-hydroxymethyl acetanilide 2765
1,3-dihydroxy-2-hydroxymethyl-anthraquinone 1901
1,7-dihydroxy-2-hydroxymethylanthra-quinone 1901
4,7-dihydroxy-5-[2-(4-hydroxyphenyl)ethenyl]-3-methyl-2*H*-1-benzopyran-2-one; 4,7-dimethyl ether 1544
22,23-dihydroxy-iridal-3,16-di-β-D-glucopyranoside 1349
14,15-dihydroxyirpexan 3003
4β,8α-dihydroxy-5β-isobutyryloxy-9β-3-methylbutyryloxy-3-oxo-germacran-7β,12α- olide 565
8β,10β-dihydroxy-6β-isobutyryloxyeremophil-7(11)-en-12,8-olide 627
8,10-dihydroxy-isodepressin 749
22,23-dihydroxy-isoiridal-3,16-di-β-D-glucopyranoside 1349
2β,3β-dihydroxy-isomenthol 409
3β,7-dihydroxy-isomenthol 409
(3*E*,7*E*,11*E*)-11,12-dihydroxy-1-isopropyl-4,8,12-trimethylcyclotetradeca-1,3,7-triene 719

ent-14α,15α-dihydroxy-16-kaurene 915
ent-15α,18-dihydroxykaur-16-ene 915
ent-1α,16α-dihydroxykaur-11-en-18-oic acid 917
3,16-dihydroxykaurane-17-*O*-β-D-glucoside 917
3α,16α-dihyroxykaurane-19-*O*-β-D-glucoside 917
3α,16α-dihyroxykaurane-20-*O*-β-D-glucoside 918
12*R*,15-dihydroxylabda-8(17),13*E*-dien-19-oic acid 733
12*R*,15-dihydroxylabda-8(17),13*Z*-dien-19-oic acid 733
14*R*,15-dihydroxylabda-8(17),12*Z*-dien-19-oic acid 734
14*S*,15-dihydroxylabda-8(17),12*Z*-dien-19-oic acid 734
7β,13*S*-dihydroxylabda-8(17)-dien-19-oic acid 734
2,3-dihydroxy-labda-8(17),12(*E*),14-triene 734
8,15-dihydroxy-13*E*-labdane 733
3α,16α-dihydroxylanosta-7,9(11),24-trien-21-oic acid 985
5,6-dihydroxy-α-lapachone 1891
3,8-dihydroxyl-costatol-1,6-diene 401
(7,8-*cis*-8,8'-*trans*)-2',4'-dihydroxyl-3,5-dimethoxylariciresinol 1429
3β,15β-dihydroxyl-(22*E*,24R)-ergosta-5,8(14),22-trien-7-one 2589
3β,15α-dihydroxyl-(22*E*,24*R*)-ergosta-5,8(14),22-trien-7-one 2589
4,6-dihydroxyl-foeniculoside Ⅵ 410
9α,13α-dihydroxylisopropylidenylisatisine A 232
(3*S*,6*R*)-6,7-dihydroxy-linalool 402
(3*S*,6*S*)-6,7-dihydroxy-linalool 402
3β,16β-dihydroxylupane 1300
1β,3β-dihydroxylup-20(29)-ene 1298
3β,11α-dihydroxylup-20(29)-ene 1298
3β,15α-dihydroxylup-20(29)-ene 1298
3β,16β-dihydroxylup-20(29)-ene 1298
3β,24-dihydroxylup-20(29)-ene 1298
3β,28-dihydroxylup-20(29)-ene 1298
3β,6α-dihydroxylup-20(29)-ene 1298
3β,7β-dihydroxylup-20(29)-ene 1298
3β,17-dihydroxylup-20(29)-ene 1301
3α,11α-dihydroxy-lup-20(29)-en-23-al-28-oic acid 1303
3β,11α-dihydroxylup-20(29)-en-23, 28-dioic acid 1299
3β,11α-dihydroxylup-20(29)-en-28-oic acid 1299
3β,27-dihydroxylup-20(29)-en-28-oic acid 1299
3β,28-dihydroxylup-20(29)-en-27-oic acid 1299
3β,6β-dihydroxylup-20(29)-en-28-oic acid 1299
3β,16β-dihydroxylup-20(29)-en-28-oic acid 1300
3β,23-dihyroxy-lup-20(29)-en-28-oic acid-23-caffeate 1302
2α, 3β-dihydroxylup-12-en-28-oic acid 3-(3',4'-dihydroxybenzoyl ester) 1300
3α,27-dihydroxylup-20(29)-en-28-oic acid methyl ester 1300
4,6-dihydroxyl-lyratol 402
8α,13-dihydroxy-marasm-5-oic acid γ-lactone 695
1α,8-dihydroxy-*neo*-menthol 408
4',5-dihydroxy-7-methoxy-8-acetyl-oxyhomoisoflavanone 1848
3,5-dihydroxy-4-methoxy-benzoic acid 2212
1-(3",4"-dihydroxy-5"-methoxy)-*O*-*trans*-cinnamoyl-2'-*O*-*trans*-feruloyl gentiobiose 2291
1-(3",4"-dihydroxy-5"-methoxy)-*O*-*trans*-cinnamoyl-2'-*O*-*trans*-sinapoyl gentiobiose 2288, 2291
1,2'-di-(3",4"-dihydroxy-5"-methoxy)-*O*-*trans*-cinnamoyl-gentiobiose 2291
1-(*O*-*trans*-3",4"-dihydroxy-5"-methoxy)-*O*-*trans*-cinnamoyl-gentiobiose 2291
4,7-dihydroxy-10-methoxy-2,2-dimethyl-3,4-dihydro-2*H*-benzo[*h*]chromene-5,6-dione 1891
5,4'-dihydroxy-2'-methoxy-8-(3,3-dimethylally)-2",2"-dimethylpyrano[5,6: 6,7]-isoflavanone 1747
2',4'-dihydroxy-4-methoxy-3'-(γ, γ-dimethylallyl)dihydrochalcone 1771
5,7-dihydroxy-4'-methoxy-6,8-dimethylanthocyanidin 1800
5,2'-dihydroxy-3-methoxy-6,7-(2",2"-dimethylchromene)-8-(3"",3"'-dimethylallyl)-flavanone 1725
3,4-dihydroxy-5-methoxy-(6:7)-2,2-dimethylpyranoflavan 1778
4',5-dihydroxy-7-methoxy-homoisoflavanone 1847
4',5-dihydroxy-6-methoxy-α-lapachone 1891
5,7-dihydroxy-6-methoxy-3-(4'-methoxybenzyl)-chroman-4-one 1847
1,6-dihydroxy-3-methoxy-8-methyl-anthraquinone 1901
2,4-dihydroxy-6-methoxy-5-methyl-3-propionylbenzaldehyde 2213
1,3-dihydroxy-4-methoxy-10-methylacridone 280
2',7-dihydroxy-4'-methoxy-5'-(3-methylbut-2-enyl)isoflavone 1739
5,7-dihydroxy-2'-methoxy-3',4'-methylenedioxyisoflavanone 1746
4',5-dihydroxy-7-methoxy-6-methylflavan 1776
4',6-dihydroxy-7-methoxy-8-methylflavan 1776
(2*S*)-7,3'-dihydroxy-4'-methoxy-8-methylflavane 1776
3β,14β-dihydroxy-21-*O*-methoxy-5β-pregnan-20-one-3-*O*-β-D-diginopyranosyl-(1→4)-β-D-cymaropyranosyl-(1→4)-β-D-cymaropyranoside 2004
trans-4',5-dihydroxy-3-methoxy-stilbene-5-*O*-[α-L-rhamnopyranosyl-(1→6)]-α-D- glucopyranoside 2248
4',5-dihydroxy-3-methoxy-*trans*-stilbene-5-*O*-{α-L-rhamnopyranosyl-(1→2)-[α-L-rhamnopyranosyl-(1→6)]}-α-D-glucopyranoside 2248
3,5-dihydroxy-4'-methoxy-stilbene(*E*) 2245
3,7-dihydroxy-2-methoxy-8,8,10-trimethyl-7, 8-dihydro-6*H*-antracen-1,4,5-trione 1891
3-(2,4-dihydroxy-3-methoxybenzyl)-4-(4-hydroxy-3-methoxybenzyl)tetrahydrofuran 1428
(2*S*,3*S*)-2-(3,4-dihydroxy-5-methoxybenzyl)-3-(5-methoxy-3,4-methylenedioxybenzyl)butyrolactone 1401
2',4-dihydroxy-4'-methoxychalcone 1751
2,2'-dihydroxy-4'-methoxychalcone 1752
2',3-dihydroxy-4'-methoxychalcone 1752
2',4'-dihydroxy-5'-methoxychalcone 1752
2',4'-dihydroxy-6'-methoxychalcone 1752
4',4-dihydroxy-2-methoxychalcone 1752
3β,25-dihydroxy-7β-methoxycucurbita-5,23(*E*)-diene 986
2,4'-dihydroxy-4-methoxydihydrochalcone 1771
(2*S*)-3',7-dihydroxy-4'-methoxyflavan 1776
(2*S*)-4',7-dihydroxy-3'-methoxyflavan 1776
(2*S*)-4'-dihydroxy-7-methoxyflavanone 1657
(*S*)-4',5-dihydroxy-7-methoxyflavanone 1657
4',5-dihydroxy-7-methoxyflavone 1631
7,4'-dihydroxy-8-methoxyhomoisoflavane 1847
3β,8α-dihydroxy-13-methoxyl-4(14),10(15)-dien-(1α,5α,6β,11α)-12,6-olide 631
3β,8α-dihydroxy-13-methoxyl-4(14),10(15)-dien-(1α,5α,6β,11β)-12,6-olide 631
2,5-dihydroxy-4-methoxymethyl acetanilide 2765
3α,21β-dihydroxy-11α-methoxyolean-12-ene 1199
1-(4',6'-dihydroxy-2'-methoxyphenyl)-3-(4"-hydroxy-3"-methoxyphenyl)-propan-2-ol 1778
3,4-dihydroxy-3'-methoxystilbene 2244
3β,12-dihydroxy-13-methyl-podocarpane-8,10,13-triene 845
3β,12-dihydroxy-13-methyl-6,8,11,13-podocarpatetraen 846
3β,12-dihydroxy-13-methyl-5,8,11,13-podocarpatetraen-7-one 846

3α,7β-dihydroxy-6β-[(1-methyl-1H-pyrrol-2-yl)carbonyloxy] -tropane 52
3α,7α-dihydroxy-6β-[(1-methyl-1H-pyrrol-2-yl)carbonyloxy] -tropane 52
6β,7β-dihydroxy-3α-[(1-methyl-1H-pyrrol-2-yl)carbonyloxy] -tropane 52
1,2-dihydroxy-3-methylanthraquinone 1901
2α,3α-dihydroxymethyl betulinate 1299
3α,27-dihydroxymethyl betulinate 1299
dihydroxymethyl-bis(3,5-dimethoxy-4-hydroxyphenyl)tetrahydrofuran-9 (or 9')-O-β-glucopyranoside 1430
2',4'-dihydroxy-3'-(3-methylbut-2-enyl)chalcone 1753
(3R)-2',7-dihydroxy-3'-(3-methylbut-2-enyl)-2''',2'''-dimethyl-pyrano[5''',6''': 4',5']isoflavan 1796
threo-2,3-dihydroxy-2-methylbutanoic acid 2286
3-(2,3-dihydroxy-3-methylbutyl)-4,7-dimethoxy-1-methyl-1H-quinolin-2-one 84
4β,8α-dihydroxy-5β-2-methylbutyryloxy-9β-3-methylbutyryloxy-3-oxo-germacran-7β,12α-olide 565
3β,11-dihydroxy-24-methylene-9,11-secocholestan-9-one 2593
(+)-3,4-dihydroxy-8,9-methylenedioxy-pterocarpan 1855
(2S)-4',7-dihydroxy-8-methylflavan 1776
3β,6β-dihydroxy-21αH-24-norhopa-4(23),22(29)-diene 1339
3α,21β-dihydroxy-olean-12-ene 1199
24-*nor*-2,3-dihydroxyolean-4(23),12-ene 1198
3β,22α-dihydroxyolean-12-en-30-oic acid 1198
3β,12α-dihydroxyolean-28,13β-olide 1196
11β,21β-dihydroxyolean-12-en-3-one 1199
2,3-dihydroxyolean-28-oic acid 1199
(2E,7E)-4,11-dihydroxy-1,12-oxidocembra- 2,7-diene 2371
1β,11α-dihydroxy-3-oxo-lup-20(29)-ene 1303
1β,11α-dihydroxy-3-oxo-lup-20(29)-en-28-oic acid 1303
3β,6β-dihydroxy-11-oxo-olean-12-en-28-oic acid 1197
3β,28α-dihydroxy-16-oxo-13β,28-oxydooleanane 1196
3,8-dihydroxy-6-oxo-piperitone 411
20β,27-dihydroxy-1-oxo-(22R)-witha-2,5,14,24-tetraenolide 2128
2α,11-dihydroxy-6-oxodrim-7-ene 619
3β,27-dihydroxy-11-oxoolean-12-en-28-oic acid 1197
(2S)-2,14-dihydroxypatchoulol 692
5,7-dihydroxy-3,8,3',4',5'-pentamethoxyflavone 1676
1-(2,6-dihydroxyphenyl)ethanone 2213
3-[(3,4-dihydroxyphenyl)methyl]-5,7-dihydroxy-4H-1-benzopyran-4-one 1849
2-(2,4-dihydroxyphenyl)-3-phenyl-acrylic acid-γ-lactone 1840
3-(3,4-dihydroxyphenyl)propyl arachidate 2287
3-(3,4-dihydroxyphenyl)propyl myristate 2287
3-(3,4-dihydroxyphenyl)propyl palmitate 2287
3-(3,4-dihydroxyphenyl)propyl stearate 2287
4,8-dihydroxypinresinol 1452
5,8-dihydroxypluviatolide 1402
1β,3β-dihydroxyprega-5,16-dien-20-one-1-O-{α-L-rhamnopyranosyl-(1→2)-O-[β-D-xylopyranosyl-(1→3)]-6-O-acetyl-β-D-glucopyranoside} 1993
1β,3β-dihydroxyprega-5,16-dien-20-one-1-O-{α-L-rhamnopyranosyl-(1→2)-O-[β-D-xylopyranosyl-(1→3]-α-L-arabinopyranoside} 1995
1β,3β-dihydroxyprega-5,16-dien-20-one-1-O-{α-L-rhamnopyranosyl-(1→2)-O-[β-D-xylopyranosyl-(1→3)]-β-D-glucopyranoside} 1993
1β,3β-dihydroxypregna-5,16-dien-20-one-1-O-{α-L-rhamno-pyranosyl-(1→2)-α-L-arabinopyranoside} 2006
2β,3β-dihydroxypregnan-16-one 1980
2β,16β-dihydroxypregnan-16-one 1981
3β,4α-dihydroxypregnan-16-one 1981
2α,3β-dihydroxypregnan-16-one-2β,19-hemiketal 1985
2β,3β-dihydroxy-5α-pregn-17(20)-(E)-en-16-one 1983
2β,3β-dihydroxy-5α-pregn-17(20)-(Z)-en-16-one 1983
3β,16β-dihydroxy-pregn-5-en-20-one-16-O-(2,5-epimino-2-methoxy-4-pentanoic acid)-ester-3-O-β-chacotrioside 339
1β,3β,14-dihydroxy-5α-pregn-16-en-20-one-3-O-β-D-glucopyranoside 1984
1β,3β,14-dihydroxy-5α-pregn-16-en-20-one-3-O-β-D-glucopyranoside 1986
1β,3β-dihydroxy-pregna-5,16-dien-20-one 1981
2β,3β-dihydroxy-5α-pregnane-16-one 1980
9,15-dihydroxypresilphiperfolan-4-oic acid 693
1-(1,3-dihydroxypropyl)cyclopropanol 2163
20,23-dihydroxy-3β-[(O-α-L-rhamnopyranosyl-(1→2)-α-L-arabinopyranosyl)oxy]lupan-28-oic acid 28-O-α-L-rhamnopyranosyl-(1→4)-O-β-D-glucopyranosyl-(1→6)-β-D-glucopyranosyl ester 1303
1,7-dihydroxy-santolinane 402
3β,6β-dihydroxysclareolide 737
1β,2α-dihydroxyspirosta-5,25(27)-dien-3β-yl-O-α-L-rhamnopyranosyl-(1→2)-[β-D-glucopyranosyl-(1→4)-β-D-galactopyranoside 2079
1β,2α-dihydroxyspirostane-5,25(27)-dien-3β-yl-O-α-L-rhamnopyranosyl-(1→2)-β-D-galactopyranoside 2077
(25R)-3β-dihydroxy-5α-spirostane-2α,3β-diol-3-O-{β-D-glucopyranosyl-(1→2)-O-β-D-glucopyranosyl -(1→4)-β-D-galactopyranoside 2083
(25S)-3β-dihydroxy-5α-spirostane-2α,3β-diol-3-O-{β-D-glucopyranosyl-(1→2)-O-β-D-glucopyranosyl -(1→4)-β-D-galactopyranoside 2083
(25R)-3β-dihydroxy-5β-spirostan-12-one-3-O-β-D-glucopyranosyl-(1→2)-O-[α-L-arabinopyranosyl-(1→6)]-β-D-glucopyranoside 2095
(25R)-3β,17α-dihydroxy-5α-spirostan-6-one-3-O-α-L-rhamnopyranosyl-(1→2)-O-[α-L-arabinopyranosyl-(1→3)]-β-D-glucopyranoside 2078
(25R)-3β,17α-dihydroxy-5α-spirostan-6-one-3-O-α-L-rhamnopyranosyl- (1→2)-β-D-glucopyranoside 2074
(25R)-2α-dihydroxy-5α-spirostan-3β-yl-O-β-D-xylopyranosyl-(1→2)-O-β-D-glucopyranosyl-(1→4)-β-D-galactopyranoside 2085
(25R)-1β,2α-dihydroxyspirost-5-en-3β-yl-O-α-L-rhamnopyranosyl-(1→2)-β-D-galactopyranoside 2076
1β,2α-dihydroxy-5α-spirost-25(27)-ene-3β-yl-O-α-L-rhamnopyranosyl- (1→2)-β-D-galactopyranoside 2073
(25R)-1β,2α-dihydroxy-5α-spirost-3β-yl-O-α-L-rhamnopyranosyl-(1→2)- β-D-galactopyranoside 2075
(25R)-2α-dihydroxy-5α-spirost-3β-yl-O-β-D-xylopyranosyl-(1→2)-O-β-D-glucopyranosyl -(1→4)-β-D-galactopyranoside 2083
6,9'-dihydroxystaurosporinone 253
5,12-dihydroxysterpuren 692
3,5-dihydroxystilbene(E) 2245
3,5-dihydroxystilbene(Z) 2245
3α,27-dihydroxy-28,20β-taraxastanolide 1282
3,8-dihydroxy-1-tetrahydrolinalyl 401
(2R,3R,4S)-3,4-dihydroxy-5,7,3',4'-tetramethoxyflavan 1777
(2R,3S,4S)-3,4-dihydroxy-5,7,3',4'-tetramethoxyflavan 1777
2',6-dihydroxy-5,6',7,8-tetramethoxyflavone 1631
5,6'-dihydroxy-2',6,7,8-tetramethoxyflavone 1633
4α,10β-dihydroxy-8α-tigloyloxy-2-oxo-6β,7α,11β-1(5)-

guaien-12,6α-olide 632
3α,25-dihydroxytirucall-8-en-21-oic acid 1082
5α,10β-dihydroxy-2α,6α,14β-triacetoxy-4(20),11-taxadiene 849
2,4-dihydroxy-6-(3,4,5-trihydroxybenzoyloxy)benzoic acid 2221
(−)-(7'R,8R,8'R)-4,4'-dihydroxy-3,3',5-trimethoxy-2,7'-cyclolignane 1464
1,5-dihydroxy-2,6,8-trimethoxy-xanthone 1807
2',5-dihydroxy-3,4,4'-trimethoxychalcone 1751
2',4'-dihydroxy-2,3',6'-trimethoxychalcone 1753
2',4-dihydroxy-3',4',6'-trimethoxychalcone 1753
3',5'-dihydroxy-2',4',6'-trimethoxydihydrochalcone 1771
5',8-dihydroxy-3',4',7-trimethoxyflavone 1631
5,7-dihydroxy-3,4',6-trimethoxyflavone 1674
5,8-dihydroxy-3,6,7-trimethoxyflavone 1674
3',5-dihydroxy-3,4',7-trimethoxyflavone 1675
trans-(+)-3,14α-dihydroxy-4,6,7-trimethoxyphenanthroindolizidine 264
2,6-dihydroxy-2-[3,7,11-trimethyl-2(*E*),6(*E*),10-dodecatrien-1-yl]-3(2*H*)-benzofuranone 537
1β,4β-dihydroxy-11,12,13-trinor-8,9-eudesmen-7-one 620
7β,23ξ-dihydroxy-3,11,15-trioxolanosta-8,20*E*(22)-dien-26-oic acid 988
2α,3β-dihydroxyup-12-en-28-oic acid 3-(3',4'-dihydroxybenzoyl ester) 1300
2α,3α-dihydroxyurs-11-en-13β,28-olide 1282
19,24-dihydroxyurs-12-en-3-one-28-oic acid 1281
19α,22α-dihydroxy-24-*nor*-2,3-*seco*-urs-12-en-2,3,28-trioic acid trimethyl ester 1281
(25*R*)-2α-dihydroxy-3β-[(*O*-β-D-xylopyranosyl-(1→2)-*O*-β-D-glucopyranosyl -(1→4)-β-D-galactopyranosyl]oxy-5α-spirostan-12-one 2089
(25*R*)-2α-dihydroxy-3β-[(β-D-xylopyranosyl-(1→2)-*O*-β-D-glucopyranosyl-(1→4)-β-D-galactopyranosyl)oxy]-5α-spirostan-9-en-12-one 2095
1,5-dihydroxyxanthone 1807
1,7-dihydroxyxanthone 1807
3'(*S*),4'(*S*)-diisovaleryloxy-3',4'-dihydroseselin 1599
1,4-diketo-cembranoid 2374
diketone 2384
diketopiperazine of *N*-methyltyrosine 2822
dilactone 1452
dilapachone 1892
dillapiol 2286
dilopholide 718
trans-6,7-dimeoxy-1-(3,4-dimethoxyphenyl)-1,2-dihydronaphthalene-2,3-dicarboxylic acid 1467
dimer of paederosidic acid 450
dimer of paederosidic acid and paederoside 450
dimer of paederosidic acid and paederosidic acid methyl ester 450
dimeresculetin 1615
dimeric terrestrol B 2560
dimeric terrestrol C 2560
dimeric terrestrol D 2560
dimeric terrestrol E 2560
dimeric terrestrol F 2560
dimeric terrestrol G 2560
dimeric terrestrol H 2560
Z-4,6-dimethoxyaurone 1839
6,7-dimethoxybaicalein 1630
6-*O*-(3,4-dimethoxybenzoyl)crescentin Ⅳ 3-*O*-β-D-glucopyranoside 449
(*R*)-1-(11,12-dimethoxybenzyl)-6,7-dimethoxy-2-methyl-1,2,3,4-tetrahydroisoquinoline 108
(*S*)-1-(11,12-dimethoxybenzyl)-6,7-dimethoxy-2-methyl-1,2,3,4-tetrahydroisoquinoline 108
1-(11,12-dimethoxybenzyl)-6,7-dimethoxy-2-methyl-1,2,3,4-tetrahydroisoquinoline 108
1-(11,12-dimethoxybenzyl)-6,7-dimethoxy-1,2,3,4-tetrahydroisoquinoline 108
(*R*,*Z*)-3-(3,4-dimethoxybenzyl)-2-(3,4-dimethoxybenzylidene)-γ-butyrolactone 1403
trans-3-(3,4-dimethoxy-benzylidene)chromanone 1849
3,5-dimethoxybenzyl [5*R*-(5α,6α)]-5,6,7,8-tetrahydro-7-methylidene-8-oxo-5- (3,4,5-trimethoxyphenyl)naphtho-[2,3-*d*] [1,3]dioxole-6-carboxylate 1467
1-(11,12-dimethoxybenzyl)-1,2,3,4-tetrahydroisoquinoline 108
5,8-dimethoxychalepensin 1567
6-*O*-[3-*O*-(*trans*-3,4-dimethoxycinnamoyl)-α-L-rhamnopyranosyl]-aucubin 442
10-*O*-[3,4-dimethoxy-(*E*)-cinnamoyl]aucubin 442
10-*O*-[3,4-dimethoxy-(*E*)-cinnamoyl]catalpol 443
10-*O*-[3,4-dimethoxy-(*Z*)-cinnamoyl]catalpol 443
E-3,4-dimethoxycinnamylw-hydroxylinoleate 2287
3β,23β-dimethoxycycloart-24(24^{1})-ene 993
α-3,4-dimethoxy-3,4-desmethylenedioxycubebin 1400
β-3,4-dimethoxy-3,4-desmethylenedioxycubebin 1400
(−)-3,4-dimethoxy-3,4-desmethylenedioxycubebin(α) 1428
(−)-3,4-dimethoxy-3,4-desmethylenedioxycubebin(β) 1428
6,7-dimethoxy-3,4-dihydroisoquinoline 105
3,3'-dimethoxy-4,4'-dihydroxy-stilbene(*E*) 2245
2,4-dimethoxy-2',4'-dihydroxychalcone 1752
(1*R*,2*S*)-6,7-dimethoxy-1-(3,4-dimethoxyphenyl)-1,2-dihydronaphthalene-2,3-dicarboxylic acid) 1467
(1a*S**,1b*S**,7a*S**,8a*S**)-4,5-dimethoxy-1a,7a-dimethyl-1,1a,1b,2,7,7a,8,8a-octahydrocyclopropa[3,4]cyclopenta[1,2-*b*]naphthalene-3,6-dione 1884
6,7-dimethoxy-1,2-dimethyl-1,2,3,4-tetrahydroisoquinoline 105
3,6-dimethoxy-6",6"-dimethylchromeno-(2",3":7, 8)-flavone 1683
4',5-dimethoxy-(6:7)-2,2-dimethylpyranoflavone 1634
4,11-dimethoxy-5*H*-[1,3]dioxolo[4,5-*b*]acridin-10-one 279
5,8-dimethoxyelimiferone 1567
3',5'-dimethoxyeriosemaone B 1659
4,8-dimethoxyeudesmin 1452
3,7-dimethoxyflavone 1674
4',5-dimethoxyflavone-7-*O*-glucoxyloside 1631
11,12-dimethoxyhenningsamine 253
3',4'-dimethoxyhomoisoflavone 1847
5,7-dimethoxy-6-hydroxy-2*H*-1,4-benzothiazin-3(4*H*)-one 2983
3,5'-dimethoxy-4-hydroxy-3",3"-dimethylpyran[3',4']-stilbene 2247
4,5'-dimethoxy- 3'-hydroxy-2'-(8'-methyl-7'-acetone)-stilbene 2246
4,5'-dimethoxy- 3'-hydroxy-2'-(8'-methyl-7'-acetone)-stilbene 2246
3,5-dimethoxy-3'-hydroxy-4'-(4"-methyl-2"-butylenyl)-*trans*-stilbene 2245
3,5-dimethoxy-4'-hydroxy-3'-(4"-methyl-2"-butylenyl)-*trans*-stilbene 2245
1,2-dimethoxy-3-hydroxyanthraquinone 1901
(6,7-dimethoxyisoquinolin-1-yl)(3,4-dimethoxyphenyl) methanone 109
6,7-dimethoxyisoquinoline 105
(16*R*)-17-dimethoxy-*ent*-kauran-19-oic acid 916
3β,23β-dimethoxy-5*R*-lanost-24(24^{1})-ene 986

3',3''-dimethoxylarreatricin 1430
Z-4,6-dimethoxy-2-[*o*-(methoxy-methoxy)benzylidene]-3(2*H*)-benzo-furanone 1839
Z-4,6-dimethoxy-3-[*o*-(methoxy-methoxy)benzylidene]-3(2*H*)-benzo-furanone 1839
Z-2-[3,5-dimethoxy-4-(methoxy-methoxy)benzylidene]-4,6-dimethoxy-3(2*H*)-benzofuranone 1840
Z-4,6-dimethoxy-2-[3-methoxy-4-(methoxymethoxy)benzylidene]-3(2*H*)-benzofuranone 1840
5-[3,4-dimethoxy-2-(methoxycarbonyl)benzoyl]-7,8-dihydro-6-methyl-1,3-dioxolo[4,5-*g*]isoquinolinium 131
1,2-dimethoxy-6-methyl-9,10-anthra-quinine 1901
4,7-dimethoxy-8-[(3-methyl-2-butenyl)oxy]furo[2,3-*b*]quinoline 82
1,3-dimethoxy-10-methyl-9,10-dihydro-9-acridinone 279
(1*R*)-(3,4-dimethoxy-2-methyl-phenyl)(5,6,7,8-tetrahydro-[1,3]dioxolo[4,5-*g*]isoquinolin-5-yl)methanol 108
rel-(8*R*,13a*R*)-9,10-dimethoxy-*α*-methyl-5,8,13,13a-tetrahydro-6*H*-benzo[*g*]-1,3-benzodioxolo[5,6-*a*]quinolizine-8-ethanol 121
(*R*)-6,7-dimethoxy-3-{(*R*)-6-methyl-5,6,7,8-tetrahydro-[1,3]dioxolo-[4,5-*g*]isoquinolin-5-yl}isobenzofuran-1(3*H*)-one 130
(*S*)-6,7-dimethoxy-3-{(*R*)-6-methyl-5,6,7,8-tetrahydro-[1,3]dioxolo[4,5-*g*]isoquinolin-5-yl}isobenzofuran-1(3*H*)-one 130
(3*R*)-3-(6,7-dimethoxy-2-methyl-1,2,3,4-tetrahydroisoquinolin-1-yl)-6,7-dimethoxyisobenzofuran-1(3*H*)-one 130
(6*R*)-6-(6,7-dimethoxy-2-methyl-1,2,3,4-tetrahydroisoquinolin-1-yl)isobenzofuro[5,4-*d*][1,3]dioxol-8(6*H*)-one 130
(6*S*)-6-(6,7-dimethoxy-2-methyl-1,2,3,4-tetrahydroisoquinolin-1-yl)isobenzofuro[5,4-*d*][1,3]dioxol-8(6*H*)-one 130
(*S*)-6,7-dimethoxy-1-methyl-1,2,3,4-tetrahydroisoquinoline 105
6,7-dimethoxy-2-methyl-1,2,3,4-tetrahydroisoquinoline 105
2,3-dimethoxy-4,5-methylenedioxy-allylbenzene 2286
8*R*,7'*R*,8'*R*-4,5-dimethoxy-3',4'-methylenedioxy-2,7'-cyclolignan 1465
9,10-dimethoxy-2,3-methylenedioxy-protoberberine 121
$\Delta^{8'}$-3',5'-dimethoxy-3,4-methylenedioxy-1',4',5',6'-tetrahydro-4'-oxo-7-*O*-2',8',1'-neolignan 1519
5,8-dimethoxy-6,7-methylenedioxycoumarin 1547
5,7-dimethoxy-3',4'-methylenedioxyflavanone 1657
(1*R*,3*S*,7*S*)-7-(4',5'-dimethoxy-2'-methylnap-hthalen-1'-yl)-8-methoxy-1,2,3-trimethyl-1,2,3,4-tetrahydroisoquinolin-6-ol 139
5,6-dimethoxy-1-methylnaphthalen-1-{7,8-dihydro-[1,3]dioxolo[4,5-*g*]isoquinolin-5-yl)-2(1*H*)-one 139
5,6-dimethoxy-3-methylnaphthalen-1-{7,8-dihydro-[1,3]dioxolo[4,5-*g*]isoquinolin-5-yl}-2-yl 139
(*R*)-5-(4',5'-dimethoxy-2'-methylnaphthalen-1'-yl)-6,8-dimethoxy-1,3-dimethylisoquinoline 139
(1*R*,3*S*,7*S*)-7-(4',5'-dimethoxy-2'-methylnaphthalen-1'-yl)-6,8-dimethoxy-1,2,3-trimethyl-1,2,3,4-tetrahydroisoquinoline 139
(1*R*,3*S*,7*S*)-7-(4',5'-dimethoxy-2-methylnaphthalen-1'-yl)-1,2,3-trimethyl-1,2,3,4-tetrahydroisoquinoline-6,8-diol 139
(*S*)-5-[(*R*)-4',5'-dimethoxy-2'-methylnaphthalen-1'-yl]-6,8-dimethoxy-1,3-dimethyl-3,4-dihydroisoquinoline 139
(*S*)-5-[(*R*)-4',5'-dimethoxy-2-methylnaphthalen-1'-yl]-8-methoxy-1,3-dimethyl-3,4-dihydroisoquinolin-6-ol 139
(*S*)-5-[(*S*)-4',5'-dimethoxy-2'-methylnaphthalen-1'-yl]-8-methoxy-1,3-dimethyl-3,4-dihydroisoquinolin-6-ol 139
4,5-dimethoxymorelensin 1490
5,6-dimethoxynaphthalen-1-{7,8-dihydro-[1,3]dioxolo[4,5-*g*]isoquinolin-5-yl}-2-ol 139
(+)-2-(3,4-dimethoxyphenyl)-6-(3,4-dihydroxyphenyl)-3,7-dioxabicyclo[3.3.0]octane 1451
1-(3',4'-dimethoxyphenyl)-6,7-dimethoxy-3,4-dihydroisoquinoline 139
1-(3',4'-dimethoxyphenyl)-6,7-dimethoxy-2-methyl-1,2,3,4-tetrahydroisoquinoline 139
1-(3',4'-dimethoxyphenyl)-6,7-dimethoxy-1,2,3,4-tetrahydroisoquinoline 139
1-(3,4-dimethoxyphenyl)-1-propanol 2285
(*E*)-3-(3,4-dimethoxyphenyl)-2-propen-1-yl (*Z*)-2-[(*Z*)-2-methyl-2-butenoyloxymethyl]butenoate 2287
4,8-dimethoxypinoresinol 1452
4,8-dimethoxypinoresinol diacetate 1452
5,8-dimethoxy-3-prenylpsoralen 1567
3,8-dimethoxypsoralen 1566
(+)-(5*S*,8*S*,9*R*,10*S*)-15,20-dimethoxypuupehenol 2559
6,11-dimethoxy-roxithromycin 2695
5*α*-(25*R*)-3,3-dimethoxy-spirostane-6*α*-hydroxy-6-*O*-*β*-D-glucopyranosyl-(1→3)-*β*-D-glucopyranoside 2073
3,5-dimethoxystilbene(*E*) 2245
(*E*)-*N*-[2-(3,4-dimethoxystyryl)-4,5-dimethoxyphenethyl]-*N*-methylhydroxylamine 108
1,8-dimethoxy-1,2,3,4-tetrahydroisoquinoline 105
6,7-dimethoxy-1,2,3,4-tetrahydroisoquinoline 105
(16*α*)-11,17-dimethoxy-yohimban-16-carboxylic acid methyl ester 190
β,*β*-dimethylacryloyl alkannin 1892
8-(1,1-dimethylallyl)galangin 1682
8-(1,1-dimethylallyl)galangin-triacetate 1682
8-(1,1-dimethylallyl)kaempferide-triacetate 1682
5-(3'',3''-dimethylallyl)-8-methoxy furocoumarin 1566
4',7''-di-*O*-methylamentoflavone 1871
(*E*)-4 -(dimethylamino)but-3-en-2-one 2172
trans-4-(dimethylamino)-3-buten-2-one 22
4-(2-(dimethylamino)ethyl)phenol 2212
17-dimethylaminolobohedleolide 2374
3-(dimethylaminomethyl)-1-(1,1-dimethyl-2-propenyl)indole 2868
3-[(dimethylamino)methyl]indolin-2-one 178
(*E*)-2-(dimethylamino)-6-methylhepta-2,5-dien-4-one 2172
(*Z*)-2-(dimethylamino)-6-methylhepta-2,5-dien-4-one 2172
(*Z*)-1-(dimethylamino)-4-methylpent-1-en-3-one 2172
(*E*)-1-(dimethylamino)-4-methylpent-1-en-3-one 2173
(*Z*)-1-(dimethylamino)-4-methylpent-1-ene-3-one 2173
(*E*)-1-(dimethylamino)-4-methylpent-1-ene-3-thione 2173
4',3''-di-*O*-methylapocynin B 1777
4',3''-di-*O*-methylapocynin D 1777
dimethylauranticin A 2234
Z-4,6-dimethylaurone 1839
Z-4,7-dimethylaurone 1839
E-4,7-dimethylaurone 1840
1,8-*O*-dimethyl-averantin 2766
8-(*α*,*α*-dimethylbenzyl)-2*H*-furo[2,3-*h*]-1-benzopyran-2-one 1560
(2*R*)-7,7-dimethylbicyclo[2.2.1]heptan-2-ol 2163
(2*S*)-7,7-dimethylbicyclo[2.2.1]heptan-2-ol 2163
dimethyl bicyclo[2.2.1]hept-2-ene-2,3-dicarboxylate 2151
(8*R*,8'*R*)-dimethyl-(7*R*,7'*R*)-bis(4-hydroxy-3-methoxyphenyl)tetrahydrofuran 1430
(8*R*,8'*R*)-dimethyl-(7*R*,7'*S*)-bis(4-hydroxy-3-methoxyphenyl)tetrahydrofuran 1430
(8*R*,8'*S*)-dimethyl-(7*R*,7'*S*)-bis(4-hydroxy-3-methoxyphenyl)tetrahydrofuran 1430
rel-(8*R*,8'*R*)-dimethyl-(7*S*,7'*R*)-bis(3,4-methylenedioxyphenyl)

tetrahydrofuran 1429
rel-(8*S*,8'*R*)-dimethyl-(7*S*,7'*R*)-bis(3,4-methylenedioxyphenyl) tetrahydrofuran 1429
E-4,7-dimethyl-4'-bromoaurone 1840
2,2-dimethylbutane 2172
2,2-dimethylbutanoic acid 2149
23-dimethylbut-2-ene 2172
3,3-dimethylbut-1-ene 2172
3',4'-di-*O*-methylbutin-7-*O*-[(6"→1"')-3"', 11"'-dimethyl-7"'-methylenedodeca-3"', 10"'-dienyl]-*β*-D-glucopyranoside 1660
1,4-dimethyl-9*H*-carbazol-7-ol 187
1,4-dimethyl-9*H*-carbazole 187
1,4-dimethylcarbostyril 79
4,6-dimethylcarbostyril 79
dimethyl 17-carboxygrindelate 735
6,15-di-*O*-methylconstrictosine 128
dimethyl cycloheptane-1,2-dicarboxylate 2151
dimethyl cycloheptane-1,3-dicarboxylate 2151
dimethyl cyclohexane-1,2-dicarboxylate 2151
dimethyl cyclohexane-1,3-dicarboxylate 2151
dimethyl cyclooctane-1,3-dicarboxylate 2151
dimethyl cyclooctane-1,3-dicarboxylate 2151
dimethyl cyclopentane-1,2-dicarboxylate 2150
dimethyl cyclopentane-1,3-dicarboxylate 2151
1,1-dimethylcyclopropane 2173
1,2-dimethylcyclopropane 2173
N_b-dimethylcycloxobuxoviricine 358
16,20-dimethyl-1,14-dihydro-1*H*-pyrido[14,3-*b*]carbazole 188
3,3'-di-*O*-methylellagic acid 1917
3,3'-di-*O*-methylellagic acid 4,4'-di-*O*-*β*-glucoside 1917
3,3'-di-*O*-methylellagic acid 4-*O*-*β*-glucoside 1917
3,5-dimethylene-1,4,4-trimethylcyclopentene 413
rel-(7*R*,8*R*,7'*R*,8'*R*)-3,4,3',4'-dimethylenedioxy-5,5'-dimethoxy-7,7-epoxylignan 1431
rel-(7*R*,8*S*,7'*S*,8'*S*)-4,5,4',5'-dimethylenedioxy-3,3'-dimethoxy-7,7'-epoxylignan 1431
3,4-4',5'-dimethylenedioxychalcone 1753
(9*S*)-4,7-dimethyl-4,6,6a,7,8,9,10,10a-ctahydroindolo[4,3-*fg*] quinoline-9-carboxamide 242
4,7-dimethyl ether, 4'-*O*-D-glucopyranoside 1544
dimethyl ether of nimbidiol 848
2,4-dimethyl-5-(ethoxycarbonyl)-pyrrole 28
dimethyl 1(10),13*E*-*ent*-halimadien-15,18-dioate 737
dimethyl 1(10),13*Z*-*ent*-halimadien-15,18-dioate 737
(2*S*,6*S*)-3,6-dimethyl-1,2,3,4,5,6-hexahydro-pyrrolo[4,5-*b*] indol-9-yl methylcarbamate 177
2,2-dimethylhexanoic acid 2149
(6*R*)-6-[(1*S*)-1,5-dimethylhex-4-en-1-yl]-3-methylcyclohex-2-en-1-one 561
2,3-dimethylhex-2-ene 2172
(7'*R*,8*S*,8'*R*)-8,8'-dimethyl-4-hydroxy-3',4',5-trimethoxy-2,7'-cyclolignan-7-one 1467
(7'*R*,8*S*,8'*S*)-8,8'-dimethyl-4-hydroxy-3',4',5-trimethoxy-2,7'-cyclolignan-7-one 1467
N,*N*-dimethylisobutyramide 2172
6,8-di-*C*-methylkaempferol-3,4'-dimethyl ether 1674
6,8-di-*C*-methylkaempferol-3-methyl ether 1674
di-*O*-methyl lecanoric acid 2220
21*α*,25-dimethylmelianodiol 1079
Z-4,7-dimethyl-4'-methoxy aurone 1839
1,4-dimethyl-8-methoxy-2-quinolone 79
Z-4,6-dimethyl-4'-methoxyaurone 1839
E-4,6-dimethyl-4'-methoxyaurone 1840
E-4,7-dimethyl-4'-methoxyaurone 1840
8*α*,10-dimethyl-*N*-methyl-*trans*-decahydroquinoline 81
4-((1*R*,3*S*)-2,2-dimethyl-3-((1*R*,4*R*,5*S*)-1-methylbicyclo[2.1.0] pentan-5-yl)cyclopropyl)-3-hydroxybutan-2-one 2368
(3*S*,6*S*)-3,6-dimethyl-3-(methylcarbamoyl)-1,2,3,4,5,6-hexahydropyrrolo[4,5-*b*]indol-9-yl methylcarbamate 178
1,4-dimethyl-4-((1*E*,3*E*)-4-((*R*)-4-methylcyclohex-3-enyl) penta-1,3-dienyl)-3-(2-((*R*)-4-methylcyclohex-3-enyl)prop-1-enyl)cyclohex-1-ene 2367
1,4-dimethyl-4-((1*E*,3*E*)-4-((*R*)-4-methylcyclohex-3-enyl)penta-1,3-dienyl)-3-(2-((*S*)-4-methylcyclohex-3-enyl)prop-1-enyl)cyclohex-1-ene 2367
1,4-dimethyl-4-((1*E*,3*E*)-4-((*S*)-4-methylcyclohex-3-enyl) penta-1,3-dienyl)-3-(2-((*S*)-4-methylcyclohex-3-enyl)prop-1-enyl) cyclohex-1-ene 2367
1,2-di-*O*-methyl-myo-inositol 2358
1,3-di-*O*-methyl-myo-inositol 2358
1,4-di-*O*-methyl-myo-inositol 2358
2-(4',8'-dimethylnona-3',7'-dienyl)-8-hydroxy-2-methyl-2*H*-chromene-6-carboxylic methyl ester 537
7-{[(2*E*)-3,7-dimethyl-2,6-octadienyl]oxy}-2*H*-2-chromenone 1547
(9*R*)-7,9-dimethyl-4,6,6a,7,8,9,10,10a-octahydroindolo[4,3-*fg*]quinolin-9-ol 242
7,9-dimethyl-4,6,6a,7,8,9,10,10a-octahydroindolo[4,3-*fg*] -qui noline 242
(9*R*)-4,7-dimethyl-4,6,6a,7,8,9,10,10a-octahydroindolo[4,3-*fg*]quinoline-9-carboxamide 242
(9*R*,10a*R*)-4,7-dimethyl-4,6,6a,7,8,9,10,10a-octahydroindolo-[4,3-*fg*]quinoline-9-carboxamide 242
3*α*,6*β*-di[(1-methyl-1*H*-pyrrol-2-yl)carbonyloxy]-tropane *N*-oxide 52
(*E*)-3,7-dimethylocta-2,6-dien-1-ol 2162
(9*S*,10a*R*)-4,7-dimethyl-4,6,6a,7,8,9,10,10a-octahydroindolo[4,3-*fg*]quinoline-9-carboxamide 242
9-[(5'-(3",3"-dimethyloxiranyl)-3'-methyl-2'-pentenyl)oxy]-7*H*-furo[3,2-*g*][1]benzopyran-7-one 1566
7-{[(*E*)-5-(3,3-dimethyl-2-oxiranyl)-3-methyl-2-pentenyl] oxy}-2*H*-2-chromenone 1547
(4*Z*)-4,8-dimethyl-12-oxo-dodecyl-2,4,6,8,10-pentaenoate 1369
O-[3-(2,2-dimethyl-3-oxo-2*H*-furan-5-yl)-3-hydroxybutyl] bergaptol 1565
8-(3,7-dimethyl-6-oxo-2-octenyloxy)psoralen 1566
2,2-dimethylpentanoic acid 2149
2,3-dimethylpent-2-ene 2172
3,3-dimethylpent-1-ene 2172
2,2-dimethylpropan-1-ol 2161
2,2-dimethylpropane 2172
6-(1,1-dimethyl-2-propenyl)-4,6-dimethoxy-7*H*-furo[3,2-*g*][1] benzopyran-5,7(6*H*)-dione 1565
dimethyl propylphosphonite 2172
5-(1,1-dimethylprop-2-enyl)-2-(3-methylbut-2-enyl)cyclohexa-2,5-diene-1,4-dione 1884
4-(1,1-dimethylprop-2-enyl)-1,3,5,8-tetrahydroxyxanthone 1808
1,3-dimethylpyrrolidine 28
16,18-dimethyl-1*H*-pyrido[14,3-*b*]carbazole 188
16,20-dimethyl-1*H*-pyrido[14,3-*b*]carbazole 188
3*α*,6*β*-di[(1-methyl-1*H*-pyrrol-2-yl)carbonyloxy]-tropane *N*-oxide 52
6,8-di-*C*-methylquercetin-3,3'-dimethyl ether 1675
3,3'-di-*O*-methylquercetin-4'-*O*-glucoside 1677
3',4'-di-*O*-methylquercetin-7-*O*-[(4"→13"')-2"',6"',10"',14"'-tetramethylhexadec-13"'-ol-14"'-enyl]-*β*-D-glucopyranoside 1684
6,8-di-*C*-methylquercetin-3,3',7-trimethyl ether 1675

5,8-dimethylquinoline 78
6,8-dimethylquinoline 78
7,8-dimethylquinoline 78
4,7-dimethyl-2-quinolone 79
4,8-dimethyl-2-quinolone 79
2,5-dimethyl-4-quinolone 80
2,6-dimethyl-4-quinolone 80
2,8-dimethyl-4-quinolone 80
(2*E*,6*Z*)-2,6-dimethyl-8-{[*O*-*α*-L-rhamnopyranosyl-(1→3)-[2-*O*-[(2*E*,6*Z*)-8-hydroxy-2,6-dimethyloctadienoyl]-*α*-L-rhamnopyranosyl]-(1→3)-*α*-L-rhamnopyranosyl]oxy}-octadien-1-yl *α*-L-rhamnopyranoside 402
(2*E*,6*Z*)-2,6-dimethyl-8-{[*O*-*α*-L-rhamnopyranosyl-(1→3)-[2-*O*-[(2*E*,6*Z*)-8-hydroxy-2,6-dimethyloctadienoyl]-*α*-L-rhamnopyranosyl]-(1→3)-4-*O*-acetyl-*α*-L-rhamnopyranosyl]oxy}-octadien-1-yl *α*-L-rhamnopyranoside 402
(2*E*,6*Z*)-2,6-dimethyl-8-{[*O*-*α*-L-rhamnopyranosyl-(1→3)-[2-*O*-[(2*E*,6*Z*)-8-hydroxy-26-dimethyloctadienoyl]-L-rhamnopyranosyl]-(1→3)-*α*-L-rhamnopyranosyl]oxy}-octadien-1-yl-*O*-*β*-D-glucopyranosyl-(1→2)-*β*-L-rhamnopyranoside 402
N,*O*-dimethylseverifoline 279
(3*S*,6*S*)-1,6-dimethyl-1,2,5,6-tetrahydro-2*H*-furo[4,5-*b*]indol-9-yl methylcarbamate 178
(2*S*,2''*S*)-7,7''-di-*O*-methyltetrahydroamentoflavone 1871
(2*R*,3*R*,7*R*)-3,7-dimethyl-2-tridecanol 2162
(2*R*,3*S*,7*S*)-3,7-dimethyl-2-tridecanol 2162
(2*S*,3*R*,7*S*)-3,7-dimethyl-2-tridecanol 2162
(2*S*,3*S*,7*R*)-3,7-dimethyl-2-tridecanol 2162
dinochrome B 1369
29,30-dinor-3*β*-acetoxy-18,19-dioxo-18,19-secolupane 1301
(24*R*)-28,29-dinor-cycloartane-3*β*,24,25-triol 994
26,27-dinor-24-methyl-5*α*-cholest-22-ene-3*β*,6*α*,15*α*,25-tetrol 2590
ent-15,16-dinorisocopal-12-en-13-ol-19-oic acid 846
ent-15,16-dinorisocopal-12-en-13-ol-19-oic acid 921
(–)-15,16-dinorlabd-8(17)-en-3*β*,13-diol 736
rel-(1*R*,4*R*,8'a*R*)-4,6'-diol-2',3',8',8'a-tetrahydro-5'-methoxy-1'-methyl-[2-cyclohexene-1,7'(1'*H*)-cyclopent[*ij*]isoquinoline] 111
diosbulbin E 743
diosbulbin F 743
diosbulbin G 743
diosbulbin K 743
diosbulbin L 743
diosbulbin M 743
diosbulbinoside G 743
diosbullbin I 743
diosbullbin J 743
dioscoreanone 1911
dioscorine 68
dioseptemloside A 1960
dioseptemloside B 1950
dioseptemloside C 2073
dioseptemloside D 2073
dioseptemloside E 2089
dioseptemloside F 2073
dioseptemloside G 2089
dioseptemloside H 2073
diosmetin 1631
diosmin 1631
dioxamycin 2767
dioxepandehydrothyrsiferol 2384
4,5-dioxo-10-*epi*-4,5-*seco*-*γ*-eudesmol 2'-*O*-acetyl-*β*-D-fucopyranoside 571
4,5-dioxo-10-*epi*-4,5-*seco*-*γ*-eudesmol 2',3',4'-*O*-triacetyl-*β*-D-fucopyranoside 571
3,6-dioxo-20-hydroxylupane 1302
3,6-dioxo-lup-20(29)-ene 1302
8,13-dioxo-2,3-(methylenedioxy)-9,10,13a-trimethoxy-berb 122
4,21-dioxo-raspacionin 2383
13,17-dioxo-18,19,24-trisnorcheilanth-6*α*-ol 969
6,17-dioxo-isosparteine 167
dioxolamycin 2867
13,17-dioxosparteine 167
3,24-dioxotirucall-7-en 1078
3,23-dioxotirucalla-7,24-dien-21-al 1079
4,5-dioxoxanth-1(10)-en-13*β*-methyl-12,8*β*-olide 569
4,5-dioxoxanth-1(10)-en-13*α*-methyl-12,8*β*-olide 569
3*β*,28-dipalmitoyl lup-20(29)-en-2*α*,3*β*,28-triol 1300
diperamycin 2822
(*Z*,*E*,*Z*)-8-[(diphenylmethylene)amino]-3,5,7-octatrien-2-one 23
diphloroethol 2558
diphthiocol 1891
diphylloside A 1683
diphysin 3,3'-diepimer, 5,5'-dideoxy 1616
diphysin 3-epimer, 5,5'-dideoxy 1616
diprenorphine 143
3',8-diprenylated liquiritin 1659
2,6-di-*iso*-propylphenol 2212
dipterinoid A 916
dipteroside E 1201
discarine A 381
discarine B 382
discarine L 382
discarine M 382
discarine N 382
discorhabdin G 2488
discorhabdin I 2488
discorhabdin N 2488
discorhabdin V 2488
discorhabdin W 2488
3'(*S*),4'(*S*)-disenecioyloxy-3',4'-dihydroseselin 1599
diselin A 1616
diselin B 1617
1,2'-di-*O*-*trans*-sinapoyl gentiobiose 2291
(*R*)-disinomenine 143
(*S*)-disinomenine 143
1,1'-disinomenine 66
2,2'-disinomenine 66, 143
disparacetylfuran A 1561
disparfuran B 1561
dispyrin 2487
dissectolide 2594
distomadine A 2489
1,2-disubstituted hydroquinone 2558
disulfuretin 1840
ditaxin 1368
diterpenoid 7-acetyl-lushanrubescensin A 913
12*β*,20-*O*-ditigloylboucerin-*β*-D-glucopyranosyl-(1→4) -6-deoxy-3-*O*-methyl-*β*-D-allopyranosyl-(1→4)-*β*-D-cymaropyranosyl-(1→4)-*β*-D-cymaropyranoside 2013
12*β*,20-*O*-ditigloylboucerin-3-*O*-*β*-D-glucopyranosyl-(1→4)-6-deoxy-3-*O*-methyl-*β*-D-allopyranosyl-(1→4)- *β*-D-oleandropyranosyl-(1→4)-*β*-D-cymaropyranoside 2015
12*β*,20-*O*-ditigloylboucerin-3-*O*-*β*-D-glucopyranosyl-(1→3)-*β*-D-glucopyranosyl-(1→4)-6-deoxy-3-*O*-methyl-*β*-D-all-

opyranosyl- 1→4)-β-D-thevetopyranosyl-(1→4)-β-D-cymaropyranosyl-(1→4)-β-D-cymaropyranoside 2049
12β,20-O-ditigloylboucerin-β-D-glucopyranosyl-(1→4)-β-D-oleandropyranosyl-(1→4)- β-D-cymaropyranosyl-(1→4)-β-D-cymaropyranoside 2010
12β,20-O-ditigloylboucerin-β-D-glucopyranosyl-(1→4)-β-D-thevetopyranosyl-(1→4)-β-D-cymaropyranosyl-(1→4)-β-D-cymaropyranoside 2013
divinatorin D 740
divinatorin E 740
DKB 2675
Z-DL-Ala-Gly-NH-NH_2 2361
Z-DL-Ala-OH 2360
H-DL-Leu-DL-Leu-OH 2361
DL-*threo*-1-(1-methyl-4-nitro-pyrrole-2-yl)-2-dichloroacetamidopropane-1,3-diol 2867
DL-*threo*-1-(1-methylsulfonylpyrrole-3- yl)-2-dichloroacetamidopropane-1,3-diol 2867
DMDP 26
docosanoic-2,3-dihydroxypropylester 2149
(4*E*)-*N*-docosanoyl-1-*O*-β-glucopyranosyl-4-hexadecasphinganine 2185
3-docosyl-5-methoxy-2-methyl-1,4-benzoquinone 1885
(+)-dodecanoyllomatin 1600
doianoterpene A 919
doianoterpene B 919
doianoterpene C 915
doianoterpene D 916
dolabelide A 2653
dolabelide C 2653
dolabelide D 2653
(1*R*,3*E*,7*E*,11*S*,12*R*)-dolabella-3,7,18-trien-9-one 748
dolabellanone 1 747
dolabellanone 2 748
dolabellanone 3 748
dolabellanone 4 748
dolabellanone 5 748
dolabellanone 6 748
dolabellanone 7 748
dolabellanone 8 748
dolabellanone 9 748
(+)-dolastatin 19 2653
dolastatin B 2623
dolastatin G 2623
dolastatin I 2623
dolineone 1866
domesticine 114
domesticulide A 1143
domesticulide B 1143
domesticulide C 1143
domesticulide D 1143
domesticulide E 1142
dominicin 2625
donglingine 82
dorstegin 1561
dorsteniol acetate 1564
dorsteniol diacetate 1564
dowoensin 913
dowoensin A 913
dracaenogenin A 2066
dracaenogenin B 2065
25(*R*,*S*)-dracaenoside E 2073
25(*R*,*S*)-dracaenoside F 2073
25(*R*,*S*)-dracaenoside G 2087
25(*R*,*S*)-dracaenoside H 2087
dracaenoside I 2095
dracaenoside J 2087
dracaenoside K 2087
dracaenoside L 2087
25(*R*,*S*)-dracaenoside M 2087
25*S*-dracaenoside N 2087
25(*R*,*S*)-dracaenoside O 2106
25(*R*,*S*)-dracaenoside P 2106
25(*R*,*S*)-dracaenoside Q 2106
dracaenoside R 2089
dracocephin A 26
dracocephin B 26
dracocephin C 26
dracocephin D 26
dragmacidonamine A 2495
dragmacidonamine B 2495
dragomabin 2625
dragonamide B 2625
drechslerine A 2369
drechslerine B 2369
drechslerine C 2369
drechslerine D 2369
drechslerine E 2369
drechslerine F 2369
drechslerine G 2369
16α-dregamine198dregamine 198
dregealol 1982
dregeoside 1997
drevogenin 1982
drimane sesquiterpene ester 1 2961
drimane sesquiterpene ester 2 2961
drimane sesquiterpene ester 3 2961
drimane sesquiterpene ester 4 2961
drimane sesquiterpene ester 5 2961
drimane sesquiterpene ester 6 2961
dryopteric acid A 1339
dryopteric acid B 1339
dubione A 1080
dubione B 1080
duguetine 114
dulcinoside 1631
dulcisflavan 1775
dulcisisoflavone 1740
dulcisxanthone A 1810
dulcisxanthone B 1809
dulxanthone A 1807
dulxanthone B 1809
dulxanthone C 1809
dumuloside 442
dunnisinin 449
dunnisinoside 449
duocarmycin A 2868
duocarmycin B_1 2868
duocarmycin B_2 2868
duocarmycin C_1 2868
duocarmycin C_2 2868
duranterectoside A 447
duranterectoside B 447
duranterectoside C 447
duranterectoside D 447
durumhemiketalolide B 2372
durumhemiketalolide C 2372
durumolide F 2374
dutomycin 2767
dynemicin O 2768
dysibetaine CPa 2485

dysibetaine CPb 2485
dysibetaine P 2485
dysideamine 2366
dysideaproline A 2486
dysideaproline B 2486
dysideaproline C 2486
dysideaproline D 2486
dysideaproline E 2486
dysideaproline F 2486
dysideasterol A 2593
dysideasterol B 2593
dysideasterol C 2593
dysideasterol D 2593
dysideasterol E 2593
dysodanthin A 1519
dysodanthin B 1519
dysodanthin D 1519
dysodanthin E 1519
dysodanthin F 1519
dysodensiol D 618
dysodensiol E 630
dysosmarol 1429
dysoxylin A 1144
dysoxylin B 1144
dysoxylin C 1144
dysoxylin D 1144
dyvariabilin A 1079
dyvariabilin B 1079
dyvariabilin C 1079
dyvariabilin D 1079
dyvariabilin E 1079
dyvariabilin F 1079
dyvariabilin G 1084
dyvariabilin H 1079
dzununcanone 1200

E

ebeidinone 363
ebeiedine 363
ebelin lactone 1085
eburenine 205
ecbolin A 1451
echinatine 45
echinofuran 630
echinopsine 79
echinosulfone A 2494
echinosulfonic acid A 2494
echinosulfonic acid B 2494
echinosulfonic acid C 2494
echitamine 200
echitin 1634
ecklonochinon A 1884
ecklonochinon B 1884
eckol 2558
eckol hexamethylate 2558
eckstolonol 2559
ecliptalbine 346
ectyoplaside A 2384
ectyoplaside B 2384
ED2487-1 2868
edgechrin A 1872
edgechrin B 1872
edgechrin C 1872
edgechrin D 1872
edgeworin 1615
edgeworin methyl ether, 6'-D-glucopyranosyloxy 1615
edgeworoside A 1615
edgeworoside B 1615
edgeworoside C 1615
edgeworthin 7-glucoside 1615
edulisin Ⅳ 1562
edulisin Ⅴ 1562
efrapeptin J 2824
EGCg quinone dimer B 1779
EGCg trimer 1779
ehrenberoxide A 719
ehrenberoxide B 719, 2371
ehrenberoxide C 2371
EI-1507-1 2768
EI-1507-2 2768
EI-2128-1 *2917*
ekebergin D_1 973
ekebergin D_2 973
ekebergin D_3 973
ekebergin D_4 973
ekebergin D_5 973
elabunin 1079
elaeocarpenine 265
elaeocarpine 265
elatine 296
eleutherobin 2377
eleutheroside B1 1545
eleuthoside A 745, 2377
eleuthoside B 745, 2377
elfvingic acid B 989
elfvingic acid C 989
elfvingic acid D 989
elfvingic acid E 989
elfvingic acid F 989
elfvingic acid H 990
elisabatin A 2561
elisabatin B 848, 2561
ellipticine 249
elliptone 1866
elongatol B 619
elongatol C 627
elongatol D 627
elongatol E 627
elongatol F 627
elongatol G 627
elymniafuran 401
emarginatine A 290
emarginatine C 290
emarginatine D 290
emarginatine E 290
emarginatinine 290
emarginellic acid 1339
emetine 136
emodic acid 2768
emodin 1900
emodin-1-*O*-*β*-gentiobioside 1903
emodin-gentiobioside 1903
emodin-1-*O*-*β*-D-glucopyranoside 1902
emodin-8-*O*-*β*-D-glucopyranoside 1902
emodin 8-*O*-*β*-D-glucopyranosyl-6-*O*-sulfate 1902
enacyloxin Ⅱa 3002
enacyloxin Ⅳa 3002
enanderianin A 918
enanderianin B 918
enantio-16*β*-carbomethoxyvelbanamine 220
4*β*,7*β*,11-enantioeudesmantriol 620

endecaphyllacin A 987
endecaphyllacin B 987
endiandrin B 1404
endodesmiadiol 1271
2-ene butyric acid 2148
engeletin 1725
enniatin D 2822
enniatin E 2822
enniatin F 2822
ephedradine A 393
ephedradine A dihydrochloride 393
ephedradine B dihydrochloride 394
ephedradine C dihydrochloride 394
ephedradine D dihydrochloride 394
l-ephedrine 14
4-*epi*-abieta-8,11,13-triene-7a,15,18-triol 843
4-*epi*-abietic acid 842
4-*epi*-abietol 842
ent-13-*epi*-12α-acetoxymanoyl oxide 735
3-*epi*-29-acetoxystelliferin E 1350
24-*epi*-24-*O*-acetyl-7,8-didehydroshengmanol-3-*O*-β-D-galactopyranoside 995
6-*epi*-8-*O*-acetylharpagide 441
24-*epi*-24-*O*-acetylhydroshengmanol-3-*O*-β-D-galactopyranoside 995
6,9-*epi*-8-*O*-acetylshanzhiside methyl ester 448
6-*O*-*epi*-aetylscandoside 446
(−)-epiafzelechin 1776
(+)-epiafzelechin 1778
6-*epi*-albrassitriol 2963
epialloyohimban 189
10-epiamericanolide C 2370
8-epiamericanolide C 2370
epiaphylline 167
epiaplysinol 625
8-*epi*-apodantheroside 448
(−)-8'-*epi*-aristoligone 1467
(+)-8,8'-*epi*-aristoligone 1467
epiaschantin 1451
3-*epi*-astrapteridiol 985
epibrasilenol acetate 2367
epicacalone 628
epicalyxin B 1755
epicalyxin C 1660
epicalyxin D 1660
5-*epi*-canadensene 850
epi-castanolide 747
(−)-epicatechin 1775
(−)-epicatechin-(4→8)-(+)-catechin 1778
(−)-epicatechin-3,5-digallate 1777
(−)-epicatechin-(4→8)-(−)-epicatechin 1778
(−)-epicatechin-(4-8)-(−)-epicatechin-(4-8)-(+)-catechin 1779
epicatechin-(4β→8, 2β→O→7)-epicatechin-(4β→8)-epicatechin 1779
(−)-epicatechin-3-*O*-gallate 1777
(−)-epicatechin-5-gallate 1777
epicatechin pentaacetate 1776
(−)-epicatechin tetramethyl ether 1776
epicatechol 1775
8'-epicleomiscosin A 1524
epicorazines C *2870*
14-epicuanzine 213
4-epicycloeucalenone 993
(+)-7'-*epi*-cyclogalgravin 1466
2'-epicycloisobrachycoumarinone epoxide 1563
4-epicyclomusalenone 994
13-*epi*-10-deacetylbaccatin Ⅲ 849
4-*epi*-dehydroabietic acid 843
3-*epi*-dehydropachymic acid 985
3-*epi*-dehydrotumulosic acid 985
20-*epi*-3-dehydroxy-3-oxo-5, 6-dihydro-4,5-dehydroverazine 346
3-*epi*-1-demethoxyyunaconitine 303
5-*epi*-4'-*O*-demethylancistrobertsonine C 139
17-*epi*-*N*-demethylholacurtine 350
23-*epi*-26-deoxyactein 996
1,5,9-*epi*-deoxyloganic acid glucosyl ester 447
1-*epi*-depressin 749
epiderstatin 2868
epidihydrolycopodine 168
5,9-*epi*-7,8-didehydropenstemoside 448
(5α-*H*)-6α-8-*epi*-dihydrocornin 447
14-*epi*-13,21-dihydroeurycomanone 1175
4-*epi*-7,15-dihydroxydehydroabietic acid 843
11-*epi*-16α,17-dihydroxylepenine 322
3,6-epidioxy-1,10-bisaboladiene 560
22α,28-epidioxycholesta-5,23(*E*)-dien-3β-ol 2593
22β,28-epidioxycholesta-5,23(*E*)-dien-3β-ol 2593
(22*E*,24*R*,25*R*)-5α,8α-epidioxy-24,26-cyclo-cholesta-6,22-dien-3β-ol 1948
(24*R*,25*R*,27*R*)-5α,8α-epidioxy-26,27-cyclo-24,27-dimethylcholest-6-en-3β-ol 2592
5α,8α-epidioxy-23,24(*R*)-dimethylcholesta-6,9(11),22-trien-3β-ol 2589
16α,19-epidioxy-18-episcalar-17(25)-en-6α-ol 969
5α,8α-epidioxyergosta-6,22-dien-3β-ol 2123
24*R*-5α,8α-epidioxyergosta-6,22-dien-3β-ol 2124
(22*Z*)-5α,8α-epidioxy-27-*nor*-ergosta-6,22-dien-3β-ol 2127
(24*E*)-5α,8α-epidioxy-24-ethyl-cholesta-6,24(28)-dien-3β-ol 2144
5α,8α-epidioxygorgost-6-en-3β-ol 2593
5α,8α-epidioxygorgosta-6,9(11)-dien-3β-ol 2593
5β,8β-epidioxy-11-hydroperoxy-6-eudesmene 620, 2367
5β,8β-epidioxy-11-hydroxy-6-eudesmene 620, 2367
5,8-epidioxy-preplocamene C 401
2-*epi*-8-*epi*-salvinorin A 741
2-*epi*-3a-epiburchellin 1519
epi-eriocalyxin A 847
12-*epi*-eupalmerin acetate 718
12-*epi*-eupalmerone 718
epifisetinidol-4β-ol 1776
epifisetinidol-4α-ol 1776
4-epifriedelin 1271
(−)-epigallocatechin 1776
epigallocatechin-3,5-di-*O*-gallate 1777
epigallocatechin-(4β→8,2β→*O*-7)-epicatechin 1778
epigallocatechin-3-*O*-ferulate 1777
(−)-epigallocatechin-3-gallate 1777
16-*epi*-gardnerine 187
epiginsenine 232
3'-epigobiusxanthin 1368
8-*epi*-grandifloric acid 444
epigriseofulvin 2918
epigynoside A 1985
epigynoside B 1985
3-*epi*-heliangin 564
(−)-epihernandulcin 560
6-epiheteroxanthin 1368
19-*epi*-heyneanine 201
18-*epi*-heyneanine hydroxyindolenine 202
17-*epi*-holacurtine 350

24-*epi*-7β-hydroxy-24-*O*-acetylhydroshengmanol-3-*O*-β-D-xylopyranoside 995
(–)-8'-*epi*-8-hydroxy-aristoligone 1466
1-*epi*-10-hydroxy-depressin 749
epi-3-hydroxycacalolide 628
16-epihydroxydehydrothyrsiferol 2384
4-*epi*-hydroxyperoxide of nortorulosal 736
3-*epi*-29-hydroxystelliferin A 2381
3-*epi*-29-hydroxystelliferin E 2381
20-*epi*-4β-hydroxyverazine 346
5-*epi*-ilimaquinone epoxide 620
epi-inositol 2358
epi-isohydroxymatairesinol 1429
13,18,20-epiisochandonanthone 719
5'-epiisoethuliacoumarin A 1600
5'-epiisoethuliacoumarin B 1600
20-*epi*-isoiguesterinol 1271
4-*epi*-isopimaric acid 841
20-*epi*-koetjapic acid 1200
4-*epi*-larreatricin 1429
2-epilaserine 2286
epilaserine oxide 2286
15-epileoheteronone B 736
15-epileoheteronone D 736
15-epileoheteronone E 736
epilippidulcine A 560
epilippidulcine B 560
epilippidulcine C 560
7-*epi*-loganin 447
epilupinine 165
epi-lyfoline 165
ent-13-*epi*-manool 734
13-*epi*-manoyl oxide-18-*O*-α-L-2',5'-diacetoxy-arabinofuranoside 735
13-*epi*-manoyl oxide-18-oic acid 735
13-*epi*-manoyl oxide-18-ol 735
epi-manzamine D 2495
(–)-4-*epi*-marsupellol acetate 695
epimedin B 1684
epimedokoreanin B 1633
epimedokoreanoside-I 1684
epimedoside A 1682
20-*epi*-melobaline 204
epimeloscine 85
epimesquitol-(4β→6)-epimesquitol-4β-ol octa-*O*-methylether triacetate 1779
epimesquitol-(4β→6)-epioritin-4α-ol hepta-*O*-methylether triacetate 1779
epimesquitol-(4β→6)-epioritin-4β-ol hepta-*O*-methylether triacetate 1779
10-epimethoxyamericanolide A 2370
8-epimethoxyamericanolide A 2370
12-*epi*-methoxy-ibogamine 201
epimethoxynaucleaorine 194, 216
17-*epi*-methyl-6-hydroxyangolensate 1144
5-*epi*-6-*O*-methylancistrobertsonine A 139
epi-15-*O*-methylvibsanin H 718
epimulin-11,13-dien-17-hydroxy-20-oic acid 851
epimulin-11,13-dien-20-oic acid 851
13-epimulinolic acid 850
8-*epi*-muralioside 441
(+)-*epi*-muscarine iodide 21
epineobalearone 2558
(+)-13-*epi*-neoverrucosan-5β-ol 921
7-*epi*-nupharidin-7-ol 168
20-*epi*-ochraceolide B 1302
epioritin-(4β→6)-epimesquitol-4α-ol hepta-*O*-methylether triacetate 1779
epioritin-(4β→6)-*ent*-oritin-4α-ol hexa-*O*-methylether triacetate 1778
1-*epi*-10-oxodepressin 749
2-*epi*-10-oxo-11,12-dihydroderessin 749
1-*epi*-10-oxo-11,12-dihydroxydepressin 749
24*R*-5α,6α-epioxyergost-22-en-3β-ol 2124
5,9-*epi*-penstemoside 447
3-*epi*-perforenone A 2369
epi-(–)-podorhizol 1403
24-epipetunioside B 2136
24-epipetunioside C 2138
4-epiphyllanthine 264
epiphyllic acid-9,5'''-*O*-,10,5''''-*O*-bis(shikimic acid ester) 1468
epiphyllic acid-7-*O*-β-glucoside-9,1''''-*O*-heptitol ester-10, 5'''-*O*-shikimic acid ester 1467
epiphyllic acid-7-*O*-β-glucoside-10-methyl ester 1467
epiphyllic acid-7-*O*-β-glucoside-10,5'''-*O*-shikimic acid ester 1467
epipinoresinol 1451
epipinoresinol diacetate 1451
epipinoresinol 4'-*O*-glucoside 1451
20'-epipleiomutinine 237
epi-plocamene D 412, 2365
3-*epi*-plomurin 447
5-epipolymaxenolide 2375
3-epipomolic acid 3α-acetate 1281
epiquinidine 85
epiquinine 85
3-epiroxburghine 236
20-epiroxburghine B 236
3-*epi*-salviaethiopisolide 968
4-*epi*-sandaracopimaric acid 841
18-*epi*-scalar-16-ene-6α,19-diol 969
episcopalitine 292
11-episcutecolumnin C 743
episesamin 1451
(+)-episesaminone 1429
(+)-episesaminone-9-*O*-β-D-sophoroside 1429
(+)-episesaminone-9-*O*-β-D-sophoroside heptaacetate 1429
1-*epi*-shanzhigenin methyl ester 441
(–)-16-episilicine 232
6-epi-β-snyderol 2367
episteganangin 1507
epistephanine 147
3-*epi*-sodwanone K 1350, 2383
3-*epi*-sodwanone K 3-acetate 1350, 2383
6-epitaedolidol 695
epitaxifolin 1723
12-epiteupolin II 742
epitheaflavic acid-3-gallate 1778
4α,7α-epithio-5β-cholestane 1948
3-epitrichiol acetate 2144
2-epitripdiolide 845
8-*epi*-tecomoside 444
3-*epi*-ternstroemic acid 1280
3-*epi*-teucrolin A 742
9-*epi*-9-thiocyanatopupukeanane 695
3-*epi*-thurberogenin 1299
3-*epi*-thurberogenin 1301
3-*epi*-thurberogenin-22β-tetradecanoate 1301
13-*epi*-torulosal 733
L-3-*epi*-triptobenzene B 843

3-*epi*-venalstonine 204
20-*epi*-verazine 346
ent-5-*epi*-verticillanedil 746
ent-5-*epi*-verticillol 746
epivincadine 219
epivincine 213
16-*epi*-19*R*-vindolinine 204
7-epivineridine 223
7-epivinerine 223
16-epivinoxine 232
16-epivobasine 198
3-*epi*-vobasinol 198
16-*epi*-vobasinol 198
13-*epi*-yosgadensonol 968
epizanthocadinanine A 152
epolactaene 2868
epopromycin A 3002
epopromycin B 3002
epostatin 2868
2",3"-epoxide,scandenin 1599
epoxomicin 2822
(12*Z*)-3,4-epoxy-6-acetoxy-5,20-*trans*-cleroda-12,14-dien-20-oic acid 739
4,5-epoxy-13-acetoxy-1(10)-germacren-12,6-olide 563
5α,6α-epoxy-2α-acetoxy-4α-hydroxy-1β,7α-guaia-11(13)-en-12,8α-olide 630
9α,15-epoxyafricanane 693
7,14-epoxy-azedarachin B 1143
(3*R*,4*R*,6*S*)-3,4-epoxybisabola-7(14),10-dien-2-one 561
(+)-7α,8α-epoxyblumenol B 568
9,10-epoxycalycine A 265
9,10-epoxycalycinine A 331
(4*R*,5*R*,7*S*)-4,7-epoxycaryophyll-8(13)-en-5-ol 624
(4*R*,5*R*)-4,5-epoxycaryophyll-8(13)-en-7-one 624
(4*R*,5*R*,11*S*)-4,5-epoxycaryophyllan-8(13)-en-14-ol 624
(4*R*,5*R*,8*R*)-4,5-epoxycaryophyllan-8-ol 624
(4*R*,5*R*,8*R*)-4,5-epoxycaryophyllan-13-ol 624
(4*R*,5*R*,8*S*)-4,5-epoxycaryophyllan-8-ol 624
(4*R*,5*R*,8*S*)-4,5-epoxycaryophyllan-13-ol 624
(1*E*,3*E*)-11,12-epoxycembra-1,3-dien-6-one 2371
(1*E*,3*Z*)-11,12-epoxycembra-1,3-dien-6-one 2371
(1*E*,3*E*)-11(*S**),12(*S**)-epoxy-8(*S**)-cembra-1,3-dien-6-one 2371
epoxycembrane A 719
3,14-epoxy-1(*E*),7(*E*),11(*E*)-cembra-triene-4,15-diol 2371
(1*S*,2*E*,4*R*,6*E*,8*R*,11*S*,12*S*)-11,12-epoxy-2,6-cembrane-4,8-diol 2371
(1*S*,2*E*,4*R*,6*E*,8*S*,11*S*,12*S*)-11,12-epoxy-2,6-cembrane-4,8-diol 2371
11,12-epoxy-1(*E*),3(*E*),7(*E*)-cembratrien-15-ol 2371
epoxycerberidol 413
(17*Z*)-13,19-epoxycheilanth-17-en-6α-ol 969
5α,6α-epoxycholesta-7,22-dien-3β-ol 2589
(22*R*,25)-epoxycholest-7-ene-3β,4β-diol 987
16,23-epoxy-5β-cholest-24-ene-3-*O*-α-L-rhamnopyranosyl-(1→2)-*O*-β-D-glucopyranosyl-(1→2)-β-D-glucopyranoside 1964
9α,11α-epoxycholest-7-ene-3β,5α,6β-triol 1947
(22*R*,25)-epoxycholest-7-ene-2β,3β,4β-triol 987
epoxycladine A 2379
epoxycladine B 2379
epoxycladine C 2379
epoxycladine D 2379
ent-3β,4β-epoxyclerod-13*E*-en-15-ol 738
4α,18-epoxy-6α-*trans*-cinnamoyloxy-neoclerod-13-en-15,16-olide 741
(23*E*)-5β,19-epoxycucurbita-6,23-diene-3β,25-diol 989
3,4-epoxy-7,11-dehydro-13-hydroxymethylelemen-12,8-olide 568
3ε,4ε-epoxy-5,6-dehydroeurycomalactone 981
(6*S*,10*R*,11*R*)-22,23-epoxy-10-deoxy-21-hydroxyiridal 975
18,19-epoxy-10-deoxyiridal 975
4α,5α-epoxy-1(10),7(11)-dienegermacr-8α,12-olide 566
3,4-epoxy-11α,13-dihydroelemen-12,8-olide 568
7β,8β-epoxy-8α-dihydrogeniposide 448
(15*R*)-12,16-epoxy-11,14-dihydroxy-8,11,13-abietatrien-7-one 844
6α,7α-epoxy-5α,17α-dihydroxy-1-oxo-3β-*O*-sulfate-with-24-enolide 2115
5α,6α-epoxy-26,27-dinorergosta-7,22-dien-3β-ol 2589
7,8-epoxy-3,12-dolabelladien-14-one 748
3,4-epoxy-5,10-*epi*-elemasteriractinolide 568
3,4-epoxy-5-*epi*-elemasteriractinolide 568
7,8-epoxy-8-*epi*-loganic acid 445
6β,7β-epoxy-8-*epi*-splendoside 448
(13*S*,14*S*)-*ent*-13,14-epoxy-5-*epi*-verticillol 746
(9*S*,10*S*)-*ent*-9,10-epoxy-5-*epi*-verticillol 746
5α,6α-epoxyergosta-7,24(28)-dien-3β-ol 2589
5α,6α-epoxyergosta-7-dien-3β-ol 2589
22*E*,24*R*-5α,6α-epoxyergosta-8(14),22-diene-3β,7α-diol 2123
22*E*,24*R*-5α,6α-epoxyergosta-8,22-diene-3β,7α-diol 2123
5β,6β-epoxyergost-24(28)-ene-3β,7β-diol 2113
17β,21β-epoxy-16-ethoxy-hopan-3β-ol 1340
1,4-epoxy-11(13)-eudesmen-12,6-olide 621
(6*E*)-2α,9α-epoxyeunicella-6,11(12)-dien-3β-ol 745
20,22-epoxyeupha-24-ene-3-one 1078
3α,4α-epoxyeurycomalide B 981
rel-1*S*,2*S*-epoxy-4*R*-furanogermacr-10(15)-en-6-one 567
epoxygaertneroside 449
(1*R*,2*R*,4*S*,5*S*,6*R*,7*S*)-4,5-epoxygermacra-9*Z*-en-1,2,6-triol 563
epoxyhemiacetal of muzigadial 619
6,7-epoxy-4(15)-hirsutene-5-ol 2962
22,28-epoxyhopane 1340
17β,21β-epoxyhopan-3β-ol 1340
22,28-epoxyhopan-30-ol 1340
(2*R*,3*R*,5*R*)-2,3-epoxy-6,9-humuladien-5-ol-8-one 567
(2*R*,3*S*,5*R*)-2,3-epoxy-6,9-humuladien-5-ol-8-one 567
6β,10β-epoxy-5β-hydroxfusicocc-2-ene 852
7(*S*),8(*S*)-epoxy-13(*R*)-hydroxy-1(*R*)-cembrene-A 2371
7(*S*),8(*S*)-epoxy-13(*R*)-hydroxy-1(*R*)-cembrene-A 719
6α,7α-epoxy-5β-hydroxy-12-deoxyphorbol-13-tetradecanoate 921
1,2α-epoxy-8-hydroxy-isomenthol 409
(12*R*,13*S*,14*S*,15*R*)-14,16-epoxy-12α-hydroxy-12β,14β-2-oxopropan-1,3-diyl)-20-*nor*-abieta-5(10),6,8-trien-11-one 1917
5β,6β-epoxy-4β-hydroxy-1-oxo-witha-2,16,24-trienolide 2114
1β,2β-epoxy-8-hydroxy-paeonilactone C 409
(3*R*,4*S*,5*R*,7*R*,10*R*)-3,4-epoxy-11-hydroxy-1-pseudoguaiene 2367
(3*R**,4*S**,5*R**,7*R**,10*R**)-3,4-epoxy-11-hydroxy-1-pseudoguaiene 629
10,11-epoxy-1β-hydroxy-2β,4α,8-triangeloyloxybisabol-7(14)-ene 562
1β,4β-epoxy-5β-hydroxy-10α*H*-xantha-11(13)-en-12,8β-olide 569
1α,2α-epoxy-17β-hydroxyazadiradione 1144
1β,10β-epoxy-8α-hydroxyeremophil-7(11)-en-8β,12-olide 627

(6R,10S,11S)-22,23-epoxy-21-hydroxyiridal 975
14β,15β-epoxy-21β-hydroxyserratan-3-one 1347
3α,4α-epoxy-18-hydroxysphenoloba-13E(15),16E-diene 749
3α,4α-epoxy-18-hydroxysphenoloba-13Z(15),16E-diene 749
3α,4α-epoxy-5α-hydroxysphenoloba-13,15E,17-triene 749
3α,4α-epoxy-5α-hydroxysphenoloba-13E(15),16E,18-triene 749
11α,12α-epoxy-3β-hydroxytaraxer-14-en-28-oic acid 1198
(6R,10S,11S)-22, 23-epoxy-iridal 975
1β,10β-epoxy-6β-isobutyryloxy-9-oxo-furanoere-mophilane 629
2',3'-epoxyisocapnolactone 1547
6-(2,3-epoxy-2-isopropyl-*n*-propoxyl)barbatin C 740
ent-16,17-epoxykauran-15-one 919
12,15-epoxy-8(17),13-labdadien-19-ol 735
15,16-epoxy-8,13(16),14-labdatrien-19-oic acid 734
epoxylactone 715
(20S,24S)-20,24-epoxy-24-methoxy-23(24→25) abeodammaran-3-one 1078
(3α,20S,24S)-20,24-epoxy-24-methoxy-23(24→25)abeodammaran-3-ol-acetate 1080
3,20-epoxy-12-methoxy-8,11,13-abietatriene-3,7,11-triol 844
(19R,23E)-β,19-epoxy-19-methoxycucurbita-6,23,25-trien-3β-ol 989
1β,10β-epoxy-8α-methoxyeremophil-7(11)-en-8β,12-olide 627
epoxymethoxygaertneroside 449
4,5-epoxy-13-methoxy-1(10)-germacren-12,6-olide 563
(6β,16S)-6,17-epoxy-11-methoxy-sarpagan-18-ol 187
13α,14α-epoxy-3β-methoxyserratan-21β-ol 1347
14β, 15β-epoxy-3β-methoxyserratan-21β-ol 1348
13α,14α-epoxy-21α-methoxyserratan-3-one 1347
14β, 15β-epoxy-3β-methoxyserratan-21-one 1348
20β,28-epoxy-28α-methoxytaraxasteran-3β-ol 1282
(21R,23S)-epoxy-21α-methoxy-7α,24,25-trihydroxy-4α,4β,8β,10β-tetramethyl-25-dimethyl-14,18-cyclo-5α,13α,14α,17α-cholestan-3β-*N*-methylanthranilic acid ester 1080
1β,2β-epoxy-3β-(3-methylbutanoyloxy)-5β,6α,7α,10αMe,11αMe-eudesm-4(15)-en-6,12-olide 622
8α-(2′,3′-epoxy-2′-methylbutyryloxy)-9β-hydroxygermacra-4E,1(10)E-dien-6β,12-olide 565
11,12-epoxy-mulin-13-en-20-oic acid 851
13β, 17-epoxy-mulin-11-en-20-oic acid 851
15,16-epoxy-neoclerodа-1,3,13(16),14-tetraen-18,19-olide 741
1α,2α-epoxynimolicinol 1144
2α, 3α-epoxy-*trans*-nopinol 432
20S-17, 29-epoxy-28-norlupan-3-ol 1302
10',11'-epoxyoligosporon 3003
1(10)E-(4R,5R,7S,8S)-4,5-epoxy-14-oxo-15-senecioyloxygermacra-1(10),11(13)-dien-8,12-olide 566
24,25-epoxy-3-oxotirucall-8-en-23-ol 1078
epoxy quinomicin A 2771
epoxy quinomicin B 2771
epoxyquinol 2917
(3R,15R)-*ent*-15,16-epoxy-1(10)-rosen-3-ol 846
(5S,9S,10R,13S)-11,13-epoxy-8(12),17-sacculatadiene-13β,15ξ-diol[(13S)-15ξ-hydroxysacculaporellin] 747
15,16-epoxy-5,10-*seco*-clerodan-1(10),2,4,13(16),14-penten-18,19-olide 720
1β,2β-epoxy-3β-senecioyloxy-5β,6α,7α,10αMe-eudesma-4(15),11(13)-dien-6,12-olide 622
1β,2β-epoxy-3β-senecioyloxy-5β,6α,7α,10αMe,11αMe-eudesm-4(15)-en-6,12-olide 622
epoxysesquithujene 633
epoxysiderol 915, 919
3α,4α-epoxysphenoloba-13E(15),17-diene 749
3α,4α-epoxysphenoloba-13E(15),16E,18-triene 749
5α,6α-epoxystigmast-7-en-3β-ol 2589
5α,6α-epoxystigmasta-7,22-dien-3β-ol 2589
20α,21α-epoxytaraxasten-3β-ol 1280
20β,28-epoxytaraxaster-21-en-3β-ol 1282
(21,23S)-epoxy-7α,21,24,25-tetrahydroxy-4R,4β,8β,10β-tetramethyl-25-dimethyl-14,18-cyclo-5α,13α,14α,17α-cholestan-3β-*N*-methylanthranilicacid ester 1080
1α,11α-epoxy-2β,11β,12β,20-tetrahydroxypicrasa-3,13(21)-dien-16-one 1177
6α,7α-epoxy-4β,5β,9α-trihydroxy-13α-hexadecanoate-20-dodecanoate-1-tiglien-3-one 921
6α,7α-epoxy-3β,5α,17α-trihydroxy-1-oxo-with-24-enolide 2115
4(R),23-epoxy-2α,3α,19α-trihydroxy-24-*nor*-urs-12-en-28-oic acid 1281
(3R,6R*,7S*,10S*)-7,10-epoxy-2,6,10-trimethyl-3-(3-*p*-hydroxyphenylpropanoyloxy)-dodec-11-ene-2,6-diol 537
(3R,6S*,7R*,10S*)-7,10-epoxy-2,6,10-trimethyl-3-(3-*p*-hydroxyphenylpropanoyloxy)-dodec-11-ene-2,6-diol 537
8α,9α-epoxy-4,4,14α-trimethyl-3,5,11,15,20-pentaoxo-5α-pregnane 990
E-(−)-3β,4β-epoxyvalerenal 633
E-(−)-3β,4β-epoxyvalerenyl acetate 633
(1S,3R,4R)-*ent*-3,4-epoxyverticilla-7,12(18)-dien-1-ol 746
(13S,14S)-*ent*-13,14-epoxyverticillol 746
(9S,10S)-*ent*-9,10-epoxyverticillol 746
12R-12,13-epoxyxanthorrhizol 560
12S-12,13-epoxyxanthorrhizol 560
eq-bicyclo[2.2.1]heptan-2-ol 2163
eq-bicyclo[2.2.1]hept-5-ene-2-carboxylic acid 2150
eq-4-*tert*-butylcyclohexanol 2162
eq-cyclohexanol 2162
eq-3,3-dimethylbicyclo[2.2.1]heptan-2-ol 2163
eq-5-methylbicyclo[2.2.1]heptan-2-ol 2163
erabulenol A 2917
erabulenol B 2917
erectasteroid A 2591
erectasteroid B 2592
erectasteroid C 2592
erectasteroid D 2592
erectasteroid E 2592
erectasteroid F 2592
erectasteroid G 2592
erectasteroid H 2592
erectathiol 617, 66
eremofarfugin C 627
8β-eremophil-3,7(11)-dien-12,8α(14,6α)-diolide 628
eremophiloside E 995
eremophiloside F 995
ergocryptine 252
α-ergocryptinine 243
ergonovine 252
ergophilone A 2124
ergophilone B 2124
(24S)-ergost-4-en-3-one 2114
ergost-24(28)-ene-3β,5α,6β,7β-tetrol 2116
(3β,5α,6β,25S)-ergost-24(28)-ene-3,5,6,26-tetrol 2590
24(S)-ergost-5-ene-1α,3β,11α,18-tetrol 2594
22E,24R-ergosta-7,22-dien-3β-ol 2123
ergosta-4,24(28)-dien-3-one 2118
ergosta-5,24(28)-diene-3β,7α-diol 2118
ergosta-5,24(28)-diene-3β,23S-diol 2591

ergosta-7,22-diene-3,6-dione 2116
(20*S*)-ergosta-5,24(28)-diene-3*β*,7*α*,16*β*,20-tetrol 2118
22*E*,24*R*-ergosta-7,22-diene-3*β*,5*α*,6*β*,9*α*-tetrol 2123
ergosta-5,24(28)-diene-3*β*,4*β*,20*S*-triol 2118
ergosta-5,24(28)-diene-3*β*,7*α*,20*β*-triol 2118
22*E*,24*R*-ergosta-7,22-diene-3*β*,5*α*,6*β*-triol 2123
ergosta-5,25-diene-3*β*,24*S*,28-triol 2591
(10-6)*abeo*-ergosta-5,7,9,22-tetraen-3*α*-ol 2114
ergosta-4,7,22-triene-3,6-dione 2116
(22*S*)-5*α*-ergostane-3*α*,22-diol 2116
(20*S*)-5-ergostene-3*β*,7*α*,16*β*,20-tetrol 2138
ergotamine 243, 252
ericamycin 2768
erigeside E 563
erinoside 446
eriobrucinol 1598
eriocasin B 843
eriocasin C 842
eriocasin D 842
eriocasin E 842
eriocatisin A 920
eriocephaloside 1616
eriocitrin 1658
eriodictyol 1657
(2*R*)-eriodictyol-7,4'-di-*O*-*β*-D-glucopyranoside 1658
eriodictyol-8-*C*-*β*-D-glucopyranoside 1657
erioschalcone A 1771
erioschalcone B 1771
eriosemaone A 1660
eriosemaone B 1659
eriotrichin B 1746
erlangerin A 1489
erlangerin B 1489
erlangerin C 1489
erlangerin D 1489
erontoxanthone I 1809
ervayunine 220
ervine 194
erybraedin A 1855
erybraedin B 1856
erybraedin C 1855
erybraedin D 1856
erybraedin E 1856
erycibenin D 1724
erycibenin E 1775
erycibenin F 1775
erycristagallin 1856
eryloside F_1 988
eryloside F_2 988
eryloside F_3 989
eryloside F_4 989
eryloside M 989
eryloside N 989
eryloside O 989
eryloside P 989
eryloside Q 989
erypoegin G 1747
erypoegin H 1856
erypoegin J 1856
erypoegin I 1855
erysopine 264
erysotrine 264
erysovine 264
erystagallin A 1855
erythbidin A 1796
erythrabyssin II 1855
erythraline 157, 264
erythribyssin D 1856
erythribyssin L 1856
erythribyssin M 1856
erythribyssin O 1856
erythritol 2358
α-erythroidine 264
β-erythroidine 264
erythrolide B 2377
erythrolide C 2378
erythrolide D 2378
erythrolide E 2378
erythrolide F 2378
erythrolide G 2378
erythrolide H 2378
erythrolide I 2378
erythromycin 2695
erythromycin B 2695
erythromycin F 2695
erythromycin G 2695
erythrophlesin C 353
erythrophlesin D 353
erythrophlesin E 353, 963
erythrophlesin F 353, 963
erythrophlesin G 353, 963
erythrorotundine 53
erythrozeylanine A 53
erythrozeylanine B 53
erythrozeylanine C 53
eryzerin A 1746
eryzerin B 1746
eryzerin C 1795
eryzerin D 1796
eryzerin E 1855
eschscholtzxanthin 1367
esculentoside L_1 1202
esculentoside R 1202
esculeogenin B 339
esculeoside C 339
esculeoside D 339
esculetin 1545
esculin 1545
esquironin A 916
esreane-1,3,5(10)-trien-17*β*-acetyl 2058
esreane-1,3,5(10)-trien-17*β*-ol 2058
esreane-1,3,5(10)-trien-3-ol 2058
esreane-1,3,5(10)-trien-3-ol-16,17-dione 2058
esreane-1,3,5(10)-trien-3-ol-17-one 2058
esreane-1,3,5(10)-trien-17-one 2058
esreane-1,3,5(10)-triene-3,17*α*-diacetyl 2058
esreane-1,3,5(10)-triene-3,17*β*-diacetyl 2058
esreane-1,3,5(10)-triene-3,17*α*-diol 2058
esreane-1,3,5(10)-triene-3,17*β*-diol 2058
esreane-1,3,5(10)-triene-3-methyoxy-16*α*,17*α*-diol 2058
esreane-1,3,5(10)-triene-3-methyoxy-16-one 2058
esreane-1,3,5(10)-triene-3-methyoxyl-16*β*-ol 2058
estrange-1,3,5(10)-triene 2058
esulatin A 749
esulatin B 748
esulatin C 749
3-(1',2'-ethandiol)-24-methylcholest-8(9),22*E*-diene-3*β*,5*α*,6*α*,7*α*,11*α*-pentol 2591
ethane 2170
ethane-1,2-diol 2161
ethanol 2160
ethorphine 143

2-ethoxycarbonyl-2*β*,7*β*-dihydroxy-A-*nor*-cholest-5-en-4-one 2592
2-ethoxycarbonyl-2*β*,7*β*-dihydroxy-A-*nor*-ergosta-5,24(28)-dien-4-one 2592
2-ethoxycarbonyl-24-ethyl-2*β*-hydroxy-A-*nor*-cholest-5-en-4-one 2592
2-ethoxycarbonyl-2-*β*-hydroxy-A-*nor*-cholest-5-en-4-one 2594
(22*E*)-2-ethoxycarbonyl-2-*β*-hydroxy-A-*nor*-cholesta-5,22-dien-4-one 2594
2-ethoxycarbonyl-2*β*-hydroxy-A-*nor*-ergosta-5,24(28)-dien-4-one 2592
(22*E*)-2-ethoxycarbonyl-2-*β*-hydroxy-24-methyl-A-*nor*-cholesta-5,22-dien-4-one 2594
N-ethoxycarbonyllaurotetanine 115
2-ethoxycarbonylpyrrole 28
13-ethoxy cericerene 968
(−)-15*β*-ethoxy-14,15-dihydroviroallosecurinine 264
(7*R*,8*S*,8'*R*)-7-ethoxy-3,4:3',4'-dimethylenedioxy-8,8'-lignan 1404
8*β*-ethoxyeremophil-3,7(11)-diene-8*α*,12(6*α*,15)-diolide 628
6*β*-ethoxyfranoeremophilan-10*β*-ol 628
2-ethoxy-1-hydroxyanthraquinone 1901
17-ethoxyl-1-demethyl-22-19-acetylajmaline 200
2-ethoxymethylknoxiavaledin 1901
(4*R*,7*S*,13*S*,*E*)-7-ethoxy-11-methyl-4-(prop-1-en-2-yl)-14-oxabicyclo[11.2.1]hexadeca-1(16),10-diene-3,6,9,15-tetraone 2375
2-ethoxyphenol 2212
8-ethoxysachaconitine 317
3-ethoxy-syringin 2289
(1*α*,11*β*)-23-ethoxy-1,2,21,23-tetrahydro-1,11-dihydroxy-21-oxoobacunone 978
ethoxyvalerianol 630
ethuliacoumarin A 1600
(3*S*,15*S*,18*S*)-18-ethyl-15-acetaldehyde-1,2,3,5,6,14,15,19-octahydroindolo-[15,18-*a*]quinolizin-15-yl 215
2-{2-(8-ethyl-1-aza-bicyclo[2,2,2]oct-2-en-2-yl)-1*H*-indol-3-yl}ethanol 246
ethyl benzoyl acetate 2149
14-*O*-ethylbikhaconine 301
ethyl 2-bromocyclopropanecarboxylate 2150
ethyl caffeate 2214
ethyl (4-chlorobenzoyl)acetate 2149
7*β*-(3-ethyl-*cis*-crotonoyloxy)-1*α*-(2-methylbutyryloxy)-3(14)-dehydro-*Z*-notonipetranone 633
ethylcyclopropane 2173
(3a*R*,5*R*,6*R*,7*R*,7a*S*,8*S*,8a*R*,9*S*,12*R*,14a*S*,14b*S*,15*S*,16*R*)-14-ethyldecahydro-9-methoxy-12-methyl-9*H*-6,8-epoxy-14b,8a,12-ethanylylidene-5,8-methano-4*H*-1,3-dioxolo[1,8a]naphth[2,3-*b*]azocine-7,15-diol-7-methanesulfonate 295
(5a*S*,12a*S*)-12a-ethyl-1a,4,5,5a,10,10b,11,12,12a,12b-decahydro-2*H*-cyclopent[*ij*]indolo[2,3-*a*]oxireno[*g*]quinolizine 205
β-1-*C*-ethyl-1-deoxymannojirimycin 68
ethyl dihydrocaffeate 2214
ethyldimethylphosphine 2172
(*E*)-6-ethyl-2,10-dimethyl-5,9-undecadienal 536
3,3-ethylenedioxytropane 54
ethyl 3-(2-furyl)-2-methyl-3-oxopropanoate 2150
ethyl 3-(2-furyl)-3-oxopropanoate 2149
ethyl gallate 2213
rel-(14*S*,16*S*)-20-ethyl-1,5,14,16,17,21-hexahydro-1*H*-4,14-methanoazacycloundecino[20,21-*b*]indole-16-carboxylic-acid methyl ester 220
24*S*-ethyl-2*β*-hydroxy-4,7-diketo-A-norcholest-5-en-2-oica-cid 2589
ethyl(*Z*)-3-hydroxy-3-(4-pyridinyl)-2-propenoate 2149
N-ethyl-1a-hydroxy-17-veratroyldictizine 325
ethyl (2-hydroxyphenyl)acetate 2213
24(*E*)-ethylidenecycloartan-3*α*-ol 993
24(*E*)-ethylidenecycloartanone 993
(15*R*,20E,5*S*,2*R*,3*S*)-20-ethylidene-14,20,21,5,6,3-hexahydro-10,11-dimethoxy-1-methyl-1*H*,15*H*-2,5-epoxy-7,15-methanoindolo[15,20-*a*]quinolizine-16-carboxylic acidmethylester 245
(1*R*,4*E*,5*R*,6*S*)-4-ethylidene-1,2,3,4,5,6-hexahydro-2-(2-hydroxyethyl)-1,5-methano[1,4]diazocino[1,2-*a*]indole-6-carboxylic acid methyl ester 232
(3*S*,15*S*,*E*)-18-ethylidene-15-hydroxyacrylate-14,15,18,19,6,5,1,3-octahydroindolo [15,18-*a*]quinolizin-15-yl 215
(*Z*)-3-ethylideneindolin-2-one 178
(−)-*cis*-ethylkhellactone 1599
(+)-*trans*-ethylkhellactone 1599
ethyl 3,4-*seco*-8(14→13*R*)*abeo*-17,13-*friedo*-4(28),7,14,24-lanostatetraen-26,23-olide-23-hydroxy-3-oate 990
(3*S*,15*S*)-18-ethyl-15-methoxyacrylate-21-methoxy-1,2,3,5,6,14,15,19-octahydroindolo[15,18-*a*]quinolizin-15-yl 215
(3*S*,15*S*,18*S*)-18-ethyl-15-methoxyacrylate-21-methoxy-1,2,3,5,6,14,15,19-octahydroindolo-[15,18-*a*]quinolizin-15-yl 215
ethyl 2-methoxycyclopropanecarboxylate 2150
24-ethyl-3*β*-methoxylanost-9(11)-en-25-ol 985
(1*α*,6*β*,14*α*,16*β*)-20-ethyl-1-methoxy-4-methyl-7,8-[methylenebis(oxy)]-aconitane-6,10,14,16-tetrol-16-benzoate-14-methanesulfonate 303
(1*α*,6*β*,14*α*,16*β*)-20-ethyl-1-methoxy-4-methyl-7,8-[methylenebis(oxy)]-aconitane-6,10,14,16-tetrol-14,16-dimethanesulfonate 295
ethyl 2-methyl cyclopropane-1,2-discarboxylate 2150
ethyl 2-methyl-3-(4-methylphenyl)-3-oxopropanoate 2149
ethyl 2-methyl-3-oxo-3-phenyl-propanoate 2150
ethyl 2-methyl-3-oxo-3-(2-pyridyl)propanoate 2150
ethyl 2-methyl-3-oxo-3-(2-thienyl)propanoate 2150
ethyl 2-methyl-3-oxooctanoate 2150
6-ethyl-4-methyl-2(1*H*)-quinolinone 79
ethyl (4-methylbenzoyl)acetate 2149
ethyl 2-methylcyclopropanecarboxylate 2150
2'-*O*-ethylmurrangatin 1545
(*E*)-ethyl non-4-enoate 2149
ethylnotopterol 1564
(20*R*,14*R*,16*R*)-20-ethyl-5,6,14,15,16,17,20,21-octahydro-20-hydroxy-2*H*-4,16-methanoazacycloundecino[20,21-*b*]indole-14-carboxylic acid methyl ester 220
(20*R*,14*R*,16*S*)-20-ethyl-5,6,14,15,16,17,20,21-octahydro-20-hydroxy-2*H*-4,16-methanoazacycloundecino[20,21-*b*]indole-14-carboxylic acid methyl ester 220
(20*S*,16*R*)-20-ethyl-1,3,5,14,15,16,17,20-octahydro-1*H*-4,20-methanoazacycloundecino [21,20-*b*]indole-16-methanol 219
[20*S*-(20*R*,16*S*)]-20-ethyl-1,3,5,6,14,15,16,21-octahydro-2*H*-4,16-methanoazacycloundecino[20,21-*b*]indol- 20-ol 220
(20*R*,14*R*,16*R*)-20-ethyl-1,6,14,15,16,17,20,21-octahydro-2*H*-4,14-methanoazacycloundecino[20,21-*b*]indole-16-carboxylic acid methyl ester 220
(3*R*)-16-ethyl-1,2,3,4,6,7,14,15,16-octahydro-15*α*-(methoxymethylene)-2-oxo-spiro[3*H*-indole-3,3(17*H*)-indolizine]-15-acetic acid methyl ester 222
(3*S*)-16-ethyl-1,2,3,4,6,7,14,15,16-octahydro-15*α*-methoxymethylene-2-oxo-spiro[3*H*-indole-3,3(17*H*)-indolizine]-15-

acetic acid methyl ester 223
(3a*R*,4*R*,6*R*,8a*R*,9*S*,12*R*,14a*S*,14b*S*,15*S*,16*R*,17S)-14-ethyloctahydro-4,15,17-trihydroxy-9-methoxy-12-methyl-9*H*-3a,6-ethano-14b,8a,12-ethanylylidene-4*H*-1,3-dioxolo[8,9]cyclonon[1,2-*b*]azocin-8(5*H*)-one 295
ethyl orsellinate 2213
ethyl 3-oxooctanoate 2149
(3a*R*,8a*S*)-8a-[(2*R*)-8-ethylquinuclidin-2-yl]-3,3a,8,8a-tetrahydro-2*H*-furo[2,3-*b*]indol-3a-ol 246
(3a*R*,8a*S*)-8a-[(2*S*)-8-ethylquinuclidin-2-yl]-3,3a,8,8a-tetrahydro-2*H*-furo[2,3-*b*]indol-3a-ol 246
ethyl rosmarinate 2221
3-*O*-ethyltazettinol 29
12-*O*-ethylteucrolin A 742
1-ethynylcyclohex-1-ene 2174
eucalyptanoic acid 1200
Z-eucomin 1848
E-eucomin 1849
eucophylline 84
eudesm-4(15)-en-6β-acetoxy-7β-ol 621
(–)-(5*R*,7*R*,10*S*)-eudesm-4(15)-en-6-one 620
(–)-(7*R*,10*S*)-eudesm-4-en-6-one 620
eudesma-1,4,6-trien-3-one 623
eudesma-1,4,11-trien-3-one 623
eudesmane-1β,5α,11-triol 620
eudesmanolide lactone 1 622
eudesmanolide lactone 2 622
eudesmanolide lactone 3 622
3-eudesmene-1β,7,11-triol 621
4(15)-eudesmene-1β,7,11-triol 621
eudistomin U 2493
eugenol 2286
eugenyl-β-rutinoside 409
(–)-eunicenone 718, 2374
eupachinilide A 632
eupachinilide B 632
eupachinilide C 632
eupachinilide D 632
eupachinilide E 632
eupachinilide F 632
eupachinilide H 565
eupachinilide I 565
eupachinilide J 565, 632
eupaheliangolide A 564
eupakirunsin A 564
eupakirunsin B 564
eupakirunsin C 564
eupakirunsin D 564
eupakirunsin E 564
eupalitin-3-*O*-β-D-galacopyranoside 1677
eupalitin-3-*O*-β-D-galacopyranosyl-(1→2)-β-D-glucopyranoside 1680
eupalitin-3-*O*-β-D-glucoside 1677
eupalmerone 719, 2374
eupatilin 1631
eupatin 1676
eupatorin 1631
eupatriol 411
eupenifeldin 2961
euphoheliosnoid D 749
euphopeplin A 748
euplexide A 2562
euplexide B 2562
euplexide C 2562
euplexide D 2562
euplexide E 2562
euroabienol 843
eurycolactone D 982
eurycolactone E 982
eurycolactone F 1177
eurylactone A 1177
eurylactone B 1177
eurysterol A 2590
eurysterol B 2590
eusiderin 1524
eusiderin B 1524
evernic acid 2221
evocarpine 79
evodiamine 248
evoxanthine 279
excavatin D; (*R*)-form 1544
excavatin D; (*R*)-form, 2'ξ,3'ξ-epoxide 1544
excavatin D; (*R*)-form, 6',7'β-dihydro 1544
excavatoid L 744
excavatoid M 744
excavatoid N 744
excavatolide F 744
excavatolide G 744
excavatolide H 744
excavatolide I 744
excavatolide J 744
excavatolide K 744
excavatolide M 744
excelsione 2234
excisanin F 914
excisanin K 914
excoecarin D 920
excoecarin E 920
excoecarin K 920
excoecarin V1 920
excoecarioside A 568
excoecarioside B 568
exfoliamycin 2768
exiguaflavanone A 1658
exiguaflavone B 1658
exiguolide 2653
exophilin A 3002
exophillic acid 2981
expansolide B 633
exsertifolin A 963

F

F-10748 C2 2676
F-10748C1 2676
F-11334-A1 2981
F-11334-A2 2981
F-11334-A3 2981
F-11334-B1 2981
F-11334-B2 2981
F-12509A 2961
F-1839-10 2868, 2961
F-1839-3 2868, 2961
F-1839-4 2868, 2961
F-1839-5 2868, 2961
F-1839-6 2868, 2961
F-1839-7 2868, 2961
F-1839-8 2868, 2961
F-1839-9 2868, 2961
F390C 2917

fabianane 570
fagarine 82
falaconitine 300
faleoconitine 298
fargesine 249
fascicularone A 695
fascicularone B 692
fasciospongine A 2489
fasciospongine B 2489
fasmerianamine A 2493
fasmerianamine B 2493
fattiviracin Al 2695
fattiviracin FV-4 2695
fattiviracin FV-8 2695
fattiviracin FV-9 2695
fattiviracin FV-10 2695
fattiviracin FV-13 2695
FD-211 2917
FD-294 2917
FE35A 2917
FE35B 2917
feglymycin 2822
feigrisolide A *2917*
feigrisolide B 2917
feigrisolide C 2698
feigrisolide D 2698
felamidin 1564
α-fenchol 431
β-fenchol 431
fenchone 431
fernandoside 1465
fernolin 1567
feroniellin A 1565
feroniellin B 1565
feroniellin C 1565
ferrearin A 1519
ferrearin B 1519
ferrearin C 1519
ferrearin F 1519
ferrearin G 1519
ferrearin H 1519
N-trans-feru-loyltyramine 1467
ferulagol A 1545
ferulagol B 1545
ferulic acid 2214
ferulinolone 1545
3-(*E*)-feruloyl-28-palmitoylbetulin 1300
1-*O*-*trans*-feruloyl-2'-*O*-*trans*-sinapoyl gentiobiose 2291
8-*O*-feruloylharpagide 442
7-*O*-*E*-feruloylloganic acid 445
7-*O*-*Z*-feruloylloganic acid 445
N-trans-feruloyl-methoxytyramine 17
10-*O*-*E*-feruloylmonotropein 446
6'-*O*-*E*-feruloylmonotropein 446
6'-*O*-*trans*-feruloylnegundoside 445
27-*trans*-feruloyloxy-3-hydroxylean-12-en-28-oic acid 1198
ferulsinaic acid 570
fesumtuorin A 1565
fesumtuorin B 1566
fesumtuorin C 1615
fesumtuorin D 1615
fesumtuorin E 1615
fesumtuorin F 1615
fesumtuorin G 1615
fetidone A 619
fetidone B 619
fibleucin 742
fibrostatin A 2768
fibrostatin B 2768
fibrostatin C 2768
fibrostatin D 2768
fibrostatin E 2768
fibrostatin F 2768
ficuseptamine A 23
ficuseptamine C 29
fijianolide A 2652
fijianolide B 2652
fijianolide D 2652
fijianolide E 2652
fijianolide F 2652
fijianolide G 2652
fijianolide H 2652
fijianolide I 2652
filifoline 158
finaconitine 305
fiscalin A 2868
fiscalin B 2868
fiscalin C 2868
fischambiguine A 232
fischambiguine B 232
fisetin 1676
fisetinidol 1776
fisetinidol-(4α→8)-catechin-3-gallate 1779
fisetinidol-4β-ol 1776
fisetinidol-4α-ol 1776
fistupyrone *2917*
flabelliformine 168
flagranone A 2917
flagranone B 2917
4α-flavanol 1776
4β-flavanol 1776
flavokavin A 1752
flavokawain A 1752
flavoyadorigenin B 1633
flavumindole 232
fleephilone 2868
fleephilone 2918
flemichin D 1659
flexibilisolide A 2374
flexibolide 2372
flexilarin A 2372
flexilarin B 2372
flexilarin D 2372
flexilarin E 2372
flexilarin F 2372
flexilarin J 2373
floralginsenoside A 1082
floralginsenoside B 1082
floralginsenoside C 1082
floralginsenoside D 1082
floralginsenoside E 1082
floralginsenoside F 1082
floralginsenoside M 1083
floralginsenoside N 1083
floralginsenoside O 1083
floralginsenoside P 1083
floribundic acid 738
flucloxacillin 2869
flueggenine A 45
flueggenine B 45
1-fluorine essien were 2171
2-fluoro-9*H*-purine 376

fluorocyclohexane 2173
fluoroindolocarbazole A 2868
fluoroindolocarbazole B 2868
fluoroindolocarbazole C 2868
fluostatin A 2768
fluostatin B 2768
fluostatin C 2768
5β-fluro-camphor 430
5α-fluro-camphor 430
9-fluro-camphor 430
foeniculoside Ⅴ 410
foeniculoside Ⅵ 410
foeniculoside Ⅶ 410
foeniculoside Ⅷ 410
foeniculoside Ⅸ 410
foeniculoside Ⅹ 2271
foeniculoside Ⅺ 2271
foetidin 1545
2'-*O*-foliamenthoylplantarenaloside 444
foliasalacin A1 1082
foliasalacin A2 1082
foliasalacin A3 1082
foliasalacin A4 1082
foliasalacin B1 1300
foliasalacin B2 1084
foliasalacin B2 1300
foliasalacin B4 1300
foliasalacin C 1084
folic acid 374
folitenol 1856
fomitellic acid A 987
fomitellic acid B 987
fomitellic acid C 987
fomitellic acid D 987
fomitopinic acid A 988
fomitopinic acid B 988
fomitoside A 988
fomitoside B 988
fomitoside C 988
fomitoside D 986
fomitoside E 988
fomitoside F 988
fomitoside G 986
fomitoside H 988
fomitoside J 986
fomitoside Ⅰ 988
fomlactone A 1349
fomlactone B 1349
fordianaquinone A 1917
fordianaquinone B 1917
3-formamido-8-methoxybisabolan-9-en-10-ol 561
3-formamidobisabolane-14(7),9-dien-8-ol 561
3-formamidobisabolane-14(7),9-dien-8-one 561
3-formamidotheonellin 561
formobactin 2868
formononetin 1738
formononetin-7-*O*-β-D-apiofuranosyl-(1→6)-*O*-β-D-glucopyranoside 1738
formononetin-8-*C*-β-D-xylopyranosyl-(1→6)-*O*-β-D-glucopyranoside 1739
formosadimer A 963
formosadimer B 963
formosadimer C 963
formosalactone 1489
formosinoside 446
formoxanthone A 1808
formoxanthone B 1809
formoxanthone C 1810
1-formyl-5,6-dihydropyrrolizin-7-one 45
3'-formyl-6',4-dihydroxy-2'-methoxy-5'-methylchalcone-4'-*O*-β-D-glucopyranoside 1754
1-formyl-3-hydroxyneogrifolin 539
N-[Formyl(methyl)amino]salonine-B 349
(22*E*)-3-*O*-β-formyl-24-methyl-cholesta-5,22-diene 2594
(*R*)-*N*-formyl-*N*-methyl-2-[(1*S*,3*S*,4*R*)-4-methyl-2-oxo-3-(3-oxobutyl)-cyclohexyl]propanamide 570
(*R*)-*N*-formyl-2-[(1*S*,3*S*,4*R*)-4-methyl-2-oxo-3-(3-oxobutyl)-cyclohexyl]propanamide 570
(2*S*)-8-formyl-6-methylnaringenin 1657
(2*S*)-8-formyl-6-methylnaringenin-7-*O*-β-D-glucopyranoside 1657
3'-formyl-4',6',4-trihydroxy-2'-methoxy-5'-methylchalcone 1751
6-formyl-2,5,7-trihydroxy-8-methylflavanone 1657
(1*S*,2*R*,4a*S*,8a*S*)-1-formyl-5,5,8a-trimethyldecahydronaphthalene-2-carboxylic acid 2370
2-(formylamino)trachyopsane 693
(22*E*)-3-*O*-β-formylcholesta-5,22-diene 2594
11-formyllinderazulene 630
1-formylneogrifolin 539
5-formyloxymethyl uridine 2872
N-formyltetrahydroquinoline 82
5-formylxanthotoxol 1567
3'-*O*-α-D-forosaminyl-(+)-griseusin A 2768
forskalinone 844
forskolin G 735
forskolin H 735
forskolin L 735
forsythialan A 1430
forsythialan B 1431
fosfadecin 2868
fosfocytocin 2868
fouquierone 1079
FR191512 2981
fractions A 1532
fractions B 1532
fraganol 412
frangulanine 381
fraxicarboside A 452
fraxicarboside B 452
fraxicarboside C 452
fraximalacoside 452
fraxiresinol-4'-*O*-β-D-gucopyranoside 1451
D-friedomadeir-14-en-3-one 1340
D:C-friedomadeir-7-en-3-one 1340
D-friedomadeir-14-en-3β-yl acetate 1340
D:C-friedomadeir-7-en-3β-yl acetate 1340
β-Fru*f*(2→1)-β-Fru*p* 2337
β-Fru*f*(2→6)-α-Glu 2337
β-Fru*f*(2→6)-β-Glu 2337
β-D-fructofuranose 2329
α-D-fructofuranose 2329
1-*O*-β-D-fructofuranoside DMDP 26
10-*O*-β-D-fructofuranosyltheviridoside 448
α-D-fructopyranose 2329
β-D-fructopyranose 2329
fucodiphloretol G 2557
β-L-fucopyranose 2329
α-L-fucopyranose 2329
1-*O*-[α-L-fucopyranosyl-(1→11)-(*N*-glycolyl-α-D-neurami-

nosyl)-(2→4)-(*N*-acetyl-α-D-neuraminosyl)-(2→6)-β-D-glucopyranosyl]-ceramide 2188
fucoxanthin 1367
fucoxanthin 3-pyropheophorbides A ester 1370
fudecalone 2961
fukanedone A 537, 2290
fukanedone B 537, 2290
fukanedone C 537, 2290
fukanedone D 537, 2290
fukanedone E 537
fukanefurochromone A 539
fukanefurochromone B 539
fukanefurochromone C 539
fukanefurochromone D 539
fukanefurochromone E 539
fukanefuromarin A 538, 1563
fukanefuromarin B 538, 1563
fukanefuromarin C 538, 1563
fukanefuromarin D 538, 1563
fukanefuromarin E 1563
fukanefuromarin F 1563
fukanefuromarin G 1563
fukaneketoester A 2289
fukanemarin A 538
fulvine 44
cis-fumagillin 3002
fumaquinone 1891
fumarprotocetraric acid 2234
fumiquinone A 1884
fumiquinone B 1884
funalenone 2981
furanocandin 2676
furanoeudesmane 2369
furanoguaian-4-ene 630
furanoracemosone 1561
α-DL-*erythro*-furanose 2327
α-DL-*threo*-furanose 2327
β-DL-*erythro*-furanose 2327
β-DL-*threo*-furanose 2327
furanosesquiterpene 618
furaquinocin C 2768
furaquinocin D 2768
furaquinocin E 2768
furaquinocin F 2768
furaquinocin G 2768
furaquinocin H 2768
furfuracin 1466
furobiclausarin 1615
furobinordentatin 1615
furocaespitanelactol 2369
(20*S*,22*S*,25*S*)-furostan-5-en-22,25-epoxy-2α,3β,26-triol triacetate 1948
(20*S*,22*S*,25*R*)-5α-furostan-22,25-epoxy-3β,26-diol-diacetate 1948
(20*S*,22*S*,25*S*)-5α-furostan-22,25-epoxy-3β,26-diol-3-monoacetate 1948
(20*S*,22*S*,25*S*)-5α-furostan-22,25-epoxy-2α,3β,6β,26-tetrol-tetraacetate 1948
(25*S*)-3β,5β,22α-furostane-3,22,26-triol-3-*O*-β-D-xylopyranosyl-(1→2)-[β-D-xylopyranosyl-(1→4)]-β-D-glucopyranosyl-26-*O*-(β-D-glucopyranoside) 1972
fusaperazine A *2868*
fusaperazine B *2868*
fusaricidin A 2822
fusaricidin B 2822
fusaricidin C 2822
fusaricidin D 2822
fusarielin A 2961
fusarielin B 2961
fusarielin C 2961
fusarielin D 2961
(5*Z*)-fusarin C (3) 2868
fusicoauritone 852
fusicoauritone 6α-methyl ether 852

G

gaboxanthone 1809
gaertneric acid 449
gaertneroside 449
gajutsulactone A 570
gajutsulactone B 570
β-Gal(1→4)-α-Fru*f* 2337
β-Gal(1→4)-β-Fru*f* 2337
β-Gal(1→4)-β-Fru*p* 2337
β-Gal(1→3)-β-Gal(1→3)-β-Gal(1→4)-α-Glu 2352
β-Gal(1→3)-β-Gal(1→3)-β-Gal(1→4)-β-Glu 2352
β-Gal(1→2)-β-Gal (1→2)-β-GalOMe 2347
α-Gal(1→6)-α-Gal(1→6)-α-Glu(1→2)-β-Fru*f* 2352
β-Gal(1→3)-β-Gal(1→4)-α-Glu 2346
β-Gal(1→3)-β-Gal(1→4)-β-Glu 2346
α-Gal(1→4)-β-Gal (1→4)-β-GluOMe 2347
β-Gal(1→2)-β-GalOMe 2338
α-Gal(1→4)-α-GalOMe 2338
α-Gal(1→6)-α-Glu(1→2)-β-Fru*f* 2346
α-Gal(1→4)-[β-Glu(1→2)]-α-Rha 2346
α-Gal(1→4)-[β-Glu(1→2)]-α-Rha 2346
α-Gal(1→6)-α-Glu 2337
α-Gal(1→6)-β-Glu 2337
β-Gal(1→4)-α-Glu 2337
β-Gal(1→4)-β-GluOMe 2338
α-Gal(1→6)-β-Man(1→4)-α-Man 2346
α-Gal(1→6)-β-Man(1→4)-β-Man 2346
α-Gal(1→6)-[β-Man(1→4)]-α-Man 2346
α-Gal(1→6)-[β-Man(1→4)]-β-Man 2346
α-Gal(1→4)-α-Rha 2337
α-Gal(1→4)-β-Rha 2337
β-Gal(1→2)-α-Rha 2337
β-Gal(1→2)-β-Rha 2337
β-Gal(1→3)-α-Rha 2337
β-Gal(1→3)-β-Rha 2337
β-Gal(1→4)-α-Rha 2337
β-Gal(1→4)-β-Rha 2338
D-galactitol 2358
α-D-galactofuranose 2328
β-D-galactofuranose 2328
α-D-galactopyranose 2328
β-D-galactopyranose 2328
galactopyranoside] 1681
2'-(*O*-[β-D-galactopyranosyl])-erythromycin B 2695
3-*O*-(β-D-galactopyranosyl(1→4)-*O*-[β-D-glucopyranosyl-(1→3)]-*O*-β-D-glucopyranosyl) serjanic acid 1202
3-*O*-(β-D-galactopyranosyl(1→3)-*O*-β-D-glucopyranosyl)-serjanic acid 28-*O*-β-D-glucopyranosyl ester 1202
(2*S*,3*S*,4*R*,8*Z*)-1-*O*-(β-D-galactopyranosyl)-2*N*-[(2'*R*)-2'-hydroxydocosanoilamino]-8-(*Z*)-octadecene-1,3,4-triol 2186
(2*S*,3*S*,4*R*,8*Z*)-1-*O*-(β-D-galactopyranosyl)-2*N*-[(2'*R*)-2'-hydroxy-19'(*Z*)-pentacosanoilamino]-8(*Z*)-octadecene-1,3,4-

triol 2187
1-*O*-(*β*-D-galactopyranosyl)-(2*S*,3*R*,9*Z*)-2-[(2′*R*)-2-hydroxypalmitoylamino]-8-octadecene-1,3-diol 2183
1-*O*-(*β*-D-galactopyranosyl)-(2*S*,3*S*,4*R*,8*E*)-2-[(2′*R*)-2-hydroxypalmitoylamino]-8-octadecene-1,3,4-triol 2184
1-*O*-(*β*-D-galactopyranosyl)-(2*S*,3*R*,4*E*)-2[(2′*R*,15′*Z*)-2-hydroxytetracosenoylamino]-4-heptadecene-1,3-diol 2186
3-*O*-*β*-D-galactopyranosyl(1→3)[*α*-L-rhamnopyranosyl(1→2)]-*β*-D-glucopyranosyl hederagenin 1202
3-*O*-*β*-D-galactopyranosyl(1→2)-[*β*-D-xylopyranosyl-(1→3)]-*β*-D-glucuronopyranosyl gypsogenin methyl ester 1202
3-*O*-*β*-D-galactopyranosyl(1→2)-[*β*-D-xylopyranosyl-(1→3)]-*β*-D-glucuronopyranosyl quillaic acid methyl ester 1202
(2*R*,19*Z*)-*N*-{(1*S*,2*S*,3*R*,7*Z*)-1-[(*β*-D-galactopyranosyloxy)methyl]-2,3-dihydroxyheptadec-7-en-1-yl}-2-hydroxyoctacos-19-enamide 2187
(25*S*)-3*β*-{*O*-*β*-D-galactopyranosyloxy}-22*βN*-spirosol-5-ene 339
6'-*O*-*α*-D-galactopyranosylsyringo-picroside 447
galanganal 1532
galanganol C 1532
galangin 1674
galangin 3-methyl ether 1674
galanthamine 396
galaxaurol A 2383
galaxaurol B 2383
galaxaurol C 2383
galaxaurol D 2383
galaxaurol E 2383
(–)galbacin 1430
galbulin 1465
galcatin 1465
6-*O*-*α*-D-galctopyranosylharpagoside 442
gallic acid 2212
galloyl tyramine trifluoroacetate 21
2"-galloylisoquercitrin 1683
23-galloylterminolic acid 1199
galloyltyrosine 2223
galphimidin 1271
galphimine J 1271
galphin A 1271
galphin B 1271
galphin C 1271
galtonioside A 1952
gambirine 216
gambogefic acid 1811
gambogenific acid 1811
gambogic acid 1811
gambogoic acid A 1811
gambospiroene 1812
gammacer-16-en-3*α*-ol 1348
gammacer-16-en-3*β*-ol 1348
gammacer-16-en-3-one 1348
gammacer-16-en-3*β*-yl acetate 1348
gancaonin Q 1634
gancaonol A 1796
gancaonol B 1856
gancaonol C 1796
gandavensin D 1902
gandavensin E 1902
gandavensin F 1902
gandavensin G 1902
gandavensin H 1902
ganoderic acid γ 987
ganoderic acid δ 987
ganoderic acid ζ 987
ganoderic acid η 987
ganoderic acid θ 987
ganoderic acid ξ 987
ganoderic acid AP_2 988
ganoderic acid AP_3 988
ganoderone A 988
ganoderone C 988
ganomycin A 539
ganomycin B 539
garbogiol 1808
garcidepsidone A 2234
garcidepsidone B 2234
garcidepsidone C 2234
garcidepsidone D 2234
garcihombronane F 990
garcihombronane G 990
garcihombronane H 990
garcihombronane I 990
garcihombronane J 990
garcinianin 1870
garcinisidone A 2234
garcinisidone B 2234
garcinisidone C 2234
garcinisidone D 2234
garcinisidone E 2234
garcinisidone F 2234
garcinol 1811
garcinone B 1809
garcinone C 1808
garcinone E 1809
gardenin B 1631
gardneramine 223, 232
gardneramine oxindole 223
garryine 318
gartanin 1809
gaudicbaudone 741
gaudichaudic acid 1810
gaultheric acid 848
gaultherin A 1465
gaultherin B 1465
GB-Ⅰa 1870
GB-2 1870
GB-3 1870
geissoschizine 216
geissoschizine methyl ether 216
geissoschizoline N^4-oxide 205
geissospermine 237
gelastatin A 2918
gelastatin B 2918
(±)-gelliusine A 2496
(±)-gelliusine B 2496
(±)-gelliusine C 2496
(±)-gelliusine D 2496
(±)-gelliusine E 2496
(±)-gelliusine F 2496
gelsedine 223
gelsedine 224
(±)-gelsemine 223
gelsemine 224
gelsemiol-6'-*trans*-caffeoyl-1-glucoside 449
genicunine B 317
genipamide 68, 289
genipatriol 992
genistein 1738
genistein-7-*O*-*β*-D-apiofuranosyl-(1→6)-*O*-*β*-D-glucopyra-

noside 1739
genistein-8-*C*-apiofuranosyl-(1→6)-*O*-*β*-D-glucopyranoside 1739
genisteol 1738
genistin 1738
genkwanin 1631
genkwanin-5-*O*-*β*-D-primeveroside 1631
genkwanol A 1872
gentamicin C_1 2675
gentamicin C_{1a} 2675
gentamicin C_2 2675
gentamine C_1 2675
gentamine C_{1a} 2675
gentamine C_2 2675
gentianine 289
gentiascabraside A 450
gentinin 1084
gentinone A 1084
gentinone B 1084
gentinone C 1084
gentinone D 1084
3-*O*-gentiobiosyl-3*β*,14-dihydroxypregn-5*α*,14*β*-pregnan-20-one 1990
gentiotrifloroside 451
gentirigenic acid 1080
gentirigeoside A 1080
gentirigeoside B 1080
gentirigeoside C 1080
gentirigeoside D 1080
gentirigeoside E 1080
gentisic acid 2212
geoditin A 2381
geoditin B 2381
geraniol 402
7-gerannoxycoumarin 1547
(–)-2-geranyl-3-hydroxy-8,9-methylenedioxypterocarpan 1856
7-*O*-geranyl-6-methoxypseudobaptigenin 1740
3'-geranyl-6'-*O*-methylchalconaringenin 1754
3'-geranyl-2',3,4,4'-tetrahydroxychalcone 1754
3'-geranylchalconaringenin 1754
3-*O*-geranylforbesione 1811
9-geranyloxy-4-methoxypsoralen 1567
8-geranyloxypsoralen 1566
GERI-155 2695
GERI-BP002-A 2981
(2*R*,5*R*,6*R*,7*S*)-germacra-1(10)*E*,4(15)-diene-5-hydroperoxy-2,6-diol 562
(2*R*,5*R*,6*R*,7*S*)-germacra-1(10)*E*,4(15)-diene-5-hydroperoxy-2,6-diol-2-acetate 563
1(10),4-germacradiene-2,6,12-triol 562
germicidin 2961
germine 367
gerontoxanthone C 1809
gerontoxanthone D 1809
gerontoxanthone E 1810
gerontoxanthone G 1810
gerontoxanthone H 1809
gesashidine A 232
gesneroidin C 913
geyerline 296
gibberellin A_1 2961
gibberellin A_{14} 2962
gibberellin A_3 2961
gibberellin A_{37} 2962
gibberellin A_{52} 2962
gibberellin A_9 2962
gibberoepoxysterol 2593
gibberoketosterol 2593
gibberoketosterol B 2593
gibberoketosterol C 2593
gibberosene C 2371
gibberosene D 2371
gibberosene G 2371
gibberosin G 749
gibberosin H 749
gibberosin I 749
gibberosin J 749
gibberosin K 749
gibberosin L 749
gibberosin M 750
gibberosin O 750
gibberosin P 750
gibberosin Q 750
gibberosin R 750
gibberosin S 750
gibbestatin B 2981
gibbestatin C 2981
gigactonine 312
gigasol 1616
gilvusmycin 2868
gindarudine 144
ginkgetin 1871
ginsenine 232
ginsenoside-Rg7 1084
ginsenoside-Rh5 1083, 1084
ginsenoside-Rh6 1083
ginsenoside-Rh7 1083
ginsenoside-Rh8 1083
ginsenoside-Rh9 1084
giraldoid A 1615
gitogenin-3-*O*-*β*-D-glucopyranosyl-(1→2)-*O*-[*β*-D-apiofuranosyl-(1→4)-*β*-D-glucopyranosyl-(1→3)-*β*-D-glucopyranosyl-(1→4)-*β*-D-galactopyranoside 2110
gitogenin-3-*O*-{*α*-L-rhamnopyranosyl-(1→2)-*β*-D-galactopyranoside 2077
gitogenin-3-*O*-{*O*-*α*-L-rhamnopyranosyl-(1→2)-[*β*-D-glucopyranosyl-(1→4)] *β*-D-galactopyranoside 2083
glabradine 144
glabradine 26
glabrene 1796
glabrol 1659
glaciapyrrole A 536
glaciapyrrole B 536
glaciapyrrole C 536
glanduline 323
glaucacyclopeptide A 382
glaucarubinone 1175
glaucine 114
glaucocalyxin A 915
glaucocalyxin B 915
glaucocalyxin C 915
glaucolide K 564
glaucolide L 564
glaucolide M 564
glaumacidin A 1563
glaumacidin B 1563
cis-glaupadiol 1563
trans-glaupadiol 1563
glaziovine 111
glepidotin B 1725

gliocladin C 2495
glisoprenin C 3002
glisoprenin D 3002
H-L-Gln-OH 2360
globostellatic acid A 2381
globostellatic acid B 2381
13*E*-globostellatic acid B methyl ester 2382
globostellatic acid C 2381
globostellatic acid D 2381
globostellatic acid F 2381
globostellatic acid F methyl ester 2382
globostellatic acid G 2381
globostellatic acid H 2381
globostellatic acid I 2381
globostellatic acid L 2381
globostellatic acid M 2381
13*E*,17*E*-globostellatic acid X methyl ester 2382
13*E*,17*Z*-globostellatic acid X methyl ester 2382
13*Z*,17*E*-globostellatic acid X methyl ester 2382
13*Z*,17*Z*-globostellatic acid X methyl ester 2382
globostellatin 2381
globostelletin A 2382
globostelletin B 2382
globostelletin C 2382
globostelletin D 2382
globostelletin E 2382
globostelletin F 2382
globostelletin G 2382
globostelletin H 2382
globosuxanthone A 1808
globulixanthone A 1808
globulixanthone B 1808
globuloside A 450
globuloside B 450
globuloside C 450
glochicoccinoside A 569
glochicoccinoside B 569
glochidionionoside A 568
glochidionionoside B 568
glochidionionoside C 568
glochidionionoside D 568
ent-gloeosteretriol 2370
glomecidin 2822
glomelliferic acid 2221
L-Glu (α-OH)-L-Cys-Gly-OH 2361
α-Glu(1→1)-β-Fru*p* 2337
α-Glu(1→2)-β-Fru*f* 2337
α-Glu(1→3)-α-Fru*f* 2337
α-Glu(1→3)-β-Fru*f* 2337
α-Glu(1→3)-β-Fru*p* 2337
α-Glu(1→4)-α-Fru*f* 2337
α-Glu(1→4)-β-Fru*f* 2337
α-Glu(1→4)-β-Fru*p* 2337
α-Glu(1→5)-β-Fru*p* 2337
α-Glu(1→6)-α-Fru*f* 2337
α-Glu(1→6)-β-Fru*f* 2337
β-Glu(1→4)-α-Fru*f* 2337
β-Glu(1→4)-β-Fru*f* 2337
β-Glu(1→4)-β-Fru*p* 2337
α-Glu(1→2)-[β-Fru*f*(2→1)]-β-Fru*f* 2346
α-Glu(1→2)-[β-Fru*f*(2→1)]-[β-Fru*f*(2→1)]-β-Fru*f* 2352
α-Glu(1→3)-β-Gal 2337
α-Glu(1→4)-β-Gal 2337
β-Glu(1→3)-[β-Gal (1→6)]-α-GluOMe 2347
β-Glu(1→3)-α-GalOMe 2338
α-Glu(1→1)-α-Glu 2336
α-Glu(1→1)-β-Glu 2336
α-Glu(1→2)-α-Glu 2336
α-Glu(1→2)-β-Glu 2336
α-Glu(1→3)-α-Glu 2336
α-Glu(1→4)-α-Glu 2336
α-Glu(1→4)-β-Glu 2336
α-Glu(1→6)-α-Glu 2336
α-Glu(1→6)-β-Glu 2336
β-Glu(1→1)-β-Glu 2336
β-Glu(1→2)-α-Glu 2336
β-Glu(1→2)-β-Glu 2336
β-Glu(1→3)-α-Glu 2336
β-Glu(1→3)-β-Glu 2336
β-Glu(1→4)-α-Glu 2336
β-Glu(1→4)-β-Glu 2336
β-Glu(1→6)-α-Glu 2337
β-Glu(1→6)-β-Glu 2337
α-Glu(1→3)-β-Glu 2339
α-Glu(1→2)-[α-Glu(1→3)]-β-Fru*f* 2346
α-Glu(1→4)-α-Glu(1→2)-α-Fru*f* 2346
α-Glu(1→4)-α-Glu(1→4)-β-Fru*f* 2346
α-Glu(1→4)-α-Glu(1→4)-β-Fru*p* 2346
α-Glu(1→6)-α-Glu(1→2)-β-Fru*f* 2346
β-Glu(1→4)-β-Glu(1→4)-β-Glu 2336
α-Glu(1→2)- α-Glu(1→6)- α-Glu 2346
α-Glu(1→2)-α-Glu(1→6)- β-Glu 2346
α-Glu(1→4)-α-Glu(1→4)-α-Glu 2346
α-Glu(1→4)-α-Glu(1→4)-β-Glu 2346
α-Glu(1→4)-α-Glu(1→6)-β-Glu 2346
α-Glu(1→6)-α-Glu(1→4)-α-Glu 2346
α-Glu(1→6)-α-Glu(1→4)-β-Glu 2346
α-Glu(1→6)-α-Glu(1→6)-α-Glu 2346
α-Glu(1→6)-α-Glu(1→6)-β-Glu 2346
β-Glu(1→4)-β-Glu(1→4)-α-Glu 2346
β-Glu(1→6)-β-Glu(1→6)-α-Glu 2346
β-Glu(1→6)-β-Glu(1→6)-β-Glu 2346
α-Glu(1→6)-α-Glu(1→4)-α-Glu(1→2)-β-Fru*f* 2352
β-Glu(1→6)-β-Glu(1→6)-β-Glu(1→6)-β-Glu 2337
β-Glu(1→4)-β-Glu(1→3)-β-Glu(1→4)-α-Glu 2352
β-Glu(1→4)-β-Glu(1→3)-β-Glu(1→4)-β-Glu 2352
β-Glu(1→4)-β-Glu(1→4)-β-Glu(1→3)-α-Glu 2352
β-Glu(1→4)-β-Glu(1→4)-β-Glu(1→3)-β-Glu 2352
β-Glu(1→4)-β-Glu(1→4)-β-Glu(1→4)-α-Glu 2352
β-Glu(1→4)-β-Glu(1→4)-β-Glu(1→4)-β-Glu 2352
β-Glu(1→6)-β-Glu(1→6)-β-Glu(1→6)-α-Glu 2352
α-Glu(1→4)-α-Glu(1→4)-α-Glu(1→4)-α-Glu(1→4)-α-Glu 2355
α-Glu(1→4)-α-Glu(1→4)-α-Glu(1→4)-α-Glu(1→4)-β-Glu 2355
β-Glu(1→4)-β-Glu(1→4)-β-Glu(1→4)-β-Glu(1→4)-α-Glu 2355
β-Glu(1→4)-β-Glu(1→4)-β-Glu(1→4)-β-Glu(1→4)-β-Glu 2355
α-Glu(1→4)-α-Glu(1→6)-α-Glu 346
α-Glu(1→2)-β-GluOMe 2338
α-Glu(1→4)-β-GluOMe 2339
β-Glu(1→2)-α-GluOMe 2339
β-Glu(1→4)-β-GluOMe 2339
β-Glu(1→6)-β-GluOMe 2339

β-Glu(1→4)-α-Man 2337
β-Glu(1→4)-β-Man 2337
H-L-Glu-OH 2360
β-Glu(1→2)-α-Rha 2338
β-Glu(1→2)-β-Rha 2338
β-Glu(1→3)-α-Rha 2338
β-Glu(1→3)-β-Rha 2338
β-Glu(1→4)-α-Rha 2338
β-Glu(1→4)-β-Rha 2338
β-Glu (1→4)-α-RhaOMe 2339
α-(1→3)glucane 2356
α-(1→4)-(1→6)glucane 2356
α-(1→4)glucane 2356
α-(1→6)glucane 2356
β-(1→2)-glucane 2356
β-(1→4)-glucane 2357
β-(1→3)-glucane 2357
β-(1→6)-glucane 2357
glucoallosamidin A 2675
glucoallosamidin B 2675
α-D-glucofuranose 2328
glucolipsin A 2695
glucolipsin B 2695
α-D-glucopyranose 2328
β-D-glucopyranose 2328
1-*O*-β-D-glucopyranoside (2*S*,3*S*,4*R*)-2-[(2'*R*,4'*E*)-2'-hydroxyhexacosenoylamino]-3,4-dihydroxyhexadecane 2187
(22*S*)-16β-[(β-D-glucopyanosyl)oxy]-22-hydroxycholest-5-en-3β-yl-β- D-glucopyranoside 1954
(22*S*)-16β-(β-D-glucopyanosyloxy)-3β,22-hydroxycholest-5-ene-1β-yl-*O*-α-L-rhamnopyranosyl-(1→2)-3,4-di-*O*-acetyl-β-D-xylopyranoside 1960
(22*S*)-16β-(β-D-glucopyanosyloxy)-22-hydroxycholest-5-ene-3β-yl-*O*-α-L-rhamnopyranosyl-(1→4)-β-D-glucopyranoside 1960
(22*S*)-16β-(β-D-glucopyanosyloxy)-3β,22-hydroxycholest-5-ene-1β-yl-*O*-α-L-rhamnopyranosyl-(1→2)-*O*-[β-D-xylopyanosyl-(1→3)]-β-D-xylopyranoside 1972
2'-*O*-β-D-glucopyranosidebyakangelicin 1567
3'-*O*-β-D-glucopyranosidebyakangelicin 1567
3'-*O*-β-D-glucopyranosideisobyakangelicin 1567
7-*O*-β-D-glucopyranosyl-6'-*O*-acetyl-2,5-diene-4-one 412
7-*O*-β-D-glucopyranosyl-6'-*O*-acetyl-5-diene-4-one 412
7-*O*-β-D-glucopyranosyl-6'-*O*-acetyl-perilloside A 411, 412
7-*O*-β-D-glucopyranosyl-6'-*O*-acetyl-perilloside D 412
7-*O*-β-D-glucopyranosyl-6'-*O*-acetyl-phellandryl 411
3-*O*-β-D-glucopyranosyl-(1→5)-[β-D-apiofuranosyl(1→2)]-α-L-arabinofuranoside 1684
9α-*O*-glucopyranosyl-(6'-*O*-arabinose)-α-ionol 407
4-β-*O*-glucopyranosyl-6'-*O*-arabinose-β-ionone 407
9-*O*-glucopyranosyl-6'-*O*-arabinoside-lavandulyl 401
2α-*O*-β-D-glucopyranosyl-(6'-*O*-α-D-aranoside)-α-ionol 429
10-*O*-β-D-glucopyranosyl-(6'-*O*-β-D-aranosyl)- β-pinene 431
2'-(*O*-[β-D-glucopyranosyl]) azithromycin 2695
5α-*O*-(β-D-glucopyranosyl)-10-β-benzoyltaxacustone 850
9-*O*-β-D-glucopyranosyl-blumenol C 407, 413
2α-*O*-β-D-glucopyranosyl-bornyl 429
7β-[(*E*)-4'-*O*-(β-D-glucopyranosyl)caffeoyloxy] sweroside 451
3-*O*-β-D-glucopyranosyl-camphor 430
5-*O*-β-D-glucopyranosyl camphor 430
6β-*O*-β-D-glucopyranosyl-camphor 430
6α-*O*-β-D-glucopyranosyl-camphor 430
9-*O*-β-D-glucopyranosyl-camphor 430
2-*O*-β-D-glucopyranosyl-carvacrol 411
3α-*O*-glucopyranosyl-1,8-cineole 409
3β-*O*-glucopyranosyl-1,8-cineole 409
2α-*O*-glucopyranosyl-1,8-cineole 410
2β-*O*-glucopyranosyl-1,8-cineole 410
2-*O*-glucopyranosyl-1,8-cineole 410
7-*O*-β-D-glucopyranosyl-cuminyl 411
7-*O*-β-D-glucopyranosyl-2,5-diene-4-one 412
7-*O*-β-D-glucopyranosyl-5-diene-4-one 412
3β-*O*-[β-D-glucopyranosyl-(1→4)-β-D-diginopyranosyl]-14α-hydroxy-8-oxo-8,14-*seco*-5β-card-20(22)-enolide 1937
2α-*O*-β-D-glucopyranosyl-4,5β-dihydroxy-camphor 430
6a-*O*-(β-D-glucopyranosyl)-15,16-dihydroxy-cleroda-3,13(14)-dien 739
(2*S*,3*S*,4*R*,8*E*)-1-(β-D-glucopyranosyl-3,4-dihydroxy-2-[(*R*)-2'-hydroxypalmitoyl]amino-8-heptadecaene 2183
(2*S*,3*R*,8*E*)-1-(β-D-glucopyranosyl-3-dihydroxy-2-[(*R*)-2'-hydroxypalmitoyl]amino-8-octadecaene 2183
3-*O*-β-D-glucopyranosyl 3α,11α-dihydroxylup-20(29)-en-28-oic acid 1303
1-D-glucopyranosyl-2,6-dimethoxy-4-propenylphenol 2286
1-*O*-(β-D-glucopyranosyl)-(2*S*,3*R*,4*E*)-2-(docosanoylamino)-14-methyl-4-hexadecene-1,3-diol 2185
1-*O*-β-D-glucopyranosyl-4-*epi*-amplexine 451
3-*O*-β-D-glucopyranosyl-22*E*,24*R*-5α,8α-epidioxyergosta-6,22-diene 2138
3-*O*-β-D-glucopyranosyl-22*E*,24*R*-ergosta-7,22-diene-5α,6β-diol 2134
2'-(*O*-[β-D-glucopyranosyl])erythromycin A oxime 2695
2'-(*O*-[β-D-glucopyranosyl])erythromycin B 2695
26-*O*-(β-D-glucopyranosyl)-(25*R*)-5α-furost-5-ene-3β,22-diol 3-*O*-α-L-rhamnopyranosyl-(1→2)-*O*-[β-D-glucopyranosyl-(1→4)]-β-D-glucopyranosyl 1974
(25*R*)-26-*O*-β-D-glucopyranosyl-furost-5-ene-1β,3β,22α,26-tetrol-3-*O*-α-L-rhamnopyranosyl-(1→4)-*O*-β-D-glucopyranoside 1962
(25*R*)-26-*O*-β-D-glucopyranosyl-furost-5-ene-1β,3β,22α,26-tetrol-1-*O*-{α-L-rhamnopyranosyl-(1→2)-*O*-[β-D-xylopyranosyl-(1→3)]-α-L-arabinopyranoside} 1967
(25*R*)-26-*O*-β-D-glucopyranosyl-5α-furost-20(22)-ene-2α,3β,26-triol-3-*O*-{β-D-glucopyranosyl-(1→2)-*O*-[β-D-glucopyranosyl-(1→4)]-β-D-galactopyranoside} 1972
(25*S*)-26-*O*-β-D-glucopyranosyl-5α-furost-20(22)-ene-2α,3β,26-triol-3-*O*-α-L-rhamnopyranosyl-(1→2)-*O*-β-D-glucopyranoside 1964
(25*S*)-26-*O*-β-D-glucopyranosyl-5α-furost-20(22)-ene-2α,3β,26-triol-3-*O*-α-L-rhamnopyranosyl-(1→2)-[β-D-glucopyranosyl-(1→3)-β-D-glucopyranoside 1972
(25*S*)-26-*O*-β-D-glucopyranosyl-5α-furost-20(22)-ene-2α,3β,26-triol-3-*O*-α-L-rhamnopyranosyl-(1→2)-[α-L-rhamnopyranosyl-(1→4)-β-D-glucopyranoside 1972
(25*S*)-26-*O*-β-D-glucopyranosyl-5α-furost-12-one-22-methoxy-3β,26-diol-3-*O*-{α-L-rhamnopyranosyl-(1→2)-*O*-[β-D-glucopyranosyl-(1→4)]-β-D-galactopyranoside} 1974
26-*O*-β-D-glucopyranosyl-furosta-5,25(27)-diene-1β,3β,22α,26-tetrol-3-*O*-α-L-rhamnopyranosyl-(1→4)-β-D-glucopyranoside 1962
26-*O*-β-D-glucopyranosyl-furosta-5,25(27)-diene-1β,3β,22α,26-tetrol-1-*O*-{α-L-rhamnopyranosyl-(1→2)-*O*-[β-D-xylo-

pyranosyl-(1→3)]-α-L-arabinopyranoside} 1967
(25R)26-O-β-D-glucopyranosyl-furosta-5,22-diene-3β,20α, 26-triol-3-α-L-rhamnopyranosyl-(1→2)-β-D-glucopyranoside 1962
(25R)-26-O-β-D-glucopyranosyl-furosta-5,22-diene-3β,20α, 26-triol-3-O-α-L-rhamnopyranosyl-(1→2)-[α-L-rhamnopyranosyl(1→4)-α-L-rhamnopyranosyl(1→4)]-O-β-D-glucopyranoside 1975
26-O-β-D-glucopyranosyl-(25R)-5α-furostan-6-one-3β,22,26-trihydroxy-3-O-α-L-arabinopyranosyl-(1→6)-β-D-glucopyranoside 1962
26-O-β-D-glucopyranosyl-(25R)-5α-furostan-6-one-3β,22,26-trihydroxy-3-O-β-D-glucopyranosyl-(1→4)-O-[α-L-arabinopyranosyl-(1→6)]-β-D-glucopyranoside 1972
(25S)26-O-β-D-glucopyranosyl-furostane-5,22-diene-3β,20α, 26-triol-3-O-α-L-rhamnopyranosyl-(1→2)-[α-L-rhamnopyranosyl(1→4)]-O-β-D-glucopyranoside 1974
26-O-(β-D-glucopyranosyl)-(25R)-5α-furostane-3β,22-diol-3-O-α-L-rhamnopyranosyl-(1→2)-[β-D-glucopyranosyl-(1→4)]-β-D-glucopyranosyl} 1970
26-O-β-D-glucopyranosyl-5α-furostane-20(22)-ene-1β,3α, 26-triol-3-O-β-D-glucopyranoside 1958
26-O-β-D-glucopyranosyl-(25R)-5-α-furostane-2α,3β,6β,22, 26-pentol-3-O-β-D-glucopyranosyl-(1→2)-O-[β-D-xylopyranosyl-(1→3)]-O-β-D-glucopyranosyl-(1→4)-β-D-galactopyranoside 1977
26-O-β-D-glucopyranosyl-(25S)-5-α-furostane-2α,3β,6β,22, 26-pentol-3-O-β-D-glucopyranosyl-(1→2)-O-[β-D-xylopyranosyl-(1→3)]-O-β-D-glucopyranosyl-(1→4)-β-D-galactopyranoside 1977
(25R)-26-O-(β-D-glucopyranosyl)-5β-furostane-3β,12β,22, 26-tetrol-3-O-β-D-glucopyranosy-(1→2)-O-[β-D-glucopyranosyl-(1→3)]-β-D-galactopyranoside 1967
(25R)-26-O-β-D-glucopyranosyl-5β-furostane-3β,12β,22,26-tetrol-3-O-β-D-glucopyranosyl-(1→2)-β-D-galactopyranoside 1965
(25R)-26-O-β-D-glucopyranosyl-5α-furostane-2α,3β,22α,26-tetrol-3-O-{β-D-glucopyranosyl-(1→2)-O-[β-D-glucopyranosyl-(1→4)]-β-D-galactopyranoside} 1969
(25S)-26-O-β-D-glucopyranosyl-5-α-furostane-3β,22α,26-triol-3-O-β-D-galactopyraosyl-(1→2)-O-[β-D-glucopyranosyl-(1→3)]-O-β-D-glucopyranosyl-(1→4)-β-D-galactopyranoside 1975
(25R)-26-O-(β-D-glucopyranosyl)-5β-furostane-3β,22,26-triol-3-O-β-D-glucopyranosy-(1→2)-[β-D-glucopyranosyl-(1→3)]-β-D-galactopyranoside 1969
(25S)-26-O-β-D-glucopyranosyl-5-α-furostane-3β,22α,26-triol-3-O-β-D-glucopyraosyl-(1→2)-O-[β-D-glucopyranosyl-(1→3)]-O-β-D-glucopyranosyl-(1→4)-β-D-galactopyranoside 1975
(25R)-26-O-β-D-glucopyranosyl-5β-furostane-3β,22,26-triol-12-one-3-O-β-D-glucopyranosyl-(1→2)-β-D-galactopyranoside 1962
(25R)-26-O-(β-D-glucopyranosyl)-5β-furostane-3β,22,26-triol-12-one-3-O-β-D-glucopyranosyl-(1→2)-[β-D-glucopyranosyl-(1→3)]-β-D-galactopyranoside 1974
(25S)-26-O-(β-D-glucopyranosyl)-5α-furostane-6α,22,26-triol-3-one-6-O-[α-L-rhamnopyranosyl-(1→3)-β-D-quinovopyranoside] 1964
3-O-(β-D-glucopyranosyl(1→3)-O-β-D-galactopyranosyl-(1→3)-O-β-D-glucopyranosyl) serjanic acid 28-O-β-D-glucopyranosyl ester 1202
3-O-(β-D-glucopyranosyl(1→3)-O-[β-D-galactopyranosyl-(1→4)]-O-β-D-glucopyranosyl) serjanic acid 28-O-β-D-glucopyranosyl ester 1202
3-O-β-D-glucopyranosyl-(1→2)-β-D-galactopyranosyl-5β-(25R)-spirostae-2β,3β-diol-12-one 2069
3-O-β-D-glucopyranosyl-(1→2)-O-β-D-galactopyranosyl-5β-(25R)-spirostane-3β,12β-diol 2071
3-O-β-D-glucopyranosyl-(1→2)-β-D-galactopyranosyl-5β-(25R)-spirostane-2β, 3β-diol-12-one 2069
3-O-β-D-glucopyranosyl-(1→2)-O-β-D-galactopyranosyl-5β-(25R)-spirostane-2β,3β,12β-triol 2071
(25S)-(16S)-[β-D-glucopyranosyl-(→3)-β-D-galactopyranosyloxy]-22(S),26-dihydroxycholest-4-en-3-one 1956
(16S)-[β-D-glucopyranosyl-(1→3)-β-D-galactopyranosyloxy]-22(S)-hydroxycholest-4-en-3-one 1956
(25S)-(16S)-[β-D-glucopyranosyl-(1→3)-β-D-galactopyranosyloxy]-26-hydroxycholest-4-ene-3, 22-dione 1957
7-O-β-D-glucopyranosyl-gentiobioside 412
5-O-[β-D-glucopyranosyl-(1→6)-β-D-glucopyranoside]-8-hydroxybergaptol 1567
2α-O-β-D-glucopyranosyl-(6'-O-β-D-glucopyranoside)-α-ionol 429
2α-O-β-D-glucopyranosyl-(2',6'-O-β-D-glucopyranoside)-α-ionol 429
2α-O-β-D-glucopyranosyl-(2'-O-β-D-glucopyranoside)-α-ionol 429
2α-O-glucopyranosyl-6'-o-glucopyranosyl-1,8-cineole 410
1-[β-D-glucopyranosyl-(1→6)-β-D-glucopyranosyl]-2,6-dimethoxy-4-propenylphenol 2287
3-O-β-D-glucopyranosyl-(1→2)-[β-D-glucopyranosyl-(1→3)]-β-D-galactopyranosyl}-(25R)-5β-spirostan-3β-ol-12-one 2089
(25R)-3β-[(O-β-D-glucopyranosyl-(1→2)-[β-D-glucopyranosyl-(1→3)]-β-D-glucopyranosyl-(1→4)-β-D-galactopyranosyl)oxy]-2α-hydroxy-5α-spirostan-12-one 2105
(25R)-3β-[(O-β-D-glucopyranosyl-(1→2)-[β-D-glucopyranosyl-(1→3)]-β-D-glucopyranosyl-(1→4)-β-D-galactopyranosyl)oxy]-5α-spirost-12-one 2105
3-O-β-D-glucopyranosyl-(1→2)-[β-D-glucopyranosyl-(1→3)]-β-D-glucopyranosyl-(1→4)-β-D-galactopyranosyl-5α-(25R)-spirostane-2α,3β-diol-12-one 2105
3-O-β-D-glucopyranosyl-(1→3)-O-[β-D-glucopyranosyl(1→2)]-β-D-glucopyranosyl(1→4)-β-D-galactopyranosyl-spirostane-5(6),25(27)-dien-3β-ol-12-one 2103
(24R,25S)-26-[(O-β-D-glucopyranosyl-(1→4)-O-β-D-glucopyranosyl-(1→4) -O-β-D-glucopyranosyl-(12)-O-[O-β-D-glucopyranosyl-(1→4) -O-β-D- glucopyranosyl-(1→6)]-O-β-D-glucopyranosyl)oxy]ergost-5-en-3β-yl-β-D-glucopyranoside 2135
(24R,25S)-26-[(O-β-D-glucopyranosyl-(1→4)-O-β-D-glucopyranosyl-(12)-O-[O-β-D-glucopyranosyl-(1→4)-O-β-D-glucopyranosyl-(1→6)]-O-β-D-glucopyranosyl)oxy]ergost-5-en-3β-yl-β-D-glucopyranoside 2135
(24R,25S)-26-[(O-β-D-glucopyranosyl-(1→2)-O-[O-β-D-glucopyranosyl-(1→4)-β-D-glucopyranosyl-(1→6)]-β-D-glucopyranosyl)oxy]ergost-5-en-3β-yl- β-D-glucopyranoside 2136
(24R,25S)-26-[(O-β-D-glucopyranosyl-(1→3)-O-[O-β-D-glucopyranosyl-(1→4)-β-D-glucopyranosyl-(1→6)]-β-D-glucopyranosyl)oxy]ergost-5-en-3β-yl-β- D-glucopyranoside 2136
(24R,25S)-26[(O-β-D-glucopyranosyl-(1→4)-O-β-D-glucopyranosyl-(1→2)-O-[β-D-glucopyranosyl-(1→6)]-β-D-

glucopyranosyl)oxy]ergost-5-en-3β-yl- β-D-glucopyranoside 2135
1-[(β-D-glucopyranosyl-(1→6)-O-β-D-glucopyranosyl-(1→3)-O-β-D-glucopyranosyl-(1→6)-O-β-D-glucopyranosyl)oxy]-8-hydroxy-3-methyl-9,10-anthraquinone 1903
(24R,25S)-26-[(O-β-D-glucopyranosyl-(1→4)-O-β-D-glucopyranosyl-(1→2)-β-D-glucopyranosyl)oxy]ergost-5-en-3β-yl-β-D-glucopyranoside 2136
1-[(β-D-glucopyranosyl-(1→3)-O-β-D-glucopyranosyl-(1→6)-O-β-D-glucopyranosyl)oxy]-8-hydroxy-3-methyl-9,10-anthraquinone 1903
(25R)-3-O-β-D-glucopyranosyl-(1→2)-[β-D-glucopyranosyl-(1→3)]-β-D-glucopyranosyl-5β-spirostan-3β,12β-diol 2093
3-O-β-D-glucopyranosyl-(1→2)-[β-D-glucopyranosyl-(1→3)]-β-D-glucopyranosyl}-(25R)-5β-spirostan-3β-ol-12-one 2095
21-O-b-d-glucopyranosyl-(2'-1")-b-d-glucopyranosyl-11-hydroxyvincoside lactam 223
3-O-[{β-D-glucopyranosyl-(1→3)-β-D-glucopyranosyl-(1→2)}-{β-D-xylopyranosyl-(1→4)}-β-D-galactopyranoside]-(25R)-5α-spirostan-12-one-3β-ol 2098
1-O-(β-D-glucopyranosyl)-(2S,3R,4E)-2-(heptadecanoylamino)-4-octadecene-1,3-diol 2184
1-O-(β-D-glucopyranosyl)-(2S,3R)-2-(hexadecanoylamino)-octadecane-1,3-diol 2183
1-O-(β-D-glucopyranosyl)-(2S,3R,4E)-2-(hexadecanoylamino)-4-octadecene-1,3-diol 2183
2α-O-β-D-glucopyranosyl-6β-hydroxy-camphor 430
1-O-β-D-glucopyranosyl-(2S,3S,4R,8E)-2-[(2'R)-hydroxy-hexadecanoylamino]-8-tetracosene-1,3,4-triol 2183
1-O-β-D-glucopyranosyl-(2S,3S,4R)-2-[(2'S)-2'-hydroxy-pentadecanoylamino]-16-methyl-heptadeca-1,3,4-triol 2182
1-O-(β-D-glucopyranosyl)-(2S,3S,4R)-2-[(2R,15Z)-2-hydroxy-15-tetracosanoylamino]-14-methylhexadecane-1,3,4-triol 2186
5-O-β-D-glucopyranosyl-6-hydroxyangelicin 1561
6-O-β-D-glucopyranosyl-5-hydroxyangelicin 1561
1-O-β-D-glucopyranosyl-(2S,3S,4R,8E)-2-[(2'R)-2-hydroxy-behenoylamino]-8-octadecene-1,3,4-triol 2186
1-O-(β-D-glucopyranosyl)-(2S,3R,4E,8E)-2-[(2'R)-2'-hydroxyhenicosanoylamino]-9-methyl-4,8-octadecadiene-1,3-diol 2185
1-O-β-D-glucopyranosyl-(2S,3R)-N-(2'-hydroxyhexacosanoyl)-octadeca-11E-sphingenine 2187
1-O-β-D-glucopyranosyl-(2S,3R,4E,8Z)-2-[(2'R)-hydroxyhexadecanoy]-octadecasphinga-4,8-dienine 2183
1-O-β-D-glucopyranosyl-(2S,3R,4E,8Z)-2-[2'(R)-hydroxy-hexadecanoyl-amino]-4,8-octadecadiene-1,3-diol 2184
1-O-β-D-glucopyranosyl-(2S,3R,4E,11E)-2-(20R-hydroxyhexadecenoylamino)-4,11-octadecadiene-1,3-diol 2183
1-O-β-D-glucopyranosyl-(2S,3R,4E,8E)-2-[(2-hydroxyicosanoyl)amido]-4,8-octadecadiene-1,3-diol 2185
1-O-β-D-glucopyranosyl-(2S,3R,4E,8Z)-2-[(2(R)-hydroxyicosanoyl)amido]-4,8-octadecadiene-1,3-diol 2185
1-O-β-D-glucopyranosyl-(2S,3R,4E,8Z)-2-[2'(R)-hydroxy-icosanoyl-amino]-4,8-octadecadiene-1,3-diol 2185
(2S,2'R,3R,3'E,4E,8E)-1-O-(β-D-glucopyranosyl)-3-hydroxyl-2-[N-2'-hydroxyl-3'-eicosadecenoyl]amino-9-methyl-4,8-octadecadiene 2185
1-O-β-D-glucopyranosyl-(2S,3S,4R,10E)-2-[(2'R)-2'-hydroxyl-docosanoyl-amino]-10-octadecene-1,3,4-triol 2186
1-O-β-D-glucopyranosyl-(2S,3S,4R,10Z)-2-[(2'R)-2'-hydroxyl-ignocenoylamino]-10-octadecene-1,3,4-triol 2187
1'-O-β-D-glucopyranosyl(2S,3R)-3-hydroxymarmesin 1564
1'-O-β-D-glucopyranosyl(2R,3R)-3-hydroxynodakenetin 1564
1'-O-β-D-glucopyranosyl(2R,3S)-3-hydroxynodakenetin 1564
1-O-(α-D-glucopyranosyl)-(2S,3R,4E,8E,10E)-2-[(2'R,3'E)-2'-hydroxyoctadec-3'-enoylamino]-9-methyloctadeca-4,8,10-triene-1,3-diol 2184
1-O-β-D-glucopyranosyl-(2S,3R,4E,8Z)-2-[2'(R)-hydroxyoctadecanoyl-amino]-4,8-octadecadiene-1,3-diol 2185
1-O-β-D-glucopyranosyl-(1S,2S,4R)-2-[(2'R)-2'-hydroxypalmitoylamino]-nonacosane-1,3,4,5-tetriol 2183
1-O-β-D-glucopyranosyl-(2S,3S,4R,8E)-2-[(2'R)-2'-hydroxypalmitoylamino]-8-octadecene-1,3,4-triol 2183
1-O-β-D-glucopyranosyl-(2S,3S,4R,8Z)-2-[(2'R)-2'-hydroxy-palmitoylamino]-8-octadecene-1,3,4-triol 2183
1-O-β-D-glucopyranosyl-(2S,3S,4R,8Z)-2-[(2'R)-2'-hydroxy-palmitoylamino]-8-octadecene-1,3,4'-triol 2184
1-O-β-D-glucopyranosyl-(2S,3S,4R)-2-[(2'R,15'Z)-2'-hydroxypentacos-15'-enoylamino]-16-methyl-heptadeca-1,3,4-triol 2187
1-O-β-D-glucopyranosyl-(2S,3R)-N-(2'-hydroxypentacosanoyl)-octadeca-11E-sphingenine 2187
1-O-β-D-glucopyranosyl-(2S,3R,4E,8Z)-2-[2'(R)-hydroxypentacosanoylamino]-4,8-octadecadiene-1,3-diol 2187
1-O-β-D-glucopyranosyl-(2S,3S,4R,6E)-[2'(R)-2'-hydroxy-pentadecanoylamino]-6-(E)-octadecene-1,3,4-triol 2182
8-O-β-D-glucopyranosyl-5-hydroxypsoralen 1567
1-O-(β-D-glucopyranosyl)-(2S,3S,4R,12Z)-2-{[(2R)-2-hydroxytetracosanoyl]amino}octadec-12-ene-1,3,4-triol 2186
1-O-(β-D-glucopyranosyl)-(2S,3S,4R)-2-[(2R)-2-hydroxy-15-tetracosenoylamino]-14-methyl-hexadecane-1,3,4-triol 2185
1-O-β-D-glucopyranosyl-(2S,3R,4E,8Z)-2-[2'(R)-hydroxytricosanoyl-amino]-4,8-octadecadiene-1,3-diol 2186
1-O-(β-D-glucopyranosyl)-D-(+)-(2S,3R)-2-[(2'(R)-hydroxytricosanyl)amindiol]-1,3-eicosanediol 2185
1-(1'-b-glucopyranosyl)-1H-indole-3-carbaldehyde 178
10-O-β-D-glucopyranosyl-isocamphanol 431
19-O-β-D-glucopyranosyl-ent-labda-8(17),13-dien-15,16,19-triol 733
(–)-2α-O-(β-D-glucopyranosyl)lyoniresinol 1466
(–)-3α-O-(β-D-glucopyranosyl)lyoniresinol 1466
(25R)-26-O-β-D-glucopyranosyl-22α-methoxy-furost-5-ene-1β,3β,26-triol-3-O-α-L-rhamnopyranosyl-(1→4)-O-β-D-glucopyranoside 1962
(25R)-26-O-β-D-glucopyranosyl-22α-methoxy-furost-5-ene-1β,3β,26-triol-1-O-{α-L-rhamnopyranosyl-(1→2)-O-[β-D-xylopyranosyl-(1→3)]-α-L-arabinopyranoside} 1967
26-O-β-D-glucopyranosyl-22α-methoxy-furosta-5,25(27)-diene-1β,3β,26-triol-3-O-[α-L-rhamnopyranosyl-(1→4)-O-β-D-glucopyranoside] 1962
26-O-β-D-glucopyranosyl-22α-methoxy-(25R)-furostane-3β,26-diol-3-O-β-D-glucopyranosyl-(1→2)-[β-D-glucopyranoside] 1964
(–)-3α-O-(β-D-glucopyranosyl)-5'-methoxyisolariciresinol 1466
1-(1'-b-glucopyranosyl)-3-(methoxymethyl)-1H-indole 178
26-O-β-D-glucopyranosyl-22-O-methyl-(25S)-5α-furostane-1β,3α,22,26-tetrol-3-O-β-D-glucopyranoside 1958
26-O-β-D-glucopyranosyl-22-O-methyl-(25S)-5α-furostane-1β,3α,22,26-tetrol-3-O-β-D-glucopyranoside 1958
26-O-β-D-glucopyranosyl-22-O-methyl-(25R)-5α-furostane-2α,3β,22,26-tetrol-3-O-[α-L-rhamnopyranosyl-(1→2)-β-

D-galactopyranoside] 1965
26-O-β-D-glucopyranosyl-22-O-methyl-(25R)-5α-furostane-2α,3β,22,26-tetrol-3-O-{α-L-rhamnopyranosyl-(1→2)-O-[β-D-glucopyranosyl-(1→4)]-galactopyranoside} 1969
26-O-β-D-glucopyranosyl-22-O-methyl-(25S)-5α-furostane-3α,22,26-triol-3-O-β-D-glucopyranoside 1958
26-O-β-D-glucopyranosyl-22-O-methyl-(25S)-5α-furostane-3α,22,26-triol-3-O-β-D-glucopyranoside 1958
7-O-β-D-glucopyranosyl-nutanocoumarin 1563
9'-O-β-D-glucopyranosyl-nutanocoumarin 1563
1-O-β-D-glucopyranosyl-(2S,3R,4E,8Z)-2-N-palmitoyloctadecasphinga-4,8-dienine 2183
7α-O-β-D-glucopyranosyl-phellandryl 411
3-O-{[β-D-glucopyranosyl-(1→2)][α-L-rhamnopyranosyl(1→4)]-β-D-glucopyranosyl}-26-O-(β-D-glucopyranosyl)-(25S)-5β-furostane-3β,22α,26-triol 1970
3-O-{[β-D-glucopyranosyl-(1→2)][α-L-rhamnopyranosyl (1→4)]-β-D-glucopyranosyl}-(25S)-5β-spirostan-3β-ol 2093
(24S)-24-O-β-D-glucopyranosyl-22α-spirosta-5,25(27)-diene-1β,3β,24-triol-1-O-{α-L-rhamnopyranosyl-(1→2)-O-α-L-arabinoyranoside} 2081
(22S)-16-O-β-D-glucopyranosyl-3-sulfo-colest-5-ene-1β,3β,16β,22-tetrol-1-O-[α-L-rhamnopyranosyl-(1→2)-O-β-D-xylopyranoside] 1960
26-O-β-D-glucopyranosyl-3-sulfo-furosta-5,25(27)-diene-1β,3β,22α,26-tetrol-1-O-α-L-rhamnopyranosyl-(1→2)-O-4-sulfo-α-L-arabinopyranoside 1962
(25R)-26-O-β-D-glucopyranosyl-3-sulfo-furost-5-ene-1β,3β,22α,26-tetrol-1-O-α-L-rhamnopyranosyl-(1→2)-O-4-sulfo-α-L-arabinopyranoside 1962
7-O-β-D-glucopyranosyl-terta-O-acteyl-cuminyl 411
1-O-(β-D-glucopyranosyl)-(2S,3R,4E)-2-[(15Z)-15-tetracosenoylamino]-15-methyl-4-heptadecene-1,3-diol 2186
1-O-(β-D-glucopyranosyl)-(2S,3R,4E,8Z)-2-[(15E)-15-tetracosenoylamino]-4,8-octadecadiene -1,3-diol 2186
1'-β-glucopyranosyl-3,4,3',4'-tetradehydro-1',2'-dihydro-β,ψ-caroten-2-one 1369
3-O-glucopyranosyl-thymyl 411
1-O-(β-D-glucopyranosyl)-2-[tricosenoilamino]-8-tetradecene-1,3-diol 2186
1-O-β-D-glucopyranosyl-1,3,5-trihydroxy-2-hexadecanoylamino-9-(E)-heptacosene 2182
1-O-β-D-glucopyranosyl-1,3,5-trihydroxy-2-hexadecanoylamino-(6E,9E)-heptacosene 2182
12-O-β-D-glucopyranosyl-3,11,16-trihydroxyabieta-8,11,13-triene 843
21-O-β-D-glucopyranosyl-3β, 21α,30-trihydroxyolean-13(18)-en-24-oic acid 1199
2-O-β-D-glucopyranosyl-validoxylamine A 2677
3-O-β-D-glucopyranosyl-validoxylamine A 2677
4'-O-β-D-glucopyranosyl-validoxylamine A 2677
4-O-β-D-glucopyranosyl-validoxylamine A 2677
7'-O-β-D-glucopyranosyl-validoxylamine A 2677
7-O-β-D-glucopyranosyl-validoxylamine A 2677
5'-O-β-D-glucopyranosyl-validoxylamine A 2677
trans-4-O-β-D-glucopyranosyl-verbenol 431
2α-O-β-D-glucopyranosyl-(6'-O-β-D-xylnoside)-α-ionol 429
(25R)-3β-β-D-glucopyranosyl-(1→2)-O-[β-D-xylopyranosyl-(1→3)]-O-β-D-glucopyranosyl-(1→4)-β-D-galactopyranoside-5α-spirostan-2α-ol 2100
20-O-β-glucopyranosylcamp-tothecin 82
3'-O-β-D-glucopyranosylcatalpol 443
6'-O-α-D-glucopyranosylloganic acid 445
22-O-β-D-glucopyranosylmycotrienin II 2697
11-O-β-D-glucopyranosylneotritophenolide 845
6''-O-β-D-glucopyranosyloleuropein 452
(2R)-N-{(1S,2S,3R,7Z)-1-O-(β-D-glucopyranosyloxy) -2,3-dihydroxyheptadec-7-en-1-yl}-2'-hydroxytetra-cosanamide 2186
rel-(2S,3S,12bR)-9-(β-D-glucopyranosyloxy)-2,3,6,7,12,12b-hexahydro-3-(hydroxymethyl)-2-[(1E)-1-(hydroxymethyl)-1-propen-1-yl]-indolo[2,3-a]quinolizin-4(1H)-one 216
(2S,3R,4E,8E,10E)-1-O-(β-D-glucopyranosyloxy)-3-hydroxy-2-[(R)-2-hydroxydocosanoyl)amino]-9-methyl-4,8,10-octadecatriene 2185
(25R)-26-(β-D-glucopyranosyloxy)-2α-hydroxy-22α-methoxy-5α-furostan-3β-yl-β-D-xylopyranosyl-(1→2)-O-β-D-glucopyranosyl-(1→4)]-β-D-galactopyranoside 1969
(25R)-26-(β-D-glucopyranosyloxy)-2α-hydroxy-22α-methoxy-3-[(O-β-D-xylopyranosyl-(1→2)-O-β-D-glucopyranosyl-(1→4)]-β-D-galactopyranosyl)oxy]-5α-furost-9-en-12-one 1972
1-O-(-D-glucopyranosyloxy)-(2S,3R)-2-[(2'R)-2'-hydroxynonadecanoylamino]-4,13-nonadecene-3-diol 2185
1-O-(β-D-glucopyranosyloxy)-(2S,3R,4S,8Z)-2-[(2'R,15'E)-2'-hydroxytetracos-15'-en-noylamino]-8(Z)-octadecene-1,3,4-triol 2186
4-(1'-b-glucopyranosyloxy)-1H-indole-3-acetamide 178
4-(1'-b-glucopyranosyloxy)-1H-indole-3-carbaldehyde 178
(25R)-26-(β-D-glucopyranosyloxy)-22α-methoxy-5α-furostan-3β-yl-O-β-D-glucopyranosyl-(1→2)-O-β-D-glucopyranosyl-(1→4)-β-D-galactopyranoside 1970
7-O-(4-β-D-glucopyranosyloxy-3-methoxybenzoyl)-secologanolic acid 451
1-[(β-D-glucopyranosyloxy)methyl]-5,6-dihydropyrrolizin-7-one 45
(2R,17Z)-N-{(1S,2S,3R,7Z)-1-O-[β-D-glucopyranosyloxy] methyl]-2,3-dihydroxyheptadec-7-en-1-yl}-2-hydroxyhexacos-17-enamide 2187
[4-(3-β-D-glucopyranosyloxy-1-E-propenyl)-2,6-dimethoxyphenyl]-6-O-β-D-glucopyranosyl-β-D-glucopyranoside 2289
3-O-β-glucopyranosylstilbericoside 441
3'-O-β-D-glucopyranosylsyringopicroside 447
4'-O-β-D-glucopyranosylsyringopicroside 447
6'-O-α-D-glucopyranosylsyringopicroside 447
3'-O-β-D-glucopyranosyltheviridosid 448
10-O-β-D-glucopyranosyltheviridoside 448
6'-O-β-D-glucopyranosyltheviridoside 448
6'-O-β-D-glucopyranosyl-validoxylamine A 2677
3β-(β-glucopyransyl)-15,16,17,19-tetrahydroxy-7-abietene 842
11-O-b-b-D-glucuronide-11-hydroxyhirsuteine 216
11-O-b-b-D-glucuronide-11-hydroxyhirsutine 216
10-O-b-b-D-glucuronide-10-hydroxyrhynchophylline 223
11-O-b-b-D-glucuronide-11-hydroxyrhynchophylline 223
3-O-β-D-glucuronopyranosyl-2β, 3β, 16β-trihydroxy-28-nor-olean-12-en-15-on-23-oic acid 1199
glucose ester of (E)-p-coumaric acid 2290
glucose ester of (E)-ferulic acid 2290
4''-O-glucoside of linearoside 445
β-D-glucosyl-6'-(β-D-apiosyl)columbianetin 1561
7-O-(α-glucosyl)-cineromycin B 2694
3'-glucosyldepresteroside 452
7-O-(α-glucosyl)-cineromycin -2,3-dihydrocineromycin

B 2694
β-glucosyl-columbianetin 1561
21-O-β-D-glucosyl-14,21-dihydroxy-14β-pregn-4-ene-3,20-dione 1986
glucosyl 4-O-β-D-glucosyl-9-O-(6-deoxysaccharosyl) olivil 1431
1-O-β-D-glucosyl-(2S,3R,4E,8E,2'R)-N-(2'-hydroxy-heptayl)-2-amino-4,8-10-octadecadiene-1,3-diol 2184
glucosylmentzefoliol 441
2-O-β-D-glucosyloxy-4-methoxybenzenepropanoic acid 2290
glucosyl-questiomycin 2870
2-O-glucosylsamaderine C 982
α-1-glune (amylose) 2356
Z-Gly-DL-Ala-NH-NH_2 2361
H-Gly-NH_2 · HCl 2359
H-Gly-OC_2H_5 2359
H-Gly-OH 2359
Z-Gly-OH 2359
glyasperin B 1746
glyasperin D 1795
glycerol 2358
glycinocin A 2823
glycitein 1738
glycocitrine I 280
glycocitrine II 280
glycocitrine II methyl ether 280
glycofoline 281
glycofolinin 280
glycol 2358
1-O-[(N-glycolyl-α-D-neuraminosyl)-(2→4)-(N-acetyl-α-D-neuraminosyl)-(2→6)-β-D-glucopyranosyl]-ceramide 2188
1-O-[(N-glycolyl-α-D-neuraminosyl)-(2→6)-β-D-glucopyranosyl]-ceramide 2188
glycopeptide carrying a 3-oxazolin-5-one ring aglycones 2823
glycosparvarine 280
glycycoumarin 1545
glycyrrhizic acid 1197
gmelinoside A 443
gmelinoside B 443
gmelinoside C 443
gmelinoside D 443
gmelinoside E 443
gmelinoside F 443
gmelinoside G 443
gmelinoside H 443
gmelinoside I 443
gmelinoside J 443
gmelinoside K 443
gmelinoside L 443
gmephiloside 447
gnemonol K 2271
gnemonol L 2271
gnemonol M 2260
gnemonoside F 2271
gnemonoside G 2271
gnetin E 2271
gnetuhainin A 2259
gnetuhainin B 2259
gnetuhainin C 2259
gnetuhainin D 2259
gnetuhainin E 2259
gnetuhainin F 2259
gnetuhainin G 2259
gnetuhainin H 2259
gnetuhainin I 2259
gnetuhainin J 2259
gnetuhainin M 2271
gnetuhainin N 2271
gnetuhainin O 2271
gnetuhainin P 2259
gnetuhainin R 2277
gnetuhainin S 2259
gnidioidine 165
godotol A 632
godotol B 632
gomerone A 692
gomerone B 693
gomerone C 693
gomisin J 1507
gomisin K2 1506
gomisin K3 1506
gomisin L1 1507
gomisin L2 1507
gomisin M1 1507
gomisin M2 1507
gomisin O 1506
gomisin R 1506
gomisin U 1507
gonocaryoside E 451
goodyerin 1684
gorgost-5-en-1α,3β,11α,18-tetrol 2594
gossypetin 7-glucoside 1677
gossypetin-3,3',4',5,7,8-hexamethyl ether 1676
gossypetin-3,3',4',7-O-tetramethyl ether 1676
gossypidien 1403
gossypifan 1402
gossypin 1677
gossypitrin 1677
gouanogenin A 1085
gouanogenin B 1085
gouanoside A 1085
gouanoside B 1085
GR135402 2962
gracigenine 1981
gracillisquinone A 1884
gracillisquinone B 1884
gracilloside A 2032
gracilloside B 2032
gracilloside C 2030
gracilloside D 2045
gracilloside E 2032
gracilloside F 2023
granaxylocarpin A 1144
granaxylocarpin B 1144
granaxylocarpin C 1141
granaxylocarpin D 1141
granaxylocarpin E 1141
grandiflorine 296
grandifloroside-11-methyl ester 451
grandifolide A 1142
grandilobatin B 2371
grandilobatin C 2371
grandilobatin D 2371
grandilobatin E 2371
grandione 963
grandisin 1430
grandisine C 265
grandisine D trifluoroacetate 265

grandisine E 265
grandisine F 265
grandisine G trifluoroacetate 265
grandivittin 1598
granosolide C 2374
granulatamide A 2494
granulatamide B 2494
granulatimide 2495
gravacridonediol 280
gravacridontriol 280
grayanoside D 920
grayanotoxin XVIII 920
griffinipregnone 2589
griffinisterone A 2589
griffinisterone B 2589
griffinisterone C 2589
griffinisterone D 2589
griffinisterone E 2589
griffinisterone F 2589
griffinisterone G 2589
griffinisterone H 2589
griffinisterone I 2589
griffipavixanthone 1811
grifolin 539
grifolinone A 539
grifolinone B 539
griseofulvin 2918
griseorhodin C 2768
griseulin 2918
GSIR-1 449
GT32-A 2695
GT32-B 2695
gtri-bb 2768
GTRI-02 2981
guaia-6a,7a-epoxy-4a,10a-diol 629
(1'*R*,2'*R*)-guaiacyl glycerol 2288
(1'*S*,2'*R*)-guaiacyl glycerol 2288
(1'*R*,2'*R*)-guaiacyl glycerol 3'-*O*-*β*-D-glucopyranoside 2288
(1'*R*,2'*R*)-guaiacyl glycerol 4-*O*-*β*-D-glucopyranoside 2288
(1'*S*,2'*R*)-guaiacyl glycerol 3'-*O*-*β*-D-glucopyranoside 2288
guaiacylglycerol-*α*-caffeic acid ether 2289
guaiacylglycerol-*α*-ferulic acid ether 2289
guaiaglehnin A 632
1*S**,4*S**,5*S**,10*R**-4,10-guaianediol 629
guanfu base S 322
guanfu base R 322
guangomide A 2625
guangomide B 2625
(+)-guatteboline 147
guayadequiene 1403
guayadequiol 1401
guayadequiol acetate 1401
guayarol 1401
guidongnin B 847
guidongnin C 847
guidongnin D 847
guidongnin E 847
guidongnin F 847
guidongnin G 847
guidongnin H 847
guineensine 17
guisinol 2221
α-D-gulofuranose 2328
β-D-gulofuranose 2328
α-D-gulopyranose 2328
β-D-gulopyranose 2328
gulsamanin 1615
gusanlung C 17
gustastatin 2222
3-{5-[-(*E*)-3-(4-gydroxy-3,5-dimethoxyphenyl)acryly]-*O*-*β*-apiofuranosyl-(1→6)-*β*-D-glucopyranosyl}-2*H*-benzopyran-2-one 1545
gymnantheraric acid 1280
gymnasterol 2118
gypsophilin 1301
gypsophilinoside 1301
gyrophoric acid 2222
gyrosanin A 2375
gyrosanol A 747
gyrosanol B 718
gyrosanol C 720
gyrosanolide A 2375
gyrosanolide B 2375
gyrosanolide C 2375
gyrosanolide D 2375
gyrosanolide E 2375
gyrosanolide F 2375

H

hacquetiasponin 1 1203
hacquetiasponin 2 1203
hacquetiasponin 3 1203
hacquetiasponin 4 1203
haedoxan A 1452
haematocin 2868
haiclorensin 2485
halawanone A 1892, 2560
halawanone B 1892, 2560
halawanone C 1902, 2560
halawanone D 1902, 2560
halfordin 1565
halichonadin E 693
halichonadin F 693, 2365
haliclonacyclamine A 2490
haliclonacyclamine B 2490
haliclonacyclamine E 2490
3,4-*seco*-halimen-5(13),9(14)-diolide 720
halitulin 2492
halocynthiaxanthin 3'-acetate pheophorbide A ester 1370
halophilol A 2245
haloxyline A 66
haloxyline B 66
haloxysterol A 1945
haloxysterol B 1947
haloxysterol C 1947
haloxysterol D 1943
halxazone 2868
hamacanthin A 2494
hamacanthin B 2494
hamigeran A 2562
hamigeran B 2562
hamigeran C 2562
hamigerol A 2592
hamiltone A 1657
hamiltone B 1657
hamiltrone 1751
hamiltrone 1839
hamilxanthene 1812
hanagokenol A 844
hanagokenol B 747
hanishin 2487

hanultarin 1404
haperforin C 1145
haperforin F 1145
haperforin G 1145
haplacutine A 80
haplacutine E 80
haplacutine F 80
(–)-haplodoside 1402
haplofungin A 3002
haplofungin B 3002
haplofungin C 3002
haplofungin D 3002
haplofungin E 3002
haplofungin F 3002
haplofungin G 3002
haplofungin H 3002
(–)-haplomyrfolin 1401
(8*R*,8'*R*,9*R*)- (–)-haplomyrfolol 1431
(8*R*,8'*R*,9*S*)- (–)-haplomyrfolol 1432
haploperine 82
haplophytine 205
haplopine 82
harmaline 249
harmalol 249
harman 249
harmine 249
harpagometabolin Ⅰ 67
harpagometabolin Ⅱ 67
harringtonine 26
harrisonin 978
harrpernoid B 1177
harrpernoid C 1177
harzianic acid 2868
harziphilone 2868, 2918
hassanidin 1600
hassmarin 1615
hastanecine 45
haterumadysin A 626, 2368
haterumadysin B 626, 2368
haterumadysin C 626, 2368
haterumadysin D 626, 2368
haterumaimide J 2489
haterumaimide K 2490
haterumaimide N 2489
haterumaimide O 2490
haterumaimide P 2490
haterumaimide Q 2489
hatomarubigin A 2768
hatomarubigin B 2768
hatomarubigin C 2768
hatomarubigin D 2768
hatomasterol 2594
hautriwaic acid 740
havardiol 736
hazuntinin 204
hebeiabinin A 843
hebeiabinin B 842
hebeiabinin C 844
hebeiabinin D 963
hebeiabinin E 963
hebelophyllene D 695
hebelophyllene E 571
hebelophyllene F 571
(25*R*)-hecogenin-3-*O*-*β*-D-galactopyranosyl-(1→2)-[*β*-D-xylopyranosyl-(1→3)]-*β*-D-glucopyranosyl-(1→4)-*β*-D-galactopyranoside 2105
hecogenin-3-*O*-{*O*-*β*-D-glucopyraosyl-(1→2)-[*β*-D-apiofuranosyl-(1→4)-*β*-D-glucopyranosyl-(1→3)-*β*-D-glucopyranosyl-(1→4)-*β*-D-galactopyranoside} 2096
hecogenin-3-*O*-*β*-D-glucopyraosyl-(1→2)-[*β*-D-apiofuranosyl-(1→4)-*β*-D-xylopyranosyl-(1→3)-*β*-D-glucopyranosyl-(1→4)-*β*-D-galactopyranoside} 2095
hectochlorin 2624, 2654
hedyosumin A 630
hedyosumin B 630
hedyosumin C 630
hedyosumin D 630
hedyosumin E 630
hedyotiscone A 1562
hedyotiscone B 1562
hedyotiscone C 1562
heimidine 165
heliannuol A 570
heliannuol F 570
heliannuol I 570
helicia cerebroside A 2184
helicia cerebroside B 2188
heliespirone B 570
heliespirone C 570
helieudesmanolide A 622
helilandin B 1752
heliocide H_2 969
helioferin A 2823
helioferin B 2823
helioscopinolide A 844
helioscopinolide C 844
helioscopinolide E 844
heliotridine 45
heliotridine-2*S*-hydroxy-2*S*-(1*S*-hydroxyethyl)-4-methylpentanoyl ester 46
heliotrine 44, 45
heliotropamide 28
heliotropinone A 1884
heliotropinone B 1884
helivypolide F 564
helivypolide H 564
helivypolide I 564
helivypolide J 564
helminthosporol 2369
hemiacetal of muzigadial 619
hemiacetaljavanicin Z 1176
4,7-hemiketal of pseudoanisatin 625
heminine 1988
hemistriterpene ether 990
hemsleyatine 309
3-heneicosyl-5-methoxy-2-methyl-1,4-benzoquinone 1885
(*E*)-hept-3-ene-1-yne 2171
heptacyclic norcembranoid dimer singardin 2375
3-[(*Z*)-12'-heptadecenyl]-2-hydroxy-5-methoxy-1,4-benzoquinone 1884
3,5,7,4',3",5",7"-heptahydroxy-3'-*O*-4'"-biflavanone 1871
n-heptane 2170
heraclenin 1566
heraclenol 1566
heraclenol 3'-*O*-*β*-D-glucopyranoside 1566
herbacetin-7-*O*-(3"-*O*-*β*-D-glucopyranosyl)-*α*-L-rhamnopyranoside 1680
herbacetin-7-*O*-L-rhamnopyranoside 1677
herbacetin 3,7,8-trimethyl ether 1675
hermandiol 1561
(+)-hernandulcin 560

hernanol 1401
(–)-hernone 1429
herquline B 2868
herveline D 108
hesperetin 1657
hesperidin 1658
heteraclitalactont D 991
heteraclitalactont E 991
heteranthin 1368
heteratisine 315
heteroclic acid 992
heteroclitin A 1507
heteroclitin B 1507
heteroclitin C 1507
heteroclitin D 1507
heteroclitin E 1507
heterogorgiolide 692
heteronone A 734
heterophyllin A 382
heterophyllin B 382
heteroscyphic acid A 739
heteroscyphic acid B 739
heteroscyphic acid C 739
heteroscyphol 739
heteroscyphone A 740
heteroscyphone B 740
heteroscyphone C 740
heteroscyphone D 740
(*Z*)-hex-3-en-1-ol 2161
(*E*)-hex-3-ene-1-yne 2171
hex-3-yne-2,5-diol 2161, 2162
hexa-1,2-diene 2171
hexa-2,4-diyne 2172
hexaacetate-alangionoside B 408
hexaacetate-alangionoside G 408
hexaacetate-plucheoside B 407
3*β*,5*α*,7*β*,8*α*,9*α*,15*β*-hexaacetoxy-2*α*-benzoyloxy-jatropha-6(17),11*E*-dien-14-one 748
2*α*,3*β*,5*α*,8*α*,9*α*,15*β*-hexaacetoxy-7*β*-benzoyloxy-jatropha-6(17),11*E*-dien-14-one 748
hexacyclinol 2962
(1*S*,5*αR*,7*αR*,7*βR*,9*αR*,10*S*,11*S*,13*αS*,15*βR*)-1,5*α*,6,7*α*,7*β*,8,9,9*α*,10,11,12,13,13*α*,15,15*α*,15*β*-hexadecahydro-1,10,11-trihydroxy-5,5,7*α*,7*β*,9*α*,12,12,15*β*-octamethylchryseno[2,1-*c*]oxepine-3,7(2*H*,5*H*)-dione 1200
hexadecanoic acid 2148
hexadecanoic-2, 3-dihydroxy-propyl ester 2148
6*α*-(4-*O*-[9Zhexadecenoyl]-7*E*-coumaryloxy)eudesm-4(14)-ene 621
2,2,3,3,4,4-hexafluoroprnysnrfioic acid 2148
4b,5,6,7,8,8a-hexahydrocarbazole-9-carbaldehyde 179
(*S*)-1,3,4,6,7,11b-hexahydro-9,10-dimethoxy-2*H*-benzo[*a*]quinolizin-2-one 136
1,3,4,6,7,11b-hexahydro-9,10-dimethoxy-1,3-dimethyl-2*H*-benzo[*a*]quinolizin-2-one 136
1,3,4,6,7,11b-hexahydro-9,10-dimethoxy-1,3-dimethyl-2*H*-benzo[*a*]quinolizin-2-one 136
rel-(1*R*,2*S*,11b*S*)-1,3,4,6,7,11b-hexahydro-9,10-dimethoxy-1-ethyl-2-[(3',4'-dihydro-6',7'-dimethoxy-1'-isoquinolinyl) -methyl]-2*H*-benzo[*a*]quinolizine 136
cis-1,3,4,6,7,11b-hexahydro-9,10-dimethoxy-1-methyl-2*H*-benzo[*a*]quinolizin-2-one 136
trans-1,3,4,6,7,11b-hexahydro-9,10-dimethoxy-1-methyl-2*H*-benzo[*a*]quinolizin-2-one 136
rel-(1*R*,2*S*,11b*R*)-1,3,4,6,7,11b-hexahydro-9,10-dimethoxy-1-methyl-2-[(3',4'-dihydro-6',7'-dimethoxy-1'-isoquinolinyl)methyl]- 2*H*-benzo[*a*]quinolizine 136
rel-(1*R*,2*S*,11b*R*)-1,3,4,6,7,11b-hexahydro-9,10-dimethoxy-1-methyl-2-[(3',4'-dihydro-6',7'-dimethoxy-1'-isoquinolinyl) methyl]-2*H*-benzo[*a*]quinolizine 136
rel-(1*R*,2*S*,11b*S*)-1,3,4,6,7,11b-hexahydro-9,10-dimethoxy-1-methyl-2-[(3',4'-dihydro-6',7'-dimethoxy-1'-isoquinolinyl) methyl]-2*H*-benzo[*a*]quinolizine 136
1,2,3,3a,4,6a-hexahydro-3a,6-dimethylpentalene 2174
(5b*R*,13b*R*,15*S*)-5b,6,7,8,13b,15-hexahydro-15-methoxy-6-methyl-[1,3]dioxolo[4,5-*h*]-1,3-dioxolo[7,8][2]benzopyrano[3,4-*a*][3]benzazepine 127
rel-(3*S*,4*S*)-3,6,7,14,15,16-hexahydro-spiro[3*H*-indole-3,3(17*H*)-indolizin]-2(1*H*)-one 222
rel-(4*S*,8*S*)-3,6,7,14,15,16-hexahydro-spiro[3*H*-indole-3,3(17*H*)-indolizin]-2(1*H*)-one 222
(–)-(2*R*,3*R*,4*R*)-3,4,5,7,3',4',5'-hexahydroxyflavan 1777
(–)-(2*R*,3*R*,4*R*)-3,4,5,7,3',4'-hexahydroxyflavan 1777
(+)-(2*R*,3*S*,4*S*)-3,4,5,7,3',4'-hexahydroxyflavan 1777
(S_a)-3,3',4,4',5,5'-hexamethoxypyramidatin 1431
hexan-2-ol 2161
n-hexane 2170
hexane-1,5-diol 2161
hexanol 2161
hexanorcucurbitacin F 3-*O*-*β*-D-glucopyranoside 993
hexene 2171
hiascic acid 2222
hibarimicin A 2768
hibarimicin B 2768
hibarimicin C 2768
hibarimicin D 2768
hibarimicin G 2769
hibicusin 1198
hibiscetin heptamethyl ether 1676
hibiscuwanin A 2290
hibiscuwanin B 2290
hierapolitanin A 568
hierapolitanin B 568
hinokiflavone 1871
hippeastrine 396
hippochromin B 2562
hippuristerol E 2594
hippuristerol F 2594
hippuristerone J 2594
hippuristerone K 2594
hippuristerone L 2594
hirsutalin A 745, 2380
hirsutalin B 745, 2380
hirsutalin C 745, 2380
hirsutalin D 745, 2380
hirsutalin E 745, 2380
hirsutalin F 745, 2380
hirsutalin G 745, 2380
hirsutalin H 745, 2380
hirsutanoi C 2370
hirsutanol A 2370
hirsutanol B 2370
hirsutanol D 2370
hirsutine 216
hirsutinolide 564
hirsutrin 1677, 1678
hirtin 1143
H-L-His-OH 2360
hispidulin 1631
hispidulin-7-*O*-*β*-D-glucopyranoside 1631
hispidulin-7-neohesperidoside 1631
histomodulin 2768

hitachimycin 2695
6a-HMG SDG 1404
hodgsonal 2371
holacurtine 350
holacurtinol 350
holadysenterine 349
holamine 349
hololeucin 633
(–)-holostyligone 1466
holostylol A 1466
(–)-holostylol B 1466
(–)-holostylol C 1466
(+)-holostylone 1467
homaxisterol A1 2593
homaxisterol A2 2593
homaxisterol A3 2593
homaxisterol A4 2593
(+)-homoaromoline 147
homodaphniphyllate 265, 326
homodeoxyharringtonine 26
homoeriodictyol 1657
(2*S*)-homoeriodictyol-7,4'-di-*O*-β-D-glucopyranoside 1658
homofascaplysate A 2495
homoisoflavanone 1847
homoneoharringtonine 26
homoorientin 1632
homoplantaginin 1631
hongoquercin A 2962
hongoquercin B 2962
hoodigoside L 2040
hoodigoside M 2040
hoodigoside N 1988
hoodigoside O 2010
hoodigoside P 2042
hoodigoside Q 2048
hoodigoside R 2048
hoodigoside S 2042
hoodigoside T 2048
hoodigoside U 2042
hoodigoside V 2002
hoodigoside W 2023
hoodigoside X 1993
hoodigoside Y 2002
hoodigoside Z 2010
hoodistanaloside A 2004
hoodistanaloside B 2004
hookerianamide H 349
hookerianamide I 351
hookerianolide A 718, 749
hookerianolide A triacetate 718, 749
hookerianolide B 718, 749
hookerianolide C 718, 749
hookerioside 448
hop-22(29)-en-28-al 1339
hop-22(29)-en-28-ol 1339
hop-22(29)-en-30-ol 1339
hop-22(29)-ene 1339
hopan-27-al-6β,11α,22-triol 1339
hopane-22-30-diol 1339
hopane-6β,11α,22,27-tetrol 1339
hopane-6β,7β,22-triol 1339
hopeahainol A 2259
hopeahainol B 2259
hopeanol B 2259
hopeaphenol A 2277
17(21)-hopen-12β-ol 1339
17(21)-hopene-6α,12β-diol 1339
hordenine 22
horiolide 2375
horminone 1917
hortein 2562
hortiolide A 1144
hortiolide B 1144
hostasine 224
hotrienol 401
houttuynamide A 17
hovenidulcioside A1 1084
hovenidulcioside A2 1084
hovenidulcioside B1 1084
hovenidulcioside B2 1084
humantenine 223
humantenmine 223
humifusane A 624
humifusane B 624
humifusin A 446
humifusin B 446
2,9-humuladien-6-ol-8-one 567
(5*R*)-2,6,9-humulatrien-5-ol-8-one 567
(±)-humulene epoxide Ⅱ 567
hunnemannine 128
hupehemonoside 364
hupehenidine 165
hurghadolide A 2653
hyacinthacine B7 45
hyacinthacine C2 45
hyacinthacine C3 45
hyacinthacine C4 45
hyacinthacine C5 45
hybrid 4-*O*-methylepemycin 2768
3α-hydorxy-28-oic lupeol 1298
3α-hydorxylup-20(29)-en-28-oic acid 1298
5β-hydoxy-camphor 430
5α-hydoxy-camphor 430
3β-hydoxy-1,8-cineole 410
2-*O*-(3'-hydoxybutanoyl)lycorine 158
5β-hydoxyl-2α-*O*-β-D-glucopyranosyl-(6'-*O*-β-D-glucopyranoside)-camphor 430
hydrachoside A 451
hydramacroside A 451
hydramacroside B 451
hydrangeifolin Ⅱ 2292
hydrastine 130
hydrastinine 105
2,3-hydro-7-deacetoxyyanuthone A 537
7-hydro-9-(3'-oxobutyl)-1*H*-purine-6,8-dione 374
11β-hydrocedrelone 1079
hydrogrammic acid methyl ester 695
hydrohalimiic acid 737
hydrohydroxyisocalanone 1562
hydrolysis of hydratopyrrhoxanthinol 3′-ester 1369
1α-hydroperoxy-4α,10α-dihydroxy-9α-angeloyloxy-guaia-2,11(13)-dien-12,6α-olide 631
8-(6-hydroperoxy-3,7-dimethyl-2,7-octadienyloxy)psoralen 1566
4α-hydroperoxy-5-enovatodiolide 719
(*E*)-25-hydroperoxy-3β-hydroxydammar-20,23-diene 1084
2α-hydroperoxy-8-*O*-isobutyryl-9α-acetoxycumambrin B 631
(–)2'β-{(*E*)-3-hydroperoxy-3-methylbut-1-enyl}-2'-deoxybruceol 1598
1α-hydroperoxy-4β,8α,10α,13-tetrahydroxyguai-2-en-12,6α-olide 631

(1a*S*,4a*S*,7a*S*,7b*S*)-4a-hydroperoxy-1,1,7-trimethyl-4-methylene-1a,2,3,4,4a,5,7a,7b-octahydro-1*H*-cyclopropa[*e*]azulene 2368
(23*E*)-25-hydroperoxycycloart-23-en-3-one 993
8β-hydroperoxyprespatane 2367
2-hydroperoxysarcophine 2372
hydroquinidine 82
hydrorhombinine 167
15-hydroxide-2,3-dihydroconstrictosine 128
6α-hydroxy-15β-acetoxy-*ent*-kaura-9(11),16-diene 915
2α-hydroxy-7α-acetoxy-12-oxo-15,6-epoxy-neocleroda-3,13(16),14-trien-18:19-olide 741
(1*S*,4*S*,5*S*,6*S*,7*S*,10*R*)-1-hydroxy-15-acetoxyeudesm-11(13)-en-6,12-olide 622
(1*S*,5*S*,6*S*,7*S*,10*R*)-1-hydroxy-15-acetoxyeudesma-4(15),11(13)-dien-6,12-olide 622
9α-hydroxy-12α-acetoxyfraxinellone 1145
3β-hydroxy-13-acetoxygermacra-1(10)*E*,4*E*, 7(11)-trien-12, 6α-olide 563
19-hydroxy-7α-acetoxyroleanone 844
15b-β-hydroxy-5-*N*-acetyl ardeemin 2866
16α-hydroxy-5*N*-acetylardeemin 232
11-hydroxy aclacinomycin X 2765
6α-hydroxyadoxosi 448
10α-hydroxy-$\Delta^{9(15)}$-africanene 693
3α-hydroxyajugamarin F4 741
(*Z*)-2α-hydroxyalbumol 629
13-hydroxyalcyopterosin D 626
2α-hydroxyaleuritolic acid 2-*p*-hydroxybenzoate 1198
2α-hydroxyaleuritolic acid 3-*p*-hydroxybenzoate 1198
16β-hydroxy-19-al-*ent*-kauran-17-yl 16β-hydro-19-al-*ent*-kauran-17-oate 963
4α-hydroxyallosecurinine 264
3β-hydroxyambroxide 737
10α-hydroxyamorph-4-en-3-one 618
10α-hydroxyamorphan-4-en-3-one 618
12*R*,13*R*-hydroxyandrographilide 734
12*S*,13*S*-hydroxyandrographilide 734
N-hydroxyannomontine 249
4-hydroxyanthecotulide 537
3β-hydroxyaplysin 2368
23-hydroxy-3β-[(*O*-α-L-arabinopyranosyl)oxy]lup-20(29)-en-28-oicacid 28-*O*-β-D-glucopyranosyl ester 1302
6β-hydroxyarjunic acid 1281
14-hydroxyartemether 570
9β-hydroxyartemether 570
9α-hydroxyartemether 570
14-hydroxyartemisiifolin-6α-*O*-acetate 566
3-β-hydroxyartemisinin 570
4-hydroxy-artemisia 401
ent-2-hydroxy-atisa-1, 16(17)-dien-3, 14-dione 920
25-hydroxyatrotosterone A 2113
25-hydroxyatrotosterone B 2113
6-hydroxyauronol 1840
13β-hydroxyazorellane 921
2-hydroxybenzaldehyde 2213
4-(4-hydroxy-benzyl)-2-butanone 2214
4-hydroxybenzoic acid 2212
hydroxy bis-butenolide 536
(7'*R*,8'*S*,8*S*)-2'-hydroxy-3,4:4',5'-bis(methylenedioxy)-7-oxo-2,7'-cyclolignan 1466
2'-*O*-*p*-hydroxybenzoyl-6'-*O*-*trans*-caffeoyl-8-*epi*-loganic acid 445
2'-*O*-*p*-hydroxybenzoyl-6'-*O*-*trans*-caffeoylgardoside 445
3-*O*-(4-hydroxybenzoyl)-10-deoxyeucommiol-6-*O*-β-D-glucopyranoside 449
2'-*O*-*p*-hydroxybenzoyl-8-*epi*-loganic acid 445
2-(4-hydroxybenzoyl)-3-[(*E*)-1-(4-hydroxyphenyl)methylidene]-succinic acid 1403
6-*O*-*p*-hydroxybenzoylasystasioside 444
12β-*O*-*o*-hydroxybenzoylboucerin-β-D-glucopyranosyl-(1→4)-6-deoxy-3-*O*-methyl-β-D-allopyranosyl-(1→4)-β-D-cymaropyranosyl-(1→4)-β-D-cymaropyranoside 2013
12β-*O*-*o*-hydroxybenzoylboucerin-β-D-glucopyranosyl-(1→4)-β-D-thevetopyranosyl-(1→4)-β-D-cymaropyranosyl-(1→4)-β-D-cymaropyranoside 2013
6'-*O*-*p*-hydroxybenzoylcatalposide 444
2'-*O*-*p*-hydroxybenzoylgardoside 445
6-*O*-*p*-hydroxybenzoylglutinoside 444
3'-*O*-*p*-hydroxybenzoylmangiferin 1807
4'-*O*-*p*-hydroxybenzoylmangiferin 1807
3-*O*-*p*-hydroxybenzoylmangiferin 1808
6'-*O*-*p*-hydroxybenzoylmangiferin 1808
7-*O*-*p*-hydroxybenzoylovatol-1-*O*-(6'-*O*-*p*-hydroxybenzoyl)-β-D-glucopyranoside 449
30-(4'-hydroxybenzoyloxy)-11*R*-hydroxylupane-20(29)-en-4-one 1301
(−)-8β-(4'-hydroxybenzyl)-2,3-dimethoxy-berbin-10-ol 120
3-(4-hydroxybenzyl)-5,7-dimethoxychroman 1846
3-(4-hydroxybenzyl)-7-hydroxy-5-dimethoxychroman 1846
1-(4-hydroxybenzyl)-6,7-methylenedioxy-2-methylisoquinolinium 109
(+)-4β-hydroxybernandulcin 559
16β-hydroxybetulinic acid 1299
4-hydroxy-bisabol-1-one 561
5-hydroxy-(±)-β-bisabolene 559
7α-hydroxybotryenalol 2963
6-hydroxy-1-brasilene 2367
3-hydroxybrucine 213
6'ξ-hydroxybudmunchiamine K 392
11-*O*-(3'-hydroxybutanoyl)hamayne 157
(*E*)-*N*-(3-hydroxy-2-butenylidene)-*N*-methyl-methanaminium 23
α-5-*C*-(3-hydroxybutyl)-hyacinthacine A2 45
3-hydroxycacalolide 628
(−)-(1*R*,6*S*,7*S*,10*R*)-1-hydroxycadinan-3-en-5-one 2369
10α-hydroxycadinan-4-en-3-one 618
16β-hydroxycardiopetaline 317
7β-hydroxycatuabine D 53
7β-hydroxycatuabine E 53
7β-hydroxycatuabine F 53
7β-hydroxycatuabine I 54
9-hydroxy-camphor 430
8-hydroxy-canthin-6-one 232
3β-hydroxy-card-14,16-dien-20(22)-enolide 1939
3β-hydroxy-5β-card-20(22)-enolid-5-en-7-one 1939
3β-hydroxy-card-20(22)-enolid-5-ene 1939
11α-hydroxy-5β-card-20(22)-enolid-3-one-4-ene 1939
12-hydroxy-β-caryophyllene 624
12-hydroxy-β-caryophyllene acetate 624
12-hydroxy-β-caryophyllene-4,5-oxide acetate 624
9α-hydroxycedrodorin 1142
(3*E*,7*S*,11*Z*)-7-hydroxy-3,11,15-cembratrien-20,8-olide 719
11β-hydroxycephalotaxine β-*N*-oxide 27
2'-hydroxychalcone 1751
6α-hydroxychaparrinone 1175
22α-hydroxychiisanogenin 1084
24-hydroxychiisanogenin 1084
22α-hydroxychiisanogenin 1301

22α-hydroxychiisanoside 1301
12-hydroxychiloscypha-2,7-dione 625
12-hydroxychiloscyphone 625
7-(2'-hydroxy-3'-chloropren-yloxy)-4,8-dimethoxyfuroquinoline 82
6-(2'-hydroxy-3'-chloroprenyl-oxy)-4,7-dimethoxy-furoquinoline 82
12α-hydroxy-cholaniic acid methyl ester 2060
12β-hydroxy-cholaniic acid methyl ester 2060
3α-hydroxy-cholaniic acid methyl ester 2060
3β-hydroxy-cholaniic acid methyl ester 2060
7α-hydroxy-cholaniic acid methyl ester 2060
7β-hydroxy-cholaniic acid methyl ester 2060
(24*R*,22*E*)-24-hydroxycholesta-4,22-dien-3-one 1944
(20*S*)-20-hydroxycholestane-3,16-dione 1942
16β-hydroxy-5α-cholestane-3,6-dione 1947
(20*S*)-20-hydroxycholest-1-ene-3,16-dione 1943
12β-hydroxycimigenol-3-*O*-β-D-xylopyranosyl-(1→3)-β-D-xylopyranoside 996
10-hydroxy-1,4-cineole 409
2β-hydroxy-1,4-cineole 409
2α-hydroxy-1,4-cineole 409
2β-hydroxy-1,8-cineole 409
2α-hydroxy-1,8-cineole 409
3β-hydroxy-1,4-cineole 409
3α-hydroxy-1,8-cineole 409
8-hydroxy-1,4-cineole 409
4-hydroxycinnamic acid 2214
4-hydroxycinnamic methyl ester 2214
cis-hydroxycinnamoyl ester of amyrin 1198
8-*O*-(2-hydroxycinnamoyl)harpagide 442
7-hydroxy-8-(4-cinnamoyl-3-methyl-1-oxobutyl)-4-phenyl-2',2'-dimethyl-2*H*,6*H*-benzo[1,2-*b*:3,4-*b*']dipyran-2-one 1598
(*E*)-4-hydroxycinnamyl alcohol 4-*O*-β-D-glucopyranoside 2288
(*Z*)-4-hydroxycinnamyl alcohol 4-*O*-β -D-glucopyranoside 2288
3-hydroxycleroda-4(18),13*Z*-dien-15-oic acid 739
(–)-7β-hydroxycleroda-8(17),13*E*-dien-15-oic acid methylester 739
(–)-6β-hydroxy-5β,8β,9β,10α-cleroda-3,13-dien-16,15-olid-18-oic acid 740
6α-hydroxy-3,12*E*,14-clerodatriene 739
16-hydroxy communic acid 734
11β-hydroxycneorin G 978
14-hydroxycolladonin 1546
hydroxycolorenone 629
(8"*R*, 7"*S*)-(+)-8-hydroxy-α-conidendric acid methyl ester 1467
(8'*R*,7'*S*)-(–)-8-hydroxy-α-conidendrin 1489
3β-hydroxycosfic acid 621
16b-hydroxycrambescidin 2486
1-hydroxycrisamicin A 2767
9-hydroxycrisamicin A 2767
1β-hydroxycryptotanshinone 845, 1916
(8*R*,8'*R*)-4-hydroxycubebinone 1401
(23*E*)-25-hydroxycucurbita-5,23-diene-3,7-dione 986
9α-hydroxycumambrin A 631
12-hydroxy curcumol 629
3β-hydroxy curcumol 629
24-hydroxycycloart-25-en-3-one 993
10β-hydroxycyclopseudoanisatin 627
8-hydroxy-cymene 411
(1*R*,4*R*)-4-hydroxydauc-7-ene-6,9-dione 630
(1*R*,4*R*)-4-hydroxydauc-7-en-6-one 630
5-hydroxydavisioside 442
7-hydroxydeacetylbotryenalol 626
hydroxydebromomarinone 2561
12-hydroxydehydroabietic acid 843
7α-hydroxydehydroabietic acid 843
7β-hydroxydehydroabietic acid 843
7-hydroxy-10-dehydroxydeacetyldihydrobotrydial-1(10),5(9)-diene 626
7-hydroxy-10-dehydroxydehydrodihydrobotrydial 626
3'*S*-hydroxydeltoin 1564
3-hydroxy-3-demethoxy-3-hydroxystaurosporine 2496
11-hydroxy-*O*-demethylacronine 279
2β-hydroxy 4'-demethyldesoxypodophyllotoxin 1489
11-hydroxy-4-*N*-demethylstaurosporine 2496
7*R*-hydroxy-14-deoxyandrographolide 734
7*S*-hydroxy-14-deoxyandrographolide 734
3α-hydroxydeoxyartemether 570
1α-hydroxy-9-deoxycacalol 628
8α-hydroxy-10-deoxycyclomerrillianolide 626
11β-hydroxydeoxyharringtonine 27
10-hydroxydepressin 749
3-hydroxy-6'-desmethyl-9-*O*-methyl-thalifaboramine 147
(+)-4-hydroxy-2,6-di(3,4-dimethoxy)phenyl-3,7-dioxabicyclo[3.3.0]octane 1431
11β-hydroxydihydrocedrelone 1079
10α-hydroxy-3β-*O*-[2,6-di(*p*-hydroxyphenylacetyl)-β-glucopylanosyl]guaia-4(15),11(13)-dien-12,6α-lactone 633
5α-hydroxy-3β,6β-diacetoxy-5β-card-20(22)-enolide 1936
5α-hydroxy-3β,6α-diacetoxy-5β-card-20(22)-enolide 1936
12β-hydroxy-1α,6α-diacetoxy-*ent*-kaura-9(11),16-dien-15-one 914
(1*R*,4*S*,5*S*,6*S*,7*S*,10*R*)-1-hydroxy-4,15-diacetoxyeudesm-11(13)-en-6,12-olide 622
5α-hydroxy-6,9-diacetyl-cyclocerberidol 413
14α-hydroxy-3,6-didemethylisotylocrebrine 263
4-hydroxy-2,6-diene-1-*O*-β-D-glucopyranosyl-octadienyl 402
5α,6β-hydroxy-1,3(8)diene-ochtodane 412
5α,6α-hydroxy-1,3(8)diene-ochtodane 412
4-hydroxy-2,6-diene-octadienyl-1-*O*-β-D-glucopyranosyl(1→6)-*O*-β -D-glucopyranoside 402
11(*S**)-hydroxy-2(*R**),12(*R**),15(*S**),17-diepoxy-(3*E*,7*E*)-1(*S**)-cembra-3,7-diene 2371
3β-hydroxy-2,3-dihydro-withanolide F 2120
3-hydroxy-2,3-dihydroapigenyl-[Ⅰ-4',*O*,Ⅱ-3']-dihydrokaempferol 1871
8-hydroxy-3",4"-dihydrocapnolactone-2',3'-diol 1547
3α-hydroxy-8,9-dihydrocarvone 411
3β-hydroxy-8,9-dihydrocarvone 411
2β-hydroxy-11β,13-dihydrodouglanin 622
11β-hydroxy-11,13-dihydrolactucin 631
3α-hydroxy-3,5-dihydromonacolin L 2963
14β-hydroxy-13,14-dihydronorse curinine 45
2α-hydroxy-dihydroparthenolide 563
1-hydroxy-dihydropinol 410
(7*S*,8*S*)-7-hydroxy-7,8-dihydrotingenone 1271
2-hydroxy-2-(3',4'-dihydroxyphenyl)methyl-3-(3", 4"-dimethoxyphenyl)methyl-γ-butyrolactone 1402
2β-hydroxy-4,7-diketo-24*R*-methyl-A-norcholest-5,22(*E*)-dien-2-oic acid 2589
2β-hydroxy-4,7-diketo-A-norcholest-5-en-2-oic acid 2589
(23*E*)-3β-hydroxy-7β,25-dim-ethoxycucurbita-5,23-dien-19-al 986
7-hydroxy-6,6'-dimethoxy-3,7'-*O*-bis-coumarin 1615

3-hydroxy-4,5-dimethoxy-(6: 7)-2,2-dimethylpyrano-flavan 1778
3-hydroxy-3',4'-dimethoxy-homoisoflavanone 1848
5-hydroxy-6,7-dimethoxy-3-(4'-hydroxybenzyl)-4-chromanone 1847
(9*R**,10*R**,13*S**)-9-hydroxy-3,4-dimethoxy-9-(2'-methoxyphenyl)-14-oxa-bicyclo[3.2.1]octa[*f*]-2-methylquinoline 83
(9*R**,10*S**,13*R**)-9-hydroxy-3,4-dimethoxy-9-(2'-methoxyphenyl)-14-oxabicyclo[3.2.1]octa-[*f*]-2-methylquinoline 84
1-hydroxy-3,6-dimethoxy-8-methyl-anthraquinone 1901
1-hydroxy-3,6-dimethoxy-8-methyl-anthraquinone-7-carboxylic acid 1901
4-hydroxy-3',1''-dimethoxy-2''-methylpyran[3',4'] stilbene 2246
7-hydroxy-3,6-dimethoxy-1,4-phenanthraquinone 1911
(2*R*,3*S*)-2-(4-hydroxy-3,5-dimethoxybenzoyl)-3-(5-methoxy-3,4-methylenedioxybenzyl)butyrolactone 1403
(2*S*,3*S*)-2-(4-hydroxy-3,5-dimethoxybenzyl)-3-(5-methoxy-3,4-methylenedioxybenzyl)butyrolactone 1401
(2*S*,3*S*)-2-(4-hydroxy-3,5-dimethoxybenzyl)-3-(3,4-methylene-dioxybenzyl)butyrolactone 1401
(2*E*,3*S*)-2-(4-hydroxy-3,5-dimethoxybenzylidene)-3-(5-methoxy-3,4-methylenedioxybenzyl)butyrolactone 1402
2'-hydroxy-3,4'-dimethoxychalcone 1752
2'-hydroxy-3,5'-dimethoxychalcone 1752
2'-hydroxy-4,4'-dimethoxychalcone 1752
2'-hydroxy-4,5'-dimethoxychalcone 1752
2'-hydroxy-4',6'-dimethoxychalcone 1752
4-hydroxy-2',4'-dimethoxychalcone 1752
1'-*O*-[4-hydroxy-3,5-dimethoxycinnamoyl-(6)-β-D-glucopyranoside]rutaretin 1566
3β-hydroxy-7β,25-dimethoxycucurbita-5,23(*E*)-diene 986
(2*S*)-3'-hydroxy-4',7-dimethoxyflavanone 1657
5-hydroxy-6,7-dimethoxyflavone 1630
(3*R*,4*R*)-3-(2-hydroxy-3,4-dimethoxyphenyl)chroman-4,7-diol-7-*O*-β-D-glucopyranoside 1796
1-hydroxy-3,5-dimethoxyxanthone 1807
3β-hydroxy-4α,14α-dimethyl-5α-ergosta-8,24(28)-dien-11-one 988
1-(7-hydroxy-2,6-dimethyl-1-naphthyl)-4-methyl-3-pentanone 747
(2*E*,4*R*)-4-hydroxy-3,7-dimethyl-octadienyl-*O*-β-D-glucopyranosyl(1→3)-*O*-β-D-glucopyranoside 402
8-(7-hydroxy-3,7-dimethyl-2,5-octadienyloxy)psoralen 1566
(2*E*)-7-hydroxy-3,7-dimethyl-octenyl α-L-arabinopyranosyl (1→6)-*O*-β-D-glucopyranoside 402
5-hydroxy-8,8-dimethyl-4-phenyl-9,10-dihydro-8*H*-pyrano [2,3-*f*]chromen-2-one 1599
5-hydroxy-8,8-dimethyl-4-phenyl-6-propionyl-9,10-dihydro-8*H*-pyrano-[2,3-*f*]chromen-2-one 1599
2-hydroxy-2,6-dimethylbenzofuran-3(2*H*)-one 2287
(7*S*,8*S*,8'*R*)-7-hydroxy-3,4:3',4'-dimethylenedioxy-8,8'-lignan 1404
2-(2*E*)-(3-hydroxy-3,7-dimethyloct-2,6-dienyl)-1,4-benzenediol 2558
2-(3-hydroxy-3,7-dimethyloct-6-enyl)-1,4-benzenediol 2558
1-(2-hydroxy-4,6-dimethylphenyl)ethanone 2213
6α-hydroxydinorcassamide 354, 848
(7*S*,8*R*)-4-hydroxy-8',9'-dinor-4',7-epoxy-8,3'-neolignan-7'-aldehyde 2286
6α-hydroxydinorerythrophlamide 354, 848
3β-hydroxydinorerythrosuamide 353, 848
3β-hydroxy-1,11-dioxo-ergosta-8,24(28)-diene-4α-carboxylicacid 2116
27-hydroxy-3,11-dioxoolean-12-en-28-oic acid 1197
1α-hydroxydiversifolin 3-*O*-methyl ether 565
13(*S**)-hydroxy-(1*R**, 11*S**)-dolabella-3(*E*),7(*E*),12(18)-triene 748
(1*R*,6*R*,11*R*,12*R*)-6,12-hydroxydolabella-3*E*,7*E*-diene 747
12a-hydroxydolineone 1866
(*R*)-7-hydroxy-α-dunnione 1891
(*R*)-8-hydroxy-α-dunnione 1891
20-hydroxyecdysone 1945
2''-hydroxy-3''-en-anhydroicaritin 1682
4-hydroxy-2-ene-isolyratol 402
4α-hydroxy-5-enovatodiolide 719
12-hydroxy-6-*epi*-albrassitriol 2963
10-hydroxyepiaplysin 625
10-hydroxy-(5α-*H*)-6-*epi*-dihydrocornin 448
30-hydroxyepigambogic acid 1811
1β-hydroxy-4-*epi*-gardendiol 441
4-hydroxy-1,8-*epi*-isotenerone 2369
(5α-*H*)-6α-hydroxy-8-*epi*-loganin 447
6β-hydroxy-7-*epi*-loganin 447
16-hydroxy-13-*epi*-manoyloxide 735
9-hydroxy-3-*epi*-perforenone A 2369
1,4-hydroxy-1,8-epiisotenerone 692
3-hydroxy-8-epilarreatricin 1429
11-hydroxyepothilone D 2694
3β-hydroxy-5α,6α-epoxy-card-20(22)-enolide 1941
17β-hydroxy-14α,20α-epoxy-1-oxo-(22*R*)-witha-2,5,24-trienolide 2128
5α-hydroxy-9α,10α-epoxycadinan-3-en-2β,14-olide 618
1α-hydroxy-10β,14-epoxycurcumol 629
4α-hydroxy-8,12-epoxyeudesma-7,11-diene-1,6-dione 622
ent-2α-hydroxy-8,13β-epoxylabd-14-ene 735
6β-hydroxy-8,13-epoxylabd-14-ene-11-one 735
9β-hydroxy-1β,10α-epoxyparthenolide 563
9α-hydroxy-1β,10α-epoxyparthenolide 563
1β-hydroxy-8α-eremophil-7(11),9-dien-8β,12-olide 627
1-hydroxyeremophil-7(11),9(10)-dien-8-one 627
8β-hydroxyeremophil-3,7(11)-diene-8α,12:(6α,15-diolide 627
25α-hydroxy-ergosta-7,22-dien-3-one 2115
8β-hydroxyergosta-4,6,22-trien-3-one 2116
(24*R*,25*S*)-3β-hydroxyergost-5-en-26-yl-*O*-β-D-glucopyranosyl-(1→4)-*O*-β-D-glucopyranosyl-(12)-*O*-[*O*-β-D-glucopyranosyl-(1→4)-*O*-β-D- glucopyranosyl-(1→6)] β-D-glucopyranoside 2135
4'-hydroxyeriobrucinol 1598
hydroxyeriobrucinol 1598
7-hydroxyerogorgiaene 2562
(+)-11-hydroxyerythravine 158
7-hydroxy-10-ethoxydehydrodihydrobotrydial 626
2-(2-hydroxyethoxy)ethyl cyclohexanecarboxylate 2150
(*R*)-8-[(*R*)-1-hydroxyethyl]dihydrochelerythrine 152
8-(1'-hydroxyethyl)-7,8-dihydrochelerythrine 152
5-(2-hydroxyethyl)- 2-furanacetic acid 3002
3-(2-hydroxyethyl)-5-*O*-b-d-glucopyran-oside-1*H*-indole 179
2-hydroxyethyl-3-methyl-1,4-naphthoquinone 2769
3β-hydroxyethyl-α-terpineol 411
(–)-7-hydroxyeudesm-4-en-6-one 620
5α-hydroxyeurycomalactone 981
7-hydroxyforbesione 1810
2-hydroxy-foeniculoside 410
2-hydroxy-foeniculoside Ⅷ 410
2-hydroxy-foeniculoside Ⅸ 410
3-hydroxy-2-(2'-formyloxy-1'-methylethyl)-8-methyl-1,4-

phenanthrenedione 1911
hydroxyframoside A 452
hydroxyframoside B 452
9α-hydroxyfraxinellone-9-*O*-β-D-glucoside 1145
30-hydroxyfriedelan-3-on-28*R*-al 1271
30-hydroxyfriedelan-3-on-28*S*-al 1271
28-hydroxyfriedelane-1,3-dione 1271
6-hydroxy-galanthindole{7-[6'-(hydroxyl-methyl)benzo[*d*][1',3']dioxol-50-yl]-1-methyl-1*H*-indol-6-ol} 179
19-hydroxygaleospin 734
30-hydroxygambogic acid 1811
4"-hydroxy-*E*-globularinin 444
11α-hydroxygedunin 1143
11β-hydroxygedunin 1143
11-hydroxygelsenicine 224
6α-hydroxygeniposide 448
3-hydroxyglabrol 1725
13-hydroxyglucopiericidin A 2870
(2*R*,3*E*)-2-hydroxy-*N*-[(2*S*,3*R*,4*E*,8*E*)-1-β-D-glucopyranosyloxy-3-hydroxy-9-methylheptadec-4,8-dien-2-yl]octadec-3-enamide 2184
2-hydroxy-2-(4'-*O*-β-D-glucopyranosyl-3'-hydroxyphenyl)-methyl-3-(3",4"-dimethoxyphenyl)-methyl-γ-butyrolactone 1402
3,6-hydroxy-1-*O*-glucopyranosyl-lyratol 402
8-hydroxy-5-*O*-β-D-glucopyranosyl-psoralen 1567
(2*R*,3*E*)-2-hydroxy-*N*-[(2*S*,3*R*,4*E*)-1-*O*-β-D-glucopyranosyloxy-3-hydroxy-9-methylene-8-oxooctadec-4-en-2-yl]octadec-3-enamide 2185
(2*R*,3*E*)-2'-hydroxy-*N*-[(2*S*,3*R*,4*E*,8*Z*)-1-β-D-glucopyranosyloxy-3-hydroxyoctadec-4,8-dien-2-yl]octadec-3-enamide 2184
9-hydroxygorgosterol 2115
10α-hydroxy-1,5α-guaia-3,7(11)-dien-8α,12-olide 630
3α-hydroxy-1α,5α,7α(H)-guaia-4(15),10(14),11(13)-trien-12-oic acid β-glucopyranosyl ester 630
1α-hydroxy-2α,4α-guaicyl-3,7-dioxabicyclo[3.3.0]octane 1452
22-hydroxyhaliclonacyclamine B 68
22-hydroxyhalicyclamine A 2490
3ξ-hydroxy-5(10),13*E*-halimadien-15-al 737
9-hydroxyhelminthosporol 2369
β-hydroxy-2,2',3,4,4",5,5'-heptamethoxychalcone 1753
16-hydroxy-22,23,24,25,26,27-hexanorcucurbit-5-en-11,20-dione-3-*O*-α-L-rhamnopyranosyl-(1→2)-β-D-glucopyranoside 987
(4*E*, 8*E*, 2*S*, 3*R*,2*R*)-*N*-2-hydroxyhexadecanoyl-1-*O*-β-D-glucopyranosyl-9-methyl-4,8-sphingadienine 2183
(2*S*,3*S*,4*R*,9*Z*)-2-[(20*R*)-hydroxyhexadecanoylamino]-9-octadecene-1,3,4-triol 2183
(2*S*,3*S*,4*R*,8*E*)-2-[(20*R*)-hydroxyhexadecanoylamino]-8-tetracosene-1,3,4-triol 2183
2'-hydroxyhinokinin 1402
8'β-hydroxyhinokinin 1403
2'-hydroxyhinokinin 2'-*O*-(2,3,4,6-*O*-tetraacetyl)-β-glucopyranoside 1402
11-hydroxyhirsuteine 216
11-hydroxyhirsutine 216
15α-hydroxyholamine 349
11α-hydroxyhomodeoxyharringtonine 26
11β-hydroxyhomodeoxyharringtonine 26
3-hydroxy-homoisoflavanone 1848
hydroxyhopane 1339
6β-hydroxyhovenic acid 1282
3α-hydroxy-13α,17α,21β-hopan-15,19-dione 1339
(*Z*)-2β-hydroxy-14-hydro-β-santalol 629
(*Z*)-1β-hydroxy-2-hydrolanceol 560
4-hydroxy-10-hydroperoxy-11-bisabolen-1-one 559
4-hydroxy-11-hydroperoxy-9-bisabolen-1-one 559
8α-hydroxy-13-hydroperoxylabd-14,17-dien-19,16:23,6α-diolide 968
8-hydroxy-10-hydrosweroside 451
(2*S*,3*R*,6*S*)-2-[hydroxy(4-hydroxy-3,5-dimethoxyphenyl)methyl]-3-(5-methoxy-3,4-methylenedioxybenzyl)butyrolactone 1403
6-hydroxy-4-(4-hydroxy-3-methoxyphenyl)-3-hydroxymethyl-7-ethoxy-3,4-dihydro-2-naphthaldehyde 1465
7-hydroxy-8-(4-hydroxy-3-methyl-1-oxobutyl)-4-phenyl-2',2'-dimethyl-2*H*,6*H*-benzo[1,2-*b*:3,4-*b*']dipyran-2-one 1598
6-hydroxy-2-(3-hydroxy-3-methylbutyl)-4-quinolone 80
7-hydroxy-2-(3-hydroxy-3-methylbutyl)-4-quinolone 80
5-hydroxy-3,4,7-5-hydroxy-3,4,7-triphenyl-2,6-benzofuradione 2918
7-hydroxy-3-(4-hydroxybenzyl)-chromone 1847
(+)-(1*S*,2*R*,6*S*,9*R*)-1-hydroxy-2-(1-hydroxyethyl)-6-isopropyl-9-methylbicyclo[4.3.0]non-4-en-3-one 2368
(+)-(1*S*,2*R*,6*S*,9*R*)-1-hydroxy-2-(1-hydroxyethyl)-6-isopropyl-9-methylbicyclo[4.3.0]non-4-en-3-one 626
6-hydroxy-5-hydroxymethyl-7-methyl-5a,8a-benzocoumarin 1546
15-hydroxyhypocretenolide 629
15-hydroxyhypocretenolide-β-glucopyranoside 629
2β-hydroxyillicic acid 620
4"-hydroxyimperatorin 4"-*O*-β-D-glucopyranoside 1565
5"-hydroxyimperatorin 5"-*O*-β-D-glucopyranoside 1565
(6-hydroxy-1*H*-indol-3-yl) oxoacetic acid methyl ester 2492
7α-hydroxyisoatisine 319
(+)-(1*S*,4*R*)-*trans*-7-hydroxyisocalamenene 617
7β-hydroxy-3α-(isobutyryloxy)nortropane 53
2α-hydroxy-isocamphanol 430
2β-hydroxy-isocamphanol 430
10-hydroxy-isocamphanol 430
2α-hydroxy-isocampheol 431
8-hydroxyisocapnolactone-2',3'-diol 1547
15-hydroxy-*ent*-isocopal-12-en-16-al 846
10β-hydroxyisodauc-6-en-14-al 630
28-hydroxyisoiguesterin 1271
13-hydroxy-isolupanine 167
1β,3α-hydroxy-isomenthol 409
2α-hydroxy-isomenthol 409
8-hydroxy-isomenthol 409
1β-hydroxy-isomenthol 409
1α-hydroxy-isomenthol 409
1, 3α-hydroxy-isomenthol 409
7-hydroxy-isomenthol 409
(2*R*)-*ent*-2-hydroxyisopimara-8(14),15-diene 842
14α-hydroxy-7,15-isopimaradien-18-oic acid 841
3β-hydroxy-7,15-isopimaradien-18-oic acid methyl ester 842
9α-hydroxy-1,8(14),15-isopimaratrien-3,11-dione 841
9α-hydroxy-1,8(14),15-isopimaratrien-3,7,11-trione 841
2α-hydroxy-isopinocampheol 431
7-hydroxy-isopiperitenone 411
6-hydroxy-5-isopropyl-3,8-dimethyl-2*H*-1-benzopyran-2-one 1544
6-hydroxy-5-isopropyl-3,8-dimethyl-2*H*-1-benzopyran-2-one; methyl ether 1544
(4*Z*,8*S*,9*S*,12*Z*,14*E*)-9-hydroxy-1-isopropyl-8,12-dimethyl-oxabicyclo[9.3.2]-hexadeca-4,12,14-trien-18-one 2372

2β-hydroxy-1α-isopropyl-4α,8-dimethylspiro[4,5]dec-8-en-7-one 629
7-hydroxyisosparteine 167
7β-hydroxyisosteviol 920
18-hydroxyisosungucine 253
10-hydroxy-isovelleral 695
17-hydroxyjolkinolide B 844
6-hydroxykaempferol-3,6-dimethyl ether 1674
6-hydroxykaempferol-3,4',6-trimethyl ether 1675
ent-1β-hydroxy-9(11),16-kauradien-15-one 914
16α-hydroxy-*ent*-kauran-19→20-olide 919
(16*R*)-*ent*-3α-hydroxykauran-15-one 917
ent-19-hydroxykaur-15-en-17-al 915
ent-11α-hydroxy-16-kaurene 915
ent-13-hydroxy-kaur-16-en-19-oic acid 915
ent-16α-hydroxykaur-11-en-18-oic acid 917
17-hydroxy-*ent*-kauran-19-oate-16-*O*-β-D-glucopyranoside 918
16-hydroxykaur-3-one-17-*O*-β-D-glucoside 917
6*S*-hydroxykhayalactone 1142
15α-hydroxy-21-keto-pristimerine 1271
15-hydroxy-7,13*E*-labdadien-17-oic acid 734
19-hydroxy-8(17),13-labdadien-15,16-olide 734
2*R*-hydroxylabda-8(17),12*E*,14-trien-18-oic acid 734
3β-hydroxylabd-7-en-15-oic acid methyl ester 732
trans-2-hydroxyl-abinene 429
10-hydroxylaplysin 625
(8*R*,8'*R*,7'*R*,8'*S*,7'*R*)-(–)-7'-hydroxylappaol E pentaacetate 1403
(–)-7-hydroxylariciresinol 9'-*p*-coumarate 1429
(16*R*)-17-hydroxy-*ent*-lauran-19-oic acid 916
(16*S*)-17-hydroxy-*ent*-lauran-19-oic acid 916
9-hydroxy-lavandulane 401
10-hydroxyldebromoepiaplysin 625
11-hydroxyldrim-8,12-en-14-oic acid 621
3-hydroxyl-9-*O*-acetyl-5,7-diene-icariside 407
3,9-hydroxyl-5-diene-icariside 407
7,8-*trans*-8,8'-*trans*-7',8'-*cis*-7,7'-(4-hydroxyl-3,5-dimethoxyphenyl)-8,8'-diacetoxymethyltetrahydrofuran 1430
1α-hydroxyl-8,12-epoxyeudesma-4,7,11-triene-3,6-dione 619
3β-hydroxyl-(22*E*,24*R*)-ergosta-5,8,14,22-tetraen-7-one 2589
3β-hydroxyl-(22*E*,24*R*)-ergosta-5,8(14),22-triene-7,15-dione 2589
3β-hydroxyl-(22*E*,24*R*)-ergosta-5,8,22-triene-7,15-dione 2589
3β-hydroxyl-*O*-β-D-glucopyranosyl-5,7-diene-icariside 407
3β-hydroxyl-9-*O*-β-D-glucopyranosyl-5,7-diene-icariside 407
5β-hydoxyl-2α-*O*-β-D-glucopyranosyl-camphor 430
4-hydroxy-limonene 411
5-β-hydroxy-limonene 411
seco-4-hydroxylintetrali 1403
seco-4-hydroxylintetrlin 1468
4-hydroxyl-β-ionone 407
ent-2β-hydroxyl-kaur-16-en-19-oic acid 915
8-hydroxyl-*neo*-menthol 408
7-hydroxyl-8-methoxyltrypethelone 1891
N-α-hydroxyl-*cis*-octadecaenoyl-1-*O*-β-glucopyranosylsphingosine 2188
5-hydroxyloganin 446
(6*R*,10*S*,11*R*)-26-ζ-hydroxyl-(13*R*)-oxaspiroirid-16-enal 975
20-hydroxylucidenic acid D_2 988
20-hydroxylucidenic acid E_2 988
20-hydroxylucidenic acid F 988
20-hydroxylucidenic acid N 988
20-hydroxylucidenic acid P 988
3β-hydroxylupane 1299
20-hydroxylupane 1299
16β-hydroxylupane-1,20(29)-dien-3-one 1301
30-hydroxylupane-20(29)-en-3-one 1301
13-hydroxy-*ent*-lupanine 167
3β-hydroxylup-13(18), 20(29)-diene 1300
3β-hydroxylup-20(29)-ene 1298
3β-hydroxylup-13(18)-ene 1300
3β-hydroxylup-20(29)-ene-23,28-dioic acid 1299
3α-hydroxylup-20(29)-ene-23,28-dioic acid 3-*O*-β-D-glucopyranoside 1304
3α-hydroxylup-20(29)-ene-23,28-dioic acid 23-*O*-β-D-glucopyranosyl ester 1304
16β-hydroxy-2,3-*seco*-lup-20(29)-ene-2,3-dioic acid 1302
30-hydroxy-2,3-*seco*-lup-20(29)-ene-2,3-dioic acid 1302
6α-hydroxylup-20(29)-en-3β-octadecanoate 1300
3α-hydroxylup-20(29)-en-30-ol-23,28-dioic acid 1303
3α-hydroxylup-20(29)-en-24-oic acid 1301
3β-hydroxylup-20(29)-en-28-oic acid 3-*O*-β-D-glucuronopyranoside 1303
3α-hydroxylup-20(29)-en-24-oic acid methyl ester 1301
6α-hydroxylup-20(29)-en-3-oxo-27,28-dioic acid 1299
6β-hydroxylup-20(29)-en-3-oxo-27,28-dioic acid 1299
6-hydroxyluteolin 1631
6-hydroxyluteolin-7-*O*-β-D-glucopyranoside 1631
6-hydroxyluteolin-7-*O*-laminaribioside 1631
7-hydroxy-lyratol 402
4'''-hydroxy mammea D/BA cyclo F 1562
15α-hydroxymansumbinone 1078
8-hydroxymanzamine B 2495
6-hydroxymanzamine E 2495
8-hydroxymanzamine J 2495
13-hydroxy-marasm-7(8)-en-5-methoxy γ-acetal 695
3α-hydroxy-7,14,24*E*-mariesatrien-23-oxo-26-oic acid 987
(2*R*)-2'-hydroxymarmesin 2'-*O*-β-D-glucopyranoside 1564
(2*S*)-2'-hydroxymarmesin 2'-*O*-β-D-glucopyranoside 1564
(+)-5-hydroxymarsupellol acetate 695
5α-hydroxymatricarin 631
(5β,6β,7β,11α)-5-hydroxy-matridin-15-one 167
2'-hydroxymatteucinol 1657
8α-(4-hydroxymethacryloyloxy)-10α-hydroxy-1,13-dimethoxyhirsutinolide 564
8α-(4-hydroxymethacryloyloxy)-10α-hydroxy-13-methoxyhirsutinolide 564
1α-hydroxy-L-menthol 408
4β-hydroxy-L-menthol 408
8-hydroxy-L-menthol 408
1α-hydroxy-*neo*-menthone 408
2α-hydroxy-menthone 408
4β-hydroxy-menthone 408
8-hydroxy-menthone 408
1-α-hydroxy-L-menthyl 408
8-hydroxy-menthyl 408
(6-hydroxy-3-methoxy-2-benzofuranyl)-phenylmethanone 1840
4-hydroxy-7-methoxy-cyclocitral 412
4α-hydroxy-15α-methoxy-14,15-dihydroallosecurinine 264
5-hydroxy-7-methoxy-9,10-dihydrophenanthrene 1,4-dione 1911
(9*R**,10*R**,13*S**)-9-hydroxy-3-methoxy-1,2-dimethyl-9-(2'-methoxyphenyl)-14-oxa-bicyclo[3.2.1]octa[*f*]quinolone 83

(9*R**,10*S**,13*R**)-9-hydroxy-3-methoxy-1,2-dimethyl-9-(20-methoxyphenyl)-14-oxa-bicyclo[3.2.1]octa[*f*]quinolone 84
7-hydroxy-3-methoxy-6-(3,3-dimethylallyl)-cormarin 1545
4-hydroxy-5'-methoxy-3",3"-dimethylpyran[3',4']stilbene 2246
3-hydroxy-2'-methoxy-homoisoflavanone 1848
3-hydroxy-4'-methoxy-homoisoflavanone 1848
5-hydroxy-6-methoxy-α-lapachone 1891
1-hydroxy-2-methoxy-6-methyl-9,10-anthraquinone 1901
3α-(3-hydroxy-5-methoxy-3-methyl-1,5-dioxopentyloxy)-24-methylene-5α-lanost-8-en-21-oic acid 986
6-hydroxy-7-methoxy-2-methyl-2-(4-methylpent-3-enyl)-2*H*-1-benzopyran 2558
5-hydroxy-2-methoxy-7-methyl-1,4-naphthoquinone 1890
5-hydroxy-3-methoxy-7-methyl-1,4-naphthoquinone 1890
(2*E*,6*E*,14*E*)-1-(1'-hydroxy-4'-methoxy-6'-methyl-phenyl)-5,12-dihydroxy-13-one-3,7,11,15-tetramethyl-hexadeca-2,6,14-triene 715
(3*S*)-6-hydroxy-7-methoxy-3-{6-methyl-5,6,7,8-tetrahydro-[1,3]dioxolo[4,5-*g*]isoquinolin-5-yl}isobenzofuran-1(3*H*)-one 130
(3*S*)-7-hydroxy-6-methoxy-3-{6-methyl-5,6,7,8-tetrahydro-[1,3]dioxolo[4,5-*g*]isoquinolin-5-yl}isobenzofuran-1(3*H*)-one 130
(1*S*,5*S*,6*R*,7*S*,10*R*)-1-hydroxy-4-methoxy-5-methylbutanoyloxy-2,9-dioxoxanth-11-en-6,12-olide 569
4-hydroxy-5-methoxy-3",4'-methylenedioxy-7",8"-*seco*-2,7'-cyclolignan-7',8'-dione 1490
3-hydroxy-2-methoxy-9,10-methylenedioxy-8-oxo-protoberberine 122
2'-hydroxy-4'-methoxy-3,4-methylenedioxychalcone 1753
rac-(8α,8'β)-4-hydroxy-3-methoxy-3',4'-methylenedioxylignan-9,9'-diyl diacetate 1402
(+)-4-hydroxy-3-methoxy-8,9-methylenedioxypterocarpan 1855
3-hydroxy-9-methoxy-pterocarpan 1856
3-hydroxy-2-methoxy-8,8,10-trimethyl-8*H*-antracen-1,4,5-trione 1891
3α-hydroxy-28β-methoxy-13α-ursan-28,12β-epoxide 3-benzoate 1281
11-hydroxy-12-methoxyabieta-8,11,13-triene-3,7-dione 844
2-hydroxy-1-methoxyanthraquinone 1901
21-hydroxy-19-methoxyarenarone 1916
3-*O*-(4-hydroxy-3-methoxybenzoyl)ceanothic acid 1299
(2*R*,3*S*,4*S*)-4-(4-hydroxy-3-methoxybenzyl)-2-(5-hydroxy-3-methoxyphenyl)-3-(hydroxymethyl)-tetrahydrofuran-3-ol 1431
1-(3-hydroxy-4-methoxybenzyl)-6-methoxy-2-methyl-1,2,3,4-tetrahydroisoquinolin-7-ol 108
(2*S*,3*S*)-2-(4-hydroxy-3-methoxybenzyl)-3-(5-methoxy-3, 4-methylenedioxybenzyl)butyrolactone 1401
2'-hydroxy-4'-methoxychalcone 1751
2'-hydroxy-5'-methoxychalcone 1751
4'-hydroxy-2'-methoxychalcone 1751
2'-hydroxy-3-methoxychalcone 1752
2'-hydroxy-4-methoxychalcone 1752
4a-hydroxy-8-methoxychlortetracycline 2767
1'-*O*-[4-hydroxy-3-methoxycinnamoyl-(6)-β-D-glucopyranoside]rutaretin 1566
(23*E*)-3β-hydroxy-7β-methoxycucurbita-5,23,25-trien-19-al 986
7-hydroxy-10-methoxydeacetyldihydrobotrydial 626
7-hydroxy-10-methoxydehydrodihydrobotrydial 626
1β-hydroxy-8α-methoxyeremophil-7(11),9-dien-8β,12-olide 627
(2*R*)-5-hydroxy-4'-methoxyflavanone-7-*O*-[β-glucopyranosyl-(1→2)-β-glucopyranoside] 1658
4'-hydroxy-5-methoxyflavone-7-*O*-glucoxyloside 1631
ent-1α-hydroxy-16α-methoxykaur-11-en-18-oic acid 917
(2*S*)-4'-hydroxy-7-methoxylflavan 1776
3-[5-[-(*E*)-3-(4-hydroxy-3-methoxyphenyl)acrylyl]-*O*-β-apiofuranosyl-(1→6)-β-D-glucopyranosyl]-2*H*-benzopyran-2-one 1546
7-(4-hydroxy-3-methoxyphenyl)-7'-(3',4'-methylenedioxyphenyl)-8,8'-lignan-7-methyl ether 1402
3-(4-hydroxy-3-methoxyphenyl)propane-1,2-diol 2287
(2*S*,4*S*,10*R*)-4-(3-hydroxy-4-methoxyphenyl) quinolizidin-2-acetate 165
4-hydroxy-3-methoxyphenylacetic acid 2213
21α-hydroxy-3β-methoxyserrat-14-en-30-al 1347
21α-hydroxy-3β-methoxyserrat-14-en-29-al 1348
6-hydroxy-9'-methoxystaurosporinone 253
5'-hydroxymethyl-2'-(6-amino-7*H*-purin-7-yl)- tetrahydrofuran-3',4'-diol 379
5'-hydroxymethyl-2'-(6-amino-9*H*-purin-9-yl)- tetrahydrofuran-3',4'-diol 379
5'-hydroxymethyl-2'-(4-amino-7*H*-pyrrolo[2, 3-*d*]pyrimidin-7-yl)-3',4'-diol-tetrahydrofuran 377
4α-[2'-hydroxymethylacryloxy]-1β-hydroxy-14-(5→6) *abeo*-eremophilan-12,8-olide 628
6-hydroxy-7-methyl-5a,8a-benzocoumarin 1546
7β-hydroxymethyl betulinate 1299
7-hydroxymethyl betulinate 1300
(*E*)-3-(3-hydroxymethyl-2-butenyl)-7-(3-methyl-2-butenyl)-1*H*-indole 179
3-hydroxy-4-(3-methylbut-2-enyloxy)benzoic acid methyl ester 2557
16β-(hydroxymethyl)-cleavamine 220
(+)-(5*S*,10*S*)-4'-hydroxymethylcyclozonarone 1916
16β-hydroxymethyl-15,20α-dihydrocleavamine 220
8-hydroxy-5-methyl-7-(3,7-dimethyl-octa-2,6-dienyl)-9-(2-methyl-1-oxobutyl)-4,5-dihydropyrano[4,3,2-*de*]chromen-2-one 1598
8-hydroxy-5-methyl-7-(3,7-dimethyl-octa-2,6-dienyl)-9-(3-methyl-1-oxobutyl)-4,5-dihydropyrano[4,3,2-*de*]chromen-2-one 1597
2-(10-hydroxy-10-methyl-dodecanyl)-3-methoxy-4-quinolone 80
2-(11-hydroxy-11-methyl-dodecanyl)-3-methoxy-4-quinolone 80
3'-hydroxy-3',4'-methylene ether scandenin 1599
4'-hydroxy-3,4-methylenedioxy-8,8'-lignan 1400
(8*S*,8'*R*)-4-hydroxy-3',4'-methylenedioxy-7-ona-8,8'-lignan 1404
rel-(7*R*,8*S*,7'*S*,8'*S*)-9-hydroxy-4',5'-methylenedioxy-3,4,5,3'-tetramethoxy-7,7'-epoxylignan 1431
rel-(7*R*,8*S*,7'*S*,8'*S*)-4-hydroxy-4',5'-methylenedioxy-3, 5,3'-trimethoxy-7,7'-epoxylignan 1431
trans-2'-hydroxy-4',5'-methylenedioxychalcone 1752
(+)-3-hydroxy-8,9-methylenedioxypterocarpan 1856
(3*R*,3a*S*,4*S*,8a*R*-3-(1'-hydroxy-1'-methylethyl)-5,8α-dimethyldecahrdroazulen-4-ol 630
2-β-hydroxy methyl ester of subergorgic acid 2370
3'-hydroxy-4'-methyl ether scandenin 1599, 1600
7β-hydroxy-11-methylforsythide 448
(25*R*)-2-*O*-[(*S*)-3-hydroxy-3-methylglutaroyl]-5α-spirostan-2α,3β,6β-triol-3-*O*-{*O*-β-D-glucopyranosyl-(1→2)-*O*-[β-D-xylopyranosyl-(1→3)]-*O*-β-D-glucopyranosyl-(1→4)-β-D-galactopyranoside} 2108
(*Z*)-4-hydroxy -4-methyl-2-(l-hexenyl) -2-butenolide 2920

(Z)-4-hydroxymethyl-2-(l-hexenyl) -2-butenolide 2920
(5β,7β,8β)-7-hydroxy-8-methyl-E-homo-20,21-dinoraspidospermidine-3-carboxylic acid methyl ester 205
6-hydroxy-2-methyl-5-[5′-hydroxy-1′(R),5′-dimethylhex-3′-enyl]-phenol 560
4-hydroxymethyl-5-hydroxy-2H-pyran-2-one 2920
2-hydroxymethyl-3-hydroxyanthra-quinone 1901
4β-hydroxymethyllabd-7-en-15-oic acid methyl ester 732
5'-hydroxymethyl-2'-(6-methoxy-9H-purin-9-yl)-tetrahydrofuran-3',4'-diol 379
5'-(hydroxymethyl)-2'-[6-(methylthio)-9H-purin-9-yl]-tetrahydrofuran-3',4'-diol 380
8-hydroxy-5-methyl-7-(3-methyl-but-2-enyl)-9-(2-methyl-1-oxobutyl)-4,5-dihydropyrano[4,3,2-de]chromen-2-one 1598
8-hydroxy-5-methyl-7-(3-methyl-but-2-enyl)-9-(3-methyl-1-oxobutyl)-4,5-dihydropyrano[4,3,2-de]chromen-2-one 1597
3-hydroxy-1-methyl-3-(2-oxopropyl)-quinoline-2,4(1H,3H)-dione 83
5'-hydroxymethyl-2'-(9H-purin-9-yl)-tetrahydrofuran-3,4-diol 379
5'-hydroxymethyl-2'-(7H-pyrrolo[2, 3-d]pyrimidin-7-yl)-3',4'-diol-tetrahydrofuran 377
3α-hydroxy-4α-[(1-methyl-1H-pyrrol-2-yl)carbonyloxy]-tropane 52
3β-hydroxy-6β-[(1-methyl-1H-pyrrol-2-yl)carbonyloxy]-tropane 52
6β-hydroxy-3α-[(1-methyl-1H-pyrrol-2-yl)carbonyloxy]-tropane 52
6α-hydroxy-4α-[(1-methyl-1H-pyrrol-2-yl)carbonyloxy]-tropane 52
1-(2-hydroxy-4-methylphenyl)propane-1,2-dione 2286
4-hydroxy-1-methylpyrrolidin-2-carboxylic acid 29
1β-hydroxy-2β-methylsenecioyloxy-8α-methoxy-eremophil-7(11)-en-8β(12)-olide 628
1β-hydroxy-2β-methylsenecioyloxyeremophil-7(11)-en-8β(12)-olide 628
5-hydroxy-9-methyl streptimidone 2871
2-hydroxymethyl-2,3,22,23-tetrahydroxy-6,10,15,19,23-pentamethyl-6,10,14,18-tetracosatetraene 973
2-(12-hydroxy-12-methyl-tridecanyl)-3-methoxy-4-quinolone 80
6-hydroxy-5-methyl-3',4',5'-trimethoxyaurone-4-O-α-L-rhamnopyranoside 1840
6-hydroxymethyl-5-vinyl-5a,8a-benzocoumarin 1546
7-hydroxy-6-methyl-5-vinyl-5a,8a-benzocoumarin 1546
7-hydroxy-8-methyl-5-vinyl-5a,8a-benzocoumarin 1546
3'-hydroxymirificin 1739
7α-hydroxy-7H-mitragynine 216
15R-hydroxymollic acid 992
16R-hydroxymollic acid 992
1,10-seco-4ζ-hydroxy-muurol-5-ene-1,10-diketone 570
(+)-3β-hydroxy-α-muurolene 2367
2α-hydroxy-cis-myrtanal 431
3α-hydroxy-trans-nopinol 432
4β-hydroxy-nopol 432
5-hydroxy-nopol 432
3β-hydroxy-26-norcampest-5-en-25-oic acid 2594
3β-hydroxy-24-norchol-5-en-23-oic acid 2593
(22E)-25-hydroxy-24-norcholest-4,22-dien-3-one 1948
8β-hydroxy-18-norcleistanth-4(5),13(17),15-trien-3-one 848
3β-hydroxy-norlupA(1)-20(29)-en-28-oic acid methy lester 1301
3α-hydroxy-norlupA(1)-20(29)-ene 1301
3β-hydroxy-norlupA(1)-20(29)-ene 1301
11β-hydroxy-7α-obacunyl acetate 977
3-O-(13-hydroxy-9Z,11E,15E-octadecatrienoyl) cycloeucalenol 993
3β-hydroxy-D:A-friedo-oleanan-27,16α-lactone 1271
3α-hydroxy-13(18)-oleanene-27,28-dioic acid 1200
1-hydroxy oxaunomycin 2770
3β-hydroxy-20-oxo-29(20→19)abeolupane 1301
4-hydroxy-1-oxo-bisabol-13-al 561
3-α-hydroxy-9-oxo-blumenol A 408
7-hydroxy-1-oxo-5-carboxylic acid-1,2-dihydroisoquinoline 106
6β-hydroxy-3-oxo-11α,12α-epoxyolean-28,13β-olide 1196
3α-hydroxy-9-oxo-ionol 407
15-hydroxy-14-oxo-8β- isovaleroyloxygermacra-acanthospermolide 565
ent-11α-hydroxy-15-oxo-kaur-16-en-19-oic-acid 914
28-hydroxy-3-oxo-lup-20-(29)-en-30-al 1301, 1302
3β-hydroxy-12-oxo-13Hα-olean-28,19β-olide 1197
24-hydroxy-3-oxo-11,13(18)-oleanadien-28-oic acid 1200
6-hydroxy-3-oxo-11,13(18)-oleanadien-28-oic acid 1200
5-hydroxy-2-oxo-2H-pyran-4-yl methyl acetate 2920
2-hydroxy-8-oxo-tetrahydrogeraniol 401
20β-hydroxy-1-oxo-(22R)-witha-2,5,24-trienolide 2128
7-hydroxy-10-oxodehydrodihydrobotrydial 626
1β-hydroxy-11(R,S)-8-oxoeremophil-6,9-dien-12-al 628
10β,11α-7α-hydroxy-8-oxoeremophilan-12,6-olide 628
18-hydroxy-6-oxogrindelic acid 735
10α-hydroxy-3-oxoguai-11(13)-eno-12,6α-lactone 631
ent-7β-hydroxy-15-oxokaur-16-en-18-ol 914, 917
15-hydroxy-12-oxolabda-8(17),13E-dien-19-oic acid 733
20(S)-3α-hydroxy-30-oxolupan-23,28-dioic acid 1300
(8S,8'S)-(+)-8-hydroxy-oxomatairesinol 1403
20-hydroxy-11-oxomogroside Ⅰ A_1 987
3α-hydroxy-11-oxoolean-12-en-28-oic acid 1197
(2R,4R)-4-hydroxy-2-(l,3-pentadienyl)-piperidine 2873
rel-(7R,8S,7'S,8'S)-4'-hydroxy-3,4,5,3',5'-pentamethoxy-7,7'-epoxylignan 1431
Z-4'-hydroxy-3',4,5',6,7-pentamethoxyaurone 1840
2'-hydroxy-3,4,4',5',6'-pentamethoxychalcone 1753
4'-hydroxy-3,3',5,6,7-pentamethoxyflavone 1676
7-hydroxy-perill 411
3α-hydroxy-perillaldehyde 411
8-hydroxy-phellandryl 411
4-hydroxy-phenylacetic acid 2213
3α-hydroxy-7β-(phenylacetoxy)nortropane 53
11α-hydroxy-phytost-5α-22-ene-3,6-dione 2141
4β-hydroxy-piperitone 409
4-hydroxy-piperitone 410
3β-hydroxy-5α-pregn-7,20-dien-6-one 1980
(8S)-3 -(2-hydroxypropyl)-cyclohexanone 2873
(8S)-3-(2-hydroxypropyl)-cyclohexanone 2963
2-[4-(3-hydroxypropyl)-2-methoxyphenoxy]propane-1,3-diol 2287
hydroxymycotrienin A 2697
hydroxymycotrienin B 2697
34-hydroxymycotrienin Ⅱ 2697
1'-hydroxymyristicin 2286
3-hydroxyneogrifolin 539
3'S-hydroxyneoharringtonine 26
(2S*,3R*)-13-hydroxyneosandalnol 629
15β-hydroxynicandrin B 2128
3β-hydroxynorerythrosuamide 353
(+)-9-hydroxynuciferine 114

(*Z*)-7-hydroxynuciferol 560
N-2'-hydroxyoctadec-3-enoyl-1-*β*-D-galactopyranosyl-(A) 2184
N-2'-hydroxyoctadec-3-enoyl-1-*β*-D-glucopyranosyl-(B) 2184
(4*E*,8*E*)-*N*-2'-hydroxyoctadecanoyl-2-amino-9-methyl-4,8-octadecadine-1,3-diol 2184
N-2'-hydroxyoctadecanoyl -1-*β*-D-glucopyranosyl-(C)-9-methyl-4,8-*trans*-sphingadienines 2184
21*β*-hydroxyolean-12-en-3-one 1199
seco-4,23-hydroxyoleane-12-en-22-one-3-carboxylic acid 2963
hydroxyoligosporon 3003
21*α*-hydroxyonocera-8(26),14-dien-3-one 1349
3*β*-hydroxyonocera-8(26),14-dien-21-one 1349
9-hydroxyoudemansin A 2981
(–)-14*β*-hydroxyoxymatrine 167
25-hydroxypachymic acid 986
(–)-hydroxypanduratin A 1771
25-hydroxypanuosterone 2113
9*α*-hydroxyparthenolide 563
9*β*-hydroxyparthenolide 563
(8*S*)-8-hydroxypatchoulol 692
(9*R*)-9-hydroxypatchoulol 692
(3*R*)-3-hydroxypatchoulol 692
(5*R*)-5-hydroxypatchoulol 692
(7*S*)-7-hydroxypatchoulol 692
(8*R*)-8-hydroxypatchoulol 692
13-hydroxypatchoulol 692
4-hydroxyperoxide of nortorulosal 736
5'-hydroxyphellopterin 1567
5-(4-hydroxyphenethenyl)-4,7-dimethoxycoumarin 1546
p-hydroxyphenethyl-*trans*-ferulate 2290
1-(2-hydroxyphenyl)ethanone 2213
Z-2-[1-(4-hydroxyphenyl)ethylidene]-6-methoxy-3(2*H*)-benzofuranone 1840
(2*R**,3*R**)-2-(4-hydroxyphenyl)-4-[(*E*)-1-(4-hydroxyphenyl) methylidene]-5-oxotetrahydro-3-furancarboxylic acid 1432
(1'*R*,2'*R*)-1'-(4-hydroxyphenyl)propane-1',2'-diol 2288
(1'*S*,2'*S*)-1'-(4-hydroxyphenyl)propane-1',2'-diol 2288
erythro-1'-(4-hydroxyphenyl)propane-1',2'-diol 2288
(1'*R*,2'*R*)-1'-(4-hydroxyphenyl)propane-1',2'-diol 2'-*O*-*β*-D-glucopyranoside 2288
(1'*R*,2'*S*)-1'-(4-hydroxyphenyl)propane-1',2'-diol 2'-*O*-*β*-D-glucopyranoside 2288
(1'*S*,2'*R*)-1'-(4-hydroxyphenyl)propane-1',2'-diol 2'-*O*-*β*-D-glucopyranoside 2288
(1'*S*,2'*S*)-1'-(4-hydroxyphenyl)propane-1',2'-diol 2'-*O*-*β*-D-glucopyranoside 2288
erythro-1'-(4-hydroxyphenyl)propane-1',2'-diol 4-*O*-*β*-D-glucopyranoside 2288
threo-1'-(4-hydroxyphenyl)propane-1',2'-diol 4-*O*-*β*-D-glucopyranoside 2288
8*β*-hydroxypimar-15-en-19-oic acid 840
8-hydroxypinoresinol 1452
8-hydroxypinoresinol-4'-*O*-*β*-D-glucopyranoside 1452
8-hydroxypinoresinol-4-*O*-*β*-D-glucopyranoside 1452
(+)-1-hydroxypinoresinol-4'-*β*-D-glucoside 1452
(+)-1-hydroxypinoresinol monomethyl ether-4'-*β*-D-glucoside 1452
(+)-1-hydroxypinoresinol monomethyl ether-4'-*β*-D-glucoside tetraacetate 1452
6-hydroxypiperitol 2981
8-hydroxypluviatolide 1402
29-hydroxypolyporenic acid C 985
(2'*S*, 3'*R*)-3'-hydroxyprantschimgin 1564
8*β*-hydroxyprespatane 2367
(9*R*)-*N*-(1-hydroxypropan-2-yl)-7-methyl-4,6,6a,7,8,9-hexahydroindolo[4,3-*fg*]quinoline-9-carboxamide 243
(9*S*)-*N*-(1-hydroxypropan-2-yl)-7-methyl-4,6,6a,7,8,9-hexahydroindolo[4,3-*fg*]quinoline-9-carboxamide 243
10*β*-hydroxypseudoanisatin 626
3'-hydroxypuerarin 1738
3-hydroxyquinidine 85
α-hydroxyquinoline 79
6-hydroxyquinoline-8-carboxylic acid 79
7-hydroxy-4(1*H*)-quinolinone 80
trans-2-hydroxyquinolizidine 164
9*α*-hydroxy-*seco*-ratiferolide-5*α*-*O*-angelate 569
9*α*-hydroxy-*seco*-ratiferolide-5*α*-*O*-(2-methylbutyrate) 569
23-hydroxy-3*β*-[(*O*-*α*-L-rhamnopyranosyl-(1→2)-*α*-L-arabinopyranosyl)oxy]lup-20(29)-en-oic acid 28-*O*-*β*-D-glucopyranosyl ester 1302
23-hydroxy-3*α*-[(*O*-*α*-L-rhamnopyranosyl-(1→2)-*O*-[*O*-*β*-D-glucopyranosyl-(1→4)-*β*-D-glucopyranosyl-(1→4)]-*α*-L-arabinopyranosyl)oxy]lup-20(29)-en-28-oic acid 28-*O*-*α*-L-rhamnopyranosyl-(1→4)-*O*-*β*-D-glucopyranosyl-(1→6)-*β*-D-glucopyranosyl ester 1303
ent-1*α*-hydroxyrhizop-15-en-18-oic acid 920
10-hydroxyrhynchophylline 223
11-hydroxyrhynchophylline 223
25-hydroxy-rifabutin 2698
25-hydroxy-rifabutionl 2698
5*β*-hydroxyrichardianidin 1 736
16-hydroxyriptolide 845
16-hydroxyroquefortine 232
19-hydroxy-1(10),15-rosadiene 846
12a-hydroxyrotenone 1865
21-hydroxyrustmicin 2698
7-*β*-hydroxyrutaecarpine 190
hydroxysafflor yellow A 1755
2-hydroxysalignamine 349
2-hydroxysalignarine E 351
cis-4-hydroxysalsolinol 105
trans-4-hydroxysalsolinol 105
6-hydroxysalvinolone 844
(2*R*,3*R*)-13-hydroxysandalnol 629
ent-1*α*-hydroxysandaracopimara-8(14),15-diene 842
3*β*-hydroxysandaracopimaric acid 841
6-hydroxysandoricin 1144
9(*E*)-11-hydroxy-*α*-santalol 629, 692
8-hydroxy-santolina 401, 402
4-hydroxysaprorthoquinone 747
9*α*-hydroxysarcophine 2372
9*β*-hydroxysarcophine 2372
hydroxysattabacin 2982
2*β*-hydroxysaudinolide 720
2'-hydroxysavinin 2'-*O*-(2,3,4,6-*O*-tetraacetyl)-*β*-glucopyranoside 1402
3*β*-hydroxysclareolide 737
1*α*-hydroxy-9(11)-secodinosterol 2127
2-hydroxyseneganolide 1142
7*α*-hydroxysolidagolactone I 739
hydroxysordarin 2963
8-hydroxysparteine 167
(25*S*)-3*β*-hydroxyspirosta-3-*O*-*α*-L-rhamnpyranosyl-(1→2)-[*α*-L-rhamnopyranosyl-(1→4)]-*O*-*β*-D-glucopyranos-

ide 2091
1β-hydroxyspirostane-5,25(27)-dien-3β-yl-O-α-L-rhamnopyranosyl-(1→4)-β-D-glucopyranoside 2076
(25R)-3β-hydroxy-5α-spirostan-6-one 2066
5α-(25R)-6α-hydroxy-spirostan-3-one 2066
(25R)-3β-hydroxy-5α-spirostan-3β-ol-6-one-3-O-α-L-arabinopyranosyl-(1→4)-β-D-glucopyranoside 2075
(23S,25R)-23-hydroxyspirost-5-en-3β-yl-O-α-L-rhamnopyranosyl-(1→4)-β-D-glucopyranoside 2076
3-hydroxystaurosporine 2496
5'-hydroxystaurosporine 2871
22β-hydroxystellatogenin 1300
29-hydroxystelliferin D 2381
(2R)-hydroxystemofoline 28
(2S)-hydroxystemofoline 28
(2S)-24-hydroxystigmast-4-en-3-one 990
hydroxystrobilurin A 2982
2-β-hydroxysubergorgic acid 2370
18-hydroxysungucine 253
6'-O-(7α-hydroxyswerosyloxy)-loganin 452
6β-hydroxyswertiajaposide A 450
2α-hydroxyswietenolide 1142
12-hydroxytauranin 1916
3α-hydroxytauranin 1916
7-hydroxytaxodione 844
4-hydroxy-terpinen 410
3β-hydroxy-α-terpineol 411
3α-hydroxy-α-terpineol 411
7α-hydroxytomatine 340
6α-hydroxy-2α,5α,10β,14β-tetraacetoxy-4(20),11-taxadiene 849
(2S,3S,4R,5R,7E,11E)-2-{[(2R)-2-hydroxytetracosanoyl]amino}heptadeca-7,11-diene-1,3,4,5-tetrol 2187
(2S,3S,4R,8E)-2-[(2'R)-2'-hydroxytetracosanoyl]-8-(E)-octadecene-1,3,4-triol 2186
(2S,3S,4R,2'R)-2-(2'-hydroxytetracosanoylamino)pentacosacane-1,3,4-triol 2186
1-hydroxy-tetrahydrogeraniol 401
2-hydroxy-tetrahydrogeraniol 401
7-hydroxy-1,2,3,8-tetramethoxy-xanthone 1807
Z-4'-hydroxy-3',4,5',6-tetramethoxyaurone 1840
2'-hydroxy-2,3,4',6'-tetramethoxychalcone 1751
2'-hydroxy-2,3,4,4'-tetramethoxychalcone 1753
2'-hydroxy-2,3',4',6'-tetramethoxychalcone 1753
2'-hydroxy-3,4,4',5'-tetramethoxychalcone 1753
2'-hydroxy-3,4,4',6'-tetramethoxychalcone 1753
2'-hydroxy-4,4',5',6'-tetramethoxychalcone 1753
3'-hydroxy-2',4',5',6'-tetramethoxychalcone 1753
5-hydroxy-2',4',5',7-tetramethoxyflavone 1631
5'-hydroxy-3',4',7,8-tetramethoxyflavone 1631
5-hydroxy-4',6,7,8-tetramethoxyflavone 1631
3-hydroxy-3',4',5',7-tetramethoxyflavone 1676
(4E,6E,10E)-3-hydroxy-3,7,11,15-tetramethyl-1,4,6,10,14-hexadecapenten-13-one 715
(4E,6E,11Z)-3-hydroxy-3,7,11,15-tetramethyl-1,4,6,10,14-hexadecapenten-13-one 715
(4E,6E,10E)-3-hydroxy-3,7,11,15-tetramethyl-1,4,6,10-hexadecatetraen-13-one 715
7β-hydroxy-3,11,15,23-tetraoxolanosta-8,20E(22)-dien-26-oic acid methyl ester 988
23S-hydroxy-3,7,11,15-tetraoxolanosta-8,24E-diene-26-oic acid 988
8β-hydroxy-teucrolivin B 741
19-hydroxyteuvincenone F 845
3-hydroxythalifaboramine 147
1α-hydroxytirotundin 3-O-methyl ether 565
ent-18-hydroxytrachyloban-19-oic acid 916
ent-1α-hydroxytrachyloban-18-oic acid 962
ent-17-hydroxytrachyloban-18-oic acid 962
1β-hydroxy-2β,6R,12-triacetoxy-8β-(β-nicotinoyloxy)-9β-(benzoyloxy)-β-dihydroagarofuran 623
5α-hydroxy-9α,10β,13α-triacetoxytaxa-4(20),11-diene 849
2-(12-hydroxytridecanyl)-3-methoxy-4-quinolone 80
(2R)-2-hydroxy-N-[(2S,3S,4R,8E)-1,3,4-trihydroxy-pentadec-8-en-2-yl]heptacosanamide 2187
1-hydroxy-3,6,7-trimethoxy-8-methyl-anthraquinone 1901
6'-hydroxy-2',3',4'-trimethoxy-3,4-methylenedioxychalcone 1753
7β-hydroxy-6β-(3,4,5-trimethoxybenzoyloxy)-3α-[(E)-3,4,5-trimethoxycinnamoyloxy]tropane 53
2'-hydroxy-2,4,4'-trimethoxychalcone 1752, 1753
2'-hydroxy-3,4,5'-trimethoxychalcone 1753
3-hydroxy-2',4,4'-trimethoxychalcone 1753
2'-hydroxy-2,3,5'-trimethoxy-chalcone 1753
6'-hydroxy-2',3,4-trimethoxychalcone-4'-O-β-D-glucopyranoside 1754
2'-hydroxy-3',4',6'-trimethoxychlacone 1752
8-hydroxy-5, 6, 7-trimethoxycoumarin 1546
(−)-4'-hydroxy-5,7,3'-trimethoxyflavan-3-ol 1776
(2S)-5'-hydroxy-3',4',7-trimethoxyflavanone 1657
5-hydroxy-6,7,8-trimethoxyflavone 1630
5-hydroxy-6,7,4'-trimethoxyflavone 1632
(E)-9-hydroxy-2,6,10-trimethyl-3-((E)-3-methyl-5-oxopent-3-enyl)undeca-5,10-dien-2-yl acetate 2375
(E)-9-hydroxy-2,6,10-trimethyl-3-((Z)-3-methyl-5-oxopent-3-enyl)undeca-5,10-dien-2-yl acetate 2375
(1S*,2S*,4S*,5S*,6S*,8R*)-4-hydroxy-2,5,6-trimethyl-11-methylenetricycloundecan-3-one 692
(1S,5aS,9aS)-1-hydroxy-6,6,9a-trimethyl-4,5,5a,6,7,8,9,9a-octahydronaphtho[2,1-c]furan-3(1H)-one 2370
(3S,5aS,9aS)-3-hydroxy-6,6,9a-trimethyl-4,5,5a,6,7,8,9,9a-octahydronaphtho[2,1-c]furan-1(3H)-one 2370
2-O-[2-(5-hydroxy-2,6,6-trimethyl-3-oxo-2H-pyran-2-yl)-ethyl]bergaptol 1565
(3E,5E)-7-hydroxy-3,7,11-trimethyldodeca-1,3,5,10-tetraene 536
4β-hydroxy-11,12,13-trinor-5-eudesmen-1,7-dione 620
3β-hydroxy-20,29,30-trinorlupan-19-one 1300
15-hydroxytriptolidenol 845
(Z)-2-hydroxytritriacontan-2-ene-4,6-dione 2161
2-hydroxytritriacontan-4-one 2161
hydroxytyrosol 2214
3α-hydroxyuleuritolic acid 2β-p-hydroxybenzoate 1198
3β-hydroxy-18α,19α-urs-20-en-28-oic acid 1279
3α-hydroxy-13α-ursan-28-oic acid 1280
3α-hydroxy-13α-ursan-28,12β-olide 3-benzoate 1281
10'-hydroxyusambarensine 253
25β-hydroxyverazine 346
4β-hydroxyverazine 346
(1S,12S)-ent-1-hydroxyverticilla-3E,7E-dien-18-ol 746
9β-hydroxyvertine 165
9-hydroxyvirescenine 312
4'-hydroxywogonin 1631
trans-hydroxyxanthohumol 1755
12R-hydroxyyardenone 1350, 2383
2'-hydroxyzearalanol 2560
8'-hydroxyzearalanone 2560
(3α,15α,16α)-17-hydroxy-yohimban-16-carboxylic acid methyl ester 189
(3α,15α,16α,17α)-17-hydroxy-yohimban-16-carboxylic acid

methyl ester 189
(3α,15α,17α)-17-hydroxy-yohimban-16-carboxylic acid methyl ester 189
(3α,15α,16α,17α,20α)-17-hydroxy-yohimban-16-carboxylic acid methyl ester 190
(3α,15α,17α,20α)-17-hydroxy-yohimban-16-carboxylic acid methyl ester 190
(3α,16α,17α)-17-hydroxy-yohimban-16-carboxylic acid methyl ester 190
(3α,17α,20α)-17-hydroxy-yohimban-16-carboxylic acid methyl ester 190
(15α,17α,20α)-17-hydroxy-yohimban-16-carboxylic acid-methyl ester 190
2-hydroxy-yomogi 401
hymenocardine 381
hyoscyamine 52
hyosgerin 1524
hyousterone A 2592
hyousterone B 2592
hyousterone C 2592
hyousterone D 2592
hypaconitine 298
hyperinol A 1282
hyperinol B 1282
hyperoside 1677
hypolaetin-8-*O*-β-D-glucoside 1631
hyponine A 290
hyponine B 290
hyponine C 290
hypophyllanthin 1465
hypotrachynic acid 2222
hyptinin 1489
hyrcamine 359
hyrcanol 359
hyrcanone 359
hyrcatrienine 359
hyrtiazepine 237, 2493
hyrtinadine A 237
hyrtiomanzamine 2495
hyrtiosenolide A 632, 2369
hyrtiosenolide B 632, 2369
hythiemoside B 841
hyuganin A 1599
hyuganin C 1599
hyuganin D 1599
hyuganin E 1601
hyuganin F 1601
hyuganoside ⅢA 1532
hyuganoside ⅢB 1532
hyuganoside Ⅰ 1600

I

iandonol 1175
iandonone 1175
iandonoside A 1175
iandonoside B 1175
ibhayinol 624
ibogaine 232
ibogamine 201
ibogamine-16-carboxylicacid methyl ester 201
ibophyllidine 205
IC101 2823
IC202B 2823
IC202C 2823
icariin 1682
icariside-B_{10} 413
icariside E1 1530
icariside E2 1530
icariside E3 1531
icariside E5 1531
icariside E6 1530
icariside Ⅱ 1679
identifications stitosterol 6,7-dimethoxycoumarin 1528
α-D-idofuranose 2328
β-D-idofuranose 2328
α-D-idopyranose 2328
β-D-idopyranose 2328
iejimalide A 2653
iejimalide B 2653
iejimalide C 2653
(1,3,6-*O*-iferuloyl)-β-D-fructofuranosyl-(2→1)-α-D-glucopyranoside 2292
ikarisoside A 1679
ikarisoside B 1682
ikarisoside C 1683
ikarisoside D 1679
ikarisoside E 1683
ikarisoside F 1682
H-L-Ile-OH 2360
ileabethoxazole 2489
ilekudinol A 1281
ilekudinol B 1280
ilekudinoside K 1197
ilekudinoside L 1197
ilekudinoside M 1197
ilekudinoside N 1197
ilekudinoside O 1197
ilekudinoside P 1197
ilekudinoside Q 1197
ilekudinoside R 1197
ilekudinoside S 1197
illudin B 695
illudin C2 2769
illudin C3 2769
illudin F 695
illudin G 695
illudin H 695
illudin I 695
illudin I_2 695
illudin J_2 695
illudinic acid 695
5-{[(*E*)-3-(1*H*-imidazol-4-yl)-2-propenoyl]amino}pentaneoic acid 2487
1-imidazoyl-3-carboxy-6-hydroxy-carboline alkaloid 249
imperatorin 1565
E-imperatorin acid 1565
Z-imperatorin acid 1565
imperialine *N*-oxide 364
inamoside 407
incanone 845
incarvillateine 66
incarvillateine E 66
incarvine A 66
incarvine C 66
incensole 718
incensole-oxide 718
incisterot 2593
indaconitine 299
indaquassin C 1175
indaquassin X 1175

2'-(2*H*)inden-1'(3'*H*)-one-7,8-dihydro-4',5'-dimethoxy-6-meth yl-spiro-1,3-dioxolo[4,5-*g*]isoquinoline-5(6*H*) 134
rel-(2'*R*,3'*S*)-2'-(2*H*)inden-1'(3'*H*)-spiro-1,3-dioxolo[4,5-*g*] isoquinoline-5(6*H*)-one-7,8-dihydro-3'-hydroxy-4',5'-dimethoxy-6-methyl 134
2'-(2*H*)indene-1',3'-dione-7,8-dihydro-6-methyl-spiro-1,3-dioxolo[4,5-*g*]isoquinoline-5(6*H*) 134
2'-(2*H*)indene-1',3'-dione-7,8-dihydro-spiro-1,3-dioxolo[4,5-*g*]isoquinoline-5(6*H*) 134
indicanin A 1565
indicanine B 1600
indicine 44
indicolactone 1565
indocarbazostatin 2868
1*H*-indol-3-yl-acetate 177
6-(1*H*-indol-7-yl)-*N*,*N*-dimethylethanamine 178
1-(1*H*-indol-3-yl)ethanone 177
6-(1*H*-indol-7-yl)-*N*-methylethanamine 178
(1*H*-indol-3-yl)oxoacetamide 2492
(1*H*-indol-3-yl)oxoacetic acid methyl ester 2492
1*H*-indole 177
indolin-2-one 178
1-(indolin-1-yl)ethanone 177
indoline 177
indoline-2,3-dione 178
3-indolylcarbonyl α-L 3-rhamnopyranoside 2919
β-indomycinone 2558
inerminoside A 446
inerminoside A1 445
inerminoside B 445
inerminoside C 445
inerminoside D 445
ineupatorolide A 565
infuscatrienol 718
ingenamine F 2490
ingenamine G 2490
ingenol-3,20-dibenzoate 921
ingenol-20-myristinate 921
ingenol-3-myristinate 921
inkosterone 1945
inonotsulide A 986
inonotsulide B 986
inonotsulide C 986
inonotsutriol A 986
inonotsutriol B 986
inonotsutriol C 986
inostamycin B 2920
inostamycin C 2920
integerrimine 44
integrifoliodiol 2287
integriquinolone 79
interiotherin C 1507
interiotherin D 1507
Inulacappolide 564
1-iodine essien were 2171
9-iodion-camphor 430
6-iodo-9*H*-purine 376
iodocyclohexane 2173
iomurralonginol isovalerate 1547
(7β)α-ionol 407
(7α)α-ionol 407
ipolamiidic acid 446
ipomoeaxantihin A 1369
iridalglycoside 6b 1349
iridobelamal A 975, 1349
iridoid dimer of asperuloside and asperulosidic acid 450
iridolinarin A 450
iridolinarin B 450
iridolinarin C 450
iridolinaroside A 440
iridotectoral A 975
iriflophenone-2-*O*-α-L-rhamnopyranoside 1811
iriflorental 1348
iriomoteolide1a 2651
iriomoteolide1b 2651
iriomoteolide1c 2651
iripallidal 1348
irisgermanical A 1348
irisgermanical B 1348
irisgermanical C 1349
irisolidone 1738
irisoquin 1884
irisoquin A 1884
irisoquin B 1884
irisoquin C 1884
irisoquin D 1884
irisoquin E 1884
irisoquin F 1885
iritectol A 1349
iritectol B 1349
irpexan 3002
14,15-irpexanoxide 3003
iryantherin A 1403
iryantherin C 1403
iryantherin D 1403
iryantherin E 1403
iryantherin F 1500
iryantherin B 1532
iryantherin C 1532
iryantherin D 1532
iryantherin E 1532
iryantherin K 1532
iryantherin C tetraacetate 1403
iryantherin D tetraacetate 1403
iryantherin J pentaacetate 1402
iryantherin B pentaacetate 1402
iryantherin G pentaacetate 1402
iryantherin H pentaacetate 1402
iryantherin E triacetate 1403
iso azadironolide 1079
iso cryptoxanthin 1368
iso-dehydrodendrolasin 536
iso-drevogenin 1985
iso-echinofuran 2367
β-iso rhodomycinone 2771
isoaaptamine 2486
isoamericanoic acid A methyl ester 1524
isoamericanol A 1524
isoarboreol 1452
isoasarone 2286
isoaurone 1840
isobatzelline E 2493
isobavachalcone 1754
isobiorobin 1680
isobisdehydrostemocochinine 27
isoboldine 114
isobonducellin 1848
isobractatin 1810
(+)-α-isobromocuparene 2367
isobromodeoxytopsentin 2494
isobruceine B 1175
isobruceine B 1176

17-isobuthyloxy-18-hydroxy-kauran-19-oic acid 917
8*β*-isobutyloxy-14-oxo-(4*Z*)-acanthospermolide 565
isobutyraldehyde 2172
isobutyrul alkannin 1892
8-*O*-isobutyryl-9-*O*-acetylanthemolide B 631
isobutyryl chloride 2172
3*α*-(isobutyryloxy)nortropane 53
10*α*-isocamphane 430
10*β*-isocamphane 430
isocampheol 431
isocephalotaxine 27
isochaihulactone 1403
isochamigrene 625
isochromophiloneⅦ 2916
isochromophiloneⅧ 2916
isocordoin 1753
isocoronarin D 734
isocorydine 114
isocorynoxeine 223
isocostic acid 620
isocryptomerin 1871
isocyanide 2367
isocyclomorusin 1633
isocyclomulberrin 1633
isodaphnoretin 1615
isodelelatine 294
isodelphinine 298
isodemecolcine 15
isodeoxypodophyllotoxin 1489
isodibaricatic acid diacetate 2221
isodictamdiol 1145
isodiplamine 2489
isodisparfuran A 1561
isodivaricatic acid 2221
isodivaricatic aciddiacetate methyl ester 2221
isodoglutinosin A 914
isodoglutinosin B 919
isodojaponin A 918
isodojaponin B 918
isodojaponin C 847
isodojaponin D 847
isodojaponin E 847
isodysetherin 2365
isoechinofuran 630
isoelaeocarpicine 265
isoelaeocarpine 265
isoengeletin 1725
isoergotamine 243
isoerlangeafusciol 1563
isoesculeogenin A 339
isoethuliacoumarin A 1600
isoethuliacoumarin B 1600
isoeudistomin U 2493
isoeugenyl-*β*-gentiobioside 409
isoferprenin 1600
isoferulic acid 2214
6-*O*-isoferuloyl ajugol 441
10-*O*-*trans*-isoferuloylcatalpol 444
isofeterin 620
isoflavone-5,6,3',4'-tetrahydroxy-7-*O*-[*β*-D-glucopyranosyl-(1→3)-*α*-L-rhamnopyranoside] 1739
isofouquierone peroxide 1079
isofraxidin 1546
isogalcatin 1465
isogambogenic acid 1811
13-(*E*)-isogeoditin A 2381
isogeoditin A 2381
isogeoditin B 2381
isoginkgetin 1871
isogosferol 1566
isogravacridonechlorin 280
isogriseofulvin 2918
isoharringtonine 26
isohopeaphenol A 2277
isohydroxymatairesinol 1429
28-*nor*-isoiguesterin-17-carbaldehyde 1271
isoimperatorin 1564
isoindoline-1,3-dione 179
isoiridogermanal 1349
isojasminoside 452
isojaspic acid 2558
isojaspolyoside A 452
isojaspolyoside B 452
isojaspolyoside C 452
isokaempferide; 4',5,7-trihydroxy-3-dimethoxyflavone 1675
isokaerophyllin 1403
isokotanin A 1616
isokotanin B 1616
isokotanin C 1616
(+)-isolariciresinol 1465
(−)-isolariciresinol 3a-*O*-*β*-apiofuranosyl-(1→2)-*O*-*β*-glucopyranoside 1466
isolariciresinol dimethyl eher 1465
isolariciresinol dimethyl eher diacetate 1465
(+)-isolariciresinol-9'-*β*-glucopyranoside 1465
isolariciresinol-4'-methyl ether 1465
isolariciresinol-4-methyl ether 1465
isolariciresinol-4'-methyl ether triacetate 1465
isolariciresinol-4-methyl ether triacetate 1465
isolariciresinol triacetate 1465
seco-isolariciresinol trimethyl ether 1400
(+)-isolariciresnol 9'-*p*-coumarate 1465
isolemnalol 694
isoleontine 167
isolicoflavonol 1682
isolineolon-3-*O*-*β*-D-oleandropyranosyl-(1→4)-*β*-D-cymaropyranosyl-(1→4)-*β*-D-oleandropyranosyl-(1→4)-*β*-D-digitoxopyranoside 2025
isolineolon-3-*O*-*β*-D-oleandropyranosyl-(1→4)-*β*-D-digitoxopyranosyl-(1→4)-*β*-D-oleandropyranosyl-(1→4)-*β*-D-digitoxopyranoside 2025
isoliquiritigenin 1751
isoliquiritin 1754
isolushinin A 919
isolushinin B 918
isolushinin C 918
isolushinin D 918
isolushinin E 918
isolushinin F 918
isolushinin G 914
isolushinin H 914
isolushinin I 914
isolushinin J 914
isolyratol 402
isomaistemonine 27, 397
7-isomajdine 223
isomandapamate 851
isomarinone 2561
isomelacacidin 1777
neo-isomenthol 408
isomenthol 409
isomenthone 409

$\Delta^{6,12}$-isomer of 5,6-dehydro-7-hydroxyderivative of cytochalasin E 2694
$\Delta^{4(18)}$-isomer of eurycolactone E 981
cis-isomer of syringinoside 2289
(−)-isomicrocionin-1 2365
isomicrocionin-3 2365
isomigrastatin 2696
isomoreollin B 1811
isomotuporin A 2625
isomotuporin B 2625
isomotuporin C 2625
isomotuporin D 2625
isomulinic acid 851
isomultiflorenyl acetate 1199
isomundulinol 1726
isomurralonginol isovalerate 1544
(isonaamidinato B)(isonaamidinato D)zinc(Ⅱ) 2487
isonaamine B 2487
isonaamine C 2487
isoneorautenol 1856
isoneostemocochinine 27
isonopinol 432
isonopinone 432
isoobtusitin 1546
isoorientin 1632
isooxymaistemonine 27, 397
isooxypeucedanin 1565
isopalisol 568
isopalominol [13(*R**)-hydroxy-(1*R**,11*S**)-dolabella-3(*E*),7(*E*),12(18)-triene] 748
isoparguerol Ⅰ 920
isoparguerol Ⅴ 920
isoparguerol Ⅵ 920
12-isopentenyl-3-oxosalvipisone 747
(2*S*)-8-isopentenyl-2',5,7-trihydroxyflavanone 1658
isopichierenol 1348
isopichierenyl acetate 1348
(1*S*,2*S*,3*R*)-(+)-isopicrodeoxypodophyllotoxin 1489
isopicropodophyllone 1489
isopimara-8,15-dien-7*α*,18-diol 842
isopimara-8,15-dien-7*β*,18-diol 842
isopimara-8,15-dien-7*α*,18-diol diacetate 842
isopimara-8(14),15-diene-7-keto-2*α*-ol 841
isopimara-15-en-8*β*,19-diol 841
ent-8(14),15-isopimaradien-2-one 842
8(14),15-isopimaradiene-7*α*,18-diol 841
isopimar-15-en-3*β*,8*β*,19-triol 841
isopinocampheol 431
isopinocamphone 431
isopinoverbanol 431
isoplatydesmine 84
isopodophyllotoxone 1490
isopregomisin 1402
(4*Z*,8*S*,12*Z*,14*E*)-1-isopropyl-8,12-dimethyl-oxabicyclo[9.3.2]hexadeca-4,12,14-triene-9,18-dione 2372
1*α*-isopropyl-4*α*,8-dimethylspiro[4.5]dec-8-ene-2*β*,7*α*-diol 629
1*α*-isopropyl-4*α*,8-dimethylspiro[4.5]dec-8-ene-3*β*,7*α*-diol 629
(2*E*,6*E*)-3-isopropyl-6-methyl-10-oxoundeca-2,6-dienal 2366
15,16-isopropylidene-darutoside 841
18,19-*O*-isopropylidene-18,19-dihydroxy-isopimara-8(14),15-diene 841
3*α*,23-isopropylidenedioxyoelan-12-en-27-oic acid 1199
isoprosopinine A 66
isoprosopinine B 66
isoquercetin 1677
isoquercitroside 1677
isoquinoline 105
isoretamine 167
isorhamnetin 1676
isorhamnetin-3-*O*-*α*-L-[6'''-*p*-coumaroyl-*β*-D-glucopyranosyl-(1→2)-rhamnopyranoside] 1682
isorhamnetin-3-*O*-galactoside 1677
isorhamnetin-3-*O*-*β*-D-glucopyranoside-7-*O*-*α*-L-rhamnopyranoside 1680
isorhamnetin-3-*O*-*β*-D-glucopyranosyl-(1→2)-*α*-L-rhamnopyranoside 1680
isorhamnetin-3-*O*-rhamnopyranoside 1677
isorhamnetin-3-*O*-*β*-D-sophoroside-7-*O*-*α*-L-rhamnoside 1682
isorhapontigenin 2245
isorhynchophylline 223
isoriccardinquinone A 1884
isoriccardinquinone B 1884
(−)-isoroquefortine C 232
cis-isorotenone 1866
isosakuranetin 7-*O*-*β*-D-neohesperidoside 1658
isosakuranin 1658
isosamidin 1599
isosaraine-1 2490
isosaraine-2 2490
isosaraine-3 2490
isosarcophytoxide 719
isosativenetriol 2369
isoscutellarein-5-*O*-*β*-D-glucopyranoside 1632
isosenegalensein 1740
isosilvaglin A 1078
isosilybin A 1725
isosilybin B 1725
25-isosolafloridine 346
isosparteine 167
isospongiaquinone 1916
isosteviol 920
isosungucine 253
isosuspensolid F 440
isosuspensolide E 440
isotalatisidine 311
isoteuflidin 743
isotheaflavin-3'-gallate 1778
isothiocyanate 2367
(1*R*,6*S*,7*S*,10*S*)-10-isothiocyanato-4-amorphene 618
(2*R*,5*R*,10*S*)-2-isothiocyanato-6-axene 2368
2-isothiocyanato-6-axene 2368
(1*R**,6*R**,7*S**,10*S**)-10-isothiocyanatocadin-4-ene 2369
(1*S**,2*S**,5*S**,6*S**,7*R**,8*S**)-13-isothiocyanatocubebane 2369
(1*S**,2*S**,5*S**,6*S**,7*R**,8*S**)-13-isothiocyanatocubebane 692
neo-isothujol 429
isothujol 429
isothujone 429
isounedoside 441
3*β*-isovale-royloxycycloart-24-ene-1*α*,2*α*-diol 992
(+)-9'-isovaleroxylariciresinol 1431
7-isovaleroylcycloepiatalantin 1143
7-isovaleroylcycloseverinolide 1143
1-isovaleroyloxy-4-*O*-isobutyryleugenol 2286
isovaleryl alkannin 1892
(−)-2'-isovaleryloxy-1',2'-dihydroxanthyletin 1598
isovanillic acid 2212

isoverbanol 431
isoverbanone 431
isoverbascoside nonaacetate 2292
ent-isoverticillenol 746
isoverticine 362
isovibursinoside Ⅱ 440
isoviburtinoside Ⅲ 440
14-isovincine 213
Isovineridine 223
isovitexin 1632
isovoacangine 201
isovobtusine lactone 236
isowalsuranolide 1079
Δ^3-isowithanolide F 2124
isoxanthochymol 1811
isoxanthohumol 1658
isozeaxanthin 1368
IT-143-A 2869
IT-143-B 2869
IT-62-B 2769
itomanol 2370
itoside N 1634
izalpinin-3-methyl ether 1674

J

jaboticabin 2222
jamesoniellide H 720
jamesoniellide I 720
jamesoniellide J 720
japoangelol A 1565
japoangelol B 1565
japoangelol C 1565
japoangelol D 1565
japoangelone 1567
japonicin A 383
japonicin B 383
japonicone A 1754
jashemsloside A 446
jashemsloside B 447
jashemsloside C 447
jashemsloside D 447
jashemsloside E 447
jaslanceoside A 452
jaslanceoside B 452
jaslanceoside C 452
jaslanceoside D 452
jaslanceoside E 452
jaspolide A 1350, 2381
jaspolide B 1350, 2381
jaspolide C 1350, 2381
jaspolide D 1350, 2381
jaspolide E 1350, 2382
jaspolide F 1350, 2382
jaspolide G 2382
jaspolide H 2382
jaspolyanoside 452
jaspolyanthoside 453
jaspolyoleoside A 452
jaspolyoside 452
jaspolyside 451
jatropham 28
jatrorrhizine 121
javanicin K 1177
javanicin O 1177
javanicin R 1176
javanicin S 1177
javanicin T 1177
javanicin Z 1176
javanicolide C 1177
javanicolide D 1176
javanicoside B 1177
javanicoside C 1177
javanicoside D 1176
javanicoside E 1176
javanicoside F 1176
javanicoside I 1177
javanicoside J 1176
javanicoside K 1176
javanicoside L 1177
jayacanol 1725
jayantinin 1615
JBIR-25 2823
JBIR-27 2962
JBIR-28 2962
JBIR-54 2869
JBIR-88 1902
jenamidine A 2869
jenamidine B 2869
jenamidine C 2869
jerantinine H 205
jerantiphylline A 205
jerantiphylline B 205
jesaconitine 298
jinfushanoside B 987
jinfushanoside C 987
jinfushanoside D 987
jolantinine 147
jolkinol B 852
jolkinolide A 844
jolkinolide B 844
josamycin 2695
juglanin 1677
juglomycin Z 2769
juglorin 2769
jujubogenin3-*O*-*α*-L-arabinofuranosyl(1→2)-[2-*O*-(*trans*,*cis*) *p*-coumaroyl-*β*-D-glucopyranosyl(1→3)]-*α*-L-arabinopyranoside 1085
jujubogenin 3-*O*-*α*-L-arabinofuranosyl(1→2)-[*β*-D-glucopyranosyl-(1→3)]-*α*-L-arabinopyranoside 1085
jujubogenin 3-*O*-(5-*O*-malonyl)-*α*-L-arabinofuranosyl(1→2)-[*β*-D-glucopyranosyl(1→3)]-*α*-L-arabinopyranoside 1085
julolidine 166
junceellin A 743
junceellolide A 743
junceellolide B 743
junceellolide C 743
junceellolide D 743
junceellolide F 744
junceellolide G 743
junceellolide H 743
junceellolide I 743
juncin A 744
juncin C 744
juncin D 744
juncin E 744
jungermannenone A 919
jungermatrobrunin A 920
junipetroloside A 2287
jurubidine 340
juspurpurin 1490

justalakonin 1489
justicidin A 1490
justicidin B 1490
justin A 1400
justin B 1400
justin C 1400

K

K1115 a 2769
kadangustin H 1402
kadangustin I 1402
kadcoccilactone A 992
kadcoccilactone B 992
kadcoccilactone C 992
kadcoccilactone D 992
kadcoccilactone E 992
kadcoccilactone F 992
kadcoccilactone G 992
kadcoccilactone H 992
kadcoccilactone I 992
kadcoccilactone J 992
kadlongilactone A 991
kadlongilactone B 991
kadlongilactone C 991
kadlongilactone D 991
kadlongilactone E 991
kadlongilactone F 991
kadsulignan E 1506
kadsulignan F 1506
kadsulignan G 1506
kadsulignan H 1506
kadsulignan I 1506
kadsulignan J 1506
kadsuphilin A 1508
kadsurin A 1519
kaempferide 1674
kaempferitrin 1679
kaempferol 1674
kaempferol-3-*O*-*β*-(2"-acetyl)-galactopyranoside 1677
kaempferol-3-*O*-(6"-acetyl)-*β*-D-galactopyranoside 1677
kaempferol -3-*O*-*β*-D-apiofuranosyl-(1→2)-*α*-L-arabinofuranosyl-7-*O*-*α*-L-rhamnopyranoside 1681
kaempferol-3-*O*-[*β*-D-apiofuranosyl-(1'''→2")]-*β*-D-galactopyranoside 1679
kaempferol-3-*O*-*β*-D-apiofuranosyl-(1→4)-*α*-L-rhamnopyranosyl-7-*O*-*α*-L-rhamnopyranoside 1681
kaempferol-3-*α*-L-arabinopyranoside 1676
kaempferol-7-*O*-(6-*trans*-caffeoyl)-*β*-glucopyranosyl-(1→3)-*α*-rhamnopyranoside-3-*O*-*β*-glucopyranoside 1683
kaempferol-3-*O*-[2-*O*-(*trans*-*p*-coumaroyl)-3-*O*-*β*-D-glucopyranosyl]-*β*-D-glucopyranoside 1682
kaempferol-3-*O*-*α*-L-[6'''-*p*-coumaroyl-*β*-D-glucopyranosyl-(1→4)-rhamnopyranoside] 1683
kaempferol-3-*O*-*α*-L-[6'''-*p*-coumaroyl-*β*-D-glucopyranosyl-(1→2)-rhamnopyranoside]-7-*O*-*β*-D-glucopyranoside 1683
kaempferol-3-(2,3-di-*E*-*p*-coumaroyl-*α*-L-rhamnopyranoside) 1684
kaempferol-3,4'-diglucoside 1679
kaempferol-3,7-*O*-diglucoside 1679
kaempferol-3,4'-dimethyl ether 1675
kaempferol-3-*O*-galactoside 1677
kaempferol-3-gentiobioside 1679
kaempferol-3-*O*-*β*-D-glucopyranosyl-(1→2)-*α*-L-rhamnopyranoside 1679
kaempferol-3-*O*-*β*-D-glucopyranosyl-7-*O*-*α*-L-rhamnopyranoside 1679
kaempferol-3-*O*-[*β*-D-glucopyranosyl-(1→3)-*O*-*α*-L-rhamnopyranosyl-(1→6)-*O*-*β*-D- 1681
kaempferol-3-*O*-*β*-D-glucopyranosyl-(1→4)-*α*-L-rhamnopyranosyl-7-*O*-*α*-L-rhamnopyranoside 1681
kaempferol-3-*O*-*β*-D-glucoside 1677
kaempferol-3-*O*-(6"-malonylglucoside) 1677
kaempferol-3-*O*-neohesperidoside 1679
kaempferol-7-*O*-*α*-L-rhamnopyranoside 1677
kaempferol-3-*O*-*α*-L-rhamnopyranoside-7-*O*-[*α*-D-apiofuranosyl-(1→2)-*β*-D-glucopyranoside] 1681
kaempferol-3-*O*-*α*-L-rhamnopyranosyl-(1→6)-[(4-*O*-*trans*-*p*-coumaroyl)-*α*-L-rhamnopyranosyl-(1→2)]-(4-*O*-*trans*-*p*-coumaroyl)-*β*-D-galactopyranoside 1684
kaempferol-3-*O*-*α*-L-rhamnopyranosyl-(1→2)-*β*-D-galactopyranoside 1680
kaempferol-3-*O*-*α*-rhamnopyranosyl-(1→2)-*β*-glucopyranoside-7-*O*-*α*-rhamnopyranoside 1681
kaempferol-3-*O*-*β*-(2"-*O*-*α*-L-rhamnopyranosyl)-glucuronide 1679
kaempferol-3-*O*-sambubioside 1679
kaempferol-3-*O*-*β*-D-sophoroside-7-*O*-*α*-L-rhamnoside 1681
kaempherol 3-*O*-*β*-glucuronide 1677
kaerophyllin 1402
kahakamide A 2493
kahakamide B 2493
kahalalide R 2625
kahalalide S 2625
kahiricoside Ⅱ 992
kahiricoside Ⅲ 992
kahiricoside Ⅳ 992
kahiricoside Ⅴ 993
kainic acid 28
kakisaponin A 1281
kakkanin 1739
kalambroside A 1680
kalambroside B 1680
kalambroside C 1680
kalidiumoside C 1199
kalidiumoside D 1198
kalidiunin 1198
kamebacetal A 919
kamebacetal A 919
kamebakaurin 913
kamebanin 914
kanaitzensol 627
kanshone F 695
kanshone G 695
kansuenin 441
kansuenoside 444
kansuinin D1
kanzonol W 1796
kanzonol X 1796
kapakahine A 2624
kapakahine B 2624
kapakahine C 2624
kapakahine D 2624
karakoline 315
karalicin 2981
karatavicinol 1544
karatavicinol; 6',7'-dihydro, 6',7-dihydroxy 1544
karatavicinol; 10-ketone 1544
karavilagenin A 986
karavilagenin B 986

karavilagenin C 986
ent-2,3-*seco*-kaur-16-en-2,3-dioic acid 848
ent-kaur-15-en-3b,17-diol-2-one 915
ent-kaur-16-en-19-oic-13-*O*-*β*-D-glucoside 916
ent-kaur-15(16)-en-19→20-olide 915
ent-kaur-16 (17)-en-19→20-olide 915
ent-kaur-15-en-20,19-olide 919
ent-kaur-16-en-20,19-olide 919
ent-9(11),16-kauradiene-12,15-dione 914
(16*R*)-*ent*-kauran-17,19-diol 916
(16*S*)-*ent*-kauran-17,19-diol 916
ent-kauran-16*β*,17-diol 916
ent-kaurane-3-oxo-16*α*-17-diol 916
kealiinine A 2486
keenamide A 2624
keenamide A 383
kenusanone A 1747
kenusanone G 1746
keramadine 25
keramaphidin B 2490
ketalprandiol 1564
1-keto-aethiopinone 1892
23-keto-cladiellin-A 2590
3-keto-drimenol 619
3-keto-22-*epi*-28-*nor*-cathasterone 1944
4-keto-4′-hydroxydiatoxanthin 1368
3-keto-4-hydroxysaprorthoquinone 747
2-keto-19-hydroxyteuscordin 743
31-keto-12,34-oxa-32,33-dihydroircinal A 2495
6-keto-teuscordin 742
3-ketoadociaquinone A 1892
3-ketoadociaquinone B 1892
4-ketoantheraxanthin 1367
21-ketobetulinic acid 1300
4-ketodeepoxyneoxanthin 1368
7-ketologanic acid 445
16-ketopetuniasterone A 7-acetate 2132
16-ketopetuniasterone D 7-acetate 2132
3-ketotauranin 1916
khayanolide D 1141
khayanolide E 1142
khayanoside 1143
khekadaengoside A 989
khekadaengoside B 989
khekadaengoside C 989
khekadaengoside D 989
khekadaengoside E 989
khekadaengoside F 989
khekadaengoside G 989
khekadaengoside H 989
khekadaengoside I 989
khekadaengoside J 989
khekadaengoside K 989
khekadaengoside L 989
khekadaengoside M 987
khekadaengoside N 987
(+)-*cis*-khellactone 1599
(+)-*cis*-khellactone 1599
(+)-*trans*-khellactone 1599
3'(*R*)4'(*R*)-khellactone-3'-(hydrogen sulphate), potassium salt 1599
khelmarin A 1614
khelmarin B 1614
khonklonginol A 1725
khonklonginol B 1725
khonklonginol C 1725
khonklonginol D 1725
khonklonginol E 1725
khonklonginol F 1683
khonklonginol G 1659
khonklonginol H 1659
kickxin 450
kijimicin 2918
kinamycinc 2765
kiritiquinone 1885
kiritiquinone diacetate 1885
kiritiquinone dimethyl ether 1885
kitamycin A 2695
(–)-klugine 136
klysimplexin A 2379
klysimplexin B 2379
klysimplexin C 2379
klysimplexin D 2379
klysimplexin E 2380
klysimplexin F 2380
klysimplexin G 2380
klysimplexin H 2380
klysimplexin sulfoxide A 2380
klysimplexin sulfoxide B 2380
klysimplexin sulfoxide C 2380
klyxumine A 2379
klyxumine B 2379
(+)-kobusin 1451
kobutimycin A 2869
kobutimycin B 2869
kodaistatin A 2918
kolavenic acid 739
komodoquinone A 2559
komodoquinone B 2559
konbu'acidin B 2491
koniamborine 249
kopetdaghin A 537
kopetdaghin B 537
kopetdaghin C 537
kopetdaghin D 537
kopetdaghin E 539
kopsidarine 205
kopsiloscine G 205
kopsimaline F 205
kopsiyunnanine G 205
kopsiyunnanine H 205
korberin A 742
korberin B 741
korolkoside 453
korundamine A 136
korupensamine A 139
korupensamine B 139
korupensamine C 139
korupensamine D 139
kosamol A 1726
kosamol M 1726
kottamide A 2493
kottamide B 2493
kottamide C 2493
krempene A 2593
krempene B 2593
krempene C 2593
krempene D 2593
krukovine A 1197
krukovine B 1280
krukovine C 1197
krukovine D 1280

krukovine E 1280
KSM-2690B 2869
kuanoniamine A 2488
kuanoniamine B 2489
kuanoniamine D 2489
kuguacin A 986
kuguacin B 986
kuguacin C 986
kuguacin D 986
kuguacin E 989
kuhistanol D 538
kuhistanol G 538
kuhistanol H 538
kumatakenin 1675
kumatakillin 1675
kuraridin 1754
kuraridinol 1755
kurarinol 1659
kurarinone 1659
kurchinin 1927
kurilensin A 1632
kurilensin B 1632
kurilensoside A 2590
kurilensoside B 2590
kurilensoside C 2590
kurilensoside D 2590
kuromanin 1800
kurubasch aldehyde 567
kurubasch aldehyde benzoate 567
kushecarpin A 1856
kushecarpin B 1856
kushecarpin C 1856
kushenin 1856
kushenol A 1659
kushenol B 1659
kushenol C 1683
kushenol D 1754
kushenol H 1725
kushenol I 1725
kushenol K 1725
kushenol L 1725
kushenol N 1725
kushenol P 1659
kushenol Q 1659
kushenol R 1658
kushenol S 1658
kushenol T 1659
kushenol U 1659
kushenol V 1658
kushenol W 1658
kushenol X 1725
kusol 82
kuwanon I (3"*S*) 1754
kuwanon J (3"*R*) 1754
kuwanon Q 1754
kuwanon R heptamethyl ether 1754
kynapcin-12 2981
kynapcin-13 2918
kynapcin-28 2918

L

L-687,781 2676
labda-12,14-dien-6*β*, 7*α*, 8*β*, 17-tetrol 734
(+)-labda-8(17),14-diene-10*R**,13*S**-diol 734
(+)-labda-8(17),14-diene-9*R**,13*S**-diol 734
labda-8(17),11,13-trien-15(16)-olide 734
labda-8(17),12*E*,14-triene-2*R*,18-diol 734
labd-7-en-12-acetyl-17-oic acid methyl ester 736
labd-7-en-15,17-dioic acid dimethyl ester 732
labd-7-en-6*α*,15-diol-17-oic acid methyl ester 732
labd-8-en-7-oxo-15-ol 736
ent-14-labden-8*α*,13*α*-diol 19-*O*-*β*-D-glucopyranoside 733
ent-14-labden-8*β*,13*α*-diol 19-*O*-*β*-D-glucopyranoside 733
ent-14-labden-8*β*,18-diol 13*α*-*O*-*β*-D-glucopyranoside 733
ent-14-labden-8*α*,18-diol 13*α*-*O*-*β*-D-glucopyranoside 733
ent-14-labden-8*β*,19-diol 13*α*-*O*-*β*-D-glucopyranoside 733
ent-14-labden-8*α*,19-diol 13*α*-*O*-*β*-D-glucopyranoside 733
ent-14-labden-8*β*,19-diol 13*α*-*O*-[*β*-D-quinovopyranosyl-(1→2)-*α*-L-rhamnopyranoside] 733
ent-14-labden-3*β*,8*β*-diol 13*α*-[*O*-*β*-D-quinovopyranosyl-(1→2)-*α*-L-rhamnopyranoside] 732
ent-14-labden-8*β*,19-diol 13*α*-*O*-*α*-L-rhamnopyranoside 733
ent-14-labden-8*β*-ol 13*α*-*O*-*β*-D-glucopyranoside 732
ent-14-labden-8*β*-ol-19-acetyl 13*α*-*O*-[2,3,4-tri-*O*-acetyl-*β*-D-quinovopyranosyl-(1→2)-3,4-di-*O*-acetyl-*α*-L-rhamnopyranoside] 733
ent-14-labden-8*β*-ol 13*α*-*O*-*β*-D-glucopyranosyl-19-*O*-*α*-L-rhamnopyranoside 733
ent-14-labden-8*β*-ol 13*α*-*O*-[*β*-D-quinovopyranosyl-(1→2)-3-*O*-acetyl-*α*-L-rhamnopyranosyl]-19-O-*α*-L-rhamnopyranoside 733
ent-14-labden-8*β*-ol 13*α*-*O*-[-D-quinovopyranosyl-(1→2)-*α*-L-rhamnopyranosyl]-19-O-*α*-L-rhamnopyranoside 733
ent-14-labden-8*β*-ol 13*α*-*O*-*α*-L-rhamnopyranosyl-19-*O*-*α*-L-rhamnopyranoside 733
ent-14-labden-8*β*-ol 13*α*-*O*-[2,3,4-tri-*O*-acetyl-*β*-D-quinovopyranosyl-(1→2)-3,4-di-*O*-acetyl-*α*-L-rhamnopyranosyl]-19- *O*-2,3,4-tri-*O*-acetyl-*α*-L-rhamnopyranoside 733
labd-7-en-15-ol-17-oic acid methyl ester 732
labd-7-en-6-oxo-15,17-dioic acid methyl ester 732
labd-8-en-7-oxo-15-oic acid methyl ester 736
labiatamide A 745
labiatamide B 745
labiatins A 745
labiatins B 745
labiatins C 745
laccaridione A 2918
laccaridione B 2918
lachnumfuran A 2918
lachnumlactone A 2918
lachnumon B1 2769
lachnumon B2 2769
lactapiperanol A 695
lactapiperanol B 695
lactapiperanol C 695
lactapiperanol D 695
lactimidomycin 2695
lactonamycin Z 2769
lactone of muzigadial 620
lactucenyl acetate 1300
ladanein 1632
lagesianine B 114
lagesianine C 115
lagesianine D 115
lakoochin A 2246
lakoochin B 2246
lamalboside 2292
lamellarin B 20-sulfate 2492
lamellarin C 20-sulfate 2492

lamellarin E 2492
lamellarin F 2492
lamellarin G 2492
lamellarin G 8-sulfate 2492
lamellarin H 2492
lamellarin L 20-sulfate 2492
lamellarin T 2492
lamellarin W 2492
lamellarin Z 2492
lamellarinT 20-sulfate 2492
lamellarinU 20-sulfate 2492
lamellarin-ζ 2491
lamellarin-η 2491
lamiide 2292
lamiidic acid 446
(*Z*)-lanceol 560
lanceolarin 1738
lancerin 1808
lancifodilactone I 991
lancifodilactone J 991
lancifodilactone K 991
lancifodilactone L 991
lancifodilactone M 991
lancifodilactone N 991
lancilactone A 1349
lancilactone B 1349
lancilactone C 1349
landomycin A 2769
landomycin B 2769
landomycin C 2769
lanicepomine A 630
lannotinidines H 165
lannotinidines I 165
lannotinidines J 165
lanopylin A_1 2869
lanopylin B_1 2869
lanost-9(11),23*Z*(24)-diene-3*β*,25-diol 985
lanost-9(11),25-diene-3*β*,24*β*-diol 985
lanost-9(11)-en-18-oic acid 2383
lanosta-8,24-diene-3*β*,15*α*,21-triol 986
lanosta-8-en-3,29-diol-23-oxo-3,29-disodium sulfate 985
(23*R*,25*R*)-3,4-*seco*-17,14-*friedo*-9*βH*-lanosta-4(28),6,8(14)-trien-26,23-olid-3-oic acid 990
5*α*-lanosta-7,9(11),24-triene-3*β*-hydroxy-26-al 985
5*α*-lanosta-7,9(11),24-triene-15*α*-hydroxy-3-one 985
3,4-*seco*-4(28),7,24-lanostatrien-26,23-olide-23-hydroxy-3-oic acid 990
lansionic acid 1349
lansiumarin A 1566
lansiumarin C 1566
lantabetulal 1299
lantalucratin A 1891
lantalucratin B 1891
lantalucratin C 1891
lantalucratin D 1891
lantalucratin E 1891
lantalucratin F 1891
lantanoic acid 1197
lantanoside 449
lapathoside A 2291
lapathoside B 2291
lapathoside C 2291
lapathoside D 2291
lappaconidine 315
lappaconine 315
lappaconitine 305
lappaol F 1404
7*S*,8*R*,8'*R*-(−)-lariciresinol-4,4'-bis-*O*-*β*-D-glucopyranoside 1429
(+)-lariciresinol 9'-caffeinate 1429
(+)-lariciresinol 9'-*p*-coumarate 1429
lariciresinol triacetate 1431
larreantin 1892
larreatricin 1430
larreatridenticin 1430
lasallic acid 2222
laserine 2286
lasianthin 740
lasinanthoside A 2022
lasinanthoside B 2010
lasiocarpine 44
lasiodine A 381
lasiodine B 381
lasiodonin 918
lateritin 2869
latisxanthone A 1810
latisxanthone C 1810
latrunculins B 2652
laughine 25
laureliopsine A 108
laur-11-en-2,10-diol 624
laur-11-en-1,10-diol 625
laur-11-en-10-ol 625
laurenquinone A 1902
laurenquinone B 1902
laurentinol 1676
laurentixanthone A 1809
laurentixanthone B 1807
laurokomurene B 2368
laurokomurenene A 2368
lauroside A 568
lauroside B 568
lauroside C 568
lauroside D 568
lauroside E 568
laurycolactone A 981
laurycolactone B 982
laustrosmoside 452
lavandulol 401
lavanduquinocin 2869
lawinal 1657
lawsone (2-hydroxy-1,4-naphthoquinone) 1891
laxogenin-3-*O*-{*O*-[2-*O*-acetyl-*α*-L-arabinopyranosyl]-(1→6)-*β*-D-glucopyranoside} 2074
leachianone F 1660
leachianone G 1658
lecanoric acid 2221
lehmannolol 620
lehmbachol B 2260
lehmbachol C 2260
lehmbachol D 2260
leiodolide A 2653
leiodolide B 2653
leitneridanin B 571
lemnabourside 746
lemnafricanol 2366
lemnal-1(10)-ene-2,12-dione 627
lemnalol 694
lemnaloside A 747
lemnaloside B 747
lemnaloside C 747
lemnaloside D 747

lemuninol A 1892
leoheteronone A 736
leoheteronone B 736
leoheteronone C 736
leoheteronone D 736
leoheteronone E 736
leonubiastrin 844
leonurine 374
leonurine hydrochloride 23
lepadiformine A 2486
lepadiformine B 2486
lepadiformine C 2486
lepadin A 2486
lepadin B 2486
lepadin C 2486
leptaculatin 1999
leptocladol A 630
leptocladol B 630
leptodienone A 2371
leptodienone A 719
leptodienone B 2371
leptodienone B 719
leptogorgolide 2374
leptolepisol C 1500
leptomycin A 2918
leptomycin B 2918
leptosin G 2496
leptosin G_1 2496
leptosin H 2496
leptosin K 2496
leptosin K_1 2496
leptosin K_2 2496
leptosphaepin 17
lespeflorin A_1 1659, 1725
lespeflorin A_2 1658, 1725
lespeflorin A_3 1660
lespeflorin A_4 1659
lespeflorin B_1 1725
lespeflorin B_2 1725
lespeflorin B_3 1725
lespeflorin B_4 1725
lespeflorin C_1 1771
lespeflorin C_2 1771
lespeflorin C_3 1771
lespeflorin C_4 1771
lespeflorin C_5 1771
lespeflorin C_6 1771
lespeflorin C_7 1755, 1771
lespeflorin D_1 1747
lespeflorin E_1 1795
lespeflorin G_1 1855
lespeflorin G_2 1855
lespeflorin G_3 1855
lespeflorin G_4 1855
lespeflorin G_5 1855
lespeflorin G_6 1855
lespeflorin G_7 1855
lespeflorin G_8 1855
lespeflorin G_9 1855
lespeflorin G_{10} 1855
lespeflorin G_{11} 1856
lespeflorin G_{12} 1856
lespeflorin H_1 1856
lespeflorin H_2 1856
lespeflorin I_1 1856
lespeflorin I_2 1856
lespeflorin I_3 1856
lespeflorin J_1 1856
lespeflorin J_2 1856
lespeflorin J_3 1856
lespeflorin J_4 1856
lethedioside A 1632
lethedioside B 1632
lethedocin 1632
lethedoside A 1632
lethedoside B 1632
lethedoside C 1632
H-L-Leu-OH 2360
leucasdine A 736
leucasdine B 736
leucasdine C 842
leucastrin A 990
leucastrin B 990
leucettamine B 2487
(+)-leucocyanidin-3',4',5,7-tetramethyl ether 1777
leucol 78
leuconicine A 205
leuconicine B 205
leuconicine C 205
leuconicine D 205
leuconicine E 205
leuconicine F 205
leuconicine G 205
leuconoxine 224
leucophleol 841
leucophleoxol 841
leucosceptrine 968
leucosceptroid A 968
leucosceptroid B 968
leucosceptroid C 968
leucosceptroid D 968
leucosesterlactone 968
leucosesterterpenone 968
leucoside 1679
leucosolenamine A 374, 2487
leucosolenamine B 374, 2487
leucoxol 842
leurosidine 253
leurosine 253
libocedrine A 629
libocedrine B 629
libocedrine C 629
libocedrine D 620
licarin A 1500
licarin B 1500
licoagrochalcone A 1754
licochalcone A 1754
licochalcone E 1754
licoflavone B 1633
licoflavone C 1634
licofuranocoumarin 1565
liensinine 147
(8*Z*)-ligstroside 452
ligucyperonol 623
ligudentatol 623
liguducin A 620
liguducin B 630
ligujapone 623
ligulactone A 629
ligulactone B 629
lihouidine 2491
lihsienin A 919

(–)-limacine 147
limaquinone epoxide 620
limbatenolide D 852
limbatenolide D 852
limbatolide A 738
limbatolide B 738
limbatolide C 738
limettin 1546
limonene 411
limonoate A-ring lactone 977
lin-2-oleic acid 2148
(+)-(6)-linalyl-7-hydroxycoumarin 1546
linarin 1632
linarionoside A 407
linarionoside B 407
linarionoside C 407
lincomycin 2867
(+)-linderadine 567
linderaline 115
linderane 567
lindernioside A 1203
lindernioside B 1203
lindleyanin 1567
linearilin 315
linearilobin 306
linearoside 445
lineolon-3-*O*-*β*-D-oleandropyranosyl-(1→4)-*β*-D-digitoxopyranosyl-(1→4)-*β*-D-oleandropyranosyl-(1→4)-*β*-D-digitoxopyranoside 2025
lineolon-3-*O*-*β*-D-oleandropyranosyl-(1→4)-*β*-D-digitoxopyranosyl-(1→4)-*β*-D-olivopyranosyl-(1→4)-*β*-D-digitoxopyranoside 2025
lingshuiolide A 2365
lingshuiolide B 2365
lingshuiperoxide 2365
linocinnamarin 2290
linusitamarin 2290
lipohexin 2824
lippidulcine A 560
lippidulcine B 560
lippidulcine C 560
lippioside Ⅰ 446
lippioside Ⅱ 446
liquiritigenin 1657
liquiritigenin 7-methyl ether 1657
lirinidine 114
lissoclinamide 4 2623
lissoclinamide 5 2623
lissoclinamide 6 2623
lissoclinamide 7 2623
Lithium 2-methyl-1-phenylprop-1-en-1-olate 2286
litophynin E 2379
litophynin H 2379
litophynin I monoacetate 745, 2379
litophynol A 745, 2379
litophynol B 745, 2379
litophynol E 745
litophynol H 745
litseagermacrane 562
litseahumulane A 567
litseahumulane B 567
LL-F28429r 2695
LMC-1 2184
LMC-2 2183
LMC-3 2185
LMC-4 2185
LMC-5 2186
LMC-6 2186
LMG-1 2187
lobatin D 563
lobocrassolide 2372
lobomichaolide 2372
lobophynin B 719
lobophynin C 719
lobophynin C 719
lobophynins A 718
lobophynins C 2372
lobophytolide A 2373
lodopyridone 84
lofoline 168
loganic acid-6'-*O*-*β*-D-glucoside 445
lokysterolamine A 2491
loliolide 412
loloatin A 2624
loloatin B 2624
loloatin C 2624
loloatin D 2624
(3'*R*)-lomatin-3'-(hydrogen sulphate) potassium salt 1599
(+)-lomatin/xanthogalol 1599
lonchophylloid A 841
lonchophylloid B 841
longeracinphyllin A 265
longeracinphyllin A 334
longeracinphyllin B 265
longeracinphyllin B 334
longikaurin F 918
longipedlactone J 991
longipedunin A 1507
longipedunin B 1507
longipin-2-ene-7*β*,8*α*,9*α*-triol-1-one 8-angelate-9-methyl-butyrate 695
longipin-2-ene-7*β*,8*α*,9*α*-triol-1-one 8,9-diangelate 695
longipinane-7*β*,8*α*,9*α*-triol-1-one 7-angelate-8-methyl-butyrate 695
longispinogenin 3,16-di-*O*-*β*-D-glucopyranoside 1200
longithorol C 2561
longithorol D 2561
longithorol E 2561
loniceracetalide A 450
loniceracetalide B 450
lophocladine A 2485
lophocladine B 2485
lophodiol A 2375
lophodiol B 2375
lotoidoside A 1340
lotoidoside B 1340
lotoidoside C 1340
lotusine B 382
lotusine C 382
lotusine D 382
lotusine E 382
lotusine F 382
lotusine G 382
loureiriol 1848
lsodauc-7(14)-en-6*α*,10*β*-diol 630
luanchunin A 919
luanchunin B 848
lucensomycin 2696
lucialdehyde A 985
lucialdehyde B 987
lucialdehyde C 987

lucialdehyde D 988
lucidenic acid P 988
lucidin ω-ethyl ether 1901
lucidin primeveroside 1903
lucidusculine 319
luisol A 2560
luisol B 2560
luminacin A1 2676
luminacin A2 2676
luminacin B1 2676
luminacin B2 2676
luminacin C1 2676
luminacin C2 2676
luminacin D 2676
luminacin E1 2676
luminacin E2 2676
luminacin E3 2676
luminacin F 2676
luminacin G1 2676
luminacin G2 2676
luminacin H 2676
lunacridine 79, 84
lunatin 2561
lungshengenin B 916
lungshengenin C 914
lungshengenin D 919
lungshengenin E 916
lungshengenin F 913
lungshengenin G 913
lup-20(29)-3,6-dioxo-27,28-dioic acid 1299
lup-19(21)-en-3β-yl acetate 1300
lup-20(29)-ene 1298
3'α-[lup-20(29)-ene-28-ol-3β-oxy]dihydronepetalac 1300
lupane 1299
lupanine 167
lupenone 1299, 1301
lupeol caffeate 1300
lupeol 3-*O*-*trans*-hydroxycinnamoyl ester 1302
(20*R*)-lupane-3β,29-diol 1300
(20*S*)-lupane-3β,29-diol 1300
lupinifolinol 1725
lupinine 165
lupulinoside 447
lushanrubescensin A 913
lushanrubescensin B 913
lushanrubescensin F 919
lushanrubescensin G 919
lushanrubescensin H 847
lushanrubescensin I 847
lutein A 1367
luteolin 1632
luteolin-6-*C*-α-arabinofuranosyl- (1→2)-α-L-rhamnopyranoside 1632
luteolin-6-*C*-α-arabinofuranosyl-(1→2)-β-D-xylopyranoside 1632
luteolin-6-*C*-(6"-*O*-*trans*-caffeoylglucoside) 1634
luteolin-7-*O*-[4"-*O*-(*E*)-coumaroyl]-β-glucopyranoside 1634
luteolin-3',7-dimethyl ether 1632
luteolin-7-*O*-β-D-glucopyranosiduronic acid-(1→2)-β-D-glucopyranoside 1632
luteolin-7-*O*-β-D-glucoside 1632
luteolin 3'-glucuronyl acid methyl ester 1633
luteolin-7-*O*-sophoroside 1632
luteoside A 2292
luteoside A undecaacetate 2292
luteoside B 2292
luteoside B undecaacetate 2292
luteoside C 2292
luteoside C decaacetate 2292
lutern 1368
luvungin A 1081
luvungin B 1081
luvungin C 1081
luvungin D 1081
luvungin E 1081
luvungin F 1081
luvungin G 1081
luzofuran 568
luzonenone 568
luzonensin 568
luzonensol 568
luzonensol acetate 568
luzonoid A 440
luzonoid B 440
luzonoid C 441
luzonoid D 441
luzonoid E 440
luzonoid F 440
luzonoid G 440
luzonoside A 440
luzonoside B 440
luzonoside C 448
luzonoside D 448
lycernuic acid A 1348
lycernuic acid B 1348
lycernuic acid C 1348
lycernuic acid D 1348
lycernuic acid E 1348
lycernuic ketone A 1348
lycernuic ketone B 1348
lycernuic ketone C 1348
lychnostatin 1 564
lychnostatin 2 564
lycodoline 168
lycofoline 165
(9*Z*)-lycopene 1369
(13*Z*)-lycopene 1369
lycoperine A 82
lycoperoside F 339
lycopodine 168
lycoranine A 157, 265
lycoranine B 157, 265
lycorenine 396
lycoricidine 83
lycoricidinol 83
(−)-lycorine 264
lyfoline 165
lyngbyabellin A 2624
lyngbyastatin 4 2625
lyngbyastatin 5 2625
lyngbyastatin 6 2625
lyngbyastatin 7 2625
(+)-lyoniresinol 3a-*O*-β-glucopyranoside 1465
lyoniside 1465
lyratol 402
lyratol C 621
H-L-Lys-OH 2360
lysionotin 1632
lysionotoside 2292
(3*S*,5*S*,6*R*,3'*R*,6'*R*)-lytein-5,6-epoxide 1367
lythridine 165
lythrine 165

α-D-lyxofuranose 2327
α-D-lyxopyranose 2327
β-D-lyxopyranose 2327

M

M-13-1 2769
M-3 2769
M-4 2769
ma'edamine A 2487
ma'edamine B 2487
maackiain 1856
macarangin 1683
macedonine 441
machaeriol A 2246
machaeriol B 2246
machaeroceric acid 1199
machilin C 1531
machilin D 1531
machilin E 1531
maclekarpine A 152
maclekarpine B 152
maclekarpine C 152
maclekarpine D 152
maclekarpine E 152
(+)-macralstonidine 237
macralstonine 253
macrocalyxin D 914
macrocarp-11(15)-en-8-ol 692
macrodaphniphyllamine 265, 331
macrophyllosaponin A 994
macrophyllosaponin B 994
macrophyllosaponin C 994
macrophyllosaponin D 994
macrophylloside 448
macropodumine J 265, 331
macropodumine K 265, 331
macrosphelide C 2696
macrosphelide D 2696
macrosphelide J 2696
macrosphelide L 2696
macrosphelide K 2696
macroyesoenline 322
madolin U 563
madolin X 563
magdalenic acid 746
magnaldehyde B 1531
magnaldehyde C 1531
magnaldehyde D 1531
magnaldehyde E 1531
magnatriol B 1531
magnesidin A 2869
magnocurarine 108
magnoflorine 114
(+)-magnoliadiol 1467
magnolignan A 1531
magnolignan B 1531
magnolignan C 1531
magnolignan D 1531
magnolignan F 1531
magnolignan G 1532
magnolignan H 1532
magnolignan I 1532
magnolin 1451
magnolone 1429
magnone A 1429
magnone B 1429
magnovatin A 1404
magnovatin B 1404
mahonin 1144
majdine 223
majusculamide C 2624
makinin 845
malabanone A 1349
malabanone B 1349
malaccol 1866
malacosterone 1945
malanolide E 1598
malbranicin 2769
maldoxin 2234
maldoxone 2234
malevamide A 2625
malevamide B 2625
malevamide C 2625
malfilanol A 2962
malfilanol B 2962
malleastrone A 1144
malleastrone B 1144
malleastrone C 1144
malolactomycin C 2696
malolactomycin D 2696
7-*O*-(6'-*O*-malonyl)-cachinesidic acid 446
malonylniphimycin 2697
maltophilin 2696
malvidin-3-*O*-β-D-glucopyranoside-5-*O*-β-D-(6-*O*-acetylglucopyranoside) 1800
malycorin A 266
malycorin B 165
malycorin C 165
mammea A/AA methoxycyclo F 1562
mammea A/AB cyclo D 1599
mammea A/AB cyclo E 1600
mammea A/AB cyclo F 1562
mammea A/BA cyclo F 1562
mammea A/BB cyclo F 1562
mammea A/BC cyclo F 1562
mammea B/BA cyclo F 1562
mammea B/BA hydroxycyclo F 1562
mammea B/BB cyclo D 1598
mammea D/BA cyclo D 1598
mammea D/BB cyclo D 1598
mammea E/BA cyclo D 1598
mammea E/BC cyclo D 1598
mammea E/BD cyclo D 1598
mammeigin 1599
mammeisin 1546
β-Man (1→4)-α-Glu 2337
β-Man (1→4)-β-Glu 2337
β-Man (1→4)-β-Glu(1→4)-α-Man 2346
β-Man (1→4)-β-Glu(1→4)-β-Man 2346
β-Man (1→4)-α-Man 2337
β-Man (1→4)-β-Man 2337
β-Man (1→4)-β-Man (1→4)-α-Glu 2346
β-Man (1→4)-β-Man (1→4)-β-Glu 2346
α-Man (1→2)-α-Man (1→2)-α-Man 2346
β-Man (1→4)-β-Man (1→4)-α-Man 2346
β-Man (1→4)-β-Man (1→4)-β-Man 2346
α-Man(1→2)-α-Man(1→2)-α-Man(1→2)-α-Man 2352
α-Man (1→2)-α-Man 2337
α-Man (1→2)-α-ManOMe 2339
α-Man (1→3)-α-ManOMe 2339

α-Man (1→4)-α-ManOMe 2339
α-Man (1→6)-α-ManOMe 2339
α-Man(1→4)-α-Rha 2338
α-Man(1→4)-β-Rha 2338
β-Man(1→4)-α-Rha 2338
β-Man(1→4)-β-Rha 2338
manaarenolide A 2372
manaarenolide B 2372
manaarenolide G 2372
manaarenolide H 2372
mandragorolide A 2066
mandragorolide B 2066
mangiferin 1808
mangostanin 1810
mangostanol 1809
mangostenone C 1810
mangostenone D 1809
mangostenone E 1808
α-mangostin 1809
β-mangostin 1809
β-(1→6)mannan 2357
D-mannitol 2358
β-D-(1→2)-mannopyranane 2357
β-D-(1→4)-mannopyranane 2357
β-D-(1→6)-mannopyranane 2357
α-D-mannopyranose 2328
β-D-mannopyranose 2328
manogenin-3-*O*-{*O*-β-D-glucopyranosyl-(1→2)-*O*-β-D-glucopyranosyl-(1→4)-β-D-galactopyranoside} 2089
manogenin-3-*O*-β-D-glucopyranosyl-(1→2)-α-L-rhamnopyranosyl-(1→4)-β-D-xylopyranosyl-(1→3)]-β-D-glucopyranosyl-(1→4)-β-D-galactopyranoside} 2095
manogenin-3-*O*-{*O*-β-D-glucopyranosyl-(1→2)-[β-D-xylopyranosyl-(1→3)]-β-D-glucopyranosyl-(1→4)-β-D-galactopyranoside} 2105
manshurolide 567
mansonone D 1891
mansonone G 1891
mansonone M 1891
manumycin E 3003
manumycin F 3003
manumycin G 3003
manumycin A 3003
manzamine A 232
manzamine H 2495
manzamine J *N*-oxide 2495
manzamine L 2495
manzamine M 2495
manzamine A *N*-oxide 2495
maoecrstal P 919
maoecrystal L 847
maoecrystal N 847
maoecrystal O 847
maoecrystal S 919
maoesin A 847
maoesin B 918
maoesin C 918
maoesin D 919
maoesin E 915
maoesin F 848
maoyecrystal D 847
maoyecrystal E 847
mappain 2246
marcfortine A 224
marianine 985
marianoside A 985
marianoside B 985
3,4-*seco*-4(28),6,8(14),24-mariesatetraen-26,23-olide-23-hydroxy-3-oic acid 990
3,4-*seco*-4(28),7,12,24-mariesatetraen-26,23-olide-23-hydroxy-3-oic acid 990
7,14,22*Z*,24-mariesatetraen-26,23-olide-α-3-ol 987
7,14,24-mariesatrien-26,23-olide-3α,23-diol 987
marinomycin A 2652
marinomycin B 2652
marinomycin C 2652
marinomycin D 2652
marinone 2561
marmesin 1564
marmesin 4'-*O*-β-D-apiofuranosyl-(1→6)-β-D-glucopyranoside 1564
marmesinin 1564
marmin; (*S*)-form 1544
marmin; (*S*)-form,7'-*O*-β-D-glucopyranoside 1544
marsdekoiside A 1997
17α-marsdenin 1985
marsdenoside A 1989
marsdenoside B 1989
marsdenoside C 1990
marsdenoside D 1990
marsdenoside E 1990
marsdenoside F 1990
marsdenoside G 1990
marsdenoside H 2008
marshdimerin 1616
(–)-marsupellol acetate 695
martiriol 2384
martynoside 2292
massadine 2491
massetolide A 2624
matairesinol 1400
matairesinol dimethyl ether 1401
matairesinol 4'-*O*-gentiobioside 1401
matairesinol 4'-*O*-glucoside 1401
matairesinoside 1401
mathemycin A 2696
8α-matricarinyl 3-[4-(1-β-D-glucopyranosyloxy)-phenyl] propanoate 633
matridine 167
matrine 166
matteuorienate A 1659
matteuorienate B 1659
mauritianin 1681
mauritine J 382
mayotolide A 963
maysenine 395
maysine 395
maytanacine 395
maytanbutine 395
maytanprine 395
maytansine 395
maytansinol 395
maytanvaline 395
maytefolin B 1200
mazusaponin Ⅰ 1202
mazusaponin Ⅱ 1202
mazusaponin Ⅲ 1202
mazusaponin Ⅳ 1202
MC-1 2769
MC-4 2769

MC-7 2769
mearsamine 46
medicarpin 1856
medicosmine 82
mediterraneol A 2558
meefarnine A 392
meefarnine B 392
megalanthine 537
(3*R*,9*S*)-megastigman-5-en-3,9-diol 3-*O*-[α-L-arabinofuranosyl-(1→6)]-β-D-glucopyranoside 568
(3*R*,9*S*)-megastigman-5-en-3,9-diol 3-*O*-β-D-glucopyranoside 568
megovalicin A 2696
megovalicin B 2696
megovalicin C 2696
megovalicin D 2696
megovalicin G 2696
megovalicin H 2696
melacacidin 1777
melanostatin 2869
melanoxadin 2869
melanoxazal 2869
melianin B 1081
melianin C 1081
melianol 1349
meliastatin 1 1078
meliastatin 2 1078
meliastatin 3 1078
meliastatin 4 1078
meliastatin 5 1078
meliavolkinin 1081
melicopicine 280
melicopidine 279, 280
melicopine 280
melisimplexin 1676
melissoidesin A 913
melissoidesin B 913
melissoidesin C 915
melissoidesin D 917
melissoidesin I 919
melissoidesin K 919
melissoidesin L 843
meliternatin 1676
melleolide K 2962
melleolide L 2962
melleolide M 2962
melliferone 1196
meloscandonin 85
meloscine 85
5-membered aminocyclitol of trehalamine 2872
memnobotrin A 2962
memnobotrin B 2962
memnoconol 2962
memnoconone 2962
menoxymycin A 2769
menoxymycin B 2769
menthane 408
5-*O*-menthiafoloylkickxioside 441
6'-*O*-menthiafoloylmussaenosidic acid 445
L-menthol 408
neo-menthol 408
menthone 408
mentzefoliol 441
Mer-NF5003B 2962
Mer-NF5003E 2962
Mer-NF5003F 2962
Mer-NF8054A 2962
Mer-NF8054X 2962
Mer-f3 2962
meridianin A 2493
meridianin B 2493
meridianin C 2493
meridianin D 2493
meridianin E 2493
meridine 2489
merredissine 52
merrekentrone C 536
merrekentrone D 570
merresectine A 52
merresectine B 52
merresectine C 52
mesaconitine 298
mesembrine 28
meso-*rel*-(7-*S*,8*S*,7'*S*,8'*S*)-3,4,3',4'-tetrahydroxy-7,7'-epoxylignan 1430
mesothalictricavin 121
H-L-Met-OH 2361
metachromin R 2557
metachromin S 2557
metachromin T 2557
8α-methacryloyloxy-10α-hydroxy-13-methoxy-hirsutinolide 564
1*H*,8*H*-4,9c-methano-3,6,9b-[1,2,3]propanetriylbisoxireno[3,4]benzo[1,2-*e*:2',1'-*g*][1,4]diazocine, butanoic acid derivative 29
methanol 2160
methicillin 2869
Z-6-methoxy-2'-acetyloxyaurone 1839
Z-6-methoxy-4'-acetyloxyaurone 1839
2'-methoxy-3'-benzoylchalcone 1754
(1*S* ,2*R* ,4*R* ,5*R* ,6*R* ,8*S* ,9*R*)-4-methoxy-8-bromo-2,5,6,9-tetram-ethyltricyclo[7.2.0.0^{1,6}]undecane-3-one 2370
N-(3-methoxy-2-butenylidene)-*N*-methyl-methanaminium iodide 23
13-methoxy cericerene 968
trans-3-methoxy-chalcone 1751
trans-4-methoxy-chalcone 1751
6-*O*-*p*-methoxy-*cis*-cinnamoyl-8-*O*-acetylshanzhiside methyl ester 448
6-*O*-*p*-methoxy-*trans*-cinnamoyl-8-*O*-acetylshanzhiside methyl ester 448
1β-*O*-*p*-methoxy-*E*-cinnamoyl-6α-hydroxy-isodrimeninol 619
1β-*O*-(*p*-methoxy-*E*-cinnamoyl)-6α-hydroxypolygodial 619
4-methoxy-cinnamyl-(6-*O*-α-arabinopyranosyl)-*O*-β-D-glucopyranoside 2289
15ξ-methoxy-clerода-3,12-dien-18-carboxy-15,16-olide 740
2β-methoxy-cleroda-3,13-dien-18-carboxy-15,16-olide 740
2''-methoxy-daphnodorin C 1871
7α-methoxy-dehydroabietic acid 843
5-methoxy-4,4'-di-*O*-methylsecolariciresinol diacetate 1400
5-methoxy-(3'',4''-dihydro-3'',4''-diacetoxy)-2'',2''-dimethyl-pyrano-(7,8:5'',6'')-flavone 1634
1-methoxy-4,5-dihydroniveusin A 564
14β-methoxy-13,14-dihydronorse curinine 45
14α-methoxy-13,14-dihydronorse curinine 45
(*R*)-7-methoxy-6,8-dihydroxy-α-dunnione 1891
(*Z*)-4-methoxy-4',6-dihydroxyaurone 1840
7-methoxy-2,3-dimethyl-benzofuran-5-ol 2916
6-methoxy-1,4-dimethyl-9*H*-carbazole 187
7-methoxy-1,4-dimethyl-9*H*-carbazole 187
2-methoxy-3,6-dimethyl-4-hyroxybenzaldehyde 2213

10-methoxy-16,18-dimethyl-1*H*-pyrido[14,3-*b*]carbazole 188
10-methoxy-16,20-dimethyl-1*H*-pyrido[14,3-*b*]carbazole 188
11-methoxy-3,4-dimethyl-1,4,5,6-tetrahydro-1*H*-pyrido[5,6-*b*]indole 178
8-(*p*-methoxy-*α*,*α*-dimethylbenzyl)-2*H*-furo[2,3-*h*]-1-benzopyran-2-one 1561
1-methoxy discorhabdin D 2488
(+)-(5*S*,8*S*,10*S*)-20-methoxy-9,15-ene-puupehenol 2559
2''-methoxy-2-*epi*-daphnodorin C 1871
5'-methoxy-2-*epi*-3a-epiburchellin 1519
1*β*-methoxy-4-*epi*-gardendiol 441
(7*R*)-methoxy-8-*epi*-matairesinol 1401
1*α*-methoxy-4-*epi*-mussaenin A 441
1*β*-methoxy-4-*epi*-mussaenin A 441
11-methoxy-19,20*α*-epoxyakuammicine 245
(2*S*)-5-methoxy-7-flavanol 1775
1-methoxy-gelsemine 223
4''-methoxy-*E*-globularimin 444
4''-methoxy-*Z*-globularimin 444
4''-methoxy-*E*-globularinin 444
4''-methoxy-*Z*-globularinin 444
6-methoxy-5-[(3-*β*-D-glucopyranosyloxy)-2-hydroxy-3-met hyl-butyl]-angelicin 1561
3-methoxy-3'-hydroxy-5',8'-epoxy-5',8'-dibyodro-5',6'-*seco*-4,6-cyclo-*β*,*β*-caroten-5-one 1369
6-methoxy-5-(4-hydroxy-3-methyl-2-butenyl)-angelicin 1561
6-methoxy5-(3-hydroxy-2-oxo-3-methyl-butyl)-angelicin 1561
Z-6-methoxy-2'-hydroxyaurone 1839
Z-6-methoxy-4'-hydroxyaurone 1839
6*β*-(3-methoxy-4-hydroxybenzoyl)-lup-20(29)-ene-3-ol 1301
6*β*-(3'-methoxy-4'-hydroxybenzoyl)-lup-20(29)-ene-one 1301
2-methoxy-2'-hydroxychalcone 1752
2-methoxy-4-hydroxydemethoxykobusin 1451
2-(3-methoxy-4-hydroxyphenyl)-6-(3,4-methylenedioxyphenyl)-8-oxo-3,7-dioxabicyclo[3.3.0]octane 1452
erythro-1-(1-methoxy-2-hydroxypropyl)-2-methoxy-4,5-methylenedioxybenzene 2286
threo-1-(1-methoxy-2-hydroxypropyl)-2-methoxy-4,5-methylenedioxybenzene 2286
3-methoxy-5-hydroxystilbene(*E*) 2245
3-methoxy-5-hydroxystilbene(*Z*) 2245
12-methoxy-ibogamine 201
18-methoxy-ibogamine 201
5-methoxy-1*H*-indole 177
6-methoxy-1*H*-indole 177
7-methoxy-1*H*-indole 177
4-methoxy-3*H*-indolo[16,15,14-*ij*] [16,4]naphthyridine-5,14-dione 178
5-methoxy-(+)-isolariciresinol 1465
4*α*-methoxy-15*α*-methoxy-14,15-dihydrosecurinine 264
6-methoxy-5-(3-methyl-2,3-dihydroxybutyl)-angelicin 1561
3*β*-methoxy-25-methyl-24-methylenelanost-9(11)-en-21-ol 985
(9*R*,10a*S*)-10a-methoxy-7-methyl-4,6,6a,7,8,9,10,10a-octahydroindolo[4,3-*fg*]quinoline-9-carboxamide 242
(9*R*,10a*R*)-10a-methoxy-7-methyl-4,6,6a,7,8,9,10,10a-octahydroindolo[4,3-*fg*]quinoline-9-carboxamide 243
4-methoxy-1-methyl-2-quinolone 79
8-methoxy-4-methyl-2-quinolone 79
5-methoxy-2-methyl-3-tricosyl-1,4-benzoquinone 1885
1-methoxy-3-methylanthraquinone 1900
3-methoxy-4,5-methylenedioxy-allylbenzene 2286
5-methoxy-3'',4'-methylenedioxy-2,7''-cyclolignan-4,7',8''-triol 1466
(2*S*,3*S*)-2-(5-methoxy-3,4-methylenedioxybenzyl)-3-(4-hydroxy-3,5-dimethoxybenzyl)butane-1,4-diol diacetate 1403
(2*S*,3*S*)-2-(5-methoxy-3,4-methylenedioxybenzyl)-3-(3,4-methylenedioxybenzyl)butane-1,4-diol 1404
(2*S*,3*S*)-2-(5-methoxy-3,4-methylenedioxybenzyl)-3-(3,4-methylenedioxybenzyl)butyrolactone 1401
(2*S*,3*S*)-2-(5-methoxy-3,4-methylenedioxybenzyl)-3-(3,4,5-trimethoxybenzyl)butane-1,4-diol diacetate 1403
5-methoxy-6,7-methylenedioxycoumarin 1547
8-methoxy-6,7-methylenedioxycoumarin 1547
(2,3-*trans*)-5-methoxy-6,7-methylenedioxydihydroflavonol 1723
7,8-*trans*-8,8'-*trans*-7',8'-*cis*-7-(5-methoxy-3,4-methylenedioxyphenyl)-7'-(4-hydroxy-3,5-dimethoxyphenyl)-8-acetoxymethyl-8'-hydroxymethyltetrahydrofuran 1430
7,8-*trans*-8,8'-*trans*-7',8'-*cis*-7-(5-methoxy-3,4-methylenedioxyphenyl)-7'-(4-hydroxy-3,5-dimethoxyphenyl)-8,8'-diacetoxymethyltetrahydrofuran 1430
7,8-*trans*-8,8'-*trans*-7',8'-*cis*-7-(5-methoxy-3,4-methylenedioxyphenyl)-7'-(3,4,5-trimethoxyphenyl)-8-acetoxymethyl-8'-hydroxymethyltetrahydrofuran 1430
3*β*-methoxy-24-methylenelanost-9(11)-en-25-ol 985
3*β*-methoxy-24-methyllanosta-9(11),25-dien-24-ol 985
2-methoxy-4-methylphenol 2212
6-methoxy-naphtho[2,3-*b*]-furan-4,9-quinone 1891
7-methoxy-naphtho[2,3-*b*]-furan-4,9-quinone 1891
2-methoxy-l,4-naphthoquinone 1891
4*β*-methoxy-nopol 432
(2*α*,3*α*,12*α*,17*R*)-12-methoxy-19(18→17)-*abeo*-28-norolean-13(18)-ene-2,3,23,24,29-pentol 1198
(2*α*,3*α*,12*α*,17*R*)-12-methoxy-19(18→17)-*abeo*-28-norolean-13(18)-ene-2,3,23,24-tetrol 1198
10-methoxy-8-oxo-1*H*,10b*H*-benzo[*ij*] quinolizine-10b-carboxylic acid methyl ester 166
11-methoxy-19-oxo-20*α*-hydroxyakuammicine 245
2-(2-methoxy-2-oxoethyl)phenyl 2-(3,4-dimethoxyphenyl) acetate 2221
6-methoxy-5-prenylangelicin 1561
5-methoxy-3-prenylpsoralen 1565
6-methoxy-9*H*-purine 376
5-methoxy-resveratrol 3-*O*-*β*-D-apiofuranosyl-(1→6)-*β*-D-glucopyranoside(*E*) 2248
5-methoxy-resveratrol 3-*O*-*β*-D-glucopyranoside(*E*) 2248
6-methoxy-roxithromycin 2695
(16*S*)-11-methoxy-sarpagan-17,18-diol 187
7-methoxy-1,2,3,4-tetrahydro-5*H*-benzo[*b*]carbazole 186
7-methoxy-1,2,3,4-tetrahydroisoquinoline 105
2(*R*)-*trans*-5-methoxy-7,3',4'-trihydroxydihydroflavonol 1724
5-methoxy-9*β*-xylopyranosyl-(−)-isolariciresinol 1466
3'-methoxyacoforestinine 298
11-methoxyalstonisine 245
methoxyamericanolide E 630
methoxyamericanolide G 630
methoxyamericanolide H 2370
methoxyamericanolide I 2370
2-methoxyanthraquinone 1901
Z-4'-methoxyaurone 1839
Z-6-methoxyaurone 1839
6-methoxyauronol 1840
6-*O*-(4-methoxybenzoyl)-5,7-bisdeoxycynanchoside 444
6-*O*-(4-methoxybenzoyl)crescentin Ⅳ 3-*O*-*β*-D-glucopyranoside 449
10-*O*-(4-methoxybenzoyl)-impetiginoside A 444
7-*O*-(*p*-methoxybenzoyl)-tecomoside 444
3-(*o*-methoxybenzylidene)-4-chromanone 1848
trans-3-(4-methoxybenzylidene)-4-chromanone 1849

6α-methoxybuphanidrine 158
9-methoxycamptothecin 82
10-methoxycamptothecin 84
(+)-12-methoxycarbony-11*Z*-sarcophine 719
4-[2-(methoxycarbonyl)anilino]-4-oxobutanoic acid 17
17-(methoxycarbonyl)-28-*nor*-isoiguesterin 1271
(+)-*N*-(methoxycarbonyl)-*N*-norboldine 115
6-*O*-[3-*O*-(*trans*-*p*-methoxycinnamoyl)-α-L-rhamnopyranosyl]-aucubin 442
10-*O*-*cis*-*p*-methoxycinnamoylasystasioside E 444
10-*O*-*trans*-*p*-methoxycinnamoylasystasioside E 444
10-*O*-*cis*-*p*-methoxycinnamoylcatalpol 443
10-*O*-*trans*-*p*-methoxycinnamoylcatalpol 443
6'-*O*-*E*-*p*-methoxycinnamoylharpagide 441
6'-*O*-*Z*-*p*-methoxycinnamoylharpagide 441
8-*O*-*E*-*p*-methoxycinnamoylharpagide 442
8-*O*-*Z*-*p*-methoxycinnamoylharpagide 442
16α-methoxycleavamine 220
16β-methoxycleavamine 220
(8*R*,8'*R*,9'*S*)-5-methoxyclusin 1428, 1431
methoxycolorenone 630
6-methoxycomaparvin 2560
6-methoxycomaparvin 5-methyl ether 2560
2'-methoxycpipicropodophyllotoxin 1489
2'-methoxycpipicropodophyllotoxin acctate 1489
(23*E*)-25-methoxycucurbit-23-ene-3β,7β-diol 986
(23*E*)-25-methoxycycloart-23-en-3β-ol 993, 2383
(23*E*)-25-methoxycycloart-23-en-3-one 993
methoxycyclohexane 2173
3'-methoxydaidzein-7,4'-di-*O*-β-D-glucopyranoside 1739
3'-methoxydaidzin 1738
methoxydebromomarinone 2561
5-methoxydehydropodophyllotoxin 1489
5'-methoxydihydromorin 1724
5-methoxyelimiferone 1565
7-methoxyepigambogic acid 1811
8β-methoxyeremophil-3,7(11)-diene-8α,12(6α,15)-diolide 628
1-methoxyerythrabyssin Ⅱ 1856
4'-methoxyfisetin 1676
(5*E*)-8-[(4-methoxyfuro[2,3-*b*]quinolin-7-yl)oxy]-2,6-dimethyl-2,5-octadien-4-one 83
(5*Z*)-8-[(4-methoxyfuro[2,3-*b*]quinolin-7-yl)oxy]-2,6-dimethyl-2,5-octadien-4-one 83
(6*E*)-8-[(4-methoxyfuro[2,3-*b*]quinolin-7-yl)oxy]-2,6-dimethyl-2,6-octadien-4-one 83
(25*S*)-3β,5β,22α,-22-methoxyfurostane-3,26-diol-3-*O*-β-D-xylopyranosyl-(1→2)-β-D-glucopyranosyl-26-*O*-β-D-glucopyranoside 1964
(25*S*)-3β,5β,22α-22-methoxyfurostane-3,26-diol-3-*O*-β-D-xylopyranosyl-(1→2)-[β-D-xylopyranosyl-(1→4)]-β-D-glucopyranosyl-26-*O*-(β-D-glucopyranoside) 1970
methoxygaertneroside 449
7-methoxygambogellic acid 1811
7-methoxygambogic acid 1811
1β-methoxygardendiol 441
8-methoxygriseorhodin C 2768
2'-methoxyhelikrausichalcone 1754
2'-methoxyhomoisoflavanone 1847
4'-methoxyhomoisoflavanone 1847
4'-methoxyhomoisoflavone 1847
7-methoxyhomoisoflavone 1847
5'-methoxyhydnocarpin-D 1634
7-methoxyisocalamenene 617
7-methoxyisomorellinol 1811
11-methoxyjavaniside 224
6-methoxykaempferol 3-methyl ether 1675
6-methoxykaempferol-7-methyl ether-3-β-*O*-glucoside 1677
2-methoxykobusin 1451
7*S*,8*R*,8'*R*-(−)-5-methoxylariciresinol-4,4'-bis-*O*-β-D-glucopyranoside 1429
4'-methoxylicoflavanone 1658
1β-methoxylmussaenin A 441
3-methoxymethyl-6-methoxy-7-methylocta-1,7(10)-dien-3-ol 401
N^1-methoxymethyl picrinin 200
8-methoxynorchelerythrine 152
2'-methoxyphaseollinisoflavan 1795
2-methoxyphenol 2212
(*E*)-3-(4-methoxyphenyl)-2-propen-1-yl (*Z*)-2-[(*Z*)-2-methyl-2-butenoyloxymethyl]butenoate 2287
2'-methoxypicropodophyllotoxin 1489
7-methoxypinoresino 1451
2'-methoxypodophyllotoxin 1489
2'-methoxypodophyllotoxin acetate 1489
1-(3-methoxypropanoyl)-2,4,5-trimethoxybenzene 2289
3'-methoxypuerarin 1738
(+)-(5*S*,8*S*,9*R*,10*S*)-20-methoxypuupehenone 2559
6-methoxyquinoline 78
3β-methoxyserrat-14-en-21α,29-diol 1347
3β-methoxyserrat-14-en-21α,29-diol diacetate 1347
3α-methoxyserrat-14-en-21β-ol 1348
3β-methoxyserrat-14-en-21β-ol 1348
3β-methoxyserrat-14-en-21-one 1348
3β-methoxyserrat-14-en-21β-one 1348
5-methoxysesamin 1451
(25*R*,26*R*)-26-methoxyspirost-5-en-3β-ol-3-α-L-rhamnopyranosyl-(1→2)-*O*-[α-L-araβinopyranosyl-(1→3)]-β-D-glucopyranoside 2085
(25*R*,26*R*)-26-methoxyspirost-5-en-3β-ol-3-*O*-α-L-rhamnopyranosyl-(1→2)-β-D-glucopyranoside 2076
(25*R*,26*R*)-26-methoxyspirost-5-en-3β-ol-3-α-L-rhamnopyranosyl-(1→2)-*O*-[β-D-glucopyranosyl-(1→4)]-β-D-glucopyranoside 2085
3-methoxyterprenin 2557
(2*S*,3*S*)-(+)-5'-methoxyyatein 1401
methy grindelate 735
methy lucidenate P 988
methy lucidenate Q 988
(16*R*,15*S*,14*R*,3*R*)-methyl-15-acetoxy-16-ethyl-14-hydroxy-11-methoxy-1-methyl-1,2,6,7,14,15,16,20-octahydro-1*H*-indolizino[11,19-*cd*] carbazole-14-carboxylate 204
(16*R*,4*R*,15*R*,14*R*,13*R*,3*R*)-methyl-15-acetoxy-16-ethyl-14-hydroxy-11-methoxy-1-methyl-16,4,15,14,13,1,6,7-octahydro-1*H*-indolizino[11,19-*cd*]carbazole-14-carboxylate 204
(16*R*,15*S*,14*R*,10b*R*)-methyl-15-acetoxy-16-ethyl-14-hydrox y-1-methyl-1,2,6,7,14,15,16,20-octahydro-1*H*-indolizino-[11,19-*cd*] carbazole-14-carboxylate 204
rel-2*R*-methyl-5*S*-acetoxy-4*R*-furanogermacr-1(10)*Z*-en-6-one 567
methyl 15-acetoxy-1(10)-*ent*-halimen-18-oate 737
methyl7α-acetoxy-11α-hydroxy-14oxo-8,15-isopimaradien-18-oate 842
methyl 6-acetoxy-4-methoxy-hexanoste 2150
methyl 3β-acetoxy-11α-methoxy-12-ursen-28-oate 1280
methyl 15-acetoxy-2-oxo-1(10)-*ent*-halimen-18-oate 737
methyl7α-acetoxy-1α,11α,14α-trihydroxy-8,15-isopimaradien-18-oate 842
methyl 7α-acetoxydeacetylbotryoloate 2963

methyl 15-acetoxyl(10),13*E*-*ent*-halimadien-18-oate 737
methyl 12-acetoxyl-13,14,15,16-tetranor-1(10)-*ent*-halimadien-18-oate 737
methyl 7-acetyl-8,17-bisnor-8-oxagrindelate 720
5-*O*-methyl-11-*O*-acetylalkannin 1891
25-*O*-methyl-24-*O*-acetylhydroshengmanol-3-*O*-β-D-xylopyranoside 995
methyl 2-acetyltormentate 1281
N-methyl-9-acridone 279
4-methyl aeruginoic acid 2866
methyl 15-al-1(10),13*E*-*ent*-halimadien-18-oate 737
methyl 15-al-1(10),13*Z*-*ent*-halimadien-18-oate 737
methyl(all-*E*)-apo-8'-lycopenoate 1370
methyl-α-D-allofuranoside 2329
methyl-β-D-allofuranoside 2329
methyl-α-D-allopyranoside 2328
methyl-β-D-allopyranoside 2328
6-methyl-aloeemodin 1900
methyl-α-D-altropyranoside 2328
methyl-β-D-altropyranoside 2328
N-methyl-3'-amino-3'-deoxyderivative of K-252a 2869
methyl(7*Z*,9*Z*,9'*Z*)-apo-6'-lycopenoate 1370
methyl(9*Z*)-apo-8'-lycopenoate 1370
methyl-α-D-arabinofuranose 2327
methyl-β-D-arabinofuranose 2327
methyl-α-D-arabinofuranoside 2327
methyl-β-D-arabinofuranoside 2327
7-methyl-5a,8a-benzo[5,6-*b*]furancoumarin 1546
methyl betulinate 1298
methyl briareolate 2378
methyl(–)-3*S*-6-bromo-8-hydroxy-7-methoxy--1,2,3,4-tetrahydroisoquinoline-3-carboxylate 2485
methyl(–)-3*S*-8-bromo-6-hydroxy-7-methoxy-1,2,3,4-tetrahydroisoquinoline-3-carboxylate 2485
3β-(3-methyl)butanoyloxycostic acid 621
3-methyl-2-butenoyl derivative of 3-hydroxy-15-beyeren-19-oic acid 920
10-*O*-(3-methyl-2-butenoyl) khellactone 1599
methyl caffeate 2214
9-methyl-9*H*-carbazole 186
methyl cecropioate 1281
methyl ceriecroate 968
trans-4-methyl-chalcone 1751
D-3-*O*-methyl-chiro-inositol 2358
L-2-*O*-methyl-chiro-inositol 2358
methyl 3-chlorodivaricate 2221
methyl chlorogenate 2214
methyl 15-cinnamoyloxy-1(10)-*ent*-halimen-18-oate 737
methyl 15-cinnamoyloxy-2-oxo-1(10)-*ent*-halimen-18-oate 737
methyl 3β-(cis-p-methoxycinnamoyloxy)-12-ursan-28-oate 1280
methyl corynesidone A 2233
methyl corynesidone B 2234
6α-(4-*O*-methyl-7*E*-coumaryloxy)eudesm-4(14)-ene 621
methyl cryptolepinoate 82
(*E*)-methyl 7-cyanohept-2-ene-4,6-diynoate 2149
(24*S*)-24-methyl-25,32-cyclo-5α-lanost-9(11)-en-3β-ol 985
methyl cyclobutanecarboxylate 2150
methyl cyclopetanecarboxylate 2150
(*E*)-methyl dec-2-en-4,6,8-triynoate 2149
N-methyl-6β-(deca-1',3',5'-trienyl)-3β-methoxy-2β-methylpiperidine 67
2α-methyl-*trans*-decahydroquinoline 80
2β-methyl-*trans*-decahydroquinoline 80
3α-methyl-*trans*-decahydroquinoline 80
3β-methyl-*trans*-decahydroquinoline 80
10-methyl-*trans*-decahydroquinoline 81
6α-methyl-*trans*-decahydroquinoline 81
8α-10-methyl-*trans*-decahydroquinoline 81
8α-methyl-*trans*-decahydroquinoline 81
8β-methyl-*trans*-decahydroquinoline 81
N-methyl-*trans*-decahydroquinoline 81
12-methyl-5-dehydroactylhorminone 844
12-methyl-5-dehydrohorminone 844
methyl-*N*-demethyl allosamidin 2675
5-*O*-methyl-11-deoxyalkannin 1891
8-*O*-methyl-11-deoxyalkannin 1891
methyl 3β-*cis*-di-*O*-methylcoumaroyloxy-2α-hydroxyurs-12,20(30)-dien-28-oate 1280
methyl 3β-*cis*-di-*O*-methylcoumaroyloxy-2α-hydroxyurs-12-en-28-oate 1280
methyl 2,15-diacetoxy-1(10)-*ent*-halimen-18-oate 737
methyl1α,7α-diacetoxy-14-oxo-8,15-isopimara-dien-18-oate 842
methyl 2,2-dichloroacetate 2148
methyl 8α(9α),13α(14α)-diepoxyabietan-18-oate 842
3-*O*-methyl-21,23-dihydro-2-3-hydroxy-21-oxo-nomilinic acid 1144
(16*R*)-*N*-methyl-5,6-dihydro-3-oxo-vobasan-18-oic acid methyl ester 198
methyl dihydrocaffeate 2214
methyl 8β,9α-dihydroganoderate J 990
methyl-8,8a-dihydromorellate 1811
methyl 6β,8-dihydroxy-*ent*-13*E*-labden-15-oate 733
methyl 6,11β-dihydroxy-12α-(2-methylpropanoyloxy)-3,7-dioxo-14β,15β-epoxy-1,5-meliacadien-29-oate 1144
methyl 3,4-dihydroxyphenylacetate 2213
methyl 3α,25-dihydroxytirucall-8-en-21-oate 1082
methyl 3α,24*S*-dihydroxytirucalla-8,25-dien-21-oate 1082
N-methyl-6,7-dimethoxy-dihydroisoquinolinium 105
methyl 2,3-dimethoxy-6-(5-oxo-5,6,7,8-tetrahydro-[1,3]-dioxolo[4,5-*g*]isoquinoline-6-carbonyl)benzoate 106
methyl 3,4-dimethoxy-2-(5-oxo-5,6,7,8-tetrahydro-[1,3]-dioxolo[4,5-*g*]isoquinoline-6-carbonyl)benzoate 105
2-methyl-1-(3,4-dimethoxyphenyl)-1-propanol 2285
5-*O*-methyl-β,β-dimethylacrylalkannin 1891
methyl 2,2-dimethylbutanoate 2149
methyl-*ent*-15,16-dinorisocopal-12-en-13-ol-19-oate 846
methyl-β-DL-*threo*-furanose 2327
methyl-α-DL-*threo*-furanose 2327
methyl-β-DL-*erythro*-furanoside 2327
methyl-α-DL-*erythro*-furanoside 2327
6-*O*-methyl-*epi*-aucubin 442
N-methyl-*epi*-manzamine D 2495
3'-*O*-methyl-(–)-epicatechin 1776
methyl-9β-(epoxyangeloyloxy)-5α,6α-dihydroxy-2-oxo-3,4-dehydro-δ-guaien-12-oate 632
4α-methyl-ergost-24(28)-ene-3β,11β-diol-23-one 2591
4α-methyl-ergosta-7,24(28)-dien-3β-ol-23-one 2591
4α-methyl-ergosta-8(14),24(28)-dien-3β-ol-23-one 2591
2-*C*-methyl-*d*-erythritol 2162
2-*C*-methyl-*d*-erythritol 1-*O*-β-D-fructofuranoside 2162
2-*C*-methyl-*d*-erythritol 3-*O*-β-D-fructofuranoside 2162
2-*C*-methyl-*d*-erythritol 4-*O*-β-D-fructofuranoside 2162
2-*C*-methyl-*d*-erythritol 1-*O*-β-D-glucopyranoside 2162
2-*C*-methyl-*d*-erythritol 3-*O*-β-D-glucopyranoside 2162
2-*C*-methyl-*d*-erythritol 4-*O*-β-D-glucopyranoside 2162
methyl ester camaldulenic acid 1200
methyl ester camaldulensic acid 1280

methyl ester camaldulic acid 1281
methyl ester of 5-chloro-4-*O*-demethylbarbatic acid 2220
methyl ester of diffracatic acid 2220
methyl ester of elfvingic acid H 990
methyl ester of sekikaric aid 2221
methyl ester of stellettin F 2381
methyl ester of stellettin G 2381
methyl ethers 539
(16*R*,4*S*,3*R*)-methyl-16-ethyl-16,4,15,1,6,7-hexahydro-1*H*-indolizino[11,19-*cd*]carbazole-14-carboxylate 204
(16*S*,4*S*,3*R*)-methyl-16-ethyl-18,17,16,4,15,1,6,7-octahydro-1*H*-indolizino[11,19-*cd*]carbazole-14-carboxylate 204
(18*S*,3*S*)-methyl-18-ethyl-18-hydroxy-18,17,16,4,15,1,7,6-octahydro-1*H*-indolizino[11,19-*cd*]carbazole-14-carboxylate 204
(18*R*,3*S*)-methyl-18-ethyl-18-hydroxy-18,17,16,4,15,1,7,6-octahydro-1*H*-ndolizino[11,19-*cd*]carbazole-14-carboxylate 204
methyl evernate 2222
N-methyl-*N*-formyl-4-hydroxy-*β*-phenylethylamine 23
(6*S*)-2-methyl-6-(4-formylphenyl)-2-hepten-4-one 561
methyl-*α*-D-fructofuranoside 2329
methyl-*β*-D-fructofuranoside 2329
methyl-*β*-D-fructopyranoside 2329
methyl-*α*-L-fucopyranoside 2330
methyl-*β*-L-fucopyranoside 2330
methyl-*α*-D-galactofuranoside 2329
methyl-*β*-D-galactofuranoside 2329
methyl-*α*-D-galactopyranoside 2328
methyl-*β*-D-galactopyranoside 2328
methyl *β*-garosaminide 2675
methyl-*α*-D-glucofuranoside 2329
methyl-*β*-D-glucofuranoside 2329
methyl-*α*-D-glucopyranoside 2328
2-*O*-methyl-*α*-D-glucopyranoside 2329
2-*O*-methyl-*β*-D-glucopyranoside 2329
3-*O*-methyl-*α*-D-glucopyranoside 2329
3-*O*-methyl-*β*-D-glucopyranoside 2329
4-*O*-methyl-*α*-D-glucopyranoside 2329
4-*O*-methyl-*β*-D-glucopyranoside 2329
6-*O*-methyl-*α*-D-glucopyranoside 2329
6-*O*-methyl-*β*-D-glucopyranoside 2329
methyl-*β*-D-glucopyranoside 2329
methyl 2-*O*-*β*-D-glucosyloxy-4-methoxybenzenepropanoate 2290
(1'*R*,2'*R*)-4-*O*-methyl-guaiacyl glycerol 3'-*O*-*β*-D-glucopyranoside 2288
4-*O*-methyl-guaiacylglycerol-9-*O*-*β*-D-glucopyranoside 2288
methyl-*α*-D-gulopyranoside 2329
methyl-*β*-D-gulopyranoside 2329
methyl gyrophorate 2222
methyl havardate A 732
methyl havardate B 732
methyl havardate C 732
methyl havardate D 732
methyl havardate E 736
methyl havardate F 736
(*E*)-methyl hex-2-en-4-ynoate 2149
25-methyl-22-homo-5*α*-cholesta-7,22-diene-3*β*,6*β*,9*α*-triol 1947
methyl 6-hydroxy-11*β*-acetoxy-12*α*-(2-methylpropanoylo xy)-3,7-dioxo-14*β*,15*β*-epoxy-1,5-meliacadien-29-oate 1144
25-*O*-methyl-1*α*-hydroxy-24-*O*-acetylhydroshengmanol-3-*O*-*β*-D-xylopyranoside 995
25-*O*-methyl-7*β*-hydroxy-24-*O*-acetylhydroshengmanol-3-*O*-*β*-D-xylopyranoside 995
methyl 8*α*-hydroxy-8,30-dihydroangolensate 1144
methyl 8-hydroxy-4,7-dimethoxy-1-methyl-9,10-dioxo-3-(*β*-D-glucopyranosyloxy)-9,10-dihydroanthracene-2- carboxylate 1902
2-methyl-5-[4′(*S*)-hydroxy-1′(*R*),5′-dimethylhex-5′-enyl]-phenol 560
methyl-(7*R*,8*R*)-4-hydroxy-8',9'-dinor-4',7-epoxy-8,3'-*neo*-lignan-7'-ate 2286
methyl 15-hydroxy-1(10)-*ent*-halimen-18-oate 737
N-methyl-4-hydroxy-7-methoxy-3-(2,3-epoxy-3-methylbut-yl)-1*H*-quinolin-2-one 84
methyl 3-hydroxy-4-methoxybenzenecarboxylate 2213
(*E*)-methyl-(hydroxy)methyl-2,3- dimethoxybenzoate 6-{7,8-dihydro-[1,3]dioxolo[4,5-*g*]isoquinolin-5(6*H*)-ylidene} 131
methyl-2-(3-hydroxy-1-methyl-2,4-dioxo-1,2,3,4-tetrahydroquinolin-3-yl)-acetate 83
(−)-methy-16-hydroxy-19-nor-2-oxo-*cis*-cleroda-3,13-dien-15,16-olide-20-oate 738
methyl-4*β*-hydroxy-6-oxo-19-norgrindeloate 736
methyl 3*α*-hydroxy-24-oxotirucalla-8,25-dien-21-oate 1082
4'-*N*-methyl-5'-hydroxy staurosporine 2871
2-methyl-6-hydroxy-1,2,3,4-tetrahydro-*β*-carboline 179
5-methyl-2-[(2'*E*,6'*E*)-9'-hydroxy-3',7',11'-trimethyl-2',6'-dodecadienyl]-1,4-dihydroxybenzene 539
methyl 2-(5-hydroxy-2,3,4-trimethyl-phenyl)propanoate 2213
methyl 3*α*-hydroxy-25,26,27-trinor-24-oxotirucall-8-en-21-oate 1082
methyl 2-hydroxybenzoate 2213
(16*S*,4*R*,3*R*)-methyl-16-[(*R*)-20-hydroxyethyl]-11-methoxy-16,4,14,1,6,7-hexahydro-1*H*-indolizino[11,19-*cd*]carbazole-14-carboxylate 204
methyl 3-(4′-hydroxyphenethylamino)-1,4-dihydro-1,4-dioxonaphthalene-2-carboxylate 1892
methyl (2-hydroxyphenyl)acetate 2213
(6*S*)-2-methyl-6-(4-hydroxyphenyl)-2-hepten-4-one 561
(6*S*)-2-methyl-6-(4-hydroxyphenyl-3-methyl)-2-hepten-4-one 561
methyl 2-(2'-hydroxyphenyl) -2-oxazoline-4-carboxylate 2872
methyl 6-hydroxytrideca-7,8-diene-10,12-diynoate 3002
methyl 6-hydroxytridecanoate 3002
methyl *α*-D-idopyranoside 2329
2-methyl-1*H*-indole 177
3-methyl-1*H*-indole 177
4-methyl-1*H*-indole 177
5-methyl-1*H*-indole 177
6-methyl-1*H*-indole 177
7-*O*-methyl-isoginkgetin 1871
1-methyl ketone essien 2171
methyl (23*R*,25*R*)-3,4-*seco*-9*βH*-lanosta-4(28),7-dien-26,23-olid-3-oate 990
methyl lecanorate 2222
methyl-*α*-D-lyxofuranoside 2328
methyl-*β*-D-lyxofuranoside 2328
methyl-*α*-D-lyxopyranoside 2327
methyl malic acid 2149
methyl-*α*-D-mannofuranoside 2329
methyl-*β*-D-mannofuranoside 2329
2-*O*-methyl-*α*-D-mannopyranoside 2329
2-*O*-methyl-*β*-D-mannopyranoside 2329
3-*O*-methyl-*α*-D-mannopyranoside 2329
3-*O*-methyl-*β*-D-mannopyranoside 2329

4-*O*-methyl-α-D-mannopyranoside 2329
4-*O*-methyl-β-D-mannopyranoside 2329
6-*O*-methyl-β-D-mannopyranoside 2329
methyl-α-D-mannopyranoside 2329
methyl-β-D-mannopyranoside 2329
1-*O*-methyl-8-methoxy-8,8a-dihydrobractatin 1810
methyl 3-methoxy-4,4-dimethyl-pentanoate 2149
methyl 15-methoxy-1(10)-*ent*-halimen-18-oate 737
methyl 3-methoxy-1-methyl-9,10-dioxo-8-(β-D-glucopyranosyloxy)-9,10-dihydroanthracene-2-carboxylate 1902
(9*R*,10a*S*)-methyl-10a-methoxy-7-methyl-4,6,6a,7,8,9,10,10a-octahydroindolo[4,3-*fg*]quinoline-9-carboxylate 242
(9*S*,10a*R*)-methyl-10a-methoxy-7-methyl-4,6,6a,7,8,9,10,10a-octahydroindolo[4,3-*fg*]quinoline-9-carboxylate 243
methyl 2-(1-(methoxycarbonyl)ethyl)-6-hydroxy-3,4,5-trimethylbenzoate 2214
2'-*N*-methyl-8-methoxychlortetracycline 2767
2α-methyl-*N*-methyl-*trans*-decahydroquinoline 81
2β-methyl-*N*-methyl-*trans*-decahydroquinoline 81
3α-methyl-*N*-methyl-*trans*-decahydroquinoline 81
3β-methyl-*N*-methyl-*trans*-decahydroquinoline 81
6α-methyl-*N*-methyl-*trans*-decahydroquinoline 81
8α-methyl-*N*-methyl-*trans*-decahydroquinoline 81
8β-methyl-*N*-methyl-*trans*-decahydroquinoline 81
10-methyl-*N*-methyl-*trans*-decahydroquinoline 81
methyl 3β-*O*-[4"-*O*-methyl-ecoumaroyl]-arjunolate 1198
(9*R*,10a*R*)-methyl-7-methyl-4,6,6a,7,8,9,10,10a-octahydroindolo[4,3-*fg*]quinoline-9-carboxylate 242
9-*O*-methyl-methylauricepyron 968
methyl 2-methylbutanoate 2149
methyl 4-*O*-methyldeliseate 2222
(15α)-4-methyl-16-methyleneveatchan-15-ol 318
1-methyl-4-(1-methylethenyl)-3-[1,5,9-trimethyl-1-(4-methyl-5-hexen-1-yl)-4,8-decadien-1-yl]-cyclohexene 2383
1-methyl-4-(1-methylethenyl)-3-[1,5,9-trimethyl-1-(4-methyl-5-hexen-1-yl)-4-decen-1-yl]-cyclohexene 2383
4-methyl-1-(6-methylhepta-1,5-dien-2-yl)cyclohex-3-enol 2367
methyl 3'-methyllecanorate 2221
D-1-*O*-methyl-myo-inositol 2358
(24*S*)-24-methyl-28-norcycloart-25-en-3-one 994
methyl obtusate 2220
7-methyl-4,6,6a,7,8,9,10,10a-octahydroindolo[4,3-*fg*]quinolin-9-yl-methyl acetate 242
(*R*)-(+)-2-methyl-l-octanol 2162
methyl(octyl)sulfane 2171
2'-*O*-methyl of perlatolic acid 2221
methyl orsellinate 2213
6-methyl-2*H*,4*H*-oxazolo[5,4,3-*ij*]quinolin-4-one 79
16-methyl-oxazolomycin 3003
3-(3-methyl-1-oxo-2-butenyl)-1*H*-indole 179
methyl 13-oxo-14,15-dinor-1(10)-*ent*-halimen-18-oate 737
methyl-(2*E*,6*E*)-10-oxo-3,7,11-trimethyldodeca-2,6-dienoate 536
methyl 2-oxoheptadecanoate(*E*)-ethyl non-4-enoate 2149
methyl 2-oxoheptadecanoate(*Z*)-ethyl non-4-enoate 2149
6-*O*-methyl papyracon B 2770
6-*O*-methyl papyracon C 2770
1-methyl-2-[(6*Z*,9*Z*)-6,9-pentadecadienyl]-4(1*H*)-quinolone 79
(2*S*,3*R*,4*E*)-2-(14'-methyl-pentadecanoylamino)-4-octadecene-1,3-diol 2187
1-methyl-2-pentadecyl-4(1*H*)-quinolone 79
N-methyl-*trans-syn-trans*-perhydroacridine 81
N-methyl-*trans-anti-cis*-perhydrobenzo[*h*]quinoline 81
N-methyl-*trans-anti-trans*-perhydrobenzo[*h*]quinoline 81
N-methyl-*trans-syn-cis*-perhydrobenzo[*h*]quinoline 81
2-methyl-*N*-(2'-phenylethyl)butyramide 2983
methyl planate 2221
methyl prop-1-en-2-yl carbonate 2149
2-(2'-methyl-1'-propenyl)-4,6-dimethyl-7-hydroxyquinoline 84
9'-(*O*-methyl)protocetraric acid 2234
6-*O*-methyl-α-D-psicofuranoside 2330
6-*O*-methyl-β-D-psicofuranoside 2330
methyl-α-D-psicofuranoside 2330
methyl-β-D-psicofuranoside 2330
methyl-β-D-psicopyranoside 2330
7-methyl-1*H*-purin-6(7*H*)-one 379
6-methyl-9*H*-purine 376
7-methyl-7*H*-purine 379
9-methyl-9*H*-purine 379
7-methyl-1*H*-purine-6(7*H*)-thione 379
16-methyl-1*H*-pyrido[14,3-*b*]carbazole 188
3-methyl-1*H*-pyrrole-2-carboxylic acid ethyl ester 28
2-methyl-4-quinolinone 80
methyl reserpate 190
methyl-α-L-rhamnopyranoside 2329
6-methyl-rhein 1900
methyl-α-D-ribofuranoside 2328
methyl-β-D-ribofuranoside 2328
methyl-α-D-ribopyranoside 2327
methyl-β-D-ribopyranoside 2327
methyl rosmarinate 2221
methyl spongoate 2591
N-methyl streptothricin 2871
(+)-methyl sydowate 562
methyl-α-D-talopyranoside 2329
methyl 2,4,4,6-tetrachlorohexanoate 2148
(4*E*,8*E*)-*N*-13'-methyl-tetradecanoyl-1-*O*-β-D-glucopyranosyl-4-sphingadiene 2187
(6*R*)-6-{6-methyl-5,6,7,8-tetrahydro-[1,3]dioxolo[4,5-*g*]isoquinolin-5-yl}isobenzofuro[5,4-*d*][1,3]dioxol-8(6*H*)-one 130
methyl[5*R*-(5α,6α)]-5,6,7,8-tetrahydro-7-methylidene-8-oxo-5-(3,4,5-trimethoxyphenyl)naphtho[2,3-*d*][1,3]-dioxole-6-carboxylate 1467
methyl(6*S*,7*R*,8*R*,1'*S*,4'*S*)-5,6,7,8-tetrahydro-5-oxo-8-(3,4,5-trimethoxyphenyl)naphtho[2,3-*d*][1,3]dioxole-6-*endo*-spiro-5-(bicyclo[2.2.1]hept-2-ene)-7-carboxylate 1467
methyl(6*S*,7*R*,8*R*,1'*S*,4'*S*)-5,6,7,8-tetrahydro-5-oxo-8-(3,4,5-trimethoxyphenyl)naphtho[2,3-*d*][1,3]dioxole-6-*exo*-spiro-5'-(bicyclo[2.2.1]hept-2-ene)-7-carboxylate 1467
4-methyl-1,4,5,6-tetrahydro-1*H*-pyrido[5,6-*b*]indole 178
2-methyl-2,6,7,8-tetrahydrobenzo[*cd*]indole 242
methyl tetrahydroligujapone 623
2(*R*)-*trans*-3-methyl-5,7,3',4'-tetramethoxy-5'-hydroxydihydroflavonol 1724
methyl tormentate 1281
methyl tri-*O*-methyl lecanorate 2221
methyl 2,2,2-trichloroacetate 2148
N-methyl tricyclic 168
1-methyl-2-[(4*Z*,7*Z*)-4,7-tridecadienyl]-4(1*H*)-quinolone 79
1-methyl-2-[(*Z*)-7-tridecenyl]-4(1*H*)-quinolone 79
2-methyl-1,3,6-trihydroxy-9,10-anthraquinone 1901
2-methyl-1,3,6-trihydroxy-9,10-anthraquinone 3-*O*-(6'-*O*-acetyl)-α-rhamnosyl(1→2)-β-glucoside 1903
2-methyl-1,3,6-trihydroxy-9,10-anthraquinone 3-*O*-α-rhamnosyl(1→2)-β-glucoside 1903
methyl 3,4,α-trihydroxy- phenylpropionate 2214
5-methyl-2-[(2'*E*,6'*E*)-3',7',11'-trimethyl-2',6'-dodecadien-9'-

onyl]benzo-1,4-quinone 538
5-methyl-2-[(2'E,7'Z)-3',7',11'-trimethyl-2',7'-dodecadien-9'-onyl]benzo-1,4-quinone 538
5-methyl-2-[(2'E,7'Z)-3',7',11'-trimethyl-2',7'-dodecadien-9'-onyl]-1,4-dihydroxybenzene 538
5-methyl-2-[(2'E,6'E)-3',7',11'-trimethyl-2',6'-dodecadien-9'-onyl]-1,4-dihydroxybenzene 538
1-methyl-2-undecanone-10'-4(1H)-quinolone 80
1-methyl-2-undecyl-4(1H)-quinolone 79
15-O-methyl-vibsanol 718
7-methyl-5-vinyl-5a,8a-benzocoumarin 1546
methyl-α-D-xylofuranoside 2328
methyl-β-D-xylofuranoside 2328
methyl-α-D-xylopyranoside 2327
methyl-β-D-xylopyranoside 2327
methyl14α-acetoxy-7α,11α-dihydroxy-8,15-isopimaradien-18-oate 842
8α-methylacryloxy-14,15-dihydroxy-3(4),11(13)-germacra-dien-6,12-olide 566
8α-methylacryloxy-14-hydroxy-15-al-3(4),11(13)-germacra-dien-6,12-olide 566
N-methylaglucovancomycin 2824
O-methylalloimperatorin 1566
4'-O-methylamentoflavone 1870
7,4',7",4'''-O-methylamentoflavone 1871
9'-o-methylamericanol A 1524
(E)-4-(methylamino)but-3-en-2-one 2172
(Z)-4-(methylamino)but-3-en-2-one 2172
N-methylanarceimicine 109
8-methylandrograpanin 734
7-methylaromadendrin 1723
6-methylaromadendrin 1724
7-methylaromadendrin-4'-O-(6"-trans-p-coumaroyl)-p-D-glucopyranoside 2290
N-methylatalphylline 280
N-methylataphyllinine 279
methylated hydroxyl akalone 2866
O-methylbaigene C 1563
4-methylbenzene-1,2-diol 2212
2-methylbicyclo[2.2.1]hept-5-en-2-ol 2163
2-methylbicyclo[2.2.1]heptan-ax-2-ol 2163
2-methylbicyclo[2.2.1]heptan-eq-2-ol 2163
7-methylbicyclo[2.2.1] heptan-2-yl acetate 2150
O-methylbisclausarin 1616
1-O-methylbractatin 1810
3-methylbut-2-en-1-ol 2162
3-methylbut-3-en-2-one 2172
(–)2'β-{(E)-3-methylbut-1-enyl}-2'-deoxybruceol 1598
2-methylbutane 2172
3-methylbutanoate of 1β,2β-epoxy-3β-senecioyloxy-5β,6α,7α,10αMe-eudesma-4(15),11(13)-dien-6,12-olide 622
9-(3-methylbutanoyl)-8,10-dehydrothymol 2287
(+)-4-(3-methylbutanoyl)-2,6-di(3,4-dimethoxy) phenyl-3,7-dioxabicyclo[3.3.0]octane 1451
2"-O-(2'''-methylbutanoyl)-isoswertisin 1634
3β-(2'-methylbutanoyloxy)-8β-eremophil-7(11)-ene-12,8α(14,6α)-diolide 628
(1S,5S,6R,7S,9R,10S)-5-methylbutanoyloxy-1,4,9-trihydroxy-2-oxoxanth-11-en-6,12-olide 569
2'R-methylbutanoylproceranolide 1142
2'S-methylbutanoylproceranolide 1142
4'-O-methylbutin-7-O-[(6"→1''')-3''',11'''-dimethyl-7'''-hydroxymethylenedodecanyl]-β-D-glucopyranoside 1660
5-(3"-methylbutyl)-8-methoxyfurocoumarin 1566
(R)-α-methylbutyryl alkannin 1892
α-methylbutyryl alkannin 1892
6β-O-(2-methylbutyryl)britannilactone 571
3-((S)-2-methylbutyryloxy)-costu-1(10),4(5)-dien-12,6α-olide 563
6β-(2-methylbutyryloxy)eremophil-3,7(11),8-trien-8,12-olide-15-oic acid methyl ester 628
N-methylbuxifoliadine E 157, 280
4α-methylcadinane-4R-methyl-1α,2α,10α-triol 618
4-methylcarbostyril 79
6-methylcarbostyril 79
8-methylcarbostyril 79
5-O-methylcelebixanthone 1807
methylchasnarolide 1403
24-methylcholesta-7,22E-diene-3β,5α,6α,25-tetrol 2591
25-O-methylcimigenol-3-O-β-D-galactopyranoside 996
o-methylcinchonine 85
3α-(1-methylcitraconyl)-6β-angeloyloxytropane 266
3α-(1-methylcitraconyl)-6β-senecioyloxytropane 266
β-methylclusin 1400
α-methylclusin 1400
N-methylcolchamine 15
N-methylcolchicine 15
8'-methylconstictic acid 2235
6-O-methylconstrictosine 128
3β-cis-p-O-methylcoumaroyloxy-2α-hydroxy-ursa-12,20(30)-dien-28-oate 1280
N-methylcycloatalaphylline A 157, 280
1-methylcyclohex-1-ene 2174
4-methylcyclohex-3-enecarbaldehyde 2174
methylcyclohexane 2173
1-methylcycloprop-1-ene 2174
3-methylcycloprop-1-ene 2174
9-methyldecumbenine C 158
N-methyldibromoisophakellin 2485
(–)-7-N-methyldibromophakellin 2486
N-methyldihydroatisine azomethine 321
N-methyldihydroveatchine azomethine 318
4-methylene-5-hydroperoxyovatodiolide 719
4-methylene-5-hydroxyovatodiolide 719
24-methylene-lanosta-9(11)-en-3-one 985
24-methylene-27-methylcholest-5-en-3β-ol-7-one 2590
24-methylene-27-methylcholest-5-ene-3β,7α-diol 2590
24-methylene-27-methylcholest-5-ene-3β,7β-diol 2590
24-methylene-27-methylcholestane-3β,5α,6β-triol 2590
4-methylene-5-oxovatodiolide 719
5-methylene-2,3,4,4-tetramethylcyclopent-2-enone 413
2-methylenebicyclo[2.2.1]heptane 2174
(25S)-24-methylenecholestane-3β,5α,6β-triol-26-acetate 2590
24-methylenecycloartane-3,28-diol 993
3,4-(methylenedioxy)-cinnamoyl alkannin 1892
3',4'-methylenedioxy-5,7-dimethoxyflavone 1632
2,3-methylenedioxy-4,7-dimethoxyquinoline 84
2,3-methylenedioxy-10-methyl-9-acridanone 279
(1R,2R,3R)-2,3-trans-6,7-methylenedioxy-1-(3',4'-methylenedioxyphenyl)-1,2,3,4-tetrahydro-3-hydroxymethylanaphthalene-2-carboxylic acid lactone 1489
rel-(7R,8S,7'S,8'S)-4',5'-methylenedioxy-3,4,5,3'-tetramethoxy-7,7'-epoxylignan 1431
(7R,8R,7'S,8'R)-3',4'-methylenedioxy-3,4,5,5'-tetramethoxy-7,7'-epoxylignan 1430
rel-(7R,8R,7'R,8'R)-3',4'-methylenedioxy-3,4,5,5'-tetramethoxy-7,7'-epoxylignan 1431
2,3-methylenedioxyacridin-9-one 279
(2S,3S)-2-(3,4-methylenedioxybenzyl)-3-(5-methoxy-3, 4-methylenedioxybenzyl)butyrolactone 1401
(+)-(2S,3S)-2-(3",4"-methylenedioxybenzyl)-3-(3',4 '-methyl-

enedioxyacetophenone)-butyrolactone 1404
3',4'-methylenedioxyhomoisoflavone 1847
24-methylenelanost-8-ene-3β,15α,21-triol 986
24-methylenelanosta-7,9(11)-diene-3-one 985
24-methylene-lanosta-9(11)-en-3β-ol 985
17-methylenespiramycin 2698
(–)-4'-*O*-methylenshicine 1467
N-methylephedrine 14
4'-*O*-methylepigallocatechin-3-*O*-ferulate 1777
N-methylepipachysamine D 351
3-*O*-methylepivobasinol 198
methylethylcyclopropane 2173
methyleudistomidin C 2493
2-methyleudistomin D 2493
2-methyleudistomin J 2493
3'-methylevenic acid 2221
3-*O*-methylevomonoside 1941
3-*O*-methylexfoliamycin 2768
N-methylflindersine 83
methylfoveolate B 1078
7-*O*-methylgarcinone E 1809
(–)-4'-*O*-methylglabridin 1796
(1'*R*,2'*R*)-methylguaiacyl glycerol 2288
4-*O*-methylguaiacyl glycerol 2'-*O*-β-D-glucopyranoside 2288
N-methylguatterine 115
4-*O*-methylgyrophoric acid 2222
O-methylhassmarin 1615
5-methylhex-4-en-1-yn-3-ol 2162
methylhexyl]-2-methylcyclopentyl]-8α-methyl-, (2*S*,6*S*, 8α*S*)- 2591
7-*O*-methylhorminone 1917
10-*O*-methylhostasine 224
1-*O*-methylichangensin 1143
12-*O*-methylinophyllum P 1600
1-*O*-methylisobractatin 1810
N-methylisodemecolcine 15
methylisofoveolate B 1078
N-methylisothebaine 114
3α-(1-methylitaconyl)-6β-angeloyloxytropane 266
3α-(1-methylitaconyl)-6β-senecioyloxytropane 266
7-methyljuylone 1890
4'-*O*-methylkaempferol-3-*O*-[(4''→13''')-2''',6''',10''',14'''-tetramethylhexadecan-13'''-olyl]- β-D-glucopyranoside 1684
N-methyllaurotetanine 114
methylligujapone 623
5-methyllupinifolinol 1725
7-*O*-methylluteolin 1632
methyllycaconitine 296
15α-methyllycopodane-5β,6β-diol *N*-oxide 82
O-methylmacralstonine 253
3α-(1-methylmesaconyl)-6β-angeloyloxytropane 266
3α-(1-methylmesaconyl)-6β-senecioyloxytropane 266
3α-(1-methylmesaconyl)-6β-tigloyloxytropane 266
3α-methylmesaconyloxytropane 266
methylmononyasine A 1531
methylmononyasine B 1531
O-methylmoschatoline 114
22-*O*-methylmycotrienin II 2697
1-*O*-methylneobractatin 1810
2,-methyloctane 2172
methylophiopogonanone A 1848
methylophiopogonanone B 1848
30-methyloscillatoxin D 2558
methylparaben 2213
2-methylpentane 2172
1-methylpiperidin-4-yl acetate 2150
(–)-4'-*O*-methylpreglabridin 1796
2-methylprop-1-ene 2172
2-methylpropane 2172
20-*O*-methylptychonal acetal 741
2',3-*N*-methylpyrrolidinylhygrine 26
2',4-*N*-methylpyrrolidinylhygrine 26
3-*O*-methylquercetin 1675
6-*C*-methylquercetin-3-methyl ether 1675
6-*C*-methylquercetin-3,3',7-trimethyl ether 1675
2-methylquinoline 78
3-methylquinoline 78
4-methylquinoline 78
6-methylquinoline 78
8-methylquinoline 78
methylsattazolin 2982
N-methylseverifoline 279
5-methylsophoraflavanone B 1658
9a-*O*-methylstemoenonine 27
methylstemofoline 28
N-methylstephisoferulin 66, 143
8'-methylstictic acid 2235
1-(methylsulfinyl)butane 2171
1-(methylsulfinyl)propane 2171
methylsulfinyladenosine 2492
methylsulfomycin I 383
trans-3'-methylsulphonylallyl-*trans*-cinnamate 2289
methylswertianin 1807
methylsyringin 2288
meso-13-methyltetrahydroprotoberberine 121
12-*O*-methylteucrolin A 742
12-*O*-methylteucrolivin A 742
6-methylthio-9*H*-purine 376
methylthioadenosine 2492
3α-(4-methylvaleroyloxy)tropane 52
15-*O*-methylvibsanin H 718
1-methylvindolinine 204
methylvingramine 253
O-methylwaltherione A 83
mevinolin hydroxylated derivative 2918
MF-EA-705α 2983
MF-EA-705β 2983
MH-031 2918
(–)-michelalbine 114
michigazone, 4-demethoxy 2869
(–)-microcionin-1 2365
microclavatin 2371
microcybin 1617
microfokienoxane D 1196
micromeline 249
micronomicin 2676
microphyllaquinone 1891
micropiperidine A 66
micropiperidine B 66
micropiperidine C 66
micropiperidine D 66
microtropioside A 734
microtropioside B 734
microtropioside C 734
microtropioside D 735
microtropioside E 735
microtropioside F 735
migrastatin 2696
mikamicranolide 566
milbemycin β_{10} 2696

milbemycin β_{11} 2696
milbemycin β_{12} 2696
milbemycin α_{20} 2696
milbemycinα_{21} 2696
milbemycinα_{22} 2696
milbemycinα_{23} 2696
milbemycinα_{24} 2696
milbemycinα_{25} 2696
milbemycinα_{26} 2696
milbemycinα_{27} 2696
milbemycin β_9 2696
milicifoline A 1271
milicifoline B 1271
milicifoline C 1271
milicifoline D 1271
millettocalyxin A 1634
millettocalyxin B 1634
millettocalyxin C 1634
miltirone 1911
minimiflorin 1659
minumicrolin 1547
minutoside A 1969
minutoside B 2083
minutoside C 1969
mirabilin G 2485
mirandin A 1518
mirandin B 1518
mirificin 1739
misakimycin 2769
mispyric acid 975
mitissimol A 567
mitissimol A linoleate 567
mitissimol A oleate 567
mitissimol B 567
mitissimol C 567
mitragynaline 216
mitragynine 216
(–)-mitralactonine 194
cis-miyabenol C 2271
MK4588 2981
MK7924 2676
mochiquinone diacetate 560
mollicelllin B 2234
mollicelllin C 2234
mollicelllin D 2234
mollicelllin E 2234
mollicelllin F 2234
mollicelllin H 2234
mollicelllin I 2234
mollicelllin J 2234
mollicelllin K 2234
mollicelllin L 2234
mollicelllin M 2234
mollicelllin N 2234
mollisacacidin 1776
mollisoside B_1 985
momor-cerebroside 2186
monamidocin 2981
monanchocidin 23
monankarin A 1546
monankarin B 1546
monankarin C 1546
monankarin D 1546
monankarin E 1546
monankarin F 1546
monaspiloindole 178
monaspyranoindole 178
monensin 2918
monensin M_1 2918
monensin M_2 2918
monensin M_3 2918
mono-*N*-acetyl-2-deoxystreptamine 2676
mono(6-strobilactone-B) ester of (*E*,*E*)-2,4-hexadienedi oic acid 2366
mono(6-strobilactone-B) ester of (*E*,*E*)-2,4-hexadiene-dioic acid 619
monoacetate of bazzanenoxide 624
monoacetate of nubenolide 630
monoacetyl nimbidiol 848
monoalcohol of bazzanenoxide 624
monocrotaline 45
monodictyphenone 2557
monodictysin A 2557
monodictysin B 2557
monodictysin C 2557
monodictyxanthone 2557
7,9-monoepoxylignans massoniresinol-4-*O*-*β*-D-glucoside 1429
7,9-monoepoxylignans massoniresinol-4-*O*-*β*-D-glucoside 1431
mononorvalerenone 633
mononyasin A 1531
mononyasin B 1531
montanin H 742
mooniine A 54
mooniine B 54
morelensin 1490
morelloflavone 1870
moreollic acid 1811
morindicininone 1901
morindicinone 1901
morindone-6-methyl ether 1901
morinol C 1530
morinol D 1530
morinol E 1530
morinol F 1530
morinol G 1530
morinol H 1530
morinol J 1530
morinol K 1530
morinol L 1530
moronic acid 1200
morphine 143
1-morpholinobutene 22
1-morpholinoisobutene 23
morusignin I 1809
mosloflavone 1630
moslolignan A 1404
moslolignan B 1404
mR304A 2962
MR-387A 2823
MR-387B 2823
mucronatone 536
mucronatoside E 2023
mucronatoside F 2017
mucronatoside G 2023
mucronatoside H 1995
mucronulatol 1795
mulberrofuran E 1771
mulin-11,13-dien-20-oic acid 851
mulin-12,14-dien-11-on-20-oic acid 851
mulin-11-ene-13α,14α-dihydroxy-20-oic acid 851

mulin-12-ene-11,14-dion-20-oic acid 851
mulin-12-ene-14-one-20-oic acid 851
mulinol 850
mulinolic 851
mulinolic acid 850
multifidoside A 626
multifidoside B 626
multifidoside C 626
multiflorin A 1680
multiflorin B 1679
(–)-multiflorine 167
mundulinol 1725
munetone 1740
munronoside Ⅰ 1079
munronoside Ⅱ 1079
munronoside Ⅲ 1079
munronoside Ⅳ 1079
muralioside 441
muramine 128
muricellin 2381
murradimerin A 1616
murralongin 1544
murralongin 1546
murralongin 1547
murramarin A 1616
murramarin B 1616
murrangatin 1547
musacin A 2920
musacin B 2920
musacin D 2920
musacin E 2920
musacin F 2920
muscarine 21
(+)-muscarine iodide 21
muscimol 397
muscomin 1848
musidunin 1141
musiduol 1141
mussaendoside R 1200
mussaendoside S 1200
mussaenin A 412
mussaenin B 412
mussaenin C 412
mutisifurocoumarin diacetate 1563
mutongsaponin A 1201
muzigadial 619
muzitone 2384
3-*O*-mycarosylerythronolide B 2695
mycenarubin A 1917
mycestericin A 3003
mycestericin B 3003
mycestericin D 3003
mycestericin E 3003
mycinamicin IX 2696
mycinamicin ⅩⅥ 2697
mycinamicin ⅩⅦ 2697
mycinamicin ⅩⅧ 2697
mycinamicin X 2696
mycinamicin XI 2696
mycinamicin XII 2696
mycinamicin XIII 2696
mycinamicin XIV 2696
mycinamicin XV 2696
mycorrhizin B1 2769
mycorrhizin B2 2769
mycotrienin Ⅰ 2697
mycotrienin Ⅱ 2697
(–)-myltayl-8(12)-ene 694
myltayl-4(12)-ene-2-caffeate 694
myo-inositol 2358
myricatin 1726
myricetin 1676
myricetin-3-*O*-(6"-*O*-acetyl)-*β*-D-galactopyranoside 1678
myricetin-3-galactoside 1678
myricetin-3-*O*-(2"-*O*-galloyl)-*α*-rhamnopyranoside 7-methyl ether 1679
myricetin-3-*O*-(3"-*O*-galloyl)-*α*-rhamnopyranoside-7-methyl-ether 1679
myricetin-3-glucuronide 1678
myricetin hexamethyl ether 1676
myricetin-3-*O*-(2"-*O*-*p*-hydroxybenzoyl)-*α*- rhamnopyranoside 1679
myricetin-4'-methyl ether-3-*O*-rhamnoside 1678
myricetin-3,3',4',5'-tetramethyl ether 1676
myricetin-3,7,3'-trimethyl ether 1676
myricitin 1724
myricitrin 1678
myricitrin-2"-*O*-gallic acid ester 1679
myricitrin 7-methyl ether 1678
myriophylloside F 1683
myristicanol A 1531
myristicanol B 1531
myristicin 2286
cis-myrtanal 431
cis-myrtanol 431
myrtenal 431
myrtenol 431
myxopyroside 448

N

naamidine H 2488, 2489
naamidine I 2488, 2489
naamine C 2488
naamine E 2487
naamine F 2487
naamine G 2487
nafcillin 2869
nafuredin 2918
nagelamide A 2491
nagelamide B 2491
nagelamide C 2491
nagelamide D 2491
nagelamide E 2491
nagelamide F 2491
nagelamide G 2492
nagelamide H 2492
nahocol A 2560
nahocol A1 2560
nahocol B 2560
nahocol C 2560
nahocol D1 2560
nahocol D2 2560
nakadomarin A 2490
nakaharaiquinone 1911
nakaquinone 1911
nakijiquinone A 1917
nakijiquinone B 1917
nakijiquinone G 1917
nakijiquinone H 1917

nakijiquinone I 1917
nakijiquinone J 1917
nakijiquinone J 620
nakijiquinone K 1917
nakijiquinone K 620
nakijiquinone L 620, 1917
nakijiquinone M 620, 1917
nakijiquinone N 620, 1917
nakijiquinone O 620, 1917
nakijiquinone P 620, 1917
nakijiquinone Q 620, 1917
nakijiquinone R 620, 1917
6α-naltrexol 143
6β-naltrexol 143
nandinine 121, 152
nangustine 27
nantenine 114
naphterpin 2769
naphthablin 2769
1(2*H*)-naphthalenone; [(1*S*,2*R*,3*R*)-3-[(1*R*,2*E*)-1,4-dimethyl-2-penten-1-yl]-2-(2-hydroxyethyl)-2-methylcyclopentyl]-3,5,6,7,8,8α-hexa-hydro-6-hydroxy-8α-methyl-, (2*S*,6*S*,8α*S*)- 2591
1(2*H*)-naphthalenone; 6-(acetyloxy)-3,5,6,7,8,8α-hexahydro-2-[(1*S*,2*R*,3*R*)-3-[(1*S*,2*S*)-2-hydroxy-1,5-dimethyl-4-methylenehexyl]-2-(2-hydroxyethyl)-2-methylcyclopentyl]-8α-methyl-, (2*S*,6*S*,8α*S*)- 2591
1(2*H*)-naphthalenone; 6-(acetyloxy)-3,5,6,7,8,8α-hexahydro-2-[(1*S*,2*R*,3*R*)-3-[(1*S*,2*S*)-2-hydroxy-1,5-dimethylhexyl]-2-(2-hydroxyethyl)-2-methylcyclopentyl]-8α-methyl-, (2*S*,6*S*,8α*S*)- 2591
1(2*H*)-naphthalenone; 6-(acetyloxy)-3,5,6,7,8,8α-hexahydro-2-[(1*S*,2*R*,3*R*)-2-(2-hydroxyethyl)-3-[(1*R*,2*S*)-2-hydroxy-1-(hydroxymethyl)-5-methylhexyl]-2-methylcyclopentyl]-8α-methyl-, (2*S*,6*S*,8α*S*)- 2591
1(2*H*)-naphthalenone; 3,5,6,7,8,8α-hexahydro-6-hydroxy-2-[(1*S*,2*R*,3*R*)-3-[(1*S*,2*S*)-2-hydroxy-1,5-dimethyl-4-hexen-1-yl]-2-(2-hydroxye-thyl)-2-methylcyclopentyl]-8α-methyl-, (2*S*,6*S*,8α*S*)- 2591
1(2*H*)-naphthalenone; 3,5,6,7,8,8α-hexahydro-6-hydroxy-2-[(1*S*,2*R*,3*R*)-3-[(1*S*,2S)-2-hydroxy-1,5-dimethylhexyl]-2-(2-hydroxyethyl)-2-methylcyclopentyl]-8α-methyl-, (2*S*,6*S*,8α*S*)- 2590
1(2*H*)-naphthalenone; 3,5,6,7,8,8α-hexahydro-6-hydroxy-2-[(1*S*,2*R*,3*R*)-2-(2-hydroxyethyl)-3-[(1*R*,2*S*)-2-hydroxy-1-(hydroxymethyl)-5- 2591
naphthgeranine A 2769
naphthgeranine B 2769
naphthgeranine C 2769
naphthgeranine D 2769
naphthgeranine E 2769
naphthgeranine F 2769
naphthomevalin 2769
naphthopyranomycin 2769
naphthoquinone 1 2769
naphthoquinone 2 2769
naphthoquinone 3 2769
naphthoquinone 4 2769
naphthoquinone 5 2770
narcissin 1680
narcissoside 1680
narcotine 130
nardosinanol A 2366
nardosinanol B 2366
nardosinanol C 2366
nardosinanol D 2366
nardosinanol E 2366
nardosinanol F 2366
nardosinanol G 2366
nardosinanol H 2366
nardosinanol I 2366
naringenin 1657
naringenin-7,4'-dimethyl ether 1657
naringin 1658
naucleactonin C 194
naucleaorine 194
naucleaorine 216
nauclefine 194
naucleofficine A 194
naucleofficine B 194
naucleofficine C 194
naucleofficine D 194
naucleofficine E 194
NBRI23477 A 2869
NBRI23477 B 2869
neamine 2676
nebrosteroid A 2590
nebrosteroid B 2590
nebrosteroid C 2590
nebrosteroid D 2590
nebrosteroid E 2590
nebrosteroid F 2590
nebrosteroid G 2590
nebrosteroid H 2590
negundin A 1489
negundin B 1465
nemadectin 2697
nemadectin analogue 1 2697
nemadectin analogue 2 2697
nemadectin analogue 3 2697
nemerosin 1402
neo-przewaquinone A 1892
neoalsoside 11 1085
neoalsoside 12 1085
neoalsoside A 1085
neoalsoside A2 1085
neoalsoside A3 1085
neoalsoside A4 1085
neoalsoside A5 1085
neoalsoside C1 1085
neoalsoside C2 1085
neoalsoside D1 1085
neoalsoside E1 1085
neoalsoside F1 1085
neoalsoside G1 1085
neoalsoside H 1 1085
neoalsoside J1 1085
neoalsoside K1 1085
neoalsoside L1 1085
neoalsoside M1 1086
neoalsoside M2 1086
neoalsoside M3 1086
neoalsoside N1 1086
neoalsoside O1 1086
neoalsoside O2 1086
neoamphimedine 2489
neoamphimedine Y 2489
neoamphimedine Z 2489
neoarctin B 1404
neobalearone 2558
neobritannilactone A 571

neobritannilactone B 563
neobulgarone A 2770
neobulgarone B 2770
neobulgarone C 2770
neobulgarone D 2770
neobulgarone E 2770
neobulgarone F 2770
neobyakangelicol 1567
NeoC-1027 chromophore I 2869
neocarazostatin A 2869
neocarazostatin B 2869
neocarazostatin C 2869
6*S*,12*S*-neocaryachine-7-*O*-methyl ether *N*-metho salt 21
neocimicigenoside A 996
neocimicigenoside B 996
neocimigenol 996
neoclerodan-5,10-en-19,6β:20,12-diolide 743
neocryptotanshinone 846, 1911
neodactyloquinone 1916
neogermbudine 370
neogermine 367
neogrifolin 539
neoharringtonine 26
neohelmanthicin A 2286
neohelmanthicin B 2286
neohelmanthicin C 2286
neohelmanthicin D 2286
neohesperidin 1658
neoliacine 566
neoliacinolide A 566
neoliacinolide B 566
neoliacinolide C 566
neolindenenonelactone 563
neoline 311
neolitrane 567
neomarinone 2560
neopeltolide 2490, 2652
neorustmicin A 2697
neosordarin 2963
(25*S*)-neospirost-4-en-3-one 2069
neostemocochinine 27
(+)-neosymbioimine 2486
neotheaflavate A 1778
neotheaflavin 1778
neotheaflavin-3-gallate 1778
neotigogenin-3-*O*-β-D-glucopyranosyl-(1→4)-[α-L-arabinopyranosyl-(1→6)]-β-D-glucopyranoside 2093
neoverataline A 367
neoverataline B 367
neovibsanin L 718
(8*Z*)-neovibsanin M 718
neovibsanin M 718
neovibsanin O 718
nepalensinol A 2271
nepalensinol B 2277
nepalensinol C 2271
nepalolide A 565
nepalolide B 565
nepalolide C 565
nepalolide D 563
(+)-nepapakistamine A 351
nepetacilicioside 444
nepetanudoside 447
nepetanudoside B 445
nepetanudoside C 444
nepetanudoside D 445
nepetaracemoside A 440
nepetaracemoside B 440
nephalbidol 2369
nephoxaloid 68
nerfilin Ⅰ 2823
nerfilin Ⅱ 2823
neriifolin 1941
neriumin 1282
nervonin A 962
nervonin B 914
nervonin C 915
nervonin D 915
nervonin E 915
nervonin F 915
nervonin G 915
nervonin H 915
nervonin I 915
nervonin J 915
netamine A 2485
netamine B 2485
netamine C 2485
netamine D 2485
netamine E 2485
netamine F 2485
netamine G 2485
neurosporaxanthin 1368
neurosporaxanthin 1369
neusilychristin 1725
nevadensin 1632
newbouldiaquinone A 1917
NFAT-133 2981
NFAT-68 2981
nicotinate 67
nicotine 67
nidulal 2981
niduloic acid 2981
nigakihemiacetal A 1177
nigakilactone B 1176
nigakilactone D 1177
nigericin 2915
nigerloxin 2823
nigernin A 851
nigernin B 851
nigoroside D 1954
nigrolineaxanthone F 1808
nigrolineaxanthone G 1810
nigrolineaxanthone I 1810
nigrolineaxanthone N 1808
nigroside A 2071
nigroside B 2071
nigroside C 1960
nikkomycin Lx 2823
nilotin 1143
nimbosodione 848
ningalin A 2492
ningalin B 2492
ningalin C 2492
ningalin D 2492
(–)-ningpogenin 449
ningposide A 2290
ningposide B 2290
ningposide C 2290
niphatoxin C 68
nitensidine A 20
nitensidine B 20
nitensidine C 20

nitidanin 1524
nitidasin 969
nitiol 969
8-*O*-(3-nitro-*p*-coumaroyl)-1(10)*E*,4(15)-humuladien-5*β*,8*α*-diol 567
1-nitro essien were 2171
Z-4'-nitroaurone 1839
Nitropeptin 2822
2-nitrophenol 2212
nitropyrrolin A 539
nitropyrrolin B 539
nitropyrrolin C 539
nitropyrrolin D 539
nitropyrrolin E 539
3-nitroquinoline 78
njaoamine A 2490
njaoamine B 2490
njaoamine C 2490
njaoamine D 2490
njaoamine E 2490
njaoamine F 2490
NK10958P 2918
NK154183A 2697
NK154183B 2697
NK30424A 2697
NK30424B 2697
NK372135A 2676
NK374200 2869
nkolbisine 83
nobiletin 1632
nobiliside C 985
nobiloside 2383
nocardicyclin A 2770
nocardicyclin B 2770
nocardione A 2983
nocardione B 2983
nodakenetin 1564
nodakenin 1564
nodosin 847
nodusmicin 2694
nomilinoate A-ring lactone 977
nonanal 2171
nonane 2170
nonanenitrile 2171
nonanoyl chloride 2171
cis-nopinol 432
trans-nopinol 432
nopinol 432
nopinone 432
nopol 432
29-nor-3*β*-methoxyserrat-14-en-21-one 1347
3,29-nor-3*α*-methoxyserrat-14-en-21-one 1348
noracronine 279
noralpindenoside A 852
noralpindenoside B 852
norbellidifodin 1807
nordenletin 1616
nordentatin 1598
nordeoxyharringtonine 27
nordhagenine A 295
nordhagenine B 295
nordhagenine C 295
(–)-nordicentrine 114
norerythromycin A 2695
norerythromycin B 2695
norerythromycin C 2695
norerythromycin D 2695
2'-*N*-norfangchinoline 147
(+)-norglaucine 114
norhardwikiic acid methyl ester 743
noricaritin-7-*β*-D-glucopyranoside 1679
norisoerlangeafusciol 1563
norkurarinone 1659
28-norlup-20(29)-en-3-hydroxy-17-hydroperoxide 1301
28-norlup-20(29)-en-3-hydroxy-17*R*-hydroperoxide 1301
norlupA (1)-20(29)-ene 1301
α-norlupinone 165
normacusine B 197
normaysine 395
9-normethylbudmunchiamine K 392
d-nornicotine 67
N-nornuciferine 114
(2*α*,3*α*,17*R*,18*β*)-19(18→17)-*abeo*-28-norolean-12-ene-2,3,18,23,24,29-hexol 1198
(2*α*,3*α*,17*R*,18*β*)-19(18→17)-*abeo*-28-norolean-12-ene-2,3,18,23,24-pentol 1198
norsalsolinol 105
nortanshinone 1911
nortoprentin A 2494
nortoprentin B 2494
nortoprentin C 2494
(–)-nortrachelogenin 1401
(+)-nortrachelogenin 1401
nortrachelogenin 5'-*C*-*β*-D-glucopyranoside 1402
nortrachelogenin 8'-*O*-*β*-D-glucopyranoside 1402
nortropane-3*α*,7*β*-diol 7-benzoate 3-(2-methylpropanoate) 53
nortropane-3*α*,7*β*-diol 7-[(*E*)-cinnamate] 3-propanoate 53
nortropane-3*α*,7*β*-diol 3-(2-methylpropanoate) 7-[(*Z*)-3,4,5-trimethoxycinnamate] 53
nortropane-3*α*,6*β*,7*β*-triol 3-benzoate 7-(2-hydroxy-3-phenylpropanoate) 53
nostocarboline 249
nostocyclamide M 383
nothramicin 2770
notoamide A 2494
notoamide B 2494
notoamide C 2494
notoamide D 2494
notoginsenoside FP1 1083
notoginsenoside FP2 1083
notoginsenoside L 1084
notoginsenoside M 1084
notoginsenoside N 1084
notoginsenoside Rw1 1083
notoginsenoside Rw2 1083
notohamosin A 1349
notohamosin B 1349
notohamosin C 1349
notopterol 1564
notoptol 1564
notoptolide 1564
novobiocin 2918
NP25301 2981
NP25302 2981
nubenolide 630
nudicauline 296
nummularine H 381
nuphamine 168
nupharamine 168
nupharine 168
nupharolutine 168

nuphenine 67
nutanocoumarin 1563
nyasoside 1531
(–)-nymphone 1429

obisdehydrostemoninine 27
oblonganoside A 1280
oblonganoside E 1281
oblongulide 1598
obscurolide A_1 2918
obscurolide A_2 2918
obscurolide A_3 2918
obscurolide A_4 2918
obscurolide $B_{2\alpha}$ 2918
obscurolide $B_{2\beta}$ 2919
obscurolide B_3 2919
obscurolide B_4 2919
obscurolide C 2919
obscurolide $C_{2\alpha}$ 2919
obscurolide $C_{2\beta}$ 2919
obscurolide D 2919
obtuanhydride 747
ocholignan A 1465
ochotensimine 134
ochracenomicin A 2770
ochracenomicin B 2770
ochracenomicin C 2770
ochraceolide B 1302
ochrocarpin A 1561
ochrocarpin B 1561
ochrocarpin C 1561
ochrocarpin D 1561
ochrocarpin E 1562
ochroketolate 538
ochrolifuanin A 236
ochrolifuanin B 236
ochrolifuanin C 236
ochrolifuanin D 236
ochrone A 1911
ochropamine 198
1,3,8-ochtodien-5(*R*),6(*R*)-diol 2364
1,3,8-ochtodien-5(*S*),6(*S*)-diol 2364
2(*E*),4-ochtodien-1(*R*),6(*R*)-diol 2364
2(*Z*),4-ochtodien-1(*R*),6(*R*)-diol 2364
1,3-ochtodien-3(*R*),6(*R*)-diol 2365
ocimol 1302
ocoteine 114
octa-nor-13-hydroxydammar-1-en-3,17-dione 1079
octa-2,4-6-triyne 2172
octacyclomycin 2919
octadecyl (*E*)-*p*-coumarate 2289
octadecyl (*Z*)-coumarate 2289
octadecyl (*E*)-ferulate 2289
octadecyl (*Z*)-*p*-ferulate 2289
2,2,3,3,4,4,5,5-octafluorohexane-dioic acid 2148
(7a*α*,10a*α*,10b*α*)-2,3,5,6,7,7a,8,10a-octahydro- 166
2,3,5,6,7,7a*α*,10a*α*,10b*β*-octahydro-1*H*,8*H*-benzo[*ij*]quinolizin-8-one 166
(7a*α*,10a*α*,10b*β*)-2,3,5,6,7,7a,8,10a-octahydro-10-methoxy-8-oxo-1*H*,10b*H*-benzo[*ij*]quinolizine-10b-carboxylic acid methyl ester 166
(7a*α*,10a*β*,10b*β*)-2,3,5,6,7,7a,8,10a-octahydro-10-methoxy-8-oxo-1*H*,10b*H*-benzo[*ij*] quinolizine-10b-carboxylic acid methyl ester 166
(3a*α*,10a*α*,10b*β*)-3a,5,6,8,9,10,10a,10b-octahydro-3-methyl-1*H*,4*H*-pyrido[3,2,1-*ij*][1,6]naphthyridine 166
cis-octahydro-1-methyl-4*H*-quinolizin-4-one 165
trans-octahydro-1-methyl-4*H*-quinolizin-4-one 165
cis-octahydro-4-methyl-2*H*-quinolizine 165
trans-octahydro-4-methyl-2*H*-quinolizine 165
[1*R*-(1*α*,7*α*,9a*β*)]-octahydro-7-methyl-2*H*-quinolizine-1-methanol 164
[1*S*-(1*α*,7*β*,9a*α*)]-octahydro-7-methyl-2*H*-quinolizine-1-methanol 164
[3*R*-(3*α*,9*α*,9a*β*)]-octahydro-9-methyl-2*H*-quinolizine-3-methanol 164
[1*S*-(1*α*,7*α*,9a*α*)]-octahydro-7-methyl-2*H*-quinolizine-1-methanol 165
[3*S*-(3*α*,9*β*,9a*α*)]-octahydro-9-methyl-2*H*-quinolizine-3-methanol 165
trans-octahydro-5-methyl-2*H*-quinolizinim iodide 165
(7a*α*,10a*α*,10b*α*)-2,3,5,6,7,7a,8,10a-octahydro-8-oxo-1*H*,10b*H*-benzo[*ij*]quinolizine-10b-carboxylic acid methyl ester 166
(7a*α*,10a*α*,10b*β*)-2,3,5,6,7,7a,8,10a-octahydro-8-oxo-1*H*,10b*H*-benzo[*ij*]quinolizine-10b-carboxylic acid methyl e ster 166
(7a*α*,10a*β*,10b*α*)-2,3,5,6,7,7a,8,10a-octahydro-8-oxo-1*H*,10b*H*-benzo[*ij*]quinolizine-10b-carboxylicacid methyl ester 166
2,5,6,9,10,13,14,16-octahydro-4,12,15-trimethylcyclotetradeca[*b*]furan-8-carboxylicacid methyl ester 2372
1,3,5,6,14,15,16,17-octahydroindolo[15,16-*a*]quinolizine 178
octahydropentalene 2173
(1*R*,4*R*)-octahydropentalene-1,4-diol 2163
(2*S*,5*S*)-octahydropentalene-2,5-diol 2163
octahydropentalene-3a-ol 2173
(octahydropentalene-6a-yl)(methyl)sulfane 2173
Ⅰ-3',Ⅱ-3,3',Ⅱ-4',Ⅰ-5,Ⅱ-5,Ⅰ-7,Ⅱ-7-octahydroxy-Ⅰ-4'-methoxy-Ⅰ-3,Ⅱ-8-biflavanone 1870
octane 2170
octane-1-thiol 2171
octanedioic acid 2148
octanorsimaroubin A 1081
(+)-octanoyllomatin 1599
(*E*)-octatriacont-19-ene 2171
1-(octylsulfinyl)octane 2171
(*E*)-oct-2-en-1-ol 2161
(*Z*)-oct-2-en-1-ol 2161
(*E*)-oct-3-ene-1-yne 2171
oct-3-yn-1-ol 2161
odoralide 1144
odoratin 1753
officinalin isobutyrate 1544
officinosidic acid 446
ohioensin H 1812
oidiolactone A 737
oidiolactone B 737
oidiolactone C 737
oidiolactone D 737
oidiolactone E 737
oidiolactone F 737
5*α*,6-oipro-9-hydroxyl-cyclocerberidol 413
okilactomycin 2919
3'*α*-(olean-12-ene-28-oyl-3*β*-oxy)dihydronepetalactone 1199
oleandrigenin *β*-D-gentiobiosyl-(1→4)-*β*-D-cymaroside 1937
oleandrigenin *β*-D-gentiobiosyl-(1→4)-*α*-L-cymaroside 1937
oleic acid 2148
oleic acid ester of coniferyl alcohol 2287
oleoyl danshenxinkun A 1911
oleoyl neocryptotanshinone 1911
oleracein A 179

oleracein B 179
oleracein C 179
oleracein D 179
oleracein E 179
oligandrumin A 569
oligandrumin B 569
oligandrumin C 569
oligandrumin D 569
oligantha A 1080
oligomycin A 2697
oligomycin B 2697
oligomycin C 2697
oligomycin E 2697
oligomycin F 2697
oligomycin G 2697
olivacine 249
oliveridine 114
(−)-olivil-9-*O*-*β*-D-apiofuranosyl(1→6)-*β*-D-glucopyranoside 1429
ombuoside 1680
omphadiol 693
omphamurrayone 1544
omphamurrayone 1547
onchidin B 2624
ononin 1738
ophiocarpine 121
ophioceric acid 693
ophioglonin 1634
6(*Z*)-ophirin 2379
ophirin 2380
oppositinine A 249
oppositinine B 249
opuntisterol 1947
opuntisteroside 1950
orbiculin B 623
orbiculin C 623
orbiculin D 623
orbiculin E 623
orbiculin F 623
orbiculin G 623
oreoselone 1564
oriciacridone A 281
oriciacridone B 281
oriciacridone C 280
oriciacridone D 280
oriciacridone E 280
oriciacridone F 280
oriediterpenol 916
oriediterpenone 916
oriediterpenoside 918
orientanol B 1856
orientanol C 1856
orientanol D 1746
orientanol E 1747
orientanol F 1747
orientin 1632
ent-oritin-(4*β*→6)-epioritin-4*α*-ol hexa-*O*-methylether triacetate 1779
ent-oritin-(4*α*→6)-epioritin-4*α*-ol hexa-*O*-methylether triacetate 1779
ent-oritin-(4*α*→6)-epioritin-4*β*-ol hexa-*O*-methylether triacetate 1779
ent-oritin-(4*β*→6)-oritin-4*α*-ol hexa-*O*-methylether triacetate 1779
ent-oritin-(4*α*→6)-oritin-4*α*-ol hexa-*O*-methylether triacetate 1779
orivalerianol 693
orixine 84
ormithosaponin D 2098
H-L-Orn-OH • HCl 2360
ornithasaponin B 2078
ornithosaponin A 2071
ornithosaponin C 2098
orobol 1738
oroselol 1560
oroselone 1560
orotinichalcone 1754
oroxylin A; 5,7-dihydroxy-6-methoxyflavone 1630
orsellinic acid 2213
(11)7,14-ortholactone of 14-hydroxy-3-oxofloridanolide 625
orthosiphol A 841
orthosiphol B 841
orton aceta 1340
oscillatoxin 2558
oscillatoxin B1 2558
osthol 1546
ostruthol 1565
otophylloside H 2038
otophylloside I 2022
otophylloside J 2038
otophylloside K 2023
otophylloside L 2038
otophylloside M 2038
oudemansin X 2981
ouvrardiandine A 325
ouvrardiandine B 325
ouvrardiantine 303
ovalifoliolide A 1084
ovalifoliolide B 1080
ovatic acid methyl ester-7-*O*-(6'-*O*-*p*-hydroxybenzoyl)-*β*-D-glucopyranoside 449
ovatolactone-7-*O*-(6'-*O*-*p*-hydroxybenzoyl)-*β*-D-glucopyranoside 440
ovoic acid 2222
12,28-oxa-8-hydroxymanzamine A 2495
12,34-oxa-6-hydroxymanzamine E 2495
oxachamigrene 2370
oxacillin 2869
oxaclausarin 1598
oxacyclododecindione 2696
oxalatrunculin B 2652
oxaline 232
12,28-oxamanzamine A 2495
12,28-oxamanzamine E 2495
12,34-oxamanzamine E 2495
oxanordentatin 1598
oxasetin 2869
oxazinin-1 2494
oxazinin-2 2494
oxazinin-3 2494
N_b-oxide-cathafoline 245
(4*S*)-*N*-oxide-corynoxeine 223
β-*N*-oxide-isoboldine 111
(+)-*β*-*N*-oxide-isoboldine 115
(−)-*N*-oxide-*cis*-isocorypalmine 120
N-oxide-kopsidine C 205
N-oxide-11-methoxyakuammicine 245
N-oxide piericidin B_1 2870
N-oxide piericidin B_5 2870
N-oxide-pronuciferine 112

N-oxide-sinomenine 144
N-18-oxime tsitsikammamine A 2488
N-18-oxime tsitsikammamine B 2488
2-oxo-3β-*O*-acetyl-19α-hydroxy-24-*nor*-urs-12-en-28-oic acid 1281
2-oxo-3β-*O*-acetyl-19α-hydroxy-24-*nor*-urs-12-en-28-oicacidmethyl ester 1281
3-oxo-8-*O*-acetyl-santolinane 401
4-oxo-10-*O*-acetyl-α-thujene 429
4-oxo-artemisia 401
17-oxo-3-benzoylbuxadine 359
17-oxo-18,19-bisnorcheilanth-13(24)-en-6α-ol 969
2-oxo-3-bromo-ionol 430
2,5-oxo-camphone 430
3-oxo-1,8-cineole 410
(13*E*)-2-oxo-5α-cis-17α,20α-cleroda-3,13-dien-15-oic acid 737
2-oxo-corynoxan-17-al 222
5-oxo-cystofuranoquinol 2559
3β-[(2*E*,4*E*)-5-oxo-decadienoyloxy]-olean-12-ene 1198
2-oxo-3β,22α-di-*O*-acetyl-19α-hydroxy-24-*nor*-urs-12-en-28-oic acid 1281
2-oxo-3β,22α-di-*O*-acetyl-19α-hydroxy-24-*nor*-urs-12-en-28-oic acid methyl ester 1281
oxoaporphine trimethylmoschatoline 1528
2-oxobazzanene 624
(−)-(1*R*,6*R*,7*S*,10*R*)-11-oxocadinan-4-en-1-ol 2369
11-oxocneorin G 978
1-oxocryptotanshinone 1916
1-oxocryptotanshinone 845
(24*E*)-3-oxocycloart-24-en-26-al 993
(+)-17-oxocycloprotobuxine 358
oxocyclostylidol 2485
oxocyclostylidol 374
24(*Z*)-3-oxodammara-20(21),24-dien-27-oic acid 1078
10-oxodepressin 749
(9*Z*)-10'-oxo-6,10'-diapocaroten-6-oate 1369
(9*Z*)-6'-oxo-6,5'-diapocaroten-6-oate 1369
(9*Z*)-8'-oxo-6,8'-diapocaroten-6-oate 1369
(9*Z*)-6'-oxo-6,6''-diapoearoten-6'-oate 1369
2-oxo-3α,3β-dibromo-ionol 430
7-oxo-2-diene-gentiobione 412
3,9-oxo-7-diene-blumenol A 408
(4*S*,6*R*,7*S*,8*S*,10*R*,11*S*,16*R*)-1-oxo-3(10),8(16)-diepoxy-16-methylprop-1*Z*-enyl-16-methoxygermacra-2-en-6(12)-olide 565
3-oxo-6α,20-dihydorxylupane 1302
4-oxo-19α,22α-dihydroxy-3,24-dinor-2,4-*seco*-urs-12-en-2,28-dioic acid 1281
4-oxo-19α,22α-dihydroxy-3,24-dinor-2,4-*seco*-urs-12-en-2,28-dioic acid methyl ester 1281
2-oxo-3β,19α-dihydroxy-24-*nor*-urs-12-en-28-oic acid 1281
10-oxo-11,12-dihydroxydepressin 749
ent-7-oxo-16α,17-dihydroxykauran-19-oic acid 917
3-oxo-1β,11α-dihydroxylup-20(29)-en-28-oic acid 1299
3-oxo-1β,11α-dihydroxylup-20(29)-ene 1299
3-oxo-6,28-dihydroxylup-20(29)-ene 1302
(4*S*,6*R*,7*S*,8*S*,10*R*,11*S*)-1-oxo-3,10-epoxy-8-angeloyl-oxy-germacra-2-en-6(12)-olide 565
8-oxo-11*R*-eremophil-6-en-12-oic acid 627
8-oxo-11*S*-eremophil-6-en-12-oic acid 627
(4*R**,5*S**,6*Z*,10*R**)-8-oxoeudesm-6-en-5α,11-diol 621
2-oxofriedoolean-3-en-29-oic acid 1271
oxoglaucine 114
3-oxo-9-*O*-β-glucopyranosyl-α-ionol 407
3-oxo-9-*O*-α-glucopyranosyl-α-ionol 407
3-oxo-9-*O*-glucopyranosyl-α-ionol 407
4-oxo-9-*O*-glucopyranosyl-β-ionol 407
3-oxo-9-*O*-glucopyranosyl-tetra-*O*-acetyl-α-ionol 407
16-oxo-15,16*H*-hardwikiic acid methyl ester 740
3-oxo-13-hydroxy-4α-*neo*-clerod-14-ene 739
4,7-oxo-7-hydroxy-2-diene-ferulane 412
1-oxo-8α-hydroxy-11α-eudesm-4-en-12,6α-olide 622
(9*E*)-4-oxo-7-hydroxy-11-hydroperoxy-bisabola-2,9-diene 559
(9*E*)-4-oxo-7-hydroxy-11-hydroxy-bisabola-2,9-diene 559
3-oxo-9-α-hydroxy-α-ionol 407
3-oxo-9-β-hydroxy-α-ionol 407
3-oxo-9-hydroxy-ionol 407
22-oxo-23-hydroxy-iridal-3,16-di-β-D-glucopyranoside 1349
22-oxo-23-hydroxy-isoiridal-3,16-di-β-D-glucopyranoside 1349
2-oxo-13-hydroxy-neoclerodа-3,14-diene 739
2-[(2'*E*,6'*E*,10'*E*)-5'-oxo-13'-hydroxy-3',7',11',15'-tetramethylhexadeca-2',6',10',14'-tetraenyl]-6-methylhydroquinone 2559
2-[(2*E*,6*Z*,10*E*)-5-oxo-13-hydroxy-3,7,11,15-tetramethylhexadeca-2,6,10,14-tetraenyl]-6-methylhydroquinone 2559
2,9-oxo-9-hydroxy-vicodiol 430
22-oxo-23-hydroxyiridal-3-[β-D-glucopyranosyl-(1→6)-β-D-glucopyranoside]-16-β-D-glucopyranoside 1349
3-oxo-6α-hydroxyl-9α-*O*-aceyl-α-ionol 407
4-oxo-10-hydroxyl-α-thujene 429
3-oxo-21β-hydroxylup-20(29)-en-3-One 1299
3-oxo-21β-hydroxylup-20(29)-en-3-one 1301
3-oxo-6-hydroxylup-20(29)-ene 1302
3-oxo-20-hydroxylupane 1302
2-[(2*E*,6*E*,10*E*,14*Z*)-5-oxo-15-hydroxymethyl-3,7,11-trimethylhexadeca-2,6,10,14-tetraenyl]-6-methylhydroquinone 2559
2-[(2*E*,6*Z*,10*E*,14*Z*)-5-oxo-15-hydroxymethyl-3,7,11-trimethylhexadeca-2,6,10,14-tetraenyl]-6-methylhydroquinone 2559
3-oxo-16β-hydroxyolean-12-en-28-al 1199
3-oxo-23-hydroxyolean-12-en-27-oic acid 1199
3-oxo-11β-hydroxyolean-12-ene 1199
3-oxo-11-hydroxyolean-12-ene-30-oic acid 1199
3-oxo-α-ionol 407
4-oxo-β-ionol 407
22-oxo-isoiridal-3,16, 23-tri-β-D-glucopyranoside 1349
6-oxoisoiguesterin 1271
23-oxo-isotingenone 1271
2-oxokolavenic acid methyl ester 739
15-oxo-8(17)-labden-18-oic acid 733
3-oxolanost-9β*H*-7-en-24*S*,25-diol 987
3-oxo-lup-20-(29)-en-30-al 1301
3-oxo-lup-20-(29)-en-30-al 1302
1-oxo-8α-methoxy-10*R*-eremophil-7(11)-en-8β,12-lactam 627
16-oxolyclanitin-29-yl *E*-4′-hydroxyl-3′-methoxycinnamate 1347
3-oxo-11-methoxyolean-12-ene-30-oic acid 1199
1-oxomiltirone 1916
1-oxomiltirone 844
11-oxomogroside Ⅳ 987
11-oxomogroside ⅡE 987
11-oxomogroside Ⅲ 987
(*E*)-4-oxonon-2-enoic acid 3002
4-oxo-nopol 432
3-oxo-norlupA(1)-20(29)-ene 1301
11-oxo-7α-obacunol 978
11-oxo-7α-obacunyl acetate 977

3-oxo-olean-9(11),12-diene-30-oic acid 1200
3-oxo-11,13(18)-oleanadien-28-oic acid 1200
3-oxo-D:A-*friedo*-oleanan-27,16 -lactone 1271
7-oxo-*trans*-pinocarvel 432
21-oxo-raspacionin 2383
1-oxosalvibretol 846
3-oxosclareolide 737
8-oxosparteine 167
d-17-oxosparteine 167
22-oxo-20-taraxasten-3β-ol 1280
3-oxo-α-terpineol 411
2-[(2*E*,6*E*,10*E*)-5-oxo-3,7,11,15-tetramethylhexadeca-2,6,10,14-tetraenyl]-6-methylhydroquinone 2559
2-[(2*E*,6*Z*,10*E*)-5-oxo-3,7,11,15-tetramethylhexadeca-2,6,10,14-tetraenyl]-6-methylhydroquinone 2559
2-(12-oxo-tridecanyl)-3-methoxy-4-quinolone 80
2-oxo-3β,19α,22α-trihydroxy-24-*nor*-urs-12-en-28-oic acid 1281
3-oxo-2,19α, 22α-trihydroxy-24-*nor*-urs-1,4,12-trien-28-oic acid 1281
2-[(2*E*,6*E*)-5-oxo-3,7,11-trimethyldodeca-2,6,10-trienyl]-6-methylhydroquinone 2559
2-[(2*E*,6*Z*)-5-oxo-3,7,11-trimethyldodeca-2,6,10-trienyl]-6-methylhydroquinone 2559
4-oxo-α-ylangene 694
3,5,3,3'-[oxybis(methylene)]-bis(9-methoxy-9*H*-carbazole) 237
oxycineromycin B 2694
oxygambogic acid 1811
oxymatrine 166
oxypeucedanin 1565
oxypeucedanin ethanolate 1565
oxypeucedanin methanolate 1565
1,7-oxy-pinane 432
1,2-oxy-pinane 432
oxystemoenonine 27
oxystemoninine 27
oxytrofalcatin A 179
oxytrofalcatin B 179
oxytrofalcatin C 179
oxytrofalcatin D 179
oxytrofalcatin E 179
oxytrofalcatin F 179

P

PA-46101 A 2697
PA-46101 B 2697
pabularin A 1565
pabularin B 1565
pabularin C 1566
pabulenol 1565
pachycladin A 2380
pachycladin B 2380
pachycladin C 2380
pachycladin D 2380
pachycladin E 2380
pachyclavulariaenone A 2376
pachyclavulariaenone B 2377
pachyclavulariaenone C 2377
pachyclavulariaenone D 745
pachyclavulariaenone E 745
pachyclavulariaenone F 745
pachyclavulariaenone G 746
pachyclavulariolide B 2372
pachyclavulariolide E 2372
pachyclavulide E 743
pachyclavulide F 744
pachyclavulide G 744
pachyclavulide H 744
pachyclavulide I 744
pachymic acid 986
pachyrrhizin 1564
padelaoside A 2098
padelaoside B 2098
padmatin 1724
padmatin-3-acetate 1724
paederoscandoside 450
paederosidic acid methyl ester 448
paeonilactinone 431
paesslerin A 692
paesslerin B 692
paliurine G 381
paliurine H 381
paliurine I 381
(–)-pallidine 128
pallidone A 538
pallidone B 1563
pallidone B 538
pallidone C 537
pallidone D 537
pallidone E 537
pallidone F 537
pallidone G 537
pallidone H 537
pallidone I *539*
pallidone J 539
palmatine 152
palmerolide A 2652
palmitic acid ester of coniferyl alcohol 2287
O-palmitoylseverine 17
12-*O*-palmityl-13-*O*-acetyl-16-hydroxyphorbal 921
6α-(4-*O*-palmityl-7*E*-coumaryloxy)eudesm-4(14)-ene 621
palmonine A 2379
palmonine B 2379
palmonine D 2379
palmonine E 2379
palmonine F 744, 2379
palominol 748
palstatin 1634
panaxadione 1080
pancherin A 537
pancherin B 537
pancibiflavonol 1870
pancixanthone A 1808
pancixanthone B 1808
pancoviamide 2185
pancovioside 2184
pancracine 27
pandamarilactonine H 29
pandamine 381
pandaminine 381
pandangalide 1 2653
pandangalide 1a 2653
pandangalide 2 2653
(+)-pandine 205
panduratin A 1771
panduratin C 1771
panicein A hydroquinone 2559
panicein A2 2558
panicein B2 2559
panicein B3 2559

panicein C 2559
paniculin 1546
paniculoside Ⅳ 918
pannorin 2919
panosialin D 2981
panosialin wA 2981
panosialin wB 2981
panosialin wC 2981
panosialin wD 2981
panuosterone 2113
papaver depside 2221
papaverine 108
papulosic acid 2222
papyracon A 2770
papyracon B 2770
papyracon C 2770
papyracon D 2770
papyriflavonol A 1683
paradisin C 1617
7,8-*seco*-para-ferruginone 1884
7,8-*seco*-para-ferruginone 747
parahigginic acid 561
parahigginine 560
parahigginol A 561, 2560, 2562
parahigginol B 561, 2560, 2562
parahigginol C 561, 2560, 562
parahigginol D 561, 2560, 2562
parahigginone 560
paralemnolin D 625
paralemnolin E 625
paralemnolin F 625
paralemnolin G 625
paralemnolin H 625
paralemnolin I 625
paralemnolin J 628
paralemnolin K 628
paralemnolin L 628, 629
paralemnolin M 628
paralemnolin N 628
paralemnolin O 628
paralemnolin P 628
parathiosteroid A 2589
parathiosteroid B 2590
parathiosteroid C 2590
parellin 2234
parguesterol A 2590
parguesterol B 2590
paromamine 2676
paromomycin 2676
parthenin 631
cis-parthenolid-9-one *563*
parthenolid-9-one 563
parviflorolide 625
parvifolidone A 2235
parvifolidone B 2235
parvifoline L 842
parvifoline M 843
parvifoline N 843
parvifoliol A 2214
parvifoliol B 2214
parvifoliol C 2214
parvifoliol D 2214
parvifoliol E 2214
parvifoliol F 2214
parvifoliol G 2214
parvigemone 567
(+)-parvinine 109
parvisoflavanone 1746
parvispinoside C 568
patagonicol 745
patagonicoside A 2384
patagonicoside A desulfated analog 2384
patchoulol 692
patellamide A 2623
patellamide B 2623
patellamide C 2623
patellamide D 2623
patellamide E 383
patellamide F 383, 2623
patellamide G 2623
patellin 2 2624
patensin 1202
patrinioside 449
patuletin-3-*O*-(4"-*O*-acetyl- *α*-L-rhamnopyranosyl)-7-*O*-(2'''-*O*-acetyl-*α*-L-rhamnopyranoside) 1680
patuletin-3-*O*-(4"-*O*-acetyl-*α*-L-rhamnopyranosyl) -7-*O*-(3'''-*O*-acetyl-*α*-L-rhamnopyranoside) 1680
patuletin-3-*O*-(4"-*O*-acetyl-*α*-L-rhamnopyranosyl)-7-*O*-*α*-L-rhamnopyranoside 1680
patuletin-3,7-dirhamnoside 1680
patuletin-3-*O*-*β*-D-glucopyranoside 1677
patuletin-7-*O*-(6"-isobutyryl)-glucoside 1677
patuletin-7-*O*-(6"-isovaleryl)-glucoside 1677
patuletin-7-*O*-[6"-(2-methylbutyryl)]-glucoside 1677
patuletin-3-*O*-(*α*-L-rhamnopyranosyl)-7-*O*-(2'''-*O*-acetyl-*α*-L-rhamnopyranoside) 1680
patuletin-3-*O*-*α*-L-rhamnopyranosyl)-7-*O*-(3'''-*O*-acetyl-*α*-L-rhamnopyranoside) 1680
patuletin-3-*O*-*α*-L-rhamnopyranosyl-7-*O*-*α*-L-rhamnopyranoside 1680
patulodin 2919
pauciflorol D 2277
pauciflorol E 2260
paucifloroside B 2271
paucifloroside C 2271
paucinervin A 2235
paucinevins D 2214
pauferrol A 1771
paulomycin A 2770
paulomycin A_2 2770
paulomycin B 2770
paulomycin C 2770
paulomycin D 2770
paulomycin E 2770
paulomycin F 2770
paulownin 1452
pawhuskin A 2246
pawhuskin A 2246
pawhuskin C 2246
paxillosterone 2113
paxillosterone 20,22-*p*-hydroxybenzylidene acetal 2113
pcroside Ⅴ 443
peceylanine 237
peceyline 237
pecipamide 2184
pectenolone 1367
pectolinarin 1632
pedicellin 1753
pedicularis-lactone 450

peguangxienin 1599
peiminine 363
peimisine 370
pelankine 237
pelargonidin-3-*O*-(6-*O*-caffeoyl-β-D-glucoside)-5-*O*-β-D-glucoside 1801
pelargonidin-3-*O*-(6-*O*-caffeoyl-β-D-glucoside)-5-*O*-(6-*O*-malonyl-β-D-glucoside) 1801
pelargonidin-3-*O*-(6-*O*-*trans*-*p*-coumaroyl-β-D-glucoside)-5-*O*-(6-*O*-acetyl-β-D-glucoside) 1801
pelargonidin-3-*O*-(6-*O*-*cis*-*p*-coumaroyl-β-D-glucoside)-5-*O*-β-D-glucoside 1801
pelargonidin-3-*O*-(6-*O*-*trans*-*p*-coumaroyl-β-D-glucoside)-5-*O*-β-D-glucoside 1801
pelargonidin-3-*O*-(6-*O*-*cis*-*p*-coumaroyl-β-D-glucoside)-5-*O*-(6-*O*-malonyl-β-D-glucoside) 1802
pelargonidin-3-*O*-(6-*O*-*trans*-*p*-coumaroyl-β-D-glucoside)-5-*O*-(4-*O*-malonyl-β-D-glucoside) 1802
pelargonidin-3-*O*-(6-*O*-*trans*-*p*-coumaroyl-β-D-glucoside)-5-*O*-(6-*O*-malonyl-β-D-glucoside) 1802
pelargonidin-3,5-di-*O*-glucoside 1801
pelargonidin-3-*O*-(6-*O*-eruloyl-β-D-glucoside)-5-*O*-β-D-glucoside 1801
pelargonidin-3-*O*-(6-*O*-feruloyl-β-D-glucoside)-5-*O*-(6-*O*-malonylglucoside) 1801
pelargonidin-3-*O*-α-L-galactoside 1801
pelargonidin-3-*O*-glucoside 1801
pelargonidin-3-*O*-β-D-glucoside-5-*O*-(6-*O*-malonyl-β-D-glucoside) 1801
pelargonidin-3-*O*-(6"-*O*-α-rhamnopyranosyl-β-glucopyranoside) 1800
{6"-*O*-(pelargonidin-3-*O*-[2"-*O*-β-D-xylopyranosyl)-β-D-galactopyranosyl][(4-*O*-β-D-glucopyranosyl-*trans*-caffeoyl)-*O*-tartaryl]}malonate 1802
pelargonin 1801
pelliatin 1467
pellioniareside 2186
β-peltatin B methyl eter 1489
peniankerine 738
penicidone A 66
penicidone B 66
penicidone C 66
penicillin G (K^+) 2869
penicillin G (Na^+) 2869
penicillin V 2869
penicilloside A 1988
penicilloside B 1995
penicilloside C 1995
penicitrinol A 2557
penicitrinone A 2557
penicitrinone B 2557
penifulvin A 629
penifulvin B 629
penifulvin C 629
penifulvin D 629
penifulvin E 629
penochalasin D 2495
penochalasin E 2495
penochalasin F 2495
pent-4-en-1-yn-3-ol 2161
pent-1-yn-3-ol 2161
penta-1,2-diene 2171
penta-1,3-diyne 2171
7β,9α,l0β,13α,20-pentaacecoxy-2α-benzoyloxy-4α,5α-dihydroxytax-11-ene 849
pentaacetate-alangionoside E 408
5α,7β,9α,10β,13α-pentaacetoxy-2α-benzoyloxy-4α,20-dihydroxytax-11-ene 849
3β,5α,8α,9α,15β-pentaacetoxy-7β-benzoyloxy-jatropha-6(17),11*E*-dien-14-one 748
(3*E*,8*E*)-7β,9,10β,13α,20-pentaacetoxy-3,8-secotaxa-3,8,11-triene-2α,5α-diol 850
3β,5α,7β,8α,15β-pentaacetoxyjatropha-6(17),11*E*-dien-9,14-dione 748
3α,15,16,17,18-pentahydroxy-*ent*-abieta-7-ene 842
3β,12α,14,17,25-pentahydroxy-20*R*,24*S*-epoxymalabaricane-3-*O*-β-glucopyranoside 1348
3β,12α,20*R*,24*S*,25-pentahydroxy-14*R*,17*R*-epoxymalabaricane-3-*O*-β-glucopyranoside 1348
1α,7α,12α,14β,20-pentahydroxy-*ent*-kaur-16-en-15-one 913
3',4',5,7,8-pentahydroxy-3-methoxyflavone 1676
2,3,4,6,8-pentahydroxy-1-methylxanthone 2559
2α,3β,19α,23,24-pentahydroxy-11-oxoolean-12-en-28-oic acid 28-*O*-β-D-glucopyranosyl ester 1198
2α,3β,19β,23,24-pentahydroxy-11-oxoolean-12-en-28-oic acid 28-*O*-β-D-glucopyranosyl ester 1198
2α,3β,6β,19α,24-pentahydroxy-11-oxoolean-12-en-28-oic acid 28-*O*-β-D-glucopyranosyl ester 1198
3β,6α,11,20β,24-pentahydroxy-9,11-seco-5α-24-ethylcholesta-7,28-dien-9-one 2591
(24*R*)-3β,7β,24,25,30-pentahydroxycycloartane-30-*O*-coumaroyl-3-*O*-β-D-glucopyranosyl-24-*O*-β-D-glucopyranosyl-(1→2)-β-D-glucopyranoside 994
(24*R*)-3β,7β,24,25,30-pentahydroxycycloartane-3-*O*-β-D-glucopyranosyl-(1→4)-[α-L-arabinopyranosyl-(1→2)-β-D-glucopyranosyl]-24-*O*-β-D-glucopyranoside 994
(24*R*)-3β,7β,24,25,30-pentahydroxycycloartane-3-*O*-β-D-lucopyranosyl-(1→4)-[β-D-galactopyranosyl-(1→4)-β-D-glucopyranosyl]-24-*O*-β-D-glucopyranoside 994
(20*S*)-3β,12β,16β,25-pentahydroxydammar-23-ene 1083
3',4',5,7,8-pentahydroxyflavone-8-*O*-β-D-glucoside 1631
pentalenolactone F 633
(S_a)-3',4,4',5,5'-pentamethoxy-3-hydroxypyramidatin 1431
(S_a)-3,4,4',5,5'-pentamethoxy-3'-hydroxypyramidatin 1431
2',5,5',6,6'-pentamethoxy-3',4'-methylenedioxyflavone 1632
(2*R*-*trans*)-3',4',5,5',7-pentamethoxy-3-(3",4",5"-trimethoxybenzoyl)-dihydroflavonol 1726
2,2',3',4',6'-pentamethoxychalcone 1753
2',3',4',5',6'-pentamethoxychalcone 1753
2',3',4',5',6'-pentamethoxydihydrochalcone 1771
3',4',5',7,8-pentamethoxyflavone 1632
1,3,3,5,5-pentamethylcyclohex-1-ene 2174
2*E*-3,7,11,15,19-pentamethyleicos-2-1-ol 968
pentan-2-ol 2161
2-(pentan-3-yl)malononitrile 2172
pentandroside A 1956
pentandroside B 1956
pentandroside C 1956
pentandroside D 1956
pentandroside E 1960
pentandroside F 1975
pentandroside G 2045
n-pentane 2170
pentene 2171
pentenocin A 2919
pentenocin B 2919
3-pentyloctan-2-one 2172
peonidin-3-glucoside 1801
peperomin D 1490
peperomin E 1490
peperomin F 1490

peptaibolin 2823
perakine 200
peregrinone 735
perforatinolone 1144
perforenol 2370
perforenol B 2368
perforenol B 632
perforenone 2370
perforenone D 2370
perforenyl acetate 2370
trans-syn-trans-perhydroacridine 81
trans-anti-cis-perhydrobenzo[*h*]quinoline 81
trans-anti-trans-perhydrobenzo[*h*]quinoline 81
trans-syn-cis-perhydrobenzo[*h*]quinoline 81
periandradulcin A 1201
periandradulcin B 1201
periandradulcin C 1201
peribysin F 627
peribysin G 627
peribysin H 628
peribysin I 627
peribysin J 627
peridinin 1367, 1368
perillaldehyde 411
perilloside A 411
perilloside B 411
perilloside C 412
perilloside D 412
perinadine A 29
peripentadenine 25
peripentonine A 26
peripentonine B 26
peripentonine C 26
periperoxide A 2051
periperoxide B 2051
periperoxide C 2051
periperoxide D 2051
periperoxide E 2051
periplogenin 3-*O*-β-D-cymaroside 1934
periplogenin 3-*O*-β-D-digitoxopyranoside 1934
periplogenin 3-*O*-β-D-glucopyranosyl-(1→4)-*O*-β-D-digitoxopyranoside 1934
periplogenin 3-*O*-[4-*O*-β-D-glucopyranosyl-(1→6)-*O*-β-D-digitoxopyranoside] 1934
periplogenin-3-[*O*-β-D-glucopyranosyl-(1→4)-β-sarmentopyranoside] 1990
perlatolic acid 2221
peroxyauraptenol 1546
peroxyepilippidulcine B 560
peroxylippidulcine A 560
peroxylippidulcine B 560
peroxylippidulcine C 560
peroxysimulenoline 83
peruvianoside III 1682
pervilleine A 53
pervilleine B 53
cis-pervilleine B 53
pervilleine C 53
pervilleine D 53
pervilleine E 53
cis-pervilleine F 53
pervilleine F 53
pervilleine G 53
pervilleine H 53
pervilleine A *N*-oxide 53
petane-1,5-diol 2161
(+)-(3*S*)-petasitan-3-ol 692
(–)-petasitene 692
(+)-(3*R*)-petasitenepoxide 692
petatrichol A 1279
petatrichol B 1280
(–)-pethybrene 692
(7*S*,8*R*)-petranine 45
(7*S*,8*S*)-petranine 45
petrosamine B 158
petrosterol 2593
petulance acid 1298
petunianine A 2132
petunianine B 2132
petunianine C 2132
petunianine E 2132
petunianine F 2132
petunianine G 2132
petunianine S 2132
petuniansterone P_1 2121
petuniansterone P_2 2121
petuniansterone P_3 2121
petuniansterone P_4 2121
petuniasterone B 7,22-dinicotinate 2124
petuniasterone C 7,22-dinicotinate 2124
petuniasterone I 2120
petuniasterone J 2120
petuniasterone K 2120
petuniasterone L 2120
petuniasterone M 2120
petuniasterone B 22-nicotinate 2124
petuniasterone C 22-nicotinate 2124
petuniasterone C 22-nicotinate 7-acetate 2124
petuniasterone Q 2132
petunidin-3-*O*-glucoside 1801
petunioside A 2136
petunioside B 2136
petunioside C 2138
petunioside D 2138
peucedanin 1564
peucedanocoumarin III 1599
peucedanone 1546
peucedanoside A 1561
peucedanoside B 1561
peucelinenoxide acetate 715
peujaponisin 1599
PF1022A 2823
phaffiaol 2981
phakellistatin 1 2624
phakellistatin 10 2624
phakellistatin 11 2624
phakellistatin 14 2624
phalluside 1 2184
phalluside 2 2184
phalluside 3 2184
phalluside 4 2188
pharicunin N 914
pharicunin O 914
pharicunin P 915
pharicunin Q 917
pharicunin R 917
pharoside A 916
pharoside B 916
pharoside C 918
pharoside D 918
Pharoside E 917
pharoside F 918

pharoside G 920
phaseollin 1856
phaseollinisoflavan 1795
[Phe^{3}, N-MeVal^{5}]destruxinB 2822
H-L-Phe-OH 2360
phebestin 2823
phellinsin A 2919
phenamide 2981
phenazine-1-carboxamide 2485
phenazine-1-carboxylic acid 2485
phenelfamycin A 2676
phenelfamycin B 2676
phenelfamycin C 2676
phenelfamycin E 2676
phenelfamycin F 2676
N-phenethyl-2-formamido-6-axene 2368
N-phenethyl-*N'*-2-trachyopsanylurea 693
3'-phenethylaminoavarone 2490
phenol 2212
*Z*16-10-phenyl[12]cytochalasin 224
*Z*17-10-phenyl[12]cytochalasin 224
1-phenylbut-2-yn-1-ol 2286
N-(2'-phenylethyl) hexanamide 2983
N-(2'-phenylethyl) isobutyramide 2983
N-(2'-phenylethyl) isovaleramide 2983
N-(2'-phenylethyl) propionamide 2983
2-phenylpent-3-yn-2-ol 2286
phenylpyropene A 2962
phenylpyropene B 2962
phenylpyropene C 2963
phepropeptin A 2823
phepropeptin B 2823
phepropeptin C 2823
phepropeptin D 2823
philadephinone 735
phillygenin methyl ether 1452
phillyrin 1451
philogaline 147
phlomishexaol A 1197
phlomishexaol B 1197
phlomiside 447
phlomisin 1198
phlomisone 1197
phlomisoside F 734
phlomispentaol 1197
phlomistetraol A 1197
phlomistetraol B 1197
phlomistetraol C 1197
phlomoidoside 442
phlomurin 447
phloretic acid 2289
phloretin 1771
phlorigidoside A 447
phlorigidoside B 448
phlorigidoside C 447
phlorizin 1771
2-phloroeckol 2558
phoenistatin 2823
pholiotic acid 626
phomactin E 2697
phomactin F 2697
phomactin G 2697
phomalairdenol A 694
phomalairdenol B 694
phomalairdenol C 694
phomalairdenol D 694
phomalairdenone B 694
phomalairdenone C 694
phomalairdenone D 694
phomolide A 2698
phomolide B 2698
phorbaside A 2652
phorbaside B 2652
phorbasin G 718
phorbasin H 718
phorbasin I 718
phorboxazole A 2652
phorboxazole B 2652
phosmidosine 2869
phosmidosine B 2869
phosphatoquinone A 2770
phosphatoquinone B 2770
phosphazomycin C_1 2919
phosphazomycin C_2 2919
phrrhoxanthin 1367
phthoxazolin B 2870
phthoxazolin D 2870
phyllaemblic acid B 569
phyllaemblic acid C 569
phyllaemblic acid D 569
phyllamyricin A 1490
phyllamyricin B 1490
phyllamyricin C 1490
phyllamyricin D 1490
phyllamyricin E 1490
phyllamyricoside A 1532
phyllamyricoside B 1532
phyllamyricoside C 1532
phyllanthin 1400
phyperunolide A 2114
phyperunolide B 2123
phyperunolide C 2123
phyperunolide D 2123
phyperunolide E 2121
phyperunolide F 2121
physcion 1900
physcion-8-*O*-[(*α*-L-arabinopyranosyl(l→3)) (*β*-D-galacto-pyranosyl(1→6))-*β*-D-galactopyranoside] 1903
physcion -1-*O*-*β*-D-glucopyranoside 1902
physcion -8-*O*-*β*-D-glucopyranoside 1902
phytolaccageninc acid 1202
PI-200 2919
PI-201 2919
pibocin 2490, 2493
pibocin B 2493
picconioside 450
piceamycin 2697
piceaside A 2260
piceaside B 2260
piceaside C 2260
piceaside D 2260
piceaside F 2260
piceaside G 2260
piceaside H 2260
piceaside I 2260
piceid 2''-*O*-*E*-coumarate 2247
piceid-2''-*O*-*E*-ferulate 2247
piceid 2''-*O*-*p*-hydroxybenzoate 2247
pichierenol 1348
pichierenone 1348
pichierenyl acetate 1348
picrasinol D 1177

picropodophyllone 1489
picroside Ⅳ 442
picrotoximaesin 633
picufolin 2770
piepunensine A 314
piericidin B_5 2870
pierisformoside A 920
pierisformosin D 920
pierisformotoxin E 852
pierisformotoxin F 852
pierisformotoxin G 852
pikuroside 444
piliostigmol 1684
pilosanone A 747
pilosanone B 747
pilosanone C 747
pimelotide A 750
pimelotide B 750
pimpinellin 1561
cis-2-pinane 431
cis-pinane 431
pinane 432
α-pinene 431
β-pinene 431
pingbeidinoside 346
pingbeimine B 363
pingbeimine C 364
pingbeinine 346
pingbeininosine 346
pingbeinone 370
pinifolic acid 733
pinnatoxin B 2490
pinnatoxin C 2490
pinobanksin 1723
cis-pinocarveol 431
trans-pinocarveol 431
pinocarvone 432
pinocembrin 1657
pinol 411
pinoresinol *O*-[6-*O*-(*E*)-caffeoyl]-β-D-glucopyanoside 1451
(+)-pinoresinol-di-3,3-dimethylallyl ether 1451
pinoresinol-4,4'-di-*O*-β-D-glucoside 1451
(+)-pinoresinol 4-*O*-[6''-*O*-galloyl]-β-D-glucopyranoside 1452
(+)-pinoresinol-β-D-glucoside 1452
(+)-pinoresinol monomethyl ether-β-D-glucoside 1452
pinostrobin 1657
pintulin 2919
pipalamycin 2823
piperchabaoside A 2289
piperchabaoside B 2289
3,5-*cis*-piperidine 68
1-(2-piperidyl)-4-(*p*-methoxyphenyl)-2-butanone 66
piperitone 409
piperitone 411
piperitylmagnolol 1532
pipermargine 2286
pipernonaline 67
N-piperonyloylpiperidine 67
piperumbellactam A 179
piperumbellactam B 179
piperumbellactam C 179
piperumbellactam D 179
piplartine 67
piplartine *N*-(3',4',5'-trimethoxycinnamoyl-Δ^3-pyridin-2-one 66
piptocarphin F 564
pircumdatin G 2489
(25*S*)-pirostane-3β,17α-diol-3-*O*-β-D-glucopyranosyl-(1→2)-*O*-β-D-glucopyranoside 2071
pisosteral 986
pisumflavonoside I 1683
pitheaflavic acid 1778
pitipeptolide A 2625
pitipeptolide B 2625
pittosporumxanthin A1 1369
pittosporumxanthin A1 1369
pittosporumxanthin A2 1369
pittosporumxanthin A2 1369
pittosporumxanthin A3 1368
pittosporumxanthin A4 1368
pittosporumxanthin B1 1368
pittosporumxanthin B1 1369
pittosporumxanthin B2 1368
pittosporumxanthin B2 1369
pittosporumxanthin C1 1368
pittosporumxanthin C1 1369
pittosporumxanthin C2 1368
pittosporumxanthin C2 1369
plakinamine F 2491
plakinidine A 82
plakinidine B 82
plakinidine C 82
plakinidine D 2489
plakinidine D 82
plakinidine E 82, 232, 2489
plakohypaphorine A 2492
plakohypaphorine B 2493
plakohypaphorine C 2493
plakoside A 2188
plakoside B 2188
planaxool 2373
platycoside K 1200
platycoside L 1200
platynecine 45
platynecine *N*-oxide-2*S*-hydroxy-2*S*-(1*S*-hydroxyethyl)-4-methylpentanoyl ester 46
plectocomine 12-methyl-5-*O*-β-D-glucopyranoside N^{12}-oxide 249
plectranthol A 846
plectranthol B 843
(16*S*)-plectrinone A 845
pleiocarpamine 249
pleiocorine 237
pleospdione 1902
pleuchiol 2143
plicatoside A 445
plicatoside B 447
plocamene B 412
plocamene C 412
plocamene D 412
plocamene D' 412
plocamene E 412
plucheoside B 407
plumerianine 68, 289
pluraflavin A 2770
pluraflavin B 2770
pluraflavin E 2770
pluviatolide 1401
pluviatolide acetate 1401
pluviatolide hinokinin 1401
PM-94128 2919

PNC-1-1 2185
PNC-1-3a 2185
PNC-1-4c 2186
PNC-1-8a 2186
pneumocandin A_0 2823
pneumocandin A_1 2823
pneumocandin A_2 2823
pneumocandin A_3 2823
pneumocandin A_4 2823
pneumocandin B_0 2823
pneumocandin B_2 2823
pneumocandin C_0 2823
pneumocandin D_0 2823
podocarpaside A 995
podocarpaside B 995
podocarpaside C 995
podocarpaside D 995
podocarpaside E 995
podocarpaside F 995
podocarpaside G 995
podocarpusflavone A 1871
podocarpusflavone B 1871
podophyllotoxin 1490
podophyllotoxone 1490
podorhizol 1403
podorhizol acetate 1404
podoverin A 1682
podoverin C 1872
pogostol-*O*-methyl ether 630
poke-weed cerebroside 2188
polacandrin 1084
polaramycin A 2697
polaramycin B 2698
polyalthenol 232
polyandraside A 1200
polyandraside B 1200
polyandrocarpamine A 2485
polyandrocarpamine B 2485
(+)-polyandrol 1177
polyanoside 452
polyanthellin A 2377
polyanxanthone A 1809
polyanxanthone B 1809
polycarponin A 383
polydactin A 571
polyfibrospongol 620
polyfibrospongol A 620
polygalacerebroside 2183
polygalacerebroside 2183
polygalasaponin Ⅰ 1202
polygalasaponin Ⅱ 1203
polygalasaponin Ⅲ 1203
polygalasaponin Ⅳ 1203
polygalasaponin Ⅴ 1203
polygalasaponin Ⅵ 1203
polygalasaponin Ⅶ 1203
polygalasaponin Ⅷ 1203
polygalasaponin Ⅸ 1203
polygalasaponin Ⅹ 1203
polygalasaponin ⅩⅢ 1203
polygalasaponin ⅩⅣ 1203
polygalasaponin ⅩⅤ 1203
polygalasaponin ⅩⅥ 1203
polygalasaponin ⅩⅦ 1203
polygalasaponin ⅩⅧ 1203
polygalasaponin ⅩⅨ 1203
polygalasaponin Ⅺ 1203
polygalasaponin Ⅻ 1203
polygamain 1490
polygonatine A 27
polygonatine B 27
7*E*-polymaxenolide 2375
polymaxenolide A 2375
polymaxenolide B 2375
polymaxenolide C 2375
polyozellin 2919
polyporenic acid C 985
polyporoid A 2116
polyporoid B 2116
polyporoid C 2113
polysyphorin 1532
ponasterone A 1945
(2*S*)-poncirin 1658
pondaplin 2289
pongagallone A 1754
pongagallone B 1754
pongol methyl ether 1634
poriacosone A 985
poriacosone B 985
porosin 1519
portulacerebroside A 2187
portuloside A 401
pouoside 977
pouoside A 977
pouoside C 977
pradimicin A 2770
pradimicin D 2770
pradimicin E 2770
pradimicin FA-1 2770
pradimicin FA-2 2770
pradimicin FL 2770
pradimicin FS 2770
pradimicin L 2770
pradimicin M 2771
pradimicin N 2771
pradimicin O 2771
pradimicin P 2771
pradimicin Q 2771
pradimicin S 2771
praealtin A 1546
praealtin B 1546
praealtin C 1546
praecansone A 1754
cis-praecansone A 1754
praecansone B 1754
praelolide 743
(+)-praeruptorin B 1599
prandiol 1564
prandiol acetate 1564
prandiol diacetate 1564
prantschimgin 1564
pratioside A 2079
pratioside B 1974
pratioside C 2101
precarthamin 1872
predicentrine 114
pregna-4,20-dien-3-one,11-(acetyloxy)-, (11α)- 2589
pregnacetal 1078
pregan-5-ene-3β,16α-diol-3-*O*-[2,4-*O*-diacetyl-β-digitalopy-

ranosyl-(1→4)-β-D-cymaropyranosyl]-16-O-[β-D-cymaropyranoside] 2004
pregen-4,17(20)-*trans*-diene-3,16-dione 1984
pregn-7-en-20-one 2383
pregn-9(11)-en-20-one 2383
pregn-5-ene-3β,14β-dihydroxy-7,20-dione-3-O-β-glucopyranoside 1986
pregn-5-ene-3β,16β,20(R)-triol-3-O-β-D-glucopyranoside 1985
(3β,20S)-pregn-5-ene-3,17,20-triol-20-[O-β-glucopyranosyl-(1→6)-O-glucopyranosyl-(1→4)canaropyranoside] 2002
5-pregnene-3β,20-diol-3-O-[β-D-digitalopyranosyl-(1→4)-β-D-cymaropyranoside]-20-O-[β-D-glucopyranosyl-(1→6)-β-D-glucopyranosyl-(1→2)-β-D-digitalopyranoside 2042
5-pregnene-3β,16β,20-triol-3-O-[2-O-acetyl-β-D-digitalopyranosyl-(1→4)-β-D-cymaropyranoside]-20-O-[β-D-glucopyranosyl-(1→6)-β-D-glucopyranosyl-(1→2)-β-D-digitalopyranoside 2042
(–)-*ent*-prelacinan-7S-ol 695
ent-prelacinan-7-one 695
premnaodoroside D 450
premnaodoroside E 450
premnosidic acid 446
8-prenylapigenin 1634
5-prenylbutein 1754
prenylcitpressine 280
8-prenylkaempferol 1682
prenyllicoflavone A 1633
6-prenylnaringenin 1658
8-prenylnaringenin 1658
(+)-(2R: 3R)-6-C-prenyltaxifolin-7,3'-dimethylether 1726
prenylterphenyllin 2981
5'-prenylxanthohumol 1754
preplocamene A 401
preplocamene B 401
preplocamene C 401
preschisanartanin 991
presinularolide B 2372
preskimmianine 84
prewaquinone B 1911
pristimerine 1271
H-L-Pro-OH 2360
proaporphine Ⅰ 111
proaporphine Ⅱ 111
probosciderol A 1083
probosciderol B 1083
probosciderol C 1083
probosciderol D 1083
probosciderol E 1083
probosciderol F 1083
probosciderol G 1083
probosciderol H 1083
probosciderol I 1083
probosciderol J 1083
probosciderol K 1083
probosciderol L 1083
proceroside 444
procyanidin A_1 1778
procyanidin A_2 1778
procyanidin B_1 1778
procyanidin B_2 1778
procyanidin B_3 1778
procyanidin B_4 1778
procyanidin C_2 1779
procyanidin B_7 1778
procyanidin B_5 1778
prodelphinidin A-2,3'-O-gallate 1779
progouanogenin B 1085
prolycopene 1369
promothiocin A 2823
promothiocin B 2823
pronuciferine 111
prop-2-en-1-amine 2171
prop-2-en-1-ol 2161
prop-2-yn-1-ol 2161
propa-1,2-diene 2171
propan-2-ol 2160
propane 2170
propane-1,3-diol 2161
propane-1-thiol 2171
propanol 2160
1,2-propanol 2358
2-(1-propen-1-yl)-4-hydroxymethyl-3-furanylcarbonyl α-L-rhamnopyranoside 2919
4-(1E)-1-propen-1-yl-morpholine 22
4-(1Z)-1-propen-1-yl-morpholine 22
propindilactone 991
propindilactone E 991
propindilactone F 991
propindilactone G 991
propindilactone H 991
propindilactone J 991
3α-propionyloxy-7β-eremophila-9,11-dien-8-one 628
propyl caffeate 2214
propyl dihydrocaffeate 2214
iso-propyl orsellinate 2213
n-propyl orsellinate 2213
N-propyl tricyclic 168
propylene 2171
3-propylhexan-2-one 2172
3β-(propyloxycarbonylamino)-dictyophlebin-16-ene 350
prosophylline 66
prosopidione 408
prosopine 66
protactin 2824
protocatechuic acid 2212
protocatechuic acid ethyl ester 2213
protocatechuic acid methyl ester 2213
protocatechuic acid propyl ester 2213
protochiisanoside 1302
protopine 128
protostemonamide 28
prunetin 1738
prunetol 1738
pruniflorone A 1809
pruniflorone C 1808
pruniflorone E 1808
pruniflorone F 1810
prunifoline A 205
prunifoline B 205
prunifoline C 205
prunifoline D 205
prunifoline E 205
prunifoline F 205
prunolide A 2561
prunolide B 2561
prunolide C 2561
przewalskin C 852
przewalskin D 852
przewaquinone A 1911
psammosilenin A 382

psammosilenin B 382
pseudaconitine 298
pseudoaconine 311
pseudobruceol Ⅰ 1600
pseudocalanolide C 1599
pseudocalanolide D 1600
pseudocopsinine 204
pseudocordatolide C 1599
pseudodehydrothyrsiferol 2384
d-pseudoephedrine 14
pseudoephedrine hydrochloride 14
pseudohydroxylupanine 167
pseudoindoxyl ibogaine 224
pseudolarolide O 992
pseudolarolide P 992
pseudolarolide Q 992
pseudolarolide R 992
pseudolarolide S 992
pseudolycorine 264
pseudoneolinderane 567
pseudoplexaural 718
pseudoplexauric acid methy1 ester 718
pseudopterosin A 2558
pseudopterosin B 2558
pseudopterosin C 2558
pseudopterosin D 2558
pseudoreserpine 16,17-stereoismer 189
(–)-pseudosemiglabrin 1634
pseudostrychnine 213
pseudotropanol 54
pseudoyohimbine 189
α-D-psicofuranose 2330
β-D-psicofuranose 2330
α-D-psicopyranose 2330
β-D-psicopyranose 2330
psilosamuiensin A 633
psilosamuiensin B 633
psoralen 1563
psoroxanthin 1808
psoroxanthin chlorohydrin 1808
psychollatine 232
psychotriasine 237
ptaquiloside Z 695
pteridic acid A 2919
pteridic acid B 2919
pterodontoside A 621
pterodontoside B 621
pterodontoside C 621
pterodontoside D 621
pterodontoside E 621
pterodontoside F 621
pterodontoside G 621
pterodontoside H 621
pteroidine 2377
pterokaurane M_1 915
pterokaurane M_2 915
pterokaurane M_3 916
pterophyllin 1 1563
pterophyllin 2 1561
pterophyllin 4 1561
pterophyllin 5 1563
ptilomycalin D 23
ptilostin 1561
ptilostol 1561
ptycho-6α,7α-diol 740
ptychonolide 741
puerarin 1738
puertogaline A 147
puertogaline B 147
pukalide 2374
pulicanadienal A 563
pulicanadienal B 563
pulicanadiene A 563
pulicanadiene B 563
pulicanadiene C 563
pulicanadienol 563
pulicanaral A 563
pulicanaral B 563
pulicanaral C 563
pulicanol 563
pulicanone 563
pulsaquinone 1884
pungencine 52
punicanolic acid 1281
puqienine A 371
puqienine B 371
puqienine F 371
puqietinonoside 346
puraquinonic acid 626
purealidin J 2487
purealidin K 2488
purealidin L 2488
purealidin M 2486
purealidin N 2486
purealidin O 2487
purealidin R 2487
purealidin S 2487
purealidin T 21
purealidin U 21
9*H*-purine 376
6-(9'-purine-6',8'-diolyl)-2β-suberosanone 374, 696
purpuramine J 2487
putraflavone 1871
puupehenone 2559
pycnanthuquinone C 1916
pyracanthin A 1561
pyracanthin B 1561
pyralomicin 1a 2870
pyralomicin 1b 2870
pyralomicin 1c 2870
pyralomicin 1d 2870
pyralomicin 2a 2870
pyralomicin 2b 2870
pyralomicin 2c 2870
pyramidatin A 1507
pyramidatin B 1507
pyramidatin C 1507
pyramidatin D 1507
pyramidatin E 1507
pyramidatin F 1507
pyramidatin G 1507
pyramidatin H 1507
pyranofoline 281
pyrenocine D 2919
pyrenocine E 2919
pyridazomycin 2870
pyridindolol K1 2870
pyridindolol K2 2870
3,5-pyridinedicarboxamide 68
1*H*-pyrido[14,3-*b*]carbazole 188
pyridomacrolidin 2698
pyridovericin 2698

pyridoxatin 2962
pyripyropene E 2962
pyripyropene F 2962
pyripyropene G 2962
pyripyropene H 2962
pyripyropene I 2962
pyripyropene J 2962
pyripyropene K 2962
pyripyropene L 2962
pyripyropene M 2962
pyripyropene N 2963
pyripyropene O 2963
pyripyropene P 2963
pyripyropene Q 2963
pyripyropene R 2963
pyrisulfoxin A 2870
pyrisulfoxin B 2870
pyrizinostatin 2870
pyrocincholic acid 1199
pyrocincholic acid 3*β*-*O*-*β*-D-fucopyranoside 1199
pyrocincholic acid 3*β*-*O*-*α*-L-rhamnopyranoside 1199
pyrocrassicauline A 300
pyrodelphinine 300
pyroindaconitine 300
2-pyrrolaldehyde 28
3*H*-pyrrolo[2,3-*d*]pyrimidin-4(7*H*)-one 378
7*H*-pyrrolo[2,3-*d*] pyrimidine 377
3H-pyrrolo[2,3-*d*]pyrimidine-4(7*H*)-thione 378

Q

qianhucoumarin A 1599
quadrangularin A 2259
quadrangularin B 2259
quadrangularin C 2259
quassidine A 236
quassidine B 236
quassidine C 236
quassidine D 236
(+)-quebrachamine 219
queenslandon 2698
quercetagetin 1676
quercetagetin-3-*O*-glucoside 1678
quercetin 1675
quercetin-3-*O*-*β*-(2"-acetyl)galactopyranoside-7-*O*-*α*-arabinopyranoside 1680
quercetin-7-*O*-*β*-D-apiofuranosyl-(1→2)-*β*-D-xylopyranoside 1681
quercetin-7-*O*-*β*-D-apiofuranosyl-(1→2)-*β*-D-xylopyranoside-3'-*O*-*β*-D-glucopyranoside 1681
quercetin-3-*O*-*β*-L-arabinopyranoside 1678
quercetin-3-*O*-(6-*trans*-*p*-coumaroyl)-*β*-glucopyranosyl-(1→2)-*β*-glucopyranoside-7-*O*-*α*-rhamnopyranoside 1683
quercetin-3-*O*-*α*-L-[6'''-*p*-coumaroyl-*β*-D-glucopyranosyl-(1→2)-rhamnopyranoside]-7-*O*-*β*-D-glucopyranoside 1682
quercetin-3-*O*-*α*-L-[6'''-*p*-coumaroyl-*β*-D-glucopyranosyl-(1→2)-rhamnopyranoside]-7-*O*-*β*-D-glucopyranoside 1682
quercetin-3-*O*-*α*-L-[6'''-*p*-coumaroyl-(*β*-D)-glucopyranosyl-(1→2)-rhamnopyranoside] 1680
quercetin-3,4'-di-*O*-*β*-D-glucopyranoside 1680
quercetin-3,7-dirhamnoside 1680
quercetin-3-*O*-(6"-feruloyl)-*β*-D-galactopyranoside 1678
quercetin-5-*O*-galactoside 1678
quercetin-3-*O*-*α*-L-(5"-*O*-galloyl)-arabinofuranoside 1678
quercetin-3-*O*-(2"-*O*-galloyl)-*α*-L-arabinopyranoside 1678
quercetin-3'-*O*-*β*-D-glucopyranoside 1678
quercetin-3-*O*-*β*-D-glucopyranoside 1678
quercetin-3-*O*-*β*-D-glucopyranosyl-(1→2)-*β*-D-galactopyranoside 1680
quercetin-3-*O*-*β*-D-glucopyranosyl-(1→2)-*α*-L-rhamnopyranoside 1680
quercetin-3-*O*-*β*-D-glucopyranosyl-(1→4)-*α*-L-rhamnopyranoside 1680
quercetin-3-*O*-*β*-D-glucuronide-6"-methyl ester 1678
quercetin-3-*O*-(6"-malonylglucoside) 1678
quercetin-3'-methoxy-4'-*O*-*β*-D-glucopyranoside 1678
quercetin-3-*O*-*α*-L-rhamnopyranosyl-(1→6)-[(4-*O*-*trans*-caffeoyl)-*α*-L-rhamnopyranosyl-(1→2)]-(3-*O*-*trans*-*p*-coumaroyl)-*β*-D-galactopyranoside 1684
quercetin-3-*O*-*α*-L-rhamnopyranosyl-(1→6)-(3-*O*-*trans*-*p*-coumaroyl)-*β*-D-galactopyranoside 1683
quercetin-3-*O*-*α*-L-rhamnopyranosyl-(1→6)-[(4-*O*-*trans*-*p*-coumaroyl)-*α*-L-rhamnopyranosyl-(1→2)]-(4-*O*-*trans*-*p*-coumaroyl)-*β*-D-galactopyranoside 1684
quercetin-3-*O*-*α*-L-rhamnopyranosyl-(1→6)-[(4-*O*-*trans*-*p*-coumaroyl)-*α*-L-rhamnopyranosyl-(1→2)]-(3-*O*-*trans*-*p*-coumaroyl)-*β*-D-galactopyranoside 1684
quercetin-3-*O*-*α*-rhamnopyranosyl-(1→2)-*β*-glucopyranosiduronide 1681
quercetin-3-rutinoside-7-glucoside 1682
quercetin-3-*O*-sambubioside 1681
quercetin-3'-*O*-sulfate 1676
quercetin-3-*O*-sulfate 1676
quercetin-3',4',7-trimethyl ether 1675
quercetin-3,5,7- trimethyl ether 1675
quercetin-3-vicianoside 1681
quercetin-3-*O*-*β*-D-xylopyranosyl-(1→2)-*β*-D-glucopyranoside-3'-*O*-*β*-D-glucopyranoside 1682
quercetin-3-*O*-*β*-(2-*O*-*β*-xylopyranosyl-6-*O*-*α*-rhamnopyranosyl)-glucopyranoside 1682
querciformolide A 2374
querciformolide D 2374
quercitrin 1678
quercitrin-2"-gallate 1678
quinidine 82
quinidine 85
2'-quinidinone 85
quinine 85
quinocitrinine A 2870
quinolactacin A1 2870
quinolactacin A2 2870
quinolizidine 164
4-quinolone 80
3-quinolylamine 78
5-quinolylamine 78
3'-*O*-L-quinovosyl saphenate 2486
2'-*O*-D-quinovosyl saphenate 2486
2'-*O*-L-quinovosyl saphenate 2486
3'-*O*-D-quinovosyl saphenate 2486
quiquesetinerviuside A 2291
quiquesetinerviuside B 2291
quiquesetinerviuside C 2291
quiquesetinerviuside D 2291
quiquesetinerviuside E 2291
quiquesetinerviusin A 2288
quiquesetinerviusin B 2288
quiquesetinerviusin C 2288
quivisianolide A 1142
quivisianolide B 1142
quivisianone 1142

quratea catechin 1776

R

R176502 2698
rabdoforrestinA 913
rabdokunmin A 913
rabdokunmin B 913
rabdokunmin C 913
rabdokunmin D 913
rabdokunmin E 913
rabdoloxin B 913
rabdonervosin A 847
rabdonervosin B 847
rabdonervosin C 847
rabdosiin 1468
racemoside A 2100
racemoside B 2085
racemoside C 2085
racemosidine A 131
racemosidine B 131
racemosidine C 131
racemosinine A 131
racemosinine B 131
racemosinine C 131
(±)-raddeanine 134
rameswaralide 851
ranaconine 315
randaiol 1531
randinoside 450
rapulaside A 444
rasfonin 2919
raugustine 190
raunescine 189
ravenine 84
ravenoline 84
rayalinol 1452
rebaudioside F 916
reblastatin 2698
rediocide F 851
rediocide G 851
reductoleptomycin A 2919
reidispongiolide A 2652
reidispongiolide B 2652
reineckiagenin A 2063
reineckiagenside A 2069
reineckiagenside B 2075
(+)-rel-(14*R*)-6,11,12,14-tetrahydro-5-methyl[2,3]benzodio-xolo[15,16-*c*]-19,20-dioxolo[7,8-*i*]phenanthridine 152
remangiflavanone A 1659
remangiflavanone B 1659
remangilone A 1271
remangilone B 1271
remangilone C 1271
renieramycin J 2490
renierin A 2559
renierone 2488
renillafoulin A 2377
renillafoulin B 2377
renillafoulin C 2377
repensin A 1615
repensin B 1616
repraesentin A 694
repraesentin B 694
repraesentin C 694
RES-1214-1 2982
RES-1214-2 2982
reserpiline 194
reserpine 189
resomycin A 2983
resorcinin 2982
resorstatin 2982
respirantin 2698
restrytisol A 2259
restrytisol B 2259
restrytisol C 2259
resveratrol-3-(4''-acetyl)-*O*-*β*-D-xylopyranoside(*E*) 2247
resveratrol *trans*-dehydrodimer 2259
resveratrol (*E*)-dehydrodimer 5'''-*O*-*β*-D-glucopyranos-ide 2260
resveratrol (*E*)-dehydrodimer 5-*O*-*β*-D-glucopyrano-side 2260
cis-resveratrol-3,4'-*O*-*β*-diglucoside 2248
resveratrol-3-(6''-galloyl)-*O*-*β*-D-glucopyranoside(*E*) 2247
trans-resveratrol-3-*O*-*β*-D-glucopyranoside-4''-sulfate 2247
trans-resveratrol-3-*O*-*β*-D-glucopyranoside-5-sulfate 2247
resveratrol-3-*O*-*β*-D-xylopyranoside(*E*) 2247
retamatrioside 1684
reticulatol 2495
reticulidin A 633
reticulidin B 633
reticulin 2015
retrofractamide A 17
retrofractamide B 17
retrojusticidin B 1490
retronecine-2*S*-hydroxy-2*S*-(1*S*-hydroxyethyl)-2*S*-[(1'*S*-hydr-oxyethyl)-4-methylpentanoyl]-4-methylpentanoyl ester 46
retronecine-2*S*-hydroxy-2*S*-(1*S*-hydroxyethyl)-4-methyl-pent-anoyl ester 45
retronecine-*N*-oxide-2*S*-hydroxy-2*S*-(1*R*-hydroxyethyl)-4-me-thylpentanoyl ester 45
retronecine-*N*-oxide-2*S*-hydroxy-2*S*-(1*S*-hydroxyethyl)-4-me-thylpentanoyl ester 45
revandchinone-3 1902
α-Rha(1→3)-*α*-Gal 22338
α-Rha(1→3)-*β*-Gal 2338
α-Rha(1→4)-*α*-Gal 2338
α-Rha(1→4)-*β*-Gal 2338
α-Rha(1→6)-*α*-Gal 2338
α-Rha(1→6)-*β*-Gal 2338
β-Rha(1→3)-*α*-Gal 2338
β-Rha(1→3)-*β*-Gal 2338
α-Rha(1→6)-*α*-Glu 2338
α-Rha(1→6)-*β*-Glu 2338
α-Rha (1→6)-*α*-GluOMe 2339
α-Rha(1→2)-*α*-Rha 22338
α-Rha(1→3)-*α*-Rha 2338
α-Rha(1→3)-*β*-Rha 2338
α-Rha(1→4)-*α*-Rha 2338
α-Rha(1→3)-*α*-Rha (1→6)-*α*-Gal 2346
α-Rha(1→3)-*α*-Rha (1→6)-*α*-Gal 2347
α-Rha(1→3)-*α*-Rha (1→2)-*α*-Rha 2234
α-Rha(1→3)-*α*-Rha (1→3)-*α*-Rha 2347
α-Rha(1→3)-*α*-Rha (1→3)-*β*-Rha 2347
α-Rha (1→2)-*α*-RhaOMe 2339
α-Rha (1→3)-*α*-RhaOMe 2339
α-Rha (1→4)-*α*-RhaOMe 2339
β-Rha (1→2)-*α*-RhaOMe 2339
β-Rha (1→3)-*α*-RhaOMe 2339

β-Rha (1→4)-α-RhaOMe 2339
rhabdastin A 2382
rhabdastin B 2382
rhabdastin C 2382
rhabdastin D 2382
rhabdastin E 2382
rhabdastin F 2382
rhabdastin G 2382
rhabdastrellin A 2382
rhabdastrellin B 2382
rhabdastrellin C 2382
rhabdastrellin D 2382
rhabdastrellin L 2382
rhabdastrellin M 2382
rhamnazin 1684
rhamnazin-4'-O-β-[apiosyl-(1→2)]-glucoside 1681
rhamnazin-3-O-α-L-arabinofuranosyl-5-O-β-D-glucopyranoside 1681
rhamnetin 1675
rhamnetin-3-O-β-D-galactopyranoside 1678
rhamnetin-3'-glucoside 1678
rhamnocitrin-3-rhamnoside 1677
3'-rhamnopiericidin A_1 2870
(1R)-[α-L-rhamnopyanopyranosyloxy]-3(R)-(β-D-galactopyranosyloxy)cholest-5-ene-16(S),22(S)-diol 1954
β-L-rhamnopyranose 2329
α-L-rhamnopyranose 2329
3-O-α-L-rhamnopyranosyl-(1→2)-α-L-arabinopyranosyl 23-hydroxybeturic acid 28-O-α-L-rhamnopyranosyl-(1→4)-glucopyranosyl-(1→6)-glucopyranosyl ester 1303
3β-[(O-α-L-rhamnopyranosyl-(1→2)-α-L-arabinopyranosyl)oxy]lup-20(29)-en-28-oic acid 28-O-α-L-rhamnopyranosyl-(1→4)-O-β-D-glucopyranosyl-(1→6)-β-D-glucopyranosyl ester 1303
3β-[(O-α-L-rhamnopyranosyl-(1→2)-α-L-arabinopyrano-syl)oxy]lup→20(29)-enoic acid 28-O-β-D-glucopyranosyl-(1→6)-β-D-glucopyranosyl ester 1302
(16S)-[α-L-rhamnopyranosyl-(1→2)-β-D-galactopyranosyloxy]-22(S),26-dihydroxycholest-4-en-3-one 1956
(5S,25S)-16(S)[α-L-rhamnopyranosyl-(1→2)-β-D-galactopyranosyloxy]-22(S), 26-dihydroxycholest-3-one 1958
(16S)-[α-L-rhamnopyranosyl-(1→2)-β-D-galactopyranosyloxy]-22(S)-hydroxycholest-4-en-3-one 1956
3 β-O-{β-D-rhamnopyranosyl-(1→2)-O-β-D-glucopyranosyl-1-(1→4)-[O-β-D-glucopyranosyl] -α-L-arabinopyranosyl}-16α-hydroxy-13β,28-epoxyoleanane 1197
3β-[(O-α-L-rhamnopyranosyl-(1→2)-O-[β-D-glucopyranosyl-(1→4)]-α-L-arabinopyranosyl)oxy]lup-20(29)-en-oic acid 28-O-α-L-rhamnopyranosyl-(1→4)-O-β-D-glucopyranosyl-(1→6)-β-D-glucopyranosyl ester 1302
3-O-α-L-rhamnopyranosyl(1→2)[β-D-glucopyranosyl(1→6)] β-D-galactopyranosyl(1→2)-6-O-methyl-β-D-glucuronopyranosyl soyasapogenol B 1200
24-O-[α-L-rhamnopyranosyl-(1→2)-β-D-glucopyranosyl]-28-O-[β-D-glucopyranosyl-(1→2)-β-D-glucopyranosyl]-16-desoxyprotoaescigenin 1201
(25R)-3β-(α-L-rhamnopyranosyl-(1→4)-β-D-glucopyranosyl-(1→3)-[β-D-glucopyranosyl-(1→2)]-β-D-glucopyranosyl-(1→4)-β-D-galactopyranoside-5α-spirostan-2α-ol 2110
24-O-[α-L-rhamnopyranosyl-(1→2)-β-D-glucopyranosyl]-28-O-[β-D-glucopyranosyl-(1→2)-β-D-glucopyranosyl]-24-oxo-camelliagenin D 1201
24-O-[α-L-rhamnopyranosyl(1→2)-β-D-glucopyranosyl]-28-O-[β-D-glucopyranosyl(1→2)-β-D-glucopyranosyl]-proto aescigenin 1201
3-O-(α-L-rhamnopyranosyl(1→2)-O-β-D-glucopyranosyl-(1→2)-O-β-D-glucopyranosyl) serjanic acid 28-O-β-D-glucopyranosyl ester 1202
3-O-{[α-L-rhamnopyranosyl(1→2)-β-D-glucopyranosyl-(1→4)]-β-D-glucopyranosyl}-(25S)-5β-spirostan-3β-ol 2093
16(S)-[α-L-rhamnopyranosyl-(1→2)-[β-D-glucopyranosyl-(1→3)]-β-D-glupyranosyloxy]pregna-4,17(20)Z-dien-3-one 2004
7-O-[α-rhamnopyranosyl-(1→6)-β-glucopyranosyl]-5-hydroxy-3-(4'-hydroxybenzyl)-chroman-4-one 1848
7-O-[α-rhamnopyranosyl-(1→6)-β-glucopyranosyl]-5-hydroxy-3-(4-methoxybenzyl)-chroman-4-one 1848
3-O-α-L-rhamnopyranosyl-(1→4)-β-D-xylopyranosyl-(1→3)-[β-D-glucopyranosyl-(1→2)]-β-D-glucopyranosyl-(1→4)-β-D-galactopyranosyl-5α-(25R)-spirostane-2α,3β-diol-12-one 2096
(25S)-1(R)-[α-L-rhamnopyranosyloxy]-3(R)-(β-D-galactopyranosyloxy)cholest-5-ene-16(S),22(S),26-triol 1956
rhamnosyllactone A 2919
rhamnosyllactone B_1 2919
rhamnosyllactone B_2 2919
rhaphidecursinol B 1532
rhapontigenin 2245
rhapontigenin 3-O-D-glucopyranoside 2247
rhein 1900
rhinacanthin E 1402
rhizoxin 2698
rhodiolin 1683
rhodionin 1677
rhodiosin 1679
10-O-rhodosaminyl beta-rhodomycinone 2771
rhodoxanthin 1367
rhoipteleic A 1466
rhoipteleic B 1466
rhombidiol 621
rhyacophiline 720
rhynchophylline 223
rhyncoside A 2558
rhyncoside B 2558
rhyncoside C 2558
rhyncoside E 2558
rhyncoside F 2558
(+/–)-ribalinine 84
D-ribitol 2358
α-D-ribofuranose 2327
β-D-ribofuranose 2327
α-D-ribopyranose 2327
β-D-ribopyranose 2327
ribostamycin 2676
rifabutin 2698
rifabutin SV 2698
rifabutinol 2698
rifampicin 2698
rimuene 846
ring-rearranged 9β-hydroxyartemether 570
rivulalactone 625
rivulobirin A 1615
rivulobirin B 1616
rivulobirin C 1616
rivulobirin D 1616
rivulobirin E 1616
rivulotririn A 1616

rivulotririn B 1616
rivulotririn C 1616
RK-1409B 2870
Ro 09-1469 2919
Ro 09-1470 2919
Ro 09-1545 2919
robeneoside A 339
robeneoside B 339
robinin 1681
robustaflavone 1871
robustine 82
robustolide A 743
robustolide B 743
robustolide C 743
rollcerebroside E 2185
roridin L 2696
roridin M 2696
(3*R*)-*ent*-1(10),15-rosadien-3-ol 846
ent-5,15-rosadiene 846
5,15-rosadiene-3,11-dione 846
rosamultic acid 1281
rosaramicin 2692
rosellichalasin 28
roseocardin 2823
roseoside I 407, 413
roseoside Ⅱ 413
roseostachenone 739
roseostachone 739
rosiridin 402
rosmanol 844
rosmaquinone A 844
rosmaquinone B 845
rosmaqunione A 1916
rosmaqunione B 1916
rosmarinic acid 2221
rosthornin A 913
rosthornin B 913
rotenone 1865
rotenone 1865
rotenonic acid 1866
rotihibin A 2823
rotundine A 570
rotundine B 570
rotundine C 570
rotundioside L 1204
rotundioside M 1204
rotundioside N 1204
rotundioside O 1197
rotundioside P 1204
rotundioside Q 1197
rotundioside R 1204
rotundioside S 1197
rotundioside X 1204
rotundioside Y 1204
rousselianone A 2982
roxburghin D 236
roxithromycin 2695
RP 66453 2698
RP-1776 2823
RPI-856 A 2823
RPI-856 B 2823
RPI-856 C 2823
RPI-856 D 2823
RPR113228 2963
ruageanin A 1142
ruageanin B 1142
ruageanin C 1142
rubellin A 1902
rubellin B 1902
ruberythric acid 1903
rubescensin C 918
rubescensin H 918
rubiacordone A 1903
rubiadin-1-methyl ether 1901
rubiawallin A 1901
rubiflavinone C-1 2558
rubiginone A1 2771
rubiginone A2 2771
rubiginone B1 2771
rubiginone B2 2771
rubiginone C1 2771
rubiginone C2 2771
rubiginone D2 2771
rubiginone H 2771
rubiginone I 2771
rubralin A 1145
rubralin B 1145
rubralin C 1145
rubralin D 1145
rubriflorin A 991
rubriflorin B 991
rubriflorin C 991
rubriflorin D 991
rubriflorin E 991
rubriflorin F 991
rubriflorin G 991
rubriflorin H 991
rubriflorin I 992
rubriflorin J 992
rubrolide A 2560
rubrolide B 2560
rubrolide C 2560
rubrolide D 2560
rubrolide E 2560
rubrolide G 2560
rubrolide H 2560
rubusoside 916
rumphellatin A 624, 2367
rumphelloane A 571
rumphellolide A 624
rumphellolide B 624
rumphellolide C 624
rumphellolide D 624
rumphellolide E 624
rumphellolide G 624
rupestrin A 1489
rupestrin B 1489
rupestrin C 1489
russelioside E 2010
russelioside F 1999
russelioside G 1988
russujaponol A 693
russujaponol B 693
russujaponol C 693
russujaponol D 626, 694
russujaponol E 626
rutacridon 280
rutaecarpine 194, 249
rutamontine 1615
rutarensin 1615
(*R*)-rutaretin 1566
(*S*)-rutaretin 1566

rutin 1681

S

S19159 2963
S-632-C 2919
sabinene 429
sabinol 429
saccharocin 2675
sachaconitine 315
sachalinoside A 402
sacidumlignan A 1465
sacidumlignan B 1466
sacidumlignan C 1466
saculaplagin 747
saffloquinoside A 1755
saffloquinoside B 1755
safflor yellow A 1755
safflor yellow B 1872
safghanoside A 452
safghanoside D 452
safghanoside E 452
safghanoside F 452
safghanoside G 452
safghanoside H 452
sakuranetin 1657
salacianone 1299
salannin 1177
salannol 982
salazinic acid 2234
saletpangponoside A 448
saletpangponoside B 448
saletpangponoside C 448
salfredin A_3 2870
salfredin A_4 2870
salfredin A_7 2870
salfredin B_{11} 2870
salfredin C_2 2870
salfredin C_3 2870
salicylic acid 2212
saligcinnamide 351
salignamine 349
salignarine F 351
salinamide A 2625
salinamide B 2625
salinamide D 2625
salonine C 351
salpichrolide F 2127
salpochrolide A 2127
salpochrolide E 2127
salprionin 747
salprioparaquinone 1892
salsolidine 105
salsoline B 106
salsolinol 105
salviacoccin 742
salviaethiopisolide 968
salvianduline C 720
salvianolic acid P 2222
salviarin 742
salvibretol 846
salvigenin 1632
salvigenolide 743
salvileucolide-6,23-lactone 968
salvileucolide methyl ester 968
salvimirzacolide 968
salvinorin G 741
salvinorin J 741
salvipimarone 841
salvipisone 1892
salvisyriacolide 969
salvonitin 747
samaderine A 981
samaderine B 982
samaderine C 982
samaderine E 1175
samaderine X 1175
samaderine Y 1175
samaderine Z 1175
samaderolactone A 981
(+)-samidin 1599
sammangaoside C 442
(2*R**,3*R**)-10(*E*)-sandalnol-13-al 629
sandoricin 1144
sandorinic acid A 1200
sandorinic acid B 1200
sandorinic acid C 1200
sanguinarine 152
sanguinolentaquinone 1917
(–)-sanguinolignan A 1404
(–)-sanguinolignan B 1402
(–)-sanguinolignan C 1404
(–)-sanguinolignan D 1403
sanguinone A 232
sanguinone B 232
sanjidin A 1431
sanjidin B 1431
10(*E*)-α-santalic acid 629
santolin A 1080
santolin B 1080
santolin C 1080
santolinolide A 401
sapelenin A 973
sapelenin B 973
sapelenin E 973
sapelenin F 973
sapimukoside E 1081
sapimukoside G 1081
sapimukoside H 1081
sapimukoside I 1081
sapinmusaponin O 1082
sapinmusaponin P 1082
sapinmusaponins Q 1081
sapinmusaponins R 1081
saponaceoic acid Ⅰ 988
saponaceoic acid Ⅱ 988
saponaceoic acid Ⅲ 988
saponaceolide A 1349
saponaceolide E 1349
saponaceolide F 1349
saponaceolide G 1349
sappanone B 1848
saprosmoside A 450
saprosmoside B 450
saprosmoside C 450
saprosmoside D 450
saprosmoside E 450
saprosmoside F 450
saprosmoside G 450
saprosmoside H 450
saptomycin D 2771
saptomycin E 2771

saquayamycin E 2771
saquayamycin F 2771
saraine-1 2488
saraine-1 2490
saraine-2 2488
saraine-2 2490
saraine-3 2490
sarcaglaboside A 621
sarcaglaboside B 621
sarcaglaboside C 568
sarcaglaboside D 568
sarcaglaboside E 566
sarcandralactone B 621
sarcocrassocolide C 2373
sarcocrassocolide D 2373
sarcocrassolide 2374
(*Z*)-sarcodictyin A 2377
sarcodictyin A 2377
sarcodictyin A 745
sarcodictyin B 2377
sarcodictyin C 2377
sarcodictyin D 2377
sarcodictyin E 2377
sarcodictyin F 2377
sarcoglane 852
sarcomejine B 84
sarcophydiol 719
sarcophyolide A 719
sarcophytin 848
sarcophytol T 2371
sarcophytol V 2374
4*Z*,12*Z*,14*E*-sarcophytolide 2372
sarcophytolin A 2371
sarcophytolin D 2371
sarcophytonolide C 2373
sarcophytonolide E 2373
sarcophytonolide F 2373
sarcophytonolide G 2373
sarcophytonolide L 2373
sarcophytonone 1884
(+)-sarcophytoxide 2374
sarcophytoxide 719, 2374
sarcostin 1982
sarcostin 3-*O*-β-cymaropyranoside 1985
sarcostin 3-*O*-β-D-cymaropyranosyl-(1→4)-β-D-cymaropyranoside 1988
sarcostin-3-*O*-α-L-cymaropyranosyl-(1→4)-β-D-cymaropyranosyl-(1→4)-β-D-cymaropyranoside 2002
sarcostin-3-*O*-α-L-cymaropyranosyl-(1→4)-β-D-oleandropyranosyl-(1→4)-β-D-cymaropyranoside 2002
sarcostin-3-*O*-α-L-cymaropyranosyl-(1→4)-β-D-oleandropyranosyl-(1→4)-β-D-cymaropyranosyl-(1→4)-3-*O*-β-D-cymaropyranoside 2015
sarcostin 3-*O*-β-D-oleandropyranosyl-(1→4)-β-D-cymaropyranoside 1988
sarcostin-3-*O*-β-D-oleandropyranosyl-(1→4)-β-D-cymaropyranosyl-(1→4)-β-D-cymaropyranoside 2002
sarcostin-3-*O*-β-D-oleandropyranosyl-(1→4)-β-D-oleandropyranosyl-(1→4)-β-D-cymaropyranosyl-(1→4)-3-*O*-β-D-cymaropyranoside 2015
sarcostin-3-*O*-β-D-oleandropyranosyl-(1→4)-β-D-oleandro pyranosyl-(1→4)-β-D-cymaropyranoside 2002
sarcostolide A 2373
sarcostolide B 2373
sarcostolide C 2373
sarcostolide D 2373
sarcostolide E 2373
sarcostolide F 2373
sarcostolide G 2373
sarcrassin E 2371
sargachromenol 2557
sargathunbergol 2557
saricandin 2676
sarpagine 197
sarracine 45
6β-sarracinoyloxy-1β,10β-epoxyfuranoeremophilane 628
sarsasapogenin 2065
sarsasapogenin-3-*O*-β-D-glucopyranosyl-(1→4)-[α-L-arabinopyranosyl-(1→6)]-β-D-glucopyranoside 2093
sartone E 2371
sattabacin 2982
sattazolin 2982
saucerneol A 1431
saucerneol B 1431
saucerneol C 1431
saucerneol F 1431
saucerneol G 1404
saucerneol H 1404
saucerneol I 1404
saumdersioside C 1964
saundersioside A 1964
saundersioside B 1952
saundersioside D 1952
saundersioside E 1952
saundersioside F 1952
saundersioside G 1952
saundersioside H 1952
sauriol A 1400
sauriol B 1400
saururin B 1404
savinin 1402
saxalin 1565
saxicolaline A 109
SB 212021 2870
SB 212305 2870
SB-217452 2870
scabran G_3 450
scabran G_4 451
scabran G_5 451
scabrolide A 2375
scabrolide B 2375
scabrolide C 2375
scabrolide D 2375
scabronine A 851
scabronine J 2963
scandenoside R10 993
scandenoside R11 993
scandenoside R8 993
scandine 85
scaphopetalone 1466
Sch 20562 2823
Sch 217048 2824
Sch 218157 2824
Sch 378161 2824
Sch 38511 2700
Sch 38512 2700
Sch 38513 2700
Sch 38516 2700
Sch 38518 2700
Sch 39185 2700
Sch 40832 2824

Sch 419560 2919
Sch 420789 2963
Sch 45752 2771
Sch 466457 2824
Sch 47554 2771
Sch 47555 2771
Sch 47918 2700
Sch 484129 2676
Sch 484130 2676
Sch 49026 2700
Sch 49027 2700
Sch 49028 2700
Sch 50673 2771
Sch 50676 2771
sch 528647 3003
Sch 52900 2870
Sch 52901 2870
Sch 538415 1917
Sch 56396 2871
Sch 57404 2919
Sch 575867 2963
Sch 575948 2871
sch 60057 3003
sch 60059 3003
sch 60061 3003
sch 60063 3003
sch 60065 3003
Sch 601324 2963
Sch 643432 2824
sch 64879 3003
sch 66878 3003
schefflerin A 1302
schefflerin B 1302
schefflerin C 1302
schefflerin D 1302
schefflerin E 1304
schefflerin F 1304
schigautone 1349
schindilactone A 991
schindilactone B 991
schindilactone C 991
schintrilactone A 991
schintrilactone B 991
schisanterpene B 997
schisantherin A 1508
schisantherin B 1508
schisantherin C 1508
schisantherin E 1508
schisantherin O 1506
schisanwilsonene A 630
schisanwilsonene B 630
schisanwilsonene C 630
schizanrin B 1507
schizanrin C 1507
schizanrin E 1507
schizanrin F 1507
schizanrin G 1507
schizanrin H 1507
schizanrin L 1507
schizanrin N 1506
schizonepetoside E 409
schnabepeptide 382
schnabepeptide C 382
schnabepeptide D 382
scholarisine A 224, 289
schweinfurthin A 2246
schweinfurthin B 2246
schweinfurthin E 2246
schweinfurthin F 2246
schweinfurthin G 2246
schweinfurthin H 2246
sciadopitysin 1871
sclareol 732
sclareolide 737
scleramide 383
scleritodermin A 383, 2625
scleroderolide 2917
sclerophytin C 745, 2379
sclerophytin E 2380
sclerophytin C-6-ethyl ether 2380
sclerophytin E-6-ethyl ether 2380
scopadulcic acid C 920
scoparone 1546
scopolamine 52
scopolin 1546
scorodioside 443
scoropiroside 407
scorpinone 1917
scortechterpene A 618
scortechterpene B 618
scoulerine 128
scrolepidoside 442
scrophuloside A_1 445
scrophuloside A2 443
scrophuloside A3 443
scrophuloside A4 443
scrophuloside A5 443
scrophuloside A6 443
scrophuloside A7 443
scrophuloside A8 443
scrophuloside B_4 444
scropolioside D 2292
scrovalentinoside 444
sculezonone A 2561
sculezonone B 2561
sculponin A 847
sculponin B 847
sculponin C 847
scutalpin A 742
scutebaicalin 740
scutebarbatine B 740
scutebarbatine W 741
scutebarbatine X 739
scutebarbatine Y 740
scutebarbatine Z 740
scutebata A 739
scutebata B 740
scutebata C 740
scutebata D 741
scutebata E 741
scutebata F 741
scutebata G 741
scutecolumnin C 743
scutecyprol B 743
scutehenanine H 741
scutelinquanine A 741
scutelinquanine B 743
scutelinquanine C 740
scutellaprostin A 1524
scutellaprostin B 1524
scutellaprostin C 1524
scutellaprostin D 1524

scutellaprostin E 1524
scutellaprostin F 1524
scutellarin 1632
scuteselerin 741
scutianine M 382
scutianines K 382
scutianines L 382
scutiaquinone A 1917
scutiaquinone B 1917
scutillarein-7-*O*-*β*-D-glucopyranoside 1632
scutorientalin D 742
scutorientalin E 741
scyptolin A 383
scyptolin B 383
scytalol A 2771
scytalol B 2771
scytalol C 2771
scytalol D 2771
SDG 1404
SDG diastereomer 1400
seartemin 1451
sebastianine A 2489
(–)-13a*α*-secoantofine 264
secobatzelline A 2488
secobatzelline B 2488
secobatzelline A diacetate 2488
secobatzelline B diacetate 2488
secobotrytriendiol 570
secobryononic acid 1200
secoexsertifolin A 847
secoexsertifolin B 847
19,24-secogarryine 318
7,8-secoholostylone A 1490
7,8-secoholostylone B 1490
secoisobryononic acid 1200
secoisolariciresinol 1428
secoisolariciresinol dimethyl ether diacetate 1400
secoisolariciresinol(–)-form 1402
secoisolariciresinol tetraacetate 1400
secologanoside-7-methyl ester 450
secomahoganin 1144
(25*R*)-5*α*-2,3-secospirostane-2,3-dioic acid-6*β*-hydroxy-3,
6-*γ*-lactone 2069
secostrychnosin 450
secu'amamine A 264
securamine A 2494
securamine B 2494
securamine C 2494
securamine D 2495
securine A 2495
securine B 2495
cis-securinegin 1083
trans-securinegin 1083
securinine 264
seitomycin 2771
sekikaric acid 2221
sekothrixide 2698
selagin 1632
semiatrin 741
semicochliodinol A 2771
semicochliodinol B 2771
(+)-semperviraminol 359
senburiside Ⅲ 445
senburiside Ⅳ 445
senbusine A 311
senecionine 45
7-senecioyl-3-*epi*-betulinic acid 1300
(2'*S*, 1''*S*)- 2''-senecioyloxymarmesin 1564
(2'*S*, 3'*R*)-3'-senecioyloxymarmesin 1564
3'(*S*)-senecioyloxy-4'(*R*)-angeloyloxy-3',4'-dihydro-xanthyletin 1598
1'-*O*-senecioylrutaretin 1566
seneciphylline 45
E-senegasaponin a 1203
Z-senegasaponin a 1203
E-senegasaponin b 1203
Z-senegasaponin b 1203
Z-senegin Ⅱ 1203
Z-senegin Ⅲ 1203
septentriodine 305
septentrionine 305
septuplinolide 621
H-L-Ser-OH 2360
sericostinyl acetate 1339
serpentine 194
serratane-3*α*,14*α*,15*α*,20*β*,21*β*,24,29-heptol 1347
serratoside A 444
serratoside B 445
serrulatin A 1197
serrulatin C 1197
serrulatin E 1199
sesamin 1451
(–)-sesamolactol 1429
sesquicillin 2920
sesquimarocanol B hexaacetate 1400
sesquimarocanol A pentaacetate 1431
sesquithujenol 633
sessilistemonamine A 27, 396
sessilistemonamine B 27, 396
sessilistemonamine C 27, 396
sessilistemonamine D 397
setamycin 2698
sethukarailide 2374
severifoline 279
SF2457 2676
SF2487 2919
SF2738A 2871
SF2738B 2871
SF2738C 2871
shanzhigenin methyl ester 441
shatavarin Ⅳ 2091
shatavarin Ⅷ 2101
shatavarin Ⅸ 2091
shatavarin Ⅹ 2091
shatavarin Ⅶ 2078
shearinine D 2382, 2496
shearinine E 2382, 2496
shearinine F 2382, 2496
shearinine G 2382, 2496
shearinine H 2382, 2496
shearinine I 2383, 2496
shearinine J 2383, 2496
shearinine K 2383, 2496
shengjimycin A_0 2698
shengjimycin A_1 2698
shengjimycin $A_2α$ 2698
shengjimycin $A_{2β}$ 2698
shengjimycin B_0 2698
shengjimycin $B_2α$ 2698
shengjimycin $B_{2β}$ 2698
shengjimycin B_3 2698

shengjimycin C_2 2698
shengjimycin E_1 2698
shermilamine C 2489
shinjudilactone 1175
shinonomenine 362
shionoside A 431
shionoside B 431
shizanrin I 1507
shizanrin J 1507
shizanrin K 1508
shizanrin M 1506
shorealactone heptaacetate 2259
shorealactone heptamethyl ether 2260
shorealactone hexamethyl ether 2259
shorealactone pentamethyl ether 2259
siamenol 177
siamenol A 1562
siamenol B 1562
siamenol C 1562
siamenol D 1562
(±)-sibiricine 134
sibiriquinone A 1911
sibiriquinone B 1911
sideritoflavone 1632
siderol 915
sieversol 1429
sigmoiside A 1200
sigmoiside B 1200
silvaglin A 1078
silybin A 1725
silybin B 1725
silychristin A 1725
silychristin B 1725
simalikalactone D 1176
simarinolide 969
simaroubin A 1081
simaroubin B 1081
simaroubin C 1081
simaroubin D 1081
simplakidine A 2489
simplexin A 745, 2380
simplexin B 745, 2380
simplexin C 745, 2380
simplexin D 745, 2380
simplexin E 745, 2380
simplexin F 745, 2380
simplexin G 745, 2380
simplexin H 745, 2380
simplexin I 745, 2380
simulenoline 83
sinaiticin 1524
sinalbin 397
trans-sinapic acid 2214
6-*O*-sinapoyl scandoside methyl ester 448
sinetirucallol 1084
sinoacutine 143
sinocrassoside A_4 1679
sinocrassoside A_5 1679
sinocrassoside A_6 1679
sinocrassoside A_7 1679
sinocrassoside B_3 1681
sinomenine 143
sinpeinine A 363
sintenoside 442
sinuflexibilin 2371
sinugibberoside F 750
sinugrandisterol A 2591
sinugrandisterol B 2591
sinugrandisterol C 2591
sinugrandisterol D 2591
sinuladiterpene A 2374
sinuladiterpene B 2374
sinuladiterpene D 2374
sinuladiterpene G 2374
sinuladiterpene H 2374
sinuladiterpenes F 2374
sinulaflexiolide D 2373
sinulaflexiolide E 2373
sinulaflexiolide H 2373
sinulaflexiolide I 2373
sinulaflexiolide J 2373
sinulaflexiolide K 2373
sinulaparvalide A 2374
sinularectin 719
sinularianin A 632
sinularianin B 633
sinulariol D 720
sinulariolone 2374
sinularioperoxide A 536
sinularioperoxide B 536
sinularioperoxide C 536
sinularioperoxide D 536
sinularolide A 2372
sinularolide B 2372
sinularolide C 2372
sipeimine 363
sipholenol A 2384
sipholenol D 2384
sipholenol F 2384
sipholenol G 2384
sipholenol H 2384
sipholenoside A 2384
sipholenoside B 2384
siphonellinol D 977
siphonellinol E 977
siphonellinol C-23-hydroperoxide 977
sisomicin 2675
sissotrin; 5-hydroxylononin 1738
skimmianine 82, 84
skullcapflavone-Ⅰ 1632
skullcapflavone-Ⅱ 1633
SM 196 A 2771
SM 196 B 2771
smeathxanthone A 1807
smeathxanthone B 1808
smiglaside A 2291
smiglaside B 2291
smiglaside C 2291
smiglaside D 2291
smiglaside E 2291
smilaside G 2291
smilaside H 2291
smilaside J 2292
smitilbin 1725
SMTP-2 2871
SMTP-3 2871
SMTP-4 2871
SMTP-4D 2871
SMTP-5 2871
SMTP-5D 2871
SMTP-6 2871
SMTP-6D 2871

SMTP-7 2871
SMTP-7D 2871
SMTP-8 2871
SMTP-8D 2871
SNA-4606-1 2698
SO-75R1 2771
sodium and potassium *trans*-resveratrol-3-*O*-*β*-D-glucopyrano-side-2"-sulfate 2247
sodium and potassium *cis*-resveratrol-3-*O*-*β*-D-glucopyrano-side-2"-sulfate 2247
sodium and potassium *cis*-resveratrol-3-*O*-*β*-D-glucopyrano-side-3"-sulfate 2247
sodium and potassium *cis*-resveratrol-3-*O*-*β*-D-glucopyrano-side-4"-sulfate 2247
sodium and potassium *cis*-resveratrol-3-*O*-*β*-D-glucopyrano-side-6"-sulfate 2247
sodium and potassium *trans*-resveratrol-3-*O*-*β*-D-glucopyr-anoside-4"-sulfate 2247
sodium and potassium *trans*-resveratrol-3-*O*-*β*-D-glucopyran-oside-6"-sulfate 2247
sodium and potassium *cis*-resveratrol-3-*O*-*β*-D-glucopyrano-side-5-sulfate 2248
sodwanol A 1350
sodwanone B 1349
sodwanone D 2384
sodwanone E 2384
sodwanone F 2384
sodwanone G 1349
sodwanone H 1349
sodwanone I 1350
sodwanone K 2384
sodwanone L 2384
sodwanone M 2384
sodwanone N 2384
sodwanone O 2384
sodwanone P 2384
sodwanone T 1350,2383
sodwanone U 1350, 2383
sodwanone V 1350, 2383
sodwanone W 1350, 2383
solacallinidine 346
solaculine A 339
solamargine 339
β-solamarine 339
solandelactone A 2652
solandelactone B 2652
solandelactone C 2652
solandelactone D 2652
solandelactone E 2652
solandelactone F 2652
solandelactone G 2652
solandelactone H 2652
solandulcidine 340
(22*S*,25*S*)-solanid-5,20(21)-dien-3*β*-ol 340
(22*S*,25*S*)-solanid-5-en-3*β*-ol 340
solanidine 340
solanocapsine 340
solanolactoside A 1986
solanolactoside B 1986
solanolide 1984
solasodenone 340
solasodine 340
solasonine 339
solenolide A 2377
solenolide B 2377
solenolide C 2377
solenolide D 2377
solenolide E 2377
solenolide F 2377
solenopodin A 2379
solenopodin B 2379
solenopodin C 2379
solenopodin D 2379
solidagosaponin Ⅰ 1204
solidagosaponin Ⅱ 1204
solidagosaponin Ⅲ 1204
solidagosaponin Ⅳ 1204
solidagosaponin Ⅴ 1204
solidagosaponin Ⅵ 1204
solidagosaponin Ⅶ 1204
solidagosaponin Ⅷ 1204
solidagosaponin Ⅸ 1204
solsodomine A 28
solsodomine B 28
songbeinine 363
songbeinone 363
songoramine 319
songorine 319
sonneratine A 66
sophocarpine 167
sophoraflavanone B 1657
sophoraflavanone D 1660
sophoraflavanone G 1659
sophoraflavonoloside 1679
sophoraisoflavanone A 1746
sophoridine 167
sophoronol C 1747
sophoronol D 1746
sophoronol E 1746
sophoronol F 1746
sophororicoside 1738
sorbicillinol x 2486
D-sorbitol 2358
sorrentanone 1884, 2771
soyacerebroside I 2183
sparoxomycin A_1 2871
spartanamicin A 2771
spartanamicin B 2771
sparteine 167
spathoside 1 2187
spectabiline 84
spectomycin A_1 2982
spectomycin A_2 2982
spectomycin B_1 2982
spergulacin 1340
spergulacin A 1340
spergulin A 1340
spergulin B 1340
spheciosterol sulfate A 2589
spheciosterol sulfate B 2589
spheciosterol sulfate C 2589
sphenadilactone A 992
sphenadilactone B 992
sphenadilactone C 992
sphingofungin E 3003
sphingofungin F 3003
spicatolide C 563
spicatolide D 564
spicatolide E 564
spicatolide F 563
spicatolide G 564
spicatolide H 571

spinacetin-3-*O*-*β*-gentiobioside 1681
spinulosin 1884
spiraeoside 1678
spiraformin A 1531
spiraformin B 1531
spiraformin C 1531
spiraformin D 1531
spiramycin Ⅰ 2698
spiramycinⅢ 2698
spirobenzofuran 2920
spirocaesalmin 852
(–)-spirocalcaridine A 2487
(–)-spirocalcaridine B 2487
spirocaracolitone G 1271
spirocaracolitone H 1271
spirocaracolitone I 1271
spirocaracolitone J 1271
spirocaracolitone K 1271
spirocaracolitone L 1271
spirodysin 2368
spirodysin 626
spirofungin 2920
(–)-spiroleucettadine 2486
spirolingshuiolide 2365
(25*R*)-5*β*-spirost-2*β*,3*β*-diol-12-one 2068
(25*R*)-5α-spirost-2*α*,3*β*-diol-12-one 2068
(25*R*)-5*α*-spirost-3*β*,6*β*-diol-12-one 2068
25*R*-spirost-5-en-3*β*-ol 2065
(20*S*,22*R*)-5*α*-spirost-25(27)-en-3*β*-ol monoacetate 2068
(25*R*)-spirost-5-en-3*β*-ol-3-*α*-L-rhamnopyranosyl-(1→2)-*O*-[-L-arabinopyranosyl-(1→3)]-*β*-D-glucopyranoside 2085
25*R*-spirost-5-ene-3*β*,12*β*-diol 2065
(25*S*)-spirost-5-ene-3*β*,27-diol-3-*O*-*α*-L-arabinopyranosyl-(1→6)-*β*-D-glucopyranoside 2076
(20*S*,22*R*)-5*α*-spirost-25(27)-ene-2*α*,3*β*-diol diacetate 2068
(22*R*,25*S*)-spirost-5-ene-3*β*,15*α*-diol-3-*O*-{*β*-D-glucopyranosyl-(1→2)-[*β*-D-glucopyranosyl-(1→4)-[*α*-L-rhamanosyl-(1→2)]-*β*-D-galactopyranoside 2106
(25*R*)-spirost-5-ene-3*β*,12*α*-diol-3-*α*-L-rhamnopyranosyl-(1→2)-*O*-[*β*-D-glucopyranosyl-(1→4)]*β*-D-glucopyranoside 2087
(25*S*)-spirost-5-ene-3*β*,21-diol-3-O-*α*-L-rhamnopyranosyl-(1→2)-*O*-[-*α*-L-rhamnopyranosy-(1→4)]-*β*-D-glucopyranoside 2087
(25*R*)-spirost-4-ene-3,12-dione 2068
25*R*-spirost-5-ene-3*β*,12*β*,15*α*-triol 2065
(25*S*)-spirost-5-ene-3*β*,17*α*,27-triol-3-*O*-*α*-L-arabinopyranosyl-(1→6)-*β*-D-glucopyranoside 2076
(25*S*)-spirost-5-ene-3*β*,17*α*,27-triol-3-*O*-{*O*-*β*-D-glucopyranosyl-(1→2)-*O*-[-*β*-D-glucopyranosyl-(1→4)]-*β*-D-glucopyranoside} 2087
(23*S*,25*S*)-spirost-5-ene-3*β*,15*α*,23-triol-3-*O*-{*β*-D-glucopyranosyl-(1→2)- [*β*-D-glucopyranosyl-(1→4)-[*α*-L-rhamanosyl-(1→2)]-*β*-D-galactopyranoside 2106
(20*S*,22*R*)-5*α*-spirost-25(27)-ene-2*α*,3*β*,6*β*-triol triacetate 2068
25*R*-spirost-4-ene-3,6,12-trione 2066
(25*R*)-5α-spirost-3*β*-ol-12-one 2068
(25*R*)-5*β*-spirost-3*β*-ol-12-one 2068
5*α*-25*R*-spirost-3,6,12-trione 2066
(25*R*)-5-*α*-spirost-3*β*-yl-(*β*-D-glucopyranosyl)-*β*-D-glucopyranosyl-3-*O*-[*β*-D-xylopyranosyl]-*β*-D-glucopyranosyl-*β*-D-galactopyranoside} 2110
(25*R*)-5*α*-spirosta 2063
(23*S*,24*S*)-spirosta-5,25(27)-diene-1*β*,3*β*,21,23,24-pentol-1-*O*-{*α*-L-rhamnopyranosyl-(1→2)-[*β*-D-xylopyranosyl-(1→3)]-*α*-L-arabinopyranoside} 24-*O*-*β*-D-fucopyranoside 2108
(23*S*,24*S*)-spirosta-5,25(27)-diene-1*β*,3*β*,21,23,24-pentol-1-*O*-*α*-L-rhamnopyranosyl-(1→2)-*O*-[*β*-D-xylopyranosyl-(1→3)]-*α*-L-arabinopyranoside-21-*O*-*β*-D-fructofuranoside-24-*O*-*β*-D-fucopyranoside 2108
(23*S*,24*S*)-spirosta-5,25(27)-diene-1*β*,3*β*,23,24-tetrol-1-*O*-{4-*O*-acetyl-*α*-L-rhamnopyranosyl)-(1→2)-*O*-[*β*-D-xylopyranosyl-(1→3)]-*α*-L-arabinopyranoside} 2081
(23*S*,24*S*)-spirosta-5,25(27)-diene-1*β*,3*β*,23,24-tetrol-1-*O*-{(4-*O*-acetyl-*α*-L-rhamnopyranosyl-(1→2)-*O*-[*β*-D-xylopyranosyl-(1→3)]-*α*-L-arabinopyranoside}-24-*O*-*β*-D-fucopyranoside 2098
(23*S*,24*S*)-spirosta-5,25(27)-diene-1*β*,3*β*,23,24-tetrol-1-*O*-{2,3-*O*-diacetyl-*α*-L-rhamnopyranosyl)-(1→2)-*O*-[*β*-D-xylopyranosyl-(1→3)]-*α*-L-arabinopyranoside} 2081
(23*S*,24*S*)-spirosta-5,25(27)-diene-1*β*,3*β*,23,24-tetrol-1-*O*-{(2,3-*O*-diacetyl-*α*-L-rhamnopyranosyl)-(1→2)-*O*-[*β*-D-xylopyranosyl-(1→3)]-*α*-L-arabinopyranoside}-24-*O*-*β*-D-fucopyranoside 2098
(23*S*,24*S*)-spirosta-5,25(27)-diene-1*β*,3*β*,23,24-tetrol-1-*O*-{*α*-L-rhamnopyranosyl-(1→2)-*O*-[*β*-D-xylopyranosyl-(1→3)]-*α*-L-arabinopyranoside} 2080
(23*S*,24*S*)-spirosta-5,25(27)-diene-1*β*,3*β*,23,24-tetrol-1-*O*-{*α*-L-rhamnopyranosyl-(1→2)-[*β*-D-xylopyranosyl-(1→3)]-*α*-L-arabinopyranoside}24-*O*-*β*-D-fucopyranoside 2108
(23*S*,24*S*)-spirosta-5,25(27)-diene-1*β*,3*β*,23,24-tetrol-1-*O*-{*α*-L-rhamnopyranosyl-(1→2)-*O*-[*β*-D-xylopyranosyl-(1→3)]-*α*-L-arabinoyranoside 2081
(23*S*,24*S*)-spirosta-5,25(27)-diene-1*β*,3*β*,23,24-tetrol-1-*O*-{2,3,4-*O*-triacetyl-*α*-L-rhamnopyranosyl-(1→2)-*O*-[*β*-D-xylopyranosyl-(1→3)]-*α*-L-arabinopyranoside} 2081
(23*S*,24*S*)-spirosta-5,25(27)-diene-1*β*,3*β*,23,24-tetrol-1-*O*-{(2,3,4-*O*-triacetyl-*α*-L-rhamnopyranosyl-(1→2)-*O*-[*β*-D-xylopyranosyl-(1→3)]-*α*-L-arabinopyranoside}-24-*O*-*β*-D-fucopyranoside 2098
(23*S*,24*S*)-spirosta-5,25(27)-diene-1*β*,3*β*,23,24-tetrol-1-*O*-{(2,3,4-*O*-triacetyl-*α*-L-rhamnopyranosyl-(1→2)-*O*-[*β*-D-xylopyranosyl-(1→3)]-*α*-L-arabinopyranoside}-24-*O*-*α*-L-rhamnopyranoside 2098
(23*S*,24*S*)-spirosta-5,25(27)-diene-1*β*,3*β*,23,24-tetrol-1-*O*-{(2,3,4-*O*-triacetyl-*α*-L-rhamnopyranosyl-(1→2)-*O*-[*β*-D-xylopyranosyl-(1→3)]-*α*-L-arabinopyranoside}-24-*O*-*β*-D-glucopyranoside 2098
(23*S*)-spirosta-5,25(27)-diene-1*β*,3*β*,23-triol-1-*O*-{4-*O*-acetyl-*O*-*α*-L-rhamnopyranosyl-(1→2)-*O*-[*β*-D-xylopyranosyl-(1→3)]-*α*-L-arabinopyranoside 2081
(23*S*)-spirosta-5,25(27)-diene-1*β*,3*β*,23-triol-1-*O*-{2,3-*O*-diacetyl-*α*-L-rhamnopyranosyl-(1→2)-*O*-[*β*-D-xylopyranosyl-(1→3)]-*α*-L-arabinopyranoside} 2081
(23*S*)-spirosta-5,25(27)-diene-1*β*,3*β*,23-triol-1-*O*-{*α*-L-rhamnopyranosyl-(1→2)-*O*-[*β*-D-xylopyranosyl-(1→3)]-*α*-L-arabinopyranoside} 2080
(23*S*)-spirosta-5,25(27)-diene-1*β*,3*β*,23-triol-1-*O*-{*α*-L-rhamnopyranosyl-(1→2)-*O*-[*β*-D-xylopyranosyl-(1→3)]-*α*-L-arabinoyranoside 2081
(22*S*,23*R*,25*R*)-spirosta-3*β*,15*α*,23-triol-5-en-26-one-3-*O*-*α*-L-rhamnopyranosyl (1→2)-*β*-D-glucopyranoside 2074
5*α*-(25*R*)-5*α*-spirostan-3*β*,12*α*-diol-3-*O*-*α*-L-rhamnopyranosyl-(1→2)-*O*-[*β*-D-glucopyranosyl-(1→4)]-*β*-D-glucopyra-

noside 2093
(25*R*)-5α-spirostan-2-ene-15β-ol 2068
(23*S*,25*S*)-spirostan-5-ene-3β,15α,23-triol-3-*O*-{β-D-glucopyranosyl-(l→4)-[α-L-rhamanosyl-(1→2)]-β-D-galactopyranoside 2079
(22*S*,25*S*)-5α-spirostan-3β-ol-3-*O*-β-D-galactopyranosyl-(1→2)-*O*-[β-D-xylopyranosyl-(l→3)]-*O*-β-D-glucopyranosyl-(1→4)-β-D-galactopyranoside 2108
(25*R*)-5α-spirostan-3β-ol 2063
(25*R*)-5β-spirostan-3β-ol 2063
(25*S*)-5α-spirostan-25-ol 2063
(25*S*)-5β-spirostan-3β-ol 2063
(25*R*)-5α-spirostan-3β-ol-3-*O*-β-D-galactopyranosyl-(1→2)-β-D-glucopyranosyl-(1→4)]-β-D-galactopyranoside 2083
(25*S*)-5α-spirostan-3β-ol-3-*O*-β-D-galactopyranosyl-(1→2)-β-D-glucopyranosyl-(1→4)]-β-D-galactopyranoside 2083
(25*R*)-5β-spirostan-3β-ol-3-*O*-β-D-glucopyranosyl-(1→2)-[α-L-arabinopyranosyl-(1→6)]-β-D-glucopyranoside 2093
(25*S*)-spirostan-6β-ol-3-*O*-β-D-glucopyranosyl-(1→4)-[α-L-arabinopyranosyl-(1→6)]-β-D-glucopyranoside 2093
(25*S*)-5α-spirostan-3β-ol-3-*O*-β-D-glucopyranosyl-(1→4)-[α-L-rhamnopyranosyl-(1→2)]-β-D-galactopyranoside 2085
5α-(25*R*)-spirostan-3β-ol-6-one-3-*O*-α-L-arabinopyranosyl (1→6)-β-D-glucopyranoside 2074
5α-(25*R*)-spirostan-3β-ol-6-one-3-*O*-α-L-arabinopyranosyl-(1→6)-*O*-[β-D-glucopyranosyl-(1→4)]β-D-glucopyranoside 2078
(25*R*)-5β-spirostan-3β-ol-3-*O*-β-D-xylopyranosyl-(1→2)-*O*-β-D-galactopyranoside 2078
(25*S*)-5β-spirostan-3β-ol-3-*O*-β-D-xylopyranosyl-(1→2)-[β-D-xylopyranosyl-(1→4)]-*O*-β-D-glucopyranoside 2091
(25*R*)-5α-spirostan-12-on-3β-ol-3-*O*-β-D-galactopyranosyl-(1→2)-β-D-glucopyranosyl-(1→4)-β-D-galactopyranoside 2089
(25*S*)-5α-spirostan-12-on-3β-ol-3-*O*-β-D-galactopyranosyl-(1→2)-β-D-glucopyranosyl-(1→4)-β-D-galactopyranoside 2089
(23*S*,25*S*)-5α-spirostan-24-one-3β,23β-diol-3-*O*-{α-L-rhamnopyranosyl-(1→2)-*O*-[β-D-glucopyranosyl-(1→4)]-β-D-galactopyranoside 2078
(24*S*,25*S*)-5β-spirostan-2β,3β,24-triol-3-*O*-α-L-rhamnopyranosyl-(1→2)-*O*-[α-L-rhamnopyranosyl-(1→4)]-β-D-glucopyranoside 2093
(20*S*, 22*R*, 25*R*)-5α-spirostane-3β,25-diol 2063
5α-spirostane-1β,3β-diol 2063
5β-(25*R*)-spirostane-3β,12β-diol 2065
5α-(25*R*)-spirostane-3β,6α-diol 2065
(25*R*)-5α-spirostane-3β,17α-diol-3-*O*-α-L-arabinopyranosyl-(1→6)-*O*-β-D-glucopyranoside 2077
(25*R*)-5α-spirostane-2α,3β-diol-3-*O*-β-D-galactopyranoside 2069
(25*R*)-5α-spirostane-2α,3β-diol-3-*O*-β-D-galactopyranosyl-(1→2)-β-D-glucopyranosyl-(1→4)]-β-D-galactopyranoside 2085
(25*S*)-5α-spirostane-2α,3β-diol-3-*O*-β-D-galactopyranosyl-(1→2)-β-D-glucopyranosyl-(1→4)]-β-D-galactopyranoside 2085
(25*S*)-5-α-spirostane-2α,3β-diol-3-*O*-β-D-galactopyranosyl-(1→2)-*O*-[β-D-glucopyranosyl-(1→3)]-*O*-β-D-glucopyranosyl-(1→4)-β-D-galactopyranoside 2100
(25*S*)-5-α-spirostane-2α,3β-diol-3-*O*-β-D-galactopyranosyl-(1→2)-*O*-[β-D-glucopyranosyl-(1→3)]-*O*-β-D-glucopyranosyl-(1→4)-β-D-galactopyranoside 2100
(25*R*)-5α-spirostane-3β,6α-diol-6-*O*-β-D-glucopyranoside 2069
5α-(25R)-spirostane-3β,6α-diol-6-*O*-β-D-glucopyranosyl-(1→2)-β-D-glucopyranoside 2071
5α-(25*R*)-spirostane-3β,6α-diol-6-*O*-β-D-glucopyranosyl-(1→3)-β-D-glucopyranoside 2071
5α-(25*R*)-spirostane-3β,6α-diol-6-*O*-β-D-glucopyranosyl-(1→2)-*O*-[β-D-glucopyranosyl-(1→3)]-β-D-glucopyranoside 2089
(25*R*)-5-α-spirostane-3β,6β-diol-3-*O*-β-D-glucopyranosyl-(1→3)-β-D-glucopyranosyl-(1→2)-[β-D-xylopyranosyl-(1→3)]-β-D-glucopyranosyl-(1→4)-β-D-galactopyranoside 2108
(25*S*)-5β-spirostane-3β,17α-diol-3-*O*-β-D-glucopyranosyl-(1→2)-[β-D-xylopyranosyl-(1→4)]-*O*-β-D-glucopyranoside 2091
(25*R*)-5-α-spirostane-3β,6β-diol-3-*O*-{*O*-β-D-glucopyranosyl-(1→2)-*O*-[β-D-xylopyranosyl-(1→3)]-*O*-β-D-glucopyranosyl-(1→4)-β-D-galactopyranoside 2103
5α-(25*S*)-spirostane-3β,27-diol-6-one-3-*O*-α-L-arabinopyranosyl-(1→6)-*O*-[β-D-glucopyranosyl-(1→4)]β-D-glucopyranoside 2078
(24*S*,25*S*)-5α-spirostane-3β,24-diol-3-*O*-{α-L-rhamnopyranosyl-(1→2)-*O*-[β-D-glucopyranosyl-(1→4)]-β-D-galactopyranoside 2083
(25*S*)-spirostane-3β,3β,17α-diol-3-*O*-α-L-rhamnpyranosyl-(1→2)-[α-L-rhamnopyranosyl-(1→4)]-*O*-β-D-glucopyranoside 2091
(25*R*)-5α-spirostane-3β,17α-diol-3-*O*-β-D-xylopyranosyl-(1→4)-[α-L-arabinopyranosyl-(1→6)]-*O*-β-D-glucopyranoside 2091
(25*S*)-5β-spirostane-3β,17α-diol-3-*O*-β-D-xylopyranosyl-(1→2)-[β-D-xylopyranosyl-(1→4)]-*O*-β-D-glucopyranoside 2091
(25*R*)-5α-spirostane-3β-hydroxy-3-*O*-β-D-glucopyranosyl-(1→4)-[α-L-arabinopyranosyl-(1→6)]-*O*-β-D-glucopyranoside 2091
5α-(25*R*)-spirostane-6α-hydroxy-3-one-6-*O*-β-D-glucopyranosyl-(1→3)-β-D-glucopyranoside 2073
(25*R*)-5α-spirostane-3β-ol-3-*O*-β-D-glucopyranosyl-(1→4)-[α-L-rhamnopyranosyl-(1→2)]-β-D-galactopyranoside 2083
(24*S*,25*R*)-5α-spirostane-2α,3β,5α,6β,24-pentol-24-*O*-β-D-glucopyranoside 2069
(25*R*)-5α-spirostane-2α,3β,5α,6α-tetrol 2065
(25*R*)-5α-spirostane-2α,3β,5α,6α-tetrol-2-*O*-β-D-glucopyranoside 2069
5α-spirostane-3β,12β,15α-triol 2063
(25*S*)-spirostane-2β,3β,5β-triol 2065
5β-(25*R*)-spirostane-2β,3β,12β-triol 2065
(25*R*)-5-α-spirostane-2α,3β,6β-triol-3-*O*-β-D-glucopyranosyl-(1→2)-*O*-[4-*O*-benzoyl-β-D-xylopyranosyl-(1→3)]-*O*-β-D-glucopyranosyl(1→4)-β-D-galactopyranoside 2103
(25*R*)-5-α-spirostane-2α,3β,6β-triol-3-*O*-β-D-glucopyranosyl-(1→2)-*O*-[3-*O*-benzoyl-β-D-xylopyranosyl-(1→3)]-*O*-β-D-glucopyranosyl-(1→4)-β-D-galactopyranoside 2103
(25*R*)-5α-spirostane-2α,3β,6β-triol-3-*O*-{*O*-β-D-glucopyranosyl-(1→2)-*O*-[3-*O*-acetyl-β-D-xylopyranosyl-(l→3)]-*O*-β-D-glucopyranosyl-(1→4)-β-D-galactopyranoside} 2108

(25S)-5α-spirostane-2α,3β,6β-triol-3-O-{O-β-D-glucopyranosyl-(1→2)-[3-O-acetyl-β-D-xylopyranosyl-(1→3)]-β-D-glucopyranosyl-(1→4)-β-D-galactopyranoside} 2108
(25S)-5-α-spirostane-2α,3β,6β-triol-3-O-β-D-glucopyranosyl-(1→2)-O-[4-O-benzoyl-β-D-xylopyranosyl-(1→3)]-O-β-D-glucopyranosyl-(1→4)-β-D-galactopyranoside 2103
(25S)-5-α-spirostane-2α,3β,6β-triol-3-O-β-D-glucopyranosyl-(1→2)-O-[3-O-benzoyl-β-D-xylopyranosyl-(1→3)]-O-β-D-glucopyranosyl-(1→4)-β-D-galactopyranoside 2103
(25S)-5α-spirostane-3β,17α,27-triol-3-O-{O-β-D-glucopyranosyl-(1→2)-O-[-β-D-glucopyranosyl (1→4)]β-D-glucopyranoside} 2093
(25R)-5-α-spirostane-2α,3β,6β-triol-3-O-β-D-glucopyranosyl-(1→2)-O-[4-O-(3S)-3-hydroxy-3-methylglutaroyl-β-D-xylopyranosyl-(1→3)]-O-β-D-glucopyranosyl-(1→4)-β-D-galactopyranoside 2103
(25S)-5-α-spirostane-2α,3β,6β-triol-3-O-β-D-glucopyranosyl-(1→2)-O-[4-O-(3S)-3-hydroxy-3-methylglutaroyl-β-D-xylopyranosyl-(1→3)]-O-β-D-glucopyranosyl-(1→4)-β-D-galactopyranoside 2103
(25R)-5-α-spirostane-2α,3β,6β-triol-3-O-β-D-glucopyraosyl-(1→2)-O-[β-D-xylopyranosyl-(1→3)]-O-β-D-glucopyranosyl-(1→4)-β-D-galactopyranoside 2100
(25S)-5-α-spirostane-2α,3β,6β-triol-3-O-β-D-glucopyraosyl-(1→2)-O-[β-D-xylopyranosyl-(1→3)]-O-β-D-glucopyranosyl-(1→4)-β-D-galactopyranoside 2100
(25R)-5α-spirostane-2α,3β,12β-triol-3-O-{α-L-rhamnopyranosyl-(1→2)-β-D-galactopyranoside} 2077
(25S)-5α-spirostane-2α,3β,27-triol-3-O-α-L-rhamnopyranosyl-(1→2)-O-[α-L-rhamnopyranosyl-(1→4)]-β-D-glucopyranoside 2095
(20S,22R,25R)-5α-spirostane-2α,3β,6β-triol triacetate 2063
spongiacidin A 2487
spongiacidin B 2487
spongiacidin C 2487
spongiacidin D 2487
spongiporic acid A 990
spongiporic acid B 990
spongotine A 2494
spongotine B 2494
spongotine C 2494
sporeamicin A 2699
sporeamicin B 2699
sporeamicin C 2699
sporolide A 2653
sporolide B 2653
sporostatin 2699
SQ-02-S-L1 2871
SQ-02-S-L2 2871
SQ-02-S-V1 2871
SQ-02-S-V2 2871
squamin A 383
stachyflin 2871
standishinal 846
staphigine 325
staphylionoside A 568
staphylionoside B 569
staphylionoside C 569
staphylionoside D 569
staphylionoside E 569
staphylionoside F 569
staphylionoside G 569
staphylionoside H 569
staphylionoside I 569
staphylionoside J 569
staphylionoside K 569
staplabin 2871
staurosporine 231
staurosporine 2496
stavaroside A 2000
stavaroside B 2000
stavaroside C 1993
stavaroside D 1993
stavaroside E 2000
stavaroside F 1993
stavaroside G 2000
stavaroside H 1993
stavaroside I 2025
stavaroside J 2025
stavaroside K 2025
6α-(4-O-stearyl-7E-coumaryloxy)eudesm-4(14)-ene 621
stecholide A 2378
stechoiide A acetate 2378
stecholide B acetate 2378
stecholide C 2378
stecholide C acetate 2378
stecholide D 2378
stecholide D butyrate 2378
stecholide E 2378
stecholide E acetate 2378
stecholide F 2378
stecholide G 2378
stecholide H 2378
steffimycin C 2772
steganoate A 1507
steganoate B 1507
steganone 1507
stegioside Ⅲ 441
stegioside Ⅰ 442
stegioside Ⅱ 441
stellarin A 382
stellarin B 382
stellarin C 382
stellarin H 382
stellettamine 2489
stellettin A 2381
stellettin B 2381
stellettin C 2381
stellettin D 2381
stellettin H 2381
stellettin I 2381
stellettin J 1350, 2381
stellettin K 1350, 2381
stellettin L 2382
stellettin M 2382
stelmatocryptonoside A 2022
stelmatocryptonoside B 2015
stelmatocryptonoside C 2004
stelmatocryptonoside D 2004
stemaphylline 27
stemaphylline-N-oxide 28
stemmoside A 1986
stemmoside B 1986
stemmoside C 1984, 2035
stemmoside D 2035
stemmoside E 2035
stemmoside F 2035
stemmoside G 2035
stemmoside H 2035
stemmoside I 2035

stemmoside J 2035
stemmoside K 2035
(*Z*)-stemoburkilline 27
stemocochinamine 67
1,9a-*seco*-stemoenonine 27
stemoenonine 27
(3*R*)-stemofolenol 28
(3*S*)-stemofolenol 28
stemofoline 28
stemofolinoside 28
stemosessifoine 68, 397
stemucronatoside D 2002
stemucronatoside E 1995
stemucronatoside G 2015
stenophyllol B 2271
stephalagine 114
stephanine 114
stepharotudine 128
steppogenin-4',7-di-*O*-β-D-glucoside 1658
sterelactone A 694
sterelactone B 694
sterelactone C 694
sterelactone D 694
sterenin A 2871
sterenin B 2871
sterenin C 2871
sterenin D 2871
stereonsteroid A 2593
stereonsteroid B 2593
stereonsteroid C 2593
stereonsteroid D 2593
stereonsteroid E 2593
stereonsteroid F 2593
stereonsteroid G 2593
stereonsteroid H 2593
stereonsteroid I 2593
stereumin A 618
stereumin B 618
stereumin C 618
stereumin D 618
stereumin E 618
sterin A 2920
sterin B 2920
stevastelin D3 2699
stevastelin E3 2699
stevensine 2487
24α-stigmasta-5,24(28)-dien-3β-*O*-acetate 2141
5β,24α-stigmasta-8, 22-dien-3β-*O*-acetate 2143
24α-stigmasta-5,22-dien-3-*O*-β-D-galactopyranoside 2144
24α-stigmasta-5,22-dien-3-*O*-β-D-glucopyranoside 2144
24α-stigmasta-5,25-dien-3-*O*-β-D-glucopyranoside 2144
24α-stigmasta-5,22-dien-3β-ol 2142
24α-stigmasta-5,25-dien-3β-ol 2143
5β,24α-stigmasta-8, 22-dien-3β-ol 2143
24α-stigmasta-5,28-dien-24-ol-3β-*O*-acetate 2143
5β,24α-stigmasta-8, 22-dien-3-one 2143
24α-stigmasta-5,22,25-trien-3β-ol 2141
24α-stigmasta-5,22,25-triene-3-*O*-β-D-glucopyranoside 2144
stigmastane-3β, 6α-diol 2141
stigmastane-3β, 6α-diol 2141
stigmastane-3β, 6β-diol 2141
stigmastane-3β, 6α-diol-3-*O*-palmitate 2141
stigmastane-3β, 6α-diol-3-*O*-stearate 2141
stigmastane-3β, 6α-diol-3-*O*-tetradecanoate 2141
stipiamide 2982
stoloniferol A 2557
stoloniferol B 2557
stoloniferone R 2590
stoloniferone S 2590
stoloniferone T 2590
streptenol A 3003
streptenol B 3003
streptenol C 3003
streptenol D 3003
stresgenin B 2920
strictosidine lactam tetraacetate 194
(6-strobilactone-B) ester of (*E*,*E*)-6,7-dihydroxy-2,4-octadienoic acid 2366
(6-strobilactone-B) ester of (*E*,*E*)-6,7-dihydroxy-2,4-octadienoic acid 2366
(6-strobilactone-B) ester of (*E*,*E*)-6,7-dihydroxy-2,4-octadienoic acid 619
(6-strobilactone B) ester of (*E*,*E*)-6,7-dihydroxy-2,4-octadienoic acid 619
(6-strobilactone-B) ester of (*E*,*E*)-6-oxo-2,4-hexadien-oic acid 619
(6-strobilactone-B) ester of (*E*,*E*)-6-oxo-2,4-hexadienoic acid 2366
strobilol A 618
strobilol B 618
strobilol C 618
strobilol D 618
strobilurin M 2920
strobilurin O 2920
strychnine 213
strychnine *N*-oxide 213
strychoside A 452
stylatulide 2377
stylatulide lactone 2377
stylisterol A 2594
stylisterol B 2594
stylisterol C 2594
styraxlignolide B 1452
styraxlignolide C 1401
styraxlignolide D 1401
styraxlignolide F 1401
subarine 2489
subergorgic acid 2370
subergorgic acid methyl ester 2371
suberoretisteroid A 2594
suberoretisteroid B 2594
suberoretisteroid C 2594
suberoretisteroid D 2594
suberoretisteroid E 2594
suberosanone 696
suberosenol A 695
suberosenol A acetate 696
suberosenol B 696
suberosenol B acetate 696
subspicatin A 628
subspicatin B 628
subspicatin C 628
subspicatin D 628
subvellerolactone B 633
subvellerolactone D 633
subvellerolactone E 633
succinic acid 2148
succinolide 718, 2373
suchilactone 1402
sudachinoid A 1143
sudachinoid B 1143

sudachinoid C 1145
sugikurojin D 843
sugikurojin E 843
sugikurojin F 844
sugikurojin G 843
sugikurojin H 843
sugikurojinol A 559
sulcatone A 1871
(*S*)-1'-*O*-sulfate rutaretin 1566
3*β*-O-sulfated-cholest-5-ene-7*α*-ol 2590
3-sulfo-spirosta-5,25(27)-diene-1*β*,3*β*-diol-1-*O*-[*α*-L-rhamnopyranosyl-(1→2)-*O*-4-sulfo-*α*-L-arabinopyranoside] 2071
sulfoalkylresorcinol 2983
sulfolobusquinone 1885
sulfurein 1839
sulfuretin 1839
sulfuretin triacetate 1840
sultriecin 2920
sumatrol acetate 1865
supinidine *N*-oxide-2*S*-hydroxy-2*S*-(1*S*-hydroxyethyl)-4-methylpentanoyl ester 46
supinin 45
sutherlandioside A 992
sutherlandioside B 994
sutherlandioside C 994
sutherlandioside D 994
sventrin 2491
SW-163A 2824
SW-163B 2824
swatinine 314
swertenol 1348
swertenyl acetate 1348
swertiabisxanthone-I-8'-*O*-*β*-D-glucopyranoside 1811
swertiajaponin 1632
swertianolin 1808
swertifrancheside 1811
swertipunicoside 1811
swietemahonin A 1142
swietemahonin B 1143
swietemahonin C 1143
swietemahonin D 1143
swietemahonin E 1143
swietemahonin F 1143
swietemahonin G 1143
swietemahonolide 1143
swietenin B 1142
swietenin C 1142
swietenin D 1142
swietenin E 1142
swietenin F 1142
swietenocoumarin F 1567
swietephragmin A 1141
swietephragmin B 1141
swietephragmin C 1141
swietephragmin D 1141
swietephragmin E 1141
swietephragmin F 1141
swietephragmin G 1141
swinholide A 2653
swinholide I 2653
syllo-inositol 2358
sylvatesmin 1451
symbiodinolide 2652
symplocosidin 1776
symplolignanoside A 1500
symplostatin 1 2625
symplostatin 2 2624
syncarpamide 17
synechoxanthin dimethyl ester(all-*E*)dimethyl *χ*,*χ*-caroten-18,18′-dioate 1369
syringafghanoside 449
syringaldehyde 2213
syringaresinol-*β*-D-glucoside 1451
syringetin-3-*O*-*β*-D-xylopyranoside 1678
syringic acid 2212
syringin 2287, 2289
syringinoside 2289
szowitsiacoumarin A 620
szowitsiacoumarin B 620

T

tabernaelegantine A 237
tabernaemontanine 198, 249
tabersonine 205
taedolidol 695
tagetiin 1678
taibaihenryiin C 848
taihangexcisoidesin C 919
taihangexcisoidesin D 919
talatisamine 309
talaumidin 1430
talcarpine 249
α-D-talofuranose 2328
β-D-talofuranose 2328
α-D-talopyranose 2328
β-D-talopyranose 2328
TAN-1120 2772
TAN-1323 C 2699
TAN-1323 D 2699
TAN-1518 A 2772
TAN-1518 B 2772
tanegool 1429
tangeretin 1633
tangutisine B 323
tanshinone Ⅰ 1911
tanshinone ⅡA 1911
(3*β*,12*β*)-taraxast-20(30)-ene-3,12-diol 1280
20-taraxasten-3*β*-ol 1280
20(30)-20-taraxastene-3*β*,21*α*-diol 1280
20-taraxastene-3*α*,28-diol 1280
taraxerol 2289
taraxeryl-*cis*-*p*-hydroxycinnamate 1199
taraxinic acid *β*-(6-*O*-acetyl)-glucopyranosyl ester 565
tarecilioside A 993
tarecilioside B 993
tarecilioside C 993
tarecilioside D 993
tarecilioside E 993
tarecilioside F 993
tarecilioside G 993
tasumatrol A 850
tasumatrol B 850
tauranin 1916
taveuniamide A 2670
taveuniamide B 2670
taveuniamide C 2670
taveuniamide D 2670
taveuniamide E 2671
taveuniamide F 2671

taveuniamide G 2671
taveuniamide H 2671
taveuniamide I 2671
taveuniamide J 2671
taveuniamide K 2671
tawicyclamide A 2623
tawicyclamide B 2624
taxachitriene B 850
taxacustone 850
taxagifine 849
taxasin 1738
taxayuntin 850
taxayuntin A 850
taxayuntin B 850
taxayuntin C 850
taxayuntin D 850
taxayuntin E 850
taxezopidine J 849
taxifolin 1723
cis-taxifolin-3-*O*-α-arabinopyranoside 1726
trans-taxifolin-3-*O*-α-arabinopyranoside 1726
trans-taxifolin-4'-*O*-α-glucopyranoside 1726
taxinine 848
taxinine A 11,12-epoxide 849
taxiresinol 1429
taxol 23
taxumairol C 850
taxumairol K 850
taxuspine D 849
taxuspine U 850
taxuspine V 850
taxuspine W 850
taxuyunnanine C 849
taxuyunnanine G 849
taxuyunnanine H 849
taxuyunnanine I 849
taxuyunnanine J 849
tecleanatalensine A 82
tecleanatalensine B 82
tectochrysin; 5-hydroxy-7-methoxyflavone 1630
tectoridin 1738
tectorigenin 1738
tedanolide C 2653
teeucrin H2 742
tegerrardin A 280
tegerrardin B 280
tenacissoside A 2008
tenacissoside B 2008
tenacissoside C 2008
tenacissoside D 2008
tenacissoside E 2008
tenuifone 1738
tenuiorin 2222
tenuipesine A 692
tephrosin 1865
terebanene 695
terebinthene 695
teredenene 695
termilignan 1400
termitomycesphin A 2184
termitomycesphin B 2185
termitomycesphin C 2184
termitomycesphin D 2185
ternatoside C 190
ternatoside D 190
ternstroemic acid 1280
terpestacin 2699
trans-terpin 408
α-terpinene 411
α-terpineol 410
terprennin 2557
terrein-α-D-glucoside 3003
terrein 3003
terreusinone 2488
9-tetra-*O*-acetate-blumenol C 407
7,10,2",3"-tetra-*O*-acetylisosuspensolide F 440
7,10,2",6"-tetra-*O*-acetylisosuspensolide F 440
tetra-*N*-acetylneamine 2676
7,10,2",3"-tetra-*O*-acetylsuspensolide F 440
9-tetraacetate-blumenol C 413
tetraacetate of 2-*O*-β-D-glucosyloxy-4-methoxybenzeneprop-anoic acid 2290
tetraacetate of methyl 2-*O*-β-D-glucosyloxy-4-methoxybenz-enepropanoate 2290
1α,6β,8β,15-tetraacetoxy-9r-(benzoyloxy)-4β-hydroxy-β-dih-ydroagarofuran 623
3β,5α,8α,15β-tetraacetoxy-7β-benzoyloxyjatropha-6(17),11*E*-dien-9,14-dione 748
2α,9α,10β,13-tetraacetoxy-20-cinnamoyloxy-taxa-4(5),11(12)-diene 849
3,5,7,15-tetraacetoxy-9-nicotinoyloxy-14-oxojatropha-6(17),11-diene 748
1α,6,11β,15-tetraacetoy-6,7-*seco*-7,20-olide-*ent*-kaur-16-en 847
3,5,7,4'-tetraacetylbonanniol A 1725
1,1,2,4-tetrabromooct-1-en-3-one 2171
2α,3α,5β,8-tetrachloro-5,7-diene-plocamene B 412
tetrachloropyrocatechol 2982
tetrachloropyrocatechol methyl ether 2982
tetracosanoid acid-2,3-dihydroxy-propyl ester 2149
(7*E*)-tetradec-7-en-l-ol 2161
(7*Z*)-tetradec-7-en-l-ol 2161
(7*E*)-tetradec-7-enoic acid 2148
(7*Z*)-tetradec-7-enoic acid 2148
4, 6-(3*S*,5*R*,3'*S*,5'*R*,6'*R*)-3-tetradecanoyloxy-5,3',5'-trihydr-oxy-6',7'-didehydro-5',6'-*seco*-β,β-caroten-one 1368
7-tetradecyn-l-ol 2161
(3β,5α,13α,23β)-7,8,12,14-tetradehydro-5,6,12,13-tetrahydro-3,23-dihydroxyveratraman-6-one 371
(3β,5α,13α,23β)-7,8,12,14-tetradehydro-5,6,12,13-tetrahydro-3,13,23-trihydroxyveratraman-6-one 371
7,8,7',8'-tetradehydroastaxanthin 1367
tetradehydrohalicyclamine A 2490
2,2,3,3-tetrafluorine btyric acid 2148
2,2,3,3-tetrafluorosuccinic acid 2148
2',3,4,4'-tetrahy droxy-5-prenylchalcone 1754
(4*S*,5*S*,6*S*,4*S*,5*S*,6*S*)-5,6,5,6-tetrahydro-β, β-carotene-4,4-diol 1368
7,8,9,10-tetrahydro-β-cryptoxanthin 1368
5,6,13,13a-tetrahydro-8*H*-dibenzo[α, *g*]quinolizine 121
5,6,13,13a-tetrahydro-8*H*-dibenzo[α, *g*]quinolizine 121
[7'α(*R**),8'aβ]-(±)-2',3',8',8'a-tetrahydro-2,6'-dihydroxy-5'-methoxy-1'-methyl-[cyclohexane-1,7'(1'*H*)-cyclopent[*ij*]isoquinolin]-4-one 111
[7'α(*S**),8'aβ]-(±)-2',3',8',8'a-tetrahydro-2,6'-dihydroxy-5'-me-thoxy-1'-methyl-spiro[cyclohexane-1,7'(1'*H*)-cyclopent[*ij*]isoquin-olin]-4-one 111
1,2,3,12-tetrahydro-6,10-dihydroxy-11-methoxy-3,3,12-trime-thyl-7*H*-pyrano[2,3-*c*]acridin-7-one 281
(11β)-1,2,21,23-tetrahydro-11,23-dihydroxy-21-oxoobacunoic

acid 978
5,8,13,13a-tetrahydro-10,14-dimethoxy-6*H*-benzo[*g*]-1,3-benzodioxolo[5,6-*a*]quinolizin-11-ol 122
cis-2',3',8',8'a-tetrahydro-5',6'-dimethoxy-1'-methyl-[cyclohexane-1,7'(1'*H*)-cyclopent[*ij*]isoquinolin]-4-ol 112
trans-2',3',8',8'a-tetrahydro-5',6'-dimethoxy-1'-methyl-[cyclohexane-1,7'(1'*H*)-cyclopent-[*ij*]isoquinolin]-4-ol 111
2',3',8',8'a-tetrahydro-5',6'-dimethoxy-1'-methyl-[cyclohexane-1,7'(1'*H*)-cyclopent-[*ij*]isoquinoline] 111
5,8,13,13a-tetrahydro-10,14-dimethoxy-11-(phenylmethoxy)-6*H*-benzo[*g*]-1,3-benzodioxolo[5,6-*a*]quinolizine 121
6,9,14,14a-tetrahydro-4,11-dimethoxy-12-(phenylmethoxy)-7*H*-benzo[*g*]-1,3-benzodioxolo[4,5-*a*]quinolizine 122
(±)-(13*RS*,14*RS*)-6,11,12,14-tetrahydro-5,13-dimethyl[2,3]benzodioxolo[15,16-*c*]-19,20-dioxolo[7,8-*i*]phenanthridine 152
3,4,5,6-tetrahydro-6-hydroxy-mycomycin 3002
tetrahydro kalafungin 2769
5,8,13,13a-tetrahydro-13-methyl-(13*S*-*trans*)-6*H*-dibenzo[α,*g*]quinolizine 121
[5*R*-(5α,6α)]-5,6,7,8-tetrahydro-7-methylidene-8-oxo-5-(3,4,5-trimethoxyphenyl)naphtho[2,3-*d*][1,3]-dioxole-6-carboxylic acid 1467
5,8,13,13a-tetrahydro-1,2,3,9,10-penta-methoxy-6*H*-dibenzo-[α, *g*] quinolizine 122
(13a*S*)-5,8,13,13a-tetrahydro-2,3,9,10-tetra-methoxy-6*H*-dibenzo[α,*g*]quinolizine 121
(*S*)-5,8,13,13a-tetrahydro-2,3,9,10-tetra-methoxy, acetate (ester)-6*H*-dibenzo[α,*g*]quinolizin-1-ol 122
(13a*R*)-5,8,13,13a-tetrahydro-2,3,9,10-tetramethoxy-6*H*-dibenzo[α, *g*]quinolizine 121
(1α,11β)-1,2,21,23-tetrahydro-1,11,23-trihydroxy-21-oxo-obacunone 978
(*S*)-5,8,13,13a-tetrahydro-2,3,9-trimethoxy-, diacetate (ester)-6*H*-dibenzo[*a*,*g*]quinolizine-1,10-diol 122
5,8,13,13a-tetrahydro-2,3,9-trimethoxy-6*H*-dibenzo[α,*g*]quinolizine-1,10-diol 122
tetrahydroalstonine 194
2,6,7,8-tetrahydrobenzo[*cd*]indole 242
tetrahydroberberine 121
tetrahydrobostrycin 2772
2,3,8,9-tetrahydrocineromycin B 2694
tetrahydrocolumbamine 121
tetrahydrocoptisine 121
tetrahydrogeraniol 401
tetrahydroglabrene 1796
tetrahydroglabrene dimethyl ether 1796
(2*S*,2"*S*)-2, 2",3,3"-tetrahydrohin-okiflavone 1871
1,2,3,4-tetrahydroisoquinoline 105
tetrahydroligujapone 623
tetrahydrolinalool 401
tetrahydromethylmononyasine A 1531
tetrahydromethylmononyasine B 1531
tetrahydronyasoside 1531
tetrahydropalmatine 121, 152
tetrahydropalmatrubine 121
(±)-tetrahydropronuciferine 111
tetrahydropseudopalmatine 121
tetrahydroswertianolin 1808
1",2",3",4"-tetrahydrothonningine C 1565
5α,6α,10β,14β-tetrahydroxy-2α-acetoxy-4(20),11-taxadiene 849
3',4,5',6-tetrahydroxy-2-*O*-(3-*O*-acetyl-α-L-arabinosyl) -benzophenone 1811
3',4,5',6-tetrahydroxy-2-*O*-(4-*O*-acetyl-β-D-xylosyl)benzophenone 1811
(22*S*)-3β,11,21,22-tetrahydroxy-9,11-*seco*-cholest-5-en-9-one 1948
(22*S*)-3β,11,21,22-tetrahydroxy-9,11-*seco*-cholest-5-en-9-one 1950
1α,7α,12α,14β-tetrahydroxy-3β, 19 diacetoxy-16-*ent*-kaur-15-one 914
3β,12α,25,30-tetrahydroxy-14*R*,17*R*,20*R*,24*S*-diepoxy-malabaricane-3-*O*-β-glucopyranoside 1348
2',5,5',7-tetrahydroxy-6',8-dimethoxyflavone 1633
3β,7β,20,23ξ-tetrahydroxy-11,15-dioxolanost-8-en-26-oic acid 988
1α,6β,7β,14β-tetrahydroxy-7α-20-epoxy-*ent*-kaur-16-en-15-one 919
2,3,22,23-tetrahydroxy-2,6,10,15,19,23-hexamethyl-6,10,14,18-tetracosatetraene 973
3',4',5,7-tetrahydroxy-homoisoflavanone 1848
3,4',5,7-tetrahydroxy-3'-(2-hydroxy-3-methyl-but-3-enyl)flavones 1682
ent-1α, 7α,14β,20-tetrahydroxy-kaur-16-en-18-aldo-15-one 914
7β,11β,15β,20-tetrahydroxy-*ent*-kaur-16-en-6,5-dione 914
1α,7α,12α,14β-tetrahydroxy-*ent*-kaur-16-en-15-one 913
6β,7β,16α,17-tetrahydroxy-*ent*-kauranoic acid 916
6β,7β,16β,17-tetrahydroxy-*ent*-kauranoic acid 916
2',5,6',7-tetrahydroxy-8-lavandulylflavanone 1658
4,5,6,7-tetrahydroxy-lyratol 402
1,3,4,6-tetrahydroxy-lyratol 402
3',4',5,7-tetrahydroxy-6-methoxy-homoisoflavanone 1848
3',4',5,8-tetrahydroxy-7-methoxy-homoisoflavanone 1848
3,4,3',5'-tetrahydroxy-4'-methoxy-stilbene 2245
3',4',6,7-tetrahydroxy-5-methoxyflavone 1630
5,7,4',5'-tetrahydroxy-3'-methoxyflavone 1632
5,6,7,8-tetrahydroxy-3-methoxyflavone 1674
4',5,7,8-tetrahydroxy-3-methoxyflavone 1675
1,3,6,7-tetrahydroxy-2,8-(3-methyl-2-butenyl)xanthone 1809
2,3,6,8-tetrahydroxy-1-methylxanthone 2559
3β,11α,16α,28-tetrahydroxy-12-oleanene 1199
2α,3β,19α,23-tetrahydroxy-11-oxoolean-12-en-28-oic acid 28-*O*-β-D-glucopyranosyl ester 1198
2α,3β,4β,18-tetrahydroxy-pregn-5-en-16-one 1981
3',4,5',6-tetrahydroxy-2-*O*-β-D-xylosylbenzophenone 1811
(24*R*)-3β,7β,24,25-tetrahydroxycycloartane 3-*O*-β-D-glucopyranosyl-24-*O*-β-D-glucopyranoside 994
(24*R*)-3β,7β,24,25-tetrahydroxycycloartane 3-*O*-β-D-glucopyranosyl-(1→2)-β-D-glucopyranosyl-24-*O*-β-D-glucopyranoside 994
3β,16β,20(*S*),25-tetrahydroxydammar-23-ene 1083, 1085
2(*R*)-*cis*-7,8,3',4'-tetrahydroxydihydroflavonol 1724
2(*R*)-*trans*-7,8,3',4'-tetrahydroxydihydroflavonol 1724
3α,16β,20,22-tetrahydroxyergosta-5,24(28)-diene 2118
(2*S*)-5,7,3',5'-tetrahydroxyflavanone-7-*O*-β-D-allopyranoside 1658
(2*S*)-5,7,3',5'-tetrahydroxyflavanone-7-*O*-β-D-glucopyranoside 1658
2',3',5,7-tetrahydroxyflavone 1633
2',5,6',7-tetrahydroxyflavone 1633
4',5,6,7-tetrahydroxyflavone 1633
2',5,6',7-tetrahydroxyflavonol 1684
1α,3β,5β,11α-tetrahydroxygorgostan-6-one 2594
5,6,3',4'-tetrahydroxyisoflavone-7-*O*-[β-D-glucopyranosyl-(1→6)-β-D-glucopyranosyl-(1→6)-β-D-glucopyranosyl-(1→3)-α-L-rhamnopyranoside] 1740
2α,3β,6β, 23-tetrahydroxylup-20(29)-en-28-oic acid 1299
1β,3β,11α,28-tetrahydroxylup-20(29)-ene 1298

$1\beta,3\beta,11\alpha$,30-tetrahydroxylup-20(29)-ene 1299
1,3,4,6-tetrahydroxyoctane 402
$2\alpha,3\alpha$,23,29-tetrahydroxyolean-12-en-28-oic acid 1199
ent-$3\alpha,7\beta$,15,16-tetrahydroxypimar-8(14)-ene 841
2,4,3',5'-tetrahydroxystilbene 2244
$3\beta,6\beta,19\alpha$,24-tetrahydroxyurs-12-en-28-oic acid 1199
1,3,7,8-tetrahydroxyxanthone 1807
2(*R*)-*trans*-3',4',5,7-tetramethoxy-3-acetoxyl flavanone 1724
2(*R*)-*trans*-7,3',4',5'-tetramethoxy-3-acetoxyl flavanone 1724
3,4,5,4′-tetramethoxy-2′,5′-diamino-stilbene(*Z*) 2245
3,4,5,4′-tetramethoxy-2′,5′-dinitro- stilbene(*Z*) 2245
3,4,5,4′-tetramethoxy-3′,5′-dinitro- stilbene(*E*) 2245
3,4,5,4′-tetramethoxy-3′,5′-dinitro-stilbene(*Z*) 2245
(2*R*,3*S*,4*R*)-3',4',5',7-tetramethoxy-3,4-flavandiol 1777
(2*R*,3*S*)-3',4',5',7-tetramethoxy-3-flavanol 1776
(7*S*,8*S*,7'*R*,8'*S*)-3,4,3',4'-tetramethoxy-6'-hydroxy-7,7'-epoxylignan 1430
3,4,5,4′-tetramethoxy-2′-nitro-5′-aminostilbene(*Z*) 2245
3,4,5,4′-tetramethoxy-5′-nitro- 2′-aminostilbene(*Z*) 2245
tetramethoxy 3,4,5,4′-tetramethoxy-2′,3′-diamino-stilbene (*Z*) 2245
tetramethoxy 3,4,5,4′-tetramethoxy-2′,3′-dinitro- stilbene (*Z*) 2245
Z-2',4,6,7-tetramethoxyaurone 1840
2',4,4',6'-tetramethoxychalcone 1752
2',3',4',6'-tetramethoxychlacone 1752
2(*R*)-*trans*-7,3',4',5'-tetramethoxydihydroflavonol 1724
(2*S*)-3',4',5,7-tetramethoxyflavan 1775
3,4,5,5-tetramethyl-1,3-cyclopentadienecarboxaldehyde 413
3,4,5,5-tetramethyl-1,3-cyclopentadienecarboxylic acid 413
3,7,11,15-tetramethyl-1,6,10,14-hexadecatetrene-3,5,9-triol 715
4,8,11,11-tetramethyl-8-tricycloundecen-4-ol 692
2,2,3,3-tetramethylbutane 2172
N-((1a*S*,4*S*,4a*S*,7*S*,7a*R*,7b*S*)-1,1,4,7-tetramethyldecahydro-1*H*-cyclopropa[*e*]azulen-4a-yl)formamide 2367
(1a*S*,4*S*,4a*S*,6*R*,7*S*,7a*R*,7b*S*)-1,1,4,7-tetramethyldecahydro-1*H*-cyclopropa[*e*]azulene-4,6,7-triol 2368
1,2,3,3-tetramethylindolin-5-yl methyl-carbamate 179
2,2,4,4-tetramethylpentan-3-ol 2162
5,7,3',4'-tetramethyltaxifolin 1724
2,6,6,9-tetramethyltricycloundecane-5,9-diol 693
2,6,6,9-tetramethyltricycloundecane-5,9-diol 693
4,8,11,11-tetramethyltricycloundecane-5,9-diol 693
tetrandrine 147
17,18,19,20-tetranor-13-*epi*-manoyloxide-14-en-16-oic acid-23,6α-olide 968
tetrodecamycin 2920
tetronothiodin 2699
teucretol 741
teucrin A 743
teucrolin A 742
teucrolin B 741
teucrolin C 741
teucrolin D 743
teucrolin E 741
teucrolivin A 742
teucrolivin C 741
teucrolivin H 742
teuctosin 742
teucvin 743
teuflavin 742
teuflidin 743
teuflin 743
teugnaphalodin 743
teulamifin B 741
teulamioside 742
teumarin 742
teupernin D 741
teupolin Ⅱ 742
teurasiolide 742
teuscordinon 742
teutrifidin 742
teuvincenone A 845
teuvincenone E 845
thalictricavine 121
thalictrifoline 121
thalictroidine 67
thalifaberidine 147
thaliporphine 114
(+)-thalrugosine 147
thannilignan 1403
theaflavate A 1778
theaflavate B 1778
theaflavic acid 1778
theaflavin 1778
theaflavin-3,3'-digallate 1778
theaflavin-3-gallate 1778
theaflavin-3'-gallate 1778
theasaponin A_1 1204
theasaponin A_2 1204
theasaponin A_3 1204
theasaponin F_1 1204
theasaponin F_2 1204
theasaponin F_3 1204
thebaine 143
theonellamide A 2624
theonellamide B 2624
theonellamide C 2624
theonellamide D 2624
theonellamide E 2624
(–)-thermarol 841
thermopsamine 167
E-thesinine-*O*-4'-α-rhamnoside 46
Z-thesinine-*O*-4'-α-rhamnoside 46
thespesenone 1891
thespesone 1891
thevetiogenin 3-*O*-β-D-gentiobiosyl-(1→4)-α-L-rhamnopyranoside 1937
thevetiogenin3-*O*-β-D-glucopyranosyl-(1→4)-α-L-rhamnopyranoside 1937
3β-[β-D-thevetopyranosyl-(1→4)-β-D-cymaropyranosyl-(1→4)-β-D-cymaropyranosyloxy]-12β-tigloyoxy-14β-hydroxypregn-5-en-20-one 1993
thiamphenicol 2867
thiazinotrienomycin A 2699
thiazinotrienomycin B 2699
thiazinotrienomycin C 2699
thiazinotrienomycin D 2699
thiazinotrienomycin E 2699
thiazinotrienomycin F 2699
thiazinotrienomycin G 2699
thielavin F 2982
thielavin G 2982
thielavin H 2982
thielavin I 2982
thielavin J 2982
thielavin K 2982
thielavin L 2982
thielavin M 2982
thielavin N 2982

thielavin P 2982
thielavin O 2982
thioactin 2824
9-thiocyanatopupukeanane 695
thiomarinol 2871
4-thiouridine 2871
thioxmaycin 2824
thonningine A 1567
thonningine B 1567
thonningine C 1565
H-L-Thr-OH 2360
thraustochytroside A 2184
thraustochytroside B 2184
thraustochytroside C 2184
α-thujene 429
thujol 429
α-thujone 429
thunaloside 444
thuriferic acid 1468
thymol 411
thyrsiferol 2382
thysaspathone 741
tichocarpol A 2289
tichocarpol B 2289
tiegusanin N 1402
tiglicamide A 383
tiglicamide B 383
tiglicamide C 383
12β-O-tigloy-20-O-acetylboucerin-β-D-glucopyranosyl-(1→4)-6-deoxy-3-O-methyl-β-D-allopyranosyl-(1→4)-β-D-cymaropyra-nosyl-(1→4)-β-D-cymaropyranoside 2013
12β-O-tigloyl-20-O-acetylboucerin-3-O-β-D-glucopyranosyl-(1→4)-6-deoxy-3-O-methyl-β-D-allopyranosyl-(1→4)-β-D-thevetopyranosyl-(1→4)-β-D-cymaropyranosyl-(1→4)-β-D-cymaropyranoside 2042
12β-O-tigloyl-20-O-acetylboucerin-β-D-glucopyranosyl-(1→4)-β-D-quinovopyranosyl-(1→4)-β-D-cymaropyranosyl-(1→4) -β-D-cymaropyranoside 2010
3-O-tigloyl-6-O-acetylswietenilide 1142
12β-O-tigloylboucerin-β-D-glucopyranosyl-(1→4)-6-deoxy-3-O-methyl-β-D-allopyranosyl-(1→4)-β-D-cymaropyran-osyl-(1→4)-β-D-cymaropyranoside 2013
20-O-tigloylboucerin-3-O-β-D-glucopyranosyl-(1→3)-β-D-glucopyranosyl-(1→4)-6-deoxy-3-O-methyl-β-D-allopyr-anosyl-(1→4)-β-D-thevetopyranosyl-(1→4)-β-D-cymar-opyranosyl-(1→4)-β-D-cymaropyranoside 2049
20-O-tigloylboucerin-β-D-glucopyranosyl-(1→4)-β-D-olean-dropyranosyl-(1→4)- β-D-cymaropyranosyl-(1→4)-β-D-cymaropyranoside 2010
12β-O-tigloylboucerin-β-D-glucopyranosyl-(1→4)-β-D-the-vetopyranosyl-(1→4)-β-D-cymaropyranosyl-(1→4)-β-D-cymaropyranoside 2013
(+)-N-tigloylbuxahyrcanine 359
8-O-tigloyldeacetyldiderroside 451
tigloylgomisin O 1507
tigloylgomisin P 1506
8α-tigloyloxy-11β,13-dihydro-10-epi-artecanin 632
8α-tigloyloxy-11βH,13-dihydro-10-epi-canin 632
8α-tigloyloxy-11β,13-dihydro-10-epi-tanaparthin-α-perox-ide 632
6α-tigloyloxychaparrin 1175
6α-tigloyloxychaparrinone 1175
3β-tigloyloxydinorerythrosuamide 354
3β-tigloyloxydinorerythrosuamide 848
3α-tigloyloxyeremophila-9,11-dien-8-one 627
3β-tigloyloxynorerythrosuamide 354, 848
tigloylseneganolide A 1142
3-O-tigloylswietenolide 1142
tigogenin-3-O-{O-α-L-rhamnopyranosyl-(1→2)-[β-D-glucopyranosyl-(1→4)] β-D-galactopyranoside 2083
tilifolidione 852
tinctormine 1755
tinocordiside 696
tinoscorside A 114
tinoscorside B 114
tinosinenside 696
tinosporicide 742
ent-16β,17, 18-tirhydroxy-kauran-19-oic acid 916
tiruchanduramine 2493
tithoniaquinone A 1900
TMC-135A 2699
TMC-135B 2699
TMC-154 3003
TMC-169 2872
TMC-171A 3003
TMC-171B 3003
TMC-171C 3003
TMC-205 2872
TMC-256A 1 2920
TMC-256C 1 2920
TMC-260 2872
TMC-49A 2982
TMC-52A 2982
TMC-52B 2982
TMC-52C 2982
TMC-52D 2982
TMC-89A 2824
TMC-89B 2824
tobiraxanthin B 1369
tobiraxanthin C 1369
tobiraxanthin D 1369
tobramycin 2675
toddaliopsin A 281
toddaliopsin B 281
toddaliopsin C 281
toddaliopsin D 281
tomatidenol(25S)-3β-hydroxy-22βN-spirosol-5-ene 339
tomatidine 340
tomatine 339
tomenphantin A 564
tomentogenin-β-glucopyranosyl-(1→4)-6-deoxy-3-O-methyl-β-allopyranosyl-(1→4)-β-cymaropyranosyl-(1→4)-β-ole-andropyranosyl-(1→4)-β-cymaropyranoside 2032
tomentogenin-3-O-β-thevetopyranosyl-(1→4)-β-oleandropyra noside 1988
tomentoside Ⅲ 995
tomentoside Ⅳ 995
toonaciliatin A 1144
toonaciliatin F 1144
toonaciliatin G 1144
toonaciliatin M 841
toonacilin 1143
toonacilin 1177
topostatin 2824
topsentisterol A3 2592
topsentisterol B1 2592
topsentisterol B2 2592
topsentisterol B3 2592
topsentisterol B4 2592

topsentisterol B5 2592
topsentisterol C1 2592
topsentisterol C2 2592
topsentisterol C3 2592
topsentisterol C4 2592
topsentisterol D1 2592
topsentisterol D2 2592
topsentisterol D3 2592
topsentisterol E1 2592
topsentolide A1 2653
topsentolide A2 2653
topsentolide B1 2653
topsentolide B2 2653
topsentolide B3 2653
topsentolide C1 2653
topsentolide C2 2653
tortoside A 1451
tortoside B 1431
tortoside C 1451
tortoside D 1500
tortoside E 1500
tortoside F 1500
torvoside M 2073
torvoside N 2071
α-toxicarol 1865
β-toxicarol 1866
toxiferine I 253
trachelanthamidine-2*S*-hydroxy-2*S*-(1*S*-hydroxyethyl)-4-methylpentanoyl ester 45
trachelogenin amide 1402
trachelogenin β-Gentiobioside 1402
trachelosiaside 1401
ent-trachyloban-18-oic acid 916
ent-trachyloban-19-oic acid 916
ent-trachyloban-4β-ol 962
trachyspic acid 2872
trachyspic acid 2920
tragopogonsaponin A 1204
tragopogonsaponin B 1204
tragopogonsaponin C 1204
tragopogonsaponin D 1204
tragopogonsaponin E 1204
tragopogonsaponin F 1204
tragopogonsaponin G 1204
tragopogonsaponin H 1204
tragopogonsaponin I 1204
tragopogonsaponin J 1204
tragopogonsaponin K 1204
tragopogonsaponin L 1204
tragopogonsaponin M 1204
tragopogonsaponin N 1204
tragopogonsaponin O 1204
tragopogonsaponin P 1204
tragopogonsaponin Q 1204
tragopogonsaponin R 1204
trans-clausarinol 1600
trans-hydroxycinnamoyl ester of amyrin 1198
trechonolide A 2134
trechonolide B 2134
trehalamine 2872
7,10,2"-tri-*O*-acetylpatrinoside 440
1,6,14-tri-*O*-acetylsenbusine A 311
7,10,2"-tri-*O*-acetylsuspensolide F 440
4',4"',7-tri-*O*-methylamentoflavone 1871
4',4"',7-tri-*O*-methylamentoflavone 1871
7,4',7"-tri-*O*-methylamentoflavone 1871
3',6,8-tri-*C*-methylquercetin-3,7-dimethyl ether 1675
3',5',7-tri-*O*-methyltricetin 1633
7b,9α,14b-triacetoxy-3b-benzoyloxy-15b,17-dihydroxyjatropha-5*E*,11*E*-diene 748
7β,9α,14b-triacetoxy-3b-benzoyloxy-12b,15b-epoxy-11b-hydroxyjatropha-5*E*-ene 749
(1*S*,4*S*,6*R*,7*S*,8*S*,9*R*)-1,6,15-triacetoxy-8α,9β-dibenzo-yloxy)-4β-hydroxy-β-dihydroagarofuran 623
6β,8β,15-triacetoxy-1*R*,9*R*-dibenzoyloxi-4β-hydroxy-β-dihydroagarofuran 623
(3*E*,7*E*)-2α,10β,13α-triacetoxy-5α,20-dihydroxy-3,8-secotaxa-3,7,11-trien-9-one 850
4,2',5'-triacetoxy-3,3'-dimethoxy-stilbene 2246
5,3',4'-triacetoxy-3,7,5'-trimethoxyflavone 1676
3',5,5'-triacetoxyeriosemaone B 1659
(1*S*,2*R*,5*S*,6*S*,7*S*,10*R*)-1,2,15-triacetoxyeudesma-3,11(13)-dien-6,12-olide 622
2',4',5-triacetoxyflemichin D 1659
3,7,4'-triacetylbonanniol B 1725
N,*N*',*O*-triacetylephedradine A 393
N,*N*',*O*-triacetylephedradine B 394
N,*N*',*O*-triacetylephedradine D 394
3,8,12-*O*-triacetylingol 7-benzoate 852
triacontanoic acid 2148
6-*O*-α-L-(2"-*O*-,3"-*O*-,4"-*O*-tribenzoyl)-rhamnopyranosylcatalpol 442
2,3,6-tribromo-1*H*-indole 2492
3,5,6-tribromo-1*H*-indole 2492
3,5,6-tribromo-1-methyl-1*H*-indole 2492
1,1,2-tribromooct-1-en-3-one 2171
tribuloside 1679
tricalysioside P 918
tricalysioside Q 918
tricalysioside R 917
tricalysioside S 917
tricalysioside T 918
tricalysioside U 733
tricalysioside V 918
tricalysioside W 918
tricetin-3',4',5'-trimethylether 1633
trichiconnarin A 1145
trichiconnarin B 1145
trichiol 2144
2,4,5-trichloro-1-(2-chlorovinyl)-1,5-dimethylcyclohexane 2364
5α,8,9-trichloro-2,7-diene-ochtodane 412
1,1,1-trichloro-2-methylpropan-2-ol 2162
trichocarpinine 323
Z-trichoclin 1565
trichomycin A 1349
trichomycin B 1349
trichostain D 2982
trichostain RK 2982
trichotomol 618
tricin 1633
tricin-7-*O*-β-D-glycopyranoside 1633
tricin-7-*O*-β-(6"-methoxycinnamic)-glucoside 1634
tricoloroside methyl ester 453
tricornine 312
triedimycin B 2871
triedimycin A 2871
trienomycin A 2699
trienomycin B 2699
trienomycin C 2699
trienomycin G 2699
N-(trifluoroacetyl)-deacetylisocolchicine 15

trifolin 1677
trigalloyltyrosine 2223
trigochinin D 851
trigochinin E 851
trigochinin F 851
trigochinin G 851
trigochinin H 851
trigochinin I 851
trigonelline 67
trigonostemon F 179
trigonostemonine A 249
trigonostemonine B 249
trigonostemonine C 249
trigonostemonine D 249
trigonostemonine E 249
trigonostemonine F 249
trigonotin A 1490
trigonotin B 1490
trigonotin C 1490
trigoxyphin A 851
trigoxyphin B 851
trigoxyphin C 851
trigoxyphin D 851
trigoxyphin E 851
trigoxyphin F 851
11,12,14-trihydroxy-8,11,13-abietatriene-3,7-dione 843
3β,5α,11α-trihydroxy-6α-acetoxy-5β-card-20(22)-enolide 1936
3β,5α,11α-trihydroxy-6-acetoxy-5β-card-20(22)-enolide 1936
3β,5α,17α-trihydroxy-6β-acetoxy-5β-card-20(22)-enolide 1936
3β,5α,17α-trihydroxy-6α-acetoxy-5β-card-20(22)-enolide 1936
6β,7β,14β-trihydroxy-1α-acetoxy-7α,20-epoxy-*ent*-kaur-16-en-15-one 919
1α,7α,14β,trihydroxy-12α-acetoxy-*ent*-kaur-16-en-15-one 913
5α,10β,14β-trihydroxy-2α-acetoxy-4(20),11-taxadiene 849
14β-trihydroxy-3β-acetyl-5α-card-20(22)-enolide 1933
(2*R*,7*R*)-2,12,13-trihydroxy-10-campherene 629
(2*S**,7*S**)-2,12,13-trihydroxy-10-campherene 629
(2*S*,7*R*)-2,12,13-trihydroxy-10-campherene 629
2α,4,5β-trihydroxy-camphor 430
3β,12β,14β-trihydroxy-5β-card-20(22)-enolide 1933
3β,5α,6α-trihydroxy-5β-card-20(22)-enolide 1936
3β,5α,6β-trihydroxy-5β-card-20(22)-enolide 1936
3α,7α,12α-trihydroxy-cholaniic acid methyl ester 2062
3α,7α,12β-trihydroxy-cholaniic acid methyl ester 2062
3α,7β,12α-trihydroxy-cholaniic acid methyl ester 2062
3β,7α,12α-trihydroxy-cholaniic acid methyl ester 2062
3α,7β,12β-trihydroxy-cholaniic acid methyl ester 2062
3β,7α,12β-trihydroxy-cholaniic acid methyl ester 2062
3β,7β,12α-trihydroxy-cholaniic acid methyl ester 2062
3β,7β,12β-trihydroxy-cholaniic acid methyl ester 2062
(22*S*)-3β,11,22-trihydroxy-9,11-*seco*-cholest-5,24-dien-9-one 1952
(22*S*)-3β,11,22-trihydroxy-9,11-*seco*-cholest-5-en-9-one 1948
1β,3β,16β-trihydroxy-5α-cholest-22-one-1-*O*-α-L-rhamnopyranoside-16-*O*-(-*O*-α-L-rhamnopyranosyl-(1→3)-β-D-glucopyranoside 1959
1α,7α,14β-trihydroxy-3β, 19 diacetoxy-16-*ent*-kaur-15-one 914
1α,7α,14β-trihydroxy-3β, 19-diacetoxy-16-*ent*-kaura-12,15-dione 915
2α,3β,23-trihydroxy-12,17-dien-28-*nor*-ursane 1281
1β,5α,12α-trihydroxy-6α,7α,24α,25α-diepoxy-20*S*,22*R*-with-2-enolide 2128
2α,7β,13α-trihydroxy-5α,9α-dihydroxy-2(3→20)abeotaxa-4(20),11-dien-10-one 850
3',5,7-trihydroxy-4',6-dimethoxy-homoisoflavanone 1848
4',5,7-trihydroxy-3',6-dimethoxy-homoisoflavanone 1848
2α,7β,20α-trihydroxy-3β,21-dimethoxy-5-pregnene 1982
1,2,5-trihydroxy-6,8-dimethoxy-xanthone 1807
2',3,5-trihydroxy-4,4'-dimethoxychalcone 1751
5,7,5'-trihydroxy-3',4'-dimethoxyflavone 1630
3',4',5-trihydroxy-6,7-dimethoxyflavone 1631
2',5,7-trihydroxy-6,8-dimethoxyflavone 1633
4',5,7-trihydroxy-3,3'-dimethoxyflavone 1675
4',5,7-trihydroxy-3,8-dimethoxyflavone 1675
5,5',7-trihydroxy-3',4'-dimethoxyflavonol-3-*O*-α-L-rhamnopyranoside 1678
1,5,6-trihydroxy-6',6'-dimethyl-2*H*-pyrano(2',3':3,4)-2-(3-methylbut-2-enyl)xanthone 1809
1,6,7-trihydroxy-6',6'-dimethyl-2*H*-pyrano(2',3':3,2)-4-(3-methylbut-2-enyl)xanthone 1809
5,7,4'-trihydroxy-6-(3,3-dimethyloxiranylmethyl)isoflavone 1739
6,8,11-trihydroxy-1,3-elemadiene-12,15-dioic acid 567
(3*S*,5*R*,6*R*,3'*S*,5'*R*)- 5,3',8'-trihydroxy-3,6-epoxy-5,6-dihydro-β,κ-caroten-6'-one 1367
6β,11α,15α-trihydroxy-6,7-*seco*-6,20-epoxy-1α,7-olide-*ent*-kaur-16-en 847
3α,6β,25-trihydroxy-20(*S*),24(*S*)-epoxydammarane 1084
4β-trihydroxy-5β,6β-epoxypregnan-2-ene-1,20-dione 1981
1α,8β,10β-trihydroxy eremophil-7(11)-en-8α,12-olide 627
1β,4α,13-trihydroxy-eudesm-11(12)-ene 620
1β,6α,12-trihydroxy-3,11(13)-eudesmadiene 621
1β,6α,12-trihydroxy-4(15),11(13)-eudesmadiene 621
1β,4β,7α-trihydroxy-8,9-eudesmene 620
1,3,5-trihydroxy-2-hexadecanoyl-amino-9-(*E*)-heptacosene 2182
1,3,5-trihydroxy-2-hexadecanoylamino-(6*E*,9*E*)-heptacosdiene 2183
1β,3β,8-trihydroxy-isomenthol 409
7β,16β,17-trihydroxy-*ent*-kauran-6a,19-olide 917
2',5,6',7-trihydroxy-8-lavandulyl-7-methoxyflavanone 1658
(1*R*,6*R*,9*S*)-6,9,11-trihydroxy-4,7-megastigmadien-3-one11-*O*-β-D-glucopyranoside 568
(7*S*,8*S*,7'*S*,8'*S*)-3,3',4'-trihydroxy-4-methoxy-7,7'-epoxylignan 1430
4',5,8-trihydroxy-7-methoxy-homoisoflavanone 1847
3',4',7-trihydroxy-5-methoxy-homoisoflavanone 1848
3',5,7-trihydroxy-4'-methoxy-homoisoflavanone 1848
1,6,7-trihydroxy-3-methoxy-8-methyl-anthraquinone 1901
3,3',5-trihydroxy-4'-methoxy-6,7-methylenedioxyflavone 1675
3',4,5'-trihydroxy-4-methoxy-2-*O*-β-D-xylosylbenzophenone 1811
1,3,8-trihydroxy-2-methoxyanthraquinone 1901
1,6,7-trihydroxy-3-methoxyanthraquinone 1901
2',4,5'-trihydroxy-4'-methoxychalcone 1751
5,7,4'-trihydroxy-6-methoxyflavone 1631
3,4',7-trihydroxy-3'-methoxyflavone 1675
4',5,7-trihydroxy-6-methoxylflavone-7-neohesperidoside 1631
(3β,14β,17α)-3,14,17-trihydroxy-21-methoxypregn-5-en-20-one 3-[*O*-β-oleandropyranosyl-(1→4)-*O*-β-D-cymaropyranosyl-(1→4)-β-D-cymaropyranoside] 1993

1,5,8-trihydroxy-3-methoxyxanthone 1807
1,3,6-trihydroxy-8-methyl-anthraquinine 1901
4,5',8'-trihydroxy-5-methyl-3,7'-bicoumarin 1616
1,3,7-trihydroxy-2-(3-methylbut-2-enyl)xanthone 1807
2',3',5'-trihydroxy-3,4-methylenedioxy-4'-oxo-8,1':7,3'-neolignan; 3',5'-dimethyl ether 1528
2',3',5'-trihydroxy-3,4-methylenedioxy-4'-oxo-8,1':7,3'-neolignan; 3',5'-dimethyl ether, 2'-acetate ester 1528
3,4',5-trihydroxy-6,7-methylenedioxyflavone-3-*O*-β-D-glucopyranoside 1677
(2*S*)-4',5,7-trihydroxy-8-methylflavanone 1657
3,6,8-trihydroxy-1-methylxanthone 2559
(22*E*)-3β,11-trihydroxy-9,11-*seco*-24-norcholest-5,22-dien-9-one 1952
3β,23,28-trihydroxy-12-oleanene 23-caffeate 1198
3β,23,28-trihydroxy-12-oleanene 3β-caffeate 1198
3β,5β,14β-trihydroxy-19-oxo-5β-card-20(22)-enolide 1937
(3*S*,5*R*,6*R*,6'*S*)-3,5,6'-trihydroxy-3'-oxo-6,7-didehydro-5,6-dihydro-10,11,20-trinor-β,ε-caroten-19',11'-olide-3-acetate 1369
2α,3β,23-trihydroxy-19-oxo-18,19-*seco*-12,17-dien-28-norursane 1282
2α,3α,23-trihydroxy-19-oxo-18,19-*seco*-urs-11,13(18)-dien-28-oic acid 1282
27-trihydroxy-3-oxo-witha-1,4,24-trienolide 2115
2α,9α,11-trihydroxy-6-oxodrim-7-ene 2366
3β,9α,11-trihydroxy-6-oxodrim-7-ene 2366
2α,9α,11-trihydroxy-6-oxodrim-7-ene 619
6,12,14-trihydroxy-9α-(2-oxopropyl)abieta-5,8(14),12- triene-7,11-dione 1917
3α, 20β, 21β-trihydroxy-16-oxoserrat-14-en-24-oic acid 1347
5,7,3'-trihydroxy-3,6,8,4',5'-pentamethoxyflavone 1676
5,7,4'-trihydroxy-3,6,8,3',5'-pentamethoxyflavone 1676
2',5,7-trihydroxy-3,4',5',6,8-pentamethoxyflavone 1684
4β,9α,20-trihydroxy-13α-pentanoate-1,6-tigliadien-3-one 921
3β,7α,20-trihydroxy-phytost-5-ene 2142
2β,3β,5β-trihydroxy-pregn-20-en-6-one 1982
2,3,8-trihydroxy-santolinane 402
(1α,6β,14α,16β,α20*S*)-α20,7,8-trihydroxy-1,6,14,16-tetramethoxy-α20-methyl-aconitane-4,20-dimethanol-α4-acetate-α20-(3-chlorobenzoate) 306
3',4',5-trihydroxy-6,7,8-trimethoxyflavone 1632
7β,20,23ξ-trihydroxy-3,11,15-trioxolanost-8-en-26-oic acid 988
2α,3α,19α-trihydroxy-24-*nor*-urs-4(23),12-dien-28-oic acid 1281
2α,3α,19α-trihydroxy-28-*nor*-urs-12-ene 1281
2α,3β,19α-trihydroxy-28-*nor*-urs-12-ene 1281
10β,12,14-trihydroxyalloaromadendrane 693
5α,10α,11-trihydroxyamorphan-3-one 618
1,2,3-trihydroxybenzene 2212
7,12,13-trihydroxybisabola-3,10-diene 560
3,11,3'-*O*-(3',3",3 '''-trihydroxybutanoyl)hamayne 157
3,11,12-trihydroxycadalene 618
(-)-(7*S*,9*R*,10*S*)-3,9,12-trihydroxycalamenene 618
(-)-(7*S*,9*S*,10*S*)-3,9,12-trihydroxycalamenene 618
16(*S*), 22(*S*),26-trihydroxycholest-4-en-3-one 1947
3β,16β,17α-trihydroxycholest-5-en-22-one-16-*O*-(β-D-3,4-dimethoxybenz-oylxylopyranosyl)-(1→3)-(2-*O*-acetyl-α-L-arabinopyranosicle) 1954
3β,16β,17α-trihydroxycholest-5-en-22-one-16-(β-D-4-methoxybenzoyl-xylopyranosyl)-(1→3)-(2-*O*-acetyl-α-L-arabinopyranoside) 1954
1β,3β,16β-trihydroxycholest-5-en-22-one-1-*O*-α-L-rhamnopyranoside-16-*O*-(-*O*-α-L-rhamnopyranosyl-(1→3)-β-D-glucopyranoside 1960
(22*S*,25*S*)-16β,22,26-trihydroxycholest-4-en-3-one-16-*O*-β-D-xylopyranoside 1952
3β,16β,17α-trihydroxycholest-5-en-22-one-16-*O*-D-xylopyranosyl-(1→3)-(2-*O*-acetyl-α-L-arabinopyranoside) 1954
3β,16β,17α-trihydroxycholest-5-en-22-one-16-*O*-D-xylopyranosyl-(1→3)-(α-L-arabinopyranoside) 1954
3β,26,27-trihydroxycholest-5-ene-16,22-dione-3-*O*-α-L-rhamnopyranosyl-(1→2)-[α-L-rhamnopyranosyl(1→4)]-*O*-β-D-glucopyranoside 1960
1β,3β,16β-trihydroxycholest-22-one-1-*O*-α-L-rhamnopyranoside-16-*O*-β-D-glucopyranoside 1957
2α,3β-(22*R*)-trihydroxycholestan-6-one 1944
2α,3β,(22)-trihydroxycholestan-6-one-22-*O*-β-D-glucopyranosyl-(1→2)-α-L-arabinopyranoside 1956
3α,5α,8β-trihydroxycleistanth-13(17),15-dien-18-oic acid 848
(23*R*, 24*S*)-23,24,25-trihydroxycycloartan-3-one 994
(20*S*)-3β,20,29-trihydroxydammar-24-en-21-carboxylic acid-3-*O*-{[α-L-rhamnopyranosyl(1→2)]{[β-D-glucopyranosyl (1→2)][α-L-rhamnopyranosyl(1→6)]-β-D-glucopyranosyl (1→3)}-β-D-glucopyranosyl}-21-*O*-β-D-glucopyranoside 1086
(20*S*)-3β,20,29-trihydroxydammar-24-en-21-carboxylic acid-3-*O*-{[α-L-rhamnopyranosyl(1→2)][α-L-rhamnopyranosyl (1→6)-β-D-glucopyranosyl(1→3)]-α-L-arabinopyranosyl} -21-*O*-β-D-glucopyran-oside 1086
(20*S*)-3β,20,25-trihydroxydammar-23-en-21,29-dioic acid-3-*O*-{[α-L-rhamnopyranosyl(1→6)-β-D-glucopyranosyl(1→3)]-α-L-arabinopyranosyl}-21-*O*-β-D-glucopyranoside 1086
3β,20*S*,25-trihydroxydammar-23-en-21,28-dioic acid 3-*O*-{[α-L-rhamnopyranosyl(1→2)][α-L-rhamnopyranosyl(1→6)-β-D-glucopyranosyl(1→3)]-α-L-arabinopyranosyl}-21-*O*-β-D-glucopyranoside 1082
(20*R*)-3β,20,23ε-trihydroxydammar-24-en-2l-oic acid-21, 23-lactone 1084
(20*S*)-3β,20,23ε-trihydroxydammar-24-en-2l-oic acid-21,23-lactone 1084
3β,20*S*,24*S*-trihydroxydammar-25-ene-21,28-dioic acid 3-*O*-{-[α-L-rhamnopyran-osyl(1→2)][α-L-rhamnopyranosyl (1→6)-β-D-glucopyranosyl(1→3)]-α-L-arabinopyranosyl} -21-*O*-β-D-glucopyranoside 1083
2,4,4'-trihydroxydihydrochalcone 1771
1α,9α,11α-trihydroxydinosterol 2127
3α,7α,12-trihydroxyeudesm-4(15),11(13)-diene 621
1β,4β,7α-trihydroxyeudesmane 620
(2*S*)-4',6,6-trihydroxyflavan 1775
9,11α,14-trihydroxygorgosterol 2115
(20*R*,22*R*)-3β,20,22-trihydroxyholestan-6-one-3-α-L-rhamnopyranosyl-(1→2)-β-D-glucopyranoside 1958
4',5,7-trihydroxyhomoisoflavanone 1847
6α,7α,10α-trihydroxyisoducane 630
6α,14,15β-trihydroxyklaineanone 1177
1,3,5-trihydroxyl-4-prenylacridone 280
12*R*,13*R*,14*S*-trihydroxylabd-12,15-epoxy-8(17)-en-19-oic acid 735
12*S*,13*S*,14*R*-trihydroxylabd-12,15-epoxy-8(17)-en-19-oic acid 735
3α,16α,26-trihydroxylanosta-7,9(11),24-trien-21-oic acid 985

3β,20(*S*),24(*R*)-trihydroxyldammar-25-ene 3-caffeate 1082
3β,20(*S*),24(*S*)-trihydroxyldammar-25-ene 3-caffeate 1082
3β,20(*S*),25-trihydroxyldammar-23(*Z*)-ene 3-caffeate 1082
2α,3β,23-trihydroxylup-20(29)-en-28-oic acid 1299
2α,3β,6β-trihydroxylup-20(29)-en-28-oic acid 1299
2α,3β,27-trihydroxylup-12-en-28-oic acid 3-(3',4'-dihydroxybenzoyl ester) 1300
2α,3β,27-trihydroxylup-12-en-28-oic acid 3-(3',4'-dihydroxybenzoyl ester) 1301
3β,6α,16α-trihydroxylup-20(29)-ene 1298
3β,6α,28-trihydroxylup-20(29)-ene 1298
3β,6β,7β-trihydroxylup-20(29)-ene 1298
2α,3β,28-trihydroxylup-20(29)-ene 1299
3β,24,28-trihydroxylup-20(29)-ene 1299
2α,3β,28-trihydroxylup-20(29)-ene 1300
3β,23,24-trihydroxyolean-12-en-28-oic acid 1199
3β,6β,24-trihydroxyolean-12-en-28-oic acid 1199
3α,11α,21β-trihydroxyolean-12-ene 1199
2α,3β,19α-trihydroxyolean-12-ene-23,28-dioic acid 1198
2-*O*-(2,4,6-trihydroxyphenyl)-6,6'-bieckol 2558
1-(2,4,6-trihydroxyphenyl)ethanone 2213
ent-3α,15,16-trihydroxypimar-8(14)-en-15,16-acetonide 841
ent-3α,15,16-trihydroxypimar-8(14)-en-3α-*O*-β-D-glucopyranoside-15,16-acetonide 841
ent-2β,15,16-trihydroxypimar-8(14)-en-19-oicacid 841
ent-(15*R*),16,19-trihydroxypimar-8(14)-ene 19-*O*-β-D-glucopyranoside 841
2β,3β,4β-trihydroxypregnan-16-one 1979
2α,3α,4β-trihydroxypregnan-16-one 1980
3α, 20β, 21β-trihydroxyserrat-14-en-24-oic acid 1347
3β, 20β, 21β-trihydroxyserrat-14-en-24-oic acid 1347
3,4,4'-trihydroxystilbene 2245
3α,24*R*,25-trihydroxytirucall-8-en-21-oic acid 1082
3α,24*S*,25-trihydroxytirucall-8-en-21-oic acid 1082
2α,3β,7β-trihydroxyurs-11-en-28,13β-olide 1282
1,3,5-trihydroxyxanthone 1807
trijugin D 1144
trijugin E 1144
trijugin F 1144
trijugin G 1144
trijugin H 1144
trilobamine 147
trilocularol A 1083
trimeric terrestrol A 2560
8,9,9-trimethoxy-9*H*-benzo[*de*][1,6]naphthyridine 2486
5,2',4'-trimethoxy-8-γ,γ-dimethylallyl-6",6"-dimethyl-pyrano (2",3":6,7)flavanone 1659
5,3',5'- trimethoxy-8-γ,γ-dimethylallyl-6",6"-dimethyl-pyrano (2",3":6,7)flavanone 1659
3,4,5-trimethoxy-6",6"-dimethylpyran[4",5":3',4']-stilbene 2247
9,10,12b-trimethoxy-6*H*-1,3-dioxolo[4,5-*h*]isoindolo[1,2-*b*][3]benzazepine-8,13(5*H*,12b*H*)-dione 126
(7*S*,8*R*,7'*S*,8'*S*)-3,4,3'-trimethoxy-4'-hydroxy-7,7'-epoxylignan 1430
2,2',4'-trimethoxy-6'-hydroxychalcone 1752
5,6,7-trimethoxy-2-methyl-1,2,3,4-tetrahydroisoquinoline 105
6,7,8-trimethoxy-2-methyl-1,2,3,4-tetrahydroisoquinoline 105
(S_a)-3',4,5-trimethoxy-4',5'-methylenedioxy-3-hydroxylpyramidatin 1431
5,6,7-trimethoxy-1,2,3,4-tetrahydroisoquinoline 105
5,6,8-trimethoxy-4-(2,4,5-trimethoxyphenyl)-3,4-dihydro-1(2*H*)-naphthalenone 1464
Z-4,4',6-trimethoxyaurone 1839
Z-4,6,7-trimethoxyaurone 1839
3,4,5-trimethoxybenzoate (ester)-quebrachidine 245
6-*O*-(3",4",5"-trimethoxybenzoyl)ajugol 441
3α-(3,4,5-trimethoxybenzoyloxy)tropane 52
2',4,4'-trimethoxychalcone 1752
2',4,5'-trimethoxychalcone 1752
N-(3',4',5'-trimethoxydihydrocinnamoyl-Δ^3-pyridin-2-one 66
3',5,5'-trimethoxyeriosemaone B 1659
5,6,7-trimethoxyflavone 1630
3',4',5-trimethoxyflavone-7-*O*-glucorhamnoside 1633
3',4',5-trimethoxyflavone-7-*O*-glucoxyloside 1633
2',4',5-trimethoxyflemichin D 1659
5β,10,11-trimethoxystrictamine 245
trimethyl garcinisidone A 2234
(2*S*,6*R*)-1,3,6-trimethyl-1,2,3,4,5,6-hexahydropyrrolo[4,5-*b*]indol-9-ylmethylcarbamate 177
(3*R*,6*E*,10*S**)-2,6,10-trimethyl-3-hydroxydodeca-6,11-diene-2,10-diol 536
4,8,12-trimethyl-1-(1-methylethenyl)-3,7-cyclotetradecadien-10-one 719
(*E*)-*N*,*N*,*N*-trimethyl-3-oxo-1-buten-1-aminium trifluoroacetate 23
(3*E*,5*E*)-3,7,11-trimethyl-9-oxododeca-1,3,5-triene 536
(3*Z*,5*E*)-3,7,11-trimethyl-9-oxododeca-1,3,5-triene 536
(1*S*,3*R*,6*Z*,8*E*,10*S*,13*S*)-1,6,10-trimethyl-3-(prop-1-en-2-yl)-14-oxabicyclo[11.1.0]tetradeca-6,8-dien-5-one 2375
1,3,3-trimethyl-2-pyrrolidinylidene 29
2-4,5,7-trimethyl-2-quinolone 79
4,6,7-trimethyl-2-quinolone 79
2,5,8-trimethyl-4-quinolone 80
2,6,8-trimethyl-4-quinolone 80
2,7,8-trimethyl-4-quinolone 80
(2*E*,4*E*,6*E*,8*E*,10*E*,12*E*)-2,7,11-trimethyl-[(*R*)-1,2,2-trimethylcyc-lopentyl]-14-oxotetradeca-2,4,6,8,10,12-hexaenal 1368
6-(trimethylammonio)purin-9-ide 376
6-(trimethylammonio)purin-9-ide 376
Z-4,6,7-trimethylaurone 1839
2,2,3-trimethylbutane 2172
4,6,8-trimethylcarbostyril 79
1,2,2-trimethylcyclopentane-1,3-dicarboxylic acid 2149
((1*S*,2*S*,4a*S*,8a*S*)-5,5,8a-trimethyldecahydronaphthalene-1,2-diyl)bis(methylene) diacetate 2370
(1*R*,3a*R*,5a*S*,9a*S*,9b*S*)-6,6,9a-trimethyldodecahydronaphtho[2,1-*c*]furan-1-ol 2370
2,4,6-trimethylphenol 2212
1,3,5-trineopentylbenzene 2285
25,26,27-trinor-3α-hydroxy-lanost-9(11)-en-24-oic acid 985
25,26,27-trinor-3α-methoxy-lanost-9(11)-en-24-oic acid 985
25,26,27-trinor-3β-methoxy-lanost-9(11)-en-24-oic acid 985
25,26,27-trinor-3-oxo-lanost-9(11)-en-24-oic acid 985
tripdiolide 845
triphloretol A 2557
triphloroethol 2558
triptonine A 66
triptonine B 66
triptonoterpene 843
triptonoterpene methylether 843
triptriolide 845
25,26,27-trisnor-24-hydroxycycloartan-3-one 993
(22*E*)-25,26,27-trisnor-3-oxocycloart-22-en-24-al 993
triumbellatin 7'-fucoside 1615
trojanoside I 997
trojanoside J 997
trojanoside K 997
trolline 106
trollisin Ⅲ 1634

tropacaine 54
tropane 54
tropanon 54
tropidin 54
tropine 54
H-L-Trp-OH 2360
trungapeptin A 2625
trungapeptin B 2625
trungapeptin C 2625
tryhistatin 231
trypargimine 2495
trypethelone 1891
trypethelone methyl ether 1891
tschimganic ester B 1565
tschimganic ester C 1566
tsitsikammamme A 2489
tsitsikammamme B 2489
tsugicoline E 694
tuberoside A_1 2008
tuberoside B_1 2008
tuberoside B_2 2008
tuberoside C_3 2040
tuberoside C_5 2040
tuberoside D_5 2040
tuberoside D_6 2030
tuberoside E_5 2040
tuberoside E_6 2030
tuberoside F_6 2030
tuberoside G_1 2040
tuberoside G_4 2030
tuberoside H_5 2051
tuberoside H_6 2045
tuberoside I_1 2040
tuberoside J_3 2051
tuberoside J_5 2051
tuberoside J_6 2045
tuberoside K_5 2051
tuberoside L_5 2051
tuberoside N 2085
tuberoside O 2069
tuberoside P 2075
tuberoside Q 2075
tuberoside R 1958
tuberoside S 1972
tuberoside T 1972
tuberoside U 1972
tuberostemonine N 28
tubiporein 2378
tubocurarine chloride 147
tumidulin 2221
tumulosic acid 986
turbinatocoumarin 1565
turkesterone 1945
(+)-(7*S*,9*R*)-*ar*-turmerol 560
(+)-(7*S*,9*S*)-*ar*-turmerol 560
(+)-(*S*)-*ar*-turmerone 560
turneforcidine 45
turpiniside 224
turrapubesin A 1143
turrapubesin B 1143
turrapubesol A 1083
turrapubesol B 1079
turrapubesol C 1079
tussilagone 632
tussilagonone 632
3,16α,17-tydroxykaurane 916
tylopeptin A 2824
tylophoridicine A 264
tylophorine 264
tylophorine *N*-oxide 264
tylophorinidine 264
typhaneoside 1684
typhoniside A 2185
H-L-Tyr-OH 2360
tyramine 397

U

UCH9 2677
ugibohlin 2488
ugonin G 1683
ugonin H 1683
ugonin I 1683
ugonin Q 1634
ugonin R 1634
ugonin S 1634
ugonin T 1634
UK-3A 2699
UK78629 2695
ulithiacyclamide B 2624
ulithiacyclamide E 2624
ulithiacyclamide F 2624
ulithiacyclamide G 2624
ulmincin A 1299
ulmincin B 1299
ulmincin C 1299
ulmincin D 1299
ulmincin E 1299
ulmoide 1281
ulmudiol 1279
ulmuestone 1279
ulosin A 536
ulosin B 536
umbellactal 749
umbelliferone 1546
6-(8''-umbelliferonyl)apigenin 1544
8-(6''-umbelliferyl)apigenin 1544
umbelloside Ⅰ 2015
umbelloside Ⅱ 2015
umbelloside Ⅲ 2015
umbelloside Ⅳ 2017
umbellulone 429
umbilicaric acid 2222
unbuloside 442
uncarine E 224
uncinine 28
2-undecanone-10'-4(1*H*)-quinolone 80
4(1*H*)-2-undecyl-4(1*H*)-quinolone 79
unduloside 2292
ungeremine 158
unguisin C 383
unphenelfamycin 2676
uproeunicin 2373
uproeunioloic acid methyl ester 718
uprolide D 2374
uprolide H 2374
uprolide I 2374
uprolide K 2374
uralenol 1682
urauchimycin A 2699
urauchimycin B 2699

urinaligran 1430
urinatetralin 1466
urpaniculol 1546
urphoside A 444
urphoside B 444
usaramine 45
ussurienoside I 2289
ustilipid A 2677
ustilipid B 2677
ustilipid C 2677
ustilipid D1 2677
ustilipid D2 2677
ustilipid E1 2677
ustilipid F1 2677
ustiloxin A 2824
ustiloxin B 2824
ustiloxin C 2824
ustiloxin D 2824
ustiloxin F 2824
ustusol A 619
ustusol B 619
ustusol C 619, 2366
ustusolate A 619, 2366
ustusolate B 619, 2366
ustusolate C 619, 2366
ustusolate D 619, 2366
ustusolate E 619
ustusorane A 2366
ustusorane B 2366
ustusorane C 2366
ustusorane D 2366
ustusorane E 2366
ustusorane F 2366
uzarigenin-3*β*-*O*-canaroside 1941
uzarigenin-3*β*-*O*-digitoxoside 1941

V

V214w 2920
vaccarin A 382
vaccarin B 382
vaccarin C 382
vaccarin D 382
(–)-vaganine 351
vaginidin 1561
vaginidiol diacetate 1562
H-L-Val-NH_2 • HBr 2360
H-L-Val-OH 2360
valdivone A 2377
valdivone B 2377
validoxylamine A 2677
vancomycin 2824
vandrikine 204
vanessine 83
vanicoside A 2291
vanicoside B 2291
vanillic acid 2212
vanillin 2213
vanilloylveracevine 367
vanilloylzygadenine 367
(+)-variant 1599
variecolorquinone A 2772
variecolorquinone B 2772
variecolortide A 178
variecolortide B 178
variecolortide C 179
variegatine 322
vatdiospyroidol 2277
vateriaphenol B 2277
vaticanol A 2271
vaticanol B 2277
vaticaphenol A 2277
vaticinone 992
(20*R*)-veatchine 318
veatchine 318
veatchine azomethine 318
veatchine azomethine acetate 318
(+)-velbanamine 220
vellosimine 200
velutin 1633
venenatine 189
ventricosenediolide 738
E-venusol 2290
Z-venusol 2290
veracevine 367
veraflorizine 362
veramarine 362
veratraman-3-ol 371
veratridine 367
15-veratroyl-17-acety-19-oxodictizine 325
15-veratroyl-17-acetyldictizine 325
15-veratroyldictizine 325
veratroylzygadenine 367
verazine 346
verbascoside 2292
verbaspinoside 444
verbenene 432
cis-verbenol 431
trans-verbenol 431
verbenone 431
verimol A 2287
verimol B 2288
verimol C 2286
verimol D 2286
verimol E 2286
verimol F 2286
verimol G 2286
verimol H 2286
verimol I 2287
verimol J 2285
vermixocin A 2699
vermixocin B 2699
vernobockolide B 564
vernolide A 564
vernolide B 564
vernolide C 564
vernolide D 564
vernonioside S1 2146
vernonioside S2 2146
vernonioside S3 2146
veronicafolin 1676
verrucarin M 2696
verrucosin 1 846
verrucosin 2 846
verrucosin 3 747
verrucosin 4 715
verrucosin 5 747
verrucosin 6 846
verrucosin 7 846
verrucosin 8 747
verrucosin 9 846
verticilide 2824

(6*S*,12*R*)-*ent*-verticilla-3,7-diene-6,12-diol 746
ent-verticilla-4(18),9,13-trien-12α-ol 746
ent-verticilla-4,9,13-trien-2α-ol 746
ent-verticillanediol 746
ent-verticillol 746
verticine 362
vertine 165
vexibinol 1659
viburgenin 1281
viburnenone B1 methyl ester 1084
viburnenone B2 methyl ester 1084
viburnudienone H1 1084
viburnudienone H2 1084
viburnudienone B1 methyl ester 1084
viburnudienone B2 methyl ester 1084
viburtinoside Ⅱ 440
viburtinoside Ⅲ 440
viburtinoside Ⅳ 440
viburtinoside I 440
viburtinoside V 440
vicenistatin 2699
vicenistatin M 2699
vicodiol 430
vicogenin 1199
villalstonine 237, 253
villatamine A 2490
villatamine B 2490
villosterol 1982
vilmorinine B 1175
vilmorinine C 1175
vilmorinine D 1175
vilmorinine E 1175
vilmorinine F 1175
vina-ginsenoside R25 1084
vinblastine 253
vincadifformine 205
vincadine 219
vincadioline 253
vincaleukoblastine 237
17-*O*-vincamajine 245
vincamajine 245
vincamine 213, 249
vincarodin 213
vincathicine 236, 253
vincoside lactam tetraacetate 194
vincristine 253
vindoline 205
(−)-vindolinine 204
vindolinine 205
vindolinine B 205
vindolininol 204
16'β-(10-vindolyl)-cleavamine 236
vineridine 223
vingramine 253
viniferin 2260
(3*S*,15*S*)-18-vinyl-15-methylacrylate-21-methoxy-1,2,3,5,6,14,15,19-octahydroindolo[15,18-*a*]-quinolizin-15-yl 215
vinylamycin 2824
violanone 1746
violasanthin 1367
viranamycin A 2699
viranamycin B 2699
virgataxanthone A 1808
virgnol A 2134
virgnol B 2134
virgnol C 2134
viridicatumtoxin 2772
viridicatumtoxin B 2772
viridomycin F 2982
virolongin B 1531
virolongin E 1531
virolongin F 1531
viscidulin Ⅲ 1633
viscidulin I 1684
vismiaguianin A 1600
vismiaguianin B 1563
viteagnusin A 737
viteagnusin B 737
viteagnusin C 733
viteagnusin D 733
viteagnusin E 736
viteagnusin F 735
viteagnusin G 735
viteagnusin H 734
vitedoamine A 1489
vitedoamine B 1489
vitedoin A 1465
vitegnoside 1633
viteoid Ⅱ 441
vitexdoin A 1465
vitexdoin C 1466
vitexdoin D 1466
vitexilactone B 734
vitexin 1633
vitexlactam 734
vitisinol A 2259
vitisinol B 2259
vitisinol C 2259
vitisinol D 2259
vitrofolal A 1532
vitrofolal B 1532
vitrofolal E 1532
vitrofolal F 1532
VM 54158 2872
VM 55594 2872
VM44864 2695
VM44867 2699
VM44868 2699
VM47704 2699
VM48130 2699
VM48633 2699
VM48640 2699
VM48641 2699
VM48642 2699
VM54159 2872
VM54168 2700
VM54339 2700
VM55595 2872
VM55596 2872
VM55598 2872
VM55599 2872
9*H*-voacangine 201
vobtusine 237
volubilogenone 1985
volubilol 1982
vteoid Ⅰ 449

W

WA8242B 3003
waiakeamide 2624

walsuranolide 1079
walsurin 1079
waltherine A 382
waltherione A 83
waltherione B 83
wampetin 1566
wanpeinine A 362
waol B 2920
watasemycin A 2872
watasemycin B 2872
wedelolide A 633
wedelolide B 633
weisiensin B 914
westiellamide 383
WF14861 2982
WF-16775A1 2872
WF-16775A2 2872
WF-2421 2982
wikstroelide C 851
wikstroelide D 851
wikstroelide E 851
wikstroelide F 851
wikstroelide G 851
wilsonianadilactone A 992
wilsonianadilactone B 992
wilsonianadilactone C 992
wistariasaponin D 1200
wistariasaponin G 1200
withaphysanolide A 2128
withatatulin 2121
wodeshiol 1452
wogonin 1630
wogonin-5-*O*-*β*-D-glucuronide methyl ester 1630
wogonin-7-*O*-*β*-D-glucuronide methyl ester 1630
wogonoside 1630
woorenoside Ⅲ 1500
woorenoside Ⅳ 1500
woorenoside Ⅴ 1500
woorenoside Ⅰ 1500
woorenoside Ⅱ 1500
wortmannilactone A 2700
wortmannilactone B 2700
wortmannilactone C 2700
wortmannilactone D 2700
WS009 A 2772
WS009 B 2772
WS9761A 2772
WS9761B 2772
wujiapioside B 1303
wulfenoside 450
wuweizisu C 1507
wuzhuyurutine A 190
wuzhuyurutine B 190

X

xanthanthusin F 845
xanthanthusin G 845
xanthanthusin H 844
xanthanthusin I 920
xanthanthusin K 920
xanthoarnol 1564
xanthoepocin 2920
xanthoflorianol 1754
xanthofusin 2920
xanthohumol 1754
xanthohumol B 1754
xanthohumol C 1754
xanthohumol G 1754
xanthohumol H 1754
xanthomicrol 1633
xanthone A 1808
xanthone A 1809
xanthone B 1809
xanthone B 1809
xanthone C 1807
xanthoradone A 2772
xanthoradone B 2772
xanthotoxin 1566
xanthotoxol 1566
xanthoxyletin 1598
xemphinoid C 842
xeniaoxolane 718
xeromphalinone A 694
xeromphalinone B 694
xeromphalinone C 694
xeromphalinone D 694
xeromphalinone E 694
xeromphalinone F 694
xerophilusin Ⅲ 918
xerophilusin Ⅳ 918
xerophilusin Ⅴ 918
xerophilusin Ⅵ 918
xerophilusin Ⅶ 919
xerophilusin Ⅷ 919
xerophilusin Ⅸ 919
xerophilusin Ⅻ 919
xerophilusin Ⅰ 914
xerophilusin Ⅱ 914
xerophilusin Ⅹ 919
xerophilusin ⅩⅢ 919
xerophilusin Ⅺ 919
xerulinic acid 2920
xestodecalactone A 2652
xestodecalactone B 2652
xestodecalactone C 2652
xestospongiene A 2670
xestospongiene B 2670
xestospongiene C 2670
xestospongiene D 2670
xestospongiene E 2670
xestospongiene F 2670
xestospongiene G 2670
xestospongiene G 2670
xestospongiene H 2670
xestospongiene I 2670
xestospongiene K 2670
xestospongiene L 2670
xestospongiene M 2670
xestospongiene N 2670
xestospongiene O 2670
xestospongiene P 2670
xestospongiene Q 2670
xestospongiene R 2670
xestospongiene S 2670
xestospongiene T 2670
xestospongiene U 2670
xestospongiene V 2670
xestospongiene W 2670
xestospongiene X 2670

xestospongiene Y 2670
xestospongiene Z 2670
xestospongiene Z1 2670
xestospongiene Z2 2670
xestospongiene Z3 2670
xestospongiene Z4 2670
xestospongiene Z5 2670
xestospongiene Z6 2670
xestospongiene Z7 2670
xestospongiene Z8 2670
ximaolide A 2376
ximaolide B 2376
ximaolide C 2376
ximaolide D 2376
ximaolide E 2376
xindongnin A 914
XML-1 2872
XML-2 2872
XML-4 2872
XPL-1 2872
XR330 2872
XR651 2772
α-Xyl(1→2)-α-Xyl 2338
α-Xyl(1→2)-β-Xyl 2338
α-Xyl(1→3)-α-Xyl 2338
α-Xyl(1→3)-β-Xyl 2338
α-Xyl(1→4)-α-Xyl 2338
α-Xyl(1→4)-β-Xyl 2338
β-Xyl(1→2)-α-Xyl 2338
β-Xyl(1→2)-β-Xyl 2338
β-Xyl(1→3)-α-Xyl 2338
β-Xyl(1→3)-β-Xyl 2338
β-Xyl(1→4)-α-Xyl 2338
β-Xyl(1→4)-β-Xyl 2338
β-Xyl(1→4)-β-Xyl (1→4)- β-Xyl (1→4)-α-Xyl 2352
β-Xyl(1→4)-β-Xyl (1→4)- β-Xyl (1→4)-β-Xyl 2352
β-Xyl(1→4)-β-Xyl(1→4)-β-Xyl(1→4)-β-Xyl (1→4)-α-Xyl 2355
β-Xyl(1→4)-β-Xyl(1→4)-β-Xyl(1→4)-β-Xyl (1→4)-β-Xyl 2355
β-Xyl(1→4)-β-Xyl(1→4)-β-Xyl(1→4)-β-Xyl(1→4)-β-XylOMe 2355
β-Xyl(1→3)-[β-Xyl(1→4)]-β-Xyl(1→4)-β-XylOMe 2352
β-Xyl(1→4)-β-Xyl(1→4)- β-Xyl(1→4)-β-XylOMe 2352
β-Xyl (1→4)-β-Xyl (1→4)-α-Xyl 2347
β-Xyl (1→4)-β-Xyl (1→4)-β-Xyl 2347
α-Xyl (1→3)-β-Xyl (1→4)-β-XylOMe 2347
β-Xyl (1→2)-[β-Xyl (1→4)]-β-XylOMe 2347
β-Xyl (1→2)-β-Xyl (1→4)-β-XylOMe 2347
β-Xyl (1→3)-[β-Xyl (1→4)]-β-XylOMe 2347
β-Xyl (1→3)-β-Xyl (1→4)-β-XylOMe 2347
β-Xyl (1→4)-β-Xyl (1→4)-β-XylOMe 2347
α-Xyl(1→2)-β-XylOMe 2339
α-Xyl(1→3)-β-XylOMe 2339
α-Xyl(1→4)-β-XylOMe 2339
β-Xyl(1→2)-β-XylOMe 2339
β-Xyl(1→3)-β-XylOMe 2339
β-Xyl(1→4)-β-XylOMe 2339
β-(1→4)xylan 2357
xylitol 2358
6'-O-β-D-xylnosyl-roseoside I 413
xylobuxin 1500
xylocarpin 1142
xyloccensin Y 1141
xyloccensin Z_1 1141
xyloccensin Z_2 1141
xylogranatin A 1141
xylogranatin A 1142
xylogranatin B 1141
xylogranatin B 1142
xylogranatin C 1141
xylogranatin C 1142
xylogranatin D 1141
xylogranatin D 1142
xylopine 114
xylopinine 121
α-D-xylopyranose 2327
β-D-xylopyranose 2327
3-O-β-D-xylopyranosyl(1→3)-α-L-arabinopyranosyl- hederagenin 1202
(22S,25S)-16-O-β-D-xylopyranosyl-5-α-cholestane-3β,16β,22,26-tetrol-3-O-β-D-glucopyranosyl-(1→2)-O-[β-D-glucopyranosyl-(1→3)]-O-β-D-glucopyranosyl-(1→4)-β-D-galactopyranoside 1977
(E)25-O-β-D-xylopyranosyl-26,27-dinor-24(S)-methyl-22-ene-15α-O-sulfated-5α-cholesta-3β,6α-diol 2590
3-O-β-D-xylopyranosyl(1→2)-β-D galactopyranosyl(1→2)-6-O-methyl-β-D-glucuronopyranosyl sophoradiol 1200
3-O-{β-D-xylopyranosyl-(1→2)-O-β-D-glucopyranosyl-(1→4)[O-β-D-glucopyranosyl-(1→2)]-α-L-arabinosyl}-16α-hydroxy-13β,28-epoxyoleanane 1197
3-O-β-D-xylopyranosyl(1→3)-O-[β-D-glucopyranosyl(1→2)]-β-D-glucopyranosyl(1→4)-β-D-galactopyranosyl-spirosta-5(6),25(27)-dien-3β-ol 2103
3-O-[{β-D-xylopyranosyl-(1→4)-β-D-glucopyranosyl-(1→3)-β-D-glucopyranosyl-(1→2)}-{β-D-xylopyranosyl-(1→4)}-β-D-galactopyranoside]-(25R)-5α-spirostan-12-one-3β-ol 2108
O-[β-D-xylopyranosyl(1→6)β-D-glucopyranosyl]-7-hydroxy-coumarin 1546
3-O-β-D-xylopyranosyl(1→3)[α-L-rhamnopyranosyl(1→2)]-α-L-arabinopyranosylhederagenin 1202
3-O-β-D-xylopyranosyl(1→3)[α-L-rhamnopyranosyl(1→2)]-β-D-glucopyranosylhederagenin 1202
2-C-β-D-xylopyranosyl-1,3,6,7-tetrahydroxyxanthone 1808
6'-O-xyloseroseoside I 407
6"-O-D-xylosylpuerarin 1739

Y

Y-05460M-A 2920
yadanzioside A 1176
yadanzioside F 1176
yadanzioside G 1176
yadanzioside I 1175
yadanzioside J 1176
yadanzioside L 1175
yadanzioside N 1176
yahyaxanthone 1808
yangambin 1451
yardenone 2383
yardenone A 2383
yardenone B 2383
yatakemycin 2872
yemuoside YM6 1466
YF-0200R-A 3004
YF-0200R-B 3004

yibeissine 346, 364, 370
yinyanghuo A 1634
yinyanghuo B 1634
YM-170320 2824
YM-181741 2772
YM-202204 2920
YM-30059 2872
YM-32980A 2700
YM-32980B 2700
YM-47515 3003
YM-47524 2697
YM-47525 2697
yohimbane 189
(+)-yohimbenine 189
yohimbine 190
α-yohimbine 190
yokonolide A 2700
yopaaoside A 449
yopaaoside B 449
yopaaoside C 448
yosgadensolide A 968
yosgadensolide B 968
yosgadensonol 968
yuanhuahine 851
yuanhualine 851
yuccaol A 2259
yuccaol B 2259
yuccaol C 2259
yukomarin 1616
yunantaxusin A 850
yunnandaphnine A 265, 331
yunnandaphnine B 265, 331
yunnandaphnine C 265, 331
yunnandaphnine D 265, 331
yunnandaphnine E 265, 332
yunnandaphnine E TFA salt 265
yunnandaphnine E trifluoroacetate 332
yunnaneic acid G 1468
yunnaneic acid H 1468
yunngnoside A 1561
yunngnoside B 1561
yuzurimine C 332

Z

zaluzioside 448
zanthocadinanine A 152
zapotin; 5,6,2',6'-tetramethoxyflavone 1630
zeaxanthin 1367
zedoarofuran 567
zeorinin 1339
zerumbone 567
zeylanane 567
zeylanicine 567
zeylanidinone 566
zeylanine 567
zeylaninone 566
ZG-1494α 2872
ZHD-0501 2495
zhebeinine 363
zhebeininoside 364
zhebeinone 363
zhebeirine 363
ziganein-5-methylether 1900
zizyphine 381
zizyphine D 381
zoamide A 2490
zoamide B 2490
zoamide C 2490
zoamide D 2491
zooxanthellamide Cs 2654
zsochiisanoside 1301
zumketol 1141
zumsenin 1141
zumsenol 1141
zumsin 1141
zygacine 367
zygadenine 367
zygophyloside O 1280
zygophyloside P 1280
zyzzyanone A 1917
zyzzyanone A 2488
zyzzyanone B 1917
zyzzyanone C 1917
zyzzyanone D 1917

中文名称索引

吖啶酮 279
阿福豆苷 1676
阿加康宁 319
阿加新 305
阿卡波糖 2675
阿卡波糖-7-磷酸盐 2675
阿克拉霉素 2765
D-阿拉伯糖醇 2358
(+/–)-阿拉里奥普辛碱 84
阿马灵 200
阿诺碱 325
阿普拉霉素 2675
阿替定 321
阿替生 319
阿替生偶氮甲碱乙酸盐 321
阿替生双乙酸酯 321
阿托品 52
阿魏醇酮 1545
阿魏酸 2214
8-O-阿魏酸哈帕苷 442
7-*O*-Z-阿魏酰基马钱酸 445
7-*O*-*E*-阿魏酰基马钱酸 445
10-*O*-*E*-阿魏酰水晶兰苷 446
6'-*O*-*E*-阿魏酰水晶兰苷 446
阿亚黄素 1675
阿扎霉素 B 2692
埃奇胺 200
埃瑞宁 205
矮牵牛苷元-3-*O*-葡萄糖苷 1801
艾尼舍香豆素 A 1545
艾尼舍香豆素 E 1545
艾尼舍香豆素 H 1545
艾舍香豆素 B 1545
爱康诺辛 292
安木非宾碱 D 382

安木非宾碱 E　382
安那他品　67
氨苄西林　2869
氨茶碱　84
氨茴酰牛扁碱　305
2-氨基苯酚　2212
4-氨基-7*H*-吡咯[2,3-*d*]并嘧啶　377
3-氨基-1-丙烯　2171
6-氨基-*N*,*N*-二甲基-9*H*-嘌呤　376
4-氨基-7-(3',4'-二羟基-5'-(羟甲基)-四氢呋喃)-5-氰基-7*H*-吡咯[2,3-*d*]并嘧啶　378
6-氨基-*N*,*N*-二乙基-9*H*-嘌呤　376
6-氨基-2-氟-9*H*-嘌呤　376
4-氨基-7-甲基-7*H*-吡咯[2,3-*d*]并嘧啶　377
2-氨基-2-甲基-9*H*-嘌呤　376
6-氨基-2-甲基-9*H*-嘌呤　376
6-氨基-7-甲基-7*H*-嘌呤　379
6-氨基-9-甲基-9*H*-嘌呤　379
6-氨基-*N*-甲基-9*H*-嘌呤　376
2-氨基-6-甲硫基-9*H*-嘌呤　376
6-氨基-2-甲硫基-9*H*-嘌呤　376
6"-*O*-氨基甲酰基妥布霉素　2675
3-氨基喹啉　78
5-氨基喹啉　78
6-氨基-2-氯-9*H*-嘌呤　376
6-氨基-9*H*-嘌呤　376
4-氨基-6-羟基喹啉-8-羧酸　79
3*α*-氨基-14*β*-羟基孕烷-20-酮　349
4-氨基-8-羧酸-6-羟基喹啉　106
E-4-氨基-3-烯戊酮　2172
Z-4-氨基-3-烯戊酮　2172
1-氨基辛烷　2171
5-氨基异喹啉　105
α-[(1*R*)-1-氨乙基]-苯甲醇　14
菴醇 A　1545
菴醇 B　1545
菴醇 C　1545
菴醇 D　1545
菴素 A　1545
2-胺-9*H*-嘌呤　376
暗黄猪屎豆碱　44
凹唇姜素 A　1771
凹唇姜素 C　1771
奥布菌素　2915
奥紫堇明　134
澳白檀苷　1738
澳洲茄胺　340
澳洲茄边碱　339
澳洲茄碱　339
2,2,3,3,4,4,5,5-八氟己二酸　2148
八角黄皮醇　177
八角黄皮碱　177
八角莲素 A　1682
巴弗洛霉素 C_1　2694
巴黄杨定　359
巴黄杨定双乙酸盐　359
巴黄杨星　359
巴龙霉胺　2676
巴龙霉素　2676
巴马亭　152
巴西红厚壳　1809
白果素　1870
白环菌素　2693
白环菌素 K3　2693
白环菌素 M-1　2693
白环菌素 M-2　2693
白环菌素 M-3　2693
白环菌素 M-4　2693
白环菌素 M-5　2693
白环菌素 M-6　2693
白环菌素 M-7　2693
白环菌素 M-8　2693
白坚木碱　205
白芥子苷　397
白藜芦醇苷-2"-*O*-*E*-阿魏酸盐　2247
白藜芦醇苷-2"-*O*-对羟基苯酸盐　2247
白藜芦醇 3-(6"-没食子酰基)-*O*-*β*-D-吡喃葡萄糖苷　2247
白藜芦醇-3-*O*-*β*-D-木吡喃糖苷　2247
白吗恰林碱-*α*-*N*-氧化物　114
白曼陀罗碱　52
白毛茛碱　130
白毛茛宁　105
白蓬草卡文　121
白蓬叶碱　121
白屈菜赤碱　152
白屈菜碱　152
(+)-白雀木皮胺　219
白乌头原碱　311
白藓碱　82, 84
白杨素　1630
白叶藤碱　249
白羽扇豆碱　167
白芷素　1560
百部新碱　27
百部叶碱　28
斑叶兰黄素　1684
版纳藤黄　1807, 1808, 1809
半齿泽兰素　1631
半胱氨酸盐酸盐　2361
半日花烷-12,14-二烯-6*β*,7*α*,8*β*,17-四醇　734
D-半乳糖醇　2358
棒霉素 A　2867
棒霉素 B　2867
棒霉素 C　2867
棒石松碱　166
包公藤甲素　54
胞变霉素　2694
胞变霉素 B　2694
宝藿苷Ⅱ　1679
保洛霉素 A　2770
保洛霉素 A_2　2770
保洛霉素 B　2770
保洛霉素 C　2770
保洛霉素 D　2770
保洛霉素 E　2770
保洛霉素 F　2770
抱茎獐牙菜苷　1811
杯伞菌素 A　2867
北豆根碱苷　121
北方乌头定碱　305

北方乌头碱 305
贝阿林碱 296
贝母尼定碱 362
贝母辛 370
倍癌霉素 A 2868
倍癌霉素 B_1 2868
倍癌霉素 B_2 2868
倍癌霉素 C_1 2868
倍癌霉素 C_2 2868
L-苯丙氨酸 2360
苯酚 2212
*Z*16-10-苯基-[12]-细胞松弛素 224
*Z*17-10-苯基-[12]-细胞松弛素 224
苯甲酸 2212
6-*O*-*α*-L-(2''-*O*-苯甲酰基，3''-*O*-反式-*p*-香豆酰基)吡喃鼠李糖基梓醇 443
O^9-苯甲酰基-O^9-去乙酰去氧卫矛羰碱 290
2-苯甲酰基香豆烷-3-酮 1840
10-*O*-苯甲酰去乙酰基车叶草苷酸 446
EGCg 苯醌二聚物 B 1779
苯唑西林 2869
吡啶吲哚醇 K1 2870
吡啶吲哚醇 K2 2870
7*H*-吡咯[2,3-*d*]并嘧啶 377
3,7*H*-吡咯[2,3-*d*]并嘧啶-4-硫酮 378
3,7*H*-吡咯[2,3-*d*]并嘧啶-4-酮 378
α-吡咯基羧酸甲酯 28
2-吡咯甲醛 28
α-D-吡喃阿拉伯糖 2327
β-D-吡喃阿拉伯糖 2327
α-D-吡喃阿洛糖 2328
β-D-吡喃阿洛糖 2328
α-D-吡喃阿洛酮糖 2330
β-D-吡喃阿洛酮糖 2330
α-D-吡喃阿卓糖 2328
β-D-吡喃阿卓糖 2328
α-D-吡喃艾杜糖 2328
β-D-吡喃艾杜糖 2328
α-D-吡喃半乳糖 2328
β-D-吡喃半乳糖 2328
α-D-吡喃甘露糖 2328
β-D-吡喃甘露糖 2328
α-D-吡喃古罗糖 2328
β-D-吡喃古罗糖 2328
α-D-吡喃果糖 2329
β-D-吡喃果糖 2329
α-D-吡喃核糖 2327
β-D-吡喃核糖 2327
α-D-吡喃来苏糖 2327
β-D-吡喃来苏糖 2327
α-D-吡喃木糖 2327
β-D-吡喃木糖 2327
22-*O*-*β*-D-吡喃葡 2697
α-D-吡喃葡萄糖 2328
β-D-吡喃葡萄糖 2328
20-*O*-*β*-吡喃葡萄糖基喜树碱 82
α-L-吡喃鼠李糖 2329
β-L-吡喃鼠李糖 2329
7-*O*-[*α*-吡喃鼠李糖基-(1→6)-*β*-吡喃葡萄糖基]-5-羟基-3-(4-甲氧基苄基)-苯并二氢吡喃-4-酮 1848
7-*O*-[*α*-吡喃鼠李糖基-(1→6)-*β*-吡喃葡萄糖基]-5-羟基-3-(4'-羟苄基)-苯并二氢吡喃-4-酮 1848
α-D-吡喃塔罗糖 2328
β-D-吡喃塔罗糖 2328
α-L-吡喃岩藻糖 2329
β-L-吡喃岩藻糖 2329
吡吲菌素 2870
荜茇明碱 67
荜茇那林碱 67
扁柏双黄酮 1871
扁豆酮 1866
扁平橘碱 I 280
扁平橘碱 II 280
变活霉素 A 2765
变活霉素 B 2765
变活霉素 C 2765
表茶黄素酸 E 1778
表茶黄素酸-3-没食子酸酯 1778
表长春蔓啶 219
7-表长春内任 223
7-表长春内日定 223
(+)-表毒蕈碱碘化物 21
3-表儿茶钩藤碱 236
20-表儿茶钩藤碱 B 236
表儿茶精-(4*β*→8, 2*β*→O→7)-表儿茶精-(4*β*→8)-表儿茶精 1779
表儿茶精五乙酰化物 1776
表二氢石松碱 168
表非瑟酮醇-4*β*-醇 1776
表非瑟酮醇-4*α*-醇 1776
19-表-海内宁 201
表灰黄霉素 2918
表-肌醇 2358
12-表-甲氧基-伊菠胺 201
表奎尼定 85
表奎宁 85
2-表雷公藤乙素 845
20-表藜芦嗪 346
表毛萼甲素 847
表没食子儿茶素-3-*O*-阿魏酰酯 1777
表没食子酰儿茶素-(4*β*→8,2*β*→*O*-7)-表儿茶素 1778
表没食子酰儿茶素-3,5-*O*-二没食子酸酯 1777
表千金藤碱 147
20-表-4*β*羟基藜芦嗪 346
17-表-*N*-去甲基止泻木枯亭碱 350
3-表-1-去甲氧基滇乌头碱 303
20-表-3-去羟基-3-酮-5,6-二氢-4,5-去氢藜芦生碱 346
表人参宁 232
4-表-松香醛 842
16-表-19*R*-文朵宁 204
3-表文鸭脚木宁 204
表无叶假木贼碱 167
4-表叶下珠苦素 264
6,9-表-8-*O*-乙酰基山栀(子)苷甲酯 448
表羽扇豆宁 165
表云南草蔻素 B 1755
表云南草蔻素 C 1660
表云南草蔻素 D 1660
17-表止泻木枯亭碱 350
表紫杉叶素 1723

α-别隐品碱 128
(–)-别育亨烷 189
滨海全能花碱 27
滨蒿内酯 1546
槟榔碱 67
L-丙氨酸 2360
丙醇 2160
1,2-丙二醇 2358
1,3-丙二醇 2161
丙二酸二乙酯 2150
1,2-丙二烯 2171
丙二酰尼菲霉素 2697
丙硫醇 2171
丙三醇 2358
8-丙酮基二氢光花椒碱 152
8-丙酮基二氢勒碱 152
丙烷 2170
1-丙烯 2171
4-(1*E*)-1-丙烯基-1-吗啉 22
4-(1*Z*)-1-丙烯基-1-吗啉 22
2-丙烯基-4-羟甲基-3-呋喃羰基-3-*α*-L-鼠李吡喃糖苷 2919
丙-2-烯酸 2148
柄苣醌甲醚 1753
波尔丁 114
波拉霉素 A 2697
波拉霉素 B 2698
菠叶素-3-*O*-*β*-龙胆二糖苷 1681
补骨脂素 1563
布氏翠雀花碱 310
布渣叶碱 A 66
布渣叶碱 B 66
布渣叶碱 C 66
布渣叶碱 D 66
菜豆素 1856
菜豆素异黄烷 1795
糙苏苷 F 734
草质素-7-*O*-(3''-*O*-*β*-D-葡萄糖)-*α*-L-鼠李糖苷 1680
草质素-3,7,8-三甲醚 1675
草质素-7-*O*-鼠李糖苷 1677
查耳霉素 A 2692
查耳霉素 B 2692
查耳桑素 1771
查耳酮 1751
茶黄素 1778
茶黄素-3,3'-二没食子酸酯 1778
茶黄素-3'-没食子酸酯 1778
茶黄素-3-没食子酸酯 1778
茶黄素酸 1778
茶黄素酯 A 1778
茶黄素酯 B 1778
茶黄素酯 B 1778
4-差向过氧羟基-13-羟基-19-降碳半日花-8(17),14-二烯 736
长春胺 213, 249
长春多灵 205
长春碱 237, 253
ent-(–)-长春碱 201
长春里宁 205
长春蔓啶 219
长春蔓晶 245
17-*O*-长春蔓晶 245
长春蔓替辛 236
长春日定 223
长春西碱 253
长春质碱 201
常绿钩吻定碱 224
朝藿素 B 1633
(+/-)-朝森因 85
橙醇-6-苯甲酰酯 1840
橙黄胡椒酰胺乙酸酯 383
橙皮苷 1658
橙皮素 1657
E-橙酮 1840
Z-橙酮 1839
赤霉素 A_1 2961
赤霉素 A_{14} 2962
赤霉素 A_3 2961
赤霉素 A_{37} 2962
赤霉素 A_{52} 2962
赤霉素 A_9 2962
赤藓糖醇 2358
冲酯霉素 2919
虫草素 374
臭豆碱 165
dl-臭豆碱 167
臭节草素-1 1545
雏菊叶龙胆酮 1807
楮树黄酮醇 B 1683
川贝酮碱 363
川陈皮素 1632
垂茄啶 340
次乌头碱 298
刺果番荔枝环肽 A 382
刺果番荔枝环肽 B 382
刺槐苷 1681
刺槐素 1630
刺凌德草碱 45
刺芒柄花苷 1738
刺芒柄花素 1738
α-刺桐定碱 264
β-刺桐定碱 264
刺桐酚素Ⅱ 1855
刺桐灵 157
刺桐灵碱 264
刺桐品碱 264
刺桐素 A 1855
刺桐素 B 1856
刺桐素 C 1855
刺桐素 D 1856
刺桐素 E 1856
刺桐特灵碱 264
刺桐亭 157
刺桐文碱 264
刺乌头碱 305
刺乌头尼定碱 315
刺乌头原碱 315
d-刺罂粟碱 121
粗榧环素定 A 266

粗榧莱胺 A 26
粗榧莱胺 B 26
粗榧莱胺 C 27
粗榧莱胺 D 27
粗榧莱胺 E 26
粗榧莱胺 F 26
粗榧莱胺 G 27
粗榧莱胺 H 27
粗榧莱胺 J 26
粗榧莱胺 K 26
粗榧莱胺 L 26
粗榧莱胺 M 29
粗茎乌头碱 A 内酰胺 303
粗毛甘草素 B 1746
粗毛甘草素 D 1795
粗毛豚草素 1631
粗毛豚草素-7-新橙皮苷 1631
促黑素抑制素 2869
醋霉素 2915
催乳素 2824
翠雀花素-3-*O*-*β*-半乳糖苷 1800
翠雀花素-3-*O*-*β*-D-葡萄糖苷 1801
翠雀花素-3-*O*-*β*-D-葡萄糖苷 1801
翠雀花素-3-*O*-*β*-芸香糖苷 1801
翠雀灵碱 296
翠雀素 309
翠雀它灵 294
翠雀它明 294
翠雀亭 310
哒酮霉素 2870
达鲁宾 1866
大苞藤黄素 1810
大豆苷元-7-*O*-*α*-D-吡喃葡萄糖基-(1→4)- *O*-*β*-D-吡喃葡萄糖苷 1739
大豆苷元-7-*O*-*β*-D-吡喃葡萄糖基-(1→4)- *O*-*β*-D-吡喃葡萄糖苷 1739
大豆苷元-7,4'-*O*-葡萄糖苷 1739
大豆黄苷 1738
大豆黄素 1738
大花淫羊藿苷 B 1682
大花淫羊藿苷 C 1683
大花淫羊藿苷 D 1679
大花淫羊藿苷 E 1683
大花淫羊藿苷 F 1682
大花淫羊藿苷 A 1679
大黄酚 1900
大黄酚-1-*O*-*β*-D-葡萄糖苷 1902
大黄酚-8-*O*-*β*-D-葡萄糖苷 1902
大黄素 1900
大黄素甲醚 1900
大黄素甲醚-1-*O*-*β*-D-葡萄糖苷 1902
大黄素甲醚-8-*O*-*β*-D-葡萄糖苷 1902
大黄素 1-*O*-*β*-龙胆二糖 1903
大黄素龙胆二糖 1903
大黄素-1-*O*-*β*-D-葡萄糖苷 1902
大黄素-8-*O*-*β*-D-葡萄糖苷 1902
大黄酸 1900
大茴香醇 A 1545
大茴香醇 B 1545
大交让木明 265
大交让木明 331
大理藜芦碱 A 367
大理藜芦碱 B 367
大麦碱 22
(+)-大鸭脚木定 237
大鸭脚木碱 253
大叶桉亭 82
大叶唐松草定碱 147
丹叶大黄素-3-*O*-D-吡喃葡萄糖苷 2247
单叶芸香品碱 82
N-单乙酰基-2-脱氧链霉胺 2676
单猪屎豆碱 45
胆木芬 194
L-蛋氨酸 2361
当归醇 B 1545
当归酰棋盘花碱 367
当药苷 1808
党参次碱 28
倒捻子醇 1809
α-倒捻子素 1809
β-倒捻子素 1809
道孚香茶菜甲素 913
道孚香茶菜素 913
德尔色明 305
灯台酸 1634
灯盏花乙素 1632
迪福拉克他酸 2220
迪福拉克他酸甲酯 2220
敌克冬种碱 165
蒂巴因 143
滇刺枣碱 J 382
滇瑞香 A 265
滇瑞香 B 265
滇瑞香 C 265
滇瑞香 D 265
滇瑞香 E 265
滇瑞香 E 三氟乙酸盐 265
1-碘环己烷 2173
6-碘-9*H*-嘌呤 376
1-碘辛烷 2171
1,3-丁二醇 2358
1,4-丁二醇 2161
1,4-丁二醇 2358
丁二酸 2148
丁二酸二乙酯 2150
N-丁基苯磺胺 2982
丁硫醇 2171
3-丁炔-2-醇 2161
2-丁炔-1,4-二醇 2161
2*R*,3*S*-1,2,3-丁三醇 2161
2*S*,3*S*-1,2,3-丁三醇 2161
丁酸 2148
1-丁烯 2171
丁-2-烯酸 2148
丁-3-烯 2-酮 2171
11-*O*--(3'-丁酰羟基)扁担叶碱 157
丁香醛 2213
丁香酸 2212
丁香亭-3-*O*-*β*-D-吡喃木糖苷 1678
14-*t*-丁氧羰基白乌头原碱 301

东方刺桐素 B　1856
东方刺桐素 C　1856
东莨菪苷　1546
东莨菪碱　52
冬凌草丙素　918
冬凌草甲素　919
冬凌草碱　82
冬凌草辛素　918
α-毒灰叶酚　1865
β-毒灰叶酚　1866
毒马草黄酮　1632
毒马钱碱 I　253
毒芹碱　67
毒蕈醇　21, 397
(+)-毒蕈碱碘化物　21
杜英碱　265
短叶松黄烷酮　1723
短叶苏木酚酸　2214
对羟苯基-2-丁酮　2214
对羟基苯甲酸　2212
对羟基苯甲酸甲酯　2213
3-*O*-对羟基苯甲酰芒果苷　1808
3'-*O*-对羟基苯甲酰芒果苷　1807
4'-*O*-对羟基苯甲酰芒果苷　1807
6'-*O*-对羟基苯甲酰芒果苷　1808
对羟基苯乙酸　2213
对羟基桂皮酸　2214
对羟基桂皮酸甲酯　2214
对生马钱碱　232
对叶百部碱 N　28
对映贝壳杉-2α, 16α-二醇　916
对映-贝壳杉烷-16β,17-二醇　916
对映-贝壳杉烷-3α,16α,17,19-四醇　916
对映-贝壳杉-16-烯-19-酸-13-*O*-β-D-葡萄糖苷　916
对映-18,20-二氧化-贝壳杉-16-烯-15-酮　914
对映-13-羟基-贝壳杉-16-烯-19-羧酸　915
对映-16β,17,18-三羟基-贝壳杉烷-19-羧酸　916
多根乌头碱　315
多果树碱　249
多花苷 A　1680
多花苷 B　1679
多花胡枝子素 A_1　1659
多花胡枝子素 A_1　1725
多花胡枝子素 A_2　1658
多花胡枝子素 A_2　1725
多花胡枝子素 A_3　1660
多花胡枝子素 A_4　1659
多花胡枝子素 B_1　1725
多花胡枝子素 B_2　1725
多花胡枝子素 B_3　1725
多花胡枝子素 B_4　1725
多花胡枝子素 C_1　1771
多花胡枝子素 C_2　1771
多花胡枝子素 C_3　1771
多花胡枝子素 C_4　1771
多花胡枝子素 C_5　1771
多花胡枝子素 C_6　1771
多花胡枝子素 C_7　1755, 1771
多花胡枝子素 D_1　1747
多花胡枝子素 E_1　1795
多花胡枝子素 G_1　1855
多花胡枝子素 G_2　1855
多花胡枝子素 G_3　1855
多花胡枝子素 G_4　1855
多花胡枝子素 G_5　1855
多花胡枝子素 G_6　1855
多花胡枝子素 G_7　1855
多花胡枝子素 G_8　1855
多花胡枝子素 G_9　1855
多花胡枝子素 G_{10}　1855
多花胡枝子素 G_{11}　1856
多花胡枝子素 G_{12}　1856
多花胡枝子素 H_1　1856
多花胡枝子素 H_2　1856
多花胡枝子素 I_1　1856
多花胡枝子素 I_2　1856
多花胡枝子素 I_3　1856
多花胡枝子素 J_1　1856
多花胡枝子素 J_2　1856
多花胡枝子素 J_3　1856
多花胡枝子素 J_4　1856
多花山竹子酮 A　1808
多花山竹子酮 B　1807
(–)-多花羽扇豆碱　167
鹅掌楸定　114
鄂贝定碱　363
鄂贝乙素　363
萼翅藤酮　1675
恩其明　158
儿茶酚　2212
儿茶素-4α-醇　1777
(2*R*)-儿茶素-4',7-二甲醚　1776
(2*R*)-儿茶素-4'-甲醚　1776
2,6-二氨基-9*H*-嘌呤　376
(*Z,E,Z*)-8-[(二苯甲烯基)氨基]-3,5,7-辛三烯-2-酮　23
8,14-二苯甲酰基白乌头原碱　301
6-*O*-α-L-(2"-*O*-,3"-*O*-二苯甲酰基)吡喃鼠李糖基梓醇　443
6-*O*-α-L-(2"-*O*-,3"-*O*-二苯甲酰基，4"-*O*-反式-*p*-香豆酰基)吡喃鼠李糖基梓醇　442
6-*O*-α-L-(2"-*O*-,3"-*O*-二苯甲酰基，4"-*O*-顺式-*p*-香豆酰基)吡喃鼠李糖基梓醇　443
二丙诺啡　143
1,2-二丁烯　2171
2,2-二氟丙酸　2148
二环[2.2.1]庚-1-醇　2174
二环[2.2.1]-庚-7-醇　2162
二环[2.2.1]庚-ax-2-醇　2162, 2163
二环[2.2.1]-庚-eq-2-醇　2163
二环[3.3.0]庚-1-醇　2173
二环[4.1.0]-2,4-庚二烯-7-酸　2150
二环[3.3.0]庚-1-巯甲基　2173
二环[2.2.1]庚烷　2174
二环[3.3.0]庚烷　2173
1,2-二环[2.2.1]庚烷二甲酸酐　2151
二环[2.2.1]庚烷-2-己酸酯　2150
二环[2.2.1]-5-庚烯-2-醇　2163
2,3-二环[2.2.1]-2-庚烯二甲酸甲酯　2151
ax-二环[2.2.1]-5-庚烯-2-酸　2150
eq-二环[2.2.1]-5-庚烯-2-酸　2150
二环[4.4.0]癸烷　2173

(1R,4R)-二环[3.3.0]-1,4-辛二醇 2163
(2S,5S)-二环[3.3.0]-2,5-辛二醇 2163
1,2-二环[2.2.2]辛烷二甲酸酐 2151
二环[3.2.1]辛-2-烯 2174
3-[(二甲氨基)甲基]-2-酮基-二氢吲哚 178
1-二甲氨基-1-烯-4-甲基丁-3-酮 2173
1,3-二甲基吡咯烷 28
E-4,7-二甲基橙酮 1840
Z-4,6-二甲基橙酮 1839
Z-4,7-二甲基橙酮 1839
2,2-二甲基丁酸 2149
2,2-二甲基丁酸甲酯 2149
2,2-二甲基丁烷 2172
2,3-二甲基-2-丁烯 2172
3,3-二甲基丁烯 2172
3,3-二甲基二环[2.2.1]庚-ax-2-醇 2163
3,3-二甲基二环[2.2.1]-庚-eq-2-醇 2163
7,7-二甲基二环[2.2.1]-庚-ax-2-醇 2163
7,7-二甲基二环[2.2.1]庚-eq-2-醇 2163
2,3-二甲基二环[4.4.0]癸烷 2173
2,10-二甲基二环[4.4.0]癸烷 2173
1,4-二甲基二环[3.3.0]辛-1-烯 2174
6,8-二-C-甲基槲皮素-3,3'-二甲醚 1675
6,8-二-C-甲基槲皮素-3,3',7-三甲醚 1675
1,1-二甲基环丙烷 2173
1,2-二甲基环丙烷 2173
2,2-二甲基己酸 2149
2,3-二甲基-2-己烯 2172
8α-10-二甲基-N-甲基-顺式-十氢喹啉 81
E-4,6-二甲基-4'-甲氧基橙酮 1840
Z-4,6-二甲基-4'-甲氧基橙酮 1839
E-4,7-二甲基-4'-甲氧基橙酮 1840
Z-4,7-二甲基-4'-甲氧基橙酮 1839
1,4-二甲基-8-甲氧基-2-喹诺酮 79
4,4-二甲基-3-甲氧基戊酸甲酯 2149
1,4-二甲基-9H-咔唑 187
1,4-二甲基-9H-咔唑-7-醇 187
5,8-二甲基喹啉 78
6,8-二甲基喹啉 78
7,8-二甲基喹啉 78
4,7-二甲基-2-喹诺酮 79
4,8-二甲基-2-喹诺酮 79
4,6-二甲基喹诺酮 79
1,4-二甲基喹诺酮 79
2,5-二甲基-4-喹喏酮 80
2,6-二甲基-4-喹喏酮 80
2,8-二甲基-4-喹喏酮 80
6,8-二-C-甲基山柰酚-3,4'-二甲醚 1674
6,8-二-C-甲基山柰酚-3-甲醚 1674
2R,3R,7R-3,7-二甲基-2-十三烷醇 2162
2R,3S,7S-3,7-二甲基-2-十三烷醇 2162
2S,3R,7S-3,7-二甲基-2-十三烷醇 2162
2S,3S,7R-3,7-二甲基-2-十三烷醇 2162
(2S,2"S)-7,7"-二-O-甲基四氢穗花杉双黄酮 1871
4',7"-二-O-甲基穗花杉双 黄酮 1871
2,2-二甲基戊酸 2149
2,3-二甲基-2-戊烯 2172
3,3-二甲基戊烯 2172
8-(1,1-二甲基烯丙基)高良姜素 1682
8-(1,1-二甲基烯丙基)高良姜素三乙酰化物 1682
E-N-二甲基-1-烯乙胺丙酮 2172
Z-N-二甲基-1-烯乙胺丙酮 2172
3,7-二甲基-2,6-辛二烯醇 2162
E-4,7-二甲基-4'-溴代橙酮 1840
1,1-二甲基-2-溴环丙烷 2173
4-(N, N-二甲基)乙基苯酚 2212
1-(1,1-二甲基乙烷)环己烷 2173
2,4-二甲基-5-(乙氧羰基)吡咯 28
N, N-二甲基异丁酰胺 2172
2,6-二甲硫基-9H-嘌呤 376
1-(11,12-二甲氧基苄基)-1,2,3,4-四氢异喹啉 108
3,5-二甲氧基苯甲酸-2-(甲氧羰基甲基)苯酚酯 2222
3,5-二甲氧基苯甲酸-2-(乙氧羰基甲基)苯酚酯 2222
3，4-二甲氧基苯乙酸-2-(甲氧羰基甲基)苯酚酯 2221
3,4-二甲氧基苯乙酸-2-(乙氧羰基甲基)苯酚酯 2222
1-(11,12-二甲氧基苄基)- 6,7-二甲氧基-2 甲基-1,2,3,4-四氢异喹啉 108
(S)-1-(11,12-二甲氧基苄基)-6,7-二甲氧基-2 甲基-1,2,3,4-四氢异喹啉 108
(R)-1-(11,12-二甲氧基苄基)-6,7-二甲氧基-2 甲基-1,2,3,4-四氢异喹啉 108
1-(11,12-二甲氧基苄基)- 6,7-二甲氧基-1,2,3,4-四氢异喹啉 108
(E)-N-[2-(3,4-二甲氧基雌三醇)-4,5-二甲氧基苯基]-N-甲基羟胺 108
Z-4,6-二甲氧基橙酮 1839
6,7-二甲氧基-1,2-二甲基-1,2,3,4-四氢异喹啉 105
4',5-二甲氧基-(6:7)-2, 2-二甲氧基吡喃并黄酮 1634
2,4-二甲氧基-2',4'-二羟基-查耳酮 1752
6,7-二甲氧基-3,4-二氢异喹啉 105
3',4'-二甲氧基高异黄酮 1847
11, 12-二甲氧基亨宁萨胺 253
3,7-二甲氧基黄酮 1674
4',5-二甲氧基黄酮-7- O-葡萄糖基木糖苷 1631
1,2-二甲氧基-6-甲基蒽醌 1901
(S)-6,7-二甲氧基-1-甲基-1,2,3,4-四氢异喹啉 105
6,7-二甲氧基-2-甲基-1,2,3,4-四氢异喹啉 105
Z-2-[3,5-二甲氧基-4-(甲氧基甲氧基)苯亚甲基]-4,6-二甲氧基-3(2H)-苯并呋喃酮 1840
Z-4,6-二甲氧基-2-[3-甲氧基-4-(甲氧基甲氧基)苯亚甲基]-3(2H)-苯并呋喃酮 1840
Z-4,6-二甲氧基-2-[邻-(甲氧基甲氧基)苯亚甲基]-3(2H)-苯并呋喃酮 1839
Z-4,6-二甲氧基-3-[邻-(甲氧基甲氧基)苯亚甲基]-3(2H)-苯并呋喃酮 1839
6,11-二甲氧基罗 2695
1,2-二甲氧基-3-羟基蒽醌 1901
3,5'-二甲氧基-4-羟基-3",3"-二甲基吡喃[3',4']芪 2247
4,5'-二甲氧基-3'-羟基-2'-[8'-甲基-7'-丙酮]-芪 2246
10-O-(3,4-二甲氧基-(E)-肉桂酰基)梓醇 443
10-O-(3,4-二甲氧基-(Z)-肉桂酰基)梓醇 443
1,8-二甲氧基-1,2,3,4-四氢异喹啉 105
6,7-二甲氧基-1,2,3,4-四氢异喹啉 105
5,7-二甲氧基-3',4'-亚甲二氧基二氢黄酮 1657
3,7-二甲氧基-3',4'-亚甲二氧基黄酮 1676
6,7-二甲氧基异喹啉 105
二聚硫黄菊素 1840
E-2,3-二氯-2-丁烯酸 2148
Z-2,3-二氯-2-丁烯酸 2148
1,4-二氯-2-甲氧基二环[2.2.0]庚烷 2173

2,6-二氯-9*H*-嘌呤 376
2,3-二氯-2-烯-4-丁酮酸 2148
2,2-二氯乙酸甲酯 2148
2,2-二氯乙酸叔丁酯 2149
二噁霉素 2867
1-(1,3-二羟丙基)-环丙醇 2163
2,7-二羟基阿朴缝籽木碱 213
2,7-二羟基阿朴缝籽木早碱 246
3α-16α-二羟基贝壳杉烷-17-*O*-β-D-葡萄糖苷 917
3α,16α-二羟基贝壳杉烷-19-*O*-β-D-葡萄糖苷 917
3α,16α-二羟基贝壳杉烷-20-*O*-β-D-葡萄糖苷 918
2-(2,4-二羟基苯基)-3-苯基-丙烯酸-γ-内酯 1840
3-[(3,4-二羟基苯基)甲基]-5,7-二羟基苯并吡喃-4-酮 1849
6'-*O*-(2,3-二羟基苯酰基獐牙菜苦苷 451
6'-*O*-(2,3-二羟基苯酰基獐牙菜苦素 451
3,4-二羟基苯乙酸甲酯 2213
2,6-二羟基苯乙酮 2213
1,3-二(3-羟基)丙硫基丙烷 2161
2,4-二羟基-3-丙酰基-6-甲氧基苯甲醛 2213
2,2'-二羟基查耳酮 1751
4,6-二羟基橙醇 1840
4',6-二羟基橙酮-4-*O*-芸香糖苷 1840
6β,11α-二羟基-6,7-断裂-6,20-环氧-1α,7-内酯-对映-贝壳杉-16-烯-15-酮 847
2',5-二羟基-4',7- *O*-β-D-二吡喃葡萄糖二氢黄酮苷 1658
2,4-二羟基-3,6-二甲基苯甲酸 2213
3,6-二羟基-2,4-二甲基苯甲酸 2213
5,4'-二羟基-8-(3,3-二甲基烯丙基)-2"-甲氧基异丙基呋喃-[4,5: 6,7]-异黄酮 1739
5,4'-二羟基-8-(3,3-二甲基烯丙基)-2"-羟甲基-2"-甲基吡喃[5,6: 6,7]-异黄酮 1739
5,4'-二羟基-3,3'-二甲氧基芪 2245
2',4'-二羟基-3',6'-二甲氧基查耳酮 1752
2',6'-二羟基-3',4'-二甲氧基查耳酮 1752
(2*S*)-3',5'-二羟基-7,4'-二甲氧基二氢黄酮 1657
3',7-二羟基-4',5-二甲氧基-高异二氢黄酮 1848
4',5-二羟基-6,7-二甲氧基-高异二氢黄酮 1847
4',5-二羟基-7,8-二甲氧基-高异二氢黄酮 1847
3,5-二羟基-4',7-二甲氧基黄酮 1674
5,8-二羟基-4',7-二甲氧基黄酮 1631
2',4-二羟基-4',6'-二甲氧基-3'-甲基-查耳酮 1753
2',4-二羟基-4',6'-二甲氧基-3'-甲基-查耳酮 1753
4',5-二羟基-2',3'-二甲氧基-7- (5-羟基氧代色烯-7-基)-二氢异黄酮 1747
2',4'-二羟基-4'-(1,1-二甲乙基)-3,4-亚甲二氧基查耳酮 1752
5,7-二羟基二氢黄酮 1657
3',4'-二羟基高异二氢黄酮 1847
(2*S*)-4',7-二羟基黄烷 1776
1,2-二羟基-3-甲基蒽醌 1901
(2*S*)-4',7-二羟基-8-甲基黄烷 1776
1,6-二羟基-3-甲基-8-甲基蒽醌 1901
5,7-二羟基-6-甲酰基-8-甲基二氢黄酮 1657
3,3'-二羟基-5-甲氧基芪 2245
3,4-二羟基-3'-甲氧基芪 2244
3,5-二羟基-4-甲氧基苯甲酸 2212
2,2'-二羟基-4'-甲氧基查耳酮 1752
2',3-二羟基-4'-甲氧基查耳酮 1752
2',4-二羟基-4'-甲氧基查耳酮 1751
2',4'-二羟基-5'-甲氧基查耳酮 1752
2',4'-二羟基-6'-甲氧基查耳酮 1752
4',4-二羟基-2-甲氧基查耳酮 1752
3,4-二羟基-5-甲氧基-(6: 7)-2,2-二甲基吡喃并黄烷 1778
5,7-二羟基-4'-甲氧基-6,8-二甲基花青素 1800
2,4'-二羟基-4-甲氧基二氢查耳酮 1771
5,7-二羟基-2'-甲氧基-3',4'-二氧亚甲基二氢异黄酮 1746
4',5-二羟基-7-甲氧基高异二氢黄酮 1847
7,4'-二羟基-8-甲氧基高异黄烷 1847
(2*S*)-3',7-二羟基-4'-甲氧基黄烷 1776
(2*S*)-4',7-二羟基-3'-甲氧基黄烷 1776
2',7-二羟基-4'-甲氧基-5'-(3-甲基-2-丁烯基)异黄酮 1739
(2*S*)-7,3'-二羟基-4'-甲氧基-8-甲基黄烷 1776
4',5-二羟基-7-甲氧基-6-甲基黄烷 1776
4',6-二羟基-7-甲氧基-8-甲基黄烷 1776
5,7-二羟基-6-甲氧基-3-(4'-甲氧基苄基)- 苯并二氢吡喃-4-酮 1847
3,3'-二羟基-5-甲氧基双乙酸盐芪 2245
4',5-二羟基-7-甲氧基-8-乙酰氧基高异二氢黄酮 1848
5,7-二羟基-4'-甲氧基异黄酮-7-*O*-β-D-木糖基-(1→6)-β-D-吡喃葡萄糖苷 1739
15,19-二羟基-8(17),13(*E*)-赖伯当二烯 733
5,7-二羟基-3,6,8,3', 4',5'-六甲氧基黄酮 1676
5,7-二羟基-3-(4'-羟苄基)-苯并二氢吡喃-4-酮 1847
1,3-二羟基-2-羟甲基蒽醌 1901
1,7-二羟基-2-羟甲基蒽醌 1901
7-(3',4'-二羟基-5'-羟甲基-四氢呋喃)-3,7*H*-吡咯[2, 3-*d*]并嘧啶-4-硫酮 378
7-(3',4'-二羟基-5'-羟甲基-四氢呋喃)-3,7*H*-吡咯[2, 3-*d*]并嘧啶-4-酮 378
9-(3',4'-二羟基-5'-羟甲基-四氢呋喃)-1,9*H*-1-甲基-嘌呤-6-硫酮 380
9-(3',4'-二羟基-5'-(羟甲基)-四氢呋喃)-1,9*H*-1-甲基-嘌呤-6-酮 379
7-(3',4'-二羟基-5'-羟甲基-四氢呋喃)-1,7*H*-嘌呤-6-酮 379
7-[3',4'-二羟基-5'-(羟甲基)-四氢呋喃]-1,7*H*-嘌呤-6-酮 379
9-(3',4'-二羟基-5'-羟甲基-四氢呋喃)-1,9*H*-嘌呤-6-酮 379
9-[3',4'-二羟基-5'-(羟甲基)-四氢呋喃]-1,9*H*-嘌呤-6-酮 379
7-*O*-[6'-*O*-3", 4"-二羟基肉桂酸)-β-D-葡萄糖]-8-羟基-香豆素 1545
2',4'-二羟基-2,3',6'-三甲氧基-查耳酮 1753
2',4-二羟基-3',4',6'-三甲氧基-查耳酮 1753
2',5-二羟基-3,4,4'-三甲氧基查耳酮 1751
3',5'-二羟基-2',4',6'-三甲氧基二氢查耳酮 1771
5,7-二羟基-3,4',6-三甲氧基黄酮 1674
5',8-二羟基-3', 4', 7-三甲氧基黄酮 1631
5,8-二羟基-3,6,7-三甲氧基黄酮 1674
2',6-二羟基-5,6', 7,8-四甲氧基黄酮 1631
(2*R*,3*R*,4*S*)-3,4-二羟基-5,7,3',4'-四甲氧基黄烷 1777
(2*R*,3*S*,4*S*)-3,4-二羟基-5,7,3',4'-四甲氧基黄烷 1777
二羟基天芥菜烷 45
5,7-二羟基-3,8,3',4',5'-五甲氧基黄酮 1676
1,3-二(2-羟基)乙硫基丙烷 2161
6,17-二羟基异金雀花碱 167
13,17-二羟基鹰爪豆碱 167
二氢阿替生 321
二氢阿替生双乙酸盐 321
(2*S*)-2,3-二氢扁柏双黄酮 1871
二氢毒灰叶酚 1866

2,3-二氢-4',4'''-二-*O*-甲基穗花杉双黄酮 1871
(2*R*,3*R*)-2,3-二氢-3,5-二羟基-7-甲氧基黄酮 1724
(±)-2,3-二氢格拉齐文 111
(±)-5,6-二氢格拉齐文 111
$\Delta^{\alpha,\beta}$-二氢胡椒碱 17
二氢槲皮素 1723
2*R*,3*R*-二氢槲皮素 1724
(2*R*,3*R*)-二氢槲皮素-4',7-二甲醚 1723
(2*R*,3*S*)-二氢槲皮素-4',7-二甲醚 1724
16,17-二氢-12b,16b-环氧欧乌头碱 319
7,8-二氢-[1,3]间二氧杂环戊烯[4,5-*g*]异喹啉-6*H*-5-酮 105
2",3"-二氢金连木黄酮 1871
二氢咖啡酚 2289
二氢咖啡酸 2214
二氢咖啡酸丙酯 2214
二氢咖啡酸甲酯 2214
二氢咖啡酸乙酯 2214
二氢奎尼丁 82
二氢毛鱼藤酮 1865
二氢尼菲霉素 2697
二氢欧山芹醇-[*β*-D-吡喃葡萄糖-(1→6)-*β*-D-吡喃葡萄糖]苷 1561
二氢欧山芹醇-*β*-D-吡喃葡萄糖苷 1561
二氢欧山芹醇[*β*-D-芹菜糖-(1→6)-*β*-D-吡喃葡萄糖]苷 1561
(+)-3,4-二氢-3-[(4-羟苯基)甲基]-2*H*-1-苯并吡喃-7-醇 1847
2,3-二氢-3-[(15-羟苯基)甲基]-5,7-二羟基-6,8-二甲基-4*H*-1-苯并吡喃-4-酮 1847
2,3-二氢-3-[(15-羟苯基)甲基]-5,7-二羟基-6-甲基-8-甲氧基-4*H*-1-苯并吡喃-4-酮 1847
16,17-二氢-17b-羟基帽柱木非灵 223
8,8a-二氢-8-羟基藤黄精酸 1811
16,17-二氢-17b-羟基异帽柱木非灵 223
二氢山柰酚 1723, 1725
(2*R*,3*R*)-二氢山柰酚-4',7-二甲醚 1723
二氢山柰素 1723
1",2"-二氢蛇麻醇C 1754
二氢石松碱 168
7',8'-二氢-1,1'-双汉防己碱 144
二氢维特钦双乙酸盐 318
二氢吴茱萸新碱 79
2,3-二氢-4',5,5",7,7"-五羟基-6,6"-二甲基-[3'-*O*-4''']-双黄酮 1871
二氢西伯里亚紫堇碱 134
3, 4-二氢香豆素 1545
5,6-二氢野扇花尼定碱-E 349
9-二氢-13-乙酰基-巴卡亭III 849
7, 9-二氢-1-(3'-异丁基醇)-1 *H*-嘌呤-6, 8-二酮 374
2",3"-二氢异柳杉素 1871
二氢吲哚 177
二氢鱼藤酮 1865
二氢鱼藤酮酸 1866
二氢沼生木贼碱 392
二氢柘木黄酮B 1633
8,8a-二氢枝盘孢菌素 2870
13-二氢紫杉宁 849
3, 6-二去甲基异娃儿藤任 264
(11*E*)-1,2-二去氢百部叶碱 28
(11*Z*)-1,2-二去氢百部叶碱 28
1,2-二去氢百部叶碱氮氧化物 28
6',7'-二去氢密花藤质 205
19,20*α*-二去氢沃洛亭 197
16,19-二去-14-羧酸甲酯伊菠胺 202
二十二烷酸甘油单酯 2149
二十四烷酸甘油单酯 2149
2,6-二叔丁基苯酚 2212
二叔丁基甲醇 2162
2,6-二叔丁基-4-甲氧基苯酚 2212
3,5-二叔丁基-4-羟基苯甲腈 2212
2,3-二酮基-二氢 吲哚 178
2,8-二烯-4,6-癸二炔-1,10-二醇 2161
二辛基亚砜 2171
2,3-二溴-2-烯-4-丁酮酸 2148
1-二溴-2-溴乙烯-*α*-溴己酮 2171
3,4-4',5'-二亚甲二氧基-查耳酮 1753
8,14-*O*-二乙基白乌头原碱 301
3",4"-二-*O*-乙酰基阿福豆苷 1677
3,5-二乙酰基-4',7,8-三甲氧基黄酮 1675
1,6-二乙酰-9-去氧佛司可林 735
1,6-二乙酰-7-去乙酰佛司可林 735
2,2'-二乙酰氧基查耳酮 1752
Z-4',6-二乙酰氧基橙酮 1839
2',4-二乙酰氧基-4'-甲氧基查耳酮 1752
2',4'-二乙酰氧基千斤拔素D 1659
2',4-二乙酰氧基-5'-(3-乙酰丙基)-3,3'-二甲氧基芪 2246
3，4-二乙氧基苯乙酸-2-(甲氧羰基甲基)苯酚酯 2221
3,4-二乙氧基苯乙酸-2-(乙氧羰基甲基)苯酚酯 2222
2,6-二异丙基苯酚 2212
法康乌头碱 300
番荔枝宁 121
番茄碱 340
番茄碱苷 339
番茄皂苷C 339
番茄皂苷D 339
反邻香豆素 2214
6-*O*-*α*-L-(4"-*O*-反-肉桂酰基)-吡喃鼠李糖基梓醇 442
反式*N*-阿魏酸酯-甲氧酪胺 17
反式-八氢-4-甲基-2*H*-喹嗪 165
反式-白藜芦醇-3,4'-*O*-*β*-二葡萄糖苷 2248
反式白藜芦醇-3-(4"-乙酰基)-*O*-*β*-D-木吡喃糖苷 2247
反式-3-苯亚甲基-4-苯并二氢吡喃酮 1848
反式-4-(二甲氨基)-3-丁烯-2-酮 22
反式-3-(3,4-二甲氧基苯亚甲基)-苯并二氢吡喃-4-酮 1849
反式-3,3'-二甲氧基-4,4'-二羟基芪 2245
反式-3,5-二甲氧基-3'-羟基-4'-(4"-甲基-2"-丁烯)-芪 2245
反式-3,5-二甲氧基-4'-羟基-3'-(4"-甲基-2"-丁烯)-芪 2245
6-*O*-[3-*O*-(反式-3,4-二甲氧基肉桂酰基)-*α*-L-吡喃鼠李糖基]-桃叶珊瑚苷 442
反式-3,5-二羟基芪 2245
反式-2',4'-二羟基查耳酮 1751
反式-3,5-二羟基-4'-甲氧基芪 2245
反式-4',5二羟基-3-甲氧基芪-5-*O*-[*α*-L-吡喃鼠李糖基-(1→6)]-*α*-D-吡喃葡萄糖苷 2248
反式-4',5-二羟基-3-甲氧基芪 -5-*O*-{*α*-L-吡喃鼠李糖基-(1→2)-[*α*-L-吡喃鼠李糖基-(1→6)]}- *α*-D-吡喃葡萄糖苷 2248
反式-2',4-二乙酰氧基-3,3'-二甲氧基芪 2246
反式-2,2'-二乙酰氧基-4'-甲氧基查耳酮 1752
反式-4-甲基查耳酮 1751

2(*R*)-反式-3-甲基-5,7, 3',4'-四甲氧基-5'-羟基二氢黄酮醇　1724
反式-5-甲氧基-白藜芦醇-3-*O*-β-D-呋喃芹糖基-(1→6)-β-D-吡喃葡萄糖苷　2248
反式-5-甲氧基-白芦醇-3-*O*-β-D-吡喃葡萄糖苷　2248
反式-3-(4-甲氧基苯亚甲基)-4-苯并二氢吡喃酮　1849
反式-3-甲氧基查耳酮　1751
反式-4-甲氧基查耳酮　1751
反式-3-甲氧基-5-羟基芪　2245
6-*O*-[3-*O*-(反式-*p*-甲氧基肉桂酰基)-α-L-吡喃鼠李糖基]-桃叶珊瑚苷　442
10-*O*-反式-*p*-甲氧基肉桂酰基梓醇　443
2(*R*)-反式-5-甲氧基-7, 3',4'-三羟基二氢黄酮醇　1724
(2,3-反式)-5-甲氧基-6,7-亚甲二氧基二氢黄酮醇　1723
反式芥子酸　2214
10-*O*-反式-*p*-咖啡酰基梓醇　443
反式-羟基蛇麻醇　1755
反式-2'-羟基-4',5'-亚甲二氧基查耳酮　1752
2(*R*)-反式-蛇葡萄素五甲醚　1724
反式-3,4,5,4′-四甲氧基-2′,3′-二硝基芪　2245
2(*R*)-反式-7,3',4',5'-四甲氧基二氢黄酮醇　1724
2(*R*)-反式-3',4',5,7-四甲氧基-3-乙酰氧基二氢黄酮　1724
2(*R*)-反式-7,3',4',5'-四甲氧基-3-乙酰氧基二氢黄酮　1724
2(*R*)-反式-7,8,3',4'-四羟基二氢黄酮醇　1724
(2*R*-反式)-3',4',5,5',7-五甲氧基-3-(3",4",5"-三甲氧基苯甲酰基)-二氢黄酮醇　1726
6-*O*-反式-*p*-香豆酰基-8-表-金银花苷　451
6-*O*-反式-*p*-香豆酰基-7-脱氧地黄素 A　449
6-*O*-反式-*p*-香豆酰基-8-*O*-乙酰基山栀(子)苷甲酯　447
4'-*O*-反式-*p*-香豆酰基獐牙菜苦苷　451
6'-*O*-反式-*p*-香豆酰马钱子苷　446
反式-2'-乙酰氧基查耳酮　1751
2(*R*)-反式-3-乙酰氧基- 3',4',5,5',7-五甲氧基二氢黄酮　1724
10-*O*-反式-异阿魏酸基梓醇　444
反式-右旋-3,14α-二羟基-6,7-二甲氧基菲并吲哚里西啶　264
反式-右旋-3,14α-二羟基-4,6,7-三甲氧基菲并吲哚里西啶　264
反式-紫衫叶素-3-*O*-α-吡喃阿拉伯糖苷　1726
飞机草素　1753
飞燕草定碱　309
飞燕草碱　310
飞燕草叶碱　312
非瑟酮醇-4β-醇　1776
非瑟酮醇-4α-醇　1776
非洲防己碱　152
菲劳咖啉碱　147
芬尼法霉素 A　2676
芬尼法霉素 B　2676
芬尼法霉素 C　2676
芬尼法霉素 E　2676
芬尼法霉素 F　2676
粉防己碱　147
缝籽碱　237
缝籽木碱　216
缝籽木碱甲醚　216
缝籽木早灵 N^4-氧化物　205
α-D-呋喃阿拉伯糖　2327
β-D-呋喃阿拉伯糖　2327
α-D-呋喃阿洛糖　2328
β-D-呋喃阿洛糖　2328
α-D-呋喃阿洛酮糖　2330
β-D-呋喃阿洛酮糖　2330
α-D-呋喃阿卓糖　2328
β-D-呋喃阿卓糖　2328
α-D-呋喃艾杜糖　2328
β-D-呋喃艾杜糖　2328
α-D-呋喃半乳糖　2328
β-D-呋喃半乳糖　2328
α-DL-呋喃赤藓糖　2327
β-DL-呋喃赤藓糖　2327
α-D-呋喃古洛糖　2328
β-D-呋喃古洛糖　2328
α-D-呋喃果糖　2329
β-D-呋喃果糖　2329
α-D-呋喃核糖　2327
α-D-呋喃来苏糖　2327
β-D-呋喃来苏糖　2327
α-D-呋喃葡萄糖　2328
α-DL-呋喃苏阿糖　2327
β-DL-呋喃苏阿糖　2327
α-D-呋喃塔罗糖　2328
β-D-呋喃塔罗糖　2328
伏立佛明　168
伏冉宁　381
3-氟苯乙酸-2-(甲氧羰基甲基)苯酚酯　2221
4-氟苯乙酸-2-(甲氧羰基甲基)苯酚酯　2221
2-氟苯甲酸-2-(乙氧羰基甲基)苯酚酯　2222
3-氟苯乙酸-2-(乙氧羰基甲基)苯酚酯　2222
4-氟苯乙酸-2-(乙氧羰基甲基)苯酚酯　2221
1-氟环己烷　2173
氟氯西林　2869
2-氟-9*H*-嘌呤　376
1-氟辛烷　2171
L-脯氨酸　2360
腐败菌素 A_1　383
腐败菌素 Ed_1　383
盖耶氏翠雀碱　296
甘氨酸　2359
甘氨酰胺盐酸盐　2359
甘草查耳酮甲　1754
甘草查耳酮戊　1754
甘草醇 B　1856
甘草苷元　1657
甘草黄酮 B　1633
甘草黄酮 C　1634
甘草宁 Q　1634
甘草素　1657
甘草素-7-甲醚　1657
甘草异黄醇 A　1796
甘草异黄醇 C　1796
甘草异黄醇 W　1796
甘草异黄醇 X　1796
β-(1→6)甘露聚糖　2357
β-D-(1→2)-甘露聚糖　2357
β-D-(1→4)-甘露聚糖　2357
β-D-(1→6)-甘露聚糖　2357
D-甘露糖醇　2358
甘遂宁 D1　749

杆孢菌素 L 2696
杆孢菌素 M 2696
柑橘素 A 1562
柑橘素 B 1562
赣乌碱 305
高北美圣草素 1657
高车前苷 1631
高飞燕草碱 296
高丽槐素 1856
高良姜素 1674
高良姜素-3-甲醚 1674
高去氧三尖杉酯碱 26
(2*S*)-高圣草素-7,4'-二-*O*-*β*-D-吡喃葡萄糖苷 1658
高新三尖杉酯碱 26
高异二氢黄酮 1847
格拉齐文 111
格里菲氏藤黄酮 1811
葛根素 1738
葛根素芹菜糖苷 1739
葛特咖啉碱 A 147
葛特咖啉碱 B 147
根霉素 2698
根皮苷 1771
根皮素 1771
根皮酸苯三酚酯 2289
钩藤碱 223
钩藤碱 E 224
钩吻定 223
钩吻碱 224
(±)-钩吻无定形碱 223
钩枝藤碱 139
枸橘苷 1658
构树查耳酮 A 1753
构树查耳酮 B 1753
构酮醇 A 1684
构酮醇 C 1684
构酮醇 F 1683
构酮醇 G 1684
古山龙 C 17
L-谷氨酸 2360
L-谷氨酰胺 2360
瓜馥木碱甲 265
瓜叶乌头碱 309
瓜子金脑苷酯 2183
寡霉素 A 2697
寡霉素 B 2697
寡霉素 C 2697
寡霉素 E 2697
寡霉素 F 2697
寡霉素 G 2697
关附未素 322
冠盖藤素 1684
冠狗牙花定 201
光萼猪屎豆碱 45
光甘草酚 1659
光甘草素 1796
光果甘草查耳酮 A 1754
光泽乌头碱 319
癸-2-烯-4,6,8-三炔酸甲酯 2149
贵州冬凌草丙素 847
贵州冬凌草丁素 847
贵州冬凌草庚素 847
贵州冬凌草己素 847
贵州冬凌草戊素 847
贵州冬凌草辛素 847
贵州冬凌草乙素 847
桂木宁 E 1633
过氧化野花椒醇碱 83
4-过氧羟基-13-羟基-19-降碳半日花-8(17),14-二烯 736
哈尔满 249
哈蜜紫玉兰查耳酮 1751
哈蜜紫玉兰橙酮 1839
哈蜜紫玉兰二氢黄酮 A 1657
哈蜜紫玉兰二氢黄酮 B 1657
哈明碱 249
海鸡冠刺桐素 1856
海尼钩枝藤碱 A 139
海人草酸 28
海罂粟碱 114
海州常山苷 A 1631
(−)-含笑宾 114
汉黄芩素 1630
汉黄芩素苷 1630
汉黄芩素-5-*O*-*β*-D-葡萄糖醛酸苷甲酯 1630
汉黄芩素-7-*O*-*β*-D-葡萄糖醛酸苷甲酯 1630
旱莲草宾碱 346
和常山碱 84
D-核糖醇 2358
核糖霉素 2676
荷包牡丹碱 114
(*S*)-褐鳞碱 114
褐绿白坚木碱 249
黑儿茶碱 216
黑龙江罂粟宁 111
黑木金合欢素 1777
红粉苔酸 2221
红花胺 1755
红花苷 1872
红花黄素 A 1755
红花黄素 B 1872
红景天素 1679
红霉素 2695
红霉素 2695
红霉素 B 2695
红霉素 F 2695
红霉素 G 2695
红乃马草碱 128
红曲霉恩卡素 A 1546
红曲霉恩卡素 B 1546
红曲霉恩卡素 C 1546
红曲霉恩卡素 D 1546
红曲霉恩卡素 E 1546
红曲霉恩卡素 F 1546
荭草素 1632
胡黄连苦苷 IV 442
胡卢巴碱 67
胡蔓藤碱甲 223
胡蔓藤碱乙 223
胡桃苷 1677
胡桃菌素 2769

湖贝啶　165
湖贝苷　364
槲皮苷　1678
槲皮苷-2''-没食子酸酯　1678
槲皮素　1675
槲皮素-3-*O*-*β*-L-阿拉伯吡喃糖苷　1678
槲皮素-3-*O*-(6''-阿魏酰基)-*β*-D-吡喃半乳糖苷　1678
槲皮素-5-*O*-半乳糖苷　1678
槲皮素-3-*O*-*β*-D-吡喃木糖-(1→2)-*β*-D-吡喃葡萄糖-3'-*O*-*β*-D-吡喃葡萄糖苷　1682
槲皮素-3-*O*-*β*-D-吡喃葡萄糖苷　1678
槲皮素-3-*O*-*β*-D-吡喃葡萄糖基-(1→2)-*α*-L-鼠李糖苷　1680
槲皮素-3-*O*-*α*-吡喃鼠李糖基-(1→2)-*β*-吡喃葡萄糖醛酸苷　1681
槲皮素-3-*O*-(6''-丙二酰基葡萄糖苷)　1678
槲皮素-3-巢菜糖苷　1681
槲皮素-3,4'-二-*O*-*β*-D-吡喃葡萄糖苷　1680
槲皮素-3,3'-二甲醚-4'-*O*-*β*-葡萄糖苷　1677
槲皮素-3,7-二鼠李糖苷　1680
槲皮素-3'-甲氧基-4'-*O*- *β*-D-吡喃葡糖苷；分蘖葱头苷　1678
槲皮素-3-*O*-接骨木二糖苷　1681
槲皮素-3'-*O*-硫酸酯　1676
槲皮素-3-*O*-硫酸酯　1676
槲皮素-3-*O*-(2''-*O*-没食子酰)-*α*-L-吡喃阿拉伯糖苷　1678
槲皮素-3-*O*-*α*-L-(5''-*O*-没食子酰)-呋喃阿拉伯糖苷　1678
槲皮素-3-*O*-*β*-(2-*O*-*β*-木糖基-6-*O*-*α*-鼠李糖基)-葡萄糖苷　1682
槲皮素-3'-*O*-*β*-D-葡萄糖苷　1678
槲皮素-3-*O*-*β*-D-葡萄糖基(1→2)-*β*- D-半乳糖苷　1680
槲皮素-3-*O*-*β*-D-葡萄糖醛酸苷-6''-甲酯　1678
槲皮素-3',4',7-三甲醚　1675
槲皮素-3,5,7-三甲醚　1675
槲皮素-3-*O*-*α*-L-[6'''-*p*-香豆酰基-(*β*-D)-吡喃葡萄糖基-(1,2)-鼠李糖苷]-7-*O*-*β*-葡萄糖苷　1682
槲皮素-3-*O*-*α*-L-[6'''-*p*-香豆酰基-*β*-D-吡喃葡萄糖基-(1→2)-鼠李糖苷]- 7-*O*-*β*-葡萄糖苷　1682
槲皮素-3-*O*-*α*-L-[6'''-*p* 香豆酰基-(*β*-D)-吡喃葡萄糖基-(1,2)-鼠李糖苷]　1680
槲皮素-3-*O*-*β*-(2''-*O*-乙酰基)吡喃半乳糖苷-7-*O*-*α*-吡喃阿拉伯糖苷　1680
槲皮素-3-芸香糖-7-葡萄糖苷　1682
槲皮万寿菊素-3-*O*-葡萄糖苷　1678
虎皮楠碱　328
花椒碱　82
花椒喹诺酮　79
花拉胺　253
华良姜素　1675
华紫堇碱　128
槐定碱　167
槐苷　1738
槐果碱　167
槐角酮苷　1679
槐异二氢黄酮 A　1746
槐属二氢黄酮 G　1659
槐属二氢黄酮 B　1658
槐属二氢黄酮 D　1660
槐属黄烷酮 G　1659
环巴黄杨星　356
环丙胺　2173
1,2-环丙二甲酸乙酯甲酯　2150
环丙烯　2174
环丁烷甲酸甲酯　2150
环费黄杨嗪　356
环(脯氨酸-酪氨酸)　383
1,2-环庚烷二甲酸甲酯　2151
1,3-环庚烷二甲酸甲酯　2151
环黄杨定 F　356
环黄杨碱 D　358
环黄杨肖嗪 A　356
环己胺　2173
ax-环己醇　2162
eq-环己醇　2162
8-(2'-环己酮)-7,8-勒钩碱　152
环己烷　2173
环己烷-1,4-二醇　2163
1,2-环己烷二甲酸甲酯　2151
1,3-环己烷二甲酸甲酯　2151
环己烷甲酸(二乙醇醚)酯　2150
环己烯　2174
环己-3-烯甲醛　2174
环继黄杨碱 A　356
环毛穗胡椒碱　28
环桑根皮素　1633
环桑素　1633
环维黄杨星 D　358
1,2-环戊二甲酸二甲酯　2150
1,3-环戊烷二甲酸甲酯　2151
环戊烷甲酸甲酯　2150
1,2-环辛烷二甲酸甲酯　2151
1,3-环辛烷二甲酸甲酯　2151
环氧长春碱　253
环氧黄杨定 F　356
9,10-环氧牛耳枫碱　331
环原黄杨星 F　356
黄豆黄素　1738
黄腐醇　1754
黄果木素　1546
黄华胺　167
黄姜味草醇　1633
黄金桂酮 C　1809
黄金桂酮 D　1809
黄金桂酮 E　1810
黄金桂酮 G　1810
黄金桂酮 H　1809
黄金桂酮 I　1809
黄蜜环酯 K　2962
黄蜜环酯 L　2962
黄蜜环酯 M　2962
黄牛木酮 A　1808
黄皮内酯 E　1545
黄皮内酯 F　1545
黄皮内酯 G　1545
黄皮内酯 H　1545
黄皮内酯 I　1545
黄皮内酯 J　1545
黄芪紫檀烷　1856
黄芪紫檀烷-7-*O*-*β*-D-葡萄糖苷　1856
黄杞苷　1725

黄芩苷 1630
黄芩苷元 1630
黄芩新素-Ⅰ 1632
黄芩新素-Ⅱ 1633
黄瑞香素 A 1871
黄瑞香素 B 1871
4α-黄烷醇 1776
4β-黄烷醇 1776
黄颜木素 1676
磺酰胺 2982
灰黄霉素 2918
灰岩香茶菜甲素 913
灰叶素 1865
肌-肌醇 2358
鸡冠刺桐黄素 A 1855
鸡桑双黄酮 B 1872
吉他霉素 2695
棘壳孢素 D 2919
棘壳孢素 E 2919
蒺藜糖苷 1679
几内亚胡椒胺 17
2-己醇 2161
1,5-己二醇 2161
2,4-己二炔 2172
1,2-己二烯 2171
3-己炔-2,5-二醇 2161, 2162
己酸 2148
1-己烯 2171
己-2-烯-4-炔酸甲酯 2149
蓟黄素 1631
加兰他敏 396
加山茰碱 318
荚果蕨酯 A 1659
荚果蕨酯 B 1659
甲醇 2160
N-甲基-9-吖啶酮 279
9a-*O*-甲基百部新碱 27
甲基百部叶碱 28
4-甲基苯甲酸-2-(甲氧羰基甲基)苯酚酯 2222
2-甲基苯甲酸-2-(乙氧羰基甲基)苯酚酯 2222
4-甲基苯甲酸-2-(乙氧羰基甲基)苯酚酯 2222
1-甲基吡啶-4-乙酸酯 2150
3-甲基-1*H*-吡咯-2-甲酸乙酯 28
2',3-*N*-甲基吡咯烷基古液碱 26
2',4-*N*-甲基吡咯烷基古液碱 26
甲基-α-D-吡喃阿洛糖苷 2328
甲基-β-D-吡喃阿洛糖苷 2328
甲基-β-D-吡喃阿洛酮糖 2330
甲基-α-D-吡喃阿卓糖苷 2328
甲基-β-D-吡喃阿卓糖苷 2328
甲基-α-D-吡喃艾杜糖苷 2329
甲基-α-D-吡喃半乳糖苷 2328
甲基-β-D-吡喃半乳糖苷 2328
甲基-α-D-吡喃甘露糖苷 2329
甲基-β-D-吡喃甘露糖苷 2329
2-*O*-甲基-α-D-吡喃甘露糖苷 2329
2-*O*-甲基-β-D-吡喃甘露糖苷 2329
3-*O*-甲基-α-D-吡喃甘露糖苷 2329
3-*O*-甲基-β-D-吡喃甘露糖苷 2329
4-*O*-甲基-α-D-吡喃甘露糖苷 2329
4-*O*-甲基-β-D-吡喃甘露糖苷 2329
6-*O*-甲基-α-D-吡喃甘露糖苷 2329
甲基-α-D-吡喃古洛糖苷 2329
甲基-β-D-吡喃古洛糖苷 2329
甲基-α-D-吡喃果糖 2329
甲基-α-D-吡喃核糖苷 2327
甲基-β-D-吡喃核糖苷 2327
甲基-α-D-吡喃来苏糖苷 2327
甲基-α-D-吡喃木糖苷 2327
甲基-β-D-吡喃木糖苷 2327
甲基-α-D-吡喃葡萄糖苷 2328
甲基-β-D-吡喃葡萄糖苷 2329
2-*O*-甲基-α-D-吡喃葡萄糖苷 2329
2-*O*-甲基-β-D-吡喃葡萄糖苷 2329
3-*O*-甲基-α-D-吡喃葡萄糖苷 2329
3-*O*-甲基-β-D-吡喃葡萄糖苷 2329
4-*O*-甲基-α-D-吡喃葡萄糖苷 2329
4-*O*-甲基-β-D-吡喃葡萄糖苷 2329
6-*O*-甲基-α-D-吡喃葡萄糖苷 2329
6-*O*-甲基-β-D-吡喃葡萄糖苷 2329
甲基-α-L-吡喃鼠李糖 2329
甲基-β-D-吡喃塔罗糖苷 2329
甲基-α-L-吡喃岩藻糖 2330
甲基-β-L-吡喃岩藻糖 2330
4'-*O*-甲基表没食子儿茶素-3-*O*-阿魏酰酯 1777
N-甲基表帕其沙明-D 351
6-*O*-甲基-表-桃叶珊瑚苷 442
2-甲基丙烯 2172
2-(2'-甲基-1'-丙烯基)-4,6-二甲基-7-羟基喹啉 84
甲基长春花拉胺 253
1-*O*-甲基大苞藤黄素 1810
6-甲基大黄酸 1900
O-甲基大鸭脚木碱 253
甲基当药宁 1807
5-(3''-甲基丁基)-8-甲氧基呋喃香豆素 1566
2-甲基丁酸甲酯 2149
2-甲基丁烷 2172
3-甲基-2-丁烯-1-醇 2162
3-甲基丁-3-烯-2-酮 2172
6-甲基丁酰基葡萄糖-7-*O*-藤菊黄素 1677
2-甲基二环[2.2.1]庚 eq-2-醇 2163
7-甲基二环[2.2.1]庚-7-醇 2162
ax-2-甲基二环[2.2.1]庚-2-醇 2163
7-甲基二环[2.2.1]庚烷-2-乙酸酯 2150
2-甲基二环[2.2.1]-5-庚烯-2-醇 2163
2-甲基二环[2.2.1]-5-庚烯-2-醇 2163
1-甲基二环[4.4.0]癸烷 2174
9-甲基二环[4.4.0]癸烷 2173
N-甲基-6,7-二甲氧基-二氢异喹啉 105
7-甲基-6,7-二氯-3-氯乙烯基-4,8-二烯-2-壬烯酮 2173
N-甲基二氢阿替生偶氮甲碱 321
N-甲基二氢维特钦偶氮甲碱 318
4-甲基酚噻唑酸 2866
甲基-α-D-呋喃阿拉伯糖 2327
甲基-β-D-呋喃阿拉伯糖 2327
甲基-α-D-呋喃阿拉伯糖苷 2327
甲基-β-D-呋喃阿拉伯糖苷 2327
甲基-α-D-呋喃阿洛糖苷 2329
甲基-β-D-呋喃阿洛糖苷 2329

6-*O*-甲基-*α*-D-呋喃阿洛酮糖 2330
6-*O*-甲基-*β*-D-呋喃阿洛酮糖 2330
甲基-*α*-D-呋喃阿洛酮糖 2330
甲基-*β*-D-呋喃阿洛酮糖 2330
甲基-*α*-D-呋喃半乳糖苷 2329
甲基-*β*-D-呋喃半乳糖苷 2329
甲基-*α*-DL-呋喃赤藓糖苷 2327
甲基-*α*-D-呋喃甘露糖苷 2329
甲基-*β*-D-呋喃甘露糖苷 2329
甲基-*α*-D-呋喃果糖 2329
甲基-*β*-D-呋喃果糖 2329
甲基-*α*-D-呋喃核糖苷 2328
甲基-*β*-D-呋喃核糖苷 2328
甲基-*α*-D-呋喃来苏糖苷 2328
甲基-*β*-D-呋喃来苏糖苷 2328
甲基-*α*-D-呋喃木糖苷 2328
甲基-*β*-D-呋喃木糖苷 2328
甲基-*α*-D-呋喃葡萄糖苷 2329
甲基-*β*-D-呋喃葡萄糖苷 2329
甲基-*α*-DL-呋喃苏阿糖苷 2327
甲基-*β*-DL-呋喃苏阿糖苷 2327
6-*C*-甲基槲皮素-3-甲醚 1675
6-*C*-甲基槲皮素-3,3',7-三甲醚 1675
5-甲基槐属黄酮 B 1658
2-甲基环丙甲酸乙酯 2150
1-甲基环丙烯 2174
3-甲基环丙烯 2174
1-甲基环己烷 2173
1-甲基环己烯 2174
4-甲基环己-3-烯甲醛 2174
10-甲基-*N*-甲基-顺式-十氢喹啉 81
2*α*-甲基-*N*-甲基-顺式-十氢喹啉 81
2*β*-甲基-*N*-甲基-顺式-十氢喹啉 81
3*α*-甲基-*N*-甲基-顺式-十氢喹啉 81
3*β*-甲基-*N*-甲基-顺式-十氢喹啉 81
6*α*-甲基-*N*-甲基-顺式-十氢喹啉 81
8*α*-甲基-*N*-甲基-顺式-十氢喹啉 81
8*β*-甲基-*N*-甲基-顺式-十氢喹啉 81
N-甲基-*N*-甲酰基-4-羟基-*β*-苯乙胺 23
1-*O*-甲基-8-甲氧基-8,8a-二氢大苞藤黄素 1810
2'-*N*-甲基-8-甲氧基金霉素 2767
2-甲基金钢烷-2-醇 2163
9-甲基-9*H*-咔唑 186
2-甲基喹啉 78
3-甲基喹啉 78
4-甲基喹啉 78
6-甲基喹啉 78
8-甲基喹啉 78
4-甲基喹诺酮 79
6-甲基喹诺酮 79
8-甲基喹诺酮 79
2-甲基-4-喹喏酮 80
甲基酪氨酸二酮哌嗪 2822
N-甲基链丝菌素 2871
甲基硫霉素 I 383
6-甲基芦荟大黄素 1900
N-甲基麻黄碱 14
甲基麦冬二氢高异黄酮 A 1848
甲基麦冬二氢高异黄酮 B 1848
7-*O*-甲基木犀草素 1632
甲基牛扁碱 296
6-甲基-9*H*-嘌呤 376
7-甲基-7*H*-嘌呤 379
9-甲基-9*H*-嘌呤 379
7-甲基-1, 7*H*-嘌呤-6-硫酮 379
7-甲基-1*H*-嘌呤-6-酮 379
4'-*N*-甲基-5'-羟基十字孢碱 2871
N-甲基秋水仙胺 15
N-甲基秋水仙碱 15
2-甲基-1,3,6-三羟基蒽醌 1901
N-甲基-6*β*-(+-1', 3',5'-三烯)-3*β*-甲氧基-2*β*-甲基哌啶 67
N-甲基山鸡椒痉挛碱 114
1-甲基-2-[(4*Z*,7*Z*)-4, 7-十三碳二烯基]-4(1*H*)-喹喏酮 79
1-甲基-2-[(*Z*)-7-十三烯基]-4(1*H*)-喹喏酮 79
1-甲基-2-[(6*Z*,9*Z*)-6,9-十五碳二烯基]-4(1*H*)-喹喏酮 79
1-甲基-2-十五烷基-4(1*H*)-喹喏酮 79
1-甲基-2-十一烷基-4(1*H*)-喹喏酮 79
1-甲基-2-十一烷酮-10'-4(1*H*)-喹喏酮 80
甲基鼠李黄素-3-*O*- *β*-D-吡喃葡萄糖-(1→5)-[*β*-D-呋喃芹菜糖基(1→2)]-*α*-L-阿拉伯呋喃糖苷 1684
甲基鼠李素-3-*O*-*α*-L-呋喃阿拉伯糖基-5-*O*-*β*-D-葡萄糖苷 1681
甲基鼠李素-4'-*O*-*β*-D-葡萄糖-2-*O*-*β*-D-洋芫荽糖苷 1681
2*α*-甲基-顺式-十氢喹啉 80
2*β*-甲基-顺式-十氢喹啉 80
3*α*-甲基-顺式-十氢喹啉 80
3*β*-甲基-顺式-十氢喹啉 80
6*α*-甲基-顺式-十氢喹啉 81
10-甲基-顺式-十氢喹啉 81
8*α*-10-甲基-顺式-十氢喹啉 81
8*α*-甲基-顺式-十氢喹啉 81
8*β*-甲基-顺式-十氢喹啉 81
N-甲基-顺式-十氢喹啉 81
7,4',7",4'''-*O*-甲基-穗花杉 双黄酮 1871
1-甲基文朵宁 204
N-甲基无糖万古霉素 2824
2-甲基戊烷 2172
3-甲基-4-烯-丁环内酯 2151
5-甲基-4-烯-1-己炔-3-醇 2162
7-甲基香树素 1723
6-甲基香树素 1724
2-甲基-1-辛醇 2162
O-甲基辛可宁 85
1-甲基辛酮 2171
2-甲基辛烷 2172
8-甲基新穿心莲内酯苷元 734
1-*O*-甲基新大苞藤黄素 1810
2-甲基-2-溴金钢烷 2163
3-甲基-2-溴 2-烯丁酸酐 2151
(15*α*)-4-甲基-16-亚甲基-维钦醇-15-醇 318
3-(3-甲基-1-氧-2-丁烯)-1-氢-吲哚 179
1-甲基-1-乙基环丙烷 2173
1-*O*-甲基异大苞藤黄素 1810
N-甲基异蒂巴因 114
N-甲基异秋水仙胺 15
7-*O*-甲基-异银杏素 1871
6-*O*-甲基溢缩马兜铃碱 128
2-甲基-1*H*-吲哚 177
3-甲基-1*H*-吲哚 177
4-甲基-1*H*-吲哚 177

5-甲基-1*H*-吲哚 177
6-甲基-1*H*-吲哚 177
3'-*O*-甲基-左旋-表儿茶素 1776
16-甲基噁唑霉素 3003
甲基-α-丙基丁酮 2172
甲基-α-丁基戊酮 2172
甲基-α-乙基丙酮 2172
6-甲硫基-9*H*-嘌呤 376
甲氯苯青霉素 2869
6-甲醚巴戟醌 1901
N-[甲酰甲基氨基]柳酰宁碱-B 349
2-甲氧基苯酚 2212
2-甲氧基苯甲酸-2-(乙氧羰基甲基)苯酚酯 2222
2'-甲氧基-3'-苯甲酰基查耳酮 1754
7-*O*-(*p*-甲氧基苯甲酰基)-黄钟花苷 444
3-甲氧基苯乙酸-2-(甲氧羰基甲基)苯酚酯 2221
3-甲氧基苯乙酸-2-(乙氧羰基甲基)苯酚酯 2222
2''-甲氧基-2-表毛瑞香素C 1871
7-甲氧基表藤黄酸 1811
2'-甲氧基菜豆素异黄烷 1795
6-甲氧基橙醇 1840
Z-4'-甲氧基橙酮 1839
Z-6-甲氧基橙酮 1839
1-甲氧基刺桐酚素Ⅱ 1856
3'-甲氧基大豆苷 1738
3'-甲氧基大豆苷元-7, 4'-二-*O*-β-D-吡喃葡萄糖苷 1739
2-甲氧基蒽醌 1901
6-甲氧基-1,4-二甲基-9*H*-咔唑 187
7-甲氧基-1,4-二甲基-9*H*-咔唑 187
2-甲氧基-3,6-二甲基-4-羟基苯甲醛 2213
(*Z*)-4-甲氧基-4',6-二羟基橙酮 1840
5-甲氧基-(3'',4''-二氢-3'',4''-二乙酰氧基)-2'', 2''-二甲基吡喃-(7,8: 5'',6'')-黄酮 1634
5'-甲氧基二氢桑色素 1724
6-*O*-*p*-甲氧基-反式-肉桂酰基-8-*O*-乙酰基山栀(子)苷甲酯 448
4'-甲氧基甘草黄烷酮 1658
2'-甲氧基高异二氢黄酮 1847
4'-甲氧基高异二氢黄酮 1847
7-甲氧基高异黄酮 1847
4'-甲氧基高异黄酮 1847
3'-甲氧基葛根素 1738
1-甲氧基-钩吻无定形碱 223
3-甲氧基槲皮素 1675
2-甲氧基环丙甲酸乙酯 2150
1-甲氧基环己烷 2173
(2*S*)-5-甲氧基-7-黄烷酚 1775
2-甲氧基-4-甲基苯酚 2212
1-甲氧基-3-甲基蒽醌 1900
4-甲氧基-1-甲基-2-喹诺酮 79
8-甲氧基-4-甲基-2-喹诺酮 79
4α-甲氧基-15α-甲氧基-14, 15-双氢一叶萩碱 264
6-甲氧基喹啉 78
8-甲氧基-4-喹酮-2-羧酸 80
3'-甲氧基丽江乌头宁碱 298
6-甲氧基罗红霉素 2695
2''-甲氧基毛瑞香素C 1871
6-甲氧基-9*H*-嘌呤 376
4'-甲氧基漆黄素 1676
3-甲氧基-4-羟基苯甲酸 2213
2-甲氧基-2'-羟基查耳酮 1752
Z-6-甲氧基-2'-羟基橙酮 1839
Z-6-甲氧基-4'-羟基橙酮 1839
8-*O*-*E*-*p*-甲氧基肉桂酰基哈帕苷 442
8-*O*-*Z*-*p*-甲氧基肉桂酰基哈帕苷 442
6'-*O*-*Z*-*p*-甲氧基肉桂酰基哈帕苷 441
6-甲氧基山柰酚-7-甲基醚-3-β-*O*-吡喃葡萄糖苷 1677
6-甲氧基山柰酚-3-甲醚 1675
甲氧基寿菊素 1684
甲氧基寿菊素-7-葡萄糖苷 1683
6-*O*-*p*-甲氧基-顺式-肉桂酰基-8-*O*-乙酰基山栀(子)苷甲酯 448
7-甲氧基-1,2,3,4-四氢异喹啉 105
7-甲氧基藤黄酸 1811
10-甲氧基喜树碱 85
9-甲氧基喜树碱 82
N-(3-甲氧基-2-亚丁烯基)-*N*-甲基-甲铵碘化物 23
18-甲氧基-伊菠胺 201
12-甲氧基-伊菠胺 201
15β-甲氧基-6α-*O*-乙酰基-19-*O*-丙酰基-4α,18:11;16:15,16-环氧-新克罗烷二萜 742
Z-6-甲氧基-2'-乙酰氧基橙酮 1839
Z-6-甲氧基-4'-乙酰氧基橙酮 1839
5-甲氧基-1*H*-吲哚 177
6-甲氧基-1*H*-吲哚 177
7-甲氧基-1*H*-吲哚 177
(+)-*N*-(甲氧甲酰)-*N*-新木姜子碱 115
4-[2-(甲酯基)苯氨基]-4-丁酮酸 17
假白榄胺 28
假荜拨胺A 17
假荜拨胺B 17
假乌头原碱 311
假鹰爪素 1657
假鹰爪素A 1657
尖防己碱 26
尖叶石松碱半缩酮 165
尖叶石松碱酮 165
尖叶芸香碱 82
剑叶龙血素B 1771
剑叶龙血素C 1771
剑叶龙血素烯酮 1771
箭毒碱 146
箭头毒V 253
箭叶淫羊藿素A 1634
箭叶淫羊藿素B 1634
降雏菊叶龙胆酮 1807
2'-*N*-降防己诺林碱 147
9-降甲基芽胺K 392
降马枯辛B 197
降去氧三尖杉酯碱 27
交让木胺A 326
交让木胺B 326
交让木胺C 328
交让木胺C 332
交让木胺D 328
交让木胺E 328
交让木胺F 335
交让木胺G 335
交让木胺H 331
交让木胺J 331

交让木胺K 331
交让木胺L 326
交让木胺N 326
交让木胺Q 335
交让木胺R 327
交让木胺S 331
交让木胺T 331
交让木胺U 335
交让木胺V 328
交让木定 328
交让木环素定A 264
交让木环素定B 264
交让木环素定C 264
交让木环素定D 264
交让木环素定E 264
交让木环素定F 264
交让木环素定G 264
交让木环素定H 264
交让木环素定J 264
交让木环素定K 29
交让木环素定L 264
交让木碱 265
交让木内酯A 327
交沙霉素 2695
焦粗茎乌头碱A 300
焦翠雀碱 300
焦印乌头碱 300
角蒿酯碱 66
角蒿酯碱E 66
结节霉素 2694
结香双黄素A 1872
结香双黄素B 1872
结香双黄素C 1872
结香双黄素D 1872
6-*O*-芥子酰基鸡屎藤苷甲酯 448
金疮小草素H 740
金黄紫堇碱 128
金鸡勒鞣质Ⅰa 1778
金鸡勒鞣质Ⅰb 1778
金鸡尼丁 85
金莲花碳苷Ⅲ 1634
金霉素 2767
金雀花碱 167
金色草素四甲醚 1840
金圣草素 1630
金圣草素-6-*C*-*β*-波伊文糖苷 1630
金圣草素-6-*C*-*β*-波伊文糖基-7-*O*-*β*-吡喃葡萄糖苷 1631
金圣草素-7-*O*-[4''-*O*-(*E*)-香豆酰基]-*β*-葡萄糖苷 1634
金丝桃苷 1677
金松双黄酮 1871
金铁锁环肽A 382
金铁锁环肽B 382
锦葵花素-3-*O*-*β*-D-吡喃葡萄糖苷-5-*O*-*β*-D-(6-*O*-乙酰基吡喃葡萄糖苷) 1800
6-腈-9*H*-嘌呤 376
L-精氨酸 2360
井冈霉素A 2677
井冈羟胺A 2677
九里香 1546
久洛尼定 166
菊苣苷 1545
橘皮素 1633
巨大戟二萜-20-肉豆蔻酸酯 921
巨大戟二萜-3-肉豆蔻酸酯 921
巨乌头碱 312
聚合心皮花椒 17
β-咔啉 248
9*H*-咔唑 186
咔唑霉素A 2866
咔唑霉素B 2866
咔唑霉素C 2866
咔唑霉素D 2866
咔唑霉素G 2866
咔唑霉素H 2866
咖啡酸 2214
咖啡酸丙酯 2214
咖啡酸甲酯 2214, 2289
咖啡酸乙酯 2214
咖啡酰甘油酯 2214
5-*O*-咖啡酰基奎宁酸丁酯 2214
3'-*O*-咖啡酰基獐牙菜苷 451
10-*O*-*E*-咖啡酰京尼平酸 446
2'-咖啡酰玉叶金华苷酸 445
咖啡因 374
咖维定 121, 128
卡来可黄素-4'-甲醚 1675
卡乌头原碱 312
19,24-开环加山萸碱 318
坎狄辛 23
坎那定 152
抗痢鸦胆子苷A 1176
抗痢鸦胆子苷B 1176
抗霉素A1a 2693
抗霉素A1b 2693
抗霉素A2a 2693
抗霉素A2b 2693
抗霉素A3a 2693
抗霉素A3b 2693
抗霉素A4a 2693
抗霉素A4b 2693
抗霉素A7a 2693
抗霉素A7b 2693
抗霉素A8a 2693
抗霉素A8b 2693
抗痫灵 67
考萨莫醇A 1726
考萨莫醇M 1726
柯楠碱 189
可待因 143
可待因双氯芬酸 143
可卡因 52
可食当归素Ⅳ 1562
可食当归素Ⅴ 1562
克拉多菌素 2694
克拉霉素 2695
克郎钩枝藤胺A 139
克郎钩枝藤胺B 139
克郎钩枝藤胺C 139
克郎钩枝藤胺D 139
克郎钩枝藤碱A 136

克立米星 2767
克林霉素 2867
克林霉素磷酸酯 2867
枯拉灵 108
苦参查耳酮 1754
苦参查耳酮醇 1755
苦参醇 1659
苦参醇 A 1659
苦参醇 B 1659
苦参醇 C 1683
苦参醇 D 1754
苦参醇 G 1659
苦参醇 H 1725
苦参醇 I 1725
苦参醇 K 1725
苦参醇 L 1725
苦参醇 N 1725
苦参醇 P 1659
苦参醇 R 1658
苦参醇 S 1658
苦参醇 T 1659
苦参醇 U 1659
苦参醇 V 1658
苦参醇 W 1658
苦参醇 X 1725
苦参次碱 167
苦参碱 166
苦参宁素 1856
苦参酮 1659
苦参紫檀素 A 1856
苦参紫檀素 B 1856
苦参紫檀素 C 1856
苦豆碱 165
苦甘草醇 1659
苦木半缩醛 A 1177
苦木苦素 1177
苦木内酯 D 1176
β-苦茄碱 339
苦杏仁苷 397
库斯柏碱 280
库斯苦林碱 280
奎尼丁 82, 85
奎宁 85
喹诺里西啶 164
4-喹喏酮 80
昆明山海棠碱 A 66
昆明山海棠碱 B 66
醌那霉素 C 2765
扩叶丁公藤素 D 1724
扩叶丁公藤素 E 1775
扩叶丁公藤素 F 1775
阔叶千里光裂碱 45
阔叶竹酮 A 1810
阔叶竹酮 C 1810
蜡菊查耳酮 B 1752
辣椒碱 17
辣茄碱 340
来斯定碱 A 381
来斯定碱 B 381
L-赖氨酸 2360
蓝刺头碱 79
蓝萼香茶菜丙素 915
蓝萼香茶菜甲素 915
蓝萼香茶菜乙素 915
蓝籽类叶牡丹碱 67
莨菪碱 52, 54
9*H*-老刺木碱 201
老刺木素 237
L-酪氨酸 2360
酪胺 397
乐园树酮 1175
雷酚萜 843
雷酚萜甲醚 843
雷酚新内酯苷 845
雷公藤内酯三醇 845
雷公藤乙素 845
雷氏澳茄碱 68
(±)-蕾蒂宁 134
藜芦定 367
藜芦碱 367
藜芦玛碱 362
藜芦嗪 346
藜芦瑟文 367
藜芦酰棋盘花碱 367
李属素 1724
李属素-3-乙酰酯 1724
里查酮 F 1660
里查酮 G 1658
(+)-(6)-里哪基-7-羟基香豆素 1546
利福布丁 2698
利福霉素 SV 2698
利福平 2698
利血匹灵 194
利血平 189
荔枝素 2220
莲心碱 147
莲叶桐林碱 D 108
良姜素-3-甲醚 1674
两性霉素 A 2693
两性霉素 B 2693
L-亮氨酸 2360
辽乌头碱 298
猎鹰乌头碱 298
邻苯三酚 2212
邻甲基苯酚 2212
3-(邻甲氧基苯亚甲基)-4-苯并二氢吡喃酮 1848
邻氯青霉素 2869
邻羟基苯乙酸甲酯 2213
邻羟基苯乙酸乙酯 2213
林可霉素 2867
鳞叶甘草素 B 1725
硫黄菊苷 1839
硫黄菊素 1839
硫黄菊素三乙酰物 1840
硫霉素 2867
柳穿鱼苷 1632
柳考努辛碱 224
柳酰宁碱-C 351
柳叶水甘草碱 205
柳叶野扇花胺 349

柳叶野扇花碱-F　351
2,2,3,3,4,4-六氟戊二酸　2148
(+)-(2*R*,3*S*,4*S*)-3,4,5,7,3',4'-六羟基黄烷　1777
龙胆碱　289, 2212
芦丁　1681
芦荟大黄素　1900
芦荟大黄素-1-*O*-*β*-D-葡萄糖苷　1902
芦荟大黄素-8-*O*-*β*-D-葡萄糖苷　1902
鲁山冬凌草甲素　913
鲁山冬凌草乙素　913
鲁丝霉素　2696
陆地棉苷　1677
绿原酸　2214
绿原酸甲酯　2214
2-氯苯酚　2212
2-氯苯甲酸-2-(甲氧羰基甲基)苯酚酯　2222
4-氯苯甲酸-2-(甲氧羰基甲基)苯酚酯　2222
2-氯苯甲酸-2-(乙氧羰基甲基)苯酚酯　2222
3-氯苯甲酸-2-(乙氧羰基甲基)苯酚酯　2222
4-氯苯甲酸-2-(乙氧羰基甲基)苯酚酯　2222
4-氯苯乙酸-2-(甲氧羰基甲基)苯酚酯　2221
4-氯苯乙酸-2-(乙氧羰基甲基)苯酚酯　2221
3-氯-1-丙烯　2171
3-氯-2-丁烯酸　2148
1-氯二环[2.2.1]庚烷　2174
氯化软普棱草素　1808
氯化筒箭毒碱　147
1-氯环己烷　2173
4-氯-3-甲氧基二环[2.2.0]庚烷-1-甲酸　2173
2-氯-2-甲氧基-9*H*-嘌呤　376
5-氯荔枝素　2220
氯霉素　2867
2-氯-9*H*-嘌呤　376
6-氯-9*H*-嘌呤　376
5-氯-4-*O*-去甲基巴尔巴酸　2220
5-氯-4-*O*-去甲基巴尔巴酸甲基酯　2220
5-氯-1,3-戊二炔　2172
1-氯辛烷　2171
6-氯-2-乙基-9*H*-嘌呤　376
2-氯乙酸叔丁酯　2149
氯唑西林　2869
卵还定丙　294
卵还定甲　317
卵还定乙　294
卵还生丙　292
卵还生丁　292
卵还生己　292
卵还生甲　292
卵还生戊　292
卵还生乙　292
卵叶天芥菜胺　28
轮环藤酚碱　120
轮环藤碱　146
罗波斯塔黄酮　1871
罗布麻宁　2213
罗汉松双黄酮 A　1871
罗红霉素　2695
罗氏脑苷 E　2185
萝古斯亭　190
萝尼生　189
螺旋霉素Ⅰ　2698
螺旋霉素Ⅲ　2698
裸茎翠雀花碱　296
洛叶素　168
骆驼蓬酚　249
骆驼蓬碱　249
落新妇苷 1724
(2*R*,3*R*)-落新妇苷　1724
(2*R*,3*S*)-落新妇苷　1724
麻黄根碱 A　393
麻黄根碱 B 二溴酸化物　394
麻黄根碱 C 二溴酸化物　394
麻黄根碱 D 二溴酸化物 394
麻黄根碱 A 二盐酸化物　393
麻黄根碱 C *N*,*N*-二乙酰化物　394
麻黄根碱 A *N*,*N*,*O*-三乙酰化物　393
麻黄根碱 B *N*,*N*,*O*-三乙酰化物　394
麻黄根碱 D *N*,*N*,*O*-三乙酰化物　394
l-麻黄碱　14
马齿苋脑苷 A　2187
马兜铃内酰胺Ⅰ　20
马兜铃内酰胺Ⅱ　20
马兜铃酸Ⅰ　20
马兜铃酸Ⅱ　20
马甲子碱 G　381
马甲子碱 H　381
马甲子碱 I　381
马来鱼藤酮　1866
马钱子碱　213
马钱子碱 *N*-氧化物　213
马尾藻醛Ⅱ　1546
吗啡　143
1-吗啉丁烯　22
1-吗啉异丁烯　23
麦角胺　243, 252
麦角胺宁　243
麦角卡里碱　252
麦角新碱　252
α-麦角异卡里碱　243
麦新米星 XⅥ　2697
麦新米星 XⅦ　2697
麦新米星 XⅧ　2697
麦新米星 IX　2696
麦新米星 X　2696
麦新米星 XI　2696
麦新米星 XII　2696
麦新米星 XIII　2696
麦新米星 XIV　2696
麦新米星 XV　2696
蔓荆子黄素　1675
芒柄花素-8-*C*-*β*-D-吡喃木糖基-(1→6)-*O*-*β*-D-吡喃葡萄糖苷　1739
芒柄花素-7-*O*-*β*-D-呋喃芹糖基-(1→6)-*O*-*β*-D-吡喃葡萄糖苷　1738
芒柄花素-8-*C*-*β*-D-呋喃芹糖基-(1→6)-*O*-*β*-D-吡喃葡萄糖苷　1738
芒果苷　1808
猫眼草酚 D　1675
毛萼晶 L　847
毛萼晶 N　847

毛萼晶O　847
毛萼晶P　919
毛萼鞘蕊花甲素　916
毛钩藤碱　216
毛果天芥菜碱　44
毛里求斯排草素　1681
毛蕊糖苷　2292
毛蕊异黄酮　1738
毛瑞香素A　1872
毛瑞香素B　1872
毛瑞香素C　1872
毛瑞香素D_1　1871
毛瑞香素D_2　1871
毛瑞香素E　1871
毛瑞香素F　1871
毛瑞香素G　1871
毛瑞香素H　1871
毛瑞香素I　1872
毛瑞香素M五甲醚　1872
毛瑞香素N五甲醚　1872
毛鸭脚木灵　237
毛鸭脚木灵　253
毛叶假鹰爪素B　1634
毛叶假鹰爪素D　1751
毛叶晶D　847
毛叶晶E　847
毛鱼藤酮　1866
矛蟹甲草裂碱　45
帽柱木碱　216
帽柱木林碱　216
没食子酸　2212
没食子酸乙酯　2213
没食子酰基酪胺三氟乙酸盐　21
2"-没食子酰基异槲皮苷　1683
玫瑰霉素　2692
玫瑰树胺　198
美登醇　395
美登凡林　395
美登那辛　395
美登瑟宁　395
美登森　395
美狄扣明　82
美迪紫檀素　1856
美丽猪屎豆碱　84
美坦布林　395
美坦布亭　395
美坦辛　395
美味草素　249
蒙花苷　1632
迷迭香丁酯　2221
迷迭香甲酯　2221
迷迭香酸　2221
迷迭香乙酯　2221
猕猴桃碱　289
米尔倍霉素β_9　2696
米尔倍霉素β_{10}　2696
米尔倍霉素β_{11}　2696
米尔倍霉素β_{12}　2696
米尔倍霉素α_{20}　2696
米尔倍霉素α_{21}　2696
米尔倍霉素α_{22}　2696
米尔倍霉素α_{23}　2696
米尔倍霉素α_{24}　2696
米尔倍霉素α_{25}　2696
米尔倍霉素α_{26}　2696
米尔倍霉素α_{27}　2696
密谷菌素A　2696
密谷菌素B　2696
密谷菌素C　2696
密谷菌素D　2696
密谷菌素G　2696
密谷菌素H　2696
蜜莱萸碱　280
蜜茱萸生碱　280
蜜茱萸素　1676
蜜茱萸辛　1676
棉花苷　1677
棉花皮苷　1677
棉子皮亭-3,3',4', 5,7,8-六甲醚　1676
棉子皮亭-3,3',4',7-四甲醚　1676
牡荆素　1633
木豆宁素　1738
木番荔枝碱　114
木防己胺　147
β-(1→4)木聚糖　2357
木兰碱　114
木兰箭毒碱　108
木糖醇　2358
6"-*O*-D-木糖基葛根素　1739
O-[*β*-D-木糖(1→6)*β*-D-葡萄糖]-7-羟基-香豆素　1546
木犀草素　1632
木犀草素-3',7-二甲醚　1632
木犀草素-6-*C*-(6"-*O*-反式-咖啡酰基葡萄糖苷)　1634
木犀草素-7-*O*-槐糖苷　1632
木犀草素-7-*O*-*β*-D-葡萄糖苷　1632
木犀草素-7-*O*-*β*-D-葡萄糖醛酸-(1→2)-*β*-D-葡萄糖苷　1632
木犀草素-7-*O*- [4"-*O* -(*E*)-香豆酰基]-*β*-葡萄糖苷　1634
牧豆树品　66
那可丁　130
6*α*-纳曲醇　143
6*β*-纳曲醇　143
奈马克丁　2697
萘夫西林　2869
南方红豆杉醇　850
南天竹碱　121, 152
南天竹宁　114
南天竹种碱　114
囊状紫檀橙素　1840
脑苷酯A　2184
脑苷酯B　2184
尼奥宁　311
尼日利亚菌素　2915
尼特西丁A　20
尼特西丁B　20
尼特西丁C　20
尼鸢尾立黄素　1738
泥胡三萜醚　990
黏毛黄芩素 I　1684
黏毛黄芩素III　1633
鸟氨酸盐酸盐　2360

柠檬酚　1683
柠檬油素　1546
牛扁碱　312
3,5-*cis*-哌啶　68
攀打胺　381
攀打宁　381
胚芽碱　367
蓬莱葛胺　223
蓬莱葛胺羟吲哚　223
蓬莱藤胺　232
蓬莱藤碱　197
霹雳萝芙因　200
9*H*-嘌呤　376
平贝啶苷　346
平贝碱丙　364
平贝碱乙　363
平贝宁　346
平贝宁苷　346
平贝酮碱　370
苹果酸甲酯　2149
瓶千里光碱　45
苹蓬胺　168
苹蓬草胺　168
苹蓬碱　168
苹蓬宁　67
α-(1→3)葡聚糖　2356
α-(1→4)-(1→6)葡聚糖　2356
α-(1→6)葡聚糖　2356
β-(1→2)-葡聚糖　2356
β-(1→3)-葡聚糖　2357
β-(1→4)-葡聚糖(纤维素)　2357
β-(1→6)-葡聚糖(纤维素)　2357
α-(1→4)葡聚糖(支链淀粉)　2356
α-(1→4)葡聚糖(直链淀粉)　2356
6'-*O*-*α*-D-葡萄糖基马钱酸　445
3'-*O*-*β*-D-葡萄糖基梓醇　443
11-葡萄糖醛酸去氢毛钩藤碱　216
1-*O*-*β*-D-葡萄糖-*N*-正二十二碳酰基-正十六碳-4,10-(*E*,*E*)-二烯鞘胺醇苷　2185
蒲贝素A　371
蒲贝素B　371
蒲贝素F　371
蒲贝酮碱苷　346
蒲公英赛醇　2289
七叶黄皮碱　177
七叶黄皮醛　177
漆黄醇　1776
漆黄醇-(4*α*→8)-儿茶精-3-没食子酰酯　1779
棋盘花碱　367
棋盘花辛碱　367
气花青素　3004
恰帕壬　1175
千层纸素A　1630
千斤拔素D　1659
千金藤碱　114
千里光菲灵碱　45
千里光碱　45
千里光宁碱　45
千屈菜定　165
千屈菜碱　165
千针万线草环肽A　382
千针万线草环肽B　382
千针万线草环肽C　382
千针万线草环肽H　382
前茵芋碱　84
茜草素　1901
Z-2-[1-(4-羟苯基)亚乙基]-6-甲氧基-3(2*H*)-苯并呋喃酮　1840
3-*O*-(4-羟苯甲酰基)-10-脱氧杜仲醇-6-*O*-*β*-D-吡喃葡萄糖苷　449
3-(4-羟苄基)-5,7-二甲氧基苯并二氢吡喃　1846
3-(4-羟苄基)-7-羟基-5-二甲氧基苯并二氢吡喃　1846
(2*R*)-羟基百部叶碱　28
(2*S*)-羟基百部叶碱　28
13-羟基半日花-8(17),14-二烯-19-醛　733
16*α*-羟基贝壳杉-3-酮-17-*O*-*β*-D-葡萄糖苷　917
2-羟基苯甲醛　2213
2-羟基苯甲酸甲酯　2213
2'-*O*-*p*-羟基苯甲酰基-8-表-马钱酸　445
2'-*O*-*p*-羟基苯甲酰基-6'-*O*-反式-咖啡基-8-表-马钱酸　445
2'-*O*-*p*-羟基苯甲酰基-6'-*O*-反式-咖啡酰基栀子新苷　445
6'-*O*-*p*-羟基苯甲酰基梓苷　444
2-羟基苯乙酮　2213
5-(4-羟基苯乙烯基)-4,7-二甲氧基香豆素　1546
12a-羟基扁豆酮　1866
(−)-8*β*-(4'-羟基苄基)-2, 3-二甲氧基小檗碱　120
9-羟基变绿卵孢碱　312
30-羟基表藤黄酸　1811
2'-羟基查耳酮　1751
羟基长春碱　253
6-羟基橙醇　1840
ω-羟基大黄素　1900
3-羟基大叶唐松草拉碱　147
9*β*-羟基敌克冬种碱　165
10'-羟基东非马钱　253
7-羟基-3-对羟苄基色原酮　1847
2-羟基-4,6-二甲基苯乙酮　2213
3-羟基-4,5-二甲基-(6: 7)-2,2-二甲基-吡喃黄烷　1778
(3*R*,4*R*)-3-(2-羟基-3,4-二甲氧基苯基)色烷-4,7-二醇-7-*O*-*β*-D-吡喃葡萄糖苷　1796
2'-羟基-3,4'-二甲氧基查耳酮　1752
2'-羟基-3,5'-二甲氧基查耳酮　1752
2'-羟基-4,4'-二甲氧基查耳酮　1752
2'-羟基-4,5'-二甲氧基查耳酮　1752
2'-羟基-4'',6'-二甲氧基查耳酮　1752
4-羟基-2',4'-二甲氧基查耳酮　1752
(2*S*)-3'-羟基-4',7-二甲氧基二氢黄酮　1657
3-羟基-3',4'-二甲氧基高异二氢黄酮　1848
5-羟基-6,7-二甲氧基黄酮　1630
4-羟基-3',1''-二甲氧基-2''-甲基吡喃[5',6']-芪　2246
1-羟基-3,6-二甲氧基-8-甲基蒽醌　1901
1-羟基-3,6-二甲氧基-8-甲基-7-羧基蒽醌　1901
5-羟基-6,7-二甲氧基-3-(4'-羟苄基)-4-苯并二氢吡喃酮　1847
14*α*-羟基-3,6-二去甲基异娃儿藤任　263
7*α*-羟基番茄碱　340
羟基粪壳菌素　2963
11*α*-羟基高去氧三尖杉酯碱　26
11*β*-羟基高去氧三尖杉酯碱　26
3-羟基高异二氢黄酮　1848
3'-羟基葛根素　1738

3'-羟基葛根素芹菜糖苷 1739
10-羟基钩藤碱 223
11-羟基钩藤碱 223
11-羟基钩吻素己 224
3-羟基光甘草酚 1725
4'-羟基汉黄芩素 1631
羟基红花黄素 A 1755
2'-羟基荚果蕨酚 1657
2-羟基-4-甲基苯酚 2212
5-(3''-羟基-3''-甲基丁基)-8-甲氧基呋喃香豆素 1566
5-羟基-9-甲基链霉戊二酰亚胺 2871
6-羟基-5-甲基-3',4',5'-三甲氧基橙酮-4-*O*-α-L-吡喃鼠李糖苷 1840
(6-羟基-3-甲氧基-2-苯并呋喃)苯基甲酮 1840
3-羟基-4-甲氧基苯甲酸甲酯 2213
2'-羟基-3-甲氧基查耳酮 1752
2'-羟基-4'-甲氧基查耳酮 1751, 1752
2'-羟基-5'-甲氧基查耳酮 1751
4'-羟基-2'-甲氧基查耳酮 1751
2-羟基-1-甲氧基蒽醌 1901
4-羟基-5'-甲氧基-3'',3''-二甲基吡喃[3',4']-芪 2246
7-羟基-3-甲氧基-6-(3, 3-二甲基烯丙基)-香豆素 1545
5-羟基-7-甲氧基二氢黄酮 1657
(2*R*)-5-羟基-4'-甲氧基二氢黄酮-7-*O*-[β-吡喃葡萄糖基-(1→2)-β-吡喃葡萄糖苷] 1658
3-羟基-2'-甲氧基高异二氢黄酮 1848
3-羟基-4'-甲氧基高异二氢黄酮 1848
4'-羟基-5-甲氧基黄酮-7-*O*-葡萄糖基木糖苷 1631
(2*S*)-4'-羟基-7-甲氧基黄烷 1776
1-羟基-2-甲氧基-6-甲基蒽醌 1901
4a-羟基-8-甲氧基金霉素 2767
11-羟基-12-甲氧基松香烷-8,11,13-三烯-3,7-二酮 844
2'-羟基-4'-甲氧基-3,4-亚甲二氧基-查耳酮 1753
3-羟基金刚烷-1-乙酸 2150
14-羟基可来东宁 1546
3-羟基奎尼丁 85
α-羟基喹啉 79
6-羟基喹啉-8-羧酸 79
7-羟基-4(1*H*)-喹喏酮 80
羟基酪醇 2214
15-羟基雷公藤内酯醇 845
16-羟基雷公藤内酯醇 845
4β-羟基藜芦嗪 346
25β-羟基藜芦嗪 346
25-羟基利福布丁 2698
(+)-9-羟基莲碱 114
2-羟基柳叶野扇花胺 349
2-羟基柳叶野扇花碱-E 351
16-羟基娄地青霉素 232
3-羟基马钱子碱 213
5-羟基芒柄花苷 1738
11-羟基毛钩 藤碱 216
7α-羟基-7*H*-帽柱木碱 216
6-羟基木犀草素 1631
6-羟基木犀草素-7-*O*- β-D-葡萄糖苷 1631
β-羟基-2,2',3,4,4',5,5'-七甲氧基-查耳酮 1753
3-羟基-6'-去甲基-9-*O*-甲基-大叶唐松草拉碱 147
11-羟基去氢毛钩藤碱 216
7α-羟基去氢松香酸 843
7β-羟基去氢松香酸 843
11β-羟基去氧三尖杉酯碱 27
3'-羟基染料木素 1738
8-*O*-(2-羟基肉桂酰基)哈帕苷 442
2'-羟基-2,3,5'-三甲氧基-查耳酮 1753
2'-羟基-2,4,4'-三甲氧基-查耳酮 1752
2'-羟基-3,4,4'-三甲氧基-查耳酮 1753
2'-羟基-3,4,5'-三甲氧基-查耳酮 1753
2'-羟基-3',4',6'-三甲氧基查耳酮 1752
3-羟基-2',4,4'-三甲氧基-查耳酮 1753
6'-羟基-2',3,4-三甲氧基查耳酮-4'-*O*-β-D-葡萄糖苷 1754
(2*S*)-5'-羟基-3',4', 7-三甲氧基二氢黄酮 1657
5-羟基-6,7,8-三甲氧基黄酮 1630
1-羟基-3,6,7-三甲氧基-8-甲基蒽醌 1901
8-羟基-5,6,7-三甲氧基香豆素 1546
6'-羟基-2',3',4'-三甲氧基-3,4-亚甲二氧基-查耳酮 1753
11β-羟基三尖杉碱β-*N*-氧化物 27
2-羟基-4-三十三酮 2161
5α-羟基-9α,10β,13α-三乙酰氧紫杉烷-4(20),11-二烯 849
18-羟基桑古辛碱 253
6-羟基山柰酚-3,6-二甲醚 1674
6-羟基山柰酚-3,4',6-三甲醚 1675
5'-羟基十字孢碱 2871
羟基嗜球果 A 2982
2'-羟基-2,3,4,4'-四甲氧基-查耳酮 1753
2'-羟基-2,3,4',6'-四甲氧基查耳酮 1751
2'-羟基-2,3',4',6'-四甲氧基-查耳酮 1753
2'-羟基-3,4,4',5'-四甲氧基-查耳酮 1753
2'-羟基-3,4,4',6'-四甲氧基-查耳酮 1753
3'-羟基-2',4',5',6'-四甲氧基-查耳酮 1753
Z-4'-羟基-3',4,5',6-四甲氧基橙酮 1840
3-羟基-3',4',5',7-四甲氧基黄酮 1676
5-羟基-2',4',5',7-四甲氧基黄酮 1631
5'-羟基-3',4',7,8-四甲氧基黄酮 1631
30-羟基藤黄酸 1811
7-β-羟基吴茱萸次碱 190
2'-羟基-3,4,4'',5',6'-五甲氧基-查耳酮 1753
Z-4'-羟基-3',4,5',6,7-五甲氧基橙酮 1840
4'-羟基-3,3',5,6,7-五甲氧基黄酮 1676
2-羟基-2-烯-4,6-三十三二酮 2161
2''-羟基-3''-烯-脱水淫羊藿素 1682
3'*S*-羟基新三尖杉酯碱 26
6'ξ-羟基芽胺 K 392
(*E*)-*N*-(3-羟基-2-亚丁烯基)-*N*-甲基-四甲基氢氧化铵 23
(–)-14β-羟基氧化苦参碱 167
7-羟基-1-氧化-5-羧酸-1,2-二氢异喹啉 106
11α-羟基-15-氧-16-烯-对映贝壳杉烷-19-酸 914
16α-羟基-17-乙酰氧基-对映-贝壳杉烷-19-羧酸 916
7α-羟基异阿替生 319
13-羟基异白羽扇豆碱 167
18-羟基异桑古辛碱 253
7-羟基异鹰爪豆碱 167
8-羟基鹰爪豆碱 167
d-17-羟基鹰爪豆碱 167
12a-羟基鱼藤酮 1865
羟基月芸任 84
(+/–)-羟基月芸任 84
羟基枝三烯菌素 A 2697
羟基枝三烯菌素 B 2697
34-羟基枝三烯菌素 II 2697
15α-羟基止泻胺 349

cis-4-羟基猪毛菜酚　105
trans-4-羟基猪毛菜酚　105
5'-羟甲基-2'-(4-氨基-7*H*-吡咯[2,3-*d*]并嘧啶)-3',4'-二醇-四氢呋喃　377
5'-羟甲基-2'-(6-氨基-7*H*-嘌呤)-3',4'-二醇-四氢呋喃　379
5'-羟甲基-2'-(6-氨基-9*H*-嘌呤)-3',4'-二醇-四氢呋喃　379
5'-羟甲基-2'-(7*H*-吡咯[2,3-*d*]并嘧啶)-3', 4'-二醇-四氢呋喃　377
5'-羟甲基-2'-(6-甲硫基-9*H*-嘌呤)-3',4'-二羟基-四氢呋喃　380
5'-羟甲基-2'-(6-甲氧基-9*H*-嘌呤-9-基)-3',4'-二羟基-四氢呋喃　379
5'-羟甲基-2'-(9*H*-嘌呤)-3', 4'-二醇-四氢呋喃　379
2-羟甲基-3-羟基蒽醌　1901
8-(1'-羟乙基)-7,8-勒钩碱　152
乔松素　1657
鞘蛇床素　1561
茄啶　340
(22*S*,25*S*)-茄啶-5,20(21)-二烯-3*β*-醇　340
(22*S*,25*S*)-茄啶-5-烯-3*β*-醇　340
芹菜苷　1630
芹菜素　1630
芹菜素-4',7-二甲醚　1630
芹菜素-7-*O*-*β*-D-葡萄糖苷　1630
秦皮甲素　1545
秦皮乙素　1545
青霉素 G(K^+)　2869
青霉素 G(Na^+)　2869
青霉素 V　2869
青藤定　26
青藤碱　143
青蟹肌醇　2358
7-氢-9-(3'-异丁基醇)-1*H*-嘌呤-6, 8-二酮　374
清风藤碱　143
2'-(5-氰基-4-氨基-7*H*-吡咯[2,3-*d*]并嘧啶)-5'-羟甲基-3', 4'-二醇-四氢呋喃　378
β-氰基谷氨酸　2823
1-氰基环己烷　2173
庆大霉胺 C_1　2675
庆大霉胺 C_{1a}　2675
庆大霉胺 C_2　2675
庆大霉素 C_1　2675
庆大霉素 C_{1a}　2675
庆大霉素 C_2　2675
秋水仙胺　15
秋水仙苷吡喃半乳糖苷　15
秋水仙碱　14
球松素　1657
球形毛壳菌素 U　232
巯甲基辛烷　2171
曲麦角碱　252
19-去苯甲酰基-19-乙酰基紫杉宁 M　849
5-去桂皮酰基紫杉宁 J　849
(+)-去甲海罂粟碱　114
N-去甲荷叶碱　114
去甲红霉素 A　2695
去甲红霉素 B　2695
去甲红霉素 C　2695
去甲红霉素 D　2695
去甲环萝酸　2221
4-*O*-去甲基巴尔巴酸　2220
24-去甲基巴弗洛霉素　2694
5-*O*-去甲基川陈皮素　1633
5'-*O*-去甲基哒考菲啉 A　139
6'-去甲基大叶唐松草拉碱　147
31-去甲基环黄杨维定　358
去甲基环米冉宁　358
9-*O*-去甲基-7-*O*-甲基石蒜伦碱　224
10'-去甲基链黑菌素　2772
N-去甲基蒲贝酮碱　346
去甲基蛇麻醇　1753
去甲基蛇麻醇　1753
去甲基蛇麻醇 B　1754
7-去甲基娃儿藤碱 A　264
7-去甲基娃儿藤 *N*-氧化物　264
N-去甲基止泻木枯亭碱　350
去甲苦参酮　1659
去甲美登森　395
3-去甲秋水仙碱　14
10-去甲秋水仙碱　14
1-去甲秋水仙碱　14
N-去甲万古霉素　2824
d-去甲烟碱　67
6-去甲氧基川陈皮素　1633
1-去甲氧基滇乌头碱　303
去甲氧基杜鹃花素　1657
4'-去甲氧基异灰黄霉素　2918
去甲氧利血平　189
4-去甲-1-乙酰基秋水仙碱　14
去甲淫羊藿素　1682
去甲中国蓟醇　1631
8-去羟查耳霉素　2692
3'-去羟基-4'-去甲基泽兰黄醇素-3-半乳糖苷　1677
3'-去羟基-4'-去甲基泽兰黄醇素-3-半乳糖基葡萄糖苷　1680
21-去羟乙基-7-去氧阿替定　321
去氢布氏翠雀花碱　312
去氢茶双没食子儿茶素 AQ　1779
去氢粗毛甘草素 C　1795
去氢粗毛甘草素 D　1795
6a,12a-去氢-*α*-毒灰叶酚　1866
5,6-去氢多花羽扇豆碱　168
去氢多花羽扇豆碱　168
去氢番茄碱苷　339
去氢分离木瓣树胺　128
1,2-去氢缝籽木早灵 N^4-氧化物　205
去氢海罂粟碱　114
8-去氢十字孢碱　231
去氢松果灵　319
去氢松香酸　843
去氢碎叶紫堇碱　128
去氢沃洛亭　187
去氢吴茱萸碱　248
14-去氢滕乌宁碱乙　317
6a,12a-去氢鱼藤素　1866
去氢鱼藤酮　1866
去氢紫堇碱　121
去水乌头碱　303
6-去氧巴西红厚壳素　1808
2-去氧链霉胺　2675
3-去氧苏木黄酮 B　1847

去氧小蛇根草苷 82
去氧鱼藤酮 1866
N-去乙基粗茎乌头碱 A 303
N-去乙基粗茎乌头碱 A 亚胺 303
N-去乙基高乌甲素 307
N-去乙基高乌甲素亚胺 307
N-去乙基-*N*-甲基-12-表欧乌头碱 319
N-去乙基-*N*,8,9-三乙酰基高乌甲素 307
N-去乙基-*N*-19-双去氢萨柯乌头碱 317
N-去乙基-5''-溴代高乌甲素亚胺 307
N-去乙基-*N*-乙酰基高乌甲素 307
去乙酰刺乌头碱 305
8-去乙酰滇乌头碱 299
8-*O*-去乙酰-8-*O*,13-二叔丁氧羰基粗茎乌头碱 A 301
16-去乙酰基盖耶氏翠雀碱 296
10-去乙酰基-10*β*-羟基丁酸酯基紫杉醇 A 849
*O*20-去乙酰基-5-去乙酰氧基-4,5-双去氢-2-脱氧交让木胺甲磺酸酯 332
B-去乙酰基紫杉宁 E 849
10-去乙酰基紫杉宁 848
9-去乙酰基紫杉宁 848
去乙酰秋水仙碱 15
去乙酰冉乌头碱 305
8-*O*-去乙酰-8-*O*-叔丁氧羰基粗茎乌头碱 A 301
去乙酰伪乌头碱 299
8-去乙酰氧基-8-苯甲酰氧基粗茎乌头碱 A 301
8-去乙酰氧基-8-异戊氧基粗茎乌头碱 A 301
2-去乙酰氧-5*α*-羟基紫杉宁 J 849
2-去乙酰氧紫杉宁 J 849
8-*O*-去乙酰-8-*O*-乙基粗茎乌头碱 A 301
去乙酰异秋水仙碱 15
全缘千里光碱 44
拳乌定甲 299
拳乌定乙 311
1-醛-二氢吲哚 177
醛基长春碱 253
3'-醛基-6',4-二羟基-2'-甲氧基-5'-甲基查耳酮-4'-*O*-*β*-D-吡喃葡萄糖苷 1754
(2*S*)-8-醛基-6-甲基柚皮素 1657
(2*S*)-8-醛基-6-甲基柚皮素-7-*O*-*β*- D-吡喃葡萄糖苷 1657
3'-醛基-4',6',4-三羟基-2'-甲氧基-5'-甲基查耳酮 1751
6-醛基异麦冬高异黄酮 A 1847
6-醛基异麦冬高异黄酮 B 1847
1-醛-2-羟基二氢吲哚 177
3-醛-1*H*-吲哚 177
2-炔丙醇 2161
3-炔丁醇 2161
3-炔辛醇 2161
染料木苷 1738
染料木素 1738
染料木素-8-*C*-呋喃芹糖基-(1→6)-*O*-*β*-D-吡喃葡萄糖苷 1739
染料木素-7-*O*-*β*-D-呋喃芹糖基-(1→6)-*O*- *β*-D-吡喃葡萄糖苷 1739
人参宁 232
壬醛 2171
壬-4-烯酸乙酯 2149
(+/–)-日巴里宁碱 84
日本美登木宁碱 ES-Ⅱ 67
日立霉素 2695
榕树酰胺 A 2187
8-*O*-肉桂酰尼奥灵 306
入地蜈蚣素 G 1683
入地蜈蚣素 H 1683
入地蜈蚣素 I 1683
入地蜈蚣素 Q 1634
入地蜈蚣素 R 1634
入地蜈蚣素 S 1634
入地蜈蚣素 T 1634
软普棱草素 1808
瑞香黄烷 A 1872
瑞香黄烷 B 1872
瑞香黄烷 B 1872
瑞香黄烷 D_1 1871
瑞香黄烷 C 1872
瑞香黄烷 D_2 1871
瑞香黄烷 E 1871
瑞香黄烷 F 1871
瑞香黄烷 G 1871
瑞香素 1545
萨柯乌头碱 315
赛金莲木儿茶素 1776
6-*O*-*α*-L-(2''-*O*-,3''-*O*-,4''-*O*-三苯甲酰基)-吡喃鼠李糖基梓醇 442
N-(三氟乙酰丙酮)去乙酰异秋水仙碱 15
6-(三甲胺)-嘌呤 376
2,4,6-三甲基苯酚 2212
Z-4,6,7-三甲基橙酮 1839
2,2,3-三甲基丁烷 2172
3',6,8-三-*C*-甲基槲皮素-3,7-二甲醚 1675
1,2,2-三甲基环戊烷 1,3-二甲酸 2149
4,5,7-三甲基-2-喹诺酮 79
4,6,7-三甲基-2-喹诺酮 79
4,6,8-三甲基喹诺酮 79
2,5,8-三甲基-4-喹啉酮 80
2,6,8-三甲基-4-喹啉酮 80
2,7,8-三甲基-4-喹啉酮 80
3',5',7-三-*O*-甲基麦黄酮 1633
E-2,*N*,*N*-三甲基-1-烯乙胺-3-甲基丁酮 2173
Z-2,*N*,*N*-三甲基-1-烯乙胺-3-甲基丁酮 2172
(*E*)-*N*,*N*,*N*-三甲基-3-氧代-1-丁烯-1-铵三氟乙酸盐 23
3,4,5-三甲氧基苯甲酸酯白雀定 245
2',4,4'-三甲氧基查耳酮 1752
2',4,5'-三甲氧基查耳酮 1752
Z-4,4',6-三甲氧基橙酮 1839
3,4,5-三甲氧基-3'',3''-二甲基吡喃[3',4']芪 2247
5,6,7-三甲氧基黄酮 1630
3',4',5-三甲氧基黄酮-7-*O*-葡萄糖基木糖苷 1633
3',4',5-三甲氧基黄酮-7- *O*-葡萄糖基鼠李糖苷 1633
5,6,7-三甲氧基-2-甲基-1,2,3,4-四氢异喹啉 105
6,7,8-三甲氧基-2-甲基-1,2,3,4-四氢异喹啉 105
2',4',5-三甲氧基千斤拔素 D 1659
2,2',4'-三甲氧基-6'-羟基查耳酮 1752
Z-4,6,7-三甲氧基-4'-羟基橙酮 1839
5,6,7-三甲氧基-1,2,3,4-四氢异喹啉 105
三尖杉碱 26
三尖杉碱 *α*-*N*-氧化物 27
三尖杉碱 *β*-*N*-氧化物 27
三尖杉宁碱 23
三尖杉酯碱 26

三距矮翠雀花碱　312
EGCg 三聚物　1779
三粒小麦黄酮-3',4',5'-三甲醚　1633
三裂鼠尾草素　1632
1,1,1-三氯 2-甲基-2-丙醇　2162
2,2,2-三氯乙酸甲酯　2148
3,4,4'-三羟基芪　2245
3,16α,17-三羟基-贝壳杉烷　916
3,4,α-三羟基苯丙酸甲酯　2214
2,4,6-三羟基苯乙酮　2213
2',4,4'-三羟基查耳酮　1751
6β,11α,15α-三羟基-6,7-断裂-6,20-环氧-1α,7-内酯-对映-贝壳杉-16-烯　847
1α,7α,14β-三羟基-对映-贝壳杉-16-烯-15-酮　914
5,7,4'-三羟基-6-(3,3-二甲基环氧丙基)异黄酮　1739
2',3,5-三羟基-4,4'-二甲氧基查耳酮　1751
3',5,7-三羟基-4',6-二甲氧基高异二氢黄酮　1848
4',5,7-三羟基-3',6-二甲氧基高异二氢黄酮　1848
2',5,7-三羟基-6, 8-二甲氧基黄酮　1633
4',5,7-三羟基-3,3'-二甲氧基黄酮　1675
4',5,7-三羟基-3,8-二甲氧基黄酮　1675
5,7,5'-三羟基-3',4'-二甲氧基黄酮　1630
5,5',7-三羟基-3',4'-二甲氧基黄酮-3-*O*-α-L-吡喃鼠李糖苷　1678
2,4,4'-三羟基二氢查耳酮　1771
4',5,7-三羟基高异二氢黄酮　1847
(2*S*)-4',6,6-三羟基黄烷　1775
4, 3',5'-三羟基-2'-(8'-甲基-7'-丙酮)-芪　2246
1,3,6-三羟基-8-甲基蒽醌　1901
(2*S*)-4',5,7-三羟基-8-甲基二氢黄酮　1657
2',4,5'-三羟基-4'-甲氧基查耳酮　1751
1,6,7-三羟基-3-甲氧基蒽醌　1901
1,3,8-三羟基-2-甲氧基蒽醌　1901
3',4',7-三羟基-5-甲氧基-高异二氢黄酮　1848
3',5,7-三羟基-4'-甲氧基-高异二氢黄酮　1848
4',5,8-三羟基-7-甲氧基-高异二氢黄酮　1847
3,4',7-三羟基-3'-甲氧基黄酮　1675
4',5,7-三羟基-3-甲氧基黄酮　1675
1,6,7-三羟基-3-甲氧基-8-甲基蒽醌　1901
3',4,5'-三羟基-4-甲氧基-2-*O*-β-D-木糖基苯酚酮　1811
3,3',5-三羟基-4'-甲氧基-6,7-亚甲二氧基黄酮　1675
1α,7β,14β-三羟基-18-醛基-对映-贝壳杉-16-烯-15-酮　914
7α,14β,20-三羟基-18-醛基-对映-贝壳杉-16-烯-15-酮　914
2',5,7-三羟基-3,4',5',6,8-五甲氧基黄酮　1684
5,7,3'-三羟基-3,6,8,4',5'-五甲氧基黄酮　1676
5,7,4'-三羟基-3,6,8,3',5'-五甲氧基黄酮　1676
3,4',5-三羟基-6,7-亚甲二氧基黄酮-3-*O*-β-D-吡喃葡萄糖苷　1677
6β,7β,14β-三羟基-1α-乙酰氧基-7α,20-环氧-对映-贝壳杉-16 烯-15-酮　919
7β,9α,10β-三去乙酰基-1β羟基-巴卡亭 I　850
7,9,10-三去乙酰基重排巴卡亭VI　850
19-三十八烷烯　2171
三十烷酸　2148
三叔丁基甲醇　2162
三烯环菌素 A　2699
三烯环菌素 B　2699
三烯环菌素 C　2699
三烯环菌素 G　2699
三烯菌素 II　2697
1,1,2-三溴乙烯己酮　2171
4,2',5'-三乙酰基-3,3'-二甲氧基芪　2246
1,6,14-三-*O*-乙酰基森布星 A　311
2α,9α,10β-三乙酰氧基-5α-桂皮酰氧基-13α-羟基-13,16-环氧-紫杉烷-4(20),11-二烯　849
2',4',5-三乙酰氧基千斤拔素 D　1659
5,3',4'-三乙酰氧基-3,7,5'-三甲氧基黄酮　1676
伞房翠雀碱　294
伞花内酯　1546
(3"*R*)-桑黄酮 J　1754
(3"*S*)-桑黄酮 I　1754
桑黄酮 Q　1754
桑黄酮 R 七甲醚　1754
桑色呋喃 E　1771
L-色氨酸　2360
森布星 A　311
沙兰素　1177
沙质菌素 A　383
山矾碱　114
山海棠素 A　290
山海棠素 B　290
山海棠素 C　290
山姜素　1657
山辣椒碱　198, 249
山莨菪碱　52
山梨糖醇　2358
山蚂蝗黄酮 A　1747
山蚂蝗黄酮 B　1746
山柰酚　1674
山柰酚-3-*O*-半乳糖苷　1677
山柰酚-3-α-L-吡喃阿拉伯糖苷　1676
山柰酚-3-*O*-[β-D-吡喃葡萄糖-(1→3)-*O*-α-L-吡喃鼠李糖-(1→6)-*O*- β-D-吡喃半乳糖苷]　1681
山柰酚-3-*O*-β-D-吡喃葡萄糖苷　1677
山柰酚-3-*O*-β-D-吡喃葡萄糖基-7-*O*-α -L-吡喃鼠李糖苷　1679
山柰酚-3-*O*-β-D-吡喃葡萄糖基-(1→2)-α-L-鼠李糖苷　1679
山柰酚-3-*O*-β-D-吡喃葡萄糖基-(1→4)-α-L-鼠李糖基-7-*O*-α-L-鼠李糖苷　1681
山柰酚-3-*O*-β-(2"-*O*-α- L-吡喃鼠李糖基)-葡萄糖醛酸苷　1679
山柰酚-3-*O*-(6"-丙二酰基葡萄糖苷)　1677
山柰酚 3-(2,3-二反式-*p*-香豆酰基-α-L-吡喃鼠李糖苷)　1684
山柰酚-3,4'-二甲酯　1675
山柰酚-3,4'-二葡萄糖苷　1679
山柰酚-7-*O*-(6-反式-咖啡酰基)-β-葡萄糖基-(1→3)-α-鼠李糖苷-3-*O*-β-葡萄糖苷　1683
山柰酚-3-*O*-[β-D-呋喃芹糖基-(1'''→2")]-β-D-半乳糖苷　1679
山柰酚-3-*O*-β-D-呋喃芹糖基-(1→2)-α L-呋喃阿拉伯糖基-7-*O*-α-L-鼠李糖苷　1681
山柰酚-3-*O*-β-D-呋喃芹糖基-(1→4)-α-L-鼠李糖基-7-*O*-α-L-鼠李糖苷　1681
山柰酚-3-*O*-β-D-槐糖苷-7-*O*-α-L-鼠李糖苷　1681
山柰酚-3-*O*-接骨木二糖苷　1679
山柰酚-3-龙胆二糖苷　1679
山柰酚-3-*O*-β-葡萄糖醛酸苷　1677
山柰酚-7-*O*-α-L-鼠李糖苷　1677
山柰酚-3-*O*-α-L- [6'''-*p*-香豆酰基-β-D-吡喃葡萄糖基-(1→

4)-鼠李糖苷] 1683
山柰酚-3-*O*-*α*-L-[6‴-*p*-香豆酰基-(*β*-D)-吡喃葡萄糖基-(1,2)-鼠李糖苷]-7-*O*-*β*-D-吡喃葡萄糖苷 1683
山柰酚-3-*O*-新橙皮糖苷 1679
山柰酚-3-*O*-*β*-(2″-乙酰基)吡喃半乳糖苷 1677
山柰酚-3-*O*-(6″-乙酰基)-*β*-D-吡喃半乳糖苷 1677
山柰苷 1679
山柰素 1674
山小橘碱 279, 280, 281
山油柑碱 279
山缘草碱 130
山竹子素 1811
杉蔓碱氮氧化物 165
商陆苷 1680
芍药素-3-*O*-*β*-D-葡萄糖苷 1801
蛇床子素 1546
蛇根碱 194
蛇根精 197
蛇果紫堇碱 121
蛇麻醇 1754
蛇麻醇 B 1754
蛇麻醇 C 1754
蛇麻醇 G 1754
蛇麻醇 H 1754
蛇葡萄素 1724
深山黄堇碱 128
升麻胍碱 23
生技霉素 A_0 2698
生技霉素 A_1 2698
生技霉素 $A_{2\alpha}$ 2698
生技霉素 $A_{2\beta}$ 2698
生技霉素 B_0 2698
生技霉素 $B_{2\alpha}$ 2698
生技霉素 $B_{2\beta}$ 2698
生技霉素 B_3 2698
生技霉素 C_2 2698
生技霉素 E_1 2698
圣草次苷 1658
圣草酚 1657
圣草酚-8-*C*-*β*-D-葡萄糖苷 1657
(2*R*)-圣草素-7,4'-二-*O*-*β*-D-吡喃葡萄糖苷 1658
(2*S*,3*R*-Δ^4(*E*)-Δ^8(*E*)-十八碳鞘胺醇一正十六碳酰胺 2187
十六烷酸 2148
十六烷酸甘油单酯 2148
2'*E*,4'*Z*-十四二烯酸基 921
7-十四炔醇 2161
E-7-十四烯醇 2161
Z-7-十四烯醇 2161
Z-7-十四烯酸 2148
E-7-十四烯酸 2148
Z-7-十四烯酸异丁酯 2149
E-7-十四烯酸异丁酯 2149
2-十一烷基-喹喏酮 79
2-十一烷酮-10'-4(1*H*)-喹喏酮 80
十字孢碱 231
石吊兰素 1632
石杉黄素 1632
石松碱 168
石松灵碱 168
石松叶碱 165
石蒜宁碱 396
石蒜西啶 83
石蒜西啶醇 83
矢车菊苷元 1800
矢车菊苷元-3-*O*-*β*-半乳糖苷 1800
矢车菊苷元-3-*O*-(6--反式-对香豆酰基-*β*-D-葡萄糖苷)-5-*O*-(6-*O*-丙二酰基-*β*-D-葡萄糖苷) 1802
矢车菊苷元-3-接骨木二糖苷 1800
矢车菊苷元-3-*O*-*β*-D-葡萄糖苷 1800
矢车菊苷元-3-*O*-*β*-D-芸香糖苷 1800
矢车菊黄素 1675
士的宁 213
士的宁 *N*-氧化物 213
世田霉素 2698
嗜球果伞素 O 2920
嗜球果伞素 M 2920
L-手-肌醇 2358
手霉素 A 3003
手霉素 A 3003
手霉素 E 3003
手霉素 F 3003
手霉素 G 3003
1-叔丁基二环[2.2.1]庚烷 2174
4-叔丁基- eq-环己醇 2162
4-叔丁基-ax-环己醇 2162
13-叔丁氧羰基焦粗茎乌头碱 A 300
疏螺旋体素 2694
鼠李黄素-3-*O*-*β*-D-吡喃半乳糖苷 1678
鼠李柠檬素-3-鼠李糖苷 1677
鼠李素 1675
鼠李素-3'-葡萄糖苷 1678
蜀羊泉次碱 340
薯蓣碱 68
束序苎麻碱 A 164
束序苎麻碱 B 164
栓皮豆酮 1740
3,11-*O*--(3',3″-双丁酰羟基)扁担叶碱 157
双冬凌草丁素 963
双高去氧三尖杉酯碱 26
(*R*)-双汉防己碱 143
(*S*)-双汉防己碱 143
2,2'-双汉防己碱 143
双藿苷 A 1683
双氯青霉素 2869
双漆黄醇-(4*α*→6,4*α*→8)-儿茶精 3-没食子酸酯 1779
双氢表奎宁 85
(2*R*,3*R*)-双氢槲皮素-4'-甲醚 1724
双氢奎尼定 85
双氢奎宁 85
1,16-双去甲氧基-$\Delta^{15,16}$-滇乌头碱 300
双去氢百部新碱 27
双去氢百部新碱 A 27
双去氢百部新碱 B 27
14,15-双去氢长春蔓啶 220
4,20-双去氢钩吻定 223
N-双乙酰基-2-脱氧链霉胺 *2676*
水飞蓟宾 A 1725
水飞蓟宾 B 1725
水飞蓟亭 A 1725
水飞蓟亭 B 1725

水陆枣碱 A　381
水陆枣碱 B　382
水陆枣碱 L　382
水陆枣碱 M　382
水陆枣碱 N　382
水仙苷　1680
水仙花素　1680
水杨酸　2212
顺式-八氢-4-甲基-2*H*-喹嗪　165
顺式-3,5-二甲氧基芪　2245
顺式-3,5-二羟基芪　2245
顺式-2',4-二乙酰氧基-3,3'-二甲氧基芪　2246
顺式-2',4-二乙酰氧基-3,3'-二甲氧基-5'-甲基芪　2246
顺式-3-甲氧基-5-羟基芪　2245
10-*O*-顺式-*p*-甲氧基肉桂酰基梓醇　443
顺式-2-羟基喹诺里西啶　164
顺式-十氢喹啉　80
顺式-3,4,5,4'-四甲氧基-2',3'-二氨基芪　2245
顺式-3,4,5,4'-四甲氧基-2',5'-二氨基芪　2245
顺式-3,4,5,4'-四甲氧基-2',3'-二硝基芪　2245
顺式-3,4,5,4'-四甲氧基-2',5'-二硝基芪　2245
顺式-3,4,5,4'-四甲氧基-3',5'-二硝基芪　2245
顺式-3,4,5,4'-四甲氧基-2'-硝基-5'-氨基芪　2245
顺式-3,4,5,4'-四甲氧基-5'-硝基-2'-氨基芪　2245
2(*R*)-顺式-7,8,3',4'-四羟基二氢黄酮醇　1724
6-*O*-顺式-*p*-香豆酰基-7-脱氧地黄素 A　449
6-*O*-顺式-*p*-香豆酰基-8-*O*-乙酰基山栀(子)苷甲酯　447
10-*O*-顺式-*p*-香豆酰基梓醇　443
6-*O*-顺式-*p*-香豆酰基梓醇　443
6'-*O*-顺式-*p*-香豆酰马钱子苷　446
顺式-异鱼藤酮　1866
顺式-紫衫叶素-3-*O*-α-吡喃阿拉伯糖苷　1726
顺式-紫衫叶素-4'-*O*-α-吡喃葡萄糖苷　1726
L-丝氨酸　2360
司替霉素 C　2772
斯坎丁　85
2,2,3,3-四氟丁二酸　2148
2,2,3,3-四氟丁酸　2148
2,2,3,3-四甲基丁烷　2172
1,3,8,8-四甲基-二环[2.2.2]-5-庚烯烷-2-醇　2163
1,3,8,8-四甲基-二环[2.2.2]-5-庚烯烷-2-醇　2163
5,7,3',4'-四甲基紫衫叶素　1724
2',3',4',6'-四甲氧基查耳酮　1752
2',4,4',6'-四甲氧基查耳酮　1752
Z-2',4,6,7-四甲氧基橙酮　1840
5,6,2',6'-四甲氧基黄酮　1630
(2*S*)-3',4',5,7-四甲氧基黄烷　1775
(2*R*,3*S*)-3',4',5',7-四甲氧基-3-黄烷醇　1776
(2*R*,3*S*,4*R*)-3',4',5',7-四甲氧基-3,4-黄烷二醇　1777
四棱草环肽　382
四棱草环肽 C　382
四棱草环肽 D　382
四棱草内酯 A　845
四棱草内酯 B　845
2,4,4,6-四氯戊酸甲酯　2148
2,4,3',5'-四羟基芪　2244
1α,7α,14β,18-四羟基-对映-贝壳杉-16-烯-15-酮　914
(2*S*)-5,7,3',5'-四羟基二氢黄酮-7- *O*-β-D-阿洛糖苷　1658
(2*S*)-5,7,3',5'-四羟基二氢黄酮-7- *O*-β-D-葡萄糖苷　1658
3',4',5,7-四羟基-高异二氢黄酮　1848
1α,6β,7β,14β-四羟基-7α,20-环氧-对映-贝壳杉-16-烯-15-酮　919
2',3',5,7-四羟基黄酮　1633
2',5,6',7-四羟基黄酮　1633
4',5,6,7-四羟基黄酮　1633
3,4,3',5'-四羟基-4'-甲氧基芪　2245
3',4',5,7-四羟基-6-甲氧基高异二氢黄酮　1848
3',4',5,8-四羟基-7-甲氧基高异二氢黄酮　1848
3',4',6,7-四羟基-5-甲氧基黄酮　1630
4',5,7,8-四羟基-3-甲氧基黄酮　1675
5,6,7,8-四羟基-3-甲氧基黄酮　1674
3',4,5',6-四羟基-2-*O*-β-D-木糖基苯酚　1811
3',4,5',6-四羟基-2-*O*-(3-*O*-乙酰基-α-L-阿拉伯糖基)苯酚酮　1811
3',4,5',6-四羟基-2-*O*-(4-*O*-乙酰基-β-D-木糖基)苯酚酮　1811
5,6,3',4'-四羟基异黄酮-7-*O*-[β-D-葡萄糖基-(1→6)-β-D-葡萄糖基-(1→6)-β-D-葡萄糖基-(1→3)-α-L-鼠李糖苷]　1740
四氢巴马亭　121, 152
(2*S*,2"*S*)-2,2",3,3"-四氢扁柏双黄酮　1871
四氢当药苷　1808
四氢非洲防己碱　121
四氢光甘草素　1796
四氢光甘草素二甲醚　1796
四氢化巴马除宾　121
(±)-四氢化原荷叶碱　111
四氢假巴马汀碱　121
四氢小檗碱　121
四氢鸭脚木碱　194
1,2,3,4-四氢异喹啉　105
1α,6,11β,15β-四乙酰基-6,7-断裂-7,20-内酯-对映-贝壳杉-16-烯　847
N-四乙酰基新毒胺　2676
松柏醛　2214
松贝甲素　363
松贝乙素　363
7,13-松香二烯-3-酮　842
松叶菊碱　28
松叶酸　733
松属素　1657
L-苏氨酸　2360
苏门答腊酚　1865
苏木黄酮 B　1848
隧状芸香素　1563
穗花杉双黄酮；双芹菜素　1870
梭孢壳素 F　2982
梭孢壳素 G　2982
梭孢壳素 H　2982
梭孢壳素 I　2982
梭孢壳素 J　2982
梭孢壳素 K　2982
梭孢壳素 L　2982
梭孢壳素 M　2982
梭孢壳素 N　2982
梭孢壳素 O　2982
梭孢壳素 P　2982
梭砂贝母芬碱　363
梭砂贝母芬酮碱　363
梭砂贝母碱　363

2-羧基蒽醌 1901
4'-羧基-5, 6-二氢-1'*H*, 3'*H*-嘧啶并[3,4,9-*cd*]嘌呤-2,6(1 *H*)-二酮 374
4 19-羧基-8(17),13(16),14-赖伯当三烯 734
4*β*-羧甲基-(–)-表儿茶精 1777
4*β*-羧甲基-(–)-表儿茶精甲酯 1777
8-羧甲基对羟基肉桂酸甲酯 2214
8-羧甲基对羟基肉桂酸乙酯 2214
8-羧酸-6-羟基喹啉 106
2-羧酸-1*H*-吲哚 177
索多米茄碱 A 28
索多米茄碱 B 28
塔拉乌头胺 309
塔氏多果树 249
苔藓酸 2213
苔藓酸丙酯 2213
苔藓酸丁酯 2213
苔藓酸甲酯 2213
苔藓酸叔丁酯 2213
苔藓酸乙酯 2213
苔藓酸异丙酯 2213
苔藓酸仲丁酯 2213
太子参环肽 A 382
太子参环肽 B 382
泰国九里香醇 177
唐松草坡芬 114
糖菌素 2675
糖枝三烯菌素Ⅱ 2697
藤黄双黄酮 1870
藤黄素酸 1811
藤黄酸 1811
藤菊黄素-3,7-二鼠李糖苷 1680
藤菊黄素-3-*O*-*β*-D-葡萄糖苷 1677
天冬氨酸 2360
天芥菜定 45
天芥菜碱 44, 45
天竺葵色素-3-*O*-(6-*O*-阿魏酰基-*β*-D-葡萄糖苷)-5-*O*-(6-*O*-丙二酰基葡萄糖苷) 1801
天竺葵色素-3-*O*-(6-*O*-阿魏酰基-*β*-D-葡萄糖苷)-5-*O*-*β*-D-葡萄糖苷 1801
天竺葵色素-3-*O*-*α*-L-半乳糖苷 1801
{6"-*O*-(天竺葵色素-3-*O*-[2"-*O*-*β*-D-吡喃木糖基)-*β*-D-吡喃半乳糖基][(4-*O*-*β*-D-吡喃葡萄糖基-反式-咖啡酰基)-*O*-酒石酰基]}丙二酰酯 1802
天竺葵色素-3-*O*-(6"-*O*-*α*-吡喃鼠李糖基-*β*-吡喃葡萄糖苷) 1800
天竺葵色素-3,5-二-*O*-葡萄糖苷 1801
天竺葵色素-3-*O*-(6-*O*-反式-对香豆酰基-*β*-D-葡萄糖苷)-5-*O*-(4-*O*-丙二酰基-*β*-D-葡萄糖苷) 1802
天竺葵色素-3-*O*-(6-*O*-反式-对香豆酰基-*β*-D-葡萄糖苷)-5-*O*-(6-*O*-丙二酰基-*β*-D-葡萄糖苷) 1802
天竺葵色素-3-*O*-(6-*O*-反式-对香豆酰基-*β*-D-葡萄糖苷)-5-*O*-*β*-D-葡萄糖苷 1801
天竺葵色素-3-*O*-(6-*O*-反式-对香豆酰基-*β*-D-葡萄糖苷)-5-*O*-(6-*O*-乙酰基-*β*-D-葡萄糖苷) 1801
天竺葵色素-3-*O*-(6-*O*-咖啡酰基-*β*-D-葡萄糖苷)-5-*O*-(6-*O*-丙二酰基-*β*-D-葡萄糖苷) 1801
天竺葵色素-3-*O*-(6-*O*-咖啡酰基-*β*-D-葡萄糖苷)-5-*O*-*β*-D-葡萄糖苷 1801
天竺葵色素-3-*O*-葡萄糖苷 1801
天竺葵色素-3-*O*- *β*-D-葡萄糖苷-5-*O*- (6-*O*-丙二酰基-*β*-D-葡萄糖苷) 1801
天竺葵色素-3-*O*- (6-*O*-顺式-对香豆酰基-*β*-D-葡萄糖苷)-5-*O*-(6-*O*-丙二酰基-*β*-D-葡萄糖苷) 1802
天竺葵色素-3-*O* -(6-*O*-顺式-对香豆酰基-*β*-D-葡萄糖苷)-5-*O*-*β*-D-葡萄糖苷 1801
甜菜碱 23
甜竹酮 B 1809
甜竹酮 C 1809
甜竹酮 A 1807
铁石苏木醇 A 1771
铁屎米酮 249
2-酮基-二氢吲哚 178
1-(1-酮-乙基)-二氢吲哚 177
3-(1-酮-乙基)-吲哚 177
土茯苓黄素苷 1725
吐根酚碱 136
吐根碱 136
托派古柯碱 54
托品醇 54
托品酮 54
托烷 54
脱二氢瑟烷二醇 362
14,15-脱氢阿扑长春胺 219
脱氢黄柏苷 1679
脱氢灰黄霉素 2918
3-脱氢脱氧穿心莲内酯 734
脱水萍蓬胺 67, 168
脱水芽子碱甲酯 54
脱水芽子碱甲酯氮氧化物 54
脱羰去甲基秋水仙碱 15
脱氧海狸胺 168
脱氧交让木胺 331
2-脱氧链霉胺 2676
脱氧萍蓬草胺 168
脱氧三尖杉酯碱 26
19-脱氧枝三烯菌素Ⅱ 2697
妥布霉素 2675
椭圆玫瑰树碱 249
娃儿藤定碱 264
娃儿藤碱 264
娃儿藤碱 *N*-氧化物 264
娃儿藤辛碱 A 264
皖贝甲素 362
万古霉素 2824
万寿菊黄素 1676
王不留行环肽 A 382
王不留行环肽 B 382
王不留行环肽 C 382
王不留行环肽 D 382
微缺美登碱 A 290
微缺美登碱 C 290
微缺美登碱 D 290
微缺美登碱 E 290
微缺美登宁 290
微凸剑叶莎酚 1795
维洛斯明碱 200
维特钦 318
(20*R*)-维特钦 318

维特钦偶氮甲碱 318
维特钦偶氮甲碱乙酸盐 318
伪利血平 16,17-立体异构体 189
d-伪麻黄碱 14
伪麻黄碱盐酸盐 14
伪石蒜碱 264
伪士的宁 213
伪乌头碱 298
伪吲羟伊波加因 224
伪育亨烷 189
尾叶香茶菜素(Ⅰ) 914
(–)-文朵宁 204
文朵宁 B 205
喔啉 232
沃特曼内酯 A 2700
沃特曼内酯 B 2700
沃特曼内酯 C 2700
沃特曼内酯 D 2700
乌拉尔醇 1682
乌头胺 308
乌头碱 299
无刺枣因 S3 381
无糖万古霉素 2824
吴茱萸次碱 249
吴茱萸黄碱 279
吴茱萸碱 194, 248
吴茱萸新碱 79
五加苷 B1 1545
1,3,3,5,5-五甲基环己烯 2174
2,2',3',4',6'-五甲氧基-查耳酮 1753
2',3',4',5',6'-五甲氧基二氢查耳酮 1771
3',4',5',7,8-五甲氧基黄酮 1632
2',5,5',6,6'-五甲氧基-3',4'-亚甲二氧基黄酮 1632
3',4',5,7,8-五羟基-3-甲氧基黄酮 1676
午贝丙素 362
2-戊醇 2161
1,5-戊二醇 2161
1,3-戊二炔 2171
1,2-戊二烯 2171
1-戊炔 3-醇 2161
1-戊烯 2171
西贝母碱 363
西贝素氮氧化物 364
西比赛亭七甲醚 1676
(±)-西伯里亚紫堇碱 134
西洛帕明 370
西洛泼辛碱 370
西索米星 2675
2-烯丙醇 2161
6-烯丙基柚皮苷元 1658
3-烯丁醇 2161
E-2-烯丁醇 *2161*
Z-2-烯丁醇 2161
4-烯-丁环内酯 2151
3-烯-1,2-二环[2.2.1]庚烷二甲酸酐 2151
2-烯-4,6-二炔-7-氰基庚酸甲酯 2149
3-烯-1-庚炔 2171
2-烯-4,6-癸二炔-1,8-二醇 2161
3-烯己醇 2161
3-烯-1-己炔 2171
3-烯-1-戊炔 2171
4-烯-1-戊炔-3-醇 2161
E-3-烯辛醇 2161
Z-3-烯辛醇 2161
豨莶精醇 841
膝乌宁碱乙 317
喜树碱 84
细胞松弛素 E 2694
细胞松弛素 Z10 28
细胞松弛素 Z11 28
细胞松弛素 Z12 28
细胞松弛素 Z13 28
细胞松弛素 Z14 28
细胞松弛素 Z15 28
细胞松弛素 Z16 28
细胞松弛素 Z17 28
细霉素 A 2918
细霉素 B 2918
细叶鸢尾异黄酮 1738
细枝山竹子酮 1808
狭叶水仙亭碱 27
夏腊梅碱 82
显脉香茶菜丙素 847
显脉香茶菜甲素 847
显脉香茶菜乙素 847
腺花素 914
腺嘌呤 374
香草醛 2213
香草酸 2212
香草酰藜芦定 367
香草酰棋盘花碱 367
香豆素 1545
7-*O*-*p*-香豆酰基败酱苷 440
2'-*O*-香豆酰基-8-表-黄钟花苷 444
2'-*O*-香豆酰基车前醚苷 444
10-*O*-*E*-*p*-香豆酰京尼平酸 446
10-*O*-*E*-香豆酰京尼平酸 446
香蒲新苷 1684
7-*O*-香叶基-6-甲氧基伪野靛苷元 1740
3'-香叶基-2',3,4,4'-四羟基查耳酮 1754
香叶木苷 1631
香叶木素 1631
消旋毒藜碱 67
2-硝基苯酚 2212
3-硝基苯甲酸-2-(甲氧羰基甲基)苯酚酯 2222
4-硝基苯甲酸-2-(乙氧羰基甲基)苯酚酯 2222
2-硝基苯甲酸-2-(乙氧羰基甲基)苯酚酯 2222
3-硝基苯甲酸-2-(乙氧羰基甲基)苯酚酯 2222
Z-4'-硝基橙酮 1839
3-硝基喹啉 78
1-硝基辛烷 2171
硝肽菌素 2822
小檗胺 146
小檗碱 128
小檗因 121
小花黄檀素 A 1746
小花黄檀素 B 1746
小花黄檀素 C 1746
小花黄檀酮 1738
小花杂花豆异黄酮 1746

小麦黄素 1633
小麦黄素-7-*O*-*β*-D-吡喃葡萄糖苷 1633
小麦黄素苷 1634
小诺霉素 2676
小唐松草碱 114
小星蒜碱 396
小叶黄杨碱 J 359
小叶黄杨碱 K 358
L-缬氨酸 2360
心耳素 1776
辛二酸 2148
辛腈 2171
辛硫醇 2171
2,4,6-辛三炔 2172
辛酰氯 2171
新贝甲素 363
新茶黄素 1778
新茶黄素-3-没食子酸酯 1778
新茶黄素酯 A 1778
新橙皮苷 1658
新毒胺 2676
新粪壳菌素 2963
新计巴丁 370
新如米星 A 2697
新三尖杉酯碱 26
新戊醇 2161
新戊烷 2172
信阳冬凌草甲素 914
绣线菊苷 1678
2-溴苯酚 2212
2-溴苯甲酸-2-(乙氧羰基甲基)苯酚酯 2222
3-溴苯乙酸-2-(甲氧羰基甲基)苯酚酯 2221
4-溴苯乙酸-2-(甲氧羰基甲基)苯酚酯 2221
3-溴苯乙酸-2-(乙氧羰基甲基)苯酚酯 2222
4-溴苯乙酸-2-(乙氧羰基甲基)苯酚酯 2222
3-溴-1-丙烯 2171
3-溴-2-丙烯酸 2148
7-溴-1,4-二甲基-9*H*-咔唑 187
2-溴环丙甲酸乙酯 2150
1-溴环己烷 2173
2-溴甲基-3-丁烯-2-醇 2162
2-溴-3-甲基-2-丁烯二酸 2149
3-溴甲基金刚烷-1-乙酸 2150
3-溴金刚烷-1-乙酸 2150
6-溴-9*H*-嘌呤 376
3-溴-2-烯-戊环内酯 2151
1-溴辛烷 2171
2-溴乙基-1-辛烯 2173
旋花碱 B_4 68
雪松素 1724
血根碱 152
血红白叶藤酸甲酯 82
鸦胆亭 1176
鸦胆子苦醇 1176
鸦胆子素 B 1176
鸦胆子素 C 1176
鸦胆子素 D 1176
鸦胆子素 E 1176
(−)-鸭脚木非灵 245
芽胺 G 392
3',4'-亚甲二氧基-5,7-二甲氧基黄酮 1632
3',4'-亚甲二氧基高异黄酮 1847
2,3-亚甲基二氧-4, 7-二甲氧基喹啉 84
17-亚甲基螺旋霉素 2698
亚麻脑苷酯 A 2186
(*Z*)-3-亚乙基-2-酮基-二氢吲哚 178
亚油酸 2148
烟碱 67
烟酸盐 67
延胡索碱 122
延龄草素 106
芫花醇甲 1872
芫花素 1631
芫花素-5-*O*-*β*-D-木糖-(1→6)-*β*- D-葡萄糖苷 1631
岩黄连碱 128
岩黄连灵碱 158
岩黄连灵碱 84
岩棕醇 1848
杨梅苷 1678
杨梅苷 7-甲醚 1678
杨梅苷-2''-*O*-没食子酸酯 1679
杨梅黄素-3-*O*-(2''-*O*-*p*-对羟基苯基)-*α*-吡喃鼠李糖苷 1679
杨梅黄素-3-*O*-(3''-*O*-没食子酰)-*α*-吡喃鼠李糖苷-7-甲醚 1679
杨梅黄素-3-*O*-(2''-*O*-没食子酰基)-*α*-吡喃鼠李糖苷-7-甲醚 1679
杨梅树皮亭 1726
杨梅素 1676
杨梅素-3-半乳糖苷 1678
杨梅素-4'-甲酯-3- *O*-鼠李糖苷 1678
杨梅素六甲醚 1676
杨梅素-3-葡萄糖醛酸苷 1678
杨梅素-3,7,3'-三甲醚 1676
杨梅素-3,3',4',5'-四甲醚 1676
杨梅素-3-*O*-(6''-*O*-乙酰基) -*β*-D-吡喃半乳糖苷 1678
洋艾素 1675
3-氧代十五烷酸甲酯 2149
2-氧代十五烷酸甲酯 2149
氧代藤黄酸 1811
1,3-氧-二甲基-肌-肌醇 2358
1,2-氧-二甲基-肌-肌醇 2358
1,4-氧-二甲基-肌-肌醇 2358
氧海罂粟碱 114
氧化苦参碱 166
N-氧基-11-甲氧基阿枯米辛 245
N-氧基青藤碱 144
(4*S*)-*N*-氧基-去氢钩藤碱 223
N-氧基-蕊木定 C 205
(+)-*β*-*N*-氧基-异波尔定碱 115
(−)-*N*-氧基-*cis*-异紫堇杷明 120
N-氧基-原荷叶碱 112
D-1-氧-甲基-肌-肌醇 2358
L-2-氧-甲基-手-肌醇 2358
D-3-氧-甲基-手-肌醇 2358
22-氧甲基枝 2697
药根碱 121
野花椒醇碱 83
野鸡尾查耳酮 A 1754
野扇花胺 351

野树波罗丙素 1633
野树波罗丁素 1633
野树波罗甲素 1633
野树波罗戊素 1633
野树波罗乙素 1633
叶酸 374
一叶萩碱 264
一枝蒿丙素 308
一枝蒿甲素 319
一枝蒿乙素 308
伊贝碱苷 A 364
伊贝碱苷 B 364
伊贝碱苷 C 346
伊贝辛 370
伊菠胺 201
伊菠加因 232
伊莉莎白素 848
伊桐苷 N 1634
依拉钩枝藤碱 A 139
依拉钩枝藤碱 B 139
乙醇 2160
乙二醇 2161, 2358
14-O-乙基白乌头原碱 301
7-乙基二环[2.2.1]庚-7-醇 2162
3-乙基-5,5-二氰基-2-辛烯 2173
2-乙基环丙烷 2173
6-乙基-4-甲基-2(*1H*)-喹诺酮 79
3-乙基-2-氰基戊腈 2172
乙基三甲氧基乌头烷四醇 315
3-*O*-乙基水仙花碱醇 29
1-乙炔基环己烯 2174
乙酸 2148
乙烷 2170
2-乙烯二环[2. 2. 1]庚烷 2174
乙酰飞燕草碱 310
6-乙酰佛司可林 735
14-乙酰基白乌头原碱 301
2-乙酰基吡咯 28
14-乙酰基布氏翠雀花碱 310
2'-*O*-乙酰基-4'-*O*-反式-阿魏酰基獐牙菜苦苷 451
2'-*O*-乙酰基-4'- *O*-反式-香豆酰基獐牙菜苦苷 451
8-*O*-乙酰基-6-*O*-反式-*p*-香豆酰山栀(子)苷 446
8-乙酰基杆孢菌素 E 2695
8-乙酰基杆孢菌素 H 2696
6'-*O*-乙酰基鸡蛋花苷-*p*-*E*-香豆酸 449
3-*O*-乙酰基-7-*O*-甲基香树素 1723
1-*O*-乙酰基降普耳文碱 264
6''-乙酰基金丝桃苷 1677
18-乙酰基卡乌头原碱 314
21-乙酰基利福布丁 2698
7-乙酰基-鲁山冬凌草甲素 913
3'-*O*-乙酰基马钱酸 445
4'-*O*-乙酰基马钱酸 445
6'-*O*-乙酰基马钱酸 445
N-乙酰基匹马菌素 2693
7-*O*-(6'-乙酰基-*β*-D-葡萄糖)-8-羟基-香豆素 1544
14-*O*-乙酰基森布星 A 311
2'-*O*-乙酰基-4'-*O*-顺式-阿魏酰基獐牙菜苦苷 451
2'-*O*-乙酰基-4'-*O*-顺式-香豆酰基獐牙菜苦苷 451
14-乙酰基滕乌宁碱乙 317
8-*O*-乙酰基-6'-*O*-(*p*-香豆酰基)哈帕苷 441
3-*O*-乙酰基香树素 1723
N-乙酰基异秋水仙胺 15
8-乙酰基异叶乌头辛碱 315
8-*O*-乙酰基玉叶金花苷酸甲酯 447
3-*O*-乙酰基浙贝母碱 362
3-*O*-乙酰基紫衫叶素 1724
10-*O*-乙酰京尼平酸 446
3-乙酰毛萼结晶 S 919
10-*O*-*E*-乙酰水晶兰苷 446
8*β*-乙酰氧基-*O*[1]-苯甲酰基-*O*[1]-去乙酰-8-去氧卫矛羰碱 290
2-乙酰氧基-2'-甲氧基查耳酮 1752
2'-乙酰氧基-4'-甲氧基查耳酮 1751
2'-乙酰氧基-4-甲氧基查耳酮 1752
14-乙酰氧基可来东 1544
19-乙酰氧基-13-羟基半日花-8(17),14-二烯 733
3-乙酰氧基-2'-羟基-4,4'-三甲氧基-查耳酮 1753
3-*O*-乙酰氧基去氢贝母碱 363
3-乙酰氧基-3',4',5',7-四甲氧基黄酮 1676
(2*R*,3*S*,4*R*)-3*β*-乙酰氧基- 3',4',5',7-四甲氧基-4-黄烷醇 1777
(2*R*,3*S*)-3*β*-乙酰氧基-3',4', 5',7-四甲氧基-3-黄烷醇 1776
13-乙酰氧基鹰爪豆碱 167
乙酰氧酸橙烯 1544
乙酰氧缘毛椿素 1177
2-乙氧基苯酚 2212
3-乙氧基丁香酚 2289
(-)-15*β*-乙氧基-14 ,15-二氢毒别一叶攻萩碱 264
2-乙氧基-1-羟基蒽醌 1901
8-乙氧基萨柯乌头碱 317
N-乙氧甲酰基樟苍碱 115
2-乙氧羰基吡咯 28
3-乙酯基-吲哚 177
异阿魏酸 2214
异白蜡树定 1546
异白蓬草卡文 121
异丙醇 2160
异丙烷 2172
异波尔定碱 114
β-*N*-*O*-异波尔定碱 111
异补骨脂查耳酮 1754
异茶黄素-3'-没食子酸酯 1778
异长春碱 253
异橙酮 1840
异翠雀碱 298
异翠雀拉亭 294
异大苞藤黄素 1810
6-异丁酰基葡萄糖-7-*O*-藤菊黄素 1677
17-异丁酰氧基-18-羟基-贝壳杉烷-19-羧酸 917
异杜英碱 265
异佛司可林 735
异甘草苷 1754
异甘草黄酮醇 1682
异甘草素 1751
异高山黄芩素-5-*O*- *β*-D-吡喃葡萄糖苷 1632
异钩藤碱 223
异黑木金合欢素 1777
异荭草素 1632
异槲皮苷 1677

异环桑素 1633
异黄杞苷 1725
异黄酮-5,6,3',4'-四羟基-7-*O*-[*β*-D-葡萄糖基-(1→3)-*α*-L-鼠李糖苷] 1739
异灰黄霉素 2918
异金雀花碱 167
异喹啉 105
异阔带明 84
异老刺木京 201
异莲心碱 B 382
异莲心碱 C 382
异莲心碱 D 382
异莲心碱 E 382
异莲心碱 F 382
异莲心碱 G 382
L-异亮氨酸 2360
异柳杉素 1871
25-异密花茄碱 346
异蜜茱萸碱 279
异蜜茱萸碱 280
异牡荆素 1632
异羟基狭叶百部碱 397
异秋水仙胺 15
异去氢钩藤碱 223
异三尖杉碱 27
异三尖杉酯碱 26
异桑古辛碱 253
异蛇麻醇 1658
异狮足草碱 167
异鼠李素 1676
异鼠李素-3-*O*-半乳糖苷 1677
异鼠李素-3-*O*-槐糖-7-*O*-葡萄糖苷 1682
异鼠李素-3-*O*-*β*-D-葡萄糖基-(1→2)-*α*-L-鼠李糖苷 1680
异鼠李素-3-*O*-葡萄糖-7-*O*-鼠李糖苷 1680
异鼠李素-3-*O*-鼠李糖苷 1677
异鼠李素-3-*O*-*α*-L- [6''' -*p*-香豆酰基-*β*-D-葡萄糖基(1→2)-鼠李糖苷] 1682
异双去氢百部新碱 27
异水飞蓟宾 A 1725
异水飞蓟宾 B 1725
异塔拉萨定 311
异藤黄精酸 1811
异藤黄素 B 1811
异戊烯扁平橘碱 280
5'-异戊烯基蛇麻醇 1754
5-异戊烯基紫铆因 1754
6-异戊酰基葡萄糖-7-*O*-藤菊黄素 1677
异细辛醚 2286
异狭叶百部碱 397
异香草酸 2212
异形长春碱 205
15,16-异亚丙基-豨莶苷 841
异叶乌头碱 315
异银杏素 1871
异樱花苷 1658
异樱花素 7-*O*-*β*-D-新橙皮糖苷 1658
异鹰爪豆碱 167
异芸香吖啶酮氯 280
异泽兰黄素 1631
异浙贝母碱 362
β-异紫红霉酮 2771
异紫堇定 114
异丁醛 2172
异丁酰氯 2172
抑表皮素 2868
益母草碱 374
益母草碱盐酸盐 23
益母草酮 A 734
溢缩马兜铃碱 128
薏苡素 397
茵芋碱 82, 84
淫羊藿次苷Ⅱ 1679
淫羊藿定 B 1684
淫羊藿苷 1682
淫洋藿苷 A 1682
银杏素 1871
银杏素 1871
1*H*-吲哚 177
吲哚羰基-*α*-L-鼠李吡喃糖苷 2919
隐品碱 128
隐掌叶防己碱 128
印度天芥菜碱 44
印度鸭脚树亭 189
印苦楝子素 1177
印乌头碱 299
罂粟碱 108
樱花苷元 1657
樱黄素 1738
鹰爪豆碱 167
鹰爪花碱 28
鹰爪花亭碱 B 114
鹰嘴豆芽素 A 1738
鹰嘴豆芽素 A-8-*C*-*β*- D-呋喃芹糖基-(1→6)- *O*-*β*-D-吡喃葡萄糖苷 1739
硬飞燕草碱 309
硬脂酸精 A 2920
硬脂酸精 B 2920
油酸 2148
柚木杨素 1630
柚皮苷 1658
柚皮素 1657
柚皮素-7,4'-二甲醚 1657
疣孢菌素 M 2696
游放线酮 A 2915
游放线酮 B 2915
游放线酮 C 2915
游放线酮 D 2915
游放线酮 E 2915
游放线酮 F 2915
游放线酮 G 2915
右美沙芬 143
右旋-(2*R*: 3*R*)-6-*C*-异戊烯基紫衫叶素-7,3'-二甲醚 1726
右旋-*N*-巴豆酰基细卡黄杨碱 359
右旋-白矢车菊素-3',4',5,7-四甲醚 1777
右旋-*N*-苯甲酰基细卡黄杨碱 359
右旋-表阿夫儿茶精 1778
右旋-儿茶精 1775
右旋-儿茶精-3-*O*-没食子酸酯 1777
右旋-儿茶素-4',5,7-三甲醚 1777
右旋-儿茶素四甲醚 1776

右旋-3,4-二羟基-8,9-亚甲二氧基紫檀烷　1855
右旋-二氢桑色素　1724
右旋高阿罗莫灵　147
右旋胍特泊林碱　147
右旋黄杨胺F　358
右旋锦熟黄杨醇碱　359
右旋考斯它林碱　146
右旋尼巴胺A　351
右旋-17-氧代环原黄杨碱　358
右旋-3β-乙酰氧基白矢车菊素-3',4',5,7-四甲醚　1777
右旋-3β-乙酰氧基儿茶素四甲醚　1776
右旋绉唐松草碱　147
鼬瓣花素　1632
鱼藤素　1865
鱼藤酮　1865
鱼藤酮酸　1866
羽扇豆宁　165
1-羽扇豆烷宁　167
育亨宾　190
α-育亨宾　190
(+)-育亨宾宁碱　189
育亨烷　189
鸢尾酚酮-2-O-α-L-吡喃鼠李糖苷　1811
鸢尾黄酮苷　1738
鸢尾黄酮苷元　1738
原阿片碱　128
原阿扑菲粪I　111
原阿扑菲粪II　111
原儿茶酸　2212
原儿茶酸丙酯　2213
原儿茶酸甲酯　2213
原儿茶酸乙酯　2213
原飞燕草苷元A-2,3'-O-没食子酰酯　1779
原荷包牡丹碱　114
原荷叶碱　111
原红花苷　1872
原矢车菊苷元 B_1　1778
原矢车菊苷元 B_2　1778
原矢车菊苷元 B_2　1778
原矢车菊苷元 B_3　1778
原矢车菊苷元 B_4　1778
原矢车菊苷元 B_7　1778
原矢车菊苷元 A_1　1778
原矢车菊苷元 A_2　1778
原矢车菊苷元 B_5　1778
原矢车菊苷元 C_2　1779
圆锥茄次碱　340
缘毛椿素　1177
月橘啶　79, 84
越霉素　2676
云南草蔻素B　1754
云南草蔻素C　1660
云南草蔻素D　1660
云南紫杉宁C　849
芸香吖啶酮二醇　280
枣碱　381
枣碱D　381
泽兰黄醇素　1676
泽泻二萜醇　916
毡毛美洲茶素　1633
展花乌头宁　308
柘树黄酮A　1633
柘树酮 I　1809
柘树酮A　1810
柘树酮A　1810
柘树酮F　1808
柘树酮G　1808
浙贝丙素　363
浙贝母碱　362
浙贝宁　363
浙贝宁苷　364
浙贝酮　363
浙贝乙素　363
(+)-榛子蛋白质　121
正丁醇　2161
正丁烷　2170
正庚烷　2170
正癸烷　2170
正己醇　2161
正己烷　2170
正壬烷　2170
正戊醇　2161
正戊烷　2170
正辛烷　2170
枝三烯菌素I　2697
枝三烯菌素II　2697
栀子素B　1631
直长春花碱　194
直立百部碱A　27, 396
直立百部碱B　27, 396
直立百部碱C　27, 396
直立百部碱D　397
止泻胺　349
止泻木枯亭醇碱　350
止泻木枯亭碱　350
制纤菌素A　2768
制纤菌素B　2768
制纤菌素C　2768
制纤菌素D　2768
制纤菌素E　2768
制纤菌素F　2768
中国蓟醇　1631
中乌头碱　298
仲胺　168
仲丁醇　2161
珠光酸　2221
猪毛菜定碱　105
猪毛菜酚　105
猪毛菜碱B　106
竹柏双黄酮B　1871
竹柏双黄酮A　1871
爪哇长果胡椒胺　67
锥加明　198
16α-锥加明　198
准格尔乌头碱　319
紫丁香酚　2286, 2289
紫丁香酚苷　2289
紫丁香苷　2287
紫萼香茶菜甲素　913
紫红獐牙菜苷　1811

紫堇醇灵碱 152
紫堇丁 114
紫堇碱 152
紫堇块茎碱 114
紫堇灵 121
紫堇明 130
紫堇杷灵 128
紫堇萨明 121
(±)-紫堇因 134
紫铆查耳酮 1751
紫铆素 1657
紫铆因 1751
紫杉醇 23
紫杉吉酚 849
紫杉宁 848
紫杉平 849
紫杉叶素 1723
紫杉云亭 850
紫杉佐匹定 849
紫穗槐苷元 1865
紫乌亭 292
棕鳞矢车菊苷 1677
总序天冬碱 A 46
L-组氨酸 2360
左旋巴婆碱 114
左旋巴婆碱-2-*O*-*β*-D-葡萄糖苷 114
左旋-表阿夫儿茶素 1776
左旋-表儿茶精 1775
左旋-表儿茶精-3-*O*-没食子酸酯 1777
左旋-表儿茶精-5-没食子酸酯 1777
左旋-表儿茶精四甲醚 1776
左旋-表儿茶素-3,5-二没食子酰酯 1777
左旋-表没食子儿茶精-3- *O*-没食子酸酯 1777
左旋-表没食子儿茶精-3- *O*-没食子酸酯 1777
左旋-表没食子酰儿茶精 1776
左旋-4',7-二羟基-5,3'-二甲氧基黄烷-3-醇 1776
左旋反喹因碱 146
左旋-4'-*O*-甲基光甘草定 1796
左旋-4'-*O*-甲基原光甘草定 1796
左旋-降荷苞牡丹碱 114
左旋克鲁九节木碱 136
左旋-13a*α*-裂环安托芬碱 264
左旋-(2*R*,3*R*,4*R*)-3,4,5,7,3',4',5'-六羟基黄烷 1777
左旋-(2*R*,3*R*,4*R*)-3,4,5,7,3',4'-六羟基黄烷 1777
左旋轮环藤派亭碱 146
左旋-羟基凹唇姜素 A 1771
左旋-4'-羟基-5,7,3'-三甲氧基黄烷-3-醇 1776
左旋青牛胆碱 147
左旋-13a*α*-6-*O*-去甲基安托芬碱 263
左旋-13a*α*-6-*O*-去甲基裂环安托芬碱 264
左旋石蒜碱 264
左旋瓦咖宁碱 351
左旋伪半秃灰叶双呋并黄素 1634
左旋-2-香叶基-3-羟基-8,9-亚甲二氧基紫檀烷 1856
左旋-3*α*-乙酰氧基表儿茶素四甲醚 1776
座壳孢酮 A 1811

化合物分子式索引

CH_4O 2160
$C_2H_4O_2$ 2148
$C_2H_5NO_2$ 2359
C_2H_6 2170
$C_2H_6N_2O$ 2359
C_2H_6O 2160
$C_2H_6O_2$ 2161, 2358
$C_3H_3BrO_2$ 2148
$C_3H_3Cl_3O_2$ 2148
C_3H_4 2171, 2174
$C_3H_4Cl_2O_2$ 2148
$C_3H_4F_2O_2$ 2148
C_3H_4O 2161
$C_3H_4O_2$ 2148
C_3H_5Br 2171
C_3H_5Cl 2171
C_3H_6 2171
C_3H_6O 2161
C_3H_7N 2171, 2173
$C_3H_7NO_2$ 2359, 2360
$C_3H_7NO_2S$ 2361
$C_3H_7NO_3$ 2360
C_3H_8 2170, 2172
C_3H_8O 2160
$C_3H_8O_2$ 2161, 2358
C_3H_8S 2171
$C_4HBr_2NO_2$ 2485
$C_4H_2BrNO_2$ 2485
$C_4H_2F_4O_4$ 2148
$C_4H_3BrO_3$ 2148, 2149
$C_4H_3ClO_3$ 2148
$C_4H_4F_4O_2$ 2148
$C_4H_5ClO_2$ 2148
$C_4H_5Cl_2O_2$ 2148
C_4H_6 2171, 2174
$C_4H_6N_2O_2$ 397
C_4H_6O 2161, 2171
$C_4H_6O_2$ 2148, 2161
$C_4H_6O_4$ 2148
C_4H_7ClO 2172
$C_4H_7Cl_3O$ 2162
$C_4H_7NO_4$ 2360
C_4H_8 2171, 2172
C_4H_8O 2161, 2172
$C_4H_8O_2$ 2148
$C_4H_8O_4$ 2327
$C_4H_9Cl_3Se$ 2171, 2172
$C_4H_9NO_2$ 2359
$C_4H_9NO_3$ 2360
C_4H_{10} 2170
$C_4H_{10}O$ 2161
$C_4H_{10}O_2$ 2161, 2358
$C_4H_{10}O_3$ 2161
$C_4H_{10}O_4$ 2358
$C_4H_{10}OS$ 2171
$C_4H_{10}S$ 2171
$C_4H_{11}P$ 2172
$C_5H_2Cl_2N_4$ 376
$C_5H_2F_6O_4$ 2148
$C_5H_3BrN_4$ 376
$C_5H_3BrO_3$ 2151
C_5H_3Cl 2172
$C_5H_3ClN_4$ 376
$C_5H_3FN_4$ 376
$C_5H_3IN_4$ 376
C_5H_4 2171
$C_5H_4ClN_5$ 376
$C_5H_4FN_5$ 376
$C_5H_4N_4$ 376
$C_5H_5BrO_2$ 2151
$C_5H_5N_5$ 374, 376
C_5H_5NO 28
C_5H_6 2171
$C_5H_6N_6$ 376
C_5H_6O 2161
$C_5H_6O_2$ 2151
$C_5H_7NO_2$ 28
C_5H_8 2171
C_5H_8ClNO 2172
$C_5H_8N_2O_2$ 2149
C_5H_8O 2161, 2172
$C_5H_8O_3$ 2149
$(C_5H_8O_4)_n$ 2357
$C_5H_8O_5$ 2149
C_5H_9Br 2173
C_5H_9BrO 2162
C_5H_9NO 2172
$C_5H_9NO_2$ 2360
$C_5H_9NO_2S$ 2361
$C_5H_9NO_4$ 2360
C_5H_{10} 2171, 2173
$C_5H_{10}N_2O_3$ 2360
$C_5H_{10}O$ 2162
$C_5H_{10}O_4$ 2327
$C_5H_{10}O_5$ 2327
$C_5H_{11}Cl_3Se$ 2171
$C_5H_{11}N$ 2172
$C_5H_{11}N_3O_3$ 3002
$C_5H_{11}NO_2$ 23, 2360
$C_5H_{11}NO_2S$ 2361
C_5H_{12} 2170, 2172
$C_5H_{12}N_2O$ 2360
$C_5H_{12}N_2O_2$ 2360
$C_5H_{12}O$ 2161
$C_5H_{12}O_2$ 2161
$C_5H_{12}O_4$ 2162
$C_5H_{12}O_5$ 2358
$C_5H_{12}OS$ 2171
$C_5H_{13}O_2P$ 2172
$C_6H_2Cl_4O_2$ 2982
$C_6H_2F_8O_4$ 2148
$C_6H_3N_5$ 376
C_6H_5BrO 2212
$C_6H_5ClN_4O$ 376
C_6H_5ClO 2212
$C_6H_5NO_3$ 2212
$C_6H_5N_3$ 377
$C_6H_5N_3O$ 378
$C_6H_5N_3S$ 378
$C_6H_5N_7O$ 2172
C_6H_6 2172
$C_6H_6N_4$ 376, 377, 379
$C_6H_6N_4O$ 379
$C_6H_6N_4S$ 376, 379
C_6H_6O 2212
$C_6H_6O_2$ 2212
$C_6H_6O_3$ 2212
$C_6H_6O_4$ 2920
$C_6H_7N_5$ 376, 379
$C_6H_7N_5S$ 376
C_6H_7NO 28, 2212
$C_6H_7NO_2$ 28
$C_6H_7O_2$ 2149
C_6H_8 2171
$C_6H_8N_2O_4$ 2823
$C_6H_8O_2$ 2151, 2162
$C_6H_9BrO_2$ 2150
$C_6H_9N_3O_2$ 2360
C_6H_{10} 2171, 2174
$C_6H_{10}Cl_2O_2$ 2149
$C_6H_{10}O_2$ 2150, 2161
$(C_6H_{10}O_5)_n$ 2356, 2357
$C_6H_{11}Br$ 2173
$C_6H_{11}Cl$ 2173
$C_6H_{11}ClO_2$ 2149
$C_6H_{11}F$ 2173
$C_6H_{11}I$ 2173
$C_6H_{11}NO$ 22
$C_6H_{11}NO_3$ 29, 3002
C_6H_{12} 2171, 2172, 2173
$C_6H_{12}N_2O_3$ 2360
$C_6H_{12}N_2O_4S_2$ 2361

$C_6H_{12}NO^+$ 23
$C_6H_{12}O$ 2161
$C_6H_{12}O_2$ 2148, 2149, 2163
$C_6H_{12}O_5$ 2327, 2328, 2329
$C_6H_{12}O_6$ 2328, 2329, 2330, 2358
$C_6H_{13}N$ 28, 2173
$C_6H_{13}NO$ 2172
$C_6H_{13}NO_2$ 2360
$C_6H_{13}NO_4$ 26
$C_6H_{13}NO_5$ 2872
C_6H_{14} 2170, 2172
$C_6H_{14}N_2O_2$ 2360
$C_6H_{14}N_2O_3$ 2675, 676
$C_6H_{14}NO_2$ 67
$C_6H_{14}O$ 2161
$C_6H_{14}O_2$ 2161
$C_6H_{14}O_6$ 2358
$C_6H_{15}P$ 2172
$C_7H_4Cl_4O_2$ 2982
$C_7H_5ClO_3$ 2767
$C_7H_6O_2$ 2212, 2213
$C_7H_6O_3$ 2212
$C_7H_6O_4$ 2212
$C_7H_6O_5$ 2212
$C_7H_7ClN_4$ 376
$C_7H_7NO_2$ 67
$C_7H_7N_3O_2$ 68
$C_7H_7O_2$ 2149
$C_7H_8Cl_4O_2$ 2148
$C_7H_8N_4$ 377
$C_7H_8N_4S_2$ 376
C_7H_8O 2212
$C_7H_8O_2$ 2212
$C_7H_8O_4$ 2918
$C_7H_9N_5$ 376
$C_7H_9NO_2$ 28
$C_7H_9NO_4$ 2765
C_7H_{10} 2171
$C_7H_{10}Cl_2O$ 2173
$C_7H_{10}O$ 2162, 2163, 2174
$C_7H_{10}O_2$ 2151
$C_7H_{10}O_3$ 2768
$C_7H_{10}O_4$ 2919
$C_7H_{10}O_5$ 2919
$C_7H_{11}Cl$ 2174
$C_7H_{11}N$ 2173
$C_7H_{11}NO_3$ 2360
C_7H_{12} 2174
$C_7H_{12}N_2O_4$ 2149
$C_7H_{12}N_2O_5$ 2872
$C_7H_{12}O$ 2162, 2163, 2174
$C_7H_{12}O_2$ 2150
$C_7H_{12}O_3$ 2150
$C_7H_{12}O_4$ 2150
$C_7H_{13}N$ 29
$C_7H_{13}NO$ 22, 2172
$C_7H_{13}NO_4$ 2360
$C_7H_{13}NO_5$ 68
$C_7H_{13}N_3O_2$ 23, 29
C_7H_{14} 2172, 2173
$C_7H_{14}INO$ 23
$C_7H_{14}NO_4$ 68
$C_7H_{14}O$ 2172, 2173
$C_7H_{14}O_2$ 2149
$C_7H_{14}O_5$ 2329, 2330
$C_7H_{14}O_6$ 2328, 2329, 2330, 2358
C_7H_{16} 2170, 2172
$C_7H_{16}S_2O_2$ 2161
$C_7H_{17}N_2O_4$ 2360
$C_8H_4Br_3N$ 2492
$C_8H_4NNa_2O_8S_2$ 2492
$C_8H_5ClNNa_2O_8S_2$ 2492
$C_8H_5NO_2$ 178, 179
C_8H_6 2172
C_8H_7N 177
C_8H_7NO 178
$C_8H_7NO_2$ 45
$C_8H_7NO_3$ 397
C_8H_8O 2286
$C_8H_8O_2$ 2150, 2213
$C_8H_8O_3$ 2213
$C_8H_8O_4$ 2212, 2213, 2920
$C_8H_8O_5$ 1884, 2212, 2920
$C_8H_8O_6$ 2213
$C_8H_9ClNNaO_5S$ 2492
$C_8H_9ClO_3$ 2560
C_8H_9N 177
$C_8H_9NO_3$ 2869
$C_8H_9O_4$ 2213
C_8H_{10} 2174
$C_8H_{10}Br_4O$ 2171
$C_8H_{10}ClO_3$ 2173
$C_8H_{10}N_4O_2$ 374
$C_8H_{10}O_2$ 2150, 2212
$C_8H_{10}O_3$ 2214, 2560, 2920, 3003
$C_8H_{10}O_4$ 2960, 3002
$C_8H_{11}Br_3O$ 2171
$C_8H_{11}NO$ 397
$C_8H_{11}NO_2$ 28
$C_8H_{11}NO_3$ 2869
$C_8H_{11}NO_4$ 2962
$C_8H_{11}NO_5$ 17
C_8H_{12} 2174
$C_8H_{12}N_2$ 152, 2172
$C_8H_{12}N_5$ 376
$C_8H_{12}O$ 2163, 2174
$C_8H_{12}O_3$ 2920
$C_8H_{12}O_4$ 2150, 2920
$C_8H_{13}N$ 54
$C_8H_{13}NO$ 54
$C_8H_{13}NO_2$ 45, 67
$C_8H_{13}O_6P$ 2917
C_8H_{14} 2173
$C_8H_{14}NO_3$ 28
$C_8H_{14}N_2O_5$ 2675
$C_8H_{14}N_4O_3$ 2361
$C_8H_{14}O$ 2161, 2162, 2163, 2173
$C_8H_{14}O_2$ 2163
$C_8H_{14}O_3$ 2163
$C_8H_{14}O_4$ 2148, 2150
$C_8H_{15}N$ 54, 2150
$C_8H_{15}NO$ 22, 23, 54, 2173
$C_8H_{15}NO_2$ 45
$C_8H_{15}NO_4$ 2360
$C_8H_{15}NS$ 2173
C_8H_{16} 2172
$C_8H_{16}N_2O_4$ 2676
$C_8H_{16}N_2O_4S_2$ 2361
$C_8H_{16}O$ 2161, 2172
$C_8H_{16}O_2$ 2149
$C_8H_{16}O_6$ 2358
$C_8H_{17}Br$ 2171
$C_8H_{17}Cl$ 2171
$C_8H_{17}F$ 2171
$C_8H_{17}I$ 2171
$C_8H_{17}N$ 67
$C_8H_{17}NO_2$ 2171
$C_8H_{17}NO_4$ 68, 2675
C_8H_{18} 2170, 2172
$C_8H_{18}O_4$ 402
$C_8H_{18}OP$ 2171
$C_8H_{18}PS$ 2171
$C_8H_{18}S$ 2171
$C_8H_{19}N$ 2171
$C_9H_5Br_2NO_2$ 2485
$C_9H_5NO_2$ 2149
$C_9H_6Br_3N$ 2492
$C_9H_6N_2O_2$ 78
$C_9H_6O_2$ 1545
$C_9H_6O_3$ 1546
$C_9H_6O_4$ 1545
C_9H_7N 78, 105
C_9H_7NO 79, 80, 177
$C_9H_7NO_2$ 80, 177
$C_9H_8N_2$ 78, 105
$C_9H_8O_2$ 1545
$C_9H_8O_3$ 2151, 2214
$C_9H_8O_4$ 2214
C_9H_9Cl 2286
C_9H_9LiO 2286
C_9H_9N 177
C_9H_9NO 67, 177
$C_9H_9NO_2$ 177
$C_9H_9N_4O_3$ 374
$C_9H_9N_4O_4$ 374
C_9H_{10} 2285
$C_9H_{10}O_3$ 2151, 2213, 2289
$C_9H_{10}O_4$ 2149, 2213, 2289
$C_9H_{10}O_5$ 2213, 2214
$C_9H_{10}O_7S$ 2289
$C_9H_{10}O_8S$ 2289
$C_9H_{11}N$ 82, 105
$C_9H_{11}NO_2$ 27, 105, 2360, 2983
$C_9H_{11}NO_3$ 2360
$C_9H_{11}NO_4$ 2765

$C_9H_{11}NO_5$ 2765
$C_9H_{11}O_4$ 2213
$C_9H_{12}N_2$ 67
$C_9H_{12}N_2O_5S$ 2871
$C_9H_{12}O$ 2212
$C_9H_{12}O_2$ 2151
$C_9H_{12}O_3$ 449, 2288
$C_9H_{12}O_4$ 441, 449, 450
$C_9H_{13}NO$ 14
$C_9H_{13}NO_2$ 28
$C_9H_{13}N_5$ 376
$C_9H_{14}F_3NO_3$ 23
$C_9H_{14}NO_3$ 67
$C_9H_{14}O$ 432
$C_9H_{14}O_2$ 2150
$C_9H_{14}O_3$ 449, 3002
$C_9H_{14}O_4$ 449, 2150, 2151
$C_9H_{14}O_5$ 449
$C_9H_{15}NO$ 165
$C_9H_{15}NO_3$ 54, 2151
$C_9H_{15}NO_4$ 2485
$C_9H_{15}NO_6$ 2360
$C_9H_{16}O$ 2162, 2163
$C_9H_{16}O_2$ 2873, 2963
$C_9H_{16}O_3$ 2694, 2917
$C_9H_{16}S$ 2173
$C_9H_{17}Br$ 2173
$C_9H_{17}ClO$ 2171
$C_9H_{17}N$ 80, 164
$C_9H_{17}NO$ 164
$C_9H_{17}NO_4$ 45
$C_9H_{17}NO_5$ 45
$C_9H_{18}N$ 2171
$C_9H_{18}O$ 2171, 2172
$C_9H_{18}O_3$ 2149
$C_9H_{18}O_4$ 449
C_9H_{20} 2170, 2172
$C_9H_{20}INO_2$ 21
$C_9H_{20}NO_2^+$ 21
$C_9H_{20}N_4O_2$ 2822
$C_9H_{20}O$ 2162
$C_9H_{20}S$ 2171
$C_9H_{20}S_2O_2$ 2161
$C_{10}H_6ClN_2O_2$ 2493
$C_{10}H_6O_3$ 1891
$C_{10}H_6O_4$ 1547
$C_{10}H_6O_6$ 1890
$C_{10}H_7BrN_2O_2$ 2488, 2492
$C_{10}H_7Br_2NO_2$ 2492
$C_{10}H_7ClN_2O_2$ 2488
$C_{10}H_7NO_3$ 79, 106
$C_{10}H_7NO_4$ 106
$C_{10}H_8Br_2{}^{35}ClNO_2$ 2492
$C_{10}H_8N_2O_2$ 2488, 2492
$C_{10}H_8N_2O_3$ 79, 106
$C_{10}H_8O_5$ 2150
$C_{10}H_8O_6$ 2561
$C_{10}H_9ClN_2O_4$ 2488
$C_{10}H_9N$ 78
$C_{10}H_9NO$ 78, 79, 80, 177, 178
$C_{10}H_9NO_2$ 177, 289
$C_{10}H_9NO_3$ 105
$C_{10}H_9N_3O$ 2488
$C_{10}H_9N_3O_3$ 2485
$C_{10}H_{10}Br_2N_2O_4$ 2487
$C_{10}H_{10}BrClO_4$ 2769
$C_{10}H_{10}ClN_3O_3$ 2488
$C_{10}H_{10}O$ 2286
$C_{10}H_{10}O_2$ 2161
$C_{10}H_{10}O_3$ 2214, 2286, 2287
$C_{10}H_{10}O_4$ 2151, 2213, 2214, 2289
$C_{10}H_{11}BrCl_4$ 2365
$C_{10}H_{11}BrO_4$ 2769
$C_{10}H_{11}NO$ 82, 177
$C_{10}H_{11}NO_3$ 2149
$C_{10}H_{11}NO_4$ 2359
$C_{10}H_{11}NO_4S$ 2983
$C_{10}H_{12}$ 2286
$C_{10}H_{12}Br_2Cl_4$ 2364
$C_{10}H_{12}BrCl_3$ 2364
$C_{10}H_{12}BrNO_4$ 2485
$C_{10}H_{12}N_2$ 67
$C_{10}H_{12}N_4O_4$ 379
$C_{10}H_{12}N_4O_4S$ 379
$C_{10}H_{12}N_4O_5$ 379
$C_{10}H_{12}NO_4$ 28
$C_{10}H_{12}O_2$ 2161, 2213, 2214, 2286, 2287
$C_{10}H_{12}O_3$ 450, 2151, 2213, 2916
$C_{10}H_{12}O_3S$ 2150
$C_{10}H_{12}O_4$ 2150, 2213, 2214, 2694
$C_{10}H_{12}O_5$ 2214
$C_{10}H_{13}Br_2Cl$ 2364
$C_{10}H_{13}BrCl_2$ 412
$C_{10}H_{13}ClO_4$ 2286
$C_{10}H_{13}Cl_2N_3O_5$ 2867
$C_{10}H_{13}Cl_3$ 412, 2365
$C_{10}H_{13}N$ 289
$C_{10}H_{13}N_5O_3$ 374
$C_{10}H_{13}N_5O_4$ 379
$C_{10}H_{13}NO$ 105
$C_{10}H_{13}NO_2$ 23, 105
$C_{10}H_{13}NO_3$ 105
$C_{10}H_{13}NO_4$ 2765
$C_{10}H_{14}$ 413, 432
$C_{10}H_{14}BrClO$ 2364
$C_{10}H_{14}BrCl_3$ 412, 2364
$C_{10}H_{14}Br_2Cl_2$ 412, 2364
$C_{10}H_{14}Br_2O$ 430, 2364
$C_{10}H_{14}Br_3Cl$ 2364
$C_{10}H_{14}Cl_2$ 412
$C_{10}H_{14}Cl_2N_2O_5S$ 2867
$C_{10}H_{14}Cl_2O$ 411
$C_{10}H_{14}Cl_4$ 2364
$C_{10}H_{14}F_2O$ 430
$C_{10}H_{14}N_2$ 67
$C_{10}H_{14}N_2O_5$ 68
$C_{10}H_{14}O$ 411, 413, 429, 431, 432
$C_{10}H_{14}O_2$ 401, 411, 412, 413, 429, 430, 432, 2151
$C_{10}H_{14}O_3$ 401, 412, 430, 2285, 2287, 2288, 2917
$C_{10}H_{14}O_4$ 412, 2287, 2694, 2960, 3002
$C_{10}H_{14}O_5$ 441, 2288, 2915
$C_{10}H_{15}BrCl_2$ 401
$C_{10}H_{15}BrO$ 411, 430
$C_{10}H_{15}BrO_2$ 2364
$C_{10}H_{15}Br_2Cl$ 401
$C_{10}H_{15}Br_2Cl_3$ 2364
$C_{10}H_{15}Br_2ClO$ 2364, 2365
$C_{10}H_{15}Cl_3$ 401
$C_{10}H_{15}ClO$ 411, 431, 2364
$C_{10}H_{15}FO$ 430
$C_{10}H_{15}N_5O_2$ 2866
$C_{10}H_{15}NO$ 14, 22, 2212
$C_{10}H_{15}NO_2$ 54
$C_{10}H_{15}NO_2S$ 2982
$C_{10}H_{15}NO_3$ 54
$C_{10}H_{15}NO_4$ 28
$C_{10}H_{16}$ 411, 429, 431, 2174
$C_{10}H_{16}Cl_2O$ 410
$C_{10}H_{16}ClNO$ 14
$C_{10}H_{16}N_2O_6S_2$ 2361
$C_{10}H_{16}O$ 401, 402, 411, 412, 429, 430, 431, 432
$C_{10}H_{16}O_2$ 402, 409, 410, 411, 412, 430, 431, 2150, 2364, 2365
$C_{10}H_{16}O_3$ 411, 412, 449, 2870, 2963, 3003
$C_{10}H_{16}O_4$ 402, 412, 413, 2149, 2151, 2694
$C_{10}H_{16}O_5$ 413, 2694, 2917
$C_{10}H_{17}BrO$ 410, 430
$C_{10}H_{17}Cl$ 429, 430
$C_{10}H_{17}ClN_4O_4$ 2870
$C_{10}H_{17}ClO$ 410
$C_{10}H_{17}FO$ 430
$C_{10}H_{17}IO$ 430
$C_{10}H_{17}NO$ 165, 2873
$C_{10}H_{17}NO_2$ 54
$C_{10}H_{17}NO_3$ 2151
$C_{10}H_{17}NO_4$ 2360
$C_{10}H_{17}N_3O_6S$ 2361
$C_{10}H_{18}$ 410, 430, 431, 432, 2173
$C_{10}H_{18}N_2O_5$ 2360, 2676
$C_{10}H_{18}O$ 401, 408, 409, 410, 412, 429, 430, 431, 432, 401, 402, 408, 409, 410, 411, 412, 430, 431, 432, 2162
$C_{10}H_{18}O_3$ 410, 412, 430, 2149, 2920, 3003
$C_{10}H_{18}O_4$ 2917

$C_{10}H_{18}O_9$ 2338
$C_{10}H_{19}Cl$ 408, 409
$C_{10}H_{19}N$ 80, 81, 165
$C_{10}H_{19}NO$ 165
$C_{10}H_{19}NO_4$ 2360
$C_{10}H_{20}$ 408, 2173
$C_{10}H_{20}IN$ 165
$C_{10}H_{20}O$ 401, 402, 408, 409, 2162, 2171
$C_{10}H_{20}O_2$ 408, 409
$C_{10}H_{20}O_3$ 402, 408, 409, 3003
$C_{10}H_{20}O_4$ 402
$C_{10}H_{22}$ 2170
$C_{10}H_{22}O$ 401, 408
$C_{10}H_{27}BrCl_2$ 412
$C_{10}H_{27}Cl_3$ 412
$C_{11}H_6O_3$ 1560, 1563
$C_{11}H_6O_4$ 1565, 1566
$C_{11}H_7ClN_3O$ 2493
$C_{11}H_8BrNO_3$ 2492
$C_{11}H_8N_2$ 248
$C_{11}H_8N_2O_2$ 2486
$C_{11}H_8N_2O_5S$ 2486
$C_{11}H_8O_3$ 1890, 1891
$C_{11}H_8O_5$ 1547, 2915
$C_{11}H_9BrN_4O_3$ 2487
$C_{11}H_9{}^{79}Br_2N_5O_2$ 2487
$C_{11}H_9Br_2NO_3$ 2492
$C_{11}H_9NO_2$ 79
$C_{11}H_9NO_3$ 2492
$C_{11}H_9NO_4$ 80, 2492
$C_{11}H_{10}{}^{79}BrN_5O_2$ 2487
$C_{11}H_{10}BrN_5O_3$ 374
$C_{11}H_{10}Br_2N_5O$ 2487
$C_{11}H_{10}N_2O_2$ 2485
$C_{11}H_{10}N_2O_3$ 2488
$C_{11}H_{10}N_4O_3$ 2487
$C_{11}H_{10}O_4$ 1546
$C_{11}H_{10}O_5$ 1546, 2917
$C_{11}H_{11}ClO_3$ 2149
$C_{11}H_{11}N$ 78, 242
$C_{11}H_{11}N_3O_3$ 2485
$C_{11}H_{11}NO$ 79, 80
$C_{11}H_{11}NO_2$ 79, 105
$C_{11}H_{11}NO_2S$ 178
$C_{11}H_{11}NO_3$ 79
$C_{11}H_{11}NO_3S$ 2866
$C_{11}H_{11}NO_4$ 2872, 2981
$C_{11}H_{12}BrNO_4$ 2485
$C_{11}H_{12}Br_2N_5O$ 2488
$C_{11}H_{12}BrN_5O_3$ 2485
$C_{11}H_{12}Br_2N_2O_3$ 2487
$C_{11}H_{12}Cl_2N_2O_5$ 2867
$C_{11}H_{12}N_2O_2$ 2360
$C_{11}H_{12}O_3$ 2149, 2286, 2916
$C_{11}H_{12}O_4$ 2214, 2286, 2769, 2919
$C_{11}H_{12}O_5$ 2214, 2920
$C_{11}H_{13}Cl_3O$ 2173
$C_{11}H_{13}NO$ 82
$C_{11}H_{13}NO_2$ 105
$C_{11}H_{13}NO_3$ 105, 2150
$C_{11}H_{13}NO_4$ 2360
$C_{11}H_{13}NO_5$ 2920
$C_{11}H_{13}N_3O_4$ 377
$C_{11}H_{13}N_3O_4S$ 378
$C_{11}H_{13}N_3O_5$ 378
$C_{11}H_{14}Br_3NO_2$ 2485
$C_{11}H_{14}N_2$ 178, 2173
$C_{11}H_{14}N_2O$ 167, 168, 178
$C_{11}H_{14}N_2O_8$ 2872
$C_{11}H_{14}N_4O_4$ 377
$C_{11}H_{14}N_4O_4S$ 380
$C_{11}H_{14}N_4O_5$ 379
$C_{11}H_{14}O_3$ 2981
$C_{11}H_{14}O_4$ 2151, 2213, 2214
$C_{11}H_{14}O_5$ 449, 2286
$C_{11}H_{14}O_6$ 2916
$C_{11}H_{15}NO$ 2983
$C_{11}H_{15}NO_2$ 27, 105, 128, 2149
$C_{11}H_{15}NO_6$ 2867
$C_{11}H_{15}N_3O_3$ 2487
$C_{11}H_{15}N_5O_4$ 2870
$C_{11}H_{16}O$ 432
$C_{11}H_{16}O_2$ 432
$C_{11}H_{16}O_3$ 441, 2285, 2920, 2961
$C_{11}H_{16}O_4$ 2981
$C_{11}H_{16}O_5$ 441, 2288, 2694
$C_{11}H_{17}BrO$ 2163
$C_{11}H_{17}NO$ 14
$C_{11}H_{17}N_3O$ 67
$C_{11}H_{18}$ 2174
$C_{11}H_{18}BrN_5O$ 25
$C_{11}H_{18}NO^+$ 23
$C_{11}H_{18}O$ 432, 2163
$C_{11}H_{18}O_2$ 432, 2149
$C_{11}H_{18}O_3$ 412
$C_{11}H_{18}O_4$ 2151
$C_{11}H_{18}O_5$ 441
$C_{11}H_{18}O_6$ 2920
$C_{11}H_{19}ClO_2$ 401
$C_{11}H_{19}NO_2$ 53
$C_{11}H_{19}N_3O_7$ 2822
$C_{11}H_{20}$ 2173, 2174
$C_{11}H_{20}O_2$ 2149
$C_{11}H_{20}O_3$ 2150
$C_{11}H_{20}O_4$ 2150, 2917
$C_{11}H_{20}O_9$ 2339
$C_{11}H_{21}N$ 81
$C_{11}H_{21}NO$ 164, 165
$C_{11}H_{21}NO_4$ 2360
$C_{11}H_{23}O_9$ 2162
$C_{12}H_6O_4$ 2558
$C_{12}H_6O_5$ 1567
$C_{12}H_7O_8S$ 1567
$C_{12}H_8Br_2N_4O_4$ 2489
$C_{12}H_8N_2O_2$ 2486
$C_{12}H_8O_4$ 1564, 1566
$C_{12}H_9BrN_4$ 2493
$C_{12}H_9BrN_4O$ 2493
$C_{12}H_9N$ 186
$C_{12}H_9NO_2$ 82
$C_{12}H_9NO_3$ 82
$C_{12}H_{10}BrN_2O$ 2493
$C_{12}H_{10}ClN_2$ 249
$C_{12}H_{10}N_2$ 249
$C_{12}H_{10}N_4O$ 2493
$C_{12}H_{10}O_4$ 1564, 1890
$C_{12}H_{10}O_6$ 1547, 2558, 2766
$C_{12}H_{10}O_7$ 2918
$C_{12}H_{11}N_3O_3$ 2487
$C_{12}H_{11}NO_4$ 84
$C_{12}H_{11}NO_5$ 2360
$C_{12}H_{12}N_2O$ 249
$C_{12}H_{12}N_2O_2$ 232, 2485
$C_{12}H_{12}N_2O_2S_2$ 178
$C_{12}H_{12}O_3$ 2980
$C_{12}H_{12}O_5$ 2214
$C_{12}H_{12}O_6$ 1546
$C_{12}H_{13}Br_2N_5O$ 2485, 2486, 2491
$C_{12}H_{13}N$ 242
$C_{12}H_{13}N_3O_2$ 2488
$C_{12}H_{13}N_5O_4$ 378
$C_{12}H_{13}NO$ 79, 80
$C_{12}H_{13}NO_2$ 79
$C_{12}H_{13}NO_3$ 106, 179
$C_{12}H_{13}NO_5$ 17
$C_{12}H_{13}NO_6$ 29, 2360
$C_{12}H_{14}BrNO_4$ 2485
$C_{12}H_{14}BrN_5O$ 25
$C_{12}H_{14}N_2$ 178
$C_{12}H_{14}N_2O$ 179
$C_{12}H_{14}N_2O_2$ 249
$C_{12}H_{14}O$ 2286
$C_{12}H_{14}O_2$ 402
$C_{12}H_{14}O_3$ 2149, 2150, 2286, 2287, 2920
$C_{12}H_{14}O_4$ 2214, 2286, 2557
$C_{12}H_{14}O_5$ 2213, 2289
$C_{12}H_{14}O_6$ 1884, 2214
$C_{12}H_{15}Cl_2NO_5S$ 2867
$C_{12}H_{15}N$ 166
$C_{12}H_{15}N_5O_5$ 378
$C_{12}H_{15}NO_3$ 28, 45
$C_{12}H_{16}BrClO_3$ 2369
$C_{12}H_{16}BrN_5O$ 2491
$C_{12}H_{16}NO_2$ 105
$C_{12}H_{16}N_2$ 178
$C_{12}H_{16}N_2O$ 168
$C_{12}H_{16}O$ 692
$C_{12}H_{16}O_3$ 429, 620, 2286, 2557, 2698, 2981
$C_{12}H_{16}O_4$ 2213, 2214
$C_{12}H_{16}O_5$ 2286, 2919
$C_{12}H_{17}NO$ 166, 2983
$C_{12}H_{17}NO_2$ 105

$C_{12}H_{17}NO_3$ 105

$C_{12}H_{18}$ 692

$C_{12}H_{18}N_2O_3$ 2485

$C_{12}H_{18}N_4Na_2O_{13}P_2$ 2868

$C_{12}H_{18}N_4O_3$ 2361，2487

$C_{12}H_{18}O$ 413, 692, 2212

$C_{12}H_{18}O_2$ 411, 429, 431

$C_{12}H_{18}O_3$ 411, 620, 625, 2285

$C_{12}H_{18}O_4$ 2698, 2916

$C_{12}H_{18}O_5$ 412, 2916

$C_{12}H_{19}BrN_5O_3$ 29

$C_{12}H_{19}BrO_2$ 2150

$C_{12}H_{19}NO$ 166

$C_{12}H_{19}NO_2$ 84

$C_{12}H_{20}N_2$ 166

$C_{12}H_{19}N_7O_3$ 2869

$C_{12}H_{20}O$ 401, 2163

$C_{12}H_{20}O_2$ 401, 402, 409, 410, 413, 429, 431

$C_{12}H_{20}O_3$ 401, 2150

$C_{12}H_{20}O_4$ 2151, 3004

$C_{12}H_{20}O_5$ 2653, 3004

$C_{12}H_{20}O_7$ 441

$(C_{12}H_{20}O_{10})_n$ 2356

$C_{12}H_{21}N$ 166

$C_{12}H_{21}NO$ 2485

$C_{12}H_{21}O_2$ 409

$C_{12}H_{22}$ 2173

$C_{12}H_{22}O_2$ 401, 408, 409, 411, 429

$C_{12}H_{22}O_3$ 401, 408, 413

$C_{12}H_{22}O_9$ 2338

$C_{12}H_{22}O_{10}$ 2337, 2338

$C_{12}H_{22}O_{11}$ 2336, 2337

$C_{12}H_{23}N$ 81

$C_{12}H_{23}NO_4$ 45

$C_{12}H_{23}NO_7$ 130

$C_{12}H_{23}NO_9$ 26

$C_{12}H_{24}N_2O_3$ 2361

$C_{12}H_{24}O_2$ 401

$C_{12}H_{25}N_3O_7$ 2676

$C_{12}H_{26}N_4O_4$ 2675

$C_{12}H_{26}N_4O_6$ 2676

$C_{13}H_8N_2O_2$ 2485

$C_{13}H_8O_4$ 1560, 1807, 1891

$C_{13}H_8O_5$ 1807

$C_{13}H_8O_6$ 1807

$C_{13}H_8O_8$ 2214

$C_{13}H_9NO$ 279

$C_{13}H_9NO_3$ 179

$C_{13}H_9N_3O$ 2485, 2486

$C_{13}H_{10}Br_2N_4O$ 2493

$C_{13}H_{10}ClNO_4$ 2872

$C_{13}H_{10}O_4$ 2983

$C_{13}H_{10}O_5$ 1561, 1566, 2287, 2766

$C_{13}H_{11}BrN_2O$ 249

$C_{13}H_{11}BrN_4O$ 178

$C_{13}H_{11}N$ 186

$C_{13}H_{11}NO_3$ 82, 249

$C_{13}H_{11}N_3O_2S$ 2870

$C_{13}H_{12}N_2O$ 249

$C_{13}H_{12}N_2O_2$ 2486

$C_{13}H_{12}N_2O_3$ 249

$C_{13}H_{12}N_4O$ 178

$C_{13}H_{12}O_3$ 1546, 2769

$C_{13}H_{12}O_4$ 1145, 2870

$C_{13}H_{12}O_5$ 1431, 1451, 2769

$C_{13}H_{13}NO$ 179

$C_{13}H_{13}NO_3$ 68, 79, 289

$C_{13}H_{13}NO_4$ 83

$C_{13}H_{13}NO_5$ 83

$C_{13}H_{13}N_3O_2S$ 2867, 2871

$C_{13}H_{13}N_3O_3S$ 2870

$C_{13}H_{14}N_2O$ 249

$C_{13}H_{14}N_2O_2$ 232

$C_{13}H_{14}N_2O_2S$ 2871

$C_{13}H_{14}N_2O_3S_4$ 2868

$C_{13}H_{14}O_3$ 3002

$C_{13}H_{14}O_4$ 2766, 2981

$C_{13}H_{14}O_4S$ 2289

$C_{13}H_{14}O_5$ 2214

$C_{13}H_{14}O_6$ 2560

$C_{13}H_{15}BrN_2O_2$ 2493

$C_{13}H_{15}NO$ 179

$C_{13}H_{15}NO_2$ 264

$C_{13}H_{15}NO_3$ 264

$C_{13}H_{15}NO_3$ 67

$C_{13}H_{15}NO_5$ 2823

$C_{13}H_{16}N_2O_2$ 232

$C_{13}H_{16}N_2O_3S_2$ 2868

$C_{13}H_{16}N_2O_4$ 1917

$C_{13}H_{16}O_3$ 2149

$C_{13}H_{16}O_4$ 2557, 2917

$C_{13}H_{16}O_5$ 2557

$C_{13}H_{16}O_6$ 2980

$C_{13}H_{17}NO$ 178

$C_{13}H_{17}NO_3$ 45

$C_{13}H_{17}N_5Na_2O_{10}P_2$ 2868

$C_{13}H_{18}N_2O_3$ 2869

$C_{13}H_{18}N_2O_4$ 2869

$C_{13}H_{18}N_4O_4$ 2361

$C_{13}H_{18}O_2$ 2982

$C_{13}H_{18}O_3$ 2213, 2982

$C_{13}H_{18}O_4$ 2286

$C_{13}H_{18}O_5$ 2289

$C_{13}H_{18}O_7$ 441, 2920

$C_{13}H_{19}NO$ 2983

$C_{13}H_{19}NO_2$ 68, 105, 2982

$C_{13}H_{19}NO_3$ 28, 105

$C_{13}H_{19}N_3$ 2485

$C_{13}H_{19}N_3O_6S_2$ 2871

$C_{13}H_{20}O$ 407

$C_{13}H_{20}O_2$ 407, 408

$C_{13}H_{20}O_3$ 407, 432

$C_{13}H_{20}O_4$ 568, 2916

$C_{13}H_{20}O_5$ 2287

$C_{13}H_{21}BrO_2$ 2150

$C_{13}H_{21}NO_3$ 45

$C_{13}H_{21}N_5O_6$ 2822

$C_{13}H_{22}N_4O_8$ 2867

$C_{13}H_{22}O_2$ 408

$C_{13}H_{22}O_3$ 407, 408, 2915

$C_{13}H_{23}N$ 81

$C_{13}H_{23}NO_6$ 2360

$C_{13}H_{24}N_2O$ 26

$C_{13}H_{24}O$ 2163

$C_{13}H_{24}O_2$ 407

$C_{13}H_{24}O_9$ 2339

$C_{13}H_{24}O_{10}$ 2339

$C_{13}H_{24}O_{11}$ 2338, 2339

$C_{13}H_{25}NO_8$ 2677

$C_{13}H_{26}O_2$ 406

$C_{13}H_{28}N_2$ 2485

$C_{13}H_{28}N_4O_4$ 2675

$C_{13}H_{28}O$ 2162

$C_{14}H_8N_2O$ 249

$C_{14}H_8N_2O_2$ 232

$C_{14}H_8O_4$ 1901

$C_{14}H_8O_6$ 2561

$C_{14}H_8O_7$ 2559

$C_{14}H_9NO_3$ 279

$C_{14}H_{10}ClNO_6$ 2771

$C_{14}H_{10}N_2O$ 2485

$C_{14}H_{10}O_3$ 1546, 1560

$C_{14}H_{10}O_4$ 1561

$C_{14}H_{10}O_5$ 1807, 2919

$C_{14}H_{10}O_6$ 1807, 2559

$C_{14}H_{10}O_7$ 2221, 2559

$C_{14}H_{10}O_8$ 2221

$C_{14}H_{10}O_9$ 2221

$C_{14}H_{11}Cl_2NO_4$ 2872

$C_{14}H_{11}NO$ 279

$C_{14}H_{11}NO_2$ 177

$C_{14}H_{11}NO_4$ 2867, 2868, 2869

$C_{14}H_{11}NO_6$ 2771

$C_{14}H_{11}N_3$ 2485

$C_{14}H_{11}N_3O_2$ 2486

$C_{14}H_{12}BrN$ 187

$C_{14}H_{12}BrNO_4$ 2873

$C_{14}H_{12}ClNO_4$ 2872

$C_{14}H_{12}O_3$ 1560, 1564, 2245

$C_{14}H_{12}O_4$ 1560, 1562, 1564, 1566, 2244, 2983

$C_{14}H_{12}O_5$ 2919

$C_{14}H_{12}O_6$ 1565

$C_{14}H_{13}ClN_2O_6$ 2488

$C_{14}H_{13}ClO_5$ 2560

$C_{14}H_{13}KO_7S$ 1599

$C_{14}H_{13}KO_8S$ 1599

$C_{14}H_{13}N$ 187

$C_{14}H_{13}NO$ 187

$C_{14}H_{13}NO_2$ 177

$C_{14}H_{13}NO_4$ 82, 84

$C_{14}H_{13}NO_6$ 83

$C_{14}H_{13}NO_{17}$ 83

$C_{14}H_{14}BrClO_4$ 2769

$C_{14}H_{14}ClN_3O_5$ 2488

$C_{14}H_{14}N_2O_3$ 2486
$C_{14}H_{14}O_3$ 2289
$C_{14}H_{14}O_4$ 1564, 1599, 1884, 2771
$C_{14}H_{14}O_5$ 1546, 1561, 1564, 1566, 1598, 1599, 1600, 2560, 2699
$C_{14}H_{14}O_8S$ 1566
$C_{14}H_{15}BrN_4O$ 2493
$C_{14}H_{15}BrN_4O_2$ 2493
$C_{14}H_{15}BrO_4$ 2769
$C_{14}H_{15}NO_2$ 2872
$C_{14}H_{16}Br_2N_2O_6$ 2487
$C_{14}H_{16}I_2N_2O_2$ 2493
$C_{14}H_{16}N_2O_3$ 383
$C_{14}H_{16}N_4O$ 2493
$C_{14}H_{16}N_4O_6$ 25
$C_{14}H_{16}O_2$ 623, 2245
$C_{14}H_{16}O_3$ 1544, 3002
$C_{14}H_{16}O_4$ 2918
$C_{14}H_{16}O_5$ 626, 2652, 2771
$C_{14}H_{16}O_6$ 2652
$C_{14}H_{17}BrN_2O_2$ 2493
$C_{14}H_{17}Br_3N_2O_2$ 2492
$C_{14}H_{17}IN_2O_2$ 2492
$C_{14}H_{17}NO_3$ 80, 264
$C_{14}H_{17}NO_6$ 2360, 2866
$C_{14}H_{18}N_2O$ 178
$C_{14}H_{18}N_2O_3$ 178, 2486
$C_{14}H_{18}O$ 623
$C_{14}H_{18}O_2$ 561
$C_{14}H_{18}O_3$ 2287
$C_{14}H_{18}O_4$ 2918
$C_{14}H_{18}O_5$ 2770, 2918
$C_{14}H_{18}O_6$ 2693
$C_{14}H_{18}O_8$ 1884
$C_{14}H_{19}ClN_2O_3$ 2486
$C_{14}H_{19}NO_2$ 67
$C_{14}H_{19}NO_3$ 166
$C_{14}H_{19}NO_4$ 166, 264, 2360
$C_{14}H_{19}NO_7$ 45
$C_{14}H_{19}N_3O_2$ 177
$C_{14}H_{20}Br_2O_3$ 2670
$C_{14}H_{20}ClNO_3$ 45
$C_{14}H_{20}N_2O$ 168
$C_{14}H_{20}N_2O_2$ 179, 2981
$C_{14}H_{20}N_2O_3$ 52, 2486, 2981
$C_{14}H_{20}N_2O_4$ 52, 54
$C_{14}H_{20}O$ 623
$C_{14}H_{20}O_2$ 2963
$C_{14}H_{20}O_3$ 628, 694
$C_{14}H_{20}O_4$ 695
$C_{14}H_{20}O_5$ 2770, 2920
$C_{14}H_{20}O_6$ 2694, 2981
$C_{14}H_{20}O_7$ 413
$C_{14}H_{20}O_9$ 441
$C_{14}H_{21}NO$ 2983
$C_{14}H_{21}NO_2$ 2151
$C_{14}H_{21}NO_4$ 266
$C_{14}H_{21}N_3O_5$ 374
$C_{14}H_{22}Br_2O_4$ 2670
$C_{14}H_{22}ClN_3O_5$ 23
$C_{14}H_{22}NO_2$ 2869
$C_{14}H_{22}O$ 2212
$C_{14}H_{22}O_2$ 571, 633, 693
$C_{14}H_{22}O_3$ 619, 621, 624
$C_{14}H_{22}O_4$ 430, 432, 441
$C_{14}H_{22}O_6$ 2693
$C_{14}H_{22}O_6S$ 2653
$C_{14}H_{22}O_8$ 3003
$C_{14}H_{22}O_9$ 441
$C_{14}H_{23}ClO_2$ 624, 2367
$C_{14}H_{24}O_2$ 407, 624, 2369
$C_{14}H_{24}O_4$ 2366
$C_{14}H_{24}O_3$ 624, 2367
$C_{14}H_{24}O_5$ 412
$C_{14}H_{25}NO_2$ 52
$C_{14}H_{25}NO_3$ 45
$C_{14}H_{25}NO_6$ 2360
$C_{14}H_{26}O$ 2161
$C_{14}H_{26}O_2$ 2148
$C_{14}H_{26}O_4$ 401
$C_{14}H_{28}O$ 2161
$C_{14}H_{28}O_3$ 3002
$C_{14}H_{30}N_4O_4$ 2675
$C_{15}H_7BrN_4O_2$ 2495
$C_{15}H_8N_4O_2$ 2495
$C_{15}H_8O_4$ 1901
$C_{15}H_8O_6$ 1900
$C_{15}H_8O_7$ 2768
$C_{15}H_9{}^{79}BrN_4O_2$ 2494
$C_{15}H_9NO_4$ 1839
$C_{15}H_{10}N_2$ 188
$C_{15}H_{10}N_2O_3$ 178
$C_{15}H_{10}N_2O_5$ 2870
$C_{15}H_{10}N_4O_2$ 2494
$C_{15}H_{10}O_2$ 1839, 1840
$C_{15}H_{10}O_3$ 1840, 1901
$C_{15}H_{10}O_4$ 1630, 1738, 1840, 1900, 1901, 1911
$C_{15}H_{10}O_5$ 1630, 1674, 1738, 1839, 1840, 1900, 1901
$C_{15}H_{10}O_5$ 2557, 2766
$C_{15}H_{10}O_6$ 1632, 1633, 1674, 1676, 1738, 1900, 1901, 2561
$C_{15}H_{10}O_7$ 1631, 1675, 1684
$C_{15}H_{10}O_8$ 1676
$C_{15}H_{10}O_{10}S$ 1676
$C_{15}H_{11}N_5O$ 249
$C_{15}H_{11}NO_2$ 179
$C_{15}H_{11}NO_3$ 179, 279
$C_{15}H_{11}NO_6$ 2493
$[C_{15}H_{11}O_6]^+$ 1800
$C_{15}H_{12}O$ 1751
$C_{15}H_{12}O_2$ 630
$C_{15}H_{12}O_3$ 1561, 1751
$C_{15}H_{12}O_4$ 1546, 1657, 1751, 1891, 1911
$C_{15}H_{12}O_5$ 1657, 1723, 1751, 1807, 2233, 2766, 2920
$C_{15}H_{12}O_6$ 1657, 1723, 1807, 2557
$C_{15}H_{12}O_7$ 1723, 1724, 1807, 1808
$C_{15}H_{12}O_8$ 1724, 2221, 2222
$C_{15}H_{13}NO_3$ 177, 280, 2980
$C_{15}H_{13}NO_4$ 280
$C_{15}H_{13}NO_5$ 280
$C_{15}H_{13}NO_8 \cdot 2/10H_2O$ 2870
$C_{15}H_{14}ClNO_4$ 2873
$C_{15}H_{14}N_2O_3$ 249, 2485
$C_{15}H_{14}N_4O_3$ 232
$C_{15}H_{14}O_2$ 1531, 1776, 2245
$C_{15}H_{14}O_3$ 1563, 1776, 1891, 2244, 2245, 2246
$C_{15}H_{14}O_4$ 1544, 1546, 1547, 1562, 1563, 1564, 1598, 1775, 1891, 1891, 2245
$C_{15}H_{14}O_5$ 1547, 1771, 1776, 1778, 1891, 2245
$C_{15}H_{14}O_6$ 566, 618, 1544, 1775, 1776, 2769
$C_{15}H_{14}O_7$ 1776, 1777
$C_{15}H_{14}O_8$ 1775, 1777
$C_{15}H_{15}NO$ 165, 187
$C_{15}H_{15}NO_2$ 17, 83, 177, 2866
$C_{15}H_{15}NO_3$ 2866
$C_{15}H_{15}NO_5$ 2866
$C_{15}H_{15}NO_7 \cdot 1/10H_2O$ 2870
$C_{15}H_{16}Br_2N_4O_4$ 2486
$C_{15}H_{16}O$ 630, 2367
$C_{15}H_{16}O_2$ 618
$C_{15}H_{16}O_3$ 630, 1546, 1891
$C_{15}H_{16}O_4$ 536, 567, 621, 622, 628, 629, 630, 1545, 1563
$C_{15}H_{16}O_5$ 567, 618, 627, 1546, 1547, 1561, 1563, 2560, 2981
$C_{15}H_{16}O_6$ 566, 566, 567, 1562
$C_{15}H_{16}O_7$ 566
$C_{15}H_{16}O_9$ 1545
$C_{15}H_{17}BrN_2$ 2493
$C_{15}H_{17}BrN_4O_2$ 2493
$C_{15}H_{17}BrO$ 625
$C_{15}H_{17}BrO_2$ 625
$C_{15}H_{17}Br_2N_5O_4$ 2486
$C_{15}H_{17}Br_2N_5O_5$ 2488
$C_{15}H_{17}Br_3O$ 2367
$C_{15}H_{17}ClO_2$ 626, 631
$C_{15}H_{17}ClO_3$ 694
$C_{15}H_{17}NO$ 84
$C_{15}H_{17}NO_2$ 84
$C_{15}H_{17}NO_3$ 67, 84
$C_{15}H_{17}NO_4$ 2918, 2919
$C_{15}H_{17}NO_5$ 2918
$C_{15}H_{17}NO_6$ 178, 2919

$C_{15}H_{17}NO_7$ 178
$C_{15}H_{18}BrIO$ 2367
$C_{15}H_{18}Br_2O$ 2367
$C_{15}H_{18}Cl_2O_2$ 693
$C_{15}H_{18}N_2$ 178
$C_{15}H_{18}N_2O$ 222
$C_{15}H_{18}O$ 630, 2367, 2370
$C_{15}H_{18}O_2$ 561, 618, 623, 628
$C_{15}H_{18}O_3$ 561, 567, 570, 618, 622, 625, 626, 627, 628, 632, 694, 1369, 1544, 2245, 2287, 2370, 2560, 2562
$C_{15}H_{18}O_4$ 537, 563, 618, 622, 628, 629, 630, 631, 695, 1545, 2366, 2370, 2868, 2918, 2920
$C_{15}H_{18}O_5$ 536, 569, 570, 1145, 2557
$C_{15}H_{18}O_6$ 566, 631, 2557, 2771
$C_{15}H_{18}O_7$ 566, 2290
$C_{15}H_{18}O_8$ 2289, 2290
$C_{15}H_{19}BrO$ 2368
$C_{15}H_{19}BrO_2$ 625, 2368
$C_{15}H_{19}Br_2N_5O_4$ 2487
$C_{15}H_{19}ClO_5$ 631
$C_{15}H_{19}NO_2$ 54, 2982
$C_{15}H_{19}NO_3$ 52, 136, 2866, 2869
$C_{15}H_{19}NO_4$ 53, 2918, 2919
$C_{15}H_{19}NO_5$ 622, 625, 2919
$C_{15}H_{19}N_3O_6$ 25
$C_{15}H_{19}N_5O_3$ 82
$C_{15}H_{20}$ 2367, 2368
$C_{15}H_{20}BrClO$ 561, 2368
$C_{15}H_{20}Cl_3NO_5$ 2872
$C_{15}H_{20}N_2O$ 165, 167, 168
$C_{15}H_{20}N_2O_3S_2$ 2868
$C_{15}H_{20}N_2O_4$ 2868
$C_{15}H_{20}N_5$ 2495
$C_{15}H_{20}O$ 536, 560, 623, 625, 630, 693, 2369
$C_{15}H_{20}O_2$ 560, 561, 567, 619, 624, 625, 626, 630, 2365, 2369, 2962
$C_{15}H_{20}O_3$ 537, 560, 563, 566, 567, 568, 618, 619, 620, 621, 625, 626, 627, 628, 630, 632, 633, 693, 694, 695, 2287, 2365, 2370, 2769, 2981
$C_{15}H_{20}O_4$ 537, 563, 565, 566, 567, 568, 569, 570, 571, 618, 622, 627, 629, 630, 631, 695, 2366, 2369, 2916, 2962
$C_{15}H_{20}O_5$ 536, 563, 567, 622, 629, 631, 633, 2214, 2365
$C_{15}H_{20}O_6$ 565, 569, 570, 631
$C_{15}H_{20}O_7$ 563, 2288
$C_{15}H_{20}O_8$ 2919
$C_{15}H_{21}Br$ 2367
$C_{15}H_{21}BrO$ 692, 2368
$C_{15}H_{21}BrO_2$ 568
$C_{15}H_{21}Br_2N_5O_4$ 2487, 2488
$C_{15}H_{21}ClO_2$ 626
$C_{15}H_{21}ClO_3$ 692
$C_{15}H_{21}Cl_2NO_5$ 2869, 2872
$C_{15}H_{21}NO$ 570, 2212
$C_{15}H_{21}NO_2$ 2870
$C_{15}H_{21}NO_3$ 264, 2962
$C_{15}H_{21}NO_4$ 166, 264, 625
$C_{15}H_{21}NO_5$ 2869
$C_{15}H_{21}N_3O_2$ 177
$C_{15}H_{22}$ 560, 693, 695, 2367
$C_{15}H_{22}BrClO_2$ 562
$C_{15}H_{22}Br_2O$ 2370
$C_{15}H_{22}Br_2O_2$ 568
$C_{15}H_{22}Br_2O_3$ 2670
$C_{15}H_{22}NO_3$ 29
$C_{15}H_{22}N_2O$ 167
$C_{15}H_{22}N_2O_2$ 167
$C_{15}H_{22}N_4O_4$ 2981
$C_{15}H_{22}N_7O_8P$ 2869
$C_{15}H_{22}O$ 567, 617, 623, 624, 629, 692, 694, 560, 2365, 2366, 2370
$C_{15}H_{22}O_2$ 559, 560, 561, 562, 567, 570, 571, 618, 620, 623, 624, 625, 626, 627, 629, 633, 692, 693, 694, 2365, 2366, 2368, 2369, 2370, 2559, 2962
$C_{15}H_{22}O_3$ 560, 561, 567, 568, 570, 618, 619, 620, 621, 624, 626, 627, 630, 693, 694, 695, 2365, 2366, 2368, 2369, 2370, 2961, 2962
$C_{15}H_{22}O_4$ 407, 563, 569, 618, 619, 620, 621, 622, 628, 692, 694, 696, 2365, 2366
$C_{15}H_{22}O_5$ 413, 618, 626, 627, 633, 695, 2770
$C_{15}H_{22}O_6$ 401, 569, 570, 625, 694
$C_{15}H_{22}O_7$ 567, 625, 626
$C_{15}H_{22}O_8$ 449, 625, 631, 2288, 2919
$C_{15}H_{22}O_9$ 441, 444
$C_{15}H_{22}O_{10}$ 442
$C_{15}H_{22}S$ 617, 2366
$C_{15}H_{23}Br$ 568
$C_{15}H_{23}BrO$ 568, 632, 2368, 2370
$C_{15}H_{23}BrO_2$ 568, 2369
$C_{15}H_{23}Br_2Cl$ 625
$C_{15}H_{23}Br_2ClO$ 2370
$C_{15}H_{23}ClO$ 561
$C_{15}H_{23}ClO_9$ 442
$C_{15}H_{23}ClO_{10}$ 441
$C_{15}H_{23}NO$ 67, 168, 570
$C_{15}H_{23}NO_2$ 166, 168
$C_{15}H_{23}NO_3$ 23, 627
$C_{15}H_{23}NO_4$ 570, 2915
$C_{15}H_{24}$ 560, 618, 625, 692, 693, 694, 695
$C_{15}H_{24}BrClO$ 2370
$C_{15}H_{24}BrClO_2$ 561, 624, 2368
$C_{15}H_{24}Br_2O$ 568, 2369
$C_{15}H_{24}Br_2O_4$ 2670
$C_{15}H_{24}N_2$ 165
$C_{15}H_{24}N_2O$ 166, 167, 168
$C_{15}H_{24}N_2O_2$ 166, 167
$C_{15}H_{24}N_3O$ 2485
$C_{15}H_{24}O$ 536, 560, 561, 567, 620, 624, 625, 630, 633, 692, 693, 694, 695, 696, 2367
$C_{15}H_{24}O_2$ 559, 560, 561, 562, 567, 570, 618, 618, 619, 620, 621, 624, 625, 627, 629, 630, 632, 692, 693, 694, 695, 2212, 2365, 2366, 2367, 2368, 2369, 2560, 2562
$C_{15}H_{24}O_3$ 407, 559, 560, 563, 570, 571, 618, 619, 620, 621, 624, 626, 627, 629, 630, 693, 694, 2365, 2367, 2369, 2961, 2962
$C_{15}H_{24}O_4$ 559, 560, 563, 570, 618, 619, 620, 626, 627, 628, 629, 693, 695, 2366, 2367
$C_{15}H_{24}O_5$ 563, 694
$C_{15}H_{24}O_6$ 618, 625, 627, 694
$C_{15}H_{24}O_7$ 413
$C_{15}H_{24}O_8$ 449, 569
$C_{15}H_{24}O_9$ 441, 569
$C_{15}H_{24}O_{10}$ 441
$C_{15}H_{24}O_{11}$ 441
$C_{15}H_{25}Br_2ClO$ 562, 624
$C_{15}H_{25}Br_2ClO_2$ 562, 624, 2368
$C_{15}H_{25}BrO$ 536, 2370
$C_{15}H_{25}BrO_2$ 562, 625, 2368
$C_{15}H_{25}NO$ 168
$C_{15}H_{25}NO_2$ 168
$C_{15}H_{25}NO_4$ 45, 3004
$C_{15}H_{25}NO_5$ 44, 45
$C_{15}H_{26}$ 536, 618
$C_{15}H_{26}N_2$ 167
$C_{15}H_{26}N_2O$ 167
$C_{15}H_{26}N_2O_6$ 2824
$C_{15}H_{26}O$ 536, 633, 692, 695, 2367
$C_{15}H_{26}O_2$ 536, 559, 560, 562, 618, 621, 624, 629, 630, 632, 692, 693, 2366, 2369, 2370
$C_{15}H_{26}O_3$ 536, 560, 562, 563, 620, 621, 625, 629, 630, 692, 693, 2367, 2368, 2369, 2370, 2963

$C_{15}H_{26}O_4$ 562, 563, 618, 621, 627, 633, 693, 2370, 2963
$C_{15}H_{26}O_5$ 627
$C_{15}H_{26}O_{13}$ 2347
$C_{15}H_{27}N$ 563, 693, 2365, 2369
$C_{15}H_{27}N_3$ 2486
$C_{15}H_{28}N_2O_3$ 26
$C_{15}H_{28}N_2O_5$ 2361
$C_{15}H_{28}O_2$ 630
$C_{15}H_{28}O_3$ 536, 618, 620, 630, 2369
$C_{15}H_{28}O_4$ 536
$C_{15}H_{32}O$ 2162
$C_{16}H_7N_3OS$ 2488
$C_{16}H_8N_2Na_3O_{16}S_4$ 2493
$C_{16}H_9NO_3$ 20
$C_{16}H_9NO_6$ 20
$C_{16}H_{10}N_4O_4$ 249
$C_{16}H_{10}O_4$ 1900
$C_{16}H_{10}O_5$ 1900
$C_{16}H_{10}O_6$ 1900
$C_{16}H_{10}O_7$ 1738
$C_{16}H_{10}O_8$ 1917
$C_{16}H_{11}{}^{79}BrN_4O_2$ 2494
$C_{16}H_{11}NO_4$ 179
$C_{16}H_{12}N_2$ 188, 249
$C_{16}H_{12}N_2O_3$ 2487
$C_{16}H_{12}N_4O_2$ 2494
$C_{16}H_{12}NO_3^+$ 158
$C_{16}H_{12}O$ 2214
$C_{16}H_{12}O_2$ 1546, 1848
$C_{16}H_{12}O_3$ 1546, 1839, 1900
$C_{16}H_{12}O_4$ 1630, 1738, 1752, 1771, 1839, 1840, 1847, 1901
$C_{16}H_{12}O_5$ 1630, 1631, 1674, 1738, 1840, 1856, 1900, 1901, 1902, 1911
$C_{16}H_{12}O_6$ 1565, 1630, 1631, 1632, 1674, 1675, 1676, 1738, 1849, 1855, 1901, 1902, 2233
$C_{16}H_{12}O_7$ 1630, 1631, 1632, 1674, 1675, 1676, 2561
$C_{16}H_{12}O_8$ 1676, 2234, 2559
$C_{16}H_{13}ClO_4$ 2222
$C_{16}H_{13}ClO_5$ 2916
$C_{16}H_{13}NO_3$ 179
$C_{16}H_{13}NO_4$ 279, 157, 179, 1917
$C_{16}H_{13}NO_5$ 279
$C_{16}H_{13}NO_6$ 2222
$C_{16}H_{13}N_3O_2$ 232
$C_{16}H_{14}Br_2N_4O_2$ 2489
$C_{16}H_{14}N_2O_4$ 1917
$C_{16}H_{14}N_4O_4$ 2489
$C_{16}H_{14}O$ 1751
$C_{16}H_{14}O_2$ 1531, 1751, 1847
$C_{16}H_{14}O_3$ 630, 1563, 1751, 1752, 1848, 2286
$C_{16}H_{14}O_4$ 1564, 1565, 1657, 1751, 1752, 1847, 1856, 1891
$C_{16}H_{14}O_5$ 1561, 1565, 1566, 1657, 1724, 1751, 1847, 1856, 1911, 2233, 2916
$C_{16}H_{14}O_6$ 1657, 1723, 1724, 1746, 1807, 1840, 1848, 2233
$C_{16}H_{14}O_7$ 1724, 1807, 2221, 2915, 2917, 2983
$C_{16}H_{14}O_8$ 1724, 2221, 2222
$C_{16}H_{15}ClO_5$ 1565, 2918
$C_{16}H_{15}NO_3$ 279
$C_{16}H_{15}NO_4$ 279, 280
$C_{16}H_{15}NO_5$ 280
$C_{16}H_{15}NO_7$ 2223
$C_{16}H_{15}NO_8$ 2870, 2559
$C_{16}H_{15}N_3O$ 2486
$C_{16}H_{16}NO_4$ 281
$C_{16}H_{16}N_2O_4$ 2488, 2870
$C_{16}H_{16}N_4O_3$ 232
$C_{16}H_{16}N_6O_3$ 374
$C_{16}H_{16}O_3$ 1775, 1776, 1847
$C_{16}H_{16}O_4$ 45, 1145, 1775, 1776, 1891, 2366
$C_{16}H_{16}O_5$ 1891
$C_{16}H_{16}O_6$ 618, 1562, 1564, 1564, 1565, 1566, 1776, 1891, 2769
$C_{16}H_{16}O_7$ 1776
$C_{16}H_{17}BrN_2$ 2493
$C_{16}H_{17}KN_2O_4S$ 2869
$C_{16}H_{17}NO$ 27
$C_{16}H_{17}NO_2$ 2866
$C_{16}H_{17}NO_3$ 2866
$C_{16}H_{17}NO_4$ 27, 264, 2866
$C_{16}H_{17}NO_5$ 157
$C_{16}H_{17}NO_7\cdot 3/10H_2O$ 2870
$C_{16}H_{18}N_2$ 252
$C_{16}H_{17}N_2NaO_4S$ 2869
$C_{16}H_{18}N_2O_2$ 2870
$C_{16}H_{18}N_2O_5S$ 2869
$C_{16}H_{18}O_3$ 623
$C_{16}H_{18}O_4$ 695, 2982, 2366
$C_{16}H_{18}O_5$ 441, 628, 737, 1599, 2286
$C_{16}H_{18}O_6$ 563, 737, 1145
$C_{16}H_{18}O_7$ 2560
$C_{16}H_{18}O_8$ 2214
$C_{16}H_{18}O_9$ 1546, 2767
$C_{16}H_{18}O_{10}$ 1902
$C_{16}H_{19}BrN_2$ 2490, 2493
$C_{16}H_{19}BrN_2O$ 2493
$C_{16}H_{19}BrN_3OS$ 2493
$C_{16}H_{19}BrN_4O_2$ 2493
$C_{16}H_{19}NO_2$ 67
$C_{16}H_{19}NO_3$ 264
$C_{16}H_{19}NO_4$ 84, 264
$C_{16}H_{19}N_3O_4S$ 2869
$C_{16}H_{19}N_3O_{12}$ 2866
$[C_{16}H_{20}NO_2]^+$ 265
$C_{16}H_{20}N_2$ 242
$C_{16}H_{20}N_2O$ 242
$C_{16}H_{20}N_2O_3S_2$ 2872
$C_{16}H_{20}N_2O_7$ 178
$C_{16}H_{20}O_2$ 618, 623, 1884, 2245
$C_{16}H_{20}O_3$ 561, 630, 692
$C_{16}H_{20}O_4$ 2981
$C_{16}H_{20}O_5$ 633, 2370
$C_{16}H_{20}O_6$ 449, 2557, 2771, 2920
$C_{16}H_{20}O_7$ 2772
$C_{16}H_{20}O_8$ 2289, 2290, 2772
$C_{16}H_{20}O_9$ 2289, 2290
$C_{16}H_{20}O_{11}$ 446
$C_{16}H_{21}Cl_2NO$ 536
$C_{16}H_{21}NO_2$ 265, 2982
$C_{16}H_{21}NO_3$ 52, 53, 136
$C_{16}H_{21}NO_4$ 52, 165, 2918, 2919
$C_{16}H_{21}NO_5$ 54, 2919
$C_{16}H_{21}NO_6$ 68, 178, 289, 2360
$C_{16}H_{21}NO_7$ 179
$C_{16}H_{21}N_3O_{13}$ 2866
$C_{16}H_{22}Cl_3NO$ 633
$C_{16}H_{22}MgNO_4^+$ 2869
$[C_{16}H_{22}NO_3]^+$ 265
$C_{16}H_{22}N_2$ 2868
$C_{16}H_{22}N_2O_4$ 2870
$C_{16}H_{22}N_4O_3$ 178
$C_{16}H_{22}N_4O_5$ 2487
$C_{16}H_{22}N_4O_9$ 2867
$C_{16}H_{22}N_5O_2$ 2495
$C_{16}H_{22}O_2$ 623
$C_{16}H_{22}O_3$ 618, 626, 630, 2366, 2371, 2558
$C_{16}H_{22}O_4$ 562, 618, 627, 632, 2366, 2369
$C_{16}H_{22}O_5$ 631, 737
$C_{16}H_{22}O_7$ 412, 563, 564, 570, 2696
$C_{16}H_{22}O_8$ 440, 444, 445, 2288, 2289, 2696
$C_{16}H_{22}O_9$ 440, 444, 445, 2287, 2290
$C_{16}H_{22}O_{10}$ 445, 446
$C_{16}H_{23}Cl_2N$ 536
$C_{16}H_{23}N$ 2365
$C_{16}H_{23}NO$ 165, 179
$C_{16}H_{23}NOS$ 2365
$C_{16}H_{23}NO_2$ 66, 165
$C_{16}H_{23}NO_3$ 165, 265
$C_{16}H_{23}NO_4$ 29
$C_{16}H_{23}NO_5$ 44, 2360
$C_{16}H_{23}NO_6$ 45
$C_{16}H_{24}NOS$ 2365
$C_{16}H_{24}N_2O_2$ 265

$C_{16}H_{24}N_6O_9S$ 2870
$C_{16}H_{24}N_7O_8P$ 2869
$C_{16}H_{24}O$ 617
$C_{16}H_{24}O_2$ 695, 2370
$C_{16}H_{24}O_3$ 627, 628, 737, 2370, 2558
$C_{16}H_{24}O_4$ 563, 571, 695, 696
$C_{16}H_{24}O_5$ 2916
$C_{16}H_{24}O_6$ 2962
$C_{16}H_{24}O_7$ 411
$C_{16}H_{24}O_8$ 440, 444, 2288
$C_{16}H_{24}O_9$ 442
$C_{16}H_{24}O_{10}$ 444, 445, 451, 2288
$C_{16}H_{24}O_{11}$ 446
$C_{16}H_{24}O_{12}$ 446
$C_{16}H_{25}BrO_2$ 2370
$C_{16}H_{25}N$ 2367
$C_{16}H_{25}NOS$ 618, 2365
$C_{16}H_{25}NO_2$ 165, 166, 168, 561, 2365
$C_{16}H_{25}NO_2S$ 2365
$C_{16}H_{25}NO_3S$ 618, 2365
$C_{16}H_{25}NO_4$ 570
$C_{16}H_{25}NO_4S$ 2365
$C_{16}H_{25}NS$ 618, 692, 695, 2365, 2367, 2368, 2369
$C_{16}H_{25}O_{10}$ 444
$C_{16}H_{26}Br_2O_4$ 2670
$C_{16}H_{26}NO_2S$ 2365
$C_{16}H_{26}O_2$ 618, 630, 737
$C_{16}H_{26}O_3$ 430, 536, 627, 737, 2369, 2962
$C_{16}H_{26}O_4$ 695, 737, 2366
$C_{16}H_{26}O_5$ 570
$C_{16}H_{26}O_6$ 411, 412, 430, 570
$C_{16}H_{26}O_7$ 401, 430
$C_{16}H_{26}O_9$ 451
$C_{16}H_{26}O_{10}$ 413, 444
$C_{16}H_{27}NO$ 168, 561, 693, 2367, 2369
$C_{16}H_{27}NO_2$ 561
$C_{16}H_{27}NO_3$ 82
$C_{16}H_{27}NO_5$ 44, 45, 46
$C_{16}H_{27}NO_6$ 45
$C_{16}H_{27}N_3O_7$ 2824
$C_{16}H_{28}N_2O_3$ 67
$C_{16}H_{28}N_2O_8S_2$ 2361
$C_{16}H_{28}O$ 630, 736
$C_{16}H_{28}O_2$ 619, 737
$C_{16}H_{28}O_3$ 737
$C_{16}H_{28}O_4$ 619, 633, 2366
$C_{16}H_{28}O_5$ 626
$C_{16}H_{28}O_6$ 411, 412, 429
$C_{16}H_{28}O_7$ 402, 409, 410, 411, 412, 430, 431
$C_{16}H_{28}O_8$ 402, 410, 430, 449
$C_{16}H_{28}O_{13}$ 2347
$C_{16}H_{29}N$ 2486
$C_{16}H_{29}NO_4$ 45
$C_{16}H_{29}NO_6$ 46
$C_{16}H_{30}O_6$ 412, 431
$C_{16}H_{30}O_8$ 402
$C_{16}H_{32}O_2$ 2148
$C_{16}H_{34}OS$ 2171
$C_{17}H_{10}{}^{79}Br_2N_2O_4S$ 2494
$C_{17}H_{10}Br_2O_4$ 2560
$C_{17}H_{10}O_7$ 1911
$C_{17}H_{11}NO_4$ 20, 157, 179, 265
$C_{17}H_{11}NO_7$ 20
$C_{17}H_{11}N_3O_2$ 82, 190, 2489
$C_{17}H_{11}N_3O_3$ 190
$C_{17}H_{12}BrN_2O^+$ 2495
$C_{17}H_{12}N_2O_3$ 2487
$C_{17}H_{12}N_4O$ 82, 2489
$C_{17}H_{12}O_4$ 1847, 1911
$C_{17}H_{12}O_5$ 1901, 1911
$C_{17}H_{12}O_6$ 1634, 1753
$C_{17}H_{12}O_7$ 1900
$C_{17}H_{12}O_8$ 1675
$C_{17}H_{13}BrO_2$ 1840
$C_{17}H_{13}ClO_7$ 2234
$C_{17}H_{13}ClO_8$ 2234
$C_{17}H_{13}NO_3$ 128
$C_{17}H_{13}NO_4$ 179
$C_{17}H_{13}N_2O^+$ 2495
$C_{17}H_{13}N_3O_2$ 232
$C_{17}H_{13}N_3O_3$ 2489
$C_{17}H_{13}N_3O_4$ 2867
$C_{17}H_{14}Cl_2O_7$ 2221
$C_{17}H_{14}N_2$ 188, 249
$C_{17}H_{14}O_2$ 1839, 1840
$C_{17}H_{14}O_3$ 1751, 1847, 1847, 1848, 1849
$C_{17}H_{14}O_4$ 1674, 1771, 1839, 1840, 1848, 1901
$C_{17}H_{14}O_5$ 1630, 1657, 1674, 1753, 1848, 1849, 1901, 1911
$C_{17}H_{14}O_6$ 1631, 1632, 1633, 1657, 1674, 1675, 1723, 1738, 1855, 1910, 2233
$C_{17}H_{14}O_7$ 1630, 1631, 1633, 1674, 1675, 1676, 1684, 1723, 1738, 1746, 1866, 1902, 2561
$C_{17}H_{14}O_8$ 1633, 1684, 1724, 2234, 2559, 2561
$C_{17}H_{15}BrO_4$ 2221
$C_{17}H_{15}ClO_4$ 2221, 2222
$C_{17}H_{15}ClO_5$ 2767
$C_{17}H_{15}ClO_6$ 2918
$C_{17}H_{15}ClO_8$ 2982
$C_{17}H_{15}FO_4$ 2221
$C_{17}H_{15}NO_3$ 82, 114, 128
$C_{17}H_{15}NO_4$ 179
$C_{17}H_{15}NO_5$ 279, 280
$C_{17}H_{15}NO_6$ 2222
$C_{17}H_{16}Br_2N_4O_2$ 2489
$C_{17}H_{16}NO_5$ 66
$C_{17}H_{16}N_2$ 188
$C_{17}H_{16}O_4$ 1565, 1566, 1657, 1752, 1848, 1911, 2222, 2286, 2772
$C_{17}H_{16}O_5$ 1561, 1567, 1657, 1752, 1847, 1856, 2772
$C_{17}H_{16}O_6$ 1567, 1657, 1723, 1746, 1751, 1847, 1848, 1911, 2233, 2772
$C_{17}H_{16}O_7$ 1524, 1723, 1724, 1746, 1807, 1848, 1856, 2222, 2917
$C_{17}H_{16}O_8$ 1567, 1777, 2980, 2982
$C_{17}H_{16}O_{10}$ 1561, 1567, 1847
$C_{17}H_{17}ClO_6$ 1567, 2918
$C_{17}H_{17}F_3NO_7$ 21
$C_{17}H_{17}N$ 121
$C_{17}H_{17}NO$ 186
$C_{17}H_{17}NO_2$ 114
$C_{17}H_{17}NO_5$ 82, 144, 280, 396, 2488, 2766
$C_{17}H_{17}NO_6$ 280
$C_{17}H_{18}N_2O_2$ 178
$C_{17}H_{18}N_2O_4$ 2488
$C_{17}H_{18}N_6O$ 2493
$C_{17}H_{18}O_3$ 846, 1546, 1891
$C_{17}H_{18}O_4$ 1545, 1566, 1776, 1846, 1847, 1891
$C_{17}H_{18}O_5$ 567, 630, 1403, 1561, 1564, 1566, 1776, 1795, 1891, 2245
$C_{17}H_{18}O_6$ 566, 567, 1545, 1563, 1565, 1567, 1771, 1776, 1778, 1856, 1891, 2766
$C_{17}H_{18}O_7$ 566, 567, 1566, 1567, 1891
$C_{17}H_{18}O_8$ 566
$C_{17}H_{18}O_9$ 567
$C_{17}H_{18}O_{10}$ 1544, 2767
$C_{17}H_{19}BrO_3$ 2562
$C_{17}H_{19}Cl_4NO$ 2671
$C_{17}H_{19}NO_3$ 67, 143, 264, 2866
$C_{17}H_{19}NO_4$ 83, 158
$C_{17}H_{19}NO_5$ 66, 67, 266
$C_{17}H_{19}NO_6$ 84, 224
$C_{17}H_{20}ClNO_4$ 83, 158
$C_{17}H_{20}Cl_3NO$ 2671
$C_{17}H_{20}N_2O_2$ 242
$C_{17}H_{20}N_2O_3S$ 2871
$C_{17}H_{20}N_2O_5$ 2486
$C_{17}H_{20}N_2O_6S$ 2869
$C_{17}H_{20}O_3$ 626, 2286, 2368
$C_{17}H_{20}O_4$ 2963
$C_{17}H_{20}O_5$ 628, 631, 737, 1545

$C_{17}H_{20}O_6$ 537, 737, 2771
$C_{17}H_{20}O_7$ 631
$C_{17}H_{20}O_8$ 2214, 2290
$C_{17}H_{20}O_{10}$ 1545
$C_{17}H_{21}BrN_2O$ 2493
$C_{17}H_{21}ClO_7$ 631
$C_{17}H_{21}Cl_2NO$ 2671
$C_{17}H_{21}NO_2$ 53
$C_{17}H_{21}NO_3$ 17, 27, 396
$C_{17}H_{21}NO_4$ 27, 52, 84
$C_{17}H_{21}NO_5$ 66
$C_{17}H_{21}NO_6$ 84
$C_{17}H_{21}N_3O$ 242
$C_{17}H_{21}N_3O_2$ 242, 243
$C_{17}H_{21}N_3O_{12}$ 2866
$C_{17}H_{22}Cl_3NO$ 2671
$C_{17}H_{22}N_4O_{11}$ 2866
$C_{17}H_{22}O_3$ 626, 627, 2368, 2558
$C_{17}H_{22}O_5$ 537, 563, 622, 631, 633
$C_{17}H_{22}O_6$ 566, 630, 631
$C_{17}H_{22}O_7$ 565
$C_{17}H_{22}O_8$ 566
$C_{17}H_{22}O_9$ 2289, 2290
$C_{17}H_{23}Br_3O_3$ 2670
$C_{17}H_{23}Br_3O_4$ 2670
$C_{17}H_{23}ClO_2$ 626
$C_{17}H_{23}N$ 81
$C_{17}H_{23}NO$ 143
$C_{17}H_{23}NO_3$ 28, 52, 136
$C_{17}H_{23}NO_4$ 52, 79, 84
$C_{17}H_{23}NO_5$ 52, 84, 625
$C_{17}H_{23}NO_6$ 2360
$C_{17}H_{24}BrClO_2$ 625
$C_{17}H_{24}O_2$ 2559
$C_{17}H_{24}O_3$ 623, 626, 627, 632, 2368, 2559, 2981
$C_{17}H_{24}O_4$ 537, 561, 569, 619, 621, 625, 628, 2560, 2562, 2694
$C_{17}H_{24}O_5$ 2563, 622, 626, 631, 368, 2963
$C_{17}H_{24}O_6$ 566, 619, 622, 692, 2980
$C_{17}H_{24}O_7$ 569
$C_{17}H_{24}O_8$ 2286
$C_{17}H_{24}O_9$ 2287, 2289, 2290, 2696
$C_{17}H_{24}O_{10}$ 448
$C_{17}H_{24}O_{11}$ 442, 447, 448, 450, 451
$C_{17}H_{24}O_{12}$ 448
$C_{17}H_{25}Br_2ClO_2$ 2370
$C_{17}H_{25}ClO_{11}$ 447
$C_{17}H_{25}NO_3$ 27
$C_{17}H_{25}NO_4$ 2919
$C_{17}H_{25}NO_5$ 2871
$C_{17}H_{26}Br_2O_2$ 568
$C_{17}H_{26}ClO_3$ 2370
$C_{17}H_{26}Cl_3NO$ 2671
$C_{17}H_{26}N_2O_2$ 265
$C_{17}H_{26}O_2$ 536, 562, 624, 692, 695, 695, 696, 2366, 2367, 2919
$C_{17}H_{26}O_3$ 561, 568, 624, 625, 628, 629, 633, 695, 2369, 2560, 2562
$C_{17}H_{26}O_4$ 563, 628, 693
$C_{17}H_{26}O_5$ 571, 693, 2694, 2963
$C_{17}H_{26}O_6$ 563
$C_{17}H_{26}O_{10}$ 441, 447, 2288
$C_{17}H_{26}O_{11}$ 441, 446, 447, 448
$C_{17}H_{26}O_{12}$ 442, 448
$C_{17}H_{27}Br_2ClO_4$ 624
$C_{17}H_{27}NO_5$ 2872, 2366
$C_{17}H_{27}N_3$ 2485
$C_{17}H_{28}N_2O_2$ 167
$C_{17}H_{28}N_3^+$ 2485
$C_{17}H_{28}O_2$ 2367, 2982
$C_{17}H_{28}O_3$621, 630, 692, 2919
$C_{17}H_{28}O_4$ 536, 2693, 2694
$C_{17}H_{28}O_5$ 563
$C_{17}H_{29}N$ 66
$C_{17}H_{29}NO$ 66
$C_{17}H_{29}NO_2$ 27
$C_{17}H_{29}NO_3$ 28
$C_{17}H_{29}NO_4$ 3003
$C_{17}H_{29}N_3$ 2485
$C_{17}H_{30}O_4$ 2694
$C_{17}H_{31}NO$ 2486
$C_{17}H_{31}NO_3$ 561
$C_{17}H_{32}N_3$ 2485
$C_{17}H_{33}N_3O_2$ 392
$C_{17}H_{34}N_4O_{10}$ 2676
$C_{17}H_7Br_4ClO_4$ 2560
$C_{17}H_8Br_4O_4$ 2560
$C_{17}H_9N_3O$ 2489
$C_{18}H_{10}BrN_2O^+$ 2495
$C_{18}H_{10}O_5$ 2768
$C_{18}H_{10}O_6$ 1615, 1616
$C_{18}H_{10}O_8$ 1615
$C_{18}H_{10}O_9$ 2559
$C_{18}H_{12}BrN_2O_3^+$ 2495
$C_{18}H_{12}N_4O$ 82
$C_{18}H_{12}O_3$ 1911
$C_{18}H_{12}O_4$ 1634, 1911, 2920
$C_{18}H_{12}O_8$ 1465, 1902
$C_{18}H_{12}O_9$ 2558
$C_{18}H_{12}O_{10}$ 2234
$C_{18}H_{13}Br_3N_3O_2^+$ 2489
$C_{18}H_{13}NO_4$ 134, 157, 265
$C_{18}H_{13}N_3O$ 194, 249
$C_{18}H_{13}N_3O_2$ 190
$C_{18}H_{13}N_4O_2$ 82
$C_{18}H_{14}N_2O_2$ 82
$C_{18}H_{14}N_3O_2^+$ 2489
$C_{18}H_{14}N_3O_2S$ 2488
$C_{18}H_{14}N_3O_3S$ 2488
$C_{18}H_{14}N_4O$ 82
$C_{18}H_{14}N_4S$ 2489
$C_{18}H_{14}O_3$ 845, 1911
$C_{18}H_{14}O_5$ 1808, 1839
$C_{18}H_{14}O_6$ 1432, 1632, 1634, 1676, 1808, 2768, 2769
$C_{18}H_{14}O_7$ 1403, 1901
$C_{18}H_{14}O_8$ 1403, 2234, 2919
$C_{18}H_{14}O_9$ 2558
$C_{18}H_{15}BrO_7$ 2920
$C_{18}H_{15}Br_3N_3O_2^+$ 2489
$C_{18}H_{15}ClO_6$ 1808, 2234
$C_{18}H_{15}NO_3$ 279
$C_{18}H_{15}NO_4$ 279, 280
$C_{18}H_{15}N_3O_3$ 2488
$C_{18}H_{16}Cl_2O_8$ 2982
$C_{18}H_{16}NO_3$ 109
$C_{18}H_{16}N_2O$ 188
$C_{18}H_{16}N_4O_2S$ 2488
$C_{18}H_{16}O_2$ 1839
$C_{18}H_{16}O_3$ 1531, 1532, 1839, 1839, 1840, 1911
$C_{18}H_{16}O_4$ 845, 1630, 1634, 1751, 1752, 1847, 1849, 1911
$C_{18}H_{16}O_5$ 1630, 1657, 1807, 1808, 1839, 1891
$C_{18}H_{16}O_6$ 1524, 1630, 1632, 1657, 1674, 1751, 1808, 1901
$C_{18}H_{16}O_7$ 1631, 1632, 1633, 1674, 1675, 1723, 1839
$C_{18}H_{16}O_8$ 1632, 1675, 1676, 1724, 2221, 2767
$C_{18}H_{16}O_{10}$ 1808
$C_{18}H_{17}BrO_4$ 2222
$C_{18}H_{17}Br_2N_3O_3$ 2488
$C_{18}H_{17}ClO_4$ 2221
$C_{18}H_{17}ClO_6$ 981
$C_{18}H_{17}ClO_7$ 2220
$C_{18}H_{17}ClO_8$ 2982
$C_{18}H_{17}Cl_2NO_8$ 2870
$C_{18}H_{17}FO_4$ 2221, 2222
$C_{18}H_{17}N_4SO_2$ 2495
$C_{18}H_{17}NO_2$ 178, 249
$C_{18}H_{17}NO_3$ 114
$C_{18}H_{17}NO_4$ 114, 280
$C_{18}H_{17}NO_5$ 66
$C_{18}H_{17}NO_6$ 281
$[C_{18}H_{17}O_4]^+$ 1800
$C_{18}H_{18}BrN_3O_2$ 2488
$C_{18}H_{18}N_2O_5$ 2870
$C_{18}H_{18}N_2O_7$ 2870
$C_{18}H_{18}N_2O_8$ 2245
$C_{18}H_{18}O_2$ 1400
$C_{18}H_{18}O_3$ 1430

$C_{18}H_{18}O_4$ 1752, 2222, 2246
$C_{18}H_{18}O_5$ 1531, 1564, 1567, 1752, 1753, 1847, 1848, 1892, 2221, 2290
$C_{18}H_{18}O_6$ 981, 1524, 1565, 1657, 1751, 1753, 1795, 1847, 1848, 1891, 2222, 2917
$C_{18}H_{18}O_7$ 1562, 1564, 1566, 1657, 1751, 1848, 1856, 1901, 2220, 2221, 2222
$C_{18}H_{18}O_8$ 1777, 2917
$C_{18}H_{18}O_{10}$ 1811
$C_{18}H_{19}N$ 121
$C_{18}H_{19}N_3O_2$ 2489
$C_{18}H_{19}N_4OS$ 232
$C_{18}H_{19}NO$ 177
$C_{18}H_{19}NO_2$ 114
$C_{18}H_{19}NO_3$ 111, 264
$C_{18}H_{19}NO_4$ 17, 82, 109, 115, 157
$C_{18}H_{19}NO_5$ 82, 84, 158, 280, 281
$C_{18}H_{19}NO_6$ 280
$C_{18}H_{19}NO_7$ 84
$C_{18}H_{19}NO_7S$ 2768
$C_{18}H_{19}NO_8S$ 2768
$C_{18}H_{19}NO_9 \cdot 7/10H_2O$ 2870
$C_{18}H_{20}ClNO_5$ 82
$C_{18}H_{20}N$ 121
$C_{18}H_{20}N_2O$ 168
$C_{18}H_{20}N_2O_6$ 2245
$C_{18}H_{20}N_4O_3$ 2488
$C_{18}H_{20}N_8O_3$ 374
$C_{18}H_{20}O_2$ 1404
$C_{18}H_{20}O_3$ 1429, 1430
$C_{18}H_{20}O_4$ 1429, 1465, 1531, 1846, 2286
$C_{18}H_{20}O_5$ 982, 1430, 1531, 1775, 2287, 2288
$C_{18}H_{20}O_6$ 449, 981, 1565, 1771, 1776, 1777, 2560
$C_{18}H_{20}O_7$ 1567
$C_{18}H_{21}ClO_6$ 2696
$C_{18}H_{21}N_8O_3$ 2487
$C_{18}H_{21}NO$ 80
$C_{18}H_{21}NO_2$ 80, 108
$C_{18}H_{21}NO_3$ 111, 143, 264
$C_{18}H_{21}NO_4$ 26, 27, 157, 158, 264
$C_{18}H_{21}NO_5$ 27, 157
$C_{18}H_{21}NO_6$ 27, 82, 83, 84, 224
$C_{18}H_{21}NO_7$ 224
$C_{18}H_{22}ClNO_6$ 26
$C_{18}H_{22}N_2$ 220
$C_{18}H_{22}N_2O_2$ 242
$C_{18}H_{22}N_2O_3$ 242, 243
$C_{18}H_{22}N_2O_4$ 2245, 2488
$C_{18}H_{22}N_4O_3$ 2488
$C_{18}H_{22}N_4O_4$ 2488
$C_{18}H_{22}O$ 2058
$C_{18}H_{22}O_2$ 747, 2058
$C_{18}H_{22}O_3$ 846, 848
$C_{18}H_{22}O_4$ 1884, 2286
$C_{18}H_{22}O_5$ 981, 982, 2214
$C_{18}H_{22}O_6$ 2561, 2920
$C_{18}H_{22}O_8$ 2291
$C_{18}H_{22}O_9$ 2290
$C_{18}H_{22}O_{11}$ 446
$C_{18}H_{23}Br_2N_3O_2$ 2487
$C_{18}H_{23}N_3O_{12}$ 2865
$C_{18}H_{23}NO$ 80
$C_{18}H_{23}NO_3$ 29, 111
$C_{18}H_{23}NO_4$ 53, 111, 224, 396
$C_{18}H_{23}NO_5$ 28, 45
$C_{18}H_{23}NO_6$ 2981, 2561
$C_{18}H_{24}$ 2058
$C_{18}H_{24}Br_2O_4$ 2670
$C_{18}H_{24}Br_2O_5$ 2670
$C_{18}H_{24}N_2O_2$ 2982
$C_{18}H_{24}N_2O_3$ 167
$C_{18}H_{24}N_2O_4S$ 2868
$C_{18}H_{24}N_2O_7$ 249, 2361
$C_{18}H_{24}O$ 2058
$C_{18}H_{24}O_2$ 846
$C_{18}H_{24}O_5$ 567, 2214, 2366, 2981
$C_{18}H_{24}O_6$ 563, 2214, 2560
$C_{18}H_{24}O_9$ 564, 2561
$C_{18}H_{24}O_{11}$ 446
$C_{18}H_{24}O_{12}$ 446, 2058
$C_{18}H_{25}Cl_4N_3O_2S$ 2486
$C_{18}H_{25}NO_4$ 165
$C_{18}H_{25}NO_5$ 44, 45, 52, 53
$C_{18}H_{25}N_2O_6$ 45
$C_{18}H_{26}N_2O_2$ 2980
$C_{18}H_{26}N_2O_7$ 249
$C_{18}H_{26}O_2$ 845
$C_{18}H_{26}O_4$ 2370
$C_{18}H_{26}O_6$ 2560, 2981
$C_{18}H_{26}O_8$ 2917
$C_{18}H_{26}O_9$ 2288, 2696
$C_{18}H_{26}O_{11}$ 445
$C_{18}H_{26}O_{12}$ 446, 2558
$C_{18}H_{26}O_{13}$ 448
$C_{18}H_{27}NO_3$ 17, 52
$C_{18}H_{27}NO_4$ 570
$C_{18}H_{27}NO_5$ 45
$C_{18}H_{28}O_3$ 743
$C_{18}H_{28}O_4$ 2693
$C_{18}H_{28}O_5$ 695, 2693
$C_{18}H_{28}O_8$ 413, 2917
$C_{18}H_{28}O_{10}$ 444
$C_{18}H_{28}O_{11}$ 447
$C_{18}H_{29}N$ 2490
$C_{18}H_{29}NO_3$ 168
$C_{18}H_{29}NO_4$ 17, 52
$C_{18}H_{30}O_3$ 2919, 2918
$C_{18}H_{30}O_4$ 619
$C_{18}H_{30}O_5$ 2693
$C_{18}H_{30}O_6$ 2693
$C_{18}H_{30}O_7$ 2963
$C_{18}H_{30}O_8$ 413, 2917
$C_{18}H_{31}N$ 66
$C_{18}H_{31}NO$ 66, 67, 2486
$C_{18}H_{32}N_6O_2$ 2871
$C_{18}H_{32}O_2$ 736, 2148
$C_{18}H_{32}O_{13}$ 2347
$C_{18}H_{32}O_{14}$ 2346, 2347
$C_{18}H_{32}O_{15}$ 2346
$C_{18}H_{32}O_{16}$ 2346
$C_{18}H_{33}ClN_2O_5S$ 2867
$C_{18}H_{33}N$ 2490
$C_{18}H_{34}ClN_2O_8PS$ 2867
$C_{18}H_{34}N_2O_6S$ 2867
$C_{18}H_{34}O_2$ 2148, 2149
$C_{18}H_{35}NO_3$ 66
$C_{18}H_{37}NO_3$ 66
$C_{18}H_{37}N_5O_8$ 2675
$C_{18}H_{37}N_5O_9$ 2675
$C_{18}H_9Br_2N_2O^+$ 2495
$C_{18}H_9NO_8$ 2492
$C_{18}H_{16}O_3$ 1465
$C_{19}H_9Cl_3O_6$ 1902
$C_{19}H_{11}N_3O_2$ 2489
$C_{19}H_{12}Br_2N_4$ 2494
$C_{19}H_{12}O_6$ 1615, 1866
$C_{19}H_{12}O_7$ 1615, 1616, 1866
$C_{19}H_{12}O_{10}$ 2918
$C_{19}H_{13}BrN_4$ 2494
$C_{19}H_{13}Br_2N_2O_2^+$ 2495
$C_{19}H_{13}Br_3N_4O_6$ 2489
$C_{19}H_{13}NO_4$ 84, 158
$C_{19}H_{13}N_3$ 2493
$C_{19}H_{13}N_3O_3$ 2489
$C_{19}H_{14}BrN_2O_3^+$ 2495
$C_{19}H_{14}{}^{79}Br_2N_2O_6S$ 2494
$C_{19}H_{14}Br_3N_5O_4$ 2489
$C_{19}H_{14}N_2$ 46
$C_{19}H_{14}N_2O_2$ 194
$C_{19}H_{14}N_2O_5S$ 2980
$C_{19}H_{14}O_5$ 1634, 2772
$C_{19}H_{14}O_6$ 845, 1839
$C_{19}H_{14}O_7$ 845, 1465, 1847
$C_{19}H_{14}O_8$ 1676, 2235
$C_{19}H_{15}NO_4$ 114, 134
$C_{19}H_{15}NO_5$ 121
$C_{19}H_{15}N_3$ 2493
$C_{19}H_{15}N_3O$ 248
$C_{19}H_{15}N_3O_2$ 2489
$C_{19}H_{15}N_3O_4$ 2489
$C_{19}H_{16}Cl_2NO_7$ 2870
$C_{19}H_{16}Cl_2O_8$ 2221
$C_{19}H_{16}N_2O_3$ 2981
$C_{19}H_{16}N_3O_2^+$ 2489
$C_{19}H_{16}N_3O_3S$ 2488
$C_{19}H_{16}N_4O$ 82

$C_{19}H_{16}N_4OS$ 82

$C_{19}H_{16}NO_4$ 128

$C_{19}H_{16}O_4$ 1532

$C_{19}H_{16}O_5$ 1466, 1532, 1546, 1752, 1808, 1911, 2916

$C_{19}H_{16}O_6$ 1466, 1847, 1902, 1911

$C_{19}H_{16}O_7$ 2235, 2559

$C_{19}H_{16}O_8$ 2235, 2557

$C_{19}H_{16}O_9$ 2234

$C_{19}H_{16}O_{10}$ 2222

$C_{19}H_{17}ClFN_3NaO_5S$ 2869

$C_{19}H_{17}ClO_8$ 2220, 2221

$C_{19}H_{17}Cl_2N_3NaO_5S$ 2869

$C_{19}H_{17}Cl_2NO_7$ 2870

$C_{19}H_{17}N_3O$ 248

$C_{19}H_{17}N_3O_2$ 2488

$C_{19}H_{17}N_4O_4S^+$ 2495

$C_{19}H_{17}NO_3$ 128, 279, 280

$C_{19}H_{17}NO_4$ 121, 279

$C_{19}H_{17}NO_5$ 127

$C_{19}H_{17}NO_6$ 26

$C_{19}H_{17}NO_7$ 26

$C_{19}H_{18}ClN_3NaO_5S$ 2869

$C_{19}H_{18}ClNO_4$ 280

$C_{19}H_{18}N_2O_2$ 224, 289

$C_{19}H_{18}N_2O_3$ 2494

$C_{19}H_{18}N_2O_4$ 2494

$C_{19}H_{18}N_3NaO_5S$ 2869

$C_{19}H_{18}N_3O_3^+$ 1917

$C_{19}H_{18}NO_4$ 128

$C_{19}H_{18}O_3$ 1911

$C_{19}H_{18}O_4$ 845, 1400, 1429, 1911, 1916, 2246

$C_{19}H_{18}O_5$ 1401, 1544, 1599, 2245

$C_{19}H_{18}O_6$ 1401, 1451, 1465, 1544, 1545, 1547, 1600, 1630, 1674, 1753, 1807, 1839, 1839, 1840, 1848, 2770

$C_{19}H_{18}O_7$ 1545, 1631, 1675, 1676, 1753, 1809, 1840, 1848, 2234, 2290, 2982

$C_{19}H_{18}O_8$ 1631, 1633, 1675, 1676, 2220, 2221, 2222

$C_{19}H_{18}O_{11}$ 1808

$C_{19}H_{19}ClO_7$ 2220

$C_{19}H_{19}Cl_2NO_8$ 2870

$C_{19}H_{19}NO_3$ 114, 128, 157, 280, 2867

$C_{19}H_{19}NO_4$ 114, 121, 128, 152, 280, 2867

$C_{19}H_{19}NO_5$ 280, 2918

$C_{19}H_{19}NO_6$ 66, 280, 281

$C_{19}H_{19}NO_7$ 26, 144

$C_{19}H_{19}N_4O_3S^+$ 2495

$C_{19}H_{19}N_7O_6$ 374

$C_{19}H_{20}N_2O$ 85, 200

$C_{19}H_{20}N_2O_8$ 2982

$C_{19}H_{20}O_2$ 1911

$C_{19}H_{20}O_3$ 844, 845, 1400, 1430, 1599, 1911, 1916

$C_{19}H_{20}O_4$ 845, 1404, 1562, 1562, 1598, 1600, 1916, 2246, 2770

$C_{19}H_{20}O_5$ 743, 1519, 1544, 1547, 1564, 1598, 1599, 1600, 1752, 1848, 2222, 2770

$C_{19}H_{20}O_6$ 743, 1524, 1531, 1546, 1564, 1566, 1599, 1751, 1753, 1891, 2221, 2222, 2289

$C_{19}H_{20}O_7$ 743, 1545, 1562, 1724, 1724, 2220, 2222, 2247

$C_{19}H_{20}O_8$ 1547, 1565, 1566, 1811, 1911

$C_{19}H_{20}O_{10}$ 1811

$C_{19}H_{21}NO_3$ 111, 114, 143, 2867

$C_{19}H_{21}NO_4$ 109, 112, 114, 128, 139, 143, 2867

$C_{19}H_{21}NO_5$ 17, 23, 115

$C_{19}H_{21}NO_8S$ 2768

$C_{19}H_{21}NO_9S$ 2768

$C_{19}H_{21}N_3O_2$ 2487

$C_{19}H_{21}N_3O_4$ 2487

$C_{19}H_{22}Cl_3NO_3$ 2671

$C_{19}H_{22}N_2O$ 84, 85, 189, 197

$C_{19}H_{22}N_2O_2$ 197, 224

$C_{19}H_{22}N_2O_4$ 158, 223, 224

$C_{19}H_{22}N_2O_5$ 223

$C_{19}H_{22}O_3$ 1400, 1546, 1547, 1930

$C_{19}H_{22}O_4$ 1545, 1547, 1911

$C_{19}H_{22}O_5$ 738, 1403, 1431, 1519, 1562, 1598, 1599, 1775, 2375

$C_{19}H_{22}O_6$ 694, 743, 1429, 1500, 1561, 1776, 2560, 2961

$C_{19}H_{22}O_7$ 563, 566, 743, 981, 982, 1431, 1777

$C_{19}H_{22}O_8$ 743, 1547, 2561

$C_{19}H_{22}O_9$ 1177

$C_{19}H_{23}BrO_2$ 2670

$C_{19}H_{23}BrO_5$ 2562

$C_{19}H_{23}Cl_4NO_3$ 2670

$C_{19}H_{23}NO_3$ 111, 264

$C_{19}H_{23}NO_4$ 53, 108, 139, 143

$C_{19}H_{23}NO_5$ 28, 29, 144, 158

$C_{19}H_{23}NO_7$ 224

$C_{19}H_{23}N_3O_2$ 243, 252

$C_{19}H_{23}N_3O_4$ 54

$C_{19}H_{23}N_3O_5$ 53

$C_{19}H_{24}ClNO_6$ 26

$C_{19}H_{24}N_2$ 189, 201, 205

$C_{19}H_{24}N_2O$ 205, 215, 220, 232, 246

$C_{19}H_{24}N_2O_2$ 68, 205, 222

$C_{19}H_{24}N_2O_3$ 223

$C_{19}H_{24}N_4O_4$ 2488

$C_{19}H_{24}NO_3^+$ 108

$C_{19}H_{24}O$ 845

$C_{19}H_{24}O_2$ 1930, 2058

$C_{19}H_{24}O_3$ 848, 1927, 1930

$C_{19}H_{24}O_4$ 747, 848, 2918, 2962

$C_{19}H_{24}O_5$ 629, 632, 1544, 2375

$C_{19}H_{24}O_6$ 564, 566, 622, 632, 1564, 2375, 2961

$C_{19}H_{24}O_7$ 563, 566, 568, 629, 631, 981, 982, 1177, 2561

$C_{19}H_{24}O_8$ 565, 566, 631, 1177, 2561

$C_{19}H_{24}O_{13}$ 446

$C_{19}H_{25}ClO_4$ 626, 2916

$C_{19}H_{25}Cl_4NO_3$ 2670

$C_{19}H_{25}NO$ 158

$C_{19}H_{25}NO_2$ 536, 2872

$C_{19}H_{25}NO_3$ 111, 2869

$C_{19}H_{25}NO_6$ 26

$C_{19}H_{25}N_2O_3$ 224

$C_{19}H_{25}N_5O_5$ 2869

$C_{19}H_{26}N_2$ 219, 220

$C_{19}H_{26}N_2O$ 220

$C_{19}H_{26}N_2O_2$ 205, 246, 2868

$C_{19}H_{26}O$ 1931, 2058

$C_{19}H_{26}O_2$ 848, 1930, 2058

$C_{19}H_{26}O_3$ 848

$C_{19}H_{26}O_4$ 626, 736, 2916

$C_{19}H_{26}O_5$ 2214, 2286

$C_{19}H_{26}O_6$ 566, 628, 981, 982, 2375

$C_{19}H_{26}O_7$ 622, 633, 981

$C_{19}H_{26}O_8$ 1177

$C_{19}H_{26}O_9$ 2561

$C_{19}H_{26}O_{12}$ 448

$C_{19}H_{26}O_{12}S$ 446, 448

$C_{19}H_{27}ClO_2$ 626

$C_{19}H_{27}Cl_4N_3O_2S$ 2486

$C_{19}H_{27}Cl_4NO_3$ 2670

$C_{19}H_{27}NO_2$ 111

$C_{19}H_{27}NO_3$ 111, 112, 536

$C_{19}H_{27}NO_4$ 536

$C_{19}H_{27}NO_6$ 266, 2868

$C_{19}H_{28}Cl_3NO_3$ 2670

$C_{19}H_{28}Cl_3N_3O_2S$ 2486

$C_{19}H_{28}N_2O_3$ 539

$C_{19}H_{28}O_2$ 750, 1930, 1931

$C_{19}H_{28}O_3$ 1931

$C_{19}H_{28}O_4$ 536, 562, 625, 628, 692, 846, 1927, 2366

$C_{19}H_{28}O_5$ 563, 625, 627, 628, 2371, 2382

$C_{19}H_{28}O_6$ 563
$C_{19}H_{28}O_7$ 563
$C_{19}H_{28}O_8$ 568, 2917
$C_{19}H_{28}O_9$ 2288, 2289
$C_{19}H_{28}O_{11}$ 447
$C_{19}H_{28}O_{12}$ 448
$C_{19}H_{28}O_{13}$ 447, 448, 2558
$C_{19}H_{29}ClN_2O_3$ 539
$C_{19}H_{29}Cl_2N_3O_2S$ 2486
$C_{19}H_{29}NO_3$ 80
$C_{19}H_{30}N_2O_4$ 539
$C_{19}H_{30}O$ 962, 1927, 1928
$C_{19}H_{30}O_3$ 736, 737, 750
$C_{19}H_{30}O_4$ 737, 743
$C_{19}H_{30}O_5$ 563
$C_{19}H_{30}O_6$ 567
$C_{19}H_{30}O_7$ 407
$C_{19}H_{30}O_8$ 407, 568, 569, 2917
$C_{19}H_{30}O_9$ 442, 568
$C_{19}H_{31}ClN_2O_5$ 539
$C_{19}H_{31}NO_3$ 83, 266
$C_{19}H_{31}NO_4$ 2919
$C_{19}H_{32}O$ 1928, 1929, 1930
$C_{19}H_{32}O_2$ 736, 917
$C_{19}H_{32}O_3$ 736
$C_{19}H_{32}O_4$ 917, 2370
$C_{19}H_{32}O_5$ 2963
$C_{19}H_{32}O_7$ 407, 408, 2963
$C_{19}H_{32}O_8$ 407, 408, 568, 569, 2917
$C_{19}H_{32}O_9$ 568, 569
$C_{19}H_{32}O_{10}$ 442
$C_{19}H_{34}O_4$ 630
$C_{19}H_{34}O_7$ 407, 408, 568
$C_{19}H_{34}O_8$ 407, 568
$C_{19}H_{34}O_9$ 569
$C_{19}H_{34}O_{16}$ 2347
$C_{19}H_{35}NO$ 2486
$C_{19}H_{35}N_3$ 2485
$C_{19}H_{36}O_3$ 2149
$C_{19}H_{36}O_7$ 407
$C_{19}H_{36}O_8$ 406
$C_{19}H_{37}N_5O_7$ 2675
$C_{19}H_{38}N_6O_{10}$ 2675
$C_{19}H_{38}O_4$ 2148
$C_{19}H_{39}N_5O_7$ 2675
$C_{20}H_{11}N_3O_4$ 2866
$C_{20}H_{12}Br_2N_4O$ 2494
$C_{20}H_{12}O_6$ 1917, 2562
$C_{20}H_{13}BrN_4O$ 2494
$C_{20}H_{13}N_4O_2$ 237
$C_{20}H_{13}NO_6$ 158
$C_{20}H_{14}BrN_3O_2$ 2494
$C_{20}H_{14}BrN_3O_3$ 2494
$C_{20}H_{14}Br_2N_4O$ 2494
$C_{20}H_{14}N_4S$ 2489
$C_{20}H_{14}NO_4^+$ 152
$C_{20}H_{14}O_5$ 2771
$C_{20}H_{14}O_6$ 1615, 1917
$C_{20}H_{14}O_7$ 1563
$C_{20}H_{14}O_8$ 1615
$C_{20}H_{15}BrN_4O$ 236, 2494
$C_{20}H_{15}BrO_8$ 1452
$C_{20}H_{15}N_2O_3^+$ 2495
$C_{20}H_{15}N_3O_2$ 2494
$C_{20}H_{15}N_3O_4$ 237, 2493
$C_{20}H_{15}NO_7S$ 1892
$C_{20}H_{16}{}^{79}Br_2N_2O_6S$ 2494
$C_{20}H_{16}N_2O_3$ 179
$C_{20}H_{16}N_2O_4$ 84
$C_{20}H_{16}N_2O_5$ 232
$C_{20}H_{16}N_4O$ 2494
$C_{20}H_{16}O_3$ 1560
$C_{20}H_{16}O_4$ 2980
$C_{20}H_{16}O_4 \cdot 1/3H_2O$ 2771
$C_{20}H_{16}O_5$ 1796, 2768, 2771, 2980
$C_{20}H_{16}O_6$ 1402, 1489, 1490, 1633, 1683, 1856, 1866, 1917, 2771
$C_{20}H_{16}O_7$ 1404, 1866, 2769
$C_{20}H_{16}O_8$ 1402, 1404
$C_{20}H_{16}O_9$ 2234
$C_{20}H_{17}NO_4$ 121, 152
$C_{20}H_{17}NO_5$ 114, 1489, 1892
$C_{20}H_{17}NO_6$ 130, 134
$C_{20}H_{17}NO_6S$ 1892
$C_{20}H_{17}NO_7$ 126, 130
$C_{20}H_{17}NO_9$ 2766
$C_{20}H_{17}N_3O_2S$ 2489
$C_{20}H_{17}N_3O_3$ 194, 2489
$C_{20}H_{17}N_3O_4$ 1917
$C_{20}H_{17}N_3O_8S$ 2870
$C_{20}H_{18}BrClN_4O_2$ 2494
$[C_{20}H_{18}NO_4]^+$ 128
$C_{20}H_{18}N_2O_3$ 2872
$C_{20}H_{18}N_3O_2S$ 2489
$C_{20}H_{18}N_4O$ 2494
$C_{20}H_{18}N_4O_4S$ 2488
$C_{20}H_{18}O_3$ 1911
$C_{20}H_{18}O_4$ 1532, 1599, 1796, 1856, 1902, 2771
$C_{20}H_{18}O_5$ 1466, 1544, 1600, 1634, 1682, 1902, 2246, 2768, 2771
$C_{20}H_{18}O_6$ 845, 1401, 1402, 1403, 1451, 1466, 1490, 1532, 1682, 1739, 1752, 1865, 1902, 2768, 2771
$C_{20}H_{18}O_7$ 1402, 1403, 1429, 1452, 1682, 1902, 2558
$C_{20}H_{18}O_8$ 1452, 1467, 1524, 1676
$C_{20}H_{18}O_9$ 2768, 2772
$C_{20}H_{18}O_{10}$ 1676, 1677
$C_{20}H_{18}O_{11}$ 1678
$C_{20}H_{19}Br_2ClN_4O$2494, 2495
$C_{20}H_{19}Br_2N_4O_2$ 237
$C_{20}H_{19}ClN_4O_2$ 2495
$C_{20}H_{19}Cl_2NO_7$ 2870
$C_{20}H_{19}NO_3$ 179, 279
$C_{20}H_{19}NO_4$ 115, 121, 1634
$C_{20}H_{19}NO_5$ 108, 115, 128, 152, 279, 281
$C_{20}H_{19}NO_6$ 130, 134
$C_{20}H_{19}NO_8$ 127
$C_{20}H_{19}N_3$ 232
$C_{20}H_{20}BrClN_4O$ 2494, 2495
$C_{20}H_{20}Br_2N_4O$ 2496
$C_{20}H_{20}N_2O_2$ 2676
$C_{20}H_{20}N_3O_3^+$ 1917, 2488
$C_{20}H_{20}NO_4^+$ 152
$C_{20}H_{20}O$ 842
$C_{20}H_{20}O_2$ 746, 848, 2561
$C_{20}H_{20}O_3$ 1753, 1892, 2246
$C_{20}H_{20}O_4$ 1465, 1466, 1500, 1600, 1754, 1795, 1796, 2246
$C_{20}H_{20}O_5$ 720, 844, 845, 1429, 1430, 1518, 1519, 1524, 1528, 1600, 1658, 1725, 1752, 1753, 1754, 1856, 1856, 2769, 2771
$C_{20}H_{20}O_6$ 742, 1400, 1401, 1404, 1428, 1428, 1432, 1465, 1490, 1500, 1528, 1531, 1532, 1563, 1658, 1675, 1753, 1754, 1807, 2246, 2768, 2769, 2917
$C_{20}H_{20}O_7$ 1402, 1489, 1632, 1633, 1675, 1840, 2246, 2290, 2769, 2981, 2982
$C_{20}H_{20}O_8$ 1402, 1403, 1633, 1675, 1676, 1840, 2221, 2290, 2561, 2769, 2917
$C_{20}H_{20}O_9$ 1676, 2561, 2768, 2235
$C_{20}H_{20}O_{10}$ 1676, 1684, 2235
$C_{20}H_{20}O_{11}$ 1677, 1726, 1808, 1811
$C_{20}H_{21}BrN_4O$ 2496
$C_{20}H_{21}KO_{11}S$ 2247
$C_{20}H_{21}NO_3$ 280
$C_{20}H_{21}NO_4$ 108, 114, 121, 280
$C_{20}H_{21}NO_5$ 115, 121, 122, 128, 280, 281
$C_{20}H_{21}NO_6$ 114, 115
$C_{20}H_{21}N_3O_3$ 2486
$C_{20}H_{21}NaO_{11}S$ 2247
$C_{20}H_{22}NO_5$ 109
$C_{20}H_{22}NO_8$ 109
$C_{20}H_{22}N_2O_2$ 66, 223, 232, 249
$C_{20}H_{22}N_2O_3$ 187, 194, 253
$C_{20}H_{22}N_2O_4$ 253, 2822
$C_{20}H_{22}N_6O_4S_3$ 383

$C_{20}H_{22}O_2$ 2983
$C_{20}H_{22}O_3$ 743, 1771, 1892, 1892, 2246, 2561
$C_{20}H_{22}O_4$ 852, 1400, 1465, 1500, 1598, 1796, 1892
$C_{20}H_{22}O_5$ 851, 919, 1404, 1430, 1467, 1532, 1563, 1600, 1771, 1892
$C_{20}H_{22}O_6$ 564, 632, 719, 720, 742, 845, 847, 1400, 1401, 1404, 1431, 1432, 1451, 1465, 1466, 1500, 1519, 1528, 1546, 1753, 2222, 2289
$C_{20}H_{22}O_7$ 632, 742, 743, 1401, 1402, 1429, 1430, 1452, 1564, 1599, 1753, 2220, 2221
$C_{20}H_{22}O_8$ 742, 981, 1452, 1724
$C_{20}H_{22}O_9$ 633, 720
$C_{20}H_{22}O_{11}$ 1561
$C_{20}H_{23}BrO_5$ 2562
$C_{20}H_{23}KO_{12}S$ 2247
$C_{20}H_{23}NO_2$ 2866
$C_{20}H_{23}NO_3$ 83
$C_{20}H_{23}NO_4$ 15, 83, 108, 114, 122, 152, 157, 158
$C_{20}H_{23}NO_5$ 120
$C_{20}H_{23}NO_6$ 2769
$C_{20}H_{23}NO_{11}$ 2866
$C_{20}H_{23}N_3O_3$ 2487
$C_{20}H_{23}N_3O_4$ 2486, 2487
$[C_{20}H_{24}NO_4]^+$ 114, 120
$C_{20}H_{24}N_2O$ 85, 204
$C_{20}H_{24}N_2O_2$ 82, 85, 187, 197, 205, 220, 2866
$C_{20}H_{24}N_2O_3$ 85, 187, 223, 232
$C_{20}H_{24}N_3O_3$ 2487
$C_{20}H_{24}O_2$ 1175, 1891, 1892, 2983
$C_{20}H_{24}O_3$ 720, 741, 747, 846, 962, 1369, 1892
$C_{20}H_{24}O_4$ 738, 747, 841, 851, 1404, 1465, 1892, 2286
$C_{20}H_{24}O_5$ 622, 719, 742, 847, 1428, 1430, 1531, 1544, 1545, 1547, 1561, 1562, 1563, 2287
$C_{20}H_{24}O_6$ 564, 566, 622, 719, 720, 742, 844, 847, 1428, 1429, 1465, 1466, 1598, 1600, 1771, 2375
$C_{20}H_{24}O_7$ 569, 632, 742, 743, 845, 1175, 1429, 1431, 1466, 1544, 1545, 2375
$C_{20}H_{24}O_8$ 1175, 2374
$C_{20}H_{24}O_9$ 1175, 1561, 1564
$C_{20}H_{24}O_{10}$ 1561, 1564
$C_{20}H_{24}O_{11}$ 1561, 1808
$C_{20}H_{24}O_{12}$ 1546
$C_{20}H_{25}ClO_3$ 1917
$C_{20}H_{25}ClO_7$ 632
$C_{20}H_{25}ClO_8$ 632
$C_{20}H_{25}ClO_{10}$ 719
$C_{20}H_{25}KO_{13}S$ 2247
$C_{20}H_{25}NO$ 2867
$C_{20}H_{25}NO_2$ 2867
$C_{20}H_{25}NO_3$ 17
$C_{20}H_{25}NO_4$ 108, 139, 143
$C_{20}H_{25}N_3O_4$ 54
$C_{20}H_{25}N_3O_5$ 53
$C_{20}H_{25}N_5O_9$ 2823
$C_{20}H_{25}NaO_{13}S$ 2247
$C_{20}H_{26}N_2O$ 201, 204
$C_{20}H_{26}N_2O_2$ 82, 85, 200, 224
$C_{20}H_{26}N_2O_4S_2$ 2867
$C_{20}H_{26}N_3O_5$ 52
$C_{20}H_{26}N_4O_3$ 374, 696
$C_{20}H_{26}N_4OS$ 2489
$C_{20}H_{26}N_6O_2$ 2490
$C_{20}H_{26}O_2$ 844, 846, 852, 914, 2058
$C_{20}H_{26}O_3$ 741, 747, 841, 844, 848
$C_{20}H_{26}O_4$ 628, 631, 734, 738, 741, 747, 844, 2373
$C_{20}H_{26}O_5$ 622, 628, 735, 741, 747, 749, 843, 844, 847, 2286, 2366, 2962
$C_{20}H_{26}O_6$ 560, 564, 565, 569, 628, 632, 715, 738, 741, 847, 914, 1175, 1177, 1400, 1402, 1428, 2375
$C_{20}H_{26}O_7$ 564, 569, 632, 743, 845, 847, 1177, 1402, 1544, 2962
$C_{20}H_{26}O_8$ 564, 631, 1175, 1176, 1177, 2214, 2698
$C_{20}H_{26}O_9$ 564, 1145, 1175, 1176
$C_{20}H_{26}O_{10}$ 1175
$C_{20}H_{26}O_{11}$ 2919
$C_{20}H_{27}ClO_9$ 632
$C_{20}H_{27}KO_{14}S$ 2248
$C_{20}H_{27}NO_2$ 80
$C_{20}H_{27}NO_5$ 2869
$C_{20}H_{27}NO_6$ 53, 630
$C_{20}H_{27}NO_7$ 53
$C_{20}H_{27}NO_{11}$ 397
$C_{20}H_{28}N_2O$ 219, 220, 232
$C_{20}H_{28}O_2$ 734, 749, 843, 846, 914, 915, 919, 2372, 2373
$C_{20}H_{28}O_3$ 627, 628, 734, 741, 747, 842, 843, 844, 846, 851, 852, 919, 920, 1350, 1884, 2371, 2372, 2374, 2381, 2653, 2700
$C_{20}H_{28}O_4$ 563, 628, 718, 719, 734, 738, 740, 745, 841, 843, 844, 851, 914, 915, 918, 1917, 2372, 2373, 2374, 2382
$C_{20}H_{28}O_5$ 622, 718, 740, 749, 844, 845, 847, 914, 918, 919, 920, 2962
$C_{20}H_{28}O_6$ 565, 566, 628, 715, 718, 735, 743, 749, 847, 914, 918, 1177, 2372, 2374, 2376
$C_{20}H_{28}O_7$ 565, 569, 715, 847, 918, 919, 1175
$C_{20}H_{28}O_8$ 565, 2375
$C_{20}H_{28}O_9$ 1175, 1176, 1177, 2872, 2920
$C_{20}H_{28}O_{10}$ 2289
$C_{20}H_{28}O_{11}$ 450
$C_{20}H_{28}O_{12}$ 448
$C_{20}H_{28}O_{13}$ 451
$C_{20}H_{29}BrO$ 747
$C_{20}H_{29}BrO_4$ 2372
$C_{20}H_{29}ClO_3$ 2373
$C_{20}H_{29}Cl_4N_3O_2S$ 2486
$C_{20}H_{29}NO$ 79, 318, 321
$C_{20}H_{29}NO_5S$ 2652
$C_{20}H_{29}NO_8S$ 2652
$C_{20}H_{29}N_3O_3$ 2872
$C_{20}H_{30}N_4O_5$ 2982
$C_{20}H_{30}N_4O_6$ 2982
$C_{20}H_{30}O$ 739, 747, 748, 749, 842, 920, 2562
$C_{20}H_{30}O_2$ 715, 718, 719, 734, 739, 741, 747, 748, 749, 841, 842, 843, 848, 851, 915, 916, 919, 920, 2371, 2373, 2374
$C_{20}H_{30}O_3$ 621, 695, 718, 719, 734, 739, 740, 748, 749, 841, 843, 848, 851, 914, 915, 916, 917, 919, 920, 962, 2372, 2373, 2380, 2593, 2653, 2697
$C_{20}H_{30}O_4$ 718, 719, 733, 737, 740, 747, 749, 750, 848, 851, 913, 914, 915, 917, 920, 2372, 2373, 2374, 2653, 2697, 2700
$C_{20}H_{30}O_5$ 571, 719, 734, 735, 736, 749, 848, 913, 914, 917, 918, 920, 1884, 2372, 2373, 2374
$C_{20}H_{30}O_6$ 565, 736, 746, 913, 914, 2372, 2374
$C_{20}H_{30}O_7$ 565, 918
$C_{20}H_{30}O_8$ 569
$C_{20}H_{30}O_{11}$ 444
$C_{20}H_{30}O_{13}$ 451, 2558
$C_{20}H_{30}O_{15}$ 441
$C_{20}H_{31}BrO$ 920
$C_{20}H_{31}BrO_2$ 747
$C_{20}H_{31}NO$ 318, 321

$C_{20}H_{31}NO_2$ 397
$C_{20}H_{31}NO_4$ 52, 2486
$C_{20}H_{32}$ 720, 739, 846, 2700
$C_{20}H_{32}ClNO_5$ 2489
$C_{20}H_{32}O$ 842, 846, 915, 718, 719, 720, 739, 746, 747, 748, 2371
$C_{20}H_{32}O_2$ 715,718, 719, 733, 734, 735, 737, 739, 745, 746, 749, 750, 842, 846, 852, 915, 916, 917, 2371, 2374
$C_{20}H_{32}O_3$ 621, 719, 734, 735, 736, 739, 745, 747, 840, 841, 850, 915, 916, 917, 919, 920, 2371, 2373, 2374, 2379
$C_{20}H_{32}O_4$ 733, 734, 736, 745, 842, 915, 920, 2379, 2653, 2653
$C_{20}H_{32}O_5$ 735, 745, 841, 916, 917, 2372, 2372
$C_{20}H_{32}O_6$ 734, 916, 920, 2372, 2373, 2374
$C_{20}H_{32}O_8$ 919
$C_{20}H_{33}NO_3$ 80, 2486
$C_{20}H_{34}N_4O_{10}$ 2676
$C_{20}H_{34}O$ 718, 734, 746, 921
$C_{20}H_{34}O_2$ 715, 718, 719, 733, 734, 735, 738, 739, 746, 747, 841, 850, 916, 2371, 2373, 2379
$C_{20}H_{34}O_3$ 715, 718, 719, 733, 737, 738, 739, 746, 841, 916, 920, 2371
$C_{20}H_{34}O_4$ 732, 734, 738, 841, 916, 2372
$C_{20}H_{34}O_5$ 747, 842, 2371
$C_{20}H_{34}O_{10}$ 742
$C_{20}H_{34}O_{17}$ 2352
$C_{20}H_{35}NO_{13}$ 2677
$C_{20}H_{36}O_2$ 732, 733
$C_{20}H_{36}O_3$ 747, 841
$C_{20}H_{36}O_4$ 733, 737, 2379
$C_{20}H_{36}O_9$ 569
$C_{20}H_{39}NO_2$ 66
$C_{20}H_{37}N_3O_{13}$ 2676
$C_{20}H_{39}N_5O_9$ 2675
$C_{20}H_{41}N_5O_7$ 2675, 2676
$C_{21}H_{12}O_4$ 1891
$C_{21}H_{12}O_6$ 1892
$C_{21}H_{13}N_3O$ 249
$C_{21}H_{14}N_2O_3$ 2493
$C_{21}H_{14}N_3O_9Fe$ 2982
$C_{21}H_{14}O_8$ 2771
$C_{21}H_{15}N_3O$ 249
$C_{21}H_{15}N_3O_3$ 253
$C_{21}H_{16}N_2O_2$ 205
$C_{21}H_{16}O_5$ 1561, 2769, 2772, 2983
$C_{21}H_{16}O_6$ 1490, 1856, 2560
$C_{21}H_{16}O_8$ 1489, 1840
$C_{21}H_{16}O_9$ 1778
$C_{21}H_{17}BrN_3O_2$ 158
$C_{21}H_{17}ClO_7$ 2234
$C_{21}H_{17}ClO_8$ 2234
$C_{21}H_{17}NO_5$ 152
$C_{21}H_{18}{}^{79}Br_2N_2O_6S$ 2494
$C_{21}H_{18}N_2O_5$ 82, 84
$C_{21}H_{18}O_4$ 1561
$C_{21}H_{18}O_5$ 1564, 1856, 2982, 2983
$C_{21}H_{18}O_6$ 1565, 1566, 1600, 1856
$C_{21}H_{18}O_7$ 2234
$C_{21}H_{18}O_8$ 1507, 2234
$C_{21}H_{18}O_{10}$ 1677
$C_{21}H_{18}O_{11}$ 1630
$C_{21}H_{18}O_{12}$ 1632, 1677
$C_{21}H_{18}O_{14}$ 1678
$C_{21}H_{19}ClO_7$ 2234
$C_{21}H_{19}ClO_8$ 2234
$C_{21}H_{19}NO$ 23
$C_{21}H_{19}NO_4$ 152
$C_{21}H_{19}NO_6$ 152
$C_{21}H_{19}NO_7$ 122, 126
$C_{21}H_{19}NO_8$ 105, 106
$C_{21}H_{19}N_3O_2$ 2489
$C_{21}H_{19}N_3O_4$ 1917
$C_{21}H_{19}N_3O_5$ 2488
$C_{21}H_{19}NaO_{15}S$ 1683
$[C_{21}H_{20}NO_4]^+$ 128
$C_{21}H_{20}N_2O_3$ 194
$C_{21}H_{20}N_2O_4$ 194
$C_{21}H_{20}N_3O_3$ 249
$C_{21}H_{20}O_4$ 1755, 1911
$C_{21}H_{20}O_5$ 1566, 1739, 1754, 1855, 1856, 2769
$C_{21}H_{20}O_6$ 1402, 1403, 1490, 1507, 1545, 1564, 1659, 1726, 1855
$C_{21}H_{20}O_7$ 1401, 1403, 1451, 1489, 1490, 1565, 1682, 1902, 2560
$C_{21}H_{20}O_8$ 1429, 1489, 1676
$C_{21}H_{20}O_9$ 1632, 1738, 1902
$C_{21}H_{20}O_{10}$ 1630, 1632, 1633, 1676, 1677, 1738, 1839, 1902
$C_{21}H_{20}O_{11}$ 1632, 1632, 1677, 1678
$C_{21}H_{20}O_{12}$ 1631, 1677, 1678
$C_{21}H_{20}O_{13}$ 1677, 1678
$C_{21}H_{20}O_{13}S$ 1902
$C_{21}H_{21}ClO_6$ 2234
$C_{21}H_{21}N_3O_3$ 249
$C_{21}H_{21}NO_4$ 1634
$C_{21}H_{21}NO_5$ 134, 152, 279
$C_{21}H_{21}NO_6$ 127, 130, 134, 2871
$C_{21}H_{21}NO_7$ 131
$[C_{21}H_{21}O_{10}]^+$ 1801
$[C_{21}H_{21}O_{11}]^+$ 1800
$[C_{21}H_{21}O_{12}]^+$ 1800, 1801
$C_{21}H_{22}Br_4N_3NaO_8S$ 2487
$C_{21}H_{22}NO_4^+$ 152
$C_{21}H_{22}N_2O$ 2486
$C_{21}H_{22}N_2O_2$ 213
$C_{21}H_{22}N_2O_3$ 85, 200, 213
$C_{21}H_{22}N_2O_5S$ 2869
$C_{21}H_{22}O_3$ 1892
$C_{21}H_{22}O_4$ 1565, 1566, 1658, 1725, 1754, 1795, 1796, 1855, 1856, 2247, 2559
$C_{21}H_{22}O_5$ 852, 1466, 1467, 1564, 1566, 1598, 1658, 1754, 1755, 1771, 1778, 1795, 1796, 1855, 1892, 2769, 2917
$C_{21}H_{22}O_6$ 738, 1401, 1402, 1451, 1519, 1531, 1566, 1658, 1746, 1754, 1755, 1855, 2234, 2246
$C_{21}H_{22}O_7$ 1401, 1429, 1451, 1490, 1500, 1564, 1565, 1599, 1658
$C_{21}H_{22}O_8$ 1401, 1524, 1632, 1676, 1724, 1840, 2247
$C_{21}H_{22}O_9$ 1754, 2915
$C_{21}H_{22}O_{10}$ 1676, 1725
$C_{21}H_{22}O_{11}$ 1657, 1658, 1658, 1724, 1725
$C_{21}H_{22}O_{12}$ 1726, 1808
$C_{21}H_{23}BrO_2$ 2670
$C_{21}H_{23}ClO_5$ 2916
$C_{21}H_{23}NO_4$ 114, 121, 128
$C_{21}H_{23}NO_5$ 114, 128, 2698
$C_{21}H_{23}NO_6$ 14, 134, 2488
$C_{21}H_{24}Br_2N_4O_2$ 2493
$C_{21}H_{24}NO_4$ 21
$C_{21}H_{24}N_2O_2$ 201, 204, 205
$C_{21}H_{24}N_2O_3$ 189, 194, 204, 205, 215, 216, 223
$C_{21}H_{24}N_2O_4$ 205, 213, 223, 224, 245, 246
$C_{21}H_{24}N_2O_5$ 245
$C_{21}H_{24}N_6O_2$ 2490
$C_{21}H_{24}O_3$ 1892, 2245
$C_{21}H_{24}O_4$ 1465, 1500, 1796, 2559, 2770
$C_{21}H_{24}O_5$ 1430, 1466, 1467, 1500, 1518, 1519, 1524, 1528, 1544, 1545, 1546, 1771, 1892, 2559, 2770
$C_{21}H_{24}O_6$ 1400, 1401, 1428, 1451, 1490, 1519, 1528, 1531, 1546, 1566, 1754, 2221, 2374, 2699
$C_{21}H_{24}O_7$ 851, 1177, 1401, 1404, 1431, 1451, 1565, 1599, 1754, 1776, 2220, 2221, 2289, 2374, 2917

$C_{21}H_{24}O_8$ 738, 1467, 1524, 1531, 1777, 2248, 2287, 2374
$C_{21}H_{24}O_9$ 1601, 2247
$C_{21}H_{24}O_{10}$ 1771
$C_{21}H_{25}BrN_4O_2$ 2493
$C_{21}H_{25}ClO_6$ 2916
$C_{21}H_{25}NO_2$ 2866
$C_{21}H_{25}NO_3$ 264
$C_{21}H_{25}NO_4$ 114, 121, 152
$C_{21}H_{25}NO_5$15, 122, 2360, 2361
$C_{21}H_{25}NO_6$ 2769
$C_{21}H_{25}N_2O_5$ 223
$C_{21}H_{25}N_3O_4$ 2487, 2488
$C_{21}H_{25}N_3O_6$ 2765
$C_{21}H_{25}N_3O_7$ 2765
$C_{21}H_{25}N_3O_8$ 2493
$C_{21}H_{26}N_2O_2$ 201, 202, 204, 219, 220, 249
$C_{21}H_{26}N_2O_3$ 189, 190, 194, 198, 201, 202, 204, 205, 213, 215, 223, 245, 249
$C_{21}H_{26}O_2$ 2561
$C_{21}H_{26}O_3$ 845, 1892, 2558
$C_{21}H_{26}O_4$ 2286, 2562
$C_{21}H_{26}O_5$ 844, 845, 848, 1402, 1404, 1464, 1519, 1530, 1916, 2916
$C_{21}H_{26}O_6$ 619, 628, 694, 919, 1400, 1429, 1465, 1466, 1545, 2287, 2366, 2375, 2916
$C_{21}H_{26}O_7$ 619, 741, 851, 1175, 1428, 1465, 1544, 1547, 1562, 2286
$C_{21}H_{26}O_8$ 564, 566, 622, 629, 1175, 2286
$C_{21}H_{26}O_9$ 564
$C_{21}H_{27}ClO_5$ 2916
$C_{21}H_{27}ClO_9$ 564
$C_{21}H_{27}NO$ 2867
$C_{21}H_{27}NO_2$ 265, 322, 334, 2489, 2867
$C_{21}H_{27}NO_3$ 67, 265, 334
$C_{21}H_{27}NO_4$ 108
$C_{21}H_{27}NO_5$ 108
$C_{21}H_{27}NO_5S$ 2486
$C_{21}H_{27}NO_6$ 2868
$C_{21}H_{27}NO_7$ 1402
$C_{21}H_{28}N_2O_2$ 205, 219, 220
$C_{21}H_{28}N_2O_3$ 220
$C_{21}H_{28}O$ 2593
$C_{21}H_{28}O_2$ 1984
$C_{21}H_{28}O_3$ 2559, 2561
$C_{21}H_{28}O_4$ 539, 628, 844, 845, 2562, 2961
$C_{21}H_{28}O_5$ 539, 719, 738, 740, 743, 848, 2371, 2961
$C_{21}H_{28}O_6$ 565, 720, 843, 844, 1177, 1400
$C_{21}H_{28}O_7$ 564, 565
$C_{21}H_{28}O_8$ 564, 621, 1177
$C_{21}H_{28}O_9$ 564, 629, 631
$C_{21}H_{28}O_{10}$ 1145
$C_{21}H_{28}O_{11}$ 451
$C_{21}H_{28}O_{12}$ 2287
$C_{21}H_{29}ClO_4$ 626
$C_{21}H_{29}NO_2$ 80, 265, 334, 2490
$C_{21}H_{29}NO_3$ 265, 334, 2366
$C_{21}H_{29}NO_4$ 66, 2869
$C_{21}H_{30}N_4O_8$ 2824
$C_{21}H_{30}O_2$ 1980, 2558, 2593
$C_{21}H_{30}O_3$ 632, 741, 843, 844, 852, 1349, 1981, 2372, 2558
$C_{21}H_{30}O_4$ 626, 719, 740, 843, 1917, 2372, 2562, 2963
$C_{21}H_{30}O_5$ 628, 738, 740, 844, 847, 848, 919, 968, 1984
$C_{21}H_{30}O_6$ 568, 738, 847, 918
$C_{21}H_{30}O_7$ 918, 919, 1176
$C_{21}H_{30}O_8$ 564, 568, 571, 621, 630, 631
$C_{21}H_{30}O_9$ 563
$C_{21}H_{30}O_{11}$ 451, 2289
$C_{21}H_{30}O_{13}$ 448
$C_{21}H_{30}O_{14}$ 445, 447, 451
$C_{21}H_{31}NO_3$ 319
$C_{21}H_{31}NO_4$ 317, 2867
$C_{21}H_{32}N_2O_2$ 165
$C_{21}H_{32}N_2O_6$ 2920
$C_{21}H_{32}O_2$ 1984, 2371, 2593
$C_{21}H_{32}O_3$ 718, 737, 739, 841, 842, 1931, 1981, 1982, 1983, 1984, 2593
$C_{21}H_{32}O_4$ 718, 750, 842, 917, 1982, 1985, 2372, 2382, 2653
$C_{21}H_{32}O_5$ 740, 1981, 2376, 2697, 2919
$C_{21}H_{32}O_6$ 719, 696, 919, 2366
$C_{21}H_{32}O_7$ 569, 2698, 2366
$C_{21}H_{32}O_8$ 565, 568, 621, 695
$C_{21}H_{32}O_9$ 631
$C_{21}H_{32}O_{11}$ 440, 450
$C_{21}H_{32}O_{14}$ 442, 445, 446
$C_{21}H_{32}O_{15}$ 443
$C_{21}H_{33}ClO_{15}$ 441
$C_{21}H_{33}NO$ 318, 321, 349
$C_{21}H_{33}NO_2$ 349
$C_{21}H_{33}NO_4$ 317
$C_{21}H_{33}NO_7$ 44
$C_{21}H_{33}N_3O_2$ 2486
$C_{21}H_{33}N_3O_3$ 2486
$C_{21}H_{34}F_2O$ 1927
$C_{21}H_{34}Na_2O_8S_2$ 2981
$C_{21}H_{34}O_2$ 739, 852, 916, 2593
$C_{21}H_{34}O_3$ 735, 739, 1980, 1981, 2371
$C_{21}H_{34}O_4$ 737, 843, 917, 1979, 1980, 1982, 1985, 2653
$C_{21}H_{34}O_5$ 720, 917, 1982, 1985
$C_{21}H_{34}O_6$ 1982
$C_{21}H_{34}O_8$ 916
$C_{21}H_{34}O_{12}$ 440
$C_{21}H_{34}O_{13}$ 569
$C_{21}H_{35}NO_2$ 349
$C_{21}H_{36}$ 2285
$C_{21}H_{36}N_2O_6$ 3002
$C_{21}H_{36}N_4O_9$ 2824
$C_{21}H_{36}O$ 747
$C_{21}H_{36}O_3$ 732, 737
$C_{21}H_{36}O_4$ 732, 733
$C_{21}H_{36}O_5$ 1982
$C_{21}H_{36}O_6$ 2371, 2373
$C_{21}H_{36}O_7$ 536, 621, 2698
$C_{21}H_{36}O_8$ 536, 693
$C_{21}H_{36}O_9$ 431
$C_{21}H_{36}O_{10}$ 431, 449
$C_{21}H_{36}O_{11}$ 401, 429, 431
$C_{21}H_{36}O_{17}$ 2352
$C_{21}H_{37}N_3$ 20
$C_{21}H_{38}N_2O_6$ 3002
$C_{21}H_{38}O_4$ 1981
$C_{21}H_{38}O_7$ 621
$C_{21}H_{38}O_8$ 536, 621
$C_{21}H_{38}O_9$ 536
$C_{21}H_{38}O_{10}$ 431
$C_{21}H_{38}O_{11}$ 402
$C_{21}H_{38}O_{12}$ 402
$C_{21}H_{39}NO_5$ 3003
$C_{21}H_{39}NO_6$ 3003
$C_{21}H_{39}NO_7$ 3003
$C_{21}H_{40}N_4O_{12}$ 2675
$C_{21}H_{41}NO_6$ 3003
$C_{21}H_{41}N_5O_{11}$ 2675
$C_{21}H_{43}N_5O_7$ 2675
$C_{21}H_4Br_2O_6$ 2560
$C_{21}O_{34}O_3$ 747
$C_{21}O_{34}O_4$ 747
$C_{22}H_{14}O_5$ 1840
$C_{22}H_{14}O_7$ 1616
$C_{22}H_{14}O_{10}$ 2919
$C_{22}H_{15}NO_6$ 2766
$C_{22}H_{15}NO_7S$ 1892
$C_{22}H_{16}KO_{15}S$ 1726
$C_{22}H_{16}N_4O_3$ 2495
$C_{22}H_{16}O_5$ 2558
$C_{22}H_{16}O_6$ 1892
$C_{22}H_{16}O_{10}$ 1616
$C_{22}H_{16}O_{12}$ 2234
$C_{22}H_{18}O_5$ 1561
$C_{22}H_{18}O_6$ 2558, 2765, 2770
$C_{22}H_{18}O_7$ 1490, 1902, 2771

$C_{22}H_{18}O_8$ 1403, 1489, 1615, 1616, 2981
$C_{22}H_{18}O_9$ 1403
$C_{22}H_{18}O_{10}$ 1777
$C_{22}H_{19}NO_4$ 2865
$C_{22}H_{19}NO_5$ 139
$C_{22}H_{20}N_2O_3$ 205
$C_{22}H_{20}N_3O$ 249
$C_{22}H_{20}O_4$ 1856
$C_{22}H_{20}O_5$ 1683, 2983
$C_{22}H_{20}O_6$ 1490, 1565, 1634
$C_{22}H_{20}O_7$ 1466, 1489, 1490, 1567, 1902, 2234
$C_{22}H_{20}O_8$ 1467, 1468, 1489, 1490, 2234, 2771
$C_{22}H_{20}O_9$ 1524, 1675, 1892, 2560
$C_{22}H_{20}O_{11}$ 1630
$C_{22}H_{20}O_{12}$ 1631, 1633, 1677, 1683
$C_{22}H_{20}O_{13}$ 1678, 1917
$C_{22}H_{21}Br_4ClN_{10}O_3$ 2491
$C_{22}H_{21}ClO_8$ 1468
$C_{22}H_{21}NO_5$ 122
$C_{22}H_{21}NO_6$ 2866
$C_{22}H_{21}N_3O_2$ 205
$C_{22}H_{21}N_3O_4$ 2494
$C_{22}H_{21}BrO_7$ 2980
$C_{22}H_{22}{}^{79}Br_2{}^{81}BrN_3O_3$ 2487
$C_{22}H_{22}Br_4N_{10}O_2$ 2491
$C_{22}H_{22}F_3NO_6$ 15
$C_{22}H_{22}N_2O_2$ 224
$C_{22}H_{22}N_2O_5$ 205
$C_{22}H_{22}NO_7^+$ 131
$C_{22}H_{22}O_5$ 1599, 1754
$C_{22}H_{22}O_6$ 1747, 1796
$C_{22}H_{22}O_7$ 743, 1401, 1402, 1403, 1489, 1490, 1507, 1902, 2560
$C_{22}H_{22}O_8$ 1401, 1402, 1452, 1467, 1490, 1808
$C_{22}H_{22}O_9$ 1403, 1630, 1738
$C_{22}H_{22}O_{10}$ 1677, 1738, 1902
$C_{22}H_{22}O_{11}$ 1631, 1632, 1677, 1738, 2290
$C_{22}H_{22}O_{12}$ 1677, 1678, 1902
$C_{22}H_{22}O_{13}$ 1677
$C_{22}H_{24}Br_4N_{10}O_2$ 2491, 2492
$C_{22}H_{23}ClN_2O_8$ 2767
$C_{22}H_{23}NO_3$ 263, 264
$C_{22}H_{23}NO_4$ 52, 83, 121, 134, 264, 1634
$C_{22}H_{23}NO_5$ 263
$C_{22}H_{23}NO_6$ 2866
$C_{22}H_{23}NO_8$ 127
$C_{22}H_{23}N_3O_2$ 205
$C_{22}H_{23}N_5O_2$ 231, 232
$C_{22}H_{23}N_5O_3$ 232
$[C_{22}H_{23}O_{11}]^+$ 1801
$[C_{22}H_{23}O_{12}]^+$ 1801
$C_{22}H_{24}Br_3N_{10}O_2$ 2491
$C_{22}H_{24}N_2O_3$ 85, 187
$C_{22}H_{24}N_2O_4$ 205, 216
$C_{22}H_{24}N_2O_5$ 215
$C_{22}H_{24}N_2O_6$ 205
$C_{22}H_{24}N_2O_{10}$ 2823
$C_{22}H_{24}N_6O_2$ 2490
$C_{22}H_{24}O_4$ 1754, 1856, 2247
$C_{22}H_{24}O_5$ 1567, 1600, 1778, 1795, 1855
$C_{22}H_{24}O_6$ 920, 1403, 1404, 1465, 1466, 1490, 1507, 1746, 1891, 2768, 2769, 2918
$C_{22}H_{24}O_7$ 720, 1429, 1430, 1431, 1451, 1500, 1506, 1507, 1519, 1531, 1726, 2246, 2766, 2768
$C_{22}H_{24}O_8$ 736, 742, 1401, 1403, 1746, 2221, 2765, 2768
$C_{22}H_{24}O_9$ 742, 1403, 1676, 1724, 2221
$C_{22}H_{24}O_{10}$ 1565, 1658
$C_{22}H_{24}O_{11}$ 1724
$C_{22}H_{24}O_{13}$ 1566
$C_{22}H_{25}Br_3N_{10}O_2$ 2491
$C_{22}H_{25}ClO_7$ 2221
$C_{22}H_{25}NO_3$ 264
$C_{22}H_{25}NO_4$ 264
$C_{22}H_{25}NO_5$ 264
$C_{22}H_{25}NO_6$ 14, 115, 130
$C_{22}H_{25}NO_7$ 157
$C_{22}H_{26}Br_2N_{10}O_2$ 2491
$C_{22}H_{26}Br_4N_{10}O_2$ 2491
$C_{22}H_{26}NO_4$ 122
$C_{22}H_{26}N_2O_2$ 204
$C_{22}H_{26}N_2O_3$ 215, 216, 245
$C_{22}H_{26}N_2O_4$ 200, 204, 213, 216, 223, 1917
$C_{22}H_{26}N_2O_5$ 204, 205, 213, 223
$C_{22}H_{26}N_2O_5S$ 2361
$C_{22}H_{26}N_2O_6$ 205
$C_{22}H_{26}N_2O_9$ 2493
$C_{22}H_{26}N_4$ 82, 237
$C_{22}H_{26}N_6O_2$ 2491
$C_{22}H_{26}O_3$ 1916
$C_{22}H_{26}O_4$ 1465, 1466, 1796, 1917
$C_{22}H_{26}O_5$ 1404, 1430, 1467, 1597, 1598, 1599, 1600, 1771, 1795, 2768
$C_{22}H_{26}O_6$ 844, 1401, 1404, 1428, 1452, 1466, 1507, 1518, 1519, 1524, 1528, 2222, 2768, 2981
$C_{22}H_{26}O_7$ 632, 741, 742, 845, 1401, 1429, 1431, 1464, 1508, 1519, 1528, 1884
$C_{22}H_{26}O_8$ 632, 1400, 1429, 1451, 1452, 1466, 2221, 2768
$C_{22}H_{26}O_9$ 1531, 2375, 2768
$C_{22}H_{26}O_{10}$ 442
$C_{22}H_{26}O_{11}$ 1561, 1566
$C_{22}H_{27}Br_4N_3O_5$ 2487
$C_{22}H_{27}ClO_{12}$ 444
$C_{22}H_{27}NO_3$ 28, 2866
$C_{22}H_{27}NO_4$ 121, 152, 2869
$C_{22}H_{27}NO_5$ 15, 27, 28, 46, 121, 122, 128
$C_{22}H_{27}NO_6$ 27, 28
$C_{22}H_{27}NO_7$ 27
$C_{22}H_{27}NO_8$ 27
$C_{22}H_{27}N_3O_6$ 54
$C_{22}H_{28}N_2O_3$ 198, 201, 215, 216, 245
$C_{22}H_{28}N_2O_4$ 189, 200, 213, 216, 222, 223
$C_{22}H_{28}N_2O_5$ 205, 223
$C_{22}H_{28}N_2O_6$ 205, 223
$C_{22}H_{28}N_2O_7$ 223
$C_{22}H_{28}N_4O_{13}$ 2866
$C_{22}H_{28}O_2$ 1349
$C_{22}H_{28}O_3$ 747, 2558, 2559
$C_{22}H_{28}O_4$ 987, 1465, 1916, 2058
$C_{22}H_{28}O_5$ 848, 1466, 1599, 1916, 2962
$C_{22}H_{28}O_6$ 741, 1177, 1428, 1430, 1465, 1519, 1528, 1530, 1562, 1598
$C_{22}H_{28}O_7$ 565, 738, 742, 1402, 1428, 1431, 1531, 1562
$C_{22}H_{28}O_8$ 564, 565, 566, 742, 847
$C_{22}H_{28}O_9$ 564, 1175, 1753
$C_{22}H_{28}O_{10}$ 440, 442
$C_{22}H_{28}O_{11}$ 442
$C_{22}H_{29}ClO_7$ 2377
$C_{22}H_{29}NOS$ 2867
$C_{22}H_{29}NO_3$ 17, 265, 319, 334
$C_{22}H_{29}NO_4$ 265, 331
$C_{22}H_{29}NO_5$ 27, 28, 68, 397
$C_{22}H_{29}NO_6$ 28
$C_{22}H_{29}NO_8$ 27
$C_{22}H_{29}N_2O_4$ 200
$C_{22}H_{29}N_3O_6$ 2980
$C_{22}H_{29}N_5O_{12}$ 2865
$C_{22}H_{30}N_2O_2$ 205
$C_{22}H_{30}N_2O_8$ 2699
$C_{22}H_{30}NO_5S$ 17
$C_{22}H_{30}O_3$ 538, 539, 746, 921, 1081, 2366, 2382, 2559, 2561
$C_{22}H_{30}O_4$ 538, 846, 852, 920, 987, 1916, 2366, 2372, 2382, 2558, 2562, 2766

$C_{22}H_{30}O_5$ 620, 740, 747, 749, 844, 848, 852, 914, 915, 920, 921, 1916, 2372, 2377, 2372

$C_{22}H_{30}O_6$ 538, 737, 844, 847, 914, 918, 919, 1402, 2372, 2373

$C_{22}H_{30}O_7$ 561, 564, 565, 566, 628, 631, 847

$C_{22}H_{30}O_8$ 564, 565, 566, 736, 741, 1404

$C_{22}H_{30}O_9$ 743, 918, 919

$C_{22}H_{30}O_{10}$ 449

$C_{22}H_{30}O_{14}$ 451

$C_{22}H_{30}O_{15}$ 2291

$C_{22}H_{31}NO_2$ 318, 321

$C_{22}H_{31}NO_3$ 265, 319, 331, 334

$C_{22}H_{31}NO_4$ 2489

$C_{22}H_{31}NO_5$ 27

$C_{22}H_{32}ClNO_3$ 2490

$C_{22}H_{32}ClNO_4$ 2490

$C_{22}H_{32}ClNO_5$ 2489

$C_{22}H_{32}NO_5S$ 17

$C_{22}H_{32}O$ 739

$C_{22}H_{32}O_2$ 539, 749, 1078

$C_{22}H_{32}O_2S_2$ 2593

$C_{22}H_{32}O_3$ 537, 538, 539, 740, 748, 846, 915, 1079

$C_{22}H_{32}O_4$ 718, 719, 739, 740, 748, 913, 915, 2381, 2652, 2918

$C_{22}H_{32}O_5$ 718, 737, 739, 740, 749, 913, 919, 920, 2373, 2374, 2376, 2377

$C_{22}H_{32}O_6$ 565, 628, 718, 734, 738, 740, 749, 842, 847, 849, 913, 914, 915, 918, 919, 920, 1176, 2372, 2374, 2377

$C_{22}H_{32}O_7$ 565, 740, 743, 745, 914, 918, 919, 1176, 1177, 1519, 2374, 2377

$C_{22}H_{32}O_8$ 564

$C_{22}H_{33}NO_2$ 318, 319, 321, 326

$C_{22}H_{33}NO_3$ 319, 321

$C_{22}H_{33}NO_4$ 28, 331, 2374

$C_{22}H_{33}NO_5$ 27, 315, 396, 397

$C_{22}H_{33}NO_6$ 27, 314

$C_{22}H_{34}ClNO_5$ 2490

$C_{22}H_{34}N_2O_3$ 25

$C_{22}H_{34}N_2O_6$ 2919

$C_{22}H_{34}O_2$ 538, 746, 748, 842, 1078, 1931

$C_{22}H_{34}O_3$ 539, 718, 734, 916, 2379, 2593

$C_{22}H_{34}O_4$ 537, 718, 719, 737, 750, 846, 848, 849, 915, 917, 919, 1984, 2371, 2380, 2652

$C_{22}H_{34}O_5$ 732, 734, 735, 745, 746, 748, 842, 849, 915, 916, 917, 2373, 2376, 2380

$C_{22}H_{34}O_6$ 736, 746, 849, 851, 915, 917, 919, 2373, 2376, 2379

$C_{22}H_{34}O_7$ 735, 917, 920, 1176, 1177, 2373, 2377

$C_{22}H_{34}O_{10}$ 568

$C_{22}H_{34}O_{14}$ 445, 447

$C_{22}H_{34}O_{15}$ 445, 447

$C_{22}H_{35}ClO_4$ 2371

$C_{22}H_{35}NO_2$ 265, 318, 326

$C_{22}H_{35}NO_4$ 292, 315, 322, 734

$C_{22}H_{35}NO_5$ 292, 312, 322

$C_{22}H_{35}NO_6$ 315

$C_{22}H_{35}NO_7$ 354

$C_{22}H_{36}NNaO_4S$ 718

$C_{22}H_{36}N_2O_3$ 26

$C_{22}H_{36}Na_2O_8S_2$ 2981

$C_{22}H_{36}O_3$ 715, 718, 734, 735, 737, 921, 969

$C_{22}H_{36}O_4$ 732, 737, 747, 748, 916, 2375, 2377, 2379, 2652

$C_{22}H_{36}O_5$ 748, 2380

$C_{22}H_{36}O_6$ 745, 2379

$C_{22}H_{36}O_8$ 2373

$C_{22}H_{36}O_9$ 916

$C_{22}H_{36}O_{11}$ 429

$C_{22}H_{36}O_{14}$ 413

$C_{22}H_{37}N_2O_3$ 46

$C_{22}H_{37}NaO_5S$ 2981

$C_{22}H_{38}O_2$ 733

$C_{22}H_{38}O_3$ 737

$C_{22}H_{38}O_4$ 733, 745

$C_{22}H_{38}O_7$ 2698

$C_{22}H_{38}O_{12}$ 430

$C_{22}H_{38}O_{13}$ 402, 410

$C_{22}H_{39}N_9O_6$ 2919

$C_{22}H_{41}N$ 2869

$C_{22}H_{42}N_2O_5$ 2700

$C_{22}H_{42}O_{12}$ 409

$C_{22}H_{44}N_6O_{10}$ 2675

$C_{23}H_{12}O_9$ 1616

$C_{23}H_{16}O_5$ 1812

$C_{23}H_{16}O_7$ 1616

$C_{23}H_{18}O_3$ 1659

$C_{23}H_{18}O_4$ 1754

$C_{23}H_{18}O_8$ 1567

$C_{23}H_{19}NO_5$ 152

$C_{23}H_{19}NO_{11}$ 2223

$C_{23}H_{20}N_4OS$ 2489

$C_{23}H_{20}O_5$ 1810, 2961

$C_{23}H_{20}O_6$ 1561, 1634, 1810, 1866

$C_{23}H_{20}O_7$ 1567, 1866

$C_{23}H_{20}O_8$ 1490, 1615, 1616

$C_{23}H_{20}O_9$ 1489

$C_{23}H_{20}O_{10}$ 1489

$C_{23}H_{21}ClN_4O_4S_2$ 84

$C_{23}H_{21}NO_5$ 139

$C_{23}H_{22}N_2O_3$ 205

$C_{23}H_{22}N_4OS$ 2489

$C_{23}H_{22}N_4O_2$ 2868

$C_{23}H_{22}N_2O_3$ 205

$C_{23}H_{22}O_4$ 1634, 1809

$C_{23}H_{22}O_5$ 1599, 1808, 1809, 1866, 2557

$C_{23}H_{22}O_6$ 1808, 1809, 1810, 1865, 1866, 2234

$C_{23}H_{22}O_7$ 1490, 1809, 1809, 1865, 1866

$C_{23}H_{22}O_8$ 1467

$C_{23}H_{22}O_9$ 1402, 1404, 1892, 2560

$C_{23}H_{22}O_{10}$ 1903

$C_{23}H_{22}O_{11}$ 1630

$C_{23}H_{22}O_{12}$ 1677, 1678

$C_{23}H_{22}O_{13}$ 1677

$C_{23}H_{23}ClO_5$ 2916

$C_{23}H_{23}NO_3$ 279

$C_{23}H_{23}NO_4$ 157, 279, 280

$C_{23}H_{23}NO_5$ 83, 152

$C_{23}H_{23}NO_8$ 2871

$C_{23}H_{24}{}^{79}Br^{81}Br_2N_3O_3$ 2487

$C_{23}H_{24}Br_4N_4O_8$ 17

$C_{23}H_{24}N_2O_3$ 205

$C_{23}H_{24}O_4$ 1809

$C_{23}H_{24}O_5$ 1754, 1808, 1809, 2557

$C_{23}H_{24}O_6$ 1754, 1807, 1809, 1810, 1865, 1866, 2234

$C_{23}H_{24}O_7$ 1809, 1810, 1866, 2234

$C_{23}H_{24}O_8$ 1401, 1489

$C_{23}H_{24}O_9$ 1451, 1489

$C_{23}H_{24}O_{11}$ 1657

$C_{23}H_{24}O_{12}$ 1633, 1677, 1678, 1902

$C_{23}H_{25}ClN_2O_{10}$ 2767

$C_{23}H_{25}ClO_5$ 2221

$C_{23}H_{25}NO_3$ 164, 139

$C_{23}H_{25}NO_4$ 139, 264

$C_{23}H_{25}NO_5$ 264

$C_{23}H_{25}NO_6$ 53

$C_{23}H_{25}NO_7$ 14, 2871

$C_{23}H_{25}NO_9$ 2980

$C_{23}H_{26}N_2O_4$ 213

$C_{23}H_{26}N_2O_5$ 213

$C_{23}H_{26}N_2O_8$ 2694

$C_{23}H_{26}O_5$ 1564, 2221, 2557

$C_{23}H_{26}O_6$ 1531, 1808, 1866, 2234, 2918

$C_{23}H_{26}O_7$ 1507, 1528, 1531, 1598, 1808, 2235, 2699

$C_{23}H_{26}O_8$ 741, 1401, 1451, 2919
$C_{23}H_{26}O_9$ 719, 2221, 2374
$C_{23}H_{26}O_{10}$ 719, 1856
$C_{23}H_{26}O_{11}$ 445, 719, 1565, 1566, 1567
$C_{23}H_{26}O_{12}$ 445, 446, 451
$C_{23}H_{26}O_{13}$ 451, 1564
$C_{23}H_{26}O_{14}$ 1567
$C_{23}H_{26}O_{15}$ 1561, 1567
$C_{23}H_{27}Br_4N_3O_6$ 21
$C_{23}H_{27}ClO_6$ 2962
$C_{23}H_{27}ClO_7$ 2962
$C_{23}H_{27}NO_3$ 264
$C_{23}H_{27}NO_4$ 334
$C_{23}H_{27}NO_5$ 121, 264
$C_{23}H_{27}NO_6$ 15, 29
$C_{23}H_{27}NO_9$ 26
$C_{23}H_{28}Br_3N_3O_5$ 2487
$C_{23}H_{28}NO_7$ 114
$C_{23}H_{28}N_2O_4$ 200
$C_{23}H_{28}N_2O_5$ 194, 204, 205, 223, 232, 245, 253
$C_{23}H_{28}N_2O_6$ 223
$C_{23}H_{28}N_2O_7$ 54
$C_{23}H_{28}N_2O_8$ 53
$C_{23}H_{28}O_3$ 1369
$C_{23}H_{28}O_5$ 1598
$C_{23}H_{28}O_6$ 1404, 1464
$C_{23}H_{28}O_7$ 741, 844, 1400, 1430, 1431, 1451, 1467, 1500, 1506, 1507, 1519, 1531, 2962
$C_{23}H_{28}O_8$ 741, 742, 1428, 1429, 1431, 1464, 1564, 2221, 2374
$C_{23}H_{28}O_9$ 2768
$C_{23}H_{28}O_{10}$ 632, 2374
$C_{23}H_{28}O_{11}$ 445, 1175, 1176, 1565, 1796
$C_{23}H_{28}O_{12}$ 443, 445, 1567
$C_{23}H_{28}O_{18}$ 444
$C_{23}H_{29}ClO_7$ 2962
$C_{23}H_{29}ClO_{13}$ 444
$C_{23}H_{29}NO_3$ 2866
$C_{23}H_{29}NO_4$ 265, 334, 2869
$C_{23}H_{29}NO_5$ 223, 264, 265, 332, 335
$C_{23}H_{29}NO_6$ 27, 264, 334, 397
$C_{23}H_{29}NO_7$ 27, 397, 2868
$C_{23}H_{29}N_3O$ 2872
$C_{23}H_{30}N_2O_4$ 216
$C_{23}H_{30}N_2O_5$ 216
$C_{23}H_{30}O_3$ 567, 1939, 1981
$C_{23}H_{30}O_4$ 537, 1939
$C_{23}H_{30}O_5$ 2844, 1939, 562, 2961, 2962
$C_{23}H_{30}O_6$ 694, 1403, 1506, 1531, 1917
$C_{23}H_{30}O_7$ 1400, 1403, 1428, 1431, 1468, 1531, 1532
$C_{23}H_{30}O_8$ 564, 567, 741, 851, 1531
$C_{23}H_{30}O_9$ 564
$C_{23}H_{30}O_{10}$ 565
$C_{23}H_{30}O_{12}$ 444
$C_{23}H_{30}O_{14}$ 444
$C_{23}H_{31}ClO_9$ 2654
$C_{23}H_{31}N_5O_{12}S$ 2866
$C_{23}H_{31}NO$ 79
$C_{23}H_{31}NO_3$ 265
$C_{23}H_{31}NO_4$ 265, 331, 2871
$C_{23}H_{31}NO_5$ 1917, 2867, 2868, 2961
$C_{23}H_{31}NO_7$ 46, 53
$C_{23}H_{32}ClNO_5$ 2916
$[C_{23}H_{32}NO_4]^+$ 265
$C_{23}H_{32}N_2O_5$ 190
$C_{23}H_{32}N_2O_8$ 2695, 2982
$C_{23}H_{32}O_2$ 2981
$C_{23}H_{32}O_3$ 539, 620, 1939, 1980, 1985, 2589
$C_{23}H_{32}O_4$ 539, 1941, 1985, 2557, 2558, 2868, 2961, 2962
$C_{23}H_{32}O_5$ 1941, 2961, 2962
$C_{23}H_{32}O_6$ 619, 740, 842, 918, 1400, 1937, 2962
$C_{23}H_{32}O_7$ 619, 738, 749, 1402, 1507, 2366
$C_{23}H_{32}O_8$ 919, 2676
$C_{23}H_{32}O_9$ 622
$C_{23}H_{32}O_{11}$ 449
$C_{23}H_{32}O_{13}$ 2289
$C_{23}H_{33}NO$ 79
$C_{23}H_{33}NO_3$ 80, 265, 327, 331
$C_{23}H_{33}NO_4$ 265, 327, 331, 2867
$C_{23}H_{33}NO_5$ 331
$C_{23}H_{33}NO_6$ 620
$C_{23}H_{33}NO_6S$ 1917
$C_{23}H_{33}N_3O_5$ 2868
$C_{23}H_{33}N_5O_{12}S_2$ 2866
$C_{23}H_{33}NaO_8S$ 2920
$C_{23}H_{34}N_2O$ 2494
$C_{23}H_{34}N_4O_{10}S$ 2824
$C_{23}H_{34}N_4O_8$ 2824
$C_{23}H_{34}O_3$ 1980, 1983, 1984, 2589, 2593
$C_{23}H_{34}O_4$ 626, 1931, 1933, 2559
$C_{23}H_{34}O_5$ 619, 632, 843, 917, 1933, 1936, 2366, 2382
$C_{23}H_{34}O_6$ 619, 739, 842, 917, 918, 2366
$C_{23}H_{34}O_7$ 842, 1519, 2694
$C_{23}H_{34}O_8$ 917, 919
$C_{23}H_{34}O_9$ 565, 566
$C_{23}H_{34}O_{11}$ 402, 449
$C_{23}H_{34}O_{13}$ 2287
$C_{23}H_{34}O_{14}$ 2289
$C_{23}H_{34}O_{16}$ 448
$C_{23}H_{35}ClO_6$ 694
$C_{23}H_{35}ClO_7$ 694
$C_{23}H_{35}NO$ 79
$C_{23}H_{35}NO_2$ 265, 327
$C_{23}H_{35}NO_3$ 80
$C_{23}H_{35}NO_5$ 317
$C_{23}H_{35}NO_6$ 322, 354, 848, 2916, 2917
$C_{23}H_{35}NO_7$ 295, 353, 848
$C_{23}H_{36}O_2$ 841
$C_{23}H_{36}O_3$ 1980, 2589, 2593
$C_{23}H_{36}O_4$ 737
$C_{23}H_{36}O_5$ 733, 737
$C_{23}H_{36}O_6$ 734, 736
$C_{23}H_{36}O_7$ 2373, 2374, 2377
$C_{23}H_{36}O_{10}$ 2694
$C_{23}H_{36}O_{12}$ 440
$C_{23}H_{36}O_{13}$ 440
$C_{23}H_{36}O_{16}$ 447
$C_{23}H_{37}NO$ 349, 358
$C_{23}H_{37}NO_3$ 326
$C_{23}H_{37}NO_4$ 315
$C_{23}H_{37}NO_5$ 311, 312, 317, 2919
$C_{23}H_{37}NO_6$ 311, 315
$C_{23}H_{37}NO_7$ 312, 315
$C_{23}H_{38}N_2O_3$ 349
$C_{23}H_{38}N_4O_{14}$ 2675
$C_{23}H_{38}O_2$ 968, 969
$C_{23}H_{38}O_3$ 841, 968
$C_{23}H_{38}O_4$ 737, 916, 1884, 2287
$C_{23}H_{38}O_5$ 736, 1078, 1979, 1982, 2376
$C_{23}H_{38}O_6$ 2376
$C_{23}H_{38}O_7$ 735
$C_{23}H_{38}O_8$ 571, 2373
$C_{23}H_{38}O_{10}$ 2694
$C_{23}H_{40}O_2$ 2982, 2983
$C_{23}H_{40}O_3$ 2983
$C_{23}H_{40}O_6S$ 2983
$C_{23}H_{40}O_{10}$ 408
$C_{23}H_{40}O_{12}$ 408
$C_{23}H_{40}O_{13}$ 413
$C_{23}H_{41}NO_4$ 317, 334
$C_{23}H_{41}N_3$ 20
$C_{23}H_{42}O_7$ 2695
$C_{23}H_{43}NO_3$ 2187
$C_{23}H_{44}N_2O_5$ 2700
$C_{23}H_{44}N_6O_7$ 2823
$C_{23}H_{44}N_6O_8$ 2823
$C_{23}H_{45}N_5O_{14}$ 2676
$C_{24}H_{14}O_8$ 1544, 1616
$C_{24}H_{16}N_2O_5$ 2487
$C_{24}H_{16}O_{10}$ 2771
$C_{24}H_{16}O_{12}$ 2558

$C_{24}H_{18}O_8$ 1524
$C_{24}H_{18}O_{10}$ 1616
$C_{24}H_{18}O_{12}$ 2557
$C_{24}H_{20}N_2O_{10}$ 2765
$C_{24}H_{20}N_4O_7$ 2772
$C_{24}H_{20}O_6$ 1561, 1892
$C_{24}H_{20}O_9$ 1778
$C_{24}H_{20}O_{10}$ 1615, 2222
$C_{24}H_{20}O_{11}$ 1615, 2222
$C_{24}H_{20}O_{12}$ 1615
$C_{24}H_{20}O_{13}$ 1615
$C_{24}H_{21}N_3O_2$ 2869
$C_{24}H_{22}Br_2N_6O_8$ 2487
$C_{24}H_{22}N_4O_2S$ 2489
$C_{24}H_{22}O_5$ 1598
$C_{24}H_{22}O_6$ 1561, 2771
$C_{24}H_{22}O_8$ 1565, 1616, 1754, 2234
$C_{24}H_{22}O_9$ 1524, 1616
$C_{24}H_{22}O_{10}$ 1452
$C_{24}H_{22}O_{11}$ 1676
$C_{24}H_{22}O_{12}$ 1545
$C_{24}H_{22}O_{15}$ 1678
$C_{24}H_{23}ClO_{12}$ 2653
$C_{24}H_{23}NO_5$ 152
$C_{24}H_{23}N_3O_7$ 190
$C_{24}H_{23}N_4O_6S_2$ 2493
$C_{24}H_{24}N_2O_6$ 158
$C_{24}H_{24}N_2O_8$ 29
$C_{24}H_{24}O_6$ 1562, 1809, 2235, 2771
$C_{24}H_{24}O_7$ 2234, 2235
$C_{24}H_{24}O_8$ 632, 2234
$C_{24}H_{24}O_9$ 1489, 2290, 2558
$C_{24}H_{24}O_{10}$ 1489
$C_{24}H_{24}O_{11}$ 1902
$C_{24}H_{25}Br_4N_{11}O_5S^-$ 2492
$C_{24}H_{25}BrO_5$ 2234
$C_{24}H_{25}NO_3$ 279
$C_{24}H_{25}NO_4$ 139, 157, 279, 280, 281
$C_{24}H_{25}NO_5$ 83, 84
$C_{24}H_{25}NO_{10}S$ 2772
$C_{24}H_{25}NO_{11}$ 179
$C_{24}H_{25}NO_{11}S$ 2772
$C_{24}H_{25}N_5O_4$ 232
$[C_{24}H_{26}NO_4]^+$ 139
$C_{24}H_{26}N_2O_4$ 45
$C_{24}H_{26}N_2O_6S_2$ 2868
$C_{24}H_{26}N_2O_7$ 205
$C_{24}H_{26}N_2O_8$ 205
$C_{24}H_{26}N_2O_9$ 205
$C_{24}H_{26}O_3$ 2246
$C_{24}H_{26}O_5$ 538, 1562, 1563, 1598, 1808
$C_{24}H_{26}O_6$ 1598, 1808, 1809, 1810, 2234
$C_{24}H_{26}O_7$ 1598, 1599, 1809, 1810, 2221, 2234, 2235
$C_{24}H_{26}O_8$ 1451, 1467, 1565, 1810
$C_{24}H_{26}O_9$ 1404
$C_{24}H_{26}O_{10}$ 1430, 1490
$C_{24}H_{26}O_{11}$ 1632, 1754
$C_{24}H_{26}O_{12}$ 1632
$C_{24}H_{27}ClN_2O_9$ 2767
$C_{24}H_{27}NO_3$ 164
$C_{24}H_{27}NO_4$ 139, 264, 279, 280
$C_{24}H_{27}NO_5$ 157, 264, 280, 2916
$C_{24}H_{27}NO_6$ 52
$C_{24}H_{27}NO_7$ 52, 157, 2868
$C_{24}H_{27}NO_9$ 2769
$C_{24}H_{27}N_3O_8S$ 2361
$C_{24}H_{28}ClNO_7$ 52
$C_{24}H_{28}ClO_{12}$ 444
$C_{24}H_{28}N_2O_4$ 197
$C_{24}H_{28}N_2O_5$ 45
$C_{24}H_{28}N_2O_6$ 223
$C_{24}H_{28}N_2O_6S_2$ 2870
$C_{24}H_{28}N_2O_9$ 205
$C_{24}H_{28}O_2$ 2246
$C_{24}H_{28}O_3$ 1600
$C_{24}H_{28}O_4$ 619, 1598, 2246
$C_{24}H_{28}O_5$ 538, 539, 619, 1545, 1562, 1563, 1598, 1600
$C_{24}H_{28}O_6$ 1598
$C_{24}H_{28}O_7$ 1428, 1531, 1562, 1598, 1599, 1807
$C_{24}H_{28}O_8$ 920, 1400, 1401, 1402, 1451, 1464, 1506, 1507, 1508, 1561, 1601, 1808, 2375
$C_{24}H_{28}O_9$ 742, 1403, 1431, 2375
$C_{24}H_{28}O_{10}$ 1430, 1564
$C_{24}H_{28}O_{11}$ 442, 1754
$C_{24}H_{28}O_{12}$ 441, 442, 443
$C_{24}H_{28}O_{13}$ 443, 447, 1683
$C_{24}H_{28}O_{14}$ 446
$C_{24}H_{28}O_{15}$ 446
$C_{24}H_{29}ClO_6$ 694
$C_{24}H_{29}ClO_9$ 2378
$C_{24}H_{29}ClO_{10}$ 743, 2378
$C_{24}H_{29}NO_5$ 322
$C_{24}H_{29}NO_6$ 122, 157, 158
$C_{24}H_{29}NO_9$ 121
$C_{24}H_{30}Br_4N_3O_5$ 21
$C_{24}H_{30}N_2O_4$ 197
$C_{24}H_{30}N_2O_5$ 204
$C_{24}H_{30}N_2O_7$ 54
$C_{24}H_{30}O_4$ 538, 620, 694, 1545, 1562, 1563
$C_{24}H_{30}O_5$ 570, 619, 914, 990, 1544, 1546, 1600
$C_{24}H_{30}O_6$ 537, 2290
$C_{24}H_{30}O_7$ 1404, 1431, 1464, 1465, 1507, 1598, 1599
$C_{24}H_{30}O_8$ 742, 844, 847, 1349, 1402, 1429, 1451, 1452, 1464
$C_{24}H_{30}O_9$ 440, 441, 742, 845, 1428, 2374
$C_{24}H_{30}O_{10}$ 441, 442, 2378
$C_{24}H_{30}O_{12}$ 441, 442, 443, 444, 448
$C_{24}H_{31}ClO_{10}$ 2377
$C_{24}H_{31}NO_6$ 567
$C_{24}H_{31}N_3O_5$ 2823
$C_{24}H_{31}N_5O_{11}S$ 2822
$C_{24}H_{31}N_5O_{12}$ 2865
$C_{24}H_{32}N_6O_5$ 382
$C_{24}H_{32}N_6O_5S$ 2623
$C_{24}H_{32}O_3$ 567, 621
$C_{24}H_{32}O_4$ 537, 1563
$C_{24}H_{32}O_5$ 537,567, 915, 1144, 1544, 1599, 2290
$C_{24}H_{32}O_6$ 718, 720, 746, 914, 917, 1507, 1600,2246, 2382, 2919
$C_{24}H_{32}O_7$ 715, 914, 1430, 1531, 2372, 3003
$C_{24}H_{32}O_8$ 561, 633, 847, 920
$C_{24}H_{32}O_9$ 749, 915, 918, 919, 2377
$C_{24}H_{32}O_{10}$ 741, 1177
$C_{24}H_{33}ClO_9$ 2377
$C_{24}H_{33}N$ 232
$C_{24}H_{33}NO_3$ 17, 2693
$C_{24}H_{33}NO_4$ 2693, 2866
$C_{24}H_{33}NO_5$ 2867
$C_{24}H_{33}NO_5S$ 332
$C_{24}H_{33}NO_6$ 2868, 2961
$C_{24}H_{33}N_5O_{11}$ 2865
$C_{24}H_{33}N_5O_{12}$ 2865
$C_{24}H_{34}F_3NO_5$ 332
$C_{24}H_{34}N_2O$ 2494
$C_{24}H_{34}N_4O_4$ 382
$C_{24}H_{34}O_4$ 537, 538, 620, 915, 2130
$C_{24}H_{34}O_5$ 620, 740, 748, 846, 2376
$C_{24}H_{34}O_6$ 737, 848, 913, 914, 1400, 1916, 2700, 2916, 3003
$C_{24}H_{34}O_7$ 736, 746, 842, 913, 915, 1544, 2371, 2376, 2382
$C_{24}H_{34}O_8$ 565, 633, 741, 745, 847, 850, 913, 914, 915, 919, 2372, 2377, 2676
$C_{24}H_{34}O_9$ 914
$C_{24}H_{34}O_{10}$ 411, 412, 744
$C_{24}H_{34}O_{13}$ 2290
$C_{24}H_{34}O_{16}$ 448
$C_{24}H_{35}NO_3$ 2872
$C_{24}H_{35}NO_4$ 265, 319, 2866

$C_{24}H_{35}NO_5$ 315
$C_{24}H_{35}NO_8$ 312
$C_{24}H_{35}NO_8S$ 295
$C_{24}H_{36}N_2O$ 693, 2368
$C_{24}H_{36}O_4$ 842, 1078, 2371
$C_{24}H_{36}O_5$ 537, 749, 750, 846, 2376, 2377, 2381, 2916
$C_{24}H_{36}O_6$ 537, 735, 746, 849, 2376, 2379, 2700
$C_{24}H_{36}O_7$ 735, 746, 849, 915, 919, 2376, 2377, 2379
$C_{24}H_{36}O_8$ 735, 915, 919, 2373, 2377
$C_{24}H_{36}O_9$ 565, 566, 743
$C_{24}H_{36}O_{10}$ 411, 412
$C_{24}H_{36}O_{12}$ 449
$C_{24}H_{37}NO_2$ 349
$C_{24}H_{37}NO_3$ 80
$C_{24}H_{37}NO_5$ 292, 2866
$C_{24}H_{37}NO_6$ 292, 294, 2489
$C_{24}H_{37}NO_7$ 292, 294, 353
$C_{24}H_{38}N_2O_2$ 349
$C_{24}H_{38}NO_4$ 139
$C_{24}H_{38}O_3$ 1078
$C_{24}H_{38}O_4$ 917, 1884
$C_{24}H_{38}O_5$ 745, 746, 747, 841, 2376, 2379
$C_{24}H_{38}O_6$ 744, 746, 2376, 2379
$C_{24}H_{38}O_7$ 747, 2377, 2380
$C_{24}H_{38}O_8$ 2379
$C_{24}H_{38}O_{11}$ 407, 444
$C_{24}H_{38}O_{12}$ 407
$C_{24}H_{39}ClO_7$ 2123
$C_{24}H_{39}NO_2$ 349
$C_{24}H_{39}NO_5$ 309
$C_{24}H_{39}NO_6$ 308
$C_{24}H_{39}NO_6$ 311
$C_{24}H_{39}NO_7$ 310, 311, 312
$C_{24}H_{39}NO_8$ 315
$C_{24}H_{40}N_4O_{14}$ 2675
$C_{24}H_{40}O_2$ 1085
$C_{24}H_{40}O_3$ 1084
$C_{24}H_{40}O_4$ 1884
$C_{24}H_{40}O_5$ 745, 846, 2379, 2380
$C_{24}H_{40}O_6$ 736, 745, 2379, 2380
$C_{24}H_{40}O_7$ 2379, 2380
$C_{24}H_{40}O_8$ 2379
$C_{24}H_{40}O_{10}$ 407
$C_{24}H_{40}O_{11}$ 408
$C_{24}H_{40}O_{14}$ 408
$C_{24}H_{41}NO_8$ 46
$C_{24}H_{42}N_2$ 349
$C_{24}H_{42}O_{11}$ 408, 568
$C_{24}H_{42}O_{21}$ 2352
$C_{24}H_{43}N_5O_{13}$ 2675
$C_{24}H_{44}O_{10}$ 406
$C_{24}H_{44}O_{11}$ 407
$C_{24}H_{45}N_5O_{14}$ 2675
$C_{24}H_{46}N_2O_5$ 2700
$C_{24}H_{46}N_6O_{11}$ 2675
$C_{25}H_{14}O_6$ 1917
$C_{25}H_{15}NO_8$ 2492
$C_{25}H_{16}O_{11}$ 2768
$C_{25}H_{18}O_{13}$ 2768
$C_{25}H_{19}NO_6$ 152
$C_{25}H_{19}NO_8$ 2492
$C_{25}H_{20}O_8$ 1524
$C_{25}H_{20}O_9$ 1524
$C_{25}H_{20}O_{10}$ 1524, 1683
$C_{25}H_{20}O_{11}$ 1466
$C_{25}H_{22}N_2O_6$ 232
$C_{25}H_{22}O_6$ 1633, 1892
$C_{25}H_{22}O_7$ 1633, 1810
$C_{25}H_{22}O_{10}$ 1725, 2222, 2290, 2980
$C_{25}H_{22}O_{12}$ 1615
$C_{25}H_{22}O_{13}$ 1615
$C_{25}H_{24}O_5$ 1599, 1600
$C_{25}H_{24}O_6$ 1561, 1598, 1633, 1634, 1739, 1776, 1856, 1866
$C_{25}H_{24}O_7$ 1633, 1683
$C_{25}H_{24}O_8$ 1634, 1865, 2246, 2766
$C_{25}H_{24}O_9$ 2766
$C_{25}H_{24}O_{10}$ 1777
$C_{25}H_{24}O_{12}$ 1677
$C_{25}H_{26}O_4$ 1633, 1856, 2981
$C_{25}H_{26}O_5$ 1634, 1659, 1725, 1726, 1740, 1747, 1856, 2557, 2981
$C_{25}H_{26}O_6$ 1177, 1562, 1600, 1633, 1634, 1659, 1660, 1683, 1725, 1740, 1866, 2557
$C_{25}H_{26}O_7$ 1145, 1634, 1683, 1809
$C_{25}H_{26}O_8$ 2234
$C_{25}H_{26}O_{10}$ 1489
$C_{25}H_{26}O_{13}$ 449, 1467, 1902, 1903
$C_{25}H_{26}O_{14}$ 1632
$C_{25}H_{26}O_{15}$ 1681
$C_{25}H_{27}NO_3$ 279
$C_{25}H_{27}NO_4$ 139
$C_{25}H_{27}NO_5$ 165
$C_{25}H_{27}NO_{12}$ 179
$C_{25}H_{27}NO_8S$ 2981
$C_{25}H_{27}N_5O_6$ 2488, 2489
$[C_{25}H_{28}NO_4]^+$ 139
$C_{25}H_{28}N_2O_7$ 205, 2699
$C_{25}H_{28}N_2O_8$ 194
$C_{25}H_{28}N_2O_{10}$ 2823
$C_{25}H_{28}O_4$ 1659, 1771, 1796, 1855
$C_{25}H_{28}O_5$ 1563, 1659, 1725, 1746, 1754, 1755, 1856, 2561
$C_{25}H_{28}O_6$ 538, 1145, 1658, 1659, 1660, 1725, 1746, 1747, 1771, 1808, 1809, 2561
$C_{25}H_{28}O_7$ 1177 1634, 1660, 1725, 1726
$C_{25}H_{28}O_8$ 1506, 2246
$C_{25}H_{28}O_9$ 2221, 2769
$C_{25}H_{28}O_{10}$ 1144
$C_{25}H_{28}O_{11}$ 444, 445, 446, 719, 1531, 2374
$C_{25}H_{28}O_{12}$ 444, 446, 451, 1632, 1840
$C_{25}H_{28}O_{13}$ 446
$C_{25}H_{29}NO$ 232
$C_{25}H_{29}NO_4$ 139
$C_{25}H_{29}NO_7$ 122, 52, 2918
$C_{25}H_{30}ClO_{12}$ 444
$C_{25}H_{30}N_2O_6$ 253
$C_{25}H_{30}O_3$ 1369
$C_{25}H_{30}O_4$ 747, 1795, 1796
$C_{25}H_{30}O_5$ 538, 539, 969, 1563, 1771, 1939
$C_{25}H_{30}O_6$ 537, 619, 1564, 1659, 1884
$C_{25}H_{30}O_7$ 1659, 1726, 1808, 1809
$C_{25}H_{30}O_8$ 1429, 1507
$C_{25}H_{30}O_9$ 1400, 1465
$C_{25}H_{30}O_{10}$ 1430
$C_{25}H_{30}O_{11}$ 444, 446
$C_{25}H_{30}O_{12}$ 442, 443, 444, 445, 719, 743
$C_{25}H_{30}O_{13}$ 444, 445, 446, 451, 719
$C_{25}H_{30}O_{14}$ 446
$C_{25}H_{31}ClO_5$ 2769
$C_{25}H_{31}NO_4$ 28
$C_{25}H_{31}NO_9$ 2769
$C_{25}H_{31}N_3O_4$ 392
$C_{25}H_{32}Cl_2N_2O_8S_2$ 2654
$C_{25}H_{32}N_2O_6$ 204, 205
$C_{25}H_{32}O_3$ 2128
$C_{25}H_{32}O_4$ 538, 1562, 1563
$C_{25}H_{32}O_5$ 538, 539, 1563, 1939
$C_{25}H_{32}O_6$ 537, 619, 3002
$C_{25}H_{32}O_7$ 622, 1431, 2221
$C_{25}H_{32}O_9$ 440, 742, 1143, 1144, 1175
$C_{25}H_{32}O_{10}$ 1144, 1175
$C_{25}H_{32}O_{11}$ 449, 450, 1176, 1500
$C_{25}H_{32}O_{12}$ 441, 442, 449, 450, 452
$C_{25}H_{32}O_{13}$ 442, 444, 450, 1561, 1564
$C_{25}H_{33}ClO_{10}$ 2654

$C_{25}H_{33}NO_3$ 325
$C_{25}H_{33}NO_4$ 28, 143
$C_{25}H_{33}NO_5$ 28, 2871, 2962
$C_{25}H_{33}N_5O_{11}S$ 2822
$C_{25}H_{34}NO_5$ 331
$C_{25}H_{34}N_2O_9$ 2693
$C_{25}H_{34}N_6O_4S_2$ 2625
$C_{25}H_{34}N_6O_5S$ 2623
$C_{25}H_{34}O_2$ 1368
$C_{25}H_{34}O_3$ 621
$C_{25}H_{34}O_4$ 1350, 2127, 2128, 2382
$C_{25}H_{34}O_5$ 537, 1937, 2127, 2290, 2377, 3002
$C_{25}H_{34}O_6$ 537, 694, 695, 2916, 2961, 2962
$C_{25}H_{34}O_7$ 623, 720, 842, 2221
$C_{25}H_{34}O_8$ 843, 851
$C_{25}H_{34}O_9$ 566, 1175, 1176, 2377, 2378
$C_{25}H_{34}O_{10}$ 852, 1175, 1544, 2286
$C_{25}H_{34}O_{12}$ 982
$C_{25}H_{34}O_{13}$ 441
$C_{25}H_{35}ClN_2O_4$ 2871
$C_{25}H_{35}NO_3$ 52
$C_{25}H_{35}NO_3S$ 2590
$C_{25}H_{35}NO_4$ 2961
$C_{25}H_{35}NO_5$ 28
$C_{25}H_{35}NO_6$ 2868, 2961
$C_{25}H_{35}N_3O_8$ 2980
$C_{25}H_{36}ClNO_{10}$ 2654
$C_{25}H_{36}N_4O_6$ 2823
$C_{25}H_{36}N_4O_7$ 2823
$C_{25}H_{36}N_6O_5S$ 2625
$C_{25}H_{36}O_3$ 537
$C_{25}H_{36}O_4$ 920, 2130, 2381, 2961
$C_{25}H_{36}O_5$ 968, 1933, 2130
$C_{25}H_{36}O_6$ 562, 695, 968, 1933, 1936, 2558, 2700
$C_{25}H_{36}O_7$ 562, 848, 968, 1936
$C_{25}H_{36}O_8$ 562, 738, 919, 2676
$C_{25}H_{36}O_9$ 566, 2676
$C_{25}H_{37}ClO_7$ 562
$C_{25}H_{37}NO_3$ 620, 1917
$C_{25}H_{37}NO_4S$ 1917
$C_{25}H_{37}NO_6$ 295
$C_{25}H_{37}NO_7$ 317, 2871
$C_{25}H_{37}NO_8$ 292, 314, 353, 848
$C_{25}H_{37}NO_9$ 314
$C_{25}H_{37}N_5$ 2491
$C_{25}H_{37}N_5O$ 2491
$C_{25}H_{38}N_4O_5$ 381
$C_{25}H_{38}O_3$ 539, 969, 2961
$C_{25}H_{38}O_4$ 1981, 2699, 2961
$C_{25}H_{38}O_5$ 848, 968
$C_{25}H_{38}O_6$ 695, 735, 849, 2916, 2919, 2961
$C_{25}H_{38}O_7$ 917
$C_{25}H_{38}O_8$ 562, 736, 919
$C_{25}H_{38}O_9$ 565
$C_{25}H_{38}O_{13}$ 440
$C_{25}H_{38}O_{14}$ 440
$C_{25}H_{38}O_{16}$ 447
$C_{25}H_{39}NO$ 79, 358
$C_{25}H_{39}NO_4$ 265, 327
$C_{25}H_{39}NO_6$ 314, 315, 317
$C_{25}H_{39}NO_7$ 294, 311, 312
$C_{25}H_{39}NO_{11}S_2$ 295
$C_{25}H_{40}$ 968
$C_{25}H_{40}O$ 968, 969
$C_{25}H_{40}O_3$ 969, 2287, 2961
$C_{25}H_{40}O_4$ 2589
$C_{25}H_{40}O_5$ 715, 747, 846, 2961
$C_{25}H_{40}O_6$ 537, 732, 737, 969
$C_{25}H_{40}O_7$ 2377
$C_{25}H_{40}O_9$ 920
$C_{25}H_{41}ClO_5$ 846
$C_{25}H_{41}NO_2$ 358
$C_{25}H_{41}NO_6$ 308
$C_{25}H_{41}NO_7$ 309, 310, 311, 312
$C_{25}H_{41}NO_8$ 311, 314
$C_{25}H_{41}NO_9$ 308
$C_{25}H_{42}N_2O$ 358
$C_{25}H_{42}N_2O_7$ 309
$C_{25}H_{42}N_4O_{14}$ 2675
$C_{25}H_{42}O_2$ 968, 969, 2060
$C_{25}H_{42}O_3$ 969, 2060, 2061
$C_{25}H_{42}O_4$ 1884, 2061, 2062, 2287
$C_{25}H_{42}O_5$ 918, 2062
$C_{25}H_{42}O_6$ 846
$C_{25}H_{42}O_7$ 2379
$C_{25}H_{42}O_{12}$ 569
$C_{25}H_{42}O_{14}$ 402
$C_{25}H_{42}O_{21}$ 2355
$C_{25}H_{43}NO_2$ 358
$C_{25}H_{43}NO_{18}$ 2675
$C_{25}H_{43}NO_{21}P$ 2675
$C_{25}H_{44}N_4O_{14}$ 2675
$C_{25}H_{44}O_2$ 969
$C_{25}H_{44}O_3$ 969, 2981
$C_{25}H_{44}O_{12}$ 407, 569
$C_{25}H_{48}N_2O_5$ 2700
$C_{25}H_{50}O$ 968
$C_{25}H_{50}O_4$ 2149
$C_{26}\ H_{42}O_3$ 2591
$C_{26}H_{16}O_4$ 2918
$C_{26}H_{19}F_2N_3O_7$ 2868
$C_{26}H_{20}O_9$ 2768
$C_{26}H_{20}O_{10}$ 1747
$C_{26}H_{20}O_{13}$ 2768
$C_{26}H_{22}N_4O_2$ 236
$C_{26}H_{22}O_8$ 1616
$C_{26}H_{22}O_9$ 1616
$C_{26}H_{22}O_{10}$ 1634
$C_{26}H_{22}O_{12}$ 2222
$C_{26}H_{22}O_{13}$ 1807, 1808
$C_{26}H_{23}Cl_2N_3O_3$ 67
$C_{26}H_{23}NO_4$ 280
$C_{26}H_{23}NO_5$ 280
$C_{26}H_{23}NO_6$ 152
$C_{26}H_{24}Cl_2N_4O_2$ 67
$C_{26}H_{24}O_6$ 1740
$C_{26}H_{24}O_8$ 1682
$C_{26}H_{24}O_{10}$ 1777, 2222, 2558
$C_{26}H_{24}O_{12}$ 1489
$C_{26}H_{25}NO_6$ 139
$C_{26}H_{25}N_3O_3$ 67
$C_{26}H_{25}N_3O_8$ 2868
$C_{26}H_{25}N_4O_6S_2$ 2493
$C_{26}H_{26}BrN_3O_8$ 2868
$C_{26}H_{26}ClN_3O_8$ 2868
$C_{26}H_{26}N_2O_9$ 82, 194
$C_{26}H_{26}N_4O_2$ 66
$C_{26}H_{26}O_5$ 1600
$C_{26}H_{26}O_6$ 1403, 1561, 1683, 1739
$C_{26}H_{26}O_7$ 1599, 1633, 1683
$C_{26}H_{26}O_8$ 1507, 2260
$C_{26}H_{26}O_{10}$ 1683
$C_{26}H_{26}O_{12}$ 1490, 2772
$C_{26}H_{26}O_{13}$ 449
$C_{26}H_{27}NO_4$ 120, 139
$C_{26}H_{27}NO_9$ 2767
$C_{26}H_{27}NO_{10}$ 2871
$C_{26}H_{27}NO_{11}$ 2767
$C_{26}H_{27}N_3O_4$ 2867
$C_{26}H_{27}N_5O_4$ 2868
$C_{26}H_{28}N_2$ 232
$C_{26}H_{28}N_2O_8$ 82
$C_{26}H_{28}O_5$ 1659, 1856
$C_{26}H_{28}O_6$ 1633, 1659, 1725, 1747, 1754, 2557
$C_{26}H_{28}O_7$ 1562, 1683, 1725
$C_{26}H_{28}O_{10}$ 1544, 1679
$C_{26}H_{28}O_{11}$ 1144
$C_{26}H_{28}O_{12}$ 1402, 1452
$C_{26}H_{28}O_{13}$ 449, 1725, 1739
$C_{26}H_{28}O_{14}$ 449, 1630, 1632, 1677, 1739, 1903
$C_{26}H_{28}O_{15}$ 1679
$C_{26}H_{28}O_{16}$ 1681
$C_{26}H_{29}ClN_2O_2$ 232
$C_{26}H_{29}NO_4$ 139, 280
$C_{26}H_{29}NO_5$ 165
$C_{26}H_{29}NO_6$ 165
$C_{26}H_{29}NO_9$ 2770
$C_{26}H_{29}NO_{11}$ 2770
$C_{26}H_{29}N_3O_4$ 2494
$C_{26}H_{29}N_3O_5$ 2494
$[C_{26}H_{29}O_{15}]^+$ 1800

$C_{26}H_{30}N_2O$ 232
$C_{26}H_{30}N_2O_8$ 194
$C_{26}H_{30}N_2O_{10}$ 224
$C_{26}H_{30}N_6O_5$ 2489
$C_{26}H_{30}O_4$ 1659, 1725, 1771, 1855
$C_{26}H_{30}O_5$ 1658, 1659, 1747, 1754, 1771, 1855, 1856
$C_{26}H_{30}O_6$ 978, 1079, 1658, 1659, 1725, 1746, 1754, 1982, 2561
$C_{26}H_{30}O_7$ 1079, 1725, 1747
$C_{26}H_{30}O_8$ 978, 1725
$C_{26}H_{30}O_9$ 1145, 1431, 1500, 2221
$C_{26}H_{30}O_{10}$ 978, 1142, 1144, 1404, 1451, 1452
$C_{26}H_{30}O_{11}$ 742, 1430, 1500
$C_{26}H_{30}O_{12}$ 1679
$C_{26}H_{30}O_{13}$ 449, 451, 452
$C_{26}H_{30}O_{14}$ 446, 452
$C_{26}H_{30}O_{15}$ 452
$C_{26}H_{31}ClO_{10}$ 2377
$C_{26}H_{31}ClO_{11}$ 2378
$C_{26}H_{31}N_3O_4$ 2494
$C_{26}H_{31}NO_3$ 2869
$C_{26}H_{31}NO_4$ 139
$C_{26}H_{31}NO_6$ 165
$C_{26}H_{31}N_6O_5$ 2488
$C_{26}H_{32}N_2O_9S$ 2769
$C_{26}H_{32}O_3$ 1369
$C_{26}H_{32}O_4$ 1369
$C_{26}H_{32}O_5$ 1079, 2560
$C_{26}H_{32}O_6$ 620, 1144, 1544, 1545
$C_{26}H_{32}O_7$ 1143, 1659, 1755, 2917
$C_{26}H_{32}O_8$ 1465, 1725
$C_{26}H_{32}O_9$ 977, 1400, 1464
$C_{26}H_{32}O_{10}$ 977, 1142, 1144, 1403, 1464, 1465
$C_{26}H_{32}O_{11}$ 978, 1176, 1401, 1430, 1451, 1452, 1500
$C_{26}H_{32}O_{12}$ 442, 445, 446, 447, 448, 1402, 1452, 2248
$C_{26}H_{32}O_{13}$ 441, 443, 445, 446, 447, 451, 1451, 1531, 2248
$C_{26}H_{32}O_{14}$ 447
$C_{26}H_{32}O_{16}$ 742
$C_{26}H_{33}ClO_9$ 743
$C_{26}H_{33}ClO_{10}$ 743, 744, 2378
$C_{26}H_{33}ClO_{11}$ 2377
$C_{26}H_{33}ClO_{12}$ 743
$C_{26}H_{33}NO_4$ 66
$C_{26}H_{33}NO_5$ 740
$C_{26}H_{33}N_5O_{11}S$ 2822
$C_{26}H_{34}N_2O_9$ 216
$C_{26}H_{34}O_3$ 1368
$C_{26}H_{34}O_4$ 621
$C_{26}H_{34}O_6$ 1143, 2920, 3003
$C_{26}H_{34}O_7$ 1143, 1530, 2920
$C_{26}H_{34}O_8$ 1400, 2378, 2915
$C_{26}H_{34}O_9$ 718, 741, 744, 749, 848, 913, 914, 1143, 1400, 2378
$C_{26}H_{34}O_{10}$ 744, 1465, 1500, 1563, 2286, 2378
$C_{26}H_{34}O_{11}$ 744, 1176, 1465, 1466, 1500, 1531, 2378, 2916
$C_{26}H_{34}O_{12}$ 743, 978, 1429, 1466, 1532
$C_{26}H_{34}O_{13}$ 448, 743, 1429, 1431
$C_{26}H_{34}O_{14}$ 1561
$C_{26}H_{35}ClO_9$ 743
$C_{26}H_{35}ClO_{10}$ 2377
$C_{26}H_{35}NO_4$ 143
$C_{26}H_{35}NO_6$ 2695
$C_{26}H_{35}NO_7$ 265, 331, 2871
$C_{26}H_{35}N_3O_3$ 1917
$C_{26}H_{35}N_5O_{11}S$ 2822
$C_{26}H_{36}N_2O$ 2490
$C_{26}H_{36}N_2O_2$ 2495
$C_{26}H_{36}N_2O_9$ 2693
$C_{26}H_{36}N_4O_3$ 2866
$C_{26}H_{36}O_4$ 990
$C_{26}H_{36}O_5$ 1600, 2960
$C_{26}H_{36}O_6$ 745
$C_{26}H_{36}O_8$ 913, 914, 2378
$C_{26}H_{36}O_9$ 734, 849, 850, 913, 914, 915, 2377, 2378
$C_{26}H_{36}O_{10}$ 749, 2378
$C_{26}H_{36}O_{11}$ 744, 978, 1177, 1531, 2378
$C_{26}H_{36}O_{12}$ 1530
$C_{26}H_{36}O_{14}$ 450
$C_{26}H_{36}O_{19}$ 2292
$C_{26}H_{37}NO_3S$ 2589
$C_{26}H_{37}NO_5$ 68, 321, 1917
$C_{26}H_{37}NO_7$ 2696
$C_{26}H_{37}N_3O_4$ 382
$C_{26}H_{38}O_5$ 2561, 2916
$C_{26}H_{38}O_6$ 718, 740, 841
$C_{26}H_{38}O_7$ 849, 2377, 2379, 2380, 2916
$C_{26}H_{38}O_8$ 735, 745, 849, 2381
$C_{26}H_{38}O_9$ 915, 920, 2676
$C_{26}H_{38}O_{11}$ 444, 850
$C_{26}H_{38}O_{12}$ 445, 446, 566, 568
$C_{26}H_{38}O_{13}$ 1175
$C_{26}H_{38}O_{14}$ 1175
$C_{26}H_{38}O_{16}$ 413
$C_{26}H_{39}NO_3$ 620, 1917, 2557
$C_{26}H_{39}NO_3S$ 2590
$C_{26}H_{39}NO_4$ 318, 321
$C_{26}H_{39}NO_5$ 2870
$C_{26}H_{39}NO_7$ 292, 2916
$C_{26}H_{39}NO_8$ 292, 294, 295, 353, 848
$C_{26}H_{39}N_5O$ 2491
$C_{26}H_{39}N_5O_{12}S$ 2824
$C_{26}H_{40}CrN_5^+$ 739
$C_{26}H_{40}N_2$ 2490
$C_{26}H_{40}N_4O_3$ 1917
$C_{26}H_{40}O_2$ 968, 1948, 2560, 2589
$C_{26}H_{40}O_5$ 968
$C_{26}H_{40}O_6$ 917, 968
$C_{26}H_{40}O_7$ 745, 917, 2379, 2380
$C_{26}H_{40}O_8$ 742, 916
$C_{26}H_{40}O_9$ 843, 916, 917
$C_{26}H_{40}O_{11}$ 696
$C_{26}H_{40}O_{12}$ 446
$C_{26}H_{41}CrN_5^+$ 739
$C_{26}H_{41}NO_2$ 358
$C_{26}H_{41}NO_3$ 356, 370
$C_{26}H_{41}NO_7$ 308
$C_{26}H_{41}NO_8$ 310
$C_{26}H_{42}O$ 968
$C_{26}H_{42}O_3$ 968, 1084, 1952, 2289, 2594
$C_{26}H_{42}O_4$ 2287
$C_{26}H_{42}O_5$ 2593
$C_{26}H_{42}O_6$ 736, 745, 746, 2380
$C_{26}H_{42}O_7$ 745, 747, 917, 2379, 2380
$C_{26}H_{42}O_8$ 842, 2379
$C_{26}H_{42}O_9$ 745, 918, 920, 2380
$C_{26}H_{42}O_{10}$ 918
$C_{26}H_{42}O_{11}$ 917, 918
$C_{26}H_{43}NO_7$ 310
$C_{26}H_{44}N_2$ 358
$C_{26}H_{44}N_2O_3$ 356
$C_{26}H_{43}N_3O_6$ 2824
$C_{26}H_{44}O_4$ 1884, 2590
$C_{26}H_{44}O_7$ 745, 917, 2380
$C_{26}H_{44}O_8$ 733, 841, 917, 918, 2380
$C_{26}H_{44}O_9$ 734, 747, 840
$C_{26}H_{44}O_{10}$ 842
$C_{26}H_{44}O_{21}$ 2355
$C_{26}H_{46}N_2$ 356
$C_{26}H_{46}N_2O$ 358
$C_{26}H_{46}N_2O_2$ 356
$C_{26}H_{46}N_4O_{14}$ 2675
$C_{26}H_{46}O_7$ 732, 733
$C_{26}H_{46}O_8$ 733
$C_{26}H_{46}O_9$ 734, 918
$C_{27}H_{20}O_5$ 1600
$C_{27}H_{20}O_6$ 1891

$C_{27}H_{18}O_{12}$ 2767
$C_{27}H_{20}O_{10}$ 2766
$C_{27}H_{21}F_2N_3O_7$ 2868
$C_{27}H_{21}NO_8$ 2492
$C_{27}H_{21}NO_{12}$ 2771
$C_{27}H_{22}N_2O_4$ 2771
$C_{27}H_{22}O_6$ 1562
$C_{27}H_{22}O_7$ 1600
$C_{27}H_{22}O_9$ 2772
$C_{27}H_{22}O_{12}$ 2222
$C_{27}H_{22}O_{15}$ 1678
$C_{27}H_{23}N_3O_4$ 2870
$C_{27}H_{24}N_4O_3$ 236, 2496, 2871
$C_{27}H_{24}N_4O_4$ 2496
$C_{27}H_{24}O_5$ 2259
$C_{27}H_{24}O_7$ 1892, 2766
$C_{27}H_{24}O_{11}$ 1634
$C_{27}H_{26}O_7$ 1599
$C_{27}H_{26}O_8$ 1429
$C_{27}H_{26}O_9$ 1682
$C_{27}H_{26}O_{10}$ 2247
$C_{27}H_{26}O_{11}$ 1489
$C_{27}H_{26}O_{12}$ 2247
$C_{27}H_{27}N_7O_7S$ 2492
$C_{27}H_{27}N_7O_8S$ 2492
$C_{27}H_{27}NO_5$ 121, 122, 152
$C_{27}H_{28}N_2O_4$ 17, 383
$C_{27}H_{28}O_5$ 1532
$C_{27}H_{28}O_6$ 1740
$C_{27}H_{28}O_7$ 1599, 1600, 1866
$C_{27}H_{28}O_8$ 1429
$C_{27}H_{28}O_9$ 1507
$C_{27}H_{28}O_{11}$ 1489
$C_{27}H_{28}O_{16}$ 1679, 2772
$C_{27}H_{28}O_{14}$ 449, 1680
$C_{27}H_{28}O_{15}$ 449
$C_{27}H_{28}O_{17}$ 1632, 1681
$C_{27}H_{29}NO_4$ 2697
$C_{27}H_{29}NO_{10}$ 152
$C_{27}H_{29}NO_{11}$ 2767
$C_{27}H_{29}N_5O_4$ 2868
$C_{27}H_{30}N_2O_9$ 194, 216
$C_{27}H_{30}O_6$ 846, 1659
$C_{27}H_{30}O_7$ 1725, 2234
$C_{27}H_{30}O_8$ 1144, 1507
$C_{27}H_{30}O_9$ 1500, 1507, 2696
$C_{27}H_{30}O_{10}$ 1500, 1679, 2765
$C_{27}H_{30}O_{11}$ 1532, 1634, 2765, 2772
$C_{27}H_{30}O_{12}$ 1402, 1532
$C_{27}H_{30}O_{13}$ 451, 1738, 1739
$C_{27}H_{30}O_{14}$ 449, 1631, 1677, 1679, 1739, 1840, 1903
$C_{27}H_{30}O_{15}$ 449, 1679, 1680, 1755, 1903
$C_{27}H_{30}O_{16}$ 448, 1632, 1679, 1680, 1681, 1739, 1740
$C_{27}H_{30}O_{17}$ 1631, 1680
$C_{27}H_{31}NO_7$ 53
$C_{27}H_{31}NO_8$ 53
$[C_{27}H_{31}O_{14}]^+$ 1800
$[C_{27}H_{31}O_{15}]^+$ 1800, 1801
$[C_{27}H_{31}O_{16}]^+$ 1801
$C_{27}H_{31}NO_{10}$ 2559
$C_{27}H_{31}NO_{11}$ 2769
$C_{27}H_{31}NO_{14}$ 1755
$C_{27}H_{32}N_2O_{10}$ 224
$C_{27}H_{32}N_6O_4S_2$ 2623
$C_{27}H_{32}O_5$ 1916, 2961
$C_{27}H_{32}O_6$ 1754, 1855, 2960
$C_{27}H_{32}O_7$ 1144, 1746
$C_{27}H_{32}O_8$ 1506, 1508
$C_{27}H_{32}O_9$ 623, 1142, 1465
$C_{27}H_{32}O_{10}$ 978, 1142, 1145, 1428
$C_{27}H_{32}O_{11}$ 1532
$C_{27}H_{32}O_{14}$ 446, 452, 1658
$C_{27}H_{32}O_{15}$ 452, 1658
$C_{27}H_{32}O_{16}$ 1658, 1755
$C_{27}H_{32}N_2O_9$ 232
$C_{27}H_{33}ClN_2O_6$ 395
$C_{27}H_{33}ClN_2O_7$ 395
$C_{27}H_{33}NO_4$ 139
$C_{27}H_{33}NO_5$ 2962
$C_{27}H_{33}NO_6$ 2962
$C_{27}H_{34}Cl_2N_2O_9S_2$ 2624, 2654
$C_{27}H_{34}N_2O_9$ 223
$C_{27}H_{34}N_2O_9S$ 2770
$C_{27}H_{34}N_6O_4S_2$ 2623
$C_{27}H_{34}O_4$ 2559
$C_{27}H_{34}O_5$ 1097, 1597, 1598, 2128, 2961
$C_{27}H_{34}O_6$ 2961, 3002
$C_{27}H_{34}O_8$ 1143, 1144, 1451, 1507
$C_{27}H_{34}O_9$ 1141, 1142
$C_{27}H_{34}O_{10}$ 1142, 1403
$C_{27}H_{34}O_{11}$ 1401, 1451, 1452, 1500, 2980
$C_{27}H_{34}O_{12}$ 451, 1452, 2248
$C_{27}H_{34}O_{13}$ 445, 447, 1451
$C_{27}H_{34}O_{14}$ 447, 1600
$C_{27}H_{34}O_{15}$ 447, 1566, 1567
$C_{27}H_{35}NO_7$ 322, 335
$C_{27}H_{35}NO_8$ 335
$C_{27}H_{36}Br_2O_4$ 2652
$C_{27}H_{36}N_2O_5$ 136
$C_{27}H_{36}O_4$ 2382, 2557
$C_{27}H_{36}O_5$ 920, 1917, 2066, 2652
$C_{27}H_{36}O_6$ 1917, 2963
$C_{27}H_{36}O_7$ 968, 988, 3002
$C_{27}H_{36}O_8$ 969, 1144, 1530
$C_{27}H_{36}O_9$ 845, 1400, 2919
$C_{27}H_{36}O_{10}$ 742
$C_{27}H_{36}O_{11}$ 744, 1175, 2378, 2379
$C_{27}H_{36}O_{12}$ 1465, 1466, 1500
$C_{27}H_{37}BrO_5$ 2652
$C_{27}H_{37}Br_3O_4$ 2652
$C_{27}H_{37}N_7O_7$ 2822
$C_{27}H_{37}NO_2$ 2695
$C_{27}H_{37}NO_3$ 2695
$C_{27}H_{37}NO_6$ 331, 2962
$C_{27}H_{37}NO_8$ 323
$C_{27}H_{38}Br_2O_5$ 2652
$C_{27}H_{38}N_2O_9$ 2693
$C_{27}H_{38}N_6O_7$ 382
$C_{27}H_{38}N_6O_9$ 2676
$C_{27}H_{38}O_3$ 2558, 2559
$C_{27}H_{38}O_4$ 2068, 2559, 2590
$C_{27}H_{38}O_5$ 2066
$C_{27}H_{38}O_6$ 2557
$C_{27}H_{38}O_7$ 1933, 1936, 2558
$C_{27}H_{38}O_9$ 738, 742, 743
$C_{27}H_{38}O_{10}$ 849, 2286
$C_{27}H_{38}O_{11}$ 407
$C_{27}H_{38}O_{12}$ 1530
$C_{27}H_{38}O_{13}$ 450, 453
$C_{27}H_{38}O_{15}$ 2289
$C_{27}H_{39}ClO_8$ 561, 562
$C_{27}H_{39}NO_2$ 346
$C_{27}H_{39}NO_7$ 2696
$C_{27}H_{40}Cl_2O_8$ 561
$C_{27}H_{40}N_4O_5$ 382
$C_{27}H_{40}O_2$ 993, 2214, 2559
$C_{27}H_{40}O_3$ 1080, 1084, 1948, 2069, 2214
$C_{27}H_{40}O_4$ 986, 997, 1078
$C_{27}H_{40}O_5$ 715, 2066
$C_{27}H_{40}O_6$ 718, 2065, 2069
$C_{27}H_{40}O_7$ 988
$C_{27}H_{40}O_9$ 1986, 2963
$C_{27}H_{40}O_{11}$ 407
$C_{27}H_{40}O_{12}$ 446, 447
$C_{27}H_{40}O_{14}$ 440
$C_{27}H_{40}O_{15}$ 440
$C_{27}H_{41}ClO_9$ 561, 562
$C_{27}H_{41}N_5O_2$ 2491
$C_{27}H_{41}NO$ 340, 436
$C_{27}H_{41}NO_2$ 340, 370
$C_{27}H_{41}NO_3$ 370, 371
$C_{27}H_{41}NO_4$ 370, 371, 2870
$C_{27}H_{41}NO_5$ 2870
$C_{27}H_{41}NO_6S$ 2694
$C_{27}H_{41}NO_7$ 294,745
$C_{27}H_{41}NO_8$ 294, 367
$C_{27}H_{41}NO_9$ 313, 367
$C_{27}H_{42}N_2O_5$ 2866
$C_{27}H_{42}N_6O_6$ 383
$C_{27}H_{42}O_2$ 1944, 2559, 2560, 2589
$C_{27}H_{42}O_3$ 985, 986, 1078, 1943, 2065, 2068, 2127, 2560, 2589, 2591, 2592

$C_{27}H_{42}O_4$ 989, 1081, 2065, 2066, 2068
$C_{27}H_{42}O_5$ 633, 2065, 2068, 2592
$C_{27}H_{42}O_6$ 2592
$C_{27}H_{42}O_7$ 969
$C_{27}H_{42}O_8$ 848, 1984, 1986
$C_{27}H_{42}O_{10}$ 571
$C_{27}H_{42}O_{16}$ 440
$C_{27}H_{42}O_{20}$ 442
$C_{27}H_{43}NO$ 340, 346, 362, 371
$C_{27}H_{43}NO_2$ 339, 340, 346, 362, 363
$C_{27}H_{43}NO_3$ 362, 363
$C_{27}H_{43}NO_4$ 364
$C_{27}H_{43}NO_6$ 364
$C_{27}H_{43}NO_7$ 367
$C_{27}H_{43}NO_8$ 301, 310, 312, 367
$C_{27}H_{43}NO_9$ 313
$C_{27}H_{43}NaO_7S$ 2590
$C_{27}H_{44}N_2O$ 358
$C_{27}H_{44}O$ 968, 1947
$C_{27}H_{44}O_2$ 993, 1300, 2063, 2559
$C_{27}H_{44}O_3$ 985, 987, 1942, 1944, 1947, 2063, 2065, 2589, 2593
$C_{27}H_{44}O_4$ 969, 987, 1947, 1952, 2060, 2063, 2065, 2289, 2591
$C_{27}H_{44}O_5$ 1945, 1948, 1950, 2063, 2065
$C_{27}H_{44}O_6$ 1945, 2065, 2380
$C_{27}H_{44}O_7$ 1945
$C_{27}H_{44}O_8$ 1945, 1985
$C_{27}H_{44}O_{11}$ 918
$C_{27}H_{45}NO$ 340
$C_{27}H_{45}NO_2$ 340, 346, 363
$C_{27}H_{45}NO_3$ 165, 339, 362, 363
$C_{27}H_{45}NO_4$ 339, 340
$C_{27}H_{45}NO_6$ 363
$C_{27}H_{45}NO_7$ 301
$C_{27}H_{45}N_9O_3$ 2824
$C_{27}H_{45}NaO_5S$ 2590
$C_{27}H_{45}NaO_7S$ 2590
$C_{27}H_{45}NaO_{10}S$ 2590
$C_{27}H_{46}N_2O$ 346
$C_{27}H_{46}N_2O_2$ 340, 350, 356
$C_{27}H_{46}O_2$ 2590
$C_{27}H_{46}O_3$ 1942, 2589, 2592
$C_{27}H_{46}O_4$ 1884, 1944, 1945, 1948, 2287, 2590, 2593
$C_{27}H_{46}O_5$ 1943, 2591
$C_{27}H_{46}O_{10}$ 537
$C_{27}H_{46}O_6S$ 2380
$C_{27}H_{46}S$ 1948
$C_{27}H_{48}O_5$ 1943
$C_{27}H_{48}O_6$ 1943
$C_{27}H_{48}O_7$ 1943, 2590
$C_{27}H_{49}NO_2$ 66
$C_{27}H_{49}NO_3$ 66
$C_{27}H_{54}O_4$ 2149
$C_{28}H_{16}O_8$ 2259
$C_{28}H_{20}O_6$ 2259
$C_{28}H_{20}O_7$ 2259, 2260
$C_{28}H_{20}O_{13}$ 1778
$C_{28}H_{21}NO_8$ 2768
$C_{28}H_{21}N_3O_7$ 2868
$C_{28}H_{22}ClNO_8$ 2766
$C_{28}H_{22}N_4O_4$ 2495
$C_{28}H_{22}NO_{11}S$ 2492
$C_{28}H_{22}O_6$ 1616, 2259, 2260
$C_{28}H_{22}O_7$ 2259, 2260
$C_{28}H_{22}O_{10}$ 2771
$C_{28}H_{23}NO_8$ 2492
$C_{28}H_{24}ClNO_{10}$ 2915
$C_{28}H_{24}N_2O_3$ 237
$C_{28}H_{24}N_4O_4$ 2869
$C_{28}H_{24}O_6$ 1567, 1616, 1617
$C_{28}H_{24}O_7$ 1567, 1615, 1812, 2259
$C_{28}H_{24}O_8$ 1614, 1616, 2259, 2260
$C_{28}H_{24}O_9$ 2766
$C_{28}H_{24}O_{13}$ 1902
$C_{28}H_{24}O_{14}$ 1679
$C_{28}H_{24}O_{15}$ 1678
$C_{28}H_{24}O_{16}$ 1679, 1683
$C_{28}H_{25}ClN_2O_{10}$ 2915
$C_{28}H_{25}NO_{10}$ 2915
$C_{28}H_{26}N_4O_3$ 231, 232, 236, 2496
$C_{28}H_{26}N_4O_4$ 2496, 2871
$C_{28}H_{26}O_{12}$ 2222
$C_{28}H_{27}NO_4$ 280
$C_{28}H_{27}NO_5$ 17, 280
$C_{28}H_{27}NO_6$ 165
$C_{28}H_{27}NO_7$ 2290
$C_{28}H_{27}NO_{13}$ 2769
$C_{28}H_{28}N_2O_4$ 136
$C_{28}H_{28}N_2O_{10}$ 2765
$C_{28}H_{28}N_4O_3$ 2866
$C_{28}H_{28}N_4O_4$ 232, 2866
$C_{28}H_{28}O_6$ 1810
$C_{28}H_{28}O_7$ 1452, 2234
$C_{28}H_{28}O_8$ 1467
$C_{28}H_{28}O_{10}$ 2982
$C_{28}H_{28}O_{15}$ 2768
$C_{28}H_{29}N_3O_5$ 67
$C_{28}H_{30}N_4O_4$ 67
$C_{28}H_{30}O_5$ 1809, 1810
$C_{28}H_{30}O_6$ 1809, 1810
$C_{28}H_{30}O_7$ 2234, 2235, 2981
$C_{28}H_{30}O_8$ 2982
$C_{28}H_{30}O_9$ 1431, 2235
$C_{28}H_{30}O_{10}$ 2291
$C_{28}H_{30}O_{11}$ 1175, 1679
$C_{28}H_{30}O_{12}$ 1452
$C_{28}H_{30}O_{13}$ 1565, 1566, 2772
$C_{28}H_{30}O_{14}$ 449
$C_{28}H_{30}O_{17}$ 1680
$C_{28}H_{30}O_{18}$ 1917
$C_{28}H_{31}NO_7$ 66, 143
$C_{28}H_{31}NO_{10}$ 2767
$C_{28}H_{31}NO_{11}$ 2767
$C_{28}H_{32}O_5$ 1808, 1809
$C_{28}H_{32}O_6$ 1659, 1808, 1809, 1810
$C_{28}H_{32}O_7$ 1659, 1810, 2234, 2235
$C_{28}H_{32}O_9$ 977, 1079, 1810
$C_{28}H_{32}O_{10}$ 1465, 1508
$C_{28}H_{32}O_{11}$ 743, 1144, 2765
$C_{28}H_{32}O_{12}$ 1144, 2561
$C_{28}H_{32}O_{14}$ 451, 1631, 1632
$C_{28}H_{32}O_{15}$ 1631, 1739
$C_{28}H_{32}O_{16}$ 1680, 1681
$C_{28}H_{33}NO_5$ 28, 224, 2694
$C_{28}H_{33}NO_7$ 53
$C_{28}H_{33}NO_8$ 53
$C_{28}H_{33}NO_{10}$ 2771
$C_{28}H_{33}NO_{11}$ 2771
$C_{28}H_{34}N_2O_4$ 2489
$C_{28}H_{34}N_2O_{10}$ 216
$C_{28}H_{34}N_4O_4$ 2867
$C_{28}H_{34}O_2$ 1532
$C_{28}H_{34}O_3$ 1271
$C_{28}H_{34}O_4$ 1271
$C_{28}H_{34}O_5$ 2127, 2377, 2963
$C_{28}H_{34}O_6$ 1079
$C_{28}H_{34}O_7$ 1079, 1144
$C_{28}H_{34}O_8$ 1143, 1144, 1507, 2234
$C_{28}H_{34}O_9$ 977, 1145, 1177, 1506, 1508
$C_{28}H_{34}O_{10}$ 1400, 1428
$C_{28}H_{34}O_{11}$ 1142
$C_{28}H_{34}O_{13}$ 1452, 2561
$C_{28}H_{34}O_{14}$ 447, 1658, 1848
$C_{28}H_{34}O_{15}$ 448, 1658
$C_{28}H_{35}ClN_2O_7$ 395
$C_{28}H_{35}ClO_{11}$ 743
$C_{28}H_{35}ClO_{12}$ 743, 744
$C_{28}H_{35}N_3O_3$ 2872
$C_{28}H_{35}N_3O_4$ 224, 2872
$C_{28}H_{35}N_3O_6$ 2872
$C_{28}H_{35}NO_5$ 2962
$C_{28}H_{35}NO_6$ 2962
$C_{28}H_{35}NO_8$ 741
$C_{28}H_{35}NO_9$ 740
$C_{28}H_{35}NO_{10}$ 157
$C_{28}H_{36}N_2O_{10}$ 216
$C_{28}H_{36}N_2O_6$ 265, 331, 745, 2377
$C_{28}H_{36}N_2O_7$ 2377
$C_{28}H_{36}N_2O_{11}$ 223
$C_{28}H_{36}N_2O_4$ 136, 393
$C_{28}H_{36}O_3$ 1271

$C_{28}H_{36}O_4$ 1271, 2130, 2133
$C_{28}H_{36}O_5$ 2114, 2128
$C_{28}H_{36}O_6$ 1079, 2127
$C_{28}H_{36}O_7$ 2114, 2134
$C_{28}H_{36}O_8$ 1507, 1508
$C_{28}H_{36}O_{10}$ 992
$C_{28}H_{36}O_{11}$ 743, 1175, 1176
$C_{28}H_{36}O_{12}$ 451, 992, 1176, 1500, 2378
$C_{28}H_{36}O_{13}$ 1451
$C_{28}H_{36}O_{16}$ 445
$C_{28}H_{37}ClN_2O_8$ 395
$C_{28}H_{37}ClO_{10}$ 744
$C_{28}H_{37}ClO_{12}$ 744, 2377, 2379
$C_{28}H_{37}ClO_{13}$ 2379
$C_{28}H_{37}ClO_{14}$ 744, 2379
$C_{28}H_{37}N_3O_2$ 2867
$C_{28}H_{37}N_3O_5$ 2823
$C_{28}H_{37}NO_7$ 29, 165, 325
$C_{28}H_{37}NO_8$ 26
$C_{28}H_{37}NO_9$ 26, 27
$C_{28}H_{37}NO_{10}$ 27
$C_{28}H_{37}NO_{11}$ 28
$C_{28}H_{38}ClO_{13}$ 744
$C_{28}H_{38}Cl_2N_4O_4$ 393
$C_{28}H_{38}N_2O_4$ 136
$C_{28}H_{38}O_3$ 1271, 2116
$C_{28}H_{38}O_4$ 1271, 2115, 2128, 2130, 2382
$C_{28}H_{38}O_5$ 1144, 2127
$C_{28}H_{38}O_6$ 2066, 2124, 2130, 2133
$C_{28}H_{38}O_7$ 2128, 2133, 2134, 2221
$C_{28}H_{38}O_8$ 1177, 1986
$C_{28}H_{38}O_9$ 741, 916
$C_{28}H_{38}O_{10}$ 847, 913, 916, 962, 1400, 2378
$C_{28}H_{38}O_{11}$ 741, 742, 744, 1176, 2378
$C_{28}H_{38}O_{12}$ 452, 742, 744, 1176
$C_{28}H_{38}O_{13}$ 744, 1431, 1465, 1466
$C_{28}H_{38}O_{14}$ 1430
$C_{28}H_{38}O_{15}$ 453
$C_{28}H_{39}NO_6$ 2871
$C_{28}H_{39}NO_7$ 2868, 2961
$C_{28}H_{39}N_3O_5$ 2823
$C_{28}H_{40}N_2O_9$ 2693
$C_{28}H_{40}O_2$ 2116, 2589
$C_{28}H_{40}O_3$ 2589
$C_{28}H_{40}O_4$ 1271, 2116
$C_{28}H_{40}O_5$ 2121, 2130, 2558
$C_{28}H_{40}O_6$ 849, 2134, 2960
$C_{28}H_{40}O_7$ 738, 1281, 2066, 2115, 2120, 2128
$C_{28}H_{40}O_8$ 738, 849
$C_{28}H_{40}O_9$ 738, 849, 2121, 2123, 2378, 2380
$C_{28}H_{40}O_{10}$ 742, 915, 1176, 2378
$C_{28}H_{40}O_{10}S$ 2115
$C_{28}H_{40}O_{11}$ 2378
$C_{28}H_{40}O_{15}$ 452
$C_{28}H_{40}O_{19}$ 450
$C_{28}H_{41}ClO_9$ 2377
$C_{28}H_{41}NO_4$ 2869
$C_{28}H_{41}NO_8$ 354, 848
$C_{28}H_{42}N_4O_6$ 2867
$C_{28}H_{42}O$ 2114
$C_{28}H_{42}O_2$ 2116, 2214, 2592
$C_{28}H_{42}O_3$ 2118, 2214, 2589, 2592
$C_{28}H_{42}O_4$ 2287
$C_{28}H_{42}O_5$ 715, 2962
$C_{28}H_{42}O_8$ 740, 988, 2134
$C_{28}H_{42}O_{14}$ 450
$C_{28}H_{43}ClO_9$ 561, 562
$C_{28}H_{43}NO_6$ 2694
$C_{28}H_{43}NO_8$ 309
$C_{28}H_{43}N_5O_{12}S$ 2824
$C_{28}H_{44}N_2O$ 351
$C_{28}H_{44}N_4O_4$ 381
$C_{28}H_{44}O$ 2118
$C_{28}H_{44}O_2$ 2115, 2124, 2559, 2560, 2590, 2594
$C_{28}H_{44}O_3$ 2123, 2124, 2589, 2591, 2592, 2593
$C_{28}H_{44}O_4$ 1082, 2287, 2591, 2593, 2962
$C_{28}H_{44}O_5$ 2376
$C_{28}H_{44}O_6$ 988, 2376
$C_{28}H_{44}O_7$ 745, 746, 2113, 2116, 2376, 2380
$C_{28}H_{44}O_8$ 739, 745, 2113, 2120, 2380
$C_{28}H_{45}NO_3$ 371
$C_{28}H_{45}NO_5$ 371
$C_{28}H_{45}NO_6$ 350
$C_{28}H_{45}O_5$ 1198
$C_{28}H_{46}N_2O_2$ 351
$C_{28}H_{46}N_4O_5$ 382
$C_{28}H_{46}O$ 2123
$C_{28}H_{46}O_2$ 2118, 2589, 2591
$C_{28}H_{46}O_3$ 985, 2113, 2114, 2118, 2123, 2590, 2591, 2592, 2593, 2594
$C_{28}H_{46}O_4$ 1078, 1885, 2118, 2123, 2287, 2590, 2591, 2592, 2593, 2594
$C_{28}H_{46}O_5$ 2376, 2590
$C_{28}H_{46}O_6$ 2376
$C_{28}H_{46}O_7$ 720, 747, 2113
$C_{28}H_{46}O_8$ 1985, 2113
$C_{28}H_{46}O_9$ 739, 745, 747, 841, 1985, 2380, 2916
$C_{28}H_{46}O_{10}$ 739, 745, 917, 2380
$C_{28}H_{46}O_{11}$ 562
$C_{28}H_{46}O_{12}$ 562
$C_{28}H_{47}NO_3$ 346, 371
$C_{28}H_{47}NO_5$ 350
$C_{28}H_{48}N_2O$ 356
$C_{28}H_{48}N_2O_2$ 356
$C_{28}H_{47}N_7O_7$ 382
$C_{28}H_{48}O_3$ 994, 2593
$C_{28}H_{48}O_4$ 1884, 2116, 2138, 2590, 2594
$C_{28}H_{48}O_5$ 1198
$C_{28}H_{48}O_{12}$ 402
$C_{28}H_{48}O_{18}$ 429
$C_{28}H_{50}N_2O_4$ 2487
$C_{28}H_{50}N_2O_5$ 2487
$C_{28}H_{50}N_4O_7$ 2822
$C_{28}H_{50}O_2$ 2116
$C_{28}H_{50}O_6$ 2698
$C_{28}H_{50}O_{11}$ 2695
$C_{28}H_{54}O_{18}$ 409
$C_{28}H_{58}N_4O$ 392
$C_{29}H_{13}N_3O_3$ 253
$C_{29}H_{15}Br_4ClO_8$ 2560
$C_{29}H_{16}Br_4O_8$ 2560
$C_{29}H_{18}O_8$ 2259
$C_{29}H_{18}O_9$ 2259
$C_{29}H_{20}O_8$ 2259
$C_{29}H_{21}NO_9$ 2765
$C_{29}H_{22}O_{14}$ 1777
$C_{29}H_{22}O_{15}$ 1777
$C_{29}H_{23}NO_6$ 152
$C_{29}H_{23}NO_{10}$ 2768
$C_{29}H_{24}NNaO_{11}S$ 2492
$C_{29}H_{24}O_5$ 1884
$C_{29}H_{24}O_6$ 1884
$C_{29}H_{24}O_8$ 2259
$C_{29}H_{24}O_{12}$ 1778
$C_{29}H_{25}NO_9$ 2492
$C_{29}H_{25}NO_{11}$ 2771
$C_{29}H_{25}NO_{12}$ 2771
$C_{29}H_{26}N_2O_4$ 2766, 2871
$C_{29}H_{26}N_4O_3$ 236
$C_{29}H_{26}O_8$ 1615
$C_{29}H_{26}O_{16}$ 1679
$C_{29}H_{28}N_2O_4$ 85
$C_{29}H_{28}N_4O$ 253
$C_{29}H_{28}O_5$ 2980
$C_{29}H_{28}O_9$ 1508
$C_{29}H_{28}O_{10}$ 2247
$C_{29}H_{28}O_{11}$ 1634
$C_{29}H_{30}Br_2O_6$ 2234
$C_{29}H_{30}O_7$ 1725
$C_{29}H_{30}O_8$ 743, 1429, 1465, 1507, 1659, 1725
$C_{29}H_{30}O_9$ 1429
$C_{29}H_{30}O_{10}$ 2982
$C_{29}H_{30}O_{14}$ 444
$C_{29}H_{31}NO_{12}$ 2767
$C_{29}H_{32}N_2O_7$ 3003
$C_{29}H_{32}O_6$ 1810

$C_{29}H_{32}O_{8}$ 1810, 2235
$C_{29}H_{32}O_{11}$ 1506
$C_{29}H_{32}O_{13}$ 1866
$C_{29}H_{32}O_{15}$ 1903
$C_{29}H_{33}NO_{9}$ 53
$C_{29}H_{33}NO_{10}$ 2767
$C_{29}H_{33}NO_{11}$ 2767
$C_{29}H_{34}O_{4}$ 2246
$C_{29}H_{34}O_{6}$ 623, 1808, 1809, 1810
$C_{29}H_{34}O_{9}$ 626, 991
$C_{29}H_{34}O_{10}$ 626, 991, 1141
$C_{29}H_{34}O_{11}$ 850, 1141, 1142, 1507, 2771
$C_{29}H_{34}O_{12}$ 449, 978
$C_{29}H_{34}O_{13}$ 1659
$C_{29}H_{34}O_{15}$ 1632, 1633
$C_{29}H_{34}O_{16}$ 1680
$C_{29}H_{34}O_{17}$ 1680
$C_{29}H_{34}O_{18}$ 1681
$C_{29}H_{35}NO_{5}$ 2695
$C_{29}H_{35}NO_{7}$ 2963
$C_{29}H_{35}NO_{9}$ 2769
$C_{29}H_{35}N_{5}O_{7}$ 382
$C_{29}H_{35}NO_{10}$ 2769
$C_{29}H_{36}N_{2}O_{16}S$ 2770
$C_{29}H_{36}N_{2}O_{6}$ 2866
$C_{29}H_{36}N_{4}O_{4}$ 382
$C_{29}H_{36}N_{4}O_{5}$ 382
$C_{29}H_{36}O_{4}$ 1271, 2246
$C_{29}H_{36}O_{5}$ 741, 848, 852, 915
$C_{29}H_{36}O_{6}$ 694, 848, 2246
$C_{29}H_{36}O_{7}$ 738
$C_{29}H_{36}O_{8}$ 749, 2769, 2961
$C_{29}H_{36}O_{9}$ 991, 1142, 1143, 1144, 2696, 2961
$C_{29}H_{36}O_{10}$ 849, 991, 992, 1142, 1143
$C_{29}H_{36}O_{11}$ 744, 991, 992, 1143
$C_{29}H_{36}O_{12}$ 992, 1531
$C_{29}H_{36}O_{13}$ 1176, 1452
$C_{29}H_{36}O_{14}$ 448, 1848
$C_{29}H_{36}O_{15}$ 442, 2292
$C_{29}H_{36}O_{17}$ 451
$C_{29}H_{37}Br_{2}N_{4}O_{5}$ 394
$C_{29}H_{37}NO_{2}$ 359, 2490
$C_{29}H_{37}NO_{3}$ 620, 1917, 2557
$C_{29}H_{38}N_{2}O_{4}$ 136
$C_{29}H_{38}N_{2}O_{6}$ 2377, 2696
$C_{29}H_{38}N_{2}O_{16}S$ 2770
$C_{29}H_{38}O_{4}$ 2381
$C_{29}H_{38}O_{5}$ 738
$C_{29}H_{38}O_{6}$ 916
$C_{29}H_{38}O_{7}$ 694
$C_{29}H_{38}O_{8}$ 850, 991
$C_{29}H_{38}O_{9}$ 988, 2696
$C_{29}H_{38}O_{10}$ 850
$C_{29}H_{38}O_{11}$ 1142, 2980
$C_{29}H_{38}O_{12}$ 1144, 2378
$C_{29}H_{38}O_{16}$ 1175, 1176
$C_{29}H_{39}Br_{2}N_{4}O_{5}$ 394
$C_{29}H_{39}NO_{4}$ 2490
$C_{29}H_{39}NO_{8}$ 26, 323
$C_{29}H_{39}NO_{9}$ 26, 323
$C_{29}H_{39}NO_{10}$ 26
$C_{29}H_{40}Cl_{2}N_{4}O_{7}S_{2}$ 2624
$C_{29}H_{40}N_{2}O_{4}$ 136
$C_{29}H_{40}N_{4}O_{6}$ 2823
$C_{29}H_{40}O_{6}$ 1281
$C_{29}H_{40}O_{7}$ 748, 992
$C_{29}H_{40}O_{8}$ 2132
$C_{29}H_{40}O_{9}$ 988
$C_{29}H_{40}O_{10}$ 741
$C_{29}H_{40}O_{12}$ 1531
$C_{29}H_{40}O_{15}$ 452
$C_{29}H_{41}NO_{4}$ 2490
$C_{29}H_{41}NO_{6}$ 2868, 2871, 2961
$C_{29}H_{42}O_{2}$ 1279, 1280
$C_{29}H_{42}O_{4}$ 1281
$C_{29}H_{42}O_{5}$ 1281, 2116, 2560, 2920
$C_{29}H_{42}O_{6}$ 1281, 2132, 2560
$C_{29}H_{42}O_{7}$ 992, 2132, 2920
$C_{29}H_{42}O_{8}$ 738, 988, 991, 2133
$C_{29}H_{42}O_{9}$ 988, 991
$C_{29}H_{42}O_{10}$ 741, 742, 2286
$C_{29}H_{42}O_{13}$ 408
$C_{29}H_{42}O_{16}$ 440
$C_{29}H_{42}O_{18}$ 2289
$C_{29}H_{43}NO_{4}$ 2869
$C_{29}H_{43}NO_{8}$ 354, 848
$C_{29}H_{43}NO_{9}$ 311, 745
$C_{29}H_{43}N_{3}O_{8}$ 2698
$C_{29}H_{44}N_{2}O_{8}$ 2698
$C_{29}H_{44}O_{2}$ 992
$C_{29}H_{44}O_{3}$ 993, 1280, 2589, 2594
$C_{29}H_{44}O_{4}$ 1280, 1944, 2560, 2594
$C_{29}H_{44}O_{5}$ 1281, 2066, 2589
$C_{29}H_{44}O_{6}$ 1281, 1349, 2068, 2593, 2594
$C_{29}H_{44}O_{7}$ 738, 1941, 2593, 2594
$C_{29}H_{44}O_{8}$ 738, 969, 991, 1934
$C_{29}H_{44}O_{10}$ 991, 1933
$C_{29}H_{44}O_{12}$ 407
$C_{29}H_{44}O_{13}$ 407
$C_{29}H_{44}O_{19}$ 2289
$C_{29}H_{45}BrO_{10}$ 2653
$C_{29}H_{45}ClO_{9}$ 562
$C_{29}H_{45}NO_{4}$ 363
$C_{29}H_{45}NO_{8}$ 367, 745, 1933
$C_{29}H_{46}O$ 1301, 2141, 2143
$C_{29}H_{46}O_{2}$ 1198, 1339, 1947, 2589, 2591, 2594
$C_{29}H_{46}O_{3}$ 1199, 1281, 1301, 2144, 2592
$C_{29}H_{46}O_{4}$ 735, 1282, 1349, 1945, 2144, 2592, 2594
$C_{29}H_{46}O_{5}$ 990, 1349, 1948, 2590, 2592
$C_{29}H_{46}O_{6}$ 1197, 1198, 2593
$C_{29}H_{46}O_{7}$ 2593, 2651
$C_{29}H_{46}O_{8}$ 846
$C_{29}H_{46}O_{12}$ 408
$C_{29}H_{47}NO_{4}$ 362
$C_{29}H_{47}NO_{8}$ 2697
$C_{29}H_{48}$ 1301
$C_{29}H_{48}N_{8}O_{7}$ 382
$C_{29}H_{48}O$ 1301, 2142, 2143, 2593
$C_{29}H_{48}O_{2}$ 990, 1301, 1302, 2561, 2589, 2590, 2590, 2591
$C_{29}H_{48}O_{3}$ 1281, 1947, 2590, 2591, 2592
$C_{29}H_{48}O_{4}$ 993, 1197, 1301, 2590, 2592
$C_{29}H_{48}O_{5}$ 1197, 1199, 1948, 2591
$C_{29}H_{48}O_{6}$ 1197, 1198, 1948, 2384, 2591
$C_{29}H_{48}O_{8}$ 841, 1985
$C_{29}H_{48}O_{11}$ 537
$C_{29}H_{49}NO_{5}$ 350
$C_{29}H_{49}NO_{7}$ 301
$C_{29}H_{50}O_{2}$ 1947
$C_{29}H_{50}O_{3}$ 1885, 1945, 2141, 2142, 2590
$C_{29}H_{50}O_{4}$ 1885, 1943, 2287
$C_{29}H_{52}O_{2}$ 2141
$C_{30}H_{18}O_{10}$ 1840, 1870, 1871
$C_{30}H_{20}O_{5}$ 846
$C_{30}H_{20}O_{11}$ 1870, 1871
$C_{30}H_{20}O_{12}$ 1870
$C_{30}H_{22}O_{5}$ 1892
$C_{30}H_{22}O_{8}$ 1616
$C_{30}H_{22}O_{9}$ 1871, 1872, 1902, 2259
$C_{30}H_{22}O_{10}$ 1870, 1871, 1872, 1902, 2259
$C_{30}H_{22}O_{11}$ 1871
$C_{30}H_{22}O_{12}$ 1870, 1871
$C_{30}H_{23}NO_{15}$ 2223
$C_{30}H_{24}NO_{12}S$ 2492
$C_{30}H_{24}O_{8}$ 2259
$C_{30}H_{24}O_{9}$ 1429, 2259
$C_{30}H_{24}O_{12}$ 1778
$C_{30}H_{24}O_{13}$ 1778
$C_{30}H_{24}O_{14}$ 2920
$C_{30}H_{25}NO_{9}$ 2492
$C_{30}H_{26}ClNO_{8}$ 2766
$C_{30}H_{26}NNaO_{12}S$ 2492

$C_{30}H_{26}NO_{12}S$ 2492
$C_{30}H_{26}O_{6}$ 1892
$C_{30}H_{26}O_{8}$ 1892, 2260
$C_{30}H_{26}O_{12}$ 1634, 1778
$C_{30}H_{26}O_{13}$ 1634, 1679
$C_{30}H_{26}O_{14}$ 1634
$C_{30}H_{27}NO_{8}$ 2491
$C_{30}H_{27}NO_{9}$ 2492
$C_{30}H_{28}O_{6}$ 1616, 1617
$C_{30}H_{28}O_{7}$ 2259, 2980
$C_{30}H_{28}O_{8}$ 1617
$C_{30}H_{28}O_{9}$ 2259
$C_{30}H_{29}NO_{10}$ 2772
$C_{30}H_{30}Br_{2}N_{6}O$ 2496
$C_{30}H_{30}N_{2}O_{10}$ 2488
$C_{30}H_{30}O_{7}$ 850
$C_{30}H_{30}O_{9}$ 1616
$C_{30}H_{30}O_{10}$ 2917
$C_{30}H_{30}O_{11}$ 2247
$C_{30}H_{31}NO_{9}$ 2917
$C_{30}H_{31}NO_{10}$ 2772
$C_{30}H_{31}NO_{11}$ 2980
$C_{30}H_{32}N_{2}O_{6}$ 245
$C_{30}H_{32}O_{4}$ 737
$C_{30}H_{32}O_{7}$ 1684
$C_{30}H_{32}O_{8}$ 1431, 1616
$C_{30}H_{32}O_{9}$ 1506, 1508
$C_{30}H_{32}O_{10}$ 2982
$C_{30}H_{32}O_{12}$ 1726
$C_{30}H_{32}O_{13}$ 1566
$C_{30}H_{32}O_{15}$ 1546
$C_{30}H_{33}NO_{7}$ 325
$C_{30}H_{33}NO_{8}$ 26
$C_{30}H_{33}NO_{9}$ 26
$C_{30}H_{33}N_{3}O_{11}$ 190
$[C_{30}H_{33}O_{18}]^{+}$ 1801
$C_{30}H_{34}N_{2}O$ 2491
$C_{30}H_{34}N_{2}O_{11}$ 2918
$C_{30}H_{34}O_{4}$ 1660
$C_{30}H_{34}O_{7}$ 1684
$C_{30}H_{34}O_{9}$ 1404, 1508, 1616
$C_{30}H_{34}O_{10}$ 991, 1143
$C_{30}H_{34}O_{11}$ 1616
$C_{30}H_{34}O_{15}$ 2291
$C_{30}H_{34}O_{17}$ 1680
$C_{30}H_{35}NO_{9}$ 66, 143
$C_{30}H_{35}NO_{11}$ 2768, 2770
$C_{30}H_{35}NO_{16}$ 179
$C_{30}H_{36}Br_{2}O_{2}$ 2367, 2368
$C_{30}H_{36}N_{2}O$ 2491
$C_{30}H_{36}N_{2}O_{2}$ 2491
$C_{30}H_{36}N_{2}O_{10}$ 2490
$C_{30}H_{36}O_{5}$ 1725
$C_{30}H_{36}O_{6}$ 991, 1659, 1725
$C_{30}H_{36}O_{7}$ 1144, 1726, 2962
$C_{30}H_{36}O_{8}$ 1141, 1431, 1507
$C_{30}H_{36}O_{9}$ 1141
$C_{30}H_{36}O_{10}$ 1145, 1507
$C_{30}H_{36}O_{11}$ 633, 978, 1429
$C_{30}H_{36}O_{12}$ 1142
$C_{30}H_{36}O_{13}$ 1177
$C_{30}H_{36}O_{14}$ 1659
$C_{30}H_{36}O_{15}$ 1633
$C_{30}H_{36}O_{16}$ 448, 1632
$C_{30}H_{37}BrN_{2}O_{8}$ 307
$C_{30}H_{37}ClO_{14}$ 744
$C_{30}H_{37}NO_{7}$ 2963
$C_{30}H_{37}NO_{8}$ 2963, 2377
$C_{30}H_{37}NO_{9}$ 741
$C_{30}H_{37}NO_{10}$ 53
$C_{30}H_{37}NO_{11}$ 53, 2770
$C_{30}H_{37}NO_{12}$ 53
$C_{30}H_{37}NO_{13}$ 114
$C_{30}H_{37}O_{7}$ 991
$C_{30}H_{38}N_{2}O_{8}$ 307
$C_{30}H_{38}N_{4}$ 236
$C_{30}H_{38}O_{4}$ 1349, 2381
$C_{30}H_{38}O_{5}$ 2246
$C_{30}H_{38}O_{6}$ 991, 1271, 1451, 2246
$C_{30}H_{38}O_{7}$ 1144, 1810, 2246
$C_{30}H_{38}O_{8}$ 1141, 1726
$C_{30}H_{38}O_{9}$ 1142
$C_{30}H_{38}O_{10}$ 991, 992, 1141, 1142
$C_{30}H_{38}O_{11}$ 623, 978
$C_{30}H_{38}O_{12}$ 623, 1144
$C_{30}H_{38}O_{13}$ 451, 1500
$C_{30}H_{38}O_{14}$ 2378
$C_{30}H_{38}O_{15}$ 444, 623
$C_{30}H_{38}O_{16}$ 443
$C_{30}H_{38}O_{17}$ 443
$C_{30}H_{38}O_{18}$ 2291
$C_{30}H_{39}ClO_{13}$ 744, 2378
$C_{30}H_{39}ClO_{14}$ 744, 2378
$C_{30}H_{40}N_{2}O_{8}$ 307
$C_{30}H_{40}N_{2}O_{10}S$ 2697
$C_{30}H_{40}O_{4}$ 1271, 1349, 1350, 2381
$C_{30}H_{40}O_{5}$ 1349, 2382, 2383
$C_{30}H_{40}O_{6}$ 992
$C_{30}H_{40}O_{7}$ 988, 992, 2066
$C_{30}H_{40}O_{8}$ 989, 2066, 2121, 2128, 2652
$C_{30}H_{40}O_{11}$ 744, 913, 2378
$C_{30}H_{40}O_{12}$ 440, 748, 2378
$C_{30}H_{40}O_{13}$ 440, 744, 1176, 1531
$C_{30}H_{40}O_{14}$ 440, 744, 849, 2379
$C_{30}H_{40}O_{16}$ 442, 447
$C_{30}H_{40}O_{18}$ 451
$C_{30}H_{41}Br_{2}N_{4}O_{5}$ 394
$C_{30}H_{41}ClO_{12}$ 744, 2378
$C_{30}H_{41}NO_{6}$ 325
$C_{30}H_{41}NO_{7}$ 2871
$C_{30}H_{41}NO_{8}$ 26, 165
$C_{30}H_{42}N_{2}O_{15}S_{2}$ 397
$C_{30}H_{42}N_{2}O_{7}$ 305
$C_{30}H_{42}N_{2}O_{8}$ 305
$C_{30}H_{42}N_{4}O_{5}$ 381
$C_{30}H_{42}O_{3}$ 987
$C_{30}H_{42}O_{4}$ 988, 1350, 2381, 2382
$C_{30}H_{42}O_{5}$ 990, 992, 1200, 1350, 2383, 2591
$C_{30}H_{42}O_{6}$ 921, 988, 1299, 1349
$C_{30}H_{42}O_{7}$ 987, 992, 1941, 2134, 2652
$C_{30}H_{42}O_{8}$ 562, 987, 988, 989, 990, 992, 2652
$C_{30}H_{42}O_{9}$ 750, 989, 2652
$C_{30}H_{42}O_{10}$ 738, 989
$C_{30}H_{42}O_{11}$ 741, 849, 850, 2378
$C_{30}H_{42}O_{12}$ 850
$C_{30}H_{42}O_{13}$ 744, 850
$C_{30}H_{44}$ 2367
$C_{30}H_{44}N_{2}O_{9}S_{2}$ 2871
$C_{30}H_{44}O_{2}$ 696, 986
$C_{30}H_{44}O_{3}$ 986, 987, 1079, 1200, 1350, 2381
$C_{30}H_{44}O_{4}$ 987, 990, 993, 1080, 1200, 1301, 1302, 2381
$C_{30}H_{44}O_{5}$ 990, 991, 1196, 1197, 1349, 2382, 2589, 2963
$C_{30}H_{44}O_{6}$ 1084, 1299, 1349, 2381
$C_{30}H_{44}O_{7}$ 738, 987, 990, 992, 1349
$C_{30}H_{44}O_{8}$ 738, 851, 987, 988
$C_{30}H_{44}O_{9}$ 562, 2121
$C_{30}H_{44}O_{10}$ 2377
$C_{30}H_{45}ClO_{9}$ 561
$C_{30}H_{45}NO_{4}$ 328
$C_{30}H_{45}N_{2}^{+}$ 2490
$C_{30}H_{46}N_{2}O$ 351
$C_{30}H_{46}O_{2}$ 985, 993, 1079, 1299, 1301, 1302
$C_{30}H_{46}O_{3}$ 985, 986, 987, 988, 990, 1078, 1079, 1085, 1196, 1197, 1199, 1200, 1271, 1280, 1282, 1299, 1301, 1302, 2381, 2593
$C_{30}H_{46}O_{4}$ 975, 985, 986, 988, 990, 1079, 1084, 1085, 1197, 1198, 1199, 1200, 1280, 1282, 1300, 2381, 2592, 2594
$C_{30}H_{46}O_{5}$ 975, 985, 987, 1080, 1081, 1085, 1196, 1197, 1200, 1280, 1281, 1282, 1299, 1301, 1302, 1303, 2382, 2592
$C_{30}H_{46}O_{6}$ 987, 1200, 1282, 1299, 1300, 1301, 1303, 1347, 1350, 2593

$C_{30}H_{46}O_7$ 746, 1198, 1281, 1349, 1937, 2376
$C_{30}H_{46}O_8$ 988, 1934
$C_{30}H_{46}O_8S$ 1301
$C_{30}H_{46}O_9$ 745, 2380
$C_{30}H_{46}O_{10}$ 993
$C_{30}H_{46}O_{19}$ 402
$C_{30}H_{47}ClO_{11}$ 561
$C_{30}H_{47}NO_3$ 66, 328, 1201
$C_{30}H_{47}NO_4$ 266, 328
$C_{30}H_{47}NO_5$ 265, 2699
$C_{30}H_{47}N_3O_5S$ 2489
$C_{30}H_{47}NaO_7S$ 2383
$C_{30}H_{47}Na_3O_{13}S_3$ 2589
$C_{30}H_{47}O_3$ 1349
$C_{30}H_{47}O_4$ 1348, 1349
$C_{30}H_{47}O_5$ 1348
$C_{30}H_{48}ClO_2$ 1078
$C_{30}H_{48}N_2O_3$ 351
$C_{30}H_{48}N_2O_4$ 2699
$C_{30}H_{48}N_6O_6S$ 2624
$C_{30}H_{48}NO_{10}P$ 2919
$C_{30}H_{48}NO_5$ 328
$C_{30}H_{48}O$ 2380
$C_{30}H_{48}O$ 993, 994, 1078, 1299, 1301, 1339, 1340, 1348, 1947
$C_{30}H_{48}O_{10}S$ 2380
$C_{30}H_{48}O_2$ 562, 986, 988, 989, 993, 1078, 1079, 1080, 1199, 1200, 1279, 1280, 1282, 1298, 1301, 1347, 1348, 1349
$C_{30}H_{48}O_3$ 975, 985, 986, 988, 989, 990, 991, 992, 994, 1078, 1084, 1199, 1200, 1271, 1279, 1280, 1298, 1301, 1302, 1303, 1339, 1347, 2143, 2593
$C_{30}H_{48}O_4$ 986, 988, 990, 993, 1078, 1079, 1080, 1196, 1198, 1299, 1300, 1301, 1348, 1349, 1350, 2383, 2592
$C_{30}H_{48}O_5$ 988, 990, 992, 1080, 1081, 1085, 1199, 1282, 1299, 1300, 1302, 1339, 1347, 2118, 2130, 2383, 2384, 2591, 2963
$C_{30}H_{48}O_6$ 746, 1199, 1281, 1282, 1299, 1349, 1350, 1369, 2376, 2383, 2590, 2593, 2594, 2960
$C_{30}H_{48}O_7$ 746, 990, 2376, 2651
$C_{30}H_{48}O_8$ 720, 2374
$C_{30}H_{49}NO_3$ 66, 328
$C_{30}H_{49}NO_9$ 301
$C_{30}H_{49}N_5O_7$ 383
$C_{30}H_{49}N_6O_6S$ 383
$C_{30}H_{49}Na_2O_9S_2$ 985
$C_{30}H_{49}O_9P$ 2963
$C_{30}H_{50}$ 1084, 1298, 1339, 2383
$C_{30}H_{50}N_2O$ 2488, 2490, 2490
$C_{30}H_{50}N_2O_2$ 359
$C_{30}H_{50}O$ 975, 990, 1271, 1280, 1298, 1339, 1340, 1348
$C_{30}H_{50}O_2$ 975, 985, 989, 992, 993, 1080, 1084, 1199, 1279, 1280, 1298, 1299, 1301, 1302, 1339, 1340, 2115, 2384
$C_{30}H_{50}O_3$ 975, 985, 986, 987, 992, 993, 1078, 1079, 1083, 1084, 1199, 1271, 1280, 1298, 1299, 1300, 1302, 2383
$C_{30}H_{50}O_4$ 975, 993, 994, 1079, 1080, 1082, 1083, 1199, 1281, 1298, 1299, 1339, 1349, 1350, 1885, 2115, 2383, 2384, 2594
$C_{30}H_{50}O_5$ 975, 1080, 1082, 1198, 1281, 1348, 1349, 1350, 2383, 2384, 2590, 2594
$C_{30}H_{50}O_6$ 1085, 1199, 1348, 2384, 2591
$C_{30}H_{50}O_7$ 1080, 1348, 2384
$C_{30}H_{51}BrO_6$ 2384
$C_{30}H_{51}N_5O_9$ 383
$C_{30}H_{52}$ 2383
$C_{30}H_{52}Br_2O_6$ 2384
$C_{30}H_{52}O$ 1339
$C_{30}H_{52}O_2$ 973, 1300, 1339
$C_{30}H_{52}O_3$ 990, 1199, 1339, 1885
$C_{30}H_{52}O_4$ 977, 985, 1079, 1081, 1082, 1083, 1084, 1085, 1339, 2127, 2384
$C_{30}H_{52}O_5$ 1080, 1083, 1084, 2384
$C_{30}H_{52}O_6$ 977, 1083
$C_{30}H_{52}O_7$ 1347, 2384
$C_{30}H_{52}O_{26}$ 2355
$C_{30}H_{53}BrO_7$ 2382
$C_{30}H_{53}BrO_8$ 2382
$C_{30}H_{54}O_{12}$ 2677
$C_{30}H_{54}O_4$ 973
$C_{30}H_{54}O_5$ 973, 1083, 1084
$C_{30}H_{54}O_6$ 973
$C_{30}H_{56}O_{10}$ 3002
$C_{30}H_{60}O_2$ 2148
$C_{30}H_{62}N_4O$ 392
$C_{31}H_{20}O_{10}$ 1870, 1871
$C_{31}H_{23}NO_{11}$ 2767
$C_{31}H_{24}O_{10}$ 2981
$C_{31}H_{24}O_{11}$ 2765
$C_{31}H_{24}O_{13}$ 1870
$C_{31}H_{25}NO_4$ 280
$C_{31}H_{25}NO_8$ 2491
$C_{31}H_{28}O_{13}$ 1634
$C_{31}H_{28}O_{15}$ 1678
$C_{31}H_{29}ClN_2O_{10}$ 2915
$C_{31}H_{30}N_6O_6S_4$ 2870
$C_{31}H_{30}N_6O_7S_4$ 2870
$C_{31}H_{30}O_3$ 2287
$C_{31}H_{30}O_{10}$ 1467, 1508
$C_{31}H_{30}O_{11}$ 1506
$C_{31}H_{30}O_{13}$ 2290
$C_{31}H_{30}O_{16}$ 1615
$C_{31}H_{30}O_9$ 2260
$C_{31}H_{31}NO_{10}$ 2917
$C_{31}H_{32}N_2O_7$ 2866
$C_{31}H_{32}O_8$ 1507, 1508
$C_{31}H_{32}O_9$ 1659
$C_{31}H_{32}O_{10}$ 1659
$C_{31}H_{32}O_{17}$ 1467
$C_{31}H_{33}NO_{11}$ 2980
$C_{31}H_{34}Br_4N_4O_{12}$ 17
$C_{31}H_{34}N_2O_6$ 245
$C_{31}H_{34}N_2O_7$ 245
$C_{31}H_{34}N_4O_2$ 236
$C_{31}H_{34}O_5$ 538
$C_{31}H_{34}O_{10}$ 2982
$C_{31}H_{34}O_{14}$ 1566
$C_{31}H_{34}O_{16}$ 1545
$C_{31}H_{35}NO_8$ 26
$C_{31}H_{35}NO_{10}$ 2698
$C_{31}H_{36}N_2O_7$ 3003
$C_{31}H_{36}N_2O_8$ 190
$C_{31}H_{36}N_2O_{58}$ 189
$C_{31}H_{36}O_8$ 623, 1431, 1507, 1808
$C_{31}H_{36}O_9$ 1143
$C_{31}H_{36}O_{10}$ 623, 991
$C_{31}H_{36}O_{14}$ 1682
$C_{31}H_{36}O_{15}$ 624
$C_{31}H_{36}O_{16}$ 1679
$C_{31}H_{36}O_{18}$ 1681
$C_{31}H_{36}O_{20}$ 1681
$C_{31}H_{37}NO_{11}$ 2768
$C_{31}H_{37}NO_{17}$ 179
$[C_{31}H_{37}O_{18}]^+$ 1800
$C_{31}H_{38}N_2O_7$ 3003
$C_{31}H_{38}N_2O_{11}$ 2918
$C_{31}H_{38}O_8$ 848
$C_{31}H_{38}O_8S$ 2699
$C_{31}H_{38}O_9$ 741, 1142, 1143, 1177
$C_{31}H_{38}O_{10}$ 2696
$C_{31}H_{38}O_{11}$ 991, 1141, 1144
$C_{31}H_{38}O_{12}$ 991, 1144
$C_{31}H_{38}O_{16}$ 2292
$C_{31}H_{38}O_{18}$ 451
$C_{31}H_{39}ClO_9$ 1143
$C_{31}H_{39}NO_8$ 740, 2963
$C_{31}H_{39}NO_{12}$ 992

$C_{31}H_{39}NO_{13}$ 114
$C_{31}H_{40}N_{2}O_{17}S$ 2770
$C_{31}H_{40}N_{4}O_{6}$ 2490
$C_{31}H_{40}N_{4}O_{7}$ 2361
$C_{31}H_{40}O_{7}$ 1143
$C_{31}H_{40}O_{9}$ 1142, 2222
$C_{31}H_{40}O_{10}$ 991, 2695
$C_{31}H_{40}O_{11}$ 850, 991, 1143, 1144
$C_{31}H_{40}O_{12}$ 992, 1141
$C_{31}H_{40}O_{13}$ 852, 1500
$C_{31}H_{40}O_{14}$ 2378
$C_{31}H_{40}O_{15}$ 442, 2292
$C_{31}H_{40}O_{16}$ 442, 991, 1176, 2292
$C_{31}H_{40}O_{17}$ 445
$C_{31}H_{41}ClO_{12}$ 744
$C_{31}H_{41}NO_{7}$ 300
$C_{31}H_{41}NO_{9}$ 323
$C_{31}H_{41}NO_{10}S$ 303
$C_{31}H_{42}N_{2}O$ 2491
$C_{31}H_{42}N_{4}O_{4}$ 382
$C_{31}H_{42}O_{2}$ 1370
$C_{31}H_{42}O_{4}$ 1368, 2381
$C_{31}H_{42}O_{5}$ 1350, 2381, 2382
$C_{31}H_{42}O_{7}$ 988
$C_{31}H_{42}O_{8}$ 538, 2558
$C_{31}H_{42}O_{9}$ 991
$C_{31}H_{42}O_{11}$ 740
$C_{31}H_{42}O_{15}$ 1466, 1500
$C_{31}H_{42}O_{16}$ 1176, 1429, 1466
$C_{31}H_{42}O_{18}$ 450, 452
$C_{31}H_{43}N_{7}O_{6}$ 382
$C_{31}H_{43}NO_{7}$ 325
$C_{31}H_{44}BrNO_{9}$ 2653
$C_{31}H_{44}N_{2}O$ 2491
$C_{31}H_{44}N_{2}O_{7}$ 2871
$C_{31}H_{44}N_{4}O_{5}$ 381
$C_{31}H_{44}O_{5}$ 990
$C_{31}H_{44}O_{6}$ 990
$C_{31}H_{44}O_{8}$ 990, 2652, 2696
$C_{31}H_{44}O_{10}$ 992
$C_{31}H_{44}O_{19}$ 450
$C_{31}H_{45}NO_{8}$ 52
$C_{31}H_{45}NO_{9}$ 2653
$C_{31}H_{45}NaO_{6}$ 2381
$C_{31}H_{46}N_{2}O_{9}$ 2652
$C_{31}H_{46}N_{4}O_{8}$ 2625
$C_{31}H_{46}N_{4}O_{9}$ 2625
$C_{31}H_{46}O_{4}$ 985, 986, 990, 2916
$C_{31}H_{46}O_{5}$ 985, 1084, 2120
$C_{31}H_{46}O_{6}$ 1281, 2381, 2696
$C_{31}H_{46}O_{7}$ 990, 1081, 2594, 2068, 2696
$C_{31}H_{46}O_{9}$ 2378
$C_{31}H_{46}O_{13}$ 742
$C_{31}H_{46}O_{16}$ 445, 446
$C_{31}H_{46}N_{2}O_{9}$ 2490
$C_{31}H_{47}NO_{8}$ 2870
$C_{31}H_{47}NO_{10}$ 2870
$C_{31}H_{48}N_{2}O$ 351, 2491
$C_{31}H_{48}N_{2}O_{5}$ 351
$C_{31}H_{48}O$ 985
$C_{31}H_{48}O_{3}$ 985, 986, 989, 1339, 2383
$C_{31}H_{48}O_{4}$ 985, 990, 1082, 1199, 1200, 1301, 1349, 2383
$C_{31}H_{48}O_{5}$ 1078, 1349, 2144, 2589
$C_{31}H_{48}O_{6}$ 987, 1078, 1084, 1202, 1348, 1945, 1948
$C_{31}H_{48}O_{8}$ 995, 2593
$C_{31}H_{48}O_{12}$ 916
$C_{31}H_{49}N_{3}O_{2}$ 82
$C_{31}H_{49}Na_{3}O_{13}S_{3}$ 2589
$C_{31}H_{49}O_{5}$ 1078
$C_{31}H_{50}N_{2}O$ 2488, 2490, 2491
$C_{31}H_{50}O$ 985
$C_{31}H_{50}O_{2}$ 993, 1348, 2141, 2143
$C_{31}H_{50}O_{3}$ 985, 1298, 1301, 1347, 1348, 2143, 2287
$C_{31}H_{50}O_{4}$ 986, 1079, 1082, 1299, 1300, 1348, 1349, 2592
$C_{31}H_{50}O_{5}$ 993, 1198, 1280, 1281, 1299, 2590
$C_{31}H_{50}O_{6}$ 2593
$C_{31}H_{50}O_{6}S$ 2960
$C_{31}H_{50}O_{11}$ 2653
$C_{31}H_{50}O_{12}$ 537
$C_{31}H_{51}NO_{9}$ 2692
$C_{31}H_{51}NO_{10}$ 2692
$C_{31}H_{52}N_{2}O$ 693, 2369
$C_{31}H_{52}N_{2}O_{2}$ 359
$C_{31}H_{51}N_{5}O_{6}$ 2823
$C_{31}H_{51}NaO_{11}S$ 2590
$C_{31}H_{52}O$ 985, 1084
$C_{31}H_{52}O_{2}$ 993, 1082, 1340, 1348, 2383
$C_{31}H_{52}O_{3}$ 986, 1078, 1282, 1347, 1348, 2383, 2593
$C_{31}H_{52}O_{4}$ 1082, 1302
$C_{31}H_{52}O_{5}$ 994, 1081, 2384, 2590, 2594
$C_{31}H_{52}O_{6}$ 994, 1081, 1085, 2594
$C_{31}H_{52}O_{7}$ 994
$C_{31}H_{52}O_{8}$ 994, 995, 2590
$C_{31}H_{52}O_{9}$ 2380
$C_{31}H_{52}O_{11}$ 840, 852
$C_{31}H_{52}O_{12}$ 918
$C_{31}H_{53}N_{5}O_{7}$ 2823
$C_{31}H_{54}O_{2}$ 990, 1082
$C_{31}H_{54}O_{3}$ 1302, 1885
$C_{31}H_{54}O_{5}$ 1078, 1083, 2384
$C_{31}H_{54}O_{12}$ 2676
$C_{31}H_{56}N_{6}O_{15}P_{2}$ 2865
$C_{31}H_{56}O_{9}$ 3002
$C_{31}H_{64}N_{4}O_{2}$ 392
$C_{32}H_{22}O_{10}$ 1871
$C_{32}H_{22}O_{13}$ 1615, 2767
$C_{32}H_{23}NO_{10}$ 2492
$C_{32}H_{24}Cl_{2}O_{8}$ 2770
$C_{32}H_{24}O_{10}$ 1871
$C_{32}H_{24}O_{17}$ 1811
$C_{32}H_{25}ClO_{8}$ 2770
$C_{32}H_{26}N_{2}O_{4}$ 1884, 2766
$C_{32}H_{26}O_{8}$ 2770
$C_{32}H_{26}O_{10}$ 1871
$C_{32}H_{28}N_{2}O_{4}$ 1884, 2766
$C_{32}H_{28}O_{10}$ 1615, 1616
$C_{32}H_{29}ClN_{2}O_{11}$ 2915
$C_{32}H_{30}N_{2}O_{11}$ 2915
$C_{32}H_{30}N_{2}O_{4}$ 1884, 2766
$C_{32}H_{30}O_{11}$ 1615, 1616, 1617
$C_{32}H_{30}O_{16}$ 1468, 1917
$C_{32}H_{32}N_{6}O_{7}S_{6}$ 2496
$C_{32}H_{32}N_{6}O_{7}S_{7}$ 2496
$C_{32}H_{32}O_{9}$ 2260
$C_{32}H_{32}O_{15}$ 445
$C_{32}H_{33}N_{3}O_{5}$ 382
$C_{32}H_{34}O_{8}$ 1508
$C_{32}H_{34}O_{10}$ 1616, 1811
$C_{32}H_{34}O_{11}$ 1507
$C_{32}H_{34}O_{15}$ 445, 449
$C_{32}H_{35}NO_{9}$ 323
$C_{32}H_{36}N_{2}O_{5}$ 232
$C_{32}H_{36}N_{2}O_{7}$ 3003
$C_{32}H_{36}N_{2}O_{8}$ 245
$C_{32}H_{36}O_{9}$ 1725
$C_{32}H_{36}O_{11}$ 1143, 1506
$C_{32}H_{36}O_{17}$ 1489
$C_{32}H_{36}O_{18}$ 1680
$C_{32}H_{37}N_{3}O_{3}$ 2495
$C_{32}H_{37}NO_{12}$ 2770
$C_{32}H_{38}N_{2}O_{5}$ 2495
$C_{32}H_{38}N_{2}O_{7}S$ 2697
$C_{32}H_{38}N_{2}O_{8}$ 189
$C_{32}H_{38}N_{2}O_{9}$ 189, 190, 743
$C_{32}H_{38}NaO_{9}$ 851
$C_{32}H_{38}O_{8}$ 1142
$C_{32}H_{38}O_{10}$ 1142, 1144
$C_{32}H_{38}O_{11}$ 990, 1142, 1452, 1507
$C_{32}H_{38}O_{12}$ 2694
$C_{32}H_{38}O_{14}$ 452, 2561, 2694
$C_{32}H_{38}O_{15}$ 1682, 2561, 2694
$C_{32}H_{38}O_{17}$ 1429, 1681
$C_{32}H_{38}O_{18}$ 1681, 2291
$C_{32}H_{38}O_{19}$ 1681, 2291
$C_{32}H_{38}O_{20}$ 1682
$C_{32}H_{38}O_{21}$ 1682
$C_{32}H_{39}NO_{6}$ 2871
$C_{32}H_{39}NO_{9}$ 2962
$C_{32}H_{39}NO_{10}$ 53
$C_{32}H_{39}NO_{11}$ 53
$C_{32}H_{39}NO_{12}$ 2767

$C_{32}H_{39}NO_{13}$ 2767
$C_{32}H_{39}N_3O_{11}$ 2918
$C_{32}H_{40}N_2O_{14}$ 223
$C_{32}H_{40}O_7$ 843, 991
$C_{32}H_{40}O_8$ 1431, 1981
$C_{32}H_{40}O_9$ 1142, 1143
$C_{32}H_{40}O_{10}$ 1142, 1143, 1145
$C_{32}H_{40}O_{11}$ 1141, 1143, 1144
$C_{32}H_{40}O_{15}$ 1143, 2561
$C_{32}H_{40}O_{16}$ 443, 1177, 2561
$C_{32}H_{40}O_{17}$ 443, 452
$C_{32}H_{41}NO_8$ 325
$C_{32}H_{41}N_5O_5$ 243, 252
$C_{32}H_{42}N_2O_{17}S$ 2770
$C_{32}H_{42}N_2O_9$ 307
$C_{32}H_{42}N_6O_8$ 382
$C_{32}H_{42}N_6O_9$ 382
$C_{32}H_{42}N_{10}O_8$ 2492
$C_{32}H_{42}O_5$ 2381
$C_{32}H_{42}O_6$ 991
$C_{32}H_{42}O_8$ 982, 1142
$C_{32}H_{42}O_9$ 1142
$C_{32}H_{42}O_{10}$ 2121
$C_{32}H_{42}O_{11}$ 1142, 1143
$C_{32}H_{42}O_{13}$ 624
$C_{32}H_{42}O_{14}$ 2378
$C_{32}H_{42}O_{15}$ 440, 624
$C_{32}H_{42}O_{16}$ 442, 1176, 1177, 1401, 1451
$C_{32}H_{42}O_{21}$ 450
$C_{32}H_{43}ClO_{13}$ 744, 2378
$C_{32}H_{43}ClO_{14}$ 744, 2379
$C_{32}H_{43}NO_4$ 2872
$C_{32}H_{43}NO_7$ 325
$C_{32}H_{43}NO_8$ 300
$C_{32}H_{43}NaO_7$ 2381
$C_{32}H_{44}N_2O_{10}$ 305
$C_{32}H_{44}N_2O_8$ 305
$C_{32}H_{44}NaO_6$ 2381
$C_{32}H_{44}O_5$ 2381
$C_{32}H_{44}O_7$ 2132
$C_{32}H_{44}O_7S$ 2120
$C_{32}H_{44}O_8$ 982, 2558
$C_{32}H_{44}O_9$ 852, 989
$C_{32}H_{44}O_{11}$ 750, 850
$C_{32}H_{44}O_{12}$ 2378
$C_{32}H_{44}O_{13}$ 744
$C_{32}H_{44}O_{14}$ 744
$C_{32}H_{44}O_{16}$ 1176, 1177, 1429
$C_{32}H_{44}O_{17}$ 1176
$C_{32}H_{45}NO_3$ 2982
$C_{32}H_{45}NO_9$ 299
$C_{32}H_{46}N_2O_8$ 305
$C_{32}H_{46}O$ 1300
$C_{32}H_{46}O_4$ 921, 1300
$C_{32}H_{46}O_5$ 990, 1079
$C_{32}H_{46}O_6$ 1079, 2918
$C_{32}H_{46}O_7$ 986
$C_{32}H_{46}O_8$ 2121, 2696
$C_{32}H_{46}O_9$ 2558
$C_{32}H_{46}O_{10}$ 2558
$C_{32}H_{46}O_{11}S$ 986
$C_{32}H_{46}O_{14}$ 743
$C_{32}H_{46}O_{16}$ 1177, 1400, 1404
$C_{32}H_{47}NO_4$ 265, 328
$C_{32}H_{48}N_2$ 2490
$C_{32}H_{48}N_6O_8$ 2824
$C_{32}H_{48}O$ 1300
$C_{32}H_{48}O_4$ 987, 1197, 1198, 2916
$C_{32}H_{48}O_5$ 990, 992, 1200, 1281, 2381, 2382, 2919
$C_{32}H_{48}O_6$ 1281, 2381
$C_{32}H_{48}O_7$ 1079, 1081, 1084, 1300, 2132
$C_{32}H_{48}O_8$ 1281, 1301, 2696
$C_{32}H_{48}O_{10}$ 1271
$C_{32}H_{48}O_{11}$ 2006
$C_{32}H_{48}O_{13}$ 735, 916
$C_{32}H_{48}O_{15}$ 845
$C_{32}H_{49}NO_4$ 66, 328
$C_{32}H_{49}NO_5$ 265, 328
$C_{32}H_{49}NO_6$ 265, 328
$C_{32}H_{49}NO_8$ 367
$C_{32}H_{49}NO_9$ 367
$C_{32}H_{49}NaO_8S$ 2383
$C_{32}H_{50}$ 1299
$C_{32}H_{50}N_2O$ 2490, 2491
$C_{32}H_{50}O$ 1299
$C_{32}H_{50}O_2$ 1300, 1339, 1340
$C_{32}H_{50}O_3$ 1280
$C_{32}H_{50}O_4$ 993, 1196, 1199, 1200, 1280, 1281, 1299, 1300, 1301
$C_{32}H_{50}O_5$ 1196, 1199, 1200, 1281, 1300
$C_{32}H_{50}O_6$ 996, 1079, 1885, 2382, 2383, 2594
$C_{32}H_{50}O_7$ 2653
$C_{32}H_{50}O_8$ 2376, 2653, 2653
$C_{32}H_{50}O_8S$ 2960
$C_{32}H_{50}O_{13}$ 916
$C_{32}H_{50}O_{14}$ 735, 843
$C_{32}H_{51}NO_4$ 66, 265, 328
$C_{32}H_{51}Na_3O_{13}S_3$ 2589
$C_{32}H_{52}N_2O$ 2490, 2491
$C_{32}H_{52}N_2O_4$ 66
$C_{32}H_{52}O$ 993
$C_{32}H_{52}O_2$ 975, 1199, 1300, 1348
$C_{32}H_{52}O_3$ 993, 1300
$C_{32}H_{52}O_4$ 986, 992, 1196, 1302, 2383
$C_{32}H_{52}O_5$ 2594
$C_{32}H_{52}O_6$ 988, 1079, 1280, 1350, 2383
$C_{32}H_{52}O_7$ 2652
$C_{32}H_{52}O_8$ 1952
$C_{32}H_{52}O_9$ 2069
$C_{32}H_{52}O_{11}$ 745, 2380
$C_{32}H_{52}O_{14}$ 918
$C_{32}H_{53}NaO_{13}S_3$ 2963
$C_{32}H_{53}O_9S^-$ 2963
$C_{32}H_{54}N_2$ 2490
$C_{32}H_{54}N_2O$ 2490
$C_{32}H_{54}O$ 985, 993
$C_{32}H_{54}O_2$ 985
$C_{32}H_{54}O_3$ 986, 1340, 2593
$C_{32}H_{54}O_5$ 1081, 1082, 1083, 1084, 1085, 1196
$C_{32}H_{54}O_6$ 1080
$C_{32}H_{54}O_8$ 2651
$C_{32}H_{54}O_9$ 3002
$C_{32}H_{54}O_{11}$ 739
$C_{32}H_{54}O_{12}$ 918
$C_{32}H_{54}O_{13}$ 735
$C_{32}H_{54}O_{20}$ 402
$C_{32}H_{55}N_9O_3$ 2824
$C_{32}H_{56}N_2$ 2490
$C_{32}H_{56}N_2O$ 68
$C_{32}H_{56}O_2$ 993
$C_{32}H_{56}O_5$ 973
$C_{32}H_{56}O_6$ 973, 1078
$C_{32}H_{56}O_{11}$ 732, 733
$C_{32}H_{56}O_{14}$ 734, 735
$C_{32}H_{57}N_3O_7$ 2699
$C_{32}H_{57}N_5O_{16}P_2$ 2868
$C_{32}H_{58}O_7$ 973
$C_{32}H_{58}O_9$ 3002
$C_{32}H_{58}O_{12}$ 2677
$C_{32}H_{60}N_{12}O_{10}$ 2871
$C_{32}H_{61}NO_3$ 2187
$C_{33}H_{24}O_{10}$ 1871
$C_{33}H_{24}O_{13}$ 1615
$C_{33}H_{26}O_{12}$ 2765
$C_{33}H_{26}O_{13}$ 2765, 2768
$C_{33}H_{26}O_{17}$ 1811
$C_{33}H_{28}O_{10}$ 2981
$C_{33}H_{28}O_{14}$ 2983
$C_{33}H_{30}O_6$ 1532
$C_{33}H_{30}O_{10}$ 1615
$C_{33}H_{30}O_{11}$ 1615
$C_{33}H_{32}O_4$ 843
$C_{33}H_{32}O_7$ 1617
$C_{33}H_{32}O_8$ 1614, 1616
$C_{33}H_{32}O_{14}$ 1634
$C_{33}H_{34}O_7$ 1771
$C_{33}H_{34}O_{13}$ 2289
$C_{33}H_{34}O_{13}S$ 2766
$C_{33}H_{34}O_{14}$ 1452
$C_{33}H_{35}NO_7$ 740
$C_{33}H_{35}NO_9$ 2771
$C_{33}H_{35}N_5O_5$ 243, 252
$C_{33}H_{36}N_4O_8$ 2698
$C_{33}H_{36}O_{10}$ 1725
$C_{33}H_{36}O_{15}$ 445, 1452
$C_{33}H_{37}NO_8$ 741
$C_{33}H_{38}N_4O_2$ 253
$C_{33}H_{38}N_4O_4$ 382

$C_{33}H_{38}O_{7}$ 1565
$C_{33}H_{38}O_{8}$ 1810
$C_{33}H_{38}O_{9}$ 1811
$C_{33}H_{38}O_{10}$ 2962
$C_{33}H_{38}O_{11}$ 1144, 1507
$C_{33}H_{38}O_{12}$ 2982
$C_{33}H_{38}O_{17}$ 1679
$C_{33}H_{38}O_{18}$ 1490
$C_{33}H_{39}ClO_{12}$ 2377
$C_{33}H_{40}N_{2}O_{12}$ 2824
$C_{33}H_{40}N_{2}O_{9}$ 189, 190
$C_{33}H_{40}O_{6}$ 1810
$C_{33}H_{40}O_{7}$ 2961
$C_{33}H_{40}O_{9}$ 738
$C_{33}H_{40}O_{10}$ 741, 1144
$C_{33}H_{40}O_{11}$ 1177
$C_{33}H_{40}O_{13}$ 1144
$C_{33}H_{40}O_{15}$ 1682
$C_{33}H_{40}O_{18}$ 2291
$C_{33}H_{40}O_{19}$ 1681, 1903, 2291
$C_{33}H_{40}O_{20}$ 1681, 1684
$C_{33}H_{40}O_{21}$ 1682
$C_{33}H_{41}NO_{10}$ 1143, 2962
$C_{33}H_{41}N_{7}O_{5}S_{2}$ 2624
$C_{33}H_{42}N_{6}O_{7}$ 383
$C_{33}H_{42}O_{7}$ 849
$C_{33}H_{42}O_{9}$ 1143
$C_{33}H_{42}O_{10}$ 850, 1145
$C_{33}H_{42}O_{11}$ 848, 992, 1142, 1143
$C_{33}H_{42}O_{12}$ 849, 850, 1145
$C_{33}H_{42}O_{13}$ 1143
$C_{33}H_{42}O_{14}$ 1141, 1500
$C_{33}H_{42}O_{15}$ 1141, 2561
$C_{33}H_{42}O_{16}$ 2292, 2561
$C_{33}H_{42}O_{17}$ 443
$C_{33}H_{43}N_{5}O_{4}$ 381, 382
$C_{33}H_{43}NO_{6}$ 2132
$C_{33}H_{44}NO_{9}$ 300
$C_{33}H_{43}NO_{10}$ 303
$C_{33}H_{43}NO_{16}$ 15
$C_{33}H_{44}N_{2}O_{17}S$ 2770
$C_{33}H_{44}N_{10}O_{8}$ 2492
$C_{33}H_{44}O_{2}$ 1370
$C_{33}H_{44}O_{10}$ 748, 749, 851
$C_{33}H_{44}O_{11}$ 2697
$C_{33}H_{44}O_{13}$ 740, 1143, 1144
$C_{33}H_{44}O_{14}$ 1143
$C_{33}H_{44}O_{16}$ 1176, 2248
$C_{33}H_{44}O_{17}$ 1402
$C_{33}H_{44}O_{18}$ 453
$C_{33}H_{44}O_{20}$ 453, 569
$C_{33}H_{45}Cl_{2}NO_{11}$ 3002
$C_{33}H_{45}NO_{7}$ 306
$C_{33}H_{45}NO_{8}$ 300
$C_{33}H_{45}NO_{9}$ 298
$C_{33}H_{45}NO_{10}$ 298, 303
$C_{33}H_{45}NO_{11}$ 298
$C_{33}H_{46}N_{2}O$ 359
$C_{33}H_{46}O_{5}$ 2382
$C_{33}H_{46}O_{11}$ 2697
$C_{33}H_{46}O_{17}$ 1429
$C_{33}H_{46}O_{19}$ 444, 452
$C_{33}H_{46}O_{20}$ 450
$C_{33}H_{47}ClO_{12}$ 744
$C_{33}H_{47}NaO_{7}$ 2381
$C_{33}H_{47}NO_{9}$ 306
$C_{33}H_{47}NO_{10}$ 299
$C_{33}H_{48}N_{2}O_{2}$ 359
$C_{33}H_{48}N_{2}O_{7}$ 2652
$C_{33}H_{48}O_{6}$ 2700, 2918
$C_{33}H_{48}O_{7}$ 2120, 2382
$C_{33}H_{48}O_{8}$ 1281, 1948, 2068, 2696
$C_{33}H_{48}O_{9}$ 995, 1081
$C_{33}H_{48}O_{18}$ 450
$C_{33}H_{49}ClO_{10}$ 2652
$C_{33}H_{49}N_{5}O_{6}$ 381
$C_{33}H_{50}N_{2}O$ 351
$C_{33}H_{50}N_{2}O_{2}$ 359
$C_{33}H_{50}O_{4}$ 1197
$C_{33}H_{50}O_{5}$ 985, 1349
$C_{33}H_{50}O_{7}$ 1081
$C_{33}H_{50}O_{8}$ 2063, 2696
$C_{33}H_{50}O_{9}$ 995
$C_{33}H_{50}O_{17}$ 447
$C_{33}H_{51}NO_{7}$ 370
$C_{33}H_{51}N_{5}O_{6}$ 381
$C_{33}H_{52}N_{2}O_{2}$ 2590
$C_{33}H_{52}O_{3}$ 567
$C_{33}H_{52}O_{4}$ 1199, 1280
$C_{33}H_{52}O_{5}$ 986, 1281, 1299, 1300
$C_{33}H_{52}O_{6}$ 986, 1281
$C_{33}H_{52}O_{11}$ 745, 2138, 2380
$C_{33}H_{52}O_{12}$ 1986
$C_{33}H_{52}O_{13}$ 1986
$C_{33}H_{53}NO_{7}$ 339, 364, 2594
$C_{33}H_{53}NO_{8}$ 364
$C_{33}H_{54}N_{2}O_{4}$ 359
$C_{33}H_{54}O_{3}$ 567, 1280
$C_{33}H_{54}O_{4}$ 986, 1199, 1348
$C_{33}H_{54}O_{7}$ 1081
$C_{33}H_{54}O_{8}$ 995, 1950
$C_{33}H_{54}O_{9}$ 1304, 1950, 2069
$C_{33}H_{54}O_{10}$ 2069
$C_{33}H_{54}O_{11}$ 2069
$C_{33}H_{54}O_{12}$ 2069
$C_{33}H_{54}O_{13}$ 1990
$C_{33}H_{55}N_{3}O_{9}$ 2692
$C_{33}H_{55}NO_{8}$ 364
$C_{33}H_{56}O$ 986
$C_{33}H_{56}O_{2}$ 985, 993
$C_{33}H_{56}O_{3}$ 2593
$C_{33}H_{56}O_{4}$ 1080
$C_{33}H_{56}O_{6}$ 1083
$C_{33}H_{56}O_{8}$ 1950
$C_{33}H_{56}O_{9}$ 1950
$C_{33}H_{58}O_{13}$ 2677
$C_{33}H_{58}O_{2}$ 985, 993
$C_{33}H_{59}N_{5}O_{5}$ 2625
$C_{33}H_{60}O_{10}$ 3002
$C_{33}H_{62}O_{3}$ 2161
$C_{33}H_{66}O_{2}$ 2161
$C_{33}N_{41}NO_{12}$ 2767
$C_{33}N_{41}NO_{13}$ 2767
$C_{34}H_{14}Br_{8}O_{9}$ 2561
$C_{34}H_{16}Br_{6}O_{9}$ 2561
$C_{34}H_{22}O_{9}$ 2561
$C_{34}H_{26}O_{10}$ 1871
$C_{34}H_{27}N_{3}O_{7}$ 178
$C_{34}H_{28}O_{12}$ 2259
$C_{34}H_{30}N_{2}O_{6}$ 147
$C_{34}H_{30}O_{7}$ 1598
$C_{34}H_{30}O_{8}$ 1500
$C_{34}H_{30}O_{10}$ 2288
$C_{34}H_{32}O_{7}$ 1403, 1532
$C_{34}H_{32}O_{11}$ 2260
$C_{34}H_{32}O_{12}$ 1615
$C_{34}H_{34}N_{2}O_{4}$ 2766
$C_{34}H_{34}O_{10}$ 851
$C_{34}H_{34}O_{13}$ 1615
$C_{34}H_{34}O_{14}S$ 2766
$C_{34}H_{34}O_{9}$ 851
$C_{34}H_{34}O_{16}$ 1402
$C_{34}H_{36}N_{4}O_{6}$ 232
$C_{34}H_{36}N_{6}O_{6}S_{4}$ 2496
$C_{34}H_{36}N_{6}O_{6}S_{5}$ 2496
$C_{34}H_{36}N_{6}O_{6}S_{6}$ 2496
$C_{34}H_{36}O_{7}$ 920, 921
$C_{34}H_{36}O_{9}$ 851
$C_{34}H_{36}O_{11}$ 623
$C_{34}H_{36}O_{15}$ 445
$C_{34}H_{36}O_{16}$ 1402
$C_{34}H_{37}NO_{16}$ 2980
$C_{34}H_{38}N_{2}O_{6}$ 67
$C_{34}H_{38}N_{2}O_{10}$ 739
$C_{34}H_{38}N_{4}O_{10}S_{2}$ 2872
$C_{34}H_{38}O_{7}$ 740
$C_{34}H_{38}O_{8}$ 741
$C_{34}H_{38}O_{9}$ 1142
$C_{34}H_{38}O_{16}$ 452
$C_{34}H_{38}O_{17}$ 452, 1755
$C_{34}H_{38}O_{18}$ 1489, 1490
$C_{34}H_{39}NO_{12}$ 623
$C_{34}H_{40}N_{2}O_{6}$ 2871
$C_{34}H_{40}N_{4}O_{4}$ 382
$C_{34}H_{40}N_{4}O_{5}$ 382
$C_{34}H_{40}O_{8}$ 1565, 1811
$C_{34}H_{40}O_{9}$ 1811
$C_{34}H_{40}O_{11}$ 1144
$C_{34}H_{40}O_{12}$ 1141
$C_{34}H_{40}O_{16}$ 1176
$C_{34}H_{40}O_{17}$ 1679
$C_{34}H_{41}N_{7}O_{8}$ 382
$C_{34}H_{41}NO_{13}$ 2767
$C_{34}H_{41}NO_{14}$ 2767
$C_{34}H_{42}N_{2}O_{12}$ 2824
$C_{34}H_{42}N_{4}O_{7}$ 393
$C_{34}H_{42}O_{10}$ 1142

$C_{34}H_{42}O_{11}$ 1142, 1143
$C_{34}H_{42}O_{12}$ 1141
$C_{34}H_{42}O_{17}$ 443, 2292
$C_{34}H_{42}O_{19}$ 2291
$C_{34}H_{42}O_{20}$ 1684
$C_{34}H_{42}O_{21}$ 1682
$C_{34}H_{42}O_{21}S$ 450
$C_{34}H_{42}O_{6}$ 1809
$C_{34}H_{42}O_{7}$ 1810
$C_{34}H_{42}O_{8}$ 848
$C_{34}H_{42}O_{9}$ 852
$C_{34}H_{43}N_{7}O_{5}S_{2}$ 2624
$C_{34}H_{43}NO_{10}$ 2962
$C_{34}H_{43}NO_{11}$ 748
$C_{34}H_{43}NO_{12}$ 2767
$C_{34}H_{43}NO_{13}$ 2767
$C_{34}H_{43}NO_{14}$ 2772
$C_{34}H_{44}N_{4}O_{7}$ 394
$C_{34}H_{44}O_{6}$ 2246
$C_{34}H_{44}O_{9}$ 1177
$C_{34}H_{44}O_{10}$ 1145
$C_{34}H_{44}O_{11}$ 1142
$C_{34}H_{44}O_{12}$ 1144
$C_{34}H_{44}O_{19}$ 448, 2292
$C_{34}H_{44}O_{22}$ 450
$C_{34}H_{44}O_{22}S$ 450
$C_{34}H_{44}O_{29}$ 2292
$C_{34}H_{45}NO_{5}$ 2124
$C_{34}H_{45}NO_{6}$ 2132
$C_{34}H_{45}NO_{10}$ 303
$C_{34}H_{46}ClNO_{11}$ 306
$C_{34}H_{46}ClN_{3}O_{10}$ 395
$C_{34}H_{46}N_{2}O_{17}S$ 2770
$C_{34}H_{46}O_{6}$ 2700
$C_{34}H_{46}O_{7}$ 969
$C_{34}H_{46}O_{8}S$ 2120, 2132
$C_{34}H_{46}O_{9}$ 989, 1081
$C_{34}H_{46}O_{10}$ 851, 852
$C_{34}H_{46}O_{15}$ 744, 2379
$C_{34}H_{46}O_{16}$ 1176
$C_{34}H_{46}O_{17}$ 1175
$C_{34}H_{47}NO_{10}$ 299, 300, 303
$C_{34}H_{47}NO_{11}$ 299
$C_{34}H_{48}F_{3}NO_{6}$ 328
$C_{34}H_{48}N_{2}O_{7}$ 2699
$C_{34}H_{48}N_{2}O_{9}$ 305
$C_{34}H_{48}N_{6}O_{6}S$ 2625
$C_{34}H_{48}O_{7}$ 2699, 2700
$C_{34}H_{48}O_{8}$ 740, 2653
$C_{34}H_{48}O_{10}$ 740, 1143, 2562
$C_{34}H_{48}O_{11}$ 740, 2562
$C_{34}H_{48}O_{13}$ 744, 989, 1531
$C_{34}H_{48}O_{17}$ 1176
$C_{34}H_{48}O_{19}$ 453
$C_{34}H_{48}O_{20}$ 453
$C_{34}H_{48}O_{8}S$ 2132
$C_{34}H_{48}O_{9}$ 740, 2120, 2696, 2962
$C_{34}H_{48}O_{9}S$ 2120, 2121
$C_{34}H_{49}NO_{11}$ 299
$C_{34}H_{49}O_{10}$ 1271
$C_{34}H_{50}N_{6}O_{7}S$ 2625
$C_{34}H_{50}O_{5}$ 993
$C_{34}H_{50}O_{7}$ 2382
$C_{34}H_{50}O_{8}$ 1081, 1281
$C_{34}H_{50}O_{9}$ 1081
$C_{34}H_{50}O_{24}$ 451
$C_{34}H_{52}O_{5}$ 994
$C_{34}H_{52}O_{6}$ 1282, 1299
$C_{34}H_{52}O_{8}$ 988
$C_{34}H_{52}O_{9}$ 1081
$C_{34}H_{52}O_{15}$ 735
$C_{34}H_{53}N_{5}O_{6}$ 381
$C_{34}H_{53}O_{10}$ 1271
$C_{34}H_{54}N_{2}O_{6}$ 359
$C_{34}H_{54}O_{5}$ 1196, 1199, 1280
$C_{34}H_{54}O_{6}$ 921, 986
$C_{34}H_{54}O_{8}$ 921, 2138, 2383
$C_{34}H_{54}O_{10}$ 2138
$C_{34}H_{54}O_{12}$ 1986
$C_{34}H_{54}O_{4}$ 993
$C_{34}H_{55}N_{7}O_{13}$ 2824
$C_{34}H_{55}NO_{9}$ 2692
$C_{34}H_{56}O_{4}$ 1199
$C_{34}H_{56}O_{7}$ 1080
$C_{34}H_{56}O_{8}$ 2134
$C_{34}H_{56}O_{9}$ 1988
$C_{34}H_{56}O_{11}$ 745, 1988, 2380
$C_{34}H_{57}NO_{7}$ 346
$C_{34}H_{57}NO_{8}$ 346
$C_{34}H_{57}N_{3}O_{10}S$ 2699
$C_{34}H_{58}N_{2}O_{11}S$ 2692
$C_{34}H_{58}O_{3}$ 1083
$C_{34}H_{58}O_{11}$ 2918
$C_{34}H_{58}O_{13}$ 2676
$C_{34}H_{59}NO_{7}$ 2696
$C_{34}H_{59}NO_{9}$ 346
$C_{34}H_{59}N_{3}O_{9}$ 2822
$C_{34}H_{60}O_{13}$ 2677
$C_{34}H_{62}O_{9}$ 3002
$C_{34}H_{65}NO_{3}$ 2183
$C_{34}H_{67}NO_{3}$ 2187
$C_{35}H_{26}O_{8}$ 2259
$C_{35}H_{28}O_{17}$ 1467, 1811
$C_{35}H_{29}NO_{12}$ 2767
$C_{35}H_{29}N_{3}O_{7}$ 179
$C_{35}H_{29}N_{5}O_{8}S$ 2872
$C_{35}H_{32}N_{2}O_{6}$ 131, 147
$C_{35}H_{32}N_{2}O_{7}$ 131
$C_{35}H_{32}O_{10}$ 1872
$C_{35}H_{32}O_{11}$ 2288, 2981
$C_{35}H_{34}N_{2}O_{6}$ 147
$C_{35}H_{34}N_{2}O_{6}$ 2766
$C_{35}H_{34}O_{7}$ 1403, 1532
$C_{35}H_{34}O_{8}$ 1660, 1754, 1755
$C_{35}H_{34}O_{11}$ 2918
$C_{35}H_{34}O_{15}$ 445
$C_{35}H_{36}N_{2}O_{6}$ 131, 147
$C_{35}H_{36}O_{8}$ 1403, 1532
$C_{35}H_{36}O_{11}$ 851
$C_{35}H_{37}NO_{9}$ 2771
$C_{35}H_{38}N_{2}O_{13}$ 194
$C_{35}H_{38}N_{2}O_{6}$ 146
$C_{35}H_{38}O_{7}$ 1532
$C_{35}H_{38}O_{10}$ 1145, 1177
$C_{35}H_{38}O_{14}$ 1451
$C_{35}H_{38}O_{15}$ 443
$C_{35}H_{39}NO_{10}$ 740
$C_{35}H_{39}NO_{16}$ 2980
$C_{35}H_{40}N_{2}O_{13}$ 194
$C_{35}H_{40}N_{4}O_{4}$ 2492
$C_{35}H_{40}N_{8}O_{6}S_{4}$ 2624
$C_{35}H_{40}O_{7}$ 623
$C_{35}H_{40}O_{8}$ 1078
$C_{35}H_{40}O_{12}$ 623
$C_{35}H_{40}O_{16}$ 443
$C_{35}H_{40}O_{19}$ 1489, 1490
$C_{35}H_{42}N_{2}O_{8}$ 1467
$C_{35}H_{42}N_{4}O_{3}$ 237
$C_{35}H_{42}N_{8}O_{7}S_{4}$ 2624
$C_{35}H_{42}O_{10}$ 849
$C_{35}H_{42}O_{12}$ 748, 1141
$C_{35}H_{42}O_{16}$ 1452
$C_{35}H_{42}O_{7}$ 1081
$C_{35}H_{42}O_{9}$ 849
$C_{35}H_{43}NO_{13}$ 2767
$C_{35}H_{43}NO_{14}$ 2767
$C_{35}H_{44}N_{4}O_{8}$ 394
$C_{35}H_{44}N_{8}O_{8}S_{4}$ 2624
$C_{35}H_{44}O_{9}$ 849
$C_{35}H_{44}O_{14}$ 1141
$C_{35}H_{44}O_{15}$ 1141, 1500
$C_{35}H_{44}O_{16}$ 1177
$C_{35}H_{44}O_{17}$ 2292
$C_{35}H_{44}O_{18}$ 443, 444
$C_{35}H_{44}O_{19}$ 443
$C_{35}H_{46}O_{2}$ 1368, 1369
$C_{35}H_{46}O_{6}$ 2246
$C_{35}H_{46}O_{11}$ 1145
$C_{35}H_{46}O_{14}$ 850
$C_{35}H_{46}O_{15}$ 1143
$C_{35}H_{46}O_{18}$ 1176
$C_{35}H_{46}O_{19}$ 2292
$C_{35}H_{46}O_{20}$ 2292
$C_{35}H_{47}NO_{9}$ 2698
$C_{35}H_{47}NO_{11}$ 303
$C_{35}H_{47}NO_{13}$ 298
$C_{35}H_{47}N_{5}O_{5}$ 381, 382
$C_{35}H_{48}ClN_{3}O_{10}$ 395
$C_{35}H_{48}N_{2}O_{10}$ 2377
$C_{35}H_{48}O_{9}$ 1349
$C_{35}H_{48}O_{10}$ 1144
$C_{35}H_{48}O_{17}$ 1176
$C_{35}H_{48}O_{22}$ 453
$C_{35}H_{49}NO_{10}$ 367
$C_{35}H_{49}NO_{11}$ 303, 367
$C_{35}H_{49}NO_{12}$ 298
$C_{35}H_{49}NO_{14}$ 2693
$C_{35}H_{49}N_{9}O_{9}$ 382
$C_{35}H_{50}N_{2}O_{2}$ 359

$C_{35}H_{50}N_2O_{13}$ 2693
$C_{35}H_{50}N_8O_6S_2$ 2623
$C_{35}H_{50}O_7$ 991
$C_{35}H_{50}O_8$ 2695
$C_{35}H_{50}O_9$ 2113, 2120, 2696
$C_{35}H_{50}O_{10}$ 1271
$C_{35}H_{50}O_{11}$ 2562
$C_{35}H_{50}O_{14}$ 441, 443
$C_{35}H_{51}NO_8$ 359
$C_{35}H_{51}NO_9$ 301
$C_{35}H_{52}N_2O_4$ 359
$C_{35}H_{52}O_7$ 1081, 1084
$C_{35}H_{52}O_8$ 988, 996, 2699
$C_{35}H_{52}O_9$ 991, 995
$C_{35}H_{52}O_{10}$ 996, 1948
$C_{35}H_{52}O_{11}$ 1199
$C_{35}H_{52}O_{12}$ 1934
$C_{35}H_{52}O_{13}$ 1934, 1937
$C_{35}H_{52}O_{18}$ 407
$C_{35}H_{52}O_{20}$ 452
$C_{35}H_{53}N_5O_7$ 2822
$C_{35}H_{53}NO_9$ 2694
$C_{35}H_{54}O_{10}$ 996, 1201
$C_{35}H_{54}O_{11}$ 995
$C_{35}H_{54}O_{12}S$ 1280
$C_{35}H_{54}O_2$ 843
$C_{35}H_{54}O_3$ 843, 1300
$C_{35}H_{54}O_6$ 1299
$C_{35}H_{54}O_7$ 988, 1280
$C_{35}H_{54}O_8$ 988, 996, 1084, 1281
$C_{35}H_{54}O_9$ 991, 995, 996, 1084, 1200, 2594
$C_{35}H_{54}O_{14}$ 1933
$C_{35}H_{56}O_5$ 1347
$C_{35}H_{56}O_6$ 2144
$C_{35}H_{56}O_7$ 1199, 1282
$C_{35}H_{56}O_8$ 1198, 1202
$C_{35}H_{56}O_9$ 995, 996
$C_{35}H_{56}O_{10}$ 995, 996
$C_{35}H_{56}O_{13}$ 2692
$C_{35}H_{56}O_{14}$ 2692
$C_{35}H_{57}NO_{11}$ 2697
$C_{35}H_{57}NO_{12}$ 2696
$C_{35}H_{58}N_6O_2$ 2486
$C_{35}H_{58}O_4$ 992
$C_{35}H_{58}O_5$ 1199
$C_{35}H_{58}O_6$ 2144
$C_{35}H_{58}O_9$ 997
$C_{35}H_{58}O_{10}$ 997, 1988
$C_{35}H_{58}O_{11}S$ 1340
$C_{35}H_{58}O_{12}$ 1988, 2692
$C_{35}H_{58}O_{14}$ 2695
$C_{35}H_{59}NO_8$ 2696
$C_{35}H_{60}O_7$ 1950
$C_{35}H_{60}O_{11}$ 2918
$C_{35}H_{60}O_{12}$ 1988
$C_{35}H_{61}NO_7$ 2696
$C_{35}H_{61}NO_8$ 2696
$C_{35}H_{61}N_3O_9$ 2822
$C_{35}H_{63}NO_7$ 2696
$C_{35}H_{63}NO_8$ 2696
$C_{35}H_{63}N_{11}O_{13}$ 2823
$C_{35}H_{63}NO_{12}$ 2695
$C_{35}H_{64}O_9$ 3002
$C_{35}H_{65}O_5$ 2187
$C_{35}H_{71}NO_4$ 2184
$C_{36}H_{22}Br_2N_6O_4S_2$ 2488
$C_{36}H_{22}O_{18}$ 2558
$C_{36}H_{26}O_{16}$ 1468
$C_{36}H_{27}N_2O_6$ 115
$C_{36}H_{27}N_5O_6$ 2491
$C_{36}H_{28}O_6$ 1892
$C_{36}H_{28}O_{12}$ 1811
$C_{36}H_{28}O_{15}$ 1778
$C_{36}H_{28}O_{16}$ 1778
$C_{36}H_{30}O_{14}$ 1872
$C_{36}H_{30}O_{16}$ 1468
$C_{36}H_{31}NO_{12}$ 2767
$C_{36}H_{32}N_2O_8$ 280
$C_{36}H_{32}N_2O_9$ 281
$C_{36}H_{32}N_2O_{10}$ 281
$C_{36}H_{32}O_{10}$ 1508
$C_{36}H_{34}N_2O_5$ 108
$C_{36}H_{34}O_6$ 1532
$C_{36}H_{34}O_{11}$ 1507
$C_{36}H_{35}N_2O_8$ 28
$C_{36}H_{36}N_2O_5$ 2766
$C_{36}H_{36}N_2O_8$ 1467
$C_{36}H_{36}O_{11}$ 2288
$C_{36}H_{36}O_{17}$ 1683
$C_{36}H_{36}O_{18}$ 1680, 1682, 1683
$C_{36}H_{36}O_6$ 1531
$C_{36}H_{36}O_8$ 1532
$C_{36}H_{37}N_{11}O_8S_2$ 2823
$[C_{36}H_{37}O_{17}]^+$ 1801
$[C_{36}H_{37}O_{18}]^+$ 1801
$C_{36}H_{38}N_2O_6$ 146, 147
$C_{36}H_{38}O_{10}$ 851
$C_{36}H_{38}O_{15}$ 2981
$C_{36}H_{39}NO_{17}$ 2980
$C_{36}H_{40}N_2O_7$ 2866
$C_{36}H_{40}O_9$ 852
$C_{36}H_{40}O_{10}$ 739, 1145
$C_{36}H_{40}O_{18}$ 452
$C_{36}H_{40}O_{19}$ 1684
$C_{36}H_{41}NO_{14}$ 2770
$C_{36}H_{41}N_5O_4$ 382
$C_{36}H_{42}N_4O$ 2495
$C_{36}H_{42}N_4O_3$ 2495
$C_{36}H_{42}N_6O_6S_4$ 2496
$C_{36}H_{42}O_{19}$ 445
$C_{36}H_{44}N_2O_6$ 54
$C_{36}H_{44}N_4O$ 232
$C_{36}H_{44}N_4O_2$ 231, 2495
$C_{36}H_{44}O_{12}$ 1141
$C_{36}H_{44}O_{16}$ 1465
$C_{36}H_{44}O_{22}$ 450
$C_{36}H_{44}O_{22}S$ 450
$C_{36}H_{44}O_{22}S_2$ 450
$C_{36}H_{44}O_9$ 848
$C_{36}H_{45}N_4O_3$ 2495
$C_{36}H_{45}N_9O_8$ 2624
$C_{36}H_{46}N_2O_{11}$ 307
$C_{36}H_{46}N_4O_2$ 2495
$C_{36}H_{46}O_{20}$ 2292
$C_{36}H_{46}O_{23}S$ 450
$C_{36}H_{46}O_{23}S_2$ 450
$C_{36}H_{47}NO_6$ 2124
$C_{36}H_{48}N_2O_{10}$ 296
$C_{36}H_{48}N_2O_{11}$ 745
$C_{36}H_{48}N_2O_8$ 2697, 2866
$C_{36}H_{48}N_2O_9$ 2697
$C_{36}H_{48}N_4O$ 2495
$C_{36}H_{48}N_4O_2$ 2495
$C_{36}H_{48}O_{19}$ 2292
$C_{36}H_{48}O_5$ 1911
$C_{36}H_{48}O_6$ 2375
$C_{36}H_{48}O_7$ 2375
$C_{36}H_{48}O_8$ 921, 969
$C_{36}H_{48}O_{11}$ 1143
$C_{36}H_{48}O_{18}$ 1176
$C_{36}H_{49}NO_7$ 2124, 2132
$C_{36}H_{49}N_2Na_3O_{13}S_3$ 353
$C_{36}H_{49}N_2O_{11}$ 2377
$C_{36}H_{49}N_3O_8S$ 2699
$C_{36}H_{49}N_5O_5$ 382
$C_{36}H_{49}N_5O_6$ 381, 382
$C_{36}H_{50}ClN_3O_{10}$ 395
$C_{36}H_{50}N_2O_7$ 2697, 2699
$C_{36}H_{50}N_2O_8$ 2697
$C_{36}H_{50}N_2O_9$ 2697
$C_{36}H_{50}N_4O$ 2495
$C_{36}H_{50}N_8O_5S_3$ 2624
$C_{36}H_{50}NO_3^+$ 68
$C_{36}H_{50}O_5$ 1339
$C_{36}H_{50}O_9$ 2696
$C_{36}H_{50}O_{10}$ 2697
$C_{36}H_{50}O_{11}$ 1143, 2963
$C_{36}H_{50}O_{12}$ 1271, 2562
$C_{36}H_{50}O_{13}$ 2222
$C_{36}H_{50}O_{16}$ 749
$C_{36}H_{50}O_{17}$ 749
$C_{36}H_{50}O_{18}$ 1176
$C_{36}H_{51}NO_{10}$ 367
$C_{36}H_{51}NO_{11}$ 367
$C_{36}H_{51}NO_{12}$ 298
$C_{36}H_{51}N_3O_9$ 2869
$C_{36}H_{52}N_8O_5S_3$ 2624
$C_{36}H_{52}O_8$ 2697
$C_{36}H_{52}O_9$ 2697, 2699
$C_{36}H_{52}O_{10}$ 989
$C_{36}H_{52}O_{11}$ 989
$C_{36}H_{52}O_{12}$ 2980
$C_{36}H_{52}O_{14}$ 744, 2379
$C_{36}H_{52}O_{20}$ 453
$C_{36}H_{52}O_7$ 1350
$C_{36}H_{53}NO_{11}$ 298
$C_{36}H_{53}NO_{13}$ 2696
$C_{36}H_{53}N_7O_{10}S$ 2624

$C_{36}H_{53}O_{11}P$ 2697
$C_{36}H_{54}N_2O_3$ 359
$C_{36}H_{54}O_5S$ 2383
$C_{36}H_{54}O_6$ 1197
$C_{36}H_{54}O_8S_2$ 2383
$C_{36}H_{54}O_{12}$ 989, 995, 1940
$C_{36}H_{54}O_{13}$ 989
$C_{36}H_{55}NO_9$ 2693
$C_{36}H_{56}O_9$ 1199, 1303
$C_{36}H_{56}O_{10}$ 996, 1204, 1281, 1304
$C_{36}H_{56}O_{12}$ 993, 995, 1198
$C_{36}H_{56}O_{13}$ 987, 1198, 1990, 1934, 1937
$C_{36}H_{56}O_{13}S$ 1301
$C_{36}H_{56}O_{14}$ 1934
$C_{36}H_{58}N_4O_{11}S$ 2824
$C_{36}H_{58}O_7$ 1081
$C_{36}H_{58}O_8$ 988
$C_{36}H_{58}O_9$ 987, 994, 1085, 1303, 2383
$C_{36}H_{58}O_{10}$ 994, 996, 1198, 1199, 1281
$C_{36}H_{58}O_{13}$ 1988
$C_{36}H_{59}NO_{12}$ 2696
$C_{36}H_{59}NO_{13}$ 2696
$C_{36}H_{60}O_7$ 1200
$C_{36}H_{60}O_9$ 987, 992, 1083, 1084, 1304, 2384
$C_{36}H_{60}O_{10}$ 987, 992, 994, 996
$C_{36}H_{60}O_{12}$ 1080
$C_{36}H_{60}O_{13}$ 1080
$C_{36}H_{61}NO_{12}$ 2699
$C_{36}H_{62}O_6$ 985
$C_{36}H_{62}O_7$ 985, 3002
$C_{36}H_{62}O_8$ 2384, 3003
$C_{36}H_{62}O_9$ 1302
$C_{36}H_{62}O_{10}$ 987, 993, 1085, 1302
$C_{36}H_{62}O_{11}$ 993, 1083, 1348, 2918
$C_{36}H_{63}NO_{12}$ 2695
$C_{36}H_{63}NO_{13}$ 2695
$C_{36}H_{63}N_3O_9$ 2822
$C_{36}H_{64}O_{11}$ 1348, 2918
$C_{36}H_{64}O_{12}$ 2918
$C_{36}H_{64}O_{13}$ 2677
$C_{36}H_{64}O_9$ 3003
$C_{36}H_{65}NO_{12}$ 2695
$C_{36}H_{65}NO_{13}$ 2695
$C_{36}H_{69}NO_4$ 2184
$C_{37}H_{28}O_{18}$ 1779
$C_{37}H_{30}O_{15}$ 1779
$C_{37}H_{38}N_2O_6$ 131, 147
$C_{37}H_{38}O_{13}$ 2771
$C_{37}H_{38}O_{18}$ 1682
$[C_{37}H_{39}O_{18}]^+$ 1801
$C_{37}H_{40}N_2O_6$ 131, 146, 147
$C_{37}H_{40}N_4O_7$ 205
$C_{37}H_{41}NO_{17}$ 2980
$C_{37}H_{42}Cl_2N_2O_6$ 147
$C_{37}H_{42}N_2O_6$ 147
$C_{37}H_{42}O_{13}$ 633, 2771
$C_{37}H_{42}O_{17}$ 443
$C_{37}H_{43}NO_6$ 2382, 2496
$C_{37}H_{43}NO_{12}$ 2766
$C_{37}H_{44}O_9$ 623
$C_{37}H_{44}O_{13}$ 849
$C_{37}H_{44}O_{17}$ 1452
$C_{37}H_{45}NO_5$ 152, 2382, 2496
$C_{37}H_{45}NO_6$ 2382, 2496
$C_{37}H_{45}NO_7$2382, 2383, 2496
$C_{37}H_{45}NO_{12}$ 2698
$C_{37}H_{46}N_2O_8$ 741
$C_{37}H_{46}N_2O_9$ 306
$C_{37}H_{46}N_8O_6S_2$ 383, 2623
$C_{37}H_{46}O_7$ 1812
$C_{37}H_{46}O_{10}$ 849, 1144
$C_{37}H_{46}O_{12}$ 1141
$C_{37}H_{46}O_{13}$ 748, 1141, 1142
$C_{37}H_{46}O_{16}$ 1500
$C_{37}H_{46}O_{17}$ 1465
$C_{37}H_{47}NO_4$ 2383, 2496
$C_{37}H_{47}NO_6$ 2383, 2496
$C_{37}H_{47}N_3O_7S$ 2699
$C_{37}H_{48}N_2O_{11}$ 296
$C_{37}H_{48}N_6O_5$ 382
$C_{37}H_{48}O_8$ 1081
$C_{37}H_{48}O_9$ 1081
$C_{37}H_{48}O_{10}$ 851
$C_{37}H_{48}O_{14}$ 849, 850
$C_{37}H_{48}O_{16}$ 1500
$C_{37}H_{48}O_{23}S_2$ 450
$C_{37}H_{49}N_3O_7S$ 2699
$C_{37}H_{49}N_7O_8$ 382
$C_{37}H_{49}N_7O_8S_3$ 2624
$C_{37}H_{49}NO_9$ 848
$C_{37}H_{50}N_2O_{10}$ 296
$C_{37}H_{50}N_4O$ 2495
$C_{37}H_{50}N_6O_6$ 381
$C_{37}H_{51}N_5O_6$ 2625
$C_{37}H_{52}ClN_3O_{10}$ 395
$C_{37}H_{52}N_2O_{11}$ 305
$C_{37}H_{52}N_2O_8$ 2697
$C_{37}H_{52}O_4$ 1271
$C_{37}H_{52}O_6$ 1198, 1301
$C_{37}H_{52}O_7$ 1300
$C_{37}H_{52}O_8$ 1300, 1301
$C_{37}H_{52}O_9$ 2696
$C_{37}H_{52}O_{10}$ 1199
$C_{37}H_{52}O_{12}$ 1660
$C_{37}H_{52}O_{13}$ 2222
$C_{37}H_{53}N_3O_9$ 2871, 3003
$C_{37}H_{53}N_3O_{10}$ 305
$C_{37}H_{53}N_3O_{13}$ 2698
$C_{37}H_{54}N_8O_9$ 383
$C_{37}H_{54}O_5$ 1299, 1902, 1911
$C_{37}H_{54}O_8$ 1080, 1084
$C_{37}H_{54}O_{10}$ 995
$C_{37}H_{54}O_{11}$ 995, 996
$C_{37}H_{55}NO_{10}$ 2915
$C_{37}H_{56}O_9$ 996, 1084
$C_{37}H_{56}O_{10}$ 996
$C_{37}H_{56}O_{11}$ 996
$C_{37}H_{56}O_{12}$ 985, 994
$C_{37}H_{56}O_{15}$ 1995
$C_{37}H_{57}NO_9$ 2693
$C_{37}H_{57}NO_{10}$ 2693
$C_{37}H_{57}N_7O_8$ 382
$C_{37}H_{58}N_6O_6$ 2823
$C_{37}H_{58}O_7$ 1081
$C_{37}H_{58}O_8$ 988
$C_{37}H_{58}O_9$ 988, 2920
$C_{37}H_{58}O_{10}$ 995, 996, 997, 1950
$C_{37}H_{58}O_{11}$ 997
$C_{37}H_{59}NO_{12}$ 370
$C_{37}H_{60}N_6O_7S$ 2624
$C_{37}H_{60}O_{12}$ 995, 1954, 2080
$C_{37}H_{60}O_7$ 1080
$C_{37}H_{60}O_8$ 986
$C_{37}H_{60}O_{10}$ 996, 997, 1950
$C_{37}H_{60}O_{11}$ 997
$C_{37}H_{62}N_4O_9$ 2824
$C_{37}H_{62}N_6O_2$ 2486
$C_{37}H_{62}O_9$ 1084
$C_{37}H_{62}O_{11}$ 994
$C_{37}H_{62}O_{12}$ 994
$C_{37}H_{62}O_{13}$ 994
$C_{37}H_{63}NO_{11}$ 2697
$C_{37}H_{63}NO_{12}$ 2699
$C_{37}H_{64}O_{11}$ 2918
$C_{37}H_{66}O_{11}$ 2920
$C_{37}H_{67}NO_{12}$ 2695
$C_{37}H_{67}NO_{13}$ 2695
$C_{37}H_{67}NO_{14}$ 2695
$C_{37}H_{68}O_9$ 2920
$C_{37}H_{69}NO_4$ 2183
$C_{37}H_{46}NaO_{14}$ 851
$C_{38}H_{34}N_6O_8$ 2868
$C_{38}H_{34}O_{14}$ 2982
$C_{38}H_{37}ClO_{14}$ 2980
$C_{38}H_{38}O_{16}$ 2981
$C_{38}H_{40}N_2O_{10}$ 1467
$C_{38}H_{40}N_2O_{18}$ 2770
$C_{38}H_{40}O_9$ 623, 624, 1615
$C_{38}H_{40}O_{10}$ 624
$C_{38}H_{40}O_{15}$ 2767
$C_{38}H_{41}N_7O_5S_2$ 2623
$C_{38}H_{42}Cl_2N_2O_7$ 115
$C_{38}H_{42}N_2O_6$ 146, 147
$C_{38}H_{42}N_2O_7$ 108, 147
$C_{38}H_{42}O_{10}$ 852
$C_{38}H_{42}O_{18}$ 2917
$C_{38}H_{43}N_7O_5S_2$ 2623
$C_{38}H_{42}O_{20}$ 2291
$C_{38}H_{44}N_2O_5$ 147
$C_{38}H_{44}N_2O_8$ 66, 143, 144

$C_{38}H_{44}O_8$ 1811
$C_{38}H_{44}O_9$ 1811
$C_{38}H_{44}O_{10}$ 748
$C_{38}H_{44}O_{11}$ 841
$C_{38}H_{44}O_{18}$ 1452
$C_{38}H_{44}O_{20}$ 2291
$C_{38}H_{45}N_7O_5S_2$ 2623
$C_{38}H_{45}N_7O_7$ 383
$C_{38}H_{45}NO_{11}$ 323
$C_{38}H_{46}N_2O_8$ 66
$C_{38}H_{46}N_8O_6S_2$ 2623
$C_{38}H_{46}O_8$ 1811
$C_{38}H_{46}O_9$ 623
$C_{38}H_{46}O_{13}$ 1141
$C_{38}H_{46}O_{17}$ 1500
$C_{38}H_{46}O_{19}$ 450
$C_{38}H_{46}O_{23}$ 1467
$C_{38}H_{47}NO_6$ 2382, 2496
$C_{38}H_{48}N_6O_6S_4$ 2496
$C_{38}H_{48}N_8O_6S_2$ 2623
$C_{38}H_{48}O_6$ 1811
$C_{38}H_{48}O_9$ 1811
$C_{38}H_{48}O_{11}$ 1660
$C_{38}H_{48}O_{12}$ 2375
$C_{38}H_{48}O_{19}$ 452, 1684
$C_{38}H_{48}O_{20}$ 452, 1683
$C_{38}H_{48}O_{25}$ 1682
$C_{38}H_{49}N_3O_8S$ 2699
$C_{38}H_{50}N_2O_{10}$ 296
$C_{38}H_{50}N_2O_{11}$ 296
$C_{38}H_{50}N_6O_5$ 382
$C_{38}H_{50}N_8O_7S_2$ 2623
$C_{38}H_{50}O_6$ 1811
$C_{38}H_{50}O_8$ 2375
$C_{38}H_{51}N_3O_8S$ 2699
$C_{38}H_{52}O_6$ 1079
$C_{38}H_{52}O_8$ 1299
$C_{38}H_{52}O_{12}$ 1143
$C_{38}H_{52}O_{14}$ 1271
$C_{38}H_{54}N_2O_{11}$ 305
$C_{38}H_{54}NO_{10}$ 300
$C_{38}H_{54}O_4$ 1281
$C_{38}H_{54}O_5$ 1301
$C_{38}H_{54}O_6$ 1279
$C_{38}H_{54}O_8$ 921
$C_{38}H_{54}O_{10}$ 2699
$C_{38}H_{54}O_{14}$ 989
$C_{38}H_{54}O_{20}$ 1404
$C_{38}H_{54}O_{22}$ 1431
$C_{38}H_{55}N_3O_{10}$ 2871
$C_{38}H_{55}NO_{11}$ 301
$C_{38}H_{56}O_{12}$ 2981
$C_{38}H_{56}O_{13}$ 744, 989
$C_{38}H_{56}O_{14}$ 744, 2379
$C_{38}H_{56}O_{19}$ 408
$C_{38}H_{56}O_4$ 1281
$C_{38}H_{56}O_5$ 1301
$C_{38}H_{56}O_6$ 1299
$C_{38}H_{57}NO_7$ 1080
$C_{38}H_{57}NO_9$ 301
$C_{38}H_{57}N_5O_{10}$ 2868
$C_{38}H_{58}O_{10}$ 1280
$C_{38}H_{58}O_{12}$ 1084, 2694
$C_{38}H_{58}O_{14}$ 1934
$C_{38}H_{58}O_{15}$ 2071
$C_{38}H_{58}O_{16}$ 1993
$C_{38}H_{58}O_{18}S_2$ 2071
$C_{38}H_{58}O_{21}$ 447
$C_{38}H_{60}N_6O_6$ 2823
$C_{38}H_{60}N_8O_{14}$ 2822
$C_{38}H_{60}O_2S_2$ 1885
$C_{38}H_{60}O_7$ 986
$C_{38}H_{60}O_8$ 986
$C_{38}H_{60}O_9$ 921
$C_{38}H_{60}O_{11}$ 995, 996
$C_{38}H_{60}O_{12}$ 995, 1084
$C_{38}H_{60}O_{13}$ 2074, 2075, 2076
$C_{38}H_{60}O_{14}$ 2076
$C_{38}H_{62}O_9$ 992
$C_{38}H_{62}O_{10}$ 2384
$C_{38}H_{62}O_{11}$ 995
$C_{38}H_{62}O_{12}$ 995, 2078
$C_{38}H_{62}O_{13}$ 1956, 2075, 2077
$C_{38}H_{62}O_{14}$ 1956
$C_{38}H_{64}N_3O_4$ 23
$C_{38}H_{64}N_8O_{14}$ 2822
$C_{38}H_{64}O_{13}$ 1956
$C_{38}H_{65}N_9O_9$ 2822
$C_{38}H_{66}O_{10}$ 3003
$C_{38}H_{66}O_{14}$ 2590
$C_{38}H_{66}O_{15}$ 733
$C_{38}H_{67}NO_{11}$ 2695
$C_{38}H_{68}O_{11}$ 3003
$C_{38}H_{69}NO_{13}$ 2695
$C_{38}H_{71}NO_9$ 2187
$C_{38}H_{75}NO_5$ 2187
$C_{38}H_{76}$ 2171
$C_{39}H_{32}O_{14}$ 1634, 1684
$C_{39}H_{35}N_3O_7$ 178
$C_{39}H_{36}N_2O_8$ 152
$C_{39}H_{36}O_8$ 1771
$C_{39}H_{36}O_9$ 1771
$C_{39}H_{38}O_{12}$ 2259, 2290
$C_{39}H_{39}N_2O_7$ 152
$[C_{39}H_{39}O_{20}]^+$ 1802
$[C_{39}H_{39}O_{21}]^+$ 1801, 1802
$C_{39}H_{41}NO_{15}$ 2772
$C_{39}H_{42}N_2O_{18}$ 2770
$C_{39}H_{42}N_2O_{19}$ 2770
$C_{39}H_{44}Cl_2N_2O_8$ 114
$C_{39}H_{44}N_2O_8$ 147
$C_{39}H_{44}O_{18}$ 443, 444
$C_{39}H_{46}N_2O_{17}$ 290
$C_{39}H_{46}O_9$ 1811
$C_{39}H_{46}O_{18}$ 1500
$C_{39}H_{47}NO_{15}$ 2769
$C_{39}H_{47}N_5O_6$ 381
$C_{39}H_{48}N_8O_5S_3$ 2624
$C_{39}H_{48}O_6$ 1367, 1368
$C_{39}H_{48}O_7$ 1369
$C_{39}H_{48}O_9$ 1811
$C_{39}H_{48}O_{10}$ 852
$C_{39}H_{48}O_{13}$ 849, 1141
$C_{39}H_{48}O_{15}$ 748
$C_{39}H_{49}NO_9$ 301
$C_{39}H_{49}N_3O_8S$ 2699
$C_{39}H_{49}N_5O_7$ 381
$C_{39}H_{50}N_8O_5S_3$ 2623
$C_{39}H_{50}N_8O_6S_2$ 383
$C_{39}H_{50}O_6$ 1080
$C_{39}H_{50}O_7$ 1367, 1368
$C_{39}H_{52}O_{23}$ 2292
$C_{39}H_{52}O_{24}$ 1903
$C_{39}H_{54}N_4O_2$ 2490
$C_{39}H_{54}N_5O_{10}$ 2625
$C_{39}H_{54}N_5O_9$ 2625
$C_{39}H_{54}O_{10}$ 2699
$C_{39}H_{54}O_5$ 1198
$C_{39}H_{54}O_6$ 1198, 1201, 1301
$C_{39}H_{54}O_7$ 1198, 1300, 1302
$C_{39}H_{55}NO_{13}$ 335
$C_{39}H_{56}N_6O_{10}$ 2823
$C_{39}H_{56}O_{10}$ 2695, 2699
$C_{39}H_{56}O_{16}$ 918
$C_{39}H_{56}O_3$ 1198, 1199, 1302
$C_{39}H_{56}O_4$ 1300
$C_{39}H_{56}O_5$ 1280, 1300
$C_{39}H_{56}O_6$ 1198, 1302
$C_{39}H_{58}O_{10}$ 991, 996
$C_{39}H_{58}O_{11}$ 996
$C_{39}H_{58}O_{12}$ 996
$C_{39}H_{58}O_6$ 1082
$C_{39}H_{59}NO_7$ 1080
$C_{39}H_{59}O_{10}$ 995
$C_{39}H_{60}N_8O_{11}S$ 383
$C_{39}H_{60}O_{11}$ 994
$C_{39}H_{60}O_{12}$ 2694
$C_{39}H_{60}O_{13}$ 1952, 2076
$C_{39}H_{60}O_{14}$ 1990, 2077
$C_{39}H_{60}O_{15}$ 2074
$C_{39}H_{60}O_{16}$ 2004
$C_{39}H_{61}NO_{11}$ 2694
$C_{39}H_{61}N_5O_{10}$ 2822
$C_{39}H_{61}N_5O_{11}$ 2822
$C_{39}H_{61}N_8O_{11}S$ 382
$C_{39}H_{62}O_5$ 1885
$C_{39}H_{62}O_{12}$ 997
$C_{39}H_{62}O_{13}$ 1954, 2073, 2076, 2080
$C_{39}H_{62}O_{14}$ 1957, 2073, 2074, 2076
$C_{39}H_{62}O_{15}$ 2069
$C_{39}H_{62}O_{18}$ 2004
$C_{39}H_{64}O_{11}$ 1340
$C_{39}H_{64}O_{12}$ 1956
$C_{39}H_{64}O_{13}$ 1956, 2077
$C_{39}H_{64}O_{14}$ 1956, 1958, 2071, 2075, 2077
$C_{39}H_{64}O_{15}$ 1958, 2071, 2075
$C_{39}H_{64}O_{16}$ 2002, 2004

$C_{39}H_{65}NO_{12}$ 346
$C_{39}H_{66}N_8O_{12}$ 2823
$C_{39}H_{66}N_8O_{13}$ 2823
$C_{39}H_{66}O_{12}$ 1954
$C_{39}H_{66}O_{13}$ 1954, 1956, 1957, 1958
$C_{39}H_{66}O_{14}$ 1954, 1958
$C_{39}H_{66}O_2S$ 1885
$C_{39}H_{66}O_2S_2$ 1885
$C_{39}H_{68}N_6O_2$ 2486
$C_{39}H_{68}O_{11}$ 2653
$C_{39}H_{75}NO_{10}$ 2182, 2183
$C_{40}H_{27}NO_{12}$ 2492
$C_{40}H_{38}O_6$ 1892
$C_{40}H_{38}O_9$ 1754
$C_{40}H_{38}O_{10}$ 1754
$C_{40}H_{38}O_{11}$ 1432
$C_{40}H_{40}O_{12}$ 2259
$C_{40}H_{41}NO_9$ 741
$[C_{40}H_{41}O_{21}]^+$ 1801
$C_{40}H_{42}O_{11}$ 623
$C_{40}H_{42}O_{18}$ 2260, 2291
$C_{40}H_{44}N_2O_{18}$ 2770
$C_{40}H_{44}N_2O_{19}$ 2770
$C_{40}H_{44}O_{12}$ 963, 1404
$C_{40}H_{44}O_{16}$ 1403, 2260
$C_{40}H_{44}O_{17}$ 2260
$C_{40}H_{46}Cl_2N_2O_{10}$ 115
$C_{40}H_{46}N_4O_2$ 205, 237
$C_{40}H_{46}N_4O_4$ 237
$C_{40}H_{46}NaO_{13}$ 851
$C_{40}H_{46}O_{11}$ 1430
$C_{40}H_{46}O_{13}$ 851
$C_{40}H_{46}O_{14}$ 1428, 1429, 1466
$C_{40}H_{46}O_{15}$ 1431
$C_{40}H_{48}N_2O_6$ 2124
$C_{40}H_{48}N_4O_3$ 237
$C_{40}H_{48}O_4$ 1367
$C_{40}H_{48}O_{20}$ 450
$C_{40}H_{49}NO_{14}$ 749
$C_{40}H_{50}N_2O_{15}$ 2766
$C_{40}H_{50}O_2$ 1367
$C_{40}H_{50}O_4$ 1367
$C_{40}H_{50}O_6$ 963
$C_{40}H_{50}O_8$ 1080
$C_{40}H_{50}O_{23}$ 450
$C_{40}H_{50}O_{24}$ 450
$C_{40}H_{51}NO_{10}$ 301
$C_{40}H_{52}O_2$ 1367
$C_{40}H_{52}O_3$ 1367
$C_{40}H_{52}O_4$ 1367, 1368
$C_{40}H_{52}O_9$ 1080
$C_{40}H_{52}O_{11}$ 2699
$C_{40}H_{52}O_{14}$ 1143
$C_{40}H_{52}O_{22}$ 452
$C_{40}H_{53}N_8O_7$ 383
$C_{40}H_{54}N_8O_8$ 383
$C_{40}H_{54}O$ 1368
$C_{40}H_{54}O_2$ 1367
$C_{40}H_{54}O_3$ 1367, 1368
$C_{40}H_{54}O_4$ 1367, 1368
$C_{40}H_{56}$ 1367, 1368, 1369
$C_{40}H_{56}N_4O$ 2490
$C_{40}H_{56}N_4O_2$ 2490
$C_{40}H_{56}N_5O_{10}$ 2625
$C_{40}H_{56}N_6O_6$ 2823
$C_{40}H_{56}O$ 1367, 1368
$C_{40}H_{56}O_2$ 1367, 1368, 1369
$C_{40}H_{56}O_3$ 1367, 1368
$C_{40}H_{56}O_4$ 1367, 1368, 1369
$C_{40}H_{56}O_5$ 1367
$C_{40}H_{56}O_6$ 963
$C_{40}H_{56}O_7$ 1198
$C_{40}H_{56}O_9$ 963, 1347
$C_{40}H_{56}O_{13}$ 963
$C_{40}H_{57}N_2NaO_{10}S$ 2653
$C_{40}H_{57}N_5O_6$ 2625
$C_{40}H_{57}N_7O_{13}S$ 383
$C_{40}H_{58}N_2O_7$ 2653
$C_{40}H_{58}N_4O_8$ 2625
$C_{40}H_{58}N_8O_8$ 382
$C_{40}H_{58}O_2$ 2562
$C_{40}H_{58}O_3$ 1369
$C_{40}H_{58}O_5$ 993
$C_{40}H_{60}N_4O_8$ 2625
$C_{40}H_{60}O$ 1368
$C_{40}H_{60}O_2$ 1368
$C_{40}H_{60}O_4$ 621
$C_{40}H_{60}O_5$ 963
$C_{40}H_{60}O_8$ 1199
$C_{40}H_{60}O_{11}$ 963
$C_{40}H_{60}O_{13}$ 2006
$C_{40}H_{60}O_{14}$ 2006
$C_{40}H_{60}O_{15}$ 2006
$C_{40}H_{60}O_{17}$ 1993
$C_{40}H_{60}O_{29}$ 451
$C_{40}H_{62}N_4O_8$ 2625
$C_{40}H_{62}O_3$ 1198
$C_{40}H_{62}O_4$ 621
$C_{40}H_{62}O_5$ 1083, 1199
$C_{40}H_{62}O_7$ 1199
$C_{40}H_{62}O_8$ 1198, 1199
$C_{40}H_{62}O_{13}$ 1990
$C_{40}H_{62}O_{14}$ 1990, 2074
$C_{40}H_{64}O_4$ 1300
$C_{40}H_{64}O_{11}$ 977
$C_{40}H_{64}O_{12}$ 1202
$C_{40}H_{64}O_{13}$ 1990, 2075, 2076
$C_{40}H_{64}O_{14}$ 996, 997, 1956
$C_{40}H_{64}O_{17}$ 2676
$C_{40}H_{66}O_{14}$ 996
$C_{40}H_{66}O_{16}$ 1999
$C_{40}H_{68}O_{11}$ 2915
$C_{40}H_{68}O_{14}$ 1958
$C_{40}H_{68}O_{15}$ 1958
$C_{40}H_{68}O_{16}$ 733
$C_{40}H_{68}O_{17}$ 1995
$C_{40}H_{68}O_{18}$ 2136
$C_{40}H_{69}NO_{10}$ 2182
$C_{40}H_{70}N_6O_9$ 2824
$C_{40}H_{75}NO_8$ 2183
$C_{40}H_{75}NO_{10}$ 2187
$C_{40}H_{75}NO_8$ 2184
$C_{40}H_{75}NO_9$2183, 2183, 2184
$C_{40}H_{76}N_2O_7$ 3003
$C_{40}H_{77}NO_8$ 2183
$C_{40}H_{77}NO_9$ 2183
$C_{40}H_{77}NO_{10}$ 2183, 2184
$C_{40}H_{79}NO_5$ 2183
$C_{40}H_{87}NO_9$ 2183
$C_{41}H_{36}O_{10}$ 2768
$C_{41}H_{40}O_9$ 921
$C_{41}H_{40}O_{10}$ 1403
$C_{41}H_{42}O_{12}$ 2260
$C_{41}H_{43}NO_{13}$ 623
$C_{41}H_{44}O_{12}$ 1532
$C_{41}H_{44}O_{18}$ 2260
$C_{41}H_{44}O_{19}$ 2292
$C_{41}H_{45}NO_{15}$ 2772
$C_{41}H_{45}NO_{17}$ 290
$C_{41}H_{46}N_2O_{19}$ 2770
$C_{41}H_{46}N_2O_{20}$ 2770
$C_{41}H_{46}N_2O_{22}S$ 2771
$C_{41}H_{46}N_2O_{23}S$ 2770
$C_{41}H_{46}N_4O_5$ 237
$C_{41}H_{47}NO_{19}$ 290
$C_{41}H_{47}NO_{19}$ 290
$C_{41}H_{48}N_2O_{18}$ 290
$C_{41}H_{48}N_4O_3$ 237
$C_{41}H_{48}N_4O_4$ 237, 253
$C_{41}H_{48}O_{20}$ 443
$C_{41}H_{50}O_9$ 1271
$C_{41}H_{52}O_5$ 1545
$C_{41}H_{55}N_4O$ 2490
$C_{41}H_{56}N_4O_2$ 2490
$C_{41}H_{56}O_4$ 1368, 1369
$C_{41}H_{56}O_6$ 1280
$C_{41}H_{57}N_5O_{12}$ 989
$C_{41}H_{58}N_5O_{10}$ 2625
$C_{41}H_{58}N_6O_6$ 2823
$C_{41}H_{58}O_3$ 963
$C_{41}H_{58}O_5$ 1280
$C_{41}H_{58}O_7$ 1198
$C_{41}H_{58}O_9$ 1081
$C_{41}H_{58}O_{14}$ 1145
$C_{41}H_{58}O_{18}$ 1203
$C_{41}H_{59}NO_{12}$ 2915
$C_{41}H_{59}N_2NaO_{10}S$ 2653
$C_{41}H_{60}N_4O_8$ 2625
$C_{41}H_{60}O_9$ 2375
$C_{41}H_{60}O_{10}$ 2694
$C_{41}H_{60}O_{14}$ 996
$C_{41}H_{60}O_{16}$ 2916
$C_{41}H_{61}NO_5$ 17
$C_{41}H_{62}N_4O_8$ 2625
$C_{41}H_{62}O_8$ 2376
$C_{41}H_{62}O_{10}$ 2693
$C_{41}H_{62}O_{11}$ 2694
$C_{41}H_{62}O_{13}$ 1197, 2006

$C_{41}H_{62}O_{14}$ 1199, 1991
$C_{41}H_{62}O_{15}$ 1988, 1991, 1992, 1993, 2006
$C_{41}H_{62}O_{16}$ 1992
$C_{41}H_{62}O_{17}$ 1934
$C_{41}H_{62}O_{18}$ 1937
$C_{41}H_{63}ClO_{8}$ 2376
$C_{41}H_{63}ClO_{14}$ 2652
$C_{41}H_{63}N_{5}O_{11}$ 2822
$C_{41}H_{64}N_{4}O_{8}$ 2625
$C_{41}H_{64}O_{9}$ 2917
$C_{41}H_{64}O_{12}$ 1280
$C_{41}H_{64}O_{13}$ 989, 1197, 1201, 1280, 2699
$C_{41}H_{64}O_{14}$ 1197, 1200, 2146
$C_{41}H_{64}O_{16}$ 2692
$C_{41}H_{64}O_{17}S$ 1280
$C_{41}H_{65}N_{5}O_{10}$ 2822
$C_{41}H_{66}O_{12}$ 1198
$C_{41}H_{66}O_{13}$ 988, 989, 1201, 1202, 1302
$C_{41}H_{66}O_{14}$ 995
$C_{41}H_{66}O_{15}$ 1086, 1204, 2146
$C_{41}H_{66}O_{7}$ 1885
$C_{41}H_{68}O_{12}$ 1340
$C_{41}H_{68}O_{15}$ 2002, 2073, 2146, 2916
$C_{41}H_{70}O_{13}$ 994, 1340, 2697
$C_{41}H_{70}O_{14}$ 993, 994, 1083
$C_{41}H_{70}O_{15}$ 993, 1082
$C_{41}H_{72}O_{14}$ 3003
$C_{41}H_{72}O_{15}$ 3003
$C_{41}H_{74}N_{10}O_{11}$ 2822
$C_{41}H_{75}NO_{8}$ 2184
$C_{41}H_{75}NO_{9}$ 2184
$C_{41}H_{76}N_{2}O_{15}$ 2695
$C_{41}H_{77}NO_{8}$ 2183, 2184
$C_{41}H_{77}NO_{9}$ 2184, 2185
$C_{41}H_{77}NO_{10}$ 2184
$C_{41}H_{79}NO_{5}$ 2184
$C_{41}H_{79}NO_{6}$ 2187
$C_{41}H_{79}NO_{8}$ 2184
$C_{41}H_{81}NO_{8}$ 2183
$C_{41}H_{81}NO_{10}$ 2183
$C_{42}H_{26}O_{22}$ 2558
$C_{42}H_{32}O_{9}$ 2271
$C_{42}H_{32}O_{10}$ 2271
$C_{42}H_{32}O_{11}$ 2271
$C_{42}H_{34}O_{10}$ 2271
$C_{42}H_{40}O_{11}$ 1403
$C_{42}H_{40}O_{17}$ 2766
$C_{42}H_{42}N_{4}O_{2}$ 253
$C_{42}H_{42}N_{4}O_{3}$ 253
$C_{42}H_{43}N_{13}O_{10}S_{2}$ 2823
$C_{42}H_{44}O_{14}$ 1778, 1779
$C_{42}H_{44}O_{19}$ 2291
$C_{42}H_{46}O_{11}$ 1617
$C_{42}H_{46}O_{12}$ 1403, 1404
$C_{42}H_{46}O_{17}$ 442
$C_{42}H_{46}O_{2}$ 2292
$C_{42}H_{46}O_{20}$ 2291
$C_{42}H_{46}O_{22}$ 1683
$C_{42}H_{46}O_{23}$ 1682, 1683
$C_{42}H_{46}O_{24}$ 1683
$C_{42}H_{48}NaO_{14}$ 851
$C_{42}H_{48}O_{4}$ 1369
$C_{42}H_{48}O_{14}$ 850, 851
$C_{42}H_{48}O_{18}$ 2561
$C_{42}H_{48}O_{18}$ 444
$C_{42}H_{50}N_{4}O_{5}$ 198
$C_{42}H_{50}N_{4}O_{6}$ 201
$C_{42}H_{50}N_{4}O_{6}$ 237
$C_{42}H_{50}N_{4}O_{6}$ 237
$C_{42}H_{50}O_{16}$ 1400
$C_{42}H_{50}O_{21}$ 450
$C_{42}H_{51}NO_{15}$ 2767
$C_{42}H_{51}NO_{16}$ 2771
$C_{42}H_{52}N_{2}O_{15}$ 2766
$C_{42}H_{52}N_{2}O_{16}$ 2765
$C_{42}H_{52}N_{2}O_{8}$ 2124
$C_{42}H_{52}O_{10}$ 1271
$C_{42}H_{53}NO_{15}$ 2765
$C_{42}H_{53}NO_{16}$ 2771
$C_{42}H_{54}N_{7}NaO_{13}S_{2}$ 2625
$C_{42}H_{54}N_{7}O_{10}S$ 383
$C_{42}H_{54}O_{22}$ 452
$C_{42}H_{54}O_{23}$ 452
$C_{42}H_{54}O_{23}$ 452
$C_{42}H_{58}N_{2}O_{8}$ 66
$C_{42}H_{58}O_{5}$ 1369
$C_{42}H_{58}O_{6}$ 1367
$C_{42}H_{60}N_{2}O_{13}$ 2697
$C_{42}H_{60}O_{13}$ 1145
$C_{42}H_{60}O_{7}$ 1280
$C_{42}H_{60}O_{17}$ 918
$C_{42}H_{61}NO_{10}$ 353, 963
$C_{42}H_{62}N_{9}O_{9}$ 382
$C_{42}H_{62}O_{11}$ 1684
$C_{42}H_{62}O_{12}$ 1990
$C_{42}H_{62}O_{13}$ 2006
$C_{42}H_{62}O_{14}$ 2006
$C_{42}H_{62}O_{15}$ 989
$C_{42}H_{62}O_{16}$ 2676
$C_{42}H_{62}O_{20}$ 450
$C_{42}H_{64}N_{2}O_{9}$ 2490
$C_{42}H_{64}O_{4}$ 963
$C_{42}H_{64}O_{13}$ 1197
$C_{42}H_{64}O_{14}$ 1197, 2006
$C_{42}H_{64}O_{15}$ 1992
$C_{42}H_{64}O_{16}$ 989, 1992, 2676
$C_{42}H_{64}O_{17}$ 989, 1203, 1940
$C_{42}H_{66}NaO_{12}$ 2919
$C_{42}H_{66}O_{4}$ 621
$C_{42}H_{66}O_{7}$ 1885
$C_{42}H_{66}O_{11}$ 988
$C_{42}H_{66}O_{13}$ 977, 1085
$C_{42}H_{66}O_{14}$ 1197
$C_{42}H_{66}O_{15}$ 1200, 1201, 1203
$C_{42}H_{66}O_{17}$ 1937
$C_{42}H_{66}O_{20}$ 450
$C_{42}H_{68}O_{10}$ 1081
$C_{42}H_{68}O_{12}$ 988
$C_{42}H_{68}O_{13}$ 993, 987, 1201
$C_{42}H_{68}O_{14}$ 987, 1085, 1200, 1201, 1202, 1280, 1993
$C_{42}H_{68}O_{15}$ 1201, 1202
$C_{42}H_{68}O_{16}$ 1204, 1993
$C_{42}H_{68}O_{17}$ 1200
$C_{42}H_{69}NO_{15}$ 2695
$C_{42}H_{70}N_{2}O_{15}S$ 2696
$C_{42}H_{70}N_{2}O_{16}S$ 2696
$C_{42}H_{70}O_{13}$ 987, 1086, 1200
$C_{42}H_{70}O_{14}$ 987, 993
$C_{42}H_{70}O_{14}S$ 1201
$C_{42}H_{70}O_{15}$ 536, 993, 996, 997, 1084, 2002
$C_{42}H_{70}O_{16}$ 1080, 1349
$C_{42}H_{70}O_{17}$ 1080
$C_{42}H_{72}O_{12}$ 1082
$C_{42}H_{72}O_{14}$ 994, 1084, 1085, 1086
$C_{42}H_{72}O_{15}$ 993, 1082
$C_{42}H_{72}O_{16}$ 1082, 1349
$C_{42}H_{75}NO_{9}$ 2187
$C_{42}H_{76}N_{10}O_{11}$ 2822
$C_{42}H_{77}NO_{9}$ 2184, 2188
$C_{42}H_{78}N_{2}O_{15}$ 2695
$C_{42}H_{79}NO_{9}$ 2183, 2184, 2186
$C_{42}H_{79}NO_{10}$ 2184, 2187
$C_{42}H_{81}NO_{5}$ 2186
$C_{42}H_{83}NO_{5}$ 2185, 2186, 2187
$C_{42}H_{83}NO_{6}$ 2185
$C_{42}H_{85}NO_{4}$ 2187
$C_{42}H_{85}NO_{6}$ 2183
$C_{43}H_{32}O_{19}$ 1778
$C_{43}H_{32}O_{20}$ 1778
$C_{43}H_{38}N_{10}O_{8}Zn$ 2487
$C_{43}H_{40}N_{14}O_{11}S_{4}$ 2824
$C_{43}H_{42}O_{13}$ 1500
$C_{43}H_{42}O_{22}$ 1872
$C_{43}H_{44}O_{12}$ 1403
$C_{43}H_{44}O_{20}$ 2292
$C_{43}H_{46}ClN_{3}O_{13}$ 2869
$C_{43}H_{46}O_{8}$ 1616
$C_{43}H_{46}O_{11}$ 1402
$C_{43}H_{46}O_{15}$ 1779
$C_{43}H_{46}O_{20}$ 2291
$C_{43}H_{48}N_{4}O_{7}$ 236
$C_{43}H_{49}NO_{18}$ 290
$C_{43}H_{50}N_{2}O_{19}$ 290
$C_{43}H_{50}N_{2}O_{20}$ 290
$C_{43}H_{50}O_{14}$ 2292
$C_{43}H_{50}O_{16}$ 2771
$C_{43}H_{50}O_{19}$ 443
$C_{43}H_{50}O_{21}$ 443
$C_{43}H_{51}NO_{21}$ 448
$C_{43}H_{52}N_{4}O_{5}$ 253

$C_{43}H_{54}N_2O_{14}$ 2770
$C_{43}H_{54}N_4O_5$ 237
$C_{43}H_{54}O_{22}$ 1684
$C_{43}H_{56}N_2O_{15}$ 2770
$C_{43}H_{56}N_4O$ 2490
$C_{43}H_{56}N_8O_8$ 382
$C_{43}H_{56}O_4$ 1271
$C_{43}H_{56}O_{16}$ 2766
$C_{43}H_{58}N_2O_3$ 325
$C_{43}H_{58}N_4O_{12}$ 2698
$C_{43}H_{58}O_3$ 1271
$C_{43}H_{61}N_7O_{13}$ 2823
$C_{43}H_{62}O_{10}$ 2375
$C_{43}H_{62}O_{14}$ 1988
$C_{43}H_{63}NO_{10}$ 353
$C_{43}H_{63}NO_{13}$ 301
$C_{43}H_{63}O_{12}$ 1684
$C_{43}H_{64}O_{11}$ 1950
$C_{43}H_{64}O_{15}$ 1197
$C_{43}H_{64}O_{17}$ 1200
$C_{43}H_{65}NO_{14}$ 2676
$C_{43}H_{66}O_{13}$ 1201, 2699
$C_{43}H_{66}O_{17}$ 2081
$C_{43}H_{66}O_{18}$ 1934, 2081
$C_{43}H_{67}N_5O_{10}$ 2822
$C_{43}H_{68}O_{10}$ 1081
$C_{43}H_{68}O_{22}$ 916
$C_{43}H_{70}N_6O_6S$ 2625
$C_{43}H_{70}O_{10}$ 1081
$C_{43}H_{70}O_{13}$ 1081
$C_{43}H_{70}O_{14}$ 1993
$C_{43}H_{70}O_{15}$ 997
$C_{43}H_{70}O_{16}$ 2091
$C_{43}H_{70}O_{16}$ 995, 2652, 2653
$C_{43}H_{70}O_{17}$ 2091
$C_{43}H_{71}NO_{15}$ 2698
$C_{43}H_{72}N_8O_9$ 2625
$C_{43}H_{72}O_{13}$ 2004, 2653
$C_{43}H_{72}O_{14}$ 994
$C_{43}H_{72}O_{17}$ 994
$C_{43}H_{73}NaO_{21}S$ 2590
$C_{43}H_{74}N_2O_{14}$ 2698
$C_{43}H_{76}N_{13}O_2$ 2698
$C_{43}H_{77}NO_{10}$ 2185
$C_{43}H_{77}NO_{17}$ 2695
$C_{43}H_{78}N_2O_{18}$ 2695
$C_{43}H_{78}O_3$ 2141
$C_{43}H_{79}NO_9$ 2184
$C_{43}H_{80}N_2O_{15}$ 2695
$C_{43}H_{81}NO_9$ 2184, 2185
$C_{43}H_{81}NO_{10}$ 2185
$C_{43}H_{85}NO_4$ 2182
$C_{44}H_{32}O_{22}$ 1779
$C_{44}H_{34}O_{23}$ 1779
$C_{44}H_{40}N_{10}O_8Zn$ 2487
$C_{44}H_{44}O_{13}$ 1402
$C_{44}H_{44}O_{24}$ 1872
$C_{44}H_{46}O_{12}$ 1402
$C_{44}H_{46}O_{18}$ 442
$C_{44}H_{48}O_{16}$ 1779
$C_{44}H_{48}O_{21}$ 2291
$C_{44}H_{53}NO_{12}$ 353
$C_{44}H_{54}N_4O_5$ 253
$C_{44}H_{54}N_4O_6$ 236
$C_{44}H_{54}N_4O_{10}S_2$ 2872
$C_{44}H_{54}O_7$ 539
$C_{44}H_{54}O_{16}$ 2676
$C_{44}H_{54}O_{17}$ 2767
$C_{44}H_{55}NO_{21}$ 66
$C_{44}H_{55}NO_{22}$ 66
$C_{44}H_{56}N_4O_7$ 237
$C_{44}H_{57}N_7O_{12}$ 383
$C_{44}H_{60}N_4O_{10}$ 2698
$C_{44}H_{60}N_{12}O_9$ 382
$C_{44}H_{62}O_{10}$ 963
$C_{44}H_{63}NO_{12}$ 353, 963
$C_{44}H_{64}O_{24}$ 1367
$C_{44}H_{65}NO_{13}$ 2698
$C_{44}H_{65}N_5O_9$ 2625
$C_{44}H_{67}N_5O_9$ 2625
$C_{44}H_{68}O_5$ 1885
$C_{44}H_{68}O_{16}$ 1084
$C_{44}H_{68}O_{17}$ 733
$C_{44}H_{68}O_{18}$ 2081
$C_{44}H_{68}O_{19}$ 1937, 2078, 2095
$C_{44}H_{70}O_{12}$ 2651
$C_{44}H_{70}O_{14}$ 1202
$C_{44}H_{70}O_{15}$ 1368
$C_{44}H_{70}O_{16}$ 1084, 2085
$C_{44}H_{70}O_{17}$ 996, 1200
$C_{44}H_{70}O_{18}$ 2078, 2095
$C_{44}H_{70}O_{19}$ 2078, 2089
$C_{44}H_{70}O_{19}S$ 2136
$C_{44}H_{70}O_{24}S_2$ 1962
$C_{44}H_{70}O_4$ 921, 987
$C_{44}H_{72}O_{16}$ 997, 2652, 2653
$C_{44}H_{72}O_{17}$ 2091, 2093
$C_{44}H_{72}O_{18}$ 2083, 2085, 2091, 2093
$C_{44}H_{72}O_{19}$ 1962, 2083
$C_{44}H_{72}O_{24}S_2$ 1962
$C_{44}H_{72}O_5$ 1301
$C_{44}H_{73}O_{14}$ 2699
$C_{44}H_{74}N_{14}O_2$ 2698
$C_{44}H_{74}O_{10}$ 2697
$C_{44}H_{74}O_{20}S$ 1960
$C_{44}H_{76}N_4O_{12}$ 2824
$C_{44}H_{76}O_{18}$ 1960
$C_{44}H_{76}O_{19}$ 2590
$C_{44}H_{77}NO_{10}$ 2183
$C_{44}H_{81}NO_9$ 2184
$C_{44}H_{82}N_2O_{17}$ 2695
$C_{44}H_{83}NO_9$ 2185, 2186
$C_{44}H_{85}NO_4$ 2183
$C_{44}H_{85}NO_8$ 2185
$C_{44}H_{85}NO_{10}$ 2185
$C_{44}H_{87}NO_{10}$ 2185
$C_{45}H_{34}O_{12}$ 1771
$C_{45}H_{36}O_{18}$ 1779
$C_{45}H_{38}O_{12}$ 2271
$C_{45}H_{38}O_{18}$ 1779
$C_{45}H_{48}O_{21}$ 2291
$C_{45}H_{52}O_{13}$ 851
$C_{45}H_{53}NO_{14}$ 23
$C_{45}H_{55}NO_{15}$ 748
$C_{45}H_{55}NO_{18}$ 2766
$C_{45}H_{58}O_{16}$ 2675
$C_{45}H_{59}N_7O_{13}$ 383
$C_{45}H_{60}N_2O_6$ 323
$C_{45}H_{60}O_7$ 1299
$C_{45}H_{60}O_8$ 1299
$C_{45}H_{61}N_7O_8$ 2624
$C_{45}H_{62}N_8O_9$ 382
$C_{45}H_{64}O_{17}$ 2676
$C_{45}H_{65}NO_{12}$ 353
$C_{45}H_{67}NO_{13}$ 2693
$C_{45}H_{68}O_{14}$ 1989
$C_{45}H_{68}O_{18}$ 2081
$C_{45}H_{68}O_{19}$ 2081
$C_{45}H_{69}ClN_8O_{14}$ 383
$C_{45}H_{69}N_9O_{10}S_2$ 383
$C_{45}H_{69}O_{13}$ 1950
$C_{45}H_{70}O_{14}$ 1989
$C_{45}H_{70}O_{17}$ 2004, 2095
$C_{45}H_{70}O_{18}$ 1964
$C_{45}H_{70}O_{19}$ 2079
$C_{45}H_{70}O_{20}$ 2095
$C_{45}H_{72}O_{12}$ 2651, 2697
$C_{45}H_{72}O_{13}$ 2697
$C_{45}H_{72}O_{17}$ 1204, 2078, 2085, 2087, 2089
$C_{45}H_{72}O_{18}$ 1960, 1962, 2087
$C_{45}H_{72}O_{19}$ 1962, 2078, 2079, 2087, 2089, 2095
$C_{45}H_{72}O_{20}$ 2087, 2089
$C_{45}H_{72}O_{23}$ 2022
$C_{45}H_{73}NO_{15}$ 339
$C_{45}H_{73}NO_{16}$ 339
$C_{45}H_{73}NO_{17}$ 339
$C_{45}H_{74}N_{10}O_{12}$ 2822
$C_{45}H_{74}O_{10}$ 2697
$C_{45}H_{74}O_{11}$ 2697
$C_{45}H_{74}O_{14}$ 2699
$C_{45}H_{74}O_{16}$ 2085, 2091
$C_{45}H_{74}O_{17}$ 1960, 1964, 2083, 2085, 2091, 2093
$C_{45}H_{74}O_{18}$ 1960, 1964, 2083, 2085, 2091, 2093, 2095
$C_{45}H_{74}O_{19}$ 1962, 2083, 2085, 2087, 2089, 2093
$C_{45}H_{74}O_{20}$ 1962, 2093
$C_{45}H_{76}O_{17}$ 1959, 1960, 2916
$C_{45}H_{76}O_{18}$ 1964
$C_{45}H_{76}O_{20}$ 1965
$C_{45}H_{78}O_4$ 1300
$C_{45}H_{78}O_{14}$ 2917
$C_{45}H_{82}O_3$ 2141

$C_{45}H_{83}NO_9$ 2184
$C_{45}H_{84}O_6$ 3003
$C_{45}H_{84}O_7$ 3002
$C_{45}H_{84}O_8$ 3002
$C_{45}H_{85}NO_9$ 2185
$C_{45}H_{87}NO_8$ 2185, 2186
$C_{45}H_{88}O_7$ 3003
$C_{45}H_{89}NO_9$ 2185, 2187
$C_{45}H_{89}NO_{10}$ 2186
$C_{46}H_{46}O_{10}$ 1856
$C_{46}H_{47}NO_{18}$ 67
$C_{46}H_{50}O_{16}$ 1468
$C_{46}H_{50}O_{22}$ 2291
$C_{46}H_{52}O_{24}$ 1429
$C_{46}H_{54}O_{13}$ 851
$C_{46}H_{56}N_4O_8$ 253
$C_{46}H_{56}N_4O_9$ 236, 253
$C_{46}H_{56}O_{14}$ 1271
$C_{46}H_{56}N_4O_{10}$ 253
$C_{46}H_{57}NO_{17}$ 2766
$C_{46}H_{58}N_4O_6$ 236
$C_{46}H_{58}N_4O_9$ 237, 253
$C_{46}H_{58}N_4O_{10}$ 253
$C_{46}H_{62}N_4O_{11}$ 2698
$C_{46}H_{62}O_7$ 1369
$C_{46}H_{62}O_9$ 1299
$C_{46}H_{62}O_{27}$ 452
$C_{46}H_{63}N_7O_{12}$ 2623
$C_{46}H_{64}N_4O_{11}$ 2698
$C_{46}H_{64}O_{15}$ 1952
$C_{46}H_{65}N_5O_{16}$ 989
$C_{46}H_{66}O_9$ 619
$C_{46}H_{66}O_{15}$ 1952
$C_{46}H_{68}O_4$ 963
$C_{46}H_{70}O_{18}$ 2028
$C_{46}H_{70}O_{19}$ 2028
$C_{46}H_{72}N_4O_9$ 2872
$C_{46}H_{72}N_4O_{10}$ 2872
$C_{46}H_{72}N_{10}O_{16}$ 2822
$C_{46}H_{72}O_{17}$ 1197, 2004
$C_{46}H_{72}O_{18}$ 1993
$C_{46}H_{72}O_{19}$ 1962, 1964
$C_{46}H_{73}NO_{18}$ 339
$C_{46}H_{73}NaO_{18}$ 2384
$C_{46}H_{73}NaO_{19}$ 2384
$C_{46}H_{74}O_{16}$ 989, 1202, 2002
$C_{46}H_{74}O_{17}$ 1085, 2025, 2089
$C_{46}H_{74}O_{18}$ 2000, 2004, 2085
$C_{46}H_{74}O_{19}$ 1204, 1962
$C_{46}H_{74}O_{20}$ 2022
$C_{46}H_{76}N_{10}O_{12}$ 2822
$C_{46}H_{76}O_{17}$ 997
$C_{46}H_{76}O_{18}$ 996, 2017
$C_{46}H_{76}O_{19}$ 1962
$C_{46}H_{76}O_{21}$ 2010, 2015
$C_{46}H_{76}O_{22}$ 2010, 2015
$C_{46}H_{77}NO_{17}$ 2693
$C_{46}H_{78}N_2O_{15}$ 2698
$C_{46}H_{78}O_4$ 2123
$C_{46}H_{78}O_5$ 2118
$C_{46}H_{78}O_{17}$ 994, 1083
$C_{46}H_{78}O_{19}$ 1964, 1965
$C_{46}H_{79}NO_{16}$ 2693
$C_{46}H_{79}NO_{17}$ 2693
$C_{46}H_{82}O_4$ 1080
$C_{46}H_{86}O_3$ 2141
$C_{46}H_{87}NO_9$ 2185, 2186
$C_{46}H_{89}NO_{10}$ 2186
$C_{46}H_{91}NO_7$ 2187
$C_{46}H_{91}NO_9$ 2185
$C_{47}H_{48}N_2O_8$ 137
$C_{47}H_{50}O_{14}$ 850
$C_{47}H_{50}O_{22}$ 2291
$C_{47}H_{51}NO_{14}$ 23
$C_{47}H_{52}O_9$ 1754
$C_{47}H_{52}O_{23}$ 445
$C_{47}H_{54}O_{10}$ 1271
$C_{47}H_{56}O_{20}$ 2917
$C_{47}H_{58}N_4O_8$ 253
$C_{47}H_{59}NO_{17}$ 2766
$C_{47}H_{66}N_8O_{10}$ 382
$C_{47}H_{66}O_{15}$ 1952
$C_{47}H_{66}O_{17}$ 2676
$C_{47}H_{67}NO_{13}$ 2698
$C_{47}H_{68}O_{14}$ 1990
$C_{47}H_{68}O_{15}$ 1952, 1954
$C_{47}H_{69}N_9O_9$ 2624
$C_{47}H_{70}O_{19}$ 2017, 2081
$C_{47}H_{70}O_{20}$ 2081
$C_{47}H_{72}N_4O_9$ 2872
$C_{47}H_{72}O_{18}$ 2028
$C_{47}H_{72}O_{19}$ 2028, 2383
$C_{47}H_{72}O_{20}$ 1995, 2017, 2028
$C_{47}H_{73}NO_{17}$ 2693
$C_{47}H_{74}N_{10}O_{16}$ 2822
$C_{47}H_{74}N_4O_9$ 2872
$C_{47}H_{74}O_{15}$ 1993
$C_{47}H_{74}O_{17}$ 997, 1200, 1201
$C_{47}H_{74}O_{18}$ 1197
$C_{47}H_{74}O_{19}$ 2383
$C_{47}H_{74}O_5$ 1885
$C_{47}H_{75}NO_{17}$ 2693
$C_{47}H_{76}O_{16}$ 989
$C_{47}H_{76}O_{17}$ 1084, 1197, 1202, 1204, 1302, 1303, 2002, 2025
$C_{47}H_{76}O_{18}$ 1202, 2091
$C_{47}H_{76}O_{19}$ 1204
$C_{47}H_{76}O_{20}$ 1082, 1086
$C_{47}H_{78}O_{14}$ 2917
$C_{47}H_{78}O_{17}$ 1303, 1340, 1995
$C_{47}H_{78}O_{18}$ 2017
$C_{47}H_{78}O_{19}$ 997
$C_{47}H_{80}O_{16}$ 2694
$C_{47}H_{80}O_{17}$ 1340
$C_{47}H_{80}O_{18}$ 1083
$C_{47}H_{81}NO_{14}$ 2693
$C_{47}H_{83}N_6O_8$ 23
$C_{47}H_{83}NO_{14}$ 2700
$C_{47}H_{87}NO_9$ 2185
$C_{47}H_{91}NO_{10}$ 2186
$C_{47}H_{91}NO_{11}$ 2186
$C_{48}H_{42}O_{14}$ 2271
$C_{48}H_{42}O_{15}$ 1616
$C_{48}H_{42}O_{16}$ 1616
$[C_{48}H_{51}O_{30}]^+$ 1802
$C_{48}H_{52}O_{23}$ 2291
$C_{48}H_{54}O_8$ 1616
$C_{48}H_{54}O_{10}$ 1616
$C_{48}H_{54}O_{27}$ 1872
$C_{48}H_{56}O_9$ 1615
$C_{48}H_{58}O_7$ 1617
$C_{48}H_{60}O_9$ 1198
$C_{48}H_{62}N_2O_{21}$ 2676
$C_{48}H_{64}N_4O_{12}$ 2698
$C_{48}H_{64}O_{27}$ 452
$C_{48}H_{66}N_8O_{12}$ 2625
$C_{48}H_{67}N_9O_9$ 383
$C_{48}H_{68}O_{16}$ 1952
$C_{48}H_{70}O_5$ 963
$C_{48}H_{70}O_{16}$ 1954
$C_{48}H_{70}O_{17}$ 1281
$C_{48}H_{72}O_{13}$ 2694
$C_{48}H_{72}O_{19}$ 1952, 2008
$C_{48}H_{72}O_{20}$ 1201
$C_{48}H_{74}O_{19}$ 1201, 1202, 2008, 2028, 2030
$C_{48}H_{74}O_{20}$ 1202, 1203, 2017
$C_{48}H_{74}O_{21}$ 2017
$C_{48}H_{76}O_5$ 1885
$C_{48}H_{76}N_{10}O_{16}$ 2822
$C_{48}H_{76}O_{17}$ 1197
$C_{48}H_{76}O_{18}$ 1201
$C_{48}H_{76}O_{19}$ 1203, 1301, 1302, 1303, 2008
$C_{48}H_{76}O_{20}$ 1079, 1202, 1203, 1301, 1302, 1303
$C_{48}H_{77}NO_{16}$ 1201
$C_{48}H_{77}NO_{17}$ 1201
$C_{48}H_{78}O_3$ 993
$C_{48}H_{78}O_{17}$ 1197, 1200, 1204, 2008
$C_{48}H_{78}O_{18}$ 997, 1202, 1204, 1303
$C_{48}H_{78}O_{19}$ 1203, 1303, 1960, 2030
$C_{48}H_{78}O_{20}$ 1079, 1086, 1203
$C_{48}H_{78}O_{21}$ 2023
$C_{48}H_{80}N_2O_{16}$ 2698
$C_{48}H_{80}O_9$ 921
$C_{48}H_{80}O_{17}$ 1085, 1086, 1204, 2015
$C_{48}H_{80}O_{18}$ 987, 1086, 1204, 1997
$C_{48}H_{80}O_{19}$ 993, 987, 2013
$C_{48}H_{80}O_{21}$ 1349, 2017
$C_{48}H_{82}N_2O_{15}$ 2698
$C_{48}H_{82}O_{16}$ 1085, 2694

$C_{48}H_{82}O_{17}$ 1085
$C_{48}H_{82}O_{18}$ 987, 1085, 1086, 2916
$C_{48}H_{82}O_{19}$ 994, 1084, 1085
$C_{48}H_{82}O_{20}$ 1085
$C_{48}H_{83}NO_{9}$ 2185
$C_{48}H_{84}O_{3}$ 1300
$C_{48}H_{84}O_{17}$ 1085
$C_{48}H_{84}O_{18}$ 1085
$C_{48}H_{84}O_{19}$ 1085
$C_{48}H_{86}O_{4}$ 1082, 2383
$C_{48}H_{91}NO_{8}$ 2186
$C_{48}H_{91}NO_{9}$ 2182, 2187
$C_{48}H_{89}NO_{10}$ 2186
$C_{48}H_{93}NO_{9}$ 2182
$C_{48}H_{93}NO_{10}$ 2184, 2186, 2187
$C_{48}H_{95}NO_{10}$ 2186
$C_{49}H_{46}N_{4}O_{2}$ 253
$C_{49}H_{52}N_{8}O_{6}$ 2624
$C_{49}H_{55}NO_{15}$ 849
$C_{49}H_{58}O_{10}$ 2124
$C_{49}H_{60}O_{23}$ 452
$C_{49}H_{62}O_{33}$ 2292
$C_{49}H_{64}O_{20}$ 2769
$C_{49}H_{72}O_{15}$ 1204
$C_{49}H_{72}O_{21}$ 2081
$C_{49}H_{74}O_{15}$ 2000
$C_{49}H_{74}O_{17}$ 2000
$C_{49}H_{76}O_{15}$ 1995
$C_{49}H_{76}O_{16}$ 1997
$C_{49}H_{76}O_{18}$ 1993
$C_{49}H_{76}O_{20}$ 1085, 1200, 1201, 2030
$C_{49}H_{76}O_{22}$ 2108
$C_{49}H_{76}O_{23}$ 2098, 2108
$C_{49}H_{78}O_{18}$ 1202
$C_{49}H_{78}O_{19}$ 1201
$C_{49}H_{78}O_{21}$ 1934
$C_{49}H_{78}O_{22}$ 1967
$C_{49}H_{80}O_{17}$ 1081, 2008
$C_{49}H_{80}O_{18}$ 2008
$C_{49}H_{80}O_{22}$ 1967
$C_{49}H_{82}N_{2}O_{16}$ 2698
$C_{49}H_{82}O_{17}$ 1204, 1997, 2015
$C_{49}H_{82}O_{18}$ 1204, 2015, 2028
$C_{49}H_{82}O_{21}$ 1972
$C_{49}H_{82}O_{22}$ 1972
$C_{49}H_{83}NO_{13}$ 2187
$C_{49}H_{84}O_{17}$ 2917
$C_{49}H_{85}NO_{14}$ 2697
$C_{49}H_{90}O_{14}$ 2695
$C_{49}H_{91}NO_{9}$ 2186
$C_{49}H_{95}NO_{10}$ 2187
$C_{49}H_{97}NO_{9}$ 2185
$C_{49}H_{97}NO_{10}$ 2186
$C_{49}H_{99}NO_{5}$ 2186
$C_{50}H_{50}O_{11}$ 1872
$C_{50}H_{50}O_{21}$ 2291
$C_{50}H_{52}O_{10}$ 1856
$C_{50}H_{58}O_{8}$ 1616
$C_{50}H_{58}O_{18}$ 1428, 1429
$C_{50}H_{60}O_{10}$ 2124
$C_{50}H_{67}N_{7}O_{15}$ 2625
$C_{50}H_{69}N_{9}O_{10}$ 383
$C_{50}H_{70}O_{16}$ 1204
$C_{50}H_{72}O_{15}$ 1204
$C_{50}H_{74}O_{16}$ 1204
$C_{50}H_{74}O_{17}$ 1999
$C_{50}H_{76}O_{18}$ 1997
$C_{50}H_{78}O_{21}$ 1079, 1302, 1303
$C_{50}H_{78}O_{22}$ 2103
$C_{50}H_{80}N_{8}O_{12}$ 2624
$C_{50}H_{80}N_{8}O_{15}$ 2823
$C_{50}H_{80}N_{8}O_{17}$ 2823
$C_{50}H_{80}N_{8}O_{18}$ 2823
$C_{50}H_{80}O_{18}$ 1202
$C_{50}H_{80}O_{19}$ 997, 1202
$C_{50}H_{80}O_{21}$ 1079, 1204
$C_{50}H_{80}O_{23}$ 2098, 2105
$C_{50}H_{80}O_{24}$ 2098, 2103
$C_{50}H_{81}NO_{21}$ 339
$C_{50}H_{82}N_{2}O_{16}$ 2698
$C_{50}H_{82}O_{20}$ 2013
$C_{50}H_{82}O_{22}$ 1967, 2101, 2108
$C_{50}H_{82}O_{23}$ 2100, 2103
$C_{50}H_{82}O_{24}$ 1972, 2100, 2105
$C_{50}H_{83}NO_{21}$ 339
$C_{50}H_{84}N_{2}O_{16}$ 2698
$C_{50}H_{84}O_{18}$ 2917
$C_{50}H_{84}O_{22}$ 1970
$C_{50}H_{84}O_{25}$ 1969
$C_{50}H_{84}O_{26}$ 1969
$C_{50}H_{90}O_{5}$ 2187
$C_{50}H_{92}O_{14}$ 2695
$C_{50}H_{97}NO_{9}$ 2187
$C_{50}H_{97}NO_{10}$ 2188
$C_{51}H_{52}O_{22}$ 2291
$C_{51}H_{52}O_{23}$ 1684
$C_{51}H_{52}O_{24}$ 1684
$C_{51}H_{58}O_{14}$ 1271
$C_{51}H_{64}N_{8}O_{8}$ 382
$C_{51}H_{68}N_{2}O_{10}$ 2871
$C_{51}H_{69}N_{7}O_{15}$ 2625
$C_{51}H_{70}ClN_{7}O_{15}$ 2625
$C_{51}H_{71}NO_{15}$ 2676
$C_{51}H_{72}O_{17}$ 1204
$C_{51}H_{73}N_{9}O_{12}$ 382
$C_{51}H_{74}O_{18}$ 1993
$C_{51}H_{76}O_{11}$ 851
$C_{51}H_{76}O_{16}$ 2000, 2002
$C_{51}H_{76}O_{17}$ 1995, 2000
$C_{51}H_{78}N_{8}O_{8}S$ 2624
$C_{51}H_{78}O_{16}$ 1997
$C_{51}H_{78}O_{17}$ 1997
$C_{51}H_{78}O_{19}$ 2008
$C_{51}H_{78}O_{23}$ 2098
$C_{51}H_{78}O_{24}$ 2103
$C_{51}H_{80}O_{19}$ 2008
$C_{51}H_{80}O_{20}$ 1967
$C_{51}H_{82}N_{8}O_{13}$ 2823
$C_{51}H_{82}N_{8}O_{14}$ 2823
$C_{51}H_{82}N_{8}O_{15}$ 2823
$C_{51}H_{82}N_{8}O_{16}$ 2823
$C_{51}H_{82}N_{8}O_{17}$ 2823
$C_{51}H_{82}O_{21}$ 1204
$C_{51}H_{82}O_{22}$ 1974, 2098
$C_{51}H_{82}O_{23}$ 1967, 2098, 2106
$C_{51}H_{82}O_{2}4$ 2101, 2105, 2106
$C_{51}H_{82}O_{25}$ 2105
$C_{51}H_{84}O_{21}$ 1972
$C_{51}H_{84}O_{22}$ 1972, 2100
$C_{51}H_{84}O_{23}$ 1972, 1974, 2100, 2106
$C_{51}H_{84}O_{24}$ 1972, 2100, 2106
$C_{51}H_{84}O_{25}$ 1974
$C_{51}H_{86}N_{2}O_{16}$ 2698
$C_{51}H_{86}O_{22}$ 1972
$C_{51}H_{86}O_{23}$ 1970
$C_{51}H_{86}O_{24}$ 1969
$C_{51}H_{86}O_{25}$ 1967, 1969, 1972
$C_{51}H_{91}NO_{11}$ 2183
$C_{51}H_{94}O_{11}$ 3003
$C_{51}H_{94}O_{12}$ 3003
$C_{51}H_{96}O_{12}$ 3003
$C_{51}H_{96}O_{13}$ 3003
$C_{52}H_{42}O_{20}$ 1779
$C_{52}H_{48}N_{16}O_{15}S_{4}$ 2824
$C_{52}H_{54}O_{25}$ 1684
$C_{52}H_{62}O_{20}$ 2292, 2558
$C_{52}H_{64}N_{8}O_{11}$ 383
$C_{52}H_{70}N_{2}O_{10}$ 2871
$C_{52}H_{70}O_{18}$ 2697
$C_{52}H_{74}N_{8}O_{13}S$ 2624
$C_{52}H_{74}O_{13}$ 1368
$C_{52}H_{76}N_{4}O_{12}$ 2823
$C_{52}H_{80}N_{8}O_{8}S$ 2624
$C_{52}H_{80}O_{11}$ 851
$C_{52}H_{80}O_{21}$ 1995
$C_{52}H_{80}O_{22}$ 2040
$C_{52}H_{80}O_{23}$ 2032, 2040
$C_{52}H_{82}N_{8}O_{8}S$ 2624
$C_{52}H_{82}O_{18}$ 2000
$C_{52}H_{82}O_{22}$ 1197
$C_{52}H_{84}O_{18}$ 2698
$C_{52}H_{84}O_{19}$ 1204
$C_{52}H_{84}O_{21}$ 2010
$C_{52}H_{84}O_{25}$ 2108
$C_{52}H_{86}O_{21}$ 1197
$C_{52}H_{86}O_{24}$ 1974
$C_{52}H_{88}O_{18}$ 2917
$C_{52}H_{88}O_{19}$ 2919
$C_{52}H_{88}O_{22}$ 2136
$C_{52}H_{88}O_{24}$ 1969, 1970
$C_{52}H_{90}O_{23}$ 1967
$C_{52}H_{90}O_{7}$ 2144
$C_{52}H_{90}O_{8}$ 2144
$C_{53}H_{52}Cl_{2}N_{8}O_{17}$ 2824
$C_{53}H_{54}O_{5}$ 1369

$C_{53}H_{56}O_{23}$ 2291
$C_{53}H_{60}O_{16}$ 1271
$C_{53}H_{67}N_9O_9$ 2624
$C_{53}H_{68}N_8O_{15}$ 2625
$C_{53}H_{68}N_8O_{18}S$ 2625
$C_{53}H_{71}BrN_2O_{13}$ 2652
$C_{53}H_{76}N_{10}O_{10}S_3$ 383
$C_{53}H_{76}O_{19}$ 2008
$C_{53}H_{78}O_{11}$ 851
$C_{53}H_{78}O_{19}$ 1995, 2004, 2008
$C_{53}H_{80}N_8O_8S$ 2624
$C_{53}H_{80}O_{24}$ 2098
$C_{53}H_{81}N_3O_8$ 66
$C_{53}H_{82}O_{20}$ 1967
$C_{53}H_{82}O_{25}S$ 985
$C_{53}H_{85}NO_{13}$ 2652
$C_{53}H_{86}O_{19}$ 2010
$C_{53}H_{86}O_{20}$ 1081, 2013
$C_{53}H_{86}O_{21}$ 1302
$C_{53}H_{86}O_{22}$ 1202
$C_{53}H_{86}O_{23}$ 1203
$C_{53}H_{86}O_{24}$ 1082, 1086, 2383
$C_{53}H_{86}O_{25}$ 1086
$C_{53}H_{87}N_5O_{22}$ 2866
$C_{53}H_{88}O_{21}$ 1197
$C_{53}H_{88}O_{25}$ 2040
$C_{53}H_{90}O_{22}$ 1083, 1084
$C_{53}H_{90}O_{23}$ 1083
$C_{53}H_{90}O_{24}$ 994, 1083
$C_{53}H_{95}N_{11}O_{12}$ 2625
$C_{53}H_{96}O_{22}$ 1084
$C_{54}H_{52}O_{19}$ 2271
$C_{54}H_{54}Cl_2N_8O_{17}$ 2824
$C_{54}H_{64}O_{29}$ 2292
$C_{54}H_{69}N_8NaO_{18}S$ 2625
$C_{54}H_{80}N_8O_{10}$ 2625
$C_{54}H_{80}O_{18}$ 2000
$C_{54}H_{80}O_{22}$ 2022
$C_{54}H_{80}O_{23}$ 2023
$C_{54}H_{80}O_{24}$ 989
$C_{54}H_{80}O_{25}$ 989
$C_{54}H_{81}NO_{20}$ 2025
$C_{54}H_{82}N_8O_8S$ 2624
$C_{54}H_{82}O_{22}$ 1967
$C_{54}H_{82}O_{23}$ 733, 1303
$C_{54}H_{82}O_6$ 1368, 1369
$C_{54}H_{84}N_8O_8S$ 2624
$C_{54}H_{84}O_7$ 1369
$C_{54}H_{86}Na_2O_{29}S_2$ 2384
$C_{54}H_{86}NO_{20}$ 989
$C_{54}H_{86}O_{18}$ 2023, 2028
$C_{54}H_{86}O_{20}$ 2035
$C_{54}H_{86}O_{21}$ 2010
$C_{54}H_{86}O_{22}$ 1203
$C_{54}H_{86}O_{23}$ 1203
$C_{54}H_{86}O_{24}$ 1202, 1203
$C_{54}H_{86}O_{25}$ 1203
$C_{54}H_{87}NO_{13}$ 2652
$C_{54}H_{88}O_{18}$ 2692
$C_{54}H_{88}O_{20}$ 1081, 2035
$C_{54}H_{88}O_{23}$ 1303, 2384
$C_{54}H_{88}O_{24}$ 1203
$C_{54}H_{88}O_{25}$ 1203
$C_{54}H_{88}O_{26}$ 1201
$C_{54}H_{90}O_{20}$ 2035
$C_{54}H_{90}O_{21}$ 2042
$C_{54}H_{90}O_{23}$ 2020, 2042
$C_{54}H_{90}O_{24}$ 987, 992, 1201
$C_{54}H_{90}O_{25}$ 1201
$C_{54}H_{92}O_{22}$ 1085
$C_{54}H_{92}O_{23}$ 1086
$C_{54}H_{92}O_{25}$ 994
$C_{54}H_{94}O_{13}$ 1085
$C_{54}H_{97}N_{11}O_{12}$ 2625
$C_{55}H_{54}N_{16}O_{16}S_2$ 383
$C_{55}H_{69}N_{11}O_{13}$ 383
$C_{55}H_{74}N_9O_9S_2$ 383
$C_{55}H_{74}N_9O_{10}S_2$ 383
$C_{55}H_{74}O_{21}$ 2769
$C_{55}H_{74}O_{22}$ 2769
$C_{55}H_{80}O_{19}$ 1085
$C_{55}H_{82}O_{20}$ 2025
$C_{55}H_{82}O_{24}$ 2677
$C_{55}H_{82}O_{25}$ 2098
$C_{55}H_{82}O_{26}$ 2098
$C_{55}H_{84}O_{21}$ 2013
$C_{55}H_{86}O_5$ 1300
$C_{55}H_{86}O_{23}$ 2025
$C_{55}H_{86}O_{28}$ 2108
$C_{55}H_{88}O_6$ 1300
$C_{55}H_{88}O_{20}$ 2030
$C_{55}H_{88}O_{21}$ 2013
$C_{55}H_{88}O_{21}$ 2028, 2030
$C_{55}H_{88}O_{23}$ 2015
$C_{55}H_{88}O_{24}$ 1204
$C_{55}H_{88}O_{27}$ 2095, 2108
$C_{55}H_{90}O_{18}$ 2017
$C_{55}H_{90}O_{19}$ 2015
$C_{55}H_{90}O_{20}$ 1081, 2040
$C_{55}H_{90}O_{21}$ 2040
$C_{55}H_{90}O_{23}$ 1200
$C_{55}H_{90}O_{24}$ 992
$C_{55}H_{92}O_{22}$ 2020
$C_{55}H_{93}NO_{15}$ 2188
$C_{55}H_{94}O_{23}$ 2032
$C_{55}H_{97}N_9O_{16}$ 2624
$C_{55}H_{99}N_3O_{18}$ 2697
$C_{56}H_{38}O_{12}$ 2277
$C_{56}H_{40}O_{12}$ 2277
$C_{56}H_{40}O_{13}$ 2277
$C_{56}H_{42}O_{12}$ 2277
$C_{56}H_{42}O_{13}$ 2277
$C_{56}H_{64}O_{26}$ 1489
$C_{56}H_{66}O_{24}$ 452
$C_{56}H_{74}N_2O_{12}$ 2871
$C_{56}H_{76}N_9O_9S_2$ 383
$C_{56}H_{76}N_9O_{10}S_2$ 383
$C_{56}H_{80}O_{16}$ 1997
$C_{56}H_{80}O_{21}$ 1204
$C_{56}H_{82}O_{21}$ 1204
$C_{56}H_{82}O_{22}$ 1201
$C_{56}H_{84}O_{20}$ 1204
$C_{56}H_{85}Na_5O_{23}S_5$ 2592
$C_{56}H_{86}N_{10}O_{14}$ 2824
$C_{56}H_{86}O_{18}$ 2015
$C_{56}H_{86}O_{23}$ 2020
$C_{56}H_{86}O_{24}$ 2020
$C_{56}H_{88}O_{24}$ 1203
$C_{56}H_{88}O_{25}$ 1203
$C_{56}H_{88}O_{28}$ 2108
$C_{56}H_{90}O_{21}$ 2035
$C_{56}H_{90}O_{25}$ 1203
$C_{56}H_{90}O_{26}$ 1203
$C_{56}H_{90}O_{28}$ 2095, 2096, 2103
$C_{56}H_{90}O_{28}$ 2108
$C_{56}H_{92}O_{21}$ 2035
$C_{56}H_{92}O_{25}$ 2042
$C_{56}H_{92}O_{27}$ 2110
$C_{56}H_{92}O_{28}$ 2108, 2110
$C_{56}H_{94}O_{30}$ 1977
$C_{56}H_{96}O_{22}$ 1083
$C_{56}H_{96}O_{28}$ 1977
$C_{56}H_{101}N_3O_{18}$ 2698
$C_{57}H_{82}O_{22}$ 1204
$C_{57}H_{83}NO_{19}$ 1201
$C_{57}H_{84}O_{22}$ 1204, 2022
$C_{57}H_{84}O_{23}$ 2025
$C_{57}H_{86}O_{21}$ 2010
$C_{57}H_{86}O_{22}$ 2023
$C_{57}H_{86}O_{25}$ 2103
$C_{57}H_{87}NO_{18}$ 2692
$C_{57}H_{88}N_{10}O_{14}$ 2824
$C_{57}H_{88}O_{22}$ 994, 2020
$C_{57}H_{89}N_{11}O_{12}$ 2824
$C_{57}H_{90}N_{12}O_{19}$ 2823
$C_{57}H_{90}O_{26}$ 1204
$C_{57}H_{92}O_{21}$ 2035
$C_{57}H_{92}O_{23}$ 2040
$C_{57}H_{92}O_{26}$ 1975
$C_{57}H_{92}O_{30}$ 1975
$C_{57}H_{93}NO_{29}$ 339
$C_{57}H_{93}NO_{30}$ 339
$C_{57}H_{94}O_{21}$ 2035
$C_{57}H_{94}O_{24}$ 1197
$C_{57}H_{94}O_{28}$ 2110
$C_{57}H_{94}O_{30}$ 1965
$C_{57}H_{96}N_6O_{13}$ 2623
$C_{57}H_{96}O_{29}$ 1975
$C_{57}H_{96}O_{30}$ 1975, 2045
$C_{57}H_{104}N_{10}O_{12}$ 2823
$C_{57}H_{105}NO_9$ 2188
$C_{58}H_{72}N_{10}O_9$ 2624
$C_{58}H_{72}N_{10}O_{10}$ 2624
$C_{58}H_{76}O_{14}$ 2652
$C_{58}H_{76}O_7$ 1271
$C_{58}H_{83}NO_{18}$ 2676
$C_{58}H_{84}O_{22}$ 1368, 2030
$C_{58}H_{86}N_2O_{13}$ 2917
$C_{58}H_{86}N_2O_{18}$ 2692
$C_{58}H_{90}O_{27}$ 1204

$C_{58}H_{92}O_{20}$ 2010
$C_{58}H_{92}O_{21}$ 2013, 2015
$C_{58}H_{94}O_{24}$ 1204
$C_{58}H_{94}O_{25}$ 2042
$C_{58}H_{94}O_{26}$ 2040
$C_{58}H_{94}O_{27}$ 1203
$C_{58}H_{95}NO_{29}$ 339
$C_{58}H_{96}O_{21}$ 2693
$C_{58}H_{96}O_{31}$ 2049
$C_{58}H_{98}O_{26}$ 1083
$C_{58}H_{98}O_{27}$ 2135, 2136
$C_{58}H_{106}N_{10}O_{12}$ 2823
$C_{59}H_{45}Cl_2N_7O_{17}$ 2823
$C_{59}H_{76}O_{33}$ 452
$C_{59}H_{76}O_9$ 2382
$C_{59}H_{78}O_{14}$ 2652
$C_{59}H_{86}O_{22}$ 2023
$C_{59}H_{88}O_{24}$ 2017
$C_{59}H_{92}N_2O_{14}$ 2917
$C_{59}H_{92}O_{27}$ 1204, 1201
$C_{59}H_{94}O_{28}$ 1203
$C_{59}H_{94}O_{29}$ 1203
$C_{59}H_{96}O_{25}$ 1303
$C_{59}H_{96}O_{26}$ 1303
$C_{59}H_{96}O_{28}$ 1082, 1203
$C_{59}H_{96}O_{29}$ 1082, 1083
$C_{59}H_{98}O_{27}$ 1086
$C_{59}H_{104}O_{23}$ 2694
$C_{59}H_{107}NO_9$ 2188
$C_{59}H_{105}N_3O_{18}$ 2697
$C_{60}H_{42}O_{18}$ 1872
$C_{60}H_{42}O_{19}$ 1872
$C_{60}H_{50}O_{16}$ 2277
$C_{60}H_{62}O_{24}$ 2271
$C_{60}H_{86}N_4O_{22}$ 2766
$C_{60}H_{86}O_{23}$ 1368
$C_{60}H_{88}O_{23}$ 2025
$C_{60}H_{90}O_{27}$ 2038
$C_{60}H_{92}O_{23}$ 2017
$C_{60}H_{92}O_{28}$ 1204
$C_{60}H_{94}O_{25}$ 2048
$C_{60}H_{94}O_{27}$ 2046, 2048
$C_{61}H_{86}O_{22}$ 2697
$C_{61}H_{92}O_{25}$ 2038
$C_{61}H_{93}N_{11}O_{13}$ 383
$C_{61}H_{94}O_{24}$ 2048
$C_{61}H_{94}O_{28}$ 1204
$C_{61}H_{95}NaO_{31}S$ 2383
$C_{61}H_{96}O_{23}$ 2046
$C_{61}H_{96}O_{27}$ 2046
$C_{61}H_{96}O_{28}$ 1201
$C_{61}H_{98}O_{24}$ 2045
$C_{61}H_{98}O_{26}$ 2038
$C_{61}H_{98}O_{27}$ 1201
$C_{61}H_{100}O_{24}$ 2051
$C_{61}H_{100}O_{28}$ 1202
$C_{61}H_{107}N_3O_{20}$ 2696
$C_{61}H_{113}NO_{24}$ 2866
$C_{62}H_{88}O_{21}$ 2010, 2013
$C_{62}H_{90}O_{21}$ 2020
$C_{62}H_{90}O_{26}$ 1204
$C_{62}H_{92}O_{24}$ 2023
$C_{62}H_{96}N_4O_{16}$ 2624
$C_{62}H_{98}O_{24}$ 2046
$C_{62}H_{100}O_{23}$ 2038
$C_{62}H_{100}O_{24}$ 2038
$C_{62}H_{100}O_{25}$ 2042
$C_{62}H_{100}O_{29}$ 1201
$C_{62}H_{102}O_{22}$ 2051
$C_{62}H_{104}O_{24}$ 2048
$C_{62}H_{105}N_3O_{21}$ 2697
$C_{62}H_{109}N_3O_{20}$ 2696
$C_{62}H_{115}NO_{24}$ 2866
$C_{63}H_{94}O_{26}$ 2038
$C_{63}H_{94}O_{27}$ 1204, 2038
$C_{63}H_{96}N_{12}O_{21}$ 2823
$C_{63}H_{102}O_{26}$ 2051
$C_{63}H_{102}O_{30}$ 989
$C_{64}H_{100}O_{25}$ 2032
$C_{64}H_{102}O_{32}$ 1203
$C_{64}H_{104}O_{23}$ 2051
$C_{64}H_{104}O_{25}$ 2032
$C_{64}H_{104}O_{30}$ 989
$C_{64}H_{104}O_{32}$ 1203
$C_{64}H_{108}O_{32}$ 2135
$C_{64}H_{120}N_2O_{23}$ 2187
$C_{65}H_{73}Cl_2N_9O_{24}$ 2824
$C_{65}H_{84}N_{12}O_{15}$ 2624
$C_{65}H_{95}NO_{21}$ 2676
$C_{65}H_{96}O_{25}$ 2032
$C_{65}H_{98}O_{29}$ 2032, 2035
$C_{65}H_{106}O_{28}$ 2048
$C_{65}H_{106}O_{29}$ 2048
$C_{65}H_{106}O_{30}$ 1302
$C_{65}H_{106}O_{31}$ 1303
$C_{65}H_{106}O_{32}$ 1086
$C_{66}H_{50}O_{33}$ 1779
$C_{66}H_{74}Cl_2N_8O_{25}$ 2824
$C_{66}H_{75}Cl_2N_9O_{24}$ 2824
$C_{66}H_{98}O_{25}$ 2032
$C_{66}H_{100}O_{27}$ 2033
$C_{66}H_{108}O_{26}$ 2048
$C_{66}H_{108}O_{29}$ 2049
$C_{66}H_{110}O_{33}$ 1086
$C_{67}H_{85}N_{13}O_{14}$ 2624
$C_{67}H_{85}N_{13}O_{15}$ 2624
$C_{67}H_{104}O_{26}$ 2032
$C_{67}H_{110}O_{32}$ 2383
$C_{68}H_{108}O_8$ 1369
$C_{68}H_{116}N_{18}O_{20}$ 2624
$C_{68}H_{124}O_{28}$ 2695
$C_{69}H_{86}N_{14}O_{14}$ 2624
$C_{69}H_{87}BrN_{16}O_{22}$ 2624
$C_{69}H_{102}O_{31}$ 1203
$C_{69}H_{104}O_5$ 1368, 1369
$C_{69}H_{104}O_6$ 1368, 1369
$C_{69}H_{110}O_{25}$ 2051
$C_{69}H_{112}O_{26}$ 2054
$C_{69}H_{112}O_{27}$ 2054
$C_{69}H_{114}O_{27}$ 2042
$C_{70}H_{52}O_{15}$ 2277
$C_{70}H_{89}BrN_{16}O_{23}$ 2624
$C_{70}H_{104}O_{32}$ 1203
$C_{70}H_{110}O_{27}$ 2051
$C_{70}H_{118}O_{37}$ 2135
$C_{70}H_{128}O_{28}$ 2695
$C_{71}H_{112}O_{26}$ 2051
$C_{71}H_{114}O_{30}$ 2049
$C_{71}H_{116}O_{36}$ 1303
$C_{71}H_{132}N_2O_{24}$ 2696
$C_{72}H_{108}O_{28}$ 2045
$C_{72}H_{110}O_{32}$ 2045
$C_{72}H_{116}O_4$ 1367
$C_{72}H_{118}O_{31}$ 2042
$C_{72}H_{128}O_{28}$ 2695
$C_{73}H_{120}N_{18}O_{19}$ 2824
$C_{74}H_{136}O_{28}$ 2695
$C_{74}H_{94}Br_2N_{16}O_{26}$ 2624
$C_{74}H_{110}O_{35}$ 1203
$C_{75}H_{88}N_4O_7$ 1370
$C_{75}H_{90}N_4O_8$ 1370
$C_{75}H_{94}N_{12}O_{20}$ 2823
$C_{75}H_{96}Br_2N_{16}O_{27}$ 2624
$C_{75}H_{112}O_{35}$ 1203
$C_{75}H_{144}O_{13}$ 3003
$C_{76}H_{118}O_{29}$ 2042
$C_{76}H_{124}N_{12}O_{14}$ 2625
$C_{76}H_{124}O_{29}$ 2042
$C_{76}H_{125}N_{19}O_{19}$ 2822
$C_{76}H_{130}O_{20}$ 2653
$C_{76}H_{140}O_{28}$ 2695
$C_{76}H_{99}BrN_{16}O_{26}$ 2624
$C_{77}H_{126}N_{14}O_{17}$ 2625
$C_{77}H_{126}N_{14}O_{18}$ 2625
$C_{77}H_{128}N_{19}O_{19}$ 2822
$C_{78}H_{102}O_{14}$ 1466
$C_{78}H_{106}O_{14}$ 1466
$C_{78}H_{132}O_{20}$ 2653
$C_{78}H_{132}O_{21}$ 2653
$C_{79}H_{125}N_{13}O_{16}$ 2625
$C_{80}H_{140}N_{20}O_{20}$ 2824
$C_{81}H_{124}N_{16}O_{20}$ 2822
$C_{81}H_{139}N_{18}O_{16}$ 2824
$C_{81}H_{150}O_{28}$ 2695
$C_{82}H_{126}N_{16}O_{20}$ 2822
$C_{83}H_{110}O_{36}$ 2768
$C_{83}H_{128}N_{16}O_{20}$ 2822
$C_{84}H_{104}N_{18}O_{26}S_5$ 2824
$C_{84}H_{130}N_{16}O_{20}$ 2822
$C_{85}H_{112}O_{37}$ 2768
$C_{85}H_{112}O_{38}$ 2768
$C_{85}H_{112}O_{39}$ 2769
$C_{90}H_{152}O_{28}$ 2653
$C_{91}H_{154}O_{28}$ 2653
$C_{95}H_{97}N_{13}O_{30}$ 2822
$C_{95}H_{167}O_{24}N_{24}$ 2824
$C_{98}H_{74}O_{21}$ 2277
$C_{128}H_{220}N_2O_{53}S_2$ 2654
$C_{137}H_{232}NNaO_{57}S$ 2652